MW00744200

DIZIONARIO TECNICO
TECHNICAL DICTIONARY

GIORGIO MAROLLI

DIZIONARIO TECNICO
TECHNICAL DICTIONARY

INGLESE-ITALIANO/ITALIANO-INGLESE
ENGLISH-ITALIAN/ITALIAN-ENGLISH

Dodicesima edizione interamente riveduta e ampliata

EDITORE ULRICO HOEPLI MILANO

Questo dizionario accoglie anche parole che sono o si ritiene siano *marchi registrati* senza che ciò implichi alcuna valutazione del loro reale stato giuridico. Nei casi obiettivamente noti all'editore, comunque, ne viene data notizia.

Copyright © Ulrico Hoepli Editore S.p.A. 1991
via Hoepli 5, 20121 Milano (Italy)

Tutti i diritti sono riservati a norma di legge
e a norma delle convenzioni internazionali

ISBN 88-203-1852-0

Ristampa:

4 3 2 1992 1993 1994 1995

Sovraccopertina di Lamberto Menghi

Composto da Alfa Print - Busto Arsizio

Stampato da Legoprint S.r.l.,
stabilimento di Trento

Printed in Italy

A mia madre

INDICE

Prefazione alla dodicesima edizione IX
Alcuni collaboratori XI
Note sul dizionario e sul suo uso XIV

Tabelle di equivalenza tra misure metriche e inglesi seguite da tabelle numeriche di consultazione 1917
Equivalenza di valori in misure metriche e in misure inglesi 1919
Prefissi per multipli e sottomultipli di unità di misura 1925

Tabelle numeriche:
Equivalenza tra frazioni di pollice, decimali di pollice e misure metriche 1926
cm-pollici 1928
m-piedi 1929
km-miglia 1930
cmq-pollici q 1931
mq-piedi q 1932
kmq-miglia q 1933
cmc-pollici c 1934
mc-piedi c 1935
l-galloni imp. 1936
g-once 1937
kg-lb 1938
t-tons 1939
kg/mmq-tons pollice q 1940
kg/cmq-lb/pollici q 1941
kg/mq-lb/piedi q 1942
lb/pollice q-pollici e mm di Hg 1943
m/sec-piedi/sec 1944
km/h-nodi 1946
kgm-libbre piede 1947
CV-HP 1948
kg/CV-lb/HP 1949
km/litro-miglia/gall 1950
litri/km-gall/miglio 1951
g/cmc-lb/pollice c 1952
kcal-BTU 1953
Centigradi/Fahrenheit 1954

Valori della temperatura, della pressione relativa e della densità relativa dell'aria alle varie quote; fattori di correzione per i quali va moltiplicata la velocità indicata per ottenere la velocità effettiva 1958

Simboli matematici 1960

CONTENTS

Preface to the twelfth edition IX
Some contributors XI
Notes on the dictionary and its use XV

Measure equivalence tables for British and metric systems followed by numerical look-up tables 1917
Equivalence of measures in British and in metric systems 1919
Prefixes of multiples and submultiples of measure of units 1925

Numerical tables:
Metric and decimal equivalents of fractions of one inch 1926
cm-in 1928
m-ft 1929
km-mi 1930
sq cm-sq in 1931
sq m-sq ft 1932
sq km-sq mi 1933
cu cm-cu in 1934
cu m-cu ft 1935
l-imp gall 1936
g-ozs 1937
kg-lb 1938
m t-tons 1939
kg/sq mm-tons/sq in 1940
kg/sq cm-lb/sq in 1941
kg/sq m-lb/sq ft 1942
lb/sq in-in and mmHg 1943
m/sec-ft/sec 1944
km/h-knots 1946
kgm-ft lbs 1947
metric HP-HP 1948
kg/metric HP-lb/HP 1949
km/liter-miles/gall 1950
liters/km-gals/mile 1951
g/cu cm-lb/cu in 1952
kcal-BTU 1953
Fahrenheit/Centigrade 1954

ICAN (International Committee Air Navigation) temperature, relative pressure and relative density altitude data; correction factors by which the indicated air speed (IAS) must be multiplied to obtain the true air speed (TAS) 1958

Mathematical symbols 1960

Tavole:

Tav. 1 – Elaboratore elettronico e periferiche
Tav. 2 – Schema a blocchi di un elaboratore
Tav. 3 – Simboli elettronici
Tav. 4 – Astronave per la luna
Tav. 5 – Aeroplano
Tav. 6 – Turboelica
Tav. 7 – Turboreattore
Tav. 8 – Automobile
Tav. 9 – Motore a c.i.
Tav. 10 – Freno idraulico a tamburo e a disco
Tav. 11 – Motocicletta
Tav. 12 – Locomotiva Diesel-elettrica
Tav. 13 – Locomotiva a vapore
Tav. 14 – Cambio idraulico
Tav. 15 – Transatlantico
Tav. 16 – Alberatura di veliero
Tav. 17 – Velatura di veliero
Tav. 18 – Trasformatore
Tav. 19 – Motore elettrico
Tav. 20 – Salvamotore, contatore elettrico
Tav. 21 – Saldatrice
Tav. 22 – Utensili, angoli di taglio, bulloni, viti, strumenti di misura ecc.
Tav. 23 – Ingranaggi
Tav. 24 – Dentatrice
Tav. 25 – Alesatrice
Tav. 26 – Rettificatrice
Tav. 27 – Trapanatrice
Tav. 28 – Fresatrice
Tav. 29 – Pressa
Tav. 30 – Fucinatrice
Tav. 31 – Fabbricato civile
Tav. 32 – Reattore nucleare
Tav. 33 – Attrezzi laboratorio chimico
Tav. 34 – Raffineria petrolio
Tav. 35 – Caldaia
Tav. 36 – Pistola mitragliatrice
Tav. 37 – Proiettore cinematografico
Tav. 38 – Macchina fotografica
Tav. 39 – Teodolite
Tav. 40 – Carrello sollevatore
Tav. 41 – Telaio tessile
Tav. 42 – Psicologia industriale

Plates:

Tav. 1 – Computer and peripheral storage devices
Tav. 2 – Computer block diagram
Tav. 3 – Electronics symbols
Tav. 4 – Spacecraft to the moon
Tav. 5 – Aircraft
Tav. 6 – Propjet engine
Tav. 7 – Turbojet engine
Tav. 8 – Motorcar
Tav. 9 – Ic engine
Tav. 10 – Hydraulic drum brake and disk brake
Tav. 11 – Motorcycle
Tav. 12 – Diesel-electric locomotive
Tav. 13 – Steam locomotive
Tav. 14 – Hydralic torque converter
Tav. 15 – Transatlantic liner
Tav. 16 – Sailship masting
Tav. 17 – Sailship sails
Tav. 18 – Transformer
Tav. 19 – Electric motor
Tav. 20 – Overload cutout, watt-hour meter
Tav. 21 – Electric welding machine
Tav. 22 – Tools, tool angles, bolts, screws, measuring instruments etc.
Tav. 23 – Gears
Tav. 24 – Gear cutter
Tav. 25 – Boring machine
Tav. 26 – Grinding machine
Tav. 27 – Drilling machine
Tav. 28 – Milling machine
Tav. 29 – Press
Tav. 30 – Forging machine
Tav. 31 – Civil building
Tav. 32 – Nuclear reactor
Tav. 33 – Chemical laboratory implements
Tav. 34 – Kerosene oil refinery
Tav. 35 – Boiler
Tav. 36 – Submachine gun
Tav. 37 – Motion-picture projector
Tav. 38 – Camera
Tav. 39 – Theodolite
Tav. 40 – Lift truck
Tav. 41 – Loom
Tav. 42 – Industrial psychology

PREFAZIONE ALLA DODICESIMA EDIZIONE

In questi ultimi dieci anni il progresso nel campo dell'informatica è stato enorme se paragonato a quello di altri settori tecnologici.

Conseguentemente ho polarizzato la mia attenzione su tale settore, senza perdere di vista l'aggiornamento di altri campi trattati nelle precedenti edizioni. Mi sono impegnato a fondo e i miei collaboratori, che qui caldamente ringrazio, mi hanno intelligentemente e fattivamente seguito.

Il risultato non dovrebbe mancare e, con esso, l'apprezzamento da parte del mio pubblico di lettori che da oltre quaranta anni mi onora della sua fiducia.

Monte Oliveto, aprile 1991

GIORGIO MAROLLI FURGA GORNINI

PREFACE TO THE TWELFTH EDITION

In the last ten years progress in the field of informatics has been enormous, especially if compared to other sectors of technology.

As a consequence in this edition I have concentrated my attention on that field, though without losing sight of the recent developments in other areas of industrial technology and science. My involvement in this new edition — as well as that of my contributors — has been total and here indeed I wish to thank them all warmly for their efforts.

I believe that the results of our work are positive and will consequently be appreciated by the public which for more than forty years has honoured me with its faithful attention.

ALCUNI COLLABORATORI - SOME CONTRIBUTORS

BALDWIN Philip S. – Firenze: collaborazione nella ricerca dei termini della 1ª edizione e relativa consulenza.

BATTISTI Dr. Ing. Enrico – Direttore Tecnico della Fabbrica d'Armi Pietro Beretta, Gardone V. T. (Brescia): illustrazione per tavola fuori testo di un'arma automatica Beretta, con relativa terminologia, 11ª ediz.

BESSI Santi – Esperto e cultore di lingue moderne all'Istituto Ciglia, Livorno: industria petrolifera, 7ª ed.

BERTI Dr. Ing. Costantino – già Direttore Prove e Qualità della AERFER Industrie Aerospaziali Meridionali, Pomigliano d'Arco (Napoli): per 11ª e 12ª edizione ricerca di nuovi termini, compilazione di schede di italiano-inglese di nuovi termini desumendole dalle corrispondenti schede inglese-italiano, revisione dei campi d'impiego della 12ª edizione, rifacimento ed integrazione delle tavole di equivalenza valori, collaborazione alla stesura di nuove tavole illustrative.

CAMERON-CURRY Alexander: ricerca, revisione, inserzione di nuovi termini e revisione parziale di bozze della 8ª edizione (testo ed aggiunte).

CAPUANI Dr. Ing. Alfredo – Dirigente dell'Ufficio Tecnico della Aeritalia: terminologia relativa ai turboreattori, 11ª ediz.

CAVALLARO Francesco – Soc. Alfa Romeo: Pomigliano d'Arco (Napoli): alcune abbreviazioni di normale impiego nella linqua anglosassone in campo tecnico, inserite nella 10ª ediz.

COWLING Michael B. Sc. (Honours, Australian National University), Ph. D. (Flirders University of South Australia): controllo e revisione della traduzione italiana di nuovi termini matematici, 11ª ediz.

COSTELLA Dr. Bianca Maria – Livorno: compilazione delle schede inglese-italiano; inserimento dei nuovi termini nel testo, inserimento delle correzioni apportate al testo, correzione e collazione delle bozze, 11ª ediz.

CROOKE Prof. Davide – Fellow of the Institute od Linguists and Member of the Translators' Guild, Socio dell'Associazione Italiana traduttori e Interpreti, Consulente Tecnico del Giudice, iscritto all'Albo del Tribunale di Bologna: macchine e materiali per condizionare e sovraincartare vari prodotti, alcuni termini di elettrotecnica e telescriventi, 10ª ediz.

DELL'ORO Alessandro – Traduttore della Ditta Cesare Bonetti S.p.A., Garbagnate (Milano): qualche termine relativo ad argomenti vari, 11ª ediz.

DELZANNO Cav. Giuseppe – Vice Direttore Divisione Autoveicoli FIAT, Torino: saldatura elettrica per resistenza.

DIGIORGIO Dr. Ing. Vincenzo – Docente di Elettronica Industriale all'I.T.I.S. "Galileo Galilei" di Livorno: revisione essenzialmente linguistica della spiegazione in inglese dei termini aggiunti nella 11ª edizione.

DOUGLAS SCOTTI Dr. Ing. Prof. Federico – Dirigente Tecnico Soc. De Micheli, Firenze: riscaldamento, ventilazione, condizionamento.

FALLANI Dr. Ing. Enzo – Dirigente FIAT Sezione Costruzioni e Impianti, Firenze: edilizia, architettura, urbanistica, terminologia nell'ambito automobilistico per 6ª, 7ª, 8ª, 9ª, 10ª ed 11ª edizione ed illustrazioni per tavole fuori testo.

FIAT Auto S.p.A.: terminologia nell'ambito automobilistico per 6ª, 7ª, 8ª, 9ª, 10ª ed 11ª edizione ed illustrazioni per tavole fuori testo.

FIAT Auto S.p.A. (Gentile cav. p. i. Giovanni, Direzione Marketing e Commerciale, Assistenza Tecnica, Metodologie, Pubblicazioni, Attrezzature): tavola illustrativa automobile "Tipo" per 12ª edizione.

GUARNIERI Dr. Ing. Orazio – Soc. Alfa Romeo, Milano: revisione del testo della 5ª, 6ª e 7ª edizione, inserimento di nuovi termini e conseguente revisione tecnica dei termini stessi, correzione di tutte le bozze ed apporto di notevoli miglioramenti e di nuovi termini, aeronautici in particolare. Ricerca di nuovi termini per l'8ª, la 9ª e la 10ª edizione e revisione delle relative bozze.

KING Luisa – Traduttore ed interprete, Torino: ricerca, revisione, inserzione di nuovi termini e revisione parziale di bozze della 8ª edizione (testo ed aggiunte).

MANTOVANI Dr. Ing. Giorgio - Progettista della Marconi italiana S.p.A. - Divisione militare: controllo e revisione della traduzione italiana di nuove terminologie relative all'elettronica, alla cibernetica ed alla fisica nucleare, 11ª ediz.

MARCONI Prof. Dr. Maria - Incaricata alla Cattedra di Merceologia dell'Università di Firenze: chimica, tavole relative e correzione bozze dei termini chimici sino alla 5ª ediz.

MARTINEZ Dr. Ing. Giulio - Direttore Officine Galileo, Firenze: ottica.

MAZZONI Dr. Ing. Giorgio - Dirigente presso Ansaldo Società Generale Elettromeccanica (Genova) - già presso la Westinghouse nuclear Europe di Bruxelles: nuovi termini relativi all'impianto ed all'esercizio di centrali nucleari, 11ª ediz.

MELICCHIA Dr. Prof. Andrea - Dirigente Soc. Pirelli, Milano: industria gomme.

MICHELETTA Dr. Ing. Ugo - già Direttore FIAT - già Direttore Centrale Produzione della ditta Aeritalia: terminologia aeronautica, 11ª ediz.

MICROTECNICA - S.p.A., Torino: elementi per l'illustrazione di un proiettore cinematografico, con telativa terminologia.

MUSUMECI Prof. Dr. Lorenzo - Docente di Fisica presso la Facoltà di Ingegneria dell'Università di Pisa: fisica atomica e nucleare.

NELLI Dr. Ing. Mario - Ten. di Vascello C., Direttore progettazione ferroviaria OM, Milano: arte navale.

Olivetti S.p.A. (Lodovichi dr. Maria Vittoria, Direzione Design Corporate Identity e Attività Culturali): tavole illustrative personal computer Olivetti M 28 per 12ª edizione.

PECORI GIRALDI Dr. Ing. Vieri - Presidente della Compagnia Tecnica consulenza caldaie, Consulente della Soc. Breda ed Ansaldo, Consigliere della Soc. Breda Elettromeccanica e Locomotive, Milano: caldaie.

PETRUCCI Dr. Ing. Benito - già Ufficiale Superiore delle Armi Navali ed attualmente Presidente Soc. Whitehead, Livorno: acustica subacquea, mine ecc., 10ª ediz.

REMONDINO Dr. Carlo - Assistente presso la Cattedra di Psicologia dell'Università di Torino: psicologia industriale.

RUSTICHELLI geom. Giovanni - Ten. Col. dell'Esercito, già addetto alla Divisione Riproduzione e Stampa dell'Istituto Geografico Militare, Milano: cartografia, fotomeccanica, fotogrammetria e industria carta, 7ª ediz.

SBORGI, Dr. Ing. Francesco - Docente di Tecnologie Elettroniche all'I.T.I. "Leonardo da Vinci" - Firenze: revisione essenzialmente linguistica della spiegazione in inglese dei termini aggiunti nella 11ª ediz.

STRADA Lazia - Milano: preparazione della maggior parte della terminologia italiana-inglese della 5ª, 6ª, 7ª, 8ª e 9ª ediz. utilizzando la corrispondente terminologia inglese-italiano, inserimenti di tutti i nuovi termini, revisione dell'ordine alfabetico sia per i lemmi che per le sottovoci, collazione delle bozze, coordinamento generale del lavoro relativo alla 5ª, 6ª, 7ª, 8ª e 9ª edizione.

TOTI Alvaro - Stabilimento FIAT, Firenze: impostazione e coordinamento delle tavole illustrative ed esecuzione delle tavole di conversione sino alla 5ª ediz.

TRONVILLE Mario - Dirigente FIAT, Torino: macchine utensili, lavorazione ingranaggi e consulenza nella revisione del testo della 5ª ediz.

TUNINETTI Domenico - Direttore di Produzione S.p.A. Autovox, Roma: tavole illustrative aggiunte alla 6ª edizione e terminologia tecnica della saldatura.

VERITÀ Renzo - Stabilimento FIAT, Firenze: coordinamento testo 1ª edizione.

VENTURI Laura - diplomata corrispondente commerciale in lingue estere, S. Gimignano: stesura dattilografica delle schede di tutti i nuovi termini della 12ª e dei rifacimenti di voci del testo della 11ª edizione; riporto diretto sulle bozze degli interventi aggiuntivi successivi alla stampa delle bozze stesse; correzione delle bozze della nuova terminologia aggiunta nella 12ª edizione; coordinamento generale dell'opera, con diretti controlli e riscontri incrociati su inglese-italiano ed italiano-inglese.

VILLA Dr. Ing. Giovanni - già Direttore della Sezione Elettronica FIAT: aggiornamento della tavola dei simboli elettronici con aggiunta di nuove voci e relativa terminologia, 11ª ediz.

VILLATA Dr. Eligio - Medico specialista in Neurologia e Psichiatria e medico interno presso l'Ospedale psichiatrico di Collegno, Torino: psicologia industriale, 7ª ediz.

NOTE SUL DIZIONARIO E SUL SUO USO

NOTES ON THE DICTIONARY AND ITS USE

NOTE SUL DIZIONARIO E SUL SUO USO

Questo Dizionario è sostanzialmente del tipo "metodico". Consente perciò a chi lo consulta di trovare le sottovoci dei lemmi raggruppate in famiglie in base al criterio della affinità delle nozioni che esse esprimono; questo anche se il lemma preferenziale è disposto nel contesto della espressione o al termine dell'espressione stessa. Per es.: sotto il lemma **memory**, oltre a sottovoci che hanno come prima parola *memory*, si trovano anche altre, come *shared memory system*, *bucket brigade memory* ecc.

Viene così eliminata al lettore la fatica e la perdita di tempo di andare a cercare l'espressione alla sua stretta collocazione alfabetica e viene dato nel contempo al lettore stesso un quadro per quanto possibile completo dell'impiego del lemma nelle sue varie accezioni.

Tuttavia in alcuni limitatissimi casi, per non appesantire il Dizionario con la ripetizione di voci, si è dovuto fare eccezione alla regola. Pertanto una sottovoce contenente il termine cercato (per es. *memory*) può trovarsi alla stretta collocazione alfabetica della sottovoce stessa, come per es. nel caso di **dynamic** *memory management* (ubicata sotto il lemma **dynamic**); oppure può trovarsi sotto il lemma soggetto dell'espressione come nel caso della sottovoce: *memory* **register**, ubicata sotto il lemma **register**.

Ne consegue che nei rari casi in cui il lettore non trovi l'espressione desiderata tra le sottovoci del lemma preferenziale, prima di dedurre che tale espressione manca nel Dizionario, è consigliato di cercarla come sopra indicato.

A) Criteri generali di impostazione

Scelta della terminologia

La terminologia contenuta in questo Dizionario è per quanto possibile aggiornata ed equilibratamente orientata sui termini di maggior rilievo e su quelli di uso più frequente nei vari rami della tecnica e della scienza.

Questo sostanziale nucleo di termini tecnici è stato corredato da una selezionata terminologia di base riguardante i campi commerciale, amministrativo e di conduzione aziendale, così da consentire al tecnico impegnato in compiti direzionali di svolgere anche la parte di tali attività non tecniche inevitabilmente connessa con qualsiasi ambiente di lavoro.

Campo d'impiego

Tutti i lemmi e le sottovoci sono seguiti dal campo d'impiego (tra parentesi, in corsivo) posto immediatamente prima della traduzione. Questa indicazione informa prontamente il lettore sul settore della tecnica nel quale il termine preso in considerazione viene abitualmente impiegato.

Spiegazione

Lemmi e sottovoci di difficile o dubbia comprensione sono seguiti da una spiegazione (tra parentesi, in tondo) che, abbinata al campo d'impiego, consente al lettore una scelta sicura del termine che lo interessa.

Corrispondenza tra la parte inglese-italiano e quella italiano-inglese

Non tutti i termini della parte inglese-italiano sono stati riportati nella parte italiano-inglese perché abbiamo ritenuto preferibile riportare solamente i termini inglesi di uso più frequente, allo scopo di ottenere che il traduttore dall'italiano non usi termini ricercati o di impiego non comune.

NOTES ON THE DICTIONARY AND ITS USE

Essentially speaking this Dictionary is of the "methodic" type. It therefore allows the reader to find under the main headword a series of subheadings. The criteria used to group together these subheadings is based on their affinity with the main headword even if the case is that the headword isn't the first, or even the last, in the expression.

Let us consider, for example, the headword **memory**: other than the normal subheadings that have *memory* as the first word the reader will also find such expressions as *shared memory system, bucket brigade memory* etc.

In this way the reader is spared the time and fatigue of having to seek an expression which would otherwise have to be placed in strict alphabetical order. A further important advantage is that the reader will also have the opportunity of seeing a headword in its various uses.

Nevertheless, in a certain number of very limited cases due to the specific nature of the definition exception has been made to the rule thus the reader will find, for instance, **dynamic** *memory management* under **dynamic** and *memory* **register** under **register**.

So in the very rare cases in which the reader doesn't find the desired expression among the subheadings of the headword he is advised to seek it as has been described above before deducing that the Dictionary lacks the expression.

A) General criteria regarding compilation

Choice of terminology

This Dictionary contains up to date terms inserted after a careful selection based on the importance of the term and its frequency of use in the various branches of technology and science. As well as this the Dictionary is also furnished with a basic selected terminology in the fields of commerce, business administration and marketing etc. This is to facilitate the work of technical executives in those activities not directly connected to technical problems but which as the same time flow from them.

Sphere of use

All the translations of the headwords and subheadings are immediately preceded by an indication, in italics and closed in brackets, of the technical sector to which the definition habitually belongs.

Explanation

Complex or difficult headwords and subheadings are followed by an explanation which is in Roman type and closed in brackets. When consulted in conjunction with the sphere of use this can help the reader safely select the required term.

Correspondence between the English-Italian and the Italian-English sections

Readers will find that not all the definitions in the English-Italian section are to be found in the Italian-English section. This has been done so that the translator going from the Italian will not find words of rare or uncommon use.

Abbreviazioni e sigle

Dato l'estendersi dell'uso di abbreviazioni e sigle abbiamo deciso di ammetterle anche noi nel testo, inserendole nell'ordine alfabetico generale, contraddistinte da virgolette " ".

B) Lemmi

Omografi

I termini che, pur presentando la stessa grafia, hanno significato e spesso anche etimo diversi, sono stati inseriti sotto un unico lemma. Per esempio:

light = luce e **light** = leggero, con relative sottovoci sono raccolti sotto l'unico lemma **light**.

Una eccezione (forse l'unica) è stata fatta per **lead** = piombo e **lead** = conduttore.

Varianti grafiche dei lemmi

a) Se due o più varianti si susseguono alfabeticamente e non presentano differenze nel loro uso, esse vengono riportate l'una dopo l'altra in neretto, con i lemmi inframmezzati da una virgola. Per esempio:

epicycle, epicyclical

b) Se due o più varianti non si susseguono alfabeticamente, ciascuna di esse viene collocata al suo giusto posto alfabetico e dalla variante meno comune il lettore viene rinviato a quella ritenuta più comune. Per esempio:

carburettor *see* carburetor

C) Indicazioni grammaticali

Aggettivo e sostantivo

Per maggior chiarezza, in alcuni casi, abbiamo indicato in corsivo, nella stessa parentesi contenente il campo d'impiego, il valore grammaticale del lemma (aggettivo = a., sostantivo = s.). Per esempio:

interno (*a.* - *gen.*) internal

Singolare e plurale

I lemmi sono generalmente al singolare. Se nella fraseologia il lemma viene usato al plurale, si è sostituita al segno ~ la ripetizione in tondo del lemma stesso al plurale. Per esempio:

colpo perdere colpi (di motore per es.) (*mecc.*) to miss
propeller contrarotating propellers (*aer.*) eliche controrotanti

Nel caso che la forma plurale di un lemma sia di uso frequente con un proprio significato, tale plurale viene riportato come lemma autonomo in aggiunta al lemma al singolare. Per esempio:

conto e **conti**
point e **points**

Maschile e femminile

Quando un lemma (aggettivo) viene usato al femminile, il segno ~ è sostituito dalla ripetizione del lemma stesso, in tondo, posto al femminile. Ovviamente ciò si verifica solo nella parte italiano-inglese.

Abbreviations and initials

The ever increasing use of abbreviations and initials have persuaded us to include them in the Dictionary. They are inserted in alphabetical order and marked by quotations marks " ".

B) Lemmi

Homographs

Headwords which are spelt in the same way yet have a different meaning and often different etymological root are nevertheless included under a single headword. For example:

light = luce and **light** = leggero; hence any further relating derivatives are to be found under the single headword **light.**

An exception — perhaps the only one — has been made for **lead** = piombo and **lead** = conduttore.

Differences in the spelling of the headwords

a) If there are two or more variations in the spelling of a headword with the same meaning they have been placed side by side in bold type divided by a comma. This in the case of those headwords which follow each other alphabetically. For example:

epicycle, epicyclical

b) However, should the headwords not follow each other alphabetically then they have been placed in their correct alphabetical order. The reader is then referred to the spelling of the definition considered to be more commonly used. For example:

carburettor *see* carburetor

C) Grammatical indications

Adjectives and nouns

To give greater clarity to certain definitions we have indicated in italics within the same brackets containing the sphere of use, the grammatical category to which the headword belongs (adjectives = a., noun = n.). For example:

internal (*a.* - *gen.*) interno

Singular and plural

Whilst headwords are normally given in the singular they are given in the plural if in a particular expression the headword is used as such. In these cases it substitues the sign ~ and is given in the plural. For example:

colpo perdere colpi (di motore per es.) (*mecc.*) to miss
propeller contrarotating propellers (*aer.*) eliche controrotanti

The plural form of a headword is cited independently of the singular if the plural is frequently used and has its own meaning. For example:

conto and **conti**
point and **points**

Masculine and feminine

In the case of a headword which is an adjective and used in the feminine the sign ~ is substituted by the feminine. Clearly this occurs only in the Italian-English section of the Dictionary.

D) Terminologia inglese e americana

Parte inglese-italiano

In alcuni casi di maggior rilievo si sono distinti con le dizioni (Am.) e (Brit.) in tondo, tra parentesi, i diversi usi in americano e inglese. Per esempio:

spanner (*tool*) (Brit.) chiave
wrench (*tool.*) (Am.) chiave

così anche per la parte italiano-inglese, con le dizioni (am.) e ingl.). Per esempio:

maschio ~ intermedio (secondo maschio a filettare) (*ut. mecc.*) plug tap (am.) second tap (ingl.)

E) Varie

Il lettore scuserà le seguenti imperfezioni di forma, dovute soprattutto al progressivo sviluppo dell'opera, avvenuto nell'arco di oltre quarant'anni. Stante la nessuna rilevanza agli effetti pratici di tali imperfezioni e, per contro, stante il forte lavoro che avrebbe richiesto la loro eliminazione, esse sono state ancora tollerate nella dodicesima edizione, per riversare maggiori energie nella eliminazione di qualche manchevolezza di maggior rilievo.

Puntino

La maggior parte delle abbreviazioni inglesi sono senza puntino terminale, ma talvolta si potranno incontrare le stesse abbreviazioni seguite da puntino. Per esempio:

d c e d. c. per: direct current

Grafia del "campo d'impiego"

Nelle abbreviazioni indicanti il campo d'impiego la parola è troncata non sempre nello stesso modo. Per esempio:

(*astr.*) e (*astron.*) per astronomy, astronomia

o anche:

shipbuilding è stato abbreviato in (*shipbuild.*) oppure (*shipbldg.*)

Particolare grafia usata in alcune spiegazioni

Nella spiegazione di alcune abbreviazioni e sigle si è talvolta omessa la maiuscola iniziale delle singole parole. Per esempio:

FSL (Full Stop Landing) è stato talvolta scritto fsl (full stop landing)

F) Tavole di conversione e prontuari numerici

A fine libro abbiamo raccolto una serie di tavole di conversione di grandezze geometriche, meccaniche, elettriche, di fisica generale ecc., da misure inglesi in misure metriche e viceversa.

Seguono ancora una tabella dei simboli matematici e una serie di praticissimi prontuari di conversione tra grandezze espresse in misure inglesi e in misure metriche.

D) ENGLISH AND AMERICAN TERMINOLOGY

English-Italian section

The differences between English (Brit.) and American (Am.) usage are indicated in cases of particular importance by their respective abbreviations, which are in Roman type and in brackets. For example:

spanner (*tool*) (Brit.) chiave
wrench (*tool*) (Am.) chiave

The same applies for the Italian-English section with the abbreviations (am.) and (ingl.). For example:

maschio ~ intermedio (secondo maschio a filettare) (*ut. mecc.*) plug tap (am.) second tap (ingl.)

E) MISCELLANY

We kindly ask the reader to forgive the following formal lack of uniformity due, above all, to the progressive development of the Dictionary over the last forty years. They are of no practical consequence and the task of eliminating them would take time from the compilers much better devoted to improving the Dictionary elsewhere.

Dots

The vast majority of the English abbreviations are without the final dot, but very occasionally they are found to be followed by a dot. For example:

d c and d. c. as abbreviations of direct current

Spelling of the sphere of use

Sometimes in the abbreviations indicating the sphere of use the words are not necessarily abbreviated in the same place. For example:

(*astr.*) and (*astron.*) in place of astronomy, astronomia

we can also see that

shipbuilding has been abbreviated into: (*shipbuild.*) or (*shipbldg.*)

Particular spelling used in some explanations

In the definitions of some abbreviations and initials the capital letters of single words have sometimes been left out. For example:

FSL (Full Stop Landing) can be found to be written fsl (full stop landing)

F) CONVERSION TABLES AND READY RECKONERS

Readers will find at the end of the Dictionary a set of conversion tables covering geometrical, general physics, mechanical and electrical fields etc. and where the measurements are converted from the English system to the metric and vice versa.

Following this there is a table of mathematical symbols and a set of ready reckoners where the reader can see at a glance the equivalent metric and English measures.

G) TAVOLE ILLUSTRATIVE

Si tratta di quarantadue illustrazioni fuori testo di vario formato, relative a macchine, veicoli, motori, elettronica ecc., corredate di terminologia bilingue.

H) CARATTERI TIPOGRAFICI E SEGNI PARTICOLARI

Neretto: i lemmi e i numeri indicanti le sottovoci di ogni singolo lemma.
Corsivo: le indicazioni grammaticali e il campo d'impiego.
~ : se il segno è ubicato dopo il numero in neretto sta ad indicare il lemma in neretto.
“ ”: con le virgolette sono contrassegnate:

a) abbreviazioni e sigle poste a lemma;
b) lemma il cui uso e significato non sia ancora sicuramente acquisito;
c) lemmi stranieri che non risultino ancora accettati ufficialmente nella lingua inglese o italiana.

G) Illustrated plates

There are forty-two plates, detailing machines, vehicles engines etc. which are accompanied by bilingual terminology.

H) Meaning of the different type and signs

Bold type: indicates the headwords and the number of every individual subheadings.
Italic: sphere of use and grammatical abbreviations
~ : if this sign is placed after the number in bold type it indicates the headword which is also in bold type.
“ ”: with the quotation marks are indicated:

a) abbreviations and initials given as a headword;
b) headwords whose meaning or use has not been definitely established;
c) foreign headwords that have not been formally recognised in English or Italian.

ENGLISH–ITALIAN DICTIONARY

ABBREVIATIONS

a. .... adjective
acc. .... accumulator, accumulators
acous. .... acoustics, acoustic, acoustical
adm. .... admistrative, administration
adv. .... adverb
adver. .... advertising
aer. .... aeronautics, aeronautical
aerodyn. .... aerodynamics, aerodynamic
aerot. .... aerotechnics, aerotechnical
agric. .... agriculture, agricultural
Am. .... American
app. .... apparatus
arch. .... architecture, architectural
astr., astron. ... astronomy, astronomic, astronomical
astric. .... astronautics, astronautical
astrophys. ...... astrophysics, astrophysical
atom. .... atom, atomic, atomical
atom phys. ...... atom physics
aut. .... automobile, automotive, truck, lorry
autom. .... automation, automatization
biochem. .... biochemistry, biochemical, biochemic
biol. .... biology, biological, biologic
bldg. .... building, buildings
boil. .... boiler
bot. .... botany, botanic, botanical
Brit. .... British, English
build. .... building, buildings
calc. mach. ..... calculating machine
carb. .... carburation, carburetor
carp. .... carpentry
cart. .... cartography, cartographic, cartographical
chem. .... chemistry, chemical
civ. civil
coll. .... colloquial
comb. .... combustion, combustible (*a.* or *n.*)
comm. .... commerce, commercial
comp. .... computer
commun. .... communications
constr. .... construction (*ind.* or *bldg.*)
constr. theor. .. construction theory (tectonics, architectonics, etc.)
draw. .... drawing
ec .... external combustion
ecol. .... ecology, ecological, ecologic
econ. .... economy, economics, economic, economical
edit. .... editing, editorial, edition
elect. .... electricity, electric, electrical
elect. mot. ...... electric motor
electroacous. .. electroacoustics, electroacoustic, electroacoustical
electrochem. ... electrochemistry, electrochemical
electromag. .... electromagnetism, electromagnetic
electromech. ... electromechanics, electromechanical
electrotel. ...... electrotelephony, electrotelegraphy, electrotelephonical, electrotelegraphical
elics., elic. ...... electronics, electronic
eng. .... engineering, engine
equip. .... equipment
etc. .... et cetera, and so on
expl. .... explosive (*a.* or *n.*)
finan. .... financial, finance
found. .... foundry
gen. .... general, generic
geod. .... geodesy, geodetic, geodetical
geogr. .... geography, geographical, geographic
geol. .... geology, geological, geologic
geom. .... geometry, geometric, geometrical
geophys. .... geophysics, geophysical
graph. .... graphics, graphic, graphic media, graphical
heat-treat. ..... heat-treating, heat-treatment
hydr. .... hydraulics, hydraulic
ic, i.c. .... internal-combustion
illum. .... illumination
impl. .... implement, implements
ind. .... industry, industrial
ind. psychol. ... industrial psychology, psychotechnology
inf. .... informatics, information science
instr. .... instrument, instrumentation
join. .... joinery
journ. .... journalism, journalistic
law .... legal, legal terminology
lith. .... lithography, lithographic

mach. .... machine, machines
mach. t. .... machine tool
mas. .... masonry
math. .... mathematics, mathematical, mathematic
meas. .... measure, measuring
mech. .... mechanics, mechanical
med. .... medicine, medical
metall. .... metallurgy, metallurgical, metallic, metallurgic
meteor., meteorol. ..... meteorology, meteorological, meteorologic
mfg. .... manufacture, manufacturing
milit. .... military
min. .... mineralogy, mine, mineral, mineralogical, mineralogic
mot. .... motor (including internal combustion engines, gas turbines, jet engines, elect. motors, etc.)
m. pict., m.p. .. motion picture
mtc. .... motorcycle
mus. .... music, musical
n. .... noun
naut. .... nautical
navig. .... navigation (of ships or aircrafts), navigational
n.c. .... numerical control
n.c. mach. t. ... numerically controlled machine tool
off. .... office, pertaining to the office
opt. .... optics, optical
organ. .... organization
paint. .... painting, painting industry
pers. .... personnel
pharm. .... pharmacy, pharmaceutical, pharmaceutic
phot. .... photography, photograph, photographs, photographic
photogr. .... photogrammetry, photogrammetric, photogrammetrical
photomech. .... photomechanics, photomechanical
phys. .... physics, physical
pip. .... piping, pertaining to a pipe system
print. .... printing
proc. .... processing
prod. .... production
psychol. .... psychology
rad .... chemical radical
radioact. .... radioactivity
railw. .... railway, railways, railroad
rckt. .... rocket, rocketry
refrig. .... refrigeration, refrigerating
reinf. concr. ... reinforced concrete
road traff. ...... road traffic
rubb. .... rubber
sc. .... science, scientific
shipbldg. .... shipbuilding
shipbuild. ...... shipbuilding
sign. .... signal, signalling
stat. .... statistics, statistical
sub. .... submarine vessel, relating to submarine sc. or app.
surf. .... surface, relating to surfaces
t. .... tool
technol. .... technology, technological, technologic
telecomm. ...... telecommunication, telecommunications
teleph. .... telephony, telephone, telephonic
telev. .... television
temp. .... temperature
text. .... textile
theor. mech. ... theoretical mechanics, abstract mechanics, analytic mechanics, pure mechanics
therm. .... thermic
thermion. ...... thermionics, thermionic
thermod. .... thermodynamics, thermodynamic, thermodynamical
tlcm. .... telecommunication, telecommunications
top. .... topography, topographical, topographic
transp. .... transportation
typ. .... typography, typographical, typographic
und. .... underwater
veh. .... vehicle, relating to vehicles
ventil. .... ventilation, ventilator
w. .... working, relating to work
work. .... worker, relating to workers
“ ” .... we have put in quotation marks abbreviations and some foreign words in usage as well as some terms that have not been confirmed.

A

"A" (ampere, amperes) (*elect. meas.*), ampère. **2.** ~ (of unified thread form: external screw) (*mech.*), vite. **3.** 1 ~ (class of unified thread form) (*mech.*), vite grossolana. **4.** 2 ~ (class of unified thread form) (*mech.*), vite media. **5.** 3 ~ (class of unified thread form) (*mech.*), vite precisa. **6.** ~ (first quality, first class) (*a. - gen.*), di prima qualità. **7.** ~ (having the highest classification: as a ship) (*naut. - etc.*), di classe superiore.

Å (Ångström, angstrom unit: 10^{-8} cm) (*meas.*), Å, Ångström.

"a" (asymmetrical) (*chem.*), asimmetrico. **2.** ~ (atto: 10^{-18} part of) (*meas.*), atto. **3.** ~ cubed (a^3) (*mach.*), a al cubo. **4.** ~ raised to the minus two (a^{-2}) (*math.*), a alla meno due, a elevata alla meno due. **5.** ~, *see also* acceleration, acre, aircraft, airplane, amphibious, amplitude, anode, area, atom, atomic, atomic weight, automobile.

"AA" (antiaircraft) (*airforce - milit.*), contraereo. **2.** ~ (air-to-air: as a missile) (*a. - milit.*), aria-aria. **3.** ~ (arithmetic average) (*math.*), media aritmetica. **4.** ~ (automobile association) (*aut.*), Automobil Club.

"AAA" (antiaircraft artillery) (*aer. - milit.*), artiglieria contraerea. **2.** ~ (American Automobile Association) (*aut.*), Automobile Club Americano.

"AAAS" (American Association for the Advancement of Science) (*sc.*), Associazione Americana per l'Avanzamento delle Scienze.

"AAC", "A. A. C." (automatic amplitude control) (*radio*), regolatore automatico di ampiezza.

"AAM" (air-to-air missile) (*rckt.*), missile aria-aria.

"AAP" (Apollo Applications Programme) (*astric.*), programma applicazioni Apollo.

"AAR" (Association of American Railroads) (*railw.*), Associazione Ferrovie Americane. **2.** ~ (against all risks) (*insurance*), contro tutti i rischi.

"AAS" (American Astronautical Society) (*astric.*), Società Astronautica Americana.

"AB" (anchor bolt) (*mech. - etc.*), bullone di ancoraggio. **2.** ~ (airborne) (*aer.*), aviotrasportato.

abac (*gen.*), *see* abacus.

abaca (Manila hemp) (*text. fibre*), canapa di Manila.

aback (of a sail) (*naut.*), a collo.

abaculus (in mosaic), *see* tessera.

abacus (*arch.*), abaco. **2.** ~ (ancient calculating instrument) (*math. - instr.*), abaco.

abaft (*naut.*), a poppa, verso poppa, a poppavia. **2.** ~ the beam (*naut.*), a poppavia del traverso.

abampere (absolute ampere, electromagnetic unit of current equivalent to a current of 10 amperes) (*elect. meas.*), ampère assoluto.

abandon (to) (as the ship) (*naut.*), abbandonare. **2.** ~ (a race) (*sport*), ritirarsi. **3.** ~ (*comp.*), *see* abort (to).

abandoned (as a ship) (*a. - naut. - law*), abbandonato.

abandonment (abandoning of the damaged ship to the insurer) (*naut.*), abbandono.

abate (to) (to diminish) (*gen.*), diminuire.

abatement (*comm.*), diminuzione, riduzione, ribasso. **2.** ~ (*carp.*) (Brit.), sgrosso. **3.** ~ (allowance, discount) (*comm.*), sconto. **4.** no ~ (*comm.*), prezzi fissi.

abatis (obstruction) (*milit.*), abbattuta.

abat-jour (skylight) (*bldg.*), lucernario.

a - battery, A - battery (*thermion.*), batteria di accensione, batteria di filamento.

abattoir (slaughterhouse) (*bldg.*), macello, mattatoio.

abat-vent (sloping metal strips, or boards, for air passage) (*ind. - bldg. - etc.*) feritoie di ventilazione. **2.** ~ (sloping roof) (*bldg.*), tetto a spiovente.

abaxial (out of the axis) (*a. - opt.*), abassiale.

abb (coarse wool: as from the fleece legs) (*text. ind.*), lana di qualità scadente.

abbey (*bldg.*), abbazia.

abbreviate (to) (to shorten) (*gen.*), abbreviare.

"ABC" (Audit Bureau of Circulation) (*adver. - journ.*), IAD, Istituto Accertamento Diffusione. **2.** ~, abc (automatic brightness control) (*telev.*), regolatore automatico di luminosità.

abcoulomb (absolute coulomb, equivalent to 10 coulombs) (*elect. meas.*), coulomb assoluto.

"ABDC" (after bottom dead center) (*mot.*), dopo il punto morto inferiore.

abeam (*adv. - naut.*), al traverso.

"abend" (ABnormal END, abnormal termination; the breaking of an action: abort, abandon) (*comp.*), interruzione, abbandono.

aberration (*opt.*), aberrazione. **2.** ~ meter (*opt. instr.*), aberrometro. **3.** ~ of light (*opt.*), aberrazione della luce. **4.** chromatic ~ (*opt.*), aberrazione cromatica. **5.** spherical ~ (*opt.*), aberrazione sferica.

aberrometer (aberration meter) (*opt. instr.*), aberrometro.

aberroscope (for observing the aberration of the eye) (*med. - opt.*), aberroscopio.

abfarad (absolute farad, equivalent to 10^9 farads) (*elect. meas.*), farad assoluto.

abhenry (absolute henry, equivalent to 10^{-9} henrys) (*elect. meas.*), henry assoluto.

ability (cleverness, skill in doing something) (*gen.*), capacità, abilità. **2.** ~ (*ind. psychol.*), abilità. **3.** ~ to organize (*organ.*), capacità organizzativa. **4.** managerial ~ (*management*), capacità direzionale.

ablation (removal) (*gen.*), ablazione, asportazione. **2.** ~ (removal of the protective coating of a space vehicle entering the atmosphere) (*astric.*), ablazione. **3.** heat of ~ (*thermod. - astric.*), calore di ablazione.

ablator (spacecraft thermal protection) (*astric.*), scudo termico. **2.** charring ~ (*astric.*), scudo termico a carbonizzazione superficiale.

ablaze (*a. - gen.*), in fiamme.

"ABM" (Anti Ballistic Missile) (*milit.*), missile, antimissile balistico.

abmho (*elect. meas.*), unità elettromagnetica di conduttanza, 10^9 mho, 10^9 siemens.

"abn", " ABN" (airborne) (*aer.*), aviotrasportato. **2.** ~ (aerodrome beacon) (*aer.*), aerofaro di aerodromo.

abnormal (*a. - gen.*), anomalo.

abnormality, anormalità.

aboard (*naut.*), a bordo.

abohm (absolute ohm, equivalent to 10^{-9} ohms) (*elect. meas.*), ohm assoluto.

a - bomb, A - bomb (short for atomic bomb) (*milit. expl.*), bomba atomica.

a - bomber (delivering nuclear weapons) (*air force*), bombardiere atomico, aereo equipaggiato con bomba atomica (o con armi nucleari).

abort (unwanted and premature ending of a mission) (*astric. - etc.*), fallimento. **2.** ~ (abnormal termination: the breaking of an action) (*gen. - comp.*), interruzione di un'azione.

abort (to) (as a program) (*comp.*), fare abortire, interrompere.

about face! (*milit.*), dietro front!

about-face (as in motor racing) (*aut. - sport*), testacoda.

about ship (to), **about-ship** (to) (*naut.*), virare di bordo.

about-turn (*see*), about-face.

above-water (*a. - naut.*), sopracqua, sopracqueo. **2.** ~ torpedo tube (*navy*), lanciasiluri sopracqueo.

"abr" (all brand removed) (as from the sheep skins: in wool ind.) (*text. ind.*), senza marche.

abradant, *see* abrasive.

abrade (to) (to rub or wear by friction) (*mech.*), abradere. molare.

abrader (testing mach. for rubber mfg.) (*rubb. ind.*), dispositivo per abrasione.

abrasiometer (*meas. instr.*), apparecchio per misurare la resistenza alla abrasione.

abrasion (*phys.*), abrasione. **2.** ~ resistance (as of a paint) (*technol.*), resistenza all'abrasione. **3.** ~ test (*civ. eng.*), prova di abrasione. **4.** ~ tester (*text. app.*), usometro.

abrasionproof (*material*), resistente all'abrasione.

abrasive (*a. - n.*), abrasivo. **2.** ~ belt grinding machine (*mach. t.*), lapidello a nastro abrasivo. **3.** ~ paper (rubbing paper) (*mech. - carp. - etc.*), carta abrasiva. **4.** ~ power (*material*), potere abrasivo. **5.** ~ slurry (*technol.*), pasta abrasiva.

abreast (abeam of) (*naut.*), al traverso di. **2.** ~ (side by side) (*naut. - aer.*), affiancato.

abreuvoir (mortar joint between the stones of a wall) (*mas.*) (Brit.), strato di malta.

"abri" (a shelter) (*milit.*), ricovero scavato.

abridge (to) (to reduce, to diminish) (*gen.*), ridurre.

abridgement (abridgment, abbreviation) (*gen.*), abbreviazione. **2.** ~ (reduction, as of expenses) (*adm.*), riduzione, "taglio".

abroad (outside) (*adv. - gen.*), fuori. **2.** ~ (in foreign countries) (*adv. - gen.*), all'estero.

abrogate (to) (*law*), abrogare.

abrogation (*law*), abrogazione.

"ABS" (acrylonitrile - butadiene - styrene) (*chem. ind.*), ABS, acrilonitrile - butadiene - stirene. **2.** ~ (American Bureau of Shipping) (*naut.*), Registro Navale Americano. **3.** ~ , *see* Air Bearing Surface. **4.** ~ , *see* antilock braking system.

"abs" (absolute: as of temperature) (*a. - phys.*), assoluto. **2.** ~ (air-break switch) (*elect. device*), interruttore ad apertura in aria.

abscissa (*math.*), ascissa.

"ABS-CLG" (absolute ceiling) (*aer.*), tangenza teorica, quota di tangenza teorica.

absence (*gen. - milit.*), assenza. **2.** ~ without leave (*milit. - etc.*), assenza abusiva.

absent (*a. - gen.*), assente.

absentee (*n. - gen.*), assente.

absenteeism (as of a worker) (*pers.*), assenteismo.

absolute (*a. - gen.*), assoluto. **2.** ~ (as of an essential oil) (*perfumery*), assoluto, puro. **3.** ~ addressing (the physical address) (*comp.*), indirizzamento assoluto. **4.** ~ alcohol (*chem.*), alcool assoluto. **5.** ~ altimeter (calculating the time needed to a radio wave to be reflected back from earth) (*aer.*), radioaltimetro. **6.** ~ blocking, *see* block system. **7.** ~ ceiling (*aer.*), tangenza teorica, quota massima teorica. **8.** ~ coding, *see* ~ programming. **9.** ~ humidity (*meteorol.*), umidità assoluta. **10.** ~ instruction (*comp.*), istruzione effettiva. **11.** ~ luminosity (*astrophys.*), luminosità assoluta. **12.** ~ magnitude (*astr.*), grandezza assoluta. **13.** ~ parallax (*astr.*), parallasse assoluta. **14.** ~ pressure (*phys.*), pressione assoluta. **15.** ~ scale (of temperature, the zero of which is −273.1 °C) (*therm.*), scala assoluta. **16.** ~ system (system of physical units, as the cgs system) (*meas.*), sistema (di misura) assoluto. **17.** ~ system (coordinate system in which all coordinates are measured from a fixed point of origin) (*math.*), sistema assoluto. **18.** ~ temperature (*phys.*), temperatura assoluta. **19.** ~ unit (*phys.*), unità assoluta. **20.** ~ vacuum (*phys.*), vuoto assoluto. **21.** ~ value (*math.*), valore assoluto. **22.** ~ viscosity (coefficient of viscosity) (*phys.*), coefficiente di viscosità. **23.** ~ weight (as of grain) (*agric.*), peso specifico. **24.** ~ zero (– 273.1 °C; – 459.6 °F) (*phys. chem.*), zero assoluto. **25.** ~ zero point (point of absolute zero for all machine axes and at which counting is started in numerically controlled machines) (*mach. t.*), punto zero assoluto.

absorb (to) (*phys.*), assorbire.

absorbance, absorbancy, *see* absorbency.

absorbed (as power from a drive, energy etc.) (*a. - mech.*), assorbito.

absorbency (meas. of radiant energy absorbed as from a solution) (*phys.*), coefficiente di assorbimento, fattore di assorbimento. **2.** ~ (capacity of absorbing radiation) (*phys.*), assorbanza.

absorbent (*a.*), assorbente. **2.** ~ (*n.*), sostanza assorbente. **3.** ~ cotton (*med.*), cotone idrofilo.

absorber (*atom phys.*), assorbitore. **2.** HCl ~ (*chem. ind. app.*), assorbitore di HCl. **3.** remote-controlled shock ~ (*mech.*), ammortizzatore telecomandato, ammortizzatore regolabile a distanza. **4.** shock ~ (as of aut.) (*mech.*), ammortizzatore.

absorbing (*gen.*), assorbente. **2.** ~ power (as of porous materials for fluids) (*civ. eng. - etc.*), potere assorbente.

absorptance (ratio of the light absorbed by a body to the light which enters it) (*phys.*), coefficiente (o fattore) di assorbimento, potere assorbente.

absorptiometer (for meas. the absorption of gases by liquids) (*phys. instr.*), misuratore di assorbimento.

absorption (*atom phys. - acous.*), assorbimento. **2.** ~ (as of water) (*phys.*), assorbimento. **3.** ~ (process of being absorbed and then transformed) (*med.*), assimilazione, assorbimento durante il quale l'assorbente subisce un cambiamento fisico o chimico (o tutti e due). **4.** ~ (*radio*), assorbimento, attenuazione. **5.** ~ (*radio*), *see also* attenuation. **6.** ~ band (spectrology) (*phys. - opt.*), banda d'assorbimento. **7.** ~ coefficient (*chem. - opt. - illum.*), coefficiente di assorbimento. **8.** ~ edge (as of X-rays) (*phys.*), limite di assorbimento. **9.** ~ factor (coefficient of absorption) (*illum. - phys.*), coefficiente di assorbimento. **10.** ~ line (spectrology) (*phys. - opt.*), riga di assorbimento. **11.** ~ loss (*und. acous. - etc.*), perdita per assorbimento. **12.** ~ spectrum (*phys. - opt.*), spettro di assorbimento. **13.** ~ system refrigerator (*thermod. mach.*), frigorifero ad assorbimento. **14.** ~ tube (*chem.*), tubo di assorbimento. **15.** acoustic ~ (*acous.*), assorbimento acustico. **16.** atmospheric ~ (due to ionization of the atmosphere) (*radio*), assorbimento atmosferico. **17.** ground ~ (*radio*), assorbimento del suolo. **18.** oil ~ (quantity of oil required to bind pigments) (*paint.*), assorbimento d'olio, presa d'olio. **19.** parasitic ~ (parasitic capture: of a not utilized neutron) (*atom. phys.*), cattura parassita. **20.** self- ~ (as of radiations) (*radioact. - etc.*), autoassorbimento.

absorptive (*a.*), assorbente. **2.** ~ power (*phys.*), potere assorbente.

absorptivity (as of radiant heating penetrating the body surface and being absorbed) (*heating ind.*), "assorbività", capacità di assorbire energia radiante. **2.** ~ (as of an incident radiation) (*phys.*), coefficiente (o fattore) di assorbimento. **3.** ~, *see also* absorptive power.

abstatunit (absolute electrostatic unit) (*phys. - meas.*), unità elettrostatica assoluta.

abstract (epitome, compendium) (*gen.*), compendio, estratto. **2.** ~ mathematics (*math.*), matematica pura. **3.** ~ mechanics (*theor. mech.*), meccanica razionale. **4.** ~ of statistics (*stat.*), compendio statistico. **5.** automatic ~ (summary of a document) (*comp.*), sommario automatico, breve riassunto automatico.

abstract (to) (to separate) (*gen.*), separare, estrarre. **2.** ~ (to summarize) (*gen. - comp.*), riassumere, sommarizzare.

abundance (*gen.*), abbondanza. **2.** isotopic ~ (*atom phys.*), abbondanza isotopica.

aburton (said of barrels, etc. arrangement) (*a. - naut.*), al traverso, per madiere.

abut (to) (as of an arch) (*bldg.*), appoggiarsi. **2.** ~ (*v. i. - mech.*), attestarsi. **3.** ~ (*v. t. - mech. - etc.*), attestare.

abutment (as of a bridge) (*arch.*), spalla. **2.** ~ (contact point) (*mech.-bldg.*), attestatura. **3.** ~ (that which receives thrust) (*bldg.*), appoggio. **4.** ~ (anchorage) (*bldg.*), ancoraggio. **5.** ~ pier (*bldg.*), spalla d'appoggio, piedritto.

abuttal (land boundaries) (*agric. - law*), confine.

abutting (*a. - gen.*), contiguo, adiacente. **2.** ~ end (or surface) (*mech.*), battuta, attestatura. **3.** ~ joint (*mech. - carp.*), giunzione con attestatura (ad angolo).

"abv" (above) (*gen.*), *see* above.

abvolt (absolute volt, equivalent to 10^{-8} volts) (*elect. meas.*), volt assoluto.

abyssal (*oceanography*), abissale.

"AC" (alternating current) (*elect.*), corrente alternata. **2.** ~ (account current) (*finan.*), conto corrente, c/c. **3.** ~ (as cast) (*a. - found.*), di fusione. **4.** ~ (automatic computer) (*comp.*), calcolatore automatico. **5.** ~ (alto cumulus) (*meteor. - aer.*), alto cumulo. **6.** ~, *see also* absolute ceiling, Automobile Club.

"ac", *see* acre.

acacia (*wood*), acacia, robinia.

academy (*milit. - etc.*), accademia. **2.** naval ~ (*navy*), accademia navale.

acanthite (Ag_2S) (*min.*), acantite.

acanthus (ornamentation in Corinthian capital) (*arch.*), acanto.
"ACC" (automatic chroma control) (*color telev.*), regolatore automatico del colore. **2.** ~ (adaptive control constraint) (*n. c. mach. t.*), comando adattativo limitato, regolazione limitata.
"acc", *see* acceleration.
accelerate (to) (*mech.*), accelerare. **2.** ~ (to gear up, as the production) (*ind.*), accelerare.
accelerated (*gen.*), accelerato. **2.** ~ (motion) (*a. - mech.*), accelerato. **3.** ~ test (as a corrosion test) (*technol.*), prova accelerata.
accelerating (*gen.*), accelerante, che accelera. **2.** ~ jet (of carburetor: for abrupt accelerations) (*mot.*) (Am.), getto compensatore.
acceleration (*theor. mech.*), accelerazione. **2.** ~ (act of pressing the throttle pedal) (*aut.*), accelerata. **3.** ~ pump (of a carburetor) (*mot.*), pompa di accelerazione. **4.** ~ time (time necessary, as to a magnetic tape or a disk, to reach the operating speed) (*comp.*), tempo di accelerazione. **5.** angular ~ (*theor. mech.*), accelerazione angolare. **6.** average ~ (*theor. mech.*), accelerazione media. **7.** centripetal ~ (*theor. mech.*), accelerazione centripeta. **8.** gravity ~ (*phys.*), accelerazione di gravità. **9.** normal ~ (*theor. mech.*), accelerazione centripeta. **10.** starting ~ (*theor. mech.*), accelerazione d'avviamento. **11.** tangential ~ (*theor. mech.*), accelerazione tangenziale. **12.** uniform ~ (*theor. mech.*), accelerazione uniforme.
accelerator (*mech.*), acceleratore. **2.** ~ (accelerating electrode in a cathode-ray tube) (*telev.*), elettrodo acceleratore. **3.** ~ (device used to impress speed to charged particles) (*atom. phys.*), acceleratore, dispositivo di accelerazione. **4.** ~ (pump for circulating water: as in a heating system) (*pump*), pompa di circolazione. **5.** ~ (substance used to accelerate the setting of gypsum plaster) (*bldg.*), accelerante (della presa). **6.** ~ (used for increasing the rate of development) (*phot. - chem.*), acceleratore. **7.** accelerators (substances which hasten the speed of a reaction) (*chem.*), acceleratori, acceleranti. **8.** ~ pedal (as of aut.) (*mech.*), pedale dell'acceleratore. **9.** foot ~ (as of aut.) (*mech.*), acceleratore a pedale. **10.** ion ~ (*atom. phys.*), acceleratore di ioni. **11.** linear ~ (*atom phys.*), acceleratore lineare. **12.** magnetic gradient ~ (MGA) (*atom phys.*), acceleratore a gradiente magnetico, AGM. **13.** pedal ~ (as of aut.) (*mech.*), acceleratore a pedale. **14.** tandem ~ (electrostatic accelerator of ions) (*atom. phys.*), acceleratore tandem. **15.** vulcanization ~ (*chem. ind.*), accelerante della vulcanizzazione.
accelerograph (*aer. - etc. instr.*), accelerografo.
accelerometer (*mech. - naut. - aer. - aut. - etc. instr.*), accelerometro. **2.** impact ~ (*aer. instr.*), accelerometro di impatto. **3.** statistical ~ (recording the accelerations exceeding a predetermined value) (*aer. instr.*), accelerometro statistico.
accent (*print.*), accento.
accentuator (~ circuit: for reducing distortion by emphasis) (*elics.*), circuito di enfasi.
accept (to) (*comm.*), accettare. **2.** ~ (by quality control) (*mech. technol.*), accettare. **3.** ~ a signal (*radio - etc.*), accusare ricevuta di un segnale.
acceptable (reasonable, as a price) (*comm.*), accettabile. **2.** ~ quality level (AQL) (*quality control*), livello di qualità accettabile, LQA.
acceptance (as of a bill) (*comm.*), accettazione. **2.** ~ (as of mech. aer., naut., etc. product) (*comm.*), accettazione. **3.** ~ flight test (*aer.*), collaudo in volo. **4.** ~ number (by quality control) (*technol.*), numero di accettazione. **5.** ~ quality level (by quality control) (*technol.*), livello di qualità accettabile. **6.** ~ quality limit (acceptance quality level, AQL) (*quality control*), livello di qualità accettabile. **7.** ~ test (as of aer., ship etc.) (*ind.*), collaudo di accettazione. **8.** clean ~ (general acceptance) (*comm.*), accettazione incondizionata, accettazione senza riserve. **9.** conditional ~ (qualified acceptance) (*comm.*), accettazione condizionata. **10.** general ~ (clean acceptance) (*comm.*), accettazione incondizionata, accettazione senza riserve. **11.** non- ~ (*law*), mancata accettazione. **12.** qualified ~ (conditional acceptance) (*comm.*), accettazione condizionata.
accepted (*a. - comm. - etc.*), accettato.
acceptor (as of protons) (*atom phys.*), accettore. **2.** ~ (permitting reception of a given frequency only) (*radio*), filtro. **3.** ~ (of a semiconductor) (*elics.*), accettore, atomo accettore, impurità conduttrice. **4.** ~ circuit (*radio*), circuito accettore. **5.** electron ~ (*phys. chem.*), accettore di elettroni.
access (passageway) (*bldg.*), corridoio. **2.** ~ (as to a room) (*gen.*), accesso. **3.** ~ (possibility of writing or reading data from a storage) (*comp.*), accesso. **4.** ~ arm (for read/write head positioning) (*comp. storage*), braccio di accesso, braccio di lettura/scrittura. **5.** ~ door (*bldg.*), porta d'accesso. **6.** ~ eye (*pip. - bldg.*), *see* rodding eye. **7.** ~ method (as to a storage) (*comp.*), metodo di accesso. **8.** ~ time (time required to extract data from storage) (*comp.*), tempo di accesso. **9.** basic ~ method (*comp.*), metodo di accesso (di) base. **10.** direct ~ (as to or from an item of a file) (*comp.*), accesso diretto. **11.** direct memory ~, "DMA" (as to or from storage) (*comp.*), accesso diretto in memoria. **12.** fast ~ (as to the storage) (*comp.*), accesso rapido. **13.** parallel ~ (simultaneous access) (*comp.*), accesso (in) parallelo. **14.** random ~ (similar to direct access: both without sequential search) (*comp.*), accesso casuale. **15.** sequential ~ (subjected to a sequential search: as on magnetic or paper tapes, punched cards etc.) (*comp.*), accesso sequenziale. **16.** serial ~ (relating to storages with sequential access system) (*comp.*), accesso seriale. **17.** simultaneous ~ (parallel access) (*comp.*), accesso (in) parallelo.
accessibility (*gen.*), accessibilità.

accessible (*a.* - *gen.*), accessibile. **2.** ~ terminal (*elect.*), morsetto accessibile.
accessory (*n.* - *gen.*), accessorio. **2.** ~ (*a.* - *mech.*), ausiliario. **3.** ~ (as of an engine) (*n.* - *mech.*), accessorio. **4.** ~ gearbox (of an aircraft engine) (*aer.* - *mot.*), scatola comandi ausiliari, centralina comandi ausiliari. **5.** motor vehicle ~ (*aut.*), autoaccessorio, accessorio per autoveicoli. **6.** right-hand (or clockwise) ~ (looking at the driven end) (*mech.*), accessorio destrorso.
accident, infortunio. **2.** ~ (as aut., railw. etc.), incidente, sinistro. **3.** ~ (a superficial irregularity, as of the earth) (*phys. geogr.* - *astr.*), irregolarità superficiale. **4.** ~ insurance (*law*), assicurazione contro gli infortuni. **5.** ~ on the job (*ind.* - *med.*), infortunio sul lavoro. **6.** ~ prevention (*ind.*), prevenzione infortuni, antinfortunistica. **7.** industrial ~ (*ind.* - *med.* - *etc.*), infortunio sul lavoro. **8.** maximum credible ~ (that can happen from human errors and adverse causes) (*atom. phys.*), massimo incidente ipotizzabile. **9.** works ~ (*ind.* - *med.*), infortunio sul lavoro.
accidental (casual) (*gen.*), accidentale.
"accidentology" (traffic accidents study) (*aut. safety*), studio ed analisi degli incidenti.
acclivity (side of a hill considered as ascending) (*top.*), acclività.
accommodate (to) (to adapt) (*gen.*), adattare. **2.** ~ (to supply sleeping quarters) (*gen.*), alloggiare.
accommodation (*gen.*), adattamento. **2.** ~ (of the eye to the distance) (*opt.*), accomodamento, adattamento. **3.** ~ (a loan) (*comm.*), prestito, mutuo. **4.** ~ bill (accomodation draft, windbill, kite) (*comm.*), cambiale di comodo. **5.** ~ coefficient (efficiency of a fluid in eliminating heat from a surface) (*thermod.*), coefficiente di asportazione del calore da parte del fluido. **6.** ~ ladder (*naut.*), scala di accesso alle imbarcazioni sottobordo. **7.** ~ plan (*naut.*), piano (o pianta) degli alloggi. **8.** ~ train (a local service passenger train stopping at all stations) (*railw.*) (Am.), treno omnibus, accelerato (*s.*).
accommodations (as of lodging at a hotel) (*gen.*), posti. **2.** ~ (*naut.*), alloggiamenti, cabine. **3.** ~ for standing passengers (*aut.* - *railw.*), posti in piedi. **4.** ~ of the crew (*naut.*), alloggi per l'equipaggio.
accord (of sound) (*music*), accordo.
according to (*gen.*), secondo..., in conformità con...
accordion (folding door) (*bldg.*) (Brit.), porta a libro, porta a soffietto. **2.** ~ folding (as of paper) (*gen.*), pieghettatura. **3.** ~ hood (top portion of a vestibule diaphragm) (*railw.*), cielo del mantice.
accost (to) (*gen.*), avvicinare.
account (computation) (*adm.* - *comm.*), conto. **2.** ~ (sum of money deposited in a bank), conto. **3.** ~ balance (current account) (*adm.* - *bank*), estratto conto. **4.** ~ book (*accounting*), libro di contabilità. **5.** ~ book paper (*paper mfg.*), carta da registri. **6.** ~ current, A/C (*comm.*), conto corrente. **7.** ~ holder (*finan.*), titolare di un conto. **8.** ~ number (*accounting* - *comp.*), numero di conto. **9.** ~ of manufacture (*ind.*), conto lavorazione. **10.** accounts payable (*accounting*), conti passivi. **11.** ~ payee only (to be directly paid only to the payee: of a check) (*finan.* - *comm.*), non trasferibile. **12.** accounts receivable (*accounting*), conti attivi. **13.** ~ stated (*finan.* - *comm.*), estratto conto concordato. **14.** ~ status (*accounting*), posizione di un conto. **15.** appropriation ~ (part of profit set aside for expenditure purposes) (*adm.* - *finan.*), conto di accantonamento. **16.** blocked ~ (no cash) (*adm.* - *finan.*), conto bloccato. **17.** book of accounts (*accounting*), libro contabile, registro contabile. **18.** cash ~ (*adm.*), conto cassa. **19.** closing of accounts (*accounting*), chiusura dei conti. **20.** dead ~ (*finan.*), conto estinto. **21.** deposit ~ (*finan.* - *bank*), conto di deposito. **22.** equalization ~, *see* equalization fund. **23.** expense ~ (*pers.* - *adm.*), nota spese. **24.** income and expediture ~ (*adm.*), conto delle entrate e delle uscite. **25.** job cost ~ (*adm.*), consuntivo. **26.** nominal ~ (*adm.*), conto nominale. **27.** numbered ~ (*bank* - *adm.*), conto numerato. **28.** on ~ (on advance payment) (*comm.* - *adm.*), in acconto. **29.** open ~ (presumes a postponed payment) (*comm.*), conto aperto. **30.** payment on ~ of (*comm.*), pagamento in conto di. **31.** post office ~ (*comm.*), conto corrente postale. **32.** profit and loss ~ (*adm.*), conto (dei) profitti e (delle) perdite. **33.** proof of ~ (*finan.*), prova dei conti. **34.** purchase accounts department (of a firm) (*accounting*), reparto contabilità (del servizio) acquisti. **35.** real ~ (*adm.*), conto patrimoniale. **36.** receivable and payable accounts (*accounting*), conti dei crediti e debiti. **37.** reserve accounts (*accounting* - *adm.*), conti degli accantonamenti. **38.** revenue ~ (*adm.*), rendiconto dei profitti. **39.** statement of ~ (*comm.*), estratto conto. **40.** trading ~ (*accounting*), rendiconto commerciale.
account (to) for (*gen.*), rendere conto di, essere responsabile di.
accountability (*adm.*), responsabilità. **2.** ~ for funds (*adm.*), responsabilità dei fondi di cassa. **3.** ~ for property (*adm.*), responsabilità degli oggetti di proprietà.
accountable (responsible) (*a.* - *gen.*), responsabile.
accountancy (*adm.*), ragioneria, contabilità.
accountant (*adm.*), contabile, ragioniere. **2.** ~ in bankruptcy (*finan.*), curatore di fallimento. **3.** actual cost ~ (*adm.* - *ind.*), consuntivista. **4.** certified public ~ (C.P.A.) (Am.), ragioniere (riconosciuto dallo Stato). **5.** chartered ~ (*adm.*), commercialista. **6.** chief ~ (*factory management*), capo ufficio contabilità. **7.** cost ~ (*factory management*), capoufficio costi.
accounting (*adm.*), contabilità. **2.** ~ cycle (*adm.*), ciclo contabile. **3.** ~ department (as of a factory), ufficio contabilità, contabilità. **4.** ~ period (period of time between two consecutive balance sheets) (*adm.*), esercizio finanziario. **5.** cost ~

(*accounting*), contabilità industriale. **6.** electrical ~ machine, "EAM" (*factory adm. - etc.*), macchina elettrocontabile. **7.** electrical ~ machine department (disposing of the "EAM" equipment) (*factory adm. - etc.*), servizio macchine elettrocontabili. **8.** financial ~ (*accounting*), contabilità finanziaria. **9.** general ~ (general accounts) (*adm.*), contabilità generale. **10.** job order cost ~ (*accounting*), contabilità dei costi (divisa) per commessa. **11.** main ledger ~ (*accounting*), contabilità a schede di mastro. **12.** management ~ (as inside a company) (*adm. - finan.*), contabilità di gestione. **13.** payroll ~ (*adm.*), contabilità personale. **14.** property ~ (*accounting - adm.*), contabilità patrimoniale, contabilità di beni patrimoniali. **15.** stocks ~ (*accounting*), contabilità di magazzino.

accouterment, accoutrement (*naut.*), equipaggiamento.

accouterments (*milit.*), corredo militare (oltre il vestiario e le armi).

accretion (*gen.*), accrescimento.

accrued (matured, as interest, but not yet payable) (*accounting*), maturato ma non ancora pagabile. **2.** ~ income (as in a balance sheet) (*accounting*), eccedenza attiva, rateo attivo. **3.** ~ liability (accrued expense, as in a balance sheet) (*accounting*), eccedenza passiva, rateo passivo. **4.** ~ taxes and other expenses (in a balance sheet) (*accounting*), fondo imposte ed altre spese.

accumulate (to) (*gen.*), accumulare.

accumulator (storage cell) (*elect.*), elemento di accumulatore. **2.** ~ (storage battery) (*elect.*) (Brit.), batteria (di accumulatori). **3.** ~ (hydraulic etc.) (*app.*), accumulatore. **4.** ~ (of a computer: device storing numbers and adding to them the other numbers received) (*comp.*), accumulatore. **5.** ~ (*elect.*), *see also* battery. **6.** gas-charged ~ (*hydr.*), accumulatore con carica di gas. **7.** hydraulic ~ (*hydr. mach.*), accumulatore idraulico. **8.** pressure ~ (tank containing air under pressure and water: for levelling water hammering in water piping) (*pip.*), campana pneumatica. **9.** pressure ~ (air reservoir to be installed in proximity of utilizers: as in a compressed air piping system) (*pip.*), serbatoio polmone. **10.** running ~ (push - down storage) (*comp.*), memoria ad impilaggio. **11.** springloaded ~ (*hydr.*), accumulatore a molla. **12.** steam ~ (*ind.*), accumulatore di vapore. **13.** weighted ~ (*hydr.*), accumulatore con contrappeso.

accuracy precisione. **2.** ~ of fire (of firearms) (*milit.*), precisione di tiro. **3.** ~ of practice (as of firearms) (*milit.*), precisione dell'esercitazione. **4.** ~ rating (*instr.*), classe di precisione. **5.** dimensional ~ (*mech. - etc.*), precisione dimensionale. **6.** limit of ~ (of machined parts) (*mech.*), grado di precisione.

accurate (*a. - gen.*), preciso.

accusation (*law*), accusa.

accuse (to) (*law*), accusare.

AC-DC motor (alternating current - direct current motor) (*elect. mot.*), motore universale.

ace (a champion) (*sport*), asso, campione. **2.** ~ (*aer. - air force*), asso. **3.** ~ (particle) (*phys.*), particella.

acentric (*a. - gen.*), senza centro.

"ACET" (acetylene gas) (*ind.*), acetilene.

acetaldehyde (CH_3CHO) (*chem.*), acetaldeide.

acetate (*chem.*), acetato. **2.** ~ (product made of cellulose acetate, as a sheet) (*phot.*), foglio di acetato di cellulosa. **3.** ~ film (safety film) (*phot. - m. pict.*), pellicola all'acetato di cellulosa. **4.** cellulose ~ (*chem.*), acetato di cellulosa. **5.** polyvinyl ~ (*chem. - plastics*), acetato di polivinile.

acetation, *see* acetification.

acetic (*a. - chem.*), acetico.

acetification (as by fermentation) (*chem.*), acetificazione.

acetify (to) (*chem.*), acetificare.

acetimeter, acetometer (*chem. instr.*), acetometro.

acetone (C_3H_6O) (*chem.*), acetone.

acetyl (radical CH_3CO—) (*chem.*), acetile.

acetylcellulose (cellulose acetate) (*chem.*), acetilcellulosa, acetato di cellulosa.

acetylene (C_2H_2) (*chem.*), acetilene. **2.** ~ black (as for dry cells, rubber mfg. etc.) (*ind.*), nero di acetilene. **3.** ~ burner (*ind.*), becco ad acetilene. **4.** ~ cylinder (*ind.*), bombola di acetilene. **5.** ~ generator (*ind.*), generatore di acetilene. **6.** ~ series (*chem.*), serie dell'acetilene. **7.** ~ welding, *see* oxyacetylene welding. **8.** direct-generation ~ (*ind.*), acetilene di produzione diretta. **9.** dissolved ~ gas (*ind.*), acetilene disciolto.

"acft" (short for aircraft) (*aer.*), aeromobile.

achromat, *see* achromatic lens.

achromatic (*a. - opt.*), acromatico. **2.** ~ lens (*opt.*), lente (o obiettivo) acromatica. **3.** ~ prism (*opt.*), prisma acromatico.

achromaticity (*opt.*), acromatismo.

achromatism (*opt.*), acromatismo.

achromatization (*opt. - phot.*), acromatizzazione.

achromatize (to) (as in lenses mfg.) (*opt.-phot.*), acromatizzare.

"AChS" (American Chemical Society) (*chem.*), Associazione Chimica Americana.

"ACI" (American Concrete Institute) (*bldg.*), Istituto Americano Cemento Armato.

acicular (*a. - gen.*), aghiforme. **2.** ~ (acicular: as cast iron) (*a. -found.*), aciculare. **3.** ~, *see also* needlelike, needle-shaped.

acid (*chem.*), acido. **2.** ~ bath (as in the photoengraving process) (*photo-mech.*), bagno d'acido. **3.** ~ brown (an acid dye used for coloring wool) (*text. ind.*), colorante acido (di colore) marrone. **4.** ~ egg (container from which the acid is forced by compressed air) (*chem. ind.*), contenitore per acidi svuotabile mediante aria compressa. **5.** ~ hose (*ind. chem. impl.*), tubo flessibile per acidi. **6.** ~ number, *see* acid value. **7.** ~ oil (a mixture of fatty acids and oil, as used for the manufacture of soap) (*chem. ind.*), miscela di acidi grassi ed olio. **8.** ~ process (*metall.*), procedimento acido. **9.** ~ radical (*chem.*), radicale acido. **10.** ~ reaction (*chem.*), reazione acida. **11.** ~ resistance (as of a paint) (*technol.*), resistenza agli acidi. **12.** ~ size (*paper mfg.*), colla acida. **13.** ~ steel (*metall.*), acciaio ottenuto con processo Bessemer (acido). **14.** ~ test (*chem.*), prova dell'acidità. **15.** ~ value (number of mg of potassium hydroxide required to neutralize the free fatty acids in 1 g of substance) (*chem.*), numero di acidità. **16.** acetic ~ (CH_3COOH) (*chem.*), acido acetico. **17.** aliphatic ~ (*chem.*), acido alifatico. **18.** ascorbic ~ (vitamin C) (*pharm.*), acido ascorbico. **19.** benzoic ~ (C_6H_5COOH) (*chem.*), acido benzoico. **20.** boric ~ (H_3BO_3) (*chem.*), acido borico. **21.** cacodylic ~ [$(CH_3)_2AsO.OH$] (*chem.*), acido cacodilico. **22.** carbolic ~ (C_6H_5OH) (*chem.*), acido fenico. **23.** carbonic ~ (H_2CO_3) (*chem.*), acido carbonico. **24.** chlorosulphonic ~ (SO_2OHCl) (*chem.*), acido clorosolfonico. **25.** chromic ~ (H_2CrO_4) (*chem.*), acido cromico. **26.** citric ~ ($C_6H_8O_7$) (*chem.*), acido citrico. **27.** concentrated ~ (*chem.*), acido concentrato. **28.** fatty ~ (*chem.*), acido grasso. **29.** formic ~ ($HCOOH$) (*chem.*), acido formico. **30.** fulminic ~ ($HCNO$) (*chem.*), acido fulminico. **31.** fuming sulphuric ~ (oleum) ($H_2S_2O_7$) (*chem.*), oleum, acido solforico fumante. **32.** highly (or lowly) concentrated ~ (*chem.*), acido molto (o poco) concentrato. **33.** hydriodic ~ (HI) (*chem.*), acido iodidrico. **34.** hydrochloric ~ (HCl) (*chem.*), acido cloridrico. **35.** hydrocyanic ~ (prussic acid) (HCN) (*chem.*), acido cianidrico, acido prussico. **36.** hydrofluoric ~ (HF) (*chem.*), acido fluoridrico. **37.** lactic ~ (*chem.*), acido lattico. **38.** metaphosphoric ~ (HPO_3) (*chem.*), acido metafosforico. **39.** muriatic ~ (HCl) (*chem.*), acido muriatico. **40.** nitric ~ (HNO_3) (*chem.*), acido nitrico. **41.** nitromuriatic ~, *see* aqua regia. **42.** oleic ~ ($C_{18}H_{34}O_2$) (*chem.*), acido oleico. **43.** orthophosphoric ~ (H_3PO_4) (*chem.*), acido ortofosforico. **44.** oxalic ~ ($H_2C_2O_4$) (*chem.*), acido ossalico. **45.** palmitic ~ ($C_{16}H_{32}O_2$) (*chem.*), acido palmitico. **46.** periodic ~ ($H IO_4$) (*chem.*), acido periodico. **47.** picric ~ [$C_6H_2(NO_2)_3OH$] (*chem.*), acido picrico. **48.** platinocyanic ~ ($H_2[Pt(CN)_4]$) (*chem.*), acido platinocianidrico. **49.** prussic ~ (HCN) (*chem.*), acido prussico. **50.** pyroligneous ~ (*chem.*), acido pirolegnoso. **51.** pyrophosphoric ~ ($H_4P_2O_7$) (*chem.*), acido pirofosforico. **52.** pyrosulphuric ~ ($H_2S_2O_7$) (*chem.*), acido pirosolforico. **53.** salicylic ~ ($HOC_6H_4CO_2H$) (*chem.*), acido salicilico. **54.** selenic ~ (H_2SeO_4) (*chem.*), acido selenico. **55.** selenious ~ (H_2SeO_3) (*chem.*), acido selenioso. **56.** stearic ~ ($C_{18}H_{36}O_2$) (*chem.*), acido stearico. **57.** strong ~ (*chem.*), acido forte. **58.** strong ~ number (mineral acidity, inorganic acidity, number of milligrams of KOH required to titrate the strong acid constituents present in 1 g of sample) (*chem.*), acidità minerale, acidità inorganica. **59.** succinic ~ [$(CH_2)_2CO_2H$] (*chem.*), acido succinico. **60.** sulphamic ~ (NH_2SO_3H) (used as for cleaning metals) (*chem.*), acido solfammico. **61.** sulphuric ~ (H_2SO_4) (*chem.*), acido solforico. **62.** sulphurous ~ (H_2SO_3) (*chem.*), acido solforoso. **63.** tannic ~ (*chem.*), acido tannico. **64.** tartaric ~ ($C_4H_6O_6$) (*chem.*), acido tartarico. **65.** thiosulphuric ~ ($H_2S_2O_3$) (*chem.*), acido tiosolforico, acido iposolforoso. **66.** titanic ~ [$Ti (OH_4)$ (ortho)] [$TiO (OH)_2$ (meta)] (*chem.*), acido titanico. **67.** total ~ number (organic acidity, number of milligrams of KOH required to titrate all acid constituents present in 1 g of sample) (*chem.*), acidità organica. **68.** weak ~ (*chem.*), acido debole.

acidic (acid-forming) (*chem.*), che forma acidi. **2.** ~ (acid) (*chem.*), acido.

acidify (to) (*chem.*), acidificare.

acidimeter (*chem. instr.*), acidimetro.

acidimetry (*chem.*), acidimetria.

acidity (*chem.*), acidità. **2.** inorganic ~, *see* mineral acidity. **3.** mineral ~ (inorganic acidity, strong acid number, number of milligrams of KOH required to titrate the strong acid constituents present in 1 g of sample) (*chem.*), acidità minerale, acidità inorganica. **4.** organic ~ (total acid number, number of milligrams of KOH required to titrate all acid constituents present in 1 g of sample) (*chem.*), acidità organica.

acidness, *see* acidity.

acidproof (*ind. chem.*), inattaccabile dagli acidi, a prova di acido.

acidulate (to) (*chem.*), acidulare.

acierage (steeling: to coat the surface as of a metal plate by iron) (*electrochem. - print.*) (Am.), acciaiatura.

acierate (to) (to transform iron into steel) (*metall.*) (Brit.), trasformare in acciaio.

acieration (the action of coating by a layer of iron) (*metall.*), acciaiatura.

ack-ack, *see* antiaircraft gun (or fire).

acknowledge (to) (as a signal) (*aer. - naut. - railw. - comm.*), accusare ricevuta. **2.** ~ formally (*gen.*), dare atto.

acknowledgement (formal certificate sent to the sender of goods to inform him that goods have been received) (*comm. - law*), ricevuta di ritorno, avviso di (avvenuto) ricevimento. **2.** ~ character (*comp.*), carattere (o segno) di ricevuto.

aclastic (not refracting) (*a. - opt.*), aclastico.

"acld" (air cooled: as of a mot.) (*a. - therm.*), raffreddato ad aria.

aclinic (without dip: of a magnetic needle on the magnetic equator) (*a. - phys.*), acline, senza inclinazione. **2.** ~ line (magnetic equator) (*geophys.*), equatore magnetico.

acme (the top or highest point) (*gen.*), acme. **2.** ~ harrow, *see* pulverizer. **3.** ~ thread (*mech.*), filettatura trapezia.

"ACO" (adaptive control optimisation) (*n. c. mach.*

t.), comando adattativo ottimale, regolazione ottimale.

acockbill (of an anchor: in place, ready for being dropped) (*naut.*), pronta per dar fondo.

acorn (*gen.*), ghianda. **2.** ~ (as at the top of a stairs baluster) (*naut.*), pomo. **3.** ~ valve (*thermion.*), valvola a ghianda.

acoumeter (elect. instr. for measuring acuteness of the sense of hearing) (*acous. instr.*), audiometro. **2.** ~, *see* audiometer.

acoustic, acoustical (*a. - phys.*), acustico. **2.** ~ (said of a musical instr. whose sound has not been modified by electronics) (*a. - acous.*), a suono puro (non modificato mediante l'elettronica). **3.** ~ (an ~ musical instr.) (*n. - mus.*), strumento musicale non elettronico. **4.** ~ absorption (*acous.*), assorbimento del suono. **5.** ~ construction (*bldg.*), costruzione acusticamente isolata. **6.** ~ correction (*acous.*), correzione acustica. **7.** ~ coupler (interface between a normal telephone receiver and a comp. terminal) (*comp.*), accoppiatore acustico. **8.** ~ delay (*acous. - comp.*), ritardo acustico. **9.** ~ displacement (*acous.*), spostamento acustico, elongazione acustica istantanea. **10.** ~ distortion (discrepancy between the sounds as transmitted and as received) (*acous. defect*), distorsione (acustica). **11.** ~ engineer (*technician*), tecnico del suono. **12.** ~ feedback (*acous.*), ritorno acustico. **13.** ~ heating (of a plasma) (*plasma phys.*), riscaldamento acustico. **14.** ~ impedance (*acous. meas.*), impedenza acustica. **15.** ~ inertance, *see* acoustic mass. **16.** ~ interferometer (for wavelength and velocity meas.) (*acous. instr.*), interferometro acustico. **17.** ~ mass (effect of inertia in sound diffusion) (*acous. meas.*), inerzia acustica. **18.** ~ plaster (*mas.*), intonaco fonoassorbente. **19.** ~ properties (*phys.*), proprietà acustiche. **20.** ~ radiation pressure (very small increase of the atmospheric pressure due to the sound waves) (*acous. meas.*), pressione acustica. **21.** ~ reactance (similar to the reactance in a. c. circuits) (*acous. meas.*), reattanza acustica. **22.** ~ reflection factor (or coefficient) (*acous.*), coefficiente di riflessione acustica. **23.** ~ reproduction (*acous.*), riproduzione del suono. **24.** ~ resistance (loss of acoustic energy due to the friction in the medium) (*acous. meas.*), resistenza acustica. **25.** ~ resonance (*acous.*), risonanza acustica. **26.** ~ tiles (*bldg. acous.*), mattonelle fonoisolanti, mattonelle fonoassorbenti. **27.** ~ treatment (*acous. - bldg.*), insonorizzazione, isolamento acustico.

acoustician, esperto in acustica.

acoustics (*acous. sc.*), acustica. **2.** architectural ~ (*acous. - bldg.*), acustica architettonica. **3.** underwater ~ (branch of science which studies the acoustic phenomena in the sea) (*und. acous.*), acustica subacquea.

acoustoelectric, *see* electroacoustic.

acoustooptical (*a. - phys.*), acustoottico.

acoustooptics (interaction between acoustic waves and light waves) (*n. - phys.*), acustoottica.

acquire (to) (*gen.*), acquisire. **2.** ~ (a target, as a submarine, by an acoustic torpedo or a detection system) (*navy - milit.*), acquisire, scoprire.

acquirement (procurement) (*gen.*), acquisizione.

acquisition (*gen.*), acquisizione. **2.** ~ (of a target by a weapon or a detection system) (*navy - milit.*), acquisizione, scoperta. **3.** ~ (due to a buying) (*comm.*), acquisto. **4.** ~ and tracking (of a target) (*milit. - navy*), acquisizione ed inseguimento. **5.** ~ range (performance of an acoustic torpedo or a detection system) (*milit. - und. acous.*), distanza di acquisizione, portata. **6.** data ~ (*comp.*), acquisizione dati.

acquit (to) (*law*), assolvere.

acquittal (*law*), assoluzione.

"ACR" (approach control radar) (*aer. - radar*), avvicinamento controllo radar.

acre (0.4047 ha) (*a. - meas.*), acro.

acridine ($C_{13}H_9N$) (for artificial dyes) (*chem.*), acridina.

acrobatics (*aer.*), *see* aerobatics.

"acrojet" (acrobatic pilot of aerojets) (*air force*), pilota acrobata di aviogetti.

acronym (word made from initial letters of other words: as radar etc.) (*gen.*), acronimo.

across-line (*a. - elect.*), in corto circuito. **2.** ~ start (*elect.*), avviamento in corto circuito.

acroter, acroterion, acroterium, akroter (ornament or pedestal on a pediment) (*arch.*), acroterio.

acrylate (*chem.*), acrilato.

acrylic (*a. - chem.*), acrilico. **2.** ~ (painting, or paint, made by acrylic resin) (*n. - paint.*), verniciatura (o vernice) a base acrilica. **3.** ~ resins (*chem.*), resine acriliche.

"ACS" (American Chemical Society) (*chem.*), Società Chimica Americana. **2.** ~ (adaptive control system, for numerical control) (*n. c. mach. t. - mech.*), comando adattativo.

"acsr" (aluminium cable steel reinforced) (*elect.*), cavo di alluminio armato di acciaio.

act (*gen.*), atto. **2.** ~ (of Parliament) (*law*), legge. **3.** ~ of God (*comm.*), caso di forza maggiore. **4.** unauthorized ~ (*gen.*), atto non autorizzato.

"act" (air-cooled triode) (*radio*), triodo freddato ad aria. **2.** ~, *see also* acting, active, actual.

act (to) (to move) (*mech.*), agire. **2.** ~ as (to function as) (*gen.*), funzionare da.

"actg", *see* acting.

actifier (reactivator) (*chem.*), riattivatore.

acting (holding a transitory position) (*pers.*), facente funzioni. **2.** single ~ (*mech. - etc.*), a semplice effetto.

actinic (*phot. - phys.*), attinico. **2.** ~ light (*phot.*), luce attinica. **3.** ~ rays (*phot.*), raggi attinici.

actinicity (*phys.*), attinicità.

actinism (*phys. - chem.- phot.*), attinicità.

actinium (radioactive element N. 89, atomic weight 227) (Ac - chem.), attinio.

actinochemistry, *see* photochemistry.
actinoelectricity (*elect.*), attino–elettricità, fotoconduttività.
actinometer (*phot. instr.*), esposimetro. **2.** ~ (*phys. instr.*), attinometro.
actinometry (radiations meas.) (*phys.*), attinometria.
actinon (emanation of Actinium) (An - *chem.*), attinon, emanazione radioattiva.
action (*phys.*), azione. **2.** ~ (*milit.*), azione, combattimento. **3.** ~ (mechanism) (*mech.*), meccanismo. **4.** ~ (on the screen) (*m. pict.*), azione. **5.** ~ (process of doing) (*gen.*), azione. **6.** ~ (mechanism for loading, and firing) (*firearm*), meccanismo di caricamento e sparo. **7.** chemical ~ (*chem.*), azione chimica. **8.** defensive ~ (*milit.*), azione difensiva. **9.** delaying ~ (*milit.*), azione di temporeggiamento, azione ritardatrice. **10.** demonstrative ~ (*gen.*), azione dimostrativa. **11.** disciplinary ~ (*pers.*), provvedimento disciplinare. **12.** electrolytic ~ (*chem.*), azione elettrolitica. **13.** entry into ~ (*gen.*), entrata in azione. **14.** fire ~ (*milit.*), azione di fuoco. **15.** flanking ~ (*milit.*), azione di fiancheggiamento. **16.** fleet ~ (*navy*), azione navale. **17.** legal ~ (*law*), azione legale. **18.** line of ~ (of gear teeth) (*mech.*), linea dei contatti. **19.** local ~ (discharge currents in the electrolyte with open circuit) (*electrolytic cell*), autoscarica, scarica in circuito aperto. **20.** naval ~ (*navy*), azione navale. **21.** offensive ~ (*milit.*), azione offensiva. **22.** plane of ~ (of gears) (*mech.*), piano d'azione. **23.** plunge ~ (*gen.*), azione tuffante. **24.** radius of ~ (*gen.*), raggio d'azione. **25.** splitting ~ (as of an expl.) (*expl. - etc.*), azione dilaniatrice. **26.** sucking ~ (*phys. - mech.*), effetto aspirante. **27.** to go into ~ (*milit.*), entrare in azione.
activate (to) (as charcoal for purifying water etc.) (*chem.*), attivare. **2.** ~ (as a vacuum tube, a comp. etc.) (*elics.*), attivare. **3.** ~ (to start activity: as of a program) (*comp.*), attivare.
activated (*a. - chem.*), attivato, attivo. **2.** ~ carbon, ~ charcoal (*chem.*), carbone attivo, carbone attivato. **3.** ~ sludge (in sewage treatment) (*sewage*), fango attivo.
activation (*chem.*), attivazione. **2.** ~ (*atom phys.*), attivazione. **3.** ~ (*sewage*), attivazione. **4.** ~ energy (*chem.*), energia di attivazione.
activators (of reactions) (*chem.*), attivatori.
active (*comm. - adm.*), attivo. **2.** ~ (as of a volcano), attivo. **3.** ~ (as of a comp. when in use) (*comp. - elics.*), in attività, in uso. **4.** ~ bonds (*finan.*), titoli al portatore. **5.** ~ current (*elect.*) (Brit.), corrente in fase (con la tensione). **6.** ~ defense (*milit.*), difesa attiva. **7.** ~ duty (active service) (*milit.*), servizio attivo. **8.** ~ lattice (*atom phys.*), reticolo attivo. **9.** ~ mass (molecular concentration usually expressed in moles per litre) (*phys. - chem.*), massa attiva. **10.** ~ material (of an accumulator) (*elect.*), materia attiva. **11.** ~ power (*elect.*), potenza attiva. **12.** ~ profile (of gears) (*mech.*), profilo attivo. **13.** ~ section (*atom phys.*), sezione attiva. **14.** ~ storage (device holding data or commands until required) (*com.*), memoria attiva. **15.** ~ transducer (*elics.*), trasduttore attivo. **16.** ~ voltage (*elect.*), tensione in fase (con la corrente).
activity (radioactivity) (*atom. phys.*), attività, radioattività. **2.** ~ (as of a catalyst) (*chem.*), attività. **3.** ~ (the process of use of information from or towards a file) (*comp.*), attività, movimento. **4.** saturated ~ (maximum of activity of a reactor) (*atom. phys.*), attività massima (ottenibile).
actor (*m. pict.*), attore.
actress (*m. pict.*), attrice.
actual (*a. - gen.*), effettivo. **2.** ~ cost (*comm.*), prezzo effettivo. **3.** ~ decimal point (*comp.*), virgola (o punto) decimale reale. **4.** ~ draft (act by which the thread is drawn or attenuated) (*text. ind.*), stiro effettivo, stiramento effettivo. **5.** ~ size (as of a model) (*gen.*), dimensione naturale. **6.** ~ space width (of splines, the circular width on the pitch circle) (*mech.*), vano primitivo. **7.** ~ time (*ind. work organ.*), tempo rilevato. **8.** ~ tooth thickness (of splines, the circular thickness on the pitch circle) (*mech.*), spessore primitivo.
actuate (to) (*mech.*), mettere meccanicamente in movimento, mettere in azione.
actuating arm, braccio motore di azionamento.
actuation (a bringing into operation) (*n. - gen.*), messa in azione.
actuator (electromechanical remote control device) (*mech. - electromech. - hydr. - etc.*), azionatore, dispositivo di azionamento. **2.** ~ (device transforming elect. signals in mech. action) (*inf.*), attuatore.
"acu" (altocumulus) (*meteor. - aer.*), alto cumulo.
acuity (*opt.*), acuità. **2.** visual ~ (*opt.*), acuità visiva.
acutance (of an image) (*phot.*), acutanza.
acute (as of an angle) (*geom.*), acuto.
"ACV" (air cushion vehicle) (*transp.*), aeroscivolante, aeroslittante, " hovercraft".
"ACW" (alternating continous waves) (*radio*), onde persistenti alternate. **2.** ~ (anticlockwise: direction of rotation) (*a. - mach. - etc.*), antiorario.
acyclic (*a. - gen.*), aciclico. **2.** ~ machine (homopolar mach.) (*electromech.*), macchina aciclica.
acyl (radical RCO –) (*chem.*), acile.
acylation (*chem.*), acilazione.
"AD" (active duty) (*milit.*), servizio attivo. **2.** ~ (air dried) (*ind.*), essiccato con aria. **3.** ~ (alternate days) (*gen.*), giorni alterni. **4.** ~ (average deviation) (*math.*), deviazione media.
"ad" (short for advertisement) (*print.*), see advertisement.
"ADA" (Atom Development Administration) (*atom phys.*), Amministrazione Ricerche Atomiche. **2.** ~ (Air Defence Artillery) (*milit.*), artiglieria, contraerea.

Ada (high performance programming language) (*comp.*), Ada, linguaggio Ada.
adamant (type of hard plaster used as finishing layer) (*n. - bldg.*) (Brit.), tipo di intonaco per rifinitura.
"ADAPT" (Adaptation of APT [Automatically Programmed Tools], programming system; in numerically controlled machines) (*n. c. mach. t.*), (sistema) ADAPT.
adapt (to) (*gen.*), adattare.
adaptability (*psychol. - ind. psychol.*), adattabilità.
adaptable (*gen.*), adattabile.
adaptation (as of the eye: to the luminous intensity) (*opt. - etc.*), adattamento.
adapted (fit, made fit) (*gen.*), adattato.
adapter (adaptor) (*gen.*), adattatore. **2.** ~ (device for the connection of two pieces) (*mech.*), dispositivo adattatore, pezzo di connessione. **3.** ~ (for the interchange of lenses) (*phot.*), adattatore per il cambio (dell'obiettivo). **4.** ~ (as for using smaller plates than normal) (*phot.*), riduttore, dispositivo (o telaio) di riduzione. **5.** ~ (adaptor, of a semiconductor) (*elics.*), adattatore. **6.** ~ unit (*mech. - gen.*), gruppo aggiuntivo. **7.** field ~ (as for adapting the field of the viewfinder to that of a wide-angle lens) (*phot.*), correttore di campo. **8.** panoramic ~ (for radio signals) (*radio*), adattore panoramico per ricevitore. **9.** peripheral ~ (*comp.*), adattatore di (unità) periferica. **10.** sparking plug ~ (*mot.*), sede candela (riportata). **11.** terminal ~, "TA" (*tlcm.*), adattatore di terminale.
adaptive (as the control of mach. t.) (*n. c. mach. t.*), adattativo. **2.** ~ control (control system automatically changing the system parameters to improve the performance in numerically controlled machines) (*n. c. mach. t.*), comando adattativo. **3.** ~ control constraint (ACC) (*n. c. mach. t.*), comando adattativo limitato, regolazione limitata. **4.** ~ control optimisation (ACO) (*n. c. mach. t.*), comando adattativo ottimale, regolazione ottimale.
adaptometer (*med. opt. instr.*), adattometro.
adaptor, *see* adapter.
"ADAR" (Advanced Design Array Radar) (*radar*), radar a fascio progredito.
adatom (absorbed atom) (*chem.*), atomo absorbito.
"ADC" (Analog to Digital Converter) (*comp.*), convertitore analogico-digitale.
"ADCON", *see* address constant.
"add" (addendum: of gears), *see* addendum. **2.** ~ (short for addition) (*comp.*), addizione. **3.** ~ time (the time necessary for performing an addition) (*comp.*), tempo di somma (o di addizione).
add (to) (*math.*), addizionare. **2.** ~ (*gen.*), aggiungere. **3.** ~ material (as by welding) (*mech.*), riportare materiale.
added (increased: as of a tire's flexibility) (*a. - gen.*), supplementare. **2.** ~ (*a. - gen. - math.*), addizionato.
addend (*math.*), addendo.
addendum (the part of a gear tooth outside the pitch circle) (*mech.*), addendum (altezza del dente sopra la primitiva). **2.** ~ angle (as of straight bevel gears) (*mech.*), angolo addendum, angolo della sommità. **3.** ~ circle (of a gear wheel) (*mech.*), cerchio di troncatura. **4.** ~ line (of a gear tooth) (*mech.*), linea superiore (del dente). **5.** chordal ~ (of a gear tooth) (*mech.*), addendum cordale. **6.** correct ~ (of a gear) (*mech.*), addendum corretto. **7.** long ~ (of a gear) (*mech.*), addendum maggiorato. **8.** short ~ (of a gear) (*mech.*), addendum minorato.
adder (part of a computer) (*comp.*), sommatore. **2.** ~ (adding machine) (*off. impl.*), addizionatrice. **3.** full ~ (operates on binary digits and carry digits) (*comp.*), sommatore completo. **4.** half ~ (logic circuit operating on two binary digits) (*comp.*), semisommatore.
adder - subtractor (*comp.*), sommatore-sottrattore.
adding machine (*off. impl.*), addizionatrice.
addition (*gen.*), aggiunta. **2.** ~ (*math.*), somma, addizione. **3.** ~ agent (additive) (*n. - chem.*), additivo. **4.** ~ product (addition compound, obtained through the direct combination of two or more substances) (*chem.*), prodotto additivo. **5.** parallel ~ (system of addition) (*comp.*), addizione in parallelo.
additional (*gen.*), supplementare. **2.** ~ agent, *see* additive. **3.** ~ film (*m. pict.*), fuori programma.
additive (*a. - gen.*), aggiuntivo. **2.** ~ (as for lubricating oils) (*n. - chem.*), additivo. **3.** ~ color process (color film mfg.) (*phot.*), sistema additivo. **4.** ~ constant (*top.*), costante aggiuntiva. **5.** ~ reaction (*chem.*), reazione aggiuntiva. **6.** ~ synthesis (of colors) (*opt. - phot.*), sintesi additiva. **7.** concrete ~ (*bldg.*), additivo per calcestruzzo.
"addn", *see* addition.
add-on (something supplementary and improving capability) (*n. - comp.*), componente addizionale, componente complementare.
address (directions for delivery of a letter, goods etc.) (*comm.*), indirizzo. **2.** ~ (speech) (*gen.*), discorso. **3.** ~ (indication of where the information is stored) (*comp.*), indirizzo. **4.** ~ constant (reference address, base address, presumptive address) (*comp.*), indirizzo base. **5.** ~ file (*comp.*), archivio indirizzi, file di indirizzi. **6.** ~ modification (address computation, address mapping) (*comp.*), modifica dell'indirizzo. **7.** ~ register (*comp.*), registro indirizzo. **8.** absolute ~ (specific address) (*comp.*), indirizzo assoluto, indirizzo fisico. **9.** base ~ (reference address, address constant) (*comp.*), indirizzo base. **10.** effective ~ (*comp.*), indirizzo effettivo. **11.** first level ~ (address location) (*comp.*), indirizzo di primo livello, indirizzo effettivo. **12.** floating ~ (*comp.*), indirizzo mobile. **13.** generated ~ (referring to an address deducted from the instructions of a program) (*comp.*), indirizzo generato, indirizzo risultante. **14.** hardware ~ (absolute address, actual address) (*comp.*), indirizzo fisico. **15.** home ~ (*comp.*), in-

dirizzo di pista, indirizzo guida. **16.** inaugural ~ [inaugural (n.), inaugural lecture] (*gen.*), discorso di inaugurazione. **17.** indirect ~ (an ~ that a comp. will find following an instruction) (*comp.*), indirizzo indiretto. **18.** instruction ~ (*comp.*), indirizzo dell'istruzione. **19.** logic ~, *see* virtual address. **20.** machine ~ (hardware address) (*comp.*), indirizzo macchina. **21.** memory ~ (*comp.*), indirizzo di memoria. **22.** one-level ~ (*comp.*), indirizzo diretto. **23.** physical ~, *see* absolute address. **24.** presumptive ~, *see* address constant. **25.** reference ~, *see* address constant. **26.** relative ~ (*comp.*), indirizzo relativo. **27.** second level ~ (indirect address) (*comp.*), indirizzo indiretto. **28.** source ~ (*comp.*), indirizzo sorgente (o di provenienza o originario). **29.** specific ~ (absolute address) (*comp.*), indirizzo specifico. **30.** symbolic ~ (*comp.*), indirizzo simbolico. **31.** track ~ (*comp.*), indirizzo di (una) traccia. **32.** virtual ~ (logic address) (*comp.*), indirizzo virtuale, indirizzo logico. **33.** zero-level ~ (address of immediate use) (*comp.*), indirizzo immediato.

address (to) (to send the information to the storage device) (*comp.*), indirizzare.

addressable (possible to be found in the memory) (*comp.*), indirizzabile.

addressee (*comm.*), destinatario.

addressing (labeling technique) (*comp.*), indirizzamento. **2.** ~ machine (*off. mach.*), macchina stampa indirizzi. **3.** ~ modes (as: direct addressing, indirect addressing, immediate addressing, etc.) (*comp.*), modi di indirizzamento. **4.** coordinate ~ (*comp.*), indirizzamento a coordinate. **5.** coordinate ~ by coincident current (a selection in a metric storage) (*comp.*), selezione a coincidenza di corrente. **6.** direct ~ (addressing to the operand location) (*comp.*), indirizzamento diretto. **7.** immediate ~ (the operand value is contained in the instruction) (*comp.*), indirizzamento immediato. **8.** indexed ~ (a positive or negative offset has to be added to the index register for obtaining the actual address) (*comp.*), indirizzamento indicizzato (o con registro indice). **9.** indirect ~ (multilevel addressing: indicating the memory location containing the actual address) (*comp.*), indirizzamento indiretto. **10.** multilevel ~, *see* indirect addressing. **11.** one-level ~ (*comp.*), indirizzamento diretto. **12.** relative ~ (*comp.*), indirizzamento relativo. **13.** virtual storage ~ (*comp.*), indirizzamento di memoria virtuale.

addressograph (addressing machine) (*print. mach.*), macchina stampa-indirizzi.

adduct (addition product, obtained through the direct combination of two or more substances) (*chem.*), prodotto aggiuntivo.

adee (addressee) (*gen.*), destinatario.

"ADF" (automatic direction finder) (*aer. instr.*), radiogoniometro automatico. **2.** ~ let-down (landing of an aircraft by means of automatic direction finder) (*aer.*), atterraggio con radiogoniometro automatico.

"ADH" (adhesive) (*rubb. ind.*), adesivo.

adhere (to) (as by glue), aderire.

adherent (*a.*), aderente.

adhesion (*gen.*), adesione. **2.** ~ (molecular force of attraction arising between the surfaces of bodies in contact) (*phys.*), adesione. **3.** ~ (frictional grip as between a locomotive driving wheel and the rail) (*mech. - railw. - veh.*), aderenza. **4.** ~ (extent of attachment between paint and the surface of the material with which it is in contact) (*paint.*), adesione. **5.** ~ weight (*railw.*), peso aderente.

adhesive (*a.*), adesivo. **2.** ~ (*n. - rubb. ind.*), adesivo, mastice (o cemento) per attaccare. **3.** ~ (bonding agent, as for molding sand resins) (*n. - mech. technol.*), adesivo, collante. **4.** ~ (sticking) (*a. - chem.*), aderente. **5.** ~ attraction (*phys.*), *see* adhesion. **6.** ~ coefficient (as of an oil) (*mech.*), coefficiente di aderenza. **7.** ~ force (adhesion) (*mech. - railw. - veh.*), aderenza. **8.** ~ paper (gummed paper) (*paper*), carta gommata. **9.** ~ plaster, *see* adhesive tape. **10.** ~ tape (*gen.*), nastro adesivo. **11.** ~ weight (*railw.*), peso aderente. **12.** ceramic ~ (*technol.*), adesivo ceramico. **13.** epoxy - silicone - phenolic ~ (*technol.*), adesivo epossifenolico al silicone. **14.** organic ~ (*technol.*), adesivo organico.

adhesivemeter (measuring adhesiveness) (*meas. instr.*), adesivimetro.

adhesiveness (fitness of a paint to oppose detachment from the underlaying surface) (*paint.*), adesività.

adiabat, adiabatic (adiabatic line) (*n. - thermod.*), adiabatica. **2.** ~ equation (*thermod.*), equazione della adiabatica.

adiabatic (*a.*), adiabatico. **2.** ~ curve (*thermod.*), curva adiabatica. **3.** ~ efficiency (*thermod.*), rendimento adiabatico. **4.** ~ gradient (variation of temperature of a moving body of air) (*meteorol.*), gradiente di temperatura di una massa di aria in movimento verticale. **5.** ~ line (*thermod.*), linea adiabatica. **6.** ~ process (*thermod.*), procedimento adiabatico.

adiactinic (not transmitting actinic rays, as of red or yellow etc. media used for the dark room window) (*phys. - phot.*), inattinico.

adiathermancy (property of being impervious to heat) (*therm.*), adiatermanità, opacità alle radiazioni calorifiche.

adion (ion absorbed by a surface) (*atom phys.*), adione.

adit, accesso. **2.** ~ (as of a mine), accesso, imbocco, imboccatura. **3.** air ~ (*min.*), galleria di ventilazione.

"adj" (adjusted, adjustable) (*mech. - elect.*), regolato, regolabile. **2.** ~, *see also* adjacent, adjourned, adjustment.

adjacency (contiguity: as between graphic characters) (*n. - comp. - print. - etc.*), adiacenza, contiguità.

adjacent, adiacente, contiguo. **2.** ~ angle (*geom.*), angolo adiacente.

adjoin (to), *see* (to) join.

adjoining, contiguo.

adjourn (to) (to postpone) (*comm. - law*), aggiornare. **2.** ~ (as a meeting) (*comm. - etc.*), rinviare.

adjournment (postponement), aggiornamento.

adjust (to) (as a carburetor), regolare. **2.** ~ (to correct range and direction: as of a gun) (*firearm*), aggiustare il tiro. **3.** ~ (as to fit a bearing, a shaft) (*mech.*), aggiustare. **4.** ~ (to make accurate: as an instrument) (*mech.*), tarare, regolare. **5.** ~ (to correct, as an account), correggere. **6.** ~ (to set in right position: as a shaft) (*mech.*), calettare. **7.** ~ (to correct, as geodetic measurements) (*top. - geod. - etc.*), compensare. **8.** ~ (as a controversy) (*law - comm.*), comporre.

adjustable (*mech.*), regolabile, registrabile. **2.** ~ baffle plate (*mech.*), diaframma spostabile. **3.** ~ cutter spindle (*mech.*), albero portafresa registrabile. **4.** ~ dial (*mech. instr.*), comparatore registrabile. **5.** ~ gage (Am.), ~ gauge (Brit.) (of threads) (*mech. t.*), calibro registrabile. **6.** ~ screw (*mech.*), vite di regolazione, vite registrabile. **7.** ~ spanner (monkey wrench, adjustable wrench) (*mech. t.*) (Brit.), chiave a rollino, chiave inglese. **8.** ~ square (*draw. impl.*), squadra regolabile. **9.** ~ stop (*mech.*), arresto regolabile.

adjustable-pitch (of airplane propeller while at rest) (*a. - aer.*), a passo variabile (a terra).

adjusted (made accurate, as an instr.) (*mech.*), regolato. **2.** ~ (corrected, as geodetic measurements) (*a. - top. - geod. - etc.*), compensato. **3.** ~ value (*top. - etc.*), valore compensato. **4.** seasonly ~ (as of statistic data corrected for seasonal variation) (*stat.*), destagionalizzato.

adjuster (*mech.*), dispositivo di regolazione. **2.** ~ (adjustor) (*naut. - adm.*), liquidatore. **3.** average ~ (*naut.- adm.*), liquidatore d'avaria.

adjusting (as of a carburetor) (*mech.*), regolazione. **2.** ~ for length of stroke of ram (as of a gear shaper) (*mach. t. mech.*), registrazione corsa dello slittone. **3.** ~ pin (*mech.*), perno (o spina) di regolazione. **4.** ~ screw (as of an instr.) (*mech.*), vite di regolazione. **5.** ~ stop pin for single cut (as of a gear shaper) (*mach. t. mech.*), registrazione dell'arresto della passata unica.

adjustment (mechanism for adjusting) (*mech.*), dispositivo di regolazione. **2.** ~ (as of a reticule in a theodolite) (*opt.*), rettifica. **3.** ~ (as of an eyepiece to the sight) (*opt.*), aggiustamento. **4.** ~ (of structural members) (*bldg.*), assestamento e fissaggio. **5.** ~ (process of adjusting) (*mech.*), regolazione, aggiustaggio, registrazione. **6.** ~ (as of geodetic and topographic measurements) (*top. - geod. - etc.*), compensazione. **7.** ~ for magnification (as of a contour projector) (*opt. instr. for mech.*), regolazione del rapporto d'ingrandimento. **8.** ~ to a given clearance (*mech.*), rasamento. **9.** fine ~ (as of an instr.), messa a punto, regolazione di precisione (o micrometrica), microregolazione. **10.** full load ~ (as of an elect. motor) (*elect.*), regolazione al carico nominale. **11.** ignition ~ (of a mot.) (*electromech.*), registrazione dell'accensione. **12.** inductive load ~ (as of an elect. meter) (*elect.*), regolazione ai carichi induttivi. **13.** low load ~ (as of an elect. motor) (*elect.*), regolazione ai piccoli carichi. **14.** micrometer ~ (as of a cutting tool, a working table or a slide for machining to the required size) (*mech. - technol.*), regolazione micrometrica. **15.** microscope focusing ~ (*opt.*), dispositivo di messa a fuoco del microscopio. **16.** out of ~ (*mech.*), sregolato. **17.** tappets ~ (of a mot.) (*mech.*), registrazione delle punterie. **18.** timing ~ (of a mot.) (*mech.*), messa in fase della distribuzione. **19.** zero ~ (as of a pointer of an instr.), dispositivo di azzeramento.

adjutage (efflux tube) (*hydr.*), tubo (o ugello) di efflusso.

adjutant (*milit.*), ufficiale d'ordinanza. **2.** adjutant's call (*milit.*), segnale d'adunata. **3.** ~ general (in charge of the administration) (*milit.*), capo dei servizi amministrativi.

adman (advertisements installer and composer) (*adver.*), installatore (ed esecutore) di cartelli pubblicitari.

admass (kind of marketing interesting large masses of consumers activated by mass media advertising) (*n. - comm.*), mercato di massa, mercato attivato dalla pubblicità sui mezzi di comunicazione di massa. **2.** ~ (*a. - comm.*), relativo ad un mercato di massa.

admeasurement (measure), misura. **2.** ~ (adjustment of proportion) (*gen.*), proporzionamento, commisurazione.

administer (to) (*adm.*), amministrare.

administrate (to) (*adm.*), amministrare.

administration (*adm.*), amministrazione.

administrative (*adm.*), amministrativo.

administrator (*adm.*), amministratore.

admiral (*navy*), ammiraglio. **2.** rear ~ (*navy*), contrammiraglio.

admiralty (*navy*), ammiragliato. **2.** Admiralty (Admiralty Office) (*naut. - navy*) (Brit.), Ministero della Marina. **3.** ~ alloy, *see* admiralty metal (or brass). **4.** ~ chart (*naut.*), carta dell'ammiragliato. **5.** ~ metal (or brass) (70% Cu, 29% Zn, 1% Sn) (*alloy*), ottone per imbutitura (o stampaggio) a freddo. **6.** ~ mile, *see* nautical mile.

admission (as in a steam engine) (*mech.*), ammissione.

admittance (reciprocal of the impedance) (*elect.*), ammettenza. **2.** input ~ (*radio*), ammettenza di entrata **3.** no ~ (*gen.*), vietato l'ingresso, divieto di ingresso. **4.** output ~ (*radio*), ammettenza di uscita.

admitting (*gen.*), ammissione. **2.** ~ port (*mech. of fluids*), luce d'ammissione.

admixture (mixture) (*mot. - etc.*), miscela. **2.** ~ (act of mixing) (*mot. - etc.*), miscelazione. **3.** ~ as for (*mot. - etc.*), miscelazione.

admonish (to) (as a worker by means of a warning), ammonire.

admonition (as of a worker by means of a warning), ammonizione.

"admor", "admr", "adms", "admst, *see* administrator.

adobe (brick baked in the sun) (*mas.*), mattone cotto al sole.

"ADP" (automatic data processing) (*comp.*), elaborazione automatica delle informazioni.

adrift (*a. - naut.*), alla deriva.

"adrm" (airdrome) (*aer.*), aerodromo.

"ADRS" (*elics.*), *see* address.

"ADS", "ads" (advertisements) (*adver.*), annunci. **2.** ~ (autograph document signed) (*off. - law*), documento autografo firmato.

adsorb (to) (*phys.*), adsorbire.

adsorbate (*phys. chem.*), adsorbato.

adsorbent (*a. - n. - phys.*), adsorbente.

adsorption (*phys.*), adsorbimento. **2.** heat of ~ (developed when a substance is adsorbed) (*thermod.*), calore di adsorbimento.

adtevac process (adsorption, temperature, vacuum process, for desiccating frozen blood and obtaining plasma) (*med.*), processo di essiccazione sotto vuoto.

adulterate (to), adulterare.

adulteration (*gen.*), adulterazione.

advance (*mech. - money*), anticipo. **2.** ~ (forward translation: as of a screw), avanzamento. **3.** ~ (*milit.*), avanzata. **4.** ~ (increase, as in price) (*comm.*), aumento. **5.** ~ by echelon (*milit.*), avanzata a scaglioni. **6.** ~ guard (*milit.*), avanguardia. **7.** ~ notice (*comm.*), preavviso. **8.** ~ pay (as of factory personnel) (*adm.*), anticipo. **9.** ~ post (*milit.*), avamposto. **10.** centrifugal automatic ~ (*mot.*), anticipo automatico centrifugo. **11.** control ~ (in the cyclic pitch variation of a helicopter rotor blade) (*aer.*), sfasamento del comando, anticipo del comando. **12.** film ~ lever (as of a 36 mm, 36 exposures phot. camera) (*mech.*), leva di avanzamento. **13.** manual ~ (*mot.*), anticipo a mano. **14.** opening of exhaust in ~ (as of a mot.) (*mech.*), anticipo allo scarico. **15.** spark ~ (as of i. c. mot.) (*elect. - mech.*), anticipo all'accensione, anticipo dell'accensione. **16.** spark ~ manual control (*mot.*), comando a mano dell'anticipo. **17.** strategical ~ guard (*milit.*), avanscoperta. **18.** vacuum ~ (advance automatically operated by vacuum) (*mot.*), anticipo (automatico) a depressione.

advance (to) (*gen.*), avanzare. **2.** ~ (*mech.*), anticipare. **3.** ~ (to thrust forward: as a counter, a punched card, a magnetic tape etc.) (*comp. - etc.*), fare avanzare. **4.** ~ on (*milit.*), avanzare su. **5.** ~ the front (*milit.*), portare più avanti la linea del fronte. **6.** ~ the spark (as of i. c. motors) (*mot. - elect.*), anticipare l'accensione.

advanced (*a. - gen.*), avanzato, anticipato. **2.** ~ (design) (*technol.*), di avanguardia. **3.** ~ (as of a project greatly developed towards future) (*a. - gen.*), d'avanguardia. **4.** ~ ignition (as of i. c. mot.) (*mot. - elect.*), accensione anticipata. **5.** ~ trainer (*aer.*), velivolo per addestramento secondo periodo. **6.** ~ training (*aer.*), addestramento secondo periodo.

advancement (*gen.*), avanzamento. **2.** ~ (promotion) (*milit.*), avanzamento (di grado).

advancing, avanzamento.

advect (to) (to convey horizontally: as heat or moisture by the movement of air masses) (*meteorol.*), convogliare per avvezione.

advection (transfer as of heat by horizontal motion in the atmosphere) (*meteorol.*), avvezione.

advertisement (*comm.*) (Am.), annuncio (cartello o manifesto) pubblicitario, inserzione. **2.** ~ (as for a race) (*sport*), bando. **3.** ~ canvasser (*adver.*), produttore di pubblicità. **4.** ~ column (as of a newspaper) (*adver.*), colonna della pubblicità. **5.** ~ contractor (advertising contractor) (*adver.*), appaltatore pubblicitario. **6.** ~ department (advertising department, as of a factory) (*comm. - adver. - ind.*), ufficio pubblicità, ufficio propaganda. **7.** ~ director (advertising manager, as of a factory) (*comm. - adver. - ind.*), direttore della pubblicità, direttore della propaganda. **8.** ~ in editorial form (*adver.*), pubblicità redazionale. **9.** ~ manager (as of a factory, advertising manager) (*comm. - adver. - ind.*), direttore della pubblicità, direttore della propaganda. **10.** ~ page (as of a newspaper) (*adver.*), pagina pubblicitaria. **11.** ~ paper (*adver.*), giornale pubblicitario. **12.** ~ representative (*adver.*), agente di pubblicità. **13.** boxed ~ (as in a newspaper) (*adver.*), inserzione incorniciata. **14.** classified ~ (advertisements grouped in specific sections, as of a publication) (*adver.*), pubblicità suddivisa per categoria, annunci economici. **15.** group ~ (*adver.*), inserzione raggruppata. **16.** illuminated ~ (*adver.*), pubblicità luminosa. **17.** killed ~ (*adver.*), annuncio soppresso. **18.** race ~ (*naut.*), bando di regata. **19.** solus ~ (as in a newspaper) (*adver.*), inserzione isolata. **20.** standing ~ (*adver.*), annuncio permanente. **21.** subliminal ~ (by very rapid and not visible projections) (*comm. - adver.*), pubblicità subliminale, pubblicità non visibile, pubblicità occulta, pubblicità sul subcosciente.

advertiser (*adver.*), inserzionista.

advertising (*comm. - adver.*), pubblicità, "réclame". **2.** ~ agency (*adver.*), agenzia di pubblicità. **3.** ~ agent (*adver.*), agente pubblicitario. **4.** ~ appeal (*adver.*), richiamo pubblicitario. **5.** ~ approach (*adver.*), impostazione pubblicitaria. **6.** ~ appropriation (*adver.*), stanziamento pubblicitario. **7.** ~ artist (*adver.*), bozzettista pubblicitario. **8.** ~ campaign (*adver.*), campagna pubblicitaria.

9. ~ censorship (*adver.*), censura pubblicitaria. 10. ~ circular (*adver.*), circolare pubblicitaria. 11. ~ competition (*adver.*), concorrenza pubblicitaria. 12. ~ consultant (*adver.*), consulente pubblicitario. 13. ~ contest (*adver.*), concorso pubblicitario. 14. ~ contractor (advertisement contractor) (*adver.*), appaltatore pubblicitario. 15. ~ cost (*adver.*), spese pubblicitarie. 16. ~ drawing (or design) (*adver.*), bozzetto pubblicitario. 17. ~ expert (*adver.*), tecnico pubblicitario. 18. ~ gift (*adver.*), omaggio pubblicitario, dono pubblicitario. 19. ~ man (*adver.*), agente pubblicitario, pubblicitario. 20. ~ manager (as of a factory) (*comm. - adver.*), direttore della propaganda, direttore della pubblicità. 21. ~ material (*adver.*), materiale pubblicitario. 22. ~ media (means for advertising) (*comm.*), mezzi pubblicitari. 23. ~ office (*adver.*), studio di pubblicità. 24. ~ program (*adver.*), piano di campagna (o programma) pubblicitario. 25. ~ rates (*adver.*), tariffe pubblicitarie. 26. ~ regulations (*adver.*), norme pubblicitarie. 27. ~ research (*adver.*), ricerca pubblicitaria. 28. ~ salesman (advertisement canvasser) (*adver.*), piazzista pubblicitario. 29. ~ theme (*adver.*), tema pubblicitario. 30. association ~ (*adver.*), pubblicità associata. 31. direct mail ~ (*adver.*), pubblicità per corrispondenza. 32. display ~ (*adver.*), pubblicità tabellare. 33. industrial ~ (*adver.*), pubblicità industriale. 34. institutional ~ (prestige advertising) (*adver.*), pubblicità di prestigio, pubblicità istituzionale. 35. national ~ (*comm.*), pubblicità estesa a tutto il territorio nazionale. 36. point-of-purchase ~ (publicity made on the place where a purchase takes place) (*comm.*), pubblicità sul luogo di acquisto. 37. point-of-sale ~ (publicity made on the place where a sale takes place) (*comm.*), pubblicità sul luogo di vendita. 38. press ~ (*comm. - adver.*), pubblicità a mezzo stampa. 39. subliminal ~ (made below the threshold of consciousness) (*adver.*), pubblicità subliminale. 40. transportation ~ (*adver.*), pubblicità sui mezzi di trasporto.

advice (information or notice) (*comm.*), avviso. 2. ~ (professional instructions, suggestions) (*gen.*), consulenza. 3. ~ of payment (*comm.*), avviso di pagamento. 4. legal ~ (*law*), consulenza legale.

advise (to) (to recommend) (*gen.*), consigliare. 2. ~ (to inform) (*law*), notificare.

advisory (*a.*), consultivo. 2. ~ board (as of a company) (*adm.*), comitato consultivo. 3. ~ council (as of a company) (*adm.*), comitato consultivo.

advocate (Brit.), avvocato.

"advt", *see* advertisement.

adz, adze (with the handle at a right angle to the cutting edge) (*carp. t.*), ascia. 2. ~ block (of wood planing mach.) (*mech.*) (Brit.), mandrino (portacoltello). 3. carpenter's ~ (with flat head) (*t.*), ascia da carpentiere. 4. cooper's ~ (*t.*), ascia del bottaio. 5. ship carpenter's ~ with spur head (*t.*), ascia del carpentiere navale.

"AEC" (Atomic Energy Commission) (*atom phys.*), Commissione sull'Energia Atomica.

aedicula (small shrine) (*arch.*), edicola.

"AEF" (aviation engineer force) (*air force*), genio aeronautico.

"AEI" (Associaton Electrical Industries) (*elect.*), Associazione Industrie Elettrotecniche.

aeolight (alcaline earth oxide light: for flashing lamp system in sound-on-film recording) (*electroacous.*), lampada a ossidi alcalini, lampada aeo.

aeolipile, aeolipyle (*phys. experimental app.*), eolipila, macchina a vapore di Erone.

aeolotropic, *see* anisotropic.

aeolotropy (anisotropy: difference of properties in different directions) (*phys.*), anisotropia.

aeon (unit of time corresponding to 10^9 years) (*geol.*), miliardo di anni.

"aeq", *see* equal.

"AER" (after engine room) (*naut.*), sala macchine (o locale motore) di poppa.

aerate (to) (to charge with gas) (*ind. chem.*), gassare. 2. ~ (to impregnate with air) (*gen.*), aerare. 3. ~ (to ventilate: as a garage) (*bldg.*), aerare, ventilare.

aerated (charged with gas) (*a. - gen.*), gassato. 2. ~ (impregnated with air) (*a.-gen.*), aerato. 3. ~ concrete (antiacoustic lightweight material) (*bldg.*), calcestruzzo aerato (o poroso).

aeration (*ind. - chem. - bldg.*), aerazione.

aerator (*ind. app.*), aeratore. 2. ~ (app. for charging a liquid with gas) (*ind.*), dispositivo per gassare. 3. ~ (app. for supplying a liquid with air) (*ind.*), dispositivo per aerare. 4. ~ (fumigator) (*ind. app.*), apparecchio per diffondere mediante evaporazione naturale sostanze disinfettanti.

"AERE" (Atomic Energy Research Establishment) (*atom phys.*) (Brit.), Istituto Ricerche sull'Energia Atomica.

aerial (antenna), *see* antenna. 2. ~ (operating overhead or relating to aircraft) (*a. - aer. - transp.*), aereo. 3. ~ (ladder) (*n. - fire fighting app.*), scala aerea, scala porta. 4. ~ bomb (*air force*), bomba da aereo. 5. ~ buoy (*aer.*), boa aerea. 6. ~ farming (as for seeding or applying chemicals) (*agric.*), impiego agricolo dell'aeroplano. 7. ~ funicular (telpherage by cable) (*transp.*), funicolare. 8. ~ ladder (*fire fighting app.*), scala aerea, scala porta. 9. ~ mine (to be dropped in the sea from airplane) (*navy*), mina (da lanciare) da aereo. 10. ~ mosaic (*aer. - phot.*), mosaico di fotografie aeree. 11. ~ photogrammetry (*photogr.*), fotogrammetria aerea. 12. ~ photograph interpretation (*milit.*), interpretazione di fotografie aeree, fotointerpretazione. 13. ~ photograph interpreter (*milit.*), interprete di fotografie aeree, fotointerprete. 14. ~ photography (*aer. - phot.*), fotografia aerea. 15. ~ survey (by phot.) (*aer. - geogr.*), rilevamento aereo. 16. ~ torpedo (powered and guided missile) (*milit.*), missile teleguidato. 17. ~ torpedo (big aerial bomb) (*air force*), bomba da aereo. **18.** ~ torpedo (anti-submarine torpedo launched from airplane) (*navy - air force*), siluro (per lancio) da aereo. **19.** ~ triangulation (*photogr.*), triangolazione aerea. **20.** vertical ~ photograph (*aer. phot.*), aerofotografia verticale, aerofotografia planimetrica.

aerification (as of fuel oil into small particles) (*mech.*), nebulizzazione. **2.** ~ (aeration) (*gen.*), aerazione.

aeriform (*a. -phys.*), aeriforme. **2.** ~ substance (*phys.*), aeriforme.

aerobatic (relating to aerobatics) (*a. - aer.*), acrobatico.

aerobatics (*aer.*), acrobazia. arte dell'acrobazia. **2.** advanced ~ (*aer.*), alta acrobazia.

"Aerobee" (type of research rocket or missile) (*rckt.*) (Am.), tipo di missile (o razzo) per ricerche.

"aeroboat", *see* seaplane.

"aerobus" (*aer.*), grande areoplano civile.

aerocamera (mach. as for aerial phot.) (*aer. - phot.*), macchina per fotografie dall'aereo, aerofotocamera.

aerocartograph (app. for maps from aerial phot.) (*aer. - phot.*), aerocartografo.

aerocraft, *see* aircraft 1.

aerodone (glider) (*aer.*), aliante, veleggiatore.

aerodonetics (*aer.*), volo a vela, scienza del volo a vela.

aerodrome (*aer.*) (Brit.), aerodromo. **2.** ~ beacon (*aer.*), faro di aerodromo. **3.** ~ control (a service for providing air-traffic control for aerodromes) (*aer.*), controllo d'aerodromo. **4.** ~ reference point (fixed point near the center of a landing area) (*aer.*), punto di riferimento dell'aerodromo. **5.** ~ surface movement indicator (A S M I) (*aer.*), indicatore (radar) di movimento dell'area aeroportuale. **6.** ~ traffic (*aer.*), traffico di aerodromo, movimento di aerodromo. **7.** alternate ~ (*aer.*), aerodromo di alternativa, aerodromo supplettivo. **8.** floating ~ (in the open sea) (*aer.*), aerodromo (o isola) galleggiante. **9.** regular ~ (*aer.*), aerodromo regolare, aerodromo normale. **10.** supplementary ~ (*aer.*), aerodromo supplementare, aerodromo di fortuna. **11.** water ~ (*aer.*), idroscalo.

aerodynamic (*a. - aerodyn.*), aerodinamico. **2.** ~ balance (of a propeller) (*aer.*), equilibrio aerodinamico. **3.** ~ center (of a wing section) (*aer.*), fuoco aerodinamico. **4.** ~ control (control surface) (*aer.*), superficie di governo. **5.** ~ drag (*aerodyn.*), resistenza aerodinamica. **6.** ~ force (*aerodyn.*), forza aerodinamica. **7.** ~ heating (due to friction of air) (*aer. - astric.*), riscaldamento aerodinamico. **8.** ~ refinement (of an aircraft) (*aer.*), finezza aerodinamica.

aerodynamicist (expert in aerodynamics and its applications) (*pers. - aer. - etc.*), aerodinamicista.

aerodynamics (*n. - aerodyn.*), aerodinamica.

aerodyne (heavier - than - air craft) (*aer.*), aerodina, macchina volante più pesante dell'aria.

aero-elastic (*a. - aer.*) (Brit.), aeroelastico. **2.** ~ divergence (instability resulting when the rate of variation of aerodynamic couples or forces exceeds the rate of variation of elastic restoring couples or forces) (*aer.*), divergenza aeroelastica.

aero-elasticity (*aer.*), aeroelasticità.

aeroembolism (*aer. - med.*), aeroembolismo.

aero-engine (*mot.*), motore d'aviazione, aviomotore.

aerofoil (*aer.*) (Brit.), *see* airfoil (Am.).

aerogel (porous solid obtained by replacing with a gas the liquid in a gel) (*phys. chem.*), aerogelo.

aerogenerator (operated by wind) (*electromech.*), generatore elettrico eolico (o a vento).

aerogram (message transmitted by radio) (*radio mail*), radiogramma.

aerograph (spray-gun) (*paint.*) (Brit.), aerografo. **2.** ~ (instr. for recording barometric pressure, temperature and humidity) (*aer. instr.*), meteorografo, baroigrotermografo.

aerography (meteorology) (*meteor.*), meteorologia.

"aerogun" (*milit.*), cannone antiaereo.

aerolite (meteoric stone) (*geol.*), aerolite.

aerologation (pressure-pattern flying) (*air navig.*), navigazione isobarica, volo isobaro.

aerology (*meteorol.*), aerologia.

aeromechanic (pertaining to aeromechanics) (*a. - aer.*), relativo alla meccanica degli aeriformi. **2.** ~ (*aer. work.*), meccanico di aviazione.

aeromechanics (*n. - aer.*), meccanica degli aeriformi.

aeromedicine (aviation and space medicine) (*aer. - astric.*) (Brit.), medicina aeronautica e spaziale.

aerometeorograph (instr. for recording atmospheric pressure, temperature and humidity) (*aer. instr.*), meteorografo.

aerometer (for weighing gases) (*meas. instr.*), densimetro per aeriformi.

aeromotor (*aer.*), motore d'aviazione, aviomotore.

aeronaut (*aer.*), aerostiere.

aeronautic (*a. - aer.*), aeronautico.

aeronautical (*a. - aer.*), aeronautico. **2.** ~ engineering (*aer. sc.*), ingegneria aeronautica. **3.** ~ fixed service (telecommunication service between fixed points) (*aer.*), servizio fisso aeronautico. **4.** ~ light (luminous signal) (*aer.*), proiettore aeronautico, luce di segnalazione aeronautica. **5.** ~ mobile service (radio service between aircraft stations) (*aer. - radio*), (radio) servizio mobile aeronautico. **6.** ~ radionavigational service (*aer.*), servizio di radionavigazione aeronautica. **7.** ~ telecommunication service (*aer.*), servizio telecomunicazioni aeronautiche.

aeronautics (*aer.*), aeronautica. **2.** model ~ (*aer.*), aeromodellismo.

aeronomy (science dealing with the phys. and chem. of the upper atmosphere) (*phys. - chem.*), aeronomia.

aerophone (early acoustical direction finder) (*acous. app.*) (Brit.), primitivo tipo di aerofono.

aerophotocartography (*aer. phot.*), aerofotocartografia.
aerophotogram (aero survey photograph) (*aer. phot.*), aerofotogramma. **2.** planimetric ~ (*aer. phot.*), aerofotogramma planimetrico. **3.** prospective ~ (*aer. phot.*), aerofotogramma prospettico.
aerophotogrammetry (*aer. phot.*), aerofotogrammetria.
aerophotography (*aer. phot.*), aerofotografia.
aeroplane, *see* airplane.
aeropulse (engine), *see* pulse–jet engine.
aeroresonator, *see* scramjet.
aerosol (*chem.*), aerosole. **2.** ~ bomb (as for killing insects) (*gen.*), bombola per nebulizzazione.
aerospace (space surrounding the earth including its atmosphere) (*aer. - astric.*), aerospazio. **2.** ~ (science relating to the aerospace) (*n. - astric.*), scienza aerospaziale. **3.** ~ (industry dealing with the construction of aerospace crafts) (*n. - aer. astric.*), industria aerospaziale. **4.** ~ (referring to the various meanings of aerospace) (*a. - astric.*), aerospaziale. **5.** ~ ground assistance (*astric. - aer.*), assistenza a terra di veicoli aerospaziali.
aerosphere, *see* atmosphere.
aerostat (lighter–than–air craft) (*aer.*), aerostato, macchina volante più leggera dell'aria.
aerostatic (*a. - aer.*), aerostatico.
aerostatics (*phys.*), aerostatica, equilibrio degli aeriformi.
aerostation (aerostatics) (*n. - aer.*), aerostatica. **2.** ~ (operation of lighter–than–air aircraft) (*aer.*), esercizio degli aerostati.
aerotechnic (*a. - aer.*), aerotecnico, relativo alla tecnica aeronautica.
aerothermodynamics (gases thermodynamics) (*phys.*), aerotermodinamica.
aerotow (*aer.*), aerotraino, traino aereo.
aerotrain (astride a single rail, on air cushion and driven by propellers) (*transp.*), aerotreno a cuscino d'aria su monorotaia.
"A/F" (across flats, distance between two opposite flat surfaces, as of a hexagonal nut) (*mech. - etc.*), interpiano.
"af", "AF" (audio frequency) (*electroacous.*), audiofrequenza. **2.** ~ (air force) (*air force*), aeronautica militare.
"AFB" (antifriction bearing) (*mech.*), cuscinetto a rotolamento. **2.** ~ (air force base) (*air force*), base aeronautica militare.
"AFC" (automatic flight control) (*aer.*), regolazione automatica del volo, pilota automatico. **2.** ~ (automatic frequency control) (*radio*), regolatore automatico di frequenza.
"AFCE" (Automatic Flight Control Equipment) (*aer.*), pilota automatico.
affect (to) (to influence) (*gen.*), influenzare. **2.** ~ (to produce an effect on), avere un effetto su.
affectivity (*psychol.*), affettività.
affidavit (sworn statement) (*law*), affidavit, dichiarazione giurata.
affinage (refining) (*metall.*), affinazione.
affine (to) (to wash raw sugar with steam, before refining) (*chem. ind.*), affinare, purificare superficialmente.
affinity, affinità. **2.** chemical ~ (*chem.*), affinità chimica.
affix (to) (to imprint: as a seal) (*gen.*), imprimere. **2.** ~ (to fasten) (*mech. - carp. - join.*), fissare.
affixed (fastened) (*mech. - carp.*), fissato.
affluence (economic welfare) (*econ.*), benessere economico. **2.** ~ (the state of having plenty of possessions) (*econ.*), ricchezza.
affluent (river) (*n.*), affluente, confluente. **2.** ~ (*a. - econ.*), ricco. **3.** ~ class (*econ.*), classe abbiente.
afforestation (*agric.*), rimboschimento.
affreightment (*transp. - comm. - naut.*), noleggio, trasporto (marittimo). **2.** ~ by charter party (*transp. - naut.*), trasporto con contratto di noleggio.
"afft", *see* affidavit.
aflame (*a. - gen.*), in fiamme.
afloat (floating) (*a.-naut.*), galleggiante, a galla. **2.** ~ (flooded) (*a. - naut.*), allagato.
afoam, *see* foaming.
afocal (*a. - opt.*), afocale.
afore (*naut.*), a proravia.
"AFQPL" (Air Forces Qualified Products List) (*aer.*), elenco prodotti qualificati per l'aeronautica.
"AFR" (Air–Fuel Ratio) (*comb.*), rapporto aria-combustibile.
"afr" (airframe) (*aer.*), cellula.
A–frame (an A shaped bldg. front with the roof descending to the ground floor level) (*bldg.*), casa (di tipo olandese) con tetto a forte inclinazione. **2.** ~ (three poles framing: for hoisting a load on place) (*impl.*), capra, cavalletto a tre pali convergenti.
"AFS" (American Foundrymen's Society) (*found.*), Associazione Fonditori Americani.
aft (*adv. - naut.*), verso poppa, a poppa. **2.** ~ deck (*naut.*), ponte di poppa. **3.** ~ draft (*naut.*), pescaggio a poppa. **4.** ~ wind (*naut.*), vento in poppa.
"aft" (audio–frequency transformer) (*radio*), trasformatore di audiofrequenza.
after (relative to the stern) (*a.-naut.*), poppiero. **2.** ~ body (of a torpedo) (*navy expl.*), poppa. **3.** ~ cabin (*naut.*), cabina di poppa. **4.** ~ date (*comm.*), a (certo tempo) data. **5.** ~ sight (*comm.*), a (certo tempo) vista.
after–bake (*ind.*), postcottura, ripresa di cottura.
afterblow (in the Bessemer process for eliminating phosphorus) (*found.*), protrazione dell'immissione d'aria.
afterbody (*n. - naut.*), zona tra sezione maestra e poppa. **2.** ~ (rear part of a vehicle) (*veh.*), parte posteriore.
afterburner (of a jet engine, tail pipe burner) (*mot.*),

postcombustore. **2.** ~ (eliminating unburned fuel particles from exhaust) (*aut.*), postcombustore.
afterburning (of a jet engine) (*mot.*), postcombustione. **2.** ~ (of charge) (*mot.*), ritardo di combustione, combustione che prosegue dopo aver raggiunto la massima pressione di scoppio.
aftercooler (therm. apparatus: as for compressed air) (*mach.*), postrefrigeratore.
aftercooling (as of compressed air) (*mach.*), postrefrigerazione.
afterdamp (*min.*), grisou combusto.
afterdate (to), postdatare.
afterdeck (*naut.*), ponte poppiero, ponte di poppa.
aftereffect (*gen.*), effetto successivo. **2.** magnetic ~ (*elect.*), viscosità magnetica.
afterflaming (as at the rckt. nozzles when the main propellant flow is cut) (*rckt.*), combustione residua.
afterglow (*photoelect.* - *found.* - *etc.*), bagliore residuo. **2.** ~ (*radar*), persistenza dell'immagine. **3.** ~ (afterluminescence) (*phys.*), postluminescenza.
afterhold (*naut.*), stiva di poppa.
afterlight, *see* afterglow, twilight.
aftermarket (spare parts and accessories market: as for aut. repair) (*comm.*), mercato dei ricambi ed accessori.
aftermast (*naut.*), albero a poppavia.
aftermost (*a.* - *naut.*), a poppa estrema.
afterpeak (*naut.*), gavone di poppa.
after-running (running of an internal-combustion engine, after the ignition has been switched off, due to self-ignition) (*mot.*), funzionamento per autoaccensione.
aftertax earnings (income that remains after the payment of taxes) (*finan.*), reddito al netto delle tasse.
aftertreatment (*ind.*), trattamento successivo.
"A/G" (air to ground, as a missile) (*aer.*), aria-terra.
Ag (silver) (*chem.*), argento.
agar, agar-agar (*chem.*), agar-agar.
"AGARD" (Advisory Group for Aeronautical Research and Development) (*aer.*), gruppo consulente per ricerche e sviluppi aeronautici.
"agas" (aviation gasoline) (*aer.*), benzina avio.
agate (*min.*), agata. **2.** ~ (*typ.*), corpo $5^1/_2$, carattere di punti $5^1/_2$. **3.** ~ line (advertising space 1/14 inch high and one column wide) (*adver.*), spazio pubblicitario dell'altezza di 1/14 di pollice e larghezza di una colonna.
agave (*text. ind.*), agave.
"AGC" (automatic gain control) (*radio*), regolatore automatico di guadagno.
"AGCA" (automatic ground control approach) (*aer.* - *radar*), radar al suolo per il controllo automatico di avvicinamento.
"agcy", *see* agency.
"AGDS" (American Gage Design Standard) (*mech.*), norma americana per la progettazione di calibri.
age (*gen.*), età. **2.** ~ compensation (*pers.* - *work.*), scatto d'anzianità. **3.** ~ resister (*rubb. ind.*), antiinvecchiante. **4.** ore-lead ~ (determination of ore age by uranium decay in lead) (*geol.*), età rilevata dalla trasformazione in piombo. **5.** pensionable ~ (of workers) (*pers. management*), limite di età. **6.** radium ~ (based on the number of radium atoms) (*atom phys.* - *min.*), età rilevata con il radio. **7.** retirement ~ (of workers) (*pers. management*), soglia di pensionamento.
age (to) (*gen.*), invecchiare. **2.** ~ (*metall.* - *rubb. ind.* - *etc.*), invecchiare.
aged (*gen.*), invecchiato.
age-harden (to) (*metall.*), aumentare di durezza con l'invecchiamento.
age-hardening (*metall.*), aumento di durezza con l'invecchiamento.
ageing (*gen.*), invecchiamento, stagionatura. **2.** ~ (change in properties that may occur gradually at atmospheric temperature and more rapidly at higher temperature) (*metall.*), invecchiamento. **3.** ~ (*paint.*), invecchiamento. **4.** artificial ~ (at a temperature higher than atmospheric) (*metall.*), invecchiamento artificiale. **5.** natural ~ (at atmospheric temperature) (*metall.*), invecchiamento naturale. **6.** ozone ~ (of rubber) (*chem. ind.*), invecchiamento da ozono. **7.** quench ~ (following rapid cooling) (*metall.*), invecchiamento dovuto a rapido raffreddamento. **8.** strain ~ (following plastic straining) (*metall.*), invecchiamento dovuto a deformazioni plastiche.
agency (office of an agent) (*comm.*), rappresentanza, mandato commerciale. **2.** advertising ~ (*comm.*), agenzia di pubblicità. **3.** employment ~ (*labor comm. organ.*), agenzia di collocamento. **4.** sole ~ (*comm.*), rappresentanza esclusiva.
agenda (items to be discussed or done, as in a meeting) (*gen.*), ordine del giorno, programma degli argomenti da esaminare.
agent (*comm.*), rappresentante. **2.** ~ (*chem.*), agente. **3.** agent's commission (*comm.*), provvigione. **4.** accelerating ~ (as for chem. reactions) (*ind.* - *chem.*), accelerante. **5.** antiflooding ~ (*paint.*), agente antisfiammatura. **6.** antifouling ~ (*boil.*), antincrostante. **7.** antiknock ~ (*fuels*), antidetonante. **8.** antilivering ~ (antithickening agent) (*paint.*), agente antimpolmonimento (o antispessimento). **9.** antisettling ~ (as for a paint) (*chem.*), antisedimentante, agente di antisedimentazione, agente di sospensione. **10.** antiskinning ~ (*paint.*), agente antipelle. **11.** bleaching ~ (*ind. chem.*), sbiancatore, scoloritore. **12.** bonding ~ (as for molding sands) (*found.*), legante. **13.** bulking ~ (*rubb. ind.*), ingrediente per carica. **14.** chemical ~ (*chem.*), agente chimico. **15.** claim ~ (*comm.*), conciliatore di reclami. **16.** creaming ~ (*rubb. ind.*), (agente) cremante. **17.** dephosphorizing ~ (*metall.*), defosforante. **18.** desizing ~ (*text. ind.*), disapprettante. **19.** discoloring ~ (*rubb. ind.*), agente scolorante. **20.** dispersing ~ (*phys. chem.*),

(agente) disperdente. **21.** drying ~ (drier) (*chem. ind.*), essiccante. **22.** emulsifying ~ (emulsifier) (*phys. - chem.*), emulsificante, emulsionante. **23.** estate ~ (agent buying and selling property) (*comm.*), agente immobiliare. **24.** forwarding ~ (*comm.*), spedizioniere. **25.** freight ~ (*comm. - transp.*), spedizioniere. **26.** freight ~ (*comm. naut.*), noleggiatore marittimo. **27.** irritating ~ (*war chem.*), aggressivo chimico irritante. **28.** land ~ (landed property manager) (*agric.*) (Brit.), fattore, agente agrario. **29.** land ~ (broker) (*comm.*) (Am.), mediatore. **30.** lethal ~ (*war chem.*), sostanza letale, aggressivo chimico letale. **31.** nonpersistent ~ (*war chem.*), aggressivo chimico ad azione fugace. **32.** oxidizing ~ (*ind. chem. - etc.*). agente ossidante. **33.** passenger ~ (traveling agent) (*comm.*), (agente) viaggiatore. **34.** persistent ~ (*war chem.*), aggressivo chimico persistente. **35.** pickling ~ (*metall.*), decapante. **36.** protective ~ (as added to a natural or synthetic latex) (*ind. chem. - etc.*), agente protettivo. **37.** purchasing ~ (*comm.*), incaricato degli acquisti. **38.** regulating ~ (as of a reaction in rubb. mfg.) (*ind. chem. - etc.*), agente stabilizzante. **39.** regulating ~ (*rubb. ind.*), *see* modifier, stopper. **40.** reinforcing ~ (*rubb. ind.*), rinforzante. **41.** sales ~ (*comm.*), commissionario. **42.** screening ~ (*war chem.*), composto chimico per mascheramenti. **43.** selling ~ (*comm.*), commissionario. **44.** smoke ~ (*war chem.*), sostanza fumogena. **45.** sole ~ (*comm.*), agente esclusivo. **46.** spreading ~ (wetting agent) (*phys. chem.*), sostanza bagnante, sostanza umettante, umettante (*s.*). **47.** surface–active ~ (a substance which tends to reduce surface tension of a solvent) (*phys. chem. - ind. chem.*), sostanza tensioattiva, agente tensioattivo. **48.** suspending ~ (*chem.*), *see* antisettling agent. **49.** ticket ~ (*comm.*), addetto alla vendita di biglietti. **50.** wetting ~ (*phys. chem.*), sostanza bagnante, sostanza umettante, umettante (*s.*).

agents, addition ~ (as colloids added to a galvanic bath) (*electrochem.*), agenti di addizione. **2.** atmospheric ~ (*meteorol.*), agenti atmosferici. **3.** surfaceactive ~ (*chem.*), sostanze tensioattive.

"agg" (aggregate) (*bldg.*), materiale inerte, inerti.

aggiornamento (the consign to be up to date) (*n. - gen.*), aggiornamento.

agglomerate (*n. - geol.*), agglomerato.

agglomerate (to) (*v. t. - phys.*), agglomerare. **2.** ~ (as of chips) (*v. i. - mach. t. work. - etc.*), agglomerarsi.

agglomeration (*geol.-phys.*), agglomerazione.

agglomerative (agglomerating) (*a. - gen.*), agglomerante. **2.** ~ base (*ind.*), base agglomerante.

agglutinant (*n. - ind.*), agglutinante.

agglutinate (to) (*ind.*), agglutinare.

aggregate (of concrete) (*n. - bldg.*), materiale inerte, inerti. **2.** ~ (a family of curves, numbers etc. satisfying the same given conditions) (*math.*), famiglia, classe, assieme. **3.** ~ (formed by many particulars) (*a. - gen.*), formato da più particolari. **4.** ~ (set, manifold, collection, a set of mathematical elements) (*n. - math.*), insieme, classe, collezione. **5.** ~ (agglomeration) (*n. - gen.*), agglomerato. **6.** ~ breaking load (of a steel cable) (*cableways*), carico di rottura teorico. **7.** all–in ~ (mixture of sand and gravel for concrete) (*bldg.*), sabbia ghiaiosa, misto di cava. **8.** coarse crushed ~ (for concrete) (*bldg.*), pietrisco grosso. **9.** coarse gravel ~ (for concrete) (*bldg.*), ghiaia grossa. **10.** coarse pumice ~ (for concrete) (*bldg.*), ghiaia di pomice. **11.** coarse sand ~ (for concrete) (*bldg.*), sabbia grossa. **12.** coarse slag ~ (for concrete) (*bldg.*), sabbia grossa di scorie. **13.** concrete ~ (*bldg.*), aggregati del calcestruzzo, inerti del calcestruzzo. **14.** dense ~ (*math.*), insieme denso. **15.** fine ~ (sand for mortar) (*bldg.*), sabbia da malta. **16.** fine crushed ~ (for concrete) (*bldg.*), pietrischetto. **17.** fine gravel ~ (for concrete) (*bldg.*), ghiaietto. **18.** fine pumice ~ (for concrete) (*bldg.*), sabbia di pomice. **19.** fine sand ~ (for concrete) (*bldg.*), sabbia fine. **20.** fine slag ~ (for concrete) (*bldg.*), sabbia fine di scorie. **21.** perfect ~ (*math.*), insieme perfetto.

aggressive (corrosive) (*a. - chem. - metall.*), corrosivo.

aggressiveness (*milit.*), aggressività.

aging, *see* ageing.

agio (*comm.*), aggio.

agitate (to) (as a liquid or powder) (*gen.*), agitare.

agitation (*gen.*), agitazione. **2.** ~ (as electromagnetic rabbling of a metal bath) (*found.*), agitazione. **3.** thermal ~ (*therm.*), agitazione termica.

agitator (*chem. impl.*), agitatore.

"AGL" (above ground level) (*aer.*), sul livello del suolo.

"agl radar" (airborne gunlaying radar) (*aer. - radar*), radar di bordo di puntamento.

"AGMA" (American Gear Manufacturers Association) (*mech.*), Associazione Americana Fabbricanti di Ingranaggi.

agonic line (line of zero magnetic declination) (*phys.*), linea agona.

agravic (with no gravitation) (*phys. - astric.*), senza gravitazione.

agree (to) (to come to an agreement) (*comm.*), accordarsi, convenire, concordare.

agreement (*comm.*), convenzione, accordo. **2.** ~ (accordance) (*gen.*), concordanza. **3.** ~ for sale (*comm.*), contratto di vendita. **4.** blanket ~ (agreement on wages etc. reached for whole industry) (*trade - union*), contratto collettivo di lavoro. **5.** collective ~ (*pers. management*), contratto collettivo (di lavoro). **6.** company ~ (agreement on wages etc. reached within a single company) (*trade - union*), contratto aziendale. **7.** gentleman's ~ (*comm.*), impegno sulla parola. **8.** international ~ (*comm. - etc.*), convenzione internazionale, accordo internazionale. **9.** labour ~ (as between management and workers) (*trade -

union), contratto di lavoro. **10.** written ~ (*comm.*), accordo scritto.

agricultural, agricolo. **2.** ~ tractor (*agric. mach.*), trattore agricolo.

agriculture, agricoltura. **2.** ~ (*sc.*), agraria. **3.** ~ handtool (*agric. t.*), arnese agricolo.

agriculturist (trained in agric. science) (*agric.*), agricoltore con basi teoriche, perito agrario.

agrimotor (agricultural tractor) (*agric. mach.*), trattore agricolo.

agrology (*agric.*), agrologia.

agronomist (*agric.*), agronomo.

agronomy (*agric.*), agronomia.

aground (of a ship) (*a. - naut.*), arenato, incagliato. **2.** running ~ (*naut.*), incagliamento, arenamento. **3.** to run ~ (*naut.*), incagliarsi, arenarsi.

"AGS" (automatic gain stabilization) (*radio*), stabilizzazione automatica del guadagno.

"AGU" (American Geophysical Union) (*geophys.*), Unione Geofisica Americana.

"AH" (air hardening) (*metall. - mech. draw.*), tempra in aria. **2.** ~ (ampere-hour) (*elect.*), amperora.

ahead, avanti. **2.** ~ (in advance) (*gen.*), in anticipo. **3.** ~ movement (*naut. - aut.*), marcia in avanti. **4.** ~ of (*gen.*), a monte di. **5.** full speed ~ (of ship movement) (*naut.*), avanti a tutta forza. **6.** half speed ~ (of ship movement) (*naut.*), avanti a mezza forza. **7.** slow speed ~ (of ship movement) (*naut.*), avanti adagio. **8.** straight ~ (as of ship movement) (*naut.*), (avanti) diritto di prua.

"AH&T" (air hardened and tempered) (*metall. - mech. draw.*), temprato all'aria e rinvenuto.

"ahm" (ampere-hour meter) (*elect. instr.*), amperorametro.

ahull (with furled sails, as a ship in a storm) (*a. - naut.*), con le vele serrate, a secco di vele.

"AI" (anti-icing) (*aer.*), antighiaccio. **2.** ~, *see* artificial intelligence.

"A/I" (aptitude index) (*psychol. - aer.*), indice attitudinale.

"AIA" (Aerospace Industries Association) (*aer. - astric.*), Associazione Industrie Aerospaziali.

"AIC" (American Institute of Chemists) (*chem.*), Istituto Americano dei Chimici. **2.** ~ (ammunition identification code) (*milit.*), codice di identificazione delle munizioni.

"AID" (Aeronautical Inspection Directorate) (*aer.*), Direzione Centrale Controllo Aeronautico.

aid (*gen.*), aiuto. **2.** ~ station (*med.*), posto di medicazione. **3.** first ~ (*med.*), pronto soccorso. **4.** ~, *see also* aids.

"AIDA" (attention, interest, desire, action; 4 points for measuring the effectiveness of an advertisement) (*adver.*), AIDA, attenzione - interesse - desiderio - azione.

aide-de-camp (*milit.*), aiutante di campo.

aids, (plural of aid) (*gen.*), aiuti, assistenza, ausilio. **2.** ~ to navigation (*naut.*), assistenza alla navigazione. **3.** approach ~ (*aer.*), assistenza all'avvicinamento. **4.** approach-and-landing ~ (*aer.*), assistenza all'avvicinamento ed all'atterraggio. **5.** audio-visual ~ (*teaching purposes*) ausilio di audiovisivi. **6.** fixing ~ (for determining the geographical position of an aircraft) (*aer.*), assistenza per il rilevamento. **7.** homing ~ (*aer.*), assistenza al ritorno. **8.** navigational ~ (*radio*), assistenza alla navigazione. **9.** radio navigational ~ (*aer. - radio*), assistenza di radionavigazione. **10.** sales ~ (*comm.*), organizzazione ausiliare di vendita. **11.** visual ~ (for air navigation) (*aer.*), assistenza visuale. **12.** warning ~ (*aer.*), assistenza di avvertimento.

"AIEE" (American Institute of Electrical Engineers) (*elect.*), Istituto Americano degli Elettrotecnici.

aiguille (for boring small and deep holes) (*mas. t.*), punta prolungata, punta con prolunga.

aiguillette (of military uniform) (*milit.*), cordellina.

ailavator, ailevator, *see* elevon.

aileron (*aer.*), alettone, alerone. **2.** ~ angle (angle between the control surface chord and the chord of the fixed surface) (*aer.*), angolo di barra dell'alettone. **3.** ~ booster (*aer.*), servomotore per alettoni. **4.** ~ tab (*aer.*), compensatore dell'alettone. **5.** balanced ~ (*aer.*), alettone compensato. **6.** frise ~ (for increasing drag) (*aer.*), alettone "Frise". **7.** slotted ~ (*aer.*), alettone a fessura.

aim (*milit.*), mira.

aim (to) (as a firearm or a missile) (*milit.*), puntare, orientare, dirigere.

aiming (as of a firearm or missile) (*milit.*), puntamento, orientamento, direzione. **2.** ~ (of headlights) (*aut.*), orientamento. **3.** ~ circle (*milit.*), cerchio di puntamento. **4.** ~ device (*milit.*), congegno di puntamento (o di mira). **5.** ~ disk (target of a leveling rod) (*top.*), scopo. **6.** ~ mechanism (*milit.*), meccanismo di puntamento. **7.** ~ point (*milit.*), punto di mira. **8.** auxiliary ~ point (*milit.*), falso scopo. **9.** headlights ~ (*aut.*), orientamento dei "fari", orientamento dei proiettori.

"AIP" (American Institute of Physics) (*phys.*), Istituto Americano di Fisica.

air, aria. **2.** ~ adjusting screw (of carburetor) (*mot. mech.*), vite di regolazione (o freno) dell'aria. **3.** ~ alert (*air force - milit.*), allarme aereo. **4.** ~ arm (*milit.*), arma aerea. **5.** ~ bag (inflatable bag, for safety, between front passenger and dash panel and swelling in case of collision) (*aut. safety*), cuscino d'aria. **6.** ~ base (*air force*), base aerea. **7.** ~ beacon (*aer.*), aerofaro. **8.** ~ bearing (air lubricated bearing, using compressed air between the surfaces) (*mech.*), cuscinetto pneumatico. **9.** ~ bearing surface (surface flying on an air cushion and sustaining a flying head) (*comp.*), superficie operante su cuscino d'aria (a sostegno della testina). **10.** ~ belt (as of a cupola furnace) (*found.*), collettore del vento, cintura di aria. **11.** ~ blanketing (accumulation of air as in a heat exchanger and preventing the transfer of heat) (*therm.*), coibentatura di aria. **12.** ~ bombing (*air force*), bombardamento aereo. **13.** ~ bottle (or cylinder) (*mech.*), bombola di aria compressa. **14.** ~ brake (*veh.*), freno ad aria compressa. **15.** ~ brake (surface for decreasing the speed of an aircraft) (*aer.*), aerofreno, freno aerodinamico. **16.** ~ brick (a perforated brick for ventilation) (*bldg.*), mattone con fori (per ventilazione). **17.** ~ brick (a perforated metal grate for ventilation) (*bldg.*), griglia metallica per ventilazione. **18.** ~ cargo (mail or freight transp. by aer.) (*n. - aer.*), merci trasportate per via aerea, merci aviotrasportate. **19.** ~ carrier (as by airlines) (*aer.*), vettore aereo. **20.** ~ carrier (transp. organization) (*aer.*), aerotrasportatore, società di aerotrasporto. **21.** ~ carrier (craft to be hired) (*aer.*), aereo abilitato al noleggio, aereo da noleggio, aereo charter. **22.** ~ casing (air space: as enclosed around a pipe for reducing heat losses) (*therm. insulation*), intercapedine di aria. **23.** ~ chamber (for equalizing pressure against water hammering) (*hydr.*), campana d'aria, camera d'aria. **24.** ~ change (*ventil.*), ricambio d'aria. **25.** ~ charter (*aer. - comm.*), noleggio aereo. **26.** ~ chuck (as of a mach. t.) (*mech.*), mandrino pneumatico. **27.** ~ cleaner (as of a mot.), filtro dell'aria. **28.** ~ clutch (*mech.*), frizione a comando pneumatico. **29.** ~ compressor (*mach.*), compressore d'aria. **30.** ~ condenser (of steam engine) (*mach.*), condensatore (raffreddato) ad aria. **31.** ~ conditioner (*conditioning app.*), condizionatore d'aria. **32.** ~ conditioning (*conditioning*), condizionamento dell'aria. **33.** ~ conditioning unit (*conditioning*), gruppo di condizionamento. **34.** ~ consignment (*comm. aer.*), lettera di trasporto aereo. **35.** ~ control grip (as of a portable drill) (*mech.*), impugnatura di immissione dell'aria. **36.** ~ co-operation (*milit.*), aerocooperazione. **37.** ~ core barrel (*found.*), lanterna per anime. **38.** ~ corridor (*aer.*), corridoio aereo. **39.** ~ cover (air force protection against enemy) (*milit.*), copertura aerea. **40.** ~ crash (*aer.*), disastro aereo. **41.** ~ current (draft), corrente d'aria. **42.** ~ cushion (as of a hovercraft, of flying head on magnetic disk etc.) (*phys.*), cuscino d'aria. **43.** ~ cushion (*mech. - phys. - hydr.*), ammortizzatore a cuscino pneumatico. **44.** ~ cushion vehicle (ground-effect mach.: travelling on air cushion [Brit.] hovercraft) (*transp.*), veicolo a cuscino d'aria, hovercraft. **45.** ~ defence (*milit. - aer.*), protezione antiaerea. **46.** ~ density (*phys.*), densità dell'aria. **47.** ~ door (warm air current instead of an usual door) (*ind. bldg.*), (porta a) cortina di aria calda. **48.** ~ drill (*impl.*), trapano ad aria compressa. **49.** ~ drop hammer (*shop mach.*), maglio pneumatico. **50.** ~ drum (reservoir of compressed air as of a railway brake system) (*railw. - ind.*), serbatoio dell'aria (compressa). **51.** ~ dry (of wood pulp) (*paper mfg.*), seccato all'aria. **52.** ~ drying (as of a paint) (*gen.*), essiccamento all'aria. **53.** ~ duct (as for ventilating rooms) (*ind.*), condotto dell'aria. **54.** ~ duct (as for rooms or cabins ventilation or engine room aeration) (*bldg. - naut.*), condotto di ventilazione, manica a vento. **55.** ~ ejector (for ejecting air as from steam condensers) (*steam prod. plant*), eiettore di aria. **56.** ~ engine (operated by compressed air) (*mot.*), motore ad aria compressa. **57.** ~ escape (or valve), scaricatore d'aria, valvola di scarico dell'aria. **58.** ~ exhauster (*mach.*), aspiratore. **59.** ~ filter (air cleaner) (*app.*), filtro dell'aria. **60.** ~ force (*air force*), aeronautica militare. **61.** ~ force blue (ultra marine) (*color*), blu aviazione. **62.** ~ force observer (*air force*), osservatore aereo. **63.** ~ for combustion (*comb.*), aria comburente. **64.** ~ furnace (by natural draft) (*found.*), forno ad aria non soffiata. **65.** ~ furnace (for heating air in hot-air heating systems) (*heating*), forno per (la produzione di) aria calda. **66.** ~ gap (of elect. mach.) (Am.), traferro, intraferro. **67.** ~ gas (producer gas) (*comb.*), gas d'aria. **68.** ~ gas (air and hydrocarbon vapors) (*comb.*), miscela di aria ed idrocarburi. **69.** ~ grating (*bldg.*), griglia di ventilazione. **70.** ~ gun, *see* air hammer. **71.** ~ hammer (pneumatic hammer) (*impl.*), martello pneumatico. **72.** ~ hammer (*forging mach.*), maglio ad aria compressa. **73.** ~ harbor (for seaplanes) (*aer.*), idroscalo. **74.** ~ hoist (operated by compressed air) (*shop impl.*), paranco pneumatico. **75.** ~ hole (*pip.*), sfiatatoio. **76.** ~ hole (*aer.*), vuoto d'aria. **77.** ~ hole (blowhole) (*found. defect*), soffiatura. **78.** ~ horn (*aut.*), tromba pneumatica. **79.** ~ hose (*naut.*), manica d'aria. **80.** ~ humidifier (*air conditioning device*). umidificatore di aria. **81.** ~ injection (of fuel by air) (*diesel mot.*), iniezione per mezzo di aria. **82.** ~ inlet (air entrance: as of a ventilator), bocca di entrata dell'aria. **83.** ~ inlet (as of a carburetor, a turbojet engine etc.), presa d'aria. **84.** ~ inlet control (to the carburetor) (*aut.*), comando della presa d'aria. **85.** ~ intake (*ind. - mot. - aer.*), presa d'aria. **86.** ~ interchanger (wind tunnel device) (*aer.*), ricambiatore d'aria. **87.** ~ lance (nozzle on a compressed air flexible pipe used for cleaning) (*shop impl.*), ugello per aria compressa. **88.** ~ lane (*aer.*), corridoio aereo. **89.** ~ law (*aer. law*), diritto aeronautico. **90.** ~ layer (*aer.*), strato d'aria. **91.** ~ leak (loss of electric charge in ionized atmosphere) (*elect.*), dispersione dovuta a ionizzazione atmosferica. **92.** ~ leaks (*pip.*), fughe d'aria. **93.** ~ liability (*aer. law*), responsabilità aeronautica. **94.** ~ lift hammer (a type of gravity drop hammer) (*forging mach.*), maglio ad aria compressa a semplice effetto. **95.** ~ line (*aer.*), linea aerea, aviolinea. **96.** ~ liner (*aer.*), aeroplano di linea (civile). **97.** ~ load (as on an airfoil) (*aerodyn.*), carico aerodinamico. **98.** ~ lock (*hydr. constr. - navy*), camera di equilibrio. **99.** ~ lock (*min.*), porta di ventilazione. **100.** ~ lock (flow arrest caused by air in the hydraulic circuit: vapor lock) (*pip. - mot.*), sacca d'aria, bolla d'aria. **101.**

~ locks (cavities in a casting due to air entrapped in the mold during the pouring operation) (*found. defect*), sacche d'aria. **102.** ~ log (*aer. record*), giornale di navigazione aerea, libro di bordo. **103.** ~ log (recording the distance by the airspeed) (*aer. instr.*), anemometro contamiglia. **104.** ~ machine (die casting mach.) (*found. mach.*), macchina ad iniezione ad aria compressa, macchina per pressofusione ad aria compressa. **105.** ~ map (*aer.*), carta (per la navigazione) aerea. **106.** ~ marshall (*air force*), maresciallo dell'aria. **107.** ~ mile (the same as the nautical mile of 6076.11 feet long) (*aer. meas. unit*), miglio aereo, miglio nautico. **108.** ~ monitor (device for meas. airborne radioactivity) (*instr.*), misuratore della radioattività dell'aria. **109.** ~ navigation (*aer.*), navigazione aerea. **110.** ~ net (*aer.*), rete aerea. **111.** ~ operated (as of a tool) (*t.*) (ad azionamento) pneumatico. **112.** ~ outlet (air exit: as of a ventilator), bocca di uscita dell'aria. **113.** ~ pads (sturdy air bags, as for moving heavy fixtures in workshop) (*ind. transp.*), cuscini d'aria. **114.** ~ passage (of a cellular type radiator core) (*aut.*), tubetto (di passaggio aria). **115.** ~ photography (*aer. - phot.*), fotografia aerea. **116.** ~ piracy, *see* hijacking. **117.** ~ pirate, *see* hijacker. **118.** ~ pit (*aer.*), vuoto d'aria. **119.** ~ plot (diagram of the true heading and distances flown) (*air navig.*), tracciato rotta, riduzione in diagramma dei dati di navigazione. **120.** ~ pocket (*aer.*), vuoto d'aria. **121.** ~ port (*mech.*), luce (o apertura di passaggio) per l'aria. **122.** ~ position (geographical position of an aircraft referred to still air flying) (*air navig.*), posizione di volo (riferita ad aria calma). **123.** ~ power (air force of a state) (*air force*), potenza aerea. **124.** ~ preheating (*therm.*), preriscaldamento dell'aria. **125.** ~ pressure (meteor.), *see* atmospheric pressure. **126.** ~ pump (for compressing, or exhausting air) (*mach.*), pompa d'aria. **127.** ~ pump (as for removing air from a vessel) (*mach.*), pompa a vuoto. **128.** ~ raid (*air force*), incursione aerea. **129.** ~ rammer (*found. t.*), calcatoio (o pestello) pneumatico. **130.** ~ receiver (as in compressed air network), serbatoio d'aria (compressa), serbatoio polmone d'aria. **131.** ~ removal (as from liquids), disareazione. **132.** ~ rifle (*weapon*), fucile ad aria compressa. **133.** ~ scoop (used for inside ventilation of aut. or aer.) (*ventil.*), presa d'aria dinamica. **134.** ~ scout (air explorer) (*aer.*), ricognitore. **135.** ~ seal (as of a turbojet engine) (*mech.*), tenuta a labirinto. **136.** ~ service (for public transport of passengers, mail or freight by air) (*aer.*), servizio aereo. **137.** ~ shaft (*min.*), pozzo di ventilazione. **138.** ~ shield (plexiglass shield on aut. windows) (*aut.*), riparo aria. **139.** ~ sleeve (wind sleeve, wind cone) (*aer. - meteorol.*), manica a vento. **140.** ~ spring (car suspension) (*aut. - railw. - etc.*), sospensione pneumatica. **141.** ~ sock (wind sleeve, wind cone) (*aer. - meteorol.*), manica a vento. **142.** ~ space (as between walls for protection against noise or dampness, or for thermal insulation) (*bldg.*), intercapedine, camera d'aria. **143.** ~ speed (in relation to the air) (*aer.*) (Brit.), velocità relativa, velocità (dell'aereo) rispetto all'aria. **144.** ~ speed meter (or indicator) (*aer. instr.*), anemometro. **145.** ~ stack (at determined altitude above the airport, waiting for landing) (*aer.*), circuito d'attesa. **146.** ~ starting (as of aviation engines) (*mot.*), avviamento ad aria. **147.** ~ station (*aer.*), aeroscalo. **148.** ~ strangler (as for starting) (*mot.*), dispositivo di regolazione dell'aria, dispositivo di "chiusura" dell'aria. **149.** ~ strike (*air force*), attacco aereo. **150.** ~ support (*milit. - air force*), appoggio aereo. **151.** ~ survey (*top.*), fotogrammetria, rilevamento aereo. **152.** ~ system (refrigerating system by expansion of cooled compressed air) (*therm.*), raffreddamento ad aria compressa. **153.** ~ tank (*naut.*), cassone d'aria. **154.** ~ taxi (*comm. aer.*), aerotaxi. **155.** ~ terminal (a small urban station where one can get transport to or from an airport) (Brit.) (*aer. transp.*), terminale aereo (urbano), air terminal. **156.** ~ tight, *see* airtight. **157.** ~ touring (*aer.*), turismo aereo. **158.** ~ traffic (*aer.*), traffico aereo. **159.** ~ train (sky train) (*aer.*), rimorchio aereo (di uno o più alianti). **160.** ~ trap (for avoiding gas as from sewers) (*pip.*), pozzetto (o sifone) di intercettazione. **161.** ~ tube (of tire), camera d'aria. **162.** ~ vector (air transportation contractor) (*comm. - aer.*), vettore aereo, imprenditore di trasporti aerei. **163.** ~ Venturi choke tube (as of carburetor) (*mech.*), diffusore Venturi. **164.** ~ washer (*ind. app.*), depuratore d'aria a spruzzatura d'acqua. **165.** ~ washing (*ventil. ind.*), lavaggio dell'aria. **166.** ~ waybill (air consignement note) (*aer. - comm.*), bolletta di trasporto aereo. **167.** ~ well (open court in the inside of a big building) (*arch. - bldg.*), cortile interno. **168.** ~ wires (of antenna) (*radio*), conduttori di antenna. **169.** basic ~ speed (indicated airspeed corrected for instrument error) (*aer.*), velocità base, velocità indicata corretta dell'errore strumentale. **170.** by ~ (*transp.*), per via aerea. **171.** calm ~ (*meteorol.*), aria calma. **172.** combustion ~ (*comb.*), aria comburente. **173.** compressed ~ (*ind.*), aria compressa. **174.** conditioned ~ (*air conditioning*), aria condizionata. **175.** current of ~ (*aer.*), corrente d'aria. **176.** deficiency of ~ (as in comb.), difetto (o insufficienza) d'aria. **177.** dry ~ (*aerology*), aria secca. **178.** emergency ~ (compressed air used for a hydraulic or pneumatic circuit in case of failure of the normal power supply) (*aer. - etc.*), aria di emergenza. **179.** excess of ~ (as in comb.), eccesso d'aria. **180.** foul ~ (*gen.*), aria viziata. **181.** hot ~ treatment (as in rubb. ind. for drying, vulcanizing etc.), trattamento ad aria calda. **182.** intake ~ heater (*aer. mot.*), riscaldatore dell'aria aspirata. **183.** liquid ~ (*phys.*), aria liquida. **184.** open ~ (*gen.*), aria aperta. **185.** primary ~ (for combustion) (*comb.*), aria primaria. **186.** return ~ (*ven-*

til.), aria di ricupero. **187.** rising current of ~ (*aer.*), corrente di aria ascendente. **188.** saturated ~ (*aerology*), aria satura. **189.** scavenging ~ (of a diesel engine cylinder) (*mot.*), aria di lavaggio. **190.** secondary ~ (for the combustion) (*comb.*), aria secondaria. **191.** standard ~, *see* standard atmosphere. **192.** starting ~ (*mot.*), aria d'avviamento. **193.** still ~ (*gen.*), aria ferma, aria calma **194.** vitiated ~, aria viziata.

air (to) (to broadcast) (*radio - telev.*), mandare in onda. **2.** ~ (to ventilate etc.) (*ventil.*), aerare (o areare), dare aria.

air-atomic (as of an airplane) (*a. - atomic weapon*), per lancio di armi atomiche.

airblast (of a gun) (*milit.*), aria di lavaggio.

air-blast transformer (*elect.*), trasformatore a ventilazione forzata.

airboat (seaplane) (*aer.*), idrovolante. **2.** ~ (gliding on water and driven by aer. propeller) (*naut.*), idroscivolante spinto da elica di aereo.

airborne (air-sustained) (*a. - aer.*), sostenuto dall'aria. **2.** ~ (transp. by plane: as of a milit. division) (*a. - aer.*), aviotrasportato. **3.** ~ radar (radar system pertaining to the plane) (*aer. - elics.*), radar di bordo.

air-bound (stopped by airlock: as of gasoline in a pipe) (*a. - mot. defect*), fermato da una bolla d'aria.

airbrake, *see* air brake.

air-break switch (*elect. app.*), interruttore in aria.

airbrush (atomizer) (*impl.*), aerografo.

airbrush (to) (*ind. proc.*), verniciare con aerografo (o con la pistola).

airbus (subsonic passenger medium range jet plane) (*aer.*), aereo civile (subsonico) a reazione a medio raggio.

air-car, *see* air cushion vehicle.

air cav, air cavalry (aerotransported army unit) (*air force - milit.*), unità (della ex cavalleria) aviotrasportata.

air-condition (to) (to equip with conditioned air) (*bldg.*), dotare di aria condizionata, climatizzare.

air-conditioned (*a. - bldg. - etc.*), ad aria condizionata.

air-conditioner (*conditioning app.*), condizionatore dell'aria, apparecchio di condizionamento.

air-conditioning (*bldg. - etc.*), condizionamento dell'aria.

air-cool (to) (as an internal combustion engine), raffreddare ad aria.

air-cooled (as of mot.) (*a. - therm.*), raffreddato ad aria.

air-cooling (*therm.*), raffreddamento ad aria.

air-core, air-cored (as of a solenoid without magnetic material) (*a. - elect. - elics.*), senza nucleo magnetico.

aircraft, aeromobile, aereo. **2.** ~ carrier (*navy*), nave portaerei. **3.** ~ gears (*mech.*), ingranaggi per aviazione. **4.** ~ station (*radio - aer.*), (stazione) trasmittente di bordo. **5.** ~ tender (*navy*), nave appoggio per aerei. **6.** ambulance ~ (*aer.*), aeroplano sanitario. **7.** amphibian ~ (*aer.*), aereo anfibio. **8.** annularwing ~ (*aer.*), aeroplano ad ala anulare. **9.** A. O. P. ~ (air observation post aircfrat) (*air force*), aeroplano osservatorio, apparecchio osservatorio. **10.** catapult ~ (*aer.*), aereo catapultabile. **11.** composite ~ (one aircraft carrying another) (*aer.*), velivolo canguro, aeroplano canguro. **12.** fixed-wing ~ (*aer.*), aeroplano ad ala fissa. **13.** jet ~ (*aer.*), aviogetto. **14.** model ~ construction (*aer.*), aeromodellistica. **15.** naval ~ (*navy - air force*), aereo per la marina. **16.** pilotless ~ (*aer.*), velivolo senza pilota. **17.** postal ~ (*aer.*), aeropostale. **18.** rescue ~ (*aer.*), apparecchio da soccorso. **19.** research ~ (*aer.*), apparecchio sperimentale. **20.** rocket ~ (*aer.*), aviorazzo. **21.** rotary-wing ~ (*aer.*), aeroplano ad ala rotante. **22.** short take-off (STO) ~ (*air force*), aeroplano a decollo corto. **23.** spotter ~ (*air force*), aereo osservatore, ricognitore. **24.** state ~ (*aer. - air force*), aeromobile statale. **25.** variable-geometry ~ (aircraft provided with variable sweep wings) (*aer.*), aereoplano a geometria variabile. **26.** vertical take-off (VTO) ~ (*aer.*), aeroplano a decollo verticale.

aircrew (*aer.*), equipaggio di un aereo.

air-cure (to) (to polymerize, as resins, at ambient temperature) (*chem.*), polimerizzare a temperatura ambiente.

air-cushion (relating to a ground-effect vehicle for operating over water or land) (*a. - air - cushion veh.*), a cuscino d'aria. **2.** ~ vehicle (ground-effect vehicle travelling on an air cushion) (*veh.*), aeroscivolante, veicolo a cuscino d'aria, hovercraft.

air-cushioned, *see* air-cushion.

airdate (the date programmed for a TV, or radio, broadcast) (*n. - telev. - radio*), data (programmata) di messa in onda.

airdock (hangar) (*aer.*), aviorimessa.

airdraulic (pneumatic and hydraulic) (*a. - mech.*), idropneumatico.

airdrome (*aer.*), aerodromo. **2.** ~, *see also* aerodrome.

airdrop (parachuting of men, supplies or equipment) (*aer.*), lancio.

air-drop (to) (*aer.*), paracadutare.

air-drying (as of a paint) (*gen.*), essiccamento in aria, essiccazione in aria.

airfare (price for aerial transp.) (*comm.*), tariffa del trasporto aereo.

airfield (landing field of an airport) (*aer.*), campo di atterraggio. **2.** ~ (airport) (*aer.*), aeroporto, campo di aviazione.

airflow (movement of the air as on the external surface of an aer.) (*aer.*), flusso d' aria. **2.** ~ (*aerodyn.*), corrente d'aria.

Airfoam (trademark: sponge rubber) (*cushioning*), gomma-spugna.

airfoil (*aerodyn.*) (Am.), piano a profilo aerodinamico. **2.** ~ section (*aer. - constr.*), profilo aerodi-

namico. **3.** slotted ~ (*aer. - constr.*), profilo aerodinamico con fessura.
airframe (aircraft without engines) (*aer.*), cellula.
airfreight (service) (*comm. - aer. transp.*), trasporto merci per via aerea. **2.** ~ (cargo) (*comm. - aer. transp.*), merci aviotrasportate. **3.** ~ (charge) (*comm. - aer.*), nolo aereo.
airfreight (to) (*comm. - aer.*), spedire per via aerea.
airfreighter (the aircraft) (*comm. - aer.*), aereo per trasporto merci. **2.** ~ (the organizer of the service) (*comm. aer.*), spedizioniere per via aerea.
air-hardening (as of mortar) (*mas.*), presa (o solidificazione) in aria. **2.** ~ steel (self-hardening steel) (*metall.*), acciaio per tempra in aria, acciaio autotemprante.
airhead (*air force - milit.*), testa di ponte.
airing (radio or telev. broadcast) (*radio - telev.*), radiodiffusione, telediffusione.
airlanding (of troops etc.) (*air. force - milit.*), sbarco aereo.
air-launch (to) (as a missile from a flying aer.) (*air force.*), lanciare in volo.
"airleg" (of a pneumatic rock driller) (*min. t.*), servosostegno pneumatico.
airless, senza aria. **2.** ~ injection (as of fuel in a mot.) (*mech.*), iniezione diretta. **3.** ~ spraying (as of finishing coats) (*paint.*), spruzzatura senza aria.
airlift (air transportation) (*aer.*), trasporto per via aerea. **2.** ~ (*air force*), ponte aereo. **3.** ~ (displacement pump, operated by compressed air) (*ind. device*), pompa (per liquidi) ad aria compressa.
airlift (to) (*aer.*), trasportare per via aerea.
airline (*aer.*), aviolinea, linea aerea.
airliner (*aer.*), aeroplano di linea.
airlock (kind of antechamber with airtight doors for giving access to a submarine caisson) (*hydr. constr.*) (Brit.), camera di equilibrio.
air-lock (to) (to arrest the flow because of an air lock) (*pip. - mot.*), interrompersi del flusso a causa di sacca d'aria (o bolla d'aria).
airmail (mail transp. by aer.) (*transp.*), posta aerea.
airman (*aer.*), aviatore **2.** (enlisted person) (*air force*) aviere.
airmobile (said of army personnel transported by helicopters) (*a. - milit. - air force*), elitrasportato.
airpark (*aer.*), aeroparco, piccolo aeroporto.
airplane (or plane) (*aer.*), aeroplano, aereo, apparecchio, velivolo. **2.** ~ engineer (*mot. aer.*) motorista d'aviazione. **3.** ~ on skis (*aer.*), aeroplano a pattini, aeroplano a sci. **4.** ~ shed (*aer.*), aviorimessa. **5.** amphibian ~ (*aer.*), aereo anfibio. **6.** atom-powered ~ (*ind. appl. of atom energy*), aeroplano ad energia atomica. **7.** bomber ~ (*air force*), aeroplano da bombardamento. **8.** cargo ~ (*aer.*), aeroplano da trasporto. **9.** carrier ~ (*air force*), aeroplano di (nave) portaerei. **10.** catapult ~ (*aer.*), aereo (di tipo) catapultabile. **11.** experimental ~ (*aer.*), aeroplano sperimentale. **12.** fighter ~ (*air force*), aeroplano da caccia, caccia. **13.** high-wing ~ (*aer.*), aeroplano ad ala alta. **14.** jet ~ (*aer.*), aviogetto, aeroplano a reazione (ad ossigeno atmosferico). **15.** long-range ~ (*aer.*), aeroplano a grande autonomia. **16.** low-wing ~ (*aer.*), aeroplano ad ala bassa. **17.** mid-wing ~ (*aer.*), aereo ad ala media. **18.** monomotor ~ (*aer.*), aeroplano monomotore. **19.** multiengined ~ (*aer.*), aeroplano multimotore. **20.** passenger ~ (*aer.*), aeroplano (da) passeggeri. **21.** plurimotor ~ (*aer.*), aeroplano plurimotore. **22.** propellerless ~ (*aer.*), aeroplano senza elica. **23.** pursuit ~ (*air force*), aeroplano da caccia. **24.** pusher ~ (*aer.*), aeroplano ad elica propulsiva. **25.** quadrimotor ~ (*aer.*), aeroplano quadrimotore. **26.** racing ~ (*aer.*), aeroplano da competizione. **27.** rocket ~ (*aer.*), aviorazzo, aeroplano a reazione (ad ossigeno compreso nel combustibile). **28.** scout ~ (*air force*), aeroplano da ricognizione. **29.** single-motor ~ (*aer.*), aeroplano monomotore. **30.** tailless ~ (*aer.*), aeroplano senza coda. **31.** tractor ~ (*aer.*), aeroplano ad elica trattiva. **32.** transport ~ (*aer.*), aereo da trasporto. **33.** trimotor ~ (*aer.*), aeroplano trimotore. **34.** twin-motor ~ (*aer.*), aeroplano bimotore. **35.** ~, *see also* plane *and* aircraft.
airplay (the playing of recorded music by a radio station) (*radio*), trasmissione di musica registrata.
airplay (to) (to play a phonograph record by a radio station) (*radio*), trasmettere musica registrata su dischi.
airport (*aer.*), aeroporto. **2.** ~ command (*aer.*), comando dell'aeroporto. **3.** ~ traffic control tower (*aer.*), torre di controllo del traffico aeroportuale. **4.** satellite ~ (*aer.*), aeroporto satellite.
air-preheater (*therm. ind.*) (Brit.), preriscaldatore d'aria.
airproof (airtight) (*a. - gen.*), a tenuta d'aria. **2.** ~ paper (*paper mfg.*), carta impermeabile all'aria.
airscrew (*aer.*) (Brit.), elica di aeroplano. **2.** ~ disk (*aerot.*), disco dell'elica. **3.** ~ shaft (propeller shaft) (*aer.*) (Brit.), albero portaelica. **4.** ~ turbine (*aer. mot.*) (Brit.), turboelica. **5.** constant-pitch ~ (*aer.*), elica a passo costante. **6.** variable-pitch ~ (*aer.*) (Brit.), elica a passo variabile. **7.** ~, *see also* propeller.
airship (*aer.*), aeronave, dirigibile. **2.** ~ hull (*aer.*), ossatura di forza di dirigibile. **3.** ~ keel (*aer.*), chiglia di dirigibile. **4.** ~ shed (*aer.*), hangar per dirigibili. **5.** ~ station (*aer.*), aeroscalo. **6.** blimp ~, *see* nonrigid airship. **7.** nonrigid ~ (*aer.*), dirigibile floscio. **8.** rigid ~ (*aer.*), dirigibile rigido. **9.** semirigid ~ (*aer.*), dirigibile semirigido.
airsickness (*aer. - med.*), mal d'aria, mal di volo.
airspace (space around the plane when in flight for permitting safe maneuvers) (*aer.*), aerospazio. **2.** ~ (as space above a nation) (*international law*), spazio aereo.
airspeed (*aer.*) (Am.), *see* air speed.
air-spray (by compressed air: as paint) (*a.*), a spruzzo, aerografico.
airstart (of an engine) (*aer.*), avviamento in volo.

airstream (air current due to the aircraft propeller) (*aer.*), vento dell'elica. **2.** ~ engine, ~ motor (of jet engines needing atmospheric oxigen for combustion) (*aer.*), motore a getto ad ossigeno atmosferico.

airstrip (*aer.), see* strip.

airtel (hotel near an airport) (*bldg.*), albergo (in prossimità) dell'aeroporto.

airtight (*a. - gen.*), ermetico, a tenuta d'aria.

airtime (of a station) (*radio - telev.*), orario di trasmissione.

air-to-air (*air force*), aria - aria.

air-to-ground (*air force - army*), aria - terra.

air-traffic (*a. - aer.*), relativo al traffico aereo. **2.** ~ clearance (*air navig.*), autorizzazione di volo nel traffico aereo. **3.** ~ control (*aer.*), controllo del traffico aereo. **4.** ~ control center (*aer.*), centro di controllo del traffico aereo. **5.** ~ controller (executive responsible for air traffic of an airport) (*aer.*), controllore di volo.

airview, *see* aerial photograph.

airwaves (*radio - telev.*), radioonde.

airway (*aer.*), rotta (aerea) organizzata. **2.** ~ (broadcasting channel) (*radio*), canale. **3.** ~ (passage for an air current) (*min.*), galleria di ventilazione. **4.** ~ beacon (*aer.*), faro di rotta.

airwaybill, *see,* air waybill.

"airwheel" (*aer.*), pneumatico speciale a bassa pressione (per carrello d'atterraggio: brevetto Goodyear Rubber Co.).

air-wise (aeronautics expert) (*a. - aer.*), esperto in aeronautica.

airwoman (*aer.*) (Brit.), aviatrice.

airworthiness (*aer.*), navigabilità. **2.** ~ certificate (*aer. law*), certificato di navigabilità.

airworthy (*a. - aer.*), abilitato al volo, atto alla navigazione aerea.

"AIS" (Aeronautical Information Service) (*aer.*), Servizio Informazioni Aeronautiche.

"AISI" (American Iron and Steel Institute) (*found.*), Istituto Americano per Ghisa e Acciaio.

aisle (*arch.*), navata. **2.** ~ (passage) (*gen.*), corsia, corridoio. **3.** side ~ (*arch.*), navata laterale.

"AJ" (antijamming) (*radio*), antidisturbi.

ajar (slightly opened, as doors) (*gen.*), leggermente aperto.

ajutage, *see* adjutage.

"AL" (air lock: as in aerating ducts) (*air conditioning*), serranda dell'aria.

Al (aluminium) (*chem.*), alluminio.

alabamine, *see* astatine.

alabaster (*min.*), alabastro.

alarm (signal) (*gen.*), allarme. **2.** ~ clock (*instr.*), sveglia. **3.** ~ fuse (*elect.*), fusibile con allarme. **4.** ~ signal (*gen.*), segnale di allarme. **5.** automatic fire ~ (*safety app.*), segnalatore automatico d'incendio. **6.** blind ~ (*navy*), falso allarme. **7.** burglar ~ (*safety device*), (impianto) antifurto. **8.** closed-circuit ~ system (*elect. device*), dispositivo di allarme a circuito chiuso. **9.** electric ~ (*domestic app.*), suoneria elettrica. **10.** engine ~ system (as for high water temperature, low oil pressure etc.) (*mot.*), dispositivo di segnalazione per (la sicurezza del) motore. **11.** false ~ (as in radar detection) (*elics.*), falso allarme. **12.** fire ~ (*safety app.*), segnalatore d'incendio. **13.** gas-bag ~ (of an airship; for indicating when a fixed pressure has been reached) (*aer.*), avvisatore per pallonetto. **14.** open-circuit ~ system (*elect. device*), dispositivo di allarme a circuito aperto. **15.** water low-level ~ (*boil.*), dispositivo di segnalazione di basso livello dell'acqua.

alarm (to), dare l'allarme.

alaskan (yarn) (*text. ind.*), filato misto di lana pettinata e cotone.

"AlB" (short for aluminium bronze) (*alloy - mech. draw.*), bronzo d'alluminio.

albedo (diffuse reflection factor) (*astr.*), fattore di riflessione diffusa, albedo. **2.** ~ (white material) (*gen.*), materiale bianco.

albert (standard size of notepaper: $6 \times 3^7/_8$ in) (*paper ind.*), formato da $6 \times 3^7/_8$ pollici.

albite (*min.*), albite.

albumin (*chem.*), albumina. **2.** ~ (*photomech.*), albumina. **3.** ~ process (*photomech.*), procedimento all'albumina.

albuminate (*chem.*), albuminato.

albuminoids (*chem.*), albuminoidi.

albuminometer (*med. instr.*), albuminometro.

album paper (*photomech.*), carta albuminata bicromatata.

alburnum (*wood*), alburno.

"alc" (alcohol) (*chem.*), alcool.

alclad (aluminium alloy sheet coated with pure aluminium) (*metall. for aer.*), alclad, fogli in lega di alluminio di alta resistenza ricoperti in alluminio al 99%.

"ALCM" (Air Launched Cruise Missile) (*milit.*), missile da crociera lanciato da aereo.

alcogel (gel of an alcosol) (*chem.*), gel di una soluzione alcoolica.

alcohol (*chem.*), alcool, alcole. **2.** ~ detection device (on a car, preventing driver from starting car unless he is sober) (*aut. safety*), rivelatore di alcool (ingerito). **3.** absolute ~ (*chem.*), alcool assoluto. **4.** aliphatic ~ (*chem.*), alcool alifatico. **5.** amyl ~ ($C_5H_{11}OH$) (*chem.*), alcool amilico. **6.** butyl ~ (C_4H_9OH) (*chem.*), alcool butilico. **7.** denatured ~ (*chem.*), alcool denaturato. **8.** ethyl ~ (C_2H_5OH) (*chem.*), alcool etilico, spirito di vino, etanolo. **9.** methyl ~ (CH_3OH) (*chem.*), alcool metilico, metanolo. **10.** normal butyl ~ (C_4H_9OH) (*chem.*), alcool butilico normale. **11.** normal propyl ~ (CH_3CH_2OH) (*chem.*), alcool propilico normale. **12.** polyvinyl ~ (*chem. - plastics*), alcool polivinilico. **13.** pyroligneous ~ (*chem.*), alcool pirolegnoso. **14.** wood ~, *see* methyl alcohol.

alcoholic (*a. - chem.*), alcoolico.

alcoholometer, alcoholmeter, alcoholimeter (*chem. instr.*), alcoolometro.

alcosol (*chem.*), sol alcoolico.
alcove (*arch.*), alcova. **2.** "~" (a narrow channel used to convey molten glass from refiner to forehearth) (*glass mfg.*), rotonda. **3.** ~ faucet (*railw.*), rubinetto in nicchia. **4.** faucet ~ (*railw.*), *see* water alcove. **5.** lamp ~ (as of a railw. car) (*railw.*), nicchia per lampade. **6.** water ~ (recess in a passenger car partition for receiving the faucet and drinking cup) (*railw.*), nicchia per bicchiere d'acqua potabile.
aldehyde (*chem.*), aldeide. **2.** formic ~ (HC HO) (*chem.*), aldeide formica.
alder (*wood*), ontano.
Aldrey (*alloy*), aldrey.
alee (*naut.*), sottovento.
alembic (*chem. app.*), alambicco.
alert (*milit.*), allerta. **2.** on the ~ (*milit.*), di vedetta.
alette, *see* allette.
algebra (*math.*), algebra. **2.** ~ of sets (*math.*), algebra delle classi. **3.** boolean ~ (algebraic logic) (*math. - comp.*), algebra booleana, algebra di Boole. **4.** modern ~ (abstract algebra) (*math.*), algebra moderna, algebra astratta.
algebraic (*math.*), algebrico. **2.** ~ equation (*math.*), equazione algebrica.
algerine (mine sweeper of approx. 1000 tons displacement) (*navy*) (Brit.), tipo di dragamine. **2.** ~ (kind of soft woolen fabric) (*text.*), tipo di tessuto di lana morbido.
"ALGOL" (algorithmic language for comp. programming) (*comp.*), ALGOL, linguaggio algoritmico.
algorithm (algorism) (*math.*), algoritmo. **2.** smoothing ~ (as in pitch statistics) (*stat. - voice inf.*), algoritmo di perequazione.
algraphy (aluminography) (*print.*), algrafia, stampa a fogli di alluminio.
alias (alternative entry label) (*comp.*), pseudonimo, etichetta alternativa.
alidade (*part of instr.*), alidada.
alien (not of the same brand as the other parts of the system) (*a. - comp.*), di marca diversa, di fabbricante diverso.
alienation (*law*), alienazione.
alight (to) (*gen.*), scendere dall'aria. **2.** ~ on water (*aer.*), ammarare.
alighting (landing) (*aer.*) (Brit.), atterraggio, ammaraggio. **2.** ~ gear (*aer.*), carrello di atterraggio. **3.** ~ on water (*aer.*), ammaraggio. **4.** ~ run (landing run) (*aer.*), corsa di atterraggio. **5.** ~, *see also* landing.
align (to) (*gen.*), allineare. **2.** ~ (*radio*), allineare, mettere al passo. **3.** ~ by spirit level (as an aircraft) (*gen.*), mettere in bolla.
aligned (*a. - gen.*), allineato.
aligner (aliner) (*top. instr.*), allineatore. **2.** ~ (as for chocolate candies) (*packing*), allineatore.
alignment (*gen.*), allineamento. **2.** ~ (ground plan, as of a railroad) (*railw.*) (Brit.), pianta, tracciato planimetrico. **3.** ~ chart (*math.*), nomogramma. **4.** ~ error (*mech.*), errore di allineamento. **5.** in ~ (*mech.*), allineato. **6.** out of ~ (*mech.*), disallineato. **7.** shafting ~ (*naut.*), allineamento della linea d'assi.
alimony (*law*), alimenti.
aline (to), *see* align (to).
alinement, *see* alignment.
aliphatic (*a. - chem.*), alifatico. **2.** ~ alcohol (*chem.*), alcool alifatico.
aliquot (*gen.*), aliquota.
alite (calcium silicate and aluminium (*Portland cement*), alite.
alive (*a. - elect.*), sotto tensione.
alizarin ($C_{14}H_8O_4$) (*chem.*), alizarina. **2.** ~ black (*dye*), nero di alizarina.
alkalescency (*chem.*), alcalescenza.
alkali (*chem.*), alcali. **2.** ~ cellulose (cellulose compound with an alkali) (*chem.*), alcali-cellulosa. **3.** ~ metal (*chem.*), metallo alcalino. **4.** ~ process (in rubber mfg.) (*ind.*), processo alcalino.
alkalify (to), alcalinizzare.
alkalimeter (*chem. instr.*), alcalimetro.
alkalimetry (by titration) (*chem.*), alcalimetria.
alkaline (*a. - chem.*), alcalino. **2.** ~ earth (*chem.*), terra alcalina.
alkaline-earth (*a. - chem.*), alcalino-terroso. **2.** ~ metal (*chem.*), metallo alcalino-terroso.
alkalinity (*chem.*), alcalinità.
alkalinize (to), *see* alkalize (to).
alkaliproof (as paper) (*a. - chem.*), resistente agli alcali.
alkalization (*chem.*), alcalinizzazione.
alkalize (*to*) (*chem.*), alcalinizzare.
alkaloid (*chem.*), alcaloide.
alkene (hydrocarbon of the ethylene series) (*chem.*), alchene.
alkyd (alkyd resin: polyester) (*paint. - chem.*), resina alchidica.
alkyl (radical) (*chem.*), alchile.
alkylation (*chem.*), alchilazione.
alkylene (*chem.*), alchilene.
all (*a. - gen.*), tutto. **2.** ~ aback (*naut.*), tutto a collo. **3.** all-in rate (all-in price, all-inclusive price) (*comm.*), prezzo forfetario. **4.** ~ bottom sound (*acous.*), suono a bassa frequenza. **5.** ~ clear (*air force*), cessato pericolo. **6.** ~ found (as of wages comprehensive of meals etc.) (*pers.*), compreso tutto. **7.** ~ hands (*naut.*), tutto l'equipaggio. **8.** ~ in the wind (of sails) (*a. - naut.*), con tutte le vele che fileggiano. **9.** ~ rights reserved (*comm. - law*), tutti i diritti riservati. **10.** ~ top sound (*acous.*), suono ad alta frequenza. **11.** ~ up weight (of an aircraft) (*aer.*), peso totale. **12.** ~ wave set (*radio*), apparecchio radio multigamma.
allanite (mineral with 0.02% of uranium and 3.02% of thorium) (*radioact. min.*), allanite.
allette (wing of a building) (*bldg.*), ala. **2.** ~ (pilaster) (*bldg.*), pilastro.
alley (in a garden), vialetto. **2.** ~ (between bldg.) (*bldg.*), passaggio.

alleyway (*bldg.*), corridoio. **2.** ~ (*naut.*), passaggio, corridoio. **3.** ~ (corridor, of a car) (*railw.*), corridoio.
alligation (mixing of ingredients of various quality) (*metall. - etc.*), alligazione.
alligator (rock breaker) (*min. mach.*), frantoio a mascelle. **2.** ~ (for making concrete piles) (*bldg. mach.*), alligator. **3.** ~ clip (*elect. impl.*), coccodrillo, morsetto a coccodrillo. **4.** ~ shears, *see* lever shear. **5.** ~ wrench (*t.*), chiave fissa da tubista (a denti di sega), "coccodrillo".
alligator (to) (to crack, said of a painted surface) (*paint. defect*), screpolarsi a pelle di coccodrillo.
alligatoring (cracking of a painted surface) (*paint. defect*), screpolatura a pelle di coccodrillo.
allobar (as an element having a different isotopic composition from the naturally occurring one) (*phys. - chem.*), allobaro. **2.** ~, *see* isallobar.
allocate (to) (to assign, to distribute), assegnare, ripartire. **2.** ~ (to locate), sistemare in posizione. **3.** ~ (as to set a resource under a program control) (*comp.*), allocare, assegnare.
allocated, assegnato.
allocation (*comp.*), allocazione, assegnazione. **2.** ~ of frequencies (*radio*), distribuzione delle frequenze. **3.** primary space ~ (as a space part of a direct access memory) (*comp.*), allocazione di spazio primario. **4.** resource ~ (operational research) (*comp.*), distribuzione delle risorse. **5.** storage ~ (as of data, instructions etc.) (*comp.*), allocazione di memoria. **6.** virtual storage ~ (*comp.*), allocazione di memoria virtuale.
alloisomerism (*phys. - chem.*), alloisomeria.
allomerism (crystalline form not variable with differing chemical constitution) (*phys. chem.*), variazione della costituzione chimica con forma cristallina invariata.
allomorph (*min.*), allomorfo.
allot (to) (*gen.*), dotare, assegnare.
allotment, assegnazione, dotazione. **2.** ~ (patch of ground) (*agric.*), lotto di terreno.
allotrope (*n. - chem.*), allotropo. **2.** carbon allotropes (*chem.*), allotropi del carbonio.
allotropic (*a. - chem.*), allotropico. **2.** ~ modification (*chem.*), modificazione allotropica.
allotropy (*chem.*), allotropia.
allotter (traffic distributor) (*teleph.*), distributore di chiamate (telefoniche).
allowable (*a. - gen.*), ammissibile.
allowance (for a fit: prescribed difference between the low limit of size for the hole and the high limit of size for the mating shaft) (*mech.*), tolleranza (di accoppiamento). **2.** ~ (addition to the normal time of a job to allow for fatigue, personal needs etc.) (*time study*), tempi aggiuntivi. **3.** ~ (*comm.*), abbuono, riduzione, sconto, bonifico. **4.** ~ (deduction from the gross weight) (*comm.*), tara (sul peso lordo). **5.** ~ (*milit. - adm.*), indennità. **6.** ~ (as in coinage) (*mech.*), tolleranza. **7.** ~ (of threads) (*mech.*), limiti di tolleranza. **8.** ~ (sum of money granted periodically to an employee), gratifica. **9.** ~ (something that is allowed, part granted: as of a resource) (*comp. - etc.*), parte disponibile. **10.** daily ~ (*work.*), diaria, trasferta, indennità di trasferta. **11.** dwelling ~ (*work. - pers.*), indennità alloggio, contributo per l'alloggio. **12.** family ~ (*pers. management*), assegni familiari. **13.** machining ~ (*mech.*), sovrametallo. **14.** mileage ~ (as of an aviator), indennità di percorrenza. **15.** negative ~ (maximum interference prescribed for a fit) (*mech.*), interferenza massima. **16.** positive ~ (minimum clearance prescribed for a fit) (*mech.*), gioco minimo. **17.** purchase returns and allowances (*adm.*), resi ed abbuoni sugli acquisti. **18.** quarters ~ (*milit.*), indennità di alloggio. **19.** retirement ~ (*adm. - pers.*), assegno di quiescenza. **20.** sale returns and allowances (*adm.*), resi ed abbuoni sulle vendite. **21.** sickness ~ (*work. - pers.*), indennità malattia. **22.** travel ~ (as of an employee), indennità di trasferta, spese di viaggio. **23.** upsetting ~ ("pushup": in upset welding, allowance in stock length for the metal lost in upsetting) (*mech. technol.*), sovrametallo per ricalcatura.
allowed time, *see* allowance 2 ~.
alloy (*metall.*), lega. **2.** ~ cast-iron (*metall.*), ghisa legata. **3.** ~ for electric resistors (*metall. ind.*), lega per reostati. **4.** ~ steel (*metall.*), acciaio legato. **5.** aluminium magnesium ~ (*metall.*), lega alluminio-magnesio (per es. magnalio, paraluman etc.). **6.** antifriction ~ (*metall. - mech.*), lega antifrizione. **7.** copper ~ (*metall.*), cuprolega. **8.** dispersion strength ~ (*alloy*), lega rinforzata a dispersione. **9.** fusible ~ (*alloy*), lega fusibile. **10.** heavy ~ (as for mass balancing) (*metall.*), lega pesante. **11.** high-content ~ (*alloy*), lega ad alto tenore di. **12.** high-percentage ~ (*metall.*), lega ad alto tenore di, lega ad alta percentuale di. **13.** iron ~ (*metall.*), ferrolega. **14.** iron-carbon ~ (*metall.*), lega ferro-carbonio. **15.** light ~ (*metall.*), lega leggera. **16.** low-content ~ (*alloy*), lega a basso tenore di. **17.** low-percentage ~ (*metall.*), lega a basso tenore di. **18.** master ~ (*metall.*), lega madre. **19.** parent ~ (in welding, the metal of the parts being welded) (*metall.*), lega madre. **20.** super ~ (as a nickelbase alloy, used for parts working at high temperature) (*metall.*), superlega. **21.** TZM ~ (titanium - zirconium - molybdenum alloy) (*metall.*), lega di titanio zirconio - molibdeno.
alloy (to) (*metall.*), alligare, legare.
alloyed (*metall.*), alligato, legato.
alloying elements (those which are added to the base metals for changing their properties) (*metall.*), leganti.
all-pass type (as a delay equalizer) (*a. - radio*), (di tipo) passa - tutto.
all-purpose (*a. - gen.*), per tutti gli usi, universale. **2.** ~ computer (*comp.*), elaboratore universale, elaboratore polivalente.
all-round price (*comm.*), prezzo tutto compreso.

all-turned (as of the legs of a chair) (*a. - join.*), a tutto tondo, ricavato di tornio.
alluvial (*a. - geol.*), alluvionale **2.** ~ cone (*geol.*), conoide di deiezione. **3.** ~ fan (*geol.*), conoide di deiezione.
alluvion (*geol.*), alluvione.
alluvium (*geol.*), detriti alluvionali, materiale alluvionale.
all-weather (*a. - aer.*), ogni tempo.
allyl ($-C_3H_5$) (radical) (*chem.*), allile. **2.** ~ succinate (for rubber ind.) (*ind. chem.*), succinato allilico.
almond (*agric.*), mandorla. **2.** ~ oil (*ind.*), olio di mandorle.
alnico (permanent magnet alloy, containing aluminum, nickel, cobalt and copper) (*alloy - elect.*), alnico.
"ALO" (Air Liason Office) (*air force*), ufficio aeronautico di collegamento.
aloft (*adv. - gen.*), in alto, in aria. **2.** ~ (in the top) (*naut.*), sulla coffa. **3.** ~ (on the higher yards) (*naut.*), arriva, a riva.
alongside (*gen.*), a fianco di. **2.** ~ the ship (*naut.*), lungobordo, sottobordo.
alow (below) (*gen.*), abbasso, in basso.
alpaca (kind of wool) (*text.*), alpaca.
"Alpax" (aluminum silicon alloy) (*alloy*), Alpax, silumina.
"alpha" (short for alphabetic) (*a. - gen.*), alfabetico.
alpha brass (up to 38 % Zn) (*alloy*), ottone alfa. **2.** ~ bronze (5% Sn) (*alloy*), bronzo alfa. **3.** ~ decay (in radioactive substances) (*phys.*), decadimento con emissione di particelle alfa. **4.** ~ hinge (*aer.*), see drag hinge. **5.** ~ iron (*metall.*), ferro alfa. **6.** ~ particle (*phys.*), particella alfa. **7.** ~ ray (*phys.*), raggio alfa.
alphabet, alfabeto. **2.** Morse ~ (*electrotel.*), alfabeto Morse.
alphabetic, alphabetical (*a. - typ. - etc.*), alfabetico. **2.** ~ arrangement (*gen.*), ordine alfabetico.
alphabetize (to) (to arrange alphabetically) (*gen.*), mettere in ordine alfabetico.
alphameric, alphanumeric (using letters and numbers) (*comp.*), alfanumerico. **2.** ~ characters (*comp.*), caratteri alfanumerici.
"alst" (altostratus) (*meteor. - aer.*), altostrato.
"alt" (altitude) (*aer.*), altezza, quota. **2.** ~ (alternate) (*a. - mech. - elect.*), alternato. **3.** ~ (alternator) (*n. - elect.*), alternatore.
altar (as of a church) (*arch.*), altare. **2.** ~ (offset of a dry dock wall) (*naut.*), gradone.
altazimuth (*astr. instr.*), altazimut, altazimutale.
alter (to) (*gen.*), alterare, cambiare. **2.** ~ the course (*naut.*), cambiare la rotta.
alteration (change) (*gen.*), alterazione, variazione. **2.** ~ (modification) (*draw.*), variante. **3.** ~ switch (for introducing a single bit modification into a program) (*comp.*), interruttore di modifica.
altering, cambiamento. **2.** ~ of course (*naut.*), cambiamento di rotta.
alternance (*radio*), alternanza.
alternate (succeeding by turns: as work to be done on alternate days) (*a. - gen.*), alterno, alternato. **2.** ~ (alternative, substitute) (*a. - gen.*), alternativo. **3.** ~ cones (of a stepless speed changer by shiftable belt) (*mech. - aut.*), coni contrapposti. **4.** ~ current (*elect.*), corrente alternata.
alternate (to) (*gen.*), alternare, usare alternativamente.
alternately (*adv. - gen.*), alternativamente.
alternating current (*elect.*), corrente alternata.
alternation (*gen.*), alternanza. **2.** ~ (cycle: as of a wave) (*phys.*), ciclo, oscillazione completa.
alternative (*a. - gen.*), alternativo. **2.** ~ fuel engine (*mot.*), motore ad alimentazione mista.
alternator (*elect. mach.*), alternatore. **2.** axle-driven ~ (*railw.*), alternatore d'asse. **3.** connecting alternators in multiple (*elect. operation*), messa in parallelo di alternatori. **4.** connecting alternators in parallel (*elect. operation*), messa in parallelo di alternatori. **5.** heteropolar ~ (*elect. mach.*), alternatore eteropolare. **6.** high-frequency ~ (*radio - induction heating - etc.*), alternatore ad alta frequenza. **7.** induction ~ with moving iron (*elect. mach.*), alternatore a ferro rotante. **8.** paralleling of alternators (*elect. operation*), messa in parallelo di alternatori. **9.** salient-pole ~ (*elect. mach.*), alternatore (con rotore) a poli salienti. **10.** self-excited compensated ~ (*elect. mach.*), alternatore autoeccitato compensato. **11.** self-regulating ~ (*elect. mach.*), alternatore autoregolato. **12.** vertical shaft ~ (*elect. mach.*), alternatore ad asse verticale.
altigraph (*instr.*), altigrafo, altimetro registratore.
altimeter (*instr.*), altimetro. **2.** absolute ~ (*instr.*), radioaltimetro, altimetro assoluto. **3.** aneroid ~ (*instr.*), altimetro aneroide. **4.** barometric ~ (graduated barometer) (*aer. instr.*), altimetro barometrico. **5.** contacting ~ (in which electrical contacts are made or broken at a predetermined height) (*aer. instr.*), interruttore di quota. **6.** electrostatic ~ (*instr.*), altimetro elettrostatico. **7.** optical ~ (*instr.*), altimetro ottico. **8.** radar ~ (high altitude radio altimeter) (*aer. navig.*), radaraltimetro, radio altimetro per alta quota. **9.** radio ~ (*aer. - radio*), radioaltimetro, altimetro radioelettrico. **10.** recording ~ (*aer. instr.*), altimetro registratore, registratore di quota, barografo. **11.** sonic ~ (using sound waves and measuring the time taken for travelling back) (*aer. instr.*), altimetro acustico. **12.** sound-ranging ~ (*instr.*), altimetro acustico.
altimetry (*top.*), altimetria.
altiplano, *see* tableland.
altiscope (a kind of periscope) (*instr.*) (Brit.), tipo di periscopio.
altitude (*astr. - geogr.*), altezza. **2.** ~ (as of a triangle) (*geom.*), altezza. **3.** ~ (*aer.*), quota. **4.** ~

(height of a point above the sea level) (*top.*), altitudine. **5.** ~ chamber (testing installation) (*aer.*), camera per prove in quota, camera alta quota. **6.** ~ recorder (*aer. instr.*), registratore di quota, altimetro registratore, barografo. **7.** ~ sickness (*aer. - med.*), mal d'aria. **8.** ~ suit (*aer.*), tuta pressurizzata. **9.** ~ switch (contacting altimeter) (*aer. instr.*), interruttore di quota. **10.** ~ valve (of an aero engine carburetor) (*aer. mot.*), valvola del correttore di quota. **11.** absolute ~, altezza dal suolo, altezza assoluta. **12.** calibrated ~ (altitude corrected for instrument error) (*aer.*), quota corretta (dell'errore strumentale). **13.** computed ~ (*aer. navig.*), altezza calcolata. **14.** critical ~ (*aer.*), quota critica. **15.** cruising ~ (*aer.*), quota di crociera. **16.** flight ~ (*aer.*), quota di volo. **17.** high ~ (*aer.*), alta quota. **18.** indicated ~ (read on altimeter onboard) (*aer.*), quota indicata. **19.** indicated ~ (as from a barometric altimeter) (*aer. navig.*), altezza indicata. **20.** low ~ (*aer.*), bassa quota. **21.** minimum flight ~ (as for instrument flying) (*aer.*), quota minima di volo. **22.** missed-approach ~ (*aer.*), quota di avvicinamento mancato.

"altn", *see* alternate.

altocumulus (cloud) (*meteorol.*), altocumulo.

altometer (theodolite) (*instr.*), teodolite.

alto-relievo (*arch.*), altorilievo.

altostratus (cloud) (*meteorol.*), altostrato.

"ALU", *see* Arithmetic Logic Unit, arithmetic logic unit.

alum (*chem.*), allume. **2.** ~ (aluminum sulfate) (*ind. chem.*), solfato di alluminio. **3.** ~ (short for aluminum) (*metall. - mech. draw.*), alluminio. **4.** feather ~ (alunogen) (*min.*), alunogeno.

alum (to) (to treat: as a fabric with alum) (*text. ind.*), allumare. **2.** ~ (to steep in alum, as skins) (*leather ind.*), allumare.

Alumel (trademark of the Hoskins Mfg. Co. for an alloy for pyrometric thermocouples) (*alloy*), alumel.

alumina (Al_2O_3) (*chem. - refractory*), allumina.

aluming (steeping in alum, as a fabric) (*text. ind.*), allumatura. **2.** ~ (steeping in alum, as skins) (*leather ind. - etc.*), allumatura.

aluminite (aluminum sulphate) (*min.*), allumite. **2.** "~" process (*technol.*), processo di ossidazione anodica dell'alluminio.

aluminium, *see* aluminum.

aluminize (to) (to coat steel surfaces) (*mech. technol.*), alluminare.

aluminizing (coating with aluminium) (*technol.*), alluminatura.

aluminography (*print.*), *see* algraphy.

aluminothermy (welding process) (*mech. technol.*), alluminotermia.

aluminous (*a. - chem.*), alluminoso. **2.** ~ cement (*bldg.*), cemento alluminoso.

aluminum (Al - *chem.*), alluminio. **2.** ~ brass (brass with a little percentage of Al) (*metall.*), ottone con alluminio. **3.** ~ bronze (alloy: 4-11% Al) (*metall.*), bronzo d'alluminio. **4.** ~ layout (*mech.*), tracciatura su foglio di alluminio. **5.** ~ magnesium alloy (*metall.*), magnalio. **6.** ~ paint (*ind.*), vernice (d')alluminio. **7.** ~ paper (*paper*), carta alluminizzata. **8.** foamed ~ (obtained by a chemical and weighing up to one seventh of solid aluminium) (*metall.*), alluminio piuma, schiuma di alluminio. **9.** hard ~ (*metall.*), duralluminio.

aluminum-stabilized (as a steel killed with an excess of aluminum) (*metall.*), calmato (o stabilizzato) con alluminio.

alundum (filtering, refractory or abrasive) (*chem. - mech.*), alundum.

alunite [$K(AlO)_3(SO_4)_2 3H_2O$] (*min.*), alunite.

alunogen [$(Al_2SO_4)_3\ 18H_2O$] (feather alum, hair salt) (*n. - min.*), alunogeno.

aly (alloy) (*found.*), lega.

"AM", "A.M." (amplitude modulation) (*radio*), modulazione d'ampiezza. **2.** ~, *see also* airmail.

Am (americium) (*chem.*), americio.

"am" (ammeter) (*elect.*), amperometro. **2.** ~ (amplitude, as of an oscillation) (*phys.*), ampiezza. **3.** ~ (ante meridiem: of hours) (*a. - time*), antimeridiano.

"AMA" (American Marketing Association) (*comm.*), Associazione Americana di Marketing. **2.** ~ (American Management Association) (*ind.*), Associazione Direttoriale Americana, Associazione Americana di Direzione. **3.** ~ (Automobile Manufacturers Association) (*aut.*), Associazione Costruttori di Automobili.

amagat unit (relating to the density of a gas at 0°C temp.) (*meas. unit*), unità di misura di densità di gas alla temperatura e pressione normali, unità di Amagat.

amalgam (*metall.*), amalgama. **2.** ~ gilding (by gold and mercury amalgam under heat) (*technol.*), doratura con amalgama.

amalgamate (to), amalgamare.

amalgamation process (as in a gold extraction) (*min. - metall.*), metodo di estrazione all'amalgama.

amalgamator (*min. - mach.*), macchina per il procedimento (di estrazione) all'amalgama.

amaranth (*color*), amaranto.

amass (to) (to heap) (*gen.*), ammassare.

amateur (*sport*), dilettante. **2.** ~ (*radio*), amatore. **3.** ~ band (of frequencies: for communications) (*radio*), banda amatori. **4.** ~ film (*m. pict.*), film da dilettante.

amatol (ammonium nitrate and trinitrotoluene) (*expl.*), amatolo.

amber, ambra. **2.** ~ sheeting (filter) (*phot.*), filtro ambra.

ambergris (used as in perfumery) (*ind.*), ambra grigia.

ambient temperature (*therm.*), temperatura ambiente.

ambiguity (*gen.*), ambiguità.

ambiplasma (made of matter and antimatter) (*atom phys.*), ambiplasma.
ambipolar (*phys.*), ambipolare.
ambo (of church) (*arch.*), pulpito, ambone.
Amboina wood (beautiful mottled and curled wood) (*wood*), amboina.
ambulance (*med. veh.*), ambulanza, autolettiga, lettiga. **2.** ~ (field hospital) (*milit. med.*), ospedale da campo. **3.** ~ station (*milit. med.*), centro ambulanze. **4.** motor ~ (*med. aut.*), autoambulanza. **5.** pack ~ (*milit. med.*), ambulanza someggiata.
ambulatory (*bldg.*), passeggiata coperta, ambulacro. **2.** ~ clinic (*med.*), ambulatorio.
ambush (*milit.*), imboscata.
ambush (to) (*milit.*), tendere un agguato, fare un'imboscata.
amend (to) (*gen.*), correggere, modificare.
amende (*law*), ammenda.
amendment (as of the bylaws) (*law*), emendamento. **2.** ~ (as of a handbook), supplemento aggiornativo. **3.** ~ (soil corrective) (*agric.*), correttivo. **4.** ~ (correction, change for the better) (*gen.*), rettifica, correzione. **5.** ~ (as of an account) (*accounting*), rettifica. **6.** ~ (as to bylaws) (*comm.*), modifica.
"amep" (portion of indicated mean effective pressure used in driving the auxiliaries) (*mot.*), pressione media effettiva usata per l'azionamento degli ausiliari.
americium (atomic number 95, artificially produced) (Am - *chem.*), americio.
amethyst (*min.*), ametista.
amianthus (*min.*), amianto.
amicron (smallest particle visible by the ultramicroscope) (*opt. - phys. chem.*), amicrone.
amid, amide (radical-CONH-amide) (*chem.*), ammide.
amidship, amidships (*naut.*), a mezza nave. **2.** ~ shell (*naut.*), fasciame della parte centrale.
amin, amine (*chem.*), ammina.
amino (containing the group NH_2) (*a. - chem.*), ammino. **2.** ~ acid (*chem.*), amminoacido. **3.** ~ compounds (*chem.*), composti amminici.
aminoplast (synthetic resin) (*chem. ind.*), amminoplasto.
ammeter (*instr.*), amperometro. **2.** electrodynamic ~ (*elect. instr.*), amperometro elettrodinamico. **3.** hot-wire ~ (*instr.*), amperometro a filo caldo. **4.** taut-band ~ (*elect. instr.*), amperometro con sospensione a nastro. **5.** thermal ~ (hot wire ammeter) (*elect. meas. instr.*), amperometro a filo caldo.
ammino (indicating the presence of the ammonia molecule NH_3) (*a. - chem.*), amminico. **2.** ~ compounds (*chem.*), composti amminici.
"ammo" (short for ammunition) (*milit.*), munizioni.
ammonal (*chem. - expl.*), ammonale.
ammonia (NH_3) (*chem.*), ammoniaca. **2.** ~ compressor (*refrig. mach.*), compressore per ammoniaca. **3.** ~ hardening (*metall.*), nitrurazione. **4.** ~ nitrogen (as used in agric. fertilizer) (*ind. chem.*), azoto ammoniacale. **5.** ~ process (*ind. chem.*), processo Solway. **6.** ~ process (ozalid process for the reproduction of drawings) (*draw.*), procedimento all'ammoniaca. **7.** ~ soda process (*ind. chem.*), processo Solway. **8.** ~ waste (spent ammonia liquor) (*chem.*), acqua di rifiuto ammoniacale. **9.** ~ water (*chem.*), ammoniaca in soluzione acquosa. **10.** ~ water (aqua ammoniae) (*chem. - pharm.*), ammoniaca in soluzione acquosa.
ammoniac (*a. - chem.*), ammoniacale. **2.** sal ~ (NH_4Cl) (*chem.*), cloruro di ammonio, cloruro ammonico, sale ammonico.
ammoniacal (*a. - chem.*), ammoniacale.
ammoniate (to) (as in rubb. ind.) (*ind. chem.*), trattare con ammoniaca, ammoniare.
ammoniation (*chem.*), ammoniazione.
ammonic (*chem.*), ammonico.
ammonical (*chem.*), ammonico.
ammonium (rad.-NH_4) (*chem.*), ammonio. **2.** ~ carbonate [$(NH_4)_2CO_3$] (*chem.*), carbonato di ammonio. **3.** ~ chloride (sal ammoniac) (NH_4Cl) (*chem.*), cloruro di ammonio. **4.** ~ phosphate ($NH_4H_2PO_4$) (*chem.*), fosfato di ammonio. **5.** ~ sulfide [$(NH_4)_2S$] (*chem.*), solfuro di ammonio.
ammonolysis (decomposition by means of ammonia) (*chem.*), ammonolisi.
"ammu" (short for ammunition) (*milit.*), munizioni.
ammunition (*milit.*), munizioni. **2.** ~ belt (for a machine gun) (*milit.*), nastro per cartucce. **3.** ~ chest (*milit.*), cassa da munizioni. **4.** expenditure of ~ (*milit.*), consumo di munizioni. **5.** extra ~ (*milit.*), munizioni supplementari. **6.** high-explosive ~ (*milit.*), munizioni ad alto esplosivo. **7.** live ~ (*milit.*), munizioni cariche. **8.** small-arms ~ (*milit.*), munizioni da armi portatili.
ammunition (to) (*milit.*), rifornirsi di munizioni.
"amn", *see* ammunition.
amorphous (*a. - min. - geol.*), amorfo. **2.** ~ (*a. - metall.*), amorfo.
amortisement, *see* amortization.
amortisseur (amortisseur winding), *see* damper winding.
amortization (*comm.*), ammortamento.
amortize (to) (*comm.*), ammortizzare. **2.** ~ (to pay for one's self) (*adm. - finan.*), ammortizzare.
amortizement (*comm.*), ammortamento.
"AMOS" (Automatic Meteorological Observing Station) (*meteor.*), stazione meteorologica automatica.
amount, quantità. **2.** ~ (*accounting*), importo. **3.** ~ (*comm.*), ammontare. **4.** ~ of modulation (*radio*), grado di modulazione. **5.** gross ~ (*comm.*), ammontare lordo. **6.** net ~ (*comm.*), ammontare netto. **7.** to the ~ of (*comm.*), fino alla concorrenza di.
"amp" (short for ampere), *see* ampere. **2.** ~ (short

for amperage), *see* amperage. **3.** ~ (short for amplifier), *see* amplifier.

amperage (*elect.*), amperaggio, intensità di corrente.

ampere (*elect. meas.*), ampere. **2.** ~ turn (*elect.*), amperspira.

ampere-hour (*n. - elect. meas.*), amperora. **2.** ~ capacity (of an accumulator) (*elect.*), capacità di amperora. **3.** ~ meter (*elect. instr.*), amperorametro.

amperemeter, amperometer (*elect. instr.*), amperometro.

ampere-turn (*elect. meas.*) (Brit.), amperspira, ampergiro.

amperometric (*a. - elect.*), amperometrico.

ampersand (*print.*), segno tipografico &, congiunzione commerciale.

"ampex" (trademark of the Ampex Corporation: video tape recording) (*audiovisuals*) ampex, videoregistrazione ampex.

"amph" (amphibious) (*a. - veh. - naut.*), anfibio.

amphibian (*n. - veh. - aer.*), anfibio. **2.** boat ~ (*aer.*), aeroplano anfibio a scafo. **3.** float ~ (*aer.*), aeroplano anfibio a galleggianti.

amphibious (*a. - veh. - aer.*), anfibio.

amphiprostyle (*a. - bldg.*), anfipròstilo.

amphiprotic (*chem.*), *see* amphoteric.

amphitheater (*bldg.*), anfiteatro.

ampholyte (amphoteric electrolyte) (*chem.*), elettrolito anfotero.

ampholytoid (amphoteric colloid) (*chem.*), colloide anfotero.

amphoteric (*a. - chem.*), anfotero.

"amphr" (ampere-hour) (*elect.*), amperora.

"ampl" (amplifier) (*n. - elect. - opt.*), amplificatore.

"amplicorder" (waviness recorder of a mach. t. worked surface) (*instr.*), registratore dell'ampiezza dell'ondulazione.

amplidyne (type of direct current generator) (*elect. mach.*), amplidina, amplidinamo, metadinamo amplificatrice, metamplificatrice.

amplification (*radio - elect.*), amplificazione. **2.** ~ (of the articles of association of a company) (*law*), aggiornamento, articoli aggiunti. **3.** ~, *see* enlargement. **4.** ~ factor (*radio*), coefficiente di amplificazione. **5.** ~ factor (*elect.*), fattore di amplificazione. **6.** ~ stage (*radio*), stadio di amplificazione. **7.** audio-frequency ~ (*elect. - radio*), amplificazione della audiofrequenza. **8.** cascade ~ (multistage amplification) (*elics.*), amplificazione a stadi successivi. **9.** current ~ (*radio*), amplificazione di corrente. **10.** linear ~ (*radio*), amplificazione lineare. **11.** overall ~ (overall gain) (*radio*), amplificazione totale. **12.** power ~ (*radio*), amplificazione di potenza. **13.** radio-frequency ~ (*radio*), amplificazione a radiofrequenza. **14.** voltage ~ (*radio*), amplificazione di tensione.

amplifier (*n. - elect. - opt.*), amplificatore. **2.** ~ metadyne (amplidyne) (*elect. mach.*), metadinamo amplificatrice, metamplificatrice. **3.** A ~ (*radio*), amplificatore di classe A. **4.** audio-frequency ~ (*radio*), amplificatore per audiofrequenza. **5.** B ~ (*radio*), amplificatore di classe B. **6.** bootstrap ~ (*radio*), amplificatore a laccio. **7.** cascade ~ (containing two triodes connected in cascade) (*radio-telev.*), amplificatore in cascata. **8.** cathode-coupled ~ (*elics.*), amplificatore ad accoppiamento catodico. **9.** cathode-follower ~ (*elics.*), amplificatore a ripetitore catodico. **10.** choke ~ (*radio*), amplificatore a impedenza. **11.** deflection ~ (*radio*), amplificatore di deflessione. **12.** differential ~ (*elics.*), amplificatore differenziale. **13.** feedback ~ (*radio*), amplificatore a reazione. **14.** grounded anode ~ (*radio-telev.*), amplificatore con anodo a massa. **15.** grounded cathode ~ (*radio-telev.*), amplificatore con catodo a massa. **16.** grounded grid ~ (*radio-telev.*), amplificatore con griglia a massa. **17.** high-frequency ~ (*radio*), amplificatore ad alta frequenza. **18.** high-gain ~ (*radio*), amplificatore d'alto guadagno. **19.** I.F. ~ (intermediate frequency amplifier) (*radio*), amplificatore a frequenza intermedia. **20.** impedance ~ (impedance coupling) (*electroacous.*), amplificatore (con accoppiamento) a impedenza. **21.** low-frequency ~ (*radio*), amplificatore a bassa frequenza. **22.** magnetic ~ (*elect.*), amplificatore magnetico. **23.** maser ~ (amplifies the energy obtained by another maser) (*phys.*), amplificatore maser. **24.** microphone ~ (*radio*), amplificatore microfonico. **25.** operational ~ (*elics.*), amplificatore operazionale. **26.** optical ~ (optoelectronic device) (*opt. elics.*), amplificatore ottico. **27.** output ~ (*electroacous.*), amplificatore d'uscita. **28.** parametric ~ (kind of high-frequency amplifier) (*elics.*), amplificatore parametrico. **29.** photoelectric cell ~ (*m. pict. - elect. - acous.*), amplificatore per cellule fotoelettriche. **30.** polystage ~ (*radio*), amplificatore a più stadi. **31.** power ~ (*electroacous.*), amplificatore di potenza. **32.** push-pull ~ (*thermion.*), amplificatore (con stadio) in controfase, amplificatore in opposizione. **33.** radio frequency ~ (*radio*), amplificatore a radio frequenza. **34.** reaction ~ (*thermion.*), amplificatore a reazione. **35.** recording ~ (*m. pict. - elect. acous.*), amplificatore di registrazione. **36.** record-player ~ (*electroacous.*), amplificatore per giradischi. **37.** regenerative ~ (*thermion.*), amplificatore a reazione. **38.** resistance ~ (*thermion.*), amplificatore a resistenza, amplificatore con accoppiamento a resistenza. **39.** straight ~ (*radio*), amplificatore lineare. **40.** thermionic ~ (*thermion.*), amplificatore a valvola. **41.** transformer ~ (*thermion.*), amplificatore a trasformatore.

amplify (to) (*radio-elect.*), amplificare.

amplifying (*a.*), amplificatore. **2.** ~ tube (*radio*), valvola amplificatrice. **3.** electronic ~ equipment (*elect. device*), amplificatore elettronico.

amplistat (magnetic amplifier for voltage control) (*elect.*), amplificatore magnetico.

amplitude (as of an oscillation) (*phys.*), ampiezza. **2.** ~ (as of a wave in alternating current) (*elect.*), ampiezza. **3.** ~ filter (*telev.*), filtro d'ampiezza. **4.** ~ linearity (*phys.*), linearità di ampiezza. **5.** ~ modulation (*radio*), modulazione di ampiezza. **6.** oscillation ~ (*phys.*), ampiezza della oscillazione. **7.** peak-to-peak ~ (as of an oscillating quantity) (*phys.*), ampiezza massima, ampiezza tra due massimi. **8.** stress ~ (half the value of the algebraic difference between the maximum and minimum stresses in one cycle) (*fatigue testing*), ampiezza di sollecitazione.
amplitude-modulated (*a. - radio*), modulato in ampiezza.
amplitude-modulation (*a. - radio*), a modulazione di ampiezza.
ampoule, ampule (*med. - pharm.*), fiala.
"AMS" (Aeronautical Material Specification) (*metall.*), norma materiali aeronautici.
"AMSL" (above mean sea level) (*aer.*), sul livello medio del mare.
"amt", *see* amount.
amtank (amphibious tank) (*milit.*), carro armato anfibio.
amtrac (amphibious tractor) (*veh.*), trattore anfibio.
"amu", "AMU" (atomic mass unit) (*meas.*), u.m.a., unità di massa atomica.
amygdalin (glucoside) ($C_{20}H_{27}NO_{11} + 3H_2O$) (*chem.*), amigdalina.
amyl (rad.-C_5H_{11}) (*chem.*), amile. **2.** ~ acetate (*chem.*), acetato di amile. **3.** ~ alcohol (pentyl alcohol: $C_5H_{11}OH$) (*chem.*), alcool amilico.
amylene (C_5H_{10}) (*chem.*), amilene.
amylic (*a. - chem.*), amilico.
"AN" (Army-Navy) (*milit.*), Esercito e Marina.
anabatic (moving upwards, as wind) (*a. - meteorol.*), anabatico.
anaerobic (*a. - biol.*), anaerobico. **2.** ~ fermentation (*sugar ind.*), fermentazione anaerobica.
anaesthesia, anesthesia (*med.*), anestesia. **2.** electric ~ (*med. elect.*), anestesia elettrica.
anaesthetic, anesthetic (*med.*), anestetico.
"ANAF" (Army, Navy, Air Force) (*milit.*), Esercito, Marina, Aviazione.
anaglyph (observation method of stereoscopic images) (*phot.*), anaglifo.
analcite ($NaAl(SiO_3)_2 \cdot H_2O$, analcime) (*min.*), analcite, analcime.
analog (*comp.*), *see* analogue.
analogous (*a. - gen.*), analogo.
analogue (*comp.*), analogico. **2.** ~ channel (as a voice channel) (*comp.*), canale analogico. **3.** ~ computer (*comp.*), calcolatore analogico. **4.** ~ representation (*comp. - etc.*), rappresentazione analogica.
analogue-to-digital (as a converter) (*elics. - comp.*), analogico-digitale, da analogico a digitale.
analogy (*gen.*), analogia.
analyse (to), *see* analyze (to).
analysis (*chem. - math.*), analisi. **2.** ~ certificate (*chem. - comm.*), certificato d'analisi. **3.** ~ in dissolved state (*chem.*), analisi per via umida. **4.** ~ in dry state (*chem.*), analisi per via secca. **5.** ~ in dry way (*chem.*), analisi per via secca. **6.** ~ in wet way (*chem.*), analisi per via umida. **7.** activation ~ (made by bombarding with gamma rays) (*atom phys.*), analisi mediante attivazione. **8.** chemical ~ (*chem.*), analisi chimica. **9.** crystal ~ (by radiology) (*min.*), analisi cristallina. **10.** dry-way ~ (*chem.*), analisi per via secca. **11.** factor ~ (*stat.*), analisi dei fattori. **12.** factorial ~ (*psychol.*), analisi fattoriale. **13.** fluorochemical ~ (*chem.*), analisi per fluorescenza. **14.** gravimetric ~ (*chem.*), analisi quantitativa ponderale, analisi gravimetrica. **15.** investment ~ (*finan.*), analisi degli investimenti. **16.** job ~ (*pers.*), analisi del lavoro. **17.** ladle ~ (*metall.*), analisi di colata. **18.** laser ~ (for inspection purposes, by laser) (*mech. technol.*), analisi con laser. **19.** mathematical ~ (*math.*), analisi matematica. **20.** motion ~ (*time study*), analisi dei movimenti. **21.** numerical ~ (*math.*), analisi numerica. **22.** process ~ (production process analysis) (*ind.*), analisi del processo (produttivo). **23.** purchasing ~ (as a dept. of a large industry) (*ind.*), analisi (degli) acquisti. **24.** qualitative ~ (*chem.*), analisi qualitativa. **25.** quantitative ~ (*chem.*), analisi quantitativa. **26.** screen ~ (*ind.*), analisi granulometrica, analisi di setacciatura. **27.** semantic ~ (relating to the meaning of words in a language) (*comp.*), analisi semantica. **28.** sound ~ (*acous.*), analisi del suono, scomposizione del suono. **29.** spectrum ~ (*phys.*), analisi spettroscopica. **30.** syntactical ~ (relating to the arrangement of the mutual relation of the words in a language) (*comp.*), analisi sintattica. **31.** systems ~ (of procedures, methods, organization etc. as of a factory) (*organ.*), analisi organizzativa (o della organizzazione). **32.** titrimetric ~ (analysis by titration) (*chem.*), analisi titrimetrica, analisi per titolazione. **33.** value ~ (value engineering) (*ind.*), analisi del valore. **34.** volumetric ~ (*chem.*), analisi volumetrica. **35.** wet-way ~ (*chem.*), analisi per via umida.
analyst (*chem. work.*), analista. **2.** system ~ (*organ.*), analista di sistemi.
analytic (*chem.*), analitico. **2.** ~ chemistry (*chem.*), chimica analitica. **3.** ~ control equipment (of a computer) (*comp.*), apparecchiatura di controllo di precisione. **4.** ~ findings (*technol.*), reperti analitici. **5.** ~ geometry (*math.*), geometria analitica. **6.** ~ trigonometry (*math.*), studio delle funzioni trigonometriche, trigonometria analitica.
analytical, *see* analytic.
analyze (to) (*chem. - gen.*), analizzare.
analyzer (app. for verification of radio circuits) (*radio - instr.*), analizzatore. **2.** ~ (as of a polariscope) (*opt.*), analizzatore. **3.** ~ (of a computer) (*comp.*), analizzatore. **4.** continuous gas ~ (*comb. control instr.*), analizzatore continuo di gas. **5.**

differential ~ (*comp.*), analizzatore differenziale. **6.** digital differential ~ "DDA" (*comp.*), analizzatore differenziale digitale. **7.** harmonic ~ (*phys. app.*), analizzatore di armonica. **8.** infrared absorption ~ (*phys. instr.*), analizzatore delle righe di assorbimento nello spettro infrarosso. **9.** logic state ~ (app. for the simultaneous observation on a screen of various logical signals) (*comp. testing app.*), analizzatore di stati logici. **10.** loudness ~ (*acous. instr.*), indicatore del livello (di intensità) sonoro. **11.** network ~ (device simulating a power network system) (*comp.*), analizzatore di rete. **12.** octave-band ~ (used for analysis of noise) (*acous. app.*), analizzatore in banda di ottava. **13.** picture ~ (*telev. app.*), analizzatore (d'immagine). **14.** third-octave ~ (used for analysis of noise) (*acous. instr.*), analizzatore in terzo di ottava. **15.** ultraviolet absorption ~ (*phys. instr.*), analizzatore delle righe di assorbimento nello spettro ultravioletto. **16.** wave ~ (instrument for the analysis of the spectra of complex signals) (*instr.*), analizzatore d'onda.

anamorphic (*a. - opt. - etc.*), anamorfico.

anamorphosis, anamorphoses (particular distortion obtained on the image) (*opt.*), anamorfosi.

anamorphote lens (*opt. - m. pict.*), obiettivo anamorfico.

anaphoresis (movement of particles towards the anode under the action of an electric field) (*phys. chem.*), anaforesi.

anastatic (printing process) (*typ. - etc.*), anastatico.

anastigmatic, anastigmat (*a. - opt.*), anastigmatico.

anatase (titanium dioxide: white pigment for paints) (TiO_2) (*min.*), anatasio, ottaedrite.

anchor (*naut. impl.*), àncora. **2.** ~ (tie rod for increasing the stability of a wall) (*bldg.*), catena. **3.** ~ (device for anchoring a bridge cable) (*bridge constr.*), dispositivo di ancoraggio. **4.** ~ (short for anchorman), *see* anchorman. **5.** ~ apeak (*naut.*), àncora a picco. **6.** ~ arms (*naut.*), marre dell'àncora. **7.** ~ at long stay (*naut.*), àncora a calumo lungo. **8.** ~ at short stay (*naut.*), àncora a calumo corto. **9.** ~ aweigh (*naut.*), àncora libera ed appesa al calumo, àncora appennellata. **10.** ~ berth (*naut.*), posto di fonda. **11.** ~ bill (of a fluke) (*naut.*), unghia della marra. **12.** ~ bolt (as for fastening a mach. t. to the pavement) (*mech. - bldg.*), bullone di ancoraggio. **13.** ~ buoy (*naut.*), boa d'ancoraggio. **14.** ~ cable (in small boat) (*naut.*), cima dell'àncora. **15.** ~ chain (*naut.*), catena dell'àncora. **16.** ~ clamp (as of overhead elect. lines), morsetto d'ancoraggio. **17.** ~ davit (*naut.*), gru d'àncora. **18.** ~ drag, *see* sea anchor. **19.** ~ dues (*comm. - naut.*), diritti di ancoraggio. **20.** ~ escapement (of a watch) (*mech.*), scappamento ad àncora. **21.** ~ hoy (lighter handling chains and anchors) (*naut.*), chiatta attrezzata per il maneggio di ancore (e catene). **22.** ~ light (*naut.*), fanale di fonda. **23.** ~ line (*naut.*), cima dell'àncora. **24.** ~ log (mooring log: as of a boat) (*naut.*), palo di ormeggio. **25.** ~ log (deadman: concrete block buried in the ground for holding a bracing rope) (*bldg.*), corpo morto. **26.** ~ man (a news broadcaster coordinating other broadcasters) (*radio - telev.*), presentatore guida. **27.** ~ plate (as of a cable) (*mech. - elect. - etc.*), piastra di ancoraggio. **28.** ~ plate (of brake shoe) (*mtc. - mech.*), piatto portaganasce. **29.** ~ ring (jew's harp) (*naut.*), cicala. **30.** ~ ring (torus) (*geom.*), toro. **31.** ~ rocket (for saving a wrecked boat by giving it a rope) (*naut.*), razzo lanciasagole. **32.** ~ rod, *see* anchor bolt. **33.** ~ shackle (*naut.*), maniglione dell'àncora. **34.** ~ shank (*naut.*), fuso dell'àncora. **35.** ~ shoe (piece of wood for protecting the planking against the pea of an anchor) (*naut.*), suola (o scarpa) dell'àncora. **36.** ~ slipper (*naut.*), pattino d'àncora. **37.** ~ stock (*naut.*), ceppo (dell'àncora). **38.** ~ watch (*naut.*), guardia (o servizio) di porto. **39.** ~ well (*naut.*), pozzo delle àncore. **40.** admiralty pattern ~ (*naut.*), àncora tipo ammiragliato. **41.** at ~ (*naut.*), alla fonda. **42.** back ~ (*naut.*), àncora di pennello. **43.** balloon ~ (*aer.*), àncora di aerostato. **44.** best bower ~ (*naut.*), grande àncora di posta. **45.** boat ~ (*naut.*), àncora da imbarcazione. **46.** bower ~ (*naut.*), àncora di posta, àncora di guardia, àncora di servizio. **47.** clear ~ (*naut.*), àncora netta. **48.** common ~ (*naut.*), àncora comune. **49.** drag ~ (*naut.*), àncora galleggiante. **50.** ebb ~ (*naut.*), àncora di riflusso. **51.** first bower ~ (*naut.*), *see* best bower anchor. **52.** floating ~ (*naut.*), *see* sea anchor. **53.** foul ~ (*naut.*), àncora incattivata, àncora impigliata. **54.** gas ~ (separator of the gas contained in oil while pumping it) (*oil wells*), separatore di gas. **55.** hove short ~ (*naut.*), àncora a calumo corto. **56.** ice ~ (in arctic zones navigation) (*nav.*), àncora da ghiaccio. **57.** kedge ~ (*naut.*), ancorotto. **58.** lee ~ (*naut.*), àncora di sottovento. **59.** mooring ~ (*naut.*), àncora di ormeggio. **60.** mushroom ~ (*naut.*), àncora a cappello di fungo, àncora per ormeggi permanenti. **61.** one armed ~ (*naut.*), àncora ad una marra. **62.** Patent ~ (*naut.*), àncora "Patent". **63.** sea ~ (*naut.*), àncora galleggiante. **64.** self-stowing ~ (stockless anchor) (*naut.*), àncora senza ceppi. **65.** self-stowing bower ~ (*naut.*), àncora di posta senza ceppi. **66.** sheet ~ (waist anchor) (*naut.*), àncora di speranza, ancora di rispetto. **67.** shore ~ (*naut.*), àncora di terra. **68.** stern ~ (*naut.*), àncora di poppa. **69.** stocked ~ (*naut.*), àncora ammiragliato. **70.** stockless ~ (*naut.*), àncora senza ceppi. **71.** stockless bower ~ (*naut.*), àncora di posta senza ceppi. **72.** stream ~ (*naut.*), àncora di corrente. **73.** the ~ drags (*naut.*), l'àncora ara. **74.** the ~ holds (or bites) (*naut.*), l'àncora agguanta, l'àncora tiene. **75.** the ~ is atrip (*naut.*), l'àncora ha lasciato il fondo. **76.** to back the ~ (*naut.*), appennellare l'àncora. **77.** to cast ~ (*naut.*), gettare l'àncora. **78.** to let go the ~ (*naut.*), filare l'àncora. **79.** to ride at ~ (*naut.*), stare all'àncora, essere all'àncora. **80.** to weigh ~

(*naut.*), levare l'àncora. **81.** up and down ~ (*naut.*), àncora a picco. **82.** waist ~, *see* sheet anchor. **83.** wall ~ (beam anchor: a metallic strap, as for tieing joists to the wall or a squared stone to the contiguous one) (*bldg.*), grappa di collegamento. **84.** weather ~ (*naut.*), àncora di sopravento.

anchor (to) (*naut.*), ancorare, ancorarsi. **2.** ~ (to act as anchorman) (*radio - telev.*), fare da moderatore. **3.** ~ the bars (*reinf. concr.*), ancorare il ferro.

anchorage (*naut.*), ancoraggio, fonda. **2.** ~ (as of an elect. line), ancoraggio. **3.** ~ (as of a suspension bridge cables) (*bldg.*), ancoraggio. **4.** ~ dues (*comm. - naut.*), diritti di ancoraggio. **5.** naval ~ (*naut.*), ancoraggio navale. **6.** net protected ~ (*navy*), ancoraggio reticolato.

anchored (*a. - gen.*), ancorato. **2.** ~ bearing (*mech.*), supporto ancorato.

anchor-hold (*n. - naut.*), tenuta dell'àncora.

anchoring (*naut.*), manovra d'ancoraggio, ancoraggio.

anchorman (moderator: as in a political meeting broadcast) (*telev. - radio*), moderatore. **2.** ~ (*telev.*), conduttore televisivo.

anchorperson, *see* anchorman.

anchors (brakes) (*aut.*), freni.

ancillary (Brit.) (*gen.*), sussidiario, ausiliario. **2.** ~ equipment (auxiliary equipment) (*gen.*), accessori sussidiari, attrezzatura ausiliaria, servizi, equipaggiamento sussidiario. **3.** ~ lamp (*teleph.*), lampada ripetitrice.

ancon (corbel ornamented by a cornice) (*arch.*), ancona.

andalusite ($Al_2O_3.SiO_2$) (*min. - refractory*), andalusite.

andesite (rock) (*min.*), andesite.

AND, AND gate (Boolean algebra) (*comp.*), porta logica AND.

AND-function (*comp.*), funzione AND, funzione E.

andiron (firedog) (*bldg.*), alare.

anechoic (*acous.*), anecoico. **2.** ~ room (*acous.*), camera anecoica.

anelastic (*a. - constr. theor.*), anelastico.

anelectric (*phys.*), anelettrico.

anemia (anaemia) (*med.*), anemia.

anemobiagraph (type of anemograph) (*meteorol. instr.*), anemobiagrafo.

anemogram (*meteorol. - aer.*), anemogramma.

anemograph (*instr.*), anemografo.

anemometer (*instr.*), anemometro. **2.** hot-wire ~ (*instr.*), anemometro (elettrico) a filo caldo. **3.** revolving vane ~ (*instr.*), anemometro a mulinello.

anemometrograph (recording the wind speed, pressure and direction) (*meteorol. instr.*), anemometro registratore.

anemoscope (*instr.*), anemoscopio.

aneroid, senza liquido. **2.** ~ (*n. - instr.*), (barometro) aneroide. **3.** ~ barometer (*instr.*), barometro aneroide.

anesthesia, anaesthesia (*med.*), anestesia. **2.** electric ~ (*med. elect.*), anestesia elettrica.

anesthetic (*n.- chem. - pharm.*), anestetico.

angel (radar echo) (*radar*), eco parassita.

angle (*geom.*), angolo. **2.** ~ (short for angle iron) (*metall. ind.*), angolare, cantonale, profilato ad L. **3.** ~ at the target (*milit.*), angolo di osservazione. **4.** ~ bar (*metall. ind.*), ferro angolare. **5.** ~ between the sides (of a gear) (*mech.*), angolo fra i fianchi. **6.** ~ brace (*t.*), menaruola per (forare negli) angoli. **7.** ~ brace (a brace fixed across an interior angle) (*carp.*), rinforzo dell'angolo. **8.** ~ capital (capital on a corner column) (*arch.*), capitello d'angolo. **9.** ~ clip (*mech. impl.*), elemento angolare di collegamento. **10.** ~ cock (as at the ends of the brake pipe of diesel or electric locomotives and cars) (*railw. - pip.*), rubinetto ad angolo. **11.** ~ gear (as a bevel gear) (*mech.*), ingranaggio a denti inclinati, ingranaggio conico. **12.** ~ head grinding machine (with the wheel-head at an angle to the direction of the table traverse) (*mach. t.*), rettificatrice con testa (portamola) ad angolo. **13.** ~ iron (*metall. ind.*), ferro angolare. **14.** ~ iron (as on a corner of masonry) (*mas.*), cantonale di ferro. **15.** ~ meter, *see* clinometer. **16.** ~ of action (of a gear) (*theor. mech.*), angolo corrispondente all'arco di azione. **17.** ~ of approach (of a gear) (*theor. mech.*), angolo corrispondente alla fase (o arco) di accesso. **18.** ~ of a roof (*bldg.*), inclinazione di un tetto. **19.** ~ of attack (*air force*), angolo di attacco. **20.** ~ of attack (of an airfoil) (*aer.*), angolo d'incidenza. **21.** ~ of balance (*aer.*), angolo di assetto. **22.** ~ of bank, *see* angle of roll. **23.** ~ of climb (*aer.*), angolo di salita, angolo di rampa. **24.** ~ of contingence (angle of curvature) (*geom.*), angolo di curvatura (tra due tangenti su di un infinitesimo arco di curva). **25.** ~ of convergence (angle between grid north and true north) (*cart. - milit.*), angolo di convergenza, convergenza. **26.** ~ of crossed axes (*mech.*), angolo di incrocio degli assi. **27.** ~ of current flow (*thermion.*), angolo di circolazione. **28.** ~ of curvature, *see* angle of contingence. **29.** ~ of departure (of a projectile) (*artillery*), angolo di proiezione. **30.** ~ of depression (vertical angle below the horizontal, measured from the instr. to the point observed) (*top.*), angolo di depressione. **31.** ~ of depth (as of a shot) (*milit.*), angolo di profondità. **32.** ~ of deviation (of light) (*phys.*), angolo di deviazione. **33.** ~ of dip (*geol.*), angolo di declinazione magnetica. **34.** ~ of downwash (as of the air threads deflected by an aerofoil) (*aer.*), angolo di influsso. **35.** ~ of elevation (*milit. - top.*), angolo di elevazione. **36.** ~ of elevation (the angle between an ascending line and a horizontal plane) (*geod.*), angolo di inclinazione. **37.** ~ of emergence (as of a ray of light) (*opt.*), angolo di emergenza. **38.** ~ of fall (of a projectile) (*artillery*), angolo di caduta. **39.** ~ of fire (*milit.*), angolo di tiro. **40.** ~ of friction (*theor. mech.*), angolo di attrito. **41.** ~ of heel (of a seaplane) (*aer.*), angolo di sbandamento. **42.** ~ of impact (*milit.*), angolo d'impatto, angolo di arrivo. **43.** ~ of incidence (*phys.*), angolo di incidenza. **44.** ~ of inclination (with the horizontal or with the vertical) (*gen.*), angolo di inclinazione. **45.** ~ of lag (*elect.*), angolo di ritardo (di fase). **46.** ~ of lead (the angle by which d.c. machine brushes are advanced to obtain commutation without sparks) (*electromech.*), angolo di anticipo di fase, angolo di calaggio. **47.** ~ of obliquity (of two gear teeth) (*mech.*), angolo di pressione. **48.** ~ of parallax (*opt.*), angolo di parallasse. **49.** ~ of pitch (*naut.*), angolo di beccheggio. **50.** ~ of pitch (angle between the plane containing the horizontal axes and the plane containing the direction of the relative airflow) (*aer.*), angolo di beccheggio. **51.** ~ of position (*milit.*), angolo di sito. **52.** ~ of pressure (of gear), *see* angle of obliquity. **53.** ~ of propeller pitch (*aer. - naut. - etc.*), angolo del passo di un'elica. **54.** ~ of recess (of a gear) (*theor. mech.*), angolo corrispondente alla fase (o arco) di recesso. **55.** ~ of reflection (*opt.*), angolo di riflessione. **56.** ~ of refraction (*opt.*), angolo di rifrazione. **57.** ~ of relief (*mach. t.*), *see* clearance angle. **58.** ~ of repose (max. angle between the horizontal and the surface of a loose material heap) (*civ. eng.*), angolo massimo di natural declivio. **59.** ~ of rest (*civ. eng.*), *see* angle of repose. **60.** ~ of ricochet (*milit.*), angolo di rimbalzo. **61.** ~ of roll (*aer.*), angolo di rollio. **62.** ~ of safety (as in machine gun fire) (*milit.*), angolo di sicurezza. **63.** ~ of shafts (as of straight bevel gears) (*mech.*), angolo fra gli assi. **64.** ~ of sideslip (*aer.*), angolo di scivolata. **65.** ~ of sighting (of a firearm) (*milit.*), angolo di mira. **66.** ~ of site (*milit.*), *see* angle of position. **67.** ~ of slide (minimum angle between the horizontal and the surface of a loose material heap) (*civ. eng.*), angolo minimo di natural declivio. **68.** ~ of slope (as of a roof) (*bldg.*), angolo di inclinazione. **69.** ~ of stall (*aer.*), *see* stalling angle. **70.** ~ of thread (referred to the screw axis) (*mech.*), angolo del filetto (rispetto all'asse della vite). **71.** ~ of torsion (angle of twist) (*constr. theor.*), angolo di torsione. **72.** ~ of twist (*aer.*), angolo di svergolamento. **73.** ~ of yaw (*aer.*), angolo d'imbardata. **74.** ~ plate (L-shaped section plate) (*mech.*), piastra ad angolo. **75.** ~ plate (*mech. fixture*), piano a squadra. **76.** ~ plate (bracket for supporting the workpiece push) (*mech. fixture*), staffa di appoggio a squadra. **77.** ~ shear (*mach. t.*), cesoia per angolari. **78.** ~ template (pattern for the work to be done) (*mech. technol.*), angolare per tracciatura. **79.** ~ valve (90° valve) (*pip.*), valvola ad angolo. **80.** ~ with unequal flanges (*metall. ind.*), angolare ad ali disuguali. **81.** Ackerman steer ~ (the angle whose tangent is the wheel base divided by the radius of turn) (*aut.*), angolo di sterzata Ackerman, angolo di sterzo cinematico. **82.** acute ~ (*geom.*), angolo acuto. **83.** addendum ~ (as of straight bevel gears) (*mech.*), angolo addendum, angolo della sommità. **84.** adjacent ~ (*geom.*), angolo adiacente. **85.** at right ~ (*a. - geom.*), ortogonale. **86.** attitude ~ (sideslip angle, as of a car) (*veh.*), angolo di assetto. **87.** axial ~ (between the two optical axes of a mineral) (*min.*), angolo assiale. **88.** axial pressure ~ (of helical gears, angle in the axial plane) (*mech.*), angolo di pressione assiale. **89.** azimuth ~ (*aer. - naut.*), angolo azimutale. **90.** back cone ~ (of a bevel gear) (*mech.*), angolo del cono supplementare. **91.** back-rake ~ (top rake, as of a lathe tool) (*t.*) (angolo di spoglia superiore, angolo di incidenza assiale. **92.** base ~ (*milit.*), angolo di orientamento. **93.** bending ~ (*gen.*), angolo di curvatura. **94.** biting ~ (*ballistics*), angolo minimo di (impatto permettente la) perforazione. **95.** blade ~ (as of a propeller) (*mech.*), angolo della pala. **96.** blind ~ (zone in which it is impossible to direct the fire: as of a firearm installed on board (*milit.*), angolo morto. **97.** bulb ~ (*metall. ind.*), profilato ad L con bulbo, angolare con bulbo. **98.** cam ~ (of ignition distributor) (*mot. - elect.*), *see* dwell angle. **99.** camber ~ (of aut. front wheels, closer at the bottom than at the top) (*aut.*), inclinazione, angolo di inclinazione. **100.** caster ~ (of aut. front wheels) (*aut.*), angolo di incidenza. **101.** central ~ (delimited by two radii of a circle) (*geom.*), angolo al centro. **102.** clearance ~ (angle of relief or bottom rake; between the work and the tool face opposite the work, adjacent to that face on which the chip slips) (*mach. t. work. - mech. technol.*), angolo di spoglia inferiore secondario. **103.** complementary ~ (*geom.*), angolo complementare. **104.** coning ~ (formed by the longitudinal axis of a rotor blade and the plane containing the path of the blade tip) (*aer.*), angolo di conicità. **105.** connecting ~ (as of framework) (*iron carp.*), cantonale d'unione. **106.** conversion ~ (*astr.*), angolo di conversione. **107.** corner ~ (of a tool) (*mech. technol.*), angolo dello smusso tagliente. **108.** crab ~ (angle between the heading direction of an aircraft and its true course) (*aer.*), angolo di deriva. **109.** critical ~ (*aerodyn.*), angolo critico. **110.** critical ~ (angle of incidence minimum for having a total reflection) (*opt.*), angolo limite. **111.** crossed axes ~ (angle between the shaving cutter and gear axes) (*mech.*), angolo d'incrocio degli assi. **112.** cut-off ~ (of a lighting fitting) (*illum.*), angolo di schermatura. **113.** cutting ~ (of a tool) (*mech. technol.*), angolo tra la faccia tagliante e la superficie del pezzo dietro all'utensile. **114.** dead ~ (space outside a fortification, not reached by the fire of defenders) (*milit.*), angolo morto. **115.** declination ~ (*phys.*), angolo di declinazione. **116.** dedendum ~ (of a gear tooth) (*mech.*), angolo del bassofondo (denti). **117.** delta-three ~ (as of a helicopter rotor blade: angle formed by the normal to the blade axis in plan view and the flapping-hinge axis) (*aer.*), angolo deltatre. **118.** dip ~ (in gun sighting) (*artillery*), angolo di depressione. **119.**

downwash ~ (of the airstream) (*aer.*), angolo di influsso. **120.** draft ~ (taper given to a die to permit the work to be easily withdrawn (*mech.*), angolo di sformo, angolo di spoglia. **121.** drift ~ (angular deviation from a course) (*aer.*), angolo di deriva. **122.** dropping ~, *see* range angle. **123.** dwell ~ (cam angle, of ignition distributor, number of degrees of rotation of the ignition distributor shaft during which the contact points are closed) (*mot. - elect.*), angolo di chiusura, angolo di camma, dwell. **124.** elevator ~ (angle between the moving surface chord and the corresponding fixed surface chord) (*aer.*), angolo di barra dell'equilibratore. **125.** end cutting-edge ~ (of a lathe tool) (*t.*), angolo del profilo del tagliente secondario. **126.** end-relief ~ (as of a lathe tool) (*t.*), angolo di spoglia assiale (del piano secondario). **127.** entering ~ (as of a lathe tool) (*t.*), angolo di registrazione. **128.** equal ~ (equal angle bar) (*metall. ind.*), profilato ad L a lati uguali, angolare a lati uguali. **129.** external ~ (*geom.*), angolo esterno. **130.** face ~ (of a bevel gear) (*mech.*), angolo della faccia esterna. **131.** firing ~ (of a torpedo) (*navy expl.*), angolo di lancio. **132.** flank ~ (of a thread, equal to half thread angle) (*mech.*), semiangolo del filetto, semiangolo dei fianchi. **133.** flap ~ (angle formed by the chord of the moving surface and the chord of the corresponding fixed surface) (*aer.*), angolo di barra dell'ipersostentatore. **134.** flapping ~ (of a helicopter rotor blade) (*aer.*), angolo di sbattimento. **135.** flare ~ (of a horn radiator) (*radar*), angolo di apertura. **136.** front ~ (of a bevel gear) (*mech.*), angolo frontale. **137.** glancing ~ (*opt.*), angolo complementare dell'angolo di incidenza. **138.** glide ~ (*aer.*), angolo di discesa. **139.** grazing ~ (as of a target) (*radar*), angolo di sfioramento. **140.** half-value ~ (for a diffusing surface) (*opt.*), angolo di luminanza, $^{1}/_{2}$ L max. **141.** heading ~ (in torpedo launchings) (*navy*), angolo di inclinazione sul piano orizzontale. **142.** helical ~ (as of a shaft subject to torsion) (*mech.*), angolo di scorrimento. **143.** helix ~ (of a helical gear) (*mech.*), angolo d'elica. **144.** helix ~ (between the tangent to the helix and the generator line of the cylinder containing the helix: as in a screw) (*geom.*), angolo (d'inclinazione) dell'elica. **145.** hook ~ (as on a milling cutter edge) (*mech. t.*), angolo ad uncino. **146.** hook ~ (face angle, of a broach tooth) (*t.*), angolo di spoglia superiore. **147.** ~ hour (of a star) (*astr. - aer.*), angolo orario. **148.** impact ~ (as of a missile) (*milit.*), angolo di imbatto, angolo di impatto. **149.** incidence ~ (*opt.*), angolo di incidenza. **150.** included ~ (of a thread) (*mech.*), angolo del filetto, angolo tra i fianchi. **151.** inlet ~ (as of a fluid in a turbine) (*mech. of fluids*), angolo d'entrata. **152.** joint ~ (as of framework) (*iron constr.*), cantonale di unione. **153.** kingpin ~ (of aut. front wheels) (*aut.*), angolo di inclinazione del fuso a snodo. **154.** lag ~ (negative difference of phase: as between two equal frequency sinusoidal systems) (*phys.*), angolo di ritardo. **155.** landing ~ (angle made by the wing chord with the horizontal) (*aer.*), angolo di atterraggio. **156.** lead ~ (as of a screw) (*mech.*), angolo dell'elica, angolo del filetto. **157.** lead ~ (of a helical gear) (*mech.*), inclinazione. **158.** lip relief ~ (of a twist drill) (*t.*), angolo di spoglia del tagliente. **159.** loss ~ (of a dielectric) (*elect.*), angolo di perdita. **160.** mean pressure ~ (as of a bevel gear) (*mech.*), angolo di pressione medio. **161.** milling ~ (*mach. t. - mech.*), angolo di fresatura. **162.** minimum ~ (of quadrant elevation) (*milit.*), angolo di tiro minimo (in elevazione). **163.** normal pressure ~ (of helical gears, angle in the normal plane) (*mech.*), angolo di pressione normale. **164.** nose ~ (*t.*), angolo dei taglienti. **165.** nose dive ~ (*aer.*), angolo di picchiata. **166.** oblique ~ (*geom.*), angolo non retto, angolo acuto (o ottuso). **167.** observation ~ (*milit.*), angolo di osservazione. **168.** obtuse ~ (*geom.*), angolo ottuso. **169.** outlet ~ (of a fluid from a turbine) (*mech.*), angolo d'uscita. **170.** outside helix ~ (of a gear) (*mech.*), angolo dell'elica sul cerchio esterno. **171.** phase ~ (*elect. - mech.*), angolo di sfasamento. **172.** phase ~ (*phys.*), angolo di fase. **173.** pitch ~ (of a bevel gear) (*mech.*), angolo del cono primitivo, angolo primitivo (di dentatura). **174.** plane ~, angolo piano. **175.** point ~ (of a twist drill) (*t.*), angolo tra i taglienti. **176.** pressure ~ (of gearwheels, splines etc.) (*mech.*), angolo di pressione. **177.** rake ~ (helix angle, of a twist drill) (*t.*), angolo dell'elica. **178.** ramp breakover ~ (of a car) (*aut.*), angolo limite di rampa. **179.** refraction ~ (*opt.*), angolo di rifrazione. **180.** relief ~ (clearance angle, bottom rake, as of a lathe tool) (*t.*), angolo di scarico, angolo di spoglia inferiore secondario. **181.** rigging ~ of incidence (between the main or tail plane chord line and the horizontal datum line) (*aer. constr.*), angolo di calettamento (tra corda di riferimento ed asse di riferimento orizzontale). **182.** right ~ (*geom.*), angolo retto. **183.** root ~ (of a gear tooth) (*mech.*), angolo base (del dente). **184.** root ~ (of a bevel gear, angle between the axis of the gear and the root cone) (*mech.*), angolo di fondo. **185.** rotation ~ (*mech.*), angolo di rotazione. **186.** round ~ (*geom.*), angolo giro. **187.** setting ~ (as of a lathe tool) (*t.*), angolo di posizione. **188.** setting ~ (as the angle of the tail plane or the wing etc.) (*aer.*), angolo di calettamento. **189.** shear ~ (cutting angle) (*mech. technol.*), angolo di taglio. **190.** shoulder ~ (fortress) (*milit.*), angolo di spalla. **191.** side cutting-edge ~ (of a lathe tool) (*t.*), angolo del profilo del tagliente laterale. **192.** side-rake ~ (as of a lathe tool) (*t.*), angolo di spoglia laterale, angolo di incidenza laterale. **193.** side-relief ~ (as of a lathe tool) (*t.*), angolo di spoglia laterale (del fianco principale). **194.** sideslip ~ (attitude angle, as of a car) (*veh.*), angolo di assetto. **195.** sighting ~, *see* range angle. **196.** solid ~ (*geom.*), angolo solido.

197. spherical ~ (*trigonometry*), angolo sferico. **198.** spiral ~ (of a spiral gear) (*mech.*), angolo della spirale. **199.** stalling ~ (*aer.*), angolo di stallo, incidenza critica, incidenza di portanza massima. **200.** steering ~ (*aut.*), angolo di sterzata. **201.** straight ~ (*geom.*), angolo piatto, angolo di 180°. **202.** supplementary ~ (*geom.*), angolo supplementare. **203.** tail-setting ~ (*aer. constr.*), angolo di calettamento del piano fisso orizzontale, angolo di coda. **204.** thread ~ (included angle, of a screw thread) (*mech.*), angolo del filetto. **205.** tie ~ (in iron frameworks) (*metall. ind. bldg.*), fazzoletto. **206.** tipping ~ (inclination from the vertical position) (*aer. - naut.*), angolo di sbandamento. **207.** tool ~ (of a tool) (*mach. t. work - mech. technol.*), angolo di taglio dell'utensile. **208.** track ~ (of a torpedo) (*navy expl.*), angolo di scia. **209.** transverse pressure ~ (of helical gears, in the transverse plane) (*mech.*), angolo di pressione trasversale. **210.** true ~ of incidence (between the chord line of an airfoil and the relative airflow) (*aer.*), angolo d'incidenza, incidenza. **211.** unequal ~ (unequal angle bar) (*metall. ind.*), angolare a lati disuguali, profilato ad L a lati disuguali. **212.** vertical ~ (*astr.*), angolo verticale. **213.** view ~ (angle of view) (*phot. - opt.*), apertura angolare. **214.** visual ~ (*opt.*), angolo visivo. **215.** wide ~ lens (*opt. - phot.*), obiettivo grandangolare. **216.** working ~ (as of a lathe tool) (*t.*), angolo di lavoro. **217.** yaw ~ (*aer.*), angolo di imbardata. **218.** zero lift ~ (of an airfoil) (*aer.*), incidenza di portanza nulla.

Angledozer (*earth moving mach.*), apripista a lama angolabile, apripista a lama regolabile, apripista angolabile. **2.** cable-operated ~ (*earth moving mach.*), apripista angolabile a cavo. **3.** hydraulic ~ (*earth moving mach.*), apripista angolabile idraulico.

anglesite ($PbSO_4$) (*min.*), anglesite.

Angora goat (wool) (*text. ind.*), capra d'Angora.

angstrom, angstrom unit (absolute angstrom: 10^{-8} cm) (*meas.*), ångström.

"ANG TOL" (short for angularity tolerance) (*mech. draw.*), tolleranza angolare, tolleranza di angolarità.

angular (*a.*), angolare. **2.** ~ acceleration (*theor. mech.*), accelerazione angolare. **3.** ~ displacement (*gen.*), spostamento angolare. **4.** ~ drilling (*mech.*), foratura obliqua. **5.** ~ field of a shot (*phot.*), angolo di ripresa. **6.** ~ indexing (as of a milling machine) (*mech.*), divisione angolare. **7.** ~ mill (*t.*), fresa conica. **8.** ~ motion (as of a pendulum) (*theor. mech.*), spostamento angolare. **9.** ~ motion, *see* rotation 1 ~. **10.** ~ sand (*found.*), sabbia angolosa, sabbia a granuli spigoluti. **11.** ~ velocity (*mech.*), velocità angolare.

angularity (*mech.*), angolarità.

anharmonic (*a. - theor. mech.*), anarmonico, non armonico.

anhydride (*chem.*), anidride.

anhydrite (*min.*), anidrite, solfato di calcio anidro. **2.** ~ binder (used for mortars) (*bldg.*), legante anidritico. **3.** ~ mortar (*bldg.*), malta anidritica.

anhydrous (*a. - chem.*), anidro.

anicut (annicut, dam as for regulating irrigation) (*hydr.*), sbarramento.

anilide, anilid (C_6H_5NH-) (*chem.*), anilide.

anilin, aniline ($C_6H_5NH_2$) (*chem.*), anilina. **2.** ~ black (*chem.*), nero di anilina. **3.** ~ dye (*dyeing ind.*), bagno di colore. **4.** ~ point (the minimum temperature at which a fuel oil is capable of being mixed with an equal volume of aniline) (*chem.*), punto di anilina. **5.** ~ printing (*print.*), stampa all'anilina. **6.** ~ red (*chem.*), rosso d'anilina. **7.** ~ salt (aniline hydrochloride) (*chem. - dyeing*), sale d'anilina, idrocloruro di anilina.

animal-sizing (*paper ind.*), *see* tub-sizing.

animated (*a. -gen.*), animato. **2.** ~ cartoon (*m. pict.*), cartone (o disegno) animato. **3.** ~ drawing (*m. pict.*), disegno animato.

animation (of cartoons) (*m. pict.*), animazione. **2.** computer ~ (a technique to produce computer made animated films, also used for design purposes) (*m. pict. - design*), animazione computerizzata. **3.** video ~ (as an artwork shot on videotape) (*audiovisuals*), animazione video, animazione su videonastro.

animator (*m. pict.*), animatore, disegnatore di disegni animati.

anion (*phys. chem.*), anione. **2.** ~ (*electrochem.*), anione.

anionic (*phys. chem.*), anionico.

anisochronous (*a. - phys.*), non isocrono.

anisole, anisol ($C_6H_5 \cdot OCH_3$) (*chem.*), fenilmetilene, anisolo.

anisotropic (*phys.*), anisotropo. **2.** ~ coma (defect of the image) (*opt. - telev.*), coma anisotropo. **3.** ~ conductivity (*elect.*), conduttività anisotropa.

anisotropy, anisotropism (aeolotropy: difference of properties in different directions) (*phys.*), anisotropia.

anker (meas. of 10 gallons) (*meas. unit*), unità di volume pari a 37,85 litri.

ankerite (*min.*), carbonato di calcio, magnesio e ferro.

"anl", *see* anneal (to).

"AN LT" (anchor light) (*naut.*), fanale di fonda.

"ann" (short for annealed) (*mech. draw.*), ricotto. **2.** ~, *see also* annual, years.

anneal (to) (to heat for eliminating internal stresses and effects of cold-working) (*heat - treat.*), ricuocere. **2.** ~ (as glass for fixing colors by melting) (*glass mfg. - etc.*), scaldare.

annealed (*heat - treat.*), ricotto. **2.** ~ cast iron (*heat - treat.*), ghisa malleabile. **3.** soft ~ (*heat - treat.*), ricotto completamente.

annealing (heating followed by slow cooling: for eliminating internal stresses and effects due to cold-working) (*heat - treat.*), ricottura. **2.** ~ furnace (*heat - treat.*), forno di ricottura. **3.** ~ pot (iron box or container for protection against the furnace atmosphere during the annealing operation) (*heat - treat.*), cassetta di ricottura. **4.** black ~ (*heat - treat.*), ricottura nera. **5.** blue ~ (*heat - treat.*), ricottura al blu. **6.** box ~ (for avoiding oxidation) (*heat - treat.*), ricottura in cassetta. **7.** bright ~ (*heat - treat.*), ricottura in bianco. **8.** close ~ (box annealing) (*heat - treat.*), ricottura in cassetta. **9.** continuous ~ furnace (*heat - treat.*), forno continuo di ricottura. **10.** divorce ~ (spheroidizing) (to subject steel to prolonged heating within or near the transformation range) (*heat-treat.*), ricottura di coalescenza, sferoidizzazione. **11.** full ~ (*heat - treat.*), ricottura completa. **12.** furnace ~ (*heat-treat.*), ricottura in forno. **13.** inter pass ~ (in wire and tube drawing) (*heat-treat.*), ricottura intermedia. **14.** isothermal ~ (*heat-treat.*), ricottura isotermica. **15.** open ~ (*heat-treat.), see* black annealing. **16.** pack ~ (continuous annealing of packs of sheets) (*heat-treat.*), ricottura in pacco. **17.** pot ~ (box annealing) (*heat-treat.*), ricottura in cassetta. **18.** process ~ (carried out for removing effects of cold work) (*heat-treat.*), ricottura intermedia. **19.** quench ~ (annealing followed by quenching) (*heat - treat.*), ricottura seguita da rapido raffreddamento. **20.** salt ~ (*heat-treat.*), ricottura in bagno di sali. **21.** self ~ (*heat-treat.*), autoricottura. **22.** stress-relief ~ (of welded joints, or cold-worked metal parts) (*heat-treat.*), ricottura di distensione, distensione. **23.** sub-critical ~ (by heating at a temperature below the transformation range) (*heat-treat.*), ricottura al disotto del punto critico.

annex (added condition) (*law - comm.*), annesso, codicillo, condizione aggiunta.

annicut (*hydr.*), see anicut.

annihilate (to) (as in meeting of particle and antiparticle) (*atom phys.*), annichilare.

annihilation (electron and positron unite and transform themselves in gamma rays) (*atom phys.*), annichilazione.

annotation (explanatory comment: as on a flow chart) (*comp. - gen.*), annotazione.

announce (to) (*gen.*), annunciare. **2.** ~ (*radio - telev.*), annunciare.

announcer (*radio and telev. pers.*), annunciatore, annunziatore.

annual (*a.*), annuale. **2.** ~ (a yearly publication) (*n. - print.*), annuario.

annuity (*comm.*), annualità. **2.** ~ (annual income) (*finan.*), rendita. **3.** life ~ (*finan. - pers.*), rendita vitalizia, vitalizio.

annular (*a.-gen.*), anulare. **2.** ~ eclipse (*astr.*), eclisse anulare. **3.** ~ gear (internal gear) (*mech.*), corona dentata (a dentatura interna). **4.** ~ seat (*mech.*), sede anulare.

annulet (of Doric capital) (*arch.*), collarino. **2.** ~ (little ring) (*gen.*), anellino.

annulus (tore, anchor ring) (*geom.*), toro.

annunciator (signal board as for elect. bells) (*elect.*), quadro di segnalazione. **2.** ~ (signalling speed orders to the engine room) (*naut.*), telegrafo di macchina.

anodal, *see* anodic.

anode (*n. - elect.*), anodo. **2.** ~ (as of an electron tube) (*thermion.*), anodo, placca. **3.** ~ battery (*acc.*), batteria anodica. **4.** ~ bend (*thermion.*), curvatura della corrente anodica. **5.** ~ bend rectification (*thermion.*), raddrizzamento anodico. **6.** ~ clamp (*elect.*), morsetto dell'anodo. **7.** ~ conductance (ratio between anode current and anodic potential) (*thermion.*), conduttanza anodica, pendenza. **8.** ~ current rectification (*radio*), raddrizzamento della corrente anodica. **9.** ~ damping coil (*elics.*), reattore anodico di smorzamento. **10.** ~ dissipation (*thermion.*), dissipazione di placca, dissipazione anodica. **11.** ~ effect (abnormal potential raising in melted salts electrolysis) (*electrochem.*), effetto anodico. **12.** ~ mud (anode slime) (*electrochem.*), fango anodico. **13.** ~ peak current (*thermion.*), corrente anodica di cresta. **14.** ~ rest current (*radio*), corrente anodica permanente. **15.** ~ slime (anode mud) (*electrochem.*), fango anodico. **16.** ~ voltage (*thermion.*), tensione anodica. **17.** ~ voltage supply (*radio*), sorgente di tensione anodica. **18.** accelerating ~ (*thermion.*), anodo acceleratore. **19.** insoluble ~ (*electrochem.*), anodo insolubile. **20.** keep-alive ~ (*radio*), anodo ausiliario. **21.** permanent ~ (corrosionless anode: as anode made of carbon, aluminium etc.) (*electrochem.*), anodo permanente, anodo non consumabile. **22.** signal ~ (*telev.*), anodo segnale. **23.** soluble ~ (*electrochem.*), anodo solubile. **24.** split ~ (*radio*), anodo spaccato, anodo tagliato, anodo diviso. **25.** starting ~ (*radio*), elettrodo di innesco, anodo di accensione.

anodic (*a. - elect.*), anodico. **2.** ~ behaviour (*radio*), comportamento anodico. **3.** ~ coating (*electrochem.*), rivestimento anodico. **4.** ~ oxidation (*electrochem.*), ossidazione anodica. **5.** ~ treatment (anodic oxidation) (*electrochem.*), ossidazione anodica.

anodization, *see* anodic oxidation.

anodize (to) (*electrochem.*), anodizzare, ossidare anodicamente.

anodizing (anodic oxidation) (*electrochem.*), anodizzazione, ossidazione anodica.

anolyte (portion of an electrolyte near the anode) (*electrochem.*), anolito.

anomalous (*gen.*), anomalo.

anomaly (irregularity) (*gen.*), anomalia.

anopisthographic (*a. - typ.*), scritto su di una sola faccia.

anorthite ($CaO{\cdot}Al_2O_3{\cdot}2SiO_2$) (*min. - refractory*), anortite.

anoxia (*med. - aer.*), anossia.

"ANP" (Aircraft Nuclear Propulsion) (*aer.*), propulsione nucleare di velivoli.

"ANPT" (Aeronautical National Taper Pipe

Thread) (*aer. mfg.*), filettatura conica American Standard per tubi per l'aeronautica.

"ANS" (American Nuclear Society) (*atom phys.*), Società Nucleare Americana.

"ans", *see* answer.

"ANSI" (American National Standards Institute) (*technol.*), Istituto Nazionale Americano di Normalizzazione.

answer, risposta. **2.** ~ (as a solution of a problem) (*comp. - etc.*), risposta. **3.** ~ print (first print projected by the producers of the film for final approval) (*m. pict.*), copia campione, prima copia. **4.** prepaid ~ (*mail*), risposta pagata.

answer (to) (*gen.*), rispondere. **2.** ~ (to answer the telephone) (*teleph.*), rispondere (al telefono). **3.** ~ the helm (*naut.*), rispondere al timone, ubbidire al timone.

answering pennant (used for the reply: signal is received and understood) (*naut.*), segnale di intelligenza, bandiera da segnalazione bianca a strisce verticali rosse.

answering service (for answering teleph. calls) (*teleph.*), segretaria telefonica.

anta (pillar at the end of a wall) (*arch.*), pilastro d'estremità.

antacid (*a. - chem.*), antiacido.

antarctic (*geogr.*), antartico. **2.** ~ circle (66° 33′ S) (*geogr.*), circolo polare antartico.

ante (as in a joint venture) (*finan.*), quota di anticipo.

antechamber (*bldg.*), anticamera, vestibolo.

antedate (to) (to foredate) (*comm.*), antidatare.

antefix (*arch.*), antefissa.

antenna (aerial) (*radio*), antenna. **2.** ~ array (beam antenna) (*radio*), antenna a cortina. **3.** ~ choke (*radio*), bobina d'arresto di antenna. **4.** ~ circuit (*radio*), circuito di antenna. **5.** ~ duplexing (*radio*), duplex d'antenna. **6.** ~ earthing switch (*radio*), commutatore di messa a terra dell'antenna. **7.** ~ grounding switch (*radio), see* antenna earthing switch. **8.** ~ housing (*radio - radar*), difesa d'antenna, custodia d'antenna. **9.** ~ insulator (*radio*), isolatore d'antenna. **10.** ~ leading (*radio*), filo d'alimentazione dell'antenna. **11.** ~ pattern (*radio - radar*), caratteristica polare d'antenna, lobo d'antenna. **12.** ~ resistance (*radio*), resistenza di antenna. **13.** ~ stabilization (*radio - radar*), stabilizzazione d'antenna. **14.** ~ switch (lightning switch: for safety) (*radio - telev.*), commutatore di antenna. **15.** ~ tower (*radio - radar*), pilone d'antenna, castello d'antenna. **16.** ~ trimmer (*radio*), compensatore d'antenna. **17.** antifading ~ (*radio*), antenna antifluttuazione, antenna antiaffievolimento. **18.** antistatic ~ (*radio*), antenna antidisturbo. **19.** aperiodic ~ (*radio*), antenna aperiodica. **20.** balancing ~ (*radio*), antenna di equilibramento, antenna di bilanciamento. **21.** beam ~ (*radio*), antenna a fascio. **22.** biconical horn ~ (directional antenna for microwaves) (*radio*), antenna a doppio cono. **23.** box ~ (*radio*), antenna a scatola. **24.** broadside ~ (*radio*), antenna a cortina di irradiazione trasversale. **25.** built-in ~ (located in a recess of the radio case) (*radio - telev.*), antenna incorporata. **26.** buried ~ (*radio*), antenna incorporata. **27.** cage ~ (*radio*), antenna a gabbia. **28.** circular ~ (*radio*), antenna circolare. **29.** coil ~ (*radio*), antenna a bobina. **30.** collapsible ~ (*radio*), antenna rientrante. **31.** condenser ~ (*radio*), antenna elettrostatica. **32.** cone ~ (*radio*), antenna conica. **33.** conical horn ~ (*radio*), antenna a tromba. **34.** counterpoise ~ (*radio*), antenna a contrappeso. **35.** diamond ~ (rhombic antenna) (*radio*), antenna rombica. **36.** dielectric ~ (*radio*), antenna dielettrica. **37.** dipole ~ (*radio - telev.*), antenna a dipolo, dipolo. **38.** directional ~ (*radio*), antenna direzionale. **39.** directive ~ (radiating better in certain directions than in others) (*radio*), antenna direzionale. **40.** disc ~ (*radio*), antenna a disco. **41.** discone ~ (*radio*), antenna a disco e cono. **42.** diversity ~ system (*radio*) (Brit.), antenna ricevente antifluttuazione. **43.** doublet ~ (*radio*), antenna a dipolo. **44.** driven ~ (directly fed aerial) (*telev.*), antenna ad alimentazione diretta. **45.** dummy ~ (artificial antenna) (*radio*), antenna artificiale. **46.** echelon ~ (*telev.*), antenna (direzionale) a fili scaglionati. **47.** end-fire ~ (end-fire array) (*radio*), antenna a cortina ad irradiazione longitudinale. **48.** equivalent height of ~ (*radio*), altezza equivalente di antenna. **49.** fan ~ (*radio*), antenna a ventaglio. **50.** fishbone ~ (*radio*), antenna a lisca di pesce. **51.** fishpole ~ (*radio*), antenna a stilo. **52.** fixed loop ~ (*radio*), antenna a telaio fisso. **53.** frame ~ (*radio*), antenna a telaio. **54.** half-wave ~ (*radio*), antenna in semionda. **55.** harmonic ~ (*radio*) (Am.), antenna armonica. **56.** high-gain ~ (*radio*), antenna di alto guadagno. **57.** homing ~ (*radio*), antenna per radioguida. **58.** inverted-L ~ (*radio*), antenna ad L rovesciata. **59.** inverted-V ~ (*radio*), antenna a V rovesciata. **60.** loop ~ (*radio*), antenna a telaio. **61.** magnetic dipole ~ (single loop antenna emitting electromagnetic waves) (*elics. - radio*), antenna a dipolo magnetico. **62.** Marconi ~ (vertical and grounded antenna) (*radio*), antenna marconiana. **63.** metal ~ (with slots in a small metal surface) (*radio*), antenna a fenditura (o fessura semplice). **64.** monopole ~ (a vertical tube) (*elics. - radio*), monopolo, antenna unipolare. **65.** multiple-tuned ~ (*radio*), antenna a sintonia multipla. **66.** multiple-unit steerable ~, *see* "MUSA". **67.** noise-reducing ~ (placed so high to be out of the interference zone and provided with shielded down-lead) (*elics. - radio*), antenna antiparassita. **68.** notch ~ (microwave antenna) (*radar*), antenna a fessura semplice. **69.** omnidirectional ~ (*radio*), antenna onnidirezionale. **70.** open ~ (*radio*), *see* condenser antenna. **71.** orthogonal antennas (*radar*), antenne ortogonali. **72.** parabolic ~ (*radio*), antenna parabolica. **73.** parabolic disc ~ (as for receiving telev. programs by satellite) (*telev.*), antenna a disco parabolico. **74.** parasitic ~ (disconnected from the main antenna) (*radio - telev.*), elemento non connesso (di antenna). **75.** periodic ~ (*radio*), antenna periodica. **76.** phantom ~ (dummy antenna) (*radio*), antenna artificiale. **77.** pillbox ~ (consisting of a parabolic reflector delimited by two parallel plates) (*radio - telev.*), antenna parabolica con piastre direttrici parallele. **78.** pylon ~ (*radio*), antenna a pilone radiante con elementi a fessura, antenna pilone fessurato. **79.** quarter-wave ~ (*radio*), antenna in quarto d'onda. **80.** quiescent ~ (*radio*), *see* dummy antenna. **81.** radio compass loop ~ (*radio*), antenna a telaio del radiogoniometro. **82.** resonant dipole ~ (*radio*), antenna risonante a dipolo. **83.** rhombic ~ (*radio*), antenna rombica. **84.** rotary-beam ~ (*radio*), antenna a fascio rotante. **85.** screened ~ (*radio*), antenna a schermo. **86.** slot ~ (consisting of a slot in the metal surface of an aircraft) (*aer. - radio*), antenna a fessura. **87.** spike ~, *see* monopole. **88.** streamline loop ~ (*radio*), antenna a telaio profilato. **89.** suppressed ~ (of an aircraft) (*aer. - radio*), antenna interna. **90.** T ~ (*radio*), antenna a T. **91.** tower ~ (*radio*), antenna a torre, antenna a pilone. **92.** trailing ~ (of an airplane) (*radio*), aereo filato. **93.** transmitting ~ (*radio*), antenna di trasmissione. **94.** turnstile ~ (*radio*), antenna a campo rotante. **95.** umbrella ~ (*radio*), antenna ad ombrello. **96.** unidirectional ~ (*radio*), antenna unidirezionale. **97.** untuned ~ (*radio*), antenna non sintonizzata. **98.** V ~ (*radio*), antenna a V. **99.** wave ~ (*radio*), antenna Beverage, antenna di grande lunghezza che permette di sfruttare le proprietà direzionali dell'antenna. **100.** Yagi ~ (*radio*), antenna direttiva a dipoli Yagi, antenna Yagi. **101.** zepp ~ (*radio*), antenna a dipolo orizzontale.

anteroom (antechamber) (*bldg.*), anticamera.

anthemion (*arch. paint.*), ornato floreale.

anthracene ($C_{14}H_{10}$) (*chem.*), antracene.

anthracite (*comb.*), antracite. **2.** low-grade ~ (*comb.*), litantrace.

anthracosis (miners' disease) (*med.*), antracosi.

anthraquinone ($C_{14}H_8O_2$) (*chem.*), antrachinone.

anthrax (agric. disease) (*med.*), carbonchio.

anthropometer (*med. instr.*), antropometro.

anthropometric (*med. - etc.*), antropometrico. **2** ~ manikin (for defining the seating features in a car) (*aut. - etc.*), manichino antropometrico.

anthropometry (*med. - etc.*), antropometria.

anthroposphere (noosphere: biosphere altered by humans) (*ecol.*), biosfera inquinata dalla presenza dell'uomo.

anthrosphere, *see* anthroposere.

antiacid, *see* antacid.

antiager (*rubb. ind.*), antinvecchiante.

antiaircraft (*a.*), antiaereo. **2.** ~ defense (*milit.*), difesa antiaerea. **3.** ~ fire (*milit.*), tiro contraereo. **4.** ~ gun (*firearm*), cannone antiaereo. **5.** ~ shelter (*milit.*), ricovero antiaereo.

antiallergic (*a. - pharm.*), antiallergico.

antiatom (atom made by antiparticles) (*atom phys.*), antiatomo.

"antibackup" (backstop, to prevent reversal of a loaded conveyor under action of gravity) (*ind. transp.*), arresto indietreggio, arresto antindietreggio.

antiballistic missile (for destroying ballistic missiles) (*milit.*), missile antibalistico.

antibaryon (*atom phys.*), antibarione.

antibiotic (*n. - pharm. - med.*), antibiotico. **2.** ~ (*a. - med.*), antibiotico.

antiblow (as of armored door of a bomb shelter), antisoffio.

anticaking (*a. - chem. - etc.*), antiagglutinante, antiagglomerante.

anticapacity switch (*radio*), commutatore anticapacitivo.

anticatalyst (*chem.*), catalizzatore negativo, anticatalizzatore.

anticathode (*elect.*), anticatodo.

antichlor (*chem.*), anticloro.

antichresis (kind of mortgage contract) (*law*), anticresi.

anticipate (to) (to forestall) (*gen.*), prevenire. **2.** ~ (to spend money before having it available) (*finan.*), spendere in anticipo. **3.** ~ (to pay before the expiration date) (*finan.*), pagare prima della scadenza.

anti-climber (device intended to prevent climbing of one car over another during a collision) (*railw.*), dispositivo antisormonto.

anticlinal (*a. - geol.*), a struttura anticlinale. **2.** ~ (fold, line etc.) (*n. - geol.*), anticlinale.

anticline (*n. - geol.*), anticlinale. **2.** ~ crest (*geol.*), cresta anticlinale. **3.** asymmetric ~ (*geol.*), anticlinale asimmetrica. **4.** fan-shaped ~ (*geol.*), anticlinale a ventaglio. **5.** isoclinal ~ (*geol.*), anticlinale isoclinale. **6.** overturned ~ (*geol.*), anticlinale rovesciata. **7.** recumbent ~ (*geol.*), anticlinale coricata. **8.** symmetric ~ (*geol.*), anticlinale simmetrica.

anticlinorium (series of anticlines and synclines) (*geol.*), anticlinario.

anticlockwise, *see* counterclockwise.

anticlutter (against disturbances) (*a. - radar*), antidisturbi. **2.** ~ device (for reducing undesirable sea echoes) (*n. - radar*), dispositivo antieco del mare.

anticoagulant (as in rubb. ind.) (*ind.*), anticoagulante.

anticoincidence (*atom phys. - elics.*), anticoincidenza.

anticollision (*a. - radar*), anticollisione.

anticorodal (trademark for an alloy of aluminum, magnesium, silicon) (*metall.*), anticorodal.

anticorrosive (*a. - ind. chem.*), anticorrosivo. **2.** ~ paint (*ind. paint.*), pittura anticorrosiva.

anticosecant (*math.*), anticosecante.

anticosine (*math.*), anticoseno.

anticotangent (*math.*), anticotangente.

anticrease (*a. - gen. - text.*), antipiega. **2.** ~ finish (*text.*), finitura antipiega.
anticrop (agric. destruction) (*a. - chem. war*), distruttore di messi.
anticryptogamic (*agric. chem.*), anticrittogamico.
anticyclone (*meteorol.*), anticiclone.
antidazzle, antiabbagliante, anabbagliante. **2.** ~ device (*aut.*), dispositivo anabbagliante (o antiabbagliante).
antidazzling (*opt.*), anabbagliante, antiabbagliante.
antideuteron (*atom phys.*), antideuterone.
antidimming (as for eyepiece), antiappannante.
anti-dive effect (as of a suspension, for reducing the pitching when braking) (*aut.*), effetto antipicchiante.
antidote (against poison) (*med.*), antidoto.
antidrag ring (N.A.C.A. cowling) (*aer.*), anello naca, naca.
antidumping (*comm.*), antidumping.
antielectron, *see* positron.
antifading (*radio*), antifluttuazione, antiaffievolimento, "antifading".
antiferromagnetic (as a substance whose susceptibility is zero at the temperature of absolute zero, increases with the temperature at first and then decreases) (*phys.*), antiferromagnetico.
antiflooding (*paint.*), antisfiammatura. **2.** ~ agent (*paint.*), agente antisfiammatura, antisfiammante.
antifoaming (*a. - chem.*), antischiuma.
antifogging (as of glass) (*ind.*), antiappannante.
antifoulant (substance eliminating fouling) (*n. - naut.*), antivegetativo.
antifouling (as a paint) (*a. - naut.*), antivegetativo, antincrostazione. **2.** ~ paint (or composition) (*naut. paint.*), pittura sottomarina antivegetativa.
antifreeze (as for radiator of aut.), anticongelante, soluzione anticongelante, miscela anticongelante.
antifreezing (*a. - phys.*), anticongelante.
antifriction (*mech.*), antifrizione. **2.** ~ bearing (roller bearing or ball bearing) (*mech.*) (Am.), cuscinetto a rotolamento. **3.** ~ metal (*mech.*), metallo antifrizione.
antifrothing (*a. - chem.*), antischiuma.
antifungal (as of a treatment on elect. equipment against fungi) (*a. - biol.*), fungicida.
antiglare (*opt.*), anabbagliante, antiabbagliante. **2.** ~ (antireflection: as of a surface coating) (*opt.*), antiriflesso.
antigravity (protecting against effects of excessive gravity: as the antigravity suit) (*astric.*), antigravità.
anti-G suit (antigravity suit) (*aer.*), combinazione anti G, tuta antigravità.
antihalation (layer used for reducing halation as in films) (*phot.*), antialone, antialo.
antihelium (helium antimatter) (*atom phys.*), antielio.
antihydrogen (hydrogen antimatter) (*atom phys.*), antidrogeno.
anti-ice fluid (85 % alcohol, 15 % glycerin, sprayed over the windshield of the aircraft) (*aer.*), liquido antighiaccio, liquido per prevenire le formazioni di ghiaccio.
antiicer (against the formation of ice on the external surfaces of aircraft) (*aer.*), dispositivo antighiaccio, sistema per evitare le formazioni di ghiaccio. **2.** surface ~ system (*aer.*), impianto a superficie per evitare le formazioni di ghiaccio.
anti-incrustator (as for steam boilers) (Brit.), disincrostante, sostanza che evita le incrostazioni.
antijamming (*radio*), antidisturbi.
antiknock (chem. substance added to gasoline) (*chem. - mot.*), antidetonante. **2.** ~ value (as of gasoline) (*chem. - mot.*), potere antidetonante.
antilepton (*atom phys.*), antileptone.
antilivering (*paint.*), antimpolmonimento. **2.** ~ agent (*paint.*), agente antimpolmonimento, prodotto antimpolmonimento.
antilock braking system, "ABS" (electronic brake system acting individually on the four wheels in order to prevent lock-up of one or more wheels when under brake action) (*aut.*), sistema (frenante) anti-blocco.
antilogarithm (*math.*), antilogaritmo.
antilogous pole (*pyroelectricity*), polo antilogo, polo piroelettrico negativo.
antimagnetic (*phys.*), antimagnetico. **2.** ~ (as a watch) (*a. - mach.*), antimagnetico.
antimatter (made by antiparticles) (*atom phys.*), antimateria.
antimissile (as of a system) (*a. - milit.*), antimissile. **2.** ~ (antimissile missile) (*n. - milit.*), missile antimissile, antimissile. **3.** ~ missile (for destroying the missile in flight) (*milit.*), missile antimissile balistico.
anti-mist (as of a panel fitted on an aut. glass) (*a. - aut. - gen.*), antiappannante.
antimonial (*a. - chem.*), antimoniale. **2.** ~ lead (hard lead, used for battery framework etc.) (*alloy*), piombo antimoniale, piombo indurito.
antimonic (*a. - chem.*), antimonico.
antimonious (*a. - chem.*), antimonioso.
antimony (Sb - chem.), antimonio. **2.** ~ potassium tartrate (*chem.*), tartaro emetico.
antimonyl (- SbO rad.) (*chem.*), antimonile.
antineutrino (*atom phys.*), antineutrino.
antineutron (*atom phys.*), antineutrone.
antinode (point of a system of stationary waves at which the amplitude has the max. value) (*phys.*), antinodo, ventre.
antinoise (for obtaining noise reduction) (*a. - acous.*), antirumore, antidisturbo. **2.** ~ paint (sound deadener: as for aut. body), antirombo.
antinuclear (a movement against the construction of nuclear power plants) (*a. - politics*), contro l'energia nucleare.
antinuke, *see* antinuclear.
antioxidant (*n. - chem.*), antiossidante.
antiozonant (compounding ingredient used to delay

the deterioration of rubber caused by ozone) (*n. - rubb. ind.*), antiozonante (*s.*).
antiparallax (*opt.*), antiparallasse.
antiparallel (*n. - geom.*), antiparallela. **2.** ~ (*atom phys.*), antiparallelo.
antiparticle (*atom phys.*), antiparticella.
antipersonnel (as of a mine, a bomb etc.) (*a. - milit.*), antiuomo.
"antiphase" (*elect.*), opposizione di fase.
antipolarity (*elect.*), antipolarità, polarità opposta.
antipollution (*ecol.*), antinquinamento.
antiproton (negative proton) (*atom phys.*), antiprotone.
antiquarian (53 × 31 in size) (*draw. paper*), carta da disegno da 53 × 31 pollici.
antiquark (quark antiparticle) (*atom phys.*), antiquark.
antique (antique finish type of paper) (*n. - paper mfg.*), carta tipo antico.
antireflection film (antireflection coating: as on camera lenses) (*phot.*), trattamento antiriflesso.
antiresonance (*elect.*), antirisonanza.
antirolling (*aer. - naut.*), antirollìo. **2.** ~ tank (*naut.*), vasca di rollìo.
antirust (as a paint), antiruggine.
antiscorch (antiscorching) (*rubb. ind.*), antiscottante.
antiscorcher (*chem. - rubb. ind.*), agente antiscottante, agente ritardante della prevulcanizzazione.
antiscuff (protection against becoming rough; as engines) (*mot.*), antigrippaggio.
antisecant (*math.*), antisecante.
antiseismic construction (*bldg.*), costruzione antisismica.
antiseptic (*med.*), antisettico.
antisettling (*a. - paint.*), antisedimentante.
antisidetone (*tlcm.*), anti effetto locale.
antisine (*math.*), antiseno.
antiskid (as of tire) (*aut. - rubb. ind.*), antisdrucciolevole. **2.** ~ (*aut.*), *see* antilock braking system, "ABS".
antiskinning (*paint.*), antipelle. **2.** ~ agent (*paint.*), agente antipelle, prodotto antipelle.
antislip (*gen.*), antisdrucciolevole.
antislipping (non-skid) (*mech.*), antislittante.
antismog device (for cleaning up the exhaust of aut. engines) (*aut.*), dispositivo antismog.
antisplash (*a. - gen.*), antispruzzo.
antisqueak (as for aut. body) (*a. - acous.*), antiscricchiolìo.
antistat, *see* antistatic.
antistatic (preventing or reducing static electricity) (*a. - elect.*), antielettrostatico, che attenua le cariche elettrostatiche. **2.** ~ (as an antistatic fabric) (*n. - ind.*), materiale antielettrostatico.
antisubmarine (*a. - navy*), antisommergibile, antisom. **2.** ~ detector (*navy instr.*), rivelatore antisommergibili.
antisweep (*a. - naut.*), antidragante. **2.** ~ mine (*navy expl.*), mina antidragante.
antitangent (*math.*), antitangente.
antitank (war device), anticarro. **2.** ~ gun, cannone anticarro.
anti-telescoping (of railway cars) (*railw.*), antitamponamento, antipenetrazione.
antitheft (*a. - aut.*), antifurto.
antitorque rotor (as on a helicopter tail) (*aer. - helicopter*), elichetta anticoppia.
antitrades (*meteorol.*), controalisei.
anvil (*mech. impl.*), incudine. **2.** ~ (of a power hammer) (*forging mach.*), incudine, basamento. **3.** ~ (of a cartridge primer case) (*firearm*), incudinetta. **4.** ~ (as of an opt. instr.) (*instr. - mech.*), piatto. **5.** ~ (of a micrometer) (*meas. instr.*), incudine. **6.** ~ block (as of a power hammer) (*mach. t.*), incudine. **7.** ~ cap (between the anvil and the lower face of a die in a power hammer) (*forging mach.*), blocco portastampi, portastampi. **8.** ~ chisel, *see* hardy. **9.** ~ stake (*blacksmith's t.*), cavalletto da incudine. **10.** adjustable ~ (as in a mach. t. for stopping the slide or cutters at the end of the desired travel) (*mech.*), arresto di registrazione. **11.** blacksmith's ~ (*impl.*), incudine da fabbro ferraio. **12.** horseshoer's ~ (*impl.*), incudine da maniscalco. **13.** riveting ~ (*impl.*), incudine per ribadire. **14.** round-head ~ (coppersmith's anvil) (*impl.*), incudine da calderaio.
"A-OK" (all OK: exempt from defects) (*gen.*), tutto senza difetti.
"AOP" aircraft (air observation post aircraft) (*air force*), aeroplano osservatorio, apparecchio osservatorio.
"AOQ" (average outgoing quality) (*quality control*), QMR, qualità media risultante.
"AOQL" (average outgoing quality limit) (*quality control*), LQMR, limite di qualità media risultante.
"AP" (apply pressure) (*time study*), applicare pressione. **2.** ~ (armor piercing: as a rocket) (*milit. - expl.*), perforante. **3.** ~, *see also* airplane.
apartment (set of rooms) (Am.) (*bldg.*), appartamento. **2.** ~ (compartment) (*gen.*), compartimento. **3.** ~ building (apartment house) (*bldg.*), fabbricato (costituito da un complesso) di appartamenti. **4.** ~ to let (*bldg.*), appartamento d'affitto. **5.** generator ~ (of a passenger car: compartment in which the electric lighting generator is located) (*railw.*), alloggiamento (o cavedio) della dinamo. **6.** unfurnished ~ (*bldg.*), appartamento non ammobiliato.
apatite (min. containing: Ca, P, O, HCe and/or F) (*min.*), apatite.
"APBA" (American Power Boat Association.) (*naut.*), Associazione Motonautica Americana.
"APC" (Automatic Phase Control) (*elect.*), regolatore automatico di fase. **2.** ~ (Adaptive Processing Control) (*mach. t. mech.*), comando lavorazione adattativo.
"APCA" (Air Pollution Control Association) (*ind.*), Associazione Controllo Inquinamento dell'Aria.

apeak (*naut.*), a picco.
aperiodic (*phys.*), aperiodico. **2.** ~ circuit (*radio*), circuito aperiodico.
aperiodicity (*gen.*), aperiodicità.
apertometer (instr. for meas. the numerical aperture: as of a microscope objective) (*opt. instr.*), misuratore di apertura numerica.
aperture (opening) (*gen.*), apertura. **2.** ~ (as of a phot. lens) (*opt.*), apertura. **3.** ~ (as of a scanner) (*radar*), apertura. **4.** ~ (at the ship's stern, for the propeller) (*naut.*), pozzo dell'elica. **5.** ~ plate (rectangular opening smooth plate: as in a projector) (*m. pict.*), quadruccio. **6.** ~ ratio (relative aperture: of a lens) (*opt.*), apertura relativa, luminosità. **7.** ~ ring (regulating the diaphragm opening) (*phot.*), anello di apertura (del diaframma), ghiera dei diaframmi. **8.** numerical ~ (as of an objective) (*opt.*), apertura numerica. **9.** relative ~ (of a lens, aperture ratio) (*opt.*), apertura relativa, luminosità.
apex (*gen.*), apice, limite superiore. **2.** ~ (of a parachute) (*aer.*), apice. **3.** ~ (of a Wankel engine rotor) (*mot.*), vertice. **4.** ~ (vertex) (*geom.*), vertice. **5.** ~ seal (of a Wankel engine rotor) (*mot.*), segmento radiale. **6.** face ~ (of a pinion) (*mech.*), vertice esterno. **7.** pitch ~ (of a bevel gear) (*mech.*), vertice primitivo. **8.** root ~ (of a pinion) (*mech.*), vertice interno.
aphelion (*astr.*), afelio.
aphotic (without light) (*a. - phys.*), afotico.
"API" (American Petroleum Institute, system for evaluating specific gravities of liquids) (*chem.*), API, Istituto Americano del Petrolio. **2.** ~ degrees (*chem.*), gradi API.
"APL" (acceptable productivity level) (*ind.*), livello di produttività accettabile, LPA. **2.** ~ (A Programming Language: a high level language) (*comp.*), linguaggio di programmazione "APL".
"a/pl" (armor plate) (*milit.*), corazza.
aplanatic (as of a lens free from spherical aberration) (*a. - opt.*), aplanatico. **2.** ~ lens (*opt. - phot.*), obiettivo aplanatico.
aplanatism (freedom from spherical aberration) (*opt.*), aplanatismo.
aplite (rock differentiation) (*geol.*), aplite.
"APMI" (American Powder Metallurgy Institute) (*metall.*), Istituto Americano Metallurgia delle Polveri.
apochromatic (*opt.*), apocromatico, privo di aberrazione cromatica e sferica.
apocynthion, *see* apolune.
apogee (as of an artificial satellite) (*astric.*), apogeo.
apolune (farthest point from the moon of a lunar orbit) (*astric.*), aposelene, apoluna.
aport (to the left) (*naut.*), verso sinistra.
aposelene, *see* apolune.
aposelenium, *see* apolune.
"apostilb" (asb, a unit of luminance equal to 0.0001 lambert) (*illum. - meas.*), "apostilb".
apostrophe (*typ.*), apostrofo.
apothem (*geom.*), apotema.
A power supply (energy source heating the cathode) (*electron tube*), alimentatore del filamento.
"app", *see* apparatus.
apparatus (*mech. - elect.*), apparecchio, congegno, dispositivo, impianto, apparato, attrezzo. **2.** blinking ~ (*aer. - naut.*), apparecchio lampeggiatore. **3.** breathing ~ (*underwater sport*), respiratore. **4.** carbon content analyzing ~ (*metall. app.*), apparecchio per l'analisi del carbonio. **5.** demagnetizing ~ (*mech. shop app.*), apparecchio smagnetizzatore. **6.** diathermic ~ (*med. instr.*), apparecchio per diatermia. **7.** domestic electrical ~ and appliances (*elect. app.*), elettrodomestici. **8.** dyeing ~ (*text. app.*), apparecchio per tingere. **9.** electrical ~ (*elect.*), apparecchiatura elettrica. **10.** electrolytic analysis ~ (*chem. app.*), apparecchio per analisi elettrolitica. **11.** high-frequency ~ (*elect. app.*), apparecchio per alta frequenza. **12.** hoisting ~ (*ind.*), apparecchio di sollevamento, impianto di sollevamento. **13.** induction heating ~ (therm. app. operated by elect.), riscaldatore a induzione. **14.** lifting ~ (*ind.*), apparecchio di sollevamento. **15.** lighting ~ (*illum. - ind.*), apparecchio per illuminazione. **16.** listening ~ (*milit. acous. app.*), apparecchio di ascolto, apparecchio di intercettazione. **17.** Orsat ~ (for gas analysis) (*chem. app.*), apparecchio di Orsat. **18.** paint spraying ~ (*paint. app.*), dispositivo per la verniciatura a spruzzo. **19.** picture telegraphy ~ (*electrotel.*), apparecchio fototelegrafico. **20.** radiographic ~ (*med. instr.*), apparecchio radiografico. **21.** radiotherapeutic ~ (*med. instr.*), apparecchio radioterapeutico. **22.** resistance heating ~ (therm. app. operated by elect.), riscaldatore a resistenza. **23.** signaling ~, apparecchio di segnalazione. **24.** smoke ~ (*milit.*), apparecchio fumogeno. **25.** Soxhlet ~ (used for continuous extraction of fatty material with a volatile solvent) (*chem. impl.*), apparecchio di estrazione Soxhlet. **26.** spinning ~ (for artificial silk mfg.), apparecchio per la filatura. **27.** tops dyeing ~ (*text. ind. app.*), apparecchio per tintura in pettinato. **28.** wool steeping ~ (*wool ind. app.*), apparecchio per imbibire la lana **29.** X - ray ~ for metal inspection (*metall. instr.*), apparecchio per esame radiografico dei metalli.
apparel (equipment of a ship) (*naut.*), armamento. **2.** ~ (*clothing*), vestiario, abbigliamento.
apparent (*gen.*), apparente. **2.** ~ power (*elect.*), potenza apparente. **3.** ~ solar time, ~ time (*astron.*), tempo solare vero.
"appd" (approved) (*mech. draw. - etc.*), approvato.
appeal (*law*), appello. **2.** right of ~ (*law*), diritto di appello.
appeal (to) (*law*), appellarsi.
appearance (*law*), comparizione. **2.** good ~ (neat appearance) (*pers.*), bella presenza. **3.** poor ~ (as in rubb. ind.), aspetto povero. **4.** rich ~ (as in rubb. ind.), aspetto ricco.

appendage (of a portico) (*bldg. - etc.*), dipendenza.
appendix (as of a book) (*print.*), appendice. **2.** ~ (of a balloon) (*aer.*), appendice (di gonfiamento).
appliance, *see* accessory, fixture, attachment.
appliances (*ind.*), applicazioni, apparecchiature. **2.** electrical ~ (*ind.*), applicazioni elettriche. **3.** industrial ~ (*ind.*), applicazioni industriali. **4.** office ~ (*off.*), forniture per ufficio.
applicable (*gen.*), applicabile. **2.** ~ regulations (*gen.*), norme valide.
applicant (*n.- gen.*), richiedente, candidato. **2.** ~ (as for a certificate) (*n. - law*), (il) richiedente. **3.** job ~ (*work.*), candidato (ad un posto).
application (as for employment) (*pers.*), domanda. **2.** ~ (used for a given purpose) (*gen.*), applicazione. **3.** ~ (as of debts to a given account) (*adm.*), imputazione. **4.** ~ package (relating to a collection of software and programs useful for accounting, store management etc.) (*comp.*), complesso di programmi applicativi. **5.** ~ study (an application of possibility to use a comp. for particular programs or procedures) (*comp.*), studio di applicabilità. **6.** industrial applications (as of a process or treatment) (*ind.*), applicazioni industriali. **7.** industrial applications of nuclear energy (*ind.*), applicazioni industriali dell'energia nucleare.
applicator (ink applicator, of a print. press) (*print. mach.*), inchiostratore. **2.** constant fall ~ (*print. mach.*), inchiostratore a cascata costante.
applied (built in: as of a valve seat) (*mech.*), riportato. **2.** ~ (put on) (*mech.*), applicato. **3.** ~ chemistry (*chem.*), chimica applicata. **4.** ~ voltage (*elect.*), tensione applicata.
applique (metallic decoration applied externally to a body) (*aut. bodywork*), accessorio di finizione esterna (riportato).
apply (to) (as for employment) (*gen.*), far domanda. **2.** ~ (to put to use) (*gen.*), impiegare, usare. **3.** ~ (to put on), applicare. **4.** ~ (to be valid, as a rule for a given condition) (*gen.*), valere. **5.** ~ (as a debt to a given account) (*adm.*), imputare. **6.** ~ for a patent (*gen.*), chiedere un brevetto, fare le pratiche per ottenere un brevetto. **7.** ~ voltage (*elect.*), applicare tensione.
appoint (to) (*pers.*), designare, destinare.
appointment (as of a director) (*pers.*), nomina.
apportion (to) (to distribute proportionately) (*gen.*), ripartire.
apportionment (as of the load on a girder) (*constr. theor.*), ripartizione. **2.** ~ (as of profits) (*comm.*), ripartizione.
"APPR" (Army Package Power Reactor) (*atom phys.*), reattore compatto tipo esercito per forza motrice.
appraisal (*comm.*), stima, perizia. **2.** ~ (*work. organ. - pers.*), valutazione.
appraise (to) (*comm.*), stimare, valutare, apprezzare.
appraiser (*law - comm.*), perito, stimatore.
appreciation (increase in commercial value of an item) (*comm.*), apprezzamento.
apprentice (*work.*), apprendista.
apprenticeship (*ind. work. - etc.*), apprendistato.
"appr'l" (short for approval), *see* approval.
approach (*aer.*), avvicinamento. **2.** ~ (access, way, passage) (*gen.*), accesso. **3.** ~ (of a bridge) (*bldg.*), struttura d'accesso. **4.** ~ (act of approaching) (*gen.*), accostamento, avvicinamento. **5.** ~ (*milit.*), avvicinamento. **6.** ~ angle (of a car) (*aut.*), angolo di sbalzo anteriore. **7.** ~ area (*aer.*), area di avvicinamento. **8.** ~ beacon (*aer.*), radiofaro di avvicinamento. **9.** ~ control (*aer.*), controllo di avvicinamento. **10.** ~ cutting (*min.*), trincea d'accesso. **11.** ~ light (*aer.*), luce di avvicinamento, proiettore di avvicinamento. **12.** ~ lighting system (*aer.*), impianto luminoso di avvicinamento. **13.** ~ locking device (in railw. signaling), immobilizzazione d'approccio. **14.** ~ receiver (*aer. - radio*), ricevitore di avvicinamento. **15.** ~ signal, *see* distant signal. **16.** ~ surface (of an aerodrome) (*aer.*), superficie di avvicinamento. **17.** angle of ~ indicator (*aer.*), indicatore della traiettoria di avvicinamento. **18.** beam ~ (by radio navigational aid) (*air navig.*), avvicinamento radio comandato. **19.** blind ~ (using ground-based radar-navigational aids) (*aer. navig.*), avvicinamento strumentale assistito da terra. **20.** final ~ (as of an airplane to an airport) (*aer.*), avvicinamento finale. **21.** final ~ altitude (as of an airplane to an airport) (*aer.*), quota per l'avvicinamento finale. **22.** ground-controlled ~, "GCA" (as of an airplane to an airport) (*aer. - radar*), avvicinamento radio guidato da terra, atterraggio a discesa parlata. **23.** ground-controlled ~ system, "GCA" (system of radionavigation) (*aer. - radar*), sistema di avvicinamento radio guidato da terra. **24.** initial ~ (as of an airplane to an airport) (*aer.*), avvicinamento iniziale. **25.** instrumental ~ (made by the aircraft using both onboard instruments and visual means) (*aer. navig.*), avvicinamento strumentale. **26.** intersection ~ (*road traff.*), accesso all'incrocio. **27.** plan position ~ (PPI approach, as of an airplane to an airport) (*aer. - radar*), avvicinamento con oscillografo panoramico, avvicinamento con radar topografico, avvicinamento con indicatore di posizione in proiezione. **28.** PPI ~ (plan position indicator approach) (*aer. - radar), see* plan position approach. **29.** precision ~ (PAR approach; of an airplane to an airport) (*aer. - radar*), avvicinamento (mediante radar) di precisione. **30.** standard beam ~ system, "SBA" (system of radionavigation) (*aer. - radio*), sistema normale di avvicinamento a fascio. **31.** straight-in ~ (as of an airplane to an airport) (*aer.*), avvicinamento diretto.
approach (to) (*gen.*), avvicinare, avvicinarsi.
appropriate (fit) (*gen.*), appropriato, adatto.
appropriate (to) (to set aside money for specific use) (*finan.*), stanziare.
appropriation (of funds, of money) (*finan.*), stan-

ziamento. **2.** ~ (expenditure engagement of a public corporation) (*adm.*), impegno di spesa, stanziamento.

approval (as of a draw.) (*gen.*), approvazione. **2.** ~ (as of goods) (*comm.*), verifica d'accettazione, collaudo. **3.** ~ (sanction), benestare, ratifica. **4.** ~ of sentence (*law*), ratifica di una sentenza.

approve (to) (*gen.*), approvare. **2.** ~ (*law*), ratificare.

approved (officially accepted: as of draw.), approvato, vistato.

"approx" (approximately) (*math. - etc.*), circa.

approximate (*a. - gen.*), approssimato. **2.** ~ (as a price or quotation) (*comm.*), indicativo.

approximation, approssimazione.

appurtenance (*law*), appartenenza.

appurtenances (*gen.*), apparecchiature, dispositivi.

"appx" (appendix) (*gen.*), appendice.

apron (shield) (*gen. - hydr.*), riparo. **2.** ~ (belt conveyor), nastro trasportatore. **3.** ~ (sheet metal covering) (*mech.*), riparo. **4.** ~ (of a lathe saddle) (*mach. t.*), piastra, grembiale. **5.** ~ (of an aerodrome) (*aer.*), area di stazionamento. **6.** ~ (inside the stem) (*shipbuild.*), controruota di prua. **7.** ~ (wedge securing the iron of a plane) (*carp.*), cuneo (che fissa il ferro della pialla). **8.** ~ (*aut.*), griglia parasassi. **9.** ~ conveyor (chain conveyor) (*ind. app.*), convogliatore a piastre. **10.** ~ feeder (~ conveyor controlling the quantity delivered) (*ind.*), convogliatore ad alimentazione controllata.

apse (*arch.*), abside.

apsis (one of the two points of an orbit intersecated by the principal axis) (*astr.*), punto di intersezione dell'orbita coll'asse principale. **2.** ~ (*arch.*), *see* apse.

"APT" (automatically programmed tool) (*mach. t. - autom.*), APT, utensile programmato automaticamente. **2.** ~ (Automatic Picture Transmission, from satellites) (*phot. - astric.*), trasmissione automatica di immagini. **3.** ~, *see* armor piercing tracer.

aptitude (*ind. psychol.*), attitudine. **2.** ~ index (*ind. psychol.*), indice attitudinale. **3.** ~ test (*ind. psychol.*), test attitudinale. **4.** mechanical ~ (*ind. psychol.*), attitudine meccanica.

"APU" (auxiliary power unit) (*naut. - etc.*), gruppo generatore ausiliario.

"apx", *see* "appx".

"AQL" (acceptance quality level, by quality control) (*quality control*), livello di qualità accettabile, LQA.

aqua (*color*), colore acqua. **2.** ~ system (use of water for having gasoline tanks permanently filled) (*refinery*), metodo di stoccaggio con acqua.

Aquadag (as for engine component lubrication) (*chem.*), grafite colloidale in sospensione acquosa.

aquafortis (concentrated nitric acid) (*chem.*), acido nitrico concentrato. **2.** ~ (etching by nitric acid) (*artistic print.*), acquaforte.

aquamarine (*min.*), acquamarina.

aquameter, *see* pulsometer.

aquanaut (living under the sea surface for a long period: like Cousteau) (*scuba divers*), "acquanauta", subacqueo abitante sott'acqua.

aquaplane (*sport device*), acquaplano.

aquaplane (to) (as of an aut. tire on a wet surface), *see* hydroplane (to).

aquaplaning (forming of a layer of water between road and tires as in very heavy rain conditions) (*aut.*), perdita di aderenza (sul film di acqua), slittamento. **2.** ~ (the riding on aquaplane) (*sport*), sport dell'acquaplano.

aqua regia ($HNO_3 + 3HCl$) (nitric and hydrocloric acid) (*chem.*), acqua regia.

aquarelle (*artistic paint.*), acquerello, acquarello.

aquarium (tank containing aquatic collections), aquario, acquario.

Aquarius (*astron.*), aquario.

aquastat (regulating device) (*therm. app.*), termostato per acqua.

aquavit, akvavit (redistilled from spirits: as of potatoes, grain etc.) (*agric. ind.*), acquavite.

aqua vitae (distilled from wine) (*agric.*), acquavite.

aqueduct (*hydr. - ind.*), acquedotto.

aqueous (*chem.*), acquoso.

aquometer, *see* pulsometer.

"AR" (American Register) (*naut.*), Registro Americano. **2.** ~ (acid-resisting) (*ind.*), resistente all'acido.

Ar (argon) (*chem.*), argo.

"ar" (as required) (*gen.*), come necessario. **2.** ~, *see also* area.

"a/r" (all risks) (*insurance*), tutti i rischi.

"ARA" (American Railway Association) (*railw.*), Associazione Ferroviaria Americana.

arabesque (*arch.*), arabesco.

aragonite (Ca CO_3) (*min.*), aragonite.

Araldite (trade name for an epoxy resin plastic used for dies, adhesives, insulating material, etc.) (*mech. technol. - elect. - etc.*), Araldite.

"ARBBA" (American Railway Bridge and Building Association) (*railw.*), Associazione Americana Ponti e Costruzioni delle Ferrovie.

arbitral (*law*), arbitrale.

arbitrary (*a. - math.*), arbitrario. **2.** ~ (arbitrary constant) (*n. - math.*), costante arbitraria. **3.** ~ scale (as for instruments test) (*elect. - etc.*), scala fittizia.

arbitration (*comm.*), arbitrato. **2.** ~ bar (standard cylindrical cast test bar of gray iron) (*found.*), provino normale "arbitration". **3.** rules of conciliation and ~ (*law*), regolamento di conciliazione ed arbitrato.

arbitrator (*gen.*), arbitro.

arbor (main shaft) (*mech.*), albero. **2.** ~ (as of a core) (*found.*), armatura. **3.** ~ (spindle) (*mach. t.*), mandrino. **4.** ~ (axle of a wheel) (*mech.*), asse. **5.** ~ (bar for holding cutting tools) (*mech.*), albero. **6.** clamp plate ~ (as for clamping a tool) (*mach. t.*), albero con piastra di bloccaggio. **7.** cutter ~ (as of a milling mach.) (*mach. t. - mech.*), albero portafresa. **8.** diaphragm ~ (for clamping as a work or tool) (*mach. t.*), albero a diaframma. **9.** expanding ~ (for clamping as a tool) (*mach. t.*), albero espansibile.

"ARC" (American [National] Red Cross) (*milit. - med.*), Croce Rossa Americana.

arc (*geom. - elect. - astron.*), arco. **2.** ~ chute (for avoiding damages caused by arc) (*electromech.*), para-arco. **3.** ~ cos (*math.*), arcocoseno, arcos. **4.** ~ cosec (*math.*), arcocosecante. **5.** ~ cot (*math.*), arcocotangente. **6.** ~ cutting (*mech. technol.*), taglio con arco. **7.** ~ cutting machine (*mach.*), tagliatrice ad arco. **8.** ~ eliminator (*elect.*), spegni arco. **9.** ~ furnace (*found.*), forno ad arco. **10.** ~ lamp (*illum.*), lampada ad arco. **11.** ~ light, *see* arc lamp. **12.** ~ of access (of gears) (*mech.*), arco di accesso, arco di avvicinamento. **13.** ~ of action (of gear teeth) (*mech.*), arco di azione. **14.** ~ of approach (of gear teeth) (*mech.*), arco di accesso. **15.** ~ of conctact (as of two gears in a mesh) (*mech.*), arco di contatto. **16.** ~ of recess (of gear teeth) (*mech.*), arco di recesso. **17.** ~ of training (of a gun) (*navy*), campo di brandeggio. **18.** ~ secant (*math.*), arco secante. **19.** ~ shield (arc deflector) (*elect.*), schermo dell'arco, deflettore dell'arco. **20.** ~ sine (*math.*), arcoseno, arcsen. **21.** ~ spectrum (as of a substance vaporized by arc) (*opt. - chem.*), spettro ottenuto mediante arco elettrico. **22.** ~ tangent (*math.*), arcotangente, arctg. **23.** ~ transmitter (*radio*), radiotrasmettitore ad arco. **24.** ~ voltage (*elect.*), tensione dell'arco. **25.** ~ welding (*mech. technol.*), saldatura ad arco. **26.** electric ~ (*elect.*), arco elettrico, arco voltaico. **27.** oxygen ~ cutting (*mech. technol.*), ossitaglio all'arco. **28.** voltaic ~ (*elect.*), arco voltaico.

arc (to) (to form an arc) (*elect.*), formarsi dell'arco. **2.** ~ (to spark) (*elect. mach.*), scintillare.

arcade (long arched gallery) (*arch.*), portico. **2.** ~ (arched or covered way with shops) (*arch.*), galleria. **3.** ~ (*bldg.*), porticato. **4.** blind ~ (*arch.*), arcata cieca, arcata finta.

arcature (decorative blind arcade) (*arch.*), complesso decorativo di archi ciechi (non strutturali).

arc-back (as in a Hg rectifier) (*elect.*), arco di ritorno, arco inverso.

arc-boutant (flying buttress) (*arch.*), arco rampante spingente (o a sperone).

arc-brazing (*mech. technol.*), brasatura ad arco.

arch (*arch.*), arco. **2.** ~ (fire chamber of a kiln) (*brickyard*), camera. **3.** ~ (top: as of a gas retort) (*gas ind.*), cielo. **4.** ~ bar (over the ashpit) (*boil.*), barrotto. **5.** ~ center (sustaining an arch during the construction) (*mas.*), centina. **6.** ~ centering (*bldg.*), centina dell'arco. **7.** ~ dam (*hydr. bldg.*), diga ad arco. **8.** ~ falsework (*build.*), armatura dell'arco. **9.** ~ of hewn stone (*arch.*), arco a conci. **10.** ~ truss (*arch.*), incavallatura ad arco. **11.** ashlar masonry ~ (*arch.*), arco a conci. **12.** basket-handle ~ (*arch.*), arco ribassato. **13.** braced ~ (*bldg.*), arco a traliccio. **14.** brick ~ (*arch.*), arco in mattoni. **15.** concrete ~ (*arch.*), arco in calcestruzzo. **16.** discharging ~ (*arch.*), *see* safety arch. **17.** double-articulation ~ (*constr. theor.*), arco a due cerniere. **18.** double-hinged ~ (*constr. theor.*), arco a due cerniere. **19.** flat ~ (*arch.*), piattabanda. **20.** fluing ~ (*bldg.*), *see* trumpet arch. **21.** gauged ~ (*arch.*), arco in mattoni sagomato. **22.** inverted ~ (*arch.*), arco rovescio. **23.** jack ~ (flat arch) (*arch.*), piattabanda. **24.** longitudinal ~ (*arch.*), arco ribassato. **25.** moorish ~ (*arch.*), arco moresco. **26.** nonarticulated ~ (*constr. theor.*), arco senza cerniere. **27.** nonhinged ~ (*constr. theor.*), arco senza cerniere. **28.** peak ~ (pointed arch) (*arch.*), arco acuto. **29.** pier ~ (*arch.*), arco su pilastri. **30.** pointed ~ (*arch.*), arco acuto. **31.** rampant ~ (*arch.*), arco rampante. **32.** relieving ~ (*constr. theor.*), arco di scarico. **33.** Roman ~ (*arch.*), arco a tutto sesto. **34.** round ~ (*arch.*), arco a tutto sesto. **35.** safety ~ (*bldg.*), arco di scarico. **36.** segment ~ hinged at abutments and center (*constr. theor.*), arco a tre cerniere. **37.** splaying ~ (*arch.*), *see* trumpet arch. **38.** straight ~ (*arch.*), piattabanda. **39.** surbased ~ (*arch.*), arco ribassato. **40.** three-centered ~ (*arch.*), arco a tre centri. **41.** three-hinged ~ (*constr. theor.*), arco a tre cerniere. **42.** three-pinned ~ (*arch.*), arco a tre cerniere. **43.** triple-articulation ~ (*constr. theor.*), arco a tre cerniere. **44.** triple-hinged ~ (*constr. theor.*), arco a tre cerniere. **45.** trumpet ~ (funnel-shaped diagonal arch) (*arch.*), arco conoidico. **46.** trussed ~ (*arch.*), arco reticolare, arco a traliccio. **47.** two-hinged ~ (*constr. theor.*), arco a due cerniere. **48.** voussoir ~ (*arch.*), arco a conci.

archaeology, archeology (*sc.*), archeologia.

arched (arcuate) (*gen.*), arcuato, ad arco. **2.** ~ (*a. - arch.*), ad arco.

arch-gravity dam (*hydr. - bldg.*), diga ad arco a gravità.

archil (orchil, orchilla, pasty mass) (*dyestuff*), oricello, pasta di oricello. **2.** ~ extract (*dyestuff*), estratto di oricello.

archimedean drill (a drill in which an alternating rotation of the bit is obtained by the axial movement of a nut on a spiral) (*t.*), trapanetto per traforo, trapano a vite. **2.** ~ pump (archimedean screw) (*hydr. mach.*), pompa a coclea. **3.** ~ screw (*ind. trasp. app.*), vite di Archimede, coclea. **4.** ~ spiral (*math.*), spirale di Archimede.

archimede's screw, *see* archimedean screw.

archipelago (*geogr.*), arcipelago.

architect, architetto. **2.** marine ~ (*naut.*), progettista navale. **3.** naval ~ (*shipbuild.*), architetto navale.

architectonic, *see* architectural.

architectonics (the science of architecture) (*n. - arch.*), disciplina dell'architettura, architettura.

architects' scale (*draw.*), scalimetro.

architectural, architettonico. **2.** ~ acoustics (*acous. - bldg.*), acustica architettonica.
architecture, architettura. **2.** ~ (of a film) (*m. pict.*), scenografia. **3.** ~ (the way of connecting between themselves various differing units in order to obtain the requested functionality) (*comp.*), architettura. **4.** naval ~ (*shipbuild.*), architettura navale. **5.** rational ~ (*arch.*), architettura razionale. **6.** systems network ~, "SNA" (*comp.*), architettura di rete di sistemi.
architrave (*arch.*), architrave. **2.** ~ (architectural moldings around a door, or window, opening) (*arch.*), incorniciatura.
archival (*a. - gen.*), di archivio. **2.** ~ quality (*gen.*), proprietà di conservazione.
archive (to) (*comp. - off.*) archiviare.
archives (for public documents) (*bldg.*), archivio.
archivolt (*arch.*), archivolto.
"ARCI" (American Railway Car Institute) (*railw.*), Istituto Americano Vagoni Ferroviari.
arcing (*elect.*), formazione di arco. **2.** ~ contact (as of a circuit breaker) (*elect.*), spegniarco. **3.** ~ tips, *see* arcing contact.
arcjet, *see* arc-jet engine.
arc-jet engine (having an electric arc that heats the propeller) (*aer. jet. eng.*), arcogetto, propulsore a getto attivato da un arco elettrico.
arctic (*meteor. - geogr.*), artico. **2.** ~ circle (66° 33' N) (*geogr.*), circolo polare artico.
"ARC W" (arc weld) (*mech. technol.*), saldatura ad arco.
arc-weld (to) (*mech. proc.*), saldare all'arco elettrico.
are (100 sq m) (*meas.*), ara.
"AREA" (American Railway Engineering Association) (*railw.*), Associazione Americana Tecnici Ferroviari.
area, area. **2.** ~ (*geom.*), area. **3.** ~ (*meas.*), area, superficie. **4.** ~ (territory assigned to an army for operations) (*milit.*), zona. **5.** ~ (part of memory destined to hold particular data) (*comp.*), area, campo. **6.** ~ contained between the base line and the moments diagram (*constr. theor.*), area dei momenti. **7.** ~ dealer (*comm.*), agente di zona. **8.** ~ of high pressure (anticyclone) (*meteorol.*), anticiclone, zona di alta pressione. **9.** ~ of low pressure (depression) (*meteorol.*), depressione. **10.** ~ of the nozzle (*mech.*), sezione dell'ugello. **11.** ~ served by crane, raggio di azione della gru. **12.** ~ vector (*math.*), vettore prodotto vettoriale di due vettori. **13.** assembly ~ (*milit.*), luogo di radunata, zona di raccolta. **14.** auditory sensation ~ (area comprised between the maximum tolerable and minimum perceivable intensities of sound curves) (*acous.*), area di udibilità. **15.** blast ~ (*milit.*), area di scoppio. **16.** builtup ~ (*bldg.*), area fabbricata, area urbana. **17.** built-up ~ (*bldg. - road traff.*), abitato, luogo abitato. **18.** clear ~ (to be kept free from characters, symbols etc.) (*comp.*), area libera, area bianca. **19.** common ~ (*comp.*), area comune. **20.** common (storage) ~ (can be used for two or more programs) (*comp.*), area comune (di memoria). **21.** control ~ (*aer.*), area di controllo. **22.** covered ~ (of a factory) (*ind.*), superficie coperta. **23.** cross-sectional ~ (*geom. - draw.*), sezione trasversale. **24.** depressed ~ (underdeveloped area) (*econ.*), area depressa, area sottosviluppata. **25.** development ~ (*comm.*), area di sviluppo. **26.** development ~ (Brit.) (area attracting industries, business etc.) (*ind. - etc.*), area di sviluppo industriale. **27.** display ~ (*comp.*), area di visualizzazione. **28.** fortified ~ (*milit.*), zona fortificata. **29.** high-pressure ~ (*meteorol.*), zona di alta pressione, anticiclone. **30.** improvement ~ (*city planning*), zona di risanamento. **31.** input ~ (input block, memory zone reserved for input) (*comp.*), area di ingresso, blocco di ingresso. **32.** landing ~ (of an aerodrome) (*aer.*), zona di atterraggio. **33.** maneuvering ~ (of an aerodrome) (*aer.*), area di manovra. **34.** mined ~ (*navy - milit.*), zona minata. **35.** movement ~ (of an aerodrome) (*aer.*), area di movimento. **36.** quartering ~ (*milit.*), zona di alloggiamento. **37.** radiation ~ (area in which the radiation level is excessive for the human body) (*atom phys.*), area contaminata. **38.** reduction of ~ (reduction of cross section due to necking) (*constr. theor. - metall.*), strizione. **39.** save ~ (*comp.*), area di protezione. **40.** search-and-rescue ~ (*aer.*), area di ricerche e salvataggi. **41.** signal ~ (of an aerodrome) (*aer.*), area di segnalazione. **42.** storage ~ (storage zone) (*comp.*), area di memoria. **43.** target ~ (*milit.*), zona degli obiettivi. **44.** underdeveloped ~ (*econ.*), area sottosviluppata, area depressa. **45.** unit ~ (*milit.*), settore. **46.** unit sub-~ (*milit.*), sottosettore. **47.** wind-swept ~ (*meteorol. - milit.*), area battuta dal vento. **48.** work ~ (*comp.*), area di lavoro.
arena (of an amphitheater) (*arch.*), arena. **2.** ~ stage (*bldg.*), palcoscenico centrale. **3.** ~ theater (*bldg.*), teatro con palcoscenico centrale.
areocentric (considering Mars as the center) (*a. - astron.*), che considera Marte come centro.
areometer, *see* hydrometer.
"ARG" (arresting gear for stopping airplanes landing on an aircraft carrier) (*navy*), dispositivo di arresto.
argentiferous (*metall.*), argentifero.
argentite (Ag_2S) (*min.*), argentite.
argentometer (for measuring the strength of silver nitrate solutions) (*phot. - chem. instr.*), argentometro.
argentum (*chem.*), see silver.
argil (*min.*), argilla. **2.** ~ (potter's clay) (*ceramic*), argilla bianca, argilla da vasaio. **2.** ~, *see* allumina.
argillaceous (*a. - min.*), argilloso. **2.** ~ rock (*min.*), roccia argillosa. **3.** ~ sandstone (*min.*), arenaria argillosa. **4.** ~ slate (*geol.*), argilloscisto.
argon (Ar - *chem.*), argo.
argument (of a complex number) (*math.*), argomen-

to. **2.** ~ (independent variabile) (*math.*), argomento. **3.** ~ (a parameter or an independent variable or a list of subjects) (*comp.*), argomento.

"ARI" (Air Conditioning and Refrigeration Institute) (*bldg.*) (Am.), Istituto Condizionamento e Refrigerazione dell'Aria.

arid (dry barren soil) (*agric.*), arido.

Aries (constellation, sign of the zodiac) (*astr.*), Ariete. **2.** first of ~ (first point of Aries) (*astr.*), primo punto di Ariete.

arisings (surplus materials) (*mfg. ind.*), surplus, residuati.

arithlog paper (*draw.*), carta a coordinate semilogaritmiche.

arithmetic (*a.*), aritmetico. **2.** ~ (*n.*), aritmetica. **3.** ~ chart, ~ graph (*draw.*), diagramma a coordinate aritmetiche. **4.** ~ logic unit, "ALU" (comp. hardware section executing all arithmetic and logic operations) (*comp.*), unità aritmetico-logica. **5.** ~ mean (mean, average in a set of quantities) (*math. - stat.*), media aritmetica. **6.** ~ overflow (*comp.*), traboccamento (o straripamento) aritmetico. **7.** ~ shift (*comp.*), scorrimento aritmetico, scalatura aritmetica. **8.** ~ unit (part of a computer carrying out arithmetical operations) (*comp.*), unità aritmetica. **9.** fixed point ~ (*comp.*), aritmetica in virgola fissa. **10.** floating point ~ (*comp.*), aritmetica in virgola mobile.

arithmetical (*a.*), aritmetico. **2.** ~ discount (true discount) (*finan.*), sconto anticipato. **3.** ~ progression (*math.*), progressione aritmetica.

arithmometer (calculating mach. by which multiplication is obtained by successive additions) (*obsolete calc. mach.*), macchina calcolatrice aritmetica.

arm (of an anchor) (*naut.*), braccio. marra. **2.** ~ (*mech.*), braccio. **3.** ~ (end of a yard) (*naut.*), varea. **4.** ~ (of a pickup) (*gramophone*), braccio. **5.** ~ (*weapon*), arma. **6.** ~ (horn, as of a resistance-welding mach.) (*welding mach.*), braccio. **7.** ~ (narrow water inlet from the sea) (*geogr.*), braccio (di mare). **8.** ~ (disk access arm: for holding the reading/writing head) (*comp.*), braccio. **9.** ~ rest (as of an aut. seat), bracciuolo. **10.** articulated ~ (*mech.*), braccio snodato. **11.** breaker ~ (as of aut. ignition contact breaker) (*electromech.*), martelletto. **12.** control ~ (wishbone, of a suspension) (*aut.*), braccio trasversale, braccio oscillante trasversale. **13.** crank ~ (crank throw) (*mech.*), braccio di manovella. **14.** direction ~ (trafficator arm, direction indicator) (*aut.*), freccia. **15.** extension ~ (of a compass) (*draw. instr.*), prolunga. **16.** fourth ~ (*milit.*), arma aerea, quarta arma. **17.** lever ~ of a force (*theor. mech.*), braccio (di leva) di una forza. **18.** longitudinal ~ (trailing arm, of a suspension) (*aut.*), braccio longitudinale, braccio oscillante longitudinale. **19.** repeating ~ (*firearm*), arma a ripetizione. **20.** rocker ~ (*mech.*), bilanciere. **21.** small arms (*milit.*), armi portatili. **22.** spring equalizing rocker ~ (as of mot.) (*mech.*), bilanciere compensazione molle. **23.** steering drop ~ (of aut.) (*mech.*), braccio comando sterzo. **24.** supporting ~ (*mech.*), braccio portante. **25.** suspension control ~ (upper and lower: as of an aut.) (*mech.*), braccio della sospensione. **26.** swinging ~ (of a mtc. rear suspension) (*mech.*), forcellone oscillante. **27.** trailing ~ (longitudinal arm of a suspension) (*aut.*), braccio oscillante longitudinale, braccio longitudinale.

"arm" (armature: of elect. mot.) (*elect.*), indotto, rotore.

arm (to) (to equip with arm) (*v. t. - milit. - etc.*), armare. **2.** ~ (*v. i. - milit. - etc.*), armarsi. **3.** ~ (for strengthening purposes as with a plate) (*gen.*), armare. **4.** ~ (to put the firing device of the exploder in position: ready to explode) (*torpedoes - etc.*), armare.

armament (*milit.*), armamento. **2.** ~ (milit. equipment: as of an aircraft), armamento. **3.** ~ industry (*ind.*), industria degli armamenti. **4.** secondary ~ (*navy*), armamento secondario (antisiluranti).

Arma steel (trade name for arrested malleable iron with steel-like characteristics) (*metall.*), Arma steel, ghisa malleabile perlitica.

armature (of elect. mot.), indotto, rotore. **2.** ~ (as of an electromagnet) (*elect.*), nucleo. **3.** ~ (piece of iron connecting the poles of a permanent magnet) (*magnetism*), àncora. **4.** ~ (of a relay) (*elect.*), ancoretta. **5.** ~ (for the consolidation of a build. in poor conditions) (*bldg.*), armatura di rinforzo, puntellamento. **6.** ~ reaction (in elect. mach.), reazione d'indotto. **7.** ~ shaft (*electromech.*), albero dell'indotto. **8.** ~ spider (*electromech.*), lanterna, ossatura dell'indotto, corpo dell'indotto. **9.** ~ winding machine (*mach.*), avvolgitrice per indotti. **10.** drum ~ (*electromech.*), indotto a tamburo. **11.** H ~ (of elect. mach.), indotto (di elettromagnete) a doppio T. **12.** oscillating ~ (of a loudspeaker) (*electroacous.*), indotto mobile. **13.** polarized-relay ~ (*electromech.*), àncora (o armatura) di relais polarizzato. **14.** short circuit ~ (*elect. mot.*), indotto in corto circuito. **15.** shuttle ~, *see* H armature. **16.** slip-ring ~ (as of elect. mot.), indotto ad anelli.

armature (to) (an elect. mot.) (*electromech.*), montare l'indotto.

armchair (*furniture*), poltrona.

"armd" (armored) (*a. - gen.*), corazzato.

armed (the firing device of the exploder is in position and ready to explode) (*a. - torpedo*), armato.

arming (of a sounding lead) (*naut.*), sevo. **2.** ~ (*magnetism*), see armature. **3.** ~ device (part of the exploder of a torpedo) (*navy*), dispositivo di armamento.

armor (of an armored cable) (*elect.*), armatura. **2.** ~ (tanks and army) (*milit.*), corazza, blindatura. **3.** ~ (pressure-resistant gear of a deep sea diver) (*naut. - sea*), scafandro per grandi profondità. **4.** ~ piercing (as of a rocket) (*milit. expl.*), perforante (corazze). **5.** ~ piercing cap (of a shell) (*milit.*), punta perforante. **6.** ~ piercing tracer, "APT" (*milit. expl.*), perforante tracciante. **7.** ~ plate (of tank or battleship), piastra di corazza. **8.** cemented ~ (*metall. - milit.*), corazza cementata. **9.** compound ~ (*milit.*), corazza composita. **10.** side ~ (*navy*), corazza di murata.

armor-clad (*a. - gen.*), corazzato.

armored (*a. - gen.*), corazzato. **2.** ~ (as a cable) (*a. - elect.*), armato. **3.** ~ cable (with metallic wrapping) (*elect.*), cavo armato. **4.** ~ car (*milit. aut.*), autoblinda. **5.** ~ concrete (*bldg.*), *see* reinforced concrete.

armorer (*firearm work.*), armaiolo. **2.** ~ (ground crew member carring out repair and service of aircraft armament) (*air force - navy*), armiere, addetto alle riparazioni delle armi di bordo.

armor-plate (to) (*milit.*), corazzare, blindare.

armor-plated (*a. - milit.*), corazzato, blindato. **2.** ~ (*navy shipbuild.*), corazzato.

armor-plating (*milit. - navy*), corazzatura.

armory (*arch. - milit.*), armeria. **2.** ~ (*milit.*), deposito di armi, arsenale, fabbrica d'armi (di proprietà dello Stato).

armour, *see* armor.

armoured, *see* armored.

armourer, *see* armorer.

"ARM PL" (armor plate: as of a tank) (*milit.*), corazza.

armrack (*milit.*), rastrelliera per armi.

armrest (*veh. - etc.*), appoggiabraccia, bracciolo.

"armt" (armament) (*milit.*), armamento.

army (*milit.*), esercito, armata. **2.** ~ corps (*milit.*), corpo d'armata. **3.** ~ orders (*milit.*), ordine del giorno. **4.** ~ serial number (of the conscript) (*milit.*), numero di matricola. **5.** mobilization of the ~ (*milit.*), mobilitazione dell'esercito. **6.** operations of the ~ (*milit.*), operazioni dell'esercito.

aromatic (*a.-chem.*), aromatico. **2.** ~ fuel (fuel the chief chemical compound of which has a benzene ring structure, used for jet aircraft) (*aer.*), combustibile aromatico. **3.** ~ hydrocarbon (*chem.*), idrocarburo aromatico.

around (*adv.*), attorno. **2.** ~ (Am.), circa.

around-the clock (unceasing) (*a. - gen.*), ininterrotto, continuo, 24 ore su 24.

"ARP" (aeronautical recommended practices) (*aer.*), norme pratiche consigliate per l'aeronautica.

"ARPA" (Advanced Research Projects Agency) (*astric.*) (Am.), Ente progetti ricerche spaziali.

"ARPANET" (Advanced Research Project Agency NETwork) (*comp.*), rete di calcolatori dell'ente progetti ricerche di avanguardia.

"ARQ", *see* automatic repeat request.

"ARR" (Alkaline Rust Remover) (*chem.*), eliminatore alcalino della ruggine.

arrange (to) (to put in order), ordinare, mettere in ordine. **2.** ~ (to settle), disporre, sistemare. **3.** ~ (to determine), stabilire. **4.** ~ in sequence (*comp.*), disporre in sequenza.

arrangement (*comm.*), transazione. **2.** ~ (disposition) (*gen.*), disposizione. **3.** ~ (preparation) (*gen.*), preparazione. **4.** ~ (*math.*), permutazione. **5.** anti-inductive ~ (against disturbances) (*electrotel.*), dispositivo antinduttivo.

arrastra (rough stone mill) (*min.*), mulino polverizzatore.

array (ordered arrangement) (*gen.*), disposizione ordinata. **2.** ~ (a grouping of items arranged in ordered and regular way: as in table form) (*comp.*), insieme tabellabile. **3.** ~ (table consisting of a group of structured variables) (*comp.*), tabella di dati strutturati (o di struttura dei dati). **4.** ~ processor, *see* multiprocessor. **5.** antenna ~ (*tlcm.*), cortina di antenne. **6.** arithmetic ~ (set of arithmetic data) (*comp.*), insieme aritmetico strutturato. **7.** broadside ~ (of antenna) (*radio*), rete a radiazione trasversale. **8.** colinear ~ (as of antenna) (*radio - gen.*), insieme allineato, schiera, fila. **9.** gate ~ (integrated circuit having many logic ~ ready on the chip) (*comp.*), insieme di porte logiche, gate array.

array (to) (to put in order) (*gen.*), schierare, ordinare, allineare.

arrears (as of pay) (*adm.*), arretrati.

arrest (*mech.*), fermo. **2.** ~ (*milit.*), arresti. **3.** ~ in quarters (for officers) (*milit.*), arresti semplici. **4.** ~ in quarters (for soldiers) (*milit.*), consegna. **5.** closed ~ (*milit.*), arresti di rigore. **6.** open ~ (*milit.*), arresti semplici. **7.** to place under ~ (*milit.*), porre agli arresti.

arrest (to) (*mech.*), fermare.

arrester (*elect. device*), scaricatore. **2.** ~ gear (on the deck of an aircraft carrier, for arresting carrier-based airplanes) (*navy*), dispositivo di arresto all'appontaggio. **3.** ~ hook (of a carrier-based airplane) (*navy*), gancio di appontaggio, gancio di arresto all'appontaggio. **4.** horn gap ~ (*elect. device*), scaricatore a corna. **5.** lightning ~ (*radio - elect.*) (Am.), scaricatore per sovratensioni di carattere atmosferico. **6.** soot ~ (soot catcher) (*comb. app.*), fermafuliggine, separatore di fuliggine.

"arrgt", *see* arrangement.

arriccio (rough first coat of plaster) (*mas.*), arriccio.

arris (as in moldings) (*arch.*), spigolo. **2.** ~ gutter (*bldg.*), doccia a V.

arrival, arrivo. **2.** ~ note (receival note: for goods) (*comm. - ind.*), bolla di arrivo. **3.** ~ time (time at which an aircraft touches down) (*aer.*), arrivo. **4.** actual ~ time (actual time of arrival) (*aer. - etc.*), ora effettiva di arrivo. **5.** time of ~ (of a train) (*railw.*), ora di arrivo. **6.** train ~ (*railw.*), arrivo di un treno.

"ARRL" (American Radio Relay League) (*radio*), Associazione Radioamatori Americani.

arrow (as a road traffic signal) (*road traff. impl.*),

freccia. **2.** ~ wing (backswept wing) (*aer.*), ala a freccia.
"ARS" (asbestos roof shingle) (*build.*), tegola di copertura in amianto.
arsenal (factory for making arms and military equipment), arsenale.
arsenate (*chem.*), arseniato.
arsenic (As - *chem.*), arsenico. **2.** ~ trisulphide (As_2 S_3) (*chem. - min.*), trisolfuro d'arsenico, orpimento.
arsenical (*a. - chem.*), arsenicale. **2.** ~ papers (*paper mfg.*), carte arsenicali.
arsenide (*chem.*), arseniuro.
arsenious (*a. - chem.*), arsenioso.
arsenite (*chem.*), arsenito.
arsenopyrite (*min.*), arsenopirite.
arsine (As H_3) (*chem.*), arsina.
arson (*law*), incendio doloso.
art (*gen.*), arte. **2.** ~ department (*adver.*), studio artistico. **3.** ~ paper (coated paper) (*paper mfg.*), carta patinata. **4.** ~ supervisor (*m. pict.*), direttore artistico. **5.** fine arts, belle arti.
"art" (article: as of a contract) (*law - comm.*), articolo, clausola. **2.** ~, *see also* artificial.
"ARTC" (Aircraft Research and Testing Committee) (*aer.*), Comitato Prove e Ricerche Aeronautiche.
artery (*gen.*), arteria.
artesian (*hydr.*), artesiano. **2.** ~ well (*geol.*), pozzo artesiano.
artiad (element having even atomic n.) (*chem.*), elemento con numero atomico pari.
artic (articulated lorry: tractor and semitrailer) (*aut.*), autoarticolato.
article (*ind.*), articolo. **2.** ~ (as of a contract) (*law - comm.*), clausola. **3.** ~ (as for a newspaper) (*journ.*), articolo. **4.** advertising ~ (*journ.*), articolo pubblicitario. **5.** leading ~ (leader) (*journ.*), articolo di fondo. **6.** manufactured ~ (*ind.*), manufatto. **7.** memorandum and articles of association (of a company) (*law - comm.*) (Brit.), statuto.
articles of association (a written agreement of a number of persons associated for carrying on a joint undertaking) (*law - comm.*), atto di costituzione (di una società). **2.** ~ (a written document containing the regulations of a Joint Stock Company) (*law - comm.*) (Brit.), regolamento interno (di una società).
articulate (to) (*mech. - etc.*), articolare.
articulated (*a. - gen.*), articolato. **2.** ~ blade (*aer.*), pala articolata. **3.** ~ car (*railw.*), carrozza articolata. **4.** ~ joint (*mech.*), snodo. **5.** ~ lever (*mech.*), braccio snodato.
articulation (*gen.*), articolazione. **2.** (*mech.*), snodo. **3.** ~ (*acous.*), articolazione, intelligibilità. **4.** ~ (capability of giving good voice transmission) (*tlcm.*), nitidezza, intelligibilità. **5.** ~ index (*acous.*), indice di intelligibilità. **6.** double ~ arch (*constr. theor.*), arco a due cerniere.
artifice (trickery) (*gen.*), trucco. **2.** ~ (little invention) (*gen.*), artifizio.
artificer (skilled in the preparation of shells, fuses etc.) (*milit.*), artificiere.
artificial, artificiale. **2.** ~ ear (*electroacous. instr.*), orecchio artificiale. **3.** ~ horizon (*aer. instr.*), orizzonte artificiale. **4.** ~ intelligence, "AI" (pertaining to a mach.) (*elics. - comp.*), intelligenza artificiale. **5.** ~ light (for illuminating a subject to be photographed) (*phot.*), luce artificiale. **6.** ~ marble (*mas.*), marmo artificiale. **7.** ~ parchment (greaseproof parchment, imitation parchment) (*paper mfg.*), carta pergamenata, pergamena vegetale, cartapecora vegetale. **8.** ~ stone (*mas.*), pietra artificiale.
artillery, artiglieria. **2.** ~ battery (*artillery*), batteria di artiglieria. **3.** ~ preparation (fire action) (*milit.*), preparazione d'artiglieria. **4.** ~ wheel (*aut.*), ruota a disco fenestrata, ruota a disco con feritoie. **5.** antiaircraft ~ (*milit.*), artiglieria contraerea. **6.** antitank ~ (*milit.*), artiglieria anticarro. **7.** armored ~ (*milit.*), artiglieria corazzata. **8.** army ~ (*milit.*), artiglieria d'armata. **9.** coast ~ (*milit.*), artiglieria costiera. **10.** corps ~ (*milit.*), artiglieria di corpo d'armata. **11.** divisional ~ (*milit.*), artiglieria divisionale. **12.** field ~ (*milit.*), artiglieria da campagna. **13.** fixed ~ (*milit.*), artiglieria da posizione. **14.** heavy ~ (*milit.*), artiglieria pesante. **15.** heavy field ~ (*milit.*), artiglieria pesante campale. **16.** horse-drawn ~ (*milit.*), artiglieria ippotrainata. **17.** light ~ (*milit.*), artiglieria leggera. **18.** mechanized ~ (truckdrawn artillery) (*milit.*), artiglieria autotrainata. **19.** mountain ~ (*milit.*), artiglieria da montagna. **20.** ordnance depot for ~ (*milit.*), deposito centrale di artiglieria. **21.** ordnance field workshop for ~ (*milit.*), officina mobile di artiglieria. **22.** pack ~ (*milit.*), artiglieria someggiata. **23.** railway ~ (*milit.*), artiglieria su carri ferroviari. **24.** self-propelled ~ (*milit.*), artiglieria semovente. **25.** siege ~ (*milit.*), artiglieria da fortezza, artiglieria di medio calibro. **26.** truck-drawn ~ (*milit.*), artiglieria autotrainata.
artisan (*work.*), artigiano.
artist (*gen.*), artista. **2.** crowd ~ (*m. pict.*), comparsa. **3.** technical ~ (of publicity or technical publication office) (*ind.*), artista tecnico.
artistic (*gen.*), artistico.
"arty" (artillery) (*milit.*), artiglieria. **2.** ~ units (*milit.*), unità di artiglieria.
"ARU" (Audio Response Unit) (*comp.*), unità a risposta audio.
"ARUS" (Autonomous Robot for Underwater Survey: for exploration of sea depths) (*sub. inspection*), robot autonomo di ricognizione del fondo marino.
"arv" (to arrive) (*gen.*), arrivare.
aryl (radical) (*chem.*), arile.
"AS", *see* air speed, antisubmarine.
As (arsenicum) (*chem.*), arsenico.
"as" (air speed) (*aer.*), velocità relativa. **2.** ~ (Au-

stralian Standard) (*technol.*), norma australiana. **3.** ~ (antisubmarine) (*navy*), antisommergibile. **4.** ~ (Aeronautical Standard) (*aer.*), norma aeronautica. **5.** ~ (airscoop: as of an eng.) (*eng.*), presa d'aria dinamica. **6.** ~ (automatic sprinkler: as in fire extinguishing plants) (*antifire*), nebulizzatore automatico. **7.** ~ (at sight) (*comm.*), a vista.

ASA (American Standards Association: as for the sensitivity measure of the phot. materials) (*phot. - etc.*), ASA. **2.** ~ (American Statistical Association) (*stat.*), Associazione Americana di Statistica.

"ASAP" (As Soon As Possible) (*gen.*), al più presto possibile.

asbestos (min. containing: Mg, Ca, Si, O, H) (*min.*), amianto, asbesto. **2.** ~ board (*ind.*), cartone di amianto. **3.** ~ cement (*bldg.*), cemento amianto. **4.** ~ cement pipes (*bldg.*), tubi di fibrocemento (o di "Eternit"). **5.** ~ cement roofing (*bldg.*), lastre (di copertura) di fibrocemento (o di "Eternit"). **6.** ~ curtain (*theater bldg.*), sipario antincendio. **7.** ~ felt (*text. ind.*), feltro d'amianto. **8.** ~ lumber (*bldg.*), rivestimento di fibrocemento. **9.** ~ papers (*paper*), carta e cartone di amianto. **10.** serpentine ~ (*min.*), serpentino amiantifero. **11.** vulcanized ~ (*ind.*), amianto vulcanizzato.

asbestosis (disease caused by inhalation of asbestos particles) (*ind. - med.*), asbestosi, silicosi dovuta all'asbesto.

asbestus, *see* asbestos.

"ASCAP" (American Society of Composers, Authors and Publishers) (*press - etc.*), Società Americana Autori ed Editori.

"ASCE" (American Society of Civil Engineers) (*bldg.*), Società Americana Ingegneri Civili.

ascend (to), innalzarsi, salire.

ascender (part of a letter that is higher than x: as d, b etc.) (*n. - typ.*), tratto (di lettera) ascendente.

ascenders (ascending letters, as b, d, f etc.) (*typ.*), lettere ascendenti.

ascending (rising) (*a. - gen.*), ascendente.

ascension (as of a baloon) (*aer.*), ascensione. **2.** right ~ (of a star) (*astron.*), ascensione retta.

ascensor (steep funicular railway) (*railw.*), funicolare estremamente ripida.

ascent (*gen.*), ascesa. **2.** ~ (*aer.*), ascensione. **3.** ~ (of a mountain) (*sport*), ascensione. **4.** ~ (coming out from a mine) (*min. - etc.*), risalita. **5.** balloon ~ (*aer.*), ascensione del pallone.

"ASCII" (American Standard Code for Information Interchange) (*information*), codice standard americano per l'interscambio di informazioni.

A-scope (radarscope indicating the range of the target) (*aer. - radio*), schermo radar che rileva la distanza.

ascorbic acid (vitamin C) (*pharm.*), acido ascorbico.

"ASD" (automatic star delta, as of a starter for three-phase mot.) (*a. - elect.*), stella-triangolo automatico.

"asdic" (antisubmarine detection investigation committee) (*naut. instr.*) (Brit.), ecogoniometro, apparecchio per localizzare oggetti sommersi (mine subacquee ecc.). **2.** ~ (antisubmarine detection investigation), *see also* sonar.

"ASEA" (American Society of Engineers and Architects) (*bldg.*), Società Americana Ingegneri ed Architetti.

aseismatic (*a. - bldg.*), antisismico. **2.** ~ construction (*bldg.*), costruzione antisismica.

aseismic (as of a region) (*a. - geol.*), asismico.

asepsis (*med.*), asepsi.

ash (*wood*), frassino. **2.** ~ (as of burned coal), cenere. **3.** ~ can (Am.), pattumiera. **4.** ~ can (depth charge) (*navy*) (Am. coll.), bomba di profondità. **5.** ~ cone (of vulcanic ash) (*geol.*), cono (eruttivo) di cenere vulcanica. **6.** ~ content (as of coal) (*chem.*), contenuto in ceneri, tenore di ceneri. **7.** ~ dump (for a fireplace) (*mas.*), scarico della cenere. **8.** ~ ejector (*boil.*), eiettore delle ceneri. **9.** ~ hopper (of a boil.), tramoggia delle ceneri. **10.** ~ oven, *see* ash furnace. **11.** ~ pan (as of a boil. firebox), ceneraio. **12.** ~ percentage (as of coal) (*chem.*), percentuale di ceneri. **13.** ~ pit (as of a boil. firebox), ceneraio. **14.** ~ precipitator (*chem. phys.*), precipitatore delle ceneri. **15.** ~ receptacle (for collecting tobacco ash, as in sleeping cars) (*railw. - etc.*), portacenere. **16.** ~ room (as of a boiler), camera delle ceneri, ceneraio. **17.** ~ shoot (*boil.*), condotto per le ceneri. **18.** ~ tray (receptacle for tobacco ashes) (*aut. - railw. - aer. - etc.*), portacenere. **19.** adventitious ~ (incombustible materials in coal, such as shale, clay, dirt etc.) (*coal ind.*), incombustibili (*s.*). **20.** fly ~ (for pattern) (*found.*), cenere ventilata, cenerino, cenere impalpabile. **21.** volcanic ~ (*geol.*), cenere vulcanica.

A - shelter (antiatomic shelter) (*bldg.*), rifugio antiatomico.

ashipboard (on shipboard) (*adv. - naut.*), a bordo.

ashlar (*bldg. - arch.*), pietra tagliata, concio. **2.** ~ construction (*arch.*), costruzione in pietra da taglio. **3.** rusticated ~ (*arch.*) (Brit.), bugna, pietra bugnata.

ashler, *see* ashlar.

ashore (on land) (*a. - naut.*), a terra. **2.** ~ (aground) (*naut.*), arenato, a terra. **3.** to go ~ (*naut.*), sbarcare. **4.** to run ~ (*naut.*), dare in secco.

ashpan (*firebox*), cenerario amovibile.

ashpit (of a firebox or fireplace) (*bldg.*), cenerario.

"ASHVE" (American Society of Heating and Ventilating Engineers) (*bldg.*), Associazione Americana Tecnici Riscaldamento Ventilazione.

"ASI" (air speed indicator) (*aer.*), anemometro.

askew (*a. - adv. - gen.*), di traverso, di sbieco, obliquamente.

ask for bids (*comm.*), concorso d'appalto, bando di gara.

"ASLE" (American Society of Lubrication Engineers) (*technol.*), Associazione Americana dei Tecnici della Lubrificazione.

"ASM" (air-to-surface missile) (*rckt.*), missile aria-superficie. **2.** ~ (American Society for Metals) (*metall.*), Associazione Metallurgica Americana.
"ASME" (American Society of Mechanical Engineers) (*ind.*), Associazione americana dei tecnici meccanici.
"ASMI" (aerodrome surface movement indicator) (*aer.*), indicatore (radar) di movimento dell'area aeroportuale.
"ASO" (Aviation Supply Office) (*comm. - aer.*), ufficio acquisti dell'aviazione.
aspect (*gen.*), aspetto. **2.** ~ ratio (of an airfoil) (*aer.*), allungamento, rapporto tra la lunghezza e la larghezza. **3.** ~ ratio (of a cross section as of an air duct) (*meas.*), rapporto fra altezza e larghezza. **4.** ~ ratio (*telev.*), rapporto tra la larghezza e l'altezza (dell'immagine). **5.** ~ ratio (rate of length to diameter: as of a rocket combustion chamber) (*rckt.*), rapporto profondità/diametro. **6.** economic ~ (*gen.*), aspetto economico.
aspen (*wood*), pioppo tremulo.
"asph" (asphalt) (*bldg.*), asfalto.
asphalt (*n. - min.*), asfalto. **2.** ~ (*a. - bldg. - road*), asfaltato. **3.** ~ applied by melting (*road*), asfalto colato. **4.** ~ cement (refined asphalt; pure bitumen) (*road constr.*), bitume puro. **5.** ~ covering (*mas. - road*), asfaltatura. **6.** ~ plant (*civ. eng.*), impianto per la produzione dell'asfalto. **7.** ~ powder (as for road, build etc.), asfalto in polvere. **8.** ~ tiles (as for road), mattonelle di asfalto. **9.** ~ with imbedded gravel facing (*road*), pavimentazione a penetrazione. **10.** artificial ~ (*road paving*), asfalto artificiale. **11.** compressed ~ (*road paving*), asfalto compresso. **12.** compressed rock ~ (*road paving*), roccia asfaltica compressa. **13.** mastic ~ (*road paving*), mastice d'asfalto.
asphalt (to) (*road - bldg.*), asfaltare.
asphalted (*a. - road paving*), asfaltato.
asphaltene (pure asphalt insoluble in petrol) (*chem. ind.*), asfaltene, asfalto duro.
asphalter (*work.*), asfaltatore.
asphaltic, asfaltico, di asfalto. **2.** ~ binder (for mortars) (*bldg.*), legante asfaltico. **3.** ~ bitumen (*road*), bitume asfaltico. **4.** ~ cement (bitumen used for binding aggregate) (*road paving*), legante bituminoso. **5.** ~ felt (rag felt: paper impregnated with asphalt or tar pitch: for waterproofing roofs) (*bldg.*), cartone catramato.
asphaltite (natural asphalt or bitumen) (*geol.*), bitume naturale.
asphaltum, *see* asphalt.
aspheric (*a. - opt.*), asferico.
asphericity (*geophys.*), asfericità.
asphyxia (*med.*), asfissia.
aspirate (to) (to draw by suction) (*mech. - pip.*), aspirare.
aspirating stroke, *see* suction stroke.
aspirator (*mach.*), aspiratore. **2.** ~ (*med. instr.*), aspiratore. **3.** centrifugal ~ (*mach.*), aspiratore centrifugo. **4.** vane ~ (*mach.*), aspiratore a pale.
"ASPR" (Armed Service Procurement Regulations) (*milit. - comm.*), Regolamento del Servizio Acquisti delle Forze Armate.
"ASQC" (American Society for Quality Control) (*technol.*), Società Americana Controllo di Qualità.
"ASR" (Airport Surveillance Radar) (*aer. - radar*), radar di sorveglianza aeroportuale. **2.** ~ (Automatic Send and Receive) (*tlcm.*), ricetrasmettitore automatico.
"ASRE" (American Society of Refrigerating Engineers) (*cold ind.*), Associazione Americana dei Tecnici dell'Industria del Freddo.
"ASROC" (Anti Submarine ROCket: solid propellant torpedo) (*navy*), siluro antisom a propellente solido.
"ass", *see* assembly, association.
assault (*milit.*), assalto. **2.** ~ troops (*milit.*), truppe d'assalto. **3.** ~ units (*milit.*), mezzi d'assalto. **4.** main ~ (*milit.*), assalto principale.
assay (test) (*gen.*), prova. **2.** ~ (analysis) (*chem.*), analisi. **3.** ~ (as of ore or gold alloy) (*chem.*), assaggio. **4.** fire ~ (*chem. - metall.*), analisi per via secca.
assay (to) (to make tests to analyze) (*gen.*), sperimentare, saggiare.
assaying, *see* assay.
assemblage (a family of mathematical numbers, curves etc. satisfying the same given conditions) (*math.*), famiglia, classe, assieme.
assemble (to) (to collect), radunare. **2.** ~ (to fit parts together) (*mech.*), montare. **3.** ~ a rifle (*milit.*), montare un fucile.
assembler (*print.*), raccoglitore. **2.** ~ (*mech.*), montatore. **3.** ~ (a comp. program translating its coded instructions into the corresponding ones in mach. language) (*comp.*), assemblatore. **4.** one-to-one ~ (*comp.*), assemblatore uno ad uno.
assembling (*mech.*), montaggio. **2.** ~ (as of an aut., airplane etc.) (*ind.*), montaggio, assemblaggio. **3.** ~ (of cores) (*found.*), ramolaggio. **4.** ~ bay (*mech.*), reparto montaggio. **5.** ~ line (*mech.*), linea di montaggio. **6.** ~ machine (*mach.*), macchina per il montaggio. **7.** ~ shop (*mech.*), officina montaggio.
assembly (unit) (*n. - gen.*), complesso, assieme, gruppo. **2.** ~ (collection of assembled parts: as of aut.) (*mech.*), complessivo, insieme. **3.** ~ (as of mach. or engines) (*mech.*), montaggio. **4.** ~ (of mech. parts forming a unit: as of a fuel pump) (*mech.*), gruppo. **5.** ~ (manufacturing stage of a tire before the cure) (*rubb. ind.*), confezione. **6.** ~ (automatic translation from symbolic code to mach. language) (*comp.*), assemblaggio. **7.** ~ bay (*mech.*), reparto di montaggio. **8.** ~ drawing (*draw.*), complessivo, disegno complessivo. **9.** ~ language (*comp.*), linguaggio assemblatore. **10.** ~ line (*mech.*), linea di montaggio. **11.** ~ list (printed sheet for assembly procedure) (*comp.*), lista di assemblaggio. **12.** ~ machine (*mach. t.*), assem-

blatrice, macchina per montaggio. **13.** ~ program (assembler) (*comp.*), assemblatore, programma di assemblaggio. **14.** ~ unit (automated device) (*comp.*), unità di assemblaggio. **15.** critical ~ (of a nuclear reactor) (*atom phys.*), complesso critico. **16.** mechanized ~ (*mech.*), montaggio meccanizzato, assemblaggio meccanizzato. **17.** side-by-side ~ (of connecting rods) (*aer. mot.*), complesso bielle affiancate. **18.** slipper-type ~ (of connecting rods) (*aer. mot.*), complesso bielle a pattino. **19.** subcritical ~ (*atom phys.*), complesso subcritico.

assess (to) (to impose taxes or a fine) (*law*), tassare, multare. **2.** ~ (to make a valuation) (*gen.*), valutare, stimare.

assessment (apportionment) (*finan.*), ripartizione. **2.** ~ (valuation) (*econ.*), valutazione, stima.

assessor (of an insurance company: insurance adjuster) (*pers.*) (Brit.), perito.

assets (*comm.*), disponibilità finanziaria. **2.** ~ (*accounting*), attività, capitale. **3.** cash ~ (*accounting*), depositi in cassa. **4.** current ~, *see* liquid assets. **5.** fixed ~ (as machinery, buildings etc.) (*adm. - accounting*), beni patrimoniali, attività fisse. **6.** floating ~, *see* liquid assets. **7.** frozen ~ (assets not convertible in money without heavy losses) (*finan. - adm.*), capitali bloccati. **8.** intangible ~ (as goodwill, patents etc.) (*accounting*), attività invisibili. **9.** liquid ~ (*accounting*), capitale circolante, liquidità. **10.** permanent ~, *see* fixed assets. **11.** quick ~ (cash, accounts receivable and other current assets) (*accounting*), cassa, crediti ed altre liquidità.

assign (to) (to allot), assegnare. **2.** ~ (a person to a given job), assegnare. **3.** ~ (as a value to a variable, a resource etc.) (*comp.*), assegnare.

assigned, assegnato.

assignee (*gen.*), assegnatario.

assignment assegnazione. **2.** ~ (task), compito, incarico. **3.** ~ (*law*), cessione. **4.** ~ (the attribution of a value to a variable or the allocation of a resource) (*comp.*), assegnazione, assegnamento, attribuzione.

assist (mechanism giving assistance: as to the pilot) (*n. - aer.*), servocomando. **2.** ~ (device giving assistance) (*n. - mech.*), servo, servocomando.

assistant (as of university) (*school*), assistente. **2.** ~ director (of a film) (*m. pict.*), aiuto regista. **3.** ~ director (of a factory) (*ind.*), vice direttore. **4.** ~ foreman (in a factory) (*ind. pers.*), assistente. **5.** ~ recordist (*m. pict.*), aiuto fonico. **6.** ~ sales manager (*company management*), vice direttore vendite. **7.** chief foreman's ~ (invested of authority on shop workers) (*factory pers.*), assistente del capo officina. **8.** mercerizing ~ (substance promoting mercerization) (*text.*), agente mercerizzante.

assisted (as flight) (*a. - gen.*), assistito.

"assister" (*aer.*), see autopilot.

"ASSN" (Association) (*law*), Associazione.

association (*comm.*), associazione, consorzio. **2.** ~ (as of ideas) (*psychol.*), associazione (d'idee). **3.** ~ football (*sport*) (Am.), gioco del calcio. **4.** articles of ~ (a written agreement of a number of persons associated for carrying on a joint undertaking) (*law - comm.*) (Am.), atto di costituzione (di una società). **5.** articles of ~ (a written document containing the regulations of a Joint Stock Company) (*law - comm.*), (Brit.), regolamento interno (di una società). **6.** employer's ~ (organization of owners of companies) (*ind. - organ.*), associazione (degli) industriali. **7.** memorandum and articles of ~ (*law - comm.*) (Brit.), statuto. **8.** memorandum of ~ (of an enterprise) (*adm. - law*) (Brit.), atto costitutivo. **9.** nonprofit ~ (*law*), associazione senza scopi di lucro.

associative (*a. - math. - comp. - etc.*), associativo. **2.** ~ addressing (*comp.*), indirizzamento associativo.

assortment, assortimento.

"ASST" (American Society for Steel Treating) (*metall.*), Associazione Americana per il Trattamento dell'Acciaio.

assume (to) (to take upon oneself, as the debts of somebody) (*finan. - etc.*), assumersi, accollarsi.

assumed decimal point (*comp.*), punto (o virgola) decimale assunto (o presunto o virtuale).

assumption (supposition) (*gen.*), supposizione. **2.** ~ (postulate) (*gen.*), postulato. **3.** under the ~ that (taking for granted that) (*gen.*), premesso che.

assurance (*gen.*), assicurazione. **2.** ~, *see also* insurance.

assure (to) (*gen.*), assicurare.

assured (a person who is insured) (*n. - insurance*), assicurato.

ASSY (*milit.*), *see* assembly.

astable (not stable: as of a circuit or of a multivibrator) (*a. - elics.*), astabile.

astatic (*a. - phys.*), astatico. **2.** ~ apparatus (*phys. instr.*), apparecchio astatico. **3.** ~ system (*phys. instr.*), see astatic apparatus.

astatine, alabamine (radioactive element N. 85, atomic weight 210) (At - *chem.*), astato.

astatism (*phys.*), astaticità.

astatize (to) (to make astatic) (*phys.*), astatizzare.

astatization (*phys.*), astatizzazione.

"ASTE" (American Society of Tools Engineers) (*t.*), Associazione Americana Fabbricanti di Utensili.

asterisk (*print.*), asterisco.

asterisk (to) (to star) (*typ. - etc.*), "asteriscare", segnare con asterisco.

asterism (small group of stars) (*astr.*), asterismo. **2.** ~ (constellation) (*astr.*), costellazione. **3.** ~ (group of three asterisks *** *) (*print.*), gruppo di tre asterischi ****. **4.** ~ (optical property of crystals) (*min.*), asterismo.

astern (motion) (*naut.*), indietro. **2.** ~ (position) (*a. - naut.*), di poppa, poppiero. **3.** ~ movement (*naut.*), marcia indietro. **4.** full ~ (movement) (*naut.*), indietro a tutta forza. **5.** half speed ~

(movement) (*naut.*), indietro a mezza forza. **6.** slow speed ~ (movement) (*naut.*), indietro adagio.
asteroid (*astr.*), asteroide.
asthenosphere (*geophys.*), astenosfera.
astigmatic (*a. - opt.*), astigmatico.
astigmatism (*opt.*), astigmatismo.
"ASTM" (American Society for Testing Materials) (*mech. technol.*), Associazione americana per le prove dei materiali.
"ASTME" (American Society of Tool and Manufacturing Engineers) (*ind.*), Società Americana Tecnici Attrezzature e Fabbricazioni.
aston dark space, *see* cathode dark space.
astoop (tilted) (*a. - gen.*), inclinato.
astragal (*arch.*), astragalo.
astride (*a. - gen.*), a cavalcioni di, a cavallo di.
astrionics (elics. applied to astric.) (*astric. - elics.*), elettronica aerospaziale.
astrobiologist (*astric. - biol.*) (Brit.), studioso della vita sugli astri.
astrobiology, *see* exobiology.
astrobleme (*astron. - geol.*), impronta lasciata sulla terra dalla caduta di un meteorite.
astrochemistry (*astric. - chem.*), astrochimica.
astrocompass (for use when nearing the magnetic poles by sea) (*naut. instr.*), astrobussola.
astrodome (transparent dome on the upper part of the craft: for navigator's celestial observations) (*air navig.*), cupola per rilevamenti astronomici.
astrodynamics (*astric. - mech.*), astrodinamica.
astrogate (to) (to guide a spacecraft in interplanetary flight) (*astric.*), guidare astronavi in voli interplanetari.
astrogation (space navigation) (*astric.*), navigazione spaziale.
astrogator (spacecraft pilot) (*astric.*), navigatore interplanetario.
astrogeology (*astron. - geol.*), astrogeologia.
astrolabe (*ancient astr. instr.*), astrolabio.
astronaut (*astric.*), astronauta.
astronautics (*interplanetary traveling sc.*), astronautica.
astronavigation (*navig.*), navigazione astronomica.
astronomer, astronomo.
astronomical (*a. - astr.*), astronomico. **2.** ~ coordinate, *see* celestial coordinate. **3.** ~ ephemeris (*astron.*), effemeridi astronomiche. **4.** ~ observation, osservazione astronomica. **5.** ~ station (*geod. - astr.*), stazione astronomica. **6.** ~ unit (average distance from the centre of the Sun to the centre of the Earth) (*astron. - space - meas.*), unità astronomica (pari a circa 150 × 10^6 km).
astronomy, astronomia. **2.** gamma-ray ~ (*astron.*), astronomia basata sulla rilevazione dei raggi gamma. **3.** gravitational ~ (*astr.*), see celestial mechanics.
astrophotography (*astr. phot.*), astrofotografia.
astrophotometer (*astr. - instr.*), astrofotometro.
astrophysics, astrofisica.
astrospectroscope (*astr. instr.*), astrospettroscopio.
astylar (without columns) (*a. - arch.*), astilo.
"ASU" (altitude sensing unit) (*astr. - geogr.*), unità sensibile alla quota.
A-submarine (atom-powered submarine) (*navy*), sottomarino atomico.
asunder (*adv. - gen.*), in diverse parti (o pezzi). **2.** ~ (*a. - gen.*), separato.
"asw" (anti-submarine warfare) (*milit.*) guerra antisommergibili.
as-welded (without any thermal or chem. treatment after welding) (*mech. technol.*), senza alcun trattamento dopo saldatura, grezzo di saldatura.
asymmetric, asimmetrico. **2.** ~ lens (*opt.*), obiettivo asimmetrico. **3.** ~ thread (for screws) (*mech.*), filetto asimmetrico.
asymmetry, asimmetria.
asymptote (*geom.*), asintoto.
asymptotic (*geom.*), asintotico.
asynchronism (*m. pict. - etc.*), asincronismo.
asynchronous (*a.*), asincrono. **2.** ~ (an operation or transmission having a way of working not depending on timing signals) (*a. - comp.*), asincrono. **3.** ~ alternator (*elect. mach.*), alternatore asincrono. **4.** ~ machine (*elect. mach.*), macchina asincrona. **5.** ~ motor (*elect. mot.*), motore asincrono. **6.** ~ vibrator (*elect.*), vibratore asincrono. **7.** ~ working (made by independent timing) (*comp.*), elaborazione asincrona.
asyndetic (having omitted the conjunctions) (*a. - comp.*), asindetico.
"AT" (angle template) (*mech. - technol.*), angolare per tracciatura. **2.** ~ (antitank) (*milit.*), anticarro. **3.** ~ (advanced trainer) (*air force*), velivolo per addestramento secondo periodo. **4.** ~ (ampere turns) (*elect.*), amperspire. **5.** ~ (anti-torpedo) (*expl. - navy*), antisiluro.
At (astatine) (*chem.*), astato.
"at" (atomic) (*phys. - chem.*), atomico. **2.** ~ (airtight) (*app. - etc.*), a tenuta d'aria. **3.** ~, *see also* atmosphere, atmospheric.
"ATA" (actual time of arrival) (*aer.*), ora effettiva di arrivo. **2.** ~ (American Transport Association) (*transp.*), Associazione Americana Trasporti.
ataunt (fully rigged: as of a sailship) (*naut.*), completamente attrezzato.
AT & T (American Telephone and Telegraph Company) (*teleph. - telegr.*), Compagnia Americana per i Telefoni e Telegrafi.
"ATC" (air traffic control) (*aer.*), controllo traffico aereo. **2.** ~ (aerial tuning condenser) (*radio*), condensatore di sintonia d'antenna. **3.** ~ (after top center, after top dead center) (*mot. - mach.*), dopo il punto morto superiore.
"ATCA" (Air Traffic Control Association) (*aer.*), Associazione per il Controllo del Traffico Aereo.
at ease! (*milit.*), riposo!
at grass (opencast) (*min.*), a giorno, alla superficie.
athermanous (not transmitting radiant heat) (*a. -*

therm.), atermàno, adiatermano, opaco alle radiazioni calorifiche.

athermic (*a. - therm.*), senza calore, "atermico".

athodyd (a type of ramjet engine) (*aer. - mot.*), tipo di autoreattore, "atodite".

athwart (from side to side) (*adv. - gen.*), trasversalmente. **2.** ~ (*adv. - naut.*), al traverso (di), per madiere.

athwartship (*adv. - naut.*), trasversalmente allo scafo, per madiere. **2.** ~ (*a. - naut.*), trasversale. **3.** ~ bulkhead (*naut.*), paratia trasversale.

athwartships (from side to side across the ship) (*adv. - naut.*), per madiere, da una murata all'altra.

atlas (*geogr.*), atlante. **2.** ~ (standard size of drawing paper: 26 × 34 in) (*paper ind.*), foglio di carta da disegno da 26 × 34 pollici.

"ATLB" (Air Transport Licensing Board) (*air transp.*), Registro Aeronautico dei Trasporti.

"ATM", Automatic Teller Machine (computerized cash dispenser) (*bank*) cassa automatica prelievi, "BANCOMAT".

"atm" (atmosphere) (*geophys.*), atmosfera.

atmometer, *see* evaporimeter.

atmosphere (the air surrounding the earth), atmosfera. **2.** ~ (*pressure meas.*), atmosfera. **3.** controlled ~ (of a furnace) (*heat - treat.*), atmosfera controllata, atmosfera regolata. **4.** inert ~ (*chem.*), atmosfera inerte. **5.** international standard ~ (15°C at sea level, 1013.2 millibars = 760 mm Hg, −56.5°C above 11 km height and lapse rate of 6.5°C per km from sea level up to 11 km. height) (*aer.*), atmosfera tipo internazionale, aria tipo internazionale. **6.** metric ~ (14.225 lbs per sq in), atmosfera metrica, atmosfera tecnica, "at" (1 kg. per cm^2 = 735,5 mm. Hg a 0°C). **7.** prepared ~ (*heat - treat.*), *see* controlled atmosphere. **8.** standard ~ (14.7 lbs per sq in and 0°C temperature) (*phys.*), atmosfera fisica, atm.

atmospheric (*a.*), atmosferico. **2.** ~ absorption (due to ionization of the atmosphere) (*radio*), assorbimento atmosferico. **3.** ~ disturbances (*radio*), disturbi atmosferici, scariche. **4.** ~ pressure (*phys. - meteor. - etc.*), pressione atmosferica. **5.** ~ steam engine (*mach.*), macchina a vapore con scarico nell'atmosfera (senza condensatore).

atmospherics (atmospheric disturbances) (*radio*), disturbi atmosferici, scariche.

atmospherium (for projecting images of meteor. events) (*meteor. instr.*), visualizzatore ottico di fenomeni atmosferici.

"atm press" (short for atmospheric pressure) (*phys.*), pressione atmosferica.

"at no" (atomic number) (*chem.*), numero atomico.

atoll (*geogr.*), atollo.

atom (*phys. chem.*), atomo. **2.** ~ bomb (*expl.*), bomba atomica. **3.** ~ smasher (*atom phys.*), frantumatore dell'atomo. **4.** ~ smasher, *see* accelerator 3 ~. **5.** gram ~ (*chem.*), grammo atomo. **6.** infrangibile ~ (not fissionable atom) (*phys.*), atomo non fissile. **7.** stripped ~ (with less electrons than protons) (*atom phys.*), atomo ionizzato. **8.** tracing ~ (pilot atom) (*atom phys.*), atomo pilota.

atom-bomb (to) (to attack with atom bombs) (*milit.*), bombardare con bombe atomiche, attaccare con bombe atomiche.

atomic (*phys. chem.*), atomico. **2.** ~ armaments (*atom phys.*), armamenti atomici. **3.** ~ blast (*atom bomb - expl.*), esplosione atomica. **4.** ~ bomb (*expl.*), bomba atomica. **5.** ~ cannon (*atom artillery*), cannone atomico. **6.** ~ control (*atom phys.*), controllo atomico. **7.** ~ covolume (*phys. chem.*), covolume. **8.** ~ energy (*atom phys.*), energia atomica. **9.** ~ energy powered ship (*atom phys. ind. application*), nave ad energia atomica. **10.** ~ explosion (*atom milit. application*), esplosione atomica. **11.** ~ furnace, *see* reactor 2 ~. **12.** ~ fusion (nuclear fusion) (*atom phys.*), fusione nucleare. **13.** ~ heat (*chem. phys.*), calore atomico. **14.** ~ mass (*atom phys.*), massa dell'atomo. **15.** ~ model (*chem.*), modello di atomo, schema della struttura dell'atomo, schema della disposizione degli atomi in una molecola. **16.** ~ number (*chem.*), numero atomico. **17.** ~ pile (*atom phys.*), pila atomica. **18.** ~ power (*atom phys.*), energia atomica. **19.** ~-powered submarine (*navy - atom phys.*), sottomarino atomico. **20.** ~ radius (*atom phys.*), raggio atomico. **21.** ~ research (*atom phys.*), ricerche atomiche. **22.** ~ scientist (*atom phys.*), scienziato atomico. **23.** ~ shell (for atomic cannon) (*atom artillery expl.*), proiettile atomico. **24.** ~ sub (*navy*) sottomarino atomico. **25.** ~ theory (*phys. chem.*), teoria atomica. **26.** ~ volume (*chem.*), volume atomico, peso atomico diviso per il peso specifico. **27.** ~ weapon (*milit.*), arma atomica. **28.** ~ weight (*chem.*), peso atomico. **29.** humanitarian applications of ~ energy (*atom phys.*), applicazioni umanitarie dell'energia atomica.

atomical (*phys. - chem.*), atomico.

atomicity (*chem.*), valenza, numero di atomi di una molecola. **2.** ~ (*math.*), atomicità.

atomics (*n. - atom phys.*), scienza atomica.

atomiser, *see* atomizer.

atomistics (*atom phys.*), scienza dell'applicazione (pratica) della energia atomica.

atomization (as in engine carburation) (*phys.*), atomizzazione, polverizzazione.

atomize (to) (*phys. ind.*), atomizzare, polverizzare, nebulizzare.

atomizer (as of a carburetor) (*mech.*), polverizzatore. **2.** ~ (*med. instr.*), atomizzatore. **3.** ~ (of a Diesel engine) (*mot.*), polverizzatore. **4.** ~ (as for disinfecting) (*instr.*), nebulizzatore. **5.** ~ (of an oil burning boiler) (*boil.*), bruciatore. **6.** ~ needle (*mech.*), ago del polverizzatore.

atomizing (*phys.*), polverizzazione. **2.** ~ of the fuel (as by a burner) (*phys. ind.*), polverizzazione del combustibile.

at par (*comm.*), alla pari.

atrip (of an anchor) (*a. - naut.*), appennellata, spedata, che ha lasciato (il fondo).
atrium (*arch.*), atrio. **2.** ~ (a hall covered by skylight in a bldg. of many storeys: as a huge and luxury hotel hall) (*bldg.*), hall monumentale coperta da lucernario.
atropin, atropine ($C_{17}H_{23}NO_3$) (alkaloid) (*chem.*), atropina.
"ATS" (American Tube Size) (outer diameter of a tube), diametro esterno di un tubo. **2.** ~ (Applications Technology Satellite) (*technol. - astric.*), satellite per scopi tecnologici. **3.** ~ (astronomical time switch) (*elect.*), interruttore a tempo astronomico.
at sea (*naut.*), in mare, in navigazione.
at sight (*comm.*), a vista.
attach (to) (to fasten), fissare. **2.** ~ (with adhesive), attaccare. **3.** ~ (to enclose, as to a letter) (*off.*), allegare, accludere. **4.** ~ (to connect: as a peripheral unit) (*comp.*), collegare.
attaché (member of diplomatic staff), addetto. **2.** air ~ (diplomatic staff), addetto aeronautico.
attaching (connection), attacco. **2.** ~ (as of a battery pack on a camcorder unit) (*audiovisuals - etc.*), montaggio. **3.** ~ of additional wagons (*railw.*), attacco di nuovi vagoni. **4.** ~ parts (as of an aer. wing) (Am.) (*mech.*), parti annesse.
attachment (as of a mach.), accessorio di dotazione, strumento di corredo. **2.** ~ (*law*), sequestro. **3.** ~ (connection made by attaching or fastening something) (*gen.*), attacco **4.** ~ base (hardware adapter) (*comp.*), base di collegamento. **5.** ~ plug (flexible conductor provided with lampholder plug), (*elect. impl.*), presa costituita da un attacco a vite per portalampada connessa ad un cordone luce. **6.** ~ plug (flexible conductor [as of an electrodomestic] provided with electric plug) (*elect.*), cordone con spina. **7.** circular milling ~ (as of universal mach. t.) (*mech.*), dispositivo (o piattaforma) rotante per fresatura. **8.** cross-over ~ (of a balloon rigging) (*aer.*), attacco a croce. **9.** gear cutting ~ (as of universal mach. t.) (*mech.*), dispositivo per dentatura di ingranaggi. **10.** high-number indexing ~ (as of universal mach. t.) (*mech.*), disco per divisione sino ad un numero alto. **11.** high-speed universal milling ~ (as of universal mach. t.) (*mech.*), dispositivo (o testa) universale ad alta velocità per fresatura. **12.** hydrocopying ~ (as for a lathe) (*mach. t.*), idrocopia, idrocopiante, dispositivo idraulico a (o per) copiare. **13.** motordriven universal ~ (as of universal mach. t.) (*mech.*), dispositivo (o testa) universale con comando indipendente. **14.** point of ~ (as where the rigging of a balloon is attached to the flying cable) (*aer. - etc.*), punto di attacco. **15.** rack cutting ~ (as of universal mach. t.) (*mech.*), dispositivo per dentare cremagliere. **16.** rack indexing ~ (as of universal mach. t.) (*mech.*), divisore per cremagliere, dispositivo di divisione per cremagliere. **17.** semihigh speed ~ (as of universal mach. t.) (*mech.*), dispositivo (o testa) a media velocità. **18.** slotting ~ (as of universal mach. t.) (*mech.*), dispositivo a stozzare.
attack (*chem.*), attacco. **2.** ~ (*milit.*), attacco. **3.** ~ time (response time, as of a limiter) (*elect.*), tempo di risposta. **4.** ~ time (of an amplifier) (*elect.*), tempo di salita. **5.** ~ transport (*navy*), mezzo trasporto truppe e rifornimenti. **6.** air ~ (*air force*), attacco aereo. **7.** cloud ~ (*milit.*), attacco con cortine fumogene. **8.** enveloping ~ (*milit.*), attacco avvolgente. **9.** flank ~ (*milit.*), attacco sul fianco. **10.** frontal ~ (*milit.*), attacco frontale. **11.** spray ~ (*milit.*), attacco con irrorazione aerochimica.
attack (to) (*chem.*), attaccare. **2.** ~ (*milit.*), attaccare. **3.** ~ (to fit on) (*mech. - etc.*), applicare, annettere.
attain (to) (to reach) (*gen.*), conseguire, raggiungere.
attemperate (to) (to change the temperature) (*therm.*), variare la temperatura.
attemperation (temperature modification) (*therm.*), variazione della temperatura.
attemperator (pipe coil for temperature regulation) (*therm. exchanger*), scambiatore di calore per regolare la temperatura.
attempt (as of sending a rocket to the moon) (*gen.*), tentativo.
attempt (to) (as of sending a rocket to the moon) (*gen.*), tentare.
attend (to) (to look after or watch, as machinery), sorvegliare. **2.** ~ (to take part, as in a conference) (*gen.*), partecipare.
attended (as of a mach. working under watch of personnel) (*a. - mach. - comp. - etc.*), sotto sorveglianza. **2.** ~ operation (under watch of personnel) (*mach. - comp. - etc.*), funzionamento sotto sorveglianza.
attending (looking after) (*gen.*), sorveglianza.
attention (*psychol.*), attenzione. **2.** ~ (*milit.*), attenti. **3.** ~ factor (*adver.*), fattore di richiamo. **4.** ~ Mr. ... (on a letter) (*off.*), alla (cortese) attenzione del Sig. ... **5.** ~ signal (*comp.*), segnale di attenzione. **6.** ~ value (*adver.*), valore di richiamo. **7.** to receive ~ (*gen.*), essere preso in considerazione. **8.** visual ~ (*ind. psychol.*), attenzione visiva.
attenuate (to) (*elect. - phys. - etc.*), attenuare.
attenuation (absorption) (intensity reduction of electromagnetic waves) (*radio*), attenuazione. **2.** ~ (decrease of thickness) (*gen.*), diminuzione di spessore. **3.** ~ (diminution of intensity of a quantity: as of sound, current, voltage, wave etc.) (*phys.*), attenuazione. **4.** ~ box (attenuator) (*elect. device*), attenuatore. **5.** ~ coefficient (*acous. - etc.*), coefficiente di attenuazione. **6.** ~ compensator (*teleph.*), compensatore di attenuazione. **7.** ~ constant (gradual decrease of an alternating current amplitude) (*elect.*), costante di attenuazione. **8.** ~ equalizer (*radio - elect.*), uguagliatore di attenuazione. **9.** ~ loss (*acous. - etc.*), perdita per attenuazione. **10.** ~ range (*radio - elect.*), campo

di attenuazione. **11.** over-all ~ (*radio*), attenuazione globale. **12.** rainfall ~ (*radio*), attenuazione per pioggia.

attenuator (device for reducing the amplitude of an a c wave) (*elect.*), attenuatore, dispositivo di attenuazione. **2.** ~ (signal reduction) (*radio*), attenuatore. **3.** ~ (regulation of sound volume in recording) (*electroacous.*), regolatore di volume.

attest (to) (to legally authenticate a document) (*law - comm.*), autenticare, legalizzare.

attestation (authentication by legal way) (*law - comm.*), autenticazione, legalizzazione.

attic (space immediately below the roof) (*bldg.*), soffitta. **2.** ~ (wall above the main order of the front) (*arch.*), attico. **3.** ~ story (apartment) (*bldg.*), attico, appartamento sull'attico.

attitude (of an aircraft) (*aer.*), assetto. **2.** ~ (*psychol.*), atteggiamento. **3.** ~ angle (sideslip angle, as of a car) (*veh.*), angolo di assetto. **4.** ~ gyro (indicating the plane attitude in respect to the horizontal plane) (*aer. instr.*), indicatore di assetto trasversale. **5.** ~ of flight (*aer.*), assetto di volo. **6.** ~ relative to ground (*aer.*), assetto relativo al suolo. **7.** ~ study (*adver. - psychol.*), studio sulle reazioni (del pubblico). **8.** ~ survey (market research) (*adver. - comm.*), sondaggio di opinione. **9.** gravity-gradient ~ control (*aer. - astric.*), controllo (automatico) dell'assetto a gradiente di gravità. **10.** missile ~ (consisting of roll, yaw and pitch) (*weapon*), assetto del missile.

atto- (10^{-18} part of) (*meas.*), atto.

attorney, procuratore. **2.** ~ at law, avvocato. **3.** ~ general (*law*), procuratore della Repubblica. **4.** defense ~ (*law*), avvocato difensore. **5.** power of ~ (*law*), procura, mandato.

attract (to) (*gen.*), attirare. **2.** ~ (as with electromagnet) (*gen.*), attrarre.

attraction, attrazione. **2.** ~ cone, *see* entrance cone.

attribute (unmeasurable feature of a workpiece as regard to inspection judgment) (*mech. technol.*), attributo. **2.** ~ (containing a characteristic: as of a variable) (*comp.*), attributo.

attrition (*phys.*), sfregamento, logoramento, attrito. **2.** ~ (normal and natural loss of workers in a factory due to retirement, death etc.) (*pers. organ.*), graduale perdita (o diminuzione) di organico per cause naturali. **3.** ~ mill (as for pulverizing grain) (*ind. mach.*), mulino a dischi controrotanti.

attune (to) (to harmonize) (*mus. harmony*), intonare. **2.** ~ (to tune) (*mus. instr.*), accordare.

"ATV" (all-terrain vehicle, capable of going anywhere, land, snow, sand or water) (*veh.*), veicolo universale.

"at vol" (atomic volume) (*chem.*), volume atomico.

"AT/W" (atomic hydrogen weld) (*mech. technol.*), saldatura in idrogeno nascente.

"at wt" (atomic weight) (*chem.*). peso atomico.

"AT XPL" (atomic explosion) (*atom phys.*), esplosione atomica.

"ATZ" (air traffic zone) (*aer. traffic*), zona di traffico aereo.

"AU" (astronomical unit: average distance from the centre of the Sun to the centre of the Earth) (*astron. - space meas.*), unità astronomica. **2.** ~, *see also* angstrom unit.

auction (*comm.*), asta, incanto. **2.** mock ~ (*comm.*), asta simulata. **3.** sale by ~ (*comm.*), vendita all'asta.

auction (to) (*comm.*), vendere all'asta.

auctioneer (*comm.*), banditore.

"aud" (audible) (*acous.*), udibile.

audibility (*acous.*), udibilità. **2.** ~ meter (instr. meas. the intensity of signals) (*radio*), misuratore di intensità del segnale. **3.** ~ range (*acous.*), campo d'udibilità.

audible (*acous.*), udibile. **2.** ~ alarm (*elics. - comp. - etc.*), segnale acustico.

audience (spectators, as at the television etc.) (*gen.*), pubblico. **2.** ~ analysis (*adver.*), analisi del pubblico. **3.** ~ flow (quantity of spectators watching the television) (*adver. - etc.*), pubblico in ascolto. **4.** ~ research (*adver.*), indagine sul pubblico. **5.** available ~ (hearing the broadcast) (*adver. - etc.*), pubblico in ascolto.

audio (pertaining to the reception, transmission of sound, or to audible sound waves) (*a. - telev. - elect.*), audio. **2.** ~ response terminal (*comp.*), terminale a risposta parlata (o vocale). **3.** ~ response unit, "ARU" (*comp.*), unità a risposta audio (o vocale), dispositivo a risposta parlata. **4.** ~ signal (*acous.*), segnale audio.

audioengineer (*radio - etc.*), tecnico del suono.

audiofrequency (*radio - elect.*), audiofrequenza. **2.** ~ amplifier (*radio*), amplificatore ad audiofrequenza.

audiogram (*acous.*), audiogramma.

audiolingual (*a. - language study*), audiolinguistico, relativo al laboratorio linguistico.

audiometer (*med. instr.*), audiometro. **2.** ~ (*phys. instr.*), audiometro.

audiometric (*acous.*), audiometrico.

audion (three-electrode vacuum tube) (*radio*), audion.

audiophile (*hi-fi hobbyist*), appassionato di elettroacustica di alta fedeltà.

audiotape (*electroacous.*), registrazione acustica su nastro.

audiotyping (*off. work.*), operazione dattilografica effettuata direttamente dal dittafono.

audiotypist (a person typing directly from an audiotape) (*off. pers.*), dattilografo che scrive direttamente da dittafono.

audiovisual (a programme of information as by telev., m. pict., etc.) (*a. - telev. - m. pict.*), audiovisivo.

audiovisuals (hearing and sight means) (*n. - Hi Fi, TV, videorecording - etc.*), mezzi audiovisivi.

audit (*adm.*), controllo amministrativo. **2.** ~ (of accounts) (*accountancy*), revisione, verifica conta-

bile. **3.** ~ (data verification) (*comp.*), controllo, verifica. **4.** ~ list (*comp.*), lista di controllo. **5.** independent ~ (carried out by professional auditors) (*adm.*), controllo esterno, revisione esterna. **6.** internal ~ (carried out by employees of a business) (*adm.*), controllo interno, revisione interna.
audit (to) (*accounting*), verificare, controllare.
Audit Bureau of Circulation (A.B.C.) (*journ.*), ufficio controllo delle tirature.
audited (*accounting*), controllato, verificato.
auditing of accounts (of a Society) (*accounting*), verifica ufficiale della contabilità.
audition (*radio*), audizione.
audition (to) (*radio*), sottoporre ad una audizione.
auditor (a member of an audience) (*law*), uditore, auditore. **2.** ~ (*accountancy*), sindaco revisore. **3.** ~ (*company organ.*), sindaco, revisore dei conti. **4.** board of auditors (*finan.*), collegio sindacale. **5.** deputy ~ (*company organ.*), sindaco supplente, sindaco aggiunto.
auditorium (as a theater) (*arch.*), auditorum, auditorio.
audivision (as by teleph. wire) (*teleph. - elics. - radio*), audiovisione.
augend (the second addend of a sum operation) (*n. - math. - comp.*), augendo.
auger (hand-operated tool) (*join. impl.*), trivella. **2.** ~ (spiral bit to force material: as through a die) (*device*) estruditore a vite, vitone. **3.** ~ (*min. impl.*), verina, trivella. **4.** ~ (helical screw of a screw conveyor) (*transp.*), coclea. **5.** ~ conveyor (*min. app.*), convogliatore a coclea. **6.** annular ~ (ring-shaped tool) (*min. t.*), trivella a corona (per taglio carote). **7.** pod ~ (*join. impl.*), trivella a sgorbia. **8.** screw ~ (*join. impl.*), trivella ad elica, trivella a tortiglione.
augite (*min.*), augite.
augment (to) (to enlarge, to increase) (*comp. - gen.*), estendere, incrementare.
augmentor, augmenter (cone on the exhaust tube for increasing the thrust) (*n. - jet eng.*), cono incrementatore di spinta.
aural (*a. - acous. tlcm.*), audio.
aureole (halo: as of an elect. arc) (*illum.*), aureola. **2.** ~ (contact zone) (*geol.*), aureola metamorfica.
auriferous (as of a deposit) (*geol.*), aurifero.
auriscope (*med. instr.*), otoscopio.
aurora, aurora. **2.** ~ australis (*meteorol.*), aurora australe. **3.** ~ borealis (*meteorol.*), aurora boreale.
ausform (to) (to subject austenitic steel to heavy deformations followed by quenching and tempering) (*metall.*), sottoporre a trattamento termico e meccanico di deformazione particolari di acciaio austenitico (per aumentarne la resistenza a fatica).
auspice (patronage, guidance) (*gen.*), auspicio. **2.** under the auspices (*gen.*), sotto gli auspici.
austempering (quenching to, and holding at a given temperature until austenite is completely transformed for obtaining certain mech. properties) (*heat-treat.*), bonifica isotermica, bonifica intermedia, tempra bainitica isotermica.
austenite (*metall.*), austenite.
austenitic (containing austenite) (*a. - metall.*), austenitico. **2.** ~ (of steel) (*metall.*), austenitico.
austenitize (to) (*metall.*), rendere austenitico, austenitizzare.
autarchic, autarchical (*a. - ind. - comm.*), autarchico.
autarchy (*ind. - comm.*), autarchia.
authenticate (to) (to legally authenticate a document) (*law - comm.*), autenticare, legalizzare.
authenticated (as of a document) (*a. - law - comm.*), autenticato, legalizzato.
authentication (as of a document), autenticazione, legalizzazione.
authenticity (genuineness) (*gen.*), autenticità, genuinità.
authority (*gen.*), autorità. **2.** harbor ~ (*naut.*), capitaneria di porto.
authorization, autorizzazione.
authorize (to), autorizzare.
auto (automatic, as a cycle, opposed to manual) (*mach. t. - etc.*), automatico. **2.** ~ (automobile) (*aut. - coll.*), automobile. **3.** ~ (automotive) (*aut.*), automobilistico. **4.** ~ (automatic lathe) (*mach. t.*), tornio automatico.
auto-abstract (automatical summary of a document) (*comp.*), riassunto automatico.
auto-abstract (to) (*comp.*), riassumere automaticamente.
auto-answering (answering automatically: performance of a station) (*a. - comp.*), a risposta automatica.
autobahn (German term for double lane high-speed motorway) (*road*), autostrada a doppia carreggiata.
autoboat (boat fitted with marine engine) (*naut.*), motobarca, barca a motore.
autobus, *see* omnibus.
autocade (*aut.*), *see* motorcade.
autocall (a device that sounds a certain code of signals in various places in a building: as in hotels etc.), cercapersone, impianto cercapersone. **2.** ~ (automatic call: made from a control unit or from a station) (*comp.*), chiamata automatica.
autocatalysis (catalysis of a substance where in reaction is reached by one of its own components) (*phys. chem.*), autocatalisi.
autocatalytic (a substance which reaches catalysis by the reaction of one of its own products) (*a. - phys. chem.*), autocatalitico.
autochrome (plate for color photography) (*n.*), lastra autocroma.
autoclavable (of material that can afford a permanence in autoclave) (*a. - gen.*), che può essere passato in autoclave.
autoclave (*gen.*), autoclave. **2.** ~ (*med. app.*), autoclave.
autocode (to) (from symbolic code to mach. code)

(*comp.*), codificare automaticamente in codice macchina.
autocoder (operator or mach. that autocodes) (*comp.*), codificatore automatico in codice macchina.
autocoherer (*radio*), autorivelatore.
autocollimation (*opt.*), autocollimazione.
autocollimator (*opt. instr.*), autocollimatore.
autocount (as of electronic impulses) (*atom phys.*), autoconteggio.
autocounter (as of electronic impulses) (*atom phys. instr.*), autocontatore (elettronico).
auto court, *see* motel.
autocross (*aut. sport*), gimcana automobilistica.
autodetector (*radio*), autorivelatore.
autodidact (self-taught man, self-taught woman) (*work. - etc.*), autodidatta.
autodrome (*aut. sport*), autodromo.
autodyne (*radio*), autodina.
autoelectronic (an effect by which electrons are emitted from cold metals in high intensity elect. fields) (*a. - phys.*), autoelettronico.
auto-exposure (*phot.*), esposizione automatica.
auto-feed (of a cutter feeding: as of the wheel of an internal grinder) (*a. - mach. t. mech.*), ad avanzamento automatico.
autofocal (as of the lens of a phot. enlarger: it is automatically kept in focus while changing the enlargment size) (*a. - phot.*), con messa a fuoco automatica.
"autofocus" (said of a camera that automatically focuses the subject) (*a. - phot.*), "autofocus", a messa a fuoco automatica.
autofrettage (the process of submitting an ordnance gun to a pressure heavier than the usual for deformating permanently the inner steel layers) (*metall.*), autofrettaggio.
autogenous (*a.*), autogeno. **2.** ~ welding (*mech.*), saldatura autogena.
autogestion (management of a factory by its workers) (*adm.*), autogestione.
autogiro (gyroplane) (*aer.*), autogiro.
autograph, autografo. **2.** ~ (automatic stereo-plotter) (*photogr.*), autografo.
autography (lithographic process) (*print.*), autografia.
autogyro, *see* autogiro.
"auto-hoist" (*aut. app.*), *see* autolift.
autoignition (self-ignition of fuel due to the compression temp. in diesel engines) (*mot.*), autoaccensione.
autoist (*coll. - aut.*), automobilista.
autolift (hydraulic hoisting device) (*aut.*), sollevatore idraulico.
autoluminescence (produced by radioactive substances) (*phys.*), autoluminescenza.
"AUTOMAP" (Automatic Machine Program; computer language for directing the action of machine tools) (*mach. t.*), programma di lavorazione automatica, AUTOMAP.
automata, *plural of* automation.
automate (to) (to automatize) (*ind.*), automatizzare.
automated (automatized) (*a. - gen.*), automatizzato, automatico.
automatic (*gen.*), automatico. **2.** ~ (automatic machine tool) (*mach. t.*), macchina (utensile) automatica. **3.** ~ advance (done by a governor in aut. ignition distributor) (*elect. mech.*), anticipo automatico. **4.** ~ bucket (for excavating) (*ind. impl.*), benna automatica. **5.** ~ calling (*teleph. - comp.*), chiamata automatica. **6.** ~ circuit breaker (*elect. device*), interruttore automatico, interruttore (di protezione) ad apertura automatica (per sovraccarico, per es.). **7.** ~ control (*elect. - mech.*), comando automatico. **8.** ~ control systems (as of a computer) (*autom.*), complessi di regolazione automatica. **9.** ~ control valve (as of a computer) (*autom.*), valvola automatica di regolazione. **10.** ~ coupler (*railw.*), gancio automatico. **11.** ~ cut-out (elect. device) (*aut.*), interruttore di minima, interruttore automatico di minima. **12.** ~ cycle (*gen.*), ciclo automatico. **13.** ~ data processing, "ADP" (*comp.*), elaborazione automatica (di) dati. **14.** ~ direction finder (*aer. instr.*), radiogoniometro automatico. **15.** ~ door operator (as in railcars, buses etc.) (*app.*), comando automatico per porte, apriporte automatico. **16.** ~ drill (portable hand drill) (*jewelry t.*), trapanino a mano da traforo. **17.** ~ drive, *see* automatic transmission. **18.** ~ exchange (*teleph.*), centralino telefonico automatico. **19.** ~ feed (of mach. t.), avanzamento automatico. **20.** ~ feeder (*print.*), mettifoglio automatico. **21.** ~ feeding device (of a computer) (*autom.*), dispositivo di alimentazione automatica. **22.** ~ gaging equipment (of a computer) (*autom.*), dispositivi automatici di misura. **23.** ~ gain control (*radio*), comando automatico d'amplificazione, controllo automatico di guadagno (CAG). **24.** ~ handling equipment (of a computer) (*autom.*), apparecchiature di trasporto e posizionamento automatico. **25.** ~ inspection devices (as of a computer) (*autom.*), dispositivi automatici di verifica. **26.** ~ iron (flatiron operated by thermostat) (*elect. household appliance*), ferro da stiro con regolazione automatica. **27.** ~ lathe (*mach. t.*), tornio automatico. **28.** ~ loader (of computer) (*autom.*), caricatore automatico. **29.** ~ machine (*mach. - mach. t.*), macchina automatica. **30.** ~ machine controls (*autom.*), dispositivi di regolazione per macchine automatiche. **31.** ~ newspaper seller (*app.*), distributore automatico di giornali. **32.** ~ pilot (*aer.*), pilota automatico, autopilota. **33.** ~ pilot, *see also* gyropilot. **34.** ~ release (*electromech.*), apertura automatica. **35.** ~ release (*phot.*), autoscatto. **36.** ~ repeat request (*comp.*), richiesta automatica di ritrasmissione. **37.** ~ screw cutting lathe (*mach. t.*), tornio automatico per filettare. **38.** ~ screw machine (*mach. t.*), tornio automatico per bulloneria, tornio auto-

matico per filettare. **39.** ~ screw machine department (of a factory), reparto bulloneria. **40.** ~ selling (by vending mach.) (*comm.*), vendita mediante distributori automatici. **41.** ~ spark advance (*aut.*), anticipo automatico. **42.** ~ star delta (ASD as of a starter for three phase mot.) (*a. - elect.*), a stella-triangolo automatico. **43.** ~ steering (*naut.*), timone automatico, pilota automatico. **44.** ~ stop device (in railw. signaling) (*elect. device*), dispositivo di arresto automatico. **45.** ~ stop motion (*mech.*), meccanismo d'arresto automatico. **46.** ~ telephone (*teleph.*), telefono automatico. **47.** ~ transmission (*aut.*), cambio automatico. **48.** ~ vending, *see* automatic selling. **49.** bar ~ (automatic machine tool) (*mach. t.*), macchina automatica per lavorazione della barra.

automatic-cycle (*a. - gen.*), a ciclo automatico.

automation (the operation of automatic devices assuring the correct working of a mach., a system, a process etc. without human intervention) (*elics. - comp.*), automazione, automatizzazione. **2.** ~ (automation science, automation theory) (*n. - comp.*), automatica, teoria e tecnica della automazione. **3.** ~ (of aircraft controls) (*aer.*), automatizzazione. **4.** industrial ~ (*comp. - ind.*), automazione industriale. **5.** office ~ (computerization of clerical job: as of a factory employees) (*comp.*), automazione del lavoro di ufficio, informatica applicata ai lavori d'ufficio, "burotica". **6.** segmented ~ (linking of transfer machines with stops built into the line to create pauses between the exit end of one basic transfer machine and the loading end of the next machine) (*mach. t. w.*) (Am.), automatizzazione a pause. **7.** source data ~ (automatic elaboration of source data) (*comp.*), elaborazione automatica di dati sorgente.

automatism (*electromech. - etc.*), automatismo.

automatization (application of automation) (*ind.*), automatizzazione, automazione.

automatize (to) (to transform by automation) (*ind.*), automatizzare.

automaton (robot) (*comp. - elics. - mech.*), automa, robot.

automechanism (mach.) (*mech.*), macchina automatizzata.

automobile (*aut.*), automobile. **2.** ~ Club (*aut.*), Automobile Club. **3.** ~ market (*aut. - comm.*), mercato automobilistico. **4.** ~ plant, fabbrica di automobili. **5.** ~ radio (receiver) (Am.), autoradio, apparecchio radio per automobile. **6.** turbine-powered ~ (*aut.*), automobile a turbina.

automobilism (*aut.*), automobilismo.

automonitor (to) (*comp.*), autocontrollarsi.

automorph (function) (*a. - math.*), automorfo.

automorphism (*math.*), automorfismo.

automotive (self-propelling) (*a. - gen.*), autopropulso. **2.** ~ (relating to self-propelling veh.: as aut., motorboats, aer. etc.) (*a. - mot.*), motoristico. **3.** ~ (relating only to aut. vehicles) (*a. - aut.*), automobilistico, di (o per) autoveicolo.

autonetics (science of systems of automatic control) (*ind.*), studio dei sistemi di controllo o di guida automatizzati.

autonomics (Brit.), *see* (Am.) autonetics.

autonomous (*a. - gen.*), autonomo, indipendente.

autonomy (*gen.*), autonomia. **2.** ~ of operation (as of an engine before refuelling) (*mot. - etc.*), autonomia di funzionamento. **3.** financial ~ (*finan.*), autonomia finanziaria. **4.** juridical ~ (*law*), autonomia giuridica.

"autopaster" (on a printing mach., for the automatic change of the roll of paper) (*print. device*), "autopaster", incollatrice automatica.

autopilot (automatic pilot) (*aer.*), pilota automatico, autopilota. **2.** ~, *see also* gyropilot.

autoplot (to) (to transfer automatically in a graph the input data) (*comp.*), tracciare automaticamente.

"AUTOPROPS" (Automatic Programming for Positioning Systems, computer program for preparing instructions for n. c. machine tools) (*n. c. mach. t.*), programmazione automatica per sistemi di posizionamento.

autopsy (*med. - law*), autopsia.

autoradiograph (picture obtained from a radioactive substance) (*med.*), autoradiografia.

autorail (provided of flange wheels and aut. tires: so it operates on rail and on roads) (*railw. bus*), autobus su rotaia.

autorotation (as of the rotor of an autogiro) (*aer.*), autorotazione.

autoroute (french autostrada) (*road*), autostrada.

"AUTOSPOT" (Automatic System for Positioning Tools, for n. c. machine tools) (*n. c. mach. t.*), sistema automatico per il posizionamento degli utensili.

autostability (of an aircraft) (*aer.*), autostabilità.

autostrada (*road*), autostrada.

auto-tab, *see* autotab.

autotab (automatic tab: as of an elevator) (*aer.*), aletta compensatrice automatica, compensatore automatico.

auto-tracking (*teleph.*), inseguimento automatico.

autotransformer (autoconverter, compensator) (*elect.*), autotrasformatore. **2.** starting ~ (*elect. app.*), autotrasformatore di avviamento. **3.** variable ~ (*elect. - mach.*), autotrasformatore variabile.

autotruck (*aut.*), autocarro.

autotype (picture) (*phot.*), foto al carbone.

autotypy (*phot.*), processo al carbone.

"autovac" (vacuum fuel pump) (*aut.*), pompa di alimentazione a depressione.

"autovalve" (a lightning arrester) (*elect. device*), scaricatore per sovratensioni atmosferiche.

autoworker (employed in automobile production) (*ind. work.*), lavoratore dell'automobile.

autoxidation (*chem.*), autossidazione.

autunite [(Ca $(UO_2)_2$ $(PO_4)_2 \cdot 8\ H_2O$] (*min. - radioact.*), autunite.

"AUV" (armored utility vehicle) (*milit. veh.*), furgone blindato.
"AUW" (all-up weight) (*aer.*), peso totale.
"aux" (auxiliary) (*gen.*), ausiliario.
auxiliary, ausiliario, supplementare, addizionale. **2.** ~ diesel-generator unit (*elect.*), gruppo elettrogeno ausiliario (con motore Diesel). **3.** ~ engine (*naut.*), motore ausiliario. **4.** ~ exit (*bldg.*), uscita di sicurezza. **5.** ~ goods, *see* producer goods. **6.** ~ jet (as of carb.) (*mot.*), spruzzatore supplementare, getto supplementare. **7.** ~ key (*comp.*), chiave ausiliaria. **8.** ~ radarscope (*radar*), schermo radar ripetitore. **9.** ~ winding (*elect.*), avvolgimento ausiliario.
"AV" (audiovisual) (*a. - elics. - learning app.*), audiovisivo. **2.** ~ (average variability) (*math.*), variabilità media. **3.** ~ socket (videofrequency socket: as in "VCR" or "TV" sets) (*audiovisuals*), presa in videofrequenza.
"av", *see* average, aviation, "avdp".
availability, disponibilità. **2.** ~ (as of a comp. not engaged in other tasks) (*comp.*), disponibilità. **3.** ~ ratio (ratio between the total operating time and the out of service time) (*comp.*), tasso di disponibilità.
available, disponibile, libero.
avalanche (of snow) (*geophys.*), valanga. **2.** ~ (cascade multiplication of ions) (*phys.*), valanga. **3.** ~ (*atom phys.*), valanga, effetto valanga. **4.** ~ effect (cumulative multiplication of electrons and holes in a semiconductor) (*elics.*), effetto valanga.
avast! (imperative) (*naut.*), agguanta!
"AVC" (automatic volume control) (*radio*), regolatore automatico del volume, controllo automatico di guadagno (CAG).
"avdp" (avoirdupois) (*meas.*), (sistema) "avoirdupois".
"AVE" (automatic volume expansion, in an electronic sound amplifier) (*radio - etc.*), aumento automatico del volume.
aventurine (type of glass containing colored, opaque spangles of non-glassy material) (*glass mfg.*), avventurina. **2.** chrome ~ (type of glass containing chromium oxide crystals) (*glass*), avventurina al cromo.
average (mean) (*a. - gen.*), medio. **2.** ~ (mean) (*n. - math.*), media. **3.** ~ (damage to the ship or to the freight) (*naut.*), avaria. **4.** ~ (wool) (*text. ind.*), (qualità) media. **5.** ~ adjuster (*law - naut.*), liquidatore di avaria. **6.** ~ agreement (*naut. - comm.*), compromesso d'avaria, chirografo. **7.** ~ bond (*law - naut.*), compromesso d'avaria, chirografo di avaria. **8.** ~ circulation (*journ.*), tiratura media. **9.** ~ head (elevation above a given datum) (*hydr.*), altezza media in colonna di liquido, prevalenza media. **10.** ~ life (as of a mach., parts of mach., tires etc.) (*gen.*), durata media. **11.** ~ outgoing quality (AOQ) (*quality control*), qualità media risultante, QMR. **12.** ~ outgoing quality limit (AOQL) (*quality control*), limite di qualità media risultante, LQMR. **13.** ~ per hour (*a. - gen.*), medio orario. **14.** ~ per hour (*n. - gen.*), media oraria. **15.** ~ permissible error (*gen.*), errore medio tollerato. **16.** ~ speed (*veh. - mech.*), velocità media. **17.** ~ stater, *see* average adjuster. **18.** center line ~ (value for meas. the roughness of a machined surface) (*mech.*), valore medio (della scabrosità). **19.** common ~ (*naut.*), avaria ordinaria. **20.** general ~ (*naut.*), avaria generale, avaria grossa. **21.** grand ~ (grand mean) (*quality control - etc.*), media delle medie. **22.** gross ~ (*naut.*), *see* general average. **23.** ordinary ~ (*naut.*), avaria ordinaria. **24.** particular ~ (*naut.*), avaria particolare. **25.** weighted ~ (*math. - stat.*), *see* weighted mean.
average (to), stabilire una media.
"avg" (average) (*gen.*), medio, media.
"avgas" (aviation gasoline) (*aer. - refinery*), benzina avio.
aviation (*aer.*), aviazione. **2.** ~ beacon (*radio - aer.*), radiofaro per aviazione. **3.** ~ engineer (field installations or runway constructor) (*aer. bldg.*), costruttore di campi di aviazione. **4.** ~ gasoline (petrol) (*fuel*), benzina per aviazione, benzina avio. **5.** civil ~ (*aer.*), aviazione civile. **6.** commercial ~ (*aer.*), aviazione commerciale. **7.** interplanetary ~ (*astric.*), navigazione interplanetaria. **8.** pursuit ~ (*aer.*), aviazione da caccia. **9.** training ~ (*aer.*), aviazione delle scuole di pilotaggio, aviazione di addestramento.
aviator, aviatore.
avigation, *see* air navigation.
avionics (electronic devices used in aircrafts) (*aer. - elics.*), avionica, scienza e tecnologia che si occupano di apparecchiature elettroniche di bordo per aerei.
"avn" (aviation) (*aer.*), aviazione.
avoirdupois (*meas.*), avoirdupois. **2.** ~ weight (system of weight meas. based on the pound of 16 ounces and the ounce of 16 drams) (*meas. system*), sistema di pesatura "avoirdupois".
"a/w" (all - weather) (*aer.*), ognitempo.
"AWACS" (Airborne Warning And Control System) (*aer. - radar*), sistema aviotrasportato di avvistamento radar.
award (judgment) (*law*), giudizio, sentenza. **2.** ~ (a prize) (*gen.*), premio. **3.** ~ (as of a prize or contract) (*law - comm.*), aggiudicazione. **4.** ~ (assignment by judicial determination) (*gen. - law*), giudizio arbitrale. **5.** ~ (final decision of arbitrators) (*adm. - law*), lodo arbitrale.
award (to) (to judge) (*law*), giudicare. **2.** ~ (to confer: as a prize) (*law*), aggiudicare. **3.** ~ (an order) (*gen.*), impartire.
awash (*naut.*), a fior d'acqua. **2.** to proceed ~ (of a sub.) (*navy*), navigare a fior d'acqua.
"AWB" (airway bill) (*transp.*), lettera di vettura aerea.
"awd" (awning deck) (*naut.*), ponte di manovra.
aweather (*a. - naut.*), sopravvento, al vento.
aweigh

aweigh (said of an anchor) (*a. - naut.*), spedata e appennellata.
"AWG" (American Wire Gauge) (*mech. meas.*), scala AWG (dei diametri dei fili metallici).
"AWL" (absent with leave) (*milit.*), assente con permesso.
awl (*carp. impl.*), punteruolo. **2.** ~, sewing ~ (*t.*), lesina.
"AWLS" (all weather landing system) (*aer.*), sistema di atterraggio ognitempo.
"AWN" (awning) (*naut. - etc.*), tenda.
awning (*naut.*), tenda, copertura di tela. **2.** ~ deck (*naut.*), ponte coperto con tende. **3.** ~ stanchion (*naut.*), candeliere di tenda, supporto di tenda.
"AWOL", "awol" (absent without leave) (*milit. - etc.*), assente senza permesso.
awry (distorted) (*gen.*), storto. **2.** ~ (oblique) (*gen.*), obliquo. **3.** ~ (out of course) (*gen.*), sviato, deviato, fuori rotta.
"AWS" (American Welding Society) (*mech. technol.*), Società Americana di Saldatura. **2.** ~ (American War Standards) (*milit.*), Norme Belliche Americane.
"AWWA" (American Water Works Association) (*hydr.*), Associazione Americana Opere Idrauliche.
ax (axis) (*opt.*), asse. **2.** ~ (*impl.*), scure. **3.** double-bitted ~ (*impl.*), (scure) bipenne, scure a doppio taglio. **4.** felling ~ (*t.*), scure del boscaiolo. **5.** fireman's ~ (*impl.*), piccozza da pompiere.
ax (to) (to axe) (*wood*), usare la scure.
axe, *see* ax.
axes (of an aircraft) (*aer.*), assi. **2.** ~ of coordinates (*math.*), assi coordinati. **3.** body ~ (fixed in an aircraft) (*aer.*), assi corpo, assi dell'aeromobile. **4.** wind ~ (the direction of which is fixed by that of the relative wind) (*aer.*), assi vento.
"ax fl" (axial flow) (*mach. - etc.*), flusso assiale.
axial, assiale. **2.** ~ angle (the angle made by the two optic axes of a biaxial crystal) (*min.*), angolo assiale. **3.** ~ compressor (of a gas turbine engine) (*mot.*), compressore assiale. **4.** ~ engine (*mot.*), motore assiale. **5.** ~ flow turbine (*mach.*), turbina (a flusso) assiale. **6.** ~ pitch (of a worm thread) (*mech.*), passo assiale. **7.** ~ thrust (as of spiral bevel gears) (*mech. - etc.*), spinta assiale. **8.** ~ wire (of an aerostat) (*aer.*), cavo assiale.
axiom (*math.*), assioma.
axis (*gen.*), asse. **2.** ~ (as of a drawing) (*draw.*), asse. **3.** ~ (of a parachute) (*aer.*), asse. **4.** ~ (of an aircraft) (*aer.*), asse. **5.** ~ angle (of straight bevel gears) (*mech.*), angolo fra gli assi. **6.** ~ of abscissas (*math.*), asse delle ascisse. **7.** ~ of a lens (straight line: as of an objective) (*opt.*), asse ottico. **8.** ~ of buoyancy (*hydr.*), asse di galleggiamento. **9.** ~ of ordinates (*math.*), asse delle ordinate. **10.** ~ of revolution (*astron.*), asse di rivoluzione. **11.** ~ of rotation (*theor. mech.*), asse di rotazione. **12.** ~ of symmetry (*geom.*), asse di simmetria. **13.** ~ of *X* (*math.*), asse delle ascisse. **14.** ~ of *Y* (*math.*), asse delle ordinate. **15.** body ~ (fixed in an aircraft) (*aer.*), asse corpo, asse dell'aeromobile. **16.** center ~ (between centers: as in a lathe) (*mach. t. - mech.*), asse delle punte. **17.** crosswind ~ (of an aircraft) (*aer.*), asse di deriva, asse vento trasversale. **18.** drag ~ (of an aircraft; parallel to the relative wind direction) (*aer.*), asse di resistenza. **19.** elastic ~ (stress analysis) (*aer.*), asse elastico. **20.** hinge ~ (*aer.*), asse di cerniera. **21.** lateral ~ (the crosswise axis of an airplane) (*aer.*), asse trasversale, asse laterale. **22.** lift ~ (of an aircraft; perpendicular to the relative wind direction) (*aer.*), asse di portanza. **23.** longitudinal ~ (*gen.*), asse longitudinale. **24.** magnetic ~ (*elect.*), asse magnetico. **25.** major ~ (*opt.*), asse focale. **26.** neutral ~ (*constr. theor.*), asse neutro. **27.** normal ~ (of an aircraft; perpendicular to the longitudinal axis) (*aer.*), asse normale. **28.** optical ~ (*opt.*), asse ottico. **29.** optical ~ (as of a crystal) (*min.*), asse ottico. **30.** pitch ~ (pitching axis) (*aer. - rckt. - etc.*), asse di beccheggio. **31.** principal ~ (of inertia) (*constr. theor.*), asse principale di inerzia. **32.** spin ~ (the axis of rotation of the wheel) (*aut.*), asse di rotazione. **33.** transverse ~ (of a conic) (*geom.*), asse focale. **34.** vertical ~ (*gen.*), asse verticale. **35.** wind ~ (of an aircraft: the direction of which is fixed by that of the relative wind) (*aer.*), asse vento. **36.** zero-lift ~ (of an aerofoil) (*aerodyn.*), asse principale, asse di portanza nulla.
axle (*mech.*), assale, asse, sala. **2.** ~ (axle without wheels) (*railw.*), assile non montato, sala sciolta, asse. **3.** ~ (spindle) (*veh.*), fuso, fusello. **4.** ~ base (of veh.), interasse. **5.** ~ box (of railw. veh.) (*railw.*), boccola. **6.** ~ casing (axle housing) (*aut.*), scatole ponte. **7.** ~ collar (at the end of a railway car axle) (*railw.*), collarino dell'assile. **8.** ~-driven alternator (*railw.*), alternatore d'asse. **9.** ~-driven generator (*railw.*), dinamo azionata dall'assile, dinamo d'asse. **10.** ~ guide (*railw.*), parasale, piastra di guardia. **11.** ~ guide brace (as of an electric locomotive) (*railw.*), traversino. **12.** ~ housing (*aut. constr.*), scatola ponte. **13.** ~ journal (as of a veh.), fuso. **14.** ~ load (of a veh.) (*railw. - etc.*), carico, per asse. **15.** ~ offset (*mech. - etc.*), disassamento. **16.** ~ seat (inside surface of a railway wheel bore on which the axle fits) (*railw.*), sede di calettamento dell'assile. **17.** ~ shaft (of aut.) (*mech.*), semiasse. **18.** ~ shaft quality (steel quality for forged railroad car axles) (*metall. - railw.*), di tipo per assili. **19.** ~ without wheels (*railw.*), sala non montata, sala sciolta, asile. **20.** assembled ~ (unit comprising axle and wheels) (*railw.*), sala montata, asse montato. **21.** bogie ~ (of veh.), asse di carrello. **22.** carrying ~ (as of a locomotive) (*railw.*) (Brit.), asse portante. **23.** coupled ~ (as in a locomotive) (*railw.*), asse accoppiato. **24.** crank ~ supported by ball bearings (of a bicycle), movimento centrale su cuscinetti a sfere. **25.** dead ~ (carrying nondriving wheels of a veh.) (*mech.*), asse portante. **26.** driven

~ (receiving power by differential) (*aut. mech.*), semiasse. **27.** driving ~ (*railw.*), assile di ruota motrice, sala motrice montata. **28.** dual ratio ~ (*aut.*), ponte a doppia riduzione, ponte a due rapporti di riduzione. **29.** flexible ~ (as for locomotives) (*railw.*), sterzo, asse "Bissel". **30.** floating ~ (not carrying the weight of the veh.) (*mech.*), asse (motore) non portante. **31.** front ~ (as of aut.), assale anteriore. **32.** full-floating ~ (*aut.*), asse non portante. **33.** live ~ (carrying road wheels and driving them by power: of a veh.) (*mech.*), asse motore, assale motore, motoassale. **34.** mounted ~ (unit comprising axle and wheels) (*railw.*), sala montata, asse montato. **35.** rear ~ (as of aut.), ponte posteriore. **36.** rear ~ (of veh.), assale posteriore. **37.** semifloating ~ (transmitting torque and also carrying the load) (*aut.*), asse semiportante. **38.** solid ~ (of veh.), assale pieno. **39.** sprung ~ (of a bearing axle of a veh.) (*mech.*), assale (portante) molleggiato. **40.** three-quarter-floating ~ (having the outer end supported by the wheel which forms a rigid unit with it, so that shaft and casing each bear part of the load) (*aut.*), asse semiportante. **41.** trailing ~ (of veh.), asse portante. **42.** tubular ~ (of veh.), assale tubolare. **43.** unsprung ~ (of a veh.) (*mech.*), assale (portante) rigido.

axletree (of a veh.) (*mech.*), sala, assale (fisso). **2.** ~ spindle (of veh.), fuso (o fusello) dell'assale.

axonometric (*a. - draw.*), assonometrico. **2.** ~ projection (*draw.*), proiezione assonometrica.

axonometry (*descriptive geom.*), assonometria.

aye, ay (yes) (*adv. - naut.*), sissignore.

ayrton shunt (universal shunt for increasing the galvanometer range) (*elect. meas.*), shunt universale.

Az (nitrogen) (*chem.*), azoto.

"az" (azimuth) (*astr.*), azimuth.

azeotropic (*chem.*), azeotropico. **2.** ~ entrainer (*chem.*), trascinatore azeotropico. **3.** ~ mixture (of liquids distilling without decomposing) (*chem.*), miscuglio azeotropico.

azeotropism (*chem. - phys.*), azeotropismo.

azerty (relates to a European type of keyboard that initiates by AZERTY letters) (*comp.*), tastiera di tipo europeo.

azide (*chem.*), azoturo. **2.** lead ~ (PbN_6) (*expl.*), azoturo di piombo.

azimuth (*astr.*), azimut. **2.** ~ (true bearing) (*navig.*), rilevamento vero. **3.** ~ angle (*aer. - naut.*), angolo azimutale. **4.** ~ circle (*astr.*), arco azimut. **5.** ~ circle (*instr.*), cerchio azimutale. **6.** ~ compass (*instr.*), bussola azimutale, ecclimetro. **7.** ~ difference (*opt.*), parallasse. **8.** back ~ (*astr.*), angolo opposto a quello azimutale. **9.** magnetic ~ (*astr.*), azimut magnetico.

azimuthal, azimutale. **2.** ~ quantum number (*atom phys.*), numero quantico principale.

azine, azin (*chem.*), azina.

azo (prefix referring to the group $-N=N-$) (*chem.*), azo.

azo-compounds ($R.N=N.R'$) (*chem.*), azocomposti, composti azoici.

azodyes (*ind. chem.*), coloranti azoici.

azoic (*a. - geol.*), azoico.

azole (*chem.*), derivato ciclico dell'azoto.

azomethane ($CH_3N=NCH_3$) (*chem.*), derivato alifatico dell'azoto.

azon bomb (azimuth only bomb) (*air force expl.*), bomba a direzione radioguidata.

azote (N - *chem.*), azoto.

azotize (to) (*chem.*), azotare.

azotometer (*chem. app.*), azotometro.

"AZS" (automatic zero set) (*instr.*), azzeramento automatico.

azure (*color*), azzurro.

azure (to) (*color*), azzurrare.

azurite [$(CuCO_3)_2 \cdot Cu(OH)_2$] (*min.*), azzurrite.

B

B (boron) (*chem.*), B, boro.

"B" (bore!) (*mech. draw.*), alesare! **2.** ~ (of unified thread form: internal screw) (*mech.*), madrevite. **3.** ~ (magnetic flux density) (*elect.*), B, induzione magnetica, densità del flusso magnetico. **4.** 1 ~ (class of unified thread form: internal screw) (*mech.*), madrevite grossolana. **5.** 2 ~ (class of unified thread form: internal screw) (*mech.*), madrevite media. **6.** 3 ~ (class of unified thread form: internal screw) (*mech.*), madrevite precisa.

"b" (blue sky, Beaufort letter) (*meteor.*) (Brit.), cielo sereno. **2.** ~, *see also* bar, battery, bomber, book, brass, broadcast, British thermal unit.

"BA" (blind approach) (*aer.*), avvicinamento strumentale.

Ba (barium) (*chem.*), bario.

babbitt, Babbitt metal (*metall. - mech.*), metallo antifrizione. **2.** centrifugally cast ~ lining (*metall.*), rivestimento di metallo antifrizione colato per centrifugazione.

babble (*gen.*), balbettio, brusio. **2.** ~ (*teleph.*), disturbo dovuto a più diafonie simultanee.

"BABS" (beam approach beacon system) (*radar*), radarfaro di avvicinamento direzionale.

baby carrier (baby flattop), *see* escort carrier.

baby spot, *see at* spot.

bacillus (*med.*), bacillo.

back (of place) (*a.*), posteriore. **2.** ~ (*n.*), parte posteriore. **3.** ~ (of time) (*a. - gen.*), posteriore. **4.** ~ (of a seat) (*veh. - etc.*), schienale. **5.** ~ (main leaf of a leaf spring) (*mech.*), foglia maestra. **6.** ~ (of weld) (*mech. technol.*), rovescio. **7.** ~ (heel and keelson of a ship) (*naut.*), chiglia. **8.** ~ (of a dynamo, end to which mech. power is transmitted) (*elect. - mach.*), lato accoppiamento (meccanico). **9.** ~ (*adv.*), indietro. **10.** ~ (being in arrears) (*a. - gen.*), arretrato. **11.** ~ (roof of a mine working) (*min.*), corona, tetto. **12.** ~ (the wrong side of a fabric) (*text.*), rovescio. **13.** ~ (as of a book) (*bookbinding - etc.*), dorso. **14.** ~ (extrados, as of an arch) (*bldg.*), estradosso. **15.** ~ (in football) (*n. - sport*), terzino. **16.** ~ (mass of ore above a mine working) (*min.*), massiccio di coltivazione. **17.** ~ (as of a propeller blade) (*aer.*), dorso. **18.** ~ (large vat: as for dyeing) (*ind.*), vasca. **19.** ~ and forth motion (*mech.*), moto di va e vieni, moto di andata e ritorno. **20.** ~ axle (*aut.*), ponte posteriore. **21.** ~ axle casing (*aut.*), scatola del ponte posteriore. **22.** ~ bond (Scots law) (*comm.*), ipoteca. **23.** ~ center (as of a lathe) (*mech.*), contropunta. **24.** ~ cloth (*naut.*), ventrino. **25.** ~ cone angle (of a bevel gear) (*mech.*), angolo del cono complementare. **26.** ~ cone distance (of a bevel gear) (*mech.*), lunghezza generatrice del cono complementare. **27.** ~ cover (as of a book) (*adver.*), retro copertina. **28.** ~ cover (*adver.*), quarta pagina di copertina. **29.** ~ door (of a dwelling) (*bldg.*), ingresso posteriore, ingresso secondario. **30.** ~ electromotive force (b. e. m. f.) (*elect.*), forza controelettromotrice. **31.** ~ filling (as for foundation walls or excavations) (*mas.*), materiale di riempimento. **32.** ~ geared control (*naut. - etc.*), comando con riduzione. **33.** ~ gears (as of a lathe) (*mech.*), ingranaggi riduttori. **34.** ~ gear shaft (as of a lathe) (*mech.*), albero degli ingranaggi riduttori. **35.** ~ job (*gen.*), lavoro arretrato. **36.** ~ of a seat (as of aut.) (*gen.*), schienale del sedile. **37.** ~-off clearance (of a gear tooth, clearance angle, bottom-rake angle, relief angle) (*t.*), angolo di spoglia inferiore. **38.** ~ order (order held for future delivery) (*comm.*), ordine differito. **39.** ~ page (verso, page bearing the even number, in a book) (*print.*), verso. **40.** ~ pay (as of an employee) (*adm.*), paga arretrata. **41.** ~ pressure (as in a mot.), resistenza (o contropressione) allo scarico. **42.** ~ rest (follow rest, of a lathe) (*mach. t.*), lunetta mobile. **43.** ~ rest (of a grinding mach., rest secured to the table for supporting the work) (*mach. t.*), supporto (del pezzo), appoggiapezzo. **44.** ~ shunt (*railw.*), regresso. **45.** ~ slope (of a milling cutter) (*mech.*), angolo di spoglia. **46.** ~ slope (of a lathe cutting tool) (*mech.*), angolo di spoglia superiore. **47.** ~ spacer (of a typewriter), tasto di ritorno. **48.** ~ square (*t.*), squadra a cappello. **49.** ~ stoping (*min.*), coltivazione a magazzino. **50.** ~ swept wings (*aer.*), ali a freccia. **51.** ~ taking up (of a film: in m. pict. projector) (*m. pict.*), riavvolgimento. **52.** ~ voltage (*elect.*), tensione d'arresto. **53.** ~ winding (of a film in m. pict. projector) (*m. pict.*), riavvolgimento. **54.** broken ~ (band of transverse cracks along a drawn wire) (*metall. ind.*), incrinature trasversali. **55.** cracked ~ (on a wire) (*metall. ind.*), *see* broken back. **56.** tight ~ (of a book) (*bookbinding*), dorso rigido. **57.** to go ~ (as of a veh.), fare retromarcia.

back (to) (an anchor) (*naut.*), rinforzare con un peso

(la tenuta dell'àncora). **2.** ~ (to support: as a masonry wall with backing material) (*mas.*), rinforzare. **3.** ~ (to move or cause to move backward) (*gen.*), andare (o mandare) indietro. **4.** ~ (as a fabric) (*text. ind.*), rinforzare. **5.** ~ (to throw into the waste) (*min.*), gettare a sterile. **6.** ~ (to print the other side of a sheet) (*print.*), stampare la volta. **7.** ~ and fill (*naut.*), far portare e fileggiare le vele alternativamente. **8.** ~ off (*mech.*), tornire a spoglia. **9.** ~ off (to reverse the direction of rotation) (*cotton spinning*), invertire il senso di rotazione. **10.** ~ off (to relieve, as a cutter) (*t.*), spogliare. **11.** ~ off (to back, as a masonry wall) (*mas.*), rinforzare. **12.** ~ off (to turn in reverse direction, as a control) (*electromech. - etc.*), ruotare in senso inverso. **13.** ~ sails (*naut.*), mettere le vele a collo. **14.** ~ up (of water) (*hydr.*), rigurgitare. **15.** ~ up (to back) (*print.*), stampare la volta. **16.** ~ up (*mech.*), sopportare, sostenere. **17.** ~ up (to move backwards) (*gen.*), indietreggiare. **18.** ~ water (to reverse the motion of a boat by rows) (*naut.*), sciare.

backacter (*earth moving mach.*), *see* backhoe.

backbone (rope supporting the middle of an awning) (*naut.*), cima di sostegno del colmo (della tenda). **2.** ~ (shelfback), *see* spine. **3.** ~ network (*tlcm.*), rete dorsale, rete di base.

back-coupled (*a. - elect. - radio*), a reazione. **2.** ~ valve (or tube) (*radio*), tubo a reazione.

"back-coupling" (*radio*), *see* feedback.

backdate (to) (as ~ a document) (*adm.*), retrodatare.

"back-diffusion" (of electrons) (*elics.*), diffusione riflessa.

backed-off (as of a milling cutter) (*a. - t.*), con angolo di spoglia posteriore.

backer (a person who supports by his money an activity: a sponsor) (*finan. - etc.*), finanziatore.

back-facing (as in lathe working) (*mech.*), sfacciatura sul rovescio, spianatura della parte rovescia.

backfall (in the hollander, inclined surface down which the pulp travels) (*paper mach.*), salto, scivolo.

backfilling (as of an excavation) (*bldg.*), materiale di riempimento.

backfire (as of a mot.), ritorno di fiamma. **2.** ~ (in a welding or cutting torch) (*mech. technol.*), ritorno di fiamma.

backfire (to) (*mot.*), dare ritorni di fiamma.

backfiring (as of a mot., cutting torch etc.), ritorno di fiamma.

backflash (of a die) (*forging*), scanalatura per sfogo della bava.

backflow (return flow) (*hydrodynamics*), riflusso, inversione di flusso.

back-front (*arch.*), facciata posteriore.

background (as of a picture) (*phot. - m. pict. - etc.*), sfondo. **2.** ~ (the sum of one's education, training etc.) (*gen.*), cognizioni, bagaglio di cognizioni. **3.** ~ (short for background brightness) (*telev.*) (Am.), luminosità di fondo. **4.** ~ (*radioact.*), effetto di fondo. **5.** ~ (musical background as accompanying a dialogue) (*m. pict.*), commento musicale. **6.** ~ (confusing sound or flicks) (*radio - etc.*), disturbi di fondo, rumori di fondo. **7.** ~ area (part of the central memory housing lower-priority programs) (*comp.*), area non prioritaria. **8.** ~ brightness (*radar - telev.*), luminosità di fondo. **9.** ~ loudspeaker (*telev.*) (Brit.), altoparlante di fondo. **10.** ~ noise (*radio*), rumore di fondo. **11.** ~ processing (the performing of lower-priority programs) (*comp.*), elaborazione a bassa priorità, elaborazione non prioritaria. **12.** ~ projection (*telev.*) (Brit.), proiezione per trasparenza. **13.** ~ returns (*radar*), riflessioni del terreno. **14.** musical ~ (*m. pict.*), commento musicale. **15.** technical ~ (*gen.*), bagaglio tecnico, cognizioni tecniche.

backgrounding, *see* background processing.

backhand (stroke) (*tennis*), rovescio.

backhaul (*transp. veh.*), viaggio di ritorno.

backhoe (*earth moving mach.*), scavatrice a cucchiaia rovescia.

backing (mov. of veh.), marcia indietro. **2.** ~ (*shipbuild.*), controfasciame. **3.** ~ (coating) (*gen.*), rivestimento. **4.** ~ (change of wind in a counterclockwise direction) (*meteorol.*), vento sinistrogiro. **5.** ~ (antihalation coat on the back of a film) (*phot.*), strato antialo, strato antialone. **6.** ~ (silver coat on the back) (*mirror*), argentatura. **7.** ~ (light-absorbing coat for reducing halation: as on a film) (*phot.*), strato antialone. **8.** ~ light, ~ lamp, *see* backup light. **9.** ~ material (lining) (*gen.*), materiale di rivestimento. **10.** ~ plate (for supporting) (*mech.*), piastra (o disco) di spallamento (o appoggio). **11.** ~ plate (for stiffening) (*mech.*), piastra di rinforzo. **12.** ~ pump, *see* forepump. **13.** ~ sand (*found.*), terra di riempimento. **14.** antihalo ~ (*phot.*), supporto antialo.

backing-up (printing on the back of a page) (*print.*) (Brit.), stampa della volta, stampa del verso.

backkick, *see* kickback.

backlash (as due to looseness of gears, pins etc.) (*mech.*), gioco, lasco. **2.** ~ (normal working distance between two adjacent gears) (*mech.*), gioco di lavoro, gioco normale. **3.** ~ (defect in rectifying a.c.) (*elics.*), corrente inversa.

backlight (illumination of the subject from behind) (*phot.*), controluce.

backlight (to) (to illuminate by a backlight) (*illum. - phot.*), illuminare controluce.

backlighted (*a. - phot.*), controluce. **2.** ~ (as of a dashboard transparent key provided with an inside light) (*a. - instr. - comp. - etc.*), retroilluminato, illuminato dall'interno. **3.** ~ (as of a transparent panel lighted from the rear) (*a. - illum.*), retroilluminato.

backlit (back illuminated: as of a keyboard) (*a. - comp. - instr. - etc.*), retroilluminato.

backlog (reserve of orders assuring the continuity of future work) (*ind. - comm.*), riserva di lavoro, ordini di scorta. **2.** ~ (mass of tasks and orders unperformed) (*comp. - etc.*), lavoro arretrato, ordini inevasi.

back-of-board (as a field rheostat) (*a. - elect.*), da retroquadro. **2.** ~ field rheostat (*elect.*), reostato di campo da retroquadro.

backrest (*mach. t.*), *see* back rest.

backsaw (*carp. t.*), saracco a dorso.

backscattering (*radioact.*), retrodiffusione. **2.** ~ (reverberation, portion of scattered energy which is reflected towards the transmitter) (*und. acous.*), riflessione, riverberazione. **3.** ~ strength (*und. acous.*), indice di riverberazione.

backsight (*survey*), lettura altimetrica (diretta verso la stazione precedente).

backspace (one space back) (*typewriter - comp.*), ritorno indietro di uno spazio. **2.** ~ key (*typewriter - comp. - etc.*), tasto di ritorno (indietro).

backspace (to) (to move one space back, as on a typewriter) (*mach.*), posizionare indietro di uno spazio. **2.** ~ (in a printer) (*comp.*), ritornare (indietro) di uno spazio.

backspacer (as of a typewriter, backspace key) (*mach.*), tasto di ritorno.

backsplash, backsplasher (as for supporting elect. devices as on a plate at the back of an apparatus) (*electromech.*), pannello posteriore.

backstairs (*bldg.*), scala di servizio.

backstand (for adjusting belt tension) (*mech.*), tendicinghia.

backstay (a rope or stay which helps to support the mast) (*naut.*), paterazzo. **2.** ~ (as of a radar antenna) (*radio - etc.*), vento.

back-steam (of steam engine), controvapore.

backstitch (as for sewing) (*text. ind. - etc.*), punto indietro.

backstop (something, like a pawl, preventing reverse movement) (*mech.*), fermo che non consente il movimento in senso opposto.

backstroke (*mech.*), corsa di ritorno.

backswept (wing) (*aer.*), a freccia.

backtender (worker serving the discharging part of an ind. mach.) (*ind. work.*), operaio addetto allo scarico. **2.** ~ (paper machine attendant) (*paper mfg. work.*), secondo di macchina, sottoconduttore.

backup (backing-up, printing on the back of a page) (*print.*) (Am.), stampa della volta, stampa del verso. **2.** ~ (moving backwards) (*gen.*), indietreggio. **3.** ~ (support) (*gen.*), sostegno. **4.** ~ (backward flow of water as in a road drain well) (*hydr.*), rigurgito. **5.** ~ (substitute piece, veh., etc.: if the original one fails) (*n. - astric.*), scorta, elemento (o complesso) sostitutivo. **6.** ~ (relating to substitutive elements or systems) (*a. - gen.*), sostitutivo, di riserva. **7.** ~ (reserve: as in case of comp. failing) (*n. - comp. - etc.*), riserva. **8.** ~ copy (reserve copy) (*comp. - etc.*), copia di riserva. **9.** ~ disk (substitutive and up to date disk) (*comp.*), disco sostitutivo. **10.** ~ light (for illuminating road when veh. goes in reverse) (*aut.*), luce di retromarcia. **11.** ~ relay (secondary relay) (*electromech.*), (relè di) protezione ausiliaria.

backup (to) (the copying of file data from one mass memory to another one for safety reasons) (*comp.*), ricopiare.

backward (backwards) (*gen.*), indietro, all'indietro. **2.** ~ channel (*comp.*), canale di ritorno. **3.** ~ direction (*tlcm.*), direzione di ritorno. **4.** ~ motion (*mech. - aut. - etc.*), moto all'indietro, moto in senso contrario.

backwardation (*finan.*), deporto, premio di deporto, interesse versato da chi pospone la consegna dei titoli.

backwash (*sea*), risacca. **2.** ~ (backward current of air due to a propeller) (*aer.*), vento dell'elica, corrente d'aria dovuta all'elica. **3.** ~ (as of a turbojet) (*aer.*), corrente (di spinta). **4.** ~ (movement of water due to the ship propeller) (*naut.*), corrente provocata dall'elica.

backwash (to) (as a filter) (*gen.*), lavare in controcorrente. **2.** ~ (filter cleaning by reversing the flow) (*ind.*), lavare a controcorrente. **3.** ~ (to scour wool) (*text. ind.*), lavare, sgrassare.

backwasher (for removing oil from wool) (*text. mach.*), sgrassatrice. **2.** ~ (for reconditioning wool by adding oil) (*text. mach.*), macchina per oliare.

backwashing (as of a filter) (*ind.*), lavaggio a controcorrente. **2.** ~ (cleaning oil from wool) (*text. ind.*), disoliatura, sgrassatura.

backwater (water held back by a dam etc.), accumulo d'acqua. **2.** ~ (stagnant water), ristagno d'acqua. **3.** ~ (in the paper mfg. process) (*paper ind.*), acqua di ricupero, acqua bianca. **4.** ~ pump (*paper ind.*), pompa per l'acqua di ricupero. **5.** ~ tank (*paper ind.*), vasca (dell'acqua) di ricupero.

bactericide (*med.*), battericida.

bacteriologic (*med.*), batteriologico.

bacteriologist (*med.*), batteriologo.

bacteriology (*med.*), batteriologia.

bacterium (*med.*), batterio.

bad debts (*comm.*), crediti inesigibili.

badge (bearing the name of the manufacturer, as on a car front) (*aut. - etc.*), stemma. **2.** ~ (kind of identity card made of thin paper-board or plastic, with holes in predisposed positions etc.) (*comp.*), scheda di identificazione. **3.** ~ (plastic card bearing inside data and codes printed by magnetic circuits) (*elics. - banks - comp. - etc.*), tessera. **4.** ~ reader (comp. device) (*comp.*), lettore di scheda (o di tessera).

badigeon (mixture of plaster, stone powder and coloring matter for stopping holes, cracks, etc. in stonework) (*mas.*), stucco. **2.** ~ (mixture of sawdust and glue for repairing defects in woodwork) (*carp.*), mastice.

baffle (*acous. - radio*) (Am.), "baffle", schermo acustico. **2.** ~ (for cooling the cylinders of a radial engine) (*aer.*), deflettore. **3.** ~ (as for deflecting the flow of a fluid) (*mech. - hydr.*), deflettore, diaframma, parete, schermo. **4.** ~ board (to retain ore in an ore–washing machine) (*min.*), sfioratore. **5.** ~ board (as on a beater for safety purposes) (*paper mfg. - etc.*), tavola di protezione. **6.** ~ board (for protecting from splashes) (*gen.*), tavola paraspruzzi. **7.** ~ gate (one way gate) (*pip.*), chiusura di non ritorno. **8.** ~ plate (*mech.*), diaframma, deflettore. **9.** ~ plate (as of a fire door) (*boil.*), parafiamma. **10.** antisloshing ~ (as in automotive tankers) (*liquids transp.*), diaframma frangiflutti. **11.** fender ~ (*aut. body*), collegamento del parafango. **12.** heat ~ (as of a projector) (*therm.*), schermo termico.

baffling wind (wind which frequently shifts from one point to another) (*naut.*), vento che salta, vento che si sposta.

bag (*gen.*), sacco. **2.** ~ (shot down aircrafts) (*air force*) (slang), velivoli abbattuti. **3.** ~ holder (for holding a bag while filling) (*impl.*), reggisacco. **4.** ~ lots (as of wool) (*text. ind.*), quantitativi contenuti nei sacchi. **5.** ~ molding (by fluid compression) (*mech. proc.*), stampaggio al sacco di gomma. **6.** ~ paper (*paper mfg.*), carta per sacchi. **7.** bumping ~ (as of an airship, for preventing damage from contact with the ground) (*aer.*), sacco paraurti. **8.** canvas ~ (*ind. - comm. impl.*), sacco di tela. **9.** cloth ~ (small bag for spreading blackening, etc. on green molds) (*found. t.*), sacchetto di spolvero. **10.** deployment ~ (parachute canopy pack) (*aer.*), pacco del paracadute. **11.** duffel ~ (canvas bag) (*milit.*), sacco impermeabile. **12.** flight ~ (for travelling by airlines) (*aer.*), borsa da (viaggio) aereo. **13.** gas ~ (of a rigid airship) (*aer.*), pallonetto. **14.** inflatable ~ (air bag, automatically inflated when the car is in a collision, for the safety as of the driver) (*aut.*), cuscino d'aria, pallone autogonfiabile. **15.** jute ~ (sack), sacco di juta. **16.** medical ~ (*med.*), cassetta sanitaria. **17.** multiwall ~ (*rubb. ind.*), sacco a pareti multiple. **18.** sea ~ (*navy*), sacco da marinaio. **19.** shopping ~ (usually made of plastic or of strong paper) (*domestic impl.*), sacchetto per la spesa.

"bag" (baggage) (*transp.*), bagaglio.

bag (to) (of a sail) (*naut.*), far sacco. **2.** ~ (to shoot down) (*air force*) (slang), abbattere.

bagasse (sugar cane from which the juice has been extracted) (*ind.*), bagassa esaurita. **2.** ~ (pressed beet pulp) (*ind.*), fettucce esaurite.

baggage (Am.), bagaglio. **2.** ~ (*milit.*), equipaggiamento. **3.** ~ car (passenger train car with large side doors for the loading of baggage) (*railw.*), bagagliaio. **4.** ~ car (*railw. station impl.*), carrello portabagagli. **5.** ~ compartment (of an aut.), bagagliera.

bagging (coarse cloth for packing) (*text. ind.*), tela grezza da imballaggio.

baggywrinkle, bagywrinkle (protection against the fraying of rigging ropes) (*naut.*), fasciatura di protezione delle manovre dormienti.

baghouse (for gas filtering) (*ind.*), locale (alloggiamento) filtri.

bagman (travelling salesman) (*work.*) (Brit.), viaggiatore di commercio.

bail (*milit.*), fortificazione esterna. **2.** ~ (*naut. impl.*), bugliolo. **3.** ~ (a pivoted arched steel item) (*gen.*), telaietto cernierato. **4.** ~ (in a stable), tramezzo di stalla. **5.** ~ (half ring or strip for supporting something: as on a kettle) (*gen.*), manico. **6.** ~ (hoop, as for flasks) (*found.*), bretella. **7.** ~ (for supporting a ladle) (*found. device*), portasiviera. **8.** ~ (hoop–shaped piece for supporting) (*min. mech.*), staffa. **9.** ~ (the person who becomes liable for the appearance of another in a court) (*comm. - law*), garante. **10.** ~ (the security given for the release of a prisoner from imprisonment) (*law*), cauzione. **11.** ~ rod (for holding in place the paper sheet) (*typewriter*), telaietto premicarta.

bail (to) (water out of a boat) (*naut.*), sgottare, aggottare. **2.** ~ (*mas.*), aggottare. **3.** ~ (temporaneous delivery as of personal property) (*law*), affidare temporaneamente. **4.** ~ (as ore from a shaft) (*min.*), estrarre con cucchiaia, estrarre con secchie. **5.** ~ out (*aer.*), lanciarsi con il paracadute.

bailee (*comm. - law*), depositario, consegnatario.

bailer (*naut.*), gottazza, sassola, vuotazza. **2.** ~ (mach. for bailing water) (*hydr. mach.*), estrattore d'acqua a tazze. **3.** ~ (*law*), *see* bailor.

bailiff (of a country estate) (*agric.*), fattore. **2.** ~ (magistrate) (*law*) (Brit.), magistrato. **3.** ~ (messenger, or usher) (*law*) (Am.) usciere. **4.** ~ (*law*) (Brit.), ufficiale giudiziario.

bailing (*hydr. - naut.*), aggottamento. **2.** ~ (of ore from a shaft) (*min.*), estrazione con secchie. **3.** ~ can, *see* bailer. **4.** ~ scoop, *see* bailer.

bailment (*comm. - law*), deposito cauzionale.

bailor (*law*), depositante della cauzione.

bailout (*n. - aer.*), lancio con paracadute.

bainite (*metall.*), bainite.

bainitic (*metall.*), bainitico.

bait (lure) (*fishing - etc.*), esca. **2.** ~ (publicity offers) (*adver.*), offerte propagandistiche. **3.** ~ (the tool dipped into molten glass to start any drawing operation) (*glass mfg.*), ravolo.

baize (coarse woollen material) (*text.*), tessuto grossolano di lana.

bake (as of bricks) (*gen. - ind.*), cottura in forno.

bake (to) (*ind.*), cuocere. **2.** ~ (as a prime surfacer) (*paint.*), trattare al forno. **3.** ~ (to harden: by heating or by cooling) (*ind.*), indurire, far divenire duro. **4.** ~ bricks (*ind.*), cuocere mattoni.

baked (*a. - gen.*), cotto in forno. **2.** ~ clay (*ind.*), terracotta.

Bakelite (*chem. ind.*), bachelite, bakelite.

bakelize (to) (*chem. ind.*), bachelizzare.

bakelized (*a. - chem. ind.*), bachelizzato **2.** ~ cloth (*text. ind.*), tela bachelizzata.

baking (*gen. - ind.*), cottura. **2.** ~ (heating as a forging after pickling to remove hydrogen embrittlement) (*metall.*), deidrogenazione. **3.** ~ powder, lievito minerale. **4.** ~ soda ($NaHCO_3$) (*chem.*), bicarbonato di sodio.

"BAL" (Basic Assembly Language) (*comp.*), linguaggio BAL, tipo di linguaggio basico di programmazione, "BAL".

"bal", *see* balance.

balance (*teleph.*), equilibratura. **2.** ~ (*accounting*), bilancio. **3.** ~ (as of the sound of two loudspeakers in a stereo system) (*acous. - elics.*), bilanciamento. **4.** ~ (*mach.*), bilancia. **5.** ~ (*comm.*), conguaglio. **6.** ~ (equilibrium) (*mech. phys.*), equilibrio. **7.** ~ (as of a watch) (*mech.*), bilanciere. **8.** ~ (degree of hinge moment reduction by balancing) (*aer. constr.*), compensazione. **9.** ~ (control surface portion designed for reducing the hinge moment) (*aer. constr.*), compensatore. **10.** ~ (as for completing a payment or delivery of a supply) (*comm.*), saldo. **11.** ~ ball (as for a crane hook) (*mach.*), contrappeso sferico. **12.** ~ beam (as of a drawbridge) (*bridge*), trave di contrappeso. **13.** ~ bob (*mach.*), contrappeso. **14.** ~ crane (*ind.*), gru a braccio contrappesato. **15.** ~ electrometer (*elect.*), elettrometro a bilancia. **16.** ~ of payments (*comm. - finan.*), bilancia dei pagamenti. **17.** ~ of precision (*chem. instr.*), bilancia di precisione. **18.** ~ of trade (*comm.*), bilancia commerciale. **19.** ~ sheet (*adm.*), bilancio. **20.** ~ spring (*horology*), molla per bilanciere. **21.** ~ weight (as of a locomotive wheel) (*railw.*), contrappeso. **22.** ~ weight (as of a crane) (*ind. mach.*), contrappeso. **23.** ~ wheel (as of a clock), bilanciere. **24.** adjustable ~ weight (as of a crane) (*ind. mach.*), contrappeso mobile. **25.** adverse trade ~ (adverse balance of trade) (*finan. - comm.*), bilancia commerciale passiva. **26.** aerodynamic ~ (of a propeller) (*aer.*), equilibrio aerodinamico. **27.** aerodynamic ~ (used for measuring aerodynamic forces) (*aer.*), bilancia aerodinamica. **28.** analytical ~ (*chem. impl.*), bilancia analitica. **29.** assay ~ (as for gold) (*instr.*), bilancia d'assaggio. **30.** color ~ (as in a color picture tube) (*telev.*), bilanciamento dei colori. **31.** compensation ~ (as of a clock) (*mech.*), bilanciere compensato. **32.** consolidated ~ (balance of several companies considered as one) (*adm.*), bilancio consolidato. **33.** credit ~ (*accounting*), eccedenza attiva, saldo attivo. **34.** current ~ (*elect. instr.*), bilancia elettrodinamica. **35.** debit ~ (*accounting*), eccedenza passiva, saldo passivo. **36.** dynamic ~ (as of a propeller) (*mech.*), equilibrio dinamico. **37.** electric ~ (as of currents) (*elect.*), equilibrio elettrico. **38.** electric ~, *see also* balance electrometer. **39.** horn ~ (balance area at a control surface tip) (*aer.*), compensatore a becco. **40.** hydrostatic ~ (*phys.*), bilancia idrostatica. **41.** Kelvin ~ (*elect. instr.*), bilancia Kelvin. **42.** Mohr ~, *see* Westphal balance. **43.** platform ~ (*weighing mach.*), basculla, bascula. **44.** post closing trial ~ (*adm.*), bilancio di verifica a chiusura avvenuta. **45.** precision ~ (*instr.*), bilancia di precisione. **46.** rolling ~ (*aer.*), bilancia di rollio. **47.** running ~ (*mech.*), *see* dynamic balance. **48.** self-~ (*mech. - etc.*), autocompensazione, compensazione automatica. **49.** shrouded ~ (*aer.*), compensazione schermata. **50.** six-component ~ (*aer.*), bilancia a sei componenti. **51.** spring ~ (*impl.*), bilancia a molla. **52.** standing ~ (*mech.*), *see* static balance. **53.** static ~ (as of a propeller) (*mech.*), equilibrio statico. **54.** three-component ~ (*aer.*), bilancia a tre componenti. **55.** torsion ~ (*instr.*), bilancia di torsione. **56.** trial ~ (a balance drawn up for checking the books before the end of an accounting period) (*comm. - adm.*), bilancio preliminare, bilancio di verifica. **57.** wagon ~ (railw. car weighing mach.) (Brit.), pesa per vagoni, pesatrice per vagoni. **58.** wind tunnel ~ (*aerot.*), bilancia aerodinamica.

balance (to) (to bring to a state of equilibrium), equilibrare. **2.** ~ (to weigh in a balance), pesare. **3.** ~ accounts (*comm.*), saldare i conti. **4.** ~ the books (*adm.*), chiudere un bilancio.

balanced (*elect.*), equilibrato. **2.** ~ (*mech.*), bilanciato. **3.** ~ aerial (*radio*), antenna compensata. **4.** ~ blast cupola (*found.*), cubilotto ad aria soffiata equilibrato. **5.** ~ rudder (*naut.*), timone compensato. **6.** ~ surface (as of a wing flap) (*aer.*), superficie compensata, superficie bilanciata. **7.** ~ three-phase system (*elect.*), sistema trifase equilibrato. **8.** not ~ (imbalanced) (*gen.*), non bilanciato. **9.** self- ~ (*mech. - etc.*), autocompensato.

balancer (*gen.*), bilanciere, equilibratore. **2.** ~ (balancing machine) (*mach. t.*), equilibratrice, bilanciatrice. **3.** ~ (balancing condenser) (*radio*), (condensatore), compensatore. **4.** ~ set (*electromech.*), trasformatore compensatore. **5.** ~ set (two or more D.C. mach. in series for maintaining the voltage) (*elect.*), gruppo compensatore.

balancing (*mech.*), equilibratura. **2.** ~ (as of airplane controls, propeller or shaft) (*aer. - mech.*), equilibratura, equilibramento, bilanciamento. **3.** ~ (*radio*), neutralizzazione. **4.** ~ arbor (*mach.*), mandrino di bilanciamento. **5.** ~ coil (*elect.*), avvolgimento compensatore. **6.** ~ condenser (*radio*), condensatore compensatore. **7.** ~ dynamo (*elect.*), dinamo compensatrice. **8.** ~ flap (*aer.*), alettone. **9.** ~ machine (*mach. t.*), equilibratrice, bilanciatrice. **10.** ~ resistance (*elect.*), resistenza compensatrice. **11.** ~ set (*elect.*), *see* balancer set. **12.** ~ surface (surface balancing aerodynamic forces exerted on a turret, machine gun etc.) (*aer.*), superficie di compensazione. **13.** ~ voltage (*elect.*), tensione di compensazione. **14.** ~ ways (knife-edged device for testing static balance) (*mech.*), coltelli. **15.** dynamic ~ (as of a propeller) (*mech.*), equilibratura dinamica, bilanciamento dinamico. **16.** static ~ (as of a propeller) (*mech.*), equilibratura statica, bilanciamento statico.

balancing-out (of interferences) (*radio*), neutralizzazione.

balata (gutta balata) (*resin*), balata.

balcony (of a building) (*arch.*), balcone, balconata. **2.** ~ (of a theater) (*arch.*), galleria, gradinata. **3.** small ~ (*bldg.*), balconcino.

bale (as of goods) (*comm.*), balla. **2.** ~ bogie (*veh.*), carro raccogliballe. **3.** ~ breaker (*text. mach.*), apriballe. **4.** ~ pressing machine (for hay, straw, cotton etc.) (*mach.*), (macchina) pressatrice per balle, pressaballe. **5.** compress ~ (as of a cotton bale) (*text. ind.*), balla di materiale compresso. **6.** dumped ~ (*text. ind.*), balla compressa. **7.** faulty ~ (as in text ind.), balla difettosa. **8.** repacked ~ (*text. ind. - etc.*), balla rifatta.

bale (to), imballare (in balle). **2.** ~ out (*aer.*) (Brit.), *see* to bail out.

baler (*work.*), imballatore. **2.** ~ (*mach.*), pressa per balle. **3.** ~ (forage press) (*agric. mach.*), pressaforaggio. **4.** straw ~ (*agric. mach.*), pressapaglia. **5.** straw pickup ~ (*agric. mach.*), raccogli e pressa paglia.

baling (*ind.*), imballaggio (in balle). **2.** ~ (compaction in blocks; as of loose scrap materials) (*ind.*), compattazione in blocchi. **3.** ~ machine (*mach.*), imballatrice. **4.** ~ wire (*metall. ind.*), filo (metallico) per imballaggio.

balk (rough-squared beam) (*carp.*), trave grezza, tronco squadrato. **2.** ~ (thinning of a stratum or coal seam) (*min.*), rastremazione.

balking (*electromech.*), *see* crawling.

ball (*gen.*), palla. **2.** ~ (as of a ball bearing) (*mech.*), sfera. **3.** ~ (as of twine) (*text. ind.*), gomitolo. **4.** ~ (of a cartridge) (*firearm*), palla, pallottola. **5.** ~ (lump: as of steel) (*metall.*), massello. **6.** ~ (bloom: spongy round mass of iron as taken from a puddling furnace) (*metall.*), spugna. **7.** ~ bearing (*mech.*), cuscinetto a sfere. **8.** ~ bearing hook (as of a crane) (*mech.*), gancio montato su cuscinetti a sfere. **9.** ~ bearing hub (*mech.*), mozzo su cuscinetti a sfere. **10.** ~ bearing screw (ballscrew) (*mech.*), vite a sfere, vite a circolazione di sfere. **11.** ~ cartridge (*expl.*), cartuccia a pallottola. **12.** ~ check valve (*pip.*), valvola di ritegno a sfera. **13.** ~ cock valve (operated by a floating ball), valvola automatica a galleggiante. **14.** ~ float lever controller (for ind. application), regolatore a galleggiante. **15.** ~ governor (in steam engines etc.) (*mech.*), regolatore centrifugo, regolatore di Watt. **16.** ~ grinder (*ind. mach.*), mulino a palle. **17.** ~ grip (*mech.*), manopola, pomello. **18.** ~ hardness testing machine (*technol. mach.*), sclerometro a sfera, scleroscopio a sfera. **19.** ~ joint (*mech.*), giunto sferico. **20.** ~ joint, *see also* ball-and-socket joint. **21.** ~ mill (*ind. mach.*), molino a palle. **22.** ~ nose (as of an end mill) (*t.*), estremità arrotondata, testa tonda. **23.** ~ nut (with ball bearings interposed in the threads, between nut and screw) (*mech.*), dado su sfere. **24.** ~ pen (ball-point pen) (*off. - etc.*), penna a sfera. **25.** ~ pivot (as for aut. track rod) (*mech.*), perno sferico. **26.** ~ race (of a ball bearing) (*mech.*), pista. **27.** ~ reamer (*t.*), alesatore sferico. **28.** ~ reception (television system by which the broadcasted programme is rebroadcasted by another transmitter) (*telev.*), ricezione ritrasmessa. **29.** ~ screw (ballscrew, ball bearing screw) (*mech.*), vite a sfere, vite a circolazione di sfere. **30.** ~ table (over which flat surfaced objects may be moved in any direction) (*ind. transp.*), tavola a sfere. **31.** ~ valve (ball cock), *see* ball cock valve. **32.** ~ valve (for mech. and ind.), valvola a sfera. **33.** adjustable spring type ~ joint (*mech.*), giunto sferico a molla regolabile. **34.** control ~ (track ball: as for changing pages visualized on a "VDU") (*comp.*), sfera operatrice di controllo. **35.** track ~, *see* control ball. **36.** wrecker's ~ (ball breaker: steel ball swung against old bldg. for demolition) (*mas. mach.*), tipo di berta a sfera per demolizioni.

"ball" (ballast) (*naut. - aer.*), zavorra.

ball (to) (as twine) (*rope mfg.*), aggomitolare. **2.** ~ up (to form into small balls) (*metall.*), formarsi in piccole particelle sferoidali.

ball-and-socket joint (as for aut. track rod) (*mech.*), giunto a sfera, snodo sferico.

ballast (*naut. - aer.*), zavorra. **2.** ~ (*railw.*), ballast, massicciata ferroviaria. **3.** ~ (*road*), massicciata, ghiaia, pietrisco. **4.** ~ (for making concrete) (*mas.*), ghiaietto. **5.** ~ (resistance, for gas-discharge lamps) (*elect.*), reattore. **6.** ~ fin, *see* fin keel. **7.** ~ pump (*naut.*), pompa per acqua di zavorra. **8.** ~ resistance (*elect.*), resistenza autoregolatrice. **9.** ~ resistor, *see* ballast resistance. **10.** ~ tank (*naut.*), cassa (o cisterna) per zavorra d'acqua. **11.** all-in ~ (mixture of gravel and sand) (*bldg.*), sabbia ghiaiosa, ghiaia sabbiosa. **12.** boxed-in ~ (*railw.*), ballast incassato, massicciata incassata. **13.** boxed-in ~ (*road*), massicciata incassata. **14.** in ~ (*naut.*), in zavorra. **15.** to level the ~ (*road*), livellare la ghiaia (o il pietrisco).

ballast (to) (*naut. - aer.*), zavorrare. **2.** ~ (to fill with ballast) (*road - railw.*), inghiaiare.

ballastage (charge paid for loading ballast in a harbor) (*naut.*), tassa di zavorra.

ballasting (ballast) (*naut. - aer.*), zavorra. **2.** ~ (equipping with ballast) (*naut. - aer.*), zavorramento, zavorratura. **3.** ~ material (*road*), ghiaia, pietrisco, breccia. **4.** ~ material (*railw.*), materiale da "ballast", materiale da massicciata. **5.** ~-up (as of an airship) (*naut. - aer.*) (Brit.), zavorramento.

ball-bank indicator (*aer. instr.*), sbandometro a sfera.

ball-bearing (*a. - mech.*) (Am.), a cuscinetti a sfere.

balling (*cordage mfg.*), aggomitolatura. **2.** ~ (as of twine) (*text. ind.*), aggomitolatura. **3.** ~ machine (*rope mfg. mach.*), aggomitolatrice.

ballistic (*a. - gen.*), balistico. **2.** ~ cap (as of an armor-piercing shell) (*milit.*), cappuccio tagliavento. **3.** ~ density (of air) (*ballistics*), densità balistica. **4.** ~ galvanometer (*elect. instr.*), galvanometro balistico. **5.** ~ pendulum (early mach. for meas. the initial speed of a projectile) (*mach.*), pendolo balistico. **6.** ~ test (for projectiles and armor plates) (*metall. - milit.*), prova balistica. **7.** ~ wind (*ballistics*), vento balistico.

ballistics, balistica. **2.** interior ~ (internal ballistics) (*gun theor.*), balistica interna.

Ballistite (*expl.*), balistite.

ballonet (of an airship) (*aerot.*), camera di compensazione, camera d'aria, palloncino.

balloon (*aer.*), pallone. **2.** ~ (of yarn) (*text.*), ballone. **3.** ~ (line enclosing words as said from a drawn figure) (*journ.*), fumetto. **4.** ~ (balloon tire) (*rubb. mfg.*), ballonetto, balloncino, pneumatico a bassa pressione e forte volume. **5.** ~ anchor (*aer.*), àncora di aerostato. **6.** ~ apron (*air force*), sbarramento di palloni. **7.** ~ basket (*aer.*), navicella. **8.** ~ bed (*aer.*), ancoraggio per palloni frenati. **9.** ~ foresail, *see* balloon jib. **10.** ~ jib (balloon foresail) (*naut.*), fiocco-pallone. **11.** ~ sail (similar to the spinnaker: for yachts) (*naut.*), pallone. **12.** ~ shed (*bldg.*), capannone per palloni, "hangar". **13.** barrage ~ (*aer.*), pallone di sbarramento. **14.** captive ~ (*aer.*), pallone frenato. **15.** dilatable ~ (expanding balloon) (*aer.*), pallone dilatabile. **16.** dirigibile ~ (*aer.*), pallone dirigibile, pallone motorizzato. **17.** engine-driven ~ (*aer.*), motopallone, pallone (osservatorio) motorizzato. **18.** fire ~ (*aer.*), mongolfiera. **19.** free ~ (*aer.*), pallone libero. **20.** hot-air ~ (up to date montgolfier) (*aer. sport*), mongolfiera. **21.** kite ~ (*milit. - air force*), aerostato drago, pallone drago. **22.** kite-type ~ (*aer.*), "draken", pallone osservatorio. **23.** meteorogical ~ (*meteorol. impl.*), pallone (sonda) meteorologico. **24.** nurse ~ (of an aerostat) (*aer.*), balia. **25.** observation ~ (*aer.*), pallone osservatorio. **26.** pilot ~ (*meteorol.*), pallone pilota. **27.** registering ~ (*meteorol.*), pallone sonda. **28.** sausage ~ (*aer.*), pallone (frenato) osservatorio. **29.** sounding ~ (*meteorol.*), pallone sonda. **30.** stratospheric ~ (*aer.*), pallone stratosferico. **31.** trial ~ (*meteorol. impl.*), pallone pilota.

balloonist (*aer.*), aerostiere.

ballpark (nearly correct) (*a. - gen.*), approssimato.

ball-point (as of a pen) (*a. - ind.*), a sfera, con punta a sfera. **2.** ~ pen (*off. - etc.*), penna a sfera.

ballroom (*bldg.*), sala da ballo.

ballscrew (ball bearing screw) (*mech.*), vite a sfere, vite a circolazione di sfere.

ballute (a small stabilizing and inflatable parachute, opening before the conventional one) (*aer.*), paracadute (ausiliario) stabilizzatore.

ballyhoo (sensational publicity) (*adver.*), pubblicità sensazionale.

balopticon (for projecting the image of an opaque object) (*opt.*), proiettore episcopico.

balsa (used for floats, airplanes etc.) (*wood*), legno di balsa.

balsam (*chem.*), balsamo. **2.** Canada ~ (*opt.*), balsamo del Canadà.

balun (a device converting an unbalanced coaxial line to a two-wire balanced system) (*elics.*), simmetrizzatore, unità di bilanciamento.

baluster (of capital or balustrade) (*arch.*), balaustro, balaustrino. **2.** ~ (as of a balcony) (*bldg.*), balaustro, balaustrino. **3.** ~ (as of railing) (*bldg.*), elemento di ringhiera.

balustrade (*arch.*), balaustrata.

"balute", *see* ballute.

bamboo (*wood*), bambù.

"BAMG" (Browning aircraft machine gun) (*air force*), mitragliera d'aereo tipo Browning.

ban (*gen. - milit.*), bando.

banak (Central American timber) (*wood*), banak.

banana oil (*chem.*), acetato di amile. **2.** ~ plug (*elect.*), banana, spina unipolare.

band (*gen.*), fascia, nastro. **2.** ~ (group of recording tracks on a magnetic drum, a disk etc.) (*comp.*), banda (multipista). **3.** ~ (strap) (*metall. ind.*), piattina, moietta. **4.** ~ (range of frequencies or of wave lengths) (*radio*), banda. **5.** ~ (small seam of mineral) (*min.*), filone sottile. **6.** ~ (driving band, of a projectile) (*expl.*), cintura di forzamento. **7.** ~ (cord crossing the back of a book) (*bookbinding*), cordoncino. **8.** ~ (transverse ridge on the back of a book) (*bookbinding*), nervatura, costola. **9.** ~ (hinge; as of a gate) (*bldg.*), cardini. **10.** bands (lines, on a bar, as due to segregations, mechanical defects, etc.) (*metall. defect*), bande. **11.** ~ brake (as of an old mtc.) (*mech.*), freno a nastro. **12.** ~ course, *see* belt course. **13.** ~ iron (*metall. ind.*), reggetta di ferro, nastro di ferro. **14.** ~ level (of acoustic radiations) (*acous.*), livello di banda. **15.** ~ loading (frequency band loading) (*radio*), occupazione della banda. **16.** ~ mill (sawmill using band saw) (*ind.*), segheria con seghe a nastro. **17.** ~ nippers (*bookbinder's t.*), tenaglie da rilegatore. **18.** ~ pulley (band wheel) (*mech.*), puleggia a fascia piana. **19.** ~ razor (single edge safety razor with a cartridge for blades) (*domestic impl.*), rasoio di sicurezza a nastro. **20.** ~ resaw (*mach. t.*), segatrice a nastro, sega a nastro. **21.** ~ saw (*mach.*), sega a nastro. **22.** ~ saw sharpener (*mach. t.*), affilattrice per seghe a nastro. **23.** ~ selector (*radio*), selettore di banda. **24.** ~ tool (endless belt mach. t. with cutting tools) (*mach. t.*), macchina a nastro per asportazione materiale. **25.** ~ wheel (band pulley) (*mech.*), puleggia a fascia piana. **26.** ~ width (as of a filter) (*radio*), larghezza di banda. **27.** absorption ~ (spectroscope) (*phys.*), banda di assorbimento. **28.** Allen bands (*radioact. - astric.*), fasce di Allen. **29.** citizens ~ (wave band allocated for private use) (*radio*), banda destinata ad uso privato. **30.** decade ~ (frequency interval whose upper and lower limits stand in ratio f_2—f_1 = 10) (*acous.*), banda a decadi (o decadale). **31.** deformation bands (deformation lines, due to cold deformation) (*metall. defect.*), bande di deformazione, linee di deformazione. **32.** denary ~ (frequency interval whose upper and lower limits stand in the ratio $f_2/f_1 = 10$)

(*acous.*), banda dinaria. **33.** driving ~ (of a projectile) (*artillery*), cintura di forzamento, corona di forzamento, anello di forzamento. **34.** frequency ~ (*radio - acous.*), banda di frequenza. **35.** guard ~ (for avoiding interferences between adjacent channels) (*radio*), banda di guardia (antinterferenza), spazio (o banda) di protezione. **36.** narrow ~ (of frequencies) (*acous. - radio*), banda stretta. **37.** Neumann bands (lines crossing the ferrite structure of steel, due to impact or cold working) (*metall.*), linee di Neumann, bande di Neumann. **38.** octave ~ (frequency interval whose upper and lower limits stand in the ratio $f_2/f_1=2$) (*acous.*), ottava, banda di ottava. **39.** rigging ~ (reinforced band fitted to the balloon envelope for the attachment of the rigging) (*aer.*), nastro d'attacco del sartiame. **40.** rotating ~ (of a projectile) (*expl.*), cintura di centramento. **41.** saw ~ (*mach. t.*), nastro da sega. **42.** saw ~ welder (*mech. app.*), saldatrice elettrica per nastri da sega. **43.** slip bands (slip lines, due to crystal slip under deformation) (*metall. defect*), bande di scorrimento, linee di scorrimento. **44.** third octave ~ (frequency interval whose upper and lower limits stand in the ratio $f_2/f_1=1/3$) (*acous.*), banda in terzo di ottava. **45.** voice ~ (*inf. - tlcm.*), banca fonica, banda del parlato. **46.** wide ~ (of frequencies) (*acous. - etc.*), banda larga.

band (to) (*gen.*), bendare.

bandage (*med.*), benda, bendaggio.

"B & B" (bell and bell, pipe ends) (*pip.*), doppia estremità a bicchiere.

banded (as the structure of metals containing alloy segregation after plastic deformation) (*metall. - forging*), stratificato, a strati, a bande di segregazione, bandato.

"B & F" (bell and flange, pipe ends) (*pip.*), (estremità a) bicchiere e flangia.

banding (segregation type) (*metall. defect*), bandeggiamento, stratificazione. **2.** "~" (of a spindle) (*text. ind.*), cordetta. **3.** ~ machine (*bookbinding mach.*), macchina per applicare fascette.

bandoleer (bandolier) (*milit.*), bandoliera.

band-pass filter (*radio*), filtro passa-banda.

"B & S" (beams and stringers) (*naut.*), bagli e correnti. **2.** ~ (bell and spigot, pipe ends) (*pip.*), con una sola estremità a bicchiere, barre (di tubo) per giunti a bicchiere. **3.** ~ (Brown & Sharpe wire gauge) (*mech.*), *see* American wire gauge.

bandspread (of short waves) (*radio*), banda allargata.

bandspreader (*tlcm.*), espansore di banda.

bandwidth (*radio - comp. - etc.*), larghezza di banda, ampiezza di banda.

band-wrap (to) (as chocolate cakes) (*packing*), avvolgere a fascia.

bandy (bent, crooked, as in carpentry) (*gen.*), storto.

bang-bang circuit (high speed relay system for comp.) (*elics.*), circuito bang-bang.

banger (of a beating engine) (*paper mfg.*), scacciapasta.

banister, *see* baluster.

banisters (of a staircase) (*bldg.*), ringhiera, balaustrata. **2.** ~ handrail (as of a staircase) (*bldg.*), mancorrente (o corrimano) della ringhiera. **3.** wooden ~ (*bldg.*), balaustrata in legno.

banjo (*mus. instr.*), banjo. **2.** ~ plug (inlet union screw of a banjo union) (*pip.*), bocchettone maschio. **3.** ~ union (drilled bolt and relative annular connection with tail, as for oil or gasoline pipe attachment: as on a mtc. or aut. carburetor) (*mech.*), raccordo orientabile.

bank (a group or set of things arranged together) (*gen.*), batteria. **2.** ~ (bench where rows of jacks, pilot lamps, plugs etc. are installed for connections) (*elect. - elics. - comp. - etc.*), banco. **3.** ~ (series of things in a row) (*gen.*), serie. **4.** ~ (of an airplane) (*aer.*), inclinazione trasversale (per la virata). **5.** ~ (of lamps: as for m. pict. take) (*illum.*), padellone, riflettore multiplo. **6.** ~ (as a fishing bank) (*sea*), banco. **7.** ~ (arrangement in row of cylinders) (*mot.*), linea. **8.** ~ (as of a river), sponda. **9.** ~ (*road constr.*), scarpata. **10.** ~ (bench for working) (*typ.*), banco da lavoro. **11.** ~ (*bldg. - finan.*), banca. **12.** ~ (*naut.*), banco per rematori. **13.** ~ (shoal) (*sea*), banco, secca. **14.** ~ (*geogr.*), sponda. **15.** ~ (for blood or plasma) (*med.*), banca del sangue. **16.** ~ (piggy bank, for saving coins), salvadanaio. **17.** ~ agreement (*finan.*), benestare bancario. **18.** ~ and turn indicator, *see* turn and slip indicator. **19.** ~ bill, *see* banker's bill. **20.** ~ charges (*comm.*), oneri bancari, spese bancarie. **21.** ~ cheque (Brit.) ~ check (Am.) (*bank - finan.*), assegno bancario. **22.** ~ discount (*finan.*), sconto. **23.** ~ indicator (*aer. instr.*), indicatore di sbandamento, sbandometro, indicatore della inclinazione trasversale. **24.** ~ loan (*finan.*), prestito bancario. **25.** ~ note (promissory note issued or accepted by a bank and circulating as money) (*finan.*), assegno circolare. **26.** ~ note (*paper money*) (Brit.), biglietto di banca, banconota. **27.** ~ overdraft (*finan.*), scoperto bancario. **28.** ~ rate (*finan. - comm.*), tasso ufficiale di sconto. **29.** ~ slope (*road constr. - etc.*), pendenza della scarpata. **30.** ~ statement (relating to a customer's account) (*adm. - finan.*), estratto conto. **31.** central ~ (governmental bank) (*bank*), banca centrale. **32.** fog ~ (*meteorol.*), banco di nebbia. **33.** joint-stock ~ (with several subscribing shareholders) (*finan.*), banca per azioni. **34.** keys ~ (row of keys: as pertaining to a keyboard) (*off. mach. - comp. - etc.*), fila di tasti. **35.** savings ~ (*bank - finan.*), cassa di risparmio.

bank (to) (to incline laterally when making a curve) (*aer.*), inclinarsi in virata. **2.** ~ (as a railway curve) (*railw. - road*), sopraelevare. **3.** ~ (to deposit money in a bank) (*finan.*), depositare in banca. **4.** ~ (as cheques or bills, to exchange for currency money) (*finan.*), presentare per l'incasso. **5.** ~ (the

fire) (*comb.*), tenere a regime minimo, coprire. **6.** ~ money (*finan.*), depositare denaro in banca. **7.** ~ up (to embank), costruire un argine, costruire un terrapieno.
bankability (*finan.*), bancabilità.
bankable (*a. - finan.*), bancabile.
Banka tin (tin from the island of Banka) (*metall.*), stagno Banca.
bankbook (*finan.*), libretto di conto corrente.
bankcard (credit card emitted by a bank) (*bank facility*), carta di credito.
banked (as a railway curve) (*a. - railw. - road*), sopraelevato.
banker (*finan.*), banchiere.
banker's bill (bill of exchange drawn by one bank on another bank) (*finan. - comm.*), tratta bancaria.
banking (embankment) (*hydr.*), argine. **2.** ~ (*aer.*), inclinazione trasversale. **3.** ~ (of a road curve) (*civ. eng.*), sopraelevazione. **4.** ~ (the retention of a fire on a grate but at a very slow rate of combustion, as overnight or at the weekend) (*comb.*), conservazione del fuoco acceso a regime minimo. **5.** ~ (business of a bank) (*bank*), lavoro bancario, servizio bancario. **6.** ~ engine (*railw.*) (Brit.), *see* helper (Am.). **7.** home ~ (*telematic bank*), servizio bancario a domicilio. **8.** ~ up (as the fire of a furnace) (*comb.*), *see* banking. **9.** remote ~ (*telematic bank*), servizio bancario a distanza.
bankrupt (*a. - comm.*), fallito.
bankruptcy (*comm.*), fallimento, bancarotta. **2.** ~ trustee (*finan.*), curatore di fallimento. **3.** referee in ~ (*adm. - law*), giudice fallimentare. **4.** trustee in ~ (*adm. - law*), esecutore fallimentare.
banksman (*min.*), sorvegliante di un pozzo di miniera.
banner (flag) (*gen.*), bandiera. **2.** ~ (banner head, banner line, largetype headline) (*typ.*), titolo a caratteri cubitali. **3.** ~ (automatic block signal by target) (*railw.*), segnale di blocco automatico a semaforo. **4.** ~ cloth (*text.*) (Brit.), *see* bunting.
banquet (*gen.*), pranzo ufficiale.
banquette (raised way: as along a parapet) (*milit. bldg.*), cammino di ronda.
bantam (small sized and handy: as a subcompact car) (*a. - gen.*), piccolo e maneggevole.
baptistery, baptistry (*arch.*), battistero.
"BAR" (Browning automatic rifle) (*firearm*) (Am.), fucile automatico Browning.
bar (*metall. ind.*), barra. **2.** ~ (1 megadyne per sq cm = 10^5 Pa: unit of pressure) (*phys.*), megabaria, bar. **3.** ~ (of reinf. concr.), ferro. **4.** ~ (for removing rock fragments from the walls of a mine) (*min. impl.*), barra, palanchino. **5.** ~ (arbor, of a core) (*found.*), armatura. **6.** ~ (a bank or shoal at the mouth of a river or at the entrance of a harbor) (*naut. - geol.*), barra. **7.** ~ (airplane control column) (*aer.*) (Brit.), barra di comando. **8.** ~ (of gold), lingotto. **9.** ~ (Browning automatic rifle) (*firearm*), fucile automatico Browning. **10.** ~ (as for closing a road), sbarra. **11.** ~ (the information carrier of a bar code) (*comp.*), barra. **12.** bars (knives, of a beating engine) (*paper ind.*), lame, coltelli. **13.** ~ chart (graph made of rectangles with height proportional to the function represented) (*stat. - etc.*), istogramma, diagramma a colonne (o areale). **14.** ~ grip slide (of a forging machine) (*mach.*), carrello serrabarra. **15.** ~ hold (tong hold: end of a bar or forging suitable for the use of tongs) (*forging*), codolo. **16.** ~ keel (of a steel ship) (*shipbuild.*), chiglia massiccia. **17.** ~ K/O (bar knockout, of a die) (*sheet metal w.*), espulsione a candela. **18.** ~ peeler (*mach. t.*), pelatrice di barre. **19.** ~ roller (for crushing clods) (*agric. mach.*), frangizolle. **20.** ~ straightening machine (*mach. t.*), raddrizzatrice (di) barre. **21.** ~ window (*bldg.*), inferriata. **22.** angle ~ (*metall. ind.*), ferro angolare. **23.** anti-pitch ~ (of a suspension) (*aut.*), barra antibeccheggio. **24.** anti-roll ~ (of a suspension) (*aut.*), barra antirollìo. **25.** antisag ~ (king post, of a truss) (*bldg.*) (Brit.), monaco. **26.** arbitration ~ (standard test bar) (*mech. technol.*) (Am.), provetta normale a flessione. **27.** automatic ~ machine (*mach. t.*), macchina automatica per lavorazione dalla barra. **28.** boring ~ (*mech.*), bareno, barra alesatrice, mandrino per alesare. **29.** bus ~ (*elect.*), sbarra, sbarra collettrice, sbarra omnibus. **30.** cast-on test ~ (*found.*), provetta fusa col getto, provetta fusa solidale al getto. **31.** cemented ~ (*metall.*), *see* blister bar. **32.** coiled ~ (*metall. ind.*), barra in rotoli. **33.** commutator ~ (as of a dynamo) (*elect.*), lamella del collettore. **34.** concrete ~ (*bldg.*), tondino per cemento armato. **35.** corrugated ~ (for increasing adhesion between bar and concrete in reinforced concrete) (*bldg. - metall.*), ferro spiralato (tondino profilato). **36.** crow ~ (*impl.*), palanchino. **37.** cutter ~ (supporting a cutting tool at one end) (*t. impl.*), prolunga (portautensile). **38.** deformed ~ (for increasing adhesion between bar and concrete in reinforced concrete) (*bldg. - metall.*), ferro nervato (o corrugato) per cemento armato. **39.** diagonal bars (as of a rotogravure press) (*print. mach.*), barre diagonali. **40.** equalizing ~ (*railw.*), *see* equalizer. **41.** expanding ~ (*forging*), *see* becking bar. **42.** fire ~ (a bar of a grate, boiler furnace etc.) (*boil.*), barrotto, barra per griglia. **43.** flat ~ (sheet bar) (*metall.*), bidone. **44.** flat ~ iron (*metall. ind.*), piatto, ferro piatto. **45.** flight ~ (of an electroplating plant) (*electrochem.*), barra volante. **46.** halfround ~ (*metall. ind.*), mezzotondo, semitondo (regolare). **47.** handle ~ (as of a motorcycle) (*veh.*), manubrio. **48.** hexagonal ~ iron (*metall. ind.*), ferro esagono, barra esagona (di ferro). **49.** hollow half-round ~ (*metall. ind.*), barra a canalino. **50.** jack ~ (*min.*), martinetto a vite. **51.** knockout ~ (as of power press) (*mech.*), candela d'espulsione. **52.** K/O ~ (knockout bar, of a die) (*sheet metal w.*), candela d'espulsione. **53.** length ~ (measuring unit) (*meas.*), barra campione. **54.** notched ~ (of aluminium) (*metall.*), "dentella",

pane a dentelli. **55.** octagonal ~ (*metall. ind.*), barra ottagonale. **56.** oval ~ (*metall. ind.*), barra ovale. **57.** pilot ~ (as of a lathe) (*mach. t. mech.*), barra di guida. **58.** pinch ~ (lever bar) (*t.*), palanchino, piè di porco. **59.** puffed ~ (powder metallurgy defect due to the pressure inside the bar) (*metall. defect*), barra gonfiata. **60.** repartition ~ (*reinf. concr.*), barra di distribuzione, barra di ripartizione. **61.** repeat space ~ (*typewriter*), barra spaziatrice continua. **62.** ribbed flat ~ (*metall. ind.*), barra piatta con nervatura. **63.** rifle ~ (of a machine drill) (*min. mech.*), barra di rotazione. **64.** ripping ~ (*carp. t.*), cacciachiodi. **65.** round ~ iron (*metall. ind.*), ferro tondo. **66.** round-edged flat ~ (*metall. ind.*), piatto (o barra piatta) a spigoli arrotondati. **67.** section ~ (*metall. - comm.*) (Am.), profilato. **68.** shackle ~ (*mech. - railw.*), barra di accoppiamento. **69.** sharp-edged flat ~ (*metall. ind.*), piatto a spigoli vivi, barra piatta a spigoli vivi. **70.** sheet ~ (intermediate shape of a bar in the rolling process) (*metall.*), bidone. **71.** sissy ~ (inverted U frame raised behind the seat and used as a seatback) (*mtc.*), appoggia schiena. **72.** slide ~ (*mech.*), asta di guida. **73.** sliding ~ (as of a door), paletto, catenaccio. **74.** space ~ (as of a typewriter) (*mech.*), sbarra spaziatrice. **75.** spike ~ (bar from which spikes are obtained) (*metall. ind.*), barra per arpioni. **76.** square ~ iron (*metall. ind.*), ferro quadro, barra quadra. **77.** stabilizer ~ (*aut.*), barra stabilizzatrice. **78.** standard ~ (for testing the resistance of materials) (*constr. theor.*), provetta normale, provino normale, barretta normale. **79.** stress ~ (*reinf. concr.*), ferro di armatura soggetto a sollecitazione. **80.** sturdy ~ (*metall.*), lingotto. **81.** T ~ (*metall. ind.*), ferro a T. **82.** test ~ (for material testing) (*constr. theor.*), barretta, provetta, provino. **83.** tire ~ (as for railway wheels) (*metall. - railw.*), barra per cerchioni. **84.** tommy ~ (*mech.*), spina, caviglia. **85.** torsion ~ (*mech.*), barra di torsione. **86.** trapeze ~ (*metall. ind.*), barra trapezoidale. **87.** wedge ~ (for material testing) (*constr. theor.*), barretta triangolare, barretta a cuneo. **88.** Z ~ (*metall. ind.*), ferro a Z.

"bar" (barometer, barometric) (*meteor. - etc.*), barometro, barometrico.

bar (to) (to fasten, as a door with a bar) (*gen.*), sbarrare. **2.** ~ (to turn by a bar, as a flywheel) (*mach.*), girare. **3.** ~ down (*min.*), abbattere con barra, disgaggiare.

barbed (with burr) (*a. - metal w.*), con bava. **2.** ~ wire, filo spinato. **3.** ~ wire cutter (*t.*), cesoie per filo spinato. **4.** ~ wire fence, reticolato.

barberry (shrub the bark of which in used for obtaining a fine yellow dye) (*leather ind.*), crespino, berberi. **2.** ~ (dried roots of barberry used as a bitter tonic) (*med.*), berberina. **3.** ~ juice (*leather ind.*), succo di crespino.

barbette (*navy - fortification*), barbetta. **2.** ~ turret (*navy*), torre a barbetta. **3.** in ~, en ~ (of a gun in the position of firing over a parapet) (*navy*), in barbetta.

barbwire (barbed wire) (*agric. - mas. - etc.*), filo spinato.

bardiglio (marble) (*min.*), bardiglio.

bare (*a. - ind.*), nudo. **2.** ~ reactor (*atom phys.*), reattore nudo. **3.** ~ wire (*elect.*), filo nudo. **4.** under ~ poles (said of a ship, with no sail set) (*naut.*), a palo secco, a secco di vele.

bare (to) (an insulated wire) (*elect.*), togliere il rivestimento isolante, denudare, portare a nudo (il conduttore), "sbucciare".

bareboat (without crew, insurance etc.: mode of chartering) (*a. - comm. - naut.*), barca (noleggiata) senza equipaggio.

barff (to) (to protect with a magnetic-oxide coating, by the Barff process) (*technol.*), proteggere con processo Barff, proteggere mediante ossidazione.

barffing (protection of iron or steel with a magnetic-oxide coating by the Barff process) (*metall.*), protezione (con processo di) Barff.

Barff process (magnetic-oxide coating) (*technol.*), processo Barff, ossidazione protettiva.

bargain (*comm.*), transazione, accordo.

bargain (to) (*comm.*), transare, accordarsi, contrattare.

bargaining (*trade union*), contrattazione. **2.** ~ unit (group of workers selected to bargain with the management) (*work. organ.*), gruppo designato a trattare. **3.** collective ~ (*work. organ.*), contrattazione collettiva.

barge (for freight transportation in ports) (*naut.*), bettolina, maona, chiatta. **2.** ~ (powerboat of a flagship) (*naut.*), lancia di parata. **3.** ~ (box for bread) (*naut.*), cesta per il pane. **4.** hopper ~ (*naut.*), betta. **5.** steam ~ (*naut.*), betta a vapore, pirobetta. **6.** unloading ~ (*naut.*), chiatta da sbarco.

bargeman (*work.*), barcaiolo.

barilla (impure sodium carbonate obtained from plant ashes) (*chem. - comm.*), barilla.

barite (*min.*), baritina, spato pesante.

barium (Ba - *chem.*), bario. **2.** ~ sulphate ($BaSO_4$) (*chem.*), solfato di bario.

bark (barque) (*naut.*), brigantino a palo. **2.** ~ (of a tree), corteccia. **3.** ~ (decarbonized layer under the scales formed during the reheating of steel in oxidizing atmosphere) (*metall.*), strato decarburato, pelle decarburata. **4.** " ~ " (unity of subjective pitch; the audio frequency range comprises 24 bark) (*acous. meas.*), "bark". **5.** ~ mill (*paper mach.*), scortecciatrice. **6.** ~ stripping machine (bark stripper) (*wood w. mach. t.*), scortecciatrice. **7.** cinchona ~, corteccia di china. **8.** four-masted ~ (*naut.*), nave a quattro alberi.

bark (to) (to tan with bark) (*leather ind.*), conciare al tannino.

barkentine (barquentine) (*naut.*), nave goletta (tre alberi), "barco bestia".

barker (barking machine) (*paper ind.*), scortecciatrice.
Barkhausen effect (in ferromagnetic materials; the magnetization is not changing when changing the magnetising field) (*elect.*), effetto Barkhausen, salto di Barkhausen.
barkometer (hydrometer for determining the strength of tanning liquor) (*instr.*), areometro per (misurare la concentrazione di) bagni di concia, dosimetro per bagni di concia.
barkpeeling (*wood*), scortecciatura. **2.** ~ machine (*mach.*), scortecciatrice.
barleycorn (*agric.*), orzo.
barman (*metalworker*), addetto alla costruzione (o preparazione) di barre.
barn (cross section meas. = 10^{-24} sq cm) (*atom phys.*), barn. **2.** ~ (for hay) (*bldg.*), fienile, capanna. **3.** ~ (stable) (*bldg.*), stalla. **4.** ~ (for veh.) (*bldg.*), rimessa.
barnacles (*naut.*), ostriche di carena, denti di cane.
barney (trolley operated by a cable and used for pushing cars) (*min.*), carrello di spinta (azionato da cavo).
barnstorm (to) (to pilot one's aircraft in unscheduled flights) (*aer.*), pilotare voli estemporanei.
barocyclonometer (cyclone - indicator) (*meteorol. instr.*), barociclonometro.
barodynamics (mechanics, applied as to bridges, dams etc.) (*constr. theory*), meccanica applicata alle strutture pesanti.
barogram (*aer. - naut. - meteorol.*), barogramma.
barograph (*instr.*), barografo.
barometer (*instr.*), barometro. **2.** ~ for measuring altitudes (*instr.*), altimetro barometrico. **3.** aneroid ~ (*instr.*), barometro aneroide. **4.** holosteric ~, *see* aneroid barometer. **5.** recording ~ (*instr.*), barografo. **6.** siphon ~ (*instr.*), barometro a sifone. **7.** the ~ is falling (or rising) (*meteorol.*), il barometro si abbassa (o sale).
barometric, barometrico. **2.** ~ altimeter (graduated barometer) (*aer. instr.*), altimetro barometrico. **3.** ~ pressure control (as in a jet engine fuel system) (*aer.*), regolatore barometrico (della pressione del combustibile), comando barometrico. **4.** ~ surface (isobaric surface) (*meteorol.*), superficie isobarica.
barometrical, barometrico.
baroque (style) (*a. - n. - arch.*), barocco.
baroscope (*instr.*), baroscopio.
barostat (a fuel system for jet engines) (*aer.*), barostato.
baroswitch (*radiosonde*), interruttore barostatico, interruttore azionato dalla pressione barometrica.
barothermograph (*instr.*), barotermografo.
barothermohygrograph (*meteorol. instr.*), barotermoigrografo.
barque (bark) (*naut.*), brigantino a palo.
barquentine, *see* barkentine.
barracks (temporary bldg.) (*milit. bldg.*), baraccamento. **2.** ~ (permanent bldg.) (*milit. bldg.*), caserma.
barrage (*hydr.*), sbarramento. **2.** ~ (by firearms) (*milit.*), sbarramento. **3.** ~ (*navy*), ostruzione, sbarramento. **4.** balloon (*milit.*), pallone di sbarramento. **5.** ~ fire (*milit.*), tiro di sbarramento. **6.** ~ reception (by a directional antenna) (*radio*), ricezione (direzionale) antinterferenza. **7.** ~ tender (*navy*), natante per trasporto di ostruzioni. **8.** antiaircraft ~ (*milit.*), sbarramento antiaereo. **9.** net ~ (*navy*), ostruzione con rete. **10.** supersonic ~ (*navy*), sbarramento ultrasonico.
barrel (*mech.*), cilindro. **2.** ~ (*firearm*), canna. **3.** ~ (cask), botte, barile, fusto. **4.** ~ (of a capstan) (*naut.*), tamburo, campana. **5.** ~ (as of a fountain pen), serbatoio. **6.** ~ (as of an extruder for rubber mfg.) (*mech.*), camera. **7.** ~ (that has to contain the pumping element of an injection pump) (*diesel mot.*), cilindro, cilindretto. **8.** ~ (of a locomotive) (*boil.*), corpo cilindrico (di caldaia per locomotiva). **9.** ~ (usual ~ for liquids = hl 1.192 = 31.5 U.S. gals) (*bbl. - meas.*), barile. **10.** ~ (~ for petroleum = hl 1.5897 = 42 U.S. gals) (*bbl. - meas.*), barile (di petrolio). **11.** ~ (photographic lens with diaphragm etc.) (*phot.*), obiettivo. **12.** ~ (for cleaning or treating metal objects) (*mech.*), barile, barilatrice. **13.** ~ arch (similar to a segment of a barrel and of considerable length relatively to its span) (*arch.*), arco cilindrico. **14.** ~ casing (as of a machine gun) (*firearm*), manicotto (copricanna). **15.** ~ elevator (arm conveyor) (*ind. transp.*), elevatore per fusti, montafusti. **16.** barrels per calendar day, "BCD" (*petroleum production*), barili per giorno solare. **17.** barrels per day, "BD" (rate of petroleum production) (*oil meas.*), barili al giorno. **18.** ~ plating (*electroplating*), rotogalvanostegia. **19.** ~ roll (*aer. acrobatics*), frullo, vite orizzontale, "tonneau". **20.** ~ spanner (*t.*) (Brit.), chiave a tubo. **21.** ~ vaulting (*a. - arch.*), volta a botte. **22.** ~ winding (*elect.*), avvolgimento a tamburo. **23.** ~ wrench (*t.*) (Am.), chiave a tubo. **24.** core ~ (*min. t.*), tubo carotiere. **25.** cylinder ~ (of mot.) (*mech.*), canna di cilindro. **26.** spare ~ (as of a machine gun) (*firearm*), canna di ricambio. **27.** tumbling ~ (revolving drum: as for polishing small metal parts) (*workshop mach.*), barilatrice.
barren (sterile) (*a. - gen.*), sterile. **2.** ~ well (*min.*), pozzo sterile.
barretter (obsolete detector) (*radio*) (Am.), rivelatore a variazione di resistenza. **2.** ~ (ballast resistance) (*radio - elect.*), resistore autoregolatore.
barricade (*milit.*), barricata.
barrico (water barrico) (*naut.*), barilotto dell'acqua.
barrier (*gen.*), barriera. **2.** ~ (in a composite print) (*m. pict.*), striscia di sicurezza, margine di riposo. **3.** ~ (as of a transformer) (*elect.*), materiale isolante. **4.** ~ (as an emergency net on an aircraft carrier) (*aer.*), barriera, barriera di arresto. **5.** ~, *see also* flashguard. **6.** ~ cell (in an a.c. rectifier)

(*elect.*), elemento raddrizzante. **7.** ~ cream (as for protection against fire) (*milit. - etc.*), crema antivampa. **8.** ~ layer (as in a rectifier) (*n. - elect.*), strato di sbarramento. **9.** ~ layer rectifier (*elect.*), raddrizzatore a strato di arresto. **10.** ~ reef (coral reef) (*geol.*), barriera corallina. **11.** bascule ~ (as of a railw. level crossing) (*road traff.*), sbarra (o barriera) a bilico. **12.** fixed ~ (*aut. - crash test*), barriera fissa. **13.** heat ~ (at Mach 6) (*aer.*), barriera termica, muro del calore. **14.** mine ~ (*navy*), sbarramento di mine, barriera di mine. **15.** moving ~ (*aut. - crash test*), barriera mobile. **16.** safety ~ (as a net for arresting an aircraft landing on a carrier) (*aer.*), barriera di sicurezza, rete di sicurezza. **17.** sound ~ (*aer.*), barriera del suono, muro del suono. **18.** tank ~ (*milit.*), barriera anticarro. **19.** thermal ~ (heat barrier) (*aer.*), barriera termica, muro del calore. **20.** transonic ~ (*aer.*), barriera transonica, muro del suono. **21.** vapor ~ (*heating*), schermo per il vapore.

barring (excepting) (*comm.*), salvo, ad eccezione di... **2.** ~ (turning as of a flywheel by a bar) (*mech. - etc.*), rotazione a mano. **3.** ~ (removing of rock fragments from the walls of a mine) (*min.*), disgaggio. **4.** ~ engine (for turning the flywheel of large engines) (*mech.*), viratore (a motore). **5.** ~ gear (for moving heavy elect. mach.) (*elect.*), attrezzatura costituita da martinetti, palanchini ecc.

barrister (Brit.), avvocato.

barroom (*bldg.*), bar.

barrow (wheelbarrow) (*bldg. impl.*), carriola. **2.** ~ (handbarrow) (*med.*), barella. **3.** power ~ (*transp.*), motocarriola.

barter (*comm.*), baratto. **2.** ~ (permutation) (*comm. - adm.*), permuta.

barway (*bldg.*), passaggio chiuso da sbarra.

barwood (camwood, red hard wood of an African tree) (*wood*), bafìa.

barycenter (*geom.*), baricentro.

barycentric (*a. - mech. - phys.*), baricentrico.

barye (one dyne per $cm^2 = 0{,}001$ millibar $= 0{,}1$ Pa: meas. of pressure) (*phys.*), barìa, microbar.

baryon (particle having a mass higher than a proton) (*atom phys.*), barione. **2.** ~ number (*atom phys.*), numero barionico.

baryonic (*atom phys.*), barionico.

barysphere (*geol.*), barisfera.

baryta (*chem.*), monossido di bario.

barytes ($BaSO_4$) (*min.*), baritina.

basalt (rock), basalto.

basaltic (*min.*), basaltico.

B.A. screw-thread (British Association screw-thread) (*mech.*), filettatura Associazione Britannica.

bascule (*mech.*), bilico. **2.** ~ barrier (as of a railway level crossing) (*road traff.*), sbarra (o barriera) a bilico. **3.** ~ bridge (*bldg.*), ponte levatoio, ponte ribaltabile.

base (*arch. - mech.*), base, basamento. **2.** ~ (in a numerical system) (*math.*), base. **3.** ~ (*bldg.*), base. **4.** ~ (*chem.*), base. **5.** ~ (*geom. - math.*), base. **6.** ~ (*milit.*), base. **7.** ~ (as of an engine for stationary installation) (*mot.*), basamento, base. **8.** ~ (as of a motor generator set) (*mech.*), basamento, base. **9.** ~ (the transparent support for phot. emulsions: as of a film) (*phot. - m. pict.*), supporto. **10.** ~ (of a lathe tool) (*t.*), base. **11.** ~ (of elect. lamp or electronic tube) (*elect. - elics.*), zoccolo. **12.** ~ (of rail) (*railw.*), base, suola. **13.** ~ (as of an oscillograph) (*radio - etc.*), base dei tempi. **14.** ~ (of a triangulation) (*top.*), base topografica, base. **15.** ~ (block-mount) (*typ.*), zoccolo, supporto (per il cliché). **16.** ~ box (corresponding to an area equivalent to 112 sheets of tin plate, 14×20 in each, or 31,360 sq in) (*unit of meas.*), area equivalente a quella di 112 fogli di latta ciascuno di 14×20, ossia 31.360 pollici quadrati. **17.** ~ circle (of gear) (*mech.*), circolo di base. **18.** ~ cone (of a gear) (*mech.*), cono di base. **19.** ~ cylinder (of a gear) (*mech.*), cilindro di base. **20.** ~ diameter (of a gear) (*mech.*), diametro (del cerchio) di base. **21.** ~ exchange (exchange of atoms as in zeolites for sweetening water) (*geol. - chem.*), scambio delle basi. **22.** ~ exchange (post exchange for air force or navy) (*air force - navy*), spaccio. **23.** ~ industry (*ind.*), industria chiave, industria basilare. **24.** ~ knob (made of hard rubber and fixed to the floor or to the baseboard to avoid the door striking the wall) (*bldg.*), battiporta, finecorsa per porta. **25.** ~ line (as of a triangulation) (*top. - geod.*), base topografica, base geodetica. **26.** ~ line (line parallel to the water lines and used as a base for vertical measurements) (*shipbuild.*), linea di costruzione. **27.** ~ metal (metal to be welded or cut) (*technol.*), metallo base. **28.** ~ metal (*metall.*), base. **29.** ~ net (as in a triangulation system) (*geod. - top.*), rete di sviluppo di base. **30.** ~ of operations (*milit.*), base di operazioni. **31.** ~ of triangulation (*top.*), base di triangolazione. **32.** ~ rate (wages) (*pers. - work.*), paga base. **33.** ~ size (common draw size: intermediate size in which a wire is heat-treated before final drawing) (*metall. ind.*), dimensione intermedia finale. **34.** ~ surge (due to an underwater atomic explosion) (*atom. expl.*), nuvola di vapori, acqua e detriti lanciati sull'acqua. **35.** ~ unit (as of mach. t.) (*mech.*), basamento. **36.** air ~ (*photogr.*), base di presa aerea. **37.** air ~ (*air force*), base aerea. **38.** axle ~ (*veh.*), interasse. **39.** cabinet ~ (*mech.*), basamento scatolare. **40.** clipping ~ (for trimming by press) (*forging*), base per attrezzo di sbavatura. **41.** cross ~ (*naut. - mech.*), piattaforma a croce. **42.** frame time ~ (*telev.*), base dei tempi del quadro. **43.** handle ~ (*firearm*), fondello dell'impugnatura. **44.** inert ~ dynamite (*expl.*), dinamite a base inerte. **45.** magnetic time ~ (*radio - telev.*), base dei tempi (con deflessione) magnetica. **46.** naval ~ (*navy*), base navale. **47.** range finder ~ (*opt.*), base telemetrica. **48.** single ~ (as for an engine and alternator forming a generator set) (*mot. - elect.*), base unica, intelaiatura di base unica, basamento comune. **49.** stereo ~ (*opt.*), base stereoscopica. **50.** swinging ~ (turntable with quadrantal points: impl. for swinging the aircraft: for correcting the compass) (*aer.*), base per giri di bussola. **51.** time ~ (*elics. - telev. - radar*), base dei tempi. **52.** vinyl ~ (of a film) (*phot.*), supporto vinilico. **53.** wheel ~ (*veh.*), passo, interasse.

base (to) (to do a foundation) (*bldg.*), fondare, erigere le fondazioni.

baseball (*sport*), baseball, palla a basi.

baseband (fundamental band of frequencies used in all transmissions) (*radio*), banda base.

baseboard (protecting and finishing element located at the base of the walls of a room, in contact with the floor) (*bldg.*), battiscopa.

based (*a. - gen.*), basato.

base-exchange (exchange of atoms as in zeolites for sweetening water) (*geol. - chem.*), scambio delle basi.

basement (of mach., of bldg.), basamento, base. **2.** ~ (storey partly below ground level) (*bldg.*), seminterrato. **3.** ~ (the floor wholly below the ground level) (*bldg.*), scantinato, sottosuolo. **4.** ~ (the lower part of walls) (*bldg.*), muro a fabbrica dello scantinato.

baseplate (as of a bench impl.: bench shears, etc.) (*mech.*), piastra di base. **2.** ~ (of a column made out of steel or cast iron) (*bldg.*), piastra di appoggio. **3.** ~, *see also* bedplate.

baseplug (*bldg. - elect.*), alloggiamento per presa incassata.

bash (to), *see* crash (to).

basic, fondamentale. **2.** ~ (constituting the basis) (*a. - comp. - etc.*), di base. **3.** ~ (*chem.*), basico. **4.** ~ airspeed (indicated airspeed corrected for instrument error) (*aer.*), velocità base, velocità indicata corretta dell'errore strumentale. **5.** ~ crew (for a predetermined kind of continuous work) (*time study*), mano d'opera necessaria. **6.** ~ dyestuffs (*chem. ind.*), coloranti basici. **7.** ~ iron (phosphorous pig iron) (*metall.*), ghisa fosforosa. **8.** ~ open-hearth steel (*metall.*), acciaio (prodotto in forni) Martin a suola basica. **9.** ~ pig (*metall.*), ghisa ottenuta con procedimento basico. **10.** ~ process (*metall. - chem.*), procedimento basico. **11.** ~ rate (as to a workman) (*pers. management*), salario base, stipendio base. **12.** ~ salt (*chem.*), sale basico. **13.** ~ size (size from which the limits of size are derived by the application of allowances and tolerances) (*mech.*), dimensione base, dimensione di riferimento delle tolleranze e giochi (o interferenze). **14.** ~ size (nominal size) (*mech.*), dimensione nominale. **15.** ~ slag (*ind. chem.*), scoria basica. **16.** ~ steel (steel obtained by a basic process) (*metall.*), acciaio basico. **17.** ~ stimulus (*opt.*), stimolo di base. **18.** ~ telecommunications access method, "BTAM" (*comp.*), metodo di accesso per telecomunicazioni di base. **19.** ~ weight (weight of a standard ream) (*print.*), peso per risma.

"BASIC" (Beginner's All-purpose Symbolic Instruction Code) (*comp.*), linguaggio BASIC, tipo di linguaggio standardizzato di programmazione.

basicity (*chem. - metall.*), basicità. **2.** proportional ~ (*metall.*), rapporto di basicità.

basify (to) (to transform into a base) (*chem.*), rendere basico.

basil (sheepskin tanned with bark and not yet dyed) (*leather ind.*), bazzana.

basilica (*arch.*), basilica.

basin (*bldg.*), vasca. **2.** ~ (*hydr.*), conca, bacino. **3.** ~ (*med. impl.*), ondina, bacinella. **4.** ~ (vessel for holding water, etc.) (*impl.*), catino. **5.** ~ (pouring basin: cavity on top of the cope) (*found.*), pozzetto di colata. **6.** ~ (zone of country which drains into a river) (*hydr.*), bacino imbrifero. **7.** ~ (*min.*), bacino. **8.** ~, *see* scalepan. **9.** ~ trial (*naut.*), prova in bacino. **10.** catch ~ (at the top of a runner in a mold, for retaining impurities) (*found.*), bacino di raccolta. **11.** degaussing ~ (*navy*), bacino di smagnetizzazione. **12.** drainage ~ (drainage area, catchment area) (*geogr.*), bacino idrografico, bacino imbrifero. **13.** equalizing ~ (in irrigation plant) (*hydr.*), bacino equilibratore, bacino tampone. **14.** fitting ~ (*shipbuild.*), bacino di allestimento. **15.** flushing ~ (*naut.*), bacino di ripulsa. **16.** model ~ (large towing tank where ship models are tested) (*naut. eng.*), grande vasca idrodinamica. **17.** pouring ~ (runner basin, in a mold, at the top of the runner) (*found.*), pozzetto di colata. **18.** repairing ~ (*naut.*), bacino di carenaggio. **19.** retarding ~ (as for reducing the peak flood of a river) (*hydr.*), bacino di espansione, scolmatore. **20.** river ~ (*geogr.*), bacino fluviale. **21.** scouring ~ (*hydr. constr.*), bacino sghiaiatore, sghiaiatore. **22.** stilling ~ (stilling pool) (*hydr. constr.*), vasca di calma. **23.** tidal ~ (*naut.*), bacino di marea. **24.** wet ~ (*naut.*), darsena. **25.** whirlpool ~ (*hydr. constr.*), dissipatore, bacino dissipatore.

basis (*gen.*), base. **2.** ~ (vector set) (*math.*), base. **3.** ~ price (*comm.*), prezzo (di) base. **4.** ~ weight, *see* basic weight.

basket (*impl.*), cesta, paniere. **2.** ~ (of an aerostat) (*aer.*), cesta, navicella. **3.** ~ ball (*sport*), pallacanestro. **4.** ~ wound coil (*elics.*) (Am.), bobina a fondo di paniere. **5.** balloon ~ (*aer.*), cesto del pallone. **6.** coaling ~ (as for ship loading) (*impl.*), coffa per carbone.

basketball (basket ball) (*sport*), pallacanestro.

bas-relief (*sculpture*), bassorilievo.

bass (low tone) (*a. - acous.*), basso. **2.** ~ (bast fiber) (*text. ind.*), filaccia. **3.** ~ (as on a televisor operating knob) (*electroacous.*), toni bassi.

basset (the outcropping edge of a stratum or seam) (*min. - geol.*), affioramento.

bassetite, *see* autunite.

basso-relievo (*sculpture*), bassorilievo.

bast (*text.*), filaccia.

bastard (*a. - gen.*), bastardo. **2.** ~ (hard rock) (*n. - min.*), roccia dura. **3.** bastards (skins) (*leather ind.*), incrociati, pelli bastarde, pelli incrociate. **4.** ~ coal (*min.*), carbone duro. **5.** ~ file (*t.*), lima bastarda. **6.** ~ thread (buttress thread) (*mech.*), filettatura a dente di sega. **7.** ~ type (type not on the point system) (*print.*), carattere bastardo.

bastard-saw (to), *see* tangent-saw (to).

baste (to) (to sew temporarily), imbastire.

basting (thread used for basting) (*n. - text. ind. - sewing*), filo per imbastire. **2.** ~ (the action of stitching loosely) (*sewing*), imbastitura.

bastion (*arch.*), bastione.

bat (half brick) (*mas.*), mezzo mattone. **2.** ~ (guided bomb) (*air force*), bomba radarguidata. **3.** ~ (batt, shale) (*min.*), schisto. **4.** ~ (batt: cotton or wool fiber in continuous sheet) (*text. ind.*), falda (di cotone o di lana). **5.** quarter ~ (*mas.*), "quartiere", quarto di mattone.

batch (group considered or produced at one time), partita, lotto, gruppo. **2.** ~ (group of documents, records etc. to be processed together) (*comp.*), gruppo, lotto. **3.** ~ (amount of material for one operation) (*metall. - ind.*), carica. **4.** ~ (in batches) (*a. - gen.*), a lotti. **5.** ~ (discontinuous, as distillation) (*a. - chem. - etc.*), discontinuo. **6.** ~ (in rubb. ind.), carica, mescola. **7.** ~ (quantity of bread baked at one time) (*ind.*), infornata. **8.** ~ (mixture of raw material and cullet used for producing glass in the furnace) (*glass mfg.*), carica, miscela. **9.** ~ (quantity as of concrete mixed at one time) (*mas.*), dose, carica. **10.** ~ charger (a mechanical device for introducing batches into the furnace) (*glass mfg.*), caricatrice di miscela, caricatore di miscela. **11.** ~ distillation (*chem. ind.*), distillazione discontinua. **12.** ~ feeder (*glass mfg.*), *see* batch charger. **13.** ~ house (the place where batch materials are received, handled, weighed and mixed for delivery to melting units) (*glass mfg.*), sala composizioni. **14.** ~ processing (*comp.*), elaborazione a lotti. **15.** ~ production (*ind.*), produzione a lotti, produzione a partite. **16.** ~ sort (block sort) (*comp.*), selezione a blocchi, ordinamento a blocchi. **17.** ~ total (for control of a ~ of records) (*comp.*), totale di gruppo. **18.** master ~ (in rubb. ind.), mescola madre. **19.** raw ~ (a glass charge without cullet) (*glass mfg.*), carica senza "cullet". **20.** running ~ (a regular batch to produce the desired composition when used with its own cullet) (*glass mfg.*), miscela normale.

batch (to) (as in rubb. ind.), mescolare (nel senso di incorporare), impastare. **2.** ~ (to bring together data in order to process them all together) (*comp. - ind. - etc.*), raggruppare per trattare in lotti. **3.** ~ (to measure the amount of materials; as for making concrete) (*mas.*), dosare. **4.** ~ (to soften as jute by oil) (*text. ind.*), oliare.

batcher (one who measures out: as materials for cement mortar) (*mas.*), incaricato della dosatura. **2.** ~ plant (*bldg.*), tramoggia dosatrice, impianto di dosatura. **3.** weigh ~ (as for mortar preparing) (*bldg. plant*), impianto dosatore a peso.

batching (of textile material) (*text. ind.*), oliatura, ingrasso. **2.** ~ (data batching) (*comp.*), raggruppamento, accumulazione in lotti. **3.** ~ (measuring of the quantity of materials to be mixed: as for making concrete) (*mas.*), dosatura. **4.** ~ bin (*text. ind.*), scompartimento d'oliatura. **5.** ~ plant (as for mortar or concrete) (*mas. mach.*), impianto dosatore.

bate (fermenting solution) (*leather mfg.*), bagno di macerazione. **2.** ~ shaving (*leather ind.*), rasatura dopo la purga.

bate (to) (to lower: as the mine floor) (*min.*), abbassare il piano di scavo. **2.** ~ (to treat skins with a fermenting solution) (*leather mfg.*), purgare. **3.** ~ (to reduce, to take away) (*gen.*), ridurre, togliere.

batea (*min.*), piatto per lavaggio di minerali pregiati.

bath (*chem.*), bagno. **2.** ~ (a receptacle for holding liquid) (*ind.*), vasca. **3.** ~ (molten metal in a furnace) (*found.*), bagno. **4.** ~ (*phot.*), bagno. **5.** ~ lubrication (lubrication by bath) (*mech.*), lubrificazione a bagno d'olio. **6.** ~, *see* bathhouse. **7.** acid ~ (as in the photoengraving process) (*phot. - print.*), bagno d'acido. **8.** air ~ (*therm.*), stufa ad aria. **9.** blackening ~ (*phot.*), bagno d'annerimento. **10.** bleaching ~ (*phot.*), bagno di imbianchimento. **11.** fixing ~ (*text. ind.*), bagno di fissaggio. **12.** fixing ~ (*phot. chem.*), fissatore, bagno di fissaggio. **13.** galvanic ~ (*electrochem.*), bagno galvanico. **14.** hardening ~ (*phot.*), bagno induritore. **15.** hypo ~ (reducing bath) (*leather ind.*), bagno di iposolfito. **16.** lead ~ (*metall. ind.*), bagno di piombo. **17.** plating ~ (*ind.*), bagno galvanico, bagno di placcaggio. **18.** quenching ~ (*heat-treat.*), bagno di tempra. **19.** restraining ~ (*phot.*), bagno rallentatore. **20.** reversing ~ (*phot.*), bagno d'inversione. **21.** short stop ~ (*phot.*), bagno di arresto. **22.** water ~ (*ind. chem.*), bagnomaria.

bathe (to) (to wash) (*gen.*), lavare.

bath-heater (*therm. app.*), scaldabagno.

bathhouse (*bldg.*), bagni, edificio per bagni.

Bath metal (alloy consisting of 45 parts of zinc and 55 parts of copper) (*alloy*), metallo Bath, (tipo di) ottone.

batholith (body of intrusive igneous rock) (*geol.*), batolite.

bathometer (for meas. water depths) (*meas. instr.*), batimetro, scandaglio di profondità.

bathroom (*bldg.*), stanza da bagno.

bathtub (*bldg. fixture*), vasca da bagno.

bathyclinograph (*sea instr.*), strumento per lo studio delle correnti marine verticali di profondità.

bathylith (*geol.*), *see* batholith.

bathymeter (*meas. instr.*), *see* bathometer.

bathymetry (*sea*), batimetria.

bathyscaphe (underwater self-motive app. for exploring the sea bottom) (*app.*), batiscafo.

bathysophic (*a. - sea*), relativo alla conoscenza delle profondità marine.
bathysphere (for deep-sea observations) (*app.*), batisfera.
bathythermogram (diagram of temperature as a function of depth obtained with a bathythermograph) (*navy - und. acous.*), batitermogramma.
bathythermograph (for recording the temperature of the sea at various depths) (*sea instr.*), batitermografo.
bating (treating of skins with a fermenting solution) (*leather ind.*), purga. **2.** ~ (*min.*), abbassamento del piano di scavo. **3.** ~ drum (*leather ind.*), botte da purga.
batman (soldier) (*milit.*), attendente.
batt, *see* bat.
battalion (*milit.*), battaglione.
batten (*illum.*) (Brit.), fila di lampade, luci di ribalta. **2.** ~ (*text. ind.*) (Brit.), battente. **3.** ~ (strip of wood) (*join.*), assicella, listello. **4.** ~ (for flooring: in Am. generally 7 in broad, 2 in thick, 6 ft long) (*bldg.*), asse, tavola. **5.** ~ (for setting a sail flat) (*naut.*), stecca. **6.** ~ (bent strip of wood) (*shipbuild.*), serretta. **7.** ~ plate (*bldg.*), piastra di collegamento.
batten (to) (to apply wood battens) (*join. - bldg.*), applicare rivestimenti di legno. **2.** ~ down (*naut.*), chiudere i boccaporti.
batter (damaged type) (*print.*), carattere avariato. **2.** ~ (rake, inclination to the vertical expressed as one horizontal unit to the number of vertical units, reciprocal of slope) (*civ. eng.*), scarpa. **3.** ~ level (*top. instr.*), tipo di clinometro. **4.** ~ pile (pile driven inclined to the vertical) (*bldg.*), palo inclinato. **5.** ~ post, *see* batter brace.
batter (to) (to beat many times) (*gen.*), battere ripetutamente.
battering ram (*ancient milit. eng.*), ariete. **2.** ~ tool (of pneumatic machines) (*t.*), utensile per martellare.
battery (storage battery) (*elect.*), batteria di accumulatori. **2.** ~ (stamp battery device, stamp mill: as for crushing ore) (*min.*), frantoio a pestelli. **3.** ~ (cell, pile) (*elect.*), pila. **4.** ~ (as of furnaces, transformers etc.) (*ind.*), batteria. **5.** ~ (series of tests) (*ind. psychol. - pers.*), batteria, serie di test. **6.** ~ acid (as of a lead battery) (*electrochem.*), acido della batteria di accumulatori. **7.** ~ box (*elect.*), vaso contenitore per batteria di accumulatori. **8.** ~ capacity (*elect.*), capacità della batteria. **9.** ~ cell (storage cell, secondary cell) (*elect.*), elemento di batteria di accumulatori. **10.** ~ charging set (*elect.*), gruppo elettrogeno per carica batterie. **11.** ~ compartment (as of a sub.), locale accumulatori. **12.** ~ eliminator (*radio app.*), raddrizzatore di alimentazione. **13.** ~ filling (with sulphuric acid solution) (*elect.*), riempimento della batteria. **14.** ~ fire (*artillery*), fuoco di batteria. **15.** ~ grid (*elect.*), griglia di piastra di accumulatori. **16.** ~ indicator (d.c. ammeter indicating the charging or discharging amperes of the aut. battery) (*aut. - elect.*), amperometro indicatore di carica e scarica della batteria. **17.** ~ of tests (*phsychol.*), serie di test. **18.** ~ pack (storage ~; as of a camcorder) (*elect.*), pacco batteria. **19.** ~ plate (*elect.*), piastra di batteria di accumulatori. **20.** ~ power level (of a voltaic battery or of a storage battery) (*elect.*), stato di carica della pila (o della batteria). **21.** ~ rectifier (*elect.*), raddrizzatore per (carica) batterie. **22.** ~ suitable for rapid discharge (*elect.*), batteria di accumulatori a scarica rapida. **23.** ~ terminal (*elect.*), morsetto della batteria. **24.** ~ traction (*elect. veh.*), trazione a batteria di accumulatori. **25.** ~ vehicle (*veh.*), veicolo a batteria di accumulatori. **26.** A ~ (*thermion.*), batteria d'accensione, batteria di filamento. **27.** air ~ (*elect.*), batteria con depolarizzante ad aria. **28.** air ~ (erogating current by oxidation of a metal in pressurized air) (*electrochem.*), cella ad ossidazione in aria. **29.** air cell ~ (*elect.*), batteria depolarizzata ad aria. **30.** air depolarized ~, *see* air battery. **31.** alkaline ~ (*elect.*), batteria alcalina. **32.** antiaircraft ~ (*milit.*), batteria contraerea. **33.** artillery ~ (*artillery*), batteria di artiglieria. **34.** automatic ~ charger (*elect.*), apparecchio per ricarica automatica di batterie. **35.** B ~ (plate battery) (*thermion.*), batteria anodica. **36.** booster ~ (*elect. - radio*), batteria per rivelatore a cristallo. **37.** buffer ~ (*elect.*) (Brit.), batteria tampone. **38.** C ~ (grid battery) (*thermion.*), batteria di griglia. **39.** capacity of the (storage) ~ (*elect.*), capacità della batteria. **40.** cautery ~ (*med. instr.*), galvano cauterio. **41.** central ~ (*teleph.*), batteria centrale. **42.** coast ~ (*milit.*), batteria costiera. **43.** common ~ (central battery) (*teleph.*), batteria centrale. **44.** concentration ~ (*elect.*) (Am.), pila di concentrazione. **45.** dry ~ (*elect.*) (Am.), pila a secco. **46.** dry cell ~, *see* dry battery. **47.** faradic ~ (*med. instr.*), batteria faradica. **48.** field ~ (*artillery*), batteria da campagna. **49.** floating ~ (storage battery connected to a line for equalizing voltage) (*elect.*), batteria tampone. **50.** fuel cell ~ (*elect.*), batteria di celle a combustibile, batteria a combustibile. **51.** galvanic ~ (*med. instr.*), batteria galvanica. **52.** grid ~ (C battery) (*thermion.*), batteria di griglia. **53.** heating ~ (A battery) (*thermion.*), batteria d'accensione. **54.** illuminating ~ (*elect.*), batteria per illuminazione. **55.** lead-acid storage ~ (*elect.*), batteria al piombo. **56.** lead-acid type ~ (*elect.*), batteria di accumulatori al piombo. **57.** lead (plate) ~ (*elect.*), batteria di accumulatori al piombo. **58.** local ~ (*teleph.*), batteria locale. **59.** main ~ (*milit.*), batteria di grosso calibro. **60.** main ~ (of a warship) (*navy*), batteria di grosso calibro, torre dei grossi calibri. **61.** mercury ~ (*elect.*), batteria a mercurio. **62.** metal-air ~, *see* air battery. **63.** nickel-cadmium ~ (alkaline battery) (*elect.*), batteria di accumulatori al nickel-cadmio. **64.** nickel-iron (storage) ~ (*elect.*), batteria al ferro-nichel. **65.** photojunction ~ (a radioactive irradia-

tion on a phosphor is converted into light and this into electrical energy by a silicon junction) (*atom phys.*), batteria a fotogiunzione. **66.** planté ~ (*elect. app.*), batteria stazionaria tipo Planté. **67.** plate ~ (B battery) (*thermion.*), batteria di placca, batteria anodica. **68.** portable ~ (*elect.*), batteria trasportabile. **69.** primary ~ (pile, of AgCl with sea water electrolyte: one-shot battery used in war launch of torpedoes) (*elect. - navy*), batteria primaria, pila. **70.** rapid-discharge ~ (*elect.*), batteria a scarica rapida. **71.** sea water ~ (pile: as by AgCl with sea water electrolyte: gives high power for a short period of time) (*torpedoes*), batteria (o pila) ad acqua di mare. **72.** secondary ~ (storage battery, rechargeable battery) (*elect.*), batteria di accumulatori. **73.** secondary ~ (rechargeable battery used in exercise launch of elect. torpedoes: generally AgZn) (*navy*), batteria secondaria. **74.** silver-zinc ~ (*elect.*), batteria all'argento-zinco. **75.** solar ~ (as the one carried on an artificial satellite) (*elect.*), batteria solare. **76.** starter ~ (*elect. - mot.*), batteria di avviamento. **77.** stationary ~ (*elect.*), batteria stazionaria. **78.** stationary storage ~ (*elect.*), batteria stazionaria di accumulatori. **79.** storage ~ (*elect.*), batteria di accumulatori, "accumulatore". **80.** storage ~ cell (*elect.*), accumulatore, elemento di batteria di accumulatori. **81.** thermoelectric nuclear ~ (made by a radioactive isotope) (*atom phys.*), batteria nucleare a pila termica. **82.** to charge a ~ (*elect.*), caricare una batteria. **83.** traction ~ (*elect.*), batteria da trazione. **84.** unspillable elecrolyte ~ (*elect.*), batteria di accumulatori a liquido immobilizzato. **85.** vehicle ~ (*elect.*), *see* traction battery.

battery-driven (*a. - elect.*), con alimentazione a pila (o a batterie). **2.** ~ set (*thermion.*), apparecchio alimentato a pila (o a batterie).

batting (short for cotton batting) (*text. ind.*), ovatta in falde per imbottitura. **2.** cotton ~ (cotton in sheets for making quilts) (*text. ind.*), ovatta in falde per imbottitura.

battle (*milit.*), battaglia. **2.** ~ cruiser (*navy*), incrociatore da battaglia. **3.** ~ drill (*milit.*), addestramento al combattimento. **4.** ~ formation (*milit.*), formazione di combattimento. **5.** ~ outposts (*milit.*), zona di sicurezza. **6.** ~ sector (*milit. tactics*), settore d'azione. **7.** air ~ (*air force*), combattimento aereo.

battleground (*milit.*), campo di battaglia.

battlement (as of an ancient castle) (*arch.*), merlatura.

battleplane (*air force*), aereo da combattimento.

battleship (*navy*), corazzata, nave da battaglia.

battlewagon (battleship) (*navy*), corazzata, nave da battaglia. **2.** ~ (bombing plane strongly armed and armored) (*air force*), fortezza volante.

baud (data transmission speed unit: generally corresponding to one bit per second) (*information meas. unit*), baud (bit per secondo). **2.** ~ rate (data transmission speed) (*comp.*), cadenza di baud.

baulk, *see* balk.

Baumann test (sulphur printing test) (*metall.*), prova Baumann, prova presenza zolfo con reattivo d'impronta.

bauxite ($Al_2O_3.2\,H_2O$) (*min.*), bauxite.

bay (part of a building or bridge) (*bldg.*), campata. **2.** ~ (as an inlet of sea, lake, etc.), baia, insenatura. **3.** ~ (of a workshop), reparto. **4.** ~ (fuselage compartment) (*aer.*), vano. **5.** ~ (ship's hospital) (*naut.*), infermeria di bordo. **6.** ~ (section of a truss of an aircraft body) (*aer.*), elemento di ossatura. **7.** ~ (window with its framing etc.) (*bldg.*), infisso completo (di finestra). **8.** ~ (vertical supports on which elect. app. are installed) (*elect. - elics. - teleph. - etc.*), incastellatura di sostegno di apparecchiature. **9.** ~ (dipole and reflector antenna) (*radio*), antenna costituita da dipolo e riflettore. **10.** ~ tree, alloro, lauro. **11.** ~ window (projecting windowed recess) (*arch.*), "bovindo", balcone chiuso a vetrata. **12.** assembling ~ (*ind.*), reparto montaggio. **13.** central ~ (*bldg.*), campata centrale. **14.** end ~ (*bldg.*), campata estrema.

baybolt (a bolt provided with a barbed shank) (*mas. - mach.*), chiavarda.

bayonet (as of a connection) (*mech.*), baionetta. **2.** ~ (*milit.*), baionetta. **3.** ~ base (as of an elect. bulb), attacco a baionetta. **4.** ~ coupling (of electric lamps, or electronic tubes) (*elect. - elics.*), attacco a baionetta. **5.** ~ holder, ~ socket (of electric lamp) (*elect.*), portalampada a baionetta. **6.** ~ mount (as of an additional lens on a camera) (*phot. - elect. - etc.*), attacco a baionetta.

bayou (river) (*geogr.*) (Am.), affluente. **2.** ~ (bay), insenatura.

bazooka (rocket launcher: against tank armor) (*milit. - firearm*), lanciarazzi anticarro.

"BB" (ball bearing) (*mech.*), cuscinetto a sfere.

"BBC" (bumper-to-back of cab) (*aut. bodywork*) (Am.) (*slang*), distanza dal filo posteriore cabina fuoritutto avanti. **2.** ~ (British Broadcasting Corporation) (*radio*) (Brit.), ente di radiodiffusione britannico.

"bbc" (before bottom center, before bottom dead center) (*mot.*), prima del punto morto inferiore.

"BBD", *see* Bucket Brigade Device.

"BBDC" (before bottom dead center) (*mot.*), prima del punto morto inferiore.

"bbl" (barrel, barrels) (*meas.*), barile, barili.

"BC" (broadcast) (*radio*), trasmissione radio.

"BCD" (Binary Coded Decimal) (*comp.*), decimale codificato in binario. **2.** ~, *see* Barrels per Calendar Day.

"BCIRA" (British Cast Iron Research Association) (*found.*), Associazione Britannica Ricerche sulla Ghisa.

"bcn" (beacon), *see* beacon.

"BCS" (best cast steel) (*metall. - mech. draw.*), acciaio fuso di buona qualità.

"BD" (barrel per day) (*refinery*), barili al giorno.
"bd", *see* board.
"BDC" (bottom dead center) (of a piston) (*mot. mech.*), punto morto inferiore.
"BDF" (base detonating fuse) (*expl.*), spoletta detonatrice di fondello.
"BDI" (bearing deviation indicator) (*navig.*), indicatore di deviazione del rilevamento.
"BDV" (breakdown voltage: as of a cable) (*elect.*), tensione di scarica distruttiva.
"bdy" (boundary) (*top. - agric.*), limite, confine.
"BE" (bell end, of a pipe) (*pip.*), estremità a bicchiere.
"B/E", **"b e"** (bill of exchange) (*comm.*), cambiale.
Be (beryllium) (*chem.*), berillio.
"Bé" (baumé) (*meas. - chem.*), Bé, baumé.
be (to) away from (*comm.*), essere contrario a. **2.** ~ calm (of the sea), essere in bonaccia. **3.** ~ in the lead (in a race) (*sport*), essere al comando, essere in testa. **4.** ~ lagging (of elect. current), essere in ritardo.
"BEA" (British Engineers Association) (*technol.*), Associazione Tecnici Britannici.
beach (seashore) (*geogr.*), spiaggia. **2.** "~ marks" (of a fatigue fracture) (*metall. - mech. technol.*), linee di riposo, linee di arresto. **3.** ~ wagon (station wagon) (*aut.*), giardinetta.
beach (to) (*naut.*), alare, tirare in secco.
beached (*naut.*), tirato in secco.
beachhead (*milit.*), testa di ponte.
beaching (as of hydroplanes) (*aer.*), alaggio. **2.** ~ gear (for hydroplanes) (*aer.*), carrello di alaggio.
beacon (*gen.*), segnale, segnale luminoso, faro. **2.** ~ (radar beacon, racon) (*radar*), radarfaro, radar a risposta, radar secondario. **3.** ~ (radio beacon) (*radionavigation*), radiofaro. **4.** ~ (signal for guiding navigation) (*naut.*), segnale di navigazione. **5.** ~ (visual aid) (*aer.*), aerofaro, faro. **6.** ~ fire (*aer.*), falò. **7.** aerial ~ (*aer.*), aerofaro. **8.** aerodrome ~ (*aer.*), faro di aerodromo. **9.** air ~ (aerial beacon) (*aer.*), aerofaro. **10.** airport ~ (*aer.*), faro d'aeroporto. **11.** air route ~ (airway beacon) (*aer.*), faro di rotta. **12.** airway ~ (*aer.*), faro di rotta. **13.** approach ~ (radio beacon) (*aer. - radio*), radiofaro di avvicinamento. **14.** beam approach ~ system ("BABS", radar beacon) (*radar - aer.*), radarfaro di avvicinamento direzionale. **15.** beam ~ (system) (*radar*), radarfaro direzionale. **16.** Consol ~ (radio navigation system) (*aer. - radio*), radiofaro Consol, sistema Consol. **17.** course indicating ~ (radio beacon) (*radionavigation*), radiofaro direzionale. **18.** day ~ (*naut.*), riferimento a terra per la navigazione diurna. **19.** directional ~ (*radio navigation*), radiofaro direzionale. **20.** flashing ~ (*aer. - naut.*), segnale a luce intermittente. **21.** four-course ~ (*radionavigation*), *see* radio range. **22.** glide-path ~ (radio beacon) (*air navigation*), radiofaro per atterraggio guidato. **23.** ground radio ~ (*radionavigation*), radiofaro di terra. **24.** ground response radar ~ (*radar*), radarfaro di terra a risposta. **25.** hazard ~ (*aer.*), aerofaro di pericolo. **26.** homing ~ (*aer.*), assistaereo. **27.** identification ~ (*aer.*), aerofaro d'identificazione. **28.** inner marker ~ (in radionavigation: defining the final predetermined point during the approach) (*aer. - radio*), radiofaro interno di segnalazione, radiomeda interna. **29.** landing ~ (*aer.*), faro di atterraggio. **30.** light ~ (*naut.*), meda luminosa. **31.** localizer ~ (directional radio beacon) (*aer.*), radiofaro localizzatore, radiofaro di allineamento della pista. **32.** locator ~ (non-directional radio beacon) (*aer. - radio*), segnale di posizione. **33.** marine radio ~ (*radio navigation*), radiofaro marittimo. **34.** MF ~ (medium-frequency beacon) (*radio beacon*), radiofaro di media frequenza. **35.** nondirectional ~ (*radionavigation*), radiofaro adirezionale. **36.** omnidirectional ~ (radio beacon) (*radionavigation*), radiofaro onnidirezionale. **37.** outer marker ~ (in radionavigation: defining the first predetermined point during the approach) (*aer. - radio*), radiofaro esterno di avvicinamento, radiomeda esterna. **38.** radio ~ (*aer. - naut.*), radiofaro. **39.** radio range ~ (*radio - aer.*), radiofaro direzionale equisegnale, radiofaro direttivo. **40.** responder ~ radar (*radar*), radar secondario a risposta. **41.** rotating ~ for airways (*aer.*), faro girevole per navigazione aerea. **42.** S-band airborne ~ (*radio*), radiofaro aeroportato su banda S. **43.** talking ~ (aural radio range beacon) (*radionavigation*), radiofaro direzionale acustico. **44.** VHF rotating talking ~ (*radionavigation*), radiofaro telefonico rotante VHF, radiofaro rotante acustico ad altissima frequenza.
beacon (to) (to provide with beacons) (*gen.*), munire di fari (o di segnali).
beaconed (*gen.*), provvisto di fari (o di segnali).
bead (*arch.*), piccola modanatura (a spigoli arrotondati). **2.** ~ (drop of flux: by blowpipe) (*chem.*), goccia (di fondente). **3.** ~ (rib) (*mech.*), nervatura. **4.** ~ (short for beading plane) (*join. t.*), pialla per modanature. **5.** ~ (of a die, for eliminating wrinkles building up during the drawing of sheet metal) (*mech. technol.*), rompigrinza. **6.** ~ (of a tire) (*rubb. ind.*), tallone. **7.** ~ (welding seam) (*mech.*), cordone di saldatura. **8.** ~ (an enlarged, rounded edge of a tumbler or other glass article) (*glass mfg.*), bordo rinforzato. **9.** ~ (small drop of plastic) (*chem. ind.*), pula, granulo. **10.** ~ cavity (of a tire) (*rubb. ind.*), incavo del tallone. **11.** ~ chain (*mech.*), catenella a rosario. **12.** ~ heel (of a tire) (*rubb. ind.*), calcagno del tallone. **13.** ~ toe (of a tire) (*rubb. ind.*), punta del tallone. **14.** ~ weld (*mech.*), saldatura a cordone. **15.** ~ wire (as of aut. tires) (*rubb. ind.*), cerchietto. **16.** ~ work (*join.*), modanatura. **17.** back ~ (*welding*), cordone sul rovescio. **18.** string ~ (*welding*), cordone a passata stretta, cordone rettilineo. **19.** weave ~ (*welding*), cordone a passata larga, cordone a passata (con moto) pendolare.

bead (to) (*mech.*), rivoltare il bordo. **2.** ~ (to make concave impressions or small grooves on the flat sheet metal in order to stiffen it) (*mech.*), nervare (alla bordatrice o a mano).

beader (as around a boiler tube) (*mach. t.*), cianfrinatrice.

beading (*arch.*), modanatura. **2.** ~ (as of arc welding), cordone. **3.** ~ (a rounded edge on a metal sheet blank) (*mech.*), bordatura. **4.** ~ (concave impression made on flat sheet metal in order to stiffen it) (*mech.*), nervatura. **5.** ~ (deposition of beads) (*welding*), deposizione dei cordoni (di saldatura). **6.** ~ (application of brazing material to a contact) (*elect.*), ripristino, ravvivamento (mediante apporto di materiale saldante). **7.** ~ (*join.*), modanatura. **8.** ~ machine (*mach. t.*), bordatrice. **9.** ~ plane (*join. t.*), pialla per modanature. **10.** string ~ (*welding*), deposizione di cordoni a passata stretta (o rettilinea). **11.** weave ~ (*welding*), deposizione di cordoni a passata larga (o con moto pendolare).

beak (of an anvil) (*tinman's t.*), corno di incudine. **2.** ~ iron (*t.*) (Brit.), *see* beakiron.

beaker (*chem. impl.*), bicchiere.

beakhorn stake (*t.*), incudinetta ad un solo corno.

beakiron (horn of an anvil) (*mech.*), corno di incudine. **2.** ~ (small anvil with one horn) (*tinman's t.*), incudine (monocorno) da lattoniere. **3.** ~ (T–shaped stake) (*tinman's t.*) (Brit.), bicornia.

beam (*bldg.*), trave, travatura. **2.** ~ (*radio*), fascio. **3.** ~ (ray) (*light*), raggio. **4.** ~ (range, as of a loudspeaker) (*radio*), portata, raggio di azione. **5.** ~ (of a plow) (*agric.*), bure, stanga. **6.** ~ (of radio beacon) (*radio*), segnale unidirezionale costante (di radiofaro a terra). **7.** ~ (of weighing balance) (*mech.*), giogo. **8.** ~ (supporting member from side to side) (*shipbuild.*), baglio. **9.** ~ (maximum breadth of a ship) (*naut.*), larghezza massima. **10.** ~ (wooden cylinder on which warp is wound) (*text. ind.*), subbio. **11.** ~ (of a microphone, angle at which its functioning is best) (*radio*), angolo ottimale, l'angolo migliore. **12.** ~ (for supporting the hides being worked, in tanning) (*leather ind.*), cavalletto (da conceria). **13.** ~ (of electrons as coming from an electrode in a vacuum tube) (*vacuum tube*), fascio (o pennello) di elettroni. **14.** ~ anchor (*mas.*), ancoraggio fra pavimento e pareti. **15.** ~ angle (*radio*), apertura del fascio. **16.** ~ angle bar (*shipbuild.*), cantonale di baglio. **17.** ~ approach (by radionavigational aid) (*airnavigation*), avvicinamento radiocomandato. **18.** ~ compass (trammel) (*instr.*), compasso a verga. **19.** ~ divider (*mech. t.*), compasso in asta. **20.** ~ fixed at both ends (*constr. theor.*), trave incastrata alle estremità. **21.** ~ fixed at one end (*constr. theor.*), trave incastrata ad una estremità. **22.** ~ fixed at one end and supported at the other end (*constr. theor.*), trave incastrata ed appoggiata. **23.** ~–forming (beam–forming technique) (*und. acous.* - *radar*), formazione dei fasci, formazione dei lobi. **24.** ~–forming technique (technique used to generate transmitting or receiving lobes by manipulating electronic parameters in the transducer, such as phase) (*und. acous.* - *radar*), tecnica della formazione dei fasci. **25.** ~ hole (glory hole: as for experimental tests by fast neutrons) (*atom phys.*), canale di irradiazione. **26.** ~ knee (*shipbuilding*), bracciolo del baglio. **27.** ~ of light (*phys.*), raggio di luce. **28.** ~ radio station (*aer.* - *radio*), radiotrasmittente di segnale unidirezionale (a due antenne trasmittenti). **29.** ~ resting on two supports (*constr. theor.*), trave appoggiata alle estremità. **30.** ~ sea (*naut.*), mare al traverso. **31.** ~ spacing (*naut.*), distanza tra i bagli. **32.** ~ splitter (a glass sheet capable of reflecting and fractioning a light beam) (*opt.* - *phot.*), lamina (di vetro) a facce piano–parallele, lamina piano–parallela. **33.** ~ stabilization (*radio*), stabilizzazione del fascio. **34.** ~ supported at both ends (*constr. theor.*), trave appoggiata alle estremità. **35.** ~ test (flexural test) (*materials testing*), prova a flessione. **36.** ~ width (*radio*), apertura del fascio. **37.** ~ wind (*naut.*), vento al traverso. **38.** abaft the ~ (*naut.*), a poppavia del traverso. **39.** atom ~, atomic ~ (of a vaporize metal) (*atom phys.*), raggio atomico. **40.** box ~ (*bldg.*), trave a scatola, trave scatolare. **41.** box ~ (*shipbuild.*), baglio a cassa. **42.** breast ~ (*shipbuild.*), baglio frontale. **43.** broad–flanged ~ (*metall. ind.*), trave ad ali larghe. **44.** buffer ~ (as of a locomotive) (*railw.*), traversa porta–respingenti. **45.** bulb ~ (*shipbuild.*), baglio a bulbo. **46.** cathode ray ~ (*radio*), fascio di raggi catodici. **47.** ceiling ~ (*bldg.*), trave del soffitto. **48.** channel ~ (*metall. ind.*), trave a C, trave a U. **49.** check ~ (radio beam for checking alignment before landing) (*radio* - *aer.*), fascio di verifica. **50.** cloth ~ (as of a hand loom) (*text. mfg.*), subbio del tessuto. **51.** continuous ~ (*constr. theor.*), trave continua. **52.** cross beams (*bldg.*), travi incrociate. **53.** deck ~ (*shipbuilding*), baglio fasciato. **54.** Differdingen ~ (broad flange I section beam) (*bldg.*), trave Differdingen. **55.** electron ~ (*elics.*), fascio elettronico, pennello elettronico. **56.** fan ~ (*radio*), fascio a ventaglio. **57.** fixed ~ (*constr. theor.*), trave incastrata agli estremi. **58.** H ~ (an I shaped beam with wider flanges) (*metall.*), profilato (o trave) ad I con ala larga, profilato (o trave) Differdingen. **59.** headpiece of a ~ (*bldg.*), testata della trave, estremità della trave. **60.** hold ~ (*naut.*), baglio di stiva. **61.** I ~ (*metall. ind.*), trave a doppio T. **62.** iron ~ (*bldg.*), trave in ferro. **63.** low ~ (of headlight) (*aut.*), luce anabbagliante. **64.** L shaped ~ (*bldg.*), trave a L. **65.** luminous ~ (*illum.*), fascio luminoso. **66.** main ~ (*shipbuild.*), baglio maestro. **67.** maximum ~ (*naut.*), larghezza massima fuori tutto, larghezza massima f.t. **68.** meeting ~ (*aut.*), *see* passing beam. **69.** midship ~ (*shipbuild.*), baglio maestro. **70.** molded ~ (*naut.*), *see* molded breadth. **71.** on her ~ ends (of a ship) (*naut.*), ingavonato, abbattuto sul fianco. **72.** on the ~ (*naut.*), al traverso. **73.** orlop ~ (*shipbuild.*), baglio di stiva. **74.** overhanging ~ (*constr. theor.*), trave a sbalzo. **75.** panting ~ (*shipbuild.*), baglio di rinforzo. **86.** passing ~ (of a head lamp: lower beam or traffic beam) (*aut.*) (Brit.), fascio anabbagliante, luce anabbagliante, luce antiabbagliante. **77.** preformed ~ (beam formed by combining electrically the output of several elementary transducers) (*und. acous.*), lobo, fascio preformato. **78.** preformed ~ technique (technique used in modern sonar system to create artificial directivity of transducers) (*und. acous.*), tecnica dei lobi preformati. **79.** round of ~ (rise of a beam) (*shipbuild.*), bolzone di baglio. **80.** sealed ~ lamp (integrally sealed bulb, reflector and lens, as for motorcar headlights) (*aut.*) (Am.), proiettore a tenuta stagna. **81.** shear ~ (*constr. theor.*), trave (adatta) per sollecitazioni di taglio. **82.** shifting ~ (*shipbuild.*), baglio mobile. **83.** side ~ (as of a sidelever engine) (*mech.*), biella laterale. **84.** straining ~ (*bldg.*) (Brit.), trave a capriata. **85.** supported ~ (*bldg.*), trave appoggiata. **86.** swing ~ (*railw.*), *see* swing bolster. **87.** tie ~ (of a truss) (*bldg.*), catena. **88.** tier of beams (*shipbuild.*), ordine di bagli. **89.** to fly the ~ (*aer.*), volare seguendo un segnale unidirezionale. **90.** traffic ~ (lower or antidazzle beam, of an aut. head lamp) (*aut.*), luce anabbagliante, luce (a fascio) antiabbagliante. **91.** T shaped ~ (*reinf. concr.*), trave a T, trave con soletta. **92.** upper ~ (driving beam, country beam: of head lamp) (*aut.*), fascio di profondità, fascio abbagliante, luce abbagliante. **93.** walking ~ (in cable-drilling) (*min.*), bilanciere. **94.** walking ~ (of a furnace) (*found.*), suola oscillante. **95.** warp ~ (as of a hand loom) (*text. ind.*), subbio d'ordito. **96.** wooden ~ (*bldg.*), trave in legno.

beam (to), emettere raggi di luce, irradiare. **2.** ~ (to direct a transmission by directional antenna) (*radio*), orientare una emissione mediante antenna direzionale. **3.** ~ (to detect by radiolocation) (*radio*), individuare mediante radar, individuare mediante radiolocalizzatore. **4.** ~ (to work on the beam) (*text. ind.*), lavorare al subbio. **5.** ~ (to work hides on the beam) (*leather ind.*), lavorare al cavalletto.

"BEAMA" (British Electrical and Allied Manufacturers' Association) (*elect.*), Associazione Britannica Industrie Elettrotecniche ed Affini.

beamer (as of wool) (*text. ind.*), avvolgitore.

beamhouse (beamroom, in a tannery, place where the hides are prepared for tanning) (*leather ind.*), reparto calce, reparto preparazione (pelli per la concia). **2.** ~ weight (weight of the skin in the tannery without hair etc. but before splitting) (*leather ind.*), peso delle pelli in trippa.

beaming (preparation of warp threads) (*text. ind.*), montaggio dell'ordito. **2.** ~ machine (*text. mach.*), orditoio. **3.** Scotch ~ (method of obtaining a striped warp) (*text.*), *see* Scotch dressing.

beam-rider (missile guided by a radio beam) (*n. - milit.*), missile radioguidato.

beamroom (*leather ind.*), *see* beamhouse.

beamster (worker who uses the beam) (*leather ind. work.*), addetto al cavalletto.

beamy (emitting or reflecting light) (*gen.*), irraggiante luce. **2.** ~ (said of a ship having considerable beam) (*a. - naut.*), avente notevole larghezza al traverso.

bean (a dollar) (Am.) (*coll.*), dollaro. **2.** beans (small coals) (*comb.*) (Brit.), carbone minuto. **3.** ~ tree (carob tree) (*wood*), carrubo.

bear (portable punching press) (*mach. t.*), punzonatrice portabile. **2.** ~ (*metall.*), *see* salamander. **3.** ~ (*finan. - exchanges*), ribassista. **4.** ~ market (in stock exchange) (*finan.*), mercato al ribasso. **5.** Great ~ (*astr.*), Orsa maggiore. **6.** Little ~ (*astr.*), Orsa minore.

bear (to) (to support), sostenere. **2.** ~ a hand (*naut.*), dare una mano. **3.** ~ away (*naut.*), deviare dalla rotta. **4.** ~ down (to sail with the wind) (*naut.*), partire col vento (in poppa). **5.** ~ down on (or upon, to approach from windward) (*naut.*), accostarsi da sopravvento. **6.** ~ in (to hole, to kirve) (*min.*), sottoscavare, intagliare. **7.** ~ off (to move away, as from the ship's side) (*naut.*), allontanarsi. **8.** ~ up (*aer. - naut.*), puggiare, poggiare, orientare la prua allontanandola dalla direzione del vento.

beard (of a type) (*print.*), bianco alla base.

bearer (*gen. - comm.*), portatore. **2.** ~ (timber for supporting a structure: in an excavation) (*min.*), trave portante. **3.** ~ (as of a letter), latore. **4.** ~ (supporting member) (*arch. - carp.*), elemento portante. **5.** bearers (as of the cylinders of an offset printing mach.) (*print. mach.*), corone. **6.** ~ bond (*finan.*), titolo al portatore. **7.** back ~ (as of a loom) (*text. mach.*), supporto posteriore.

bearing (*mech.*), cuscinetto, supporto. **2.** ~ (direction of one point as referred to another) (*naut.*), rilevamento. **3.** ~ (that which supports) (*bldg.*), appoggio, sostegno. **4.** ~ (*geol. - min.*), *see* strike. **5.** ~ (water line of a properly loaded ship) (*naut.*), linea di galleggiamento. **6.** ~ (widest part of a ship below the plank-sheer) (*naut.*), parte di larghezza massima (sotto la prima cinta). **7.** ~ (of a gun) (*artillery*), angolo di direzione. **8.** ~ (*top.*), angolo di direzione. **9.** ~ axle (of a veh.), assale portante. **10.** ~ base (*mech.*), base del supporto. **11.** ~ box (*rubb. ind.*), boetta. **12.** ~ brass (brass or bronze bushing or lining for a bearing) (*mech.*), bronzina. **13.** ~ cap (*mech.*), cappello del supporto. **14.** ~ compass (*naut.*), bussola per rilevamento. **15.** ~ discrimination (*radar - etc.*), discriminazione del rilevamento. **16.** ~ door (main door for regulating the ventilation) (*min.*) (Brit.), porta di ventilazione. **17.** ~ housing (*mech.*), sede di supporto, sede di cuscinetto. **18.** ~ of a bridge (*arch.*), appoggio di un ponte. **19.** ~ pressure (*mech.*), pressione di appoggio. **20.** ~ resolution (*radar - etc.*), *see* bearing discrimination. **21.** ~ shell (*mech.*), guscio di cuscinetto. **22.** ~ supporting surface (*mech.*), superficie di appoggio di un supporto. **23.** ~ surface (*mech.*), superficie portante, "portata". **24.** ~ timber (bearer) (*min.*), trave portante. **25.** air ~ (lubricated by compressed air) (*mech.*), cuscinetto a strisciamento lubrificato ad aria. **26.** angular ~ (ball bearing) (*mech.*), cuscinetto per spinte oblique. **27.** annular multi-recess hydrostatic thrust ~ (*mech.*), cuscinetto idrostatico assiale anulare a recessi multipli. **28.** antifriction ~ (rolling bearing) (*mech.*) (Am.), cuscinetto a rotolamento. **29.** axial ~ (ball bearing) (*mech.*), cuscinetto assiale (di spinta). **30.** ball ~ (*mech.*), cuscinetto a sfere. **31.** ball ~ housing (*mech.*), sede (o alloggiamento) di cuscinetto a sfere. **32.** bias ~ (of gear teeth) (*mech.*), contatto sbieco, portata sbieca. **33.** bias in ~ (of gear teeth) (*mech.*), contatto sbieco in dentro, portata sbieca in dentro. **34.** bias out ~ (of gear teeth) (*mech.*), contatto sbieco in fuori, portata sbieca in fuori. **35.** big end ~ (*mot.*), cuscinetto di biella. **36.** bridged lengthwise ~ (marked bearing at the heel and toe of the tooth) (*mech.*), portata marcata ai bordi longitudinali, contatto marcato ai bordi longitudinali. **37.** bridged profile ~ (of gear teeth, marked bearing towards the edges) (*mech.*), contatto marcato ai bordi trasversali, portata marcata ai bordi trasversali. **38.** central toe ~ (of gear teeth) (*mech.*), contatto centrale leggermente in punta, contatto centrale leggermente verso l'estremità interna (del dente). **39.** clutch pilot ~ (*aut.*), cuscinetto anteriore frizione, cuscinetto albero presa diretta. **40.** clutch release ~ (*aut.*), cuscinetto distacco frizione. **41.** collar ~ (thrust bearing supporting the axial pressure by means of collars on the shaft) (*mech.*), cuscinetto di spinta con spallamento. **42.** compass ~ (direction referred to the compass needle) (*naut. - aer.*), rilevamento alla bussola. **43.** cradle ~ (self-aligning bearing) (*mech.*), cuscinetto oscillante. **44.** cross ~ (on a gear tooth, toe bearing is on one side and heel bearing is on the other) (*mech.*), contatto incrociato, portata incrociata. **45.** cross ~ (*naut.*), rilevamento ad incrocio. **46.** curve of equal ~ (*air navig.*), curva di uguale rilevamento. **47.** desidered ~ under full load (of gear teeth) (*mech.*), contatto ideale sotto pieno carico. **48.** double-row ball ~ (*mech.*), cuscinetto a due file di sfere. **49.** end-shield ~ (*elect. mach.*), supporto (terminale) a scudo. **50.** fixed big end ~ (as of an aer. radial engine) (*mot. - mech.*), cuscinetto fisso di biella madre. **51.** flanged ~ (*mech.*), cuscinetto flangiato. **52.** floating big end ~ (as of a radial engine) (*aer. mot. mech.*), cuscinetto flottante di biella madre. **53.** foil ~ (support consisting of a flexible sheet) (*mech.*), cuscinetto a lamina. **54.** friction ~ (plain bearing) (*mech.*), cuscinetto radiale a strisciamento, bronzina. **55.** front ~ (as of a turbojet engine) (*mech.*), cuscinetto anteriore. **56.** front main ~ (as of mot.), cuscinetto di banco anteriore. **57.** gas ~ (lubricated by gas) (*mech.*), cuscinetto a strisciamento a lubrificante gassoso. **58.** gas lubricated ~, *see* gas bearing. **59.** hardwood ~ (lignum vitae arranged around the propeller shaft where it passes through the ship's hull and contacts the sea) (*obsolete shipbuild.*), cuscinetto (di tenuta) di legno santo. **60.** heating of a ~ (*mech.*), riscaldamento di un cuscinetto. **61.** heel ~ (of bevel gear teeth, bearing at the outer end of the tooth) (*mech.*), contatto all'estremità esterna, portata all'estremità esterna. **62.** high ~ (of gear teeth, bearing at the top of the tooth side) (*mech.*), contatto alto, portata alta. **63.** hydrophone ~ (*navy*), rilevamento idrofonico. **64.** hydrostatic ~ (as for mach. t.) (*mech.*), supporto idrostatico. **65.** intermediate ~ (*mech.*), cuscinetto intermedio. **66.** journal ~ (*mech.*), cuscinetto portante. **67.** lame ~ (of gear teeth, low bearing on one side and high bearing on the other side of the tooth) (*mech.*), contatto zoppo, contatto sfalsato, portata zoppa, portata sfalsata. **68.** line ~ (of a mot.) (*mech.*), cuscinetto di banco. **69.** line boring of main bearings (*mech. operation*), alesatura della bancata. **70.** line of ~ (*naut.*), linea di rilevamento. **71.** long ~ (full length bearing, bearing on the full length of the tooth side) (*mech.*), contatto lungo, portata lunga. **72.** low ~ (of a gear tooth, bearing at the bottom of the tooth side) (*mech.*), contatto basso, portata bassa. **73.** magnetic ~ (as of a ship) (*naut. - aer.*), rilevamento magnetico. **74.** main ~ (as of mot.) (*mech.*), supporto di banco, cuscinetto di banco. **75.** Mercator ~ (rhumb bearing: measured in angular value) (*naut.*), rilevamento lossodromico. **76.** molded-fabric ~ (*mech.*), cuscinetto in resina rinforzato con fibra organica. **77.** narrow ~ (of gear teeth, bearing on a thin area of the tooth side) (*mech.*), contatto sottile, portata sottile. **78.** needle roller ~ (*mech.*), cuscinetto a rullini (o ad aghi). **79.** observed ~ (*naut. - etc.*), rilevamento osservato. **80.** oilless ~ (*mech.*), cuscinetto autolubrificante. **81.** pedestal ~ (*mech.*), cuscinetto a supporto ritto. **82.** pivot ~ (*mech.*), *see* step bearing. **83.** pivoted self-adjusting ~ (plain bearing) (*mech.*), cuscinetto oscillante autorientabile. **84.** pivoted shoe thrust ~ (tilting pad thrust bearing) (*mech.*), cuscinetto di spinta a zoccoli oscillanti. **85.** plain ~, *see* friction bearing. **86.** polar ~ (*naut. - aer.*), *see* relative bearing. **87.** polymetal ~ (*mech.*), cuscinetto polimetallico. **88.** radial ~ (ball bearing) (*mech.*), cuscinetto radiale (portante). **89.** rear ~ (as of a mot.) (*mech.*), cuscinetto posteriore. **90.** reciprocal ~ (*naut. - aer.*), rilevamento reciproco. **91.** relative

~ (referred to the foreand-aft line, as of the ship) (*naut.* - *aer.*), rilevamento (polare). **92.** roller ~ (*mech.*), cuscinetto a rulli. **93.** rolling ~ (antifriction bearing) (*mech.*) (Brit.), cuscinetto a rotolamento. **94.** self-aligning ball ~ (the outer race of which has a spherical surface) (*mech.*), cuscinetto (a sfere) oscillante (per autoallineamento). **95.** selfaligning ~ (*mech.*), cuscinetto oscillante (per autoallineamento). **96.** shell ~ (*mech.*), cuscinetto a guscio. **97.** short ~ (of gear teeth, bearing on a short area of the tooth side) (*mech.*), contatto corto, portata corta. **98.** sleeve ~ (*mech.*), cuscinetto a manicotto. **99.** sliding ~ (*mech.*), cuscinetto radente. **100.** sliding ~ (*constr. theor.*), appoggio scorrevole. **101.** solid journal ~ (as a bushing lined with antifriction metal) (*mech.*), supporto chiuso. **102.** spherical center ~ (*mech.*), supporto a snodo sferico. **103.** spiral groove ~ (thrust bearing type) (*mech.*), cuscinetto con scanalatura a spirale. **104.** split ~ (split box) (*mech.*), supporto aperto, supporto diviso, supporto in due pezzi. **105.** step ~ (supporting the lower end of a vertical shaft) (*mech.*), cuscinetto di spinta di estremità. **106.** straight roller ~ race (*mech.*), pista (o sede di rotolamento) di cuscinetto a rulli cilindrici. **107.** tapered roller ~ (*mech.*), cuscinetto a rulli conici. **108.** tapered roller ~ (race) (*mech.*), pista (o sede di rotolamento) di cuscinetto a rulli conici. **109.** the ~ runs hot (*mech.*) (Am.), il cuscinetto scalda. **110.** thin walled ~ (as on connecting rods of aut. mot.) (*mech.*), cuscinetto a guscio sottile. **111.** thrust ~ (*mech.*), cuscinetto di spinta. **112.** tilting pad thrust ~ (pivoted show thrust bearing) (*mech.*), cuscinetto di spinta a zoccoli oscillanti. **113.** toe ~ (of bevel gear teeth, bearing at the inner end of teeth) (*mech.*), contatto all'estremità interna, portata all'estremità interna. **114.** true ~ (referred to the geographical pole) (*naut.* - *aer.*), rilevamento vero. **115.** turbine thrust ~ (as of a turbojet engine) (*mech.*), cuscinetto reggispinta turbina. **116.** upper ~ (*mech.*), cuscinetto superiore. **117.** visual ~ (*naut.* - *aer.*), rilevamento ottico. **118.** water ~ (*a.* - *geol.*), freatico. **119.** water-lubricated ~ (for marine use) (*mech.*), cuscinetto lubrificato ad acqua. **120.** wide ~ (bearing on a large area of the gear tooth side) (*mech.*), contatto ampio, portata ampia.

beat (of an oscillating quantity) (*phys.* - *elect. acous.* - *etc.*), battimento. **2.** ~ (part of a zigzag course) (*naut.*), bordata. **3.** ~ (stroke) (*gen.*), colpo. **4.** ~ (part in contact when a valve is closed) (*mech.*), battuta. **5.** ~ frequency (*radio*), frequenza di battimento. **6.** ~ receiver (*radio*), supereterodina. **7.** ~ reception (*radio*), ricezione ad eterodina. **8.** zero ~ (*radio*), battimento zero.

beat (to) (*gen.*), battere, picchiare. **2.** ~ (*text. ind.*), battere (le fibre). **3.** ~ (*naut.*), guadagnare al vento, bordeggiare. **4.** ~ (to pulsate, to throb) (*phys.*), pulsare, battere. **5.** ~ (to break up, as pulp in the beating engine) (*paper mfg.*), raffinare. **6.** ~ off (to push back) (*gen.*), spingere indietro, respingere. **7.** ~ the enemy (*milit.*), sbaragliare il nemico. **8.** ~ the record (*sport*), battere il record. **9.** ~ to quarters (*navy*), chiamare ai posti di combattimento. **10.** ~ up (to sail against wind) (*naut.*), partire con vento contrario.

beaten (as in the case of gold leaves and of metal hammered into shape) (*a.* - *metall.*), martellato.

beater (of text. mach.), battitore. **2.** ~ (for paper ind.) (*mach.*), raffinatore. **3.** ~ (hollander) (*paper mach.*), olandese. **4.** ~ (for latex foam) (*chem. ind. mach.*), frullatore. **5.** ~ house (beater room) (*paper mfg.*), sala dei raffinatori, sala delle olandesi. **6.** ~ plate (bedplate, of a beating machine, set of knives embedded in wood) (*paper mfg.*), platina. **7.** ~ roll (of a beating engine) (*paper mfg. mach.*), cilindro d'olandese. **8.** ~ tub (*paper mfg.*), vasca della olandese.

beaterman (one operating a beater) (*paper work.*), raffinatore.

beater-sized, *see* engine-sized.

beating (*naut.*), il bordeggiare. **2.** ~ (*paper mfg.*), raffinazione. **3.** ~ engine (beating machine, beater) (*paper mfg. mach.*), *see* beater. **4.** ~ oscillator (*elect.* - *radio*), generatore a battimenti. **5.** ~ up (of weft) (*text. mfg.*), battuta della trama, addensamento. **6.** ~ yacht (*naut.*), yacht boliniero.

beats (fluctuations of amplitude as of sound or radio waves) (*phys.* - *radio*), battimenti, vibrazioni.

Beaufort scale (of wind force) (*meteor.*), scala Beaufort (della forza vento).

becalm (to) (to be without wind) (*naut.*), trovarsi in bonaccia. **2.** ~ (to be motionless due to the lack of wind) (*naut.*), essere in bonaccia.

becalmed (motionless due to the lack of wind) (*a.* - *naut.*), in bonaccia.

beck (shallow vat used for dyeing) (*dyeing*), tipo di grande vasca poco profonda. **2.** ~ iron (*t.*) (Brit.), *see* beakiron.

becket (ring or hook) (*naut.*), gancio, uncino, anello di fissaggio. **2.** beckets (hand beckets: pieces of ropes to which sailors hold) (*naut.*), manette.

"becking" (forging operation using a becking bar to increase the internal diameter of a hollow bloom) (*forging*), allargatura. **2.** ~ bar (expanding bar, round bar supported at both ends and used for expanding the hole of a hollow forging) (*forging t.*), spinotto, spina. **3.** ~ stand (saddle, used for increasing the internal diameter as of a hollow bloom) (*forging t.*), cavalletto (per allargature), sella (per allargature).

beckiron (*t.*) (Am.), *see* beakiron.

become (to) (*gen.*), divenire, diventare. **2.** ~ loose (*mech.*), allentarsi. **3.** ~ milky (of a battery

under charge) (*elect.*), divenire lattiginosa, bollire.
becquerel (unit of activity of a radionuclide) (*atom. phys.*), Becquerel, Bq.
bed (of a river) (*geol.*), letto. **2.** ~ (as of a mach.), basamento. **3.** ~ (of a lathe) (*mach. t. mech.*), bancale, banco. **4.** ~ (foundation), fondazione. **5.** ~ (*bldg.*), base. **6.** ~ (*ind.*), letto. **7.** ~ (*min.*), giacimento. **8.** ~ (layer), strato, letto. **9.** ~ (of a filter) (*hydr.*), strato filtrante. **10.** ~ (as in a reforming process plant) (*chem. ind.*), letto. **11.** ~ (of a printing mach.) (*typ.*), piano. **12.** "~" (part of a bowsprit) (*naut.*), parte (del bompresso compreso) tra gli apostoli. **13.** ~ (cradle of a ship on the stocks) (*shipbuild.*), invasatura. **14.** ~ (earthwork on which ballast and tracks are laid) (*railw.*), terrapieno. **15.** ~ (base with guide rail: as in a bellows phot. camera) (*mech.*), base con coulisse. **16.** ~ (supporting frame) (*veh.*), telaio. **17.** ~ coke (bottom layer of coke in a cupola furnace) (*found.*), dote, coke di riscaldo. **18.** ~ fuel (as in a cupola furnace) (*found.*), strato inferiore di combustibile. **19.** ~ joint (*mas.*), giunzione orizzontale. **20.** ~ joint (*geol.*), incrinatura orizzontale. **21.** ~ plane (*geol.*), *see* bedding plane. **22.** ~ plate (as of a mach.), piastra di fondazione, piastrone di appoggio. **23.** ~ plate, *see also* bedplate. **24.** ~ slide (as of a lathe) (*mach. t. mech.*), guida del bancale. **25.** ~ stone (the lower stone of a pair of millstones) (*paper mfg. - etc.*), pietra di fondo. **26.** ~ vein (vein parallel to a bedding plane) (*geol.*), vena parallela ad un piano di stratificazione. **27.** bacteria beds (*sewage*), letti batterici. **28.** clarification ~ (*hydr.*), bacino di chiarificazione. **29.** contact ~ (in sewage treatment) (*sewage*), letto di contatto. **30.** fixed ~ (as in a reforming process plant) (*chem. ind.*), letto fisso. **31.** folding ~, branda. **32.** hydromatic ~ (of mach. t.) (*mech.*), basamento idromatico. **33.** machine ~ (as of a mach. t.) (*mech.*), bancale della macchina. **34.** percolating ~ (to purify water) (*hydr. - bldg.*), fossa percolatrice. **35.** road ~ (*road*), fondo stradale. **36.** test ~ (as of a mot.), banco prova.
bed (to) (as of piston rings in the cylinder) (*mech.*), assestare. **2.** ~ in (to press a pattern into the sand as in open molding for obtaining an impression) (*found.*), affondare. **3.** ~ the line (*railw.*), inghiaiare il binario.
bedchamber (*bldg.*), *see* bedroom.
bedded (stratified) (*a. - geol.*), stratificato.
bedding (as of piston rings in cylinders) (*mech.*), assestamento. **2.** ~ (foundation) (*gen.*), fondazione. **3.** ~ (stratification) (*geol.*), stratificazione. **4.** ~ (*found.*), letto di fusione, miscela di carica. **5.** ~ plane (*geol.*), piano di stratificazione.
bedplate (as of a furnace), platea di fondo. **2.** ~ (as of mach.), basamento. **3.** ~ (as of an engine for stationary installation) (*mot.*), base (di appoggio). **4.** ~ (beater plate, set of knives embedded in wood) (*paper mfg.*), platina. **5.** common ~ (as for the engine and generator of a generator set) (*mech.*), base unica, base comune. **6.** single ~ (as for an engine and alternator forming a generator set) (*mot.*), base unica (di appoggio del gruppo).
bedrock (*geol.*), roccia di letto.
bedroom (*bldg.*), camera da letto.
bed-sit, *see* bed-sitting-room.
bed-sitting-room (one room apartment) (*bldg.*) (Brit.), monolocale.
bedstone (*bldg.*), blocco in pietra di fondazione.
bedway (as one of the guides of a lathe) (*mach. t. - mech.*), "lardone", piano di guida.
bee (*zoology*), ape.
beech (*wood*), faggio.
beefed up (strengthened) (*a. - aer. - etc.*), rinforzato.
beehive (*agric.*), alveare.
bee-liner (diesel railcar) (*railw.*), automotrice.
beep (acous. electronic signal) (*comp. - elics.*), bip, segnale elettroacustico bip.
beeper (device emitting beep signals) (*aer. - radio*), emettitore di segnali bip. **2.** ~ (portable device emitting beep signals for calling the person carrying it) (*elics.*), cercapersone.
beer (*chem. ind.*), birra. **2.** ~ (a group usually of 40 threads in the warp of woolen cloth) (*text. ind.*), gruppo di fili di ordito (40 di solito).
beeswax, cera d'api.
beet (*agric. - sugar ind.*) (Am.), barbabietola, bietola. **2.** ~ sugar (*ind.*), zucchero di barbabietola.
beetle (*impl.*), mazzuolo. **2.** ~ (for ramming) (*impl.*), mazzapicchio.
beetle-head (falling weight of a pile driver) (*civ. eng.*), mazza battente.
beetroot (*agric.*) (Brit.), barbabietola.
before the beam (*naut.*), a proravia del traverso.
begass, begasse, *see* bagasse.
beginner (*sport - etc.*), principiante.
beginning (*gen.*), inizio. **2.** ~ from (as a delivery term) (*comm.*), a partire da, a decorrere da. **3.** ~ of tape, "BOT" (mark on a magnetic tape) (*electroacous. - comp.*), segno di inizio nastro.
behavior, behaviour (*gen.*), comportamento. **2.** rheological ~ (*gen.*), comportamento reologico.
behaviorism (psychology of behavior) (*psychol.*), comportamentismo, "behaviorismo".
beige (*color*), beige.
bel (1 bel = 10 decibels) (*acous. meas. unit - phys.*), bel, b.
belay (to) (as a rope) (*naut.*), dar volta.
belaying (*naut.*), legatura. **2.** ~ pin (*naut.*), caviglia (di manovra). **3.** ~ rack (*naut.*), cavigliera, pazienza, potenza.
belfry (*arch.*), campanile, torre campanaria, locale (o torretta) delle campane. **2.** ~ (support of a

ship's bell) (*naut.*), intelaiatura di supporto. **3.** separate ~ (*arch.*), campanile staccato.

belite (*in portland cement*), belite.

bell (as of an alarm clock), campanello, suoneria. **2.** ~ (as of a belfry), campana. **3.** ~ (aerobatics) (*aer.*), campana, caduta a campana. **4.** ~ (signal to the engine room) (*naut.*), segnale alla sala macchine. **5.** ~ (enlarged end of a pipe) (*pip.*), bicchiere. **6.** ~ and hopper (on the top of a blast furnace for preventing the escape of gases when charging (*metall.*), campana. **7.** ~-and-spigot joint (*pip.*) (Am.), giunto a bicchiere. **8.** ~ arch (*arch.*), arco a campana. **9.** ~ buoy (*naut.*), gavitello a campana. **10.** ~ button (*elect.*), pulsante da (o di) campanello. **11.** ~ cage (wooden structure for supporting bells) (*arch.*), intelaiatura (in legno) per supporto campane. **12.** ~ canopy (*arch.*), *see* bell gable. **13.** ~ center punch (as for shafts) (*t.*), bulino da centri a campana. **14.** ~ chuck (as of a lathe) (*mech.*), coppaia. **15.** ~ control system (*aer.*), sistema di comando a campana. **16.** ~ crank (lever) (*mech.*) (Am.), leva a squadra. **17.** ~ crank (lever for operating by wire obsolete mech. bells) (*mech.*), leva a squadra. **18.** ~ founding (*found.*), fusione di campane. **19.** ~ gable (wall projecting from the roof of a church and pierced with openings for the bell) (*arch.*), campanile a vela. **20.** ~ glass (*phys. instr.*), *see* bell jar. **21.** ~ jar (as for phys. instr.), campana di vetro. **22.** ~ metal (*alloy*), bronzo da campane. **23.** ~ push (*elect.*), pulsante da campanello. **24.** ~-shaped, accampanato. **25.** ~ tower (*arch.*), torre campanaria, campanile a torre. **26.** ~ trap (stench-trap) (*hydr. - bldg.*), pozzetto intercettatore a campana. **27.** ~ wire (*elect.*), filo da campanello. **28.** air ~ (air bubble) (*gen.*), bolla d'aria. **29.** air bells (bubbles of irregular shape in glass) (*glass mfg.*), bolle d'aria. **30.** diving ~ (*sea impl.*), campana subacquea. **31.** electric ~ (*elect. app.*), campanello elettrico. **32.** engine ~ (bell of the engine room telegraph) (*naut.*), campana (o richiamo sonoro) del telegrafo di macchina. **33.** fog ~ (*naut.*), campana da nebbia. **34.** submarine ~ (*naut.*), campana sottomarina. **35.** tubular ~ (*music instr.*), campana tubolare.

bell (to) (to flare, as the end of a tube) (*mech. - etc.*), accampanare, allargare l'imboccatura, "scampanare".

belling (flaring, as of the end of a tube) (*mech. - etc.*), accampanatura, allargamento dell'imboccatura, "scampanatura".

bell-mouthed (flaring, as at the end of a tube) (*mech. - etc.*), accampanatura, allargamento dell'imboccatura, "scampanatura".

bellows (*phot. - mech.*), soffietto. **2.** ~ (*ind.*), mantice. **3.** ~ (*chem. impl.*), soffieria. **4.** ~ (for blowing air) (*obsolete found. impl.*), mantice, soffietto. **5.** ~ (Sylphon bellows, sensitive to pressure, as for aer. engine carburetors) (*aer. - etc.*), capsula barometrica, capsula aneroide. **6.** ~ (alternative or rotary blower) (*ind. mach.*), compressore. **7.** communication ~ (of a vestibule) (*railw.*) (Brit.), *see* diaphragm (Am.). **8.** gangway ~ (of a vestibule) (*railw.*) (Brit.), *see* diaphragm (Am.).

bells (*naut.*), turni di guardia.

bell-shaped (*a. - gen.*), campanato, a forma di campana. **2.** ~ curve (*stat.*), curva a campana.

belly (of a blast furnace) (*found.*), ventre. **2.** ~ (of a sail) (*naut.*), pancia. **3.** ~ tank (tank under the fuselage) (*aer.*), serbatoio ausiliario sotto la fusoliera.

belly (to) (to swell or bulge out: as of a sail), gonfiare, spanciare. **2.** ~ in (without landing gear) (*aer. emergency*), atterrare sul ventre.

bellyband (of a horse harness), sottopancia.

belly-land (to), *see* belly in (to).

below (below deck) (*adv. - naut.*), sottocoperta, abbasso.

belowdecks (*naut.*), sottocoperta.

belt (strip for communicating motion) (*mech.*), cinghia. **2.** ~ (for conveying material) (*ind.*), nastro (trasportatore). **3.** ~ (*shipbuild.*), corazzatura lungo la linea di galleggiamento. **4.** ~ (breaker, put just below the tread of a tire for improving resistance (*tires mfg.*), cintura. **5.** ~ (strait) (*geogr.*), stretto. **6.** ~ (of a reheating furnace) (*glass mfg.*), tappeto. **7.** ~ (horizontal molding of stone, bricks, etc. running along a wall) (*arch.*), fascia. **8.** ~ (safety belt) (*aer. - aut.*), cintura di sicurezza. **9.** ~ carrier (*ind.*), trasportatore a nastro. **10.** ~ clamp (*mech. device*), graffa (o grappa) per giunzione di cinghie. **11.** ~ conveyor (*ind.*), convogliatore a nastro. **12.** ~ course (*arch.*), modanatura. **13.** ~ drive (*mech.*), trasmissione a cinghia. **14.** ~ fastener (*mech.*), graffa (o grappa) di giunzione della cinghia. **15.** ~ fastening claw (*mech.*), graffa (o grappa) di giunzione della cinghia. **16.** ~ feeding (*ind.*), alimentazione a nastro. **17.** ~ fork (*mech.*), sposta-cinghia. **18.** ~ gear (in a belt drive) (*mech.*), rinvio a cinghia. **19.** ~ highway (as around a town) (*road*), superstrada di circonvallazione, raccordo anulare della superstrada. **20.** ~ horsepower (as at belt pulley of agric. tractor), potenza alla puleggia. **21.** ~ line (of a car body) (*aut.*) (Am.), *see* waistline. **22.** ~ line (*town road*), circonvallazione. **23.** ~ of calms (*naut.*), *see* doldrums. **24.** ~ production (*ind.*), produzione a catena. **25.** ~ pulley (for beltdrive) (*mech.*), puleggia a fascia piana per trasmissione a cinghia. **26.** ~ pulley (power take-off pulley, as of agric. tractor) (*mech.*), presa di forza, puleggia motrice. **27.** ~ punch (*impl.*), fustellatrice (a stella). **28.** ~ railroad, *see* belt line. **29.** ~ sander (*mach. t.*), smerigliatrice a nastro. **30.** ~ saw (*mach.*), sega a nastro. **31.** ~ shifter (*mech.*), spostacinghia, guidacinghia. **32.** ~ shipper, *see* belt shifter. **33.** ~

stretcher (*mech.*), tendicinghia. **34.** ~ striker (belt fork, belt shifter) (*mech.*), spostacinghia. **35.** ~ surfacer, *see* finisher. **36.** ~ tension (*mech.*), tensione della cinghia. **37.** ~ tripper (device which causes the conveyor belt to pass around pulleys for discharging material from it) (*ind. transp.*), dispositivo di scarico dal nastro. **38.** ammunition ~ (for a machine gun) (*milit.*), nastro per cartucce. **39.** armored ~ (*navy*), cintura corazzata. **40.** automatic ~ retractor (of a safety belt) (*aut. safety*), riavvolgitore di cinture a blocco automatico. **41.** camel hair ~ (*mech. - ind.*), cinghia di pelo di cammello. **42.** caterpillar ~ (*mech.*), cingolo. **43.** cog ~ (*mech.*), cinghia a denti. **44.** cogged ~ (toothed belt) (*mech.*), cinghia a denti. **45.** cogged rubber ~ (toothed rubber belt, as for the timing gear) (*mech. - aut.*), cinghia di gomma a denti, cinghia di gomma a dentatura interna. **46.** collecting ~ (of a conveyor) (*ind. app.*), nastro collettore. **47.** crossed ~ (*mech.*), cinghia incrociata. **48.** diagonal ~ (seat belt) (*aut.*), cintura a bandoliera, cinghia a bandoliera. **49.** diamond ~ (as for grinding carbides, etc.) (*mech.*), nastro diamantato. **50.** driving ~ (*mech.*), cinghia di trasmissione. **51.** endless ~ (as of a conveyor) (*mech. - ind.*), nastro ad anello. **52.** feed ~ (as of automatic firearms), nastro di alimentazione. **53.** harness ~ (*aut. safety*), cintura a bretella. **54.** inclined ~ (of a conveyor) (*ind. app.*), nastro montante. **55.** inertia ~ retractors (*aut. safety*), riavvolgitori ad inerzia (per cintura). **56.** lap ~ (seat belt) (*aut.*), cintura addominale, cinghia addominale. **57.** lap-diagonal ~ (three branches safety belt) (*aut. safety*), cintura di sicurezza a tre punti. **58.** leather ~ (*mech.*), cinghia di cuoio. **59.** life ~ (*naut. impl.*), salvagente. **60.** link ~ (*mech.*), cinghia articolata. **61.** marine ~ (*naut.*), acque territoriali. **62.** mesh ~ (wire belt as for furnaces) (*metall.*), nastro (di tessuto) metallico. **63.** open ~ (*mech.*), cinghia aperta, cinghia non incrociata. **64.** positive drive ~, *see* timing belt. **65.** quarter ~ (belt connecting pulleys fitted on perpendicular shafts) (*mech.*), cinghia collegante pulegge con assi ad angolo retto. **66.** ribbed ~ (belt with V sections joined side-by-side with top flat section) (*mech.*), cinghia nervata. **67.** scraping ~ (of a conveyor) (*ind. app.*), nastro con pale raschianti. **68.** seat ~ (of a car seat) (*aut.*), cintura di sicurezza. **69.** shoulder ~ (diagonal belt, seat belt) (*aut.*), cinghia a bandoliera. **70.** snagging ~ (*found.*), convogliatore (a nastro) di sbavatura. **71.** steel cable conveyor ~ (belt with embedded steel mesh) (*ind.*), nastro trasportatore armato (con rete di acciaio incorporata). **72.** three point ~ (safety belt) (*aut. safety*), cintura a tre punti. **73.** timing ~ (driving belt having molded cogs on the underside for eliminating slip) (*eng. mech.*), cinghia dentata. **74.** to lace a ~ (*mech.*), cucire una cinghia. **75.** toothed ~ (cogged belt) (*mech.*), cinghia a denti, cinghia dentata. **76.** to put a ~ on a pulley (*mech.*), montare una cinghia su di una puleggia. **77.** to throw a ~ off the pulley (*mech.*), togliere una cinghia da una puleggia. **78.** upper torso safety ~ (*aut.*), cintura di sicurezza a bandoliera. **79.** V ~ (*mech.*), cinghia trapezoidale.

belt-driven (*mech.*), azionato da cinghia, comandato a cinghia.

belted-bias tire, *see* bias-belted tire.

belting (belts collectively) (*ind.*), cinghie. **2.** ~ (materials for belts) (*ind.*), materiali per cinghie.

belt-retractor (for safety belt) (*aut. safety*), riavvolgitore per cinture.

belt-sanding (*carp.*), smerigliatura a nastro.

beltway, *see* belt highway.

belvedere (lookout) (*arch.*), belvedere.

bema (*arch.*), bema.

bench (a long seat), panca. **2.** ~ (a long worktable) (*carp. - mach. t.*), banco. **3.** ~ (of rock, in mine working) (*min.*), scalino, gradino. **4.** ~ (floor, of a glass furnace) (*glass mfg.*), *see* siege. **5.** ~ (berm) (*civ. eng.*), berma. **6.** ~ and ~ (stoping) (*min.*), a trance. **7.** ~ mark (*top.*), segno di riferimento (di caposaldo top.). **8.** ~ shaper, *see* bench shaping machine. **9.** ~ shaping machine (*mach. t.*), limatrice da banco. **10.** ~ slope, *see* bank slope. **11.** ~ vice (*t.*), morsa da banco. **12.** cabinetmarker's ~ (*carp.*), banco da falegname. **13.** carpenter's ~, banco da falegname. **14.** inspection ~ (used for inspection of worked pieces) (*workshop impl.*), banco di collaudo. **15.** joiner's ~, banco da falegname. **16.** optical ~ (formed by adjustable ways on which movable clamps are mounted for supporting lenses, etc.) (*opt.*), banco ottico.

benching (method of mine working) (*min.*), gradinatura.

benchmark (bench mark) (*top. - etc.*), segno di riferimento. **2.** ~ program, *see* ~ test. **3.** ~ test (for valuation of performances: as of two comp.) (*comp.*), prova comparativa di prestazioni.

benchmark (to) (to test for valuating the performances: as of two comp. systems) (*comp. - etc.*), provare per paragonare (le) prestazioni.

bend (turn: as of a pipe), curva. **2.** ~ (knot: of a rope) (*naut.*), nodo. **3.** ~ (deviation from a straight line), curvatura. **4.** ~ (as of road), svolta, curva. **5.** ~ (deflection: as of a characteristic curve) (*mech. - etc.*), ginocchio. **6.** bends (wales, planks of a ship's side) (*shipbuild.*), cinte, corsi di cinta. **7.** ~ pipe (*pip.*), tubo curvo. **8.** ~ radius (as in sheet iron working) (*mech. - etc.*), raggio di piegatura. **9.** ~ relief (as in sheet iron working) (*mech. - etc.*), scarico della piegatura. **10.** becket ~ (knot) (*naut.*), nodo misto. **11.** carrick ~ (knot type) (*naut.*), nodo di vaccaro semplice. **12.** dangerous ~ (*road traff.*), curva pericolosa. **13.** double carrick ~ (*naut.*), nodo di vaccaro doppio. **14.** double sheet ~ (knot type) (*naut.*), nodo doppio di scotta. **15.** expansion ~ (made of bent pipe) (*pip.*), dilatatore. **16.** expansion U ~ (*pip.*), dilatatore ad U. **17.** expansion Ω ~ (*pip.*), dilatatore ad Ω. **18.** fisherman's ~ (knot) (*naut.*), nodo dell'àncora. **19.** frame ~ (*telev. defect*), distorsione del quadro. **20.** Granny's ~ (knot type) (*naut.*), nodo falso, nodo sbagliato, nodo incrociato. **21.** hawser ~ (knot), nodo misto, nodo semplice di scotta. **22.** hawser ~, *see also* sheet bend. **23.** reeving-line ~ (*naut.*), intugliatura con mezzo parlato e legatura. **24.** return ~ (*pip.*), curva doppia a 180°. **25.** reverse ~ test (*mech. technol.*), prova di piega alterna. **26.** sheet ~ (knot) (*naut.*), nodo misto. **27.** studding sail halyard ~ (knot type) (*naut.*), nodo di coltellaccio.

bend (to) (*v.t. - gen.*), curvare, piegare. **2.** ~ (*v.i. - gen.*), curvarsi, piegarsi. **3.** ~ (as of a shaft under load) (*v.i. - mech. - etc.*), flettersi. **4.** ~ (one rope to another) (*naut.*), congiungere mediante gassa d'amante, intugliare. **5.** ~ (a sail to its yard) (*naut.*), inferire. **6.** ~ (to fasten a chain cable to the anchor) (*naut.*), ammanigliare. **7.** ~ out (*gen.*), piegare verso l'esterno. **8.** ~ up (*gen.*), piegare verso l'alto.

Ben Day process (mechanical process for reproducing shadings etc.) (*print.*), procedimento Ben Day.

bender (*mach. - app.*), piegatrice. **2.** hand lever rod ~ (as for reinforcing iron) (*bldg. impl.*), piegaferri a mano, piegatondino a mano.

bending (*mech.*), curvatura, piegatura, flessione. **2.** ~ (*constr. theor.*), flessione. **3.** ~ (as of a road), svolta, curva. **4.** ~ (or transverse) stress (*constr. theor.*), sollecitazione di flessione. **5.** ~ endurance (bending fatigue strength) (*mech.*), resistenza a fatica a flessione. **6.** ~ fatigue strength (bending endurance) (*mech.*), resistenza a fatica a flessione. **7.** ~ machine (*mach. t.*), piegatrice. **8.** ~ moment (*constr. theor.*), momento flettente. **9.** ~ press (for sheet metal) (*mach.*), piegatrice (o curvatrice). **10.** ~ radius (*theor. mech. - etc.*), raggio di curvatura. **11.** ~ rolls (*mach. t.*), piegatrice a rulli. **12.** ~ shackle (between the anchor chain and the anchor ring) (*naut.*), maniglione dell'àncora. **13.** ~ test (*constr. theor.*), prova a flessione. **14.** bars ~ (*reinf. concr.*), piegatura dei ferri. **15.** hydraulic plate ~ machine (*mach. t.*), piegatrice idraulica per lamiere. **16.** plate ~ machine (*mach. t.*), piegatrice per lamiere. **17.** resistance to ~ (as of a rope), rigidezza. **18.** wrinkle ~ (as in making expansion bends) (*pip.*), piegatura a grinze.

beneaped (*a. - naut.*), *see* neaped.

beneficiary (payee) (*n. - comm.*), beneficiario.

beneficiate (to) (to concentrate the ore) (*min.*), arricchire. **2.** ~ (ores) (*min.*), *see* to reduce.

beneficiation (as of ore) (*min.*), arricchimento.

benefit (*gen.*), beneficio. **2.** ~ of inventory (*law*), beneficio di inventario. **3.** maternity ~ (*pers. - adm.*), indennità di maternità.

Bengal fire (as for signaling), fuoco del Bengala.

bent (from to bend) (*gen.*), piegato, curvato. **2.** ~ (transverse framing of a structure) (*bldg. - carp.*), struttura trasversale portante.

benthos (the sea bottom), fondo marino, benthos, bentos.

benthoscope (diving app.) (*geophys. instr.*), bentoscopio.

bentonite (used as bonding agent in found.) (*min.*), bentonite. **2.** K ~ (potassium bentonite) (*ind. chem.*), bentonite potassica.

benzaldehyde (C_6H_5–CHO) (*chem.*), benzaldeide.

benzene (C_6H_6) (*chem.*), benzene, benzolo.

benzidine ($NH_2C_6H_4C_6H_4NH_2$) (*chem. of dyes*), benzidina.

benzine (*gasoline*), benzina.

benzoate (*chem.*), benzoato.

benzofuran (coumarone, cumarone) (*chem.*), benzofurano, cumarone.

benzoic acid (C_6H_5COOH) (*chem.*), acido benzoico.

benzoin (*chem.*), benzoino.

benzol (C_6H_6) (*chem.*), benzolo.

benzophenone ($C_6H_5COC_6H_5$) (*dyeing chem.*), benzofenone.

benzoyl (C_6H_5CO—) (radical) (*chem.*), benzoile.

benzyl (radical) ($C_6H_5CH_2$—) (*chem.*), benzile.

"BEP" (break even point) (*adm.*), punto di pareggio, pareggio.

bequest (legacy) (*law*), lascito.

berg crystal (*min.*), cristallo di rocca.

berkelium (radioact. element) (Bk - *chem. - radioact.*), berchelio.

berlin, berline (*aut.*), berlina tipo taxi, guida interna con chiusura a vetri scorrevoli tra guidatore e passeggeri.

berm, berme (*fortifications*), passaggio fra il muro e il fossato. **2.** ~ (narrow level space: as in an embankment), berma, banchina.

berth (box or place to sleep in) (*naut. - railw. - etc.*), cuccetta. **2.** ~ (for ships) (*naut.*), posto d'ormeggio, posto di fonda, ancoraggio. **3.** ~ (for airplanes, for aut. etc.), (*aer. - aut.*), parcheggio. **4.** loading ~ (*naut.*), posto di caricamento.

beryl [$Be_3Al_2(SiO_3)_6$] (*min.*), berillo.

beryllia (BeO) (*min. - refractory*), ossido di berillio.

beryllium (Be - *chem.*), berillio.

besom (broom) (*impl.*), scopa.

bespoke (custom-made: as software) (*comp. - etc.*), su richiesta del cliente.

"Bess" (Bessemer) (*steel mfg.*), Bessemer.

Bessemer (Bessemer converter) (*metall.*), convertitore Bessemer. **2.** ~ process (*steel mfg.*), processo Bessemer. **3.** ~ steel (*steel mfg.*), acciaio Bessemer.

bessemerize (to) (to treat by Bessemer process) (*steel mfg.*), trattare al convertitore Bessemer.
best-boy (assistant to the gaffer) (*telev. - m. pict.*), tecnico delle luci.
bestseller (said of a book, a merchandise etc.) (*comm.*), il più venduto.
beta (*phys. - metall. - math. - etc.*), beta, β. **2.** ~ cellulose (*paper mfg.*), beta-cellulosa. **3.** ~ particle (*atom phys.*), particella beta. **4.** ~ ray (*atom. phys.*), raggio beta.
betatron (*electrons accelerating app.*), betatrone, acceleratore a induzione.
"beton" (*mas.*), calcestruzzo.
betterment (*gen.*), miglioria. **2.** ~ (radical improvement: as of real estate) (*city planning*), radicale risanamento, esecuzione di notevoli migliorie. **3.** ~ (radical rebuilding: as of highways, railways etc.), rifacimento.
betweendecks (belowdecks) (*naut.*), sottocoperta.
"BEV" (bevel: as of a gear) (*a. - mech.*), conico. **2.** ~ (billion electron volt = 10^9 eV [Am.] and 10^{12} eV [Brit.]) (*energy meas.*), BeV (10^9 eV [Am.] e 10^{12} eV [Ingl.]).
bevatron (proton-synchrotron for protons acceleration, cosmotron) (*atom phys.*), bevatrone, cosmotrone, tipo di sincrotrone.
bevel (*carp.*), ugnatura. **2.** ~ (angle, except 90°, between a surface, or line, and another one) (*mech. draw.*), angolo non di 90°. **3.** ~ (*mech.*), bisello. **4.** ~ (*t.*), squadra falsa. **5.** ~ (of a type) (*typ.*), smusso. **6.** ~ coupling (*mech.*), innesto a cono. **7.** ~ cut (*carp.*), taglio a unghia. **8.** ~ gauge, *see* bevel square. **9.** ~ gear (*mech.*), ingranaggio conico. **10.** ~ gear cutting machine (*mach. t.*), dentatrice per ingranaggi conici, dentatrice "conica". **11.** ~ gear generation machine (*mach. t.*), dentatrice conica. **12.** ~ gearing (*mech.*), trasmissione con ingranaggi conici. **13.** ~ halving (wood working) (*join.*), giunto mezzo sbieco a zig-zag. **14.** ~ pinion (*mech.*), pignone conico. **15.** ~ protractor (*t.*), squadra universale. **16.** ~ square (*t.*), squadra falsa.
bevel (to) (*gen.*), smussare. **2.** ~ a glass (*glass ind.*), fare la molatura a smusso, molare un vetro a smusso.
beveler (mach. used for beveling types) (*typ. mach.*), macchina smussatrice.
beveling (*gen.*), smussatura. **2.** ~ (the process of edge finishing flat glass to a bevel angle) (*glass mfg.*), molatura a smusso.
bezel (of cutting tool) (*t.*), taglio, faccia (o spigolo inclinato) costituente il tagliente. **2.** ~ (grooved ring housing the glass of a watch) (*watchmaker*), incastonatura, lunetta. **3.** ~ (as of a headlamp) (*aut.*), cornice. **4.** ~ (as of an instrument) (*instr.*), cornice. **5.** ~ (rim, as for tail, stop and directional lamp) (*aut.*), cornice.
"BF" (bandfilter) (*radio*), filtro di banda. **2.** ~ (beat frequency) (*elics.*), frequenza di battimento. **3.** ~ (boiler feed) (*boil.*), alimentazione (di) caldaia. **4.** ~ (base fuse) (*expl.*), spoletta di fondello. **5.** ~ (buff!) (*mech. draw.*), lucidare! pulimentare! (alla pulitrice).
"B/F" (brought forward) (*bookkeeping*), riporto.
"BFL" (back focal length) (*opt.*), distanza focale posteriore.
"BFO" (beat frequency oscillator) (*elic. app.*), oscillatore a frequenza di battimento.
"BFP" (boiler feed pump) (*boil.*), pompa di alimentazione della caldaia.
"BFW" (boiler feed water) (*boil.*), acqua di alimentazione della caldaia.
"BG" (Birmingham gauge) (*mech. draw.*), diametro Birmingham (dei fili metallici).
"BH" (Brinell hardness) (*meas.*), durezza Brinell.
"bhd" (bulkhead) (*mas. - naut. - etc.*), paratia.
"BHN" (Brinell Hardness Number) (*metall. meas.*), numero di durezza Brinell.
"BHP", **"bhp"** (brake horsepower) (*mot.*), potenza al freno, potenza effettiva (in cavalli inglesi).
"BHRA" (British Hydromechanics Research Association) (*hydromech.*), Associazione Britannica Ricerche Idromeccaniche.
Bi (bismuth) (*chem.*), bismuto.
bias (*adv.*), in senso diagonale, diagonalmente. **2.** ~ (diagonal) (*a. - gen.*), diagonale. **3.** ~ (diagonal seam running across a fabric) (*n.*), cucitura diagonale. **4.** ~ (*n. - mech.*), impulso deviante. **5.** ~ (of an electron tube) (*n. - elect.*), tensione base di griglia, polarizzazione. **6.** ~ (tendency to a deviation in one direction; as in a valuation) (*stat.*), tendenza ad errore sistematico. **7.** ~ bearing (of gear teeth) (*mech.*), contatto sbieco, portata sbieca. **8.** ~ construction (as of a parachute, with the fabric warp threads forming an angle to the length) (*aer.*), confezione con tessuto diagonale. **9.** ~ generator (*elics.*), generatore di tensione base di griglia. **10.** ~ in bearing (of gear teeth) (*mech.*), contatto sbieco in dentro, portata sbieca in dentro. **11.** ~ out bearing (of gear teeth) (*mech.*), contatto sbieco in fuori, portata sbieca in fuori. **12.** ~ point (*thermion.*), punto di carica. **13.** ~ resistor (*thermion.*), resistenza di polarizzazione. **14.** base ~ (relating to transistors) (*elics.*), polarizzazione di base. **15.** cathode ~ (*radio*), polarizzazione catodica. **16.** cut-off ~ (of a cathode-ray tube) (*thermion.*), polarizzazione di interdizione. **17.** electrical ~ (*telegraph.*), avvolgimento polarizzante su di un nucleo di relè per migliorare la sensibilità. **18.** forward ~ (in a semiconductor diode circuit) (*elics.*), polarizzazione diretta. **19.** 4-ply ~ tire (*aut. - tire mfg.*), pneumatico a quattro tele incrociate. **20.** grid ~ (*radio*), polarizzazione di griglia. **21.** mechanical ~ (*telegraph.*), spostamento della linguetta in un relè polarizzato così che per il suo funzionamento si richiedono correnti disuguali per il distanziamen-

to e per i segni. **22.** reverse ~ (in a semiconductor diode circuit) (*elics.*), polarizzazione inversa.

bias (to) (*gen.*), influenzare, spingere (in una data direzione). **2.** ~ (*thermion.*), dare una tensione base di griglia, polarizzare. **3.** ~ out (as by reverse feedback) (*radio*), equilibrare, compensare.

bias-belted tire (reinforced by a belt of cord) (*tires mfg.*), cinturato, pneumatico cinturato.

biased (tendency as of an item in a statistical test) (*a. - stat.*), con (o di) particolare tendenza. **2.** ~ (*a. - math.*), distorto.

biasing (of electron tubes) (*phys.*), polarizzazione.

bias-ply tire (of an aut. pneumatic tire) (*n. - rubb. mfg.*), pneumatico a tele incrociate diagonalmente.

biaural, *see* binaural.

biaxial (crystal) (*a. - opt.*), biassico.

bibasic (*a.*), bibasico.

bibb (piece of timber for supporting the trestletrees) (*naut.*), maschetta.

bibcock (faucet) (*pip.*), rubinetto (tipo da cucina).

bi-bivalent (*a. - chem.*), a due ioni bivalenti.

"bibl", *see* bibliography.

bibliofilm (*phot.*), microfilm di un libro.

bibliography (*print.*), bibliografia.

bib nozzle (with screw attachment for hose) (*plumbing*), rubinetto da cucina con attacco a vite (per portagomma).

bicable (provided with two cables instead of one) (*a. - cableway - etc.*), a due cavi.

bicarbonate (*chem.*), bicarbonato. **2.** potassium ~ ($KHCO_3$) (*chem.*), bicarbonato di potassio. **3.** sodium ~ ($NaHCO_3$), bicarbonato sodico.

"BICEMA" (British Internal Combustion Engine Manufacturers' Association) (*mot.*), Associazione Britannica Fabbricanti Motori a Combustione Interna.

bichloride (*chem.*), bicloruro. **2.** mercury ~ ($HgCl_2$) (*chem.*), bicloruro di mercurio, sublimato corrosivo.

bichromate (*chem.*), bicromato. **2.** potassium ~ ($K_2Cr_2O_7$) (*chem.*), bicromato di potassio.

bickern (*t.*), *see* beakiron.

bick iron (*t.*) (Brit.), *see* beakiron.

biconcave, biconcavo.

biconic (biconical) (*gen.*), biconico.

biconvex, biconvesso.

bicycle (*veh.*), bicicletta. **2.** ~ gear (landing gear formed by wheels or sets of wheels set one behind the other under the longitudinal center of the fuselage) (*aer.*), carrello a biciclo. **3.** ergometric ~ (for measuring and recording muscular work) (*med. instr.*), bicicletta ergometrica. **4.** freewheel ~, bicicletta a ruota libera. **5.** motorized ~ (*veh.*), bicicletta a motore.

bid (*ind. law - bldg. law*), appalto. **2.** ~ (at an auction) (*comm.*), offerta. **3.** acceptance of ~ (*ind. law - bldg. law*), accettazione dell'offerta di appalto. **4.** advertisement for bids (*ind. law - bldg. law*), avviso di appalto, inserzione di appalto. **5.** application to ~ (*comm.*), domanda di partecipazione a gare. **6.** ask for bids (*comm.*), concorso di appalto, bando di gara. **7.** call for bids (*comm.*), bando di gara, concorso di appalto. **8.** invitation to ~ (*comm.*), invito a presentare offerta (di appalto). **9.** offer of ~ (*law - finan.*), offerta di appalto. **10.** opening of bids (in competitive bidding) (*comm.*), apertura delle offerte. **11.** sealed ~ (*comm.*), offerta in busta chiusa, offerta in busta sigillata. **12.** to make a ~ (*ind. law - bldg. law*), fare offerta di appalto.

bid (to) (*ind. - bldg.*), fare offerta di appalto. **2.** ~ (at an auction) (*comm.*), fare offerta.

bidder (*comm. - law*), appaltatore, offerente. **2.** lowest ~ (*comm.*), offerente al prezzo più basso.

bidding (offer) (*comm.*), offerta. **2.** competitive ~ (*comm.*), gara. **3.** to call for international competitive ~ (*comm.*), bandire una gara internazionale, emettere bando per gara internazionale.

bidet (*bldg. fixture*), bidè.

bidimensional (*gen.*), bidimensionale.

bidirectional (*gen.*), bidirezionale. **2.** ~ (as of a bus line between electronic app.) (*a. - elics.*), bidirezionale. **3.** ~ hydraulic motor (*mot.*), motore idraulico a due sensi di flusso.

"bidonville" (hovels on the outskirts of a town) (*urban aggregate*), bidonville.

bier (*text.*), *see* beer.

bifilar (*a.*), bifilare, a due fili, a due capi.

bifocal (*opt.*), bifocale.

bifurcation (as of railw., road etc.), diramazione, biforcazione.

big bang (cosmic explosion theory) (*cosmogony theory*), esplosione (cosmogonica) iniziale. **2.** ~ theory (hypotetic origin of the universe due to explosion) (*astr.*), teoria della esplosione della protomateria.

big bore (engine with larger than normal bore, as for racing) (*aut. mot.*) (slang), motore sovralesato.

Big Dipper (*astr.*), le sette stelle dell'Orsa Maggiore.

big end (of a connecting rod of a mot.) (*mech.*), testa.

bight (*geogr.*), baia, insenatura. **2.** ~ (of a rope) (*naut.*), doppino.

"bigit", *see* binary digit.

bijection (bijective mapping) (*math.*), biiezione, applicazione biiettiva.

bike (short for motorcycle, motorbike or motor bicycle) (*mtc.*), motocicletta, ciclomotore. **2.** ~ (short for bicycle), bicicletta. **3.** dirt ~ (for use on unpaved surfaces) (*mtc.*), motoleggera per fuoristrada. **4.** trail ~ (very small motorcycle: for easy transp. as on yachts, on multipurpose motor veh. etc.) (*mtc.*), minimotoretta.

bikeway (*road*), strada per biciclette.

bilander (two masted cargo) (*naut.*), piccolo due alberi da carico.

bilateral (*gen.*), bilaterale. **2.** ~ system (system of tolerances) (*mech.*), sistema bilaterale.
bi-level (raised house of two stories having the first floor partially below ground level) (*bldg.*), casa (modesta) ad un piano con seminterrato.
bilge (lowest part of the hull) (*naut.*), sentina. **2.** ~ (turn of the bilge, part of a vessel between the bottom and the vertical sides) (*naut.*), ginocchio. **3.** ~ (as of a cask) (*gen.*), parte centrale, parte di maggiore diametro. **4.** ~ block (*shipbuild.*), taccata. **5.** ~ bolt (as of a wooden ship) (*shipbuild.*), bullone di sentina. **6.** ~ keel (bilge piece) (*shipbuild.*), aletta di rollio. **7.** ~ piece (*naut.*), *see* bilge keel. **8.** ~ pump (*naut.*), pompa di sentina. **9.** ~ strake (*naut.*), corso di fasciame in corrispondenza del ginocchio. **10.** ~ stringer (*naut.*), corrente di sentina. **11.** ~ water (*shipbuild.*), acqua di sentina. **12.** ~ ways (heavy timbers sustaining the weight of the vessel in launching) (*shipbuild.*), vasi (dell'invasatura). **13.** turn of the ~ (bilge, part of a ship between bottom and vertical sides) (*shipbuild.*), ginocchio.
bilge (to) (*naut.*), aprirsi di una falla, fare acqua.
bilged (with a fracture in the bilge) (*a. - naut.*), aperto sul fondo, con falla in sentina.
bilinear (*math.*), bilineare.
bill (*comm.*), cambiale, effetto, polizza. **2.** ~ (itemized account of goods sold), fattura, conto. **3.** ~ (placard), cartello. **4.** ~ (pea or peak, of an anchor) (*naut.*), unghia, becco. **5.** ~ (draft of a law) (*law*), progetto di legge. **6.** ~ (billhook) (*agric. impl.*), falcetto. **7.** ~ (small size poster, advertising as a theatrical play) (*adver.*), locandina. **8.** ~ (a single blade of a pair of scissors) (*t.*), (la) lama di una forbice. **9.** ~ book (*comm.*), scadenzario. **10.** ~ of credit, *see* letter of credit. **11.** ~ of entry (*customs - comm.*), dichiarazione doganale. **12.** ~ of exchange (*finan. - comm.*), tratta, cambiale. **13.** ~ of health (*med. - naut.*), patente sanitaria. **14.** ~ of lading (*naut. comm.*), polizza di carico. **15.** ~ of materials (a complete list of every material, raw and manufactured, that a factory needs for a type of production) (*factory*), distinta base materiali (diretti), spoglio materiali (diretti). **16.** ~ of sale (*law - etc.*), atto di vendita. **17.** ~ paper (*paper*), carta per assegni, carta-valori. **18.** clean ~ of health (*naut.*), patente sanitaria netta. **19.** foul ~ of health (*naut.*), patente sanitaria sporca. **20.** ocean ~ of lading (*naut. comm.*), polizza di carico per trasporto oceanico. **21.** short ~ (as a bill of exchange to be paid within 30 days) (*bank - etc.*), cambiale a breve scadenza. **22.** sight ~ of exchange (*comm.*), tratta a vista. **23.** theater ~ (*adver.*), locandina teatrale. **24.** through ~ of lading (*naut. comm.*), polizza di carico diretta. **25.** time ~ (as of a bill of exchange to be paid at date) (*comm.*), cambiale (o tratta) a termine. **26.** to domicile a ~ (to domicile a bill of exchange) (*comm.*), domiciliare una cambiale. **27.** to retire a ~ (to retire a bill of exchange) (*comm.*), richiamare una cambiale. **28.** watch ~ (as of the crew: on a ship) (*naut. - navy*), lista dei turni di guardia.
bill (to) (*comm.*), fatturare.
billboard (on the bow, for supporting the anchor) (*naut.*), scarpa (o appoggio) dell'àncora. **2.** ~ (flat surface, as a bulletin board) (*adver.*), pannello, albo.
biller (invoice clerk) (*work. - pers.*), fatturista. **2.** ~ (billing machine) (*adm. - mach.*), fatturatrice.
billet (*metall.*), billetta. **2.** ~ (used in Norman architecture) (*arch.*), modanatura. **3.** ~ (piece of firewood) (*wood*), pezzo di legna da ardere. **4.** ~ rolling mill (*mach.*), laminatoio per billette. **5.** flat ~ (*metall.*), billetta rettangolare. **6.** piped ~ (hollow billet for drop forging, extrusion, etc.) (*metall.*), bicchiere, sbozzato tubolare, sbozzato cavo. **7.** slinging ~ (*navy*), posto di branda. **8.** square ~ (*metall.*), billetta quadra.
billet (to) (as soldiers in private buildings) (*milit.*), alloggiare.
billhook (*agric. impl.*), tipo di pennato.
billian (valuable antproof wood from Borneo) (*wood*), "billian".
billing (invoicing) (*adm.*), fatturazione. **2.** ~ department (*factory adm.*), ufficio fatturazione. **3.** ~ machine (biller) (*adm. mach.*), fatturatrice.
billion(Am. $= 10^9 = 1000$ milions $=$ Brit. milliard) (*math.*), miliardo.
billow (*naut.*), maroso, cavallone, flutto.
billposter (billsticker) (*adver. work.*), attacchino. **2.** ~ (the poster itself) (*adver.*), cartellone pubblicitario.
billposting (*adver.*), affissione.
billy (short for roving machine) (*text. mach.*), banco per lucignolo, banco per stoppino. **2.** ~ (short for slubbing billy) (*text. mach.*), torcitoio. **3.** slubbing ~ (slubbing machine) (*text. mach.*), torcitoio.
"BIM" (British Institute of Metals) (*metall.*), Istituto Britannico dei Metalli. **2.** ~ (British Institute of Management) (*management*), Istituto Britannico per Dirigenti.
"bimag", *short for* bistable magnetic.
bimanual (needs the use of both hands for operating: of a mach. t., tool etc.) (*a. - safety*), richiedente l'impiego di entrambe le mani per funzionare.
bimetal (bimetallic strip) (*metall.*), bimetallo.
bimetallic (*a. - ind.*), bimetallico.
bimetallism (currency system) (*econ.*), bimetallismo.
bimotored (as of mach.) (*a.*), a due motori.
bin (housing for tapes, punched cards etc.) (*comp. - etc.*), casella. **2.** ~ (box containing tapes of magnetic tape memory) (*comp.*), contenitore. **3.** ~ (enclosed space for storage) (*ind. - bldg.*), scomparto (o contenitore) di immagazzinaggio.

4. ~ card, scheda di magazzino. **5.** ~ wall (for retaining loose earth) (*civ. eng.*), muro a cassoni. **6.** block ~ (yard for logs) (*paper mfg. ind.*), parco legno. **7.** ore ~ (*bldg. - min.*), silo di minerale. **8.** storage ~ (silo) (*ind. - bldg.*), silo. **9.** waste ~ (*bldg. - min.*), silo di sterile.

binary (*a. - chem.*), binario. **2.** ~ (system by which any number can be represented by only two symbols) (*a. - comp.*), binario. **3.** ~ (alternative between two possibilities only) (*a. - gen.*), alternativo. **4.** ~ arithmetic (*math.*), aritmetica binaria. **5.** ~ cell (*comp.*), cella binaria. **6.** ~ code (*comp. - n.c. mach. t.*), codice binario. **7.** ~ coded decimal, "BCD" (*math. - comp.*), decimale in codice binario, decimale codificato binario. **8.** ~ coded decimal system (*comp.*), sistema decimale (espresso) in codice binario. **9.** ~ digit (*comp.*), cifra binaria, bit. **10.** ~ dump (*comp.*), stampatura (o scarico) del contenuto di memoria in binario, dump binario. **11.** ~ notation (binary number system) (*math. - comp.*), notazione binaria, sistema di numerazione con base 2. **12.** ~ number system, *see* binary notation. **13.** ~ operation (*math. - comp.*), operazione binaria. **14.** ~ point (*comp.*), virgola binaria. **15.** ~ synchronous communication, "BSC" (*comp.*), comunicazione binaria sincrona. **16.** ~ to decimal conversion (*math. - comp.*), conversione del binario in decimale. **17.** row ~ (binary information encoded row by row on punched cards) (*comp.*), codificazione binaria per righe.

binaural (relating to the hearing by both ears: as of stereophonic sounds) (*a. - acous.*), biauricolare. **2.** ~ hearing (*acous.*), ascolto biauricolare.

bind (to) (*gen.*), vincolare, fissare. **2.** ~ (as gasoline and alcohol) (*chem.*), legare. **3.** ~ (of a mechanical movement) (*mech.*), indurirsi, gripparsi. **4.** ~ (as a book), legare, rilegare. **5.** ~ (to agglomerate) (*gen.*), agglomerare. **6.** ~ (to connect data) (*comp.*), collegare.

binder (as of a paint) (*chem.*), legante. **2.** ~ (as tar or cement) (*mas.*), legante. **3.** ~ (*mach.*), legatrice. **4.** ~ (bookbinder), legatore, rilegatore di libri. **5.** ~ (*bookbinding mach.*), macchina cucitrice per legatoria. **6.** ~ (portion of sheet metal of a drawn piece, beyond the trim line and to be cut away by the trimming operation) (*sheet metal w.*), cartella. **7.** ~ (device for binding as loose leaflets) (*off.*), raccoglitore. **8.** binders (brakes) (*aut.*) (*slang*), freni. **9.** brown coal ash ~ (for concrete) (*bldg.*), legante di cenere di lignite. **10.** curled hair ~ (*rubb. mfg.*), legante per crini. **11.** pigment ~ ratio (*paint.*), rapporto pigmento-legante. **12.** spiral ~ (*bookbinding mach.*), macchina per legatura a spirale.

bindery (bookbindery) (*shop*), legatoria.

binding (of price, of delivery) (*a. - gen.*), impegnativo. **2.** ~ (as of a book) (*n.*), legatura, rilegatura. **3.** ~ (connection: as between data) (*n. - comp.*), collegamento. **4.** ~ (of a mechanical movement) (*n. - mech.*), inceppamento, grippaggio. **5.** ~ energy (*atom. phys.*), energia per la disintegrazione completa di un nucleo atomico. **6.** ~ machine (*bookbinding mach.*), legatrice, macchina legatrice. **7.** ~ material (for sand) (*found.*), materiale legante, agglomerante. **8.** ~ post (Am.) (*elect.*), serrafilo, morsetto. **9.** ~ screw, *see* set screw. **10.** ~ twine (*gen.*), corda grezza per legature. **11.** ~ wire (for iron reinforcement) (*reinf. concr.*), filo di ferro per legature. **12.** cloth ~ (*bookbinding*), legatura in tela. **13.** leather ~ (*bookbinding*), legatura in pelle. **14.** parchment ~ (*bookbinding*), legatura in pergamena. **15.** quarter ~ (*bookbinding*), legatura in mezzo materiale differente dall'altra metà. **16.** quarter cloth ~ (*bookbinding*), legatura in mezza tela. **17.** quarter leather ~ (*bookbinding*), legatura in mezza pelle. **18.** spiral ~ (*bookbinding*), legatura a spirale. **19.** stiff paper ~ (*bookbinding*), legatura cartonata. **20.** taken out its ~ (a book) (*bookbinding*), slegato.

bineutron (*nuclear phys.*), bineutrone.

bing (a bin for storage) (*bldg.*), silo.

binit, *see* bit.

binnacle (box for ship's compass) (*naut.*), chiesuola.

binocular (field glass) (*opt. instr.*), binocolo. **2.** ~ (*a. - opt.*), binoculare. **3.** ~ vision (*opt.*), visione binoculare. **4.** infrared ~ (*opt. - milit. instr.*), binocolo a raggi infrarossi. **5.** prism ~ (*opt. instr.*), binocolo prismatico.

binoculars (*n. - opt. instr.*), *see* binocular.

binomial (*a. - math.*), binomiale. **2.** ~ (*n. - math.*), binomio.

binormal (*n. - math.*), binormale.

bio-aeration (sewage purification system) (*sewage*), aerazione forzata (ottenuta con mezzi meccanici).

bioastronautics (*astric.*), bioastronautica.

biochemistry (*n.*), biochimica.

biodegradable (capable of being reduced to an innocuous product, as a polluting agent) (*pollution*), biodegradabile.

bioelectricity (*biol. - elect.*), bioelettricità.

bioelectronics (electronics applied to medicine) (*elics. - med.*), bioelettronica.

bioengineering (engineering principles applied to biol. and med.) (*med.*), biotecnica, tecnica applicata al campo medico.

biogas (mixture of CO_2 and methane; produced by organic decomposition) (*chem.*), biogas.

biogeocenosis, biogeocoenosis, *see* ecosystem.

bioinstrument (recording instr. applied to the body for transmitting physiological data) (*instr. - astric.*), biostrumento.

bioinstrumentation (instruments for the trasmission of biological parameters: as from astronauts in flight) (*astric. med.*), strumentazione biologica.

biologic (biological) (*biol.*), biologico.

bioluminescence (*biol. - phys.*), bioluminescenza.
biomedicine (man survival in astric. environments) (*astric. - med.*), biomedicina.
bionics (science studying the data of biological systems for the solution of engineering problems) (*sc.*), bionica.
biophysics (*phys.*), biofisica.
biorhythm (the biological function which is affected when people fly eastward or westward for more than six hours) (*normal w. life*), bioritmo.
"BIOS" (Basic Input Output System) (*comp.*), sistema operativo di base per la gestione di ingresso/uscita.
biosatellite (artificial satellite with a living human, animal or plant) (*astric.*), biosatellite.
bioscience (*biol.*), biologia.
bioscope (*m. pict. projector*), proiettore cinematografico.
biosensor (a sensitive element which if applied on an astronaut's body is able to transmit medical information) (*med. astric.*), biosensore.
biosphere (*meteorol.*), biosfera.
"BIOS ROM" (Basic Input/Output System Read Only Memory) (*comp.*), memoria a sola lettura contenente il sistema operativo di base per la gestione ingresso/uscita.
biotechnology (*work. and mach.*), problematica relativa all'adattamento dell'uomo alla macchina.
biotite (mica) (*min.*), biotite.
biotron (climatized room: for biological study on environmental factors) (*biol. app.*), camera climatizzata.
biowar (biological warfare) (*milit.*), guerra biologica.
bipack (when two films are exposed simultaneously) (*color phot.*), bipack, doppio film ciascuno con sensibilità ad un colore diverso.
biphenyl ($C_6H_5 \cdot C_6H_5$) (*chem.*), difenile. **2.** (*comm. chem.*), *see* diphenyl.
bipin (with two pin electrodes) (*a. - elect.*), a due spinotti.
bi-place (*a. - veh.*), biposto.
biplane (*aer.*), biplano.
biplexor (a two-channel Multiplexor) (*comp.*), multiplatore a due canali.
bipolar (*elect. - phys.*), bipolare.
bipost, *see* bipin.
biprism (Fresnel biprism) (*opt.*), biprisma di Fresnel.
bipropellant (with two propellant bases: as a rocket motor) (*a. - rckt.*), a propellente binario. **2.** ~ (rocket propellant consisting of two unmixed chemicals fed separately to the combustion chamber) (*comb.*), propellente binario. **3.** ~ rocket (*rckt.*), razzo a propellente binario.
biquadrate (*math.*), quarta potenza.
biquinary (mixed base system) (*comp.*), biquinario. **2.** ~ code (*comp.*), codice biquinario.
"BIR" (British Institute of Radiology) (*phys.*), Istituto Britannico di Radiologia.
biradical (*a. - chem.*), biradicale.
birch (*wood*), betulla. **2.** yellow ~ (North American birch (*wood*), betulla americana.
bird (*missile*), (Am. coll.) missile. **2.** ~ dog (radio direction-finder) (*instr.*), radiogoniometro. **3.** "cooking ~" (missile being launched) (Am. slang) missile in corso di lancio.
"bird" (to) (to transmit by satellite) (Am. coll.) (*telev.*), trasmettere via satellite.
birdcage (made by an amount of lines and pipes: as in a jet plane) (*aer.*), gabbia (di tubazioni).
birdieback, *see* birdyback.
birdman (an aviator) (*aer.*), (Am. coll.) aviatore.
bird's beak ornament (*arch.*), becco di civetta.
birdyback (truck trailers transp. by airplane) (*aer. transp.*), semirimorchi trasportati per via aerea.
birefringence (*opt.*), birifrangenza.
"BIS" (British Interplanetary Society) (*astric.*), Società Interplanetaria Britannica.
biscuit (cracker) (*cake mfg.*), biscotto. **2.** ~ (porcelain after the first firing and before glazing) (*ceramics*), biscotto. **3.** ~ (small amount of plastic just sufficient for pressing a single record) (*records mfg.*), quantitativo di materiale plastico occorrente per lo stampaggio di un disco. **4.** ~ (slug, injection residual) (*die casting*), biscotto, residuo di colata.
bisector (*geom.*), bisettrice.
bisectrix (*opt.*), bisettrice.
bisilicate (*chem.*), bisilicato.
bismuth (Bi - *chem.*), bismuto.
bisphenoid (crystal) (*min.*), bisfenoide.
bisque (fired and not glazed: as Sèvres bisque) (*ceramics mfg.*), biscuit.
"BISRA" (British Iron and Steel Research Association) (*metall.*), Associazione Britannica Ricerche Ghisa e Acciaio.
Bissell truck (*railw.*), asse Bissell, sterzo, carrello ad un asse.
bistable (elics. component having two stable states) (*elics.*), bistabile.
bistatic (with transmitter and receiver located in two different places) (*a. - radio - radar - etc.*), con apparecchiature riceventi e trasmittenti sistemate in località diverse.
bistoury (*med. instr.*), bisturi. **2.** electric ~ (*med. instr.*), bisturi elettrico.
bisulphate (*chem.*), bisolfato.
bisulphide, bisulphid, bisolfuro.
bisulphite (*chem.*), bisolfito.
bit (cutting edge or piece of a tool), punta, taglio. **2.** ~ (small quantity) (*gen.*), piccolo quantitativo. **3.** ~ (*t.*), punta, saetta, mecchia. **4.** ~ (of a rock drill) (*min. t.*), punta (per perforazione), scalpello. **5.** ~ (to be placed in the horse's mouth), morso. **6.** ~ (part of a key which acts upon the lock) (*mech.*), ingegno. **7.** ~ (wire device used to obtain the watermarks in paper)

(*paper mfg.*), filigrana. **8.** ~ (binary digit: information unit in information meas.) (*comp.*), bit. **9.** ~ density ("BPI", record density) (*comp.*), densità (di registrazione) dei bit. **10.** ~ map (*comp.*), grafica per punti. **11.** bits per inch, "BPI" (record density) (*comp.*), bit per pollice. **12.** bits per second, "BPS" (bit rate) (*comp.*), bit al secondo. **13.** ~ rate (bits per second, "BPS") (*comp.*), velocità di trasmissione (dei bit). **14.** ~ string (*comp.*), sequenza di bit. **15.** bar ~ (for horses), morso intero. **16.** bevel ~ (*min. t.*), punta (per perforazione) conica. **17.** blank ~ (*min. t.*), punta (per perforazione) vergine. **18.** brace ~ (*carp. t.*), punta per menaruola. **19.** car ~ with screw point (*t.*), mecchia a tortiglione con prolunga. **20.** center ~ (*carp. t.*), punta a centro, punta inglese, saetta a tre punte. **21.** check ~ (*comp.*), bit di controllo. **22.** cone ~ (*min. t.*), scalpello a coni. **23.** copper ~ (*t.*), saldatoio. **24.** core ~ (*min. t.*), corona, punta a corona. **25.** cross-chopping ~ (*min. t.*), scalpello a croce. **26.** curb ~ (for horse's jaw), morso a catenaccio (o a seghetto). **27.** diamond-pointed ~ (*min. t.*), scalpello con punta di diamante. **28.** disk ~ (*min. t.*), scalpello a disco. **29.** drilling ~ (*min.*), punta per perforazione, scalpello. **30.** expanding ~ (*carp. t.*), punta a espansione, punta a centro registrabile. **31.** expansive ~ (*carp. t.*), mecchia con punta allargabile. **32.** fishtail ~ (*min. t.*), scalpello a coda di pesce. **33.** Foerstner ~ (*carp. t.*), punta universale Foerstner. **34.** gimlet ~ (for hand brace) (*carp. t.*), punta a succhiello. **35.** information ~ (*comp.*), bit di informazione. **36.** least significant ~ (the rightmost bit in a word) (*comp.*), bit meno significativo. **37.** mortise ~ (for wood) (*carp. t.*) (Brit.), punta per mortasa. **38.** most significant ~ (the leftmost bit in a word) (*comp.*), bit più significativo. **39.** parity ~ (*comp.*), bit di parità. **40.** plug ~ (*min. t.*), punta piena. **41.** roller ~ (*min.*) (Brit.), scalpello a rulli. **42.** rotary core ~ (*min.*) (Brit.), scalpello a centro rotante. **43.** sign ~ (the first bit) (*comp.*), bit di segno. **44.** snaffle ~ (for horses), morso snodato. **45.** spiral ~, *see* twist bit. **46.** start ~ (the bit preceding the character) (*comp.*), bit di inizio, bit di partenza. **47.** stop ~ (the bit immediately following the character) (*comp.*), bit di arresto. **48.** synchronization ~ (*comp.*), bit di sincronizzazione. **49.** throwaway ~ (*min. t.*), punta a consumo. **50.** twist ~ (spiral bit) (*carp. t.*), punta elicoidale, saetta ad elica, saetta a tortiglione. **51.** wagon builder's plate ~ (*carp. t.*) (Brit.), *see* car bit with screw point. **52.** wing ~ (*min. t.*), scalpello ad alette. **53.** zone bits (*comp.*), bit di zona.

bitangent (touching at two points) (*a. - math.*), bitangente.

bitangential (bitangent) (*a. - math.*), bitangente. **2.** ~ curve (*math.*), curva bitangente.

bite (corrosion of the metal by the acid, in etching) (*photomech.*), morsura, mordenzatura. **2.** ~ (friction surface for obtaining a hold, as of a chuck) (*mech.*), superficie mordente, superficie di presa. **3.** ~ (duration of the acid attack on the plate) (*photomech. - chem.*), durata dell'attacco acido.

bite (to) (as an anchor) (*naut.*), tenere.

biting angle (*ballistics*), angolo minimo di impatto permettente la perforazione.

"bitn" (bitumen) (*bldg.*) (Brit.), bitume.

bitstock, bitstalk (for turning a carpenter's bit: brace) (*carp. t.*), menaruola.

bitt (*naut.*), bitta. **2.** carrick ~ (*naut.*), struttura di sostegno dell'argano. **3.** gallows ~ (amidships frame for supporting spare yards) (*naut.*), supporti per alberi di rispetto. **4.** mooring ~ (*naut.*), bitta di ormeggio. **5.** topsail sheet ~ (*naut.*), bitta della scotta di gabbia. **6.** towing ~ (*naut.*), bitta di rimorchio.

bitt (to) (*naut.*), abbittare, dar volta alla bitta.

bitter (turn of a cable on a bitt) (*naut.*), volta di bitta. **2.** ~ end (inboard end, as of an anchor cable) (*naut.*), parte terminale entro bordo di una cima (o catena o cavo) di ormeggio.

bitteroak (*wood*), cerro.

bitumen, bitume. **2.** ~ emulsion (*road paving material*), emulsione bituminosa. **3.** ~ mortar (*bldg.*), malta di bitume. **4.** ~ process (*photomech.*), procedimento al bitume. **5.** ~ sprinkler (*road constr. mach.*), bitumatrice. **6.** asphalt ~ (*road paving*), bitume asfaltico. **7.** blown ~ (type of bitumen oxidized by blowing air at high temperature) (*road constr.*), bitume ossidato, bitume soffiato. **8.** cut-back ~ (the viscosity of which has been reduced by a volatile diluent) (*road constr.*), bitume diluito. **9.** elastic ~ (elaterite, mineral caoutchouc) (*min.*), elaterite, caucciù minerale. **10.** filled ~ (containing a filler) (*road constr.*), bitume fillerizzato, bitume caricato. **11.** fluxed ~ (the viscosity of which has been reduced by a non-volatile diluent) (*road constr.*), bitume flussato.

bituminization (*road - mas.*), bitumatura.

bituminize (to), bitumare.

bituminous, bituminoso. **2.** ~ macadam (*road - bldg.*), macadam al bitume.

bivalence (*chem.*), bivalenza.

bivalent (*chem.*), bivalente.

bivariant (*a. - chem. - thermod.*), bivariante.

"biz" (coll.), *see* business.

Bk (berkelium) (*chem.*), berkelio.

"bk", *see* bank, black, block, book, brake.

"bkr" (breaker) (*elect.*), interruttore.

"bks" (barracks) (*bldg.*), baraccamenti.

"bkt", *see* basket, bracket.

"BL" (breech-loading, as of a gun) (*a. - milit.*), a retrocarica. **2.** ~ (base line) (*gen.*), linea di base. **3.** ~, *see also* B/L.

"B/L" (bill of lading) (*comm.*), polizza di carico.

2. ~ (backlash, of gears) (*mech.*), gioco normale.

"bl", *see* barrel, black, block.

black, nero. **2.** ~ (heavy, extra-bold degree of blackness of a type face) (*typ.*), nero. **3.** ~ (a blemish on a printed page due to a space risen to the level of type) (*typ. defect*), spazio (rialzato). **4.** ~ (condition of profit) (*comm. - adm.*), utile. **5.** ~ after white (*telev. defect*), *see* black compression. **6.** ~ box (comp. control) (*elics.*), scatola nera. **7.** ~ box (flight data recorder: electronic device carried by an airplane, used in case of a crash) (*aer.*), scatola nera. **8.** ~ compression (defect consisting in the appearing of a black line around the right side of white images) (*telev. defect*), sbaffatura. **9.** ~ hole (collapsed star reduced to small diameter and intense gravity) (*astron.*), buco nero. **10.** ~ iron pipe (*metall. ind. - pip.*), tubo nero in ferro. **11.** ~ lead (*ind.*), piombaggine, grafite. **12.** ~ level (black signal amplitude) (*telev.*), intensità del nero, livello del nero. **13.** ~ light (ultraviolet or infrared light) (*opt.*), luce di Wood, luce nera. **14.** ~ liquor (dark-colored waste liquor) (*paper mfg.*), acque nere. **15.** ~ manganese (*min.*), pirolusite. **16.** ~ oil (or dirty oil) (petroleum) (*comb.*), petrolio grezzo. **17.** ~ oxide of manganese (*chem.*), biossido di manganese, pirolusite. **18.** ~ peak (*telev.*), cresta del nero. **19.** ~ plate (*metall.*), lamiera nera, banda nera. **20.** ~ powder (gunpowder) (*expl.*), polvere nera. **21.** ~ rouge (kind of magnetite used for polishing) (*polishing*), tipo di polvere abrasiva (per pulimentare). **22.** ~ sand (*found.*), terra mista a nero di fonderia. **23.** ~ water stain (*paint.*), nero di guida. **24.** acetylene ~ (*rubb. ind.*), nerofumo d'acetilene. **25.** alizarin ~ (*dye*), nero di alizarina. **26.** anilin ~ (*dye*), nero di anilina. **27.** bone ~ (*ind. chem.*), nero animale. **28.** carbon ~ (*rubber ind.*), nerofumo di gas. **29.** furnace ~ (*rubber ind.*), nerofumo di forno. **30.** in the ~ (to be in the black means to have money at one's disposal in a bank) (*adm. - finan.*), in attivo.

black (to) (a mold) (*found.*), dare il nero. **2.** ~ (to disturb or silence a radio transmission) (*radio*), disturbare (o rendere incompresibile). **3.** ~ out (a protective measure applied in air raids) (*milit.*), oscurare. **4.** ~ out (temporary lack of electrical power) (*elect. defect*), interrompersi (della fornitura) dell'energia elettrica.

blackbody (absorbing radiant energy at all frequencies) (*phys.*), corpo nero.

blackdamp (*min.*), aria viziata da eccesso di CO_2.

blacken (to) (*gen.*), annerire. **2.** ~ (*found.*), *see* to black.

blackening (*gen.*), annerimento. **2.** ~ (of the mold) (*found.*), rivestimento con neri di fonderia. **3.** ~ bath (*phot.*), bagno di annerimento.

blacker-than-black (for control: as of signals) (*telev.*), ultranero.

blacking (*gen.*), cera da scarpe. **2.** ~ (carbonaceous material for coating a mold) (*found.*), nero di fonderia. **3.** ~ (*found.*), *see also* blackening. **4.** ~ holes (irregular cavities on the surface of a casting, containing carbonaceous matter) (*found.*), cavità nere, cavità contenenti materie carboniose. **5.** ~ out (blackout) (*aer.*), visione nera. **6.** charcoal ~ (*found.*), polverino di carbone dolce.

blackjack (*min.*), *see* zinc blende.

blacklist (*pers. - etc.*), lista nera.

blackout (against air raids) (*milit.*), oscuramento. **2.** ~ (blanking: of the beam) (*telev.*) (Am.), cancellazione, mascheramento, soppressione. **3.** ~ (cessation of electrical output from main electrical network) (*elect.*), interruzione generale della erogazione di energia elettrica dalla rete. **4.** ~ (loss of vision, as in a pull-out from a dive) (*aer. - med.*), visione nera, anopsia, "annebbiamento" della vista. **5.** ~ (period of interruption of radio transmissions by a space capsule entering the atmosphere) (*astric. - radio*), silenzio radio, "blackout". **6.** ~ lamp (illuminating apparatus) (*milit.*), lampada per oscuramento. **7.** ~ level (blanking level: of the beam) (*telev.*) (Am.), livello di cancellazione, livello di soppressione. **8.** ~ pulse (blanking pulse: of the beam) (*telev.*) (Am.), impulso di cancellazione, impulso di soppressione. **9.** ~ signal (blanking signal: of the beam) (*telev.*) (Am.), segnale di cancellazione, segnale di soppressione. **10.** printed ~ (the operation of making a printed line unreadable by overprinting a sequence of letters: as x) (*print. - typ. - comp.*), cancellazione per sovrapposizione.

"blacks" (black paper used for phot. purposes) (*paper mfg.*), carta nera.

blacksmith (*work.*), fabbro.

blacksmith's tongs (*t.*), tenaglia da fabbro.

blacktop, balcktopping (bituminous compound for surfacing roads, runways, etc.) (*road - bldg.*), composto bituminoso per il manto di usura.

blackwall hitch (single or double) (*naut.*), nodo di gancio.

blackwood (Australian blackwood) (*wood*), acero australiano.

blackwork (*metall.*), pezzi fucinati grezzi.

bladder (of a football) (*sport*), camera d'aria.

blade (*gen.*), lama. **2.** ~ (as of a fan or propeller) (*mech. - aer.*), pala. **3.** ~ (as of a reaming fixture) (*t.*), coltello, lama. **4.** ~ (as of a shear) (*mach.*), lama. **5.** ~ (as of a turbine) (*mech.*), paletta. **6.** ~ (tongue, of a switch) (*railw.*), ago. **7.** ~ (as of a bulldozer) (Brit.) (*road mach. impl.*), lama. **8.** ~ (element of a shutter) (*phot.*), lamella. **9.** ~ (of an oar) (*naut.*), pala. **10.** ~ (movable blade of a knife switch) (*elect.*), coltello. **11.** ~ (as of a venetian blind) (*mas. impl.*), lamella, stecca. **12.** ~ activity factor (expressing the capacity of a propeller blade to absorb power) (*aer.*), coefficiente di efficacia della pala. **13.** ~ angle (of a propeller) (*aer.*), angolo della pala, angolo di calettamento della pala. **14.** ~ back (as of a propeller blade) (*aer.*), dorso della pala. **15.** ~ beater (of flax) (*text. impl.*), battitoio a lama. **16.** ~ damper (of a helicopter rotor) (*aer.*), ammortizzatore della pala. **17.** ~ face (of a propeller blade) (*aer.*), ventre della pala, faccia della pala. **18.** ~ guide (*mach. t. mech.*), guidalama. **19.** ~ loading (of a propeller or rotor) (*aer.*), carico sulla pala. **20.** ~ root (*naut. - aer.*), attacco della pala. **21.** ~ root (as of a turbine blade) (*mech.*), radice della paletta. **22.** ~ section (of a propeller) (*aer.*), sezione della pala. **23.** ~ surface (of a propeller) (*aer.*), superficie della pala. **24.** ~ sweep (of a propeller) (*aer.*), passo angolare della pala. **25.** ~ tip (*mech.*), vertice della paletta. **26.** ~ tip (*naut. - aer.*), estremità della pala. **27.** ~ wheel (of a steam turbine) (*mech.*), ruota porta-palette. **28.** adjustable guide ~ (as of a turbine) (*mech.*), distributore regolabile. **29.** articulated ~ (of a helicopter rotor) (*aer.*), pala articolata. **30.** band saw ~ (*t.*), lama per sega a nastro. **31.** detachable ~ (as of an airscrew) (*aer.*), pala separabile, pala smontabile. **32.** fixed ~ (as of a turbine or axial compressor) (*mech.*), paletta fissa, paletta del distributore. **33.** fixed ~ (as of a trimming mach.) (*mech.*), lama fissa. **34.** forged ~ (as of a gas turbine engine) (*metall. - aer.*), paletta stampata. **35.** guide ~ (as of a turbine) (*mech.*), paletta del distributore. **36.** heel of the ~ (of a switch) (*railw.*), calcio (o tallone) dell'ago. **37.** hollow steel ~ (of a propeller) (*aer.*), pala cava in acciaio. **38.** nozzle ~ (as of turbine) (*mot.*), paletta fissa, paletta distributrice. **39.** point of the ~ (of a switch) (*railw.*), punta dell'ago. **40.** propeller ~ (*aer.*), pala dell'elica. **41.** rigidly-mounted ~ (of a rotor) (*aer.*), pala montata rigidamente. **42.** rotary ~ (as of a trimming mach.) (*mech.*), lama rotante. **43.** rotor ~ (as of a turbojet eng.) (*mech.*), paletta (del) rotore. **44.** saw ~ (of mach. t.) (*mech.*), lama della sega. **45.** screw ~ (*naut.*), pala dell'elica. **46.** shears ~ (*mech.*), lama della cesoia. **47.** standard facing ~ (*t.*), coltello normalizzato per lamatura. **48.** stator ~ (as of a turbine or axial compressor) (*mech.*), paletta fissa, paletta del distributore. **49.** straightener ~ (as of a jet engine turbine) (*aer.*), paletta del raddrizzatore. **50.** switch ~ (*railw.*), ago dello scambio. **51.** turbine ~ (*mech.*), paletta di turbina, pala di turbina. **52.** windshield wiper ~ (*aut.*), racchetta del tergicristallo.

blade (to) (to remove, as with a bulldozer) (*earth-moving*), asportare con (mezzo meccanico a) lama.

bladed (*a. - mech.*), palettato.

blade-width ratio (of a propeller blade) (*aer.*), rapporto di larghezza della pala.

blading (*mech.*), palettatura. **2.** impulse ~ (as of a turbine) (*mech.*), palettatura ad azione. **3.** reaction ~ (as of a turbine) (*mech.*), palettatura a reazione.

blanc fixe (artificial sulphate of barium) (*paper mfg. - etc.*), bianco fisso, bianco di barite.

blank (as a connecting rod blank forged by forging rolls) (*n. - forging*), sbozzato (di fucinatura), sbozzo, "scapolato". **2.** ~ (piece of metal, as a casting, on which finishing operations are to be carried out) (*n. - mech.*), greggio, pezzo greggio, grezzo, pezzo grezzo. **3.** ~ (empty space: as in printed paper) (*n.*), spazio vuoto, spazio in bianco. **4.** ~ (of sheet metal) (*n.*), sviluppo, elemento tranciato. **5.** ~ (unfinished: as of ind. product) (*a. - ind.*), grezzo di lavorazione, non ultimato. **6.** ~ (turned piece as used for the production of gears) (*n. - mech.*), sbozzato di tornio. **7.** ~ (without opening) (*a. - mech. - arch.*), cieco. **8.** ~ (bull's eye of a target) (*milit. - sport*), centro. **9.** ~ (cylindrical forging obtained by edging a cheese and from which gear wheels, flywheels etc., can be machined) (*forging*), formaggella rullata. **10.** ~ (as a check, document, etc.) (*a. - comm.*), in bianco. **11.** ~ (pressing: optical glass formed by pressing into rough shape and size) (*glass mfg.*), sbozzo. **12.** ~ annealing (*heat-treat.*), *see* close annealing. **13.** ~ cartridge (*expl.*), cartuccia a salve. **14.** ~ check (*comm.*), assegno in bianco. **15.** ~ door (*bldg.*), porta finta. **16.** ~ endorsement (as of a bill of exchange) (*comm.*), girata in bianco. **17.** ~ firing (*milit.*), tiro in bianco. **18.** ~ holder (as of a press) (*mech.*), premilamiera, pressalamiera. **19.** ~ holding force (during the deep drawing operation) (*sheet metal w.*), pressione del premilamiera. **20.** ~ medium (punch card without holes, magnetic tape without records etc.) (*comp.*), supporto in bianco, supporto vergine. **21.** ~ page (*typ.*), pagina bianca, pagina non stampata. **22.** ~ part (not printed spaces) (*typ.*), bianchi. **23.** ~ sheet (*adm.*), modulo da riempire, modulo in bianco. **24.** ~ signature (*law*), firma in bianco. **25.** ~ space (as on printed paper), spazio vuoto, spazio in bianco. **26.** ~ type (space) (*typ.*), spazio, spaziatura. **27.** ~ window (*bldg.*), finestra finta. **28.** embedded ~ (*comp.*), spazio intercalato. **29.** in ~ (as a check) (*comm.*), in bianco. **30.** rough ~ (blank obtained by blanking a sheet metal piece leaving a portion of the contour as it is, as by cropping a sheet metal piece) (*sheet metal w.*), sviluppo di sgrosso. **31.** to fill in the blanks (as of a form) (*typ. - comp. - etc.*), riempire gli spazi in bianco.

blank (to) (to punch with a die from a metal sheet) (*mech.*), tranciare. **2.** ~ (to cancel, to make undetectable) (*comp. - etc.*), cancellare. **3.** ~ (to clear the screen) (*VDU - telev. - etc.*), cancellare. **4.** ~ (to obstruct) (*mech.*), tappare, ostruire. **5.** ~ (for avoiding secondary and unwanted return effects) (*telev. disturb*), sopprimere. **6.** ~ (*print*), *see* space (to).

blanker (as of unwanted disturbs) (*elics.*), soppressore.

blanket (*text. product*), coperta di lana. **2.** ~ (a thin coat of bituminous material covering a road) (*civ. eng.*), manto bituminoso. **3.** ~ (endless ribbon of felt on which the pulp is laid) (*paper mfg.*), feltro. **4.** ~ (permeable cloth used in the floatation cell) (*min.*), setto di stoffa. **5.** ~ (blanket sheet, newspaper formed by a single sheet folded only once) (*newspaper*), giornale a sole 4 pagine. **6.** ~ (sheet of rubber used in the offset press) (*print.*), caucciù, tessuto gommato. **7.** ~ cylinder (of the offset press) (*print.*), cilindro di caucciù. **8.** ~ feed (a method for charging batch, designed to produce an even distribution of batch across the width of the furnace) (*glass mfg.*), alimentazione a tappeto. **9.** ~ mark (defect of paper) (*paper mfg.*), segno del feltro. **10.** ~ order (open order) (*ind.*), ordine aperto. **11.** horse ~ (*impl.*), coperta da cavallo. **12.** three-ply ~ (for printing on offset press) (*print.*), tessuto (gommato) a tre tele, caucciù a tre tele.

blanket (to) (to interfere by wanted disturbs) (*radio*), interferire coprendo la trasmissione. **2.** ~ (to intercept the wind) (*navig.*), rubare il vento. **3.** ~ (to cover) (*gen.*), coprire. **4.** ~ (to extinguish a fire by covering it completely with a substance such as foam) (*antifire*), estinguere (per soffocamento).

blanketing (by interference signals) (*radio broadcast - etc.*), copertura della trasmissione, interferenza di copertura.

blankholder (*sheet metal w.*), premilamiera. **2.** ~ wrap (contoured surface of the blankholder in order to reduce the severity of the drawing operation) (*sheet metal w.*), profilatura del premilamiera.

blanking (*mech.*), tranciatura. **2.** ~ (*telev.*), cancellazione, soppressione, estinzione. **3.** ~ (clear function: as in "VTR" programming) (*audiovisuals*), svuotamento. **4.** ~ (*sheet metal w.*), tranciatura (dello sviluppo). **5.** ~ level (blackout level: of the beam) (*telev.*) (Brit.), livello di cancellazione, livello di soppressione. **6.** ~ plate (as for engine parts) (*mech.*), piastra di chiusura, piastra di tappaggio. **7.** ~ pulse (blacklout pulse: of the beam) (*telev.*) (Brit.), impulso di cancellazione, impulso di soppressione. **8.** ~ signal (blackout signal: of the beam) (*telev.*) (Brit.), segnale di cancellazione, segnale di soppressione. **9.** fine ~ press (*sheet metal w. mach.*), pressa per tranciatura fine. **10.** frame ~ (frame suppression) (*telev.*), soppressione del quadro.

blast (*expl.*), scoppio, esplosione. **2.** ~ (*meteorol.*), colpo di vento. **3.** ~ (as of steam engine), vapore di scarico. **4.** ~ (momentary overload of the equipment causing alterations in the images and sounds) (*radio - telev.*), sovraccarico momentaneo. **5.** ~ (exhaust gas from an i.c. or jet engine) (*mot.*), gas di scarico. **6.** ~ burner (*chem. impl.*), bruciatore per soffieria. **7.** ~ furnace (for iron) (*metall.*), altoforno. **8.** ~ gate, *see* waste gate. **9.** ~ heater (hot air heating unit) (*bldg. - therm. app.*), impianto di riscaldamento ad aria calda. **10.** ~ inlet (of air: as in a blast furnace, Bessemer converter etc.) (*metall.*), entrata dell'aria. **11.** ~ lamp, *see* blast burner blowtorch. **12.** ~ main, *see* blast pipe. **13.** ~ pipe (of a steam locomotive) (*railw.*), scappamento, ugello soffiante. **14.** ~ roasting (baking the ore charge by internal combustion) (*metall.*), arrostimento in forno. **15.** atomic ~ (*atom bomb expl.*), esplosione atomica.

blast (to) (as by expl.), far saltare. **2.** ~ (to blast off, to take off, as of a missile) (*missile - astric.*), essere lanciato, partire. **3.** ~ (to blow out) (*gen.*), soffiare via. **4.** ~ (to free from obstructions by means of a compressed fluid) (*pip. - etc.*), liberare da ostruzioni mediante un flusso violento. **5.** ~ (to release a memory area) (*comp.*), rendere disponibile, liberare.

blaster (of mines) (*work. - min.*), brillatore.

blasthole (*min.*), foro da mina. **2.** ~ (as in a pump body) (*mech. - ind.*), bocca di entrata.

blasting (as of minerals) (*min.*), abbattimento con esplosivi. **2.** ~ (of mines) (*min.*), brillamento. **3.** ~ cap (metallic cylinder containing the detonating agent and secondary charge) (*expl.*), cartoccio. **4.** ~ charge (*expl.*), carica esplosiva. **5.** ~ gelatin (*expl.*), gelatina. **6.** ~ machine (*min.*), esploditore elettrico. **7.** ~ oil (*expl.*), nitroglicerina. **8.** ~ paper (dynamite shell paper) (*paper mfg.*), carta per fori da mina. **9.** hydraulic ~ (*min.*), abbattimento con acqua in pressione. **10.** prunus ~ (cleaning process: as for pistons) (Brit.) (*mech. ind.*), pulitura a getto dolce, pallinatura con noccioli di prugna tritati. **11.** sand ~ (cleaning process) (*mech. ind.*), sabbiatura. **12.** shot ~ (shot peening) (*mech.*), pallinatura. **13.** soft ~ (prunus blasting) (*mech.*), pulitura a getto dolce.

blast-off (of a missile) (*astric.*), lancio, partenza.

blaze (to) (*gen.*), avvampare. **2.** ~ off (*metall.*), rinvenire in olio.

blazing-off (*heat - treat.*), rinvenimento in olio.

"blc", *see* balance.

"bldg" (building) (*bldg.*), costruzione, edificio, fabbricato.

"bldr", *see* builder.

bleach (bleaching process) (*text. ind.*), candeggio, sbianca. **2.** ~ bath (*phot.*), bagno di sbianca. **3.** ~ liquor (bleaching powder solution used by the text. ind.) (*ind. chem.*), soluzione di cloruro di calce.

bleach (to) (as the wool) (*text. ind.*), candeggiare. **2.** ~ (*paper mfg.*), imbianchire.

bleached (as of wool) (*a. - text. ind.*), candeggiato.

bleachers (roofless section of a stadium structure containing low-priced seats) (*arch.*), gradinata, gradinate.

bleaching (by chem. action), imbianchimento, candeggio. **2.** ~ (as of wool) (*text. ind.*), sbianca, candeggio, imbianchimento. **3.** ~ (*paper mfg.*), imbianchimento. **4.** ~ (bath) (*phot.*), bagno di imbianchimento. **5.** ~ chest (*paper mfg.*), vasca d'imbianchimento. **6.** ~ clay (*ind. chem.*), terra da sbianca. **7.** ~ earth (as for text. ind.) (*ind. chem.*), *see* bleaching clay. **8.** ~ engine (*paper mfg.*), olandese imbiancatrice, imbianchitore. **9.** ~ liquor (chloride of lime solution) (*paper mfg.*), soluzione di cloruro di calcio, soluzione imbiancante. **10.** ~ powder (chlorinated lime, as for paper mfg.) (*chem. ind.*), miscuglio di cloruro e di ipoclorito di calce. **11.** ~ towers (*paper mfg.*), torri d'imbianchimento. **12.** ~ grass (as of flax on grass fields) (*text. ind.*), candeggio all'aperto, candeggio su prato.

bled (exuded) (*a. - gen.*), trasudato. **2.** ~ (as a page printed to the edges) (*a. - print. - bookbinding*), al vivo.

bleed (hole used to eliminate air as from a hydraulic system) (*aer. - aut. - etc.*), sfiato. **2.** ~ (as a page etc., which is bled) (*n. - print. - bookbinding*), pagina (illustrazione ecc.) al vivo. **3.** ~ (undesired movement of certain materials in a plastic to the surface of the finished article or into an adjacent material) (*plastic ind.*), essudazione.

bleed (to) (as to drain air from a hydraulic system) (*mech.*), spurgare. **2.** ~ (steam from a turbine: as for heating purposes) (*therm.*), prelevare, spillare. **3.** ~ (to trim a page edges) (*bookbinding*), refilare. **4.** ~ (to overcut the margins of a page so as to mutilate the text) (*print. - bookbinding*), tagliare al vivo. **5.** ~ (to diffuse as dyes in yarns) (*text.*), diffondersi. **6.** ~ (to exude, as bitumen) (*road paving*), trasudare.

bleeder (voltage reducing resistance) (*radio - telev.*), resistenza riduttrice, resistenza di dispersione, resistenza di drenaggio. **2.** ~ (escape valve: as of air from hydraulic brake systems) (*mech.*), valvola di spurgo, valvola di scarico. **3.** ~ line (as for air elimination from hydraulic systems) (*mech.*), tubazione di spurgo. **4.** ~ vent (as for air elimination) (*mech.*), foro di spurgo.

bleeding (as air draining from a hydraulic system) (*mech.*), spurgo. **2.** ~ (casting defect) (*found.*), *see* runout. **3.** ~ (diffusion of color from an image: as in color films) (*phot.*), frangia. **4.** ~ (*med.*), emorragia. **5.** ~ (in an ingot during the casting operation: escape of molten metal before solidification is complete and after having burst the solidified shell) (*metall.*), eruzione. **6.** ~ (*paint. defect*), rifioritura. **7.** ~ (exudation of bitumen from the pavement) (*civ. eng.*), trasudamento. **8.** ~ (of concrete: formation of a thin layer of water on the surface during the finishing process) (*civ. eng.*), (acqua di) gemitura.

bleep (high-pitched sound) (*acous.*), breve suono acuto.

bleeper (electronic device) (*acous.*) (Brit.), emettitore di segnali acuti.

blemish (as of aut. painting), difetto.

blemish (to), danneggiare.

blend (*gen.*), miscuglio dosato, miscela. **2.** ~ (of wool) (*text. ind.*), mista.

blend (to) (*ind.*), miscelare, mescolare.

blende (ZnS) (sphalerite) (*min.*), blenda.

blender (*mixing mach.*), mescolatrice. **2.** electric ~ (*domestic app.*) (Am.), frullino elettrico.

blending (*ind.*), miscelazione, mescolatura. **2.** ~ (of cotton) (*text. ind.*), mischia. **3.** ~ (the mixing together of various growths and different qualities in order to improve or strengthen the whole) (*comm.*), miscela. **4.** ~ (mixture of colors) (*paint.*), mescolanza di colori. **5.** ~ (of wines) (*wine ind.*), taglio.

blendor (for obtaining a uniform blending) (*ind. mach.*), miscelatore, mescolatrice.

blepharostat (*med. instr.*), blefarostato.

blimp (temporary insulating box applied as to a camera for reducing noise) (*m. pict. - telev.*), cuffia afonica, cuffia silenziatrice. **2.** ~ (a nonrigid airship) (*aer. - coll.*), dirigibile floscio.

blind (as of a window) (*bldg.*), persiana. **2.** ~ (of a horse harness), paraocchi. **3.** ~ (not permitting a through passage: close at one end) (*a. - mech. - gen.*), cieco, chiuso ad una estremità. **4.** ~, *see* blindage. **5.** ~ alarm (*navy*), falso allarme. **6.** ~ arcade (*arch.*), arcata cieca, arcata finta. **7.** ~ box (roller blind box) (*bldg.*), cassonetto dell'avvolgibile. **8.** ~ coal (*comb.*), carbone a fiamma corta, antracite. **9.** ~ flange (*pip.*), flangia cieca. **10.** ~ flying (*aer.*), volo cieco. **11.** ~ landing (*aer.*), atterraggio cieco. **12.** ~ lift (*bldg.*), dispositivo per alzare (ed abbassare) le persiane (o le veneziane). **13.** ~ pull, *see* blind lift. **14.** ~ sector (*radio - radar*), settore morto, settore cieco. **15.** ~ shell (unexploded shell) (*expl.*), proiettile inesploso. **16.** ~ spot (*radar*), zona morta, zona senza echi. **17.** ~ spot (*radio*), zona di silenzio. **18.** ~ track (*railw.*), binario morto. **19.** Venetian ~ (as of a window) (*bldg.*), tenda alla veneziana, persiana alla veneziana.

blind (to) (to protect by blindage) (*milit.*), schermare con opere di protezione. **2.** ~ (as enamel) (*paint.*), rendere opaco. **3.** ~ (*radio*), schermare. **4.** ~ (to cover the road by sand and gravel) (*road constr.*), spargere sabbia e pietrischetto.

blindage (*radio*), schermaggio. **2.** ~ (a strong earth covered frame: as in front of a trench) (*milit.*), opera, o costruzione, protettiva.

blinding (sand and gravel to be spread on the road) (*road constr.*), sabbia e pietrischetto (da spargere su strada).

blindness (*opt.*), cecità. **2.** green ~ (deuteranopia) (*opt. - med.*), deuteranopia, cecità per il verde. **3.** red ~ (protanopia) (*opt. - med.*), cecità per il rosso.

blink (to) (intermittently shining: as of a signal), lampeggiare. **2.** ~ (as a signal on a "VDU" screen) (*comp.*), lampeggiare.

blinker (*sign.*), lampeggiatore.

blinking (as of a signal) (*gen.*), lampeggiamento.

blip (indication on a radarscope of the returned signal) (*radar*), segnale di ritorno. **2.** ~ (clean and short sound) (*acous.*), blip, suono breve e nitido.

blip (to) (to eliminate sound for a short while from a TV registered program) (*telev.*), interrompere brevemente l'audio. **2.** ~ (to wipe off some words from the sound track of a TV registered program) (*electroacous.*), tagliare (o omettere o censurare) l'audio.

blister (casting defect) (*found.*), bolla. **2.** ~ (*radar*), *see* radome. **3.** ~ (blister copper) (*metall.*), rame nero, rame grezzo. **4.** ~ (bulge) (*shipbuild.*), controcarena. **5.** ~ (on steel) (*rolling defect*), bolla, blister. **6.** ~ (defect of paper) (*paper mfg.*), bolla. **7.** ~ (watertight compartment protruding around the hull below waterline) (*antitorpedoes - navy*), cintura protettiva. **8.** ~ (gunner dome protruding from airplane body) (*air force*), torretta del mitragliatore. **9.** ~ (as in a film) (*phot. defect*), bolla. **10.** ~ bar (cemented bar, converted bar) (*metall.*), barra cementata. **11.** ~ core (as on a light alloy sheet) (*metall. defect*), bolle nel nucleo (cuore). **12.** ~ light (aeronautical ground light) (*aer.*), luce interrata. **13.** ~ pack (used for packing pharm. tablets etc.) (*packing*), confezione a vescica, confezione "blister". **14.** ~ steel (obtained by cementation of wrought iron) (*metall.*), acciaio vescicolare. **15.** pepper ~ (on a metal surface, as due to overpickling) (*metall. defect*), vescicatura a grano di pepe. **16.** pinhead ~ (*metall. defect*), vescicatura a testa di spillo.

blistering (*technol.*), rigonfiamento, vescicatura. **2.** ~ (formation of hollow projections on a painted surface) (*paint. defect*), formazione di bollicine, vescicamento. **3.** ~ (hide defect) (*leather ind.*), distacco della grana. **4.** ~ gas (*milit.*), gas vescicatorio.

blitzbuggy (*milit. veh.*), *see* jeep.

blizzard (*meteorol.*), tempesta di neve, tormenta.

"blk" (black) (*color*), nero. **2.** ~ (block) (*gen.*), blocco.

blobs (drops of paint on an article coated by dipping) (*paint.*), gocce.

block (*bldg. impl.*), bozzello. **2.** ~ (cylinder block, single casting of an i. c. engine, containing the cylinders) (*mot.*), monoblocco, blocco cilindri, basamento. **3.** ~ (as the form by which a letter is written) (*a. - off.*), con capoverso non rientrato. **4.** ~ (*naut. impl.*), bozzello. **5.** ~ (solid piece of stone, wood etc.), blocco (di pietra, di legno ecc.). **6.** ~ (section of line signaled at the entrance) (*railw.*), sezione di blocco. **7.** ~ (airplane chock) (*aer.*), tacco. **8.** ~ (printing plate mounted on wood) (*print.*), cliché, cliscé. **9.** ~ (as a large cement brick) (*bldg.*), blocco. **10.** ~ (hard wood piece on which a printing plate is mounted) (*typ.*), zoccolo (per cliché). **11.** ~ (string of registered information units considered as a single unit) (*comp.*), blocco. **12.** ~ (brake block supporting a ship in the dry dock) (*naut.*), taccata. **13.** ~ (as in a road: obstruction) (*gen.*), ostruzione, blocco. **14.** ~ (of houses) (*bldg.*), blocco di case. **15.** ~ and tackle, ~ and fall, ~ and falls, *see* tackle 1 ~. **16.** ~ apparatus (*railw. app.*), apparato di blocco. **17.** ~ bin (yard for logs) (*paper mfg. ind.*), parco legno. **18.** ~ brake (pressing the shoe on the wheel outside) (*veh.*), freno a ceppi. **19.** ~ caving (method of mining) (*min.*), coltivazione per franamento a blocchi. **20.** ~ check (check of a group of data considered a single unit) (*comp.*), controllo di blocco. **21.** ~ coefficient (*naut.*), coefficiente di finezza totale di carena. **22.** ~ construction (of a parachute) (*aer.*), costruzione con tessuto parallelo. **23.** ~ diagram (*graph.*), diagramma a blocchi. **24.** ~ fitting (*naut.*), ferratura (o accessori) di un bozzello. **25.** ~ handling (*comp.*), gestione del blocco. **26.** ~ interlocking system, *see* block system. **27.** ~ length (the number of records, words or characters constituting a block) (*comp.*), lunghezza del blocco. **28.** ~ letters (letters without serifs) (*typ.*) (Am.), caratteri bastone. **29.** ~ loading (the way of transferring the block into the memory) (*comp.*), caricamento del blocco. **30.** ~ mark (particular character indicating the end of the block) (*comp.*), marcatura di fine blocco. **31.** ~ of houses (*bldg.*), isolato. **32.** ~ of plates (the two opposed polarity groups of acc. plates) (*elect.*), blocco di piastre. **33.** ~ plane (a joiner's plane with very obliquely set blade, for cutting across the grain) (*t.*), pialla per taglio trasversale (alle fibre). **34.** ~ post (*railw.*), posto di blocco. **35.** ~ print (print obtained from an engraved block) (*typ.*), xilografia, silografia. **36.** ~ pull (*typ.*), bozza di clichè. **37.** "~ reek" (rake: a scratch imperfection caused by cullet lodged in the felt in the polishing operation) (*glass mfg.*), graffiatura. **38.** ~ signals (*railw.*), segnali di blocco. **39.** ~ sort, *see* batch sort. **40.** ~ structure (as in "ALGOL" and "PL/I" languages) (*comp.*), struttura a blocchi. **41.** ~ system (*railw.*), sistema di blocco. **42.** ~ system with track normally closed (*railw.*), blocco con segnali normalmente a via impedita. **43.** ~ system with track normally open (*railw.*), blocco con segnali normalmente a via libera. **44.** ~ test (test of the craftsmanship and characteristic of an i.c. engine) (*mot.*), prova delle prestazioni e della accuratezza di esecuzione. **45.** ~ time (arrival or departure time) (*aer.*), ora di arrivo (o di partenza). **46.** ~ tin (tin in blocks) (*metall.*), stagno (commerciale) in pani. **47.** ~ tin (pure tin) (*metall.*) (Brit.), stagno puro. **48.** ~ transfer (*comp.*), trasferimento per blocchi. **49.** absolute ~ (*railw.*), blocco assoluto. **50.** automatic electric ~ system (*railw.*), blocco elettrico automatico. **51.** brace ~ (*naut.*), bozzello a braccio. **52.** brail ~ (*naut.*), bozzello d'imbroglio. **53.** brake ~ (*mech. - railw.*), ceppo del freno. **54.** breech ~ (of a gun) (*mech.*), otturatore. **55.** cat ~ (*naut.*), bozzello di capone. **56.** chain ~ (*mech. impl.*), paranco a catena. **57.** clapper ~ (as of mach. t.), supporto di porta utensili a cerniera. **58.** connector ~ (insulating body containing connectors) (*elect.*), scatola di derivazione (con frutto isolante e morsetto di attacco). **59.** cutter ~ (*mach. t. mech.*), blocco porta utensile. **60.** cylinder ~ (*mot.*), blocco cilindri, monoblocco. **61.** differential chain ~, differential ~ (differential tackle operated by chain), (*mech. impl.*), paranco differenziale a catena. **62.** differential pulley ~ (*bldg.*), paranco differenziale. **63.** double ~ (*naut.*), bozzello doppio. **64.** double-sheave ~ with loose swivel hook (*naut.*), bozzello doppio a gancio girevole (a molinello). **65.** electric pulley ~ (Brit.) (*mach.*), paranco elettrico. **66.** emotional blocks (emotional factors interfering with creation) (*ind. psychol.*), elementi emotivi che impediscono la creazione. **67.** fall ~ (block to which a tracting rope is applied) (*hoisting tackle*), bozzello a cui è applicato il tiro. **68.** fiddle ~ (*naut.*), bozzello a violino. **69.** fiddle ~ with upset front shackle (*naut.*), bozzello a violino ad anello anteriore ribaltabile. **70.** fixed ~ (*naut.*), bozzello fisso. **71.** fixed pillow ~ (*mech.*), sopporto fisso, lunetta fissa. **72.** "form" ~ (set of dies) (*sheet metal w.*), stampo e controstampo, gruppo stampo maschio e femmina. **73.** foundation ~ (as of machinery) (*bldg.*), blocco di fondazione. **74.** four-sheave ~ (*naut.*), bozzello a quattro occhi, bozzello a quattro carrucole. **75.** gauge ~ (for mech. measurements) (*mech. instr.*), blocchetto Johansson, blocchetto piano parallelo. **76.** gin ~ (*naut.*), bozzello ad una o più pulegge. **77.** glass ~ (as for passage of light through wall panels) (*bldg.*), bicchiere (o blocchetto) di vetro. **78.** halftone ~ (*print.*), cliché a retino, cliché retinato, cliché a mezza tinta. **79.** input ~ (input area: memory zone for data input) (*comp.*), blocco di ingresso, area di ingresso. **80.** iron-strapped ~ (*naut.*), bozzello con stroppo in ferro. **81.** keel ~ (*found.*), provetta a chiglia. **82.** line ~ (printing block for reproductions without gradations of tone) (*typ.*), cliché al tratto. **83.** link ~ (of a steam engine) (*mech.*), pattino. **84.** manual ~ system (*railw.*), sistema di blocco azionato a mano. **85.** permissive ~ (*railw.*), blocco permissivo. **86.** pitch ~ (generating roll: of a gear grinding mach.) (Brit.) (*mach. t. mech.*), settore di rotolamento. **87.** plastic ~ (*typ.*), cliché in materia plastica. **88.** purchase ~ (*naut.*), bozzello di caliorna. **89.** quarter ~ (*naut.*), bozzello di scotta. **90.** rope ~ (as in hoisting app.) (*naut. - etc.*), bozzello da fune. **91.** single ~ (*naut.*), bozzello semplice. **92.** single-sheave ~ with front shackle and becket (*naut.*), bozzello semplice ad anello anteriore e stroppo (a occhiello). **93.** single-sheave ~ with upset side shackle (*naut.*), bozzello semplice ad anello laterale ribaltabile. **94.** size ~ (*meas. t.*), blocchetto di misurazione. **95.** sliding ~ (of a steam engine) (*mech.*), pattino. **96.** sliding ~ (as of a gear grinding mach.) (*mach. t. mech.*), pattino. **97.** snatch ~ (*naut.*), pastecca, bozzello apribile. **98.** spacing ~ (as for insulation in a transformer) (*electromech.*), blocchetto distanziatore. **99.** switch ~ (*railw.*), deviatoio. **100.** swivel ~ (*naut.*), bozzello a mulinello. **101.** table memorandum ~ (*off.*), blocco da tavolo. **102.** tack ~ (*naut.*), bozzello di mura. **103.** tackle ~ (*naut.*), bozzello di caliorna. **104.** tail ~ (*naut.*), bozzello a coda. **105.** telephone ~ system (*railw.*), blocco telefonico. **106.** top ~ (*naut.*), bozzello di ghinda. **107.** two-piece cylinder ~ (*mot.*), biblocco, blocco cilindri in due pezzi. **108.** unmounted ~ (*typ.*), cliché non montato. **109.** V ~ (rectangular steel block with one central V groove) (*mech. t.*), blocco a V, prisma a V. **110.** wood ~ (as for road or shop paving) (*bldg.*), blocchetto di legno.

block (to) (*chem.*), rendere inattivo. **2.** ~ (to obstruct, as a pipe) (*gen.*), bloccare, ostruire. **3.** ~ (an airplane) (*aer.*), mettere i tacchi. **4.** ~ down (sheet metal in a die) (*mech.*), obbligare la lamiera nello stampo. **5.** ~ out (to plan out in broad lines) (*gen.*), fare uno schema di massima.

blockade (*milit.*), blocco. **2.** to run the ~ (*milit. - navy*), rompere il blocco.

blockade (to) (to preclude ingress or egress by troops or vessels of war) (*milit.*), bloccare.

blockbuster (high-explosive aer. bomb) (*expl.*), grande bomba ad alto esplosivo.

block-caving (method of mining) (*min.*), coltivazione per franamento a blocchi.

block-consent (*railw. sign.*) (Brit.), consenso di blocco.

blocked (obstructed, as a pipe) (*gen.*), bloccato, ostruito.

blocker (blocking die) (*forging die*), stampo prefinitore, stampo abbozzatore.

blockette (a group of consecutive words) (*comp.*), blocco (o gruppo) di parole.

blockholing (*min.*), minaggio di blocchi.

blockhouse (*bldg.*), casa (fatta) di tronchi (d'albero) squadrati. **2.** ~ (*milit.*), fortino, casamatta.

blocking (in railw. signaling) (*railw.*), bloccaggio. **2.** ~ (the process wherein a furnace is maintained at reduced temperature) (*glass mfg.*), messa in sosta. **3.** ~ (*forging*), sbozzatura. **4.** ~ (the process of stirring a fining glass by immersion of a wooden block or other source of bubbles) (*glass mfg.*), bloccaggio, bollitura. **5.** ~ (the process of shaping a gather of glass in a cavity of wood or metal) (*glass mfg.*), "maiossatura", formatura in forma di legno o metallo. **6.** ~ (*radar*) (Brit.), bloccaggio. **7.** ~ (grouping of two or more records in one block) (*comp.*), bloccaggio. **8.** ~ condenser, *see* stopping condenser. **9.** ~ die (*forging*), stampo per sbozzatura. **10.** ~ factor (*comp.*), fattore di raggruppamento, fattore di bloccaggio. **11.** ~ impression (in forging operation) (*metall.*), impronta di sbozzatura.

blocking-out (covering of parts of negatives with opaque pigments so that they print white) (*photomech.*), mascheratura con vernice coprente, scontornatura.

blockmaker (*naut.*), bozzellaio, costruttore di bozzelli. **2.** ~ (*print.*), zincografo, esecutore di clichés.

blocky (compact, as diamond) (*min.*), compatto.

bloodmobile (*veh.* - *med.*), unità mobile per la raccolta del sangue.

bloodstone (heliotrope) (*min.*), eliotropio. **2.** ~ (hematite) (*min.*), ematite.

bloom (iron bar rolled from an ingot) (*metall.*), blumo, lingotto sgrossato al laminatoio. **2.** ~ (molten glass mass) (*glass mfg.*), massa di vetro fuso. **3.** ~ (mass of wrought iron), lingotto di ferro saldato. **4.** ~ (on a brick wall) (*mas. defect*), efflorescenza. **5.** ~ (the film forming on a glassy paint and dimming the lustre or veiling the color) (*paint. defect*), velatura, velo. **6.** ~ (a white surface film on glass resulting from attack by the atmosphere or from the deposition of smoke or other vapors) (*glass mfg.*), imbiancatura. **7.** ~ (strong brightness of the image) (*telev.*), sopraluminosità. **8.** ~ (glow caused by an object reflecting a light inside the camera lens) (*telev.*), bagliore. **9.** ~ iron (*metall.*), ferro in blumi. **10.** flat ~ (thick slab) (*metall.*), blumo rettangolare, bramma.

bloom (to) (ingots) (*metall.* - *rolling*), ridurre in blumi. **2.** ~ (*paint. defect*), annebbiarsi, velarsi. **3.** ~ (as a brick wall, to bloom out, to form an efflorescence) (*mas. defect*), presentare efflorescenza. **4.** ~ (to coat photographic lenses by low-refracting material) (*opt.*) (Brit.), applicare l'antiriflettente. **5.** ~ (*dyeing*), *see* to top.

bloomery, reparto di ferriera con produzione di blumi.

blooming (*rubb. ind.*), efflorescenza. **2.** ~ (*paint. defect*), *see* bloom. **3.** ~ (coating on the lens for bettering the opt. characteristics) (*opt.*), trattamento antiriflettente. **4.** ~ (blooms mfg.), (*ironworks*), produzione di blumi. **5.** ~ rolling mill (*mach.*), laminatoio per blumi, treno blooming.

bloop (noise produced in the sound reproduction by a sudden contact) (*radio* - *telev.* - *m. pict.*), rumore sordo.

blooper (excessively reactive receiving set) (*radio*), tipo di ricevitore con eccessiva reazione che crea disturbi negli apparecchi vicini.

blossom (*telev.*), *see* bloom.

blossom (to) (to open, of a parachute) (*aer.*), aprirsi.

blot, *see* spot, stain.

blotch (spot, as of ink) (*gen.*), macchia. **2.** ~ (blemish: as on printed fabric) (*a.* - *text.*), difetto.

blotter (crushed stone laid on bituminous layer) (*road constr.*), strato di pietrischetto su manto catramato.

blotting paper (*off. impl.*), carta asciugante, carta assorbente.

blow (stroke), colpo. **2.** ~ (cavity on the surface of a casting due to the pressure of gases) (*found.*), avvallamento. **3.** ~ (in the Bessemer process) (*metall.*), soffiaggio. **4.** ~ (a fluid leak in a mach. under the pressure of the operating fluid) (*gen.*), perdita. **5.** ~ (of the wind) (*meteorol.*), colpo di vento. **6.** ~ case (*chem. ind.*), *see* acid egg. **7.** ~ counter (*app.*), contacolpi. **8.** ~ gas produced in the blow period (*ind.*), gas d'acqua sviluppato nel periodo di insufflazione. **9.** ~ lamp (*t.*), fiaccola (per saldare). **10.** ~ lamp soldering iron (*t.*), saldatoio a fiaccola. **11.** ~ molding (of plastics) (*technol.*), soffiatura. **12.** ~ of a hammer (in forging operations) (*metall.*), colpo di maglio. **13.** "~ over" (the thin-walled bubble formed above a blow mold in hand-shop operation to facilitate bursting-off) (*glass mfg.*), calotta (strappata). **14.** ~ through (passage of gas through a metal bath) (*found.*) (Am.), gorgogliamento. **15.** after ~ (last stage in the Bessemer process) (*metall.*), soffiaggio finale.

blow (to) (as of a fuse) (*elect.*), fondere. **2.** ~ (to force air), soffiare. **3.** ~ (*glass mfg.*), soffiare. **4.** ~ (to come out naturally, as oil from a well) (*min.*), sgorgare. **5.** ~ (of the wind), soffiare. **6.** ~ (of a pneumatic tire), *see* blow out (to). **7.** ~, *see* explode (to). **8.** ~ down (*pip.* - *boil.* - *etc.*), *see* to blow off. **9.** ~ in (as a blast furnace) (*metall.*), mettere in marcia. **10.** ~ in again (to restart, a blast furnace) (*metall.*), riaccendere. **11.** ~ in air (*comb.*), insufflare aria. **12.** ~ of (as water from a boiler) (*pip.* - *boil.* - *etc.*), spurgare, scaricare. **13.** ~ off (to pass a car decisively when racing) (*aut.* - *sport*), passare "in tromba", passare con notevole scarto di velocità. **14.** ~ off steam (as from a boil.), scaricare vapore. **15.** ~ out (as a blast furnace) (*metall.*), spegnere (un alto forno). **16.** ~ out (as a fuse) (*elect.*), fondere. **17.** ~ out (to extinguish, as an arc) (*elect.*), spegnere. **18.** ~ out (to clean an occlusion as by air or steam) (*pip.*), pulire con soffiatura. **19.** ~ out (of a pneumatic tire) (*aut.*), scoppiare. **20.** ~ tanks (as in a sub.) (*navy - seaworks*), immettere aria nei serbatoi. **21.** ~ up (as a picture by projection) (*phot.*), ingrandire. **22.** ~ up (to explode) (*expl.*), esplodere, scoppiare. **23.** ~ up (to destroy by explosion) (*expl. - milit.*), far saltare. **24.** ~ up a bridge (*milit.*), far saltare un ponte.

blowback (of firearms), vampa di ritorno. **2.** ~ (recoil action) (*ordnance*), rinculo (di un pezzo automatico).

blow-by (blowby: Am.) (gases passing through the scraper rings of the pistons and entering the crankcase) (*mot.*), trafilamento, perdita di compressione, laminazione. **2.** ~ (filtering device by-passing the crankcase gas to the engine intake) (*mot. aut.*), ricircolazione (dei gas di sfiato del basamento), "blow-by", tubazione che porta alla presa aria i gas dell'interno del basamento, dispositivo antismog (per motori).

blowcase (acid blowcase, acid egg: container from which the acid is forced by compressed air) (*chem. ind.*), contenitore a pressione per acidi.

blowcock (*pip.*), *see* blowoff cock.

blowdown (blowing off: of a fluid) (*gen.*), azione di soffiar fuori, scarico. **2.** ~ line (as of steam) (*pip.*), tubazione di scarico. **3.** ~ valve (blowing off: as steam from a boil.) (*pip. - boil.*), valvola di scarico.

blower (*mach.*), soffiante, compressore. **2.** ~ (as of a blast furnace) (*ind. mach.*), soffiante. **3.** ~ (*glass mfg. work.*), soffiatore. **4.** ~ pipe (of an airship: pipe through which air is forced into ballonets by the slipstream of the propeller) (*aer.*), presa d'aria di gonfiamento. **5.** centrifugal ~ (*ind. mach.*), compressore centrifugo. **6.** core ~ (*found. mach.*), soffiatrice per anime. **7.** ensilage ~ (as of forage) (*agric. mach.*), insilatrice ad aria soffiata. **8.** foundry ~ (*mach.*), macchina soffiante per fonderia. **9.** jet ~ (as for locomotives), eiettore, soffiatore. **10.** positive displacement ~ (as for mot.) (*mech.*), compressore volumetrico, compressore a capsulismo. **11.** rotary ~ (acting by rotating vanes) (*ind. mach.*), ventilatore centrifugo. **12.** rubber ball air ~ (tool for cleaning mirrors in reflex cameras) (*phot. t.*), peretta di gomma per soffiare (via la polvere). **13.** soot ~ (for boiler tubes) (*boil.*), soffiatore di fuliggine. **14.** two-speed ~ (*aer. mot.*), compressore a due velocità.

blower-generator (motor driven set of an electric locomotive) (*railw.*), gruppo motoventilatore e dinamo.

blowhole (defect in a casting) (*found.*), soffiatura. **2.** ~ (in a weld, large cavity due to entrapped gas) (*welding defect*), soffiatura. **3.** casting containing blowholes (*found.*), getto soffiato. **4.** subcutaneous ~ (as of an ingot) (*metall.*), soffiatura sottocutanea, soffiatura sotto pelle.

blowing (*rubb. ind.*), rigonfiamento. **2.** ~ (free blowing: as of glass or plastics) (*ind.*), soffiatura. **3.** ~ (blow molding: by internal gas pressure as in plastic forming) (*ind. proc.*), soffiatura, formatura mediante aria compressa. **4.** ~ apparatus (as of an organ), mantice. **5.** ~ furnace (for softening glass during the working process) (*glass mfg.*), forno di riscaldo. **6.** ~ iron (*glass mfg. t.*), *see* blowtube. **7.** ~ machine (as for making bottles) (*glass mfg. mach.*), macchina automatica per vetro soffiato. **8.** ~ mold (*glass mfg.*), forma per vetro soffiato. **9.** ~ pipe (*glass mfg. t.*), *see* blowtube. **10.** ~ tube (*glass mfg. t.*), *see* blowtube. **11.** core ~ machine (*found. mach.*), soffiatrice per anime, macchina spara anime.

blowing-out (stopping, of a blast furnace) (*metall.*), spegnimento.

blowings (cotton waste) (*text.*), cascame di cotone.

blowing-through, *see* blow through.

blowiron (*glass mfg.*), *see* blowtube.

blowlamp, *see* blowtorch.

blow-molding (as of plastic containers etc.) (*technol.*), formatura per soffiatura.

blown (as of i. c. mot.), sovralimentato. **2.** ~ (as of a fuse) (*a. - elect.*), bruciato. **3.** ~ glass (*ind.*), vetro soffiato. **4.** ~ ingot (having many blowholes) (*metall.*), lingotto con pronunciate soffiature. **5.** ~ joint (joint obtained by means of a blowpipe) (*welding*), giunto saldato al cannello. **6.** ~ metal (in the Bessemer process, metal after the blow) (*metall.*), metallo dopo il soffiaggio. **7.** ~ oil (an oil that has been oxidized by a current of air) (*rubb. - paint. ind.*), olio soffiato, olio ossidato. **8.** ~ periphery (of a parachute) (*aer.*), saccatura del bordo periferico.

blowoff (blowing off: as of a steam engine), scarico. **2.** ~ cock (as of a boiler) (*pip.*), rubinetto di scarico. **3.** ~ plug (*pip.*), tappo di scarico.

blowout (of an arc) (*elect.*), estinzione. **2.** ~ (as of gas) (*min.*), eruzione. **3.** ~ (bursting, as of a tire) (*gen.*), scoppio. **4.** ~ (of a fuse) (*elect.*), fusione. **5.** ~ (flameout in a jet engine) (*aer.*), arresto della combustione. **6.** ~ (as of a worn pneumatic tire) (*gen.*), scoppio. **7.** ~ coil, *see* magnetic blowout. **8.** ~ disc (thin metal disc used against excess pressure) (*mech.*), valvola di sicurezza a disco. **9.** ~ magnet (for arc lamps) (*elect.*), magnete per soffiare (l'arco). **10.** magnetic ~ (*elect.*), soffiatore magnetico.

blowpipe (*t.*), cannello ferruminatorio. **2.** ~ (oxy-hydrogen blowpipe) (*t.*), cannello ossidrico. **3.** ~ (the tube used by a glass maker for gathering and blowing by mouth) (*glass mfg. t.*), canna da soffio, ferro di soffio, tubo da soffiatore. **4.** ~ (*glass mfg. t.*), *see also* blowtube. **5.** ~ test (*chem.*), analisi al cannello ferruminatorio. **6.** cutting ~ (*t.*), cannello da taglio. **7.** high-pressure ~ (*welding equip.*), cannello ad alta pressione. **8.** oxyacetylene ~ (*t.*), cannello ossiacetilenico. **9.** patent ~ (for air and gas) (*mech. impl.*), "chalumeau", cannello per saldare a stagno con gas a bassa pressione. **10.** welding ~ (*t.*), cannello (per saldatura autogena).

blowtorch (*t.*), fiaccola a benzina. **2.** ~ (*soldering impl.*), fiaccola (per saldare a stagno).

blowtube (blowpipe) (*glass mfg. impl.*), tubo da soffiatore. **2.** ~ (blowgun), cerbottana.

blowup (the enlargement of a picture) (*phot.*), forte ingrandimento, gigantografia. **2.** ~ (explosion) (*gen.*), esplosione. **3.** ~ ratio (of a tire, ratio of final radius to building radius) (*aut.*), rapporto di ingrandimento.

blow-up (to) (a picture) (*phot.*), fare un ingrandimento.

"blr", *see* boiler.

"blst", *see* ballast.

"blt", *see* built.

blubber (the fat of whales and other big marine mammals) (*chem.*), grasso (di balena, capodoglio ecc.).

blubbler (to) (to remove the fat) (*leather ind.*), sgrassare.

blue (*color*), azzurro, blu. **2.** ~ brittleness (*metall.*), fragilità al calore blu. **3.** ~ gas (pure water gas) (*chem.*), gas d'acqua puro. **4.** ~ glass (as for examining woodpulp) (*paper mfg. - etc.*), vetro blu. **5.** ~ glass (used as a guide in color work) (*photomech.*), vetro viola. **6.** ~ glow (as in electron tubes) (*elect.*), fluorescenza di colore blu. **7.** ~ peter (*navig.*), segnale (o bandiera) di partenza. **8.** ~ vitriol (Cu $SO_4 \cdot 5H_2O$) (*chem.*), solfato di rame in cristalli. **9.** cobalt ~ (oxide blue) (*color*), blu cobalto. **10.** navy ~ (*color*), blu marino. **11.** Prussian ~ (Fe_4 [Fe $(CN)_6]_3 \cdot xH_2O$) (for dyeing), blu di Prussia. **12.** steel ~ (*color*), blu acciaio.

blue (to) (a metal), brunire. **2.** ~ (*sugar mfg.*), azzurrare.

blue-collar (*work.*), operaio.

blued (of metal), brunito.

blueing (of metal), brunitura. **2.** ~ (adding of blue traces to certain white paints for correcting the yellow shade) (*paint.*), azzurraggio.

bluejacket (enlisted man in the navy) (*navy*), marinaio.

blueprint (*draw.*), copia cianografica blu, cianografia blu, cianografia. **2.** ~ (program of action) (*gen.*), piano d'azione.

bluff (*geogr.*), promontorio a picco. **2.** ~ bow (*naut.*), prua tozza, prua rigonfia, prua panciuta, prua larga e tondeggiante.

bluff-bowed (*a. - naut.*), a prua tozza, a prua rigonfia.

bluing, *see* blueing.

blunger (blunging machine, for mixing clay) (*pottery mach.*), impastatrice.

blunt (*a. - gen.*), ottuso. **2.** ~ (*a. - blade*), poco tagliente, smussato. **3.** ~ tool (*t.*), utensile che ha perso il filo.

blurb (to) (to advertise, to publicize in extravagant way) (*comm.*), fare pubblicità in modo originale.

blurred (out of focus) (*opt.*), sfocato. **2.** ~ picture (*telev. - radar - etc.*), immagine sfocata. **3.** ~ print (not clear) (*print.*), stampa non nitida, stampa sbavata.

blurring (image defect) (*telev.*), immagine sfocata. **2.** ~ (*phot. defect*), sfocatura. **3.** ~ region (*telev. - radar*), zona d'incertezza. **4.** ~ zone (*telev. - radar*), *see* blurring region.

blushing (reddish color) (*gen.*), colorazione rossastra. **2.** (defect in lacquer spraying: due to dampness) (*paint.*), imbianchimento, imbiancamento.

"B/M" (bill of materials) (*ind.*), distinta base dei materiali.

"BMD" (Ballistic Missile Defense system) (*milit.*), (sistema di) difesa contro i missili balistici.

"BMEP" (brake mean effective pressure) (*mot.*), pressione media effettiva (al freno).

"BMEWS" (Ballistic Missile Early Warning System) (*milit.*), sistema di allarme tempestivo per missili balistici.

"BMS" (bright mild steel sheets) (*metall.*), (lamiere) bianche di acciaio dolce.

"BMT" (Basic Motion Timestudy) (*time study*), analisi dei tempi e dei movimenti fondamentali.

"bnd", *see* band.

"BNF" (bomb nose fuze) (*expl.*), spoletta da ogiva.

"BNR" (burner) (*comb.*), bruciatore.

"BO" (bought out: as a part for a product) (*ind.*), acquistato all'esterno. **2.** ~ (blackout against air raids) (*milit.*), oscuramento.

board (side of a vessel) (*naut.*), murata, fianco. **2.** ~ (*carp. join.*), tavola (di legno), asse (di legno), assicella. **3.** ~ (short for footboard) (*aut.*) (Am.), pedana. **4.** ~ (*adm.*), consiglio di direzione e di amministrazione. **5.** ~ (stretch made by a vessel on one tack when beating) (*navig.*), bordata. **6.** ~ (stiff sheet of paper) (*paper ind.*), cartone. **7.** ~ (as for supporting parts and tools) (*shop impl.*), pedana. **8.** ~ (*adver.*), tabellone. **9.** ~ (fixed signal) (*railw.*), segnale fisso. **10.** ~ (of an elect. installation) (*elect.*), pannello. **11.** ~ (insulating material sheet with printed circuits and terminals for insertion: as in a comp.) (*elics.*), scheda (o piastra) a circuiti stampati. **12.** ~ cutting machine (ind. mach.) (*ind.*), tagliacartoni. **13.** ~ drop hammer (*mach.*), maglio a tavola. **14.** ~ foot (unit of lumber meas. one sq ft per 1 inch thick) (*meas.*), piede quadrato di tavole dello spessore di 1″. **15.** ~ for testing rifled cannons (*milit.*), commissione per il collaudo dei cannoni rigati. **16.** ~ machine (*paper mfg. mach.*), macchina per cartoni. **17.** ~ of directors (of a firm), consiglio di amministrazione. **18.** ~ of management (of a factory) (*ind.*), direzione. **19.** Air Registration ~ (A.R.B.) (*aer.*), Registro Aeronautico. **20.** asbestos ~ (*ind.*), cartone di amianto. **21.** baffle ~ (to retain ore: in an ore washing mach.) (*min.*), sfioratore. **22.** bill ~ (billboard) (*adver.*), pannello. **23.** bottom boards (*naut.*), pagliolato. **24.** box ~ (*paper mfg.*), cartone per scatole, cartone per cartonaggi. **25.** bulletin ~ (notice board, as of a factory) (*ind. - etc.*), albo. **26.** by the ~ (over the board or side of a vessel, as said of masts) (*a. - naut.*), fuori bordo. **27.** chairman of the ~ (*adm.*), presidente del consiglio di amministrazione. **28.** clearer ~ (as of a cotton combing or drawing machine, for collecting the fly) (*text. mach.*), tavoletta pulitrice. **29.** control ~ (in a telev. studio for controlling the transmission of programmes) (*telev.*), quadro di controllo. **30.** control ~ (*elect.*), quadro di comando. **31.** corrugated ~ (*paper mfg.*), cartone ondulato. **32.** distribution ~ (distribution panel, feeder panel) (*elect.*), pannello di distribuzione. **33.** doctor ~ (as of a decker) (*paper mfg. mach.*), raschiatore. **34.** expansion ~ (printed circuit board to be added for obtaining more performances) (*comp.*), scheda di espansione. **35.** flint ~ (*paper mfg.*), cartoncino glacé. **36.** foot ~ (*veh.*), predellino. **37.** fuller ~ (low tension insulator) (*elect.*), cartone pressato. **38.** instrument ~ (as of aut., aer.), quadretto portastrumenti. **39.** insulating ~ (*bldg. - therm. - elect.*), pannello isolante. **40.** ivory ~ (paperboard coated on both sides) (*paper mfg.*), cartone avorio. **41.** jute ~ (strong board for transporting cartons) (*packing*), cartone di alta resistenza, cartone molto resistente. **42.** leather boards (*paper ind.*), cartoni uso cuoio. **43.** lined boards (*paper mfg.*), cartoni rivestiti. **44.** magnetic ~ (for representation of figures, etc.) (*off. - etc.*), lavagna magnetica. **45.** match ~ (*paper mfg.*), cartone per fiammiferi. **46.** matrix ~ (*paper mfg.*), cartone per flani. **47.** mechanical pulp ~ (*paper mfg.*), cartone di pasta di legno. **48.** member of the ~ of directors (*adm.*), consigliere di amministrazione. **49.** mill ~ (*paper mfg.*), cartone in massa. **50.** on ~ (*naut.*), a bordo. **51.** otter boards (iron-bound boards fixed at the sides of a trawl net for keeping the net mouth open) (*fishing*), divergenti. **52.** panel ~ (switchboard placed against a wall or partition) (*elect.*), quadro a muro, quadro da paratia. **53.** panel ~ (drawing board) (*draw.*), tavola da disegno. **54.** panel ~ (stiff board, often vulcanized) (*paper mfg.*), cartone per pannelli. **55.** paste ~ (obtained by pasting together sheets of paper) (*ind.*), cartone accoppiato, cartone incollato. **56.** pasteless ~ (hand made board for water colour painting) (*paper mfg.*), cartone alla forma (o al tino) per acquerelli. **57.** plotting ~ (board on which the target position is shown for directing artillery fire) (*navy - etc.*), tavola per il calcolo grafico del tiro. **58.** pulp ~ (obtained from pulp) (*paper mfg.*), cartone di pasta di legno. **59.** running ~ (*mas. impl.*), frattazzo. **60.** running ~ (*of veh.*), predellino, montatoio. **61.** stern ~ (a going astern) (*navig.*), il dare indietro. **62.** (studio) light ~ (lights arranged in the television studio) (*telev.*) (Brit.), tabella luminosa, riflettori diffusori. **63.** terminal ~ (*elect.*), morsettiera, basetta.

board (to) (to go on board: as of a ship, a plane etc.) (*naut. - aer. - etc.*), salire a bordo. **2.** ~ (to haul down) (*naut.*), ammainare.

boarded (*a. - carp.*), coperto di tavole. **2.** ~ enclosure (*gen.*), steccato. **3.** ~ fence (*gen.*), steccato.

boarding (*bldg.*), assito, tavolato.

boardroom (*bldg.*), sala di riunione.

boaster (*stonecutting t.*), scalpello da sbozzo. **2.** ~ (broad chisel for rough-shaping) (*sculpture - t.*), scalpello sbozzatore, scalpello da sbozzo.

boat (*naut.*), imbarcazione, barca, canotto, battello, nave. **2.** ~ amphibian (*aer.*), aeroplano anfibio a scafo. **3.** ~ equipment (*naut.*), attrezzatura di una barca. **4.** ~ fall (hoisting tackle for ship's boats) (*naut.*), gru per imbarcazioni. **5.** ~ gear (*naut.*), attrezzi. **6.** ~ park (*naut.*), porticciolo di ormeggio. **7.** ~ slings (*naut.*), brache di una imbarcazione. **8.** ~ yard (*naut.*), cantiere nautico. **9.** ash ~ (*naut.*), chiatta per ceneri. **10.** banana ~ (*naut.*), bananiera, nave bananiera. **11.** canal ~ (*naut.*), battello fluviale. **12.** canvas ~ (*naut. impl.*), canotto di tela. **13.** clinker ~ (clinker-built) (*naut.*), barca con fasciame a corsi sovrapposti. **14.** collapsible ~ (*naut.*), canotto pieghevole. **15.** dredging steam ~ (*naut.*), draga a vapore. **16.** fishing ~ (*naut.*), barca da pesca. **17.** flatbottomed ~ (*naut.*), imbarcazione a fondo piatto. **18.** flying ~ (*aer.*), idrovolante a scafo. **19.** "flying" ~ (hydrofoil craft) (*naut.*), aliscafo. **20.** herring fishing ~ (buss) (*naut.*), battello per la pesca delle aringhe. **21.** hush ~ (*navy*), *see* Q-boat. **22.** hydrofoil ~ (*naut.*), aliscafo. **23.** life ~, *see* lifeboat. **24.** mail ~ (*naut.*), piroscafo postale. **25.** packet ~ (mail boat) (*naut.*), battello postale. **26.** pair-oar ~ (*naut.*), barca a due remi. **27.** parachute ~ (*aer. - naut.*), canotto pneumatico di salvataggio. **28.** pilot ~ (*naut.*), battello pilota. **29.** pleasure ~ (*naut.*), imbarcazione da diporto. **30.** pulling ~ (*naut.*), barca a remi. **31.** rowing ~ (*naut.*), barca a remi. **32.** rubber ~ (inflatable type: as for airman operating over water) (*naut. - aer.*), canotto di gomma. **33.** submarine torpedo ~ (*navy*), sommergibile, sottomarino. **34.** torpedo ~ (*navy*), silurante, torpediniera. **35.** trailer ~ (pleasure boat mounted on a small trailer towed by a car) (*naut.*), imbarcazione trainabile su rimorchio (per auto), imbarcazione rimorchiabile su strada. **36.** twin-screw motor torpedo ~ (*navy*), motosilurante a doppia elica. **37.** unsinkable ~ (*naut.*), battello insommergibile.

boat (to) (to put in a boat: as the crew) (*naut.*), imbarcare. **2.** ~ (to transport by boat) (*naut.*), trasportare mediante nave (o natante). **3.** ~ across (*naut.*), traghettare.

boatel (a riverside or lakeside hotel equipped with

wharves to accomodate tourists travelling by boat) (*bldg. - naut.*), albergo rivierasco attrezzato per alloggiare i turisti e la loro barca. **2.** ~ (a boat used for touristic purposes which can also serve as a hotel) (*naut. - tourism*), (Brit.), battello da fiume con vitto e alloggio a bordo.

boathook (*naut. impl.*), mezzo marinaio, gaffa, gancio d'accosto.

boatman (*naut.*), barcaiolo.

boatsman, *see* boatman.

boat's painter (*naut.*), barbetta.

boatswain (*naut.*), nostromo.

boatswain's chair (a strip of wood for sitting on while working aloft) (*naut.*), balzo.

boat-tailed, boattail (having a tapering back) (*gen.*), con la parte posteriore rastremata.

bob (of a pendulum) (*mech.*), peso terminale. **2.** ~ (plumb bob) (*mech. - mas.*), contrappeso (di piombo). **3.** ~ (*mas.*), grave (o peso) del filo a piombo. **4.** ~ (felt or leather wheel for polishing) (*mach. t.*), disco per pulitrice. **5.** "~" (feederhead) (*found.*), materozza (generalmente cieca). **6.** ~ weight (as on a crankshaft) (*mot. mech.*), contrappeso. **7.** buff ~ (workshop tool: leather covered tool with wooden center) (*shop impl.*), disco per pulitrice con rivestimento di cuoio.

bobbin (spool, reel), bobina. **2.** ~ (coil of insulated wire) (*elect.*), bobina. **3.** ~ (a small spool or reel to hold wire or thread) (*electromech. - text. - etc.*), rocchetto. **4.** ~ (carbon electrode surrounded by the depolarizer: as in a dry cell constr.) (*electrochem.*), sacchetto anodico. **5.** bottle ~ (as of wool) (*text. ind.*), bobina a bottiglia. **6.** conical ~ (*ind. app.*), bobina conica. **7.** convex ~ (as of wool) (*text. ind.*), bobina a superficie convessa. **8.** full ~ (*text. ind.*), bobina piena. **9.** reel-like ~ (*text. ind.*), bobina a forma di aspo. **10.** straight ~ (*text. ind.*), bobina cilindrica. **11.** to build the ~ (*text. ind.*), formare la bobina. **12.** weft ~ (*text. ind.*), bobina per trama. **13.** winding-on ~ (*text. ind.*), bobina di avvolgimento. **14.** wooden ~ (*text. ind.*), bobina di legno.

bobbinet, bobinet (*fabric*), tulle.

bobbing (fluctuation of the target spot on a radarscope) (*radar*), fluttuazione.

bobsled (*sport*), *see* bobsleigh.

bobsleigh (*sport*), guidoslitta.

bobstay (*naut.*), briglia, briglia del bompresso.

bod (bott) (ball of clay for closing the tapping hole as of a cupola) (*found.*), tampone, tappo di argilla.

bodied (*aut.*), carrozzato.

bodkin (awl) (*t.*), punteruolo. **2.** ~ (tool used for raising types) (*typ. t.*), mollette, pinzetta (per caratteri).

body (*geom.*), solido. **2.** ~ (*aer.*), fusoliera. **3.** ~ (*aut.*), scocca, carrozzeria. **4.** ~ (of a bolt) (*mech.*), gambo. **5.** ~ (of a fortress) (*milit.*), bastione. **6.** ~ (of a church) (*arch.*), navata centrale. **7.** ~ (of a ship) (*naut.*), scafo. **8.** ~ (as of an engine fuel pump, of an engine oil filter etc.) (*mech.*) (Am.), corpo. **9.** ~ (of an internal grinding spindle) (*mech.*), corpo (del mandrino), bussola. **10.** ~ (ore body) (*min.*), giacimento di minerale. **11.** ~ (of a truck) (*veh.*), cassone. **12.** ~ (of type) (*typ.*), corpo del carattere, forza di corpo. **13.** ~ (of a railcar) (*railw.*), cassa. **14.** ~ (of a cartridge case) (*expl.*), cono maggiore. **15.** ~ (intended as subjected to the action of gravity) (*theoretical phys.*), grave. **16.** ~ (the attribute of molten glass, associated with viscosity and homogeneity, which is conducive to workability) (*glass mfg.*), pastosità, corpo. **17.** ~ (consistency, of a paint) (*paint.*), corpo. **18.** ~ (the internal part of the lamp holder containing the contacts) (*elect.*), frutto del portalampade. **19.** ~ building (*aut. body constr.*), assemblaggio scocche, assemblaggio carrozzerie. **20.** ~ casting (as of machine t.) (*mech.*), fusione del corpo dell'incastellatura. **21.** ~ in white (unpainted motorcar metal body) (*aut. bldg.*), scocca in bianco, scocca lastrata (non verniciata né sellata). **22.** ~ metal working (in body construction) (*aut.*), lastratura della scocca. **23.** ~ paint shop (*aut. body constr.*), reparto verniciatura scocche. **24.** ~ plan (*naut.*), piano di costruzione. **25.** ~ shake (torsional oscillations, of a car) (*aut.*), scuotimento (da oscillazioni torsionali). **26.** ~ shop (*aut. constr.*), reparto lastratura (della scocca). **27.** ~ shop (as of a dealer) (*aut.*), carrozzeria, officina riparazione carrozzerie. **28.** ~ side (panel) (*aut. body constr.*), fiancata (di scocca). **29.** ~ size (*print.*), corpo. **30.** ~ trimming (*aut. body constr.*), sellatura e finizione della scocca, abbigliamento della carrozzeria. **31.** ~ trim shop (body trimming shop) (*aut. body constr.*), officina sellatura e finizione scocche, reparto abbigliamento delle carrozzerie. **32.** ~ type (book type, distinguished from title etc.) (*typ.*), carattere di testo. **33.** advanced ~ (*milit.*), scaglione avanzato. **34.** all-steel ~ (*aut.*), carrozzeria in (tutto) acciaio. **35.** bearing ~ (*aut.*), carrozzeria portante. **36.** black ~ (*illum. phys.*), corpo nero. **37.** chief ~ engineer (*aut. ind.*), capo della carrozzeria. **38.** companion ~ (as the last stage of a rocket, orbiting along with an artificial satellite) (*astric.*), corpo compagno. **39.** convertible ~ (*aut.*), decappottabile, carrozzeria decappottabile. **40.** custom-built ~ (*aut.*), carrozzeria fuori serie. **41.** drophead ~ (*aut.*), carrozzeria decappottabile. **42.** evaporation ~ (*sugar mfg. app.*), corpo di evaporazione. **43.** falling ~ (*mech.*), grave, corpo soggetto alla forza di gravità. **44.** falling of the ~ (*phys.*), caduta del grave. **45.** false ~ (apparent good consistency of paint) (*paint.*), falso corpo. **46.** gray ~, *see* grey body. **47.** grey ~ (*illum. phys.*), corpo grigio. **48.** heavenly ~ (*astr.*), corpo celeste. **49.** lifting ~ (rocket-propelled veh. capable of travelling in space and be safely landed) (*astric.*), astronave, veicolo spaziale. **50.** monocoque ~ (the stresses are shared between the body structure and the chassis) (*aut. constr.*), scocca parzialmente portante (o semiportante). **51.** ore ~ (*min.*), giacimento di minerale. **52.** perimeter frame with bolted on ~ (*aut.*), telaio perimetrale con carrozzeria fissata (ad esso) mediante bulloni. **53.** plastic ~ (*aut.*), carrozzeria in plastica. **54.** racing ~ (of aut.), carrozzeria da corsa. **55.** screw shell ~ (the part of a lamp base that screws into the lamp holder) (*elect. lamp - etc.*), virola. **56.** side dump ~ with hydraulic hoist (as of truck) (*aut.*), cassone ribaltabile mediante sollevatore idraulico. **57.** specialised ~ (of a truck) (*aut.*), carrozzeria speciale. **58.** square ~ (center portion of the hull) (*naut.*), parte centrale. **59.** stake ~ (of a truck) (*aut.*), cassone con ritti (o montanti). **60.** streamlined ~ (*aut.*), carrozzeria aerodinamica. **61.** translucent ~ (*opt.*), corpo translucido. **62.** two-tone colour ~ (*aut.*), carrozzeria bicolore. **63.** unitized ~ (the stresses are wholly sustained by the body because the car is without a chassis) (*aut. constr.*), scocca portante.

body (to) (to give body) (*gen.*), dare corpo. **2.** ~ (to incorporate) (*gen.*), incorporare.

bodying (*gen.*), incorporamento. **2.** ~ fabric-rubber (*rubb. ind.*), adesione della gomma alla tela. **3.** ~ test (as of rubber) (*ind. test*), prova di adesione. **4.** ~ up (in wood polishing, building up of a thick transparent shellac film by pad application) (*paint. - carp.*), ingrassatura a tampone.

body-maker (*aut.*), carrozziere.

bodywork (the body of an aut.) (*veh.*), scocca. **2.** ~ (body construction line) (*aut. mfg.*), lastratura (della scocca). **3.** ~ (body repairing) (*aut. upkeeping*), lavoro di carrozzeria.

bog, palude, acquitrino. **2.** ~ ironore (*min.*), limonite, ossido idrato di ferro.

bogey (unidentified aircraft) (*air force*) (slang), aereo non identificabile. **2.** ~ (unidentified flying object: spatial UFO) (*astric.*), oggetto spaziale volante non identificato. **3.** ~, *see also* bogie.

boggy, paludoso.

bogie (*veh.*), carro per servizio pesante. **2.** ~ (*railw. truck*) (Brit.), carrello ferroviario, carrello (di veicolo) ferroviario. **3.** ~ coach (*railw.*), carrozza a carrelli. **4.** ~ engine (*railw.*), locomotiva con uno o due carrelli (d'estremità). **5.** ~ hearth furnace (*metall. furnace*), forno a carrello, forno con suola carrellata. **6.** ~ wagon (*railw.*), carro su carrelli. **7.** guiding ~ (as of an electr. locomotive) (*railw.*), carrello di guida. **8.** leading ~ (*railw.*), (Brit.), carrello anteriore. **9.** single-axle ~ (*railw.*) (Brit.), carrello monoasse. **10.** six-wheel ~ (*railw.*) (Brit.), carrello a tre assi. **11.** trailing ~ (*railw.*) (Brit.), carrello posteriore.

bogy, *see* bogie.

boil (in a steel furnace: period during which the metal mass seems to boil) (*found.*), ebollizione, ribollimento, sobbollimento. **2.** ~ (a gaseous inclusion in glass: small bubble) (*glass defect*), púlica, púliga.

boil (to) (*phys.*), bollire. **2.** ~ (*metall.*), ribollire. **3.** ~ down (to condense) (*gen.*), condensare, concentrare. **4.** ~ off (as the silk) (*text. ind.*), sgommare, purgare.

boiled (*a. - gen.*), bollito. **2.** ~ linseed oil (for painting) (*paint.*), olio di lino cotto.

boiler (*boil.*), caldaia. **2.** ~ (vessel in which liquids, etc. are boiled) (*gen.*), bollitore. **3.** ~ (as for rags) (*paper ind. app.*), lisciviatore, bollitore. **4.** ~ (*heat. app.*), "boiler", scaldacqua. **5.** ~ barrel (as of a locomotive) (*boil.*), corpo cilindrico della caldaia. **6.** ~ burner unit (*comb.*), bruciatore per caldaia. **7.** ~ compound (as against formation of scale) (*boil.*), additivo (dell'acqua) per la caldaia. **8.** ~ end plate (*boil. constr.*), fondo. **9.** ~ factory (*ind.*), fabbrica di caldaie. **10.** ~ header (*boil. constr.*), collettore di caldaia. **11.** ~ heating surface (*boil.*), superficie riscaldante della caldaia. **12.** ~ horsepower (*boil.*), potenza richiesta per evaporare 34,5 libbre/h di acqua a 212°F, l'equivalente di 33,475 BTU/h. **13.** ~ output (*boil.*), produzione di vapore di una caldaia. **14.** ~ plate (*metall.*), lamiera grossa. **15.** ~ plate (as a newspaper electrotype or stereotype) (*typ. - journ.*), stereotipia. **16.** ~ room (*boil. - bldg.*), sala caldaie. **17.** ~ scaling hammer (*impl.*), martellina. **18.** ~ shell (*boil.*), corpo della caldaia. **19.** ~ shell rings (of a steam locomotive) (*boil.*), anelli della caldaia. **20.** ~ shop (*naut.*), riparazione caldaie. **21.** ~ shop tools (*t.*), utensili per calderai. **22.** ~ tubes (*boil.*), tubi bollitori. **23.** ~ with horizontal tubes (*boil.*), caldaia a tubi orizzontali. **24.** ~ with removable nest of tubes (*boil.*), caldaia a tubi smontabili. **25.** ~ works (*ind.*), fabbrica di caldaie. **26.** air ~ (for heating plants) (*therm.*), caldaia ad aria. **27.** bolted ~ (*boil.*), caldaia bullonata. **28.** circulation ~ (*boil.*), caldaia a circolazione. **29.** Cornish ~ (*boil.*), caldaia Cornovaglia. **30.** cross-tube ~ (*boil.*), caldaia a tubi incrociati. **31.** donkey ~ (*boil.*), caldaia ausiliaria, calderina. **32.** double ~ (*house impl.*), pentola doppia per bagno maria. **33.** double-ended ~ (*boil.*), caldaia bifronte. **34.** electric ~ (electric steam boiler) (*boil.*), caldaia elettrica. **35.** externally fired ~ (*boil.*), caldaia a focolare esterno. **36.** fire-tube ~ (as of a locomotive) (*boil.*), caldaia a tubi di fumo. **37.** high-pressure ~ (*boil.*), caldaia ad alta pressione. **38.** horizontal ~ (*boil.*), caldaia orizzontale. **39.** hot-water heating ~ (as for heating systems) (*boil.*), caldaia per riscaldamento acqua. **40.** internally fired ~ (*boil.*), caldaia a focolare interno. **41.** locomotive ~ (*boil.*), caldaia da locomotiva. **42.** low-pressure ~ (*boil.*), caldaia a bassa pressione. **43.** marine ~ (*boil.*), caldaia marina. **44.** movable ~ (*boil.*), caldaia movibile. **45.** multitubular ~ (*boil.*), caldaia tubolare. **46.** nuclear ~ (reactor cooled by boiling water) (*ind. atom phys.*), caldaia nucleare. **47.** oil-fired ~ (*boil.*), caldaia a nafta. **48.** radiant-type ~ (boiler with water tube furnace) (*boil.*), caldaia con focolare a tubi d'acqua. **49.** rag ~ (*paper mfg. app.*), lisciviatore per stracci, bollitore per stracci. **50.** Scotch ~ (marine boiler) (*boil.*), caldaia a ritorno di fiamma, caldaia scozzese. **51.** sectional header ~ (a tube boiler with modular headers) (*boil.*), caldaia a fasci tubieri con testate componibili. **52.** sectional type cast iron ~ (for heating of buildings), caldaia in ghisa ad elementi componibili. **53.** single-ended Scotch ~ (*boil.*), caldaia cilindrica monofronte. **54.** stationary ~ (*boil.*), caldaia fissa. **55.** straight-tube ~ (*boil.*), caldaia a tubi diritti. **56.** to keep the ~ under pressure (*boil.*), tenere la caldaia sotto pressione. **57.** tubular ~ (*boil.*), caldaia tubolare. **58.** two-drums ~ (*boil.*), caldaia a due corpi cilindrici. **59.** utility ~ (heating system boiler) (*boil. - bldg.*), caldaia per riscaldamento. **60.** vertical ~ (*boil.*), caldaia verticale. **61.** vomiting ~ (rag boiler equipped with a cover for distributing the liquid forced up by central steam pipes) (*paper mfg.*), bollitore a tubi di circolazione. **62.** washing ~ (*text. ind. app.*), caldaia per lavaggio. **63.** water-tube ~ (*boil.*), caldaia a tubi d'acqua. **64.** water-tube ~ with inclined tubes (*boil.*), caldaia a tubi d'acqua inclinati.

boilerman (steam boilers operator) (*boil. - work.*), conduttore di caldaie a vapore, caldaista.

boilerworks (*ind.*), stabilimento per la costruzione di caldaie.

boil-in-bag (bag made of plastic material, in which food for instance is boiled) (*chem. ind.*), sacchetto (di plastica) per bollitura.

boiling (*phys.*), ebollizione. **2.** ~ (silk cleaning) (*text. ind.*), sgommatura. **3.** ~ (for cleaning, as rags) (*paper mfg.*), lisciviazione. **4.** ~ agent (lye) (*paper mfg.*), liscivia. **5.** ~ for strength (boiling on strength, soap mfg. operation by which the saponification is completed) (*soap mfg.*), cottura. **6.** ~ point (*phys.*), punto di ebollizione. **7.** ~ ring (*elect. app.*) (Brit.), fornello elettrico a resistenza scoperta. **8.** ~ temperature (*phys.*), temperatura di ebollizione. **9.** end ~ point (E.B.P.) (*phys.*), punto di ebollizione finale. **10.** initial ~ point (I.B.P.) (*phys.*), punto iniziale di ebollizione. **11.** radiant ~ plate (*elect. app.*) (Brit.), fornello elettrico a piastra radiante.

boiling-off (cooking) (*gen.*), cottura. **2.** ~ (process by which natural gum is removed from silk yarn) (*text. mfg.*), sgommatura.

boiloff (as liquid nitrogen when vaporizing) (*n. - phys.*), bollimento.

bold (boldface) (*n. - print.*), neretto. **2.** extra ~ (*typ.*), nero. **3.** ultra ~ (*typ.*), nerissimo.

boldface (*print.*), neretto. **2.** in ~ (printed letters) (*print.*), in neretto.

bole (bolus) (*min.*), bolo, terra bolare.

bolide (*geophys.*), bolide, meteora.

bollard (for mooring) (*naut.*), bitta. **2.** ~ pull test (for the testing of marine engines at the quay) (*naut.*), prova di trazione alla bitta, prova agli ormeggi.

bolometer (device measuring heating due to the absorption of radiant energy) (*astron. instr.*), bolometro.

bolster (*gen.*), cuscino di appoggio. **2.** ~ (*carp.*) (Brit.), mensola. **3.** ~ (of a press, of a locomotive bogie, etc.) (*mech.*), piano (o intelaiatura) di appoggio. **4.** ~ (of a mast) (*naut.*), cuscino d'incappellaggio. **5.** ~ hanger (*railw.*), *see* swing hanger. **6.** ~ plate (as of a punch press) (*mech.*), piastra portastampi. **7.** ~ plate (circular plate permitting the front axle, as of a brougham, to be pivoted) (*very slow and old veh.*), cerchio orizzontale di sterzo. **8.** body ~ (transverse member of the underframe transmitting the load to the truck through the center plates) (*railw.*), trave portante. **9.** bottom ~ (*railw.*), *see* swing bolster. **10.** swing ~ (cross beam of a truck frame receiving through the center plate the weight of half of the body) (*railw.*), trave ballerina, trave oscillante. **11.** top ~ (*railw.*), *see* body bolster. **12.** wagon with radial ~ (flat car equipped with swinging crossmembers, used to accomodate very long loads on two of such successive wagons) (*railw.*) (Brit.), carro a bilico.

bolt (screw bolt) (*mech.*), bullone. **2.** ~ (bolt and nut) (*mech.*), bullone. **3.** ~ (element of a door-lock operated by key) (*join.*), chiavistello, catenaccio. **4.** ~ (of a firearm), otturatore. **5.** ~ (roll of cloth) (*text. ind.*), pezza (di stoffa). **6.** ~ (a door latch which is slid by hand) (*join. device*), paletto, chiavistello. **7.** ~, *see* thunderbolt. **8.** ~ and nut (*mech.*), bullone, vite con dado. **9.** ~ cropper (*t.*) (Brit.), tagliabulloni. **10.** ~ dies (*mech.*), stampi per (ricalcatura) bulloneria. **11.** ~ handle (of a firearm), manubrio. **12.** ~ head (that pushes the cartridge in the seat) (*firearm*), testa dell'otturatore. **13.** ~ head (*mech.*), testa del bullone. **14.** ~ load (*constr. theor.*), carico di un bullone. **15.** ~ of water (*hydr.*), getto d'acqua. **16.** ~ thread (external thread) (*mech.*), vite, filettatura esterna. **17.** ~ with nut (*mech.*), bullone, vite con dado. **18.** ~ with recessed head (*mech.*), vite a testa incassata. **19.** anchor ~ (as for securing a mach. to a concrete base) (*ind.*), bullone di ancoraggio. **20.** bed ~ (*carp.*), bullone a testa quadra rastremata. **21.** big-end ~ (connecting-rod bolt) (*mech. - mot.*), bullone di biella. **22.** breech ~ (of rifle and mach. gun) (*firearm*), otturatore. **23.** cap ~ (*mech.*), *see* cap screw. **24.** carriage ~ (*carp.* - *mech.*), bullone a legno. **25.** chain tightening ~ (*mech.*), vite del tendicatena. **26.** cheese ~ (*mech.*), vite a testa cilindrica. **27.** clamping ~ (for rails) (*railw.*), caviglia. **28.** clinch ~, clink ~, *see* rivet. **29.** clip ~ (T-headed bolt) (*mech.*), vite con testa a T. **30.** cone-headed ~ (*mech.*), vite a testa conica. **31.** connecting-rod ~ (*mech.* - *mot.*), bullone di biella. **32.** cotter ~ (*mech.*), bullone a chiavetta. **33.** countersunk ~ (*mech.*), vite con testa svasata. **34.** cup-headed ~ (*mech.*), vite a testa bombata. **35.** dead ~ (of a lock without a spring) (*join.*), chiavistello senza (molla di) scatto. **36.** explosive ~ (as for ejection of parachute, stage separation, etc.) (*aer.* - *astric.*), bullone esplosivo. **37.** fishbolt (for rail) (*railw.*), chiavarda della ganascia. **38.** foundation ~ (of a machine), bullone di fondazione. **39.** hexagonal head ~ (*mech.*), bullone a testa esagonale. **40.** hexagonal-headed ~ (*mech.*), vite a testa esagonale. **41.** hook ~ (bolt having a hook shaped head) (*carp.* - *mech.* - *etc.*), gancio a vite, gancio filettato con dado. **42.** hook ~ (for rail) (*railw.*), chiavarda ad uncino. **43.** horizontal stay ~ (of a steam locomotive) (*railw.*), tirante orizzontale. **44.** in-and-out ~ (from outside to inside) (*shipbuild.*), bullone passante da fuori a dentro. **45.** lag ~ (lag screw) (*carp.*), vite mordente (o vite per legno) a testa quadra. **46.** lateral stay ~ (of a steam locomotive) (*railw.*), tirantino di scartamento. **47.** leg pressure ~ (of a transformer) (*electromech.*), tirante pressa colonna. **48.** lug ~ (a bolt with a flat portion to enable it to be bent into a U shape) (*mech.*), bullone a staffa. **49.** machine ~ (commonly available in various sizes and with square or hexagonal head) (*mech.*), bullone commerciale. **50.** maneton ~ (as of a radial engine crankshaft) (*mot.*), bullone d'unione. **51.** plate ~ (*mas.* - *mech.*), bullone di fondazione. **52.** rag ~ (foundation bolt) (*mech.* - *bldg.*), bullone di fondazione, chiavarda di fondazione. **53.** roofing hook ~ (*bldg.*), vite a gancio per tetto. **54.** round-headed ~ (*mech.*), vite a testa tonda. **55.** screw ~ (*mech.*), vite. **56.** snug ~ (*mech.*), vite a naso. **57.** spade ~ (spade head bolt with a transverse hole: as for fastening electric items to a chassis) (*mech.*), vite a paletta con foro traverso. **58.** spring ~ (of a lock) (*mech.*), chiavistello a scatto. **59.** square-headed ~ (*mech.*), vite a testa quadra. **60.** stay ~ (*mech.*), tirante. **61.** strap ~ (a bolt with a flat portion to enable it to be bent into a U shape) (*mech.*), bullone a staffa. **62.** stud ~ (*mech.*), vite prigioniera, prigioniero. **63.** T-headed ~ (*mech.*), vite con testa a T. **64.** through ~ (*mech.*), bullone passante. **65.** track ~ (*railw.*), chiavarda da rotaia. **66.** 12-point external wrenching ~ (12-point bolt) (*mech.*), vite con testa a doppio esagono (a dodici punte), vite (con testa) per chiave ad anello con doppia impronta esagonale, vite per chiave poligonale. **67.** U ~ (as for carriage springs) (*mech.* - *veh.*), bullone ad U, cavallotto, staffa ad U ad estremità filettate. **68.** yoke pressure ~ (of a transformer) (*electromech.*), tirante pressa pacco gioghi.

bolt (to) (to secure with bolts) (*mech.*), bullonare. **2.** ~ (to sift, as flour), abburattare, stacciare.

bolted (*mech.*), bullonato. **2.** ~ link (*iron carp.*), giunto bullonato, connessione bullonata.

bolter (for bolting flour) (*impl.*), staccio, buratto.

bolthead (*mech.*), testa del bullone.

bolting (sifting) (*ind.*), setacciatura. **2.** ~ cloth (fine meshed silk material: as for bolting flour etc.) (*text. ind.*), tessuto fine per setacci.

boltrope (*naut.*), gratile, ralinga.

bolts and nuts (*mech.*), bulloneria.

bomb (*expl.*), bomba. **2.** ~ (vessel for compressed gas) (*ind.*), bombola. **3.** ~ (*ice cream mfg.*), *see* bombe. **4.** ~ (for the treatment of cancer) (*med. app.*), bomba (al cobalto). **5.** ~ bay (of a bomber) (*aer.*), vano bombe. **6.** ~ calorimeter (*therm. meas. instr.*), bomba calorimetrica. **7.** ~ fin (vane, aerodynamic stabilizer) (*expl.*), governale. **8.** ~ plane (*air force*), *see* bomber. **9.** ~ release gear (*air force*), sganciabombe. **10.** ~ thrower (*military mach.*), lanciabombe. **11.** A-~, *see* atomic bomb. **12.** antisubmarine ~ thrower (gun installed on the ship's deck to launch depth regulated bombs) (*navy*), lanciabas. **13.** armor-piercing ~ (*expl.*), bomba perforante. **14.** atom ~ (*expl.*), bomba atomica. **15.** atomic ~ (*expl.*), bomba atomica. **16.** azon ~ (azimuth only bomb) (*milit. expl.*), bomba a direzione radioguidata. **17.** buzz ~, *see* robot bomb. **18.** calorimetric ~ (*app.*), bomba calorimetrica. **19.** C-~ (*expl.*), bomba al cobalto. **20.** chemical ~ (*chem. war device*), bomba a gas, bomba ad azione tossica. **21.** clean ~ (atomic bomb with little or no radioactivity) (*atom expl.*), bomba pulita. **22.** delayed-action ~ (*milit. expl.*), bomba ad azione ritardata (o a scoppio ritardato). **23.** demolition ~ (*expl.*), granata da demolizione. **24.** drop ~ (*expl.*), bomba da aeroplano. **25.** fire ~ (incendiary bomb) (*air force* - *army*), bomba incendiaria. **26.** fission ~ (*atom phys.* - *expl.*), bomba a fissione. **27.** flash ~ (for aerial night phot.) (*air force*), bomba illuminante. **28.** flying ~, *see* robot bomb. **29.** fragmentation ~ (fragmentation shell) (*milit.*), bomba dirompente, bomba a frammentazione prestabilita. **30.** fusion ~ (as the hdyrogen bomb) (*atom phys.* - *expl.*), bomba a fusione. **31.** gas ~ (gas shell) (*milit.*), proietto con aggressivo chimico. **32.** glide ~ (glider bomb) (*milit. weapon*), bomba planante. **33.** H-~ (*atom phys.* - *expl.*), bomba a idrogeno. **34.** incendiary ~ (*milit.*), spezzone incendiario. **35.** letter ~ (sent by mail and contained in an envelope) (*expl.*), lettera-bomba. **36.** magnesium ~ (*air force*), bomba incendiaria al magnesio. **37.** neutron ~ (kind of nuclear bomb) (*milit.*), bomba a neutroni. **38.** razon ~ (*milit. expl.*), bomba a direzione e gittata radiocomandata. **39.** robot ~ (jet-propelled pilotless aircraft charged with explosives) (*air force*), missile balistico giroguidato, bomba volante. **40.** smoke ~ (*milit.*), bomba fumogena. **41.** submarine ~ (depth charge) (*expl.*), bomba di profondità. **42.** thermit ~ (incendiary bomb) (*milit.*), bomba alla termite. **43.** thermonuclear ~ (fusion ~, hydrogen ~) (*atom phys. - milit.*), bomba a fusione, bomba termonucleare, bomba H. **44.** time ~ (*milit.*), bomba ad orologeria. **45.** trench ~ (hand grenade) (*expl. - milit.*), bomba a mano.

bomb (to) (*aer.*), bombardare.

bombard (to) (as the nuclei of atoms) (*phys.*), bombardare. **2.** ~ (*milit.*), bombardare.

bombardment (*phys.*), bombardamento. **2.** ~ (*milit.*), bombardamento. **3.** cathodic ~ (in an X-ray tube) (*elics.*), bombardamento catodico. **4.** fractional orbital ~ system (nuclear warhead slowed down from orbit to the target) (*atomic war*), razzo a testata nulceare lanciato in orbita e successivamente fatto cadere sul bersaglio mediante retrorazzi.

bombe (*ice cream mfg.*), bomba.

bomber (*air force*), bombardiere. **2.** attack ~ (*air force*), bombardiere di assalto. **3.** delta ~ (*air force*), bombardiere a delta, bombardiere con ala a delta. **4.** dive ~ (*air force*), bombardiere a tuffo, aereo per bombardamenti in picchiata. **5.** dummy ~ (*air force*), falso bombardiere, sagoma di bombardiere. **6.** heavy ~ (*air force*), aeroplano da bombardamento pesante. **7.** light ~ (*air force*), aeroplano da bombardamento leggero. **8.** medium ~ (*air force*), bombardiere a medio raggio. **9.** patrol ~ (*air force*), bombardiere medio. **10.** sea ~ (*air force*), idrovolante da bombardamento marittimo. **11.** transport ~ (*air force*), aeroplano da bombardamento e trasporto.

bombing, bombardamento. **2.** ~ at random (*milit.*), bombardamento a casaccio. **3.** ~ aviation (*air force*), aviazione da bombardamento. **4.** area ~ (*milit.*), bombardamento a tappeto (o di saturazione). **5.** dive ~ (*air force*), bombardamento in picchiata. **6.** high altitude ~ (*air force*), bombardamento da alta quota. **7.** level ~ (*aer.*), bombardamento in quota. **8.** low-level ~ (*air force*), bombardamento da bassa quota.

bomblet (little bomb) (*milit.*), piccola bomba.

bombproof (*bldg.*), a prova di bomba.

bombshell (bomb) (*expl.*), bomba.

bombsight (device for directing aerial bombs) (*air force*), dispositivo (o traguardo) di puntamento (per bombe da aereo).

bonanza (*min.*), giacimento ricco.

bond (*ind.*), agglomerante. **2.** ~ (*comm.*), obbligazione. **3.** ~ (of atoms in the molecule) (*chem.*), legame. **4.** ~ (mech. connection at low electric resistance as between railroad rails) (*elect.*), ponticello. **5.** ~ (as of stones or bricks in a wall) (*mas.*), apparecchio (insieme dei giunti di un muro). **6.** ~ (connection made by overlapping adjacent parts) (*mech. - mas.*), connessione (o giunto) per sovrapposizione. **7.** ~ (in grinding wheel construction) (*ind.*), cemento, materiale agglomerante ed adesivo. **8.** ~ (union of stones or bricks which forms a wall) (*mas.*), apparecchio, apparecchiatura. **9.** ~ (adhesion between different materials: as between rods and concrete in reinforced concrete) (*civ. eng.*), aderenza. **10.** ~ (*aer. elect.*) (Brit.), *see* electrical bonding. **11.** ~, *see also* band. **12.** ~ coat (for obtaining adhesion) (*ind. - paint.*), mano di legante. **13.** ~ energy (*phys. chem.*), energia di legame. **14.** ~ note (*comm.*), lettera di pegno. **15.** ~ strength (*phys.*), coesione. **16.** bearer ~ (*finan.*), obbligazione al portatore. **17.** called ~ (*finan.*), obbligazione estratta, obbligazione rimborsata. **18.** double ~ (of atoms in the molecule) (*chem.*), legame doppio. **19.** english cross ~ (in a brick masonry constr.) (*mas.*), corso di tre teste. **20.** government ~ (*finan.*), obbligazione statale. **21.** header ~ (masonry made by header courses) (*mas.*), muro (o corso) di due teste a mattoni di punta, muro (o corso) realizzato con mattoni messi di punta. **22.** heading ~, *see* bond header. **23.** hydrogen ~ (*phys. chem.*), legame idrogeno. **24.** impedance ~ (*electrified railw.*), collegamento (elettrico) ad alta impedenza (e bassa resistenza). **25.** in-and-out ~ (masonry corner made by headers and stretchers) (*mas.*), muratura d'angolo con mattoni alternati di testa e per lungo. **26.** mortgage ~ (*finan.*), obbligazione ipotecaria. **27.** polar ~ (*chem.*) (Brit.), *see* electrovalence. **28.** registered ~ (*finan.*), obbligazione nominativa. **29.** thermal ~ (as between nuclear fuel and its container: in a reactor) (*atom. phys.*), legante termico. **30.** triple ~ (of atoms in the molecule) (*chem.*), legame triplo. **31.** warehouse ~ (*warehouse organ.*), buono di carico (di magazzino). **32.** ~, *see also* bonds.

bond (to) (*finan.*), cauzionare mediante obbligazioni. **2.** ~ (to electrically connect metal parts, as of an aircraft) (*elect.*), collegare a massa, mettere a massa. **3.** ~ (to hold together: as a molecule by chem. bonds) (*chem.*), tenere assieme, legare.

bonded (of a debt: as of the government) (*a. - finan.*), obbligazionario. **2.** ~ (made of layers of fabric connected by adhesives) (*a. - text. ind.*), relativo a strati sovrapposti di tessuto tenuti da adesivo. **3.** ~ joint (obtained by adhesives) (*technol.*), incollaggio. **4.** ~ store, *see* bonded warehouse. **5.** ~ wharehouse (*custom duty*), magazzino doganale.

bonderize (to) (*mech. technol. - metall.*), bonderizzare.

bonderized (*metall. - mech. technol.*), bonderizzato.

bonderizing (*chem. - metall.*), bonderizzazione, fosfatizzazione, procedimento per rendere inossidabili ferro e acciaio.

bonding (electrical connection of the metallic parts: as in an aer.) (*elect.*), collegamento a massa, collegamento equipotenziale. **2.** ~ (of semiconductors by vibration, by friction, by thermal compressiony etc. in integrated circuits) (*elics.*), microsaldatura. **3.** ~ agent (as in molding sands) (*found.*), legante. **4.** ~ electron (*phys. chem.*), elettrone di legame. **5.** ~ property (as of a bonding agent for molding sands) (*found.*), proprietà legante. **6.** ~ strip (as of aer. mot.) (*elect.*), cavetto di massa. **7.** ~ system (as of an aircraft) (*elect.*), sistema di massa. **8.** ball ~ (as on an integrated circuit) (*elics. technol.*), saldatura a pallina, microsaldatura a pallina. **9.** diffusion ~ (a bonding obtained by direct coupling, pressure, heating and vacuum) (*mech. technol.*), saldatura per diffusione. **10.** electrical ~ (elect. interconnection of the metallic parts: as of an aircraft) (*elect.*), collegamento a massa, collegamento equipotenziale. **11.** electron-beam ~ (*elics.*), microsaldatura con fascio elettronico. **12.** friction ~ (vibration ~: as by ultrasounds) (*elics.*), microsaldatura per vibrazione (o per sfregamento). **13.** postcure ~ (heating process for improving the resistance) (*plastics technol.*), trattamento migliorativo della resistenza effettuato postindurimento. **14.** press ~ (as by a platen press) (*typ. technol.*), giunzione (o "saldatura") a pressione. **15.** stitch ~ (connection done by spot thermocompression: as in integrated circuits constr.) (*elics. technol.*), microsaldatura (o saldatura) a punti. **16.** thermocompression ~ (connection made by heat and pressure: as of integrated circuits) (*elics. technol.*), microsaldatura a termocompressione. **17.** vibration ~, *see* friction bonding.

bonds (*finan.*), obbligazioni. **2.** ~ to bearer (*finan.*), obbligazioni al portatore. **3.** ~, *see also* bond.

bone (*gen.*), osso. **2.** ~ black (*ind. chem.*), nero animale, carbone d'ossa. **3.** ~ char, *see* bone black. **4.** ~ glass (*glass mfg.*), vetro opalino. **5.** ~ glue (*chem. ind.*), colla di ossa.

bone (to) (to judge the straightness of a surface, line or objects by the eye) (Am.), traguardare (il piano o l'allineamento).

bone-dry (absolutely dry, moisture free, as of woodpulp) (*paper mfg. - etc.*), secco assoluto.

bonnet (as of a valve chamber) (*mech.*) (Brit.), coperchio. **2.** ~ (*aut.*) (Brit.), cofano (mobile). **3.** ~ (as of a locomotive funnel) (*boil.*), parascintille. **4.** ~ (piece of canvas attached to a jib) (*naut.*), grembiale. **5.** ~ (cap on a pile top to prevent splittering when driving the pile) (*bldg.*), cappello. **6.** ~ (spongy top, cauliflower top, of an ingot) (*metall. defect*), testa rimontata, testa a cavolfiore, testa spugnosa. **7.** ~ (as of a discharge valve of a tank car) (*pip.*), tappo, coperchio. **8.** ~ fastener (*aut.*), fermacofano. **9.** ~ lock (bonnet fastener) (*aut.*), fermacofano. **10.** ~ release (*aut. body*), apricofano, comando di apertura cofano.

bonus (sum of money granted periodically to a dependant), gratifica. **2.** ~ (extraordinary allotment of profits, as in a joint stock company) (*finan.*), ripartizione straordinaria di utili. **3.** cost of living ~ (as given to a worker) (*pers. wages*), carovita. **4.** discretionary ~ (as to executives of a company at the end of the year) (*pers.*), gratifica discrezionale. **5.** incentive ~ (as to a factory worker) (*work organ.*), (premio di) incentivo. **6.** long service ~ (as given to a worker) (*pers. reward*), premio di anzianità. **7.** no-claims ~ (*aut. insurance*), bonus-malus. **8.** quality ~ (as to a worker for the quality of production) (*pers. management*), premio di qualità (o per la qualità del lavoro eseguito). **9.** seniority ~ (as to a worker) (*pers. reward*), premio di anzianità. **10.** task ~ (as given to a worker) (*pers. reward*), premio per prestazioni speciali. **11.** thirteenth-month ~ (*pers.*), tredicesima (mensilità).

boob tube (television set) (*telev.*), televisione.

booby hatch (sliding cover for a hatchway) (*naut.*), copertura scorrevole di boccaporto.

book (*gen.*), libro. **2.** ~ back rounding machine (*bookbinding mach.*), macchina piegadorsi. **3.** ~ designer (*bookbinding*), impaginatore. **4.** ~ of accounts (*accounting*), libro contabile, registro contabile. **5.** ~ reviewer (*journ.*), critico letterario. **6.** ~ type (body type, as distinguished from title, etc.) (*typ.*), carattere di testo. **7.** ~ value (*adm.*), valore d'inventario. **8.** block books (*typ.*), libri silografici, libri xilografici. **9.** cash ~ (*adm.*), libro cassa. **10.** minute ~ (*adm.*), libro dei verbali, registro. **11.** registration ~ (*pers.*), libro matricola. **12.** run ~ (documentation for running a program) (*comp.*), manuale di istruzione. **13.** signals ~ (*naut. - navy - air force*), codice dei segnali. **14.** stock ~ (of a store) (*adm.*), libro di magazzino, libro di carico e scarico. **15.** wages ~ (*adm.*), libro paga. **16.** warehouse ~ (*adm.*), registro di magazzino. **17.** waste ~ (daybook) (Brit.), diario.

book (to) (as to register in a ~ or list), annotare, registrare.

bookbinder (*work.*), legatore.

bookbindery (section of a typ. shop) (*bookbinding*), legatoria.

bookbinding (*art*), legatura, rilegatura di libri.

booking (reservation) (*n. - transp. - etc.*), prenotazione. **2.** ~ computer (for reservations) (*transp. - etc.*), elaboratore per prenotazioni. **3.** ~ office (*railw. - aer. - transp.*), ufficio prenotazioni.

bookkeeper, contabile, ragioniere.

bookkeeping, contabilità. **2.** ~ machine (*adm. - comm.*), macchina contabile. **3.** ~ machine operator (*comp.*), operatore di macchina contabile. **4.** ~ operation (*comp.*), operazione di registrazione contabile. **5.** manifold paper ~ (*bookkeeping*), contabilità a ricalco.

booklet (simplest binding) (*typ.*), brossura.

bookmaker (*sport*), allibratore.

bookmobile (*veh. - comm.*), autolibreria.

bookseller (*comm.*), libraio.

book-sewer (book sewing machine) (*bookbinding*), cucitrice a refe (di libri).

book-sewing (*bookbinding*), cucitura a refe (di libri).

boolean (refers to the Boole's logic algebra) (*a. math. - comp.*), booleano, di Boole.

boom (*acoustic*), rombo. **2.** ~ (one of the two members replacing the fuselage in an aircraft) (*aer.*), trave. **3.** ~ (a beam or spar projecting from a hoisting apparatus) (*mach.*), braccio. **4.** ~ (of a sail) (*naut.*), boma, asta. **5.** ~ (exceptional development, as economical) (*ind. - etc.*), eccezionale sviluppo. **6.** ~ (type of surface obstructions employed to damage or sink surface craft) (*navy*), ostruzione antiassalto. **7.** ~ (economic expansion) (*comm. - ind. - finan.*), boom economico. **8.** ~ (long movable support sustaining a microphone: in studios) (*radio - telev. - m. pict.*), giraffa, antenna portamicrofono. **9.** ~ cat (derrick on a tractor) (*hoisting app.*), falcone semovente cingolato. **10.** ~ iron (iron ring in a yard) (*naut.*), cerchio di guida. **11.** ~ sheet (*naut.*), scotta di randa. **12.** Bentinck ~ (*naut.*), boma Bentinck, boma di vela quadra di trinchetto. **13.** flying jib ~ (*naut.*), asta di controfiocco. **14.** jib ~ (*naut.*), asta di fiocco. **15.** lower ~ (*naut.*), asta di posta. **16.** martingale ~ (dolphin striker) (*naut.*), pennaccino. **17.** microphone ~ (sound film studio impl.) (*m. pict.*), antenna portamicrofono, "giraffa". **18.** swinging ~ (*naut.*), asta di posta. **19.** tail ~ (*aer.*), trave di coda.

boomkin (*naut.*), *see* bumpkin.

boomy (of a sound) (*acous.*), cupo.

boost (increasing, rising) (*mech. - elect. - phys.*), aumento. **2.** ~ (push) (*phys.*), spinta. **3.** ~ control (*mot.*), limitatore della pressione di alimentazione, regolatore (o servocomando) della pressione di alimentazione. **4.** ~ control cut-out (*aer. mot.*), *see* boost control override. **5.** ~ control override (as of a carburetor) (*mot.*), disinnesto del limitatore della pressione di alimentazione, sovraccomando pressione di alimentazione. **6.** ~ feed (or feeding: as of a motor) (*mot.*), alimentazione sotto pressione, sovralimentazione. **7.** ~ pressure (*aer. mot.*), aumento di pressione. **8.** economical cruising ~ (E.C.B.) (*aer. mot.*), pressione di alimentazione di crociera economica. **9.** feeding ~ (as of a mot. by a supercharger) (*mot.*), sovralimentazione. **10.** rated ~ (R.B.) (*aer. mot.*), pressione di alimentazione di potenza normale, pressione di alimentazione di salita. **11.** take-off ~ (T.O.B.) (*aer. mot.*), pressione di alimentazione di decollo. **12.** variable-datum ~ control (for regulating the boost pressure of an engine) (*aer. mot.*), regolatore della pressione di alimentazione con variazione progressiva della pressione in funzione della posizione della manetta del gas.

boost (to) (to increase: as a pressure) (*gen.*), aumentare. **2.** ~ (to feed: a motor) (*mot.*), sovralimentare. **3.** ~ (to push) (*phys.*), spingere. **4.** ~ (to raise the voltage) (*elect.*), elevare la tensione. **5.** ~ (to charge a storage battery with a high current for a short time) (*elect.*), caricare con forte intensità di corrente per breve durata. **6.** ~ (to increase: as prices) (*comm.*), aumentare.

booster (as of pressure, force, traction, power etc.) (Am.), elevatore. **2.** ~ (preamplifier) (*telev.*), preamplificatore. **3.** ~ (auxiliary engine used for steep grades) (*railw.*), motore ausiliario. **4.** ~ (device for increasing the superpressure of a kite balloon) (*aer.*), elevatore di pressione. **5.** ~ (additional locomotive) (*railw.*), locomotiva supplementare. **6.** ~ (forging die) (*t.*), stampo scapolatore, scapolatore. **7.** ~ (it supplies a part of the initial thrust) (*aer.*), propulsore supplettivo (al decollo). **8.** ~ (first stage of a multistage rocket) (*rkt.*), primo stadio. **9.** ~ (for levelling a fluctuating voltage declining in intensity) (*electromech.*), (trasformatore) livellatore di tensione. **10.** ~ charge (*expl.*), detonatore secondario. **11.** ~ coil (for facilitating starting) (*aer. mot.*), vibratore di avviamento, bobina di avviamento, rocchetto del vibratore. **12.** ~ compressor (*mach.*), ventilatore (o compressore) elevatore di pressione, surpressore. **13.** ~ conveyer (any type of powered conveyor used to regain elevation lost as in gravity roller conveyor lines) (*ind. transp.*), trasportatore ausiliario. **14.** ~ diode (*radio - telev.*), diodo incrementatore. **15.** ~ drive (an auxiliary drive at an intermediate point along a conveyer) (*ind. mach.*), stazione motrice supplementare. **16.** ~ pressure (*mot.*), pressione di sovralimentazione. **17.** ~ pump (as of an airplane fuel system) (*mech.*), pompa ausiliaria. **18.** ~ rockets (for giving initial acceleration as to a ramjet) (*mot.*), razzi ausiliari. **19.** brake ~ (as of truck) (*mech.*), servofreno. **20.** exposimeter sensitivity ~ (*phot.*), amplificatore di sensibilità dell'esposimetro. **21.** reversible ~ (*electromech. app.*), survoltore-devoltore. **22.** rivet ~ (tool used for forcing off rivets) (*t.*), attrezzo cacciaribattini. **23.** voltage ~ (dynamo) (*elect. mach.*), survoltrice.

boosting (feeding of a mot. by a booster) (*mot.*), sovralimentazione.

boot (protective sheath: as the rubber protections at the ends of the aut. hydraulic brake cylinders)

(Am.), parapolvere, elemento di protezione. **2.** ~ (protective sheath inside a broken tire shoe) (*aut.*) (Am.), mancione, rinforzo interno. **3.** ~ (baggage compartment, of a car) (*aut.*), bagagliera. **4.** ~ (deicer boot, pneumatic deicer) (*aer.*), dispositivo antighiaccio pneumatico. **5.** ~ (forehearth, as of a blast furnace) (*metall.*), avancrogiolo. **6.** ~ (a suspended enclosure in the nose of a tank furnace, protecting a portion of the surface and serving as a gathering opening) (*glass mfg.*), cuffia. **7.** ~ (trunk) (*aut.*) (Brit.), bagagliaio posteriore, baule. **8.** ~ (pneumatic rubber element for wing deicing) (*aer.*), sghiacciatore, "defroster". **9.** ~ (*comp.*), *see* bootstrap. **10.** ~ tree (*shoemakers' impl.*), forma da scarpe.

booth (*carp. - bldg.*), cabina di fortuna, riparo di fortuna. **2.** ~ (*m. pict. - teleph. - etc.*), cabina. **3.** monitoring ~ (*m. pict.*), cabina (di registrazione sonora) mobile. **4.** sound ~ (*acous. - m. pict.*), cabina acusticamente isolata. **5.** spray ~ (*paint.*), cabina di verniciatura (a spruzzo), cabina di spruzzatura.

bootleg (*ingot defect*), *see* box hat. **2.** ~ (for protecting wires when coming out from the ground) (*electrified railw.*), cuffia di protezione.

bootman (sheet-metal fairing shaper) (*aer. work.*), battilastra di carenatura.

bootstrap (few initializing instructions by means of which the program is loaded into the comp.) (*comp.*), inizializzazione di autocaricamento, "bootstrap". **2.** ~ circuit (having a functioning way independent from external control) (*elics.*), circuito autoelevatore. **3.** ~ process (having a functioning way independent from external control: a self-sustained process, like the feeding of the liquid propellant in a rocket) (*rckt.*), processo ad autoalimentazione. **4.** ~ program (for loading other programs into the memory) (*comp.*), programma di caricamento.

bootstrap (to) (to load a program into a comp. by a bootstrap) (*comp.*), inizializzare con autocaricamento, "to bootstrap".

bootstrapping (the input of the bootstrap program into the memory) (*comp.*), partenza (o avvio o innesco) a freddo (del programma di caricamento).

boot-topping (part of a vessel comprised between the load and light water lines) (*shipbuild.*), fascia di bagnasciuga, bagnasciuga. **2.** ~ (anticorrosive paint) (*naut.*), pittura anticorrosiva per bagnasciuga. **3.** ~ (cleaning and coating process) (*naut.*), pulitura e pitturazione del bagnasciuga.

bora (winter wind blowing upon Aegean and Adriatic seas northern shores) (*meteor.*), bora.

boracite (*min.*), boracite.

Boral (trade name for sheets of material used for shielding neutrons) (*atom phys.*), boralio, Boral.

boranes (*rckt. fuels*), borani.

borate (*chem.*), borato.

borax (*chem.*), borace.

border, contorno, orlo, margine. **2.** ~ (decorative band along the edges) (*print.*), fregio. **3.** ~ (*geogr.- milit.*), frontiera. **4.** ~ (as of a drawing, picture etc.) (*print. - typ. - phot.*), margine. **5.** ~ stone (*road*), *see* curbstone.

border (to) (*gen.*), orlare.

bordereau (a note listing documents etc.) (*gen.*), bordereau, borderò.

bordering (edging) (*gen.*), bordatura.

bore (hole), foro. **2.** ~ (cylindrical cavity) (*mech.*), camera cilindrica. **3.** ~ (diameter of a hole), diametro interno. **4.** ~ (diameter of a cylinder of mot.) (*mech.*), alesaggio. **5.** ~ (caliber of a gun tube) (*ordnance*), calibro. **6.** ~ (of tide) (*sea*), flusso di marea a fronte ripido. **7.** ~ (tube) (*ordnance*), anima, tubo, fodera. **8.** ~ (tool for boring) (*t.*), utensile per forare. **9.** heavy ~ (*firearm*), di grosso calibro. **10.** rifled ~ (of a gun) (*firearm*), ad anima rigata. **11.** small ~ (*firearm*), di piccolo calibro. **12.** smooth ~ (of a gun) (*firearm*), ad anima liscia.

bore (to) (*mech. - carp. - join. - etc.*), forare. **2.** ~ (a well), perforare. **3.** ~ (as a gallery) (*min.*), scavare. **4.** ~ (as an iron sheet) (*mech.*), forare. **5.** ~ (by a boring mach.) (*mech.*), alesare, barenare. **6.** ~ in-line (as the main bearings of an i c engine block) (*mech.*), alesare in linea (la bancata). **7.** ~ out (to increase engine displacement and power by increasing the bore beyond specifications, as for racing) (*aut. - sport*), sovralesare. **8.** ~ out on the lathe (*mach. t. mech.*), forare al tornio.

bored (on boring mach.) (*mach. t. work.*), alesato. **2.** ~ (perforated: as a well) (*gen.*), perforato.

borehole (*min.*), foro di trivellazione.

borematic (automatic drilling machine) (*mach. t.*), trapanatrice automatica, trapano automatico.

borer (*min. t.*), trivella. **2.** ~ (*work.*), operaio scavapozzi, minatore, alesatore. **3.** ~ (drill for boring) (*t.*), utensile per forare. **4.** jig ~ (*mach. t.*), alesatrice verticale per maschere. **5.** self-emptying ~ (impl. for boring wells), trivella a valvola. **6.** soil ~ (soil sampler) (*bldg. t.*), sonda campionatrice per terreno. **7.** tunnel ~ (drilling mach. for tunneling) (*min.*), scavatrice per gallerie.

borescope (for inspecting holes) (*instr.*), endoscopio per fori circolari.

boric (*a. - chem.*), borico.

boriding (boride diffusion process for obtaining very high hardness on the surface of various metals) (*mech. technol.*), "borurazione".

boring (act of boring: as of a cannon) (*mech.*), alesatura. **2.** ~ (borehole), *see* bore. **3.** ~ (for oil) (*min.*), trivellazione, sondaggio. **4.** ~ bar (as of horizontal boring mach.) (*mach. t. mech.*), barra alesatrice, bareno. **5.** ~ bar, *see also* boring rod. **6.** ~ bit (as for enlarging the bore of a big gun) (*t.*), utensile per bareno, utensile per barenatura. **7.** ~ head (cutting end of the tool) (*t.*), estremità tagliente dell'utensile a forare. **8.** ~ machine (as a cylinder boring machine) (*mach. t.*), alesatrice, barenatrice. **9.** ~ mill (*mach. t.*), tornio verticale. **10.** ~ rod (*mineral app.*), asta di trivella. **11.** ~ spindle (*mach. t. mech.*), mandrino di alesatura. **12.** ~ stay (end support: as of horizontal boring mach.) (*mech.*), controsupporto della barra alesatrice. **13.** ~ stay upright (as of a horizontal boring mach.) (*mech.*), montante del controsupporto della barra alesatrice. **14.** ~ test (oil drilling) (*min.*), sondaggio. **15.** cylinder block multiple-spindle vertical ~ machine (*mach. t.*), alesatrice verticale a più mandrini per alesatura canne gruppo cilindri. **16.** cylinder ~ machine (*mach. t.*), alesatrice per cilindri. **17.** cylinder precision ~ machine (*mach. t.*), alesatrice di precisione per cilindri. **18.** deep-hole ~ (*mech. operation*), alesatura di fori profondi. **19.** floor type horizontal ~ machine (*mach. t.*), alesatrice orizzontale con tavola a pavimento. **20.** high-speed horizontal ~ machine (*mach. t.*), alesatrice orizzontale ad alta velocità. **21.** horizontal ~ machine (*mach. t.*), alesatrice orizzontale. **22.** hydraulic ~ machine (*mach. t.*), alesatrice idraulica. **23.** in-ine ~ (as of the main bearings of an i.c. engine) (*mech.*), alesatura in linea (o contemporanea dei cuscinetti di banco della bancata). **24.** multiples-pindle vertical ~ machine (*mach. t.*), alesatrice verticale a più mandrini. **25.** multispindle ~ machine (*mach. t.*), alesatrice a mandrini multipli (o plurimandrino). **26.** percussive ~ (*min.*), sondaggio a percussione. **27.** planer-type horizontal ~ machine (*mach. t.*), alesatrice orizzontale a pialla. **28.** precision ~ machine (borematic) (*mach. t.*), alesatrice per finitura fori. **29.** production precision ~ machine (*mach. t.*), alesatrice finitrice di produzione. **30.** revolving table horizontal ~ machine (*mach. t.*), alesatrice orizzontale a tavola rotante. **31.** scout ~ (*min.*), perforazione esplorativa, sondaggio. **32.** single or multiple heads and spindles ~ machine (*mach. t.*), alesatrice a una o più teste e mandrini. **33.** single-spindle ~ machine (*mach. t.*) alesatrice ad un solo mandrino (o monomandrino). **34.** spherical ~ (*mach. t. operation*), alesatura sferica. **35.** table-type horizontal ~ machine (*mach. t.*), alesatrice orizzontale a tavola. **36.** vertical ~ machine (*mach. t.*), alesatrice verticale

borings (shavings) (*mech.*), trucioli di alesatura.

borneol ($C_{10}H_{17}OH$) (*chem.*), borneolo.

bornite (*min.*), bornite, erubescite, rame variegato.

boron (B - *chem.*), boro. **2.** ~ hydrides, *see* hydroborons.

borosilicate (*chem.*), borosilicato.

borrow (to) (as money, or a number) (*finan. - comp.*), prendere a prestito.

borrow pit (place from which ground is taken for build. purposes) (*civ. eng.*), cava di prestito.

bort (defective diamond used for industrial purposes) (*min.*), bort, diamante industriale bort. **2.** ~ (carbon diamond) (*min.*), carbonado.

bosh (lower portion of a blast furnace) (*metall.*), sacca. **2.** ~ (*found. t.*) (Brit.), *see* swab.

boson (*atom phys.*), bosone.

boss (*mech.*), borchia. **2.** ~ (foreman, executive), capo, capo officina, capo servizio. **3.** ~ (hub: as of a shaft) (*mech.*), mozzo. **4.** ~ (protuberant part: as an annular one in a casting or forging for a screwed connection) (*forging-found.*), borchia, formaggella, risalto, aggetto. **5.** ~ (punch of press) (*mech.*), punzone. **6.** ~ (ornamental projecting block) (*arch.*), bugna. **7.** ~ (central portion of an integral propeller) (*aer.*), mozzo (monoblocco). **8.** ~ (flange at the end of a shaft: as for coupling) (*mech.*), flangia di estremità. **9.** ~ (protuberance: as on a piece of forged metal) (*mech.*), protuberanza, risalto. **10.** ~ of screw (*naut.*), mozzo dell'elica.

bossage (*arch.*), bugnato. **2.** ~ (*mas.*), pietra sbozzata.

bosun (*naut.*), nostromo.

both (the one as well as the other) (*gen.*), entrambi. **2.** ~ ways (*a. - comp. - elics. - etc.*), bidirezionale, in entrambe le direzioni.

bott (plug of clay for stopping the molten metal flow from a taphole) (*found.*), tappo di argilla.

botting (of a cupola tapping hole) (*found.*), tamponatura.

bottle, bottiglia, flacone. **2.** ~, *see* gas bottle. **3.** ~ top mold (ingot mold) (*metall.*), lingottiera con sommità a bottiglia. **4.** density ~ (*chem. impl.*), picnometro. **5.** gas ~ (*ind.*), bombola per gas. **6.** washing ~ (*chem. impl.*), bottiglia di lavaggio. **7.** weighing ~ (*chem. impl.*), pesafiltro.

bottleneck (as in a production line) (*ind.*), strozzatura, collo di bottiglia. **2.** ~ (*road traff.*), ingorgo. **3.** ~ (narrow passageway) (*road traff.*), strettoia. **4.** ~ (a narrowing road) (*road traff.*), strozzatura.

bottling (act of putting a product, as wine, in bottles) (*agric. - ind.*), imbottigliamento. **2.** ~ (reduction of the diameter following the bottle shape) (*gen.*), rastremazione a bottiglia.

bottom, fondo. **2.** ~ (*naut.*), carena, opera viva. **3.** ~ (as in petroleum refining), residuato. **4.** ~ (used to denote a ship) (*naut.*), nave. **5.** ~ (of a furnace) (*found.*), suola. **6.** ~ (*min.*), *see* gutter. **7.** ~ boards (*shipbuild.*), pagliolato, pagliuolo. **8.** ~ door (as of a cupola furnace) (*found.*), sportello di fondo. **9.** ~ grinding ring (as of a mill) (*ind.*), pista circolare di macinazione. **10.** ~ land (of gear teeth) (*mech.*), bassofondo (del dente). **11.** ~ of page (*print.*), piè di pagina. **12.** ~ paint (*naut.*), pittura sottomarina, pittura antivegetativa di carena. **13.** ~ plate (of a beater) (*paper mach.*), *see* bedplate. **14.** ~ plate (supporting a mold) (*found.*), piastra di fondo, banco. **15.** ~ rake, *see* clearance angle. **16.** ~ side (as of bevel gears) (*mech.*), fianco inferiore. **17.** ~ tool (for blind holes finishing) (*t.*), utensile finitore del fondo (del foro). **18.** acid ~ (of a furnace) (*found.*), suola acida. **19.** cellular double ~ (*shipbuild.*), doppio fondo cellulare. **20.** clear ~ (*naut.*), carena pulita. **21.** double ~ (*naut.*), doppio fondo. **22.** drop ~ (of a cupola) (*found.*), fondo apribile. **23.** false ~, doppio fondo. **24.** first ~ (of a river: floodplain) (*geol.*), golena. **25.** flared ~ (of a hull) (*naut.*), carena stellata. **26.** flat ~ boat (*naut.*), chiatta, imbarcazione a fondo piatto. **27.** foul ~ (*naut.*), carena sporca. **28.** from the ~ up (from the beginning to the end) (*gen.*), dal principio alla fine. **29.** inner ~ (plating over frames and longitudinals) (*shipbuild.*), cielo del doppio fondo. **30.** muddy ~ (as of the sea), fondo fangoso. **31.** outer ~ (*shipbuild.*), fasciame esterno. **32.** planing ~ (part of the bottom surface of a seaplane hull or float, providing hydrodynamic lift) (*aer.*), carena tipo idroplano, carena idrodinamica. **33.** sandy ~ (as of the sea), fondo sabbioso. **34.** sea ~ (benthos), fondo marino. **35.** stony ~ (as of the sea), fondo roccioso. **36.** weedy ~ (*sea*), fondo ricoperto di alghe, fondo algoso.

bottom (to) (of sub.) (*navy*), posarsi sul fondo. **2.** ~ (to provide with a bottom) (*carp. - mech.*), mettere il fondo. **3.** ~ (of piston that reaches the end of a cylinder) (*mech.*), toccare il fondo. **4.** ~ (to exhaust, as a body) (*min.*), esaurire.

bottomed (provided with a bottom) (*a. - gen.*), provvisto di fondo.

bottoming (mordanting) (*dyeing*), mordenzatura. **2.** ~ hole (opening of a reheating furnace) (*glass mfg.*), *see* glory hole.

bottomlands (as of a river) (*geol.*), terre alluvionali.

bottomless, senza fondo.

bottomry (special hypothec on a ship) (*naut. comm.*), prestito a cambio marittimo.

bought (past participle of to buy) (*gen.*), acquistato. **2.** ~ out (as a part constituent of a product) (*ind.*), acquistato all'esterno. **3.** ~ out components (*ind.*), particolari acquistati all'esterno.

"bought-out" (as a part not manufactured in the factory) (*ind.*), acquistato all'esterno, "fuori casa".

boulder, bowlder (*gen. - geol.*), blocco di roccia rotondeggiante (per erosione naturale), masso erratico.

boule (*jewellery*), pietra artificiale sintetica.

boulevard (broad avenue, with trees etc.) (*road*), boulevard, largo viale con ampi controviali.

boulter (long fishing line carrying many hooks) (*fishing*), palamite, palangrese, lenzara.

bounce (rebound) (*phys.*), rimbalzo. **2.** ~ (of contacts) (*elect.*), saltellamento. **3.** ~ (fluctuation of target echoes on a radarscope) (*radar*), fluttuazione. **4.** ~ (oscillation of the sprung mass consisting primarily of vertical displacement) (*aut.*), oscillazione verticale. **5.** ~ velocity (vertical velocity, of the sprung mass, during the vertical displacement) (*veh.*), velocità verticale (di oscillazione). **6.** bottom ~ (sea bottom bouncing) (*und. acous.*), riflessione dal fondo. **7.** bottom ~ propagation (sea bottom bouncing) (*und. acous.*), propagazione per riflessione da fondo. **8.** surface ~ (surface bouncing) (*und. acous.*), riflessione da superficie. **9.** surface ~ propagation (surface bouncing propagation) (*und. acous.*), propagazione per riflessione da superficie.

bounce (to) (*phys.*), rimbalzare. **2.** ~ (of an aer. whilst landing or taking off) (*aer.*), piastrellare, rimbalzare. **3.** ~ (to have a check returned by a bank because the account is empty) (*finan. - bank*), ritornare perché scoperto.

bouncing-pin indicator (instr. to indicate knocking) (*gasoline eng.*), indicatore di battito in testa.

bound (rebound), rimbalzo. **2.** ~ (past participle of to bind), legato. **3.** ~ (combined) (*a. - chem.*), combinato. **4.** ~ (*bookbinding*), rilegato, legato. **5.** ~ (assigned, allocated) (*a. - comp.*), assegnato, allocato. **6.** ~ (limit, edge) (*n. - comp. - gen.*), bordo, limite. **7.** ~ charge (an induced electrostatic charge) (*elect.*), carica indotta. **8.** ~ for (as of a ship), con destinazione per. **9.** ~ in paper boards (*bookbinding*), cartonato. **10.** ~ sulphur (in rubber vulcanization) (*rubb. ind.*), zolfo combinato (alla gomma).

boundary, confine. **2.** ~ (*geol.*), delimitazione. **3.** ~ layer (fluid layer adhering to the surface of a duct) (*mech. of fluids*), strato limite. **4.** ~ layer control (as by suction of air through slots in wing surface) (*aer.*), controllo dello strato limite. **5.** ~ line (*gen.*), linea di confine. **6.** ~ monument (boundary stone) (*land*), cippo confinario.

bounty (*gen.*), premio. **2.** ~ (*milit. - sport*), premio di ingaggio.

Bourdon gauge (*instr.*), manometro Bourdon.

Bourdon spring (a flat spiral shape: for pressure gauges) (*instr. constr.*), tubo di Bourdon a spirale.

Bourdon tube (as for temperature regulation) (*instr.*), tubo di Bourdon.

bourette (*silk mfg.*), "borretta".

bourgeois (*typ.*), corpo 9.

bourrelet (of a projectile) (*milit.*), corona di centramento, fascia di centramento.

bourrette, *see* bourette.

bourse (*finan.*), Borsa valori.

bouse (to) (to haul with a tackle) (*naut.*), alare (o tirare) mediante paranco.

bow[bau] (*naut.*), prua, prora. **2.** ~ (of the rudder) (*naut.*), spalla. **3.** ~ cap (of an airship envelope) (*aer.*), scudo di prua. **4.** ~ chock (*naut.*), bocca di rancio di prora. **5.** ~ fast (*naut.*), cima d'ormeggio di prua, prodese. **6.** ~ - heavy (*a.* - *naut.*), appruato. **7.** ~ light (*naut.*), fanale di prora. **8.** ~ line (*shipbuild.*), linea della sezione longitudinale verticale prodiera. **9.** ~ rake (*naut.*), slancio di prora. **10.** ~ stiffeners (as of an airship envelope) (*aer.* - *naut.*), irrigidimenti di prua. **11.** ~ wave (*naut.*), onda di prua. **12.** at the ~ (*naut.*), a prua. **13.** bulbous ~ (as for highspeed passenger vessels, the stem of which below water expands in a bulb form near the keel) (*shipbuild.*), prua a bulbo. **14.** down by the ~ (*naut.*), appruato. **15.** flaring ~ (*shipbuild.*), prua slanciata. **16.** lean ~ (*naut.*), prua sottile. **17.** on the ~ (*naut.*), entro 45° dalla linea di prua. **18.** starboard ~ (*naut.*), mascone di dritta.

bow[bou] (current collector for elect. veh.) (*elect.*) (Brit.), archetto. **2.** ~ (for support of canvas hood: of trucks) (*aut.*), arco capote. **3.** ~ (of a surface) (*mech.*), ingobbatura. **4.** ~ (camber, longitudinal distortion due to defective rolling) (*metall. defect*), centinatura, incurvamento. **5.** ~ (frame for eyeglasses) (*opt.*), montatura. **6.** ~ compass (*draw. impl.*), balaustrino. **7.** ~ drill (*impl.*), trapano ad arco (o a violino). **8.** ~ pen (*draw. impl.*), balaustrino con tiralinee. **9.** ~ pencil (*draw. impl.*), balaustrino con portamina. **10.** ~ saw (*t.*), seghetto ad arco. **11.** ~ trolley (*elect. veh.*), presa ad archetto. **12.** ~ window (*arch.*), bovindo. **13.** longitudinal ~ (as of a light alloy sheet) (*metall. defect*), inarcamento longitudinale. **14.** transverse ~ (as of a light alloy sheet) (*metall. defect*), inarcamento trasversale.

bower (*naut.*), àncora di posta. **2.** ~ cable (*naut.*), catena dell'àncora di posta. **3.** best ~ (kind of anchor) (*naut.*), grande àncora di posta. **4.** first ~ (kind of anchor) (*naut.*), grande àncora di posta. **5.** self-stowing ~ (kind of anchor) (*naut.*), àncora di posta senza ceppi. **6.** stockless ~ (kind of anchor) (*naut.*), àncora di posta senza ceppi.

bower-barff process, *see* Barff process.

bow-heavy (*a.* - *naut.* - *aer.*), appruato.

bowl (cylindrical roller), rullo. **2.** ~ (drum) (*mech.*), tamburo. **3.** ~ (of a mariner's compass) (*instr.*), mortaio. **4.** ~ (as of a mot. fuel filter) (*aut.*), bicchierino, vaschetta, pozzetto. **5.** ~ (roller, as of a calender) (*paper mach.* - *etc.*), cilindro. **6.** ~ (concave domestic vessel) (*gen.*), catino. **7.** ~ reflector lamp (*phot.* - *m. pict.*), padellone. **8.** air cleaner ~ (*mot.*), coppa del filtro dell'aria. **9.** glass ceiling ~ (*elect. illum. fitting*), plafoniera. **10.** water closet ~ (*bldg.*), vaso di latrina.

bowline (rope) (*naut.*), bolina. **2.** ~ (knot) (*naut.*), gassa di amante. **3.** ~ bird (*naut.*), *see* bowline cringle. **4.** ~ bridle (short rope connecting the bowline to the leach of a sail) (*naut.*), patta di bolina. **5.** ~ cringle (*naut.*), brancarella della patta di bolina. **6.** ~ toggle (*naut.*), coccinello di bolina. **7.** on a ~ (close-hauled) (*a.* - *naut.*), stretto di bolina. **8.** running ~ (knot) (*naut.*), gassa d'amante scorsoia.

bowser (refuelling truck or boat) (*aer.*) (slang), cisterna.

bowsprit (*naut.*), albero di bompresso, bompresso. **2.** reefing ~ (*naut.*), bompresso mobile. **3.** running ~ (*naut.*), bompresso mobile. **4.** standing ~ (*naut.*), bompresso fisso.

bowstring beam (either a girder or truss: arched beam with a strenghtening tie) (*bldg.*), trave ad arco con sottesa catena di rinforzo.

box, scatola, cassa. **2.** ~ (as of a battery) (*elect.*), vaso. **3.** ~ (as of aut.) (Brit.), baule. **4.** ~ (*found. impl.*), staffa. **5.** ~ (of a cartridge), bossolo. **6.** ~ (of a theater) (*arch.*), palco. **7.** ~ (*wood*), bosso. **8.** ~ (of a paddle wheel) (*naut.*), tamburo. **9.** ~ (of a tipping wagon) (*light railw. veh.*), cassoncino. **10.** ~ (*forging t.*), *see* porter bar. **11.** ~ (*typ.* - *journ.*), trafiletto, riquadro. **12.** ~ (axle box) (*railw.*), boccola. **13.** ~ (window recess into which a blind may fold) (*bldg.*), cassonetto. **14.** ~ (device used to divide the water in an irrigation ditch) (*irrigation*), partitore. **15.** ~ (television set) (*telev.*), televisore. **16.** ~ beam, *see* box girder. **17.** ~ bill (for t. recover) (*min. t.*), pescatore. **18.** ~ camera (*phot.*), macchina (fotografica) a cassetta. **19.** ~ coupling (*mech.*), giunto a manicotto. **20.** ~ drain (*hydr. constr.*), fogna a sezione rettangolare. **21.** ~ elder (ash-leaved maple, Acer negundo) (*wood*), acero negundo. **22.** ~ girder (as in aer. construction) (*constr. theor.*), trave scatolata. **23.** ~ guide (*railw.*), *see* pedestal. **24.** ~ hardening (casehardening process carried out in an iron box) (*heat-treat.*), cementazione in cassetta. **25.** ~ hat (top hat, depression on the top of the ingot) (*metall. defect*), scatola. **26.** ~ longeron (*aer.* - *aut.* - *railw.* - *etc.*), longherone a scatola, longherone scatolato. **27.** ~ nailing machine (*carp. mach.*), inchiodatrice per casse. **28.** ~ nut (cap nut) (*mech.*), dado (con foro) cieco. **29.** ~ office (of theater), botteghino (di teatro). **30.** ~ section (boxtype section) (*metall. ind.*), profilato a scatola. **31.** ~ spanner (*t.*) (Brit.), chiave a tubo. **32.** ~ tool (lathe tool formed by a cutter and a back rest) (*t.*), utensile con elemento di reazione. **33.** ~ tool blade (*t.*), coltello per portautensili multiplo. **34.** ~-type fin (as for aer. bombs) (*expl.*), governale a scatola. **35.** ~ type frame (*aut.*), telaio ad elementi scatolati. **36.** ~ wagon (*railw.*) (Brit.), carro merci chiuso. **37.** ~ wrench (*t.*) (Am.), chiave a tubo. **38.** axle ~ (*railw.*), boccola. **39.** battery ~ (as connected to the underframe of passenger train cars) (*railw.*), cassa (porta) batteria. **40.** bedplate ~ (of a beating machine) (*paper mfg.*), cassetta della platina. **41.** bifurcating ~, *see* dividing box. **42.** black ~ (containing instr. registering the flight data) (*aer.*), scatola nera. **43.** blind ~ (rolling blind box, rolling shutter box) (*bldg.*), cassonetto dell'avvolgibile. **44.** booked-type core ~ (*found.*), cassa d'anima a libro, cassa d'anima a cerniera. **45.** bottom ~ (*found. impl.*), staffa inferiore, fondo. **46.** cable junction ~ (*elect.*), muffola di giunzione. **47.** cable terminal ~ (*elect.*), muffola terminale. **48.** connection ~ (*elect. app.*), cassetta di giunzione. **49.** control ~ (voltage regulator) (*aut. - elect.*), regolatore di tensione. **50.** core ~ (*found.*), cassa d'anima. **51.** dividing ~ (of a cable) (*elect.*), muffola di derivazione. **52.** echo ~ (metallic cavity resonator) (*radio - radar*), cavità risonante. **53.** electrical junction ~ (as of electrical system of aer.) (*elect.*), scatola di connessione, morsettiera chiusa. **54.** expansion ~ (as of an exhaust system) (*aut. - etc.*), espansore, polmone, silenziatore supplementare. **55.** fire ~ (*boil.*), camera di combustione. **56.** fire hose ~ (*antifire*), cassetta porta naspi. **57.** firing ~ (as of a guided missile) (*milit.*), dispositivo di lancio. **58.** fuse ~ (*elect.*), valvola, valvola a tabacchera. **59.** gear ~ (*aut.*), cambio di velocità. **60.** gear ~ casing (*aut.*), scatola del cambio di velocità. **61.** glove ~ (of a dashboard) (*aut.*), cassetto ripostiglio. **62.** jack ~ (*elect.*), cassetta di commutazione. **63.** journal ~ (*mech.*), supporto, cuscinetto. **64.** journal ~, *see also* axle box. **65.** junction ~ (of a cable), muffola di giunzione, cassetta di giunzione. **66.** junction ~ (in elect. system) (*elect.*), scatola di connessione, scatola di derivazione. **67.** loose ~ (*found. impl.*), falsa staffa. **68.** low ~ (collecting tank for backwater, of a paper machine) (*paper mfg.*), vasca di raccolta dell'acqua bianca. **69.** lower ~ (of an axle box) (*railw.*), sottoboccola. **70.** miter ~ (*carp. t.*), maschera guidalama per segare a quartabuono. **71.** mixing ~ (mixing chest: in the modern paper machine) (*paper mfg.*), cassa di miscela, cassetta di miscela. **72.** molding ~ (*found. impl.*), staffa. **73.** music ~ (*horology*), "carillon". **74.** paddle ~ (of a paddle wheel vessel) (*naut.*), tamburo (di protezione) di ruota a pale. **75.** resonance ~ (*acous.*), cassa di risonanza. **76.** safe-deposit ~, safety-deposit ~ (*bank*), cassetta di sicurezza. **77.** sand ~ (*railw. app.*), sabbiera. **78.** sand measure ~ (*mas.*), cassone per misurare la sabbia, cassa misura. **79.** sentry ~, garitta. **80.** smoke ~ (of a steam locomotive) (*railw.*), camera (a) fumo. **81.** spindle ~ (*mech. - text.*), cassa del fuso. **82.** stage ~ (a box placed over the proscenium of a theater) (*bldg. - arch.*), palco di proscenio. **83.** steering ~ (of aut.) (*mech.*), scatola (di) guida. **84.** stuffing ~ (*mech.*), premistoppa. **85.** tool ~ (*gen.*), cassetta portautensili. **86.** top ~ (*found. impl.*), staffa superiore, coperchio. **87.** T-R ~ (transmit-receive box, of a radar) (*radar*), scatola di trasmissione-ricezione. **88.** transmit-receive ~ (*radar*), scatola di trasmissione-ricezione. **89.** trifurcating ~ (*elect.*) (Brit.), muffola (di giunzione) per cavi trifase. **90.** wall ~ (support formed in a wall for carrying a timber end and for ventilation purposes) (*mas.*) (Brit.), scatola in ghisa per testata di trave in legno. **91.** wind ~ (as of a cupola furnace) (*found.*), camera del vento.

box (to) (to enclose in boxes) (*ind.*), incassare. **2.** ~ (to boxhaul) (*naut.*), virare di bordo bracciando a collo le vele di prora.

boxboard (*paper mfg.*), cartone per scatole.

boxcar (*n. - railw.*) (Am.), carro chiuso, carro merci chiuso. **2.** ~ (very large) (*a. - gen.*), molto grande. **3.** ~ pulse (kind of square wave pulse) (*elics.*), impulso a onda quadra.

boxer (*sport*), pugile. **2.** ~ engine (opposed cylinder engine) (*mot.*), motore a cilindri contrapposti.

boxhaul (to) (*naut.*), virare di bordo bracciando a collo le vele di prora.

box-in-bag (as of plastic material for protecting items to be put in the container) (*chem. ind.*), sacchetto per contenitori.

boxing (*comm.*), imballaggio. **2.** ~ (mold for concrete, form) (*bldg.*), cassaforma, armatura (in legno). **3.** ~ (*sport*), pugilato. **4.** ~ machine (as for cigarettes, candies, screws etc.) (*ind. mach.*), inscatolatrice.

boxwood (*wood*), legno di bosso. **2.** East London ~ (*wood*), bosso del capo.

boy (*naut.*), mozzo.

boycott (*work. - etc.*), boicottaggio.

"BP" (length between perpendiculars) (*shipbuild.*), lunghezza tra le perpendicolari. **2.** ~ (back pressure) (*eng. - etc.*), contropressione. **3.** ~ (base plate) (*iron carp.*), piastra di base. **4.** ~ (blueprint) (*draw.*), copia cianografica, copia blu. **5.** ~ (boiler plate, as a newspaper electrotype or stereotype) (*typ. - journ.*), stereotipia.

"bp" (boiling point) (*phys. chem.*), punto di ebollizione.

"BPC" (British Productivity Council) (*ind.*), Consiglio Britannico della Produttività.

"BPCF" (British Precast Concrete Federation) (*bldg.*), Federazione Britannica Calcestruzzo Precompresso.

"BPD" (barrels per day) (*meas.*), barili al giorno.

"BPH" (barrels per hour) (*meas.*), barili per ora.

"bpi" (bits per inch: recording density meas.) (*comp.*), bit per pollice.

"BPRF" (bulletproof) (*milit.*), resistente alle pallottole.

"bps" (bits per second: transmission velocity in bits) (*comp.*), bit al secondo.

"bpsa" (best power spark advance) (*mot.*), anticipo di accensione per la massima potenza.

Bq (Becquerel) (*atom phys.*), *see* Becquerel.

"BR" (short for: broach!) (*mech. draw.*), brocciare. **2.** ~ (British Railways) (*railw.*), Ferrovie Britanniche.

Br (bromine) (*chem.*), bromo.

"br" (branch) (*gen.*), ramo. **2.** ~, *see also* brass, bridge, bronze, brush.

brace (rope of a yard) (*naut.*), braccio. **2.** ~ (a rudder gudgeon) (*naut.*), femminella. **3.** ~ (hand drill) (*carp. t.*), girabacchino, menaruola. **4.** ~ (*carp. - etc.*), elemento strutturale di irrigidimento. **5.** ~ (*mech.*), sostegno collegamento. **6.** ~ (as of a truss) (*bldg.*), controvento. **7.** ~ (shaft mouth) (*min.*) (Brit.), imbocco. **8.** ~ ({) (*print.*), graffa. **9.** ~ bumpkin, *see* bumpkin. **10.** ~ drill (*carp. t.*), punta con codolo. **11.** ~ wrench (*mech. t.*), chiave a menaruola. **12.** batter ~ (batter post: for strenghtening a truss (*mas.*), puntone di rinforzo. **13.** bit ~ (*carp. t.*), menaruola, girabacchino. **14.** band ~ (*carp. t.*), menaruola, girabacchino. **15.** horizontal ~ (*mech.*), collegamento orizzontale. **16.** longitudinal ~ (*bldg.*), controvento longitudinale. **17.** sway ~, *see* wind beam. **18.** vertical ~ (*mech.*), collegamento verticale.

brace (to) (to fasten) (*gen.*), fissare. **2.** ~ (the yards) (*naut.*), bracciare. **3.** ~ (as an empennage, a wing etc.) (*aer. - bldg.*), controventare. **4.** ~ aback (*naut.*), bracciare a collo. **5.** ~ about (or around) (*naut.*), bracciare per virare di bordo. **6.** ~ in (or to) (*naut.*), bracciare in croce. **7.** ~ up (*naut.*), bracciare di punta.

braced (*bldg.*), controventato. **2.** ~ (of a tyre provided with breaker) (*a. - aut. - rubb. ind.*), cinturato.

braces (for adding strength: as in a horizontal milling mach.), (*mech.*), bretelle. **2.** ~ (*bldg.*), controventatura.

brachistochrone (curve of quickest descent of a particle falling in a homogeneous field of gravity) (*geophys.*), brachistocrona.

bracing (*bldg.*), controventamento. **2.** ~ (braces: of a metallic framework), controventatura. **3.** ~ (for preventing distortion in a structure) (*mech.*), rinforzo di irrigidimento. **4.** ~ cross (*mech. - bldg.*), croce di irrigidimento. **5.** ~ member (*bldg. - aer.*), controvento. **6.** cross ~ (as of framework) (*carp.*), controventatura a croce di Sant'Andrea.

bracket (*bldg. - mech.*), mensola, mensola di sostegno, staffa. **2.** ~ (*arch.*), mensola. **3.** ~ (as of a shelf) (*carp.*), beccatello. **4.** ~ (elect. fixture holder), braccio. **5.** ~ (*shipbuild.*), bracciolo. **6.** ~ (*gunnery*), forcella. **7.** ~ (*print.*), parentesi. **8.** ~ (strengthening projection on a car wheel) (*railw.*), *see* rib. **9.** ~ plate (of a beam) (*shipbuild.*), bracciuolo metallico. **10.** knife ~ (of electric bench shears) (*mach. - mech.*), braccio portalame. **11.** pulley ~ (of flight controls of an aer.) (*aer.*), staffa con puleggia di rinvio. **12.** round ~ [() (*print.*), parentesi rotonda. **13.** square ~ ([) (*print.*), parentesi quadra. **14.** wall ~ (*bldg. - mech.*), mensola a muro.

bracket (to) (to provide with brackets) (*bldg. - etc.*), fornire di mensole. **2.** ~ (*gunnery*), fare forcella. **3.** ~ (to put between brackets) (*print.*), mettere tra parentesi.

bracketing (group of brackets) (*mech.*), insieme di supporti. **2.** ~ (forming the inner frame of a cornice) (*mas.*), nervatura di sostegno. **3.** ~ method (a method for adjusting a gun fire, the right exposure of a picture etc.) (*milit. - phot. - etc.*), metodo a forcella.

brackish (*a. - gen.*), salmastro. **2.** ~ (as of water), salmastro.

brackishness (*gen.*), salsedine.

brad (*carp.*), chiodo "senza testa", chiodo con piccola testa (tronco conica). **2.** ~ (*found.*), *see* sprig.

bradawl (*impl.*), punteruolo ad estremità piatta.

bradyseism (*geol.*), bradisismo.

braid, treccia. **2.** ~ (*text. ind.*), gallone, passamano. **3.** ~ rope (*rope mfg.*), corda intrecciata. **4.** earth ~ (of a cable) (*elect.*), calza di massa.

braid (to), intrecciare.

braided (of cordage) (*rope mfg.*), intrecciato. **2.** ~ wire (*ind.*), filo intrecciato.

braiding (braided metal covering for an electric cable) (*elect.*), calza metallica, involucro (o rivestimento) di materiale intrecciato. **2.** ~ (interlacing: as of strands), azione di intrecciare, intreccio.

brail (rope) (*naut.*), imbroglio, manovra (o cima) per serrare le vele.

brail (to) up (*naut.*), imbrogliare.

brain (*med.*), cervello. **2.** ~ (electronic computer that does some function of the human brain automatically) (*comp.*), cervello, cervello elettronico. **3.** electronic ~ (*elics.*), cervello elettronico.

brainstorming (psychological technique) (*technical conference*) "brainstorming", ricerca della soluzione di un problema specifico mediante idee sorte da una riunione di un gruppo di specialisti.

brake (*mech.*), freno. **2.** ~ (juice extracting mach.) (*ind.*), spremitrice. **3.** ~ (cornice brake, sheet metal working mach.) (*mach. t.*), pressa piegatrice (per lamiera). **4.** ~ (hand instrument for battering flax, hemp etc.) (*text. device*), gramola, maciulla, scotola. **5.** ~ (machine for battering flax, hemp etc.) (*text. mach.*), gramola, maciulla, scotola. **6.** ~ (handle of a pump) (*naut.*), manovella. **7.** ~ adjuster (*railw.*), registro del freno. **8.** ~ band (*mech.*), nastro del freno. **9.** ~ beam (transverse beam at the end of which the brake blocks are carried) (*railw.*), traversa collegamento ceppi. **10.** ~ block (as of an expanding brake, part supporting the shoe) (*mech.*), supporto della ganascia. **11.** ~ booster (as of a truck) (*aut.*), servofreno. **12.** ~ cylinder tank (of a Westinghouse brake) (*railw.*), serbatoio (del) cilindro (del) freno. **13.** ~ drum (*mech.*

app.), tamburo del freno. **14.** ~ field valve (*thermion.*), lampada ad oscillazioni di frenatura. **15.** ~ fluid (of hydr. brake) (*aut.*), liquido per freni. **16.** ~ forming (folding by a brake) (*sheet metal w.*), piegatura alla piegatrice. **17.** ~ hanger (link connecting the brake beam to the truck frame) (*railw.*), bielletta di sospensione dei ceppi (del freno). **18.** ~ head (casting carrying the detachable shoe) (*railw.*), portaceppo del freno. **19.** ~ horsepower (of mot.), potenza al freno. **20.** ~ hose pipe (for the continuity of the compressed-air brake between two vehicles) (*railw. - aut.*), tubo flessibile (per accoppiamento) del freno (ad aria compressa tra due vetture). **21.** ~ intermediate control (of mech. operated brakes) (*mech.*), rimando dei freni. **22.** ~ lining (as of aut.) (*mech.*), guarnizione per freni, spessore per freni, segmento. **23.** ~ magnet (as of an elect. meter) (*elect.*), magnete-freno. **24.** ~ meter (an instrument for measuring the efficiency of motorcar brakes) (*aut. tests*), "frenometro". **25.** ~ on the driveshaft (driveshaft brake) (*aut.*), freno sulla trasmissione. **26.** ~ pipe (of a train braking system) (*railw.*), condotta principale (del freno). **27.** ~ power (brake horsepower) (*mech.*), potenza al freno. **28.** ~ puck (of a disc brake) (*aut.*), pastiglia. **29.** ~ pull rod (*mech.*), tirante del freno. **30.** ~ relining (*aut.*), sostituzione delle guarnizioni dei freni. **31.** ~ shoe (part to which is fixed the frictional material) (*brake mech.*), ganascia del freno, ceppo del freno. **32.** ~ test (*mot.*), prova al freno. **33.** ~ valve (engineer's brake valve, of a railw. brake) (*railw.*), rubinetto di comando del freno, rubinetto del macchinista. **34.** ~ van (railw. car from which brakes may be operated) (*railw.*) (Brit.), carro con comando freno manuale. **35.** ~ warning light (lining wear tell-tale) (*aut. instr.*), spia (consumo) freni. **36.** ~ wheel (hand brake wheel) (*railw. - etc.*), volantino del freno a mano. **37.** aerodynamic ~ (as for aer. engine power test) (*mot.*), freno aerodinamico. **38.** air ~ (*mech.*), freno ad aria compressa. **39.** air ~ (aerodynamic brake) (*mot.*), freno aerodinamico. **40.** air ~ (used for decreasing the speed of a plane) (*aer.*), aerofreno. **41.** anti-lock ~ (*aut. safety*), freno antibloccaggio. **42.** automatic ~ (Westinghouse system) (*railw.*), freno automatico. **43.** band ~ (*mech.*), freno a nastro. **44.** block ~ (pressed against the veh. wheel) (*railw. kind of brake*), freno a scarpa. **45.** clasp ~ (railw. brake system in which two brake shoes are used on each wheel, opposite to each other) (*railw.*), freno a due ceppi (per ruota). **46.** coaster ~ (as of a bicycle) (*bicycle*), freno (a) contropedale. **47.** cone ~ (cone friction brake) (*mech.*), freno a frizione conica. **48.** continuous ~ (*mech.*), freno continuo. **49.** counterpressure steam ~ (of a steam engine), freno a controvapore. **50.** disc ~ (ventilated disc operated by a caliper friction on both sides) (*aut.*), freno a disco. **51.** driveshaft ~ (brake on the driveshaft) (*aut.*), freno sulla trasmissione. **52.** drum ~ (*mech.*), freno a tamburo. **53.** eddy current drag ~ (*elect.*), freno a correnti di Foucault. **54.** emergency ~ (*mech.*), freno di sicurezza. **55.** emergency ~ (*railw.*), freno di sicurezza, "segnale di allarme". **56.** engineer's ~ valve (in the locomotive cabin at the engineer's side) (*railw.*), comando del freno ad aria compressa. **57.** exhaust ~ (*mot. - aut.*), freno-motore. **58.** expanding ~ (as of aut.) (*mech.*), freno a espansione. **59.** external ~ (operating on the exterior of the drum) (*mech.*), freno esterno. **60.** foot ~ (as of aut.) (*mech.*), freno a pedale. **61.** foundation ~ gear (of a railw. brake: levers, rods, brake beams, etc. connecting the brake cylinder piston to the brake shoes) (*railw.*), timoneria del freno. **62.** four-wheel ~ (*aut.*), freno sulle quattro ruote. **63.** friction ~ (*mech.*), freno ad attrito. **64.** friction ~ (absorption dynamometer) (*mot.*), freno dinamometrico ad attrito. **65.** front ~ (as of aut.), freno anteriore. **66.** graduated release ~ (Universal Control car brake) (*railw.*), freno con distributore a scarica moderabile, freno universale per treno passeggeri. **67.** hand ~ (as of aut.), freno a mano. **68.** hand ~ linked mechanically to rear brakes only (*aut.*), freno a mano collegato meccanicamente solo con le ruote posteriori. **69.** hydraulic ~ (*veh.*), freno idraulico. **70.** internal expanding shoe ~ (as of aut.) (*mech.*), freno a espansione. **71.** leading-and-trailing shoe ~ (*aut.*), freno a ceppi avvolgenti e svolgenti. **72.** locked ~ (*aut.*), freno bloccato. **73.** magnet ~ (as of an induction meter) (*elect.*), freno-magnete.**74.** magnetic ~ (*electromech.*), freno elettromagnetico. **75.** motorman's air ~ valve (*railw.*), *see* brake valve. **76.** multiple shoe ~ (as for earthmoving mach.) (*veh.*), freno a ceppi multipli. **77.** muzzle ~ (operating on the recoil force) (*gun*), freno sul rinculo. **78.** overrun ~ (overrunning brake as of a trailer) (*aut.*), freno ad inerzia. **79.** overrunning ~ (overrun brake, as of a trailer) (*aut. - veh.*), freno ad inerzia. **80.** parking ~ (*aut.*), freno di parcheggio, freno di sosta. **81.** power ~ (braking action amplified by the power of the engine) (*aut.*), servofreno. **82.** Prony ~ (absorption dynamometer) (*mot.*), freno Prony. **83.** rim ~ (as of a bicycle), freno al cerchio. **84.** rotor ~ (as of a helicopter) (*aer.*), freno dell'elica. **85.** self-acting ~ (*mech.*), freno automatico. **86.** shoe ~ (*mech.*), freno a ceppi. **87.** straight air ~ (Westinghouse system) (*railw.*), freno moderabile. **88.** suction ~, *see* vacuum brake. **89.** three-leading shoe ~ (*aut.*), freno a tre ceppi avvolgenti. **90.** three-shoe ~ (*aut.*), freno a tre ceppi. **91.** tire ~ (*mech.*), freno a scarpa. **92.** track ~ (*railw.*), freno sulle rotaie. **93.** UC passenger ~ (Universal Control car brake, graduated release brake) (*railw.*), freno universale per treno passeggeri, freno con distributore a scarica moderabile. **94.** undercarriage ~ (*aer.*), freno del carrello. **95.** vacuum ~ (*mech.*), freno a depressione. **96.** wagon ~ (*mech.*), freno a scarpa, freno a ceppi. **97.** water ~ (as for testing engines power) (*eng. constr.*), freno dinamometrico idraulico.

brake (to), frenare. **2.** ~ (as flax, hemp etc.) (*text. mfg.*), gramolare, maciullare, scotolare. **3.** ~ up (*veh.*), rallentare.

brakeload (due to the brake action) (*mech.*), sollecitazione di frenatura.

brakeman (*railw.*) (Am.), *see* brakesman (Brit.).

brakesman (*railw.*) (Brit.), frenatore. **2.** ~ cabin (*railw.*), garitta del frenatore.

braking (*mech.*), frenatura. **2.** ~ (of a film) (*m. pict.*), frenaggio. **3.** ~ chute (deceleration parachute) (*aer.*), paracadute frenante. **4.** ~ effect (*mech.*), effetto frenante. **5.** ~ effect (as of an airscrew) (*aer.*), azione frenante. **6.** ~ orbit (of a space capsule) (*astric.*), orbita di frenatura. **7.** ~ power (frictional force developed in braking) (*mech.*), forza frenante. **8.** ~ power (pressure of the shoe against the wheel tire) (*mech.*), pressione di frenatura. **9.** ~ propeller (*aer.*), elica frenante, elica reversibile. **10.** ~ ratio (pressure of the shoe against the wheel divided by the weight of the vehicle) (*mech.*), rapporto fra il peso del veicolo e la pressione di frenatura. **11.** ~ system (*mech.*), sistema di frenatura. **12.** ~ torque (*mech.*), coppia frenante. **13.** dynamic ~ (as of an electric locomotive, obtained by using the traction motors as generators) (*railw. elect. locomotive*), frenatura elettrica, frenatura dinamica. **14.** electromagnetic ~ (as of elect. veh.), frenatura elettromagnetica. **15.** regenerative ~ (as of elect. locomotive), frenatura a ricupero. **16.** reverse current ~ (*elect. mot.*), frenatura a controcorrente. **17.** rheostatic ~ (as of elect. veh.), frenatura reostatica.

Bramah press, *see* hydraulic press.

bran (*agric.*), crusca, semola. **2.** ~ drench (*leather ind.*), macerante alla crusca.

bran (to) (to cleanse) (*gen.*), pulire, (o sgrassare) mediante crusca. **2.** ~ (*leather ind.*), purgare alla crusca.

branch (*gen.*), ramo. **2.** ~ (*comm.*), succursale. **3.** ~ (*pip.*), diramazione, braga. **4.** ~ (*arch.*), nervatura di volta gotica. **5.** ~ (as of an hyperbole) (*geom.*), ramo. **6.** ~ (jump instruction: consisting in a change of the instructions sequence) (*comp.*), salto, diramazione. **7.** ~ circuit (*elect.*), circuito derivato. **8.** ~ house (*comm.*), filiale. **9.** ~ line (*railw.*), (ferrovia di) diramazione. **10.** ~ office (*comm.*), filiale. **11.** ~ pipe (of a motor: pipe between a cylinder and the exhaust manifold) (*mot.*), tubo di raccordo. **12.** ~ point (in a comp. program) (*comp.*), punto di salto. **13.** ~ point (of a network) (*elect. - radio*), nodo, punto di derivazione. **14.** ~ railway (*railw.*), ferrovia di diramazione. **15.** ~ strip (connection strip) (*elect.*), basetta di derivazione. **16.** ~ wire (*elect.*), filo derivato. **17.** conditional ~ (conditional jump) (*comp.*), salto condizionato. **18.** 45° Y ~ (*pip. fitting*), T a 45°, diramazione a 45°. **19.** suction ~ (*mech.*), branca (o diramazione) d'aspirazione. **20.** unconditional ~ (unconditional jump) (*comp.*), salto incondizionato.

branch (to) (to ramify) (*gen.*), ramificare, diramare. **2.** ~ (of a comp. program) (*comp.*), diramarsi, saltare. **3.** ~ off, diramarsi, ramificarsi.

branched (*gen.*), ramificato. **2.** ~ spark (*elect.*), scintilla ramificata.

branching-off (as of a road, railw. etc.), diramazione, derivazione, biforcazione.

brand (trademark stencil) (*ind. - comm.*), marchio. **2.** ~ (make) (*ind. - comm.*), marca. **3.** ~ (as on sheep) (*wool ind.*), marchio. **4.** ~ iron (gridiron) (*cooking impl.*), graticola.

brand (to) (with hot iron: as wood, leather etc.) (*gen.*), marcare a fuoco.

brandering (for securing a plastering lath) (*bldg.*), armatura di sostegno.

branding (*gen.*), marchiatura.

brand-new (*ind. comm.*), nuovo di fabbrica.

brasiletto (braziletto) (*wood*), *see* brazilwood.

"brasque" (French terminology) (*found.*), rivestimento refrattario per forni (suole o crogiuoli).

brass (*alloy*), ottone. **2.** ~ (bronze lining of a bearing) (*mech.*), bronzina. **3.** ~ sheet (*ind.*), lamiera di ottone. **4.** ~ tube (*ind.*), tubo di ottone. **5.** cartridge ~ (malleable brass used for making cartridges) (*alloy*), ottone giallo, ottone per bossoli. **6.** hard-drawn ~ (*metall.*), ottone crudo. **7.** malleable ~, *see* Muntz metal. **8.** naval ~ (naval bronze), *see* Muntz metal. **9.** spring ~ (cold worked common brass having 70% copper) (*metall.*), ottone incrudito.

brassing (giving a brass coat: as to copper) (*technol.*), ottonatura.

brassware (items made of brass) (*n. - gen.*), oggetti di ottone.

brattice (a partition in a gallery erected for diverting air toward a particular mine section) (*min.*), diaframma di ventilazione.

bray (to) (*ind.*), ridurre in polvere fine.

brayer (hand ink roller) (*typ.*), rullo (inchiostratore) a mano.

braze (weld) (*mech. technol.*), giunto brasato. **2.** ~ welding (brazing in which the metal filler is not distributed in the joint by capillary attraction) (*mech. technol.*), saldo-brasatura.

braze (to) (*mech.*), brasare.

brazed (*mech.*), brasato.

braze-welding (*mech. technol.*), saldobrasatura.

brazier (warming impl. for night watchmen) (*obs. impl.*), braciere. **2.** ~ (*cooking impl.*), fornello con griglia.

brazier-head rivet (*aer. constr.*), ribattino a testa a lenticchia.

brazilwood (braziletto, red dyewood) (*wood*), brasiletto, legno rosso del Brasile.

brazing (welding process with metal filler having a melting point lower than that of the base metal and distributed on the joint surfaces by capillary attraction) (*mech. technol.*), brasatura, brasatura capillare. **2.** ~ (by brass) (*mech. technol.*), brasatura a ottone. **3.** ~ seam (*mech.*), cordone (o linea) di brasatura. **4.** arc ~ (*mech. technol.*), brasatura all'arco elettrico. **5.** centrifugal ~ (*technol.*), brasatura centrifuga. **6.** dip ~ (by heating the base metal in a molten chemical or metal bath) (*mech. technol.*), brasatura ad immersione. **7.** electric ~ (*mech. technol.*), brasatura elettrica. **8.** furnace ~ (*mech. technol.*), brasatura al forno. **9.** gas ~ (torch brazing) (*mech. technol.*), brasatura al cannello. **10.** hydrogen ~ (*mech. technol.*), brasatura (in forno) in atmosfera di idrogeno. **11.** induction ~ (*technol.*), brasatura a induzione. **12.** resistance ~ (electric brazing process in which the heat is obtained from the resistance to the flow of an electric current) (*technol.*), brasatura a resistenza. **13.** torch ~ (*mech. technol.*), brasatura al cannello. **14.** twin-carbon arc ~ (*mech. technol.*), brasatura all'arco con due elettrodi di carbone.

"brd", *see* board, braid.

"brdg" (bridge) (*bldg.*), ponte.

breach (as in a wall) (*mas.*), breccia.

breadboard (a board for experimental assembling of elics. circuits) (*elics.*), pannello per montaggio sperimentale. **2.** ~ construction (experimental assembling of an electronic circuit) (*elics.*), montaggio sperimentale.

breadboard (to) (to make an experimental circuit on a flat board) (*elics.*), montare un circuito elettronico sperimentale su di un pannello.

breadth, larghezza. **2.** ~ extreme (maximum width of a vessel measured between the outside surfaces of the shell) (*shipbuild.*), larghezza massima fuori murata. **3.** molded ~ (*shipbuild.*), larghezza massima fuori ossatura e dentro murata.

breadthways, breadthwise (in breadth direction) (*gen.*), trasversalmente, nel senso della larghezza.

break (*mech.*), rottura. **2.** ~ (*elect.*), interruzione. **3.** ~ (as in a line) (*pip. - elect. - etc.*), interruzione. **4.** ~ (of mot.) (*mech.*), rodaggio. **5.** ~ (interruption, as in the work) (*work - etc.*), interruzione, sosta. **6.** ~ (interrupted deck) (*shipbuild.*), coperta interrotta. **7.** ~ (commutator) (*telegraph.*), commutatore. **8.** ~ (break line, of a paragraph) (*print.*), ultima riga. **9.** ~ (figures formed on the metal surface during fusion, especially aluminium) (*found.*), giuoco di colori. **10.** ~ (dislocation) (*geol.*), dislocazione. **11.** ~ (fault) (*geol.*), faglia. **12.** ~ (mucilaginous products separating from drying oils during storage or by heat) (*paint.*), mucillagini. **13.** ~ (commercial break for advertisements) (*radio - telev.*), intervallo pubblicitario. **14.** ~ (interruption: as in a program run) (*comp.*), interruzione. **15.** ~ even point (when in a firm the costs and expenses equal the revenues and profits) (*adm.*), punto del pareggio, pareggio. **16** ~ jaw (arching contact) (*elect.*), contatto rompiarco. **17.** ~ joint (said of the parts of a structure) (*bldg.*), giunto sfalsato, sistema a giunti sfalsati. **18.** ~ line (of a paragraph) (*print.*), ultima riga. **19.** ~ locator (*elect. instr.*), localizzatore di interruzione. **20.** ~ pin (as of a flywheel) (*mech.*), spina di sicurezza. **21.** ~ point (saturation point: as of absorbent material) (*phys. chem.*), punto di saturazione. **22.** ~ point, *see also* breakpoint. **23.** ~ roll (as of a rolling mill) (*metall.*), cilindro di snervamento. **24.** ~ roll (of a flour mill) (*mach.*), cilindro di rottura. **25.** paid ~ (in the work, as for tea) (*time study*), interruzione pagata. **26.** string ~ (*comp.*), rottura (o interruzione) di sequenza. **27.** wipe ~ (wipe breaker, interrupter with wipers) (*elect.*), ruttore a contatti striscianti.

break (to) (to separate into parts) (*gen.*), spaccare. **2.** ~ (to tear, to rupture), rompere, strappare. **3.** ~ (a circuit) (*elect.*), interrompere. **4.** ~ (a record) (*sport*), superare, demolire. **5.** ~ (of the sea), frangersi, rompersi. **6.** ~ (an angle) (*gen.*), smussare. **7.** ~ (as rags) (*paper mfg.*), sfilacciare, sfibrare. **8.** ~ adrift (*naut.*), andare alla deriva. **9.** ~ a flag (*milit.*), abbassare una bandiera. **10.** ~ back (as from a projection) (*arch.*), rientrare. **11.** ~ bulk (*ind. - naut.*), cominciare lo scarico. **12.** ~ down (*chem.*), disgregare. **13.** ~ down (to separate, as an account) (*comm.*), separare, suddividere. **14.** ~ down (to puncture or to crack, as an insulation by raising the voltage) (*elect.*), perforare, rompere. **15.** ~ down (*mot.*), guastarsi. **16.** ~ down by milling (*rubb. ind.*), masticare, plastificare. **17.** ~ ground (*bldg.*), iniziare uno scavo. **18.** ~ ground (to free the anchor) (*naut.*), spedare. **19.** ~ in (to run an engine through its initial life) (Am.) (*mot.*), rodare. **20.** ~ in (to put as an illustration in the text) (*print.*), inserire (una illustrazione per es.) nel testo. **21.** ~ moorings (*naut.*), rompere gli ormeggi. **22.** ~ out (to project) (*arch.*), sporgere. **23.** ~ out into (to subdivide, as in harmonic analysis) (*math.*), scomporre in. **24.** ~ surface (of a sub.) (*navy*), affiorare. **25.** ~ the back (to break the keel and the keelson) (*naut.*), rompere la chiglia (ed il paramezzale). **26.** ~ the circuit (*elect.*), interrompere il circuito. **27.** ~ up (of the weather) (*meteorol.*), cambiare. **28.** ~ up a yacht (*naut.*), demolire uno yacht. **29.** ~ up the ground (*agric.*), dissodare il terreno.

breakable (*a. - gen.*), fragile, frangibile.

breakage (*gen.*), rottura. **2.** ~ (free space as in the hold) (*naut.*), spazio libero.

breakaway (as at the starting of an i.c. engine, the starter having to overcome the max. initial resistance) (*mot.*), scollamento. **2.** ~ (as of one part from another) (*gen.*), distacco, separazione. **3.** ~ braking device (safety brake which automatically applies in the event of the caravan or trailer becoming accidentally detached from the towing vehicle) (*veh.*), freno di emergenza (in caso) di distacco. **4.** ~ current (as absorbed from an electric starter) (*mot.*), corrente allo scollamento, corrente allo spunto. **5.** ~ of flow (as of air from the body of a motorcar) (*phys.*), distacco dei filetti.

breakdown (as of aut.), guasto, panna. **2.** ~ (*mech.*), guasto (grave). **3.** ~ (*naut.*), avaria. **4.** ~ (as at the mixing mill in rubb. ind.) (*ind.*), prima lavorazione. **5.** ~ (forging die) (*t.*), stampo per scapolatura. **6.** ~ (as of a job into distinct operations) (*gen.*), scomposizione. **7.** ~ (failure of insulating materials so to permit electric discharge passage) (*elect.*), scarica disruptiva. **8.** ~ at bead (of a tire) (*rubb. ind.*), guasto al tallone. **9.** ~ block (*t.*), forma per tornio a lastra (o da imbutire). **10.** ~ crane (wrecker) (*aut.*), carro attrezzi. **11.** ~ voltage (as of a cable) (*elect.*), tensione di scarica distruttiva. **12.** ~ voltage (as in insulating-materials test) (*elect.*), tensione di cedimento.

breakdown (to) (to take apart: as a mach. for easier transp.) (*ind.*), smontare parzialmente. **2.** ~ (to break, to shatter, to cause, to fail) (*gen.*), rompere, rompersi, guastare, guastarsi.

breaker (circuit breaker) (*elect.*), interruttore. **2.** ~ (*sea*), frangente. **3.** ~ (small water cask) (*naut.*), barilotto per acqua. **4.** ~ (*paper mfg. mach.*), olandese sfilacciatrice, sfilacciatore. **5.** ~ (belt of open wave fabric put just below the tread of a tire for increasing strength) (*rubb. mfg.*), cintura. **6.** ~, *see* circuit breaker. **7.** ~ arm (of a contact breaker) (*aut.*), martelletto. **8.** ~ drum (breaker roll), cilindro della sfilacciatrice. **9.** ~ points (timer in an ignition distributor) (*elect. - aut.*), "puntine platinate", ruttore dello spinterogeno. **10.** automatic circuit ~ (*elect. device*), interruttore automatico. **11.** circuit ~ (*elect.*), interruttore. **12.** compressed air operated circuit ~ (*elect.*), interruttore ad aria compressa. **13.** compressed air paving ~ (*t.*), perforatrice ad aria compressa per pavimentazioni. **14.** contact ~ (of a magneto) (*elect. - mot.*), ruttore. **15.** oil circuit ~ (*elect.*), interruttore in olio. **16.** rotary hammer impact ~ (as for stone) (*mach.*), mulino rotativo a martelli. **17.** "sentinel" ~ (*elect. device*), interruttore salvamotore. **18.** wipe ~ (wipe break, interrupter with wipers) (*elect.*), ruttore a contatti striscianti.

breakerless ignition (electronic ignition: inductive discharge ignition) (*aut.*), accensione elettronica, accensione a scarica induttiva.

breakhead (bow of a ship reinforced for ice breaking) (*naut.*), rinforzo rompighiaccio di prua.

break-in (*aut. - mot. - etc.*) (Am.), rodaggio. **2.** ~ (said of a device permitting the receiving of signals in intervals between the transmission of other signals) (*a. - tlcm.*), a ricetrasmissione simultanea.

breaking (*gen.*), rottura. **2.** ~ (*elect.*), rottura, interruzione. **3.** ~ (the separation of gelatine: as from oils) (*chem.*), dissociazione. **4.** ~ capacity (as of a circuit breaker) (*elect.*), potere di interruzione, capacità di rottura. **5.** ~ engine (*paper mach.*), *see* breaker. **6.** ~ piece (piece deliberately constructed so that it breaks if the mach. is subject to excessive strain) (*mech.*), elemento di sicurezza, collegamento di sicurezza. **7.** ~ point (*constr. theor.*), limite di rottura. **8.** ~ strength (breaking stress) (*mech. - etc.*), carico di rottura, resistenza alla rottura. **9.** step ~ (defect of paralleled mach.) (*elect.*), perdita del passo.

breaking-in, *see* break-in.

breakout (*milit.*), attacco di sfondamento.

breakpoint (stop of a mech. operation, as of a comp., for inspection) (*mech.*), punto di arresto. **2.** ~ (wanted interruption in a program flow) (*comp.*), punto di interruzione. **3.** ~ symbol (breakpoint instruction) (*comp.*), simbolo del punto di interruzione, istruzione di interruzione.

breakthrough (*min.*), passaggio di comunicazione (fra gallerie adiacenti). **2.** ~ (*tactics*), penetrazione. **3.** ~ (abrupt advance in scientific knowledge) (*sc. study*) scoperta. **4.** ~ repairs (*gen.*), riparazioni di fortuna.

breakup (disintegration) (*gen.*), disintegrazione. **2.** ~ value (forced sales at very low price) (*comm.*), liquidazione di realizzo.

breakwater (*bldg.*), frangiflutti, frangionde. **2.** ~ (of a harbor) (*naut.*), diga marittima.

breakwind, *see* (Brit.), windbreak.

bream (to) (to clean) (*naut.*), pulire.

breast (as of a cupola furnace) (*found.*), soglia. **2.** ~ (part of a wall comprised between the sill of the window and the floor) (*arch.*), parapetto. **3.** ~ (working face in a tunnel) (*min.*), fronte, fronte di avanzamento, fronte di abbattimento. **4.** ~ (first roller of a carding mach.) (*text. mach.*), primo cilindro. **5.** ~ collar (of horse harness), pettorale. **6.** ~ cylinder, *see* breast 4 ~. **7.** ~ drill (*t.*), trapano a petto. **8.** ~ fast (rope) (*naut.*), traversino. **9.** ~ hole (of a cupola, hole for removing slags) (*found.*), foro per scaricare le scorie. **10.** ~ hole (blast hole made in the high portion of a mine gallery) (*min.*), foro in corona. **11.** ~ stope (*min.*), cantiere ad avanzamento frontale. **12.** ~ stoping (*min.*), coltivazione a gradini diritti. **13.** ~ wall (*arch.*), muro di sostegno. **14.** ~ wheel (a water wheel to which the water is led at a point level with the wheel center) (*hydr.*), ruota idraulica di fianco.

breastband (band or rope secured to the rigging and supporting the man who hauls the lead in sounding) (*naut.*), traversino. **2.** ~ (of horse harness), pettorale.

breasthook (V-shaped plate or timber) (*shipbuild.*), gola di prua, ghirlanda di prua.
breastplate (breastsummer) (*arch.*), architrave.
breastrope (*naut.*), *see* breastband.
breastsummer (*arch.*), architrave.
breastwork (*mas.*), parapetto. **2.** ~ (*naut.*), parapetto di murata.
breath (condensed film of moisture as on a windshield) (*phys.*), appannatura.
breather (*ind. and bldg. device*), sfiatatoio. **2.** ~ (*mot.*), *see* breather pipe. **3.** ~ pipe (as of engines) (*mot.*), sfiato.
breathing (possibility of passage of air as from and into a transformer core) (*electromech.*), sfiato.
breccia (*geol.*), breccia. **2.** fault ~ (*geol.*), breccia di faglia.
brecciated (resembling a breccia) (*a. - min.*), breccioso. **2.** ~ (converted into a breccia) (*a. - min.*), brecciato, ridotto in breccia.
breech (of gun), culatta. **2.** ~ door (of a torpedo launching tube) (*navy*), fondo mobile. **3.** ~ face (*ordnance*), taglio di culatta. **4.** ~ plug (breechblock) (*ordnance*), otturatore. **5.** ~ well (*ordnance*), alloggio dell'otturatore.
breechblock (of a gun) (*ordnance*), otturatore. **2.** interrupted-screw ~ (of a gun) (*ordnance*), otturatore a vitone.
breeches buoy (safety device operated by a cable and a running rope) (*naut.*), dispositivo di salvataggio tra nave e nave (o tra nave e terra).
breeching (of horse harness), imbraca. **2.** ~ (the connection between a furnace and its stack) (*comb.*), condotto di raccordo. **3.** ~ strap (of horse harness), passante per tirelle.
breechloader (*firearm*), arma da fuoco a retrocarica.
breech-loading (as of a gun) (*a. - firearm*), a retrocarica.
breed (as of cattle) (*agric.*), razza.
breeder (as a nuclear reactor having a conversion ratio higher than 1) (*a. - atom phys.*), autofertilizzante.
breeding (generation of fissionable material) (*nuclear reactor*), autofertilizzazione, processo di produzione di materiale fissile. **2.** ~ (as of cattle) (*agric.*), allevamento. **3.** ~ ratio (in a nuclear reactor) (*atom phys.*), rapporto di conversione. **4.** ~ sheep (*agric.*), pecora da riproduzione. **5.** sheep ~ (*agric.*), allevamento della pecora.
breeze (wind from 4 to 27 mph) (*meteorol.*), vento (da 6 a 49 km/h). **2.** ~ (*glass mfg.*), *see* breezing. **3.** ~ concrete (*bldg.*) (Brit.), calcestruzzo di scorie di coke. **4.** fresh ~ (from 17 to 21 mph Beaufort scale 5) (*meteorol.*), vento teso (da 29 a 38 km/h). **5.** gentle ~ (wind from 7 to 10 mph Beaufort scale 3) (*meteorol.*), brezza tesa (da 12 a 19 km/h). **6.** glacier ~ (wind flowing down from a glacier) (*meteorol.*), brezza di ghiacciaio. **7.** land ~ (*meteorol.*), brezza di terra. **8.** light ~ (wind from 4 to 6 mph Beaufort scale 2) (*meteorol.*), brezza leggera (da 6 a 11 km/h). **9.** moderate ~ (wind from 11 to 16 mph Beaufort scale 4) (*meteorol.*), vento moderato (da 20 a 28 km/h). **10.** mountain ~ (wind blowing down from mountains) (*meteorol.*), brezza di montagna. **11.** sea ~ (*meteorol.*), brezza di mare. **12.** stiff ~ (*meteorol.*), vento teso. **13.** strong ~ (wind from 22 to 27 mph Beaufort scale 6) (*meteorol.*), vento fresco (da 39 a 49 km/h). **14.** valley ~ (flowing up valleys) (*meteorol.*), brezza di valle.
breezeway (*carp.*), portico.
"breezing" (anthracite coal residue or coarse sand spread on the siege before setting the pots) (*glass mfg.*), letto. **2.** ~ (not clear image) (*m. pict.*) (Brit.), immagine sfuocata.
B register (base register), *see* index register.
"BREMA" (British Radio Equipment Manufacturers' Association) (*radio*), Associazione Industrie Britanniche Apparecchiature Radio.
bressumer (brassomer, bressummer) (*bldg.*), *see* breastsummer.
brevier (*print.*), corpo 8.
brewery (*ind.*), fabbrica di birra.
"brg" (bearing) (*mech.*), cuscinetto, supporto.
briar, *see* crosscut saw. **2.** ~ (*wood*), *see* brier.
brick (*mas.*), mattone. **2.** ~ bat (bat, divided brick) (*mas.*), mezzo mattone. **3.** ~ earth (clay) (*min.*), argilla da mattoni. **4.** ~ flooring (*bldg.*), ammattonato. **5.** ~ fork (of a lift truck) (*transp. impl.*), apparecchiatura a forche per prendere i mattoni. **6.** ~ hammer (*mas. impl.*), martello da muratore. **7.** ~ nogging (*mas.*), muratura di mattoni inserita in una intelaiatura in legname. **8.** ~ red (*color*), rosso mattone. **9.** ~ set, *see* brick chisel. **10.** ~ veneer (*mas.*), rivestimento di mattoni. **11.** ~ wall (*mas.*), muro di mattoni. **12.** acid ~, mattone acido. **13.** air ~ (a perforated brick for ventilation) (*bldg.*), mattone forato. **14.** air ~ (metallic grate box having brick size) (*bldg.*), griglia metallica per ventilazione. **15.** basic ~, mattone basico. **16.** bath ~ (for polishing metals) (*t.*), composto siliceo per pulimentatura di metalli. **17.** compass ~ (one of the curved or tapered bricks as used in wells, arches etc.) (*mas.*), mattone curvo (o rastremato). **18.** enameled ~ (used to line walls and floors in bathrooms, kitchens etc.) (*mas.*), mattonella smaltata. **19.** facing ~ (*bldg. - arch.*), mattone da paramano. **20.** flue ~ (*mas.*), mattone forato. **21.** green ~ (*bricks manufacturing ind.*), mattone verde, mattone ancora da cuocere. **22.** hard ~, hard-burned ~ (*mas.*), mattone a piena cottura. **23.** hollow ~ (*mas.*), mattone forato. **24.** light ~ (*mas.*), mattone leggero. **25.** refractory ~ (as of furnace or firebox lining) (*ind.*), mattone refrattario. **26.** relining ~ (refractory material as for furnaces) (*metall.*), mattone (refrattario) di (o per) rivestimento, refrattario di

(o per) rivestimento. **27.** siphon ~ (syphon brick, of a cupola: for separating slag) (*found.*), mattone a sifone, mattone sistemato in modo da separare le scorie. **28.** splay ~ (brick with a beveled side) (*bldg.*), mattone smussato (da un lato).

brick (to) in (*mas.*), murare, eseguire la muratura.

bricking (pressing of an abrasive against a pulpstone for smoothing it) (*paper mfg.*), lisciatura.

brickkiln (*ind. furnace*), forno da mattoni.

bricklayer (*work.*), muratore.

brickman, *see* bricklayer.

brickmason, *see* bricklayer.

brickwork (*mas. - bldg.*), muratura in mattoni.

brickyard (*ind.*), fabbrica di mattoni, fornace.

bridge (*arch.*), ponte. **2.** ~ (*elect.*), ponte. **3.** ~ (pilot bridge) (*naut.*), ponte di comando, plancia. **4.** ~ (as of furnace or of boil. or firebox), altare. **5.** ~ (of a traveling crane) (*mech.*), ponte. **6.** ~ (dentistry app.) (*med.*), ponte. **7.** ~ (gangway) (*naut.*), passerella. **8.** ~ bearing (*arch.*), appoggio del ponte. **9.** ~ construction worker (*work.*), pontiere. **10.** ~ house (*naut.*), tuga. **11.** ~ line (as between two main railroads) (*railw.*), linea di collegamento. **12.** ~ mill (*mach. t.*), fresatrice a pialla (a due montanti). **13.** ~ of boats (*road*), ponte di barche. **14.** ~ trusses (*arch.*), travate di ponte. **15.** ~ wall (of a furnace), *see* fire bridge. **16.** ~ wall (that part of a glass melting furnace forming a bridge or separation between melter and refiner) (*glass mfg.*), ponte. **17.** after ~ (*naut.*), ponte poppiero. **18.** arch ~ (*arch.*), ponte ad arco. **19.** bailey ~ (*steel constr.*), ponte (componibile di) Bailey. **20.** bascule ~ (*arch.*), ponte levatoio, ponte ribaltabile. **21.** bateau ~ (as across a river), ponte di barche. **22.** bobtail draw ~ (called also bobtail drawbridge) (*bridge*), ponte girevole su di un perno (verticale) di estremità. **23.** bottom-road ~ (*arch.*), ponte a via inferiore. **24.** canal ~ (*arch.*), ponte canale. **25.** cantilever ~ (*arch.*), ponte a sbalzo, ponte a mensola. **26.** captain's ~ (*naut.*), ponte di comando. **27.** concrete arch ~ (*arch.*), ponte ad arcate in cemento armato. **28.** concrete ~ (*arch.*), ponte in cemento armato. **29.** continuous truss ~ (*arch.*), ponte a travate continue. **30.** deck ~ (with supporting beams and trestlework placed under the roadway) (*bldg.*), ponte a via superiore. **31.** double-leaf bascule ~ (*bldg.*), ponte levatoio in due tronchi (aprentesi al centro). **32.** dry ~ (*road - railw.*), viadotto. **33.** ferry ~ (*railw.*), ponte trasbordatore. **34.** fire ~ (in a reverberatory furnace) (*therm.*), altare. **35.** flag ~ (admiral's bridge of an aircraft carrier) (*navy*), ponte dell'ammiraglio, ponte di comando. **36.** footbridge (*bldg.*), passerella, ponte pedonale. **37.** fore-and-aft ~ (*naut.*), passaggio di collegamento tra ponte di prua e ponte di poppa. **38.** in ~ (in parallel) (*elect.*), in parallelo. **39.** jury ~ (*naut.*), ponte di fortuna. **40.** lattice ~ (*arch.*), ponte a traliccio. **41.** lift ~ (*arch.*), ponte sollevabile. **42.** loading ~ (*ind.*), ponte di caricamento. **43.** loading ~ (telescopic loading bridge), *see* Jetway. **44.** lookout ~ (*navy*), plancia di vedetta. **45.** lower ~ (*naut.*), ponte inferiore. **46.** masonry ~ (*arch.*), ponte in muratura. **47.** Maxwell ~, Maxwell-Wien ~ (an electric bridge for measuring inductance and capacitance) (*elect. meas. instr.*), ponte di Maxwell. **48.** metal frame ~ (*arch.*), ponte a travatura metallica. **49.** movable ~ (*arch.*), ponte mobile. **50.** navigation ~ (*naut.*), ponte di comando. **51.** Nernst ~ (for measuring capacitance at high frequencies) (*elect. meas. instr.*), ponte di Nernst. **52.** ore ~ (gantry crane) (*min. mach.*), gru a cavalletto. **53.** overbridge (*road bldg.*), cavalcavia. **54.** overline ~ (*road bldg.*), cavalcavia. **55.** pilot ~ (*naut. - navy*), ponte di comando, plancia. **56.** plate girder ~ (*arch.*), ponte a trave con parete piena. **57.** pontoon ~ (as across a river), ponte di barche. **58.** portable steel ~ (*milit.*), ponte metallico (scomponibile) amovibile. **59.** portal frame ~ (*arch.*), ponte a portale. **60.** railroad ~ (*arch.*), ponte ferroviario. **61.** revolving draw ~ (swing bridge) (*arch.*), ponte girevole. **62.** road ~ (*arch.*), ponte stradale. **63.** steel arch ~ (*arch.*), ponte ad arco in ferro. **64.** steel ~ (*arch.*), ponte in ferro. **65.** suspension ~ (*arch.*), ponte sospeso. **66.** swing ~ (*arch.*), ponte girevole. **67.** symmetrical swing ~ (*arch.*), ponte girevole a volate uguali, ponte girevole ad asse centrale. **68.** telescopic loading ~ (*airport equipment*), *see* Jetway. **69.** three-spanned ~ (*arch.*), ponte a tre campate. **70.** through ~ (*arch.*) (Brit.), ponte a via inferiore. **71.** through ~ (*arch.*) (Am.), ponte a via intermedia. **72.** tipping ~ (for charging goods) (*ind.*), ponte a bilico. **73.** trestle ~ (*arch.*), ponte a traliccio. **74.** truss ~ (*arch.*), ponte a travate reticolari. **75.** two-way ~ (*arch.*), ponte a due vie. **76.** underbridge (*road bldg.*), sottopassaggio. **77.** underline ~ (*road bldg.*), sottopassaggio. **78.** vertical-lift ~ (*arch.*), ponte a sollevamento verticale, ponte sollevabile verticalmente. **79.** Vierendeel ~ (*arch.*), ponte Vierendeel. **80.** Wheatstone's ~ (*elect.*), ponte di Wheatstone. **81.** Wien ~ (a bridge used as to measure capacitances) (*elect.*), ponte di Wien. **82.** wooden ~ (*road carp.*), ponte in legno.

bridge (to) (*bldg. - elect.*), fare un ponte, collegare con un ponte. **2.** ~ (*milit.*), gettare un ponte. **3.** ~ (to connect generically) (*elect.*), collegare. **4.** ~ (to connect in parallel) (*elect.*), collegare in parallelo.

bridgeboard (of a wooden stair) (*bldg.*), fiancata.

bridgebuilding (*arch.*), costruzione di ponti.

bridgehead (*milit.*), testa di ponte.

bridgeway (*road walk*), passerella.

bridging (scaffolding: as in a cupola, defect due to the forming of a dome - shaped obstruction above the tuyères) (*found.*), formazione di ponte, formazione di volta. **2.** ~ (in air triangulation) (*photogr.*), concatenamento.

bridle (for governing horses), briglia. **2.** ~ (*mech.*), briglia, cravatta. **3.** ~ (as a rope with the ends secured to different places) (*naut.*), patta d'oca. **4.** ~ joint (*carp. - join.*), giunto ad incastro. **5.** ~ path (trail for saddle horses) (*road*), pista per cavalli da sella. **6.** ~ rod, ~ bar (for holding the rails in gage) (*railw.*), barra di unione che assicura lo scartamento esatto delle rotaie.

brief (to) (to make an abridgement of) (*gen.*), fare un riassunto. **2.** ~ (to give instructions to) (*gen.*), dare istruzioni a.

briefcase (for carrying documents: flexible, frequently with zipper) (*executive impl.*), borsa.

briefing (abridgment) (*gen.*), riassunto. **2.** ~ (instructions) (*adm.*), "briefing", istruzioni.

brier, briar (*wood*), radica.

brig (*naut.*), brigantino. **2.** ~ schooner (*naut.*), brigantino-goletta. **3.** hermaphrodite ~ (*naut.*), brigantino-goletta.

brigadier (brigadier general) (*milit.*), generale di brigata.

brigantine (*naut.*), brigantino.

bright (luminous), luminoso. **2.** ~ (shining), brillante, lucido. **3.** ~ annealing (*heat-treat.*), ricottura in bianco. **4.** ~ dipping (*ind.*), processo ad immersione per brillantatura. **5.** ~ enamel papers (*paper mfg.*), carte lucide, carte smaltate.

brightening (by buffer and paste: as of chromium plated buffer etc.) (*ind.*), brillantatura.

brightness (*opt.*), splendore. **2.** ~ (as of a surface) (*illum.*), luminosità. **3.** ~ (of wool) (*text. ind.*), aspetto brillante. **4.** ~ (*telev.*) (Brit.), luminosità. **5.** ~ (of paper on woodpulp sheet) (*paper mfg.*), grado di bianco. **6.** ~ control (of a television set) (*telev.*) (Brit.), regolatore di luminosità. **7.** ~ meter (*illum. instr.*), illuminometro. **8.** ~ of the image (*opt.*), luminosità dell'immagine. **9.** ~ of the spot (*opt.*), luminosità del punto. **10.** jump in ~ (*telev. defect*), salto di luminosità. **11.** specific ~ (*illum. phys.*), luminosità specifica.

brilliance (luminosity: intensity of luminous flux) (*illum. - phys.*), brillanza. **2.** ~ (*telev.*), luminosità. **3.** ~ control (of a telev. receiver screen) (*telev.*), regolatore di luminosità.

brilliancy (as of a lamp) (*illum.*), luminosità, brillanza.

brilliant ($3^1/_2$ to 4 points type) (*typ.*), carattere di corpo $3^1/_2$- 4.

brim (as of a vessel) (*gen.*), orlo, bordo.

brimstone (*chem.*), zolfo, solfo.

brine (as of a salt lake), acqua salmastra. **2.** ~ (*refrig. ind.*), salamoia. **3.** ~ pit (a salt spring) (*geol.*), sorgente di acqua salata. **4.** ~ pump (*refrig. ind.*), pompa per salamoia.

brine (to) (to wet brine, by tanks) (*leather ind.*), salare (in vasca), salamoiare.

brined (*leather ind.*), salato (in vasca), salamoiato. **2.** ~ hide (*leather ind.*), pelle salamoiata, pelle salata. **3.** dry ~ (*leather ind.*), salato secco. **4.** wet ~ (*leather ind.*), salato in salamoia.

Brinell hardness (*metall.*), durezza Brinell. **2.** ~ machine (*mach.*), macchina per la prova Brinell. **3.** ~ number (*meas.*), valore della (durezza) Brinell. **4.** reflected impression ~ machine (*mach.*), macchina per prova Brinell ad impronta riflessa.

brinelling (impact load marks found as on ball bearing surfaces) (*mech. defect*), stampigliatura.

bring (to) (to carry) (*gen.*), portare. **2.** ~ down (*aer.*), abbattere. **3.** ~ forward (in a sum) (*bookkeeping*), riportare. **4.** ~ from memory (*comp.*), richiamare alla memoria. **5.** ~ in memory (*comp.*), mettere in memoria.

brining (wet brining, by tank) (*leather ind.*), salatura (in vasca).

briquet, briquette (of coal dust) (*comb.*), mattonella (di polvere di carbone). **2.** ~ (as of lime mixture for melting) (*found.*), bricchetto, mattonella. **3.** ~ cement (*ind.*), agglutinante per mattonelle. **4.** brown coal ~ (*comb.*), mattonella di lignite. **5.** desulphurizing ~ (*found.*), bricchetto desolforante. **6.** lignite ~ (*comb.*), mattonella di lignite.

briquette (to) (to briquet) (*comb. - etc.*), bricchettare, formare mattonelle.

briquetting (as of coal dust) (*ind.*), brichettatura, esecuzione (o formazione) di mattonelle.

brisance (shattering effect) (*expl.*), potere dirompente.

bristle, setola. **2.** ~ brush (as for painting) (*impl.*), pennello di setola.

bristol board (*paper mfg.*), cartoncino bristol.

Britannia (short for britannia metal: a tin, antimony, copper and zinc alloy expecially used for tableware) (*alloy*), peltro con zinco. **2.** ~ metal, *see* Britannia.

British thermal unit (= 0,25199 Cal) (*therm. meas.*), unità termica inglese.

brittle, fragile. **2.** ~ fracture (as of steel) (*metall. - etc.*), fragilità alla rottura. **3.** ~ lacquer (*metal parts testing*), tensio-vernice.

brittleness (*phys.*), fragilità. **2.** acid ~ (*metall. defect*), fragilità di (o da) decapaggio. **3.** blue ~ (of iron and steel, between 200 and 400°C) (*metall.*) (Brit.), fragilità al blu (o al calor blu). **4.** notch ~ (material testing) (*mech. technol.*), fragilità all'intaglio. **5.** "Stead's" ~ (*metall. defect*), fragilità per ingrossamento del grano. **6.** temper ~ (drawing brittleness) (*metall.*), fragilità di rinvenimento.

"brk" (brick) (*mas.*), mattone.

"brkt" (bracket) (*mech. - iron carp.*), supporto, mensola.

"brl", *see* barrel.

"brm", *see* barometer.

"brmc", *see* barometric.

broach (*t.*), broccia, spina. **2.** ~ (an octagonal spire which springs from a square tower) (*arch.*), guglia. **3.** ~ post (*bldg.*) (Brit.), *see* king post. **4.** ~ sharpening machine (*mach. t.*), affilatrice per brocce, affilatrice per spine. **5.** cutterbar ~ (keyway broach) (*t.*), broccia per sedi di chiavetta. **6.** keyway ~ (*t.*), broccia per sedi di chiavetta. **7.** pot ~ (as for broaching external gears) (*t.*), broccia cava (per brocciatura esterna), broccia cava cilindrica (a dentatura interna). **8.** pull ~ (*mech. t.*), broccia a trazione. **9.** push ~ (*mech. t.*), broccia a spinta. **10.** slab ~ (external broach, to produce a flat surface) (*t.*), tipo di broccia a spianare (per superfici esterne).

broach (to) (*naut.*), straorzare. **2.** ~ (to surface) (*naut.*), venire in superficie. **3.** ~ (to machine a hole by using a broach) (*mech.*), brocciare.

broaching (*mech.*), brocciatura, spinatura. **2.** ~ machine (*mach. t.*), brocciatrice, spinatrice. **3.** soft ~ (before hardening) (*mech.*), brocciatura allo stato dolce, spinatura allo stato dolce. **4.** surface ~ (*mech.*), brocciatura esterna, spinatura esterna.

broad (*a. - gen.*), largo, ampio. **2.** ~ (broadside) (*m. pict.*), riflettore diffusore. **3.** ~ (studio light board, lights arranged in the telev. studio) (*telev.*) (Am.), tabella luminosa. **4.** ~ aisle, ~ alley (of a church) (*arch.*), navata centrale. **5.** ~ tuning (*radio*), sintonia piatta. **6.** ~ waves (*radio*), onde fortemente smorzate.

broadband (operating on a wide frequency band: as an antenna) (*a. - radio*), a larga banda (di frequenza).

broadcast (radio - telev.), radiotrasmissione, radiodiffusione.

broadcast (to) (*radio - telev.*), radiotrasmettere, radiodiffondere.

broadcaster (centrifugal mach. for sowing seeds) (*agric. mach.*), seminatrice centrifuga. **2.** ~ (app. for broadcasting programs) (*radio - telev.*), centro di radio (o tele) diffusione.

broadcasting (of radio and telev. programs for wide and unlimited reception) (*radio - telev.*), radiodiffusione circolare. **2.** aeronautical ~ service (*aer.*), servizio di radiodiffusione informazioni aeronautiche. **3.** common-frequency ~ (*radio*), radiodiffusione a frequenza comune. **4.** common-frequency ~, *see also* shared-channel broadcasting. **5.** shared-channel ~ (*radio*), radiodiffusione a frequenza assegnata, radiodiffusione a frequenza comune. **6.** wire ~ (*radio*), filodiffusione.

broaden (to) (to widen) (*gen.*), allargarsi, allargare.

broadside (of guns) (*navy*), bordata. **2.** ~ (side of a ship) (*naut.*), fiancata, murata. **3.** ~ (*m. pict.*), *see* broad. **4.** ~ (large folder used for advertising by opening it) (*adver.*), pieghevole. **5.** ~ (broadsheet, sheet of paper printed on one side) (*typ.*), manifestino, volantino.

brocade (fabric) (*text. mfg.*), broccato.

brocatel, brocatelle (fabric) (*text. mfg.*), broccatello.

brochure (booklet) (*print.*), brossura, libro o opuscolo con copertina leggera.

broiler (gridiron) (*cooking utensil*), graticola, griglia.

broke (waste paper damaged in the paper machine) (*paper mfg.*), carta lacerata, scarto di fabbricazione, fogliacci, cascame di carta.

broken (fractured) (*gen.*), rotto. **2.** ~ (as of mach.), guasto. **3.** ~ corners (on blooms or ingots) (*metall. defect*), lacerature agli spigoli. **4.** ~ transit (*opt. instr.*), cannocchiale spezzato. **5.** ~ twills (*text. ind.*), spina spezzata.

broken-backed (*a. - naut.*), rotto in chiglia, con la chiglia lesionata.

broker (*comm.*), mediatore. **2.** buying ~ (*comm.*), mediatore per conto del compratore. **3.** selling ~ (*comm.*), mediatore per conto del venditore. **4.** ship ~ (*comm.*), mediatore di noleggi marittimi.

brokerage (*comm.*), mediazione.

brokes (skirtings) (*wool ind.*), lana di qualità inferiore, lana delle parti posteriori, della pancia e delle gambe.

brolly (parachute) (*aer. - coll.*), paracadute.

bromal (CBr_3 COH) (*chem.*), bromalio.

bromate (*chem.*), bromato.

bromcresol (bromocresol) (*chem.*), bromocresolo. **2.** ~ green (*chem.*), verde di bromocresolo. **3.** ~ purple (*chem.*), violetto di bromocresolo.

bromide (rad.) (*chem. - phot.*), bromuro. **2.** ~ paper (*phot.*), carta al bromuro, carta a sviluppo, carta ad immagine latente. **3.** ~ print (*phot.*), copia al bromuro. **4.** ethyl ~ (*chem.*), bromuro di etile. **5.** silver ~ (AgBr) (*chem.*), bromuro d'argento.

bromine (Br - *chem.*), bromo.

bromphenol (bromophenol) (*chem.*), bromofenolo. **2.** ~ blue (*chem.*), blu di bromofenolo.

bromthymol (bromothymol, bromine derivative of thymol) (*chem.*), bromotimolo.

bronchoscope (*med. instr.*), broncoscopio.

bronze (copper and zinc alloy) (*metall.*), bronzo. **2.** antacid ~ (*metall.*), bronzo antiacido. **3.** gold ~ (powdered copper alloy used to simulate gold: as in paint) (*metall. - paint.*), porporina, similoro polverizzato. **4.** leaded ~ (*alloy*), metallo rosa. **5.** manganese ~ (Mang. B.) (*alloy*), bronzo al manganese. **6.** phosphor ~ (*alloy*), bronzo fosforoso. **7.** silicon ~ (*alloy*), bronzo silicioso. **8.** steel ~ (92% copper: substitute of steel: as for guns) (*metall.*), bronzo navale.

bronze (to) (*paint.*), bronzare.

bronzing (typical lustre shown by certain pigments) (*paint.*), bronzatura. **2.** ~ machine (*print.*), bronzatrice. **3.** ~ medium (or liquid, or fluid) (*paint.*), vernice per bronzare.

brooder (as for raising chicks) (Am.) (*ind. agric. app.*), incubatrice.
brook (*geogr.*), ruscello, gora, torrente.
broom (*impl.*), scopa. **2.** ~ (plant for text. ind.), ginestra. **3.** ~ fiber (for text. ind.), fibra di ginestra. **4.** electric ~ (small and vertical vacuum cleaner) (*domestic impl.*), scopa elettrica. **5.** leaf ~ (*agric. impl.*), spazzafoglie. **6.** motor ~ (*mach.*), *see* motor sweeper.
broom (to) (to sweep) (*household - etc.*), spazzare.
broomcorn (*agric.*), saggina.
brougham (*aut.*), guida esterna, "limousine". **2.** ~ (horse-drawn carriage), carrozza chiusa.
brought forward (*bookkeeping*), riportato.
brow (of a hill) (*geogr.*), cima. **2.** ~ (*naut.*), passerella.
brown (*color*), marrone, bruno. **2.** ~ coal (*comb.*), lignite. **3.** ~ drawing (wool of the hind quarters of the sheep) (*wool ind.*), lana delle cosce. **4.** ~ hematite, *see* brown iron ore. **5.** ~ iron ore (*min.*), limonite. **6.** acid ~ (an acid dye used for coloring wool) (*text. ind.*), colorante acido di colore marrone.
brownian motion (*chem. - phys.*), moto browniano.
browning (automatic Browning firearm) (*firearm*), arma automatica Browing.
brownout (*illum.*) (Am.), illuminazione ridotta. **2.** ~ (partial reduction of illum.) (*milit.*), oscuramento parziale.
brownprint (*phot.*), copia seppia.
brownware (utility earthenware) (*n. - domestic pottery*), vasellame di terracotta smaltata marrone.
"BRR" (basic radial rating, of a bearing) (*mech.*), carico base radiale.
"brs" (brass) (*metall.*), ottone.
bruise (contusion) (*med.*), contusione.
bruise (to) (*gen.*), ammaccare.
brush (*text. ind. - etc.*), spazzola. **2.** ~ (*opt.*), fascio (di raggi luce). **3.** ~ (for painting) (*point. t.*), pennello. **4.** ~ (of elect. mach.), spazzola. **5.** ~ (for rubbing) (*impl.*), spazzola. **6.** ~ collar, *see* brush ring. **7.** ~ commutator (*elect.*), commutatore a spazzole. **8.** ~ contact (*elect.*), contatto a spazzola. **9.** ~ dampener (*app.*), umettatore a spazzola. **10.** ~ discharge (*elect.*), scarica a fiocco, scarica (continua) dovuta a basso isolamento (umidità ecc.). **11.** ~ holder (of elect. mach.), portaspazzole (o portacarbone). **12.** ~ holder column (or stud: with insulating bushing, for electric mot.) (*electromech.*), colonnina portaspazzole. **13.** ~ lifting device (of elect. mach.), dispositivo sollevamento spazzole. **14.** ~ mark (*paint. defect*), cordonatura, striature lasciate dal pennello. **15.** ~ ring (of an elect. mach.), collare portaspazzole. **16.** ~ shifting (*elect.*), spostamento delle spazzole. **17.** ~ sparking (as of a dynamo) (*elect.*), scintillamento alle spazzole. **18.** ~ spring (*elect. mach.*), molla premispazzola. **19.** ~ station (relating to punched card holes sensed by brushes) (*comp.*), stazione di lettura per mezzo di spazzole. **20.** ~ trimmer (*elect. impl.*), apparecchio per tagliare le spazzole. **21.** ~ wheel (for polishing) (*t.*), spazzola a disco. **22.** bristle ~ (for painting) (*impl.*), pennello di setola. **23.** circular ~ (as for a buffer) (*impl.*), spazzola circolare. **24.** continuously rated ~ motor (*electromech.*), motore a spazzole fisse. **25.** flat ~ (for painting) (*impl.*), pennellessa. **26.** guard ~ (in a side contact rail) (*elect. - railw.*), spazzola di contatto (con la terza rotaia). **27.** reading ~ (for punched card holes) (*comp.*), spazzola di lettura. **28.** sliding ~ (*elect.*), spazzola (colletrice) a contatto strisciante. **29.** tube ~ (*boil. impl.*), scovolo. **30.** twin ~ holder (as for continuously rated brush gear motors) (*electromech.*), portaspazzole doppio. **31.** varnish ~ (*paint. t.*), pennello. **32.** water ~ (for washing cars, etc.) (*aut. - etc.*), idrospazzola. **33.** wire ~ (for rubbing) (*t.*), spazzola metallica. **34.** wire wheel ~ (*t.*), spazzola metallica circolare.
brush (to), spazzolare.
brushing (pressing of a metal brush against the pulpstone) (*paper mfg.*), spazzolatura.
brushless (excitation method, with electronic circuit) (*elect. mach.*), "brushless", senza spazzole. **2.** ~ motor (*elect. mach.*), motore "brushless", motore senza spazzole.
brushout (*paint.*), campione di verniciatura.
brush-polishing (*paper mfg.*), lucidatura a spazzola.
brush-proof (proof obtained from a form that has been inked by means of a brush) (*typ.*), bozza (ottenuta inchiostrando la forma) (*typ.*), bozza (ottenuta inchiostrando la forma) con la spazzola.
brushwood (for fire) (Am.), fascina. **2.** ~ (thicket) (*wood*), macchia.
bruting (process of cutting diamonds by rubbing one against the other) (*technol.*), sgrossatura.
"brz" (bronze) (*metall. - mech. draw.*), bronzo.
"BRZG" (brazing) (*mech. technol.*), brasatura.
"BS" (British Standard) (*mech. draw.*), normale britannico. **2.** ~ (balance sheet) (*adm.*), bilancio. **3.** ~ (bill of sale) (*adm.*), documento di vendita. **4.** ~, *see* backspace.
"BSB" (British Standard Beam) (rolled steel I section) (*mech. draw.*), profilato (laminato) a doppio T rispondente al normale britannico.
"BSBA" (British Standard Bulb Angle) (rolled steel section) (*mech. draw.*), profilato ad L a bulbo rispondente al normale britannico.
"BSBP" (British Standard Bulb Plate) (rolled steel section) (*mech. draw.*), ferro a bulbo rispondente al normale britannico.
"BSC" (British Standard Channel) (rolled steel section) (*mech. draw.*), profilato ad U rispondente al normale britannico. **2.** ~, *see* binary synchronous communication.

B-scope (radarscope indicating range and angle of the target) (*aer. - radio*), schermo radar che rileva direzione e distanza.
"BSEA" (British Standard Equal Angle) (rolled steel section) (*mech. draw.*), profilato ad L a lati uguali rispondente al normale britannico.
"bsfc" (brake specific fuel consumption) (*mot.*), consumo specifico al freno.
"BSF" thread (British Standard Fine thread) (*mech. draw.*), filettatura fine normale britannica.
"bsh", *see* bushel.
"BSI" (British Standard Institute) (*draw. - etc.*), Istituto Britannico di Normalizzazione (o Unificazione). **2.** ~ emulsion speed system (British Standard Institution emulsion speed system) (*phot.*), scala B.S.I. per la sensibilità delle emulsioni (fotografiche).
"Bs/L" (bills of lading) (*transp.*), polizze di carico.
"bsmith" (blacksmith) (*work.*), fabbro.
"bsmt" (basement) (*bldg.*), basamento, base.
"BSP" thread (British Standard Pipe thread) (*mech. draw.*), filettatura gas normale britannica.
"BST" (British Standard Tee) (rolled steel Tee section) (*mech. draw.*), profilato a T rispondente al normale britannico.
"BSUA" (British Standard Unequal Angle) (rolled steel angle section) (*mech. draw.*), profilato ad L a lati disuguali rispondente al normale britannico.
"BSW" (bottom sediment and water, as in a tank) (*boil. - etc.*), sedimenti ed acqua.
"BSW" thread (British Standard Whitworth thread) (*mech. draw.*), filettatura Whitworth normale britannica.
"bt" (bent) (*mech. - iron carp.*), curvato, piegato. **2.** ~ *see* boat.
"BTC", "btc" (before top center, of a piston, advance etc.) (*mot.*), prima del punto morto superiore.
"BTDC" (before top dead center) (*mot.*), prima del punto morto superiore.
"BTH" (berth, box or place for humans to sleep in) (*naut. - railw. - etc.*), cuccetta. **2.** ~ (berth, for ships) (*naut.*), posto d'ormeggio, posto di fonda, ancoraggio.
"B to B" (back to back) (*instr. - etc.*), schiena contro schiena.
"BTR" (basic thrust rating: of a bearing) (*mech.*), carico base assiale.
"btry" (bty, battery) (*elect.*), batteria.
"BTU" (British Thermal Unit = 0.25199 Cal.) (*therm. meas.*), unità termica inglese. **2.** ~ (Board of Trade Unit equal to one kilowatt-hour) (*meas.*), unità corrispondente ad 1 kwh.
"btwn" (between) (*abbr.*), fra, tra, in mezzo a.
"bty", *see* battery.
"BU" (burnish!) (*mech. draw.*), brunire.
"bu" (bushel) (*meas.*), bushel.
bubble (*phys.*), bolla, bollicina. **2.** ~ (as of a spirit level instr.) (*instr.*), bolla, bolla della livella. **3.** ~ cap (of a distillation column) (*chem. ind.*), campana di gorgogliamento. **4.** ~ casting process (for forming thin-walled aluminium containers on the lines of glass-blowing) (*mech. technol.*), procedimento di soffiatura (dell'alluminio). **5.** ~ memory (*comp.*), memoria a bolle. **6.** ~ tower (*ind. chem.*), torre (con piatti) a gorgogliamento. **7.** gas ~ (*phys.*), bolla di gas. **8.** magnetic ~ (microcylinder of magnetic material: representing a bit of information) (*comp.*), bolla magnetica. **9.** ~ *see*, magnetic bubble.
bubble (to) (of a battery under charge) (*elect.*), bollire. **2.** ~ (as of a gas forced to run through a liquid) (*chem.*), gorgogliare.
bubbling (*geol. - chem. - found.*), ribollimento, gorgogliamento, sobbollimento. **2.** ~ (film defect) (*paint.*), bollicine.
bubbling-through (passage of gas through a metal bath) (*found.*), gorgogliamento.
buck (sawhorse, sawbuck) (*impl.*) (Am.), cavalletto. **2.** ~ (steel support as used for a panel board) (*impl.*) (Am.), intelaiatura di sostegno in acciaio. **3.** ~ (a dead plate, of a furnace) (*glass mfg.*), piastra fissa. **4.** ~ (wooden support for body models study) (*aut. bodywork t.*), armatura di legno. **5.** ~ (bending block) (*sheet metal w.*), attrezzo per piegatrice. **6.** ~ (jig for assemblage) (*aer. constr.*), scalo (di assemblaggio). **7.** ~ (rough wood door frame embedded in wall during constr.) (*bldg.*), telaio grezzo posto in opera originariamente dal muratore.
buck (to) (to act in opposite way) (*elect.*), opporsi, agire in opposizione. **2.** ~ (to reduce the voltage) (*elect.*), ridurre la tensione. **3.** ~ (to provide reaction so that a rivet may be driven or some pushing work done) (*mech.*), contrastare.
bucker (large head hammer) (*min.*), martello da minatori (a testa larga). **2.** ~, *see* bucker-up.
bucker-up (holds in place the rivet) (*riveting work.*), aiuto ribaditore.
bucket (*impl.*), secchio. **2.** ~ (as of a dredge) (*naut. - impl.*), cucchiaia. **3.** ~ (of a Pelton wheel) (*hydr.*), cucchiaia. **4.** ~ (*naut. impl.*), bugliolo. **5.** ~ (of an endless belt conveyor) (*mech.*), tazza. **6.** ~ (vessel for hoisting or excavating) (*ind. mach. impl.*), benna. **7.** ~ (valved piston of a pump) (*mech.*) (Brit.), pistone valvolato. **8.** ~ (as of a steam turbine) (*mech.*), paletta del rotore. **9.** ~ (for deflecting the flow: as of water) (*hydr.*), deflettore. **10.** ~ (data stored in a memory cell and representing the standard unit in data transfer on a magnetic disk: made of one or more blocks) (*comp.*), unità di trasferimento dati su disco. **11.** ~ elevator (*ind. mach.*), elevatore a tazze. **12.** ~ front loader (*road constr. impl.*), caricatore a benna frontale. **13.** ~ loader (*earth moving*

mach.), secchione caricatore semovente. **14.** ~ seat (for an individual, with rounded back, hinged or not) (*aut.* - *etc.*), sedile singolo avvolgente. **15.** ~ seat (as in ancient racing cars) (*aut.*), "baquet", sedile a "baquet". **16.** ~ trap (eliminating condensed water) (*steam pip.*), scaricatore di condensa. **17.** ~ type tappet (operated from an overhead camshaft) (*mot.*), punteria a bicchierino. **18.** automatic ~ (for excavating) (*ind. impl.*), benna automatica. **19.** canvas ~ (*milit.* - *naut.* - *navy* - *impl.*), secchio di tela, bugliolo di tela. **20.** clamshell ~ (grab bucket) (*ind. mach. impl.*), benna a valve, benna mordente. **21.** conveying ~ (*transp. impl.*), benna da trasporto. **22.** excavating ~ (*earth moving impl.*), benna da scavo. **23.** grab ~ (as of a crane) (*impl.*), benna a valve, benna mordente. **24.** grapple ~ (grab bucket) (*ind. mach. impl.*), benna a valve. **25.** orange-peel ~ (type of grab bucket) (*ind. lifting impl.*), benna a quattro valve (o spicchi), benna a polipo. **26.** self-dumping ~ (*ind. mach. impl.*), benna a rovesciamento automatico. **27.** skeleton ~ (crane implement) (*ind. app.*), benna a gabbia.

bucket brigade device, "BBD" (*elics.*), tipo di semiconduttore a trasferimento di carica.

bucketline (train of buckets: as of an elevator) (*mech. app.*), treno di tazze.

bucking (*elect.*), in opposizione. **2.** ~ (installing as a body on the buck: as for carrying it through the processing line) (*aut. mfg.*), sistemazione sull'apposito supporto. **3.** ~ bar (for backing up rivets in clinching operation) (*mech. t.*), controferro, controbutteruola. **4.** ~ coil (*radio*), bobina di compensazione. **5.** ~ current (*elect.*), corrente in opposizione. **6.** ~ hammer (bucking iron, a flat faced hammer for pulverizing ore) (*min.*), mazza da minatore. **7.** ~ transformer (*electromech.*), trasformatore in opposizione.

buckle (as of a strap), fibbia. **2.** ~ (of a buckle scab, defect on a casting) (*found.*), fibbia. **3.** ~ (bend, as of a bar) (*mech. technol.*), ingobbatura. **4.** ~ (bulge, sheet metal defect, as during the drawing operation) (*sheet metal w.*), rigonfiamento, protuberanza, gobba.

buckle (to) (to bend permanently), deformare permanentemente. **2.** ~ (to fasten with a buckle), infibbiare, affibbiare.

buckling (*mech.*), deformazione di compressione. **2.** ~ (of a hull) (*naut.*), infestonamento. **3.** ~ (permanent bending) (*mech.*), schiacciamento. **4.** ~ (deep drawing defect forming of bulges) (*sheet metal w.*), formazione di ingobbature (o rigonfiamenti o protuberanze). **5.** ~ (as a bulge or bend caused by compressive stresses) (*sheet metal w.*), ingobbatura, rigonfiamento, deformazione da pressoflessione. **6.** ~ (structural deformation) (*aer.*), imbozzamento, ingobbamento. **7.** ~ (characteristic parameter of a nuclear reactor) (*atom phys.*), "buckling". **8.** ~ (as of accumulator plates) (*phys.*), incurvamento. **9.** ~ (scabs, on a casting) (*found.*), *see* scab. **10.** ~ test (of sheet metal, by bending through 180 degrees) (*mech. technol.*), prova di piegatura a 180°. **11.** geometrical ~ (of a nuclear reactor) (*atom phys.*), "buckling" geometrico. **12.** material ~ (of a nuclear reactor) (*atom phys.*), "buckling" fisico. **13.** shear ~ (failure, defect) (*sheet metal w.*), deformazione da pressoflessione e taglio. **14.** sine-wave ~ (of a plane sheet metal element) (*sheet metal w. defect*), ondulazione.

bucksaw (*join. impl.*), sega intelaiata a lama tesa.

buckthorn (tree used for dyeing), ramno.

budding (*rubb. ind.*), innesto.

buddle (app. for concentrating crushed or by running water) (*min. app.*), concentratore idraulico.

budget (statement of estimated expenses and revenues of a country) (*finan.*), bilancio governativo. **2.** ~ (as of a factory) (*adm.*), bilancio preventivo, "budget". **3.** financial ~ (of a big company) (*finan.* - *adm.*), budget (o bilancio preventivo) dell'esercizio finanziario. **4.** operating ~ (*adm.*), budget, bilancio preventivo (dell'esercizio in corso).

budget (to) (*factory adm.*), fare un bilancio preventivo.

budgetary (*adm.*), "budgetario", riferentesi al (bilancio) preventivo.

budgeteer (budgeter, one who makes up budgets) (*finan.-adm.*), esecutore di bilanci preventivi, esecutore di budget.

buff (special quality of leather for bobs) (*ind.*), cuoio speciale per pulitrici. **2.** ~ bob (a leather covered tool with wooden center) (*shop impl.*), disco per pulitrice con rivestimento di cuoio.

buff (to) (to polish with a buffing wheel) (*mech. operation*), lucidare, brillantare. **2.** to wire ~ (*ind.*), passare alla (o con) spazzola metallica.

buffer (*mach. t.*), pulitrice. **2.** ~ (as of a railw. car), respingente. **3.** ~ (of a buffer gear) (*railw.*), respingente. **4.** ~ (*work.*), operaio addetto alla pulitrice. **5.** ~ (*chem.*), tampone. **6.** ~ (*mech.*), paracolpi. **7.** ~ (as an electronic circuit used to separate two radio circuits) (*elics.*), stadio separatore, circuito separatore, "buffer". **8.** ~ (memory area used as temporary storage of data) (*comp.*), memoria tampone, memoria di transito, "buffer". **9.** ~ bolt (*railw.*), *see* buffer stem. **10.** ~ case (of a buffer gear) (*railw.*), custodia per respingente. **11.** ~ casting (*railw.*), custodia (fusa) del respingente. **12.** ~ (conical) spring (*mech.*), molla per respingenti. **13.** ~ gear (of a locomotive) (*railw.*), organo di repulsione. **14.** ~ head (*railw.*), *see* buffer plate. **15.** ~ plate (*railw.*), piatto del respingente. **16.** ~ solution (*chem.*), soluzione tampone. **17.** ~ stage (for preventing load fluctuations affecting the characteristics of preceding circuits) (*electroteleph.*), stadio separatore. **18.** ~ State (*politics*), stato cuscinetto. **19.** ~ stem (*railw.*), asta del respingente. **20.** ~ stocks (*ind. - adm.*), scorte di polmone, scorte cuscinetto, "buffer stocks". **21.** ~ storage (*comp.*), memoria di transito. **22.** ~ volute spring (of a buffer gear) (*railw.*), molla a bovolo per respingente. **23.** centre ~ coupler (of a locomotive) (*railw.*), gancio a repulsione centrale, gancio tipo Shaffenberg. **24.** incoming ~ (*comp.*), memoria di transito in entrata. **25.** peripheral ~ (permits a temporary data storage when two transmitting apparatus are operating at different speeds) (*comp.*), memoria periferica di transito.**26.** rubber ~ (fender, bumper) (*mech.*), tampone di gomma, paracolpi di gomma. **27.** spring ~ (*railw.*), respingente a molla. **28.** video ~, *see* video.

buffer (to) (*comp.*), mettere in memoria temporanea (di transito o tampone), bufferizzare.

buffered (*comp.*), con memoria di transito, con memoria tampone. **2.** ~ solution (*chem.*), soluzione tamponata.

buffering (*comp.*), memorizzazione temporanea (tampone o di transito), "bufferizzazione". **2.** data base ~ (*comp.*), memorizzazione temporanea della base dati. **3.** dynamic ~ (*comp.*), gestione dinamica del buffer. **4.** exchange ~ (*comp.*), memorizzazione temporanea di scambio, "bufferizzazione" di scambio. **5.** static ~ (*comp.*), gestione statica del buffer.

buffet (as in a railway station) (*bldg.*), "buffet", ristorante. **2.** ~ (*furniture*), credenza, "buffet". **3.** ~ (the shaking of an aer. at excessive speed) (*aer.*), scuotimento.

buffeting (irregular vibration) (*aer.*), scuotimento.

buffing (with a buffing wheel) (*shop operation*), lucidatura, pulitura. **2.** ~ (buffer action, as of a railw. car) (*railw.*), repulsione. **3.** ~ head (*mach. t.*), pulitrice. **4.** ~ load test (*railw.*), prova di repulsione. **5.** ~ machine (*mach. t.*), lucidatrice, pulitrice. **6.** ~ wheel (*mech. impl.*), disco per pulitrice.

bug (*m. pict.*), insetto che (attraversando il campo di presa) rovina una scena. **2.** ~ (*naut.*), *see* bug light. **3.** ~ (defect) (*gen.*), difetto. **4.** ~ (piece which is difficult to typeset) (*print.*), pezzo di difficile composizione. **5.** ~ (hidden microphone) (*electroacous.*), microfono spia. **6.** ~ (fault, error) (*comp.*), errore. **7.** ~ juice (propeller deicing fluid) (*aer. - coll.*), fluido antighiaccio. **8.** ~ key (*telegraphy*), tasto semiautomatico. **9.** ~ light (flashlight) (*naut. - coll.*) fanale a luce intermittente.

buggy (truck for heavy materials) (*ind.*), carrello per materiali pesanti. **2.** ~ (of an aerial conveyor or hoist) (Am. coll.) (*ind. app.*), carrello (di supporto del paranco). **3.** ~ (infested by bugs: as a program or a mach.) (*a. - comp. - etc.*), scorretto, che funziona male. **4.** marsh ~ (swamp buggy) (*aut.*), mezzo di trasporto per terreni paludosi.

bugler (*milit.*), trombettiere.

build (capacity to make a continuous and efficient coating of paint) (*paint.*), attitudine a formare un consistente film continuo.

build (to) (*gen.*), fabbricare, costruire. **2.** ~ another floor (*bldg.*), rialzare di un piano. **3.** ~ in (*mech. - etc.*), incorporare.

builder, costruttore. **2.** ~ (a substance, as sodium carbonate, added to synthetic detergents etc.) (*ind.*), emulsionante.

builders (building contractors), impresa edile, impresa di costruzioni.

builder's certificate (*law*), certificato di costruzione.

builder's jack (a type of scaffolding used in order to make repairs from a window) (*bldg.*), elemento di ponteggio sospeso.

builder's knot (*naut.*), doppio collo, nodo parlato.

building, costruzione. **2.** ~ (*n. - arch.*), fabbricato, edificio. **3.** ~ (pertaining to the art of constructing houses) (*a. - bldg.*), edile. **4.** ~ (art of constructing houses) (*n. - build.*), edilizia. **5.** ~ berth (*shipbuild. - naut.*), scalo. **6.** ~ code (*law*), regolamenti edilizi. **7.** ~ frame (*bldg.*), ossatura muraria. **8.** ~ skeleton (*bldg.*), ossatura dell'edificio. **9.** ~ slip (the inclined structure on which a ship is built) (*shipbuild.*), scalo di costruzione. **10.** ~ soil (*bldg.*), terreno fabbricabile. **11.** cheap ~ (low rent) (*bldg.*), casa popolare. **12.** composite ~ system (*shipbuild.*), sistema misto di costruzione. **13.** factory ~ (*bldg.*), fabbricato per uso industriale. **14.** habitation ~ (*bldg.*), fabbricato ad uso abitazione. **15.** haphazard ~ (building at random) (*city planning*), costruzione senza piano regolatore. **16.** loft ~ (large building without partitions) (*bldg.*), capannone. **17.** longitudinal ~ system (*shipbuild.*), sistema longitudinale di costruzione. **18.** office ~ (*bldg.*), fabbricato per uffici. **19.** steel-framed ~ (*bldg.*), costruzione in ferro, fabbricato con ossatura in ferro.

building-up of images (*telev.*), sintesi dell'immagine.

buildup (quantity produced by building up, increase) (*gen.*), apporto, aumento. **2.** ~ (as carbon deposits on metal surfaces) (*mot. - etc.*), depositi.

build up (to) (to increase: as the voltage of a generator) (*elect.*), aumentare.

built (*gen.*), costruito. **2.** custom ~ (as of a car body) (*comm. - ind.*), (modello) fuori serie.

built-in (*constr. theor.*), incastrato. **2.** ~ (*mech.*), incorporato. **3.** ~ (as of a control gear in the body of a mach. t.) (*mech.*), incassato. **4.** ~ (as of the valve seat of mot.) (*mech.*), riportato. **5.** ~ bookcase (*bldg.*), libreria a muro. **6.** ~ microphone (as in a camcorder) (*audiovisuals*), microfono incorporato.

built-up (as of a structure composed of separate pieces) (*a. - mech.*), composto. **2.** ~ area (*bldg.*), area fabbricata, area urbana. **3.** ~ wooden girder (*bldg.*), trave composta in legno.

bulb (incandescent lamp) (*elect.*), lampadina. **2.** ~ (as of a thermometer) (*instr.*), bulbo. **3.** ~ (as of incandescent lamps) (*elect. illum.*), ampolla. **4.** ~ (thermionic valve) (*radio*), valvola termoionica. **5.** ~ (a camera setting that opens the shutter by pressing a release button and closes when the pressure stops: it is generally operated by a pneumatic bulb) (*phot.*), scatto a pompetta, scatto per pose brevi. **6.** ~ (glass bowl of incandescent lamp) (*elect. lamp constr.*), ampolla, bulbo. **7.** ~ angle (angle iron with one bulbous edge) (*comm. metall.*), profilato ad angolo con bulbo. **8.** ~ bar, *see* bulb iron. **9.** ~ beam, *see* bulb iron. **10.** ~ horn (obsolete aut. accessory) (*aut.*), tromba a pera. **11.** ~ iron (*metall. ind.*), profilato (di ferro) a bulbo, ferro a bulbo. **12.** ~ rectifier (*elect.*), raddrizzatore termoionico. **13.** ~ socket (*elect.*), portalampada. **14.** dry ~ thermometer (*instr.*), termometro asciutto, termometro a bulbo asciutto. **15.** electric ~ (*elect.*), lampadina elettrica. **16.** flat ~ (iron) bar (*metall. ind.*), (ferro) piatto a bulbo, barra piatta a bulbo. **17.** flood ~, *see* photoflood lamp. **18.** Hempel absorption ~ (*chem. impl.*), pipetta di Hempel. **19.** potash bulbs (*chem. impl.*), tubo a bolle per assorbimento ad alcali. **20.** wet ~ thermometer (*instr.*), termometro bagnato, termometro a bulbo bagnato.

bulbous (round, of bulblike form) (*a. - aut. body - etc.*), tondeggiante. **2.** ~ bow (as in highspeed passenger vessels, the stem of which below the water surface expands in a bulb form near the keel) (*shipbuild.*), con prua a bulbo.

bulb-tee (*metall. ind.*), T a bulbo. **2.** ~ iron (or girder) (*metall. ind.*), ferro a T a bulbo.

bulge (as of a wall), rigonfiamento. **2.** ~ (*naut.*), controcarena. **3.** ~ (structure made outside the hull to eliminate effects of torpedoes, mines, bombs etc.) (*navy*), controcarena. **4.** ~ die (*t.*), stampo a bugna.

bulge (to) (as sheet metal w. defect) (*technol.*), ingobbarsi, curvarsi.

bulged (*gen.*), incurvato. **2.** ~ (as the plates of a vessel, bent outward) (*naut.*), ingobbato, bombato verso l'esterno.

bulging (of sheet metal) (*mech. technol.*), ingobbamento.

bulk (volume, magnitude), volume, grandezza. **2.** ~ (cargo) (*naut.*), carico. **3.** ~ (hold) (*naut.*), stiva. **4.** ~ (spatial dimensions; as of a building) (*bldg.*), cubatura (fatta considerando il vuoto per pieno). **5.** ~ factor (the ratio of the volume of loose molding powder to the volume of the finished molded article) (*plastics ind.*), fattore di contrazione (di volume). **6.** ~ modulus (*mech.*), modulo di elasticità cubica. **7.** in ~ (in a mass: as of loose materials) (*gen.*), in massa, alla rinfusa. **8.** laden in ~, caricato alla rinfusa.

bulkhead (*naut.*), paratìa. **2.** ~ (partition between compartments) (*aer.*), paratìa, diaframma. **3.** ~ (for supporting the earth thrust: as in a tunnel) (*mas.*), muratura di sostegno. **4.** ~, *see* penthouse. **5.** ~ deck (*naut.*), ponte delle paratìe stagne. **6.** anti-collision ~ (anti-telescoping device) (*railw.*), diaframma anticompenetrazione (per evitare che s'incastri una vettura nell'altra in caso di tamponamento). **7.** armored ~ (*navy*), paratìa corazzata. **8.** collision ~ (*naut.*), paratìa di collisione. **9.** fireproof ~ (*naut. - aer.*), paratìa tafliafuoco, paratìa parafiamma. **10.** longitudinal ~ (*naut. - aer.*), paratìa longitudinale. **11.** longitudinal watertight ~ (*shipbuild.*), paratìa stagna longitudinale. **12.** peak ~ (*naut.*), paratìa del gavone. **13.** temporary ~ (*naut.*), paratìa volante. **14.** transverse watertight ~ (*shipbuild.*), paratìa stagna trasversale. **15.** trunk ~ (as surrounding a cargo hatchway) (*naut.*), cofano. **16.** watertight ~ (*naut.*), paratìa stagna.

bulkiness (*gen.*), voluminosità.

bulking (increase in volume, as of paper pulp) (*gen.*), aumento di volume, rigonfiamento. **2.** ~ agent (*rubb. ind.*), ingrediente di carica.

bull (taurus) (*astr.*), toro. **2.** ~ (in stock exchange) (*finan.*), rialzista. **3.** ~ block (die for reducing the size: as of a wire by drawing) (*t.*), matrice della trafila. **4.** ~ gear (*mech.*), ingranaggio gigante. **5.** ~ market (in stock exchange) (*finan.*), mercato al rialzo. **6.** ~ pump (type of steam pump) (*mach.*), pompa a vapore verticale. **7.** ~ ring (as of a piston) (*mot.*), anello di sostegno e di separazione delle fasce elastiche. **8.** ~ riveter (stationary mach.) (*mach. t.*), chiodatrice fissa. **9.** ~ wheel (main gear of a mechanism) (*mech.*), ingranaggio (o ruota motrice) principale. **10.** ~ wheel (drum of a hoist) (*naut. - bldg.*), tamburo del verricello.

bull (bulletin) (*meteorol. - etc.*), bollettino.

bulldog (for the hearth of a furnace) (*found.*), refrattario di rivestimento. **2.** ~ (pistol) (*firearm*), pistola di grosso calibro a canna corta.

bulldoze (to) (*earthmoving*), sgombrare, livellare.

bulldozer (upsetting press) (*metall. ind. mach.*), fucinatrice orizzontale. **2.** ~ (*earth moving mach.*), apripista, bulldozer. **3.** ~ (forging press) (*metall. ind. mach.*), fucinatrice (orizzontale).

bullet (*firearm*), pallottola. **2.** ~ (as a neutron, for obtaining fission) (*atom phys.*), proiettile (per bombardamento di nuclei). **3.** ~ catch (bullet latch) (*mech.*), chiavistello comandato da maniglia. **4.** ~ splash (*milit.*), frammentazione della pallottola. **5.** armor-piercing ~ (*expl.*), pallottola perforante. **6.** explosive ~ (*milit.*), pallottola esplosiva. **7.** incendiary ~ (*milit.*), pallottola incendiaria. **8.** spent ~ (of a firearm), pallottola morta. **9.** tracer ~ (*milit.*), pallottola tracciante.

bulletin (periodical publication), bollettino. **2.** news ~ (newsletter) (*comm.*), notiziario.

bulletproof (*a. - milit.*), a prova di proiettile.

bullhorn (loudspeaker) (*naut. impl.*), altoparlante nautico.

bullion (*finan. - comm.*), lingotti di oro (o argento). **2.** base ~ (crude lead containing silver or gold and silver) (*metall.*), piombo grezzo con argento (o argento e oro).

bullish (of a stock market looking toward rising prices) (*a. - finan.*), in rialzo, toro.

bullnose, bullnosed plane (*carp. t.*), pialletto a sponderuola.

bull's-eye (glass disk on a ship's side) (*naut.*), oblò. **2.** ~ (of a target) (*milit.*), barilotto. **3.** ~ (wooden block) (*naut.*), mandorla. **4.** ~ (lens) (*opt. - phot.*), occhio di bue.

bullwork (*w.*), lavoro manuale pesante.

bulwark (*milit.*), spalto. **2.** ~ (rampart) (*milit.*), bastione. **3.** ~ plating (*naut.*), lamiera di murata.

bulwarks (*naut.*), parapetto di murata. **2.** ~ stay (*naut.*), candeliere di murata. **3.** main ~ (*naut.*), murata principale.

bumboat (*navy*), barca dei viveri.

bumkin (*naut.*), *see* bumpkin.

bummer (low two-wheeled truck for transporting logs) (*veh.*), carrello a due ruote (per trasporto tronchi). **2.** ~ (worker superintending the conveyors) (*min. - work.*), addetto ai trasportatori.

bump (*gen.*), scossa, urto. **2.** ~ (collision of a veh. with the back of the preceding one) (*aut. - railw. - etc.*), tamponamento. **3.** ~ (*gen.*), rigonfiamento, protuberanza. **4.** ~ (compression, of a suspension) (*aut.*), compressione. **5.** ~ (of a shock absorber) (*veh.*), compressione. **6.** ~ (jolt caused by ascending or descending air currents, on a plane) (*aer.*), scossa, salto. **7.** ~ contact (in transistor mounting) (*elics.*), "piazzola". **8.** ~ joint (pipe-and-flange joint: the end of the pipe goes in a recess of the flange) (*pip.*), giunto ad una flangia. **9.** full ~ position (of a suspension) (*aut.*), (posizione di) escursione massima. **10.** rubber rear ~ (*aut.*), rostro posteriore in gomma antitamponamento. **11.** upward projecting ~ (defect of a road) (*road*), asperità (del fondo stradale).

bump (to) (*veh.*), collidere, urtare. **2.** ~ (to collide with the back of a preceding vehicle on the same path) (*aut. - railw. - etc.*), tamponare. **3.** ~ through (as said of shock-absorbers) (*aut.*), essere scarico, essere privo di azione frenante.

bumper (as of railw. cars), respingente. **2.** ~ (*naut. impl.*), parabordo. **3.** ~ (as for aut.), paraurti. **4.** "~" (jolt molding machine) (*found. mach.*), formatrice a scossa. **5.** ~ guard (bump rubber or metal) (*aut.*), rostro del paraurti. **6.** ~ spring (of a watch, auxiliary spring) (*horology*), molla ausiliaria. **7.** spring-loaded ~ (*aut.*), paraurti a molla.

bumpiness (series of jumps due to atmospheric disturbance) (*aer.*), ballo.

bumping post (as at a track end) (*railw.*), respingente fisso. **2.** ~ conveyor (*min.*), trasportatore a scosse. **3.** ~ hammer (for sheet metal work) (*mach. t.*), maglietto da calderai. **4.** ~ table (*min.*), tavolo (separatore) a scosse. **5.** hand ~ (of sheet metal) (*mech.*), imbutitura a mano.

bumpkin (projecting boom) (*naut.*), buttafuori.

bumpometer, bumpmeter (*road defect meas.*), misuratore delle irregolarità superficiali (buche).

buna (German synthetic rubber) (*ind. chem.*), buna, gomma sintetica tedesca. **2.** ~ N (copolymer of butadiene and acrylonitrile) (*ind. chem.*), buna N. **3.** ~ S (copolymer of butadiene and styrene) (*ind. chem.*), buna S.

bunch (*gen.*), ciuffo, pennacchio. **2.** ~ (tuft: as of wool) (*text. ind.*), fiocco. **3.** ~ (group of things) (*gen. - milit.*), gruppo. **4.** ~ (as of electrons) (*radio - elect.*), pacchetto, gruppo. **5.** ~ filament (of a bulb) (*illum.*), filamento a zig-zag.

bunch (to) (to group together) (*gen.*), raggrupparsi. **2.** ~ (as of electrons) (*radio - elect.*), accumularsi, raggrupparsi.

buncher (cavity of a klystron) (*elics.*), addensatore.

bunching (as of electrons) (*radio - telev.*), accumulo. **2.** ~ (of vehicles) (*road traff.*), ingorgo, agglomeramento.

bunchy (as a vein) (*min.*), di resa irregolare.

bundle (package), involto, pacco. **2.** ~ (collection of things rolled together: as of papers), rotolo. **3.** ~ of firewood, fascina. **4.** ~ of kindling wood, fascinotto. **5.** ~ of rays (*geom.*), *see* pencil of rays.

bundling (of yarn) (*text. ind.*), imballaggio (dei filati). **2.** ~ (as of steel bars for transport purposes) (*ind.*), formazione di fasci.

bung (of a cask) (*ind.*), cocchiume, tappo.

bungalow (*bldg.*), abitazione (di origine coloniale) ad un piano con veranda, "bungalow".

bungee (elastic rope for braking planes on the carrier deck) (*air force - navy*), cavo elastico. **2.** ~ (tension device, as a spring) (*mech. - etc.*), tenditore elastico.

bunghole (of a cask) (*ind.*), cocchiume, foro di riempimento.

bunk (bed: as in a ship) (*naut.*), cuccetta a castello. **2.** ~ (*railw.*), *see* log bunk. **3.** log ~ (of a logging car) (*railw.*), traversa supporto tronchi. **4.** two-tier bunks (a pair of beds mounted in a caravan at different levels, usually not one above the other) (*veh.*), coppia di letti sistemati in due piani differenti.

bunker (coal storehouse), deposito di combustibile, carbonile. **2.** ~ (*milit.*), bunker, casamatta. **3.** ~ (hold) (*naut.*), stiva per carbone.

bunker (to) (to supply with coal) (*naut.*), carbonare, far carbone, rifornirsi di carbone. **2.** ~ (to supply with fuel oil) (*naut.*), rifornirsi di olio combustibile.

bunkerage (the filling of the ship bunker with coal or fuel oil) (*naut.*), bunkeraggio.

bunt (of a square sail or yard) (*naut.*), parte mediana. **2.** "~" (maneuver of an aircraft formed by a half inverted loop and a half roll) (*aerobatics*) (Brit.), virata imperiale, "Immelmann".
bunting (*text.*), stamigna, stamina.
buntline (rope secured to the foot of a sail and used for hauling the sail to the yard) (*naut.*), caricamezzo.
buoy (*naut. impl.*), boa, gavitello. **2.** ~ rope (*naut.*), grippia. **3.** anchor ~ (*naut.*), boa d'àncora. **4.** bell ~ (*naut.*), boa con campana. **5.** cable ~ (*naut.*), boa di segnalazione di un cavo (sottomarino). **6.** can ~ (*naut.*), boa cilindrica. **7.** chequered ~ (*naut.*), boa dipinta a scacchi. **8.** fairway ~ (*naut.*), boa di passaggio navigabile. **9.** gong ~ (*naut.*), boa per (o di) segnalazione acustica. **10.** lattice ~ (*naut.*), boa a traliccio. **11.** life ~ (*naut. impl.*), salvagente. **12.** light ~ (*naut.*), boa luminosa. **13.** marker ~ (as for a safe navigation) (*naut.*), boa di segnalazione. **14.** mooring ~ (*naut.*), boa d'ormeggio. **15.** obstruction ~ (*navig.*), boa (di) segnalazione ostacolo. **16.** satellite ~ (passive sonobuoy used in conjuction with an active buoy) (*navy - und. acous.*), boa satellite, boa sonora ripetitrice. **17.** sono-~, *see* sonobuoy. **18.** spar ~ (*naut.*), boa ad asta. **19.** warping ~ (*naut.*), boa di tonneggio. **20.** whistling ~ (*naut.*), boa a fischio.
buoy (to) (*naut.*), disporre le boe.
buoyage (*naut.*), sistema (di segnalazione a mezzo) di boe.
buoyancy (*gen.*), galleggiabilità. **2.** ~ (*aer.*), spinta statica, forza ascensionale. **3.** ~ (*naut.*), spinta di galleggiamento, galleggiabilità. **4.** ~ (*hydr.*), spinta idrostatica. **5.** ~ chamber (*sub.*), compartimento dei regolatori d'immersione. **6.** ~ tank (of a sub.) (*navy*), cassa di emersione. **7.** ~ weight (as of an aerostat) (*aer.*), forza di galleggiamento. **8.** axis of ~ (*hydr.*), asse di galleggiamento. **9.** center of ~ (*aer.*), centro di spinta. **10.** center of ~ (*naut.*), centro di carena. **11.** center of ~ (*hydr.*), centro di galleggiamento. **12.** positive ~ (as of a submarine, a ship, etc.) (*naut. - hydr.*), spinta idrostatica. **13.** reserve ~ (as of a seaplane) (*aer. - naut.*), riserva di galleggiamento.
buoyant (*a. - naut.*), galleggiante, galleggiabile.
"BUP" (bend up) (*mech. - iron carp.*), piegare in su.
bur (*text. ind.*), lappola. **2.** ~, *see also* burr.
burble (turbulence) (*aerodyn.*), turbolenza. **2.** ~ angle (for an airfoil) (*aerodyn.*), angolo d'incidenza critico.
burden (*comm.*), onere, spesa. **2.** ~ (responsibility) (*gen.*), responsabilità. **3.** ~ (overhead expenses) (*adm.*), spese generali. **4.** ~ (obligation expense) (*comm. - finan.*), aggravio. **5.** ~ (weight of the cargo) (*naut.*), portata. **6.** ~ (material charged in a blast furnace: as ore, coke and flux) (*found.*), letto di fusione. **7.** ~ (useless material covering ore) (*min.*), copertura. **8.** ~ (load) (*elect.*), carico. **9.** ~ (the metal charge for a cupola melt) (*found.*), carica metallica (del cubilotto). **10.** ~ (the charge of a blast furnace consisting of ore and flux without fuel) (*found.*), carica. **11.** ~ of proof (duty of proving) (*law*), obbligo della prova. **12.** rated ~ (the maximum permissible input (or output) of an electrical machine specified by the maker) (*elect. mach.*), potenza nominale. **13.** tax ~ (*finan.*), onore fiscale.
burden (to) (as a machine on a production line) (*shop organ.*), caricare.
bureau (office), ufficio. **2.** ~ (desk) (Brit.), scrivania. **3.** ~ (furniture) (Am.), cassettone. **4.** Bureau of Standards (*comm.*), ufficio pesi e misure. **5.** American Bureau of Shipping (*naut.*), Registro Navale Americano.
bureaucracy (*adm. - etc.*), burocrazia.
buret, *see* burette.
burette (*chem. impl.*), buretta.
burgee (*naut.*), bandiera sociale, guidone.
burin (*engraving t.*), bulino, ciappola.
burl (on a tree trunk) (*wood*), escrescenza. **2.** ~ (thread knot in a cloth) (*text. mfg. defect*), nodo.
burlap (jute or hemp fabric) (*text.*), tela di juta (o canapa).
burlap (to) (to wrap in burlap) (*ind.*), avvolgere in tela juta.
burlapping (wrapping in burlap) (*ind.*), avvolgimento in tela juta.
burling (as of lubs or burrs from wool) (*text. ind.*), slappolatura.
burn (ignition of a rocket engine in flight) (*n. - astric.*), accensione.
burn (to) (*gen.*), bruciare, infiammare. **2.** ~ (as clay, cement, etc.), cuocere. **3.** ~ (as of a boil. plate) (*boil.*), bruciare. **4.** ~ (the mix) (*rubb. ind.*), scottare (la mescola). **5.** ~ (to undergo fission or fusion: as uranium, hydrogen etc.) (*atom phys.*), bruciare. **6.** ~ in (as folds in board sheets) (*gen.*), imprimere a fuoco. **7.** ~ out (to destroy with flames) (*ind.*), asportare con fiamma, consumare con la fiamma. **8.** ~ out the bearings (as of mot.), fondere i cuscinetti (o le "bronzine").
burned-over (*a. - gen.*), bruciato.
burned-up (*phot.*), *see* over-exposed.
burner (of a gas fixture), becco a gas. **2.** ~ (as of a jet engine) (*mot.*), bruciatore. **3.** ~ (where the flame is produced) (*ind. fixture*), bruciatore. **4.** ~ (as a pyrite furnace) (*ind. chem.*), forno per piriti, forno per produrre anidride solforosa ecc. **5.** ~ holder (as of a jet engine) (*mech.*), portabruciatore. **6.** batswing ~ (as of a gas fixture for illum.), becco a farfalla. **7.** batwing ~ (gas fixture shape: as for illum.) (*comb. app.*), becco a farfalla. **8.** blast ~ (*chem. app.*), bruciatore per soffieria. **9.** Bunsen ~ (*chem.*), becco Bun-

sen. **10.** conversion ~ (*comb. app.*), bruciatore a combustibili liquidi e gassosi. **11.** cyclone ~ (using pulverized coal) (*therm. installation*), bruciatore a ciclone. **12.** duplex ~ (of a jet engine: burner having two entries for the fuel and a single exit hole) (*aer. mot.*), bruciatore duplex. **13.** gas ~ (*comb. app.*), bruciatore di gas. **14.** gun ~ (as of an oil furnace) (*comb. device*), bruciatore. **15.** nozzle ~ (*mech.*), bruciatore ad ugello. **16.** pilot ~ (pilot flame, of a gas system) (*comb.*), semprevivo. **17.** premix gas ~ (fuel burner in which air is premixed with gas before ignition) (*comb. app.*), bruciatore con premiscelazione. **18.** spill ~ (jet engine burner in which part of the inlet fuel recirculates instead of passing into the combustion chamber) (*aer. mot.*), bruciatore a ricircolazione. **19.** tail pipe ~ (of a jet engine) (*mot.*), *see* afterburner.

burn-in (kind of ageing for elics. circuits for revealing defects before their application) (*elics. test*), invecchiamento preventivo.

burning (*gen.*), bruciatura, combustione. **2.** ~ (of material, with initial melting and oxidation: as of a bearing) (*mech.*), fusione, bruciatura. **3.** ~ (*forging*), bruciatura. **4.** ~ (vulcanization by heat) (*rubb. mfg.*), vulcanizzazione a caldo. **5.** ~ (calcining) (*metall. - limestone*), calcinazione. **6.** ~ in (*found.*), *see* metal penetration. **7.** ~ off (*paint.*), sverniciatura a fiamma. **8.** ~ oil, *see* kerosene. **9.** ~ time (*rckt.*), tempo di combustione del propellente. **10.** cigarette ~ (way of burning of solid propellants for rockets: at one end only) (*rckt. comb.*), combustione a sigaretta.

burning-off (*glass mfg.*), *see* burn-off.

burnish (to) (to polish: a metal) (*mech.*), brunire, lisciare, lucidare.

burnished (as of a metal) (*mech.*), brunito, lisciato, lucidato.

burnisher (*jewellery t.*), brunitoio. **2.** ~ (steel tool used for polishing metallic objects) (*mech. t.*), brunitoio, strumento per lucidare (o levigare). **3.** flat ~ (*bookbinder's t.*), brunitoio piatto. **4.** gear ~ (*mech. t.*), brunitoio per ingranaggi. **5.** tooth ~ (*bookbinder's t.*), brunitoio a dente.

burnishing (*mech. operation*), brunitura, lucidatura. **2.** ~ machine (*mach.*), brunitrice. **3.** ~ machine (*rolling mach.*), rullatrice. **4.** ~ of gear teeth (*mech.*), rullatura dei denti di un ingranaggio. **5.** ~ tooth (of a broach) (*t.*), dente calibratore.

burn-off (*mech. technol.*), *see* flashing allowance. **2.** ~ (the process of severing an unwanted portion of a glass article by fusing the glass) (*glass mfg.*), scalottatura. **3.** ~ machine (the machine that performs the burn-off operation) (*glass mfg. mach.*), scalottatrice.

burnout (of a circuit) (*elect.*), bruciatura, interruzione dovuta a corto circuito (o sovraccarico). **2.** ~ (flameout, as of a jet engine) (*mot. - rckt.*), arresto (o fine) della combustione. **3.** ~ (defect of the combustion chamber walls of a jet engine) (*aer. mot.*), bruciatura. **4.** ~ (rapid decrease in the density of neutral particles in a plasma) (*plasma phys.*), esaurimento delle particelle neutre. **5.** ~ (as the fusion of a valve) (*n. - elect.*), bruciatura, fusione.

burnt (as of clay, cement etc.), cotto. **2.** ~ (*metall.*), bruciato. **3.** ~ gas (as of furnace comb.), gas combusti. **4.** ~ out (as of an electrical apparatus) (*elect.*), fulminato, bruciato. **5.** ~ out (as of a bearing) (*mot.*), fuso. **6.** ~ out (of a pict. having had an excess of exposure) (*a. - phot.*), bruciato. **7.** ~ velocity (as of a rocket, velocity when the fuel combustion terminates) (*aer.*), velocità di fine combustione. **8.** insufficiently ~ (as of clay, cement etc.), poco cotto.

burnt-over, *see* burned-over.

"burnt-through" (welding defect) (*mech. technol.*), eccesso di penetrazione.

burnup (fuel consumption of a reactor) (*atom phys.*), consumo di combustibile (nucleare). **2.** ~ (as of a satellite when in contact with the earth atmosphere) (*astric.*), vaporizzazione (per attrito), disintegrazione (per attrito).

burr (*mech. - found.*), bava. **2.** ~ (roughness at the edge of a drilled hole) (*mech.*), bavatura, ricciolo. **3.** ~ (as at the edges of a forging) (*forging defect*), baffo, bava. **4.** ~ (small mill) (*t.*), fresa a lima. **5.** ~ (*dentistry t.*), fresetta. **6.** ~ (cylindrical tool used for dressing pulpstones) (*paper mfg. t.*), martellina. **7.** ~ (washer) (*mech.*), riparella, rosetta. **8.** ~ (small washer for riveting: rave) (*mech.*), rondella per ribattini. **9.** ~, *see also* bur. **10.** ~ roller (of wool) (*text. mach.*), cilindro slappolatore. **11.** diamond point ~ (*paper mfg. t.*), martellina a punta di diamante. **12.** file cut ~ (*mech. t.*), fresa a taglio di lima, lima rotativa. **13.** spiral ~ (*paper mfg. t.*), martellina a spirale. **14.** trefoil ~ (*wool ind.*), lappola del trifoglio.

burring (of wool) (*text. mfg.*), slappolatura. **2.** ~ (dressing of a pulpstone) (*paper mfg.*), martellinatura. **3.** ~ machine (*metall. ind. mach.*), sbavatrice. **4.** ~ machine (*text. mach.*), slappolatrice.

burrs (of wool) (*text. ind.*), lappole, impurità vegetali della lana.

burst (*expl.*), scoppio. **2.** ~ (brief and intensive series of shots of an automatic rifle or machine gun) (*firearm*), raffica. **3.** ~ (a sudden broadcasting of a limited number of TV advertisements within a short time) (*comm. adv.*), raffica di sequenze pubblicitarie. **4.** ~ (consecutive amount of signals considered as an unit) (*comp.*), sequenza unitaria. **5.** ~ (group of records briefly transferred to storage) (*comp.*), raffica. **6.** ~ (separation of the continuous printout in individual sheets) (*comp.*), separazione (in fogli singoli). **7.** ~ (of rocks) (*min.*), cedimento con scoppio. **8.** ~ mode (*comp.*), sistema (di trasmissione) a raffiche. **9.** ~ transmission (*comp.*), (breve) trasmissione veloce. **10.** air ~ (of a projectile) (*expl.*), scoppio in aria. **11.** graze ~ (of a projectile) (*expl.*), scoppio a terra. **12.** percussion ~ (of a projectile) (*expl.*), scoppio all'urto. **13.** retarded ~ (of a projectile) (*expl.*), scoppio ritardato. **14.** rock ~ (*min.*), cedimento con scoppio di roccia.

burst (to) (*expl.*), esplodere, scoppiare. **2.** ~ (as of a tire), scoppiare. **3.** ~ (as of a boil.), scoppiare. **4.** ~ (as ~ a continuous printout in individual sheets) (*comp.*), separare (un tabulato) in fogli singoli.

burster (decollator: separating the continuous stationery in individual sheets) (*comp.*), strapperina, taglierina stacca-moduli. **2.** ~ (hydraulic device for shattering soft rocks) (*min. t.*), "burster", attrezzo a martinetti idraulici per la frantumazione della roccia. **3.** continuous forms ~ (*comp.*), taglierina stacca-moduli di un tabulato continuo. **4.** ~, *see also* decollator.

bursting (as of a boiler), scoppio. **2.** ~ (as of a tire), scoppio. **3.** ~ (act of separating the continuous printout in individual sheets) (*comp.*), separazione (o distacco) in fogli singoli. **4.** ~ charge (*milit. - expl.*), carica di scoppio. **5.** ~ pressure (as of a tire) (*rubb. ind.*), pressione di scoppio. **6.** ~ strength (as of fabrics or paper) (*text. ind. test - paper mfg. test*), resistenza allo scoppio. **7.** ~ strength meter (for meas. the resistance of paper to pressure) (*paper testing app.*), scoppiometro. **8.** ~ velocity (of a shrapnel) (*expl.*), velocità di scoppio.

bursting-off (the breaking of the blow-over) (*glass mfg.*), scalottatura (manuale).

bursty (as of traffic, of data flow, etc.) (*gen.*), a raffiche.

burthen, *see* burden.

burton (*naut.*), paranchino, arrida sartie, candeletta. **2.** Spanish ~ (kind of tackle) (*naut.*), amantesenale.

bury (to) in concrete (*mas.*), annegare nel calcestruzzo.

bus (*aut.*), autobus. **2.** ~ (highway, trunk: a conductor receiving from various sources and transmitting to various destinations) (*comp.*), bus, linea (o canale) comune. **3.** ~, *see* bus bar. **4.** ~ bar (*elect.*) (Am.), *see* bus-bar (Brit.). **5.** ~ conductor (*elect.*) (Am.), *see* bus-bar (Brit.). **6.** ~ duct (for low tension, large current, prefabricated in sections (*shop elect. distribution*), blindosbarra. **7.** ~ fleet (*transp.*), parco (di) autobus. **8.** ~ rod (*elect.*) (Am.), *see* bus-bar (Brit.). **9.** ~ service (*public utility*), servizio di autobus. **10.** address ~ (*comp.*), bus (degli) indirizzi. **11.** all-weather ~ (*aut.*), autobus a tetto apribile. **12.** articulated ~ (*aut.*), autosnodato, autobus articolato. **13.** central-entrance ~ (*aut.*), autobus a porta (d'accesso) centrale. **14.** control ~ (*comp.*), bus di controllo. **15.** data ~ (*comp.*), bus (dei) dati. **16.** double-deck ~ (*aut.*), autobus a due piani. **17.** excursion ~ (*aut. - comm.*), autobus per gite turistiche. **18.** helicopter ~ service (*aer. transp.*), servizio di elicotteri (per trasporto persone). **19.** intercity ~ (*transp. aut.*), autobus interurbano. **20.** serial ~ (data transmission character by character) (*comp.*), bus seriale. **21.** sightseeing ~ (panoramic touring bus) (*aut.*), autobus panoramico da gran turismo. **22.** touring ~ (sightseeing bus) (*aut.*), autobus panoramico da gran turismo. **23.** trolleyless electric ~ (bus powered by batteries) (*transp.*), autobus elettrico (ad accumulatori).

bus-bar (*elect.*) (Brit.), sbarra, sbarra collettrice, sbarra omnibus, sbarra di distribuzione. **2.** ~ sectionalizing switch (*elect. device*), sezionatore sulle sbarre collettrici. **3.** ~ voltage (*elect.*), tensione alle sbarre. **4.** feeder ~ (*elect.*), sbarra di distribuzione. **5.** reserve ~ (hospital bus-bar) (*elect.*), sbarra collettrice di emergenza.

bush (*mech.*), boccola, bussola. **2.** ~ (*elect.*), rivestimento isolante, guaina isolante. **3.** ~ (threaded attachment between a tripod and the camera) (*phot.*), attacco a vite. **4.** ~ hook (*agric. t.*), tipo di pennato. **5.** ~ metal (for mech. constr.) (*alloy*), metallo per bussole. **6.** ~ roller (roughing roller) (*mas. t.*), bocciarda (a rullo). **7.** butt-joint ~ (butt-joint bushing, wrapped type) (*mech.*), boccola (avvolta) a giunto piano, bussola (avvolta) a giunto piano. **8.** clinch-joint ~ (clinch joint bushing, wrapped type) (*mech.*), boccola (avvolta) a giunzione aggraffata, bussola (avvolta) a giunzione aggraffata. **9.** collared ~ (collared bushing) (*mech.*), boccola con colletto, bussola con colletto. **10.** flanged ~ (flanged bushing) (*mech.*), boccola flangiata, bussola flangiata. **11.** floating ~ (of mot.) (*mech.*), boccola flottante, boccola folle. **12.** shackle ~ (as of aut.), boccola per biscottino. **13.** small end ~ (small end bushing) (*mot.*), boccola di piede di biella, boccola spinotto, bussola di piede di biella. **14.** solid ~ (solid bushing) (*mech.*), boccola massiccia. **15.** split ~ (*mech.*), boccola spaccata. **16.** wrapped ~ (rolled bush) (*mech.*), bussola avvolta, bussola rullata.

bush (to) (*mech.*), imboccolare, imbussolare, mettere una boccola.

bush-cutter (*agric. impl.*), decespugliatore.

bushel (35.2383 liters Am., 36.3677 liters Brit.) (bu - *meas.*), bushel.

bushel (to) (to heat scrap iron and form it into a ball in a furnace) (*metall. ind.*), rimpastare rottame.

busheling (heating of scrap iron and forming it into a ball in a furnace) (*metall. ind.*), rimpasto di rottame. **2.** ~ scrap (*metall. ind.*), rottame da rimpasto.

bushhammer (serrated face hammer) (*mas. t.*), bocciarda, martello da grana.

bushhammer (to) (*mas.*), bocciardare.

bushhammering (*mas.*), bocciardatura.

bushing (*elect.*), fodera isolante, isolante. **2.** ~ (*mech.*), boccola, bussola. **3.** ~ (reducing union for connecting pipes of different size) (*pip.*), raccordo di riduzione. **4.** adjustable ball ~ (*mech.*), bussola a sfere registrabile. **5.** ball ~ (incorporating balls on the inside surface and permitting axial movement) (*mech.*), bussola a sfere. **6.** ball ~ (kind of ball bearing permitting axial shaft motion by axial grooves on the shaft itself) (*mech.*), cuscinetto a sfere radiale con scorrimento assiale. **7.** butt-joint ~ (butt joint bush, wrapped type, without overlap) (*mech.*), boccola (avvolta) a giunto piano, bussola (avvolta) a giunto piano. **8.** clinch-joint ~ (lap joint bush, wrapped type) (*mech.*), boccola (avvolta) a giunzione aggraffata, bussola (avvolta) a giunzione aggraffata. **9.** collared ~ (collared bush) (*mech.*), bussola con colletto, boccola con colletto. **10.** flanged ~ (flanged bush) (*mech.*), boccola flangiata, bussola flangiata. **11.** open ball ~ (*mech.*), bussola a sfere aperta. **12.** rest ~ (*mech.*), boccola di appoggio. **13.** rubber-type ~ (*mech.*), "silentbloc", boccola elastica. **14.** solid ~ (solid bush) (*mech.*), boccola massiccia. **15.** wrapped ~ (rolled bushing) (*mech.*), bussola avvolta, bussola rullata.

busiest hour (rush hour) (*teleph. - etc.*), ora di punta.

business (*comm.*), affare, affari. **2.** ~ application (as in the computerization of a society) (*comp.*), programmi di gestione. **3.** ~ connection (*comm.*), relazioni commerciali. **4.** ~ day (*work*), giorno lavorativo. **5.** ~ executive (*comm.*), dirigente commerciale. **6.** ~ field (line of business) (*comm. - etc.*), settore di attività. **7.** ~ game (training exercises utilizing a model of works position) (*pers. - management*), simulazione di gestione. **8.** ~ machine (calculating mach.) (*off. mach.*), macchina contabile. **9.** ~ management (*adm.*), gerenza. **10.** ~ manager (*adm.*), gerente. **11.** ~ report (*comm. - finan.*), informazioni commerciali. **12.** line of ~ (*comm.*), genere di attività. **13.** to be in ~ (*comm.*), essere in commercio.

businessman (*comm.*), uomo d'affari.

busing, bussing (transp. by bus) (*n. - transp.*), trasporto mediante autobus.

bus-organized (relating to a comp. having a single bus) (*comp.*), organizzato con un solo bus.

buss (fishing boat) (*naut.*), piccola imbarcazione da pesca. **2.** ~ (herring fishing boat) (*naut.*), battello per la pesca delle aringhe.

bus-section switch (Brit.), *see* bus-bar sectionalizing switch.

bust (bust hammer) (riveting hammer having a rivet buster at the other end) (*impl.*), martello a ribadire dotato di attrezzo cacciaribattini.

bust (to) (to degrade) (*milit.*) (Am.), degradare. **2.** ~ rivets (to force off) (*mech.*), far saltare i ribattini, cacciare i ribattini.

busway (*elect.*), *see* bus duct.

busy (*a. - gen.*), occupato. **2.** ~ hour (*teleph. - etc.*), ora di punta. **3.** ~ lamp (*teleph. - etc.*), lampada di occupato, spia d'occupato. **4.** ~ tone (*teleph.*) (Brit.), segnale di occupato.

"BUT" (button) (*elect.*), pulsante.

but (butt), *see* butt.

butadiene (C_4H_6) (*chem.*), butadiene.

butane (C_4H_{10}) (*chem.*), butano.

butcher (vendor) (*mach.*), (Am. coll.) distributore a gettone, distributore a moneta.

butt (of a firearm), calcio. **2.** ~ (as for testing the precision of a firearm), bersaglio. **3.** ~ (large cask), botte. **4.** ~ (butt joint) (*mech.*), giunto di testa. **5.** ~ (crop) (*leather ind.*), groppone. **6.** ~ (the larger or thicker end of a thing), ringrosso di estremità. **7.** ~ in the planking (*naut.*), intestatura delle unghie del fasciame. **8.** ~ joint (*mech.*), giunto di testa. **9.** ~ joint with double strap (*mech.*), chiodatura a doppio coprigiunto. **10.** ~ mill, *see* end mill. **11.** ~ plate, *see* heelplate. **12.** ~ saw, butting saw, *see* cuttoff saw. **13.** ~ seam weld (a seam weld in a butt joint) (*mech. technol.*), saldatura di testa continua. **14.** ~ strap (joint covering) (*mech.*), coprigiunto. **15.** ~ weld (*mech.*), giunto saldato di testa. **16.** ~ welding (*mech. technol.*), saldatura di testa. **17.** loose-joint ~ (hinge with one half turning or sliding on the pin secured to the other half) (*join. impl.*), cerniera per infissi, cerniera con cardine fissato all'intelaiatura e femmina alla porta, cerniera con femmina sfilabile assialmente. **18.** loose-pin ~ (with removable pin) (*join. impl.*), cerniera a perno sfilabile. **19.** small of the ~ (of a firearm) (*firearm*), impugnatura.

butt (to) (*naut. constr.*), bordare a giustapposto. **2.** ~ (to joint end to end without overlapping) (*mech.*), fare giunti di testa. **3.** ~ (of gears meshing only by tips) (*mech.*), ingranare con insufficiente presa, ingranare solo in punta.

butter (*food ind.*), burro. **2.** "~" (sawing mach. used for leveling the timber ends) (*mech.*), segatrice intestatrice.

butter (to) (to spread: as mortar on a brick) (*bldg.*), spalmare, stendere.

butterfly bomb (antipersonnel bomb) (*milit.*), tipo di bomba antiuomo con alette di innesco. **2.** ~ valve (as of a carburetor) (*mech. - pip.*), valvola a farfalla. **3.** ~ window (revolving deflector of generally triangular shape, orientable) (*aut.*), deflettore, cristallo orientabile.

buttering (spreading: as of mortar on a brick) (*bldg.*), spalmaggio, operazione di spalmatura. **2.** ~ (application of a surface deposit on the edges of the joint to be welded) (*technol.*), applicazione di un deposito superficiale preliminare, "imburramento". **3.** ~ trowel (*mas. impl.*), cazzuola.

buttock (*naut.*), anca, giardinetto. **2.** ~ line (*shipbuild.*), linea di intersezione della sezione longitudinale verticale con la carena.

button (as of an elect. device), pulsante. **2.** ~ (part of base metal remaining attached to one member during a destructive test of welds) (*technol.*), bottone. **3.** ~ light (small light embedded in the carriageway) (*road traff. - illum.*), catarifrangente stradale fisso. **4.** ~ sets (as for rivet heads) (*t.*), utensili per esecuzione di teste. **5.** ~ strip (*elect.*), pulsantiera. **6.** "egads ~" (self-destruction button, of a rocket) (*astric.*), pulsante di autodistruzione. **7.** horn ~ (*aut.*), pulsante dell'avvisatore elettrico. **8.** panic ~ (emergency button) (*aer. - etc.*), pulsante di emergenza. **9.** push ~ (as of an elect. device), pulsante.

button (to) (as an order) (*comm.*), evadere.

buttonhead (as of a screw) (*a. - mech.*), con testa tonda stretta.

buttress (*bldg.*), contrafforte, sprone. **2.** flying ~ (*arch.*), arco rampante spingente (o a sperone). **3.** scarp ~ (*bldg.*), sprone.

buttstock (*firearms*), impugnatura.

butty, buttyman (one who mines by contract at so much per ton of ore) (*min.*), minatore a cottimo.

butyl (C_4H_9: rad.) (*chem.*), butile. **2.** ~ alcohol (C_4H_9OH) (*chem.*), alcool butilico.

butylene (C_4H_8) (*chem.*), butilene.

butyrometer (*instr.*), butirrometro, lattodensimetro.

buy (to), acquistare, comperare.

buyer, acquirente, compratore. **2.** ~ (one who is responsible of a purchasing department of a store) (*n. - comm. - org. comm.*), responsabile del settore acquisti. **3.** ~ up (*comm.*), accaparratore.

buyer's risk (*a. - comm.*), rischio del compratore.

buying office (as of a factory), ufficio acquisti.

buying power (purchasing power) (*comm.*), potere di acquisto.

buy-off item (not requiring rectifications for defects) (*quality control*), particolare conforme (al richiesto).

"BUZ" (buzzer) (*elect.*), cicalino.

buzz (sound) (*acous.*), ronzio. **2.** ~ planer (*join. - mach. t.*), pialla a filo.

buzz (to) (*aer. - air force*), sorvolare a bassa quota.

buzz bomb, *see* robot bomb.

buzzer (*elect. device*), cicalino, vibratore a cicala. **2.** ~ wavemeter (*radio*), ondametro a cicalino.

"BV" (balanced voltage) (*elect.*), tensione equilibrata.

"BW" (bothways) (*gen.*), in entrambe le direzioni. **2.** ~ (biological warfare, bacteriological warfare) (*milit.*), guerra batteriologica.

"bw" (bandwidth) (*radio*), larghezza di banda.

"BWG" (Birmingham Wire Gauge) (*mech.*), scala B.W.G. (dei diametri dei fili metallici), scala di Birmingham.

"bwk" (brickwork) (*bldg.*), muratura in mattoni.

"BW LT" (bow light) (*naut.*), fanale di prua.

"BWR" (Boiling Water Reactor) (*atom phys.*), reattore ad acqua bollente.

"BWRA" (British Welding Research Association) (*mech. technol.*), Associazione Britannica Ricerche Saldatura.

"BWS" (beveled wood siding) (*join.*), finitura a smusso (del legno).

"BX" (base exchange), *see* base-exchange.

"bx", *see* box.

by air (*transp.*), per via aerea.

bye-channel (channel parallel to the main channel) (*hydr.*), canale sussidiario.

bye-wash (*civ. eng.*), *see* spillway.

by-law, bye-law (as of a society) (*law - comm.*), regolamento.

"byp" (bypass) (*pip. - etc.*), bipasso, bypass.

bypass (*elect.*), derivazione, "shunt". **2.** ~ (*pip.*), bipasso, "bypass". **3.** ~ (*road*), circonvallazione. **4.** ~ engine (jet engine in which excess air is bypassed around the combustion chambers) (*aer. - mot.*), motore a derivazione, motore a diluizione, motore a bipasso. **5.** ~ valve (*pip.*), valvola di bipasso.

bypass (to) (*gen.*), bipassare, provvedere di bipasso o di derivazione, bypass.

by-product (*n. - ind.*), sottoprodotto. **2.** ~ (with utilization of byproducts: as of a furnace) (*a. - ind.*), a ricupero.

by retail (*comm.*), al minuto.

by sea (*transp.*), per mare.

byssus (*text.*), bisso.

byte (a sequence of adjacent binary digits operated upon as a unit and usually shorter than a word) (*comp.*), "byte", sequenza di bits, gruppo di bits. **2.** ~ (made of 8 bits) (*comp.*), "byte", ottetto, gruppo di otto bit. **3.** ~ machine (as a comp. working only by bytes) (*comp.*), elaboratore a byte. **4.** ~ mode (way of transferring data at one byte a time) (*comp.*), modo (di trasferimento) ad un byte per volta. **5.** half ~ (nibble = 4 bits) (*comp.*), semibyte, nibble. **6.** idle ~ (*comp.*) "byte" inattivo, gruppo di bits inattivi.

byway, *see* side road.

C

C (carbon) (*chem.*), C, carbonio.

"C" (coulomb) (*elect. meas.*), C, coulomb. **2.** ~ (curie, radioact. intensity unit) (*atom phys.*), curie. **3.** ~ (capacity) (*elect.*), capacità. **4.** ~ (Celsius degree) (*phys. meas.*), C, Celsius, centigrado. **5.** ~ (candle) (*meas.*), candela. **6.** ~ (cwt, hundredweight) (*meas.*), *see* hundredweight. **7.** ~ (cast) (*a. - found.*), fuso, colato. **8.** ~ (cathode) (*electrochem.*), catodo. **9.** ~ (cirrus) (*meteor.*), cirro. **10.** ~ (cloudy, Beaufort letter) (*meteor.*), nuvoloso.

"c" (centi–, prefix: 10^{-2}) (*meas.*), c, centi–. **2.** ~ (specific heat) (*phys.*), calore specifico. **3.** ~, *see also* calorie, candle, capacitance, capacity, cargo, cathode, Celsius, center, centigrade, centimeter, circuit, clockwise, coefficient, cold, conductor, contact, copper, coulomb, cubic, cycle, cylinder.

"CA" (camber angle of car front wheels) (*aut.*), convergenza. **2.** ~ (cellulose acetate) (*chem. ind.*), acetato di cellulosa. **3.** ~ (current account) (*finan.*), conto corrente. **4.** ~ (Clerical Aptitude) test (*ind. psychol.*), test attitudinale per impiegati, reattivo attitudinale per impiegati.

Ca (calcium) (*chem.*), Ca, calcio.

"ca", *see* cable, candle, cathode.

"CAA" (Civil Aeronautics Administration) (*aer.*), aviazione civile.

"CAB" (Civil Aeronautics Board) (*aer.*), Registro Aeronautico Civile.

cab (*ind. veh. - railw.*), cabina. **2.** ~ (taxicab) (*aut.*), vettura pubblica, tassì. **3.** ~ light (*aut.*), luce cabina. **4.** bumper–to–back of ~ (*aut. bodywork*), distanza dal filo posteriore cabina fuoritutto avanti. **5.** engine ~ (as of a locomotive) (*railw.*), cabina del macchinista. **6.** engineer's ~ (as of an electric locomotive) (*railw.*), cabina di comando. **7.** operating ~ (as of a locomotive) (*railw.*), cabina di guida.

"cab" (cable) (*elect. - etc.*), cavo. **2.** ~ (cabinet) (*furniture*), armadietto.

cabane (*aer.*), intelaiatura di collegamento ala–fusoliera, "cabane".

cabbage (to) (to press metal scrap for handling purposes) (*metall.*), impacchettare rottami.

cabbaging (packing of metal scrap) (*metall.*), impacchettatura di rottami. **2.** ~ press (press for packing metal scrap) (*mach.*), pressa per impacchettare rottami.

cabin (*aer. - elect. - naut.*), cabina. **2.** ~ (building from which points and signals are controlled) (*railw.*), cabina (di manovra). **3.** ~ (*bldg.*) (Brit.), baracca di cantiere destinata ad ufficio. **4.** ~ class (*naut.*), seconda classe. **5.** ~ cruiser, *see* cruiser 3 ~. **6.** ~ supercharger (*aer.*), compressore di cabina. **7.** after ~ (*naut.*), cabina di poppa. **8.** brake ~ (as of a freight car) (*railw.*), garitta del frenatore. **9.** pressure ~ (*aer.*), cabina pressurizzata. **10.** space ~ (*astric.*), cabina spaziale.

cabinet (as for med. or technol. instr.), armadietto. **2.** ~ bench (workbench) (*shop impl.*), banco di lavoro. **3.** tool ~ (*shop*), armadietto per utensili.

cabinetmaker (*join. work.*), stipettaio.

cable (*elect.*), cavo. **2.** ~ (*rope*), gomena, cavo. **3.** ~ (*wire rope or chain*), cavo d'acciaio, catena. **4.** ~ [cable's length = 608 ft (Brit.) or 720 ft (Am.)] (*navy meas.*), misura di lunghezza corrispondente a 608 piedi per la Marina inglese oppure a 720 per la Marina americana. **5.** ~ (a message sent by cable) (*tlcm.*), cablogramma. **6.** ~ box (*elect.*), muffola per cavi. **7.** ~ car (car of a cableway or of a cable railway) (*transp.*), vagone di filovia (o di funicolare). **8.** ~ carrier (*elect.*), portafili. **9.** ~ clamp (*elect.*), morsetto serrafilo. **10.** ~ coupling (*elect.*), attacco per cavi. **11.** ~ drum (*elect.*), tamburo per cavi. **12.** ~ duct (*elect.*), tubo per cavi, canalizzazione per cavi, tubo "Elios", tubo "Bergmann". **13.** ~ end insulator box (*elect.*), muffola d'estremità di un cavo. **14.** ~ for electrical domestic appliances (*elect.*), cavetto per apparecchi elettrodomestici. **15.** ~ junction insulator sleeve (*elect.*), muffola di giunzione di un cavo. **16.** ~ length (cable's length) (*meas.*), *see* cable's length. **17.** ~ marker (as one fitted at the end of a cable for identification purposes) (*elect.*), segnacavo. **18.** ~ railway (*transp.*), funicolare, ferrovia funicolare. **19.** ~ release (operating the camera shutter) (*phot.*), scatto (o sblocco) comandato da flessibile. **20.** ~ ship (*naut.*), nave posacavi. **21.** ~ socket (*elect.*), attacco del cavo. **22.** ~ system (of drilling: rope drilling) (*min.*), metodo a percussione. **23.** ~ system (as by endless cable) (*transp. - ind.*), sistema a cavo. **24.** ~ tank (*elect.*), recipiente per (la prova di) cavi. **25.** ~ terminal (*elect.*), capocorda. **26.** ~ tool (for drilling) (*min. impl.*), utensile a fune (per trivellazione). **27.** ~ transfer (telegraphic transfer of money) (*comm.*), bonifico telegrafico. **28.** ~ TV, *see* community antenna television. **29.** ~ wheel (on which the cable is wound) (*app.*), tamburo (di avvolgimento). **30.** aluminium-sheathed ~ (*elect.*), cavo sotto alluminio. **31.** armor (or armored) electric ~ (*elect.*), cavo elettrico armato. **32.** asbestos-insulated ~ (*elect.*), cavo sotto amianto. **33.** balloon flying ~ (cable connecting a balloon to the winch) (*aer.*), cavo di frenatura, cavo di ritenuta, cavo di frenaggio (del pallone). **34.** Bowden ~ (flexible cable) (*mech.*), "Bowden", cavo flessibile Bowden. **35.** braiding-covered ~ (*elect.*), cavo sotto treccia, cavo con calza metallica. **36.** carrying ~ (as of a cableway), fune portante. **37.** circular multicore ~ (*elect.*), cavo multipolare a sezione circolare. **38.** circular three-core ~ (*elect.*), cavo tripolare a sezione circolare. **39.** closed ~ (*rope*), fune chiusa. **40.** coaxial ~ (used for high frequency transmission) (*elics.*), cavo coassiale. **41.** cross ~ (as in an overhead contact line for elect. railw.), tirante trasversale. **42.** elastic launching ~ (for gliders) (*aer.*), cavo elastico di lancio. **43.** electric ~ (*elect.*), cavo elettrico. **44.** 50 - pair telephone ~ (*teleph.*), cavo telefonico a 50 coppie. **45.** flat ~ (made as by copper wires, arranged in a rectangular section shape and protected by insulating plastic ribbon) (*elect. - etc.*), cavo a nastro. **46.** gas pressure ~ (*elect.*), cavo sotto pressione di gas. **47.** ground ~ (*elect.*), conduttore di terra. **48.** hauling ~ (as of a cableway), fune di trazione. **49.** high-frequency ~ (*radio*), cavo per alta frequenza. **50.** high-tension ~ (*elect.*), cavo per alta tensione. **51.** hoist ~ (*ind. - min. - naut.*), cavo di sollevamento. **52.** impregnated paper insulated ~ (*elect.*), cavo isolato con carta impregnata. **53.** landing ~ (of an airship) (*aer.*), cavo di atterraggio. **54.** lead-covered ~ (*elect.*), cavo sotto piombo. **55.** lead-covered electric ~ (*elect.*), cavo elettrico sotto piombo. **56.** lead-sheathed ~ (*elect.*), cavo sotto piombo. **57.** mineral-insulated ~ (*elect.*), cavo con isolamento minerale. **58.** mining ~ (*elect.*), cavo per miniere. **59.** oil-filled ~ (cable insulated by fluid oil) (*elect.*), cavo isolato ad olio. **60.** optical-fiber ~ (*opt.*), cavo a fibre ottiche. **61.** paper insulated ~ (*elect.*), cavo isolato con carta. **62.** plaited ~ (*elect.*), conduttore a treccia. **63.** polyethylene insulated ~ (*elect.*), cavo isolato con polietilene. **64.** power ~ (*elect.*), cavo (per) forza (motrice). **65.** quad ~ (*elect.*), cavo bicoppia. **66.** railway-signaling ~ (*elect. - railw.*), cavo per impianti di segnalazione ferroviaria. **67.** rebound ~ (as of suspensions) (*aut.*), cavo arresto scuotimento, cavo limitatore delle oscillazioni. **68.** ribbon ~ (made of insulated wires disposed side by side in a ribbon shape protected by external insulating material) (*elect.*), cavo a nastro. **69.** rubber-coated ~ (*elect.*), cavo sottogomma, cavetto gommato. **70.** rubber-insulated ~ (*elect.*), cavo con isolamento in gomma. **71.** rubber-sheathed ~ (*elect.*), cavo sottogomma, cavetto gommato. **72.** safety ~ (as of a cableway), fune di sicurezza. **73.** screened ~ (*elect.*), cavo schermato. **74.** 7/052 ~ (cable consisting of 7 wires each having a 0.052 in diameter) (*elect.*), conduttore a 7 fili ciascuno del diametro di 0,052 pollici. **75.** ship wiring ~ (*elect.*), cavo per impianto di bordo. **76.** single-core ~ (*elect.*), cavo unipolare. **77.** stand-by ~ (*elect.*), cavo (elettrico) di riserva. **78.** steel ~ (*bldg. - mech.*), cavo d'acciaio. **79.** steel-tape armored ~ (*elect. - teleph. - etc.*), cavo armato con nastro di acciaio. **80.** stiffness of the ~ (*rope*), rigidezza della fune. **81.** stranded ~ (*rope*), fune a trefoli. **82.** stranded ~ (*elect.*), cavo con conduttori a trefoli (o a treccia). **83.** submarine ~ (*elect.*), cavo sottomarino. **84.** switchboard ~ (*elect.*), cavetto per quadri di distribuzione. **85.** telephonic ~ (*teleph.*), cavo telefonico. **86.** thermoplastic insulated ~ (*elect.*), cavo con isolamento termoplastico. **87.** three-core supply ~ (as of an electric line) (*elect.*), cavo tripolare d'alimentazione. **88.** track ~ (carrying cable) (*cableway*), fune portante. **89.** trailing ~ (of a portable elect. app.) (*elect.*), cavo flessibile, "cordone". **90.** trunk of cables (*elect.*), complesso di cavi. **91.** two-strand rubber-coated ~ (*elect.*), cavetto sottogomma a due conduttori. **92.** underground ~ (*elect.*), cavo sotterraneo. **93.** varnished-cloth-insulated ~ (*elect.*), cavo con isolamento in tessuto verniciato. **94.** welding ~ (as from the welding mach. to the electrode) (*elect.*), cavo per saldatura.

cable (to) (to transmit a message by cable), (*tlcm.*), inviare un cablogramma, cablografare. **2.** ~ (to twist strands for making a cable) (*rope mfg.*), avvolgere cavi.

cablecast (broadcasting by cable television) (*telev.*), trasmissione televisiva via cavo.

cablecast (to) (to broadcast by cable television) (*telev.*), telediffondere via cavo.

cablegram, cablogramma.

cablehead (*tlcm.*), terminale.

cable-laid rope (made by three left-handed ropes, each composed of three strands) (*n. - naut.*), torticcio.

cable's length [cable's length = 608 ft (Brit.) or 720 ft (Am.)] (*navy meas.*), misura di lunghezza corrispondente a 608 piedi per la Marina Militare inglese oppure a 720 per la Marina Militare americana. **2.** ~ (cable's length = 608 ft) (*naut. meas.*), misura di lunghezza uguale a 608 piedi.

cablevision (cable TV, community antenna television) (*telev.*), ritrasmissione televisiva via cavo.

cableway (a passenger car suspended by a cable) (*transp.*), funivia. **2.** ~ (by cars suspended on a cable: for transporting materials) (*transp.*), teleferica. **3.** taut-line ~ (operating by a single carrying and running cable between two towers at limited distance) (*transp. system*), blondin.

cabling (*text. ind.*) (Brit.), ritorcitura. **2.** ~ (convex moldings filling the lower parts of the flutings of a column) (*arch.*), cannello.

caboose (kitchen) (*naut.*), cucina. **2.** ~ (*railw.*) (Am.), carro di servizio, vagone del personale viaggiante (di un treno merci).
cabotage (coasting trade) (*naut.*), cabotaggio.
cab–over, cab–over–engine (*aut.*), autoveicolo con cabina sopra al motore.
cabriolet (convertible four places coupé, with fixed sides and folding top) (*aut.*), cabriolet con copertura (a mantice), coupé con tetto apribile.
cabstand (as of taxicabs), posteggio di taxi (o auto pubbliche).
cache (cache memory: fast buffer storage) (*comp.*), memoria cache, memoria tampone veloce.
cacodyl [– As $(CH_3)_2$] (arsenical radical) (*chem.*), cacodile. **2.** ~ oxide ([As $(CH_3)_2]_2O$) (*chem.*), ossido di cacodile.
cacodylic acid [$(CH_3)_2$ As_5OOH] (*chem.*), acido cacodilico (o dimetilarsenico).
"CAD" (Computer Aided Design) (*comp.*), progettazione assistita da calcolatore.
"cad" (cash against documents) (*comm.*), pagamento a presentazione documenti, pagamento contro documenti.
cadastral (*a. – top.*), catastale. **2.** ~ control (*top.*), punti trigonometrici catastali. **3.** ~ map (*top.*), mappa catastale.
cadastre, cadaster (*top. – law*), catasto.
caddice, caddis (a worsted ribbon) (*text.*), nastro di pettinato. **2.** ~ (worsted cloth) (*text.*), tessuto pettinato.
cadence (*telegraphy*), cadenza.
cadet (*navy – aer. – army*), allievo.
cadmium (Cd – *chem.*), cadmio. **2.** ~ plated (*ind.*), cadmiato. **3.** ~ plating (*ind.*), cadmiatura.
cadmium (to) plate (*ind.*), cadmiare.
cadre (officers, as of a regiment) (*milit.*), quadri.
caduceus (*arch. ornament*), caduceo, verga di Mercurio.
caesium, *see* cesium.
"CAF", "caf", "C. and F.", "c. and f." (cost and freight) (*comm.*), costo e nolo.
caffeine ($C_8H_{10}N_4O_2$) (alkaloid) (*pharm.*), caffeina.
cage (*gen.*), gabbia. **2.** ~ (*elect.*), gabbia. **3.** ~ (*bldg.*), recinzione in legname, palizzata, steccato. **4.** ~ (iron and steel skeleton: as of a skyscraper) (*bldg.*), armatura. **5.** ~ (of a ball bearing, of a roller bearing) (*mech.*), gabbia. **6.** ~ (of an elevator or lift), gabbia. **7.** ~ antenna (*radio*), antenna a gabbia. **8.** ~ construction, *see* skeleton construction. **9.** ~ winding (*electromech.*), avvolgimento a gabbia. **10.** bird ~ (directional gyroscope) (*aer. instr.*) (slang), giroscopio direzionale. **11.** bird ~ (place of several converging lines in a jet plane) (*aer.*) (coll.), gabbia (di tubazioni). **12.** driver's ~ (of a crane) (*ind. mach.*), cabina di comando, cabina del manovratore. **13.** Faraday ~ (*elect.*), gabbia di Faraday. **14.** man ~ (kind of elevator for mine shaft) (*min.*), gabbia per i minatori. **15.** roll ~ (protective frame made of metallic bars: for pilot safety) (*sportcar*), ossatura protettiva dell'abitacolo. **16.** squirrel ~ (of elect. mot.) (*electromech.*), gabbia di scoiattolo.
cage (to) (*gen.*), ingabbiare. **2.** ~ (a gyroscope) (*aer.*), immobilizzare, disattivare.
"CAI" (Computer Aided Instruction: as in didactical programs) (*comp.*), istruzione assistita da calcolatore.
caisson (*hydr. constr.*), cassone (per lavori idraulici). **2.** ~ (boat) (*hydr. constr.*), barca portacassone. **3.** ~ (*artillery*), cassonetto. **4.** ~ (one of many panels forming a pattern in a ceiling etc.) (*arch.*), cassettone.
cake (compressed substances forming a solid mass) (*ind. – agric.*), panello, pane. **2.** ~ (oil cake) (*agric. w.*), panello di sansa. **3.** ~ mill (for grinding stock feed materials) (*agric. impl.*), frantoio per panelli (o pani). **4.** filter press ~ (*sugar mfg.*), torta (di filtrazione).
cake (to) together (as of coal) (*phys.*), agglutinarsi, agglomerarsi, collarsi.
caking (settling of a paint in a compact mass) (*paint.*), sedimentazione dura. **2.** ~ (as of carbon on valves) (*mot.*), deposito. **3.** ~ (*comb.*), carbone agglutinante.
"Cal" (large calorie, kilogram calorie) (*therm. meas.*), grande caloria.
"CAL" (Computer Aided Learning) (*didactic comp.*), apprendimento assistito da calcolatore.
"cal" (small calorie, gram calorie) (*phys.*), piccola caloria. **2.** ~ (caliber) (*mech. – guns*), calibro.
calamander (calamander wood) (*wood*), calamandra, legno calamandra.
calamine [$(ZnOH)_2$ SiO_3] (*min.*) (Am.), calamina. **2.** ~ ($ZnCO_3$) (*min.*) (Brit.), smithsonite.
calcareous (*min.*), calcareo.
calcia (calcium oxide) (*chem.*), calce.
calcimeter (for meas. the percentage of Ca CO_3 as in limestone or marl) (*chem. app.*), calcimetro.
calcimine (*mas.*), tinta a calce (all'acqua).
calcination (*chem.*), calcinazione.
calcine (to) (*chem.*), calcinare.
calciner (*furnace*), forno per calcinare.
calcining (*chem.*), calcinazione.
calcite ($CaCO_3$) (*min.*), calcite, spato d'Islanda, spato calcare.
calcium (Ca – *chem.*), calcio. **2.** ~ arsenate [Ca_3 $(AsO_4)_2$] (*chem.*), arseniato di calcio. **3.** ~ carbide (CaC_2) (*chem.*), carburo di calcio. **4.** ~ carbonate ($CaCO_3$) (*chem.*), carbonato di calcio. **5.** ~ chloride ($CaCl_2$) (*chem.*), cloruro di calcio. **6.** ~ cyanamide ($CaCN_2$) (*chem.*), calciocianamide. **7.** ~ hydroxide [$Ca(OH)_2$] (*chem. – mas.*), idrossido di calcio, calce (spenta). **8.** ~ hypochlorite [$Ca(OCl)_2$] (*chem.*), ipoclorito di calcio. **9.** ~ nitrate [$Ca(NO_3)_2$] (*chem.*), nitrato di calcio. **10.** ~ oxide (CaO) (*chem.*), ossido di calcio. **11.** ~ phosphate [$Ca_3(PO_4)_2$] (*chem.*), fosfato di calcio. **12.** ~ silicide (*chem.*), siliciuro di calcio. **13.** ~ sulphate ($CaSO_4$) (*chem.*), solfato di calcio, gesso.
calc–sinter (calcareous sinter) (*geol.*), *see* travertine.

calcspar, *see* calcite.
calculate (to), calcolare.
calculating (*a.* - *gen.*), da calcolo. **2.** ~ machine (*mach.*), calcolatrice. **3.** ~ machine, *see also* calculator. **4.** ~ punch (*calc. mach.*), calcolatrice a schede perforate. **5.** electronic ~ punch (punched card electronic calculating machine) (*calc. mach.*), calcolatrice elettronica a schede perforate. **6.** punched card electronic ~ machine (*calc. mach.*), calcolatrice elettronica a schede perforate.
calculation (*math.*), conteggio, calcolo. **2.** ~ of earth thrust (*constr. theor.*), calcolo della spinta delle terre. **3.** approximate ~ (estimate) (*bldg.*), computo (metrico) a stima. **4.** girder ~ (*constr. theor.*), calcolo di una trave. **5.** static ~ (*constr. theor.*), calcolo statico.
calculator (calculating machine) (*off. equip.*), macchina calcolatrice. **2.** ~ (one who calculates), computista. **3.** printing ~ (providing a record on paper) (*comp.*), calcolatore con stampante.
calculus (*math.*), calcolo. **2.** ~ of probability (*math.*), calcolo delle probabilità. **3.** ~ of variations (*math.*), calcolo delle variazioni. **4.** differential ~ (*math.*), calcolo differenziale. **5.** infinitesimal ~ (differential calculus and integral calculus) (*math.*), calcolo infinitesimale. **6.** integral ~ (*math.*), calcolo integrale. **7.** matrix ~ (for treating functions of several variables) (*math.*), calcolo matriciale. **8.** operational ~ (operational analysis: as on differential equations) (*math.*), calcolo operazionale. **9.** operational ~ (*math.*), calcolo operazionale, calcolo operatorio funzionale.
calculuses, calculi *plural of* calculus.
calefaction (*therm.*), calefazione.
calendar (a register of the year) (*gen.*), calendario.
calender (*text. mach.* - *rubb. ind. mach.*), calandra. **2.** ~ (at the end of the paper machine) (*paper mfg. mach.*), calandra, liscia, satinatrice. **3.** ~ cuts (defects in paper caused by the calender) (*paper mfg.*), grinze, tagli (causati dalla calandra). **4.** ~ friction rate (*rubb. ind.*), rapporto di velocità dei cilindri della calandra (per gommatura) a frizione. **5.** embossing ~ (*paper mfg. mach.*), calandra per goffrare. **6.** friction ~ (*rubb. ind. mach.*), calandra (per gommature) a frizione. **7.** linenizing ~ (*paper mfg. mach.*), pressa per telare, calandra per telare. **8.** three-roller ~ (*text. mach.*), calandra a tre rulli.
calender (to) (*text. ind.*), calandrare. **2.** ~ (paper, rubber, etc.) (*ind.*), calandrare, cilindrare.
"calender-coat" (to) (*rubb. ind.*), gommare e calandrare.
calender-colored (surface colored) (*paper mfg.*), colorato in superficie.
calendered (*text. ind.*), calandrato.
calendering (*text.* - *rubb.* - *paper ind.*), calandratura.
caliber (as of a firearm or the internal diameter of a hollow cylinder) (*mech.*), calibro, diametro interno. **2.** ~ compass, *see* caliper 1 ~, hermaphrodite caliper. **3.** heavy-~ (of a gun) (*a.* - *milit.*), di grosso calibro. **4.** large-~ (*a.* - *milit.*), di grosso calibro. **5.** medium-~ (of a gun) (*a.* - *milit.*), di medio calibro. **6.** small-~ (of a gun) (*a.* - *milit.*), di piccolo calibro.
calibrate (to) (to measure) (*mech.* - *ind.*), misurare (o determinare) il calibro. **2.** ~ (to graduate) (*instr.* - *etc.*), graduare. **3.** ~ (to adjust the graduation of an instr.), tarare.
calibrated (*a.* - *instr.*), tarato. **2.** ~ airspeed (corrected from installation errors) (*aer.*), velocità calibrata, velocità corretta. **3.** ~ altitude (altitude corrected for instrument error) (*aer.*), quota corretta (dell'errore strumentale).
calibrating table (*gen.*), banco di taratura.
calibration (adjustment of an instr.) (*instr.*), taratura. **2.** ~ (*atom phys.*), taratura. **3.** ~ circle (*radar*), *see* calibration ring. **4.** ~ curve (of an instr.), curva di taratura. **5.** ~ ring (traced on the cathode-ray tube screen for facilitating the reading of the bearing) (*radar*), anello di distanza, cerchio di distanza. **6.** ~ ring (as of instr., mach. t. etc.) (*mech.*), anello graduato, cerchio graduato. **7.** ~ unit (*radar*), generatore per cerchi di distanza. **8.** compass ~, *see* swinging ship. **9.** reciprocity ~ (as of a transducer) (*acous.* - *und. acous.* - *etc.*), taratura per reciprocità.
calibrator (app. for measuring instrument errors) (*ind.* - *laboratory* - *etc.*), correttore. **2.** air-speed indicator ~ (*aer. app.*), correttore dell'anemometro. **3.** altimeter ~ (*aer. app.*), correttore dell'altimetro.
calibre, *see* caliber.
calico (*text. ind.*) (Am.), cotonina. **2.** ~ (*text. ind.*) (Brit.), tela di cotone.
caliduct (containing hot water, steam etc.) (*therm.* - *pip.*), tubo per riscaldamento.
californium (element, atomic number 98) (Cf - *radioact.*), californio.
caliper (*instr.*), compasso (da tracciatore), calibro. **2.** ~ (of a disc brake) (*aut.*), pinza. **3.** ~ (used in braking systems by rotating discs) (*aut.* - *mech.*), pinza. **4.** ~ gauge, *see* vernier caliper. **5.** ~ rule (*meas. instr.*), calibro a corsoio. **6.** ~ square (*meas. instr.*), calibro in asta. **7.** beam ~, *see* caliper square. **8.** dial ~ gauge (*meas. t.*), compasso con indicatore a quadrante. **9.** double ~ (for meas. thickness and bore) (*meas. instr.*), compasso doppio. **10.** external ~ (*meas. instr.*), compasso (per tracciare) per esterni. **11.** hermaphrodite ~ (*instr.*), compasso (per tracciare) a becco. **12.** inside ~ (*instr.*), compasso per interni, compasso ballerino. **13.** inside ~ gauge (*meas. instr.*), calibro a tampone. **14.** inside micrometer ~ (*meas. instr.*), calibro micrometrico per interni. **15.** internal ~ (*meas. instr.*), compasso (per tracciare) per interni. **16.** jenny ~ (*instr.*), *see* hermaphrodite caliper. **17.** micrometer ~ (*meas. instr.*), calibro micrometrico. **18.** morphy ~, *see* hermaphrodite ca-

liper. **19.** outside ~ (*instr.*), compasso di spessore. **20.** pair of calipers (*meas. instr.*), compasso per esterni ed interni. **21.** pistol grip ~ (*meas. t.*), compasso con impugnatura a pistola. **22.** sliding ~ (*instr.*), calibro a corsoio. **23.** spring ~ (*instr.*), compasso a molla. **24.** transfer ~ (*mech. meas. instr.*), compasso ballerino per interni. **25.** vernier ~ (*instr.*), calibro a corsoio con vite di registro.

calipers, *see* caliper.

calk, caulk (to) (*naut.*), calafatare. **2.** ~ (*mech.*), cianfrinare, presellare.

calker, caulker (*shipbuild.*), calafato. **2.** ~ (*mech. t.*), presello, cianfrino.

calking, caulking (*naut.*), calafataggio. **2.** ~ (*mech.*), presellatura, cianfrinatura. **3.** ~ iron (*mech. t.*), cianfrino.

call (*teleph.*), chiamata telefonica, telefonata. **2.** ~ (instruction that activates an execution: as of a subroutine) (*comp.*), chiamata. **3.** ~ box (telephone booth) (*teleph.*), (Brit.), cabina telefonica. **4.** ~ letter (*comm.*), richiesta di fondi. **5.** ~ letters (as of a radio station) (*radio - telegraphy*), lettere di identificazione. **6.** ~ locator (*elect. - teleph.*), quadro di registrazione delle chiamate. **7.** ~ setup (*tlcm.*), formazione del collegamento. **8.** ~ signal (*radio - teleph.*), segnale di chiamata. **9.** conference ~ (for speaking to several people at the same time) (*teleph. - telev.*), comunicazione in conferenza. **10.** distress ~ (SOS) (*radio*), segnale di pericolo (SOS). **11.** external ~ (*teleph. - comp.*), chiamata esterna. **12.** incoming ~ (*tlcm.*), chiamata entrante. **13.** internal ~ (*teleph. - comp.*), chiamata interna. **14.** international ~ (*teleph.*), telefonata internazionale. **15.** local ~ (*teleph.*), chiamata urbana. **16.** local ~ rate (*teleph.*), tariffa della telefonata urbana. **17.** long-distance ~ (*teleph.*) (Am.), telefonata interurbana. **18.** nested ~ (*comp.*), chiamata nidificata. **19.** one-to-one ~ (*tlcm.*), chiamata da singolo a singolo. **20.** routine ~ (*radio*), chiamata degli appuntamenti. **21.** service ~ (*teleph.*), chiamata di controllo, chiamata di servizio. **22.** toll ~ (*teleph.*), chiamata interurbana. **23.** trunk ~ (*teleph.*), telefonata intercomunale (o interurbana).

call (to) (*teleph.*), chiamare. **2.** ~ (at a port: of a ship) (*naut.*), far scalo. **3.** ~ (as a meeting of stockholders) (*comm. - finan.*), convocare. **4.** ~ (as a subprogram) (*comp.*), chiamare, richiamare. **5.** ~ back (*teleph.*), richiamare. **6.** ~ for tenders (*comm.*), mettere in gara (o all'asta). **7.** ~ in sick (to inform by teleph. that somebody will be absent because ill) (*factory pers.*), darsi ammalato per telefono. **8.** ~ the roll (*milit.*), fare l'appello.

callback (as in the case of a car model that has been taken back by the factory because of a defect) (*ind.*), richiamo in fabbrica (da parte della ditta costruttrice).

called (*a. - gen.*), chiamato.

caller id (caller identification: an electric app. provided of a small visual display that shows to the called customer the telephone number of the caller) (*teleph.*), identificatore del numero chiamante.

Callier quotient, *see* Q factor.

call-in (giving listeners the possibility to have a telephone conversation with the host on radio or television call-in shows) (*a. - radio - telev.*), (chiamata) che dà la possibilità di inserirsi (telefonicamente sull'audio di un programma radio o televisivo).

calling (the act of calling) (*n. - tlcm.*), effettuazione di una chiamata. **2.** ~ (as of a signal, a subscriber etc.) (*a. - tlcm.*), chiamante. **3.** ~ terminal (*tlcm.*), terminale chiamante.

calliper, *see* caliper.

call-number (*comp.*), numero di chiamata.

call-word (*comp.*), parola di chiamata.

calm (as of the sea) (*n. - gen.*), calma. **2.** ~ (wind from 0 to 1 mph Beaufort Scale 0) (*meteorol.*), calma (vento inferiore ad 1 km/h). **3.** dead ~ (*sea*), bonaccia, calma piatta.

calm (to) (*gen.*), calmare.

calomel (Hg_2Cl_2) (*chem.*), calomelano. **2.** ~ electrode (*elect.*), elettrodo al calomelano.

calorescence (incandescence by infrared rays) (*phys.*), calorescenza.

caloric engine, *see* hot-air engine.

calorie (calory) (*therm. unit*), caloria. **2.** large ~ (kilogram calorie, kcal, kilocalorie, Cal: amount of heat corresponding to BTU 3.968) (*therm. unit*), grande caloria, Cal. **3.** small ~ (gram calorie, cal: amount of heat corresponding to BTU 3.968×10^{-3}) (*therm. unit*), piccola caloria, cal.

calorific (*a. - therm.*), calorifico. **2.** ~ capacity, *see* specific heat. **3.** ~ value, ~ power (*therm.*) (Brit.), potere calorifico.

calorifier (for hot water supply) (*therm.*), riscaldatore d'acqua (a serpentino).

calorimeter (*instr.*), calorimetro. **2.** oxygen bomb ~ (*thermod. meas. app.*), bomba calorimetrica ad ossigeno.

calorimetric (*a. - phys.*), calorimetrico. **2.** ~ bomb (explosion bomb) (*instr.*), bomba calorimetrica. **3.** ~ test (*phys. chem.*), determinazione calorimetrica.

calorimetry (*therm.*), calorimetria.

calorize (to) (to treat: as steel with aluminum for obtaining a protective coating) (*heat-treat.*), calorizzare.

calorized (*a. - heat-treat.*), calorizzato.

calorizing (*heat-treat.*), calorizzazione, alluminatura.

calory, *see* calorie.

calotte (*arch.*), calotta.

calutron (app. for separating isotopes) (*atom phys.*), calutrone.

calx (*chem.*), residuo calcinato, residuo (della operazione) della calcinazione.

"CAM" (Computer Aided Manufacturing) (*ind. comp.*), produzione assistita da calcolatore. **2.** ~ (camber) (*bldg.*), curvatura, freccia.

cam (*mech.*), eccentrico, camma. **2.** ~ angle (of ignition distributor) (*mot. - elect.*), *see* dwell angle. **3.** ~ follower (*mech.*), rullo di punteria, rullo che segue il profilo della camma. **4.** ~ hump (*mech.*), *see* cam lobe. **5.** ~ incline (*mech.*), rampa della camma. **6.** ~ lift (*mech.*), alzata della camma. **7.** ~ lobe (*mech.*), angolo (o lobo) della camma. **8.** ~ nose (*mech.*), *see* cam lobe. **9.** ~ profile (*mech.*), profilo della camma. **10.** ~ ramp (*mech.*), *see* cam incline. **11.** ~ sleeve (as of a radial engine) (*mech.*), tamburo a camme. **12.** ~ wheel (rotating type) (*mech.*), camma, eccentrico. **13.** broad-nose ~ (*mech.*), camma (o lobo) ad angolo arrotondato. **14.** constant-acceleration ~ (*mot. - mech.*), camma ad accelerazione costante. **15.** continuously accelerating ~ (constant acceleration cam) (*mot. - mech.*), camma ad accelerazione costante. **16.** enriching ~ (as of carburetor) (*mech.*), camma (del getto) di arricchimento. **17.** harmonic ~ (harmonic profile cam) (*mot. - mech.*), camma a profilo armonico. **18.** heart ~ (*mech.*), eccentrico a cuore. **19.** relief ~ (*mot.*), camma di decompressione. **20.** sharp-nose ~ (*mech.*), camma (o lobo) ad angolo vivo. **21.** tangential ~ (*mot. - mech.*), camma per tangenti.

camber (curve), curvatura. **2.** ~ (of an airfoil) (*aer.*), curvatura. **3.** ~ (as of a road), bombatura, acquatura. **4.** ~ (as of a blast furnace) (*metall.*), ventre. **5.** ~ (height of a curve), freccia. **6.** ~ (height of the curve: as of a beam, electric line etc.) (*bldg. - mech.*), freccia. **7.** ~ (inclination of the front wheels with respect to the vertical) (*aut.*), inclinazione, campanatura. **8.** ~ (of sheet metal) (*mech. technol.*), bombatura. **9.** ~ angle (the angle between the front wheel center line and the vertical) (*aut. mech.*), campanatura. **10.** ~ force (camber thrust, lateral force when the slip angle is zero) (*aut.*), forza inclinazione ruota, forza di campanatura. **11.** ~ of the beam (round of beam) (*shipbuild.*), bolzone del baglio. **12.** ~ rate (camber stiffness, camber thrust rate) (*veh.*), rigidezza di campanatura, rigidezza di camber. **13.** ~ stiffness (camber rate, camber thrust rate) (*aut.*), rigidezza inclinazione ruota, rigidezza di campanatura. **14.** ~ thrust rate (camber stiffness, camber rate) (*veh.*), rigidezza di campanatura, rigidezza di camber. **15.** compliance ~ (deflection camber) (*veh.*), campanatura di cedevolezza, campanatura di flessione. **16.** deflection ~ (compliance camber) (*veh.*), campanatura di flessione, campanatura di cedevolezza. **17.** mean ~ (as of a wing section) (*constr. theor.*), curvatura media. **18.** negative ~ angle (as of the rear wheels) (*aut.*), inclinazione negativa. **19.** positive ~ angle (as of the front wheels) (*aut.*), inclinazione positiva. **20.** roll ~ (*veh.*), campanatura di rollio, camber di rollio.

camber (to), curvare, dare una (determinata) freccia.

cambist (a money-changer) (*comm.*), cambiavalute.

cambouse, *see* caboose.

cambox (as of text. mach.) (*mech.*), scatola degli eccentrici.

Cambrian (*geol.*), cambriano.

cambric (varnished cotton cambric used for insulating: as cables) (*elect.*), nastro verniciato. **2.** ~ (fine linen fabric) (*text. ind.*), cambri, batista. **3.** ~ muslin (cotton cambric, fabric) (*text. ind.*), percalle. **4.** cotton ~ (fabric) (*text. ind.*), percalle.

camcorder (CAMera reCORDER: a portable telecamera including a videocassette recorder) (*elics. - telev.*), camcorder, telecamera portatile con videoregistratore (a videocassetta) incorporato. **2.** compact ~ (camcorder employing a compact videocassette: as for "S-VHS" standard) (*audiovisuals*), telecamera a videoregistratore con cassetta compatta. **3.** high band ~ (*elics. - telev.*), camcorder ad alta definizione.

camel (*hydr. constr.*), cassone pneumatico. **2.** ~ (wooden float used between the ship and the pier) (*naut.*), parabordo galleggiante (di legno). **3.** ~ hair (wool) (*text. ind.*), pelo di cammello. **4.** ~ hair belt (for mach.), cinghia di pelo di cammello.

camelback (compound used for retreading tires) (*aut.*), tipo di gomma per ricostruzione di pneumatici.

camera (*phot.*), macchina fotografica. **2.** ~ (of a television transmitting apparatus), telecamera, camera (di apparecchio trasmittente) in cui si forma l'immagine (da convertire in impulsi elettrici). **3.** ~ dolly (*telev. impl.*), carrello per telecamera. **4.** ~ loading (as by a roll film) (*phot.*), caricamento di una macchina fotografica. **5.** ~ lucida (device for easing drawing) (*opt. - draw.*), camera chiara. **6.** ~ machine gun (*milit.*), fotomitragliatrice. **7.** ~ obscura (*opt.*), camera oscura. **8.** ~ signal (*telev.*), segnale (di visione) di telecamera. **9.** ~ station (*air phot.*), punto di presa. **10.** ~ tube (converting image in elect. signals) (*telev.*), tubo di ripresa televisivo, tubo convertitore di immagine. **11.** aerial ~ (*phot.*), macchina per aerofotografie. **12.** Baker-Nunn ~ (for tracking earth satellites) (*astric.*), fotocamera di Baker-Nunn. **13.** box ~ (*phot.*), macchina (fotografica) a cassetta. **14.** candid ~ (*phot.*), *see* miniature camera. **15.** candid ~ (a concealed camera taking pictures of people without their knowledge) (*phot. - m. pict. - telev.*), macchina da presa nascosta. **16.** cartoon ~ (*m. pict.*), apparecchio (da presa) per disegni animati. **17.** electron ~ (*telev.*), telecamera, camera da presa televisiva (o radiovisiva). **18.** film ~ (*m. pict.*), macchina da presa. **19.** folding ~ (*phot.*), macchina fotografica a soffietto. **20.** laser ~ (airborne camera for night motion picture) (*phot.*), fotocamera a laser. **21.** micro-filming ~ (*phot.*), apparecchio per microfilm. **22.** motion-picture ~ (*phot.*), macchina da presa. **23.** multilens ~ (*phot.*), macchina fotografica ad obiettivo multiplo. **24.** panoramic ~ (*phot. camera*), macchina per riprese panoramiche. **25.** plate ~ (*phot.*),

macchina fotografica a lastra. **26.** scintillation ~ (medical research) (*atom. phys.*), camera per scintigrafia. **27.** silenced ~ (for sound-on-film) (*m. pict.*), apparecchio da presa silenziato, macchina da presa silenziosa. **28.** single-lens ~ (*phot.*), macchina fotografica ad obiettivo semplice **29.** still ~ (electronic picture camera: to be displayed on the domestic "TV" set) (*phot. - audiovisuals*), fotocamera a fermo immagine per video fotografia.
cameraman (*phot.*), fotografo. **2.** ~ (*m. pict.*), operatore cinematografico. **3.** ~ (*telev.*), operatore televisivo.
camouflage (*milit.*), mascheramento, mimetizzazione.
camouflaged (*milit.*), mimetizzato, mascherato.
camp (*milit.*), campo. **2.** ~ of huts (*city planning*), agglomerato di baracche. **3.** concentration ~ (*milit.*), campo di concentramento. **4.** mountain ~ (as for the children of employees) (*pers.*), colonia montana. **5.** summer ~ (as for the children of employees) (*pers.*), colonia estiva.
camp (to) (*milit.*), accamparsi.
campaign (a season's operation of a sugar factory) (*sugar mfg.*), campagna. **2.** ~ (the working life of a tank or other melting unit) (*glass mfg.*), campagna. **3.** ~ (*milit.*), campagna.
campanile (*arch.*), campanile.
camper (a person who goes camping) (*tourism*), campeggiatore. **2.** ~ (camping vehicle) (*aut.*), autoroulotte (oppure rimorchietto per campeggio).
camphor ($C_{10}H_{16}O$) (*chem.*), canfora. **2.** ~ tree (*wood*), canforo.
camphorate (as a salt of camphoric acid) (*n. - chem.*), canforato (*s.*).
camphorated (*a. - chem.*), canforato. **2.** ~ oil (*chem. - pharm.*), olio canforato.
camphoric (*chem.*), canforico. **2.** ~ acid $[C_8H_{14}(CO_2H)_2]$ (*chem.*), acido canforico.
camping (*sport*), campeggio.
camp-on-system (holds the connection when the requested number is busy) (*teleph.*), attesa in linea.
camshaft (as of mot.) (*mech.*), albero a camme, albero della distribuzione, albero degli eccentrici, albero delle punterie. **2.** ~ controller (*elect.*), commutatore a camme. **3.** ~ grinder (*mach. t.*), rettificatrice per alberi di distribuzione, rettificatrice per eccentrici (degli alberi di distribuzione). **4.** ~ grinding machine (*mach. t.*), rettifica(trice) per eccentrici (dell'albero di distribuzione). **5.** built-up ~ (*mech.*), albero a camme ad eccentrici riportati, albero di distribuzione ad eccentrici riportati. **6.** integral ~ (*mech.*), albero a camme ad eccentrici integrali, albero a camme con eccentrici in un sol pezzo con l'albero.
camwood (hard red wood of an African tree) (*wood*), bafia.
"CAN" (CANcel character meaning: cancel all preceeding characters) (*comp. message*), carattere di cancellazione.
can (*ind.*), bidone, recipiente (o barattolo) di latta, scatola di latta. **2.** ~ (*m. pict.*), scatola (per pellicole cinematografiche). **3.** ~ (combustion chamber of a turbojet engine) (*aer. mot.*) (slang), camera di combustione. **4.** ~ (air cleaner) (*aut.*), filtro aria. **5.** ~ (of nuclear fuel for nuclear reactor) (*atom phys.*), guaina. **6.** ~ buoy (*naut.*), boa cilindrica. **7.** ~ hook (rope having hooks at each end, used for hoisting casks etc.) (*naut. - etc.*), braca a ganci. **8.** ~ intersecting gill box (for wool) (*text. mach.*), stiratoio doppio a vasi. **9.** ~ opener (tin opener) (*t.*), apriscatole. **10.** coiler ~ (for collecting wool slivers from the cards) (*text. ind.*), raccoglitore. **11.** gasoline (or petrol) ~, latta (o canistro) da benzina. **12.** hand ~ (*t.*), oliatore a mano. **13.** watering ~ (*impl.*), annaffiatoio.
canal (*hydr.*), canale. **2.** ~ (*naut.*), canale. **3.** ~ (that part of a tank leading to the machine) (*glass mfg.*), canale. **4.** ~ rays (*phys.*), raggi positivi, raggi canale. **5.** ~ tolls (*naut. comm.*), diritti di canale. **6.** irrigation ~ (*hydr.*), canale di irrigazione. **7.** ship ~ (*naut.*), canale navigabile.
canal (to) (to construct a canal) (*hydr. constr.*), costruire un canale.
canal-built (built for canal navigation) (*a. - naut.*), costruito (o adatto) per la navigazione interna.
canalization (*hydr. constr.*), canalizzazione.
canalize (to) (*hydr. constr.*), canalizzare.
canard (pusher airplane: the elevator, rudder, etc. of which are in front of the wings) (*aer.*), canard.
"canaries" (*m. pict.*) (Brit.), rumori nella registrazione sonora.
Canarium (tropical Asiatic and African tree) (*botany*), Canarium. **2.** African ~ (*wood*), Canarium africano. **3.** Indian ~ (*wood*), Canarium indiano. **4.** Malayan ~ (*wood*), Canarium malese.
cancel (annulling) (*gen. - comp.*), annullamento. **2.** ~ (cancellation) (*gen.*), cancellazione. **3.** ~ character (*comp.*), carattere di cancellazione. **4.** ~ indicator (*comp.*), indicatore di annullamento.
cancel (to) (as a contract) (*comm.*), rescindere. **2.** ~ (to annul) (*comp. - gen.*), annullare. **3.** ~ (as an order) (*comm.*), annullare.
cancellation (*comm.*), annullamento. **2.** ~ (*law*), abrogazione. **3.** ~ (of an agreement) (*comm.*), risoluzione, scioglimento.
cancelli (as in a church) (*arch.*), cancellata fra altare e coro.
cancelling (cancellation, striking out) (*off. - etc.*), cancellatura, depennatura.
candela (new candle, unit of luminous intensity) (*illum. phys. unit*), candela, candela nuova.
"C and F", *see* cost and freight.
"C and I", **"c and i"** (cost and insurance) (*comm.*), costo e assicurazione.
candidate (*gen.*), candidato.
candle (for furnishing light), candela. **2.** ~ (unit of luminous intensity) (*illum. phys. unit*), candela. **3.** ~, *see* filter candle. **4.** ~ hour (luminous energy unit) (*meas.*), candela ora. **5.** Hefner ~ (about 0,90 of the candle value) (*illum. phys. unit*), can-

dela Hefner. **6.** international ~ (*illum. phys. unit*), candela internazionale. **7.** mean hemispherical ~ power (*illum. phys.*), intensità luminosa media emisferica. **8.** mean horizontal ~ power (*illum. phys.*), intensità luminosa media orizzontale. **9.** mean spherical ~ power (*illum. phys.*), intensità luminosa media sferica. **10.** new ~ (*illum. phys. unit*), candela nuova. **11.** smoke ~ (*milit. - etc.*), candela fumogena. **12.** smoke producing ~ (*milit. - etc.*), candela fumogena. **13.** stearic ~ (*illum.*), candela stearica. **14.** tallow ~ (*illum.*), candela di sego.

candlelight (*illum.*), lume di candela.

candle-meter, *see* lux.

candlepower (*illum. - phys.*), intensità luminosa in candele.

cane (*gen.*), canna. **2.** ~ (solid glass rod) (*glass mfg.*), canna. **3.** ~ mesh ceiling (*bldg.*), soffitto a cannicci. **4.** sugar ~, canna da zucchero.

canister (small container for domestic use) (*gen.*), barattolo. **2.** ~ (canister shot, case containing bullets) (*expl.*), proietto a mitraglia. **3.** ~ (filter, of a gas mask) (*milit. app.*), filtro. **4.** ~ respirator (gas mask) (*milit. app.*), maschera antigas.

canned (*ind.*) (Am.), in scatola, in latta. **2.** ~ motor pump (sealed device operating under water) (*pip. - hydr.*), elettropompa sommersa. **3.** ~ routine (ready program) (*comp.*), procedura preprogrammata.

cannel coal (*comb.*), carbone a lunga fiamma.

cannelure (groove lengthwise the surface: as of a shaft, a column etc.) (*mech. - arch.*), scanalatura. **2.** ~ (groove for the extractor at the base of a cartridge) (*firearm*), gola del bossolo.

cannibalize (to) (*aer. - etc.*), "cannibalizzare", ricuperare parti da macchine fuori uso (o ferme) per usarle su altre in servizio attivo.

canning (sheathing of the uranium bars in a pile for avoiding contamination) (*atom phys.*), incamiciatura, rivestimento anticontaminante.

cannon (*artillery*), cannone. **2.** atomic ~ (*atom. artillery*), cannone atomico. **3.** breech-loading ~ (*artillery*), cannone a retrocarica. **4.** rifled ~ (*artillery*), cannone rigato.

cannonade (*milit.*), cannoneggiamento.

cannonade (to) (*milit.*), cannoneggiare.

cannonry (ordnance) (*milit.*), artiglieria. **2.** ~ (firing by gun) (*milit.*), cannoneggiamento.

canoe (*naut.*), canotto, canoa.

canonical (said of the simplest form: as of an expression) (*a. - math. - phys. - etc.*), canonico.

canopy (of a parachute) (*aer.*), calotta. **2.** ~ (transparent cover over the cockpit) (*aer.*), tettuccio, chiusura trasparente dell'abitacolo di pilotaggio. **3.** ~ (*arch.*), sporgenza ornamentale fatta a guisa di tetto. **4.** ~ (metallic covering of elect. wires: as in a domestic installation) (*elect. impl.*), protezione metallica, coperchio. **5.** bubble ~ (*aer.*), tettuccio emisferico. **6.** sheet steel ~ (as of an industrial engine) (*mot.*), cappottatura in lamiera di acciaio.

cant (as of a building), angolo esterno. **2.** ~ (slope), piano inclinato. **3.** ~ (oblique frame) (*shipbuild.*), ordinata deviata, costa deviata. **4.** ~ (of a road curve) (*civ. eng.*), sopraelevazione. **5.** ~ body (*shipbuild.*), parte dello scafo con ordinate deviate. **6.** ~ body (of a ship careen) (*naut.*), parte rastremata (poppa o prua). **7.** ~ floor (*shipbuild.*), madiere obliquo. **8.** ~ hook (*impl.*), attrezzo per rivoltare tronchi d'albero. **9.** ~ of a track (*railw.*), sopraelevazione di una rotaia. **10.** ~ rail (roof side member, of a car) (*aut. constr.*), corrente tetto.

cant (to) over (to heel permanently: of a ship) (*naut.*), ingavonarsi.

canteen (bottle) (*milit.*), borraccia. **2.** ~ (as in a factory or a milit. post) (*comm.*), spaccio. **3.** ~ (restaurant for company workers only) (*pers. facility*), mensa aziendale.

"CANTIL" (cantilever) (*a. - bldg.*), a sbalzo.

cantilever (*bldg. - mech.*), trave (o elemento) a sbalzo. **2.** ~ (heavy bracket) (*arch.*), modiglione, mensolone. **3.** ~ bridge (*arch.*), ponte a sbalzo, ponte a mensola. **4.** ~ spring (quarter elliptic spring, of a suspension) (*veh.*), semibalestra a cantilever. **5.** ~ truss (supported in the middle) (*constr. theor.*), trave a doppio sbalzo. **6.** ~ wing (*aer.*), ala a sbalzo.

canting (*a. - gen.*), inclinato. **2.** ~ strip (*arch.*), *see* water table.

canton (a salient decorative molding formed as at a bldg. corner) (*bldg.*), elemento decorativo di spigolo.

cantonment (*milit.*), accantonamento.

"CANV" (canvas) (*naut. - ind.*), tela robusta, tela olona, tela da vele.

canvas (*text.*), tela robusta, tela di olona, tela da vele. **2.** ~ covering (*text.*), copertura di tela. **3.** ~ for sails (*text. - naut.*), tela da vele. **4.** ~ for tents (*text.*), tela da tende. **5.** ~ hood (*aut.*), capote. **6.** ~ note paper (kind of note paper) (*paper mfg.*), carta tela grossa. **7.** rubberized ~ (*text. and rubb. ind.*), tela gommata.

canvasser (one who solicits orders) (*comm.*), procacciatore di affari, produttore. **2.** advertisement ~ (*comm.*), produttore di pubblicità. **3.** book ~ (*comm.*), produttore di libri, produttore librario. **4.** freight ~ (*comm.*), procacciatore di noli. **5.** insurance ~ (*comm.*), produttore di assicurazioni. **6.** town ~ (*comm.*), piazzista.

caoutchouc (*rubb. ind.*), caucciù, gomma elastica. **2.** ~ oil (rubber oil obtained by the dry distillation of rubber) (*chem. ind.*), olio di gomma, olio di caucciù. **3.** hardened ~ (*rubb. ind.*), gomma indurita. **4.** mineral ~ (elaterite, elastic bitumen) (*min.*), elaterite, caucciù minerale.

cap (of a bearing) (*mech. mot.*), cappello. **2.** ~ (for the crosshead end of a connecting rod) (*mech.*), cappello. **3.** ~ (cover) (*mech.*), coperchio. **4.** ~ (as of a valve stem) (*mech.*), puntalino. **5.** ~ (for a spring, as of a valve) (*mech.*), scodellino. **6.** ~ (cover for the insulation of elect. cables) (*elect.*), cappuccio isolante. **7.** ~ (*glass mfg.*), corona. **8.** ~ (*min. expl.*), *see* detonator. **9.** ~ (of an aut. distributor) (*elect.*), calotta. **10.** ~ (of insulator) (*elect.*), cappa. **11.** ~ (of a shoe) (*shoe mfg.*), spunterbo. **12.** ~ (sealing cap, as of a radiator) (*aut.*), tappo. **13.** ~ (percussion cap) (*expl.*), capsula. **14.** ~ (of the mast) (*naut.*), testa di moro. **15.** ~ (*chem.*), capsula. **16.** ~ (tread of a tire) (*aut.*), battistrada applicato. **17.** ~ (central electrical connection: as of a lamp base or lamp holder) (*elect.*), contatto centrale. **18.** ~ (of a lens) (*phot.*), coperchio, protezione. **19.** ~ bolt, *see* tap bolt. **20.** ~ iron (keeping in place the cutter in a carp. plane) (*t. impl.*), controferro. **21.** ~ lamp (miner's outfit) (*min. impl.*), lampada da elmetto. **22.** ~ nut (box nut) (*mech.*), dado cieco. **23.** ~ nut (as of a faucet) (*pip.*), cappellotto filettato. **24.** ~ piece (of a timber set) (*min.*), cappello. **25.** ~ screw, *see* tap bolt. **26.** ~ shaped die (*t.*), martello a stampo (per ribadire). **27.** ~ spinning frame (*text. ind.*), filatoio a campana. **28.** ~ stone (*mas.*), pietra di coronamento. **29.** ~ strip (strip for wing reinforcing) (*aer. constr.*), bandella di rinforzo. **30.** bayonet ~ (*elect.*) (Brit.), attacco a baionetta. **31.** bearing ~ (*mech.*), cappello del supporto. **32.** Edison screw ~ (*elect.*) (Brit.), attacco a vite Edison. **33.** front wheel suspension spring housing ~ (*aut.*), tappo (della) scatola (della) sospensione anteriore. **34.** hub ~ (*aut.*), coprimozzo, copriruota. **35.** main bearing ~ (*mech. - mot.*), cappello di banco. **36.** outer ~ (*mech.*), calotta esterna. **37.** percussion ~ (as of a cartridge), capsula. **38.** petal ~ (fabric cover for a parachute) (*aer.*), custodia a petali. **39.** radiator ~ (*aut.*), tappo del radiatore. **40.** ridge ~ (as of sheet metal) (*bldg.*), (elemento di) colmo. **41.** screw ~ (*mech.*), tappo a vite. **42.** spring ~ (as for a valve spring) (*mech.*), scodellino per molla. **43.** tear-off ~ (of a parachute pack, piece of fabric torn by the tension of the static line and permitting the parachute to deploy) (*aer.*), telo da strappo. **44.** tube ~ (of a steam superheater: as of a steam locomotive), cuspide. **45.** wheel hub ~ (*aut.*), coppa per mozzo ruota. **46.** white ~ (*sea*), cresta, cima spumosa dell'onda.

"cap" (capacity) (*elect.*), capacità. **2.** ~ (capacitor) (*elect.*), condensatore. **3.** ~ (captain) (*naut. - milit.*), capitano, comandante. **4.** ~, *see also* capital.

cap (to) (a tire) (*aut.*), ricostruire un pneumatico, applicare un nuovo battistrada. **2.** ~ (to cut off the ends of a glass cylinder) (*glass mfg.*), scoronare.

capability (the state of being capable to do something) (*work - comp. - etc.*), capacità.

capacitance (*elect.*), capacitanza, reattanza capacitiva. **2.** ~ (of a condenser) (*elect.*), capacità. **3.** ~, *see also* capacity. **4.** cathode ~ (*radio*), capacità complessiva di catodo. **5.** grid ~ (*radio*), capacità complessiva di griglia. **6.** grid-cathode ~ (*radio*), capacità griglia-catodo. **7.** grid-plate ~ (*radio*), capacità griglia-anodo. **8.** interelectrode ~ (*radio*), capacità interelettrodica. **9.** plate ~ (*radio*), capacità complessiva di anodo. **10.** plate-cathode ~ (*radio*), capacità anodo-catodo.

capacitive (*a. - elect.*), capacitivo. **2.** ~ coupling, *see* capacity coupling. **3.** ~ load (capacity load) (*elect.*), carico capacitivo. **4.** ~ reactance, *see* capacity reactance.

capacitor (*elect.*), condensatore. **2.** ~, *see also* condenser. **3.** ~ bank (many capacitors electrically connected) (*elect.*), batteria di condensatori. **4.** ~ microphone (*elect.*), microfono elettrostatico. **5.** ~ motor (*electromech.*), motore monofase con un circuito sfasato da un condensatore. **6.** decade ~ (*elics.*), condensatore a decadi. **7.** feed-through ~ (inlet capacitor) (*elect.*), condensatore di entrata. **8.** grid ~ (*thermion.*), condensatore di griglia. **9.** junction ~ (kind of integrated circuit capacitor) (*elics.*), condensatore a giunzione. **10.** lead through ~ (*elect.*), condensatore passante. **11.** molded ~ (as an encased mica capacitor) (*elect. - elics.*), condensatore incapsulato. **12.** multi-section ~ (*elect.*), condensatore multiplo. **13.** phase shifter ~ (*elect.*), condensatore di sfasamento. **14.** radio suppressor ~ (*radio*), condensatore antidisturbi radio, condensatore antiradiodisturbi. **15.** subdivided ~ (*elect. - elics.*), condensatore multiplo.

capacity (capacitance) (*elect.*), capacità. **2.** ~ (in cu m: as of aut. van), capacità, portata in volume. **3.** ~ (volume: as of a tank), capacità. **4.** ~ (maximum output: as of a pump) (*hydr.*), portata. **5.** ~ (power of receiving, containing), capacità. **6.** ~ (of a cell or of an accumulator) (*elect.*), capacità. **7.** ~ (of a motor) (*elect.*), potenza. **8.** ~ (maximum power output: as from a generator) (*elect.*), potenza. **9.** ~ (total swept volume) (*aut. - eng.*), cilindrata. **10.** ~ (steam output per hour: as of a boiler) (*ind.*), produzione. **11.** ~ (storage capacity) (*comp.*), potenzialità, capacità di memoria. **12.** ~ (as of a freight car: the nominal load a car is designed to carry) (*railw.*), portata. **13.** ~, *see also* capacitance. **14.** ~ coupling (*elect. - radio*), accoppiamento capacitivo, accoppiamento elettrostatico. **15.** ~ load (maximum load that can be carried safely) (*constr. theor.*), portata. **16.** ~ load (capacitive load) (*elect.*), carico capacitivo. **17.** ~ meter (*elect. instr.*), capacimetro. **18.** ~ of the storage battery (*elect.*), capacità dell'accumulatore. **19.** ~ reactance (*elect.*), reattanza capacitiva. **20.** adhesive ~ (as of oil), potere adesivo. **21.** carrying ~ (*aut.*), capacità di carico. **22.** circuit ~ (number of channels which can be served contemporaneously) (*teleph. - elics. - comp.*), capacità del circuito. **23.** damping ~ (capacity to absorb mech. vibrations) (*mech.*), potere antivibratorio. **24.** direct ~ (*radio*), capacità diretta. **25.** distributed ~ (*elect.*), capacità elettrostatica. **26.** dynamic ~ (*chem.*), capacità dinamica. **27.** exchange ~ (of ionic exchangers) (*phys. chem.*), capacità di scambio. **28.**

heaped ~ (as of a scraper) (*loose material transp.*), portata a colmo, capacità a colmo. **29.** heaped ~ (meas. obtained by heap filling the bucket) (*min. work - etc.*), capacità della benna colma. **30.** installed ~ (maximum elect. power that can be constantly absorbed or produced: as by a factory or a power plant) (*elect.*), potenza installata. **31.** lifting ~ (as of a crane) (*ind.*), portata. **32.** net ~ (*naut. - shipbldg. - etc.*), portata netta. **33.** productive ~ (*ind.*), capacità produttiva. **34.** rated ~ (the input or output of an electrical machine specified by the maker on the name plate) (*elect. mach.*), potenza nominale, potenza di targa. **35.** road ~ (*road*), capacità (di transito) di una strada. **36.** rupturing ~ (of a circuit breaker) (*elect.*), capacità di ruttura. **37.** spreading ~ (of paint over a surface) (*paint.*), distendibilità. **38.** static ~ (*chem.*), capacità statica. **39.** storage ~ (*comp.*), capacità di memoria. **40.** stray ~ (*radio*), capacità parassita. **41.** struck ~ (as of a scraper) (*loose material transp.*), portata a raso, capacità a raso. **42.** thermal ~ (*therm.*), capacità termica.

cape (*geogr.*), capo.

capias (*law*), mandato di cattura.

capillarity (*phys.*), capillarità.

capillary (*a.*), capillare. **2.** ~ analysis (by chromatography) (*chem.*), analisi a mezzo cromatografia, analisi cromatografica. **3.** ~ attraction (as in a brazing process) (*welding*), adesione capillare. **4.** ~ interstice (*gen.*), interstizio capillare. **5.** ~ pipe (welding defect) (*mech. technol.*), cavità capillare. **6.** ~ tube (*phys. - etc.*), tubo capillare.

capital (*a. - finan.*), capitale. **2.** ~ (*n. - arch.*), capitello. **3.** ~ (of an alphabet letter) (*a. - n.*), maiuscola. **4.** ~ (city) (*geogr.*), capitale. **5.** ~ assets (as bldgs., machinery etc.) (*ind. adm.*), capitale fisso. **6.** ~ budget (estimated capital expenditures: as for an year) (*adm. - finan.*), bilancio preventivo investimenti. **7.** ~ gain (a raised value of fixed assets) (*adm.*), utile di capitale, plusvalenza. **8.** ~ goods (industrial goods; producing further goods) (*econ.*), beni strumentali. **9.** ~ investment (as in a factory) (*adm.*), investimento di capitale. **10.** ~ levy (a general property tax) (*finan.*), imposta patrimoniale. **11.** ~ lock key (as of a typewriter) (*mech.*), tasto fissamaiuscole. **12.** ~ outflow (capital flight) (*finan.*), fuga di capitali. **13.** ~ ship (*navy*), corazzata. **14.** ~ stock (of a company) (*finan.*), capitale azionario. **15.** authorized ~, *see* nominal capital. **16.** circulating ~ (*finan.*), capitale circolante. **17.** debenture ~ (*finan. - bank*), capitale obbligazionario. **18.** distributed ~ (*adm. - finan.*), capitale versato. **19.** equity ~ (venture capital, funds invested in stocks) (*finan. - bank*), capitale azionario. **20.** fixed ~ (*finan.*), capitale fisso. **21.** floating ~ (*finan.*), *see* circulating capital. **22.** influx of capitals (*finan.*), afflusso di capitali. **23.** issued ~ (*adm. - finan.*), capitale emesso. **24.** loan ~ (*finan. - adm.*), capitale di prestito. **25.** nominal ~ (*adm. - finan.*), capitale nominale. **26.** paid up ~ (capital fully paid) (*adm. - finan.*), capitale versato, capitale interamente versato. **27.** return on ~ (*finan.*), rimunerazione del capitale. **28.** risk ~ (venture capital: capital invested in ordinary shares of a new company) (*finan.*), capitale azionario. **29.** share ~ (capital stock, stock: of a joint-stock company) (*adm. - finan.*), capitale azionario. **30.** subscribed ~ (*finan.*), capitale sottoscritto. **31.** unissued ~ (without shares) (*finan.*), capitale non emesso. **32.** venture ~, *see* risk capital.

capital-intensive (having a capital cost prevailing on the cost of labor) (*adm. ind.*), con forte incidenza del costo del capitale (rispetto alla mano d'opera).

capitalization (*accounting*), capitalizzazione. **2.** ~ of reserves (*accounting*), capitalizzazione delle riserve.

capitalize (to) (*finan.*), capitalizzare. **2.** ~ (to write in capital letters) (*print. - comp.*), scrivere in maiuscole.

capped (covered) (*gen.*), coperto. **2.** ~ steel (mechanically killed steel) (*metall.*), acciaio calmato meccanicamente.

capping (finishing piece: as of an aut. window) (*aut. body constr.*), cornice.

capristor, *see* rescap.

capsize (to), capovolgersi, ribaltare. **2.** ~ (*naut.*), capovolgersi, fare scuffia. **3.** ~, *see* collapse (to).

capsizing (*naut.*), capovolgimento, scuffia.

capstan (*naut.*), argano, cabestano. **2.** ~ (controlling the tape motion) (*magnetic recorder*), alberino (o rullo o puleggia) di trascinamento. **3.** ~ bar (*naut.*), aspa d'argano, manovella d'argano. **4.** ~ handle (as in a turret lathe) (*mech.*), maniglia a crociera. **5.** ~ lathe (*mach. t.*), tornio a revolver. **6.** ~ partner (*naut.*), mastra dell'argano. **7.** ~ screw, ~ bolt (*opt. mech.*), vite a testa tonda (senza intaglio) forata (radialmente). **8.** jeer ~ (*naut.*), arganello.

capsule (a metallic or plastic seal for bottles) (*comm.*), capsula. **2.** ~ (of a piston aero engine carburetor or jet engine barometric pressure control) (*aer. mot.*), capsula. **3.** ~ (of reduced form: as of submarine) (*a. - gen.*), tascabile. **4.** ~ (a small space vehicle projected by a rocket) (*astric.*) capsula. **5.** boost control ~ (*aer. mot.*), capsula del regolatore della pressione di alimentazione. **6.** ejection ~ (for emergency) (*aer.*), abitacolo eiettabile. **7.** exhaust back pressure ~ (of an injection carburetor) (*aer. mot.*), capsula (del dispositivo per la correzione della miscela in funzione delle variazioni della contropressione allo scarico). **8.** manned orbital ~ (*rckt.*), cabina spaziale per volo orbitale con equipaggio. **9.** mixture control ~ (for altitude) (*aer. mot.*), capsula del correttore di quota. **10.** orbital ~ (*rckt.*), cabina (spaziale) in (o per) volo orbitale, cabina in orbita. **11.** space ~ (*rckt.*), cabina spaziale. **12.** unmanned orbital ~ (*rckt.*), cabina (spaziale) senza equipaggio in (o per) volo orbitale.

captain (commanding officer of a ship) (*naut.*), comandante, capitano. **2.** ~ (*navy*), capitano di vascello. **3.** ~ (*milit.*), capitano.

caption (subtitle) (*m. pict.*), didascalìa, sottotitolo. **2.** ~ (as for explaining an illustration) (*print.*), leggenda. **3.** ~ (heading caption, title) (*comp. print.*), intestazione, titolo. **4.** running ~ (*m. pict.*), didascalia a tamburo.

captive (of a concern controlled by another corporation) (*a. - finan. - ind.*), controllato.

capture (of an atomic nucleus by an elementary particle) (*atom phys.*), cattura. **2.** ~ (as of a neutron by a nucleus) (*atom. phys.*), assorbimento, cattura. **3.** data ~ (*comp.*), reperimento dati. **4.** electron ~ (*atom. phys.*), cattura di elettrone. **5.** parasitic ~ (unwanted absorption: as of a neutron) (*atom. phys.*), cattura parassita. **6.** resonance ~ (absorption, as of neutrons, in resonance conditions) (*atom. phys.*), cattura di risonanza.

capture (to) (as fumes etc.) (*found. - etc.*), captare.

capture K (nuclear reaction by means of the capture of a K shell electron) (*atom phys.*), cattura K.

"CAR" (Civil Air Regulation) (*aer.*), regolamento dell'aviazione civile.

car (veh. on wheels), veicolo a ruote. **2.** ~ (*aut.*), automobile, vettura, autovettura. **3.** ~ (*aut. - coll.*), macchina. **4.** ~ (of an airship) (*aer.*), navicella. **5.** ~ (for mine working) (*min.*), vagonetto. **6.** ~ (of a cableway) (*transp. app.*), vettura, cabina. **7.** ~ (tramcar) (*veh.*), vettura (tranviaria). **8.** ~ [freight car (Am.), goods wagon (Brit.), goods truck (Brit.)] (*railw.*) (Am.), carro. **9.** ~ [passenger car (Am.), coach (Am.), carriage (Brit.)] (*railw.*) (Am.), carrozza, vettura. **10.** ~ dumper (*railw.*), scaricatore a rovesciamento di carri merci, dispositivo di ribaltamento per carri merci. **11.** ~ ferry (*naut. - railw.*), traghetto ferroviario. **12.** ~ hire (*aut.*), autonoleggio. **13.** ~ park (Brit.), *see* parking lot (Am.). **14.** ~ pool (*comm. - transp.*), groupage. **15.** ~ puller (for short distance: as on a private sidetrack) (*railw. - ind.*), carrello semovente per smistare carri merci. **16.** ~ radio set (*radio*) (Brit.), autoradio, apparecchio radio (o radio) per automobile. **17.** ~ replacer (inclined plane used for getting a derailed car back on the track) (*railw.*), mezzi di rialzo. **18.** ~ seal (*railw.*), piombi (per carri). **19.** ~ shaker (*railw.*), scaricatore a scossa per carri merci. **20.** ~ subsidiary maker (*aut.*), fabbricante di accessori per auto. **21.** ~ washer (*aut.*), impianto lavaggio automobili. **22.** articulated ~ (*railw.*), carrozza articolata. **23.** automobile parts ~ (box car fitted with special racks for transporting automobile parts) (*railw.*), carro per trasporto di parti di automobili. **24.** ballast ~ (*railw.*), carro per trasporto di ballast. **25.** ballast ~ (*veh.*), veicolo a sponde (o fondo) ribaltabili. **26.** billet ~ (low side gondola car used for transporting steel billets or heavy material) (*railw.*), carro per trasporto billette. **27.** boarding ~ (used for lodging railw. workmen) (*railw.*), carro alloggio personale. **28.** box ~ (*railw.*), carro chiuso, vagone merci chiuso. **29.** breakdown ~ (wrecking car - Am.) (*railw.*) (Brit.), carro di soccorso. **30.** bubble ~ (provided with a transparent bubble top) (*aut.*), automobile con tetto a bolla di plastica trasparente. **31.** buffet ~ (special dining service car) (*railw.*), carrozza con posto di ristoro. **32.** business ~ (used by railw. officials while travelling) (*railw.*), carrozza per personale delle ferrovie. **33.** cabin ~ (*railw.*), *see* caboose. **34.** cane ~ (*railw.*), carro per canna da zucchero. **35.** carboy ~ (jar car) (*railw.*), carro a serbatoi. **36.** cement ~ (*railw.*), carro per (trasp.) cemento. **37.** chair ~ (*railw.*), *see* parlor car. **38.** clover-leaf ~ (*aut.*), automobile a tre posti. **39.** club ~ (*railw. car*) (Am.), carrozza salone. **40.** club wagon ~ (family car as roomy as a small bus) (*aut.*) (Am.), pullmino. **41.** coal ~ (*railw.*), carro per carbone. **42.** coke ~ (*railw.*), carro per coke. **43.** combination ~ (combined car provided with two passenger classes) (*railw.*), carrozza mista (a due classi). **44.** compact ~ (a 1959 American car with reduced overall dimensions, unit body without frame and with Italian line) (*aut.*) (Am.), vettura compatta. **45.** compartment tank ~ (*railw.*), carro cisterna a più serbatoi. **46.** conductor's ~ (*railw.*), *see* caboose. **47.** covered hopper ~ (having a permanent roof, hatchway and bottom openings, used as for carrying cement) (*railw.*), carro a tramoggia coperto. **48.** depressed center ~, depressed well ~ (for special transp. of oversized loads) (*railw.*), carro speciale a pianale ribassato. **49.** depressed center flat ~ (for special transports) (*railw.*), pianale ribassato, pianale speciale a piano di carico ribassato. **50.** derrick ~ (crane car) (*railw.*), carro gru. **51.** Diesel R.R. ~ (*railw.*), automotrice Diesel. **52.** dining ~ (diner) (*railw.*), carrozza ristorante. **53.** dome ~ (passenger car with elevated roof and large window panes) (*railw.*), carrozza belvedere. **54.** drop bottom ~ (*railw.*), *see* drop bottom gondola car. **55.** drop bottom gondola ~ (*railw.*), carro a fondo apribile. **56.** dynamometer ~ (car equipped for dynamic tests on the line) (*railw.*), carrozza dinamometrica, carro dinamometrico. **57.** economical ~ (*aut.*), automobile utilitaria. **58.** electric ~ (battery-driven car) (*aut.*), autovettura elettrica, automobile elettrica. **59.** engine ~ (of an airship) (*aer.*), navicella motore. **60.** ferry push ~ (long platform car used for pushing or pulling other cars on or off a ferry boat so that the locomotive can push or pull the cars without running on the bridge) (*railw.*), carro per manovre su navi-traghetto. **61.** fish ~ (*railw.*), carro (per il) trasporto (di) pesce. **62.** flat ~ (*railw.*), pianale. **63.** flying box ~ (for transporting cargo etc.) (*aer.*), vagone volante. **64.** four-seater ~ (*aut.*), automobile a quattro posti. **65.** freight ~ (*railw.*), carro merci. **66.** fruit ~ (ventilated box car) (*railw.*), carro per trasporto frutta. **67.** funny ~ (a mass produced car that has been transformed into a hot rod) (*aut.*), automobile truccata. **68.** furniture ~ (*railw.*), carro per trasporto mobilio. **69.** gas turbine ~ (*aut.*), automobile a turbina a gas. **70.** gondola ~ (freight car, no top, fixed sides) (*railw.*), carro merci ferroviario scoperto a sponde fisse. **71.** grand touring ~ (*aut.*), vettura gran turismo. **72.** grill ~ (special diningcar) (*railw.*), vagone speciale per ristoro. **73.** heater ~ (*railw.*), carro merci con riscaldamento. **74.** high side gondola ~ (*railw.*), carro a sponde alte. **75.** hopper ~ (for transp. of loose material) (*railw.*), carro ferroviario a tramoggia. **76.** horse ~ (*railw.*), carro per trasporto cavalli. **77.** hospital ~ (*med.*), ambulatorio mobile. **78.** ice ~ (*railw.*), carro per trasporto ghiaccio. **79.** ingoldsby ~ (special type of dumping car used for transporting certain ores) (*railw.*), carro speciale per trasporto minerali. **80.** inspection ~ (special motorized truck for line inspection by railw. personnel) (*railw.*), carrello per verifica binario. **81.** instruction ~ (used for the instruction of railw. employees on subjects relating to their work) (*railw.*), carrozza istruzione personale. **82.** insulated ~ (*railw.*), carro termicamente isolato. **83.** jar ~ (*railw.*), carro a giarre. **84.** logging ~ (*railw.*), carro per trasporto tronchi. **85.** low side gondola ~ (*railw.*), carro a sponde basse. **86.** luggage ~ (*railw.*) (Brit.), bagagliaio. **87.** luxury ~ (*aut.*), automobile di lusso, vettura di lusso. **88.** mail ~ (postal car) (*railw.*), carro postale. **89.** medium cylinder capacity ~ (*aut.*), automobile di media cilindrata. **90.** mid-engine ~ (*aut.*), vettura a motore centrale, autovettura a motore centrale. **91.** military ~ (*aut.*), automobile di tipo militare. **92.** milk ~ (*railw.*), carro per trasporto latte. **93.** mine ~ (*min.*), vagonetto, vagoncino. **94.** motor ~ (*aut. - railw.*), *see* motorcar. **95.** motor ~ repair shop (*aut.*), autofficina, officina riparazioni automobili. **96.** multi-service ~ (gondola car capable to discharge at center or at both sides of the track) (*railw.*), carro aperto a scarico centrale e laterale. **97.** multi-unit tank ~ (*railw.*), carro cisterna a più serbatoi. **98.** muscle ~ (coupe with powerful engine for racing) (*aut.*), coupé da gran turismo. **99.** observation sleeping ~ (*railw.*), vagone letto con belvedere. **100.** officer's ~ (*railw.*), *see* business car. **101.** open ~ (phaeton) (*aut.*), automobile aperta, torpedo. **102.** open-top ~ (*railw.*), carro aperto a sponde. **103.** ore ~ (*railw.*), carro trasporto minerali. **104.** panda ~ (kind of police patrol car) (*n. - aut.*), tipo di auto da pattugliamento della polizia. **105.** parlor ~ (*railw.*) (Am.), carrozza salone, carrozza pullman, vettura pullman, pullman. **106.** passenger ~ (coach) (*railw.*), carrozza passeggeri, vettura. **107.** passenger-train ~ (service car for baggage and mail) (*railw.*), bagagliaio con servizio postale. **108.** piggy back ~ (flat car used for the transportation of highway trailer trucks) (*railw.*), pianale per trasp. di rimorchi (o semirimorchi) automobilistici. **109.** platform ~ (*railw.*), *see* flat car. **110.** pony ~ (small size, two-door, hardtop, high sportive performance car) (*aut.*), vetturetta sport (o sportiva). **111.** postal ~ (*railw.*), *see* mail car. **112.** poultry ~ (*railw.*), carro per pollame. **113.** power ~ (of an airship) (*aer.*), navicella motrice. **114.** private ~ (passenger car) (*railw.*), carrozza privata. **115.** private ~ (private freight car) (*railw.*), carro privato, carro di proprietà privata. **116.** production-model ~ (*aut.*), automobile di serie. **117.** prowl ~ (*aut.*), *see* squad car. **118.** push ~ (*railw.*), *see* lorry. **119.** racing ~ (*aut.*), vettura da corsa, macchina da corsa. **120.** railway ~ (*railw.*) (Brit.), vagone ferroviario. **121.** refrigerator ~ (*railw.*), carro frigorifero, vagone refrigerato. **122.** rocker side dump ~ (*veh. for min. and bldg. work*), vagonetto (tipo Decauville). **123.** second ~ (for those who already own a larger car) (*aut. - comm.*), seconda vettura. **124.** self-clearing ~ (*railw.*), *see* drop-bottom car. **125.** side dump ~ (*railw.*), carro a scarico laterale. **126.** sleeping ~ (*railw.*) (Brit.), vagone letto, carrozza con letti. **127.** smoking ~ (car reserved to smokers) (*railw.*), carrozza per fumatori. **128.** snack ~ (special dining-car) (*railw.*), vagone speciale con ristoro. **129.** solid bottom gondola ~ (*railw.*), carro merci a sponda con pavimento continuo (non apribile). **130.** special-body ~ (*aut.*), automobile fuori serie. **131.** specialist ~ (*aut.*), vettura speciale. **132.** spraying ~ (car equipped with a tank and a spraying device for spraying the roadbed with chemicals to kill weeds etc.) (*railw.*), carro per irrorazione (chimica antierba della via). **133.** sprint ~ (dirt track competition car) (*sport aut.*), fuori strada per competizioni. **134.** squad ~ (*aut.*), automobile per la polizia (equipaggiata con radiotelefono). **135.** stand-by ~, vettura di riserva. **136.** steam ~ (for avoiding pollution problems, steam-driven car) (*aut.*), automobile a vapore, autovettura a vapore, vettura a vapore. **137.** stock ~ (commercial model kept in stock for regular sales) (*aut.*), automobile di serie. **138.** stock ~ (used for the transportation of live stock) (*railw.*), carro bestiame. **139.** storage battery ~ (*aut.*), automobile ad accumulatori, automobile elettrica. **140.** streamline ~ (*aut.*), automobile aerodinamica. **141.** tank ~ (*railw.*), vagone cisterna. **142.** touring ~ (*aut.*), torpedo. **143.** truck ~ (*railw.*), carro a carrelli. **144.** turbine ~ (gas-turbine car) (*aut.*), autovettura a turbina, automobile a turbina. **145.** utility passenger ~ (*aut.*), utilitaria, macchina utilitaria, automobile utilitaria. **146.** vestibule ~ (with side doors for passengers in and out and flexible side wall at the end of the car for permitting passage between adjacent cars) (*railw. coach*), carrozza con vestiboli ed intercomunicanti. **147.** vestibuled ~ (*railw.*), carrozza con intercomunicanti. **148.** vintage ~ (old model car) (*aut.*), veterana, vettura d'epoca, vettura di vecchio modello. **149.** way ~ (*railw.*), *see* caboose. **150.** well ~ (flat car having a depression or opening in the center to allow the load to extend below the normal level floor for clearance purposes) (*railw.*), pianale ribassato. **151.** well-hole ~ (*railw.*), *see* well car. **152.** wing ~ (as of an airship) (*aer.*), navicella laterale. **153.** wing ~ (race car having a suction effect on the ground) (*aut. sport*), automobile con effetto suolo, automobile ad ala. **154.** workshop ~ (*railw.*), carro officina. **155.** wrecking ~ (breakdown car) (Brit.) (*railw.*) (Am.), carro di soccorso.

"car" (cargo) (*transp.*), carico.

caracole (*arch.*), scala a chiocciola.

carat (unit of weight for diamonds, gold etc.), carato. **2.** ~ weight (of industrial diamonds) (*t. - ind.*), caratura.

caravan (towed covered vehicle) (*veh.*) (Brit.), "roulotte", carovana, carro abitazione, carro–carovana. **2.** motor ~ (camper, a caravan constructed on a motor car or commercial vehicle chassis) (*aut.*), autoroulotte, camper. **3.** residential ~ (designed for all–year–round residential occupation) (*aut.*), roulotte per soggiornarvi durante tutto l'anno. **4.** special purpose ~ (for human habitation and show–room, canteen, clinic, library etc.) (*aut.*), roulotte o stazione mobile per impieghi speciali.

caravaneer, caravaner, caravanner (traveller by caravan) (*aut. transp.*), persona che viaggia in autoroulotte (o in camper).

caravanner, *see* caravaneer.

caravel (carvel, caravelle: old vessel as used by Christopher Columbus for the first Europe to America raid) (*naut.*), caravella. **2.** ~ planking (carvel-built planking) (*shipbuild.*), fasciame a paro, fasciame a comenti appaiati.

caraway oil (*liquors ind.*), olio essenziale di carvi.

"carb" (carburize) (*mech. draw.*), cementare, carburare. **2.** ~ (carbon) (*chem.*), carbonio. **3.** ~ (carburetor) (*mot.*), carburatore.

carbacidometer (meas. % of CO_2 in the air) (*chem. instr.*), misuratore della percentuale di CO_2.

carbamide [$CO(NH_2)_2$] (*chem.*), carbamide, urea.

carbide (*chem.*), carburo. **2.** ~ lamp (*illum. app.*), lampada a carburo. **3.** ~ stringers (*metall. defect*), allineamenti di carburi. **4.** arranged carbides (carbide stringers) (*metall.*), carburi allineati. **5.** calcium ~ (CaC_2) (*chem.*), carburo di calcio. **6.** iron ~ (*metall. - chem.*), carburo di ferro. **7.** ledeburitic carbides (*metall.*), carburi ledeburitici. **8.** silicon ~ (SiC) (*chem.*), carburo di silicio.

carbine (*firearm*), carabina.

carbinol (CH_3OH) (*chem.*), carbinolo, alcool metilico.

carbograph (a combined silver bromide and pigmented bichromated gelatine process for printing) (*phot.*), "carbografia".

carbohydrate (*chem.*), idrato di carbonio, carboidrato.

Carbolineum (wood preservative) (*trade mark*), "Carbolineum", olio di antracene trattato (ad es. con cloruro di zinco).

carbon (C - *chem.*), carbonio. **2.** ~ (*elect.*), carbone. **3.** ~ (carbon diamond, carbonado) (*min.*), carbonado. **4.** ~ (carbon diamond for drilling tools) (*min.*), diamante per trivellazioni. **5.** ~ (sheet of carbon paper) (*typewriting*), foglio di carta carbone. **6.** ~ (element of a voltaic cell) (*electrochem.*), carbone. **7.** ~ (copy made by carbon paper) (*off.*), copia carbone. **8.** ~ arc lamp (*illum.*), lampada ad arco con elettrodi di carbone. **9.** ~ black (*chem. - ind.*), nerofumo di gas. **10.** ~ content analysing apparatus (*chem.*), apparecchio per l'analisi del carbonio. **11.** ~ copy (*off.*), copia (con carta) carbone, copia ottenuta mediante carta carbone. **12.** ~ dating (research method which determines the age of an object by means of carbon 14) (*archaeology*), determinazione della datazione mediante carbonio 14. **13.** ~ diamond (industrially used for turning: as bronze) (*min.*), carbonado. **14.** ~ dioxide (CO_2) (*chem.*), anidride carbonica. **15.** ~ disulphide (CS_2) (*chem.*), solfuro di carbonio. **16.** ~ fibre (as for building aut. body parts) (*plastics*), fibra di carbone. **17.** ~ filament lamp (*obsolete illum.*), lampada a filamento di carbone. **18.** ~ formation (as in internal combustion mot.) (*mot.*), incrostazioni (carboniose). **19.** ~ 14 (heavy radioact. isotope of carbon) (C^{14} - *chem. - radioact.*), carbonio 14. **20.** ~ monoxide (CO) (*chem.*), ossido di carbonio. **21.** ~ paper (*off.*), carta carbone. **22.** ~ process (*phot.*), processo al carbone. **23.** ~ steel (*metall.*), acciaio al carbonio. **24.** ~ tetrachloride (CCl_4) (*chem.*), tetracloruro di carbonio. **25.** ~ tissue (*phot.*), carta al carbone. **26.** activated ~ (*chem.*), carbone attivo. **27.** combined ~ (as in cast iron) (*found.*), carbonio combinato. **28.** cored ~ (for arc electrode) (*elect. illum.*), carbone a miccia. **29.** flame ~ (for arc electrode) (*elect. illum.*), carbone a fiamma. **30.** gas ~ (*chem. ind.*), carbone di storta. **31.** graphitic ~ (as in cast iron) (*found.*), carbonio grafitico. **32.** solid ~ (for arc electrode) (*elect. illum.*), carbone omogeneo. **33.** total ~ (in cast iron, combined carbon plus graphitic carbon) (*found.*), carbonio totale.

carbonado (carbon diamond) (*min.*), carbonado, diamante nero.

carbonatation (carbonation, precipitation of the lime in clarified saccharine juice by carbon dioxide) (*sugar mfg.*), carbonatazione.

carbonate (*chem.*), carbonato. **2.** ammonium ~ [$(NH_4)_2CO_3$] (*chem.*), carbonato di ammonio. **3.** calcium ~ ($CaCO_3$) (*chem.*), carbonato di calcio. **4.** potassium ~ (potash) (K_2CO_3) (*chem.*), carbonato di potassio. **5.** sodium ~ (Na_2CO_3) (*chem.*), carbonato di sodio.

carbonate (to) (to burn to carbon) (*gen.*), carbonizzare. **2.** ~ (to transform into a carbonate) (*chem.*), trasformare in carbonato. **3.** ~ (to saturate with carbon dioxide) (*chem.*), impregnare con anidride carbonica.

carbonating unit (*ind.*), gruppo di carbonatazione.

carbonation (carbonatization) (*ind.*), carbonatazione.
carbonatization (carbonation) (*ind.*), carbonatazione.
carbondate (to) (by carbon 14) (*archaelogy - etc.*), datare mediante il carbonio 14.
carbonic (*a. - chem.*), carbonico. **2.** ~ acid gas, *see* carbon dioxide. **3.** ~ oxide, *see* carbon monoxide.
carboniferous (*geol.*), carbonifero.
carbonise (to), *see* to carbonize.
carbonitriding (*heat-treat.*), carbonitrurazione, cementazione carbonitrurante.
carbonization, carbonizzazione. **2.** ~ by the dry process (as of wool) (*text. mfg.*), carbonizzazione per via secca. **3.** ~ by the wet process (as of wool) (*text. mfg.*), carbonizzazione per via umida. **4.** ~ process (*text. ind.*), carbonizzazione. **5.** ~ (*heat-treat.*), *see* carburization.
carbonize (to) (*gen.*), carbonizzare. **2.** ~ (*text. ind.*), carbonizzare. **3.** ~ (to apply carbon black) (*print. - paper mfg. - etc.*), applicare uno strato copiativo.
carbonizing apparatus (for wool: by the wet process) (*text. mfg.*), apparecchio per la carbonizzazione. **2.** ~ bath (for wool) (*text. ind.*), bagno di carbonizzazione. **3.** ~ stove (for wool: by the dry process) (*text. mfg.*), forno di carbonizzazione.
carbonless (*a. - gen.*), senza carbone. **2.** ~ copying paper (*print. - etc.*), carta autocopiante.
carbonyl (rad) (= CO) (*chem.*), carbonile.
carborundum (abrasive) (*ind.*), "carborundum", carburo al silicio. **2.** ~ detector (*radio*), rivelatore a carborundum.
carboxyl (rad) (– COOH) (*chem.*), carbossile.
carboxylation (*chem.*), carbossilazione.
carboy (*chem. vessel*), damigiana per acidi.
carburate (to), *see* to carburet.
carburator, *see* carburetor.
carburet (*n. - chem.*), carburo.
carburet (to) (as to charge air with hydrocarbon) (*comb.*), carburare. **2.** ~ (to combine with carbon) (*chem.*), carburare.
carburetion (of mot.), carburazione.
carburetor (for mot. feeding), carburatore. **2.** ~ body (*mot. - aut. - etc.*), corpo del carburatore. **3.** ~ cover (*mot. - aut. - etc.*), coperchio del carburatore. **4.** ~ float chamber (*mot. - aut. - etc.*), vaschetta del carburatore. **5.** ~ icing (aut. or aircraft defect due to icing in the carburetor intake) (*ic eng. defect*), brinatura (o brinamento) del carburatore. **6.** bulk-injection ~ (*aer. mot.*), carburatore ad iniezione. **7.** downdraft ~ (*mot. - aut. - etc.*), carburatore invertito. **8.** float-type ~ (*mot. - aut. - etc.*), carburatore a galleggiante, carburatore a vaschetta. **9.** horizontal ~ (*mot. - aut. - etc.*), carburatore orizzontale. **10.** injection ~ (*mot. - aut. - etc.*), carburatore a iniezione. **11.** spray ~ (*mot. - aut. - etc.*), carburatore a getto. **12.** suction-type ~ (*mot. - aut. - etc.*), carburatore a getti aspirati. **13.** twin ~ (*mot. - aut. - etc.*), doppio carburatore.
carburettor, *see* carburetor.
carburization (of mot.), carburazione. **2.** ~ (*heat-treat.*), cementazione carburante, carburazione, carbocementazione.
carburize (to) (*heat-treat.*), cementare, carburare. **2.** ~, *see* to carburet.
carburizing (introduction of carbon on iron surfaces by heating in contact with solid, liquid or gaseous sources of carbon) (*heat-treat.*), carburazione, cementazione carburante, carbocementazione. **2.** ~ furnace (*heat-treat.*), forno di carburazione, forno di cementazione. **3.** ~ material (*heat-treat.*), (materiale) carburante. **4.** blank ~ (heating cycle used in carburizing, applied to a test piece but carried out without the carburizing medium) (*heat-treat.*), ciclo termico di carburazione senza atmosfera carburante. **5.** gas ~ (*heat-treat.*), cementazione carburante a gas, carburazione a gas, carbocementazione a gas. **6.** liquid ~ (case hardening in molten salt bath) (*heat - treat.*), cementazione morbida, cementazione liquida, cementazione in bagno di sale.
carcase, *see* carcass.
carcass (*bldg.*), ossatura (di un fabbricato). **2.** ~ (of tire) (*aut.*), carcassa. **3.** ~ (the fabric used for a print. blanket) (*print.*), scheletro.
carcass (to), erigere una struttura.
Carcel lamp (*illum. meas.*), lampada di Carcel.
carcinotron (backward-wave oscillator) (*elics.*), carcinotron, tubo elettronico ad onda inversa.
card, cartellino, biglietto. **2.** ~ (for administrative purposes), scheda. **3.** ~ (as for text. mfg.), cartone. **4.** ~ (*text. ind. mach.*), carda. **5.** ~ (*paper mfg.*), cartoncino. **6.** ~ (carrying data, informations, instructions etc. to be introduced into the comp.) (*comp.*), scheda. **7.** ~ (board: insulating material sheet with printed circuits and terminals for insertion, as in elics. devices) (*elics.*), scheda (o piastra) a circuiti stampati. **8.** ~ bed (for cards feeding) (*comp.*), pista di scorrimento (della scheda). **9.** ~ cloth (*text. ind.*), guarnizione della carda, scardasso. **10.** ~ clothing (*text. ind.*), guarnizione della carda, scardasso. **11.** ~ code (*comp.*), codice (di) perforazione (della) scheda. **12.** ~ column (punched card column) (*comp.*), colonna di scheda (perforata). **13.** ~ copier (*comp.*), duplicatore di schede. **14.** ~ deck (card pack) (*comp.*), pacco di schede. **15.** ~ ejection (*comp. - etc.*), espulsione della scheda. **16.** ~ face (main face of the punched card) (*comp.*), faccia principale, faccia anteriore. **17.** ~ feed (punched card feed) (*comp.*), dispositivo alimentazione schede. **18.** ~ field (punched card field) (*comp.*), campo della scheda. **19.** ~ format (*comp.*), formato (o struttura o tracciato) della scheda. **20.** ~ grinder (mach. for card grinding) (*mach.*), mola per carde. **21.** ~ holder (*off. equip.*), schedario. **22.** ~ hopper (for cards feeding) (*comp.*), contenitore (o

magazzino) alimentazione schede. **23.** ~ index (*off. equip.*), schedario, "kardex". **24.** ~ jam (*comp. defect*), inceppamento schede. **25.** ~ ledger (*accounting*), partitario a schede. **26.** ~ loader (*comp.*), caricatore schede. **27.** ~ of accounts (*adm.*), piano dei conti. **28.** ~ pack, *see* card deck. **29.** ~ punch (device punching coded information on the card) (*comp.*), perforatrice di scheda. **30.** ~ reader (*comp.*), lettore di schede. **31.** ~ reader (punched card reader) (*comp.*), lettore della scheda. **32.** ~ reproducer (*comp.*), duplicatore di schede. **33.** ~ sorter (punched cards sorter) (*comp.*), ordinatore (o selezionatore) di schede. **34.** ~ stacker (punched card stacker) (*comp.*), casella di ricezione. **35.** ~ strip (cotton waste from a carding machine) (*text. ind.*), cascame di carda. **36.** ~ system (*comp.*), sistema a schede. **37.** ~ verifier (*comp.*), verificatore di schede. **38.** ~ waste (*text. ind.*), cascame di carda. **39.** ~ web (*text.*), falda di carda. **40.** ~ wire (of carding mach.) (*text. ind.*), dente di guarnizione, dente di carda, punta di carda. **41.** ~ wreck, *see* card jam. **42.** aperture ~ (a standard size punch card provided with an opening for inserting of one or more microfilm bands) (*comp.*), scheda per microfilm. **43.** attendance ~ (*adm.*), scheda presenza. **44.** balance ~ (*adm.*), scheda saldi. **45.** binary ~ (*comp.*), scheda binaria, scheda (perforata) in binario. **46.** blank ~ (without information) (*comp.*), scheda in bianco, scheda vergine. **47.** border-notched ~ (edge notched card) (*comp.*), scheda a margine dentellato (o a tacche). **48.** border-punched ~ (edge-punched card) (*comp.*), scheda a margine perforato. **49.** breaker ~ (*text. mach.*), carda in grosso. **50.** cash ~ ("ATM" plastic card) (*bank*), tessera per prelievi automatici di banconote, tessera "BANCOMAT". **51.** column binary ~ (*comp.*), scheda binaria a colonna. **52.** condenser ~ (finisher) (*text. ind. mach.*), carda in fino. **53.** credit ~ (a card from a bank, allowing the bearer to buy goods or services and to postpone payment) (*comm. - etc.*), carta di credito. **54.** deduction ~ (*adm.*), scheda ritenute. **55.** dialing ~ (coded card to be inserted for dialing automatically the wanted number) (*teleph. - comp.*), scheda di chiamata. **56.** double ~ (*text. mach.*), carda doppia. **57.** double ~ with breast roller (*text. mach.*), carda doppia con avantreno. **58.** double-worsted ~ (*text. mach.*), carda per lana pettinata a due capi. **59.** edge punched ~, *see* border punched card. **60.** eighty-column ~ (kind of punch card) (*comp.*), scheda ad ottanta colonne. **61.** electric accounting machine ~ ("EAM" punched card for electromechanical mach.) (*calc. mach.*), scheda (perforata) meccanografica. **62.** electronic calculating machine ~ (*comp.*), scheda per elaboratore elettronico, scheda per calcolatore. **63.** end of job ~ (card punched with a particular code, meaning that no other cards are needed for finishing the job) (*comp.*), scheda di fine lavoro. **64.** finisher ~ (*text. ind. mach.*), carda in fino. **65.** follow-up ~ (*adm.*), scheda dei solleciti. **66.** header ~ (*comp.*), scheda di intestazione. **67.** Hollerit ~, *see* punched card. **68.** instruction ~ (job sheet: as for a worker) (*shop organ.*), foglio (di) istruzioni. **69.** Jacquard cards (*paper mfg. - text. ind.*), cartoncini Jacquard. **70.** laced ~ (with many holes but no information: it is placed as at the end of a card file) (*comp.*), scheda con reticolato. **71.** ledger ~ (*adm.*), libro contabile. **72.** ledger ~ (having accounting information and instructions) (*comp.*), scheda contabile. **73.** magnetic ~ (having the data stored by magnetization: instead of holes) (*comp.*), scheda magnetica. **74.** magnetic strip ~, magnetic stripe ~ (it codes on a magnetic strip the required information: as identification data etc.) (*comp.*), scheda a striscia (o banda) magnetica. **75.** margin-punched ~ (card having punched holes only along the edges) (*comp.*), scheda perforata (solo) sul bordo. **76.** mark sense ~ (card having marks detected by sensor) (*comp.*), scheda a rilevamento di contrassegno (o marcatura). **77.** master ~ (*autom.*), scheda base. **78.** ninety-column ~ (kind of punch card) (*comp.*), scheda a novanta colonne. **79.** parameter ~ (*comp.*), scheda parametrica. **80.** pattern ~ rail (of loom) (*text. ind.*), guida-cartoni. **81.** place ~ (as in a meeting) (*gen.*), (cartellino) segnaposto. **82.** postal ~, cartolina postale. **83.** post ~, cartolina illustrata. **84.** program ~ (containing instructions) (*comp.*), scheda di programma. **85.** punched ~ (as for a calculating mach.) (*ind. - etc.*), scheda perforata. **86.** revolving flat ~ (*text. mach.*), carda a cappelli girevoli. **87.** row binary ~ (*comp.*), scheda (codificata) binaria a righe. **88.** spinning ~ (*text. mach.*), carda filatrice. **89.** staff ~ (*adm. - ind.*), cartella (o scheda) del personale. **90.** stock ~ (*store*), scheda giacenza, cartellino registrante l'esistenza a magazzino. **91.** tabulating ~ (punched by coded holes) (*comp.*), scheda tabulata. **92.** three ~ set (*text. ind.*), complesso di tre carde. **93.** transfer ~, *see* transition card. **94.** transition ~ (a card that originates a change in the comp. field of activity) (*comp.*), scheda di transizione. **95.** visiting ~, biglietto da visita.

card (to) (*text. ind.*), cardare.

cardanic (*mech.*), cardanico.

cardan joint (universal joint) (*mech.*), giunto cardanico.

cardan shaft (provided with universal joints) (*mech.*), albero cardanico.

cardan suspension, cardanic suspension (gimbals for suspending an instr.) (*mech. app.*), sospensione cardanica.

card-based system (*comp.*), sistema a schede perforate.

cardboard, cartone. **2.** ~ bending machine (*paper mfg. mach.*), piegacartoni, macchina piegacartoni. **3.** asphaltic ~ (*bldg.*), cartone catramato.

carded (*a. - text.*), cardato. **2.** ~ cotton (*text. ind.*), cotone cardato. **3.** ~ sliver (*text. ind.*), nastro uscente dalla carda. **4.** ~ yarn (*text. ind.*), filato di lana cardata.

carder (*text. ind. work.*), cardatore. **2.** ~ (a carding machine) (*text. mach.*), carda.

cardinal (*math. - geogr.*), cardinale. **2.** ~ number (*math.*), numero cardinale. **3.** ~ points (of the compass), punti cardinali.

card-index (to) (*adm. - etc.*), schedare.

carding (*text. operation*), cardatura. **2.** ~ beater (of text. machine), volante cardatore. **3.** ~ machine (*weaving mach.*), carda. **4.** ~ willow, *see* willow. **5.** ~ wool (*text. ind.*), lana di carda. **6.** wool ~ (*text. ind.*), cardatura della lana.

cardiobip (a ricetransmitting recorder of heart pulsations) (*med. tlcm.*) cardiobip, ricetrasmettitore di pulsazioni cardiache.

cardioid (*math.*), cardioide. **2.** ~ condenser (for microscope illumination) (*opt.*), condensatore cardioide. **3.** ~ diagram (*radio*), diagramma a cardioide.

card-to-card (conversion) (*comp.*), da scheda a scheda, scheda/scheda.

card-to-disk (conversion) (*comp.*), da scheda a disco, scheda/disco.

card-to-tape (conversion) (*comp.*), da scheda a nastro, scheda/nastro.

careen, *see* careening.

careen (to) (to heel over) (*naut.*), sbandare. **2.** ~ (to repair) (*naut.*), carenare. **3.** ~ (to sway from side to side) (*aut.*), oscillare da un lato all'altro.

careening (heeling over) (*naut.*), sbandamento. **2.** ~ (repair) (*naut.*), carenaggio. **3.** ~ (inclination of a ship on a flank as for cleaning or repair purposes) (*naut.*), abbattimento in carena, abbattuta in carena. **4.** ~ (swaying from side to side) (*aut.*), sbandamento a zig-zag.

career (profession for which one is trained) (*pers.*), professione, carriera.

caret (inverted V mark: ∧ indicating the place where something is to be inserted) (*print. - comp.*), segno ∧.

cargo, carico. **2.** ~ (the plane that transp. freight) (*aer.*), aeroplano da carico. **3.** ~ boat (*naut.*), imbarcazione da carico. **4.** ~ liner (*naut.*), nave da carico a scali ricorrenti. **5.** ~ ship (*naut.*), nave da carico. **6.** bulk ~ (clumsy and not packed load) (*transp.*), carico alla rinfusa. **7.** deck ~ (*naut.*), carico di coperta, pontata. **8.** full ~ (*naut.*), carico completo. **9.** general mixed ~ (*transp.*), collettame. **10.** mixed ~ (*naut.*), carico misto.

carhop (waiter working in a drive-in restaurant) (*work. - aut.*), cameriere di locale per automobilisti (che egli serve a bordo delle loro vetture).

carhop (to) (*aut.*), servire gli automobilisti a bordo delle loro vetture.

carline (carling of a railw. car: transverse framing member supporting the roof) (*railw.*), centina. **2.** ~ (streetcar line) (*transp.*), linea tranviaria.

carling (*shipbuild.*), corrente, anguilla, centina.

carload (*comm. - transp.*), carico completo.

carmine (*color*), carminio.

carnallite ($KCl \cdot MgCl_2 \cdot 6H_2O$) (*min.*), carnallite.

carnotite (*min.*), carnotite.

"carp" (carpenter) (*work.*), falegname. **2.** ~ (carpet) (*aut. - etc.*), tappeto.

carpenter (*work.*), carpentiere, falegname. **2.** ~ (*naut. work.*), carpentiere, maestro d'ascia. **3.** ~ drill (*t.*), punta da carpenteria, punta da carpentiere.

carpenter's bench, banco da falegname. **2.** ~ clamp (*carp. impl.*), "sergente", morsetto da falegname, strettoio. **3.** ~ ratchet brace (*carp. - t.*), trapano a cricchetto, trapano a cricco.

carpentry (*carp.*), carpenteria.

carpet (as on aut. floor), tappeto. **2.** ~ (wearing course of a road containing tar or bitumen binder and the thickness of which is less than 1.5 inches) (*road*), manto. **3.** ~ felt (kind of paper) (*paper mfg.*), carta per pavimenti, carta da interporre fra pavimento e moquette. **4.** ~ loom (*text. ind.*), telaio per tappeti. **5.** ~ losses (losses occurring when solid fuel is stored outside directly on the earth) (*comb.*), perdita di giacenza (sul terreno). **6.** ~ plot (graph containing two families of curves and used for its capacity of presenting compactly large amounts of data) (*testing - etc.*), diagramma a tappeto. **7.** ~ wool (*text. ind.*), lana per tappeti, lana di qualità inferiore. **8.** ingrain ~ (compound fabric carpet) (*text. mfg.*) (Brit.), tappeto doppio. **9.** pile ~ (*text. mfg.*), tappeto vellutato. **10.** two-ply ~ (*text. mfg.*), tappeto doppio. **11.** Venetian ~ (an inexpensive carpet used for passages and stairs) (*household furnishing*), passatoia.

carpet (to) (to cover with a carpet) (*gen.*), coprire con tappeto.

carport (roof extending from one side of a building for sheltering cars) (*aut. - mas.*), tettoia a muro per auto.

"carr" (carrier) (*transp.*), mezzo di trasporto. **2.** ~, *see also* carriage.

carriage (horse drawn passenger transp.) (*veh.*), carrozza. **2.** ~ (as of an engine lathe or of a gear cutting mach.) (*mach. t. mech.*), carrello. **3.** ~ (of a gun) (*ordnance*), affusto. **4.** ~ (of spinning mach.) (*text. ind.*), carro. **5.** ~ (of a typewriter) (*mech.*), carrello. **6.** ~ (*arch.*), longherone, staggia. **7.** ~ (conveyance) (*ind. comm.*), trasporto. **8.** ~ (cost of carrying) (*comm.*), porto, spese di trasporto. **9.** ~ (passenger car) (*railw.*) (Brit.), carrozza, vettura. **10.** ~ (movable framing supporting something, wheeled support of a veh.) (*mech.*), telaio (o intelaiatura di sostegno) con o senza ruote. **11.** ~ forward (charges to be payed on delivery) (*mail - transp.*), porto assegnato. **12.** ~ free (*comm.*), franco di porto. **13.** ~ inwards (delivery charges to be paid by the buyer) (*comm.*), (spese di) trasporto a carico dell'acquirente. **14.** ~ locking/unlocking lever (*typewriter*), leva di bloccaggio/sbloccaggio del carrello. **15.** ~ paid (delivery charges paid by the seller) (*comm.*), porto pagato, franco di porto. **16.** ~ porch (at the bldg. entrance) (*arch.*), portico per vetture antistante l'entrata. **17.** ~ release lever (of a typewriter), leva liberacarrello. **18.** ~ return, "CR" (*comp.*), ritorno (del) carrello, ritorno a margine (o a capo). **19.** ~ support (of a typewriter), incastellatura. **20.** ~ way (*road traff.*), strada rotabile. **21.** automatic ~ (an elect. typewriter which is fed by continuous paper) (*comp. - etc.*), carrello automatico. **22.** disappearing ~ (*ordnance*), affusto a scomparsa. **23.** launching ~ (in catapult launching) (*aer.*), carrello di lancio. **24.** lower ~ (*ordnance*), sottoaffusto, affustino. **25.** passenger ~ (*railw.*) (Brit.), carrozza, viaggiatori. **26.** tape-controlled ~ (control by punched paper tape of the paper motion through a printer) (*comp.*), carrello controllato da nastro. **27.** tunnel ~ (high-speed tunnelling mach.) (*min.*), perforatrice veloce per gallerie, perforatrice jumbo.

carriageway (highway with two or more traffic lanes) (*road*) (Brit.), strada di grande comunicazione. **2.** three-lane ~ (*road traff.*), strada di grande comunicazione con carreggiata a tre corsie.

carrick bend (single or double) (*naut.*), nodo del vaccaro.

carried in stock (*comm.*), di dotazione, in dotazione.

carrier (*navy*), portaerei. **2.** ~ (*chem.*), veicolo. **3.** ~ (*comm.*), vettore. **4.** ~ (*med.*), veicolo, portatore di microbi. **5.** ~ (carrying plate) (*mech.*), piastra portante. **6.** ~ (*of mtc.*), portapacchi. **7.** ~ (of a lathe carrier) (*mech. technol.*), brida. **8.** ~ (wave, or frequency, or current) (*elect.*), (onda) portante. **9.** ~ (conveyer) (*ind. mach.*), trasportatore. **10.** ~ (*transp. - veh.*), corriere, trasportatore. **11.** ~ (duct for the flow of gases or liquids) (*fluids conveyance*), condotto. **12.** ~ (frame attached to an aut. for transp. things) (*aut.*), portabagagli. **13.** ~ catalyst (*chem.*), catalizzatore trasportatore. **14.** ~ current telephony (*teleph.*), telefonia a corrente portante. **15.** ~ demodulation (*elics.*), demodulazione della portante. **16.** ~ frequency (*radio*), frequenza portante. **17.** ~ rocket (*astric.*), razzo vettore. **18.** ~ storage (storage of elements carrying charged particles) (*elics.*), accumulazione di elementi portanti. **19.** ~ suppression (signal transmission system without the carrier frequency) (*radio*), soppressione della portante, sistema a portante soppressa. **20.** ~ system (*radio - etc.*), sistema a frequenze portanti. **21.** ~ telephony (*teleph.*), telefonia a frequenza portante. **22.** ~ wave (*radio*), onda portante. **23.** airplane ~ (*naut.*), portaerei, nave portaerei. **24.** belt ~ (*ind.*), trasportatore a nastro. **25.** cable ~ (*elect.*), portafili. **26.** color ~ (chrominance subcarrier) (*telev.*), sottoportante di crominanza. **27.** contact ~ (*elect.*), portacontatti. **28.** differential ~ (of aut.) (*mech.*), supporto (o scatola) del differenziale. **29.** drum ~ (implement for fork lift trucks) (*transp.*), attrezzo per trasporto fusti. **30.** lathe ~, brida e menabrida per tornio. **31.** main jet ~ (of carburetor) (*mot. mech.*), portagetto principale. **32.** power-line ~ (telecommunications made on operating power lines without interferences) (*teleph. - etc.*), telecomunicazione ad onde convogliate su linee elettriche. **33.** reference ~ (*tlcm.*), portante di riferimento. **34.** self-clamping lathe ~ (*mech. technol.*), menabrida automatica. **35.** sound ~ (*telev.*), portante audio. **36.** spare wheel ~ (*aut.*), porta ruota di scorta. **37.** straddle ~ (truck for lifting materials within the track) (*ind. transp.*), carrello a portale, carrello per sollevamento (del carico) entro carreggiata. **38.** strainer ~ core (*found.*), anima portafiltro.

carrier-based (*a. - air force*), con base su portaerei.

carry (carry-over: a figure, number or sum transferred from one column to another) (*n. - math. - adm. - comp.*), riporto. **2.** ~ (range of a gun) (*firearm*), portata. **3.** ~ forward, c/f (in accounting: the total has to be brought to the top of the next page) (*adm.*), riporto a nuovo. **4.** ~ signal (*comp.*), segnale di riporto. **5.** cascade ~ (cascaded carry) (*comp.*), riporto in cascata. **6.** complete ~ (*comp.*), riporto al completo. **7.** end-around ~ (*comp.*), riporto circolare, riporto testa/coda. **8.** high-speed ~ (*comp.*), riporto (effettuato) ad alta velocità. **9.** partial ~ (occurring in parallel addition) (*comp.*), riporto parziale. **10.** standing-on-nines ~ (in decimal numbers parallel addition) (*comp.*), riporto bloccato a nove.

carry (to) (*gen.*), portare. **2.** ~ (*math.*), riportare. **3.** ~ forward (as to the next page) (*accounting*), riportare. **4.** ~ in stock (*gen.*), portare in dotazione. **5.** ~ on (*gen.*), continuare. **6.** ~ out (as a work) (*gen.*), eseguire. **7.** ~ out (to carry into effect, to accomplish) (*gen.*), attuare, realizzare. **8.** ~ over (*accounting*), riportare.

carryall (*aut.*), berlina con sedili disposti lungo i fianchi. **2.** ~ (trailer scraper or self-moving scraper) (*earthmoving device*), tipo di ruspa (da traino o semovente).

carrying cable (as of a suspension bridge) (*bldg.*), cavo portante. **2.** ~ capacity (as of an aer., a truck etc.), portata. **3.** ~ out (as of instructions for use of a mach.) (*gen.*), osservanza. **4.** ~ out (carrying into effect, accomplishment) (*gen.*), attuazione, realizzazione.

carryon (light baggage carried aboard an airplane by passengers) (*n. - aer.*), bagaglio a mano.

carry-on (referring to a carryon) (*a. - aer.*), relativo al bagaglio a mano.

carry-over (*accounting*), riporto. **2.** ~ (water droplets and impurities carried by steam from a boiler to a superheater) (*boil. - etc.*), impurità e goccioline trascinate via.

cart (*veh.*), carro, carretto, barroccio. **2.** baggage ~ (*railw. station impl.*), carrello portabagagli. **3.** fire hose ~ (*antifire veh.*), carro naspo.

cartage (*comm.*), spese di trasporto.

cartel (a pool or union of private enterprises supplying similar products) (*comm.*), cartello.
carter (cart driver) (*transp. by veh.*), conducente.
cartesian (*a. - math.*), cartesiano. **2.** ~ plane (*math.*), piano cartesiano. **3.** ~ product (of two sets) (*math.*), prodotto cartesiano (di insiemi).
cartographer (*cart. work.*), cartografo.
cartographic (*a. - cart.*), cartografico.
cartography (*cart.*), cartografia.
carton (cardboard box) (*packing*), cartone, scatola di cartone. **2.** ~ (board) (*paper ind.*), cartone.
carton (to) (to pack in cartons) (*packing*), cartonare, inscatolare, mettere (la merce) entro cartoni, confezionare in scatole di cartone. **2.** ~ (to case, or to box, as sweets) (*packing*), "astucciare", confezionare in astucci.
cartoning (*packing*), cartonamento, inscatolamento (in scatole di cartone). **2.** ~ machine (*packing mach.*), inscatolatrice.
carton pierre (*paper mfg.*), carta pesta.
cartoon (design serving as a model for fresco painting) (*art*), cartone. **2.** ~ (pictorial sketch: as a caricature on a magazine) (*print.*), vignetta. **3.** ~ camera (*m. pict.*), apparecchio (da presa) per disegni animati. **4.** animated ~ (*m. pict.*), cartone (o disegno) animato. **5.** sound ~ (*m. pict.*), cartone (o segno) animato. **5.** sound ~ (*m. pict.*), cartone (o disegno) sonoro, disegno animato sonoro.
cartoonist (a drawer of cartoons as on a magazine) (*print.*), vignettista.
cartopper (light boat transportable on the top of an aut.) (*aut. - naut.*), piccola imbarcazione trasportabile sul tetto della vettura.
cartouche (*arch. ornament*), cartoccio.
cartridge (*phot.*), rotolo (di pellicola), bobina, rullino, caricatore. **2.** ~ (for firearms), cartuccia. **3.** ~ (of a filter) (*ind.*), elemento filtrante (cilindrico). **4.** ~ (expl. for starting an i.c. engine) (*mot.*), cartuccia di avviamento. **5.** ~ (of a phonograph) (*electroacous.*), cartuccia amovibile di fonorivelatore. **6.** ~ (little case containing the reel of a magnetic tape or wire) (*electroacous.*), cassetta. **7.** ~ (container of floppy disks, hard disk, tapes) (*comp.*), cartuccia (di contenimento) di memoria di massa. **8.** ~ belt (*milit.*), cartuccera. **9.** ~ box (*milit.*), giberna. **10.** ~ brass (malleable brass used for making cartridges) (*alloy*), ottone giallo, ottone per bossoli. **11.** ~ case (of a cartridge) (*firearm*), bossolo di cartuccia. **12.** ~ case plant (*milit. ind.*), bossolificio. **13.** ~ chamber (*firearm*), camera di scoppio. **14.** ~ fuse (*elect.*), fusibile a tappo. **15.** ~ pouch (*milit.*), giberna. **16.** ~ starter (*mot.*), avviatore a cartuccia. **17.** ~ tape drive (*comp.*), unità di trasporto nastro per cartucce. **18.** ball ~ (*expl.*), cartuccia a pallottola. **19.** blank ~ (*expl.*), cartuccia a salve. **20.** crystal ~ (of a pickup) (*electroacous.*), cartuccia piezoelettrica. **21.** data ~ (container for a magnetic support of data) (*comp.*), cartuccia (per) dati. **22.** drill ~ (*milit.*), cartuccia da esercitazione. **23.** dummy ~ (*milit.*), *see* drill cartridge. **24.** emergency ~ (used for energizing a hydraulic or pneumatic system) (*aer. - etc.*), cartuccia di emergenza. **25.** hydraulic ~ (*min. device*), spaccaroccia idraulico. **26.** shotgun ~ (*firearm*), cartuccia da caccia. **27.** tape ~ (used for mass memory) (*comp.*), cartuccia a nastri. **28.** tracer ~ (*milit.*), cartuccia (a pallottola) tracciante.
carve (to) (*art*), intagliare.
carvel (*naut.*), *see* caravel. **2.** ~ joint (flush joint) (*shipbuild.*), giunto a paro, giunto a comenti appaiati.
carvel-built (*a. - shipbuild.*), a comenti appaiati, a paro.
carvel-planked (*shipbuild.*), *see* carvel-built.
carver (*work.*), intagliatore.
carve-up (to) (subdivision of influence areas on a market) (*comm.*), ripartire le zone d'influenza.
carving (*art*), intaglio.
caryatid (*arch.*), cariatide.
"CAS" (*aer*), *see* calibrated air speed.
cascade (*hydr.*), piccola cascata. **2.** ~ (*elect.*), cascata, serie. **3.** ~ (row of airfoils directing the flow: as the stator blades) (*turbine - compressor - etc.*), palettatura distributrice. **4.** ~ blades (*mech.*), sistema di deflettori. **5.** ~ connection (*radio - elect.*), collegamento in cascata. **6.** ~ entry (*comp.*), ingresso in cascata. **7.** ~ transformer (step-up transformers connected to each other in a special way) (*electromech.*), trasformatori in cascata. **8.** ~, *see also* cascades.
cascade (to) (*elect.*), collegare in cascata.
cascades (deflector vanes, as of a jet engine diffuser or a wind tunnel) (*mot. aer.*), complesso dei deflettori, palette in schiera.
cascode (particular amplifier type similar to, but less noisy, than a single pentode) (*elics.*), cascode.
case (for packing), cassa. **2.** ~ (sheath), custodia, astuccio. **3.** ~ (containing types) (*print.*), cassa (tipografica). **4.** ~ (frame, fixed to the well, of a door or a window) (*carp.*), telaio fisso, intelaiatura fissa (a muro). **5.** ~ (of a camera) (*phot.*), custodia, borsa. **6.** ~ frame, *see* box frame. **7.** ~-hardened surface (of a heat-treated metal) (*metall.*), strato superficiale indurito. **8.** ~ hardening (of foods) (*cold ind.*), congelazione superficiale. **9.** ~ hardness (*metall.*), durezza di cementazione, durezza alla superficie. **10.** attaché ~ (for carrying documents: rigid, like a small suitcase) (*executive impl.*), valigetta portadocumenti, borsa a valigetta. **11.** buffer ~ (of a buffer gear) (*railw.*), custodia per respingenti. **12.** differential ~ (casing or carrier supporting satellites) (*aut. - etc.*), scatola (o supporto) del differenziale. **13.** diffuser ~ (*turbojet eng.*), involucro (del) diffusore. **14.** glass ~ (*furniture*), cristalliera. **15.** horizontal split ~ (or casing, as of a centrifugal pump) (*mech.*), cassa (o corpo) a divisione orizzontale, cassa (o corpo) divisa orizzontalmente. **16.** oculistic ~ (*med. outfit*), cassetta oculistica. **17.** powder ~ (*expl.*), bossolo. **18.** shockproof ~ (as of an in-

strument), cassa (o custodia) antiurto. **19.** sound reducing ~ (as of a mach.) (*ind.*), cofano silenziatore. **20.** turbine ~ (*turbojet eng.*), involucro (della) turbina, cassa.

case (to) (to apply an overlay) (*bldg.*), rivestire. **2.** ~ (to line: as a well) (*pip.*), intubare.

caseharden (to) (an iron alloy) (*heat-treat.*), cementare. **2.** ~ (as lumber) (*bldg.*), indurire superficialmente. **3.** ~ (to temper: as glass) (*ind.*), temprare.

casehardenability (capability of being casehardened) (*metall. - therm. treat.*), cementabilità.

casehardening (*n. - heat-treat.*), cementazione. **2.** ~ (carburizing: by heat-treating) (*n. - heat-treat.*), cementazione carburante, carbocementazione, carburazione. **3.** ~, *see also* case hardening.

casein (*chem.*), caseina. **2.** ~ cement, *see* casein glue. **3.** ~ glue (*ind.*), colla alla caseina.

casemate (*milit.*), casamatta.

casement (as of a handrail) (*bldg.*), modanatura, raccordo. **2.** ~ window (hinged on the upright side) (*bldg.*), finestra a battenti.

casette, *see* cassette.

casework (individual social welfare) (*work.*), assistenza sociale individuale, servizio sociale individuale.

caseworker (social welfare worker) (*work.*), assistente sociale individuale.

cash (*n. - comm.*), contanti, denaro liquido. **2.** ~ and carry (in a self-service store) (*comm.*), paga (in contanti) e porta via. **3.** ~ and due from banks (in a balance sheet) (*accounting*), cassa e banche. **4.** ~ before delivery, "CBD" (*comm.*), pagamento prima della consegna. **5.** ~ bill (collection order) (*adm.*), reversale (d'incasso). **6.** ~ budget (*accounting*), preventivo di cassa. **7.** ~ credit (*comm.*) (Brit.), apertura di credito. **8.** ~ discount (*adm.*), sconto cassa. **9.** ~ dispenser (cash dispensing mach.: as by "ATM" card) (*bank*), distributore di banconote. **10.** ~ flow (net income of a corporation taken as a measure of its worth) (*adm.*), "cash flow". **11.** ~ office (as of a factory), ufficio cassa. **12.** ~ on delivery, "COD" (*comm.*), pagamento alla consegna. **13.** ~ on hand (*comm.*), fondo di cassa. **14.** ~ payment (prompt payment) (*comm.*), pagamento immediato. **15.** ~ price (*comm.*), prezzo per contanti. **16.** ~ register (*mach.*), registratore di cassa. **17.** ~ with order (*comm.*), pagamento all'ordine. **18.** discounted ~ flow, "DCF" (method for evaluating investments) (*finan.*), flusso di cassa scontato, "discounted cash flow". **19.** petty ~ (*comm.*), fondo di cassa per piccole spese, piccola cassa.

cash (to) (to receive money) (*comm.*), incassare. **2.** ~ (to exchange a check for money) (*adm. - comm.*), incassare. **3.** ~ (to pay money in exchange for a check) (*bank*), cambiare.

cash-and-carry supermarket (*comm.*), supermercato a sistema (di vendita) "self-service".

cashbook (*comm.*), libro di cassa.

cashier (*n.*), cassiere.

cashier (to) (to sack an employee) (*pers. management*), licenziare.

cash-in-hand (coins and banknotes) (*comm.*), contante.

cashmere (*text. ind.*), cachemire, lana del Tibet.

casing (framework around a door or window) (*bldg.*), infisso. **2.** ~ (as of a turbine) (*mech.*), carcassa. **3.** ~ (of wool) (*text. ind.*), classifica. **4.** ~ (light enclosure) (*mech.*), cuffia, astuccio. **5.** ~ (enclosing framework) (*mech.*), scatola, corpo. **6.** ~ (tire shoe) (*aut.*), copertone, "gomma". **7.** ~ (as of a well) (*min.*), tubo di rivestimento. **8.** ~ (metal portion of a furnace used for supporting the refractory lining) (*metall.*), carcassa. **9.** ~ clamps (as for a well casing) (*min.*), clampe per tubi. **10.** ~ cutter (as for a well casing) (*min.*), tagliatubi. **11.** ~ dog, ~ spear (for removing metal pipes from a bored well) (*min. app.*), attrezzatura per togliere i tubi di rivestimento (del pozzo). **12.** ~ elevator (in oil drilling) (*min.*), elevatore per tubi. **13.** ~ protector (in oil drilling) (*min.*), manicotto di protezione per tubi. **14.** ~ shoe (as for a well casing) (*min.*), scarpa per tubi. **15.** ~ swage (for a well casing) (*min.*), allargatore per tubi. **16.** ~ tongs (for well casings) (*min.*), tenaglie per tubi. **17.** air-intake ~ (of a gas turbine) (*aer. mot.*), presa d'aria, corpo della presa d'aria. **18.** center ~ (of a jet engine) (*mech.*), carcassa centrale. **19.** compressor ~ (as of a jet engine) (*mech.*), carcassa del compressore. **20.** differential ~ (*aut. - etc.*), *see* differential case. **21.** diffuser ~ (as of a jet engine) (*mech.*), carcassa del diffusore. **22.** elevator ~ (*ind. mach.*), colonna montante dell'elevatore, tubo dell'elevatore. **23.** gearbox ~ (*aut.*), scatola del cambio. **24.** gear ~ core (*found.*), anima della scatola ingranaggi. **25.** horizontal split ~ (or case, as of a centrifugal pump) (*mech.*), cassa (o corpo) a divisione orizzontale, cassa (o corpo) divisa orizzontalmente. **26.** main ~ (as of a jet engine) (*mech.*), corpo principale. **27.** outer ~ (as of a jet engine combustion chamber) (*mech.*), carcassa esterna. **28.** outer ~ (of sub.) (*navy*), scafo esterno. **29.** pump ~ (*mech.*), corpo della pompa. **30.** spiral ~ (as of a turbine) (*mech.*), coclea. **31.** turbine ~ (*mach.*), carcassa della turbina.

casinghead (fixture at the top of a gas or oil well casing) (*min.*), testa ermetica (della colonna montante) dei tubi (del pozzo). **2.** ~ gas (gas taken at the casing head of an oil well) (*min.*), prodotto di testa gassoso. **3.** ~ gasoline, *see* natural gasoline.

cask, fusto (in legno), barile, botte. **2.** ~ wagon (for transporting wine) (*railw.*) (Brit.), carro botte.

"CAS NUT" (castellated nut) (*mech.*), dado a corona.

casse paper, *see* cassie paper.

cassette (light-tight magazine for films or plates) (*phot.*), caricatore. **2.** ~ (magnetic tape case with two reels to be inserted into an appropriate tape recorder) (*electroacous. - sound recording*), cassetta, nastro-cassetta. **3.** ~ tape recorder (*elec-*

troacous.), registratore a nastro a cassetta. **4.** tape ~, digital ~ (*comp.*), cassetta di nastro.

cassie paper (damaged paper) (*paper mfg.*), primo e ultimo foglio dei pacchi (danneggiato nel trasporto).

cassiterite (SnO_2) (*min.*), cassiterite.

cast (*found. - reinf. concr.*), getto. **2.** ~ (the product of a single furnace charge) (*metall.*), colata. **3.** ~ (as of clay on a metal surface) (*mech. technol.*), calco. **4.** ~ (as of a missile) (*rckt.*), lancio. **5.** ~ (overspread of a color) (*n. - color phot.*), tonalità dominante. **6.** ~ concrete (*mas.*), calcestruzzo colato. **7.** ~ iron (*found.*), ghisa, ghisa di seconda fusione. **8.** ~ iron furnace (cupola) (*found.*), cubilotto. **9.** ~ iron in ingots for melting (*found.*), ghisa in pani da fusione. **10.** ~ steel (*found.*), acciaio fuso. **11.** alloy ~ iron (*found.*), ghisa legata. **12.** annealed ~ iron (*found.*), ghisa malleabile. **13.** as ~ (*found.*), di fusione. **14.** gray ~ iron, *see* gray iron. **15.** malleable ~ iron (*found.*), ghisa malleabile. **16.** white ~ iron (*found.*), ghisa bianca. **17.** ~, *see also* iron.

cast (to) (*found.*), fondere, gettare, colare. **2.** ~ (as a reinf. concr. girder) (*mas.*), gettare. **3.** ~ (to throw), lanciare. **4.** ~ (to turn, to veer) (*naut.*), abbattere. **5.** ~ (to cast a vote as in a stockholders' meeting) (*finan. - etc.*), dare. **6.** ~ (to perform, as an equation) (*math.*), risolvere. **7.** ~ anchor (*naut.*), gettare l'ancora. **8.** ~ green (*found.*), colare in verde. **9.** ~ horizontally (*found.*), colare orizzontale. **10.** ~ into ingots (*found.*), lingottare. **11.** ~ off (*naut.*), mollare. **12.** ~ off (*knitting*), buttare giù i punti. **13.** ~ on (*knitting*), mettere su i punti. **14.** ~ out nines (*math.*), fare la prova del nove. **15.** ~ soft (*found.*), produrre ghisa a basso tenore di carbonio. **16.** ~ white (*found.*), fondere ghisa bianca.

castability (as of cast iron) (*found.*), colabilità. **2.** ~ test (as of cast iron) (*found.*), prova di colabilità.

castable (*a. - found.*), colabile. **2.** ~ (refractory material mixed with water and a bonding agent for making molds) (*n. - found.*), terra da fonderia.

castaway (*naut.*), naufrago.

castellated nut (*mech.*), dado a corona (o ad intagli) per copiglia.

caster (as a wheel on a swivel frame, for supporting trucks, furniture, etc.) (*mech.*), ruota orientabile. **2.** ~ (casting machine for types) (*print. mach.*), fonditrice. **3.** ~ action (of a steering gear) (*aut.*), reversibilità. **4.** ~ angle (of aut. front wheels) (*aut. - mech.*), angolo di incidenza, angolo dell'asse del perno (di sterzaggio) delle ruote anteriori con la verticale (visto lateralmente). **5.** ~ offset (distance in side elevation between the point of intersection of the steering axis with the ground and the center of tire contact) (*aut.*), braccio a terra d'incidenza, braccio a terra longitudinale. **6.** ~ plate, *see* pattern plate. **7.** ~ trail (*aut.*), *see* caster offset. **8.** ~, *see also* castor.

castering landing gear (used in strong crosswind landings) (*aer.*), carrellò di atterraggio a ruote orientabili.

cast-in (as a liner in an aluminium engine block) (*found.*), preso in fondita, incorporato nella fusione, incorporato nel getto.

casting (cast piece) (*found.*), getto, fusione, pezzo fuso. **2.** ~ (of a sailing ship) (*naut.*), abbattuta. **3.** ~ (of reinf. concr.), getto, gettata. **4.** ~ (operation) (*found.*), colata. **5.** ~ (a process of shaping glass by pouring it as into molds) (*glass mfg.*), colata, colaggio. **6.** ~ alloy (as aluminium alloy) (*metall.*), lega per getti, lega da fonderia. **7.** ~ bed (*found.*), letto di colata. **8.** ~ box (of a casting mach. for types) (*print. equip.*), forma. **9.** ~ box (*found.*), staffa. **10.** ~ cleaning machine (*found. mach.*), sbavatrice per getti. **11.** ~ containing blowholes (*found. defect*), getto soffiato. **12.** ~ head (*found.*), materozza. **13.** ~ house (*found.*), fonderia. **14.** ~ in flasks (*found.*), colata in staffe. **15.** ~ in open (*found.*), colata in forma aperta. **16.** ~ machine (caster: as for types) (*print. mach.*), compositrice (macchina). **17.** ~ molded in the flask (*found.*), getto in staffe. **18.** ~ net (*fishing impl.*), rete da lancio, giacchio. **19.** ~ skin (*found.*), crosta di fusione. **20.** ~ strains (strains due to internal stresses risen during cooling) (*found.*), deformazioni dovute a tensioni interne, tensioni interne di fusione. **21.** ~ wax (*fond.*), cera per fusioni. **22.** ~ wheel (big turntable supporting molds) (*found.*), giostra di colata. **23.** blown ~ (*found.*), getto soffiato. **24.** bottom ~ (*found.*), colata a sorgente, colata dal fondo. **25.** centrifugal ~ (cast piece) (*found.*), getto centrifugato. **26.** chill ~ (*found.*), colata in conchiglia. **27.** combgate ~ (*found.*), colata a pettine. **28.** concrete ~ (*mas.*), getto di calcestruzzo. **29.** continuous ~ (*found.*), colata continua. **30.** counter-pressure ~ (*found.*), colata a contropressione. **31.** die ~ (casting obtained from die-casting process) (*found.*) (Am.), pezzo (ottenuto col processo) di pressofusione, pressogetto. **32.** drop ~ (*found.*), colata a caduta. **33.** flow ~ (as of plastics) (*plastics ind.*), colata per scorrimento. **34.** gravity die ~ (*found.*), colata in conchiglia per (forza di) gravità. **35.** green ~ (*found.*), colata in verde. **36.** green sand ~ (*found.*), getto in forma di sabbia verde. **37.** honey-combed ~ (*found.*), getto a nido d'ape. **38.** horizontal ~ (*found.*), colata orizzontale. **39.** horn ~ (*found.*), colata a corno. **40.** investment ~ (*found.*), fusione a cera persa industriale. **41.** iron ~ (*found.*), getto di ghisa. **42.** jacketed ~ (*found.*), getto con intercapedine. **43.** loam ~ (*found.*), getto in forma di argilla. **44.** lost-wax ~ (*found.*), fusione a cera persa. **45.** mitis ~ (*found.*), getto di ghisa malleabile. **46.** monolite ~ machine (*print. mach.*), macchina fonditrice monolineare. **47.** open sand ~ (*found.*), getto in forma scoperta. **48.** permanent mold ~ (*found.*), colata in forme permanenti. **49.** permanent mold die ~ (gravity die casting) (*found.*) (Am.), colata in conchiglia per (forza di) gravità. **50.** plaster ~ (*found.*), colata in gesso. **51.** permanent-mold ~ (*found.*) (Am.), colata in conchiglia. **52.** porous ~ (*found.*), getto poroso. **53.** precision ~ (*found.*), microfusione. **54.** ribbed ~ (*found.*), getto (o fusione) con nervature. **55.** sand ~ (*found.*), getto in forma di sabbia. **56.** shell ~ (in resin molds) (*found.*), colata a guscio. **57.** skin of ~ (*found.*), crosta di fusione. **58.** slush ~ (*found.*), colata a rovesciamento. **59.** sound ~ (*found.*), getto sano. **60.** spheroidal graphite ~ (*found.*), getto in ghisa sferoidale. **61.** spoiled ~ (*found.*), getto di scarto, getto male riuscito. **62.** steel ~ (*found.*), getto di acciaio. **63.** warped ~ (*found.*), getto deformato (o incurvato).

casting-out nines (checking system for arithmetic operations) (*math.*), prova del nove.

cast-iron (*a. - metall.*), in ghisa.

castle (*arch.*), castello.

castoff (typ. space estimate) (*n. - typ.*), valutazione dello spazio occupato dalla composizione.

cast-off (discarded) (*a. - shop inspection*), scartato.

castor (caster) (*mech.*), ruota orientabile. **2.** ~ angle (of aut.) (*mech.*), *see* caster angle. **3.** ~ oil, olio di ricino. **4.** ~ table (table with half-embedded balls on its surface, used for sliding cases, etc. on it) (*ind. transp.*), piano a sfere.

cast-to-size (*a. - found.*), fuso a misura.

cast-weld (to) (*ind. proc.*), saldare per fusione.

casual (garments etc.) (*a.*), sportivo. **2.** ~ (accidental) (*gen.*), accidentale, casuale.

casualties (*milit. - navy*), perdite (di uomini).

"CAT" (clear-air turbulence, atmospheric phenomenon, invisible danger for airplanes) (*meteor. - aer.*), turbolenza di aria limpida. **2.** ~ (computerized axial tomography) (*med.*), TAC, Tomografia Assiale Computerizzata. **3.** ~ scanner (X ray instr. with integrated comp.) (*med. app.*), TAC, apparecchiatura per eseguire tomografie assiali computerizzate.

cat (anchor tackle) (*naut.*), capone. **2.** ~ (catboat) (*naut.*), tipo di cutter (ad un solo albero spostato verso prua ed una sola grande vela). **3.** " ~ " (short for catalysis) (*chem.*), catalisi. **4.** ~ cracking (*chem.*), piroscissione per catalisi. **5.** ~ davit (*naut.*), gru di capone dell'ancora. **6.** ~ skinner (tractor driver) (*work.*), (Am. coll.) trattorista. **7.** ~ tackle (*naut.*), paranco di capone. **8.** ~ whisker (cat's whisker: in a crystal detector) (*radio*), baffo di gatto.

"cat" (catalyst) (*chem.*), catalizzatore. **2.** ~ (catalogue) (*comm.*), catalogo.

cat (to) (the anchor) (*naut.*), caponare.

catacaustic (caustic for reflection) (*opt.*), catacaustica.

catacomb (*arch.*), catacomba.

catacorner, catacornered, *see* cater-cornered, cater-corner.

catadioptric (*a. - opt.*), catadiottrico.

catalog (*comm.*), catalogo. **2.** ~ (containing indexes to data location and to files) (*comp.*), catalogo. **3.** illustrated ~ (*comm.*), catalogo illustrato. **4.** master ~ (*gen.*), catalogo generale. **5.** shelf ~ (shelf list, of books) (*libraries*), elenco della disposizione negli scaffali, elenco del collocamento negli scaffali.

catalogue, *see* catalog.

catalogue (to), catalogare.

catalysis (*chem.*), catalisi. **2.** ~ cracking (*chem.*), piroscissione per catalisi. **3.** heterogeneous ~ (happening in solid-fluid phases) (*phys. chem.*), catalisi eterogenea.

catalyst (*chem.*), catalizzatore. **2.** igniter ~ (as of a jet afterburner) (*aer. mot. mech.*), catalizzatore d'accensione. **3.** platinum sponge ~ (*chem.*), catalizzatore alla spugna di platino.

catalytic (*a. - chem.*), catalitico.

catalyze (to) (*chem.*), sottoporre a catalisi, catalizzare.

catamaran (twin hull vessel) (*naut.*), catamarano.

cataphoresis (movement of particles in a liquid when subjected to an electromotive force) (*phys. chem.*), cataforesi.

catapult (for launching airplanes) (*aer.*), catapulta. **2.** deck ~ (*aer.*), catapulta di (o per) portaerei. **3.** ground ~ (*aer.*), catapulta al suolo.

catapult (to) (*aer. - naut.*), catapultare.

cataract (*hydr.*), cateratta.

catastrophe, catastrofe.

catch (*mech.*), dente d'arresto, arresto, fermo. **2.** ~ basin (*hydr. - civ. eng.*), bacino di raccolta. **3.** efficiency of ~ (ratio between the amount of rain hitting an aircraft and the total rain met on its path) (*aer.*), effetto della piovosità. **4.** rate of ~ (expressed in lbs per hour per sq ft and indicating the rate at which rain hits an aircraft surface) (*aer.*), piovosità. **5.** spring ~ (as of a parachute) (*aer. - etc.*), moschettone.

catch (to) (to hold on) (*naut.*), agguantare. **2.** ~ (electrons) (*phys.*), catturare. **3.** ~ fire (as of a gasoline tank) (*gen.*), prendere fuoco. **4.** ~ up (*sport*), raggiungere.

catcher (*mech.*), arresto. **2.** ~ (device for separating particles of dust or condensation in a piping system) (*ind. device*), separatore. **3.** ~ (cavity of a klystron) (*elics.*), ricettore. **4.** soot ~ (soot arrester) (*comb. - app.*), fermafuliggine, separatore di fuliggine.

catchplate (*mech.*), menabrida (a disco).

catechu (dyeing extract), catecù.

categorical (categoric) (*gen.*), categorico.

category, categoria.

catena (a series of data in a chain sequence) (*comp.*), dati concatenati.

catenary (*math. - constr. theor.*), catenaria. **2.** ~ suspension line (overhead feed line) (*elect. railw.*), linea sospesa a catenaria. **3.** common ~ (*geom.*), curva catenaria.

catenate (to) (data in a chain sequence) (*comp.*), concatenare.

catenation (linkage between atoms of the same element) (*chem.*), legami atomici tra atomi dello stesso elemento chimico.
catenoid (surface generated by a catenary rotating about its axis) (*math.*), catenoide.
cater-cornered, catercorner (*a. - gen.*), a diagonale. **2.** ~ (*adv. - gen.*), diagonalmente.
catering equipment (*ind.*), attrezzatura per industrie alimentari.
caterpillar (wormlike larva as of a silkworm), baco del tipo da seta. **2.** ~ (a machine travelling on endless belts, as a tank) (*milit. - transp. - etc.*), mezzo cingolato.
Caterpillar (trademark for tractors moved on endless belts), trattore Caterpillar.
catface (wood defect), cicatrice.
catforming (reforming process in which the catalyst may be regenerated by interrupting the process) (*chem. ind.*), "catforming", processo di "reforming" a catalizzatore rigenerabile con interruzione del processo.
"cath", *see* cathedral, cathode.
cathead (*naut.*), gru dell'àncora, gru del capone. **2.** ~ stopper (*naut.*), piccaressa.
cathedral (*arch.*), duomo, cattedrale. **2.** ~ glass (*glass mfg.*), vetro cattedrale.
catheter (*med. instr.*), catetere. **2.** elastic rubber ~ (*med. instr.*), catetere di gomma elastica. **3.** metal ~ (*med. instr.*), catetere metallico.
cathetometer (*phys. instr.*), catetometro.
cathetus (*geom.*), cateto.
cathode (*elect.*), catodo. **2.** ~ (of an electron tube) (*thermion.*), catodo. **3.** ~ beam (as in an X-ray tube) (*thermion.*), fascio catodico. **4.** ~ current (*thermion.*), corrente catodica, intensità catodica. **5.** ~ dark space, *see* crookes' dark space. **6.** ~ drop of potential (as in an X-ray tube) (*thermion.*), caduta catodica. **7.** ~ follower (*radio*), accoppiatore catodico. **8.** ~ modulation (*radio*), modulazione catodica. **9.** ~ ray (*phys.*), raggio catodico. **10.** cold ~ (*thermion.*), catodo freddo. **11.** directly-heated ~ (*thermion.*), catodo a riscaldamento diretto. **12.** dummy ~ (*electrochem.*), falso catodo. **13.** hot ~ (*thermion.*), catodo caldo. **14.** indirectly-heated ~ (*thermion.*), catodo a riscaldamento indiretto. **15.** photosensitive ~ (*elect.*), fotocatodo. **16.** pool ~ (as a mercury cathode in a rectifier tube) (*thermion.*), catodo liquido. **17.** virtual ~ (*radio*), catodo virtuale.
cathode-ray (*a. - elect.*), a raggi catodici. **2.** ~ oscillograph (*elect.*), oscillografo a raggi catodici. **3.** ~ tube scanner (*telev.*), dispositivo di scansione (o di esplorazione) a raggi catodici.
cathodic (*a. - phys.*), catodico. **2.** ~ bombardment (as in an X-ray tube) (*elics.*), bombardamento catodico. **3.** ~ sputtering (in an X-ray tube) (*radiology*), polverizzazione catodica.
cathodoluminescence (*phys. - chem.*), catodoluminescenza.
catholyte (*electrochem.*), catolita.
cation (*phys. chem.*), catione.
cationic (*a. - phys. chem.*), cationico.
catoptrics (*opt.*), "catottrica", scienza della luce riflessa.
cat's back (road hump) (*road traff.*), dosso, schiena d'asino, "cunetta".
cat's-eye (an elongated bubble in glass containing a piece of foreign matter) (*glass mfg.*), occlusione. **2.** ~ (night fighter) (*air force*), caccia notturno.
cat's-eyes (embedded reflectors: as along roads) (*aut. sign.*), catarifrangenti.
cat's-paw (hitch) (*naut.*), nodo di gancio doppio, nodo di gancio a bocca di lupo. **2.** ~ (breath of wind) (*naut. - meteorol.*), bavicella.
cattail (*naut.*), piede della gru dell'àncora.
cattle (*agric.*), bestiame. **2.** ~ car (for cattle transp.) (*railw.*), carro bestiame. **3.** ~ guard (as fitted at the front of a locomotive) (*railw.*), cacciabufali, para-animali. **4.** ~ guard (fitted at a railroad crossing for keeping cattle off the track) (*railw.*) (Am.), cacciabufali, para-animali. **5.** ~ pass (as under a railw. track) (*railw.*), sottopassaggio per bestiame. **6.** ~ train (*railw. transp.*), treno bestiame. **7.** ~ wagon (for cattle transp.) (*railw.*) (Brit.), carro bestiame. **8.** ~ wire, *see* barbed wire.
"CATV" (Community Antenna TV, CAble TV) (*telev.*), televisione via cavo (da antenna comune).
catwalk (of an airship) (*aer.*), passerella. **2.** ~ (*bldg.*), ponte di impalcatura. **3.** fireman's ~ (*bldg.*), passaggio per pompieri.
catycorner, catycornered, *see* cater-cornered, catercorner.
caught (as by a storm) (*a. - gen.*), colto, colpito.
cauliculus (in a Corinthian capital) (*arch.*), caulicolo.
caulk (to) (*mech.*), cianfrinare, presellare. **2.** ~ (*naut.*), calafatare. **3.** ~, *see also* calk (to).
caulker (*shipbuild. work.*), calafato. **2.** ~ (*mech. t.*), presello, cianfrino.
caulking (*naut.*), calafataggio. **2.** ~ (*mech.*), presellatura, cianfrinatura. **3.** ~ iron, ~ chisel, *see* caulking tool. **4.** ~ mallet (*naut. t.*), mazzuolo da calafato. **5.** ~ tool (*naut. t.*), attrezzo da calafato. **6.** plumber's ~ tool (*t.*), presello da idraulico per calafatare.
cause (*gen.*), causa. **2.** probable ~ (of a trouble) (*mech. - etc.*), causa probabile.
cause (to) (*gen.*), causare, determinare.
causeway (across water or marshy land) (*road traff.*), strada rialzata.
causey (raised way of access) (*road. traff.*), via di accesso rialzata.
caustic (*a.*), caustico. **2.** ~ (caustic substance) (*n. - chem. - etc.*), sostanza caustica. **3.** ~ embrittlement (caustic cracking, as of mild steel due to stress and corrosion in alkaline solution) (*metall.*), fragilità caustica. **4.** ~ potash (*chem.*), potassa caustica. **5.** ~ soda (*chem.*), soda caustica.
causticity (*chem.*), causticità.
causticizing (*ind. chem.*), caustificazione.

cauterizer (*med. instr.*), cauterio.
cautery (*med. instr.*), cauterio. **2.** ~ electrode (*med. instr.*), elettrodo per cauterio. **3.** electric ~ (*med. instr.*), galvanocauterio.
caution! (warning against danger), attenzione! **2.** ~ (as the yellow light of traffic or railway lights for warning) (*railw. - road traff.*), attenzione.
"cav" (cavity) (*gen.*), cavità.
cave (cavern), caverna, grotta. **2.** ~ (shielded place for radioactive tests) (*atom phys.*), spazio schermato per esperimenti radioattivi. **3.** ~-in (*mas.*), franamento.
cave in (to), franare.
cavern, caverna, grotta.
cavetto (*arch. ornament*), cavetto.
caving (method of mining) (*min.*), coltivazione per franamento. **2.** ~ (falling in, as of the walls of an oil well) (*min.*), franamento. **3.** block ~ (*min.*), coltivazione per franamento a blocchi. **4.** sublevel ~ (*min.*), coltivazione a sottolivelli (o per franamento).
cavitation (as of a screw propeller) (*naut. - hydromechanics*), cavitazione. **2.** ~ (*mech. of fluids - aer.*), cavitazione. **3.** ~ (in ultrasonic cleaning) (*mech. ind.*), cavitazione.
cavity (*gen.*), cavità. **2.** ~ (*mech.*), intercapedine, parete con intercapedine. **3.** ~ (in a casting) (*found.*), cavità. **4.** ~ oscillator (*elics.*), oscillatore a cavità. **5.** ~ resonator (*elics.*), risonatore a cavità. **6.** ~ steel (for die-casting dies) (*metall. - found.*), acciaio per impronte, acciaio per stampi (per pressogetti). **7.** ~ wall, *see also* hollow wall. **8.** ~ walls (formed by two walls tied together by wall ties) (*bldg.*), muro a cassavuota, muro con intercapedine. **9.** contraction ~ (*metall.*), *see* pipe. **10.** gas ~ (*metall. - found.*), *see* blowhole. **11.** slot-coupled ~ (in wave-guides) (*electromag.*), cavità con accoppiamento a finestra.
"CAVU" (ceiling and visibility unlimited) (*aer.*), cielo sereno e visibilità illimitata.
"CAW", *see* channel address word.
"CB" (circuit breaker: automatic switch) (*elect.*), interruttore automatico. **2.** ~ (catch basin) (*hydr. - civ. eng.*), bacino di raccolta.
"C/B" (cashbook) (*adm.*), libro cassa.
"CB" (centerboard, as of a sport sailing boat) (*naut.*), deriva mobile. **2.** ~ (central battery) (*teleph.*), batteria centrale.
Cb (columbium) (*chem.*), Cb, columbio, niobio.
"Cb" (cumulus nimbus) (*aer. - meteor.*), cumulonembo.
"cb" (center of buoyancy) (*naut.*), centro di carena.
"cbal" (counterbalance) (*mech.*), contrappeso.
"cbd" (cash before delivery) (*comm.*), pagamento prima della consegna.
C-bias (*elics.*), tensione di polarizzazione di griglia.
"cbn" (carbine) (*gun*), carabina.
C-bomb (*expl.*), bomba al cobalto.
C'bore (counterbore) (*mech. draw.*), accecare.
"CBW" (Chemical Biological Warfare) (*milit.*), guerra chimica e batteriologica.
"CC" (Controlled Circulation, usually free, as of a magazine) (*press*), tiratura controllata. **2.** ~ (clean credit, cash credit) (*comm.*), credito netto, credito di cassa. **3.** ~, *see also* carbon copy, counterclockwise.
"Cc" (cirrocumulus) (*aer. - meteor.*), cirro-cumulo.
"c/c" (center to center) (*bldg. - etc.*) (Brit.), interasse.
"cc" (cubic centimeter) (*meas.*), cm^3, centimetro cubico, cc.
"CCD" (Charge Coupled Device) (*comp.*), dispositivo ad accoppiamento di carica.
"CCGCR" (closed cycle gas cooled reactor) (*atom phys.*), reattore raffreddato a gas a ciclo chiuso.
"CCITT" (International Telegraph and Telephone Consultative Commettee) (*teleph. - telegr.*), comitato consultivo internazionale telegrafi e telefoni.
"CCKW", **"CCW"**, *see* counterclockwise.
"CCS" (contour control system, in N/C machining) (*n. c. mach. t.*), sistema di comando del profilo.
"C-C-T" curve (continuous cooling transformation curve, in welding) (*metall.*), curva di trasformazione con raffreddamento continuo.
"CCTV", **"cctv"** (closed-circuit television) (*telev.*), televisione a circuito chiuso.
"ccw" (counterclockwise: direction of rotation) (*mech. - etc.*), antiorario.
"CD" (cold-drawn) (*mech. draw.*), trafilato a freddo. **2.** ~ (coastal defence) (*milit.*), difesa costiera. **3.** ~ (compact disk) (*elics. - inf.*), disco ottico. **4.** ~ (compact disk) (*electroacous.*), disco ottico "compact". **5.** ~, *see* compact disk.
Cd (cadmium) (*chem.*), Cd, cadmio.
"cd" (International System candle, IS candle) (*illum. meas.*), candela. **2.** ~ (current density) (*elect.*), densità di corrente.
"CD-A" (Compact Disk-Audio) (*hi-fi audio*), see at disk.
"CD"-Audio (Compact Disk-Audio: reading only prerecorded digital sound) (*elics. - inf.*), disco ottico audio.
"CD-ROM" (Compact Disk-Read Only Memory: having a capacity of about 600 megabyte) (*elics. - inf.*), disco ottico con memoria a sola lettura. **2.** (Compact Disk-Read Only Memory) (*comp. - inf.*), *see at* disk.
"cdr" (commander) (*navy*), comandante.
"CDS" (cold-drawn steel) (*metall.*), acciaio trafilato a freddo.
"CdS" (cadmium sulphide: photosensitive material as for exposure meters) (*phot.*), solfuro di cadmio.
"CDU" (coastal defense radar for U-boats) (*radar*), radar per difesa costiera antisommergibile.
"CD-V" (Compact Disk-Video) *see at* disk, disc.
"CD"-Video (Compact Disk-Video: memorizes

analogic moving images and digital sound) (*elics. - inf.*), disco ottico video.

"CDW" (chilled drinking water, as for workers) (*factory*), acqua potabile refrigerata.

"CE" (Corps of Engineers) (*milit.*), Genio. **2.** ~ (cleaning eye, as provided with a drain pipe bend for clearing purpose) (*bldg.*), foro di pulizia, foro di disotturazione. **3.** ~ (civil engineer) (*abbr. - bldg. work.*), perito edile.

Ce (cerium) (*chem.*), cerio.

cease (to), cessare.

"CEBG" (Central Electric Generating Board) (*elect.*) (Brit.), ente [nazionale] distributore dell'energia elettrica.

"CED" (Committee for Economic Development) (*finan.*), comitato per lo sviluppo economico, CED.

cedar (*wood*), cedro. **2.** ~ of Lebanon (*wood*), cedro del Libano. **3.** ~ (incense) (*wood*), libocedro.

cede (to) (to yield) (*gen.*), cedere.

cedilla (mark under the letter c: ç) (*typ.*), cediglia.

"CEE" (International Commission on Rules for the Approval of Electrical Equipment) (*elect.*), Commissione Internazionale sulle Norme per l'Approvazione delle Apparecchiature Elettriche.

Ceefax (teletext system operated by BBC: see private Oracle) (Brit.) (*n. - telev. service*), televideo.

ceiba (tropical American tree producing kapok fiber) (*text. ind.*), ceiba.

ceil (to) (to line) (*gen.*), rivestire. **2.** ~ (to provide with the ceiling) (*bldg.*), soffittare. **3.** ~ (*shipbuild.*), rivestire internamente.

ceiling (*bldg.*), soffitto. **2.** ~ (*aer.*), quota di tangenza, "plafond". **3.** ~ (of a projectile fired by a gun) (*milit.*), altezza massima. **4.** ~ (of a ship) (*shipbuild.*), fasciame interno. **5.** ~ (top limit, top value) (*gen.*), limite massimo, valore massimo. **6.** ~ (under surface of the roof, of a railw. car) (*railw.*), cielo. **7.** ~ (height from which it is still possible to identify prominent objects on the ground) (*meteor. - aer.*), quota di visibilità. **8.** ~ (height of the lower surface of an overcast cloud) (*aer. - meteor.*), altezza nubi. **9.** ~ (overcast clouds) (*meteor. - aer.*), coltre di nubi. **10.** ~ (maximum altitude reached by any space vehicle) (*rckt.*), quota massima. **11.** ~ balloon (used to determine the height of a cloud ceiling) (*aer. - meteor.*), pallone per altezza nubi. **12.** ~ fan (*bldg. app.*), ventilatore da soffitto. **13.** ~ floor (ceiling framework of a room) (*mas.*), orditura del solo soffitto. **14.** ~ lamp (electr. fixture) (*aut.*), plafoniera. **15.** ~ made with tiling (*bldg.*), soffitto in laterizi. **16.** ~ rose (for suspending an elect. light fitting) (*elect.*), rosone da soffitto. **17.** ~ type conditioning unit (air conditioning) (*bldg. app.*), condizionatore da soffitto. **18.** ~ unlimited (*meteor. - aer.*), cielo sereno. **19.** ~ voltage (*elect.*), tensione massima. **20.** absolute ~ (*aer.*), tangenza teorica, quota di tangenza teorica. **21.** arched ~ (*arch.*), soffitto a volta. **22.** brick ~ (*bldg.*), soffitto in mattoni, soffitto a mattoni. **23.** cane mesh ~ (*bldg.*), soffitto a cannicci. **24.** coffered ~ (*arch.*), soffitto a cassettoni. **25.** cruising ~ (*aer.*), tangenza di crociera. **26.** false ~ (for acoustic insulation) (*bldg.*), controsoffitto. **27.** ferroconcrete ~, *see* reinforced concrete ceiling. **28.** glass ~ bowl (*elect.*), plafoniera. **29.** hovering ~ (of a helicopter) (*aer.*), tangenza a punto fisso. **30.** hovering ~ with ground effect (of a helicopter) (*aer.*), tangenza con effetto di suolo. **31.** hovering ~ without ground effect (of a helicopter) (*aer.*), tangenza (a punto fisso) senza effetto di suolo. **32.** iron ~ (*bldg.*), soffitto in ferro. **33.** reinforced-concrete ~ (*bldg.*), soffitto in cemento armato. **34.** service ~ (*aer.*), tangenza pratica. **35.** static ~ (of a balloon) (*aer.*), tangenza statica. **36.** wooden ~ (*bldg.*), soffitto in legno. **37.** wooden beam ~ (*bldg.*), soffitto a travi di legno.

ceilometer (electronic device for meas. and recording the height of a cloud ceiling) (*aer. - meteor. instr.*), registratore altezza nubi.

"cel", *see* Celsius.

celestial (*a. - astron.*), celeste. **2.** ~ body (*astron.*), corpo celeste. **3.** ~ -coordinate (*astr.*), coordinata astronomica. **4.** ~ latitude (*astr.*), latitudine celeste. **5.** ~ longitude (*astr.*), longitudine celeste. **6.** ~ navigation (*navig.*), navigazione astronomica. **7.** ~ poles (*geogr. - astr.*), poli celesti.

celestine ($SrSO_4$) (*min.*), celestina.

celestite, *see* celestine.

celite (component of Portland cement) (*chem.*), celite.

cell (for electrolysis), cella. **2.** ~ (of a radiator) (*aut.*), elemento. **3.** ~ (of a storage battery, producing elect. current by reversible reaction) (*electrochem.*), elemento (di accumulatore o di pila secondaria). **4.** ~ (of a convent) (*bldg.*), cella. **5.** ~ (a compartment of a honeycomb) (*mech.*), cella. **6.** ~ (structure of the wings with its trussing) (*aer.*), cellula. **7.** ~ (air space inside a hollow tile, for thermal insulation) (*mas.*), intercapedine. **8.** ~ (jar with electrolyte for use in electrolysis) (*electrochem.*), cella. **9.** ~ (jar with electrolyte for producing elect. current by irreversible reaction) (*electrochem.*), pila, pila primaria. **10.** ~ (photoelectric cell) (*phot.*), fotocellula. **11.** ~ box (*acc.*), recipiente, vaso. **12.** ~ container (*acc.*), recipiente, vaso. **13.** ~ tester (portable voltmeter for testing the voltage of cells) (*elect.*), voltmetro per batterie. **14.** ~ with unspillable electrolyte (*elect.*), pila a liquido immobilizzato. **15.** accumulator ~ (secondary cell) (*elect.*), accumulatore, pila secondaria. **16.** acid ~ (of elect. storage battery) (*elect.*), elemento di accumulatore ad acido. **17.** air ~ (cell depolarized by air) (*elics.*), pila depolarizzata ad aria. **18.** Bacon fuel ~ (hydrogen-oxygen fuel cell) (*elect.*), pila (elettrica) Bacon, pila (elettrica) ad idrogeno ed ossigeno. **19.** barrier-layer ~ (photovoltaic cell) (*elics.*), fotopila. **20.** cadmium silver oxide ~ (for primary and secondary battery construction) (*elect. - aer. - navy*), pila ad ossido di cadmio ed argento. **21.** Clark ~ (*elect.*), pila Clark. **22.** clark standard ~, *see* clark cell. **23.** concentration ~ (*elect.*) (Brit.), pila a concentrazione. **24.** copper oxyde ~ (*elect.*), cellula (o cella) a ossido di rame. **25.** Daniell's ~ (*elect.*), pila Daniell. **26.** detachable ~ (*mech.*), elemento smontabile. **27.** double ~, elemento doppio, doppio elemento. **28.** dry ~ (*elect.*), elemento a secco. **29.** dry (~) battery (*elect.*), pila a secco. **30.** edison ~ (*electrochem.*), elemento di accumulatore al ferro-nichel. **31.** electrolytic ~ (*electrochem.*), cella elettrolitica. **32.** floatation ~ (*min.*), cella di flottazione. **33.** fuel ~ (electrochemical device in which the chemical energy of a fuel is directly converted into low-voltage direct current electrical energy) (*elect.*), pila a combustibile, cella a combustibile. **34.** gas ~ (*elect.*), pila a gas. **35.** gravity ~ (voltaic cell with two different gravity liquids) (*elect.*), pila tipo Daniell con elettroliti separati per diversa densità. **36.** high-pressure hydrogen-oxygen fuel ~ (*elect.*), pila a combustione ad idrogeno-ossigeno ad alta pressione. **37.** hooker ~ (for electrolizing sodium chloride) (*ind. - chem.*), cella elettrolitica di Hooker, elettrolizzatore di Hooker. **38.** irreversibile ~ (*elect.*) (Brit.), pila irreversibile. **39.** Kerr ~ (*elect. - opt.*), cella di Kerr, cellula di Kerr. **40.** lead-lead acid ~ (storage battery made by positive and negative lead plates) (*elect.*), elemento al piombo, elemento Planté. **41.** magnesium ~ (kind of primary cell) (*elect.*), pila al magnesio. **42.** mareng ~ (kind of fuel container made of synthetic rubber) (*aer.*), tipo di serbatoio autosigillante. **43.** memory ~ (element of memory storing only one bit) (*comp.*), cella di memoria. **44.** photoconductive ~ (*elect.*), cellula fotoconduttiva. **45.** photoelectric ~ (*elect. - phys.*), cellula fotoelettrica. **46.** photoemissive ~ (*elect.*), cellula fotoemittente. **47.** photolytic ~ (*elect.*), cellula fotolitica. **48.** photoresistant ~ (as a selenium cell) (*elect.*), cellula fotoresistente. **49.** photovoltaic ~ (*elect. - phys.*), cellula fotoelettrica. **50.** portable ~ (*elect.*), elemento trasportabile. **51.** primary ~ (*electrochem.*), elemento di batteria a secco. **52.** redox ~ (converting reactant energy into elect. one) (*electrochem.*), pila ad ossidoriduzione. **53.** reversibile ~ (*elect.*), pila reversibile. **54.** secondary ~ (accumulator cell, storage cell) (*elect.*), pila secondaria, accumulatore. **55.** selenium ~ (*elect. - radio - telev.*), cellula (fotoelettrica) al selenio. **56.** silicon solar ~ (*elics.*), pila fotoelettronica al silicio, pila fotovoltaica al silicio. **57.** standard ~ (*elect.*), pila campione. **58.** stationary ~ (*elect.*), elemento fisso. **59.** (storage) battery ~ (*elect.*), elemento di batteria di accumulatori. **60.** storage ~ (*elect.*), *see* accumulator cell. **61.** supersonic ~ (*phys.*), cellula ultrasonora. **62.** thermionic fuel ~ (*elics.*), pila termoionica a combustibile. **63.** transmit-receive ~ (*radar*), scatola di trasmissione e ricezione. **64.** T-R ~ (transmit-receive cell) (*radar*), scatola di trasmissione e ricezione. **65.** Weston standard ~ (cadmium/mercury calibrating cell) (*elect. meas.*), pila campione Weston. **66.** ~ (*comp.*), *see* memory cell.

cellar (set of rooms beneath a building) (*bldg.*), scantinato, sottosuolo, sotterraneo, cantina. **2.** ~ (for wine storage) (*agric. - bldg.*), cantina. **3.** ~ (*comp.*), *see* push-down storage.

cellaring (as of top of wool) (*text. ind.*), stagionatura.

cellophane (*ind.*), cellofane.

cellophaner (cellophaning machine) (*packing mach.*), cellofanatrice.

Cellosolve (trademark for a liquid ether-alcohol used as a varnish solvent) (*ind. chem.*), Cellosolve.

cellucotton (*paper mfg.*), ovatta di cellulosa.

cellular (*a.*), cellulare. **2.** ~ glass (for insulation) (*therm. - acous.*), lana di vetro. **3.** ~ plastic (foamed, plastics) (*a. - chem. - ind.*), espanso.

celluloid (*ind.*), celluloide.

cellulose ($C_6H_{10}O_5$) (*chem.*), cellulosa. **2.** ~ (*paper mfg.*), cellulosa, cellulosio, pasta chimica. **3.** ~ acetate (*ind. chem.*), acetato di cellulosa. **4.** ~ nitrate (nitrocellulose) (*chem. - phot. - paint. - etc.*), nitrocellulosa. **5.** alpha ~ (cellulose form not dissolving in a 18% caustic soda solution), alfa-cellulosa. **6.** benzil ~ (*plastics*), benzilcellulosa. **7.** colloidal ~ (*chem. ind.*), cellulosa colloidale. **8.** true ~ (*chem. ind.*), cellulosa pura, cellulosio.

Celotex (insulating material) (*bldg. material - etc.*), celotex.

Celsius (*C - therm. meas.*), centigrado. **2.** ~ thermometer (*instr. for therm. meas.*), termometro centigrado.

"cem" (cement) (*bldg.*), cemento.

"CEMA" (Conveyor Equipment Manufacturers Association) (*ind. mach.*), Associazione Fabbricanti Trasportatori.

cement (*mas.*), cemento. **2.** ~ (*metall.*), polvere da cementazione. **3.** ~ (latex rubber) (*rubb. ind.*), adesivo. **4.** ~ (as of a grinding wheel) (*t. mfg.*), cemento. **5.** ~ churn (*rubb. ind.*), agitatore per adesivo. **6.** ~ factory (*ind.*), cementeria, cementificio. **7.** ~ gun (mach. for applying fine concrete by means of pneumatic pressure) (*mas. app.*), apparecchio per gunite. **8.** ~ layer (*work.*), cementista. **9.** ~ mixer (*mas. mach.*), impastatrice di cemento, betoniera. **10.** ~ mixing water (*mas.*), acqua per l'impasto del cemento. **11.** ~ paint (*paint.*), pittura per cemento. **12.** ~ plaster (a mixture of portland cement, water and sand: for plastering) (*mas.*), malta per intonaco a cemento. **13.** ~ plaster, *see* stucco. **14.** ~ plastering (*build.*), intonaco di cemento. **15.** aluminous ~ (*mas.*), cemento alluminoso. **16.** asbestos ~ (*bldg.*), cemento amianto. **17.** asphaltic ~ (bitumen used for binding aggregate) (*road constr.*), legante bituminoso. **18.** blast furnace ~ (*bldg.*), cemento metallurgico. **19.** dental ~ (*med.*), cemento dentario. **20.** diamond ~ (for fixing diamonds in tools) (*t.*), mastice per diamanti, cemento per diamanti. **21.** gel ~ (mixed with bentonite) (*bldg.*), cemento gelificato. **22.** high alumina ~ (*bldg.*), cemento alluminoso. **23.** hydraulic ~ (*mas.*), cemento idraulico. **24.** mixing of ~ (*mas.*), impasto del cemento. **25.** magnesium-oxychloride ~ (Sorel's mortar) (*bldg.*), malta di magnesio, malta Sorel. **26.** pipe-joint ~ (linseed oil mixed with red lead for threaded pipes coupling) (*plumbing*), mastice (di tenuta) per tubazioni a vite. **27.** pipes made of asbestos fiber and Portland ~ (*bldg.*), tubi di fibrocemento (o di "Eternit"). **28.** plastic ~ (*mas. - mech.*), cemento plastico. **29.** pozzuolana ~ (*bldg.*), cemento pozzolanico. **30.** quick ~ (*mas.*), cemento a presa rapida. **31.** quick-setting ~ (*mas.*), cemento a presa rapida. **32.** refractory ~ (having refractory qualities after setting) (*furnaces*), cemento refrattario. **33.** Roman ~ (highly hydraulic lime made by calcining limestone or using pozzuolana) (*bldg.*), cemento romano. **34.** rubber ~ (*rubb. ind.*), soluzione di gomma, "mastice". **35.** self-curing ~ (*rubb. ind.*), soluzione autovulcanizzante. **36.** sheets made of asbestos fiber and Portland ~ (*build.*), lastre di fibrocemento (o di "Eternit"). **37.** slag ~ (*mas.*), cemento di scoria, cemento di alto forno. **38.** slow ~ (*mas.*), cemento a presa lenta. **39.** slow-setting ~ (*bldg.*), cemento a presa lenta. **40.** trass ~ (*bldg.*), cemento trass.

cement (to) (to unite by cement), cementare, unire mediante cemento. **2.** ~ (to put the cement on) (*mas.*), dare il cemento. **3.** ~ (for obtaining steel) (*metall.*), cementare.

cementation (as of steel) (*metall.*), cementazione.

cemented (*a. - metall.*), cementato. **2.** ~ carbides (as for tip carbide tools), carburi agglomerati (o sinterati). **3.** ~ carbide, *see also* sintered carbide.

cementite (iron carbide Fe_3C) (*metall.*), cementite. **2.** spheroidized ~ (*metall.*), cementite sferoidale.

"CEMF", "cemf" (counter-electromotive force) (*elect.*), f.c.e.m., forza contro elettromotrice.

cenotaph (*arch.*), cenotafio.

cenozoic (*geol.*), cenozoico.

censorship (as of films) (*law*), censura.

census (*stat.*), censimento.

cent (1/100 of dollar) (*money*), cent.

"cent" (centrifugal) (*a. - theor. mech.*), centrifugo. **2.** ~, *see also* center, centigrade.

cental (Am.: short hundredweight = 100 lb) (*meas.*), quintale americano pari a 45,36 kg.

center (*geom.*) (Am.), centro. **2.** ~ (as of a lathe or any other mach. t., for supporting the work during the turning, grinding etc. operations) (*mech. technol.*), punta. **3.** ~ (conical recess at the end of a spindle for receiving a lathe center) (*mech.*), centro. **4.** ~ (group of nerves) (*med.*), centro. **5.** ~ (substructure: as for an arch) (*bldg.*) (Brit.), centina. **6.** ~ (middle, internal sheet for pasteboard) (*paper mfg.*), anima (per cartoni). **7.** ~ (of an urban area) (*top.*), centro. **8.** ~, *see* core, nucleus. **9.** centers (center distance) (*mech.*), interasse. **10.** ~ and countersink drill (*t.*), punta a centrare e svasare. **11.** ~ angle (*geom.*), angolo al centro. **12.** ~ bay (as of a bridge) (*bldg.*), campata mediana. **13.** ~ body pillar (assembly) (*aut. body constr.*), (complessivo) montante centrale. **14.** ~ distance (*mech.*), interasse. **15.** ~ drill (*t.*), punta da centri. **16.** ~ gauge (for testing lathe centers) (*mech. t.*), calibro per punte. **17.** ~ gauge (for testing the setting of a screw-cutting tool) (*mech. t.*), calibro per (orientare) utensili filettatori. **18.** ~ keelson (*naut.*), paramezzale centrale. **19.** ~ lathe (*mach. t.*), tornio parallelo. **20.** ~ line (axis) (*draw.*), asse. **21.** ~ line (on a drawing, made by dotted line and representing the center of the piece drawn) (*mech. draw.*), mezzeria. **22.** ~ line (in surface roughness measurements) (*mech.*), linea media. **23.** ~ line (line of an airfoil, the distance of each point of which from the upper boundary is equal to that from the lower one) (*aer.*), linea media. **24.** ~ line (of a road) (*road*), asse. **25.** ~ line of track (*railw.*), asse del binario. **26.** ~ of action (*meteorol.*), centro barometrico. **27.** ~ of area (of a thin plate plane figure) (*math.*), baricentro di figura piana. **28.** ~ of buoyancy (*naut.*), centro di spinta, centro di carena. **29.** ~ of cavity, *see* center of buoyancy. **30.** ~ of displacement, *see* center of buoyancy. **31.** ~ of effort (of the sail or of the sails) (*naut.*), centro di velatura. **32.** ~ of flotation (center of gravity of the water plane at the waterline) (*naut.*), centro di gravità della sezione alla linea d'acqua. **33.** ~ of gravity (*theor. mech.*), baricentro, centro di gravità. **34.** ~ of inertia, *see* center of mass. **35.** ~ of lift (of a wing) (*aerodyn.*), centro di portanza. **36.** ~ of mass (center of inertia, the point representing the mean position of the matter in a body) (*phys. - theor. mech.*), centro di massa, centro d'inerzia. **37.** ~ of maximum pressure (*constr. theor.*), centro delle pressioni massime. **38.** ~ of pressure (of an airfoil) (*aer.*), centro di pressione. **39.** ~ of rotation (*theor. mech.*), centro di rotazione. **40.** ~ of symmetry (of a crystal) (*min.*), centro di simmetria. **41.** ~ of tire contact (tires tests and studia) (*aut.*), centro di contatto del pneumatico. **42.** ~ pillar (*mech.*), colonna (o montante) centrale. **43.** ~ pin (pin passing through the fifth wheel of the body and truck bolsters) (*railw.*), perno ralla. **44.** ~ pivot (of a steam locomotive bogie) (*railw.*), perno (del) carrello. **45.** ~ point (*t.*), punta per centri. **46.** ~ punch (*t.*), punzone per centri, bulino. **47.** ~ tesquare (*mech. t.*), squadra cercacentri. **48.** ~ tester (*mech. t.*), *see* center gauge. **49.** ~-zero meter (instr. used to orbit at a selected radius from a radio beacon) (*aer.*), indicatore d'orbita ad azzeramento. **50.** aerodynamic ~ (of a wing section) (*aer.*), fuoco aerodinamico. **51.** alerting ~ (for search and rescue) (*aer.*), centro di vigilanza. **52.** ball bearing ~ (as of a lathe) (*mech. technol.*), contropunta girevole. **53.** body ~ plate (center plate attached to the body) (*railw.*), disco ralla applicato alla cassa. **54.** data processing ~ (*comp.*), centro elaborazione dati, centro di calcolo. **55.** dead ~ (as of piston position in a mot.) (*mech.*), punto morto. **56.** dead ~ (center that does not revolve: as in a mach. t.) (*mech.*), contropunta fissa. **57.** depressed ~ flat car (for special transport) (*railw.*), pianale ribassato, pianale speciale a piano di carico ribassato. **58.** flexural ~, *see* shear center. **59.** flight-information ~ (*aer.*), centro informazioni di volo. **60.** full ~ (as of a light alloy sheet) (*metall. defect*), rigonfiamento centrale. **61.** hard ~ (as in a metal bar) (*metall.*), cuore duro. **62.** health ~ (*med.*), centro sanitario. **63.** index ~ (*t.*), divisore. **64.** live ~ (of a lathe), contropunta girevole, punta girevole. **65.** locus of instantaneous centers (*theor. mech.*), traiettoria polare. **66.** machining ~ (composite mach. t. for the automatic production of single works or batches) (*mach. t.*), centro di lavorazione, macchina per la produzione automatica di pezzi singoli o di lotti. **67.** mobilization and recruiting ~ (*milit.*), distretto militare. **68.** optical ~ (*opt.*), centro ottico. **69.** production ~ (*ind.*), centro di produzione. **70.** rail ~ (*railw.*), centro ferroviario. **71.** rescue coordination ~ (*aer.*), centro coordinamento salvataggi. **72.** roll ~ (*aut.*), centro di rollio. **73.** safety ~ (search and rescue co-ordination center) (*aer.*), centro di sicurezza, centro di coordinamento ricerche e salvataggi. **74.** shear ~ (point of a section at which only bending without twist is produced by the shear force) (*aer.*), centro di taglio. **75.** split ~ (as of a metal part with a crack in the middle) (*metall.*), fenditura centrale. **76.** swing ~ (instantaneous center in the transverse vertical plane through any pair of wheel centers about which the wheel moves relative to the sprung mass) (*veh.*), centro istantaneo di rotazione. **77.** switching ~ (of automatic or semiautomatic traffic) (*comp.*), centro di commutazione. **78.** time-sharing processing ~ (*comp.*), centro di calcolo "time-sharing".

center (to) (*opt.*), centrare. **2.** ~ (to collimate) (*top.*), collimare. **3.** ~ (to set between centers, as in a lathe) (*mach. t.*), montare tra le punte. **4.** ~ a wheel (*mech.*), centrare una ruota.

centerboard, centreboard (sliding keel) (*naut.*), deriva mobile. **2.** ~ plan (*naut.*), piano di deriva.

center-drill (to) (*mech.*), marcare il centro con punta da centri.

center-fire, central fire (of a cartridge) (*expl.*), a innesco centrale.

centering (as of the work on a lathe) (*mech.*), centraggio. **2.** ~ (substructure for a masonry arch) (*bldg.*), centina. **3.** ~ (setting of a gear shaper cutter in line with the gear axis) (*mech. technol.*), allineamento. **4.** ~ and facing machine (*mach. t.*), centratrice-intestatrice. **5.** ~ and milling machine (*mach. t.*), centratrice-intestatrice. **6.** ~ machine (*mach. t.*), centratrice.

centerless grinder (*mach. t.*), rettificatrice senza centri. **2.** ~ grinding (*mech. technol.*), (operazione di) rettifica senza centri. **3.** ~ internal (Am.), *see* centerless internal grinder. **4.** ~ internal grinder (*mach. t.*), rettificatrice senza centri per interni.

centerpiece (as in the middle of a ceiling) (*ornament*), decorazione centrale.

centerplate (of a sailboat) (*navig.*), deriva mobile metallica.

centervelic, *see* center of effort.

centesimal (*gen.*), centesimale.

centibar (atmospheric p. meas. = 1/100 bar) (*meas. unit*), centesimo di bar, centibar.

centigrade (for therm. meas.), centigrado. **2.** ~ thermometer (*instr.*), termometro centigrado.

centigram (centigramme, 10^{-2}g) (*cg - meas.*), centigrammo.

centile (percentile) (*stat.*), centile.

centiliter (cl) (*meas.*), centilitro.

centimeter (0.3937 in) (*meas.*), centimetro. **2.** ~ dyne, *see* erg. **3.** cubic ~ (0.061 cu in) (*meas.*), centimetro cubo. **4.** square ~ (0.155 sq in) (*meas.*), centimetro quadrato.

centimeter-gram-second (C.G.S.) (*meas.*), centimetro-grammo-secondo, C.G.S.

centipoise (one hundredth of a poise) (*unit of viscosity*), centipoise.

centisecond (one hundredth of a second) (*time meas.*), un centesimo di secondo.

centistocke (one hundredth of a stoke) (*unit of kinematic viscosity*), centistoke, unità di misura della viscosità cinematica.

centner (=110.23 pounds) (*meas. unit*), mezzo quintale. **2.** double ~ (metric centner =220,46 pounds) (*meas. unit*), 100 kg, un quintale. **3.** metric ~, *see* double centner.

central (*a. - gen.*), centrale. **2.** ~ (*n. - teleph.*), centrale telefonica. **3.** ~ control system (*mech. - etc.*), comando centralizzato, controllo centralizzato. **4.** ~ forces (*phys.*), forze centrifughe e centripete. **5.** ~ heating (*bldg. - therm.*), riscaldamento centrale. **6.** ~ meridian (of a projection) (*cart.*), meridiano centrale. **7.** ~ paint mix room (*shop*), locale preparazione vernici. **8.** ~ processing unit, "CPU" (*comp.*), unità centrale (di elaborazione).

centralized (as of controls) (*mech. - etc.*), centralizzato.

Central Statistical Office, "CSO" (Brit.) (*stat.*), istituto centrale di statistica, ISTAT.

centre (Brit.), *see* center.

"centricast" (centrifugated casting: as a pipe) (*found.*), getto centrifugato.

centrifugal (*a.*), centrifugo. **2.** ~ (*n. - mach.*), (macchina) centrifuga. **3.** ~ (drum of a centrifugal mach.) (*n. - mach.*), tamburo (o cestello) della centrifuga. **4.** ~ blower (*mach.*), compressore centrifugo, turbocompressore. **5.** ~ casting (operation) (*found.*), colata centrifuga, colata per centrifugazione. **6.** ~ casting (workpiece) (*found.*), getto centrifugato. **7.** ~ clutch (*mech.*), frizione centrifuga. **8.** ~ dryer (*domestic and ind. app.*), idroestrattore, centrifuga. **9.** ~ electric pump (*mach.*), elettropompa centrifuga. **10.** ~ filter (of mot.), filtro centrifugo. **11.** ~ flour sifter (*ind. mach.*), buratto centrifugo per farina. **12.** ~ force (*theor. mech.*), forza centrifuga. **13.** ~ governor (of mach. or mot.), regolatore centrifugo. **14.** ~ separation (as for immiscible liquids) (*ind.*), separazione per centrifugazione. **15.** ~ strainer (centrifugal separator) (*paper mfg. - etc.*), depuratore centrifugo. **16.** ~ switch (*elect.*), interruttore centrifugo.

centrifugate (*n. - gen.*), centrifugato, prodotto da centrifugazione.

centrifugate (to), *see* to centrifuge.

centrifugation, centrifugazione. **2.** separated by ~ (*phys. - ind.*), centrifugato.

centrifuge (*mach.*), centrifuga.

centrifuge (to), centrifugare.

centrifuged (*a. - ind.*), centrifugato. **2.** ~ casting ("centricast": as a pipe) (*found.*), centrifugato.

centrifuging (*ind.*), centrifugazione.

centring (Brit.), *see* centering.

centripetal (*a. - theor. mech.*), centripeto. **2.** ~ force (*a. - theor. mech.*), forza centripeta. **3.** ~ press (*mach.*), pressa centripeta.

centrobaric (having a center of gravity) (*a. - theor. mech.*), centrobarico.

centroid (center: as of electrical charges distribution or body mass) (*phys.*), baricentro. **2.** ~ (center of a plane figure) (*math.*), baricentro di figura piana.

cepstrum (Fourier transform applied to a voiced speech) (*n. - voice inf.*), cepstrum.

ceramal (ceramic alloy) (*metall.*), *see* cermet.

cerametallic (material) (*a. - metall.*), metalceramico.

ceramic (*a. - ceramics ind.*), relativo alla ceramica. **2.** ~ coating (of high-temperature alloys) (*metall. - mech.*), rivestimento ceramico. **3.** ~ insulator (*elect.*), isolante ceramico. **4.** ~ transducer, *see* electrostrictive transducer.

ceramic-coated (as of a gas turbine blade) (*mech. - metall.*), a (o con) rivestimento ceramico.

ceramics (*art*), arte ceramica.

ceramist (*ceramic - work.*), ceramista.

cerargyrite (Ag Cl) (*min.*), cerargirite.

ceresin, ceresine (*chem.*), ceresina.

cerite (*min.*), cerite.

cerium (Ce - *chem.*), cerio.

"CERL" (Central Electricity Research Laboratories) (*elect.*) (Brit.), Laboratorio Centrale Ricerche Elettrotecniche.

cermet (ceramic metal, ceramal: sintered compound generally made by a base metal and refractory carbides, as titanium carbide, and used for gas turbine blades, nozzles and other heat-resistant objects) (*n. - powder metall.*), cermete, prodotto metalloceramico. **2.** ~ process (cermet production system) (*powder metall.*), metalloceramica.

certificate, certificato. **2.** ~ (diploma) (*gen.*), diploma. **3.** ~ of classification (of a vessel, issued as by Lloyd's Register) (*naut.*), certificato di classificazione. **4.** ~ of measurement (*naut.*), certificato di stazza. **5.** ~ of origin (*comm.*), certificato di origine. **6.** ~ of registry (*naut.*), certificato di classificazione. **7.** ~ of service (*aer. - milit.*), congedo. **8.** ~ of survey (*naut.*), certificato di sorveglianza (del registro). **9.** ~ of the Chamber of Commerce (*comm.*), certificato della Camera di Commercio. **10.** airworthiness ~ (*aer. - law*), certificato di navigabilità. **11.** classification ~ (of an aircraft) (*aer.*), certificato di classe. **12.** extra master's ~ (*naut.*), patente di capitano superiore di lungo corso. **13.** import ~ (*comm.*), certificato di importazione. **14.** penal record ~ (*law*), certificato penale. **15.** registration ~ (*aer. - law*), certificato di immatricolazione. **16.** stock ~ (*finan.*) (Am.), certificato di proprietà (di azioni).

certified (as of a copy) (*a. - law*), autenticato, legalizzato. **2.** ~ (as a truck operator) (*work.*), patentato. **3.** ~ (as a teacher) (*work.*), diplomato. **4.** ~ transfer (*comm.*), cessione documentata.

certify (to) (*comm. - law*), autenticare, legalizzare.

ceruse (*paint.*), biacca, bianco di piombo.

cerussite (Pb CO_3) (*min.*), cerussite.

"CESA" (Canadian Engineering Standards Association) (*mech.*), Associazione Canadese per la Normalizzazione.

cesium (Cs - *chem.*), cesio. **2.** ~ cell (*photo - electronics*), fotocella al cesio. **3.** ~ clock (atomic clock controlled by the natural vibration frequency of a beam of cesium atoms) (*atom phys. instr.*), orologio (atomico) al cesio. **4.** ~ 137 (radioactive isotope) (*chem.*), cesio 137.

cesspit (*sewage*), *see* cesspool.

cesspool (*bldg.*), pozzo nero. **2.** ~ deposit (*bldg.*), bottino, pozzo nero.

cetane ($C_{16}H_{34}$) (*chem.*), cetano. **2.** ~ number, ~ rating (or rating: measuring the ignition quality of a diesel oil) (*chem. - mot.*), numero di cetano.

cetene ($C_{16}H_{32}$) (*chem.*), cetene.

"CF" (carrier frequency) (*radio*), frequenza portante. **2.** ~ (cement floor) (*bldg.*), pavimento di cemento. **3.** ~ (centrifugal force) (*theor. mech.*), forza centrifuga. **4.** ~ (cost and freight: price of the goods comprising the transp. cost) (*comm. naut.*), costo e nolo, costo della merce e suo trasporto a destinazione compresi nel prezzo.

Cf (californium) (*chem.*), californio.

"c/f" (carried forward) (*bookkeeping*), riportato.

"CF and I", "cf and i" (cost, freight and insurance) (*comm. - naut.*), costo, nolo ed assicurazione.

"CFH" (cubic feet per hour) (*meas.*), piedi cubi all'ora.

"CFI", "cfi" (cost, freight and insurance) (*comm. - naut.*), costo, nolo e assicurazione.

"CFM" (cubic feet a minute) (*meas.*), piedi cubi al minuto.

"CFO" (carrier frequency oscillator) (*radio*), oscillatore a frequenza portante.

"CFR" (Cooperative Fuel Research Committee) (*chem. - mot.*), CFR, Comitato Ricerche sui combustibili. **2.** ~ (contact flight rules) (*aer.*), norme per il volo a vista. **3.** ~ engine (single-cylinder gasoline test engine) (*mot.*), motore CFR.
"CFS" (cubic feet a second) (*meas.*), piedi cubi al secondo.
"CFV" (constant flow valve) (*hydr.*), valvola a portata costante.
"cg" (center of gravity) (*theor. constr.*), centro di gravità, baricentro. **2.** ~ (centigram, centigrams) (*weight meas.*), cg, centigrammo, centigrammi.
"cgm", *see* "cg" 2 ~.
"cgo", *see* cargo.
"CGS" (centimeter-gram-second) (*meas. system*), C.G.S., centimetro-grammo-secondo, sistema di misura basato sulle unità C.G.S. **2.** ~ electromagnetic units (*elect. meas.*), unità elettromagnetiche C.G.S.
"CH" (customhouse) (*comm.*), dogana.
"CH", "C'HRD" (casehardened) (*mech. draw.*), cementato.
"ch" (chain) (*mech. - naut.*), catena. **2.** ~ (chief) (*pers. organ.*), capo. **3.** ~, *see also* check, checkered chapter, choke.
chad (produced in punching tape holes) (*comp.*), coriandolo. **2.** ~ tape (chadded tape) (*comp.*), nastro perforato.
chadded (said of a tape having the hole perforations completely free from chads) (*comp.*), a perforazione completa, con fori puliti.
chadless (said of a tape subjected to incomplete hole perforation) (*a. - comp.*), a perforazione incompleta (con coriandoli attaccati ai fori).
chafe (to) (to rub: as of a cable) (*gen.*), sfregare (con conseguente usura). **2.** ~ (to heat by friction) (*gen.*), riscaldare per sfregamento, riscaldare per attrito.
chafery (reheating furnace for blooms) (*metall.*), forno di riscaldo.
chaff (narrow metallic strips for disturbing radarscope) (*radar - aer. - milit.*), strisce metalliche per radardisturbo. **2.** ~ (husks or cut up straw) (*agric.*), loppa, trinciato di paglia.
chafing (*mech.*), sfregamento. **2.** ~ strip (*rubb. ind.*), rinforzo, bordo.
chain (*mech. - ind.*), catena. **2.** ~ (a series of operations or data linked together) (*comp.*), catena. **3.** ~ (of warp) (*text.*), catena. **4.** ~ (of broadcasting stations) (*radio*), catena. **5.** ~ (*draw.*), linea a tratto e punto. **6.** ~ (chain plate: bolted to the sides of a ship for holding the deadeyes of the shrouds) (*naut.*), landa, landra. **7.** ~ (*chem.*), catena. **8.** ~, *see also* engineer's chain. **9.** ~, *see* network 2 ~. **10.** ~ belt (made of links as of leather or metal and employed for gearing and also as a conveyer) (*mech. impl.*), cinghia a segmenti articolati. **11.** ~ block (*impl.*), paranco a catena. **12.** ~ bridge (*bldg.*), ponte sospeso a catene. **13.** ~ cable (*naut.*), catena dell'ancora. **14.** ~ conveyer, *see* conveyer. **15.** ~ cover (as of a bicycle) (*veh. - etc.*), copricatena. **16.** ~ drive (*mech.*), trasmissione a catena. **17.** ~ gearing, ~ gear (*mech.*), trasmissione a catena. **18.** ~ hoist, ~ fall, *see* chain block. **19.** ~ locker (*naut.*), pozzo delle catene. **20.** ~ pipe (*naut.*), tubo del pozzo delle catene. **21.** ~ pipe wrench (*pip. t.*), chiave a catena per tubi. **22.** ~ plate (bolted to the sides of a ship for holding the deadeyes of the shrouds) (*naut.*), landa, landra. **23.** ~ reaction (*chem. phys.*), reazione a catena. **24.** ~ riveting (*mech.*), chiodatura a chiodi affacciati. **25.** ~ rule (*math.*), regola catenaria. **26.** ~ rule (*math.*), regola per la derivazione delle funzioni composte. **27.** ~ shackle (determining the standard length of a chain) (*naut.*), lunghezza di catena. **28.** ~ sheave (*mech.*), puleggia per catena. **29.** ~ stays (of a mtc. frame) (*mech.*), tubi inferiori della forcella posteriore. **30.** ~ stopper (relating to the anchor chain) (*naut.*), fermo della catena. **31.** ~ straightener (ind. chem. applied to the rubber ind.), agente linearizzante, agente che (introdotto in piccola quantità durante la polimerizzazione) obbliga le molecole a formare catene lineari (impedendo la loro ramificazione e ciclizzazione). **32.** ~ tightening pulley (*mech.*), tendicatena. **33.** ~ track (*mech.*), cingolo a catena. **34.** ~ transmission, *see* chain drive. **35.** ~ wheel (*mech.*), puleggia per catena. **36.** ~ wrench, *see* chain tongs. **37.** anchor ~ (chain cable) (*naut.*), catena dell'àncora. **38.** ~ backstay ~ plate (*naut.*), landa di paterazzo, landra di paterazzo. **39.** barrel ~ (*hoisting app.*), catena da barile. **40.** bead ~ (*mech.*), catenella a rosario. **41.** block ~ (*mech.*), catena da trasmissioni. **42.** drag ~ (for grounding eventual static electricity: as in explosives transp.) (*aut. transp.*), catena (o catenella) di messa a terra. **43.** engineer's ~ (100 ft long) (*meas. impl.*), catena di misura di 100 piedi. **44.** flat link ~ (*mech.*), catena articolata. **45.** fore ~ plate (*naut.*), landa (delle sartie) di trinchetto, landra (delle sartie) di trinchetto. **46.** Gall's ~ (*mech.*), catena Galle. **47.** gearing ~ (*mech.*), catena di trasmissione. **48.** Gunter's ~, *see* surveyor's chain. **49.** hook link ~ (*mech.*), catena a ganci. **50.** hopper ~ (as of a conveyor) (*ind. transp.*), catena di tramogge. **51.** jack ~ (common wire chain, with each link in orthogonal plane respect to the following and preceding links) (*chain*), catena ad anelli, catena comune, catena da pozzo. **52.** jack ~ (endless toothed chain for the transp. of logs) (*sawmill*), catena dentata. **53.** jack ~ (light chain having eight shape links) (*ind.*), catena a maglie girate. **54.** jigger ~ plate (*naut.*), landa (delle sartie) di contromezzana, landra (delle sartie) di contromezzana. **55.** kinematic ~ (*mech.*), catena cinematica. **56.** lashing ~ (*naut.*), catena d'ormeggio. **57.** linear ~ (*chem.*), catena lineare. **58.** main ~ plate (*naut.*), landa (delle sartie) di maestra, landra (delle sartie) di maestra. **59.** markoff ~, markov ~ (*stat.*), catena di Markov. **60.** mizzen ~

plate (*naut.*), landa (delle sartie) di mezzana, landra (delle sartie) di mezzana. **61.** mooring ~ (*naut.*), catena d'ormeggio. **62.** mortise ~ set (*wood mach. t.*), dispositivo a catena per mortasatrice. **63.** mountain ~ (*geogr.*), catena di montagne. **64.** open ~ (*chem.*), catena aperta. **65.** pintle ~ (for sprocket wheels) (*mech.*), catena a perni. **66.** pitch ~ (*mech.*), catena Galle. **67.** roller ~ (*mech.*), catena a rulli. **68.** skid ~ (as for aut.), catena antineve (o antisdrucciolevole). **69.** sling ~ (hoisting device) (*ind.*), catena per imbracatura. **70.** snow chains (*aut.*), catene da neve. **71.** sprocket ~ (*mech.*), catena calibrata articolata. **72.** stud link ~ (*mech.*), catena a maglia rinforzata. **73.** surveyor's ~ (66 ft long) (*meas. impl.*), catena di misura di 66 piedi. **74.** tire ~ (as for aut.), catena antineve (o antisdrucciolevole).

chain (to) (*gen.*), incatenare. **2.** ~ (by a surveying chain) (*top. meas.*), misurare con la catena topografica.

chained (*a. - gen.*), incatenato, concatenato. **2.** ~ records (*comp.*), registrazioni concatenate, records concatenati.

chaining (system for linking records to each other) (*comp.*), concatenamento, concatenazione. **2.** ~ search (for locating a data in a chained list) (*comp.*), ricerca concatenata.

chainwale (*naut.*), parasartia.

chainwheel (sprocket wheel: as for a bycicle chain) (*mech.*), ruota di catena.

chair (rail support) (*railw.*), ganascia, sopporto laterale della rotaia. **2.** ~ (*mtc.*), *see* sidecar. **3.** ~ (seat of a parlor car) (*railw.*), sedile. **4.** ~ (team of workers) (*glass mfg. - etc.*), squadra. **5.** ~ (support) (*mech. device*), supporto. **6.** ~ lift (*sport transp.*), seggiovia. **7.** double ~ (*railw.*), *see* twin car seat. **8.** parlor car ~ (revolving chair) (*railw.*), sedile girevole. **9.** reclining ~ (of a car) (*railw.*), sedile (a schienale) inclinabile. **10.** revolving ~ (parlor car chair) (*railw.*), sedile girevole. **11.** treatment ~ (*med. app.*), poltrona odontoiatrica.

chair (to) (as a meeting), presiedere.

chairman (of a company), presidente. **2.** ~ of the board (*adm.*), presidente del consiglio di amministrazione.

chairway, *see* chair lift.

chalcedony (*min.*), calcedonio.

chalcocite (Cu_2S) (redruthite) (*min.*), calcosina.

chalcopyrite ($Cu\ Fe\ S_2$) (*min.*), calcopirite.

chalcosine (*min.*), *see* chalcocite.

chaldron (Brit. = 32–36 bushels; Am. = 2500–2900 lbs), misura per carbone.

chalet (country house) (*bldg.*), "chalet".

chalk (for marking), gessetto. **2.** ~ (soft limestone), creta. **3.** ~ (drawn with chalk) (*a. - draw.*), disegnato con gesso, disegnato a gesso. **4.** Chalk (*a. - geol.*), del cretaceo superiore, sopracretaceo. **5.** ~ talk, *see* chalk-talk. **6.** French ~ (as for crack detection) (*math. inspection*), talco.

chalk (to) (to draw with chalk) (*draw.*), disegnare con gesso, disegnare a gesso. **2.** ~ (to develop a layer of powder, as of paint) (*paint.*), sfarinarsi.

chalking (formation of a friable coating on the paint surface exposed to weather) (*paint. defect*), sfarinamento. **2.** ~ (*bldg. - ind. - etc.*), talcatura.

chalk-talk (chalk talk) (*pers. training - etc.*), conferenza illustrata da disegni.

chalky (cretaceous) (*gen.*), gessoso.

challenge (*law*), opposizione. **2.** ~ (demand) (*commun.*), domanda. **3.** ~ cup (cup competed for more than once) (*sport*), coppa girante. **4.** ~ to the array (challenge to the panel) (*law*), opposizione contro l'intera giuria. **5.** ~ to the favor (*law*), opposizione per ragioni di legittima suspicione. **6.** ~ to the poll (to a juror or jurors) (*law*), opposizione contro determinati giurati.

challenger (*sport - etc.*), sfidante. **2.** ~ (interrogator or interrogator-responser) (*radar*), radar interrogatore, radarfaro.

chalybite (*min.*), siderite.

"CHAM" (short for: chamfered) (*mech. draw.*), bisellato, smussato.

chamber (bedroom) (*bldg.*), camera da letto. **2.** ~ (as of firearms), camera di scoppio. **3.** ~ (of a gun), camera di caricamento. **4.** ~ (lead-lined compartment used in the sulphuric acid manufacturing process) (*chem. ind.*), camera (di piombo). **5.** ~ (of a battery: as in a radio set, in a phot. camera etc.) (*gen.*), alloggiamento. **6.** ~ (as a film chamber in a camera) (*phot. - m. pict.*), alloggiamento. **7.** ~ (a long water space located between the upper and lower gate of a canal lock: as in Panama canal) (*canal navig.*), conca di navigazione. **8.** ~ flight (simulated flight in a decompression chamber) (*aer.*), volo simulato. **9.** ~ of commerce (*comm.*), Camera di Commercio. **10.** ~ process (*chem.*), processo delle camere di piombo. **11.** altitude ~ (testing installation) (*aer.*), camera per prove in quota, camera alta quota. **12.** annular combustion ~ (of gas turbines) (*mot.*), camera di combustione anulare. **13.** balance ~ (of a torpedo) (*navy*), camera di regolazione (dell'immersione). **14.** cartridge ~ (*firearm*), camera a bossolo. **15.** climatic ~ (for carrying out climatic tests) (*testing*), camera climatica. **16.** cold ~ machine (diecasting mach.) (*found. mach.*), macchina (ad iniezione) a camera fredda. **17.** combustion ~ (as of i.c. engine) (*mot.*), camera di combustione. **18.** drying ~ (*ind.*), camera di essiccazione. **19.** echo ~ (*acous.*), camera ecoica. **20.** emulsion ~ (of a carburettor) (*mot.*), camera di emulsione. **21.** escape ~ (of a sub.) (*navy*), camera di salvataggio. **22.** expansion ~ (*atom phys.*), camera di Wilson. **23.** float ~ (of carb.) (*mot.*), vaschetta (del carburatore). **24.** heating ~ (as of a furnace), camera di riscaldo. **25.** hot spot ~ (*of mot.*), camera di preriscaldo. **26.** immersion ~ (of a torpedo) (*navy*), camera (dei regolatori) di immersione. **27.** ionization ~ (*radiology*), camera di ionizzazione. **28.** loading ~ (of a gun) (*milit.*), camera di caricamento. **29.** lock ~ (space between head-gates and tail-gates of a lock) (*hydr.*) (Am.), vasca di chiusa. **30.** mixing ~ (of a gas welding or oxygen cutting torch) (*mech. technol.*), camera di miscelazione. **31.** mixing ~ (of a carburetor) (*mot.*), diffusore. **32.** obscure ~ (*opt. - phot.*), camera oscura. **33.** plenum ~ (as in an air duct system), camera di calma. **34.** plenum ~ (fed from a ramming intake) (*aer.*), camera in pressione. **35.** powder ~ (*expl.*), camera a polvere. **36.** pre-combustion ~ (*mot.*), camera di precombustione, precamera. **37.** projection spark ~ (projection chamber in which the particles are moving perpendicular to the electric field) (*atom phys.*), camera a scintilla a proiezione. **38.** radiator shell upper ~ (of aut.), testa del radiatore. **39.** regenerative ~ (of an open-hearth furnace) (*metall.*), camera di ricupero. **40.** return-flow combustion ~ (of a jet engine) (*aer. mot.*), camera di combustione a flusso indiretto. **41.** ringing ~ (of an echo box) (*radar*), camera risonante. **42.** sampling spark ~ (kind of narrow-gap chamber) (*atom phys.*), camera a scintilla per campionatura. **43.** steaming ~ (for yarns) (*text. ind.*), camera di vaporizzazione. **44.** straight-flow combustion ~ (as of a jet engine) (*mot.*), camera di combustione a presa diretta, camera di combustione a flusso diretto. **45.** swirl-type combustion ~ (*mot.*), camera di combustione a turbolenza. **46.** target ~ (*radioact.*), camera di bombardamento. **47.** uncooled combustion ~ (for solid-propellant rockets) (*mot. - rckt.*), camera di combustione senza raffreddamento.

chamfer (*mech.*), bisello, smusso, taglio a sbieco. **2.** ~ (*arch.*), modanatura, smussatura. **3.** ~ (*carp.*), smussatura, ugnatura. **4.** ~ cut (*gen.*), taglio ad unghia, taglio a sbieco.

chamfer (to) (to bevel) (*mech. - carp.*), smussare (lo spigolo), bisellare. **2.** ~ (to flute) (*carp.*), scanalare.

chamfered (*mech. - carp.*), a spigolo smussato, tagliato a sbieco.

chamfering (beveling of wood or metal) (*mech. - carp.*), bisellatura, smussatura. **2.** ~ (grooving) (*gen.*), esecuzione di scanalature. **3.** ~ machine (for gears) (*mach. t.*), macchina per spuntatura, spuntatrice.

chamois (*ind.*) (Brit.), pelle di camoscio.

chamotte (grog: fireclay) (*found.*), "chamotte".

champion (*sports*), campione. **2.** ~ tooth (of a wood saw), dente per sega a taglio incrociato.

championship (*sport*), campionato. **2.** prototype ~ (*aut. - sport*), campionato prototipi. **3.** world ~ of drivers (*aut. - sport*), campionato mondiale conduttori. **4.** world manufacturers' ~ (*aut. - sport*), campionato mondiale marche.

"chan" (channel) (*metall.*), profilato a C.

chance (success probability) (*gen.*), probabilità di riuscita, "chance". **2.** ~ (probability) (*math.*), probabilità. **3.** ~ (hazard) (*operational research*), rischio.

chancel (of a church) (*arch.*), coro.

chandelier (*elect. fitting*), lampadario.

chandelle (zoom: acrobatics) (*aer.*), salita in candela.

chandelle (to) (to zoom) (*aer.*), salire in candela.

chandler (*candles mfg.*), fabbricante di candele. **2.** ~ (provisions dealer: as for yachts, ships etc.) (*comm.*), fornitore (navale ecc.) al minuto. **3.** ship ~ (*naut.*), fornitore navale.

chandlery (*naut.*), provviste di bordo.

change (*gen.*), cambiamento, cambio, variazione. **2.** ~ (money) (*gen.*), resto. **3.** ~ (small money) (*comm.*), spiccioli. **4.** ~ (as of a motor generator set speed when taking off the load, expressed by the percentage of the rated speed) (*elect. - mot.*), scarto. **5.** changes file (amendment file) (*comp.*), archivio modifiche, archivio aggiornamenti. **6.** ~ gear (as of aut.) (*mech.*), cambio di velocità. **7.** ~ gears (of a mach. t.) (*mech.*), ingranaggi (o ruote) di cambio. **8.** ~ of deviation (of a compass), variazione di deviazione. **9.** ~ of gradient (*top.*), variazione di pendenza. **10.** ~ of state (as from solid to liquid) (*phys. chem.*), cambiamento di stato. **11.** ~ point (point on which the staff or instrument are held when leveling) (*top.*), punto di stazione. **12.** ~ record *see* amendment record. **13.** ~ tape, *see* amendment tape. **14.** ~ wheels (for the number of teeth: as of a gear cutting mach.) (*mech. technol.*) (Brit.), ruote di cambio, ingranaggi di cambio. **15.** air ~ (*ventil.*), ricambio d'aria. **16.** film-disk ~ over (from sound-on-film to sound-on-disk: in sound film projection) (*m. pict.*), commutatore per il passaggio dalla colonna sonora al disco. **17.** finishing ~ (*soap mfg.*), *see* settling. **18.** finish-stock ~ (*soap mfg.*), *see* settling. **19.** first ~ (*soap mfg.*), *see* saponifying. **20.** fitting ~ (*soap mfg.*), *see* settling. **21.** instantaneous speed ~ (of an ind. engine) (*mot.*), variazione istantanea del numero di giri. **22.** oil ~ (as of an engine) (*aut. - mot.*), cambio dell'olio. **23.** peritectic ~ (reaction between two phases) (*metall.*), trasformazione peritettica. **24.** permanent ~ (as of an engine speed when taking off the load, expressed by the percentage of the rated speed) (*mot. - elect.*), statismo, scarto permanente. **25.** permanent ~ of speed (of an ind. engine) (*mot.*), variazione permanente del numero di giri. **26.** pitching ~ (*soap mfg.*), *see* settling. **27.** second ~ (*soap mfg.*), *see* boiling for strength. **28.** small ~ (*comm.*), moneta spicciola. **29.** stepless speed ~ gear (*mech.*), variatore continuo di velocità. **30.** temporary ~ (as of an engine speed when taking off the load, expressed by the percentage of the rated speed) (*mot. - elect.*), scarto istantaneo.

change (to) (*gen.*), cambiare. **2.** ~ (*mech.*), sostituire. **3.** ~ color (as of a solution) (*chem.*), virare. **4.** ~ over (to convert into a different system) (*ind.*), cambiare radicalmente sistema (programmi o tecniche di produzione). **5.** ~ the course (*navig.*), modificare la rotta, cambiare la rotta.

"changeback" (*gen.*), ripristino.
changed (*a. - gen.*), cambiato. **2.** ~ over (*elect.*), commutato.
changemaker (*comm. app.*), apparecchio cambiamonete.
changeover (*gen.*), cambiamento da una posizione ad un'altra. **2.** ~ (of a film: from one projector to another) (*m. - pict.*), passaggio, trasposizione. **3.** ~ switch (*elect.*), commutatore. **4.** series-parallel ~ (as of elect. locomotive), passaggio serie-parallelo. **4.** series-parallel ~ by switching off the feeding (as of an elect. locomotive), passaggio serie-parallelo con interruzione dell'alimentazione.
changer (money-changer), cambiavalute. **2.** frequency ~ (*elect.*), variatore di frequenza.
changing (*gen.*), variabile, che cambia. **2.** ~ load (*elect.*), carico variabile.
channel (section) (*metall. ind.*), profilato a C, profilato ad U. **2.** ~ (iron) (*metall. ind.*), ferro a C, ferro ad U. **3.** ~ (chainwale) (*naut.*), parasartia. **4.** ~ (conduit), canale, condotto. **5.** ~ (*geogr.*), canale (naturale). **6.** ~ (groove) (*mech.*), scanalatura. **7.** ~ (*hydr. - bldg.*), canale. **8.** ~ (of a river), alveo. **9.** ~ (of a water aerodrome) (*aer.*), canale. **10.** ~ (at the sides of the road for carrying away water) (*road*), fossetto, fossetta. **11.** ~ (that part of a feeder which carries the glass from the tank to the flow spout and in which temperature adjustments are made) (*glass mfg.*), canale. **12.** ~ (the band of frequencies utilized for a modulated transmission) (*radio - telev.*), canale. **13.** ~ (information path or storage area) (*comp.*), canale. **14.** ~ (a strip of magnetic tape on which information is recorded or stored) (*electroacous.*), pista. **15.** ~ (*radio*), *see also* radio channel. **16.** ~ address word, "CAW" (*comp.*), parola (o codice) indirizzo di canale. **17.** ~ capacity (maximum transmission number of bits per time unit) (*comp.*), capacità di (o del) canale. **18.** ~ closing (does not permit the data transfer: as from central memory to a peripheral one) (*comp.*), chiusura di canale. **19.** ~ command word, "CCW" (*comp.*), parola (o codice) di comando (di) canale. **20.** ~ iron (*metall.*), ferro a C, ferro ad U. **21.** ~ opening (from central unit to peripheral unit) (*comp.*), apertura di canale. **22.** ~ patch (channel-shaped fabric attached as to an airship envelope) (*aer.*), gualdrappa tubolare. **23.** ~ program (*comp.*), programma di canale. **24.** ~ selector (for obtaining the required telev. channel) (*telev.*), selettore di canale. **25.** ~ status word, "CSW" (*comp.*), parola (o codice) di stato di un canale, parola (o codice) indicante lo stato di un canale. **26.** ~ steel, *see* channel iron. **27.** ~ wing (in a plane provided with rear propeller engines) (*aer.*), ala con vano alla radice (per il contenimento del propulsore). **28.** alighting ~ (*aer.*), canale di ammaraggio. **29.** analog ~ (*elics. - comp.*), canale analogico. **30.** distribution ~ (comm. way followed for goods: from producer to consumer) (*comm.*), canale di distribuzione. **31.** diversion ~ (channel for deviating a part of the flood wave) (*hydr. constr.*), diversivo. **32.** information ~ (*comp.*), canale di informazione, canale trasmissione dati. **33.** instrument alighting ~ (*aer.*), canale per l'ammaraggio strumentale. **34.** lode ~ (*geol.*), canale filoniano. **35.** pouring ~ (*found.*), canale di colata. **36.** recording ~ (*electroacous.*) (Brit.), canale di registrazione. **37.** selector ~ (for line comp. access) (*comp.*), canale selettore, canale di selezione. **38.** sound ~ (zone of the ocean in which acoustic energy is concentrated due to acoustic refraction) (*und. acous.*), zona di canalizzazione sonora, zona di convergenza. **39.** speech ~ (voice-grade wide-band channel) (*comp.*), canale del parlato. **40.** supply ~ (*hydr.*), canale di presa. **41.** swept ~ (*navy*), canale di sicurezza. **42.** taxi ~ (*aer.*), canale di flottaggio. **43.** water ~ (used for examining the flow past a stationary body) (*aer.*), canale idrodinamico. **44.** window run ~ (as for sliding glass) (*aut.*) (Am.), canalino di scorrimento (del vetro) del finestrino.
channel (to) (*carp.*), scanalare. **2.** ~ (to convey in a channel) (*hydr. - etc.*), incanalare. **3.** ~ (to give a U form: as by stamping) (*metall.*), stampare elementi con sezione a U. **4.** ~ (to oblige to move in a channel) (*hydr.*), incanalare. **5.** ~ (to groove) (*carp. - mech.*), scanalare. **6.** ~ (to subdivide: as a wide band transmission) (*commun.*), canalizzare.
channeled, scanalato. **2.** ~ flat tile (*bldg.*), tavella.
channeling (*gen.*), scanalatura.
channelize (to) (*commun.*), *see* to channel.
chantry (of a church) (*arch.*), oratorio.
"chap", *see* chapter.
chapel (*arch.*), cappella.
chapiter (capital) (*arch.*), capitello.
chaplet (*arch.*), modanatura a forma di grani, perline ecc. **2.** ~ (*found.*), chiodo da formatore, supporto. **3.** stem ~ (*found.*), chiodo a gambo.
chapter (*book*), capitolo. **2.** ~ (of a church) (*bldg.*), luogo dove si raduna il Capitolo.
chaptrel (in Gothic arch.) (*arch.*), capitello di imposta.
char (animal charcoal, decolorizing agent) (*chem. ind.*), nero animale, carbone animale, nero d'ossa, spodio. **2.** ~ (charcoal) (*comb. - etc.*), carbone dolce, carbone di legna.
char (to) (*gen.*), carbonizzare. **2.** ~ partly (as a pole) (*mas.*), carbonizzare parzialmente.
character (*psychol.*), carattere. **2.** ~ (graphic symbol as a letter, a number, a series of adiacent bits etc.) (*comp.*), carattere. **3.** ~ (class of a ship) (*naut.*), classe. **4.** ~ (of differentiating style: as gothic, italic etc.) (*typ.*), carattere. **5.** ~ array (*comp.*), insieme di caratteri. **6.** ~ assembly (*comp.*), assemblaggio di caratteri. **7.** ~ boundary (*comp.*), delimitazione del carattere, rettangolo (teorico) di inviluppo del carattere. **8.** ~ code (*comp.*), codice di carattere. **9.** ~ density (number of character/inch) (*comp.*), densità di caratteri. **10.** ~ format (*comp.*), formato di carattere. **11.** ~

generator (device for superimpose title recording: as on prerecorded videotapes) (*audiovisuals*), titolatrice. **12.** ~ generator (*comp.*), generatore di caratteri. **13.** ~ light (code light) (*opt.*), luce a codice. **14.** ~ per second, "CPS", "cps" (*comp.*), caratteri per secondo. **15.** ~ printer (serial printer, printing one character at a time) (*comp.*), stampante seriale, stampante a caratteri. **16.** ~ reader (*comp.*), lettore di caratteri. **17.** ~ recognition (as by optical reader) (*comp.*), riconoscimento di caratteri. **18.** ~ set (*comp.*), insieme di caratteri. **19.** ~ string (alphabetic string) (*comp.*), stringa di caratteri. **20.** blank ~ (*comp.*), bianco tipografico, carattere bianco di spaziatura. **21.** certificate of ~ (*naut.*), certificato di classe. **22.** check ~ (*comp.*), carattere di controllo. **23.** control ~ (*comp.*), carattere di controllo. **24.** deletion ~ (cancel character) (*comp.*), carattere di cancellazione. **25.** device control ~ (control character) (*comp.*), carattere di comando dispositivo. **26.** electrooptical ~ recognition, *see* optical character recognition. **27.** error ~ (character indicating the presence of an error into transmitted data) (*comp.*), carattere (di controllo) di errore. **28.** error control ~, *see* error character. **29.** escape ~ (*comp.*), carattere di cambiamento di codice. **30.** fill ~ (*comp.*), carattere di riempimento. **31.** graphic ~ (particular character permitting to compose drawings) (*comp.*), carattere grafico. **32.** identification ~ (*comp.*), carattere di identificazione. **33.** idle ~ (*comp.*), carattere di sospensione. **34.** ignore ~ (as erase character etc.) (*comp.*), carattere di omissione, carattere di non esecuzione. **35.** illegal ~ (prohibited character: not accepted by comp.) (*comp.*), carattere illegale. **36.** layout ~ (format control, format effector) (*comp.*), carattere di controllo formato, carattere di impaginazione. **37.** most significant ~ (most significant digit: the character located in the leftmost position in a word) (*comp.*), carattere più significativo. **38.** nonnumeric ~ (no digit character) (*comp.*), carattere non numerico. **39.** null ~ (nul character, nil character: zero filler character) (*comp.*), carattere nullo, carattere zero riempitivo. **40.** numeric ~ (digit character) (*comp.*), carattere numerico. **41.** optical ~ reader, "OCR" (*comp.*), lettore ottico di caratteri. **42.** optical ~ recognition (electrooptical character recognition) (*comp.*), riconoscimento di caratteri mediante lettore ottico. **43.** printable ~ (*comp.*), carattere stampabile. **44.** print control ~ (format effector) (*comp.*), carattere di controllo di formato (o di impaginazione). **45.** redundant ~ (character not necessary for the information but useful for revealing malfunction) (*comp.*), carattere ridondante. **46.** special ~ (character representing a conventional sign: as +, −, =, > etc.) (*comp.*), carattere speciale. **47.** tabulation ~ (character controlling the format etc.) (*comp.*), carattere di tabulazione.

characteristic (of logarithms) (*math.*), caratteristica. **2.** ~ (as of a thermionic tube, a grid, a condenser etc.) (*elect. - radio*), caratteristica. **3.** ~ curve (*mech. - etc.*), curva caratteristica. **4.** ~ equation (*math.*), equazione caratteristica. **5.** ~ impedance (as of a line) (*elect.*) (Brit.), impedenza caratteristica. **6.** ~ polynomial (*math.*), polinomio caratteristico. **7.** ~ root (characteristic value, eigenvalue) (*math.*), radice caratteristica. **8.** ~ value, *see* characteristic root. **9.** ~ vector (eigenvector) (*math.*), autovettore. **10.** curvature of the ~ (*mach.*), curvatura della caratteristica. **11.** directional ~ (as of a radiogoniometer) (*radar - radio*), caratteristica di direttività. **12.** dynamic ~ (*radio*), pendenza dinamica. **13.** emission ~ (*radio*), caratteristica di emissione. **14.** grid ~ (*radio*), caratteristica di griglia. **15.** plate ~ (*radio*), caratteristica anodica (Ia–Va). **16.** static ~ (*radio*), caratteristica statica.

charbroil (to) (*cooking*), cuocere su di una griglia a carbone dolce, grigliare su carbone di legna.

charcoal (*for ind.*), carbone dolce (o di legna). **2.** ~ (*draw.*), carboncino. **3.** ~ pile (*comb.*), carbonaia. **4.** animal ~ (from bones) (*as for metall.*), carbone animale, nero animale, nero d'ossa, spodio. **5.** bone ~, *see* animal charcoal, char.

charge (as of an acc.) (*elect.*), carica. **2.** ~ (*comm.*), spesa, onere. **3.** ~ (*law*), capo d'accusa, capo d'imputazione. **4.** ~ (load), carico. **5.** ~ (of mixture of a mot. cylinder), carica. **6.** ~ (task), incarico. **7.** ~ (of a furnace) (*metall.*), carica. **8.** ~ (*expl.*), carica. **9.** ~ (furnish: raw material treated in one operation in the beater) (*paper mfg.*), carica, "cilindrata". **10.** ~ account (as a customer's debt with a dealer) (*comm.*), conto del dare (da parte del cliente). **11.** ~ conjugation (*math.*), coniugazione di carica. **12.** ~ coupled device, "CCD" (kind of memory arranged in a semiconductor) (*comp.*), dispositivo ad accoppiamento di carica, memoria a trasferimento di carica. **13.** ~ debit (*adm.*), imputazione contabile. **14.** ~ of ore and flux (as in a blast furnace), carica del minerale e del fondente. **15.** alternate coke ~ (in a cupola) (*found.*), coke di esercizio, coke di fusione, cariche successive di coke. **16.** bed ~ (first charge of iron in a cupola) (*found.*), prima carica di metallo. **17.** bed ~ (coke) (bed coke, coke bed, bottom load of coke in a cupola) (*found.*), dote, coke di riscaldo. **18.** blasting ~ (*expl.*), carica di scoppio. **19.** bound ~ (induced electrostatic charge) (*elect.*), carica indotta. **20.** bursting ~ (*expl.*), carica di scoppio. **21.** cold ~ (of a furnace) (*found.*), carica solida. **22.** compensation ~ (trickle charge, of an acc.) (*elect.*), carica di compensazione. **23.** compulsory charges (for social insurance, paid by the personnel) (*factory pers. management*), contributi obbligatori. **24.** compulsory charges (for social insurance, paid by the firm) (*factory pers. management*), oneri obbligatori. **25.** constant current ~ (as of an acc.) (*elect.*), carica a corrente costante. **26.** constant voltage ~ (as of an acc.) (*elect.*), carica a tensione costante. **27.** depth ~ (*anti-sub.*

expl.), bomba di profondità, bomba antisommergibile (da lancio). **28.** electric ~ (*elect.*), carica elettrica. **29.** equalizing ~ (to be given to an acc.), carica di conservazione. **30.** extra ~ (extra price) (*comm.*), supplemento, sovrapprezzo. **31.** handling ~ (charged by a bank to his customer for operating his bank account) (*bank*), spese bancarie. **32.** handling ~ (forwarding charge) (*comm.*), spese di spedizione. **33.** ignition ~ (for firing the main one) (*expl.*), carica di accensione (o di infiammazione). **34.** impulse ~ (of a torpedo) (*navy*), carica di lancio. **35.** landing ~ (the unloading cost from a ship plus the sum paid for customs duties) (*comm. - transp.*), spese di sbarco e sdoganamento. **36.** ore ~ (as of a blast furnace), carica di minerale. **37.** powder ~ (of a cannon) (*ordnance*), cartoccio, carica di lancio. **38.** practice ~ (*milit.*), carica di esercitazione. **39.** propelling ~ (*expl.*), carica di lancio. **40.** reduced ~ (*expl.*), carica ridotta. **41.** running charges (*ind. - finan.*), spese d'esercizio. **42.** social charges (for social insurance, paid by the employees) (*factory pers. management*), contributi sociali. **43.** social charges (for social insurance, paid by the firm) (*factory pers. management*), oneri sociali (a carico ditta). **44.** space ~ (as in an electron tube) (*elics.*), carica spaziale. **45.** voluntary ~ (for social insurance paid by the personnel as when unemployed) (*work. assistance organ.*), contributi volontari. **46.** ~, *see also* charges.

charge (to) (somebody with a duty or task) (*gen.*), incaricare. **2.** ~ (to debit) (*comm.*), addebitare. **3.** ~ (to load), caricare. **4.** ~ (as a furnace) (*metall.*), caricare. **5.** ~ (as a gun) (*milit.*), caricare. **6.** ~ an accumulator (*elect.*), caricare un accumulatore. **7.** ~ with gas (a liquid) (*phys.*), gassare.

charged (loaded), caricato. **2.** ~ (a liquid charged with gas) (*phys.*), gassato.

chargehand (foreman) (*work.*) (Brit.), caposquadra.

chargeman (in charge of a gang on a job) (*work.*), caposquadra.

charger (of a gun) (*artillery*), calcatoio. **2.** battery ~ (*elect.*), carica-batterie, apparecchiatura per la carica delle batterie.

charges forward (draft expenses paid by the drawee) (*comm.*), spese assegnate, spese a carico del destinatario. **2.** ~ (the buyer pays only when the merchandise has been delivered) (*comm.*), pagamento a termine.

charges here (draft expenses paid by the drawer) (*comm.*), spese a carico del creditore.

charging (of a cartridge or a battery), caricamento, operazione di carica. **2.** ~ (of a load), caricamento. **3.** ~ hole (as of a boil.), apertura di carico. **4.** ~ potential (*acc.*), potenziale di carica. **5.** ~ rate (expressed in amperes) (*acc.*), entità di carica, amperaggio di carica. **6.** ~ set (battery charging set) (*elect.*), (gruppo) caricabatterie. **7.** door ~ (as of a furnace) (*comb.*), caricamento laterale. **8.** top ~ (as of a furnace) (*comb.*), caricamento dall'alto.

charging set (compressor driven by a gas turbine) (*gas turbine*), gruppo alimentatore (dell'aria comburente). **2.** ~ turbine (turbine pertaining to the charging set) (*gas turbine*), turbina di alimentazione, turbina (a gas) del gruppo alimentatore.

charm (new quantic number) (*atom phys.*), incanto, "charm".

charmed (as of a quark with an elect. charge) (*a. - atom. phys.*), incantato, con "charm".

charmonium (a pair consisting of charmed quark and antiquark) (*atom. phys.*), "charmonium".

charnel house (*arch.*), ossario.

Charpy impact test (*mech. technol.*), prova di resilienza Charpy. **2.** ~ machine (for measuring impact strength) (*mech. technol.*), maglio a pendolo di Charpy. **3.** ~-V specimen (*mech. technol.*), provino Charpy-V, provino con intaglio a V per prova Charpy.

charred (*gen.*), bruciato, carbonizzato.

charring, carbonizzazione. **2.** superficial ~ (as of wooden poles), carbonizzazione superficiale.

chart (graphic representation of a variable: as pressure, temperature etc.) (*phys. - ind.*), diagramma, grafico. **2.** ~ (strip of paper of a recorder) (*instr.*), nastro di carta. **3.** ~ (information in tabular form), tabella. **4.** ~ (map) (*top. - naut.*), carta. **5.** ~ box (*naut.*), custodia carte (nautiche). **6.** ~ house (*naut.*), sala nautica (o di carteggio), casotto di rotta. **7.** ~ locker (*naut.*), cassetto carte (nautiche). **8.** ~ table (*naut.*), tavolo per carteggiare. **9.** admiralty ~ (*naut.*), carta dell'ammiragliato. **10.** aeronautical charts (*aer.*), carte aeronautiche. **11.** astrographic ~ (*astr.*), carta del cielo. **12.** bar ~ (*graph*), diagramma a barre. **13.** bar ~ (graphic made by means of rectangles) (*stat.*), istogramma, diagramma a colonne, diagramma areale. **14.** bathymetric ~ (*cart.*), carta batimetrica, carta del fondo marino. **15.** comfort ~ (as in air conditioning), carta (psicrometrica) con le zone di benessere. **16.** composite ~ (showing the forecast weather conditions along an air route) (*aer. - meteorol.*), carta meteorologica delle previsioni lungo la rotta. **17.** constant level ~ (isobaric chart made for a given height above sea-level) (*aer. - meteorol.*), carta a livello costante. **18.** costant pressure ~ (*meteorol.*), carta a pressione costante. **19.** contour ~ (constant pressure chart) (*meteorol.*), carta a pressione costante. **20.** control ~ (*quality control*), diagramma di controllo. **21.** flow ~ (flow diagram) (*comp. - autom. - prod. organ.*), diagramma di lavoro, diagramma (a blocchi) delle operazioni, reogramma. **22.** function ~ (*comp.*), diagramma funzionale (o di funzione). **23.** Gantt ~ (production graph) (*ind.*), grafico di Gantt, grafico di previsione e avanzamento. **24.** hydrographic ~ (*geogr.*), carta idrografica. **25.** instrument approach and landing ~, "IALC" (*aer.*), carta per l'avvicinamento e l'atterraggio strumentali. **26.** isobaric ~ (*meteorol.*), carta isobarica. **27.** load ~ (*time study*), diagramma di carico. **28.** man–machine ~ (a chart indicating the idle times performed by an operator and by a mach.) (*ind. organ.*), tabella (tempi passivi) uomo–macchina. **29.** man process ~, "MPC" (graph of the movements of a worker attending in more places during a process) (*time study*), diagramma degli spostamenti. **30.** multi–activity ~ (of a worker) (*time study*), diagramma di attività multipla. **31.** night flying ~ (*aer. - geogr.*), carta per volo notturno. **32.** organization ~ (schematic chart of the adm. and functional structure as of a company) (*work organ.*), organigramma. **33.** pie ~ (by sectors inscribed in a circle) (*percentage representation*), diagramma a settori. **34.** pilot ~ (*naut.*), carta nautica. **35.** plain ~ (Mercator nautical chart) (*naut.*), carta nautica di Mercatore. **36.** plugging ~ (plugboard chart) (*comp. - elect.*), schema delle connessioni (o dei collegamenti). **37.** prebaric ~ (*meteorol.*), carta delle previsioni bariche. **38.** run ~ (run diagram relating also to peripheral units) (*comp.*), schema di esecuzione. **39.** simultaneous motion cycle ~ (simo chart, diagrams of elementary motions of hands etc., of the worker) (*time study*), simoschema. **40.** smith ~ (used for measurements made with slotted lines) (*instr.*), carta di Smith. **41.** synoptic weather ~ (*meteorol.*), carta sinottica del tempo. **42.** time ~ (as for carrying out a new project) (*ind.*), diagramma programmazione nel tempo. **43.** weather ~ (*meteorol.*), carta meteorologica. **44.** wind ~ (*naut.*), carta dei venti.

chart (to) (to make a graph, a map etc.) (*gen.*), tracciare un grafico.

chartbuster, *see* bestseller.

charter (*naut.*), noleggio. **2.** ~ (short for charter party) (*transp.*), contratto di noleggio. **3.** ~ (a given status of rights, privileges etc.) (*law*), statuto. **4.** ~ (*law*), strumento. **5.** ~ (flight) (*aer.*), volo a domanda. **6.** ~ (transp. arranged for a particular group of persons) (*aer. - bus - etc.*), viaggio "charter", viaggio di gruppo organizzato al di fuori dei normali servizi di linea. **7.** ~ party (*naut.*), contratto di noleggio. **8.** time ~ (charter party) (*transp.*), contratto di noleggio a tempo. **9.** voyage ~ (charter party) (*transp.*), contratto di noleggio a viaggio.

charter (to) (*naut.*), noleggiare (una nave).

chartered (*a. - naut.*), noleggiato.

charterer (*comm.*), noleggiatore.

charting (insertion of the strip of paper in a recorder) (*instr.*), inserzione del nastro di carta.

chartroom, *see* charthouse.

chase (a groove cut in the face of a wall for receiving pipes) (*mas.*), traccia, incassatura. **2.** ~ (of a gun) (*artillery*), volata. **3.** ~ (iron frame in which types are arranged for printing) (*typ.*), telaio.

chase (to) (*mech.*), filettare con patrona (o con pettine). **2.** ~ (*milit. - navy*), cacciare, inseguire. **3.** ~ (to cut a thread on a lathe) (*mech.*), filettare al tornio. **4.** ~ (to groove) (*mech.*), scanalare. **5.** ~ (to ornament), cesellare.

chaser (*navy - air force*), caccia. **2.** ~ (*mech. t.*), pettine per filettare. **3.** circular ~ (for a die head) (*t. - mech.*), pettine circolare. **4.** submarine ~ (*navy*), cacciasommergibili. **5.** tangential ~ (for a die head) (*t.-mech.*), pettine tangenziale.

chasing (*ornament*), cesellatura. **2.** ~ machine (*mach. t.*), filettatrice a pettine. **3.** ~ plane (chaser) (*aer.*), apparecchio da caccia.

chassis (of aut.), chassis, autotelaio. **2.** ~ (of aer.), ossatura. **3.** ~ (of a gun carriage) (*ordnance*), slitta. **4.** ~ (*radio*), telaio. **5.** ~ side members (*aut.*), longheroni del telaio. **6.** central–tube ~ frame (*aut.*), telaio a tubo centrale. **7.** kick–up ~ (chassis raised at the back axle) (*aut.*), telaio rialzato in corrispondenza del ponte posteriore.

chassis–body construction (*aut.*), costruzione a telaio e carrozzeria separati.

chassis–cab (as of trucks) (*aut.*), autotelaio cabinato.

chatter (as of a tool) (*mech.*), vibrazione. **2.** ~ (wavy mark due to a chattering tool) (*mech.*), *see* chatter mark. **3.** ~ mark (due to chattering tool) (*mech. defect*), leggera ondulazione, increspatura della superficie finita (dovuta alla vibrazione dell'utensile). **4.** monkey ~ (Brit.) (*radio*), bisbiglio.

chatter (to) (as of a tool on a mach. t.) (*mech.*), vibrare. **2.** ~ (noise: as of a valve) (*mech.*), battere, far rumore. **3.** ~ (noise: as due to a faulty cartridge) (*electroacous.*), crepitare.

chattering (as of brushes of an elect. mot.) (*sound*), crepitìo.

"chauffage", *see* heating.

"ChE", *see* chemical engineer.

cheap (*comm.*), a buon mercato. **2.** ~ (money depreciated in value due to inflation) (*finan.*), deprezzato.

cheapness (as of a price) (*comm.*), convenienza.

check (control) (*gen.*), controllo. **2.** ~ (*finan.*), (Am.), assegno. **3.** ~ (crack: as of a casting), screpolatura, incrinatura. **4.** ~ (in a paint layer) (*paint.*), screpolatura. **5.** ~ (mark to certify examination) (*comm.*), marchio di controllo. **6.** ~ (a surface crack in a glass article) (*glass mfg.*), "sfrenatura", frattura superficiale. **7.** ~ digit (*comp. - etc.*), cifra di controllo. **8.** ~ list (for checking supplied material) (*ind.*), elenco per la spunta (o per il riscontro). **9.** ~ mark (mark indicating that the piece has been checked and approved) (*ind.*), stampigliatura di collaudo. **10.** ~ nut (*mech.*), controdado. **11.** ~ pin (*mech.*), spina di bloccaggio, coppiglia di sicurezza. **12.** ~ read (immediately after memorized) (*comp.*), lettura di controllo. **13.** ~ rod (as for preventing a clamp from swinging) (*mech.*), ritegno, asta di ritegno. **14.** ~ row (on punched tape) (*comp.*), riga di controllo. **15.** ~ sum (*comp.*), somma di controllo. **16.** ~ to bearer (*finan.*), assegno al portatore. **17.** ~ to order (*finan.*), assegno all'ordine. **18.** ~ valve (*pip.*), valvola di ritegno. **19.** ~ washer, *see* lock washer. **20.** air ~ (live radio broadcast recording) (*radio*), registrazione di radiotrasmissione in diretta. **21.** arithmetic ~ (*comp.*), controllo aritmetico. **22.** automatic ~ (of errors) (*comp.*), controllo automatico. **23.** ball ~ valve (*pip.*), valvola di ritegno a sfera. **24.** banker's ~ (banker's draft) (*finan.*), assegno circolare. **25.** blank ~ (*finan.*), assegno in bianco. **26.** block ~ (check of a block of data) (*comp.*), controllo di blocco. **27.** brake burn ~ (*railw.*), *see* brake burn crack. **28.** cold ~ (*paint.*), incrinatura al gelo. **29.** crossed ~ (*finan.*), assegno sbarrato. **30.** dimensional ~ (*mech.*), controllo dimensionale. **31.** duplication ~ (*comp. operation*), controllo per ripetizione. **32.** eccentricity ~ (*mech.*), controllo dell'eccentricità. **33.** echo ~ *see* read-back check. **34.** flight ~ (test in flight) (*aer.*), prova in volo. **35.** gas ~ ring (against escape of gas: as in a gun breechblock) (*ordnance*), anello (plastico) di tenuta. **36.** ground ~ (*aer.*), controllo al suolo. **37.** hardware ~, *see* machine check. **38.** longitudinal redundancy ~, "LRC" (kind of check for errors done in the blocks) (*comp.*), controllo di ridondanza longitudinale. **39.** machine ~ (hardware check) (*comp.*), controllo macchina. **40.** marginal ~, *see* marginal test. **41.** mathematical ~ (arithmetic check: as of a sequence of operations) (*comp.*), controllo matematico, verifica aritmetica. **42.** odd-even ~, *see* parity check. **43.** open-~ (*finan.*), assegno non sbarrato. **44.** parity ~ (*comp.*), controllo di parità. **45.** parity ~ bit *see* parity bit. **46.** pre-flight ~ (*aer.*), controllo prima del volo. **47.** program ~ (mach. check built into the hardware) (*comp.*), controllo di programma. **48.** programmed ~ (check programmed by instructions) (*comp.*), controllo programmato. **49.** quality ~ (*gen.*), controllo qualitativo. **50.** read-back ~ (echo check: control made by returning data to the sending station) (*comp.*), controllo per eco, confronto tra dati emessi e ricevuti. **51.** redundancy ~ (kind of automatic check done by the receiving hardware) (*comp.*), controllo di ridondanza. **52.** redundancy ~ bit, *see* parity bit. **53.** selection ~ (automatic check of a selection correctness) (*comp.*), prova (o controllo) di selezione. **54.** sight ~ (check made by looking holes through superimposed cards) (*comp.*), controllo a vista. **55.** slow running mixture strength ~ (*aer. mot.*), controllo (del titolo) della miscela del minimo. **56.** static ~ (*comp.*), controllo statico. **57.** summation ~ (*comp.*), controllo di somma. **58.** swing ~ valve (*pip.*), valvola di ritegno a cerniera. **59.** system ~ (*comp.*), controllo di sistema. **60.** transfer ~ (automatic check of a data transfer) (*comp.*), verifica di trasferimento. **61.** twin ~ (check done by two equipments) (*comp.*), doppio controllo. **62.** validity ~ (check done on coded input data) (*comp.*), prova di validità. **63.** wobble ~ (axial runout check, as of a rotating disc or gear etc.) (*mech.*), controllo dell'ortoplanarità, controllo della ortogonalità rispetto all'asse di rotazione.

check (to) (to control) (*gen.*), controllare. **2.** ~ (to mark, to verify) (*adm.*), spuntare, verificare. **3.** ~ (to stop, to hold back), fermare, trattenere. **4.** ~ (to slack: as a rope) (*naut.*), allentare, lascare. **5.** ~ (to become affected by small cracks) (*paint. defect*), retinarsi. **6.** ~ against (to compare with) (*adm. - comp.*), confrontare con, verificare rispetto a. **7.** ~ over, *see* examine (to), investigate (to). **8.** ~ the weight (*comm.*), verificare il peso.

checkbook (*comm. - bank*), libretto (degli assegni) di conto corrente. **2.** ~ (*adm.*), registro delle verifiche effettuate.

checker (timekeeper) (*ind. work.*) (Brit.), cronometrista, tempista, rilevatore tempi. **2.** ~ (of a telescope) (*opt.*), cercatore. **3.** ~ (checkerwork: of an open-hearth furnace) (*metall.*), camera di ricupero. **4.** ~ (inspects the correspondence to the standard of work, to quality, completeness etc.) (*work.*), collaudatore. **5.** ~ chamber (regenerator, of an open-hearth furnace) (*metall.*), camera di ricupero. **6.** invoice ~ (*accounting pers.*), addetto alla verifica fatture. **7.** universal gear ~ (*mech. instr.*), apparecchio universale per controllo ingranaggi.

checker (to), **chequer** (to) (*gen.*), marcare con segni colorati.

checkered, chequered (with alternate squares) (*a. - paint.*), a scacchi. **2.** ~ plate (*metall. ind.*), lamiera striata.

checkerwork (as in a brick kiln) (*mas.*), parete di mattoni alternativamente vuoto e pieno (per il passaggio di gas caldi per es.).

checking (*gen.*), controllo. **2.** ~ (*paint. defect*), retinatura. **3.** amount of crown on elliptoid teeth ~ (*mech.*), controllo dell'entità di bombatura sui denti bombati. **4.** cold ~ (*paint.*), incrinatura al gelo. **5.** helix angle ~ (of a gear: as by a gear checker) (*mech.*), controllo angolo dell'elica. **6.** loop ~, *see* read-back check. **7.** master cylinder for ~ lead (in gear checking) (*mech.*), cilindro campione per il controllo del passo (dell'elica). **8.** parallelism of spur gear teeth ~ (*mech.*), controllo del parallelismo dei denti diritti di ingranaggi cilindrici. **9.** spacing ~ (of gears) (*mech.*), controllo del passo (controllo della divisione). **10.** tooth size ~ (of gears: as by a gear checker) (*mech.*), controllo delle dimensioni del dente. **11.** tooth spacing ~ (of a gear: as by a gear checker) (*mech.*), controllo del passo.

checkoff (dues payed directly to a third person or association by the employer who withholds them from the wages) (*ind. - min.*), trattenuta diretta.

checkout (exam made to a spacecraft) (*gen.*), controllo, verifica. **2.** ~ (training and familiarization made with many types of machines) (*mech.*), addestramento (effettuato) su vari tipi di macchina.

checkout (to) (to verify and to set: as an electronic device) (*gen.*), mettere a punto, verificare.
checkpoint (programmed stop for control in data processing) (*comp.*), punto di arresto per controllo. **2.** ~ (of veh. traff.) (*road traff.*), punto di arresto per controlli. **3.** ~ (geographical characteristic point: recognized from the flier) (*aer.*), punto di riferimento a terra. **4.** ~ data set (*comp.*), (insieme dei) dati del punto di controllo. **5.** ~ dump (*comp.*), stampa della memorizzazione al punto di controllo, svuotamento al punto di controllo. **6.** ~ record (*comp.*), registrazione al punto di controllo. **7.** ~ restart routine (*comp.*), programma di ripresa a partire dal punto di controllo.
checkroom (of a theater, restaurant etc.) (*gen.*), guardaroba.
checksum, *see* check sum.
checkweigh (to) (*gen.*), controllare il peso.
checkweigher (*meas. app.*), apparecchio per il controllo del peso.
cheddite (*expl.*), cheddite.
cheek (of a block, of a mast) (*naut.*), maschetta. **2.** ~ (side of an opening) (*bldg.*), lato di una apertura. **3.** ~ (as of a vice) (*mech.*), ganascia. **4.** ~ (intermediate section of a flask) (*found.*), fascia, staffa intermedia.
cheese (of yarn) (*text. ind.*), rocchetto di filo, bobina di filo. **2.** ~ (cylindrical forging with convex sides obtained by upsetting: as a billet length between flat tools) (*forging*), formaggella. **3.** ~ bolt (*mech.*), bullone a testa cilindrica. **4.** ~ cloth, *see* cheesecloth.
cheesecloth (*text.*), garza grezza.
cheese-headed (of a screw) (*a. - mech.*), a testa cilindrica.
"chem", *see* chemical, chemist, chemistry.
chemical (*a. - chem.*), chimico. **2.** ~ action (*chem.*), azione chimica. **3.** ~ analysis (*chem.*), analisi chimica. **4.** ~ cylinder (Am.) (*milit.*), bombola di gas aggressivo. **5.** ~ implements (made of glass) (*chem. impl.*), vetrerie per laboratorio chimico. **6.** ~ plant (*chem.*), stabilimento chimico. **7.** ~ warfare (*milit.*), guerra chimica. **8.** ~ wood pulp (*paper mfg.*), cellulosa chimica, pasta chimica di legno.
chemicals (*chem.*), prodotti chimici.
chemiluminescence (produced by chemical action) (*phys. chem.*), chemioluminescenza.
chemisorption, chemosorption (chemical adsorption) (*n. - chem.*), adsorbimento chimico.
chemist (*n.*), chimico. **2.** ~ (druggist) (*n.*) (Brit.), farmacista.
chemistry (*n. - chem.*), chimica. **2.** agricultural ~ (*chem.*), chimica agraria. **3.** analytical ~ (*chem.*), chimica analitica. **4.** applied ~ (*chem.*), chimica applicata. **5.** general ~ (theoretical chemistry) (*chem.*), chimica generale. **6.** industrial ~ (*chem.*), chimica industriale. **7.** inorganic ~ (*chem.*), chimica inorganica. **8.** metallurgical ~ (*chem.*), chimica metallurgica. **9.** nuclear ~ (*atom phys.*), chimica nucleare. **10.** organic ~ (*chem.*), chimica organica. **11.** photographic ~ (*phot. chem.*), chimica fotografica. **12.** physical ~ (*phys. - chem.*), chimica-fisica.
"Chem-Mill" (process), *see* chemical milling.
chemonuclear (referring to a chem. reaction caused by nuclear radiation) (*a. - chem. - atom phys.*), chimico-nucleare.
chemosphere (the region of space extending from 1.0048 to 1.0126 times the radius of the earth) (*space*), chemosfera.
chemurgy (*chem.*), chimica applicata alla utilizzazione industriale di prodotti vegetali e agricoli.
cheque (*comm.*) (Brit.), assegno. **2.** stale ~ (cheque presented too late for payment to a bank) (*bank*), assegno andato in prescrizione.
chequer (to), *see* to checker.
chequered (variegated) (*a. - gen.*), striato. **2.** ~ (with alternate squares) (*a. - paint.*), a scacchi. **3.** ~, *see also* checkered.
cherry (small milling cutter) (*t.*), fresetta. **2.** ~ (wood for constr.) (*carp.*), ciliegio. **3.** ~ picker (large towering crane for extracting aerospatial capsule in emergency situations) (*astric.*), torre mobile di emergenza. **4.** ~ red (color of heated iron) (*metall.*), rosso ciliegia.
chess (plank of a pontoon bridge) (*naut.*), asse, tavolone (di ponte di barche).
chesses (floor planks: as of a pontoon bridge) (*carp.*), tavolato.
chesstree (kind of sheave on the topside of a ship) (*naut.*), bozzello fissato all'opera morta.
chest (case, for packing) (*transp.*), cassa. **2.** ~ (*furniture*), cassapanca. **3.** ~ (bleaching chest: vessel used for bleaching pulp) (*paper mfg.*), vasca d'imbianchimento. **4.** ~ of drawers (*furniture*), cassettone. **5.** steam ~ (of a steam engine) (*mach.*), cassetto. **6.** stuff ~ (cylindrical tank used for storing and mixing the stuff with water) (*paper mfg.*), tino (di alimentazione), tino di immagazzinamento.
chestnut (*wood*), castagno. **2.** ~ oak (*wood*), rovere.
chevet (of a church) (*arch.*), abside.
chevron (ornamentation in Norman arch.) (*arch.*), ornamento a zig-zag.
"chg" (change) (*gen.*), variazione, modifica, cambiamento. **2.** ~ (charge) (*gen.*), *see* charge.
"CH HD" (cheese-headed) (*mech. draw.*), a testa cilindrica.
chicane (180° turn in a road) (*road constr.*), tornante, curva a 180°, "tourniquet".
chicken wire (hexagonal mesh light netting) (*agric.*), rete zincata leggera (da polli).
chief (head), capo. **2.** ~ accountant (*factory management*), capo ufficio contabilità. **3.** ~ body engineer (*aut. ind.*), capo della carrozzeria. **4.** ~ die and tool engineer (as of a factory) (*mech. ind.*), capo tecnico stampi (e attrezzi). **5.** ~ engineer (chief of a designing department) (*factory management*), capoufficio tecnico progettazione. **6.** ~

engineer (*naut.*), direttore di macchina. **7.** ~ executive (*ind.*), direttore generale. **8.** ~ inspector (*mech.*), capo collaudo, capo controllo. **9.** Chief of the Army Staff (*milit.*), Capo di Stato Maggiore dell'Esercito. **10.** Chief of the General Staff (*milit.*), Capo di Stato Maggiore Generale. **11.** ~ petty officer (c.p.o.) (*navy*), capo (sottufficiale). **12.** ~ programmer team (*comp. development*), gruppo di lavoro del capo programmatore. **13.** ~ resident engineer (*ind. - bldg.*), ingegnere direttore dei lavori.

chile mill, chilean mill (generally made by two rolls) (*min. mach.*), macina per minerali.

chill (chilled) (*a. - found.*), fuso in conchiglia. **2.** ~ (an iron mold) (*found.*), conchiglia. **3.** ~ (metal piece forming a part of a sand mold) (*found.*), raffreddatore. **4.** ~ factor, *see* windchill. **5.** ~ mark (when a surface becomes wrinkled due to an uneven contact in the mold prior to forming) (*glass mfg.*), grinzatura. **6.** ~ mold (*found.*), conchiglia. **7.** ~ value (*found.*), valore di raffreddamento, valore di conchigliatura. **8.** internal ~ (*found.*), raffreddatore inglobato. **9.** inverse ~ (defect in a casting the interior of which is white while the outer sections are grey) (*found.*), tempra inversa.

chill (to) (*gen.*), raffreddare. **2.** ~ (to cast in an iron mold) (*found.*), fondere in conchiglia. **3.** ~ (to harden the surface by sudden cooling, as of a casting) (*found.*), temprare. **4.** ~ (to become surface-hardened, as a casting) (*found.*), temprarsi.

chill-cast (cast in an iron mold) (*a. - found.*), colato in conchiglia, fuso in conchiglia.

chilled (hardened by chilling, as a casting) (*found.*), conchigliato, in conchiglia, raffreddato bruscamente alla superficie, temprato. **2.** ~ (refrigerated) (*a. - ind.*), refrigerato. **3.** ~ iron wheel (as for railw. veh.) (*found.*), ruota conchigliata. **4.** ~ meat (*ind.*), carne congelata. **5.** ~ roll (*found.*), cilindro conchigliato, cilindro colato in conchiglia.

chiller (portion of a mold usually made of cast iron for accelerating the cooling of a part of the casting) (*found.*), raffreddatore.

chilling (*a. - gen.*), raffreddante. **2.** ~ (hardening of the surface by sudden cooling, as of a casting) (*found.*), tempra. **3.** ~ (surface of glass similar to ice due to too quick cooling) (*glass mfg.*), gelatura. **4.** ~ (sudden cooling of a paint) (*paint.*), colpo di freddo. **5.** ~ effect (*metall.*), effetto temprante. **6.** inverse ~ (of a casting) (*found.*), tempra invertita, tempra inversa.

"chimb", *see* chine.

chime (*mech. - acous. - app.*), carillon, cariglione. **2.** ~ (longitudinal member as of a boat hull) (*naut. - aer.*), *see* chine. **3.** electric ~ (*mech. - acous. - app.*), carillon elettrico.

chimney (*bldg. - ind.*), ciminiera, camino, fumaiolo, cappa. **2.** ~ (as of a locomotive) (*railw.*) (Brit.), camino, fumaiolo. **3.** ~ (of a volcano) (*geol.*), camino. **4.** ~ breast (*bldg.*), bocca del camino. **5.** ~ cap (*bldg.*), comignolo. **6.** ~ flue (*bldg.*), gola di camino. **7.** ~ jack (cowl) (*bldg.*), mitra. **8.** ~ loss (the heat lost in a furnace chimney) (*therm.*), perdita al camino. **9.** ~ weathering (sheet metal protection between the chimney and the roof) (*bldg.*), faldale, conversa per camino.

china (chinaware), porcellane. **2.** ~ bark (*pharm.*), corteccia di china. **3.** ~ clay, *see* kaolin. **4.** ~ ink, *see* india ink. **5.** Canton ~ (blue and white) (*domestic use*), porcellane di Canton. **6.** hotel ~ (ceramic ware for use in hotels) (*ceramics*), ceramica di ottima resistenza. **7.** vitreous ~ (*ceramics*), porcellana dura.

chinaware, oggetti di porcellana, porcellane.

chine (line of intersection between bottom and sides as of a flat bottomed boat) (*naut. - aer.*), spigolo. **2.** ~ bracket (*naut.*), squadra allo spigolo.

Chinese binary coding (*comp.*), *see* column binary coding.

Chinese white, *see* zinc white.

chinese windlass, *see* differential windlass.

chink (in a wall surface) (*bldg.*), crepa.

chinse (to) (*naut.*), calafatare.

chinsing (*naut.*), calafataggio. **2.** ~ iron (*naut.*), scalpello da calafato, ferro per calafatare.

chintz (*text.*), chintz, cinz, tessuto di cotone stampato a colori vivaci.

chip (shaving) (*mech. - carp.*), truciolo. **2.** ~ (*mech. - carp.*), scheggia, pezzetto. **3.** ~ (integrated microcircuit) (*elics.*), microcircuito integrato. **4.** ~ (of a log) (*naut.*), barchetta. **5.** ~ (beet slice) (*sugar mfg.*), fettuccia. **6.** ~ (a defect on an edge or surface presenting a missing or broken indent) (*glassware - chinaware - etc.*), scheggiatura, sbocconcellatura (di vasellame, bicchieri ecc.). **7.** ~ (of resin for plastic material) (*resins*), granulo. **8.** ~ (micrological circuit) (*elics.*), microcircuito. **9.** ~ (a semiconductor die [as silicon made] forming a transistor) (*elics.*), piastrina. **10.** ~ (chad) (*comp.*), coriandolo. **11.** ~, *see* integrated circuit. **12.** ~ basket (*mech. ind. impl.*), raccoglitore per trucioli. **13.** ~ box (chads tray) (*comp.*), vaschetta dei coriandoli. **14.** ~ breaker (*mach. t.*), rompitrucioli. **15.** ~ cap (keeping in place the cutter in a carp. plane) (*t. impl.*), controferro. **16.** ~ capacitor (miniaturized capacitor) (*elics.*), condensatore miniaturizzato. **17.** ~ circuit (large-scale integrated circuit, "LSI": chip containing from 100 to 1.000 individual transistors and gates) (*elics.*), integrato LSI, (circuito) monolitico integrato su larga scala. **18.** flip ~ (semiconductor die with bump contacts) (*elics.*), piastrina (di microcircuito) con collegamenti per contatto. **19.** ~ pan (*mach. t. equip.*), bacinella dei trucioli. **20.** ~ screen (for classing the wood pulp) (*paper mfg. mach.*), classificatore, assortitore. **21.** continuous ~ (*mach. t. mech.*), truciolo continuo. **22.** discontinuous ~ (tear chip, segmental chip) (*mach. t. mech.*), truciolo strappato. **23.** flow ~ (*mach. t. mech.*), truciolo fluente. **24.** shear ~ (*mach. t. mech.*), truciolo strappato. **25.** tear ~ (*mach. t. mech.*), truciolo strappato.

chip (to) (*technol.*), scheggiare. **2.** ~ (to cut with a chisel), scalpellare. **3.** ~ (to take off the burr) (*mech. - found.*), sbavare. **4.** ~ (to remove surface defects from an ingot by chisel etc.) (*metall.*), scriccare (con scalpello). **5.** ~ (as chinaware, glassware etc.), scheggiare.

chipless (*mech.*), senza trucioli. **2.** ~ machining (*mech.*), lavorazione senza asportazione di truciolo.

chipper (chopping machine: that cuts pulp-wood into slices) (*paper mfg. mach.*), sfibratore, sminuzzatrice. **2.** ~ (device for eliminating surface fins on castings) (*found. t.*), scalpello da sbavatore. **3.** ~ (*metall. work.*), scriccatore.

chipping (*technol.*), scheggiatura. **2.** ~ (removal of surface defects from a forging by hand or pneumatic chisel) (*forging*), scalpellatura, scriccatura (con scalpello). **3.** ~ (removing the burrs from a casting) (*found.*), sbavatura. **4.** ~ (removal of surface defects from an ingot by air hammer or chisel) (*metall.*), scriccatura (con scalpello), scalpellatura. **5.** ~ (scaling off small portions of metal from a chilled surface) (*metall. technol.*), sfaldamento. **6.** ~ (the process of removing thin extra glass prior to grinding) (*glass mfg.*), sgrossatura. **7.** ~ (*paint. defect*), sfaldamento. **8.** chippings (chips) (*mech.*), trucioli, sfridi. **9.** ~ chisel, *see* cold chisel.

chirping (noise in radio receivers) (*radio*), sibilo, pigolio.

chisel (*t. - impl.*), scalpello. **2.** ~ angle (of a twist drill) (*t.*), angolo del tagliente trasversale. **3.** ~ chipping (*technol.*), asportazione con scalpello. **4.** ~ edge (of a twist drill) (*t.*), tagliente trasversale. **5.** ~ for cold metal (*t.*), tagliolo a freddo. **6.** ~ for hot metal (*t.*), tagliolo a caldo. **7.** blacksmith's ~ for hot iron (*t.*), tagliolo a caldo. **8.** bevel ~ (*join. t.*), scalpello piano a taglio inclinato. **9.** bolt ~ (*t.*), bulino. **10.** brick ~ (for cutting bricks) (*mas.*), scalpello a taglio lungo. **11.** cold ~ (*t.*), tagliolo a freddo. **12.** cope ~ (for cutting grooves in metal) (*t.*), scalpello per scanalare. **13.** corner ~ (*t.*), sgorbia triangolare. **14.** crosscut ~ (*t.*), unghietta. **15.** diamond ~ (*t.*), scalpello a punta di diamante. **16.** diamond (nose) point ~ (*t.*), scalpello a punta piramidale (da scultore). **17.** double-facet cape ~ (*t.*), scalpello da marmista. **18.** drove ~ (*t.*), scalpello da scalpellino per finitura. **19.** flat ~ (*t. - impl.*), scalpello piatto. **20.** framing ~ (*carp. t.*), scalpello sgrossatore. **21.** halfround ~ (gouge) (*t.*), sgorbia. **22.** hot ~ (*t.*), tagliolo a caldo, scalpello a caldo. **23.** lock mortise ~ (*carp. t.*) (Brit.), bedano per serrature. **24.** machine mortising ~ (self-coring type) (*carp. t.*) (Brit.), scalpello per mortasa. **25.** mortise ~ (*carp. t.*), pedano. **26.** mortising ~ (*t.*), scalpello per mortasare. **27.** mortising machine ~ (*carp. t.*), scalpello per mortasatrice. **28.** pitching ~ (*mas. t.*), scalpello dello scalpellino. **29.** pneumatic ~ (*t.*), scalpello pneumatico. **30.** round nose ~ (*t.*), scalpello a bulino per scanalature a raggio. **31.** single-facet cape ~ (*t.*), scalpello a bulino per scanalature quadre. **32.** square hollow mortise ~ (*woodworking t.*), mecchia combinata per fori quadri. **33.** stone ~ (*impl.*), scalpello da muratore.

chisel (to) (*mech. - mas.*), scalpellare.

chitin (*biochem.*), chitina.

"chk" (check) (*gen.*), controllo.

chlor (yellow green) (*color*), giallo-verde.

chloral (CCl_3CHO) (*chem.*), cloralio.

chloramine (*chem.*), clorammina.

chlorate (*chem.*), clorato. **2.** ~ explosive (chlorate powder) (*expl.*), esplosivo al clorato (di potassio). **3.** potassium ~ ($KClO_3$) (*chem.*), clorato di potassio. **3.** sodium ~ ($Na\ Cl\ O_3$) (*min.*), clorato di sodio.

chlore (to), *see* to chlorinate.

chloride (*chem.*), cloruro. **2.** ~ paper (for contact printing) (*phot.*), carta al cloruro d'argento. **3.** ammonium ~ (NH_4Cl) (sal ammoniac) (*chem.*), cloruro d'ammonio. **4.** calcium ~ ($Ca\ Cl_2$) (*chem.*), cloruro di calcio. **5.** ethyl ~ (C_2H_5Cl) (*med. - chem.*), cloruro di etile. **6.** ferric ~ (*chem.*), ferricloruro, cloruro di ferro. **7.** mercury ~ (*chem.*), sublimato corrosivo. **8.** methyl ~ (CH_3Cl) (*chem.*), cloruro di metile. **9.** polyvinyl ~ (used in the covering of electric cables) (*chem. - elect.*), cloruro di polivinile, vipla. **10.** silver ~ ($Ag\ Cl$) (*chem. - phot.*), cloruro d'argento. **11.** sodium ~ ($Na\ Cl$) (*chem.*), cloruro di sodio.

chlorinate (to) (*chem. reaction*), clorurare. **2.** ~ (as water) (*chem. - etc.*), clorare.

chlorination (as of rubber in rubb. mfg.) (*ind. chem.*), clorurazione. **2.** ~ (for sterilizing water) (*ind. chem.*), clorazione.

chlorine (Cl - *chem.*), cloro. **2.** ~ water (*chem.*), acqua di cloro.

chlorite (ClO_2^-) (radical) (*chem.*), clorito.

chlorobenzene (*chem.*), clorobenzene.

chloroform ($CH\ Cl_3$) (*chem.*), cloroformio.

chlorohydrin (*chem.*), cloridrina.

chlorophenol, *see* chlorphenol.

chloroprene (elastomer) (*chem. ind.*), cloroprene.

chlorphenol (chlorophenol) (*chem.*), clorofenolo. **2.** ~ red (*chem.*), rosso di clorofenolo.

chock (for passing ropes) (*naut.*), bocca di rancio, passacavi. **2.** ~ (wedge: as for the wheels of a veh.), calzatoia. **3.** ~ (for supporting a mine roof) (*min.*), catasta. **4.** chocks (*aer.*), tacchi. **5.** ~, *see also* chuck. **6.** anchor fluke ~ (*naut.*), scarpa d'ancora. **7.** boat ~ (for supporting a boat on the deck) (*naut.*), morsa, calastra.

chock (to) (to arrange the chocks on the landing gear wheels) (*aer.*), mettere i tacchi.

chockablock (maximum hoisting height for a tackle) (*a. - naut.*), a baciare.

choice (well chosen) (*a. - gen.*), scelto con cura. **2.** ~

(*n. - gen.*), scelta. **3.** ~ (of high quality) (*a. - gen.*), di alta qualità. **4.** ~ wool (*text. ind.*), lana scelta.

choir (in a church) (*arch.*), coro.

choke (a narrowing duct, as of a carburettor) (*mot.*), diffusore, cono diffusore. **2.** ~ (valve for shutting off the air sucked by a gasoline engine) (*mot.*), valvola dell'aria. **3.** ~ (coil) (*radio*) (Brit.), bobina d'arresto. **4.** ~ (an imperfection consisting in an insufficient opening, as in the neck of a container) (*glass mfg.*), strozzatura. **5.** ~ (bore narrowing in the shotgun muzzle for concentrating the shot pellets) (*shotgun*), strozzatura. **6.** ~ (device for cold starting) (*aut.*), dispositivo di avviamento a freddo. **7.** ~ amplifier (*radio*), amplificatore a impedenza. **8.** ~ coil (for a mercury discharge lamp) (*elect.*), reattanza. **9.** ~ coil (*radio*), bobina di arresto. **10.** ~ control modulation (*radio*), modulazione a corrente costante. **11.** ~ modulation (*radio*), *see* ~ control modulation. **12.** ~ tube (of carburetor), diffusore. **13.** smoothing ~ (*elect.*), bobina di spianamento, bobina di filtraggio.

choke (to) (*mot.*), chiudere l'aria (al carburatore). **2.** ~ (combustion: as in a furnace), soffocare. **3.** ~ runners (*found.*), strozzare le colate. **4.** ~ tuyeres (of a blast furnace) (*metall.*), parzializzare gli ugelli.

chokedamp, *see* blackdamp.

choking (as in a gas turbine), strozzamento. **2.** ~ coil (*elect.*), reattanza. **3.** ~ coil (*radio*), bobina d'arresto.

chop (cutting length of the sheet of paper) (*paper mfg.*), lunghezza della tagliata.

chop (to) (to cut into pieces) (*gen.*), tagliare a pezzi. **2.** ~ (to close the throttle suddenly) (*aer. - mot.*), chiudere bruscamente il gas.

chopper (device interrupting current at short intervals) (*elect. - elics.*), interruttore ripetitivo (o ciclico). **2.** ~ (as a butcher's cleaver), scure. **3.** ~ (*atom phys.*), discriminatore rotante. **4.** ~ (helicopter) (*aer.*) (slang), elicottero. **5.** ~ (motorcycle transformed according to individual specifications) (*mtc.*), moto(cicletta) personalizzata. **6.** ~ amplifier (DC amplifier converting DC into an AC signal) (*elics.*), amplificatore modulato. **7.** ~ transistor (for ripetitive on/off switch) (*elics.*), transistore interruttore ripetitivo.

chopper (to) (to transport by helicopter) (*aer.*), trasportare con elicottero. **2.** (to voyage by helicopter) (*aer.*), viaggiare in elicottero.

choppy (as of wind) (*a. - meteor.*), variabile. **2.** ~ (*a. - sea*), (mare) con onde corte e spumeggianti.

chord (*geom.*), corda. **2.** ~ (as of musical instr.), corda. **3.** ~ (of a wing) (*aerot.*), corda. **4.** ~ (harmonic combination of various tones) (*acous.*), accordo. **5.** ~ pitch (chordal pitch: of a gear) (*mech.*), passo cordale. **6.** lower ~ (in a truss) (*bldg.*), trave principale inferiore. **7.** mean ~ (of a wing) (*aerot.*), corda media. **8.** standard mean ~ (gross wing area divided by the span) (*aer.*), corda media geometrica.

chordal (*a. - mech.*), cordale. **2.** ~ addendum (of a gear tooth) (*mech.*), addendum cordale. **3.** ~ thickness (of a gear tooth) (*mech.*), spessore cordale.

chorography (*geogr.*), corografia.

"ch-ppd" (charges prepaid) (*comm. - adm.*), spese anticipate.

"CHPS" (CHaracters Per Second) (*comp.*), caratteri al secondo.

"chq", *see* cheque.

christmas tree (the assembly of controls placed on the oil-well head for controlling its production) (*oil ind.*), "albero di natale", insieme dei comandi, valvole, ancoraggi ecc. piazzati sulla testa del pozzo di petrolio per controllarne la produzione.

chroma (of a color), croma. **2.** ~ (saturation, of chromatic colors, that feature which determines their difference from gray) (*opt.*), saturazione. **3.** ~ (chromaticity, colorimetric quality, color quality) (*opt.*), cromaticità, qualità del colore.

chromate (radical = $Cr\ O_4$) (*chem.*), cromato. **2.** ~ treatment (to produce a protection skin on magnesium alloy components) (*metall.*), cromatazione.

chromatic (*a. - opt. - phot. - etc.*), cromatico. **2.** ~ aberration (*opt.*), aberrazione cromatica. **3.** ~ distortion (*opt.*), distorsione cromatica.

chromaticity (*opt.*), cromaticità. **2.** ~ coordinate (*opt.*), coordinata cromatica. **3.** ~ diagram (*opt.*), diagramma cromatico, triangolo dei colori.

chromatics (science or theory) (*opt.*), cromatica.

chromating (*metall.*), *see* chromate treatment.

"cromatizing" (diffused impregnation by chrome) (*metall.*), cromatazione.

chromatogram (graph obtained by chromatographic analysis) (*chem. - etc.*), cromatogramma.

chromatography (by colors) (*chem.*), cromatografia. **2.** ~ (chromatographic analysis) (*chem.*), cromatografia, analisi cromatografica. **3.** gas ~ (*chem. ind.*), cromatografia in fase gassosa. **4.** paper ~ (*chem.*), cromatografia su carta. **5.** thin layer ~ (*chem.*), cromatografia su foglio sottile. **6.** thin-layer ~ (*chem. ind.*), cromatografia a strato sottile.

chrome (*chem.*), cromo. **2.** ~ , *see also* chromium. **3.** ~ (chromium-plated part) (*metall. - etc.*), elemento cromato, particolare cromato. **4.** ~ (young goat leather) (*leather ind.*), pelle di capretto conciata al cromo. **5.** ~ (young cow hide) (*leather ind.*), vacchetta al cromo. **6.** ~ alum [$KCr(SO_4)_2 \cdot 12H_2O$] used as in tanning (*leather ind.*), allume di cromo. **7.** ~ green (pigment) (*glass ind. - etc.*), verde di cromo. **8.** ~ iron (chrome iron ore, chromite) (*min.*), cromite. **9.** ~ liquors (used in chrome tanning) (*leather ind.*), liquori di cromo. **10.** ~ tannage (chrome tanning) (*leather ind.*), concia al cromo. **11.** ~ tanning (chrome tannage) (*leather ind.*), concia al cromo. **12.** ~ yellow (*min.*), crocoite, giallo di cromo.

chromel (a chemically and heat resistant pure nick-

el-chromium alloy; 80% Ni - 20% Cr) (*alloy*), chromel.
chrome-nickel (*a. - metall.*), al nichel-cromo, al cromonichelio. **2.** ~ steel (*metall.*), acciaio al nichel-cromo, acciaio al cromonichelio.
chromic (*chem.*), cromico. **2.** "~ iron" (*chem.*), sidercromo, ferrocromato.
chrominance (*color telev.*), crominanza, qualità del colore. **2.** ~ carrier (color carrier wave) (*telev.*), portante di crominanza. **3.** ~ channel (*color telev. path*), canale di crominanza.
chromite (Fe Cr_2O_4) (*min.*), cromite.
chromium (Cr - *chem.*), cromo. **2.** ~ coat (to), *see* chromium-plate (to). **3.** ~ plating (*ind.*), cromatura. **4.** ~ steel (*metall.*), acciaio al cromo.
chromium-plate (to) (*electrochem. ind.*), cromare.
chromium-plated (*ind.*), cromato.
chromize (to) (*heat - treat.*), cromizzare.
chromizing (casehardening treatment of steel by absorbing chromium) (*heat-treat.*), cromizzazione.
chromodynamics (theory supposing a difference of color between quarks) (*atom phys.*), cromodinamica.
chromogen (compound containing one or more chromophores) (*n. - chem.*), cromogeno.
chromolithograph, cromolitografia.
chromometer (*meas. instr.*), colorimetro.
chromophore, chromophor (group of atoms which attached to certain hydrocarbon radicals produce dyes) (*n. - chem.*), cromoforo.
chromophotography (color photography) (*phot.*), cromofotografia.
chromoscope (*opt. instr.*), cromoscopio.
chromosphere (*astr.*), cromosfera.
chromotype (*typ.*), cromotipia.
chronobiology (relating to biological rhythm) (*biol.*), cronobiologia.
chronograph (*instr.*), cronografo.
chronometer (*instr.*), cronometro. **2.** box ~ (*instr.*), cronometro marino. **3.** marine ~ (*instr.*), cronometro marino.
chronopher (emitter of time signals) (*elics. instr.*), emettitore di segnali temporali.
chronoscope (for meas. of small intervals of time) (*elics. instr.*), cronoscopio.
chrysalis (of a silk worm), crisalide.
chrysoberyl (*min.*), crisoberillo.
chrysolite (*min.*), crisolite, olivina.
chrysotile [$Mg_3Si_2O_5$ $(OH)_4$] (*min.*), crisotilo, varietà di serpentino.
"CHS" (casehardened steel) (*metall.*), acciaio cementato.
"cht", *see* chemist.
"chtr", *see* charter.
"CHU" (centigrade heat unit = 0.453592 Cal) (*therm. meas.*), unità termica inglese uguale ad $^1/_{100}$ del calore necessario per innalzare la temperatura di una libbra di acqua da 0° a 100° C.
chuck (wedge), calzatoia. **2.** ~ (of a drilling mach.) (*mach. t. - mech.*), mandrino, portapunta, mandrino portapunta. **3.** ~ (of a shaper or of a planer) (*mach. t. - mech.*), morsa. **4.** ~ (as of a lathe) (*mach. t. - mech.*), autocentrante, mandrino autocentrante. **5.** ~ (drilling bit holder) (*min. t.*), portafioretto. **6.** collet ~ (*mach. t.*), mandrino a pinza. **7.** drill ~ (of drilling mach.) (*mach. t. - mech.*), portapunta, mandrino portapunta. **8.** eccentric ~ (*mach. t.*), mandrino per eccentrici. **9.** electromagnetic ~ (*mach. t.*), mandrino elettromagnetico. **10.** independent ~ (with jaws that can be operated separately) (*mach. t. - impl.*), mandrino non autocentrante, mandrino a griffe movibili separatamente. **11.** magnetic ~ (as of mach. t.) (*mach. t. - mech.*), piano magnetico, piattaforma magnetica. **12.** pneumatic ~ (of mach. t.), mandrino pneumatico. **13.** scroll ~ (type of universal chuck) (*mach. t.*), tipo di autocentrante universale. **14.** self-centering ~ (as of a lathe) (*mach. t. - mech.*), autocentrante, mandrino autocentrante. **15.** three-jaw ~ (of machine tools) (*mech.*), autocentrante a tre griffe (o ganasce). **16.** universal three-jaw ~ (of mach. t.) (*mech.*), autocentrante, mandrino autocentrante.
chuck (to) (*mach. t.*), bloccare (nel mandrino), fissare nel mandrino.
chucking (that chucks) (*a.*), *see* to chuck. **2.** ~ lathe (*mach. t.*), tornio automatico per lavorazione su pinza. **3.** multioperation precision ~ lathe (*mach. t.*), tornio di precisione per operazioni multiple. **4.** single or multispindle ~ automatic lathe (*mach. t.*), tornio automatico a uno o più mandrini.
chuffing, *see* chugging.
chugging (noisy and intermittent sounds due to irregular combustion: as of a rocket engine) (*eng.*) scoppiettio, starnutamento, tosse. **2.** ~ (reactivity oscillation in a reactor) (*atom phys.*), traballamento.
chunky (*a. - gen.*), di grosso spessore. **2.** ~ scrap (*ind.*), rottami di grosso spessore.
church (*arch.*), chiesa. **2.** ~ house (*arch.*), canonica. **3.** ~ key (pointed can opener) (*domestic impl.*), apriscatole a punta. **4.** ~ square (*arch.*), sagrato.
churn (*ind. app.*), agitatore. **2.** ~ (*milk ind. impl.*), zangola. **3.** ~ drill (*min. impl.*), sonda a percussione. **4.** cement ~ (*rubb. ind.*), agitatore per adesivo.
chute (as for charging coal, grain etc.) (*ind. app.*), scivolo, piano inclinato. **2.** ~ (shaft through which ore is transferred from one level to another) (*min.*), fornello di gettito. **3.** ~ (*aer.*), *short for* parachute. **4.** ~ (card sorter) (*comp.*), scivolo. **5.** ~ blades (of a card sorter) (*comp.*), lame di selezionamento. **6.** drag ~ (braking parachute) (*aer.*), paracadute frenante. **7.** drogue ~ (braking parachute) (*aer.*), paracadute frenante. **8.** exhaust mixer ~ (of a turbojet engine) (*mech.*), lobo di miscelazione. **9.** gravity ~ (*ind. app.*), scivolo a gravità. **10.** scrap ~ (of a die set) (*sheet metal w.*), scivolo per sfrido.
"CHW" (chilled water, as for workers) (*ind.*), acqua refrigerata.

"chy", *see* chimney.

CI (compression ignition engine) (*mot.*), (motore) Diesel. **2.** ~ (cost and insurance) (*comm.*), costo e assicurazione. **3.** ~ (cast iron) (*mech. draw.*), ghisa. **4.** ~ (corrugated iron, as for huts roofing) (*mas.*), lamiera ondulata.

ci (Cirrus) (*meteor. - aer.*), cirro.

"CI and F", "ci and f" (cost, insurance and freight) (*comm. - naut.*), costo, assicurazione e nolo.

cicu (cirrocumulus) (*meteor.*), cirrocumulo.

"CIF", "cif" (cost, insurance, freight) (*comm.*), costo assicurazione nolo compresi nel prezzo.

"CIF and E", "cif and e" (cost, insurance, freight and exchange) (*comm. - naut.*), costo assicurazione nolo e spese di cambio.

"CIF and I", "cif and i" (cost, insurance, freight and interest) (*comm. - naut.*), costo, assicurazione, nolo e interessi.

cilindricity (roundness, straightness and parallelism) (*mech.*), cilindricità.

cinch (to) (as a film on its reel) (*gen.*), arrotolare strettamente.

cinching (unwanted crease occurred to a tape [or film] in wounding it) (*technol. defect*), piegatura accidentale in bobina.

cincture (the fillet separating, in a column, the shaft from the capital or from the base) (*arch.*), listello, filetto.

cinder (scale in forging metal) (*metall.*), scaglia, scoria. **2.** ~ (partially burned coal), carbone parzialmente combusto, coke. **3.** ~ block (of the low part of the front of a blast furnace) (*metall.*), porzione frontale del crogiolo comprensivo del foro di uscita delle scorie. **4.** ~ concrete (*bldg.*), calcestruzzo di scorie. **5.** ~ frame (spark arrester: of a locomotive) (*railw.*), parascintille. **6.** ~ notch (*metall.*), *see* cinder tap. **7.** ~ tap (of a blast furnace) (*metall.*), spillata di scorie fuse.

cinderman (furnace attendant) (*metall. - work.*), addetto alle scorie.

cineangiocardiography (new diagnostic method) (*med.*), cineangiocardiografia.

cinecamera (*m. pict. equip.*), cinepresa, macchina da presa cinematografica, cinecamera. **2.** high-speed ~ (300 to 400 frames per sec., for research work) (*m. pict.*), cinepresa rapida (ad alta velocità di ripresa). **3.** rotating mirror ~ (for high-speed) (*m. pict.*), cinepresa a specchio rotante.

cinefilm (*m. pict.*), pellicola cinematografica.

cinema (a motion picture show) (*m. pict.*), spettacolo cinematografico. **2.** ~ (motion picture theatre) (*bldg.*) (Brit.), cinematografo. **3.** ~ theatre (*bldg.*) (Brit.), cinematografo. **4.** the ~ (m. pict. collectively) (*m. pict.*), cinematografia.

Cinemascope (large screen m. pict. system) (*m. pict.*), "cinemascope".

cinematics, *see* kinematics.

cinematograph (projector) (Brit.), proiettore cinematografico. **2.** ~ (cinecamera) (Brit.), apparecchio cinematografico da presa. **3.** ~ (theatre) (*bldg.*) (Brit.), cinematografo.

cinematography (Brit.), cinematografia. **2.** color ~ (*m. pict.*), cinematografia a colori.

cinnabar (HgS) (*min.*), cinabro.

cion (*agric.*) (Am.), innesto.

"CIP" (cast iron pipe) (*pip. ind.*), tubo in ghisa.

cipher (number) (*math.*), cifra, numero. **2.** ~ (zero) (*math.*), zero. **3.** ~ (code book for concealing the meaning of a text) (*milit. - comp.*), cifrario, codice cifrato. **4.** ~ book (*gen. - milit.*), cifrario. **5.** ~ disk (*milit. contrivance*), congegno per cifrare e decifrare. **6.** ~ machine, *see* encoder 1.

cipher (to) (*gen. - milit.*), cifrare.

ciphony (cipher-phony: system for concealing the meaning of a call) (*milit. - teleph.*), telefonia cifrata.

cipolin (*marble*), cipollino.

"cir", "circ", *see* circle, circular, circuit, circumference.

circle (*geom.*), cerchio. **2.** ~ (*geogr.*), meridiano, parallelo. **3.** ~ (*astr.*), orbita. **4.** ~ brick (*mas.*), mattone sagomato per archi. **5.** ~ coefficient (of an induction motor) (*elect.*) (Brit.), fattore (o coefficiente) di dispersione. **6.** ~ of confusion (of an out of focus lens) (*opt.*), cerchio di confusione. **7.** ~ of curvature (of a curve) (*geom.*), cerchio osculatore. **8.** ~ shear (*mach.*), cesoia per tagli circolari. **9.** ~ stamping (*mech. technol.*), stampaggio di pezzi circolari. **10.** addendum ~ (of a gear) (*mech.*), circonferenza di troncatura, cerchio di troncatura. **11.** azimuth ~, cerchio azimutale. **12.** base ~ (of a gear) (*mech.*), cerchio di base, circonferenza di base. **13.** base ~ (of a cam) (*mot. - mech.*), cerchio primitivo. **14.** circumscribed ~ (*geom.*), cerchio circoscritto. **15.** dedendum ~ (of a gear) (*mech.*), cerchio (o circonferenza) di fondo. **16.** dip ~ (*magnetic instr.*), bussola d'inclinazione. **17.** great ~ (*geod. - math.*), cerchio massimo. **18.** horizontal ~ (as of a theodolite) (*opt.*), cerchio azimutale. **19.** inscribed ~ (*geom.*), cerchio inscritto. **20.** nose ~ (of a cam) (*mot. - mech.*), cerchio di testa. **21.** osculating ~ (*math.*), cerchio osculatore. **22.** pitch ~ (of a gear) (*mech.*), cerchio primitivo. **23.** polar ~ (*geogr.*), circolo polare. **24.** rolling ~ (*math.*), circolo generatore. **25.** root ~ (dedendum circle, root line, of a gear) (*mech.*), circonferenza di fondo. **26.** vertical ~ (*astr.*), circolo verticale. **27.** vertical ~ (as of a theodolite) (*opt.*), cerchio zenitale.

circline (ring shaped fluorescent lamp) (*elect.*), lampada fluorescente ad anello.

circuit (*elect.*), circuito. **2.** ~ (*sport*), circuito. **3.** ~ (of a fluid: as in a hydraulic system) (*mech.*), circuito fluidodinamico. **4.** ~ (hookup of electronic apparatus) (*elics.*), circuito elettronico. **5.** ~ breaker (*elect.*), interruttore automatico. **6.** ~ testing (*elect. - elics.*), prova dei circuiti. **7.** ~ transient (*elect. - elics.*), disturbo di circuito. **8.** acceptor ~

(for the reception of a given frequency) (*radio*), circuito accettore. **9.** air-operated ~ breaker (*elect.*), interruttore (a comando) pneumatico. **10.** alternating current track ~ (for railw. signaling) (*elect.*) (Brit.), circuito di binario a corrente alternata. **11.** "AND-OR" ~ (*elics. - comp.*), circuito AND-OR. **12.** anode ~ (*thermion.*), circuito anodico. **13.** antiresonant ~ (*radio*), circuito risonante in parallelo. **14.** autoaligning ~ (*radio*), circuito di autoallineamento. **15.** automatic ~ breaker (for eliminating overload: as on a main line) (*elect.*), interruttore automatico, interruttore con relè di massima. **16.** automatic ~ breaker (against overload of elect. mot.), salvamotore. **17.** bipolar ~ (logic circuit) (*elics.*), circuito bipolare. **18.** bipolar integrated ~ (transistorized circuit) (*elics.*), circuito integrato bipolare. **19.** bistable ~ (flip-flop circuit) (*elics.*), circuito bistabile. **20.** bootstrap ~ (*radar - telev.*), circuito autoelevatore. **21.** bridge ~ (instr.) (*elect. meas.*), circuito a ponte. **22.** chip ~ (as a large scale integrated circuit, "LSI" circuit: realized on a single semiconductor die) (*elics.*), microcircuito integrato complesso. **23.** clipping ~ (for clipping the signal when its amplitude is above or below a certain value) (*telev.*), circuito tosatore, circuito mozzatore, circuito limitatore (di ampiezza). **24.** coincidence ~ (coincidence gate) (*elics. - comp.*), circuito a coincidenza, porta di coincidenza. **25.** Colpitts ~ (*radio*), (schema di montaggio) Colpitts. **26.** combinational ~ (kind of sequential or net circuit) (*comp.*), circuito combinatorio, rete combinatoria. **27.** control ~ (*elect.*), circuito di comando. **28.** cooperating ~ (in railw. signaling) (*elect.*), circuito di consenso. **29.** coupled ~ (*radio*), circuito accoppiato. **30.** dead ~ (not connected to an e.m.f. source) (*elect.*), circuito disinserito. **31.** delay ~ (time-delay circuit) (*elics. - comp.*), circuito di ritardo. **32.** derived ~ (shunt circuit) (*elect.*), circuito derivato. **33.** distributed ~ (or network, distributed-constant circuit) (*elect. - radio*), circuito a costanti distribuite. **34.** distributing ~ (*elect.*), circuito di distribuzione. **35.** earth ~ (*elect.*), circuito di terra. **36.** electric ~ (*elect.*), circuito elettrico. **37.** equivalent ~ (*elect. elics.*), circuito equivalente. **38.** etched ~ (printed circuit obtained by chem. or electrolytical corrosion) (*elics.*), circuito stampato ottenuto per attacco chimico. **39.** feedback ~ (control system) (*comp.*), circuito di retroazione. **40.** feeding ~ (*elect.*), circuito di alimentazione. **41.** filter ~ (*thermion.*) (Brit.), circuito filtro. **42.** four-wire ~ (two for "go" channel and two for "return" channel) (*comp.*), circuito a quattro conduttori. **43.** frequency separating ~ (*radio*), circuito separatore (di frequenza). **44.** grid ~ (*radio*), circuito di griglia. **45.** ground ~ (as of telegraph) (*elect.*), circuito di terra. **46.** high-tension ~ (*elect.*), circuito ad alta tensione. **47.** hydraulic ~ (as of an aircraft system) (*aer. - etc.*), circuito idraulico. **48.** inductive ~ (*elect.*), circuito induttivo. **49.** integrated ~ (IC, multifunction solid-state circuit) (*elics.*), circuito integrato. **50.** interlocking ~ (*elect.*), circuito di asservimento. **51.** intermediate ~ (*radio*), circuito intermedio. **52.** junction ~ (*tlcm.*), circuito di giunzione. **53.** keep-alive ~ (*elics.*), circuito di eccitazione (o di innesco). **54.** killer ~ (for temporary blanking: as of a radar) (*elics.*), circuito soppressore. **55.** large-scale integrated ~, "LSI" ~ (containing from 100 to 1000 gates per chip) (*elics.*), integrato LSI, circuito monolitico integrato su larga scala. **56.** leased ~ (*tlcm. - comm.*), circuito noleggiato, circuito affittato. **57.** linear integrated ~ (*elics.*), circuito integrato lineare. **58.** logic ~ (circuit in which the signals are processed in a digital way) (*elics.*), circuito logico. **59.** lumped ~ (or network, lumped-constant circuit) (*elect. - radio*), circuito a costanti concentrate. **60.** lumped-constant ~ (*radio - elect.*), circuito a costanti concentrate. **61.** magnetic ~ (*elect.*), circuito magnetico. **62.** main ~ (as of an aircraft electric system) (*elect.*), circuito principale. **63.** metal oxide semiconductor integrated ~, "MOS" ~ (circuit realized by metal oxide transistors) (*elics.*), circuito integrato MOS. **64.** monitoring ~ (as opposed to the main circuit in an elect. system or app.) (*elect.*), circuito di controllo. **65.** motor ~ (*elect. mot.*), circuito del motore. **66.** multistable ~ (circuit with many stable operating conditions) (*elics.*), circuito multistabile. **67.** noise killer ~ (circuit that eliminates unwanted noises) (*elics.*), circuito soppressore di rumori. **68.** noninductive ~ (*elect.*), circuito non induttivo. **69.** NOT ~ (inverter circuit) (*elics.*), circuito di inversione, circuito NOT. **70.** occupation ~ (in railw. signaling) (*elect.*), circuito di occupazione. **71.** oil ~ breaker (*elect.*), interruttore in olio. **72.** open ~ (*elect.*), circuito aperto. **73.** oscillating ~, *see* oscillatory circuit. **74.** oscillator ~ (*radio*), circuito oscillante. **75.** oscillatory ~ (a circuit consisting of resistance, inductance and capacity) (*radio*) (Am.), circuito oscillante. **76.** output ~ (*elect.*), circuito di uscita. **77.** parallel resonant ~ (*radio*), circuito risonante in parallelo. **78.** parallel tuned ~ (*radio*), circuito sintonizzato in parallelo. **79.** pedal ~ (for railw. signaling) (*elect.*), circuito di pedale. **80.** phantom ~ (*teleph.*), circuito virtuale, circuito combinato. **81.** plate ~ (*thermion.*), circuito di placca, circuito anodico. **82.** pneumatic ~ (as of an aircraft system) (*aer. - etc.*), circuito pneumatico. **83.** polarity-directional relay ~ (*elect.*), circuito a relè direzionale polarizzato. **84.** pressure ~ (a shunt circuit) (*elect. - etc.*), circuito shuntato. **85.** printed ~ (insulating support on which an electronic circuit is deposited made of paths of conductive material) (*elics.*), circuito stampato. **86.** printed ~ board (*elics.*), cartella di circuito stampato. **87.** quenching ~ (*atom phys.*), circuito di smorzamento. **88.** radiating ~ (*radio*), circuito radiante. **89.** reactive ~ (*elect.*), circuito reattivo.

90. rejector ~ (*radio*), circuito eliminatore. **91.** releasing ~ (in railw. signaling) (*elect.*), circuito di liberazione. **92.** resonant ~ (*radio*), circuito risonante. **93.** resonating ~ (*radio*), circuito in risonanza. **94.** return ~ (as rails etc.) (*elect. railw.*), circuito di ritorno. **95.** RL ~ (resistor and inductor circuit) (*elect.*), circuito RL. **96.** RLC ~ (resistor, inductor and capacitor circuit) (*elect.*), circuito RLC. **97.** scaling ~ (*radioact.*), circuito demoltiplicatore. **98.** self-excited ~ (as in railw. signaling) (*elect.*), circuito di autoeccitazione. **99.** series resonant ~ (*radio*), circuito risonante in serie. **100.** short ~ (*elect.*), corto circuito. **101.** shunt ~ (*elect.*), circuito shuntato. **102.** side ~ (*teleph.*) (Brit.), circuito reale. **103.** single-wire ~ (*elect.*), circuito unifilare. **104.** smoothing ~ (for transforming a pulsating current or voltage in a direct current or steady voltage, consisting of a capacitor and inductor) (*elect.*), circuito livellatore, circuito stabilizzatore. **105.** solid-state ~ (electronic circuit formed by solid state components as transistors, diodes etc. and not tubes) (*elics.*), circuito a stato solido. **106.** superimposed telegraphic ~ (*electrotel.*), circuito in simultanea. **107.** switching ~ (*elect.*), circuito a commutazione. **108.** time-delay ~, *see* delay ~. **109.** to close the ~ (*elect.*), chiudere il circuito. **110.** toll ~ (*teleph.*), circuito interurbano. **111.** track ~ (for railw. signaling) (*elect.*) (Brit.), circuito di binario. **112.** translating ~, *see* translator. **113.** trunk ~ (*teleph.*) (Brit.), rete interurbana. **114.** tuned ~ (*radio*), circuito sintonizzato. **115.** tuned plate ~ (*radio*), circuito anodico sintonizzato. **116.** very large-scale integrated ~, "VLSI" ~ (*elics.*), integrato VLSI, circuito monolitico su scala molto larga. **117.** voltage ~ (a shunt circuit) (*elect.*), circuito shuntato.

circuitry (detailed plan: as of an elect. control panel) (*elect.*), schema elettrico. **2.** ~ (the constituents of electric circuits) (*elect.*), circuiteria, circuitistica.

circular (*a. - geom.*), circolare. **2.** ~ (note addressed to persons) (*n. - adm. - comm.*), circolare. **3.** ~ antenna (*radio*), antenna circolare. **4.** ~ mil (meas. unit for the area of the cross section of wires etc., equal to the area of a circle the diameter of which is one mil, equal to 0.7854 square mil or 0.000000785 square inch) (*meas. unit*), unità di misura (della sezione dei fili ecc.) pari a 0,000000785 pollici quadrati ed a 1/1974 mm^2. **5.** ~ note (*comm.*), lettera circolare di credito. **6.** ~ (or circumferential) seam welding (*technol.*), saldatura continua circolare. **7.** ~ pitch (of a gear) (*mech.*), passo circonferenziale, passo sul primitivo. **8.** ~ plane (*t.*), pialletto curvo. **9.** ~ run (*sport*), circuito. **10.** ~ saw (*mach.*), sega circolare. **11.** ~ saw sharpener (*mach. t.*), affilatrice per seghe circolari. **12.** ~ tool (as for a lathe) (*t.*), utensile circolare. **13.** ~ tooth thickness (of a gear) (*mech.*), spessore circolare del dente.

circulate (to), circolare.

circulating (*gen.*), circolazione. **2.** ~ capital (*finan.*), capitale circolante. **3.** ~ pump (*mech. ind.*), pompa di circolazione.

circulation (*gen.*), circolazione. **2.** ~ (as of oil in a mot.) (*gen.*), circolazione. **3.** ~ (integral of the fluid velocity component along a closed line) (*aer.*), circuitazione. **4.** ~ (total number of copies issued and sold daily etc.; as of newspapers) (*journ.*), tiratura. **5.** ~ oil (*mot.*), olio in circolazione. **6.** road ~ (*road traff.*), circolazione stradale. **7.** water ~ (as in a boil.), circolazione dell'acqua.

circumference (*math.*), circonferenza.

circumferentor (*naut. and top. instr.*), rilevatore.

circumnavigation (*naut.*), circumnavigazione.

circumplanetary (*a. - astr. - astric.*), circumplanetario.

circumpolar (as of star) (*astr. - geogr.*), circumpolare.

circumscribe (to), circoscrivere.

circumscribed (*geom.*), circoscritto.

circumsolar (*a. - astr. - astric.*), circumsolare.

circumstance (*gen.*), circostanza.

circumstantiated (detailed, as of a relation) (*gen.*), circostanziato.

circumterrestrial (*a. - astr. - astric.*), circumterrestre.

"cir mil" (*meas. unit*), *see* circular mil.

cirque (amphitheatral hollow, due to glacial erosion) (*geol.*), circo. **2.** ~ glacier (*geol.*), ghiacciaio di circo, vedretta di circo.

cirrocumulus (*meteorol.*), cirro cumulo.

cirrostratus (*meteorol.*), cirrostrato.

cirrus (*meteorol.*), cirro.

cislunar (on the side of the moon, between earth and moon) (*a. - astron.*), cislunare.

cissing (defect resulting in small uncoated areas) (*paint. defect*), schivatura, piccola superficie scoperta.

cissoid (*math.*), cissoide.

cistern (artificial reservoir) (*hydr.*), cisterna. **2.** ~ (as of a barometer), vaschetta. **3.** ~ (tank car) (*railw.*) (Brit.), vagone cisterna.

citadel (stronghold) (*milit. - bldg.*), cittadella.

citation (*law*), citazione.

cite (to) (to sue) (*law*), citare, chiamare in giudizio.

citizenship (*law.*), cittadinanza.

citrate (*chem.*), citrato.

city (large town), città. **2.** ~ map (*cart.*), pianta della città. **3.** ~ plan (rational layout of a town and its development) (*urbanistics*), piano regolatore. **4.** ~ planning (town planning), piano regolatore. **5.** garden ~ (*city planning*), città-giardino. **6.** inner ~ (generally the central and oldest part) (*urbanistics*), centro storico. **7.** the City (part of London), zona degli affari (di Londra).

civil (*a. - gen.*), civile. **2.** ~ aviation (*aer.*), aviazione civile. **3.** ~ damages (*law*), danni civili. **4.** ~ engineering (*constr.*), ingegneria civile.

"ck" (check) (*gen.*), controllo. **2.** ~ (countersink) (*mech.*), *see* countersink. **3.** ~ (cork) (*material*), sughero. **4.** ~, *see also* cask, chalk.

"CKD" (completely knocked down, as a vehicle sent dismantled to a foreign country where it is assembled) (*comm.*), completamente smontato, in pezzi sciolti da montare.

"ckd" (checked) (*mech. draw.*), controllato.

"ckw", *see* clockwise.

"CL" (center line, representing an axis) (*mech. draw.*), asse. **2.** ~ (center line, representing, on a drawing, the center of the piece drawn) (*mech. draw.*), mezzeria.

Cl (chlorine) (*chem.*), cloro.

"cl" (centiliter) (*meas.*), centilitro. **2.** ~ (clearance) (*mech.*), gioco. **3.** ~ (class) (*gen.*), classe. **4.** ~, *see also* close, coil.

"CLA" (centre-line average) (*meas.*), valore medio. **2.** ~ height in roughness measure (*mech.*), valore medio della rugosità.

clack (sharp noise) (*acous.*), rumore (forte e) tagliente. **2.** ~ valve (*pip.*), valvola a cerniera.

clad (plated) (*a. - metall.*), placcato. **2.** ~ steel (*metall.*), acciaio placcato.

cladded (plated) (*metall.*), placcato. **2.** ~ sheet metal (*metall. ind.*), lamiera placcata.

cladding (plating) (*metall.*), placcatura. **2.** ~ (as of a nuclear reactor) (*mech. proc.*), placcatura.

claim (*comm.*), reclamo. **2.** ~ (of a patent) (*comm. - law*), rivendicazione. **3.** ~ (as relating to wages, supported by a trade-union) (*work.*), rivendicazione. **4.** ~ (claim of resource: requested from a process) (*comp.*), richiesta (di risorsa). **5.** insurance ~ (a request for compensation made to an insurance company) (*insurance*), domanda di indennizzo. **6.** national ~ (a claim for an increase in wages made by a trade union) (*organ - pers.*), richiesta sindacale su scala nazionale.

clamp (*mech.*), brida, morsetto. **2.** ~ (*aut. bodywork equip.*), chiusura. **3.** ~ (as for oil well casings) (*min.*), clampa. **4.** ~ (for a molding machine) (*plastic ind.*), dispositivo di chiusura. **5.** ~ (upper strake of a wooden vessel, under the shelf) (*shipbuild.*), sotto-dormiente, serretta di baglio. **6.** ~ (*elics.*), *see* clamping. **7.** ~ force (clamping force, of molds) (*plastic ind.*), forza di chiusura. **8.** ~ for stretching wires (*impl.*), morsetto tirafili. **9.** adjustable ~ (*t. - impl.*), morsetto (a vite) a mano. **10.** anode ~ (*elect.*), morsetto dell'anodo. **11.** beam ~ (clamp) (*shipbuild.*), sotto-dormiente, serretta di baglio. **12.** cam action vertical handle and swivel or side mount ~ (*aut. bodywork equip.*), chiusura a camme con impugnatura verticale e base orientabile od a fissaggio laterale. **13.** C ~ (*carp. t.*), morsetto a C a mano. **14.** core ~ (yoke pressure plate: in a transformer) (*electromech.*), pressagioghi. **15.** feed ~ (as of overhead elect. lines), morsetto di alimentazione. **16.** hoffmann's ~ (for closing plastic tubings) (*chem. impl.*), morsetto Hoffmann, morsetto serratubi. **17.** horizontal handle toggle-action ~ (*aut. bodywork equip.*), chiusura a ginocchiera con impugnatura orizzontale. **18.** hose ~ (*mech. fitting*), fascetta per tubi. **19.** pivoted tool ~ (*mach. t.*), morsetto portautensili girevole. **20.** screw ~ (*t.-impl.*), morsetto (a vite) a mano. **21.** suspension ~ (as of overhead elect. lines), morsetto di sospensione. **22.** swivel or side mount toggle-action ~ (*aut. bodywork equip.*), chiusura a ginocchiera con base orientabile od a fissaggio laterale. **23.** tool ~ (*of mach. t.*), morsetto portautensili. **24.** vertical handle toggle-action ~ (*aut. bodywork equip.*), chiusura a ginocchiera con impugnatura verticale.

clamp (to) (*carp. mech.*), serrare, bloccare, chiudere.

clamping (*mech.*), che serra, che chiude. **2.** ~ (of molds) (*plastic ind.*), chiusura. **3.** ~ (leveling action) (*elics.*), livellamento. **4.** ~ bolt (as of a railroad), caviglia. **5.** ~ circuit (a leveling circuit) (*elect. - elics.*), circuito livellatore. **6.** ~ force (of molds) (*plastic ind.*), forza di chiusura. **6.** ~ lever (as of a mach. t. table) (*mech.*), leva di bloccaggio. **7.** ~ spike (as of a railroad), caviglia a becco. **8.** table ~ (as of a drilling mach.) (*mech. technol.*), bloccaggio della tavola.

clamshell (one of the two doors in the cargo: nose or tail) (*aer.*), una delle due porte di un portellone a due battenti. **2.** ~, *see* grab bucket.

clapboard (for protecting the external walls of a bldg.) (*bldg. carp.*) (Am.), assicella per rivestimento esterno (di pareti).

clapper (metallic or wooden piece striking the mill hopper for easing the grain passage) (*ind.*), scuotitore. **2.** ~ boards (clapstick) (*m. pict.*), ciac. **3.** ~ box (as of a shaper) (*mach. t. - mech.*), portautensili a cerniera, supporto oscillante.

clappers (clapsticks) (*m. pict.*), ciac.

clap-sill (*hydr. constr.*), *see* mitre-sill.

clapstick (at the beginning of a scene) (*m. pict.*) (Brit.), ciac.

clarain (material forming the bright constituent of some types of coal) (*chem. - geol.*), clarano.

clarence (growler: closed 4-wheeled horse drawn carriage with outside driver) (*transp.*), botticella.

clarification (*gen.*), chiarificazione. **2.** ~ (as on the meaning of a sentence in a letter) (*off.*), chiarimento. **3.** ~ (of colored sugar solutions) (*chem.*), defecazione, chiarificazione. **4.** water ~ (*hydr. - ind.*), chiarificazione dell'acqua.

clarifier (*a. - gen.*), chiarificatore. **2.** sound ~ (*electroacous.*), chiarificatore del suono.

clarify (to), chiarificare.

clarity (degree of flawlessness of a diamond) (*jewels*), purezza.

clash, cozzo, collisione. **2.** ~ gear (change gear with sliding gears) (*aut.*), cambio ad ingranaggi scorrevoli.

clash (to) (to grate into the gearbox gears) (*aut.*), grattare, sgranare.

clasp (releasable catch) (*mech.*), arresto, fermo. **2.**

~ brake (railw. brake system in which two brake shoes are used on each wheel, opposite to each other) (*railw.*), freno a due ceppi per ruota. **3.** ~ knife (*t.*), coltello a serramanico. **4.** ~ lock (*bldg.*), serratura a molla (a chiusura automatica). **5.** ~ nail (square-section nail the head of which has two pointed projections sinking into the wood) (*carp. - bldg.*), chiodo a testa speronata. **6.** ~ nut (split nut) (*mech.*), dado spaccato.

clasp (to) (to fasten with a clasp) (*mech. - etc.*), serrare. **2.** ~ (to furnish with clasp) (*mech.*), dotare di fermo (o arresto).

class (of a vessel) (*shipbuild.*), classe. **2.** ~ (in aut. racing) (*aut.*), categoria. **3.** ~ (as, the class of 1950) (*milit.*), classe. **4.** ~ (*math.*), classe. **5.** ~ interval (*stat.*), intervallo di classe. **6.** ~ limits (*quality control - stat.*), limiti della classe. **7.** ~ mark (mean value of the class interval) (*stat.*), valor medio dell'intervallo di classe. **8.** sport ~ (in aut. racing) (*aut.*), categoria sport. **9.** tourist ~ (*naut.*), classe turistica.

"class" (classification) (*gen.*), classificazione.

class (to) (to classify, to grade) (*gen.*), classificare. **2.** ~ (as wool) (*text. ind.*), classificare. **3.** ~ (a vessel) (*naut.*), classificare.

classer (of goods), classificatore.

classification (*gen.*), classificazione. **2.** ~ (as of cotton) (*text. ind.*), classificazione. **3.** ~ (*naut.*), classificazione. **4.** ~ register (*naut.*), registro di classificazione. **5.** ~ track (as in a classification yard) (*railw.*), binario di smistamento. **6.** general ~ (of a race) (*aut. - sport*), classifica assoluta. **7.** gravity ~ (sorting by specific gravity) (*min.*), classificazione (o separazione) per gravità. **8.** target ~ (process of identification of sonar or radar targets by means of special techniques) (*und. acous. - radar*), classificazione del bersaglio.

classified (a document subject to secrecy) (*milit.*), soggetto alle norme del segreto militare. **2.** ~ advertisements (*adver.*), annunci economici suddivisi per categorie.

classifier, classificator (*min. mach.*), classificatore, vaglio classificatore. **2.** ~ box (as of sand in a found.) (*ind.*), classificatore. **3.** hydraulic ~ (*min. device*), classificatore idraulico.

classify (to) (*gen.*), classificare. **2.** ~ (to grade) (*gen.*), assortire, separare. **3.** ~ (to assign a certain degree of reservedness to military or diplomatic documents and material) (*milit.*), classificare, assegnare una qualifica di riservatezza.

classing (of wool) (*text. ind.*), classifica.

classroom (*bldg.*), aula.

clastic (said of a rock resulting from the binding of fragments of pre-existing rocks) (*a. - geol.*), clastico.

clatter (to) (as of a broken valve) (*mech.*), sbattere.

claudetite (As_2O_3) (*min.*), claudetite, triossido di arsenico.

clause (*law - comm.*), clausola. **2.** escalation ~ (an adjustment of prices proportional to the rise of a cost of other parameters) (*amm. - comm.*), clausola (di) revisione prezzo. **3.** escape ~ (a contract clause that leaves to one of the parties a possibility to withdraw from the contract) (*adm. - comm.*), clausola risolutiva. **4.** exclusion ~ (as in an insurance policy) (*adm. - comm.*), clausola di esclusione.

claw (*gen.*), artiglio, griffa. **2.** ~ (of a motion picture mechanism) (*m. pict.*), griffa. **3.** ~ (implement by which a load is engaged for hoisting) (*hoisting app.*), artiglio, elemento per abbracciare il carico. **4.** ~ (forked end of a nail puller) (*t.*), forcella del cavachiodi. **5.** ~ bar (used as a lever) (*t.*), palanchino, piè di porco. **6.** ~ coupling (*mech.*), innesto a denti. **7.** ~ hammer (*impl.*), martello da carpentiere, martello a penna.

clay (consisting of kaolinite and other hydrous aluminous minerals) (*min.*), argilla. **2.** ball ~ (as for coating molds) (*found.*), argilla da ceramista. **3.** ball ~ (*refractory*), "ball clay". **4.** china ~ (clay formed by crystalline structure kaolinite) (*min. - refractory*), caolino. **5.** china ~ (hydrated silicate of aluminium) (*ceramics*), caolino. **6.** fire ~ (*ind.*), argilla refrattaria. **7.** flint ~ (*refractory*), argilla flint. **8.** foul ~ (*bldg.*), argilla plastica. **9.** plastic ~ (*min.*), argilla plastica. **10.** porcelain ~ (*ceramics*), *see* china clay. **11.** shale ~ (*refractory*), argilla schistosa. **12.** strong ~ (*bldg.*), *see* foul clay. **13.** washed ~, *see* malm.

clayey, clayish (*geol.*), argilloso.

claystone (*geol.*), roccia argillosa.

"cld" (cooled) (*a. - ind.*), raffreddato, refrigerato. **2.** ~ (canceled) (*a. - gen.*), annullato.

cleading (*therm.*), *see* lagging.

clean (*a. - gen.*), pulito, puro. **2.** ~ (controlled and found exempt from errors: as a program) (*comp.*), esente da errori. **3.** ~ bomb (atomic bomb with little or no radioactivity) (*atom. expl.*), bomba pulita. **4.** ~ (or open) credit (*comm.*) (Brit.), credito in bianco (o allo scoperto). **5.** ~ (proof which does not need more corrections) (*print.*), bozza corretta. **6.** ~ (of a plane without external protuberances such as landing gear, flaps etc.) (*a. - aer.*), pulito. **7.** ~ (without interferences) (*a. - radio - telev.*), senza interferenze. **8.** ~ room (without dust as for mech. or electronic assembly) (*ind.*), locale senza polvere.

clean (to), pulire. **2.** ~ (as castings) (*found.*), sbavare. **3.** ~ (to) an anchor (*naut.*), disimpegnare un'àncora. **4.** ~ the fire (as in a furnace), attizzare il fuoco. **5.** ~ up (*mech. ind. - mfg. - etc.*), rifinire.

cleaned (deburred, as a casting) (*a. - found.*), sbavato. **2.** ~ (trimmed, as a casting) (*a. - found.*), rifinito.

cleaner (*mech.*), depuratore. **2.** ~ (for metal surfaces) (*metall.*), preparato per pulitura. **3.** ~ (stain remover: as for clothes) (*gen.*), smacchiatore. **4.** air ~ (by filtering, by washing, or by electrostatic way) (*n. - ind.*), depuratore dell'aria. **5.** air ~ (as of mot.), filtro dell'aria. **6.** centrifugal ~ (*app.*), separatore centrifugo, ciclone. **7.** centrifugal ~ (for wood pulp: with water) (*paper mfg.*), idrociclone. **8.** emulsion ~ (*ind. chem.*), detersivo a schiuma. **9.** heavy duty air ~ (*mot.*), filtro dell'aria di massima efficienza, filtro dell'aria con carico pesante, filtro dell'aria per ambienti polverosi. **10.** oil bath air ~ (as of aut. mot.), filtro dell'aria a bagno d'olio. **11.** oil ~ (as of mot.), filtro dell'olio, depuratore di olio. **12.** oil-washed air ~ (as of aut. mot.), filtro dell'aria a bagno d'olio. **13.** pipe-type air ~ (as for a tractor engine) (*mot. impl.*), filtro dell'aria a colonna. **14.** squeegee ~ (*naut.*), radazza. **15.** steam ~ (for washing mech. components) (*ind. mach.*), lavatrice a getto di vapore. **16.** turbine tube ~ (as of boil. tubes), nettatubi a turbina. **17.** vacuum ~ (*electrodomestic app.*), aspirapolvere.

"cleanglow" (a gas from coke produced from specially selected coals) (*comb.*), "cleanglow", gas di coke speciale.

cleaning, pulitura. **2.** ~ (as of wool, cotton etc.) (*text. ind.*), pulitura. **3.** ~ (as of castings) (*found.*), sbavatura. **4.** ~ (pickling, as of steel wire) (*metall.*), decapaggio. **5.** ~ (pickling, sandblasting etc., of metals) (*metall.*), pulitura. **6.** ~ eye (*bldg.*), *see* rodding eye. **7.** ~ shop (*found.*), reparto sbavatura. **8.** air ~ (as in air conditioning), depurazione dell'aria. **9.** barrel ~ (*mech. techn.*), pulitura mediante burattatura (o barilatura). **10.** blast ~ (cleaning by compressed air) (*metall.*), pulizia con aria compressa. **11.** dry ~ (as of clothes) (*text.*), lavaggio a secco. **12.** sonic ~, *see* ultrasonic cleaning. **13.** ultrasonic ~ (as used for very fine mech. pieces) (*mech. technol.*), pulitura con ultrasuoni, pulitura ultrasonica. **14.** ultrasonic ~ machine (*ind. mach.*), lavatrice ultrasonica.

cleanout (removable covering or door giving access for cleaning) (*ind.*), sportello per la pulizia. **2.** ~ (operation of cleaning) (*gen.*), pulizia.

cleanse (to), *see* clean (to).

cleanser (*found. work.*), sbavatore.

cleansing solution (*gen. - mot.*), soluzione (per lavaggio) sgrassante.

cleanup (in a tube) (*elect. - radio*), aumento del vuoto (dovuto all'assorbimento dei gas residui). **2.** ~ (as of the external shape of an aircraft for aerodynamic gain) (*aer.*), affinamento aerodinamico. **3.** ~ (elimination of remaining errors) (*comp.*), ripulitura dagli errori residui. **4.** ~ surface (roughed-out surface) (*mech.*), superficie di prima sgrossatura.

clear (free from obstruction) (*a. - gen.*), libero. **2.** ~ (as luminous, bright) (*a. - gen.*), chiaro. **3.** ~ (as the green light of traffic and railway lights) (*railw. - road traff.*), via libera. **4.** ~ abreast (*naut.*), libero di fianco. **5.** ~ ahead (*naut.*), libero di prua. **6.** ~ astern (*naut.*), libero di poppa. **7.** ~ height (as of a bridge) (*road traff.*), altezza massima libera. **8.** ~ ice (on the wings of a plane) (*aer.*), vetrone. **9.** ~ message (*electrotel. - milit.*), messaggio in chiaro. **10.** ~ span (*bldg.*), luce libera. **11.** ~ top (of wool) (*text. ind.*), pettinato puro. **12.** all ~ (*aer.*), cessato pericolo.

clear (to) (as a pipe), liberare, disotturare. **2.** ~ (as goods through customs) (*comm.*), svincolare, sdoganare. **3.** ~ (to restore: as a storage device to a prescribed state) (*calc. mach.*), azzerare. **4.** ~ (to de-energize an electric line) (*elect.*), togliere tensione, staccare, deenergizzare. **5.** ~ (to reset, as a memory or a video screen, into the original state) (*comp.*), ripulire, cancellare. **6.** ~ line (*railw.*) (Brit.), dare via libera. **7.** ~ off correspondence (*off.*), sbrigare la corrispondenza. **8.** ~ up (to explain) (*gen.*), spiegare, chiarire, delucidare. **9.** ~ up (to empty, to disburden) (*gen.*), sgomberare, sgombrare. **10.** ~ up (*meteorol.*), rischiararsi.

clear-air turbulence (atmospheric phenomenon, invisible danger for airplanes: CAT) (*meteor. - aer.*), turbolenza di aria limpida.

clearance (of a ship) (*mercantile marine*), pratica di sdoganamento. **2.** ~ (of goods) (*comm.*), sdoganamento. **3.** ~ (distance) (*mech.*), gioco. **4.** ~ (residual space between the cylinder head and the piston) (*mot.*), spazio nocivo. **5.** ~ (space available for passage in a structure) (*gen.*), luce. **6.** ~ (*naut.*), autorizzazione ad entrare nel porto, pratica per entrare nel porto. **7.** ~ (as of shear blades) (*technol.*), gioco, "aria". **8.** ~ (from the top of the tooth of one gear to the bottom land of the other gear in mesh) (*mech.*), gioco (sul fondo del dente). **9.** ~ (margin of space between the outline of the largest veh. that passes on the line and the fixed structures along the track) (*railw.*), franco. **10.** ~ (given from the control tower to an aircraft, as for landing) (*aer.*), autorizzazione. **11.** ~ above rail level (as of a locomotive) (*railw.*), altezza sul piano del ferro. **12.** ~ angle (angle of relief or bottom rake: between the work and the tool face which slides on the work: adjacent to that face on which the chip slips) (*mach. t.-mech. technol.*), angolo di spoglia inferiore secondario. **13.** ~ car (car built to the extreme height and width used to ascertain the max. cross sections of tunnels etc.) (*railw.*), carrosagoma. **14.** ~ fit (*mech.*), accoppiamento mobile (senza interferenza). **15.** ~ gauge (*railw.*), sagoma limite (di passaggio). **16.** ~ hole (for bolts) (*mech.*), foro passante. **17.** ~ lamp (or light) (*aut.*), luce di ingombro. **18.** ~ sale (sale of goods at low prices to renew stock) (*comm.*), svendita, liquidazione (per rinnovo merce). **19.** ~ volume (of a reciprocating engine or compressor) (*mech.*) (Brit.), spazio nocivo. **20.** bank ~ (*finan. - customs*), benestare bancario. **21.** coarse ~ fit (*mech.*) (Brit.), accoppiamento libero grossolano. **22.** head ~ (*road traff.*), altezza libera. **23.** on-top altitude ~ (for visual flight) (*aer.*), quota minima di sorvolo. **24.** radial ~ (between tool and work) (*mech. technol.*), incidenza radiale. **25.** road ~ (minimum distance of a vehicle from the ground) (*aut. - etc.*), distanza (minima) da terra. **26.** side ~ (between tool and work) (*mech. technol.*), incidenza radiale. **27.** side ~ (between tool and work) (*mech. technol.*), incidenza laterale. **28.** true ~ (*mech. technol.*), angolo di incidenza effettiva, angolo di incidenza reale. **29.** uniform ~ (of bevel gears) (*mech.*), gioco parallelo.

clear-cut (sharply defined) (*a. - gen.*), ben definito.

clearer (of a card) (*text. ind.*), cilindro spogliatore. **2.** ~ (roller: of carding mach.) (*text. mech.*), cilindro pulitore. **3.** ~ (cleaning cylinder; as of a cotton combing or drawing machine) (*text. ind.*), cilindro pulitore. **4.** ~ board (as of a cotton combing or drawing machine for collecting the fly) (*text. mach.*), tavoletta pulitrice.

clearing (*finan. - comm.*), compensazione, clearing. **2.** ~ (the clearing away or removal of rubble) (*mas.*), smassamento. **3.** ~ (in railw. signaling) (*railw.*), liberazione. **4.** ~ (erasing etc.) (*comp.*), ripulitura, cancellazione. **5.** ~ (as of a teleph. line) (*commun.*), svincolo, liberazione. **6.** ~ up sales (*comm.*), liquidazione delle rimanenze. **7.** call ~ (*tlcm.*), svincolo dal collegamento di chiamata (o di comunicazione).

clearinghouse (*finan. - comm.*), stanza di compensazione.

clearstory (of closed veh. etc. for lighting and ventilation), lanternino.

clearway (high speed highway) (*aut. road*), autostrada.

cleat (*naut.*), galloccia, castagnola, tacchetto. **2.** ~ (as on the tread of an agric. tractor) (*mech.*), rampone. **3.** ~ (a strip of wood or metal for giving additional strength) (*carp.*), asta di rinforzo. **4.** ~ (support) (*mas.*), cuneo di legno o di altro materiale destinato a sorreggere qualcosa. **5.** mast ~ (*naut.*), galloccia d'albero, castagnola d'albero. **6.** thumb ~ (single-horn cleat used on booms or yards) (*naut.*), galloccia (o castagnola) (con una sola orecchia) per pennoni o bome.

cleavage (*gen.*), fessura, spaccatura, divisione. **2.** ~ (as in hydrolitic processes) (*chem.*), dissociazione. **3.** ~ fracture (*metall.*), *see* brittle fracture. **4.** ~ plane (*geol.*), piano di clivaggio, piano di sfaldatura.

cleave (to) (to split: as firewood), spaccare.

cleaving-saw (pitsaw) (*t.*) (Brit.), sega (a mano) per tronchi.

cleft, fessura.

clench, *see* clinch.

clench (to), *see* clinch (to).

clepsydra (*instr.*), clepsidra, clessidra.

clerestory, *see* clearstory.

clerical (relating to a clerk) (*a. - pers. - etc.*), impiegatizio. **2.** ~ test (*ind. psychol.*), reattivo per lavori di ufficio, test per lavori di ufficio. **3.** ~ work (*off.*), lavoro di ufficio.

clerk (Brit.), impiegato amministrativo. **2.** ~ (Am.), commesso di negozio. **3.** ~ (soldier) (*milit.*), scritturale. **4.** ~ (of a Court) (*law*), cancelliere. **5.** ~ of works (clerk of the works: superintendent of the works) (*bldg.*), direttore dei lavori. **6.** bank ~ (*work. - pers.*), bancario, impiegato bancario.

clevis (of a plow) (*agric.*), staffa d'attacco. **2.** ~ (*mech.*), cavallotto con perno di chiusura. **3.** ~ (shackle: U-shaped steel device with both ends traversed by a pin) (*mech. - naut. - etc.*), maniglione. **4.** ~ pin (*mech.*), perno con testa (di chiusura del maniglione).

clew, gomitolo. **2.** ~ (or clue) (corner of a sail) (*naut.*), bugna, angolo della vela. **3.** ~ (ring with thimbles fixed at one corner of a sail) (*naut.*), anello e radancie (all'angolo di una vela). **4.** ~ garnet (for hauling sails) (*naut.*), caricabugne, cima per issare vele. **5.** ~ line (for hauling the sail) (*naut.*), caricabugne, cima per issare le vele.

clew (to) down (a sail) (*naut.*), imbrogliare. **2.** ~ (*gen.*), aggomitolare. **3.** ~ up (a sail) (*naut.*), alare, tirar su.

"clg" (ceiling) (*bldg.*), soffitto.

cliché (*print.*), cliché, cliscé.

click (as the noise of a pawl in a sprocket wheel of a bicycle) (*mech.*), scatto. **2.** ~ (detent) (*mech.*), dente d'arresto. **3.** ~ (short sharp noise: as in cocking a gun) (*acous.*), clic, click. **4.** ~ stop (as of a diaphragm setting) (*phot.*), arresto a scatto.

clicking (cutting out the part of a shoe upper) (*leather ind.*), taglio. **2.** ~ boards (*leather ind.*), tavole per tagliatori. **3.** ~ room (*leather ind.*), reparto tagliatori.

clickstop, *see* click stop.

client (*comm. - law*), cliente.

cliff (*geogr.*), rupe.

climate (*meteorol.*), clima. **2.** continental ~ (*meteorol.*), clima continentale. **3.** temperate ~ (*meteorol.*), clima temperato.

climatic (*a. - meteorol. - etc.*), climatico. **2.** ~ chamber (for carrying out climatic tests) (*testing*), camera climatica. **3.** ~ test (as of electr. equipment, instr., i.c. engine etc.) (*testing*), prova climatica.

climatology (*meteorol.*), climatologia.

climb (*gen.*), ascensione. **2.** ~ (*aer.*), salita. **3.** ~ cutting (*mech. operation*), fresatura (in verso) concorde. **4.** ~ indicator (*aer. instr.*), indicatore della velocità ascensionale, variometro. **5.** ~ milling (*mach. t.*), fresatura (in verso) concorde. **6.** angle of ~ (*aer.*), angolo di rampa, angolo di salita. **7.** hill ~ (*aut. - sport*), corsa in salita. **8.** rate of ~ (*aer.*), velocità ascensionale, velocità verticale di salita.

climb (to), salire, ascendere. **2.** ~ (*aer.*), prendere quota. **3.** ~ a hill (*sport*), fare una salita.

climber (as of a rack-railway locomotive) (*railw.*), ruota motrice (per cremagliera). **2.** ~ (sealskin for ski) (*sport*), pelle di foca. **3.** ~, *see* crampon.

climbing (*aer.*), salita. **2.** ~ iron (for climbing telephone poles etc.) (*impl.*), griffa con aculei di acciaio (da applicare alle suole), rampone (per salire su pali in legno). **3.** ~ power (*aer.*), potenza di salita. **4.** ~ speed indicator (*aer. instr.*), indicatore di salita.

clinch (knot type) (*naut.*), nodo per caricamezzi. **2.** ~, *see* clamp. **3.** ~ (lap–jointed) (*a. - mech.*), assemblato (o unito) a sovrapposizione.

clinch (to) (*mech.*), ribadire. **2.** ~ (to secure by means of nails, rivets etc.) (*gen.*), chiodare, fissare con chiodi. **3.** ~ a rivet (*mech.*), ribadire un chiodo.

clinch–built (*shipbuild.*), *see* clinker–built.

clincher (clinching machine) (as of belts) (*mech.*), graffatrice. **2.** ~, ~ tire (of aut.) (*rubb. mfg.*), copertone con talloni a flangia.

clincher–built (*shipbuild.*), *see* clinker–built.

clinching (as of nails) (*mech.*), ribaditura. **2.** ~ (as of belts) (*mech.*), graffatura. **3.** ~ die (*mech.*), stampo per aggraffatura. **4.** ~ jig (*mech.*), attrezzo per graffatura.

cling (to) the wind (*naut.*), serrare il vento.

clinic (*n. - arch. - med.*), clinica.

clink (abrupt metallic sound) (*gen.*), scatto, clic.

clink (to) (to emit an abrupt metallic sound) (*gen.*), emettere un clic (o uno scatto), scattare. **2.** ~ (to clinch by nails or rivets) (*carp. - mech.*), chiodare, fissare con chiodi.

clinker (as in a furnace), scoria. **2.** ~ (brick: for build.), clinker. **2.** ~ (forging slag) (*metall.*), scoria di fucinatura. **4.** basic ~ (as in a furnace), scoria basica. **5.** vitreous ~ (as in a furnace), scoria vitrea, scoria vetrosa.

clinker–built (*shipbuild.*), a fasciame cucito, a fasciame sovrapposto, con fasciame a semplice ricoprimento.

clinograph (instr. used for meas. the inclination of drillings) (*min. instr.*), clinografo.

clinometer (for measuring angles of elevation) (*instr.*), clinometro, inclinometro. **2.** bead ~ (*geol. - top. instr.*), clinometro a sferetta. **3.** hanging ~ (*geol. - top. instr.*), clinometro pendolare. **4.** water–tube ~ (*geol. - top. instr.*), clinometro ad acqua.

clip (*mech.*), graffa, fermaglio. **2.** ~ (as for holding pip.), supporto a graffa (per tubi). **3.** ~ (as for holding together papers, letters etc.) (*off. device*), fermaglio, clip. **4.** ~ (of firearms), caricatore. **5.** ~ (of sheep) (*wool ind.*), tosa. **6.** clips (shears: as for wire cutting) (*mach. t.*), cesoia. **7.** charging ~ (as of a battery charger) (Brit.) (*elect.*), morsetto di carica. **8.** leaf spring ~ (*mech.*), staffa della balestra. **9.** rebound ~ (fastening the leaves of a leaf spring) (*mech.*), staffa per (molla a) balestra. **10.** spring ~ (of a leaf spring) (*mech. veh.*), staffa (della balestra). **11.** spring ~ (clip with a spring) (*gen.*), fermaglio a molla. **12.** toe ~ (of bicycles), fermapiede (per pedale).

clip (to) (to trim: as in drop–forged work) (*forging*), sbavare. **2.** ~ (to hold in a grip) (*mech.*), tenere stretto, abbrancare. **3.** ~ (a signal or a waveform) (*elics.*), tagliare, squadrare.

clipper (*aer.*), grosso idrovolante per voli transoceanici. **2.** ~ (*naut.*), veliero veloce. **3.** ~ (*work.*), tagliatore. **4.** ~ (of sheep) (*wool ind.*), tosatore. **5.** ~ (*telev.*), *see* clipping circuit. **6.** ~ (limiter: as of a diode that clips signal voltage peaks) (*elics.*), limitatore. **7.** ~ bow (*naut.*), prua a profilo concavo. **8.** hair ~ (*mach.*), tosatrice. **9.** hair ~ (*hairdresser mach.*), macchinetta per tagliare i capelli.

clipping (trimming) (*forging*), sbavatura. **2.** ~ (press cutting) (*adver.*), ritaglio (di giornale). **3.** ~ (signals mutilation) (*tlcm.*), taglio. **4.** ~ base (for trimming by press) (*forging*), base per attrezzo di sbavatura. **5.** ~ edge (*forging*), contornitura da sbavatura. **6.** ~ press (*forging mach.*), pressa per sbavare, pressa sbavatrice. **7.** ~ tool (*forging*), attrezzo per sbavare, attrezzo sbavatore.

CLK, *see* clock.

"clkg" (calking, caulking) (*naut.*), calafataggio.

cloaca (*bldg.*), cloaca.

cloakroom (as of a theatre) (*bldg.*), guardaroba, spogliatoio.

clock (*instr.*), orologio. **2.** ~ (as mounted on an instrument panel) (*aut. - etc.*), orologio. **3.** ~ (electronic device producing synchronizing pulses) (*comp.*), orologio generatore di impulsi. **4.** ~ card (inserted in time clock by employee, which prints time of arrival and departure) (*work. impl.*), cartellino orologio. **5.** ~ generator (*comp.*), generatore (di impulsi) di temporizzazione, generatore di clock. **6.** ~ pulses, *see* clock signals. **7.** ~ radio (radio set turned on or off by an incorporated clock) (*radio*), radiosveglia. **8.** ~ signals (originated by a clock track) (*comp.*), impulsi (o segnali) di sincronizzazione. **9.** ~ spring (*instr. - mech.*), molla a spirale a lamina. **10.** ~ star (for the adjustment of an astronomical clock) (*astr.*), stella di posizione nota. **11.** ~ track (as on a magnetic tape for synchronization purposes) (*comp.*), pista di sincronizzazione, traccia di cadenza. **12.** ~ watch (strikes hours consecutively) (*time sign.*), orologio a soneria oraria. **13.** alarm ~, sveglia. **14.** astronomical ~ (*instr.*), orologio astronomico. **15.** atomic ~ (precision clock) (*meas. instr.*), orologio atomico. **16.** electrically–controlled ~ (*elect.*), orologio comandato elettricamente. **17.** electric ~ (*elect. instr.*), orologio elettrico. **18.** master ~ (as for the time clock system of an ind. factory), orologio pilota. **19.** master ~ (*comp.*), temporizzatore principale. **20.** musical ~ (*horology*), "carillon". **21.** principal ~ (as for the time clock system of an ind. factory), orologio principale. **22.** quartz–crystal ~, quartz ~ (*time meas.*), orologio al quarzo. **23.** radioactive ~ (clock apt to determine a geologic age) (*atom. phys.*), orologio radioattivo. **24.** range ~ (as of a system of guns) (*milit.*), "range", indicatore di alzo. **25.** real–time ~ (an electronic clock indicating actual date and time on a display, as for logging) (*comp.*), orologio in tempo reale. **26.** secondary ~ (as for the time clock system of an ind. factory), orologio secondario. **27.** synchronous electric ~ (*elect. instr.*), orologio elettrico sincrono. **28.** time ~ (to control factory personnel) (*app.*), orologio controllo. **29.** time-of-day ~, "TOD" ~ (actual time clock connected, upon demand, with the central processing unit for registering) (*comp.*), orologio datario (campione). **30.** timer ~ (elics. app. that keeps logging of operations and controls temporal events in comp. processing) (*comp.*), unità di controllo temporale. **31.** watch ~, watchman's ~ (recording the times of the visits to fixed stations) (*watch night service*), orologio controllo. **32.** water ~ (*instr.*), clessidra idrica, clessidra ad acqua.

clock (to) (to time: as a performance) (*gen. - sport*), cronometrare. **2.** ~ in (as on a time sheet) (*work - comp. - etc.*), registrare l'ora di inizio. **3.** ~ off, *see* ~ out. **4.** ~ on, *see* ~ in. **5.** ~ out (as on time sheet) (*work - comp. - etc.*), registrare l'ora di fine.

clocking (time employed for traversing a measured distance) (*sport*), tempo (impiegato sul percorso).

clockmaker, orologiaio.

clockwise (direction of rotation), senso orario, senso (di rotazione) delle lancette dell'orologio, destro. **2.** ~ viewed from front of engine (direction of rotation) (*mot.*), destro visto dalla parte anteriore del motore.

clockwork (*mech.*), movimento ad orologeria.

clod (*agric.*), zolla. **2.** ~ smasher (*agric. mach.*), *see* float.

clog (as of a pipe), intasamento.

clog (to) (of a grinding wheel), *see* to glaze. **2.** ~ (to obstruct: as of a pipe), intasare, intasarsi, otturarsi.

clogged (obstructed: as with extraneous matter) (*gen.*), otturato.

clogging (obstruction: as of a pipe), ostruzione, intasamento, intasatura. **2.** video head ~ (*audiovisuals*), intasamento di una testina video.

cloister (covered passage) (*arch.*), chiostro. **2.** ~ (convent) (*arch.*), monastero, convento.

cloistered arch, cloistered vault, *see* cloister vault.

close (closed), chiuso. **2.** ~ (compact) (*a. - gen.*), compatto. **3.** ~ (exact) (*a. - gen.*), preciso. **4.** ~ (narrow), stretto. **5.** ~ (near in space), vicino. **6.** ~ (strict, rigorous) (*gen.*), rigoroso. **7.** ~ (accurate) (*mech. - etc.*), preciso. **8.** ~ (termination), conclusione, fine. **9.** ~ coupling (tight coupling) (*mech.*), accoppiamento stretto. **10.** ~ order (arrangement of troops) (*milit.*), ordine chiuso. **11.** ~ price (*comm.*), prezzo equilibrato (tra domanda e offerta). **12.** ~ running fit (Brit.) (*mech.*), accoppiamento libero normale. **13.** ~ shot, *see* medium shot. **14.** ~ tolerance (*mech.*), tolleranza stretta. **15.** ~ to the wind (close-hauled) (*naut.*), stretto di bolina. **16.** ~ woven cloth (*text. mfg.*), tessuto compatto. **17.** complimentary ~ (of a letter) (*off.*), formula di chiusura.

close (to), chiudere, chiudersi. **2.** ~ a circuit (*elect.*), chiudere un circuito. **3.** ~ a cock (*pip.*), chiudere un rubinetto. **4.** ~ (the wind) (*naut.*), serrare il vento. **5.** ~ to traffic (*road traff.*), bloccare al traffico, chiudere al traffico.

closed (*a.*), chiuso. **2.** ~ chain (*chem.*), catena chiusa. **3.** ~ circuit (*gen.*), circuito chiuso. **4.** ~ course (of a race) (*sport*), circuito chiuso. **5.** ~ curve (*geom.*), curva chiusa. **6.** ~ loop (*comp.*), circuito chiuso. **7.** ~ traverse (*top.*), poligonale chiusa.

closed-captioned (of a program that may be received only by a receiver equipped with a decoder) (*a. - telev.*), che necessita di decodificatore.

closed-circuit (*a. - elect.*), a circuito chiuso. **2.** ~ television (*telev.*), televisione a circuito chiuso.

closed-cycle (as of a gas turbine) (*a. - mach.*), a ciclo chiuso.

closedown (act of stopping something in activity) (*gen.*), interruzione del funzionamento.

close-grained, close-grain (*a. - phys.*), a grana fitta (o chiusa). **2.** ~ (as of cast iron fractures; not porous) (*a. - metall.*), a struttura compatta.

close-hauled (*naut.*), stretto di bolina.

closet (bowl of a water closet) (*bldg.*), vaso. **2.** ~ (*bldg.*), stanzino (o armadio) per utensili domestici.

close-up (*m. pict.*), primo piano. **2.** big ~ (*m. pict.*), primissimo piano.

closing (as of a valve) (*pip.*), chiusura, operazione di chiusura. **2.** ~ rate (approach speed, as of a spacecraft) (*astric.*), velocità di avvicinamento. **3.** ~ speech (*adver. - etc.*), discorso di chiusura.

closure (*gen.*), chiusura. **2.** ~ (*math.*), chiusura.

clot (as in the rubb. ind.), grumo.

clot (to) (as in the rubb. ind.), raggrumare.

cloth, tela, panno, stoffa. **2.** ~ (breadth of canvas) (*naut.*), ferzo. **3.** ~ beam (*text. ind.*), subbio del tessuto. **4.** ~ inspecting machine (*text. ind.*), macchina per la verifica delle pezze (di stoffa). **5.** ~ paste (*text. ind.*), colla da panno. **6.** ~ roller (*text. ind.*) (Brit.), cilindro di avvolgimento della stoffa. **7.** ~ screen (*m. pict.*), schermo di tela. **8.** ~ upholstery (*aut.*), rivestimento in panno, "sellatura" in panno. **9.** ~ wheel (for polishing mach.) (*mech.*), disco in panno. **10.** bakelized ~ (*text. ind.*), tela bachelizzata. **11.** card ~ (*text. ind.*), guarnizione della carda, scardasso. **12.** duck ~ (*ind. mfg.*), tela olona, tela da vele, tela da tende. **13.** emery ~ (*for mech. ind.*), tela smeriglio. **14.** fancy ~ (*text. mfg.*), stoffa operata. **15.** glass ~ (made of lint-free cloth: used for glass cleaning) (*gen.*), panno per pulizia vetri. **16.** glass ~ (made by woven fiber glass) (*text. - glass mfg.*), tessuto di fibra di vetro. **17.** olona ~ (as for ind. or naut. use) (*text. ind.*), tela olona. **18.** sail ~ (*naut.*), tela da vele. **19.** tracing ~ (*draw.*), tela da lucidi, tela da disegni. **20.** vicuña ~ (*text. mfg.*), tessuto di vigogna. **21.** waterproof ~ (*ind.*), stoffa impermeabile. **22.** wire ~ (*ind.*), tela metallica, reticella finissima (metallica).

clothbound (of a book) (*a. - bookbinding*), rilegato in tela.

clothing, *see* clothing wool. **2.** ~ (clothes) (*gen.*), vestiario, abiti, abbigliamento. **3.** ~ wool (*text. ind.*), lana da carda. **4.** card ~ (*text. ind.*), guarnizione della carda, scardasso. **5.** ready-for-wear ~ (ready-made clothing) (*comm.*), vestiario confezionato, abiti fatti. **6.** ready made ~ (clothing made in production for general sale) (*comm.*), vestiario confezionato.

clothworker (*work.*), operaio tessile.

clotting (as of ore in a furnace) (*found.*), raggrumazione.

cloud (colored yarn) (Brit.) (*text. ind.*), filato a più colori. **2.** ~ (*chem.*), intorbidamento. **3.** ~ (*meteorol.*), nube. **4.** ~ amount (*meteorol.*), nuvolosità. **5.** ~ base (the lower surface of a cloud) (*meteor.*), superficie inferiore della nube. **6.** ~ ceiling (*meteorol.*), cappa di nubi. **7.** ~ chamber (Wilson cloud chamber) (*atom phys. - chem. phys.*), camera di Wilson. **8.** ~ deck (the upper surface of a cloud) (*meteor.*), superficie superiore della nube. **9.** ~ height (*meteorol.*), altezza delle nubi. **10.** ~ layer (*meteorol.*), strato di nubi. **11.** ~ point (temperature at which separation or crystallization of a solid from solution begins) (*chem.*), temperatura (o punto) di intorbidimento (o cristallizzazione). **12.** charge ~ (*phys.*), *see* electron cloud. **13.** electron ~ (electrons gravitating around the nucleus of a neutral atom) (*atom phys.*), nube elettronica. **14.** funnel ~ (hanging below stormy weather clouds) (*meteor.*), tromba d'aria. **15.** heap ~ (*meteorol.*), nubi a sviluppo verticale, nubi rampanti. **16.** high ~ (at a height of more than 20,000 feet) (*meteorol.*), nubi superiori, nubi alte. **17.** low ~ (at a height of less than 8000 feet) (*meteorol.*), nubi inferiori, nubi basse. **18.** medium ~ (at a height between 8000 and 20,000 feet) (*meteorol.*), nubi medie.

cloud (to) (*meteor.*), annuvolarsi.

cloudburst (*meteorol.*), nubifragio (100 mm/h). **2.** ~ hardening (*heat-treat.*), tempra a doccia.

cloudiness (*meteorol.*), nuvolosità.

clouding (bloom, defect generally due to moisture: lack in gloss and color alteration) (*paint.*), annebbiamento.

cloudy (of color) (*a. - text.*), non uniforme, striato. **2.** ~ (*meteorol.*), nuvoloso, annuvolato. **3.** ~ - web (irregular sheet coming from the card) (*text. ind.*), velo di spessore irregolare.

clout (cloth) (*text.*), stoffa. **2.** ~, *see* clout nail. **3.** ~ nail (short and thin nail with large head: as for fixing upholstery cloth to the wooden frame) (*join.*), sellerina, chiodo da tappezziere.

clove (*pharm. - chem.*), chiodo di garofano. **2.** ~ hitch (*naut.*), doppio collo, (nodo) parlato. **3.** ~ oil (*ind.*), essenza di garofano.

cloverleaf (highway crossing system) (*road constr.*), quadrifoglio. **2.** ~ (*aut.*), *see* clover-leaf car.

clover-leaf car (open car with three seats, one of which is a single rear seat) (*aut.*), automobile a tre posti (di cui uno posteriore al centro degli altri due), spider a tre posti.

"clr" (clear, as of a vent) (*pip. - etc.*), libero. **2.** ~ (cooler) (*therm. impl.*), radiatore, refrigeratore.

club (test propeller used in aviation engines test rooms) (*workshop impl.*), mulinello, elica di prova. **2.** ~ car (*railw. car*) (Am.), carrozza salone. **3.** ~ coupé (*aut.*), coupé (4 posti due porte).

club (to) (to drift as along a river current with an anchor down) (*naut.*), lasciarsi andare lungo la corrente tenendosi sull'ancora.

clubhaul (to) (*naut.*), virare di bordo gettando l'ancora (di) sottovento.

club-shaped (having a bell shaped end: as of a lead pipe) (*a. - gen.*), scampanato.

clue, *see* clew.

clump block (*naut.*), bigotta.

cluster (group of similar things) (*gen.*), gruppo, grappolo. **2.** ~ (lamp holders and lamps together) (*elect.*), gruppo di lampade. **3.** ~ (of parachutes) (*aer.*), grappolo. **4.** ~ (dashboard panel containing the instruments) (*aut. bodywork*), quadro degli strumenti (sul cruscotto). **5.** ~ (a group of buildings close together with recreation spaces such as swimming pools and tennis courts in common) (*arch. - bldg.*), centro residenziale. **6.** ~ gears (*mech.*), ingranaggi a gruppo, ingranaggi a grappolo. **7.** ~ terminal (*comp.*), gruppo di terminali contigui. **8.** ~ type multiple spindle drilling machine (*mach. t.*), trapano multiplo con mandrini a gruppo.

clustering (*comp. - etc.*), raggruppamento.

clutch (short for: friction clutch), frizione. **2.** ~ (*mech.*), innesto. **3.** ~ (lever that operates a clutch) (*aut. - etc.*), leva (o pedale) della frizione. **4.** ~ disengagement (as of aut.), disinnesto della frizione. **5.** ~ disk (as of aut.) (Brit.) (*mech.*), disco della frizione. **6.** ~ disk hub (*aut.*), mozzo del disco della frizione. **7.** ~ fork (as of aut.) (*mech.*), forcella (di comando) della frizione. **8.** ~ housing pan (as of aut. friction clutch) (*mech.*), coperchio della frizione. **9.** ~ pedal (as of aut.) (*mech.*), pedale della frizione. **10.** ~ pilot bearing (*aut.*), cuscinetto anteriore frizione, cuscinetto albero presa diretta. **11.** ~ pressure spring (*mech.*), molla di spinta della frizione. **12.** ~ release bearing (*aut.*), cuscinetto distacco frizione. **13.** air ~ (pneumatically-operated clutch: as of a forging press) (*mech.*), frizione ad aria compressa, frizione a comando pneumatico. **14.** centrifugal ~ (*mech.*), frizione centrifuga. **15.** claw ~ (*mech.*), innesto a denti. **16.** cone ~ (*mech.*), frizione a cono. **17.** disk ~ (*mech.*) (Brit.), frizione a disco. **18.** dividing ~ (as of a slotting type gear cutting mach.) (*mach. t. - mech.*), innesto di divisione. **19.** dog ~ (*mech.*), innesto a denti. **20.** dry-disk ~ (as of aut.) (*mech.*), frizione a secco. **21.** floating plates ~ (as of a forging mach.) (*mech.*), frizione a dischi a pacco libero. **22.** fluid ~, *see* fluid drive. **23.** friction ~ (*mech.*), innesto a frizione. **24.** hydraulic ~ (*mech.*), frizione idraulica. **25.** hydro-drive ~ (*aut.*), frizione idraulica (per trasmissione). **26.**

"lock-up" ~ (as of automatic transmissions in motorcars) (*aut.*), innesto di parcheggio. **27.** magnetic ~ (*mech.*), frizione magnetica. **28.** multiple-disk ~ (*mech.*), frizione a dischi multipli. **29.** multiple-disk dry ~ (*aut.*), frizione a secco a dischi multipli. **30.** rough ~ (as of aut.) (*mech.*), frizione che strappa. **31.** single-plate ~ (as of aut.) (*mech.*), frizione monodisco. **32.** spiral-jaw ~ (that permits a soft meshing) (*mech.*), innesto a griffe a spirale. **33.** square-jaw ~ (*mech.*), innesto a griffe quadre. **34.** starting ~ (as of an agric. tractor), frizione di avviamento. **35.** starting ~ (as of an upsetting mach.), frizione d'avviamento. **36.** steering ~ (as of an agric. tractor), frizione di sterzo. **37.** the ~ drags (defect of aut.), la frizione non stacca completamente. **38.** the ~ slips (as in an aut.) (*mech.*), la frizione slitta. **39.** to disconnect the ~ (as in an aut.) (*mech.*), distaccare (o disinnestare) la frizione, debraiare. **40.** to disengage the ~ (as of aut.) (*mech.*), distaccare (o disinnestare) la frizione, debraiare. **41.** to let in the ~ (as of aut.) (*mech.*), innestare la frizione. **42.** to let out the ~ (as of aut.) (*mech.*), distaccare (o disinnestare) la frizione, debraiare. **43.** to reface the ~ disk (Am.) (*mech.*), sostituire gli spessori al disco della frizione. **44.** to withdraw the ~ (as of aut.) (*mech.*), disinnestare la frizione.

clutchless, senza frizione. **2.** ~ hydromatic gearshift (*aut.*), cambio idraulico automatico.

clutter (confused noise) (*acous. - gen.*), rumore confuso. **2.** ~ (unwanted echoes on a radarscope) (*radar*), echi spurii, echi di disturbo.

"CLWG" (clear wire glass) (*ind. bldg.*), vetro retinato trasparente.

"CM" (command module, of a spacecraft) (*astric.*), modulo di comando. **2.** ~, *see also* circular mil.

Cm (curium) (*chem.*), curio.

"cm" (centimeter, centimeters) (*meas.*), centimetro, centimetri.

"CMOS" (Complementary Metal Oxide Semiconductor) (*elics. - comp.*), MOS complementare.

"CMP" (corrugated metal pipe) (*pip.*), tubo metallico ondulato.

"cmps" (centimeters per second) (*velocity meas.*), centimetri al secondo.

"cmptr" (computer) (*elics. mach.*), calcolatore.

"CN" (credit note) (*finan.*), nota di accredito.

"CNC" (Computerized Numerical Control) (*comp.*), controllo numerico computerizzato.

"CNDS" (condensate, as of steam) (*phys.*), condensa.

"CNTR" (container) (*ind. - transp.*), recipiente, "container".

"CNVR" (conveyor) (*ind. transp.*), convogliatore, trasportatore.

"CO" (cash order) (*adm.*), ordine per pagamento in contanti. **2.** ~ (cleanout) (*boil. - ind. pip.*), sportello d'ispezione. **3.** ~, *see also* certificate of origin.

"C/O" (carried over) (*accounting*), riportato.

"Co" (Company) (*comm.*), Società.

Co (cobalt) (*chem.*), cobalto.

"c/o" (care of: in addresses) (*mail - comm.*), presso.

coacervate (*chem. - phys.*), coacervato, aggregato di particelle colloidali tenute insieme da forze elettrostatiche di attrazione.

coach (*aut.*), coupé. **2.** ~ (body) (*aut.*), carrozzeria. **3.** ~ (*railw.*), carrozza (ferroviaria). **4.** ~ (instructor) (*pers.*), istruttore. **5.** ~ (trainer) (*sport*), allenatore. **6.** ~ (horse drawn veh.), carrozza chiusa. **7.** ~ joint (as of aut.), compasso per capote. **8.** ~ painter (*aut. ind.*) (Brit.), verniciatore di carrozzerie. **9.** bogie ~ (*railw.*), carrozza a carrelli. **10.** central passageway ~ (*railw.*), carrozza a corridoio (o passaggio) centrale. **11.** compartment-type ~ (*railw.*), carrozza a compartimenti. **12.** detachment of a ~ (*railw.*), distacco di una carrozza. **13.** motor ~ (bus, for public service) (*veh. - transp.*), autocorriera, corriera. **14.** passenger ~ (*railw.*), carrozza, vagone passeggeri. **15.** suburban ~ (*railw.*), vettura (per linea) suburbana. **16.** through ~ (*railw.*), carrozza diretta. **17.** track recording ~ (*railw.*), carrozza controllo linea, carrozza munita di app. di registrazione dello stato del binario. **18.** ~, *see also* car.

coach (to) (to train, to instruct) (*milit. - sport*), allenare, istruire.

coachbuilder (*aut. ind.*), carrozziere.

coaching (instructing) (*pers.*), formazione, istruzione.

coachwork (as of aut.) (Brit.), carrozzeria.

coagulate (to) (*chem.*), coagulare.

coagulation (*chem.*), coagulazione. **2.** fractional ~ (as in the rubb. ind.) (*ind. chem.*), coagulazione frazionata.

coagulum (as in the rubber ind.) (*ind. chem.*), coagulo.

coal (*comb.*), carbone. **2.** ~ barge (*naut.*), chiatta carboniera. **3.** ~ bed (*min.*), bacino carbonifero. **4.** ~ bin (*ind.*), deposito di carbone. **5.** ~ breaker (*mach.*), mulino per carbone, frantoio per carbone. **6.** ~ bunker (*ind.*), carbonile. **7.** ~ burning (of coal comb.), combustione del carbone. **8.** ~ crusher (*ind.*), frantoio per carbone, mulino per carbone. **9.** ~ cutter (hand-manipulated and power operated mach.) (*min. - mach.*), perforatore meccanizzato. **10.** ~ dump (*ind.*), mucchio di carbone. **11.** ~ dust (*min. - ind.*), polverino di carbone. **12.** ~ gangue (*min.*), ganga del carbone. **13.** ~ gas (*ind.*), gas illuminante. **14.** ~ heaver (*work.*), spalatore di carbone. **15.** ~ hold (*naut.*), stiva da carbone. **16.** ~ lighter (*naut.*), chiatta (o maona) per carbone. **17.** ~ mill (*ind.*), mulino per carbone. **18.** ~ mine (*min.*), miniera di carbone. **19.** ~ oil (*ind.*), petrolio. **20.** ~ sample (*ind.*), campione di carbone. **21.** ~ shoot (*ind.*), scivolo (con sponde) per carbone. **22.** ~ seam (*min.*) (Brit.), filone di carbone. **23.** ~ storage (*ind.*), deposito di carbone. **24.** ~ tar (*chem.*), catrame di carbon fossile.

25. ~ tar oil (*chem.*), olio di catrame (prodotto della distillazione del carbone). **26.** admiralty ~ (top quality smokeless coal) (*comb.*), carbone di prima qualità. **27.** ash free ~ (*comb.*), carbone magro. **28.** bastard ~ (hard coal) (*min.*), carbone duro. **29.** bituminous ~ (*comb.*), carbone bituminoso. **30.** bituminous shale ~ (*comb.*), carbone schistoso. **31.** blind ~ (*comb.*), carbone a fiamma corta, antracite. **32.** by-products ~ (*ind.*), carbone da coke. **33.** caking ~ (*comb.*), carbone agglutinante. **34.** cannel ~ (*comb.*), carbone a lunga fiamma. **35.** close burning ~, carbone collante. **36.** cob ~ (*min.*), carbone di pezzatura media. **37.** coke ~ (*comb.*), carbone coke. **38.** dry burning ~ (*comb.*), carbone magro. **39.** fat ~ (*comb.*), carbone grasso. **40.** fluid ~ (pulverized coal) (*comb.*), carbone polverizzato. **41.** foliated ~ (*comb.*), carbone schistoso. **42.** free-burning ~ (*comb.*), carbone a lunga fiamma, carbone "fiammante". **43.** gas ~ (*ind. chem.*), carbone da gas. **44.** hard ~ (*comb.*), antracite. **45.** illuminating ~ (*ind.*), carbone da gas. **46.** lean ~ (*comb.*), carbone magro. **47.** live ~ (glowing fire, embers) (*comb.*), brace. **48.** living ~, carbone acceso. **49.** long flaming ~ (*comb.*), litantrace a lunga fiamma. **50.** lump ~ (coal in large lumps) (*comb.*), carbone di pezzatura grossa. **51.** mature ~ (high rank coal) (*comb.*), carbone di ottima qualità. **52.** noncaking ~ (*comb.*), carbone magro. **53.** nut ~ (*comb.*), carbone di pezzatura noce. **54.** pea ~ (*comb.*), tritino di carbone. **55.** pit ~ (*comb.*), carbon fossile. **56.** powdered ~ (*comb.*), carbone polverizzato. **57.** pulverized ~ (*comb.*), carbone polverizzato. **58.** rich ~ (*comb.*), carbone grasso. **59.** riddled ~ (*comb.*), crivellato, grigliato, carbone crivellato. **60.** short flaming ~ (*comb.*), carbone a corta fiamma. **61.** slate ~ (*comb.*), carbone schistoso. **62.** slaty ~ (*comb.*), carbone schistoso. **63.** small ~ (wood coal, charcoal) (*comb.*), carbone di legna. **64.** soft ~ (*comb.*), carbone bituminoso. **65.** splint ~ (kind of hard bituminous coal) (*comb.*), carbone bituminoso duro. **66.** steam ~ (*comb.*), carbone a corta fiamma. **67.** tar ~ (*comb.*), carbone di catrame. **68.** to classify the ~ (*min.*), pezzare il carbone, fare la pezzatura del carbone. **69.** to size the ~ (*min.*), pezzare il carbone. **70.** white ~ (water power) (*ind.*), carbone bianco. **71.** whole ~ (an unopened coal seam) (*min.*) (Am. coll.), filone di carbone non sfruttato.

coal (to) (*naut.*), far carbone, rifornirsi di carbone, carbonare.

coal-burning (as of boil.) (*a. - comb.*), a carbone.

coalescence (*phys.*), coalescenza.

coalfield (*geol.*), bacino carbonifero.

coalhole (*ind. bldg.*), apertura di carico del carbone.

coaling station (*naut.*), porto di rifornimento del carbone.

coalite (*comb.*), semi-coke.

coalpit (*min.*), pozzo carbonifero.

coalseam (Brit.) (*min.*), filone di carbone.

co-altitude (zenith distance) (*astr.*), distanza zenitale.

coal-water (liquid mixture of 70% coal powder and 29% water with additive binders which serves as a substitute for fuel oil in boilers) (*comb.*), miscela acquosa di carbone, "coal-water".

"COAM" (coaming: of hatchway) (*naut.*), mastra.

coaming (*naut.*), mastra. **2.** ~ (*bldg.*), bordo rialzato (attorno ad una apertura). **2.** hatchway ~ (hatch coaming) (*naut.*), mastra di boccaporto. **3.** skylight ~ (*naut.*), mastra di osteriggio, mastra di spiraglio.

coarse (of metal) (*metall.*), grezzo. **2.** ~ (said of crushed ore coming from the mine) (*a. - min.*), grosso. **3.** ~ (as of thread surfaces in tolerance systems) (*mech.*), grossolano. **4.** ~ copper (*metall.*), rame greggio. **5.** ~ feed (*mech. technol.*), avanzamento massimo. **6.** ~-grained (*metall.*), a grana grossa. **7.** ~ pitch (of a propeller blade) (*aer.*), passo massimo. **8.** ~ quality (*gen. - comm.*), qualità scadente. **9.** ~ salt (*ind.*), sale grosso. **10.** ~ tuning (*radio*), sintonia approssimata.

coarse-grained (of a grinding wheel) (*ind.*), a grana grossa. **2.** ~ (hide) (*leather ind.*), a fiore ordinario.

coarseness (*gen.*), stato grezzo, non raffinato. **2.** ~ of grains (as of emery paper) (*ind.*), grossezza di grana.

coarsening (of the grain) (*metall.*), ingrossamento.

coast (*geogr.*), costa. **2.** ~ (declivity) (*gen.*), costone. **3.** ~ (point of the compass) (*naut.*), quarta. **4.** ~ artillery (*milit.*), artiglieria costiera. **5.** ~ battery (*milit.*), batteria costiera. **6.** ~ defense (*milit.*), difesa costiera. **7.** ~ guard (coastguardman) (*milit.*), guardacoste. **8.** ~ guard cutter (small vessel) (*navy*), nave guardacoste, guardacoste. **9.** ~ protection (*milit. - navy*), protezione costiera. **10.** ~ side (driven side, as of a gear tooth) (*mech.*), fianco condotto, fianco trascinato.

coast (to) (*naut.*), costeggiare. **2.** ~ (to move by force of gravity or inertia, as an aut.) (*phys. - gen.*) (Am.), muoversi per forza di gravità (o per inerzia). **3.** ~ (to move downwards) (*phys. - theor. mech. - gen.*), muoversi in discesa. **4.** ~ (to go downhill in a car in neutral gear) (*aut.*), andare in discesa in folle. **5.** ~ (as a jogged elect. mot.) (*mot.*), girare per inerzia.

coastal (*naut.*), costiero.

coaster (vessel engaged in the coasting trade) (*naut.*), natante da cabotaggio. **2.** ~ (vessel used along a coast) (*naut.*), natante costiero. **3.** ~ (low wheeled frame as used when working on the underpart of an aut.) (*impl.*), carrellino. **4.** ~ brake (for bicycle) (*mech.*), freno a contropedale. **5.** ~ hub (as of a bicycle) (*veh.*), mozzo freno.

coastguardman (*milit.*), guardacoste.

coasting (sailing along the coast) (*naut.*), il costeggiare. **2.** ~ (movement by force of gravity or of inertia) (*phys.*), moto dovuto a gravità o inerzia. **3.** ~ (*geogr.*), linea di costa. **4.** ~ (a train running without power supply to the motors before applying the brakes) (*elect. railw.*) (Brit.), fase di forza viva, movimento per inerzia. **5.** ~ flight (of a space craft) (*astric.*), volo inerziale, volo per inerzia. **6.** ~ trade (*naut. - comm.*), cabotaggio.

coat (coating layer) (*gen.*), strato di rivestimento. **2.** ~ (as the canvas cover surrounding a mast where it passes through the deck) (*naut.*), cappa di tela. **3.** ~ (wearing surface, of a road) (*road constr.*), manto superficiale, manto d'usura. **4.** ~ (of paint) (*paint.*), mano. **5.** base ~, *see* priming 2 ~. **6.** body ~ (as in aut. painting) (*paint.*), mano di fondo. **7.** brown ~ (second coat of plaster) (*mas.*), arricciatura. **8.** calender ~ (*rubb. ind.*), rivestimento a calandra. **9.** finishing ~ (as for aut.) (*paint.*), smalto, mano a finire, mano di finitura. **10.** first ~ (scratch coat: as in plastering) (*mas.*), prima mano. **11.** guide ~ (thin coat of paint applied over the surfacer or filler coating before the rubbing operation) (*paint.*), mano di guida. **12.** mast ~ (*naut.*), cappa di mastra d'albero. **13.** mist ~ (very thin coat applied by spraying) (*paint.*), mano di sfumatura. **14.** phosphate ~ (a rust resistant coating over mech. items) (*mech.*), fosfatazione. **15.** scratch ~ (first coat of plaster) (*mas.*), rinzaffo. **16.** skim ~ (last coat of plaster) (*mas.*), stabilitura, velo. **17.** to give the first ~ of paint (*paint.*), dare la prima mano di vernice, dare il primo strato di vernice. **18.** white ~ (last coat of plaster) (*mas.*), *see* skim coat.

coat (to) (*ind.*), rivestire, ricoprire. **2.** ~ with lead (*ind.*), piombare. **3.** ~ with tin (*ind.*), stagnare. **4.** phosphate ~ (as a mech. item to resist rust) (*mech.*), fosfatare.

coated (*a. - gen.*), rivestito. **2.** ~ (as paper) (*a. - paper mfg.*), patinato. **3.** ~ (lens) (*a. - opt.*), trattato (con antiriflettente). **4.** ~ electrode (*elect.*), elettrodo rivestito.

coater (coating machine, for rubberized textiles) (*mach.*), spalmatrice. **2.** reverse-roll ~ (*mach.*), spalmatrice a cilindri controrotanti.

coating (of a film), *see* layer. **2.** ~ (of paint) (*paint.*), mano. **3.** ~ (*ind.*), rivestimento. **4.** ~ (*paper ind.*), patinatura. **5.** ~ (the metallic sheets forming the plates of a condenser) (*elect.*), armatura. **6.** ~ (antireflection coating for antireflection film) (*phot. lenses*), trattamento antiriflesso. **7.** ~ machine (*paper mfg. mach.*), macchina per patinare. **8.** ~ paper (backing paper, paper fit to receive coating) (*paper mfg.*), carta da patinare. **9.** age ~ (black deposit in incandescent lamp bulb) (*elect.*), annerimento dovuto all'uso. **10.** dip ~ (coating of a metallic item by immersion as in melted plastic) (*ind.*), rivestimento per immersione. **11.** friction ~ (*rubb. ind.*), rivestimento (gommatura su calandra) a frizione. **12.** metal ~ (*ind.*), rivestimento metallico. **13.** plating ~ (*ind.*), rivestimento metallico (per galvanostegia). **14.** roller ~ (*paint.*), verniciatura a rullo, applicazione a rullo. **15.** wire ~ (*elect.*), rivestimento del conduttore.

coatroom, *see* cloakroom.

coax (*tlcm. - etc.*), *see* coaxial cable.

coaxal, *see* coaxial.

coaxial (*geom.*), coassiale. **2.** ~ (as of an aer. engine with shafts operating contrarotating propellers) (*a. - mech.*), ad assi coassiali. **3.** ~ cable (*tlcm.*), cavo coassiale. **4.** ~ line (*tlcm.*), linea coassiale. **5.** ~ switch (for coaxial cables) (*elect.*), interruttore coassiale.

cob (used in bldg. walls) (*mas.*) (Am.), mistura di argilla cruda e di paglia. **2.** ~ (unbaked brick) (*bldg.*) (Brit.), mattone crudo. **3.** ~ coal (*min.*), carbone in pezzatura media.

cobalt (Co - *chem.*), cobalto. **2.** ~ glance (*min.*), *see* cobaltite.

cobaltine, cobaltite (CoAsS) (*min.*), cobaltina, cobaltite.

cobble, *see* cobblestone.

cobbles (comb. coal) (*min.*), carbone in pezzatura media. **2.** ~, *see also* cobblestone.

cobblestone, ciottolo. **2.** ~ pavement (*road*), acciottolato. **3.** ~ road (*road*), strada in acciottolato.

cobbling (roughly repairing) (*gen.*), riparazione di fortuna.

"COBOL" (Common Business Oriented Language: as for programs) (*comp.*), linguaggio COBOL.

cobweb (as of a micrometer) (*opt.*), filo di ragno. **2.** ~ micrometer (*opt.*), micrometro con (reticolo a) fili di ragno.

cobwebbing (production of fine filaments during the spraying operation) (*paint. defect*), formazione di filamenti. **2.** ~ (cocooning, protective covering given to engines etc.) (*paint. - etc.*), imbozzolatura, coconizzazione.

"coch", "cochl" (cochleare: a spoonful) (*med. - meas.*), (la quantità di) un cucchiaio.

co-chairman (*of a corporation*), vice presidente, presidente aggiunto.

cochleare (coch: a spoonful) (*med. - meas.*), (la quantità di) un cucchiaio.

cock (hammer of a firearm) (*mech.*), cane. **2.** ~ (as for pip.), rubinetto, valvola. **3.** ~ bagging (special kind of flannel bag to fit over the water-cocks which feed the breakers) (*paper mfg.*), sacchetto filtrante. **4.** ~ handle (*pip.*), leva del rubinetto. **5.** ~ metal (type of brass) (*alloy*), ottone per rubinetteria. **6.** ball ~ (valve operated by a floating ball), valvola automatica a galleggiante. **7.** drain ~ (as of a boiler of a steam locomotive etc.) (*railw. - pip.*), rubinetto di scarico, rubinetto di spurgo. **8.** gauge ~ (inspecting level: as in a large tank) (*impl.*), rubinetto di spia. **9.** half ~ (in a firearm), cane in posizione di sicurezza. **10.** oil level ~ (as of mot.) rubinetto (sfioratore) di livello. **11.** pet ~ (*mot.*), rubinetto di spurgo. **12.** plug ~ (*pip.*), rubinetto a maschio. **13.** sea ~ (*naut.*), valvola (di presa dell'acqua) di mare. **14.** shut-off ~ (as of a jet engine) (*mech.*), valvola di arresto. **15.** spraying ~ (for the smoke box of a steam locomotive) (*railw.*), bagnapolvere. **16.** telegraph ~ (*pip.*), *see* lever faucet. **17.** three-way ~ (for pip.), rubinetto a tre vie. **18.** weather ~ (*meteorol. instr.*), banderuola, mostravento.

cock (to) (a firearm), armare. **2.** ~ (*mech.*), uscire di linea, soqquadrare. **3.** ~ (as a shutter) (*phot.*), caricare. **4.** ~ by hand (a firearm) (*milit.*), armare a mano.

cockbill (to) (as the anchor) (*naut.*), appennellare. **2.** ~ (as a yard) (*naut.*), imbroncare. **3.** ~ the anchor (to set the anchor in a vertical line) (*naut.*), fare pennello all'àncora.

cocked (positioned for firing: as of a hammer of firearm or of a camera shutter) (*a. - firearm - phot.*), armato.

cocking (as of a shutter) (*phot.*), caricamento. **2.** ~ (*mech.*), disallineamento, inclinazione.

cockle (stove used for drying biscuit ware) (*ceramics*), forno di essiccazione. **2.** ~ (creasing or wrinkling: as of paper) (*paper mfg. - etc.*), arricciatura. **3.** ~ (vault of a furnace) (*bldg.*), volta. **4.** ~ cockles (ripples, wavy edges of sheet metal) (*defect*), ondulazione (ai bordi).

cockpit (yacht steering place) (*naut.*), pozzetto. **2.** ~ (pilots compartment) (*aer.*), cabina piloti. **3.** ~ (pilot compartment of a single seater aircraft or race car) (*aer. - sport aut.*), abitacolo del pilota, posto di pilotaggio. **4.** ~ enclosure (*aer.*), paravento piloti. **5.** gunner ~ (*air force*), torretta del mitragliere.

coco (*text. material*), cocco.

cocoon (*silk mfg.*), bozzolo. **2.** ~ (protective cover for stored engines or spare parts) (*mot. - etc.*), imbozzolatura, involucro plastico protettivo, "cocoon". **3.** ~ beating machine (*silk mfg.*), battitoio per bozzoli.

cocoon (to) (to protect: as an engine with a special plastic packing, for storing purposes) (*paint. - mot. - etc.*), coconizzare, rivestire con involucro plastico, cocunizzare.

cocooned (protected, as an engine, with a special plastic packing) (*paint. - mot. - etc.*), coconizzato, rivestito con involucro plastico.

cocooning (protective covering, as for engines etc. applied by spraying) (*paint. - mot. - etc.*), coconizzazione, applicazione dell'involucro plastico protettivo.

"COD", "cod" (cash on delivery) (*comm. - transp.*), contro assegno, pagamento alla consegna.

"cod" (code) (*gen.*), codice. **2.** ~ (coding) (*radio - etc.*), segnalazioni in codice.

code, codice. **2.** ~ (group of rules for representing information) (*comp.*), codice. **3.** ~ book (coded meanings: in alphabetic order) (*comm. - telegraph.*), codice (dei significati). **4.** ~ conversion, *see* conversion. **5.** ~ position (as in a punch card) (*comp.*), posizione di codifica. **6.** ~ translation (decoding) (*comp.*), decodifica. **7.** absolute ~ (direct code, actual code: instructions in mach. language) (*comp.*), codice assoluto, codice diretto, codice macchina, codice oggetto. **8.** access ~ (*comp.*), codice di accesso. **9.** alphanumeric ~ (consisting of numbers and letters) (*comp.*), codice alfanumerico. **10.** area ~ (digit code to be used in dialing long distance calls) (*teleph.*), prefisso per interurbane. **11.** bar ~ (standard international code consisting of black bars) (*comp.*), codice a barre. **12.** Baudot ~ (kind of teleprinter code) (*elics.*), codice Baudot. **13.** "BCD" ~ (*comp.*), codice decimale codificato in binario. **14.** binary ~ (*comp.*), codice binario. **15.** biquinary ~ (code based on a mixed-base system of numbers) (*comp.*), codice biquinario. **16.** chain ~ (*comp.*), codice concatenato. **17.** civil ~ (*law*), codice civile. **18.** column binary ~ (on punched cards) (*comp.*), codifica binaria per colonne. **19.** criminal ~ (*law*), codice penale. **20.** decimal ~ (*comp.*), codice decimale. **21.** dictionary ~ (coded representation of English words) (*comp.*), codice del dizionario. **22.** direct ~, *see* absolute code. **23.** error correcting ~ (*comp.*), codice di correzione errore, codice di autocorrezione. **24.** error detecting ~ (self-checking code) (*comp.*), codice di rilevazione di errore. **25.** excess-three ~ (*comp.*), codice a eccesso tre. **26.** extended binary-coded decimal interchange ~, "EBCDIC" (8 bit code) (*comp.*), codice alfanumerico binario decimale. **27.** figure ~ (*electrotel.*), codice cifrato. **28.** five-unit ~ (*electrotel.*) (Brit.), alfabeto a cinque unità. **29.** forbidden combination ~ (*comp.*), codice (di rilevamento) di combinazioni proibite. **30.** function ~ (*comp.*), codice di funzione. **31.** genetic ~ (*biol.*), codice genetico. **32.** group ~ (systematic error checking code) (*comp.*), codice di gruppo. **33.** Hollerith ~ (punched on 80 columns punch cards) (*comp.*), codice Hollerith. **34.** instruction ~ (of a computer, order code) (*comp.*), codice operativo. **35.** international ~ (operated by flags) (*navig. - etc.*), codice internazionale. **36.** machine ~ (object code: expressed in mach. language) (*comp.*), codice macchina, codice oggetto. **37.** minimum distance ~ (binary code having a minimum distance for the signal) (*comp.*), codice di minima distanza. **38.** mnemonic ~ (code symbols resembling the original word) (*comp.*), codice mnemonico. **39.** Morse ~ (*electrotel.*) (Brit.), alfabeto Morse. **40.** nonprint ~, nonprinting ~ (codified characters combination meaning: "do not print") (*comp.*), codice (che significa) non stampare. **41.** object ~ (mach. code) (*comp.*), codice oggetto, codice macchina. **42.** one-level ~ (*comp.*), codice di livello uno. **43.** operation ~ (*comp.*), codice operativo. **44.** optimum ~ (very efficient code) (*comp.*), codice ottimale. **45.** paper tape ~ (code for tape with punched holes) (*comp.*), codice di nastro perforato, codice di banda perforata. **46.** penal ~ (*law*), codice penale. **47.** personal identification ~, "PIC" (plastic card containing a particular magnetic record) (*elics. - comp. - bank - etc.*), codice personale di identificazione. **48.** postal ~

(*mail*), codice postale. **49.** punched-tape ~ (*data proc. - comp.*), codice per banda perforata. **50.** pure ~ (reentrant code; reusable code) (*comp.*), codice rientrante, codice riutilizzabile. **51.** redundant ~ (code using more than needed characters) (*comp.*), codice a ridondanza. **52.** reflected binary ~, reflective ~ (Gray code) (*comp.*), codice binario riflesso, codice Gray. **53.** relocatable ~ (code in which all relocating references are individually marked) (*comp.*), codice rilocabile. **54.** road traffic ~ (*road traff.*), codice stradale. **55.** self-checking ~ (code self detecting errors) (*comp.*), codice di autocontrollo. **56.** source ~ (code expressed in the same language in which has been originally expressed) (*comp.*), codice sorgente. **57.** telegraphic ~ (*telegraphy*), codice telegrafico. **58.** two-out-of-five ~ (a system of encoding decimal digits) (*comp.*), codice due su cinque. **59.** weight ~ (of a bar code) (*comp.*), codice del peso. **60.** zip ~ (postal delivery area: postal code) (*mail*), codice (di avviamento) postale.

code (to) (*elics. - etc.*), codificare.

codeclination (polar distance) (*naut.*), complemento della declinazione.

coded (*comp.*), codificato, in codice. **2.** ~ program (*comp.*), programma in codice, programma codificato. **3.** ~ stop (*comp.*), arresto codificato.

codeine ($C_{18}H_{21}NO_3 \cdot H_2O$) (alkaloid) (*chem.*), codeina.

coder (device for forming code signals) (*radioteleph.*), formatore di segnali in codice. **2.** ~ (*comp.*), codificatore. **3.** ~ (electronic app. for sending the coded identification signals) (*aer.*), codificatore.

codify (to) (*gen.*), scrivere in codice, codificare.

coding (as by radio, radar etc.) (*milit.*), segnalazione in codice. **2.** ~ (the act of compiling a programming sequence) (*comp.*), codifica. **3.** ~ (the act of translating a program in an accepted language) (*comp.*), codifica. **4.** ~ line (*comp.*), linea di programma. **5.** absolute ~ (*comp.*), codifica assoluta, codifica in linguaggio macchina. **6.** alphabetic ~ (made by a code using only alphabetic letters and special characters) (*comp.*), codifica alfabetica. **7.** binary ~ (*comp.*), codifica binaria. **8.** minimum access ~, *see* minimum delay coding. **9.** minimum delay ~ (*comp.*), codifica in tempi ottimali. **10.** minimum-latency ~, *see* minimum-delay coding. **11.** numeric ~ (made by a code using only digits) (*comp.*), codifica numerica. **12.** out-of-line ~ (coding stored apart) (*comp.*), codifica fuori linea. **13.** own ~ (particular instructions that the utilizer adds) (*comp.*), codifica aggiunta dall'utente. **14.** straight-line ~ (coding having a sequential course, without branches) (*comp.*), codifica lineare (o sequenziale). **15.** symbolic ~ (coding written in assembly language) (*comp.*), codifica simbolica.

codistor (noise eliminator and voltage regulator) (*elics.*), regolatore di tensione con eliminazione di disturbi.

"COE", *see* cab-over-engine.

coefficient (*math. - phys.*), coefficiente. **2.** ~ of absorption (*phys.*), coefficiente di assorbimento. **3.** ~ of compressibility (*phys.*), coefficiente di compressibilità. **4.** ~ of contraction (*hydr.*), coefficiente di contrazione (di una vena). **5.** ~ of coupling (coupling coefficient) (*radio*), coefficiente di accoppiamento. **6.** ~ of diffusion (*phys. chem.*), coefficiente di diffusione. **7.** ~ of discharge (*hydr.*), coefficiente di efflusso. **8.** ~ of displacement (*naut.*), coefficiente di dislocamento. **9.** ~ of elasticity (*constr. theor.*), *see* modulus of elasticity. **10.** ~ of equivalence (of brass) (*metall.*), *see* equivalence factor. **11.** ~ of expansion (*phys.*), coefficiente di dilatazione termica. **12.** ~ of fineness (*aer.*), coefficiente di finezza. **13.** ~ of friction (*mech.*), coefficiente di attrito. **14.** ~ of heat transmission (*therm.*), coefficiente di trasmissione del calore. **15.** ~ of kinematic viscosity (*phys.*), coefficiente di viscosità cinematica. **16.** ~ of leakage (of magnetic flux) (*elect.*), coefficiente di dispersione. **17.** ~ of reflection (*phys.*), coefficiente di riflessione. **18.** ~ of rigidity (*constr. theor.*), modulo di elasticità tangenziale. **19.** ~ of utilization (*illum.*), coefficiente di utilizzazione. **20.** ~ of variation, ~ of variability (*stat.*), coefficiente di variazione. **21.** ~ of velocity (actual velocity divided by theoretical velocity) (*fluidics*), coefficiente di velocità. **22.** ~ of viscosity (*phys.*), coefficiente di viscosità. **23.** activity ~ (*phys.*), coefficiente di attività. **24.** block ~ (coefficient of fineness of displacement) (*naut.*), coefficiente di finezza totale di carena. **25.** charging ~ (as of an acc.) (*elect.*), coefficiente di carica. **26.** coupling ~ (*radio*), coefficiente di accoppiamento. **27.** drag ~ (*aerodyn.*), coefficiente di resistenza. **28.** image-transfer ~ (or constant) (*elect. - radio*), esponente di trasduzione immagine. **29.** lift ~ (*aerodyn.*), coefficiente di portanza. **30.** linear absorption ~ (*atom phys.*), coefficiente lineare di assorbimento. **31.** mass absorption ~ (*atom phys.*), coefficiente di assorbimento massico. **32.** moment ~ (*aer.*), coefficiente (adimensionale) del momento. **33.** phase-change ~ (in waves propagation) (*tlcm.*), costante di fase. **34.** prismatic ~ of fineness of displacement (*shipbuild.*), coefficiente di finezza longitudinale di carena, coefficiente prismatico. **35.** reflection ~ (*elect.*), coefficiente di riflessione. **36.** thrust-deduction ~ (used when calculating the speed of ships, taking into account the increase of resistance due to the propeller when installed and moving with the ship) (*naut.*), fattore di deduzione di spinta. **37.** traction ~ (*railw.*), coefficiente di aderenza. **38.** winding ~ (*elect.*), fattore di avvolgimento.

coelostat (*astr. impl.*), celostato.

coercimeter (measuring coercive force) (*electromag. instr.*), coercimetro.

coercion (*law*), costrizione, coercizione.
coercive (*a. - gen.*), coercitivo. **2.** ~ force (*elect. - phys.*), forza coercitiva.
"coextrusion" (extrusion of a metal with intermediate layer or layers of other metals in order to eliminate contact of the main metal with the dies) (*mech. technol.*), coestrusione.
"COFC" (containers on flat car) (*transp.*), contenitori su carro a pianale, contenitori su pianali.
"C of ENGRS" (chief of engineers) (*factory management*), capotecnico.
"COFF" (cofferdam) (*naut.*), compartimento stagno.
coffer (a recessed panel to be found in a ceiling or vault) (*arch.*), cassettone, pannello ornamentale di cavità. **2.** ~ (a lock chamber) (*hydr.*), vasca di chiusa.
cofferdam (*shipbuild.*), compartimento stagno. **2.** ~ (watertight enclosure made of piles and clay from which water is pumped for laying dry foundations: for piers etc.) (*hydr. constr.*), palancolata, argine di contenimento.
cog (cog connection, as by a tenon) (*carp. - join.*), incastro a dente, giunzione a dente (o a tenone). **2.** ~ (kind of tenon) (*carp. - join.*), tenone, dente d'incastro. **3.** ~ (tooth on the rim of a wheel) (*mech.*), dente. **4.** ~ (wooden tooth for no longer used gearwheels) (*obsolete mech.*), dente di legno. **5.** ~ railway, ~ railroad, *see* cogway.
cog (to) (to connect) (*carp.*), congiungere mediante incastro. **2.** ~ (to shape by rolling) (*metall.*), sbozzare al laminatoio.
cogeneration (energy regeneration: as of heat wasted in an ind. process, regenerated by a domestic hot water supply) (*ind.*), recupero energetico.
cogged (*metall. - rolling mill*), sbozzato.
cogging (roughing) (*rolling*) (Brit.), sbozzatura. **2.** ~ press (for ingots) (*forging mach.*), pressa per sbozzare. **3.** hammer ~ (*forging*), sbozzatura al maglio.
cograil, *see* rack rail.
cogway (*railw.*), ferrovia a cremagliera.
cogwheel (*mech.*), ruota con (uno o più) appigli (o "denti") sporgenti, ruota dentata.
coherent (a light) (*a. - opt.*), coerente. **2.** ~ (having the quality of holding firmly together: as the particles of wet sand do) (*a. - phys.*), coerente. **3.** ~ (of trains of waves) (*a. - phys.*), coerente.
coherer (a type of detector of electromagnetic waves) (*radio*), rivelatore, coesore, "coherer".
cohesion (*phys.*), coesione. **2.** ~ meter (as of molding sand) (*found. app.*), coesimetro.
cohesionless (as of a particular type of soil) (*geol.*), incoerente, senza coesione.
coil (*elect. device*), bobina. **2.** ~ (*pip.*), serpentino. **3.** ~ (as of iron wire) (*ind.*), rotolo, bobina. **4.** ~ (single ring of a spiral) (*gen.*), spira. **5.** ~ (of rope) (*naut.*), giro, ruota. **6.** ~ (as of an elect. mach. magnetic field) (*electromech.*), matassa. **7.** ~ cradle (in sheet metal production) (*mech.*), culla (di sostegno) del rullo svolgitore. **8.** ~ pressure plate (of a transformer) (*electromech.*), piastra pressabobina. **9.** ~ spring (flatspiral, helical spring or volute spring) (*mech.*), molla (a spirale piana, o ad elica cilindrica, oppure a spirale conica). **10.** active coils (as of a valve spring) (*mech.*), spire utili. **11.** automatic ~ winder (*elect. mach.*), bobinatrice automatica. **12.** ballasted ~ (of the ignition system) (*elect. - mot. - aut.*), bobina con resistore. **13.** bucking ~ (*radio*), bobina di compensazione. **14.** catchweight ~ (coil, as of wire, of random weight) (*metall. ind.*), rotolo di peso indefinito. **15.** choke ~ (reactor) (*radio*), bobina d'arresto. **16.** choke ~ (as for mercury discharge lamps) (*elect.*), reattanza (limitatrice), reattore. **17.** cooling ~ (*cold ind.*), serpentina refrigerante. **18.** current ~ (as of an elect. meter) (*elect.*), bobina amperometrica. **19.** deflecting ~ (*elics.*), bobina di deflessione. **20.** economy ~ (inductance coil used in a series illuminating circuit) (*elect. illum.*), induttanza di corto circuito, bobina di corto circuito. **21.** field ~ (as of a dynamo) (*elect.*), bobina di campo. **22.** flip ~ (for measuring magnetic field intensity with a ballistic galvanometer) (*meas. instr.*), bobina di esplorazione. **23.** focusing ~ (*telev.*), bobina di focalizzazione. **24.** formed ~ (wound apart) (*electromech.*), bobina prefabbricata. **25.** frame ~ (picture control coil) (*telev.*), bobina regolazione immagine. **26.** grounding ~ (*elect.*), bobina di terra. **27.** heat ~ (protective resistance coil) (Brit.) (*electrotel.*), bobina termica. **28.** high-voltage ~ (of a transformer) (*electromech.*), bobina di alta tensione. **29.** honeycomb ~ (as for radio), bobina a nido d'api. **30.** hybrid ~ (hybrid transformer, differential transformer with three windings and four pairs of terminals used in telegraphy and telephony) (*elect.*), trasformatore differenziale. **31.** ignition ~ (of an i.c. mot.) (*elect.*), bobina d'accensione. **32.** impedance ~ (*elect.*), reattanza, reattore. **33.** inductance ~ (*elics.*), bobina di induttanza. **34.** induction ~ (Ruhmkorff coil) (*elect. mach.*), rocchetto di induzione. **35.** iron-core HF ~ (*radio*), bobina alta frequenza (AF) a nucleo magnetico. **36.** kicking ~ (*elect.*), bobina di reattanza. **37.** loading ~ (*radio*), bobina di carico. **38.** low-voltage ~ (of a transformer) (*electromech.*), bobina di bassa tensione, avvolgimento di bassa tensione. **39.** multilayer ~ (*elics.*), bobina a più strati. **40.** pancake ~ (*elics.*), bobina piatta. **41.** peterson ~ (for high voltage equipment) (*elect.*), bobina di soppressione d'arco. **42.** pipe ~ (*ind. device*), serpentino. **43.** plug-in ~ (*elect. - radio*), bobina ad innesto, bobina a spina. **44.** potential ~ (voltage coil, potential winding, voltage winding: as of a wattmeter) (*elect.*), bobina voltmetrica. **45.** reactance ~ (*elect.*), bobina di reattanza. **46.** reaction ~ (*radio*), bobina di reazione. **47.** rotating ~ (antenna) (*radio*), (antenna a) quadro girevole. **48.** Ruhmkorff ~ (*elect. mach.*), rocchetto di Ruhmkorff. **49.** search ~ (*elect. - magnetism*), bobina

cercatrice. **50.** shading ~ (shading ring: a short-circuited coil around a pole for self-starting of a single phase motor) (*elect.*), spira (in corto circuito) di avviamento. **51.** slab ~ (*elect.*), bobina extrapiatta. **52.** syntonizing ~ (*radio*), bobina di sintonia. **53.** tuning ~ (*radio*), bobina di sintonia.

coil (to) (to wind) (*gen.*), avvolgere a spirale. **2.** ~ (as a rope) (*naut.*), adugliare, cogliere a ruota.

"coil-breaks" (mill term for stretcher strains) (*metall.*), *see* stretcher strains.

coiler (coiling device) (*mech.*), avvolgitore, dispositivo di avvolgimento. **2.** ~ (short for coiler can) (*text. ind.*), *see* coiler can. **3.** ~ can (for collecting wool slivers from the cards) (*text. ind.*), raccoglitore. **4.** collapsible ~ drum (as for wire) (*rolling mill*), tamburo di avvolgimento ad espansione.

coiling (winding: as of wire rods on drums) (*gen.*), avvolgimento.

coin (piece of metal money) (*comm.*), moneta. **2.** ~ (cornerstone) (*bldg.*), pietra d'angolo. **3.** ~, *see also* coinage. **4.** ~ box (*teleph. - etc.*), gettoniera, cassetta raccolta gettoni. **5.** small coins (*comm.*), spiccioli.

coin (to) (*metall. - minting*), coniare. **2.** ~ (to mark metal ingots or blocks in order to certify their weight and purity) (*ind.*), punzonare, siglare. **3.** ~ (to size a forging to close tolerances after the clipping operation) (*forging*), assestare. **4.** ~ (to cold-size a forging after pickling etc.) (*forging*), calibrare.

coinage (coin), moneta. **2.** ~ (process of coining) (*metall.*), conio, coniatura.

coincide (to) (*gen.*), coincidere.

coincidence (*gen.*), coincidenza. **2.** ~ counting (*atom phys.*), registrazione in coincidenza.

coincident current selection, *see* coordinate addressing.

coining (striking operation of coins or medals) (*metall.*), coniatura. **2.** ~ (sizing a forging to close tolerances after the clipping operation) (*forging*), assestamento. **3.** ~ (cold sizing of a forging after pickling etc.) (*forging*), calibratura. **4.** ~ press (sizing press) (*forging mech.*), coniatrice, pressa per assestare.

coir (elastic fiber), fibra di cocco.

coke (*coal*), coke. **2.** ~ bed (layer of coke for starting a cupola furnace and on which alternate charges of metal and coke are added) (*found.*), dote, coke di riscaldo. **3.** ~ breeze (refuse left in the manufacture of coke and used for making breeze concrete) (*comb.*), scorie di coke. **4.** ~ breeze concrete, *see* breeze concrete. **5.** ~ dust (powdered coke) (*comb.*), polverino di coke. **6.** ~ oven (*ind. furnace*), forno da coke. **7.** ~ plant (*ind.*), cokeria. **8.** bed ~ (coke bed) (*found.*), dote, coke di riscaldo. **9.** cupola ~ (*found.*), coke da cubilotto. **10.** domestic ~ (*comb.*), coke per uso domestico. **11.** egg ~ (*comb.*), coke di pezzatura ovo, coke di pezzatura da 3 $^7/_{16}$ a 2 $^1/_2$ pollici. **12.** foundry ~ (*found.*), coke da fonderia. **13.** furnace ~ (*metall.*), coke da (alto) forno. **14.** gas ~ (*ind.*), coke di storta. **15.** metallurgical ~ (*comb. - metall.*), coke metallurgico. **16.** pea ~ (*comb.*), minuto di coke. **17.** petroleum ~ (solid residue of distillation used in metallurgy etc.) (*comb.*), coke di petrolio. **18.** pitch ~ (*chem. ind.*), coke di pece. **19.** spent pitch ~ (as for pack hardening) (*chem. - heat - treat.*), coke di pece esaurito.

coke (to) (to become coke) (*chem. ind.*), cokificare. **2.** ~ (*mot.*), formarsi di depositi carboniosi.

coke-oven (*gas works*), cokeria. **2.** ~ gas (*ind. comb.*), gas di cokeria.

cokery (coke plant) (*chem. ind.*) (Brit.), cokeria.

coking (*a. - chem. ind.*), cokificante. **2.** ~ (coal distillation) (*ind. chem.*), cokificazione, cokizzazione. **3.** ~ (*mot.*), formazione di depositi carboniosi. **4.** fluid ~ (utilizing heavy petroleum oils) (*ind. chem.*), cokizzazione fluida.

col (region having the shape of a saddle in the isobaric field) (*meteorol.*), sella.

"col" (column) (*arch.*), colonna. **2.** ~ (colonel) (*milit.*), colonnello. **3.** ~, *see also* color, colored.

colatitude (*geogr.*), colatitudine.

colcothar (Fe_2O_3) (*ind. chem.*), colcotar.

cold (*a.*), freddo. **2.** ~ bending test (*mech. technol.*), prova di piegatura a freddo. **3.** ~ chamber die-casting machine (*found. mach.*), macchina per pressofusione a camera fredda. **4.** ~ charge (of a furnace), carica solida. **5.** ~ check (*paint.*), incrinatura al gelo. **6.** ~-check resistance (in lacquer spraying) (*paint.*), sensibilità al freddo. **7.** ~ chisel (*t.*), tagliolo a freddo. **8.** ~ coining press (*shop mach.*), pressa per coniare a freddo. **9.** ~ crack (as of a casting after solidification) (*found.*), incrinatura a freddo. **10.** ~ extrusion plunger (*mech. technol.*), punzone per estrudere a freddo. **11.** ~ flow (viscous flow of a solid at ordinary temperature) (*phys.*), scorrimento plastico. **12.** ~ header and thread rolling machine (*mach. t.*), macchina per bulloneria ricalcata a freddo e rullata. **13.** ~ junction (as in a thermocouple), giunto freddo. **14.** ~ production (*therm.*), produzione del freddo. **15.** ~ rectifying (*metall. ind.*), *see* cold rolling. **16.** ~-rolled (*metall.*), laminato a freddo. **17.** ~ rolling (*metall. ind.*), laminazione a freddo. **18.** ~ room (as for engine starting tests) (*testing equip.*), camera fredda. **19.** ~ saw (for cutting cold metal) (*mach.*), sega a freddo. **20.** ~ saw (rotating steel disc, for cutting metal by friction) (*mach.*), sega ad attrito. **21.** ~ set (flat edge chisel) (*t.*), scalpello a freddo. **22.** ~ spraying (of lacquer) (*paint.*), spruzzatura a freddo. **23.** ~ starting (*mot.*), avviamento a freddo. **24.** ~ storage (*refrig. ind.*), magazzinaggio refrigerato. **25.** ~ store (*ind.*), magazzino frigorifero, magazzino refrigerato, cella frigorifera. **26.** ~ test (as of engine starting) (*mot.*), prova a freddo. **27.** ~ time (cool time, as in seam welding: interval of time between successive heat times) (*mech. technol.*), tempo freddo, tempo di interruzione della corrente.

cold-bleaching (process of bleaching) (*paper mfg.*), imbianchimento a freddo.
cold-cut (as of paint or lacquer) (*a. - paint.*), diluita a freddo.
cold-draw (to) (*mech.*), trafilare a freddo.
cold-drawing (*mech.*), trafilatura a freddo.
cold-drawn (*a. - mech.*), trafilato a freddo.
cold-finishing (final cold-rolling of metal sheet or strip previously hot-rolled) (*rolling mill*), laminazione di finitura (a freddo).
cold-flow (to) (viscous flow of a solid at ordinary temperature) (*phys.*), scorrere plasticamente, essere soggetto a scorrimento plastico.
cold-head (to) (as bolts) (*mech.*), ricalcare a freddo.
cold-headed (as bolts) (*a. - mech.*), ricalcato a freddo.
cold-heading (as of bolts) (*mech.*), ricalcatura a freddo.
cold-lap (*found.*), *see* cold shut.
cold-press (to) (*ind. - metall.*), pressare a freddo, assoggettare a pressione a freddo.
cold-reduced (*rolling mill*), laminato a freddo.
cold-reduction (cold-rolling of metal sheet or strip) (*rolling mill*), laminazione a freddo.
cold-rivet (to) (*technol.*), chiodare a freddo.
cold-roll (to) (*metall.*), laminare a freddo.
cold-rolled (*a. - metall.*), laminato a freddo. **2.** ~ steel (*metall.*), acciaio laminato a freddo.
cold-rolling (*metall.*), laminazione a freddo.
cold-runs (*found.*), punti freddi.
cold-short (*a. - metall.*), fragile a bassa temperatura.
cold-shortness (brittleness at low temperature) (*metall.*), fragilità a bassa temperatura.
cold-shut (defect due to improper heat in forging, causing lack of weld) (*forging*), giunto freddo, piega fredda, ripresa, saldatura fredda, ripiegatura.
cold-start (as a lamp) (*a. - illum.*), con adescamento a freddo.
cold-treating (of metals) (*metall.*), trattamento a freddo.
cold weld (to) (to obtain welding on metals by their cold flow under very high pressure, without heat: as for transistors sealing) (*metall. - elics.*), saldare a freddo (a pressione). **2.** ~, *see* weld (to).
cold-welding (welding on metals obtained by their flow under very high pressures, without heat: as for transistors sealing) (*metall. - elics.*), saldatura a freddo a pressione.
cold-work (to) (metals) (*mech.*), lavorare a freddo. **2.** ~ (to cold-form) (*mech. technol.*), formare a freddo, foggiare a freddo.
cold-working (*metall.*), lavorazione a freddo.
coleopter (a jet aircraft with an annular wing) (*aer.*) (slang), aviogetto con ala anulare.
"colgrout" (colloidal grout) (*bldg.*), malta (di guida) colloidale.
"colidar" (coherent light detection and ranging) (*opt.*), localizzazione telemetrica a luce coerente, radar a luce coerente.
collage (pictures made by pasting scraps of printed matter etc.) (*art*), collage, collaggio.
collapsar, *see* black hole.
collapse (*bldg.*), franamento, crollo. **2.** ~ (*med.*), collasso.
collapse (to) (*bldg.*), crollare. **2.** ~ (as things so that the parts fall together into a compact form as for transportation purposes: as a rubber boat or a table) (*gen.*), ripiegare. **3.** ~ in (*bldg. - mas.*), franare.
collapsed (as of the objective of a camera) (*phot.*), rientrato. **2.** ~ (*bldg.*), franato. **3.** ~ (as of a collapsible table) (*gen.*), ripiegato.
collapsibility (of cores after casting) (*found.*), friabilità (delle anime).
collapsible (*mech.*), piegabile, pieghevole. **2.** ~ (as of phot. objective) (*phot.*), rientrabile. **3.** ~ (foldable down into a more compact form: as of a protruding arm of an apparatus, foldable down for easing transp.) (*a. - mech.*), ribaltabile, piegabile. **4.** ~ roof (*aut.*), capote apribile. **5.** ~ tap (*t.*), maschio ad espansione.
collar (*mech.*), collare. **2.** ~ (as of valve springs) (*mot. mech.*), piattello. **3.** ~ (of a drill hole) (*min.*), bocca. **4.** ~ (of an axle) (*railw.*), collare, collarino. **5.** ~ (part of a forging having a diameter greater than that of the adjacent portions and a length less than its diameter) (*forging*), flangia. **6.** ~ beam (of a roof) (*mas.*), trave di collegamento. **7.** ~ bearing, *see* thrust bearing. **8.** ~ collet (of the valves) (*mot. mech.*), semicono tenuta piattello. **9.** centering ~ (*mech.*), anello di centraggio. **10.** sleeve ~ (*mech.*), manicotto. **11.** white ~ (factory personnel) (*coll.*), impiegato.
collarino (of the Doric or Ionic columns) (*arch.*), collarino.
collate (to) (to assemble in order and verify) (*print.*), riordinare e verificare. **2.** ~ (to combine various sets of data into one set) (*comp.*), collazionare, riunire per confronto. **3.** ~ (to compare) (*gen. - etc.*), collazionare, confrontare.
collateral (*gen.*), collaterale. **2.** ~ (guaranteed) (*comm.*), garantito. **3.** ~ bundle (*botany*), fascio collaterale. **4.** ~ loan (*finan.*), prestito garantito.
collating (assembling in order and verifying) (*print.*), riordino e verifica. **2.** ~ sequence (*comp.*), sequenza di confronto (o di selezione). **3.** ~ table (*bookbinding*), tavola di raccolta, tavola raccoglitrice.
collator (*calc. mach.*), inseritrice.
collect (to) (*gen.*), raccogliere. **2.** ~ (*finan.*), esigere. **3.** ~ (money) (*comm.*), incassare, riscuotere. **4.** ~ (as fossils or minerals) (*min.*), collezionare, raccogliere.
collection (*gen.*), raccolta. **2.** ~ (*comm.*), riscossione. **3.** ~ (as of taxes) (*finan.*), esazione. **4.** ~ (aggregate, set, manifold) (*math.*), insieme. **5.** ~ (as minerals or fossils) (*min.*), collezione, campiona-

mento. **6.** ~ order (*adm.*), reversale (d'incasso). **7.** data ~ (*comp.*), raccolta dati.

collective (*a. - gen.*), collettivo. **2.** ~ pitch change (as of helicopter rotor blades) (*aer.*), variazione collettiva del passo.

collector (set of slip rings of an elect. mach.), anelli del collettore. **2.** ~ (of an open–jet wind tunnel) (*aer.*), collettore. **3.** ~ (electrode in the klystron) (*radio*), (elettrodo) collettore. **4.** ~ (as of taxes) (*work.*), esattore. **5.** ~ (as the third rail sliding contact) (*railw.*), pattino. **6.** ~ (output terminal of a transistor) (*elics.*), collettore. **7.** ~ junction (in a transistor) (*elics.*), giunzione di collettore. **8.** ~ ring (as of a mot.) (*electromech.*), anello collettore. **9.** ~ ring hub (ring sleeve: as of an induction mot.) (*electromech.*), bussola porta–anelli. **10.** ~ rings (*elect.*), *see* collector. **11.** ~ shoe (for contact rail) (*elect. railw.*), presa a pattino. **12.** centrifugal dirt ~ (of a railw. brake system) (*railw.*), *see* rotary strainer. **13.** comb ~ (as for collecting charges in an electrostatic generator) (*electromech.*), collettore a pettine. **14.** current ~ (*of elect. veh.*), organo di presa. **15.** exhaust ~ ring (as of a radial engine) (*mech.*), collettore di scarico ad anello. **16.** flat-plate ~ (*sun energy*), collettore piano. **17.** focusing ~ (*sun energy*), collettore a concentrazione. **18.** pantograph ~ (*elect. railw.*), asta di presa a pantografo. **19.** sand ~ (sand trap) (*hydr. constr.*), dissabbiatore, fermasabbia, collettore di sabbia. **20.** superheater ~ (of a boiler), collettore del surriscaldatore.

college (as of town majors) (*law - finan.*), collegio.

collet (metal ring) (*mech.*), anello metallico. **2.** ~ (*jewelry*), castone. **3.** ~ (collet chuck, of a lathe) (*mach. t.*), bussola di chiusura, pinza.

collide (to) with (*veh.*), investire. **2.** ~ (*naut.*), collidere.

collier (*naut.*), (nave) carboniera. **2.** ~ (*work.*), minatore di carbone.

colliery (*min.*), miniera di carbone. **2.** ~ viewer (*min.*), ispettore delle miniere di carbone.

collimate (to) (*top. - astr. - phys.*), collimare.

collimation (*top. - astr. - phys.*), collimazione.

collimator (instr. with lens and cross hairs used for collimating as a transit) (*top. - opt. instr.*), collimatore. **2.** ~ (laboratory instr. with a lens and a hole at its principal focus, used for producing a beam of parallel rays) (*opt. instr.*), stella artificiale, collimatore. **3.** ~ (device for obtaining a parallel beam: as of electrons) (*phys. instr.*), focalizzatore (di fascio elettronico).

collineation (*math.*), collineazione.

collision (of veh.), collisione, scontro. **2.** ~ (*railw.*), scontro. **3.** ~ (the crashing together of two vessels) (*naut.*), collisione. **4.** ~ (*atom phys.*), collisione. **5.** ~ bearing (collision course) (*naut.*), rotta di collisione. **6.** ~ bulkhead (of a ship) (*shipbuild.*), paratia di collisione. **7.** elastic ~ (*mech. theor.*), urto elastico. **8.** front-to-rear-end ~ (*veh.*), tamponamento.

collisional (as a plasma in which the motion of particles is controlled by collision) (*plasma phys.*), collisionale.

collisionless (collision–free as a plasma in which collisions have a negligible effect on the path of a particle) (*plasma phys.*), senza collisioni.

collodion (*chem.*), collodio. **2.** ~ cotton (*chem.*), cotone–collodio.

colloid (*chem.*), colloide. **2.** ~ mill (as in rubber mfg.), mulino colloidale. **3.** protective ~ (as in the rubber ind.) (*ind. chem.*), colloide protettore.

colloidal (*chem.*), colloidale. **2.** ~ graphite (for lubrication) (*mot.*), grafite colloidale.

cologarithm (*math.*), cologaritmo.

colon (*typ.*), doppiopunto, due punti.

colonel (*milit.*), colonnello. **2.** lieutenant ~ (*milit.*), tenente colonnello.

colongitude (*geogr.*), colongitudine.

colonial (*a.*), coloniale. **2.** ~ wool (*text. ind.*) (Brit.), lana dei Dominions.

colonnade (*arch.*), colonnato.

colophony (rosin), colofonia, pece greca.

color, colour (*gen.*), colore. **2.** ~ (*acous.*), timbro. **3.** ~ (*phys.*), colore. **4.** ~ (dyestuff) (*ind. chem.*), colorante, tintura, bagno di colore. **5.** ~ blindness (*opt.*), daltonismo. **6.** ~ change (as of a solution) (*chem.*), viraggio. **7.** ~ cinematography (*m. pict.*), cinematografia a colori. **8.** ~ depreciation (as of fuel oils) (*chem.*), alterazione del colore. **9.** ~ equation (*opt.*), equazione di colori. **10.** ~ filter (color screen absorbing colors selectively) (*phot.*), filtro colorato, filtro colore. **11.** ~ for limewash (*mas.*), colore a calce. **12.** ~ quality (*opt.*), *see* chroma. **13.** ~ saturation (chroma) (*opt.*), saturazione del colore. **14.** ~ screen, *see* color filter. **15.** ~ shade (*gen.*), gradazione di colore, tonalità. **16.** ~ solid (*opt.*), solido dei colori. **17.** ~ space (*opt.*), spazio cromatico. **18.** ~ stimulus (*opt.*), stimolo dei colori. **19.** ~ temperature (of a light source: temperature of the black body having the same color of the source) (*opt.*), temperatura del colore. **20.** ~ triangle, *see* chromaticity diagram. **21.** ~ vision (*opt.*), visione dei colori. **22.** ~ wash (*mas.*), colore a calce. **23.** ~ wash paint (applied) (*mas.*), tinteggiatura (o coloritura) a calce. **24.** ~ wash painting (act of painting), tinteggiatura (o coloritura) a calce. **25.** complementary colors (*phys.*), colori complementari. **26.** dry ~ (*mas.*), colore in polvere. **27.** fadeless ~ (*text. - etc.*), colore resistente, colore che non smonta. **28.** fast ~ (*text. - etc.*), colore solido. **29.** full ~ (pure color) (*opt.*), colore puro. **30.** indelible ~ (*ind. - chem.*), colore indelebile. **31.** interference ~ (*phys.*), colore d'interferenza. **32.** minus ~ (*color phot.*), colore complementare. **33.** oil ~ (*paint.*), pittura ad olio, colore ad olio. **34.** overglaze ~ (*pottery mfg.*), colore sopra vetrino, decorazione sopra vetrino. **35.** powdered ~ (*mas.*), colore in polvere. **36.** primary ~ (*phys.*), colore fondamentale. **37.** pure ~ (full color) (*opt.*), colore puro. **38.**

secondary ~ (color obtained by mixing any two primary colors in equivalent quantities) (*opt.*), colore secondario. **39.** temper ~ (*metall.*), colore di rinvenimento. **40.** underglaze ~ (*pottery mfg.*), colore sotto vetrino, decorazione sotto vetrino. **41.** water ~ (*mas.*), colore a tempera. **42.** water ~ paint (applied) (*mas.*), tinteggiatura (o coloritura) a tempera. **43.** water ~ painting (act of painting), tinteggiatura (o coloritura) a tempera. **44.** ~, *see also* colors.

color, colour (to) (*gen.*), colorare.

colorant, *see* dye, pigment.

colorcast (a broadcast in color) (*telev.*), trasmissione a colori.

colorcast (to) (to broadcast in color) (*telev.*), trasmettere a colori.

color–code (to) (wires, pipes etc.) (*ind.*), verniciare in colore secondo un codice di identificazione.

colored, colorato.

colorimeter (*chem. - phys. instr.*), colorimetro.

colorimetric (*a. - opt.*), colorimetrico. **2.** ~ purity (*opt.*), (fattore di) purezza colorimetrica. **3.** ~ quality (*opt.*), *see* chroma.

colorimetry (*opt.*), colorimetria.

coloring (act of applying colors), colorazione. **2.** ~ (that which colors), colorante. **3.** ~ for cement (*mas.*), colore da (aggiungere al) cemento. **4.** ~ of flame (as in blowpipe test) (*chem.*), colorazione della fiamma.

colorless (*a. - gen.*), incolore.

colors (*milit.*), bandiera.

colour, *see* color.

colter, coulter (*agric.*), coltro. **2.** knife ~ (*agric.*), coltro ordinario. **3.** rolling ~ (*agric.*), coltro a disco. **4.** wheel ~ (*agric. mach.*), *see* rolling colter.

columbarium (*bldg.*), colombario.

columbian (*print.*), corpo 16.

colombium (niobium) (Cb - *chem.*), columbio, niobio.

column (*arch.*), colonna. **2.** ~ (*print.*), colonna. **3.** ~ (of a determinant) (*math.*), colonna. **4.** ~ (as of trucks) (*milit.*), colonna. **5.** ~ (of a press frame) (*mach.*), colonna, montante. **6.** ~ (*chem. ind.*), colonna. **7.** ~ (vertical disposition of symbols or characters on a card) (*comp.*), colonna. **8.** ~ binary coding (Chinese binary coding) (*comp.*), codifica binaria in colonne. **9.** ~ drilling machine (*mach. t.*) (Am.), trapano a colonna, trapanatrice a colonna. **10.** ~ millimeter (*adver.*), millimetro colonna. **11.** ~ of water (*hydr.*), colonna d'acqua. **12.** ~ sorting (*comp.*), ordinamento per colonne. **13.** ~ split (in a punched card) (*comp.*), divisione di colonna. **14.** airplane control ~ (*aer.*) (Am.), barra di comando. **15.** classified ~ (*adver. - journ.*), colonna degli annunci economici. **16.** credit ~ and debit ~ (*finan. - adm.*), colonne del dare e dell'avere. **17.** energy–absorbing steering ~ (for safety) (*aut.*), piantone dello sterzo ad assorbimento di energia. **18.** filled–type ~ (in a chem. plant) (*chem. ind.*), colonna a riempimento. **19.** fractionating ~ (*chem. equip.*), colonna di frazionamento, deflemmatore, colonna di rettificazione. **20.** hollow ~ (*bldg. - ind.*), colonna cava. **21.** iron ~ (*bldg.*), colonna in ferro. **22.** mercury ~ (as of a thermometer), colonna di mercurio. **23.** motor ~ (column of automotive vehicles) (*milit.*), autocolonna. **24.** rostral ~ (*arch.*), colonna rostrata. **25.** steering ~ (*aut.*), piantone dello sterzo, piantone guida. **26.** stripping ~ (as in the rubb. ind.) (*ind. chem.*), colonna di distillazione. **27.** thermal ~ (part of the atomic pile) (*atom phys.*), colonna termica. **28.** wall–type ~ (with pipes for water and air, for aut. service) (*aut. - etc.*), antenna da parete.

columnar (structure) (*metall. - min.*), colonnare.

colza, colza. **2.** ~ oil, olio di colza.

"COM" (Computer Output on Microfilm: printout of comp. information on microfilm) (*comp.*), microfilm computerizzato, microfilm (prodotto) da calcolatore.

"com", "comm" (commodore) (*navy*), commodoro, ufficiale superiore di grado corrispondente a capitano di vascello. **2.** ~, *see also* commerce, commercial, common, communication.

coma (an optical aberration) (*opt.*), coma.

comb (*ind.*), pettine. **2.** ~ (ridge of a roof) (*bldg.*), colmo, linea di displuvio. **3.** ~ collector (as for collecting charges in an electrostatic generator) (*electromech.*), collettore a pettine. **4.** ~ pin (*text. ind.*), punta da pettine. **5.** ~ waste (*text. ind.*), cascami di pettinatura. **6.** crossing ~ (for leasing operations) (*text. mach.*), pettine invergatore, pettine d'invergatura. **7.** cylinder ~ (rotary comb) (*text. mach.*), pettine circolare. **8.** peel ~ (for hemp or linen) (*text. mach.*), pettine per scortecciare. **9.** rotary ~ (*text. mach.*), pettine circolare. **10.** separator ~ (*text. mach.*), pettine divisore. **11.** stripping ~ (as of carding mach.) (*text. mach.*), pettine spazzatore. **12.** top ~ (fixed comb, of a combing mach.) (*text. mach.*), pettine fisso. **13.** tow ~ (*text. mach.*), pettine per stoppa.

"comb" (combustion) (*boil. - eng. - etc.*), combustione.

comb (to) (*text. ind.*), pettinare.

combat (*milit.*), combattimento. **2.** hand–to–hand ~ (*milit.*), combattimento corpo a corpo.

comber (*text. ind. mach.*), pettinatrice. **2.** continuous ~ (*text. ind. mach.*), pettinatrice continua. **3.** intermittent ~ (*text. ind. mach.*), pettinatrice intermittente. **4.** rectilinear ~ (*text. ind. mach.*), pettinatrice rettilinea.

"comb–gate" (in casting) (*found.*), attacco di colata a pettine.

combinable (*chem.*), combinabile.

combination (a dial operated lock often found on safes) (*mech.*), combinazione. **2.** ~ (*comm.*), associazione, federazione. **3.** ~ die (a die with the impressions of two or more different items) (*found.*), stampo con impronte di particolari diversi. **4.** ~ dies (a set of dies combining cutting and shaping operations) (*forging*), serie di stampi per operazioni di tranciatura e stampaggio.

combinational, *see* combinatorial.

combinations (*math.*), combinazioni.

combinatorial (*a. - math.*), combinatorio. **2.** ~ analysis (*math.*), calcolo combinatorio.

combinatorics (combinatorial math.) (*math.*), calcolo combinatorio.

combine (threshing and harvesting mach.) (*agric. mach.*), mietitrebbia. **2.** ~ (a group of persons having a common interest) (*comm. - ind. - etc.*), consorzio. **3.** ~ (a train car in which compartments are allocated to passengers and baggage) (*railw.*), carrozza mista passeggeri-bagagliaio. **4.** ~ harvester (*agric. - mach.*), mietitrebbia. **5.** ~ seed and fertilizer drill (*agric. mach.*), seminatrice e spandiconcime abbinate.

combine (to) (*gen.*), combinare.

combined (*a. - gen. - chem.*), combinato. **2.** ~ carbon (as in iron or steel) (*metall.*), carbonio combinato. **3.** ~ sulphur (in rubber vulcanization) (*rubb. ind.*), zolfo combinato. **4.** ~ system (drainage system using the same drains or sewers for foul and surface water) (*civ. eng.*), sistema a canalizzazione unica (bianca e nera).

combing (*text. ind.*), pettinatura. **2.** ~ (treating a painted surface with combs for obtaining a wood imitation) (*paint.*), macchiatura a pettine. **3.** ~ card (*text. ind.*), scardasso. **4.** ~ machine (as of wool) (*text. ind. mach.*), (macchina) pettinatrice. **5.** ~ waste (*text. ind.*), cascami di pettinatura. **6.** dry ~ (*text. ind.*), pettinatura a secco. **7.** wool ~ (*text. ind.*), pettinatura della lana.

combo "TV/VCR" (a combination of "TV" set and "VCR" apparatus) (*audiovisuals*), combinato, complessivo televisore/video registratore. **2.** *see* combination.

comburent (*n. - a. - comb.*), comburente.

combustibility (*comb.*), combustibilità.

combustible (*a.*), combustibile. **2.** ~ (*n.*), materiale combustibile.

combustion, combustione. **2.** ~ chamber (as of a gas turbine) (*therm. mach.*), camera di combustione. **3.** ~ chamber head (as of a jet engine) (*mech.*), testa della camera di combustione. **4.** ~ control (as of a boil.), controllo della combustione. **5.** ~ lag (as in a cylinder) (*mot.*), tempo di propagazione della fiamma. **6.** ~ residual products (as of a furnace) (*comb.*), prodotti della combustione. **7.** ~ unit (as of a jet engine) (*therm. mach.*) (Brit.), complesso della apparecchiatura di combustione. **8.** ~ velocity (as of a cylinder charge) (*mot.*), velocità di combustione. **9.** abnormal ~ (in an i.c. engine) (*mot.*), combustione anormale. **10.** brisk ~ (*comb.*), combustione rapida. **11.** heat of ~ (*phys. - therm.*), calore di combustione. **12.** incomplete ~ (*comb.*), combustione incompleta. **13.** internal ~ (as of mot.), combustione interna. **14.** inverted ~ (as in boil. furnaces) (*comb.*), combustione invertita. **15.** lively ~ (*comb.*), combustione rapida. **16.** mexican-hat-type ~ space (of a direct injection diesel engine) (*mot.*), camera di combustione a toroide. **17.** normal ~ (in an i.c. engine) (*mot.*), combustione normale. **18.** perfect ~ (*comb.*), combustione completa. **19.** products of ~ (as of a boil. furnace) (*comb.*), prodotti della combustione. **20.** rapid ~ (*comb.*), combustione rapida. **21.** reversed ~ (as in a boil. furnace) (*comb.*), combustione invertita. **22.** slow ~ (*comb.*), combustione lenta. **23.** spontaneous ~ (*comb.*), autocombustione. **24.** stratified charge ~ (of the mixture in the combustion chamber of an i.c. engine) (*eng.*), combustione a carica stratificata. **25.** surface ~ (combustion compelled near the surface to be heated: as in crucibles) (*comb.*), combustione catalitica (o di superficie). **26.** uneven ~ (as of mot.) (*comb.*), cattiva combustione.

combustor (of a jet engine) (*mech.*), camera di combustione con relativi iniettori (o bruciatori).

comby (as a car wheel tread, portions of which fall out due to excessive heating developed by the brake shoe) (*a. - railw.*), rigato a pettine. **2.** ~ (honeycombed) (*a. - gen.*), a nido d'ape. **3.** ~ (resembling a comb) (*a. - gen.*), a pettine.

come (to) alongside (*naut.*), accostare, affiancarsi. **2.** ~ in (of a switchgear) (*elect.*), chiudersi, entrare in funzione. **3.** ~ in (as of letters) (*mail - ind. - transp.*), arrivare. **4.** ~ out (*gen.*), venir fuori. **5.** ~ out (of switchgear) (*elect.*), staccarsi, aprirsi. **6.** ~ to the wind (*naut.*), orzare.

come-along (for stretching a wire) (*impl.*), morsetto tirafilo.

comeback (merchandise returned to the seller) (*quality defect*), merce di ritorno (al fornitore). **2.** ~ (breed of sheep) (*wool ind.*), pecora di razza derivante da un incrocio di mezzo merino.

"COMECON" (COuncil for Mutual ECONomic aid) (*international organ.*), consiglio per mutui aiuti economici.

comet (*astr.*), cometa. **2.** ~ (racing sloop) (*naut.*), cutter da regata.

comfort, comodità, confortevolezza, conforto. **2.** ~ (of a passenger compartment) (*aer. - naut.*), abitabilità. **3.** ~ (obtained as by air-conditioning) (*bldg. - etc.*), benessere.

coming (*n.*), arrivo. **2.** ~ (coaming) (*obsolete*) (*naut.*), mastra.

"coml" (commercial) (*a. - comm.*), commerciale.

"comm", *see* commission.

comma (punctuation mark) (*print. - comp.*), virgola.

command (*gen. - milit.*), comando. **2.** ~ (electronic signal operating a device: as in a comp. or in an unmanned craft) (*elics.*), comando. **3.** ~ control (electronic guidance) (*guided aircraft - missile - etc.*), guida (elettronica) del comando. **4.** ~ key (as of electronic device) (*gen.*), tasto di comando. **5.** ~ module (of a spacecraft) (*astric.*), modulo di comando. **6.** second-in-command (*navy*), comandante in seconda. **7.** to hold ~ (*naut. - aer. - etc.*),

tenere il comando. **8.** unity of ~ (*organ.*), unità di comando.
command (to), comandare.
commandeer (to) (to take forcible possession: as of an aircraft in flight) (*gen.*), impossessarsi con la violenza, dirottare.
commander (*milit.*), comandante. **2.** ~ (*navy*), capitano di fregata. **3.** ~ of a guard (*milit.*), capoposto. **4.** gun ~ (*milit.*), capopezzo. **5.** tank ~ (*milit.*), capocarro.
commando (milit. or paramilit. unit) (*attack unit*), commando.
commend (to) (to praise) (*milit.*), encomiare.
commendation (*milit.*), encomio.
comment (annotations explaining various steps of a program) (*comp.*), commento, annotazioni relative al programma. **2.** ~ card (*comp.*), scheda di commento. **3.** ~ statement (*comp.*), istruzione di commento.
commentary (in a sound film) (*m. pict.*), commento sonoro. **2.** ~ (direct transmission of an event) (*radio - telev.*), cronaca. **3.** radio ~ (*radio*), radiocronaca. **4.** television ~ (*telev.*), telecronaca.
commentator (a person employed to report and comment on news or events) (*radio - telev.*), cronista. **2.** radio ~ (*radio*), radiocronista. **3.** television ~ (*telev.*), telecronista.
commerce (*n.*), commercio. **2.** ~ destroyer (*naut.*), nave corsara. **3.** inland ~ (*comm.*), commercio interno (nazionale).
commercial (*a.*), commerciale. **2.** ~ (an advertisement broadcast) (*radio - telev.*), sequenza pubblicitaria, spot pubblicitario. **3.** ~ aviation (*aer.*), aviazione commerciale. **4.** ~ bolts and nuts (*mech.*), bulloneria commerciale. **5.** ~ break, *see* break. **6.** ~ club, *see* chamber of commerce. **7.** ~ film (*m. pict.*), film commerciale. **8.** ~ size, formato commerciale. **9.** ~ traveler (*comm.*), commesso viaggiatore. **10.** ~ treaty (as between nations) (*comm.*), trattato commerciale.
commissariat (service for the supply of armies) (*milit.*), commissariato.
commissary (a person entrusted with a specific duty) (*police - sport*), commissario. **2.** ~ (commissariat: industrial store from which equipment etc. is supplied) (*ind.*), magazzino.
commission (authority to act in an official capacity or charge: given to a manager of an industry, factory etc.) (*law*), procura. **2.** ~ (sum of money given to an agent) (*comm.*), provvigione. **3.** ~ agent (*comm.*), agente, commissionario, rappresentante. **4.** ~ merchant (*comm.*), commissionario, rappresentante. **5.** acceptance ~ (*ind. - navy - milit.*), commissione di collaudo. **6.** in ~ (as a plant, in use or service) (*ind.*), in funzione, in esercizio. **7.** in ~ (*naut.*), in armamento. **8.** out of ~ (*naut.*), disarmato. **9.** out of ~ (of elect., hydr., lines etc.), fuori servizio.
commission (to) (to authorize) (*gen.*), autorizzare. **2.** ~ (to place into service) (*ind.*), mettere in funzione, mettere in esercizio. **3.** ~ (to put in commission, a ship) (*naut.*), armare.
commissure (juncture, interstice of the union of two parts) (*gen.*), commettitura, interstizio.
commitment (*comm.*), commessa, impegno. **2.** letter of ~ (*comm.*), lettera d'impegno.
committee, comitato. **2.** ~ (*comm.*), commissione. **3.** ~ (entrustee, a person to whom a charge is committed) (*comm. - etc.*), comandatario. **4.** ~ (person to whom another person or his estate is legally given in charge) (*law*), curatore. **5.** grievance ~ (of a factory, for examining complaints etc. concerning the relations between employer and employees) (*factory pers. organ.*) (Am.), commissione mista di dipendenti e rappresentanti della direzione. **6.** joint ~ (grievance committee of a factory) (*factory pers. organ.*), commissione mista di dipendenti e rappresentanti della direzione. **7.** managing ~ (*organ.*), comitato direzionale. **8.** standing ~ (*comm.*), commissione permanente. **9.** works ~, *see* works council.
commodities (goods) (*comm.*), merci. **2.** free ~ (*comm.*), merci esenti da dogana.
commodore (*navy*), commodoro, (ufficiale di grado corrispondente a capitano di vascello).
common (frequent, customary, of the usual type, mediocre, cheap) (*a.*), comune. **2.** ~ battery (*elect.*), batteria comune (o centrale). **3.** ~ business oriented language, *see* "COBOL". **4.** ~ carrier (public utility company) (*elect. - radio - telev. - railw. - etc.*), ente gestore di un servizio di pubblica utilità. **5.** ~ carrier (*comm.*), vettore. **6.** ~ denominator (*math.*), comun denominatore. **7.** ~ difference (of arithmetical progression, difference between two consecutive terms) (*math.*), ragione, differenza. **8.** ~ divisor (*math.*), comun divisore. **9.** ~ labor, *see* unskilled labor. **10.** Common Market (European Common Market treaty) (*comm.*), Mercato Comune. **11.** ~ multiple (*math.*), comune multiplo. **12.** ~ ratio (of a geometric progression, constant factor by which the terms progress) (*math.*), ragione. **13.** ~ wire nail (*carp. - join.*), punta Parigi, chiodo comune (a testa piana).
commonality (*tlcm.*), accordo funzionale, caratteristiche comuni.
communicate (to), comunicare.
communicating (*gen.*), comunicante. **2.** ~ (*a. - phys. - etc.*), comunicante. **3.** ~ vessels (*hydr.*), vasi comunicanti.
communication (*adm.*), comunicato. **2.** ~ (as by teleph.), comunicazione. **3.** communications (means of communicating: as teleph., radio etc.) (*n. - tlcm. network*), comunicazioni. **4.** communications link (communication line, communication circuit: as between very distant places) (*tlcm.*), collegamento. **5.** communications satellite (*tlcm.*), satellite per telecomunicazioni. **6.** ~ theory, communications theory (study of the information between men and mach. and between mach. themselves) (*comp.*), teoria dell'informazione. **7.** air-

ground ~ (two-way communication between aircraft and ground radio stations) (*air navig.*), comunicazione aria-suolo. **8.** air-to-ground ~ (one-way radio communication from aircraft to ground stations) (*air navig.*), (radio) comunicazioni aria-suolo. **9.** binary synchronous ~, "BSC" (*comp.*), trasmissione binaria sincrona. **10.** conference communications (*radio - telev.*), comunicazioni in conferenza, tavola rotonda con ospiti distanti (tra loro). **11.** data ~ (*comp.*), trasmissione dati. **12.** ground-to-air ~ (one-way communication from ground stations to aircraft) (*air navig.*), comunicazione suolo-aria. **13.** long-distance ~ (*teleph.*), comunicazione interurbana. **14.** mass communications (serving a large number of individuals) (*radio - telev. - etc.*), comunicazioni di massa. **15.** railway communications, comunicazioni ferroviarie.

community (*gen.*), comunità. **2.** ~ antenna television (programs received by a big antenna and transmitted by cable to single subscribers) (*telev.*), ritrasmissione televisiva via cavo.

commutable (changeable over) (*elect. - etc.*), commutabile.

commutate (to) (*elect.*), commutare.

commutating (*a. - elect.*), di commutazione. **2.** ~ field (*elect.*), campo di commutazione. **3.** ~ machine (commutator machine, used to convert an a.c. into a d.c. or vice-versa) (*elect. mach.*), commutatrice. **4.** ~ pole (*of elect. mach.*), polo di commutazione, interpolo, polo ausiliario.

commutation (*gen.*), commutazione.

commutative (*math. - etc.*), commutativo. **2.** ~ contract (*law*), contratto commutativo. **3.** ~ justice (*law*), giustizia commutativa.

commutativity (*n. - math.*), commutabilità.

commutator (of dynamo or d.c. mot.) (*elect.*), collettore a lamelle, commutatore. **2.** ~ (reversing switch) (*elect. device*), commutatore. **3.** ~ (*n. - math.*), commutatore. **4.** ~ bar (*electromech.*), lamella del collettore. **5.** ~ machine (*elect. mach.*), *see* commutating machine. **6.** ~ motor (*elect. mach.*), motore a collettore. **7.** ~ pitch (*elect.*), passo polare del commutatore. **8.** ~ rectifier (*elect.*), tipo di commutatrice. **9.** ~ segment (commutator bar) (*electromech.*), lamella del collettore. **10.** ~ spider (*elect.*), lanterna del commutatore.

commute (to) (to commutate) (*gen.*), commutare. **2.** ~ (the order without changing the result) (*math.*), commutare.

commuter (a person who travels from the suburbs to the city center every day in order to work) (*work.*), pendolare (*s.*). **2.** ~ (*elect.*), *see* commutator.

"comp" (compound) (*a. - elect. - etc.*), composto, "compound". **2.** ~ (companion) (*naut.*), *see* companion.

compact (*a. - gen.*), compatto. **2.** ~ (aut. of European mean size, smaller than the American ones) (*n. - aut.*), automobile di dimensioni medie (europee). **3.** ~ (an object made by compressed metal powder) (*n. - metall.*), prodotto sinterizzato, sinterizzato.

compact (to) (a method of treating glass by heat in order to approach maximum density) (*glass mfg.*), "guinandare", trattare termicamente per ottenere maggiore densità. **2.** ~ (as to compact concrete) (*mas.*), compattare. **3.** ~ (to compress together) (*gen.*), compattare.

compactedness (*gen.*), compattezza.

compactible (as of a soil) (*a. - gen.*), compattabile.

compaction (of ground by rolling or other mach.) (*civ. eng.*), costipamento. **2.** ~ (system for reducing the data storing space) (*comp.*), compattazione. **3.** ~ (the act of pressing in blocks loose scrap materials) (*ind.*), compattazione. **4.** deep ~ (of soil) (*civ. eng.*), costipamento in profondità.

compactor (soil compactor) (*road mach.*), costipatore. **2.** sheepfoot roller ~ (sheepfoot tamping rollers) (*road mach.*), rulli costipatori a pie' di pecora.

compandor (COMpressor-exPANDOR: system for improving the signal-to-noise ratio) (*teleph. - etc.*), sistema di compressione/espansione.

companion (*naut.*), cappa (di) boccaporto, tambucio. **2.** ~ (companionway) (*naut.*), scaletta di boccaporto. **3.** ~ flange (internally threaded pipe flange) (*pip.*), flangia filettata. **4.** ~ ladder (*naut.*), scaletta di boccaporto, scala di tambucio. **5.** hatchway ~ (*naut.*), cofano di boccaporto, cappa di boccaporto.

companionway (*naut.*), scaletta di boccaporto, scala di tambucio.

company (society) (*comm. - ind.*), società. **2.** ~ (of a ship) (*naut.*), equipaggio. **3.** ~ (tactical unit) (*milit.*), compagnia. **4.** ~ report (*finan.*), relazione di bilancio. **5.** ~ store (shop for company workers) (*work. facility*), spaccio aziendale. **6.** ~ union (a trade-union of a single company) (*workers organ.*), sindacato d'impresa. **7.** associated ~ (affiliated company, sister company) (*comm.*), consorella, società affiliata. **8.** headquarters ~ (*milit.*), compagnia comando. **9.** joint-stock ~ (a company having shares owned by any person) (*finan. - adm.*), società per azioni. **10.** limited liability ~ (*law - comm.*), società a responsabilità limitata. **11.** listed ~ (~ admitted to trade on a stock exchange) (*finan.*), società quotata in borsa. **12.** parent ~ (as of an ind. concern) (*comm.*), casa madre, impresa madre. **13.** public utility ~ (*finan.*), società che esercisce servizi di pubblica utilità. **14.** shipowners' ~ (*naut. comm.*), società armatrice. **15.** shipping ~ (*naut. - comm.*), compagnia di navigazione. **16.** subsidiary ~ (controlled by another company) (*finan.*), società controllata.

comparable (*gen.*), comparabile, paragonabile, confrontabile.

comparascope, comparoscope (comparison microscope) (*opt. instr.*), microscopio comparatore.

comparator (*meas. instr.*), comparatore. **2.** ~

(*opt.*), colorimetro a confronto diretto. **3.** ~ (*photogr. instr.*), comparatore. **4.** ~ (a device comparing two sets of data) (*comp.*), comparatore. **5.** ~, *see* stereocomparator. **6.** air external ~ (*pneumatic meas. instr.*), comparatore pneumatico per esterni. **7.** air internal ~ (*pneumatic meas. instr.*), comparatore pneumatico per interni. **8.** horizontal ~ (*meas. instr.*), comparatore orizzontale. **9.** impedance ~ (*elect. - elics.*), comparatore di impedenza. **10.** optical ~ (*meas. opt. instr.*), banco ottico. **11.** phase ~ (*elect. - elics.*), comparatore di fase. **12.** shadow ~ (*meas. instr.*), proiettore di profili.

comparison (*gen.*), confronto, paragone. **2.** ~ (of two or more data) (*comp.*), comparazione, confronto. **3.** ~ lamp (for meas.) (*opt. - illum.*), lampada tarata. **4.** ~ microscope, *see* comparoscope. **5.** ~ surface (of a photometer) (*opt. - illum.*), superficie di paragone. **6.** in ~ with (*gen. - comm.*), rispetto a....

compartment (*gen.*), compartimento. **2.** ~ (*naut.*), scompartimento, compartimento. **3.** ~ (in a railw. coach) (*railw.*), scompartimento. **4.** baggage ~ (luggage compartment: as of an aut., an aircraft etc.) (*transp.*), vano bagagli, bagagliaio, bagagliera. **5.** cargo ~ (*aer.*), bagagliaio. **6.** engine ~ (*aut.*), vano motore. **7.** glove ~ (of a dashboard) (*aut.*), vano portaoggetti. **8.** interior ~ (passenger compartment, of a car) (*aut.*), abitacolo. **9.** luggage ~ (*aer.*) (Brit.), bagagliaio. **10.** passenger ~ (*aer.*), cabina passeggeri. **11.** passenger ~ (interior compartment, of a car) (*aut.*), abitacolo. **12.** pilot ~ (*aer.*), cabina piloti. **13.** radio ~ (*aer.*), cabina radiotelegrafisti, cabina R.T. **14.** steering gear ~ (of a ship) (*naut.*), locale delle macchine del timone. **15.** torpedo ~ (*navy*), reparto siluri, camera siluri. **16.** watertight ~ (*naut.*), compartimento stagno.

compartmenting (*naut. constr.*), compartimentazione.

compass (*naut. instr.*), bussola. **2.** ~ (usually plural: compasses) (*draw. instr.*), compasso. **3.** ~ adjuster (*naut. instr.*), compensatore della bussola. **4.** ~ base (area equipped with means for instructing aircraft pilots in the correction of compasses) (*aer.*), piazzuola per giri di bussola. **5.** ~ bearing (*naut.*), rilevamento alla bussola. **6.** ~ bowl (*naut.*), mortaio della bussola. **7.** ~ calibration, *see* swinging ship. **8.** ~ card (*naut.*), rosa della bussola. **9.** ~ correction (*naut.*), compensazione della bussola. **10.** ~ corrector (*naut. - aer.*), compensatore della bussola. **11.** ~ course (*naut.*), rotta bussola. **12.** ~ error (*aer. - naut.*), deviazione della bussola. **13.** ~ key (for regulating the draw. compass) (*kind of screwdriver*), chiavetta di registrazione. **14.** ~ needle (*instr.*), ago della bussola. **15.** ~ plane, *see* circular plane. **16.** ~ rose (*instr.*), rosa della bussola. **17.** ~ saw (*carp. impl.*), gattuccio. **18.** ~ window (*bldg.*), *see* bay *or* oriel window. **19.** aperiodic ~ (*instr.*), bussola aperiodica. **20.** beam ~ (trammel) (*top. - draw. instr.*), compasso a verga. **21.** how ~ (*draw. instr.*), balaustrino. **22.** combination ~ (bearing a replaceable center) (*draw. instr.*), compasso a punta amovibile. **23.** dip ~ (*magnetism instr.*), bussola d'inclinazione, inclinometro. **24.** dip of ~ needle, inclinazione magnetica dell'ago della bussola. **25.** distance reading ~ (*instr.*), bussola a distanza. **26.** dumb ~, *see* pelorus. **27.** elliptic ~ (*draw. instr.*), compasso da ellissi. **28.** gyro ~ (*naut. - aer. instr.*), girobussola, bussola giroscopica. **29.** gyro-magnetic ~ (*aer. instr.*), bussola giromagnetica. **30.** gyroscopic ~ (*aer. - naut. instr.*), girobussola, bussola giroscopica. **31.** induction ~, *see* inductor compass. **32.** inductor ~ (*aer. instr.*), bussola a induzione. **33.** landing ~ (magnetic compass for calibrating aircraft compasses) (*aer. instr.*), bussola magnetica campione. **34.** lensatic ~ (magnetic compass with a magnifying lens) (*naut. instr.*), bussola con lente incorporata. **35.** liquid ~ (*instr.*), bussola a liquido. **36.** magnetic ~ (*aer. instr.*), bussola magnetica. **37.** oval ~, *see* elliptic compass. **38.** pencil ~ (*draw. instr.*), compasso a matita. **39.** points of the ~ (*naut.*), rombi (o quarte) della bussola. **40.** prismatic ~ (*instr.*), bussola prismatica. **41.** proportional ~ (*draw. instr.*), compasso di riduzione. **42.** radio ~ (*aer., naut. instr.*), radiogoniometro, radiobussola. **43.** scribing ~ (*impl.*), compasso a tracciare. **44.** spring bow ~ (*draw. instr.*), balaustrino. **45.** stand-by ~ (*aer. instr.*), bussola di emergenza. **46.** steering ~ (*naut. instr.*), bussola di rotta, bussola di governo. **47.** striding ~ (on a theodolite) (*opt. instr.*), bussola (a cavaliere) del teodolite. **48.** telltale ~ (*naut.*), bussola ripetitrice. **49.** to compensate the ~ (*instr.*), compensare la bussola. **50.** triangular ~ (*draw. instr.*), compasso a tre punte.

compasses (*draw. instr.*), *see* compass.

compatibility (capability of paints to be mixed without producing undesirable effects) (*paint.*), compatibilità. **2.** ~ (fitness of a paint to be applied on another coat of dry paint) (*paint.*), compatibilità. **3.** ~ (acceptance of data, without conversion, from two, or more, differing systems) (*comp.*), compatibilità. **4.** equipment ~ (compatibility with the data elaborated by another equipment) (*comp.*), compatibilità dell'apparecchiatura.

compatible (capable of being mixed) (*a. - paint.*), compatibile. **2.** ~ (as a system capable of receiving both color and black and white broadcasts without modifying the receiver) (*a. - telev.*), adatto a ricevere indifferentemente (trasmissioni a colori ed in bianco e nero). **3.** ~ (as of one of two differing systems when can accept data from the other without conversion) (*a. - comp.*), compatibile.

"compd", *see* compound.

compendium (abridgment, abstract) (*gen.*), compendio, riassunto.

compensate (to) (*mech.*), compensare.

compensated (*a. - mech.*), compensato. **2.** ~ (of elect. mot. or instr.) (*elect.*), compensato. **3.** ~ induction motor (*elect. mot.*), motore asincrono autocompensato.
compensating (*a. - gen.*), compensatore. **2.** ~ coil (*elect.*), bobina di compensazione. **3.** ~ device (for cylinder pressure in a steam locomotive) (*railw.*), apparecchio compensatore. **4.** ~ gear (*mech.*), ingranaggio differenziale. **5.** ~ resistance (*elect.*), resistenza compensatrice. **6.** ~ winding (*elect.*), avvolgimento di compensazione.
compensation (*gen.*), compensazione. **2.** ~ (equalization) (*tlcm.*), equalizzazione. **3.** ~ (of a compass) (*aer. - naut.*), compensazione. **4.** ~ (as of an executive for loss of office before the end of his contract) (*pers.*), indennità per interruzione del rapporto di lavoro. **5.** ~ (payment: as for losses or damages) (*comm.*), indennizzo. **6.** ~ balance (as of a clock), bilanciere compensato. **7.** ~ bar (*aer. - mech.*), asta compensata. **8.** age ~ (increase of wages with age) (*pers. - work.*), scatto di anzianità. **9.** automatic ~ (of the wheel wear: as of an internal grinder) (*mach. t. - mech.*), compensazione automatica. **10.** temporary unemployed ~ fund (*pers. - work.*), cassa integrazione (salari).
compensator (*elect.*), compensatore. **2.** ~ (*mech.*), compensatore, bilanciere. **3.** ~ (autotransformer) (*elect.*), autotrasformatore. **4.** ~ (*phot.*), diaframma variabile. **5.** ~ (for reactive power) (*synchronous elect. mach.*), compensatore (di fase). **6.** ~, *see* balancer set.
competence (*gen.*), competenza. **2.** ~ (*law*), capacità (giuridica).
competent (*gen.*), competente.
competition (*comm.*), concorrenza. **2.** cut-throat ~ (*comm.*), concorrenza spietata. **3.** unfair ~ (*comm.*), concorrenza sleale.
competitive (price etc.) (*comm.*), competitivo, concorrenziale, allineato. **2.** to become ~ (to meet competition) (*comm.*), allinearsi.
competitiveness (*comm.*), competitività.
competitor (*comm.*), concorrente.
compilation (as of a mach. language program translated from a program written in higher language) (*comp.*), compilazione, traduzione.
compile (to) (to translate a higher language program: as into a mach. language program) (*comp.*), compilare, tradurre.
compiler (a program converting a high level language into a mach. language) (*comp.*), compilatore, programma compilatore (o traduttore). **2.** ~ directing statement (*comp.*), istruzione al compilatore. **3.** cross ~ (compiler converting programs for another comp.) (*comp.*), compilatore incrociato.
compiling program, *see* compiler.
complaint (*adm. - comm.*), reclamo. **2.** ~ (*law*), querela.
complement (of an angle) (*geom.*), complemento. **2.** ~ (the whole personnel of a ship) (*navy*), forza totale dell'equipaggio. **3.** ~ (complementary color) (*opt.*), colore complementare. **4.** ~ (in a numbering system) (*math. - comp.*), complemento. **5.** ~ (relating to math. sets) (*math.*), insieme complementare. **6.** ~ on nine, *see* nine's complement. **7.** nine's ~ (the complement of a decimal number respect to a number made of numbers nine) (*comp. math.*), complemento a nove. **8.** one's ~ (complement on one) (*comp. - math.*), complemento ad 1. **9.** two's ~ (complement on two) (*comp. - math.*), complemento a due.
complementary (as of transistors of opposite conductivity: *pnp* and *npn*) (*a. - elics.*), complementare.
complementation (*math.*), determinazione del complemento. **2.** boolean ~ (*math. - comp.*), complementazione booleana.
complete (carried out, as an order, cleared) (*comm. - ind.*), evaso. **2.** ~ quadrilateral (*geom.*), quadrilatero completo.
complete (to) (*gen.*), completare, ultimare, concludere. **2.** ~ (*naut.*), allestire.
completed (fitted out) (*naut. constr.*), allestito.
completing (of a ship) (*naut.*), allestimento.
completion (*gen.*), compimento. **2.** ~ (finishing) (*gen.*), completamento, ultimazione.
complex (*n. - a.*), complesso. **2.** ~ conjugate (*math.*), complesso coniugato. **3.** ~ fraction (*math.*), frazione complessa. **4.** ~ number (*math.*), numero complesso. **5.** ~ radiation (*phys. - opt.*), radiazione complessa.
compliance (*gen.*), osservanza. **2.** ~ (quality of yielding to bending under stresses) (*mech.*), cedevolezza. **3.** in ~ with (*gen.*), in conformità con.
complimentary copy (as of a book etc.) (*print. - adver.*), copia in omaggio.
compluvium (*arch.*), compluvio.
comply (to) with (to acquiesce, to observe, as conditions) (*gen.*), rispettare, osservare, soddisfare. **2.** ~ with (to be in accordance with) (*gen.*), essere conforme con, adattarsi a.
compole (*elect.*), *see* commutating pole.
component (*gen.*), componente. **2.** ~ (of a vector) (*theor. mech.*), componente. **3.** ~ (constituent) (*chem.*), componente. **4.** active ~ (in-phase component) (*elect.*), componente attiva. **5.** electronic ~ (*elics.*), componente elettronico. **6.** fluidic ~ (*fluid power*), componente fluidico. **7.** in-phase ~ (active component) (*elect.*), componente attiva. **8.** power ~ (active component) (*elect.*), componente attiva. **9.** reactive ~ (*elect.*), componente reattiva. **10.** wattfull ~ (active component) (*elect.*), componente attiva. **11.** wattless ~ (of power) (*elect.*), componente reattiva, componente in quadratura (o swattata).
compose (to) (*print.*), comporre.
composing (*gen.*), composizione. **2.** ~ machine (*print. mach.*), compositrice. **3.** ~ stick (*typ. impl.*), compositoio.
composite (*a. - arch.*), composito. **2.** ~ (*a. - stat.*), composto. **3.** ~ (with metallic framework and

wooden keel and deck) (*a. - shipbuild.*), a struttura mista. **4.** ~ (composite material, fibers of one material in a soft matrix of another) (*technol.*), materiale composito, composito (*s.*). **5.** ~ aircraft (composite construction aircraft) (*aer.*), aeroplano a struttura mista (parte in legno e parte in metallo). **6.** ~ aircraft (one aircraft carrying another) (*aer.*), velivolo canguro, aeroplano canguro. **7.** ~ can (container of wood and both ends of metal) (*gen.*), recipiente in legno con terminali metallici. **8.** ~ missile (multiple–stage missile) (*astric.*), missile pluristadio. **9.** ~ print (sound track and picture on the same film) (*m. pict.*), copia con colonna sonora, copia sonora. **10.** ~ propellant (heterogeneous propellant for rocket motors) (*rckt. - mot.*), propellente eterogeneo. **11.** ~ vessel (of iron and wood) (*shipbuild.*), nave a struttura mista.

composition (*n. - gen.*), composto, composizione. **2.** ~ (act of setting types) (*print.*), composizione. **3.** ~ (mutual agreement) (*comm.*), transazione, concordato. **4.** ~ of forces (*theor. mech.*), composizione delle forze. **5.** chemical ~ (*chem.*), composizione chimica. **6.** hand ~ (*print.*), composizione a mano. **7.** mechanical ~ (*print.*), composizione a macchina. **8.** plastic ~ (*rubb. ind.*), mescola plastica.

compositor (*print. work.*), compositore. **2.** hand ~ (*print. work.*), compositore a mano.

compost (*n. - gen.*), composto.

compound (*gen.*), composto. **2.** ~ (*chem.*), composto. **3.** ~ (*elect.*), "compound", composto. **4.** ~ (*pharm.*), preparato. **5.** ~ (of compound wound elect. mach.) (*a. - electromech.*), ad eccitazione composta, "compound". **6.** ~ beam (*bldg.*), trave composta. **7.** ~ curve (*railw.*), curva policentrica. **8.** ~ engine (*aer.*), motore composito, motore compound, motore a pistoni con turbina azionata dai gas di scarico. **9.** ~ engine (*steam eng.*), macchina a espansione a due stadi. **10.** ~ interest (*finan.*), interesse composto. **11.** ~ motor (*elect. mach.*), motore a corrente continua ad eccitazione composta. **12.** ~ screw (*mech. impl.*), vite destra e sinistra. **13.** ~ statement (*comp.*), istruzione composta. **14.** ~ steel (*metall.*), acciaio legato. **15.** azo compounds (*chem.*), composti azoici. **16.** Chatterton's ~ (insulating mixture of resin, tar and guttapercha used for submarine cables) (*elect.*), composto Chatterton. **17.** chemical ~ (*chem.*), preparato chimico. **18.** chemically blown sponge ~ (*rubb. ind.*), mescola per spugna con rigonfiante chimico. **19.** diazo compounds (*chem.*), composti diazoici. **20.** drawing ~ (for sheet iron press working), lubrificante per imbutitura. **21.** electrical wire insulating ~ (*rubb. ind.*) (Brit.), mescola per isolamento di cavi elettrici. **22.** fatty compounds (*chem.*), composti alifatici. **23.** jointing ~ (*chem. - mech.*), ermetico. **24.** lapping ~ (*mech. technol.*), pasta per smerigliare, composto smerigliatore. **25.** marking ~ (colored oil mixture as for testing the bearing position of gear teeth) (*mech.*), rilevatore impronte di contatto. **26.** parting ~ (for facilitating the separation as of cast resins from the die) (*chem. ind.*), composto di separazione, composto facilitante il distacco (o lo sformo). **27.** preservative ~ (rust preventer) (*naut.*), antiruggine. **28.** unsaturated compounds (*organic chem.*), composti non saturi.

compound (to) (*gen.*), comporre. **2.** ~ several component forces into a single resultant force (*theor. mech.*), comporre varie forze in una sola risultante.

compounding (*rubb. ind.*), mescolatura, incorporazione.

compound–wound (*of elect. mot.*), ad eccitazione composta.

comprehensive (*gen.*), esauriente. **2.** ~ test (*technol. - etc.*), prova esauriente.

compress (a bale pressing machine) (*text. mach.*), pressaballe. **2.** ~ bale (as of a cotton bale) (*text. ind.*), balla di materiale compresso.

compress (to) (*mech. - phys.*), comprimere. **2.** ~ a spring (*mech.*), comprimere una molla.

compressibility (*phys.*), compressibilità, comprimibilità. **2.** ~ coefficient, ~ modulus (*phys.*), modulo di compressibilità.

compressible (*phys.*), comprimibile, compressibile.

compression (*thermod. - phys. - mech. - constr. theor.*), compressione. **2.** ~ (of a suspension: relative displacement of sprung and unsprung masses when the distance between the masses decreases from that at static condition) (*aut.*), compressione. **3.** ~ (as of data: data compression, for increasing the data storage capacity) (*comp.*), compressione. **4.** ~ cup (for lubricating: by screwing down the cup) (*mech.*), ingrassatore tipo "stauffer". **5.** ~ gauge (for meas. the compression pressure of an i.c. engine) (*mot. - instr.*), misuratore di compressione, compressometro. **6.** ~ load (bump load, of a shock absorber) (*aut.*), carico di compressione. **7.** ~ ratio (of an engine) (*mot.*), rapporto (volumetrico) di compressione. **8.** ~ (relief) tap (of a cylinder) (*mot.*), rubinetto di decompressione. **9.** ~ rib (*aer.*), centina resistente a compressione. **10.** ~ ring (of a piston) (*mot.*), fascia elastica di tenuta (della compressione). **11.** ~ set (of a seat cushion subjected to compression action) (*aut. - etc.*), cedimento permanente (a compressione). **12.** ~ strength (*constr. theor.*), resistenza alla compressione. **13.** ~ stroke (*mot.*), fase di compressione. **14.** ~ test (*theor. mech.*), prova alla compressione. **15.** ~ work (as of mot.), lavoro di compressione. **16.** multistage ~ (as of a gas), compressione polistadio.

compressive (*a.*), di compressione, tendente a comprimere. **2.** ~ stress (*constr. theor.*), sollecitazione di compressione. **3.** resistance to ~ stress (*constr. theor.*), resistenza alla sollecitazione di compressione.

compressometer (measuring compression of an elastic solid) (*meas. instr.*), misuratore di compressione.

compressor (*ind. mach.*), compressore. **2.** ~ (means for decreasing the variations of the signal amplitude in a transmission system) (*electrotel.*), compressor, compressore di volume (o di dinamica), limitatore (automatico) di ampiezza. **3.** ~ (as for checking a chain cable) (*naut.*), strozzatoio. **4.** ~ casing (as of a jet engine) (*aer. mot.*), corpo del compressore, carcassa del compressore. **5.** ~ delivery ducts (as of a jet engine) (*aer. mot.*), condotti di mandata del compressore. **6.** ~ drum (on which the blades of an axial-flow compressor are mounted) (*aer. mot.*), tamburo del compressore. **7.** ~ rotor (as of a gas turbine axial compressor) (*mot.*), girante del compressore. **8.** ~ stall (when the blades of a jet engine compressor are set at an angle entailing a breakdown of the smooth airflow) (*aer. mot.*), stallo del compressore. **9.** ~ turbine (as of a propeller turbine engine) (*aer.*), turbina di comando del compressore. **10.** air ~ (*ind. mach.*), compressore d'aria. **11.** axial ~ (as of a gas turbine) (*mach.*), compressore assiale. **12.** axial-flow ~ (as of a jet engine) (*aer. mot.*), compressore (a flusso) assiale. **13.** booster ~ (*ind. mach.*), compressore (o soffiante) elevatore di pressione. **14.** centrifugal ~ (*mach.*), compressore centrifugo. **15.** double-entry ~ (as of a jet engine) (*aer. mot.*), compressore a doppio ingresso. **16.** motor driven ~ (as driven by elect. mot.) (*mach.*), motocompressore. **17.** multi-stage ~ (as of a jet engine) (*aer. mot.*), compressore pluristadio, compressore a più stadi. **18.** portable air ~ set (*mach.*), compressore d'aria portatile. **19.** radial-flow ~ (as of a jet engine) (*aer. mot.*), compressore (a flusso) radiale. **20.** reciprocating ~ (*mach.*), compressore alternativo (a stantuffo). **21.** refrigeration ~ (*mach.*), compressore per frigorifero. **22.** rotary ~ (*mach.*), compressore rotativo. **23.** single-entry ~ (as of a jet engine) (*aer. mot.*), compressore ad un ingresso. **24.** single-stage ~ (*mach.*), compressore monostadio, compressore a uno stadio. **25.** sliding-vane ~ (with vanes sliding into an off center rotor) (*mech. - ind.*), compressore rotativo. **26.** sulphur dioxide ~ (*refrig. ind.*), compressore per anidride solforosa. **27.** two-stage ~ (*mach.*), compressore a due stadi.

compromise (*comm.*), compromesso.

"compt", *see* comptometer, controller.

Comptometer (trade name of adding or calculating mach.) (*calc. mach.*), calcolatrice, calcolatore.

"comptometrist", *see* reckoner, calculator.

comptroller, *see* controller.

compulsory (*a. - gen.*), obbligatorio. **2.** ~ purchase (made by a legal authority: as for a public utility service) (*law*), espropriazione.

computability (relating to algorithm) (*comp.*), computabilità.

computation (*accounting*), calcolo, conteggio. **2.** ~ (made by a computer) (*comp.*), elaborazione. **3.** analog ~ (*comp.*), calcolo analogico.

computational linguistic (research on languages made by comp.) (*comp.*), linguistica di macchina.

compute (computation) (*n. - comp. - etc.*), calcolo.

compute (to) (*math.*), calcolare. **2.** ~ (*comp.*), elaborare.

computer, calcolatore. **2.** ~ (*elics. - comp.*), calcolatore, elaboratore. **3.** ~ (*electromech.*), *see also* calculating machine. **4.** ~ aided (as comp. aided design, instruction, learning, manufacturing etc.) (*comp.*), assistito da calcolatore. **5.** ~ application (*comp.*), applicazione di calcolo computerizzato. **6.** ~ center (grouping of two or more comp.) (*comp.*), centro di calcolo. **7.** ~ code (*comp.*), codice macchina. **8.** ~ form (*comp.*), modulo (o stampato) per calcolatore. **9.** ~ graphics (for charts, drawings, etc.) (*comp.*), grafica (ottenuta) all'elaboratore, disegno mediante calcolatore. **10.** ~ instruction (mach. instruction) (*comp.*), istruzione macchina. **11.** ~ language (machine language) (*comp.*), linguaggio macchina. **12.** ~ music (music elaborated by comp.) (*comp.*), musica elaborata con calcolatore. **13.** ~ oriented language (mach. - oriented language) (*comp.*), linguaggio (di programma) orientato alla macchina, linguaggio assemblatore. **14.** ~ output on microfilm, "COM" (*comp.*), microfilm dell'elaborato del calcolatore, uscita su microfilm. **15.** ~ output typesetting (*comp. - typ.*), composizione tipografica computerizzata. **16.** ~ program (*comp.*), programma per calcolatore. **17.** ~ readable (*comp.*), leggibile da un elaboratore (o da calcolatore). **18.** ~ utility (as for subscribers by teleph. lines) (*comp. - teleph.*), servizio (pubblico) elaborazione dati (telefonico). **19.** ~ word (unit of storage: mach. word) (*comp.*), parola di calcolatore, parola (di) macchina. **20.** all-purpose ~ (*comp.*), elaboratore universale. **21.** analog ~ (analogue computer, in which the value of a phys. quantity is introduced for obtaining the value of another phys. quantity function of the first one) (*comp.*), calcolatore analogico. **22.** asynchronous ~ (*comp.*), calcolatore asincrono. **23.** automatic ~ (*comp.*), calcolatore automatico. **24.** buffered ~ (buffer comp.) (*comp.*), elaboratore bufferizzato, elaboratore con memoria di transito. **25.** business ~ (*comp.*), elaboratore gestionale. **26.** character oriented ~ (dealing with characters rather than words) (*comp.*), elaboratore orientato al carattere, elaboratore a caratteri. **27.** commercial ~ (*comp.*), calcolatore gestionale, elaboratore di tipo commerciale. **28.** course-line ~ (receiving information from ground facilities) (*airborne comp.*), calcolatore di rotta. **29.** decimal ~ (*comp.*), elaboratore in decimale. **30.** digital ~ (a computer operating with numbers represented in a digital form) (*comp.*), calcolatore numerico, calcolatore digitale. **31.** duplex ~ (two computers: one as standby to the other) (*comp.*), elaboratore duplex.

32. educational ~ (*comp.*), calcolatore scolastico. **33.** electronic ~ (*comp.*), calcolatore elettronico. **34.** embedded system ~ (particular comp. embedded in a mach. for its control and operation) (*comp.*), elaboratore incorporato. **35.** flight-path ~ (*aer.* - *comp.*), elaboratore (di) controllo volo. **36.** fluid ~ (comp. operated only by fluid air and air powered fluid logics) (*fluidics comp.*), calcolatore a fluido. **37.** front-end ~ (auxiliary minicomputer relieving the main comp.) (*comp.*), elaboratore frontale ausiliario. **38.** general-purpose ~ (*comp.*), elaboratore di impiego universale, calcolatore non dedicato. **39.** gunsight ~ (*milit. comp.*), calcolatore di mira. **40.** home ~ (small and simplified comp.: generally for domestic use) (*comp.*), calcolatore amatoriale. **41.** host ~ (host processor) (*comp.*), elaboratore centrale (o principale od ospite). **42.** hybrid ~ (combination of analogic and digital systems) (*comp.*), calcolatore ibrido. **43.** incremental ~ (*comp.*), elaboratore incrementale. **44.** laptop ~ (*comp.*), tipo di calcolatore portatile supercompatto e leggerissimo. **45.** multiple-access ~ "MAC", calcolatore ad accesso multiplo. **46.** object ~ (object program comp.) (*comp.*), elaboratore di programma oggetto. **47.** optical ~ (*comp.*), elaboratore ottico. **48.** parallel ~ (formed by two or more interdependent units) (*comp.*), calcolatore parallelo. **49.** personal ~ (low cost comp.: of limited use for comm., ind. etc. purposes) (*comp.*), calcolatore personale, "personal computer". **50.** process control ~ (providing a continuous control: as of an ind. process) (*comp.*), elaboratore per controllo di processo (o di produzione). **51.** satellite ~ (acting under control of the main comp.: generally used for doing auxiliary work) (*comp.*), elaboratore satellite, elaboratore ausiliario. **52.** scientific ~ (*comp.*), elaboratore scientifico. **53.** sensor-based ~ (as for mach. t. or ind. process control) (*comp.*), elaboratore industriale. **54.** simultaneous ~ (consisting of separate units, each one of them carrying out contemporaneously part of the computation) (*comp.*), elaboratore simultaneo. **55.** solid-state ~ (built primarily from solid state electronic circuit elements, that is, semiconductors) (*comp.*), calcolatore transistorizzato. **56.** special-purpose ~ (designed to solve particular problems) (*comp.*), elaboratore specializzato. **57.** standby ~ (as a comp. in a duplex system) (*comp.*), elaboratore di riserva. **58.** stored-program ~ (having permanent memorized instructions) (*comp.*), elaboratore a programma memorizzato. **59.** synchronous ~ (*comp.*), calcolatore sincrono. **60.** third generation ~ (*comp.*), calcolatore della terza generazione. **61.** wired-program ~ (having the instructions sequence predisposed by a manual intervention on a control panel) (*comp.*), elaboratore a programma cablato.

computer-bound (computer-limited: when the computation time exceeds the writing time) (*comp.*), limitato dalla velocità dell'elaboratore.

computerese (comp. technologists jargon) (*comp.*), gergo degli informatici, "computerese".

computerite (specialist in computers: computernik) (*comp.*), specialista in calcolatori.

computerizable (*a.* - *comp.*), computerizzabile.

computerization (as of a society management, administration etc.) (*n.* - *comp.*), computerizzazione.

computerize (to) (to carry out by computer) (*comp.*), eseguire con calcolatore. **2.** ~ (to equip with comp. the menagement, administration etc.: of a society) (*comp.*), computerizzare, organizzare la gestione di un'azienda per mezzo di elaboratori elettronici.

computerized (a firm, industry or society equipped with and producing by means of computers) (*a.* - *comp.*), computerizzato. **2.** ~ (made or controlled by comp.) (*comp.*), eseguito (o controllato) da calcolatore. **3.** ~ axial tomography, "CAT" (*med.*), TAC, tomografia assiale computerizzata. **4.** ~ production control (*comp.*), gestione computerizzata della produzione.

computernik (specialist in computers: computerite) (*comp.*), informatico, specialista in calcolatori.

computing (numbers processing) (*n.* - *calc. mach.* - *comp.*), calcolazione, elaborazione. **2.** ~ (relating to the comp. use) (*a.* - *comp.*), di (o da) calcolo, di (o da) elaborazione. **3.** ~ machine, *see* ~ unit. **4.** ~ unit (main section of a comp.) (*comp.*), unità di elaborazione, calcolatore. **5.** data transmission and ~ system (of a computer) (*autom.* - *comp.*), sistema di trasmissione e di calcolo. **6.** remote ~ (a system having distant terminals) (*comp.*), elaborazione a distanza.

computor, *see* computer.

comsat (communication satellite: artificial satellite reflecting intercontinental radio communications) (*astric.* - *tlcm.*), comsat, satellite artificiale per comunicazioni intercontinentali.

con (to) (a ship) (*naut.*), *see* to conn.

"conc" (concrete) (*bldg.*), calcestruzzo. **2.** ~ (concentric) (*a.* - *geom.*), concentrico. **3.** ~ (concentrated, concentrate) (*a.* - *chem.*), concentrato.

concatenate (to) (to join sets of data in sequence) (*comp.*), concatenare.

concave (*a.* - *gen.*), concavo. **2.** ~ (*n.* - *gen.*), superficie (o linea) concava.

concave-concave (as of a lens) (*a.* - *opt.*), biconcavo, concavo su entrambe le facce.

concavity (*gen.*), concavità.

concavo-convex (*opt.*), concavo-convesso.

conceal (to) (*gen.*), occultare.

cancealment (*gen.*), occultamento.

concentrate (*gen.*), concentrato.

concentrate (to) (*gen.*), concentrare. **2.** ~ (to gather) (*milit.* - *etc.*), concentrarsi, raccogliersi, adunarsi.

concentrated (as of a solution) (*chem.*), concentrato. **2.** ~ load (*constr. theor.*) (Brit.), carico concentrato. **3.** ~ winding (*elect.*) (Brit.), avvolgimento a matassa.

concentration (*chem. - min.*), concentrazione. **2.** ~ (of troops) (*milit.*), concentrazione. **3.** ~ plant (of minerals) (*min.*), impianto di concentrazione. **4.** equivalent ~ (*electrochem.*), concentrazione equivalente. **5.** hydrogenion ~ (*phys. chem.*), concentrazione idrogenionica. **6.** molar ~ (*electrochem.*), concentrazione molare, molarità. **7.** relative ~ (*electrochem.*), concentrazione relativa. **8.** sulphur ~ (as in rubb. mfg.) (*ind. chem.*), concentrazione dello zolfo.

concentrator (*ind.*), apparecchio per la concentrazione, concentratore. **2.** ~ (a receiving and transmitting unit in a data system: a buffer switch) (*comp.*), concentratore. **3.** swirling bowl ~ (as for the rubb. ind.), concentratore troncoconico.

concentric (*a. - gen.*), concentrico. **2.** ~ cable (*elect.*) (Brit.), cavo coassiale. **3.** ~ tube feeder (*radio*) (Brit.), alimentatore tubolare concentrico. **4.** ~ tube transmission line, *see* concentric tube feeder.

concentricity (*mech. - etc.*), concentricità. **2.** ~ (of a rotating element) (*mech.*), coassialità. **3.** ~ check (*mech. - etc.*), controllo della concentricità, verifica della concentricità.

concept, concetto.

concern (business organization) (*comm.*), ditta, azienda.

concerning (*gen.*), concernente, riguardante, relativo.

concession (*comm. - ind.*), concessione. **2.** ~ (as for a mine) (*min.*), concessione.

concessionaire (agent) (*comm.*), concessionario. **2.** sole ~ (*comm.*), concessionario esclusivo.

conchoid (*n. - math.*), concoide.

conchoidal (as of min.) (*a.*), concoide.

conciliation (*comm. - law*), conciliazione. **2.** rules of ~ and arbitration (*law*), regolamento di conciliazione ed arbitrato.

conclude (to) (*gen.*), concludere.

concluded (as business) (*comm.*), concluso.

conclusion (as of business) (*gen.*), conclusione.

concrete (*gen.*), conglomerato. **2.** ~ (*mas.*), calcestruzzo, conglomerato (di cemento). **3.** ~ casting (*mas.*), getto di calcestruzzo. **4.** ~ mixer (*mas. mach.*), betoniera. **5.** ~ preparing equipment (*bldg. equip.*), centrale di betonaggio. **6.** ~ pump (for conveying concrete over long distances) (*bldg. mach.*), pompa per calcestruzzo. **7.** ~ spreader (*bldg. mach.*), spanditrice di calcestruzzo. **8.** aerated ~ (*bldg.*), calcestruzzo cellulare. **9.** architectural ~ (for interior or exterior finish) (*mas.*), calcestruzzo a vista. **10.** breeze ~ (*mas.*), calcestruzzo di scorie di coke. **11.** bulk ~ (placed without reinforcement) (*bldg.*), calcestruzzo non armato. **12.** coarse-mixed ~ (*bldg.*), calcestruzzo (formato) con inerti grossi. **13.** common ~ (*mas.*), calcestruzzo comune. **14.** contraction of the ~ during the setting (*mas.*), contrazione del calcestruzzo durante la presa. **15.** dry ~ (*mas.*), calcestruzzo povero di acqua. **16.** dry-packed ~ (of same grade of moisture as that of damp earth) (*bldg.*), calcestruzzo "secco". **17.** ferro ~ (*bldg.*), cemento armato. **18.** frozen ~ (*mas.*), calcestruzzo gelato. **19.** green-mixed ~ (*bldg.*), calcestruzzo fresco. **20.** heavy ~ (made with steel fragments, instead of rocks, and used for counterweights etc.) (*mech. - bldg. - etc.*), calcestruzzo pesante. **21.** in-situ ~ (*bldg.*), calcestruzzo gettato in opera. **22.** lean ~ (poor concrete) (*bldg.*), calcestruzzo magro. **23.** light ~ (*mas.*), calcestruzzo leggero. **24.** lime ~ (*mas.*), calcestruzzo di calce, calcestruzzo a base di calce idraulica. **25.** mass ~ (bulk concrete, as used for dams etc.) (*bldg.*), calcestruzzo di massa, calcestruzzo non armato. **26.** no-fines ~ (type of porous concrete) (*bldg.*), calcestruzzo poroso senza additivi fini. **27.** non-tilting ~ mixer (*bldg. mach.*), betoniera con tamburo ad asse fisso. **28.** plain ~ (without iron reinforcing bars) (*mas.*), calcestruzzo (non armato). **29.** poor ~ (*mas.*), calcestruzzo magro. **30.** prestressed ~ (*bldg.*), calcestruzzo precompresso. **31.** pumice stone ~ (*mas.*), calcestruzzo di pietra pomice. **32.** pumped ~ (*bldg.*), calcestruzzo pompato. **33.** ready-mixed ~ (*bldg.*), calcestruzzo preparato, calcestruzzo pronto per la gettata. **34.** reinforced ~ (*mas.*), cemento armato. **35.** reinforced ~ structure (*bldg.*), struttura in cemento armato. **36.** rich ~ (*bldg.*), calcestruzzo grasso. **37.** round ~ bar (*bldg. - metall. ind.*), tondino per cemento armato. **38.** slag ~ (*mas.*), calcestruzzo di scoria. **39.** spun ~ (*bldg.*), conglomerato centrifugato. **40.** tamped (or rammed) ~ (*mas.*), calcestruzzo battuto. **41.** tar ~ (with tar as binder) (*bldg.*), calcestruzzo bituminoso. **42.** tilting ~ mixer (*bldg. mach.*), betoniera a tamburo inclinabile (o rovesciabile). **43.** unreinforced ~ (*bldg.*), calcestruzzo non armato. **44.** vibrated ~ (treated with vibrators for increasing compactedness and strength) (*bldg.*), calcestruzzo vibrato. **45.** wet ~ (*mas.*), calcestruzzo esuberante d'acqua. **46.** woodfibre ~ (*bldg.*), fibrocemento.

concrete-lined (*a. - bldg.*), rivestito con calcestruzzo.

concretion (condensation, as of calcium carbonate) (*geol.*), concrezione. **2.** piritic ~ (*geol.*), concrezione piritica.

concurrency, concurrence (competition in commmerce) (*comm.*), concorrenza. **2.** ~ (when many programs are developed by the same comp. in the same time) (*comp.*), concorrenza, contemporaneità.

concurrent (operating simultaneously) (*a. - gen.*), concorrente, contemporaneo. **2.** ~ processing (*comp.*), multiprogrammazione (simultanea), elaborazione contemporanea (o concorrente).

concussion (*gen.*), scossa, urto. **2.** ~ fuse (*expl.*),

spoletta di simpatia. **3.** ~ of the brain (*med.*), commozione cerebrale.
"cond" (condenser) (*gen.*), condensatore. **2.** ~ (conductor) (*phys.*), conduttore. **3.** ~ (conductivity) (*phys.*), conduttività.
condemn (to) (as a ship) (*navy*), radiare.
condensate (*n. - chem. phys.*), condensa. **2.** ~ (as water condensed from steam) (*thermod.*), condensa. **3.** ~ drainage system (as in steam pip.), sistema di spurgo della condensa.
condensation (*phys.*), condensazione. **2.** ~ (as of steam into water) (*thermod.*), condensazione. **3.** ~ pump, *see* diffusion pump. **4.** ~ trail (vapor trail, visible trail in the wake of an aircraft) (*aer.*), scìa di condensazione. **5.** heat of ~ (*thermod.*), calore di condensazione.
condense (to) (*phys.*), condensare. **2.** ~ (as of steam into water) (*thermod.*), condensare.
condensed (*a. - gen.*), condensato. **2.** ~ (as a type, with the face narrower than normal) (*a. - typ.*), di tipo allungato. **3.** ~ (as of instructions that are punched in great quantity per card) (*a. - comp.*), condensato. **4.** extra-~ (as a type with a face narrower than the condensed type) (*a. - typ.*), stretto. **5.** ultra-~ (as a type) (*a. - typ.*), strettissimo.
condenser (*gen.*), condensatore. **2.** ~ (of refrig. mach.), condensatore. **3.** ~ (*chem. app.*), refrigerante, condensatore. **4.** ~ (for wool) (*text. mach.*), condensatore. **5.** ~ (*opt.*), condensatore. **6.** ~, *see* steam condenser. **7.** ~ antenna (*radio*), antenna capacitiva. **8.** ~ coil (as of a refrigerating mach.), serpentina di raffreddamento. **9.** ~ loudspeaker (*elect.*), altoparlante a condensatore. **10.** ~ microphone (*elect.*), microfono elettrostatico, microfono condensatore. **11.** ~ to improve the power factor (*elect.*), condensatore di rifasamento. **12.** ~ transmitter (*elect.*), microfono elettrostatico, microfono condensatore. **13.** adjustable ~ (*electroacous.*), condensatore regolabile. **14.** aerial tuning ~ (*radio*), condensatore di sintonia d'antenna. **15.** air ~ (*elect.*), condensatore in aria. **16.** air-cooled ~ (as a steam condenser) (*ind. app.*), condensatore raffreddato ad aria. **17.** augmenter ~ (of a steam engine condenser), condensatore ausiliario. **18.** auxiliary ~ (of a steam engine condenser), condensatore ausiliario. **19.** blocking (or block) ~ (*radio*), condensatore di arresto. **20.** bypass ~ (*radio - elect.*), condensatore di fuga. **21.** compensating ~, *see* balancing condenser. **22.** counter-current ~ (*therm. app.*), condensatore a contro-corrente. **23.** differential ~ (*radio*), condensatore differenziale. **24.** electrolytic ~ (*radio*), condensatore elettrolitico. **25.** evaporative ~ (*therm. - boil.*), condensatore a pioggia, condensatore ad evaporazione. **26.** fixed ~ (*radio*), condensatore fisso. **27.** gang ~ (Brit.) (*radio*), condensatore multiplo. **28.** grid ~ (*radio*), condensatore di griglia. **29.** homocentric ~ (as of a microscope) (*opt. instr.*), condensatore omocentrico. **30.** jet ~ (*therm.*), condensatore a getto. **31.** Liebig ~ (*chem. app.*), condensatore Liebig. **32.** paper-type ~ (*elect.*), condensatore a carta. **33.** phase-advancing ~ (as for factory electrical system) (*elect.*), condensatore di rifasamento. **34.** power factor correction ~ (*elect.*), condensatore di rifasamento. **35.** shielded ~ (*elect. - radio*), condensatore schermato. **36.** shortening ~ (*radio*), condensatore di accorciamento, condensatore di antenna. **37.** steam ~ (*therm. app.*), condensatore di vapore. **38.** stopping ~ (*radio*), condensatore d'arresto, condensatore di blocco. **39.** straight-line ~ (*radio*), condensatore a variazione lineare. **40.** substage iris diaphragm ~ (of a microscope) (*opt.*), condensatore a diaframma ad iride sotto il piatto. **41.** surface ~ (*therm.*), condensatore a superficie. **42.** trimming ~ (trimmer) (*radio*), compensatore. **43.** tuning ~ (*radio*), condensatore di sintonia. **44.** variable ~ (*radio*), condensatore variabile. **45.** vernier ~ (*radio*), condensatore a verniero.
condensing (*phys.*), condensazione. **2.** ~ electroscope (*elect. instr.*), elettroscopio condensatore. **3.** ~ lens (*opt.*), condensatore. **4.** ~ steam engine (*mach.*), macchina a vapore a condensazione. **5.** ~ unit (as of a refrigerator), complesso frigorifero (con esclusione dell'evaporatore).
condensive (*a. - elect.*), capacitivo. **2.** ~ load (leading load, capacitive load: where the current leads voltage) (*elect.*), carico capacitivo.
condition (*comm.*), condizione. **2.** ~ code (as of error) (*comp.*), codice di condizione. **3.** general conditions (as for tenders etc.) (*comm.*), capitolato generale d'oneri. **4.** one ~ (one state: the 1 value in a memory core) (*comp.*), stato "uno", condizione uno. **5.** payment ~ (*comm.*), condizione di pagamento. **6.** running ~ (of an engine), ordine di marcia. **7.** static ~ (*aer.*), a punto fisso. **8.** zero ~ (nought state: the 0 value in a memory core) (*comp.*), condizione zero, stato zero.
condition (to) (as the air of a room) (*air conditioning*), condizionare, climatizzare. **2.** ~ (to test in order to ascertain the moisture content, as of wool) (*text. ind.*), verificare il grado di umidità. **3.** ~ (the ore in the flotation process) (*min.*), condizionare. **4.** ~ (to make water drinkable) (*hydr.*), potabilizzare.
conditional (*gen.*), condizionato. **2.** ~ (*a. - comp.*), condizionato, condizionale. **3.** ~ assembly (*comp.*), assemblaggio condizionale. **4.** ~ branch (conditional jump, or transfer, due to comp. instruction) (*comp.*), salto condizionato, diramazione condizionata. **5.** ~ jump (*comp.*), salto condizionato. **6.** ~ stop instruction (*comp.*), istruzione di arresto condizionato. **7.** ~ transfer (*comp.*), *see* ~ jump.
conditioned (as ore in the flotation process) (*min.*), condizionato. **2.** ~ (as of air) (*a. - ind. - bldg.*), condizionato.
conditioner (used for restoring the natural moisture of fabrics) (*text. ind.*), umidificatore. **2.** ~ (in the

flotation process) (*min. mach.*), condizionatore. **3.** air ~ (*household and ind. app.*), apparecchio per il condizionamento dell'aria. **4.** fluid ~ (device controlling the physical characteristics of the fluid) (*fluid power*), condizionatore di fluido. **5.** self-contained air ~ (*bldg. - ind.*), condizionatore autonomo (dell'aria). **6.** water ~ (as of water for boil.) (*chem. - phys. app.*), depuratore d'acqua, addolcitore d'acqua. **7.** wheat ~ (*agric. app.*), condizionatore da grano.

conditioning (temperature and humidity control: as of air) (*gen.*), condizionamento. **2.** ~ (of text. fibers: as of cotton) (*text. mfg.*), condizionatura. **3.** ~ (treatment given to water to make it drinkable) (*hdyr.*), potabilizzazione. **4.** air ~ (*bldg. - veh.*), condizionamento dell'aria. **5.** air ~ automatic control electric system (*air conditioning*), regolazione elettrica automatica del condizionamento. **6.** air ~ automatic control pneumatic system (*air conditioning*), regolazione automatica ad aria compressa del condizionamento. **7.** air ~ manual control (*air conditioning*), regolazione manuale del condizionamento. **8.** air ~ unit (*air conditioning*), camera di condizionamento. **9.** automatic air ~ (*air conditioning*), condizionamento a regolazione automatica. **10.** automatic electric- control air ~ (*air conditioning*), condizionamento a regolazione elettrica automatica. **11.** automatic pneumatic-control air ~ (*air conditioning*), condizionamento a regolazione automatica ad aria compressa. **12.** water ~ (*ind.*), depurazione dell'acqua. **13.** wheat ~ (*agric.*), condizionamento del grano.

condo (single apartment owned in an apartment building or condominium) (*bldg.*), appartamento di proprietà in un condominio.

condominium (bldg. containing many condos: an apartment bldg.) (*bldg.*), condominio. **2.** ~ (a condo) (*bldg.*), appartamento di proprietà in un condominio.

conducive (promoting) (*a. - gen.*), tendente a favorire, facilitante.

conduct (to) (as heat, electricity etc.), condurre.

conductance (*elect.*), conduttanza. **2.** anode ~ (ratio between anodic current and anodic potential) (*thermion.*), conduttanza anodica. **3.** grid ~ (*radio*), conduttanza di griglia. **4.** leakage ~ (*elect.*), conduttanza di dispersione. **5.** plate ~ (*radio*), conduttanza anodica interna.

conduction (as of water in a pipe), convogliamento. **2.** ~ (transfer of heat from one part of a body to another part of the same body or from one body to another one in contact with it) (*therm.*), conduzione. **3.** ~ (*elect.*), conduzione. **4.** capacity for ~ (as of heat) (*phys.*), conduttività.

conductive (as of elect., heat etc.) (*a. - gen. - therm. - elect.*), conduttivo. **2.** ~ material (*therm. - elect.*), materiale conduttivo.

conductivity (*elect. - acous.*), conduttività, conducibilità. **2.** ~ (quantity of heat passing in one second across a unit area of unit thickness plate when the temperatures of its opposite faces differ by one degree) (*therm.*), conduttività. **3.** equivalent ~ (*electrochem.*), conduttività equivalente. **4.** molecular ~ (*electrochem.*), conduttività molecolare. **5.** thermal ~ (*phys.*), conduttività termica.

conductor (as of elect., heat etc.) (*elect. - phys.*), conduttore. **2.** ~ (*tramway work.*), tramviere. **3.** ~ (chief of the train personnel) (*railw.*), capo treno. **4.** ~ rail (*elect. - railw.*), terza rotaia. **5.** cable ~ (*elect.*), conduttore cordato. **6.** chief ~ (as of a R.R. train) (*railw.*), capotreno. **7.** grounding ~ (*elect.*), filo di terra. **8.** lightning ~ (*elect.*), parafulmine. **9.** middle ~ (the neutral conductor of a three-wire system) (*elect.*), neutro, filo (o conduttore) del neutro. **10.** 7/025 ~ (cable consisting of 7 wires each having a 0.025 in. diameter) (*elect.*), conduttore a 7 fili del diametro di 0.025 pollici.

conduit (*hydr.*), condotto, tubo, acquedotto, canale. **2.** ~ (for wire protection) (*elect. - teleph.*), tubo protettivo (tipo "Bergman", "Elios" ecc.). **3.** ~ system (for feeding elect. power by underground contact rail) (*railw.*), alimentazione con terza rotaia. **4.** open ~ (*hydr.*), canale aperto. **5.** rigid ~ (for wire protection) (*elect.*), tubo protettivo rigido. **6.** tile ~ (*bldg.*), tubo in terracotta. **7.** zinc-coated ~ (for wire protection) (*elect.*), tubo protettivo zincato.

cone (*geom.*), cono. **2.** ~ (*mech.*), cono. **3.** ~ (inner race of a taper roller bearing) (*mech.*), anello interno. **4.** ~ (conical bobbin) (*text. impl.*), bobina conica. **5.** ~ (bell, on the top of a blast furnace) (*metall.*), campana. **6.** ~ (a bobbin for winding yarn before weaving) (*text. ind.*), rocca conica. **7.** ~ coupling (*mech.*), innesto a cono. **8.** ~ diaphragm (*acous.*), membrana conica. **9.** ~ length (of tapered roller bearing) (*mech.*), altezza del cono. **10.** ~ loudspeaker (*radio*), altoparlante a diaframma conico. **11.** ~ pulley (as of a mach. t.) (*mech.*), conopuleggia. **12.** ~ radius (of tapered roller bearing) (*mech.*), raccordo del cono. **13.** ~ speaker, *see* cone loudspeaker. **14.** ~ tolerance (prescribed as for taper surfaces) (*mech.*), tolleranza per coni. **15.** bursting ~ (of a gun) (*milit.*), cono di vampa. **16.** escape ~ (loss cone, conical space in which the particles are not reflected by the magnetic mirror) (*plasma phys.*), cono di fuga, cono di perdita. **17.** exhaust ~ (as of a turbojet engine), cono di scarico. **18.** frustum of ~ (*geom.*), tronco di cono. **19.** fusion ~ (*therm. meas. instr.*), *see* Seger cone. **20.** inner ~ (as of a jet engine), cono interno. **21.** mooring ~ (of an airship) (*aer.*), cono di ormeggio. **22.** nose ~ (as of a missile or space vehicle) (*rckt.*), cono dell'ogiva. **23.** outside ~ distance (of a bevel gear) (*mech.*), generatrice esterna. **24.** pitch ~ (of a bevel gear) (*mech.*), cono primitivo. **25.** seger ~ (pyrometric cone) (*therm.*), cono di Seger, cono pirometrico. **26.** step ~ (*mech.*), puleggia multipla a gradini. **27.** terminal ~ (as of a missile or space vehicle) (*rckt.*), cono

terminale. **28.** truncated ~ (*geom.*), tronco di cono.
conehead (head shape: as of a rivet) (*a. - mech.*), a testa troncoconica.
cone-lock (*a. - mech.*), a bloccaggio a cono. **2.** ~ jig (*mech.*), maschera (o attrezzo) con bloccaggio a cono.
cone-shaped (*a. - gen.*), conico.
"conf" (confidential) (*milit.*), riservatissimo.
confer (to) (to grant, to bestow) (*gen.*), conferire, impartire.
conference (*gen.*), riunione, conferenza. **2.** ~ system (Brit.) (*teleph.*), sistema telefonico collettivo. **3.** press ~ (*journ.*), conferenza stampa. **4.** to be in ~ (*factory organ. - etc.*), essere in riunione.
confidence (*gen.*), fiducia, affidabilità. **2.** ~ check (made on circuits) (*comp.*), controllo di affidabilità. **3.** ~ interval (*stat.*), intervallo di fiducia. **4.** ~ limit (*stat.*), limite di fiducia.
confidential (*milit.*), riservatissimo. **2.** ~ (as of letter) (*mail*), confidenziale, riservato, personale.
configuration (*gen.*), configurazione, strutturazione, conformazione. **2.** ~ (figure, contour) (*gen.*), figura, contorno. **3.** ~ (asterism) (*astr.*), asterismo. **4.** ~ (structure of chem. compounds) (*chem.*), struttura. **5.** closed ~ (of the field lines closing upon themselves within the plasma region) (*plasma phys.*), configurazione chiusa. **6.** target ~ (comp. architecture necessary for carrying out the target program) (*comp.*), configurazione (necessaria) per raggiungere l'obiettivo.
confinement (restraint) (*gen.*), confinamento. **2.** inertial ~ (of plasma particles by inertial forces) (*plasma phys.*), confinamento inerziale. **3.** magnetic ~ (of plasma by magnetic field) (*plasma phys.*), confinamento magnetico.
confirm (to) (*gen.*), confermare.
confirmation (*gen.*), conferma. **2.** ~ (as of a sentence) (*law - etc.*), convalida.
confiscate (to) (*adm. - law*), confiscare.
confiscation (forfeit, by government action) (*law*), confisca.
conflict (*milit.*), conflitto. **2.** ~ of interests (*gen.*), conflitto di interessi. **3.** role ~ (*law*), conflitto di competenza.
confluence (*geogr.*), confluenza.
conform (to) (as of a tire to the road surface) (*gen.*), adattarsi.
confront (to) (to face: as a difficulty) (*gen.*), affrontare.
congeal (to) (*phys.*), congelare.
congealed solution (*metall.*), soluzione solida.
congelation (*phys.*), congelamento.
congestion (*road traff.*), congestione. **2.** ~ (*med.*), congestione.
conglomerate (*geol.*), conglomerato. **2.** ~ (corporation acquiring companies with heterogeneous activities) (*n. - finan.*), complesso finanziario industriale con attività diversificate.
conglomeratic (*a. - geol.*), conglomerato.
Congo paper (*chem.*), carta al rosso Congo.
congress (*gen.*), congresso.
congruence (*math.*), congruenza.
congruent (*geom.*), congruente.
conic (conic section) (*n. - math.*), conica.
conical (*a.*), conico. **2.** ~ pendulum governor, *see* simple governor.
conics conic sections: ellipse, parabola and hyperbola theory) (*math.*), coniche, teoria delle coniche.
conifer (*botany*), conifera.
coniometer, *see* konimeter.
conjugate (*a. - gen.*), coniugato. **2.** ~ (*math.*), coniugato. **3.** ~ diameters (of a conic) (*math.*), diametri coniugati. **4.** ~ image points (*photogr.*), punti immagine omologhi (o corrispondenti). **5.** ~ image rays (*photogr.*), raggi omologhi (o corrispondenti). **6.** ~ impedances (*elect.*), impedenze coniugate. **7.** ~ points (*geom.*), punti coniugati. **8.** ~ system (*chem.*), sistema coniugato.
conjunction (*astr.*), congiunzione. **2.** non ~ ("NAND" operation: dyadic boolean operation) (*comp.*), (operazione di) non congiunzione, operazione NAND.
conjunctiva (*opt.*), congiuntiva.
conk (to) (as of an engine) (*mot.*) (Am. coll.), guastarsi.
conn (act of conducting the course of a ship) (*naut.*), pilotaggio.
"conn" (connector) (*mech.*), raccordo.
conn (to) (to navigate, as the course of a ship) (*naut.*), pilotare.
connect (to) (*elect.*), inserire, collegare. **2.** ~ (as an elect. wire), allacciare. **3.** ~ (*mech.*), collegare, accoppiare. **4.** ~ in parallel (*elect.*), collegare in parallelo, inserire in parallelo. **5.** ~ in series (*elect.*), collegare in serie.
connected (*mech.*), collegato, accoppiato. **2.** ~ (*elect.*), collegato. **3.** ~ (as an elect. app. to a current tap) (*elect.*), allacciato, collegato.
connecting, di connessione, di unione. **2.** ~ angle (*steel constr. - etc.*), cantonale d'unione. **3.** ~ plug (*elect.*), spina di contatto. **4.** ~ rod (as of mot.) (*mech.*), biella. **5.** ~ rod (Pitman arm, of a steering linkage) (*aut.*), leva di rinvio. **6.** ~ rod (of a steam locomotive) (*railw.*), biella accoppiata. **7.** ~ rod (of a radial aviation engine) (*mot.*), bielletta. **8.** ~ rod assembly (*mot.*), biellismo, complessivo bielle. **9.** ~ rod small end (*mech.*), piede di biella. **10.** big end of the ~ rod (*mech.*), testa di biella. **11.** crosshead end of the ~ rod (*mech.*), piede di biella. **12.** master ~ rod (of a radial engine) (*mot.*), biella madre. **13.** sector ~ rod (of a steam locomotive) (*railw.*), biella di settore. **14.** side ~ rod (of a steam locomotive) (*railw.*), biella accoppiata.
connection (*mech.*), collegamento, accoppiamento. **2.** ~ (as of circuits) (*elect.*), connessione, collegamento. **3.** ~ (of an elect. app. to a current tap) (*elect. - etc.*), allacciamento, collegamento. **4.** ~

box (*elect. app.*), cassetta di giunzione. **5.** bayonet ~ (of elect. device) (*mech.*), attacco a baionetta. **6.** business ~ (*comm.*), relazioni commerciali, relazioni d'affari. **7.** cascade ~ (*elect.*), connessione in cascata. **8.** channel ~ (*mech.*), attacco ad U. **9.** delta ~ (*elect.*), collegamento a triangolo. **10.** dial-up ~ (*tlcm.*), collegamento a selezione. **11.** double-delta ~ (*elect.*), collegamento a doppio triangolo. **12.** equipotential ~ (of a winding) (*elect.*), connessione equipotenziale, collegamento equipotenziale. **13.** mesh ~ (*elect.*), collegamento a triangolo. **14.** open-delta ~ (v connection: made by two transformers instead of three) (*elect. emergency*), connessione a delta aperto. **15.** parallel ~ (*elect. - radio*), collegamento in parallelo, collegamento in derivazione. **16.** pipe ~ (*pip.*), allacciamento di un tubo, attacco di un tubo. **17.** star ~ (*elect.*), collegamento a stella. **18.** star ~ with earthed center point (*elect.*), collegamento a stella con centro neutro a massa (o a terra). **19.** telephonic ~ , collegamento telefonico. **20.** two-pin link ~ (as in aer. constr.) (*mech.*), attacco a due spine articolato. **21.** Y ~ (*elect.*), collegamento a stella.

connector (as of pip.) (Am.) (*mech.*), raccordo. **2.** ~ (for connecting high-tension conductors) (*elect.*), serrafili, morsetto serrafili. **3.** ~ (coupling of cars) (*railw.*), gancio di accoppiamento (o di trazione). **4.** ~ (of accumulator plates) (*elect.*), connettore. **5.** ~ (detachable device for fixing mechanically and connecting electrically various circuits between themselves) (*elics.*), connettore. **6.** ~ block (insulating body containing connectors) (*elect.*), scatola di derivazione (con frutto). **7.** automatic ~ (device for making elect., pneumatic etc. connections, as between cars) (*railw. - etc.*), accoppiatore automatico. **8.** cable ~ (as between the truck and the trailer) (*elect. - aut.*), connettore per cavi, giunto per cavi. **9.** cable end ~ (terminal lead: as of an elect. cable), capocorda, terminale. **10.** male ~ (as of an oil pipe, an elect. connector etc.) (*gen.*), maschio, parte maschia (del connettore o del giunto). **11.** quick-detachable ~ (*elect.*), serrafili a distacco immediato. **12.** trailer light ~ (*aut. elect.*), connettore per luci rimorchio, giunto (elettrico) per luci rimorchio.

connexion, *see* connection.

conning (the communication of directions [as of course, of speed] for guiding a craft or a ship) (*aer. - nav.*), trasmissione di direttive per la navigazione. **2.** ~ tower (*navy*), torretta corazzata di comando. **3.** upper ~ tower (*navy*), controtorretta.

conoid (*math. - geom.*), conoide.

conoidal (*a. - geom.*), conoidico.

conquest (*gen.*), conquista. **2.** ~ of space (*astric.*), conquista dello spazio.

"conrod" (connecting rod) (*eng. - mech.*), biella.

"cons", *see* construction.

conscientious objector (*milit.*), obiettore di coscienza.

consecutive (*gen.*), consecutivo.

consent (*comm.*), benestare.

consequence (*gen.*), conseguenza, risultato.

consequent (*gen.*), conseguente. **2.** ~ pole (a magnetic pole at some point of a magnet other than its ends) (*elect.*), polo conseguente.

conservation (*gen.*), conservazione. **2.** ~ of angular momentum (*theor. mech.*), conservazione della quantità di moto angolare. **3.** ~ of charge (*elect. principle*), conservazione della carica. **4.** ~ of energy (*theor. mech.*), conservazione dell'energia. **5.** ~ of mass (conservation of matter) (*theor. mech.*), conservazione della massa. **6.** ~ of matter (*phys.*), conservazione della materia. **7.** ~ of momentum (*theor. mech.*), conservazione della quantità di moto.

conservatism (*econ.*), conservatorismo.

conservator (oil reservoir for transformers) (*electromech.*), conservatore, serbatoio di livello.

conserve (to) (to preserve), conservare. **2.** ~ (to maintain constant as a quantity) (*phys. - chem.*), mantenere costante.

consider (to) (*gen.*), considerare.

consideration (recompense) (*comm. - etc.*), ricompensa.

consign (to) (*comm.*), consegnare, spedire.

consignee (*comm.*), destinatario, consegnatario.

consignment, consignement (*n. - comm.*), consegna. **2.** ~ (referring to merchandises received on consignment) (*a. - comm.*), relativo a consegna in conto deposito. **3.** ~ sale (*comm.*), vendita in commissione. **4.** on ~ (*comm.*), in conto deposito.

consignor, consigner (a sender of goods) (*comm.*), mittente.

consist (make-up, as of a train) (*gen.*), composizione.

consistence, *see* consistency.

consistency (*gen.*), consistenza. **2.** ~ (of wood pulp) (*paper mfg.*), densità.

consistent (without contradictions) (*a. - gen.*), conforme. **2.** ~ test (*stat.*), prova conforme.

consistent with (*gen.*), compatibile con.

consistometer (for meas. the flow of viscous liquids: as grease, paints etc.) (*ind. app.*), viscosimetro.

"Consol" (radionavigation system) (*naut. - aer.*), sistema di radionavigazione Consol.

console (*arch.*), mensola ornamentale. **2.** ~ (cabinet for radio) (*join.*), mobile per (sostegno di) apparecchio radio. **3.** ~ (table) (*join.*), consolle, console. **4.** ~ (display unit incorporating the display screen) (*radar*), armadio radar. **5.** ~ (on the drive shaft tunnel of a car, in front of the gearshift lever) (*aut.*), piano (portaoggetti). **6.** ~ (operating part of a computer) (*comp.*), quadro di comando, consolle. **7.** ~ operator (*comp.*), operatore di console. **8.** ~ typewriter (*comp.*), tastiera di console. **9.** control ~ (as for a nuclear reactor) (*atom phys.*), quadro di comando (ad armadio). **10.** dis-

play ~ (video unit console) (*comp.*), console (con) video.
consolidate (to) (*phys.*), solidificare, comprimere in una massa compatta. **2.** ~ (to strengthen) (*gen.*), irrobustire. **3.** ~, *see* unite (to).
consolidated (loan) (*a. - finan.*), consolidato.
consolidation (*geol.*), consolidamento. **2.** ~ (of ground by application of continued pressure) (*civ. eng.*), consolidamento. **3.** ~ (merger, as of two companies) (*finan.*), fusione.
consols (consolidated loan) (*finan.*), (prestito) consolidato.
conspicuous (*gen.*), rimarchevole, cospicuo.
"const" (constant) (*gen.*), costante. **2.** ~, *see also* construction.
constant (*a. - n. - gen.*), costante. **2.** ~ (as of a measuring instrument) (*gen.*), costante. **3.** ~ area (part of memory) (*comp.*), area delle costanti. **4.** ~ of gravitation ($6{,}670 \times 10^{-8}$ in cgs units) (*phys.*), costante della gravitazione universale. **5.** ~ pressure combustion engine (*mot.*), motore a combustione a pressione costante. **6.** ~ speed propeller (*aer.*), elica a giri costanti. **7.** ~ speed unit (for the propeller) (*aer.*), regolatore dell'elica a giri costanti. **8.** ~ volume combustion engine (*mot.*), motore a combustione a volume costante. **9.** attenuation ~ (gradual decrease of an a.c. amplitude) (*elect.*), fattore di attenuazione. **10.** decay ~ (*atom phys.*), costante radioattiva. **11.** figurative ~ (in "COBOL" language) (*comp.*), costante figurativa (o simbolica). **12.** file ~ (*comp.*), costante di archivio (o di file). **13.** gravitational ~ (*phys.*), costante gravitazionale. **14.** multiplication ~ (*atom phys. - etc.*), fattore di moltiplicazione.
constantan (40% nickel and 60% copper) (*alloy*), costantana.
constant-volume (*a. - phys.*), a volume costante.
constellation (*astr.*), costellazione.
constituent (*gen.*), componente.
constitution (composition) (*chem. - phys.*), composizione, costituzione. **2.** ~ diagram (*phys. chem.*), *see* phase diagram.
"constr" (construction) (*bldg. - etc.*), costruzione.
constrain (to) (to force), forzare. **2.** ~ (to fasten by bonds), vincolare.
constrained (*a. - gen.*), obbligato, forzato, vincolato. **2.** ~ motion (*mech.*), movimento obbligato. **3.** ~ oscillation (*mech.*), oscillazione forzata.
constraint (compulsion) (*gen.*), costrizione, costringimento. **2.** ~ (*elics. - comp.*), vincolo.
construct (to), fabbricare, costruire.
construction (*gen.*), costruzione. **2.** ~ (of an agreement) (*comm. - law*), interpretazione. **3.** ~ details (*mach. - etc.*), particolari costruttivi. **4.** acoustic ~ (*bldg.*), costruzione acusticamente isolata. **5.** all-metal ~ (as of an aircraft) (*aer. - etc.*), costruzione interamente metallica. **6.** antiseismic ~ (*bldg.*), costruzione antisismica. **7.** aseismatic ~ (*bldg.*), costruzione antisismica. **8.** block ~ (of a parachute) (*aer.*), costruzione con tessuto parallelo. **9.** composite ~ (of a railw. freight car with a combination steel and wood frame or superstructure) (*railw.*), struttura mista. **10.** geodetic ~ (construction method for curved frames) (*aer. constr.*), costruzione geodetica. **11.** intake ~ (*hydr.*), opera di presa. **12.** modular ~ (*ind. - bldg.*), costruzione modulare. **13.** "snap-lock" ~ (as of ship superstructures obtained by snapping tightly aluminium extrusions into each other) (*shipbuild.*), costruzione ad incastro.
constructional, *see* structural.
constructive (*gen.*), costruttivo.
constructor (*gen.*), costruttore.
consult (to) (*gen.*), consultare.
consultant (professional adviser) (*gen.*), consulente. **2.** management ~ (*comm. - ind.*), consulente aziendale.
consultative (advisory) (*gen.*), consultivo.
consulting (*a.*), consulente. **2.** ~ engineer (*gen.*), consulente tecnico.
consumables (consumer goods) (*econ.*), beni di consumo.
consume (to) (*gen.*), consumare.
consumer (*econ.*), consumatore. **2.** ~ (*gen.*), utente. **3.** ~ behaviour research (*comm.*), ricerca sul comportamento del consumatore. **4.** ~ contest (*adver. - comm.*), concorso (a premi) tra i consumatori. **5.** ~ durables (durable consumer goods) (*econ.*), beni di consumo durevoli. **6.** ~ goods (consumables) (*econ.*), beni di consumo. **7.** ~ innovators (experimental consumers of new products) (*comm.*), innovatori dei consumi. **8.** ~ items, *see* consumer' goods. **9.** ~ preference (*comm.*), preferenza del consumatore. **10.** ultimate ~ (*comm.*), consumatore finale, utilizzatore finale.
consumerism (defense of the consumer's interests) (*comm.*), difesa degli interessi del consumatore.
consumption, consumo. **2.** ~ goods (consumers' goods) (*econ.*), beni di consumo. **3.** ~ tax (*finan.*), imposta sui consumi. **4.** fuel ~ (*mot.*), consumo di combustibile, consumo di carburante. **5.** oil ~ (*mot.*), consumo d'olio. **6.** rated ~ (the maximum permissible input (or output) of an electrical machine specified by the maker) (*elect. mach.*), potenza nominale. **7.** specific ~ (as of a lamp, of a mot. etc.) (*gen.*), consumo specifico.
"cont" (contents) (*transp. - etc.*), contenuto. **2.** ~ (control) (*mech. - elect.*), comando. **3.** ~ (contact) (*elect.*), contatto.
contact (*elect.*), contatto. **2.** ~ (as of gears) (*mech.*), contatto. **3.** ~ (electric contact as in a circuit) (*elics. - elect.*), contatto. **4.** ~ block (*electromech.*), contatto, blocchetto di contatto. **5.** ~ breaker (*elect. device*), ruttore. **6.** ~ breaker plate (*mech.*), piastra porta-ruttori. **7.** ~ carrier (*elect.*), portacontatti. **8.** ~ clip (of a blade of a knife switch) (*electromech.*), contatto a molla, ganascia del contatto. **9.** ~ depth (as of a gear tooth) (*mech.*), profondità di contatto. **10.** ~ finger (of

streetcar controller) (*elect. device*), spina di contatto (del combinatore). **11.** ~ flying (*aer.*), volo a vista. **12.** ~ heating (*phys.*), riscaldamento per contatto. **13.** ~ ionization (of the atoms of a gas in contact with a metal surface) (*phys.*), ionizzazione per contatto. **14.** ~ lens (*med. - opt.*), lente a contatto. **15.** ~ line (of a gear) (*mech.*), linea di contatto. **16.** ~ line (feeding tractive veh.: as elect. locomotives, trolley-busses etc.), linea di contatto. **17.** ~ maker (*electromech.*), contattore. **18.** ~ piece (of a streetcar controller) (*elect. device*), pettine (del combinatore). **19.** ~ plug (bolt or screw) (as of elect. apparatus, device or instrument), morsetto (o vite) di connessione, morsetto serrafili. **20.** ~ points (as of contact breakers) (*elect.*), puntine (di contatto). **21.** ~ potential, *see* Volta effect. **22.** ~ potential (in a vacuum tube: due to space-charge electrons) (*elics. - electron tube*), potenziale di contatto. **23.** ~ print (*phot. - etc.*), copia a contatto. **24.** ~ process (for making H_2SO_4) (*ind. chem.*), metodo per contatto, metodo catalitico, metodo della catalisi eterogenea. **25.** ~ rail (*elect. railw. system*), terza rotaia. **26.** ~ ratio (ratio of the arc of action to the circular pitch, of gears) (*mech.*), rapporto di ricoprimento. **27.** ~ ring (slip ring: as of an induction mot.) (*elect.*), anello di contatto, collettore ad anello. **28.** ~ to earth (*elect.*), contatto verso terra. **29.** ~ welding (gear tooth defect leading to scoring) (*mech.*), saldatura da contatto. **30.** aerial ~ wire (feeding tractive veh.: as elect. locomotives, trolley-busses etc.), filo di contatto (sospeso). **31.** auxiliary ~ (*elect.*), contatto ausiliario. **32.** break ~ (as of a switch) (*elect.*), contatto in apertura. **33.** hammer ~ (*elect.*), contatto a martello. **34.** N.C. ~ (normal closed contact) (*elect.*), contatto normalmente chiuso. **35.** N.O. ~ (normal open contact) (*elect.*), contatto normalmente aperto. **36.** period of ~ (of gears) (*mech.*), durata del contatto. **37.** revolving ~ (*elect.*), contatto rotativo. **38.** sequence controlled ~ (*elect.*), contatto a sequenza comandata. **39.** side ~ rail (*elect. railw. system*), terza rotaia laterale. **40.** sliding ~ (*elect.*), contatto a cursore. **41.** traveling ~ (*elect.*), contatto scorrevole. **42.** twin ~ wire (overhead feed line) (*elect. railw.*), linea di contatto a doppio filo. **43.** underground ~ rail (*elect. railw. system*), terza rotaia in cunicolo. **44.** unsteady ~ (*elect.*), contatto instabile.

contactor (*elect. app.*), contattore. **2.** electropneumatic ~ (as in elect. locomotives) (*railw.*), contattore elettropneumatico. **3.** magnetic ~ (*elect. app.*), contattore elettromagnetico.

container (*gen.*), recipiente. **2.** ~ (metal box containing the freight and accomodated on railw. cars, trucks, ships etc.) (*railw. transp.*), container, cassa mobile. **3.** ~ (for airdropping supplies etc.) (*milit. - aer.*), aerorifornitore. **4.** ~ car (*railw.*), carro merci per trasporto container. **5.** ~ ship (*transp. - naut.*), nave (per trasporto) container. **6.** film ~ (*m. pict.*), scatola per film. **7.** food ~ (*gen.*), recipiente per generi alimentari. **8.** sterile ~ (*med. app.*), cestello portagarze. **9.** tight ~ (*ind.*), recipiente a tenuta.

containerization (*transp.*), containerizzazione.

containerize (to) (*transp.*), conteinerizzare, spedire mediante container.

containerized (*transp.*), conteinerizzato.

containerport (port equipped for handling containers) (*naut.*), porto attrezzato per (il movimento dei) container.

containership (ship made for containers transp.) (*naut. - transp.*), nave porta container.

containment (as of radiactivity by a gastight enclosure for avoiding radiactive danger) (*atom phys.*), contenimento, azione di contenimento. **2.** ~ building (of a nuclear reactor) (*atom phys.*), fabbricato di contenimento.

contaminate (to), inquinare.

contaminated (*gen.*), contaminato, inquinato. **2.** ~ (by an extraneous radioactive substance) (*a. - radioact.*), contaminato.

contamination (*gen.*), contaminazione. **2.** ~ meter (*radioact. instr.*), misuratore di contaminazione. **3.** radioactive ~ (*atom phys.*), contaminazione radioattiva.

contango (stock exchange) (*finan.*), (interesse di) riporto, premio di riporto.

contemporaneity (contemporaneousness) (*gen.*), contemporaneità, simultaneità.

contemporary (simultaneous) (*gen.*), contemporaneo, simultaneo.

content (that which is contained) (*n. - gen.*), contenuto, tenore. **2.** ~ addressed memory (*comp.*), memoria associativa. **3.** information ~ (*comp.*), contenuto di informazioni (o informativo). **4.** solid ~ (*paint.*), residuo secco. **5.** volume table of contents, "VTOC" (containing a particular index record of content) (*comp.*), tabella dei contenuti del volume.

contention (when two or more units try to trasmit at the same time) (*comp.*), contesa.

contents (as of a book, document etc.), contenuto.

contest (*sport*), gara, concorso. **2.** ~ (*comm. - law*), contestazione, controversia.

contest (to) (to question, to dispute) (*law*), contestare.

context (*n. - print. - comp.*), contesto. **2.** ~ (parts of a passage forming a discourse) (*comp. edit.*), contesto. **3.** ~ switching (as a switching from one routine to another) (*comp.*), cambiamento di contesto.

contiguous (*a. - gen.*), contiguo.

continent (*geogr.*), continente.

contingencies (chance events) (*gen. - comm.*), imprevisti.

contingent (as of troops) (*n. - milit.*), contingente. **2.** ~ assets (*accounting*), sopravvenienza attiva.

continuance (*law*), rinvio, proroga.

continuity (of a circuit) (*elect. - radio*), continuità. **2.**

~ (as of a bed) (*min.*), continuità. **3.** ~ (scenario) (*m. pict.*), sceneggiatura. **4.** ~ clerk (*m. pict.*), segretario di edizione. **5.** ~ girl (*m. pict.*), segretaria di edizione. **6.** ~ test (*elect. - radio*), prova di continuità. **7.** ~ writer (*m. pict.*), sceneggiatore.

continuous (*a. - gen.*), continuo. **2.** ~ (*math. - etc.*), continuo, continuativo. **3.** ~ beam (*constr. theor.*), trave continua. **4.** ~ chip (*mach. t. mech.*), truciolo continuo. **5.** ~ feed (*mech. technol.*), avanzamento continuo. **6.** ~ girder (*constr. theor.*), trave continua. **7.** ~ loading (as of submarine cables) (*electrotel.*), carico continuo. **8.** ~ output (*elect.*), potenza continua. **9.** ~ path (in N/C machines) (*n. c. mach. t.*), posizionamento continuo. **10.** ~ pickling (*metall.*), decapaggio continuo. **11.** ~ running (*mot. - transformer - etc.*), servizio continuo. **12.** ~ stationery, *see* stationery. **13.** maximum ~ power (*mot. - transformer - etc.*), potenza massima continuativa.

"contl", *see* control.

"CON TOL" (concentricity tolerance) (*mech. - draw.*), tolleranza di concentricità.

contour (*gen.*), contorno. **2.** ~ (a continuous-path operation with simultaneous control of more than one axis) (*n. c. mach. t.*), contornatura. **3.** ~, *see also* contour line. **4.** ~ control system (continuous-path operation in N/C machines controlled in more than one axis) (*n. c. mach. t.*), comando continuo di contornatura, comando continuo della posizione in più assi. **5.** ~ interval (*top. - cart.*), equidistanza. **6.** ~ line (imaginary intersection line between the land surface and a given datum surface) (*top. - geol. - phys.*), isoipsa. **7.** ~ line (line on a map representing the points having the same elevation) (*top. - cart*), curva di livello. **8.** ~ machining (as carried out on a copying lathe) (*mach. t. - mech.*), lavorazione su macchina a copiare, lavorazione su macchina per riproduzione. **9.** ~ map (*top.*), piano a curve di livello, carta a curve di livello. **10.** ~ projector (*opt. instr. for mech.*), proiettore di profili. **11.** constant loss ~ (locus of points at which a transducer would develop a constant intensity signal) (*und. acous. - etc.*), contorno ad attenuazione costante. **12.** depth ~ (line connecting the points of a water basin having the same depth) (*top. - geophys.*), isobata. **13.** depth ~ (projection on the water surface of the points of a basin having the same depth) (*geophys. - top.*), linea batimetrica, curva batimetrica. **14.** index ~ (index contour line) (*top. - cart.*), curva di livello direttrice. **15.** intermediate ~ (*top. - cart.*), curva di livello intermedia. **16.** quieting ~ (of a cam) (*mech.*), profilo inattivo (o concentrico o ad alzata zero). **17.** supplementary ~ (*top. - cart.*), curva di livello ausiliaria.

contouring (*top.*), rilievo altimetrico a curve di livello, tracciamento di curve di livello. **2.** ~ (a continuous-path operation with simultaneous control of more than one axis) (*n. c. mach. t.*), contornatura. **3.** staircase ~ (as on N/C machines) (*mach. t. w.*), contornatura a gradinata.

contourometer (for meas. surface roughness) (*instr.*), scabrosimetro, misuratore di rugosità.

"contr" (contract) (*comm.*), contratto. **2.** ~ (contractor) (*comm.*), appaltatore.

contraclockwise, *see* counterclockwise.

contract (*law - comm.*), contratto. **2.** ~ minimum (of pay) (*work. - pers.*), minimo contrattuale. **3.** ~ note (*comm.*), distinta di compra (o di vendita). **4.** ~ of employment (*work. - adm.*), contratto di lavoro. **5.** ~ of service (for executives) (*pers.*), contratto (per) dirigenti. **6.** cost-plus ~ (contract, the total price of the work is fixed by adding to the cost a given percentage as profit) (*comm.*), contratto di fornitura il cui prezzo viene stabilito aggiungendo al costo un dato percento dello stesso come utile. **7.** labor ~ (*work.*), contratto di lavoro. **8.** lend-lease ~ (*international law*), contratto d'affitti e prestiti. **9.** private ~ (*comm.*), scrittura privata. **10.** schedule ~ (*law*), contratto a programma. **11.** spot ~ (contract for available material) (*comm.*), contratto a (materiali) pronti. **12.** supply ~ (*comm.*), contratto di fornitura. **13.** to enter into a ~ (*comm.*), concludere un contratto. **14.** to give out by ~ (*comm.*), dare in appalto. **15.** to make a ~ (*comm.*), fare un contratto. **16.** to take by ~ (*comm.*), prendere in appalto. **17.** turnkey ~ (everything must be ready and working when the project is set up) (*comm.*), contratto chiavi in mano. **18.** tying ~ (*comm.*), contratto capestro. **19.** voidable ~ (*comm. - law*), contratto invalidabile.

contraction (*gen.*), contrazione. **2.** ~ (as of concrete, wood, casting etc.) (*found. - reinf. concr. - carp.*), ritiro. **3.** ~ (as of water veins) (*hydr.*), contrazione. **4.** ~ joint, *see* expansion joint. **5.** ~ ratio (of a wind tunnel) (*aer.*), rapporto di contrazione. **6.** ~ rule (*found. impl.*), riga per modellisti. **7.** fitzgerald ~ (relativity theory: dimensional contraction in each moving body) (*phys.*), contrazione relativistica delle lunghezze. **8.** lorentz-fitzgerald ~, *see* fitzgerald contraction. **9.** transverse ~ (reduction of a test piece cross section area subjected to tensile stress, measured in percentage of the original area) (*test of materials*), strizione.

contractometer (for meas. stresses of the metallic layer deposited by electrolysis) (*meas. instr.*), strumento misuratore delle tensioni meccaniche nei metalli elettrodeposti.

contractor (*ind. - comm. - bldg.*), appaltatore, contraente, accollatario. **2.** building ~ (*bldg. - comm.*), imprenditore edile. **3.** prime ~ (a party to whom the responsibility is given for prime coordination of the accomplishment of a contract) (*comm. - factory organ.*), capo commessa.

contractors (*bldg. - comm.*), impresa (edile).

contractual (*comm.*), contrattuale.

contraflexure (point of controflexure) (*constr. theor.*), punto di flesso, punto di inversione della flessione.

contraflow (counterflow as of a gas turbine) (*a. - mach.*), a controcorrente.
contrail (condensation trail, vapor trail, streaks of condensed water vapor left in the air by an airplane) (*aer.*), scia di condensazione.
contraprop (contra-rotating propellers) (*aer.*), eliche controrotanti, eliche rotanti in senso inverso.
contraries (anything in the raw materials injurious or useless for the making of paper) (*paper mfg.*), impurezze, materie estranee.
contrarotation (in respect to another rotation) (*mech.*), rotazione in senso opposto, controrotazione.
contrast (*opt. - phot.*), contrasto. **2.** ~ (of the image) (*telev.*), contrasto. **3.** ~ hue (*opt.*), tonalità di contrasto, tonalità relativa.
contrate (a gear having the teeth arranged at right angle with its plane) (*a. - mech.*), a denti frontali. **2.** ~ wheel (gear) (*mech.*), ruota a denti frontali.
contratest (relating to a control) (*a. - gen.*), di controprova.
contravene (to) (to infringe) (*law*), contravvenire.
contribution (as for health and unemployment insurance) (*work. organ.*), contributi.
contrivance (*mech.*), congegno, dispositivo, apparato.
contrive (to), trovare il mezzo (di fare una cosa). **2.** ~ (to invent), inventare.
control (check), controllo. **2.** ~ (*mech.*), comando. **3.** ~ (operation, as of a switch) (*mech. - etc.*), azionamento. **4.** ~ (of air traffic) (*aer.*), controllo. **5.** ~ (adjusting operation) (*mech.*), regolazione. **6.** ~ (adjusting device) (*mech.*), regolatore. **7.** ~ (*comp.*), controllo, comando. **8.** ~ (system of points precisely surveyed, as by a traverse) (*top.*), rete di punti trigonometrici di base. **9.** ~ (as a standard of comparison) (*n. - gen.*), elemento di confronto, campione, termine di paragone. **10.** ~ area (within which air traffic is controlled) (*aer.*), area di controllo. **11.** ~ arm wishbone (of a suspension) (*aut.*), braccio trasversale. **12.** ~ block (memory area reserved for controls) (*comp.*), blocco di controllo. **13.** ~ board (*elect.*), quadro di controllo, quadro di comando. **14.** ~ box (as of a jet engine) (*mech.*), scatola comando spinta. **15.** ~ box (voltage regulator) (*aut. - elect.*), regolatore di tensione. **16.** ~ break (*comp.*), rottura di controllo. **17.** ~ by attributes (control based on the observation of attributes) (*quality control*), controllo per attributi. **18.** ~ by variables (by measuring the variables of the product) (*quality control*), controllo per variabili. **19.** ~ car (from which an airship is operated) (*aer.*), navicella di pilotaggio. **20.** ~ card (particular punched card) (*comp.*), scheda di controllo. **21.** ~ character (*comp.*), carattere di controllo. **22.** ~ chart (*quality control*), diagramma di controllo. **23.** ~ circuits (*comp.*), circuiti di comando. **24.** ~ column (stick: of an aer.) (*aer.*), "cloche", barra di comando. **25.** ~ computer (as by sensors etc.) (*comp.*), elaboratore di controllo. **26.** ~ data (*comp.*), dati di controllo. **27.** ~ desk (*elect. - etc.*), banco di comando. **28.** ~ device (*mech.*), dispositivo di comando. **29.** ~ electrode (control grid) (*vacuum tube*), griglia di controllo. **30.** ~ field (*comp.*), campo di controllo. **31.** ~ hole (as in a punched card) (*comp.*), foro di controllo, foratura di controllo. **32.** ~ interval (*comp.*), intervallo di controllo. **33.** ~ lever (*mech. - etc.*), leva di comando. **34.** ~ module (of a space capsule) (*astric.*), modulo di comando. **35.** ~ panel (*elect.*), quadro di comando. **36.** ~ panel (kind of plugboard generally located in the console) (*comp. - etc.*), pannello di controllo. **37.** ~ pendant (as of a mach. t., pendant pushbutton control strip) (*electromech.*), quadro di comando pensile. **38.** ~ point (*top.*), punto di appoggio. **39.** ~ program (*comp.*), programma di controllo. **40.** ~ record (*comp.*), registrazione di controllo. **41.** ~ relay (*elect.*), relè di comando. **42.** ~ response (as of a car) (*veh.*), risposta ai comandi. **43.** ~ room (as of a sub.), camera di manovra. **44.** ~ stand (control board upon which the throttle controls etc. are mounted and placed as in the control cab) (*railw. - etc.*), banco di manovra. **45.** ~ station (*comp.*), stazione di controllo. **46.** ~ station (*top.*), punto stazione. **47.** ~ station (*sport*), posto di controllo. **48.** ~ stick (*aer.*), barra di comando, "cloche". **49.** ~ surface (*aer.*), superficie mobile di governo. **50.** ~ survey (*top.*), rilievo geometrico. **51.** ~ total (hash total) (*comp.*), somma di controllo, totale di verifica. **52.** ~ tower (*air navig.*), torre di controllo. **53.** ~ unit *see*, unit. **54.** ~ word (*comp.*), parola di controllo. **55.** ~ zone (*aer.*), zona di controllo. **56.** absorption ~ (control of a reactor by neutrons absorption) (*atom phys.*), controllo per assorbimento. **57.** access ~ (*comp.*), controllo di accesso. **58.** adaptive ~ (control system automatically changing the system parameters to improve the performance in numerically controlled machines) (*n.c. mach. t.*), comando autoregolantesi. **59.** aerodynamic ~ (control surface) (*aer.*), superficie di governo. **60.** air conditioning ~ (*air conditioning*), regolazione del condizionamento. **61.** air-fuel ratio ~ (as of a jet engine fuel system), comando rapporto aria-combustibile. **62.** air traffic ~ (*aer.*), controllo traffico aereo. **63.** altitude mixture ~ (supplementing air to the carburetor when flying at altitude) (*aer.*), correttore di quota. **64.** analytical ~ equipment (of a computer) (*calc. mach.*), apparecchiatura di controllo di precisione. **65.** anti-block-system ~ (the control of an electronic system acting on the four wheels individually, in order to avoid skidding of one or more wheels when under brake action) (*aut.*), comando del sistema (di frenatura) anti-blocco. **66.** approach ~ (*aer.*), controllo di avvicinamento. **67.** area ~ (*aer.*), controllo d'area. **68.** automatic ~ (*elect. - mech.*), controllo automatico. **69.** automatic ~ (of airplanes) (*aer.*), autopilotaggio, autogoverno. **70.**

automatic ~ (automatic adjustment) (*mech.*), autoregolazione, regolazione automatica. **71.** automatic ~ systems (as of a computer) (*comp. - etc.*), complessi di regolazione automatica. **72.** automatic ~ valve (as of a hydr. mach. t.) (*n. c. mach. t. - etc.*), valvola automatica di regolazione. **73.** automatic frequency ~ (A.F.C.) (*radio*), autoregolazione della frequenza (CAF). **74.** automatic gain ~ (*radio*), controllo automatico di guadagno (CAG). **75.** automatic machine controls (*autom.*), dispositivi di regolazione per macchine automatiche. **76.** automatic mixture ~ (*aer. mot.*), correttore automatico di miscela. **77.** automatic programme ~ unit (as for repetition production) (*mach. t.*), comando di programma automatico. **78.** automatic speed ~ (as of an electric locomotive), comando automatico della velocità. **79.** automatic toll ~ (as on a motorway) (*comm. - aut.*), riscossione automatica. **80.** automatic volume ~ (*radio*), regolatore automatico di volume. **81.** azimuthal ~ (cyclic pitch control: of helicopter rotor blades) (*aer.*), comando passo ciclico, comando variazione periodica del passo. **82.** bang-bang ~ (on-off control) (*mach. - etc.*) (slang), comando a tutto o niente. **83.** barometric pressure ~ (as of a jet engine fuel system) (*mech.*), regolatore barometrico (della pressione del combustibile), comando barometrico. **84.** bass ~ (bass frequencies control) (*elics. - acous.*), controllo (dei) bassi. **85.** Bowden ~ cable (*mech. aer.*), cavo di comando "bowden". **86.** brake intermediate ~ (of mech. operated brakes) (*mech.*), rimando dei freni. **87.** brilliance ~ (of the image) (*telev.*), regolatore di intensità, regolatore di luminosità. **88.** budgetary ~ (*adm.*), controllo budgetario. **89.** cadastral ~ (*top.*), punti trigonometrici catastali. **90.** central ~ (*ind.*), manovra centralizzata. **91.** central ~ system (*mech. - etc.*), comando centralizzato. **92.** change of ~ (*comp.*), variazione di controllo. **93.** close ~ (*gen.*), stretto controllo. **94.** collective pitch ~ (as of helicopter rotor blades) (*aer.*), comando collettivo del passo, comando variazione collettiva del passo. **95.** combustion ~ (as of a boil.), controllo della combustione. **96.** continuous-path ~ (by numerical control) (*mach. t.*), comando a posizionamento continuo. **97.** continuous-path numerical ~ (*n. c. mach. t. - mach.*), comando numerico continuo, comando numerico a posizionamento continuo. **98.** contour ~ system (continuous-path operation in N/C machines controlled in more than one axis) (*n. c. mach. t.*), comando continuo di contornatura, comando continuo della posizione su più di un asse. **99.** contrast ~ (of the image) (*telev.*), regolatore del contrasto. **100.** cooling water ~ (as of a Diesel engine) (*mot.*), regolatore dell'acqua di raffreddamento. **101.** cost ~ (*adm.*), controllo dei costi. **102.** crystal ~ (frequency control by quartz crystal) (*elics.*), controllo a quarzo. **103.** cyclic pitch ~ (as of helicopter rotor blades) (*aer.*), comando passo ciclico, comando variazione periodica del passo. **104.** dead-man ~ (as of a veh.) (*mech. - elect. - etc.*), dispositivo di uomo morto. **105.** dedicated ~ (particular or private control) (*comp.*), comando dedicato, comando particolare. **106.** detent ~ (as a hydraulic control) (*hydr. - etc.*), comando a posizione mantenuta. **107.** direct numerical ~ (numerically controlled operation of a machine under direct computer control) (*n. c. mach. t.*), comando numerico diretto. **108.** display ~ unit (*comp.*), unità (di) controllo video. **109.** distant ~ (*aer. - naut. - elect. - mech.*), telecomando. **110.** dynamic ~ (performed while computation is running) (*digital comp.*), controllo dinamico. **111.** fixed ~ (*veh.*), controllo fisso. **112.** force ~ (*veh.*), controllo di forza. **113.** frame amplitude ~ (vertical size control) (*telev.*), regolazione dell'altezza del quadro. **114.** free ~ (*veh.*), controllo libero. **115.** grain size ~ (deoxidation technique used for producing steel with a prefixed grain size number) (*metall.*), tecnica per produrre (acciaio con) grani di dimensione prestabilita. **116.** ground ~ (as of an artificial satellite controlled from a station based on the earth) (*rckt.*), controllo da terra, guida da terra. **117.** horizontal ~ (*top.*), punti rilevati in planimetria. **118.** hydraulic roll pressure ~ (*rolling mill*), regolazione idraulica pressione cilindri. **119.** indirect ~ (as of a peripheral unit) (*comp.*), controllo indiretto. **120.** indirect ~ (as of elect. locomotives) (*elect.*), comando indiretto. **121.** informative ~ (*air traffic*), controllo informativo. **122.** intermediate ~ (*mech.*), rimando, rinvio. **123.** invoice ~ (*adm.*), controllo fatture. **124.** irreversible ~ (flying control by which the control surface cannot be moved by air forces alone while it is freely movable by the pilot) (*aer.*), comando irreversibile. **125.** low point ~ (*elect. device*), regolatore di minima. **126.** main rotor pitch change ~ (as of helicopters) (*mech.*), comando di variazione del passo del rotore. **127.** majority ~ (*finan.*), controllo di maggioranza. **128.** multiple ~ (as of an electric locomotive) (*elect.*), comando multiplo. **129.** numerical ~ (as for operating mach. t. by punched cards) (*ind. organ.*), comando numerico. **130.** on-board ~ (as of an artificial satellite controlled by itself) (*rckt.*), controllo da bordo, guida da bordo. **131.** on-off ~ (*mach.*), regolatore a tutto o niente. **132.** out of ~ (said of a working process) (*quality control - etc.*), fuori controllo. **133.** overrunning ~ (override control) (*mech.*), comando ausiliario (che elimina l'azione del comando ordinario). **134.** pilot pressure ~ (hydraulic control) (*hydr.*), comando con pressione pilota. **135.** pilot pressure, differential ~ (hydraulic control) (*hydr.*), comando con pressione pilota differenziale. **136.** pilot pressure, spring centered ~ (hydraulic control) (*hydr.*), comando con pressione pilota e centraggio a molle. **137.** point ~ (in railw. signalling) (*mech. - elect.*), controllo di posizione dello scambio. **138.** point-to-point ~ (by numerical control, point-to-point positioning control) (*mach. t.*), comando punto a punto. **139.** position ~ (*veh.*), controllo di posizione. **140.** positive ~ (of the gearbox) (*mtc. mech.*), comando a selettore. **141.** power-assisted ~ (partly moved by the pilot and partly by power) (*aer.*), comando assistito da servo-comando. **142.** power-operated ~ (*aer.*), comando servo-comandato. **143.** pressure compensated ~ (hydraulic control) (*hydr.*), comando a pressione compensata. **144.** pressure ~ (pressure switch) (*app.*), pressostato. **145.** process ~ (as in ind. automation) (*comp.*), controllo di processo. **146.** program ~ (as between peripheral units and comp.) (*comp.*), controllo di programma. **147.** propeller speed ~ (*aer.*), comando giri elica. **148.** push button ~ (as of a mach. t.), comando a pulsante. **149.** quality ~ (*mech. technol.*), controllo della qualità. **150.** radar ~ (of air traffic) (*aer. - radar*), controllo radar (del traffico aereo). **151.** released pressure ~ (hydraulic control) (*hydr.*), comando a depressione. **152.** remote ~ (*mech. - elect.*), comando a distanza, telecomando. **153.** remote exhaust release pressure ~ (hydraulic control) (*hydr.*), comando a depressione a scarico esterno. **154.** reversing motor ~ (*elect.*), comando a motore reversibile. **155.** rheostatic ~ (control of the speed) (*elect. mot.*), regolazione a variazione di impedenza. **156.** selectivity ~ (*radio*), regolatore di selettività. **157.** sequential ~ (by giving to a comp. a sequence of orders) (*comp.*), comando sequenziale. **158.** series parallel ~ (as of electric locomotives) (*elect.*), comando serie-parallelo. **159.** servo ~ (aeronautical device reinforcing the pilot's effort: as in operating a trim tab) (*aer.*), servocomando. **160.** solenoid and pilot pressure ~ (electrohydraulic control) (*elect. - hydr.*), comando sia a solenoide sia a pressione pilota. **161.** solenoid ~ (*elect.*), comando a solenoide. **162.** solenoid or pilot pressure ~ (*elect. - hydr.*), comando a solenoide o a pressione pilota. **163.** solid-state ~ system (as opposite to an electron tubes control system) (*elics.*), comando elettronico a stato solido. **164.** spark advance manual ~ (*mot.*), comando a mano dell'anticipo. **165.** start, stop and backspace ~ (as of a dictaphone), comando di avviamento, arresto e ritorno. **166.** statistical quality ~ (SQC) (*quality control*), controllo statistico della qualità. **167.** stored program ~ (*tlcm. - etc.*), comando a programma memorizzato. **168.** straight-cut ~ system (control only along a single axis, in N/C machines) (*mach. t. w.*), comando del taglio lungo un solo asse. **169.** supercharger ~ (as of two-speed blower) (*aer. mot.*), comando compressore. **170.** tone ~ (*radio*), regolatore di tono. **171.** total quality ~ (total SQC, cooperatively applied in all departments of a factory) (*quality control*), controllo totale della qualità. **172.** vehicle directional ~ (*veh.*), controllo direzionale del veicolo. **173.** vertical ~ (*top.*), punti rilevati in quota. **174.** voltage ~ (*elect.*) (Brit.), regolatore di tensione. **175.** volume ~ (*radio*), regolatore di volume. **176.** wire ~ (remote control: as of a rocket) (*elect.*), comando a mezzo filo, filoguida. **177.** zero set ~ (as of a meter) (Brit.) (*elect.*), comando di azzeramento, comando di rimessa a zero.

control (to), controllare. **2.** ~ (*aer. - naut.*), pilotare, governare. **3.** ~ (*mech.*), comandare. **4.** to remote ~ (*electromech.*), telecomandare, comandare a distanza.

controllability (as of an airplane) (*aer.*), maneggevolezza, manovrabilità.

controlled (*mech.*), comandato. **2.** electrically ~ (*elect.*), elettrocomandato.

controller (*elect. app.*), combinatore. **2.** ~ (an administrative executive responsible for all accounting, costing, budgeting etc. functions) (*adm.*), capo contabile. **3.** ~ (of a streetcar) (*elect. device*), combinatore di marcia, "controller". **4.** ~ (governor) (*mech. device*), regolatore. **5.** ~ (instr. recording temperature, pressure, flow, level etc.) (*instr.*), registratore. **6.** ~ (director, machine control unit in N/C machines) (*mach. t.*), unità di comando. **7.** ~ (of the flight patterns of airplanes by electronic means) (*aer.*), addetto alla verifica dei sentieri di volo. **8.** ~ (controlling device) (*comp.*), dispositivo di controllo, controllore, governo. **9.** ~ handle (as of elect. locomotives) (*elect.*), manovella del combinatore. **10.** ball float lever ~ (for ind. applications), regolatore a galleggiante. **11.** display ~ (*comp.*), dispositivo di controllo video, governo video. **12.** drum ~ (contactor for operating elect. veh. manually) (*electromech.*), controller a tamburo. **13.** electric ~ of passage to stop (in railw. signaling) (*elect. device*), avvisatore elettrico di passaggio all'arresto. **14.** final ~ (precision approach radar controller) (*radar - aer.*), controllore finale, addetto al controllo finale. **15.** peripheral ~ (*comp.*), controllore di periferica, governo di periferica. **16.** radar ~ (air-traffic controller) (*radar - aer.*), addetto al radar. **17.** sampled data ~ (*electromech.*), regolatore a esplorazione di punti singoli (o discreti). **18.** servomotor operated ~ (as of elect. locomotives) (*elect.*), combinatore azionato da servomotore. **19.** surveillance ~ (radar controller) (*radar - aer.*), controllore di sorveglianza, addetto alla vigilanza. **20.** vibration limit ~ (*app.*), limitatore delle vibrazioni.

controlling gauge (checking instr.) (*ind.*), manometro di controllo. **2.** ~ gauge (operating instr.) (*ind.*), manometro di comando.

controversy (*law - comm.*), vertenza, controversia.

"conv" (converter) (*n. - elect.*), gruppo convertitore. **2.** ~ (convertible) (*a. - gen.*), trasformabile.

convalescence (*med.*), convalescenza.

convection (motion in a fluid due to differences of density as well as to the action of gravity) (*phys.*), convezione. **2.** ~ (transfer of heat by vertical motion in the atmosphere) (*meteorol.*), convezione. **3.**

~ (transfer of surface charges on a body in movement) (*electrostatics*), corrente di convezione (di cariche elettriche). **4.** ~ current (*elect.*), corrente di convezione.

convective (*a. - therm.*), convettivo.

convector (finned surface for transmitting heat by convection) (*heat. app.*), convettore, termoconvettore.

convene (to) (as a general assembly) (*v. t. - finan. - etc.*), convocare.

convenient (suitable) (*gen.*), conveniente.

convenor, convener (chairman of a factory trade-union) (*work. organ.*), capo della commissione (interna).

convent (*arch.*), convento, monastero.

convention (*law*), convenzione. **2.** ~ (an assembly of people for a common purpose) (*ind. - etc.*), convegno.

conventional (*a. - gen. - comp.*), convenzionale. **2.** ~ (said of warfare where nuclear weapons are not used) (*a. - milit.*), convenzionale.

converge (to), convergere.

convergence, convergenza. **2.** ~ (angle between the tangents to two meridians) (*geogr.*), convergenza. **3.** ~ of the front wheels (*aut.*), convergenza delle ruote anteriori. **4.** ~ zone (zone of the sea in which acoustic energy is concentrated due to acoustic refraction) (*und. acous.*), zona di convergenza. **5.** ~ zone (zone of the sea in which sound rays are converged due to gradient temperature and salinity) (*und. acous.*), zona di convergenza. **6.** angle of ~ (angle between grid north and true north) (*cart.*), angolo di convergenza, convergenza.

convergent (*a. - gen.*), convergente.

conversation (talk) (*comm. - etc.*), conversazione, colloquio.

conversational (referred to a written dialogue between terminals) (*a. - comp.*), conversazionale. **2.** ~ mode (conversational interactive mode) (*comp.*), modo conversazionale, funzionamento a dialogo. **3.** ~ write operation (*comp.*), operazione di scrittura a dialogo.

conversationally (*comp.*), in modo conversazionale.

conversion (*elect. - math.*), conversione. **2.** ~ (chem. reaction) (*chem.*), conversione. **3.** ~ (*naut. - mot. - etc.*), trasformazione. **4.** ~ (as of stocks) (*finan.*), conversione (dei titoli). **5.** ~ (of count) (*text. mfg.*), conversione (del titolo). **6.** ~ (data conversion: from one form to another) (*comp.*), conversione. **7.** ~ angle (*astr.*), angolo di conversione. **8.** ~ burner (*comb. app.*), bruciatore per combustibili liquidi e gassosi. **9.** ~ code (as binary to decimal etc.) (*comp.*), codice di conversione. **10.** ~ conductance (of thermionic valve) (*radio*), pendenza di conversione. **11.** ~ ratio (atoms of plutonium produced for each fission of uranium 235) (*atom phys.*), coefficiente di conversione, rapporto di trasformazione. **12.** code ~ (as from a coding representation to another one) (*comp.*), conversione di codici. **13.** decimal to binary ~ (*comp.*), conversione da decimale in binario. **14.** internal ~ (nuclear reaction causing an internal conversion of the nucleus) (*atom phys.*), conversione interna. **15.** magnetohydrodynamic ~ (MHD conversion, of the plasma beam particles) (*plasma phys.*), conversione magnetofluidodinamica. **16.** media ~ (transfer of data as from a punched card memory to a magnetic disk memory) (*comp.*), conversione, conversione di supporto, conversione di dati tra due diversi supporti di registrazione. **17.** serial-parallel ~ (*comp.*), conversione serie-parallelo. **18.** tape-to-tape ~ (*comp.*), conversione da nastro a nastro.

convert (to) (*chem. - finan.*), convertire. **2.** ~ (by a Bessemer converter) (*metall.*), affinare. **3.** ~ (to convert data from one coding representation to another one) (*comp.*), convertire.

converter (*elect. mach.*), convertitrice, gruppo convertitore. **2.** ~ (device fitted to a receiver for adapting it to a new channel) (*telev.*), convertitore. **3.** ~ (for Bessemer process) (*metall.*), convertitore. **4.** ~ (heat exchanger) (*therm. app.*), scambiatore di calore. **5.** ~ (unit changing the data representation: as from analog to digital, from tape to card etc.) (*comp.*), convertitore. **6.** analog-digital ~ (of a computer) (*comp.*), convertitore analogico-numerico, digitalizzatore. **7.** Bessemer ~ (*metall.*), convertitore Bessemer. **8.** catalytic ~ (a device fitted to the exhaust system of a car in order to render the exhaust fumes harmless) (*athmospheric pollution*), convertitore catalitico. **9.** digital-analogue ~ (*comp.*), convertitore numerico-analogico. **10.** frequency ~ (*instr. - radio - etc.*), convertitore di frequenza. **11.** motor ~ (cascade converter) (*elect. mach.*), convertitore in cascata. **12.** pentagrid ~ (*radio*), convertitore pentagriglia. **13.** phase ~ (*elect. mach.*), convertitore di fase. **14.** scan ~ (enabling teleph. lines to transmit images) (*elics. - teleph. - etc.*), convertitore di immagini. **15.** scan ~ (cathode-ray tube capable of storing radar or data displays for readout over long periods of time) (*elics.*), tubo di memoria. **16.** tape-to-card ~ (*comp.*), convertitore da nastro a scheda. **17.** telecine ~ (device that transfers film images on videotape) (*m. pict. - audiovisuals*), dispositivo che trasferisce le immagini da film cinematogrfico a video-nastro. **18.** tube ~ (*radio*), convertitrice a valvole. **19.** ~, *see also* inverter. **20.** ~, *see also* synchronous converter.

convertible (of aut. body) (*aut.*), trasformabile. **2.** ~ (*a. - gen.*), convertibile. **3.** ~ coupé (*aut.*), cabriolet, coupé con tetto apribile. **4.** ~ roof (*aut.*), capote apribile. **5.** ~ top (*aut.*), tetto apribile, capote apribile.

converting (as by Bessemer process) (*metall.*), affinazione.

convertiplane, convertoplane (converting in flight from a helicopter into a fixed wing high speed plane) (*aer.*), convertiplano.

convertor, *see* converter.
convex (*a. - gen.*), convesso. **2.** ~ (crowned) (*gen.*), bombato, convesso.
convex (to) (to crown) (*mech. - etc.*), bombare.
convexity (*gen.*), convessità.
convexo-convex (as of a lens) (*a. - opt.*), biconvesso.
convey (to) (*ind.*), convogliare. **2.** ~ (as images by a prism) (*opt.*), convogliare. **3.** ~ by pipes (*pip.*), distribuire (o convogliare) a mezzo di tubazioni.
conveyance (*ind.*), convogliamento, trasporto. **2.** ~ (*comm.*), cessione di proprietà. **3.** ~ (*ind.*), convogliamento. **4.** pneumatic ~ (*ind.*), trasporto pneumatico.
conveyer, *see* conveyor. **2.** ~ (chain conveyer: slow running chain carrying the work to be completed as it passes) (*ind. proc.*), catena di montaggio. **3.** ~, *see* auger conveyor, pneumatic conveyor, screw conveyor.
conveying (*ind.*), trasporto. **2.** ~ plant (*ind.*), impianto di trasporto.
conveyor (*ind. app.*), convogliatore, trasportatore. **2.** ~ chain (running under the floor of a store for moving trucks) (*ind. storage - etc.*), catena di convogliamento. **3.** ~ truck (*workshop equip.*), carrello convogliatore (trasp. interni). **4.** apron ~ (*ind. app.*), nastro trasportatore a piastre. **5.** band ~ (*ind. app.*), *see* belt conveyor. **6.** belt ~ (*ind. app.*), trasportatore a nastro. **7.** booster ~ (any type of powered conveyor used to regain elevation lost as in gravity roller conveyor lines) (*ind. transp.*), trasportatore ausiliario. **8.** bucket ~ (*ind. app.*), trasportatore a tazze. **9.** bulk-material ~ (*ind. app.*), trasportatore per materiali alla rinfusa. **10.** bumping ~ (*ind. app.*), trasportatore a scosse. **11.** carrousel ~ (a continuous platform moving in a circular horizontal path) (*ind. transp.*), trasportatore a giostra. **12.** chain ~ (*ind. app.*), trasportatore a catena. **13.** compartmented infeed ~ (*ind.*), trasportatore di alimentazione a vani (o a comparti). **14.** cross-bar ~ (*ind. app.*), *see* drag conveyor. **15.** dip and spin ~ (*ind. app.*), convogliatore immerso girevole. **16.** drag ~ (*ind. app.*), trasportatore continuo a raschiamento, convogliatore ad alette. **17.** drag-chain ~ (*ind. transp.*), trasportatore a catena raschiante. **18.** en-masse ~ (endless chain with solid flights operating within a closely fitted casing) (*ind. transp.*), trasportatore tubolare a palette raschianti, trasportatore a palette intubate. **19.** flight ~ (*ind. app.*), *see* drag conveyor. **20.** gathering ~ (*ind. app.*), convogliatore di raccolta. **21.** gravity ~ (*ind. app.*), trasportatore a gravità. **22.** gravity roll ~ (*ind. app.*), trasportatore a gravità a rulli. **23.** haulage ~ (*min. app.*), trasportatore di convogliamento. **24.** latching and transfer ~ (*ind. transp.*), trasportatore di aggancio e trasbordo. **25.** loop ~ (a conveyor used for metal pouring) (*found.*), trasportatore (di colata) a circuito chiuso. **26.** metering screw ~ (*ind. app.*), trasportatore dosatore a coclea. **27.** oscillating feeder ~ (*ind. app.*), alimentatore (o trasportatore) a scosse. **28.** overhead ~ (as of shop transportations) (*ind. app.*), trasportatore aereo. **29.** pneumatic ~ (pneumatic elevator as of agric. products) (*transp.*), trasportatore pneumatico. **30.** pneumatic tube ~ (*transp. system*), posta pneumatica. **31.** pocket ~ (sling conveyor) (*ind. mach.*), trasportatore a sacche. **32.** portable ~ (*ind. app.*), trasportatore mobile. **33.** process ~ (carrying the work under process) (*ind. mech.*), trasportatore di lavorazione. **34.** push ~ (*ind. app.*), trasportatore (o convogliatore) a raschiatoio. **35.** reciprocating ~ (a vibrating conveyor) (*ind. transp.*), convogliatore a scosse. **36.** roller ~ (*ind. app.*), trasportatore a rulli. **37.** sack ~ (bag conveyor) (*ind. mach.*), trasportatore per sacchi. **38.** scraper ~ (*ind. app.*), *see* drag conveyor. **39.** screw ~ (*ind. app.*), trasportatore a coclea. **40.** slat ~ (*ind. app.*), trasportatore a traversine metalliche (o di legno). **41.** spiral ~ (*ind. app.*), trasportatore a coclea. **42.** storage ~ (*ind. mach.*), trasportatore-magazzino. **43.** trough ~ (*ind. app.*), trasportatore a nastro concavo. **44.** tubular ~ (*ind. mach.*), trasportatore tubolare. **45.** vibrating ~ (vibratory conveyor) (*ind. app.*), trasportatore a scosse. **46.** wire-mesh ~ (*ind. app.*), trasportatore a nastro di tessuto metallico. **47.** worm ~ (*ind. app.*), *see* screw conveyor. **48.** woven wire belt ~ (*ind. app.*), trasportatore a nastro di tessuto metallico.
conveyorman (*work.*), addetto al trasportatore.
convocation (summons) (*gen.*), convocazione.
convolution (of winding), giro, spira. **2.** ~ (*math.*), convoluzione.
convoy (escort) (*railw. - naut. - etc.*), scorta. **2.** ~ (of trains or ships) (*railw. - naut. - etc.*), convoglio.
convoy (to) (to escort) (*navy*), scortare.
cooker (man in charge of a digester or boiler) (*paper mfg. - etc.*), cocitore, cuocitore, addetto alla cottura. **2.** vacuum ~ (*sweets ind. app.*), cuocitore sotto vuoto.
cooking tent (*milit.*), cucina da campo.
cook off (accidental and spontaneous discharge, as of a gun) (*comb. - expl.*), scarica spontanea. **2.** ~ (as of a propellent charge) (*comb.*), accensione spontanea. **3.** (as of a bursting charge) (*comb. - expl.*), scoppio accidentale.
cool (*therm.*), fresco.
cool (to) (*therm.*), raffreddare.
coolant (cooling liquid in a mach.), refrigerante, liquido refrigerante. **2.** ~ (cooling medium) (*therm.*), refrigerante. **3.** ~ (for cooling tools at the point of contact with the work) (*mech. technol.*), liquido refrigerante, liquido di raffreddamento.
cooled (*gen.*), raffreddato.
cooler (*chem. app. or device*), refrigerante. **2.** ~ (*ind. app.*), refrigerante. **3.** ~ (refrigerated room or box) (*cold storage*), cella refrigerante, cella fri-

gorifera. **4.** ~ (refrigerant substance used in refrigeration) (*cold ind.*), miscela refrigerante, elemento refrigeratore. **5.** ~ (for refrigeration and air conditioning) (*bldg. - app.*), evaporatore. **6.** ~, *see* air conditioner. **7.** after ~ (as for compressed air) (*ind. app.*), postrefrigeratore. **8.** air intake oil ~ (*aer. - mot.*), radiatore dell'olio (sistemato) nella presa d'aria. **9.** double fin spacing ~ (*bldg. - app.*), evaporatore ad alettatura a spaziatura differenziata. **10.** ducted oil ~ (*aer. - mot.*), radiatore dell'olio intubato. **11.** mixed-matrix oil ~ (*aer. - mot.*), radiatore dell'olio di tipo misto. **12.** multi-element oil ~ (*aer. - mot.*), radiatore dell'olio a più elementi. **13.** oil ~ (*aer.*), radiatore dell'olio, refrigeratore dell'olio. **14.** oil ~ (as of an industrial diesel engine) (*mot. - hydraulic torque converters - etc.*), scambiatore di calore per olio, radiatore dell'olio. **15.** series oil ~ (mounted behind a radiator) (*aer. - mot.*), radiatore dell'olio in serie. **16.** surface oil ~ (for which part of the surface, as of an aircraft, is adapted for cooling) (*therm. system*), radiatore dell'olio inserito nel rivestimento alare. **17.** tank oil ~ (*aer. - mot.*), serbatoio refrigeratore dell'olio. **18.** unit ~ (for refrigeration and air conditioning) (*bldg. - app.*), aerocondizionatore. **19.** wine ~ (*agric. app.*), refrigeratore per vini.

cooling (*a. - therm.*), raffreddante, refrigerante. **2.** ~ (*n. - therm.*), raffreddamento. **3.** ~ by water circulating to waste (cooling system, as of an industrial engine) (*mot.*), raffreddamento con acqua a dispersione. **4.** ~ jacket (*mech.*), camicia di raffreddamento. **5.** ~ rate (*glass mfg.*), *see* setting rate. **6.** ~ rib (*mech.*), aletta di raffreddamento. **7.** ~ system by pump (as of an aut. engine) (*therm. - mech.*), raffreddamento a circolazione forzata. **8.** ~ tower (for water cooling) (*ind.*), torre di raffreddamento. **9.** after ~ (as of compressed air) (*therm. - ind.*), postrefrigerazione. **10.** air blast ~ (as of torpedo electronic app. during tests) (*elect.*), raffreddamento ad aria soffiata. **11.** air ~ (as of radial motors) (*therm.*), raffreddamento ad aria. **12.** closed-loop ~ system (*therm.*), impianto di raffreddamento a circuito chiuso. **13.** ducted ~ (of an aero engine) (*aer. mot.*), refrigerazione intubata. **14.** evaporative ~ (cooling system of an engine) (*mot.*), raffreddamento ad evaporazione. **15.** film ~ (as of a rocket combustion chamber with a water film) (*rckt.*), raffreddamento a velo d'acqua. **16.** fresh water ~ (of a marine engine, the fresh water being cooled by salt water as through a heat exchanger) (*mot.*), raffreddamento ad acqua dolce. **17.** liquid metal ~ (as of a nuclear reactor cooled by liquid sodium) (*atom phys.*), raffreddamento a metallo liquido. **18.** regenerative ~ (obtained by cooling compressed gas by a heat exchanger previously cooled by gas expansion) (*thermod. proc.*), processo Linde, processo a recupero di refrigerazione. **19.** sealed liquid ~ system (*aut.*), raffreddamento a liquido a circuito sigillato. **20.** thermosiphon ~ (as of aut.) (*therm.*), raffreddamento a termosifone. **21.** water ~ (as of a reactor, of a steam condenser, of a furnace etc.) (*therm. ind.*), refrigerazione ad acqua.

coom, coomb (wooden frame, centering of a masonry arch) (*mas.*), centina. **2.** ~ (grease that flows out slowly from bearings, gearboxes etc.) (*mech.*), usuale perdita di grasso.

"coop" (Cooper-Hewitt lamp) (*m. pict.*), lampada a mercurio.

cooper (*wood work.*), bottaio.

cooperate (to) (*gen.*), collaborare, coadiuvare.

cooperation (*gen.*), collaborazione.

cooperative (society) (*comm.*), cooperativa. **2.** ~ (*a. - organ.*), collaborativo.

cooperator (*gen.*), collaboratore.

coordinate (*a. - gen.*), coordinato. **2.** ~ (*math.*), coordinata. **3.** ~ geometry, *see* analytic geometry. **4.** ~ paper, *see* graph paper. **5.** ~ storage (matrix storage where data locations are addressable by coordinates) (*comp.*), memoria (indirizzabile) a coordinate. **6.** Cartesian coordinates (*math.*), coordinate cartesiane. **7.** cylindrical coordinates (*analytic geom.*), coordinate cilindriche, coordinate semipolari. **8.** equatorial ~ (as of a star) (*aer. - naut.*), coordinata equatoriale. **9.** oblique coordinates (*math.*), coordinate cartesiane oblique. **10.** origin of coordinates (*math.*), origine delle coordinate. **11.** plane coordinates (*math. - top. - etc.*), coordinate piane. **12.** polar coordinates (*math. - top. - etc.*), coordinate polari. **13.** rectangular coordinates (*math. - top. - etc.*), coordinate rettangolari. **14.** space polar coordinates, *see* spherical coordinates. **15.** spherical coordinates (*math. - top. - etc.*), coordinate sferiche. **16.** z ~ (in a three dimensional system) (*math.*), coordinata verticale, coordinata z.

coordinate (to) (*gen.*), coordinare.

coordination (*gen.*), coordinazione. **2.** complex ~ test (*psychol.*), reattivo di coordinazione complessa. **3.** vertical ~ (*organ.*), coordinazione verticale.

coordinatograph (instr. used for recording points by their coordinates) (*top. - impl.*), coordinatografo.

co-owner (*gen.*), comproprietario.

co-ownership (as of a company having share owners among its employers) (*adm.*), comproprietà.

cop (yarn wound on a spindle) (*text.*), bobina, compleso del filo avvolto sul fuso, spola. **2.** ~ (tube on which silk yarn is wound) (*text. ind.*), tubetto, spagnoletta. **3.** ~ winder (as of wool) (*text. mach.*), incannatrice. **4.** automatic ~ changing (in weaving) (*text. mfg.*), ricambio automatico delle spole.

"cop" (copper) (Cu - *chem.*), rame. **2.** ~, *see also* copy, copyright.

cop (to) (to wind on a cop) (*text. ind.*), incannare.

copal (resin), coppale. **2.** ~ varnish (*paint.*), vernice coppale.

copartner (*finan.*), consociato, associato.

co-partnership

co-partnership (a company in which its employees have shares) (*adm.*), compartecipazione.

"copd" (coppered) (*ind.*), ramato.

cope (something for covering over) (*gen.*), cappa, copertura esterna. **2.** ~ (top part of a flask) (*found.*), staffa superiore, coperchio. **3.** ~ (*bldg.*), *see* coping. **4.** ~ chisel (for cutting grooves in metal) (*t.*), scalpello per scanalare. **5.** ~ cutter (for making undercuts: as of a tenon) (*wood t.*), utensile per eseguire sottosquadri.

cope (to) (to cover) (*gen.*), coprire. **2.** ~ (*arch.*), coprire con cimasa (o copertina). **3.** ~ (to bend) (*gen.*), piegarsi, arcuarsi. **4.** ~ (to cut away, as a part of a steel beam) (*bldg.*), tagliare via. **5.** ~ (to join pieces) (*gen.*), congiungere. **6.** ~ (to shape as the girder end) (*bldg.*), adattare. **7.** ~ (with, to match) (*gen.*), affrontare. **8.** ~ with (to meet, as a problem) (*gen.*), soddisfare.

copestone (*bldg.*), pietra per cimasa, pietra da copertina.

copier, *see* copyst.

copilot (*aer.*), secondo pilota.

coping (of a wall) (*bldg.*), cimasa (o copertina) del muro. **2.** ~ saw (for cutting complicate design) (*join. handtool*), seghetto da traforo. **3.** ~ stone (*bldg.*), pietra per copertina, pietra per cimasa.

coplanar (*geom.*), complanare. **2.** ~ forces (*theor. mech.*), forze complanari.

copolymer (*chem.*), copolimero. **2.** block ~ (*chem.*), copolimero a blocchi, copolimero sequenzato. **3.** graft ~ (*chem.*), copolimero ad innesto.

copolymerization (heteropolymerization) (*chem.*), copolimerizzazione.

copper (Cu - *chem.*), rame. **2.** ~, *see* soldering iron. **3.** ~ asbestos gasket (*mech.*), guarnizione in rame e amianto. **4.** ~ bit (*t.*), saldatoio. **5.** ~ bolt (*t.*), saldatoio. **6.** ~ dish (*chem. t.*), capsula di rame. **7.** ~ dish test (*chem.*), prova alla capsula di rame. **8.** ~ glance (*min.*), *see* chalcocite. **9.** ~ index (*chem.*), *see* copper number. **10.** ~ loss (*elect.*), perdita nel rame. **11.** ~ mill (*metal work app.*), fucina per rame. **12.** ~ mine (*min.*), miniera di rame. **13.** ~ number (amount of copper obtained by the reduction of a Fehling solution) (*chem.*), numero di rame. **14.** ~ oxide rectifier (*elect.*), raddrizzatore a ossido di rame. **15.** ~ plait (*elect. ind.*), corda di rame. **16.** ~ pyrites (*min.*), calcopirite. **17.** ~ rust (*chem.*), *see* verdigris. **18.** ~ strike (as in electroplating) (*ind.*), ramatura di fondo. **19.** ~ sulphate ($CuSO_4 \cdot 5H_2O$) (*chem.*), solfato di rame. **20.** ~ sulphate test (for determining the quality of galvanized coatings) (*metall.*), prova (di porosità) al solfato di rame. **21.** ~ value (*chem.*), *see* copper number. **22.** ~ wire 10 sq mm area, 1000 V insulated (*elect.*), filo di rame sezione 10 mm^2, isolato 1000 Volt. **23.** Bessemer ~ (*metall.*), rame ottenuto al convertitore. **24.** best selected (Cu 99.75%) ~ (*metall.*), rame al 99,75%. **25.** black ~ (*metall.*), rame nero. **26.** blister ~ (having a black blistered surface, 96-99% pure) (*metall.*), rame nero, rame grezzo, rame "blister". **27.** casting ~ (99.4% pure copper) (*metall.*), rame al 99,4%. **28.** electrolytic ~ (*metall.*), rame elettrolitico. **29.** hard-drawn ~ wire (*metall.*), filo di rame crudo. **30.** Lake ~ (*metall.*), rame dei Laghi. **31.** pig ~ (*metall.*), rame in salmoni. **32.** precipitated ~ (*metall.*), rame di cementazione. **33.** rough ~ (*metall.*), rame grezzo. **34.** soft ~ wire (*metall.*), filo di rame ricotto. **35.** soldering ~ (*t.*), saldatoio. **36.** tough ~ (Cu 99.25%) (*metall.*), rame affinato, rame "tough". **37.** tough pitch ~ (refined copper) (*metall.*), rame elettrolitico contenente circa 0,04% di ossigeno. **38.** wirebar ~ (*metall.*), rame in barre.

copperas ($FeSO_4.7H_2O$) (*chem.*), copparosa verde, solfato ferroso.

copper-bottomed (*a.* - *boil.* - *etc.*), con fondo di rame.

coppered (coated with copper: as a barrel bore) (*ordnance*), ramato.

coppering (*ind.*), ramatura.

copperize (to) (to plate with copper, to treat with copper compound) (*metall.*), rivestire di rame, placcare in rame, ramare.

copperplate (as for printing or engraving), lastra di rame incisa.

copperplate (to) (to engrave a copperplate) (*typ.*), incidere la lastra di rame. **2.** ~ (to print by copperplate) (*typ.*), stampare mediante lastra di rame incisa.

copper-plating (*ind.*), ramatura pesante, placcatura in rame.

coppersmith (*work.*), calderaio in rame, battirame, ramaio.

copperware (items made of copper) (*comm.*), articoli di rame.

copperweld (steel wire copper plated by 0.4 mm Cu thickness) (*high-voltage lines*), filo di acciaio ramato, filo copperweld.

copping (*text. ind.*), incannatura.

copra (for oil ind.), copra, mandorla della noce di cocco essiccata.

coprecipitation (*chem.*), coprecipitazione.

"copter" (short for helicopter) (*aer.*), elicottero.

copy (*gen.*), copia. **2.** ~ (of a film) (*m. pict.*), copia. **3.** ~ (standard size of writing or drawing paper, 16 × 20 in) (*paper mfg.*), foglio (di carta) da 16 × 20 pollici. **4.** ~ (corresponding to the pattern, model, original that is copied) (*gen.*), copia autentica, copia conforme. **5.** ~ (something considered newsworthy and printable) (*typ.*), materiale adatto per la stampa. **6.** ~ (the text of an advertisement) (*adver.*), testo del messaggio pubblicitario. **7.** ~ milling machine (*mach.*), fresatrice a riproduzione, fresatrice a copiare. **8.** ~ test (a test which attempts to verify the effect of an advertisement on the reader) (*adver.*), verifica dell'effetto di un messaggio pubblicitario. **9.** ~ writer (*adver.* - *work.*), redattore pubblicitario. **10.** carbon

~ (*off.*), copia carbone. **11.** complimentary ~ (as of a book etc.) (*comm.*), copia in omaggio. **12.** hard ~ (printed on paper and readable) (*comp.*), copia in chiaro a stampa. **13.** rough ~ (*off.*), minuta. **14.** soft ~ (visualized by "VDU", opposed to printed hard copy) (*comp.*), dati visualizzati. **15.** transient ~ (*comp.*), copia non permanente. **16.** true ~ (*comm.*), copia conforme.

copy (to), copiare. **2.** ~ (to duplicate) (*comp.*), duplicare.

copyholder (*off.*), raccoglitore. **2.** ~ (*law*) (Brit.), fittavolo.

copying (*gen.*), copiatura. **2.** ~ (reproduction with a profiling machine) (*mech.*), riproduzione, copiatura. **3.** ~ board (*paper mfg.*), cartone per copialettere. **4.** ~ cycle (*comp. - etc.*), ciclo di duplicazione. **5.** ~ lathe (*mach. t.*), tornio riproduttore, tornio a copiare. **6.** ~ machine (*mach. t.*), macchina a riproduzione, macchina a copiare. **7.** ~ paper (for copying press) (*off.*), carta per copialettere. **8.** ~ press (*off. impl.*), copialettere. **9.** ~ set (*stationery*), blocco da ricalco.

copyist (*work.*), copista.

copy-machining (as carried out by a copy-milling machine) (*mach. t. mech.*), riproduzione, lavorazione (con macchina) a copiare.

copy-milling (*mach. t. operation*), fresatura a riproduzione, fresatura a copiare.

copyright (*law*), proprietà letteraria, "copyright".

copywriter (a writer of texts for advertisement) (*adver.*), redattore pubblicitario.

"cor" (corner) (*gen.*), angolo. **2.** ~, *see also* correct, corrugated, correspondent.

coral, corallo.

coralene (glass decoration) (*glassware*), decorazione di vetro in rilievo su oggetti di vetro.

"cor bd" (corner bead) (*furniture*), modanatura d'angolo.

corbel (a piece projecting from the face of a wall for supporting a load) (*arch.*), mensolone, modiglione.

cord, corda, spago. **2.** ~ (with a plug at one end) (*elect.*), filo completo di spina, cordoncino completo di spina. **3.** ~ (of fabric) (*text. mfg.*), costa. **4.** ~ (flexible cable) (*teleph.*), cordone. **5.** ~ (wood meas. of 128 cu ft), catasta di 3,62455 m^3, 3,62455 steri. **6.** ~ (stria, an attenuated glassy inclusion possessing optical and other properties differing from those of the surrounding glass) (*glass mfg.*), corda. **7.** ~ (of a tire) (*aut. - etc.*), tortiglia. **8.** ~ (fabric made with ribs) (*text.*), tessuto a coste. **9.** ~ circuit (as for teleph. connections) (*elect.*), circuito a spine. **10.** axial ~ (of a parachute) (*aer.*), cavo assiale. **11.** cotton ~ (of a tire) (*aut. - etc.*), tortiglia di cotone. **12.** lamp ~ (*elect.*), cordoncino elettrico. **13.** nylon ~ (of a tire) (*aut. - etc.*), tortiglia di nailon. **14.** paper ~ (*ind.*), corda di carta. **15.** power ~ (of an instrument or electric gear) (*elect. - etc.*), cordone di alimentazione. **16.** rayon ~ (of a tire) (*aut. - etc.*), tortiglia di raion. **17.** two-strand ~ (*elect.*), cordoncino a due capi. **18.** umbilical ~ (elect. and fluid line for supplying as a spacecraft from its tower) (*astric. - aquanaut - etc.*), cordone ombelicale.

cordage (*naut.*), cordame. **2.** sewn ~ (*rope mfg.*), cordame cucito.

cordierite [$(Mg\ Fe)_2\ Al_4Si_5O_{18}$] (*min. - refractory*), cordierite.

cording (tying up) (*text. mfg.*), imputaggio.

cordite (*expl.*), cordite.

cordless (powered by an incorporated battery, as tools, shavers, radio etc.) (*a. - elect.*), a batteria (incorporata). **2.** ~ plug (*elect.*), cavaliere, ponticello a spina. **3.** ~ telephone (portable battery powered radioteleph. handset) (*teleph.*), telefono portatile, radiotelefono portatile.

cordwood (wood for fuel) (*wood*), legna da ardere.

core (*found.*), anima. **2.** ~ (of a clad item) (*gen.*), cuore. **3.** ~ (ring shaped magnetic element used in obsolete comp. memory: magnetic core) (*comp.*), nucleo (magnetico). **4.** ~ (*metall.*), cuore, parte interna. **5.** ~ (of a radiator) (*aut.*), massa radiante. **6.** ~ (spool), bobina (senza materiale avvolto). **7.** ~ (as of a rope), anima. **8.** ~ (of transformers, induction coils etc.) (*elect.*), nucleo. **9.** ~ (of elect. cable), conduttore interno isolato. **10.** ~ (of timber), anima, cuore. **11.** ~ (cylindrical sample bored out a rock) (*min.*), carota. **12.** ~ (centre: a tube on which a reel of paper is wound) (*paper ind.*), anima (della bobina). **13.** ~ (material between the parallel skins of a sandwich) (*aer.*), imbottitura. **14.** ~ (internal part of a bullet made of steel) (*expl.*), nucleo acciaio. **15.** ~ assembly (*found. operation*), ramolaggio. **16.** ~ bar (*found.*), armatura (d'anima). **17.** ~ barrel (*found.*), lanterna. **18.** ~ barrel (*min. t.*), tubo carotiere. **19.** ~ binder (*found.*), agglomerante per anime. **20.** ~ binding material (*found.*), agglomerante per (terra da) anime. **21.** ~ blower (*found. mach.*), soffiatrice per anime. **22.** ~ boring (*min.*), carotaggio. **23.** ~ box (*found.*), cassa d'anima. **24.** ~ city, *see* inner city. **25.** ~ clamp (yoke pressure plate: in a transformer) (*electromech.*), pressagioghi. **26.** ~ diameter (measured at the bottom of the thread) (*mech.*), diametro di nocciolo. **27.** ~ disc (*electromech.*) (Brit.), disco dell'indotto. **28.** ~ drier (*found.*), essiccatoio anime. **29.** ~ drill (three or four groove drill used for enlarging cored, punched or drilled holes) (*t.*), allargatore (di fori). **30.** ~ drill (*min. t.*), sonda campionatrice. **31.** ~ dump (memory copy done into an external storage) (*comp.*), scarico (o riversamento o copia) di memoria. **32.** ~ drying stove (*found.*), stufa (per) essiccazione anime. **33.** ~ fixture (for setting cores in a mold) (*found.*), maschera fissaggio anime. **34.** ~ lifter (*min. impl.*), estrattore per carota. **35.** ~ lifting rod (of a transformer) (*electromech.*), tirante (di) sollevamento nucleo. **36.** ~ loss (by hysteresis and eddy currents) (*electromech.*), perdita nel ferro. **37.** ~ machine (*found.*), macchina per la formatura delle anime. **38.** ~ maker (*work.*), animista. **39.** ~ meltdown (*nuclear reactor*), fusione del nocciolo. **40.** ~ memory (core storage) (*comp.*), memoria a nuclei magnetici. **41.** ~ molding (*found.*), formatura delle anime. **42.** ~ oil (for binding the sand) (*found.*), olio per anime. **43.** ~ plate (flat plate to support cores while being baked) (*found.*), vassoio per anime, piastra sostegno anime. **44.** ~ print (projection of a pattern for obtaining in the mold the recesses by which the core is supported) (*found.*), portata d'anima. **45.** ~ puller (*found.*), estrattore di anime. **46.** ~ raise (when the core is pushed upwards from the liquid metal) (*found. defect*), sollevamento d'anima. **47.** ~ setting (assembling of cores in a mold) (*found.*), ramolaggio. **48.** ~ shifts (*found. defect*), spostamenti di anime. **49.** ~ shop (*found.*), reparto animisti. **50.** ~ stack (a group of cores considered as an unit) (*comp.*), modulo di memoria. **51.** ~ storage (*comp.*), memoria a nuclei. **52.** ~ store (*comp.*), schedario magnetico. **53.** ~ strand (*rope mfg.*), anima, trefolo centrale. **54.** ~ strength (*metall.*), resistenza a cuore. **55.** ~ type transformer (*elect. mach.*), trasformatore a colonne. **56.** baked ~ (*found.*), anima essiccata al forno, anima cotta. **57.** baked strength of ~ (*found.*), resistenza dell'anima essiccata. **58.** improperly set ~ (*found. defect*), anima mal composta (o sistemata). **59.** iron ~ (as of a transformer) (*electromag.*), nucleo magnetico. **60.** laminated ~ (as of a transformer) (*electromag.*), nucleo lamellare. **61.** magnetic ~ (ferrous material as of a transformer, of an electromagnet etc.) (*electromag.*), nucleo magnetico. **62.** misplaced ~ (casting defect: variation of the thickness of walls due to a misaligned core) (*found.*), anima spostata. **63.** oil ~ (sand core held together by cooking it with an oily binder) (*found.*), anima impastata con olio agglomerante. **64.** omitted ~ (*found. defect*), anima dimenticata. **65.** radiator ~ (*aut.*), massa radiante. **66.** reactor ~ (*atom phys.*), nocciolo del reattore. **67.** shell ~ (*found.*), anima a guscio. **68.** shifted ~ (*found. defect*), anima spostata. **69.** side wall ~ (*min.*), carota di parete. **70.** slab ~ (*found.*), anima tassello, lista. **71.** steel ~, nucleo di acciaio. **72.** water-jacket ~ (for a cylinder block casting) (*found.*), anima per intercapedine, anima per camicie d'acqua. **73.** wrong ~ (*found. defect*), anima sbagliata.

core (to) (to remove the central portion) (*gen.*), svuotare, estrarre la parte interna. **2.** ~ (to extract an earth sample) (*wells drilling - min.*), carotare, estrarre carote. **3.** ~ (to obtain a hole in a casting by means of a core) (*found.*), formare fori mediante anime. **4.** ~ (to remove an axial portion for sample as from an oil well etc.) (*min. - etc.*), carotare.

corebox (*found.*), cassa d'anima.

core-drill (to) (*mech.*), forare con utensile cavo (per campioni).

core-drilling (*mech.*), foratura con utensile cavo.

coremaker (*found.*), animista.

coremaking (*found.*), formatura delle anime. **2.** ~ machine (*found. mach.*), macchina per formare anime.

corer (device for extracting geological samples) (*min.*), carotiera. **2.** gravity ~ (*min. app.*), carotiera a gravità. **3.** piston ~ (*min. app.*), carotiera a pistone.

corf (*min.*) (Brit.), vagoncino, carrello.

corindon, (Al_2O_3) (*min.*), corindone.

coring (extraction of samples during drilling operation) (*min. - wells drilling*), carotaggio.

Corinthian (*a. - arch.*), corinzio. **2.** ~ order (*arch.*), ordine corinzio.

coriolis acceleration (as referred to a long range projectile in respect to the earth's rotation) (*theor. mech.*), accelerazione di Coriolis.

cork, sughero. **2.** ~ carpet (a floor covering consisting of sheets of granulated cork and rubber) (*bldg.*), (fogli di miscela) sughero gomma per rivestimento dei pavimenti. **3.** ~ jacket (*naut.*), giubbotto di salvataggio (in sughero). **4.** ~ oak, quercia da sughero. **5.** ~ pipe covering (for pipe insulation), coppella di sughero per tubazioni.

corkboard (as for heating insulation) (*therm. - acous.*), pannello di sughero compresso.

corkscrew, cavaturaccioli. **2.** ~ dive (*aer.*), picchiata in spirale.

corkscrew (to) (*aer.*), avvitare.

corn (*agric.*) (Am.), mais. **2.** ~ (*agric.*) (Brit.), frumento, grano. **3.** ~ oil (*ind.*), olio di granturco, olio di mais. **4.** ~ wetting machine (*agric. mach.*), macchina bagnagrano.

cornel (*wood*), corniolo.

corner (*bldg.*), angolo. **2.** ~ (*comm.*) (Am.), accaparramento. **3.** ~ (sharp bend in a wave guide) (*elics.*), piegatura viva. **4.** ~ (change of direction of less than 180° in a conveyor) (*ind. transp.*), curva (inferiore a 180°). **5.** ~ angle (of a tool) (*mech. technol.*), angolo dello smusso tagliente. **6.** ~ bead (*arch.*), modanatura d'angolo. **7.** ~ cupboard (*furniture*), angoliera. **8.** ~ cut (as in a punched card: for orientation) (*comp.*), smussatura di angolo, angolo tagliato. **9.** ~ joint (*join.*), giunto ad angolo retto. **10.** ~ lamp (*aut.*), plafoniera d'angolo. **11.** ~ mounts (used in photograph albums for holding pictures) (*phot.*), angolini per (fissare fotografie su) album. **12.** ~ radius (as of a ball bearing) (*mech.*), arrotondamento dello spigolo. **13.** ~ radius (sheet iron working) (*mech.*), raggio d'angolo. **14.** ~ segregation (in an ingot or casting) (*metall.*), segregazione agli spigoli. **15.** ~ wheel spindle (in a conveyor) (*ind. transp.*), perno della ruota della curva. **16.** wheel ~ (in a conveyor) (*ind. transp.*), curva con ruota.

corner (to) (*law - comm.*), accaparrare. **2.** ~ (to set in a corner) (*gen.*), mettere in un angolo.
cornering (*aut.*), marcia in curva. **2.** ~ force (the lateral force when the inclination angle is zero) (*veh.*), forza laterale in curva. **3.** ~ power (cornering stiffness, cornering rate, negative derivative of the lateral force with respect to slip angle) (*veh.*), rigidezza in curva, rigidezza alla forza trasversale. **4.** ~ power (of a car: max. speed at which a car will go around a given curve) (*aut.*), velocità limite in curva. **5.** ~ rate (cornering stiffness, cornering power) (*veh.*), *see* cornering power. **6.** ~ squeal (of tires) (*aut.*), stridìo in curva. **7.** ~ stiffness (cornering rate, cornering power) (*veh.*), *see* cornering power. **8.** ~ tool (*join. t.*), utensile a taglio curvo per arrotondare gli spigoli.
cornet (signalling flag) (*naut.*), bandiera di segnalazione. **2.** ~ head (Ricardo head, cylinder head type) (*Diesel eng.*), testa tipo Ricardo.
cornice (projecting ornamental member from the face of a wall: as over a window) (*arch.*), cornice. **2.** ~ (top projecting member as of a façade) (*arch.*), cornicione. **3.** ~ brake, *see* brake 3 ~.
corollary (*math.*), corollario.
corona (part of a cornice) (*arch.*), corona. **2.** ~ (area surrounding the nugget of a spot weld) (*technol.*), corona. **3.** ~ (*mas.*), cornicione di gronda. **4.** ~ (*elect.*), effetto corona. **5.** ~ discharge (glow around the electrical conductor) (*elect.*), scarica cui dà luogo l'effetto corona.
corotate (to) (*mech. - etc.*), ruotare assieme.
"corp" (Corporation) (*comm.*), Società per Azioni.
corporal (*milit.*), caporale.
corporate (*a. - finan. - comm.*), sociale. **2.** ~ body (*finan. - comm.*), ente giuridico, ente morale. **3.** ~ name (*finan. - comm.*), ragione sociale. **4.** ~ network (*tlcm.*), rete privata di società. **5.** ~ tax (*finan.*), imposta sulle società.
corporation (business corporation) (*comm.*) (Am.), società per azioni. **2.** ~ school (*pers. - ind.*), scuola aziendale. **3.** public ~ established by law (*law*), ente di diritto pubblico.
corpuscle (*gen.*), corpuscolo. **2.** ~ (particle) (*chem. - phys.*), corpuscolo. **3.** blood ~ (*med.*), globulo sanguigno.
"corr" (corrugated) (*mech. draw.*), ondulato.
corrasion (*geol.*), corrasione.
correct (to) (*gen.*), esatto, giusto.
correct (to) (*gen.*), correggere. **2.** ~ type matter (*print.*), correggere in piombo.
correctable (as of an error) (*comp. - etc.*), correggibile.
corrected (as a math. mistake) (*a.*), corretto. **2.** ~ horsepower (power in standard atmosphere) (*aviation eng.*), potenza corretta, potenza in atmosfera tipo.
correction, correzione. **2.** ~ (*adm.*), correzione, rettifica. **3.** ~ for drift (in flight) (*aer.*), correzione di deriva. **4.** midcourse ~ (correction of the course of a spacecraft) (*astric.*), correzione a metà percorso. **5.** power factor ~ (*elect.*), rifasamento, correzione del fattore di potenza. **6.** quadrantal ~ (*air navig.*), correzione quadrantale.
corrective (corrective agent) (*ind.*), correttivo. **2.** ~ (*a. - gen.*), di correzione, correttivo.
correctness (as of a program) (*gen. - comp.*), correttezza.
correlation, (*stat.*), correlazione. **2.** ~ (measure of the similarity between two quantities or waveforms) (*stat. - sign. proc.*), correlazione. **3.** ~ function (function obtained by processing a quantity or waveform) (*sign. proc.*), funzione di correlazione. **4.** amplitude ~ (*sign. proc. - etc.*), correlazione di ampiezza. **5.** auto-~ (correlation between a waveform and a shifted version of itself) (*sign. proc.*), autocorrelazione. **6.** cross-~ (correlation between two non identical waveforms as a function of the time shift between them) (*sign. proc.*), correlazione incrociata. **7.** phase ~ (*sign. proc. - etc.*), correlazione di fase.
correlator (instr. that detects weak signals in a background noise) (*elics. - etc.*), correlatore.
correlogram (correlation curve) (*math.*), curva di correlazione tra due variabili.
correspond (to) (*gen.*), corrispondere.
correspondence (letters) (*off.*), corrispondenza. **2.** ~ principle (spectroscopy principle referring to electromagnetic and quantum theory) (*phys.*), principio di corrispondenza. **3.** to clear off ~ (*off.*), sbrigare la corrispondenza.
correspondent (*comm.*), corrispondente.
corridor (*arch.*), corridoio. **2.** ~ (of a car) (*railw.*), corridoio. **3.** ~ (*air traffic*), corridoio. **4.** side ~ (of a railw. coach) (*railw.*), corridoio laterale.
corrode (to) (*chem.*), corrodere.
corroded (*chem.*), corroso.
corrosion (*chem.*), corrosione. **2.** ~ fatigue (breaking before yeld point because of chem. light corrosion combined with fatigue) (*mech. - metall.*), fatica da corrosione, sollecitazione di fatica aggravata dalla corrosione. **3.** atmospheric ~ (due to gases forming the atmosphere) (*metall.*), corrosione atmosferica, corrosione dovuta all'atmosfera. **4.** bimetallic ~ (*mech. technol.*), *see* electrolytic corrosion. **5.** dispersed ~ (as on cast parts) (*metall.*), corrosione a chiazze. **6.** dry ~ (occurring when heating the metal as in air) (*metall.*), corrosione secca, corrosione a secco. **7.** electrolytic ~ (galvanic corrosion, due to electrical contact of one metal with another metal) (*phys. - chem.*), corrosione elettrolitica, corrosione di contatto, corrosione galvanica, corrosione da f.e.m. al contatto di due metalli differenti. **8.** fretting ~ (between the contact surfaces of tight fit coupled elements) (*mech.*), ossidazione per attrito, corrosione di tormento, (formazione di) "tabacco". **9.** fretting ~ iron oxide (brown dust due to friction and oxidation as in cyclically stressed structures, in bolted connections etc.) (*metall. - mech.*), "tabacco". **10.** galvanic ~ (*phys. - chem.*), *see* electroly-

tic corrosion. **11.** graphitic ~ (of gray iron in which the surface graphite facilitates the entering of corrosion agents) (*metall.*), corrosione grafitica. **12.** hydrogen ~ (as in boilers) (*metall.*), corrosione da idrogeno. **13.** intercrystalline ~ (as of brass) (*metall.*), corrosione intercristallina, corrosione intergranulare. **14.** intergranular ~ (*metall.*), *see* intercrystalline corrosion. **15.** pit ~ (deep corrosion) (*metall.*), vaiolatura da corrosione, "pitting". **16.** stray current ~ (metal corrosion due to stray current) (*electrochem.*), corrosione da correnti vaganti. **17.** stress ~ cracking (*metall.*), rottura a tensiocorrosione. **18.** underground ~ (as on cast parts) (*metall.*), corrosione da interramento.

corrosionproofing (*a. - ind. chem.*), anticorrosivo.

corrosive (*chem.*), corrosivo. **2.** ~ sublimate ($HgCl_2$) (*chem.*), sublimato corrosivo.

corrosivity (*technol. - chem.*), corrosività.

corrugated (*a. - gen.*), ondulato. **2.** ~ bar (spiral furrowed iron rod for reinforced concrete) (*bldg.*), tondino spiralato. **3.** ~ iron (*ind. - bldg.*), lamiera ondulata, foglio di lamiera ondulata, bandone di lamiera ondulata.

corundum (Al_2O_3) (*min.*), corindone.

corvette (*naut.*), corvetta.

"COS" (cash on shipment) (*comm.*), pagamento alla spedizione. **2.** ~ (condemned or suppressed) (*a. - abbr.*), radiato o soppresso.

"cos" (short for cosine) (*math.*), coseno.

"cosec" (short for cosecant) (*math.*), cosecante.

cosecant (*math.*), cosecante.

coset (*math.*), classe di equivalenza, classe laterale.

"cosh" (hyperbolic cosine) (*math.*), coseno iperbolico.

cosine (*math.*), coseno.

"coslettising" (*metall.*), coslettizzazione, procedimento per rendere inossidabili metalli ferrosi.

cosmic (*astr. - geophys.*), cosmico. **2.** ~ (more secret than top secret) (*a. - milit. security*), cosmic. **3.** ~ noise (radiostatic) (*radio*), rumore cosmico. **4.** ~ ray (*phys.*), raggio cosmico, radiazione cosmica.

cosmogenic (produced by the action of cosmic rays) (*a. - phys.*), dovuto all'azione dei raggi cosmici.

cosmogony (science dealing with the origin of the universe) (*sc.*), cosmogonia.

cosmography (*geophys. - astr.*), cosmografia.

cosmology (*astr.*), cosmologia.

cosmonaut (astronaut, spaceman) (*astric.*), cosmonauta, astronauta.

cosmonautics, *see* astronautics.

cosmonette (a female cosmonaut) (*astric.*), (la) cosmonauta.

cosmos (*astron. - astric.*), cosmo.

cosmotron (proton accelerator) (*atom phys.*), cosmotrone.

cosolvent (*chem.*), cosolvente.

cossette (*sugar mfg.*), *see* chip.

cost (*comm.*), costo, spesa. **2.** ~ accountant (*factory management*), capoufficio costi. **3.** ~ allocation (as to an ind. product) (*adm.*), distribuzione dei costi. **4.** ~ analysis (study of the single constituents of the cost) (*adm.*), analisi (dei) costi. **5.** ~ and freight (c.a.f.) (*comm.*), costo e nolo. **6.** ~ card (cost sheet: detailing single costs of a production order) (*ind. organ.*), scheda dei costi. **7.** ~ center (as a shop, a department, a group of mach., a mach.) (*adm.*), centro di costo. **8.** ~ control (*adm.*), controllo dei costi. **9.** ~ estimator (*ind. pers.*), preventivista. **10.** ~ finding, *see* cost accountant. **11.** ~ insurance and freight (cif) (*comm.*), costo assicurazione e trasporto. **12.** ~ keeper, *see* cost accountant. **13.** ~ of freight (*comm.*), spese di porto. **14.** ~ of labor (*ind.*), costo della mano d'opera. **15.** ~ of living (*econ.*), costo della vita. **16.** ~ of management (as of a railroad), costo d'esercizio. **17.** ~ of sales (production cost of goods sold in a given period) (*adm. - comm.*), costo del venduto. **18.** ~ sheet, *see* cost card. **19.** average ~ (*comm.*), costo medio. **20.** capital and running ~ (as for the production of a given workpiece) (*ind.*), costo d'impianto e d'esercizio. **21.** closing ~ (additional charges to be paid by the estate purchaser) (*comm.*), spese addizionali a carico del compratore. **22.** construction and equipment ~ (as of a railroad), spese di impianto. **23.** conversion ~ (difference between cost per unit of the product and the price per unit of the material used to make the product) (*adm.*), costo di trasformazione. **24.** direct ~ (consisting in raw materials and direct labour) (*factory adm.*), costo diretto. **25.** distribution costs (marketing costs) (*comm.*), costi di distribuzione. **26.** estimated ~ (*adm.*), costo preventivo. **27.** fixed costs (*adm.*), spese fisse. **28.** flat ~ (cost of material and direct labor solely) (*comm.*), costo del materiale e della mano d'opera diretta. **29.** freight ~ (*comm.*), spese di trasporto. **30.** full ~ (flat cost plus a share of variable and fixed costs) (*adm. - comm.*), costo totale (o globale). **31.** initial ~ (cost of installation) (*ind.*), spese d'impianto. **32.** installation ~ (*railw. - elect. - ind. - etc.*), spese d'impianto, spese di messa in opera, spese di installazione. **33.** labor ~ (cost due to wages) (*ind. adm.*), costo della mano d'opera, costo del lavoro. **34.** manufacturing ~ (not including adm. and selling expenses, depreciation and interest) (*adm.*), costo di fabbricazione. **35.** marginal ~ (*econ.*), costo marginale. **36.** operating ~ (as of a factory) (*adm.*), spese di gestione, costo di esercizio. **37.** original ~ (as of a plant at the time when it was built) (*comm.*), costo originario. **38.** overhead ~ (as of a factory) (*adm.*), spese generali. **39.** prime ~ (exclusive of overhead expenses) (*ind.*), costo di fabbricazione. **40.** production ~ (exclusive of overhead expenses) (*ind.*), costo di fabbricazione. **41.** production ~ accounting (*adm.*), contabilità dei costi di fabbricazione. **42.** selling ~ (as the costs of employers, advertising etc.) (*comm.*), spese di vendita. **43.** standard costs (predetermined costs used for comparing the actual costs) (*adm.*), costi preventivi (di riferimento). **44.** sunk ~ (money spent for fixed assets) (*comm.*), importo speso in attività fisse. **45.** transaction costs (*comm. - law*), oneri di transazione. **46.** unit ~ (*ind. - comm.*), costo unitario. **47.** variable ~ (it depends on output change) (*comm.*), costo variabile. **48.** work ~ (*ind.*), costo del lavoro.

cost (to) (to be of the price of) (*comm.*), costare. **2.** ~ (to estimate the cost) (*comm.*), stimare il costo.

cost-benefit (determined by economic analysis) (*econ. - ind. adm.*), costo - ricavo. **2.** ~ valuation (*adm.*), valutazione del rapporto costo-ricavo.

costean (to) (to explore by making small pits) (*min.*), eseguire ricerche con sondaggi esplorativi.

costeaning (min. research by exploring pits) (*min.*), ricerca (mineraria) a mezzo di sondaggi.

cost-effective (referring to advantageous benefits obtained by money spent) (*a. - econ.*), redditizio.

costing (the finding of business costs) (*comm.*), determinazione dei costi. **2.** direct ~, *see* direct cost.

cost-plus (percentage added to the actual cost) (*a. - comm.*), maggiorazione sul costo.

cost-push (as due to wages) (*econ.*), aumento dei costi.

cot (as of wool) (*text. ind.*) (Brit.), aggrovigliamento. **2.** ~ (cover, of a drawing roll) (*text. mach.*), manicotto, guarnitura. **3.** ~ (bed), branda. **4.** ~ (short for cottage), casa di campagna. **5.** ~ (small boat) (*naut.*), piccola barca. **6.** spinning ~ (*text. ind.*), manicotto di filatura.

"cot" (cotangent) (*geom.*), cotangente. **2.** ~ (cotter) (*mech.*), spina.

cotangent (*math.*), cotangente.

coterminal (*a. - math.*), "congruo", "coterminale".

"coth", *see* hyperbolic cotangent.

cottage (*bldg.*), casa di campagna. **2.** ~ industry (industry the work for which is carried out at home by family units) (*ind.*), industria con lavoranti a domicilio.

cotter (*mech.*), chiavetta trasversale, spina di sezione non circolare, bietta trasversale. **2.** ~ (short for cotter pin) (*mech.*), coppiglia. **3.** ~ pin (*mech.*), coppiglia. **4.** ~, *see also* cotters.

cotter (to) (*mech.*), inchiavettare, imbiettare.

cotterel (as in a fireplace, for supporting pots) (*domestic impl.*), gancio della pentola.

cotters (for locking valve retainers) (*mot.*), semiconi.

cotterway, *see* keyway.

cotton (*text.*), cotone. **2.** ~ batting (cotton in sheets for making quilts) (*text. ind.*), ovatta in falde per imbottitura. **3.** ~ belt (*agric.*), zona di coltivazione del cotone. **4.** ~ gin (*mach.*), sgranatrice, macchina separatrice dei semi dal cotone. **5.** ~ mill (*ind.*), cotonificio. **6.** ~ parchment (*paper mfg.*), pergamena di cotone. **7.** ~ seed oil (*ind.*), olio di semi di cotone. **8.** ~ twist (*text.*), filo ritorto di cotone. **9.** ~ wool, cotone grezzo. **10.** ~ yarn hank (*text. ind.*), matassa di filo di cotone di 840 yarde. **11.** absorbent ~ (*med.*), cotone idrofilo. **12.** carded ~ (*text. ind.*), cotone cardato. **13.** darning ~ (*text. ind.*), cotone da rammendo. **14.** gun ~ (*expl.*), fulmicotone, cotone fulminante. **15.** long-staple ~ (*text. ind.*), cotone a fibra lunga. **16.** mercerized ~ (*text. ind.*), cotone mercerizzato. **17.** quilting ~ (a wad of cotton) (*text. ind.*), ovatta da imbottitura. **18.** raw ~ (*text.*), bambagia. **19.** sanitary ~, cotone idrofilo. **20.** seed ~ (unginned cotton) (*text. ind.*), cotone non sgranato. **21.** short-staple ~ (*text. ind.*), cotone a fibra corta. **22.** silk ~ (*text. ind.*), bambagia delle Indie, capok. **23.** spot ~ (all available cotton bought or sold) (*comm. - text. ind.*), cotone disponibile sul posto. **24.** surgical ~ (*med. - etc.*), cotone idrofilo. **25.** upland ~ (a species of short-staple cotton) (*text.*), cotone "upland", tipo di cotone a fibra corta.

cottonization (of bast) (*text. mfg.*), cotonizzazione.

cottonize (to) (*text. ind.*), cotonizzare.

cottonwood (common poplar tree) (*wood*), pioppo.

"CO-TWO" (carbon dioxide: CO_2) (*chem.*), anidride carbonica.

couch (preliminary hand) (*paint.*), mano di fondo. **2.** ~ press (couch rolls, of a paper machine) (*paper mach.*), pressa manicotto. **3.** ~ rolls (*paper mach.*), *see* couch press.

couch (to) (in making paper by hand: to press the pulp sheet on the felt) (*paper mfg.*), porre.

coucher (workman who couches or transfers the sheet of pulp to the felt blanket) (*paper work.*), ponitore.

cough (to) (irregular bursts of firing of an i.c. engine) (*mot.*), dare colpi irregolari, "tossire".

"coul", *see* coulomb.

"couliering" (knitting cycle portion) (*text. ind.*), culissaggio.

coulisse (*join.*), coulisse, scanalatura (per scorrevole). **2.** ~ (the unofficial market of the Bourse) (*comm.*), Borsa non autorizzata.

couloir (corridor, passage) (*gen.*), corridoio.

coulomb (*elect. meas.*), coulomb.

coulombic (relating to coulomb forces) (*elect.*), coulombiano.

coulombmeter, *see* coulometer.

Coulomb's law (*phys.*), legge di Coulomb.

coulometer (*elect. instr.*), coulombometro, voltametro. **2.** copper ~ (*elect. instr.*), voltametro a rame. **3.** mercury ~ (*electrochem. instr.*), voltametro a mercurio. **4.** silver ~ (*elect. instr.*), voltametro ad argento. **5.** titration ~ (*electrochem. instr.*), voltametro a titolazione. **6.** volume ~ (*electrochem. instr.*), voltametro a gas. **7.** weight ~ (*elect. instr.*), voltametro a pesata.

coulter (cutting tool or disk attached to the beam before the plow) (*agric. device*), avanvomere.

coumarone (cumarone, benzofuran) (*chem.*), benzofurano, cumarone.

council (assembly of people) (*ind. - etc.*), consiglio.

2. works ~ (committee formed of workers chosen by the employer for discussing industrial relations) (*factory pers. organ.*), comitato di dipendenti nominato dalla direzione per la discussione di problemi relativi alle relazioni sociali.

counselor, counsellor (work psychologist, industrial psychologist) (*psychol.*), psicologo d'azienda.

count (of impulses) (*radioact.*), conteggio. **2.** ~ (of yarn: number of units of length to the unit of weight) (*text. ind.*), titolo. **3.** ~ (number of yarns or picks in a fabric) (*text.*), titolo. **4.** ~ (*law*), capo di accusa, capo di imputazione. **5.** end ~ (number of warp yarns per inch in a fabric) (*text.*), numero di fili di ordito per pollice. **6.** filling ~ (number of filling yarns or picks per inch) (*text.*), numero di fili di trama per pollice. **7.** medium ~ (*text. ind.*), titolo medio.

count (to) (*gen.*), contare.

countability (the possibility of counting something) (*n. - math.*), numerabilità.

countdown (as for launching a missile) (*astric. - rckt.*), conteggio alla rovescia.

count-down (to) (to count time from X to reach zero, as in launching space vehicles) (*astric. - rckt.*), contare alla rovescia.

counter (*naut.*), volta di poppa. **2.** ~ (*phys.*), contatore. **3.** ~ (*adv. - gen.*), in opposizione. **4.** ~ (of a type, depression between the lines) (*print.*), profondità d'occhio. **5.** ~ (*instr.*), contatore, numeratore. **6.** ~ (a diagonal tension rod provided with turnbuckle in a truss) (*mech. constr.*), tirante diagonale con tenditore. **7.** ~ (of particles by elect. pulses) (*atom phys.*), contatore di particelle ionizzate. **8.** ~ (overhanging part of the after portion of a ship) (*naut.*), volta di poppa. **9.** ~ (short for countershaft), *see* countershaft. **10.** ~ (register indicating events: as the number of sequences operated in a program) (*comp.*), contatore. **11.** ~ condenser (therm. apparatus: as for steam), condensatore a controcorrente. **12.** ~ current (*ind. - hydr.*), controcorrente. **13.** ~ electromotive force (*electromech.*), forza controelettromotrice. **14.** ~ scale (of balance counterpoise) (*meas.*), bilancia a due piatti asimmetrici. **15.** ~ spring (*mech.*), molla antagonista. **16.** ~ tube, *see* counting tube. **17.** ~ voltage, *see* counter electromotive force. **18.** binary ~ (*comp.*), contatore binario. **19.** crystal ~ (*atom phys.*), contatore a cristallo. **20.** decade ~ (*meas. instr.*), contatore a decadi, contatore decadale, contatore per misure metriche. **21.** die ~ lock (of a forging die) (*forging*), tallone di reazione. **22.** exposure ~ (*phot.*), contapose. **23.** film ~ (footage counter) (*m. pict.*), contafilm. **24.** frame ~ (*m. pict.*), contafotogrammi. **25.** frequency ~ (electronic digital counter) (*elics. instr.*), frequenzimetro digitale. **26.** Geiger ~ (*phys. instr.*), contatore di Geiger. **27.** instruction ~, *see* program counter. **28.** liter-~ (*instr.*), contalitri. **29.** Maze ~ (*atom phys. instr.*), contatore di Maze. **30.** mileage ~ (*aut. instr.*), contamiglia. **31.** pick ~ (*text. mach.*), contabattute. **32.** preset ~ (as in a n.c. mach. t.) (*elics.*), contatore a preselezione, contatore (d'impulsi) preregolabile. **33.** production ~ (for counting the number of produced pieces) (*app.*), contatore di produzione, conta-pezzi prodotti. **34.** program ~ (instruction counter, sequence counter: indicates the memory address of the next instruction to be executed) (*comp.*), contatore di programmi. **35.** proportional ~ (*atom phys.*), contatore proporzionale. **36.** radiation ~ (like Geiger counter or scintillation counter: instr. used for meas. nuclear radiation) (*atom phys. - med. instr.*), misuratore di radioattività, contatore di particelle radioattive. **37.** reversible ~ (representing a number whose value may be incremented or decremented) (*comp.*), contatore reversibile, contatore a due direzioni (aumento e diminuzione). **38.** revolutions ~, *see* revs counter. **39.** revs ~ (*mech. instr.*), contagiri. **40.** scintillation ~ (*atom phys.*), contatore a scintillazione (o scintillamento). **41.** service ~ (hour-meter, of the engine running time) (*mot.*), contaore. **42.** take-~ (shot-counter) (*phot.*), contaprese. **43.** total mileage ~ (*aut. instr.*), contamiglia totalizzatore. **44.** trip mileage ~ (*aut. instr.*), contamiglia parziale.

counteracting (as a spring) (*mech.*), antagonista.

counterattack (*milit.*), contrattacco.

counterattack (to) (*milit.*), contrattaccare.

counterbalance (as on a locomotive wheel) (*mech.*), contrappeso. **2.** ~ (balancing force) (*theor. mech.*), forza (contrapposta) di bilanciamento.

counterbalance (to) (*mech.*), controbilanciare.

counterbalanced window (with an upper sash and a lower one) (*carp. - bldg.*), finestra a due scorrevoli verticali contrappesantisi vicendevolmente.

counterblow (*gen.*), contraccolpo.

counterbore (enlargement of a bore as for the head of a bolt) (*mech.*), allargamento cilindrico dell'estremità di un foro (con risega piana).

counterbore (to) (to bore the end of a hole to a larger diameter) (*mech.*), eseguire una battuta terminale in un foro, allargare l'estremità di un foro.

counterborer (*mech. - t.*), utensile per allargare l'estremità (o per eseguire battute) di fori.

counterboring (the operation of enlarging the end of a hole by means of a counterborer) (*mech.*), battuta terminale in un foro, allargamento dell'estremità di un foro.

counterbrace (to) (*naut.*), controbracciare.

counterclaim (*law*), domanda riconvenzionale.

counterclockwise (rotating direction), di senso antiorario.

counter-countermeasure (*navy - milit.*), contro-contromisura.

countercoupling (negative feedback) (*elics.*), controreazione.

countercurrent (*a. - gen.*), controcorrente.

counterespionage (*milit.*), controspionaggio.

counterfeit (*a. - gen.*), contraffatto, falsificato. **2.** ~ (forgery) (*n. - comm.*), contraffazione.
counterfeit (to) (*gen.*), falsificare, contraffare.
counterflange (*mech. - pip.*), controflangia.
counterflow (*fluids*), flusso in direzione opposta.
counterfoil (part not detachable of a checkbook, ticketbook etc.) (*adm. - comm.*), matrice.
counterfort (*bldg.*), contrafforte.
countermand (to) (to revoke: as an order etc.) (*comm. - etc.*), revocare.
countermaneuver (*gen.*), contromanovra.
countermarch (*gen.*), contromarcia.
countermark (to) (*gen.*), contrassegnare.
countermeasure (introduced in order to try to eliminate the offensive and intelligence power of enemy weapons) (*milit. - war*), contromisura.
countermine (*navy*), contromina. **2.** ~ (a tunnel for intercepting an enemy mine) (*milit.*), contromina.
countermine (to) (*milit.*), controminare.
counteroffensive (*milit.*), controffensiva.
counteroffer (*comm. - etc.*), controfferta.
counterorder (*milit.*), contrordine.
counterpoise (counterweight) (*mech.*), contrappeso. **2.** ~ (equilibrium) (*phys.*), equilibrio. **3.** ~ (earth conductor in a power aerial line) (*elect.*), conduttore di terra.
counterpressure (as of a fluid) (*fluids mech.*), contropressione.
counterproposal (*gen.*), controproposta.
counterrecoil (of a gun) (*ordnance*), ritorno in batteria. **2.** ~ stroke (*ordnance*), corsa di ritorno in batteria.
counterrotation (counterclockwise direction) (*mech.*), rotazione antioraria.
counterscarp (*bldg.*), controscarpa.
countershaft (*mech.*), contralbero. **2.** ~ (as of a gearbox) (*aut.*) (Am.), albero secondario.
countersign (*milit.*), parola d'ordine. **2.** ~ (of a document already signed by another person in order to confirm its authenticity) (*off.*), controfirma.
countersign (to) (*law - off.*), controfirmare.
countersink (*t.*), accecatoio, fresa per svasatura conica, fresa per smussi. **2.** ~ (conical enlargement at the end of a hole) (*mech.*), svasatura, accecatura. **3.** snail ~ (snail-head countersink bit) (*mech. t.*), accecatoio con profilo spiraliforme.
countersink (to) (as a hole) (*mech.*), svasare, accecare, fare una accecatura.
counterslope, contropendenza.
countersteer (to) (as an oversteering car) (*aut.*), controsterzare.
countersteering (as of an oversteering car) (*aut.*), controsterzo, controsterzatura.
counterstroke (counterblow) (*eng. - mot.*), contraccolpo.
countersunk (*mech.*), svasato, accecato. **2.** ~ head screw (*mech.*), vite a testa conica. **3.** ~ toothed lock washer (*mech.*), rosetta di sicurezza svasata dentata.
counterthrust (*mech.*), controspinta.
countertorque (*aer.*), anticoppia.
counterturn (*road - railw.*), controcurva.
counter-vault (*arch.*), *see* inverted arch.
countervoltage (counterelectromotive force) (*electromech.*), forza controelettromotrice.
counterweigh (to) (*mech.*), contrappesare.
counterweighed (balanced, as a crankshaft) (*mot. - etc.*), contrappesato. **2.** ~ lever (as of a boiler safety valve) (*mech.*), leva contrappesata.
counterweight (*mech.*), contrappeso.
counting (of radiations) (*atom phys.*), conteggio. **2.** ~ glass (*text. ind. impl.*), lente d'ingrandimento graduata per tessuti. **3.** ~ glass (lens for counting yarns) (*text. ind.*), lente contafili. **4.** ~ rate (referred to radiations efflux) (*atom phys.*), intensità (di flusso). **5.** ~ rate (referred to counting speed) (*atom phys.*), velocità di conteggio (o di registrazione). **6.** ~ tube (ionization chamber: radiation meas. instr.) (*atom phys.*), camera di ionizzazione. **7.** anticoincidence ~ (*atom phys.*), registrazione di anticoincidenza.
country (a rock enclosing a mineral deposit) (*geol.*), roccia incassante. **2.** ~ house (*bldg.*), casa di campagna, villa in campagna. **3.** underdeveloped ~ (*country econ.*), paese sottosviluppato.
coup de main (*milit.*), colpo di mano.
coupé (*aut.*), coupé, cupé. **2.** ~ (Brit.) (*railw.*), scompartimento all'estremità di una carrozza e con un solo divano. **3.** ~ (carriage), carrozza chiusa, botticella. **4.** convertible ~ (*aut.*), cabriolet.
couplant (liquid substance interposed between the probe and the test piece) (*ultrasonic test*), liquido di accoppiamento (o di abbinamento).
couple (that which links two parts together), legame. **2.** ~ (voltaic couple) (*elect.*), coppia voltaica. **3.** ~ (consisting in two parallel vectors of the same force but having opposite directions) (*theor. mech.*), coppia. **4.** braking ~ (as in an electric meter) (*elect.*), coppia frenante. **5.** controlling ~ (as in an instr.), coppia direttrice (o antagonista). **6.** damping ~ (as in an instr.) (*elect. - mech.*), coppia di smorzamento. **7.** moment of the ~ (*theor. mech.*), momento della coppia. **8.** righting ~ (*naut.*), coppia stabilizzatrice. **9.** tilting ~ (of an airship) (*aerot.*), coppia rovesciante.
couple (to) (as a hub on a splined shaft) (*mech.*), calettare. **2.** ~ (as a pump to an electr. mot.) (*mech.*), accoppiare. **3.** ~ (to join: as two elect. app. in a single circuit) (*elect.*), collegare assieme, accoppiare.
coupled (*mech.*), accoppiato.
coupler (of coils) (*radio*), accoppiatore. **2.** ~ (*of veh.*), gancio di traino. **3.** ~ (of a locomotive for connecting cars for traction) (*railw.*), gancio (di trazione). **4.** ~ (device for making elect., pneumatic etc. connections, as between cars) (*railw. - etc.*), accoppiatore. **5.** ~ (as a shackle, link etc.) (*mech.*), organo di collegamento. **6.** automatic ~ (for connecting railw. cars, railcars etc.) (*railw.*),

gancio automatico, gancio Scharfenberg. **7.** centre buffer ~ (of a locomotive) (*railw.*), organi di trazione e repulsione centrali. **8.** directional ~ (component used in microwave systems) (*radar - etc.*), accoppiatore direzionale. **9.** exponential directional ~ (directional coupler with exponential coupling factor) (*radar - etc.*), accoppiatore direzionale esponenziale. **10.** steam hose ~ (as between cars for the heating system) (*railw. - etc.*), accoppiatore per tubi (o manichette) di vapore.

coupling (act of connecting) (*mech.*), accoppiamento. **2.** ~ (as of a hub on a splined shaft) (*mech.,*), calettamento. **3.** ~ (of circuit) (*elics.*), accoppiamento. **4.** ~ (of railw. cars) (*railw.*), agganciamento, attacco. **5.** ~ (*elics.*), accoppiamento. **6.** ~ (*mech.*), giunto di accoppiamento, giunto, innesto. **7.** ~ (*pip. fitting*), manicotto. **8.** ~ (*railw.*), accoppiamento. **9.** ~ (as of a shafting) (*naut. - etc.*), accoppiatoio. **10.** ~ box (*mech.*), manicotto d'accoppiamento. **11.** ~ coefficient (*elics.*), coefficiente di accoppiamento. **12.** ~ condenser (*elics.*), condensatore d'accoppiamento. **13.** ~ gear (as for coupling engines) (*mot. - aer. - naut.*), accoppiatore. **14.** ~ link (of draft gears) (*railw.*), maglione. **15.** ~ locked by heat (as of a hub on a shaft) (*mech.*), calettamento a caldo. **16.** ~ locked under press (as of a hub on a shaft) (*mech.*), calettamento alla pressa. **17.** ~ nut (*railw.*), chiocciola del tenditore. **18.** ~ ring (*mech.*), anello di unione. **19.** ~ rod (connecting the driving wheels as of a locomotive) (*railw.*), biella di accoppiamento. **20.** ~ screw (of draft gears) (*railw.*), tenditore a vite. **21.** ~ sleeve (*mech.*), manicotto di unione. **22.** bevel ~ (*mech.*), innesto a cono. **23.** box ~ (*mech.*), giunto a manicotto. **24.** capacity ~ (electrostatic coupling) (*elics.*), accoppiamento capacitivo. **25.** cascade ~ (*elect.*), accoppiamento in cascata. **26.** choke ~ (*electroacous.*), *see* impedance coupling. **27.** claw ~ (*mech.*), innesto a denti. **28.** claw ~ (*mech.*), *see also* claw clutch. **29.** coefficient of ~ (*elect.*), fattore di accoppiamento. **30.** cone ~ (*mech.*), giunto Sellers a doppio cono. **31.** delay ~ (*mech.*), giunto ritardatore. **32.** direct ~ (of a circuit) (*elect. - radio*), accoppiamento diretto. **33.** electromagnetic ~ (as between a motor and a mach.) (*electromech.*), giunto elettromagnetico. **34.** electrostatic ~ (*radio - etc.*), accoppiamento capacitivo. **35.** flange ~ (*mech.*), giunto a dischi. **36.** flexible ~ (*mech.*), giunto elastico. **37.** fluid ~ (hydraulic coupling, as between an ind. engine and a mech. drive) (*mech.*), giunto idraulico. **38.** hose ~ (as of an air brake) (*railw. - etc.*), accoppiatore. **39.** hydraulic ~ (fluid coupling) (*mech.*), giunto idraulico. **40.** "hydro-drive ~" (fluid coupling) (*mech.*), giunto idraulico. **41.** impedance ~ (coupling of two circuits by an impedance) (*elect.*), accoppiamento ad impedenza. **42.** indirect ~ (of a circuit) (*elics.*), accoppiamento indiretto. **43.** inductive ~ (*elics.*), accoppiamento induttivo. **44.** intervalve ~ (*elics.*), accoppiamento intervalvolare. **45.** loose ~ (*elect. - elics.*), accoppiamento lasco (o insicuro). **46.** magnetic ~ (of a circuit) (*elect. - radio*), accoppiamento magnetico. **47.** muff ~ (*mech.*), giunto a manicotto. **48.** Oldham ~ (*mech.*), giunto a croce (o Oldham). **49.** plain ~ (*pip. fitting*), manicotto liscio. **50.** powder ~ (acting by steel powder) (*mech.*), trasmettitore di coppia a polvere di acciaio. **51.** push-pull ~ (*elics.*), accoppiamento con stadio in controfase, accoppiamento in opposizione. **52.** reducing ~ (*pip. fitting*), manicotto di riduzione. **53.** resistance ~ (of a circuit) (*elics.*), accoppiamento resistivo. **54.** resistance-capacity ~ (*elics.*), accoppiamento per resistenza-capacità, accoppiamento RC. **55.** screw ~ (*railw.*), tenditore a vite. **56.** self-aligning ~ (*mech.*), giunto ad autoallineamento. **57.** Sellers ~ (cone coupling) (*mech.*), giunto Sellers a doppio cono. **58.** shrouded flange ~ (flange coupling) (*mech.*), giunto a dischi. **59.** sleeve ~ (*mech.*), giunto a manicotto. **60.** slot ~ (in wave-guides) (*radioteleph.*), accoppiamento a fessura, accoppiamento a finestra. **61.** split ~ (*mech.*), giunto a gusci. **62.** stray ~ (of a circuit) (*elics.*), accoppiamento parassita, accoppiamento per dispersione. **63.** through ~ (direct coupling) (*mech.*), accoppiamento diretto, accoppiamento in presa diretta. **64.** tight ~ (as between two oscillatory circuits) (*elics.*), accoppiamento stretto. **65.** transformer ~ (*elics.*), accoppiamento con trasformatore. **66.** weak ~ (of a circuit) (*elics.*), accoppiamento lasco. **67.** window ~ (slot coupling, in waveguides) (*elics.*), accoppiamento a finestra, accoppiamento a fessura.

coupon (*comm.*), cedola, tagliando. **2.** ~ (sample of a material used for a test) (*metall. - etc.*), saggio, provetta greggia. **3.** ~ (test piece) (*technol.*), provino. **4.** ~ (part of a ticket given as for free servicing a new car) (*aut. - etc.*), tagliando. **5.** redemption ~ (*adver. - comm.*), buono omaggio, buono per uno sconto.

"couronne des tasses" (*elect.*), *see* crown of cups.

course (*sport*), circuito. **2.** ~ (a point of the compass) (*naut.*), rotta. **3.** ~ (ground or way covered) (*sport*), percorso. **4.** ~ (lowest sail) (*naut.*), trevo, vela bassa. **5.** ~ (horizontal series of stitches in a knitted fabric) (*text. ind.*), rango. **6.** ~ (of bricks) (*mas.*), corso di mattoni. **7.** ~ angle (angle between the veh. velocity vector and the X-axis of the space axis system) (*veh.*), angolo di traiettoria. **8.** ~ bearing (*naut.*), rilevamento di rotta. **9.** ~ by dead (*aer. - naut.*), rotta stimata. **10.** ~ monitor (for easier keeping on course the boat by some glances to the instr.) (*naut. instr.*), bussola ripetitrice. **11.** ~ of bricks (*arch.*), corso di mattoni. **12.** ~ of exchange (*finan.*), corso dei cambi. **13.** ~ of study (*education*), corso di studio. **14.** ~ ventilation (*min.*), ventilazione in serie. **15.** bearing rider ~ (type of course adopted in missiles and wire guided torpedoes) (*navy*), rotta dei tre punti. **16.** binder ~ (layer bound with bitumen under the pavement surface) (*road constr.*), manto di pietrischetto bitumato (sotto al manto di usura). **17.** collision ~ (*radar - naut.*), rotta di collisione. **18.** compass ~ (angle between the longitudinal axis of the ship and the north direction indicated by compass) (*aer. - naut.*), rotta bussola. **19.** fixed ~ (*aer. - naut.*), rotta prestabilita. **20.** geographical ~ (*aer. - naut.*), rotta geografica. **21.** great-circle ~ (orthodromic course) (*navig.*), rotta ortodromica. **22.** loxodromic ~ (*naut.*), rotta lossodromica. **23.** magnetic ~ (*aer. - naut.*), rotta magnetica. **24.** mean ~ (*naut.*), direttrice di rotta. **25.** original ~ (*naut.*), rotta iniziale. **26.** orthodromic ~, *see* great-circle course. **27.** present pattern ~ (predeterminated course of a torpedo for searching the target) (*navy expl.*), lancio a ricerca programmata (del bersaglio). **28.** pursuit ~ (course followed by a homing torpedo) (*navy*), rotta del cane. **29.** speed ~ (course of known length for obtaining the ground speed of an aircraft) (*aer.*), base. **30.** to hold the ~ (*naut.*), tenere la rotta. **31.** to lay a ~, to lay one's ~ (to sail in a determined direction) (*naut.*), tenere una determinata rotta, tenere la propria rotta. **32.** true ~ (direction, as of flight measured from geographical north) (*aer. - naut.*), rotta vera. **33.** water ~ (*geogr.*), corso d'acqua.

course (to) (to run through: as a channel) (*gen.*), percorrere. **2.** ~ (to turn aside and divert a flow of air along a certain direction through a mine) (*v.t. - min.*), dirottare e indirizzare verso (o lungo).

court (*bldg.*), corte, cortile. **2.** ~ (*law*), corte. **3.** ~ (tribunal) (*law*), tribunale. **4.** ~ of appeal (*law*), corte di appello. **5.** ~ of assize (*law*), corte di assise. **6.** ~ of cassation (*law*), corte di cassazione. **7.** ~ of first instance (*law*), tribunale di prima istanza. **8.** auto ~ (*aut.*), *see* motel. **9.** covered ~ (*bldg.*), cortile coperto.

courtesy lamp (switches on automatically when opening the door) (*aut.*), luce di cortesia. **2.** door ~ (*aut.*), luce di cortesia sulla porta. **3.** seat back ~ (*aut.*), luce di cortesia sullo schienale.

courtesy light, *see* courtesy lamp.

courthouse (*arch.*), palazzo del tribunale.

court-martial (*milit. law*), corte marziale.

courtroom (*bldg.*), aula di tribunale.

courtyard (*bldg.*), cortile.

covalence (*chem.*), covalenza.

covalent (*chem. - phys.*), covalente.

covariance (the arithmetical mean of the product of the deviation of two corresponding variables from their mean values) (*n. - stat.*), covarianza.

covariant (*math.*), covariante.

covariation (a variation which is coincident with another) (*gen. - stat.*), covariazione.

cove (concave molding) (*mas.*), ricasco, superficie curva fra soffitto e parete. **2.** ~ (small bay) (*sea*), cala, calanca, insenatura. **3.** ~ (*arch. ornament*), guscio, modanatura concava. **4.** ~ ceiling (curved at its junction with the side walls) (*mas.*), soffitto a ricasco.

cover (as of a book) (*bookbinding*), copertina. **2.** ~ (lid), coperchio. **3.** ~ (*mech. - gen.*), coperchio, calotta di protezione. **4.** ~ (as of induction meter) (*elect.*), coperchio, calotta. **5.** ~ (of a transformer tank) (*electromech.*), coperchio. **6.** ~ (deposit of money or marketable securities, such as bonds, certificates etc.) (*comm.*), deposito, caparra. **7.** ~ (the hood of the beater roll) (*paper mfg. mach.*), cappello, cuffia (dell'olandese). **8.** ~ (sealed envelope) (*off. - mail*), plico. **9.** ~ for terminal board (as of an elect. mot.), calotta coprimorsetti. **10.** ~ paper (heavy paper used as a cover for books etc.) (*paper mfg.*), carta per copertine. **11.** ~ plate (*mech. - bldg.*), coperchio. **12.** back ~ (*print. - bookibinding*), retro copertina. **13.** back ~ (*adver.*), quarta (pagina) di copertina. **14.** back ~ (interchangeable back magazine containing the film: as in some type of reflex camera) (*phot.*), dorso. **15.** back ~ (as of the loading access of a phot. camera) (*phot. mech.*), sportello posteriore. **16.** by separate ~ (*mail*), con plico a parte, con plico spedito a parte. **17.** chain ~ (as of a bicycle) (*veh. - etc.*), copricatena. **18.** dust ~, parapolvere. **19.** front ~ (as of a radial engine) (*mot.*), coperchio anteriore. **20.** front ~ (*adver.*), prima (pagina) di copertina. **21.** inside ~ (*adver.*), seconda (pagina) di copertina. **22.** inside back ~ (*adver.*), terza (pagina) di copertina. **23.** manhole ~ (*bldg.*), chiusino, coperchio di botola di accesso. **24.** outer ~ (of an inner tube) (*aut.*), copertone. **25.** outer ~ (external covering of a rigid airship hull) (*aer.*), rivestimento esterno. **26.** rear ~ (as of a mot.), coperchio posteriore. **27.** safety ~ (as of a mine) (*expl.*), cappello di sicurezza. **28.** seat ~ (to protect original upholstery: as of a motorcar) (*aut.*), copertina, coprisedile. **29.**street manhole ~ (for inspecting sewers, underground elect. cables etc.) (*road*), chiusino stradale. **30.** terminal ~ (as of an elect. meter) (*elect.*), coprimorsetti. **31.** under separate ~ (*off. - mail*), con plico a parte.

cover (to) (*gen.*), coprire.

coverage (as of broadcasting stations: the area within which radio transmissions are audible) (*radio*), zona di udibilità. **2.** ~ (area covered by a radar) (*radar*), zona localizzata, copertura, zona di radar-esplorazione. **3.** ~ (amount as of valuable metal available covering the outstanding paper money) (*finan.*), riserva. **4.** ~ (ratio between the surface covered and the volume of paint used) (*paint.*), resa. **5.** ~ (in shot-peening) (*mech. technol.*), copertura. **6.** ~ diagram (*radar*), diagramma di copertura. **7.** front ~ (*radar*), zona di radar-esplorazione prodiera, copertura prodiera. **8.** gold ~ (*finan.*), riserva aurea. **9.** range ~ (*radar*), copertura in portata.

covered (*gen.*), coperto.

"coverer" (as for potatoes) (*agric. mach.*), rincalzatrice.

covering (*gen.*), copertura, rivestimento. **2.** ~ (as of a wing, a fuselage etc.) (*aer.*), rivestimento. **3.** ~

(as of doffer or card cylinder) (*text. ind.*), guarnizione, guarnitura. **4.** ~ (coverage, ratio between the surface covered and the volume of paint used) (*paint.*), resa. **5.** ~ power (angular extent of field in which a lens gives a sharp image) (*phot.*), angolo di utilizzazione. **6.** ~ power (*paint.*), *see* hiding power. **7.** canvas ~, copertura di tela. **8.** fabric ~ (as of a wing) (*aer.*), rivestimento in tessuto. **9.** insulation ~ (*ind.*), rivestimento isolante. **10.** roll ~ (*rubb. ind.*), rivestimento dei cilindri. **11.** slate ~ (of a roof) (*bldg.*), copertura con ardesia.

coversed sine (the function 1 – sin α) (*math.*), 1 – sen α.

covert (*a. -gen.*), riparato, riservato. **2.** manhole ~ (*bldg.*), chiusino, coperchio di botola di accesso.

covolume (*phys. chem.*), covolume.

cowbell (for cattle), campanaccio.

cowcatcher (structure in front of a locomotive for removing obstacles off the line) (*railw.*) (Am.), cacciabufali, cacciapietre.

cowdie (kauri: New Zeland pine) (*wood tree*), conifera della Nuova Zelanda, agathis.

cowl (of aut.) (*aut.*), cappottatura (del cruscotto). **2.** ~ (engine, fuselage, nacelle cowling) (*aer.*), cappottatura. **3.** ~ (cover on the top of a chimney) (*bldg.*), mitra. **4.** ~, *see also* cowling. **5.** radiator ~ (*aut.*), maschera per radiatore, cuffia per radiatore.

cowling (*aer. - mech.*), cappottatura, cofano. **2.** ~ (of the engine) (*aer.*), cappottatura. **3.** N.A.C.A. ~ (antidrag ring) (*aer.*), anello naca, naca. **4.** nacelle ~ (*aer.*), cappottatura della navicella. **5.** non-pressure ~ (of an aircraft engine) (*aer. mot.*), cappottatura stagna. **6.** pressure ~ (of an aircraft engine) (*aer. mot.*), cappottatura a pressione. **7.** rotor shaft ~ (as of a helicopter) (*mech.*), cappottatura dell'albero portarotore. **8.** sealed ~ (of an aircraft engine) (*aer. mot.*), cappottatura stagna. **9.** streamline ~ (*aer. - etc.*), cappottatura aerodinamica. **10.** unsealed ~ (of an aircraft engine) (*aer. mot.*), cappottatura a pressione.

coxswain (the steersman of a boat) (*naut.*), timoniere. **2.** ~ (sailor who has charge of a boat) (*naut.*), capobarca.

coxswainless pair (*naut.*), due di punta senza timoniere.

"coy", *see* company.

"CP" (chemically pure) (*chem.*), chimicamente puro. **2.** ~ (candle power) (*opt.*), intensità luminosa (in candele). **3.** ~ (centre of pressure) (*aerodyn. - etc.*), centro di pressione. **4.** ~ (charter party) (*comm.*), contratto di noleggio. **5.** ~ (circular pitch) (*mech. draw.*), passo circonferenziale, passo sul primitivo. **6.** ~ (calorific power) (*therm.*), potere calorifico. **7.** ~ (counterpoise) (*mach.*), contrappeso. **8.** ~ (Central Processor) (*comp.*), processore, elaboratore centrale. **9.** ~ (cold-punched) (*mech. technol.*), punzonato a freddo, perforato a freddo.

"cp", *see* centipoise.

"CPC" (cement plaster ceiling) (*mas.*), soffitto intonacato con cemento.

"CPD" (contact potential difference) (*abbr. - elect.*), differenza di potenziale di contatto.

"cpd" (compound) (*gen.*), composto.

"CPI" (Consumer Price Index) (*econ.*), indice dei prezzi del consumatore.

"CPIN" (crankpin) (*mech. - eng.*), bottone di manovella, perno di biella.

"CPL" (cement plaster) (*mas.*), intonaco di cemento.

"cpl", *see* complete.

"cplg" (coupling) (*gen.*), giunto.

"CPM" (critical path method: planning method) (*ind. organ.*), CPM, metodo del percorso critico. **2.** ~ (cycles per minute) (*elect. - etc.*), periodi, cicli al minuto. **3.** ~ (Cards Per Minute) (*comp.*), schede al minuto.

c power supply (battery feeding the grid circuit) (*electron tube*), batteria del potenziale di griglia.

"cpr" (copper) (*mech. draw.*), rame.

"cps" (centipoise, viscosity unit) (*meas.*), centipoise. **2.** ~ (cycles per second) (*elect. - etc.*), cicli al secondo, periodi al secondo.

"CPT" (critical path technique) (*programming*), tecnica del percorso critico.

"cptr", *see* carpenter.

"CPU" (Central Processing Unit) (*comp.*), unità di elaborazione centrale.

"CR" (cold-rolled) (*mech. draw.*), laminato a freddo. **2.** ~ (cathode ray) (*phys.*), raggio catodico.

Cr (chromium) (*chem.*), cromo.

"cr" (crew) (*naut.*), equipaggio.

crab (portable winch) (*mech.*), verricello mobile. **2.** ~ (crane with claws for grabbing loose material), gru a benna. **3.** ~ (small capstan) (*naut.*), piccolo argano. **4.** ~ (effect of drift on air phot.) (*air photogr.*), deriva, effetto della deriva. **5.** ~ (a frame mounted on wheels carrying a winch, as of an overhead traveling crane) (*mech.*), carrello argano. **6.** ~ (claw for holding a portable app. in place) (*mach.*), morsetto di ancoraggio. **7.** ~ angle (angle between the heading direction of an aircraft and its true course) (*aer.*), angolo di deriva. **8.** ~ bucket (for grabbing loose material) (*mech. constr.*), benna. **9.** ~ wood (tropical South American tree and wood) (*wood*), andiròba.

crab (to) (to neutralize drift by means of the rudder) (*aer.*), compensare la deriva mediante il timone di direzione. **2.** ~ (*naut.*), *see* to drift.

crabbing (rolling to prevent wrinkling: as of fabric), avvolgimento (del tessuto) sotto tensione (su un cilindro). **2.** ~ machine (for particular finishing) (*text. mach.*), macchina per fissare la lucentezza del tessuto.

crack (*geol.*), fenditura, spaccatura. **2.** ~ (*mas. - bldg.*), cretto, crepa, screpolatura. **3.** ~ (crevice) (*gen.*), screpolatura, incrinatura. **4.** ~ (as on a machined work) (*mech.*), incrinatura. **5.** ~ (casting defect) (*found.*), cricca, incrinatura, crepa. **6.**

~ (*metall.*), cricca. **7.** ~ (hot tear, springing, in a weld) (*welding defect*), incrinatura. **8.** ~ arrester (in a defective plate: by superposing a plate and riveting it) (*mech.*), piastra (o rinforzo) fermacricche. **9.** ~ arrester (hole drilled at the end of a crack in order to stop it) (*mech.*), foro di arresto. **10.** ~ arrest temperature, "CAT" (in drop weight tests, temperature at which the brittle fracture propagation stops) (*metall. - mech. technol.*), temperatura di arresto della propagazione della frattura fragile. **11.** ~ detector (*mech.*), rivelatore di incrinature, incrinoscopio. **12.** ~ due to expansion (*mas.*), screpolatura dovuta alla dilatazione. **13.** ~ due to shrinking (*mas.*), screpolatura dovuta al ritiro. **14.** alligator cracks (grinding cracks) (*metall.*), cricche a rete. **15.** basal ~ (at the bottom face of an ingot) (*metall.*), cricca di fondo. **16.** brake burn ~ (as on car wheel tread: defect caused from tread overheating due to braking) (*railw.*), incrinatura dovuta a surriscaldamento prodotto dal ceppo del freno. **17.** chill cracks (on a rolled surface, due to cracks in the surface of a roll) (*rolling defect*), cricche di laminazione (dovute a cricche nei cilindri). **18.** cold ~ (casting defect) (*found.*), cricca a freddo. **19.** contraction ~ (*found.*), *see* hot tear. **20.** cooling ~ (*mech. technol. - found.*), cricca da raffreddamento. **21.** electromagnetic ~ detector (*mech.*), magnetoscopio, rivelatore elettromagnetico di incrinature. **22.** fatigue ~ (*mech.*), incrinatura di fatica. **23.** fire cracks (*rolling defect*), *see* chill cracks. **24.** forging ~ (*mech. technol.*), cricca da fucinatura. **25.** grinding ~ (due to local heat caused by excessive speed or friction during grinding operations, or by insufficient coolant) (*mach. t. - mech.*), incrinatura di rettifica. **26.** hair line cracks (in steel, usually detected only by magnetic method of after-etching) (*metall.*), incrinature capillari. **27.** hanger ~ (in an ingot when hanging in the mold) (*metall.*), cricca di sospensione. **28.** heat-treatment ~ (*metall.*), incrinatura dovuta a trattamento termico. **29.** incipient ~ (*metall. - mech.*), inizio di criccatura. **30.** machining ~ (*mach. t. - mech.*), cricca di lavorazione (di macchina). **31.** pickling ~ (*mech. technol.*), cricca di decapaggio. **32.** plating ~ (*mech. technol.*), cricca di placcatura. **33.** pressing ~ (in powder metallurgy) (*metall.*), cricca di pressatura, cricca di scorrimento. **34.** quenching ~ (*metall.*), cricca di tempra. **35.** shatter ~ (*metall.*), cricche da fiocco. **36.** shrinkage ~ (defect on a metal part) (*metall.*), cricca di ritiro. **37.** slip ~ (defect on a metal part) (*metall.*), cricca di scorrimento. **38.** stress cracks (*found. defect*), tensio-incrinature, cricche da sforzo, incrinature dovute a sollecitazioni.

crack (to) (as a metal work) (*mech.*),incrinarsi. **2.** ~ (to be subjected to cracking) (*chem. ind.*), essere sottoposto a piroscissione (o a "cracking"). **3.** ~ (to subject to cracking) (*chem. ind.*), sottoporre a piroscissione, "crackizzare". **4.** ~ down (to coerce into obedience by means of punishments or restrictions) (*law - etc.*), forzare, "calcare la mano", "dare un giro di vite". **5.** ~ up (to crash, as from strain) (*mech. - etc.*), spaccarsi, rompersi. **6.** ~ up (*aer.*), fracassarsi.

crackability (*metall.*), criccabilità.

crackdown (sudden punishment as to coerce into obedience) (*pers. - milit.*), giro di vite.

cracked (creviced), incrinato, fessurato. **2.** ~ (as a metal work) (*mech.*), incrinato. **3.** ~ (broken), rotto. **4.** ~ (subjected to cracking: as gasoline) (*a. - ind. chem.*), crackizzato, (proveniente) da cracking.

cracker (*rubb. ind. mach.*), prerompitore.

cracking (oil processing) (*phys. chem.*), piroscissione, "cracking". **2.** ~ (*mech. - metall.*), incrinatura, criccatura. **3.** ~ (*paint. defect*), screpolatura in profondità. **4.** ~ test (of welds, for indicating the cracking properties of metal while it is solidifying after deposition from an electrode) (*mech. technol.*), prova di criccabilità. **5.** cat ~ (catalytic cracking) (*chem.*), piroscissione per catalisi. **6.** cleavage ~ (cracking due to cleavage) (*mech.*), incrinatura dovuta a sfaldamento. **7.** fatigue ~ (*metall. - mech.*), incrinatura da fatica, criccatura da fatica. **8.** hair ~ (*paint. defect*), screpolatura capillare (superficiale). **9.** intergranular ~ (as of brass) (*metall. - mech.*), criccatura intergranulare, incrinatura intergranulare. **10.** side-wall ~ (of tire) (*rubb. ind.*), screpolature dei fianchi. **11.** stress corrosion ~ (*mach. - metall.*), rottura di tensio-corrosione, incrinatura dovuta a tensioni di corrosione, criccatura dovuta a tensioni di corrosione. **12.** stress relief ~ (as a cracking in the welded zone) (*metall.*), incrinatura da ricottura. **13.** thermal stress ~ (*metall.*), incrinatura da sollecitazione termica. **14.** tread ~ (of tire) (*rubb. ind.*), screpolature del battistrada.

crackle (glassware surface which has been intentionally cracked by water immersion and partially healed by reheating before final shaping) (*glass mfg.*), superficie ghiacciata. **2.** ~ (defect) (*pottery - paint.*), craquelures, rete di sottili e minute screpolature.

crackled (appearing as being covered with small cracks) (*a. - glass mfg.*), ghiacciato. **2.** ~ (as of enamel minutely crackled) (*ceramics*), craquelé, kraklé.

"crack-off" (the process of severing a glass article by breaking, as by scratching and then heating) (*glass mfg.*), scalottatura.

cradle (low frame on casters for servicing aut.) (*aut. work. impl.*), sdraio, carrellino (per lavorare sotto alle aut.). **2.** ~ (supporting framework) (*mech. - aer. - naut.*), culla, intelaiatura di sostegno. **3.** ~ (as for the installation of a jet engine in the test cell) (*mot.*), culla. **4.** ~ (*shipbuild.*), invasatura. **5.** ~ (of a gun) (*artillery*), culla. **6.** ~ (foundation for supporting a draining pipe in a straight line) (*pip. - mas.*), muratura di appoggio. **7.** starting ~ (of catapulted aer.) (*navy - aer.*), culla di lancio.

cradling (*bldg.*), centinatura per soffitti curvi.

craft (aircraft) (*aer.*), aeromobile, aeroplano. **2.** ~ (art or skill), arte, abilità. **3.** ~ (boat) (*naut.*), imbarcazione. **4.** pleasure ~ (*naut.*), imbarcazione da diporto. **5.** space ~ (an inhabitable space vehicle) (*astric.*), veicolo spaziale, nave spaziale, astronave. **6.** torpedo ~ (*navy*), naviglio silurante.

craftsman (*work.*), artigiano.

craftsmanship (*work.*), mano d'opera specializzata, mano d'opera di qualità. **2.** ~ (high quality workmanship) (*gen.*), elevata qualità di esecuzione.

cramp (*carp.*), morsetto. **2.** ~ (for binding together blocks of stone, wood etc.) (*bldg.*), grappa. **3.** ~, *see also* clamp. **4.** ~ lapping (in gear finishing) (*mech.*), levigatura forzata (agente contemporaneamente sui due fianchi del dente).

crampon (hooked dog for hoisting heavy objects) (*crane impl.*), braga a gancio, pinza per massi, dispositivo a doppio gancio per sollevamento (di blocchi, massi, tronchi ecc.). **2.** ~ (for walking on ice or climbing telegraph poles etc.) (*impl.*), ramponi.

crampoons, *see* crampon.

cranage (*comm.*), spese per uso di gru.

crane (*ind. mach.*), gru. **2.** ~ (siphon for extracting liquids from ship) (*naut.*), sifone di scarico. **3.** ~ driver (*work.*), gruista. **4.** ~ installation (*ind.*), impianto di gru. **5.** ~ manufacturing works (*ind.*), fabbrica di gru. **6.** ~ operator (*ind. work.*), gruista. **7.** ~ shovel (*earth moving mach.*), escavatrice gru. **8.** ~ truck (*ind. mach.*), autogru. **9.** boat's ~ (davit) (*naut. mach.*), gru per imbarcazioni (di salvataggio). **10.** breakdown ~ (wrecker) (*aut.*), carro attrezzi. **11.** bridge ~ (*ind. mach.*), carroponte, gru a ponte. **12.** bridge ~ with hand operated hoist (*ind. mach.*), carroponte con paranco azionato a mano. **13.** cantilever ~ (*ind. mach.*), gru a (doppio) sbalzo. **14.** climbing ~ (situated on the top level or floor of a building under construction) (*bldg. mach.*), gru sul fabbricato (innalzantesi con la sua costruzione), gru da grattacieli. **15.** crab ~ (*ind. mach.*), gru a benna. **16.** derrick ~ (*ind. mach.*), *see* derricking jib crane. **17.** derricking jib ~ (*ind. mach.*), gru a braccio retrattile. **18.** electric slewing ~ (*ind. mach.*), gru elettrica girevole. **19.** fixed gantry ~ (*ind. mach.*), gru a cavalletto fissa. **20.** floating ~ (*naut. mach.*), gru galleggiante. **21.** flying ~ (helicopter provided with a crane) (*aer.*), elicottero con verricello di sollevamento, gru volante. **22.** gantry ~ (*ind. mach.*), gru a cavalletto, gru a portico. **23.** grabbing ~ (*ind. mach.*), gru a benna (a valve). **24.** grab ~ (*mach.*), gru a benna. **25.** hammerhead ~ (*ind. mach.*), gru a forma di martello. **26.** hand slewing ~ (*ind. mach.*), gru a mano girevole. **27.** hand traveling ~ (*ind. mach.*), gru a ponte con comando a mano. **28.** harbor portal ~ (*ind. mach.*), gru a portale da porto. **29.** hydraulic slewing ~ (*ind. mach.*), gru idraulica girevole. **30.** jib ~ (*ind. mach.*), gru a braccio. **31.** level-luffing ~ (level luffing-jib crane, type of jib crane) (*ind. mach.*), gru a braccio con movimento orizzontale del gancio. **32.** loading ~ (*naut.*), gru da carico. **33.** luffing-jib ~ (*ind. mach.*), *see* derricking jib crane. **34.** magnet ~ (*ind. mach.*), gru a elettromagnete. **35.** manipulator ~ (for nuclear reactor) (*atom phys.*), gru a manipolatore. **36.** mobile ~ (*ind. mach.*), gru semovente. **37.** overhead traveling ~ (*ind. mach.*), gru a carroponte. **38.** overhead underhung jib ~ (*ind. mach.*), gru a ponte scorrevole con braccio pensile girevole. **39.** portal jib ~ (*ind. mach.*), gru girevole a braccio su portale. **40.** quay ~ (*ind. mach.*), gru da banchina, gru da porto. **41.** rotary ~ (*ind. mach.*), gru girevole. **42.** rotating ~ (*ind. mach.*), gru girevole. **43.** shop overhead traveling ~ (*ind. mach.*), gru a (carro) ponte per officina. **44.** slewing ~ (*ind. mach.*), gru girevole. **45.** steam slewing ~ (*ind. mach.*), gru a vapore girevole. **46.** the ~ bridge runs off the straight (*mech.*), il ponte della gru si intraversa. **47.** the ~ bridge twists (*mech.*), il ponte della gru distorce. **48.** titan ~ (for piers, breakwater etc.) (*ind. mach.*), gru a martello. **49.** tower slewing ~ (*ind. mach.*), gru girevole a torre. **50.** track wheel ~ (*railw. constr. mach.*) (Brit.), gru (girevole) su carro ferroviario. **51.** tractor ~ (*ind. shop. mach.*), carro gru. **52.** transhipment ~ (*ind. mach.*), gru da trasbordo. **53.** traveling ~ (*ind. mach.*), gru mobile. **54.** traveling ~ with driver's stand built-on (*ind. mach.*), gru mobile con annessa cabina di manovra. **55.** traveling ~ with floor control (*ind. mach.*), gru mobile manovrata da terra. **56.** traveling ~ with upper trolley way (*ind. mach.*), gru mobile con carrello superiore scorrevole. **57.** traveling gantry ~ (*ind. mach.*), gru a cavalletto mobile. **58.** truck ~ (tractor crane) (*mach. - aut. - ind.*), carro gru. **59.** unloading ~ (*ind. mach.*), gru da scaricamento. **60.** wall slewing ~ (*ind. mach.*), gru girevole da parete.

craneman (*ind. work.*), gruista. **2.** ladle ~ (*work.*), gruista per siviere.

craneway (beams on which the wheeled carriage of an overhead crane travels) (*ind. bldg.*), vie di corsa (di un carroponte). **2.** ~ (surface served by a crane) (*mach.*), area servita dalla gru.

crank (inclined: as of a vessel) (*a.-naut.*), inclinato. **2.** ~ (out of gear) (*a.-mech.*), disinnestato. **3.** ~ (as of a crankshaft) (*n.-mech.*), manovella, gomito. **4.** ~ (*railw.*), asse a manovella. **5.** ~ (elbow-shaped bracket) (*n. - mech. - etc.*), supporto a squadra. **6.** ~ and slotted link (*mech.*), glifo oscillante. **7.** ~ axle supported by ball bearings (as of a bicycle) (*mech.*), movimento centrale. **8.** ~ drive table (as of mach. t.), tavola comandata a manovella. **9.** ~ gear (*mech.*), manovellismo. **10.** ~ hanger (bell crank support) (*mech.*), supporto per leva a squadra. **11.** ~ mechanism (*mech.*), manovellismo. **12.** ~ pin (of a crankshaft) (*mech.*), bottone di manovella, perno di biella. **13.** ~ throw (crank arm, crank web) (*mech.*), braccio di manovella. **14.** ~ throw (distance from crankpin center to crankshaft center) (*mech.*), lunghezza del braccio misurata da asse ad asse. **15.** ~ web (of mot.), braccio di manovella. **16.** balanced ~ (*mech.*), manovella equilibrata. **17.** eccentric ~ (as of a steam locomotive) (*railw.*), asse a gomito. **18.** hand ~ (*mech.*), manovella (a mano). **19.** pedal ~ (of a bicycle) (*mech.*), pedivella.

crank (to) (as an engine by a cranking motor) (*mot.*) (Am.), far girare col motorino d'avviamento. **2.** ~ (as an engine by hand) (*mot.*), far girare con la manovella di avviamento. **3.** ~ (*m. pict.*), girare, riprendere.

crankcase (as of a radial engine) (*mech.*), incastellatura. **2.** ~ (of an in-line mot.) (*mot.*), basamento. **3.** ~ breather (*mot.*), sfiato del basamento. **4.** ~ explosion (of diesel engines) (*mot.*), esplosione nel basamento. **5.** ~ sump (*mot.*), coppa del motore. **6.** tunnel ~ (for a disc-webbed crankshaft) (*mot.*), basamento a tunnel, basamento per albero a manovella con spalle a disco.

cranking motor (as of aut.), motorino di avviamento. **2.** ~ speed (of cranking mot.), velocità di trascinamento.

crankpin (of mot.), bottone di manovella, perno di biella. **2.** ~, *see also* crank pin.

crankshaft (of mot.), albero a gomiti. **2.** ~ (of a radial engine) (*mot.*), albero a manovella. **3.** ~ bearing (*mot.*), cuscinetto di banco. **4.** ~ lathe (*mach. t.*), tornio per alberi a gomiti. **5.** ~ point (of a twist drill) (*t.*), punta (del tipo) per alberi a gomito. **6.** ~ with four double cranks (of mot.), albero a gomiti a quattro manovelle. **7.** built up ~ (*mech.*), albero a gomiti composito, albero a gomiti scomponibile. **8.** disc-webbed ~ (as of a diesel engine) (*mot.*), albero a gomiti con spalle a disco, albero a manovella con spalle a disco.

crankweb (of a radial engine crankshaft) (*mech.*), spalla. **2.** front ~ (of a radial engine crankshaft) (*mech.*), spalla anteriore.

cranky (out of gear) (*a. - mech.*), disinserito. **2.** ~ (out of order) (*a. - mech.*), in disordine.

craquelé, *see* crackled.

crash (*gen.*), disastro, incidente grave. **2.** ~ (of aer.), caduta, urto. **3.** ~ (of aut.), scontro. **4.** ~ (coarse linen fabric), tela di lino pesante. **5.** ~ (*comm.*), fallimento. **6.** ~ dive (of a sub.) (*navy*), immersione rapidissima. **7.** ~ rate (referred to the body deformation due to a crash) (*aut. crash test*), valore di deformazione. **8.** ~ truck, ~ wagon (truck equipped for rescue in aer. crash) (*aut.*), automezzo di soccorso. **9.** ~, *see also* crashes.

crash (to) (*gen.*), fracassarsi. **2.** ~ (*aer.*), fracassarsi al suolo.

crash-dive (to) (of a submarine) (*navy*), immergersi rapidamente.

crashes (*radio*), radiodisturbi forti e di lunga durata.

crash-land (to) (*aer.*), atterrare in emergenza con conseguenti gravi danni.

crashproof (as a car) (*aut.*), a prova di collisione.

crash-tester (as a pneumatic launcher for car testing (*aut.*), banco per prove di collisione.

crashworthiness (of an aut. body) (*aut. - etc.*), resistenza alla collisione.

crashworthy (*a. - aut. safety*), resistente alla collisione.

crate , gabbia (da imballaggio). **2.** ~ (basket), cesto. **3.** packing ~, gabbia da imballaggio. **4.** shipping ~, gabbia da imballaggio.

crate (to) (*transp.*), imballare in gabbia, ingabbiare.

crater (jar, amphora), vaso, cratere. **2.** ~ (of volcano) (*geol.*), cratere. **3.** ~ (depression at the termination of a weld bead) (*welding*), cratere. **4.** ~ crack (*welding*), cricca al cratere. **5.** lunar ~ (*astr.*), cratere lunare. **6.** road ~ (due to bombing) (*milit.*), cratere sulla sede stradale.

crawl (swimming stroke) (*sport*), "crawl". **2.** ~ space (0.6 m high: man access, as for wiring, pipes etc.) (*bldg.*), passo d'uomo.

crawl (to) (to move slowly: as of a tractor) (*gen.*), muoversi faticosamente.

crawler (*agric. or ind. mach.*), trattore a cingoli. **2.** ~ crane, *see* crawler tractor-crane. **3.** ~ track (*veh.*), cingolo. **4.** ~ tractor-crane (*ind. mach.*), gru a cingoli.

crawler-mounted (*a. - mech. - milit. - agric.*), cingolato.

crawlerway (for huge rockets transp. from a shop to a nearby shop) (*astric.*), pista per il (mezzo) pluricingolato (di trasporto).

crawling (lumping of paint) (*paint. defect*), addensamenti a chiazze.

crayon (*draw. impl.*), matita.

craze (defect, flaw) (*gen.*), difetto. **2.** ~ (crackle of the glaze) (*ceramics*), craquelé, kraklé, retinatura del vetrino. **3.** "~ healing" (removal of surface defects, as from an ingot etc.) (*metall.*), scriccatura.

crazing (crack: as of the road surface) (*road*), rottura, screpolatura. **2.** ~ (*paint. or plastics defect*), retinamento, retinatura.

"CRC" (Cyclic Redundancy Check) (*comp.*), controllo ciclico di ridondanza.

"CRDF" (Cathode-Ray Direction Finder) (*radio*), radiogoniometro a raggi catodici.

cream (*gen.*), crema. **2.** ~ of tartar ($C_4H_5KO_6$) (*chem.*), cremore di tartaro. **3.** barrier ~ (*milit. - etc.*), crema antivampa.

cream (to) (as in the rubb. ind.), cremare.

creaming (as in the rubb. ind.), crematura. **2.** ~ agent (*rubb. ind.*), agente cremante, cremante (*s.*).

crease (crest: as of a roof) (*gen.*), colmo. **2.** ~ (mark left by folding, as a fabric) (*text.*), piega.

creaser (*t.*), utensile per piegare.

crease-resisting (as of fabric) (*text. ind.*), ingualcibile, antipiega.

creasing (line due to folding action) (*gen.*), piegatura. **2.** ~ (marking as a line as on a pliable sheet) (*paper mfg.*), cordonatura. **3.** ~ iron (*tinman's t.*),

tassetto per scanalature. **4.** ~ machine (*paper mfg. mach.*), cordonatrice.
creative (*a. - gen.*), creativo. **2.** ~ department (*adver.*), reparto creativo. **3.** ~ personality (*ind. design pers.*), personalità creativa.
creativity (*design - etc.*), capacità creativa.
credit (*finan.*), credito. **2.** ~ (as on a book) (*bookkeeping*), avere, credito. **3.** ~ balance (*accounting*), saldo attivo. **4.** ~ line (credit limit, authorised overdraft, from a bank) (*finan.*), castelletto. **5.** ~ report (business report, credit status information) (*comm.*), informazioni commerciali. **6.** ~ squeeze (as by a bank) (*finan.*), stretta creditizia, restrizione del credito. **7.** ~ transfer (transfer) (*comm.*), bonifico. **8.** bank ~ (*finan. - comm.*), credito bancario. **9.** consumer ~ (*comm.*), *see* installment selling. **10.** frozen ~ (*comm.*), credito congelato. **11.** irrevocable ~ (*finan. - comm.*), credito irrevocabile. **12.** opening of ~ (*finan. - comm.*), apertura di credito. **13.** revolving ~ (*finan.*), credito rotativo.
credit (to) (*finan. - comm.*), accreditare. **2.** ~ (to supply goods on credit) (*comm.*), fare credito.
credited (*comm.*), accreditato.
crediting (*comm.*), accredito, accreditamento.
creditor (*comm.*), creditore. **2.** creditors ledger (purchase ledger) (*accounting*), partitario fornitori. **3.** unsecured ~ (will be paid after secured creditors) (*adm. - law*), creditore chirografario.
creek (*geogr.*), insenatura.
creel (for spinning) (*text. device*), rastrelliera.
creep (*phys.*), scorrimento graduale. **2.** ~ (of metal at high temperature: as in a metallic part of a gas turbine) (*metall.*), scorrimento viscoso, scorrimento (a caldo). **3.** ~ (movement downwards: as of rock) (*geol.*), scorrimento. **4.** ~ (backward movement, of a belt with respect to the pulley, due to the flexibility of the belt) (*mech.*), scorrimento. **5.** ~ (permanent deformation due to prolonged stress) (*mech.*), deformazione permanente. **6.** ~ (drift, of rubber) (*rubb. ind.*), scorrimento viscoso. **7.** ~ (slow variation during long time [of the working characteristics of a device] as due to components ageing, temp., moisture etc.) (*elect. - elics. - mech. - etc.*), deriva. **8.** ~ speed (very slow movement as of the slide) (*mach. t.*), velocità micrometrica. **9.** molecular ~ (*phys. metall.*), scorrimento molecolare.
creep (to) (to crawl close to the ground) (*gen.*), strisciare. **2.** ~ (to deform permanently) (*mech.*), deformarsi permanentemente. **3.** ~ (to rise or fall slowly, as of pressure) (*technol.*), variare lentamente. **4.** ~ (to slip, as of a belt) (*mach.*), slittare. **5.** ~ (to grow and cling as of a plant over a wall) (*gen.*), arrampicare, arrampicarsi.
creepage (leakage) (*elect.*), dispersione. **2.** ~ (increase in spreading during a creep test from one specified time to another) (*testing*), aumento dello scorrimento col tempo.
creeper (grapnel) (*naut.*), grappino. **2.** ~ (*ice device*), rampone da ghiaccio. **3.** ~ (chain [or belt or spiral screw] conveyor) (*ind. - agric. - etc.*), convogliatore. **4.** ~ lane (*highway*), corsia per veicoli lenti. **5.** ~ title (creeping title) (*telev. - m. pict.*), didascalie a scorrimento verticale continuo.
creeping (of track rails under traffic) (*n. - railw.*), scorrimento. **2.** ~ (of an induction motor) (*n. - elect.*), scorrimento. **3.** ~ (of a gear) (*n. - mech.*), slittamento. **4.** ~ (paint sagging before drying on a vertical surface) (*paint defect*), colatura. **5.** ~ (advancing slowly) (*a. - gen.*), strisciante. **6.** ~ limit (*metall.*), limite di scorrimento, limite di viscosità.
cremone bolt (a type of bolt for fastening double windows) (*carp.*), cremonese.
cremorne bolt, *see* cremone bolt.
crenel (*arch.*), feritoia, spazio fra due merli.
crenelation (*arch.*), merlatura.
creolin (trade-mark indicating creosol and soap) (*ind. chem.*), creolina.
creosol ($C_8H_{10}O_2$) (*chem.*), creosolo, monometilguaiacolo.
creosote (*antiseptic*), creosoto.
creosote (to), impregnare con creosoto.
crepe, crêpe (a thin wrinkled fabric) (*text. ind.*), crespo. **2.** ~ (crinkling) (*paper ind.*), crespatura. **3.** ~ de chine (*fabric*), crespo di Cina. **4.** ~ paper, carta crespata (da fiori).
crepuscular (twilight) (*meteor.*), crepuscolare.
crescent-shaped (*gen.*), falcato, a forma di falce. **2.** ~ beam (*bldg.*), travatura a falce.
cresol (*chem.*), cresolo, metilfenolo. **2.** ~ red (*chem.*), rosso di cresolo.
cresolyc acid, *see* cresol.
cresset (container for burning oil, for illuminating purposes) (*illum.*), fiaccola.
crest (*gen.*), cresta. **2.** ~ (of screw threads) (*mech.*), cresta. **3.** ~ (*elect.*), cresta. **4.** ~ (of a mountain) (*geogr.*), cresta. **5.** ~ (of a roof) (*arch.*), linea di displuvio. **6.** ~ , *see* peak. **7.** ~ factor (*elect.*), fattore di cresta. **8.** ~ value (*elect.*), valore di cresta. **9.** ~ voltmeter, *see* peak voltmeter. **10.** white ~ (*sea*), cresta, cima spumosa dell'onda.
Cretaceous (period or system) (*geol.*), cretaceo.
cretification (calcification) (*min.*), calcificazione.
cretonne (tissue) (*text. mfg.*), "cretonne".
crevasse (glacial fissure) (*geol.*), crepaccio.
crevice (*gen.*), fessura. **2.** ~ corrosion (at the unwelded joint of two metal surfaces, as in pipes) (*metall.*), corrosione interstiziale, corrosione in zona morta.
crew (necessary for operating a train, a complicated mach. etc.) (*gen.*), personale addetto. **2.** ~ (*naut.*), equipaggio. **3.** ~ (of an aircraft) (*aer.*), equipaggio. **4.** ~ quarters (*naut.*), alloggio dell'equipaggio. **5.** a ~ of two (*naut. - etc.*), equipaggio di due persone. **6.** ground ~ (*aer.*), personale a terra.
"crg" (carriage) (*gen.*), carro, carrello.
crib (a bin: as for corn) (*bldg.*), silo. **2.** ~ (a hut) (*bldg.*), capanna. **3.** ~ (propping) (*bldg.*), puntel-

latura di contenimento. **4.** ~ (small room) (*bldg.*), stanzetta. **5.** ~ (as for retaining walls) (*min.*), pila, steccato di puntellamento. **6.** ~ (barrier: as in a channel), sbarramento. **7.** ~ (space between two ties) (*railw.*), passo delle traversine.

cribbing (*bldg.*), armatura in legno.

cribwork (*bldg.*), struttura di legno, sostegno in legno.

crick (jackscrew) (*aut.*), cric, cricco, piccolo martinetto a vite.

cricket (raising of a roof: as for removing water) (*arch.*), conversa a sella.

crimp (to) (*gen.*), raggrinzire. **2.** ~ (to undulate) (*gen.*), ondulare. **3.** ~ (to form, to shape) (*leather ind.*), formare. **4.** ~ (to draw in to obtain a neck) (*glass mfg.*), strozzare, fare una strozzatura.

crimped (wrinkled) (*technol.*), a grinze. **2.** ~ (pinched together: as a fitting at the end of a plastic tube) (*technol.*), fissato a grinze, fissato mediante raggrinzamento.

crimping (wrinkling defect) (*paint.*), raggrinzimento. **2.** ~ iron (fluted die for pressing wavy surfaces) (*t.*), stampo per ondulare, stampo per ottenere superfici ondulate.

crimson (*color*), cremisi.

cringle (*naut.*), brancarella.

crinkle-finish (of a machined surface) (*a. - mech.*), a grinze, ondulato.

crinkling (wrinkling defect) (*paint.*), raggrinzimento.

crisp (friable, as snow) (*gen.*), friabile.

crisscross (arranged in crossing lines) (*a. - gen.*), incrociato.

cristobalite (*refractory*), cristobalite.

"crit", *see* critical.

criterion (a standard of judgement) (*gen. - stat.*), criterio.

crith (0.08987 gram) (*phys.*), peso specifico dell'idrogeno.

critical (*a. - phys. - opt.*), critico. **2.** ~ (of a mass of nuclear fuel capable of sustaining a chain reaction) (*a. - atom phys.*), critico. **3.** ~ angle (*aer.*), incidenza critica. **4.** ~ angle of attack, *see* critical angle. **5.** ~ assembly (of a nuclear reactor) (*atom phys.*), complesso critico. **6.** ~ closing speed (of a parachute) (*aer.*), velocità critica di chiusura. **7.** ~ path (programming method) (*programming*), percorso critico, cammino critico, "critical path". **8.** ~ point (*phys.*), punto critico. **9.** ~ point (in the iron-carbon equilibrium diagram) (*metall.*), punto critico, temperatura di trasformazione. **10.** ~ point (midpoint of a flight as regard to time) (*air navig.*), punto critico. **11.** ~ radius (of a nuclear reactor) (*atom phys.*), raggio critico. **12.** ~ range (*metall.*), intervallo critico. **13.** ~ size (*atom phys.*), dimensione critica. **14.** ~ temperature (*phys. - chem.*), temperatura critica. **15.** ~ volume (*atom phys.*), volume critico. **16.** prompt ~ (capable of sustaining a chain reaction without any aid) (*atom phys.*), critico istantaneo.

crizzle (*glass mfg.*), *see* crizzling.

crizzling (as in water when freezing) (*gen.*), venatura. **2.** ~ (a multitude of fine surface fractures due to local chilling) (*glass mfg. defect*), clivaggio, "clivo", fratture superficiali dovute a raffreddamento locale.

"CRM" (counter-radar measures) (*milit.*), misure antiradar.

"CRO" (Cathode-Ray Oscillograph) (*elect.*), oscillografo a raggi catodici.

crochet (method of knitting with a long hooked needle) (*knitting*), lavoro ad uncinetto.

crocidolite (blue asbestos) (*min.*), crocidolite, amianto azzurro.

crocket (*arch.*), ornamento floreale agli angoli del frontone.

crocodile clip, *see* alligator clip.

crocodile shears, *see* lever shears.

crocodiling (*paint. defect*), *see* alligatoring.

crocoite (*min.*), crocoite.

crocus (*botany*), croco.

crocus (saffron) (*pharm.*), zafferano. **2.** ~ (saffron yellow) (*color*), giallo zafferano. **3.** ~ cloth (coarse sacking) (*text.*), tela di sacco. **4.** ~ of antimony (*chem.*), croco d'antimonio.

crook (*gen.*), gancio, uncino.

crookes' dark space (*phys.*), spazio oscuro di Faraday.

crookesite [$(Cu,Tl,Ag)_2Se$] (*min.*), crookesite.

Crookes tube (*phys.*), tubo di Crookes.

crop (harvest) (*agric.*), raccolto. **2.** ~ (the portion of an ingot cut off to remove defects) (*metall.*), spuntatura. **3.** ~ (an entire tanned hide) (*leather ind.*), una pelle conciata. **4.** ~ (*metall.*), *see also* crophead.

crop (to) (a propeller blade) (*aer.*), tagliare le punte. **2.** ~ (to cut off pits) (*gen.*), tagliare le punte (o le estremità). **3.** ~ (to cut a leaf close to the printed matter) (*print.*), tagliare al vivo. **4.** ~ (to remove part of an illustration around the borders) (*adver. - etc.*), scontornare.

crop-dusting (as by airplane) (*agric. - aer.*), irrorazione delle culture, trattamento delle culture con anticrittogamici.

crop-end (as of forgings or castings) (*metall.*), spuntatura (di stampaggio o di fusione). **2.** ~ (as of plates or section irons) (*metall.*), spezzone, ritaglio (di lamiera o di profilato).

crophead (of an ingot) (*metall.*), spuntatura.

cropper (as of bars) (*mach. t.*) (Brit.), troncatrice (per barre).

cropping (removing the top: as of an ingot or the ends of a forged product) (*metall.*), spuntatura. **2.** ~ (cutting as of wire into approx. stated length) (*metall. ind.*), taglio in spezzoni di lunghezza approssimata.

cross (*gen.*), croce. **2.** ~ (*constr. theor.*), croce, incrocio. **3.** ~ (of universal joint) (*mech.*), crociera. **4.** ~ (four way fitting) (*pip.*), raccordo a quattro vie. **5.** ~ (occasional contact between two elect.

wires) (*elect. wiring*), contatto accidentale. **6.** ~ arm (as of a telegraph pole, supporting the insulators) (*structural element*), traversa. **7.** ~ bar support for high-voltage conductors (high-voltage lead support: in a transformer) (*electromech.*), traversa di sostegno dei conduttori di alta tensione. **8.** ~ beams (*bldg.*), travi incrociate. **9.** ~ bond (*elect. railw.*), collegamento elettrico tra il conduttore di ritorno e la rotaia. **10.** ~ brace (*mech.*), traversa. **11.** ~ file (*t.*), lima a doppio taglio. **12.** ~ fire (as artillery fire from various points) (*milit.*), fuoco incrociato. **13.** ~ fire (telegraph or teleph. interfering current) (*teleph. - telegraphy*), interferenza. **14.** "~ flats" (as of a wrench) (*mech.*), apertura della chiave. **15.** ~ flux, ~ field, *see* cross-magnetizing field. **16.** ~ hair (*opt.*), reticolo. **17.** ~ heading (*min.*), apertura di ventilazione. **18.** ~ joint (casting defect) (*found.*), *see* shift. **19.** ~ journal (as of universal joint of aut.) (*mech.*), crociera. **20.** ~ level (bank indicator) (*aer. instr.*), sbandometro. **21.** ~ member (of frame) (*mech.*), traversa. **22.** ~ modulation (*radio*), modulazione incrociata. **23.** ~ of malta, *see* maltese cross. **24.** ~ product (vector being the product of two vectors) (*math. - theor. mech.*), vettore prodotto. **25.** ~ rolling (*metall.*), laminazione in croce, laminazione trasversale. **26.** ~ section, *see* cross section. **27.** ~ street (*road traff.*), crocevia. **28.** ~ talk (*radioteleph.*), *see* crosstalk. **29.** ~ tool carriage (*mach. t.*), testa porta utensili trasversale. **30.** ~ travel (*mach. t.*), spostamento (o corsa) trasversale. **31.** ~ traverse, *see* cross travel. **32.** ~ twill (*text. mfg.*), tessuto diagonale, levantina, saia, spigato. **33.** ~ vault (*arch.*), volta a crociera. **34.** ~ wire (*opt.*), *see* cross hair. **35.** bracing ~ (*mech. - bldg.*), croce di irrigidimento. **36.** Greek ~ (*arch.*), croce greca. **37.** Latin ~ (*arch.*), croce latina. **38.** Maltese ~ (of m. pict. projector), croce di Malta. **39.** Red Cross (*milit. - med.*), Croce Rossa. **40.** Southern Cross (*astr.*), Croce del Sud. **41.** St. Andrew's ~ (*bldg.*), croce di Sant'Andrea.

cross (to) (*naut. - aut.*), incrociare. **2.** ~ (as a check) (*finan.*), sbarrare. **3.** ~ (*gen.*), attraversare. **4.** ~ in the post (as of letters) (*mail*), incrociarsi. **5.** ~ multiply (*math.*), moltiplicare in croce.

crossbar (*gen.*), traversa. **2.** ~ (stock of an anchor) (*naut.*), ceppo. **3.** ~ (a kind of automatic teleph. connection) (*teleph.*), crossbar, organo di commutazione telefonica automatica. **4.** ~ (kind of circuit linking data channels) (*comp.*), tipo di collegamento circuitale di canali, "crossbar".

crossbeam (*railw. veh.*), traversa.

crossbearer (of a car underframe) (*railw.*), traversa di sostegno.

cross-bedded (*a. - geol.*), a stratificazione incrociata.

cross-bedding (*geol.*), stratificazione incrociata.

crossbelt (crossed belt) (*mech.*), cinghia incrociata.

crosscheck (*comp.*), controprova, verifica incrociata.

cross-compound (as of a steam engine) (*a.-mech.*), composito, a stadio di alta e bassa pressione. **2.** ~ turbine (*mach.*), turbina composita.

crosscut (level or tunnel driven across an ore body) (*min.*), galleria traversobanco. **2.** ~ chisel (*t.*), unghietto. **3.** ~ file (for sharpening saw teeth) (*carp. t.*), tipo di lima per affilare seghe a denti di lupo.

crossed (*a. - gen.*), incrociato. **2.** ~ belt (*mech.*), cinghia incrociata.

cross-examination (*law*), interrogatorio in contraddittorio.

cross-fade (of image or sound) (*m. pict. - radio - telev.*), dissolvenza incrociata.

crossfall (*roadway*), pendenza trasversale.

cross-feed (*mach. t.*), avanzamento trasversale. **2.** ~ range (*mach. t.*), settore (o campo) dell'avanzamento trasversale. **3.** ~ release (*mach. t.*), disinnesto dell'avanzamento trasversale.

cross-feed (to) (*mach. t.*), avanzare trasversalmente.

cross-file (to) (*mech. w.*), limare con una sola corsa utile.

crossfire, *see* cross fire.

crossfoot (to) (to add numbers [disposed] transversely: for checking purposes) (*math. - comp.*), eseguire una somma orizzontalmente.

crossfooting (*math. - comp.*), operazione in orizzontale.

cross-grinder (grinding machine in which the wood is ground across the grain) (*paper mfg. mach.*), sfibratore trasversale.

cross-grinding (system of grinding the wood across the grain) (*paper mfg.*), sfibratura trasversale.

crosshatch (*draw.*), tratteggio incrociato. **2.** ~ (of cloth) (*text. ind.*), trama incrociata. **3.** ~ test (for testing the adhesivity of a paint) (*paint.*), prova di quadrettatura.

crosshatching (*draw.*), tratteggio incrociato. **2.** ~ (for testing painted surfaces) (*paint.*), incisione a croce.

crosshead, cross-head (as the upper part of a press) (*mech.*), cappello. **2.** ~ (of a steam engine) (*mech.*), testa a croce. **3.** ~ (of a connecting rod) (*mech.*), piede di biella. **4.** ~ guide (*mech.*), guida della testa a croce. **5.** ~ pin (*mech.*), spinotto della testa a croce.

crossing (*gen.*), incrocio. **2.** ~ (*road*)), attraversamento. **3.** ~ coat (painting method by which the brush strokes are applied at right angles to the previous strokes) (*paint.*), mano (o applicazione) incrociata. **4.** ~ point (at the mounting distances of the gear and pinion, as of a hypoid pair) (*mech.*), punto d'incrocio. **5.** ~ transept (*arch.*), transetto. **6.** aerial ~ (a suspended contact line for elect. railw.), incrocio aereo. **7.** dangerous ~ (*road traff.*), incrocio pericoloso. **8.** diamond ~ (*railw.*), incrocio a losanga. **9.** elevated pedestrian ~ (*road traff.*), soprapassaggio pedonale, passaggio pedonale aereo. **10.** grade ~ (*road traff.*), passaggio a livello. **11.** guarded level ~ (*road traff.*), passaggio a livello custodito. **12.** level ~ with gate (*road traff. - railw.*), passaggio a livello custodito. **13.** level ~ without gate (*road traff. - railw.*), passaggio a livello incustodito. **14.** overhead pedestrian ~ (*road traff.*), sovrapassaggio pedonale, passaggio pedonale aereo. **15.** pedestrian ~ (*road traff.*), passaggio pedonale. **16.** unguarded level ~ (*road traff. - railw.*), passaggio a livello incustodito.

crossjack (mizzen sail) (*naut.*), mezzana, vela di mezzana.

cross-laminated, *see* cross-bedded.

cross-level (to) (to make horizontal in crosswise direction to the principal line of sight) (*top. w.*), livellare trasversalmente.

cross-linking (in a polymer) (*chem.*), legame atomico incrociato, legame incrociato interatomico, reticolamento. **2.** ~ agent (*chem.*), reticolante (*s.*).

crossover (*gen.*), incrocio. **2.** ~ (*elect. - telev.*), incrocio. **3.** ~ (*road - etc.*), attraversamento. **4.** ~ (conduit joining one stage to the next one) (*pump. turbine*), condotto collegante due stadi successivi. **5.** ~ (diagonal track between parallel lines) (*railw.*), binario di collegamento.

cross-pawl (*shipbuild.*), *see* cross-spale.

crosspiece (of a structure), traversa.

crosspoint (a railway intersection) (*railw.*), incrocio. **2.** ~ exchange (*teleph.*), centrale a punto di incrocio. **3.** ~ technique (*teleph.*), tecnica crospoint.

cross-reference (in a list or in a file) (*comp. - etc.*), riferimento incrociato.

crossroad (crossing) (*road*), incrocio. **2.** ~ (road crossing a main road) (*road*), strada trasversale.

cross section (*draw.*), sezione trasversale. **2.** ~ (*radioact.*), sezione d'urto, parametro di probabilità che una data reazione si verifichi (o che una data emissione avvenga). **3.** absorption ~ (*atom phys.*), sezione d'urto per assorbimento. **4.** activation ~ (*atom phys.*), sezione d'urto per attivazione. **5.** capture ~ (*atom phys.*), sezione d'urto per cattura. **6.** fission ~ (*atom phys.*), sezione d'urto per fissione. **7.** linear absorption ~ (*atom phys.*), sezione d'urto per assorbimento lineare. **8.** maximum ~ (as of an airship) (*aer.*), sezione maestra, sezione massima. **9.** scattering ~ (*atom phys.*), sezione d'urto per diffusione.

cross-section (to) (to represent by a cross section) (*draw.*), rappresentare in sezione trasversale.

cross-sill (sleeper) (*railw.*), traversina.

cross-spale (temporary wooden frame) (*shipbuild.*), forma per stellatura, armatura per stellatura.

cross-staff (obsolete instr. for measuring the altitudes) (*naut.*), astrolabio, balestriglia.

cross-stitch (*needlework*), punto a croce.

cross-stratified (*a. - geol.*), a stratificazione incrociata.

crosstalk (*teleph. or telev. defect*), diafonia. **2.** ~ attenuation (*radioteleph.*), attenuazione di diafonia. **3.** ~ meter (*teleph. instr.*), diafonometro. **4.** far-end ~ (*radioteleph.*), diafonia lontana, telediafonia. **5.** near-end ~ (*radioteleph.*), diafonia vicina, paradiafonia.

crosstie (*railw.*), traversina. **2.** ~ track (*railw.*), binario armato con traversine.

crosstress (*naut.*), crocette, barre. **2.** ~ tray (*naut.*), supporto delle crocette. **3.** main ~ (*naut.*), crocette di maestra, barre di maestra. **4.** mizzen ~ (*naut.*), crocette di mezzana, barre di mezzana.

crosswalk (for pedestrians) (*road*), passaggio pedonale.

crosswind, cross-wind (*aer. - naut.*), vento di traverso, vento a traverso.

crosswind (to) (*rope mfg.*), avvolgere a spire incrociate.

crosswise (*gen.*), crociforme. **2.** ~ (*direction*), trasversale. **3.** ~ movement (*mach. t.*), movimento trasversale.

crotch (*naut.*), *see* crutch.

crow (short for crowbar) (*impl.*), palanchino.

crowbar (used as a lever) (*impl.*), palanchino. **2.** ~ tire lever (*aut. impl.*) (Brit.), cavafascioni, leva per pneumatici.

crowd (to) (to hasten) (*gen.*), accelerare, affrettare. **2.** ~ (to fill, with people) (*gen.*), affollare. **3.** ~ (to mass together) (*gen.*), affollarsi. **4.** ~ sail (*naut.*), forzare la velatura.

crowding engine, crowding motor (*earth moving mach.*), motore azionante la pala meccanica.

crowfoot (*naut.*), patta d'oca. **2.** ~ (the arrowhead at the end of dimension lines) (*mech. draw.*), freccia. **3.** ~ type wrench (*t.*), chiave a stella.

crown (*gen.*), corona. **2.** ~ (of a bevel gear) (*mech.*), circonferenza esterna massima. **3.** ~ (of on arch) (*arch.*), chiave. **4.** ~ (*min.*), cielo. **5.** ~ (of an anchor) (*naut.*), diamante. **6.** ~ (of a furnace), volta. **7.** ~ (of a piston) (*mot.*), cielo. **8.** ~ (of a vault) (*bldg.*), chiave. **9.** ~ (of carriageway) (*road*), colmo (della strada). **10.** ~ (head: of a press) (*mech.*), testa. **11.** ~ (upper portion of a parachute) (*aer.*), corona. **12.** ~ (*dentistry*), capsula. **13.** ~ (diamond drill bit) (*min. t.*), corona di perforazione a diamanti. **14.** ~ (difference in height between the sides and the top of a rounded surface: as in a road section) (*road - deck - etc.*), monta, freccia. **15.** ~ [15 × 20 in (Brit.) and 15 × 19 in (Am.) size paper] (*paper mfg.*), carta da stampa da 15 × 20 pollici (ingl.) e 15 × 19 pollici (am.). **16.** ~, *see also* corona. **17.** ~ block (top pulley group of a derrick) (*min.*), gruppo pulegge della sommità della torre. **18.** ~ cap (for bottles) (*ind.*), tappo a corona. **19.** ~ cork (*ind.*), *see* crown cap. **20.** ~ gear (*mech.*), corona dentata, ruota (dentata) piano-conica, corona a denti frontali. **21.** ~ glass (*opt.*), vetro Crown. **22.** ~ lens (*opt.*), lente di vetro Crown. **23.** ~ mould (as for molding sweet products) (*t.*), corona, stampo a corona. **24.** ~ of cups (ancient voltaic battery) (*elect.*), pila a corona di tazze. **25.** ~ plate (ridge beam) (*arch.*), trave di colmo. **26.** ~ post (*bldg.*), *see* king post. **27.** ~ pulley (of a derrick) (*min.*), puleggia alla sommità della torre. **28.** ~ sheet, ~ plate (of a firebox) (*boil.*), lamiera del cielo. **29.** ~ wheel (*mech.*), corona dentata, ruota a denti frontali. **30.** ~ wheel (of a differential) (*aut.*), ingranaggio planetario. **31.** diamond drill ~ (*min. t.*), corona di perforazione a diamanti. **32.** firebox ~ (of a steam locomotive) (*railw.*), mantello del focolaio. **33.** sagging at the ~ (as of a vault) (*bldg.*), abbassamento in chiave.

crown (to) (to make convex) (*gen.*), dare forma convessa, bombare.

crowned (convex) (*gen.*), bombato, convesso.

crowning (convex shape: as of pulleys, of roads etc.), bombatura.

crown-post (*carp.*), *see* king-post.

crow's-foot (*aer.*), pie' d'oca.

crowsfooting (set of wrinkles) (*paint. defect*), raggrinzature a zampa di gallina.

crow's-nest (*naut.*), coffa, gabbia.

croze (of a cask stave) (*join. - carp.*), capruggine. **2.** ~ (plane for cutting crozes) (*t.*), pialla per capruggine.

"CRS" (cold-rolled steel) (*metall.*), acciaio laminato a freddo.

"CRT" (cathode-ray tube) (*thermion.*), tubo a raggi catodici.

crucible (*metall. impl.*), crogiuolo. **2.** ~ (*chem. impl.*), crogiuolo. **3.** ~ melting furnace (*metall. furnace*), forno a crogiuolo. **4.** ~ steel (*metall.*), acciaio al crogiuolo. **5.** plumbago ~ (a crucible of graphite plus clay) (*found.*), crogiolo di grafite.

crude (raw) (*gen.*), grezzo. **2.** ~ petroleum (*min.*), petrolio grezzo. **3.** heavy ~ (viscous oil) (*min. - oil*), greggio pesante. **4.** light ~ (*min. - oil*), greggio leggero.

cruet (*household article*), ampolla.

cruise (*naut.*), crociera. **2.** coasting ~ (*naut.*), cabotaggio.

cruise (to) (referring to the speed) (*aer.*), volare a velocità di crociera. **2.** ~ (to drive at cruising speed) (*aut.*), procedere a velocità normale di marcia.

cruiser (*police aut.*), automobile per la polizia (equipaggiata con radiotelefono). **2.** ~ (warship) (*navy*), incrociatore. **3.** ~ (cabin cruiser: powerboat) ((*naut.*), panfilo a motore cabinato. **4.** ~ stern (*naut. - navy*), poppa tipo incrociatore. **5.** armored ~ (*navy*), incrociatore corazzato. **6.** auxiliary ~ (*navy*), incrociatore ausiliario. **7.** battle ~ (*navy*), incrociatore da battaglia. **8.** heavy ~ (*navy*), incrociatore pesante. **9.** light ~ (*navy*), incrociatore leggero. **10.** scout ~ (*navy*), esploratore. **11.** submarine ~ (*navy*), sommergibile da crociera. **12.** turbine ~ (*navy*), incrociatore a turbina.

cruising (cruise or relating to cruise) (*aer.*), crociera, di crociera. **2.** ~ ceiling (*aer.*), tangenza di crociera. **3.** ~ power (*aer.*), potenza di crociera. **4.** ~ radius (of an aer.), autonomia. **5.** ~ range (*aer.*), autonomia (a velocità di crociera). **6.** ~ speed (*aer. - naut.*), velocità di crociera. **7.** ~ threshold (minimum cruising speed) (*aer.*), minima velocità di crociera. **8.** economical ~ (*aer.*), crociera economica. **9.** weak-mixture ~ (*aer.*), crociera economica.

crumb (as in the rubb. ind.), grumo.

crumble (to) (to break into small pieces) (*v.t. - ind. - etc.*), frantumare. **2.** ~ (to disintegrate into small pieces) (*v.i. - paint. - etc.*), sbriciolarsi.

crumbling (*a. - phys.*), friabile. **2.** ~ (action of breaking into small pieces) (*n. - ind. - etc.*), frantumazione. **3.** ~ (defect consisting in disintegration into small pieces of the coat of paint) (*paint. defect*), sgretolamento.

crupper (of a horse harness), sottocoda.

crush (act of breaking into fine particles) (*gen.*), frantumazione (per compressione). **2.** ~ (defect in a casting, as a cavity or projection, due to displacement of sand at the mold joint) (*found.*), cedimento (di terra). **3.** ~ grinder (*mach. t.*), rettificatrice con mole sagomate al rullo. **4.** ~ grinding (*mech. operation*), rettifica con mola sagomata al rullo.

crush (to) (*gen.*), frantumare. **2.** ~ (to break into fine particles) (*gen.*), frantumare. **3.** ~ (to extract by pressure) (*ind. - agric.*), pressare, torchiare.

crushed (*gen.*), frantumato. **2.** ~ stone (*road*), breccia. **3.** ~ wheel (*t.*), mola sagomata al rullo. **4.** ~ wheel grinding (*mach. t.*), rettifica con mola sagomata al rullo.

crusher (crushing mach. used in build., road ind., etc.) (*mach.*), frantoio per pietre, frantumatore meccanico, "concasseur". **2.** ~ (as for wool) (*text. ind.*), frantoio, battitoio. **3.** ~ (for coal, oilseeds, etc.) (*ind. mach.*), frantoio. **4.** clod ~ (*agric. mach.*), frangizolle. **5.** cone ~ (*min. mach.*), frantoio a cono. **6.** gyratory ~ (*min. mach.*), frantoio rotante. **7.** jaw ~ (*min. mach.*), frantoio a mascelle. **8.** roll ~ (*min. mach.*), frantoio a rulli. **9.** steel chip ~ (*ind. mach.*), frantumatrice per trucioli d'acciaio. **10.** stone track ~ (*ind. mach.*), frantoio a cingoli per pietrame, "concasseur" a cingoli.

crushing, frantumazione. **2.** ~ (of carbonized burrs: in wool treatment) (*text. ind.*), frantumazione. **3.** ~ mill, *see* crusher. **4.** ~ plant (*min.*), impianto di frantumazione. **5.** ~ roll (for grinding wheels) (*mech. t.*), rullo (in acciaio) per sagomare. **6.** ~ rolls (*ind. mach.*), frantoio a rulli (orizzontali). **7.** ~ strength (maximum compression without breaking: as marble, concrete, stone) (*constr. theor.*), carico massimo di resistenza alla compressione. **8.** ~ stress (of stones) (*constr. theor.*) (Brit.), sollecitazione di rottura a compressione. **9.** ~ test (as of rubber) (*rubb. ind. test*), prova di determinazione dell'energia meccanica assorbita (mediante sfera che ruota sotto carico deformante con conseguente riscaldamento all'interno). **10.** ~ test (*constr. theor.*) (Brit.), prova di compressione.

crust (*gen.*), crosta. **2.** ~ (surface of a road in immediate contact with vehicles) (*road constr.*), manto di usura, manto superficiale. **3.** ~ (of the earth) (*geol.*), crosta. **4.** ~ fracture (large fault) (*geol.*), frattura della crosta, faglia di grandi dimensioni. **5.** ~ leather (*leather ind.*), cuoio conciato greggio.

crutch (fork support, as for a spar) (*naut.*), forcaccio, forcola, candeliere a forca. **2.** ~ (stern strengthening piece) (*naut.*), ghirlanda di poppa. **3.** ~ stake (tool for treating hides) (*leather ind. t.*), palissone.

cryochemistry (low temperature chemistry) (*chem.*), criochimica.

cryoelectronics (as for obtaining superconductivity) (*elics.*), crioelettronica.

cryogenic (*cold ind.*), criogenico. **2.** ~ chamber (providing temperatures up to —200°C) (*app.*), camera criogenica. **3.** ~ steel (steel for very low temperature applications) (*metall.*), acciaio criogenico.

cryogenics (*low temperatures sc.*), criogenìa.

cryohydrate (*chem.*), crioidrato, miscela eutettica.

cryolite (Na_3AlF_6) (*min.*), criolite. **2.** ~ glass (milk-white glass) (*glass mfg.*), vetro opalino, vetro porcellanato, vetro latteo, vetro "bianco".

cryometer (thermometer for meas. low temperatures, alcohol thermometer) (*instr.*), termometro per basse temperature, termometro ad alcool.

cryopump (kind of vacuum pump with very cold surfaces) (*gas absorption*), criopompa.

cryoscopic (*a. - phys.*), crioscopico.

cryoscopy (study of the lowering of the freezing point of a solution) (*phys.*), crioscopia.

cryosel (*phys. chem.*), *see* cryohydrate.

cryostat (mantaining at a constant low temp.) (*therm. instr.*), criostato.

cryotron (device operating in cryogenic conditions) (*comp.*), criotrone.

crypt (*arch.*), cripta.

cryptography (for transmitting reserved documents on public comun. lines by comp.) (*banking - milit. - etc.*), crittografia.

cryptomere (*geol.*), criptomero.

cryptometer (meas. the hiding power) (*paint.*), (strumento) misuratore del potere coprente.

crypton (*chem.*), *see* krypton.

cryptoporticus (in ancient Roman arch.) (*arch.*), criptoportico.

crystal (for watch dials), vetro. **2.** ~ (*min.*), cristallo. **3.** ~ (*radio*), cristallo. **4.** ~ (glass of superior quality made into ornamental objects), cristallo. **5.** ~ clock, *see* quartz-crystal clock. **6.** ~ counter (*atom phys.*), contatore a cristallo. **7.** ~ detector (*radio*), rivelatore a cristallo, rivelatore a galena. **8.** ~ diode, *see* diode 2 ~ . **9.** ~ filter (*radio*) (Brit.), filtro piezoelettrico. **10.** ~ glass (a colorless glass, highly transparent, frequently used for art or tableware) (*glass mfg.*), cristallo. **11.** ~ lattice (*min.*), reticolo cristallino. **12.** ~ microphone (*radio*), microfono a quarzo piezoelettrico. **13.** ~ oscillator (*radio*) (Brit.), oscillatore a quarzo piezoelettrico. **14.** ~ set (*radio*), radio a galena. **15.** ~ violet (*chem. - color*), cristal-violetto. **16.** ~ work (*ind.*), cristalleria. **17.** chill crystals (thin layer of small crystals formed by rapid cooling of molten metal in contact with a cold surface like that of an ingot mold) (*metall.*), cristalli di conchigliatura. **18.** columnar crystals (in an ingot) (*metall.*), cristalli colonnari. **19.** equiaxed crystals (as in an ingot) (*metall.*), cristalli equiassici. **20.** liquid ~ (birefringent liquid) (*phys. chem.*), cristallo liquido. **21.** mixed ~ (*crystallography*), cristallo misto, cristallo non puro. **22.** oscillating ~ (*radiology app.*), cristallo oscillante. **23.** quartz ~ (*elics.*), cristallo di quarzo, cristallo piezoelettrico. **24.** rock ~ (*min.*), cristallo di rocca. **25.** rotating ~ (*radiology app.*), cristallo rotante. **26.** seed ~ (for obtaining a bigger crystal; in silicon wafer constr.) (*elics. technol.*), nucleo di cristallizzazione. **27.** single ~ (*min.*), monocristallo. **28.** skeleton ~ (defective crystal as due to too quick crystallization) (*metall.*), cristallo embrionale, cristallo il cui sviluppo è stato arrestato, cristallo incompleto. **29.** twin ~ (*min.*), geminato (*s.*).

crystalline (*a. - phys.*), cristallino. **2.** ~ solution, *see* solid solution.

crystallites (very small mineral forms) (*pl. - min.*), cristalliti.

crystallization (*phys.*), cristallizzazione. **2.** fractional ~ (*phys. chem.*), cristallizzazione frazionata.

crystallize (to) (*phys.*), cristallizzare.

crystallizer (element promoting crystallization) (*phys. - chem.*), nucleo (o centro) di cristallizzazione. **2.** ~ (apparatus for easing crystallization) (*phys. - chem.*), cristallizzatore.

crystallogram (*phys. - chem.*), cristallogramma.

crystallographic (*min.*), cristallografico.

crystallography (*sc.*), cristallografia.

crystalloid (*phys. - chem.*), cristalloide.

crystalloluminescence (accompaying the crystallization of certain bodies) (*phys. - min.*), cristalloluminescenza.

crystolon (silicon carbide abrasive: Trademark) (*mech. technol.*), crystolon.

"CS" (casein) (*chem. - ind.*), caseina. **2.** ~ (carbon steel) (*metall.*), acciaio al carbonio, acciaio comune. **3.** ~ (cast steel) (*mech. draw.*), acciaio fuso, acciaio colato.

Cs (cesium) (*chem.*), cesio.

"cs" (centistoke, kinematic viscosity unit) (*meas.*), cs, "centistoke".

"c/s" (cycles per second) (*elect. - etc.*) (Brit.), cicli al secondo, periodi (al secondo).

"csc" (cosecant) (*math.*), cosecante.

"csch" (hyperbolic cosecant) (*abbr. - math.*), cosecante iperbolica.

"CSHAFT" (crankshaft) (*eng.*), albero a manovella, albero motore, albero a gomiti.

c-shaped (*gen.*), a forma di C.

"csk" (countersunk) (*mech. draw.*), svasato.

"CSR" (Committee for Scientific Research) (*research*), Comitato per la Ricerca Scientifica.

"CSSL" (Continuous System Simulation Language) (*programming*), linguaggio di simulazione a sistema continuo.

"cstg" (casting) (*found.*), *see* casting.

"CSU" (constant speed unit, of a propeller) (*aer.*), regolatore (dell'elica) a giri costanti.

"CT", *see* current transformer.

"ct", *see* circuit, current.

"CTF" (controlled thermonuclear fusion) (*atom phys.*), FTC, fusione termonucleare controllata.

"ctg" (cartridge) (*gen.*), cartuccia, elemento di forma cilindrica. **2.** ~ (cutting) (*mech.*), taglio.

"CTL" (complementary transistor logic, logic system with pnp and npn transistors) (*elics.*), sistema logico a transistor complementare.

"ctn", *see* cotangent.

"C to C" (center to center, centers, center distance) (*mach.*), interasse.

"ctr" (center) (*gen.*), centro. **2.** ~ (cutter) (*t.*), fresa, utensile da taglio. **3.** ~ (counter) (*gen.*), *see* counter.

"CTRA" (Coal Tar Research Association) (*bldg.*) (Brit.), Associazione Ricerche Catrame di Carbone.

"CTS" (Clear To Send) (*comp.*), libero per trasmettere. **2.** ~ test (controlled thermal severity test, as of a weld) (*technol.*), prova di rigorosità termica controllata.

"CTV" (closed circuit television) (*telev.*), televisione a circuito chiuso.

"CTW" (counterweight) (*gen.*), contrappeso.

"CU" (close-up) (*m. pict.*), primo piano. **2.** ~ (crystal unit) (*radio - etc.*), cristallo (piezoelettrico).

Cu (copper) (*chem.*), rame.

"cu" (cubic) (*geom. - etc.*), cubico.

cub (*aer.*), *see* grasshopper.

cubature (*volume*), cubatura.

cubby (glove box or compartment on a car dashboard) (*aut.*), cassetto, ripostiglio.

cube (*geom. - math.*), cubo. **2.** ~ (*road paving*), blocchetto. **3.** ~ root (*math.*), radice cubica. **4.** ~ spar (*min.*), *see* anhydrite.

cube (to) (*math.*), elevare al cubo. **2.** ~ (*road paving*), pavimentare a blocchetti.

cubed (*math.*), al cubo. **2.** a ~ (a^3) (*math.*), a al cubo.

cubic (*a. - geom.*), cubico. **2.** ~ (as of equations) (*a. - math.*), di terzo grado, cubica. **3.** ~ curve (of mot.), curva di utilizzazione cubica. **4.** ~ foot (cu ft) (*meas.*), piede cubo. **5.** ~ inch (cu in) (*meas.*), pollice cubo. **6.** ~ meter (1.308 cu yds) (*meas.*), metro cubo. **7.** ~ volume (*meas.*), cubatura.

cubicle (containing elect. app.) (*elect.*), armadio. **2.** control ~ (containing elect. app.) (*elect.*), armadio delle apparecchiature di comando.

cubing (method used to estimate costs of bldg.) (*bldg.*) (Brit.), cubatura.

"Cu-CATH" (cathode copper) (*metall.*), rame elettrolitico in catodi.

cucurbit (the boiler of an alembic) (*chem. - impl.*), caldaia dell'alambicco.

cuddy (closet, small room etc.) (*bldg.*), stanzino. **2.** ~ (small vessel's pantry or caboose) (*naut.*), cambusa, cucina. **3.** ~ (cabin) (*naut.*), cabina di poppa.

"Cu-DHP" (deoxidized high phosphorus copper) (*metall.*), rame deossidato ad alto residuo di fosforo.

"Cu-DLP" (deoxidized low phosphorus copper) (*metall.*), rame deossidato a basso residuo di fosforo.

cue (*m. pict. - radio*), segnale d'azione. **2.** ~ (a signal) (*gen. - comp.*), segnale, segnalazione.

"Cu-ETP" (electrolytic tough pitch copper) (*metall.*), rame elettrolitico.

"Cu-FRHC" (fire refined high conductivity copper) (*metall.*), rame raffinato a fuoco ad elevata conduttività.

"Cu-HSTP" (high silver tough pitch copper) (*metall.*), rame ad alto tenore d'argento.

"cu in" (cubic inch) (*meas.*), pollice cubo.

cul-de-sac (road open at one end only) (*road*), strada cieca, vicolo cieco.

cull (*n. - wood*), legname di qualità infima. **2.** ~ (*a. - gen.*), di qualità inferiore, di scarto.

cull (to) (*gen.*), fare cernita, suddividere per qualità.

cullet (*glass mfg.*), rottame di vetro, vetro di scarto, "cullet".

culling (*ind.*), cernita, scelta.

cullis (*carp.*), *see* coulisse.

culm (*comb.*), vagliatura di carbone.

culmann's diagram, *see* funicular polygon.

"Cu-LSTP" (low silver tough pitch copper) (*metall.*), rame a basso tenore d'argento.

cultivable (workable, paying) (*agric.*), coltivabile.

cultivate (to) (*agric.*), coltivare.

cultivation (*agric.*), coltivazione, coltura.

cultivator (farmer) (*agric.*), coltivatore, coltivatore diretto. **2.** ~ (*agric. impl.*), coltivatore. **3.** chisel ~ (*agric. impl.*), coltivatore a coltello. **4.** disk ~ (*agric. impl.*), coltivatore a dischi. **5.** engine ~ (engine driven cultivator) (*agric. hand mach.*), motocoltivatore. **6.** field ~ (*agric. impl.*), coltivatore per campi. **7.** garden ~ (*agric. impl.*), coltivatore per giardini. **8.** orchard ~ (*agric. impl.*), coltivatore per frutteti. **9.** riding ~ (sulky cultivator) (*agric. impl.*), coltivatore con seggiolino. **10.** rotary ~ (*agric. impl.*), coltivatore a lame rotanti. **11.** sled ~ (*agric. impl.*), coltivatore a slitta. **12.** spring-tooth ~ (*agric. impl.*), coltivatore a denti elastici. **13.** sulky ~ (*agric. impl.*), *see* riding cultivator. **14.** teeth ~ (*agric. impl.*), coltivatore a denti. **15.** vineyard ~ (*agric. impl.*), coltivatore per vigneti. **16.** walking ~ (*agric. impl.*), coltivatore a mano.

culture (practice of cultivating) (*agric.*), coltura. **2.** ~ (of a map: terrain features constructed by man, as roads, bldg. etc. generally printed in black) (*cart.*), planimetria di dettaglio comprendente case, canali, strade ecc.

culvert (waterway crossing: as by a road, railw. etc.) (*transp.*), attraversamento di una via d'acqua. **2.** ~ (drain passage under a road) (*mas.*), fognolo, chiavica. **3.** ~ (bridge over a waterway) (*road*), ponte di attraversamento di un canale.

cumulative (*gen.*), cumulativo.

cumulonimbus (*meteorol.*), cumulo-nembo.

cumulus (cloud) (*meteorol.*), cumulo.

cuneus, *see* wedge.

cunit (cubic unit, equal to 100 cubic feet of solid lumber) (*meas. - wood - paper mfg.*), cunit, 100 piedi cubici.

"Cu-OF" (oxygen-free copper) (*metall.*), rame esente da ossigeno.

cup (*mech.*), coppa, scodellino. **2.** ~ (as of a barometer), vaschetta. **3.** ~ (cone-shaped ring) (*mech.*), anello conico, ghiera conica. **4.** ~ (as of a spray gun) (*paint. - impl.*), tazza, serbatoio. **5.** ~ (*sport*), coppa. **6.** ~ (of a cartridge primer case) (*expl.*), capsula, cassula. **7.** ~ (outer race of a taper roller bearing) (*mech.*), anello esterno. **8.** ~ (of a petticoat insulator) (*elect.*), cappa. **9.** ~ chuck (bell chuck, of a lathe) (*mach. t. mech.*), coppaia. **10.** ~ leather (hydraulic cylinder packing) (*mech.*), guarnizione di cuoio a U. **11.** ~ wheel (grinding wheel shaped like a cup) (*t.*), mola a tazza. **12.** concentrating ~ (in X-ray tubes) (*X-ray app.*), cupola di concentrazione, lente elettronica. **13.** glass ~ (as of a fuel system) (*mot.*), bicchierino (di vetro), pozzetto di vetro. **14.** low ~ (*mech.*), scodellino inferiore. **15.** measuring ~ (*meas. t.*), boccale graduato. **16.** suction ~ (*holding impl.*), ventosa.

cup (to) (to draw) (*technol.*), imbutire.

cupboard (*furniture*), credenza. **2.** built-in ~ (*bldg. furniture*), credenza a muro.

cupel (for refining gold or silver) (*metall. impl.*), coppella.

cupel (to) (*metall.*), coppellare.

cupellation (*metall.*), coppellazione.

cup-head (as of a bolt) (*a. - mech.*), a testa semitonda.

cupola (*arch.*), cupola, volta a cupola. **2.** ~ (cast iron melting furnace) (*found.*), cubilotto. **3.** ~ (small cabin built on the roof of a caboose for look-out purposes) (*railw.*), posto di osservazione. **4.** ~ (tank turret) (*milit.*), torretta. **5.** ~, *see* lantern 2 ~. **6.** ~ furnace (*found.*), cubilotto. **7.** ~ shell (of a cupola furnace) (*found.*), mantello del cubilotto. **8.** ~ tender (*found.*), operaio addetto al cubilotto, fornista, fornaiolo. **9.** ~ with square shaft (*found.*), cubilotto con tino quadrato. **10.** hot-blast ~ (*found.*), cubilotto a vento caldo.

cupping (transverse internal rupture in a drawn wire) (*metall.*), rottura interna trasversale. **2.** ~ (defect of vibration in a band saw) (*carp.*), vibrazione del nastro. **3.** ~ machine (*mech. app.*), imbutitrice.

cupric (*chem.*), ramico.

cuprite (Cu_2O) (*min.*), cuprite.

cuproaluminium (*alloy*), cuprallumninio.

cuprolead (*alloy*), cupropiombo.

cupronickel (*alloy*), cupronichel.

cuprous (*chem.*), rameoso.

cuprum, *see* copper.

curative (polymerizing agent, for resins) (*n. - chem.*), agente polimerizzante. **2.** ~ (vulcanizing agent) (*n. - rubb. ind. - chem.*), agente vulcanizzante.

curb (of a sidewalk) (*road*) (Am.), lista, bordo. **2.** ~ (for horse jaw), morso a catenaccio (o a seghetto). **3.** ~ (as of a turbine) (*mech.*), cassa. **4.** ~ box (at the sidewalk level: cast iron pipe with cover placed over the water-main connection valve) (*road - pip.*), tombino (di accesso alla valvola dell'allacciamento idrico). **5.** ~ roof (*bldg.*), tetto a mansarda. **6.** ~ weight (*aut.*) (Am.), *see* kerb weight (Brit.).

curbstone (a stone set as a limit or edge protection) (*bldg. - road*), pietra di protezione (o di limitazione), paracarro. **2.** sidewalk ~ (*road bldg.*), cordolo (o lista) del marciapiede.

curcuma paper, *see* turmeric paper.

curdling (thickening of varnish in the container) (*paint.*), perdita di fluidità, spessimento.

cure (of rubber) (*rubb. ind.*), vulcanizzazione. **2.** ~ (of a trouble) (*mach. - etc.*), rimedio. **3.** ~ (polymerization, as of an adhesive) (*chem.*), polimerizzazione. **4.** cold ~ (*rubb. ind.*), vulcanizzazione a freddo. **5.** liquor ~ (*rubb. ind.*), vulcanizzazione a freddo. **6.** open ~ (*rubb. ind.*), vulcanizzazione a caldo. **7.** press ~ (*rubb. ind.*), vulcanizzazione sotto pressione. **8.** steam ~, *see* open cure. **9.** wrapped ~ (*rubb. ind.*), vulcanizzazione dell'oggetto arrotolato.

cure (to) (*rubb. ind.*), vulcanizzare. **2.** ~ (to polimerize: as adhesives, plastics etc.) (*chem.*), polimerizzare. **3.** ~ (concrete: by watering) (*mas.*), maturare. **4.** ~ (to subject to an improving process by heat or chemicals: as rubber or plastic) (*ind. process*), sottoporre a trattamenti migliorativi (vulcanizzare o polimerizzare).

curfew (*milit.*), coprifuoco.

curiage (radioact. strength expressed in curies) (*radioact.*), (entità della) radioattività (espressa) in curie, "curiaggio".

curie (C - radioact. intensity unit) (*atom phys.*), curie.

curietherapy (*med. - radioact.*), curieterapia, radioterapia.

curing (*rubb. ind.*), vulcanizzazione. **2.** ~ (fermentation process) (*chem.*), fermentazione. **3.** ~ (ageing process) (*chem.*), stagionatura, invecchiamento. **4.** ~ (of concrete) (*mas.*), maturazione. **5.** ~ apparatus (*rubb. ind.*), apparecchio di vulcanizzazione.

curium (element at. no. 96) (Cm - *chem.*), curio.

curl (spiral: as of smoke) (*gen.*), spira, voluta. **2.** ~

(a defect in paper) (*paper mfg.*), accartocciamento. **3.** ~ (of a breaker) (*sea*), ricciolo di frangente.
curl (to) (*gen.*), arricciare. **2.** ~ (to give a curved shape) (*gen.*), curvare.
curliness (of the fiber) (*wood ind.*), increspatura, arricciatura.
curling (*metall.*), arricciatura. **2.** ~ (of the edge of sheet metal for strengthening purposes) (*sheet metal w.*), bordatura, arricciatura. **3.** ~ die (*t.*), stampo per bordare. **4.** ~ machine (*mach.*), bordatrice.
currency (circulation) (*finan.*), circolazione (della valuta). **2.** ~ (circulating money) (*finan.*), valuta (circolante). **3.** ~ convertibility (*finan.*), convertibilità della valuta. **4.** foreign ~ (*finan.*), valuta estera. **5.** convertible ~ (hard currency) (*finan.*), valuta convertibile. **6.** free ~ (*finan. - econ.*), valuta in libera circolazione. **7.** hard ~ (currency readily convertible into foreign currencies) (*finan.*), valuta convertibile. **8.** soft ~ (*econ. - finan.*), valuta debole.
current (*elect.*), corrente. **2.** ~ (of a stream), corrente. **3.** ~ (in operation at the present time) (*a. - gen.*), in corso, corrente, attuale. **4.** ~ account (*bank*), conto corrente. **5.** ~ amplification (*radio*), amplificazione di corrente. **6.** ~ carrying capacity (as of a cable) (*elect.*), portata in ampère. **7.** ~ collector (of elect. veh.) (*railw. - tram*), asta di presa, trolley. **8.** ~ liabilities (*accounting*), passività correnti. **9.** ~ limiter, *see* limiter. **10.** ~ meter (*elect. instr.*), amperometro. **11.** ~ meter (*hydr. instr.*), molinello idrometrico. **12.** ~ model (as of a type of veh.) (*comm.*), modello corrente. **13.** ~ tap (*elect.*), presa di corrente. **14.** active ~ (in phase with the voltage) (*elect.*), corrente attiva. **15.** air ~ (*gen.*), corrente d'aria. **16.** alternate ~ (*elect.*), corrente alternata. **17.** alternating ~ (*elect.*), corrente alternata. **18.** anode ~ (*thermion.*), corrente anodica. **19.** anode peak ~ (*thermion.*), corrente anodica di cresta. **20.** anode rest ~ (*radio*), corrente permanente di placca. **21.** antenna ~ (*radio*), corrente d'antenna. **22.** beam ~ (in a cathode-ray tube) (*thermion.*), corrente del fascio. **23.** breakaway ~ (absorbed from an elect. starting motor of an i.c. engine) (*mot. - elect.*), corrente allo spunto. **24.** carrier ~ (*radio*), corrente portante. **25.** charging ~ (as of a battery) (*elect.*), corrente di carica. **26.** conduction ~ (*elect.*), corrente di conduzione. **27.** continuous ~ (*elect.*) (Brit.), corrente continua. **28.** convection ~ (*elect.*), corrente di convezione. **29.** cranking ~ (absorbed from an elect. starting motor of an i.c. engine) (*mot. - elect.*), corrente di trascinamento. **30.** derived ~ (*elect.*), corrente derivata. **31.** diphase ~ (*elect.*), corrente bifase. **32.** direct ~ (*elect.*) (Am.), corrente continua. **33.** displacement ~ (within a circuit when induction changes) (*elect.*), corrente di spostamento. **34.** eddy ~ (*elect.*), corrente parassita (di Foucault). **35.** effective ~ (of an alternate current) (*elect.*), corrente efficace. **36.** electric ~ (*elect.*), corrente elettrica. **37.** electronic ~ (*elect.*), corrente elettronica. **38.** emission ~ (*thermion.*), corrente catodica. **39.** equalizing ~ (*elect.*), corrente di compensazione. **40.** equivalent disturbing ~ (as of a line) (*electrotel.*), corrente perturbatrice equivalente. **41.** exciting ~ (as in a dynamo) (*elect.*), corrente di eccitazione. **42.** extra ~ (*elect.*), extracorrente. **43.** field ~ (*electromech.*), corrente di eccitazione. **44.** filament ~ (*thermion.*), corrente di accensione (o di filamento). **45.** firing ~ (relating to an electron tube firing circuit) (*elics.*), corrente di innesco. **46.** "firing" ~ (ionization current) (*radio*), corrente di ionizzazione. **47.** gas ~ (in electronic tubes, consisting of positive charged ions produced by ionization of gas) (*thermion.*) (Brit.), corrente ionica. **48.** grid ~ (*thermion.*), corrente di griglia, corrente di comando. **49.** heating ~ (*thermion.*), corrente di accensione (o di filamento). **50.** holding ~ (as for maintaining a volatile memory by 1,5V) (*comp. - elics.*), corrente di mantenimento. **51.** induced ~ (*elect.*), corrente indotta. **52.** initial ~ (absorbed as from an elect. starting motor of an i.c. engine) (*mot. - elect.*), *see* breakaway current. **53.** inrush ~ (instantaneous peak input current) (*elect.*), picco (o corrente di punta) di entrata. **54.** instruments ~ transformer (*elect.*), trasformatore di misura amperometrico. **55.** intensity ~ strength (*elect. meas.*), intensità di corrente. **56.** interlinked two-phase ~ (*elect.*), corrente bifase a fasi concatenate. **57.** intermittent ~ (*elect.*), corrente intermittente. **58.** interrupted ~ (in a d.c. circuit: regularly switched on and off), *see* pulsating current. **59.** ionic ~ (*elect.*), corrente ionica. **60.** ionization ~ (produced in a ionized gas by elect. field) (*elect. - atom phys. - phys. chem.*), corrente di ionizzazione. **61.** lagging ~ (*elect.*), (Brit.) corrente in ritardo. **62.** leading ~ (current ahead of the voltage) (*elect. AC*), corrente in anticipo. **63.** line ~ (*elect.*), corrente di linea. **64.** network ~ (*elect.*), corrente della rete. **65.** neutral ~ (weak interaction between leptons and hadrons) (*atom phys.*), corrente neutrale. **66.** no-load ~ (of elect. mot.), corrente di marcia a vuoto. **67.** ocean ~ (*sea*) (Am.), corrente marina. **68.** oscillating ~ (*elics.*), corrente oscillante. **69.** peak ~ (*elect.*), corrente di cresta. **70.** periodic ~ (*elect.*), corrente periodica. **71.** pickup ~ (of a relay) (*elect.*), corrente di attrazione, corrente di eccitazione. **72.** plate ~ (*thermion.*), corrente di placca, corrente anodica. **73.** pulsating ~ (*thermion.*), corrente pulsante. **74.** reactive ~ (*elect.*), corrente reattiva. **75.** rectified ~ (*elect.*), corrente raddrizzata. **76.** releasing ~ (as of a magnet) (*elect.*), corrente di scatto. **77.** residual ~ (in an electrolytic cell) (*electrochem.*), corrente residua. **78.** reverse ~ braking (*elect. mot.*), frenatura a controcorrente. **79.** reverse grid ~ (*thermion.*), corrente inversa di griglia. **80.** rising air ~ (*aer.*), corrente ascendente. **81.** running ~ (cranking current, absorbed from an elect. star-

ting motor of an i.c. engine) (*mot. - elect.*), corrente di trascinamento. **82.** rush of ~ (*elect.*), colpo di corrente. **83.** saturation ~ (anode current) (*thermion.*), corrente di saturazione (anodica). **84.** starting ~ (of elect. mot.), corrente di avviamento. **85.** stray ~ (as currents from the rail to the ground and viceversa) (*elect.*), corrente vagante. **86.** thermionic ~ (*elect.*), corrente termoionica. **87.** transient ~ (*elect.*), extracorrente. **88.** wattless ~ (*elect.*), corrente in quadratura, corrente swattata, corrente reattiva. **89.** working ~ (*elect.*), corrente di regime.

current address register (program counter, instruction counter) (*comp.*), registro di indirizzo corrente.

curriculum (*work.*), curriculum.

curry (to) (to prepare leather) (*ind.*), rifinire.

currycomb (of a horse) (*impl.*), striglia.

currycomb (to) (a horse), strigliare.

currying (dressing) (*leather ind.*), rifinitura.

cursor (of a slide rule) (*instr.*), cursore. **2.** ~ (luminous and blinking dot, manually controllable on the comp. display indicating as the place where character is to be entered) (*comp.*), cursore.

curtain (drapery for windows), tendina. **2.** ~ (of a theater), sipario. **3.** ~ (of a camera) (*phot.*), tendina. **4.** ~ wall (panel wall, filler wall, enclosure wall, non bearing exterior wall) (*bldg.*), tamponatura, muro (divisorio o perimetrale) non portante. **5.** antifreeze ~ (as for aut. radiators) (*aut.*), tenda-schermo per la stagione invernale. **6.** shower ~ (as for a bathroom) (*rubb. ind. cloth*), tenda per doccia. **7.** side ~ (as for open military aut.) (Am.), tendina laterale.

curtaining (*paint. defect*), festonatura, colatura. **2.** ~ (of an ingot) (*metall.*), *see* double skin.

curtate (shortened) (*a. - gen.*), accorciato, ridotto. **2.** ~ (a curtate punch card having a group of adjacent rows) (*comp.*), zona di scheda, scheda accorciata. **3.** lower ~ (bottom part of a punched card: from 1 to 9 rows) (*comp.*), zona inferiore della scheda. **4.** upper ~ (higher part of a punched card: as 11, 12, 0 rows) (*comp.*), zona superiore della scheda.

curtis stage (particular type of high pressure stage) (*turbine*), stadio "curtis" (di alta pressione).

curvature (*math.*), curvatura.

curve (*math. - phys.*), curva. **2.** ~ (as of power) (*mot.*), curva. **3.** ~ (*draw. instr.*), curvilineo. **4.** ~ (of a road), svolta, curva. **5.** ~ chart (*gen.*), diagramma. **6.** ~ of equal bearing (*air navig.*), curva di uguale rilevamento. **7.** ~ of intensity distribution (*opt. - illum.*), curva fotometrica, curva di ripartizione dell'intensità luminosa. **8.** ballistic ~ (*theor. mech.*), curva balistica. **9.** banked ~ (*road*), curva sopraelevata. **10.** bell-shaped ~ (as the Gaussian curve) (*stat.*), curva a campana, curva di Gauss. **11.** blind ~ (*road*) (Am.), curva cieca. **12.** calibration ~ (of an instr.), curva di taratura. **13.** catenary ~ (*geom.*), catenaria. **14.** characteristic ~ (*mech. - etc.*), curva caratteristica. **15.** charging ~ (of an acc.) (*elect.*), curva di carica. **16.** compound ~ (*railw.*), curva policentrica. **17.** dangerous ~ (*road traff.*), curva pericolosa. **18.** easement ~ (transition curve) (*road and railw. constr.*), curva di transito, curva di raccordo, curva di transizione. **19.** elastic ~ (as of a wing) (*theor. mech.*), curva elastica. **20.** expansion ~ (of mot.), curva d'espansione. **21.** exponential ~ (*math.*), curva esponenziale. **22.** french ~ (*draw. impl.*), tipo di curvilineo. **23.** Gaussian ~ (*stat.*), curva di Gauss. **24.** load ~ (*elect.*) (Brit.), diagramma di carico. **25.** load-extension ~ (*constr. theor.*), diagramma carichi-deformazioni. **26.** magnetization ~ (*elect.*) (Brit.), curva di magnetizzazione. **27.** operating ~ (*quality control*), curva operativa. **28.** plane ~ (*geom.*), curva piana. **29.** power at altitude ~ (*aer. mot.*), curva di potenza in quota. **30.** power ~ (of mot.), curva di potenza. **31.** probability ~ (Gaussian curve) (*stat.*), curva delle probabilità, curva di Gauss. **32.** propeller ~ (cubic curve) (*mot.*), curva di utilizzazione cubica. **33.** rectification of a ~ (*road*), rettificazione di una curva. **34.** resonance (*radio*), curva di risonanza. **35.** reverse ~ (as of a railroad), controcurva. **36.** rolling ~ (of gear) (*mech.*), curva evolvente. **37.** S ~ (*metall.*), *see* time-temperature transformation curve. **38.** sharp ~ (*road traff.*), curva stretta. **39.** sigmoid ~ (*math. - stat.*), curva sigmoidale. **40.** sine ~ (*math.*), sinusoide. **41.** S/N ~ (*mech. technol.*), *see* stress number curve. **42.** square-law ~ (*math. - etc.*), curva quadratica. **43.** stress number ~ (S/N curve, obtained by plotting the number of cycles of stress to produce failure, against the stress) (*mech. technol.*), curva di fatica. **44.** stress-strain ~ (*theor. constr.*), curva di cedimento, curva delle deformazioni in funzione delle sollecitazioni. **45.** time-temperature transformation ~ (curve showing the speed of austenite transformation) (*metall.*), curve isoaustenitiche o di Bain, o ad S, o TTT. **46.** transition ~ (curve connecting a straight to a circular arc) (*road and railw. constr.*), curva di transito, curva di raccordo, curva di transizione. **47.** TTT ~ (*metall.*), *see* time-temperature transformation curve. **48.** vertical ~ (on the longitudinal profile of a road for obtaining a change of gradient) (*road constr.*), curva verticale.

curve (to), curvare, piegare.

curve-drawing meter, *see* recording meter.

curvilineal, *see* curvilinear.

curvilinear (*a.*), curvilineo.

curving, curvatura.

curvometer (instr. for meas. the length of the arch of a curve) (*draw. - top.*), curvimetro.

"cusec" (cubic feet per second) (*meas. unit*), piede cubico al secondo.

cushion (as of aut. seat) (*aut. - etc.*), cuscino. **2.** ~ (highly adhesive rubber layer between tread and body of a tire) (*aut. - rubb. ind.*), sottostrato. **3.** ~

(as of air: for diminishing the hammering in pipes) (*water distribution system - etc.*), campana di aria. **4.** ~ gear (shock absorber) (*mech. - railw. - etc.*), ammortizzatore. **5.** ~ space (as of power hammer) (*mach.*) (Brit.), cuscino d'aria. **6.** ~ underframe (of a railw. car: having a center sill member capable of travelling longitudinally and the travel of which is resiliently resisted by cushion gears located within the center sill) (*railw.*) (Am.), castelletto di trazione elasticizzato. **7.** air ~ (as of a power hammer) (*mach.*), cuscino d'aria. **8.** air ~ (*mech. - phys. - hydr.*), cuscino pneumatico. **9.** air ~ vehicle (hovercraft) (*air veh.*), veicolo a cuscino di aria. **10.** fixed ~, advance and retract cylinder (as of hydraulic control) (*hydr. - etc.*), cilindro con freno non regolabile ad entrambe le estremità. **11.** ground ~ (of helicopters: dampening effect near the ground on landing, due to the packing of air between rotor and ground) (*aer.*), effetto suolo.

cushion (to) (*mech.*), ammortizzare elasticamente. **2.** ~ (to soften the sound) (*acous.*), abbassare.

cushioncraft (hovercraft) (*veh.*), veicolo a cuscino d'aria.

cushioned (of mech. movement) (*a. - mech.*), ammortizzato. **2.** ~ movement (*mech.*), movimento elasticamente ammortizzato.

cusp (*arch. - etc.*), cuspide. **2.** ~ configuration (of the magnetic field lines) (*phys.*), configurazione a cuspide, configurazione cuspidale.

custom (*law*), consuetudine, uso. **2.** ~ (*comm.*), clientela. **3.** ~ barrier (*law*), barriera doganale (o daziaria). **4.** ~ body (*aut.*), carrozzeria fuori serie. **5.** ~ built (as of an aut. body) (*ind.*), (modello) fuori serie. **6.** ~ dues (*comm.*), diritti di dogana. **7.** ~ duty (*comm.*), diritti di dogana, dazio doganale. **8.** ~ integrated circuit (particular circuit not standardized) (*elics.*), circuito integrato fuori serie. **9.** ~ officer, funzionario doganale. **10.** ~, *see also* customs.

customer (*comm.*), cliente. **2.** ~ engineering (*comp.*), servizio assistenza clienti. **3.** ~ line (access line: between a far station and the main exchange) (*teleph. - comp. - etc.*), linea di accesso personalizzata. **4.** ~ number (*comp.*), numero (di codice) del cliente. **5.** ~ reference number (*tlcm.*), numero di riferimento di utente.

customers (*comm.*), clientela.

customhouse (*bldg.*), dogana, ufficio doganale.

customize (to) (*comp. - etc.*), adattare alle necessità del cliente.

custom-made (made on order) (*ind.*), costruito su commessa, fabbricato su richiesta del cliente.

customs (*comm.*), (diritti di) dogana. **2.** ~ declaration (*comm.*) (Am.), dichiarazione doganale. **3.** ~ entry (*comm.*), dichiarazione doganale. **4.** ~ union (*comm.*), unione doganale.

cut (as of blades), taglio. **2.** ~ (act or result of cutting on a mach. t.: as on a lathe) (*mech.*), passata. **3.** ~ (as of a file) (*mech.*), taglio. **4.** ~ (a length of cloth variable according to the application) (*text. comm.*), taglio di stoffa. **5.** ~ (excavated material) (*earthworks*), materiale di sterro. **6.** ~ (disconnection, as of the full load from a generator) (*elect. - etc.*), disinserzione, distacco. **7.** ~ (the editing of a film) (*m. pict.*), montaggio. **8.** ~ (a fraction, as in distilling) (*chem. ind.*), frazione. **9.** ~ (a single piece of music: as in a gramophone record) (*music*), pezzo. **10.** ~ (style of cutting: as a diamond) (*jewels*), taglio. **11.** ~ by welding torch (*mech.*), taglio al cannello. **12.** ~ hole (blasthole made to facilitate the digging of a gallery) (*min.*), foro in cuore. **13.** ~ point (value as of density or size at which, a separation into two fractions takes place; in oil distillation) (*phys. - chem.*), punto di separazione. **14.** angular ~ (wood cut) (*join.*), taglio inclinato. **15.** bevel ~ (*mech. - carp.*), taglio a sbieco. **16.** chamfer ~ (*mech. - carp.*), taglio ad unghia, taglio a sbieco. **17.** climb ~ (as in gear cutting) (*mach. t. - mech.*), fresatura (in verso) concorde. **18.** compound angular ~ (wood cut) (*join.*), taglio angolare obliquo. **19.** cross ~ (as of a file) (*mech.*), taglio incrociato. **20.** diversion ~ (*civ. eng.*), *see* bye-channel. **21.** single ~ (as of a file) (*mech.*), taglio semplice. **22.** square ~ (wood cut) (*join.*), taglio normale. **23.** tear ~ (as of a light alloy sheet) (*metall. defect*), laceramento. **24.** to take a finishing ~ (as on a lathe) (*mech.*), dare la passata finale.

cut (to) (*mech. - carp.*), tagliare. **2.** ~ (to record) (*electroacous.*), registrare. **3.** ~ (to turn off, to stop) (*eng. - mot.*), fermare. **4.** ~ (to uncouple locomotive cars) (*railw.*), sganciare. **5.** ~ (to excavate: as a tunnel) (*min.*), scavare. **6.** ~ a screw with a chaser (*mech.*), filettare col pettine, filettare con l'ugnetto. **7.** ~ a test piece (as from a crankshaft forging) (*mech. technol.*), ricavare una provetta, tagliare la provetta. **8.** ~ a thread (to thread) (*mech.*), tagliare una filettatura, filettare. **9.** ~ back (to reduce, as production) (*ind.*), diminuire. **10.** ~ in (as a mot.) (*elect.*), inserire. **11.** ~ into half (*gen.*), dimezzare. **12.** ~ off wind (as in a cupola) (*found.*), togliere il vento. **13.** ~ off, *see* detach (to), intercept (to), interrupt (to), isolate (to), separate (to). **14.** ~ out (to remove by cutting: as a piece from an iron sheet) (*sheet metal w.*), sfinestrare. **15.** ~ out (as a figure contour) (*phot. - print.*), contornare. **16.** ~ out (to disconnect a mach.) (*mech.*), staccare. **17.** ~ out (as mot.) (*elect.*), escludere, disinserire. **18.** ~ the teeth (to cut a gear) (*mach. t. w.*), dentare.

cut-and-cover (*a. - earth moving - mas. - pip. - etc.*), escavazione seguita da riempimento della cavità con lo stesso materiale di escavazione.

cut-and-fill (as in a cross section of a road obtained partly in cutting and partly by embankment) (*road and railw. constr.*), sterro e riporto.

cut-and-try (*a. - gen.*), per tentativi. **2.** ~ method (experimental method) (*technol.*), metodo per tentativi.

cutaway (*a. - draw.*), sezionato. **2.** ~ view (*draw.*), sezione, vista in sezione.

cutback (reduction as in production) (*ind.*), diminuzione.

cutch (*text. ind.*), nero di catecù.

cutlery (knives), coltelleria, coltelli.

cutoff (as of a steam mach.) (*mech.*), chiusura dell'ammissione. **2.** ~ (of paper) (*print.*), ritaglio. **3.** ~ (operation) (*sheet metal w.*), taglio. **4.** ~ (as of a circuit) (*elect. - etc.*), apertura, interruzione. **5.** ~ (filter used as in surface roughness measuring app.) (*meas. app.*), filtro d'onda, "cut-off". **6.** ~ (device interrupting a flowing or feeding) (*fluidics - firearm - etc.*), dispositivo di interruzione. **7.** ~ current (*elect.*), corrente di interruzione. **8.** ~ frequency (*radio*) (Brit.), frequenza d'interdizione, frequenza di taglio. **9.** ~ lever (of an aero-engine) (*mot.*), leva d'arresto. **10.** ~ valve (of an aero-engine) (*mot.*), valvola d'arresto. **11.** ~ valve (expansion slide of a steam engine) (*mech.*), cassetto di espansione. **12.** fuel ~ (as of an aero engine) (*mot.*), interruttore del combustibile, "stop".

cutout (*elect. device or app.*), interruttore, dispositivo di interruzione. **2.** ~ (of a film) (*m. pict.*), ritaglio. **3.** ~ (valve in the exhaust pipe of a mot.) (*aut.*), valvola di scappamento libero. **4.** ~ (opening left by cutting out, as metal in an iron sheet) (*sheet metal w.*), sfinestratura, finestra. **5.** ~ (as of a shape) (*a. - print.*), ritagliato. **6.** ~ (open-fuse cutout) (*elect.*), fusibile in aria. **7.** ~ board (*elect.*), quadretto (o quadro) degli interruttori. **8.** ~ box (housing for switches and fuses of the entire wiring system) (*elect. device*), armadio degli interruttori e fusibili generali. **9.** automatic ~ (as in an aut.) (*elect. device*), interruttore automatico di minima. **10.** fusible ~ (*elect. app.*) (Brit.), valvola a fusibile. **11.** maximum ~ (*elect. device*), interruttore di massima. **12.** no-voltage ~ (*elect. device*), interruttore automatico per tensione zero. **13.** open ~ (of aut.), scappamento libero. **14.** overload ~ (*elect. device*), salvamotore. **15.** safety ~ (*elect. device*), interruttore di sicurezza. **16.** slow-running ~ (fuel cut off, as of an aero engine) (*mot.*), interruttore del combustibile, "stop".

cutter (milling cutter) (*t.*), fresa. **2.** ~ (as of a gear shaper) (*t.*), coltello. **3.** ~ (sailboat) (*naut.*), cutter. **4.** ~ (warship boat) (*naut.*) (Am.), lancia armata. **5.** ~ (in sound recording) (*acous.*), fonoincisore. **6.** ~ (coast guard cutter) (*navy*), guardacoste, nave guardacoste. **7.** ~ (as for cutting paper, cardboards etc.) (*mach.*), taglierina, trancia. **8.** ~ (instrument or machine for cutting) (*mach. t. - t.*), strumento da taglio, cesoia. **9.** ~ (for sweeping moored mines) (*navy*), cesoia. **10.** ~ arbor, *see* cutter spindle. **11.** ~ bar (*mech.*), portalame. **12.** ~ bar (*agric. mach.*), barra falciante. **13.** ~ block (*wood w.*), *see* adz block. **14.** ~ cylinder (*wood w.*), *see* adz block. **15.** ~ grinder (*mach. t.*), affilatrice per frese. **16.** ~ guard (of mach. t.), cuffia di protezione (o riparo) per fresa. **17.** ~ holder (of mach. t.), portafresa. **18.** ~ setting gauge (as of a gear shaper) (*mach. t. - mech.*), calibro di registrazione del coltello. **19.** ~ slide (of gear shapers) (*mach. t. - mech.*), slitta stozzante. **20.** ~ slide (of milling mach.), slitta portafresa. **21.** ~ spindle (*mach. t. - mech.*), mandrino portafresa. **22.** ~ yacht (*naut.*), cutter da diporto. **23.** adjustable pipe ~ (*plumber's t.*) (Brit.), tagliatubi regolabile. **24.** angle (milling) ~, *see* angular cutter. **25.** angular ~ (*t.*), fresa ad angolo. **26.** backed-off ~ (*t.*), fresa a profilo costante, fresa a profilo invariabile. **27.** barbed wire ~ (*t.*), tagliafili spinati. **28.** card ~ (as for cutting cards for comp.) (*print. mach. t.*), taglierina per schede. **29.** cold ~ (*blacksmith's t.*), tagliolo a freddo. **30.** concave ~ (*t.*), fresa concava. **31.** convex ~ (*t.*), fresa convessa. **32.** cope ~ (for making the undercut of a tenon) (*wood t.*), utensile per eseguire sottosquadri. **33.** countersink ~ (*t.*), fresa a svasare, fresa per svasature. **34.** dished ~ (as of cutting mach.) (*t.*) (Brit.), coltello circolare. **35.** disk type ~ (*t.*), fresa a disco. **36.** disk type gear ~ (*t.*), fresa a disco per taglio ingranaggi. **37.** double equal-angle ~ (milling cutter) (*t.*), fresa biconica simmetrica. **38.** double unequal-angle ~ (milling cutter) (*t.*), fresa biconica asimmetrica. **39.** end milling ~ (*t.*), fresa a codolo. **40.** explosive ~ (for sweeping moored mines) (*navy*), cesoia esplosiva. **41.** facing ~ (*t.*), fresa per spianare. **42.** finishing ~ (*t.*), fresa per finitura. **43.** flat boring ~ (*t.*), lama piatta per alesare. **44.** form ~ (*t.*), fresa sagomata, fresa a sagoma. **45.** gear ~ (*t.*), fresa a modulo. **46.** grindable inserted blade ~ (*t.*), fresa a lame fissate meccanicamente e riaffilabili. **47.** high-point shaper ~ (for gears) (*t.*), coltello per dentatrice stozzatrice con sommità del dente sporgente (per generare maggior scarico di sbarbatura). **48.** inserted-blade milling ~ (*t.*), fresa a lame riportate. **49.** involute gear ~ (*t.*), fresa per ingranaggi ad evolvente. **50.** jib-headed rig ~ (*naut.*) (Brit.), cutter equipaggiato tipo Marconi. **51.** link pipe ~ (*plumber's t.*) (Brit.), tagliatubi a ruote taglienti. **52.** milling ~ (*t.*), fresa. **53.** milling ~ with inserted teeth (*t.*), fresa a denti riportati. **54.** multiple ~ (for cutting paper, cardboards, etc.) (*mach.*), taglierina multipla. **55.** net ~ (*navy*), tagliarete. **56.** pipe ~ (*t.*), tagliatubi. **57.** plain milling ~ (*t.*), fresa a un taglio. **58.** preshaving shaper ~ (in gear shaving) (*t.*), coltello per dentatrice stozzatrice per ingranaggi da sbarbare. **59.** profile ~ (*t.*), fresa sagomata, fresa a sagoma. **60.** protuberance shaper ~ (for gears) (*t.*), coltello per dentatrice stozzatrice con sommità del dente sporgente (per generare maggior scarico di sbarbatura). **61.** rack milling ~ (*t.*), fresa per dentiere. **62.** radius ~ (milling cutter producing a radius on the workpiece) (*t.*), fresa a profilo curvo (o raggiato). **63.** recording ~ (of disks) (*electroacous.*), fonoincisore. **64.** revenue ~ (coast guard cutter) (*navy*), guardacoste. **65.** reverse crowned shaving ~ (*t.*), coltello sbarbatore per sbarbatura bombata (o ellissoidale). **66.** roughing ~ (*t.*), fresa per sgrossatura. **67.** scrap ~ (*rolling mill mach.*), cesoia per sfridi, cesoia per rifiuti. **68.** scraping out ~ (for die slotting mach.) (*t.*), spina. **69.** shaving ~ (in gear shaving) (*t.*), coltello sbarbatore. **70.** shell end ~ (*t.*), fresa (frontale) a due tagli. **71.** side (milling) ~ (*t.*), fresa a tre tagli. **72.** single-sheet ~ (*paper mfg.*), taglierina per filigrane fisse. **73.** slot ~ (*t.*), fresa (a disco) per scanalature, fresa (a disco) per cave. **74.** spline milling ~ (*t.*), fresa per scanalati. **75.** sprocket ~ (*t.*), fresa per rocchetti da catena, fresa per ruote a denti (per catene). **76.** static ~ (mech. cutter, for sweeping moored mines) (*navy*), cesoia meccanica. **77.** stone ~ (*work.*), scalpellino. **78.** thread ~ (*t.*), fresa per filettare. **79.** throw-away ~ (with ungrindable inserted blade) (*t.*), fresa a placchette non riaffilabili. **80.** T-slot ~ (milling cutter) (*t.*), fresa per scanalature a T, fresa per cave a T. **81.** wheel ~ (*t.*), fresa a modulo. **82.** wire ~ (*impl.*), tagliafilo. **83.** Woodruff keyseat ~ (*t.*), fresa per sedi di linguette Woodruff. **84.** worm thread (milling) ~ (*t.*), fresa per filettare viti senza fine.

cutterhead (of mach. t.), testa portautensile, testa portafresa.

cutting (*mech. operation*), taglio. **2.** ~ (as of expenses) (*comm. - adm.*), riduzione. **3.** ~ (as of soap from glycerol during the manufacturing) (*ind. chem.*), separazione. **4.** ~ (as of wool) (*text. ind.*) (Brit.), cimatura. **5.** ~ (editing of a film) (*m. pict.*), montaggio. **6.** ~ (chip) (*mech. - carp.*), truciolo. **7.** ~ (*railw. and road constr.*), trincea. **8.** "~" (of a fabric, for easy handling) (*text. ind.*) (Brit.), piegatura di un tessuto (per comodità di trasporto). **9.** ~ (of sheet metal) (*mech. technol.*), sfridi. **10.** ~ (of wire) (*metall. ind.*), *see* cropping. **11.** ~ (scoring with diamond and breaking along the scratch) (*glass mfg.*), taglio. **12.** ~ angle (*t.*), angolo tra la faccia tagliante e la superficie del pezzo dietro all'utensile. **13.** ~ blowpipe (*welding equip.*), cannello da taglio. **14.** ~ edge (of a blade, of a tool) (*mech.*), filo, taglio, tagliente. **15.** ~ fluid (liquid flowing on the tool as of a metal cutting mach. tool) (*mach. t.*), liquido (o olio) da taglio, fluido da taglio. **16.** ~ head, *see* cutter 5 ~. **17.** ~ machine (*text. ind. mach.*), macchina per tagliare. **18.** ~ nozzle (of a torch) (*mech. technol.*), *see* cutting tip. **19.** ~ oil (for machining) (*mach.*), olio da taglio. **20.** ~ point (of a tool) (*mech.*), tagliente. **21.** ~ resistance (of a tool), resistenza al taglio. **22.** ~ room (*m. pict.*), sala di montaggio. **23.** ~ speed (of a tool), velocità di taglio. **24.** ~ steel (*metall.*), acciaio per utensili (da taglio). **25.** ~ tip (of a torch) (*welding*), punta (del cannello). **26.** ~ tools (*technol.*), utensili da taglio. **27.** ~ torch, *see* cutting blowpipe. **28.** arc ~ (*mech. technol.*), taglio con (o all') arco. **29.** arc oxygen ~ (*mech. technol.*), ossitaglio all'arco. **30.** automatic oxygen ~ (needing no observation or intervention on the part of operator) (*mech. technol.*), ossitaglio automatico. **31.** carbon-arc ~ (*mech. technol.*), taglio all'arco con elettrodo di carbone. **32.** flame ~ (*mech. technol.*), *see* oxygen cutting. **33.** flux-oxygen ~ (in which the cutting is facilitated by using a flux) (*mech. technol.*), ossitaglio con fondente. **34.** gas ~ (*technol. - mech. ind.*), taglio con cannello. **35.** gear ~ (operation by which gear teeth are cut) (*mech.*), dentatura. **36.** gear ~ attachment (as of universal mach. t.) (*mech.*), accessorio per dentatura. **37.** gear ~ machine (*mach. t.*), dentatrice. **38.** heliarc ~ (*mech. technol.*), taglio all'arco in atmosfera di elio. **39.** laser ~ (*metall.*), taglio con laser. **40.** machine oxygen ~ (*mech. technol.*), taglio al cannello eseguito mediante macchina ossitoma. **41.** manual oxygen ~ (*mech. technol.*), taglio al cannello eseguito a mano. **42.** metal-arc ~ (*mech. technol.*), taglio all'arco con elettrodo metallico. **43.** oxy-acetylene ~ (*mech. technol.*), taglio ossiacetilenico. **44.** oxy-arc ~ (*mech. technol.*), taglio ossielettrico. **45.** oxygen ~ (*mech. technol.*), ossitaglio, taglio col cannello. **46.** oxygen-lance ~ (process wherein only oxygen is supplied by the lance and preheat is obtained by other means) (*mech. technol.*), ossitaglio alla lancia. **47.** oxy-hydrogen ~ (*mech. technol.*), taglio ossidrico. **48.** oxy-propane ~ (of metals) (*mech. technol.*), taglio ossipropanico. **49.** plasma arc ~ (of metals) (*mech. technol.*), taglio a getto di plasma, taglio ad arco-plasma. **50.** rotary ~ (*mech.*), taglio (o asportazione) per rotazione. **51.** silent film ~ (*m. pict.*), montaggio ottico di un film. **52.** sound film ~ (*m. pict.*), montaggio sonoro di un film. **53.** the ~ rolls up (of chips: while machining) (*mach. t. - mech.*), il truciolo si avvolge.

cutwater (*naut.*), tagliamare. **2.** ~ (as of a bridge pier in a river) (*bldg.*), frangicorrente.

cut-wire (small steel cylinder cut from wire and used in shot-peening) (*mech. technol.*), "cut-wire", cilindretto di filo di acciaio.

"CV" (check valve) (*pip.*), valvola di ritegno. **2.** ~ (combat vehicle) (*milit.*), veicolo da combattimento.

"cv", "cvt", *see* convertible.

"CW" (continuous wave) (*radio*), onda persistente. **2.** ~ (carrier wave) (*radio*), onda portante. **3.** ~ (cold water) (*pip. - etc.*), acqua fredda.

"cw" (clockwise, direction of rotation) (*a. mech. - etc.*), orario, in senso orario.

"c//w" (complete with) (*gen.*), completo di.

C washer (open washer) (*mech.*), rosetta grover, rosetta spaccata.

"CWL" (cowling, as of a mach.) (*mach. - etc.*), cappottatura, cofano.

"cwm" (cirque) (*geol.*), circo.

"CW-radar" (continuous wave radar) (*radar*), radar ad onde persistenti.

"CWT" (carrier wave telegraphy) (*telegr.*), telegrafia ad onda portante.

"cwt" (hundredweight) (*weight meas.*), *see* hundredweight.
"cx", *see* convex.
"cy" (cycle) (*gen.*), ciclo. **2.** ~ , *see also* capacity.
cyan (group of colors from blue to greenish blue) (*color*), gruppo di colori dal blu al blu verdastro.
cyanamide ($CN.NH_2$) (*chem.*), cianammide. **2.** ~ (short for calcium cyanamide) (*fertilizer*), calciocianammide.
cyanate (*chem.*), cianato.
cyanide (*chem.*), cianuro. **2.** ~ hardening (cyaniding) (*heat-treat.*), cianurazione. **3.** potassium ~ (KCN) (*chem.*), cianuro di potassio. **4.** sodium ~ (NaCN) (*chem.*), cianuro di sodio.
cyaniding (as of steel) (*heat-treat.*), cianurazione.
cyanoacrylate (used in adhesives ind.) (*chem.*), cianoacrilato.
cyanogen $(CN)_2$ (poisonous gas) (*chem.*), cianogeno.
cyanotype, *see* blueprint.
cybernated (*a. - cybernetics*), che usa la cibernetica. **2.** ~ (controlled by computers: as a factory) (*a. - cybernetics*), a totale automazione.
cybernation (mfg. control by comp.) (*n. - comp.*), applicazione pratica della cibernetica, controllo automatico mediante un calcolatore elettronico.
cybernetic (*a. - autom.*), cibernetico.
cyberneticist, cybernetician (a specialist in cybernetics) (*n. - autom.*), cibernetico.
cybernetics (*autom.*), cibernetica.
"cyc", *see* cycle, cycling.
cycle (*ind.*), ciclo. **2.** ~ (*elect.*), periodo. **3.** ~ (of stress, in fatigue testing) (*mech. technol.*), ciclo. **4.** ~ count (cycles computation) (*comp.*), conteggio dei cicli. **5.** ~, *see* cycles per second. **6.** ~ index (*comp.*), indice di ciclo. **7.** ~ path (*road traff.*), *see* cycle track. **8.** cycles per second (*elect. - phys.*), frequenza, cicli per secondo. **9.** ~ reset (*calc. mach.*), rimessa a zero del contatore dei cicli. **10.** ~ shift (*comp.*), scorrimento di ciclo. **11.** ~ time (time necessary for making a cycle: period) (*elect. - gen.*), periodo. **12.** ~ time, *see* memory cycle. **13.** ~ track (part of a highway) (*road traff.*), pista per ciclisti, pista ciclabile, pista per biciclette (o velocipedi). **14.** accounting ~ (*adm.*), ciclo contabile. **15.** automatic ~ (as in automatic mach. t. equipped with proper power controls for completing the work and returning it and cutters to the starting position) (*mach. t. mech.*), ciclo automatico. **16.** Carnot ~ (*thermod.*), ciclo di Carnot. **17.** closed ~ (as of a gas turbine) (*mach.*), ciclo chiuso. **18.** control ~ (control loop) (*comp.*), ciclo di controllo. **19.** display ~ (*comp.*), ciclo di visualizzazione. **20.** execution ~ (as of an instruction) (*comp.*), ciclo di esecuzione. **21.** 50 ~ alternating current (*elect.*), corrente alternata a 50 periodi. **22.** four-stroke ~ (of an i.c. engine) (*mot.*), ciclo a quattro tempi. **23.** indirect ~ (as in the utilization of the reactor heat) (*atom phys.*), ciclo indiretto. **24.** machine ~ (time requested for the repetition of an entire series of operations) (*comp.*), ciclo macchina. **25.** memory ~ (sequence of events requested for executing a reading or writing operation in a central memory) (*comp. speed*), ciclo di memoria. **26.** memory ~ time (*comp.*), tempo del ciclo di memoria (o di memorizzazione). **27.** minor ~, *see* word time. **28.** one-revolution ~ (two-stroke cycle) (*mot.*), ciclo a due tempi. **29.** open ~ (of a gas turbine), ciclo aperto. **30.** operating ~ (*ind.*), ciclo operativo. **31.** otto ~ (*thermod.*), ciclo Otto. **32.** pedal ~ (*veh.*), bicicletta a pedali. **33.** reversible ~ (*thermod.*), ciclo reversibile. **34.** semi-closed ~ (of a gas turbine), ciclo semi-chiuso. **35.** starting ~ (as of a jet engine), ciclo d'avviamento. **36.** storage ~ (sequence of events requested for transferring data to or from the memory) (*comp.*), ciclo di memoria. **37.** time ~ (*ind.*), ciclo a tempo. **38.** trade ~ (business cycle) (*comm. - etc.*), andamento degli affari. **39.** two-~ (two-stroke cycle) (of mot.), ciclo a due tempi. **40.** two-stroke ~ (of mot.), ciclo a due tempi. **41.** welding ~ (in resistance welding refers to the complete series of operations involved in making a weld) (*mech. technol.*), ciclo di saldatura. **42.** write ~ (*comp.*), ciclo di scrittura.
cyclecar (*veh.*), vetturetta a motore (a tre o quattro ruote).
cyclery (*comm. - veh.*), vendita di biciclette con annesso servizio di riparazione.
cyclic (*gen.*), ciclico. **2.** ~ (*chem.*), ciclico. **3.** ~ check character (*comp.*), carattere ciclico di controllo. **4.** ~ group (*math.*), gruppo ciclico. **5.** ~ irregularity (as of an engine flywheel) (*mot.*), ciclica irregolarità. **6.** ~ pitch change (as of helicopter rotor blades) (*aer. - mech.*), variazione periodica del passo.
cycling (cyclic variation or movement) (*gen.*), variazione ciclica, movimento ciclico. **2.** ~ (*sport*), ciclismo.
cyclist, ciclista.
cyclization (a process, as used for gasoline) (*chem. ind.*), ciclizzazione.
cyclize (to) (as the hydrocarbons of gasoline) (*chem. ind.*), ciclizzare.
cyclo (cyclotaxi: 3-wheeled motorcycle) (*transp. veh.*), microtaxi.
cyclo-converter (for the speed control of a synchronous mot.) (*elect. - elics.*), variatore di giri a comando elettronico.
cyclograph (*elect. instr.*) (Brit.), "ciclografo".
cyclogyro, cyclogiro (*aer.*), ciclogiro.
cyclohexane (C_6H_{12}) (*ind. chem.*), cicloesano.
cyclohexanol ($C_6H_{11}OH$) (*ind. chem.*), cicloesanolo, esalina.
cyclohexanone ($C_6H_{10}O$) (*ind. chem.*), cicloesanone.
cycloid (*geom.*), cicloide.
cycloidal (*a. - geom.*), cicloidale. **2.** ~ gearing system (*mech.*), sistema di ruotismi cicloidale. **3.** ~

teeth (of gear-wheel) (*mech.*) (Brit.), denti a profilo cicloidale.

cyclometer (of a bicycle) (*instr.*), contachilometri. **2.** ~ (for meas. arcs of circle) (*instr.*), strumento per misurare archi di cerchio.

cyclone [(Europe), or tropical cyclone (India), or hurricane (North Am.), or willy-willy (Australia), or tornado (South Am.)] (*meteorol.*), ciclone (Europa), ciclone tropicale (India), uragano (Nord Am.), tifone (Estremo Oriente). **2.** ~ (aeromechanic apparatus: as for mining) (*ind. - etc.*), ciclone. **3.** ~ (centrifugal separator for smoke) (*therm. app.*), separatore a ciclone, ciclone.

cyclorama (*m. pict.*), cinerama.

cyclostyle (printing apparatus), ciclostile. **2.** "~" (*arch.*), ciclostilio.

cyclotron (*atom phys. app.*), ciclotrone. **2.** ~ frequency (gyromagnetic frequency, natural frequency of gyration of a charged particle in a magnetic field) (*atom phys.*), frequenza ciclotronica. **3.** ~ resonance (*atom phys.*), risonanza ciclotronica. **4.** FM ~ (*atom phys.*), ciclotrone a modulazione di frequenza.

Cycloversion (trade name of a desulfuration process in gasoline treatment) (*chem. ind.*), sistema di desolforazione Cycloversion.

cyl (cylinder) (*mech. draw.*), cilindro. **2.** ~ (cylindrical) (*a. - mech. draw.*), cilindrico.

cylinder (*geom.*), cilindro. **2.** ~ (as of mot.), cilindro. **3.** ~ (gas container) (*ind.*), bombola. **4.** ~ (of a revolver) (*firearm*), tamburo. **5.** ~ (of a hydr. brake system) (*aut.*), cilindretto (apriceppi). **6.** ~ (of a spinning frame) (*text. mach.*), tamburo. **7.** ~ (cutter block) (*wood w.*), *see* adz block. **8.** ~ (roller, platen) (*typerwriter*), rullo. **9.** ~ (hypotetic cylinder formed by tracks of equal radius pertaining to a set of disks) (*comp.*), cilindro. **10.** ~ barrel (of mot.), canna (del) cilindro. **11.** ~ block (as of mot.), monoblocco, blocco cilindri. **12.** ~ glass (plate glass obtained from a blown cylinder) (*glass mfg.*), lastra di vetro soffiata. **13.** ~ grinder (as for aut. cylinder blocks) (*mach. t.*), rettificatrice per cilindri. **14.** ~ head (of mot.), testa cilindro. **15.** ~ holder (as of gas fed aut.), portabombole. **16.** ~ holding down studs (*radial mot.*), prigionieri fissaggio cilindro. **17.** ~ liner (as a dry liner) (*mot.*), camicia riportata, canna cilindro. **18.** ~ liner (as a wet liner, surrounded by cooling water) (*mot.*), camicia riportata. **19.** ~ lock (*mech.*), serratura a cilindro (tipo Yale). **20.** ~ machine (kind of paper-making machine) (*paper mfg. mach.*), macchina in tondo. **21.** ~ planer (*join. mach. t.*), piallatrice rotativa per legno. **22.** ~ press (*print. mach.*), rotativa. **23.** ~ skirt (of mot.), parte inferiore del cilindro. **24.** airhydraulic ~ (for controls) (*mach.*), cilindro idropneumatico. **25.** brake ~ (on veh. wheels) (*aut.*), cilindretto (del freno). **26.** cushion, advance and retract ~ (of a hydraulic control) (*hydr. - etc.*), cilindro frenato nella corsa di andata ed in quella di ritorno. **27.** double-acting ~ (as of mot.), cilindro a doppio effetto. **28.** double-end-rod ~ (double rod cylinder of a hydraulic control, with a single piston and rod extending from each end) (*hydr. - etc.*), cilindro ad asta passante, cilindro a doppia asta. **29.** double rod ~, *see* double-end-rod cylinder. **30.** drying cylinders (of a paper mach.) (*paper mach.*), cilindri asciugafeltro. **31.** fixed cushion, advance and retract ~ (of a hydraulic control) (*hydr. - etc.*), cilindro con freno non regolabile ad entrambe le estremità. **32.** graduated ~ (*chem. impl.*), cilindro graduato. **33.** grinding of a ~ (*mech.*), rettifica di un cilindro. **34.** honing of a ~ (*mech.*), levigatura di un cilindro. **35.** hydraulic ~ (of a hydraulic control) (*hydr.*), cilindro idraulico. **36.** non-cushion ~ (as of a hydraulic system) (*hydr. - etc.*), cilindro non frenato. **37.** out-of-round ~ (of a mot.) (*mech.*), cilindro ovalizzato. **38.** ovalized ~ (as of mot.) (*mech.*), cilindro ovalizzato. **39.** plunger ~ (a cylinder in which the movable element has the same cross-sectional area as the piston rod) (*mach.*), cilindro di stantuffo senza asta. **40.** pneumatic ~ (of a control system) (*fluids mech.*), cilindro pneumatico. **41.** recoil-counterrecoil ~ (of a gun) (*ordnance*), cilindro freno-ricuperatore. **42.** recoil ~ (of a gun) (*milit.*), cilindro del freno. **43.** rolling ~ (of gear) (*mech.*), cilindro di rotolamento. **44.** scored ~ (of an engine) (*mech.*), cilindro rigato. **45.** shell ~ (of ammunition) (*expl.*), bossolo. **46.** single-acting ~ (of mot.), cilindro a semplice effetto. **47.** single ~ (*mot.*), monocilindro. **48.** single-end-rod ~ (as of a hydraulic system) (*hydr. - etc.*), cilindro ad asta semplice. **49.** slave ~ (*hydr.*), cilindro ausiliario, servocilindro. **50.** stepped ~ (*mech.*), cilindro composto, cilindro a gradini. **51.** thick hollow ~ (intermediate stage for obtaining seamless steel tubes as by pushbench process) (*metall.*), abbozzo cavo. **52.** vee ~ block (*mot.*), blocco cilindri a V, monoblocco con cilindri a V. **53.** wheel ~ (of a brake) (*aut.*), cilindretto apriceppi, cilindro delle ruote.

cylinder-dried (machine-dried, said of paper) (*paper mfg.*), asciugata a macchina.

cylinders in line (*mot.*), cilindri in linea.

cylindrical, cilindrico. **2.** ~ vault, *see* barrel vault.

cyma (*arch.*), gola. **2.** ~ recta (*arch.*), gola diritta. **3.** ~ reversa (*arch.*), gola rovescia.

cymatium (*arch.*), cimasa.

"cymometer" (wavemeter) (*elect. instr.*), cimometro, ondametro.

cymophane (chrysoberyl: $BeAl_2O_4$) (*min.*), crisoberillo opalescente.

cypress (*wood*), cipresso.

cystoscope (*med. instr.*), cistoscopio. **2.** catheterization ~ (*med. instr.*), cistoscopio da cateterismo. **3.** diagnostic ~ (*med. instr.*), cistoscopio diagnostico. **4.** infant ~ (*med. instr.*), cistoscopio pediatrico. **5.** operating ~ (*med. instr.*), cistoscopio operativo.

cysto-urethroscope (*med. instr.*), cisto-uretroscopio.

D

"D" (drill!) (by drilling mach.) (*mech. draw.*), forare (al trapano). **2.** ~ (short for diameter) (*geom. - etc.*), diametro. **3.** ~ (day) (*meas.*), giorno. **4.** ~ (deuterium) (*chem. - atom phys.*), D, deuterio, idrogeno pesante.

"d" (drizzle, Beaufort letter) (*meteorol.*), pioviggine, pioggerella. **2.** ~ (disengage, disengaging operation) (*time study*), disinnestare. **3.** ~ (deci-, prefix: 10^{-1}) (*meas.*), d, deci-. **4.** ~ (day) (*meas.*), giorno. **5.** ~ (deuteron) (*atom phys.*), d, deuterone, deutone. **6.** ~ , *see also* date, degree, density, department, diameter, distance, dose, double, driving.

"DA" (double-action: as of a press) (*mach.*), a doppio effetto. **2.** ~ (double-armoured, cable) (*a. - elect.*), a doppia armatura.

"D/A" (documents against acceptance) (*comm.*), documenti contro accettazione.

"da" (deca-, ten times, ×10) (*meas.*), da, deca-.

dab (blow) (*gen.*), colpo. **2.** ~ (instr. for marking) (*mech. - t.*), punzone. **3.** ~ (rough mortar used for plastering) (*mas.*) (Brit.), malta da intonaco.

dab (to) (to strike) (*gen.*), battere. **2.** ~ (to dress stone) (*mas.*), levigare, spianare. **3.** ~ (to dabble, to moisten) (*gen.*), inumidire, bagnare. **4.** ~ (to daub, to plaster) (*mas.*), intonacare.

"DAC", *see* Digital to Analogue Converter.

dacite (extrusive rock) (*geol.*), dacite.

dado (of a pedestal) (*arch.*), dado. **2.** ~ (decoration of the lower part of an interior wall) (*bldg.*), zoccolo decorato.

"d.a.f." (dry, ash-free: coal) (*comb.*), asciutto senza ceneri.

"dag", *see* decagram.

"DAGC" (Delayed Automatic Gain Control) (*radio*), regolatore automatico di guadagno ritardato.

dagger (*arm*), stiletto, pugnale. **2.** ~ board (*naut.*), deriva a coltello.

daggings (*text. ind.*), *see* dags.

dags (dirty and manure-coated wool) (*text. ind.*) (Brit.), lane sudice.

daguerreotype (*phot.*), dagherrotipo.

daily (newspaper) (*n. - journ.*), quotidiano. **2.** ~ (*a. - gen.*), giornaliero. **3.** ~ evening paper (*journ.*), quotidiano della sera. **4.** ~ morning paper (*journ.*), quotidiano del mattino.

dairy (*agric.*), caseificio, latteria. **2.** ~ farm (*agric.*), cascina. **3.** ~ industry (*ind.*), industria casearia, industria dei latticini.

dais (a portion of the floor raised above the rest usually for ceremonial use) (*gen.*), pedana.

daisy chain (a mode of connecting units in cascade to a "CPU") (*comp.*), catena a margherita.

daisy wheel (of a radial spoke type printer) (*comp.*), ruota a margherita.

dalapon (selective herbicide against monocotyledonous grasses: $C_3H_4Cl_2O_2$) (*agric. chem.*), acido dicloropropionico.

dale (valley) (*geogr.*), valle. **2.** ~ (pipe) (*naut.*), tubo proveniente da una pompa di bordo.

dalton (a unit of mass for atoms; of approximately 1.65×10^{-24} grams) (*phys.*), dalton.

daltonic (*opt. - med.*), daltonico.

daltonism (*opt. - med.*), daltonismo.

dam (wall) (*hydr.*), diga. **2.** ~ (embankment) (*hydr. constr.*), arginatura. **3.** ~ (body of water) (*hydr.*), complesso d'acqua trattenuto da una diga. **4.** ~ (of a blast furnace) (*metall.*), dama, piastra. **5.** ~ (adjustable diaphragm of a grinder pit) (*paper mfg. mach.*), paratoia. **6.** ~ plate (of a blast furnace) (*metall.*), piastra di dama, piastra di guardia. **7.** ~ stone (of a blast furnace) (*metall.*), pietra di dama, pietra di guardia. **8.** buttress ~ (*hydr. constr.*), diga a contrafforti. **9.** drowned ~ (*hydr. constr.*), *see* overflow dam. **10.** earth ~ (*hydr. constr.*), diga in terra. **11.** flood ~ (flooding dam, for temporary storage) (*hydr.*), argine di piena. **12.** gravity ~ (*hydr. constr.*), diga a gravità. **13.** masonry ~ (*hydr. constr.*), diga in muratura. **14.** movable ~ (*hydr.*), diga mobile. **15.** overflow ~ (*hydr. constr.*), diga tracimabile, diga tracimante. **16.** retaining ~ (wall) (*hydr.*), diga di ritenuta. **17.** rockfill ~ (made of loosely placed rocks and stones (*hydr. constr.*), arginatura a scogliera.

dam (to) (*hydr.*), costruire una diga.

damage (*gen.*), danno, danneggiamento. **2.** ~ (*mech.*), guasto. **3.** civil damages (*law*), danni civili. **4.** damages survey (*law*), perizia dei danni. **5.** indemnity for damages (*law*), risarcimento danni. **6.** to lay damages (*law*), dichiarare i danni.

damage (to), danneggiare.

damaged (*gen.*), danneggiato, **2.** ~ goods (*comm.*), merci avariate.

damascene, damaskene, damascatura, damaschinatura.

damascene (to) (to decorate), damascare, intarsiare. **2.** ~ (*metall.*), damaschinare, damascare.
damascening (decorating of metal articles) (*metall.*), damascatura, damaschinatura.
damask (*fabric*), damasco.
damask (to) (*text. ind.*), damascare.
damaskeen (to), *see* to damascene.
dammar (natural resin) (*paint ind.*), dammar.
damming (damming up, raising of the water level with a dam) (*hydr. constr.*), invaso. **2.** ~ (of a torrent, for checking its flow) (*hydr. constr.*), briglie, imbrigliatura.
damp (humid) (*a. - gen.*), umido. **2.** ~ (gas in coal mines) (*n. - min. danger*), gas delle miniere, grisou. **3.** stink ~ (sulphureted hydrogen) (*min. - chem.*), idrogeno solforato.
damp (to) (a sound) (*acous.*), smorzare. **2.** ~, *see also* to dampen. **3.** ~ (to moisten) (*gen.*), inumidire, bagnare. **4.** ~ (to cover a fire with ash) (*comb.*), soffocare (il fuoco). **5.** ~ down (a blast furnace) (*metall.*), spegnere, arrestare.
damped (of vibration) (*phys. - elect.*), smorzato. **2.** ~ (moistened) (*phys.*), inumidito. **3.** ~ harmonic motion (*phys.*), moto armonico smorzato. **4.** ~ waves (*radio*), onde smorzate.
dampen (to) (to moisten), inumidire, bagnare. **2.** ~ (as oscillations) (*phys. - elect.*), smorzare, smorzarsi.
dampener (device for moistening) (*impl.*), umettatore. **2.** ~ (damping device, as of oscillations) (*app.*), smorzatore. **3.** brush ~ (*impl.*), umettatore a spazzola.
dampening (as of oscillations) (*phys. - elect.*), smorzamento. **2.** ~ (moistening) (*gen.*), umettazione, inumidimento. **3.** ~ solution (for offset machine) (*typ.*), soluzione per bagno.
damper (as of a moving element of an elect. meas. instr.) (*elect. device*), smorzatore. **2.** ~ (of stove), valvola di tiraggio. **3.** ~ (device for wetting) (*impl.*), umettatore. **4.** ~ (as a diode of a television set) (*telev.*), smorzatore. **5.** ~ (Brit), *see* shock absorber. **6.** ~ winding (*elect.*), avvolgimento smorzatore. **7.** air ~ (as of a moving element of an elect. meas. instr.), smorzatore ad aria. **8.** blade ~ (of a helicopter rotor) (*aer.*), ammortizzatore della pala. **9.** electromagnetic ~ (as of a moving element of an elect. meas. instr.), smorzatore magnetico. **10.** flash ~ (of a firearm) (*milit.*), smorzatore di vampa. **11.** liquid ~ (as of a moving element of an elect. meas. instr.), smorzatore a liquido. **12.** shimmy ~ (as of a wheel) (*aer. - aut.*), ammortizzatore antishimmy. **13.** steering ~ (of a mtc.) (*mech.*) (Brit.), ammortizzatore allo sterzo, fermasterzo. **14.** telescopic ~ (*aut.*), ammortizzatore telescopico. **15.** vibration ~ (as of an engine crankshaft) (*mech. - elect.*), smorzatore di vibrazioni.
damping (as of an oscillation) (*elect. - phys.*), smorzamento. **2.** ~ (as of vibration) (*mech. - etc.*), smorzamento, isolamento. **3.** ~ (as of irregular movement) (*aer.*), smorzamento. **4.** ~ (moistening) (*gen.*), inumidimento. **5.** ~ (in damped harmonic oscillations) (*math.*), smorzamento, fattore di smorzamento. **6.** ~ (of sounds) (*acous.*), smorzamento, attenuazione. **7.** ~ capacity (capacity to absorb mech. vibrations) (*mech.*), potere antivibratorio. **8.** ~ down (of a blast furnace), arresto (per chiusura della tubiera). **9.** ~ rolls (*paper mfg.*), rulli umettatori. **10.** ~ stretch (stretch due to damping) (*paper mfg.*), allungamento dovuto ad umidità. **11.** ~ valve (for preventing fluid oscillations in a hydraulic system) (*mech. - hydr.*), valvola di smorzamento. **12.** critical ~ (*phys.*), smorzamento critico. **13.** internal ~ (intrinsic to the material of a structure) (*aer.*), smorzamento interno. **14.** roll ~ (of car suspensions) (*aut.*), smorzamento a rollio. **15.** structural ~ (total damping of a structure) (*aer.*), smorzamento strutturale. **16.** viscous ~ (of a vibrating system, when the force opposing the motion is proportional and opposite in direction to the velocity) (*mech.*), smorzamento viscoso.
dampness (moisture), umidità.
dampproof (*a.*), impermeabile. **2.** ~ coating (*bldg.*), rivestimento impermeabilizzato.
dampproofer (material for dampproofing) (*mas.*), materiale impermeabilizzante.
dampproofing (*mas.*), impermeabilizzazione.
"daN" (decanewton) (*meas.*), daN, decanewton.
dan (short for dan buoy, signal buoy) (*navy - naut. - fishing*), boetta di segnalazione, boa di segnalazione. **2.** ~ buoy layer (*navy*), unità posa-segnali. **3.** datum ~ buoy (of a series of signals) (*navy*), segnale caposaldo. **4.** deep ~ buoy (*navy*), boa di segnalazione per alti fondali. **5.** pellet ~ buoy (buoy decorated by refractive pellets) (*navy*), boetta di segnalazione con catarifrangente. **6.** stave ~ buoy (*navy - naut. - etc.*), boetta di segnalazione con asta.
dancer (*paper mfg.*), *see* dandy roll.
dancing (surging, free vibration of valve springs due to resonance) (*mech.*), sfarfallamento, farfallamento.
"D&M" (dressed and matched) (*wood carp.*), perlinato, rivestito con perline.
"D&P" (developing and printing) (*phot.*), sviluppo e stampa.
dandy (*naut.*), *see* yawl. **2.** ~ (*naut.*), piccola imbarcazione a vela a due alberi modificata a ketch. **3.** ~ mark (defect in paper caused by the dandy roll) (*paper mfg.*), spizzicatura del ballerino. **4.** ~ roll (or roller: of a paper machine and used for impressing the watermarks) (*paper mfg.*), ballerino, tamburo per filigranatura, tamburo ballerino.
"dandy-finisher" (as for wool) (*text. mach.*), stiratoio senza pettine prefinitore.
"dandy-reducer" (as for wool) (*text. mach.*), stiratoio senza pettine riduttore.
"dandy-rover" (as for wool) (*text. mach.*), stiratoio senza pettine finitore.

danger, pericolo.
dangerous, pericoloso.
dangle (to) (to hang loose) (*mech.*), ciondolare.
dank (*a.*), *see* damp, humid.
danty (*min.*) (Brit.), carbone (in grossa pezzatura).
dap (to) (to cut and form a cavity for preparing a joint: as in timber) (*carp.*), preparare un incastro. **2.** ~ (to form in cup shape by particular dies) (*special proc.*), imbutire a forma di coppa.
dap joint (*carp.*), giunto ad incastro.
dapper (circular saw) (*carp.*), tipo di sega circolare.
daraf (farad reciprocal) (*elect. meas.*), unità di misura dell'elastanza, daraf.
darby (plasterer's trowel) (*mas.*), fratazzo.
darcy (porous permeability meas.) (*meas. unit*), darcy.
darg (*gen.*), lavoro di un giorno.
dargue, *see* darg.
dark (*a. - gen.*), oscuro. **2.** ~ current (when a photoelectric cell is struck by an electromotive force instead of light) (*photoelectronics*), corrente nera. **3.** ~ interval (*m. pict.*), fase (o periodo) di otturazione. **4.** ~ lantern (*impl.*), lanterna cieca. **5.** ~ slide (*phot.*), telaio porta lastra. **6.** ~ space, *see* crookes' dark space.
darken (to), oscurare.
dark-field microscope, *see* ultramicroscope.
darkness, oscurità. **2.** ~ (as of a dye) (*opt. - etc.*), scurezza.
darkroom (*phot.*), camera oscura.
darning, rammendo. **2.** ~ cotton (*text. ind.*), cotone da rammendo. **3.** ~ needle (*sewing*), ago da rammendo.
dart (an information arrow appearing on a video display) (*comp.*), (segnale a) freccia.
dash (as in telegraphic alphabet), lineetta. **2.** ~ (violent stroke), colpo violento. **3.** ~ light (on the dashboard) (*aut.*), sistema di illuminazione del cruscotto. **4.** ~ panel (*aut. constr.*), cruscotto, plancia cruscotto. **5.** spatter ~ (roughcast) (*mas.*), intonaco rustico.
dashboard (instrument board) (*aut.*), cruscotto. **2.** ~ (splashboard: of a veh.), riparo anteriore per acqua (o fango). **3.** cushioned ~ (padded dashboard) (*aut. - safety*), cruscotto imbottito. **4.** padded ~ (*aut. - safety*), cruscotto imbottito.
dashplate (baffle plate as of a ship's boiler) (*mech.*), lamiera deflettrice.
dashpot (for damping vibrations) (*mech.*), smorzatore di vibrazioni. **2.** ~ (for avoiding shocks) (*mech.*), ammortizzatore, dispositivo per evitare urti. **3.** ~ (as of a blowing head) (*expl.*), ritardatore.
dasymeter (for gas density) (*meas. app.*), densimetro per gas.
"DAT", *see* Digital Audio Tape.
data (*gen.*), dati. **2.** ~ *plural of* datum. **3.** ~ bank (*comp.*), banca (di) dati. **4.** ~ bank (*stat.*), istituto di statistica. **5.** ~ base (group of chosen data useful for speeding search and retreival) (*comp.*), base (di) dati. **6.** ~ bus (*comp.*), bus dati. **7.** ~ chaining (*comp.*), concatenamento (di) dati. **8.** ~ collection (*comp.*), raccolta dati. **9.** ~ converter (unit changing data from one form to another) (*comp.*), convertitore (di) dati. **10.** ~ definition (*comp.*), definizione (di) dati. **11.** ~ dictionary (*comp.*), dizionario dati. **12.** ~ division (in "COBOL" program) (*comp.*), sezione dati. **13.** ~ flow (*comp.*), flusso (di) dati. **14.** ~ format (disposition of data on a printed sheet etc.) (*comp.*), formato dei dati. **15.** ~ handling (*comp.*), trattamento dei dati. **16.** ~ highway (bus of data) (*comp.*), bus (di) dati. **17.** ~ item (datum) (*comp.*), dato, tipo di dato, singola unità di informazione. **18.** ~ logger (automatic recorder of data) (*comp.*), registratore (automatico) di dati. **19.** ~ logging (*comp.*), registrazione di dati. **20.** ~ medium (support used for recording: as magnetic tape, disk etc.) (*comp.*), supporto dati. **21.** ~ name (the name of a datum) (*comp.*), nome di un tipo di dato. **22.** ~ origination (the translation of data in a mach. readable form) (*comp.*), preparazione di dati in linguaggio macchina. **23.** ~ plate (*mot. - mach.*), targhetta delle caratteristiche. **24.** ~ printer (*comp. - etc.*), stampatrice di dati. **25.** ~ processing, "DP" (any manipulation or operation on data) (*comp. - calc. mach.*), elaborazione (di) dati. **26.** ~ processing center (including the comp. and its peripheral units, the personnel and the office) (*comp.*), centro elaborazione dati. **27.** ~ processing machine (*comp.*), macchina elaborazione dati. **28.** ~ processing man, d p man (*comp. pers.*), informatico. **29.** ~ processor (*comp.*), processore, elaboratore (di) dati. **30.** ~ recording (*comp.*), registrazione (di) dati. **31.** ~ recording device (reading/writing unit) (*comp.*), dispositivo di lettura/scrittura. **32.** ~ retrieval (the searching of data) (*comp.*), ricerca (di) dati. **33.** ~ set, "DS" (group of related data) (*comp.*), insieme di dati in relazione tra loro. **34.** ~ transmitter (*comp.*), trasmettitore di dati. **35.** ~ unit (set of related characters treated as an unit) (*comp.*), unità (di) dati. **36.** analog ~ (*comp.*), dati analogici. **37.** automatic ~ processing, "ADP" (*comp. - etc.*), elaborazione automatica (di) dati. **38.** business ~ (business oriented data) (*comp.*), dati gestionali. **39.** centralized ~ processing (*comp.*), elaborazione centralizzata dati. **40.** external ~ processing (as in a n. c. mach. t.) (*data proc. - elics.*), elaborazione esterna dei dati. **41.** firing ~ (*milit.*), dati di tiro. **42.** input ~ (*comp.*), dati d'ingresso. **43.** integrated ~ (*stat.*), dati complessivi. **44.** integrated ~ processing (*comp.*), - elaborazione dati integrati. **45.** internal ~ processing (as in a n. c. mach. t. etc.) (*data proc. - elics.*), elaborazione interna dei dati. **46.** machining ~ (*n. c. mach. t.*), informazioni di lavoro. **47.** management ~ (*comp.*), dati gestionali. **48.** master ~ (most important data) (*comp.*), dati principali. **49.** numeric ~ (digit data) (*comp.*), dati numerici. **50.** operating ~ (*mech. technol. - mot.*), dati di fun-

zionamento. **51.** path ~ (position data) (*n. c. mach. t.*), informazioni di percorso. **52.** qualitative ~ (data based on the quality of an item) (*stat.*), dati qualitativi. **53.** quantitative ~ (data based on the quantity of an item) (*stat.*), dati quantitativi. **54.** raw ~ (in original form, not yet processed) (*comp.*), dati ancora da elaborare, dati di origine. **55.** sampled ~ (data collected: as for control) (*comp. stat.*), dati campionati. **56.** test ~ (particular data studied for system testing) (*comp.*), dati di prova. **57.** transaction ~ (as of data referring to gestional or comm. operations) (*comp. comm.*), dati di transazione (o di movimento).

database, *see* data base. **2.** ~ management (*tlcm.*), gestione (della) base dati.

datacrime (kind of comp. virus program: ~ 1, ~ 2, ~ 3) (*comp.*), programma "datacrime" temporizzato (o a tempo) di virus del computer.

dataglove (a sophisticated and sensitized glove, worn by operator's hand that is simultaneously represented on a comp. display acting the same movements of the operator's hand, together with the image of the items to be assembled etc.) (*comp.*), guanto computerizzato, dataglove.

datagram (data transmission system) (*comp.*), datagramma.

datamation (automatic data processing) (*comp.*), elaborazione automatica (di) dati.

Data-Phone (trademark of a Bell System operating on teleph. lines) (*elics. - teleph.*), stazione di trasmissione veloce dati.

date (time), data. **2.** ~ as postmark (*comm.*), data del timbro postale. **3.** ~ line (*geogr.*), linea del cambiamento di data. **4.** ~ of issue (*gen.*), data di emissione. **5.** ~ stamp (*office impl.*), datario. **6.** due ~ (*comm. - etc.*), data di scadenza. **7.** effective ~ (operative date) (*comm. - etc.*), data di entrata in vigore. **8.** from ~ order is received (as a delivery) (*comm.*), dalla data di ricevimento dell'ordine. **9.** purge ~ (date after which the data will be cancelled for storing other data) (*comp.*), data di cancellazione. **10.** to ~ (until now, up to the present moment) (*gen.*), fino ad ora, sinora. **11.** ultimate ~ (deadline) (*comm.*), data ultima.

date (to) (*gen.*), datare, risalire a.

dater (instr. for marking dates) (*packing - etc. - instr.*), datario.

dating (*gen.*), datazione. **2.** radiocarbon ~ (carbon dating) (*radioact.*), datazione mediante carbonio 14. **3.** radiometric ~ (dating based on the decay of radioactive elements) (*radioact.*), datazione radiometrica.

datum (as of a problem), dato. **2.** ~ (point, line etc. from which positional or geometrical relationships are established) (*mech. technol.*), riferimento. **3.** ~ (singular of data: data item) (*comp. - etc.*), (un) dato, (un) tipo di dato. **4.** ~ level (*top.*), piano di riferimento. **5.** ~ line (*top.*), linea di riferimento. **6.** ~ plane (*top.*), piano di riferimento. **7.** ~ point (*top.*), punto di riferimento, caposaldo.

daub (to) (to cover or coat) (*gen.*), rivestire. **2.** ~ (to plaster) (*mas.*), intonacare.

daubing (*leather ind.*), *see* dubbing.

"DAVC" (Delayed Automatic Volume Control) (*radio*), regolatore automatico di volume ritardato.

davenport (small writing desk) (*piece of furniture*), piccola scrivania. **2.** ~ (sofa) (*piece of furniture*), divano letto.

davit (*naut.*), gru. **2.** anchor ~ (*naut.*), gru dell'àncora. **3.** boat ~ (*naut.*), gru per imbarcazioni. **4.** cat ~ (*naut.*), gru di capone. **5.** fish ~ (used for hoisting the fluke end of an anchor) (*naut.*), gru del traversino, gru per sollevare la patta dell'àncora. **6.** paravane ~ (*navy*), gru paramine.

Davy lamp (*min. impl.*), lampada Davy, lampada di sicurezza.

dawn (break of day), alba.

day, giorno. **2.** ~ clock (clock working independently from the system activity) (*comp. - gen.*), orologio (per la misura del tempo). **3.** ~ letter (day telegram), telegramma lettera. **4.** ~ of fire (*milit.*), giornata di fuoco. **5.** days of grace (before the protest of a bill) (*comm.*), giorni di tolleranza. **6.** days of grace (the number of days allowed to a debtor for payment) (*comm.*), giorni di comporto. **7.** ~ rate (*wages system for workers*), (retribuzione) a economia, (retribuzione) a giornata. **8.** ~ shift (*pers. - work.*), turno centrale, turno di giorno. **9.** ~ wage (wage due to a worker) (*adm.*), paga giornaliera. **10.** apparent solar ~ (not constant interval due to the Earth's elliptic orbit) (*astron.*), giorno solare vero. **11.** mean solar ~ (perfectly constant interval between two successive transits of the mean sun across the meridian) (*astr.*), giorno solare medio. **12.** quarter ~ (the beginning of a quarter of the year: when, for instance, interests may be due) (*adm.*), scadenza del trimestre. **13.** settling ~ (pay day, in stock exchange) (*finan.*), giorno di liquidazione. **14.** solar ~ (*astr.*), giorno solare. **15.** term ~, *see* quarter day.

daybook, diario. **2.** ~ (*accounting - etc.*), brogliaccio.

daylight (*illum.*), luce diurna. **2.** ~ (of a press) (*sheet metal w.*) (slang), *see* shut height. **3.** ~ factor (*illum.*), fattore luce del giorno. **4.** ~ generator (as for checking colors) (*illum. app.*), generatore di luce solare. **5.** ~ lamp (*elect.*), lampada per luce naturale. **6.** ~ saving time, ~ time (usual summer variation: of one hour advanced on the standard time) (*electr. economy*), ora legale estiva. **7.** maximum ~ opening between plates (of a molding press) (*plastic ind. mach.*), apertura massima tra i piani di lavoro.

daymark (visible signal for guiding pilots in daylight) (*aer.*), segnale ottico diurno.

dayside (of a planet) (*astron.*), lato illuminato dal sole.

daytime (*gen.*), di giorno.

daywork (*adm.*), lavoro pagato a giornata (o ad ora), lavoro ad economia.

dazzle (to) (*opt.*), abbagliare.

dazzling, abbagliante.

"DB" (diamond bore) (*mech. draw.*), alesare col diamante. **2.** ~ (double biased, relay) (*a. - elect.*), a doppia polarizzazione. **3.** ~ (decibel) (*acous. meas.*), decibel. **4.** ~, *see also* daybook.

"DBHP" (drawbar horsepower, as of a tractor) (*veh.*), potenza alla barra di trazione.

"dbk", *see* drawback.

"dbl" (double) (*gen.*), doppio.

"dbl act" (double acting) (*mach.*), a doppio effetto.

"dbm" (decibel referred to one milliwatt) (*electroacous. meas.*), dbm.

"DBP" (drawbar pull, as of a tractor) (*veh.*), sforzo di trazione alla barra.

"DBS", "dbs" (direct broadcasting satellite) (*tlcm.*), satellite a diffusione diretta.

"DBWPR" (Developmental Boiling Water Power Reactor) (*atom phys.*), reattore sperimentale ad acqua bollente per produzione di energia elettrica.

"DC" (decimal classification, of technical documents and literature) (*library - etc.*), classificazione decimale. **2.** ~ (dead center, as of a lathe) (*mach. t.*), punta fissa. **3.** ~ (depth charge, as antisubmarines) (*navy*), bomba di profondità. **4.** ~ (direct current) (*elect.*), corrente continua. **5.** ~ welder (*mach. t.*), gruppo per saldatura ad arco.

"DCA" (Digital Computer Association) (*comp.*), Associazione Calcolatori Digitali.

"DCF" (discounted cash flow, method for evaluating investments) (*finan.*), flusso di cassa scontato.

"DCTL" (direct coupled transistor logic) (*elics.*), sistema logico a transistori ad accoppiamento diretto.

"DCU" (decimal counting unit) (*instr.*), contatore decimale.

"DD" (Department of Defense) (*milit.*), Ministero (della) Difesa. **2.** ~ (dry dock), (*naut.*), bacino di carenaggio.

"dd", "d/d" (delivered) (*comm.*), consegnato.

"DDA" (Digital Differential Analyser) (*comp.*), analizzatore differenziale numerico.

"DDC" (Defence Documentation Center) (*technol. - etc.*) (Am.), Centro Documentazioni (della) Difesa. **2.** ~ (direct digital control, by computer) (*comp.*), regolazione numerica diretta.

"DE" (diesel - electric) (*elect.*), diesel-elettrico.

deactivate (to) (as a bomb) (*expl.*), disattivare.

deactivation (as of a mine) (*expl.*), disattivazione.

deacylate (to) (as a compound) (*chem.*), togliere il radicale aciclico.

dead (said of a circuit) (*a. - elect.*), fuori tensione, non connesso a sorgente di forza elettromotrice. **2.** ~ (out of use) (*a. - gen.*), fuori uso. **3.** ~ ahead (*gen.*), avanti diritto! **4.** ~ center (when crank and rod are in a straight position) (*mech.*), punto morto. **5.** ~ center (center that does not rotate: as in mach. t.) (*mach. t. mech.*), contropunta fissa. **6.** ~ end (of a coil) (*elect. - radio*), spire inattive. **7.** ~ end hole (*mech.*), foro cieco. **8.** ~ freight (*naut. - transp.*), vuoto per pieno. **9.** ~ ground (*elect.*), cavo di massa a bassa resistenza. **10.** ~ ground (*milit.*), zona morta. **11.** ~ halt (drop-dead halt) (*comp.*), arresto definitivo. **12.** ~ hole (*mech. constr. - etc.*), foro cieco. **13.** ~ knife (as of a shear) (*mach.*), lama fissa. **14.** ~ level (*hydr.*), livello permanente. **15.** ~ load (*constr. theor.*), carico fisso. **16.** ~ loan (*finan.*), credito immobilizzato. **17.** ~ point (*mech.*), punto morto. **18.** ~ reckoning (position determined without celestial observations) (*naut.*), punto stimato. **19.** ~ reckoning (calculation of a position without celestial observations) (*naut.*), determinazione del punto stimato. **20.** ~ rise (rise of floor, angle made at the keel by the midship frame with the horizontal plane) (*shipbuild.*), inclinazione del madiere (centrale). **21.** ~ rising (dead-rise line, curved fore-and-aft line connecting floorheads in the sheer plane) (*shipbuild.*), linea della estremità dei madieri. **22.** ~ risings (approx. vertical frames of the run of a ship) (*shipbuild.*), ordinate dello stellato di poppa. **23.** ~ short circuit (big short circuit) (*elect.*), corto circuito netto. **24.** ~ slow (of speed) (*a. - naut.*), lentissimo. **25.** ~ spots (*acous.*), punti di bassa intensità sonora. **26.** ~ stick (*aer.*), elica ferma. **27.** ~ turns (*elect. - radio*), spire inattive. **28.** ~ wall (*acous.*), parete ad elevato assorbimento. **29.** ~ water (*gen.*), acqua morta. **30.** ~ weight (*gen.*), peso morto. **31.** ~ weight (*naut.*), portata lorda. **32.** ~ wind (head wind) (*naut.*), vento contrario. **33.** ~ works, *see* upperworks. **34.** ~ zone (as of a microphone) (*electroacous.*), zona morta. **35.** bottom ~ center, "BDC" (of a piston) (*mot. - mech.*), punto morto inferiore. **36.** top ~ center, "TDC" (position of a piston) (*mech.*), punto morto superiore.

deadbeat (without recoil) (*a. - phys.*), senza contraccolpo. **2.** ~ (aperiodic) (*elect. meas. instr.*), aperiodico. **3.** ~ (damped) (*a. - mech.*), smorzato.

deaden (to), attutire, diminuire. **2.** ~ (to make something soundproof: as a floor) (*acous.*), isolare acusticamente. **3.** ~ a blow, attutire un colpo.

deadener (sound deadener) (*acous.*), materiale afonizzante. **2.** ~ (sound deadener) (*aut.*), antirombo, vernice antirombo. **3.** asphaltic sound ~ (*aut.*), antirombo asfaltico.

deadening (deafening action) (*acous.*), afonizzazione, isolamento acustico. **2.** ~ (sound deadening material) (*n. - acous. ind.*), materiale afonizzante. **3.** ~ (sound-deadening) (*a. - acous.*), antiacustico, afonizzante, fonoassorbente. **4.** ~ (sound deadener sprayed on the floor etc. of a motorcar body) (*aut. constr.*), antirombo. **5.** ~ (defect consisting in the loss of gloss) (*paint. - etc.*), opacamento, opacizzazione. **6.** sound ~ (*acous.*), fonoassorbimento, silenziamento, isolamento acustico.

deadeye (*naut.*), bigotta.

deadhead (*found.*), materozza. **2.** ~ (*mach. t.*), *see* tailstock. **3.** ~ (bollard) (*naut.*), bitta. **4.** ~ (a freight car travelling empty) (*railw.*), vagone merci viaggiante vuoto.

deadhead (to) (to do a return voyage without load) (*veh.*), ritornare a vuoto.

deadlatch (the bolt can be opened only by knob or key) (*door lock*), scatto a molla, chiusura a scatto.

deadlight (of heavy glass for admitting light) (*naut.*), oblò fisso. **2.** ~ (shutter of a cabin window) (*naut.*), controsportello dell'oblò.

deadline (fixed limit) (*journ.-print.*), scadenza, data limite, data ultima.

deadline (to) (to put out of service: as for upkeeping) (*mot. veh.*), togliere di servizio.

deadlock (lock having a dead bolt) (*join.*), serratura a chiavistello senza (molla di) scatto. **2.** ~ (counteraction causing stoppage in the use of a resource) (*comp. - etc.*), punto morto, situazione di stallo, blocco critico.

deadly nightshade (*chem. pharm.*), belladonna.

deadman, *see* anchor log. **2.** ~, *see* deadman control. **3.** ~ brake (*mech. - elect. - etc.*), dispositivo di uomo morto, leva di arresto automatico. **4.** ~ control (of a veh.: as of a locomotive) (*mech. - elect. - etc.*), dispositivo di uomo morto.

deadman's handle (as of elect. locomotive) (*mech. - elect. - etc.*), dispositivo di uomo morto a leva (o pulsante), leva (o manovella) di arresto automatico.

deadmelt (to) (to keep metal steel at melting temperature until the liquid becomes calm) (*metall.*), mantenere alla temperatura di fusione fino a che il liquido diventa calmo.

deadweight (dead weight of any kind) (*gen.*), peso morto. **2.** ~ (dead load, formed by the weight of the bearing structure) (*bldg. - mach. - etc.*), carico fisso. **3.** ~ capacity (deadweight tonnage) (*naut.*), portata lorda.

deadwood (solid horizontal timber at the stern) (*shipbuild.*), massiccio di poppa. **2.** fore ~ (solid horizontal timber at the bow) (*shipbuild.*), massiccio di prua.

deaerate (to) (to remove the air) (*chem. - etc.*), disaereare.

deaerating equipment (*ind. equip.*), impianto di disaerazione.

deaeration (as of a liquid) (*phys.*), deaerazione, deaereazione, disaerazione.

deaerator (heated vessel for removing air from boiler feeding water) (*boil. device*), disaeratore.

deafen (to) (as a floor, a wall etc. by sound-absorbing material) (*acous.*), isolare acusticamente.

deafening (action of insulate from sound as a wall, a floor, an aut. body etc.) (*acous.*), isolamento acustico. **2.** ~ (sound insulating material: pugging) (*acous.*), materiale acusticamente isolante.

deal (pine or fir wood), legno di pino (o d'abete). **2.** ~ (board of pine or fir wood) (*carp.*), listone (o tavola) di pino (o di abete). **3.** ~ (*comm.*), affare. **4.** ~ frame, *see* log frame.

deal (to) (to negotiate) (*comm.*), trattare. **2.** ~ out, distribuire. **3.** ~ with (to deal by, a problem) (*gen.*), affrontare.

dealer (*comm.*), rappresentante, negoziante, commerciante. **2.** ~ (appointed by a manufacturer for the distribution of his products) (*comm.*), concessionario. **3.** area ~ (*comm.*), agente di zona. **4.** main ~ (*comm.*), concessionario principale. **5.** retail ~ (appointed by a dealer or distributor) (*comm.*), subagente, subconcessionario. **6.** secondhand ~ (*comm.*), rigattiere. **7.** wholesale ~ (*comm.*), commerciante all'ingrosso, grossista.

dealership (sales agency authorized by the manufacturer) (*comm.*), agenzia autorizzata di vendita, concessione. **2.** exclusive ~ (*comm.*), concessione esclusiva.

deallocate (to) (to unallocate: to take back a resource from a program, a job etc.) (*comp.*), deallocare, ritirare.

deallocation (*comp.*), deallocazione, abbandono di una allocazione (o assegnazione).

dealuminizing (removal of aluminum from brass or bronze by proper treatment) (*metall.*), eliminazione dell'alluminio.

deammunition (to) (*navy*), sbarcare munizioni.

dear (*a. - comm.*), caro.

debark (to) (to cut away bark from a tree) (*agric.*), scortecciare. **2.** ~ (*naut.*), sbarcare.

debarkation (*navy*), sbarco.

debenture (customs debenture) (*comm.*), polizza doganale di restituzione. **2.** ~ (bond) (*finan.*), obbligazione. **3.** ~ capital (*law - finan.*), capitale obbligazionario. **4.** ~ stock (*finan.*), obbligazioni.

debit (*comm.*), addebito. **2.** ~ (entry, as in an account, recording expenses: debt) (*n. - adm.*), dare. **3.** ~ balance (*accounting*), saldo passivo.

debit (to) (*comm.*), addebitare.

debiteuse (a slotted, floating clay block through which glass is shaped in sheets) (*glass mfg.*), debiteuse.

deblocked (of data previously structured in blocks) (*a. - comp.*), sbloccato, tolto dal blocco, trattato individualmente.

deboost (to) (to slow down a spacecraft) (*astric.*), rallentare, passare ad un'orbita più bassa.

debris (as of buildings) (*mas.*), macerie. **2.** ~ (*geol.*), detriti.

debt (*comm.*), debito. **2.** deadweight ~ (*adm.*), debito non garantito. **3.** irrecoverable ~ (*comm.*), credito inesigibile. **4.** national ~ (*finan.*), debito pubblico.

debtor (*comm.*), debitore.

debug (to) (to find out and eliminate errors: as in a new ind. product) (*aut. - aer. - ind.*), mettere a punto. **2.** ~ (to clean the place [or room] of hidden microphones and wiretapping systems) (*milit. - police*), disinfestare da microfoni spia e prese di ascolto (telefonico). **3.** ~ (to put out of service concealed microphones by electronic means) (*milit. elics.*), rendere inefficienti i microfoni spia mediante contromisure elettroniche, prendere contromisure antimicrofoni spia. **4.** ~ (to troubleshoot and to find out errors) (*comp.*), ricercare ed eliminare errori, "debugare".

debugger (debugging program) (*comp.*), programma di ricerca ed eliminazione errori.

debugging (the finding and elimination of errors in a program) (*comp.*), ricerca ed eliminazione (di) errori. **2.** ~ statement (*comp.*), istruzioni di ricerca errori.

deburr (to) (*found.*), sbavare.

deburring (*found.*), sbavatura. **2.** ~ tool (*t.*), sbavatore, utensile sbavatore.

debye, debye unit (electric momentum unit corresponding to 10^{-18} statcoulomb - centimeter) (*meas. unit*), debye, unità del momento elettrico dipolare.

"dec", *see* decade, decimal, decimeter.

deca- (dec-) (*meas. unit*), deca-.

decade (*gen.*), decade. **2.** ~ (a ratio of 10 to 1 as in the geometric progression 1, 10, 100....) (*math.*), decade, rapporto 10/1. **3.** ~ (step between the sets of coils of a resistance box) (*elect.*), decade. **4.** ~ box (adjustable set of resistor or capacitor units used for the selection of any decadal value) (*elect.*), cassetta a decadi.

decagon (*geom.*), decagono.

decagram, decagramme (0.3527 oz) (*meas.*), decagrammo.

decahedron, decaedron (*geom.*), decaedro.

decal (short for decalcomania) (*ind. - comm.*), decalcomania.

decalage (angle between the chords of the upper and lower planes) (*aer.*), divaricamento (nei biplani).

decalcomania (*ind. - comm.*), decalcomania.

decalescence (*metall.*), decalescenza.

decaliter, decalitre (2.64 gal Am.; 2.2 gal Brit.) (*dkl. - meas.*), decalitro.

decametre (*meas.*), decametro.

decametric (from 10 to 100 m) (*a. - radio waves*), decametrico, relativo a onde ad alta frequenza.

decanner (device removing the outer container: as from fuel rods for a nuclear reactor) (*atom phys.*), spogliatore.

decanning (the removal of the fuel container) (*atom phys.*), spogliatura.

decant (to) (to draw: leaving indisturbed the bottom sediment) (*agric. - ind.*), decantare. **2.** ~ (to transfer from one vessel into another), travasare.

decantation (*phys.*), decantazione. **2.** water ~ (*phys.*), decantazione dell'acqua.

decanter (*ind. app.*), decantatore.

decanting (*phys.*), decantazione. **2.** ~ vessel (*chem.*), recipiente di decantazione.

decarbonate (to) (*chem.*), togliere l'anidride carbonica.

decarbonize (to) (as an engine) (*mot.*), ripulire (o disincrostare) dai depositi carboniosi. **2.** ~ (to decarburize: to remove carbon: as from cast iron) (*metall.*), decarburare.

decarbonized (*a. - mot.*), ripulito dai depositi carboniosi.

decarbonizing (*mot.*), disincrostazione dai depositi carboniosi.

decarboxylation (*organic chem. reaction*), decarbossilazione.

decarburation, *see* decarburization.

decarburization (of steel) (*metall.*), decarburazione.

decarburize (to) (*metall.*), decarburare.

decarburizing (*metall.*), decarburazione.

decastere (unit of volume equal to 10 m^3) (*meas.*), decastero, 10 m^3.

decastyle (*arch.*), decastilo.

decatize (to) (*text. ind.*), decatizzare, delucidare.

decatizer (*text. mach.*), macchina decatizzatrice.

decatizing (*text. ind.*), decatissaggio, delucidazione. **2.** dry-steam ~ (*text. ind.*), decatissaggio a secco. **3.** hot-water ~ (*text. ind.*), decatissaggio a umido.

decay (disintegration of radioactive substance) (*phys.*), disintegrazione. **2.** ~ (decomposition of organic matter) (*gen.*), decomposizione. **3.** ~ (decrement: as of an oscillation) (*phys.*), smorzamento. **4.** ~ coefficient (equal to the ratio between the logarithmic decrement and the period of a damped harmonic oscillation) (*phys.*), coefficiente di smorzamento. **5.** ~ constant (*atom phys.*), costante radioattiva. **6.** ~ current (annealing current, as in spot welding) (*mech. technol.*), corrente di ricottura. **7.** ~ period (*radioact.*), *see* half-life. **8.** ~ probability (*atom phys.*), probabilità di disintegrazione. **9.** ~ rate (of damped harmonic oscillations) (*phys.*), velocità di smorzamento. **10.** stress ~ (of rubber) (*technol. - rubb. ind.*), cedimento sotto carico. **11.** ~ time (annealing time, as in spot welding) (*mech. technol.*), tempo (o periodo) di ricottura. **12.** beta ~ (beta radioactive disintegration) (*atom phys.*), disintegrazione beta. **13.** nuclear ~ (radioactive decay) (*atom phys.*), decadimento nucleare. **14.** radioactive ~ (*atom phys.*), disintegrazione radioattiva. **15.** weld ~ (intercrystalline corrosion developing in certain stainless steels) (*metall.*), corrosione intercristallina.

decay (to) (to rot), marcire. **2.** ~ (*phys. - radioact.*), disintegrarsi.

DECCA (long range navigation system) (*aer.*), decca, sistema radionavigazione iperbolica.

"decd", *see* decreased (p.p. of to decrease).

decelerate (to) (to throttle down) (*mech.*), decelerare.

deceleration (negative acceleration) (*theor. mech.*), decelerazione, rallentamento. **2.** ~ equipment (device used to reduce brake cylinder pressure when wheel slip starts) (*railw.*), decelostato. **3.** ~ lane (*highway*), corsìa di decelerazione, corsìa di uscita. **4.** ~ moderator (device reducing pressure in brake cylinder when wheel slip starts) (*railw.*), decelostato. **5.** average ~ (*theor. mech.*), decelerazione media.

decelerator (*mech.*), rallentatore.

decelerograph (*aut. - app.*), registratore dei tempi di frenatura, "frenografo", decelerografo.

decelerometer (*meas. instr.*), decelerometro.

deceleron (a particular lateral control surface reaching the combined effect of an airbrake and an aileron) (*aer.*), tipo di alettone trasformabile in freno, alettone-freno.

decentralization, decentramento.

decentralize (to), decentrare.

dechuck (to) (as a work) (*mach. t.*), sbloccare, smontare dal mandrino.

dechucking (as of a work) (*mach. t.*), sbloccaggio, smontaggio dal mandrino.

deci- (1/10) (*meas. unit*), deci-.

decibel (*sound meas.*), decibel. **2.** ~ loss (signal intensity attenuation) (*commun. acous.*), perdita (o attenuazione) in decibel. **3.** ~ meter (*electroacous. instr.*), indicatore di decibel.

decibelmeter (*electroacous. instr.*), indicatore di decibel.

decide (to) (*gen.*), decidere.

decigram, decigramme (1.5432 grains) (*dg - meas.*), decigrammo.

decile (as to separate the whole frequency distribution of an attribute into 10 groups of equal frequency) (*stat.*), decile.

deciliter (Brit. decilitre) (*meas.*) (Am.), decilitro, dl.

decimal (*math.*), decimale. **2.** ~ classification (cataloguing system for books etc.) (*library*), classificazione decimale. **3.** ~ digit (from 0 to 9) (*comp. - math.*), cifra decimale. **4.** ~ measure (in use in decimal system) (*meas.*), misura decimale. **5.** ~ system (*meas. - math.*), sistema decimale. **6.** binary coded ~ notation (*comp.*), notazione decimale codificata in binario. **7.** circulating ~ (recurring decimal, having a group of digits which repeats indefinitely) (*math.*), decimale periodico. **8.** repeating ~ (a decimal fraction with a figure which recurs ad infinitum) (*math.*), decimale ricorrente.

decimalization (as of the sterling pound system to the decimal one) (*meas.*), decimalizzazione.

decimalize (to) (to pass from the English meas. system to the decimal one) (*meas.*), passare (dal sistema inglese) al sistema decimale, decimalizzare.

decimeter, decimetre (3.937 in) (*dm - meas.*), decimetro.

decimo octavo (*print.*), diciottesimo.

decimo sexto (*print.*), sedicesimo.

decineper (one tenth of a neper) (*elect. meas.*), decineper.

decipher (to) (to convert into understandable form) (*comp. - etc.*), decifrare.

decision (*gen.*), decisione. **2.** ~ analysis (*organ.*), analisi decisionale. **3.** ~ instruction (conditional jump in a program) (*comp.*), istruzione di decisione (o decisionale), istruzione di salto condizionato. **4.** ~ making (*organ.*), formazione della decisione. **5.** ~ making ability (*management*), capacità decisionale. **6.** ~ making power (*organ.*), potere decisionale. **7.** ~ theory (*organ.*), teoria delle decisioni. **8.** linear ~ (based on linear equations) (*operations research*), decisione lineare.

decisive (*gen.*), decisivo.

deck (*naut.*), ponte, coperta. **2.** ~ (roof of a passenger car) (*railw.*), imperiale. **3.** ~ (wooden floor of a freight car) (*railw.*), pavimento (in legno). **4.** ~ (tape deck: recording and playback device needing connection to an audio system for operating) (*electroacous.*), piastra magnetofonica, registratore a nastro senza amplificatore ed altoparlante. **5.** ~ (as a printing press platform) (*mach.*), piano di lavoro. **6.** ~ (roofless kind of terrace) (*bldg.*), terrazza scoperta. **7.** ~ (roadway of a bridge) (*bldg.*), piano stradale di un ponte. **8.** ~ (a group of punched cards) (*comp.*), pacco di schede. **9.** ~, *see* story 2 ~. **10.** ~ beam (*naut.*), baglio fasciato. **11.** ~ boy (*naut.*), mozzo di coperta. **12.** ~ floor (used also as a roof) (*naut. - etc.*), pavimento che serve anche come copertura (di un sottostante locale p. es.). **13.** ~ girders (*naut.*), anguille per ponti, traverse per ponti. **14.** ~ hand (*naut.*), marinaio. **15.** ~ hawsehole (*naut.*), cubia di coperta. **16.** ~ light (piece of glass inserted in a wooden deck) (*naut.*), occhio di coperta. **17.** ~ load (*naut.*), carico di coperta. **18.** ~ pipe, *see* chain pipe. **19.** ~ planking (*shipbuild. - naut.*), tavolato di coperta, tavolato del ponte. **20.** ~ roof (of the clerestory) (*railw.*), imperiale. **21.** ~ sheet (*naut.*), scotta di coltellaccio. **22.** ~ stopper (fastens the anchor cable to the ship when the anchor is down) (*naut.*), fermo sulla catena dell'àncora. **23.** ~ stringer (*naut.*), trincarino del ponte. **24.** armored ~ (*navy*), ponte corazzato. **25.** awning ~ (*naut.*), coperta di manovra. **26.** below ~ (*naut.*), sottocoperta. **27.** berth ~ (on the old warships) (*navy*), ponte di alloggio dell'equipaggio. **28.** between decks (*naut.*), corridoio, interponte, spazio fra due coperte (della nave). **29.** boat ~ (*naut.*), ponte delle imbarcazioni. **30.** boiler ~ (*naut.*), ponte immediatamente sopra alla sala caldaie. **31.** bridge ~ (*naut.*), ponte di comando, plancia. **32.** bulkhead ~ (*naut.*), ponte delle paratìe stagne. **33.** cambered ~ (*naut.*), ponte inarcato. **34.** false ~ (*naut.*), falso ponte. **35.** flight ~ (of air carriers) (*navy - aer.*), ponte di volo. **36.** flight ~ (of a big plane) (*aer.*), ponte di pilotaggio. **37.** flush ~ (*naut.*), ponte senza sovrastrutture, coperta rasa. **38.** flying ~ (supported by open frames) (*naut.*), ponte sopraelevato, sostenuto da strutture aperte. **39.** flying off ~ (of an air carrier) (*navy - aer.*), ponte di lancio. **40.** flying on ~ (of an air carrier) (*navy - aer.*), ponte di atterraggio. **41.** foyer ~ (of a passenger ship) (*naut.*), ponte vestiboli. **42.** freeboard

~ (upper deck from which the freeboard is assigned) (*naut.*), ponte di coperta, primo ponte sopra al bordo libero. **43.** games ~ (of a big ship) (*naut.*), ponte dei giuochi. **44.** lower ~ (of a merchant ship: under the main or second deck) (*naut.*), ponte inferiore. **45.** main ~ (second deck) (*naut.*), ponte principale. **46.** main ~ (in a passenger ship the deck below the upper deck) (*naut.*), ponte principale. **47.** main ~ (uppermost complete deck of a warship) (*navy*), ponte di coperta. **48.** object ~ (a group of mach. readable instructions) (*comp.*), pacco di schede oggetto. **49.** on ~ (*naut.*), sopra coperta. **50.** orlop ~ (*naut.*), ponte di stiva. **51.** promenade ~ (*naut.*), ponte di passeggiata. **52.** shade ~ (*naut.*), ponte tenda. **53.** shelter ~ (*naut.*), ponte di riparo, ponte protetto. **54.** sun ~ (of a passenger ship) (naut.), ponte sole. **55.** third ~ (*navy*), ponte di corridoio. **56.** tonnage ~ (*naut.*), ponte di stazza. **57.** trunk ~ (*naut.*), ponte scoperto con osteriggi, boccaporti ecc. **58.** upper ~ (*naut.*), ponte di coperta, coperta, il ponte più alto. **59.** upper ~ (of a railw. car) (*railw.*), *see* deck roof. **60.** weather ~ (*naut.*), ponte scoperto.

deck (to) (*naut.*), pontare.

decked (*naut.*), pontato. **2.** double- ~ (as of an airliner) (*aer.*), a due piani.

decker (machine used for thickening wood pulp) (*paper mfg. mach.*), addensatore. **2.** double- ~ (of ships) (*naut.*), nave a due ponti. **3.** single- ~ (of ships) (*naut.*), nave a un ponte. **4.** three- ~ (of ships) (*naut.*), nave a tre ponti.

deckhead (ceiling: as of a shipcabin) (*naut.*), soffitto.

deckhouse (covered compartment on upper deck) (*naut.*), tuga.

decking (*naut.*), materiale di rivestimento del ponte.

deckle (in hand papermaking, a rectangular wooden frame) (*paper mfg.*), cascio, cornice, casso. **2.** ~ (*paper mfg.*), *see also* deckle edge. **3.** ~ edge (feathery edge of a sheet of handmade paper) (*paper mfg.*), zazzera, sbavatura, riccio. **4.** ~ pulleys (in a paper machine) (*paper mfg.*), carrucole delle guide. **5.** ~ straps (rubber straps at the sides of a paper machine, used to form a deckle edge) (*paper mfg.*) (Brit.), apparecchio bordatore. **6.** ~ straps (straps used for confining the pulp and determining the width of the paper) (*paper mfg.*) (Am.), guide, "centiguide".

deckle-edged (having a deckle edge) (*a.-paper mfg.*), con zazzera, con riccio, con sbavatura.

declaration (instruction, made in source code, for identifying a resource to be used in processing) (*comp.*), dichiarazione.

declination (*astr.-aer.*), declinazione. **2.** magnetic ~ (*astr.-geophysics*), declinazione magnetica. **3.** north ~ (*astron.*), *see* northing. **4.** south ~ (*astron.*), *see* southing.

decline (*gen.*), decadenza. **2.** ~ (declivity) declivio. **3.** ~ (*med.*), consunzione.

decline (to) (to slope down) (*gen.*), digradare. **2.** ~ (to refuse, as an invitation) (*gen.*), declinare.

declinometer (*instr.*), bussola di declinazione, declinometro. **2.** transit ~ (*surveying*), bussola topografica.

declivity, declivio. **2.** steep ~ , china ripida.

declutch (to) (*aut.*), distaccare (o disinnestare) la frizione, "debraiare".

decodability (*comp.*), decodificabilità.

decodable (*a. - comp.*), decodificabile.

decode (to), decifrare. **2.** ~ (*elics. - etc.*), decodificare.

decoder (app. for converting coded language to an usual one) (*comp. - etc.*), decodificatore. **2.** operation ~ (*comp.*), decodificatore di operazione. **3.** pulse ~ (constant-delay discriminator) (*elics. - commun.*), decodificatore di impulsi.

decoding (the inverse of coding) (*comp. - etc.*), decodifica.

decoiler (unwinding device as used for wire in a rolling mill) (*mach.*), svolgitore. **2.** roll type ~ (as used for wire in a rolling mill (*mach.*), svolgitore a rulli.

decoke (to) (*mot.*), ripulire (o disincrostare) dai depositi carboniosi.

decoking (minor overhaul: cleaning of carbon deposits from cylinder head etc.) (*mot.*), eliminazione dei depositi carboniosi, revisione parziale.

decollate (to) (to separate: as copies) (*gen.*), separare.

decollator (cutting the sheets of a continuous paper) (*comp. app.*), taglierina, separatrice.

decolor (to) (*gen.*), decolorare.

decolorant (decolorant substance) (*n.*), decolorante.

decolorization (*chem. ind.*), decolorazione.

decolorize (to) (*gen.*), decolorare.

decomposable (*gen.*), decomponibile.

decompose (to) (to decay), decomporsi. **2.** ~ (to separate into simpler parts) (*gen.*), scomporre.

decomposition (*gen.*), decomposizione. **2.** ~ potential, ~ voltage (in an electrolytic bath) (*electrochem.*), tensione di scomposizione. **3.** double ~ (*chem.*), doppia decomposizione.

decompression (*aer. - med. - naut. med.*), decompressione. **2.** ~ chamber (from the highest underwater pressure to the atmospheric p. or from this p. to lower pressure) (*med. app.*), camera di decompressione. **3.** ~ device (for facilitating the starting of a cold engine) (*mot.*), dispositivo di decompressione.

decontaminate (to) (*atom phys.*), decontaminare.

decontamination (*atom phys.*), decontaminazione.

decopperizing (*metall.*), deramatura.

decorate (to) (to adorn) (*gen.*), ornare. **2.** ~ (*bldg.*), decorare.

decorated (*a.. arch.*), decorato.

decorator (*bldg. work.*), decoratore. **2.** stucco ~ (*bldg. work.*), stuccatore, stucchinaio.

decore (to), *see* to decorate. **2.** ~ (to remove cores) (*found.*), smontare le anime, scaricare le anime.
decoring (removal of cores) (*found.*), smontaggio delle anime, scarico delle anime.
decorticator (mach. for removing the bark) (*wood mach.*), scortecciatrice.
decouple (to) (*mech. - elect.*), disaccoppiare.
decoupling (*radio*) (Brit.), disaccoppiamento.
decoy (countermeasure: equipment used to divert a weapon or a locating system) (*navy - airforce - milit.*), falso bersaglio. **2.** ~ ship (*navy*), nave civetta.
decoy (to) (a torpedo, a radar etc.: to generate artificial signals capable of diverting a weapon or a locating system) (*navy - milit.*), contromisurare, sviare, ingannare, distrarre (dalla rotta prevista).
decrease (*n. - gen.*), diminuzione.
decrease (to) diminuire. **2.** ~ (of the wind) (*meteorol. - naut.*), abbonacciare.
decreasing (*a.*), decrescente. **2.** ~ (*n.*), diminuzione.
decree (*law*), decreto. **2.** ~ law (*law*), decreto legge.
decrement (*radio*), decremento. **2.** ~ (of a variable quantity) (*phys.*), decremento. **3.** lineal ~ (*radio*), decremento lineare. **4.** logarithmic ~ (*radio*), decremento logaritmico.
decremeter (*elect. - radio instr.*), decremetro.
decurved (curved downward) (*a. - gen.*), imbarcato, curvato verso il basso.
dedendum (of a gear tooth) (*theor. mech.*), dedendum. **2.** ~ angle (of a bevel gear) (*mech.*), angolo dedendum. **3.** ~ circle (of a gear), cerchio di fondo, circolo del diametro interno, cerchio dedendum.
dedicated (reserved for a particular function or user: as a line) (*a. - comp.*), dedicato.
deduct (to) (*accounting*), defalcare.
deduction (*comm.*), trattenuta, deduzione. **2.** ~ (as from a salary) (*pers. - work.*), ritenuta, trattenuta.
deductive (*a. - gen.*), deduttivo. **2.** ~ method (*math.*), metodo deduttivo.
deed (*law*), atto. **2.** ~ of arrangement (*law*), atto di concordato. **3.** title deeds (*adm. - law*), atti di proprietà, documentazione comprovante la proprietà.
deemphasis (system for reducing the effect of noise: *see* emphasis) (*elics.*), deenfasi.
deenergize (to) (*elect.*), diseccitare.
deenergized (*elect.*), diseccitato.
deenergizing (*elect.*), diseccitazione.
deep (*a. - gen.*), profondo. **2.** ~ (extending in a specified direction) (*gen. - meas.*), profondo. **3.** ~ (dark, of color) (*opt.*), cupo, scuro. **4.** ~ drilling (*min.*), trivellazione profonda. **5.** ~ etch test (carried out with acid to detect defects) (*metall.*), attacco acido. **6.** ~ freezer (for obtaining deep-frozen goods: from −18°C to −24°C) (*cold mach.*), freezer, congelatore. **7.** ~ sea (*sea*), alto mare. **8.** ~ sky, *see* deep space. **9.** ~ tank (portion of the hold used for holding water) (*naut.*), pozzetto di stiva. **10.** ~ well (well in which the water level is deeper than six meters: so a special submerged pump is needed) (*pip.*), pozzo profondo.
deep-draw (to) (sheet metal working) (*mech.*), imbutire profondo.
deepen (to) (*gen.*), approfondire.
deep-etch (*print.*), lastra per offset. **2.** ~ printing (*print.*), stampa in offset.
deep-etch (to) (*typ.*), attaccare in profondità.
deep-freeze (*ind.*), surgelamento. **2.** ~ goods (*food ind.*), surgelati (*s.*).
deep-freeze (to) (*food ind.*), surgelare.
deep-sea (*a. - naut.*), di alto mare, alturiero. **2.** ~ fishing vessel (*naut.*), peschereccio d'altura, peschereccio oceanico. **3.** ~ tube (for salvaging) (*naut.*), tubo per recuperi marittimi.
deepwater (*a. - naut.*), di (o per) acque profonde.
deepwaterman (*naut.*), nave per acque profonde, nave d'alto mare.
deer (deerskin, buckskin) (*aut. - etc.*), pelle di daino.
"def" (defense) (*milit.*), difesa.
default (omission to do what is a duty or required by law), inadempienza. **2.** ~ value (parameter value specific of the comp. itself: if necessary the user may variate it) (*comp.*), valore standard, valore di "default". **3.** judgment by ~ (*law*), condanna in contumacia.
default (to) (to fail in accomplishing as a contract) (*comm. - law*), venir meno agli obblighi.
defecation (clarification of a sugar solution) (*sugar ind.*), defecazione.
defecator, *see* clarifier.
defect (deficiency) (*gen.*), difetto, mancanza. **2.** ~ (as of aut. imperfection) (*mech.*), inconveniente, difetto. **3.** ~ (hole: as in a semiconductor, missing electron) (*phys.*), buco elettronico. **4.** ~ of material or workmanship (*ind. - comm.*), difetto di materiale o di lavorazione. **5.** critical ~ (involving the safety of those using the product) (*quality control*), difetto critico. **6.** latent ~ (*comm. - law*), vizio occulto. **7.** major ~ (affecting the functions of the product) (*quality control*), difetto principale. **8.** mass ~ (of an isotope, difference between its mass number and its atomic weight) (*atom phys.*), difetto di massa. **9.** minor ~ (not affecting the functions of the product) (*quality control*), difetto secondario. **10.** running defects (of an engine) (*mot.*), difetti di funzionamento. **11.** shearing ~ (*metall.*), difetto di taglio. **12.** sub-surface ~ (as of an ingot) (*metall.*), difetto sottopelle.
defective (*gen.*), difettoso, incompleto. **2.** percentage (or percent) ~ (percent of defective pieces: as in a lot) (*statistical quality control*), percentuale di pezzi difettosi.
defectoscope (revealing structural defects: as in iron beams) (*metall. instr.*), rivelatore di difetti strutturali.
defence, defense (*milit.*), difesa. **2.** ~ (*milit.*), opere

di difesa. **3.** active ~ (*milit.*), difesa attiva. **4.** antiaircraft ~ (*milit.*), difesa contraerea. **5.** antilanding ~ (*milit.*), difesa antisbarco. **6.** anti-parachute ~ (*milit.*), difesa antiparacadutisti. **7.** antitorpedo ~ (*navy*), difesa contro i siluri. **8.** coast ~ (*milit.*), difesa costiera. **9.** mine ~ (*navy - milit.*), sbarramento di mine. **10.** net ~ (*navy*), sbarramento retale. **11.** passive ~ (*milit.*), difesa passiva.

defendant (person or entity being prosecuted by law) (*law*), imputato.

defenses (*milit.*), opere di difesa.

defer (to) (to postpone) (*gen.*), differire.

deference (*tlcm.*), subordinazione.

deferred (postponed) (*gen.*), differito. **2.** ~ assets (deferred charges: an expense item considered in the current period but applicable to a following period; a prepaid expense) (*accounting*), risconto attivo. **3.** ~ credit (deferred liability, as in a balance sheet, income received but not yet earned) (*accounting*), credito differito, risconto passivo. **4.** ~ entry (from the "CPU" to a subroutine) (*comp.*), inserimento differito, entrata differita. **5.** ~ income (deferred credit in a balance sheet) (*accounting*), credito differito, risconto passivo. **6.** ~ payment (*comm.*), pagamento differito.

deferrization (as of water) (*chem.*), deferrizzazione.

defibrator (separator) (*paper mach.*), sfibratore.

deficiency, deficienza, mancanza.

deficit (*finan.*), disavanzo. **2.** showing a ~ (falling short) (*finan.*), deficitario. **3.** trade ~ (unfavourable balance of trade) (*country econ.*), deficit della bilancia commerciale.

defilade (*n. - milit.*), defilamento.

defilade (to) (*milit.*), defilare.

definable, determinabile. **2.** statically ~ (*constr. theor.*), staticamente determinabile.

define (to) (to determine, to fix) (*gen.*), definire, determinare.

defined (fixed, determined) (*gen.*), definito, determinato, stabilito. **2.** ~ (sharp, an image) (*phot. - etc.*), definito, nitido.

definite (*a.-gen.*), concreto, preciso, definitivo. **2.** ~ time lag (definite time delay, as of a relay the operation of which is retarded for a definite time independent of the magnitude as of the overcurrent) (*elect.*), ritardo preregolato indipendente (dal carico).

definition (*gen.*), definizione. **2.** ~ (as of the image) (*phot. - telev. - etc.*), definizione. **3.** ~ (precision of a receiver, in reproducing sounds) (*radio*), fedeltà, caratteristiche di qualità nella riproduzione del suono. **4.** ~ (of a lens, of an image) (*opt. - telev. - etc.*), *see also* resolution.

deflagration (*expl.*), deflagrazione.

deflagrator (*expl.*), deflagratore.

deflate (to) (a pneumatic tire) (*aut.*), sgonfiare.

deflation (*finan.*), deflazione.

deflecting damper (as in ventilating system), regolatore a deflettore.

deflection (deviation) (*gen.*), deviazione. **2.** ~ (*phys.*), deviazione. **3.** ~ (neutral axis deviation: of a girder etc.) (*constr. theor.*), inflessione. **4.** ~ (in a bridge: vertical distance from the suspension points to the axis of the lowest portion of the chain) (*constr. theor.*), freccia d'inflessione. **5.** ~ (of a test bar tested for transverse strength) (*mech. technol.*), freccia di flessione. **6.** ~ (in a cathode-ray tube: changing of the incidence of the beam on the screen as by means of a magnetic field) (*telev.*), deflessione (elettromagnetica). **7.** ~ (of a tire under load) (*aut.*), appiattimento. **8.** ~ amplifier (*radio*), amplificatore di deflessione. **9.** ~ test (*constr. theor.*), prova di flessione. **10.** compression load ~ (of a seat cushion) (*aut. - etc.*), affondamento a carico di compressione, deformazione a carico di compressione. **11.** frame ~ (*telev.*), deviazione del quadro. **12.** magnetic ~ (electron beam deflection due to a magnetic field) (*elics.*), deflessione magnetica. **13.** maximum ~ (of tire) (*rubb. ind.*), schiacciamento, inflessione ad appiattimento totale. **14.** normal ~ (of tire) (*rubb. ind.*), schiacciamento (o inflessione) normale.

deflectometer (*instr.*), flessimetro.

deflector (*aer. - phys.*), deflettore. **2.** ~ (as of a fluid stream) (*ventil.*), deflettore. **3.** ~ coils (of a cathode-ray tube) (*telev.*), bobine di deflessione (elettromagnetica). **4.** ~ pane (of aut. window) (*aut.*), cristallo orientabile, deflettore. **5.** ~ plates (of a cathode-ray tube) (*telev.*), placche di deflessione.

deflexion (Brit.), *see* deflection.

defluxion (*hydr.*), deflusso.

defoamer (*chem. ind.*), antischiuma, distruttore della schiuma.

defocus (*n. - opt. - m. pict. - phot.*), sfuocatura.

defocus (to) (*m. pict. - opt. - phot.*), sfuocare.

defocused (as of a blurred image) (*a. - m. pict. - opt. - phot.*), sfocato.

defocusing (*phys.*), defocalizzazione.

defog (to) (as a windshield) (*aut. - etc.*), togliere l'appannamento, disappannare.

defogging (*a. - aut. - etc.*), antiappannante. **2.** ~ system (*aut. - etc.*), impianto antiappannamento.

deform (to) (variation of shape due to a force acting on the body) (*constr. theor. - mech.*), deformare.

deformation (in the materials) (*constr. theor.*), deformazione. **2.** elastic ~ (*constr. theor.*), deformazione elastica. **3.** permanent ~ (*constr. theor.*), deformazione permanente. **4.** plastic ~ (*mech. technol. - metall.*), deformazione plastica. **5.** resilience work of ~ (*constr. theor.*), lavoro di deformazione elastica. **6.** work done in ~ (*constr. theor.*), lavoro di deformazione.

deformeter (an instr. used for the measurement of small deformations) (*meas. instr.*), estensimetro.

defrazing (*mech. - pip. - etc.*), fresatura degli spigoli vivi (o delle bave).

defrost (to) (as an aer. wing), disgelare, togliere le incrostazioni di ghiaccio. **2.** ~ (as a freezer) (*cold*

mach.), sbrinare. **3.** ~ (to thaw out: as frozen foods) (*cold ind.*), scongelare.
defroster (as of a windshield) (*aut.*), sbrinatore. **2.** ~ (as of a freezer) (*cold mach.*), sbrinatore. **3.** automatic ~ (as of a home freezer) (*cold mach.*), sbrinatore automatico. **4.**rear window ~ (*aut.*), sbrinatore del lunotto.
defrosting (as an aer. wing) (*aer. - etc.*), disgelamento. **2.** ~ (as of a home freezer) (*cold mach.*), sbrinamento. **3.** ~ (as of frozen foods) (*cold ind.*), scongelamento. **4.** ~ plant (as for parked aircraft) (*aer.*), gruppo di disgelamento. **5.** electric ~ (*aut. - etc.*), sbrinamento elettrico.
defuse (to), **defuze** (to) (*expl.*), disinnescare.
"deg" (degree) (*therm. - geom.*), grado.
degas (to) (to remove gas: as from a liquid or an electronic tube) (*phys. - ind.*), degassare.
degassing (*milit.*), bonifica chimica, degassificazione. **2.** ~ (degassing for avoiding porosity in castings) (*found.*), dagassamento. **3.** ~ (as of an electronic tube) (*ind.*), degassamento.
degate (to) (to remove gates from a casting) (*found.*), togliere il colame, togliere il boccame.
degauss (to) (to neutralize magnetism: as of a ship) (*elect.*), smagnetizzare.
degausser (demagnetizer, for magnetic mines) (*navy*), smagnetizzatore.
degaussing (*elect.*), smagnetizzazione. **2.** ~ (compensation of a magnetic field by means of a field of opposite sign created by electric currents, as in a submarine) (*navy - elect.*), smagnetizzazione.
degeneracy (*atom phys.*), degenerazione.
degenerate (as of a doped semiconductor, a gas etc.) (*a. - phys.*), degenere.
degeneration (negative feedback, reverse feedback, countercoupling) (*elics.*), controreazione.
deglomeration (missed amalgamation of great corporations (*finan.*), dissociazione.
degradable (as a detergent) (*chem.*), degradabile.
degradation (*gen.*), degradazione. **2.** ~ (as a condition of partial deterioration of memory or of peripheral units) (*comp.*), degradazione. **3.** ~ of energy (*thermod.*), degradazione dell'energia. **4.** graceful ~ (*comp.*), stato di degradazione ancora accettabile. **5.** ozone ~ product (as in rubber mfg.) (*ind.*), prodotto degradato causa la presenza di ozono.
degrade (to) (*geol.*), degradare.
degrain (to) (to remove the grain in hides) (*leather ind.*), sfiorare, togliere il fiore.
degrease (to) (*ind.*), sgrassare. **2.** ~ wool (*wool ind.*), sgrassare la lana.
degreaser (solvent) (*ind.*), sgrassatore. **2.** ~ (a device or tank for degreasing) (*ind.*), cabina (o vasca) di sgrassaggio.
degreasing (*ind.*), sgrassatura. **2.** ~ operation (*ind. - mech.*), sgrassatura, sgrassaggio.
degree (the 360th part of a circumference) (*math.*), grado. **2.** ~ (of temperature), grado. **3.** ~ Baumé (degree Bé, unit of liquid density) (*chem. - meas. unit*), Baumé, grado Baumé. **4.** ~ Kelvin (absolute temp. degree) (*temp. meas.*), grado Kelvin, grado di temperatura assoluta. **5.** ~ of accuracy (as of a measurement) (*gen.*), grado di precisione. **6.** ~ of beating (*paper mfg.*), grado di raffinazione. **7.** ~ of eccentricity (*mech.*), eccentricità, grado di eccentricità. **8.** ~ of freedom (*mech. - chem. - phys.*), grado di libertà. **9.** ~ of saturation (*phys.*), grado di saturazione. **10.** electrical ~ (in an elect. mach.; equal to the number of geometrical degrees multiplied by the number of pole pairs) (*elect.*), grado elettrico.
degum (to) (to boil off, the silk) (*silk mfg.*), purgare, sgommare, cuocere.
degumming (of silk) (*silk mfg.*), sgommatura, purga. **2.** ~, *see also* boiling-off.
dehairing (*leather mfg.*), depilazione.
dehumidification (as in air conditioning), deumidificazione.
dehumidified (as the wind of a blast furnace) (*metall. - etc.*), deumidificato.
dehumidifier (*ind. app.*), deumidificatore.
dehumidify, (to) deumidificare.
dehydrate (to) (*chem.*), disidratare.
dehydrated (*a. - gen.*), disidratato. **2.** ~ window (double glazed sash, as of a passenger car) (*railw. - etc.*), finestrino (a doppio vetro) con disidratazione.
dehydrating (*a.- chem.*), disidratante.
dehydration (removal of water from oils, crystals etc. by heating) (*chem.*), disidratazione.
dehydrator (*chem. - ind.*), disidratatore.
dehydrogenate (to) (*chem.*), deidrogenare.
dehydrogenation (*chem.*), deidrogenazione.
deice (to) (to remove the ice: as deposited on aircraft wings etc.) (*aer.*), eliminare le formazioni di ghiaccio.
deicer (*aer.*), dispositivo antighiaccio. **2.** ~ (*aer.*) (Am.), *see also* anticer. **3.** ~ boot (deicer shoe, pneumatically actuated deicer) (*aer.*), antighiaccio pneumatico.
deicing (removal of ice: as from aircraft wings etc.) (*aer. - etc.*), eliminazione delle formazioni di ghiaccio. **2.** ~ device (*aer.*), dispositivo antighiaccio. **3.** ~ switch (as of a radar reflector etc.) (*elect. - etc.*), interruttore comando antighiaccio, interruttore di disgelo.
deindustrialization (*national ind. problem*), disindustrializzazione.
deionise (to) (*chem. - phys. - ind.*) (Brit.), deionizzare.
deionization (*thermion.*), deionizzazione.
deionize (to) (*chem. - phys. - ind.*) (Am.), deionizzare.
deionizer (*ind. app.*) (Am.), deionizzatore.
dejack (to) (to lower a car raised with a jack) (*aut.*), riabbassare, calare a terra.
deka (*meas.*), *see* deca-.
dekagram, *see* decagram.
dekaliter, *see* decaliter.

dekameter, *see* decametre.
dekastere, *see* decastere.
"del", *see* deliver.
delaine (*text. ind.*), stoffa leggera di lana (o mista), mussolina di lana. **2.** ~, *see also* wool muslim.
delamination (splitting into original layers, as of plywood) (*mech. technol.*), separazione degli strati, sfogliazione.
delay (*comm.*), proroga, ritardo, dilazione. **2.** ~ (time elapsed: as between the input and the output of a signal) (*elics.*), ritardo. **3.** ~ line (device inserted in electronic circuits to generate artificial delay) (*elics.*), linea di ritardo. **4.** ~ time (*elics. - comp. - etc.*), tempo di ritardo. **5.** ignition ~ (ignition lag) (*i. c. eng.*), ritardo di accensione.
delay (to) (*comm.*), dilazionare, prorogare, ritardare.
delayage (*comm.*), penalità per ritardo.
delayed (retarded) (*a. - mech.*), ritardato. **2.** ~ action release (device retarding the shutter release) (*n. - phot. device*), autoscatto. **3.** ~ echoes (*radio*), echi ritardati. **4.** ~ neutron (*atom phys.*), neutrone lento. **5.** ~ updating (*comp. - etc.*), aggiornamento ritardato.
delayed-action (*a.*), ad azione ritardata. **2.** ~ fuse (*expl.*), spoletta ad azione ritardata.
del credere commission (*comm. - law*), provvigione (o premio) del credere.
"deld", *see* delivered.
delegate (to) (*comm.*), delegare.
delegation (letter of delegation) (*comm.*), delega.
delete (to) (*gen.*), annullare, cancellare. **2.** ~ (to eliminate recorded data) (*comp. - etc.*), cancellare.
delicate (as said of an instrument, capable of measuring to a fine degree) (*a. - instr.*), di precisione. **2.** ~ (as said of chem. tests detecting very small amounts) (*chem.*), di precisione. **3.** ~ (as of a work requiring uncommon and skillful technique for the execution) (*a. - ind. proc. - mech.*), delicato.
delignification (as of cellulose text. fibers) (*ind.*), delignificazione.
delignified (as of cellulose text. fibers) (*ind.*), delignificato.
delime (to) (as skins before tanning) (*leather ind.*), purgare dalla calce.
deliming (of skins before tanning) (*leather ind.*), purga dalla calce.
delimit (to), delimitare.
delimited, delimitato.
delimiter (*n. - gen.*), segno di delimitazione. **2.** ~ (separator, punctuation symbol or character) (*comp.*), delimitatore.
delineate (to), delineare.
delineator (surveying odometer) (*road. constr. instr.*), odometro topografico. **2.** ~ (light reflectors on curbstones or poles on the road sides) (*road. impl.*), catadiottro stradale, catarifrangente stradale.
delinquent (in arrears: as of payment) (*law*), inadempiente.
deliquesce (to) (*phys.*), divenire deliquescente.
deliquescence (*phys.*), deliquescenza.
deliquescent (*chem. phys.*), deliquescente.
deliver (to) (as of a spring, of a well, of a pump), erogare. **2.** ~ (to give) (*comm.*), consegnare. **3.** ~ by hand (as a letter) (*gen.*), consegnare a mano.
delivered (as of power) (*mot. - etc.*), erogato. **2.** ~ at frontier.... (*comm. - transp.*), reso frontiera.... **3.** ~ duty paid (*comm. - transp.*), reso sdoganato.
delivery (as of a pump), erogazione, mandata. **2.** ~ (act of delivering: as goods, packages) (*comm.*), consegna. **3.** ~ (that which is delivered), materiale consegnato. **4.** ~ (volume of liquid delivered in a unit of time: as from a pump) (*hydr.*), portata. **5.** ~ (extraction of a pattern from a mold) (*glass mfg. - etc.*), sformatura. **6.** ~ (angle of taper, of a pattern) (*found.*), *see* draft. **7.** ~ (of a printing machine) (*print.*), produzione. **8.** ~ by hand (as of a letter) (*gen.*), consegna a mano. **9.** ~ head (of pumps) (*hydr.*), prevalenza manometrica, altezza di sollevamento. **10.** ~ note (*comm.*), bolla di consegna. **11.** ~ order (*comm.*), ordine di consegna. **12.** ~ pipe outlet (*hydr.*), uscita del tubo di mandata. **13.** ~ pressure (of a pump) (*mach.*), pressione di mandata. **14.** ~ rollers (*comp.*), rulli uscita copie. **15.** ~ test (of a plane, flight test made for delivery purpose) (*aer.*), volo di collaudo per la consegna. **16.** ~ time (*comm.*), termine di consegna. **17.** ~ tricycle (delivery tricar) (*veh.*), motocarro, motociclo a tre ruote. **18.** ~ van (*aut.*) (Brit.), furgone. **19.** home ~ (of goods) (*comm.*), consegna a domicilio. **20.** maximum ~ (pressure, as of the variable-delivery hydraulic pump of an aircraft hydraulic system) (*hydr.*), pressione massima di mandata. **21.** proof of ~ (*comm.*), ricevuta di consegna. **22.** tricycle ~ van (three-wheeled delivery van) (*veh.*), motofurgone. **23.** wanted ~ (*comm.*), consegna desiderata.
delocalize (to) (to remove something) (*gen.*), spostare.
delta (*elect. connection*), triangolo. **2.** ~ (of a river), delta. **3.** ~ fan, *see* fan delta. **4.** ~ iron (*metall.*), ferro delta. **5.** ~ metal (*metall.*), metallo delta. **6.** ~ rays (*atom phys.*), raggi delta. **7.** ~ wings (*aer.*), ali a delta. **8.** fan ~ (*geogr.*), delta a ventaglio.
delta-star (*elect. connection*), stella-triangolo.
delta-winged (*a. - aer.*), ad ala a delta.
demagnetization (*elect.*), smagnetizzazione.
demagnetize (to) (*elect. - mech.*), smagnetizzare.
demagnetizer (*electromech. app.*), smagnetizzatore.
demagnetizing (*elect.*), smagnetizzazione.
demagnify (to) (to make a reduction of size) (*phot. - phys.*), rimpiccolire.
demand (*econ.*), domanda. **2.** ~ (load, as of a power plant, averaged over a period of time and usually indicated in kw) (*elect.*), carico medio. **3.** ~ bill (demand draft, sight draft) (*comm.*), tratta a vista. **4.** ~ meter (used for meas. the elect. load requested) (*elect. meas. instr.*), registratore del ca-

rico istantaneo assorbito. **5.** ~ system (automatically operating system which delivers oxygen to passengers) (*aer.*), impianto automatico di distribuzione ossigeno. **6.** elastic ~ (demand having great changes) (*comm.*), domanda elastica. **7.** final ~ (of payment) (*law - comm.*), ingiunzione di pagamento. **8.** market ~ (*comm.*), domanda di mercato. **9.** supply and ~ (*comm. - econ.*), domanda ed offerta.

demand-pull (*comm.*), aumento della domanda.

demast (to) (*naut.*), disalberare.

demeanor (demeanour, behavior) (*gen.*), comportamento. **2.** professional ~ (*pers. - etc.*), comportamento professionale.

demesne (legal land property) (*agric.*), proprietà terriera.

demijohn (type of glass container) (*agric. - etc.*), damigiana.

demilustre (as of wool) (*a. - text. ind.*), semilucido.

demineralizing (as of water) (*chem.*), demineralizzazione.

demisphere, *see* hemisphere.

demister (for cleaning up windows) (*aut. app. - etc.*), antiappannante. **2.** ~ (Brit.), *see also* defroster.

demobilize (to) (*milit. - etc.*), smobilitare.

demodifier (for restoring, as a modified instruction, to the original value) (*comp.*), demodificatore.

demodulate (to) (*radio - etc.*), demodulare.

demodulation (of a carrier current) (*electrotel. - radio*), demodulazione.

demodulator (*radio - etc.*), demodulatore.

demolish (to) (*mas.*), abbattere. **2.** ~ (*bldg.*), demolire.

demolition (*bldg.*), demolizione. **2.** ~ derby (old cars crashing each other) (*aut. sport*), bocciatura volontaria tra auto sinché una sola rimane funzionante e vincitrice.

demonetize (to) (to withdraw currency from the circulation) (*finan.*), ritirare danaro dalla circolazione.

demonstrate (to) (*gen.*), dimostrare.

demonstrator (person whose task is to demonstrate: as a new product to the public) (*work. - comm.*), dimostratore.

demote (to) ~ (as to demote an officer to a lower rank) (*pers.*), retrocedere.

demothball (to) (to reactivate: as warships kept in protective storage or "in mothballs") (*navy - milit. - etc.*), riattivare.

demotion (degradation) (*pers. - work. - milit.*), retrocessione.

demount (to) (as a mot. from an aut., an aer. etc.) (*mech.*), togliere, disinstallare, smontare. **2.** ~ (to disassemble: into pieces as a mach.) (*mech.*), smontare.

demountable (as of a motor) (*mech.*), smontabile, disinstallabile.

demulsibility (*phys. chem.*), cottura di emulsione. **2.** ~ test (of an oil) (*chem.*), prova di rottura di emulsione.

demulsify (to) (*phys. chem.*), rompere l'emulsione.

demultiplex (to) (*tlcm.*), demultiplare.

demultiplexer (*tlcm.*), demultiplicatore.

demurrage (*naut. comm.*), controstallia. **2.** ~ (storage charge for a delay in collecting a merchandise) (*comm.*), diritti di immagazzinaggio. **3.** ~ days (*naut. comm.*), giorni di controstallia.

"DEMUX", *see* demultiplexer.

demy (any of various sizes of paper) (*paper ind.*), formato "demy".

denationalization (as of an industry) (*politics*), snazionalizzazione, privatizzazione.

denationalize (to) (*ind. - etc.*), snazionalizzare, privatizzare.

denaturant (*chem.*), denaturante.

denature (to) (*chem.*), denaturare.

dendrite (a crystal structure) (*crystallography - metall.*), dendrite.

dendritic (*a. - metall.*), dendritico.

denier (unit of meas. of the fineness of textile yarns) (*text.*), denaro.

denitrate (to) (*chem.*), denitrificare.

denitrifying (*biochem.*), denitrificazione.

denomination (act of naming), denominazione. **2.** ~ (category), categoria. **3.** ~ (unit of value of banknotes) (*finan.*), taglio.

denominator (*math.*), denominatore. **2.** lowest common ~ "LCD" (*math.*), minimo comun denominatore.

denounce (to) (a contract) (*comm.*), denunciare.

denouncing (denunciation, notice of termination of a contract) (*comm.*), denuncia.

dense (*phys.*), denso. **2.** ~ (as of negatives) (*phot.*), scuro, forte. **3.** ~ (close-grained, as a cast iron section) (*found.*), a grana chiusa, a grana fitta, a struttura compatta. **4.** ~ (as of a wood) (*bot.*), fitto, folto. **5.** ~ (possessing high refractive power) (*a. - opt.*), con forte potere rifrangente.

densifier (for the flotation process) (*min. mach.*), addensatore.

densimeter (*instr.*), densimetro, areometro. **2.** ~ (for battery electrolyte) (*instr.*), densimetro.

densitometer (for meas. of phot. density) (*phot. instr.*), densitometro.

density (as of magnetic flux) (*elect.*), densità, intensità. **2.** ~ (*opt.*), densità. **3.** ~ (*phys.*), densità. **4.** ~ (grain size, as of a cast iron section) (*found.*), misura dell'affinazione del grano. **5.** ~ (of a negative or a positive phot. film: degree of darkening) (*opt. meas.*), densità-ottica, annerimento. **6.** ~ altitude (*meteorol. - aer.*), altezza alla quale corrisponde una determinata densità di atmosfera. **7.** ~ of kinetic energy (*acous.*), densità di energia cinetica, energia cinetica acustica istantanea per unità di volume. **8.** ~ of sound energy (*acous.*), densità di energia totale, energia acustica totale istantanea per unità di volume. **9.** ~ of traffic (*railw. - etc.*), densità di traffico. **10.** ~ range (*photomech.*), gamma di densità. **11.** ballistic ~ (of air) (*ballistics*), densità balistica. **12.** current ~

(*elct.*), densità di corrente. **13.** field ~ (*elect.*), intensità del campo. **14.** flux ~ (*elect.*), densità di flusso. **15.** light ~ (*illum.*), densità luminosa. **16.** magnetic ~ (*elect.*), densità magnetica. **17.** magnetic flux ~ (*elect.*), intensità del flusso magnetico. **18.** packing ~ (amount of data per unit of length, or of area, of a memorizing medium: storage density, recording density) (*comp.*), densità di memorizzazione, densità di impaccamento. **19.** recording ~ (amount of data recorded per unit of length or area of the memorizing medium) (*comp.*), densità di registrazione, densità di memorizzazione. **20.** slowing–down ~ (refers to neutrons loss of energy) (*nuclear reactor*), densità di rallentamento. **21.** storage ~ (amount of characters per unit of length or of area of a memorizing medium: packing density) (*comp.*), densità di memorizzazione.

dent (defect: as in an aut. fender), ammaccatura, fitta. **2.** ~ (as in a shaft, a pole etc.) (*technol.*), tacca. **3.** ~ (one of the wires composing the reed of a loom) (*text. mach.*), dente di pettine. **4.** ~ (hole, of a road surface) (*road*), buca. **5.** ~ (as of a lock or of a text. mach.) (*mech.*), dente.

dent (to), ammaccare.

dental (*a. - med.*), dentistico. **2.** ~ burr (*med. impl.*), fresetta per dentista. **3.** ~ engine (*med. mach.*), trapano da dentista. **4.** ~ plate (*med.*), dentiera. **5.** ~ technician (*med.*), odontotecnico. **6.** ~ unit (*med. app.*), complesso odontoiatrico. **7.** hard rubber ~ plate (*med.*), dentiera in ebanite.

dentel (*arch.*), dentello.

denticular (*arch.*), ornato a dentelli.

denticulate (*a. - arch.*), dentellato, a dentelli.

denticulation (*arch.*), dentellatura.

dentil (*arch.*), dentello.

denuclearization (*milit. - politics*), messa al bando delle armi atomiche.

denuclearize (to) (to forbid the use of atomic weapons) (*milit. - politics*), mettere al bando le armi atomiche.

deny (to) (to refuse: as the access) (*comp.*), interdire.

deodorization (*chem. ind.*), deodorazione.

deodorize (to) (*chem.*), deodorare.

deorbit (the deorbiting) (*n. - astric.*), rimozione dall'orbita.

deorbit (to) (transitive and intransitive: as of a spacecraft) (*astric.*), mandare fuori orbita, andare fuori orbita.

deoxidated (*chem. - metall.*), disossidato.

deoxidize (to) (*chem.*), disossidare.

deoxidizer (*chem.*), disossidante.

deoxidizing (*chem.*), disossidazione.

deozonizer (*chem.*), deozonizzatore.

"dep", *see* depart, departure, department, deposit, depot.

depart (to), partire.

department (of a shop), sezione, reparto. **2.** ~ (section of a business concern), ufficio, reparto. **3.** ~ (a ministry activity) (Brit.) (*government*), ministero. **4.** ~ foreman (*work.*), capo reparto. **5.** ~ manager (*company management*), direttore di divisione. **6.** ~ store (large retail store organized in separate departments) (*comm.*), grande magazzino. **7.** accounting ~ (as of a company), ufficio contabilità, contabilità. **8.** creative ~ (*adver.*), reparto creativo. **9.** despatch ~ (of a factory) (*ind.*), reparto spedizioni, servizio spedizioni. **10.** electrical accounting machine ~, *see* accounting. **11.** engineering ~ (*ind.*), ufficio tecnico. **12.** experiment ~ (*shop*), reparto esperienze. **13.** furnaces ~ (*shop*), reparto forni. **14.** heat–treating ~ (*shop*), reparto trattamenti termici. **15.** industrial relations ~ (of a factory) (*pers.*), relazioni sociali (verso i dipendenti, il pubblico ecc.). **16.** purchase accounts ~ (of a firm) (*accounting*), (servizio) contabilità acquisti. **17.** purchasing ~ (as of a factory), ufficio acquisti, servizio acquisti. **18.** receiving ~ (of a factory warehouse) (*ind.*), reparto arrivi, magazzino arrivi. **19.** safety ~ (of a firm) (*ind.*), servizio sicurezza. **20.** sales ~ (as of a factory), ufficio commerciale, reparto commerciale. **21.** service ~ (facility for repair and maintenance of goods) (*comm.*), servizio assistenza clienti. **22.** styling ~ (for bodies) (*aut.*), reparto stile. **23.** technical ~ (as of a factory), ufficio tecnico. **24.** testing ~ (*shop*), reparto collaudi, reparto prove.

departure, partenza. **2.** ~ (*naut.*), partenza. **3.** ~ (distance in east–west direction) (*naut.*), distanza est–ovest. **4.** ~ (deviation, as from a rule) (*gen.*), deviazione, scostamento. **5.** ~ (deviation of a ship from the prescribed course) (*naut.*), deviazione (dalla rotta). **6.** ~ (ship's position at the start of a journey) (*naut.*), punto (nave) di partenza, posizione di partenza. **7.** ~ angle (of a car) (*aut.*), angolo di sbalzo posteriore. **8.** ~ time (*transp. - etc.*), ora di partenza. **9.** ~ velocity (as of a missile or space vehicle) (*rckt.*), velocità di lancio, velocità di distacco. **10.** time of ~ (*railw.*), ora della partenza. **11.** train ~ (*railw.*), partenza di un treno.

dependability (*mech. - etc.*), sicurezza, affidamento.

dependable (reliable) (*a. - mech. - etc.*), sicuro, di affidamento.

dependence (*math. - etc.*), dipendenza.

dependency (*n. - comp.*), dipendenza.

dependent, dependant (*a. - n. - gen.*), dipendente. **2.** ~ (dependant, one sustained by another) (*n. - pers. - etc.*), persona a carico. **3.** ~ variable (*math.*), variabile dipendente.

deperming (of a vessel, neutralization, cancellation of the longitudinal magnetic field) (*navy*), smagnetizzazione parziale, neutralizzazione della componente longitudinale del campo magnetico.

dephlegmator (*chem. impl.*), deflemmatore.

dephosphorization (*metall.*), defosforazione.

dephosphorize (to) (*metall.*), defosforare.

depilating (*leather ind.*), depilazione.

depilation (*leather ind.*), depilazione.

depilatory (liquid for detaching wool from hides) (*wool ind.*), sostanza depilatoria, depilatorio.
depitched (as of wool) (*wool ind.*), scatramato.
deplete (to) (to diminish, to reduce) (*gen.*), diminuire. **2.** ~ (to let out contents) (*gen.*), scaricare. **3.** ~ (to exhaust) (*gen.*), impoverire, esaurire.
depleted (*atom phys. - etc.*), impoverito.
depletion (*accounting*), esaurimento. **2.** ~ (of a reactor nuclear fuel) (*atom phys.*), esaurimento, consumo, impoverimento. **3.** ~ (in a semiconductor) (*elics.*), svuotamento. **4.** ~ layer (depletion of electrons) (*elics.*), strato di svuotamento.
deploy (to) (*milit.*), schierare.
deployment (as of a parachute canopy from the pack) (*gen.*), spiegamento. **2.** ~ (*milit.*), schieramento. **3.** ~ area (*milit.*), zona di concentramento. **4.** ~ bag (a parachute canopy pack) (*aer.*), pacco del paracadute. **5.** ~ in depth (*milit.*), schieramento in profondità.
depolarization (*opt. - electrochem.*), depolarizzazione.
depolarize (to) (*electrochem.*), depolarizzare (togliere la polarizzazione).
depolarizer (*electrochem.*), depolarizzante, depolarizzatore.
depolished (ground, glass) (*glass ind.*), smerigliato.
depollute (to) (*ecol.*), disinquinare.
depolymerization (*chem.*), depolimerizzazione.
depose (to) (*law*), deporre.
deposit (*gen.*), deposito. **2.** ~ (*min.*), giacimento. **3.** ~ (in a liquid) (*phys.*), deposito. **4.** ~ (of money in a bank) (*finan.*), deposito. **5.** ~ (as of boil.), sedimento. **6.** ~ (of an award) (*law*), deposito (di una sentenza). **7.** deposits (as of a river), detriti. **8.** demand ~ (*finan.*), deposito a vista, deposito libero. **9.** savings ~ (*finan.*), deposito a risparmio. **10.** security ~ (*adm.*), deposito cauzionale. **11.** special ~ (a long term deposit for interest) (*bank*), deposito vincolato. **12.** time ~ (a deposit credited to a bank on the understanding that payment will be effected at a set future date) (*comm. - finan.*), deposito vincolato.
deposit (to) (to settle) (*chem. - etc.*), depositarsi. **2.** ~ (as money in a bank) (*finan.*), depositare.
deposition (*law*), deposizione.
depositor (*finan.*), depositante. **2.** saving ~ (money saver) (*finan.*), risparmiatore.
depot (for passengers and freight) (*railw.*) (Am.), stazione. **2.** ~ (air terminal), *see* air terminal. **3.** ~ (place of deposit for goods) (*railw.*) (Brit.), scalo merci. **4.** ~ (store for maintenance of milit. and naval supplies) (*milit. - navy*), magazzini militari. **5.** ~ (a bus station) (*bldg. - transp.*), deposito (o rimessa per) autobus. **6.** ~ (place where goods are deposited) (*comm.*), deposito merci. **7.** ~, *see* air terminal. **8.** intermediate ~ (*railw.*), stazione intermedia. **9.** shunting ~ (*railw.*), stazione di smistamento. **10.** transhipping ~ (*railw.*), stazione di trasbordo. **11.** transit ~ (*railw.*), stazione di transito.
depreciate (to) (*comm. - finan.*), svalutare.
depreciated (*comm. - finan.*), svalutato.
depreciation (*comm.*), deprezzamento. **2.** ~ (annual decrease in value: as of plant, machinery etc. of a factory) (*adm.*), ammortamento, deprezzamento. **3.** ~ allowance (*adm.*), quota di ammortamento. **4.** ~ fund (*comm. - finan.*), fondo di ammortamento. **5.** color ~ (as of fuel oils) (*chem.*), alterazione del colore. **6.** provision for ~ (*adm.*), fondo di ammortamento. **7.** reserve for ~ (*adm.*), fondo di ammortamento.
depress (to) (a gun) (*milit.*), abbassare. **2.** ~ (as a keyboard key) (*comp. - typewriter*), battere, digitare. **3.** ~ (as a key for raising the carriage) (*comp. - typewriter*), abbassare.
depressed arch (*arch.*), arco ribassato.
depression (*gen.*), depressione. **2.** ~ (with regard to atmospheric pressure) (*meteorol.*), depressione. **3.** ~ (of equations) (*math.*), riduzione al grado inferiore. **4.** ~ (*top.*), avvallamento. **5.** ~ (of guns) (*artillery*), sito negativo. **6.** ~ meter (*instr.*), deprimometro. **7.** angle of ~ (vertical angle below the horizontal, between the observed point direction and the horizontal) (*top.*), angolo di depressione. **8.** economic ~ (*finan. - comm. - etc.*), crisi economica. **9.** key ~ (as for shifting) (*comp. - typewriter*), abbassamento di un tasto. **10.** key ~ (keystroke) (*comp. - typewriter*), battuta di un tasto. **11.** secondary ~ (small area of low pressure associated with a larger area) (*meteorol.*), depressione secondaria.
depressor (*chem.*), inibitore, catalizzatore negativo. **2.** tongue ~ (*med. instr.*), abbassatore della lingua.
depressurization (as of an aircraft) (*aer.*), depressurizzazione.
depressurize (to) (as an aircraft) (*aer.*), depressurizzare.
depside (aromatic hydrocarbon compound) (*chem.*), depside.
"dept" (department) (*ind. - etc.*), reparto.
depth (*gen.*), profondità. **2.** ~ (height, as of a number plate) (*gen.*), altezza. **3.** ~ (of the sea) (*naut.*), fondale. **4.** ~ (of a sub.) (*navy*), quota. **5.** ~ (perpendicular measurement of a vessel) (*naut.*), altezza, puntale. **6.** ~ (of a gear tooth) (*mech.*), altezza (del dente). **7.** ~ charge "DC" (*navy*), bomba antisommergibile, bomba di profondità. **8.** ~ charge release control (*navy*), comando per il lancio delle bombe di profondità. **9.** ~ contour (line connecting the points of a water basin having the same depth) (*top. - geophys.*), isobata. **10.** ~ contour (projection on the water surface of the points of a basin having the same depth) (*geophys. - top.*), linea batimetrica, curva batimetrica. **11.** ~ gauge (*t.*), calibro di profondità. **12.** ~ gear (*naut.*), indicatore di profondità. **13.** ~ interview (a detail investigation: as of a specific market) (*comm.*), indagine in profondità, esame particolareggiato. **14.** ~ mechanism (maintains the torpedo at a prede-

termined depth) (*torpedo*), regolatore di immersione. **15.** ~ of engagement (of a thread) (*mech.*), altezza utile, "ricoprimento". **16.** ~ of field (*phot.*), profondità di campo. **17.** ~ of hardening (*heat treat.*), penetrazione di tempra. **18.** ~ of hold (*naut.*), puntale di stiva. **19.** ~ of thread (of a screw) (*mech.*), altezza del filetto. **20.** cutting ~ (*mach. t. - mech.*), profondità di taglio. **21.** girder ~ (*constr. theor.*), altezza della trave. **22.** molded ~ (shipbuilding) (*naut.*), altezza tra la trave di chiglia e la trave del ponte di coperta (o superiore) in corrispondenza della sezione maestra. **23.** periscope ~ (of a sub.) (*navy*), quota periscopica. **24.** whole ~ (of a gear tooth) (*mech.*), altezza totale. **25.** working ~ (of a gear tooth) (*mech.*), altezza utile.

depthometer (*sea*), misuratore di profondità.

depth-sounder (instr. for measuring the depth of water) (*naut. obsolete instr.*), scandaglio.

depuration (*chem.*), depurazione.

deputy (delegate) (*law*), delegato.

"der", *see* derivation, derivative, derived.

derail (to) (*railw.*), sviare, deragliare.

derailed (*railw.*), deragliato, sviato.

derailleur (bicycle change of speed) (*bicycle mech.*), cambio di velocità.

derailment (*railw.*), sviamento, deragliamento.

derated (as an engine the power of which has been decreased by correcting for climatic conditions differing from the standard ones) (*a. - mot.*), a potenza corretta, a potenza ridotta. **2.** ~ (as an engine the rated power of which has been lowered because of age etc.) (*a. - mot. - mach. - etc.*), declassato.

derating (decrease of an engine output due to correction for climatic conditions differing from standard) (*mot.*), correzione di potenza, diminuzione di potenza, riduzione della potenza. **2.** ~ (as of engines, elect. apparatus etc.) (*mot. - mach. - etc.*), declassamento. **3.** percentage ~ (*mot.*), riduzione percentuale della potenza.

deratization (as of a ship, a factory etc.), derattizzazione.

deregulate (to) (to decontrol) (*gen.*), sregolare.

dereel (to) (*elect. - etc.*), svolgere, "sbobinare".

dereeling (*elect. - etc.*), svolgimento, "sbobinatura". **2.** ~ device (*elect. - etc.*), svolgitore, "sbobinatore".

derelict (abandoned vessel) (*naut.*), relitto. **2.** ~ (abandoned property) (*law*), proprietà abbandonata.

derivate (*n. - math.*), derivata.

derivation (*math. operation*), derivazione.

derivative (*n. - chem.*), derivato. **2.** ~ (*n. - math.*), derivata. **3.** partial ~ (*math.*), derivata parziale. **4.** rotary ~ (stability derivative accompanied by rotation of the aircraft) (*aer.*), derivata di rotazione. **5.** stability ~ (expressing the variation of forces and moments on an aircraft) (*aer.*), derivata di stabilità. **6.** tricycle-type scooter ~ (*veh.*), motoretta a triciclo.

derived (*a. - gen.*), derivato. **2.** ~ circuit (*elect.*), circuito derivato. **3.** ~ current (*elect.*), corrente derivata.

derrick (*bldg. impl.*), falcone. **2.** ~ (pivoting mast provided with a hoisting tackle) (*naut.*), bigo, picco di carico, albero di carico. **3.** ~ (of an oil well) (*min.*), torre di trivellazione, torre di sondaggio. **4.** ~ barge (floating crane used for oil drilling platform construction) (*naut.*), pontone appoggio. **5.** ~ braces (as in oil drilling) (*min.*), controventi della torre di sondaggio, controventi della torre di trivellazione. **6.** ~ floor (as in oil drilling) (*min.*), piano (di manovra) della torre di trivellazione. **7.** ~ legs (as in oil drilling) (*min.*), gambe della torre di trivellazione. **8.** ~ platform (as in oil drilling) (*min.*), piano della torre di trivellazione. **9.** ~ post, *see* king post. **10.** ~ wind load (as in an oil well) (*constr. theor.*), pressione del vento sulla torre (di trivellazione).

derricks and rigging (*naut.*), picchi da carico ed attrezzatura.

"derv" (diesel-engined road vehicle) (*veh. - ind.*), veicolo stradale a motore diesel.

"des", *see* design.

desactivate (to) (*radioact.*), disattivare.

desactivation (*radioact.*), disattivazione.

desalination (as of sea water) (*chem. - ind. - etc.*), dissalazione. **2.** ~ plant (*chem. ind. - etc.*), impianto di dissalazione, dissalatore. **3.** ~ plant (desalination apparatus) (*ind. app.*), dissalatore.

desalinization, *see* desalination.

desalt (to) (to remove salt: as from [sea] water) (*ind.*), dissalare.

desalting (*ind. - naut.*), dissalazione. **2.** ~ kit (for sea water) (*emergency device*), dissalatore portatile.

descale (to) (as a boil.) (*ind.*), disincrostare. **2.** ~ (*metall. - forging*), decalaminare, disincrostare, disossidare.

descaled (*metall. - forging*), disossidato, disincrostato.

descaler (app. for removing scales from a forging) (*forging app.*), scrostatore. **2.** hydraulic ~ (app. for removing scales from a forging by a high-pressure water spray) (*forging app.*), scrostatore idraulico.

descaling (*boil.*) (Brit.), disincrostazione. **2.** ~ (removal of surface scale as by pickling) (*forging*), disincrostazione, disossidazione. **3.** flame ~ (*metall. - paint.*), *see* flame-cleaning.

descend (to), discendere, scendere. **2.** ~ a slope (as by aut.), discendere un pendìo.

descending (as a portion of a characteristic curve) (*mech. - etc.*), discendente.

descent (descending way) (*road*), discesa. **2.** ~ (act of descending), discesa. **3.** steep ~ (*road*), discesa ripida.

descrambler

descrambler (of a satellite decoder) (*audiovisuals*), sbrogliatore.
describe (to) (*gen.*), descrivere. **2.** ~ (as a curve) (*draw. - etc.*), descrivere, tracciare.
description (*gen.*), descrizione.
descriptive (*a. - gen.*), descrittivo. **2.** ~ geometry (*geom.*), geometria descrittiva.
descriptor (element or symbol or phrase identifying an item) (*gen.*), elemento di identificazione. **2.** ~ (a keyword serving for data storage and retreival) (*comp.*), descrittore.
deseam (to) (*surface defects*), scriccare con scalpello (oppure alla fiamma).
deseaming (removal of surface defects from ingots by an oxy-gas flame) (*metall.*), scriccatura con cannello, scriccatura alla fiamma.
desensitization (*phot.*), desensibilizzazione. **2.** ~ (as of a receiver) (*defect in a radio - etc.*), diminuzione di sensibilità.
desensitize (to) (*phot.*), desensibilizzare.
desensitizer (*phot.*), desensibilizzatore.
desert (*geol.*), deserto.
desiccants (*chem.*), materiali assorbenti, sostanze igroscopiche.
desiccate (to) (*ind.*), essiccare. **2.** ~ (as timber) (*wood*), essiccare, stagionare.
desiccator (*chem. impl.*), essiccatore. **2.** vacuum ~ (*chem. impl.*), essiccatore a vuoto.
design (project) (*mech. ind.*), studio, progetto. **2.** ~ patent (patent protecting a design feature of an industrial product) (*law*), modello depositato, brevetto sul disegno del modello. **3.** ~ speed (as of an highway), velocità di progetto. **4.** computer-aided ~ (by means of a display on cathode-ray tube) (*comp.*), progettazione assistita da calcolatore. **5.** functional ~ (*comp.*), progetto (o disegno) funzionale. **6.** industrial ~ (connected with the appearance of machine-made products) (*ind.*), stile, disegno industriale.
design (to) (to project), progettare.
designate (to), designare.
designer (*ind.*), progettista. **2.** ~ (*m. pict.*), costumista. **3.** ~ (of aut. body) (*ind. designer*), stilista. **4.** ~ engineer (*ind.*), tecnico progettista. **5.** consultant ~ (of aut. body) (*ind. designer*), stilista consulente. **6.** free-lance ~ (consultant designer, of aut. body) (*ind. designer*), stilista consulente. **7.** system ~ (*comp.*), progettista di sistemi.
designing (*draw. - mech. - etc.*), progettazione. **2.** ~ (*text. ind.*), mess'in carta.
desilt (to) (*min.*), sfangare.
desilting (*min.*), sfangatura.
desilverization (of lead) (*metall.*), disargentaggio.
desize (to) (*text. ind.*), sbozzimare, togliere l'imbozzimatura.
desizing (*text. ind.*), sbozzimatura.
desk (reading and writing table provided with many drawers and compartments) (*off. impl.*), scrivania. **2.** ~ (as one containing instruments etc.) (*elect.*), banco, quadro a banco. **3.** ~ calculator (*ind. - off.*), calcolatrice da tavolo. **4.** ~ fan (*elect. app.*), ventilatore da tavolo. **5.** ~ pad (*off. impl.*), cartella. **6.** ~ work (as administrative work) (*gen.*), lavoro di ufficio. **7.** control ~ (*elect.*), banco (o quadro) di comando, banco (o quadro) di manovra. **8.** control ~ (as of a railcar) (*railw. - etc.*), banco di manovra. **9.** distributing ~ (*elect.*), banco (o quadro) di distribuzione. **10.** drawing ~ (*off. impl.*), tavolo da disegno. **11.** typewriter ~ (*off.*), tavolino per macchina per scrivere.
deskill (to) (to make one or more operations easier: as by machinizing) (*work study*), semplificare, rendere più facile, meccanizzare.
deskman (executive) (*work.*), dirigente.
desk-top (a comp. device conceived for remaining on a wide desk) (*a. - comp. - etc.*), da scrivania.
deslime (to), *see* desilt (to).
deslimed (desilted: as foundry sand) (*a. - found.*), sfangato.
deslimer (desliming or desilting app.) (*min.*), sfangatoio.
desmotropism, desmotropy (dynamic isomerism, equilibrium isomerism) (*chem.*), isomerismo dinamico, equilibrio tautomerico.
desorption (the reverse of adsorption) (*phys. - ind.*), desorbimento, desorzione.
despatch, despatcher, *see* dispatch, dispatcher.
despin (to) (to modify or stop the rotation: as of an artificial satellite) (*astric.*), diminuire la rotazione o annullarla.
despinning (*astric.*), riduzione o annullamento della rotazione (su se stesso).
destination, destinazione. **2.** ~ code (containing addressing elements for a message) (*comp.*), codice (di) destinazione. **3.** ~ field (message area containing the destination code) (*comp.*), campo destinazione.
destroy (to), distruggere.
destroyer (*navy*), cacciatorpediniere. **2.** ~ tender (*navy*), nave appoggio per cacciatorpediniere. **3.** escort ~ (*navy*), cacciatorpediniere di scorta.
destruct (wanted destruction: as of a secret war device) (*milit.*), autodistruzione.
destruction, distruzione.
destructive (as of a weld test) (*a. - mech. technol.*), distruttivo. **2.** ~ analysis (*mech. technol.*), analisi distruttiva. **3.** ~ distillation (*ind.*), distillazione a secco (di sostanze solide). **4.** ~ reading (when the act of reading erases the information) (*comp.*), lettura distruttiva. **5.** ~ test (*mech. technol.*), prova distruttiva.
destructor (waste burning furnace) (*gen. app.*), inceneritore per rifiuti. **2.** ~ (for the destruction in flight of a weapon: as for security purposes) (*milit.*), dispositivo di autodistruzione.
desulphur (to), *see* desulphurize (to).
desulphurate, *see* desulphurize (to).
desulphuration, *see* desulphurization.
desulphurization, (as in rubber mfg.) (*ind. chem.*),

desolforazione. **2.** ~ (as of cast iron) (*metall. - found.*), desolforazione.

desulphurize (to) (as cast iron) (*metall. - found.*), desolforare.

desulphurizer (desulphurizing agent) (*n. - found. - metall.*), desolforante.

desuperheater (attemperator) (*boil.*), attemperatore.

desuperheating (attemperation) (*boil.*), attemperazione.

"det" (detector) (*elics.*), rivelatore. **2.** ~ (detonator) (*expl.*), detonatore. **3.** ~, *see also* detached, detail.

detach (to), staccare, distaccare.

detachable (of a piece) (*mech.*), smontabile, distaccabile, toglibile.

detached (*gen.*), staccato. **2.** ~ unit (*milit.*), distaccamento.

detaching, distacco. **2.** ~ of the flow (as from a wing) (*aerodyn.*), distacco dei filetti.

detachment (of a coach) (*railw.*), distacco (di un vagone). **2.** ~ (*milit.*), distaccamento.

detail (as of a building) (*gen.*), dettaglio. **2.** ~ (as of a fixture) (*mech.*), particolare. **3.** ~ (*top.*), particolare (topografico). **4.** ~ drawing (*draw.*), disegno di particolari.

detail (to) (as a worker to a given task), assegnare. **2.** ~ (to itemize, as the cost) (*comm.*), dettagliare.

detailer (*draw. work.*), particolarista, disegnatore di particolari.

detailing (detailed inspection, sorting, screening, inspection of items) (*quality control*), collaudo (o controllo) unitario, collaudo al 100%, controllo al 100%. **2.** ~ draftsman (*draw.*), disegnatore particolarista.

detearing (*paint.*), sgocciolatura. **2.** electrostatic ~ (process used for removing thick edges from an article coated by dipping) (*paint.*), sgocciolatura elettrostatica.

detect (to) (to demodulate) (*radio - elics.*), rivelare, demodulare. **2.** ~ (to rectify) (*radio*), raddrizzare. **3.** ~ (as with radar) (*navy - milit.*), localizzare.

detection (*gen.*), rivelazione. **2.** ~ (demodulation: as of a modulated radiowave) (*radio - elics.*), rivelazione, demodulazione. **3.** ~ (rectification) (*radio*), raddrizzamento. **4.** ~ (*atom phys.*), rivelazione. **5.** ~ range (as of a radar) (*navy - milit.*), portata, distanza di scoperta (o di acquisizione). **6.** ~ threshold (*acous. - und. acous.*), soglia di percezione, rapporto di percezione. **7.** crack ~ (*mech. technol.*), rivelazione di incrinature, incrinoscopia. **8.** linear ~ (obtained by a device by which the application of a sinusoidal input originates an output proportional to the input) (*radio*), rivelazione lineare. **9.** square-law ~ (obtained by a device by which the output is proportional to the square of the sinusoidal input) (*radio*), rivelazione quadratica.

detective (*police*), agente investigativo.

detector (of radioactivity) (*atom phys.*), rivelatore, misuratore. **2.** ~ (instr. for boil.), livello. **3.** ~ (*radio*), rivelatore, demodulatore. **4.** ~ (sensor) (*electromech.*), sensore. **5.** ~ car (for detecting defects in rail installation) (*railw.*), vettura oscillografica. **6.** acoustic ~ (demodulator) (*radio - acous.*), rivelatore acustico, demodulatore acustico. **7.** cat whisker ~ (*radio*) (Am.), cercatore a baffo di gatto. **8.** coherent ~ (of a moving target represented on a radar display) (*elics.*), rivelatore coerente. **9.** crack ~ (*mech.*), incrinoscopio, rivelatore di incrinature. **10.** crystal ~ (*radio*), rivelatore a cristallo. **11.** diode ~ (*radio*), rivelatore a diodo. **12.** earth ~ (leakage indicator: for measuring or detecting leakage of current to earth) (*elect. instr.*) (Brit.), rivelatore di massa. **13.** earth leakage ~ (*elect.*) (Brit.), *see* earth detector. **14.** electromagnetic crack ~ (*mech.*), incrinoscopio elettromagnetico. **15.** gas ~ (safety instr.: as for firedamp or gasoline vapors) (*min., tankers, fire safety*), rivelatore di gas. **16.** grid ~ (*elect. - radio*), rivelatore di griglia. **17.** heterodyne ~ (*radio - elics.*), rivelatore a eterodina. **18.** magnetic ~ (*milit. instr.*), rivelatore magnetico. **19.** magnetic crack ~ (*mech.*), incrinoscopio magnetico, magnetoscopio. **20.** magnetic flaw ~, *see* magnetic crack ~. **21.** metal ~ (electronic locator of concealed metallic objects; in common use, as in airports, against terrorism) (*policy - etc.*), rivelatore di metalli, rivelatore di oggetti metallici. **22.** neutron ~ (*atom phys.*), rivelatore di neutroni. **23.** null ~ (*elics. - elect.*), rivelatore di azzeramento. **24.** obstacle ~ (*radar*), rivelatore di ostacoli. **25.** retarding field ~ (*radio*), rivelatore a campo frenante. **26.** reverse-field ~ (*radio*), rivelatore a campo frenante. **27.** smoke ~ (*fire prevention device*), avvisatore di fumo, avvisatore di incendio. **28.** threshold ~ (*atom phys.*), rivelatore a soglia. **29.** valve ~ (*radio*), rivelatore a valvola.

detent (*mech.*), dente d'arresto, fermo.

detergency (as of a lubricating oil additive) (*chem. - mot.*), detergenza, potere detergente.

detergent (cleansing agent) (*n. - chem.*), detergente, detersivo. **2.** ~ (*a. - chem.*), detergente.

deteriorate (to), deperire, deteriorare.

deterioration, deterioramento. **2.** ~ (of goods etc.) (*comm.*), deterioramento.

determinable (*a.-gen.*), determinabile. **2.** statically ~ (*constr. theor.*), staticamente determinabile.

determinant (*n. - math.*), determinante.

determination, determinazione. **2.** ~ (as of salary) (*gen.*), determinazione. **3.** heating value ~ (*therm.*), determinazione del potere calorifico.

determine (to), determinare. **2.** ~ the pressure on the support (*constr. theor.*), determinare la pressione sull'appoggio.

determined (fixed, definite) (*gen.*), determinato, definito, stabilito.

determinism (*econ.*), determinismo.

deterrence (war discouraging purpose) (*milit.*), azione deterrente.

deterrent (a defense system for counteracting an offence from an enemy based on the evidence of the counterattack from the offended party) (*milit.*), deterrente.
detersive, *see* detergent.
detonate (to), detonare, far detonare. **2.** ~ a mine (to blow a mine) (*expl.*), brillare una mina, far esplodere una mina.
detonation (*expl.*), detonazione. **2.** ~ (knocking, pinking) (*mot.*), detonazione. **3.** ~ meter (*instr. mot.*), detonometro. **4.** bouncing-pin ~ meter (*instr. - mot.*), detonometro ad asta saltellante.
detonator (*expl.*), detonatore. **2.** ~ (as in railw. signaling) (*expl.*), petardo, detonatore. **3.** ~ (exploder, primer for exploding dynamite etc.) (*min. - expl.*), esploditore, detonatore da mina. **4.** electric ~ (*expl. device*), detonatore ad accensione elettrica.
detour (*road*), *see* loop road.
detoxicate (to) (*gen.*), disintossicare.
detoxicated (as an engine with a clean exhaust) (*a. - aut.*), pulito, senza gas nocivi (o inquinanti).
detriment, detrimento.
detrital (composed of disintegrated rocks) (*a. - geol.*), detritico.
detritus (*geol.*), detrito.
detune (to) (*radio*), desintonizzare.
detuning (*radio*), desintonizzazione.
deuteranopia (green blindness) (*opt. - med.*), deuteranopia.
deuterate (to) (to introduce deuterium as in a compound) (*phys.*), deuterare.
deuteride (compound of deuterium) (*chem.*), deuteride.
deuterium (D - *chem. - atom phys.*), deuterio, idrogeno pesante. **2.** ~ oxide (D_2O) (*chem.*), ossido di deuterio, acqua pesante.
deuteron (*atom phys.*), deuterone, deutone.
"dev", *see* developer, deviation.
devaluation (currency value reduction) (*finan.*), svalutazione.
devastate (to) (*milit.*), devastare.
develop (to) (*math. - phot.*), sviluppare. **2.** ~ (for extracting ore) (*min.*), preparare.
developable (surface) (*n. - geom.*), sviluppabile, superficie sviluppabile.
developer (bath) (*phot. chem.*), rivelatore, sviluppo, sviluppatore. **2.** color ~ (bath: in color pict. developing) (*phot.*), bagno cromogeno. **3.** continuous tone ~ (*phot. - photomech.*), sviluppo a tono continuo.
developing (*a.- gen.*), di sviluppo. **2.** ~ (determination of the size and shape of a blank) (*sheet metal w.*), determinazione dello sviluppo. **3.** ~ (as of some African countries: underdeveloped) (*a. - econ. - ind.*), sottosviluppato, tuttora in via di sviluppo. **4.** ~ tank (*phot.*), vasca di sviluppo.
development (as of a business organization), sviluppo. **2.** ~ (of an expression) (*math.*), sviluppo. **3.** ~ (of a surface) (*geom.*), sviluppo. **4.** ~ (of a vein) (*min.*), preparazione. **5.** ~ (as of a parachute canopy) (*gen.*), apertura. **6.** ~ (improvement, as of machinery etc.) (*technol.*), miglioria. **7.** ~ (of a shape on a blank) (*sheet metal w.*), sviluppo. **8.** ~ end (*min.*), avanzamento, fronte di avanzamento. **9.** ~ theory (theory of evolution) (*biol.*), teoria dell'evoluzione. **10.** economic ~ (*comm. - etc.*), sviluppo economico. **11.** first ~ (*phot.*), primo sviluppo. **12.** longitudinal ~ (as of a railw. line), sviluppo in lunghezza. **13.** research and ~ (R&D) (*ind.*), ricerca e sviluppo.
deviate (to), deviare.
deviation, deviazione. **2.** ~ (in a tolerance system the algebraic difference between the limits of size and basic size) (*mech.*), scostamento. **3.** ~ (of an observed value from the mean value of observation) (*stat. - quality control*), scostamento, scarto. **4.** compass ~ (*aer. - naut.*), deviazione della bussola. **5.** compass quadrantal ~ (*aer. - naut.*), deviazione quadrantale della bussola (dovuta alla componente orizzontale del magnetismo terrestre). **6.** lower ~ (minus deviation from the nominal dimension) (*mech.*), scostamento inferiore. **7.** mean ~ (*stat.*), scarto medio. **8.** minus ~ (in a tolerance system) (*mech.*), scostamento inferiore. **9.** plus ~ (in a tolerance system) (*mech.*), scostamento superiore. **10.** standard ~ (root-mean-square deviation) (*stat. - quality control*), scarto tipo, scostamento tipo, scarto quadratico medio. **11.** upper ~ (plus deviation) (*mech.*), scostamento superiore.
device (*mech. - elect.*), congegno, dispositivo. **2.** ~ (peripheral device, pripheral) (*n. - comp.*), periferica. **3.** ~, *see* contrivance, invention, project, scheme. **4.** ~ independence (*comp. - mech. - etc.*), indipendenza dai dispositivi. **5.** ~ selector (*comp.*), selettore di dispositivi. **6.** anti-dazzle ~ (*aut.*), commutatore luci anabbaglianti. **7.** anti-dieseling ~ (for a gasoline engine) (*mot.*), dispositivo per evitare l'accensione spontanea, dispositivo per evitare il funzionamento del motore ad accensione esclusa. **8.** anti-inductive ~ (*teleph.*), dispositivo antinduttivo. **9.** anti-telescoping ~ (used to prevent one car entering another during a collision) (*railw.*), dispositivo anticompenetrazione. **10.** automatic stop ~ (elect. device for railw. signals) (*electromech.*), dispositivo di arresto automatico. **11.** breakaway braking ~ (safety brake which automatically applies in the event of the caravan or trailer becoming accidentally detached from the towing vehicle) (*veh.*), freno di emergenza (in caso) di distacco. **12.** caging ~ (for locking a gyroscope) (*aer. instr.*), dispositivo di bloccaggio. **13.** compensating ~ (for cylinder pressure in a steam locomotive) (*railw.*), apparecchio compensatore. **14.** control ~ (*elect.*), dispositivo di comando. **15.** decompression ~ (for facilitating the starting of an engine in cold weather) (*mot.*), dispositivo di decompressione. **16.** de-reeling ~ (*elect. - etc.*), svolgitore, "sbobinatore". **17.** dif-

ferential locking ~ (*aut.*), dispositivo bloccaggio differenziale. **18.** display ~ (*comp.*), visualizzatore, dispositivo di visualizzazione. **19.** earthing ~ (*elect.*), dispositivo di messa a massa. **20.** electron ~, electronic ~ (as an electron tube) (*elics.*), dispositivo elettronico. **21.** firing ~ (of a firearm) (*mech.*), congegno di sparo. **22.** gripping ~ (safety brake) (*hoisting app.*), freno di sicurezza. **23.** input–output ~ (*elics.*), dispositivo di ingresso/uscita. **24.** no–back ~ (in idler–transfer units) (*aut.*), dispositivo arresto indietreggio. **25.** persistent–image ~ (an electronic apparatus for retaining an image on a display) (*elics.*), dispositivo a persistenza di immagine. **26.** plummet ~ (of a mine) (*naut. expl.*), dispositivo a scandagli. **27.** pneumatic lifting ~, apparecchio di sollevamento ad aria compressa, elevatore pneumatico. **28.** protective ~ (as against overload) (*elect. - etc.*), dispositivo di protezione. **29.** pushing–out ~ (*technol.*), dispositivo di espulsione. **30.** slow–motion ~ (as for instr. control movements) (*mech.*), dispositivo di demoltiplicazione. **31.** starting ~ (carburetor choke) (*mot.*), starter. **32.** storage ~ (memorizing device) (*comp.*), dispositivo di memorizzazione. **33.** stripping ~ (*metall. impl.*), slingottatore. **34.** synchronizing ~ (as for mach. guns) (*air force*), sincronizzatore. **35.** tipping ~ (*ind.*), dispositivo a bilico.

devil (an apprentice) (*work.*), apprendista. **2.** ~ (printer's devil) (*print. work.*), apprendista tipografo. **3.** ~ (tearing mach.) (*paper or text. mfg.*), sminuzzatrice, macchina sminuzzatrice.

devitrification (*phys.*), devetrificazione.

devitrify (to) (*ind.*), devetrificare.

devolatilize (to) (*ind.*), estrarre le sostanze volatili.

Devonian (*a. - geol.*), devoniano.

devulcanization (*rubb. ind.*) (Brit.), devulcanizzazione. **2.** live steam ~ (*rubb. ind.*) (Brit.), devulcanizzazione in vapore libero.

"DEW" (distant early warning) (*radar*), pronta segnalazione a distanza.

dew (*meteorol.*), rugiada. **2.** ~ (warning indication displayed: as in a camcorder or in a "VTR") (*audiovisuals*), condensa. **3.** ~ point (*phys.*), punto di rugiada, temperatura di condensazione. **4.** ~ pointer (*instr.*), indicatore del punto di rugiada.

Dewar vessel (*domestic impl.*), "thermos", bottiglia di Dewar.

dewater (to) (as in ore dressing) (*min. - etc.*), disidratare.

dewaterer (in ore dressing) (*min. mach.*), disidratatore.

dewatering (as in rubber mfg.) (*ind.*), disidratazione.

dewax (to) (*chem. ind.*), deparaffinare. **2.** ~ (to remove the protective coating as from a car) (*aut. - etc.*), decerare, togliere la cera.

dewaxing (*chem. ind.*), deparaffinazione. **2.** ~ (removal of the protective coating as from a car) (*aut. - etc.*), deceratura.

dewcap (open tube at the end of an objective for avoiding dew on the lens) (*opt.*), protezione antiappannamento.

dewclaw (false hoof, on the foot as of a deer) (*leather ind.*), unghiolo.

dewlap (pendulous piece of skin under the neck of an animal) (*leather ind.*), giogaia.

dexterity (as of a worker) (*gen.*), abilità. **2.** ~ test (*ind. psychol.*), reattivo di destrezza.

dextran (dextrane, fermentation gum, in sugar solutions etc.) (*chem.*), destrana, destrano.

dextrin, *see* dextrine.

dextrine (*chem.*), destrina.

dextrogyratory, *see* dextrorotatory.

dextrorotatory (*crystallography - opt.*), destrogiro.

dextrorse, destrorso.

dextrose ($C_6H_{12}O_6$) (*chem.*), destrosio.

dezincification (of brass, as due to corrosion) (*metall.*), dezincatura.

"D F" (drinking fountain) (*bldg.*), beverino, fontanella a spillo. **2.** ~ (to drop–forge by press or drop hammer) (*metall.*), fucinare a stampo. **3.** ~ (drive fit) (*mech. draw.*), accoppiamento bloccato normale. **4.** ~, *see also* direction finder, direction finding.

"D/F" (direction finder) (*radio*), radiogoniometro.

"dft" (draft) (*draw. - etc.*), *see* draft.

"dftg", *see* drafting.

"DG" (degaussing) (*elect.*), smagnetizzazione. **2.** ~ (directional gyro) (*instr.*), giroscopio direzionale.

"dg", *see* decigram.

"DHN" (Diamond Hardness Number) (*mech. draw.*), numero di durezza con piramide di diamante.

dhow (Arabic boat) (*naut.*), sambuco.

"DI" (de–icer) (*aer.*), dispositivo antighiaccio.

"di", " dia", " diam" (diameter) (*mech. - etc.*), diametro.

diabase (*min.*), diabase.

diabatic (reverse of adiabatic) (*a. - thermod.*), diabatico.

diaclase (*geol.*), diaclasi.

diaeresis (*typ.*), dieresi.

"diag" (diagonal) (*geom.*), diagonale. **2.** ~, *see also* diagram.

diagenesis (*geol.*), diagenesi.

diagnosis (*gen. - med.*), diagnosi. **2.** ~ (the individuation and location of errors) (*comp.*), diagnosi.

diagnostic (*a. - med. - comp.*), diagnostico. **2.** ~ (*n. - med. - comp.*), diagnostica. **3.** ~ disk (magnetic disk containing diagnostic programs) (*comp.*), disco diagnostico. **4.** error ~ (*comp.*), diagnostica dell'errore.

diagonal (inclined member of a truss) (*bldg.*), diagonale. **2.** ~ (*geom.*), diagonale. **3.** ~ pitch (*rivet technol.*), passo diagonale. **4.** principal ~ (*math.*), diagonale principale.

diagonalize (to) (*math.*), diagonalizzare.

"diagonally" (*adv. - gen.*), diagonalmente.

diagram, schema, diagramma. **2.** ~ factor (ratio

between ideal and actual indicator diagram area) (*mot.*), coefficiente di utilizzazione. **3.** ~ of connections (as of an elect. meter) (*elect.*), schema di inserzione, schema dei collegamenti. **4.** ~ of stresses (*constr. theor.*), poligono delle forze. **5.** ~ paper (for a meas. instrument), carta per diagrammi di registrazione. **6.** block ~ (*comp.*), schema a blocchi. **7.** chromaticity ~ (*opt.*), diagramma cromatico, triangolo dei colori. **8.** circuit ~ (*elect. - elics. - etc.*), schema circuitale. **9.** clearance ~ (*railw.*), sagoma limite. **10.** clock ~ (vectorial diagram) (*radio - elect.*), diagramma vettoriale. **11.** connection ~ (as of an induction meter) (*elect.*), schema di inserzione. **12.** distribution ~ (valve diagram: of a steam engine) (*steam eng.*), diagramma di distribuzione. **13.** entropy ~ (*thermod.*), diagramma entropico. **14.** equilibrium ~ (phase diagram) (*metall.*), diagramma di stato. **15.** flow ~, *see* flow chart. **16.** force ~, *see* stress diagram. **17.** illuminated ~ (as found in a railway station) (*elect.*), quadro luminoso. **18.** iron-carbon equilibrium ~ (*metall.*), diagramma di stato ferrocarbonio. **19.** Mollier ~ (*phys.*), diagramma di Mollier. **20.** pictorial ~ (as an elect. or hydr. diagram) (*draw.*), schema illustrativo, schema figurato. **21.** range ~ (*stat.*), diagramma del campo di vibrazione. **22.** reciprocal ~, *see* stress diagram. **23.** run ~ (run chart: flow chart of some comp. operation) (*comp.*), diagramma di esecuzione. **24.** scatter ~ (*stat.*), diagramma a nube di punti. **25.** schematic ~ (elementary diagram) (*gen.*), diagramma schematico. **26.** solidification ~ (*metall.*), diagramma di solidificazione. **27.** stress ~ (of a framed structure) (*constr. theor.*), diagramma reciproco, diagramma cremoniano (delle sollecitazioni). **28.** timing ~ (of a mot.), diagramma della distribuzione. **29.** traffic ~ (*road*), diagramma del traffico stradale. **30.** tree ~ (*comp.*), diagramma ad albero. **31.** valve lift ~ (as of a mot.) (*mot.*), diagramma di alzata della valvola. **32.** vector ~ (clock diagram) (*radio - elect.*), diagramma vettoriale. **33.** Venn ~ (*math.*), diagramma di Venn. **34.** wire ~ (*elect.*), schema elettrico. **35.** wiring ~ (*elect.*), schema elettrico, schema dei collegamenti elettrici, schema di cablaggio.

dial (sundial) (*astr.*), meridiana. **2.** ~ (*instr.*), quadrante. **3.** ~ (indicating the adjustment of the tuning control) (*radio*), quadrante, scala parlante. **4.** ~ (of a clock), quadrante. **5.** ~ (*teleph.*), disco combinatore. **6.** ~ (*min. instr.*) (*Brit.*), bussola per miniere. **7.** ~ (arrangement of the needles in a circular knitting mach.) (*text. mach.*), raggiera. **8.** ~ feed (disc conveyor, rotating conveyor) (*mach. t. feeder*), alimentatore a disco, alimentatore a tavola rotante. **9.** ~ gauge (*mech. t.*), comparatore, minimetro a orologio. **10.** ~ gauge (as for a cylinder bore) (*t.*), comparatore, passimetro. **11.** ~ light (*instr.*), luce quadrante. **12.** ~ tone (*teleph.*), segnale di centrale. **13.** automatic ~ (operated by pushing digital buttons acting on a memory) (*teleph.*), combinatore automatico. **14.** illuminated ~ (*instr.*), quadrante illuminato. **15.** rotary ~ (of a teleph. app.) (*teleph.*), selettore a disco (rotante), disco combinatore. **16.** vernier ~ (*elics.*), manopola demoltiplicata.

dial (to) (a station) (*radio*), cercare (una stazione). **2.** ~ (to make a call by composing the telephone number on the dial) (*teleph.*), chiamare (al telefono) componendo il numero.

dialing (as in automatic teleph.) (*teleph.*), selezione. **2.** direct outward ~, *see* "DOD". **3.** international toll ~, international trunk ~ (*teleph.*), teleselezione internazionale. **4.** push-button ~ (*teleph.*), selezione a pulsanti. **5.** subscriber toll ~, subscriber trunk ~ (*teleph.*), teleselezione di abbonato.

dialling, *see* dialing.

dialogue (as in a sound film) (*m. pict.*), dialogo. **2.** ~ (conversational mode between an operator and a comp.) (*comp.*), dialogo.

dial-up (of data carried by public teleph. lines in a comp. network) (*a. - comp.*), commutato, a linea commutata. **2.** ~ terminal (*comp.*), terminale commutato, terminale a linea commutata.

dialysis (*chem.*), dialisi.

dialyze (to) (*chem.*), dializzare.

dialyzer (*chem. impl.*), dializzatore.

"diam", *see* diameter.

diamagnetic (*elect. - phys.*), diamagnetico.

diamagnetism (*phys. - elect.*), diamagnetismo.

diameter (*geom. - mech.*), diametro. **2.** ~ (magnification unit) (*opt. meas.*), diametro. **3.** ~ increment (of straight bevel gears) (*mech.*), differenza fra diametro esterno e diametro primitivo. **4.** effective ~ (pitch diameter, of a screw thread) (*mech.*), diametro medio. **5.** flat ~ (diameter of a parachute canopy spread out on the ground) (*aer.*), diametro calotta distesa. **6.** form ~ (of a gear, the diameter of which represents the design limit of involute action) (*mech.*), diametro attivo. **7.** full ~ (of a screw) (*mech.*), diametro esterno. **8.** inside ~ (*mech.*), diametro interno. **9.** inside ~, "ID" (as of a ball bearing), diametro interno. **10.** major ~ (of a screw) (*mech.*), diametro nominale, diametro esterno (della vite). **11.** maximum inflated ~ (of a parachute: diameter of the circular projected area of the canopy) (*aer.*), diametro massimo calotta spiegata. **12.** minor ~ (of a screw) (*mech.*), diametro di nocciolo, diametro interno. **13.** mouth ~ (of a parachute) (*aer.*), diametro all'imboccatura. **14.** operating pitch ~ (*theor. mech.*), diametro primitivo (o di contatto). **15.** outside ~, "OD" (as of a ball bearing) (*mech.*), diametro esterno. **16.** pitch ~ (of a gear) (*theor. mech.*), diametro primitivo. **17.** pitch ~ (effective diameter, of a screw thread) (*mech.*), diametro medio. **18.** pitch ~ (of a sheave, equal to the outside diameter minus an amount equal to the belt thickness plus from 1/16 to 1/8 inch according to the belt size) (*mech.*), diametro esterno meno lo spessore della cinghia più 1/16 ÷ 1/8 di pollice. **19.** rolling pitch ~ (*theor.

mech.), diametro primitivo (o di contatto). **20.** root ~ (of a gear) (*mech.*), diametro di fondo. **21.** TIF ~ (of splines, true involute form diameter, form diameter, diameter at the deepest point of true involute form of splines) (*mech.*), diametro di forma, diametro dell'estremità interna dell'evolvente.

diametral (*math.*), diametrale. **2.** ~ pitch (of gears) (*mech.*), modulo inglese.

diametric (*a.*), diametrale.

diametrical (*a.*), diametrale.

diamine (*chem.*), diammina. **2.** ~ dye (*color ind.*), diammina.

diamond (*geom.*), rombo, losanga. **2.** ~ (*min.*), diamante. **3.** ~ (*print.*), corpo $4^1/_2$. **4.** ~ belt (as for grinding carbides etc.) (*mech.*), nastro diamantato. **5.** ~ cement (for securing the diamond to the tool) (*t.*), mastice per diamanti, cemento per diamanti. **6.** ~ chisel (*t.*), scalpello a punta di diamante. **7.** ~ cleavage, scaglie di diamante. **8.** ~ compound (*t.*), pasta diamantata. **9.** ~ die (for drawing) (*t.*), trafila di diamante. **10.** ~ file (*t.*), lima diamantata. **11.** ~ floor sheet (*metall.*), lamiera striata. **12.** ~ frame (of bicycles, mtc. etc.) (*mech.*), telaio a losanga. **13.** ~ indentor, ~ indenter (*hardness meas. impl.*), penetratore con punta di diamante. **14.** ~ knot (*naut.*), (nodo a) mandorla. **15.** ~ mesh (type of expanded metal with diamond-shaped network) (*metall.*), lamiera stirata (con maglie) a losanga. **16.** ~ paste (*mech.*), pasta di diamante. **17.** ~ plane (*t.*), pialla diamantata. **18.** ~ point (*t.*), punta (o scalpello a punta) di diamante. **19.** ~ pyramid hardness test (*mech. technol.*), prova di durezza con piramide di diamante. **20.** ~ rubbish (*ind.*), detriti e frammenti di diamante. **21.** ~ truer, *see* diamond dresser. **22.** ~ truing tool (*t.*), ravvivatore di diamante. **23.** ~ wheel (*t.*), mola diamantata. **24.** black ~ (*min.*), *see* carbon diamond. **25.** carbon ~ (black diamond, carbonado, used for turning as bronze etc.) (*min.*), carbonado. **26.** metal-bonded ~ wheel (*t.*), mola diamantata a legante metallico. **27.** meteoric ~ (*min.*), diamante meteorico.

diamond-bore (to) (*mech. operation*), alesare col diamante.

diamondiferous (diamantiferous) (*geol.*), diamantifero.

diamonds for industrial purposes (*t.*), diamanti per uso industriale.

diamondwork (as of the masonry of an external surface) (*arch.*), rivestimento esterno (bugnato) a punta di diamante.

diapason (tuning fork) (*acous. impl.*), diapason.

diaper (very rich silk cloth) (*text. ind.*), broccato. **2.** ~ (white cotton fabric used for towels etc.) (*text. ind.*), tipo di tessuto di cotone usato per tovagliati. **3.** ~ (decorative pattern) (*arch.*), arabesco decorativo.

diaphanometer (transparency meter) (*instr.*), diafanometro.

diaphanous (*opt.*), diafano.

diaphragm (*mech. - phys. - opt.*), diaframma. **2.** ~ (of a microphone) (*teleph.*), diaframma. **3.** ~ (as of a fuel feeding system) (*mot.*), membrana. **4.** ~ (of a loud-speaker) (*radio*), membrana. **5.** ~ (*phot.*), diaframma. **6.** ~ (porous element: between the acc. plates) (*elect.*), diaframma. **7.** ~ (plate for stiffening structural steel members) (*iron constr.*), piastra di rinforzo. **8.** ~ (fabric partition as of an airship) (*aer. - etc.*), diaframma. **9.** ~ (of a vestibule) (*railw.*) (Am.), mantice, soffietto. **10.** ~ chuck (for clamping: as a tool) (*mach. t.*), mandrino a diaframma. **11.** ~ opening (*opt.*), diaframmatura. **12.** ~ pump (as of a mot.), pompa a membrana. **13.** electrolytic ~ (of electrolytic cells) (*elecrochem. instr.*), diaframma elettrolitico. **14.** insulating ~ (as between phases in a transformer) (*electromech.*), diaframma isolante. **15.** iris ~ (under the stage of a microscope) (*opt.*), diaframma ad iride. **16.** separator ~ (porous element between the acc. plates) (*elect.*), diaframma separatore.

diaphragm (to) (*opt. - phot.*), diaframmare.

diapositive (*phot.*), diapositiva. **2.** ~ projection (*opt. - phot.*), diascopia.

diary, diario, agenda. **2.** desk ~ (*off.*), agenda da tavolo.

diaspore ($HAlO_2$) (*min.*), diasporo.

diastimeter (*top.*), distanziometro.

diastyle (*arch.*), diastilo.

diathermacy, diathermancy (*phys.*), diatermanità.

diathermal (*phys.*), *see* diathermic.

diathermanous (*phys.*), diatermàno.

diathermic (*med.*), diatermico. **2.** ~ (diathermanous) (*phys.*), diatermàno.

diathermy (*med. app.*), apparecchio per diatermia (o marconiterapia). **2.** ~ (*med. elect. treat.*), diatermia, marconiterapia.

diatom (*botany*), diatomea.

diatomaceous earth (*geol.*), farina fossile, tripoli, tripolo.

diatomic (consisting of two atoms) (*phys.*), biatomico. **2.** ~ (bivalent) (*chem.*), bivalente.

diatomite (used for filtering) (*geol.*), farina fossile. **2.** ~ (*refractory*), diatomite.

diatreme (volcanic vent) (*geol.*), diatrema.

diazin, diazine (*chem.*), diazina.

diazo compounds (*chem.*), diazocomposti, composti diazoici.

diazonium (*chem.*), diazonio.

diazotization (*chem.*), diazotazione.

diazotype (process for obtaining colored pictures) (*phot.*), diazotipia.

dibasic (*chem.*), bibasico.

dibber, dibble (impl. for making holes in the ground, as for seeds) (*agric. impl.*), cavicchio.

dibit (double bit) (*tlcm.*), dibit.

dice (*gen.*), cubetto. **2.** ~ (the more or less cubical fracture of tempered glass) (*glass mfg.*), tipica frattura del vetro temprato. **3.** ~ (in a race: fighting between two competitors) (*aut. sport*), lotta. **4.** ~ (plural of die), *see* die (chip).

dice (to) (to shatter glass into small pieces) (*gen.*), andare in frantumi. **2.** ~ (to divide a semiconductor wafer into dice) (*elics.*), suddividere in piastrine.

dichloride, *see* bichloride.

dichlorodifluoromethane ($C Cl_2F_2$: gas used as refrigerant in refrigerating circuits) (*chem. - cold ind.*), diclorodifluorometano.

dichlorodiphenyltrichloroethane (D.D.T. insecticide) [$(ClC_6H_4)_2$ $CHCCl_3$] (*ind. chem.*), diclorodifeniltricloroetano.

dichloroethylene (*chem.*), dicloroetilene, dicloretilene, dielina.

dichotomizing search (*comp.*), ricerca dicotomica.

dichotomy (division of a class into two sub-classes) (*stat.*), dicotomia. **2.** double ~ (the double division of a class into two sub-classes) (*stat.*), dicotomia doppia.

dichroism (*opt. - phys.*), dicroismo. **2.** circular ~ (change in polarization) (*opt.*), dicroismo circolare.

dichromate (*chem.*), *see* bichromate.

dichromatism (*phys. opt.*), dicromatismo.

dicing (dividing a semiconductor wafer into dice) (*elics.*), suddivisione in piastrine.

dickey, dicky (dickey box: the driver's seat on a horse drawn carriage) (*veh.*), cassetta, serpa, sedile del cocchiere. **2.** ~, *see also* rumble.

"dict", *see* dictaphone.

dictaphone (*elect. app.*), dittafono.

dictate (to) (*off.*), dettare.

dictating (*gen.*), dettatura. **2.** ~ machine (*off. mach.*), macchina per dettare.

diction (of sound films) (*m. pict.*), dizione.

dictionary (list of English words lined up with their code representations in mach. readable form) (*comp.*), dizionario, tabella/dizionario. **2.** automatic ~ (*comp.*), dizionario automatico. **3.** reverse code ~ (*comp.*), dizionario a codice invertito.

dictograph (*instr.*), dittografo.

didym, *see* didymium.

didymium (*chem.*), didimio (miscuglio di neodimio e praseodimio).

die (*technol.*), filiera, stampo, matrice. **2.** ~ (as for drawing wire) (*t.*), trafila, filiera. **3.** ~ (as for press or forging press) (*t.*), stampo. **4.** ~ (for threading, hold in a diestock) (*t.*), filiera, madrevite, cuscinetto. **5.** ~ (of a column pedestal) (*arch.*), dado. **6.** ~ (of extruder for rubber mfg.) (*mech.*), bocchettone. **7.** ~ (member used for clamping the parts being welded and for conducting the welding current) (*mech. technol.*), morsa, morsa portacorrente. **8.** ~ (metallic mold, as for pressure die casting) (*found.*), stampo (per pressofusione), forma metallica (per pressofusione). **9.** ~ (the little part of a silicon slice that, if used for constructing transistors, diodes etc., is transformed in chip) (*elics.*), piastrina. **10.** ~ block (*forging t.*), blocco stampo. **11.** ~ block (of a forging machine) (*forging*), portastampi, porta-matrici. **12.** ~ block face (*metal forging*), faccia del blocco dello stampo. **13.** ~ box (*mech.*), portafiliera. **14.** ~ casting (casting obtained by die-casting process) (*found.*) (Am.), pressogetto, pezzo ottenuto per pressofusione. **15.** ~ chaser (for threading: one of the cutters) (*t.*), pettine della filiera. **16.** ~ chaser (for threading: the complete die head) (*t.*), filiera. **17.** ~ counter lock (of a forging die) (*forging*), tallone di reazione. **18.** ~ cutting machine (*mach. t.*), macchina per lavorazione stampi. **19.** ~ draftsmen (*factory*), disegnatori (progettisti) di stampi. **20.** ~ equipment technician (*technol.*), incaricato tecnico stampi. **21.** ~ forging press (*mach.*), pressa per fucinatura a stampo. **22.** ~ guide (*t. - mech. technol.*), guidastampi. **23.** ~ head (or die holder for holding the threading die) (*mech.*), testa filettatrice. **24.** ~ holder (as of a die-casting die) (*found.*), portastampo. **25.** ~ impression (*mech.*), impronta dello stampo, incisione dello stampo. **26.** ~ lock (*mech.*), fissaggio stampo, chiavetta di fissaggio stampo. **27.** ~ mark (on a wire: surface mark in the direction of drawing, due to abrasion) (*metall. ind.*), segno di trafila. **28.** ~ match (alignment of the top and bottom dies) (*forging*), centratura stampi. **29.** ~ matching (adjustment of the alignment of the top and bottom dies) (*forging*), centratura stampi. **30.** ~ mold (*found.*), stampo per pressofusione. **31.** ~ of extruder (as for rubber mfg.) (*mech.*), bocchettone di trafila. **32.** ~ part line (*mech.*), linea di divisione dello stampo. **33.** ~ plate (as for drawing wire) (*t.*), trafila, filiera. **34.** ~ plate (tool for hand cutting of screw threads) (*mech. t.*), filiera a paletta. **35.** ~ process technicians (*technol.*), tecnici di stampaggio. **36.** ~ score (*metall. ind.*), *see* die mark. **37.** ~ scratch (*metall. ind.*), *see* die mark. **38.** ~ seat (*technol.*), base per stampi. **39.** ~ set (needed for a particular work: for cutting and shaping) (*t.*), serie di stampi. **40.** ~ set (for alignement between the die block cavity and the punch) (*mach. t. accessory*), guida, colonnetta. **41.** ~ sharpening (*mech.*), affilatura stampi. **42.** ~ shoe (block between the press bed and lower face of a die) (*mach. t.*), portastampi, banchina portastampi, blocco portastampi. **43.** ~ slide (of a die-casting die, as for supporting cores and obtaining undercuts in the casting) (*found.*), tassello scorrevole per stampi. **44.** ~ spotting (*mech. technol.*), messa a punto dello stampo, adattamento dello stampo. **45.** ~ spotting press (*mech. technol.*), pressa provastampi, pressa per provare stampi. **46.** ~ stamping (*technol.*), pezzo stampato a freddo. **47.** adjustable circular ~ (for threading) (*mech. t.*), filiera tonda aperta. **48.** blanking ~ (as for aut. body) (*t.*), stampo per tranciatura (dello sviluppo), contornitore. **49.** blanking ~ (for cutting stock by means of a blanking punch) (*mech. impl.*), stampo per taglio spezzoni. **50.** blocking ~ (blocking out die, roughing die, in forging) (*t.*), stampo per sbozzatura. **51.** bolt ~ (for threading) (*t.*), madrevite (o filiera) per bulloni. **52.** booster ~ (*mech. impl.*), stampo scapolatore, stampo preformatore. **53.** bottom ~ (of press) (*t.*), stampo inferiore, matrice. **54.** bulge ~ (*t.*), stampo a bugna. **55.** bumping ~ (*mech. impl.*), stampo per stampaggio tubi dalla lamiera. **56.** cam ~ (a die in which the direction of moving elements is at an angle to the direction of forces supplied by a press) (*sheet metal w.*), stampo eccentrico. **57.** cap shaped ~ (kind of hammer) (*t.*), martello a stampo per ribadire. **58.** circular-chasers ~ head (*mech. t.*), filiera a pettini circolari. **59.** circular ~ (for hand cutting of screw threads) (*mech. t.*), filiera tonda, cuscinetto. **60.** coining ~ (*mech. impl.*), stampo di coniatura. **61.** combination ~ (a die with impressions of two or more different items) (*found.*), stampo con figure di particolari diversi. **62.** compound ~ (for blanking or punching at the same time) (*sheet metal w. t.*), stampo a blocco, stampo composito. **63.** continental ~ (not using a die set, not attached to either the press ram or bed) (*pressworking t.*), stampo libero. **64.** crop ~ (blanking die) (*sheet metal w. t.*), stampo di spuntatura. **65.** cutting ~ (blanking die) (*sheet metal w. t.*), stampo di tranciatura. **66.** drawing ~ (as for aut. body) (*t.*), stampo per imbutitura. **67.** drop-through ~ (by which the blank or part falls through it and press bed into a pan) (*pressworking t.*), stampo passante, stampo a scarico libero (del pezzo). **68.** drop-thru blanking ~ (*sheet metal w. t.*), stampo di tranciatura a scarico libero. **69.** finger ~ (*found.*), stampo con maschi (scorrevoli). **70.** finisher ~ (forging die) (*t.*), stampo per finitura. **71.** follow dies (progressive dies) (*mech. technol.*), stampi progressivi. **72.** forming ~ (as for aut. body) (*t.*), stampo di piega. **73.** gang ~ (*sheet metal w.*), stampo multiplo. **74.** grip ~ (the matrix of a forging machine) (*forging*), matrice di fucinatrice. **75.** header ~ (*t.*), stampo (o matrice) di ricalcatura. **76.** insert ~ (fastened in a master block for use in a forging machine) (*forging*), matrice. **77.** ironing ~ (*sheet metal w. t.*), stampo spianatore. **78.** lock ~ (a die whose dividing line passes in more than one plane) (*forging*), stampo con tallone di reazione, stampo la cui linea di divisione passa per più di un piano. **79.** minting ~ (*t.*), conio per monete, stampo per coniatura monete. **80.** moulding ~ (blocking die) (*forging t.*), stampo sbozzatore. **81.** moving ~ (as of a forging mach.) (*technol.*), stampo mobile. **82.** multiple ~ (a die with multiple identical impressions) (*found.*), stampo a figure multiple uguali. **83.** non-adjustable circular ~ (*mech. t.*), filiera tonda chiusa. **84.** opening ~ (for releasing, automatically, the cut screw) (*mech. impl.*), filiera apribile. **85.** opening ~ (screw cutting head leaving the screwed piece at the run end) (*mach. t. impl.*), testa filettatrice con apertura a scatto. **86.** permanent mold ~ casting (gravity die casting) (*found.*) (Am.), colata in conchiglia per (forza di) gravità. **87.** piercing ~ (as for aut. body) (*t.*), stampo per punzonatura. **88.** pipe ~ (for drawing) (*t.*), trafila per tubi. **89.** pipe ~ (for threading) (*t.*), filiera per tubi. **90.** preblock ~ (edger) (*forging t.*), stampo scapolatore. **91.** return-type ~ (in which the blank is returned to the cutting level and knocked out) (*pressworking t.*), stampo normale, stampo ad espulsione superiore (del pezzo). **92.** screw ~ (for threading) (*t.*), filiera. **93.** self-opening ~ head (for cutting screw threads) (*mach. t. - mech.*), filiera a pettini automatica. **94.** shuttle ~ (multiple-station die, with slots provided for the bars which move the parts and then return to their original position) (*pressworking t.*), stampo con dispositivo di trasferimento a va e vieni (o a navetta). **95.** stationary ~ (of a forging mach.) (*technol.*), stampo fisso. **96.** stationary ~ (of an upsetting mach.) (*technol.*), stampo fisso. **97.** sub-press ~ (attached to the press bed but not to the ram) (*pressworking t.*), stampo semilibero. **98.** tangential-chasers ~ head (*mech. t.*), filiera a pettini tangenziali. **99.** threading ~ (*t.*), filiera. **100.** transfer ~ (*pressworking t.*), stampo con dispositivo di trasferimento (del pezzo). **101.** trimmer ~ (forging die) (*t.*), stampo sbavatore, attrezzo sbavatore. **102.** trimming ~ (for removing the waste edge as of a drawn piece) (*sheet metal w. t.*), rifilatore, stampo rifilatore.

die (to) (to impress or to cut by a die) (*gen.*), stampare, tagliare con stampo. **2.** ~ out (*gen.*), smorzare, affievolirsi, estinguersi.

die-cast (*a. - found.*), pressofuso, colato sotto pressione.

die-cast (to) (*found.*), colare sotto pressione, pressofondere.

die-casting (*found.*), fusione in conchiglia. **2.** ~ machine (*found. mach.*), macchina per pressofusione, macchina ad iniezione. **3.** cold-chamber ~ machine (*found. mach.*), macchina ad iniezione a camera fredda, macchina per pressofusione a camera fredda. **4.** goose-neck ~ machine (hot chamber compressed-air operated diecasting machine) (*found. mach.*), macchina ad iniezione ad aria compressa e camera calda mobile, macchina per pressofusione ad aria compressa a camera calda mobile. **5.** gravity ~ (permanent-mold casting [Am.]) (*found.*), colata in conchiglia (a gravità). **6.** low-pressure ~ (*found.*), colata in conchiglia a bassa pressione. **7.** plunger-type ~ machine (*found. mach.*), macchina per pressofusione a stantuffo. **8.** pressure ~ (high-pressure die-casting [Brit.], die-casting [Am.]) (*found*), pressofusione, colata in stampo a pressione. **9.** vacuum ~ (*found.*), colata in conchiglia a depressione.

dieing (stamping, forming) (*sheet metal w.*), stampaggio. **2.** ~ machine (press) (*sheet metal w. mach.*), pressa per stampaggio.

dielectric (*elect.*), dielettrico. **2.** ~ antenna (*radio*), antenna dielettrica. **3.** ~ constant (*radio*), costante dielettrica. **4.** ~ heating (*elect.*), riscaldamento dielettrico. **5.** ~ loss (*elect.*), perdita dielettrica. **6.** ~ rigidity (*elect.*), rigidità dielettrica. **7.** ~ strength (*elect.*), rigidità dielettrica.

diesel (diesel engine) (*n. - aut. - etc.*), motore Diesel. **2.** ~ (equipped with diesel engine) (*a. - aut. - etc.*), a motore Diesel. **3.** ~ cycle (*thermod.*), ciclo Diesel. **4.** ~ engine (or motor) (*mot.*), motore Diesel. **5.** ~ index (measuring the ignition quality of a diesel oil) (*mot. fuel*), indice diesel. **6.** ~ locomotive (*railw. mach.*), locomotiva con motore Diesel. **7.** ~ motor coach (*railw.*) (Brit.), automotrice Diesel. **8.** ~ oil (*diesel eng. comb.*), nafta, gasolio. **9.** ~ oil, *see also* gas oil. **10.** ~ rail car (*railw. mach.*), automotrice Diesel. **11.** ~ railroad car (*railw. mach.*), automotrice Diesel. **12.** fixed-head ~ engine (with the head integral with the cylinders) (*mot. - eng.*), motore diesel a testa fissa.

diesel-electric (*a. - electromech.*), diesel-elettrico. **2.** ~ locomotive (*railw. mach.*), locomotiva diesel-elettrica, locomotore diesel-elettrico. **3.** ~ set (*elect.*), gruppo elettrogeno a motore diesel.

diesel-hydraulic (*veh.*), diesel-idraulico, **2.** ~ locomotive (*railw.*), locomotiva diesel-idraulica, locomotore diesel-idraulico.

dieseling (self-ignition phenomenon in gasoline engines) (*mot.*), autoaccensione, continuazione del funzionamento del motore ad accensione tolta.

dieselization (*veh.*), adozione di motori Diesel, "dieselizzazione".

dieselize (to) (to equip with diesel engines) (*veh.*), adottare motori Diesel, dotare di motori Diesel, dieselizzare.

dieselized (equipped with diesel engine) (*veh.*), con motore Diesel, dotato di motore Diesel, dieselizzato.

diesinker (*work.*), stampista. **2.** ~ (*mach. t.*), fresatrice per stampi.

diesinking (*mech. technol.*), lavorazione (degli) stampi. **2.** ~ machine (*mach. t.*), fresatrice per stampi.

diestock (*t.*), portafiliera, girafiliera.

diethyl ether (ethil ether: $C_2H_5-O-C_2H_5$) (*chem.*), etere etilico, dietiletere.

"diff", *see* difference, differential.

difference (*gen.*), differenza. **2.** ~ (change in the value of a function obtained by adding one to the argument) (*math.*), differenza. **3.** ~ in height (between two points) (*top.*), dislivello. **4.** ~ of latitude (or in latitude) (*top.*) (Am.), differenza di latitudine. **5.** ~ of longitude (or in longitude) (*top.*), differenza di longitudine. **6.** angular ~ (*gen.*), differenza angolare. **7.** first ~ (*math.*), differenza prima. **8.** phase ~ (of periodical quantities) (*phys. - elect. - math. - etc.*), differenza di fase, sfasamento. **9.** potential ~ (pd) (*elect.*), differenza di potenziale. **10.** potential ~ (voltage drop) (*elect.*), caduta di tensione.

differentiability (the capacity of differentiating) (*stat.*), differenziabilità. **2.** stochastic ~ (the capacity of differentiating conjectures) (*stat.*), differenziabilità stocastica.

differentiable (subject to differentiation) (*a. - gen. - stat.*), differenziabile.

differential (*a. - gen.*), differenziale. **2.** ~ (gear) (*n. - aut.*), differenziale. **3.** ~ (of a hobbing machine: unit which produces the helix in helical work), differenziale. **4.** ~ bevel gears (*mech.*), ingranaggi conici del differenziale. **5.** ~ brake (*mech.*), freno differenziale. **6.** ~ calculus (*math.*), calcolo differenziale. **7.** ~ carrier (as of aut.) (*mech.*), supporto (o scatola) del differenziale, scatola portatreno. **8.** ~ case (casing or carrier supporting satellites) (*mech.*), scatola (o supporto) del differenziale, scatola portatreno. **9.** ~ casing (rear axle casing, housing the carrier with planetary and satellites) (*aut.*), scatola (del) ponte. **10.** ~ equation (*math.*), equazione differenziale. **11.** ~ gear (*mech.*), gruppo (del) differenziale. **12.** ~ housing (of aut.) (*mech.*), scatola ponte. **13.** ~ locking device (*aut.*), (dispositivo) bloccaggio differenziale. **14.** ~ pulley (tackle with integral pulleys of two different diameters) (*mech. device*), paranco differenziale. **15.** ~ self-actor (*text. mach.*), filatoio automatico a movimento differenziale. **16.** ~ tackle (*ind. app.*), paranco differenziale. **17.** ~ winding (*elect.*), avvolgimento differenziale. **18.** ~ windlass (*ind. app.*), argano differenziale. **19.** no-slip ~ (limited slip differential: can give greater torque to the wheel on the firm wheel on the firm ground) (*aut.*), differenziale autobloccante. **20.** self-locking ~ (*aut.*), differenziale autobloccante.

differentiate (to) (to become differentiated) (*v. i. - gen. - stat.*), differenziarsi. **2.** ~ (to distinguish properties of a thing from another of the same class) (*v. t. - gen. - stat.*), differenziare. **3.** ~ (to make the derivative of) (*math.*), derivare.

differentiation (*gen.*), differenziazione.

differentiator (*elics. app.*), differenziatore.

difficult (*gen.*), difficile.

difficulty (*gen.*), difficoltà. **2.** ~ (impediment, hindrance) (*gen.*), impedimento, ostacolo.

diffraction (*opt. - phys. - radio*), diffrazione. **2.** ~ fringes (*opt.*), frange di diffrazione. **3.** ~ grating (*opt.*), reticolo di diffrazione. **4.** ~ spectroscope (*opt.*), spettroscopio a reticolo. **5.** ~ spectrum (*opt.*), spettro di diffrazione. **6.** electron ~ (*atom phys.*), diffrazione dei raggi di elettroni.

diffractograph (*opt. instr.*), diffrattografo. **2.** electronic ~ for microstructure research (*instr.*), diffrattografo elettronico per ricerche microstrutturali.

diffractometer (*opt. instr.*), diffrattometro.

diffuse (to) (*phys.*), diffondere.

diffused (*phys.*), diffuso. **2.** ~ junction (semiconductor junction made by doping) (*elics.*), giunzione diffusa, giunzione a diffusione. **3.** ~ lighting (*illum.*), illuminazione a luce diffusa.

diffuser (as of a pump or turbine) (*mech.*), diffusore. **2.** ~ (as of a carburetor) (*mech.*), emulsionatore. **3.** ~ (conical tube for transforming kinetic into pressure energy) (*mech. of fluids*), diffusore. **4.** ~ (*illum.*), diffusore. **5.** ~ (*phot.*) (Brit.), schermo diffusore. **6.** ~ (*sugar mfg.*), diffusore. **7.** adjustable ~ (as of a turbine) (*mech.*), diffusore regolabile. **8.** uniform ~ (*illum.*), diffusore uniforme. **9.** ~ , *see also* diffusor.

diffusibility (*gen.*), diffusibilità.

diffusing (the light) (*opt. - illum.*), diffondente.

diffusion (*gen.*), diffusione, propagazione. **2.** ~ (variation of transverse distribution of stress in a structure) (*aer. - etc.*), diffusione. **3.** ~ (of light) (*illum.*), diffusione. **4.** ~ (of molecules) (*atom phys.*), diffusione molecolare. **5.** ~ (way of making p n junctions in a semiconductor by doping it) (*elics.*), diffusione. **6.** ~ air pump (*phys. app.*), pompa per vuoto a diffusione, depressore a diffusione. **7.** ~ bonding (*mech. technol.*), saldatura a diffusione. **8.** ~ brazing (*metall. technol.*), brasatura per diffusione. **9.** ~ by reflection (of light) (*illum. phys.*), diffusione per riflessione. **10.** ~ constant (*phys.*), costante di diffusione. **11.** ~ pump (for high vacuum) (*mach.*), pompa a diffusione. **12.** drain ~ (Bohm diffusion, of plasma particles in a magnetic field) (*plasma phys.*), diffusione di drenaggio, diffusione di Bohm. **13.** vacuum ~ (semiconductor doping in high vacuum ambience) (*elics.*), diffusione sotto vuoto.

diffusivity (thermal diffusivity, quantity of heat passing through a unit area per unit time divided by the product of specific heat, density and temperature gradient) (*therm.*), diffusività termica.

diffusor (*elect. illum. impl.*), diffusore. **2.** ~, *see also* diffuser. **3.** ~ cone-angle (*mech. of fluids*), angolo di apertura del diffusore.

dig (to) (*mas.*), scavare **2.** ~ out (to accelerate rapidly from a standing part) (*aut.*) (coll.), accelerare troppo alla partenza, fare una partenza oltremodo accelerata.

digest (selection of articles etc.) (*press*), digest, selezione.

digester (autoclave) (*app.*), autoclave. **2.** ~ (app. used for extracting soluble ingredients) (*ind. chem. app.*), digestore, estrattore. **3.** ~ (container in which raw materials are boiled, in papermaking) (*paper ind.*), lisciviatrice, lisciviatore, bollitore. **4.** ~ house (*paper mfg.*), locale dei bollitori, locale dei lisciviatori.

digesting (cooking, boiling) (*paper mfg.*), lisciviazione, bollitura.

digger (*mach.*), scavatrice, escavatore. **2.** ~ (for digging potatoes) (*agric. mach.*), scava-patate. **3.** ~ (*work.*), sterratore, terrazziere. **4.** pneumatic ~ (hand-used but operated by compressed air) (*digging t.*), vanga pneumatica. **5.** pneumatic ~ (*mach.*), scavatrice pneumatica. **6.** trench ~ (*road mach.*), scavatrincee.

digging (*bldg. - mas.*), scavo, sterro.

digit (number less than ten) (*math.*), cifra. **2.** ~ impulse (*autom.*), impulso numerico. **3.** ~ rate (*tlcm.*), velocità di cifra. **4.** alternate ~ inversion (*tlcm.*), inversione alternata di cifra. **5.** binary digits (as in digital computers) (*comp.*), cifre binarie. **6.** binary coded decimal ~ (*comp.*), cifra decimale codificata binaria. **7.** check ~ (*comp.*), cifra di controllo. **8.** most significant ~ , *see* most significant character. **9.** octal ~ (in a number system with 8 base) (*comp.*), cifra ottale. **10.** sign ~ (indicates an algebraic sign) (*comp.*), numero (di bit) che indica il segno algebrico.

digital (*a. - comp.*), digitale, numerico. **2.** ~ audio tape, "DAT" (*elics.*), nastro per registrazione digitale. **3.** ~ clock radio (*domestic app.*), radiosveglia digitale. **4.** ~ control with counter (incremental digital control) (*n. c. mach. t. - etc.*), comando digitale a contatore. **5.** ~ data (*comp.*), dati digitali, dati numerici. **6.** ~ measurement (digital measuring) (*n. c. mach. t.*), rilevamento digitale di valori, misurazione digitale. **7.** ~ representation (as in n. c. mach. t.) (*elics.*), rappresentazione digitale, rappresentazione numerica. **8.** ~ tape program control (as of a boring mach. etc.) (*mach. t.*), comando numerico a nastro. **9.** ~ to analog converter, "DAC" (*comp.*), convertitore digitale/analogico.

digitalin ($C_{35}H_{56}O_{14}$) (*chem.*), digitalina.

digitalis (*pharm. - botany*), digitale.

digitalize (to), *see* digitize (to).

digitize (to) (to convert a given phys. quantity into numbers) (*comp.*), digitalizzare.

digitizer (device for converting data from analogic to digital) (*comp.*), convertitore analogico-digitale.

dihedral (*n. - a. - geom.*), diedro. **2.** ~ (angle between two planes, as of a car body) (*aut.*), diedro. **3.** wing ~ (*aer.*), diedro alare.

dike (as of a river), argine. **2.** ~ (intrusive vein) (*geol.*), dicco, filone eruttivo. **3.** earth overflow ~ (*hydr. constr.*), argine in terra tracimabile. **4.** retaining ~ (*hydr.*), diga di ritenuta. **5.** ring ~ (*geol.*), dicco anulare, filone eruttivo anulare.

dilatability (*phys. - mech.*), dilatabilità.

dilatation (*phys.*), dilatazione.

dilate (to) (*phys.*), dilatare.

dilation (*phys.*), dilatazione.

dilatometer (*phys.*), dilatometro.

dilatometric (as of meas.) (*meas.*), dilatometrico.

dilatometry (*phys.*), dilatometria.

dilator (*med. instr.*), dilatatore. **2.** tracheal ~ (*med. instr.*), dilatatore tracheale.

diluent (*n. - chem.*), diluente.

dilutable (*chem.*), diluibile.

dilute (to) (*chem.*), diluire. **2.** ~ a solution (*chem.*), diluire una soluzione.

diluteness, *see* dilution.

dilution (*chem.*), diluizione. **2.** ~ factor (as of exhaust gases) (*aut. - etc.*), fattore di diluizione. **3.** equivalent ~ (*electrochem.*), diluizione molare (o equivalente). **4.** oil ~ system (as in arctic conditions) (*mot.*), sistema di diluizione dell'olio.

Diluvial period (*geol.*), diluvium, diluviale, diluvio-glaciale.
"dim" (dimension) (*draw. - etc.*), dimensione. **2.** ~, *see* half.
dim (to) (*phys.*), abbassare la intensità luminosa, oscurare. **2.** ~ light (*gen.*), abbassare la luce, abbassare la intensità luminosa. **3.** ~ lights (of headlights) (*aut.*), commutare la luce abbagliante con quella anabbagliante.
dimension, dimensione. **2.** ~ (*mech. draw.*), quota. **3.** ~ (*math.*), dimensione. **4.** ~ visualizer (*app.*), visualizzatore di quote. **5.** auxiliary ~ (*draw.*), quota ausiliaria. **6.** fourth ~ (relativity theory) (*math.*), quarta dimensione. **7.** functional ~ (directly affecting the function of a product) (*draw.*), quota funzionale. **8.** modular ~ (a dimension which is a multiple of a module) (*bldg.*), dimensione modulare. **9.** moulded dimensions (of a hull) (*naut.*), dimensioni principali. **10.** non-functional ~ (*draw.*), quota non funzionale. **11.** outline ~ (*gen.*), dimensione d'ingombro. **12.** overall ~, ingombro, dimensione d'ingombro. **13.** overall moving dimensions (as of a locomotive) (*railw.*), dimensioni d'ingombro (o fuoritutto) in ordine di marcia.
dimension (to) (to write the dimensions on a drawing) (*draw.*), quotare, mettere le quote.
dimensional (*a. - phys.*), dimensionale. **2.** ~ information (as to be put in a mach. t. tape) (*n. c. mach. t.*), dati di forma, dati dimensionali.
dimensioned (as of drawing), quotato.
dimensioning (indication of dimensions of a drawing) (*mech. draw.*), indicazione delle quote, quotatura.
dimensionless (as a parameter) (*math. - etc.*), adimensionale.
dimer (*chem.*), dimero.
dimethylamine [($CH_3)_2NH$)] (*chem.*), dimetilammina.
dimethylbenzene (xylene) (*chem.*), dimetilbenzene, xilolo, xilene.
dimethyldithiocarbonate (*chem.*), dimetilditiocarbonato. **2.** zinc ~ (*rubb. ind.*), dimetilditiocarbonato di zinco.
dimethylhydrazine ($C_2H_8N_2$: rocket fuel) (*chem.*), dimetilidrazina.
dimethylsulfoxide [$(CH_3)_2SO$] (used as solvent in ind.) (*chem.*), dimetilsolfossido.
diminish (to), diminuire. **2.** ~ (*arch.*), rastremare.
diminution (*gen.*), diminuzione. **2.** ~ (as of a column) (*arch.*), rastremazione. **3.** ~ of cross section (as in a pipe) (*pip.*), diminuzione di sezione.
dimmer (in m. pict. theater) (*illum. device*), oscuratore graduale (di sala). **2.** ~ (of light) (*illum. device*), oscuratore. **3.** ~ (additive for making paint dull) (*paint.*), opacizzante. **4.** ~ switch (as of aut. headlights) (*elect.*), commutatore delle luci, commutatore per luce anabbagliante. **5.** foot ~ switch (*aut.*), commutatore a pedale per luce anabbagliante.
dimmers (parking lights) (*aut.*), luci di parcheggio. **2.** ~ (headlights on low beam) (*aut.*), anabbaglianti.
dimple (depression) (*gen.*), depressione, concavità. **2.** ~ (initial conical depression drilled on the work for guiding the drill) (*mech.*), centro, puntinatura.
dimple (to) (to countersink) (*mech. proc.*), eseguire accecature.
dimpling (sheet metal drawing) (*mech.*), imbutitura. **2.** ram-coin ~ (*presswork*), imbutitura con pistone e contropunzone. **3.** spin ~ (spinning) (*mech.*), imbutitura al tornio, tornitura in lastra.
"DIN" (Deutsche Industrie Norm: German unification system), DIN, norma tedesca di unificazione. **2.** ~ rating (DIN hp, of a car engine, power measured in the installed condition that is, with standard air cleaners and exhaust system, with fan and generator connected and working) (*mot.*), potenza DIN, cavalli DIN. **3.** ~ system (for indicating the speed of sensitive materials) (*phot.*), sistema DIN.
din (loud noise) (*acous.*), frastuono.
diner (*railw. car*) (Am.), carrozza ristorante, vagone ristorante.
dinette (a small dining room) (*bldg.*), saletta da pranzo. **2.** ~ (of a boat or caravan, opposed seats and table between, the whole convertible into a double or single bed) (*naut. - veh.*), complesso sedili-tavolo trasformabili in letto, " dinette".
dineutron (*atom phys.*), dineutrone.
ding, *see* dings.
dinghy, dingy, dingey (a small boat) (*naut.*), dinghi. **2.** ~ (tender to a ship) (*naut.*), lancia. **3.** ~ (coach with sleeping accomodation for working personnel) (*railw.*), carrozza appoggio per personale dislocato lungo la linea.
dinging (dent, of sheet metal) (*aut.*), ammaccatura, "bollatura". **2.** ~ (straightening of damaged sheet metal) (*aut. body*), raddrizzatura. **3.** ~ hammer (hand hammer used for removing dents and bends from sheet metal) (*t.*), martello da battilastra.
dings (as in a sheet iron surface: in aut., railw. etc. body constr.) (*mech.*), "bolli", ammaccature.
dingy (*a. - gen.*), scuro.
dining (dinner), pranzo. **2.** ~ car (*railw.*) (Am.), vagone ristorante. **3.** ~ coach (*railw.*) (Brit.), vagone ristorante. **4.** ~ hall (as of a factory) (*bldg.*), mensa. **5.** ~ hall (of a college) (*bldg.*), refettorio. **6.** ~ room (*bldg.*), sala da pranzo.
dinitrocellulose (collodion-cotton) (*chem.*), dinitrocellulosa.
dinking (cutting by hollow punch) (*ind.*), fustellatura. **2.** ~ die (Am.) (cutting punch) (*t.*), fustella.
diode (vacuum tube) (*thermion.*), diodo. **2.** ~ (crystal diode, crystal rectifier, semiconductor diode) (*elics. - radio*), diodo a cristallo, diodo a semiconduttore, diodo rivelatore. **3.** ~ matrix (*comp.*), matrice a diodi. **4.** ~ transistor logic, "DTL", (logic system with diodes and transistors) (*elics.*), sistema logico a diodi e transistori. **5.** "BARITT" ~

(BARRier Injection and Transit Time microwave diode) (*elics.*), diodo "BARRITT". **6.** controlled ~ (*elics.*), diodo controllato. **7.** DC restorer ~ (electron tube resetting the DC component, as to a signal) (*radio – radar*), diodo per riportare a livello la c. c. **8.** detector ~ (*radio*), diodo rivelatore. **9.** duplex ~ (*radio*), bidiodo. **10.** gaseous ~ (*radio*), diodo a gas. **11.** highvacuum ~ (*radio*), diodo a vuoto elevato. **12.** hot carrier ~ (*elics.*), diodo a barriera di Schottky. **13.** "IMPATT" ~ (IMPact Avalanche and Transit Time diode) (*elics.*), diodo a tempo di transito, diodo "IMPATT". **14.** infrared (emitting) ~ (*elics.*), diodo a (raggi) infrarossi. **15.** junction ~ (semiconductor: junction rectifier) (*elics.*), diodo a giunzione. **16.** light emitting ~, "LED" (*elics.*), diodo ad emissione luminosa. **17.** mercury-vapor ~ (*radio*), diodo a vapori di mercurio. **18.** mesa ~ (semiconductor having surface material removed by etching) (*obsolete elics.*), diodo mesa. **19.** rectifier ~ (*radio*), diodo raddrizzatore. **20.** Schottky ~ (*elics.*), diodo a barriera (di Schottky). **21.** series-efficiency ~ (booster diode, used in a deflection generator) (*radio – telev.*), diodo di ricupero serie. **22.** surface barrier ~ (*elics.*), diodo a barriera superficiale. **23.** "TRAPATT" ~ (TRApped Plasma And Transit Time diode) (*elics.*), diodo "TRAPATT". **24.** tunnel ~ (*elics.*), diodo ad effetto tunnel, diodo tunnel. **25.** Zener ~ (used as accurate constant voltage reference source) (*elics.*), diodo Zener.

diode-transistor logic, "DTL" (*elics.*), logica, a diodi e transistori, logica DTL.

diopter (*opt.*), diottria. **2.** ~ (early instr. or part of it) (*top.*), diottra.

dioptric (*a. – opt.*), diottrico.

dioptrical (*a. – opt.*), diottrico.

diorama (scenic representation by which a picture is seen in particular conditions: as of distance and varying illuminating and transparency effects) (*opt.*), diorama.

diorite (*rock*), diorite.

diosmose, *see* osmosis.

dioxide (*chem.*), biossido. **2.** carbon ~ (CO_2) (*chem.*), anidride carbonica. **3.** hydrogen ~ (H_2O_2) (*chem.*), acqua ossigenata. **4.** sulphur ~ (SO_2) (*chem.*), anidride solforosa.

dioxin (toxic hydrocarbon) (*chem.*), diossina.

dip (immersion), immersione. **2.** ~ (inclination), inclinazione. **3.** ~ (of an elect. line), freccia normale. **4.** ~ (of a magnetic needle), inclinazione (magnetica). **5.** ~ (*aer.*), picchiata normale. **6.** ~ (as of a stratum) (*geol. – min.*), immersione. **7.** ~ (immersion bath: as for coloring, coating etc.) (*proc. impl.*), bagno. **8.** ~ (tank containing the dip) (*proc. app.*), contenitore del bagno di immersione. **9.** ~ (downward inclination) (*gen.*), inclinazione verso il basso. **10.** ~ (solution into which items can be immersed: as for coating, cleansing, etching etc.) (*ind.*), bagno. **11.** ~ brazing (*technol.*), brasatura per immersione. **12.** ~ circle (*instr.*), inclinometro. **13.** ~ heating (*metall.*), riscaldo per immersione. **14.** ~ needle, *see* dipping needle. **15.** ~ plant (for painting by dipping process) (*paint.*), impianto di verniciatura ad immersione. **16.** ~ stick, *see* dipstick. **17.** ~ switch (dimmer switch) (*aut.*), commutatore luci anabbaglianti. **18.** ~ tank, *see* dipping tank. **19.** ~ type blacking wash (*ind.*), tipo di nero da applicarsi per immersione. **20.** at the ~ (flag hoisted at the dip) (*navy*), bandiera (abbassata) a mezz'asta. **21.** matte ~ (*ind. proc.*), bagno per mordenzatura opaca.

dip (to), tuffare, immergere, tuffarsi, immergersi. **2.** ~ (as a flag) (*naut.*), salutare (colla bandiera). **3.** ~ (to drop suddenly) (*aer.*), perdere quota improvvisamente. **4.** ~ (to turn down; as motorcar headlights) (*aut.*), attenuare. **5.** ~ down (to sink) (*gen.*), abbassarsi.

diphase (*elect.*), bifase.

diphenyl, *see* biphenyl.

diphenylamine (*chem.*), difenilamina.

diphosgene (*chem. – milit.*), difosgene.

diplex (as of antenna) (*a. – radio*), diplice, a doppia trasmissione. **2.** ~ (as a system of telegraphy, radio transmission etc.) (*a. – commun.*), diplice, a doppia trasmissione nello stesso senso, diplex.

diplexer (a circuit allowing simultaneous telecommunications on the same antenna) (*radio – etc.*), diplexer.

diploma (*education certifcate*), diploma di studio.

diplomatic ink (*chem.*), inchiostro simpatico.

diploscope (*med. opt. instr.*), diploscopio.

dipolar (relating to a dipole) (*a. – elect.*), dipolare.

dipole (*phys. – chem.*), dipolo. **2.** ~ (aerial) (*telev.*), dipolo, antenna a dipolo. **3.** ~ moment (*phys. – chem.*), momento dipolare. **4.** folded ~ (aerial) (*telev.*), dipolo ripiegato.

dipped (turned down; as of a motorcar headlight) (*a. – aut.*), su luce anabbagliante. **2.** ~ headlight (*aut.*), proiettore su luce anabbagliante.

dipper (*mach.*), scavatrice, escavatore. **2.** ~ (of a power shovel) (*mech. impl.*), cucchiaia. **3.** ~ (vessel with a handle) (*impl.*), ramaiolo, ramaiuolo. **4.** ~ dredge, ~ shovel (*floating mach.*), draga ad azione intermittente, draga a badilone. **5.** ~ interrupter (*elect.*), interruttore a (bagno di) mercurio. **6.** tilting ~ (of an excavating mach.) (*earth moving app.*), cucchiaia ribaltabile.

dipping (as in a solution) (*ind.*), immersione. **2.** ~ (painting process) (*paint.*), verniciatura ad immersione. **3.** ~ (surface treatment by immersion in a liquid bath) (*mech. technol.*), trattamento per immersione. **4.** ~ (bath) (*ind. proc.*), bagno. **5.** ~ filament (for lower beam light) (*aut.*), filamento anabbagliante. **6.** ~ frame (*ind. proc. impl.*), telaio di immersione. **7.** ~ needle (*earth magnetism*), ago della inclinazione magnetica. **8.** ~ tanks (*paint.*), vasche d'immersione. **9.** headlight ~ (turning down, as of motorcar headlights) (*aut.*), passaggio alle luci anabbaglianti, attenuazione (della luce) dei proiettori. **10.** hot ~ (*metall.*), immersione in bagno caldo.

dipropellant, *see* bipropellant.

dipstick (as for checking the oil level of an engine) (*mech.*), asta di livello.

dipteral (*arch.*), diptero.

dipteros, *see* dipteral.

"dir", *see* direction, directional, director.

direct (*a. - gen.*), diretto. **2.** ~ control (*mech.*), comando diretto. **3.** ~ current (*elect.*), corrente continua. **4.** ~ distance dialing, "DDD" (*teleph.*), chiamata in teleselezione. **5.** ~ drive (as of a gearbox) (*mech.*), presa diretta. **6.** ~ fired unit (*therm. app.*), riscaldatore nel quale il calore è conferito alla superficie in diretto contatto col fluido da riscaldare. **7.** ~ glare (*illum.*), abbagliamento diretto. **8.** ~ labor (productive labor) (*ind. work.*), mano d'opera diretta. **9.** ~ memory accesss, "DMA" (*comp.*), accesso diretto in memoria. **10.** ~ pickup (live television transmission) (*telev.*), trasmissione in diretta, diretta, ripresa diretta. **11.** ~ product (*math.*), prodotto scalare.

direct (to) (*gen.*), dirigere.

direct-acting (without interposed mechanism) (*a. - mach.*), ad azione diretta.

direct-connected, *see* direct-coupled.

direct-coupled (as a generator to an engine) (*a. - mech.*), direttamente accoppiato.

direct distance dialing system, "DDD" system (*teleph.*), teleselezione.

direct-driven (*a. - mech.*), condotto per accoppiamento diretto.

direct-geared (said of a connection made by gears between the power shaft and the following one) (*a. - mech.*), a trasmissione mediante (coppia di) ingranaggi.

direction (as of a factory), direzione. **2.** ~ (direction of a film) (*m. pict.*), regìa. **3.** ~ (of a point describing a straight line) (*phys.*), direzione. **4.** ~ (of rotation) (*phys.*), senso (di rotazione). **5.** ~, *see* bearing 2 ~. **6.** ~ finder (receiving app.) (*radio*) (Am.), radiogoniometro. **7.** ~ finder, *see also* direction-finder (Brit.). **8.** ~ finding (D/F) (*aer. - naut.*), radiogoniometraggio, radiorilevamento. **9.** ~ indicator (*aut.*), indicatore di direzione (freccia o lampeggiatore). **10.** ~ indicator (*aer. instr.*), indicatore di direzione. **11.** ~ to be followed (*road traff.*), senso obbligatorio. **12.** apparent ~ (of a star) (*astr.*), direzione apparente. **13.** automatic ~ finder (*elect. - radio*), radiogoniometro automatico. **14.** cross ~ (the dimension at right angles to the direction of the sheet of paper in the mach.) (*typewriting - etc.*), direzione trasversale. **15.** geographical wind ~ (*aer. - naut.*), angolo del vento geografico. **16.** machine ~ (long direction, of paper fibers) (*paper mfg.*), direzione di macchina. **17.** no-lift ~ (*aer.*), direzione di portanza zero, direzione di portanza nulla.

directional (*a. - radio*), direzionale. **2.** ~ characteristic (as of a radio direction finder) (*radar - radio*), caratteristica di direttività. **3.** ~ control lever (as of a boring spindle) (*mach. t. mech.*), leva per cambiare il senso di rotazione. **4.** ~ gyro (*aer. instr.*), giroscopio direzionale. **5.** ~ pattern (of an antenna) (*radio*), diagramma di direzionalità, diagramma di direttività.

"directionals" (signals) (*n. - aut.*), segnali di direzione.

direction-finder (receiving app. used in direction-finding) (*radio*) (Brit.), radiogoniometro. **2.** Adcock ~ (*radio*) (Brit.), radiogoniometro Adcock. **3.** Bellini-Tosi ~ (fixed-loop direction-finder) (*radio*) (Brit.), radiogoniometro Bellini-Tosi, radiogoniometro a telai fissi. **4.** rotating ~ (*radio*) (Brit.), radiogoniometro a telaio rotante. **5.** spaced-loop ~ (multiple-loop direction-finder) (*radio*) (Brit.), radiogoniometro a più telai.

direction-post (*road traff.*) (Brit.), indicatore stradale.

directive (*n.*), direttiva.

directivity (*radio*), direttività. **2.** ~ factor (as of a hydrophone) (*und. acous.*), fattore di direttività. **3.** ~ index (meas, of the directional characteristics of a transducer usually expressed in decibels) (*und. acous.*), indice di direttività. **4.** ~ pattern (*und. acous. - radio*), diagramma di direttività. **5.** horizontal ~ (of a transducer or an antenna) (*acous. - radio*), direttività sul piano orizzontale, direttività orizzontale. **6.** vertical ~ (of a transducer or an antenna) (*acous. - radio*), direttività sul piano verticale, direttività verticale.

director, direttore. **2.** ~ (*m. pict.*), regista. **3.** ~ (fire controlling gear: as of a warship) (*navy*), centrale di tiro (o di punteria). **4.** ~ (of a telev. aerial: passive aerial placed in front of an active aerial) (*telev.*), direttore. **5.** ~ (as of a factory) (*ind.*), direttore. **6.** ~ (app. calculating firing data against moving targets) (*milit.*), centrale di tiro. **7.** ~ (controller, machine control unit, in N.C. machines) (*n. c. mach. t.*), unità di comando. **8.** ~ (interpolator: automatic device for accurately determining intermediate values) (*n. c. mach. t.*), interpolatore. **9.** ~ (administrator) (*pers.*), amministratore. **10.** ~ tower (*navy*), stazione di punteria. **11.** administrative ~ (*ind.*), direttore amministrativo. **12.** art ~ (*m. pict.*), scenografo. **13.** assistant ~ (as of a film) (*m. pict.*), aiuto regista. **14.** board of directors (*company organ.*), consiglio di amministrazione. **15.** general ~ (*ind.*), direttore generale. **16.** hole ~ (for maintaining the drilling angle) (*min.*), guidafioretto. **17.** joint ~, condirettore. **18.** managing ~ (of a company) (*company management*), amministratore delegato. **19.** personnel ~ (*company management*), direttore del personale. **20.** safety ~ (*factory management*) (Am.), capo servizio antinfortunistico. **21.** sales ~ (*ind.*), direttore commerciale (o vendite).

directory (book with names, addresses etc.) (*gen.*), elenco nominativo, annuario, repertorio. **2.** ~ (addresses table or list) (*comp.*), direttorio, indi-

rizzario. **3.** telephone ~ (*teleph.*), elenco telefonico.
directrix (*geom.*), direttrice.
direct-vision (as of a prism, a spectroscope etc.) (*a. - opt. - phys.*), a visione diretta.
direct-writing (as of a galvanometer) (*a. - instr. - etc.*), a scrittura diretta.
dirigible (airship) (*aer.*), dirigibile.
dirt (*mech.*), sporcizia, morchia. **2.** ~ (as in aut. fuel lines) (*gen.*), sporcizia, sudicio. **3.** ~ (hard particle embedded in paper) (*paper defect*), inclusione. **4.** ~ (broken ore) (*min.*), minerale minuto commisto a terra. **5.** ~ (alluvial earth or gravel) (*min.*), terreno alluvionale. **6.** ~ (earth, as for a road) (*road constr. - etc.*), terra.
"dis", *see* discharge, discharged, disconnect, discontinued, distance.
disability (*med. - ind.*), invalidità. **2.** ~ benefits (Brit.) (paid to a worker because of an accident at work) (*pers. - insurance*), indennizzo per infortunio sul lavoro. **3.** partial ~ (*med. - ind.*), invalidità parziale. **4.** permanent ~ (*med. - ind.*), invalidità permanente. **5.** temporary ~ (*med. - ind.*), invalidità temporanea.
disable (to) (to make ineffective: as a circuit, a mach. etc.) (*gen.*), metter fuori servizio.
disabled (*n. - gen.*), invalido. **2.** ~ (as of a ship) (*a. - naut.*), che non governa.
disablement (disability) (*med. - ind.*), see disability.
disaccharides ($C_{12}H_{22}O_{11}$) (*chem.*), disaccaridi, esabiosi.
disaggregate (to) (to weather) (*geol.*), disaggregarsi, disgregarsi.
disaggregated (weathered) (*geol.*), disaggregato, disgregato.
disaggregation (*chem. - etc.*), disaggregazione. **2.** ~ (weathering) (*geol.*), disgregazione, disaggregazione, gliptogenesi.
disalignement (*mech.*), disassamento.
disappearing carriage (*ordnance*), affusto a scomparsa.
disarmament (*international politics*), disarmo.
disassemble (to) (*mech.*), smontare.
disassembly, smontaggio. **2.** ~ (as of a packet) (*tlcm.*), disassemblaggio. **3.** ~ of engines (*mech.*), smontaggio di motori.
disassociate (to), *see* to dissociate.
"DISASSY" (disassembly) (*mech. - etc.*), smontaggio.
disaster (*gen.*), disastro.
disbark (to) (*naut.*), sbarcare. **2.** ~ (as a cork tree) (*agric. ind.*), scortecciare.
disbarked (bark-peeled, barked, peeled) (*wood*), scortecciato.
disbarking (bark-peeling, barking, peeling) (*wood*), scortecciatura.
disburse (to) (*comm.*), sborsare.
disbursement (*comm.*), esborso, pagamento. **2.** ~ approval (*adm.*), delibera di spesa.
disc, *see* disk.
disc (to) (to disk, to record) (*electroacous.*), incidere un disco. **2.** ~ (*gen.*), *see also* to disk.
discaler (*app.*), *see* descaler.
discard (a castoff) (*gen.*), scarto, rifiuto. **2.** ~ (defective material produced in rolling or forging and cut from the ends as of the finished product) (*rolling - forging*), spuntature, intestature, sfridi di fucinatura (o di laminazione). **3.** ~ (portions removed as from the top of an ingot) (*metall.*), spuntature. **4.** ~ (*metall.*), see also crop.
discard (to) (to reject), scartare.
discarded (*a.*), scartato. **2.** ~ work (*shop*), scarto, materiale di scarto.
discharge (unloading), scarico. **2.** ~ (firing of a firearm), scarica. **3.** ~ (from employment) (*pers. management*), licenziamento. **4.** ~ (*elect.*), scarica. **5.** ~ (outflow) (*hydr.*), efflusso. **6.** ~ (*law*), liberazione. **7.** ~ (rate of flow) (*hydr.*), portata. **8.** ~ (*electrochem.*), scarica. **9.** ~ coefficient (*hydr.*), coefficiente d'efflusso. **10.** ~ head (delivery head, as of a pump) (*hydr.*), altezza di mandata. **11.** ~ lamp (electric discharge lamp) (*elect.*), lampada a elettroluminescenza, lampada a scarica. **12.** ~ nozzle assembly (as of a jet engine) (*mech.*), gruppo ugelli distributori. **13.** ~ of a battery (*elect.*), scarica di una batteria. **14.** ~ pressure (*electrochem.*), tensione di scarica. **15.** ~ pressure (of a pump) (*hydr.*), pressione di mandata. **16.** atmospheric ~ (*elect.*), scarica atmosferica. **17.** brush ~ (*elect.*), scarica a fiocco. **18.** fluxing ~ (*elect.*), scarica per effluvio. **19.** glow ~ (*radio - telev.*), scarica a bagliore. **20.** mercury ~ lamp (*elect.*), lampada a vapori di mercurio. **21.** oscillatory ~ (*elect.*), scarica oscillante.
discharge (to) (*elect.*), scaricare. **2.** ~ (to relieve from weight: as an opening) (*bldg.*), scaricare. **3.** ~ (to unload), scaricare. **4.** ~ (to dismiss from employment) (*pers. management*), licenziare.
discharged (*a. - gen.*), scaricato, scarico. **2.** ~ (dismissed) (*pers.*), licenziato. **3.** ~ battery (*elect.*), batteria scarica.
dischargee (*pers.*), licenziato.
discharger (*elect. device*), scaricatore. **2.** ~ (as of condensate) (*mech. device*), scaricatore.
discharging arch (*arch.*), arco di scarico.
discipline (*work. - etc.*), disciplina.
disclose (to) (to open) (*gen.*), aprire. **2.** ~ (to uncover) (*gen.*), scoprire. **3.** ~ (to expose) (*gen.*), esporre. **4.** ~ (to make known) (*gen.*), rendere noto.
discolor (to), **discolour** (to) (to fade) (*gen.*), scolorire.
discoloration (*ind. chem.*), scolorimento. **2.** ~ (*paint. defect*), scolorimento, sbiadimento.
discolored, discoloured (as of wool) (*a. - gen.*), scolorito, sbiadito.
discoloring agent (*rubb. ind. - etc.*), agente scolorante.
disconnect (to) (*mech.*), disinserire, disinnestare. **2.** ~ (as a circuit) (*elect.*), interrompere. **3.** ~ (as a

switch) (*elect.*), disinserire. **4.** ~ the clutch (*aut.*), distaccare (o disinnestare) la frizione, debraiare.
disconnectable (*elect.*), disinseribile.
disconnected (*a. - gen.*), disinserito, interrotto.
disconnecting (setting off) (*elect.*), disinserimento. **2.** ~ switch (switch for isolating a line when no current is in the circuit) (*elect. app.*), sezionatore.
disconnector, *see* disconnecting switch.
discontinuance (*gen.*), cessazione.
discontinue (to) (to interrupt) (*gen.*), interrompere. **2.** ~ (to cease, the production of a given article) (*gen.*), cessare.
discontinued (interrupted) (*gen.*), interrotto.
discontinuous (distillation) (*chem. - etc.*), discontinuo.
discordant (*geol.*), discordante.
discotheque (small nightclub) (*bldg.*), discoteca.
discount (abatement) (*comm.*), sconto. **2.** ~ (bank discount) (*finan.*), sconto. **3.** ~ house (*finan.*), istituto di sconto. **4.** ~ rate (*finan.*), tasso di sconto. **5.** cash ~ (*adm.*), sconto cassa. **6.** net ~ (*comm.*), netto di sconto. **7.** quantity ~ (price is lower if a large quantity is ordered) (*comm.*), sconto di quantità. **8.** trade ~ (deduction from the products, price list) (*comm.*), sconto sul listino, sconto commerciale. **9.** true ~ (*comm.*), sconto effettivo.
discount (to) (a bill) (*comm.*), scontare.
discovery (*gen.*), scoperta.
discrete (noncontinuous) (*math. - etc.*), discreto, discontinuo. **2.** ~ (individually distinct: as a location) (*a. - comp. - phys. - acous. - etc.*), discreto, distinto. **3.** ~ (said of bar code characters when they are distinguishable from other characters) (*a. - comp.*), discreto. **4.** ~ addressing (one word for each instruction) (*comp.*), indirizzamento discreto.
discretionary income (after the amount allocated to food, house and taxes) (*econ.*), aliquota del reddito per usi voluttuari.
discretization (*math.*), discretizzazione.
discriminant (*math.*), discriminante.
discrimination (*psychol.*), discriminazione. **2.** ~ instruction (conditional jump) (*comp.*), salto condizionato.
"DISC SW" (disconnecting switch) (*elect. app.*), separatore, sezionatore.
discussion (*gen.*), discussione.
disease (*med.*), malattia. **2.** occupational ~ (*ind. - med.*), malattia professionale.
disembark (to) (*naut.*), sbarcare.
disembarkment (*naut.*), sbarco.
disengage (to) (*gen.*), disinnestare. **2.** ~ (to release) (*mech. - etc.*), disimpegnare, sganciare, sbloccare. **3.** ~ (D) (*time study*), staccare, liberare. **4.** ~ the clutch (*aut.*), disinnestare (o distaccare) la frizione, debraiare.
disengageable (releasable) (*mech. - etc.*), disinnestabile.
disengagement (*mech.*), disinnesto.
disgregate (to) (*v. t. - phys.*), disgregare. **2.** ~ (to disintegrate) (*v. i - gen.*), disgregarsi.
disguised (as a prototype car) (*gen.*), camuffato.
dish (*phot. impl.*), bacinella. **2.** ~ (as for food) (*domestic impl.*), piatto. **3.** ~ (parabolic reflector) (*radar*), riflettore parabolico. **4.** ~ washer machine (*domestic mach.*), macchina lavapiatti, macchina lavastoviglie. **5.** evaporating ~ (*chem. impl.*), capsula.
dish (to) (to draw sheet metal, as by press) (*mech. technol.*), imbutire poco profondamente. **2.** ~ (to form as a cup in forging) (*forging*), incavare, eseguire una impronta cava.
dished plate (with concave surface: for increasing resistance to pressure) (*mech.*), lamiera bombata.
dishes (*ind.*), stoviglie.
dishing (forming as a cup in a forging) (*forging*), incavatura, cavità.
dishonor, dishonour (*law*), mancata accettazione, mancato pagamento.
dishonor, dishonour (to) (as to refuse to pay: a check, a draft etc.) (*adm. - comm.*), rifiutare di pagare.
dishware (tableware) (*domestic t.*), piatti per servizio di tavola.
dishwasher (*domestic mach.*), macchina lavastoviglie.
disinfect (to) (*med.*), disinfettare.
disinfectant (*med.*), disinfettante.
disinfection (*med.*), disinfezione.
disinfest (to) (*gen.*), disinfestare.
disinfestation (*gen.*), disinfestazione.
disinflation, *see* deflation.
disinsectization (elimination of insects: as from a ship) (*med.*) disinfestazione.
disintegrate (to) (*phys.*), disintegrare. **2.** ~ (as an earth satellite entering the atmosphere) (*astric.*), disintegrarsi.
disintegration (as of a radioact. substance) (*atom phys.*), disintegrazione. **2.** ~ (*mas.*), fatiscenza. **3.** ~ (*astric.*), disintegrazione. **4.** ~ constant, *see* decay constant. **5.** series ~ (chain disintegration, chain decay) (*atom phys.*), disintegrazione a catena.
disintegrator (machine for grinding) (*ind.*), disintegratore. **2.** ~ (machine which breaks up the slices of wood) (*paper mfg. mach.*), disintegratore. **3.** ~ (for moulding sand) (*found.*), disintegratore. **4.** garbage ~ (*elect. app.*), tritarifiuti.
disinvestment (process of selling an ownership) (*finan. - adm.*), disinvestimento. **2.** ~ (process of withdrawal of capital from an investment) (*finan. - adm.*), disinvestimento.
disjoin (to) (*phys. - mech.*), separare, staccare, staccarsi.
disjoined (*a. gen.*), disgiunto. **2.** ~ signature (*law - bank*), firma disgiunta.
disjoint (*a. - gen.*), separato, staccato.
disjunction (*phys. - mech.*), distacco. **2.** non ~

(NOR operation) (*comp.*), operazione di disgiunzione, operazione NOR.

disjunctor (device for interrupting a circuit) (*elect. impl.*), separatore, disgiuntore.

disk, disc, disco. **2.** ~ (magnetic disk for data storage) (*comp.*), disco, disco magnetico. **3.** ~ (usually *disc*: phonograph record) (*mus. ind. - acous.*), disco. **4.** ~ access arm (*comp.*), braccio di accesso, braccio portatestine. **5.** ~ area (inscribed in the circle described by the propeller or rotor blade tips) (*aer.*), disco battuto, area (del) disco. **6.** ~ barker (*paper mfg. mach.*), scortecciatrice a disco. **7.** ~ brake (*aut.*), freno a disco. **8.** ~ cartridge (single magnetic disk in a plastic box, ready to be mounted on a disk drive) (*comp.*), cartuccia disco. **9.** ~ crank (of a crankshaft) (*mot.*), disco manovella, manovella a disco. **10.** ~ directory (*comp.*), indice dei dischi, direttorio dei dischi. **11.** ~ drive (disk unit) (*comp.*), unità a disco (magnetico). **12.** ~ drive (magnetic disk movement mechanism) (*comp.*), dispositivo di rotazione del disco. **13.** ~ grinder (*mach. t.*), mola a dischi. **14.** ~ harrow (*agric. mach.*), erpice a dischi. **15.** ~ loading (ratio between the propeller or rotor thrust and the disk area) (*aer.*), carico (unitario sul) disco. **16.** ~ locking lever (*comp.*), leva ferma disco. **17.** ~ operating system, "DOS" (*comp.*), sistema operativo a disco, sistema operativo per unità a disco. **18.** ~ pack (a pile of magnetic disks) (*comp.*), pacco (o pila) di dischi. **19.** ~ player (*audiovisuals*), lettore di dischi. **20.** ~ sanding (*ind.*), smerigliatura a disco. **21.** ~ sector (angular sector of a hard disk) (*comp.*), settore (di disco). **22.** ~ storage (storage using magnetic recording on flat rotating disks) (*comp.*), memoria a dischi magnetici. **23.** ~ to diskette copy (from hard disk to floppy disk) (*comp.*), duplicazione (dati) da disco a dischetti. **24.** ~ unit (peripheral unit for data storage on hard disk memory: mechanics and electronics) (*comp.*), unità a disco (magnetico). **25.** ~ wheel (as of aut.), ruota a disco. **26.** ~ wheel (of a turbine) (Brit.), girante. **27.** ~ wheel (with spiral teeth on a face) (*mech.*), disco con dentatura elicoidale (su di una faccia piana) destinata ad ingranare con una vite senza fine. **28.** abrasive ~ (as for cutting) (*mech. t.*), mola a disco. **29.** blowout ~ (thin metal disk used against excess pressure) (*ind.*), disco di sicurezza (sfondabile). **30.** "CAV" ~ ("CDV" interactive disk having constant angular velocity) (*audiovisuals*), videodisco CAV, videodisco a velocità angolare costante. **31.** clutch ~ (*mech.*), disco della frizione. **32.** "CLV" ~ ("CDV" disk, read by laser, having constant linear velocity) (*audiovisuals*), videodisco CLV, videodisco a velocità lineare costante. **33.** compact ~, "CD" (optical ~ memorized and read by a laser ray) (*elics. - inf.*), disco ottico. **34.** compact ~ audio, "CD-A" (digital audio, read by laser, 12 cm diameter, 74 minutes audio) (*audio hi-fi*) disco (audio) CD-A. **35.** compact ~ "ROM", "CD-ROM" (compact disk read only memory, 12 cm diameter, read by laser: 600 megabytes) (*comp. - inf.*), disco ottico CD-ROM, disco ottico "compact" a sola lettura. **36.** compact ~ single, "CD" single (digital audio, read by laser, 7 cm diameter, 20 minutes audio) (*audio hi-fi*), disco (audio) "CD single". **37.** compact ~ video, "CD-V" (digital audio 20 minutes and analogical video 6 minutes by laser, 12 cm diameter) (*audiovisuals*), videodisco CD-V. **38.** driven ~ (of a clutch) (*mech.*), disco condotto. **39.** driving ~ (of a clutch) (*mech.*), disco conduttore. **40.** "ER" ~ (ERasable disk: still hypothetic videodisk) (*audiovisulas*), videodisco ER. **41.** fixed ~ (not exchangeable disk) (*comp.*), disco (magnetico) fisso. **42.** fixed-head ~ storage (*comp.*), memoria a disco (magnetico) con testina fissa. **43.** flexible ~, *see* floppy disk. **44.** floppy ~ (diskette: made in flexible plastic coated with magnetic oxide) (*comp.*), disco flessibile, dischetto. **45.** floppy ~ unit (peripheral unit for data storage on floppy disk memory: mechanics and electronics) (*comp.*), unità a dischi flessibili, unità a dischetti. **46.** flying ~, *see* flying saucer. **47.** hard ~ (magnetic disk) (*comp.*), disco rigido. **48.** identity ~ (*milit.*), medaglioncino. **49.** laser ~, "LD" (read by laser, 30 or 20 cm diameter, 60 or 30 minutes: audio hi-fi and video) (*audiovisuals*), videodisco LD. **50.** lateral ~ (registered by lateral recording: the sound being recorded on the groove side) (*electroacous.*), disco a incisione laterale. **51.** lens ~ (for the mechanical scanning of the image) (*telev.*) (Brit.), disco di lenti. **52.** magnetic ~ (magnetic hard disk for data storage: disk) (*comp.*), disco, disco magnetico (rigido). **53.** mini-flexible ~ (mini-disk, mini-floppy disk: about 5 inches diameter disk) (*comp.*), minidisco flessibile. **54.** Nipkow ~ (for the mechanical scanning of the image) (*telev.*) (*Brit.*), disco di Nipkow. **55.** optical ~, "OD" (read by laser: it stores inf. data or audiovisuals) (*comp. - audiovisuals*), disco ottico, OD. **56.** sanding ~ (*t.*), disco abrasivo. **57.** scanning ~ (*telev.*), disco analizzatore. **58.** slipped ~ (disease due e.g. to an incorrectly designed seat) (*med. - aut. - etc.*), ernia del disco. **59.** small ~ (*gen.*), dischetto. **60.** turbine ~ (gas turbine rotor) (*mech.*), disco della turbina. **61.** Winchester ~ (rigid, high-density storage disk sealed in a container) (*comp.*), disco Winchester. **62.** work ~ (in use for daily operations) (*comp.*), disco di lavoro. **63.** "WORM" ~ (Write Once Read Many times disk: kind of optical disk writable only once by the user and allowing illimitate times reading) (*audiovisuals*), videodisco WORM.

disk (to) (*gen.*), lavorare (o ricavare) un disco. **2.** ~ (to disc) (*electroacous.*), incidere un disco. **3.** ~ (to cultivate as by a disk cultivator) (*agric.*), coltivare con erpice a dischi. **4.** ~ off (to remove as sharp edges with a grinding wheel) (*mech.*), molare.

diskette, *see* floppy disc. **2.** ~ drive (floppy disk unit) (*comp.*), unità (di memoria) a dischi flessibili.

dislocation (*geol.*), dislocazione. **2.** ~ (*med.*), slogatura, lussazione. **3.** ~ (*phys.*), dislocazione. **4.** climbing of dislocations (*phys.*), accavallamento delle dislocazioni. **5.** edge ~ (*phys.*), dislocazione a cuneo. **6.** screw ~ (*phys.*), dislocazione ad elica.

dismantle (to) (*mech. - bldg.*), smantellare, smontare. **2.** ~ falsework (*bldg. - reinf. concr.*), disarmare, togliere l'armatura.

dismantling (*mech. - bldg.*), smantellamento, smontaggio. **2.** falsework ~ (*bldg. - reinf. concr.*), disarmo, smontaggio dell'armatura. **3.** forms ~ (mold dismantling) (*bldg. - reinf. concr.*), disarmo, smontaggio dell'armatura.

dismast (to) (*naut.*), disalberare.

dismember (to) (the elements) (*gen.*), scomporre, smembrare.

dismembering (of elements) (*gen.*), smembramento.

dismiss (to) (to discharge from employment: as a worker), licenziare.

dismissal (discharge from employment: as of workers), licenziamento. **2.** unfair ~ (*pers.*), licenziamento ingiustificato.

dismount (to) (to disassemble) (*mech.*), smontare. **2.** ~ (to make useless: as a gun) (*artillery*), smantellare, smontare, rendere inservibile. **3.** ~ (as from a motorcycle) (*gen.*), scendere.

dismutation (chem. reaction) (*chem.*), dismutazione.

disorder, disordine.

disorganization, disorganizzazione.

disorganize (to), disorganizzare.

"disp", *see* dispatch, dispatcher.

dispatch (*comm.*), spedizione, invio. **2.** ~ (clearing off) (*gen.*), disbrigo. **3.** ~ department (of a factory) (*ind.*), reparto spedizioni. **4.** ~ money (money granted to the charterer when he unloads the ship in a time shorter than that of the lay days) (*naut. transp.*), premio di acceleramento. **5.** ~ rider (*milit.*), porta-ordini, staffetta.

dispatch (to) (*comm.*), spedire, inviare. **2.** ~ (to perform a job) (*gen.*), sbrigare.

dispatcher (*gen.*), mittente. **2.** ~ (person directing the veh. departure) (*railw. - buses - airlines - etc.*), responsabile del movimento. **3.** ~ (scheduler of priorities between a comp. and its input/output units) (*comp.*), distributore. **4.** load ~ (of a group of generating stations) (*elect. official*) (Brit.), ripartitore del carico.

dispatching (of a production order) (*factory work organ.*), apertura della commessa ed emissione del ruolino di marcia. **2.** ~ (priorities control in a queue of requests) (*comp.*), distribuzione, ripartizione. **3.** ~ priority (*comp.*), priorità di distribuzione (o ripartizione).

dispensary (*med.*), dispensario.

dispense (to) (to distribute) (*gen.*), distribuire.

dispenser (device for distributing) (*gen.*), distributore. **2.** ~ (as for stamps, cigarettes etc.) (*vending mach.*), distributore automatico. **3.** ~ (device used for transmitting Morse signals converted into wave trains) (*radiotelegr.*), trasmettitore radiotelegrafico. **4.** coin ~ (*gen.*), distributore (automatico) di monete.

dispersal, *see* dispersion.

dispersant (dispersing agent, as a lubricant oil additive) (*n. - chem. - mot.*), disperdente.

disperse (to) (to spread widely) (*chem. - phys.*), disperdere. **2.** ~ (to distribute) (*comp.*), distribuire.

dispersed (*chem. phys.*), disperso. **2.** ~ corrosion (as on cast parts) (*metall.*), corrosione a chiazze. **3.** ~ phase (*chem. phys.*), fase dispersa.

dispersion (*gen.*), dispersione. **2.** ~ (*opt.*), dispersione. **3.** ~ (of electric waves) (*elect.*), dispersione. **4.** ~ (of fired shells) (*ordnance*), dispersione. **5.** ~ (*paint.*), dispersione. **6.** ~ medium (as in rubb. ind.) (*phys. chem.*), mezzo di dispersione, mezzo disperdente. **7.** ~ pattern (*ordnance*), rosa di tiro. **8.** ~ strengthening (of metal alloys, formed by a metal matrix in which a non-metallic, metallic or mixed phase is dispersed) (*metall.*), indurimento per dispersione, rinforzamento per dispersione. **9.** abnormal ~ (*phys.*), *see* anomalous dispersion. **10.** anomalous ~ (*phys.*), dispersione anomala. **11.** degree of ~ (*phys.*), grado di dispersione. **12.** normal ~ (*phys.*), dispersione normale. **13.** rotatory ~ (*phys.*), dispersione rotatoria. **14.** selective ~ (*phys.*), see anomalous dispersion.

dispersity (degree of dispersion) (*phys. chem.*), grado di dispersione.

dispersive (*a. - phys.*), dispersivo. **2.** ~ power (*phys.*), potere dispersivo.

dispersoid (dispersed colloidal matter) (*phys. chem.*), dispersoide. **2.** ~ (dispersed phase) (*phys. chem.*), fase dispersa.

"displ" (displacement, of an engine) (*mot.*), cilindrata.

displace (to) (*gen.*), spostare. **2.** ~ (*naut.*), dislocare. **3.** ~ the phase (*elect.*), spostare la fase.

displacement, spostamento. **2.** ~ (*naut.*), dislocamento. **3.** ~ (piston displacement) (*mot.*), cilindrata. **4.** ~ (property of electromotive series of chemical elements) (*chem.*), spostamento. **5.** ~ (in a dielectric medium) (*elect.*), spostamento del dielettrico. **6.** ~ (of a vibratory motion) (*phys.*), ordinata, ampiezza della oscillazione. **7.** ~ (as of address) (*comp.*), spiazzamento, dislocazione. **8.** ~ current (*elect.*), corrente di spostamento. **9.** ~ pump (pump by which the fluid is raised or transferred by direct displacement with no transformation of the kinetic energy into potential energy) (*mech.*), pompa agente per trasporto meccanico. **10.** electric ~ (*elect.*), spostamento elettrico. **11.** fixed - ~ (hydraulic motor or pump) (*a. - mot. - mach.*), a portata costante. **12.** light ~ (of the ship with full equipment but unloaded) (*naut.*), dislocamento a nave scarica. **13.** light draught ~ (*naut.*), dislocamento leggero. **14.** load ~ (*naut.*), dislocamento di progetto, dislocamento a pieno carico normale. **15.** magnetic ~ (*elect.*), spostamento magnetico. **16.** piston ~ (*mot.*), cilindrata. **17.** positive ~ blower (for mot. boosting) (*aer. mot. - etc.*), compressore volumetrico, compressore a capsulismo. **18.** variable - ~ (hydraulic pump) (*a. - mach.*), a portata variabile. **19.** volume of ~ (*naut.*), volume di carena.

display (*comm.*), esposizione. **2.** ~ (visual way of information) (*elics. - comp. - etc.*), visualizzazione. **3.** ~ (scope, radarscope) (*radar*) (Brit.), indicatore. **4.** ~ (as by a cathode-ray tube) (*inf.*), rappresentazione visiva. **5.** ~ (a screen showing the information) (*elics. - comp.*), visualizzatore. **6.** ~ device, *see* visual display unit. **7.** ~ group (a set of correlated display elements) (*comp.*), gruppo di visualizzazione. **8.** ~ processor (by a display file) (*comp.*), elaboratore di visualizzazione. **9.** ~ room (*bldg. - comm.*), sala esposizioni. **10.** ~ window (of a store) (*comm.*), vetrina. **11.** A ~ (A scope) (*radar*) (Brit.), indicatore tipo A. **12.** alphanumeric ~ (display provided with alphabetic, numeric and symbolic read-out) (*instr.*), rappresentazione alfa-numerica. **13.** audio ~ (*instr.*), rappresentazione audio. **14.** color ~ (*comp.*), video a colori. **15.** console ~ (*comp.*), video di console. **16.** data ~ (*comp.*), visualizzatore dati. **17.** digital ~ (*instr.*), rappresentazione digitale. **18.** formatted ~ (*comp.*), visualizzazione formattata. **19.** "G" ~ (airplane cockpit radar display showing vertical and horizontal errors) (*elics. instr.*), indicatore di tipo "G". **20.** graphic ~ (visualizing color graphs etc. as in a terminal) (*comp.*), visualizzatore grafico. **21.** liquid crystal ~, "LCD" (*elics.*), visualizzatore a cristalli liquidi. **22.** monochrome ~ (*comp.*), video monocromatico. **23.** range amplitude ~ (A display, A scope) (*radar*) (Brit.), indicatore tipo A. **24.** seven-segment ~ (common display for digital clock, comp., gasoline pump etc.: operating by "LCD") (*elics.*), visualizzatore a sette segmenti. **25.** video ~ (*instr.*), rappresentazione video. **26.** visual ~ unit, "VDU" (*comp.*), unità video, unità di visualizzazione.

display (to) (to inform by visual form) (*elics. - comp. - etc.*), visualizzare.

disposable (*gen.*), disponibile. **2.** ~ (destined to be thrown away after use: as a container) (*a. - comm. - technol.*), a perdere, da gettare.

disposal (arrangement) (*gen.*), disposizione, distribuzione. **2.** ~ (destruction, as of old mines or explosive charges) (*milit.*), distruzione, neutralizzazione. 3. at the ~ of (*gen.*), a disposizione di. **4.** mine ~ (*navy*), neutralizzazione di una mina.

dispose (to) (to arrange), disporre. **2.** ~ of (to get rid of) (*gen.*), disfarsi di, smaltire. **3.** ~ of (to transfer) (*comm. - etc.*), trasferire. **4.** ~ of (to alienate) (*gen.*), alienare.

disposition (*gen.*), disposizione.

disputability (questionableness, questionability) (*law*), contestabilità.

dispute (*gen.*), controversia, vertenza, disputa.

disqualification (*sport- etc.*), squalifica.

disqualify (to) (as from a race) (*sport*), squalificare.

disrate (to) (*gen.*), svalutare, deprezzare.

disrupt (to) (*phys.*), rompere in pezzi, spaccare.

disruption (*gen.*), rottura. **2.** ~ (*elect. - etc.*), disruzione.

disruptive (*a. - expl.*), disruptivo. **2.** ~ discharge (*elect.*), scarica disruptiva.

dissection (as of a forged work for inspection purposes) (*technol.*), sezionamento.

dissector (image analyzer) (*telev. app.*) (Brit.), dissettore.

dissipate (to) (as energy) (*gen.*), dissipare.

dissipation (*therm.*), dissipazione.

dissipator (as of energy) (*gen.*), dissipatore.

dissociate (to) (*chem.*), dissociarsi.

dissociation (*chem. - phys.*), dissociazione. **2.** ~ coefficient (*phys. chem.*), grado di dissociazione. **3.** electrolytic ~ (*electrochem.*), dissociazione elettrolitica. **4.** thermal ~ (*chem.*), dissociazione termica.

dissolution (as of a society) (*comm.*), scioglimento.

dissolve (dissolving view) (*m. pict.*), dissolvenza. **2.** lap ~ (*m. pict.*), dissolvenza incrociata.

dissolve (to) (as a company) (*comm.*), sciogliere. **2.** ~ (to annul: as a contract) (*comm. - law*), sciogliere, annullare. **3.** ~ (to attack) (*chem.*), attaccare. **4.** ~ (to cause, to form a solution) (*chem.*), sciogliere, disciogliere. **5.** ~ (as a telev. image: in-out-in) (*m. pict. - telev. - opt.*), eseguire una dissolvenza. **6.** ~, *see also* fade (to).

dissolve-in (*m. pict.*), apertura in dissolvenza.

dissolvent (solvent) (*n. - chem. ind.*), solvente.

dissolve-out (*m. pict.*), chiusura in dissolvenza.

dissolving shutter (*m. pict.*), otturatore per dissolvenze. **2.** ~ view (*m. pict.*), dissolvenza.

dissonance, dissonancy (*acous.*), dissonanza.

dissonant (*acous.*), dissonante.

dissymmetric, dissymmetrical, (*a.*), asimmetrico.

dissymmetrizer (*elect.*), dissimmetrizzatore.

dissymmetry (*gen.*), asimmetria.

distance, distanza. **2.** ~ between centers (*mech.*), interasse. **3.** ~ between girders (*bldg.*), distanza tra le travi. **4.** ~ between supports (*constr. theor. - bldg.*), distanza fra gli appoggi. **5.** ~ circle (*math.*), cerchio di distanza. **6.** ~ covered (as on road by a veh.), distanza percorsa. **7.** ~ measuring equipment (radar equipment) (*radar*), radardistanziometro. **8.** ~ meter (*phot. instr.*), telemetro. **9.** ~ on beam (*naut.*), distanza per il traverso. **10.** ~ piece (*mech.*) (Brit.), distanziale. **11.** ~ piece (as of a storage battery) (*gen.*) (Brit.), distanziatore. **12.** ~ signals (*naut.*), segnali a distanza. **13.** ~ tube (*mech.*), distanziatore tubolare. **14.** ~ washer (*mech.*), spessore, rondella di spessore. **15.** back cone ~ (of a bevel gear) (*mech.*), lunghezza generatrice del cono complementare. **16.** braking

~ (distance traveled by a vehicle between the instant of applying the brakes and coming to rest) (*veh.*), spazio di frenatura. **17.** extrapolation ~ (*atom phys.*), lunghezza di estrapolazione. **18.** ground ~ (the distance between two ground points) (*aer. navig.*), distanza al suolo. **19.** hyperfocal ~ (*phot.*), distanza iperfocale. **20.** interocular ~ (eye base) (*photogr. - stereoscopy*), distanza interpupillare. **21.** landing ~ (*aer.*), percorso di atterraggio (o di ammaraggio), percorso di arrivo. **22.** polar ~ (of a star), distanza polare. **23.** principal ~ (*photogr.*), distanza principale. **24.** pull-out ~ (distance covered by an aircraft during its arresting course on a carrier) (*aer.*), spazio di frenata. **25.** signal ~ (Hamming distance) (*comp.*), distanza di Hamming. **26.** stop ~ (*aut.*), spazio di frenatura, distanza di arresto. **27.** stopping ~ (braking distance plus human reaction time) (*veh.*), spazio di frenatura più (spazio percorso nel) tempo psicotecnico. **28.** supporting ~ (*constr. theor. - bldg.*), distanza tra gli appoggi **29.** take-off ~ (*aer.*), percorso di decollo, percorso di partenza. **30.** working ~ (as of a microscope) (*opt.*), distanza frontale, distanza di lavoro. **31.** zenith (*astr. - aer.*), distanza zenitale.

distant, distante. **2.** ~ signal (advance warning that the block is closed) (*railw.*), segnale di preavviso di blocco.

distemper (painting process using albuminous binder instead of oil) (*paint.*), tinteggiatura a tempera. **2.** ~ (water paint with albuminous binder instead of oil) (*paint.*), tempera. **3.** size ~ (*mas.*), tinteggiatura a colla.

distemper (to) (to mix, as color with glutinous substances) (*paint.*), stemperare. **2.** ~ (to paint by distemper) (*paint.*), tinteggiare a tempera.

distil (to) (*chem. phys.*), distillare.

distillate (*chem. phys.*), distillato, prodotto della distillazione.

distillation, distillazione. **2.** batch ~ (process in which the distillation charge is discontinuously fed into the distillation app.) (*chem. ind.*), distillazione discontinua. **3.** continuous ~ (*chem. ind.*), distillazione continua. **4.** dry ~, distillazione a secco. **5.** fractional ~ (*chem.*), distillazione frazionata. **6.** molecular ~ (*chem.*), distillazione molecolare. **7.** steam ~ (*chem. ind.*), distillazione in corrente di vapore. **8.** vacuum ~ (*chem. ind.*), distillazione nel vuoto.

distilled (*a. - chem. ind.*), distillato.

distiller (*ind. and chem. app.*), distillatore.

distillery (*ind.*), distilleria.

distilling (*n. - ind.*), distillazione. **2.** ~ flask (*chem. impl.*), pallone per distillazione frazionata. **3.** ~ head (*chem. impl.*) (Am.), *see* fractionating column.

distorted (of sound) (*acous.*), distorto. **2.** ~ (*a. - gen.*), storto. **3.** ~ (*mech.*), deformato. **4.** ~ wave (of voltage or current) (*electrotel.*), onda deformata, onda non sinusoidale.

distortion (as due to heat or impact) (*gen.*), deformazione. **2.** ~ (of the wave form) (*radio*), distorsione. **3.** ~ (as due to spherical aberration etc.) (*opt.*), distorsione. **4.** amplitude ~ (*electrotel.*), distorsione di ampiezza, distorsione di prima specie. **5.** aperture ~ (*telev.*), distorsione di apertura. **6.** barrel ~ (*opt. - phot. - telev.*), distorsione a barilotto. **7.** chromatic ~ (*opt.*), distorsione cromatica. **8.** cushion ~ (*opt. - phot. - telev.*), distorsione a cuscinetto. **9.** frame ~ (*telev. defect*), distorsione del quadro. **10.** harmonic ~ (*electrotel.*), distorsione di terza specie. **11.** keystone ~ (trapezium distortion, of frame) (*telev. defect*), distorsione trapezoidale. **12.** linear ~ (*electroacous.*), distorsione lineare. **13.** non-linear ~ (*electrotel.*), distorsione non lineare. **14.** percent ~ (ratio between the armonic component and the fundamental one) (*elect. - elics.*), percentuale di distorsione. **15.** permanent ~ (as due to heat or impact) (*gen.*), deformazione permanente. **16.** phase ~ (wave modification) (*elect. - elics. - phys. - electrotel. - etc.*), distorsione di fase, distorsione di seconda specie. **17.** pincushion ~ (*telev. defect*), effetto cuscinetto, distorsione a cuscinetto. **18.** trapezium ~ (of frame) (*telev. defect*), *see* keystone distorsion. **19.** wave ~ (*elect.*), deformazione d'onda.

distortion-meter (*radio instr.*) (Brit.), distorsiometro.

distrain (to) (*law*), sequestrare.

distress (*law*), sequestro. **2.** ~ (showing signs of failure) (*structure*), pericolante per inizio di cedimento. **3.** ~ signal (*radio*), segnale di aiuto, S.O.S., segnale di pericolo.

distribute, (to) distribuire. **2.** ~ (to divide types after use and replace them in their case) (*typ.*), scomporre.

distributed (*gen.*), distribuito. **2.** ~ data base (*comp.*), base dati distribuita. **3.** ~ free space (for eventual insertion of new data) (*comp.*), spazio libero distribuito. **4.** ~ intelligence (between many comp., terminals etc.) (*comp.*), intelligenza distribuita. **5.** ~ load (*constr. theor.*), carico ripartito. **6.** ~ processing (decentralization of work between comp. hierarchically connected) (*comp.*), elaborazione ripartita (o distribuita).

distributing (*gen.*), di distribuzione. **2.** ~ frame, *see* distribution board.

distributing-board (*elect.*), *see* distribution board.

distributing-box (*elect.*), *see* distribution board.

distribution, distribuzione, ripartizione. **2.** ~ (of films) (*comm.*), distribuzione. **3.** ~ (dividing of the types after the use and replacing them in the case) (*typ.*), scomposizione. **4.** ~ board (panel-board: elect. panel with fuses, switches etc. for control of the various depending circuits) (*elect.*), quadro di distribuzione. **5.** ~ box (of a steam engine) (*mech.*), cassetto di distribuzione. **6.** ~ costs (marketing costs) (*comm.*), costi di distribuzione. **7.** ~ curve (*stat.*), curva di distribuzione. **8.** ~ deck (*comp.*), pacco di schede da ripartire. **9.** ~

diagram (as of a steam engine), diagramma di distribuzione. **10.** ~ frame (of the various lines) (*electrotel.*) (Brit.), ripartitore. **11.** ~ function (*stat.*), funzione di distribuzione. **12.** ~ list (list of terminals of possible data destination) (*comp.*), lista di ripartizione. **13.** ~ panel (*elect.*), quadro di distribuzione. **14.** binomial ~ (*stat.*), distribuzione binomiale. **15.** chi–square ~ (*stat.*), distribuzione chi–quadro. **16.** frequency ~ (*stat. - quality control*), distribuzione di frequenza. **17.** heat energy ~ (of an i.c. engine) (*mot.*), bilancio termico. **18.** hypergeometric ~ (*n. - stat.*), distribuzione ipergeometrica. **19.** income ~ (*econ.*), distribuzione del reddito. **20.** intermediate ~ frame (*electrotel.*) (Brit.), ripartitore intermedio. **21.** main ~ frame (of the various lines) (*electrotel.*) (*Brit.*), ripartitore d'entrata. **22.** Poisson ~ (*stat.*), distribuzione di Poisson. **23.** probability ~ (*stat.*), distribuzione probabilistica. **24.** Student's ~ (for a test in probability distribution) (*stat.*), distribuzione t, distribuzione di Student. **25.** "t" ~, *see* Student's ~. **26.** Weibull ~ (*stat.*), distribuzione di Weibull.

distributive (*math.*), distributivo.

distributor (*gen.*), distributore. **2.** ~ (as for bituminous compounds) (*road constr. app.*), distributore. **3.** ~ (worker dividing types after the use and replacing them in the case) (*typ. work.*), scompositore. **4.** ~ (ignition distributor) (*aut. mot.*), distributore, distributore di accensione. **5.** ~ (valve for distributing pressure) (*fluid power*), valvola distributrice, distributore. **6.** ~ (appointed by a manufacturer for the distribution of his products) (*comm.*), distributore. **7.** ~ and timer (electromech. device for igniting i.c. engines) (*aut.*), spinterogeno. **8.** ~ cap (of mot.) (*elect.*), calotta del distributore. **9.** ~ casing (*elect. - aut.*), corpo del distributore. **10.** ~ rotor arm (of mot.) (*elect.*), spazzola del distributore. **11.** ~ shaft (of mot.) (*elect.*), alberino del distributore. **12.** fertilizer ~ (*agric. mach.*), spandiconcime. **13.** flow ~ (as in a jet engine fuel system) (*mech.*), distributore del flusso. **14.** main ~ (of the products of a firm) (*comm.*), distributore principale. **15.** order ~ (as in a n. c. mach. t.) (*n.c.*), distributore di informazioni. **16.** rotating ~ (as of mot.), distributore rotante. **17.** two–pressure ~ (*fluid power*), valvola distributrice a due pressioni, distributore a due pressioni.

district (division of territory) (*milit. adm.*), distretto. **2.** ~ (*navy*), dipartimento. **3.** ~ court (a court of instance) (*law*), tribunale di prima istanza. **4.** air ~ (*air force*), zona aerea territoriale.

disturb (*n.*), *see* disturbance.

disturb (to), disturbare.

disturbance (of sea, produced by wind) (*sea*), agitazione. **2.** ~ (in a nuclear reactor) (*atom phys.*), perturbazione. **3.** ~ response (as of a car) (*veh.*), risposta alle perturbazioni. **4.** ~ signal (*comp. - etc.*), segnale di disturbo.

distyle (*arch.*), distilo.

disulphate, disulfate (bisulphate, bisulfate) (*chem.*), bisolfato.

disulphide, disulphid, disulfide, disulfid (*chem.*), bisolfuro. **2.** carbon ~ (CS_2) (*chem.*), (bi)solfuro di carbonio.

disutility (*gen.*), disutilità. **2.** marginal ~ (of a worker, when his fatigue is such as to make him barely willing to continue work at the wages offered) (*work.*), rapporto affaticamento retribuzione ai margini della convenienza (del lavoratore),

ditch (channel cut in the ground for receiving drainage water) (*civ. eng.*), canale aperto, fossato, fosso. **2.** ~ (borrow pit used for road constr.) (*road constr.*), cava di prestito stradale. **3.** ~ (for conveying rain to be drained) (*road - agric.*), fossetto. **4.** ~ machine (ditcher) (*earth moving mach.*), scavafossi, aratro per fossi, scavatrice per fossi. **5.** antitank ~ (*milit.*), fosso anticarro. **6.** drainage ~ (*civ. eng.*), fosso di scolo.

ditch (to) (*bldg.*), scavare un fosso. **2.** ~ (to land on water with a landplane) (*aer.*), ammarare con un apparecchio terrestre.

ditcher (ditching mach.) (*agric. - road mach.*), scavafossi, aratro per fossi, affossatore.

ditching (alighting on water of a landplane) (*aer.*), ammaraggio (forzato) di un velivolo terrestre. **2.** ~ machine, *see* ditcher.

dither (buzz oscillations generator: as for testing dynamic resistance of a structure) (*testing device*), vibratore.

dither (to) (to vibrate) (*gen.*), vibrare.

ditto (*print.*), idem. **2.** ~ marks (*print.*), segni di ripetizione.

"DIV" (discharge inception value: of a condenser) (*elect.*), valore di inizio della scarica.

"div", *see* divide, dividend, division.

divalent, *see* bivalent.

"divd", *see* dividend.

dive (of an airplane) (*aer.*), picchiata. **2.** ~ (of a sub.) (*navy*), immersione. **3.** ~ (*sport*), tuffo. **4.** ~ (pitching, of a car when braking) (*aut.*), picchiata. **5.** ~ bomber (*aer.*), bombardiere in picchiata, aereo per bombardamento in picchiata, bombardiere a tuffo. **6.** ~ brakes (*aer.*), deflettori di picchiata. **7.** nose ~ (*aer.*), affondata, picchiata in candela, candela. **8.** power ~ (*aer.*), picchiata con motore. **9.** supersonic ~ (*aer.*), picchiata (a velocità) supersonica. **10.** vertical ~ (*aer.*), picchiata verticale.

dive (to) (*aer.*), lanciarsi in picchiata, picchiare. **2.** ~ (as of a submarine) (*naut.*), immergersi, effettuare una immersione. **3.** ~ (*sport*), fare tuffi.

dive–bomb (to) (*air force*), bombardare in picchiata.

diver (*naut.*), palombaro. **2.** deep sea ~ (*naut.*), palombaro di grande profondità. **3.** scuba ~ (self-contained under–water breathing apparatus) (*navy*), sommozzatore. **4.** scuba ~ (*naut. sport - fishing*), subacqueo (s.).

diverge (to) (*gen.*), divergere.
divergence, divergenza. **2.** ~ (disturbance increasing without oscillation) (*aer.*), divergenza. **3.** ~ speed (minimum equivalent air speed at which aero-elastic divergence arises) (*aer.*), velocità di divergenza. **4.** aero-elastic ~ (aero-elastic instability resulting when the variation of aerodynamic forces or couples exceeds the variation of elastic restoring forces or couples) (*aer.*), divergenza aeroelastica. **5.** lateral ~ (*aer.*), divergenza laterale. **6.** longitudinal ~ (*aer.*), divergenza longitudinale.
divergency, *see* divergence.
divergent (*opt.*), divergente.
diversification (as of products) (*ind.*), diversificazione. **2.** ~ (sharing of investments among different products) (*ind.*), investimento in prodotti diversi.
diversified (*a. - gen.*), variato.
diversify (to) (to share investments among different kinds of securities) (*finan.*), investire in titoli diversi.
diversion (as of a road) (*road traff.*), deviazione stradale. **2.** ~ (*milit.*), diversione.
diversity (as of frequency) (*elect. - commun.*), diversità. **2.** ~ factor (sum of maximum power demanded from the single branches of a distribution system divided by the power effectively absorbed measured at the feeding source of the system) (*elect. power*), fattore di simultaneità. **3.** ~ reception (reception obtained by selecting the best signal produced by several antennas) (*radio*), ricezione diversionale (o per diversità).
divert (to) (as a river), deviare. **2.** ~ (to transfer: as a call) (*teleph. - comp. - etc.*), trasferire.
diverter (as in minesweeping) (*navy*), divergente. **2.** ~ (device for deflecting the particles of a plasma) (*plasma phys.*), divertore. **3.** ~ cable (*navy*), cavo diversore.
divide (as a mountain ridge between two drainage zones) (*geogr.*), spartiacque.
divide (to) (*math. - mech.*), dividere.
divided pitch (axial distance between two adjacent threads in a multithreaded screw) (*mech. impl.*), passo diviso per il numero dei principi.
dividend (*math.*), dividendo. **2.** ~ (*comm. - finan.*), dividendo. **3.** ~ warrant (as a check payable to a shareholder) (*finan.*), cedola di riscossione del dividendo. **4.** ~ yield (*finan.*), rendita (delle azioni) ottenuta col dividendo. **5.** interim ~ (*finan.*), acconto dividendo. **6.** provision for ~ (declared in a balance sheet) (*accounting*), accantonamento per dividendi dichiarati.
divider (*text. mach.*), divisore. **2.** load ~ (*elect.*), ripartitore di carico. **3.** potential ~ (voltage divider, resistance equipped with a fixed or adjustable tapping, so as to obtain partial values of the total voltage applied) (*elect.*), divisore di tensione, partitore di tensione. **4.** power ~ (in a power drive) (*aut.*), distributore di coppia. **5.** universal ~ (universal dividing head) (*mach. t.*), testa a dividere universale, divisore universale. **6.** voltage ~ (*elect.*), *see* potential divider.
dividers (*draw. impl.*), compasso a punte fisse. **2.** spring-bow ~ (*draw. instr.*), balaustrino a punte fisse.
dividing (*a. - gen.*), divisore, che divide. **2.** ~ clutch (as of a slotting type gear cutting mach.) (*mach. t. mech.*), innesto di divisione. **3.** ~ engine, ~ machine (as for dividing the wheel to be cut as a gear) (*gears cutting mach. t. - etc.*), divisore, testa a dividere. **4.** ~ head (*mach. t.*), testa a dividere. **5.** optical ~ head (*mach. t. impl.*), divisore ottico, testa a dividere con sistema ottico. **5.** universal ~ head (universal divider) (*mach. t.*), testa a dividere universale, divisore universale.
diving (*aer.*), picchiata. **2.** ~ (as of a diver, a submarine etc.) (*sea - navy*), immersione. **3.** ~ bell (as for underwater bldg.), campana subacquea. **4.** ~ compartment (of a sub.) (*navy*), cassa di compenso. **5.** ~ door (of a sub.) (*navy*), valvola di allagamento. **6.** ~ dress (*naut.*), scafandro. **7.** ~ gear (of a torpedo) (*navy*), regolatore di immersione. **8.** ~ plane, *see* diving rudder 8 ~. **9.** ~ rudder (of a sub.) (*navy*), timone di profondità, timone orizzontale. **10.** ~ rudder (*aer.*), *see* elevator. **11.** ~ suit (of a diver) (*naut.*), scafandro. **12.** saturated ~, *see* saturation diving. **13.** saturation ~ (as of a scuba diver) (*naut.*), immersione sino a saturazione.
divining (search [for water] in the subsurface by divining rod) (*unscientific min.*), rabdomanzia. **2.** ~ rod (or stick) (*unscientific min.*), bacchetta da rabdomante.
divisibility (*math.*), divisibilità.
divisible (*gen.*), divisibile.
division (*math.*), divisione. **2.** ~ (of troops) (*milit.*), divisione. **3.** ~ (of a factory) (*ind.*), sezione. **4.** ~ manager (a manager responsible for the operation of several department) (*company management*), direttore di divisione, direttore divisionale. **5.** ~ sign (:) (*math.*), segno di divisione. **6.** ~ sign (/ diagonal) (*math.*), segno di frazione. **7.** ~ wall (*mas.*), muro divisorio, tramezzo. **8.** data ~ (one of the four parts constituting a "COBOL" program) (*comp.*), sezione dati. **9.** engine ~ (of a factory) (*ind.*), sezione motori. **10.** industrial ~ (of a factory) (*ind.*), sezione industriale. **11.** procedure ~ (division of a "COBOL" program) (*comp.*), sezione procedurale. **12.** synthetic ~ (*math.*), divisione di polinomi col metodo di Ruffini.
divisor (*math.*), divisore. **2.** greatest common ~ (*math.*), massimo comun divisore.
"dk" (deck) (*naut.*), ponte, coperta. **2.** ~, *see also*, dark, deca-, deka-.
"dkg" (decagram) (*meas.*), decagrammo.
"dkl", *see* decaliter.
"dkm", *see* decametre.
"DL" (dead light) (*naut.*), oblò. **2.** ~ (dead load)

(*veh.*), peso a vuoto. **3.** ~ (dosis letalis) (*med. - chem.*), dose letale.

"dl", *see* deciliter.

"dld", *see* delivered.

"dlvy", **" dly"**, *see* delivery.

"DM" (demand meter: meas. the average elect. load over a period of time) (*elect. meas. instr.*), indicatore del carico medio assorbito. **2.** ~ , *see also* right hand.

"dm" (decimeter) (*meas.*), decimetro. **2.** ~, *see also* drum.

"DMA", *see* direct memory access.

"DMC" (Digital Micro-Circuit) (*elics.*), microcircuito digitale.

"DME" (distance-measuring equipment, in radar navigation) (*aer. - radar*), radiodistanziometro.

"DMSO", *see* dimethylsulfoxide.

"DMZ" (DeMilitarized Zone) (*milit.*), zona smilitarizzata.

"D/N" (debit note) (*finan.*), nota d'addebito.

"DNC" (Direct Numerical Control, numerically controlled operation of a mach. t. under direct computer control) (*mach. t.*), comando numerico diretto.

"DNR" (dynamic noise reduction) (*audiovisuals*), sistema dinamico di riduzione del rumore.

"DO" (defence order) (Am.) (for purchasing in U.S.A.) (*international comm.*), ordine per (materiali da) difesa. **2.** ~ (diesel oil) (*fuel*), nafta (per motori diesel).

do (to) (*gen.*), fare, eseguire, compiere. **2.** ~ piecework (*ind.*), lavorare a cottimo.

dobby (*text. mach.*), ratiera. **2.** ~ loom (*text. mach.*), telaio a ratiera.

dock (enclosed basin for vessel reception) (*naut.*), bacino. **2.** ~ (for loading) (*railw.*), piano caricatore. **3.** ~ (landing pier) (*naut.*), banchina, molo. **4.** ~ (of a theater), sottopalco. **5.** ~ (slip) (*naut.*), scalo di alaggio. **6.** ~ (wharf) (*naut.*), banchina, "dock". **7.** ~ (stern of a vessel) (*naut.*), poppa. **8.** ~ (scaffolding brought to the side of an airplane for inspection of external parts) (*aer. bldg.*), impalcatura (o ponteggio) mobile. **9.** ~ (hangar with facilities for inspecting and repairing an airplane) (*aer.*), hangar di revisione, aviorimessa di revisione. **10.** ~ dues (quay dues, wharfage) (*naut. - comm.*), diritti di banchina. **11.** ~ trial (*naut.*), prova in bacino. **12.** advance base sectional dry ~ (*navy*), bacino galleggiante a elementi per base avanzata. **13.** dry ~ (*naut.*), bacino di carenaggio. **14.** ex ~ (*naut. - comm.*), franco banchina. **15.** floating ~ (*naut.*), bacino di carenaggio galleggiante. **16.** graving ~ (*naut.*), bacino a secco, bacino di carenaggio, bacino di raddobbo. **17.** shipbuilding ~ (*naut.*), bacino di costruzione navale. **18.** tidal ~ (*naut.*), bacino di marea.

dock (to) (for repairing) (*naut.*), mettere in bacino. **2.** ~ (to maneuver a spacecraft in order to unite it to another spacecraft) (*astric.*), agganciare. **3.** ~ (for unloading or for loading purposes) (*naut. - comm.*), andare a banchina.

dockage (for a dry dock) (*naut. - comm.*), diritti di bacino. **2.** ~ (for a wharf) (*naut. - comm.*), diritti di banchina.

docker (*work.*), scaricatore di porto.

docket (abstract of a legal judgement) (*law*), estratto. **2.** ~ (*comm.*) (Brit.), bolla di consegna. **3.** ~ (memorandum attached to a document) (*gen.*), promemoria, memorandum.

docking (coupling in flight of space vehicles) (*astric.*), agganciamento. **2.** ~ (deduction, as of wages, for punishment) (*pers.*), multa. **3.** ~ block (sustaining the ship in the dry dock) (*ship repair*), taccata.

dockyard (*navy - naut.*), arsenale (*Brit.*), cantiere navale, magazzini di cantiere navale (Am.).

doctor (Dr.) (*physician*), dottore, medico. **2.** ~ (*mech. contrivance*), rimedio di emergenza. **3.** ~ (kind of knife or scraper placed along the entire length of a paper making mach. roll) (*paper mfg. mach.*), raspa, raschia. **4.** ~ (soldering iron) (*plumbing t.*) (coll.), saldatoio. **5.** ~ (blade as of an intaglio mach. used for scraping excess ink from the plate) (*typ.*), racla, lama raschia-inchiostro. **6.** ~, *see* donkey engine. **7.** ~ board (as of a decker) (*paper mfg. mach.*), raschiatore. **8.** ~ solution (for treating petrol etc. and freeing it from sulphur) (*chem.*), soluzione doctor, soluzione per eliminare lo zolfo corrosivo. **9.** ~ test (for petrol) (*chem.*), prova doctor.

document (*gen.*), documento. **2.** documents against acceptance, "DA" (*comm.*), documento contro accettazione. **3.** documents against payment, "DP" (*comm.*), documento contro pagamento. **4.** ~ of title (bill of lading etc.) (*comm.*), documento rappresentativo. **5.** ~ reader (as by optical character recognition) (*comp.*), lettore di documenti. **6.** ~ reference edge (edge of reference for characters alignement: in optical reading) (*comp.*), margine di riferimento del documento. **7.** automatic ~ feeder (*comp.*), dispositivo di alimentazione automatica (di) documenti. **8.** original ~, *see* source document. **9.** source ~ (original document containing basic data in a form understendable by the comp.) (*comp.*), documento sorgente.

document (to) (*gen.*), documentare.

documentalist (in charge of the supply of technical documentation to the various departments of a factory) (*pers. - ind.*), documentalista.

documentary (*n. - m. pict. - telev.*), documentario. **2.** ~ credit (letter of credit) (*comm.*), lettera di credito.

documentation, documentazione. **2.** ~ (documents and letters relating to a given subject) (*off.*), pratica. **3.** ~ (scientific information collected and distributed, as in a firm) (*ind.*), documentazione. **4.** ~ (a collection of memorized instructions for easing the program operation etc.) (*comp.*), documentazione.

"DOD" (Department Of Defense) (*milit.*), (Am.), Ministero della Difesa. **2.** ~ (Direct Outward Dialing branch line: allowed to dial outside numbers) (*teleph.*), linea (interna) abilitata (a collegarsi con l'esterno).
dod (annular die for making clay pipes) (*mas.*), trafila (per tubi di cotto).
dodecagon (*geom.*), dodecagono.
dodecahedron (*geom.*), dodecaedro.
dodecastyle (*arch.*), dodecastilo.
dodge (to) (to diminish the density of part of a picture) (*phot.*), indebolire parzialmente (ombreggiando nel corso dello stampaggio).
dodging (*phot.*), mascheratura.
doeskin, pelle di daino. **2.** ~ (compact worsted of cotton for sport coatings) (*fabric*), tipo di fustagno.
doff (to) (to remove bobbins from a spinning frame) (*text. ind.*), fare la levata.
doffer (of carding mach.) (*text. ind.*), cilindro scaricatore, cilindro spogliatore.
doffing (*text. ind.*), levata delle bobine.
dog (*mech.*), dispositivo meccanico elementare per tenere (o abbrancare o innestare). **2.** ~ (as of a limit switch) (*mach. t. - etc.*), scontro. **3.** ~ (used for fastening two timbers together) (*carp.*), grappa. **4.** ~ (catch, pawl), dente d'arresto. **5.** ~ (of a lathe) (*mech.*), brida, briglia. **6.** ~ (promissory note) (*comm.*) (Am. coll.), pagherò cambiario. **7.** ~ clutch (*mech.*), innesto a denti. **8.** ~ robber (officer's servant) (*milit.*) (Am. coll.), attendente. **9.** ~ spike (with the head projecting on one side) (*railw. impl.*), arpione con testa a becco. **10.** ~ tent (shelter tent) (*milit.*) (Am. coll.), tenda a due teli. **11.** driving ~ (or driver) (*mach. t. mech.*), menabrida. **12.** driving ~ (as between elect. starting mot. and IC mot.) (*mech.*), innesto conduttore. **13.** lifting ~ (*lifting impl.*), attrezzo di sollevamento.
dogbolt (for holding in place the work to be machined) (*mach. t. impl.*), bullone (di dotazione) per il fissaggio del pezzo.
dog-eared (with turned corners, as the leaves of a book) (*a. - book*) (Am.), con orecchie.
doghouse (a small box like vestibule on a glass furnace, into which the batch is fed) (*glass mfg.*), bacinetto di infornaggio. **2.** ~ (hollow on the rear mudguard for containing the fuel tank filler) (*aut. bodywork*) (Am. coll.), vano (nel parafango posteriore). **3.** ~ (housing of a mech. part on the mach. board) (*mach. t. mech.*), alloggiamento. **4.** ~ (of a small boat) (*naut.*), tuga.
dog's-ear (turned corner of a book page) (*book*) (Am.), orecchia.
dogstopper (for diminishing the strain on the deck stopper of the anchor chain) (*naut.*), fermo aggiuntivo (o di sicurezza) sulla catena dell'àncora.
dogwatch (watch on board from 4 to 6 and from 6 to 8 p.m.) (*naut.*), turno di guardia di due ore.
do-it-yourself (referring to repairs or simple constructive work) (*a. - domestic work*), fatelo da voi.
Dolby System (trademark indicating a system for avoiding noise in sound recording) (*electroacous.*), sistema Dolby anti-fruscìo nella registrazione.
Dolbyized (using Dolby System) (*electroacous.*), registrato con sistema Dolby.
doldrums (calms near the equator) (*naut. - meteor.*), calme equatoriali. **2.** ~ (equatorial oceanic region) (*meteor. - naut.*), zona delle calme equatoriali.
dole (governement money given to the unemployed worker) (*pers.*), sussidio di disoccupazione.
dolerite (rock), dolerite.
doline (dolina, sink) (*geol.*), dolina.
dollar (*finan.*), dollaro. **2.** ~ (conventional unit measuring the reactivity of a nuclear reactor, the reactivity of a prompt critical reactor) (*atom phys.*), dollaro.
dolly (platform on rollers for moving heavy machines or weights) (*ind. impl.*), piattaforma a rulli. **2.** ~ (heavy bar for holding the rivet head while the other head is being formed) (*mech. impl.*), controstampo. **3.** ~ (narrow-gauge locomotive for min. or build. trains) (*mach.*), locomotiva (o locomotore) a scartamento ridotto (o tipo "Decauville"). **4.** ~ (transp. truck) (*ind. - bldg.*), carrello. **5.** ~ (wheeled platform) (*m. pict. - telev. impl.*), carrello. **6.** ~ (supporting leg swung in position in the front part of a detached semitrailer) (*semitrailer*), zampa di sostegno anteriore (in opera). **7.** ~ (shop impl.: as for moving the airplane tail) (*aer. constr.*), carrello per supporto coda. **8.** ~ block (for reshaping and straightening sheet metal) (*sheet metal w.*), tassello.
dolly (to) (to follow a subject with a dolly on which a camera is operating) (*telev. - m. pict.*), carrellare. **2.** ~ in (*telev.- m. pict.*), carrellare in avanti. **3.** ~ out (*telev. - m. pict.*), carrellare all'indietro.
dolomite (rock), dolomite. **2.** stabilized ~ (generally treated with magnesium silicate so as to make it stable to atmosphere) (*metall. - found.*), dolomite stabilizzata.
dolphin (buoy) (*naut.*), boa di ormeggio. **2.** ~ (mooring post) (*naut.*), colonna d'alaggio. **3.** ~ (a cluster of piles driven closely together in the water to serve as moorings) (*naut.*), briccola. **4.** ~ striker (*naut.*), pennaccino.
domain (any area, group etc., as of values, to which a variable is confined) (*math.*), dominio. **2.** public ~ (*agric. - etc.*), pubblico demanio, terreno di proprietà statale.
dome (*arch.*), volta a cupola, cupola. **2.** ~ (as of boil.) (*mech.*), duomo. **3.** ~ (dome-shaped top of an igneous intrusion) (*geol.*), duomo, cupola. **4.** ~ (protecting cover of a sonar transducer) (*und. acous.*), cuffia. **5.** ~ (external surface of a tire) (*tire*), esterno della carcassa di un pneumatico. **6.** ~ ladder (*railw.*), scala ai duomi. **7.** ~ light (ceiling light) (*aut.*), plafoniera. **8.** imperial ~, *see* imperial roof. **9.** pendentive ~ (cupola vault, or

dome, supported by pendentives at the corners) (*arch.*), volta a cupola su pennacchi. **10.** radar ~ (weatherproof cover for radar) (*radar*), cupola protettiva per radar. **11.** steam ~ (*boil. - railw.*), duomo.

domicile, domicilio.

donation (*ind. relations*), donazione.

done (*gen.*), fatto, eseguito.

donkey boiler (*boil.*), caldaia ausiliaria, calderina.

donkey engine (*naut. - etc.*), motore ausiliario. **2.** ~ (*railw.*), locomotiva da manovra.

donkey pump (feeding pump) (*boil.*), cavallino. **2.** ~ (auxiliary pump) (*gen.*), pompa ausiliaria.

donor (*atom. chem.*), donatore. **2.** ~ of protons (*atom. chem.*), donatore di protoni.

doodlebug (unscientific instr. for locating water, petroleum etc.) (*gen.*), pendolo, pendolino (da radioestesista), bacchetta (da rabdomante) ecc. **2.** ~ (instr. used to detect the location of minerals) (*min. instr.*), strumentazione per prospezioni geominerarie (o geofisiche). **3.** ~, *see* robot bomb.

door (as of a build.), porta, uscio, battente. **2.** ~ (as of an aut.), porta, portiera. **3.** ~ (of a furnace), bocca, porta. **4.** ~, *see* doorway. **5.** ~ bolt (sliding bolt) (*join. impl.*), chiavistello. **6.** ~ check (device for closing the door gradually and so avoiding the door slamming) (*bldg. app.*), chiudiporta. **7.** ~ closer (*bldg. - etc.*), *see* door check. **8.** ~ jamb (*bldg.*), spalla, fianco. **9.** ~ lintel (*bldg.*), architrave. **10.** ~ mat (*domestic impl.*), nettapiedi, zerbino. **11.** ~ opener (as an electromech. opener operated by a pushbutton) (*join. impl. - mech. - elect. - etc.*), apriporta. **12.** ~ post (*bldg. - etc.*), *see* door jamb. **13.** ~ roller (sustaining a sliding door) (*join. impl.*), rullo (o ruota) di porta scorrevole. **14.** ~ stop (*bldg.*), fermaporta. **15.** ~ window (casement type) (*mas. - join.*), porta-finestra (a due battenti). **16.** ~ window regulator handle (of aut.) (Am.), maniglia alza cristallo. **17.** automatic ~ operator (as in railcars, hotels etc.) (*app.*), comando automatico per porte, apriporte automatico. **18.** automatic electric ~ opener (*elect. device*), apriporta elettrico. **19.** bearing ~ (in a pit, for regulating the ventilation) (*min.*), porta di ventilazione. **20.** blank ~ (*bldg.*), porta finta. **21.** bottom ~ (as of a cupola) (*found. - etc.*), sportello di fondo. **22.** charging ~ (as of a furnace) (*found. - etc.*), bocca di caricamento. **23.** double ~ (as of a bldg.), porta a due battenti. **24.** double-swing ~ (*bldg.*), porta apribile nei due sensi. **25.** double-swing double doors (*bldg. - etc.*), porta a due battenti apribili nei due sensi. **26.** dummy ~ (*bldg.*), porta finta. **27.** folding ~ (as of a bldg.), porta a libro. **28.** glazed ~ (*bldg.*), porta a vetri. **29.** gull wing ~ (hinged at the top) (*aut.*), porta cernierata orizzontalmente, porta ad ala. **30.** hatchback ~ (as in a 3-door version: the upwards opening door) (*aut.*), portellone posteriore, porta posteriore. **31.** inspection ~ (as in an aer. wing for inspecting cables) (*mech.*), portello di ispezione. **32.** multiple-leaf ~ (of bldg.), porta a libro. **33.** nose loading ~ (*aer.*), portellone di carico anteriore. **34.** overhead ~ (as of a garage) (*bldg.*), porta ribaltabile. **35.** power ~ (operated by power, as of a tramcar or bus) (*veh.*), porta automatica. **36.** safety ~ lock (as of a motorcar door, railway coach door etc.) (*aut. - etc.*), serratura di sicurezza della porta. **37.** single ~ (*bldg.*), porta a un battente. **38.** single-swing ~ (*bldg.*), porta ad un battente apribile in un solo senso. **39.** single-swing double doors (*bldg. - etc.*), porta a due battenti apribili in un solo senso. **40.** sliding ~ (*bldg.*), porta scorrevole. **41.** sliding-folding ~ (*bldg.*), porta a libro scorrevole. **42.** smokebox ~ (of a steam locomotive) (*railw.*), porta della camera a fumo. **43.** swing ~ (double-swing door) (*bldg.*), porta apribile nei due sensi. **44.** to close doors (of a bank) (*finan.*), chiudere gli sportelli. **45.** trap ~ (lifting or sliding door) (*bldg.*), botola. **46.** trap ~ (weather door, ventilating door) (*min.*), porta di ventilazione. **47.** ventilating ~ (weather door, trap door) (*min.*), porta di ventilazione. **48.** vestibule ~ (as of a railcar) (*railw.*), porta del vestibolo. **49.** watertight ~ (*naut.*), porta stagna. **50.** weather ~ (trap door, ventilating door) (*min.*), porta di ventilazione.

doorbell (*gen.*), campanello alla porta.

doorcase (*join.*), intelaiatura della porta.

doorframe (of a door) (*bldg.*), intelaiatura (di porta).

doorkeeper (*work.*), portiere. **2.** ~ lodge (of a civil building) (*bldg.*), portineria.

doorknob (operating the latch) (*mech.*), pomello di (comando della) apertura (o del chiavistello).

doorplate (bearing the name of the lodger) (*bldg.*), targhetta (applicata alla porta).

doorpost (*aut. body constr.*), montante porta. **2.** ~ (*bldg.*), spalla, fianco.

doorsill (threshold), *see* sill 5. ~.

doorstone (of a doorway) (*bldg.*), soglia.

door-to-door selling (*comm.*), vendita da porta a porta.

doorway (*aut. body constr.*), vano porta. **2.** ~ (*bldg.*), portale, vano (di) porta.

dop, dopp (little cup for holding diamond while being cut) (*app.*), coppetta, supporto.

dopant (doping agent consisting of impurities added to a semiconductor for altering its conductivity) (*elics.*), elemento drogante, droga.

dope (special varnish for aer. fabric) (*aer. - ind.*), vernice tenditela, vernice a tendere, vernice impermeabilizzante. **2.** ~ (special varnish for facilitating retouch) (*phot.*), vernice per ritocco. **3.** ~ (antiknock additive for gasoline) (*oil. ind.*), antidetonante. **4.** ~ (thick liquid or antirust thick paint: as for screwed joints) (*pip.*), sigillante (per giunti a vite e manicotto). **5.** ~ (*glass mfg.*) (coll.), *see* mold lubricant. **6.** ~ (absorbent material, as sawdust, as for explosives etc.) (*tech- nol.*), sostanza assorbente, base inerte. **7.** ~ (as grease preparation for a lubricant) (*mech. - etc.*), grasso. **8.**

~ (oil pulp) (*chem.*), addensante (per olio). **9.** ~ (confidential information) (*gen.*) (coll.), informazioni confidenziali. **10.** ~ (dopant) (*elics.*), droga, elemento drogante.

dope (to) (to treat with dope: as a race fuel) (*mot.*), miscelare, additivare. **2.** ~ (a semiconductor) (*elics.*), drogare.

doping (fabric surface treatment) (*text. ind.*), impregnazione. **2.** ~ (the act of adding a dopant to a semiconductor) (*elics.*), drogaggio.

doppler (*a. - radar - etc.*), relativo all'effetto doppler (o al radar doppler). **2.** ~ effect (effect which causes a transmitted frequency to be received at a changed value due to a relative motion of a body between the transmitter and the receiver) (*radio - radar - acous.*), effetto doppler, doppler. **3.** ~ navigation (by doppler effect on radar waves) (*aer.*), navigazione con utilizzazione dell'effetto doppler. **4.** ~ radar (for measuring velocity) (*radar*), radar doppler. **5.** ~ shift (of a spectral line due to the doppler effect) (*phys.*), spostamento doppler. **6.** down ~ (doppler effect which causes a decrease in the received frequency) (*acous. - radar*), doppler basso. **7.** up ~ (doppler effect which causes an increase in the received frequency) (*acous. - radar*), doppler alto.

dopplerimeter (instrument which measures the doppler effect) (*acous. - radar*), dopplerimetro.

Doric (*a. - arch. order*), dorico.

dormer (*bldg.*), abbaino. **2.** ~ window (*bldg.*), abbaino.

dormitory (*bldg.*), dormitorio.

dory (*naut.*), barchino (battello a fondo piatto).

"DOS" (Disk Operating System) (*comp.*), sistema operativo (per unità) a disco.

dosage (of X rays) (*med. radiology*), dosatura. **2.**~ meter, *see* dosimeter.

dose (*med.*), dose. **2.** ~ (*atom phys.*), dose, quantità di radiazioni ricevute. **3.** ~ rate (of radiations), (*med. - atom phys.*), intensità di dose, dose per unità di tempo. **4.** letal ~ (*med. - atom phys.*), dose letale. **5.** permissible ~ (*med. - atom phys.*), dose consentita.

dosimeter (*radiology instr.*), quantimetro. **2.** ~ (*atom phys.*), dosimetro. **3.** ~ (for radiations measure) (*atom phys. - radioact.*), dosimetro, intensimetro. **4.** pencil ~ (*radioact. - atom phys.*), dosimetro a matita.

dosseret (secondary capital resting upon the main capital) (arch.), pulvino.

dot (sign) (*math.*), punto. **2.** ~ (small mark) (*print.*), punto. **3.** ~ matrix (for generating characters) (*elics. - comp.*), matrice (di) punti. **4.** ~ product (inner product, scalar product: of two vectors) (*math.*), prodotto scalare.

dot (to) (*draw.*), punteggiare.

dotted (*draw.*), punteggiato. **2.** ~ line (*draw.*), linea punteggiata.

dotting (as a line scribed on a casting) (*mech. - draw.*), punteggiatura.

double, doppio. **2.** ~ (*n. - m. pict.*), controfigura. **3.** ~ -acting (*a. - mech.*), a doppio effetto. **4.** ~ -action drop hammer (for forging with dies) (*forging mach.*), maglio a doppio effetto. **5.** ~ bend (*gen.*), doppia curvatura. **6.** ~ bottom (*gen.*), doppio fondo. **7.** ~ cone spring winding machine (*mach. t.*), macchina per (costruzione) molle biconiche. **8.** ~ dichotomy (the double division of a class into two sub-classes) (*stat.*), dicotomia doppia. **9.** ~ drill (for drilling and counter sinking simultaneously) (*t.*), punta doppia, punta per forare e svasare contemporaneamente. **10.** ~ entry (*bookkeeping*), partita doppia. **11.** ~ knit (fabric made by a double set of needles) (*text. mfg.*), tessuto a maglia a doppio spessore. **12.** ~ offset expansion U bend (*t.*), dilatatore ad U a doppia curvatura, compensatore ad U a doppia curvatura. **13.** ~- pitch (as of a roof) (*a. - arch.*), a due falde. **14.** ~ plane (*t.*) (Brit.), pialla a doppio ferro. **15.** ~ row ball bearing (*mech.*), cuscinetto a due file di sfere. **16.** ~ salt (*chem.*), sale doppio. **17.** ~ shaping machine (*mach. t.*) (Brit.), limatrice doppia. **18.** ~ teem (*metall.*), see cold shut.

double (to) (*gen.*), raddoppiare. **2.** ~ (to act as a double) (*m. pict.*), fare la controfigura. **3.** ~ (the talking part) (*m. pict.*), doppiare. **4.** ~ (to get past or sail round) (*naut.*), doppiare. **5.** ~ (*text. ind.*), binare, doppiare.

double-banked (*a. - naut.*), a rematori affiancati.

double-barrel (double-barrel gun) (*n. - firearm*), fucile a due canne, doppietta.

double-barreled (of a firearm) (*a.*), a due canne.

double-clutch (shifting method) (*aut.*) (Am.), doppio colpo di frizione, (sistema del) cambio marcia con doppio colpo di frizione, doppietta.

double-crank (*a. - mech.*), a doppia manovella. **2.** ~ press (*mach. t. mech.*), pressa a doppia manovella.

double-current generator (supplying "AC" and "DC") (*elect. mach.*), generatore di corrente alternata e continua.

double-cut (of a file) (*a. - mech.*), a taglio incrociato.

double-decker (as of a ship, bus, aer. etc.) (*a.*), a due ponti, a due piani.

double-edged (with two cutting edges) (*mech. t.*), a doppio taglio.

double-ended boiler (*boil.*), caldaia a doppia fronte.

double-ender (as a railcar that can be operated in both directions) (*railw. - streetcar*), comandabile da entrambe le estremità (della vettura). **2.** ~ (*shipbuild.*), barca con la poppa uguale alla prua.

double-head (to) (to pull by two locomotives) (*railw.*), trainare con due locomotive.

doubler (*text. mach.*), binatrice. **2.** ~ (*rope mfg. mach.*), addoppiatrice, binatrice. **3.** ~ (*radio*), duplicatore. **4.** ~ (doubling frame, twister) (*text. mach.*), torcitoio. **5.** ~ cross winder (*text. mach.*), binatrice per avvolgimento su rocche incrociate. **6.**

frequency ~ (*radio*), duplicatore di frequenza. **7.** voltage ~ (*radio*), duplicatore di tensione.

double-riveted (*a. - mech.*), a doppia chiodatura. **2.** ~ lap joint chain riveting (*mech. technol.*), chiodatura doppia a sovrapposizione a chiodi affacciati. **3.** ~ lap joint staggered riveting (*technol.*), chiodatura doppia a sovrapposizione con chiodi sfalsati.

double-riveting (*mech.*), chiodatura doppia.

doublet (doublet antenna) (*radio*), dipolo, antenna a dipolo. **2.** ~ (phot. lens consisting of two lenses) (*opt.*), obiettivo doppietto, obiettivo a due lenti. **3.** ~ (two lenses combined for reduction of aberration and dispersion) (*opt.*), sistema di due lenti (con lunghezza focale differente). **4.** ~ (spectrum pair of lines or frequencies very close together) (*opt.*), doppietto. **5.** ~ (a two bit byte) (*comp.*), doppietto. **6.** ~ (two similar elementary particles: as a neutron and a proton) (*atom phys.*), doppietto. **7.** delta matched ~ (*radio - telev.*), dipolo con adattamento a delta.

double-thread (said of a screw) (*a. - mech.*), a due principi. **2.** ~ hob (of a hobbing machine) (*t.*), creatore a due principi.

double-threaded (with two threads) (*a. - mech.*), a due principi.

double-throw (throw-over, as a knife switch) (*elect.*), a due vie.

double-track (*a. - railw.*), a doppio binario. **2.** (as of a tape recorder) (*a. electroacous.*), a due piste.

double-tuned (as of a circuit) (*a. - radio - etc.*), a doppia sintonia.

double-walled (as of a pipe) (*a. - ind.*), a parete doppia.

double-wire (*a. - elect.*), bifilare.

doubling (*text. ind.*), binatura, doppiatura. **2.** ~ (*m. pict.*), doppiaggio. **3.** ~ (the overlapped part of lower and top masts) (*shipbuild.*), parte sovrapposta dei tronchi (corrispondente al colombiere ed alla rabazza). **4.** ~ frame (*text. mach.*), ritorcitoio.

douche (shower) (*bldg.*), doccia.

dough (obtained during the vulcanizing process) (*rubb. ind.*), pasta. **2.** ~ moulding (compound) (*technol.*), pasta per stampaggio.

doughnut (doughnut shaped: toroidal chamber as of a synchrotron) (*atom phys.*), ciambella. **2.** ~ tire (*aut. rubb. ind.*), pneumatico a bassissima pressione, "balloncino".

douse (to) (as to lower a sail) (*naut.*), ammainare. **2.** ~ (the light), spegnere, spengere.

douser, *see* dowser.

dovetail (*join. - mech.*), (pezzo a) coda di rondine, coda di rondine. **2.** ~ joint (*join. - mech.*), giunzione a coda di rondine. **3.** ~ joint (*naut.*), incastro a coda di rondine, palella, parella.

dovetail (to) (*join. - mech.*), calettare a coda di rondine, fare incastri a coda di rondine.

dovetailing (*mech. - join.*), calettatura a coda di rondine, incastro a coda di rondine.

dowel (*mech.*), grano (o perno) di riferimento. **2.** ~ (a pin used for fastening two pieces of wood together) (*carp.*), caviglia. **3.** ~ (small piece of wood embedded in the wall: for nailing or screwing something) (*carp. - join. - etc.*), tassello (di legno a muro). **4.** ~ screw (*mech. element*), grano filettato, perno di riferimento filettato. **5.** ~ slot (*mech.*), sede del grano (o perno) di riferimento.

dowel (to) (to position two pieces by dowels) (*mech.*), posizionare mediante grani di riferimento (o pernetti di centraggio). **2.** ~ (to fasten two pieces by dowels) (*join.*), collegare mediante spine (o caviglie) di posizionamento e fissaggio.

doweled, dowelled (*mech.*), posizionato mediante grani. **2.** ~ (*carp.*), fissato mediante spine (o caviglie).

doweling, dowelling (*mech.*), posizionamento mediante grani. **2.** ~ (*carp.*), fissaggio mediante spine (o caviglie).

down (directed downward) (*a. - gen.*), diretto verso il basso. **2.** (as of kapok fruit) (*text. ind.*), caluggine, lanuggine. **3.** ~ (as of a battery) (*a. - elect.*), scarica. **4.** ~ (gone to press) (*a. - print.*), andato in stampa. **5.** ~ (in the direction of the center of the earth) (*adv. - gen.*), in giù, verso il basso, a terra. **6.** ~ by the stern (of a ship) (*naut.*), appoppato. **7.** ~ draft (down current) (*aer.*), corrente d'aria discendente. **8.** ~ gate (*found.*), *see* downgate. **9.** ~ grade (*railw.*), pendenza, discesa. **10.** ~ helm! (*naut.*), orza! **11.** ~ milling, *see* climb milling. **12.** ~ path (transmission from satellite to earth) (*tlcm.*), trasmissione satellite-terra. **13.** ~ pipe (vertical pipe for rain water) (*bldg.*), pluviale. **14.** "~ rule" (*print.*), filetto di separazione. **15.** ~ runner (*found.*), discesa di colata, canale verticale di colata. **16.** ~ sprue (*found.*), canale verticale di colata. **17.** ~ swing (recession) (*econ.*), recessione, congiuntura. **18.** ~ time (in production: time during which a mach. t. is inactive) (*time study*), tempo passivo.

down (to) (to demolish, as a wall) (*gen.*), abbattere. **2.** ~ (to cause to come down) (*gen.*), calare, far scendere. **3.** ~ (to shoot a plane down) (*air force*), abbattere. **4.** ~ (to diminish: as the propeller rpm) (*aer. - gen.*), diminuire. **5.** ~ tools (to go on strike) (*factory work.*) (Brit.), entrare in sciopero.

downcast (ventilating shaft) (*n. - min.*), pozzo di ventilazione discendente.

downcomer (*ind.*), condotto (di scarico). **2.** ~ (as of a blast furnace) (*pip.*), tubo di presa (dei gas).

downdraft, downdraught (*min. - furnace*), corrente d'aria discendente. **2.** ~ tuyeres (as of a blast furnace), ugelli per vento discendente.

down-ender (a device used to rotate an object from a position on its ends to a position on its side) (*ind. transp.*), ribaltatore.

downgate (down runner in a mold) (*found.*), canale di colata.

downgrade (to) (an officer, a worker) (*gen.*), retrocedere, passare ad una categoria inferiore. **2.** ~ (as

to downgrade the market class of a product because of defects) (*comm. - etc.*), declassare.
downhand (*welding*), *see* flat position.
downhaul (of a sail ship) (*naut.*), alabbasso, caricabbasso.
downhill (*a. - road*), in discesa.
down-lead (of antenna) (*radio*), discesa di antenna.
down-link (as by radio, from the spacecraft to the earth) (*astric.*), collegamenti all'ingiù, collegamenti verso terra.
download (to) (to transfer data: as from a "CPU" file to the memory of a microcomputer) (*comp.*), scaricare verso unità minori.
downright (sheep's side wool) (*wool ind.*), lana corta (delle parti inferiori dei fianchi).
downshift (down shifting) (*aut.*), passaggio alla marcia inferiore.
downshift (to) (to depress a key for unshifting, so restoring the usual operating mode) (*typewriter*), liberare il tasto (di inserimento) delle maiuscole (simboli e numeri).
downsize (to) (to construct in smaller size) (*ind.*), realizzare in formato ridotto.
downspout (*n. - bldg.*), pluviale, scarico della doccia di gronda. **2.** ~, *see also* down pipe.
downstairs (*bldg.*), piano terreno. **2.** ~ (*adv. - bldg.*), a piano terreno.
downstick (stock exchange) (*n. - finan.*), quotazione in ribasso.
downstream (as of a river) (*a. - gen.*), a valle. **2.** ~ (*hydr. - phys.*), secondo corrente. **3.** ~ (relating to the last stages of a process) (*a. - ind.*), relativo ai procedimenti terminali.
downstroke (of a piston) (*mot.*), corsa discendente.
downtake (*gen.*), condotto rivolto verso il basso, discesa. **2.** ~ (*naut.*), manica a vento, manica di aerazione.
downtime (time of inactivity: as due to mach. repairs) (*factory organ.*) tempo passivo, tempo di inattività, tempo perduto.
downtown (commercial center of a city) (*n. - city planning*), centro commerciale. **2.** ~ (*a. - city planning*), relativo al centro commerciale.
downward, downwards (*adv.*), verso il basso. **2.** ~ motion (*gen.*), movimento discendente. **3.** ~ run (*gen.*), corsa discendente.
downwash (air current deflected downward by an airfoil) (*aer.*), deflessione. **2.** ~ angle (of the air stream) (*aer.*), angolo di deflessione, angolo di influsso.
downwind (*naut.*), vento di poppa. **2.** ~ landing (*aer.*), atterraggio in direzione del vento.
downy (*a. - gen.*), lanugginoso, soffice. **2.** ~ hair (*text. ind.*), lanuggine.
dowse (to) (*min.*), fare ricerche con bacchetta da rabdomante.
dowser, douser (divining rod) (*gen.*), bacchetta da rabdomante. **2.** ~ (douser: as of a projector) (*m. pict.*), schermo paraluce.
dowsing (*min.*) (*Brit.*), rabdomanzia.
dozen (*comm.*), dozzina.
dozer, *see* bulldozer 2. ~.
"dozzle" (hollow brick used as feeder head for small ingots) (*metall.*), bacino di alimentazione.
"DP" (drip-proof, said of elect. mach.) (*a. - elect.*), protetto contro lo stillicidio. **2.** ~ (dew point) (*phys.*), punto di rugiada. **3.** ~ (double-pole) (*elect.*), bipolare. **4.** ~ (documents against payment) (*comm.*), documenti contro pagamento. **5.** ~ (diametral pitch) (*mech. draw.*), modulo inglese. **6.** ~ man (data processing man) (*comp. pers.*), informatico, persona versata nel campo della informatica.
"DPDT" (double pole, double throw) (*elect. - lock*), bipolare, a doppia mandata.
"DPMA" (Data Processing Management Association) (*comp.*) (Am.), Associazione Direzionale Elaborazione Dati.
"DPN" (diamond pyramid hardness number) (*mech. draw.*), numero di durezza con piramide di diamante.
"DPST" (double pole single throw) (*elect.*), bipolare a semplice mandata.
"dpt", *see* department, depth.
"dr" (drive) (*mech. - elect. - etc.*), trasmissione, comando. **2.** ~, *see also* door, drawer, drawing, drawn, drum.
"DR" (dead reckoning) (*naut.*), *see* dead reckoning.
drachm (*meas.*), *see* dram.
draft (*text. ind.*), stiro. **2.** ~ (*comm.*), abbuono per calo (peso). **3.** ~ (current of air), corrente d'aria. **4.** ~ (depth of water a vessel draws) (*naut.*), pescaggio, immersione. **5.** ~ (device for regulating the draft in a furnace, chimney etc.), valvola del tiraggio. **6.** ~ (as of a pattern or die to ease withdrawal) (*found. - forging*), spoglia, sformo, invito. **7.** ~ (as of a contract, letter etc.) (*off.*), bozza. **8.** ~ (area of an opening) (*hydr.*), sezione (di una bocca di scarico). **9.** ~ (of chimneys) (*phys.*), tiraggio. **10.** ~ (sketch) (*draw.*), schizzo, schema. **11.** ~ (*comm. - adm.*), tratta. **12.** ~ (load draft) (*naut.*), pescaggio a carico. **13.** ~ (material weighed at one time) (*comm. - ind.*), pesata. **14.** ~ (pass, in wire drawing) (*metall. ind.*), passata. **15.** ~ (air regulation by a valve: as in a stove) (*comb. app.*), registro del tiraggio. **16.** ~, *see also* draught, plot, scheme. **17.** ~ angle (of a die) (*metall.*), angolo di spoglia. **18.** ~ fittings (*of veh.*), accessori di traino. **19.** ~ gear (*veh.*), dispositivo di traino. **20.** ~ gear (as of a locomotive) (*railw.*), organo di trazione. **21.** ~ horse (for transp.), cavallo da tiro. **22.** ~ proposal (as for standard specifications) (*gen.*), bozza di proposta. **23.** ~ tube (of a reaction turbine) (*hydr. turbine*), tubo di scarico a recupero della caduta. **24.** actual ~ (act by which the thread is drawn or attenuated) (*text. ind.*), stiro effettivo **25.** aft ~ (*naut.*), pescaggio a poppa. **26.** available ~ (as of chimneys), tiraggio disponibile. **27.** back ~ (undercut, as of die or pattern) (*found. - metall.*) controspoglia, controsformo, sotto-

squadro. **28.** forced ~ (as of chimneys), tiraggio forzato. **29.** forward ~ (*naut.*), pescaggio a prora. **30.** load ~ (of a ship) (*naut.*), pescaggio a carico. **31.** mean ~ (*naut.*), pescaggio medio. **32.** natural ~ (as of chimneys) (*comb.*), tiraggio naturale. **33.** shallow ~ (*naut.*), pescaggio ridotto. **34.** sight ~ (*comm.*), tratta a vista.

draft (to) (*draw.*), schizzare, disegnare, abbozzare. **2.** ~ (to follow closely to the heels of the car ahead) (*aut. racing*), tallonare nella scia.

drafting (of the card sliver) (*text. ind.*), stiro e assottigliamento. **2.** ~ (racing term for following closely on the heels of the car ahead) (*aut. - sport*), tallonamento. **3.** ~ board (*draw.*), *see* drawing board. **4.** ~ machine (*draw. device*), tecnigrafo. **5.** ~ paper (*draw.*), carta da disegno. **6.** ~ room (*draw.*), *see* drawing office. **7.** universal ~ device (*draw. device*), tecnigrafo.

draftsman, disegnatore.

draftsman's scale (*draw. instr.*), scalimetro.

drag (*aerodyn.*), resistenza all'avanzamento, resistenza aerodinamica. **2.** ~ (bottom section of a flask) (*found.*), fondo, staffa inferiore. **3.** ~ (*min.*), draga. **4.** ~ (excessive draft at the stern) (*naut. defect*), eccessivo pescaggio a poppa. **5.** ~ (*agric. mach.*), *see* float. **6.** ~ (drag race, acceleration contest as of hot rods) (*aut. sport*), gara di accelerazione. **7.** ~ car (special car used for straight-line acceleration contests: as in drag races) (*aut. - sport*), "drag car". **8.** ~ chain (for coupling cars) (*railw.*), catena per accoppiamento carri. **9.** ~ chute (braking parachute) (*aer.*), paracadute frenante. **10.** ~ coefficient (*aerodyn.*), coefficiente di resistenza. **11.** ~ link (connecting the cranks of two shafts) (*mech.*), biella (o asta) di accoppiamento (delle manovelle di due alberi). **12.** ~ link (steering rod) (*aut.*) (Am.), tirante longitudinale comando sterzo. **13.** ~ sail, ~ sheet (sea anchor made by pieces of sail) (*naut.*), ancora marina di fortuna. **14.** ~ strut (*aer. constr.*), puntone di controventatura. **15.** ~ truss (*aer. constr.*), traliccio di controventatura. **16.** compressibility ~ (as in transonic flight) (*aer.*), resistenza di compressione, resistenza d'onda, resistenza dovuta alla compressibilità. **17.** cooling ~ (due to the cooling system of the power plant) (*aer.*), resistenza di raffreddamento. **18.** form ~ (*aerodyn.*), resistenza di forma. **19.** induced ~ (*aerodyn.*), resistenza indotta. **20.** parasite ~ (parasite resistance without the induced drag) (*aerodyn.*), resistenza passiva, resistenza parassita. **21.** penetration ~ (*aerodyn.*), resistenza di penetrazione. **22.** pressure ~ (due to the component of the pressures perpendicular to the surface) (*aer.*), resistenza di pressione. **23.** profile ~ (*aerodyn.*), resistenza di profilo. **24.** self-induced ~ (*aerodyn.*), resistenza autoindotta. **25.** surface-friction ~ (*aerodyn.*), resistenza di attrito superficiale.

drag (to) (*gen.*), trascinare. **2.** ~ (the anchor) (*naut.*), arare. **3.** ~ (the bottom) (*naut.*), rastrellare.

dragade (to) (to produce cullet by ladling glass into water from the melt) (*glass mfg.*), levare il vetro all'acqua.

dragbar, *see* drawbar.

dragboat (dragger: fishing trawler) (*naut.*), motopeschereccio a strascico.

dragbolt (as a shackle, a link etc.) (*mech.*), organo di collegamento.

dragger, *see* dragboat.

dragging (of brakes) (*aut.*), incollamento, strisciamento. **2.** ~ (dredging: as on the sea bottom), dragaggio.

"draghoe" (*agric. mach.*), zappatrice.

"drag-ladle" (to) (*glass mfg.*), *see* dragade (to).

dragline (excavator) (*earth moving mach.*), escavatore a benna trascinata, escavatore a benna strisciante, "dragline". **2.** ~ (for dragging the bottom of the sea) (*navy*), sciabica da fondo.

dragnet (*fishing*), rete a strascico.

dragon balloon (military airballoon) (*air force*), (pallone) drago.

dragrope (for lightening, braking and mooring an aerostat) (*aer.*), cavo di trascinamento, cavo di atterramento.

dragster (racing vehicle used only for acceleration contests) (*aut. - sport*), "dragster".

drain (*bldg.*), fogna (bianca), scolo, canale di scolo. **2.** ~ (current drain of electrons: as in electrodes of a transistor) (*elics.*), zona di afflusso (o pozzo) di elettroni. **3.** ~ cock (*mech.*), rubinetto di spurgo. **4.** ~ cock (as of a boiler of a steam locomotive) (*mech.*), rubinetto di scarico. **5.** ~ tray (*mach. - etc.*), bacinella di raccolta spurgo. **6.** ~ trunk line (*bldg.*), collettore di fognatura. **7.** ~ wire (*elect.*), filo di terra. **8.** road ~ well (*road*), tombino di fogna stradale. **9.** transverse road ~ (*road*), chiavica. **10.** water ~ (*bldg.*), fogna bianca, canale di scolo dell'acqua, scarico di acqua.

drain (to) (by gradual flow), scolare. **2.** ~ (to make dry), prosciugare. **3.** ~ (to empty) (*ind.*), spurgare, scaricare. **4.** ~ the oil (as from a mot.) (*mech.*), scaricare l'olio.

drainage (material for draining) (*mas. - bldg.*), materiale per drenaggio. **2.** ~ (emptying) (*ind.*), spurgo, scarico. **3.** ~ (gradual flow) (*bldg.*), scolo. **4.** ~ (making gradually dry) (*mas.*), drenaggio. **5.** ~ (of wood pulp on the web of a paper mfg. mach.) (*paper mfg.*), scolamento. **6.** ~ basin (catchment area) (*geogr.*), bacino idrografico, bacino imbrifero. **7.** ~ ditch (*civ. eng.*), fosso di scolo. **8.** ~ system (as of a town) (*bldg.*), rete di fognatura. **9.** roof ~ (*bldg.*), scolo delle acque del tetto.

drainer (draining tank) (*paper mfg.*), cassa di sgocciolamento. **2.** ~ (drainage plant) (*earth moving mach.*), drenatore.

draining (act of draining) (*mas. - agric.*), prosciugamento. **2.** ~ (work done in order to keep dry) (*road – agric.*), drenaggio. **3.** ~ shaft (*min.*), pozzo di drenaggio.

draintrap, *see* stench trap.

dram (avoirdupois) = dr av = g 1,772 (*meas.*), dramma. **2.** fluid ~ Brit. = fluidram Brit. = cu cm 3.551 (*meas.*), dramma fluida ingl. **3.** fluid ~ Am. = fluidram Am. = cu cm 3.696 (*meas.*), dramma fluida am.

drape (curtain, as for a railw. car window) (*text.*), tendina.

draper (canvas conveyor as of a combine) (*agric. mach.*), trasportatore.

drapery (form of aurora borealis appearing like great hanging curtains) (*meteorol.*), aurora boreale. **2.** ~ (text. fabric used for ornamental purpose) (*text.*), drappo, drappeggio.

draught (as of a boat) (*naut.*), pescaggio, (profondità di) immersione. **2.** ~, *see also* draft. **3.** ~ connector (*of veh.*), attacco di traino. **4.** forced ~ (as of a furnace), tiraggio forzato.

draught-bar (*railw.*), *see* drawbar.

draughtsman, *see* draftsman.

draw (of a drawbridge) (*bldg.*), parte mobile (cernierata). **2.** ~ (press blow in drawing metal) (*mech. technol.*), colpo di pressa (per imbutire). **3.** ~ (superficial subsidence) (*min.*), cedimento superficiale. **4.** ~ (taper) (*mech.*), conicità, rastremazione. **5.** ~ (taper of a leaf spring) (*mech.*), rastremazione. **6.** ~ (length obtained by the total extension of the camera bellows) (*phot.*), lunghezza (di spiegamento del soffietto), estensione in apertura. **7.** ~ (number of a magazine issue) (*typ.*), tiratura. **8.** ~ bead (bead fitted to a blankholder to minimize wrinkles) (*sheet metal w.*), rompigrinze. **9.** ~ in (area or zone of a highway set aside and used for picking up passengers) (*road*), piazzuola (per carico e scarico passeggeri). **10.** ~ pin (for tightening a tenon and mortise joint) (*carp.*), spina per mortisa. **11.** ~ press (*mach.*), *see* drawing press. **12.** ~ shrinkage (excessive shrinkage causing stresses and embrittlement, in cast iron castings) (*found.*), tensione di ritiro.

draw (to) (as cotton) (*text. ind.*), stirare, tirare. **2.** ~ (by forcing through dies, as wire) (*metall.*), trafilare. **3.** ~ (*sheet metal w.*), imbutire. **4.** ~ (*draw.*), disegnare. **5.** ~ (to stretch), stirare. **6.** ~ (as by distillation) (*ind. chem.*), estrarre. **7.** ~ (to reheat hardened steel below the critical range) (*metall.*) (Brit.), rinvenire. **8.** ~ (of depth of water referred to a vessel) (*naut.*), pescare. **9.** ~ (of a sail that the wind draws) (*naut.*), portare. **10.** ~ (to remove a pattern from a mold) (*found.*), estrarre, sformare. **11.** ~ (to remove from a kiln) (*ceramics*), sfornare. **12.** ~ (as a bill of exchange on somebody) (*comm.*), spiccare. **13.** ~ (to attract: as of a magnet) (*electromech.*), attrarre. **14.** ~ (to withdraw money, as by a check, from a bank) (*comm.*), prelevare. **15.** ~ a bill of exchange (on somebody) (*comm.*), spiccare una tratta. **16.** ~ a dash line (*draw.*), tracciare una linea tratteggiata. **17.** ~ a dotted line (*draw.*), tracciare una linea punteggiata. **18.** ~ back (in exportation) (*comm.*) (Am.), ottenere il rimborso fiscale. **19.** ~ from, prelevare. **20.** ~ full size (*draw.*), disegnare in grandezza naturale. **21.** ~ off (to extract by distillation) (*chem.*), estrarre per distillazione. **22.** ~ the sliver (*text. ind.*), stirare il nastro. **23.** ~ to scale (*draw.*), disegnare in scala. **24.** ~ up (as a report) (*gen.*), redigere. **25.** ~ up (as troops) (*milit.*), schierare.

drawability (of sheet metal) (*mech. technol.*), imbutibilità.

drawback (as of a mold) (*found.*), parte retrattile, parte smontabile. **2.** ~ (*comm.*), "drawback", rimborso fiscale, restituzione di dazio.

drawbar (as of a tractor), barra di traino, barra di trazione. **2.** ~ (bar formerly used for transmitting the tractive effort) (*railw.*), asta di trazione. **3.** ~ (coupler) (*railw.*), *see* coupler. **4.** ~ (of a truck trailer) (*aut. – veh.*), timone. **5.** ~ hitch (as of a tractor), gancio (o punto) d'attacco della barra di trazione. **6.** ~ horsepower (as of a tractor), potenza alla barra di traino. **7.** ~ load (*railw.*), sforzo di trazione alla barra. **8.** ~ pull (as of a tractor), (Brit.), sforzo di trazione alla barra. **9.** swinging ~ (as of a tractor), barra di trazione orientabile.

drawbench (*metall.*), trafilatrice, banco di trafilatura, macchina per trafilare, trafila.

drawbolt (tie rod) (*mech.*), tirante. **2.** ~ (coupling pin) (*mech.*), perno di accoppiamento.

drawbore (as for tightening a tenon and mortise joint) (*carp.*), foro nel tenone (per infilarvi la spina di bloccaggio alla mortasa).

drawbridge (*bridge*), ponte mobile. **2.** swing ~ (*bridge*), ponte girevole.

drawdown (sinking of the water level near the edge of a weir) (*hydr.*), chiamata allo sbocco. **2.** ~ (lowering of the level as in an artificial lake) (*hydr.*), abbassamento (del livello).

drawee (*comm.*), trattario.

drawer (sliding box in a desk), cassetto. **2.** ~ (*comm.*), traente. **3.** ~ (draftsman), disegnatore. **4.** ~ pull (handle for drawers: made of metal. wood etc.) (*join.*), maniglia.

drawer-in (*text. work.*), addetto al rimettaggio.

drawer-out (*metall. work.*), addetto all'estrazione (di blumi per es.) dai forni.

drawfile (to) (to file holding the tool transversely to its motion) (*mech.*), limare (con lima) di traverso.

drawgear (draft gear, coupler: of railw. cars), attacco di trazione, dispositivo di trazione. **2.** spring ~ (elastic draw-gear) (*railw.*) (Brit.), *see* cushion underframe (Am.).

drawhead (at the frame end sill: where the draft gear is fixed) (*railw.*), testata di attacco (degli organi di trazione).

draw-hook (as of a locomotive) (*railw.*) (Brit.), gancio di trazione. **2.** ~ with side play (*railw.*), gancio di trazione a spostamento laterale.

drawhorse (support for the work) (*woodworker's impl.*), cavalletto a morsa.

draw–in collet (*mach. t.*), pinza a trazione. **2.** ~ bolt (operating the collets of a headstock: as of a lathe) (*mach. t. - mech.*), vite di comando delle ganasce di un autocentrante.

drawing (*draw.*), disegno. **2.** ~ (card slivers reduction) (*text. ind.*), stiro. **3.** ~ (sheet metal working operation by press) (*mech. technol.*), imbutitura. **4.** ~ (of a wire) (*metall.*), trafilatura. **5.** ~ (as of patterns from the mold) (*gen.*), estrazione. **6.** ~ (forging operation with longitudinal metal movement) (*forging*), stiratura. **7.** ~ (*heat treat.*), rinvenimento. **8.** ~ account (*finan.*), conto corrente. **9.** ~ board (*draw.*), tavola da disegno. **10.** ~ die (for working sheet metal by press) (*t.*), stampo per imbutitura. **11.** ~ frame (*text. ind. mach.*), banco di stiro, stiratoio. **12.** ~ frame roller (*text. mach.*), rullo di trazione. **13.** ~ furnace (for therm. treatment) (*metall.*), forno di rinvenimento. **14.** ~ gill-intersecting (*text. mach.*), stiratoio di preparazione alla pettinatura. **15.** ~ head (as of card) (*text. mach.*), testa di stiro. **16.** ~ knife (*woodworker's t.*), *see* drawknife. **17.** ~ machine (universal drafting device) (*draw.*), tecnigrafo. **18.** ~ office (*draw.*) (Brit.), sala disegnatori. **19.** ~ paper (*draw.*), carta da disegno. **20.** ~ pen (*draw. impl.*), tiralinee. **21.** ~ pin (*draw. impl.*), puntina da disegno. **22.** ~ punch (sheet iron working by press) (*metall.*), punzone per imbutitura. **23.** ~ ratio (ratio between the blank diameter and that of the deep–drawn piece) (*sheet metal w.*), rapporto di trafilatura. **24.** ~ room (*bldg.*), sala da ricevimento. **25.** ~ set (set of drawing instruments) (*draw.*), scatola di compassi, "compassiera". **26.** ~ sheet (*draw.*), foglio da disegno. **27.** ~ sheet size (*draw.*), formato del foglio da disegno. **28.** ~ table (*draw.*), tavolo da disegno. **29.** ~ the temper (*heat - treat.*), rinvenimento. **30.** ~ tracer (*work.*), lucidatore di disegni. **31.** ~ up (as of a contract) (*comm. - etc.*), stesura. **32.** animated ~ (animated cartoon) (*m. pict.*), disegno animato. **33.** assembly– ~ (*mech. draw.*), disegno complessivo. **34.** bar ~ (of tubes) (*pip.*), *see* mandrel drawing. **35.** bright ~ (as of wire) (*metall. ind.*), trafilatura lucida. **36.** cold ~ (as of wire) (*metall. ind.*), trafilatura a freddo. **37.** deep ~ (sheet metal working) (*mech. technol.*), stampaggio profondo, imbutitura profonda. **38.** detail ~ (*draw.*), disegno di un particolare. **39.** diagrammatic ~ (*draw.*), disegno schematico. **40.** die ~ (as of a wire) (*metall.*), trafilatura alla filiera. **41.** dimensioned ~ (*draw.*), disegno quotato. **42.** diskplate ~ (*text. mech. device*), stiratoio circolare. **43.** free hand ~ (*draw.*), disegno a mano libera. **44.** machine ~ (*draw.*), disegno di macchine. **45.** mandrel ~ (of tubes) (*pip.*), trafilatura con mandrino. **46.** operation ~ (*mech.*), *see* operation schedule. **47.** overall dimensions ~ (*draw.*), disegno di ingombro. **48.** phantom ~ (*draw.*), trasparenza, disegno (a tratteggio per es.) di particolari che non sono in vista. **49.** plug ~ (of tubes) (*pip.*), trafilatura con spina. **50.** reverse ~ (*sheet metal w.*), controimbutitura, imbutitura inversa. **51.** scale ~ (*draw.*), disegno in scala. **52.** set of ~ instruments (*draw.*), scatola di compassi. **53.** soap ~ (of wire) (*metall. ind.*), trafilatura a secco. **54.** up–to–date ~ (*draw.*), disegno aggiornato. **55.** wet ~ (of wire) (*metall. ind.*), trafilatura ad umido. **56.** working ~ (*draw.*), disegno costruttivo.

drawing–box (*text. mach.*), incannatoio di preparazione.

drawing–in (of warp threads in the eyes of the heald) (*text. mfg.*) rimettaggio, passaggio delle catene nei licci.

drawknife (*woodworker's t.*), coltello a petto, coltello a due mani.

drawlink (*railw.*), asta di trazione.

drawn (*draw.*), disegnato. **2.** ~ (as of wire) (*metall.*), trafilato. **3.** ~ (of sheet metal) (*mech. technol.*), imbutito. **4.** ~ component (drawn piece, drawpiece) (*sheet metal w.*), pezzo imbutito, imbutito. **5.** ~ out iron (*metall.*), ferro trafilato. **6.** ~ pipe (*metall.*), tubo trafilato. **7.** bench ~ (of wire) (*metall. ind.*), trafilato al banco. **8.** deep–~ cup (*sheet metal w.*), particolare stampato con imbutitura profonda. **9.** hard ~ brass (*metall.*), ottone crudo. **10.** horse ~, a cavalli, ippotrainato. **11.** rack ~ (of wire) (*metall. ind.*), *see* bench drawn.

drawoff (device for extracting) (*t.*), estrattore.

drawplate (*t.*), trafila.

drawpoint (*mech. t.*), punta a tracciare.

drawrod (connecting the drawgears of the same car) (*railw.*), asta di collegamento dei dispositivi di trazione. **2.** ~ (of a collet chuck) (*mach. t.*), barra di trazione, tirante.

drawshave (*woodworker's t.*), *see* drawknife.

drawspan (*bldg.*), elemento mobile (di un ponte mobile).

drawspring (*railw.*), molla dell'asta di trazione.

"drawthread mechanism" (as of a knitter) (*text.*) (Brit.), meccanismo tirafilo.

drawtongs (tool used in wiredrawing) (*t.*), tenaglie per trafila.

drawtube (*mech.*), tubo scorrevole a telescopio.

drawtwister (after extrusion) (*text. mach.*), macchina per tendere fili di materie plastiche.

dray (*veh.*), carro per servizio pesante. **2.** ~ (sturdy two–wheeled cart) (*veh.*), barroccio.

"dr by...." (short for: drawn by) (*draw.*), disegnato da....

"DRC" (dry rubber content, of latex) (*rubb. ind.*), residuo secco di gomma.

dreadnought (*navy*), dreadnought, tipo di corazzata.

dredge (*mach.*), draga. **2.** bucket–ladder ~ (*ind. mach.*), draga a catena di tazze. **3.** dry ~ (*mach.*), draga a secco. **4.** Ekman ~ (for taking samples from the sea bottom) (*ecologic sampling*), sonda di Ekman. **5.** floating ~ (for harbors) (*mach.*), draga galleggiante. **6.** grab ~ (dredger) (*hydr. - naut.*), draga a benna. **7.** hydraulic ~ (*ind. mach.*),

draga succhiante. **8.** suction ~ (*mach.*), draga succhiante.
dredge (to), dragare, scavare con la draga.
dredger (*hydr. work boat*), (battello) draga. **2.** bucket ~ (*hydr. work boat*), draga a secchie. **3.** hopper ~ (*naut.*), draga con tramogge.
dredging, dragaggio. **2.** ~ machine (dredge) (*mach.*), draga. **3.** ~ plant (*hydr.*), impianto di dragaggio.
dreg (residue), residuo. **2.** ~ (*ind. chem. - etc.*), feccia, sedimento.
drench (drenching, soaking of hides to remove residual lime) (*leather ind.*), purga.
drench (to) (to soak hides in acid bath for removing residual lime) (*leather ind.*), purgare.
dress (*gen.*), vestito. **2.** ~ form (*tailor's impl.*), manichino. **3.** full ~ (*milit.*), alta tenuta.
dress (to) (to finish) (*gen.*), finire. **2.** ~ (to prepare) (*gen.*), preparare. **3.** ~ (grinding wheels) (*mech.*), ravvivare, ripassare. **4.** ~ (*med.*), curare, bendare. **5.** ~ (as a wood surface) (*join.*), levigare. **6.** ~ (as soldiers) (*milit.*), allineare. **7.** ~ (to stiffen or finish fabrics with glutinous material) (*ind.*), apprettare, dare l'appretto, dare la colla. **8.** ~ (to cut to size) (*gen.*), tagliare a misura. **9.** ~ (to remove surface defects as from an ingot by chipping, deseaming or other methods) (*steelmaking*), scriccare. **10.** ~ (to spread a coat of dust on the surface of a mold before casting) (*metall. - found.*), spolverare. **11.** ~ (to flatten sheet-lead) (*plumbing*), spianare. **12.** ~ (to sift) (*flour milling*), setacciare. **13.** ~ (to smooth the surface of a stone) (*mas.*), levigare. **14.** ~ ship (*naut.*), pavesare (la nave). **15.** ~ the outer surface (to plaster) (*bldg.*), intonacare la parete esterna.
dressed (ready) (*m. pict.*), pronto, preparato (per la ripresa). **2.** ~ (as a stone surface) (*mas.*), levigato. **3.** ~ and matched (of a timber board) (*a. -join.*), lavorato a (o in) perline. **4.** ~ stuff (timber worked to shape) (*bldg. carp.*), legname lavorato.
dresser (furniture) (*join.*), cassettone. **2.** ~ (for trueing grinding wheels) (*t.*), ravvivatore, ravvivamole. **3.** ~ (iron block used for bending the work on an anvil) (*t.*), blocco per piegatura. **4.** ~ (tool for flattening sheet-lead) (*t.*), attrezzo a spianare. **5.** ~ (tool for straightening lead pipes) (*plumbing*), attrezzo a raddrizzare. **6.** ~ coupling (*pip.*), tipo di giunto per tubi non filettati. **7.** ~ sizing (*text.*), *see* Scotch dressing. **8.** diamond ~ (by ind. diamond: as a grinding wheel) (*t.*), ravvivamole. **9.** roll ~ (for grinding wheels) (*t.*), ravvivamole a rotelle. **10.** window ~ (*work.*), vetrinista.
dressguard (of a lady bicycle) (*veh.*), retina paravesti.
dressing (as of grinding wheels) (*mech.*), ravvivatura, ripassatura. **2.** ~ (application of binding materials) (*text. mfg.*), collatura. **3.** ~ (as of flax) (*text. ind.*), finitura. **4.** ~ (cloth finishing by sizing) (*text. mfg.*), appretto, apprettatura. **5.** ~ (as of ores) (*min.*), trattamento. **6.** ~ (removal of surface defects as from an ingot by chipping, deseaming or other methods) (*steelmaking*), scriccatura. **7.** ~ (flattening of sheet-lead) (*plumbing*), spianatura. **8.** ~ (preparation of a mold surface before casting) (*metall. found.*), verniciatura. **9.** ~ (smoothing of a stone surface) (*mas.*), levigatura. **10.** ~ (burring, of a pulpstone) (*paper mfg.*), martellinatura. **11.** ~ (currying) (*leather ind.*), rifinitura. **12.** ~ room (as in theater) (*bldg.*), camerino, spogliatoio. **13.** ~ station (aid station) (*milit. - med.*), pronto soccorso. **14.** mould ~ (material used to produce a satisfactory cast surface) (*steelmaking*), materiale di rivestimento della forma. **15.** ore ~ (*min.*), trattamento dei minerali. **16.** Scotch ~ (method of obtaining a striped warp) (*text.*), sistema per la produzione di ordito a strisce. **17.** Scotch ~ (dresser sizing, method of sizing very fine cotton yarns) (*text.*), particolare tipo di imbozzimatura per filati fini di cotone. **18.** wet ~ (as of ores) (*min. ind.*), trattamento per via umida.
dressing-off (*found.*), *see* fettling.
"dressout" (forging defect, cavity due to trimming) (*technol.*), cavità da sbavatura.
"DRG", " drg" (drawing) (*mech. draw.*), disegno.
dribble (fuel leakage, as from a diesel engine fuel injector) (*mech. - pip. - etc.*), gocciolamento, perdita.
drier (*gen.*), essiccatore. **2.** ~ (*therm. app. for text.*), essiccatoio. **3.** ~ (drying device: by heat or forced air) (*ind.*), essiccatoio. **4.** ~ (siccative, to be mixed to a varnish) (*ind. chem.*), siccativo, essiccativo. **5.** ~ (drying cylinder, of a paper making mach.) (*paper mfg. mach.*), seccatore, tamburo essiccatore, cilindro essiccatore. **6.** ~ (drying agent) (*chem. ind.*), essiccante. **7.** core ~ (*found.*), essiccatoio per anime. **8.** "festoon ~" (device for drying coated papers) (*paper mfg.*), essiccatoio per carte patinate. **9.** hair ~ (*elect. app.*), asciugacapelli, "fon". **10.** hot-air ~ (as of wool) (*ind. app.*), impianto di essiccazione ad aria calda. **11.** lattice ~ (as of wool) (*wool ind. app.*), essiccatoio a griglia. **12.** revolving ~ (revolving drum drier) (*text. mach.*), essiccatoio a tamburo rotante. **13.** rotary ~ (*mach.*), essiccatore rotativo. **14.** steam ~ (*ind.*), essiccatore di vapore, separatore del vapore dalla condensa. **15.** wool ~ (*wool ind. app.*), essiccatoio (o asciugatoio) per lana.
drierman (dryerman, as in paper mfg. etc.) (*work.*), (operaio) addetto all'essiccatore.
drift (*aer. - naut.*), deriva, scarroccio. **2.** ~ (*geol.*), deposito alluvionale. **3.** ~ (*min.*), galleria di livello. **4.** ~ (of an arch) (*arch. - bldg.*), spinta orizzontale. **5.** ~ (punch) (*mech. t.*), punteruolo, punzone. **6.** ~ (movement by inertia: as of a veh.) (*mech.*), moto per inerzia. **7.** ~ (creep, of rubber) (*technol. - rubb. ind.*), scorrimento viscoso. **8.** ~ (as in numerical control) (*n.c. mach. t.*), deriva. **9.** ~ (clearance, play or slack as between a bolt and its hole) (*mech. - etc.*), gioco. **10.** ~ (*metall.*), *see* creep. **11.** ~ (a slow and gradual change: as of fre-

quency) (*elics.*), variazione graduale. **12.** ~ (sideslip of a motor veh.) (*aut.*), sbandata. **13.** ~ anchor, *see* sea anchor. **14.** ~ angle (*aer.*), angolo di deriva, angolo dell'asse dell'apparecchio con la rotta. **15.** ~ boat, *see* drifter 1. ~. **16.** ~ indicator (*naut. instr.*), derivometro. **17.** ~ instability (due to the plasma diamagnetic drift, universal instability) (*plasma phys.*), instabilità di deriva, instabilità universale. **18.** ~ meter (*aer. instr.*), derivometro. **19.** ~ mine (*min.*), miniera con accesso a pozzo. **20.** ~ net (*naut.*), rete a deriva. **21.** ~ pin (tapered pin) (*mech. t.*), spina conica. **22.** ~ punch (used in riveting) (*t.*), spina (conica) per allineare i fori. **23.** ~ sail, *see* drag sail. **24.** ~ sight (*aer. instr.*), derivometro. **25.** ~ test (carried out by increasing the diameter of a hole bored in a metal plate by means of a conical tool) (*mech. technol.*), prova di allargamento. **26.** ~ test (*pip.*), *see* expanding test. **27.** ~ velocity (of ions in a gas) (*atom phys.*), velocità media di spostamento. **28.** double ~ (speed and direction meas. system for the wind) (*aer.*), metodo per la misura della velocità e della direzione del vento. **29.** fan ~ (forced ventilation drift) (*min.*), galleria di livello a ventilazione forzata. **30.** four wheel ~ (power slide, of a car) (*aut.*), derapaggio, derapata. **31.** phase ~ (*elect. - elics.*), sfasamento, deriva di fase. **32.** smooth ~, *see* driftpin. **33.** smooth-tapered ~, *see* driftpin. **34.** wage ~ (*pers.*), slittamento salariale.

drift (to) (*naut.*), andare alla deriva. **2.** ~ (because of an air current) (*aer.*), derivare. **3.** ~ (to continue a movement by inertia) (*mech.*), continuare il moto per inerzia.

driftage (deviation from the right course due as to the wind etc.) (*naut. - aer.*), deriva.

driftbolt (type of bolt used for driving out bolts etc.) (*mech. t.*), cacciabulloni.

drifter (fishing boat) (*naut.*), peschereccio con rete a deriva. **2.** ~ (*min. impl.*), perforatrice da cantiere.

drifting snow (accumulation: as of snow as due to the wind) (*meteorol.*), accumulo di neve.

driftpin (tapered pin) (*mech. t.*), spina conica. **2.** ~ (cutting drift, square drift: broach for cleaning holes) (*t.*), broccia per sbavare fori quadri.

driftway (*road*), *see* bridle-path.

drill (*mach. t.*), trapano. **2.** ~ (tool for making holes by revolving: as in drilling metals) (*mech. t.*), punta da trapano. **3.** ~ (*min. t.*), sonda, trivella. **4.** ~ (*agric. impl.*), seminatrice. **5.** ~ (as of troops) (*milit.*), esercitazione. **6.** ~ (heavy fabric) (*text. ind.*), tessuto diagonale pesante (di lino o di cotone). **7.** ~ (tool for making holes by successive blows: as by jackhammer in rocks) (*mas. and min. t.*), scalpello. **8.** ~ block (for holding cylindrical pieces while machining) (*mech. impl.*), prisma con cava a V, blocchetto a V. **9.** ~ bush (*mech.*), bussola per (maschera di) foratura. **10.** ~ cartridge (*milit.*), cartuccia da esercitazione. **11.** ~ chuck (*mach. t.*), mandrino per punte da trapano. **12.** ~ grinder (*impl.*), affilatrice per punte da trapano. **13.** ~ ground (*milit.*), piazza d'armi. **14.** ~ hole location (*min.*), ubicazione del foro di trivellazione. **15.** ~ pipe, ~ rod (rotating the rotary bit) (*oil well*), asta (tubolare o massiccia, della trivella). **16.** ~ point (*t.*), parte tagliente della punta (da trapano). **17.** ~ pointer (drill sharpener, drill grinding machine) (*mach. t.*), affilatrice per punte da trapano. **18.** ~ press (*mach. t.*), trapano verticale (con alimentazione a mano o meccanica). **19.** ~ rig (*min. impl.*), perforatrice montata su carrello. **20.** ~ rod (*min.*), asta di sondaggio. **21.** ~ steel (for rock drills) (*metall.*), acciaio per scalpelli. **22.** ~ stem (rotating line of pipes used in well drilling) (*wells drilling*), batteria di perforazione, insieme delle aste di perforazione. **23.** adamantine ~ (tubular drill) (*t.*), trivella tubolare con taglio a corona, punta a corona diamantata. **24.** air ~ (compressed-air operated drill) (*t.*), trapano pneumatico, trapano ad aria compressa. **25.** bench ~ (*mach. t.*), trapano da banco. **26.** bottoming ~ (for obtaining a flat bottom in a blind hole) (*mech. t.*), alesatore frontale. **27.** bow ~ (*impl.*), trapano ad arco (o a violino). **28.** breast ~ (*impl.*), trapano a petto. **29.** carpenter ~ (*t.*), punta da trapano per carpenteria. **30.** center ~ (short drill used for centering shafts) (*t.*), punta da centri. **31.** churn ~ (*min. t.*), sonda a percussione. **32.** close order ~ (*milit.*), esercitazione in ordine chiuso. **33.** corn ~ (*agric. mach.*), seminatrice per grano. **34.** diamond ~ (ring drill) (*min. t.*), punta a corona diamantata. **35.** double ~ (for drilling and countersinking simultaneously) (*t.*), punta doppia, punta per forare e svasare (contemporaneamente). **36.** extended order ~ (*milit.*), esercitazione in ordine sparso. **37.** flat ~ (*t.*), punta (da trapano) a lancia. **38.** gang ~ (several drills operated simultaneously through interconnected chucks) (*mach. t.*), trapano multiplo. **39.** ground ~ (*mach.*), trivella. **40.** hammer ~ (percussion drill) (*t.*), trapano a percussione. **41.** hollow ~ (for pressure water or compressed air passage) (*min. t.*), fioretto forato. **42.** hydraulic ~ (*min. mach.*), perforatrice idraulica. **43.** jobber's ~ (straight-shank drill) (*t.*), punta a gambo diritto. **44.** jumbo ~ rig (truck-mounted drill) (*min. mach.*) (Am.), perforatrice (multipla) montata su carrello. **45.** oilhole ~ (oil drill) (*t.*), punta (a elica) con foro di lubrificazione. **46.** percussion ~ (*min. t.*), sonda a percussione. **47.** pillar ~ (*mach. t.*), trapano a colonna. **48.** pneumatic ~ (*mach. t.*), trapano pneumatico. **49.** pneumatic rock ~ (*min. t.*), perforatrice ad aria compressa. **50.** portable electric ~ (*mech. impl.*), trapanino elettrico, trapano elettrico portatile. **51.** radial ~ (*mach. t.*), trapano radiale. **52.** ratchet ~ (*t.*), trapano a cricchetto, trapano a cricco. **53.** rifle ~ (*t.*), punta cannone, punta da trapano per fori lunghi. **54.** rock ~ (*min. t.*), perforatrice. **55.** self-emptying ~ (for boring wells) (*min. t.*), trivella a valvola. **56.** sensitive ~ (*mach. t.*), trapano sensitivo. **57.** shot ~ (*min. t.*), sonda a graniglia.

58. spade ~ (flat drill) (*t.*), punta a lancia. **59.** single-twist ~ (*mech. t.*), punta da trapano ad una sola elica. **60.** star ~ (*rock t.*), punta a stella. **61.** straight-flute ~ (*mech. t.*), punta cannone. **62.** straight shank twist ~ (*metal w. t.*) (Brit.), punta da trapano elicoidale a codolo cilindrico. **63.** taper shank ~ (*metal w. t.*) (Brit,), punta da trapano a codolo conico. **64.** twist ~ (*t.*), punta elicoidale (per trapano). **65.** two-groove twist ~ (*t.*), punta ad elica a due princìpi. **66.** wood-boring brace ~ (*t.*), punta per menaruola.

drill (to) (*gen.*), forare, perforare. **2.** ~ (as a rail) (*mech.*), forare. **3.** ~ (*milit.*), addestrare. **4.** ~ (*agric.*), seminare. **5.** ~ (*mach. t. w.*), forare al trapano, trapanare. **6.** ~ (to free a particular railw. car from others on the same track by switching) (*railw.*), smistare, instradare.

drilled (*a. - mech.*), forato (al trapano). **2.** ~ (instructed) (*a. - gen.*), istruito, addestrato. **3.** ~ hole (*mech.*), foro trapanato.

driller (drill operator) (*work.*), trapanista. **2.** ~ (well drilling operator) (*min. work.*), trivellatore.

drilling (*mech.*), foratura. **2.** ~ (of a well) (*min.*), trivellazione, perforazione, sondaggio. **3.** ~ (*railw.*), *see* shunting. **4.** ~ and milling machine (*mach. t.*), trapanatrice-fresatrice. **5.** ~ bit (in wells drilling) (*min.*), trivella. **6.** ~ head (of a drilling machine) (*mech.*), testa per forare, testa della trapanatrice, testa portamandrini. **7.** ~ jig (*mech. device*), maschera per foratura. **8.** ~ machine (*mach. t.*), trapano, trapanatrice. **9.** ~ tool (for min.), fioretto da mina. **10.** aerated-mud ~ (drilling by injection of mud mixed with air) (*min.*), perforazione con fango misto ad aria, sondaggio con fango misto ad aria. **11.** angular ~ (*mech.*), foratura obliqua. **12.** articulated spindle ~ machine (*mach. t.*), trapanatrice con mandrino snodato. **13.** bench ~ machine (*mach. t.*), trapanatrice da banco, trapano da banco. **14.** column ~ machine (*mach. t.*), trapanatrice a colonna, trapano a colonna. **15.** horizontal ~ and tapping machine (*mach. t.*), trapanatrice-maschiatrice orizzontale. **16.** multiple-spindle ~ machine (*mach. t.*), trapanatrice a mandrini multipli, trapano multiplo. **17.** off shore ~ (submarine drilling) (*min.*), perforazione sottomarina, perforazione in mare aperto, trivellazione sottomarina, sondaggio sottomarino. **18.** pressure ~ (as of a well) (*min. - bldg. - etc.*), trivellazione a pressione, perforazione a pressione, sondaggio a pressione. **19.** radial ~ machine (*mach. t.*), trapanatrice radiale, trapano radiale. **20.** revolver ~ machine (*mach. t.*), trapanatrice a revolver. **21.** sensitive ~ machine (*mach. t.*), trapanatrice sensitiva, trapano sensitivo. **22.** straight-ahead ~ (*min.*), perforazione continua (e facile) (senza incontrare ostacoli). **23.** tap ~ (*mech.*), foro per maschiatura. **24.** ultrasonic ~ (the drilling of hard and brittle materials by ultrasonic vibrations) (*mech. t. - jewelry - etc.*), foratura con ultrasuoni. **25.** vertical ~ machine (*mach. t.*) (Brit.), trapanatrice verticale, trapano verticale. **26.** drillings (*mach. t.*), trucioli di trapanatura.

drillship (for oil research on the sea bottom) (*naut. - oil*), nave attrezzata per trivellazioni petrolifere.

drillstock (of mach. t.) (*mech. - technol.*), mandrino per punte da trapano.

D-ring (handle as used for pulling) (gen.) maniglia di forma semicircolare.

drink (beverage) (*ind.*), bibita.

drinkable (of water), potabile. **2.** ~ water (*gen.*), acqua potabile.

drinking fountain (as in a shop, for workers to drink from) (*bldg.*), fontanella a spillo, beverino.

drip (*arch. - ind.*), gocciolatoio. **2.** ~ pipe (as for draining condensate from another pipe) (*pip.*), tubetto di spurgo.

drip (to) (*gen.*), grondare, gocciolare.

drip-feed oiler (*of mach.*), oliatore (per caduta) a gocce.

dripping (as of something after washing) (*gen.*), sgocciolatura. **2.** ~ (dribble, as of oil leaking from an engine) (*mach. - mot. - etc.*), gocciolamento. **3.** ~ pan (*ind. app.*), scolatoio. **4.** ~ pan (of a kitchen app.) (*domestic impl.*), leccarda.

driprail (as of a hood cover) (*aut.*), gocciolatoio.

dripstone (*arch.*), gocciolatoio di pietra.

drive (apparatus for directing a selfpropelling vehicle) (*aut.*), guida. **2.** ~ (as between motor and mach.) (*mech.*), trasmissione, comando. **3.** ~ (operation: as of a mach.) (*mech. - etc.*), azionamento. **4.** ~ (power take-off: as for accessories of a motor) (*mech.*), presa di moto. **5.** ~ (*min.*), galleria in direzione lungobanco. **6.** ~ (as four wheel drive, front drive, electric drive etc.) (*aut. - etc.*), trazione. **7.** ~ (apparatus for writing or reading magnetic recordings) (*n. - electroacous.*), piastra, registratore con testine magnetiche e motori (senza amplificatore ed altoparlante). **8.** ~ (excitation: as of an electron tube etc.) (*elics.*), eccitazione. **9.** ~ (progression of horizontal excavation of a gallery) (*min.*), avanzamento. **10.** ~ (tape [or disk] drive mechanism) (*comp. - electroacous.*), sistema di trascinamento del nastro (o di rotazione del disco). **11.** ~ end (*mech. - elect. mach.*), *see* driving end. **12.** ~ fit (*mech.*), accoppiamento bloccato alla pressa. **13.** ~ gear (*mech.*), ingranaggio conduttore. **14.** ~ mechanism (of a steam locomotive) (*railw.*), movimento. **15.** ~ motor (main motor, as of a mach. t.) (*mach. - elect.*), motore principale. **16.** ~ side (of a gear tooth, driving side) (*mech.*), fianco attivo, fianco conduttore, fianco in tiro. **17.** belt ~ (*mech.*), trasmissione a cinghia. **18.** booster ~ (an auxiliary drive at an intermediate point along a conveyor) (*ind. mech.*), stazione motrice supplementare. **19.** chain ~ (*mech.*), trasmissione a catena. **20.** direct ~ (as in aut. gears), presa diretta. **21.** dynaflow ~, *see* fluid drive. **22.** extra light ~ fit (*mech.*) (Brit.), accoppiamento bloccato alla pressa (extraleggero). **23.** final ~ (from the propeller shaft to the live axle: reduction ratio at the differential) (*aut.*), coppia (di ingranaggi) al ponte. **24.** fluid ~ (by oil turbine: between gearbox and mot.) (*aut.*), giunto idraulico. **25.** fluid ~ (short for fluid drive transmission) (*aut.*), cambio idraulico. **26.** four-wheel ~ (*aut.*), trazione integrale, trazione sulle quattro ruote. **27.** front ~ (*veh. - aut.*), trazione anteriore. **28.** front-wheel ~ (front drive) (*veh. - aut.*), trazione anteriore. **29.** gear ~ (*mech.*), trasmissione a ingranaggi. **30.** hydraulic coupling ~ (*aut. - mech.*), accoppiamento idrodinamico, giunto idraulico. **31.** hydrodynamic ~ (*mech.*), trasmissione idrodinamica. **32.** infinitely-variable-ratio ~ (*mech.*), trasmissione a variazione continua del rapporto, trasmissione a rapporto variabile progressivamente. **33.** left-hand ~ (*aut.*), guida a sinistra. **34.** light ~ fit (*mech.*) (Brit.), accoppiamento bloccato alla pressa (leggero). **35.** magnetic disk ~ (peripheral unit) (*comp.*), unità a dischi magnetici. **36.** medium ~ fit (*mech.*) (Am.), accoppiamento bloccato alla pressa (leggero). **37.** minifloppy disk ~ (*comp.*), unità a minidisco flessibile. **38.** rack and pinion ~ (*mech.*), comando a cremagliera. **39.** rear ~ (as of a mot. vehicle) (*a. - aut. - etc.*), a trazione posteriore. **40.** rear-wheel ~ (rear drive) (*veh. - aut.*), trazione posteriore. **41.** reef ~ (*min.*), galleria in direzione entrobanco. **42.** remote ~ (as of a mach.), comando a distanza, telecomando. **43.** rhythmic ~ (*min.*), avanzamento ciclico, scavo ciclico di galleria. **44.** right-hand ~ (*aut.*), guida a destra. **45.** right-hand ~ (as of an accessory, looking the driving end) (*mech. - aer.*), comando destrogiro. **46.** rope ~ (*mech.*), trasmissione a fune. **47.** single ~ (as of a mach.), comando singolo. **48.** spring ~ (*mech.*), comando elastico, giunto parastrappi. **49.** tape ~ (tape transport mechanism) (*electroacous.*), sistema di trascinamento del nastro. **50.** V belt ~ (*mech.*), trasmissione a cinghie trapezoidali. **51.** worm ~ (*mech.*), coppia a vite, coppia vite-ruota.

drive (to) (as a veh., an aut.), guidare, condurre. **2.** ~ (as a nail) (*carp.*), piantare, conficcare. **3.** ~ (to force), infilare a forza. **4.** ~ (to impel), spingere. **5.** ~ (a screw) (*mech. - etc.*) avvitare. **6.** ~ (as a pile) (*bldg.*), infiggere, piantare. **7.** ~ (to force, as a valve seat in a cylinder head) (*mech.*), piantare. **8.** ~ in (as a rivet) (*mech.*), introdurre.

drivehead (in mech. disassembling for driving out some difficult items) (*mech. impl.*), estrattore, testina di estrazione.

drive-in (as a m. pict. theater accomodating automobiles from which the passengers may view the show) (*n. - aut. - comm.*), locale pubblico ove il cliente riceve il servizio rimanendo a bordo della propria automobile.

driveline (drive shaft and universal coupling) (*aut. mech. - etc.*), albero di trasmissione con relativo giunto cardanico.

driven (of a mechanical part kept in motion by another one) (*mech.*), condotto. **2.** ~ (provided with input and control signals) (*a. - comp.*), guidato. **3.** ~ ashore (of a boat) (*naut.*), tirato in secco. **4.** ~ disk (as of a clutch) (*mech.*), disco condotto. **5.** ~ gear (*mech.*), ingranaggio condotto. **6.** ~ in (*mech.*). piantato. **7.** steam - ~ car (steam car) (*aut.*), autovettura a vapore, vettura a vapore.

driver (*aut. work.*), conducente, autista. **2.** ~ (piece that keeps in motion another piece, as a rod, a gear etc.) (*mech.*), elemento conduttore. **3.** ~ (driving dog) (*mach. t. mech.*), menabrida, elemento conduttore, elemento trascinatore. **4.** ~ (pilot tube) (*radio*), valvola pilota, preamplificatrice. **5.** ~ (for screws) (*t.*), cacciavite. **6.** ~ (energizer) (*elect.*), eccitatore. **7.** ~ (type of program controlling the peripheral units) (*comp.*), pilota, programma di gestione. **8.** engine ~ (as of a steam engine) (*work.*), macchinista. **9.** hand-driven winch pile ~ (*bldg. app.*), battipalo con verricello a mano. **10.** pile ~ (*bldg. app.*), battipalo. **11.** pontoon pile ~ (*hydr. constr.*) (Am.), battipalo installato su pontone. **12.** steam-driven winch pile ~ (*bldg. app.*), battipalo con verricello a vapore. **13.** test ~ (*aut. work.*), collaudatore. **14.** tractor ~ (*work.*), trattorista. **15.** truck ~ (*work.*), camionista.

driver's cab (as of a crane, of a veh. etc.), cabina di manovra, cabina. **2.** ~ (as of a locomotive) (*railw.*), cabina del macchinista.

driver's licence (*aut.*), patente di guida.

drivescrew (*mech. - join.*), tipo di vite da porre in opera (almeno parzialmente) col martello.

"drivetrain" (assembly comprising the engine, transmission, propeller shaft and rear axle carrier) (*aut.*), gruppo motore-trasmissione-ponte.

drive-up (drink service, food service, bank service etc.) (*a. - aut. - comm.*), relativo al servizio effettuato a clienti che rimangono a bordo della loro automobile.

driveway (private road leading as from the public road to the house) (*road. - bldg.*), strada privata di accesso.

driving (as of a mot.) (*a. - mech.*), di comando. **2.** ~ (*n. - aut.*), guida. **3.** ~ (of piles) (*n. - bldg.*), infissione, battitura. **4.** ~ (as of a valve seat in a cylinder head) (*mech.*), piantaggio. **5.** ~ band (of a shell) (*artillery*), corona di forzamento. **6.** ~ belt (*mech.*), cinghia di trasmissione. **7.** ~ box (of a driving bogie) (*railw.*), cuscinetto di sala motrice. **8.** ~ end (as of an electric mot.) (*mech.*), lato accoppiamento. **9.** ~ gear (*mech.*), ingranaggio conduttore. **10.** ~ mirror (*aut.*), specchio retrovisivo. **11.** ~ plate (as of a lathe, grinding mach. etc.) (*mach. t. mech.*), disco menabrida, disco di trascinamento, disco menabriglia. **12.** ~ position (in a car) (*aut.*), assetto di guida, assetto del guidatore. **13.** ~ position (as of a railcar) (*veh.*), posto di guida. **14.** ~ shaft (*mech.*), albero motore. **15.** ~ side (of a gear tooth) (*mech.*) (Am.), fianco attivo, fianco conduttore, fianco in tiro. **16.** ~ side (of a mtc.), lato trasmissione. **17.** ~ spring (of a locomotive) (*railw.*), molla (ammortizzatrice) sull'asse motore. **18.** ~ sprocket (*mech.*), rocchetto conduttore a denti. **19.** ~ wheel (*mech.*), ruota motrice. **20.** non - ~ end (as of the shaft of an electric mot.) (*mech.*), lato opposto accoppiamento.

drizzle (*meteorol.*), pioviggine, pioggerella, pioggia fine (0,25 mm/h).

"DRN" (drawn) (*a. - mech. draw.*), disegnato.

drogue (sea anchor) (*aer. - naut.*), àncora galleggiante, àncora flottante. **2.** ~ (at the end of a tanker aircraft hose for refuelling in flight) (*aer.*), presa imbutiforme, raccordo terminale imbutiforme. **3.** ~ (wind sock) (*meteor.*), manica a vento. **4.** (long and flexible hose for refueling another airplane in flight) (*air force*), manica per rifornimento in volo. **5.** ~ (deceleration parachute) (*aer.*), paracadute ritardatore.

drome (airdrome) (*aer.*), aeroporto.

drone (pilotless radio remote-controlled airplane or vessel) (*aer. - naut.*), aeroplano (o nave) radiocomandato. **2.** ~ (sound as of an aircraft engine) (*mot. - etc.*), rombo. **3.** target ~ (*aer. - naut.*), aeroplano (o nave) bersaglio radiocomandato.

drone (to) (*acous.*), ronzare. **2.** ~ (*mot. - etc.*), rombare.

droop (sinking down) (*gen.*), abbassamento, caduta. **2.** ~ (drooping) (*mot.*), caduta. **3.** permanent speed ~ (permanent change of r.p.m. as of a governed diesel engine as with increasing load) (*mot.*), statismo, scarto permanente del numero di giri, variazione permanente del numero di giri. **4.** speed ~ (change of r.p.m. as of a diesel engine with increasing load) (*mot.*), scarto di giri, scarto del numero di giri, variazione del numero di giri. **5.** transient speed ~ (*mot.*), scarto transitorio del numero di giri, variazione transitoria del numero di giri.

drooped aileron (inclined of about 10 degrees downward) (*aer. bldg.*), alettone con inclinazione iniziale.

drooping (droop, falling) (*gen.*), caduta. **2.** ~ (slight falling off of voltage of an elect. mach. with increasing load) (*elect.*), caduta (di tensione).

drop (*phys.*), goccia. **2.** ~ (descent) (*road*), discesa. **3.** ~ (sudden fall), caduta. **4.** ~ (casting defect, drop of sand from the cope) (*found.*), franatura, caduta terra (dalla staffa superiore). **5.** ~ (drop curtain) (*theater*), sipario. **6.** ~ (fall of pressure) (*steam eng.*), salto (di pressione). **7.** ~ (descent by parachute) (*aer.*), discesa (con paracadute). **8.** ~ (fall of voltage) (*elect.*), caduta (di tensione). **9.** ~ arch, *see* depressed arch. **10.** ~ ball (for breaking pigs, scrap castings etc.) (*found.*), berta spezzaghisa. **11.** ~ black (type of black) (*paint.*), nero velluto. **12.** " ~ " compass (*draw. instr.*), balaustrino. **13.** ~ curtain (of theater), sipario. **14.** ~ drawer pull (as of a drawer) (*join.*), maniglia pivottante. **15.** ~ elbow (*pip.*), gomito flangiato da un solo lato. **16.** ~ forging (act of drop forging) (*forging*), fucinatura a stampo. **17.** ~ forgings (forged pieces) (*forging*), (pezzi) fucinati a stampo. **18.** ~ gate (*found.*), canale di colata diretta. **19.** ~ hammer (*forging mach.*), maglio a caduta libera, berta, maglio meccanico. **20.** ~ hanger (as of a pipe) (*installations fitting*), sospensione. **21.** ~ impact (as of a drop hammer) (*mech.*), urto di caduta. **22.** ~ in value (*finan.*), caduta delle quotazioni. **23.** ~ in voltage (*elect.*), caduta di tensione. **24.** ~ message (*air force*), messaggio lanciato da aeroplano. **25.** ~ press, *see* drop hammer. **26.** ~ screen (in a theater) (*arch.*), telone (d'intermezzo). **27.** ~ stamping (*technol.*), stampaggio al maglio. **28.** ~ stamping hammer (*forging mach.*), maglio per stampare. **29.** ~ testing machine (*testing mach.*), macchina per prove dinamiche, macchina (o apparecchio) per prove di resilienza. **30.** delayed ~ (of a parachute) (*aer.*), lancio con apertura ritardata. **31.** false ~ , *see* false retrieval. **32.** potential ~ (*elect.*), caduta di tensione. **33.** pressure ~ (as of steam in a boil.) (*gen.*), caduta di pressione. **34.** steering ~ arm (of aut.) (*mech.*), braccio comando sterzo. **35.** ~ , *see also* drops.

drop (to) (to lower) (*mech.*), calare, abbassare, lasciar cadere. **2.** ~ (bombs) (*aer.*), sganciare, lanciare. **3.** ~ (of the wind) (*naut. - meteorol.*), cadere, calare. **4.** ~ (to unlock the form and withdraw the chase after printing) (*typ.*), smarginare. **5.** ~ (to let down the landing gear) (*aer.*), abbassare (il carrello). **6.** ~ (to leave) (*gen.*), lasciare. **7.** ~ anchor (*naut.*), dar fondo all'àncora, gettare l'àncora. **8.** ~ a perpendicular (*geom.*), abbassare una perpendicolare. calare una perpendicolare. **9.** ~ out (as said of a relay) (*elect.*), diseccitarsi, cadere.

drop-forge (to) (*forging*), fucinare a stampo.

drophead (*a. - aut.*), decappottabile.

droplight (light point suspended by cord to the ceiling) (*elect. illum.*), calata luce.

drop-out (of a relay) (*elect.*), diseccitazione, caduta. **2.** ~ voltage (as of relay) (*elect.*), tensione di diseccitazione.

dropout (point of the magnetic tape with a lack as due to defective recording) (*n. - electroacous.*), interruzione.

dropper (fitting used for supporting the contact wire from the catenary wire, as in elect. traction systems) (*elect. railw*), pendino.

dropping (*a. - phys.*), di gocciolamento. **2.** " ~ " (molding by heating in a mold without the use of pressure) (*glass. mfg.*), curvatura a caduta. **3.** ~ bottle (*pharm.*), (bottiglietta) contagocce. **4.** ~ funnel (*chem. impl.*), imbuto contagocce.

droppings (of the wool) (*wool ind.*), borre.

drops (ornament) (*arch.*), gocce. **2.** ~ eliminator (as in compressed-air drying) (*ind. app.*), separatore di gocce, separatore di condensa.

dropsonde (radiosonde to be parachuted by aircraft) (*metereol.*), radiosonda a paracaduted (o cadente).

droptank (*aer.*), serbatoio sganciabile.

drosometer (for meas. dew quantity) (*meteorol. instr.*), drosometro.
dross (*found.*), scoria. **2.** ~ (waste matter) (*gen.*), materiale di scarto. **3.** ~ (small pieces of waste coal) (*min.*), carbone minuto di scarto.
drought (*agric.*), siccità.
drove (*road*), *see* bridle-path. **3.** ~ chisel (*stonecutter's t.*), scalpello per finitura.
droveway (*road*), *see* bridle-path.
drown (to) (to flood) (*hydr. - geogr.*), allagare.
drowned (*hydr. - geogr.*), allagato. **2.** ~ dam (*hydr.*), diga tracimante, pescaia. **3.** ~ piston (*hydr. mach.*) stantuffo tuffante.
drug (substance used for preparing medicines) (*pharm.*), sostanza medicinale.
druggist (*pharm.*), farmacista.
drugstore (*pharm.*), farmacia.
drum (*mech. - etc.*), tamburo. **2.** ~ (as for storing gasoline) (*ind.*), fusto. **3.** ~ (of the ear) (*med.*), timpano. **4.** ~ (rotor: as of a reaction turbine) (*mech.*) (Brit.), girante. **5.** ~ (the wall on which a cupola rests) (*arch.*), tamburo. **6.** ~ (revolving part of a beton mixer) (*bldg. mach.*), tamburo. **7.** ~ (*in hoisting app.*), tamburo. **8.** ~ (drum-tumbler, for treating hides) (*leather ind.*), bottale, tamburo. **9.** ~ (column shaft) (*arch.*), fusto. **10.** ~ (magnetic drum for memorizing: mass memory) (*comp.*), tamburo magnetico. **11.** ~ barker (machine for removing bark from pulpwood logs) (*paper mfg. mach.*), scortecciatrice a tamburo rotante. **12.** ~ carrier (for fork lift trucks) (*impl.*), attrezzo per trasporto fusti. **13.** ~ dam (*hydr.*), paratoia cilindrica. **14.** ~ drive unit (unit consisting of magnetic drum mechanics and electronics) (*comp.*), unità a tamburo (magnetico). **15.** ~ plotter (*comp.*), registratore grafico (o diagrammatore) a tamburo. **16.** ~ printer (kind of impact printer) (*comp.*), stampante a tamburo. **17.** ~ storage (*comp.*), memoria a tamburo. **18.** ~ strainer (*filtering device*), depuratore (o filtro) cilindrico. **19.** ~ tannage (*leather ind.*), concia al bottale. **20.** ~ washer (contrivance in the hollander) (*paper mfg. mach.*), cilindro lavatore, tamburo lavatore. **21.** ~ winding (*elect.*), avvolgimento a tamburo. **22.** ~ with left-hand groove (as in hoisting app.) (*mech.*), tamburo elicoidale sinistro. **23.** ~ with right-hand groove (as in hoisting app.) (*mech.*), tamburo elicoidale destro. **24.** barking ~ (*paper mfg. mach.*), tamburo scortecciatore. **25.** chain ~ (as in hoisting app.) (*mech.*), tamburo per catena. **26.** coiling length of ~ (as in hoisting app.) (*mech.*), lunghezza d'avvolgimento del tamburo. **27.** driving ~ (of a belt grinder) (*mach. t. - mech.*), rullo conduttore. **28.** friction ~ (as in hoisting app.) (*mech.*), tamburo ad attrito. **29.** front brake ~ (as of aut.), tamburo per freni anteriori. **30.** magnetic ~ (*comp.*), tamburo magnetico. **31.** measuring ~ (part of a paper cutter) (*paper cutting mach.*), tamburo misuratore. **32.** mud ~ (of boil.), collettore di fango. **33.** rear brake ~ (as of aut.), tamburo per freni posteriori. **34.** steam ~ (of boil.), corpo cilindrico. **35.** transport ~ (for ind.), fusto da trasporto. **36.** type ~ (*comp.*), tamburo porta caratteri.
drum (to) (to treat hides in a drum) (*leather ind.*), bottalare.
drumhead (of a capstan) (*naut.*), testa (d'argano).
drumming (milling, of hides) (*leather ind.*), bottalatura. **2.** ~ (*mech.*), barilatura, bottalatura.
drunken (impregnated with moisture) (*phys.*), inzuppato. **2.** ~ saw (a circular saw fixed at an angle on its spindle) (*mach.*), segatrice circolare a lama obliqua.
druse (group of crystals projecting from a surface) (*min.*), drusa.
dry (*a. - gen.*), secco. **2.** ~ (brittle) (*a. - metall.*), fragile. **3.** ~ (coarse-grained) (*a. - metall.*), a grano grosso. **4.** ~ (impure) (*a. - metall.*), impuro. **5.** ~ (as of a wall built without mortar) (*a. - mas.*), a secco. **6.** ~ (as of an aut. clutch) (*a. - mech.*), a secco. **7.** ~ battery (*elect.*), batteria a secco, pila a secco. **8.** ~ bone (dry-bone ore) (*min.*), *see* smithsonite. **9.** ~ cell (*elect.*), elemento (di pila) a secco. **10.** ~ cleaning (as of textiles), pulitura a secco. **11.** ~ clutch (*mech.*), frizione a secco. **12.** ~ dash (*bldg.*), *see* pebble dash. **13.** ~ distillation (*chem.*), distillazione a secco. **14.** ~ dock (*naut.*), bacino di carenaggio. **15.** ~ end (drying section of the paper machine) (*paper mfg. mach.*), seccheria, parte secca. **16.** ~ freeze (soil freezing without hoarfrost) (*meteorol.*), gelata secca. **17.** ~ goods (hardware) (*ind.*) (Australian), ferramenta, articoli di ferro. **18.** ~ goods (soft goods; textile fabrics in general) (*text. ind.*) (Am.), tessuti. **19.** ~ hole (well drilled without water) (*oil drilling*), pozzo trivellato a secco. **20.** ~ hole (well not producing oil or gas in commercial quantities) (*min.*), pozzo commercialmente non sfruttabile. **21.** ~ ice (solidified CO_2) (*ind. chem.*), ghiaccio secco, anidride carbonica solida. **22.** ~ kiln (for wood) (*wood ind.*), essiccatoio. **23.** ~ masonry (*mas.*), muratura a secco. **24.** ~ measure (*meas. unit*), unità di capacità per aridi. **25.** ~ pile (*elect.*), pila a secco. **26.** ~ rot (decay: as of seasoned timber) (*wood*), marciume secco. **27.** ~ sand (*found.*), terra a secco. **28.** ~ sanding (as in aut. paint.), carteggiatura (o scartatura o pomiciatura) a secco. **29.** ~ sand slab (*found.*), strato di terra a secco. **30.** ~ steam (*thermod.*), vapore secco. **31.** ~ steam machine (*text. mach.*), decatitrice a secco. **32.** ~ store (*bldg.*), magazzino con aria refrigerata. **33.** ~ strength (as of foundry sands) (*found.*), coesione a secco. **34.** ~ taping (method of obtaining a striped warp) (*text.*) (Brit.), *see* Scotch dressing. **35.** ~ to handle (said of a paint drying stage) (*a. - paint.*), asciutto maneggiabile. **36.** ~ wall (*bldg.*), muro a secco. **37.** ~ weight (weight of the engine without oil, water and exhaust manifold) (*aer.*), peso (del motore) a secco. **38.** ~ well (well not yielding oil or gas in commercial quantities) (*min.*), *see* dry hole. **39.** ~

wood (*wood*), legname essiccato. **40.** air - ~ (of wood pulp) (*paper mfg.*), secco atmosferico. **41.** bone - ~ (absolutely dry, moisture free, as of woodpulp) (*paper mfg. - etc.*), secco assoluto. **42.** dust ~ (said of a paint drying stage, when dust no longer adheres) (*a.- paint.*), fuori polvere. **43.** surface ~ (as of a paint drying stage) (*a. - paint. - etc.*), essiccato in superficie. **44.** touch ~ (as of a paint drying stage) (*a. - paint.*), asciutto al tatto.

dry (to) (*ind.*), essiccare, asciugare, seccare.

dry-bulb temperature (for humidity meas.), temperatura (letta) al termometro asciutto. **2.** ~ thermometer (as of a psychrometer) (*phys. instr.*), termometro con bulbo asciutto.

dry-clean (to) (as textiles), pulire a secco.

dry-cleanse (to), *see* dry-clean (to).

dry-dock (to) (to place a vessel in a dry dock) (*naut.*), mettere in bacino di carenaggio.

dryer, *see* drier.

dryerman (*work.*), *see* drierman.

drying (*a. - ind.*), essiccante. **2.** ~ (as of a paint) (*n. - ind.*), essiccamento, essiccazione. **3.** ~ (that which has the property of becoming dry), essiccativo. **4.** ~ agent (drier) (*chem. ind.*), essiccante. **5.** ~ capability (*paint.*), essiccabilità. **6.** ~ chamber (as for textile material) (*text. ind.*), essiccatoio. **7.** ~ cylinder (hollow cylinder heated by steam, for drying paper in a paper making mach.) (*paper mfg.*), cilindro essiccatore, tamburo essiccatore. **8.** ~ process (*ind.*), essiccazione, processo di essiccazione. **9.** ~ up (defect: as in a mot.) (*mech.*), (grippaggio per) mancanza d'olio. **10.** air ~ (as of a paint) (*gen.*), essiccamento all'aria. **11.** forced ~ (by heat not exceeding 150° F) (*paint.*), essiccamento forzato, essiccamento in camera calda. **12.** surface ~ (as of a paint) (*paint. - etc.*), essiccamento superficiale. **13.** yarn ~ loft (*text. ind.*) camera di essiccamento per filati.

dryness (*gen.*), secchezza.

dry-rubber content (*rubb. ind.*), contenuto solido di gomma.

dry-stone wall (*mas.*), muro a secco.

dry-sump lubrication (as in a mtc. mot.) (*mech.*) (Brit.), lubrificazione a coppa secca.

dry-wall construction (*mas.*), muri a secco.

dryworker (working in the drying dept. of a paper mill, drierman) (*paper mfg.*), (operaio) addetto all'essiccazione.

"DS", *see* data set.

"DSB" (Double Sideband) (*radio*), doppia banda laterale.

"DSR" (drawn and stress-relieved: as copper) (*heat - treat.*), trafilato e disteso.

"DSRV" (deep submergence rescue vehicle) (*navy*), batiscafo semovente per salvataggi in alti fondali.

"DT" (diamond turn) (*mech. draw.*), tornire col diamante. **2.** ~ (dual tires) (*aut.*), doppi pneumatici. **3.** ~ (deep tank) (*naut.*), stiva cisterna.

"DTD" (Directorate of Technical Development) (*technol.*) (Brit.), Direttorato Sviluppo Tecnico.

"DTL", *see* diode transistor logic.

"DT μL" (Diode Transistor MicroLogic circuit) (*elics.*), (circuito) micrologico a diodi e transistori.

"du", *see* dual.

dual, doppio. **2.** ~ (*a. - math.*), duale. **3.** ~ headlights (*aut.*), doppi fari, doppi proiettori. **4.** ~ ignition (obtained independently from a battery and a magneto) (*aut.*), doppia accensione.

dual-channel (*a. - electroacous.*), a doppio canale, a due canali.

dual-control (as of an airplane), a doppio comando, bicomando.

dual-fuel (of an engine running both on oil and gas) (*a. - eng.*), a doppio combustibile.

dual-seal (as of a joint) (*a. - pip.*), a doppia tenuta.

dual-tired (*a. - aut.*), a pneumatici gemelli.

dub (to) (generally into a foreign language: of sound films) (Am.) (m. pict.), doppiare, doppiare il parlato. **2.** ~ (to dress, as lumber with an adz) (*gen.*), asciare. **3.** ~ (to rerecord) (*electroacous.*), fare una copia di una registrazione.

dubbed (generally into a foreign language: of sound films) (*m. pict.*), doppiato.

dubbin, dubbing (mixture of oil and tallow for dressing leather) (*leather ind.*), grasso per cuoio, patina di sego ed olio per cuoio.

dubbing (substitution of the sound track by another track, as in foreign language) (*m. pict. - audiovisuals*), doppiaggio. **2.** ~ (a rerecording action with addition of sound effects or background music etc.) (*m. pict. - audiovisuals*), riregistrazione audio, riversamento audio. **3.** ~ (a rerecording of a combination of various sources of sound into one record) (*m. pict. - audiovisuals*), riregistrazione di missaggio. **4.** " ~ out" (plastering an irregular surface to a plane one) (*mas.*), intonacatura di livellamento. **5.** audio ~ (rerecording of sound: as on a recorded video-tape) (*audiovisuals*), riversamento del suono. **6.** tape ~ (copying videotape on another videotape: as in editing) (*audiovisuals*), riversamento del contenuto del nastro.

duck (*veh.*), anfibio. **2.** ~ (fabric used for sails which is lighter than canvas) (*naut.*), olonetta, tela fine da vele, tela da tende.

duckbill (flange for increasing traction in muddy terrain) (*veh.*), paletta di aderenza. **2.** ~ (type of power showel used for loading coal in a mine) (*min. - mach.*), pala caricatrice motorizzata.

duct (*gen.*), condotto. **2.** ~ (as for conveying fluids) (*hydr. - ind.*), condotto. **3.** ~ (metal pipe used for conveying air from air-conditioning devices) (*pip.*), condotto, canale. **4.** ~ (pipe set in a wall chase etc. for containing electric, telephone etc. cables), canalizzazione, tubo "Elios", tubo "Bergmann", tubo protettivo. **5.** ~ (ink fountain, of a printing mach.) (*print. mach.*), calamaio. **6.** ~ (atmospheric layer having directional action) (*radio*), strato atmosferico con azione direttrice di propagazione, **7.** ~ (underground pipeline conveying water, gas, electric, telephonic cables etc.)

(*pipeline*), conduttura interrata. **8.** ~ fan (*ventil. mach.*), ventilatore intubato. **9.** ~ roller (of a printing mach.) (*print. mach.*), rullo del calamaio. **10.** bus ~ (*elect.*), blindosbarra. **11.** cable ~ (as for the electric cables of an aircraft) (*elect.*), condotto cavi, condotto di passaggio dei cavi. **12.** cooling ~ (as of elect. mach.), canale di ventilazione. **13.** d ~, D ~ (for thermic deicing: as of a wing border) (*aer.*), condotto (di aria calda) antighiaccio. **14.** overhead ~ for pipes and electric cables (*bldg.*), canalizzazione aerea per (passaggio) condutture e cavi elettrici. **15.** ventilating ~ (of an elect. mach.), canale di ventilazione.

ducted (as a fan etc.) (*mach.*), intubato.

ductibility, *see* ductility.

ductile (of metals), duttile. **2.** ~ (of water: conveyable in channels) (*a. - hydr.*), incanalabile.

ductility (of metals), duttilità.

ducting (as of microwaves) (*radio*), incanalamento. **2.** BLC (boundary layer control) air ~ (*turbojet eng.*), condotto aria per controllo strato limite.

ductor (ductor roller, drop roller, dropping at intervals for feeding ink) (*print. mach.*), rullo prenditore, penna.

dud (*expl.*), proiettile inesploso, bomba (o razzo) inesplosa (o).

due (*gen.*), dovuto. **2.** ~ (*finan.*), in scadenza, che ha raggiunto la data entro cui deve esser pagato, pagabile, scaduto, maturato. **3.** ~, *see also* dues.

dues (*finan.*), tributi, diritti, tasse. **2.** anchorage ~ (*naut. comm.*), diritti di ancoraggio. **3.** harbor ~ (*naut. comm.*), diritti portuali. **4.** quay ~ (dockage, wharfage, quayage) (*naut. comm.*), diritti di banchina. **5.** trade union ~ (*pers.*), contributi sindacali.

duff (coal dust) (*fuel*), polvere di carbone.

duffel (a coarse woollen cloth) (*text.*), (tipo di) tessuto di lana grossolano. **2.** ~ (kit or supplies for a purpose) (*gen.* - coll.) (Am.), attrezzatura di corredo. **3.** ~ bag (canvas bag) (*milit. - etc.*), sacco per gli effetti personali.

dugout (shelter) (*milit.*), ricovero, rifugio.

dugway (*road*), strada a mezzacosta.

dull (as of a color) (*a. - paint.*), piatto, diluito, opaco. **2.** ~ (as of light) (*gen.*), debole. **3.** ~ (as of tools) (*a. - mech. - gen.*), consumato. **4.** ~ (as of noise) (*acous.*), sordo. **5.** ~ (lacking brilliance) (*phys.*), opaco. **6.** ~ finish (natural finish of papers which have not been glazed) (*paper mfg.*), finitura opaca. **7.** ~ red (of iron) (*a. - metall.*), rosso cupo.

dull (to) (to make dull) (*gen.*), rendere opaco, opacizzare. **2.** ~ (as of a tool, to wear) (*mech.*), consumarsi, usurarsi.

dullness (lack of luster) (*opt.*), opacità. **2.** ~ (of trade) (*comm.*), ristagno. **3.** ~ (lack of sharpness) (*t.*), mancanza di affilatura.

dumb (having no proper means of locomotion: as a lighter) (*naut.*), da rimorchiare, senza mezzi propri di locomozione. **2.** ~ (mute) (*gen.*), muto. **3.** ~ (stupid: as of a terminal without programmable memory) (*a. - comp.*), non intelligente. **4.** ~ chalder (dumb cleat, rudder gudgeon type) (*naut.*), tipo di femminella del timone. **5.** ~ iron (rigid piece connecting the frame and spring shackle as of a car) (*aut.*), supporto del biscottino.

dumbbell (gymnastic weight) (*sport*), peso. **2.** ~ test strip (in rubber test) (*rubb. ind.*), provino lineare.

dumbo (seaplane for naval use) (*aer.*) (Am. coll.), idrovolante per ricerche e salvataggi.

dumbwaiter (small food elevator for dishes: of one story) (*obsolete hoisting device*), calapranzi.

dumdum bullet (*expl. - sport*), proiettile dumdum.

dummy (*a. - gen.*), finto, falso. **2.** ~ (locomotive with condenser) (*railw.*), locomotiva (a vapore) con condensatore. **3.** ~ (pattern volume made as an edition trial) (*print.*), menabò. **4.** ~ (*mach. t.*), *see* profiling machine. **5.** ~ (a mechanical device operated by foot, for wetting, raising, opening and closing the paste mold in mouthblowing) (*glass mfg.*), macchinetta chiudistampo a pedale. **6.** ~ (die-forging) (*metall.*), impronta. **7.** ~ (profile model) (*mech. impl.*), sagoma. **8.** ~ (switching locomotive) (*railw.*), locomotiva di manovra con ruote e biellismi protetti. **9.** ~ (a four side lights device for traffic control) (*road app.*), semaforo per quadrivi. **10.** ~ (fictitious) (*a. - comp.*), fittizio. **11.** ~ bomber (*air force*), falso bombardiere, sagoma di bombardiere. **12.** ~ cartridge (*milit.*), cartuccia a salve. **13.** ~ cartridge, *see also* drill cartridge. **14.** ~ plug (*mot.*), falsa candela.

dump (*bldg.*), scarico. **2.** ~ (waste dump) (*min.*), discarica. **3.** ~ (tilting-body car) (*railw.*) (Am. coll.), carro ribaltabile. **4.** ~ (device for dumping as cars) (*railw. - etc.*), ribaltatore. **5.** ~ (nail or short bolt used for securing planks) (*shipbuild.*), chiodo. **6.** ~ (a copy, that may be printed, of the data contained in a computer's internal storage) (*comp.*), copia del contenuto della memoria, stampato (o scarico) di memoria, dump. **7.** ~ body (of a motor truck) (*veh.*), cassone ribaltabile. **8.** ~ box (*ind. transp.*), cassone di scarico. **9.** ~ car (tipping wagon) (*light railw. veh.*), vagonetto a bilico. **10.** ~ rake (*agric. mach.*), rastrello meccanico. **11.** ~ tape (copy of the storage content) (*comp.*), nastro dello (o contenente lo) scarico di memoria. **12.** ~ test (*forging test*), *see* upending test. **13.** ~ truck (*aut.*), autocarro con cassone ribaltabile. **14.** ~ valve (to jettison fuel) (*aer.*), valvola di scarico rapido. **15.** dynamic ~ (performed while program is running) (*comp.*), ammasso (o scarico) dinamico, copiatura dinamica. **16.** memory ~ (storage dump: a print-out of the whole memory content) (*comp.*), copia (o stampato, o scarico, o ammasso) di memoria, dump di memoria. **16.** post mortem ~ (main memory printout) (*comp.*), scarico al termine, ammasso alla fine, dump postmortem. **17.** programmed ~ (the printing of the memory content) (*comp.*), stampa programmata (del contenuto di memoria). **18.** rotary

~ (as of a mine car) (*min. - etc.*), ribaltatore rotante. **19.** salvage ~ (*ind.*), raccolta di materiali di ricupero. **20.** snapshot ~ (the rapid printing of the wanted part of the main memory content) (*comp.*), stampaggio (o scarico) istantaneo, dump istantaneo. **21.** static ~ (printout taken at the end of the program run) (*comp.*), stampaggio (o scarico) statico, dump statico. **22.** storage ~, *see* memory dump.

dump (to) (*gen.*), scaricare alla rinfusa. **2.** ~ (to sell at a very low price) (*comm.*), svendere. **3.** ~ (to compress, as by hydraulic machinery, as wool) (*for transp.*), pressare. **4.** ~ (to sell abroad at less than the home market price) (*comm.*), esportare sottocosto. **5.** ~ (to copy, as by a printer, the whole data contained in a computer's internal storage) (*comp.*), copiare (o stampare, o scaricare) il contenuto della memoria.

dumper (dump truck: with dump body) (*aut.*), autoribaltabile, ribaltabile, autocarro con cassone ribaltabile. **2.** ~ (device for unloading cars) (*railw.*), rovesciatore.

dumping (upending) (*forging*), ricalcatura, rifollatura. **2.** ~ (pressing, as of wool) (*for transp.*), pressatura. **3.** ~ (selling abroad at less than home market price) (*comm.*), "dumping", esportazione sottocosto. **4.** ~ press (as for baling wool) (*mach.*), pressa per balle. **5.** ~ wagon (*railw.*), carro ribaltabile, carro rovesciabile.

dumpman (*min. work.*), scaricatore.

dumpy level (*top. instr.*), livello a cannocchiale, livello da geometri.

dune (*geol.*), duna. **2.** ~ buggy (small, very fast, steady and high-controllable recreational car) (*aut. sport*), "dune buggy", "pulce delle dune".

dung (*agric.*), concime, letame.

dunnage (padding or loose and soft materials used in a shipping container for the protection of goods) (*transp.*), materiale sciolto (da imbottitura) per imballaggi.

duodecimo (12mo, twelvemo) (*print.*), dodicesimo.

duopoly (market condition in which there are only two producers of the same goods) (*comm.*), duopolio.

duotone (having two colors) (*a. - color*), bicolore. **2.** ~ printing (*print.*), stampa a due colori, duplex.

"dup", *see* duplicate, duplex.

duplex, doppio. **2.** ~ (paperboard made of two plies) (*paperboard*) cartone a due strati. **3.** ~ (two simultaneous communications on both ways over one wire) (*a. - tlcm.*), a duplex, con sistema duplex. **4.** ~ (operating by two tools instead of one) (*a. mach. t.*), doppio. **5.** ~ channel (*tlcm. - comp.*), canale duplex. **6.** ~ diode (*radio*), doppio diodo, bidiodo. **7.** ~ diplex (a term sometimes applied to quadruplex telegraphy) (*telegraphy*), duplex-diplice. **8.** ~ house (*bldg.*), casa per due famiglie **9.** ~ process (steel treated by two systems: first with Bessemer and after with electric furnace system) (*metall.*), processo duplex. **10.** ~ pump (*boiler pump*), cavallino a due cilindri. **11.** ~ watch (duplex escapement watch) (*horologery*), orologio a doppio scappamento. **12.** double-channel ~ (*tlcm.*), duplex a doppio canale. **13.** full ~ (*comp.*), duplex integrale, bidirezionalità simultanea.

duplexer (radar aerial used both for receiving and transmitting) (*radar*), antenna a relè ricetrasmittente.

duplexing (duplex refining process made in two different types of furnace) (*metall.*), processo duplex, processi Bessemer e successivo al forno elettrico. **2.** ~ (duplex transmission of messages) (*tlcm.*), trasmissione in duplex.

duplicate, duplicato. **2.** ~ (*m. pict.*), controtipo.

duplicate (to) (*gen.*), duplicare, riprodurre. **2.** ~ (a film) (*m. pict.*), stampare un controtipo.

duplicated (*a. - gen.*), duplicato. **2.** ~ negative (in film duplicating) (*m. pict.*), controtipo negativo.

duplicating (doubling) (*gen.*), raddoppio. **2.** ~ (execution of a copy) (*gen.*), esecuzione di una copia. **3.** ~ lathe (*mach.*), tornio riproduttore, tornio a copiare. **4.** ~ of a film (*m. pict.*), stampa di un controtipo.

duplicator (copying mach.), copialettere. **2.** ~ (for making copies: as of letters) (*app.*), duplicatore.

dura (Indian millet) (*agric.*), dura, durra.

durability (*paint.*), durata, durevolezza, durabilità.

durable (*gen.*), durevole, duraturo. **2.** ~ press (special treatment for increasing wrinkle persistence) (*fabrics*), plissettaggio, pieghettatura.

durableness (*gen.*), durata.

dural (duralumin) (*alloy*), duralluminio, dural.

duralumin (*alloy*), duralluminio.

duramen (of a tree), durame.

duration, durata. **2.** run ~ (running time for a programmed execution) (*comp.*), tempo di esecuzione.

durometer (*meas. instr.*), durometro, sclerometro.

dust (*gen.*), polvere. **2.** ~ (very fine aggregate, for concrete) (*bldg.*), inerte finissimo. **3.** ~ bag (as of a vacuum cleaner) (*domestic app.*), "sacco di carta", filtro di carta a sacco per raccolta polvere. **4.** ~ chamber (for permitting gases to deposit solid particles) (*ind. app.*), camera di depolverizzazione. **5.** ~ collection (dust exhaustion) (*ind.*), depolverazione, captazione delle polveri. **6.** ~ collector (*ind.*) (Brit.), impianto per captazione polveri. **7.** ~ counter (for meas. the number of dust particles per unit of volume of air) (*meas. app.*), contapolvere, strumento per determinare il numero delle particelle di polvere per unità di volume. **8.** ~ cover (*mech.*), parapolvere. **9.** ~ devil (sand or dust column) (*meteorol.*), turbine di sabbia (o di polvere). **10.** ~ exhaust (dust remover) (*app.*), depolverizzatore, separatore delle polveri. **11.** ~ exhaust (in dry grinding) (*ind. app.*), impianto di aspirazione polveri. **12.** ~ extracting plant (*ind. app.*), impianto di aspirazione polveri. **13.** ~ remover (air filter of an i.c.eng.) (*aut. - mot. - etc.*), filtro aria. **14.** ~ storm (*meteorol.*), tempesta di polvere. **15.** ~ trap (*ind.*) (Brit.), separatore di polveri. **16.** centrifugal ~ separator (cyclone) (*min. - ind. device*), ciclone, separatore centrifugo della polvere. **17.** emery ~ (*mech.*), polvere da smeriglio. **18.** file ~ (*mech.*), limatura. **19.** meteor ~ (*astron. - space*), polvere meteorica. **20.** meteoritic ~ (*astron. - space*), polvere meteorica. **21.** rag ~ (*paper mfg.*), polvere di stracci.

dust (to) (to make dusty) (*v. t. - gen.*), impolverare. **2.** ~ (to sprinkle with dust, powder etc.) (*v. t. - gen.*), cospargere di polvere. **3.** ~ (to free from dust) (*v. t. - gen.*), spolverare. **4.** ~ (to apply as insecticide in dust form) (*v. t. - agric.*), irrorare, polverizzare. **5.** ~ (*v. i. - gen.*), impolverarsi.

dustbin (Brit.), pattumiera.

duster (for spraying insecticidal dusts) (*agric. device*), polverizzatore. **2.** ~ (*min.*), see dry hole. **3.** ~ (mechanical contrivance for removing dust from rags, etc.) (*paper mfg. mach.*), spolveratore (per stracci), spolveratrice (per stracci), "lupo". **4.** electric ~ (*domestic app.*) (Brit.), aspirapolvere elettrico.

dusting (*aer. - agric.*), spargimento di polveri, irrorazione. **2.** ~ (formation of dust as on a concrete floor) (*civ. eng.*), formazione di polvere.

dustproof (dust-tight: as of an elect. mach., of an aut., trunk etc.) (*ind.*), (Brit.), a tenuta di polvere.

Dutch arch (*mas.*), arco piano di mattoni.

Dutch door (a door divided in two parts horizontally, so that the lower part can be shut and fastened, while the upper part can be open) (*bldg.*), porta divisa orizzontalmente.

Dutch engine, *see* hollander.

dutchman (thin piece of wood or metal) (*join. - mech. - etc.*), *see* shim.

Dutch metal, *see* tombac.

duty (amount of work made for a given quantity of absorbed energy) (*of mach.*), rendimento di lavoro. **2.** ~ (assigned service), compito. **3.** ~ (performances of a mach.), caratteristiche d'impiego. **4.** ~ (payment imposed by customs) (*comm.*), dazio, dazio doganale. **5.** ~ (rank of an officer or employee of a firm), grado. **6.** ~ (working, as of an elect. motor) (*mot. - mach.*), servizio, funzionamento. **7.** ~ cycle (% ratio between the time the signal is active and the total time of the cycle) (*comp.*), ciclo di lavoro utile, indice di utilizzazione. **8.** ~-free (from payment imposed by customs) (*comm.*), in franchigia doganale. **9.** ~ officer (*milit.*), ufficiale di servizio, ufficiale di picchetto. **10.** ~ of water (quantity of water necessary per unit of irrigated surface) (*hydr. - agric.*), quantità d'acqua occorrente per unità di superficie. **11.** ~ paid (*comm.*), franco di dazio, dazio compreso. **12.** ~ unpaid (*comm.*), dazio escluso. **13.** active ~ (active service) (*milit.*), servizio attivo. **14.** continuous ~ (working, as of an elect. motor) (*mot. - mach.*), servizio (o funzionamento) continuo. **15.** countervailing ~ (custom action) (*comm.*), ritorsione doganale. **16.** custom ~ (*comm.*), dazio doganale. **17.** death ~ (death tax) (*law - adm.*), imposta di successione. **18.** delivered ~ paid (custom paid) (*comm. - transp.*), reso sdoganato. **19.** discriminating ~ (sum imposed as a tax on particular goods) (*comm.*), dazio discriminatorio. **20.** heavy ~ (*mach. - mot.*), servizio pesante. **21.** import ~ (*comm.*), dazio d'importazione. **22.** intermittent ~ (working, as of an elect. motor) (*mot. - mach.*), servizio (o funzionamento) intermittente. **23.** short-time ~ (as of an elect. mach.) (*mot. - mach.*), servizio di durata limitata.

duty-free (*a. - comm.*), esente da dogana (o dazio doganale).

"dvm" (digital voltmeter) (*elics. instr.*), voltmetro digitale.

"dvr", *see* driver.

"DW", *see* distilled water.

"dw" (dead weight) (*comm. transp.*), peso lordo.

"dwc" (dead-weight capacity) (*naut. comm. transp.*), portata lorda,

dwell (*gen.*), sosta. **2.** ~ (sparkout, of a grinding wheel) (*mech.*), rotazione sul pezzo ad avanzamento fermo, morte sul pezzo. **3.** ~ angle (cam angle, of ignition distributor, number of degrees of rotation of the ignition distributor shaft during which the contact points are closed) (*mot. - elect.*), angolo di chiusura, angolo di camma, "dwell". **4.** ~ meter (ignition testing instr.) (*elect. - mot. - instr.*), misuratore dell'angolo di chiusura, misuratore di "dwell". **5.** ~ time (as of a tool at the end of the feed) (*mech. technol.*), tempo di sosta.

dwell (to) (*bldg. - etc.*), abitare. **2.** ~ (to spark-out, of a grinding wheel) (*mech.*), morire sul pezzo, ruotare sul pezzo ad avanzamento fermo.

dwelling (*gen.*), residenza, dimora. **2.** ~ house (*arch.*), casa di abitazione, edificio ad uso di abitazione.

"dwg" (drawing) (*draw.*), disegno. **2.** ~, *see* dwelling.

"DWT" (deadweight ton) (*naut.*), tonnellata di portata lorda.

"dwt" (*weight meas.*), *see* pennyweight.

DX (distance) (*radio*), distanza.

Dy (dysprosium) (*chem.*), disprosio.

"dy", *see* delivery.

dyad (*a. - chem.*), bivalente. **2.** ~ (*n. - chem.*), elemento bivalente. **3.** ~ (*n. - math.*), coppia.

dyadic (*a. - math. - comp.*), diadico. **2.** ~ logical operation (Boolean operation) (*comp.*), operazione logica (o Booleana) diadica.

dye (dyestuff), colorante, sostanza colorante, materia colorante, tintura, bagno di colore. **2.** ~ (color obtained by dyeing) (*text. ind. - etc.*), tinta. **3.** ~ spots (defects of paper) (*paper mfg.*), macchie di colore. **4.** ~ works (*ind.*), colorificio. **5.** acid ~ (*chem. ind.*), colorante acido. **6.** basic ~ (*chem. ind.*), colorante basico. **7.** developing ~ (*chem. ind.*), colorante sviluppato (su fibra). **8.** direct cotton ~ (as the benzidine dye) (*text. - ind.*), colorante sostantivo per cotone. **9.** direct ~ (not needing mordants) (*text. ind.*), colorante diretto. **10.** mordant ~ (phenolic dye) (*chem. ind.*), colorante a mordente, colorante fenolico. **11.** substantive ~ (a direct dye; as for cotton) (*text. ind.*), colorante sostantivo. **12.** vat ~ (*text. ind.*), colorante al tino.

dye (to) (as a cloth) (*text. ind.*), tingere. **2.** ~ in the wool (*dyeing*), tingere la lana. **3.** ~ in the yarn (*dyeing*), tingere il filato.

dyebath (*text. ind.*), bagno colorante.

dyed, tinto. **2.** yarn - ~ (*text. ind.*), tinto in filato.

dyed-in-the-wool (dyed before spinning) (*text. ind.*), lana tinta in fibra.

dyehouse (factory department) (*text. mfg.*), tintoria, reparto tintoria.

dyeing (art) (*text. ind.*), arte di tingere, tintoria. **2.** ~ (process) (*text. ind. - etc.*), tintura. **3.** ~ machine (dyeing apparatus) (*text. ind.*), apparecchio per tingere. **4.** ~ material (*text. ind.*), materie coloranti. **5.** ~ plant (*ind.*), tintoria. **6.** ~ vat (*text. ind.*), vasca per tingere. **7.** hank ~ apparatus (*text. ind.*), apparecchio per la tintura in matasse.

dyer (*text. ind. work.*), tintore.

dyestuffs (*ind. chem.*), materie coloranti.

dyewood (*ind.*), legname usato per l'estrazione di materie coloranti per tintoria, legno tintorio.

dying (stopping its functioning) (*a. - mot. - etc.*), che cessa di funzionare, che si ferma.

dyke, *see* dike.

"dyn", *see* dynamics, dynamo.

"dynaflow", *see* fluid drive.

dynagraph (*railw. test instr.*), apparecchiatura per carrozza dinamometrica.

dynameter (*opt. instr.*), dinametro.

dynamic (*a.*), dinamico. **2.** ~ balancing (*mech.*), equilibratura dinamica. **3.** ~ cooling (*mech. of fluids*), raffreddamento per espansione. **4.** ~ factor (ratio between load in dynamic conditions and load in normal plane flight) (*aer.*), coefficiente di contingenza. **5.** ~ head (*mech. of fluids*), altezza cinetica. **6.** ~ heating (of an aircraft surface, due to its motion through the air) (*aer.*), riscaldamento dinamico. **7.** ~ isomerism, *see* tautomerism. **8.** ~ lift (*aer.*), sostentamento dinamico. **9.** ~ memory management (*comp.*), gestione di memoria dinamica. **10.** ~ metamorphism (*geol.*), dinamometamorfismo. **11.** ~ pressure (*mech. of fluids*), pressione dinamica. **12.** ~ quality grade (as of an aer. construction material) (*constr. theor.*), coefficiente di qualità dinamica. **13.** ~ rigidity (dynamic rigidity modulus, in rubber testing) (*technol.*), rigidità dinamica. **14.** ~ speaker, *see* electrodynamic speaker. **15.** ~ viscosity, *see* coefficient of viscosity.

dynamically (*mech.*), dinamicamente.

dynamics (*n.*), dinamica. **2.** group ~ (*psychol.*), dinamica di gruppo. **3.** motivations ~ (*psychol.*), dinamica motivazionale.

dynamite (*expl.*), dinamite. **2.** gelatin ~ (gelignite) (*expl.*), gelignite, dinamite gelatinizzata. **3.** inert base ~ (*expl.*), dinamite a base inerte.

dynamo (d.c. generator) (*elect. mach.*), dinamo. **2.** balancing ~ (*elect. mach.*), dinamo compensatrice. **3.** compound-wound ~ (*elect. mach.*), dinamo compound (o ad eccitazione composta). **4.** drum winding ~ (*elect. mach.*), dinamo a tamburo. **5.** exciting ~ (*elect. mach.*), (dinamo) eccitatrice. **6.** homopolar ~ (*elect. mach.*), dinamo aciclica (o omopolare o unipolare). **7.** ring winding ~ (*elect. mach.*), dinamo ad anello. **8.** self-exciting ~ (*elect. mach.*), dinamo ad autoeccitazione. **9.** separately excited ~ (*elect. mach.*), dinamo ad eccitazione separata (o indipendente). **10.** series-wound ~ (*elect. mach.*), dinamo eccitata in serie. **11.** shunt-wound ~ (*elect. mach.*), dinamo eccitata in derivazione (o parallelo).

dynamoelectric (*mech. elect.*), dinamoelettrico.

dynamometer (*app.*), dinamometro. **2.** ~ car (*railw.*), carrozza dinamometrica, carro dinamometrico. **3.** absorption ~ (*mech. app.*), dinamometro ad assorbimento. **4.** chassis ~ (for carrying out tests simulating road tests) (*aut.*), banco dinamometrico (a rulli) per (prove su) autotelai. **5.** torque ~ (for meas. the torque of an engine) (*mot.*), cuplometro, freno dinamometrico.

dynamometric (*a. - mech.*), dinamometrico.

dynamometry, dinamometria.

dynamostatic machine (*elect. mach.*), generatore di elettricità statica, macchina elettrostatica.

dynamotor (*dc elect. mach.*), dinamotore, convertitrice rotante.

dynatron (special multielectrode electronic tube) (*elics.*), oscillatore dinatron, dynatron.

dyne (unit of force that gives to one gram mass an acceleration of one centimeter per sec per sec) (*mech. meas.*), dina.

dynode (secondary emission electrode) (*elics.*), dinodo, catodo secondario.

dysprosium (Dy - *chem.*), disprosio.

"dz" (dozen), dozzina.

"DZ" (*audiovisuals*), *see* digital zoom.

E

"E" (potential difference) (*elect.*), E, potenziale. **2.** ~, *see also* electric intensity, illumination, oxidation–reduction potential.
E, Es (einsteinium) (*chem.*), einsteinio.
"e" (wet air, Beaufort letter) (*meteorol.*), aria umida. **2.** ~ (the charge of an electron) (*symbol*), carica di un elettrone. **3.** ~, *see also* east, edge, empty, end, energy, engine, engineer, engineering, erg, export.
"EA" (End of Answer: operational code) (*comp.*), fine risposta.
"eagle" (bug) (*m. pict.*), *see* bug. **2.** ~ (take) (*m. pict.*), scena (fotograficamente) perfetta.
"EAM", *see* electric accounting machine. **2.** ~ card (*calc. mach.*), scheda meccanografica.
"E&OE" (errors and omission excepted) (*accounting*), salvo errori ed omissioni, S.E.O.
"EAON" (except as otherwise noted) (*gen.*), salvo se altrimenti indicato.
ear (*gen.*), orecchio. **2.** ~ (crest of wave–like formation on the top edge of a deep–drawn piece) (*sheet metal w. defect*), orecchia. **3.** ~ plug (device to prevent injury to the ear from sound) (*aer. etc.*), tappo (o tampone) afonizzante, cuffia silenziatrice. **4.** anchor ~ (as of overhead elect. lines), attacco d'ancoraggio. **5.** feed ~ (as of overhead elect. lines) (*elect.*), attacco d'alimentazione. **6.** rabbit ears (V shape, indoor antenna) (*radio – telev.*), antenna interna a V.
earing (deep drawing defect) (*sheet metal w.*), formazione di orecchie.
earings (*naut.*), matafioni per angoli d'inferitura.
earmark, contrassegno.
earmark (to), contrassegnare. **2.** ~ (to put aside funds for a particular use) (*finan. – comm.*), accantonare.
earn (to) (wages, salary etc.), guadagnare.
earnest (*comm.*), caparra. **2.** ~ money (*comm.*), caparra in denaro.
earnings (*adm.*), retribuzione. **2.** gross ~ (*adm. – work. – pers.*), retribuzione lorda. **3.** minimum ~ level (*work.*), livello minimo di retribuzione, minimale di retribuzione. **4.** net ~ (*adm. – pers. – work.*), retribuzione netta. **5.** retained ~ (part of the invested capital of a company) (*finan.*), utili (di anni precedenti) riportati a nuovo, utili non distribuiti.
"EAROM", *see* Electrically Alterable Read–Only Memory, electrically alterable "ROM".
earphone (*electroacous.*), auricolare.
earpiece (of teleph. app.), padiglione.
earth (*astr.*), terra. **2.** ~ (*elect.*) (Brit.), massa, terra. **3.** ~ circuit (*elect.*), circuito di terra. **4.** ~ connection (ground connection) (*elect.*), collegamento a terra. **5.** ~ current (ground current: as by grounded neutral) (*elect.*), corrente di terra (di ritorno). **6.** ~ dam (*hydr.*), diga in terra. **7.** ~ dam embankment (*civ. constr.*), rilevato di terra. **8.** ~ detector (leakage indicator; for measuring or detecting current leakage to earth) (*elect. instr.*) (Brit.), rivelatore di massa. **9.** ~ dump (*bldg.*), scarico di terra. **10.** ~ fault (as in a circuit of an elect. apparatus) (*elect.*), guasto verso terra. **11.** ~ grab (*earth moving impl.*), cucchiaia da escavatore. **12.** ~ inductor, ~ inductor compass, *see* induction compass. **13.** ~ magnetism (terrestrial magnetism) (*elect.*), magnetismo terrestre. **14.** ~ plate (*elect.*), piastra di terra. **15.** ~ pressure (as on a wall) (*civ. eng.*), spinta della terra. **16.** ~ refining (*chem. ind.*), raffinazione mediante terre. **17.** ~ resistance (*elect.*), resistenza di terra. **18.** ~ return (part of an electric system) (*elect.*), massa di ritorno, parte a massa. **19.** ~ return system (*elect.*), sistema di ritorno a massa. **20.** ~ ring (as of a capacitor) (*elect.*), ghiera di massa. **21.** ~ scoop (of a scraper) (*agric. impl.*), raccogliterra. **22.** ~ switch (as in a high voltage cabin circuit) (*elect.*), sezionatore di messa a terra. **23.** ~ system (as of an aircraft) (*elect.*), sistema di massa. **24.** ~ wire (*elect.*), filo di terra. **25.** casting ~ (*found.*), terra per fonderia. **26.** coloring ~ (*paint.*), terra colorante. **27.** contact to ~ (*elect.*), contatto a terra. **28.** diatomaceous ~ (tripoli) (*min.*), farina fossile, tripoli, tripolo. **29.** fire ~ (*chem. ind.*), terra refrattaria. **30.** 500 V to ~ (as of an installation test) (*elect.*), 500 V verso massa. **31.** fuller's ~ (*text. ind.*), terra smettica, terra per follare. **32.** green ~ of Verona (earthy color), terra verde, terra di Verona. **33.** infusorial ~ (tripoli) (*min.*), terra d'infusori, farina fossile, tripoli. **34.** loose ~ (*bldg.*), terra sciolta. **35.** rare ~ (*chem.*), terra rara. **36.** to put to ~ (*elect.*), mettere a terra, mettere a massa.
earth (to) (as a line) (*elect.*), mettere a massa, mettere a terra.

earthed [(grounded) (Am.)] (*elect.*) (Brit.), a massa, a terra. **2.** ~ system (*elect.*), impianto a massa, impianto a terra.
earthenware (glazed white pottery) (*pottery*), terraglia. **2.** ~ (unglazed pottery: as flowerpots) (*pottery*), terracotta.
earthing (*elect. - radio*), messa a terra. **2.** ~ plate (grounding plate: as for a transformer core) (*electromech.*), piastrina di messa a terra.
earthling (inhabitant of earth) (*n. - astric.*), il terrestre, l'abitante della Terra.
earthmover (*earthmoving mach.*), macchina (per) movimento (di) terra.
earthquake (*geophys.*), terremoto. **2.** ~ resisting house (*bldg.*), abitazione antisismica. **3.** ~ sea wave, *see* tsunami. **4.** submarine ~ (*geophys.*), maremoto.
earthquake-proof (*a. - bldg.*), antisismico.
earthrise (as seen from the moon) (*astric.*), il sorgere della terra.
earthwork (earth excavation and embankment operation) (*mas.*), movimento (o movimenti) di terra. **2.** ~ (earth embankment) (*mas.*), terrapieno.
earthy (resembling earth) (*a. - gen.*), terroso. **2.** ~ (terrestrial) (*gen.*), terrestre. **3.** ~ matters (as in wool) (*wool ind.*), sostanze terrose.
"EAS" (equivalent air speed, of an aircraft) (*aer.*), velocità equivalente. **2.** ~ (electronic automatic switch) (*elect. - elics.*), interruttore automatico elettronico.
ease (facility) (*gen.*), facilità.
ease (to) (to facilitate) (*gen.*), facilitare, rendere più facile. **2.** ~ (to slacken) (*gen.*), allentare. **3.** ~ (to relieve from a load) (*gen.*), scaricare. **4.** ~ (to slow down, as a car) (*veh.*), decelerare. **5.** ~ (to move the helm alee) (*naut.*), dare di barra sottovento. **6.** ~ away (or off: as a rope) (*naut.*), filare, mollare, calumare. **7.** ~ off (as a road curve) (*road*), aumentare il raggio di curvatura. **8.** ~ off (to reduce a tension) (*gen.*), allentare, diminuire.
easel (as for supporting a picture) (*gen.*), cavalletto. **2.** ~ (for holding sensitive paper in enlarging operation) (*phot.*), marginatore.
easement (right given by law to one man over another's land, as a right of way etc.) (*law - bldg. - road*), servitù. **2.** ~ curve (*road and railw. constr.*), see transition curve.
east, est, oriente, levante.
eastbound (*a. - naut. - etc.*), diretto all'est.
easy-money (*finan.*), danaro di facile reperibilità.
eaves (part of a roof projecting beyond the wall face) (*arch.*), cornicione di gronda, gronda.
ebb (reflux: as of the sea) (*sea*), riflusso. **2.** ~ tide (*sea*), riflusso della marea.
ebb (to) (of the tide) (*sea*), rifluire.
"EBCDIC", *see* Extended Binary Coded Decimal Interchange Code.
ebonite, ebanite.
ebonize (to) (to make as black as ebony) (*ind.*), ebanizzare, ebanitare.
ebonized (made as black as ebony) (*a. - ind.*), ebanizzato, ebanitato.
ebony (*wood*), ebano.
ebulliometer, *see* ebullioscope.
ebullioscope (*chem. instr.*), ebulliometro, ebullioscopio.
ebullioscopy (*chem.*), ebullioscopia.
ebullism (the bubbling out of liquids subjected to a blunt atmospheric pressure reduction) (*phys.*), ebollizione per riduzione di pressione.
ebullition (*phys.*), ebollizione.
"EBW" (electron beam welding) (*mech. technol.*), saldatura a fascio elettronico.
"EBWR" (Experimental Boiling Water Reactor) (*atom phys.*), reattore sperimentale ad acqua bollente.
"EC" (ethylcellulose) (*plastic material*), EC, etilcellulosa. **2.** ~ (for example: Exempli Causa) (*gen.*), per esempio. **3.** ~ (*aut. - mot.*), *see also* exhaust closes.
"ec", *see* economics.
eccentric (*mech.*), eccentrico. **2.** ~ clamp (*mech. impl.*), morsetto eccentrico. **3.** ~ shaft press (*mach.*), pressa ad eccentrico.
eccentricity, eccentricità. **2.** degree of ~ (*mech.*), eccentricità, grado di eccentricità.
"ECF" (electrochemical forming) (*technol.*), formatura elettrochimica.
echelon (part of a command) (*milit.*), scaglione. **2.** ~ (*navy*), formazione in linea di rilevamento. **3.** advance by ~ (*milit.*), avanzata a scaglioni.
echelon (to) (*milit.*), scaglionare.
echelonment (*milit.*), scaglionamento. **2.** ~ in depth (*milit.*), scaglionamento in profondità.
echinus (of the Doric capital) (*arch.*), echino.
echo (*acous. - radio - radar*), eco. **2.** ~ (visualization of the character that has been keystruck) (*comp.*), eco. **3.** ~ area (*radar*), *see* radar cross section. **4.** ~ check, *see* echoplex. **5.** ~ detection goniometer (*acous. instr.*), ecogoniometro. **6.** ~ detection sweep (*navy instr.*), rastrello periterico. **7.** ~ receiver (*acous. - radio instr.*), ricevitore d'echi. **8.** ~ repeater (*und. acous.*), ripetitore d'eco, risponditore. **9.** ~ sounder (*naut.*), ecosonda, ecoscandaglio, scandaglio acustico, ecometro. **10.** ~ sounding (sound location) (*acous. - naut.*), ecogoniometria. **11.** ~ sounding gear (*naut. instr.*), ecosonda, ecoscandaglio, ecometro, scandaglio acustico. **12.** ~ sounding installation (*naut.*), ecosonda, ecoscandaglio, scandaglio acustico. **13.** ~ suppressor (*radar - teleph. - etc.*), soppressore d'eco. **14.** ~ testing (echo checking, check of the accuracy of transmission of a signal by returning it to the source) (*comp. - n. c. mach. t.*), verifica mediante eco. **15.** delayed ~ (*acous. - radar - etc.*), eco ritardata. **16.** elongated ~ (*radio - radar*), eco lunga. **17.** false ~ (*radar*), falsa eco. **18.** multiple ~ (*acous. - radio*), eco multipla, eco ripetuta. **19.** sea ~ (*radar*), eco del mare. **20.** tele-

phonic ~ (*teleph.*), eco telefonica. **21.** terrain ~ (*radar*), eco di terra.

echocardiography (diagnosis obtained by ultrasound waves reflection) (*med.*), ecocardiografia.

echoes (*acous. - radio - radar*), echi. **2.** undesirable ~ (*radar*), echi indesiderabili.

echography (video display examination made by ultrasound waves) (*med.*), ecografia.

echolocate (to) (*radar - echo sounder*), ecolocalizzare.

echometer (for meas. the intervals between direct sounds and their echoes) (*acous. instr.*), ecometro.

echoplex (echo check, read back check) (*comp.*), controllo a eco.

echo-suppressor (*electroacous. device*), soppressore d'eco.

"ECL", *see* Emitter Coupled Logic.

eclipse (*astr.*), eclissi. **2.** annular ~ (*astr.*), eclissi anulare. **3.** lunar ~ (*astr.*), eclissi lunare. **4.** partial ~ (*astr.*), eclissi parziale. **5.** solar ~ (*astr.*), eclissi di sole. **6.** total ~ (*astr.*), eclissi totale.

ecliptic (*astr.*), eclittica.

"ECM" (European Common Market) (*comm. - finan.*), Mercato Comune Europeo, MEC. **2.** ~ (electrochemical machining, as of dies) (*mech. technol.*), lavorazione elettrochimica.

"ECMA" (European Computer Manufacturers' Association) (*comp.*), Associazione Europea Fabbricanti di Calcolatori.

"ECO" (European Coal Organization) (*comb.*), Organizzazione Europea del Carbone.

ecocatastrophe (*ecol.*), catastrofe ecologica.

ecocide (deliberate ecological destruction) (*n. - ecol.*), ecocidio.

ecogeographic (*a. - ecol. - geogr.*), ecologico-geografico.

ecologist (*sc.*), ecologo.

ecology (study of the mutual relations among organisms and their environment, antipollution science) (*sc.*), ecologia.

"econ", *see* economic, economics, economy.

"econometer" (fuel economy meter: instr. that shows instantaneously fuel consumption) (*aut. meas. instr.*), econometro, indicatore instantaneo di consumo.

econometric (pertaining to the application of statistics and mathematics to economic theories) (*econ.*), econometrico. **2.** ~ model (*econ.*), modello econometrico.

econometrics (economic analysis based on statistical methods) (*comm.*), econometria, statistica economica.

economic, economico. **2.** ~ (said as of an ind. that gives profits) (*comm.*) redditizio. **3.** ~ miracle (*econ.*), miracolo economico. **4.** ~ speed (*gen.*), velocità economica.

economical, economico.

economics (*sc.*), economia. **2.** welfare ~ (*econ.*), economia del benessere.

economise (to), **economize** (to), economizzare, risparmiare.

economiser, economizer (*boil. - carb. - etc.*), economizzatore. **2.** ~ jet (as of a carburetor) (*mech.*), getto dell'economizzatore.

economist, economista.

economy, economia. **2.** ~ (of a process) (*technol.*), economicità, convenienza. **3.** ~ (*a. - comm.*), economico. **4.** black ~ (*econ. - finan.*) economia sommersa. **5.** planned ~ (*econ.*), economia pianificata.

ecosphere (parts of the universe where life is possible: as the biosphere) (*ecol.*), ecosfera.

ecosystem (ecological unit) (*ecol.*), ecosistema.

"ECSC" (European Coal and Steel Community) (*finan.*), Comunità Europea del Carbone e dell'Acciaio, CECA.

"ECTL" (emitter-coupled transistor logic) (*elics.*), sistema logico a transistori con accoppiamento di emettitori.

"ECU" (European Currency Unit) (*finan.*), unità di conto europea.

"ECV" (Experimental Composite Vehicle: an aut. body in carbon fiber) (*aut.*), autoveicolo sperimentale in fibre di carbonio.

"ed", *see* edition, editor.

eddy (*aerodyn.*), turbine (d'aria), vortice, mulinello. **2.** ~ (vortex) (*mech. of fluids*), vortice. **3.** ~ (whirlpool) (*hydr.*), gorgo, remolo, risucchio. **4.** ~ chamber (*ind. impl.*), ciclone. **5.** ~ current (*elect.*), corrente parassita, corrente di Foucault. **6.** ~ current (*mech. of fluids*), flusso turbolento, corrente vorticosa. **7.** ~ flow (turbulent flow) (*hydr.*), moto turbolento. **8.** ~ resistance (of a ship) (*naut.*), resistenza da vortici, resistenza dovuta ai vortici. **9.** ~ water (water area with light eddies left behind from a slowly moving float) (*naut.*), rèmora. **10.** formation of eddies (*hydr.*), formazione di vortici, movimento vorticoso.

eddy-current (*a. - elect.*), a correnti parassite. **2.** ~ brake (*electromag.*), freno elettromagnetico. **3.** ~ loss (as in elect. mach.) (*elect.*), perdita per correnti parassite.

edge, orlo, margine, bordo. **2.** ~ (of a blade), filo, taglio. **3.** ~, *see* border. **4.** ~ checks (edges teasing in thin metal sheet) (*metall. defect*), sfrangiatura. **5.** ~ connector (on a printed circuit card) (*comp.*), connettore sul bordo. **6.** ~ course (of bricks) (*mas.*), accoltellato. **7.** ~ definition (*telev.*), nitidezza dei contorni. **8.** ~ mill (for minerals), macinatoio. **9.** ~ misalignment (welding defect) (*mech. technol.*), mancato allineamento dei lembi, mancata corrispondenza dei lembi. **10.** ~ preparation (preparation for welding) (*mech. technol.*), preparazione dei lembi (o dei bordi). **11.** ~ runner (grinding mill used as for mortar, pigments etc.) (*grinding mill*), molazza. **12.** bottom ~ (as of a punched card) (*comp. - etc.*), bordo inferiore. **13.** built-up ~ (of a tool) (*mech. - mach. t.*), tagliente di riporto. **14.** burnt edges (failures occurring during hot rolling and due to overheating) (*metall. defect*), bordi bruciati. **15.** burst edges (as of a metal sheet where the edges are broken during rolling) (*metall. ind.*), bordi frastagliati, cricche agli spigoli. **16.** cracked edges (*metall. ind.*), *see* burst edges. **17.** cutting ~ (of a blade), filo, tagliente. **18.** end-cutting ~ (of a lathe tool) (*t.*), tagliente secondario. **19.** fat ~ (accumulation of paint at the edge of a painted surface) (*paint. defect*), bordatura. **20.** fore ~ (of a book) (*bookbinding*), taglio, margine di taglio. **21.** guide ~ (reference edge for alignement: as of punched cards, paper tapes, documents etc.) (*comp.*), bordo di guida, bordo di riferimento. **22.** leading ~ (edge being in advance in normal process: as of a punched card, a document etc.) (*comp.*), bordo anteriore. **23.** leading ~ (of a propeller blade) (*aer.*), bordo d'attacco. **24.** leading ~ (of a wing) (*aerot.*), bordo d'entrata, bordo d'attacco. **25.** leading ~ (as of a gated pulse) (*radio*), fronte d'onda, inizio (dell'impulso). **26.** lower ~ (of a book) (*bookbinding*), taglio inferiore, taglio di piede. **27.** mill ~ (slightly rough edge on papers as supplied by the mill) (*paper mfg.*), orlo grezzo. **28.** reference ~, *see* guide edge. **29.** rounded ~ (*mech. - carp. - join.*), orlo arrotondato. **30.** side-cutting ~ (of a lathe tool) (*t.*), tagliente principale. **31.** thick ~ (fat edge) (*paint. defect*), bordatura pesante. **32.** tooled ~ (*bookbinding*), taglio cesellato. **33.** top ~ (of a book) (*bookbinding*), testa, taglio di testa, taglio superiore. **34.** to round off an ~ (*mech. - carp. - join.*), arrotondare un orlo. **35.** trailing ~ (as of a punched card, a document etc.) (*comp.*), bordo terminale. **36.** trailing ~ (of a wing) (*aer.*), bordo di uscita. **37.** trailing ~ (as of a gated pulse) (*radio*), coda d'onda, termine (dell'impulso).

edge (to) (to level an edge) (*carp. - etc.*), spianare il bordo. **2.** ~ up (to move toward a small increase on stock exchange) (*finan.*), essere in leggero rialzo.

edge-notched (as of a punched card) (*a. - comp.*), a intaccature marginali, dentellato sul bordo.

edge-punched (as of cards, of stationery etc.) (*comp. - etc.*), perforato sul bordo, a bordo forato (o perforato).

edger (app. for finishing or trimming edges) (*gen.*), apparecchio per rifinire i bordi. **2.** ~ (breakdown, forging die for preparing roughing) (*t.*), stampo per scapolatura.

edgewater (*min.*), acqua sottostante i giacimenti di petrolio.

edging (grinding the edge of flat glass to a desired shape or size) (*glass mfg.*), bordatura. **2.** ~ (as of a rectangular section during rolling) (*rolling mill*), rifinitura dei bordi. **3.** ~ mill (*rolling mill*), treno rifinitore dei bordi. **4.** ~ pass (*rolling mill*), passata sugli spigoli. **5.** ~ stand (*rolling mill*), gabbia rifinitrice dei bordi.

"EDI" (Engineering Department Instruction) (*draw. - etc.*), Istruzione dell'Ufficio Tecnico.

edifice (*arch.*), edificio.

edison accumulator (*elect.*), accumulatore Edison, accumulatore al ferro-nichel.

edison battery, edison storage battery, *see* edison accumulator.

edit, *see* edition.

edit (to) (to prepare data: to modify, to insert, to select etc.) (*comp.*), redigere, curare l'edizione di. **2.** ~ (to prepare as for publication) (*journ. - etc.*), redigere. **3.** ~ (a motion picture) (*m. pict.*), montare.

edited (*a. - comp.*), redatto.

editing (data preparation, modification, insertion, selection, revision etc.) (*comp.*), redazione, attività redazionale. **2.** ~ (book), attività editoriale. **3.** ~ mask (for insertion or suppression of characters or signs) (*comp.*), maschera di compilazione. **4.** ~ mode (*comp.*), modo di redazione. **5.** insert ~ (replacing pictures and sounds on a recorded tape with new scenes and sounds) (*audiovisuals*), montaggio di inserto.

edition (as of a literary work, newspaper etc.) (*print.*), edizione. **2.** ~ (of a motion picture) (*m. pict.*), montaggio. **3.** ~ (number of copies impressed in one time) (*comp. - typ.*), edizione. **4.** ~ (edit, of a videotape: as by two "VTR") (*audiovisuals*), montaggio. **5.** ~ de luxe (*print.*), edizione di lusso. **6.** off-line ~ (preliminary test edit made by videocassette work tapes) (*audiovisuals*), montaggio provvisorio. **7.** on-line ~ (final edit made by original master tapes) (*audiovisuals*), montaggio definitivo.

editor (editorial writer) (*journ.*), redattore. **2.** ~ (*comp.*), *see* editor program. **3.** ~ in chief (*journ.*), redattore capo. **4.** ~ program (*comp.*), programma redattore. **5.** linkage ~ (*comp.*), (programma) redattore di collegamenti. **6.** responsible ~ (*journ.*), redattore responsabile.

editorial (*a. - journ.*), di redazione. **2.** ~ (*n. - journ.*), articolo di fondo. **3.** ~ department (*journ.*), redazione.

"EDM" (electrical discharge machining, as of dies) (*mech. technol.*), elettroerosione.

"edn", *see* edition.

"EDP" (electronic data processing) (*elics.*), elaborazione dati elettronici. **2.** ~ center (*comp.*), centro di calcolo.

"EDS" (Engineering Design Specification) (*draw. - etc.*), norma di progettazione, specifica tecnica relativa al progetto.

educational (as a service for the employees of a factory) (*gen.*), culturale. **2.** ~ activity (*gen.*), attività culturale. **3.** ~ park (*schools bldg.*), complesso scolastico elementare e secondario. **4.** ~ television (with educational programs for students) (*telev.*), televisione con programmi educativi. **5.** ~ television, *see* public television.

eductor (kind of ejector for mixing air with water)

(*ind. - agric.*), polverizzatore, nebulizzatore. **2.** ~, *see* ejector.

"EE" (errors excepted) (*accounting - etc.*), salvo errori. **2.** ~ (electric eye: of cameras provided with automatic exposure) (*phot.*), esposizione automatica. **3.** ~, *see also* electrical engineer.

"EEC" (European Economic Community) (*finan.*), Comunità Economica Europea, CEE, MEC.

"EEROM" (Electrically Erasable Read Only Memory), *see* electrically alterable read only memory.

"EETC" (Electronic Equipment Technical Committee) (*elics.*), Comitato Tecnico Apparecchiature Elettroniche.

"EF" (extra fine, thread) (*mech.*), (filettatura della serie) extra fine, finissima.

"EFDA" (European Federation of Data Processing) (*comp.*), Federazione Europea Elaborazione Dati.

"eff", *see* effect, effective, efficiency, efficient.

effacer (as of a calculating machine), dispositivo di correzione.

effect (*gen.*), effetto. **2.** ~ of entrainment (on distillation column plate efficiency) (*chem. - ind.*), effetto di trascinamento. **3.** aeroplane ~ (error of bearing caused by the aerial) (*aer. - radio*), effetto d'aeroplano. **4.** Coriolis ~ (acceleration causing the displacement of the apparent horizon) (*astronavigation*), effetto di Coriolis. **5.** corona ~ (type of glow discharge) (*elect.*), effetto corona. **6.** doppler ~ (*acous. - radar*), effetto Doppler. **7.** Edison ~ (*elics.*), effetto elettronico (o Edison). **8.** flicker ~ (*m. pict.*), effetto di tremolio, sfarfallìo. **9.** flicker ~ (ground noise in an amplifier) (*thermion.*), effetto di fluttuazione casuale. **10.** ground ~ (of helicopters: effect enabling a very fast initial ascent, due to the packing of the air between the rotor and the ground) (*aer.*), effetto (del) suolo. **11.** gyroscopic ~ (*mech.*), effetto giroscopico. **12.** Josephson ~ (on superconductors at superconductivity temperature) (*atom phys.*), effetto Josephson, effetto di superconduzione. **13.** Kerr ~ (rotation of the plane of polarization of light) (*telev. - radio*), effetto Kerr. **14.** Langmuir ~ (spontaneous ionization of an atom during absorption by a metal surface) (*atom phys.*), effetto Langmuir. **15.** Luxemburg ~ (*elect.*), effetto Lussemburgo. **16.** magnus ~ (of an air current on a vertically rotating cylinder) (*phys.*), effetto Magnus. **17.** mass ~ (the effect of size etc. causing a variation of properties from the surface inwards of a work during heat treatment) (*metall.*), effetto di massa. **18.** mirage ~ (exceptional refraction of the radio waves due to particular atmospheric conditions) (*tlcm.*), effetto miraggio. **19.** motor ~ (electromech. effect between close conductors carrying currents) (*electromag.*), effetto elettromeccanico. **20.** musical effects (*comp.*), effetti musicali. **21.** Peltier ~ (*phys. - elect.*), effetto Peltier. **22.** photoelectromagnetic ~ (of an illuminated semiconductor located in a magnetic field) (*elics.*), effetto fotoelettromagnetico. **23.** proximity ~ (change in the distribution of the alternating current in a conductor due to a conducting body placed in its vicinity) (*elect.*), effetto di prossimità, induzione. **24.** shielding ~ (*atom phys.*), effetto schermante. **25.** shot ~ (ground noise in an amplifier) (*thermion.*), disturbo granulare. **26.** skin ~ (high-frequency phenomenon) (*elect.*), effetto pelle, effetto Kelvin, effetto pellicolare, "skin effect". **27.** space-charge ~ (as in an electron tube) (*thermion.*), effetto della carica spaziale. **28.** stop motion ~, time-lapse motion picture ~ (*m. pict.*), effetto (comico) ottenuto mediante il rallentamento della macchina di ripresa. **29.** sun ~ (*phys.*) (Brit.), radiazione solare. **30.** truck ~ (stereoscopic effect) (*m. pict.*), effetto di carrello, carrellata. **31.** valve ~ (phenomenon in some metals which when immersed in an electrolytical solution permit the current to flow only in one direction, owing to oxide formation on the surface) (*metall.*), effetto valvolare. **32.** Zener ~ (silicon semiconductors characteristic) (*elics.*), effetto Zener.

effect (to) (to come into being: as a law) (*law*), entrare in vigore.

effective (*a. - gen.*), efficace. **2.** ~ (efficient) (*gen.*), efficiente. **3.** ~ (having legal course, in force) (*a. - law*), in vigore. **4.** ~ (*a. - gen.*), effettivo, reale.

effectively, efficacemente.

effectiveness (efficacy) (*gen.*), efficacia.

effector (*comp.*), attuatore. **2.** format ~ character (layout character) (*comp.*), carattere di controllo del formato, carattere di impaginazione.

effervescent (*phys.*), effervescente.

efficacy (effectiveness) (*gen.*), efficacia.

efficiency, efficienza. **2.** ~ (effectiveness) (*mech. - thermod.*), rendimento. **3.** ~ (luminous efficiency) (*illum. phys.*), rendimento luminoso. **4.** ~ by input-output test (of an elect. mach.) (*elect.*), rendimento effettivo. **5.** ~ by summation of losses (of an elect. mach.) (*elect.*), rendimento convenzionale. **6.** adiabatic ~ (as of a gas turbine) (*thermod.*), rendimento adiabatico. **7.** ampere hour ~ (of an accumulator) (*elect.*), rendimento in energia, rendimento in AH. **8.** energy ~ (as of an acc.) (*elect.*), rendimento energetico. **9.** guaranteed ~ (of an elect. mach.) (*elect.*), rendimento garantito. **10.** material ~ factor (*mech. technol.*), fattore di robustezza del materiale. **11.** mechanical ~ (as of mot.), rendimento meccanico. **12.** net ~ (as of a propeller: ratio of net thrust horsepower to torque horsepower) (*aer.*), rendimento netto. **13.** overall thermal ~ (as of a gas turbine) (*thermod.*), rendimento termico globale. **14.** peak ~ (*ind.*), rendimento massimo. **15.** per cent ~ (*gen.*), rendimento in %. **16.** polytropic ~ (*thermod.*), rendimento politropico. **17.** propeller ~ (*aer. - naut.*), rendimento dell'elica. **18.** propulsive ~ (*aer.*), rendimento propulsivo. **19.** quantity ~ (as of an acc.) (*elect.*), rendimento in quantità. **20.** radiation ~ (of an antenna) (*radio*), rendimento di radiazione.

21. stage ~ (as of a gas turbine), rendimento di uno stadio. **22.** static ~ (as of a gas turbine), rendimento statico. **23.** thermal ~ (as of boil., mot. etc.), rendimento termico. **24.** total head ~ (as of a gas turbine), rendimento ottenuto considerando totali le pressioni estreme. **25.** unit ~ (as of the turbine, the compressor, the heat exchanger etc.) (*gas turbine*), rendimento unitario, rendimento singolo di un gruppo. **26.** volumetric ~ (as of a mot.) (*mot.*), rendimento volumetrico.

efficient, efficiente. **2.** ~ (effective) (*gen.*), efficiente. **3.** ~ (of a worker) (*gen.*), quotato, attivo, di buon rendimento. **4.** to be ~ (*mot. - mach. - etc.*), rendere bene, essere efficiente.

efficiently, efficacemente. **2.** ~ (*mot. - mach.*), con buon rendimento.

efflorescence (*chem. - phys.*), efflorescenza.

effluent (outflowing) (*a. - gen.*), effluente. **2.** ~ (waste liquid, as water or sewage, flowing out of a treatment system) (*n. - bldg.*), acque luride, liquame. **3.** sewer ~ (draining channel) (*bldg.*), sfognatoio, scaricatore di acque di fogna.

effluve (very poor discharge) (*elect.*), effluvio.

efflux (*phys. - hydr.*), efflusso.

effort (*mech.*), sforzo. **2.** mental ~ (*psychotechnology*), sforzo mentale. **3.** physical ~ (*psychotechnology*), sforzo fisico. **4.** tractive ~ (*railw.*), sforzo di trazione (al gancio). **5.** tractive ~ at the periphery of the driving wheels (*railw.*), sforzo di trazione ai cerchioni.

effusiometer (for meas. gas density) (*phys. app.*), effusiometro.

effusion (flow of gas through a hole) (*mech. of fluids*), efflusso.

"EFI" (electronic fuel injection) (*mot. - aut.*), iniezione elettronica di carburante.

"EFTA" (European Free Trade Association) (*comm.*), Associazione Europea di libero scambio.

"EFTS" (Electronic Funds Transfer System: as between a net of banks) (*bank - inf.*), sistema elettronico interbancario di trasferimento fondi.

"e.g." (exempli gratia, for example) (*gen.*), per esempio, p. es.

"EGCR" (Experimental Gas-Cooled Reactor) (*atom phys.*), reattore sperimentale raffreddato a gas.

egg (to) (*leather ind.*), passare con giallo d'uovo.

egg-and-dart ornament (*arch.*), ornamento a ovoli e lancette.

egg-and-tongue ornament (*arch.*), ornamento a ovoli e linguette.

"EGGR" (European General Galvanizing Association) (*electrochem.*), Associazione Generale Europea di Galvanotecnica.

eggshell (*gen.*), guscio d'uovo. **2.** ~ finish (said of paper) (*a. - paper mfg.*), semimatta.

"EGR" system (Exhaust Gas Recirculation system) (*aut. - ecol.*), sistema anti-inquinamento con ricircolazione di gas di scarico.

"EHF" (extremely high frequency: 30.000 mc/s to 300.000 mc/s) (*radio - aer.*), frequenza oltre la altissima.

"ehp" (effective horsepower) (*mot.*), potenza effettiva. **2.** ~ (electric horsepower) (*abbr.*), potenza elettrica espressa in HP.

"EHT" (extra high tension) (*abbr. - elect.*), tensione estremamente elevata.

"EHV", *see* extra high voltage, extra high tension.

"EIA" (Electronic Industry Association) (*elics.*), Associazione Industrie Elettroniche.

"EIB" (European Investment Bank) (*finan.*), Banca Europea degli Investimenti, BEI.

eidograph (a type of pantograph) (*instr.*), (tipo di) pantografo.

eigenfrequency (*n. - phys.*), frequenza propria.

eigenfunction (differential equation solution satisfying specified conditions) (*math.*), autofunzione.

eigenvalue (value of an eigenfunction parameter) (*math.*), autovalore.

eigenvector (characteristic vector) (*math.*), vettore caratteristico.

eight (number), otto. **2.** ~ bit, byte (*comp.*), ottetto, stringa binaria di otto caratteri (o bit). **3.** ~ stroking (mtc. mot. defect due to incorrect carburation) (*mot.*), funzionamento ad otto tempi. **4.** cuban ~ (acrobatic exercise) (*aer.*), otto cubano. **5.** horizontal ~ (*aerobatics*), otto orizzontale. **6.** vertical ~ (*aerobatics*), otto verticale.

"EIN" (European Informatics Network) (*inf.*), rete informatica che collega centri di ricerca europei.

Einstein theory (theory of relativity) (*phys.*), teoria della relatività.

einsteinium (radioactive element) (Es - *chem. - radioact.*), einsteinio.

eject (to) (*gen.*), espellere. **2.** ~ (*mech. - phys.*), eiettare.

ejection (*gen.*), espulsione. **2.** "aquaglobe ~" (dragging of small drops of water in boilers) (*boil.*), trascinamento di goccioline d'acqua.

ejector (*mech. device*), eiettore. **2.** ~ (for expelling work from a die) (*mech. impl.*), espulsore, estrattore. **3.** ~ (of a firearm), espulsore. **4.** ~ (as for top or bottom die: as of a forging press) (*mech.*), estrattore. **5.** ~ pipe (of an aer. engine: exhaust pipe producing appreciable forward thrust) (*aer. mot.*), tubo a reazione. **6.** air ~ (for ejecting air as from steam condensers) (*steam prod. plant*), eiettore di aria.

ekaiodine, *see* astatine.

eke (to) (to add, to lengthen) (*gen.*), aggiungere, allungare.

eking (adding, lengthening) (*gen.*), aggiunta, prolungamento.

ekistics (research on arch., city planning, engineering etc.) (*city planning*), urbanistica avanzata.

"EL" (elastic limit) (*constr. theor.*), limite di elasticità.

"el", *see* electric, electricity, element, elevated, elevation.

elapse (to) (of time) (*gen.*), passare, trascorrere.

elastic (*mech. - phys.*), elastico. **2.** ~ (fabric with rubber yarns woven into it: as for girdles) (*text. ind.*), tessuto elastico. **3.** ~ after–effect (as of rubber) (*phys.*), elasticità susseguente, elasticità residua. **4.** ~ axis (stress analysis) (*aer.*), asse elastico. **5.** ~ collision (*theor. mech.*), urto elastico. **6.** ~ constant (expressing the material behaviour) (*constr. theor.*), costante elastica. **7.** ~ curve (as of a wing) (*theor. mech.*), curva elastica. **8.** ~ deformation (*constr. theor.*), deformazione elastica. **9.** ~ failure (of a body subjected to stresses over the elastic limit) (*constr. theor.*), deformazione permanente. **10.** ~ limit (*constr. theor.*), limite di elasticità. **11.** ~ metal (rubber bonded metal) (*ind.*), metalgomma. **12.** ~ modulus, *see* modulus of elasticity. **13.** ~ supporting surface (*mech.*), superficie d'appoggio elastica.

elastica (elastic curve) (*mech. - constr. theor.*), curva elastica.

elasticity, elasticità. **2.** ~ to shear stress (*constr. theor.*), elasticità allo sforzo di taglio. **3.** ~ to torsion stress (*constr. theor.*), elasticità allo sforzo di torsione. **4.** coefficient of ~ (*constr. theor.*), modulo di elasticità. **5.** limit of ~ (*constr. theor.*), limite di elasticità. **6.** modulus of ~ (*constr. theor.*), modulo di elasticità. **7.** rebound ~ (as of rubber materials) (*theor. mech.*), resa elastica, elasticità di rinvio. **8.** torsional ~ (*constr. theor.*), elasticità di torsione.

elastomer (elastic substance without natural rubber) (*chem.*), elastomero, sostanza elastica priva di gomma naturale.

elastomeric (*a. - chem.*), elastomerico.

elastoplastic (as between plastic and rubber) (*a. - phys.*), elastoplastico.

elaterite (elastic bitumen, mineral caoutchouc) (*min.*), elaterite, caucciù minerale.

elbow (as of pip. or pipe fitting), curva, gomito. **2.** 90° reducing ~ (*pipe fitting*), curva a 90° con riduzione.

elbowboard (the horizontal board inside the window frame) (*join.*), tipo di davanzale interno (in legno).

elbowed (*a. - gen.*), a gomito. **2.** ~ spanner (*t.*) (Brit.), chiave a pipa. **3.** ~ wrench (*t.*) (Am.), chiave a pipa.

elder (*wood*), sambuco.

"ELDO" (European Launcher Development Organization) (*astric.*), Organizzazione Europea Sviluppo Razzi di Lancio.

electret (dielectric permanently polarized: as for constr. of headphones, microphones, transducers etc.) (*n. - elect.*), elettrete.

electric (*a. - elect.*), elettrico. **2.** ~ accounting machine, "EAM" (electromechanical mach.) (*calc. mach.*), calcolatrice elettromeccanica. **3.** ~ accounting machine equipment (including mach. almost entirely electromechanical and obsolete: as sorter, tabulator, card punch etc.) (*calc. mach. system*), sistema meccanografico. **4.** ~, *see also* electrical. **5.** ~ bell (*elect.*), suoneria elettrica. **6.** ~ blender (*domestic app.*), frullino elettrico. **7.** ~ boiler (*boil.*), caldaia elettrica. **8.** ~ brain, *see* electronic brain. **9.** ~ cable (*elect.*), cavo elettrico. **10.** ~ cell (*electrochem.*), cella elettrochimica. **11.** ~ charge (*elect.*), carica elettrica. **12.** ~ circuit (*elect.*), circuito elettrico. **13.** ~ circuit arrangement (*elect.*), schema del circuito elettrico. **14.** ~ conduit (*elect.*), canalizzazione, tubo protettivo per fili, tubo "Elios", tubo "Bergmann". **15.** ~ current (*elect.*), corrente elettrica. **16.** ~ drive for steering gear (*naut.*), comando elettrico per timone. **17.** ~ (dry) shaver (*electrodomestic app.*), rasoio elettrico. **18.** ~ duster (vacuum cleaner) (*electrodomestic app.*), aspirapolvere elettrico. **19.** ~ energy (*elect.*), energia elettrica. **20.** ~ equivalent (*electrochem.*), equivalente elettrico. **21.** ~ etcher (*ind. mach.*), pantografo per incisioni elettriche. **22.** ~ evaporator (*ind. app.*), evaporatore elettrico. **23.** ~ eye (photoelectric cell) (*elics.*), cellula fotoelettrica. **24.** ~ eye (indicating the tuning status of a radio receiver) (*thermion.*), occhio magico. **25.** ~ fan (*electrodomestic app.*), ventilatore elettrico, elettroventilatore. **26.** ~ fuel gauge (*aer. - aut. instr.*). indicatore di livello (elettrico). **27.** ~ furnace (*ind.*), forno elettrico. **28.** ~ gauges (*elect.*), comparatori elettrici. **29.** ~ generator truck (*ind.*), gruppo elettrogeno su carrello, carrello elettrogeno. **30.** ~ heating (*elect.*), riscaldamento elettrico. **31.** ~ hoist (*mach.*), paranco elettrico. **32.** ~ horn (as for aut.), avvisatore acustico, clackson. **33.** ~ ignition (*elect.*), accensione elettrica. **34.** ~ intensity (electric field intensity) (*elect.*), intensità del campo elettrico. **35.** ~ iron (*electrodomestic app.*), ferro da stiro elettrico. **36.** ~ kitchen (*electrodomestic app.*), cucina elettrica. **37.** ~ lamp (*elect. app.*), lampada elettrica, **38.** ~ light (*elect.*), luce elettrica. **39.** ~ locomotive (*railw.*), locomotore. **40.** ~ motor coach (*aut.*), autobus elettrico. **41.** ~ oven (*electrodomestic app.*), forno elettrico. **42.** ~ power plant (*elect.*), centrale elettrica. **43.** ~ range, cucina elettrica. **44.** ~ resistance welding (*elect.*), saldatura elettrica per resistenza. **45.** ~ ring (*domestic impl.*), fornello elettrico. **46.** ~ ship (naut.), nave a propulsione elettrica, elettronave. **47.** ~ shock (*elect.*), scossa elettrica. **48.** ~ soldering iron (*plumber's t.*), saldatoio elettrico. **49.** ~ spark (*elect.*), scintilla elettrica. **50.** ~ steam boiler (*ind. app.*), caldaia elettrica. **51.** ~ system (of distribution), impianto elettrico. **52.** ~ tea pot (*electrodomestic app.*), teiera elettrica. **53.** ~ tilting furnace (*ind. app.*), forno elettrico ribaltabile. **54.** ~ toplift (as of an aut.), sollevamento elettrico del tetto. **55.** ~ train (*railw.*), elettrotreno. **56.** ~ waterheater (*electrodomestic app.*), scaldabagno elettrico. **57.** ~ welder (*work.*), saldatore elettrico. **58.** ~ welding (*mech.*), saldatura elettrica. **59.** frictional ~ machine (*phys. app.*), macchina elettrostatica. **60.** lead-covered ~ cable (*elect.*), cavo elettrico sottopiombo.

electrical (*a. - elect.*), elettrico. **2.** ~ absorption (effect in the dielectric: as of a condenser) (*elect.*), assorbimento elettrico. **3.** ~ discharge machining (EDM as of dies), (*mech. technol.*), elettroerosione. **4.** ~ equipment (as of aut.) (*elect.*), impianto elettrico. **5.** ~ equipment testing bench (*elect. app.*), banco prova apparecchi elettrici. **6.** ~ input (*elect.*), assorbimento di energia elettrica. **7.** ~ instrument (*instr.*), strumento elettrico. **8.** ~ interlock board (in centralized railw. signaling) (*railw.*), banco di manovra di apparato centrale elettrico. **9.** ~ interlocking post (*railw.*), posto di blocco a collegamenti elettrici combinati. **10.** ~ outfitter (one who furnishes electrical outfits) (*comm.*), elettricista. **11.** ~ output (*elect.*), erogazione di energia elettrica. **12.** ~ precipitation, *see* electrostatic precipitation. **13.** ~ system (*elect.*), impianto elettrico. **14.** ~ technology (*sc.*), elettrotecnica. **15.** ~ time distribution system (as for the time clock system of a factory), sistema di comando elettrico a distanza per orologi. **16.** ~ unit (*elect.*), unità elettrica. **17.** ~, *see also* electric.

electrically (*elect.*), elettricamente. **2.** ~ controlled (*elect.*), elettrocomandato.

electrically alterable read only memory, "EAROM", (electrically alterable "ROM") (*comp.*), memoria a sola lettura modificabile elettricamente, memoria ROM modificabile (o cancellabile) elettricamente.

electric-contact (*a. - elect.*), a contatto elettrico. **2.** ~ mine (*expl.*), mina a brillamento elettrico.

electrician (repairer) (*work.*), elettricista. **2.** ~ (one who sets up elect. installations) (*work. - elect.*), elettroinstallatore. **3.** installing ~ (*work.*), elettricista impiantista. **4.** maintenance ~ (*work.*), elettricista riparatore.

electricity (*elect.*), elettricità. **2.** atmospheric ~ (*elect.*), elettricità atmosferica. **3.** contact ~ (*elect.*), elettricità di contatto. **4.** dynamical ~ (*elect.*), elettricità dinamica. **5.** frictional ~ (electricity produced by friction; as by rubbing together certain insulating materials) (*elect.*), elettricità (statica) da strofinamento. **6.** negative ~ (*elect.*), elettricità negativa. **7.** positive ~ (*elect.*), elettricità positiva. **8.** statical ~ (*elect.*), elettricità statica.

electrification (charging by static elect.) (*elect.*), elettrizzazione. **2.** ~ (as of a railroad) (*elect. railw.*), elettrificazione.

electrified (*a.*), elettrificato. **2.** ~ railroad (Am.) (*railw.*), ferrovia elettrificata.

electrify (to) (as a railroad) (*elect.*), elettrificare. **2.** ~ (to charge with static elect.) (*elect.*), elettrizzare.

electrize (to) (*elect.*) (Brit.), *see* to electrify.

electro (electrotype) (*print.*) (Brit.), elettrotipo.

electroacoustic (*a. - elect. - acous.*), elettroacustico.

electroacoustics (*n. - elect. - acous.*), elettroacustica.

electroanalysis (*electrochem.*), elettroanalisi.

electrobiology (*biol.*), elettrobiologia.

electrocardiogram (*med. - elect.*), elettrocardiogramma.

electrocardiograph (*med. elect. instr.*), elettrocardiografo.

electrocautery (*med. instr.*), elettrocauterio.

electrochemical (*a. - electrochem.*), elettrochimico. **2.** ~ machining (ECM as of dies) (*mech. technol.*), lavorazione elettrochimica.

electrochemist (*work.*), elettrochimico.

electrochemistry (*electrochem.*), elettrochimica.

electrocoagulation (*med. elect.*), elettrocoagulazione.

electrocoagulator (*med. instr.*), apparecchio per elettrocoagulazione, elettrocoagulatore.

electrocoating (electrodeposition of paint) (*paint.*), verniciatura elettroforetica.

electroconductive (*a. - elect.*), conduttore di elettricità, elettroconduttore.

electrocuted (killed by electricity), fulminato.

electrode (*elect. - elics.*), elettrodo. **2.** ~ (as for a battery) (*elect.*), piastra, placca. **3.** ~ (for welding and for electrolysis) (*mech. - chem.*), elettrodo. **4.** ~ force (force available at the electrode of a welder by virtue of the initial force application, in spot, seam and projection welding) (*mech. technol.*), forza dell'elettrodo, pressione sull'elettrodo. **5.** ~ holder (*elect.*), portaelettrodo. **6.** ~ skid (in spot or seam welding) (*technol.*), slittamento dell'elettrodo. **7.** bare ~ (*elect.*), elettrodo nudo. **8.** cautery ~ (*med. instr.*), elettrodo per cauterio. **9.** central ~ (as of a sparking plug), elettrodo centrale. **10.** coated ~ (*elect.*) elettrodo rivestito. **11.** collecting ~, *see* passive electrode. **12.** continuous ~ (for elect. furnaces) (*elect.*), elettrodo continuo. **13.** control ~ (an electrode used for controlling the passage of current between two other electrodes) (*thermion.*), elettrodo di controllo (griglia). **14.** cored ~ (for welding) (*elect.*), elettrodo con anima interna, elettrodo a flusso incorporato. **15.** covered ~ (as for welding) (*elect.*), elettrodo rivestito. **16.** earth ~ (of a sparking plug) (*mot. - elect.*), elettrodo di massa. **17.** finishing ~ (for spark erosion) (*elect. - mech.*), elettrodo di finitura, **18.** focusing ~ (*telev. - radio*), elettrodo focalizzatore. **19.** glass ~ (for determining the pH of an unknown solution) (*electrochem.*), elettrodo a vetro, elettrodo a membrana di vetro. **20.** hydrogen ~ (platinum electrode in a current of hydrogen) (*electrochem. meas.*), elettrodo all'idrogeno. **21.** ionisable ~ (*electrochem.*), elettrodo ionizzabile. **22.** keep-alive ~ (as an excitation electrode) (*thermion.*), elettrodo ausiliario, **23.** modulator ~ (used in a cathode-ray tube to control the magnitude of the beam current) (*thermion.*), elettrodo regolatore. **24.** non-consumable ~ (for welding) (*mech. technol.*), elettrodo infusibile. **25.** normal hydrogen ~ (largely used for the determination of pH-values) (*electrochem.*), elettrodo idrogeno. **26.** passive (*electrochem.*), elettrodo indifferente. **27.** point ~ (*med. instr.*), elettrodo a punta. **28.** reference ~ (*electrochem.*), elettrodo ausiliario, elettrodo di paragone. **29.** roll ~ (for resistance welding) (*mach.*), elettrodo a rullo (di saldatrice elettrica a rulli). **30.** spark plug ~ (*elect. aut.*), puntina di candela. **31.** standard calomel ~ (*electrochem.*), elettrodo tipo al calomelano. **32.** starting ~ (*thermion.*), anodo di accensione.

electrodeposit (to) (*electrochem.*), depositare elettroliticamente, elettrodepositare, elettroplaccare.

electrodeposition (*electrochem.*), elettrodeposizione.

electrodesiccation (by high frequency) (*med. elect.*), elettrocauterio.

electrodiagnostics (*med. elect.*), elettrodiagnostica.

electrodialysis (as for water reclamation) (*electrochem.*), elettrodialisi.

electrodialyzer (*phys. app.*), elettrodializzatore.

electrodynamic (*a. - elect.*), elettrodinamico.

electrodynamics (*n. - elect.*), elettrodinamica.

electrodynamometer (*elect. app.*), elettrodinamometro.

electroerosion (*elect.*), *see* electrical discharge machining.

electrofiltration, *see* electrostatic precipitation.

electrofishing (by direct current) (*fishing*), pesca per attrazione galvanica.

electroform (to) (to form metallic items, as dies, by metallic electrodeposition) (*electrochem.*), elettroformare.

electroforming (of mech. pieces, [as dies, mold etc.] by electrodeposition of a metal on a pattern) (*electrochem.*), elettroformatura.

"electroforging" (resistance forging) (*mech. technol.*), fucinatura per resistenza elettrica.

electrogalvanize (to) (to electroplate with zinc) (*electrochem. ind.*), zincare elettroliticamente.

electrogasdynamics (electric energy generation by the kinetic energy of a combustion gas: as of plasma) (*power plant*), conversione in energia elettrica dell'energia cinetica di un gas, "elettrogasdinamica".

electroglottograph (glottal signal recorder) (*voice inf. app.*), elettroglottografo.

electrograph (*elect. app.*), elettrografo.

electrography (*electrostatic copying*), elettrografia.

electrokinetics (*elect.*), elettrocinetica.

electrokymograph (*med. instr.*), elettrochimografo.

electrolier (a fixture for supporting a cluster of electric lamps) (*illum. app.*), lampadario.

electroluminescence (produced by high-frequency discharge in a gas or from application of an elect. field to a phosphor layer) (*phys.*), elettroluminescenza.

electroluminescent (as of a lamp, of a display etc. emitting electroluminescence) (*a. - phys.*), elettroluminescente.

electrolysis (*elect. - chem.*), elettrolisi.

electrolyte (*phys. chem.*), elettrolito. **2.** ~ (*electrochem.*), elettrolito, conduttore di seconda classe. **3.** amphoteric ~ (ampholyte) (*chem.*), elettrolito anfotero.

electrolytic, elettrolitico. **2.** ~ action (*chem.*), azione elettrolitica. **3.** ~ bath (*chem.*), bagno galvanico. **4.** ~ capacitor (*elect.*), *see* electrolytic condenser. **5.** ~ condenser (*elect.*), condensatore elettrolitico. **6.** ~ detector (Schloemilch detector) (*radio*), rivelatore elettrolitico. **7.** ~ dissociation (*chem.*), dissociazione elettrolitica. **8.** ~ mud (electrolytic slime) (*electrochem.*), fango elettrolitico. **9.** ~ polishing, *see* electropolishing. **10.** ~ slime (electrolytic mud) (*electrochem.*), fango elettrolitico.

electrolytical, *see* electrolytic.

electrolyze (to) (*elect. - chem.*), sottoporre a elettrolisi.

electrolyzer (*gen.*), elettrolizzatore galvanico. **2.** ~ (instrument used for curing urethral strictures by electrolysis) (*med.*), elettrolizzatore.

electromagnet (*elect.*), elettromagnete, elettrocalamita. **2.** ironclad ~ (an electromagnet with an iron covering over the winding) (*electrophysics*), elettromagnete a mantello. **3.** lever ~ (in railw. signaling) (*elect. - mech.*), elettromagnete delle leve. **4.** lifting ~ (vertical electromagnet) (*electromech. - ind.*), elettromagnete di sollevamento.

electromagnetic (*elect.*), elettromagnetico. **2.** ~ brake (*elect. mot.*), freno elettromagnetico. **3.** ~ interference, "EMI" (*elect. cables disturb*), interferenza elettromagnetica. **4.** ~ rail brake (of elect. locomotive) (*railw.*), freno elettrico a pattini.

electromagnetics (*sc.*), *see* electromagnetism.

electromagnetism (*elect. - sc.*), elettromagnetismo.

electromechanical (*a. - electromech.*), elettromeccanico.

electromechanics (*sc.*), elettromeccanica.

electromer (of substances differing only in the distribution of electrons) (*n. - chem.*), elettromero.

electrometallurgy (*elect. metall.*), elettrometallurgia.

electrometer (*elect. instr.*), elettrometro. **2.** balance ~ (*elect. instr.*), elettrometro a bilancia. **3.** capillary ~ (*elect. instr.*), elettrometro capillare.

electromotive (*a. - elect.*), elettromotore. **2.** ~ force, E.M.F. (*elect.*), forza elettromotrice. **3.** ~ series (*chem.*), serie elettrochimica. **4.** contact ~ force (*elect.*), forza elettromotrice di contatto.

electron (*phys. chem.*), elettrone. **2.** ~ (electronic or pertaining to electronics) (*a.-phys.*), elettronico. **3.** ~ discharge machining, *see* electrical discharge machining. **4.** ~ emission (*elics.*), emissione elettronica. **5.** ~ flow (*elect.*), flusso elettronico. **6.** ~ gun (*telev.*), cannone elettronico, proiettore elettronico, dispositivo di emissione e messa a fuoco del fascio di elettroni (nel tubo a vuoto a raggi catodici). **7.** ~ microscope (*opt. elect. instr.*), microscopio elettronico. **8.** ~ optics (*telev. - phys.*), ottica elettronica. **9.** ~ tube (*thermion.*), tubo elettronico, valvola elettronica. **10.** ~ vacancy (*elics.*), vacanza elettronica, buca elettronica. **11.** ~ volt (*energy meas.*), volt-elettrone, equivalente volt elettronico. **12.** free ~ (*atom phys.*), elettrone libero. **13.** orbital ~ (a planetary electron) (*atom. phys.*), elettrone orbitale. **14.** orbital ~ (around the nucleus) (*atom phys.*), elettrone orbitante. **15.** runaway ~ (plasma electron subjected to high accelerating forces) (*plasma phys.*), elettrone di fuga.

electron-beam (*a. - elics.*), a fascio elettronico.

electronegative (*elect.*), elettronegativo.

electronic (*a.-elect.*), elettronico. **2.** ~ analogue-computer (*calc. mach.*), calcolatrice elettronica analogica. **3.** ~ brain (*elics.*), cervello elettronico. **4.** ~ component (*elics.*), componente elettronico. **5.** ~ computer (*comp.*), elaboratore elettronico. **6.** ~ data processing, "EDP" (*comp.*), elaborazione elettronica dell'informazione. **7.** ~ data processing center (*comp.*), centro elaborazione elettronica dati. **8.** ~ ignition (electronic ignition system based on transistors) (*aut.*), accensione elettronica. **9.** ~ music (*elics. - mus.*), musica elettronica. **10.** ~ shopping (*comp. - comm.*), teleacquisti. **11.** ~ switch (*elics.*), commutatore elettronico.

electronics (*n. - sc.*), elettronica. **2.** ~ (*elics.*), tecnica elettronica. **3.** aerospace ~ (*astric. elics.*), elettronica aerospaziale. **4.** integrated ~ (*elics.*), elettronica dei circuiti integrati.

electronography (electrostatic printing, onset, process by which the ink is transferred electrostatically between plate and cylinder) (*print.*), stampa elettrostatica.

electron-ray tube, *see* electric eye.

electrooptics (*n. - phys.*), elettroottica.

electroosmose, *see* electroosmosis.

electroosmosis (*electrochem.*), elettroosmosi.

electrophoresis (*electrochem.*), elettroforesi. **2.** ~ (*med. elect.*), elettroforesi, cataforesi.

electrophorous (*phys. instr.*), elettroforo.

electroplate (to) (to plate by a thin metal electrodeposition) (*electrochem.*), trattare con galvanostegia, depositare (o placcare) elettroliticamente.

electroplating (*electrochem.*), galvanostegia, elettroplaccatura, elettrodeposizione.

electropneumatic (*a. electromech.*), elettropneumatico. **2.** ~ contactor (as in elect. locomotives) (*electromech.*), contattore elettropneumatico.

electropolishing (*ind. technol.*), lucidatura elettrolitica.

electropositive (*a. - electrochem.*), elettropositivo.

electrorefining (of metals), affinazione elettrolitica.

electroscope (*elect. instr.*), elettroscopio. **2.** condenser ~ (*elect. instr.*), elettroscopio a condensatore. **3.** condensing ~ (*elect. instr.*), elettroscopio condensatore. **4.** (gold or aluminium) leaf ~ (*elect. instr.*), elettroscopio a foglie (d'oro o d'alluminio).

electrostatic (*a. - elect.*), elettrostatico. **2.** ~ coupling (of a circuit) (*radio - elect.*), accoppiamento capacitivo. **3.** ~ generator (by electrostatic processes produces high potential charges) (*electromech.*), macchina elettrostatica. **4.** ~ precipitator (as of dust by an elect. field) (*ind.*), filtro elettrostatico. **5.** ~ printing (*print.*), *see* electronography. **6.** ~ retardation (in telegraphy, retardation in transmission due to capacity of the line) (*telegraphy*), ritardo elettrostatico.

electrostatics (*n. - elect.*), elettrostatica.

electrosteel, *see* electric steel.

electrostriction (*elect.*), elettrostrizione. **2.** ~ transducer (as a ceramic transducer: for homing heads etc.) (*elics. - acous.*), trasduttore ad elettrostrizione.

electrostrictive (having electrostriction: as of a transducer) (*a. - elics. - acous.*), elettrostrittivo.

electrotaxis (*med. elect.*), elettrotassia.

electrotechnic, electrotechnical (*a. - elect.*), elettrotecnico. **2.** ~ engineer (*gen.*), perito elettrotecnico.

electrotechnician (*work.*), perito elettrotecnico.

electrotechnics (*elect. sc.*), elettrotecnica.

electrotherapeutics, electrotherapy (*med.*), elettroterapia.

electrothermal (as a printer, a spacecraft propulsion etc.) (*a. - phys.*), elettrotermico.

electrothermic (*elect.*), elettrotermico.

electrotropism (*med. elect.*), elettrotropismo, galvanotropismo.

electrotype (*print.*), elettrotipo.

electrotype (to) (*print.*), fare un elettrotipo.

electrotypy (*print.*), galvanotipia.

electrovalence, electrovalency, (polar bond, chemical bond in which an electron is moved from one atom to another) (*chem.*), elettrovalenza, legame ionico, legame eteropolare.

electrum (*min.*), elettro, lega naturale di oro e argento.

elektron (magnesium alloy) (*metall.*), elektron.

element (*gen.*), elemento. **2.** ~ (*biol.*), cellula. **3.** ~ (*chem.*), elemento. **4.** ~ (as of an engine oil filter) (*mech.*), elemento. **5.** ~ (cell or battery unit) (*elect.*), elemento. **6.** alloying ~ (*metall.*), legante, alligante, elemento alligante. **7.** bivalent ~ (dyad) (*chem.*), elemento bivalente. **8.** code ~ (*comp.*), elemento di codice. **9.** data ~ (*comp.*), elemento di informazione. **10.** fuel ~ (as a rod of fuel) (*atom. phys.*), elemento di combustibile. **11.** logical ~ (as in a computer or data proc. system) (*comp.*), elemento logico. **12.** rotating ~ (of an induction meter) (*elect.*), equipaggio mobile. **13.** temperature-sensing ~ (*instr.*), elemento termosensibile. **14.** trace ~ (very small element essential to human life) (*chem. - biol.*), oligoelemento.

elemental, *see* elementary.

elementary (*math. - chem. - gen.*), elementare. **2.** ~ diagram (*gen.*), diagramma schematico.

elephant (writing and drawing paper 23×28 inch

size) (*paper mfg.*), formato di carta (da disegno o da scrivere) da 23 × 28 pollici. **2.** ~ (rabbeting and grooving mach.) (*carp. mach. t.*), macchina per fare incastri e scanalature. **3.** double ~ (writing and drawing paper 27 × 40 inch size) (*paper mfg.*), carta (da scrivere o da disegno) da 27 × 40 pollici.

elevate (to) (*ind. - bldg.*), elevare.

elevated (*a. - ind. - bldg.*), elevato. **2.** ~ pedestrian crossing (*road traff.*), sovrapassaggio pedonale, attraversamento pedonale aereo. **3.** ~ railroad, ~ railway (in urban zones) (*railw.*), ferrovia sopraelevata.

elevating arc (of a firearm), settore di elevazione.

elevating gear (of a gun carriage) (*ordnance*), dispositivo di elevazione.

elevation (*astr.*), altezza. **2.** ~ (act of elevating) (*ind.*), innalzamento. **3.** ~ (height above sea level) (*geogr.*), altitudine, altezza sul livello del mare, quota assoluta. **4.** ~ (of a firearm), angolo di elevazione. **5.** ~ (vertical movement: as of the arm in a radial drilling mach.) (*mech.*), spostamento verticale. **6.** ~ (*draw.*), elevazione. **7.** ~ table (indicating the corresponding values between elevations and ranges of a gun) (*milit.*), tavola d'alzo. **8.** front ~ (*draw.*), alzata, vista frontale.

elevator (endless belt with buckets) (*ind. mach.*), elevatore. **2.** ~ (*aer.*), timone di quota, equilibratore, timone di profondità. **3.** ~ (cage or platform) (*ind. or bldg. or min. lifting mach.*), ascensore, montacarichi. **4.** ~ (a building for elevating and storing grain) (*agric. bldg.*), silo per grano con impianto di sollevamento. **5.** ~ (*med. instr.*), strumento chirurgico per rimettere a posto parti da sollevare. **6.** ~ angle (*aer.*), angolo di barra dell'equilibratore. **7.** ~ bucket (*ind. mach.*), tazza per elevatore. **8.** ~ building (bldg. provided with an elevator) (*bldg.*), fabbricato con ascensore. **9.** ~ car (*bldg.*), cabina dell'ascensore. **10.** ~ casing (*ind. mach.*), gabbia dell'ascensore. **11.** ~ scoop (*ind. mach.*), tazza per elevatore. **12.** ~ shaft (as in a build.), pozzo dell'ascensore. **13.** belt ~ (*ind. mach.*), elevatore a nastro. **14.** bucket ~ (*ind.*), elevatore a tazze. **15.** casing ~ (*min. ind. mach.*), elevatore per aste e tubi di perforazione. **16.** chain ~ (*ind. mach.*), elevatore a catena. **17.** compressed-air ~ (*ind. device*), elevatore ad aria compressa. **18.** endless belt ~ (*ind. mach.*), elevatore a nastro. **19.** grizzly ~ (*min. mach.*), elevatore a griglia. **20.** hydraulic ~ (*ind. mach.*), elevatore idraulico. **21.** pneumatic ~ (*ind. mach.*), elevatore pneumatico. **22.** sucker rod ~ (as of a well pump) (*min. mach.*), elevatore ad astine di pompaggio. **23.** tray ~ (*ind. mach.*), elevatore a cassette.

elevon (elevator and aileron of a tailless airplane) (*aer.*), elevone.

"ELG" (electrolytic grinding) (*mech.*), rettifica elettrolitica.

eliminate (to), eliminare.

elimination, eliminazione. **2.** ~ heat (as of a race) (*sport*), batteria eliminatoria, eliminatoria (*s.*).

"ELINT" (ELectronic INTelligence) (*milit.*), spionaggio elettronico.

elinvar [iron - nickel (36%) - chromium (12%) alloy, used for hair-springs and balance springs] (*metall.*), elinvar.

ell (elbow in a pipe) (*pip.*), gomito.

ellipse (*geom.*), ellisse.

ellipsograph (*draw. instr.*), ellissografo.

ellipsoid (*geom.*), ellissoide. **2.** ~ of rotation (*geom.*), ellissoide di rotazione.

ellipsoidal (*a. - geom.*), ellissoidale.

elliptic, ellittico. **2.** ~ compass (*draw. instr.*), ellissografo, compasso da ellissi.

elliptical, ellittico. **2.** ~ arch (*arch.*), arco ellittico. **3.** ~ compass (*draw. instr.*), ellissografo, compasso da ellissi.

ellipticity (as of an orbit) (*geom. - etc.*), ellitticità.

elliptoid (*a. - geom.*), ellissoidico.

elm (*wood*), olmo. **2.** gray ~ (*wood*), olmo bianco. **3.** rock ~ (reddish brown elm) (*wood*), olmo colorato.

elongation (extension) (*gen.*), allungamento **2.** ~ (angular distance as of a planet from the Sun) (*astr.*), elongazione. **3.** ~ (as of steel) (*constr. theory*), allungamento. **4.** ~ due to pull (or tension) (*constr. theory*), allungamento (dovuto) alla trazione. **5.** ~ test (*theor. mech.*), prova di stiramento. **6.** percentage ~ (of materials) (*constr. theory*), allungamento percentuale. **7.** ultimate ~ (as of rubber materials) (*theor. mech.*), allungamento a rottura.

eluent (liquid for chromatographic analysis) (*chem.*), eluente.

elusion (*law - etc.*), elusione.

elute (to) (*chem.*), eluire.

eluted (of colloids) (*chem.*), eluito.

elution (in chromatographic analysis) (*chem.*), eluizione.

elutriation (separation of finer and lighter particles from the heavier ones by a stream of fluid) (*geol. - etc.*), separazione in veicolo fluido.

eluvium (*geol.*), eluvio.

Elzevir (style of type) (*typ.*), elzeviro.

"EM", *see* electromagnetic. **2.** ~ (electronic mail) (*comp.*), posta elettronica. **3.** ~ (end of medium) (*comp.*), fine del supporto.

"em", *see* emanation.

em, *see* pica. **2.** ~ quad (quadrate having the width of one em) (*typ.*) (Brit.), quadratone, quadrato di 12 punti. **3.** ~ rule (a dash having the width of one em) (*typ.*), lineato a quadratone. **4.** ~ scale (*typ. meas. instr.*), tipometro. **5.** ~ score (*print.*) (Brit.), *see* em rule.

"EMA" (European Monetary Agreement) (*finan.*), AME, Accordo Monetario Europeo.

emanation (efflux) (*gen.*), emanazione. **2.** ~ (*radioact.*), emanazione (Em).

emanometer (measuring the emanation percentage

in the atmosphere) (*radioact. meas. instr.*) emanometro, misuratore di emanazione.

"emb", *see* embargo, embark, embarkation, embossed.

embank (to), costruire un argine, costruire un terrapieno.

embankment (as of a road, as of railw.), terrapieno, argine. **2.** ~ (dam) (*hydr. constr.*), arginatura, argine. **3.** ~ (earthwork raised above natural ground by transporting material) (*civ. eng.*), rilevato.

embargo (official order prohibiting the departure of a ship) (*law naut.*), embargo, fermo. **2.** ~ (an official prohibition of exportation of specified kinds of freights) (*law transp.*), embargo.

embark (to) (*naut.*), imbarcare, imbarcarsi.

embarkation (*naut.*), imbarco.

embarking (*naut.*), imbarco.

embattled (as of a wall) (*arch.*), merlato. **2.** ~ (*milit.*), disposto in ordine di battaglia.

embed (to) (to set in) (*mech. - carp.- join.*), incassare. **2.** ~ (as a substance in wax) (*microscopy*), imprigionare. **3.** ~ (*comp.*), includere.

embedding (*carp. - join. - mech.*), incassatura, incasso.

ember (of a fire) (*gen.*), tizzone, brace.

embezzlement (fraudulent appropriation) (*law*), appropriazione indebita.

embody (to) (to incorporate) (*gen.*), incorporare. **2.** ~ a modification (*gen.*), introdurre una modifica.

emboss (to) (as by a press in leather working), goffrare, stampare in rilievo. **2.** ~ (to raise the surface of sheet metal) (*mech.*), lavorare a sbalzo, sbalzare (a macchina). **3.** ~ (to obtain in relief from a surface by pressing it with a die, as a coin) (*mech.*), coniare. **4.** ~ (to obtain in relief from a surface by carving it with handwork) (*art*), cesellare. **5.** ~ (recording by embossing the sound grooves in the industrial production of records) (*electroacous.*), stampare.

embossed (as stamped or printed in a raised pattern) (*leather - paper - etc.*), goffrato, stampato in rilievo. **2.** ~ stamping (engraving, as with a dater) (*packing - etc.*), timbratura a secco, timbratura a rilievo. **3.** ~ work (*gen.*), lavoro in rilievo.

embosser (*work.*), goffratore. **2.** ~ (embossing mach. for leather, paper etc.) (*mach.*), goffratrice.

embossing (*leather - paper - etc.*), stampaggio in rilievo, goffratura. **2.** ~ (*print.*), timbratura a secco. **3.** ~ (coinage) (*mech.*), coniatura. **4.** ~ calender (*paper mfg. mach.*), calandra per goffrare. **5.** ~ machine (*mach.*), goffratrice, macchina per goffrare. **6.** ~ roller (*print.*), rullo (da stampa) in rilievo.

embossment (on paper) (*print.*), goffratura, impronta (o stampa) a rilievo.

embrace (to) (*gen.*), circondare, includere.

embrasure (as of a window) (*arch. - bldg.*), strombo, strombatura. **2.** ~ (opening in a fortress wall for placing cannons) (*milit.*), cannoniera. **3.** direct ~ (*milit.*), cannoniera diretta. **4.** oblique ~ (*milit.*), cannoniera obliqua.

embrittle (to) (*gen.*), rendere fragile, infragilire.

embrittlement (*gen.*), infragilimento. **2.** acid ~ (acid brittleness, due to extended pickling of steel in acid bath) (*metall.*), fragilità da decapaggio. **3.** caustic ~ (caustic cracking, due to stress and corrosion in alkaline solutions, as of mild steel) (*metall.*), fragilità caustica. **4.** graphitic ~ (due to the presence of intergranular graphite) (*metall.*), fragilità da grafite. **5.** hydrogen ~ (of steel, due to absorption of hydrogen as during pickling) (*metall.*), fragilità da idrogeno. **6.** hydrogen ~ relief (of metals) (*heat treat.*), deidrogenazione per eliminare la fragilità. **7.** nitrogen ~ (occurring with nitrogen contents of 0.010%) (*metall.*), fragilità da azoto. **8.** oxygen ~ (when the contents of iron oxide exceed a given limit) (*metall.*), fragilità da ossigeno (o da ossido). **9.** strain-age ~ (*metall.*), fragilità da invecchiamento.

embroider (to) (*text. ind.*), ricamare.

embroideress (*work.*), ricamatrice.

embroidery (*text. ind.*), ricamo.

embus (to) (to get on a bus) (*aut.*), incarrozzare, salire sull'autobus. **2.** ~ (to load soldiers as on trucks) (*milit.*), caricare (truppe) su autocarri.

"EMCF" (European Monetary Co-operation Fund) (*finan.*), fondo europeo di cooperazione monetaria, FECOM.

em dash (a dash being one em wide) (*print.*), lineetta della lunghezza di un quadratone.

emerald (*min.*), smeraldo.

emerge (to), emergere.

emergency (*gen.*), emergenza. **2.** ~ air (compressed air used for a hydraulic or pneumatic circuit in case of failure of normal power supply) (*aer. - etc.*), aria di emergenza. **3.** ~ brake (hand brake, used as for parking the vehicle) (*aut.*), freno di stazionamento, freno di blocco, freno a mano (di emergenza o stazionamento). **4.** ~ cartridge (used for energizing a hydraulic or pneumatic system) (*aer. - etc.*), cartuccia di emergenza. **5.** ~ exit (as in a theater) (*bldg.*), uscita di sicurezza. **6.** ~ landing field (*aer.*), campo di fortuna. **7.** ~ light (as in a theater, in a factory etc.) (*illum.*), luce di sicurezza. **8.** ~ lighting plant (*elect.*), impianto luce di sicurezza. **9.** ~ machine (*ind.*), macchina di riserva. **10.** ~ ring bank (circular emergency bank) (*hydr. constr.*), argine ausiliario circolare, coronella. **11.** ~ shut-down (*elect. - etc.*), *see* emergency stop. **12.** ~ stop (elect. device for cutting off an engine as for excessive temperature) (*elect. - mot.*), arresto di emergenza, blocco di emergenza.

emerging (as a light ray) (*opt.*), emergente.

emery (for mech. use), smeriglio. **2.** ~ cloth (for mech. use), tela smeriglio. **3.** ~ dust (for mech. use), polvere di smeriglio. **4.** ~ flour (for mech. use), polvere di smeriglio, polvere abrasiva. **5.** ~ paper (for mech. or paint. use), carta smerigliata. **6.** ~ paste (for mech. use), spoltiglio. **7.** ~ powder (for mech. use) (*mech. shop*), polvere di smeriglio. **8.** ~ rubbing (*mech. operation*), smerigliatura. **9.** steel ~ (abrasive made of hard temper chilled iron: used in tumbling barrels) (*metall.*), ghisa in grana. **10.** ~ stick (*t.*), lima a smeriglio. **11.** ~ stone (mixture for grinding wheels) (*t.*), miscela a smeriglio per mole. **12.** ~ stone (whetstone) (*t. - etc.*), pietra per affilare. **13.** ~ wheel (*t.*), mola a smeriglio.

emetic (*med. - chem.*), emetico.

"EMF", "emf" (electromotive force) (*elect.*), forza elettromotrice, f.e.m.

emigrant (*work.*), emigrante. **2.** ~ remittances (*econ.*), rimesse degli emigranti.

emission, emissione. **2.** ~ (of electrons) (*thermion.*), emissione. **3.** beam ~ (*thermion.*) (Brit.), emissione direzionale. **4.** electron ~ (as by thermion. or by photoelectric or by radioactive process) (*phys.*), emissione elettronica. **5.** evaporative ~ (from the exhaust system) (*aut.*), emissione evaporativa. **6.** exhaust ~ (*aut.*), emissione dallo scarico. **7.** extraneous ~ (accidental emission of a transmitter) (*elics.*), emissione spuria. **8.** field ~ (emission of electrons under the action of a strong elect. field in vacuum) (*elics.*), emissione di campo. **9.** secondary ~ (of electrons) (*thermion.*), emissione secondaria. **10.** smoke ~ (from the exhaust system) (*aut.*), emissione di fumo. **11.** thermionic ~ (*radio - etc.*), emissione termoionica.

emissivity (ratio betweeen the quantity of energy emitted by a body and that emitted by a theoretical black body) (*phys.*), potere irraggiante, radianza. **2.** total ~ (as of a thermal radiator) (*phys.*), potere irraggiante totale, radianza totale.

emit (to) (*phys.*), emettere. **2.** ~ (*radio*), trasmettere.

emittance (*phys.*), emettanza. **2.** luminous ~ (*illum.*), emettanza luminosa.

emitter (*gen.*), emettitore. **2.** ~ (a transistor junction) (*elics.*), emettitore. **3.** ~ (a substance emitting particles) (*n. - phys.*), sostanza che emette particelle. **4.** ~ (time/pulse generator) (*elics. - comp.*), emettitore di impulsi. **5.** ~ coupled logic ("ECL": consisting in bipolar coupled transistors) (*elics.*), logica ad emettitori accoppiati. **6.** dull ~ (indirectly heated) (*thermion. tube*), catodo ad ossidi.

emollient (agent giving pliability) (*rubb. mfg.*), emolliente.

emolument, *see* pay, salary.

empennage (*aer.*), piani di coda, impennaggio.

emphasis (intentional alteration of the ratio between high frequency and low frequency: for reducing noise by preemphasis input and deemphasis output) (*elics.*), enfasi.

empire cloth (cloth treated with oil and used as an insulator) (*elect.*), tessuto oliato isolante.

empiric (empirical) (*gen.*), empirico.

emplacement (position prepared for guns or for the launching of weapons and rockets) (*milit. - rckt.*), postazione. **2.** ~ (*bldg.*), ubicazione. **3.** wet ~ (emplacement for rocket launch, cooled by water jets) (*rckt.*), piattaforma (di lancio) raffreddata con getti di acqua.

employ (to), impiegare. **2.** ~ (to engage the services of someone) (*pers.*), dare lavoro a, assumere. **3.** ~ (to make use of) (*gen.*), utilizzare.

employe, *see* employee.

employed (*a.*), impiegato, usato, adoperato.

employee (*work.*), lavoratore, prestatore d'opera. **2.** ~ (*white collar*), impiegato. **3.** ~ (*work.*), operaio. **4.** employees (*pers.*), maestranze, dipendenti **5.** employees and employers (*work.*), lavoratori e datori di lavoro. **6.** ~ shareholding (*pers. - finan.*), azionariato operaio.

employer datore di lavoro.

employment, impiego. **2.** ~ agency (*work.*), agenzia di collocamento. **3.** ~ bureau (*trade-union - etc.*), ufficio di collocamento. **4.** ~ office (of a firm) (*work organ.*), ufficio assunzioni. **5.** ~ test (test to be undertaken before being employed) (*work organ.*), esame attitudinale. **6.** full ~ (for workers) (*ind. - etc.*), piena occupazione.

emporium (*comm. center*), centro commerciale. **2.** ~ (bazar), emporio.

empower (to) (*gen.*), autorizzare, mettere in grado di.

empties (containers) (*n. - comm.*), (imballaggi) vuoti.

empty (*gen.*), vuoto. **2.** ~ medium (material almost virgin because inizialized at the beginning of data recording) (*comp.*), supporto (inizializzato) disponibile (per la registrazione) **3.** ~ weight (*aer.*), peso a vuoto.

empty (to), vuotare, vuotarsi.

emptying (*gen.*), svuotamento.

em quad (quadrat having the width of an em) (*print.*), quadratone, quadrato di 12 punti.

"EMS" (Engineering Material Specification) (*technol.*), norma (o specifica) tecnica per i materiali.

"EMU", "emu" (electromagnetic unit) (*meas.*), unità elettromagnetica.

emulate (to) (by means of an emulator) (*comp.*), emulare.

emulation (the application of an emulator) (*comp.*), emulazione.

emulator (program or device permitting a comp. to use programs written for another one) (*comp.*), emulatore.

emulsible, *see* emulsifiable.

emulsifiability (emulsibility) (*phys. chem.*), emulsionabilità.

emulsifiable (emulsible) (*phys. chem.*), emulsionabile.

emulsifier (emulsifying agent) (*phys. chem.*), emulsionante. **2.** ~ (emulsifying machine) (*mach.*), macchina emulsificatrice, emulsificatore.

emulsify (to), emulsionare.

emulsifying (emulsive) (*phys. - chem.*), emulsionante, emulsivo, emulsificante.

emulsion (*chem.*), emulsione. **2.** ~ (for coating plates, films) (*phot.*), emulsione, gelatina. **3.** ~ chamber (as of a carburetor) (*mech.*), camera di emulsione. **4.** ~ side (as of a film or of a photographic plate) (*phot. - m. pict.*), lato emulsione, lato gelatina. **5.** ~ speed system (*phot.*), scala della sensibilità delle emulsioni (fotografiche). **6.** bitumen ~ (*road paving material*), emulsione bituminosa. **7.** breaking of an ~ (separation of the dispersed material from the aqueous part, as in bitumen emulsion) (*road paving*), rottura dell'emulsione. **8.** stability of an ~ (as of a bitumen emulsion) (*road paving*), stabilità dell'emulsione. **9.** tar ~ (*road paving material*), emulsione di catrame.

emulsoid (*phys.*), emulsoide.

emulsor, *see* emulsifier 2 ~.

en (unit of typographical measurement having the average length of a letter) (*print.*) (Brit.), 6 punti in misura inglese, spessore medio delle consonanti. **2.** ~ quad (having the witdh of half an em) (*print.*) (Brit.), quadratino. **3.** ~ rule (dash having half the width of an em rule) (*print.*), lineato a quadratino. **4.** ~ score (*print.*), *see* en rule.

enable (to) (*gen.*), mettere in grado di, rendere possibile. **2.** ~ (to allow a particular activity) (*comp.*), abilitare.

enamel (vitreous composition as applied to pottery) (*ceramics - etc.*), smalto. **2.** ~ frit (*ceramics*), fritta di smalto. **3.** ~ kiln (*ceramics*), forno per smaltatura, forno a smalto. **4.** ~ paint (*paint.*), pittura a smalto. **5.** ~ painting (*paint.*), verniciatura a smalto. **6.** nitrocellulose ~ (as for aut. painting) (*paint.*), smalto alla nitro, smalto alla nitrocellulosa. **7.** stoving ~ (as for mtc. painting) (*paint.*), smalto a fuoco.

enamel (to) (*ceramics*), smaltare. **2.** ~ (*paint.*), verniciare a smalto, verniciare con pittura a smalto.

enameled, *see* enamelled.

enameler, enameller, enamelist, enamellist (*work.*), smaltatore.

enameling (*ceramics*), smaltatura. **2.** ~ (*paint.*), verniciatura a smalto, verniciatura con pittura a smalto.

enamelled (*ceramics*), smaltato. **2.** ~ (*a. - paint.*), verniciato a smalto, verniciato con pittura a smalto.

enantiomorphic (*a. - crystallography - chem.*), enantiomorfo.

enantiomorphous (*a. - crystallography - chem.*), enantiomorfo.

enantiotropy (*phys. chem.*), enantiotropia.

enbloc (in one piece, not in separate sections) (*mech. - etc.*), in un (solo) pezzo, di pezzo. **2.** ~ (as a whole) (*adv. - gen.*), in blocco. **3.** ~ (as a cylinder block in one piece) (*a. - mot. - etc.*), monoblocco. **4.** ~ cylinder block (*mot.*), basamento monoblocco, incastellatura monoblocco, monoblocco.

"enc", *see* enclosed.

encapsulate (to) (to enclose in a capsule, to protect with plastic: as an electronic component) (*ind. - elics. - etc.*), incapsulare.

encarpus (a sculptured ornamental festoon of fruits and leaves) (*arch.*), encarpo.

encash (to) (Brit.), *see* cash (to).

encaustic (painting method by which the colors are diffused in melted beewax) (*n. - paint.*), encausto. **2.** ~ (*a. - paint. - art*), encaustico, **3.** ~ tile (a colored baked tile used for ornamental paving or lining) (*bldg.*), piastrella decorativa.

enceinte (works line forming the main enclosure of a fortress) (*milit.*), cinta.

encipher (to) (to encrypt: as a message) (*milit.*), cifrare.

encircle (to), circondare,

"encl" (enclosure: that which is enclosed) (*off.*), allegati.

enclose (to) (as electric wires in a wall), incassare. **2.** ~ (to insert together a document and a letter in the same envelope) (*off.*), allegare, accludere. **3.** ~ (to surround), circondare. **4.** ~ (to shut up or in), chiudere, racchiudere. **5.** ~ (as by a fence) (*bldg.*), cintare, recingere.

enclosed (as a motor generator set) (*a. - mot. - elect.*), cappottato. **2.** totally ~ (as a motor generator set) (*mot. - elect.*), interamente cappottato.

enclosure (act of enclosing), chiusura. **2.** ~ (that which encloses) (*bldg.*), recinzione. **3.** ~ (*comm. - off.*), allegato. **4.** ~ fence, recinzione (in steccонato o siepe). **5.** ~ wall (*bldg.*), muro di recinzione. **6.** barbed wire ~ (*bldg.*), recinzione di filo spinato. **7.** glassed in ~ (*bldg.*), vetrata. **8.** type of ~ (of an elect. mach.) (*elect.*), sistema di chiusura. **9.** wall ~ (*bldg.*), recinzione in muratura.

encodation (the pattern of bars and spaces representing a bar code) (*comp.*), modello (o tipo) di codifica.

encode (to) (to put in code: as a message) (*milit.*), mettere in codice, codificare. **2.** ~ (to translate a program in mach. language) (*comp.*), codificare.

encoder (*comp.*), codificatore, apparecchio codificatore, "encoder". **2.** brush ~ (an encoder that operates as by coal brushes, or similar devices, for reading card or tape holes) (*comp.*), codificatore a spazzole. **3.** hybrid ~ (encoder in which the connection between the analogic input and the logic output is realised both by brushes and non-contact magnetic sensors) (*comp.*), codificatore ibrido, "encoder" ibrido. **4.** magnetic ~ (encoder in which the connection between the analogic input and the logic output is realised by means of non-contact magnetic sensors) (*comp.*), codificatore magnetico, "encoder" magnetico.

encoding (*comp.*), codifica.

encompass (to) (to encircle) (*gen.*), circondare.

encroach (to) (to go beyond normal limits) (*gen.*), superare i limiti. **2.** ~ (to invade) (*gen.*), invadere.

encrust (to), *see* to incrust.

encrustation, *see* incrustation.

encrypt (to), *see* to encode.

encryption (*elab.*), codifica, cifratura.
encumber (to), ingombrare.
end, fine, estremità. **2.** ~ (yarn of a warp) (*text. ind.*), filo (dell'ordito). **3.** ~ (in distillation, as of oil, the extreme portions of the distillation range) (*chem. ind.*), (prodotto di) testa o (di) coda. **4.** ~ (of a rope) (*naut. - etc.*), capo. **5.** ~ around, *see* cyclic. **6.** ~ brush, *see* end plate. **7.** ~ cutting-edge angle (of a lathe tool) (*t.*), angolo del profilo del tagliente secondario. **8.** ~ float (as of a shaft) (*mech.*), gioco assiale. **9.** ~ lap (overlapping of the contiguous margins in aerial photos) (*aer. phot.*), sovrapposizione dei margini (o dei bordi). **10.** ~ lap, ~ lap joint (half lap joint) (*join.*), giunto a mezza pialla. **11.** ~ lathe (*mach. t.*), tornio frontale. **12.** ~ mill (*mech. t.*), fresa frontale (con codolo), fresa a codolo. **13.** ~ of address (*comp.*), fine (dell') indirizzo. **14.** ~ of file, "EOF" (*comp. mark*), fine dell'archivio, fine del file. **15.** ~ of medium, "EM" (*comp.*), fine del supporto. **16.** ~ of message, "EOM" (*comp.*), fine (del) messaggio. **17.** ~ of stroke (*mech.*), fine della corsa. **18.** ~ of tape, "EOT" (tape mark) (*comp.*), fine del nastro. **19.** ~ of text, "ETX" (control character following the end of a message) (*comp.*), ETX, fine del testo. **20.** ~ of transmission block, "ETB" (*comp.*), fine del blocco di trasmissione. **21.** ~ paper (flyleaf, of a book) (*typ.*), risguardo. **22.** ~ plate (*boil.*), lamiera di fondo. **23.** ~ play (as of a shaft, a bearing etc.) (*mech.*), gioco assiale. **24.** ~ point (temperature at which distillation ceases, as in gasoline analysis) (*chem.*), punto finale. **25.** ~ pouring (bottom pouring) (*found.*), colata a sorgente, colata dal fondo. **26.** ~ product (*ind.*), prodotto terminale, prodotto finale. **27.** ~ scale value (*instr.*), valore di fondo scala. **28.** "A" ~ (of a car: end opposite to that at which the hand brake is located) (*railw.*), testata opposta a quella in cui è montato il freno a mano. **29.** "B" ~ (of a car: end at which the hand brake is located) (*railw.*), testata del freno a mano, testata nella quale è montato il freno a mano. **30.** big ~ of a connecting rod (*mech.*), testa di biella. **31.** commutator ~ (as of a dynamo) (*electromech.*), lato collettore. **32.** crosshead ~ of a connecting rod (*mech.*), piede di biella. **33.** dead ~ (without continuation) (*pip. - road - etc.*), estremità cieca, estremità senza uscita. **34.** driving ~ (as of an electric mot.) (*mech.*), lato accoppiamento. **35.** dry ~ (drying section of a paper machine) (*paper mfg.*), seccheria, parte secca, **35.** fast ~ (root, of a stud) (*mech.*), radice. **37.** free ~ (as of an engine; end from which a mach. can be driven) (*mot.*), estremità libera. **38.** inlet ~ (of a mech. piece) (*mech.*), lato entrata. **39.** leading ~ (as of a tape) (*n. c. mach. t. - etc.*), lato testa, inizio. **40.** looking from radiator ~ (as a car) (*aut.*), guardando (il veicolo) dal davanti. **41.** not-driving ~ (non-driving end, as of the shaft of an electric mot.) (*mech.*), lato opposto accoppiamento. **42.** nut ~ (stem, of a stud) (*mech.*), gambo. **43.** outlet ~ (of a mech. piece) (*mech.*), lato uscita. **44.** radiator ~ (as of a car) (*aut.*), lato radiatore. **45.** rag ~ (as of a rope) (*naut.*), estremità sfilacciata. **46.** small ~ (of a connecting rod) (*mech.*), piede. **47.** top ~ (as of a piece) (*mech.*), estremità superiore. **48.** trailing ~ (as of a tape) (*n. c. mach. t. - etc.*), lato coda, fine. **49.** wrist-pin ~ (of an articulated rod) (*aer. - mot.*), testa di bielletta.
end (to) (*gen.*), finire.
endboard (tailboard: of a truck body) (*aut.*), sponda posteriore.
endemic (*n. - med.*), endemia. **2.** ~ (as a disease distinguished from epidemic) (*a. - med.*), endemico.
end-fire array (directional type) (*radio - telev.*), antenna Yagi.
endgate (*aut.*), *see* endboard.
end-item (*n. - ind. - comm.*), prodotto finito.
endless (*a. - gen.*), senza fine. **2.** ~ belt (*mach. ind.*), cinghia ad anello, nastro continuo.
endocondensation (condensation into a molecule) (*phys. chem.*), condensazione nell'ambito molecolare.
endodyne (*radio*), endodina.
endoergic, *see* endothermic.
endogenous (*gen.*), endogeno.
endomorphism (*geol.*), endomorfismo. **2.** ~ (*math.*), endomorfismo.
endoradiosonde (microelectronic app. for acquiring internal data of the human body) (*med. elics.*), endoradiosonda.
endorse (to) (as a check) (*comm.*), girare. **2.** ~, *see also* to indorse.
endorsed (as a check) (*a. - comm.*), girato.
endorsee (as of a check) (*comm.*), giratario.
endorsement (as of a check) (*comm.*), girata.
endorser (as of a check) (*comm.*), girante. **2.** accomodation ~ (signing a check for instance) (*comm.*), girante di comodo.
endoscope (*med. instr.*), endoscopio. **2.** ~ (an instr. for inspecting holes in mech. constr.) (*mach. constr. instr.*), endoscopio. **3.** uterine ~ (*med. instr.*), endoscopio uterino.
endosmometer (*phys. app.*), "endosmometro".
endosmosis (*chem. phys.*), endosmosi. **2.** electric ~ (*phys. chem.*), endosmosi elettrica.
endothermal, *see* endothermic.
endothermic (*a. - chem. mot.*), endotermico. **2.** ~ generator (*mot.*), generatore endotermico. **3.** ~ reaction (*chem.*), reazione endotermica.
endothermous (*a. - therm.*), *see* endothermic.
endow (to) (as to give an income to an institution) (*finan.*), sovvenzionare.
endpoint (as of a line) (*geom. - etc.*), punto terminale.
end-shrink (to) (to shrink in length) (*wood*), ritirarsi in lunghezza.
endurance (capability of lasting), resistenza, durata. **2.** ~ (*aer.*), autonomia di durata, durata (di volo). **3.** ~ flight (*aer.*), volo di durata. **4.** ~ limit (*theor. mech.*), limite di fatica. **5.** ~ ratio (*mech.*

technol.), *see* fatigue ratio. **6.** ~ strength (*theor. mech.*), resistenza alla fatica. **7.** ~ surface (*materials test*), superficie di fatica. **8.** ~ test (as in aviation engine testing) (*mot. - mach. materials*), prova di durata. **9.** ~ test (*mech. technol.*), *see* fatigue test. **10.** limit of ~ (*aer.*), limite di autonomia. **11.** prudent limit of ~ (of an aircraft flight) (*aer.*), autonomia pratica di durata, limite di sicurezza di durata.

enduro (endurance race) (*aut. - mtc. - sport*), gara di durata.

endwise, endways (lengthwise) (*adv. - gen.*), longitudinalmente.

"ENEA" (European Nuclear Energy Agency) (*atom phys.*), agenzia europea per l'energia nucleare.

enemy (*milit.*), nemico.

energetic (operating with energy: as a manager) (*a. - gen.*), energico. **2.** ~ (operating with force: as a chem. agent) (*a. - gen.*), energico.

energetics (*sc.*), energetica.

energize (to) (as a relay) (*elect.*), eccitare. **2.** ~ (to put a circuit under voltage) (*elect.*), mettere sotto tensione.

energized (as of relay) (*elect. - etc.*), eccitato. **2.** ~ (alive) (*elect.*), sotto tensione. **3.** ~ for holding (as a relay) (*elect.*), eccitato per ritenuta.

energy (*gen.*), energia. **2.** ~ balance (of the human body) (*med.*), bilancio energetico (tra alimentazione e lavoro fisico). **3.** ~ balance (as in a system; the difference between the released and the absorbed energy) (*phys.*), bilancio energetico. **4.** ~ density (quantity of energy per unit of volume) (*phys.*), densità di energia. **5.** ~ level (as of the electrons in a molecular system) (*phys.*), livello energetico. **6.** ~ loss, perdita di energia. **7.** ~ quantum (*phys.*), quanto di energia. **8.** ~ sources (*econ.*), fonti di energia. **9.** activation ~ (*chem.*), energia di attivazione. **10.** atomic ~ (*atom phys.*), energia atomica. **11.** binding ~ (*atom phys.*), energia di legame. **12.** chemical ~ (*phys. chem.*), energia chimica. **13.** excitation ~ (*atom phys.*), energia di eccitazione. **14.** free ~ (*thermod.*), energia libera. **15.** heat ~ distribution (as of an i.c. engine) (*therm. efficiency*), bilancio termico. **16.** humanitarian applications of atomic ~ (*atom phys.*), applicazioni della energia atomica a beneficio dell'umanità. **17.** internal ~ (*phys.*), energia interna. **18.** ionization ~ (*atom phys.*), energia di ionizzazione. **19.** kinetic ~ (*theor. mech.*), forza viva, energia cinetica. **20.** luminous ~ (*phys.*), energia luminosa. **21.** nuclear binding ~ (energy needed to separate a nucleus into its constituent particles) (*atom phys.*), energia di legame nucleare. **22.** potential ~ (*phys.*), energia potenziale. **23.** radiant ~ (*phys.*), energia raggiante (o radiante). **24.** separation ~ (*atom phys.*), *see* nuclear binding energy. **25.** sound ~ (*acous.*), energia sonora. **26.** surface ~ (*phys.*), energia superficiale.

energy-absorbing (relating as to the steering column) (*a. - aut. safety*), ad assorbimento di energia.

enface (to) (to write, as on a draft) (*comm.*), scrivere sulla facciata (di un documento).

enfilade (*milit.*), infilata.

"eng", *see* engine, engineer, engineering.

engage (to) (to hire), assumere. **2.** ~ (as a clutch) (*mech.*), innestare. **3.** ~ (the enemy) (*milit.*), impegnare (mediante attacco). **4.** ~ (as an actor) (*theater - etc.*), scritturare. **5.** ~ (*teleph.*), occupare. **6.** ~ gears (*mech.*), ingranare. **7.** ~ oneself (to bind oneself) (*gen.*), impegnarsi. **8.** ~ the clutch (*aut.*), innestare la frizione.

engaged (occupied: as a teleph. line) (*a. - gen.*), occupato.

engagement (as of a worker) (*adm.*), assunzione. **2.** ~ (pecuniary obligation) (*comm.*), impegno. **3.** ~ (of actors) (*theater - etc.*), scritturazione. **4.** labor ~ sheet (for workers) (*adm.*), modulo di assunzione. **5.** length of ~ (of a screw thread) (*mech.*), lunghezza di avvitamento, lunghezza della parte filettata avvitata. **6.** length of ~ (of gears) (*mech.*), arco di azione, settore di contatto. **7.** to meet an ~ (*comm. - etc.*), far fronte ad un impegno.

"engin", *see* engineer, engineering.

engine (*mot.*), motore. **2.** ~ (*railw.*), locomotiva, **3.** ~, *see also* motor, machinery apparatus. **4.** ~ block (cylinder block, of an i. c. engine) (*mot.*), monoblocco, basamento, blocco cilindri. **5.** ~ cab (as of a locomotive) (*railw.*) (Brit.), cabina del macchinista. **6.** ~ compressor set (*ind. unit*), gruppo motocompressore. **7.** ~ controls (*aer.*), comandi del motore. **8.** ~ driver (*railw. work.*), macchinista. **9.** ~ efficiency (*mot.*), rendimento del motore. **10.** ~ frame (crankcase) (*mot.*), basamento. **11.** ~ hatchway (*naut.*), boccaporto delle macchine. **12.** ~ log (*naut.*), giornale di macchina. **13.** ~ logbook (*aer. mot.*), libretto del motore. **14.** ~ mounting (*aer.*), castello motore, supporto del motore. **15.** ~ overhaul bench (*shop*), banco per revisione motori. **16.** ~ performances (*mech.*), caratteristiche tecniche del motore. **17.** ~ room (*shop*), sala macchine. **18.** ~ room (of a torpedo) (*expl.*), camera del dispositivo motore. **19.** ~ serial number (as of an aut. mot.), numero (di fabbricazione) del motore. **20.** ~ speed (engine r.p.m.) (*mot.*), velocità del motore, numero di giri del motore. **21.** ~ speed indicator (*mot.*), contagiri motore. **22.** ~ test room (*shop*), sala prova motori. **23.** ~ test stand (*workshop app.*), banco prova motori. **24.** ~ time expired (as of an aer. mot. when due for overhaul) (*mot.*), periodo di revisione (o tra le revisioni) ultimato. **25.** ~ turning (*decorative art*), "guillochè". **26.** after ~ (*naut.*), macchina di poppa. **27.** air-breathing ~ (*mot.*), motore (funzionante) ad ossigeno atmosferico. **28.** air-cooled ~ (*mot.*), motore raffreddato ad aria. **29.** alternative ~ (*mot.*), motore alternativo. **30.** antechamber ~ (precombustion-chamber engine) (*mot.*), motore a precamera. **31.** arrow ~ (with three rows of cylinders) (*mot.*), motore a W. **32.** aspirated ~ (nonsupercharged i. c. engine) (*mot.*), motore aspirato. **33.** atmospheric ~ (nonsupercharged i. c. engine) (*mot.*), motore aspirato. **34.** atmospheric steam ~ (*mach.*), macchina a vapore a scarico nell'atmosfera. **35.** automotive ~ (automobile engine) (*mot.*), motore di tipo automobilistico. **36.** aviation ~ (*mot.*), motore d'aviazione. **37.** axial ~ (with the cylinders arranged parallel to the driving shaft) (*mot.*), motore assiale. **38.** bank ~ (for helping the main locomotive on a steep grade) (*railw.*) (Brit.), locomotiva ausiliaria, locomotiva sussidiaria, locomotiva "di trapelo". **39.** beam ~ (steam engine) (*mach.*), macchina a vapore a bilanciere. **40.** bleaching ~ (*paper mfg. mach.*), olandese imbiancatrice, imbianchitore. **41.** boxer ~ (opposed cylinder horizontal engine) (*mot.*), motore orizzontale a cilindri contrapposti. **42.** cam ~ (with cam and roller instead of the crankshaft) (*mot.*), motore alternativo a eccentrici. **43.** Campini ~ (reciprocating engine with jet thrust) (*aer.*), motore Campini. **44.** carding ~ (as for wool) (*text. mach.*), carda, macchina per cardare. **45.** CFR ~ (Cooperative Fuel Research Committee, for determining the detonating tendency of a fuel) (*mot.*), motore CFR **46.** CI ~ (*mot.*), *see* compression-ignition engine. **47.** combustion ~ (*mot.*), motore a combustione. **48.** commercial ~ (*mot.*), motore industriale. **49.** composite ~ (combination of two different design engines, as a piston and turbine engine combination) (*aer. - mot.*), motore composito, motore compound. **50.** compound turbine ~ (with mechanically subdivided compressors driven by a separate turbine) (*aer. - mot.*), turbina composita, motore a turbina composito. **51.** compression-ignition ~ (*Diesel engine*), motore (a ciclo) Diesel. **52.** condensing steam ~ (*mach.*), macchina a vapore con condensatore. **53.** constant-pressure-combustion ~ (*mot.*), motore a combustione a pressione costante. **54.** contra-flow turbine ~ (in which the working fluid flows in opposite directions through the adjacent blades passages of the compressor and turbine) (*aer. - mot.*), motore a turbina a controflusso. **55.** coupled ~ (locomotive with almost two driving wheels coupled by a rod on both sides) (*railw.*), locomotiva con ruote motrici accoppiate. **56.** cylinder-in-line ~ (*mot.*), motore a cilindri in linea. **57.** dead ~ (*aer.*), motore che si è fermato, motore fermo. **58.** displacement ~, *see* piston ~. **59.** double-acting steam ~ (*mach.*), macchina a vapore a doppio effetto. **60.** double-row radial ~ (*aer. mot.*), motore a doppia stella. **61.** dual fuel ~ (running with two different types of fuel) (*mot.*), motore a doppio combustibile. **62.** ducted-fan turbine ~ (*aer. mot.*), motore a turbina con elica intubata. **63.** e. c. ~ (external combustion engine: as Stirling engine) (*mot.*), motore a combustione esterna. **64.** eccentric rotor ~ (as the Wankel engine) (*mot.*), motore a rotore eccentrico. **65.** exchange ~ (overhauled engine given by the factory in replacement for engines with expired overhaul period) (*aut. - comm. - etc.*), motore di rotazione, motore di giro. **66.** explosion ~ (internal-combustion engine) (*mot.*), motore a scoppio. **67.** external-combustion ~ (as the Stirling engine) (*mot.*), motore a combustione esterna. **68.** F-head ~ (engine designed with one valve in the cylinder block at the side of the piston and the other valve in the cylinder head above the piston) (*mot.*), motore con testa a F, motore con una valvola laterale ed una in testa (per cilindro). **69.** fixed-head diesel ~ (with the head integral with the cylinders) (*mot.*), motore a testa fissa. **70.** flat ~ (contained in an horizontal plane) (*mot.*), motore piatto, motore a sogliola. **71.** four-cycle ~ (*mot.*), motore a quattro tempi. **72.** four-stroke-cycle ~ (*mot.*), motore a quattro tempi. **73.** four-stroke ~ (*mot.*), motore a quattro tempi. **74.** free-piston ~ (i c engine where the energy produced is used without mech. connection between the pistons and a turning shaft) (*mot.*), motore a pistoni liberi. **75.** gas ~ (*mot.*), motore a gas. **76.** gasoline ~ (*mot.*), motore a benzina. **77.** gas-turbine ~ (*mot.*), (motore a) turbina a gas. **78.** geared diesel marine ~ (*mot. - naut.*), motore diesel marino con riduttore ad ingranaggi. **79.** heat ~ (*thermod.*), macchina termica. **80.** high-speed Diesel ~ (*mot.*), motore Diesel veloce. **81.** high-speed ~ (*mot.*), motore veloce. **82.** horizontal ~ (*mot.*), motore a cilindri orizzontali. **83.** hot-air ~ (*mot.*), motore ad aria calda. **84.** H-type ~ (*mot.*), motore ad H. **85.** hydraulic ~ (*mach.*), motore idraulico. **86.** i c ~ (internal combustion engine) (*mot.*), motore a c. i., motore a combustione interna. **87.** industrial ~ (*mot.*), motore industriale. **88.** in-line ~ (*mot.*), motore in linea. **89.** internal-combustion ~ (*mot.*), motore a combustione interna. **90.** inverted ~ (with the cylinders below the crankshaft) (*aer. mot.*), motore invertito. **91.** ion ~ (for outer space motion) (*astric.*), motore ionico. **92.** jet ~ (*mot.*), motore a reazione, reattore, (motore a) getto. **93.** jet turbine ~ (*aer. mot.*), turbogetto, turboreattore. **94.** lateral valve ~ (*mot.*), motore a valvole laterali. **95.** left-handed ~ (the propeller shaft of which rotates in a counter-clockwise direction with the engine between the observer and the propeller) (*aer. mot.*), motore sinistrorso, motore sinistrogiro, motore sinistro. **96.** left-hand ~ (left-handed engine: the propeller shaft of which rotates in a counter-clockwise direction with the engine between the observer and the propeller) (*aer. mot.*), motore sinistrogiro, motore sinistro, motore sinistrorso. **97.** L-head ~ (in which both valves are located on the side of the engine cylinder) (*mot.*), motore con testa a L, motore con valvole laterali. **98.** light ~ (locomotive without cars) (*a. - railw.*), locomotiva (che viaggia) sola (o col solo carro di servizio). **99.** lightweight diesel ~ (*aut.*), diesel leggero. **100.** liquid-cooled V ~

(*mot.*), motore a V raffreddato ad acqua. **101.** low-speed Diesel ~ (*mot.*), motore Diesel lento. **102.** main engines (*naut.*), motori principali. **103.** marine Diesel ~ (*mot.*), motore Diesel marino. **104.** marine ~ (*mot.*), motore marino. **105.** mirror ~ (as a marine engine used for twin-screw installation, having the accessories mounted on the opposite side to standard) (*mot.*), motore speculare. **106.** multifuel ~ (*mot.*), motore policarburante. **107.** multi-row radial ~ (*aer. mot.*), motore a stella multipla, motore pluristellare. **108.** naturally aspirated ~ (*mot.*), motore aspirato. **109.** oil ~ (*mot.*) (Brit.), motore a olio pesante. **110.** opposed-cylinder horizontal ~ (boxer engine), (*mot.*), motore a cilindri contrapposti, motore "boxer". **111.** opposed-piston ~ (with two pistons in the same cylinder) (*mot.*), motore a pistoni contrapposti. **112.** otto ~ (*mot.*), motore a ciclo otto. **113.** paired engines (independent engines installed near together) (*aer. mot.*), motori appaiati. **114.** perfecting ~ (refiner, used for reducing large particles to pulp) (*paper mfg. mach.*), raffinatore. **115.** pilot ~ (*railw. locomotive*), locomotiva staffetta. **116.** piston ~ (*mot.*), motore a pistoni, motore alternativo. **117.** pony ~ (*railw.*), piccola locomotiva da manovra. **118.** port ~ (as of a multiengined aircraft) (*aer.*), motore sinistro (guardando dal posto del pilota). **119.** port ~ (*naut.*), macchina di sinistra. **120.** pre-combustion ~ (*mot.*), motore a precamera. **121.** pulse-jet ~ (*mot.*), pulsoreattore, pulsogetto. **122.** radial ~ (*mot.*), motore stellare. **123.** ram-jet ~ (*mot.*), autoreattore, statoreattore. **124.** reciprocating ~ (*mot.*), motore (a movimento) alternativo. **125.** refrigerating ~ (refrigerating machine) (*therm. mach.*), macchina frigorifera. **126.** regenerative ~ (engine utilizing heat that would be lost: as in the preheating of the combustion air, or the propellant, by passing it through a rocket cooling jacket) (*jet or rckt. eng.*), motore con ricupero di calore. **127.** resojet ~ (pulse-jet engine operated upon resonance) (*mot.*), pulsoreattore a risonanza. **128.** resojet ~ (ramjet engine operated upon resonance) (*mot.*), statoreattore a risonanza. **129.** revolving-block ~ (*obsolete aer. mot.*), motore stellare rotativo. **130.** right hand ~ (of two engined craft or ship) (*aer. - naut.*), motore destro. **131.** right-handed ~ (the propeller shaft of which rotates in a clockwise direction with the engine between the observer and the propeller) (*aer. mot.*), motore destrorso, motore destrogiro. **132.** rotary ~ (*early aviation mot.*), motore rotativo. **133.** rotary expansion ~ (Wankel engine, i. c. engine with no pistons and connecting rods) (*mot.*), motore a rotore eccentrico, motore di Wankel, motore a stantuffo rotante, motore a capsulismo. **134.** rotary-piston ~ (Wankel engine) (*mot.*), *see* rotary expansion engine. **135.** rotating combustion ~ (Wankel engine, rotary piston engine) (*mot.*), *see* rotary expansion engine. **136.** rough ~ (*mot. defect*), motore funzionante irregolarmente. **137.** semi-Diesel ~ (*mot.*), motore a testa calda, motore semi-Diesel. **138.** seven-cylinder air-cooled radial ~ (*mot.*), motore a stella a sette cilindri raffreddato ad aria. **139.** shunting ~ (*railw.*), locomotiva da manovra. **140.** side-lever ~ (marine steam engine) (*mach.*), macchina a vapore a bilancieri laterali. **141.** single-acting steam ~ (*mach.*), macchina a vapore a semplice effetto. **142.** single-expansion ~ (*mot.*), motore a espansione semplice. **143.** sleeve valve ~ (*mot.*), motore a fodero, motore avalve. **144.** spark-ignition ~ (internal comb. engine ignited by spark plug) (*mot.*), motore con accensione a scintilla. **145.** square ~ (engine having the stroke equal to the cylinder bore) (*mot.*), motore quadro. **146.** stationary Diesel ~ (*mot.*), motore Diesel fisso. **147.** stationary ~ (*mot.*), motore fisso. **148.** stationary steam ~ (*mach.*), macchina a vapore fissa. **149.** steam ~ (*mach.*), macchina a vapore. **150.** steeple ~ (having the crosshead above the cylinder) (*steam engine*), macchina a biella di ritorno. **151.** steering ~ (*naut.*), motore del timone. **152.** Stirling ~ (e c engine operated by any fuel: as for busses, submarines etc.) (*therm. mot.*), motore a ciclo Stirling. **153.** straight-through-flow ~ (*jet engine*), motore a flusso diretto. **154.** supercharged ~ (*mot.*), motore sovralimentato. **155.** supercompression ~ (with a high compression ratio unsupercharged and designed to run at full throttle only at or above a predetermined altitude) (*aer. mot.*), motore supercompresso. **156.** sustainer rocket ~ (engine provided to maintain the programmed speed of a craft, when in orbit) (*astric.*), sustainer, motore ausiliario in orbita. **157.** switch ~ (*railw.*), locomotiva da manovra. **158.** synchronized engines (as in aer.), motori sincronizzati. **159.** T-head ~ (with the inlet valve placed on one side and the exhaust valve on the other side of the cylinder) (*mot.*), motore con testa a T. **160.** transversely mounted ~ (*aut.*), motore trasversale. **161.** triple-expansion ~ (*mach.*), macchina a triplice espansione. **162.** turbine ~ (*mot.*), motore a turbina, turbina. **163.** turbine ~ (turbine locomotive) (*railw.*), locomotiva a turbina a gas, turbolocomotiva. **164.** turbocompound ~ (*mot.*), sistema di motore a c. i. con turbina ausiliaria (alimentata dai gas di scarico) che alimenta un qualsivoglia servizio. **165.** turbodiesel ~ (*mot.*), motore Diesel con turbocompressore a gas di scarico. **166.** turbojet ~ (*mot.*), turbogetto, turboreattore. **167.** twin-cylinder ~ (*mot.*), motore bicilindrico. **168.** twin-rotor Wankel ~ (*mot.*), motore Wankel birotore. **169.** two-cycle ~ (*mot.*), motore a due tempi. **170.** two-stroke-cycle ~ (*mot.*), motore a due tempi. **171.** valve-in-head ~ (*mot.*), motore a valvole in testa. **172.** valveless ~ (*mot.*), motore avalve. **173.** vaporizing oil ~ (kerosene engine) (*mot.*), motore a petrolio. **174.** vernier ~ (rckt. engine of small thrust used to obtain fine adjustment of the missile or spacecraft speed, course and orientation) (*astric. - missiles*), endoreattore verniero, razzo verniero. **175.** vertical ~ (*mot.*), motore verticale, motore a cilindri verticali. **176.** vertical-type ~, *see* vertical engine. **177.** V type ~ (*mot.*), motore a V, motore con cilindri a V. **178.** water-cooled ~ (*mot.*), motore raffreddato ad acqua. **179.** wet-sump ~ (*mot.*), motore a coppa serbatoio. **180.** X-type ~ (*mot.*), motore a X.

engine-compressor (*mach.*), motocompressore. **2.** angle ~ (*mach.*), motocompressore ad angolo.

engineer (having a university degree), ingegnere, dottore in ingegneria. **2.** ~ (*railw.*), macchinista. **3.** ~ (one of the Engineer Corps) (*milit.*), geniere. **4.** Engineer Corps (*milit.*), Genio. **5.** Engineer Corps (*navy*), Genio Navale, Navalgenio. **6.** ~ in electrotechnology (*elect. technician*), perito elettrotecnico. **7.** chemical ~ (*chem.*), perito chimico. **8.** chief body ~ (*aut. ind.*), capo della carrozzeria. **9.** chief ~ (chief of a designing department) (*factory management*), capo ufficio tecnico progettazione. **10.** chief ~ (*naut.*), direttore di macchina. **11.** chief resident ~ (*bldg.*), ingegnere direttore dei lavori. **12.** civil ~, ingegnere civile. **13.** consulting ~ (*gen.*), consulente tecnico. **14.** creative ~ (*ind. design*), stilista. **15.** electrotechnical ~ (*elect.*), perito elettrotecnico. **16.** experimental ~ (technician trained to assist the experiments department) (*factory pers.*), perito tecnico addetto al reparto esperienze. **17.** first ~ (first assistant engineer) (*naut.*) (Am.), primo ufficiale di macchina, primo macchinista. **18.** flight ~ (operational engineer) (*aer.*), motorista di bordo. **19.** fourth ~ (*naut.*) (Brit.), terzo ufficiale di macchina, terzo macchinista. **20.** industrial ~ (in industrial enterprises) (*pers. - ind.*), tecnico del lavoro (esperto in metodi, collaudi, sicurezza sul lavoro). **21.** licensed aircraft ~ (*aer.*), tecnico aeronautico (patentato). **22.** lubrication ~ (*lubrication*), tecnico della lubrificazione. **23.** maintenance ~ (of a factory) (*factory management*), tecnico della manutenzione, capo ufficio manutenzione. **24.** materials ~ (of a factory) (*pers. - ind.*), tecnico dei materiali, tecnico del servizio materiali. **25.** mechanical ~ (*mech.*), perito meccanico. **26.** methods ~ (*factory management*), capo ufficio metodi. **27.** municipal ~ (technician) (*public adm.*), funzionario tecnico municipale. **28.** operational ~ (flight engineer, aircraft crew member engaged on engineering duties) (*aer.*), motorista di bordo. **29.** project ~, tecnico progettista. **30.** radio ~ (*radio - work.*), radiotecnico. **31.** safety ~ (of a factory) (*ind.*), tecnico della sicurezza. **32.** second ~ (*naut.*) (Brit.), primo ufficiale di macchina, primo macchinista. **33.** second ~ (second assistant engineer) (*naut.*) (Am.), secondo ufficiale di macchina, secondo macchinista. **34.** software ~ (*comp.*), ingegnere di programmazione. **35.** sound ~ (*m. pict.*), tecnico del suono. **36.** space ~ (*astric.*), tecnico spaziale. **37.** systems ~ (of a corporation) (*organ.*), tecnico della organizzazione. **38.** testing ~ (*gen.*), tecnico del collaudo. **39.** third ~ (third assistant engineer) (*naut.*) (Am.), terzo ufficiale di macchina, terzo macchinista. **40.** third ~ (*naut.*) (Brit.), secondo ufficiale di macchina, secondo macchinista. **41.** time-study ~ (*time study*), tecnico dell'analisi tempi, cronotecnico. **42.** works ~ (expert of all the factory services: as elect., water, compressed air, paint. etc.) (*factory management*), capo ufficio impianti. **43.** works ~ (shop engineer) (*ind. - work.*), tecnico di officina.

engineering (*sc.*), ingegneria. **2.** ~ (technical details of a project) (*gen.*), studio tecnico, studio progettativo. **3.** ~ (department) (*ind.*), ufficio tecnico. **4.** ~ data (*comp. - etc.*), dati tecnici. **5.** ~ instructions (*mech. - etc.*), istruzioni tecniche. **6.** architectural ~ (*constr. study*), ingegneria edile. **7.** chemical ~, ingegneria chimica. **8.** civil ~ (*constr.*), ingegneria civile. **9.** communication ~ (*elics. - elect.*), tecnica delle comunicazioni. **10.** electronic ~ (*elics. study*), ingegneria elettronica. **11.** experimental ~ (*experiments department*), tecnica della sperimentazione. **12.** genetic ~ (*genetics*), ingegneria genetica. **13.** human ~ (management of human beings and human work according to satisfaction and efficiency) (*pers. - ind.*), tecnica della ricerca della soddisfazione ed insieme del rendimento nel lavoro umano. **14.** hydraulic ~ (*hydr.*), ingegneria idraulica. **15.** industrial ~ (work study) (*ind.*), studio del lavoro (inteso come metodi + collaudi + sicurezza sul lavoro). **16.** lighting ~ (*illum.*), tecnica della illuminazione, illuminotecnica. **17.** marine ~ (*naut.*), ingegneria navale. **18.** mechanical ~ (*mech.*), ingegneria meccanica. **19.** methods ~ (industrial organization branch) (*equip. study*), tecnica dei metodi. **20.** nuclear ~ (*atom phys. study*), ingegneria nucleare. **21.** ocean ~ (*sea*), ingegneria oceanografica (o talassografica). **22.** radio ~ (*radio*), radiotecnica. **23.** road ~ (*road*), ingegneria stradale. **24.** sanitary ~ (*bldg.*), tecnica sanitaria. **25.** systems ~ (*organ.*), tecnica della organizzazione. **26.** value ~ (value analysis: for costs optimizing) (*ind.*), analisi del valore.

engineer's level, *see* surveyor's level.

engineer's scale, engineer's rule (*draw. instr.*), scalimetro.

enginehouse (*railw.*), *see* roundhouse.

engineman (*railw. work.*), macchinista.

enginery (of a factory: machines, tools and mech. equipment) (*ind.*), macchinario con utensileria ed attrezzamento.

engine-size (to) (to size the paper by adding rosin and alum to the liquid pulp) (*paper mfg.*), incollare in pasta, incollare alla resina.

engine-sized (said of paper sized by adding rosin and alum to the liquid pulp) (*a. - paper mfg.*), incollata in pasta, incollata alla resina.

engine-sizing (of paper: sizing carried out by adding rosin and alum to the liquid pulp) (*paper mfg.*), incollatura in pasta, incollatura alla resina.

Engler degree (meas. unit of viscosity) (*mech. of fluids*), grado Engler.

English (*a.*), inglese. **2.** ~ (*print.*), corpo 14. **3.** ~ bond (bond for brickwork in which a header course alternates with a stretcher course) (*mas.*), corso alla inglese, disposizione alla inglese (a file alterne di testa e per lungo).

engobe (slip applied to earthenware) (*ceramics*), ingobbio.

engrailed (*arch.*), dentellato con linee curve.

engrave (to) (*gen.*), incidere, intagliare.

engraver (*work.*), incisore. **2.** ~ (artist engraving finely by hand: as silverware) (*art work*), cesellatore. **3.** copperplate ~ (*print.*), calcografo. **4.** process ~ (photomechanical process engraver) (*print.*), zincografo.

engraving, impressione in rilievo, incisione. **2.** ~ (artistic piece of work made by hand engraving) (*artistic work*), cesellatura. **3.** ~ (embossed stamping as with a dater) (*packing - etc.*), timbratura a secco. **4.** recess ~ (*join.*), lavoro di intaglio.

engross (to) (to buy large quantities of goods for controlling the market) (*comm.*), accaparrare.

enhance (to) (*gen.*), aumentare. **2.** ~ (to reinforce, to advance, to increase) (*elics.*), potenziare, rinforzare, migliorare, aumentare.

enjoin (to) (*law*), ammonire, emettere decreto d'ingiunzione.

"enl", *see* enlarge.

enlarge (to), ingrandire. **2.** ~ (as a plant) (*gen.*), ampliare.

enlargement (as of phot.), ingrandimento. **2.** ~ (as of a plant) (*bldg. - etc.*), ampliamento. **3.** photographic ~ (*phot.*), ingrandimento fotografico.

enlarger (*phot. device*), ingranditore, apparecchio per ingrandimenti.

enlist (to) (*milit.*), arruolare.

enlistment (*milit.*), arruolamento.

enmesh (to), *see* to inmesh.

enplane (to) (*aer.*), salire a bordo.

enqueue (to) (to set elements in queue) (*comp.*), accodare, sistemare in coda.

enquire (to) (to investigate) (*gen.*), indagare. **2.** ~ (to ask for tenders) (*comm. - purchasing*), richiedere offerta.

enquiry (request of an offer or estimate) (*purchasing - comm.*), richiesta di offerta (o di preventivo). **2.** ~ (question posed to a calculating machine) (*comp.*), interrogazione. **3.** ~ (as for data retreival from memory) (*comp.*), richiesta. **4.** ~ display terminal (*comp.*), videoterminale di interrogazione. **5.** keyboard ~ (asking information from a comp.) (*comp.*), interrogazione da tastiera. **6.** remote ~ (*comp.*), interrogazione a distanza. **7.** ~, *see also* inquiry.

enrich (to) the mixture (*mot.*), arricchire la miscela.

enriched (artificially risen nuclear fuel) (*atom phys.*), arricchito. **2.** ~ material (*atom phys.*), materiale arricchito. **3.** ~ uranium (artificially risen uranium, as for nuclear fuel) (*atom phys.*), uranio arricchito.

enrichment (*arch.*), ornamento. **2.** ~ (isotopic percentage of uranium 235 artificially risen in nuclear fuel) (*atom phys.*), arricchimento. **3.** ~ (*agric.*), fertilizzazione. **4.** ~ factor (*atom phys.*), fattore di arricchimento. **5.** ~ jet (of a carburetor) (*mot.*), getto d'arricchimento. **6.** high ~ (of nuclear fuel, generally 90% or more) (*atom phys.*), forte arricchimento. **7.** moderate ~ (of nuclear fuel, generally from 10 to 20%) (*atom phys.*), medio arricchimento. **8.** slight ~ (of nuclear fuel, generally from 1 to 2%) (*atom phys.*), leggero arricchimento.

enrollment (*adm.*), registrazione.

enroute (along the way) (*adv. - a. - aer. - etc.*) lungo il percorso.

ensemble (as of an edifice) (*arch.*), insieme, effetto d'insieme.

ensign, bandiera nazionale (*naut.*).

ensilage (fodder kept in a silo) (*agric.*), foraggio insilato, mangime conservato nei silos. **2.** ~ (process) (*agric.*), insilamento del mangime.

ensile (to) (*ind.*), insilare, immagazzinare in silos.

ensiler (*mach.*), insilatore.

entablature (*arch.*), trabeazione.

entail (carving) (*arch.*), intaglio.

entasis (of a column) (*arch.*), entasi.

enter (*n. - comp.*), *see* entry.

enter (to) (*gen.*), entrare. **2.** ~ (to insert data: as from an entry point) (*comp.*), immettere, inserire. **3.** ~ into possession (*law*), prendere possesso.

entered (recorded) (*bookkeeping - comm. - naut. - etc.*), registrato.

entering (recording) (*bookkeeping - etc.*), registrazione. **2.** ~ angle (as of a tool) (*t.*), angolo di registrazione.

enterprise (undertaking) (*gen.*), impresa. **2.** ~ (initiative) (*gen.*), iniziativa. **3.** free ~ (*ind.*), iniziativa privata. **4.** free ~ (*econ. system*), libertà economica, libera impresa (o iniziativa). **5.** municipal ~ (*pubblic ind.*), azienda municipalizzata. **6.** private ~ (free enterprise business) (*econ. system*), iniziativa privata. **7.** state-controlled ~ (*finan. - ind.*), azienda a (preponderante) partecipazione statale. **8.** state-owned ~ (*finan. - ind.*), azienda statale.

enterpriser ~, *see* entrepreneur.

enthalpy (*thermod.*), entalpia.

entity (*gen.*), entità.

entitled (*law - etc.*), avente diritto.

entrain (to) (to load on a train) (*transp.*), caricare sul treno.

entrainment (collecting and transporting of a substance by the flow of another fluid) (*ind. chem. - etc.*), trascinamento.

entrance (*gen.*), accesso, entrata. **2.** ~ (of premises) (*arch.*), entrata. **3.** ~ (wedgelike fore part of a ship below the water line) (*shipbldg.*), stellato di prua, stellatura di prua, parte stellata di prua al disotto della linea d'acqua. **4.** ~ cone (of the air entering the wind tunnel) (*aerodyn.*), effusore. **5.** ~, *see* entry point.

entrant (*gen.*), entrante. **2.** new entrants (of workers) (*pers.*), nuove leve.

entrapment (*gen.*), imprigionamento.

entrefer (air gap: between armature and field magnets) (*electromech.*), traferro.

entrepot (goods distribution center) (*transp.*), centro di smistamento e distribuzione.

entrepreneur (enterpriser: organizer, business promoter etc.) (*econ.*), imprenditore.

entresol (*bldg.*), mezzanino.

entropy (*thermod. - commun. - theory - statistical mech.*), entropia. **2.** ~ diagram (*thermod.*), diagramma entropico.

entry (ingress) (*gen.*), ingresso. **2.** ~ (act of entering an item in a list) (*adm.*), registrazione. **3.** ~ (ventilation passage) (*coal min.*), passaggio di ventilazione. **4.** ~ (data input) (*comp.*), ingresso, immissione. **5.** ~ (*naut.*), dichiarazione di entrata, presentazione del manifesto alla dogana. **6.** ~ (in a competition) (*sport*), iscrizione. **7.** ~ key (for data input) (*comp.*), tasto di immissione. **8.** ~ point (first instruction for addressing the program execution) (*comp.*), punto di ingresso (o di entrata). **9.** ~, *see* vestibule, passage, door, gate. **10.** ~ table (for feeding material to be line processed) (*ind.*), convogliatore di alimentazione. **11.** adjusting ~ (as for eliminating a mistake) (*adm.*), registrazione di rettifica. **12.** atmospheric ~ (as of a spacecraft) (*astric.*), penetrazione nella atmosfera. **13.** data ~ (*comp.*), immissione dati. **14.** deferred ~ (*comp.*), inserimento differito. **15.** double ~ (*bookkeeping*), partita doppia. **16.** keyboard ~ (feeding of data) (*comp.*), immissione da tastiera. **17.** main blast ~ (as of a blast furnace), imbocco del condotto principale del vento **18.** no ~ (*road traff. sign*), senso vietato, divieto di transito. **19.** single ~ (*bookkeeping*), partita semplice.

enumeration (*gen.*), enumerazione.

enure (*law*), *see* inure.

"env", *see* envelope.

envelope (as for letters) (*off.*), busta. **2.** ~ (*geom.*), inviluppo. **3.** ~ (line) (*geom.*), (linea) inviluppante. **4.** ~ (of an airship) (*aer.*), involucro. **5.** metal ~ (as of an airship) (*aer.*), involucro metallico. **6.** modulation ~ (envelope of the variation of the carrier wave) (*radio*), inviluppo di modulazione. **7.** pay ~ (to an employee), busta paga. **8.** small ~ (*gen.*), bustina.

envelope (to) (*gen.*), avviluppare, involgere.

envenomation, envenomization (poisoning) (*med. - etc.*), avvelenamento.

environment (*gen.*), ambiente. **2.** ~ division (one of the four sections of a "COBOL" program) (*comp.*), divisione ambiente. **3.** work ~ (*work*), ambiente di lavoro.

environmental (*a. - gen.*), ambientale. **2.** ~ conditions (as of temperature and altitude at which an engine is designed to operate) (*meteor. - etc.*), condizioni ambientali. **3.** ~ protection (*ecol.*), protezione ambientale (o dell'ambiente). **4.** ~ test (as of an engine) (*testing*), prova climatica. **5.** ~ tests (as on milit. weapons: made at very severe conditions of temperature, pressure, vibrations etc.) (*laboratory test for prototype approval*), prove ambientali.

environmentalist (*ecol. expert*), esperto di ecologia, ecologo.

enzymes (*biochem.*), enzimi.

Eocene (*geol.*), eocene.

"EOF", *see* end of file.

eolienne (silk and wool fabric) (*text. ind.*), tipo di tessuto misto di seta, lana ecc.

"EOLM" (Electro-Optical Light Modulator) (*opt.*), modulatore di luce elettro-ottico.

eolotropic (aelotropic, anisotropic, as a substance having different properties in different directions through its mass) (*phys.*), anisotropo.

"EOM", *see* end of message.

"EONR" (European Organization for Nuclear Research) (*atom phys.*), Organizzazione Europea per le Ricerche Nucleari.

"EOQC" (European Organization for Quality Control) (*technol.*), Organizzazione Europea per il Controllo della Qualità.

"EOR" (earth orbital rendez-vous) (*astric.*), rendez-vous orbitale terrestre, appuntamento orbitale terrestre.

eosine (coloring), eosina.

"EOT", *see* end of tape.

"EP" (ethylene propylene) (*chem. ind.*), propilene-etilene. **2.** ~, *see also* electroplate.

epi (cover of a pinnacle pointed roof) (*arch.*), copertura terminale. **2.** " ~ " (ends per inch, count of a fabric, that is the number of warp yarns per inch) (*text.*), numero di fili di ordito per pollice.

epicenter, epicentre (*seismology*), epicentro.

epicycloid (*n. - geom.*), epicicloide.

epicycloidal (*a. - geom.*), epicicloidale.

epidemic (*a. - med.*), epidemico.

epidiascope (for projecting the images of opaque or transparent objects) (*opt. instr.*), epidiascopio.

epigenetic (*geol.*), epigenetico.

episcope (for projecting images of opaque objects) (*opt. instr.*), episcopio.

epistyle (of an entablature) (*arch.*), epistilio, architrave.

epitrochoid (*geom.*), epitrocoide.

epoch (*geol.*), epoca.

"EP" oil (extreme pressure oil) (*mach. - chem. ind.*), olio per altissime pressioni.

epoxidation (*chem.*), epossidazione.

epoxy, *see* epoxy resin. **2.** ~ resin (a kind of resin used for adhesives and paints) (*ind.*), resina epossidica.

epoxy (to) (to coat by epoxy resin) (*ind.*), proteggere con resina epossidica.

"EPR" (Ethylene-Propylene Rubber) (*chem. ind.*), gomma all'etilene-propilene.
"EPROM", *see* Erasable Programmable Read Only Memory.
Epsom salt (crystalline hydrate of magnesium sulphate) (*geol. - pharm.*), sale di Epsom, sale amaro, sale inglese.
"EPT" (external pipe thread) (*pip.*), filettatura esterna per tubi. **2.** ~ (excess-profits tax) (*finan.*), tassa sui sovraprofitti.
"EPU" (European Payments Union) (*finan.*), UEP, Unione Europea dei Pagamenti.
"eq", *see* equal, equation, equipment, equivalent.
equal (*a. - gen.*), eguale. **2.** ~ pay for ~ work (*pers.*), parità salariale. **3.** ~ symbol, *see* equal-sign.
equality (*math.*), eguaglianza.
equalization (as of a pulsating current) (*thermion.*), livellamento, spianamento. **2.** ~ (elimination of distortion) (*elics. - tlcm.*), equalizzazione. **3.** ~ fund (stabilization fund) (*econ. - finan.*), fondo di equalizzazione, fondo di stabilizzazione. **4.** ~ of load (*constr. theor.*), uniforme ripartizione del carico.
equalize (to) (to bring to a normal level) (*econ. - finan.*), equalizzare. **2.** ~ (as the burden of taxation of property) (*econ. - finan.*), distribuire uniformemente. **3.** ~ (to distribute evenly), distribuire uniformemente. **4.** ~ (to make uniform), rendere uniforme. **5.** ~ (to correct the level of electronic signals or frequencies) (*elics. - tlcm.*), equalizzare.
equalizer (*mech.*), equilibratore. **2.** ~ (equalizing circuit) (*elics.*), equalizzatore, circuito di equalizzazione. **3.** ~ (as of an electric locomotive suspension) (*railw.*), bilanciere. **4.** ~ (equalizing bar) (*mech.*), bilanciere. **5.** ~ set, *see* balancer set. **6.** brake ~ (for mechanical brakes) (*aut.*), bilanciere per freni. **7.** thrust ~ (as of a jet engine) (*mech.*), equilibratore di spinta. **8.** waveform ~ (*comp. - elics.*), equalizzatore di forma d'onda.
equal-sign, equals sign, equality sign (sign =) (*math. - comp.*), segno (o simbolo) di uguale (o di uguaglianza).
equate (to) (to correct in order to render comparable on a common standard) (*gen.*), rendere confrontabili. **2.** ~ (to make or express as equal) (*gen.*), uguagliare. **3.** ~ (to correct a railw. track for grading or curving) (*railw.*), maggiorare, moltiplicare per il coefficiente di virtualità, ottenere le lunghezze virtuali.
equation (*math.*), equazione. **2.** ~ of light (time taken by light to travel from any celestial body to the Earth) (*astr.*), equazione della luce. **3.** ~ of motion (*theor. mech.*), equazione di moto. **4.** ~ of state (*theor. mech.*), equazione di stato. **5.** ~ of time (difference between mean and apparent time) (*astr.*), equazione del tempo. **6.** ~ solver (*comp.*), risolutore di equazioni. **7.** absolute personal ~ (error referred to a standard value assumed as true) (*scientific observations*), equazione personale assoluta. **8.** consistent equations (*math.*), sistema di equazioni. **9.** Einstein ~ (*phys. - chem.*), equazione di Einstein. **10.** first degree ~ (*math.*), equazione di primo grado. **11.** mass energy ~ (*phys. chem.*), equazione di Einstein. **12.** parametric ~ (*math.*), equazione parametrica. **13.** personal ~ (systematic error due to the personal qualities of the observer) (*scientific observations*), equazione personale. **14.** polar ~ (*math.*), equazione in coordinate polari. **15.** relative personal ~ (error referred to values obtained by different observers) (*scientific observations*), equazione personale relativa.
equator (*geogr.*), equatore. **2.** ~ of heat (*meteorol.*), equatore termico. **3.** ~ of the heavens (*astr.*), equatore celeste. **4.** celestial ~ (*astr.*), equatore celeste. **5.** magnetic ~ (aclinic line) (*geophys.*), equatore magnetico. **6.** thermal ~ (*meteorol.*), equatore termico.
equatorial (*a.*), equatoriale. **2.** ~ (*n. - astr. instr.*), telescopio equatoriale. **3.** ~ axis (*geod.*), asse equatoriale. **4.** ~ circumference (*geod.*), circonferenza equatoriale.
equiangular (*geom.*), equiangolo.
equiangularity (*mech. - geom.*), equiangolarità.
equidistant (*a. - geom.*), equidistante.
equilateral (*geom.*), equilatero.
equilibrate (to) (*mech.*), equilibrare.
equilibrator (of a gun or of the horizontal tail surface) (*artillery - aer. - etc.*), equilibratore.
equilibristat (for testing the equilibrium of a railway car when curving) (*railw. instr.*), apparecchio per la misura dello stato di equilibrio fra forza centrifuga e sopraelevazione.
equilibrium (*aer. - phys.*), equilibrio. **2.** ~ condition (*phys.*), stato di equilibrio. **3.** ~ constant (*phys. chem.*), costante di equilibrio. **4.** ~ diagram (*metall.*), diagramma di stato. **5.** ~ height (as of a free balloon) (*aer.*), quota di equilibrio. **6.** ~ price (*econ.*), prezzo equilibrato, prezzo di equilibrio. **7.** iron-carbon ~ diagram (*metall.*), diagramma di stato ferro-carbonio. **8.** metastable ~ (*phys.*), equilibrio metastabile. **9.** neutral ~ (*phys.*), equilibrio indifferente. **10.** thermodynamic ~ (*phys.*), equilibrio termodinamico. **11.** unstable ~ (*phys.*), equilibrio instabile. **12.** want of ~, squilibrio.
equinoctial point (*astr.*), punto equinoziale.
equinox (*astr.*), equinozio. **2.** autumnal ~ (September 23 rd.) (*astr.*), equinozio di autunno. **3.** vernal ~ (March 21 st.) (*astr.*), equinozio di primavera.
equip (to) (*gen.*), equipaggiare, allestire, attrezzare. **2.** ~ (a ship) (*naut.*), armare.
equipment (all the permanent assets of a factory except land and bldg. and comprising mach. t., tools and jigs required for the production) (*ind.*), attività fisse (costituite da macch. ut., utensileria ed attrezzature ed esclusi terreni e fabbricati). **2.** ~ (rolling stock) (*railw.*), materiale mobile, materiale rotabile. **3.** ~ (electrical apparata) (*elect. - ra-*

dio), apparecchiatura. **4.** ancillary ~ (*gen.*), corredo ausiliario. **5.** antifire ~, equipaggiamento antincendi. **6.** auxiliary ~ (as of an engine) (*mech.*), apparecchi ausiliari. **7.** cadmium (chromium, zinc etc.) plating ~ (*ind.*), impianto di cadmiatura (cromatura, zincatura ecc.). **8.** contactor ~ (as of elect. locomotives) (*elect.*), equipaggiamento a contattori. **9.** controller ~ (as of elect. locomotives) (*elect.*), equipaggiamento a combinatore. **10.** distance-measuring ~ (*aer. - radar*), "radardistanziometro". **11.** earth-moving ~ (*earth - moving*), attrezzatura per movimento terra. **12.** electrical ~ (as of an electric locomotive) (*railw.*), apparecchiatura elettrica. **13.** electrical wiring ~ (*elect.*) (Brit.), accessori per impianti elettrici. **14.** electric traction ~ (as of elect. locomotives) (*elect.*), equipaggiamento elettrico di trazione. **15.** electro-farming ~ (*elect. - agric.*), apparecchiature elettriche per l'agricoltura. **16.** launching ~ (as for missiles or space vehicles) (*rckt.*), apparecchiatura di lancio. **17.** measuring ~ (*elect.*), impianto (o dispositivo) di misura. **18.** metallographic ~ (*mech. research app.*), impianto metallografico. **19.** off-line ~ (peripheral equipment) (*comp.*), apparecchiatura periferica. **20.** output ~ (peripheral units) (*comp.*), apparecchiature di uscita. **21.** peripheral ~ (*comp.*), unità periferica, periferica (*s.*). **22.** premises and ~ (as in a balance sheet) (*adm.*), immobili (o fabbricati) ed attrezzature. **23.** punched-card ~ (*comp.*), apparecchiatura a schede perforate. **24.** rental ~ (*comm.*), attrezzatura in affitto. **25.** shop ~ (*mech.*), attrezzatura di officina. **26.** special ~ (as for overhauling an engine) (*aut. - mech. - etc.*), attrezzatura specifica. **27.** tabulating ~ (*comp.*), apparecchiature di tabulazione.

equipotential (*mech.-phys.- elect.*), equipotenziale. **2.** ~ connection (of a winding) (*elect.*), connessione equipotenzale, collegamento equipotenziale.

equipped (*gen.*), attrezzato, equipaggiato.

equisignal (*a. - radio*), equisegnale. **2.** ~ zone (of a radio navigation system) (*aer. - radio*), zona equisegnale.

equitime point (last possible alternative of turning back or proceeding) (*aer.*), punto di ugual tempo (PET).

equivalence, equivalenza. **2.** ~ class (*math.*), classe di equivalenza. **3.** ~ element (equivalence gate, match gate) (*comp.*), elemento (o circuito) di equivalenza. **4.** ~ factor (coefficient of equivalence: as of brass) (*metall.*), coefficiente di equivalenza. **5.** ~ principle, *see* principle of equivalence. **6.** ~ relation (*n. - math.*), relazione di equivalenza.

equivalent (*a. - gen.*), equivalente. **2.** ~ (*n. chem. - geom. - math.*), equivalente. **3.** ~ binary digits (*comp.*), cifre binarie equivalenti, equivalente binario. **4.** ~ circuit (a simple circuit having the same electric characteristics as a more complicated circuit) (*elect. - elics.*), circuito equivalente. **5.** ~ concentration (*chem. - phys.*), concentrazione equivalente. **6.** ~ solution (*chem. - phys.*), soluzione equivalente. **7.** ~ volt (*elect.*), *see* electron volt. **8.** ~ weight (combining weight) (*chem.*), peso equivalente, grammo equivalente. **9.** ~ weight, *see also* atomic weight. **10.** chemical ~ (*chem.*), equivalente chimico. **11.** electrochemical ~ (*electrochem.*), equivalente elettrochimico. **12.** lead ~ (thickness of lead necessary for obtaining the same reduction of radiations as by the choiced material) (*atom phys.*), equivalente in piombo.

Er (erbium) (*chem.*), erbio.

"ERA" (Engineering Research Association) (*technol.*) (Brit.), Associazione Ricerche Tecniche. **2.** ~ (Electrical Research Association) (*elect.*) (Brit.), Associazione Ricerche Elettriche.

era (*geol.*), era.

eradiate (to), *see* to radiate.

eradiation (*phys.*), irraggiamento.

erasability (of paper, resistance to erasure) (*paper mfg.*), resistenza alle cancellature. **2.** ~ of storage (*comp.*), cancellabilità della memoria.

erasable (as of storage) (*a. - comp.*), cancellabile.

erasable programmable read only memory, (*comp.*), memoria a sola lettura cancellabile e programmabile, ROM programmabile e cancellabile.

erase (*comp.*), *see* erasing. **2.** ~ character (*comp.*), carattere di cancellazione.

erase (to) (written letters etc.) (*draw.*), cancellare. **2.** ~ (to remove from the storage) (*comp.*), cancellare. **3.** ~ (to annul) (*gen.*), annullare.

eraser (*draw. impl.*), gomma, raschietto, grattino.

erasing (*comp. - electroacous. - draw.*), di cancellazione.

erasure, cancellatura.

erbium (Er - *chem.*), erbio.

erect (to) (*bldg.*), costruire, erigere. **2.** ~ the falsework (*reinf. concr.*), armare. **3.** ~ (*mech.*), montare.

erecting (assembly and connection) (*mech. - ind.*), montaggio. **2.** ~ shop (assembly and connection of component parts) (*ind.*), officina di montaggio. **3.** ~ stand (as in a mot. assembly line) (*mech.*), cavalletto di montaggio. **4.** ~ yard (*bldg.*), cantiere di costruzione.

erection (*mech.*), montaggio. **2.** ~ (*bldg.*), costruzione. **3.** ~ drawing (*gen.*), disegno di montaggio. **4.** ~ in site (*gen.*), montaggio in posto. **5.** ~ instructions (*gen.*), istruzioni di montaggio. **6.** ~ tower (*mas.*), castello (o ponteggio) temporaneo (per sollevamento materiali ecc.) che affianca il fabbricato da costruire.

erector (assembler of mach. or elect. equipment) (*work.*), montatore (meccanico o elettricista).

erg (*work meas.*), erg.

ergometer (*med. instr.*), ergometro.

ergon, *see* erg.

ergonomics (biotechnology relating to the solution of problems of work between man and machine) (*med. - engineering*), ergonomia.

ergonomist (a specialist in ergonomics) (*pers.*), ergonomista.
eriometer (instr. for meas. the diameter of fibers) (*text. app.*), eriometro.
erode (to) (to wash away rocks or earth; as with water, wind or meteorological elements) (*v. t. - geophysics*), erodere, causare erosione, provocare erosione.
eroded (erose) (*mech. - etc.*), eroso.
"EROS" (Earth Resources Observation Satellite) (*astric.*), satellite per osservazione risorse terrestri.
erosion (*gen.*), erosione. **2.** spark ~ (as for eliminating broken tools from machined work, or for machining purposes) (*mech.*), elettroerosione.
erosion-corrosion (as of brass) (*metall.*), corrosione per erosione.
"ERP" (European Recovery Program: Marshall plan) (*finan.*), piano Marshall. **2.** ~ (Error Recovery Procedure) (*comp.*), procedura di recupero dell'errore.
errata (*typ.*), errata-corrige.
erratic (of mot. not properly idling) (*mech.*) (Am.), irregolare. **2.** ~ (erratic block, erratic boulder) (*n. - geol.*), masso erratico, trovante. **3.** ~ blocks (*geol.*), massi erratici.
erratum (misprint) (*print.*), errore di stampa.
error (*gen.*), errore. **2.** ~ and omission excepted (*adm. - comm.*), salvo errore ed omissione. **3.** ~ burst (*comp.*), raffica di errori. **4.** ~ checking and correction, "ECC" (controller as in opt. disc data management) (*comp.*), controllo e correzione di errori. **5.** ~ detection and correction (*comp.*), riconoscimento e correzione degli errori. **6.** ~ interrupt (*comp.*), interruzione dovuta ad errore. **7.** ~ of closure (of a traverse) (*top. meas.*), errore di chiusura. **8.** ~ of form (of a machined surface, as due to hardening, grinding etc., flaws) (*mech.*), errore di forma. **9.** ~ rate (each 100.000 bits transmission) (*comp. evaluation*), tasso di errore. **10.** acceleration ~ (of a compass) (*aer. - naut. - instr.*), errore di accelerazione. **11.** accidental ~ (reducible by increasing the number of observations) (*math. - top. meas. - etc.*), errore accidentale. **12.** ambiguity ~ (due to a defect of synchronization in a digital display) (*comp.*), errore di ambiguità. **13.** angularity ~ (*mech.*), etero-angolarità, discordanza angolare, errore di angolarità. **14.** boundary ~ (when the comp. is in overflow conditions) (*comp.*), errore di dimensionamento delle periferiche. **15.** clerical ~ (*off.*), errore di trascrizione, errore di copiatura, errore materiale. **16.** effective ~ (of splines, accumulated effect of the spline errors on the fit with the mating parts) (*mech.*), errore cumulativo. **17.** inherited ~ (*comp.*), errore preesistente (o di origine). **18.** machine ~ (hardware error) (*comp.*), errore di macchina. **19.** instrumental ~ (*top. meas. - etc.*), errore strumentale. **20.** mean square ~ (*math.*), errore quadratico medio. **21.** periodic ~ (occurring at regular intervals: as along the screw thread) (*mech.*), errore periodico. **22.** position ~ (of aircraft speed; due to the position of the pressure head) (*aer.*), errore di posizione, errore dovuto alla posizione (del pitometro). **23.** program-sensitive ~ (error, or fault, showed by means of a particular sequence of instructions) (*comp.*), errore evidenziato da particolare programma. **24.** progressive ~ (in the pitch of successive threads from true nominal pitch) (*mech.*), errore progressivo. **25.** propagated ~ (error spreading through following operations) (*comp.*), errore propagato. **26.** quadrantal errors (errors of direction caused by the aircraft structure on incoming radio signals) (*aer. - radio*), errori quadrantali. **27.** resolution ~ (*comp.*), errore di risoluzione. **28.** sequence ~ (due to a lack of ordered disposition: as of items etc.) (*comp.*), errore di sequenza. **29.** speedometer ~ (*aut. test*), scarto del tachimetro. **30.** systematic ~ (*math. - top. meas. - etc.*), errore sistematico. **31.** zero ~ (of an instr.), errore di zero.
ersatz (*gen.*), surrogato, succedaneo.
eruption (*geophys.*), eruzione.
"ES" (echo sounder, sonic depth finder) (*naut. instr.*), ecosonda, scandaglio acustico, ecoscandaglio. **2.** ~ (engine speed) (*eng.*), giri (del) motore. **3.** ~, *see also* electrostatic.
"ESAE" (European Society for Atomic Energy) (*atom phys.*), Società Europea della Energia Atomica.
escalation (progressive increasing) (*gen.*), aumento graduale e progressivo, crescendo.
escalator (mobile stairway) (*bldg. - mech.*), scala mobile.
escape (as of gas) (*ind.*), fuga. **2.** ~ (as the gate of a canal) (*hydr.*), saracinesca di efflusso. **3.** ~ character, "ESC" (indicating a change of code) (*comp.*), carattere di cambio (di) codice. **4.** ~ door, porta di sicurezza. **5.** ~ valve, *see* safety valve. **6.** ~ velocity (*astric.*), velocità necessaria per sfuggire alla gravitazione, velocità di fuga.
escapement (of a clock) (*mech.*), scappamento. **2.** anchor ~ (*horology*), scappamento ad ancora. **3.** chronometer ~ (*horology*), scappamento a cronometro. **4.** cylinder ~ (*horology*), scappamento a cilindro. **6.** Graham ~ (*horology*), scappamento di Graham.
escarp (*mas. - bldg.*), scarpata.
escarpment (*mas. - bldg.*), scarpata.
escort (*navy*), scorta. **2.** ~ (convoy) (*navy*), convoglio. **3.** ~ carrier (baby aircraft carrier as for antisubmarine activity) (*navy*), (piccola) portaerei antisommergibile. **4.** ~ vessel (*navy*), avviso scorta.
escutcheon (metal plate to protect a keyhole) (*carp.*), bocchetta. **2.** ~ (part of the stern bearing the name of the vessel) (*naut.*), specchio di poppa. **3.** ~ plate (as on the door window regulator handle of an aut.) (Am.), borchia.
esophagoscope, *see* oesophagoscope.
espagnolette (fastening for casement windows: long turning rod with two extremity hooks) (*join.*), spagnoletta.

esparto (fiber for ind.), sparto. **2.** ~ (type of paper made with esparto grass fiber) (*paper mfg.*), sparto, carta d'alfa. **3.** ~ grass (fiber for ind.), sparto. **4.** ~ wax (*paper mfg.*), cera di sparto.

espionage (spying) (*milit. - etc.*), spionaggio. **2.** electronic ~ (done by electronic means) (*milit. - ind.*), spionaggio elettronico. **3.** industrial ~ (*ind. - law*), spionaggio industriale.

"ESRO" (European Space Research Organization) (*astric.*), Organizzazione Europea di Ricerche Spaziali.

essay (*typ.*), saggio.

essence (*chem. - etc.*), essenza.

essential oil (*chem.*), olio essenziale.

establish (to) (to bring into existence: as a society) (*finan. - adm.*) costituire.

establishment (act of creating or funding: as a society) (*law*), atto costitutivo, fondazione.

estate (*comm.*), patrimonio. **2.** ~ (*finan. - law*), beni. **3.** real ~, proprietà immobiliare.

"estd", *see* estimated.

ester (*chem.*), estere (etere composto). **2.** acetic ~ ($CH_3COOC_2H_5$) (*chem.*), estere (o etere) acetico (o acetato di etile).

esterification (chem. reaction) (*chem.*), esterificazione.

estimate (amount for which work will be carried out by contractor) (*comm.*), preventivo. **2.** ~ (approximate calculation of cost, value, size etc.) (*comm.*), stima. **3.** ~ (approximate price calculation: as of a job) (*ind. finan.*), preventivo di costo. **4.** ~ (approximate calculation) (*mas. constr.*), computo (metrico) a stima. **5.** ~ (data deducted from samples) (*stat.*), stima (dedotta) da campionamento. **6.** to make an ~ (*comm.*), preventivare, fare un preventivo.

estimate (to) (to calculate approximately the cost, the value, the size etc.) (*comm.*), stimare. **2.** ~ (as the amount for which a job will be carried out by contractor) (*comm.*), fare preventivi, preventivare.

estimated (*comm. - technol.*), valutato, stimato.

estimating, *see* estimate.

estimation (*gen.*), stima. **2.** point ~ (*math.*), stima puntuale. **3.** range ~ (*gen.*), stima delle distanze.

estimator (for the approximate valuation of cost, value, size etc.) (*ind. - comm. work.*), perito. **2.** ~ (employee of a purchasing department who evaluates the cost at which work should be carried out by a contractor) (*ind. work.*), preventivista. **3.** ~ (stat. function) (*stat.*), stima.

estuary (*geogr.*), estuario.

"ESU" (electrostatic unit) (*phys.*), unità elettrostatica.

"ESV" (experimental safety vehicle) (*aut.*), vettura sicura sperimentale.

"ETA" (estimated time of arrival of an aeroplane) (*aer.*), ora stimata di arrivo.

"ETACS" (Extended Total Access Communication System: relating to portable teleph. app. system) (*teleph.*), sistema di telefoni portatili.

eta particle (with a mass 1074 times larger than that of the electron) (*atom phys.*), particella eta.

"ETC" (European Translation Center) (*comm.*), Centro Europeo di Traduzioni.

etch (to) (as in metallography) (*chem.*), attaccare (chimicamente). **2.** ~ (to print, as part numbers on a component) (*mech.*), incidere, imprimere. **3.** ~ (to treat by a mordant: as a zinc plate) (*typ.*), mordenzare.

etchant (*chem. ind.*), agente di attacco. **2.** ~ (for testing metals) (*metall.*), reattivo metallografico.

etcher (a worker having the task to immerse as steel plates or forgings in sulphuric acid solution) (*metall. work.*), addetto al decapaggio.

etching (action of a corrosive on a plate), incisione. **2.** ~ (as in metallography) (*metall. - chem.*), attacco chimico. **3.** ~ (act of producing designs by etching), incisione all'acquaforte. **4.** ~ (art of making designs by etched plates), arte dell'acquaforte. **5.** ~ (design produced in ink from the etched plates), acquaforte. **6.** ~ (as of part numbers on a component) (*mech.*), incisione. **7.** ~ (*typ.*), acidatura, morsura. **8.** electrolytic ~ (*metall. - electrochem.*), attacco chimico elettrolitico. **9.** ~ figures (metallography) (*metall.*), disegni (o figure) di attacco. **10.** ~ ground (or varnish, made of asphalt and wax and put on a plate for etching) (*print.*), vernice all'asfalto. **11.** ~ machine (for blocks) (*print. mach.*), macchina da incidere.

"ETD" (estimated time of departure of an aeroplane) (*aer.*), ora stimata di partenza.

ethane (C_2H_6) (*chem.*), etano.

ethanol (C_2H_5OH) (*chem.*), etanolo.

ether (*chem.*), etere (solforico o etilico). **2.** ~ priming system (as of an engine for cold starting) (*mot.*), sistema di adescamento con etere, sistema di iniezione di etere. **3.** cosmic ~ (*phys.*), etere cosmico. **4.** ethyl ~ ($C_2H_5.\ O.\ C_2H_5$) (*chem.*), etere etilico.

etherification (chem. reaction) (*chem.*), eterificazione.

Ethernet (trade mark for a standard local communication net developed by: Digital Equipment Co., Xerox and Intel) (*comp.*), rete Ethernet, rete di dati Ethernet.

ethyl (C_2H_5-) (rad.) (*chem.*), etile. **2.** ~ acetate (*chem.*), estere (o etere) acetico. **3.** ~ alcohol (*chem.*), alcool etilico. **4.** ~ bromide (*chem.*), bromuro di etile. **5.** ~ cellulose (thermoplastic substance) (*plastics - paint.*), etilcellulosa. **6.** ~ chloride (*chem. - med.*), cloruro di etile. **7.** ~ ether (*chem.*), etere etilico.

ethylamine (ethylamin) (*chem.*), etilammina.

ethylene (C_2H_4) (*chem.*), etilene. **2.** ~ glycol ($CH_2OH.\ CH_2OH$) (*chem.*), glicole etilenico.

"E to E" (end to end) (*gen.*), da una estremità all'altra.

"ETV", *see* Educational Television.

"ETX" (End of TeXt), *see* end of text.
Eu (europium) (*chem.*), europio.
eucalyptus (*wood*), eucalipto.
Euclidean (Euclidian) (*geom. - astr.*), euclideo.
eudiometer (*instr.*), eudiometro.
eudiometry (method for metering the components of a gas mixture) (*chem.*), eudiometria.
euler diagram, euler's diagram (*math.*), diagrammi di Eulero, cerchi di Eulero.
"EURATOM" (European Atomic Energy Community) (*atom phys.*), EURATOM, Comunità Europea per l'Energia Atomica.
Eurocheque, Eurocheck (*finan.*), euroassegno.
eurocrat (executive of the European Common Market) (*comm.*), dirigente del mercato comune (europeo), "eurocrate".
Eurocurrency (*finan.*), moneta europea, ECU, scudo.
eurodollar (*finan.*), eurodollaro.
"EURONET" (EUROpean NEtwork: between CEE members) (*comp. - inf.*), rete europea di accesso alle banche dati CEE.
European Economic Community, "EEC" (Common Market) (*econ. - comm.*), mercato comune, Comunità Economica Europea, CEE.
European Free Trade Association, "EFTA" (*econ. - comm.*), Associazione Europea di Libero Scambio, EFTA.
europium (Eu - *chem.*), europio.
Eurovision (European Television) (*telev.*), eurovisione.
eutectic (*a. - n. - metall.*), eutettico. **2.** ~ alloy (*metall.*), lega eutettica. **3.** ~ mixture (*metall.*), eutettico. **4.** ~ point (the lowest melting point) (*phys. chem. - metall.*), punto eutettico.
eutectoid (*a. - metall.*), eutettoide. **2.** ~ (solid phase alloy: as pearlite for steel) (*n. - metall.*), eutettoide.
eutexia (eutectic property) (*metall.*), caratteristica tipica dell'eutettico di fondere a più bassa temperatura. **2.** ~ (the forming process of an eutectic) (*metall.*), formazione dell'eutettico.
"EV" (exposure value: corresponding to a quantity of light) (*phot.*), numero EV.
"ev" (electron volt; unit of energy) (*meas.*), elettrone-volt, voltelettrone, eV.
"EVA" (extra vehicular activity) (*astric.*), attività extra veicolare.
evacuation (*milit.*), sgombro.
evade (to) (to avoid paying taxes) (*finan.*), evadere.
evaluate (to) (*gen.*), valutare. **2.** ~ (to express numerically) (*math.*), calcolare numericamente.
evaluation (*gen.*), valutazione, stima. **2.** program ~ (for planning decisions) (*comp.*), valutazione del programma.
evaporate (to) (*phys.*), evaporare.
evaporating (*phys.*), evaporante.
evaporation (*phys.*), evaporazione. **2.** ~, *see also* sublimation. **3.** ~ meter (*phys. app.*), evaporimetro. **4.** coefficient of ~ (as of boil.), coefficiente di vaporizzazione. **5.** flash ~ (*phys.*), evaporazione istantanea. **6.** pressure ~ (*chem. ind.*), evaporazione sotto pressione. **7.** vacuum ~ (*chem. ind.*), evaporazione sotto vuoto.
evaporator (*therm. app.*), evaporatore. **2.** ~ (*refrig. mach.*), evaporatore.
evaporimeter, evaporometer (atmometer: meas. the capacity of a liquid to evaporate) (*meteor. instr.*), evaporimetro.
evasion (*law*), evasione. **2.** tax ~ (*finan.*), evasione fiscale.
evasive (as of answer) (*gen.*), evasivo.
even (*math.*), pari. **2.** ~ (as of temperature) (*gen.*), uniforme, regolare, uguale. **3.** ~ harmonics (*phys.*), armoniche d'ordine pari. **4.** ~ number (*math.*), numero pari. **5.** ~ number of teeth (of gear) (*mech.*), numero pari di denti. **6.** ~ parity check, *see* parity. **7.** ~ permutation (*math.*), permutazione pari. **8.** ~ (*a.*), *see also* level, parallel, regular, smooth, steady, uniform.
evener (as of roller of text. mach.), egualizzatore.
evenness (*gen.*), regolarità, uniformità. **2.** ~ (of wool fiber) (*wool ind.*), uniformità. **3.** ~ tester (as for wool fibers and yarn testing) (*text. ind.*), tavola (nera) dell'uniformità (del filato).
event (*gen.*), evento. **2.** critical ~ (*operational research*), evento critico. **3.** interrupt ~ (as a preprogrammed interruption) (*comp.*), evento che causa la interruzione.
event-driven (*a. - comp.*), condotto dall'evento.
"EVF" (*audiovisuals*), *see* electronic viewfinder.
eviction (*law*), sfratto.
evident (manifest, clear) (*gen.*), evidente.
evolute (*geom.*), evoluta, sviluppata.
evolution, evoluzione. **2.** ~ (*math.*), estrazione di radice. **3.** ~ (of gas: as when treating a substance with acid) (*chem.*), sviluppo. **4.** ~ (*navy - milit.*), evoluzione. **5.** ~ of hydrogen (*chem.*), sviluppo di idrogeno.
evolvent (*math.*), evolvente.
"EVR" (electronic video recording) (*elics.*), videoregistrazione elettronica.
ewe (female sheep) (*wool ind.*), pecora.
ex- (from: as ex-factory) (*prefix - comm.*), dalla. **2.** ~ (free from transp. charges up to a specified place, like in: ex-wharehouse) (*prefix - comm.*), franco.
"ex", *abbreviation for*: example, exception, exchange, executive, exempt, exhibit, export, extract.
exact (*a. - gen.*), esatto, preciso. **2.** ~ science, scienza esatta.
exactness (*gen.*), esattezza, precisione.
exaltation (intensification, as of oscillations) (*phys.*), esaltazione.
examination (*gen.*), esame verifica. **2.** ~ (interrogation of witnesses (*law*), escussione.
examine (to) (*gen.*), esaminare. **2.** ~ for condition (as sparking plugs after a given number of running hours) (*mot. - etc.*), esaminare per verificare le condizioni.

example (sample) (*gen.*), campione. **2.** ~ (instance for illustrating a rule) (*gen.*), esempio.
excavate (to) (*bldg.*), scavare.
excavation (*bldg.*), scavo, sterro.
excavator (*earth - moving mach.*), escavatore, escavatrice. **2.** ~ (*work.*), operaio scavatore. **3.** bucket ~ (*earth-moving mach.*), escavatore a noria. **4.** dragline ~ (*earth-moving mach.*), escavatore a benna trainata, escavatore a benna strisciante, escavatore "dragline", "dragline". **5.** shovel ~ (*earth-moving mach.*), escavatore a cucchiaia. **6.** steam ~ (*mach.*), escavatore a vapore. **7.** trench ~ (*earth - moving mach.*), scavatrincee, scavatrice per trincee (o fossati).
exceed (to) (in quality or in quantity) (*gen.*), superare. **2.** ~ the speed limit. (*aut. - etc. - law*), superare il limite di velocità.
exceeding (*gen.*), eccedente.
excelsior (3 point type, seldom used) (*print.*), carattere da 3 punti. **2.** ~ (wood shreds) (*paper mfg.*), paglietta di legno, trucioli di legno.
excepted (*gen.*), eccettuato, salvo.
exception (*gen.*), eccezione. **2.** ~ condition (as a parity error, the lack of paper in a printer etc.) (*comp.*), condizione di eccezione. **3.** ~ principle system (*comp.*), sistema del principio di eccezione. **4.** ~ reporting (*comp.*), segnalazione (scritta) delle eccezioni, rapporto sulle eccezioni (incontrate).
exceptionally (*gen.*), eccezionalmente, in via eccezionale.
excerpt (a passage extracted or copied: as from a letter) (*off.*), stralcio.
excess, eccesso. **2.** ~ (*a. - gen.*), in eccesso. **3.** ~ fuel device (fuel control rod stop override, of an injection pump, for easy starting) (*diesel mot.*), supererogatore. **4.** ~ of air (as in comb.), eccesso d'aria. **5.** ~ of heat (*therm.*), eccesso di calore.
excess-current (*elect.*), sovracorrente.
excessive (*a. - gen.*), eccessivo. **2.** ~ gradient (*agric.*), pendenza nociva.
excess-three code (the number *n* is represented by the binary *n* + 3) (*comp.*), codice a eccesso (di) tre.
excess-voltage (*elect.*), sovratensione.
"exch", *see* exchange.
exchange, scambio. **2.** ~ (*comm.*), borsa. **3.** ~ (*teleph.*), centrale, centralino. **4.** ~ (as of messages) (*comp.*), scambio. **5.** ~ against (*comm.*), borsa sotto alla pari. **6.** ~ at par (*comm.*), borsa alla pari. **7.** ~ broker (*finan.*), agente di cambio. **8.** ~ capacity (of ionic exchangers) (*phys. chem.*), capacità di scambio. **9.** ~ force (as between a proton and a neutron) (*atom phys.*), forza di scambio. **10.** ~ in favor of (*comm.*), borsa sopra alla pari. **11.** ~ of base (chem. reaction) (*chem.*), scambio di base. **12.** ~ of heat (*therm.*), scambio di calore. **13.** ~ rate (between currencies) (*comm. - bank - finan.*), quotazione del cambio. **14.** base ~, cation ~ (*chem.*), scambio di base. **15.** circuit switched ~ (*tlcm.*), centrale a commutazione di circuito. **16.** commodity ~ (market organized like the stock exchange) (*comm. - finan.*), borsa merci. **17.** crosspoint ~ (*telegr.*), centrale "a punto di incrocio". **18.** electronic ~ (*tlcm.*), centrale elettronica. **19.** dial ~ (*teleph.*), centrale (a selezione) automatica. **20.** foreign ~ (the money of a foreign country) (*comm. - finan.*), valuta estera. **21.** forward ~ (*comm.*), cambio a termine. **22.** international transit ~ (*tlcm.*), centrale di transito internazionale. **23.** main local automatic ~ (*teleph.*), centrale automatica urbana principale. **24.** private automatic branch ~ (*teleph.*), centralino privato automatico derivato. **25.** private automatic ~ (*teleph.*), centralino automatico privato. **26.** private branch ~ (*teleph.*), centralino telefonico privato derivato. **27.** private ~ (*teleph.*), centralino telefonico privato. **28.** private manual branch ~ (*teleph.*), centralino manuale privato derivato. **29.** private manual ~ (*teleph.*), centralino manuale privato. **30.** rate of ~ (as of a foreign currency) (*comm.*), corso del cambio, quotazione del cambio. **31.** stock ~ (*comm. - finan.*), borsa dei titoli (azionari). **32.** telephone ~ (*teleph.*), centrale telefonica, centralino telefonico. **33.** wool ~ (*wool comm.*), borsa della lana.
exchange (to) (*gen.*), scambiare.
exchangeable (as of a disc) (*a. - comp. - etc.*), scambiabile.
exchanger (*app.*), scambiatore. **2.** double-pipe ~ (concentric pipes exchanger) (*therm. device*), scambiatore (di calore) a tubi concentrici. **3.** heat ~ (as in a gas turbine) (*therm. app.*), scambiatore di calore. **4.** ions ~ (*phys. chem.*), scambiatore di ioni. **5.** regenerative heat ~ (as of a Martin Siemens furnace) (*therm. app.*), ricuperatore di calore, scambiatore di calore per ricupero di calore. **6.** thermal ratio of heat ~ (as of a gas turbine) (*therm. - mech.*), grado di ricupero.
exchequer (*finan.*), tesoreria, erario. **2.** ~ bonds (*finan.*), buoni del tesoro. **3.** Chancellor of the Exchequer (Brit.), cancelliere dello scacchiere.
excide, *see* excise.
excimer (excited dimer) (*n. - chem.*), dimero esistente allo stato eccitato.
excipient (inert substance) (*pharm. - chem.*), eccipiente.
excise (impost on manufacture, sale etc. of commodities) (*taxes*), imposta.
excitation (*elect.*), eccitazione. **2.** ~ (as of an atom, an electron, a molecule) (*atom phys.*), eccitazione. **3.** ~ (voltage given to a control electrode) (*electron tube*), tensione del segnale di ingresso. **4.** ~ coil (*elect.*), bobina di campo, avvolgimento di eccitazione. **5.** ~ energy (*atom phys. - etc.*), energia di eccitazione. **6.** ~ level (*atom phys.*), livello di eccitazione. **7.** ~ of an antenna (by an oscillation generator) (*radio*), eccitazione d'antenna. **8.** collision ~ (of particles: as in a gas) (*atom phys.*), eccitazione per collisione. **9.** compound ~ (of elect. mach.), eccitazione composita. **10.** differential ~ (obtained by means of two windings) (*elect.*), eccitazione differenziale. **11.** grid ~ (*radio*), eccitazione di gri-

glia. **12.** impulse ~ (*radio*), eccitazione ad impulsi. **13.** independent ~, *see* separate excitation. **14.** self ~ (of elect. mot., dynamo etc.), autoeccitazione. **15.** separate ~ (of elect. mot., dynamo etc.), eccitazione separata, eccitazione indipendente. **16.** series ~ (of elect. mach.), eccitazione in serie. **17.** shock ~ (*radio*), eccitazione ad impulsi. **18.** shunt ~ (of elect. mach.), eccitazione in derivazione. **19.** thermal ~ (increase of internal energy by particles collisions) (*atom phys.*), eccitazione termica.

excite (to) (*elect.*), eccitare.

exciter, eccitatore. **2.** ~ (battery) (*elect.*), (batteria) eccitatrice. **3.** ~ (of an alternator) (*d. c. elect. mach.*), (dinamo) eccitatrice.

exciting current (as in a transformer without load) (*electromech.*), corrente a vuoto.

exciton (energy between the positive hole that an electron leaves after moving from a given energy level and the electron itself) (*atom phys.*), eccitone.

excitonics (branch of physics) (*atom phys.*), "eccitonica", studio del comportamento degli eccitoni.

excitron (particular mercury-arc rectifier) (*elect.*), "excitron", tipo di raddrizzatore a vapori di mercurio, eccitron.

exclude (to) (*gen.*), escludere. **2** ~ and take the place of (*gen.*), escludere e sostituirsi a.

exclusion (*gen.*), esclusione.

exclusive (*a. - comm.*), esclusivo. **2.** ~ (an exclusive right to sell or to construct something) (*n. - law - ind.*), esclusiva. **3.** ~ license (*comm.*), licenza esclusiva. **4.** ~ of (*comm.*), non compreso. **5.** ~ "OR", "EX-OR" (logical operator in Boolean algebra) (*comp.*), OR esclusivo, porta di non equivalenza.

exclusive-"NOR" gate, "EX-NOR" (equivalence gate) (*comp.*), NOR esclusivo, porta di equivalenza.

exclusivity (*comm.*), esclusività.

"excpt", *see* exception.

excursion (deviation) (*gen.*), deviazione. **2.** ~ (distance traversed) (*mech.*), corsa. **3.** ~ (as of a single oscillatory motion) (*mech.*), ampiezza, escursione. **4.** ~ (distance covered by movement from a mean position) (*mech.*), escursione, ampiezza (o estensione) del movimento. **5.** ~ (of the sun from the ecliptic) (*astr.*), deviazione.

"exd" (examined) (*abbr. - gen.*), esaminato.

ex-directory (not existing in teleph. directory) (*teleph.*), fuori-elenco.

ex-dock (ex-quay, ex-wharf: the price is without charges up to the dock) (*comm.*), franco banchina.

execute (to) (as a contract) (*adm. - comm.*), firmare, perfezionare. **2.** ~ (*law*), eseguire. **3.** ~ (as a program of a comp.) (*comp.*), eseguire.

execution (*gen.*), esecuzione. **2.** ~ (run of a program) (*comp.*), esecuzione. **3.** ~ phase (as of a program) (*comp.*), fase di esecuzione. **4.** to put into ~ (*gen.*), dare corso.

executive (*a. - gen.*), esecutivo. **2.** ~ (charged with executive authority: as in a factory) (*n. - pers.*), dirigente (di un servizio, di un'officina ecc.). **3.** ~ (supervisor program) (*comp.*), programma supervisore. **4.** ~ cadre (as of a factory) (*pers.*) quadri direttivi. **5.** ~ coaching (*pers.*), formazione dei dirigenti. **6.** ~ secretary (responsible of business, administration and organization of an association) (*company pers.*), amministratore, segretario generale. **7.** "top" ~ (*factory management*) (Am.), direttore generale.

executor (*law*), esecutore testamentario.

exedra (*arch.*), esedra.

exemplar (as of a book), esemplare.

exempt (*a. - gen.*), esente.

exempt (to) (*gen.*), esentare.

exemption (*gen.*), esenzione.

exercise (*gen.*), esercizio.

exercise (to) (*gen.*), esercitare, praticare.

exert (to) (to apply: as pressure) (*gen.*), esercitare (pressione, forza ecc.).

exfoliate (to) (*gen.*), sfogliarsi.

exfoliation (peeling off of superficial layers: as in items of carburized steel) (*metall.*), sfogliatura. **2.** ~ corrosion (kind of corrosion due to the progressive peeling off of thin scales of material) (*metall.*), corrosione per sfogliatura.

"ex gr" (for example) (*abbreviation - gen.*), per esempio.

exhalation (*gen.*), esalazione.

exhale (to) (as an odor), esalare.

exhaust (of mot.), scarico, scappamento. **2.** ~ (exhaustion) (*vacuum*), creazione di vuoto (con pompa). **3.** ~ back pressure (*mot.*), contropressione allo scarico. **4.** ~ closes (exhaust valve closes) (*mot.*), fine chiusura (valvola di) scarico. **5.** ~ cone (of a jet engine) (*mot.*), cono di scarico. **6.** ~ drain tap (*mech.*), rubinetto di scarico. **7.** ~ emission (*aut.*), emissione allo scarico. **8.** ~ fan (*ind. app.*), aspiratore. **9.** ~ head (box with baffle plates for silencing: muffler) (*mot. impl.*), marmitta, silenziatore. **10.** ~ manifold (of mot.), collettore di scarico. **11.** ~ opening (exhaust valve opens) (*mot.*), apertura (valvola di) scarico. **12.** ~ pipe (of mot.), tubo di scarico. **13.** ~ port (as of a two-stroke mot.) (*mot.*), luce di scarico. **14.** ~ ring (of a radial engine) (*aer. mot.*), collettore di scarico. **15.** ~ side (of an engine) (*mot.*), lato (dello) scarico. **16.** ~ silencer (as of a mot.), marmitta di scarico, silenziatore. **17.** ~ stator-blades (stator blades assembly mounted behind the turbine discharge of a jet engine for eliminating residual whirl from the exhaust gases) (*aer. mot.*), statore di scarico. **18.** ~ steam pipe (of a steam locomotive) (*railw.*), tubo (di) scarico (del) vapore. **19.** ~ stroke (*mot.*), corsa (o fase) di scarico. **20.** ~ system (of a mot.), sistema di scarico. **21.** ~ valve (*mot.*), valvola di scarico. **22.** ~ valve guide (of a mot.), guida valvola di scarico. **23.** ~ (valve) opening before bottom dead center (*mot.*), anticipo allo scarico. **24.** cylinder ~ (of a steam locomotive)

(*railw.*), scarico (dei) cilindri. **25.** opening of ~ in advance (of mot.), anticipo allo scarico.
exhaust (to) (as the fuel), esaurire. **2.** ~ (*vacuum*), produrre vuoto.
exhausted (*a.* - *gen.*), esaurito. **2.** ~ well (*min.*), pozzo esaurito. **3.** ~ (run down: as of a battery) (*a.* - *elect.*), scarico, scaricato.
exhauster (for fumes and vapors) (*ind. impl.*), aspiratore.
exhaust-gas analyzer (fuel mixture indicator) (*comb. analyzer*), analizzatore dei gas di scarico.
exhaustion (as of fuel), esaurimento. **2.** ~ (as of a photoelectric cell) (*elect.*), esaurimento.
exhaustive (as of a test), esauriente.
"exhbn", *see* exhibition.
exhibit (to) (*gen.*), esporre. **2.** ~ (as cars, railcars, truck, busses etc., at a show) (*comm.*), presentare.
exhibition (*comm.*), esposizione. **2.** ~ (as of aerobatics) (*aer.*), manifestazione. **3.** traveling ~ (*comm.*), mostra itinerante, esposizione viaggiante. **4.** Universal Exhibition (*comm.* - *etc.*), Esposizione Universale.
exhibitor (*comm.*), espositore.
exility (slenderness) (*gen.*), esilità.
exist (to) (*gen.*), esistere. **2.** ~ (to be present in CPU) (*comp.*), essere presente in memoria.
exit (egress), uscita. **2.** ~ cone (as in a wind tunnel) (*fluidodynamics*), diffusore. **3.** ~ list, "EXLST" (*comp.*), lista di uscita. **4.** ~ ramp (ramp of exit) (*roadway*), rampa di uscita. **5.** deferred ~ (*comp.*), uscita differita. **6.** fire emergency ~, uscita di sicurezza in caso di incendio. **7.** intersection ~ (*road traff.*), deflusso dall'incrocio.
exobiology (extraterrestrial biology) (*biol.* - *astric.*), biologia extraterrestre.
exocyclic (*a.* - *chem.*), esterno (alla catena).
exodus (outflow, of capitals) (*finan.*), esodo, fuga.
exoergic, *see* exothermic.
exogenous (*phys.*), esogeno.
exomorphism (*geol.*), esomorfismo.
exophthalmometer (*med. instr.*), esoftalmometro.
exosmosis (*phys.*), esosmosi.
exosphere (the region of space extending from 1.157 to 1.5 times the radius of the Earth) (*geophys.*), esosfera.
exospheric (*a.* - *geophys.*), esosferico.
exothermic (*a.* - *phys. chem.*), esotermico. **2.** ~ reaction (*phys. chem.*), reazione esotermica.
"exp", *see* expansion, experience, experiment, explosive, exponential, export, exposure.
expand (to) (as a tube, internally) (*mech.*), allargare, mandrinare. **2.** ~ (*phys.*), espandersi, dilatarsi. **3.** ~ (*math.*), sviluppare. **4.** ~ the tube end (as in a boiler tube plate) (*mech.*), mandrinare l'estremità del tubo.
expanded (*a.*), steso, allargato. **2.** ~ metal (sheet metal stretched so as to form a lattice: as for plaster work) (*metall.*), lamiera stirata. **3.** ~ plastic (foamed plastic, plastic foam) (*plastics* - *packing*), espanso, materiale plastico espanso. **4.** ~ type (wider type than standard) (*typ.*), carattere largo.
expander (*mech. impl.*), espansore, attrezzo per allargare. **2.** ~ (as for expanding water tube ends) (*boil. t.*), mandrino. **3.** ~ (as for the weft on a loom) (*text. app.*), tenditore. **4.** ~ (for expanding: as water tube ends) (*boil. mach.*), mandrinatrice. **5.** ~ (kind of transducer expanding the output signal) (*elics.*), espansore.
expanding (as an auger, bit, drill, reamer) (*t.*), espansibile, a diametro registrabile. **2.** ~ balloon (*aer.*), *see* dilatable balloon. **3.** ~ brake (*mach.*), freno a espansione. **4.** ~ mandrel (*mech.*), mandrino a espansione. **5.** ~ pulley (*mech.*), puleggia a diametro variabile. **6.** ~ reamer (*t.*), alesatore a lame registrabili.
expandor (restitutes to the original form the signals compressed by a compandor) (*electroacous.* - *elics.* - *teleph.*), espansore.
expansible (*a.* - *gen.*), dilatabile. **2.** ~ (expanding, a gas) (*phys.*), espansibile.
expansion (developed result of an algebraic form) (*math.*), sviluppo. **2.** ~ (as of the operating fluid in an engine cylinder) (*phys.*), espansione. **3.** ~ (increase in length due to thermal effect: as of a pipe), dilatazione. **4.** ~ (as of a pipe, by expander) (*mech.*), allargamento. **5.** ~ (of a hole by expanding tool) (*mech. tecnol.*), allargamento. **6.** ~ (the development: as of a market) (*comm.* - *etc.*), sviluppo. **7.** ~ bend (*pip.*), dilatatore a tubo curvato, curva di dilatazione. **8.** ~ bolt (expanded against the internal surface of holes: used in masonry, concrete etc.) (*domestic applications* - *etc.*), vite a espansione. **9.** ~ box (as of an exhaust system) (*ind.* - *etc.*), polmone. **10.** ~ coil (as of a refrigerating machine) (*mach.*), serpentino di espansione. **11.** ~ coupling (expansion joint) (*mech.* - *pip.*), giunto di dilatazione. **12.** ~ joint (*mech.* - *pip.* - *bldg.*), giunto di dilatazione. **13.** ~ pulley (*mech.*), *see* expanding pulley. **14.** ~ shield, *see* expansion bolt. **15.** ~ stroke (of i. c. engines) (*mot.*), fase di espansione. **16.** ~ tank (as in a hot-water heating system) (*heating*), vaso di espansione. **17.** ~ tank (of water: as in a marine engine cooling system) (*mot.*), serbatoio di alimentazione (dell'acqua). **18.** coefficient of thermal ~ (*phys.*), coefficiente di dilatazione termica. **19.** double offset ~ U bend (*pip.*), dilatatore ad U, dilatatore ad U a doppia curvatura. **20.** gap allowed for ~ (*mech.* - *bldg.*), spazio (o intervallo) per la dilatazione. **21.** moisture ~ (said as of some constr. material) (*bldg.*), aumento di volume dovuto all'umidità. **22.** thermal ~ (*phys.*), dilatazione termica.
expected value (mean value) (*stat.*), valor medio.
expedient, ripiego, espediente.
expedite (to) (*comm.*), sollecitare.
expediter, expeditor (coordinator of the flowing of materials to the production lines) (*factory organ.*),

responsabile del rifornimento delle linee di lavorazione.
expedition (important excursion) (*milit.*), spedizione.
expel (to) (*gen.*), espellere.
expeller (knock-out pin) (*mech. impl.*), espulsore, estrattore.
expendable (more economically replaced than repaired etc.) (*milit. - etc.*), non ricuperabile. **2.** ~ (throwaway type, as a tool) (*t.*), non riaffilabile. **3.** ~ container (*ind. - comm.*), recipiente a perdere. **4.** ~ materials (*gen.*), materiali di consumo.
expenditure (*comm.*), spesa. **2.** ~ (as of ammunitions) (*milit.*), consumo. **3.** ~ (outlay of money) (*adm.*), uscita (di danaro), spese. **4.** extraordinary expenditures (*adm.*), spese straordinarie.
expense (*comm.*), spesa. **2.** ~ (*adm.*), *see also* expenditure. **3.** ~ account (*pers. - adm.*), nota spese. **4.** ~ item (item of expense) (*adm.*), voce di spesa, capitolo di spesa. **5.** accrued ~ (accrued liability, in a balance sheet) (*finan.*), rateo passivo. **6.** administration expenses (*adm.*), spese amministrative. **7.** administrative expenses (*adm.*), spese di amministrazione, spese amministrative. **8.** employees benefit expenses (*adm.*), spese per sussidi ai dipendenti. **9.** employees dwelling expenses (*adm.*), spese per abitazioni dipendenti. **10.** fixed ~, *see* fixed charge. **11.** fixed expenses (*adm.*), spese fisse. **12.** general shop expenses (*adm.*), spese generali di officina. **13.** incidental expenses (*adm. - comm.*), spese accessorie. **14.** legal expenses (*adm.*), spese legali. **15.** manufacturing expenses (*adm.*), spese di fabbricazione. **16.** operating expenses (as of a factory) (*adm.*), spese di esercizio. **17.** prepaid ~ (deferred assets or charge, as in a balance sheet) (*accounting*), risconto attivo, spesa differita. **18.** preproduction expenses (*adm.*), spese di avviamento nuove produzioni. **19.** selling expenses (*adm.*), spese commerciali, spese di vendita. **20.** stationery expenses (*adm.*), spese per cancelleria. **21.** strike expenses (*adm.*), spese per scioperi. **22.** travel expenses (*comm.*), spese di viaggio. **23.** works general expenses (*adm.*), spese generali di stabilimento.
expensive (dear, costly) (*comm.*), costoso, caro.
"exper", *see* experience, experiment, experimental.
experience (practical experimental knowledge) (*gen.*), esperienza.
experienced (of work.), pratico.
experiment (*gen.*), esperimento, esperienza dimostrativa.
experiment (to) (*gen.*), sperimentare.
experimental (of a science), sperimentale. **2.** ~ (as a prototype aircraft) (*mech. - aer. - naut.*), sperimentale. **3.** ~ department (*ind.*), reparto esperienze. **4.** ~ engineer (of a factory) (*ind.*), perito tecnico (del reparto) esperienze.
experimentally (*technol.*), sperimentalmente.
experimenter (*gen.*), sperimentatore.
"EXPERT" (Extended PERT, extended program evaluation and review technique) (*comp. programming*), PERT ampliato.
expert (technical or artistic), esperto. **2.** ~ (specialized worker), specialista, operaio specializzato. **3.** ~ system (an assembly of programs using artificial intelligence for an autonomous solution to problems relating to a particular question) (*comp.*), sistema esperto. **4.** industrial ~, perito industriale.
expertise (expert skill or knowledge) (*gen.*), competenza. **2.** ~ (opinion of experts: as on a technical question) (*gen.*), opinione di esperti.
expire (to) (to become due) (*finan. - comm.*), scadere, maturare.
expired (terminated) (*comm. - off.*), scaduto, spirato.
expiry (termination of a period of time) (*comm.*), scadenza.
explain (to) (*gen.*), spiegare.
explanation (*gen.*), spiegazione.
explicit (as a function) (*math.*), esplicito.
explode (to) (*expl.*), scoppiare, esplodere. **2.** ~ (to cause an explosion) (*gen.*), fare esplodere, fare scoppiare. **3.** ~ (to represent the various parts or data in logical and related positions) (*draw.*), esplodere, rappresentare con un esploso.
exploded (of expl.), esploso. **2.** ~ view (as of a mach.: indicating the separate parts in their position to each other) (*draw.*), esploso rappresentazione esplosa, sezione esplosa.
exploder, *see* blasting cap, blasting machine, detonator, squib. **2.** ~ (as by inertia: electrically detonates the explosive filling the warhead of a torpedo) (*navy expl.*), acciarino. **3.** electric ~ (*min. expl.*), *see* electric detonator.
exploit (to) (*gen.*), utilizzare. **2.** ~ (*min.*), sfruttare.
exploitation (*min.*), coltivazione, sfruttamento. **2.** ~ (*tactics*), sfruttamento (del successo).
exploration, esplorazione. **2.** space ~ (*astric.*), esplorazione dello spazio.
explore (to), esplorare. **2.** ~ (to investigate: as the real intentions of a buyer) (*comm.*), sondare.
exploring coil (*elect. impl. for meas.*), bobina esploratrice.
explosimeter (instr. for meas. the concentration of explosive gas in the air) (*min. - oiltanker - gasoline yachts - etc.*), esplosimetro analizzatore di gas.
explosion (*expl.*), scoppio, esplosione. **2.** ~ bomb (as of a bomb calorimeter) (*phys.*), bomba calorimetrica. **3.** ~ door (as of a furnace: safety door in case of explosion) (*ind.*), porta di sicurezza contro l'esplosione. **4.** ~ engine (*mot.*), motore a scoppio. **5.** ~ stroke (expansion stroke) (*mot.*), fase di espansione. **6.** ~ wave (*phys. chem.*), onda esplosiva. **7.** crank-case ~ (defect: as in Diesel engines) (*mot.*), esplosione nel carter, esplosione nel basamento.
explosion-proof (said of device, plant or app. particularly studied for avoiding the danger of explosion: as the elect. devices or mot. installed in a ga-

soline deposit) (*a. - safety*), antideflagrante. **2.** ~ motor (*elect.*), motore antideflagrante.
explosive (*a. - expl.*), esplosivo. **2.** ~ (*n. - expl.*), esplosivo. **3.** ~ D (composed chiefly of ammonium picrate) (*expl.*), esplosivo D. **4.** ~ forming (as sheet forming obtained by controlled explosion in aer. constr.) (*a. - mech. technol.*), stampaggio ottenuto mediante esplosione controllata. **5.** ~ gas mixture (*expl.*), miscela gassosa esplosiva, miscela tonante. **6.** ~ oil (*expl.*), nitroglicerina. **7.** ~ train (a chain of explosive elements destined to an easier set off of the main charge: as of a bomb) (*expl. - milit.*), catena esplosiva. **8.** ~ wave (*phys. chem.*), onda esplosiva. **9.** gaseous ~ (*expl.*), esplosivo gassoso. **10.** high ~ (*expl.*), alto esplosivo. **11.** liquid ~ (*expl.*), esplosivo liquido. **12.** liquid oxygen ~ (*expl.*), esplosivo ad ossigeno liquido). **13.** low ~ (low combustion explosive) (*expl.*), esplosivo a combustione lenta, esplosivo propellente. **14.** plastic ~ (high explosive plastic) (*expl.*), esplosivo al plastico, plastico. **15.** propellent ~ (*expl.*), esplosivo di lancio, esplosivo propellente. **16.** solid ~ (*expl.*), esplosivo solido.
"expn", *see* expedition.
"expo", *see* exposition.
exponent (*math.*), esponente.
exponential (*math.*), esponenziale. **2.** ~ curve (*math.*), curva esponenziale. **3.** ~ equation (*math.*), equazione esponenziale. **4.** ~ function (*math.*), funzione esponenziale. **5.** ~ series (*math.*), serie esponenziale.
exponentation (math.), elevamento a potenza.
export (act of exporting) (*comm.*), esportazione. **2.** ~ (goods exported) (*comm.*), merci di esportazione. **3.** ~ boxing (as for an engine) (*packing*), cassa d'imballo per esportazione. **4.** ~ license (*comm.*), licenza (o permesso) di esportazione. **5.** ~ sales manager (*comm.*), direttore vendite estero.
export (to) (*comm.*), esportare.
exporter (*comm.*), esportatore.
expose (to) (*gen.*), esporre. **2.** ~ (to light) (*phot.*), esporre, impressionare.
exposed (*gen.*), esposto. **2.** ~ (*phot.*), impressionato. **3.** ~ film (*m. pict.*). pellicola impressionata.
exposition (*gen.*), esposizione. **2.** ~ (*public show*), esposizione.
exposure (*phot.*), esposizione, tempo di esposizione. **2.** ~ (as of a house façade with respect to the compass points: N, S, NW etc.) (*arch.*), esposizione. **3.** ~ (the opposed to instantaneous exposure), *see* time ~. **4.** ~ index (*phot.*), indice di esposizione. **5.** ~ meter (*phot. instr.*), esposimetro. **6.** ~ preview (by meter needle as in the view finder) (*phot. device*), accertamento preventivo del tempo di esposizione. **7.** ~ range (of a film) (*phot.*), latitudine di esposizione. **8.** ~ test (of paint) (*paint.*), prova di esposizione. **9.** instantaneous ~ (*phot.*), istantanea. **10.** multiple ~ (possibility offered by some types of refined cameras) (*phot.*), esposizione multipla. **11.** threshold ~ (minimum exposure to ensure discernibility) (*phot.*), minima esposizione che consenta una immagine accettabile. **12.** time ~ (*phot.*), posa.
express (train) (*railw.*), direttissimo, espresso.
express (to) (to state, as an opinion) (*gen.*), esprimere. **2.** ~ (to squeeze out) (*gen.*), spremere, espellere mediante pressione.
expression (*math.*), espressione. **2.** ~ (logical collection of operands and operations) (*comp.*), espressione.
expressway, *see* superhighway.
expropriate (to) (*law*), espropriare.
expropriation (*law*), espropriazione.
"expt", *see* experiment, expert, export.
expulsion (*gen.*), espulsione.
ex-quay, *see* ex-dock.
ex-rights (expired option rights) (*finan.*), ex-diritti.
ex ship (free overboard) (*naut. comm.*), franco sotto bordo.
exsiccate (to) (*ind.*), essiccare.
exsiccation (*ind.*), essiccazione.
"ext", *abbreviation for*: extension, external, extinguisher, extra, extract.
"extd" (extruded) (*mech. draw.*), estruso.
extend, (to) estendere. **2.** ~ (*comm.*), prorogare, dilazionare. **3.** ~ (to enlarge) (*gen.*), allargare. **4.** ~ (to prolong: in time or space) (*gen.*), prolungare.
extendable, extendible (prolongable: as delivery) (*comm. - etc.*), prorogabile.
extended (as a delivery term) (*comm. - etc.*), prorogato. **2.** ~ (shock absorber condition) (*aut.*), esteso. **3.** ~ play (type of phonograph record) (*electroacous.*), disco microsolco a lunga durata.
extended binary coded decimal interchange code, "EBCDIC" (an eight bits code) (*comp.*), codice EBCDIC, codice alfanumerico binario decimale.
extender (inert substance added to paints) (*paint.*), carica, riempitivo. **2.** ~, *see also* expander.
extensibile (*gen.*), allungabile.
extensimeter, *see* extensometer.
extension (*phys.*), estensione, allungamento, prolungamento. **2.** ~ (as for an exhaust pipe etc.) (*mech.*), prolunga. **3.** ~ (rebound, of a shock absorber) (*aut.*), estensione. **4.** ~ (*comm.*), proroga, dilazione. **5.** ~ (in a house: one or more teleph., connected with the main set) (*teleph.*), apparecchio in derivazione. **6.** ~ (*n. - math.*), estensione. **7.** ~ bar (*gen.*), prolunga. **8.** ~ ladder (*gen.*), scala allungabile. **9.** ~ lathe, *see* extension-gap lathe. **10.** ~ load (rebound load, of a shock absorber) (*aut.*), carico di estensione. **11.** ~ spring (*mech.*), molla per trazione. **12.** ~ telephone (*teleph.*). telefono in derivazione. **13.** ~ tube (*phot. - etc.*), tubo telescopico. **14.** load ~ curve (*mech. technol.*), curva carichi-deformazioni. **15.** local ~ (in a tensile test piece) (*mech. technol.*), allungamento locale.
extensometer (for measuring strain: as of a test piece) (*constr. theor. instr.*), estensimetro.
extent (space, size: as of a region etc.), estensione. **2.**

~ (degree) (*gen.*), limite, grado. **3.** ~ (the physical amount of space of a bulk memory) (*comp.*), estensione. **4.** to the ~ (*comm.*), fino alla concorrenza.

exterior (*a. - n.*), esterno. **2.** ~, *see also* external. **3.** ~ shooting (*m. pict.*), esterno.

extern, *see* external.

external (*a. - n.*), esterno. **2.** ~ angle (*geom.*), angolo esterno. **3.** ~ call (*teleph.*), chiamata esterna. **4.** ~-combustion (as of an engine) (*mot.*), a combustione esterna. **5.** ~ delay (inactivity time due to external cause: as power supply failure) (*comp.*), ritardo dovuto a cause esterne. **6.** ~ gears (*mech.*), ingranaggi esterni. **7.** ~ grinder (*mach. t.*), rettificatrice per esterni. **8.** ~ work (as by expansion) (*phys. - theor. mech.*), lavoro esterno.

extinction (*gen.*), estinzione. **2.** ~ coefficient (meas. of the absorption of light as by a solution) (*phys. - chem.*), coefficiente di estinzione. **3.** ~ meter (*phot. instr.*), esposimetro ad estinzione. **4.** ~ of light (absorption of light as by the atmosphere) (*astrophysics*), estinzione della luce.

extinguish (to) (*v. t. - fire*), estinguere, spegnere. **2.** ~ (fire) (*v. i. - comb.*), spegnersi. **3.** ~ (*light*), spegnere, spengere.

extinguisher (*antifire device*), estintore. **2.** carbon dioxide ~ (*antifire device*), estintore ad anidride carbonica. **3.** carbon tetrachloride ~ (*antifire device*), estintore al tetracloruro di carbonio. **4.** chemical fire ~ (*antifire device*), estintore chimico. **5.** fire ~ (*antifire device*), estintore. **6.** foam ~ (*antifire device*), estintore a schiuma. **7.** liquid ~ (*antifire device*), estintore a liquido. **8.** powder ~ (*antifire device*), estintore a polvere. **9.** water ~ (*antifire device*), estintore idrico.

extirpate (to) (*gen.*), estirpare.

"extr", *see* extruded, extrusion.

extra (outside, additional) (*gen.*), extra. **2.** ~ (of superior quality) (*comm.*), extra, super. **3.** ~ current (*elect.*), extracorrente. **4.** ~ fare (to be paid as on non-stop trains) (*comm.*), supplemento. **5.** ~ fine (relating as to the tolerance of a series of threads) (*mech.*), preciso. **6.** ~ grade (*comm.*), qualità extra. **7.** ~ high voltage (*elect.*), altissima tensione. **8.** ~ month pay (*pers. - adm.*), mensilità extra. **9.** ~ pay (as of a worker) (*adm.*), compenso oltre la paga, soprassoldo. **10.** ~ super (merinos wool classing) (*wool ind.*), di qualità superiore. **11.** ~ super AAA (cleaned superior wool) (*wool ind.*), lane superiori pulite.

extra-condensed (as a type with a narrower face than the condensed type) (*a. - typ.*) (Brit.), stretto.

extract, estratto. **2.** ~ (obtained from a wool and cotton fabric by chemical means) (*text. ind.*), lana di ricupero. **3.** ~ (selection: as from a letter) (*off.*), stralcio, riproduzione parziale. **4.** ~ (*chem.*), estratto. **5.** dyewood ~ (*chem. ind.*), estratto colorante (da legno). **6.** medicinal ~ (*pharm. chem.*), estratto medicinale. **7.** tannic ~ (*chem. ind.*), estratto tannico.

extract (to) (*gen.*), estrarre. **2.** ~ (to extract the content of bits: as by selective reading by means of a mask) (*comp.*), estrarre.

extractable (*chem.*), estraibile.

extractant (dissolving substance used for extraction) (*chem.*), solvente.

extraction (*chem. ind.*), estrazione. **2.** ~ (*n. - min.*), estrazione. **3.** ~ turbine (with utilization of low-pressure steam for heating etc.) (*steam mach.*), turbina a presa intermedia, turbina a spillamento. **4.** signal ~ (process of recovering one or more parameters associated with the signal) (*sign. proc.*), estrazione del segnale.

extractor, estrattore. **2.** ~ (as of a firearm) (*mech.*), estrattore. **3.** ~ (*chem. impl.*), estrattore. **4.** ~ (*med.*), forcipe. **5.** ~ (*text. ind. app.*), estrattore. **6.** ~ (apparatus extracting something by centrifugal force or by difference of weight: as olive oil) (*ind. and agric. mach.*), estrattore centrifugo. **7.** ~ (a mask of characters) (*comp.*), maschera, maschera di estrazione. **8.** pile ~ (*bldg.*), estrattore di pali.

extrados (*arch.*), estradosso.

"extra-fine" (as of thread series in tolerance systems) (*mech.*), preciso.

extragalactic (*a. - astron.*), extragalattico.

"extramild" (steel) (*metall.*), extradolce.

extraneous (of a particular number) (*a. - math.*), spurio.

extranuclear (outside the nucleus) (*atom phys.*), extranucleare.

extraordinary (*a. - gen.*), straordinario.

extrapolate (to) (*math.*), estrapolare.

extrapolation (*math.*), estrapolazione.

extraprice (overcharge) (*comm.*), sovrapprezzo, supplemento di prezzo, extraprezzo.

extras (as the accessories of a car) (*comm.*), extra.

extrasolar (outside the solar system) (*a. - astric.*), al di fuori del sistema solare, "estrasolare".

extraterrestrial (*a. - astric.*) (Brit.), estraterrestre.

extravehicular (outside the spacecraft) (*a. - astric.*), extraveicolare. **2.** ~ activity (an astronaut's movements in the free space outside the spaceship) (*astric.*), attività extraveicolare.

extremal (calculus of variations curve) (*n. - a. - math.*), estremale.

extreme fiber (external fiber) (*constr. theor.*), fibra esterna.

extremes (as of a proportion) (*math.*), estremi.

extremity, estremità.

extrude (to) (metals, rubber etc.) (*ind. technol.*), estrudere.

extruded (artificial silk mfg.) (*text. ind.*), estruso. **2.** ~ (as of metals, rubber etc.) (*a. - ind.*), estruso. **3.** ~ forging (*mech. technol.*), fucinato ottenuto con processo di estrusione, fucinato per estrusione.

extruder (*rubb. ind. and metalworking mach.*), estrusore, trafila, macchina per estrudere. **2.** ~ (for rubber-insulated cables) (*elect. - mach.*), trafila. **3.** continuous ~ (for rubber-insulated ca-

bles) (*elect. - mach.*), trafila continua. **4.** piston ~ (as in rubber ind.) (*mach.*), macchina per estrudere a pistone, trafila a pistone. **5.** screw ~ (for rubber or plastics) (*mach.*), estrusore a vite, macchina per estrudere a vitone, trafila a vitone.
extruding machine, *see* extruder.
extruding press (*mach.*), pressa per estrusione, pressa a estrudere.
extrusion (*mech. technol.*), estrusione. **2.** ~ press, *see* extruding press. **3.** ~ process (*mech. technol.*), processo di estrusione. **4.** backward ~ (impact extrusion) (*mech. technol.*), estrusione indiretta, estrusione inversa. **5.** cold ~ (*mech. technol.*), estrusione a freddo. **6.** continuous ~ process (as of cable lead sheathing) (*mech. technol.*), estrusione continua. **7.** forward ~ (*mech. technol.*), estrusione in avanti, estrusione diretta. **8.** Hooker ~ (forward extrusion) (*mech. technol.*), estrusione diretta, estrusione in avanti. **9.** hydrostatic ~ (cold extrusion process) (*mech. technol.*), estrusione idrostatica. **10.** impact ~ (*mech. technol.*), *see* backward extrusion.
exudation (sweating) (*gen.*), trasudamento. **2.** eutectic ~ (defect consisting in beads of eutectic being exuded during heat-treatment and due to overheating, as on the surface of an aluminium-alloy die casting) (*found.*), bruciatura di trattamento (termico).
exude (to) (to flow slowly out: as of grease from a bearing) (*mech.*), fuoruscire lentamente, gocciolare.
ex-wharf, *see* ex-dock.
ex works (Brit.) (*comm.*), franco fabbrica.
eye (*gen.*), occhio. **2.** ~ (*ind.*), occhio, occhiello. **3.** ~ (of rope) (*naut.*), gassa. **4.** ~ (the opening in the bottom of a pot furnace through which flames enter) (*glass mfg.*), occhio (del banco), "torrino". **5.** ~ (of a needle) (*text. ind.*), cruna. **6.** ~ (of a cyclone) (*meteorol.*), occhio (del ciclone). **7.** ~ (lens) (*phot.*), obiettivo. **8.** ~ base (*opt. - med.*), distanza interpupillare. **9.** ~ chart (for med. test of sight) (*med. impl.*), tabellone ottotipico. **10.** ~ of the storm (*meteorol.*), occhio della tempesta. **11.** ~ pin (*mech.*), spina ad occhio. **12.** ~ protectors (as for grinding wheel work.) (*ind.*), occhiali di protezione. **13.** access ~ (*pip.-bldg.*), *see* rodding eye. **14.** bull's ~ (*naut.*), oblò. **15.** electric ~ of an auto-exposure camera (*phot.*), cellula fotoelettrica (che comanda automaticamente il diaframma). **16.** Flemish ~ (eye type) (*naut.*), tipo di gassa senza impiombatura. **17.** I.C.I. standard ~ (or observer) for photometry (*illum. phys.*), occhio (o osservatore) fotometrico normale I.C.I. **18.** magic ~ tube (*thermion.*), occhio magico, indicatore ottico di sintonia. **19.** screw ~ (*carp.*), occhiello a vite. **20.** towing ~ (*aut.*), occhione di traino, occhio di traino.
eyeball (*med.*), bulbo oculare.
eyebolt (*mech.*), bullone ad occhio, bullone ad occhiello. **2.** ~ (*naut.*), golfare, spina. **3.** lifting ~ (as of an elect. mot.) (*mech.*), anello di sollevamento.
eyebrow (on headlights) (Am. coll.) (*aut.*), visiera per proiettori. **2.** ~ (molding over a window) (*arch.*), modanatura (sopra una finestra).
eyecup (generally in rubber; for orbit rest: as on the viewfinder) (*phot.*), adattatore di gomma per oculare di mirino, paraocchio.
eyeglass (of eyeglasses) (*opt.*), lente da occhiali. **2.** ~ (eyepiece: as of a microscope) (*opt.*), oculare.
eyeglasses, occhiali.
eyelet (*gen.*), occhiello. **2.** ~ (metal ring used for lining a small hole in cloth, leather etc.) (*ind.*), occhiello metallico. **3.** ~ (loophole) (*milit.*), feritoia. **4.** ~ forming machine (for springs) (*ind. mach.*), occhiellatrice. **5.** ~ pincers (*ind. impl.*), pinze per occhielli (metallici). **6.** ~ punch (*ind. mach.*), punzonatrice per occhielli, occhiellatrice. **7.** shoe ~ setter (Brit.) (*shoemakers' impl.*), pinze (o tenaglie) per occhielli.
eyelid (*med.*), palpebra.
eyepiece (*opt.*), oculare. **2.** ~ (small mica window for viewing the interior of a furnace) (*metall. impl.*), occhio di spia. **3.** ~ holder (*opt.*), portaoculari. **4.** fixed ~ (*opt.*), oculare fisso. **5.** webbed ~ (*opt.*), oculare con reticolo.
eyeshade (*work. impl.*), visiera.
eyewitness (*law*), testimone oculare.

F

"F" (file!) (*mech. draw.*), limare. **2.** ~ (forged) (*a. - mech. draw.*), fucinato. **3.** ~ (luminous flux) (*illum.*), flusso luminoso. **4.** ~ (force) (*theor. mech.*), F, forza. **5.** ~ (fresh water) (*naut.*), acqua dolce, AD.

F (fluorine) (*chem.*), F, fluoro.

"f" (fog, Beaufort letter) (*meteor.*), nebbia. **2.** ~ (focal length) (*phot.*), lunghezza (o distanza) focale. **3.** ~ (*f, f/*: relative aperture of a lens) (*phot.*), apertura relativa. **4.** ~ (femto–, prefix: 10^{-15}) (*meas.*), f, femto–. **5.** ~ (fuel) (*eng. - comb.*), combustibile. **6.** ~, *see also* Fahrenheit, failure, farad, fathom, field, finish, fixed, flat, fluid, foot, force, formed, formula, forward, frequency, function.

"FAA" (free of all average) (*naut.*), franco d'avaria. **2.** ~ (Federal Aviation Agency) (*aer.*), Registro Aeronautico Americano.

fabric (cloth) (*text. ind.*), tessuto. **2.** ~ (anything manufactured) (*ind.*), manufatto. **3.** ~ (of a structure) (*bldg.*), intelaiatura. **4.** ~ (structure), struttura. **5.** ~ finish (as of paper) (*a. - paper mfg.*), telato. **6.** ~ number (*text. ind.*), numero del tessuto (talvolta nel significato di peso per area unitaria). **7.** ~ 68 × 52 (with 68 ends in the warp and 52 picks in the filling) (*text.*), tessuto con 68 fili di ordito e 52 fili di trama per pollice. **8.** ~ with herringbone pattern (*text.*), tessuto a spina di pesce. **9.** airplane ~ (*aer.*), tela per aeroplani. **10.** balloon ~ (*aer.*), tessuto per involucri. **11.** biassed ~ (multi–ply fabric, as of an airship) (*aer. text.*), tessuto diagonale. **12.** cord ~ (*rubb. ind.*), tessuto "cord". **13.** doped ~ (as for aer. wings) (*ind.*), tessuto impermeabilizzato. **14.** fancy ~ (*text. ind.*), tessuto fantasia. **15.** insulating ~ (as for electric cables) (*text. ind.*), tessuto isolante. **16.** knitted ~ (*text. ind.*), tessuto a maglia. **17.** multi–ply ~ (as for airships) (*text. - aer.*), tessuto a strati multipli. **18.** parachute ~ (*aer.*), tessuto da paracadute. **19.** laid ~ (fabric lacking with warp threads immersed in a bonding material) (*text.*), tela gommata senza trama. **20.** parallel ~ (as for airships) (*text. - aer.*), tessuto (a strati multipli) a fili paralleli. **21.** photographic ~ (*text. ind.*), tessuto decorato con procedimento fotografico. **22.** plain ~ (*text. ind.*), tessuto semplice. **23.** plush ~ (*text. ind.*), tessuto felpato. **24.** ribbed ~ (*text. ind.*), tessuto a coste. **25.** rubber–coated ~ (as for an aerostat) (*rubb. - text.*), tessuto gommato. **26.** shoe ~ (*rubb. ind.*), tessuto per scarpe. **27.** striped ~ (*text. ind.*), tessuto rigato. **28.** sturdy ~ (*text. ind.*), tessuto sostenuto. **29.** warp backed ~ (*text. ind.*), tessuto a fondo ordito. **30.** weft backed ~ (*text. ind.*), tessuto a fondo trama. **31.** ~ with herringbone pattern. **32.** worsted ~ (*text. ind.*), (tessuto) pettinato.

fabricable (of a type of material that can be easily shaped) (*ind.*), modellabile.

fabricate (to) (to construct), costruire. **2.** ~ (to manufacture), manifatturare. **3.** ~ (to put standardized parts together), montare.

fabrication (*ind.*), fabbricazione, costruzione. **2.** ~ (invented story) (*gen.*), notizia falsa.

Fabrikoid (leatherlike fabric) (*n.*), finta pelle.

"fac", *see* facsimile, factor, factory.

façade (*arch.*), facciata.

face (*gen.*), faccia, fronte, lato principale. **2.** ~ (*geom.*), faccia. **3.** ~ (as of a ball bearing) (*mech.*), faccia. **4.** ~ (as of a propeller blade) (*aer.*), ventre, faccia. **5.** ~ (of a building) (*arch.*), facciata. **6.** ~ (of a gear tooth: length from end to end) (*mech.*), lunghezza totale (del dente). **7.** ~ (the right side: as of fabric) (*text. ind.*), il diritto, lato diritto. **8.** ~ (of a lathe tool) (*t.*), faccia, petto. **9.** ~ (width of a pulley) (*mech.*), fascia, larghezza. **10.** ~ (as for the cutter setting gauge of a gear cutting mach.) (*mach. t. - mech.*), piano di appoggio. **11.** ~ (length of a gear tooth) (*mech.*), lunghezza (del dente). **12.** ~ (fore edge, of a book) (*bookbinding*), taglio. **13.** ~ (free surface of weld) (*welding*), superficie. **14.** ~ (printing surface of type or of a plate) (*typ.*), superficie stampante. **15.** ~ (of an electrode, portion which contacts the work) (*welding*), punta. **16.** ~ (the cutting edge as of a knife) (*t.*), bordo tagliente. **17.** ~ (watch dial) (*watch*), mostra. **18.** ~ (of an excavation in progress) (*min.*), fronte. **19.** ~ angle (of a bevel gear) (*mech.*), angolo esterno, angolo della faccia esterna. **20.** ~ angle (tooth angle, of a broach tooth) (*t.*), angolo di spoglia superiore. **21.** "~ arch" (*arch.*), arco trionfale. **22.** ~ brick (special brick used on exposed parts of a bldg.) (*mas.*), mattone da paramano, mattone a faccia vista. **23.** ~ cam (*mech.*), camma frontale, camma laterale. **24.** ~ chuck, *see* faceplate. **25.** ~ dust (facing, blacking, powder applied to the face of a mould) (*found.*), nero di fonderia, polverino (di carbone). **26.** ~ gear (gearwheel) (*mech.*), ruota frontale, ruota piano-conica, ruota dentata piano-conica. **27.** ~ grinder (*mach. t.*), rettificatrice frontale. **28.** ~ grinding wheel (*t.*), mola a corona, mola a tazza. **29.** ~ lathe (*mach. t.*), tornio frontale. **30.** ~ (milling) cutter (*t.*), fresa per spianare. **31.** ~ mold (template) (*carp. - mech. impl.*), sagoma. **32.** ~ of the arch (*arch.*), fronte dell'arco. **33.** ~ plate (as of a lathe) (*mach. t. - mech.*) (Am.), menabrida. **34.** ~ value (*comm.*), valore nominale. **35.** ~ wall (retaining a bank of earth) (*mas.*), muro di sostegno. **36.** ~ width (of a gear tooth) (*mech.*), larghezza di dentatura. **37.** bold ~, *see* boldface. **38.** bottom ~ (*arch.*), superficie inferiore. **39.** fair ~ (*arch.*), *see* facework. **40.** port ~ (of a steam engine slide valve) (*mech.*), specchio (del cassetto). **41.** pressure ~ (of a propeller blade) (*aer.*), faccia di pressione. **42.** slide ~ (of a steam engine slide valve) (*mech.*), specchio (del cassetto). **43.** suction ~ (of a propeller blade) (*aer.*), estradosso. **44.** top ~ (*arch.*), superficie superiore. **45.** weld ~ (*mech. technol.*), diritto della saldatura.

face (to) (as on a lathe) (*mech.*), sfacciare. **2.** ~ (to make a surface level or smooth) (*mech.*), spianare, lisciare. **3.** ~ (*gen.*), essere di fronte a, essere rivolto verso, far fronte a. **4.** ~ (as bars) (*mach. t. - mech.*), intestare.

face-harden (to) (*heat-treat.*), indurire la superficie.

face-hardened (*a. - heat-treat.*), indurito alla superficie.

face-hardening (*heat-treat.*), indurimento superficiale.

faceplate (of a lathe carrier) (*mach. t. mech.*), piattaforma, disco portapezzo. **2.** ~ (protective covering for a diver's face) (*naut. impl.*), maschera. **3.** ~ (protective plate: as for a mach. t.) (*safety*), riparo. **4.** ~ (*elics.*), *see* screen. **5.** ~ jaw (as of a lathe) (*mach. t.*), morsetto serrapezzo.

facer (*t.*), utensile per sfacciare.

facet (as of a cut diamond), sfaccettatura.

facet (to) (as a diamond), sfaccettare.

facework (the ornamental and superior materials decorating the wall outside) (*arch.*), rivestimento esterno (o di facciata).

facia (fascia) (*arch.*), fascia. **2.** ~ (instrument board) (*aut. body*) (Brit.), quadro portastrumenti. **3.** ~ (plate in front of a shop) (*comm.*), insegna. **4.** ~ mounting bracket (*aut. body constr.*) (Brit.), staffa di fissaggio del quadro portastrumenti. **5.** ~ panel (*aut. body*) (Brit.), pannello quadro portastrumenti. **6.** ~, *see also* fascia.

facies (*min. - geol.*), facies.

facilitate (to) (to ease) (*gen.*), facilitare, rendere più facile.

facilities (*bldg.*), servizi. **2.** ~ (as for production) (*gen.*), mezzi, impianti fissi.

facility (ease) (*gen.*), facilità. **2.** ~ (*comm.*), agevolazione. **3.** ~ (any instrument for easing a processing: as a peripheral) (*comp.*), risorsa, periferica. **4.** ~ (resource) (*comp. - tlcm.*), risorsa.

facing (as of a tool or mach. t.) (*a. - mech.*), per sfacciare, a sfacciare. **2.** ~ (*n. - mech.*), sfacciatura, spianatura. **3.** ~ (as the covering of a wall with tiles) (*arch. - bldg.*), rivestimento. **4.** ~ (as on the clutch disk of aut.) (*mech.*) (Am.), spessore, guarnizione. **5.** ~ (blacking) (*found.*), nero di fonderia, polverino (di carbone). **6.** ~ (as of a pattern or core-box) (*found.*), blindatura. **7.** ~ bellows (*found. t.*), soffietto per spolvero. **8.** ~ feed (*mach. t.*), avanzamento (del portautensili) per sfacciare. **9.** ~ hammer (*t.*), martellina. **10.** ~ head (of mach. t.), testa frontale portautensili. **11.** ~ lathe, *see* face lathe. **12.** ~ machine (*mach. t.*), macchina (tornio od alesatrice) per sfacciare. **13.** ~ rear end (as in fixing the direction of rotation) (*mot.*), visto dal lato posteriore, guardando l'estremità posteriore. **14.** ~ sand (contacting the faces of the pattern) (*found.*), terra modello. **15.** ~ tool (as for lathe) (*t.*), utensile per sfacciare. **16.** ashlar stone ~ (*arch.*), rivestimento a conci, rivestimento in pietre tagliate. **17.** spot ~ (*mech.*), lamatura.

facsimile (a copy of images, documents etc.) (*bidimensional copy*), facsimile, riproduzione. **2.** ~ (the teletransmission process of images, documents etc.) (*tlcm.*), facsimile, fotocopia a distanza. **3.** ~ (a facsimile unit) (*tlcm.*), facsimile. **4.** ~ transmitter (*elics.*), trasmettitore di facsimili.

factice (artificial rubber) (*rubb. mfg. - oil*), factice, tipo di gomma artificiale, prodotto ottenuto con solfo ed oli vegetali. **2.** loaded ~ (*rubb. ind.*), factice caricato.

factor (*math.*), fattore. **2.** ~ comparison (for job evaluation) (*pers.*), raffronto per coefficiente (di valutazione). **3.** ~ comparison system (for job evaluation) (*pers.*), metodo del raffronto dei coefficienti (di valutazione). **4.** ~ of production (job factor) (*ind.*), fattore essenziale per lo svolgimento di un processo produttivo. **5.** ~ of safety (*constr. theor.*), coefficiente di sicurezza. **6.** amplification ~ (*thermion.*), coefficiente di amplificazione. **7.** blade activity ~ (expressing the efficiency of a propeller blade in absorbing power) (*aer.*), coefficiente di efficacia della pala. **8.** conversion ~ (as between cm and inches) (*meas.*), fattore di conversione. **9.** crest ~ (peak factor) (*elect.*), fattore di ampiezza, fattore di cresta. **10.** damping ~ (of aircraft stability) (*aer.*), coefficiente di smorzamento. **11.** dynamic quality ~ (as of an aer. construction material) (*constr. theor.*), coefficiente di qualità dinamica. **12.** exposure multiplying ~ (*phot.*), fattore di posa. **13.** fast fission ~ (*atom phys.*), coefficiente di fissione veloce. **14.** fouling ~ (*boil. - pip.*), fattore d'incrostazione. **15.** human ~ (*pers.*), fattore umano. **16.** load ~ (ratio between average and maximum load) (*elect.*), fattore di carico. **17.** loss ~ (*elect.*), fattore di perdita. **18.** luminosity ~ (of a monochromatic radiation) (*illum.*), coefficiente di visibilità. **19.** material efficiency ~ (*mech. technol.*), coefficiente di robustezza del materiale. **20.** modulation ~ (*thermion.*), coefficiente di modulazione. **21.** polarization receiving ~ (*telev.*), coefficiente di ricezione di polarizzazione. **22.** power ~ (*elect.*), fattore di potenza. **23.** power ~ improvement (*elect.*), rifasamento. **24.** relative luminosity ~ (of a monochromatic radiation) (*illum.*), coefficiente di visibilità relativa. **25.** reproduction ~ (multiplication constant) (*atom phys.*), fattore di moltiplicazione. **26.** resonance ~ (*radio*), coefficiente di risonanza. **27.** scale ~ (*drawing*), fattore di scala. **28.** selectivity ~ (*radio*), coefficiente di selettività. **29.** sizing ~ (occurring when the flow runs through a circular orifice) (*hydr.*), coefficiente di contrazione. **30.** sky ~ (*illum.*), fattore cielo. **31.** static quality ~ (as of an aer. construction material) (*constr. theor.*), coefficiente di qualità statica. **32.** to improve the power ~ (*elect.*), rifasare. **33.** ultimate tensile strength ~ (*aer.*), coefficiente di robustezza. **34.** uniformity ~ (*illum.*), fattore di uniformità. **35.** utilization ~ (of an illuminating system) (*illum.*), fattore di utilizzazione. **36.** weighting ~ (*telev.*), fattore di carico.

factor (to) (*math.*), *see* to factorize.

factorable (*a. - math.*), scomponibile in fattori.

factored (*a. - math.*), *see* factorized.

factorial (*math.*), fattoriale.

factoring (a way for obtaining finance by selling accounts receivable from an activity) (*finan.*), factoring, cessione dei crediti. **2.** ~ (a math. expression) (*math.*), fattorizzazione.

factorization (*a. - math.*), scomposizione in fattori.

factorize (to) (*math.*), scomporre in fattori.

factorized (*a. - math.*), scomposto in fattori.

factors of production (*ind.*), fattori di produzione.

factory (*ind.*), stabilimento, fabbrica. **2.** ~ burden, *see* factory overhead. **3.** ~ cost (factory overhead) (*adm.*), spese generali. **4.** ~ data collection (*comp.*), raccolta dati di stabilimento (o di fabbrica). **5.** ~ expense (*adm.*), spese generali. **6.** ~ oncost (*adm.*) (Brit.), spese generali. **7.** ~ overhead (*adm.*), spese generali. **8.** ~ ship (for processing whales in open sea) (*fishing ind.*), nave fattoria. **9.** advance ~ (Brit.) (made ahead of time of need with the purpose of promoting work in that zone) (*ind.*), stabilimento pilota. **10.** boiler ~ (*ind.*), fabbrica di caldaie. **11.** powder ~ (*expl. ind.*), polverificio. **12.** rope ~ (*ind.*), fabbrica di corde, corderia. **13.** spinning ~ (*text. ind.*), filanda.

facula (*astr.*), facola.

faculty (*gen.*), facoltà. **2.** creative ~ (as in industrial design) (*pers.*), facoltà creativa.

fad (to) (*paint.*), verniciare a tampone.

fadding (*paint.*), verniciatura a tampone.

fade (*m. pict.*) (Brit.), dissolvenza. **2.** ~ (attack of the surface of glass causing an oily or whitish surface) (*glass mfg.*), pallore. **3.** ~ test (of brakes) (*aut.*), prova del "fading". **4.** cross ~ (*m. pict.*), *see* dissolve.

fade (to) (*gen.*), affievolirsi. **2.** ~ (as of a sound or image) (*radio - telev.*), variare gradualmente. **3.** ~ in (*m. pict.*), aprire in dissolvenza. **4.** ~ in (as of a sound or image) (*radio - telev.*), rinforzarsi, aumentare gradualmente d'intensità. **5.** ~ out (*m. pict.*), chiudere in dissolvenza. **6.** ~ out (as of a sound or image) (*radio - telev.*), diminuire d'intensità, scomparire gradualmente, affievolirsi.

fade-in (*m. pict.*), dissolvenza in apertura.

fadeless color (*paint.*), colore resistente, colore che non sbiadisce.

fade-out (*m. pict.*), dissolvenza in chiusura.

fader (knob for varying the level of sound in reproduction) (*electroacous.*), regolatore del volume. **2.** ~ (device by which fade-in and fade-out are controlled) (*m. pict. - telev.*), dispositivo di comando della dissolvenza.

fadge (irregular wool bale: from 80 to 200 pounds) (*wool ind.*), balla di lana non corrispondente al normale.

fading (*m. pict.*), dissolvenza. **2.** ~ (*radio*), fluttuazione, affievolimento, evanescenza. **3.** ~ (decrease of the friction coefficient due to increase in temperature or rain wetting as in disc brakes etc.) (*aut.*), diminuzione di efficienza, "fading". **4.** ~ (loss of freshness in color by time) (*color phot. - etc.*), sbiadimento, scoloritura. **5.** ~ test (of colors) (*paint.*) (Brit.), prova della solidità alla luce. **6.** absorption ~ (*radio*), evanescenza per assorbimento. **7.** color ~ (*gen.*), sbiadimento, scolorimento.

fadometer (*paint. and dyeing instr.*) (Brit.), strumento per provare la solidità (dei colori) alla luce.

faggot (fascine), fascina. **2.** ~ (as iron pieces to be rolled together) (*metall.*), pacchetto.

fagot, *see* faggot.

fahlband (*petrology*), strato contenente solfuri metallici.

Fahrenheit (*temperature meas.*), Fahrenheit. **2.** ~ degree (°F/5/9 °C) (*temperature meas.*), grado Fahrenheit. **3.** ~ temperature (=9/5 °C+32) (*temperature meas.*) temperatura Fahrenheit.

"FAI" (fresh air inlet) (*bldg.*), entrata aria pura.

faïence (glazed earthenware) (*pottery*), faenza, ceramica di Faenza.

fail (to) (to become insolvent) (*comm.*), fallire. **2.** ~ (to cease to function, as an engine) (*mot. - mech.*), guastarsi, fermarsi, arrestarsi. **3.** ~ (to make errors, to stop functioning) (*comp.*), sbagliarsi, guastarsi. **4.** ~ to ignite (as a rocket) (*gen.*), non accendersi.

fail-safe (refers to a mechanism provided with a device that eliminates the effects of a possible malfunction) (*a. - technol.*), dotato di sistema di autoeliminazione guasti. **2.** ~ (having no possibility of failure) (*a. - gen.*), esente da guasti.

fail-safe (to) (to provide a counteraction that eliminates the malfuncion effects) (*technol.*), autoeliminare (le conseguenze di) guasti. **2.** ~ (to provide with a fail-safe device) (*gen.*), dotare di un sistema di autoeliminazione guasti. **3.** ~ (to fail without danger of irrimediable losses: as of data) (*comp.*), guastarsi senza conseguenze irrimediabili.

fail-soft (partially malfunctioning) (*a. - comp.*), parzialmente guasto, a funzionamento degradato.

fail-soft (to) (a way of partial malfunctioning that still permits some correct function) (*comp.*), guastarsi parzialmente, funzionare in modo degradato.

failure (as a breakdown of an engine) (*mech.*), guasto, avarìa. **2.** ~ (*comm.*), fallimento. **3.** ~ (lack) (*gen.*), mancanza. **4.** ~ (malfunction) (*comp.*), guasto. **5.** ~ logging (*comp.*), registrazione automatica guasti. **6.** ~ to start (operated as by an automatic remote start/stop control panel) (*elect.*), mancato avviamento. **7.** degradation ~ (due to wearing down of a comp.) (*comp.*), guasto dovuto a degradazione. **8.** equipment ~ (*comp.*), guasto (dell') apparecchiatura. **9.** fatigue ~ (*technol.*), rottura da fatica. **10.** impact ~ (*technol.*), rottura d'urto. **11.** mean time between failures (used to define the reliability of equipment or components) (*elics. - etc.*), tempo medio tra due guasti successivi. **12.** structural ~ of a member (as of an airplane) (*constr.*), cedimento di un elemento della struttura (o strutturale).

faint (as of color, light) (*a. - gen.*), debole.

"faint-run" (as of a casting) (*a. - found.*), difettoso.

fair (exhibition) (*comm.*), fiera. **2.** ~ (as of a price) (*a. - comm.*), normale, ragionevole. **3.** ~ (favorable: as a wind) (*a. - gen.*), favorevole. **4.** ~ wear and tear (*comm. - etc.*), normale usura. **5.** samples ~ (*comm.*), fiera campionaria. **6.** trade ~ (an exhibition of products made by many manufacturers) (*comm.*), fiera campionaria.

fair (to) (to smooth) (*shipbuild.*), spianare. **2.** ~ (to streamline) (*aer. - etc.*), carenare, affinare (la forma). **3.** ~ (to join or assemble something taking care to have smooth external surfaces) (*aer. - aut. - etc.*), raccordare.

fair-faced (as brickwork) (*arch.*), a faccia vista, non intonacato.

fairing (*naut. - aer.*), carenatura. **2.** exhaust inner ~ (*turbojet eng.*), carenatura interna di scarico. **3.** spinner ~ (*aer.*), contro-ogiva. **4.** undercarriage ~ (*aer.*), carenatura del carrello.

fairlead, fairleader (guide, as for control cables) (*aer. - naut.*), passacavo, guida, elemento forato per il passaggio di comandi a fune. **2.** aerial ~ (of an aircraft) (*aer.*), guida d'antenna.

fairway (navigable part, as of a river) (*naut.*), parte navigabile.

fair-way, *see* fairway.

fake (*naut.*), duglia, giro di cavo. **2.** ~ (counterfeit, as a stamp etc.) (*n. - art - etc.*), falso.

fall (act of falling) (*gen.*), caduta. **2.** ~ (*comm.*), ribasso. **3.** ~ (waterfall) (*hydr.*), salto d'acqua, cascata. **4.** ~ (as of a barometer) (*meteorol.*), discesa. **5.** ~ (as of temperature), abbassamento. **6.** ~ (chain, or rope, of a hoisting device) (*mech.*), catena (o cavo) di comando, catena (o cavo) di manovra. **7.** ~ (rope under tension) (*naut.*), vento. **8.** ~ (autumn) (*gen.*), autunno. **9.** ~ (the part of a rope on which power acts) (*hoisting tackle*), tratto sotto tiro. **10.** ~ of potential (*elect.*), caduta di potenziale. **11.** ~ pipe (downpipe) (*bldg.*) (Brit.), pluviale. **12.** constant ~ applicator (*print. mach.*), inchiostratore a cascata costante. **13.** free ~ (as of an artificial satellite or space vehicle not controlled by any source of power) (*rckt.*), caduta libera.

fall (to) (*gen.*), cadere. **2.** ~ (as of the barometer) (*meteorol.*), discendere. **3.** ~ calm (of the sea), abbonacciare. **4.** ~ in (*milit.*), mettersi in riga. **5.** ~ in spin (*aer.*), cadere in vite. **6.** ~ off (*naut.*), deviare sottovento. **7.** ~ to pieces (*gen.*), andare in pezzi. **8.** the motor speed falls (*mech.*), il motore perde giri.

fallback (emergency spare system against the risk of failure) (*comp.*), sistema di riserva. **2.** ~ (*atom phys.*), *see* fallout.

faller (of a spinning machine) (*text. ind.*), bacchetta. **2.** ~ (of a gill-box) (*text. ind.*), barretta a pettine.

falling (*gen.*), caduta. **2.** ~ leaf (of an aircraft) (*aer.*), (caduta a) foglia morta. **3.** ~ off in quality (*comm.*), calo di qualità. **4.** ~ time (of a bomb) (*milit. aer.*), tempo di caduta.

falloff (gradual decrease of diameter, as at a shaft end) (*mech.*), rastremazione. **2.** ~ (diminution in quantity) (*gen.*), diminuzione quantitativa.

fallout (slow return to earth of radioactive particles following an atomic bomb explosion) (*atom bomb*), "fallout", caduta di ceneri radioattive.

fallow (*agric.*), maggese.

fall-pipe (downpipe) (*bldg.*) (Brit.), pluviale.

false, contraffatto, falsato. **2.** ~ (logical value of a logical variable) (*Boolean algebra*), falso. **3.** ~ bottom (*gen.*), doppio fondo. **4.** ~ deck (*naut.*), falso ponte. **5.** ~ keel (*naut.*), falsa chiglia. **6.** ~ neutron (instability neutron) (*atom phys.*), falso neutrone, neutrone da instabilità. **7.** ~ ogive (as of a shell) (*expl.*), falsa ogiva. **8.** ~ pillar (*arch.*), falso pilastro. **9.** ~ rib (of an airfoil) (*aer.*), falsa centina.

falsework (temporary timber framework) (*reinf. concr.*), armatura. **2.** ~ (temporary scaffolding) (*mas.*) (Brit.), ponteggio. **3.** ~ dismantling (*reinf. concr.*), disarmo.

falsification (*gen.*), falsificazione, contraffazione.

faltboat (*naut.*), battello pieghevole (di tela gommata).

fan (*gen.*), ventaglio. **2.** ~ (*mech.*), ventola. **3.** ~ (for cooling an aut. radiator) (*aut.*), ventilatore. **4.** ~ (of a windmill), girante a pale. **5.** ~ (fanlike spray of paint) (*paint*), getto a ventaglio, spruzzo a ventaglio. **6.** ~ blower (as of a forge) (*mach.*), soffiante. **7.** ~ brake (as for testing aeroengines) (*mot.*), mulinello. **8.** ~ delta (*geogr.*), delta a ventaglio. **9.** ~ drift (*min.*) (Brit.), cunicolo del ventilatore. **10.** ~ fold (of a continuous stationery folded like a fan) (*a. - comp. - etc.*), piegato a ventaglio. **11.** ~ fold stationery (fan folded web: a continuous stationery folded like a fan) (*comp. - etc.*), foglio continuo piegato a ventaglio. **12.** ~ in (the inputs that may be connected to a logic circuit) (*comp.*), carico in entrata (o in ingresso). **13.** ~ marker (radio beacon transmitting a fan-shaped beam) (*radio - aer.*), radiofaro di segnalazione a ventaglio verticale. **14.** ~ out (the number of circuits that can be driven by a logic circuit output) (*comp.*), carico (di circuiti) in uscita. **15.** ~ turbine (as of gas turbine), turboventilatore. **16.** ~ vaulting (*arch.*), volta a ventaglio. **17.** ~ wheel (of a fan blower) (*mech.*), girante. **18.** ~ window (fanlight) (*join. - carp.*), rosta, lunetta (a ventaglio). **19.** airfoil ~ (*ventil. app.*), ventilatore con palettatura aerodinamica. **20.** attic ~ (*bldg. ventil.*), ventilatore d'attico. **21.** axial ~ (*ventil. app.*), ventilatore assiale. **22.** axial-flow ~ (*ventil. app.*), ventilatore a flusso assiale. **23.** central ~ system (*ventil.*), impianto centrale di ventilazione. **24.** centrifugal ~ (*ventil. and cooling app.*), ventilatore centrifugo. **25.** circulating ~ (in ventilating or air conditioning system) (*mech.*), ventilatore per la circolazione dell'aria. **26.**desk ~ (*elect. app.*), ventilatore da tavolo. **27.** ducted ~ (of a jet engine) (*aer. - mot.*), ventola intubata. **28.** ducted ~ (*ventil. app.*), ventilatore intubato. **29.** electric ~ (*elect. app.*), elettroventilatore. **30.** heater ~ (as of a car) (*aut.*), ventilatore del riscaldamento, elettroventilatore. **31.** inner ~ (as of an elect. mot.) (*ventil.*), ventola interna. **32.** lift ~ (vertical axis turbo-fan for lifting "VTOL/STOL" aircraft) (*aer.*), ventola di sostentamento. **33.** mine ventilating ~ (*min. app.*), ventilatore per miniere. **34.** paddlewheel ~ (*ventil. app.*) (Brit.), *see* centrifugal fan. **35.** pressure ~ (*mech.*), ventilatore per piccola prevalenza. **36.** propeller ~ (axial-flow fan) (*ventil. app.*), ventilatore elicoidale. **37.** pusher ~ (pushing air: as through a radiator) (*mot. - airconditioning app. - etc.*), ventilatore soffiante, ventilatore premente. **38.** squirrel-cage ~ (*ventil. app.*), ventilatore centrifugo. **39.** suction ~ (sucking air: as through a radiator) (*mot. - airconditioning app. - etc.*), ventilatore in aspirazione (o aspirante). **40.** tubed axial ~ (*ventil. app.*), ventilatore assiale intubato.

fan (to) (*gen.*), ventilare. **2.** ~ out (of troops) (*milit.*), aprirsi a ventaglio.

fancy (as of fabrics), fantasia. **2.** ~ cloth (*text. ind.*), tessuto fantasia. **3.** ~ twill (*text. ind.*), spigato fantasia. **4.** ~ type (*typ.*), carattere fantasia.

fanfold (a collection of paper sheets interleaved with carbon paper for obtaining copies by a single impression) (*typewriting - etc.*), gruppo di fogli intramezzati con carta carbone, gruppo di fogli interfogliati con carta carbone.

"F&A" (fore-and-aft) (*naut.*), longitudinale.

fang (projecting tooth) (*mach.*), dente. **2.** ~ bolt (a bolt the nut of which is a triangular plate with teeth for biting into the timber) (*carp.*), bullone con dado triangolare dentato.

fanglement, *see* contrivance, device.

fan-jet (jet eng. that by a ducted fan draws extra air whose expulsion by the jet nozzle gives a supplementary thrust) (*aer. mot.*), motore a reazione a due flussi associati, turboreattore a doppio flusso.

fanlight (over a door or a window) (*bldg.*), rosta, lunetta a ventaglio.

fan-shaped (*gen.*), a ventaglio.

fantail (centering) (*mas.*), centina a ventaglio. **2.** ~ (as of a structural part) (*arch.*), struttura a ventaglio. **3.** ~ joint, *see* dovetail joint. **4.** ~ vault (*arch.*), volta a ventaglio.

"FAO" (Food and Agricultural Organization) (*agric.*), FAO. **2.** ~ (finish all over, as a mech. work) (*draw.*), finire tutte le superfici.

"FAQ" (fair average quality) (*comm.*), buona qualità media.

"FAR" (Federal Aviation Regulations) (*aer.*), regolamenti del Registro Aeronautico.

"far", *see* farad, farthing.

far (*a. - gen.*), distante.

farad (*elect. capacity meas.*), farad.

Faraday (*electrochem. meas.*), faraday, carica dell'ione grammo, 96.500 coulombs. **2.** ~ cage (*elect.*), gabbia di Faraday. **3.** ~ dark space, *see* cathode dark space. **4.** ~ laws (*electrochem.*), leggi di Faraday. **5.** ~ shield (*elect.*), schermo elettrostatico, gabbia di Faraday.

faraday's laws (*electrochem.*), leggi di Faraday.

faradic (*a. - elect.*), faradico.

faradism, *see* faradization.

faradization (stimulation with induced currents for medical purposes) (*med.*), faradizzazione.

faradize (to) (*med.*), faradizzare.

faradmeter (*elect. instr.*), capacimetro.

F/A ratio (fuel-air-ratio) (*comb.*), rapporto aria/combustibile.

fare (price of transportation) (*comm.*), tariffa.

farm (*agric.*), tenuta, poderi, podere. **2.** ~ implements (*agric.*), attrezzi agricoli. **3.** ~ tractor (*agric.*), trattore agricolo. **4.** collective ~ (*agric.*), fattoria collettiva.

farmer (one who conducts a farm) (*agric.*), agricoltore, imprenditore agricolo.

farmhouse (dwelling house of a farm and adjacent utility buildings) (*agric. bldg.*), abitazione di campagna con fabbricati rurali.

farm out (to) (to turn over, on contract, a job or a performance) (*comm.*), dare in appalto.

farmstead (farmhouse with bldg. and service area) (*agric. bldg.*), fattoria.

far-red (infrared from about 8 to 16 micron) (*a. - phys.*), infrarosso vicino. **2.** ~ (infrared from about 30 to 1000 micron) (*a. - phys.*), infrarosso estremo.

farrier (*work.*), maniscalco. **2.** ~ tools, arnesi da maniscalco.

farthing (*money*), "farthing" (la quarta parte di un penny).
"FAS", "fas", see free alongside ship.
fascia (*arch.*), fascia. **2.** ~ board (dashboard) (*aut. body*) (Brit.), cruscotto. **3.** ~ vent (*aut. body*) (Brit.), diffusori mandata aria interno vettura.
fascicle, fascicule (as of a periodical publication) (*print.*), fascicolo.
fascine (for fire), fascina. **2.** ~ (as for a dyke) (*hydr. constr.*), fascina.
fash (*forging*), *see* flash.
fashion (*gen.*), moda. **2.** hit-and-miss ~ (empirical method: as for inspection) (*gen.*), procedimento empirico.
fast (rapid) (*a.*), veloce. **2.** ~ (firmly fixed) (*a.*), saldo. **3.** ~ (between a mast and its yard) (*n. - naut.*), trozza. **4.** ~ (rapid, as of a film emulsion sensitivity) (*a. - phot.*), rapido, ad alta sensibilità. **5.** ~ (mooring post: as on a pier) (*n. - naut.*), bitta di ormeggio. **6.** ~ (mooring rope) (*n. - naut.*), cavo di ormeggio. **7.** ~ (having no fadable colors) (*a. - text.*), a colore stabile, a colore resistente alla luce. **8.** ~ accelerator (in rubber vulcanization) (*rubb. mfg.*), ultraccelerante. **9.** ~ color (*paint.*), colore solido. **10.** ~ pin (*mech.*), spina di bloccaggio. **11.** ~ reed (as of a loom) (*text. ind.*), pettine fisso. **12.** ~ spiral (as of a drill) (*gen.*), spirale molto inclinata. **13.** ~ tool (tool firmly fixed to a press or power hammer) (*forging t.*), attrezzo fisso. **14.** hold ~ (*carp. impl.*), morsetto da falegname.
fastback (rear portion of a car body featured by a straight line from roof to tail) (*aut. body design*), "fastback", unica ininterrotta linea dal tetto al paraurti posteriore.
fast-dyed (*a. - text. ind.*), a tinta solida.
fasten (to) (*mech. - carp. - join.*), fissare. **2.** ~ (as a seat belt) (*ant. - aer. - etc.*), allacciare. **3.** ~ (to secure against opening), chiudere. **4.** ~ with pegs, incavigliare. **5.** ~ with screws (*mech. - join.*), fissare con viti. **6.** ~ with wedges (*carp.*), imbiettare.
fastener (*mech. - carp.*), dispositivo di fissaggio. **2.** bonnet ~ (of aut.) (Brit.), fermacofano. **3.** hood ~ (of aut.) (Am.), fermacofano. **4.** selflocking ~ (*ind.*), fermaglio automatico. **5.** slide ~ (zipper: as for overalls, dresses etc.) (*clothing - etc.*) chiusura lampo. **6.** snap ~ (as for dresses) (*clothing - etc.*), automatico, bottone automatico.
fastening, legatura, fissaggio. **2.** ~ (*n. - mech. - carp.*), elemento di fissaggio. **3.** ~ screw (*carp.*), vite di fissaggio.
fast-joint (joint with its pin permanently in position) (*a. - mech. - carp. - etc.*), a perno (o cardine) fisso. **2.** ~ hinge (as of a door) (*carp. - etc.*), cerniera a cardine fisso.
fast-moving (*a. - veh.*), veloce.
fastness (fixity) (*gen.*), saldezza. **2.** ~ (swiftness) (*gen.*), rapidità. **3.** ~ to light (as of colors) (*phys. - chem.*), resistenza alla luce, stabilità alla luce.
fat (*n. - chem.*), grasso (animale), grasso (vegetale). **2.** animal ~ (*ind.*), grasso animale. **3.** hydrogenated ~ (*chem.*), grasso idrogenato. **4.** saponifiable ~ (*ind. chem.*), grasso saponificabile. **5.** uncombined ~ (*ind. chem.*), grasso libero (non combinato). **6.** wool ~ (*chem.*), lanolina, grasso di lana.
fatal (automobile, airplane etc.) (*n. - stat. accidents*), incidente mortale.
father (as of a file whose origin ascends to one generation before) (*comp.*), padre, di prima generazione.
fathom (6 ft = 1.8287 m) (*meas.*), "fathom". **2.** ~ line, ~ curve (on a nautical chart) (*geogr. - sea*), curva batimetrica.
fathom (to) (*naut.*), scandagliare.
Fathometer (sonic depth finder) (*naut. instr.*), scandaglio acustico.
fatigue (phenomenon causing failure in metals) (*mech.*), fatica. **2.** ~ (as in a photoelectric cell after long use) (*light sensitive material*), diminuzione di sensibilità. **3.** ~ (physical tiredness of a worker) (*time study*), stanchezza. **4.** ~ allowance (increase of standard time for fatigue) (*time study*), maggiorazione per fatica. **5.** ~ clothing (*milit.*), uniforme da fatica. **6.** ~ failure (*mech. technol.*), rottura per fatica. **7.** ~ life (the number of stress cycles sustained for a given test condition) (*fatigue testing*), durata (a fatica). **8.** ~ limit (*mech.*), limite di fatica. **9.** ~ of the material (*constr. theor. - metall.*), fatica del materiale. **10.** ~ ratio (ratio between the fatigue limit and the ultimate tensile stress) (*mech. technol.*), limite fatica/carico di rottura, rapporto tra il limite di fatica ed il carico di rottura. **11.** ~ strength (endurance strength, highest stress which can be sustained by a member for a given number of stress cycles without fracture) (*fatigue testing*), resistenza a fatica. **12.** ~ test (*mech.*), prova di fatica. **13.** fretting ~ (due to friction and oxidation, of tight fit coupled elements as in cyclically stressed structures, in bolted connections etc.) (*metall. - mech.*), fatica da sfregamento, fatica da contatto.
fatiguing (*a. - gen.*), faticoso.
fatten (to) (as the land) (*agric.*), ingrassare, concimare.
fatter (as of axles) (*work.*), operaio ingrassatore.
fatty (*a. - gen.*), grasso. **2.** ~ compounds (*chem.*), composti alifatici. **3.** ~ matters (as of wool) (*ind. chem.*), sostanze grasse.
faucet (as for pip.) (Am.), rubinetto. **2.** compression ~ (opened by pressing a lever and closing automatically) (*pip.*), rubinetto a chiusura automatica. **3.** lever ~ (self-closing faucet opened by a lever) (*pip.*), rubinetto a leva (o a pulsante) con chiusura automatica. **4.** telegraph ~ (*pip.*), *see* lever faucet.
fault (*gen.*), difetto. **2.** ~ (*elect.*), guasto. **3.** ~ (*geol.*), faglia. **4.** ~ (as of a pit) (*min.*) (Brit.), linea di faglia, faglia. **5.** ~ current (*elect.*), corrente di fuga a terra, corrente di terra. **6.** ~ localizer (faultfinder) (*elect. app. - etc.*), cercaguasti. **7.** ~ locating system (fault locator) (*elect. - etc.*), ap-

parecchiatura (di) localizzazione guasti, cercaguasti. **8.** ~ plane (*geol.*), piano di faglia. **9.** ~ tolerance (it may occur when many comp. are doing the same work) (*comp.*), tolleranza ai guasti. **10.** free from faults (*gen.*), senza difetti. **11.** inclined ~ (*geol.*), faglia inclinata. **12.** normal ~ (*geol.*), faglia normale, faglia diretta. **13.** oblique ~ (*geol.*), faglia obliqua, faglia inclinata. **14.** overlap ~ (*geol.*), *see* reverse fault. **15.** overthrust ~ (*geol.*), faglia di carreggiamento. **16.** pattern-sensitive ~ (fault depending from a particular sequence of data) (*comp.*), errore che si verifica con particolari formazioni (di dati). **17.** program-sensitive ~, *see* program-sensitive error. **18.** reverse ~ (*geol.*), faglia inversa. **19.** slight ~ (*gen.*), piccolo difetto. **20.** step ~ (*geol.*), faglia a gradinata. **21.** strike ~ (*geol.*), faglia conforme (alla stratificazione). **22.** thrust ~ (*geol.*), *see* overthrust fault. **23.** vertical ~ (*geol.*), faglia verticale.

faultfinder (fault localizer) (*elect. app. - etc.*), cercaguasti.

faulting (*geol.*), fagliazione. **2.** cross ~ (*geol.*), fagliazione incrociata.

faultless (*a. - gen.*), senza difetti.

faultsman (*teleph. work.*), cercaguasti.

faulty (*mech. - elect. - etc.*), difettoso. **2.** ~ ignition (of a mot.), accensione difettosa.

favor (taste as of the public for an article) (*comm.*), favore.

favorable (*gen.*), favorevole.

"FAW" (free at works) (*comm.*), franco fabbrica.

"FAX", "fax", *see* facsimile, telefax.

fay (to) (to unite closely) (*shipbuild.*), unire (a stretto contatto), far combaciare.

fayalite ($2FeO.SiO_2$) (*min. - refractory*), fayalite.

fayance (*pottery*), *see* faïence.

fayence (*pottery*), *see* faïence.

faying surface (*shipbuild.*), superficie di contatto, superficie di combaciamento. **2.** ~ (surface of a member which is in contact with another member to which it has to be welded) (*mech. technol.*), superficie di contatto.

"FB" (flat bar: metall. ind.) (*comm.*), piatto, barra a sezione rettangolare. **2.** ~, *see also* flying boat, fire brigade, freight bill.

"FBP" (final boiling point) (*phys.*), punto di ebollizione finale.

"FBR" (fast breeder reactor) (*atom phys.*), reattore autofertilizzante veloce.

"fbr" (fiber) (*ind.*), fibra.

"FBS" (Forward Based Systems) (*milit.*), sistemi su basi avanzate.

"FBSR" (frequency based speed regulator) (*app.*), regolatore di velocità a riferimento di frequenza.

"FC" (flushing cistern) (*sanitary fitment*), vaschetta di cacciata, cassetta di cacciata. **2.** ~ (flame cut: work in mech. shop) (*mech. technol.*), taglio al cannello. **3.** ~ (fire control, system) (*milit.*), (centrale di) comando e regolazione del tiro. **4.** ~ (follows copy) (*off.*), segue copia. **5.** ~, *see also* foot candle.

"FCB" (frequency control board) (*radio*), ufficio controllo frequenze. **2.** ~ (free cutting brass) (*metall.*), ottone lavorabile ad alta velocità.

"fcg" (facing: work in mech. shop) (*mech.*), sfacciatura, spianatura.

"FCS", *see* frame check sequence.

"fcty", *see* factory.

"FCU" (frequency control unit) (*elics. app.*), unità di regolazione della frequenza, regolatore di frequenza. **2.** ~ (flow control unit) (*fluids app.*), unità di regolazione della portata, regolatore di portata.

"FD" (forced draft, as of a furnace) (*comb.*), tiraggio forzato. **2.** ~, *see also* focal distance, fire department.

"fd", *see* field, forced, ford, found, fund.

"fdn" (foundation) (*bldg.*), fondamenta.

"FDR" (feeder) (*mech. - elect.*), alimentatore.

"fdry" (foundry) (*found.*), fonderia.

"FDW" (feed water: as of a boiler) (*boil.*), acqua di alimentazione, acqua di alimento.

"FE" (fire extinguisher) (*antifire*), estintore.

Fe (iron) (*chem.*), ferro.

"fe" (wet fog, Beaufort letter) (*meteor.*), nebbia umida.

feasibility (the possibility of carrying out) (*gen.*), fattibilità, possibilità di esecuzione. **2.** ~ study (*ind.*), studio di fattibilità.

feasible (*gen.*), eseguibile, effettuabile, realizzabile.

feasibleness (*gen.*), eseguibilità, effettuabilità, realizzabilità.

feather (*mech.*), risalto, flangia (o aletta) in aggetto. **2.** ~ (as of a submarine periscope) (*naut.*), scia (del periscopio). **3.** ~ (rib) (*mech.*), nervatura. **4.** ~ joint (*join.*), giunzione con foro e spina. **5.** ~ key (spline: permitting longitudinal motion) (*mech. impl.*), chiavetta per calettamento con mobilità in senso longitudinale. **6.** ~ shot (granulated copper) (*metall.*), rame granulare.

feather (to) (a variable pitch propeller) (*aer.*), mettere in bandiera. **2.** ~ (to diminish the thickness of something) (*gen.*), assottigliare. **3.** ~ (to make a joint by tongue and groove) (*join.*), congiungere mediante linguetta e scanalatura. **4.** ~ (to periodically change the angle of incidence as: the blades of a helicopter) (*aer.*), regolare il passo ciclico.

featherbed (to) (*time study*), assegnare mano d'opera esuberante rispetto alla necessità di produzione.

feathered (granulated: as tin) (*a.*), granulare. **2.** ~ position (of a variable pitch propeller) (*aer.*), posizione in bandiera. **3.** ~ tin (*metall.*), stagno granulare.

featheredge (*found.*), bava. **2.** ~ (*road*), manto stradale. **3.** ~ (of a cutting tool) (*mech.*), filo tagliente. **4.** ~ (of a board having a tapered thickness) (*carp.*), spigolo acuto.

feathering (of a variable pitch propeller) (*aer.*), messa in bandiera. **2.** ~ (as of an opening) (*arch.*), ornamento a fogliami. **3.** ~ (edge roughness as of piston rings) (*mech. - mot.*), sfrangiamento. **4.** ~ (periodical change of the angle of incidence as of a helicopter blade) (*aer.*), variazione periodica dell'incidenza. **5.** ~ (making fine the edges, as of leather) (*leather ind.*), refilatura. **6.** ~ pump (*aer.*), pompa per la messa in bandiera.

feature (*gen.*), caratteristica. **2.** operating features (*mech.*), caratteristiche di funzionamento.

fecula (*chem.*), fecola.

fed (*gen.*), alimentato.

"Fed Std" (Federal Standard) (*technol.*) (Am.), norma federale.

fee (*n. - comm.*), onorario. **2.** ~ (*law*), tariffa, tassa.

feed (*mech. ind.*), alimentazione. **2.** ~ (controlled movement of the bar stock to be worked on a mach. t.) (*mech.*), alimentazione. **3.** ~ (controlled movement of the working tool into the piece to be worked on a mach. t.) (*mech.*), avanzamento. **4.** ~ (feeding, as of a boil.) (*boil.*), alimentazione. **5.** ~ (fodder) (*agric. - comm.*), mangime. **6.** ~ change (*mach. t. w.*), cambio d'avanzamento (o d'alimentazione). **7.** ~ change gears (*mach. t. w.*), ruote permutabili per l'avanzamento. **8.** ~ cock (as of gasoline: on the feeding pipe of a mot.), rubinetto di alimentazione. **9.** ~ grinder (*agric. mach.*), mulino per foraggi. **10.** ~ heater (of a steam engine), preriscaldatore. **11.** ~ holes (in sprocket punched stationery) (*comp.*), fori di trascinamento (o di avanzamento). **12.** ~ hopper, *see* card hopper. **13.** ~ horn (spinning antenna for radio communications to and from satellites) (*radio*) (Brit.), antenna a tromba. **14.** ~ line, *see* feeder. **15.** ~ mechanism (of arc lamp carbons) (*illum.*), meccanismo di avanzamento. **16.** ~ motion (as of mach. t.) (*mech.*), movimento di avanzamento. **17.** ~ opening (as of a machine gun) (*milit. - etc.*), bocchetta di alimentazione. **18.** ~ pipe (*pip.*), tubo di mandata, tubo di alimentazione. **19.** ~ pitch (as of a continuous stationery) (*comp. - etc.*), passo di avanzamento. **20.** ~ plate (of a distillation column) (*ind. chem.*), piatto di alimentazione. **21.** ~ pump (as of mach., boil. etc.), pompa di alimentazione. **22.** ~ regulator (*mech. device*), regolatore di alimentazione. **23.** ~ release (*mach. t.*), disinnesto dell'avanzamento. **24.** ~ rod (of a lathe) (*mach.t.*), barra, candela, barra di alimentazione. **25.** ~ rolls (of ind. mach.), rulli alimentatori. **26.** ~ shaft (*mach. t.*), albero (di comando) dell'avanzamento. **27.** ~ stroke (moving period) (*m. pict.*), fase di scatto, fase di movimento. **28.** ~ tank (*gen.*), serbatoio d'alimentazione. **29.** ~ variator (as of a boring machine) (*mach. t.*) (Brit.), cambio d'avanzamento. **30.** ~ water (as of boil.), acqua di alimentazione. **31.** ~ works (as of planing and molding mach.) (*wood mach. t. - mech.*) (Brit.), meccanismo di avanzamento. **32.** apron ~ (*min. - ind.*), alimentazione a nastro, alimentazione a piastra continua. **33.** automatic ~ (*mach. t. - mech.*), avanzamento automatico. **34.** boost ~ (as of mot.), alimentazione sotto pressione. **35.** centre ~ (of an app.) (*radio - elect.*) (Brit.), alimentazione (a presa) centrale. **36.** coarse ~ (*mach. t. - mech.*), avanzamento massimo. **37.** continuous ~ (*mach. t. - mech.*), avanzamento continuo. **38.** cross (slide) ~ (of a lathe) (*mach. t.*), avanzamento trasversale. **39.** drum ~ (*min. ind.*), alimentazione a tamburo. **40.** facing ~ (*mach. t. w.*), avanzamento per la sfacciatura. **41.** Ferris wheel ~ (feed as of ore obtained by a large rotating steel wheel carrying balanced containers at its rim) (*min. ind.*), alimentazione a tazze rotanti. **42.** fine hand ~ (mach. t. movement) (*mech.*), avanzamento lento (o di precisione) a mano. **43.** forced ~ (of a mot. lubricating system) (*mech.*), lubrificazione forzata. **44.** full-force ~ (forced feed lubrication) (*mot. mech.*), lubrificazione forzata. **45.** gravity ~ (*mot.*), alimentazione a gravità. **46.** grizzly ~ (*min. ind.*), alimentazione a griglia. **47.** hand ~ (*mach. t. - mech.*), avanzamento a mano. **48.** incremental ~ (*mach. t.*), avanzamento progressivo. **49.** infinitely variable ~ (*mach. t. - mech.*), avanzamento a variazione continua. **50.** line ~, "LF" (in paper feeding) (*comp.*), avanzamento di riga (o di linea). **51.** longitudinal ~ (mach. t. movement) (*mech.*), avanzamento longitudinale. **52.** micrometric hand ~ (mach. t. movement) (*mech.*), avanzamento micrometrico regolato a mano. **53.** parallel ~ (as of cards in a punched-card mach.) (*comp.*), alimentazione in parallelo. **54.** plunge ~ (*mach. t. - mech.*), avanzamento a tuffo. **55.** pump ~ (*mot.*), alimentazione a pompa. **56.** pressure ~ (*mot.*), alimentazione a pressione, alimentazione forzata. **57.** return ~ (from rails to the substation) (*elect. railw.*), alimentazione di ritorno. **58.** reverse ~ (in a mach.t.: as in horizontal boring mach.) (*mech.*), avanzamento invertito. **59.** scoop ~ (bucket feed) (*min. - ind.*), alimentazione a tazze. **60.** screw ~ (*ind.*), alimentazione a coclea. **61.** self-selecting ~ mechanism (as of an automatic lathe) (*mach. t. - mech.*) (Brit.), selettore automatico dell'avanzamento. **62.** serial ~ (as of cards in a punched-card mach.) (*comp.*), alimentazione seriale. **63.** sideways ~, *see* parallel feed. **64.** slow hand ~ (*mach. t.*), avanzamento lento a mano. **65.** spindle ~ (as of boring or drilling mach.) (*mach. t. - mech.*), avanzamento del mandrino. **66.** spout ~ (*min. - ind.*), alimentazione a bocca libera. **67.** table ~ (*mach. t. - mech.*), avanzamento della tavola. **68.** table ~ (feed as of ore obtained by a rotating table) (*min. - ind.*), alimentazione a tavola (rotante). **69.** turret ~ (of a turret lathe) (*mach. t. - mech.*), avanzamento della torretta.

feed (to) (*mech. ind.*), alimentare. **2.** ~ (with fuel: as a motor), alimentare. **3.** ~ (with water: as a boiler), alimentare. **4.** ~ (as a tool) (*mach. t. w.*), avanzare, far avanzare. **5.** ~ (electric energy) (*elect. - radio - telev. - etc.*), alimentare. **6.** ~ in, ~ into (as a card in a comp.) (*comp. - etc.*), introdurre in.

feedback (return to the input of a part of the output) (*elics.*), retroazione, reazione. **2.** ~ (returning again in the production line, as of a machined work) (*mech. ind.*), ritorno alla linea (di produzione). **3.** ~ (in a control system: as of a rocket) (*astric.*), retroazione. **4.** ~ amplifier (*radio*), amplificatore a reazione. **5.** ~ loop (*comp.*), ciclo di retroazione. **6.** acoustic ~ (*radio*), reazione acustica. **7.** anode ~ (*elect.*), reazione anodica. **8.** armature ~ (*elect.*), reazione di indotto. **9.** automatic ~ (as on a packing line) (*packing - etc.*), recupero automatico. **10.** current ~ (*elect.*), reazione di intensità (di corrente). **11.** information ~ system (*tlcm.*), sistema a riciclo di informazioni. **12.** inverse ~ (*radio*), controreazione. **13.** negative ~ (inverse feedback) (*elics.*), controreazione, retroazione negativa. **14.** negative ~ amplifier (*radio*), amplificatore a controreazione. **15.** negative ~ circuit (*radio*), circuito di controreazione. **16.** voltage ~ (*elics.*), reazione di tensione.

feedboard (of a printing press) (*print. mach.*), mettifoglio, tavola mettifoglio.

feedbox (*agric.*), mangiatoia. **2.** ~ (of ind. mach.), tramoggia, serbatoio di alimentazione. **3.** ~ (*mach. t. - mech.*), scatola del meccanismo di avanzamento.

feeder (*mech. ind.*), alimentatore. **2.** ~ (as of fuel) (*mot.*), alimentatore. **3.** ~ (as of text. mach.), alimentatore. **4.** ~ (of a machine gun) (*mech.*), spostatore. **5.** ~ (branch industrial line) (*railw.*), raccordo ferroviario. **6.** ~ (conductor connecting an antenna to a transmitter or receiver) (*radio*), discesa d'antenna. **7.** ~ (from the substation to the distribution network) (*elect.*), alimentatore. **8.** (line) (*elect.*), linea di alimentazione. **9.** ~ (of a printing mach.) (*print.*), mettifoglio. **10.** "~" (feeder head) (*found.*) (Am.), materozza. **11.** ~ band (part of a chopping machine) (*paper mfg.*), nastro di alimentazione. **12.** ~ board (of a printing mach.) (*print.*), piano del mettifoglio. **13.** ~ bus-bars (in a generating station or main substation, to which the outgoing feeders are connected) (*elect.*), sbarre di distribuzione primaria. **14.** ~ head (*found.*), *see* feedhead. **15.** ~ line (*railw.*), binario di raccordo, raccordo ferroviario. **16.** ~ panel (of a central station or substation) (*elect.*), quadro di distribuzione primaria. **17.** ~ regulator (*elect.*), regolatore di alimentazione. **18.** antenna ~ (*radio*), alimentatore d'antenna. **19.** automatic document ~ (*comp. - etc.*), alimentatore automatico di documenti. **20.** automatic hopper ~ (*text. ind. mach.*), alimentatore automatico a tramoggia. **21.** chop-type ~ (mech. device for intermittent feeding of solid materials) (*ind.*), alimentatore intermittente. **22.** concentric tube ~ (*radio*), alimentatore tubolare concentrico. **23.** oil ~ (of a mach.), oliatore. **24.** return ~ (as from the rails to a substation in elect. railw.) (*elect.*), alimentatore di ritorno. **25.** vibratory ~ (for the flow of every kind of material) (*ind. app.*), alimentatore a scosse, alimentatore a vibrazioni.

feedforward (the opposite of feedback) (*elics.*), trasferimento in uscita di parte del segnale di ingresso.

feedhead (reservoir of molten metal to feed the contraction of metal as it solidifies) (*found.*), alimentatore, materozza.

feeding (*mech. ind.*), alimentazione. **2.** ~ device (as of a boiler), apparecchio di alimentazione. **3.** ~ device (of a firearm) (*mech.*), meccanismo di alimentazione. **4.** ~ line (*pip.*), condotto di alimentazione. **5.** ~ screw (of mach. t.) (*mech.*), vite di avanzamento. **6.** ~ sucker (cup-shaped rubber device used as in a folding or gathering mach.) (*bookbinding*), ventosa di alimentazione. **7.** ~ time (*m. pict.*), durata del ciclo di scatto. **8.** automatic ~ device (of a computer) (*autom.*), dispositivo di alimentazione automatica. **9.** belt ~ (as of coal to a furnace) (*ind.*), alimentazione a nastro. **10.** boost ~ (as of mot.), alimentazione sotto pressione. **11.** cyclic ~ (as of documents) (*comp.*), alimentazione ciclica. **12.** multicycle ~, *see* multiread ~. **13.** multiread ~ (multicycle feeding relating to punched cards passing several times a particular sensing station that each time reads a separate line) (*comp.*), alimentazione pluriciclo a vari punti di lettura.

feedthrough (a conductor connecting electrically two circuits on opposite sides: as of a panel, a wall etc.) (*elect.*), conduttore passante. **2.** ~ insulator (with an axial conductor inside) (*elect.*), isolatore passante con conduttore incorporato. **3.** ~ terminal, *see* ~ insulator.

feedwater (*boil.*), acqua di alimentazione.

feel (sense of touch), tatto. **2.** soft to the ~ (as of fabric) (*gen.*), soffice al tatto.

feeler (*mech. instr.*), sonda. **2.** ~ gauge (*t.*), calibro a spessori, spessimetro. **3.** ~ stock (*t.*) (Am.), sonda, spessimetro.

feet (as of an accumulator plate: for support on the container bottom) (*ind.*), piedini (o risalti) di appoggio.

"FEFO", first ended/first out (queues control system) (*comp.*), primo in entrata/primo in uscita.

feints (as in the fractional distillation of liquors) (*spirit to be discarded*), alcool di testa e di coda, prodotto iniziale e terminale.

feldspar, feldspath (rock) (*min.*), feldspato.

feldspathic (*geol.*), feldspatico.

fell (hide) (*n.*), pellame. **2.** ~ (*sewing*), ribattitura, costura a punto ribattuto. **3.** ~ (timber) (*wood*), legname (relativo a un taglio) stagionale. **4.** ~ (of a fabric) (*text. ind.*), orlo del tessuto. **5.** ~ system (type of rack railw.) (*railw.*), ferrovia a cremagliera a due ingranaggi orizzontali.

fell (to) (as a tree), abbattere.

felling (as of a tree) (*wood ind.*), abbattimento.

fellmonger (to) (to dewool) (*wool ind.*), slanare, delanare, togliere la lana.
felloe (of a wooden wheel) (*carp.*), gavello, settore (o cerchio) di ruota. **2.** ~ (rim of a wheel), cerchione.
felly, *see* felloe.
felsite (felstone, a rock consisting principally of quartz and feldspar) (*min.*), felsite.
felspar (*min.*), *see* feldspar.
felstone (*min.*), *see* felsite.
felt (*text. ind.*), feltro. **2.** ~ (material used for soundproofing) (*mas.*), materiale isolante acustico. **3.** ~ (used for carrying the web of paper and removing the moisture from it) (*paper mfg.*), feltro. **4.** ~ board (*paper mfg.*), piano dei feltri, tavola dei feltri. **5.** ~ direction mark (*paper mfg.*), riga longitudinale del feltro, freccia di direzione del feltro. **6.** ~ drying cylinder (felt drier) (*paper mfg.*), cilindro asciugafeltro. **7.** ~ mark (defect of paper) (*paper mfg.*), segno del feltro. **8.** ~ packing (as in dust proofing) (*mech. - etc.*), guarnizione di feltro. **9.** ~ papers (*mas.*), cartone feltro. **10.** ~ side (of paper) (*paper mfg.*), lato feltro. **11.** ~ washer (*mech.*), rondella di feltro. **12.** board ~ (*paper mfg.*), feltro per cartoni. **13.** bottom ~ (*paper mfg.*), feltro inferiore. **14.** conveyor felts (*paper mfg.*), feltri trasportatori. **15.** dry ~ (drying felt) (*paper mfg.*), feltro essiccatore, feltro per cilindri essiccatori. **16.** drying felts (*paper mfg.*), feltri essiccatori. **17.** glazing ~ (*paper mfg.*), feltro lucidatore. **18.** impregnated felts (*paper mfg.*), feltri impregnati. **19.** long felts (*paper mfg.*), feltri lunghi. **20.** marking ~ (marking press felt) (*paper mfg.*), feltro marcatore. **21.** news felts (*paper mfg.*), feltri per carta da giornali. **22.** ordinary wet ~ (*paper mfg.*), feltro umido ordinario. **23.** paper ~ (*fabric*), feltro per cartiera. **24.** pick-up ~ (*paper mfg.*), feltro per presa automatica. **25.** press felts (*paper mfg.*), feltri per presse. **26.** reverse press ~ (*paper mfg.*), feltro montante. **27.** ribbed felts (ribbing felts) (*paper mfg.*), feltri vergati, feltri mille righe. **28.** starting ~ (*paper mfg.*), feltro introduttore. **29.** suction transfer ~ (pick-up felt) (*paper mfg.*), feltro per presa automatica. **30.** tanned felts (*paper mfg.*), feltri conciati. **31.** tarred ~ (*bldg. - ind.*), feltro bitumato. **32.** top ~ (*paper mfg.*), feltro superiore. **33.** twisted ~ (*paper mfg.*), feltro con tessuto ritorto. **34.** union board ~ (*paper mfg.*), feltro di tessuto misto per (macchine da) cartoni. **35.** union drying ~ (*paper mfg.*), feltro essiccatore di tessuto misto. **36.** vacuum transfer ~ (*paper mfg.*), *see* suction transfer felt. **37.** wet ~ (*paper mfg.*), feltro umido. **38.** wet first press ~ (*paper mfg.*), primo feltro umido.
felt (to) (*text. ind.*), feltrare.
felted (as wool) (*text.*), feltrato.
felting (*text. ind.*), feltratura. **2.** ~ machine (*mach.*), feltratrice. **3.** ~ power (property of paper) (*paper mfg.*), potere feltrante. **4.** ~ property (*text.*), feltrabilità.
felucca (*naut.*), feluca.
female (*mech.*), femmina. **2.** ~ friction cone (*mech.*), controcono. **3.** ~ thread (internal thread) (*mech.*), filettatura femmina.
femto- (f, prefix $= 10^{-15}$) (*meas.*), femto-, f.
fen, palude.
fence (enclosure), recinto, recinzione. **2.** ~ (as on the table of a fretsawing mach.) (*mach. t. impl.*), guida pezzo, guida di appoggio (del pezzo). **3.** ~ (for directing air threads on planes) (*aer.*), aletta direttrice. **4.** ~ (*comp.*), partizione, separazione. **5.** ~ bit (*comp.*), bit di separazione. **6.** picket ~ (*mas. - ground. - etc.*), recinzione bassa a stecche di legno. **7.** boarded ~, recinzione a cancellata di legno, stecconato. **8.** lattice ~, recinzione a elementi incrociati.
fence (to) (to enclose) (*bldg.*), cintare.
fencing (material for making fences) (Am.), materiale da recinzione. **2.** ~ wall (*bldg.*), muro di cinta. **3.** wire net ~, recinzione a reticolato metallico.
fender (as of aut.) (Am.), parafango. **2.** ~ (device on the front of streetcars), riparo protettivo. **3.** ~ (cushion) (*mech.*), cuscino ammortizzatore. **4.** ~ (splashboard) (*mech.*), paraspruzzi. **5.** ~ (*naut.*), parabordo d'accosto, paglietto. **6.** ~ (as of an open fireplace) (*therm. - bldg.*), parafuoco. **7.** ~ (*railw.*), cacciapietre. **8.** ~ (for avoiding damages from impact) (*gen.*), protezione. **9.** ~ apron (*aut. constr.*), fiancata del parafango. **10.** ~ bar (fore-and-aft fender: as on towboats) (*naut.*), parabordo longitudinale, bottazzo.
fenestration (*arch.*), disposizione e dimensionamento delle finestre (e delle porte) [o loro decorazione].
fent (of a roll of fabric) (*text. ind.*), scampolo, ritaglio.
Fenton's metal (antifriction metal, 80% Zn, 14,5% Sn, 5,5% Cu) (*alloy*), metallo Fenton.
feretory (*arch.*), reliquiario.
fergusonite (*min.*), fergusonite, bragite.
ferment (*biol. chem.*), fermento.
ferment (to) (*chem.*), fermentare.
fermentation (*biol. chem.*), fermentazione. **2.** ~ gum (dextran, in sugar solutions, etc.) (*chem.*), destrana, destrano. **3.** acetic ~ (*biol. chem.*), fermentazione acetica. **4.** alcoholic ~ (*biol. chem.*), fermentazione alcoolica. **5.** lactic ~ (*biol. chem.*), fermentazione lattica.
fermi (unit of length equal to 10^{-13} cm) (*meas.*), fermi.
fermions (elementary particles following the Fermi statistic) (*atom phys.*), fermioni.
fermium (artificial radioact. element) (Fm - *chem. - radioact.*), fermio.
ferric (*a. - chem.*), ferrico.
ferricyanide (*chem.*), ferricianuro. **2.** potassium ~ ($K_3[Fe(CN)_6]$) (*chem.*), ferricianuro di potassio.
ferrimagnetism (magnetic behaviour of ferritic substances) (*magnetism*), ferrimagnetismo.
ferrite (*metall.*), ferrite. **2.** ~ core (in obsolete comp.

memory) (*comp.*), nucleo di ferrite. **3.** ~ divorce (steel defect) (*metall.*), divorzio della ferrite.
ferritic (*metall. - chem.*), ferritico.
ferritization (transformation into ferrite) (*metall.*), ferritizzazione.
ferroalloys (*metall.*), ferroleghe.
ferroaluminum (alloy) (*metall.*), ferro–alluminio.
ferrochrome (alloy) (*metall.*), ferro–cromo.
ferrochromium (alloy) (*metall.*), ferro–cromo.
ferroconcrete, *see* reinforced concrete.
ferrocyanide (*chem.*), ferrocianuro. **2.** potassium ~ ($K_4[Fe(CN)_6]$) (*chem.*), ferrocianuro di potassio.
ferroelectricity (dielectric hysteresis) (*elect.*), ferroelettricità.
ferromagnetic (*a. - elect.*), ferromagnetico. **2.** ~ substance (*elect.*), sostanza ferromagnetica.
ferromagnetism (*phys.*), ferromagnetismo.
ferromanganese (alloy) (*metall.*), ferro–manganese.
ferromolybdenum (alloy) (*metall.*), ferro–molibdeno.
ferronickel (alloy) (*metall.*), ferro–nichel.
ferroselenium (*metall.*), ferro–selenio.
ferrosilicon (alloy) (*metall.*), ferro–silicio.
ferrotitanium (*metall.*), ferro–titanio.
ferrotungsten (alloy) (*metall.*), ferro–tungsteno.
ferrotype (*phot.*), ferro–tipo, ferrotipia.
ferrous (*a. - chem.*), ferroso. **2.** ~ sulphate (*chem.*), solfato ferroso.
ferrovanadium (alloy) (*metall.*), ferro–vanadio.
ferruginous (*gen.*), ferruginoso.
ferrule (cap) (*carp.*), puntale. **2.** ~ (bushing) (*mech.*), bussola. **3.** ~ (*mech.*), ghiera, boccola, virola. **4.** ~ (metallic band at the end of a rope) (*ropes*), fasciatura metallica (d'estremità).
ferry (place) (*naut.*), traghetto. **2.** ~ (ferryboat) (*naut.*), nave traghetto, traghetto. **3.** ~ (air transp. operating regularly between two places) (*aer.*), navetta aerea, servizio aereo continuo tra due località. **4.** ~ bridge (*naut.*), passerella per navi traghetto. **5.** ~ push car (long platform car used for pushing or pulling other cars on or off a ferryboat so that a locomotive can push or pull the cars without running on an incline) (*railw.*), carro speciale per manovre su navi–traghetto. **6.** ~ slip (*naut.*), scalo per traghetto. **7.** roll–on–roll–off ~ (ferry having bidirectional loading facility for motor veh.) (Am. coll.) (*naut.*), traghetto bidirezionale per autoveicoli.
ferry (to) (*naut.*), traghettare. **2.** ~ (to transport troops, equip., goods etc. by air) (*air force*), trasportare per via aerea. **3.** ~ (a plane from the factory to the delivery place) (*aer. mfg.*), volare per consegnare l'aereo. **4.** ~ across (*naut.*), trasportare all'altra sponda, traghettare.
ferryboat (for railw. cars) (*naut.*), nave–traghetto per treni. **2.** ~ (for passengers, merchandise, etc.) (*naut.*), traghetto, nave–traghetto. **3.** automobile ~ (*naut. - aut.*), traghetto per automobili.
ferryman (*naut.*), traghettatore.
ferry–place (for ferry landing) (*aer.*), pista di atterraggio per il servizio di navetta aerea.
fertile (*agric.*), fertile.
fertility (*agric.*), fertilità.
fertilization (*agric.*), fertilizzazione. **2.** ~ (*atom phys.*), fecondazione, fertilizzazione.
fertilize (to) (*agric.*), fertilizzare, concimare.
fertilizer (*chem.*), fertilizzante, concime. **2.** ~ distributor (*agric. mach.*), spandiconcime. **3.** ~ drill (*agric. mach.*), seminatrice combinata con spandiconcime.
fertilizing (*agric.*), fertilizzazione. **2.** ~ irrigation (*agric.*), fertirrigazione.
festoon (ornament) (*arch.*), festone. **2.** ~ cutting machine (for paper) (*print. mach.*), macchina capettatrice. **3.** "~ drier" (device for drying coated papers) (*paper mfg.*), essiccatoio per carte patinate.
"FET" (Field Effect Transistor) (*elics.*), transistore ad effetto di campo.
fetch (distance over which wind blows) (*sea waves*) (Brit.), distanza dalla quale agisce il vento (per sollevare le onde). **2.** ~ (relating to: location, reading and loading, as of an instruction, into the main memory) (*comp.*), localizzazione e caricamento.
fettle (to) (to make ready) (*gen.*), preparare. **2.** ~ (to arrange), sistemare. **3.** ~ (to clean) (*found.*) (Brit.), sbavare. **4.** ~ (to repair), riparare. **5.** ~ (to line, as the hearth of a furnace) (*metall.*), rivestire (o ricoprire) con pigiata. **6.** ~ (to chip off surface defects from a forging) (*forging*), scriccare.
fettled (as a casting) (*found.*), sbavato. **2.** ~ (chipped) (*forging*), scriccato.
fettler (worker engaged with the fettling of castings) (*found. work.*), sbavatore. **2.** ~ (worker engaged with the fettling of forgings) (*forging work.*), scriccatore, addetto alla scriccatura.
fettling (protective material) (*metall.*), pigiata, rivestimento refrattario. **2.** ~ (card waste) (*text. ind.*) (Brit.), spazzatura di carda. **3.** ~ (dressing–off, cleaning [Am.], trimming, removing of fins, runners, risers from a casting before sandblasting) (*found.*) (Brit.), sbavatura. **4.** ~ (repairing of a furnace hearth) (*metall.*), riparazione. **5.** ~ (chipping off surface defects from a forging) (*forging*), scriccatura. **6.** ~ shop (for cleaning castings) (*found.*) (Brit.), reparto sbavatura.
fever (*med.*), febbre. **2.** casting ~ (*ind. - med.*), febbre dei fonditori.
"FF" (fixed focus) (*phot.*), fuoco fisso. **2.** ~ (thick fog) (*meteor.*), nebbia fitta. **3.** ~, *see* freeze–frame.
"FG" (fuel gas) (*comb.*), gas combustibile.
"fgt" (freight) (*gen.*), *see* freight.
"FH" (fire hydrant) (*bldg.*), idrante. **2.** ~ (fire hose) (*antifire*), naspo, manichetta.
"FHC" (fire–hose cabinet) (*antifire*), cassetta portanaspi.

f-head (of an engine with a special location of valves) (*a. - mot.*), con valvole in testa e laterali.

"fhp" (friction horsepower, horsepower absorbed by mech. friction) (*mot.*), potenza perduta in attrito meccanico, potenza assorbita dall'attrito (meccanico interno). **2.** ~ (fractional horsepower, of elect. motors) (*elect.*), potenza frazionaria.

"FHY" (fire hydrant) (*antifire*), idrante (antincendio).

"FI" (fuel injection) (*mot.*), iniezione di carburante.

"fi" (for instance) (*gen.*), per esempio.

fiat (*law*), decreto.

fiber (*ind.*), fibra. **2.** ~ (in metals, minerals, etc.) (*ind.*), fibra. **3.** ~ box (fiberboard box) (*transp. impl.*), contenitore di fibra per spedizioni. **4.** ~ glass (obtained from glass) (*ind.*), vetro in fibre, fibre di vetro. **5.** ~ optics (the technique of the use of fiber optics) (*opt. - tlcm.*), ottica delle fibre. **6.** ~ optics (a bundle of fibers transmitting light, images and information) (*opt. - tlcm.*), fibra ottica, (cavo di) fibre ottiche. **7.** ~ pinion (*mech. - mach.*), pignone di fibra. **8.** ~ waveguide (optical waveguide used for transmission of information) (*opt. - tlcm.*), fibra ottica, (cavo di) fibre ottiche. **9.** cellulose ~ (*ind. chem.*), fibra di cellulosa. **10.** cross-grain ~ (as of the paper) (*paper mfg. - etc.*), fibra trasversale. **11.** elastic ~ (as that of wool) (*text. ind.*), fibra elastica, fibra "nervosa". **12.** flaccid ~ (*text. ind.*), fibra floscia. **13.** flexible ~ (*text. ind.*), fibra flessibile. **14.** glass ~ (*glass ind.*), fibra di vetro. **15.** leaf ~ (*text. material*), fibra di foglia. **16.** lustrous ~ (*text. ind.*), fibra lucida. **17.** man-made ~ (artificial fibre) (*text. - etc.*), fibra artificiale, tecnofibra, fibra chimica. **18.** medium fine ~ (as of wool) (*text. ind.*), fibra di media finezza. **19.** mineral ~ (*text. material*), fibra minerale. **20.** neppy ~ (*wood ind.*), fibra "morta". **21.** nettle ~ (*text. material*), fibra di ortica. **22.** neutral ~ (as in an horizontal beam: the fiber separating compressed from tensed regions) (*constr. theor.*), fibra neutra. **23.** optical ~ (a single fiber optic element) (*opt.*), fibra ottica (singola). **24.** polyester ~ (*ind. chem.*), fibra poliestere. **25.** rough ~ (*text. ind.*), fibra ruvida. **26.** seed ~ (of cotton) (*text. material*), fibra di seme. **27.** sheets made of asbestos ~ and portland cement (*bldg. material*), lastre di fibrocemento. **28.** silk ~ (*text.*), fibra di seta. **29.** soft ~ (*text. ind.*), fibra morbida. **30.** stalk ~ (flax) (*text. material*), fibra di stelo. **31.** staple ~ (rayon yarn) (*text. ind.*), filato di raion. **32.** textile ~ (*text. ind.*), fibra tessile. **33.** uniform ~ (*text. ind.*), fibra uniforme. **34.** vulcanized ~ (*ind. chem.*), fibra (vulcanizzata).

fiberboard (*paper mfg.*), fibra, cartone fibra.

fiberfill (as for cushioning etc.) (*artificial fiber*), fibre artificiali per imbottitura.

fiber-optic (*a. - opt. - tlcm.*), a (o di) fibre ottiche. **2.** ~ cable (*opt. - tlcm.*), cavo a fibre ottiche.

Fibonacci series (*math.*), Serie di Fibonacci.

fibrescope (instr. for med. inspection by fiber optics) (*med. instr.*), fibroscopio.

fibre, *see* fiber.

fibril (fibrous element forming a fiber) (*chem.*), fibrilla.

fibrillar (*a. - chem.*), fibrillare.

fibrillation (*paper mfg.*), sfibrillatura.

fibrin (*protein*), fibrina.

fibro-cement, *see* asbestos cement.

fibroin (the main component of raw silk) (*biochem.*), fibroina.

fibrolite (*min.*), *see* sillimanite.

fibrous (*gen.*), fibroso.

"FIC" (Flight Information Centre) (*aer.*), Centro Informazioni di Volo.

fiche (microfiche: as of printed pages) (*library*), microscheda.

fiched (*a. - comp.*), su microscheda.

fictile (moldable: as clay) (*a. - ceramics*), fittile.

"FID" (flame ionization detector, as for the analysis of exhaust emissions) (*app.*), rivelatore a ionizzazione di fiamma, analizzatore a ionizzazione di fiamma.

"fid", *see* fidelity.

fid (of a mast) (*naut.*), chiave d'albero. **2.** ~ (splicing wood pin) (*t.*), caviglia per impiombare.

fiddle (table slats preventing the sliding off of dishes from tables on board ship in rough weather) (*naut. - etc.*), sponde rialzate. **2.** ~ (*musical instr.*), violino. **3.** ~ (swivel head: as of mach. t.) (*mach. t. - mech.*), testa orientabile. **4.** ~ block (*naut.*), bozzello a violino. **5.** ~ drill, *see* bow drill.

fiddley (top part of a steamship's stokehold) (*naut.*), parte superiore (della sala caldaie).

fidejussion (*comm. - finan.*), fideiussione.

fidelity (degree of accuracy of a reproducing system) (*elect. - radio - etc.*), fedeltà. **2.** high ~ (*electroacous.*), alta fedeltà.

"FIDO" (Fog Investigation Dispersal Operations, system for evaporating fog above runways) (*aer.*), impianto antinebbia, impianto per l'eliminazione della nebbia.

fiducial (used as reference, as a fiducial line) (*a. - instr. - etc.*), di fede, di riferimento. **2.** ~ axis (*instr. - etc.*), asse di fede, asse di riferimento. **3.** ~ marks (*instr. - etc.*), indici di riferimento, segni di riferimento.

fiduciary, *see* trustee.

field (*elect. - phys. - comp. - agric.*), campo. **2.** ~ adapter (for adapting the field of the view finder to that of a wide-angle lens) (*phot.*), correttore di campo. **3.** ~ artillery (*milit.*), artiglieria campale. **4.** ~ battery (*milit.*), batteria da campagna. **5.** ~ coil (*elect. - radio*), bobina di campo. **6.** ~ frame, *see* yoke. **7.** ~ frequency (*telev.*), frequenza di figura, frequenza di esplorazione. **8.** ~ glass (*opt.*), binocolo. **9.** ~ indicator (delimiting the end of a field) (*comp.*), indicatore (o delimitatore) di campo. **10.** ~ input (*radioelect.*), alimentazione del campo. **11.** ~ intensity (of radiations) (*atom phys.*), intensità del campo (radiante). **12.** ~ ion microscope (high magnification electron microscope using emission of helium ions in high-voltage elect. field) (*elics. instr.*), microscopio ionico ad emissione di campo. **13.** ~ length (as of characters, bits etc.) (*comp.*), lunghezza di campo. **14.** ~ magnet (*elect. device*), induttore, magnete di campo, elettromagnete di campo. **15.** ~ of fire (as of a gun) (*milit.*), campo di tiro. **16.** ~ of force (*phys.*), campo di forza. **17.** ~ of operations (*international law*), sfera di influenza. **18.** ~ of view (visual field) (*opt.*), campo visivo. **19.** ~ of vision (*opt.*), campo visivo. **20.** ~ operations (*top.*), operazioni di campagna. **21.** ~ overhaul (as of aer. mot.) (*mech.*), revisione sul campo. **22.** ~ personnel (*aer.*), personale a terra. **23.** ~ programmable logic array, "FPLA" (*comp.*), logica programmabile sul campo. **24.** ~ rheostat (*elect.*), reostato di campo. **25.** ~ shunting (as of an elect. mot.), "shuntaggio" di campo. **26.** ~ stop (*opt.*), diaframma di campo. **27.** ~ strength (*elect.*), intensità di campo. **28.** ~ supervisor (*comm.*), ispettore di zona. **29.** ~ supply (*elect. - radio*), alimentazione del campo. **30.** ~ winding (of elect. mot.), avvolgimento induttore, avvolgimento di campo. **31.** address ~ (*comp.*), campo (o zona) degli indirizzi. **32.** business ~ (line of business) (*comm. - etc.*), settore di attività. **33.** check ~ (*comp.*), campo di verifica. **34.** cross-magnetizing ~ (*electromech.*), campo magnetico trasversale. **35.** depth of ~ (*phot. - m. pict.*), profondità di campo. **36.** destination ~ (that part of the message containing the destination code) (*comp.*), campo destinazione. **37.** display ~ (display area on a "VDU" screen) (*comp.*), campo di visualizzazione, superficie di visualizzazione. **38.** electric ~ (*elect.*), campo elettrico. **39.** electromagnetic ~ (*elect.*), campo elettromagnetico. **40.** electrostatic ~ (*elect.*), campo elettrostatico. **41.** flat ~ (of images lacking contrast) (*telev.*), campo piatto. **42.** free ~ (as in data recording) (*comp.*), campo libero. **43.** free ~ propagation (propagation which takes place in ideal homogeneous media of infinite extent or not affected by boundaries) (*acous. - und. acous.*), propagazione in campo libero. **44.** input ~ (a non protected area of a "VDU", where it is possible to modify data) (*comp.*), campo di inserimento. **45.** magnetic ~ (*elect.*), campo magnetico. **46.** magnetic ~ (*elect.*), campo magnetico. **47.** magnetic ~ strength (*elect.*), intensità di (o del) campo magnetico. **48.** mine ~ (*milit.*), campo di mine, campo minato. **49.** overcritical electric ~ (very strong elect. field) (*atom phys.*), campo elettrico ipercritico. **50.** poloidal magnetic ~ (in a closed configuration) (*phys.*), campo magnetico poloidale, campo magnetico meridiano. **51.** protected ~ (area of a "VDU" where it is not possible to modify data) (*comp.*), campo protetto. **52.** radiation ~ (electromagnetic field created from a transmission antenna) (*elics. - radio - telev.*), campo (elettromagnetico) di radiazione. **53.** revolving ~ (*elect.*), campo rotante. **54.** rotating ~ (*elect.*), campo rotante. **55.** rotating magnetic ~ (*elect.*), campo magnetico rotante. **56.** scanning ~ (*telev.*), campo di esplorazione. **57.** sinusoidal ~ (*theor. mech. - etc.*), campo sinusoidale. **58.** skew ~ (math. field of not commutative multiplication) (*math.*), corpo sghembo, corpo non commutativo, corpo gobbo. **59.** solenoidal ~ (*theor. elect.*), campo solenoidale. **60.** terrestrial magnetic ~ (*geophys.*), campo magnetico terrestre. **61.** toroidal magnetic ~ (in a closed configuration) (*phys.*), campo magnetico toroidale. **62.** uniform ~ (*theor. mech. - etc.*), campo uniforme. **63.** visual ~ (field of view) (*opt.*), campo visivo.

field (to) (*milit.*), mettere in campo.

field-effect (*a. - elect. - elics.*), ad effetto di campo.

fieldman (representative, of a business organization) (*comm.*), ispettore.

fieldpath (footpath) (*road*), sentiero, viottolo.

fieldpiece (*ordnance*), pezzo da campagna, cannone da campagna.

fieldworks (temporary fortifications) (*milit.*), lavori campali, fortificazioni campali.

fife rail (of a sailboat) (*naut.*), pazienza, cavigliera.

"FIFO", *see* first in, first out.

fifth wheel (of a carriage: for permitting free rotation in a horizontal plane: as of a semitrailer steering gear) (*mech.*), ralla. **2.** ~ (spare wheel as of an aut.), ruota di scorta.

fighter (*aer.*), apparecchio da combattimento, caccia. **2.** all-weather ~ (*aer.*), caccia ognitempo. **3.** escort ~ (used for escorting bombing planes) (*air force*), caccia di scorta. **4.** interceptor ~ (*aer.*), caccia intercettatore. **5.** jet ~ (*aer.*), caccia a reazione. **6.** night ~ (*aer.*), caccia notturno. **7.** turboprop ~ (*aer.*), caccia a turboelica.

fighter-bomber (*aer.*), cacciabombardiere.

fighter-interceptor (*air force*), caccia intercettatore.

fighting chair (on a yacht) (*fishing*), poltrona da combattimento.

figure (*math.*), cifra, numero. **2.** ~ (*geom.*), figura. **3.** ~ (diagram) (*draw.*), diagramma. **4.** geometrical ~ (*geom.*), figura geometrica. **5.** plane ~ (*geom.*), figura piana. **6.** round ~ (*comm.*), cifra tonda. **7.** solid ~ (*geom.*), figura solida. **8.** superficial ~ (*geom.*), figura piana.

figured (*a. - gen.*), ornato, decorato con figure. **2.** ~ glass (*bldg.*), vetro stampato. **3.** ~ muslin (fabric) (*text. ind.*), mussolina a disegni.

figurehead (of a ship) (*naut.*), polena.

figure-of-eight knot (*naut.*), nodo di Savoia.

figuring machine (*text. mach.*), macchina per tessere a disegno.

"fil" (filter) (*ind.*), filtro. **2.** ~ (filament) (*gen.*), filamento. **3.** ~, *see also* fillet.

filament (as of incandescent lamps) (*elect. illum.*), filamento. **2.** ~ (of an electron tube) (*thermion.*), filamento. **3.** ~ (*artificial silk mfg.*), filo, filamento. **4.** ~ battery (A battery) (*thermion. tube*), batteria di accensione. **5.** ~ current (*thermion.*) (Brit.), corrente di accensione (o di filamento). **6.** ~ lamp (*illum.*), lampada a incandescenza. **7.** ~ resistance (*thermion.*), resistenza di filamento. **8.** ~ voltage (*thermion.*), tensione di filamento, tensione di accensione. **9.** dipping ~ (for lower beam light) (*aut.*), filamento anabbagliante. **10.** silk ~ (*silk mfg.*), filo di seta. **11.** thoriated ~ (*thermion.*), filamento toriato.

filar micrometer (telescope provided with platinum wires) (*opt. meas.*), micrometro oculare.

filature (as of silk from cocoons) (*text. ind.*), filatura. **2.** ~ (factory) (*text. ind.*), filanda.

file (a collection of documents kept in order for easy reference) (*off.*), archivio. **2.** ~ (row), fila. **3.** ~ (*t.*), lima. **4.** ~ (array of sequential or direct access records) (*comp.*), archivio, file. **5.** ~ (a container for documents kept in chronological order) (*off.*), raccoglitore. **6.** ~ access (*comp.*), accesso all'archivio (od al file). **7.** ~ allocation (*comp.*), allocazione di archivio (o di file). **8.** ~ card (wire brush for cleaning files) (*t. impl.*), spazzola per lime. **9.** ~ clerk (*pers.*), archivista. **10.** ~ conversion (data conversion from one support, or code, to another support, or code) (*comp.*), conversione di archivio (o di file). **11.** ~ dust (*mech.*), limatura. **12.** ~ holder (small device for keeping papers) (*off.*), raccoglitore. **13.** ~ identification (*comp.*), identificazione di archivio (o di file). **14.** ~ layout (*comp.*), struttura logica dell'archivio (o del file). **15.** ~ maintenance (*comp.*), manutenzione (o aggiornamento) di archivio (o di file). **16.** ~ map (*comp.*), tabella di identificazione e locazione dell'archivio (o del file). **17.** ~ marks (*mech.*), segni di lima. **18.** ~ name (*comp.*), nome di archivio (o di file). **19.** ~ placement, *see* file allocation. **20.** ~ processing (*comp.*), elaborazione di archivio (o di file). **21.** ~ protection (against accidental erasing or writing upon) (*comp.*), protezione di archivio (o di file). **22.** ~ sharing (in multiprogramming) (*comp.*), accesso collettivo all'archivio (od al file). **23.** ~ store (mass storage) (*comp.*), memoria di massa. **24.** ~ system (file operating system) (*comp.*), sistema operativo dell'archivio (o del file). **25.** active ~ (file of frequently used data) (*comp.*), archivio attivo, file attivo. **26.** amendments ~ (change file) (*comp.*), archivio modifiche, file degli aggiornamenti. **27.** band saw ~ (*t.*), lima per seghe a nastro. **28.** bastard ~ (*t.*), lima bastarda, lima a taglio bastardo. **29.** blunt ~ (with parallel edges) (*t.*), lima parallela. **30.** cabiney ~ (woodworking file, with one side flat and the other convex) (*join. t.*), lima a legno. **31.** cantsaw ~ (*t.*), lima triangolare non rastremata per seghe. **32.** crosscut ~, *see* crosscut. **33.** cross ~ (crossing file, double half-round file) (*t.*), lima a foglia di salvia. **34.** crossing ~ (*t.*), lima a foglia di salvia. **35.** data ~ (*comp.*), archivio dati, file dei dati. **36.** dead-smooth ~ (*t.*), lima a taglio dolcissimo. **37.** detail ~ (transaction file, as a file of an exchange of informations between comp. and operator) (*comp.*), archivio di movimenti, file di transazioni. **38.** diamond ~ (copper strip impregnated with diamond powder) (*t.*), stecca abrasiva di rame con polvere di diamante. **39.** disk ~ (*comp.*), archivio su disco, file su disco magnetico. **40.** display ~ (*comp.*), archivio (o file) di visualizzazione. **41.** double-cut ~ (crosscut file, with two crossing series of cuts) (*t.*), lima a taglio doppio, lima ad intagli incrociati. **42.** double half-round ~ (cross file, crossing file) (*t.*), lima a foglia di salvia. **43.** equaling ~ (*t.*), lima piatta a punta. **44.** featheredge ~ (*mech. t.*), lima a coltello. **45.** flat ~ (*t.*), lima piatta. **46.** flexible drive rotary ~ (*t.*), lima rotante con comando flessibile. **47.** float-cut ~ (coarse file) (*t.*), lima fresatrice per materiale tenero. **48.** gulleting ~ (round file for restoring the original shape of gullets) (*saw impl.*), lima per affilatura seghe. **49.** half-round ~ (*t.*), lima mezzotonda. **50.** hand ~ (*t.*), lima rettangolare parallela. **51.** indexed sequential ~ (*comp.*), archivio sequenziale con indici, file sequenziale indicizzato. **52.** inverted ~ (*comp.*), archivio (o file) invertito. **53.** knife ~ (*t.*), lima a coltello. **54.** machine ~ (*t.*), lima (con codolo adatto) per utensile motorizzato. **55.** master ~ (with permanent data) (*comp.*), archivio (o file) principale, archivio (o file) originale. **56.** middle ~ (*t.*), lima a taglio a pacco. **57.** mill ~ (*t.*), lima rettangolare. **58.** needle ~ (*t.*), lima ad ago. **59.** pillar ~ (*t.*), lima piatta, a sezione rettangolare, con estremità rastremata. **60.** problem ~ (run book, collecting problems and instructions) (*comp.*), libretto di istruzioni. **61.** random ~ (*comp.*), archivio (o file) ad accesso casuale. **62.** rasping ~ (*t.*), lima da legno. **63.** rattail ~ (*carp. t.*), lima a coda di topo, lima tonda. **64.** rotary ~ (for a power-driven hand tool) (*t.*) (Brit.), limola, lima rotante. **65.** rotary ~ with flexible shaft (*t.*), lima rotante con (albero) flessibile. **66.** rough ~ (*t.*), lima a taglio grosso, lima a taglio doppio bastardo. **67.** round ~ (*t.*), lima tonda. **68.** second-cut ~ (*t.*), lima a taglio mezzo dolce. **69.** sequential ~ (as a magnetic tape record) (*comp.*), archivio (o file) ad accesso sequenziale. **70.** shared ~ (*comp.*), archivio in comune. **71.** signature on ~ (*comm.*), firma depositata. **72.** single-cut ~ (*t.*), lima con intagli non incrociati. **73.** slitting ~ (having a lozenge section) (*t.*), lima a losanga. **74.** smooth ~ (*t.*), lima a taglio dolce. **75.** square ~ (*t.*), lima quadra. **76.** superfine ~ (*t.*), lima a taglio extradolce. **77.** taper flat ~ (*watchmaker's t.*), lima piatta a punta. **78.** three-square ~ (*t.*), lima a triangolo. **79.** to recut a ~ (*mech.*), ritagliare una lima. **80.** transaction ~, *see* detail file. **81.** triangular ~ (*t.*), lima triangolare. **82.** vertical ~ (for upright placed records) (*off. impl.*), cassettiera verticale da archivio, armadietto verticale a cassetti per archivio. **83.** vixen ~ (*mech. t.*), lima fresata a denti curvi. **84.**

warding ~ (*t.*), lima piatta sottile e rastremata. **85.** work ~ (*comp.*), archivio (o file) di lavoro.

file (to) (*mech.*), limare. **2.** ~ (to set papers in order) (*off.*), archiviare. **3.** ~ (a signature) (*comm.*), depositare. **4.** ~ (to store in memory) (*comp.*), memorizzare. **5.** ~ (to endorse formally and preserve officially documents) (*off. - law*), protocollare e archiviare.

filed (*mech.*), limato. **2.** ~ (*off.*), archiviato.

filer (*work.*), limatore.

"FIL H" (filister head: of a screw) (*a.*), a testa cilindrica.

filiform (*gen.*), filiforme.

filigree (*jewellery*), filigrana.

filing (*off.*), archiviazione. **2.** ~ (act of using a file) (*mech.*), limatura. **3.** ~ cabinet (*off.*), casellario, scaffale da archivio. **4.** ~ room (*bldg. - off.*), archivio. **5.** rotary ~ (*mech.*), limolatura. **6.** rotary ~ machine (*mach. t.*), limatrice a moto rotatorio, limolatrice.

filings (fragments produced in filing) (*mech.*), limatura.

fill (material used in filling a hollow) (*mas.*), colmata. **2.** ~ (road making), rilevato, riporto, rinterro.

fill (to) (*gen.*), riempire. **2.** ~ (of a boat) (*naut.*), imbarcare acqua. **3.** ~ (as coal into a ship's bunker), caricare. **4.** ~ (as a shell) (*expl.*), caricare. **5.** ~ (to set in a predetermined space) (*typ.*), comporre nello spazio fissato. **6.** ~ (to execute, as an order) (*comm.*), evadere. **7.** ~ away (*naut.*), orientare la vela in modo da prendere in pieno il vento. **8.** ~ in a form (*gen.*), riempire un modulo, compilare un modulo. **9.** ~ in with earth (*road*), riportare terra. **10.** ~ out (as a bill) (*comm. - off.*), compilare. **11.** ~ up (as the tank of a plane, aut., etc. with fuel) (*aer. - aut.*), fare il pieno. **12.** ~ up (*earth moving - etc.*), colmare, riempire. **13.** character ~ (*comp.*), riempire di caratteri ripetuti.

filled (*a. - gen.*), riempito.

filler (as in aut. body constr.), riporto. **2.** ~ (as of a fountain pen), dispositivo (o pompetta) di riempimento. **3.** ~ (as of oil or petrol tanks) (*aut. - etc.*), bocchettone di riempimento. **4.** ~ (in rubber mfg.) (*rubb. ind.*), carica, riempitivo. **5.** ~ (for painting) (*paint.*), stucco, mano isolante di fondo. **6.** ~ (*welding*), bacchetta (o filo) di apporto. **7.** ~ (composition that can be used at any time to fill space in a newspaper) (*journ.*), turabuco, "stoppabuchi". **8.** ~ (substance added to paper for obtaining certain properties) (*paper mfg.*), carica. **9.** ~ (mineral powder added to coal tar, etc.) (*road constr.*), riempitivo, "filler". **10.** ~ (as for an adhesive) (*chem. ind.*), riempitivo. **11.** ~ (for filling joints: as by asphalt, coal tar etc.) (*mas.*), riempitivo per giunti. **12.** ~ coat (*paint.*), (mano di) fondo. **13.** ~ ingredient (in rubber mfg.) (*rubb. ind.*), ingrediente da carica. **14.** ~ metal (*welding*), metallo di apporto. **15.** black ~ (in rubber mfg.) (*rubb. ind.*), carica di nero. **16.** cotton ~ (as of elect. cable), riempimento di cotone. **17.** diluent ~ (inert filler: as in rubber mfg.) (*rubb. ind.*), carica inerte. **18.** inert ~ (diluent filler: as in rubber mfg.) (*rubb. ind.*), carica inerte. **19.** wood ~ (*paint.*), turapori, stucco.

fillercap (of a tank) (*aut. - aer. - mtc.*), tappo del serbatoio.

filler-rod (welding-rod) (*mech. technol.*) (Brit.), bacchetta (o filo) di apporto.

fillet (ribbon) (*gen.*), nastro. **2.** ~ (of molding) (*arch.*), listello. **3.** ~ (of two surfaces which meet or come into contact as between the flank of a gear tooth and the internal cylinder) (*mech.*), raccordo concavo (di due superfici). **4.** ~ (fairing at the junction of two surfaces, as between the wing and fuselage) (*aer. - etc.*), carenatura di raccordo. **5.** ~ (strip of card cloth) (*text. ind.*), striscia di scardasso. **6.** ~ weld (weld of approx. triangular cross-section in a corner joint) (*mech. technol.*), saldatura d'angolo. **7.** stripping ~ (*text. ind.*), nastro spazzatore. **8.** tooth ~ (of a gear tooth) (*mech.*), raccordo di fondo dente.

fillet (to) (to round off with a concave junction) (*mech. - carp.*), raccordare (con raccordo concavo).

filleted (*mech. - carp.*), raccordato (con raccordo concavo).

filling (weft) (*text. ind.*), trama. **2.** ~ (in aut. painting), fondo. **3.** ~ (material used in the raising of earthworks) (*civ. eng.*), materiale di riporto. **4.** ~ (that which fills: as of a cake) (*sweet ind.*), ripieno. **5.** ~ in by alluvion (*geol.*), colmata. **6.** ~ insulation (as for a cavity wall) (*ind. - mas. - etc.*), materiale isolante da (o per) riempimento. **7.** ~ in with ground (*mas.*), rinterro. **8.** ~ notch (filling slot: for introducing the balls into a ball bearing) (*ball bearing constr.*), tacca di caricamento. **9.** ~ sleeve (as of an aerostat) (*aer.*), manica di gonfiaggio. **10.** ~ station (*aut.*), stazione di rifornimento. **11.** ~ station attendant (*work. - aut.*), addetto al distributore, benzinaio. **12.** ~ with earth (embankment: as of a road) (*mas.*), riporto di terra. **13.** concrete ~ (*mas.*), riempimento con calcestruzzo. **14.** hydraulic ~ (*min.*), ripiena mediante veicolo idrico. **15.** selective ~ (*min.*), ripiena mediante sterile di cantiere.

fillister (adjustable rabbeting plane) (*carp. t.*), pialletto per scanalare regolabile. **2.** ~ (a plane for cutting grooves) (*join. impl.*), incorsatoio, pialla per scanalature. **3.** ~ head (raised cheese head, cylindrical section with a rounded [or flat] cap: of a screw), (*mech.*), testa cilindrica con (o senza) calotta.

film (*phys.*), strato sottile. **2.** ~ (*m. pict.*), film, pellicola. **3.** ~ (*phot.*), pellicola. **4.** ~ back, *see* film back magazine. **5.** ~ badge (film indicating the amount of radiations absorbed from the wearer) (*med. meas. instr.*), pellicola dosimetrica. **6.** ~ case (*m. pict.*), scatola per film. **7.** ~ cement (for splicing) (*m. pict.*), solvente per film, mastice (o colla) per film. **8.** ~ channel (Brit.), *see* film track.

9. ~ cooling (as of a rocket combustion chamber with a liquid film) (*rckt.*), raffreddamento a velo liquido. **10.** ~ counter (*m. pict.*), contafilm. **11.** ~ critic (*journ.*), critico cinematografico. **12.** ~ gate (*m. pict. projection*), quadruccio (di proiezione). **13.** ~ library (*m. pict.*), cineteca. **14.** ~ movement (*m. pict.*), avanzamento del film. **15.** ~ pack (*phot.*), filmpack, pellicola a pacco. **16.** ~ polishing machine (in film mfg.) (*phot.*), smerigliatrice per film. **17.** ~ ring (film badge in the form of a finger ring) (*radioact. meas. device*), esposimetro a pellicola (ad anello). **18.** ~ roll (*m. pict.*), bobina. **19.** ~ roll (*phot.*), rullino, rollino, rotolo di pellicola fotografica. **20.** ~ run (*m. pict.*), traiettoria del film. **21.** ~ screen (*typ.*), retino pellicolare. **22.** ~ spool (*phot. - m. pict.*), bobina della pellicola. **23.** ~ stock (Brit.), *see* unexposed film. **24.** ~ television (*m. pict. - telev.*), telecinematografia. **25.** ~ track (*m. pict.*), corridoio (o canale di scorrimento) del film. **26.** ~ trap (of m. pict. projector), quadruccio, finestra. **27.** ~ transport (film motion mechanism) (*m. pict.*), meccanismo di trascinamento (del film). **28.** acetate ~ (*m. pict.*), pellicola all'acetato di cellulosa. **29.** advertising ~ (*m. pict.*), film pubblicitario. **30.** artificial light type ~ (color film) (*phot.*), pellicola (a colori) per luce artificiale. **31.** blue-sensitive ~ (*phot.*), pellicola sensibile al blu. **32.** bulk ~ (film sold in bulk by meter) (*phot. - m. pict.*), film a metraggio. **33.** central perforated ~ (*m. pict.*), film a perforazione centrale. **34.** class-room ~ (educational film) (*m. pict.*) (Brit.), film educativo. **35.** color ~ (*phot.*), pellicola a colori. **36.** color sound ~ (*m. pict.*) (Brit.), film sonoro a colori. **37.** contact ~ (*phot. - etc.*), pellicola a contatto. **38.** daylight type ~ (color film) (*phot.*), pellicola (a colori) per luce diurna. **39.** direct positive ~ (*phot. - etc.*), pellicola diretta positiva. **40.** documentary ~ (*m. pict.*), documentario. **41.** double-emulsion ~ (*phot. - radiology*), pellicola a doppia emulsione. **42.** educational ~ (*m. pict.*) film educativo. **43.** exposed ~ (*m. pict. - phot.*), pellicola impressionata. **44.** feature ~ (*m. pict.*), lungometraggio. **45.** flat ~ (*phot.*), pellicola piana. **46.** fine-grained ~ (*phot.*), pellicola a grana fina. **47.** high-speed ~ (designed for short exposures) (*phot.*), pellicola ultrarapida. **48.** industrial ~ (*m. pict.*), film commerciale dimostrativo. **49.** infrared ~ (sensitive to infrared light) (*phot.*), pellicola all'infrarosso. **50.** instructional ~ (*m. pict.*), film didattico, film istruttivo. **51.** mosaic screen ~ (color film type) (*phot. - m. pict.*), pellicola autocroma. **52.** multiple-reel ~ (*m. pict.*), film a lungo metraggio. **53.** non-flam ~ (*m. pict.*), pellicola ininfiammabile. **54.** oil ~ (as in mach.) (*lubrication*), velo d'olio. **55.** panchromatic ~ (*phot.*), pellicola pancromatica. **56.** picture ~ (distinct from "sound track film") (*m. pict.*), film della ripresa ottica. **57.** positive sheet ~ (as for color phot.) (*phot.*), pellicola piana positiva, pellicola positiva in fogli. **58.** process ~ (used in photomechanical processing) (*photomech.*), pellicola fotomeccanica. **59.** projection ~ (*phot. - etc.*), pellicola da proiezione. **60.** reversible ~ (*phot.*), pellicola invertibile. **61.** roll ~ (*phot.*), rullo di pellicola. **62.** safety ~ (*m. pict.*), pellicola di sicurezza, pellicola ininfiammabile. **63.** sandwich ~ (double-emulsion film) (*m. pict.*), pellicola a doppia emulsione. **64.** serial ~ (*m. pict.*), film appartenente ad una serie. **65.** sheet ~ (*phot.*), pellicola piana. **66.** short ~ (*m. pict.*), cortometraggio. **67.** silent ~ (*m. pict.*), film muto. **68.** singing ~ (*m. pict.*), film cantato. **69.** sixteen-millimeter ~ (of 16 mm) (*m. pict.*), film (a passo ridotto) di 16 mm. **70.** slow-motion ~ (*m. pict.*), film (preso) al rallentatore. **71.** sound ~ (*m. pict.*), film sonoro. **72.** sound track ~ (distinct from "picture film") (*m. pict.*), film della colonna sonora. **73.** stereoscopic ~ (*m. pict.*), film stereoscopico. **74.** three-dimensional ~ (*m. pict.*), film in rilievo. **75.** tungsten ~ (for indoor shooting) (*phot.*), pellicola per luce artificiale (a incandescenza). **76.** unexposed ~ (*m. pict. - phot.*), pellicola vergine, pellicola non impressionata. **77.** vinyl-base ~ (*photomech. - phot.*), pellicola con supporto vinilico. **78.** water repellent ~ (*paint.*), strato sottile non bagnabile.

film (to) (to crank) (*m. pict.*), filmare, girare un film. **2.** ~ (to cover with a thin plastic: as in cocooning) (*antirust protection of mech. parts*), rivestire con un sottile involucro di materiale plastico.

film-amateur (*m. pict.*), cineamatore.

filmcard, *see* fiche.

filmdom (motion-picture industry) (*m. pict.*), l'industria cinematografica. **2.** ~ (motion picture personnel) (*m. pict.*), i lavoratori del cinema, il mondo del cinema.

filming (*m. pict.*), ripresa.

filmsetting (*photomech.*), *see* photocomposition.

filmslide (*phot.*), diapositiva.

filmstrip (for still projection) (*phot.*), film con didascalie, diagrammi, fotografie ecc.

filmsy (a copy on very thin paper) (*off.*), velina. **2.** ~, *see* telegram, radiogram.

filter (*chem. impl.*), filtro. **2.** ~ (*mech. ind.*), filtro. **3.** ~ (*phot.*), filtro. **4.** ~ (*teleph. - elect.*), filtro. **5.** ~ (kind of program for separating data, signals etc.: in data editing) (*comp.*), filtro. **6.** ~ bed (*hydr.*), letto filtrante. **7.** ~ burning (*chem.*), incenerimento del filtro. **8.** ~ cake (remaining after filtering) (*chem.*), residuo solido. **9.** ~ candle (*chem. ind.*), candela filtrante. **10.** ~ cartridge (as of oil filter) (*mech.*), cartuccia del filtro. **11.** ~ casing (*mot. - mech.*), corpo del filtro. **12.** ~ casing gasket (as of a carburetor) (*mot. mech.*), guarnizione per corpo filtro. **13.** ~ circuit (*radio*) (Brit.), circuito filtro. **14.** ~ crucible (*chem. impl.*), crogiuolo per filtrazione. **15.** ~ element (as of oil filter) (*mech.*), elemento filtrante, elemento del filtro. **16.** ~ element (as for air) (*mot.*), elemento filtrante. **17.** ~ factor (*phot.*), coefficiente di filtro.

18. ~ flask (*chem. impl.*), bevuta per filtrare (alla pompa). **19.** ~ paper (as for chem.), carta da filtro. **20.** ~ press (*ind. app.*), filtro-pressa. **21.** ~ section (*radio*) (Am.), cella di filtraggio. **22.** absorbing ~ (absorption screen, absorbing light) (*illum. - opt.*), filtro ottico, filtro assorbitore. **23.** air ~ (*ind. - mot.*), filtro dell'aria. **24.** "Autoklean" ~ (*mot.*), filtro autopulitore. **25.** automatically-cleaning ~ (*mot.*), filtro autopulitore. **26.** bag ~ (*found. etc.*), filtro di tela. **27.** band-elimination ~ (as a low-or high-pass filter) (*elics.*), filtro eliminatore di banda. **28.** band ~ (*radio*), filtro di banda. **29.** band ~, *see* band-pass filter. **30.** band-pass ~ (*radio*), filtro passa banda. **31.** band-rejection ~ (band stop filter) (*radio*), filtro arrestabanda. **32.** band stop ~ (*radio*), filtro arrestabanda. **33.** bypass ~ (for lubricating oil) (*mot.*), filtro in derivazione, filtro in corto circuito. **34.** cartridge ~ (as for the lubricating oil of a mot.) (*ind.*), filtro a cartuccia, filtro cilindrico. **35.** centrifugal ~ (*mot. - etc.*), filtro centrifugo. **36.** chamber ~ (kind of filter press) (*ind.*), tipo di filtro pressa. **37.** close-packed ~ (*mech. - ind.*), filtro a grana fine, filtro a porosità fine. **38.** color ~ (*phot.*), filtro di colore. **39.** color ~ (*opt.*), *see* color screen. **40.** comb ~ (*elics.*), filtro a pettine. **41.** continuous ~ (*sewage*), *see* percolating filter. **42.** diffusion ~ (*phot.*), diffusore ottico. **43.** directional ~ (elect. filter) (*radiocommunication*), filtro direzionale. **44.** dry-type ~ element (air filter element with a dry matrix) (*mot.*), elemento filtrante a secco. **45.** electric wave ~ (*elect. - radio*), filtro di frequenza. **46.** electrostatic ~ (*elect.*), elettrofiltro. **47.** fluted ~ (*chem. - etc.*), *see* folded filter. **48.** fog ~ (*phot.*), filtro per effetto di nebbia. **49.** folded ~ (fluted filter, plaited filter, ribbed filter) (*chem. - etc.*), filtro (ad elemento filtrante) pieghettato. **50.** frequency discriminating ~ (*elect. - radio*), filtro di frequenza. **51.** frequency ~ (*radio*), filtro di frequenza. **52.** fuel ~ (*ind.*), filtro (del) combustibile. **53.** full-flow ~ (for lubricating oil) (*mot.*), filtro a portata totale. **54.** high-pass ~ (frequency cut-off) (*radio*), filtro passa alto. **55.** high-pressure fuel ~ (as in a jet engine) (*mot.*), filtro (del) combustibile (ad) alta pressione. **56.** light ~ (*phot.*), filtro luce. **57.** low-pass ~ (frequency cut-off) (*radio*), filtro passa basso. **58.** low-pressure fuel ~ (as in a jet engine) (*mot.*), filtro (del) carburante (a) bassa pressione. **59.** magnet ~ (as for engine oil) (*mot. - etc.*), filtro magnetico. **60.** matched ~ (filter in which the impedance value is adapted to the input and/or output stage of the circuit) (*elics.*), filtro adattato. **61.** mechanical ~ (in sound cameras, for smoothing variations in the speed) (*m. pict.*), filtro meccanico. **62.** neutral density ~ (neutral filter) (*phot.*), filtro neutro, filtro grigio, filtro non selettivo. **63.** neutral ~ (the transmission factor of which is the same for radiations of any wave length) (*illum.*), filtro grigio, filtro non selettivo. **64.** neutral grey ~ (*phot.*), filtro neutro, filtro grigio, filtro non selettivo. **65.** oil ~ (*mot.*), filtro dell'olio. **66.** percolating ~ (in sewage treatment) (*sewage*), letto a strato percolante. **67.** petrol (or gasoline) ~ (*mech.*), filtro della benzina. **68.** plaited ~ (*chem. - etc.*), *see* folded filter. **69.** pressure ~ (*ind.*), filtro a pressione. **70.** ribbed ~ (*chem. - etc.*), *see* folded filter. **71.** roof ~ (*teleph.*), *see* low-pass ~. **72.** sand ~ (for water), filtro a sabbia. **73.** scavenge oil ~ (*mot.*), filtro dell'olio di ricupero. **74.** suction oil ~ (*mot.*), filtro olio sull'aspirazione. **75.** "TI" ~ (terrestrial interference filter: for improving satellite signal reception) (*audiovisuals*), filtro TI. **76.** vacuum ~ (*ind. chem.*), filtro a vuoto. **77.** wet-type ~ element (air filter element in which filtration is obtained by a liquid film) (*mot.*), elemento filtrante a umido (per filtro d'aria). **78.** yellow ~ (*phot.*), schermo giallo.

filter (to) (*gen.*), filtrare. **2.** ~ (to join a line of traffic moving transversely) (*road traff.*) (Brit.), immettersi, inserirsi.

filterable (filtrable) (*gen.*), filtrabile.

filtered (*a. - gen.*), filtrato.

filtering (act of filtering) (*ind.*), filtrazione. **2.** ~ (material for filters) (*ind.*), materiale per filtri. **3.** ~ plant (*ind.*), impianto di filtrazione. **4.** air ~ (as in air conditioning), filtrazione dell'aria.

filter-press (to) (*ind. chem.*), filtrare con filtropressa.

filtrable (filterable) (*gen.*), filtrabile.

filtrate (*n. - chem.*), filtrato, liquido filtrato.

filtration (*ind. mech. - bldg.*), filtrazione. **2.** ~ (joining with a line of traffic moving transversely) (*road traff.*), immissione. **3.** intermittent ~ (sewage purification process) (*sewage*), filtrazione intermittente.

"FIM" (full indicated movement, expressing the tolerance when checking for roundness a work as placed on a vee block) (*mech. inspection*), spostamento massimo del comparatore.

fin (*mech.*), aletta. **2.** ~ (of an airplane) (*aer.*) (Am.), deriva. **3.** ~ (of an airship) (*aer.*) (Brit.), deriva. **4.** ~ (of a torpedo), aletta stabilizzatrice. **5.** ~ (burr, casting defect) (*found.*), bava, bavatura. **6.** ~ (*rolling defect*), *see* overfill. **7.** ~ (*forging*), *see* flash. **8.** ~ (thin projection on an ingot due to a crack in the mold) (*metall.*), bava. **9.** ~ (as on the cylinders of air cooled i c mot., on radiators etc.) (*thermical transmission*), aletta (di raffreddamento). **10.** fins (at the rear of an aut. body) (*aut.*), pinne. **11.** ~ carrier (of an airship) (*aer.*), supporto per deriva. **12.** ~ keel (*shipbuild.*), chiglia di deriva. **13.** ~ post (*aer. constr.*), dritto di deriva, pennone di deriva. **14.** bomb ~ (*aer. expl.*), governale per bombe. **15.** box-type ~ (of a bomb) (*aer. - expl.*), governale a scatola. **16.** tail ~ (of an airplane) (*aer.*), deriva, piano di deriva, piano stabilizzatore verticale, piano fisso verticale. **17.** vertical ~ (of an airplane) (*aer.*), piano di deriva,

piano stabilizzatore verticale, piano fisso verticale.
"fin" (finish, as of a surface) (*mech. - etc.*), finitura. **2.** ~, *see also* finance, financial, finish, finished.
fin (to) (*gen.*), alettare. **2.** ~ (as a pipe for thermical purposes) (*therm.*), alettare.
final (*a.*), finale. **2.** ~ (as of a race, deciding trial) (*n. - sport*), finale. **3.** ~ drive (from the propeller shaft to the rear axle) (*aut.*), trasmissione, organi di trasmissione. **4.** ~ proof (*typ.*), bozza finale. **5.** ~ test (*mot.*), collaudo finale, prova finale, "provetta".
finalist (*sport*), finalista.
finals (as in a series of competitions) (*sport*), finali.
finance (*finan.*), finanza. **2.** ~ company (a company that makes small loans to persons) (*finan.*), società di prestito. **3.** local ~ (*finan.*), finanza locale. **4.** ~, *see also* finances.
finance (to) (to aid with money) (*finan.*), finanziare.
finances (money resources: as of a company) (*finan.*), finanze, disponibilità finanziaria.
financial (*a.*) finanziario. **2.** ~ control (*finan. adm.*), controllo finanziario. **3.** ~ file (*finan. - comp.*), archivio dati finanziari. **4.** ~ market (*finan.*), mercato finanziario.
financier (an investment banker) (*finan. - etc.*), finanziatore.
financing (*finan.*), finanziamento. **2.** short-term ~ (*finan.*), finanziamento a breve termine.
find (to) (*gen.*), trovare. **2.** ~ one's bearing (*aer.*), orientarsi. **3.** ~ out (*gen.*), trovare, scoprire, risolvere. **4.** ~ the cubic content (*bldg. ind.*), cubare. **5.** ~ the direction (by radio) (*radio - naut.*), radiogoniometrare. **6.** ~ the volume (*bldg. ind.*), cubare.
finder (*phot. - opt.*), traguardo, mirino. **2.** ~ (small telescope fastened to a larger one) (*astr.*), cannocchiale cercatore. **3.** ~, *short for* viewfinder. **4.** ~ display (speed settings, diaphragm openings, exposure warning leads etc. that can be seen in the finder) (*phot.*), dati visibili nel mirino. **5.** ~ switch (device working automatically) (*teleph.*), selettore. **6.** aural-null direction ~ (indicating bearing by the period of silence) (*radio*), radiogoniometro acustico. **7.** direction ~ operator (*radio*), radiogoniometrista. **8.** direct-vision ~ (without lenses) (*phot.*), mirino a traguardo, mirino a visione diretta. **9.** hood type ~ (waist level: as in some 6 × 6 reflex camera) (*phot.*), mirino a pozzo. **10.** stereoscopic range ~ (*opt. instr.*), telemetro stereoscopico. **11.** telescopic ~ (of camera) (*phot.*), mirino telescopico. **12.** view ~ (*phot.*), mirino.
finding of one's bearing (*aer.*), orientamento.
findings (small parts or articles as nails, buttons, zippers etc.) (*mfg.*), minuteria. **2.** statistical ~ (*stat.*), rilevazioni statistiche.
fine (accurate) (*a.*), accurato. **2.** ~ (penalty) (*n.*), multa. **3.** ~ (as of thread surfaces in tolerance systems) (*mech.*), medio. **4.** ~ (not coarse) (*ind.*), finito. **5.** ~ (not thick) (*phys.*), fine. **6.** ~ (*n. - wool*), *see* fine wool. **7.** ~ (*a. - metall.*), fino. **8.** ~ adjustment (as of an instr.) (*mech. - elect.*), regolazione di precisione. **9.** ~ arts, belle arti. **10.** ~ gold, oro fino. **11.** ~ gravel (between 1 and 2 mm of diameter) (*mas. - ind.*), sabbia grossa. **12.** ~ hackle (for linen) (*text. ind.*), pettine in fino. **13.** ~ index (relating to the access to a file) (*comp.*), indice specifico, indice di secondo livello, indice con maggiori dettagli. **14.** ~ mill (paper mill) (*paper mfg.*), cartiera per carte fini. **15.** ~ pitch (as of a variable pitch propeller) (*aer.*), passo minimo. **16.** ~ pitch (of a screw) (*mech.*), passo fine. **17.** ~ pitch gear hob (of a hobbing machine) (*mech.*), creatore per moduli piccoli. **18.** ~ pitch stop (as of a variable pitch propeller) (*aer.*), arresto del passo minimo. **19.** ~ sand (between 0.1 and 0.25 mm of diameter) (*mas. - ind.*), sabbia fine. **20.** ~ tuning (*radio*), sintonizzazione accurata, sintonizzazione ottimale. **21.** ~, *see also* fines.
fine (to), multare.
fine-grained (as of sand or abrasive) (*a. - bldg. - mech.*), a grana fine. **2.** ~ (*metall.*), a grana fine. **3.** ~ emulsion (of a film) (*phot.*), emulsione a grana fine.
fineness, finezza. **2.** ~ (as of fiber) (*text. ind.*), finezza. **3.** ~ modulus (of an aggregate) (*constr. theor.*), modulo di finezza. **4.** ~ of scanning (*telev.*), finezza d'esplorazione. **5.** ~ of shape (*naut. - aer.*), finezza di forma. **6.** ~ ratio (*shipbuild.*), rapporto di finezza. **7.** ~ ratio (ratio between the length as of a fuselage and its maximum diameter) (*aer.*), rapporto di finezza.
fines (*min.*), minerale vagliato, minerale minuto, fini.
fine-tune (to) (to bring something to its highest level of efficiency) (*telev. - comp. - etc.*), effettuare una messa a punto al massimo livello.
finger (point) (*mech.*), lancetta. **2.** ~ (pawl) (*mech.*), nottolino, dente (d'arresto o di comando). **3.** ~ (rocking lever: as of a clutch) (*mech.*), leva a bilanciere. **4.** ~ (steel plate, of a grinder) (*paper mfg. mach.*), pettine. **5.** ~ (in die casting) (*found.*), maschio, pistone. **6.** ~ (of a wrapping mach.) (*packing - etc.*), "manino". **7.** ~ bar (of a grinder) (*paper mfg. mach.*), porta-pettini. **8.** ~ die (*mech. - found.*), stampo con maschio. **9.** ~ gauge (as of a sheet metal press) (*mech.*), guidalamiera. **10.** ~ holes (in the dial disk) (*teleph. app.*), fori del disco combinatore. **11.** ~ joint (*join.*), maschiettatura. **12.** ~ post (*gen.*), cartello indicatore di direzione.
finger (to) (to touch) (*gen.*), toccare (col dito). **2.** ~ (to play by fingers) (*music*), suonare (con le dita).
fingerprints (*law*), impronte digitali. **2.** ~ (as on a focusing screen or on a lens of a camera) (*opt. defect*), ditate, impronte.
finial (in Gothic arch.) (*arch.*), fiore crociforme (su di un pinnacolo).
fining (the process by which molten glass ap-

proaches freedom from undissolved gases) (*glass mfg.*), affinaggio. **2.** ~ (pig iron into wrought iron) (*metall.*), affinazione.

"fining-off" (operation of applying the setting coat) (*plastering*), applicazione del velo.

finish (completion of a bldg., of an aut. etc.) (*n. - bldg. - mech.*), finitura. **2.** ~ (product used for the final coat) (*n. - paint.*), prodotto a finire, vernice a finire, smalto a finire. **3.** ~ (stage in the melting process after which glass appears free of seeds) (*glass mfg.*), calatura. **4.** ~ (final coat) (*paint.*), mano di finitura. **5.** ~ (general appearance of a painted surface) (*paint.*), finitura. **6.** ~ stock (left for removal in finishing) (*n. - mech.*), sovrametallo per le lavorazioni di finitura. **7.** cabinet ~ (finish of interior bldg. made by polished hardwood panels etc.) (*bldg.*), rivestimenti in legno pregiato lucidato. **8.** clear ~ (as of wool fabric) (*a. - text. ind.*), rasato. **9.** crackle ~ (*paint.*), finitura craquelé. **10.** crystallizing ~ (*paint.*), *see* frosting. **11.** granulated ~ (*paint.*), finitura a buccia di arancia. **12.** hammer ~ (*paint.*), finitura martellata. **13.** mirror ~ (*technol.*), finitura speculare. **14.** outside ~ (*bldg.*), completamento dell'esterno di un fabbricato. **15.** polychromatic ~ (*paint.*), finitura policroma. **16.** ropey ~ (in which the brush marks are evident) (*paint. defect*), aspetto cordonato. **17.** Schreiner ~ (finish obtained with hot calendering) (*text. ind.*), finissaggio a caldo, finissaggio Schreiner. **18.** textured ~ (rough finish obtained by working the paint film while in the plastic state or by incorporating coarse material) (*paint.*), finitura a rilievo. **19.** turned ~ (bright finish of a bar obtained by turning) (*mach. t. - mech.*), finitura lucida, finitura di tornitura.

finish (to) (to complete) (*gen.*), finire. **2.** ~ (to come to the end), finire. **3.** ~ (*mech. w.*), finire.

finished (*a. - gen.*), finito. **2.** ~ part (*mech. - ind.*), particolare finito. **3.** ~ parts store (as of a factory) (*ind.*), magazzino parti finite. **4.** ~ to size (*mech.*), a misura.

finisher (*a. - gen.*), finitore. **2.** ~ (forging die) (*t.*), stampo finitore. **3.** ~ (*road constr. mach.*), finitrice (stradale). **4.** ~ card (*text. mach.*), carda finitrice. **5.** belt ~ (grinder) (*mach. t.*) (Brit.), smerigliatrice a nastro. **6.** black top ~ (*road constr. mach.*), finitrice per pavimentazione in pietrisco bituminoso. **7.** concrete ~ (*road constr. mach.*), finitrice per pavimentazione in calcestruzzo.

finish-grinding (*mach. t. w.*), rettifica di finitura.

finishing (*n. - gen.*), finitura. **2.** ~ (completion) (*gen.*), completamento, ultimazione. **3.** ~ (*bldg. - mech.*), finitura. **4.** ~ (of a car body) (*aut.*), finizione. **5.** ~ (*text. ind.*), apparecchiatura, finissaggio. **6.** ~ coat (*paint.*), mano a finire, mano di finitura. **7.** ~ cutter (*t.*), fresa per finire. **8.** ~ draft (*text. mach.*), stiro di finitura. **9.** ~ gill box (*text. mach.*), stiratoio finitore. **10.** ~ groove (of a rolling mill roll) (*metall.*), canale finitore. **11.** ~ hob (of a hobbing machine) (*t.*), creatore per finire. **12.** ~ impression (of forging dies) (*technol.*), impronta di finitura. **13.** ~ machine (*text. mach.*), macchina per rifinizione, macchina finitrice. **14.** ~ machine (for concrete surfaces) (*concrete roads*), macchina finitrice (o a finire). **15.** ~ rolls (*rolling mill*), cilindri finitori. **16.** ~ room (where the final operations of a manufacturing process are made) (*ind.*), reparto finizione, reparto di ultimazione del prodotto. **17.** ~ tap (*t.*) (Brit.), maschio finitore. **18.** ~ teeth (of a broach) (*t.*), denti finitori. **19.** ~ wax (*join.*), cera per lucidare. **20.** ~ winding frame (*text. mach.*), bobinatoio finitore. **21.** precision ~ (as by lapping or honing) (*mech. work*), microfinitura, finitura di precisione. **22.** single-side ~ method (by gear generator) (*mech.*), metodo di finitura di un fianco per volta. **23.** surface ~ machine (*mach. t.*), smerigliatrice. **24.** wax ~ (*join.*), lucidatura a cera. **25.** ~, *see also* finishings.

finishings (final additions made to the molten steel in the furnace bath or ladle for adjusting the composition) (*metall.*), correzioni.

finite (*math.*), finito.

fink (strikebreaker) (*pers.*), non partecipante allo sciopero, crumiro.

finned (as of a heat transmitting surface), alettato. **2.** ~ tube (*therm. installations*), tubo ad alette.

finning (as of a mtc. cylinder) (*mech.*), alettatura.

"FIO" (free in and out) (*comm. naut. - transp.*), da bordo a bordo.

fiord (*geogr.*), fiordo.

"FIR" (full indicator reading, as by checking concentricity) (*mech.*), valore totale letto sul comparatore.

fir (*wood*), abete. **2.** balsam ~ (*wood*), abete balsamico. **3.** silver ~ (*wood*), abete bianco.

fire (*gen.*), fuoco, incendio. **2.** ~ (combustion) (*glass mfg. - etc.*) combustione, fiamma. **3.** ~ (*artillery*), tiro, fuoco. **4.** ~ alarm (*app.*), avvisatore d'incendio. **5.** ~ apparatus (*antifire veh.*), attrezzatura mobile antincendio. **6.** ~ bar (of boil. grate), barrotto. **7.** ~ barrier (*gen.*), tagliafuoco. **8.** ~ bed (as of a boiler), superficie di griglia. **9.** ~ brigade (FB) (*antifire group*), distaccamento di vigili del fuoco, corpo di vigili del fuoco. **10.** ~ check (*ceramic paint. defect*), incrinatura superficiale (dovuta a brusco riscaldamento). **11.** ~ clay (*bldg. ind.*), argilla refrattaria. **12.** ~ clay (*metall.*) (Am.), terra refrattaria, argilla refrattaria. **13.** ~ control (*milit.*), direzione del tiro, condotta del fuoco, regolazione del tiro. **14.** ~ control system (*navy - milit.*), sistema di controllo del tiro. **15.** ~ control room (*navy*), centrale di tiro. **16.** ~ crack (crack in ware caused by local temperature shock) (*glass mfg.*), rottura da shock termico. **17.** ~ cracker (*gen.*), petardo. **18.** ~ department (*antifire organ.*), vigili del fuoco, corpo dei vigili del fuoco. **19.** ~ detector (*antifire device*), rivelatore d'incendio. **20.** ~ door (as of a boil.), portello del focolare. **21.** ~ earth (*chem. - ind. - bldg.*), terra refrattaria. **22.** ~ engine (antifire mot. pump), motopompa antincendi. **23.** ~ engine (fire fighting app. with extinguishers, water pumps, ladder trucks etc.) (*antifire devices*), mezzi antincendio. **24.** ~ escape (*bldg.*), uscita di sicurezza (in caso di incendio). **25.** ~ extinguisher (*antifire impl.*), estintore. **26.** ~ fighting (activity to estinguish a fire) (*antifire*), azione antincendio. **27.** ~ hose (*antifire impl.*), manichetta, naspo. **28.** ~ hose box (*antifire impl.*), cassetta portanaspi. **29.** ~ hose cart (*antifire impl.*), carro naspo. **30.** ~ hose connection (*pip. device*), raccordo per manichetta (o naspo) antincendi. **31.** ~ hydrant (*antifire device*), idrante, idrante antincendio. **32.** ~ insurance (*comm.*), assicurazione contro gli incendi, assicurazione antincendio. **33.** ~ opal (*min.*), *see* girasol. **34.** ~ partition (interior wall resistant to the fire) (*bldg.*), parete tagliafuoco. **35.** ~ point (as of inflammable material) (*phys.*), temperatura di accensione spontanea, punto di infiammabilità. **36.** ~ point (as of a liquid fuel) (*phys.*), temperatura di accensione. **37.** ~ prevention (*antifire*), applicazione delle norme antincendio. **38.** ~ pump (*naut. - etc.*), pompa antincendio. **39.** ~ resisting property (of materials), resistenza al fuoco. **40.** ~ retardant (fire-retardant material) (*n. - antifire*), ignifugo, sostanza ignifuga.**41.** ~ sand (*found.*), terra refrattaria. **42.** ~ ship (*navy*), brulotto. **43.** ~ stop, *see* ~ partition. **44.** ~ surface (the heating surface of a boiler) (*boil.*), superficie riscaldante. **45.** ~ truck (*veh.*), autopompa antincendi. **46.** ~ tube (of a steam boiler), tubo di fumo. **47.** ~ vent (opening in the roof for antifire purpose) (*bldg. - antifire*), sfiatatoio antincendio. **48.** ~ wall (*bldg.*), muro tagliafuoco. **49.** ~ wall (*aer. - naut.*), paratia tagliafuoco, paratia parafiamma, parafiamma. **50.** ~ waste (*metall.*), *see* heat waste. **51.** ~ welding (forge welding) (*mech. technol.*), saldatura per bollitura. **52.** accuracy of ~ (*milit.*), precisione del tiro. **53.** antiaircraft ~ (*milit.*), tiro contraereo. **54.** antitank ~ (*milit.*), tiro controcarro. **55.** barrage ~ (*milit.*), tiro di sbarramento, tiro d'interdizione. **56.** battery ~ (*artillery*), fuoco di batteria. **57.** burst of ~ (*milit.*), raffica. **58.** converging ~ (as of a machine gun) (*milit.*), tiro convergente. **59.** counterbattery ~ (*milit.*), tiro di controbatteria. **60.** covering ~ (*milit.*), fuoco d'accompagnamento. **61.** cross ~ (*milit.*), tiro incrociato. **62.** destructive ~ (*milit.*), fuoco di spianamento. **63.** direct ~ (of firearms) (*milit.*), tiro diretto. **64.** enfilade ~ (*milit.*), tiro d'infilata. **65.** field of ~ (*milit.*), campo di tiro. **66.** grazing ~ (*milit.*), tiro radente. **67.** harassing ~ (*milit.*), tiro di interdizione. **68.** high-angle ~ (*milit.*), tiro curvo. **69.** indirect ~ (of firearms) (*milit.*), tiro indiretto. **70.** low-angle ~ (*milit.*), tiro teso. **71.** neutralizing ~ (*milit.*), fuoco di neutralizzazione. **72.** overhead ~ (*milit.*), tiro al disopra (delle proprie truppe). **73.** rapid ~ (*gunnery*), tiro celere, tiro rapido. **74.** rate of ~ (*milit.*), celerità di tiro. **75.** sharp ~ (combustion with excess air and short flame) (*glass mfg.*), fiamma corta (ossidata). **76.** slow ~ (*gunnery*), tiro con osservazione ad ogni salva. **77.** soft ~ (combustion with a deficiency of air) (*glass mfg.*), fiamma riducente. **78.** supporting ~ (*milit.*), tiro d'appoggio. **79.** to adjust ~ (*artillery*), aggiustare il tiro. **80.** to catch ~ (as of a gasoline tank) (*gen.*), prendere fuoco. **81.** to extinguish a ~, estinguere un incendio. **82.** to light the ~ (as in a furnace), accendere il fuoco. **83.** to open ~ (*milit.*), aprire il fuoco. **84.** to set on ~ (*gen.*), dar fuoco a, incendiare. **85.** volley ~ (*milit.*), tiro a raffiche.

fire (to) (to set fire to), incendiare. **2.** ~ (to dismiss: as a worker) (Am. colloquial) (*adm.*), licenziare. **3.** ~ (as a gun) (*milit.*), far fuoco, sparare. **4.** ~ (to launch a rocket or missile) (*rckt.*), lanciare. **5.** ~ (to launch a torpedo as from a torpedo tube) (*navy expl.*), lanciare. **6.** ~ (to be properly timed: of an i c engine) (*mot.*), essere in fase. **7.** ~ (to start up an i c engine) (*mot.*), avviare, mettere in moto. **8.** ~ a torpedo (*navy*), lanciare un siluro.

firearm, arma da fuoco. **2.** repeating ~ (*ordnance*), arma da fuoco a ripetizione.

fireball (the luminous ball-shaped cloud produced by a nuclear explosion or a ball lightning) (*nuclear expl. - meteor.*), globo di fuoco. **2.** ~ (bolide) (*astrophysics*), meteora, stella cadente.

fireboat (*naut.*), battello antincendio.

firebolt, *see* thunderbolt.

firebox (as of a boil.), focolaio, focolare. **2.** ~ crown (of a steam locomotive) (*railw.*), cielo del focolaio. **3.** ~ foundation (of a steam locomotive) (*railw.*), portafocolaio. **4.** ~ rear plate (of a steam locomotive) (*railw.*), placca posteriore del focolaio.

firebrick (as for furnaces) (*ind.*), mattone refrattario. **2.** ~ lining (as of a furnace) (*bldg.*), rivestimento in mattoni refrattari.

fireclay (*geol. - metall.*) (Brit.), argilla refrattaria, terra refrattaria.

"firecoat" (caused by the action of fire on metals) (*metall.*), ossidazione termica superficiale.

firecracker (for noise) (*expl.*), petardo.

firedamp (mine gas) (*min.*), grisou. **2.** ~ detector (*min. instr.*), grisoumetro, rivelatore di grisou.

firedog (andiron) (*bldg.*), alare.

fire-fighting (*a. - antifire*), antincendio.

fireman (antifire worker), pompiere, vigile del fuoco. **2.** ~ (stoker), fuochista.

fireplace (as for cooking) (*bldg.*), focolare. **2.** ~ (as for heating) (*arch.*), caminetto. **3.** ~ (open air cooking), (*impl.*), "barbecue". **4.** ~ throat (*bldg.*), imbocco della gola del camino.

fire-polish (to) (to make glass smooth, rounded or glossy by reheating in a fire) (*glass mfg.*), ribruciare.

fire-polishing (*glass mfg.*), ribruciatura.

firepot (holding the fire) (*furnace*), fornello, grata (o griglia) del focolare.

fireproof (as of materials) (*a.*), incombustibile. **2.** ~ material (*antifire safety*), sostanza incombustibile. **3.** ~ oil (*elect. - chem. ind.*), olio incombustibile, "apirolio".
fireproof (to) (*antifire safety*), rendere incombustibile.
fire-retardant (*a. - antifire*), ignifugo. **2.** ~ paint (*bldg. - ship - etc.*), pittura ignifuga.
firestone (refractory stone or rock) (*min. - refractory*), pietra refrattaria.
fire-tube (as of a boil.) (*a. - boil.*), a tubi di fiamma, a tubi di fumo.
firewood, legna da ardere.
fireworks, fuochi artificiali.
firing (*artillery*), tiro. **2.** ~ (of firearms), sparo. **3.** ~ (*ceramics*), cottura. **4.** ~ (of a blasting charge) (*min. - etc.*), brillamento. **5.** ~ (as of a furnace) (*comb.*), accensione. **6.** ~ (of a torpedo) (*navy expl.*), lancio. **7.** ~ (dismissal, as of an employee) (*pers. management*), licenziamento. **8.** ~ (of the charge in an i.c. engine cylinder) (*mot.*), accensione. **9.** ~ (overheating, as of a bearing) (*mech.*), surriscaldamento. **10.** ~ (as of a cathode tube, a gas discharge tube etc.) (*elics.*), accensione. **11.** ~, *see also* fuel. **12.** ~ angle (angle of fire) (*artillery*), angolo di tiro. **13.** ~ angle (ignition angle) (*eng.*), angolo di accensione. **14.** ~ charge (*expl.*), innesco. **15.** ~ data (*milit.*), dati di tiro. **16.** ~ electrode (as of a gas switch) (*radio*), elettrodo di sganciamento. **17.** ~ ground (*milit.*), campo di tiro, poligono, balipedio. **18.** ~ order (as in a multicylinder gas engine) (*mot.*), ordine d'accensione. **19.** ~ pin (as of firearms), percussore, percuotitoio. **20.** ~ point (as of a gas switch) (*radio*), punto (o tensione) di ionizzazione (o di sganciamento). **21.** ~ practice (*milit.*), esercitazioni di tiro. **22.** ~ table (ordnance) (*milit.*), tavola di tiro. **23.** ~ tube (of expl.) (*milit.*), innesco. **24.** quarter ~ (*milit.*), tiro per settori. **25.** static ~ (as for measuring the thrust) (*rckt. eng. test*), prova di punto fermo.
firkin (measure of capacity, 9 Imperial gallons) (*meas.*), firkin, misura di capacità di 40,91 litri.
firm (solid) (*a. - phys.*), solido. **2.** ~ (company) (*n. - comm.*), ditta. **3.** ~ (not subjected to revision or to change in price) (*a. - comm. - etc.*), definitivo, stabile. **4.** building contracting ~ (*comm.*), impresa edile.
firmament (*astr.*), firmamento.
firmer (*t.*), scalpello (o sgorbia, od utensile similare). **2.** ~ chisel (*woodworking t.*), scalpello comune.
firmware (a microprogram implemented as by a "ROM" storage) (*comp.*), microprogrammazione, istruzioni microcodificate.
firn (in skiing) (*sport*), neve granulosa.
first (*gen.*), primo. **2.** ~ aid (*med.*), pronto soccorso. **3.** ~ bower anchor, *see* best bower anchor. **4.** ~ breaker (*text. mach.*), carda in grosso, carda di rottura. **5.** ~ class (of passenger vessel accomodation) (*naut.*), prima classe. **6.** ~ class lever (*theor. mech.*), leva di primo grado. **7.** ~ floor (*bldg.*) (Brit.), primo piano. **8.** ~ floor (*bldg.*) (Am.), piano terreno. **9.** ~ futtock (*shipbuild.*), primo scalmo. **10.** ~ mate (*naut.*), primo ufficiale di coperta. **11.** ~ officer (copilot) (*aer.*), primo ufficiale di bordo, copilota, comandante in seconda. **12.** ~ preparation (*gen.*), preliminari. **13.** ~ run (of a film) (*m. pict.*), prima visione. **14.** ~ spinning (of fibers) (*text. ind.*), torcitura.
first-generation (obsolete) (*a. - comp.*), della prima generazione, di tipo superato.
first in, first out ("FIFO", a method of inventory) (*accounting*), dentro il primo, via il primo. **2.** ("FIFO": in a dynamic structure of data) (*comp.*), primo dentro, primo fuori.
firstmate (chief mate in Brit.), (first officer in Am.) (*naut.*) (Brit.), primo ufficiale di coperta.
firth (of a river) (*geogr.*), estuario.
fiscal (*law*), fiscale. **2.** ~ (revenue stamp) (*n. - philately*), marca da bollo. **3.** ~ year (*comm. - adm.*), esercizio.
fish (*fishing*), pesce. **2.** ~ (piece of timber bolted lengthwise as on a mast, in order to strengthen it) (*naut.*), lapazza. **3.** ~ (fishplate) (*gen.*), *see* fishplate. **4.** ~ (purchase) (*naut.*), *see* purchase. **5.** ~ boom (boom used for fishing the anchor) (*naut.*), boma per traversare (l'ancora). **6.** ~ glue (*join.*), colla di pesce. **7.** ~ joint (*mech. - carp. - railw.*), giunto a ganasce. **8.** ~ ladder, *see* fishway. **9.** ~ net (used for camouflage) (*milit.*), rete per mimetizzazione. **10.** ~ screen (as in a power plant) (*hydr.*), rete di protezione contro i pesci. **11.** ~ tail (V - shaped cavity as formed at the end of the piece during hot rolling) (*rolling defect*), cavità a V.
fish (to) (the anchor) (*naut.*), traversare. **2.** ~ (*sea ind. - sport*), pescare. **3.** ~ (to strengthen a mast with a fish) (*naut.*), lapazzare. **4.** ~ (as rods from a well) (*oil drilling*), pescare. **5.** ~ (to install the fishplates) (*railw.*), applicare le ganasce, applicare le stecche, "steccare".
fishback (piece of thin rope for aiding in hooking the anchor fluke) (*naut.*), lenza.
fish-bar (*railw.*), *see* fishplate.
fishbed (*geol.*), strato ricco di fossili di pesci.
fishbolt (*mech.*), bullone per giunto a ganasce, chiavarda.
fisher (man) (*fishing*), pescatore. **2.** ~ (vessel) (*naut. - fishing*), peschereccio.
fisherman (man) (*fishing*), pescatore. **2.** ~ (ship) (*naut. - fishing*), peschereccio.
fisheye (blemish as on the finish coat of an aut. body usually of a circular and opalescent character) (*paint. - paper - etc.*), occhio di pesce. **2.** ~ lens (wide angle lens) (*phot.*), obiettivo grandangolare a 180°, "fisheye".
fish-finder (electroacous. apparatus) (*fishing*), sonar per pesca.
fishhook (*fishing t.*), amo.
fishing (*sea ind. - sport*), pesca. **2.** ~ (connection of railw. rails) (*railw.*), steccatura, collegamento a

stecche. **3.** ~ (recovery: as of rods in oil-well drilling) (*min.*), pescaggio. **4.** ~ boat (*naut.*), peschereccio. **5.** ~ line (*sport*), lenza. **6.** ~ net (*naut.*), rete da pesca. **7.** ~ reel (*sport*), mulinello da pesca. **8.** ~ rod (*sport*), canna da pesca. **9.** ~ smack (*naut.*), piccolo battello da pesca. **10.** ~ space (plane and vertical part of a rail) (*railw.*), gambo di rotaia. **11.** ~ tool (as for recovering dropped rods in oil-well drilling) (*min. t.*), pescatore, ricuperatore. **12.** ~ vessel (*naut.*), peschereccio. **13.** deep-sea ~ (*naut.*), pesca di alto mare, pesca d'altura.

fishplate (fish-bar) (*mech. - carp. - railw.*), stecca a ganascia, stecca per giunto a ganasce. **2.** angle ~ (*railw.*), stecca angolare.

fishtail (*a. - gen.*), a coda di pesce. **2.** ~ (V-shaped cavity at the end of a part during hot rolling) (*n. - metall. defect*), coda di pesce. **3.** ~ bit (*min. t.*), scalpello a coda di pesce.

fishway (*hydr. - zoology*), scala dei pesci.

fishy (abounding in fish) (*a. - fishing*), pescoso.

fissile (*a. - atom phys.*), *see* fissionable. **2.** ~ material (as for nuclear reactors) (*atom phys.*), materiale fissile (suscettibile di fissione).

fission (cleaving) (*gen.*), scissione. **2.** ~ (*atom phys.*), fissione, scissione. **3.** ~ bomb (*atom phys. - expl.*), bomba a fissione. **4.** ~ energy (*atom phys.*), energia di fissione. **5.** ~ fragments (*atom phys.*), frammenti di fissione. **6.** ~ fuel, *see* nuclear fuel. **7.** ~ products (*atom phys.*), prodotti della fissione. **8.** ~ threshold (*atom phys.*), soglia di fissione. **9.** fast ~ (*atom. phys.*), fissione veloce. **10.** nuclear ~ (*atom phys.*), fissione nucleare, scissione nucleare. **11.** spontaneus ~ (*atom phys.*), fissione spontanea.

fission (to) (*atom phys.*), fissionare.

fissionability (*atom phys.*), fissionabilità.

fissionable (fissile, as of uranium or plutonium) (*atom phys.*), fissile. **2.** ~ atom (*atom phys.*), atomo fissile.

fissure, fessura, screpolatura. **2.** ~ (*mas.*), cretto. **3.** ~ (*geol.*), spaccatura.

fit (suitable) (*a. - gen.*), adatto, idoneo. **2.** ~ (made fit, adapted) (*gen.*), adattato. **3.** ~ (for service) (*milit.*), abile, idoneo. **4.** ~ (as of contacting mech. parts) (*mech.*), accoppiamento. **5.** ~ (mech. adjustment in shape, size etc.) (*mech.*), aggiustaggio meccanico. **6.** ~ for spinning (*text. ind.*), filabile. **7.** clearance ~ (*mech.*), accoppiamento libero (senza interferenza). **8.** close ~ (*mech.*), accoppiamento preciso. **9.** close running ~ (*mech.*) (Brit.), accoppiamento libero normale. **10.** coarse clearance ~ (*mech.*) (Brit.), accoppiamento libero grossolano. **11.** drive ~ (*mech.*), accoppiamento bloccato alla pressa. **12.** easy push ~ (*mech.*) (Brit.), accoppiamento preciso di scorrimento. **13.** extra light drive ~ (*mech.*) (Brit.), accoppiamento bloccato alla pressa (extra-leggero). **14.** extra slack running ~ (*mech.*), (Brit.), accoppiamento extra libero amplissimo. **15.** force ~, *see* drive fit. **16.** free ~ (*mech.*) (Am.), accoppiamento libero largo. **17.** heavy drive ~ (*mech.*) (Am.), accoppiamento bloccato forzato alla pressa (a caldo o sotto zero). **18.** heavy keying ~ (*mech.*) (Brit.), accoppiamento bloccato serrato. **19.** hot force ~ (*mech.*), accoppiamento bloccato a caldo. **20.** hot-water ~ (hot force fit) (*mech.*), accoppiamento bloccato a caldo. **21.** interference ~ (*mech.*), accoppiamento con interferenza, accoppiamento fisso, accoppiamento stabile. **22.** light drive ~ (*mech.*) (Brit.), accoppiamento bloccato alla pressa (leggero). **23.** light keying ~ (*mech.*) (Brit.), accoppiamento bloccato leggero. **24.** loose ~ (*mech.*) (Am.), accoppiamento libero amplissimo. **25.** major diameter ~ (for splines, with contact at the major diameter, for centralizing) (*mech.*), accoppiamento sulla superficie di troncatura, contatto sulla superficie di troncatura. **26.** medium drive ~ (*mech.*) (Am.), accoppiamento bloccato alla pressa (leggero). **27.** medium ~ (*mech.*) (Am.), accoppiamento libero normale. **28.** medium keying ~ (*mech.*) (Brit.), accoppiamento bloccato medio. **29.** normal running ~ (*mech.*) (Brit.), accoppiamento libero largo. **30.** press ~ (*mech.*), *see* drive fit. **31.** push ~ (*mech.*) (Brit.), accoppiamento di spinta. **32.** running ~ (*mech.*) (Am.), accoppiamento libero (per organi rotanti). **33.** shrink ~ (*mech.*) (Am.), accoppiamento bloccato forzato a caldo (oppure sotto zero). **34.** side ~ (for splines with contact on the sides of the teeth only) (*mech.*), accoppiamento sui fianchi, contatto sui fianchi. **35.** slack running ~ (*mech.*) (Brit.), accoppiamento libero amplissimo. **36.** sliding ~ (*mech.*), accoppiamento scorrevole, accoppiamento di scorrimento. **37.** snug ~ (no allowance) (*mech.*) (Am.), accoppiamento di spinta (o preciso) ancora montabile a mano. **38.** tight ~ (*mech.*) (Am.), accoppiamento forzato leggero. **39.** transition ~ (with either clearance or interference without exceeding tolerance limits) (*mech.*), accoppiamento incerto, accoppiamento con gioco od interferenza entro i limiti di tolleranza. **40.** tunking ~ (*mech.*) (Am.), accoppiamento stretto di spinta (o interferenza). **41.** wringing ~, *see* tunking fit.

fit (to) (as one conduit into another), imboccare. **2.** ~ (as one mechanical element to another) (*mech.*), aggiustare. **3.** ~ (in soap manufacturing) (*ind.*), trattare. **4.** ~ (to be suitable) (*gen.*), essere adatto a. **5.** ~ a split pin to a nut (*mech.*), incoppigliare un dado. **6.** ~ in (*mech. - carp.*), incassare. **7.** ~ in slot (*mech. - carp.*), alloggiare. **8.** ~ out (*gen.*), allestire. **9.** ~ out (a ship) (*naut.*), armare. **10.** ~ up (*gen.*), preparare. **11.** ~ with a sleeve (as a shaft) (*mech.*), imboccolare.

fitness (property of being fit) (*gen.*), idoneità. **2.** ~ (usefulness) (*gen.*), utilizzabilità, usabilità, impiegabilità.

fittable (capable of being fitted) (*mech.*), aggiustabile.

"fittage" (in the sale of coal) (*comm.*), provvigione, senseria.

fitted (fit) (*mech.*), aggiustato. **2.** ~ (adapted) (*mech.*), adattato, aggiustato.

fitter (*work.*), montatore, aggiustatore meccanico. **2.** ~ (one who assembles finished parts) (*mech. work.*), meccanico montatore, montatore. **3.** ~ (one who fits or adjusts mechanical parts, as in a workshop) (*mech. work.*), meccanico aggiustatore, aggiustatore. **4.** instrument ~ (*mech. work.*), montatore strumentista. **5.** stove ~ (stove setter) (*work.*), fumista.

fitting (correspondence of parts in contact, adjustment etc.) (*mech.*), corrispondenza meccanica di aggiustaggio, aggiustaggio. **2.** ~ (auxiliary part) (*gen.*), accessorio. **3.** ~ (as of electric light installation) (*elect.*), accessorio. **4.** ~ (accessories of a boiler) (*boil.*), accessori. **5.** ~ of iron (mounting of the fittings, as to a door) (*bldg. - carp.*), ferratura. **6.** ~ shop (for assembling finished parts) (*mech.*) (Brit.), reparto montaggio. **7.** ~ up (*mech.*), montaggio. **8.** mast ~ (*naut.*), attrezzatura dell'albero. **9.** pipe ~ (*pip.*), raccordo. **10.** pipe fittings (*pip.*), raccorderia, accessori per tubazioni.

five-unit code (Baudot code) (*telegraphy*) (Brit.), alfabeto a cinque unità.

five-wire system (for elect. distribution) (*elect.*) (Brit.), distribuzione bifase a cinque conduttori.

"FIW" (free in wagon) (*transp. - comm.*), franco vagone.

fix (*navig.*), punto, posizione. **2.** ~ (as of a tail plane to the fuselage in an aer.) (*aer.*), aggiustaggio. **3.** ~ (as of the tailplane in an aer.) (*mech.*) (Brit.), attacco. **4.** ~ (*air navig.*), punto rilevato. **5.** channel ~ (*mech.*) (Brit.), attacco ad U. **6.** cocked hat ~ (fix obtained through three bearings) (*naut. - radio*), punto (determinato) mediante tre rilevamenti. **7.** cross bearings ~ (*naut. - radio*), punto (determinato) con rilevamenti incrociati. **8.** running ~ (intersection of two or more position lines not obtained simultaneously) (*air navig.*), punto ottenuto dopo il trasporto delle linee di posizione. **9.** single-pin claw ~ (as of a wing to the fuselage) (*mech.*) (Brit.), attacco ad uncino a spina unica. **10.** two-pin link ~ (as of a wing to the fuselage) (*mech.*) (Brit.), attacco a due spine articolato.

fix (to) (*mech. - carp.*), fissare. **2.** ~ (as ammonia) (*chem.*), fissare. **3.** ~ (as a negative) (*phot. chem.*), fissare. **4.** ~ (to repair) (*gen.*) (Am.), riparare. **5.** ~ (to place permanently: as a lighting installation), installare. **6.** ~ (as shrouds) (*naut.*), incappellare. **7.** ~ in (to make firm: as a tenon in a mortise) (*mech. - carp.*), incastrare. **8.** ~ in a wall (as a beam) (*bldg.*), incastrare in un muro.

fixation (*chem.*), fissazione. **2.** nitrogen ~ (*chem.*), fissazione dell'azoto.

fixative (of colors) (*paint.*), fissativo.

fixed (*mech. - carp.*), fissato. **2.** ~ (*chem.*), fissato. **3.** ~ (as of a negative) (*chem. - phot.*), fissato. **4.** ~ (that can't be regulated) (*a. - mech. - elect.*) fisso, non regolabile. **5.** ~ beam (*constr. theor.*), trave incastrata. **6.** ~ capital (*finan.*), capitale fisso. **7.** ~ charge (*adm.*), spesa fissa. **8.** ~ condenser (*elect.*), condensatore a capacità fissa, condensatore "fisso". **9.** ~ coordinate system (*aer. - etc.*), sistema di coordinate fisso. **10.** ~ end (of a beam) (*structures*), estremità incastrata. **11.** ~ focus lens (*phot.*), obiettivo a fuoco fisso. **12.** ~ in (*constr. theor. - mech. - build. - carp.*), incastrato. **13.** ~ landing gear (fixed undercarriage) (*aer.*), carrello (di atterraggio) fisso. **14.** ~ light (of a lighthouse) (*naut.*), luce continua. **15.** ~ oil (non volatile) (*chem.*), olio non volatile. **16.** ~ point (opposed to floating point) (*n. - comp.*), virgola fissa. **17.** ~ radial engine, *see* radial engine. **18.** ~ rest (as of a lathe) (*mach. t.*), lunetta fissa. **19.** ~ star (*astr.*), stella fissa. **20.** ~ transmitter (*radio*), trasmettitore fisso. **21.** ~ undercarriage (fixed landing gear) (*aer.*), carrello (di atterraggio) fisso.

fixed-base (as of a digital notation) (*a. - comp.*), con base fissa.

fixed-bed (as a reforming process (*a. - ind. chem.*), a letto fisso.

fixed-field (as a mode of storing data) (*a. - comp.*), a campo fisso.

fixed-focus (of a lens) (*a. - phot.*), a fuoco fisso.

fixed-point (relating to numbers) (*a. - comp.*), a virgola fissa. **2.** ~ representation (*comp.*), rappresentaione a virgola fissa.

fixed-radix (*a. - comp.*), a base fissa. **2.** ~ notation (fixed-radix representation) (*comp.*), notazione (o rappresentazione) a base fissa.

fixed-word (fixed-length word) (*a. - comp.*), con parola (di lunghezza) fissa.

fixer (*n. - chem.*), fissatore.

fixing (*n. - carp. - mech.*), fissaggio. **2.** ~ (*n. - chem.*), fissaggio. **3.** ~ (*n. - phot.*), fissaggio. **4.** ~ (repairing) (*gen.*), riparazione. **5.** ~, *see also* fix. **6.** ~ agent (*chem.*), fissatore. **7.** ~ bath (*phot. - chem.*), fissatore, bagno di fissaggio. **8.** ~ in (*bldg. - mech.*), incastro.

fixture (act of fixing) (*gen.*), fissaggio. **2.** ~ (anything that is firmly fixed in position) (*n. - gen.*), apparecchiatura fissa, elemento fissato sul posto. **3.** ~ (attachment or accessory annexed to a building), installazioni (fisse e mobili). **4.** ~ (device for supporting work in machining or in assembling) (*mech.*), attrezzo, attrezzatura. **5.** assembly ~ (*mech.*), attrezzatura di montaggio. **6.** bathroom ~, apparecchiatura completa per stanza da bagno (scaldabagno, vasca, rubinetteria ecc.). **7.** boring ~ (*mech.*), attrezzo per alesatura. **8.** core ~ (*found.*), attrezzatura per anime. **9.** electric light ~, apparecchi per illuminazione (interruttori, prese di corrente, lampadari, ecc.). **10.** final assembly ~ (*aut. ind.*), attrezzatura di montaggio finale. **11.** go-not go ~ (*mech.*), maschera (di riscontro) passa - non passa. **12.** milling ~ (*mech.*), attrezzo per fresatura. **13.** subassembly ~ (*t.*), attrezzatura per montaggio sottogruppi. **14.** valve seat grinding ~ (*mot. mech.*), attrezzatura per la rettifica delle sedi valvole.

fixtures and fittings (*ind. systems*), installazioni ed accessori.

"FL" (flight level) (*aer.*), quota. **2.** ~ , *see also* focal length, footlambert.

"fl" (floor) (*bldg.*), pavimento. **2.** ~ (fluid) (*phys.*), fluido. **3.** ~ , *see also* flange, flash, flood, flush, flute.

flag (*gen.*), bandiera, bandiera nazionale. **2.** ~ (paving stone) (*road*), pietra da lastrico. **3.** ~ (piece of cardboard or turned rule inserted between types as a warning to the printer that correction or addition is to be made) (*typ.*), rovescio. **4.** ~ (information or identification mark) (*comp.*), segnale, indicatore, indicazione. **5.** ~ at half mast (*milit.*), bandiera a mezz'asta. **6.** ~ of convenience (*naut.*), bandiera di comodo. **7.** ~ station (*railw.*), stazione (a fermata) facoltativa, fermata facoltativa. **8.** ~ stop (*air transp.*), scalo facoltativo. **9.** ~ stop (*railw.*), *see* flag station. **10.** ~ tower (wigwag tower) (*naut.*), torre di segnalazione, semaforo. **11.** admiral's ~ (*naut.*), bandiera ammiraglia. **12.** distress ~ (*naut.*), bandiera di soccorso. **13.** error ~ (*comp.*), segnale di errore. **14.** hand ~ (for signals) (*navy*), bandiera a mano. **15.** mail ~ (*naut.*), bandiera postale. **16.** merchant ~ (*naut.*), bandiera mercantile. **17.** powder ~ (red flag showing the presence of gun powder on board) (*naut.*), bandiera (rossa) denotante esplosivi (a bordo). **18.** quarantene ~ (yellow flag) (*naut.*), bandiera (gialla) di quarantena. **19.** signal ~ (*naut.*), bandiera da segnali. **20.** to fly... ~ (*navy*), battere bandiera... **21.** to hoist the ~ (*naut.*), issare la bandiera. **22.** to strike the ~ (*naut.*), ammainare la bandiera. **23.** triangular ~ (*navy*), guidone. **24.** wigwag ~ (hand signaling flag) (*milit.*), bandiera da segnalazione a mano. **25.** yellow ~ (quarantene flag) (*naut.*), bandiera gialla, bandiera di quarantena.

flag (to) (*road*), lastricare. **2.** ~ (a ship), imbandierare. **3.** ~ (to put an identification mark: as to a datum) (*comp.*), segnalare, marcare.

flagging (of a road), lastrico.

flagman (*work.*), segnalatore (con bandiere).

flagpole, *see* range pole.

flagship (the most important unit of a series of analogous products as of cars, etc.) (*gen.*), ammiraglia. **2.** ~ (*navy*), nave ammiraglia.

flagstaff (*naut.*), asta della bandiera.

flagstone (for paving roads), pietra da lastrico.

flail (an agricultural implement used for threshing grain by hand, consisting of a wooden stick united at one end by a short length of cord to a shorter stick) (*agric. impl.*), correggiato.

flak (antiaircraft artillery) (*airforce - milit.*), antiaerea, difesa antiaerea. **2.** ~ jacket (flak suit, flak vest) (*milit.*), giubbotto antiproiettile.

flake (*gen.*), scaglia. **2.** ~ (steel defect) (*metall.*), fiocco. **3.** ~ , *see* fake 1 ~ . **4.** ~ white (white lead) (*paint.*), biacca olandese. **5.** graphite ~ (*metall.*), grafite lamellare.

flake (to) (*gen.*), sfaldarsi. **2.** ~ (as gun powder) (*phys.*), rendere lamellare, divenire lamellare, sfaldarsi.

flaker (flaking mill) (*agric. mach.*), molino per ridurre in fiocchi.

flaking (as of a rock) (*phys.*), sfaldatura. **2.** ~ (lifting of paint from the underlying surface in the form of scales or flakes) (*paint. defect*), scagliatura, sfaldatura. **3.** ~ (*metall.*), *see* spalling. **4.** ~ off (as of a rock) (*phys.*), sfaldamento.

flaky (as of a rock) (*a. - gen.*), lamellare.

flamboyant (*a. - arch.*), (stile) fiammeggiante. **2.** ~ trefoil (ornamental foliation of three divisions) (*arch.*), trilòbo.

flame, fiamma. **2.** ~ (as of a gas heater) (*comb.*), (fiamma di) spia, fiamma pilota, semprevivo. **3.** ~ arch (*boil. - furnace*), volta del focolare, voltino del focolare. **4.** ~ coating (metal coating) (*mech. technol.*), metallizzazione al cannello. **5.** ~ damper (as of the exhaust system of an aircraft for preventing visual detection) (*aer. mot.*), coprifiamma, parafiamma. **6.** ~ descaling (*metall. - paint.*), *see* flame-cleaning. **7.** ~ hardener (*heat-treat.*), macchina per flammatura, macchina per tempra superficiale con fiamma. **8.** ~ hardening (*heat-treat.*), flammatura, tempra alla fiamma. **9.** ~ reaction, *see* flame test. **10.** ~ rod (flame detector, as in a burner system) (*comb.*), rivelatore di fiamma ad asta. **11.** ~ test (*chem.*), prova alla fiamma. **12.** ~ thrower (*milit. app.*), lanciafiamme. **13.** ~ throwing unit (*milit.*), reparto lanciafiamme. **14.** ~ trap (*mot.*) (Brit.), tagliafiamma, rompifiamma. **15.** cool ~ (produced by hydrocarbon mixtures at 200 to 400°C at pressures slightly above atmospheric; combustion is incomplete, color is blue) (*comb.*), fiamma fredda. **16.** diffusion ~ (long luminous flame with constant rate of radiation in its length; diffusion occurs between adjacent strata of air and gas) (*comb.*), fiamma a diffusione. **17.** induction ~ damper (flame-trap, device for preventing the passage of flame in case of backfire) (*mot.*), tagliafiamma, rompifiamma. **18.** neutral ~ (as of a cutting torch; flame wherein the portion used is neither oxidizing nor reducing) (*mech. technol.*), fiamma neutra. **19.** oxidizing ~ (*chem.*), fiamma ossidante. **20.** pilot ~ (pilot burner, of a gas system) (*comb.*), semprevivo, spia. **21.** reducing ~ (*chem.*), fiamma riducente. **22.** sensitive ~ (gas flame which changes in shape when sound waves fall upon it) (*comb.*), fiamma sensibile.

flame-cleaning (for the removal of scale from a rolled surface in preparation for wire brushing and immediate application of paint) (*metall. - paint.*), decalaminazione alla fiamma, disincrostazione alla fiamma.

flame-cut (to) (*mech. proc.*), tagliare con cannello ossidrico.

flame-harden (to) (*heat-treat.*), flammare, temprare alla fiamma.

flame-hardening (*heat-treat.*), flammatura, tempra alla fiamma.
flameholder (device for assuring permanent combustion) (*jet eng.*), dispositivo di fiamma pilota.
flameout (as of a jet engine) (*mot.*), arresto della combustione.
flameproof (not inflammable) (*a. - gen.*), non infiammabile. **2.** ~ (without sparks: of elect. mach., of elect. app.), antideflagrante. **3.** ~ motor, *see* explosionproof motor.
flame-retardant (for resisting or eliminating the tendency to burn) (*a. - gen.*), antifiamma, ignifugo.
flamethrower (*milit. app.*), lanciafiamme.
flame-trap (induction flame damper) (*mot.*), tagliafiamma, rompifiamma.
flammable (*a. - gen.*), infiammabile.
flanch, *see* flange.
flanch (to) (*bldg.*), inclinare verso l'esterno.
flange (*mech. - pip.*), flangia. **2.** ~ (strengthening external rib) (*mech.*), bordo. **3.** ~ (rib for connection to another piece) (*mech.*), flangia. **4.** ~ (of a "T", "L", "U", iron girder) (*metall. ind.*), ala. **5.** ~ (of a rail) (*railw.*), base, suola. **6.** ~ (molder's tool) (*found. t.*), utensile per formare flange. **7.** ~ (of a wheel of a railw. veh.) (*railw.*), bordino. **8.** ~ coupling (as for shafts) (*mech.*), giunto a flangia. **9.** ~ joint (*pip.*), giunto a flangia. **10.** ~ nut (*mech.*), dado a colletto. **11.** ~ steel (*metall.*), acciaio malleabile, acciaio per caldaie. **12.** ~ union (set of coupling flanges) (*mech.*), accoppiatoio (a flangia), giunto a flangia. **13.** blank ~ (*pip. - mech.*), flangia cieca. **14.** bottom ~ (of an iron girder), ala inferiore. **15.** companion ~ (internally threaded pipe flange) (*pip.*), flangia filettata. **16.** coupling ~ (as of a shafting) (*naut. - etc.*), flangia dell'accoppiatoio. **17.** double ~ (as of a crane wheel) (*mech.*), gola. **18.** fixed ~ joint (*pip.*), giunto a flange fisse. **19.** founder's ~ (*found. t.*), spatola da fonditore. **20.** loose ~ (ring type) (*pip.*), flangia mobile. **21.** loose ~ joint (*pip.*), giunto a flange libere. **22.** spigoted ~ (*pip.*), flangia con centraggio. **23.** welding neck ~ (*pip.*), flangia con colletto per saldatura. **24.** wheel ~ (*railw.*), bordino.
flange (to) (*mech. - pip.*), flangiare. **2.** ~ (to shape the outline of a sheet metal panel) (*sheet metal w.*), bordare. **3.** ~ down (*technol. mech.*), bordare verso il basso. **4.** ~ up (*technol. mech.*), bordare verso l'alto.
flanged (*a. - mech. - pip.*), flangiato. **2.** ~ (externally ribbed for strength) (*mech.*), bordato. **3.** ~ (as a sheet metal component) (*mech. technol.*), bordato. **4.** ~ cap (of a lamp) (*illum.*), attacco ad alette, attacco a baionetta. **5.** ~ hole (*mech.*), foro flangiato.
flange-mounted (as an engine accessory) (*a. - mot. - mech.*), flangiato.
flanger (flanging machine) (*mach.*), bordatrice. **2.** ~ (*work.*), bordatore. **3.** ~ (special plow used for scraping ice and snow from the inside of the rails and providing a clear passage for the wheel flanges) (*railw.*), raschianeve. **4.** snow ~ (*railw.*), *see* flanger.
flanging (*mech. pip.*), flangiatura. **2.** ~ (shaping the outline of a sheet metal panel) (*sheet metal w.*), bordatura. **3.** ~ machine (*mach. t.*), bordatrice. **4.** ~ press (*mach. t.*), bordatrice universale. **5.** ~ test (of a metal tube) (*mech. technol.*), prova di slabbratura, prova di flangiatura. **6.** roller ~ (*sheet metal w.*), bordatura a rulli.
flank (*gen.*), fianco. **2.** ~ (of a gear tooth, bottom part of the tooth) (*mech.*), fianco dedendum. **3.** ~ (of a lathe tool) (*t.*), fianco. **4.** ~ (side in contact: of a screw thread) (*mech.*), fianco di contatto.
flannel (wool fabric) (*text. ind.*), flanella.
flap (*mech. - join.*), piano cernierato. **2.** ~ (pivoted section of a wing: as for modifying the lift) (*aer.*), ipersostentatore, deflettore. **3.** ~ (between tube and beads) (*tire*), nastro di protezione fra i talloni e la camera d'aria. **4.** ~ angle (angle formed by the chord of the moving surface and the chord of the corresponding fixed surface) (*aer.*), angolo di barra dell'ipersostentatore. **5.** ~ gate (one way top hinged valve) (*fluidics*), paratoia che consente una sola direzione di flusso. **6.** ~ tile (a tile partially upcurved as on a corner) (*bldg.*), tegola a bordo parzialmente rialzato. **7.** ~ valve (*mech.*), valvola a cerniera. **8.** balancing ~ (aileron) (*aer.*), alettone. **9.** dive ~ (*aer.*), freno di picchiata, deflettore di picchiata. **10.** double-slotted ~ (for obtaining very short take-off and landing distances) (*aer.*), ipersostentatore a doppia fessura. **11.** drip ~ (strip of fabric for deflecting rain from the envelope of an airship) (*aer.*), gocciolatoio. **12.** extension ~ (*aer.*), ipersostentatore ad uscita, ipersostentatore tipo Fowler. **13.** fowler ~ (*aer.*), ipersostentatore Fowler. **14.** jet ~ (air or gas jets directed on the wing trailing edge) (*aer.*), ipersostentatore a getto. **15.** landing ~ (permitting lower landing speed) (*aer.*), ipersostentatore. **16.** master ~ (of a jet afterburner convergent nozzle) (*aer. mech.*), petalo principale. **17.** plain ~ (*aer.*), ipersostentatore di curvatura, ipersostentatore normale. **18.** recovery ~ (*aer.*), ipersostentatore di richiamata, deflettore di richiamata. **19.** sealing ~ (of a jet afterburner convergent nozzle) (*aer. mech.*), petalo secondario di tenuta. **20.** slotted ~ (*aer.*), ipersostentatore a fessura. **21.** split ~ (*aer.*), ipersostentatore d'intradosso.
flap (to) (to move like the wings of a bird) (*phys.*), sbattere. **2.** ~ (of the blade of a helicopter rotor) (*aer.*), avere il flappeggio, avere il battimento, flappeggiare.
flaperon (control surface used as flap and as aileron) (*aer.*), alettone sostentatore.
"flapover" (vertical succession of frames on the screen) (*telev. defect. - m. pict. defect*), scorrimento verticale.

flapper (rubber valve: as of a pump) (*mech.*), valvola di gomma a ciabatta, ciabatta.

flapping (as of a belt) (*gen.*), sbattimento. **2.** ~ (of a helicopter rotor blade) (*aer.*), sbattimento. **3.** ~ angle (of a helicopter rotor blade) (*aer.*), angolo di sbattimento. **4.** ~ flight (as of birds) (*aer.*), volo remigante.

flare (as of a fireplace) (*bldg.*), cappa del camino. **2.** ~ (*opt.*), interriflessione tra superfici di lenti. **3.** ~ (military signal) (*light*), razzo, segnale luminoso. **4.** ~ (spreading outward) (*gen.*), svasatura. **5.** ~ (excessively bright return on a radarscope) (*radar*), ritorno eccessivamente luminoso, eco eccessivamente luminosa. **6.** ~ (part of the bow of a ship) (*naut.*), tagliamare. **7.** ~ angle (of a horn radiator) (*radar*), angolo di apertura. **8.** ~ ghost (interreflection of lenses) (*opt.*), macchia di riflessione. **9.** ~ gun (flare pistol) (*naut.*), pistola Very, pistola lanciarazzi. **10.** ~ of the tuyere (as of a blast furnace) (*ind. mech.*), svasatura dell'ugello, allargamento dell'ugello. **11.** ~ path (on the ground; indicated by lights) (*aer.*), pista di atterraggio illuminata. **12.** ~ spot (of a negative) (*phot.*), zona velata, zona molto esposta. **13.** light ~ (parachute flare) (*air force - etc.*), razzo illuminante. **14.** parachute ~ (*aer. impl.*), razzo illuminante a paracadute. **15.** solar ~ (*astrophysics*), brillamento solare.

flare (to) (*mech.*), svasare. **2.** ~ (to level the flight path parallel to the ground just before touching land) (*aer.*), richiamare in fase di atterraggio. **3.** ~ up (to flame up) (*gen.*), infiammarsi.

flareback (from a gun) (*firearm*), ritorno di vampa.

flared bottom (as of a hull) (*naut.*), carena stellata.

flare-out (decreasing of the gliding angle in landing) (*aer.*), lenta diminuzione dell'angolo di planata in fase di atterraggio.

flaring (opening outward) (*a. - gen.*), conico, svasato. **2.** ~ (flaming) (*gen.*), fiammeggiante. **3.** ~ grinding wheel (*mech. t.*), mola a tazza conica.

flash (as of light) (*phys.*), lampo, sprazzo, bagliore. **2.** ~ (as a sluiceway) (*hydr.*), chiusa. **3.** ~ (rapid evaporation) (*phys.*), evaporazione rapida. **4.** ~ (in drop forging) (*forging*), bava, bavatura, sfrido. **5.** ~ (in resistance welding) (*technol.*), scintillìo. **6.** ~ (quick-spreading flame) (*gen.*), fiammata. **7.** ~ (metal plate formed by molten steel escaping from the gap between the ingot mold and the bottom plate) (*metall.*), bava. **8.** ~ (sudden light) (*phot.*), flash, lampo. **9.** ~ (device for obtaining a sudden light) (*phot.*), flash. **10.** ~ , *see also* flashlight. **11.** ~ back (as into a gas mixture) (*mot. - etc.*), ritorno di fiamma. **12.** ~ boiler (*boil.*), caldaia a rapida vaporizzazione. **13.** ~ bulb (flashbulb) (*phot. - impl.*), lampada per lampo fotografico. **14.** ~ eliminator (as of a machine gun) (*milit.*), parafiamma, coprifiamma. **15.** ~ exposure (flashing, in half-tone photography) (*photomech.*), posa ausiliaria. **16.** ~ gap (between the flash lands) (*forging*), intervallo tra cordoni di bava. **17.** ~ generator, *see* ~ boiler. **18.** ~ gun (flashgun) (*phot.*), flash, dispositivo per flash. **19.** ~ gutter (drop forging) (*technol.*), canale di bava. **20.** ~ hider (of a gun) (*ordnance*), paravampa. **21.** ~ hole (in drop forging) (*technol.*), cavità di sfogo della bava. **22.** ~ lamp (for making halftones) (*photomech.*), lampada per posa ausiliaria. **23.** ~ lamp, *see also* flash bulb. **24.** ~ land (between die impression and gutter) (*forging*), cordone di bava. **25.** ~ line (parting line, on a forging) (*forging*), linea di bava. **26.** ~ period (in painting: period during which the greater part of the more volatile solvents evaporate) (*paint.*), appassimento, fase di appassimento. **27.** ~ point (*phys.*), punto di infiammabilità. **28.** ~ spotting section (*artillery*), sezione rilevamento vampa. **29.** ~ test (of an oil) (*chem.*), prova del punto d'infiammabilità. **30.** ~ time (interval in which solvent can evaporate) (*paint.*), tempo di appassimento. **31.** ~ trimming press (*forging*), pressa sbavatrice. **32.** ~ weight (*forging - found.*), peso dello sfrido. **33.** ~ welding (*mech. technol.*), saldatura a scintillio. **34.** ~ well (*forging*), *see* flash gutter. **35.** ~ wheel (for lifting water) (*hydr. mach.*), ruota a cassetti. **36.** blue ~ lamp (*phot. impl.*), lampada azzurrata per lampo fotografico. **37.** bottom ~ (of an ingot) (*metall.*), bava inferiore. **38.** bounce ~ (*phot.*), lampo indiretto, flash indiretto. **39.** electronic ~ (*phot.*), *see* photoflash unit. **40.** open cup ~ point (*chem.*), punto di infiammabilità in vaso aperto. **41.** Pensky-Martens closed ~ (point) (*chem.*), punto di infiammabilità Pensky-Martens in vaso chiuso. **42.** residual ~ (*forging*), residuo di bava.

flash (to) (to emit gleams: as of a luminous signal), lampeggiare, produrre lampi. **2.** ~ (glass manufacturing) (*ind.*), placcare, applicare un sottile strato di vetro diversamente colorato.

flashback (recession of a flame back: as into a torch) (*comb.*), ritorno di fiamma. **2.** ~ (a reminiscence that causes an interruption of the chronological sequence of events) (*telev. - m. pict.*), scena relativa ad eventi temporalmente precedenti.

flashboard (flushboard: as above the summit of an irrigation overfall) (*hydr.*), elemento (mobile) di rialzo della soglia.

flashbulb (bulb filled by comb. material for photoflash) (*phot.*), lampada (a comb.) per lampo fotografico.

flashcube (for flashlight pictures) (*phot.*), cuboflash.

flash-dry (to) (as of granular items in warm air) (*chem. ind. - agric.*), essicare (o essiccarsi) rapidamente.

flashed (covered with a thin layer) (*glass ind.*), placcato.

flasher (direction indicator lamp) (*aut.*), lampeggiatore. **2.** ~ (flash boiler) (*boil.*), caldaia a rapida vaporizzazione. **3.** ~ (*elect.*), *see also* flashlight. **4.** self-cancelling ~ (as of a turning indicator) (*aut.*), lampeggiatore ad estinzione automatica.

flash-guard (barrier of refractory material: in circuit breakers) (*elect.*) (Brit.), paravampate, parafiamme.
flashgun (*phot.*), *see* flash gun.
flashing (blinking, of light) (*opt.*), lampeggio. **2.** ~ (between intersections of roof surfaces) (*bldg.*), conversa. **3.** ~ (sparking, as on a dynamo commutator) (*elect.*), scintillìo. **4.** ~ (for warning) (*aut.*) (Am.), lampeggiamento. **5.** ~ (applying a thin layer of opaque or colored mass to the surface of clear glass or vice-versa) (*glass mfg.*), placcatura, "doublage", incamiciatura. **6.** ~ (of a liquid) (*phys.*), vaporizzazione. **7.** ~ (reheating of glass to restore plastic condition) (*glass mfg.*), riscaldo. **8.** ~ (*photomech.*), *see* flash exposure. **9.** ~ (*paint. defect*), sfiammatura, fiammeggiamento. **10.** ~ (lap joint) (*plumbing*), giunto a sovrapposizione. **11.** ~ allowance (burn-off in flash welding: allowance in stock length for the metal lost in flashing) (*mech. technol.*), sovrametallo (consumato) per scintillìo. **12.** ~ lamp (*m. pict.*), lampada per la registrazione fotografica del suono col sistema a densità variabile. **13.** ~ light, *see* flashlight. **14.** ~ point, *see* flash point. **15.** ~ time (in flash welding) (*welding*), tempo di scintillìo.
flashless (of firearms) (*a. - milit.*), a vampa smorzata.
flashlight (bright light) (*phot.*), lampo di luce artificiale, lampo di flash. **2.** ~ (powder) (*phot.*), polvere per produrre lampi di luce artificiale, polvere di "magnesio". **3.** ~ (intermittent light used for signals) (*sign.*), lampeggiamento. **4.** ~ (portable electric light) (*elect. impl.*), torcia (elettrica). **5.** ~ (revolving light, as of a lighthouse) (*naut.*), lampi di luce intermittente.
flashline (*forging defect*), linea di bavatura, traccia di bavatura.
flash-off (the rapid evaporation of thinners) (*paint.*), appassimento.
flashover (*elect.*), scarica elettrica. **2.** ~ voltage (*elect.*), tensione di innesco della scarica.
flashtube (*elics. - lamp*), lampeggiatore con scarica in xeno o cripton.
flask (*chem. impl.*), bévuta, pallone. **2.** ~ (*found.*), staffa. **3.** ~ (vessel), fiasco, bottiglia. **4.** ~ (flat bottom) (*chem. impl.*), matraccio. **5.** ~ molding machines (*found. mach.*), formatrici per staffe. **6.** ~ pins (*found.*), perni, spine (della staffa). **7.** distilling ~ (*chem. impl.*), pallone per distillazione. **8.** fabricated ~ (*found.*), staffa in lamiera saldata. **9.** filter ~ (*chem. impl.*), bévuta per filtrare (alla pompa). **10.** flat-bottomed ~ (*chem. impl.*), pallone a fondo piatto, matraccio. **11.** Florence ~ (glass container covered with plaited straw) (*wine container*), fiasco. **12.** four-part ~ (having two cheeks) (*found.*), staffa a due fasce. **13.** fractional distillation ~ (*chem. impl.*), pallone per distillazione frazionata. **14.** known volume ~ (*chem. impl.*), pallone tarato. **15.** loose ~ (*found.*), falsa staffa. **16.** pop-off ~ (*found.*), *see* slip flask. **17.** round-bottomed ~ (*chem. impl.*), pallone a fondo sferico. **18.** slip ~ (vertically removable from the mold) (*found.*), staffa a smottare, staffa estraibile. **19.** snap ~ (hinged flask removable from the mold after completion) (*found.*), staffa a smottare, staffa matta, staffa a cerniera, staffa apribile. **20.** suction ~ (*chem. impl.*), bèvuta di aspirazione. **21.** tapered ~ (*found.*), staffa conica, staffa con sformo interno. **22.** tapered slip ~ (*found.*), staffa estraibile con sformo interno. **23.** three-part ~ (having one cheek) (*found.*), staffa ad una fascia. **24.** washing ~ (*chem. impl.*), spruzzetta.
flat (*a.*), piano, piatto. **2.** ~ (*n.*), piano. **3.** ~ (without gloss) (*a. - paint.*), opaco. **4.** ~ (free from shine) (*a. - phys.*), non lucido, "matto". **5.** ~ (uniform in color) (*paint.*) (Am.), uniforme. **6.** ~ (as of an aut. tire), sgonfio. **7.** ~ (flat boat) (*naut.*), chiatta. **8.** ~ (shoal) (*sea*), bassofondo. **9.** ~ (of a sail) (*a. - naut.*), teso. **10.** ~ (of a picture) (*phot.*), piatto, senza rilievo. **11.** ~ (of a sound) (*music*), bemolle. **12.** ~ (of carding mach.) (*text. ind.*), cappello. **13.** ~ (floor, story) (*bldg.*), piano, appartamento. **14.** ~ (flat roof) (*arch.*), tetto piano, tetto a terrazza. **15.** ~ (rolled metal bar the cross section of which is rectangular and uniform) (*metall. ind.*), largo piatto, piatto, barra piatta. **16.** ~ (flatcar) (*railw.*), pianale. **17.** ~ (depressed, as a market) (*comm.*), basso. **18.** ~ (straight edge of a cutting tool) (*n. - t.*), spigolo di taglio rettilineo. **19.** ~ (plane reflector) (*n. - opt.*), riflettore piano. **20.** ~ (as about the response of a transducer) (*a. - elics.*), piatto. **21.** ~ (without contrast) (*a. - phot.*), piatto, senza contrasto. **22.** flats (papers supplied in flat sheets) (*paper mfg.*), carte piane, carte stese. **23.** "flats" (size across flats, of a nut) (*mech.*), larghezza, apertura di chiave. **24.** ~ arch (*arch.*), piattabanda. **25.** ~ back (of a book) (*bookbinding*), dorso piatto. **26.** ~ band (*mech.*), bordino. **27.** ~ bar iron (*metall. ind.*), ferro piatto. **28.** ~ bottom boat (*naut.*), imbarcazione a fondo piatto. **29.** ~-bottomed (*naut.*), a fondo piatto. **30.** ~ chisel (*t.*), scalpello piatto. **31.** ~ coat, *see* filler coat. **32.** ~ cost (cost of direct labor and material only) (*comm. - ind.*), solo costo di mano d'opera diretta e materiale. **33.** ~ dome (*arch.*), cupola a sesto ribassato. **34.** ~ filament lamp (*elect.*), lampada con filamento a nastro. **35.** ~ gauge (*instr.*), calibro piatto. **36.** ~ key (*mech.*), chiavetta piana. **37.** ~ out (at top speed) (*aut.*), a tutta velocità, "a tavoletta". **38.** ~ piston (*mech.*), stantuffo a disco. **39.** ~ proofs (rough proofs, in contrast to press proofs) (*print.*), bozze in colonna. **40.** ~ rate (in electric power selling: the same rate for light, power and heating) (*elect. comm.*), tariffa per uso promiscuo. **41.** ~ rate (*financial*), tasso forfettario. **42.** ~ rate (flat price, not varying from a fixed amount) (*comm.*), prezzo a forfait. **43.** ~ rate remuneration (*work.*), retribuzione forfettaria. **44.** ~ seat (as of a valve)

(*mech.*), sede piana. **45.** ~ silver (*domestic impl.*), posateria d'argento, argenteria. **46.** ~ space (Euclidean space) (*astron.*), spazio piatto. **47.** ~ spin (*aer.*), vite piatta. **48.** ~ spring (*mech.*), molla a lamina. **49.** ~ tire (as of aut.), pneumatico a terra, "gomma" a terra. **50.** ~ trowel (*impl.*), spatola. **51.** ~ twin (two horizontal cylinder mtc. mot.) (*mtc. mot.*), motore a due cilindri orizzontali contrapposti. **52.** nut ~ (rolled bar from which nuts are obtained) (*metall. ind.*), piatto per dadi. **53.** round-edged ~ (*metall. ind.*), piatto a spigoli arrotondati, barra piatta a spigoli arrotondati. **54.** sharp-edged ~ (*metall. ind.*), piatto a spigoli vivi, barra piatta a spigoli vivi. **55.** to strip the ~ (of a carding mach.) (*text. ind.*), spazzare il cappello.

flat (to) (as a sheet) (*mech.*), spianare. **2.** ~ (to remove gloss) (*paint.*), rendere opaco, togliere la brillantezza. **3.** ~ (to lower a sound in pitch) (*acous.*), abbassare l'altezza.

flatbed (of a truck body: platform type) (*n. - aut.*), veicolo a pianale (senza sponde).

flatboat (*naut.*), imbarcazione a fondo piatto, chiatta.

flat-bottomed (as of a ship) (*a. - naut.*), a fondo piatto.

flatcar (*railw.*), pianale, carro senza sponde.

flat-compound (to) (*electromech.*), aggiungere una eccitazione in serie alla eccitazione in parallelo.

flatiron (*domestic impl.*), ferro da stiro.

flatness (of a machined surface) (*mech.*), planarità. **2.** ~ (*paint.*), opacità. **3.** ~ (*phot.*), mancanza di contrasto, piattezza.

flat-out (full-accelerated: of a mtc. mot.) (*a. - mtc. slang*), a tutto gas.

flat-slab construction (reinforced concrete floor: without beams) (*bldg.*), solaio autoportante.

flat-square (said of a cathode tube) (*a. - telev.*), ad angoli appiattiti.

flatten (to), appiattire. **2.** ~ (*aer.*), riportare (l'aeroplano) in linea normale di volo. **3.** ~ in sails (*naut.*), bordare le vele. **4.** ~ out (to bring the longitudinal axis of the aer. level with the ground) (*aer.*), richiamare, riportare in linea di volo.

flattened (leveled) (*gen.*), spianato. **2.** ~ rod (as for preventing a tappet from turning) (*mech.*), asta spianata.

flattener (one that flattens iron plates etc.) (*work.*), battilastra. **2.** ~ (flattening or straightening mach.) (*mach. t.*), spianatrice raddrizzatrice.

flattening (leveling), spianatura. **2.** ~ (*forging*), appiattimento. **3.** ~ (deflation, of a tire) (*aut.*), sgonfiamento. **4.** ~ machine (*mach. t.*), macchina per spianare (lamiere), spianatrice. **5.** ~ out (of an aircraft) (*aer.*), ripresa, richiamata. **6.** ~ out (as of a characteristic curve) (*technol. - etc.*), appiattimento. **7.** ~ tool (*forging t.*), "spianetta". **8.** hydraulic ~ (of sheet metal) (*metall.*), spianatura idraulica. **9.** patent ~ (of sheet metal, flattening by stretching) (*metall.*), spianatura mediante stiro.

flatter (drawplate for strips) (*technol. mach.*), trafila per nastri.

flatting (*n. - paint.*), verniciatura non lucida, verniciatura "mat", opacizzazione. **2.** ~ (rolling, of sheet metal) (*metall.*), laminazione. **3.** ~ (sudden failure of an annealed metal sheet or strip when deformed) (*metall. defect*), sfiancamento, cedimento.

"FLAT TOL" (flatness tolerance) (*mech. work*), tolleranza di planarità.

flattop (*navy*), portaerei.

flatways, *see* flatwise.

flatwise (*adv. - gen.*), per piano, di piatto.

flatwork ironer, *see* mangle.

flavor (a property distinguishing various types of quarks and leptons) (*atom phys.*), sapore.

flaw (defect), difetto. **2.** ~ (crack), spaccatura, incrinatura. **3.** ~ (crack: as in a steel bar) (*mech.*), incrinatura. **4.** ~ (*bldg.*), cretto, screpolatura. **5.** ~ (fault in a legal document), errore. **6.** removal of flaws (*metall.*), scriccatura.

flax, lino. **2.** ~ hackling (*text. ind.*) pettinatura del lino. **3.** ~ hackling machine (*text. mach.*), macchina per pettinare il lino. **4.** ~ oil (*ind.*), olio di lino. **5.** ~ spinning (*text. ind.*), filatura del lino. **6.** ~ spreader (*text. mach.*), macchina stenditrice per lino. **7.** ~ tow (*text. material*), stoppa di lino. **8.** raw ~ (*text. material*), lino greggio. **9.** scutched ~ (*text. material*), lino scotolato. **10.** swingled ~ (*text. material*), lino battuto.

flaxseed, *see* linseed.

flay (to) (to remove the skin) (*leather ind.*), scuoiare.

F layer (of ionosphere) (*high atmosphere*), strato F.

flayer (*leather ind. work.*), scuoiatore. **2.** ~ (flanger) (*glass mfg. work.*), bordatore.

flaying (*leather ind.*), scuoiatura.

"fld" (field) (*gen.*), campo. **2.** ~ (fluid) (*phys.*), fluido.

fleck (flake, as in a cast iron structure) (*found.*), fiocco.

flection, *see* flexion.

fleece (of a sheep) (*wool ind.*), vello. **2.** double ~ (long fiber wool) (*wool ind.*), lana di pecore tosate in ritardo. **3.** rough ~ (*wool ind.*), vello ruvido. **4.** shabby ~ (*wool ind.*), vello corto. **5.** tied ~ (as by the South American system) (*wool ind.*), vello legato. **6.** washing ~ (*wool ind.*), vello da lavaggio.

fleet (a naval force or all the warships belonging to a nation) (*navy*), flotta, flotta da guerra. **2.** ~ (as of fishing boats) (*naut.*), flottiglia. **3.** ~ (as of trucks or busses) (*veh.*), parco. **4.** ~ (a group of ships or aircrafts engaged in the same merchant activity) (*navig.*), flotta. **5.** ~ garage (as for public service busses, etc.) (*aut.*), rimessa. **5.** bus ~ (*transp.*), parco (di) autobus.

fleet (to) (to move) (*naut.*), spostare, spostarsi. **2.** ~ (a tackle) (*naut.*), sartiare. **3.** ~ (to induce a cable to slip down of a windlass barrel) (*naut. - mas. -*

etc.), scarrucolare, deviare (un cavo per scarrucolarlo).

flemish bound (brick wall with courses made alternatively of stretchers and headers) (*mas.*), corso di mattoni posti alternativamente per lungo e di testa.

flemish knot (*naut.*), nodo di Savoia.

flesh (to) (to remove flesh etc. from hides) (*leather ind.*), scarnare.

fleshing (of hides) (*leather ind.*), scarnatura. **2.** ~ machine (*leather ind. mach.*), macchina per scarnare.

flettner (flettner tab) (*aer.*), aletta Flettner, flettner. **2.** ~ control (servotab, servocontrol: reducing pilot's effort for moving the plane surfaces under control) (*aer.*), aletta Flettner, aletta compensatrice.

flex (electric cord) (*elect.*) (Brit.), cordoncino elettrico. **2.** ~ (*math.*), flesso. **3.** ~ fatigue life (as in rubber testing) (*rubb. ind.*), resistenza alle flessioni ripetute. **4.** ~ life (as of a tire) (*rubb. ind.*), durata alla flessione.

flex (to) (to bend) (*v.t. - v.i. - gen.*), piegare, piegarsi.

flex-crack (cracks which appear after many flexings) (*elastic material defect*), cricca da flessione ripetuta.

flex-crack (to) (on the surface) (*rubb. testing*), presentare rotture superficiali dovute a flessione ripetuta.

flexed (*a. - gen.*), flesso.

flexibility (*mech.*), flessibilità. **2.** ~ (as of an employee's capacity) (*gen.*), versatilità. **3.** ~ (capability of a film of paint, after drying, to conform itself to movement of its supporting surface without cracking) (*paint.*), flessibilità. **4.** ~ (thermoactivity of a bimetal) (*therm.*), flessibilità (in funzione della temperatura). **5.** cold ~ (as in rubber testing) (*rubb. ind.*), flessibilità a freddo. **6.** low-temperature ~ (as in rubber testing) (*rubb. ind.*), flessibilità a bassa temperatura.

flexible (*a.*), flessibile. **2.** ~ (as of a swivel gun) (*milit.*), brandeggiabile anche sul piano verticale. **3.** ~ cord (for connecting) (*elect.*), cordone. **4.** ~ coupling (*mech.*), giunto elastico. **5.** ~ fiber (*text. ind.*), fibra flessibile. **6.** ~ gunnery (as in an aircraft) (*air force - milit.*), armi brandeggiabili. **7.** ~ harrow (*agric. mach.*), erpice flessibile. **8.** ~ line (as for oil to brakes, or fuel to carburetor etc.) (*aut. - railw. - aer. - etc.*), flessibile, tubo flessibile. **9.** ~ pipe (*mech. - ind. - mot.*), tubo flessibile. **10.** ~ shaft (as of a speedometer) (*mech.*), flessibile, albero flessibile. **11.** ~ shaft machine (as for burring, filing, grinding, polishing, wire brushing etc.) (*shop app.*), motore con albero flessibile. **12.** ~ working hours, "FWH" (*work.*), orario di lavoro flessibile.

flexible-joint (as of a spherical bell-and-spigot ~) (*pip.*), giunto a bicchiere sferico.

flexing (bending) (*gen.*), piegatura, flessione. **2.** ~ test (of a seat cushion) (*aut.*), prova a compressione ripetuta, prova a fatica.

flexion (*mech. - constr. theor.*), flessione.

flexographic (*a. - print.*), flessografico, all'anilina. **2.** ~ printing (flexography, aniline printing, aniline process) (*print.*), stampa flessografica, stampa all'anilina.

flexography (printing process) (*print.*), stampa flessografica, stampa all'anilina.

flexometer (flexibility testing instr.) (*elastic materials*), flessimetro.

flextime (starting and finishing time at worker's choice) (*w. time*), orario flessibile.

flexural (*a. - gen.*), di flessione. **2.** ~ center, *see* shear center. **3.** ~ strength (*constr. theor.*), resistenza alla flessione. **4.** ~ vibrations (*mech.*), vibrazioni flessionali.

flexure (*constr. theor. - mech.*), flessione. **2.** ~ (*geol.*), flessura, piega monoclinale. **3.** lateral ~ (produced by axial compression) (*constr. theor.*), pressoflessione. **4.** permissible ~ (*constr. theor.*), flessione ammissibile. **5.** resistance to stress of ~ (*constr. theor.*), resistenza alla sollecitazione di flessione. **6.** stress of ~ (*constr. theor.*), sollecitazione di flessione.

"flg" (flange) (*pip. - etc.*), flangia.

flick (*gen.*), impulso, colpo.

flicker (*m. pict.*) (Brit.), tremolìo. **2.** ~ (of light) (*opt. - illum.*), sfarfallamento. **3.** ~ effect (*telev.*) (Brit.), tremolio, sfarfallamento di immagine. **4.** ~ frequency (*m. pict.*) (Brit.), frequenza di sfarfallamento. **5.** ~ photometer (*opt. app.*), fotometro a sfarfallamento. **6.** ~ shutter (as of a motion picture projector) (*opt.*), otturatore rotante.

flicker (to) (*telev. - m. pict. - etc.*), sfarfallare.

flickering (film defect during projection) (*n. - m. pict.*), sfarfallìo, tremolìo. **2.** ~ (intermittent: of a light) (*a. - illum. sign.*), intermittente.

flick-knife (with a spring operated blade) (*pocket t.*), coltello tascabile con lama a scatto.

flier (aircraft) (*aer.*), aereo. **2.** ~ (airman) (*aer.*), aviatore. **3.** ~, *see also* flyer.

flies (of theater stage) (*bldg.*) (Brit.), ballatoio di palcoscenico.

flight (*aer.*), volo. **2.** ~ (*air force*), formazione. **3.** ~ (as of a missile), tragitto. **4.** ~ (plate of an endless conveyor) (*transp. app.*), elemento di convogliatore a piastre. **5.** ~ (of steps: between successive landings) (*arch.*), rampa (di scale). **6.** ~ (*naut.*), *see* fly-boat. **7.** ~, *see also* flying. **8.** ~ altitude (*aer.*), quota di volo. **9.** ~ attendant (hostess or steward) (*aer. pers.*), assistente di volo. **10.** ~ bar (in electroplating plant), barra volante. **11.** ~ clearance (authorization to take off from an airfield) (*aer.*), autorizzazione al volo. **12.** ~ computer (*aer. - comp.*), calcolatore (o elaboratore) di volo. **13.** ~ control (of an aer.) (*aer.*), comando degli organi di governo. **14.** ~ control (from ground as by radio) (*aer.*), assistenza al volo. **15.** ~ data recording system (flight recorder) (*aer.*), registratore dei dati di volo, scatola nera. **16.** ~ level (altitude at which an aircraft is flying) (*aer.*), quota (di volo). **17.** ~ line (hangars, ground servicing and parking for planes) (*aer.*), area di parcheggio e manutenzione. **18.** ~ on the cable (*aer.*), volo rimorchiato. **19.** ~ path (*aer.*), traiettoria di volo. **20.** ~ path deviation (due to the wind on an aircraft) (*aer.*), deriva, deviazione della traiettoria di volo. **21.** ~ path recorder (*aer. instr.*), indicatore (registratore) di rotta. **22.** ~ personnel (flying personnel) (*aer.*), personale navigante. **23.** ~ plan (of an aircraft) (*aer.*), piano di volo. **24.** ~ recorder (a device ["black box"] which records the performance of the aircraft referred to particular conditions encountered in flight: cyclical record repeated each thirty minutes) (*aer. crash*), registratore di volo. **25.** ~ simulator (app. for instructing pilots) (*aer.*), simulatore di volo. **26.** ~ strip (*aer. photogr.*), strisciatura fotogrammetrica. **27.** ~ test (*aer.*), prova di volo. **28.** ~ time (*aer.*), durata del volo. **29.** capital ~ (capital outflow, flight of capital) (*financial*), fuga di capitali. **30.** charter ~ (flight made on request of the person to whom the aircraft is let) (*aer.*), volo "charter", volo a domanda. **31.** coasting ~ (of a spacecraft) (*astric.*), volo per inerzia. **32.** cross ~ (of a belt conveyor, to back conveyed material) (*ind. mach.*), traversa di sostegno. **33.** homing ~ (*aer.*), volo guidato di ritorno alla base. **34.** hypersonic ~ (with speeds of more than five times that of sound) (*aer.*), volo ipersonico. **35.** IFR ~ (instrument flight rules) (*aer.*), volo strumentale, volo IFR. **36.** instrument ~ (blind flight) (*aer.*), volo strumentale. **37.** interplanetary ~ (*astrics.*), volo interplanetario. **38.** inverted ~ (*acrobatics*), volo rovescio. **39.** level ~ (*aer.*), volo orizzontale. **40.** maiden ~ (of an aircraft) (*aer.*), primo volo. **41.** noiseless ~ (*aer.*), volo silenzioso. **42.** nonstop ~ (*aer.*), volo senza scali intermedi. **43.** normal ~ (maneuvers for ordinary flying) (*aer.*), volo normale. **44.** normal horizontal ~ (*aer.*), volo normale orizzontale. **45.** orbital ~ (as of a satellite or space vehicle) (*astric.*), volo orbitale, volo in orbita. **46.** practice ~ (*aer.*) (Brit.), volo di allenamento. **47.** scheduled ~ (*aer. transp.*), volo di linea. **48.** skip ~ (as of a rocket missile) (*air force*), volo a impulsi successivi. **49.** soaring ~ (*aer.*), volo planato. **50.** solo ~ (*aer.*), volo isolato. **51.** special IFR ~ (special authorized flight made under IFR conditions) (*aer.*), volo IFR speciale, volo a vista nelle condizioni di volo strumentale. **52.** test ~ (*aer.*), volo di collaudo. **53.** unpowered ~ (as of an artificial satellite or space vehicle not controlled by any power source) (*rckt.*), volo libero. **54.** vertical ~ (*aer.*), volo verticale. **55.** VFR ~ (visual flight rules flight) (*aer.*), volo a vista, volo VFR.

flint (as for lighters), pietrina. **2.** ~ (stone for striking fire) (*min.*), pietra focaia. **3.** ~ (flint-glazed paper, having a hard polished surface) (*paper mfg.*), carta lisciata a pietra, carta rasata. **4.** ~ glass (*glass mfg.*), vetro "flint". **5.** ~ mill (for cement mfg.) (*ind. mach.*), mulino rotativo a ciottoli.

flint-glazing (method of giving paper a hard brilliant polish) (*paper mfg.*), lisciatura a pietra, rasatura.

"FLIP" (floating instrument platform for observations) (*sea meas. equipment*), osservatorio galleggiante.

flip (to) (to turn over) (*gen.*), ribaltare, ribaltarsi.

flip-flop circuit (electronic circuits) (*elics.*), multivibratore bistabile, "flip-flop". **2.** ~ (control device for opening or closing gates, toggle, Eccles Jordan circuit, Eccles Jordan trigger) (*computers*), flip-flop, circuito flip-flop.

flip-flop flag (*comp.*), segnalatore bistabile.

flip-over (overturning) (*gen.*), ribaltamento. **2.** ~ mechanism (as for automatically overturning work) (*mach. t. mech.*), dispositivo di ribaltamento (pezzi).

flipper (swimming), pinna (per nuoto).

flitch (part of a built beam) (*carp. - ironworking*), elemento di trave composta. **2.** ~ (package of veneer sheets) (*join.*), pacco di piallacci. **3.** ~ (iron plate) (*bldg.*), piattabanda di rinforzo. **4.** ~ beam (flitched beam: built-up beam formed of timbers and iron plates) (*bldg.*), trave composta (di legno con anime di ferro: a pacco).

float (*gen.*), galleggiante. **2.** ~ (as of a seaplane) (*aer.*), galleggiante. **3.** ~ (of a carburetor) (*mot. mech.*), galleggiante. **4.** ~ (as of a mercury barometer), punta (in avorio). **5.** ~ (*plastering tool*), "taloccia", pialletto, fratazzo. **6.** ~ (*t.*), lima a taglio semplice. **7.** ~ (*mech.*), gioco assiale. **8.** ~ (distance covered after flattening-out, before the landing of an aircraft) (*aer.*), retta di atterramento, "veleggio orizzontale". **9.** ~ (cold smasher) (*agric. mach.*), frangizolle. **10.** ~ (irrigation trench) (*agric.*), canale di irrigazione. **11.** ~ (phosphate fertilizer) (*agric.*), fertilizzante fosfatico. **12.** ~ (an amount of money for covering small expenses) (*adm.*), fondo cassa. **13.** ~ chamber (as of a carburetor) (*mot. mech.*), vaschetta. **14.** ~ finish (on surfaces of concrete, mortar, plaster; by a float) (*mas.*), frattazzatura, fratazzatura. **15.** ~ gauge (*instr.*), indicatore di livello. **16.** ~ undercarriage (of a seaplane) (*aer.*), castello (travatura) di sostegno dei galleggianti. **17.** ~ valve (*mech.*), valvola a galleggiante. **18.** end ~ (as of a shaft) (*mech.*), gioco assiale. **19.** explosive ~ (*navy*), gavitello antidragante. **20.** outboard stabilizing ~ (of a seaplane) (*aer.*), galleggiante stabilizzatore all'estremità dell'ala. **21.** side ~ (of a seaplane) (*aer.*), galleggiante laterale. **22.** single ~ (of a seaplane) (*aer.*), galleggiante centrale unico. **23.** wing-tip ~ (of a seaplane) (*aer.*), galleggiante all'estremità dell'ala.

float (to) (*naut.*), galleggiare. **2.** ~ (*plastering*), talocciare, fratazzare, piallettare. **3.** ~ (as a bond is-

sue) (*finan.*), lanciare. **4.** ~ in the air, fluttuare nell'aria.
floatation, *see* flotation.
floatboard (vane, of an undershot water wheel) (*hydr.*), paletta.
floated (of a plaster coat) (*a. - mas.*), piallettato, fratazzato, "talocciato".
floater (floating clay beam used to skim floating impurities or control their passage in a furnace) (*glass mfg.*), trave.
floating (*a. - mech.*), oscillante, snodato, flottante. **2.** ~ (*naut.*), galleggiante. **3.** ~ (second coat of plaster) (*mas.*), arricciatura. **4.** ~ (of valves) (*mot.*), sfarfallamento. **5.** ~ (separation of one or more pigments during drying) (*paint. defect*), affioramento. **6.** ~ anchor (*naut.*), *see* sea anchor. **7.** ~ bridge (pontoon bridge) (*civ. eng.*), ponte di barche. **8.** ~ bush (of mot.) (*mech.*), boccola flottante, boccola folle. **9.** ~ capital (*finan.*), *see* circulating capital. **10.** ~ chuck (*mach. t. - mech.*), mandrino flottante. **11.** ~ coupling (*mech.*), giunto flottante. **12.** dock (*naut.*), bacino (di carenaggio) galleggiante. **13.** ~ dry dock, *see* floating dock. **14.** ~ hook (*mech.*), gancio oscillante. **15.** ~ point (*comp.*), virgola mobile. **16.** ~ screed (strip of plaster used as a guide for the thickness of the following coat of plaster) (*mas.*), guida dell'intonaco.
floating-point (having unfixed location point) (*a. - comp.*), a virgola mobile. **2.** ~ representation (*comp.*), rappresentazione numerica e virgola mobile.
floatplane (*aer.*), idrovolante con galleggianti portanti.
floc (flocculent mass, as in a precipitate) (*chem.*), fiocco.
flocculate (*n. - a. - chem.*), fiocculato.
flocculate (to) (*chem.*), flocculare, aggregarsi in fiocchi.
flocculation (of a precipitate) (*chem.*), flocculazione, formazione di fiocchi.
flocculator (*chem. app.*), flocculatore.
floccus (as of wool), fiocco.
flock (group of sheep) (*wool ind.*), gregge. **2.** ~ (floccus: as of wool) (*gen.*), fiocco. **3.** ~ (*chem.*), *see* floc. **4.** ~ paper (a kind of wallpaper treated with an adhesive material and then dusted with fine shreds of wool) (*paper mfg.*), carta vellutata, carta rasata.
flock (to) (to coat a wallpaper with fine shreds of wool) (*paper mfg.*), vellutare.
flog (to) (to remove the loose sand from a casting withdrawn from the mold) (*found.*), disterrare, sterrare, togliere la terra. **2.** ~ (to flap with violence, as a sail) (*naut.*), sbattere violentemente. **3.** ~ (to drive a car badly or hard) (*aut.*) (slang), guidare male.
flogging (rough-dressing of a timber by removing large pieces of material) (*carp.*), sgrossatura. **2.** ~ chisel (large cold chisel) (*found. t.*), (grande) scalpello a freddo per sbavatura.
flong (multiple-layer sheet of paper for making a mold) (*stereotyping*), flan, flano in cartone.
flood (*hydr.*), inondazione. **2.** ~ (of a river), piena. **3.** ~ tide (*sea*), marea montante. **4.** ~, *see* floodlight.
flood (to) (*hydr. - agric.*), allagare, inondare. **2.** ~ (a carburetor) (*mot. - aut.*), ingolfare, invasare. **3.** ~ (*v.t. - min.*), allagare. **4.** ~ (*v.i. - min.*), allagarsi. **5.** ~ (*v.t. - naut.*), allagare.
flooded (of a carburetor: due to overchoking) (*mot.*), ingolfato, invasato. **2.** ~ (inundated) (*hydr.*), inondato. **3.** ~ (as of a mine) (*min.*), allagato. **4.** ~ light (*illum.*), luce diffusa.
floodgate (*hydr.*), paratoia, chiusa.
flooding (inundation) (*gen.*), allagamento. **2.** ~ (of a carburetor: due to overchoking) (*mot.*), ingolfamento, invasamento. **3.** ~ (change of color of a painted surface due to a defective concentration of one of the pigment ingredients) (*paint.*), sfiammatura.
floodlight (projector) (*illum.*), proiettore. **2.** ~ (flood-lighting, as by a projector) (*illum.*), illuminazione con proiettori.
floodlighting (*illum.*), illuminazione con proiettori.
floodometer (*hydr. instr.*), idrometro.
floodplain (flat surface that may be submerged by the flood water) (*hydr.*), golena.
floodwater (water of the flood) (*hydr.*), acqua di piena, acqua di inondazione.
floodway (for diverting flooding) (*hydr.*), scolmatore per acque di inondazione.
floor (bottom of a room) (*bldg.*), pavimento. **2.** ~ (story) (*bldg.*), piano. **3.** ~ (of a dry dock) (*naut.*), platea. **4.** ~ (of a hold) (*naut.*), pagliolo. **5.** ~ (as of prices) (*comm.*), livello minimo. **6.** ~ (floor timber, floor plate) (*shipbuild.*), madiere. **7.** ~ (the structure dividing a building horizontally into stories) (*bldg.*), solaio. **8.** ~ (*aut. constr.*), pavimento, pavimento scocca, fondo. **9.** ~ (of a gallery or drift) (*min.*), suola, piede. **10.** ~ (lower limit, as of wages) (*personnel - etc.*), minimo. **11.** ~ arch (flat slab between floor beams) (*reinf. concr.*), soletta. **12.** ~ board (*shipbuild.*), pannello mobile. **13.** ~ drain (*pip.*), piletta di scarico. **14.** ~ drive (as for a group of mach.) (*mech.*), trasmissione a pavimento. **15.** ~ foundation (*bldg.*), sottofondo del pavimento. **16.** ~ gear change (central change) (*aut.*), cambio a cloche. **17.** ~ height (of a railw. car: vertical distance from the top of the rail to the top surface of the floor) (*railw.*), altezza del pavimento (dal piano del ferro). **18.** ~ joist (*bldg.*), travetto, travicello. **19.** ~ layer (*work.*), pavimentatore. **20.** ~ light (*mas.*), vetrocemento. **21.** ~ line (*bldg.*), filo terra, piano pavimento. **22.** ~ load (calculated to be carried safely when uniformly distributed: lb/sqft) (*constr. theor.*), carico sostenibile dal pavimento, carico uniformemente distribuito per il quale è stato calcolato il

pavimento. **23.** ~ made by tiling (structure), solaio in laterizi. **24.** ~ pan (*aut. constr.*), fondo scocca, sottoscocca. **25.** ~ pan front (*aut. constr.*), fondo anteriore pavimento. **26.** ~ plan (*aut. constr.*), pianta pavimento. **27.** ~ plan (*bldg. draw.*), pianta di un piano. **28.** ~ plate (of a steel ship) (*shipbuild.*), madiere. **29.** ~ polisher (*electrodomestic app.*), lucidatrice per pavimenti, lucidatrice elettrica. **30.** ~ polisher (*work.*), lucidatore di pavimenti. **31.** ~ rough (*bldg.*), sottofondo del pavimento. **32.** ~ sander (*bldg.*), "rasiera", levigatrice per pavimenti. **33.** ~ side sill (*aut. body constr.*), bavetta laterale del fondo. **34.** ~ space (*mach.*), superficie d'ingombro in piano. **35.** ~ sweeper (*app.*) (Brit.), spazzatrice per pavimenti. **36.** ~ timber (of a wooden ship) (*shipbuild.*), madiere. **37.** ~ to ~ time (*mach. t. work*), tempo ciclo, tempo (di lavorazione per ciascun) pezzo. **38.** ~ with free ends (structure) (*bldg.*), solaio liberamente appoggiato. **39.** at ~ level (*bldg.*), a piano pavimento. **40.** built in ~ (structure) (*bldg.*) solaio incastrato. **41.** cant ~ (*shipbuild.*), madiere obliquo, madiere deviato. **42.** charging ~ (as of a cupola furnace) (*found.*), piano di carico, piano di caricamento. **43.** continuous ~ (*shipbuild.*), madiere continuo. **44.** concrete ~ on gravel foundation (*bldg.*), pavimento in calcestruzzo su sottofondo in ghiaia. **45.** ferroconcrete ~ (*bldg.*), solaio (o pavimento) in cemento armato. **46.** fixed ~ (structure) (*bldg.*), solaio incastrato. **47.** floating ~ (supported on a layer of sand or other antivibrating material) (*ind. bldg.*), pavimento (poggiante su strato) antivibrante. **48.** freely supported ~ (structure) (*bldg.*), solaio liberamente appoggiato. **49.** ground ~ (story) (*bldg.*), piano terreno. **50.** ground ~ loose stone foundation (*bldg.*), vespaio. **51.** half ~ (*shipbuild.*), mezzo madiere. **52.** heavy load ~ (*bldg.*), solaio di grande portata. **53.** insulated ~ (by therm. or acoustic material) (*bldg.*), pavimento isolato. **54.** intercostal ~ (*shipbuild.*), madiere intercostale. **55.** iron ~ (structure) (*bldg.*), solaio in ferro. **56.** joisted ~ with steel girders (structure) (*bldg.*), solaio a travicelli con travi portanti in ferro. **57.** metal box ~ (*aer. constr.*), pavimento a struttura scatolata. **58.** parquet ~ (*bldg.*), pavimento in legno. **59.** reinforced concrete and hollow tiles mixed ~ (*bldg.*), solaio in cemento armato e laterizi. **60.** reinforced-concrete ~ (structure) (*bldg.*), solaio in cemento armato. **61.** reinforced-concrete ~ with ribs (structure) (*bldg.*), solaio in cemento armato nervato. **62.** slab and girder ~ (*bldg.*) (Brit.), solaio in cemento armato a soletta nervata. **63.** sound-proof ~ (structure) (*bldg.*), solaio con isolamento acustico. **64.** terra-cotta ~ (*bldg.*), pavimento in terracotta. **65.** tile ~ (*bldg.*), solaio in laterizi. **66.** tile ~ (floor paved with tiles) (*bldg.*), pavimento piastrellato. **67.** wooden beam ~ (structure) (*bldg.*), solaio a travi in legno. **68.** wooden ~ (structure) (*bldg.*), solaio in legno.

flooring (floor) (*bldg.*), pavimentazione. **2.** ~ (material for laying floors) (*bldg.*), materiale da pavimentazione. **3.** brick ~ (*bldg.*), ammattonato, impiantito in mattoni. **4.** concrete ~ (*bldg.*), pavimentazione in cemento. **5.** hollow ~ (*bldg.*), pavimento in laterizi forati. **6.** welded mesh steel ~ (as for ship engine room) (*bldg.*), pavimentazione in griglia d'acciaio saldata. **7.** wood-block ~ (*bldg.*), pavimento a elementi di legno, pavimento a palchetti, "parquet", pavimento a parchetti.

floorwalker (as supermarket employee for preventing theft) (*pers. organ.*), ispettore di reparto.

floppy (flexible) (*gen.*), flessibile. **2.** ~ (plural floppies) (*n.*), *see* ~ disk. **3.** ~ disk (plastic element for storing data on its magnetic coating: diskette) (*comp.*), dischetto, disco flessibile.

florence flask (used in laboratory) (*chem. app.*), pallone.

floriated (as of a column) (*a. - arch.*), con ornamenti floreali.

floss (*found.*), scoria fusa galleggiante. 2. ~ (*text. ind.*), bava serica. **3.** ~ hole (*found.*), apertura per rimuovere le scorie.

flotage (*naut.*), galleggiamento.

flotation (*naut.*), galleggiamento. **2.** ~ (ore separation system), flottazione. **3.** ~ blanket (*min.*), *see* blanket. **4.** ~ cell (or machine) (*min.*), cella di flottazione. **5.** ~ gear (as for a landplane) (*aer.*), dispositivo di galleggiamento, carrello di emergenza per galleggiamento. **6.** froth ~ (*min.*), flottazione mediante schiuma.

flotilla (*naut.*), flottiglia.

flotsam (*naut. law*), rottami galleggianti.

flour (of wheat), fior di farina. **2.** ~ (fine powder), polvere finissima. **3.** ~ dressing (*ind.*), burattamento della farina. **4.** fossil ~ (for rubber, insulating etc.) (*min.*) (Brit.), farina fossile. **5.** potato ~ (*agric. ind.*), fecola di patate. **6.** silica ~ (*ind.*), farina silicea.

flouring (forming of a chalky film on the surface of a painted area) (*paint.*), sfarinamento.

flourmill (*mach.*), mulino per farina.

flow (a stream of fluid) (*gen.*), corrente. **2.** ~ (current: as of fluid) (*hdyr.*), corrente. **3.** ~ (movement: of fluids) (*hydr.*), flusso, moto. **4.** ~ (quantity flowing in a certain time) (*hydr. - ind.*), portata. **5.** ~ (of the metal fibers) (*forging - etc.*), andamento. **6.** ~ (property of a wet paint to flow out and eliminate brush marks, orange peel etc.) (*paint.*), proprietà di distendersi, distensione. **7.** ~ (movement of the raw or semifinished or finished material along the various working places of a factory) (*ind.*), flusso. **8.** ~ (as of electricity) (*ind. - elect.*), passaggio (di corrente). **9.** ~ (sequential flowing of operations) (*comp.*), flusso. **10.** ~ bean (*min. pip.*), *see* flow nipple. **11.** ~ calorimeter (*instr.*), calorimetro a flusso continuo. **12.** ~ chart (diagram showing the flow of materials within a factory) (*ind.*), diagramma schematico del flusso (dei materiali), schema del movimento dei materiali (grezzi e pezzi lavorati). **13.** ~ chart (flow diagram) (*comp.-autom.*), schema (a blocchi) delle operazioni, reogramma, diagramma di flusso, programma schematico. **14.** ~ coating (painting process by pouring) (*paint.*), verniciatura a flusso, verniciatura ad aspersione. **15.** ~ diagram (graphical representation of a sequence of operations) (*ind.*), diagramma (del ciclo) di lavorazione. **16.** ~ distributor (as of a jet engine fuel system) (*mot.*), distributore del flusso. **17.** ~ dynamics (science of the motion of fluids investing bodies as within pipes etc.) (*sc.*), fluodinamica. **18.** ~ hole (*glass mfg.*), *see* throat. **19.** ~ limit (*metall.*), limite di stiramento. **20.** ~ lines (*metall.*), linee di scorrimento. **21.** ~ nipple (for regulating the oil flow in a pipe line) (*min. - pip.*), valvola di regolazione. **22.** ~ number (*thermod. - hydr.*), numero di flusso. **23.** ~ off gate (*found.*), canale di scarico. **24.** ~ of fibers (*metall.*), andamento delle fibre. **25.** ~ process (*glass mfg.*), *see* gob process. **26.** ~ rate (rate of flow) (*hydr.*), portata. **27.** ~ sheet, *see* flowsheet. **28.** ~ texture (*geol.*), *see* fluidal texture. **29.** breakaway of ~ (as of air; in fluids dynamics) (*phys.*), distacco dei filetti. **30.** cold ~ (viscous flow of a solid at ordinary temperature) (*phys.*), scorrimento plastico. **31.** cross ~ (as of a gas turbine) (*a. - mach.*) (Brit.), a correnti incrociate. **32.** heat ~ (*thermod.*), flusso del calore. **33.** information ~ (*comp.*), flusso di informazioni. **34.** laminar ~ (*mech. of fluids*), moto laminare, corrente laminare. **35.** peak rate of ~ (*hydr.*), portata di punta. **36.** steady ~ (*mech. of fluids*), *see* laminar flow. **37.** streamline ~ (*mech. of fluids*), *see* laminar flow. **38.** turbulent ~ (*mech. of fluids*), moto turbolento. **39.** viscous ~ (*mech. of fluids*), *see* laminar flow.

flow (to) (to move) (*hydr. - phys.*), scorrere, defluire, effluire. **2.** ~ in (*gen.*), affluire.

flowability (as of molten metal) (*found. - etc.*), fluidità, scorrevolezza.

flowchart, *see* flow chart.

flow-coating (a coating process by pouring liquid material on a surface) (*technol.*), rivestimento a flusso.

flower (*agric. - etc.*), fiore. **2.** ~ bed (*bldg. - etc.*), aiuola.

flowers of sulphur (*chem.*), fiori di zolfo.

flowingness (*phys.*), fluidità, scorrevolezza.

flowline (flow line of a flow chart) (*comp.*), linea di flusso.

flowmanostat, *see* manostat.

flowmeter (*fluids meas. instr.*) (Am.), flussometro. **2.** ~ (*paint. instr.*), viscosimetro.

flowsheet (*ind.*), illustrazione (disegno o diagramma) del ciclo di lavorazione.

"flox" (fluorine and liquid oxygen, for rockets) (*astric.*), fluoro ed ossigeno liquido, "flox".

"flox" (to) (to fill rocket tanks with flox) (*astric.*), rifornire di fluoro ed ossigeno liquido.

"FLP" (flameproof, said of elect. mach.) (*a. - elect.*), antideflagrante.

"flr", *see* floor.

"flt" (flight) (*aer.*), volo. **2.** ~ (float) (*hydr.*), galleggiante.

"fltg", *see* floating.

flu (influenza) (*med.*), influenza.

fluavil, fluavile (amorphous resin obtained as from guttapercha) (*chem.*), resina gialla amorfa.

fluctuate (to) (as of prices) (*gen.*), oscillare, fluttuare.

fluctuating (oscillating) (*gen.*), fluttuante, oscillante.

fluctuation (*thermion.*), fluttuazione, disturbo neve. **2.** ~ (as of prices) (*comm.*), fluttuazione, variazione.

flue (as for smoke, air etc.) (*ind.*), condotto. **2.** ~ (of a Cornish boiler), focolare tubolare, focolare interno. **3.** ~ (of steam boil.), condotto del fumo. **4.** ~ (*bldg.*), canna fumaria. **5.** ~ boiler (*boil.*), caldaia a focolare interno. **6.** ~ brush (*t.*), scovolo per canne fumarie. **7.** ~ damper (as of a furnace, boiler etc.), valvola di regolazione del fumo. **8.** ~ gas (gaseous products of combustion, as from the furnace of a boiler) (*comb.*), gas della combustione, prodotti gassosi della combustione, fumi. **9.** return ~ (as of boil.), condotto di ritorno.

flueric, *see* fluidic.

fluerics, *see* fluidics.

fluff (as on the edges of the holes of a punched card) (*comp.*), bava, sfilacciatura.

fluff (to) (to remove roughness, from a hide, as in glove making) (*leather ind.*), pomiciare, smerigliare, vellutare.

fluffing (*leather ind.*), pomiciatura, smerigliatura, vellutatura. **2.** ~ machine (*leather ind. mach.*), smerigliatrice, macchina per pomiciare, vellutatrice.

fluid (*phys.*), fluido. **2.** ~ assets (*accounting*), *see* current assets. **3.** ~ bed process (referred to fine powders sustained and raised by a gas stream: as in cracking) (*oil ind. chem.*), processo a letto fluidizzato, fluidizzazione. **4.** ~ coal (pulverized coal) (*comb.*), carbone polverizzato. **5.** ~ die (*mech. app.*), stampo per formatura mediante la pressione di un fluido (tipo hydroforming). **6.** ~ for automatic transmission (*aut.*), olio per cambio automatico. **7.** ~ forming (hydroforming) (*sheet metal w.*), idroimbutitura. **8.** ~ logic, *see* fluidics. **9.** ~ mechanics (*mech. of fluids*), fluidodinamica. **10.** ~ power (energy transmitted and controlled through use of pressurized fluid) (*phys.*), potenza fluida, energia fluida. **11.** brake ~ (*aut.*), liquido per freni. **12.** cutting ~ (for mach. t.), liquido per (il raffreddamento di) utensili da taglio, fluido da taglio. **13.** heat transfering ~ (as in heat pumps) (*therm.*), fluido (circolante) per pompe di calore. **14.** Newtonian ~ (*rheology*), fluido newtoniano, fluido semplice. **15.** non-Newtonian ~ (*rheology), fluido non newtoniano, fluido composto, fluido misto.

fluidal (pertaining to a fluid), fluidale. **2.** ~ texture (*geol.*), struttura fluidale.

fluid-compressed (as steel, compressed while in a fluid state) (*metall.*), compresso allo stato fluido.

fluidic (*a. - fluidics*), fluidico.

fluidics (fluidic control techniques science) (*sc.*), fluidica.

fluidimeter (for measuring fluidity) (*meas. instr.*), fluidimetro, misuratore di fluidità.

fluidity (*phys.*), fluidità.

fluidize (to) (*gen.*), fluidificare.

fluidonics, *see* fluidics.

fluidram (*meas.*), *see* dram.

fluke (part of the arm of an anchor) (*naut.*), patta, orecchio.

flume (channel) (*hydr.*), canale. **2.** ~ (hopper, for the wood pulp water) (*paper mfg.*), tramoggia.

fluoaluminate, fluoalluminato. **2.** sodium ~ (Na_3AlF_6) (*chem.*), criolite.

fluocerite (*min.*), fluocerina.

fluor ($Ca\,F_2$) (*min.*), fluorite.

fluorescein (*chem.*), fluorescina.

fluorescence (*phys.*), fluorescenza. **2.** resonance ~, *see* resonance radiation.

fluorescent (*a. - phys.*), fluorescente. **2.** ~ (*n.*), *see* fluorescent lamp. **3.** ~ lamp (*illum.*), tubo (o lampada) a fluorescenza. **4.** ~ light (*illum.*), luce a fluorescenza. **5.** ~ lighting (*illum.*), illuminazione a fluorescenza. **6.** ~ screen (*phys.*), schermo fluorescente.

fluoridate (to) (to treat with a fluoride) (*chem.*), fluorurare.

fluoridation (treatment with a fluoride) (*chem.*), fluorurazione.

fluoride (*chem.*), fluoruro.

fluoridization (treatment with a fluoride) (*chem.*), fluorurazione.

fluoridize (to) (to treat with a fluoride) (*chem.*), fluorurare.

fluoridizer (*work.*), fluoruratore. **2.** ~ (finishing mixture containing fluorine) (*text. ind.*), miscela fluorurante.

fluorimeter, *see* fluorometer.

fluorine (F - *chem.*), fluoro.

fluorite (*min.*), fluorite.

fluorocarbon (chemically inert compound used for lubricants and plastics) (*chem.*), fluorocarburo.

fluorochemical analysis (*chem.*), analisi per fluorescenza.

fluoroelastomer (*chem. ind.*), fluoroelastomero.

fluorometer (*phys. - app.*), misuratore di fluorescenza, fluorometro. **2.** ~ (as for meas. the X ray intensity) (*phys. instr.*), apparecchio a fluorescenza per misurare l'intensità dei raggi X (od altre radiazioni).

fluorometry (*phys.*), fluorometria.

fluoroplastic (*chem. ind.*), resina fluorurata.

fluoropolymer (*chem. ind.*), polimero di resina fluorurata.

fluoroscope (fluorescent screen used in fluoroscopy) (*med. - ind.*), fluoroscopio.

fluoroscopy (direct observation on a fluorescent screen of a living body by mean of x rays) (*med.*), radioscopia. **2.** ~ (direct detection on a fluorescent screen of cracks, blowholes etc. at the interior of an item: as of a metal casting) (*ind. test*), radioscopia.

fluorotitrimetry (indication of the end point of a definite pH value by the appearance or disappearance of fluorescence) (*chem.*), analisi volumetrica a fluorescenza.

fluorspar (*min.*), spatofluore, fluorite, fluorina.

fluosilicate (silicofluoride) (*chem.*), silicato di fluoro, fluosilicato.

flush (forming a level surface) (*a. - gen.*), a livello, a filo, a paro, a raso. **2.** ~ (with an even surface) (*a. - gen.*), piano. **3.** ~ (at the same level, as the surfaces of two matching parts) (*mech. - etc.*), a paro. **4.** ~ (as of an instr. the front surface of which is at the same level as the panel on which it is mounted) (*a. - instr.*), incassato. **5.** ~ (abrupt flow: as of water) (*hydr.*), getto improvviso. **6.** ~ coat (last waterproofing coat of bitumen compound) (*mas.*), mano terminale di impermeabilizzante. **7.** ~ deck (*naut.*), coperta rasa. **8.** ~ plating (*shipbuild.*), fasciame a paro (con contropezza interna). **9.** ~ tank (*sanitary fitment*), *see* flushing tank. **10.** ~ toilet, *see* water closet. **11.** ~ type (of an instr.) (*instr.*), del tipo da incasso.

flush (to) (to level: as joints) (*mas.*), livellare. **2.** ~ (to wash out with a rush of water) (*ind.*), lavare abbondantemente. **3.** ~ (to make level) (*mech. - etc.*), spianare a livello.

flushboard, *see* flashboard.

flusher (*street mach.*), innaffiatrice.

flush-head (as of a rivet) (*a. - mech.*), a testa piana svasata.

flushing (*hydr.*), flusso. **2.** ~ (of a W.C. app.) (*sanitary fitments*), cacciata. **3.** ~ shaft (*min.*), pozzo di colmata. **4.** ~ tank (flushing cistern as for W.C.) (*sanitary fitments*), cassetta per (o di) cacciata, vaschetta di cacciata.

flush-joint (as of an oil well casing) (*a. - pip.*), a giunto liscio.

flush-mounted (*instr.*), incassato.

flushometer (for water closet) (*pip. app.*), valvola di cacciata.

flush-switch (switch the front surface of which is at the same level as the panel on which it is mounted) (*elect.*) (Brit.), interruttore incassato.

flute, scanalatura. **2.** ~ (*found.*), scanalatura. **3.** ~ (*found. t.*), attrezzo per scanalature. **4.** ~ (the corrugation in corrugated paper or board) (*paper mfg.*), scannellatura. **5.** ~ (as of a twist drill) (*t.*), scanalatura, intaglio, canale di spoglia gola.

flute (to) (as a column) (*arch.*), scanalare.

fluted (*arch.*), scanalato. **2.** ~ column (*arch.*), colonna scanalata. **3.** ~ disk (*mech.*), disco dentato.

fluting (of a column) (*arch.*), scanalatura. **2.** ~ (*geol.*), pieghettatura. **3.** ~ (the forming of longitudinal recesses in a cylindrical part) (*sheet metal w.*), formazione di scanalature longitudinali. **4.** ~ (failure of a metal strip due to excessively small radius of bending) (*metall.*), cedimento alla piegatura, rottura alla piegatura a fondo.

flutter (*gen.*), moto irregolare, vibrazione. **2.** ~ (unstable oscillation arising in any part at a definite critical speed) (*aer.*), vibrazione aeroelastica, "flutter", autovibrazione, vibrazione autoeccitata, sbattimento. **3.** ~ (distortion in sound recording or reproduction as due to mech. vibration of the driving system etc.) (*electroacous. - elics.*), distorsione (del suono). **4.** ~ (fluctuation in the brightness of the image) (*telev.*), fluttuazione della luminosità. **5.** ~ speed (minimum equivalent air speed at which flutter arises) (*aer.*), velocità alla quale si manifestano vibrazioni aeroelastiche, velocità di "flutter". **6.** asymmetrical ~ (*aer.*), vibrazione aeroelastica asimmetrica, sbattimento asimmetrico. **7.** classical ~ (coupled flutter: due only to inertial, aerodynamic or elastic coupling between two or more degrees of freedom) (*aer.*), vibrazione aeroelastica classica, sbattimento classico. **8.** coupled ~, *see* classical flutter. **9.** stalling ~ (flutter occurring near the stalling angle) (*aer.*), sbattimento di stallo, vibrazione aeroelastica di stallo. **10.** symmetrical ~ (*aer.*), vibrazione aeroelastica simmetrica, sbattimento simmetrico.

flutter (to) (as of sail), sbattere (rapidamente). **2.** ~ (*aer.*), vibrare aeroelasticamente.

fluvial, fluviale.

fluviograph (recording a river level) (*hydr. instr.*), idrografo.

fluviometer, *see* fluviograph.

flux (of a vector) (*theor. elect.*), flusso (di un vettore). **2.** ~ (of the tide) (*sea*), flusso. **3.** ~ (quantity of fluid or energy crossing a surface) (*phys.*), flusso. **4.** ~ (substance accelerating fusion added to the charge, as of a cupola) (*found.*), fondente, calcare fondente, castina. **5.** ~ (substance applied for soldering), fondente per saldare, flusso. **6.** ~ (a substance that promotes fusions) (*glass mfg.*), fondente. **7.** ~ (flux oil) (*min.*), flussante, olio di catrame derivante dalla distillazione del petrolio. **8.** ~ block (refractory furnace block used in contact with glass in melting) (*glass mfg.*), blocco fondente. **9.** ~ density (*phys. - elect.*), densità del flusso. **10.** ~ gate (flux valve, instr. giving the direction of the terrestrial magnetic field) (*earth phys.*), flussometro elettronico, rivelatore statico per lo studio del campo magnetico terrestre. **11.** ~ gate compass (*instr.*), tipo di bussola a induzione terrestre. **12.** ~ line (*glass mfg.*), *see* metal line. **13.** ~ oil (for softening asphalt) (*road constr.*), flussante, olio flussante. **14.** ~ tube (*phys.*), linee di flusso. **15.** ~ valve, *see* flux gate. **16.** black ~ (reducing flux) (*metall.*), agente riducente. **17.** electric ~ (*elect.*), flusso elettrico. **18.** leakage ~ (magnetic leakage) (*elect.*), flusso (magnetico) di dispersione. **19.** luminous ~ (*phys.*), flusso luminoso. **20.** magnetic ~ (*elect.*), flusso di induzione magnetica, flusso magnetico. **21.** radiating ~ (*illum. phys.*), flusso radiante. **22.** scanning light ~ (of a motion picture film) (*telev.*), flusso analizzatore. **23.** scanning light ~ (of sound film projector) (*m. pict.*), flusso lettore (o di lettura). **24.** stray ~ (*elect.*), flusso disperso. **25.** total luminous ~ (*illum. phys.*), flusso luminoso totale (o sferico). **26.** upper hemispherical ~ (*illum.*), flusso emisferico superiore.

flux (to) (as of glass) (*phys.*), liquefarsi, fondere, liquefare, fluidificare. **2.** ~ (to treat with ~) (*found.*), trattare con fondente. **3.** ~ (to mix with flux oil) (*asphalt*), flussare.

fluxed (as asphalt) (*road constr.*), flussato.

fluxional texture (*geol.*), *see* fluidal texture.

fluxmeter (for meas. the magnetic flux) (*elect. instr.*), flussometro.

"flx", *see* flexible.

fly, *see* flywheel. **2.** ~ (of a patent log) (*naut.*), elichetta, elica-pesce. **3.** ~ (vane speed governor) (*mech.*), regolatore di giri a pale. **4.** ~ (waste discarded from combing) (*text. ind.*), cascame di pettinatura. **5.** ~ (waste discarded from drawing) (*text. ind.*), cascame di stiro. **6.** ~ anchor, *see* sea anchor. **7.** ~ bomb, *see* robot bomb. **8.** ~ board (board receiving the printed sheets) (*print.*), tavola di raccolta, tavola ricevitrice. **9.** ~ cutter (*t.*) (Brit.), fresa ad un solo tagliente, fresa a taglio unico. **10.** ~ frame (*glass mfg.*), macchina molatrice e lucidatrice. **11.** ~ frame (*text. mach.*), banco a fusi, filatoio. **12.** ~ governor (*mech.*), *see* fly 3 ~. **13.** ~ nut, *see* wing nut. **14.** ~ press (*mach. t.*), pressa a bilanciere, bilanciere.

fly (to) (an airplane) (*aer.*), pilotare. **2.** ~ (in an airplane) (*aer.*), volare. **3.** ~ (to float on an air film, of about 50 microinches height, between a read ing/writing head and the disk surface) (*comp.*), volare (o flottare sul microcuscino d'aria intercorrente tra testina e disco). **4.** ~ a flag (*navy*), battere bandiera. **5.** ~ against the wind (*aer.*), volare controvento. **6.** ~ from an aircraft carrier (*aer.*), decollare da una (nave) portaerei. **7.** ~ head to wind (*aer.*), volare controvento. **8.** ~ over (*aer.*), sorvolare.

flyback (of the cathode ray from the end of one line to the beginning of the next one) (*telev.*) (Brit.), ritorno. **2.** ~ (relating to the second hand of a stopwatch) (*horology*), ritorno a zero (della lancetta contrasecondi). **3.** field ~ (interval in scanning operation) (*telev.*), ritorno di campo.

flyball governor (*mech.*), regolatore centrifugo.

flyboat (fast boat) (*naut.*) (Brit.), barca veloce. **2.** ~ (flat-bottomed vessel) (*naut.*), natante a fondo piatto.

fly-by-night (square sail type) (*naut.*), tipo di vela

quadra. **2.** ~ (as of a business enterprise: unreliable) (*gen.*), non fidabile.

fly-cruise (travel by air and by ship combined in a single fare) (*tourism*), crociera inclusiva di viaggio in aereo.

flyer, flier, aviatore. **2.** ~ (of a spindle) (*text. mech.*), aletta. **3.** ~ (normal step of a straight flight) (*bldg.*), (normale) gradino di rampa di scale.

flying, volo. **2.** ~, *see also* flight. **3.** ~ boat (in which the support on water is formed by the hull) (*seaplane*), idrovolante a scafo. **4.** ~ bomb, *see* robot bomb. **5.** ~ bridge (*naut.*), passerella volante. **6.** ~ bridge (temporary) (*road*), ponte provvisorio. **7.** ~ bridge (the more elevated pilot bridge on a boat having two pilot bridges) (*naut.*), flying bridge, posto di comando alto. **8.** ~ buttress (*arch.*), arco rampante (di spinta). **9.** ~ controls (*aer.*), comandi di volo. **10.** ~ disk (UFO, unidentified flying object) (*aer.*) (Am.), disco volante. **11.** ~ field (*aer.*), campo di aviazione. **12.** ~ flocks (*text. ind.*), cascami volanti. **13.** ~ fortress (*aer.*) (Am.), fortezza volante, quadrimotore da bombardamento pesante. **14.** ~ head (*comp.*), *see* head. **15.** ~ height (of a flying head) (*comp.*), altezza di volo. **16.** ~ machine (*aer.*), macchina volante, aeroplano. **17.** ~ off deck (of aircraft carrier) (*navy*), ponte di lancio, ponte di decollo. **18.** ~ officer (*aer.*), ufficiale imbarcato. **19.** ~ on deck (of aircraft carrier) (*navy*), ponte di atterraggio. **20.** ~ personnel (*aer.*), personale navigante. **21.** ~ rigging (winch suspension, of a balloon) (*aer.*), sartiame di frenatura. **22.** ~ saucer, *see* flying disk. **23.** ~ scaffold (*bldg.*) (Brit.), ponte volante. **24.** ~ shore (horizontal shore) (*bldg.*), puntello orizzontale. **25.** ~ speed (minimum rotation speed for the formation of an air film between the flying head and a disk) (*comp.*), velocità di volo. **26.** ~ speed (minimum speed for supporting the craft in level flight) (*aer.*), velocità minima di sostentamento in volo livellato. **27.** ~ spot (of the light ray scanning the image) (*elics. - telev.*), punto analizzatore. **28.** ~ start (as of a race which starts when the competitors are moving) (*sport - aut.*), partenza lanciata. **29.** ~ time (flight time) (*aer.*), durata del volo. **30.** ~ windmill, *see* helicopter. **31.** ~ wing (*aer.*), apparecchio tuttala. **32.** acrobatic ~ (*aer.*), volo acrobatico. **33.** blind ~ (*aer.*), volo strumentale (o cieco). **34.** instrument ~ (*aer.*), volo strumentale. **35.** pressure-pattern ~ (aerologation) (*air navig.*), navigazione isobarica, aerologazione, volo isobaro.

flyleaf (of a book, blank leaf at the end or beginning) (*print.*), risguardo.

flywheel (*mech.*), volano. **2.** ~ casing (*mot.*) (Brit.), *see* ~ housing. **3.** ~ clutch (as of a punch press) (*mech.*), frizione sul volano. **4.** ~ housing (*mot.*) (Am.), cuffia coprivolano, scatola coprivolano, coppa coprivolano. **5.** ~ lighting (as in a mtc.) (*elect. - mech.*), illuminazione mediante volano generatore. **6.** ~ magneto (for the ignition system as of a motorscooter engine) (*mot.*), magnete-volano. **7.** ~ pit (as of a stationary engine installation) (*mas.*), fossa del volano. **8.** ~ race, *see* flywheel pit. **9.** ~ ring gear (flywheel annulus gear) (*mech. - mot.*), corona dentata del volano. **10.** ~ teeth (as of aut. flywheel) (*mech.*), corona dentata del volano. **11.** fluid ~ (hydraulic coupling) (*mech. - mot.*) (Brit.), giunto idraulico.

"FM" (frequency modulation) (*radio*), modulazione di frequenza.

Fm (fermium) (*chem.*), fermio.

"fm", *see* form.

"FMS" (free-machining steel) (*metall.*), acciaio lavorabile ad alta velocità, acciaio automatico.

"FMVSS" (Federal Motor Vehicle Safety Standard) (*aut.*) (Am.), norma federale sulla sicurezza degli autoveicoli.

"fn", *see* fusion.

f number (f-stop of a lens: ratio between the focal length and the diameter of the diaphragm) (*phot. opt.*), apertura relativa, rapporto focale, numero f.

"FO" (fuel oil, as for furnaces) (*comb.*), olio pesante, nafta da riscaldamento. **2.** ~, *see also* flying officer.

foam, schiuma, spuma. **2.** ~ extinguisher (*fire-fighting app.*), estintore a schiuma. **3.** ~ line (line in tank dividing foam-covered area from clear area) (*glass mfg.*), linea della schiuma. **4.** ~ rubber (*rubb. ind.*), gomma spugnosa, spuma di gomma. **5.** aluminium ~ (obtained by a chemical and weighing up to one seventh of solid aluminium) (*metall.*), schiuma di alluminio, alluminio piuma. **6.** closed cell ~ (type of cellular plastic) (*ind. chem.*), espanso a cellule chiuse. **7.** latex ~ (*rubb. ind.*), schiuma da lattice, gomma spugnosa da lattice. **8.** polystyrene ~ (*chem. ind.*), polistirene espanso, espanso polistirenico. **9.** rigid urethane ~ (*chem. ind.*), espanso uretanico rigido. **10.** syndiotactic ~ (*chem. ind.*), schiuma sindiotattica, espanso isotattico. **11.** urethane ~ (as for padding materials) (*chem. ind.*), espanso uretanico, spugna uretanica. **12.** ~, *see also* expanded plastic.

foam (to) (to form foam) (*gen.*), fare schiuma, schiumare. **2.** ~ (to cover with foam) (*antifire*), coprire con schiuma.

foamed (as rubber) (*a. - chem. ind.*), espanso (*a.*). **2.** ~ in the mould (as rubber) (*chem. ind.*), espanso nello stampo. **3.** ~ part (*chem. ind.*), espanso (*s.*), particolare espanso. **4.** ~ plastic (expanded plastic: lightweight cellular plastic) (*n. - packing - etc.*), espanso, espanso di plastica. **5.** ~ slag (blast furnace slag, for concrete) (*bldg.*), scoria spugnosa.

foaming (producting foam) (*chem.*), produzione di schiuma. **2.** ~ (dragging of foams in a boiler) (*boil.*), formazione di schiuma. **3.** ~ (foaming process, as of polyurethane) (*chem. ind.*), espansione, processo di espansione. **4.** ~ agent (*chem.*),

agente schiumogeno. **5.** ~ process (as for rubber) (*chem. ind.*), procedimento di espansione.
foaming-agent (*chem. - etc.*), schiumogeno.
foamy (*chem.*), schiumoso.
"fob", "FOB" (free on board) (*comm.*), franco a bordo, franco bordo.
"FOBS", *see* fractional orbital bombardment system.
"FOC" (free on car), franco vagone.
focal (*a. - opt.*), focale. **2.** ~ distance (*opt.*), distanza focale, focale. **3.** ~ length (*opt.*), distanza focale, focale. **4.** ~ plane (*opt. - phot.*), piano focale. **5.** ~ point (*phot. - opt.*), fuoco. **6.** calibrated ~ (*opt. - phot.*), focale tarata. **7.** equivalent ~ (*opt. phot.*), focale equivalente.
focalize (to) (*opt. - phot.*), mettere a fuoco, focalizzare.
focimeter (instr. for meas. the focal length) (*opt. instr.*), focometro.
focimetry (measuring of focal lengths) (*opt.*), focometria.
focometer, *see* focimeter.
focometry (*opt.*), *see* focimetry.
focus (*opt. - phot.*), fuoco. **2.** ~ (of an earthquake), epicentro. **3.** ~ (as of an ellipse) (*geom.*), fuoco. **4.** ~ control (*elics. - opt.*), regolazione della messa a fuoco. **5.** ~, *see* focal length. **6.** auto ~ (as of a camcorder or of a camera) (*audiovisuals - phot.*), messa a fuoco automatica. **7.** back ~ (*opt.*), fuoco posteriore. **8.** depth of ~ (*opt.*), profondità di fuoco. **9.** in ~ (of a lens) (*a. - opt.*), a fuoco. **10.** manual ~ (*audiovisuals - phot.*), messa a fuoco manuale. **11.** out of ~ (*a. - opt.*), sfuocato. **12.** principal ~ (*opt.*), *see* focal point.
focus (to) (*opt.*), mettere a fuoco.
focusing (*opt. - phot.*), messa a fuoco. **2.** ~ (of cathode rays) (*telev.- elics.*), messa a fuoco, focalizzazione. **3.** ~ board (*m. pict.*), tavoletta per messa a fuoco. **4.** ~ coil (*telev.*), bobina di focalizzazione. **5.** ~ control (*opt.*), comando della messa a fuoco. **6.** ~ device (*phot. - opt.*), dispositivo di messa a fuoco. **7.** ~ electrode (*telev.*), elettrodo focalizzatore. **8.** ~ lens (*opt.*), lente di messa a fuoco. **9.** ~ screen (ground glass screen) (*photomech.*), vetro smerigliato per messa a fuoco. **10.** critical ~ (*phot.*), messa a fuoco di precisione. **11.** electromagnetic ~ (*telev.*), messa a fuoco elettromagnetica.
fodder (*agric.*), mangime. **2.** ~ trough (*agric.*), mangiatoia.
fog (*meteorol.*), nebbia. **2.** ~ (*phot.*), velo, velatura. **3.** ~ (*radiology*), velo. **4.** ~ buoy (emitting sound) (*naut.*), boa sonora, boa con segnalazione acustica, boa da nebbia. **5.** ~ chamber (*atom phys.*), *see* cloud chamber. **6.** ~ coat (very fine light coat which is overatomized) (*paint.*), velatura, velo. **7.** ~ density (*phot.*), densità del velo. **8.** ~ light (as a yellow lamp of a headlight for penetrating fog) (*aut.*), luce fendinebbia, fendinebbia. **9.** ~ signal (a detonating cap placed on a rail) (*railw.*), petardo per nebbia. **10.** gross ~ (*phot.*), velo totale. **11.** ground ~ (*meteorol.*), nebbia bassa. **12.** peasoup ~ (*meteorol.*) (Brit. slang), nebbione. **13.** sea ~ (*meteorol.*), nebbia di mare, nebbia marina. **14.** thick ~ (*meteorol.*), nebbia fitta. **15.** wet ~ (*meteorol.*), nebbia umida.
fog (to) (of glass) (*phys.*), appannarsi. **2.** ~ (to render cloudy) (*phot.*), velare. **3.** ~ (to become cloudy) (*phot.*), velarsi.
fogging (of glass) (*aut. - etc.*), appannamento.
fog-guard (as of a rear red light) (*a. - road traff. safety*), antinebbia.
foggy (*meteorol.*), nebbioso.
foghorn (*naut.*), sirena da nebbia.
foglight (fog light) (*aut.*), luce fendinebbia, fendinebbia.
föhn, foehn (warm dry wind blowing down a mountain side) (*meteorol.*), favonio, vento caldo.
foil (ornament) (*arch.*), foglia. **2.** ~ (paper coated as with tin, used for wrapping, etc.) (*paper mfg.*), carta metallizzata. **3.** ~ (very thin sheet of metal) (*metall.*), lamina, foglio. **4.** shaving ~ (of an electric shaver) (*domestic impl.*), lamina della testina radente. **5.** ~, *see* hydrofoil.
fold (as of cloth) (*gen.*), piega. **2.** ~ (*geol.*), piega. **3.** ~ (*glass defect*), *see* lap. **4.** ~ (closed pen, for sheep) (*agric. bldg.*), ovile. **5.** accordion ~ (*paper mfg.*) (Am.), pieghettatura, piegatura ad organetto. **6.** asymmetric ~ (*geol.*), piega asimmetrica. **7.** concertina ~ (*paper mfg.*) (Brit.), pieghettatura, piegatura ad organetto. **8.** fan-shaped ~ (*geol.*), piega a ventaglio. **9.** isoclinal ~ (*geol.*), piega isoclinale. **10.** overturned ~ (*geol.*), piega rovesciata. **11.** recumbent ~ (*geol.*), piega coricata. **12.** square end folds (square end panels: a method for folding paper, as on the top of cigarette packets) (*packing*), piegature a patte laterali (di chiusura) di forma rettangolare. **13.** symmetric ~ (*geol.*), piega diritta, piega simmetrica. **14.** z ~ (as of a chart of a recording instr. etc.) (*instr.*), piegatura a fisarmonica.
fold (to) (*gen.*), piegare. **2.** ~ (to envelop), inviluppare. **3.** ~ (to clasp together) (*mech.*), aggraffare. **4.** square end ~ (the wrapping paper) (*packing ind.*), incartare a patte.
foldboat, *see* faltboat.
folder (*off. impl.*), cartella. **2.** ~, *see also* folding machine. **3.** ~ (as for advertising) (*print.*), "dépliant", pieghevole. **4.** problem ~, *see* problem file. **5.** ~ (folding finger) (*packing ind.*), piegatore. **6.** sheet ~ (as for a printing press) (*device*), piegafogli.
folding (*a. - mech.*), piegabile. **2.** ~ (*n. - geol.*), sistema di pieghe. **3.** ~ bench (seat), panca ribaltabile. **4.** ~ box (as of a wrapping mach.) (*packing*), tramoggia di piegatura. **5.** ~ brake (mech. device for joining the edges of thin sheet metal) (*mech. device*), aggraffatrice. **6.** ~ endurance (of paper) (*paper mfg.*), resistenza alla piegatura, resistenza allo sgualcimento. **7.** ~ finger (folder) (*packing*

ind.), piegatore. **8.** ~ machine (*text. ind. mach.*), piegatrice meccanica. **9.** ~ machine (*print. mach.*), piegafoglio, macchina piegafoglio. **10.** ~ outrigger (*naut.*), buttafuori ribaltabili. **11.** ~ pocket measure (*impl.*), strumento snodato e tascabile per misure lineari, "metro" snodato. **12.** ~ resistance (folding endurance, of paper) (*paper mfg.*), resistenza alla piegatura, resistenza allo sgualcimento. **13.** ~ seat (*aut.*), sedile ribaltabile, strapuntino, strapontino. **14.** ~ seat (as in a theater), sedia (o poltroncina) ribaltabile. **15.** ~ wall (*packing ind.*), spondina di piegatura. **16.** ~ wings (as of carrier-borne planes) (*aer.*), ali ripiegabili. **17.** precision ~ machine (as for textile fabrics, sheets of paper etc.) (*ind. mach.*), piegatrice meccanica di precisione. **18.** zig-zag ~ (as of a continuous stationery) (*paper ind. - comp.*), piegatura a ventaglio.

foliage (ornament) (*arch.*), fogliame.

foliate (to) (as a laminated structure), dividere in lamine, sfaldarsi.

foliated (as of surface or fracture of minerals) (*geol.*), lamellare. **2.** ~ (*metall.*), lamellare. **3.** ~ structure (as of min.), struttura stratificata.

foliation (*geol.*), fogliazione.

folio (page number) (*print.*), numero della pagina. **2.** ~ (a folio book) (*typ.*), volume in-folio. **3.** ~ (a sheet of paper folded once) (*obsolete paper ind. and typ.*), folio, foglio piegato una sola volta.

follow (*n. - gen.*), conseguente. **2.** ~ board (*found.*), *see* moldboard. **3.** ~ dies (progressive dies) (*metal w.*), stampi progressivi. **4.** ~ rest (as of a lathe) (*mach. t.*), lunetta mobile.

follow (to), seguire. **2.** ~ the coast (*naut.*), costeggiare.

follower (of a rifle magazine) (*firearm*), elevatore. **2.** ~ (of mach.), organo cedente, parte che riceve il movimento. **3.** ~ (roller following a cam profile) (*mech.*), rullo, rullino. **4.** ~ (of a stuffing box) (*mech.*), (anello) premistoppa, pressatreccia. **5.** cam ~ (*mech.*), (organo) cedente, inseguitore (rullino o puntale) della camma.

following (that follows) (*a. - gen.*), successivo, seguente. **2.** ~ (as of a wind, or sea, moving in the same direction the ship is heading) (*a. - naut.*), in favore, di poppa.

follow-up (*gen.*), sollecito. **2.** ~ (action urging deliveries, made by the purchasing dept.) (*ind. supply*), sollecito. **3.** ~ card (card registering renewal of the action on the customer or seller) (*adm.*), cartellino (o scheda) dei solleciti. **4.** ~ man (*factory work organ.*), sollecitatore. **5.** ~ of materials (by the purchasing department) (*factory organ.*), sollecito materiali.

F 1 layer (ionosphere stratum existing only during daylight and located between 90 and 150 miles from the earth's surface) (*radio*), strato F 1.

"F 1 S" (finish one side) (*mech. draw.*), finire un solo lato.

font (fountain), fontana. **2.** ~ (of a church: for baptizing) (*arch.*), fonte battesimale. **3.** ~ (in a church: for holy water) (*arch.*), acquasantiera. **4.** ~ (types) (*typ.*), polizza, serie di caratteri (di eguale stile e dimensioni). **5.** ~ (a set of typ. characters having the same size and style: in a printer) (*comp.*), fonte.

foodstuff (*ind.*), prodotto alimentare, derrate alimentari.

foolproof (as a device) (*mech. - etc.*), non manomissibile, sicuro contro false manovre, di semplice funzionamento.

foolscap paper (*comm. - adm.*), carta protocollo.

fool's gold (*min.*), pirite di ferro.

foot (30. 48 cm) (*ft - meas.*), piede. **2.** ~ (in refining processes) (*ind. chem.*), residuo. **3.** ~ (of a rail) (*railw.*), base, suola. **4.** ~ (of a type) (*print.*), piede. **5.** ~ (lower edge of a sail) (*naut.*), linea di scotta, bordame. **6.** ~ (intersection point, as of a line with a plane) (*geom.*), punto d'intersezione, piede. **7.** ~ (base: as of a floor lamp) (*gen.*), piede, base. **8.** ~ board (*veh.*), predellino. **9.** ~ brake (as of veh.), freno a pedale. **10.** ~ brake pedal (*aut.*), pedale comando freni. **11.** ~ -candle (unit of illumination, equal to one lumen per square foot or 10.764 luxes) (*illum.*), lux anglosassone, illuminamento alla distanza di 1 piede da una sorgente dell'intensità luminosa di 1 candela internazionale. **12.** ~ control lever (as of a mtc.), pedale di comando. **13.** ~ line (as of a page) (*print.*), bordo bianco inferiore. **14.** ~ match (*sport*), gara podistica. **15.** ~ of mast (*naut.*), piè d'albero. **16.** ~ of sail (*naut.*), linea di scotta, bordame. **17.** ~ pump (as used for raising an elect. locomotive pantograph) (*mech.*), pompa a pedale. **18.** ~ rope (*naut.*), marciapiede. **19.** ~ soldier (*milit.*), soldato di fanteria. **20.** ~ valve (*pip.*), valvola di fondo. **21.** cubic ~ (28.317 lit) (*meas.*), piede cubico. **22.** pantograph ~ pump (*elect. railw.*), pompa a pedale per sollevamento pantografo. **23.** square ~ (0.0929 sq m) (*meas.*), piede quadrato.

foot (to) (to sum up numbers of a column) (*accounting*), sommare. **2.** ~ the bill (to pay) (*comm.*), pagare il conto.

footage (*meas.*), lunghezza (espressa) in piedi. **2.** ~ (payment per foot of work) (*min. - etc.*), (sistema di) pagamento in base alla lunghezza (in piedi, di lavoro fatto). **3.** ~ indicator (for measuring the length as of exposed film) (*m. pict.*), contatore della lunghezza di film esposta, contapiedi.

football (rugby) (*sport*), palla ovale. **2.** ~ (ball) (*sport*), pallone. **3.** soccer (~) (association football) (*sport*) (Am.), gioco del calcio.

footballer (*sport*), calciatore.

footband (of a sail) (*naut.*), rinforzo di bordame, benda di bordame.

footboard (of veh., metc. etc.), pedana.

footbridge (as of a railw. station), passerella.

footcandle (equal to 1 lumen per sq ft) (*illum. meas.*), "footcandle", lumen per piede quadrato.

2. ~ meter [illumination meter (Brit.)] (*instr.*) (Am.), illuminometro (tarato in footcandles).

footing (enlarged lower part of a wall or pier) (*arch.*), fondazione, allargamento del muro (o del pilastro) in corrispondenza del contatto col terreno (per distribuire il carico). **2.** ~ (as of a column) (*arch.*), base. **3.** ~ beam (tie beam, of a roof truss) (*bldg.*), catena, trave di catena. **4.** ~ forms (*carp.*), casseforme di fondazione.

footlambert (luminance unit in English meas.) (*illum. meas.*), unità di luminanza uguale ad un lumen per piede quadrato.

footlights (*theater*), luci della ribalta.

footlining (of a sail) (*naut.*), *see* footband.

footnote (as in a book) (*print.*), nota in calce.

footpace (of a staircase) (*bldg.*), pianerottolo.

footpad (flat foot on a leg end: as for resting on loose ground) (*gen.*), base di appoggio (della gamba), piede.

footpath, sentiero, viottolo. **2.** ~ platform (*bldg. - ind.*), passerella.

footplate (as of a locomotive cab) (*railw.*), pavimento cabina.

foot-pound (unit of work in English meas.) (*mech. meas.*), unità di lavoro equivalente ad una libbra per un piede (circa 0,138 kgm).

foot-pound-second (f. p. s) (*a. - work unit*), (relativo al sistema) piede-libbra-secondo.

footrest (*gen.*), poggiapiedi.

footrope (rigged below a yard for men to stand on) (*naut.*), marciapiede. **2.** ~ (part of a boltrope) (*naut.*), gratile di bordame, ralinga di bordame.

foots (in refining processes) (*ind. chem.*), sedimenti, residui.

footstall (of a column) (*arch.*), piedistallo. **2.** ~ (of a pillar) (*bldg.*), plinto, basamento di pilastro.

footstock (loose tailstock: as of a lathe) (*mech.*), contropunta.

footwall (of a fault) (*geol.*), muro, letto.

footway, sentiero. **2.** "~" (footrope) (*naut.*), marciapiede. **3.** ~ (road portion reserved for pedestrians) (*road*), marciapiede, banchina pedonale.

footwear (*leather ind.*), calzature.

footwearmaker (shoe manufacturer) (*ind.*), fabbricante di calzature, calzaturiere.

footwell (lower part of a passenger compartment) (*aut.*), zona bassa (dell'abitacolo).

"FOQ" (free on quay) (*abbr.*), franco banchina.

"FOR", "for" (free on rail) (*comm. transp.*), franco stazione ferroviaria, franco vagone.

forage (*agric.*), foraggio. **2.** ~ press (*agr. mach.*), pressaforaggi.

foray (sudden incursion) (*milit.*), incursione improvvisa.

forbidden (prohibited) (*a. - gen.*), proibito.

force, forza. **2.** ~ (*milit.*), truppe. **3.** ~ couple (*theor. mech.*), coppia. **4.** ~ diagram (of a frame structure) (*constr. theor.*), diagramma reciproco, diagramma cremoniano. **5.** ~ feed (of a mot. lubricating system) (*mech.*), lubrificazione forzata. **6.** ~ fit (*mech.*), *see* drive 9. **7.** ~ of friction (necessary for maintaining the movement: as in a mach.) (*theor. mech.*), attrito meccanico interno. **8.** ~ of gravity (*theor. mech.*), accelerazione di gravità. **9.** ~ of inertia (*phys.*), forza d'inerzia. **10.** ~ of the wind (*naut.*), intensità del vento. **11.** ~ polygon (*theor. mech.*), poligono delle forze. **12.** ~ pump (piston pump) (*ind. mach.*), pompa di forza, pompa a pistone per forti prevalenze. **13.** aerodynamic ~ (*aerodyn.*), forza aerodinamica. **14.** air ~ (*air force*), aeronautica militare. **15.** applied ~ (*mech.*), forza applicata. **16.** blankholding ~ (during the deep drawing operation) (*sheet metal w.*), pressione del premilamiera. **17.** centrifugal ~ (*theor. mech.*), forza centrifuga. **18.** centripetal ~ (*theor. mech.*), forza centripeta. **19.** coercive ~ (magnetic field used for vanishing the magnetic induction) (*electromagnetics*), campo coercitivo, forza coercitiva. **20.** coercive ~ (*phys.*), forza coercitiva. **21.** composition of forces (*theor. mech.*), composizione delle forze. **22.** contact electromotive ~ (*elect.*), forza elettromotrice di contatto. **23.** counterelectromotive ~ (*elect.*), forza controelettromotrice. **24.** crosswind ~ (component along the cross-wind axis of an aircraft, due to the relative airflow) (*aer.*), forza di deriva. **25.** deflecting ~ (component of the aerodyn. force of a wing) (*aer.*), forza deviatrice. **26.** dynamic lifting ~ (as of an airship) (*aer.*), forza sostentatrice dinamica. **27.** dynamic upward ~ (as of an aerostat) (*aer.*), forza ascensionale dinamica. **28.** electrode ~ (force available at the electrode of a welder by virtue of the initial force application, in spot, seam and projection welding) (*mech. technol.*), pressione dell'elettrodo. **29.** electromotive ~ (*elect.*), forza elettromotrice. **30.** exchange forces (*atom phys.*), forze di scambio, forze di legame. **31.** expeditionary ~ (expeditionary Corps) (*milit.*), corpo di spedizione. **32.** hold-in ~ (of a magnetic switch as for a starter) (*electromech.*), forza portante. **33.** inertial ~ (*theor. mech.*), forza d'inerzia. **34.** labor ~ (as of a factory) (*ind. pers.*), forza dei dipendenti, organico di dipendenti. **35.** landing ~ (*milit.*), truppe da sbarco. **36.** lateral ~ (the force component exerted on the tire by the road) (*aut.*), forza laterale. **37.** lateral ~ (*aer.*), forza laterale. **38.** lever arm of a ~ (*theor. mech.*), braccio di una forza. **39.** lift ~ (*aerot.*), forza portante, portanza. **40.** line of ~ (of a magnetic field) (*elect.*), linea di forza. **41.** Lorentz ~ (*electromagn.*), forza di Lorentz. **42.** magnetic ~ (magnetic intensity) (*electromech.*), intensità del campo magnetico, forza magnetica. **43.** magnetizing ~, *see* magnetic force. **44.** magnetomotive ~ (*elect.*), forza magnetomotrice. **45.** Majorana ~ (*atom phys.*), forza di Majorana. **46.** normal ~ (acting along the normal axis) (*theor. mech.*), forza normale. **47.** normal ~ (exerted on the tire by the road) (*veh.*), forza normale. **48.** opposite forces (*mech.*), forze contrarie. **49.** origin of

~ (*theor. mech.*), punto d'applicazione di una forza. **50.** overrunning ~ (overriding force, of a trailer, as when decelerating) (*aut.*), spinta. **51.** point at which the ~ acts (*theor. mech.*), punto d'applicazione di una forza. **52.** polygon of forces (*theor. mech.*), poligono delle forze. **53.** pull-in ~ (of a magnetic switch as for a starter) (*electromech.*), forza succhiante. **54.** residual upward ~ (as of an aerostat) (*aer.*), forza ascensionale residua. **55.** resultant ~ (*theor. mech.*), forza risultante, risultante. **56.** specific lifting ~ (of a gas: as in an aerostat) (*aer.*), forza ascensionale specifica. **57.** strong ~ (*atom phys.*), *see* strong interaction. **58.** to compound several component forces into a single resultant ~ (*theor. mech.*), comporre varie forze in una risultante unica. **59.** to resolve a ~ into its components (*theor. mech.*), scomporre una forza nelle sue componenti. **60.** tractive ~ (longitudinal component of the resultant force acting on the tire by the road) (*veh.*), forza propulsiva. **61.** tube of ~ (*elect. phys.*), fascio di linee di forza, tubo di linee di forza. **62.** weak ~ (*atom phys.*), *see* weak interaction. **63.** work ~ (of a factory) (*ind. personnel*) (Am.), organico, dipendenti in organico.

force (to) (*mech.*), forzare. **2.** ~ (as by a manual intervent on a comp. program) (*comp.*), forzare.

forced (*a. - gen.*), forzato. **2.** ~ (as the operation of a furnace) (*metall. - etc.*), forzato, accelerato, spinto. **3.** ~ (of a gas: under pressure) (*phys.*), sottopressione. **4.** ~ loan (*financial*), prestito forzoso. **5.** ~ oscillation (*phys.*), oscillazione forzata.

forced-circulation (as of the fluid of a heating system) (*a. - ind.*), a circolazione forzata.

forceload (the loading of a system done by manual control: as from a magnetic tape unit) (*comp.*), caricamento manuale.

forceps (*instr.*), pinze. **2.** artery ~ (*med. instr.*), pinze da arterie. **3.** bone nibbling ~ (*med. instr.*), pinze mordiossa. **4.** cholecystotomy ~ (*med. instr.*), pinze da colicistotomia. **5.** cilia ~ (*med. instr.*), pinze depilatorie. **6.** dental ~ (*med. instr.*), pinze da denti. **7.** depilatory ~ (*med. instr.*), pinze depilatorie. **8.** dissecting ~ (*med. instr.*), pinze da dissezione. **9.** harelip ~ (*med. instr.*), pinze da labbro leporino. **10.** iris ~ (*med. instr.*), pinze da iride. **11.** laminectomy ~ (*med. instr.*), pinze da laminectomia. **12.** nasal ~ (*med. instr.*), pinze nasali. **13.** obstetrical ~ (*med. instr.*), forcipe. **14.** sequestrum ~ (*med. instr.*), pinze da sequestro, pinze a denti di topo. **15.** tongue ~ (*med. instr.*),

forcing cone (in a gun tube) (*milit.*), cono di forzamento.

ford, guado. **2.** ~ cup (viscometer) (*meas. instr.*), coppa Ford.

ford (to), guadare.

fording (as of a river) (*gen. - veh.*), guado. **2.** ~ height (as of a river) (*gen. - veh.*), altezza di (o del) guado.

fore (*n. - gen.*), parte anteriore. **2.** ~ (*adv. - naut.*), verso prua, a prua. **3.** ~ (the foremast) (*naut.*), albero di trinchetto. **4.** (the bow) (*naut.*), prua. **5.** ~ and aft (*adv. - naut.*), per chiglia, longitudinalmente allo scafo.

fore-and-aft (*a. - naut.*), per chiglia, longitudinale. **2.** ~ sail (*naut.*), vela di taglio.

forebay (free surface reservoir for water supply: as to a turbine) (*hydr.*), serbatoio di alimentazione a pelo libero.

forebody (part of a ship, from midship section to bow) (*shipbuild.*), parte prodiera.

forebridge (*naut.*), plancia, ponte di comando.

forecarriage (*veh.*), avantreno.

forecast (*meteorol. - aer.*), previsioni meteorologiche, previsioni (del tempo). **2.** cash ~ (*adm.*), previsioni di cassa. **3.** flight ~ (*aer. - meteor.*), previsioni (meteorologiche) di volo. **4.** sales ~ (as of goods in a shop) (*comm.*), previsioni di vendita.

forecast (to), prevedere.

forecasting (*gen.*), previsione. **2.** long range ~ (*gen.*), previsione a lunga scadenza. **3.** sales ~ (*comm.*), previsione delle vendite. **4.** short range ~ (*gen.*), previsione a breve scadenza. **5.** technological ~ (*ind.*), previsione tecnologica.

forecastle (*naut.*), castello di prora (o di prua). **2.** ~ deck (*naut.*), ponte del castello di prua.

foredate (to) (*comm.*), antedatare.

foredeck (*naut.*), coperta di prua.

foredoor (*bldg.*), porta (o portone) principale.

forefoot (*shipbuild.*), piè di ruota (di prua).

foreground (perspective) (*m. pict. - phot.*), primo piano. **2.** ~ area (region of the central memory housing higher-priority jobs) (*comp.*), area riservata ai lavori prioritari. **3.** ~ job (priority job) (*comp.*), lavoro prioritario. **4.** ~ processing (*comp.*), elaborazione prioritaria. **5.** ~ program (high priority program) (*comp.*), programma ad alta priorità.

forehearth (of a furnace) (*metall.*), avancrogiuolo.

forehold (*naut.*), stiva di prua, stiva prodiera.

foreign (*a.*), estero. **2.** ~ (*chem. - etc.*), estraneo. **3.** ~ matters (*gen.*), corpi estranei. **4.** Foreign Office (Brit.), Ministero degli Affari Esteri. **5.** ~ sales department (as of an ind. corporation) (*comm.*), servizio vendite estero.

foreigner, straniero.

foreland (promontory) (*geogr.*), promontorio.

forelock (split pin) (*mech.*), coppiglia, copiglia.

foreman (of workers) (*gen.*), capo (responsabile), capo squadra. **2.** ~ (of a gang, as in build. constr.) (*work.*), caposquadra, caporale. **3.** ~ (in charge of a department: as of a mech. shop) (*employee*), caporeparto. **4.** ~ (overseer, of printing shop workers) (*typ. work.*), proto. **5.** assistant ~ (in a factory) (*ind. pers.*), assistente. **6.** chief ~ (as of mech. shop) (*factory pers.*), capo officina. **7.** general ~ (as of a mech. shop) (*factory pers.*), capo officina. **8.** shop ~ (workshop chief workman), capo officina.

foremast (*naut.*), albero di prua, albero di trinchetto. **2.** lower ~ (*naut.*), tronco maggiore di trinchetto.
forensic (*a. - law*), legale. **2.** ~ chemistry (*law chem.*), chimica legale. **3.** ~ medicine (*med. law*), medicina legale.
forepart (of a body) (*aut.*), avancorpo, parte anteriore.
forepeak (*naut.*), gavone di prua. **2.** ~ bulkhead (*naut.*), paratia di collisione.
forepoling (advancing method in loose ground) (*min.*), scavo di marciavanti.
forepump (auxiliary pump for executing the first stage of exhaustion) (*vacuum pump*), pompa a vuoto iniziale (per ottenere un primo stadio di vuoto).
foreroyal (sail) (*naut.*), controvelaccino. **2.** ~ mast (*naut.*), alberetto di controvelaccino. **3.** ~ studding sail (*naut.*), coltellaccio di controvelaccino. **4.** ~ yard (*naut.*), pennone di controvelaccino.
foresail (*naut.*), vela di trinchetto.
foreseeable (*gen.*), prevedibile.
foreset (to) (*min.*), sistemare preventivamente.
foreship (forward part) (*naut.*), parte prodiera.
foreshorten (to) (to represent in perspective) (*draw. - art*), rappresentare in scorcio (o in prospettiva).
foreshortening (*arch. - geom.*), scorcio.
foresight (*survey*), lettura altimetrica (in avanti). **2.** ~ (*gen.*), previsione.
fore-skysail (*naut.*), succontrovelaccino.
foreslip (*shipbuild.*), avanscalo.
forest (*agric.*), foresta.
forestall (to) (*comm.*), accaparrare.
forestarling (of a bridge) (*bldg.*), tagliente rompighiaccio (dinanzi alla palizzata di protezione della pila di un ponte).
forestay (of a sailboat) (*naut.*), strallo di trinchetto.
foretop (*naut.*), coffa di trinchetto.
fore-topgallant mast (*naut.*), alberetto di velaccino. **2.** ~ sail (*naut.*), velaccino. **3.** ~ studding sail (*naut.*), coltellaccio di velaccino. **4.** ~ yard (*naut.*), pennone di velaccino.
fore-topmast (*naut.*), albero di parrocchetto. **2.** ~ studding sail (*naut.*), coltellaccio di parrocchetto.
fore-topsail (*naut.*), vela di parrocchetto. **2.** lower ~ (*naut.*), (vela di) basso parrocchetto. **3.** upper ~ (*naut.*), (vela di) parrocchetto volante.
fore-topyard (*naut.*), pennone di parrocchetto. **2.** lower ~ (*naut.*), pennone di parrocchetto basso.
foreword (preface of a book) (*print.*), prefazione.
foreyard (*naut.*), pennone di trinchetto.
forfeit (confiscation) (*law*), confisca.
forfeit (to) (to confiscate) (*law*), confiscare.
forfeiture (penalty in a contract) (*law - comm.*), penale, penalità. **2.** ~ (loss: as of a right) (*law*), perdita. **3.** ~ of class (of a ship) (*naut.*), decadimento della classifica.
"FORG" (forging) (*forging*), fucinato, fucinatura.
forge (*smith's impl.*), fucina, forgia. **2.** ~ (act of forging) (*technol.*), fucinatura, forgiatura. **3.** ~ (shop with its furnaces and hammers) (*plant*), fucina. **4.** ~ (workshop of the production of wrought iron from the ore or for rendering it malleable by puddling, etc.) (*plant*), ferriera. **5.** ~ cinder (*technol.*), scoria di fucinatura. **6.** ~ hammer (*forging mach.*), maglio. **7.** ~ pig (*metall.*), ghisa bianca. **8.** ~ scale (surface scale) (*forging*), scoria di fucinatura, battitura. **9.** ~ shop (*bldg.*), fucina. **10.** ~ steel (*metall.*), acciaio fucinabile. **11.** ~ tongs (*t.*), tenaglie (da forgia). **12.** ~ welding (fire welding) (*technol.*), saldatura per bollitura. **13.** ~ welding (*mech. technol.*), *see also* diffusion bonding. **14.** bottom blast ~ (*blacksmith's app.*) (Brit.), forgia con aria insufflata dal fondo. **15.** Catalan ~ (Catalan furnace, for producing wrought iron) (*metall.*), forno catalano, basso fuoco, forno contese, forno bergamasco. **16.** single-fire fixed ~ (*smith's impl.*), fucina fissa ad un fuoco.
forge (to) (*forging*), fucinare, forgiare. **2.** ~ (to imitate falsely: as a signature) (*comm. danger*), falsificare. **3.** ~ weld (by hammering) (*blacksmith welding*), bollire, saldare per bollitura.
forgeability (*forging*), fucinabilità, lavorabilità a caldo.
forgeable (*forging*), fucinabile.
forged (*a. - forging*), fucinato. **2.** ~ iron (*forging*), ferro fucinato. **3.** ~ steel (*forging*), acciaio fucinato.
forgeman (forger) (*work.*), fucinatore, fabbro.
forger (*work.*), fucinatore. **2.** ~ (forging mach.) (*mach.*), fucinatrice. **3.** automatic ~ (forging mach.) (*mach.*), fucinatrice automatica.
forge-welding (fire welding) (*mech. technol.*), saldatura per bollitura. **2.** ~ (*mech. technol.*), *see also* diffusion bonding.
forging (act of forging) (*forging*), fucinatura, forgiatura. **2.** ~ (forged piece) (*mech.*), (pezzo) fucinato, (pezzo) forgiato. **3.** ~ alloy (as aluminium alloy) (*metall.*), lega per lavorazione plastica. **4.** ~ blank (metal piece from which a forging is obtained) (*forging*), spezzone per fucinatura. **5.** ~ induction heater (*elect. app. for forging*), forno a induzione per fucinatura, apparecchio a induzione per riscaldo barre (o billette) da fucinare. **6.** ~ machine (*forging mach.*), fucinatrice. **7.** ~ plant (of a big factory) (*mech. ind.*), reparto fucina. **8.** ~ press (*forging mach.*), pressa per stampaggio a caldo, pressa per forgiare. **9.** ~ rolls (reduceroll) (*forging mach.*), fucinatrice a rulli, sbozzatrice a rulli. **10.** ~ strain (due to forging and successive cooling) (*defect*), stiramento di fucinatura. **11.** air-clutch ~ machine (*mach.*), fucinatrice a frizione pneumatica. **12.** closed-die ~ (as in drop forging with dies opened only for the flash) (*forging*), fucinatura a stampo (chiuso), fucinatura a stampi combacianti. **13.** cold ~ (by press) (*mech. technol.*), stampaggio a freddo, fucinatura a freddo. **14.** die ~ press (*mach.*), pressa per fucinatura a stampo. **15.** drop ~ (act of forging) (*forging*), fu-

cinatura a stampo, stampaggio. **16.** drop ~ (forged work) (*forging*), fucinato a stampo. **17.** flashless ~ (in totally closed dies) (*forging*), fucinatura senza bava. **18.** high-energy-rate ~ (*mech. technol.*), fucinatura ad alta energia. **19.** hollow ~ (forging of a ring, tube, etc.) (*forging*), fucinatura cava. **20.** horizontal type ~ machine (*forging mach.*), fucinatrice orizzontale. **21.** hot powder ~ (forging of metal powder, reduces the amount of machining) (*forging*), stampaggio di polveri (metalliche) a caldo. **22.** induction ~ (*forging*), fucinatura con riscaldamento a induzione. **23.** loose tool ~ (forging obtained using loose tools) (*forging*), fucinatura libera, fucinatura con attrezzi a mano. **24.** open-die ~ (with plain tools as for the upsetting of cylinders) (*forging*), fucinatura libera, fucinatura a stampo aperto. **25.** precision ~ (*forging*), fucinatura di precisione. **26.** press ~ (operation) (*forging*), fucinatura (a stampo) alla pressa, stampaggio alla pressa. **27.** press ~ (forged piece) (*forging*), stampato alla pressa, pezzo stampato alla pressa.

forgings (*mech.*), fucinati, pezzi fucinati.

fork (*agric. impl.*), forca, tridente. **2.** ~ (as of a bicycle or mtc.) (*mech.*), forcella. **3.** ~ (bifurcation), biforcazione. **4.** ~ (of a fork lift truck) (*ind. mach.*), forca. **5.** ~ (as of universal joint shaft) (*mech. - etc.*), forcella. **6.** ~ (forked shank, of a hand ladle) (*found.*), forchettone. **7.** ~ extension (of a fork lift truck) (*factory veh.*), prolunga per forche, "calzoni". **8.** ~ of a road (*road*), biforcazione di una strada. **9.** ~ sideshift device (of a fork lift truck) (*factory veh.*), dispositivo per spostamento laterale forche. **10.** ~ spanner (*t.*), chiave a forcella. **11.** ~ truck (for storehouse and shop material transportation) (*factory veh.*), carrello a forca. **12.** brick carrier ~ (of a fork lift truck) (*factory veh.*), dispositivo per trasporto mattoni. **13.** crane ~ (similar to that of a lift truck and attached as to an overhead traveling crane) (*ind. mach.*), forca per gru. **14.** front ~ (*mtc.*), forcella anteriore. **15.** girder ~ (*mtc.*), forcella (anteriore) a biscottini. **16.** parallel rules ~ (*mtc.*), forcella (anteriore) a parallelogramma. **17.** side loading ~ (side loader, of a lift truck) (*factory veh.*), forche (speciali) per presa laterale. **18.** spring ~ (*mtc. mech.*), forcella elastica. **19.** swinging ~ (of a mtc. rear suspension) (*mech.*), forcellone oscillante. **20.** swing loading ~ (swing side loader, of a lift truck) (*factory veh.*), forche girevoli per presa laterale. **21.** telescopic ~ (as of a mtc.) (*mech.*), forcella telescopica.

fork (to) (*gen.*), biforcare, biforcarsi.

forked (*a. - gen.*), biforcato, a forcella. **2.** ~ connecting rods (*mech.*), biellismi a forcella. **3.** ~ lever (*mech.*), leva a forcella. **4.** ~ lightning (*meteor.*), fulmine ramificato. **5.** ~ pin (*mech.*), perno a forcella. **6.** ~ rod (connecting rod) (*mot.*), biella a forcella.

forklift (hydraulic elevating device) (*transp.*), sollevatore a forche. **2.** ~ truck (for storehouse and shop material transportation) (*factor veh.*), carrello elevatore a forche.

for-life (lubrication: as of a joint) (*aut. - etc.*), a vita, senza necessità di (ulteriore) lubrificazione.

form, forma. **2.** ~ (printed sheet having blank spaces), modulo. **3.** ~ (temporary timber box in which reinf. concr. is cast) (*reinf. concr.*), cassaforma, armatura. **4.** ~ (types arranged in a chase for taking an impression) (*print.*), forma (tipografica). **5.** ~ (as of a screw thread) (*mech.*), profilo. **6.** ~ cutter (*t.*), fresa sagomata. **7.** ~ diameter (TIF diameter, true involute-form diameter, diameter at the deepest point of true involute form of splines) (*mech.*), diametro di forma, diametro dell'estremità interna dell'evolvente. **8.** ~ drag (*aerodynamics*), resistenza di forma. **9.** ~ factor (*elect.*), fattore di forma. **10.** ~ feed character (in a printing unit) (*comp.*), carattere di (comando) avanzamento modulo (o pagina). **11.** ~ feeding (individually or by continuous sheet) (*comp.*), alimentazione moduli. **12.** ~ grinding (*mach. t. work*), rettifica a sagoma. **13.** forms handling machine (*comp. - print.*), macchina per la movimentazione di stampati. **14.** ~ letter (letter sent to different persons with few changes) (*comm. - adver.*), lettera standard. **15.** ~ lumber (*carp.*), legname per casseforme. **16.** application ~ (as a request for work) (*gen.*), modulo di richiesta. **17.** blank ~, stampato (o modulo) in bianco. **18.** continuous forms (continuous stationery) (*comp.*), moduli in continuo. **19.** cut ~ (individual form) (*comp.*), modulo (in foglio singolo) **20.** involute ~ (as of a gear tooth) (*mech.*), forma ad evolvente. **21.** printed ~, modulo.

form (to) (to give shape to something) (*gen.*), foggiare, formare. **2.** ~ (*metall. - mech. technol.*), formare, foggiare. **3.** ~ (as the plates of a storage battery) (*electrochem.*), formare.

formability (plasticity, of a metal piece) (*forging - etc.*), formabilità, foggiabilità.

formable (plastic) (*gen.*), foggiabile, plastico, plasmabile.

formal (as of an order) (*gen. - comm.*), formale, regolare.

formaldehyde (CH_2O) (*chem.*), formaldeide. **2.** ~ 35% water solution (*chem.*), formalina.

Formalin (*chem.*), formalina.

formality (*gen.*), formalità, modalità.

format (book size) (*bookbinding*), formato. **2.** ~ (size, shape, style and appearance of a book or publication) (*print.*), veste tipografica. **3.** ~ (a systematic arrangement of data) (*data processing*), disposizione sistematica di dati, formato, "format". **4.** ~ (kind of data arrangement and dimensions on a printed page) (*comp.*), formato, struttura dati. **5.** ~ (standard: refers to a standardized solution commercially accepted) (*n. - gen.*), standard, tipo. **6.** ~ effector (layout character) (*comp.*), carattere (di controllo) di formato. **7.** display ~ (*comp.*), formato di visualizzazione. **8.** electronic ~ control (in a printer) (*comp.*), controllo elettronico del formato.

format (to) (to give the desired appearance, shape, style etc. to printed matter) (*typ.*), dare una (determinata) veste tipografica.

formation (*air force*), formazione. **2.** ~ (a series of strata having common characteristics) (*geol.*), formazione. **3.** ~ (as of photoelectric cells) (*elect.*), formazione. **4.** ~ (coaching, of personnel) (*pers.*), formazione. **5.** ~ of eddies (*hydr.*), movimento vorticoso, formazione di vortici. **6.** close ~ (*milit.*), formazione serrata. **7.** flying ~ (*air force*), formazione di volo. **8.** ice ~ (as on aircraft surfaces) (*aer.*), formazione di ghiaccio. **9.** undercloud ~ (*meteorol.*), formazione temporalesca.

formatless (*comp.*), a formato libero.

formatted (having data arranged in a format) (*comp.*), formattato. **2.** ~ (meaning that the data of a disk or a tape can be found because initialized, addressed and identifiable) (*a. - comp.*), formattato, inizializzato.

formatting (consisting in the arrangement of data in a format or to initialize them, as by a directory) (*comp.*), formattazione, inizializzazione.

forme (form) (*print.*), forma.

formed (*a. - gen.*), foggiato, formato. **2.** ~ head (as of a rivet) (*mech.*), testa stampata.

former (*work.*), operaio esecutore di un prodotto. **2.** ~ (forming device or mach.) (*mach.*), attrezzatura (o macchina) per eseguire un prodotto. **3.** ~ (in order of time) (*gen.*), precedente. **4.** ~ (*mech. t.*), *see* forming die. **5.** power ~ (power bending machine) (*sheet metal w. mach.*), piegatrice meccanica, pressa piegatrice per lamiere.

formeret (wall rib, for a Gothic vault) (*arch.*), nervatura a parete.

formic acid (HCO_2H) (*chem.*), acido formico.

forming (*mech. technol.*), foggiatura, formatura. **2.** ~ (of an accumulator plate) (*elect.*), formazione. **3.** ~ (the shaping of hot glass) (*glass mfg.*), formatura. **4.** ~ attachment (as of a lathe) (*mach. t.*), dispositivo per sagomare. **5.** ~ cutter (*t.*) (Brit.), fresa a profilo, fresa sagomata. **6.** ~ die (sheet metal work) (*mech. technol.*), stampo di piega. **7.** ~ lathe (*mach. t.*), tornio per copiare, tornio riproduttore. **8.** ~ press (*mach. t.*), pressa per piegatura. **9.** ~ process (as of a battery) (*electrochem.*), formazione. **10.** ~ rolls (as in a rolling mill) (*metall.*), rulli profilatori. **11.** ~ tool (*t.*), utensile sagomato, utensile per sagomare, utensile profilatore, profilatore. **12.** cavity–assist ~ (using a female mold and a plug at a certain time during the forming cycle, for plastic sheets) (*technol.*), formatura a stampo negativo e punzone. **13.** die ~ (as forming sheet iron by die pressure) (*mech. technol.*), stampaggio. **14.** cavity ~ (using a female mold, for plastic sheet forming) (*technol.*), formatura a stampo negativo. **15.** drape ~ (using a male mold, stretching the plastic sheet to make contact with a seal ring and then forcing the sheet pneumatically to conform with the mold), (*technol.*), formatura a stampo positivo con preassestamento. **16.** explosive ~ (of sheet metal) (*mech. technol.*), foggiatura con esplosivi, formatura ad esplosione. **17.** free–blow ~ (of plastic sheets) (*technol.*), stampaggio libero. **18.** high–rate ~ (forging operation) (*mech. technol.*), stampaggio ad alta velocità. **19.** hot ~ (*mech. technol.*), stampaggio a caldo. **20.** magnetic ~ (by a die and a strong magnetic field) (*electromech. technol.*), formatura magnetica. **21.** matched–die ~ (of plastic sheets) (*technol.*), stampaggio con stampi accoppiati. **22.** plug–and–ring ~ (of plastic sheets) (*technol.*), stampaggio con anello e tampone. **23.** plug–assist vacuum ~ (of plastic sheets) (*technol.*), stampaggio sottovuoto con tenditore ausiliario. **24.** pot die ~ (by hydraulically pressing the sheet against the die) (*mech. technol.*), idroformatura, imbutitura idrostatica. **25.** snapback ~ (of plastic sheets) (*technol.*), stampaggio con inversione rapida. **26.** stretch ~ (*sheet metal w.*), stiro. **27.** vacuum ~ (by evacuating air from the sealed space between the hot plastic sheet and the mold) (*technol.*), (termo)- formatura a depressione, (termo)–formatura sotto vuoto.

formula (*chem. - math.*), formula. **2.** ~ (*ind. chem.*), formula. **3.** ~ (for aut. races) (*aut. - sport*), formula. **4.** constitutional ~ (*chem.*), formula di costituzione. **5.** empirical ~ (*chem.*), formula bruta. **6.** graphical ~ (*chem.*), formula grafica. **7.** mass ~ (*atom phys.*), formula di massa. **8.** molecular ~ (*chem.*), formula molecolare. **9.** quadratic ~ (formula for solving a quadratic equation by a single variable) (*math.*), formula risolutiva di equazioni di secondo grado. **10.** structural ~ (*chem.*), formula di struttura.

formulary (*typ. - etc.*), formulario.

formulation (of an ind. product: as of a paint) (*ind. chem.*), composizione.

formwork (forms made on site for receiving concrete) (*carp. - bldg.*), casseforme, armature (pronte in opera).

forsterite (2 $MgO.SiO_2$) (*min. - refractory*), forsterite.

fort (*build.*), fortezza.

fortification (military works) fortificazione.

fortified (strengthened) (*bldg. - gen.*), rinforzato. **2.** ~ (*milit.*), fortificato. **3.** ~ harbor (*navy*), piazzaforte marittima.

fortify (to) (as a construction) (*gen.*), rinforzare.

FORTRAN, fortran (Formula Translation, programming language) (*comp.*), FORTRAN.

fortress (*bldg.*), fortezza.

fortuitous (*a. - gen.*), fortuito, casuale.

forty–eightmo (48mo, with 48 leaves to a sheet) (*a. - print.*), in quarantottesimo.

forward (*a. - naut.*), prodiero. **2.** ~ delivery (*financial*), consegna a termine. **3.** ~ direction (as of a current) (*phys.*), senso di passaggio diretto verso la parte anteriore. **4.** ~ of the beam (*naut.*), a proravia del traverso. **5.** ~ speed (as of an aut. gearbox), marcia avanti. **6.** ~ stroke (as of a piston) (*mech.*), corsa avanti. **7.** ~ voltage (*elect. - elics.*), tensione diretta.

forward (to) (as a letter) (*gen.*), spedire. **2.** ~ (to send from one inter mediate place to another) (*comm.*), rispedire. **3.** ~ (to send forward) (*comp.*), avanzare, fare avanzare.

forward-backward (*a. - gen.*), bidirezionale. **2.** ~ counter (*comm.*), contatore bidirezionale.

forwarder (*comm.*), *see* forwarding agent.

forwarding (*comm.*), spedizione, inoltro. **2.** ~ agent (*comm.*), spedizioniere.

"FOSDIC" (Film Optical Sensing Device for Input to Computers) (*comp.*), lettore ottico di film per l'entrata nel calcolatore.

foss, *see* fosse.

fosse (ditch, trench) (*milit.*), fossato, trincea.

fossil (*a. - n.*), fossile. **2.** ~ flour (as for rubber mfg., liquids filtering etc.) (*ground diatomite*) (Brit.), farina fossile. **3.** ~ oil (*min.*), *see* petroleum. **4.** ~ wax (*min.*), ozocerite, cera minerale.

fossilization (*min. - geol.*), fossilizzazione.

fossilize (to) (to petrify), fossilizzare. **2.** ~ (to collect fossils for study), far collezione di fossili, ricercare fossili.

"FOT" (free on truck) (*comm. - transp.*) (Am.), franco autocarro.

foucault current, *see* eddy current 4 ~.

foul (*a. - gen.*), sporco. **2.** ~ (as for navigation) (*a. - naut.*), pericoloso. **3.** ~ (collision) (*n. - naut.*), collisione. **4.** ~ berth (of a ship) (*naut.*), cattivo ormeggio. **5.** ~ bottom (of a ship) (*naut.*), carena sporca (o incrostata). **6.** ~ winds (*meteorol.*), venti contrari.

foul (to) (as of a liquid in a pipe), incrostare, depositare incrostazioni. **2.** ~ (the bore of a gun) (*firearm*), incrostare, sporcare. **3.** ~ (to collide) (*naut.*), entrare in collisione. **4.** ~ (as the bottom of a ship with barnacles) (*naut.*), incrostare, incrostarsi. **5.** ~ (as of sparking plugs on a mot.) (*gen.*), sporcarsi, imbrattarsi, sporcare.

foulard (*text.*), foulard.

fouling (*firearm - mot. - boil.*), incrostazione. **2.** ~ (of sparking plugs) (*mot. - aut.*), imbrattamento. **3.** ~ of the bottom (*naut.*), incrostazione della carena.

foulness (*min.*) (Brit.), *see* firedamp.

found (to) (as of build. constr.), (*bldg.*), iniziare la costruzione. **2.** ~ (to cast) (*found.*), colare, gettare, fondere. **3.** ~ (to constitute, a company) (*comm.*), costituire.

foundation (*bldg.*), fondamenta, fondazione, sottofondo. **2.** ~ (organization for the promotion of research and cultural activities) (*sc. - etc.*), fondazione. **3.** ~ bolts (as of a mach.), bulloni di fondazione. **4.** ~ mat (*bldg.*), *see* ~ slab, floating ~. **5.** ~ mat, *see* floating foundation. **6.** ~ of a pillar (*bldg.*), fondazione di un pilastro. **7.** ~ pile (*bldg.*), palo di fondazione. **8.** ~ plinth (*bldg.*), plinto di fondazione. **9.** ~ slab (*bldg.*), piastra di fondazione. **10.** ~ wall (*bldg.*), muro di fondazione. **11.** antivibration ~ (as for a drop hammer) (*bldg.*), fondazione antivibrante. **12.** concrete ~ (*bldg.*), fondazione in calcestruzzo. **13.** elastic ~ (as of wood planks: for a forge hammer), fondazione elastica. **14.** firebox ~ (of a steam locomotive) (*railw.*), portafocolaio. **15.** floating ~ (slab distributing load on the soil) (*bldg.*), piastra di fondazione, fondazione galleggiante. **16.** floor ~ (*bldg.*), sottofondo del pavimento. **17.** grid-type ~ (*bldg.*), fondazione a griglia. **18.** ground floor loose stone ~ (*bldg.*), vespaio. **19.** outside ~ line (*bldg.*), linea esterna di fondazione. **20.** raft ~ (*bldg.*), *see* ~ slab. **21.** reinforced-concrete ~ slab (*bldg.*), piastra di fondazione in cemento armato. **22.** road ~, (*road constr.*), sottofondo di strada. **23.** wet ~ (*civ. eng.*), fondazione in acqua.

founder (*found. work.*), fonditore. **2.** type ~ (*print.*), fonditore di caratteri.

founder (to) (*naut.*), affondare.

founders' type, *see* foundry type.

founding (*found.*), fusione.

foundry (*found.*), fonderia. **2.** ~ (part of a Linotype or Monotype) (*typ.*), fonditrice. **3.** ~ (casting process) (*found.*), arte di fondere. **4.** ~ iron, *see* foundry pig. **5.** ~ losses (castings rejected from the foundry or returned from the shop) (*found.*), scarti totali di fonderia (interni ed esterni). **6.** ~ machinery and equipment (*found.*), macchinario, attrezzatura ed impianti di fonderia. **7.** ~ manager (*found.*), direttore di fonderia. **8.** ~ molding machine (*found. mach.*), macchina per formare, formatrice per fonderia. **9.** ~ pig (*found.*), ghisa da fonderia. **10.** ~ proof (*print.*), bozza di stampa corretta. **11.** ~ returns (castings returned by the shop as unmachinable) (*found.*), scarti esterni di fonderia. **12.** captive ~ (foundry producing castings used by the factory to which it belongs) (*found.*), fonderia per lavorazione in proprio. **13.** iron ~ (cast iron foundry) (*metall.*), fonderia di ghisa. **14.** job-shop ~ (*found.*), fonderia per lavorazione a commessa (per conto terzi). **15.** specialty ~ (*found.*), fonderia specializzata.

foundryman (*work.*), fonditore.

fount, *see* font.

fountain, fontana. **2.** ~ (*arch.*), vasca da giardino. **3.** ~ (reservoir as for a liquid) (*gen.*), vaschetta. **4.** ~ pen, penna stilografica. **5.** circular wash ~ (washing app. for workers), lavabo circolare. **6.** ink ~ (in the offset press) (*lith.*), calamaio.

fountainhead (*river*), sorgente.

four (cylinders) (*n. - aut.*), quattro cilindri. **2.** ~ throat (a four-venturi carburetor) (*n. - aut.*) (slang), carburatore a quattro diffusori.

four-color process (*print.*), quadricromia, procedimento quadricromico.

four-cycle (*thermod.*), *see* fourstroke cycle.

four-deck (*a. - naut.*), a quattro ponti.
four-dimensional (*a. - math.*), a quattro dimensioni.
four-door (*a. - naut.*), a quattro porte.
Fourier transform (*math.*), trasformata di Fourier.
four-masted (*a. - naut.*), a quattro alberi.
four-oared (*a. - naut.*), a quattro remi.
fourplex (a four apartments bldg.) (*bldg.*), casa di quattro appartamenti.
four-stroke cycle (*thermod.*), ciclo a quattro tempi.
fourth (*musical*), quarto. **2.** ~ dimension (relativity theory) (*math.*), quarta dimensione. **3.** ~ rail (*elect. railw.*), quarta rotaia (di ritorno). **4.** ~ speed (*aut.*), quarta velocità. **5.** ~ wire (neutral wire, in a 3-phase, 4-wire distribution system) (*elect.*), neutro (*s.*), filo neutro.
four-track (as of a magnetic tape) (*a. - electroacous.*), a quattro piste.
four-vector (*a. - math.*), quadrivettore.
four-way (as of a valve) (*a. - pip.*), a quattro vie. **2.** ~ cock (or valve) (*pip.*), rubinetto (o valvola) a quattro vie. **3.** ~ switch (switch connected with other switches for permitting independance in operating one light by those various switches) (*elect.*), interruttore intermedio, invertitore.
four-wheel (*a. - veh.*), a quattro ruote. **2.** ~ (as of brakes) (*aut.*), sulle quattro ruote. **3.** ~ drive (*a. - aut.*), a trazione sulle quattro ruote.
"FOW" (free on wagon) (*comm.*), franco vagone.
fox (rope yarns twisted together and tarred) (*naut.*), treccia incatramata (o catramata). **2.** ~ (longitudinal bar) (*lathe*), barra del tornio. **3.** ~ bolt (*mech. - carp.*), bullone di ancoraggio con gambo spaccato a V. **4.** ~ lathe (*mach. t.*), tipo di tornio per la lavorazione dell'ottone. **5.** ~ message (standardized message, for testing telex and its circuits) (*tlcm.*), messaggio convenzionale di verifica. **6.** ~ wedge (*mech.*), controchiavetta. **7.** ~ wedge (as for tenons) (*carp. - mech.*), zeppa (o cuneo, o bietta).
foxed (foxy: defective paper) (*a. - paper*), macchiato.
foxy (*a. - paper*), *see* foxed.
foyer (of a theater) (*arch.*), ridotto. **2.** ~ (anteroom) (*bldg.*), anticamera. **3.** ~ (of a furnace: crucible for molten metal) (*found.*), crogiuolo di attesa.
"FP" (fireplace) (*arch. - heating*), see fireplace. **2.** ~ (fuel pump) (*eng.*), pompa (di alimentazione) del combustibile. **3.** ~ (flash point) (*chem. phys.*), punto di infiammabilità. **4.** ~ (flameproof) (*antifire*), non infiammabile. **5.** ~ (fire plug) (*antifire*), presa antincendi. **6.** ~ (freight and passenger) (*transp.*), passeggeri e merci. **7.** ~, *see also* fine pitch, foot-pound, fully paid.
"F/P" (flat pattern, of a sheet metal part) (*technol.*), sviluppo (in piano).
"fp" (freezing point) (*chem. - phys.*), punto di solidificazione.
"FPA" (free of particular average) (*naut. insurance*), franco avaria particolare.
"FPAAC" (Free of Particular Average: American Conditions) (*naut. insurance*), franco avaria particolare, alle condizioni americane.
"FPAEC" (Free of Particular Average: English Conditions) (*naut. - insurance*), franco avaria particolare, alle condizioni inglesi.
"FPLA" (*comp.*), *see* Field Programmable Logic Array.
"FPM" (feet per minute) (*meas.*), piedi al minuto.
"fprf" (fireproof) (*gen.*), incombustibile.
"FPS" (finished part store) (*factory organ.*), magazzino prodotti finiti. **2.** ~ (feet per second) (*meas.*), piedi al secondo. **3.** ~, *see also* foot-pound-second.
"fps" (foot-pound-second) (*meas.*), piede-libbra-secondo. **2.** ~ (feet per second) (*meas.*), piedi al secondo.
"fpsps" (foot per second per second: meas. of acceleration) (*meas.*), piede.sec^2.
"fqcy", *see* frequency.
"FR" (fire resistant) (*antifire*), resistente al fuoco.
Fr (francium) (*chem.*), francio.
"fr" (frame, chassis) (*gen.*), telaio. **2.** ~ (front: in forward position) (*gen.*), anteriore.
fraction (*math.*), frazione. **2.** ~ (as by distilling oils) (*chem. ind.*), frazione. **3.** light ~ (as of fuel oils) (*chem. ind.*), frazione leggera. **4.** packing ~ (ratio between the mass defect and the mass number) (*atom phys. - phys. - chem.*), rapporto di addensamento, difetto di massa relativo. **5.** representative ~ (map scale: represented in form of a fraction) (*geogr.*), scala. **6.** simple ~ (*math.*), frazione semplice. **7.** wake ~ (*naut.*), fattore di scìa.
fractional (*chem.*), frazionato. **2.** ~ (number) (*math.*), frazionario. **3.** ~ coagulation (as in rubb. ind.) (*ind. chem.*), coagulazione frazionata. **4.** ~ combustion (*chem.*), combustione frazionata. **5.** ~ crystallization (*chem. - phys.*), cristallizzazione frazionata. **6.** ~ distillation (*chem.*), distillazione frazionata. **7.** ~ orbital bombardment system (by a nuclear weapon lowered from orbit on the enemy target before completion of the first orbit) (*milit.*), bombardamento atomico da satellite nucleare prima del completamento della prima orbita. **8.** ~ oxidation (*chem. - phys.*), ossidazione frazionata.
fractionate (to) (*chem.*), sottoporre a distillazione frazionata.
fractionation (*chem.*), frazionamento.
fractionator (in the cracking process) (*ind. chem. app.*), frazionatore.
fractocumulus (*meteor.*), fractocumulo.
fractograph (fracture phot.) (*metallographic - c.*), frattografia.
fractostratus (*meteor.*), fractostrato, nuberotta.
fracture, frattura. **2.** ~ zone examination (as by microscope) (*metall. - etc.*), esame della superficie di frattura. **3.** angular ~ (at 45° approx. in the axis of

the test specimen) (*metall.*), frattura ad angolo, frattura a fischietto. **4.** brittle ~ (fracture not preceded by deformation) (*metall.*), frattura fragile, frattura per distacco, rottura fragile, rottura per distacco. **5.** coarse-grained ~ (*metall.*), frattura a grano grosso. **6.** columnar ~ (*metall. defect*), frattura colonnare. **7.** conchoidal ~ (of min.), frattura concoide. **8.** crystalline ~ (*metall.*), frattura cristallina. **9.** cup and cone ~ (*metall.*), frattura a coppa. **10.** fatigue ~ (*metall.*), frattura per fatica. **11.** fibrous ~ (*metall.*), frattura fibrosa. **12.** fine-grained ~ (*metall.*), frattura a grano fine. **13.** fish-scale ~ (in high speed steels) (*metall.*), frattura squamosa. **14.** granular ~ (*metall.*), frattura granulare. **15.** half-cup ~ (*metall.*), frattura a semicoppa. **16.** intercrystalline ~ (*metall.*), frattura intercristallina. **17.** nicked ~ test (in which a notched bar is broken by bending for examining the fracture) (*mech. technol.*), prova di frattura su barretta intagliata. **18.** oystershell ~ (due to fatigue stress) (*metall.*), frattura concoide. **19.** ragged ~ (irregular fracture, broken stick fracture, of a test specimen) (*metall.*), frattura irregolare. **20.** shear ~ (by shearing machine cutting, at 90° to the axis of the bar) (*metall.*), frattura da cesoia. **21.** silky ~ (having a very fine grain) (*metall.*), frattura sericea. **22.** star ~ (rosette fracture) (*metall.*), frattura a raggiera, frattura a stella, frattura a rosetta. **23.** woody ~ (due to the presence of scales and appearing after rolling or forging) (*metall.*), frattura legnosa.

fracture (to) (*gen.*), fratturare.

fracturing (as of a sandstone bearing oil) (*oil wells - etc.*), fratturazione.

frag, *short for* fragmentation.

frag (to) (as of a grenade) (*milit.*), suddividersi in schegge.

fragile (brittle) (*gen.*), fragile.

fragment, frammento. **2.** ~ (as of an exploded shell) (*milit.*), scheggia.

fragmentation (defective crystal structure of the grains due to processing) (*metall. defect*), frammentazione (cristallina). **2.** ~ shell (*milit. expl.*), granata dirompente.

frame (of elect. mach.), carcassa. **2.** ~ (as of a press) (*mech.*), incastellatura. **3.** ~ (as of a window, of a mach. etc.), telaio. **4.** ~ (of eyeglasses), montatura. **5.** ~ (of a ship) (*shipbuild.*), ordinata, costa. **6.** ~ (ornamental border: as for a painting), cornice. **7.** ~ (*aer.*), ordinata. **8.** ~ (*m. pict.*), fotogramma. **9.** ~ (a complete cycle of lines on which is reproduced the image) (*telev. - comp.*), trama, quadro. **10.** ~ (definition: as of a sample) (*gen. - stat.*), delimitazione, inquadratura. **11.** ~ (structure, skeleton) (*carp. - etc.*), struttura, ossatura. **12.** ~ (*railw. - aut.*), telaio. **13.** ~ (molding box) (*found.*), staffa. **14.** ~ (row of records set in a tape at right angle to its motion) (*comp.*), colonna (o riga) di nastro [trasversali alla direzione di moto del nastro]. **15.** ~ (data display) (*videotext - teletext*), trama. **16.** ~ advance (still advance) (*audiovisuals*), avanzamento fotogramma per fotogramma. **17.** ~ bend (*telev.*), distorsione del quadro. **18.** ~ check sequence, "FCS" (*tlcm.*), sequenza di controllo di trama. **19.** ~ blanking (frame suppression) (*telev.*), soppressione del quadro. **20.** ~ clamp (*carp. impl.*), morsetto da falegname. **21.** ~ coil (picture control coil) (*telev.*), bobina regolazione immagine. **22.** ~ counter (*m. pict.*), contafotogrammi. **23.** ~ cross member (*mech.*), traversa del telaio. **24.** ~ deflection (*telev.*), deviazione del quadro. **25.** ~ distortion (*telev.*), distorsione del quadro. **26.** ~ frequency (*telev.*), frequenza del quadro, frequenza di immagine. **27.** ~ gauge (of a film) (*m. pict.*), passo d'immagine. **28.** ~ height control (vertical size control) (*telev.*), regolazione dell'altezza del quadro. **29.** ~ house (*bldg.*), casa ad ossatura in legname (e pareti comunque). **30.** ~ linearity control (*telev.*), controllo della linearità del quadro. **31.** ~ of plate (of alkaline accumulator) (*elect.*), telaio della piastra. **32.** ~ of reference (usually a set of orthogonal axes) (*phys.*), sistema di riferimento. **33.** ~ of the steering wheel (*naut.*), bozzello del timone. **34.** ~ saw (*joint. t.*), sega a telaio, sega da falegname (tipo comune). **35.** ~ scan (*telev.*), analisi del quadro. **36.** ~ sequential system (scanning system by which a frame of only even lines is scanned while the successive frame is of only odd lines) (*telev.*), sistema di scansione sequenziale. **37.** ~ set (transverse curvature) (*shipbuild.*), centinatura (o curvatura trasversale) di una ordinata. **38.** ~ side (of a mach.), longherone del telaio. **39.** ~ space (distance between the centers of two frames) (*shipbuild.*), maglia. **40.** ~ store (*tlcm.*), memoria di trama. **41.** ~ synchronization (picture synchronization) (*telev.*), sincronizzazione dell'immagine. **42.** ~ time base (*telev.*), base dei tempi del quadro. **43.** all-welded ~ (*mech.*), telaio completamente saldato. **44.** backbone ~ (of a car, frame with center beam) (*aut.*), telaio a trave centrale. **45.** box ~ (with grooves for sash weights: as of a window) (*carp.*), telaio con guide (per contrappesi). **46.** building ~ (*bldg.*), ossatura muraria. **47.** bulkhead ~ (*shipbuild.*), ordinata di paratìa. **48.** cant ~ (*shipbuild.*), ordinata deviata, costa deviata. **49.** cradle ~ (of a mtc.), telaio a culla. **50.** cruciform ~ (as of a car) (*aut. - etc.*), telaio a croce. **51.** double twist spinning ~ (*text. ind.*), filatoio a doppia torsione. **52.** doubling ~ (*text. mach.*), ritorcitoio. **53.** engine ~ (crankcase) (*mot.*), basamento. **54.** field ~, *see* yoke. **55.** fly ~ (*text. mach.*), banco a fusi. **56.** fly ~ (grinding and polishing mach.) (*glass mfg.*), molatrice e lucidatrice. **57.** intermediate transverse ~ (of an airship) (*aer.*), ordinata intermedia. **58.** jack roving ~ (*cotton spinning*), banco di torsione del lucignolo. **59.** log ~ (a sawing machine for obtaining boards from logs) (*mach.*), sega meccanica per ricavare tavolame da tronchi. **60.** longitudinal ~ member (*mech.*), lungherone, longherone. **61.** loop ~ (cradle frame, of mtc.), telaio a culla. **62.** main ~ (*shipbuild.*), ordinata maestra. **63.** main ~ (central processor of the computer system, central processing unit, CPU) (*comp.*), unità centrale. **64.** peak ~ (*shipbuild.*), ordinata di gavone. **65.** printing ~ (*phot. impl.*), torchietto da stampa. **66.** rear window ~ (*aut. body constr.*), telaino luce posteriore. **67.** reeling ~ (*text. mach.*), incannatoio. **68.** reverse ~ (*shipbuild.*), ordinata rovescia, controordinata. **69.** rigid box type ~ (as of aut.) (*mech.*), telaio scatolato del tipo rigido. **70.** ring spinning ~ (as for woolen yarn) (*text. mach.*), filatoio ad anello. **71.** ring twisting ~ (as for fancy yarns) (*text. mach.*), ritorcitoio ad anello. **72.** roof ~ (*build.*), orditura del tetto. **73.** roving ~ (*text. mach.*), banco per lucignolo, banco per stoppino. **74.** self-acting knitting ~ (*text. ind. mach.*), (Brit.), telaio automatico per maglieria. **75.** side ~ (of a railw. locomotive) (*railw.*), longherone del telaio. **76.** side ~ (frame forming the side of a car body and comprising the posts, braces, plate, etc. for the body of a car) (*railw.*), fiancata. **77.** side ~ (of a truck) (*railw.*), fianco. **78.** side ~ (*shipbuilding*), ossatura laterale. **79.** spar ~ (*aer.*), ordinata di forza, ordinata di longherone. **80.** spindle ~ (of mach. t.), carcassa portamandrino, incastellatura portamandrino. **81.** square ~ (frame perpendicular to the longitudinal vertical middle plane of a ship) (*shipbuild.*), ordinata perpendicolare al piano di simmetria. **82.** transverse ~ (of an airship) (*aer.*), ordinata. **83.** traveling ~ (as of text. mach.), telaio spostabile. **84.** twisting ~ (*text. mach.*), ritorcitoio. **85.** web ~ (*shipbuild.*), ordinata rinforzata, ordinata composta. **86.** winding ~ (*text. mach.*), bobinatrice. **87.** window (or door) ~ (*bldg.*), infisso.

frame (to) (in m. pict. film projection), mettere in quadro. **2.** ~ (*shipbuild.*), impostare le ordinate. **3.** ~ (to run liquid soap in the cooling frames) (*soap mfg.*), travasare (il sapone) nei telai di raffreddamento. **4.** ~ (to frame a projected image) (*m. pict.*), inquadrare.

frame-saw (*carp. t.*), sega a telaio.

frames/second (*m. pict.*), fotogrammi/secondo, fotogrammi al secondo.

framework (*aer.*), ossatura. **2.** ~ (the completed work of framing) (*constr.*), traliccio, carpenteria. **3.** ~ (*naut. - mech.*), ossatura, intelaiatura.

framing (framework) (*bldg. - shipbuild. - aer. bldg.*), ossatura. **2.** ~ (picture position adjustment in m. pict. or TV projection) (*m. pict. - telev.*), messa in quadro. **3.** ~ square (*carp. t.*), squadra da carpentieri.

franchise (exemption) (*comm.*), franchigia. **2.** ~ (as given to a dealer from a manufacturer for the sale of his products) (*comm.*), mandato di concessione, mandato di rappresentanza.

francium (chem. element) (Fr - *chem.*), francio.

franco (as free carriage) (*a. - transp.*), franco di porto.

frank (to) (to put stamps on mail) (*mail*), affrancare. **2.** ~ (to mark stamps by a postal marking) (*mail*), annullare.

frap (to) (*naut.*), rizzare.

frasing (*mech. - pip.*), *see* frazing.

frater (*bldg.*), refettorio conventuale.

fraud (*law*), dolo. **2.** ~ (*comm. defect*), frode.

fraudulent (*law*), doloso. **2.** ~ conversion (*law*), appropriazione fraudolenta.

fray (to) (*gen.*), consumare per sfregamento. **2.** ~ (to separate threads, as of a rope end or cloth end) (*gen.*), sfrangiare.

fraze (as due to burs on the edges) (*mech. defect*), irregolarità agli orli.

fraze (to) (as forged pieces) (*mech.*), sbavare.

frazing (removal of ragged edges at a cut tube end) (*pip. - mech.*), sbavatura.

free (of money), libero, gratuito. **2.** ~ (*comm.*), franco. **3.** ~ (*mech.*), folle, libero. **4.** ~ (that does not belong to a trade-union) (*a. - labor organization*), non appartenente ad organizzazioni sindacali. **5.** ~ (*a. - gymnastics*), libero. **6.** ~ (favorable, as the wind) (*naut.*), favorevole. **7.** ~ (not combined) (*a. - chem.*), libero. **8.** ~ (not fixed, not supported) (*a. - constr. theor. - mech. - etc.*), libero, non fissato. **9.** ~, *see* open, clear. **10.** ~ alongside ship, "FAS" (*comm. - naut.*), franco banchina nave, franco sottobordo. **11.** ~ at factory (*comm.*), franco stabilimento. **12.** ~ at works (*comm.*), franco stabilimento. **13.** ~ fall (as of an artificial satellite or space vehicle not controlled by any source of power) (*rckt.*), caduta libera. **14.** ~ fall drill (*min.*), sonda a caduta libera. **15.** ~ field (a sound-wave field without obstacles) (*acous.*), campo (acustico) libero. **16.** ~ fit (*mech.*) (Am.), accoppiamento libero largo. **17.** ~ from, esente. **18.** ~ from military service (exempt from military service) (*work. - etc.*), militesente. **19.** ~ lance (*adver. - journ.*), collaboratore esterno, consulente. **20.** ~ of average (*naut.*), franco d'avarìa. **21.** ~ of tax (*econ.*), esentasse. **22.** ~ on board (f.o.b.) (*naut. - comm.*), franco a bordo. **23.** ~ on rail (f.o.r.) (*railw. - comm.*), franco stazione ferroviaria. **24.** ~ or nearly ~ ("F.N.F.") (referred to the cleanness of the wool) (*text. ind.*), pulito o quasi pulito. **25.** ~ pass (*comm.*), lasciapassare. **26.** ~ port (*naut. - comm.*), porto franco. **27.** ~ stuff (quickly draining stuff) (*paper mfg.*), pasta magra. **28.** ~ sulphur (as in rubb. vulcanization) (*ind. chem.*), zolfo libero, zolfo non combinato. **29.** ~ trade (*comm.*), libero scambio. **30.** ~ travel (*mech.*), gioco. **31.** carriage ~ (*comm.*), franco di porto. **32.** duty ~ (*comm.*), in franchigia doganale.

free (to) (*gen.*), liberare, svincolare, esentare.

"FREEBD" (freeboard) (*naut.*), bordo libero.

freeboard (distance between the upper waterlight deck and the water line) (*naut.*), bordo libero. **2.** ~ (of aut.), distanza minima da terra. **3.** ~ deck (upper deck from which the freeboard is assigned) (*naut.*), ponte del bordo libero. **4.** ~ markings (*naut.*), marche del bordo libero.

free-cutting steel (*mach. t. w.*), acciaio automatico, acciaio lavorabile ad alta velocità.

freedom (*gen.*), libertà. **2.** grades of ~ (*phys.*), gradi di libertà. **3.** modes of ~ (*phys.*), gradi di libertà.

free-drop (as of provisions, arms, etc. by airplane without parachute) (*aer. - air force*), lancio senza paracadute.

free-field (as of a memory without preassigned fields) (*a. - comp.*), a campi liberi. **2.** ~ (anechoic: without reverberation, reflection etc. of sound-waves) (*a. - acous.*), anecoico. **3.** ~ room (anechoic room) (*acous.*), camera anecoica.

freehand (*a. - draw.*), a mano libera.

freeness (aptitude of a wood pulp and water mixture to separate water) (*paper mfg.*), scolantezza.

freestone (*mas.*), pietra da taglio.

freeway (toll-free highway) (*road*), superstrada, autostrada senza pedaggio.

freewheel (*aut. - bicycle*), ruota libera. **2.** ~ bicycle (*veh.*), bicicletta a ruota libera. **3.** ~ test (as of a starter) (*mot. - etc.*), prova della ruota libera.

freeze (to) (*phys.*), congelare, gelare. **2.** ~ (to harden into ice), ghiacciare. **3.** ~ (to subject something to a temperature below freezing) (*cold storage*), congelare. **4.** ~ (to seize) (*mech.*), grippare. **5.** ~ (to fix an image on a "TV" screen) (*audiovisuals*), fermare.

freeze-drying, *see* lyophilization.

freeze-frame, "FF" (as of an image fixed on a display screen) (*audiovisuals*), fermo immagine, arresto su di una immagine.

freezer (apparatus maintaining a temperature lower than that of freezing) (*cold mach.*), congelatore. **2.** ~ (as for rapidly bringing food to a subfreezing temperature) (*cold installation*), cella frigorifera (per congelazione). **3.** ~ (home freezer: with quick-freezing compartment at -24°C and storage compartment at -18°C temp.) (*home impl.*), congelatore domestico, freezer. **4.** ~ (refrigerator car) (*railw.*), carro frigorifero, vagone refrigerato. **5.** ~ (tool for retouching castings) (*t.*), utensile per ritoccare getti. **6.** batch ~ (*ice cream ind.*), congelatore discontinuo. **7.** continuous ~ (*ice cream ind.*), congelatore continuo. **8.** home ~ (*cold mach.*), freezer, congelatore per famiglia, congelatore domestico.

freezing (*phys.*), gelo, congelamento. **2.** ~ (as of an induction furnace, cooling protracted up to the solidification of metal) (*metall.*), gelata, raffreddamento (del metallo nel forno) sino a solidificazione. **3.** ~ (subjecting as food to a temperature below freezing) (*cold storage*), congelazione. **4.** ~ mixture (*ind.*), miscela frigorifera. **5.** ~ point (*phys. - chem.*), punto di solidificazione. **6.** ~ process (consisting of freezing the unstable material through which a tunnel or shaft is to be excavated) (*min.*), metodo del congelamento. **7.** ~ temperature (*phys.*), temperatura di solidificazione (o di congelamento). **8.** ~ water (*ice mfg.*), acqua da trasformare (o che si sta trasformando) in ghiaccio. **9.** deep ~ (sub-zero treatment) (*heat-treat.*), trattamento sottozero, sottoraffreddamento.

freight (*comm.*), porto. **2.** ~ (goods), carico, merce. **3.** ~ (money paid for the transport of goods) (*comm. transp.*), nolo. **4.** ~ (freight train, goods train) (*railw.*), treno merci. **5.** ~ bill (FB) (*transp. - adm.*), bolla di accompagnamento. **6.** ~ car (goods wagon in Brit.) (*railw.*) (Am. and Canadian), carro merci. **7.** ~ house (for freight movement by railroad) (*railw.*), magazzino dello scalo merci. **8.** ~ train (*railw.*) (Am.), treno merci. **9.** cost of ~ (*railw.*), spese di trasporto. **10.** dead ~ (*naut.*), nolo vuoto per pieno. **11.** home ~ (*naut. transp.*), nolo di ritorno. **12.** paying ~ (*comm.*), carico pagante. **13.** railway ~ (*railw. transp.*), nolo ferroviario. **14.** slow ~ (*railw.*), piccola velocità. **15.** through ~ (*railw.*), grande velocità.

freight (to) (to hire) (*comm. - naut.*), noleggiare. **2.** ~ (to load) (*transp.*), caricare. **3.** ~ (to transport) (*transp.*), trasportare.

freightage (freight) (*comm.*), *see* freight. **2.** ~ (transportation of freight) (*comm.*), trasporto merci.

freighter (*comm. - naut.*), noleggiatore. **2.** ~ (*aer.*), apparecchio per trasporto merci. **3.** ~ (vessel) (*naut.*), nave da carico.

French arch (*bldg. - arch.*), arco con mattoni disposti in modo che in chiave si incontrino con un angolo.

French chalk (*ind.*), talco.

French column (fractional condensation app.) (*ind. chem.*), apparecchio per la distillazione frazionata.

French comb (wool combing) (*text. ind.*), sistema francese di pettinatura (intermittente).

French-polish (to) (*paint.*), finire a tampone.

French-polishing (*paint.*), finitura a tampone.

French roof (*arch.*), tetto a mansarda.

French window (*build.*), porta-finestra a battente.

Freon (trademark for a series of hydrocarbons containing fluorine atoms for use in refrigerating circuits, aerosol propellants etc.) (*ind. chem. - cold ind. - etc.*), freon.

Freon 12 (dichlorodifluoromethane) (CCl_2F_2) (*chem.*), freon 12, "frigene".

"freq" (frequency) (*elics. - etc.*), frequenza.

frequency (*elect. - phys. - math.*), frequenza. **2.** ~ band (*radio*), banda di frequenza. **3.** ~ carrier system (*tlcm.*), sistema a frequenze portanti. **4.** ~ changer (*elect. mach.*), variatore di frequenza. **5.** ~ control board (*radio*), ufficio controllo frequenze. **6.** ~ conversion (*radio*), conversione di frequenza. **7.** ~ converter, *see* frequency charger. **8.** ~ curve (*stat.*), curva di frequenza. **9.** ~ distribution (*stat. - quality control*), distribuzione di frequenza. **10.** ~ divider (*elics.*), divisore di frequenza. **11.** ~ division (frequency slicing) (*elics.*), divisione di frequenza. **12.** ~ meter (*elect. instr.*), frequenzimetro, frequenziometro. **13.** ~ meter (of an electromagnetic wave) (*radio instr.*), ondametro. **14.** ~ modulation (*radio*), modulazione di frequenza. **15.** ~ monitor (instr. indicating departure of a frequency from its assigned value) (*elect. - instr.*), indicatore dello scarto di frequenza. **16.** ~ multiplier (*elect.*), moltiplicatore di frequenza. **17.** ~ polygon (*stat.*), poligono di frequenza. **18.** ~ shift (a frequency change) (*tlcm.*), spostamento (o slittamento) di frequenza. **19.** ~ shift keying (frequency shift modulation) (*tlcm.*), tipo di modulazione di frequenza, modulazione (per spostamento) di frequenza, FSK. **20.** ~ shift modulation, *see* ~ shift keying. **21.** ~ slicing, *see* ~ division. **22.** ~ spacing (*radio*), intervallo di frequenza. **23.** angular ~ (periodic oscillation) (*acous. - elics.*), pulsazione. **24.** assigned ~ (*radio*), frequenza assegnata. **25.** audio- ~ (*a. - radio*), ad audiofrequenza. **26.** audio ~ (*n. - radio*), frequenza udibile, audiofrequenza, frequenza acustica. **27.** beat ~ (difference ~ resulting from the intermodulation of two frequencies) (*radio*), frequenza di battimento, frequenza che dà luogo a battimenti. **28.** beat ~ (CW interference, image interference due to the interference of two oscillations having different frequency) (*telev.*) (Am.), sibilo. **29.** carrier ~ (*radio*), frequenza portante. **30.** clock ~ ("CPU" frequency of a digital comp.), (*comp.*), frequenza dell'impulso di temporizzazione, frequenza di clock. **31.** cut-off ~ (*teleph.*), frequenza di taglio, frequenza limite. **32.** dot ~ (*color telev.*), frequenza di (o dei) punti. **33.** extremely high ~ (from 30,000 to 300,000 megacycles) (*radio*), frequenze estremamente alte (EHF). **34.** flicker ~ (*telev.*), frequenza di sfarfallamento. **35.** frame ~ (*telev.*) (Brit.), frequenza del quadro, frequenza di immagine. **36.** fundamental ~ (of alternating waves) (*elect.*) (Brit.), frequenza fondamentale. **37.** fusion ~ (of images) (*opt.*), frequenza di fusione. **38.** group ~ (*radio*), frequenza dei treni d'onda. **39.** high ~ (*elect. - phys.*), alta frequenza. **40.** industrial ~ (50 or 60 cycles) (*elect.*), frequenza industriale. **41.** intermediate ~ (*radio*), frequenza intermedia. **42.** line ~ (*telev.*), frequenza di riga. **43.** low ~ (*elect. - phys.*), bassa frequenza. **44.** medium ~ (MF, m.f.: from 300 to 3000 kilocycles) (*radio - telev.*), media frequenza. **45.** modulating ~ (*radio*), frequenza modulatrice. **46.** musical ~ (*radio*), frequenza musicale (acustica). **47.** natural ~ (of an antenna) (*radio*), frequenza propria. **48.** natural ~ (wave length) (*radio*), frequenza propria. **49.** normalized ~ (scale of frequency in which frequency is plotted as a ratio relative to a reference frequency) (*phys.*), frequenza normalizzata. **50.** picture ~ (*telev.*), frequenza di quadro, frequenza di immagine. **51.** projecting ~ (*m. pict.*), frequenza di proiezione, cadenza di proiezione. **52.** quietness ~ (in perception of movement) (*m. pict.*), frequenza di fusione. **53.** recurrence ~ (of pulses) (*radio*), cadenza di ripetizione. **54.** resonant ~ (*radio*), frequenza di risonanza. **55.** resting ~ , *see* carrier ~ . **56.** side ~ (*radio*), banda laterale di frequenza. **57.** superhigh ~ (from 3000 to 30,000 Mc/sec, super-frequency) (*radio*), iperfrequenza. **58.** taking ~ (*m. pict.*), frequenza di presa. **59.** vibrating-reed ~ meter (*elect. instr.*), frequenzimetro a lamelle vibranti. **60.** voice ~ (300-3400 c.p.s.) (*radio*), frequenza vocale.

frequency-division (*a. - elics.*), a divisione di frequenza.

frequency-doubler (*radio*) (Brit.), duplicatore di frequenza.

fresco (painting method in which pigments mixed only with water are applied to a still wet lime plaster surface) (*paint.*), fresco, affresco, pittura a fresco.

fresco (to) (*paint.*), affrescare.

frescoer (*paint.*), affrescatore.

fresh (newly produced) (*a. - gen.*), fresco. **2.** ~ (not salty) (*water*), dolce. **3.** ~ air (*conditioning - etc.*), aria pura. **4.** ~ hand (untrained hand) (*work.*), operaio inesperto, manodopera non qualificata. **5.** ~ news (*journ.*), notizie fresche. **6.** ~ paint (not dry) (*paint.*), vernice fresca. **7.** ~ water (*chem.*), acqua dolce. **8.** ~ way (*naut. - aer.*), abbrivo.

freshen (to) (as a rope or ballast) (*naut.*), spostare (per evitare l'usura), sistemare. **2.** ~ (of the wind) (*meteorol.*), rinforzare.

freshwater (as fish) (*a. - gen.*), d'acqua dolce.

fresnel (*phys.*), unità di frequenza (10^{12} cicli al secondo).

fret (ornament: Greek fret) (*arch.*), greca. **2.** ~ (ornamentation work in relief) (*arch.*), fregio ornamentale in rilievo. **3.** ~ (*ceramics*), *see* frit. **4.** ~ saw (*join. t.*), sega da traforo. **5.** ~ sawing machine (*mach. t.*) (Brit.), segatrice per contornitura, segatrice contornitrice, segatrice a contornire.

fret (to) (to wear away) (*gen.*), erodere.

frett (*ceramics*), *see* frit.

frettage (shrinking of hoops on a gun) (*metall.*), cerchiatura.

frette (steel hoop shrunk on a gun) (*metall.*), cerchiatura.

fretting (erosion), erosione. **2.** ~ (rippling of the surface of a liquid) (*gen.*), increspatura. **3.** ~ (wear due to friction), usura. **4.** ~ (chafing), sfregamento con usura. **5.** ~ (rubbing), sfregamento. **6.** ~ (as of the road surface) (*road*) (Brit.), rottura. **7.** ~ corrosion (between the contact surfaces of tight fit coupled elements) (*mech.*) ossidazione per sfregamento (o strofinio), corrosione di tormento, (formazione di) "tabacco". **8.** ~ fatigue (due to friction and oxidation of tight fit coupled elements, as in cyclically stressed structures, in bolted connections etc.) (*metall. - mech.*), fatica da sfregamento, fatica da contatto.

Fretz-Moon pipe (pipe welded with Fretz-Moon process) (*metall.*), tubo saldato Fretz-Moon.

"frgt" (freight) (*comm.*), *see* freight.

"FRHGT" (free height) (*gen.*), altezza libera.
friable (*a. - gen.*), friabile.
frib (dirty and greased wool) (*wool ind.*), lana corta, sporca, unta.
friction (*mech.*), attrito. **2.** ~ (rubber calendered into fabric) (*text. ind.*), gomma telata. **3.** ~, *see* attrition. **4.** ~ bearing (a babbited solid bronze bearing fitted in the axle box) (*railw. - mech.*), cuscinetto della boccola. **5.** ~ bevel wheel (*mech.*), ruota di frizione conica. **6.** ~ brake (absorption dynamometer) (*mech.*), freno (dinamometrico) ad attrito. **7.** ~ clutch (*aut. - mech.*), innesto a frizione. **8.** ~ coefficient (*theor. mech.*), coefficiente d'attrito. **9.** ~ drive (*mech.*), cambio a frizione. **10.** ~ fractor (*mech.*), coefficiente di attrito. **11.** ~ gear (friction drive) (*mech.*), cambio a frizione. **12.** ~ gearing (*mech.*), trasmissione a ruote di frizione. **13.** ~ glazing (glazing method in which one or more calender cylinders revolve at a speed higher than that of the others) (*paper mfg.*), lucidatura per frizione. **14.** ~ loss (*mech.*), perdita per attrito. **15.** ~ meter (friction coefficient meter) (*app.*), apparecchio per la determinazione del coefficiente di attrito. **16.** ~ of rest (*theor. mech.*), attrito di primo distacco. **17.** ~ plate (friction clutch disk) (*mech.*), (Am.), disco della frizione. **18.** ~ press (*mach.*), bilanciere a frizione. **19.** ~ saw (*mech.*), sega ad attrito. **20.** ~ shock absorber (as of aut.), ammortizzatore a frizione. **21.** ~ tape (*elect.*), nastro isolante. **22.** ~ test (as of a lubricating oil) (*ind. chem.*), prova delle qualità lubrificanti. **23.** ~ welding (in which the heat is obtained by friction) (*mech. technol.*), saldatura ad attrito. **24.** ~ wheel (*mech.*), ruota di frizione. **25.** ~ work (work of friction) (*theor. mech.*), lavoro di attrito. **26.** air ~ clutch (as of a press) (*mech.*), frizione pneumatica. **27.** break-away ~ (break-out friction, static friction) (*mech.*), attrito di primo distacco. **28.** coefficient of ~ (*theor. mech.*), coefficiente di attrito. **29.** dry ~ (as with no lubrication) (*mech.*), attrito secco. **30.** internal ~ (*mech. of fluids*), attrito interno. **31.** internal molecular ~ (*phys.*), attrito molecolare interno. **32.** kinetic ~ (running friction) (*mech.*), attrito cinetico. **33.** molecular magnetic ~ (*elect.*), isteresi magnetica. **34.** rolling ~ (*theor. mech.*), attrito volvente. **35.** single-pass ~ (*rubb. ind.*), frizionatura ad un passaggio. **36.** skin ~ (*aer.*), attrito di superficie. **37.** sliding ~ (*theor. mech.*), attrito radente. **38.** starting ~ (*theor. mech.*), attrito di primo distacco. **39.** static ~ (break-away friction, break-out friction) (*mech.*), attrito di primo distacco. **40.** two-pass ~ (*rubb. ind.*), frizionatura a due passaggi. **41.** wedge ~ gear (wedge friction drive) (*mech.*), cambio con ruota (di frizione) conica. **42.** wedge ~ wheel (*mech.*), ruota di frizione conica. **43.** work of ~ (friction work) (*theor. mech.*), lavoro di attrito.
friction (to) (to rubberize a fabric) (*text. proc.*), gommare (la tela), frizionare.
frictional (relating to friction) (*a. - mech.*), di attrito. **2.** ~ electricity (electricity produced by friction; as by rubbing together certain insulating materials) (*elect.*), elettricità (statica) da strofinamento. **3.** ~ electric machine (*phys. app.*), macchina elettrostatica. **4.** ~ gearing, *see* friction gear. **5.** ~ machine (an electrostatic generator) (*phys. app.*) (Brit.), macchina elettrostatica. **6.** ~ resistance (as between the water and a vessel) (*hydr.*), resistenza di attrito.
frictioning (impregnation of a fabric with rubber) (*rubber ind.*), gommatura a frizione, frizionatura. **2.** single-pass ~ (*rubb. ind.*), gommatura (o frizionatura) ad un passaggio. **3.** two-pass ~ (*rubb. ind.*), gommatura (o frizionatura) a due passaggi.
frictionless (*theor. mech.*), privo di attrito.
frieze (of entablature) (*arch.*), fregio. **2.** ~ (woollen fabric) (*text. mfg.*), rascia.
frieze (to) (*text. ind.*), ratinare.
friezing (*text. ind.*), ratinatura.
frigate (*naut.*), fregata.
frigidarium (room at a low temperature) (*obsolete arch.*), frigidarium.
frigorific (*a.*), frigorifero.
frigorimeter (low temperature thermometer) (*therm. meas.*), termometro per basse temperature.
frill (to) (photographic emulsion defect) (*phot. - m. pict.*), distaccarsi (o raggrinzarsi della gelatina).
frilling (defect of the coating of a film) (*phot. - m. pict.*), distacco (della gelatina).
fringe (as of the picture in color films) (*phot.*), iridescenza. **2.** ~ (*opt.*) frangia. **3.** ~ area (at the border of an acceptable reception) (*radio - telev.*), zona limite di propagazione. **4.** ~ benefits (payment supplementary to the basic wage, such as for rest etc.) (*work. - ind.*), concessioni (o benefici) supplementari. **5.** interference ~ (*opt.*), frangia di interferenza.
fringe (to) (*gen.*), frangiare.
fringed (as of a fabric) (*a.*), frangiato.
fringing (*gen.*), frangiatura. **2.** ~ machine (for paper) (*mach.*), frangiatrice.
frit, fritt (porous glass used as for chem. filtration) (*glass mfg.*), vetro poroso. **2.** ~ (in ceramics mfg.), vetrina, fritta componente di smalti, sostanza da aggiungere alla porcellana.
frit (to) (to calcine) (*glass mfg.*), calcinare. **2.** ~ (to agglomerate) (*glass mfg.*), agglomerare. **3.** ~ (to fuse glassy materials) (*ceramics*), vetrificare.
fritting (*ceramic mfg. - glass mfg.*), preparazione della fritta.
friz (to) (to frizz, to frize, to soften, as with pumice stone) (*leather ind.*), ammorbidire.
"frl", *see* fractional.
"frm", *see* frame, framing.
froe (*carp. t.*), lama con manico a squadra. **2.** ~ (a steel wedge for splitting wood) (*t.*), cuneo.
"FROF" (Fire Risk On Freight) (*antifire transp.*), rischio di incendio sulla merce trasportata.
frog (of a plane) (*carp.*), sede del ferro. **2.** ~ (of a

railroad crossing) (*railw.*), cuore. **3.** ~ (depression on a brick surface for mortar joints) (*mas.*), cavità. **4.** ~ (trolley wires crossing) (*elect. railw.*), cuore di incrocio delle linee di contatto. **5.** ~ line (as of a streetcar) (*elect. device*), incrocio aereo, scambio aereo. **6.** actual point of ~ (*railw.*), punta materiale del cuore. **7.** aerial ~ (as of a streetcar overhead line) (*elect. device*), incrocio aereo, scambio aereo. **8.** built-up ~ with base plate (*railw.*), cuore composto. **9.** rerailing ~ (*railw.*), *see* car replacer. **10.** theoretical point of ~ (*railw.*), punta matematica del cuore. **11.** wrecking ~ (*railw.*), *see* car replacer.

frogman (*sport - milit.*), uomo rana, sommozzatore.

front (*a.*), anteriore. **2.** ~ (*n. arch.*), facciata. **3.** ~ (*n. milit.*), fronte. **4.** ~ (of a horse harness), fronte (della briglia). **5.** ~ (line between two different air masses) (*meteorol.*), fronte. **6.** ~ (side of the shaft opposite to the end that carries the pulley) (*elect. mot.*), lato opposto (a quello della) puleggia. **7.** ~ cover (as of a radial engine) (*mot.*), coperchio anteriore. **8.** ~ cover (*adver.*), prima (pagina) di copertina. **9.** ~ door (main door), portone (d'ingresso), porta principale. **10.** ~ drive (*aut.*), trazione anteriore. **11.** ~ elevation (*draw.*), vista frontale, alzata. **12.** ~ money (*n. - comm.*), pagamento anticipato. **13.** ~ of attack (*tactics*), settore d'attacco. **14.** ~ part (of veh.), avantreno. **15.** ~ view (*draw.*), vista frontale. **16.** ~ wheel (as of aut.), ruota anteriore. **17.** ~ wheel drive (*aut.*), trazione anteriore. **18.** cold ~ (*meteorol.*), fronte freddo. **19.** warm ~ (*meteorol.*), fronte caldo. **20.** wave ~ (*radio - etc.*), fronte di onda. **21.** ~, *see also* fronts.

frontage road (service road) (*road traff.*), strada secondaria di smistamento del traffico locale.

frontal (*n. arch.*), frontone. **2.** ~ (*a. - gen.*), frontale.

frontally (*gen.*), frontalmente.

frontier (*geogr.*), frontiera.

frontispiece (*arch.*), facciata (o ingresso) principale. **2.** ~ (of a book), frontespizio.

frontogenesis (development of a front) (*meteorol.*), frontogenesi.

frontolysis (weakening of a front) (*meteorol.*), frontolisi.

fronton, *see* frontal.

fronts (initial part of a distillate) (*chem. ind.*), testa.

frost (*phys.*), gelo. **2.** ~ (as on airplane wings), depositi di ghiaccio. **3.** glazed ~ (rain ice, layer of smooth ice formed as on a wing) (*meteorol.*), ghiaccio di pioggia, ghiaccio vitreo. **4.** glazed ~ (ice coating formed when cold rain contacts colder objects) (*meteorol.*), gelicidio, tempesta di ghiaccio, vetrone.

frost (to) (to freeze), gelare. **2.** ~ (to cover with ~), ricoprirsi di ghiaccio.

frosted (sanded) (*a. - glass ind.*), smerigliato. **2.** ~ (surface treated to scatter light or to simulate frost) (*a. - glass mfg.*), ghiacciato. **3.** ~ gelatine (*phot.*), gelatina cristallizzata. **4.** ~ glass (*opt.*), vetro smerigliato. **5.** ~ lamp (*illum.*), lampadina smerigliata.

frosting (*paint. defect*), effetto a fior di ghiaccio.

frostproof (*phys.*), resistente al gelo, non gelivo.

froth (foam) (*gen.*), schiuma.

froth (to) (as of a battery under charge) (*elect.*), "bollire". **2.** ~ (*phys.*), spumare, produrre bollicine.

frothing (foaming) (*a. - ind.*), schiumogeno. **2.** ~ (of plastics) (*n. - chem. ind.*), preespansione.

frow (*t.*), *see* froe.

frozen (*a. - phys.*), gelato. **2.** ~ (seized) (*mech.*), grippato. **3.** ~ (as of a credit) (*a. - finan.*), congelato.

"FRP" (Fiberglass Reinforced Plastic) (*chem. ind.*), plastica rinforzata con fibre di vetro, vetroresina.

"frt" (freight) (*comm.*), *see* freight.

fruit (*agric.*), frutta. **2.** ~ (unsynchronized reply from a radar beacon) (*radar*) (slang), risposta non sincronizzata. **3.** ~ growing (*agric.*), frutticoltura. **4.** ~ machine (slot machine) (*gambling*) (Brit.), macchina (automatica) a moneta, macchina mangiasoldi.

fruitful (yielding) (*gen.*), fruttifero.

frustration (*psychol.*), frustrazione.

frustum (*geom.*), tronco di cono o di piramide. **2.** ~ of cone (*geom.*), tronco di cono. **3.** ~ of pyramid (*geom.*), tronco di piramide.

"frwk" (framework) (*bldg.*), ossatura.

"frwy", *see* freeway.

frying (trouble in sound reproduction) (*acous.*), friggio.

"FS" (forged steel) (*mech. draw.*), acciaio fucinato. **2.** ~ (factor of safety) (*constr. theor.*), coefficiente di sicurezza. **3.** ~ (full scale) (*draw.*), scala 1 a 1, in grandezza naturale. **4.** ~ (Federal Standard) (*technol.*) (Am.), norma federale. **5.** ~ (fin stabilized: as a hull) (*naut.*), stabilizzato mediante pinne. **6.** ~ (Field Separator) (*comp.*), separatore di campo.

"fs" (far side; opposite side, the more distant of two sides) (*gen.*), lato opposto. **2.** ~ (fac simile) (*abbr.*), fac simile.

"FSL" (full stop landing) (*aer.*), atterraggio ed arresto completo.

"fspc", *see* frontispiece.

"fst", *see* fast.

f stop, *see* f-number.

"ft", *see* foot, feet.

"ft-c" (foot candle, equal to one lumen per square foot) (*illum. meas.*), lumen per piede quadrato.

"ftg" (fitting) (*pip. - etc.*), raccordo.

"fth", **"fthm"**, *see* fathom.

"ft-lb" (foot-pound) (*meas.*), piede-libbra.

"FTR" (flat-tile roof) (*mas.*), tetto a tegole piane. **2.** ~, *see also* fighter 1 ~.

F 2 layer (ionosphere stratum existing all day long

and located between 150 and 250 miles height on the earth's surface) (*meteorol. - radio*), strato F 2.

F 2 S (finish two sides) (*mech. draw.*), finire due lati.

fuchsin, fuchsine (aniline red) (*chem.*), fucsina, rosanilina.

fudge (space kept available in a newspaper for late news) (*journ. - typ.*) (Brit.), spazio bianco riservato alle ultime notizie. **2.** ~ box, *see* (Am.), fudge.

fuel (*n. - comb.*), combustibile. **2.** ~ (for a carburation engine, as a petrol engine) (*mot.*), carburante. **3.** ~ (for an injection engine, as a diesel engine) (*mot.*), combustibile. **4.** ~ accumulator (as in a jet engine) (*gas turbine*), accumulatore di combustibile. **5.** ~ assembly (for a nuclear reactor) (*atom phys.*), elemento di combustibile. **6.** ~ assembly transfer (in a nuclear reactor) (*atom phys.*), trasferimento dell'elemento di combustibile. **7.** ~ capacity (of a ship) (*naut.*), capienza della dotazione di combustibile. **8.** ~ cell (for converting fuel directly into elect. energy by a continuous chemical process) (*elect.*), pila a combustibile. **9.** ~ distance (range: as of an aer.) (Am.), autonomia (di percorso senza rifornimento di combustibile). **10.** ~ dope (antiknock agent), *see* dope 3 ~. **11.** ~ filter (*mot.*), filtro del combustibile. **12.** ~ flow test (*aer.*), prova erogazione combustibile. **13.** ~ grade (octane number) (*mot. - comb.*), numero di ottano del carburante. **14.** ~ mixture (of oil and gasoline for feeding two stroke engines) (*mech.*), miscela. **15.** ~ nozzle (*mot.*), polverizzatore di combustibile. **16.** ~ oil (*comb.*), olio combustibile. **17.** ~ pellet (for nuclear reactor) (*atom phys.*), pastiglia di combustibile. **18.** ~ plate (uranium sandwich) (*atom phys.*), lamina di combustibile. **19.** ~ pump (*mot.*), pompa del combustibile. **20.** ~ reprocessing (for a nuclear reactor) (*atom phys.*), ritrattamento del combustibile. **21.** ~ rod (of a nuclear reactor) (*atom phys.*), barra combustibile. **22.** ~ shipping cask (for a nuclear reactor) (*atom phys.*), cassone per il trasporto del combustibile. **23.** ~ storage building (for a nuclear reactor) (*atom phys.*), edificio di stoccaggio del combustibile. **24.** ~ storage rack (for a nuclear reactor) (*atom phys.*), griglia di stoccaggio del combustibile. **25.** ~ system (*mot.*), sistema di alimentazione. **26.** antiknock ~ (as for petrol engines) (*mot.*), carburante antidetonante. **27.** aromatic ~ (the chief chemical compound that has a benzene ring structure and is used for jet aircraft) (*aer.*), combustibile aromatico. **28.** aviation turbine ~ (*aer. - fuel*), combustibile per turboreattori. **29.** bunker ~, *see* bunker oil. **30.** depleted ~ (of a nuclear reactor) (*atom phys.*), combustibile impoverito. **31.** diesel ~ (*comb.*), gasolio. **32.** gaseous ~ (*comb.*), combustibile gassoso. **33.** failed ~ detection (fuel assembly defect) (*atom phys.*), rivelazione di elemento di combustibile con avaria. **34.** high-grade ~ (*comb.*), combustibile ad alto potere calorifico. **35.** high-octane ~ (gasoline), carburante ad alto numero di ottano. **36.** leaded ~ (*mot.*), carburante etilizzato, carburante con piombotetraetile. **37.** liquid ~ (*comb.*), combustibile liquido. **38.** low ~ warning light (*aut. instr.*), spia luminosa carburante di riserva. **39.** low-grade ~ (*comb.*), combustibile a basso potere calorifico. **40.** non-solid ~ (*comb.*), combustibile non solido. **41.** reference ~ (as for determining the knocking features) (*mot.*), combustibile di riferimento. **42.** solid ~ (*comb.*), combustibile solido. **43.** unleaded ~ (*mot.*), carburante non etilizzato, carburante senza piombotetraetile.

fuel (to) (*naut. - aer. - etc.*), rifornirsi di combustibile. **2.** ~ (*naut. - aer. - etc.*), rifornire di combustibile.

fueler (hot rod or race car using mixed fuel instead of gasoline) (*n. - aut.*), automobile truccata alimentata con combustibile miscelato.

fuel-mixture indicator, *see* exhaust-gas analyzer.

fugacity (gas thermodynamics) (*chem. phys.*), fugacità.

fugitiveness (from justice) (*law.*), latitanza.

fulcrum (*phys.*), fulcro. **2.** ~ (*theor. mech.*), fulcro. **3.** ~ (*constr. theor.*), punto d'appoggio. **4.** float ~ (of a carburetor) (*mot. mech.*), fulcro del galleggiante.

fulguration (electro-desiccation) (*med. elect.*) (Brit.), folgorazione.

full (*a. - gen.*), pieno. **2.** ~ depth (of a gear tooth) (*mech.*), altezza totale. **3.** ~ duplex (*comp. - tlcm.*), duplex totale, totalmente bidirezionale. **4.** ~ load (*aer.*), carico totale. **5.** ~ open (*gen.*), tutto aperto. **6.** ~ pay (of a worker) (*adm.*), paga intera. **7.** ~ radiator (black body) (*opt. - phys.*), corpo nero, radiatore integrale, corpo a radiazione integrale. **8.** ~ rudder (*naut.*), tutta barra, timone al massimo angolo. **9.** ~ scale (*a. - draw.*), in scala 1 a 1, in grandezza naturale. **10.** ~ throttle height (*aer. mot.*), quota di ristabilimento, quota di farfalla tutta aperta.

full (to) (as cloth in text. ind.), follare.

full-cell process (full-cell preservative treatment) (*wood ind.*), trattamento chimico del legno.

fuller (groove) (*mech.*), scanalatura. **2.** ~ (*text. ind.*), follone. **3.** ~ (*blacksmith's t.*), presella. **4.** ~ (forging die) (*t.*), rifollatore, ricalcatore. **5.** ~, *see also* fullering tool. **6.** ~ faucet, ~ cock, *see* fuller bibcock. **7.** bottom ~ (*blacksmith's t.*), contropresella. **8.** top ~ (*blacksmith's t.*), presella superiore.

Fuller bibcock (Fuller cock, Fuller faucet, opened and closed by a lever and eccentric) (*pip.*), rubinetto a leva ed eccentrico.

fullering (caulking) (*mech.*), cianfrinatura, presellatura. **2.** ~ impression (for forging dies) (*forging*), impronta per bocchettatura, impronta per rifollatura. **3.** ~ tool (fuller) (*blacksmith's t.*), presella, cianfrino.

fuller's earth (as for cloth) (*ind. chem.*), terra per follare, argilla smettica.
full-fashioned (as of a stocking) (*a. - text. ind.*), sagomato, a forma.
full-feathering (of a propeller) (*a. - aer.*), che può essere posta in bandiera durante il volo.
fulling (as of cloth) (*text. ind.*), follatura. **2.** ~ agent (*text.*), follante.
full-load (*a. - gen.*), a pieno carico.
full-power (*a. - gen.*), a piena potenza. **2.** ~ contract trial (*mot.*), prova contrattuale a piena potenza. **3.** ~ trial (of a ship) (*naut.*), prova a tutta forza.
full-rigged (of a ship) (*a. - naut.*), a tre (o più) alberi con vele quadre. **2.** ~ (entirely equipped) (*gen.*), completamente equipaggiato.
full-scale (*a. - draw.*), in grandezza naturale, al naturale.
full-size (*a. - draw.*), in grandezza naturale, al naturale. **2.** ~ details (*draw.*), dettagli (o particolari) in grandezza naturale.
full-speed (*a. - gen.*), alla massima velocità. **2.** ~ (*a. - naut.*), a tutta forza.
full-square (*telev.*), *see* flat-square.
full-time (work) (*pers.*), a tempo pieno.
full-wave (*a. - phys.*), relativo all'onda intera. **2.** ~ rectification (*radio*), raddrizzamento integrale. **3.** ~ rectifier (*radio*), raddrizzatore di onda intera.
fulminate of mercury [Hg $(CNO)_2$] (*expl.*), fulminato di mercurio.
fulminating mercury, *see* fulminate of mercury.
fulminating oil [C_3H_5 $(O.NO_2)_3$] (*expl.*), nitroglicerina.
fumarole (emanation of gas from a volcano side) (*geol.*), fumarola.
fume, esalazione. **2.** ~ chamber (fume cupboard for eliminating noxious [chem.] or bad-smelling fumes) (*chem. - domestic*), cappa (a tiraggio forzato).
fume (to) (to emit fumes: as sulphuric acid, a melted sulphur bath etc.) (*chem. - ind.*), fumare, emettere fumi, emettere esalazioni nocive.
fumeless (*a. - gen.*), senza fumi, senza esalazioni nocive.
fumes (as in lacquer spraying) (*ind.*), fumi. **2.** ~ (smoke, noxious vapors) (*chem. - ind.*), fumi, esalazioni nocive.
fumigants (*ind. chem.*), fumiganti.
fumigation (exposure to fumes) (*disinfection*), fumigazione.
fumigator (*med. app.*), fumigatore.
fuming (as of concentrated nitric acid) (*chem.*), fumante.
function (*gen.*), funzione, mansione, compito. **2.** ~ (*math.*), funzione. **3.** ~ (*comp.*), funzione. **4.** ~ key (*comp.*), tasto funzione. **5.** ~ subprogram (*comp.*), sottoprogramma funzionale (o di funzione). **6.** ~ table (*comp.*), tabella funzione, tabella delle funzioni. **7.** as a ~ of (*gen.*), in funzione di. **8.** exponential ~ (*math.*), funzione esponenziale. **9.** hyperbolic ~ (*math.*), funzione iperbolica. **10.** inverse ~ (*math.*), funzione inversa. **11.** management ~ (*organ.*), funzione direzionale. **12.** odd ~ (*math.*), funzione di segno contrario. **13.** periodic ~ (*math.*), funzione periodica. **14.** transfer ~ (*elect. - elics.*), funzione di trasferimento.
function (to) (to work), funzionare.
functional (*gen.*), funzionale.
functionality (*gen.*), funzionalità.
functioning (*mech.*), funzionamento.
functor (function performer or logic element) (*math. - comp.*), funtore.
fund (sum of money) (*gen.*), fondo. **2.** bond funds (*finan.*), fondi obbligazionari. **3.** closed end funds (investment funds) (*finan.*), fondi chiusi. **4.** contingency ~ (*finan. - pers.*), fondo di previdenza. **5.** depreciation ~ (*finan.*), fondo di deprezzamento. **6.** growth funds (investment funds) (*finan.*), fondi di sviluppo. **7.** guarantee ~ (*adm.*), fondo di garanzia. **8.** investment funds (*finan.*), fondi (comuni) d'investimento. **9.** no funds (N.F., n./f) (*finan.*), conto scoperto. **10.** old age pension ~ (*pers. - finan.*), fondo pensioni (per la) vecchiaia. **11.** open end funds (mutual funds, investment funds) (*finan.*), fondi aperti. **12.** pension ~ (*adm. - retired work.*), fondo pensioni. **13.** provident ~ (for sickness, insurance, pension etc.), (*amm.*), fondo di previdenza. **14.** reserve ~ (*finan.*), fondo di riserva. **15.** sickness ~ (for employees) (*pers. organ.*), cassa malattia, mutua. **16.** sinking ~ (*finan.*), fondo di ammortamento. **17.** slush ~ (*adm. - finan. - etc.*), fondi neri. **18.** temporary nonoccupation compensation ~ (*pers.*), cassa integrazione salari. **19.** time ~ (*finan.*), fondo vincolato. **20.** trust ~ (*finan.*), fondo di garanzia. **21.** unemployment ~ (*pers. - finan.*), fondo (per l') assistenza (dei) disoccupati. **22.** workers sickness ~ (*ind.*), mutua aziendale.
fundamental, fondamentale. **2.** ~, *see* fundamental frequency. **3.** ~ frequency (*elect.*) (Brit.), frequenza fondamentale. **4.** ~ gas equation (pv = RT) (*chem.*), equazione caratteristica dei gas perfetti. **5.** ~ triangle (of a thread) (*mech.*), triangolo generatore.
fungicidal (as of a fungi destroying substance) (*a. - elect. - etc.*), antifungo.
fungicide (*agric.*), anticrittogamico. **2.** ~ (as for protecting elect. windings) (*n. - elect. - etc.*), fungicida.
fungus-resistant (of a paint as for elect. windings) (*a. - paint.*), antifungo, fungistatico. **2.** ~ varnish (as for elect. windings) (*paint.*), vernice fungistatica.
funiculaire, *see* funicular.
funicular (*transport*), funicolare. **2.** ~ polygon (*constr. theor.*), poligono funicolare. **3.** ~ railway (*transp.*), funicolare. **4.** ~ working in two directions (*transp.*), funicolare a va e vieni.
funnel (inverted cone-shaped impl. with tube)

(*impl.*), imbuto. **2.** ~ (*chem. impl.*), imbuto. **3.** ~ (smokestack), fumaiolo. **4.** ~ (stack of a ship) (*naut.*), fumaiolo. **5.** ~ with filter (*impl.*), imbuto con filtro. **6.** extraction ~ (*chem. impl.*), imbuto separatore. **7.** filtering ~ (*impl.*), imbuto a filtro. **8.** hot-water ~ (*chem. impl.*), imbuto per filtrazione a caldo.

funnel-shaped (*a. - gen.*), imbutiforme.

fur (*text. ind. - etc.*), pelliccia. **2.** ~ (deposit due to carbonates) (*boil.*), incrostazione.

"fur" (furlong) (*meas.*), "furlong", misura di lunghezza pari a 201,17 metri.

furan (used in nylon mfg.) (*chem.*), furano. **2.** ~ resin (for adhesives etc.), (*chem. ind.*), resina furanica.

furbish (to) (*join. operation*), brillantare, lucidare.

furbishing (*join. operation*), brillantatura, lucidatura.

furfural ($C_5H_4O_2$) (*chem.*), furfurolo, aldeide furanica.

furfurol, furfurole, *see* furfural.

furl (to) (a sail) (*naut.*), serrare.

furlong (201.17 m) (*meas.*), "furlong".

furlough (authorized absence from work) (*labour*), permesso. **2.** ~ (leave of absence from post) (*milit.*), licenza.

furnace (as of a boiler), focolare, camera di combustione. **2.** ~ (as for melting or heat-treating) (*ind.*), forno. **3.** ~ (heating system by hot air for buildings) (*therm. app.*), impianto di riscaldamento ad aria calda. **4.** ~ (atomic reactor) (*atom phys.*), reattore. **5.** ~, *see* kiln. **6.** ~ arch (flame arch) (*boil. - furnace*), voltino del focolare, volta del focolare. **7.** ~ batch (as of forgings in a heat-treatment furnace) (*forging - etc.*), infornata, partita (trattata contemporaneamente nel forno). **8.** ~ black (*rubb. ind.*), nerofumo di forno. **9.** ~ brazing (*mech. technol.*), brasatura in forno. **10.** ~ department (*shop*), reparto forni. **11.** ~ lining (*mas.*), rivestimento del focolare. **12.** air ~ (form of reverberating furnace) (*found.*), forno a riverbero. **13.** annealing ~ (*metall.*), forno di ricottura. **14.** arc and resistance ~ (*therm. elect. ind. app.*), forno ad arco ed a resistenza. **15.** arc ~ (*therm. elect. ind. app.*), forno ad arco. **16.** ash ~ (ash oven: for fritting) (*glass mfg.*), forno di calcinazione. **17.** bale-out ~ (from which the molten metal is extracted by means of a ladle and then poured into the moldings) (*found.*), forno da tazzaggio. **18.** blast ~ (*metall.*), altoforno. **19.** blast ~ gas (*ind. furnace*), focolare a gas d'alto forno. **20.** bogie hearth ~ (*metall.*), forno a suola carrellata. **21.** boiler ~ (of boil.), focolare della caldaia, camera di combustione della caldaia. **22.** carbonizing ~ (*metall. app.*), forno di carburazione. **23.** carburizing ~ (*metall. app.*), forno di carburazione. **24.** casehardening ~ (*metall.*), forno di cementazione. **25.** Catalan ~ (Catalan forge, for producing wrought iron) (*metall.*), forno catalano, basso fuoco, forno contese, forno bergamasco. **26.** channel type ~ (induction furnace) (*metall. app.*), forno a canale. **27.** closed-cycle ~ (*ind. furnace*), forno a ciclo chiuso. **28.** coal ~ (as of boil.), focolare a carbone. **29.** continuous ~ (*metall. app.*), forno continuo. **30.** controlled-atmosphere ~ (*metall. app.*), forno ad atmosfera controllata. **31.** counterflow ~ (*ind. app.*), forno a tiraggio rovesciato. **32.** crucible ~ (*metall.*), forno a crogiolo, forno a crogiuolo. **33.** dielectric ~ (*therm. elect. ind. app.*), forno ad alta frequenza con perdite nel dielettrico. **34.** direct-arc (dielectric) ~ (*found.*), forno elettrico ad arco diretto. **35.** direct-fired ~ (a melting furnace having neither recuperator nor regenerator) (*glass mfg.*), forno a fiamma diretta. **36.** draw ~ (*metall. app.*), forno di rinvenimento. **37.** drawing ~ (*metall. app.*), forno di rinvenimento. **38.** electric arc ~ (*metall.*), forno elettrico ad arco. **39.** electric crucible ~ (*metall.*), forno elettrico a crogiolo. **40.** electric ~ (*therm. elect. ind. app.*), forno elettrico. **41.** electric holding ~ (for keeping the molten metal at a constant temperature) (*metall.*), forno elettrico d'attesa. **42.** electric induction ~ (at usual ind. frequency: 50-60 cycles) (*metall.*), forno elettrico a induzione. **43.** electric refining ~ (as for aluminium alloys) (*metall.*), forno elettrico di affinazione. **44.** electric resistance ~ (*metall. - ind. - etc.*), forno elettrico a resistenza. **45.** electric tilting ~ (*therm. elect. ind. app.*), forno elettrico ribaltabile. **46.** end-fired ~ (a furnace with fuel and air supplied from the end wall) (*glass mfg.*), forno a bruciatore in testa. **47.** end-port ~ (*glass mfg.*), *see* end-fired furnace. **48.** extruding ~ (*metall.*), forno (di riscaldo) per estrusione. **49.** flowing ~ (*found.*), cubilotto, forno di colata. **50.** flue ~ (as of a boiler), focolare interno. **51.** fluid-bed ~ (as for heat-treatment and removing residual stresses) (*metall.*), forno a letto fluido. **52.** forced-draft ~ (as of a boil.), focolare a tiraggio forzato. **53.** gas-fired ~ (*therm. ind. app.*), forno (funzionante) a gas. **54.** gas ~ (for heat-treating) (*metall.*), forno a gas. **55.** glass ~ (*glass mfg.*), forno da vetro. **56.** hardening ~ (*mech. ind. app.*), forno di tempra. **57.** heating ~ (reheating furnace) (*metall.*), forno di riscaldo. **58.** high-frequency electric induction ~ (*metall.*), forno elettrico a induzione ad alta frequenza. **59.** high-frequency induction ~ (*therm. elect. ind. app.*), forno a induzione ad alta frequenza. **60.** holding ~ (*metall.*), forno di attesa. **61.** hot-air ~ (*heating app.*), stufa ad aria calda. **62.** indirect-arc ~ (*metall.*), forno elettrico ad arco indiretto. **63.** induction ~ (*found.*), forno a induzione. **64.** induction rocking ~ (*found.*), forno oscillante ad induzione. **65.** lamp ~ (*furnace*), forno a lampade. **66.** liquid-fuel ~ (as of boil.), focolare a combustibile liquido. **67.** low-frequency electric induction ~ (*metall.*), forno elettrico a induzione a bassa frequenza. **68.** melting ~ (*found.*), forno fusorio. **69.** melting ~ car (for road yards) (*road constr. veh.*), carro a fuoco. **70.** movable hearth ~ (*ind. metall.*), forno a suola mobile. **71.** muffle ~ (*chem. app.*), forno a muffola. **72.** open-hearth ~ (*metall.*), forno Martin. **73.** pot ~ (as for light alloys) (*found.*), forno a crogiuolo metallico. **74.** pot ~ (a furnace for melting glass in pots) (*glass mfg.*), forno a padelle. **75.** puddling ~ (*metall.*), forno di pudellaggio. **76.** pusher type ~ (*mech. ind. app.*), forno a spingitoio. **77.** reheating ~ (*metall.*), forno di riscaldo. **78.** resistance ~ (*therm. elect. ind. app.*), forno a resistenza. **79.** retort ~ (*ind.*), forno a storte. **80.** reverberatory ~ (*metall.*), forno a riverbero. **81.** roasting (or calcining) ~ (as for ores) (*min.*), forno di calcinazione, forno di torrefazione. **82.** rocking ~ (*metall. - ind.*), forno oscillante. **83.** rotary ~ (*metall. - ind.*), forno a suola rotante. **84.** rotary hearth ~ (*metall.*), forno rotativo. **85.** shaft ~ (upright furnace) (*metall.*), forno a tino. **86.** shaker hearth ~ (*found.*), forno con suola a scossa. **87.** slot ~ (for heating pieces to be forged) (*metall.*), forno a canale. **88.** smelting ~ (*metall. - found.*), forno fusorio. **89.** spraying ~ (as of boil.), focolare a polverizzato. **90.** spraying lignite ~ (as of boil.), focolare a lignite polverizzata. **91.** tank ~ (*glass mfg.*), forno a bacino. **92.** tilting ~ (*metall.*), forno inclinabile. **93.** to line the ~ with firebricks (*mas.*), rivestire il forno con mattoni refrattari. **94.** truck-hearth ~ (*metall.*), forno a suola carrellata, forno "a carrello". **95.** walking-beam ~ (*metall.*), forno a suola oscillante, forno a passo di pellegrino.

furnaceman (*work.*), fornista, addetto ai forni.

furnish (raw material treated in one operation in the beater) (*paper mfg.*), carica, "cilindrata".

furnish (to) (*comm.*), fornire. **2.** ~ (as an apartment) (*bldg.*), arredare, ammobiliare.

furnisher (*comm.*), fornitore.

furnishing (*arch.*), arredamento.

furniture (chairs, beds, tables etc.), mobilio. **2.** ~ (typ.), marginatura. **3.** ~ maker (*ind.*), mobiliere. **4.** ~ polisher (*work.*), lucidatore di mobili. **5.** ~ seller (*comm.*), mobiliere, venditore di mobili. **6.** piece of ~, mobile.

furred (*arch.*), rivestito.

furrier, pellicciaio. **2.** ~ pliers (*impl.*) (Brit.), pinze da pellicciaio.

furring (*arch.*), rivestimento. **2.** ~ (fouling), incrostazione. **3.** ~ (double-planking of ship's sides) (*naut.*), doppio fasciame. **4.** ~ tile (for lining the inside of a wall) (*bldg.*), piastrella da rivestimento.

furrow (*arch. - carp.*), scanalatura. **2.** ~ (made by a plow) (*agric.*), solco.

furrow (to) (*arch. - carp.*), scanalare. **2.** ~ (*agric.*), arare.

furs (*ind.*), pelli da pellicceria.

"fus", *see* fuselage.

fuse (*elect.*), fusibile, valvola. **2.** ~ (*expl.*), spoletta. **3.** ~ (expl. cord for mining), miccia. **4.** ~ block (*elect.*), portafusibili. **5.** ~ block (fuseboard) (elect.), portafusibili, quadretto portafusibili. **6.** ~ box (*elect. - aut. - etc.*), valvoliera, scatola delle valvole. **7.** ~ carrier (*elect.*), portafusibili. **8.** ~ holder (*elect.*), portafusibili. **9.** ~ panel block (*aut. - elect.*), scatola fusibili, valvoliera. **10.** ~ setter (*artillery man*), graduatore. **11.** ~ wire (*elect.*), filo fusibile, filo per fusibili. **12.** ~ wrench (special tool) (*expl.*), chiave per graduare spolette. **13.** acoustic ~ (fuse operated by sound waves) (*milit. - expl.*), spoletta (ad influenza) acustica. **14.** barometric ~ (*expl.*), spoletta barometrica. **15.** base ~ (*expl.*), spoletta di fondello. **16.** box ~ (*elect.*), valvola a tabacchiera. **17.** cartridge ~ (*elect.*) fusibile a tappo. **18.** clockwork ~ (*milit. - expl.*), spoletta ad orologeria. **19.** combination ~ (as of a shrapnel) (*artillery*), spoletta a tempo e percussione. **20.** concussion ~ (*milit. - expl.*), spoletta a percussione. **21.** delayed ~ (*elect.*), fusibile ritardato. **22.** delayed-action ~ (*milit. - expl.*), spoletta a scoppio ritardato. **23.** detonating ~ (containing mercury fulminate) (*expl.*), spoletta, detonatore. **24.** doppler ~ (*milit. - expl.*), spoletta ad effetto doppler. **25.** electric ~ (*milit. - expl.*), spoletta ad accensione elettrica. **26.** electronic ~ (*milit. - expl.*), spoletta elettronica. **27.** expulsion ~ (*elect.*), fusibile ad espulsione. **28.** expulsion ~ (*elect. device*), fusibile ad espulsione. **29.** fast-blow ~ (*elect.*), fusibile ad azione rapida. **30.** high breaking capacity ~ (*elect.*), fusibile a grande potenza di rottura. **31.** hornbreak ~ (*elect.*), valvola a corna. **32.** liquid type ~ (*elect.*), fusibile a liquido. **33.** low-tension ~ (*milit. - expl.*), spoletta con accensione ad incandescenza. **34.** magnetic ~ (*milit. - expl.*), spoletta (ad influenza) magnetica. **35.** mechanical time ~ (*expl.*), spoletta a tempo meccanica. **36.** nose ~ (*expl.*), spoletta d'ogiva. **37.** open ~ (open-fuse cutout, fuse exposed in air) (*elect. app.*), fusibile senza cartuccia, fusibile in aria. **38.** overflow ~ (*elect.*), fusibile di massima (corrente). **39.** percussion ~ (*milit. - expl.*), spoletta a percussione. **40.** plug ~ (*elect.*), fusibile a tappo. **41.** powder time ~ (*expl.*), spoletta a tempo pirica. **42.** proximity ~ (electronic device detonating a projectile in the proximity of the target and controlled by radio waves) (*expl.*), radio-spoletta. **43.** radio-proximity ~ (proximity fuse) (*expl.*), radio-spoletta, spoletta di prossimità. **44.** renewable ~ (of cartridge fuse) (*elect.*), fusibile ricambiabile (di una valvola a cartuccia). **45.** slow-blow ~ (*elect.*), fusibile ad azione lenta. **46.** strip ~ (*elect.*), fusibile a patrona. **47.** time ~ (*milit. - expl.*), spoletta a tempo. **48.** to provide a line with fuses (*elect.*), proteggere una linea elettrica con valvole. **49.** tubular glass ~ (*elect.*), fusibile in tubo di vetro. **50.** variable time ~ (VT fuse, proximity fuse) (*expl.*), spoletta di prossimità. **51.** VT ~ (variable time fuse, proximity fuse) (*expl.*), spoletta di prossimità.

fuse (to) (*found.*), fondere. **2.** ~ (to blow out: as of a valve box fuse) (*elect.*), fondere, saltare.

fuseboard (*elect.*), quadro dei fusibili. **2.** (*elect.*), *see also* fuse block.

fused (*a. - gen.*), fuso. **2.** ~ alumina (*refractory*), allumina fusa. **3.** ~ semiconductor (*elics.*), semiconduttore fuso.

fusee (friction match resistant to wind) (*matches ind.*), fiammifero antivento. **2.** ~ (of a clock) (*horology*), fuso. **3.** ~ (track signal) (*railw.*), segnale luminoso rosso (di pericolo). **4.** ~ engine (for clock fusee working) (*horology mach. t.*), tornietto per fusi.

fusehead (in an electric detonator) (*expl.*), testina di accensione.

fuselage (of aer.), fusoliera. **2.** aluminium alloy tube ~ (*aer.*), fusoliera in tubi in lega leggera. **3.** shell ~ (*aer.*), fusoliera a guscio. **4.** steel tube ~ (*aer.*), fusoliera in tubi di acciaio. **5.** stiffened-shell ~, *see* semimonocoque. **6.** truss ~ (*aer.*), fusoliera reticolare. **7.** welded steel tube ~ (*aer.*), fusoliera in tubi d'acciaio saldati.

fusel oil (*chem.*), olio di flemma.

fusibility (*n. - phys. - found.*), fusibilità.

fusible (*a.*), fusibile. **2.** ~ alloy (*alloy*), lega fusibile. **3.** ~ metal (*metall.*), metallo fusibile.

fusiform, fusiforme.

fusillade (of many firearms) (*milit.*), salva, scarica.

fusing disk (for cutting metals) (*t.*), disco che taglia per fusione (provocata) da attrito.

fusing strip (*elect.*), fusibile a patrona.

fusion (*found.*), fusione. **2.** ~ (of sand on a casting: producing a glassy appearance) (*found.*), vetrificazione. **3.** ~ (defective casting with vitrified surface) (*found.*), getto vetrificato. **4.** ~ (union of atomic nuclei for obtaining heavier nuclei) (*atom phys.*), fusione. **5.** ~ bomb (hydrogen bomb, H bomb, thermonuclear bomb) (*atom. phys. - milit.*), bomba a fusione, bomba termonucleare. **6.** ~ frequency (of images) (*opt. - m. pict.*), frequenza di fusione. **7.** ~ point (*phys.*), punto di fusione. **8.** ~ welding (*mech. technol.*), saldatura per fusione. **9.** cold water ~ (a hypothetical nuclear fusion obtained by absorption of deuterium atoms into a metal) (*atom phys.*), fusione (nucleare) a freddo. **10.** controlled thermonuclear ~ (CTF) (*atom phys.*), fusione termonucleare controllata, FTC. **11.** incomplete ~ (in a weld) (*welding*), fusione incompleta, incollatura. **12.** lack of ~ (*welding*), fusione incompleta, incollatura. **13.** room-temperature ~ (as, for instance, a cold-water fusion) (*atom phys.*), fusione (nucleare) a temperatura ambiente.

fust (of a column or a pilaster) (*arch.*), fusto.

fustian (*text. ind.*), fustagno.

futtock (part of the frame) (*shipbuild.*), scalmo, staminale, elemento di ordinata disposto trasversalmente al trave di chiglia. **2.** ~ shrouds (iron shrouds or rods connecting the top with the lower mast) (*naut.*), rigge. **3.** ~ staffs (*naut.*), tarozzi. **4.** first ~ (*shipbuild.*), primo scalmo. **5.** second ~ (*shipbuilding*), secondo scalmo.

future (contract for delivering something at a fixed future time) (*comm.*), contratto (di acquisto o vendita) per consegne a termine. **2.** futures (goods bought for delivery at a future time, for speculation) (*comm.*), merci imboscate, merci accaparrate. **3.** ~ label (*comp.*), etichetta futura, etichetta da definire. **4.** ~ standard (*comm.*), campione per contratti con consegne a termine.

fuze (*expl.*) (Am.) spoletta meccanica. **2.** ~, *see also* fuse.

fuzing (fitting of fuzes) (*expl. - milit.*), applicazione delle spolette.

fuzz (blurred effect) (*phot.*), sfocatura, sfuocatura. **2.** ~ tone, ~ box (app. producing distorted sounds for particular effects) (*elics. music*), dispositivo elettronico per produrre particolari effetti musicali.

fuzzy (*phot.*), sfocato.

"FV" (flush valve) (*pip.*), valvola di cacciata.

"FW" (fresh water) (*naut. - mot.*), acqua dolce. **2.** ~ reservoir (fresh water reservoir) (*naut. mot.*), serbatoio di alimentazione dell'acqua dolce. **3.** ~ (fire wall) (*antifire*), muro (o paratia) tagliafuoco.

"FWB" (four-wheel brake) (*aut.*), freno sulle quattro ruote.

"FWD" (four-wheel drive) (*veh.*), trazione sulle quattro ruote. **2.** ~ (front-wheel drive) (*aut.*), trazione sulle ruote anteriori.

"fwd" (forward) (*gen.*), *see* forward.

"FWH" (Flexible Working Hours) (*work.*), orario di lavoro flessibile.

"FZ" (fuze) (*expl. milit.*), spoletta.

G

"G" (short for: grind!) (*mech. draw*), rettificare. **2.** ~ (constant of gravitation) (*phys.*) costante di gravitazione universale. **3.** ~, giga (billion: 10^9) (*meas. unit*), giga. **4.** ~ (whole gale, Beaufort letter) (*meteorol.*) (Brit.), vento violento. **5.** ~ (grasp: as the work) (*time study*), prendere, afferrare. **6.** ~ (gauss: magnetic force meas.), gauss. **7.** ~ (conductance) (*elect.*) conduttanza.

"g" (acceleration of gravity) (*phys.*), accelerazione di gravità, g. **2.** ~ (gale, Beaufort letter) (*meteorol.*) (Brit.), vento forte. **3.** ~, *see also* conductance, gauge, gauss, gilbert, glider, gram, great, guide, gulf.

"GA" (ground–to–air: as of missile) (*milit.*), terra–aria. **2.** ~ (glide angle) (*aer.*), angolo di planata. **3.** ~ (general agent) (*comm.*), agente generale.

Ga (gallium) (*chem.*), gallio.

"ga", *see* gauge.

gabardine (*fabric*), gabardina.

gabbro (*rock*), gabbro.

gabion (for fieldworks) (*milit.*), gabbione. **2.** ~ (coil) (*elect.*), bobina a traliccio.

gable (*arch.*), timpano, frontone. **2.** ~ roof (*blgd.*), tetto a due falde su timpano. **3.** ~ wall (*arch.*), muro sormontato da un timpano.

gableboard (*bldg.*), mantovana.

gablet (*arch.*), timpano.

gablock (crowbar) (*impl.*) (Brit.), palanchino.

gad (for breaking ore etc.) (*min. t.*), scalpello, barra a cuneo.

gadget (device) (*gen.*), dispositivo, ritrovato. **2.** ~ (spring clip, at the end of a punty) (*glass mfg.*), graffa.

gadolinite (*min.*), gadolinite.

gadolinium (Gd - *chem.*), gadolinio.

gaff (iron hook) (*gen.*), gancio. **2.** ~ (*naut.*), picco. **3.** ~ (hooked rod for handling trees) (*paper mfg. t.*), arpione. **4.** ~ (small spar in a sailless ship) (*naut.*), pennoncino. **5.** ~ sail (*naut.*), vela di randa.

gaffer (foreman) (*work.*) (Am.), capo uomo. **2.** ~ (electrician responsible for illumination in a telev. or m. pict. studio) (*m. pict. - telev.*), tecnico delle luci. **3.** ~ (head workman, foreman, or blower of a glass hand shop) (*glass mfg.*), mastro, capopiazza.

gaff-topsail (*naut.*), controranda.

gag (*med. instr.*), apribocca. **2.** ~ (of a valve) (*mech.*), ostruzione. **3.** ~ (comic episode) (*m. pict.*), battuta comica. **4.** ~ (tool for straightening rails) (*mech.*), attrezzo per raddrizzare rotaie. **5.** ~ (metal spacer, for a floating tool) (*sheet metal w.*), distanziale.

gag (to) (to obstruct, as a valve) (*mech.*), ostruire. **2.** ~ (to straighten rails with a gag) (*mech.*), raddrizzare (rotaie).

gagate (*min.*), ambra nera.

gage, *see* gauge.

"gage-matic" (as of an internal grinding mach.) (*a. - mach. t.*), a controllo ciclico automatico del diametro.

gager, *see* gauger.

gagger (metallic piece for supporting the sand in the difficult parts of a mold) (*found.*), gancio, "crochet", armatura. **2.** ~ (for keeping the sand or cores in place) (*found.*) armatura, ferro. **3.** ~ (straightener: as of rails) (*work.*), raddrizzatore.

gaging, *see* gauging.

gain (*gen.*), guadagno. **2.** ~ (as of a directional antenna) (*radio*), guadagno. **3.** ~ (in amplification) (*electrotel.*), guadagno. **4.** ~ (increase in power level, in amplification etc.) (*elics.*), guadagno. **5.** ~ (in decibel) (*acous.*), guadagno. **6.** ~ (notch or mortise: as in a wall, timber etc. for a joist, beam etc.) (*carp.*), cava, mortisa. **7.** ~ control (*radio*) (Brit.), regolatore di amplificazione. **8.** ~ reduction (as of an amplifier) (*elics.*), riduzione del guadagno. **9.** antenna ~ (*radio*), guadagno d'antenna. **10.** capital gains distribution (from a company to its shareholders) (*finan.*), distribuzione dei dividendi. **11.** transmission ~ (*acous. - radio - etc.*), guadagno in trasmissione.

gain (to), guadagnare. **2.** ~ (*carp.*), fare giunzioni a incastro (o a mortisa). **3.** ~ height (*aer.*), guadagnare quota.

gait (rate of production) (*ind.*), livello produttivo.

gaiter (for protecting some mech. joints etc. from rust, dust etc.) (*gen.*), guaina protettiva.

gal (acceleration unit used in seismology and geodesy = 1 cm/sec^2) (*meas.*), gal.

"gal" (gallon) (*liquids meas.*), gallone. **2.** ~, *see also* gallery, galley.

galactic (*a. - astr. - chem.*), galattico. **2.** ~ (very great) (*a. - gen.*), molto grande. **3.** ~ noise (cosmic noise from Milky Way) (*radio astron.*), rumore galattico.

galactose ($C_6H_{12}O_6$) (*chem.*), galattosio.

galalith (erinoid) (*chem.*) (Brit.), galalite (corno artificiale).

galaxy (*astr.*), galassia. **2.** radio ~ (radio energy source detected only by radio) (*radioastronomy*), radiogalassia.

galbanum (*resin*), galbano.

"gal/d" (gallons per day, as of ultrafiltration output) (*meas.*), galloni al giorno.

gale (wind from 34 to 40 mph Beaufort scale 8) (*meteorol.*), burrasca (da 62 a 74 km/h). **2.** near ~ (wind from 28 to 33 mph Beaufort scale 7) (*meteorol.*), vento forte (da 50 a 61 km/h). **3.** strong ~ (wind from 41 to 47 mph Beaufort scale 9) (*meteorol.*), burrasca forte (da 75 a 88 km/h). **4.** whole ~ (from 55 to 63 mph) (*meteorol.*), uragano.

galena (PbS) (*min.*), galena.

galenite, *see* galena.

galilee (of a church) (*arch.*), portico esterno.

gall (layer of molten sulfates floating upon glass in a tank) (*glass mfg.*), fiele del vetro.

gall (to) (to wear away by friction) (*mech.*), usurarsi, consumarsi. **2.** ~ (to begin seizing because of defective lubrication) (*mech.*), pregrippare.

galled (worn away by friction) (*mech.*), usurato, consumato. **2.** ~ (poor: of earth) (*agric.*), sterile.

galleria (glass roofed shopping mall) (*bldg.*), galleria, passeggiata coperta fiancheggiata da negozi.

gallery (veranda) (*arch.*), veranda. **2.** ~ (hall) (*arch.*), ingresso. **3.** ~ (for exhibiting works of art) (*arch.*), galleria. **4.** ~ (long balcony) (*bldg.*), ballatoio. **5.** ~ (of a theater) (*arch.*), loggione. **6.** ~ (*min.*), galleria. **7.** ~ (a raised railed walk used as for inspecting the upper part of a big engine) (*mot.*), passerella. **8.** ~ (passage within a wall, as for oil) (*gen.*), (condotto di) passaggio. **9.** ~ (for collecting water within the earth) (*hydr.*), galleria di raccolta. **10.** ~ deck (for the layout of guns onboard) (*navy*), ponte di batteria. **11.** infiltration ~ (for collecting water: as for municipal water system) (*min.*), galleria filtrante. **12.** picture ~ (*arch. - art*), galleria di quadri, pinacoteca.

gallet (of stone) (*mas.*), scaglietta, scheggia.

galleting (insertion of stone splinters in rubble masonry joints) (*mas.*) (Brit.), rabboccatura, "rimpello".

galley (galleon) (*naut.*), galeone. **2.** ~ (kitchen) (*naut. - aer.*), cucina. **3.** ~ (*print.*), vantaggio, balestra. **4.** ~ (vessel) (*naut.*), galea, galera. **5.** ~ proof (*print.*), bozza di composizione ancora nel vantaggio, bozze in colonna.

galling (wearing away due to friction) (*mech.*), usura, consumo. **2.** ~ (fretting following the scoring which occurs when a piston runs in the cylinder liner with defective lubrication) (*mot.*), pregrippaggio, escoriazione (della superficie lavorata).

gallium (Ga - *chem.*), gallio. **2.** ~ arsenide (Ga As: Semiconducting material) (*chem.*), arseniuro di gallio.

gallon (gal) (*meas.*), gallone. **2.** imperial ~ (4.54596 lit) (*meas.*), gallone (ingl.) di lit 4,54596. **3.** United States ~ (3.785 lit) (*meas.*), gallone (am.) di lit 3,785.

gallop (to) (of an i.c. engine) (*mot. defect*), galoppare.

galloper (aide-de-camp) (*milit.*) (Brit.), aiutante di campo. **2.** ~ (gun: light fieldpiece) (*milit.*), affusto (o cannone) per batteria a cavallo.

galloping (as of a petrol engine when the mixture is overrich) (*mot.*), galoppo.

gallotannic (*chem.*), gallotannico. **2.** ~ acid (tannin) (*chem. - leather ind.*), acido gallotannico, tannino.

gallotannin (tannin) (*chem. - leather ind.*), tannino.

gallows (*min.*), *see* headframe. **2.** ~ (support for the tympan of a hand press) (*print.*), supporto per foglio di maestra. **3.** ~ (gallows bitts, gallows frame: for spare masts) (*naut.*), supporti per alberi di rispetto. **4.** ~ frame (*min.*), *see* headframe.

galosh (galoshe) (*rubber ind.*), soprascarpa di gomma, caloscia, galosh.

"GALV" (short for galvanized) (*mach. draw.*), zincato.

galvanic (*a. - elect.*), galvanico. **2.** ~ couple (*elect.*), coppia voltaica. **3.** ~ current (*elect.*), corrente galvanica.

galvanization (*ind.*), zincatura. **2.** ~ (*med. elect.*), galvanizzazione.

galvanize (to) (to coat with zinc) (*metall.*), zincare.

galvanized (*ind.*), zincato. **2.** ~ iron (*ind.*), ferro zincato.

galvanizing (of iron and steel, by coating with a zinc film) (*metall.*), zincatura.

galvanneal (to) (to coat by an iron zinc alloy) (*ind. proc.*), ricuocere un oggetto di ferro zincato per indurlo a ricoprirsi di una lega ferro-zinco.

galvanograph (as a copperplate obtained by electrolytic process) (*typ. - ind.*), galvano.

galvanomagnetic, *see* electromagnetic.

galvanometer (*elect. instr.*), galvanometro. **2.** astatic ~ (*elect. instr.*), galvanometro astatico. **3.** ballistic ~ (*elect. instr.*), galvanometro balistico. **4.** d'arsonval ~ (*elect. meas. instr.*), galvanometro di d'Arsonval. **5.** differential ~ (*elect. instr.*), galvanometro differenziale. **6.** mirror ~ (*elect. instr.*), galvanometro a specchio. **7.** moving-coil ~ (*elect. instr.*), galvanometro a bobina mobile. **8.** needle ~ (*elect. instr.*), galvanometro ad ago mobile. **9.** sine ~ (*elect. instr.*), bussola dei seni. **10.** string ~ (*elect. instr.*), galvanometro a corda (od a filo teso). **11.** tangent ~ (*elect. instr.*), bussola delle tangenti. **12.** vibrating needle ~ (*elect. instr.*), galvanometro ad ago vibrante. **13.** vibration ~ (*elect. instr.*), galvanometro a vibrazione.

galvanometric (*a.-phys.*), galvanometrico.

galvanoplastic, galvanoplastical (*a. - electrochem.*), galvanoplastico.

galvanoplastics, galvanoplasty (*electrochem.*), galvanoplastica.

galvanoscope (*elect. instr.*), galvanoscopio.

"GAM" (guided aircraft missile) (*aer.*), missile d'aereo guidato.
gam (school of whales) (Am.) (*sea*), branco di balene.
gambit (anti-submarine maneuver) (*air force*), manovre antisommergibili.
gamboge (gum resin), varietà di gomma gutta color arancione.
gambrel (gambrel roof, a mansard roof) (*arch.*), tetto a mansarda.
game (physical or mental contest) (*gen.*), gara. **2.** ~ (in tennis) (*sport*), gioco. **3.** Olympic games (*sport*), giochi olimpici. **4.** theory of games (*math.*), teoria dei giochi. **5.** video ~ (electronic game to be played on home TV set) (*n. - elics.*), videogioco.
gamma (measure of contrast of a given film emulsion) (*phot. sensitometry*), gamma, fattore di contrasto. **2.** ~ (magnetic intensity unit $=1 \times 10^{-5}$ oersted) (*magnetic unit*), gamma. **3.** ~ (microgram: one millionth of a gram) (*weight meas.*), microgrammo. **4.** ~ decay (radioactive transformation) (*atom phys.*), disintegrazione con emissione di raggi gamma. **5.** ~ emission (*atom. phys.*), emissione gamma. **6.** ~ iron (*metall.*), ferro gamma. **7.** ~ ray (*atom phys.*), raggio gamma, radiazione gamma.
gammagraph (gamma-ray radiograph) (*metall.*), gammagrafia.
gammascope (*radioact. app.*), gammascopio.
gammon (of a bowsprit) (*naut.*), *see* gammoning.
gammon (to) (*naut.*), trincare (il bompresso).
gammoning (as a metal band for securing the bowsprit to the stem) (*naut.*), trinca.
gamow barrier (potential barrier) (*atom phys.*), barriera di Gamow.
gamut (*radio*) (Brit.), gamma di frequenze udibili.
gang (of lathes, of furnaces etc.) (*mach.*), batteria. **2.** ~ (of workers), squadra (di operai). **3.** ~ condensers (*radio*), condensatori (variabili) accoppiati. **4.** ~ cutters (*t.*), gruppo di frese. **5.** ~ mill (*wood w. mach.*), sega a lame multiple. **6.** ~ milling (*mech.*), fresatura con gruppo di frese. **7.** ~ press (*mach.*), pressa a matrici multiple. **8.** ~ punch (as a card punch doing identical holes on two or more cards) (*comp.*), perforatrice per perforazioni in serie.
gang (to) (to assemble elect. circuits or mech. parts) (*elics. - mech.*), montare in serie. **2.** ~ punch (*comp.*), perforare in serie.
gangboard (narrow passage to go on board a boat) (*naut.*), passerella. **2.** ~, *see* gangplank.
ganging (of circuits) (*radio*) (Brit.), montaggio.
gangplank (gangboard: movable bridge between a warf and a big ship) (*naut.*), scalandrone.
gangue (*min.*), ganga. **2.** coal ~ (*min.*), ganga del carbone.
gangway (*gen.*), corridoio. **2.** ~ (*aer. impl.*), passerella, ponticello di servizio. **3.** ~ (*min.*), via (o galleria) di accesso principale. **4.** ~ (gangplank) (*naut.*), scalandrone. **5.** ~ (opening in a vessel's bulwarks) (*naut.*), passaggio. **6.** ~ between coaches (*railw.*) (Brit.), intercomunicante. **7.** temporary ~ (*carp.*), passerella provvisoria.
ganister (*rock*), roccia silicea. **2.** ~ (for lining furnace hearths: rock or min. mixture), "ganistro", materiale refrattario per rivestimento.
gantlet (overlap of two tracks having one rail inserted within the rails of the other track: for avoiding switching) (*railw. - streetcar*), inserzione di un tratto di binario in un altro senza scambio.
gantry (*ind.*), cavalletto. **2.** ~ (bridge supported by two vertical trestles: as for supporting a crane, railw., signals etc.) (*ind. - railw.*), incastellatura a cavalletto. **3.** ~ (siding the spacecraft missiles: as at cape Kennedy) (*astric.*), torre di servizio per la preparazione al lancio. **4.** ~ (side scaffold for servicing a rocket) (*rckt. launch*), torre (mobile) di servizio. **5.** ~ crane (*ind. mach.*), gru a cavalletto.
"GAO" (General Accounting Office) (*adm.*), Ragioneria Generale.
gaol (*bldg.*), *see* jail.
gap, intervallo, distanza. **2.** ~ (air gap) (*electromech.*), traferro. **3.** ~ (distance between the ends of a piston ring) (*mot.*), luce (fra le estremità). **4.** ~ (break in continuity) (*gen.*), soluzione di continuità. **5.** ~ (as between sparking points) (*mot.*), distanza (tra gli elettrodi). **6.** ~ (of a lathe bed) (*mach. t.*), incavo. **7.** ~ (distance between the wings of a biplane) (*aer.*), interplano, interpiano. **8.** ~ (*milit.*), breccia, varco. **9.** ~ (of a resistance-welding mach.) (*welding mach.*), *see* horn spacing. **10.** ~ (as a magnetic tape zone, between two records, not containing data) (*comp.*), intervallo, spazio (o area) non registrato. **11.** ~, *see* spark gap. **12.** ~ crank press (*mach.*), pressa (frontale) ad eccentrico. **13.** ~ filler (*gen.*), eliminatore di discontinuità, tappabuchi. **14.** ~ filler translator (a translator filling a gap in translators net coverage) (*tlcm.*), ripetitore tappabuchi. **15.** air ~ (*electromech.*), traferro. **16.** extension ~ lathe (*mach.*), tornio a doppio banco. **17.** head ~ (the space between a read/write head and a recording disk) (*comp.*), distanza (intervallo o spessore del microcuscino d'aria) tra testina e disco. **18.** interblock ~ (interrecord gap) (*comp.*), interspazio tra blocchi di registrazione (contigui). **19.** interrecord ~, *see* interblock ~. **20.** magnetic ~, *see* air ~. **21.** record ~ (interrecord gap, interblock gap, it is the space left between two sequential blocks of records) (*comp.*), intervallo (spazio vuoto o distanza) fra registrazioni (o blocchi di registrazioni). **22.** spark ~ (*elect. instr.*), spinterometro. **23.** surface ~ (of a spark plug) (*mot. - elèct.*), intervallo (interelettrodico) a superficie. **24.** technological ~ (*technol. - etc.*), divario tecnologico. **25.** trade ~ (deficit of trade balance) (*econ.*), disavanzo della bilancia commerciale.
gap (to) (*gen.*), fare un'apertura.

gapa, GAPA (ground-to-air pilotless aircraft) (*milit.*), aereo radioguidato terra-aria.
gape, *see* vacuum.
gap-grading (mixture of aggregates) (*bldg.*), granulometria discontinua.
"GAR" (guided aircraft rocket) (*aer.*), razzo d'aereo guidato.
"gar", *see* garage.
garage (for housing aut.) (*bldg.*), autorimessa, "garage". **2.** ~ (hangar) (*aer.*), aviorimessa. **3.** ~ (repair shop for aut.) (*bldg.*), officina riparazioni auto. **4.** fleet ~ (*aut.*), grande autorimessa. **5.** tower ~ (*aut.*), autosilo, autorimessa a torre.
garageman (*aut.*), garagista.
garagist, *see* garageman.
garbage (*gen.*), rifiuti. **2.** ~ (useless data) (*inf. - comp.*), dati inutili. **3.** ~ collection (salvage of the unused memory shorts) (*comp.*), recupero dei residui di spazio non utilizzati. **4.** ~ tube (wastage) outlet: as of a dining car) (*railw.*), (tubo di scarico) della pattumiera.
garbage in, garbage out, "GIGO" (*comp.*), alla immissione di dati errati corrisponde la uscita di dati errati.
garboard (garboard strake) (*shipbuild.*), torello.
garden, giardino. **2.** ~ (*arch.*), giardino. **3.** ~ city (*city planning*), città-giardino. **4.** ~ shears (*garden t.*), forbici da giardino. **5.** ~ trowel (*garden impl.*) (Brit.), palettina per piantare. **6.** formal ~ (Italian garden) (*arch.*), giardino all'italiana. **7.** roof ~ (*arch.*), giardino pensile. **8.** winter ~ (*arch.*), giardino d'inverno.
gardener (*work.*), giardiniere.
gardening giardinaggio. **2.** ~ handtool, arnese da giardinaggio.
garderobe (*bldg.*), guardaroba.
gare (*wool ind.*), lana ordinaria delle zampe.
gargoyle (waterspout projecting from the roof gutter) (*arch.*), doccione, gurgule.
garment (any article of clothing) (*gen.*), capo di vestiario, indumento.
garnet (*min.*), granato. **2.** ~ (tackle) (*naut.*), paranco. **3.** ~ (dark red color) (*gen.*), colore sangue bue. **4.** ~ paper (*join.*), tipo di carta vetrata.
garnett (to) (*text. ind.*), garnettare.
garnetter (garnetting machine) (*text. ind.*), garnettatrice, sfilacciatrice, "garnett". **2.** ~ (*text. work.*), garnettatore.
garnetting (*n. text. ind.*), garnettatura, riduzione a fibre tessili di materiali di scarto.
garnierite (*min.*), garnierite.
garnish (ornament) (*gen.*), guarnizione, decorazione, ornamento. **2.** ~ molding (*arch.*), modanatura decorativa. **3.** ~ strip (*aut. constr.*), cadenino, guarnizione (di finta pelle o di tessuto).
garnish (to) (as for defense) (*milit.*), guarnire.
garret (*bldg.*), soffitta, sottotetto.
garreting, *see* galleting.
garrison (*milit.*), guarnigione.
gas (*ind.-chem.-phys.*), gas. **2.** ~ (short for gasoline) (Am.), benzina. **3.** ~ (the accelerator) (*aut.*), acceleratore. **4.** ~ analyzer (*chem. app.*), analizzatore di gas. **5.** ~ bag (of a rigid airship) (*aer.*), pallonetto. **6.** ~ black (*ind.*), nerofumo da gas. **7.** ~ blowout (*min.*), eruzione di gas. **8.** ~ brazing (*mech.*), brasatura a gas. **9.** ~ bubble (*phys.*), bolla di gas. **10.** ~ burner (*ind. device*), bruciatore. **11.** ~ burner (for illumination) (*illum.*), becco a gas. **12.** ~ cell (*elect.*), pila ad assorbimento, pila a gas. **13.** ~ cell (*air-ship*), compartimento per gas. **14.** ~ chromatography (chromatographic analysis) (*chem.*), gas-cromatografia. **15.** ~ coal (*ind. chem.*), carbone da gas. **16.** ~ cock (*pip.*), rubinetto del gas. **17.** ~ coke (*ind.*), coke di storta, coke di gas illuminante. **18.** ~ concrete (porous concrete) (*bldg.*), calcestruzzo poroso. **19.** ~ constant (*phys. chem.*), costante dei gas. **20.** ~ container (of a gas-holder) (*ind.*), campana. **21.** ~ current (current formed by positive ions produced by gas ionization (*radio*) (Brit.), corrente di ionizzazione. **22.** ~ cutting (*mech. technol.*), taglio col cannello. **23.** ~ engine (*mot.*), motore a gas. **24.** ~ fired boiler (*boil.*), caldaia a gas. **25.** ~ fitter (*work.*), gasista. **26.** ~ gap (spark gap) (*elect.*), spinterometro a gas. **27.** ~ generator (*ind. app.*), gasogeno. **28.** ~ hood (of a rigid airship: hood through which the gas escapes) (*aer.*), cappa del gas. **29.** ~ hot plate (*domestic app.*), fornello a gas. **30.** ~ jet, *see* gas burner. **31.** ~ lift (extraction as of oil by forcing compressed gas) (*min.*), estrazione mediante immissione di gas compresso. **32.** ~ lighter (as for a range) (*impl.*), accendigas. **33.** ~ lighter (cigarette lighter) (*impl.*), accendisigari a gas. **34.** ~ log (gas burner), bruciatore di gas per caminetto. **35.** ~ main (pipe with utility branches for the distribution of gas in a town) (*pip.*), conduttura municipale del gas. **36.** ~ main (fabric hose arranged through the whole length of an airship and comprising the branches leading to the gas bags) (*aer.*), tubo di alimentazione del gas, condotta del gas. **37.** ~ mask (*milit. device*), maschera antigas. **38.** ~ meter (*ind. instr.*), contatore per gas. **39.** ~ mixer (*ind.*), miscelatore di gas. **40.** ~ oil (*comb.*), gasolio. **41.** ~ operated machine gun (*firearm*), mitragliatrice a sottrazione di gas. **42.** ~ outlet (of a blast furnace), presa di gas. **43.** ~ oven (*ind. app.*), forno a gas. **44.** ~ pipeline (*pip.*), gasdotto. **45.** ~ pocket (*found.*), sacca di gas. **46.** ~ producer (*ind. app.*), gasogeno. **47.** ~ producer plant (*ind.*) (Brit.), officina (di produzione) del gas. **48.** ~ purification (as of blast furnace gas), depurazione del gas. **49.** ~ retort, *see* retort 3 ~. **50.** ~ ring (gas burner) (*impl.*), fornello a gas. **51.** ~ sand (*min.*), sabbia gassifera. **52.** ~ station (for aut.) (Am.), stazione di rifornimento, posto di rifornimento. **53.** ~ switch (gas-filled relay) (*radio*), *see* thyratron. **54.** ~ tank (gasoline tank) (*aut.*), serbatoio benzina. **55.** ~ tar (*ind.*), catrame di gas. **56.** ~ thread (*pip.*), filettatura gas. **57.** ~ trap (air trap: avoids escape of sewer gas) (*pip.*

device), pozzetto (o sifone) di intercettazione. **58.** ~ trap (for separating natural gas from petroleum) (*min.*), apparato separatore del metano dal petrolio. **59.** ~ trunk (of an airship: duct between a gas bag valve and a gas hood) (*aer.*), tubo di evacuazione del gas. **60.** ~ tube (electron tube containing low pressure gas) (*elics.*), tubo a gas, tubo ionico. **61.** ~ turbine (*mot.*), turbina a gas. **62.** ~ vent (of a molding) (*found.*), respiro. **63.** ~ washing bottle (*chem. impl.*), bottiglia di lavaggio per gas. **64.** ~ welder (*work.*), saldatore autogeno. **65.** ~ yield (as of coal) (*comb.*), rendimento in gas, resa di gas. **66.** air ~ (*gas ind.*), gas povero, gas d'aria, gas di generatore. **67.** blast-furnace ~ (*ind.*), gas d'alto forno. **68.** blister ~, *see* blistering gas. **69.** bottled ~ (*ind.*), gas in bombole. **70.** blue water ~ (*comb.*) (Brit.), gas d'acqua (puro). **71.** burnt ~ (of a furnace), gas combusto. **72.** carbureted water ~ (*comb.*), gas d'acqua arricchito. **73.** coal ~ (*ind. comb.*), gas illuminante. **74.** coke-oven ~ (*comb.*), gas di cokeria. **75.** combustible ~ (*ind.*), gas combustibile. **76.** dry ~ meter (*meas. instr.*), contatore di gas a secco. **77.** exhaust ~ (*mot.*), gas di scarico. **78.** flue ~ (gaseous product of combustion as from the furnace of a boiler) (*comb.*), gas della combustione, prodotti gassosi della combustione. **79.** flue ~ testing apparatus (*chem. instr. for comb.*), analizzatore dei gas combusti. **80.** free ~ (not dissolved) (*fluids mech.*), gas libero. **81.** generation of ~ (*chem.*), sviluppo di gas. **82.** illuminating ~ (*ind.*), gas illuminante. **83.** infrared ~ analyser (*chem. app.*), analizzatore di gas a raggi infrarossi. **84.** laughing ~ (N_2O, nitrous oxide) (*chem.*), protossido d'azoto, gas esilarante, ossidulo d'azoto. **85.** liquefied natural ~, "LNG" (*ind. chem.*), metano liquido, gas liquido. **86.** liquified petroleum ~ (compressed propane and butane) (*domestic use - mot.*), gas liquido. **87.** long-path ~ analyser (*chem. app.*), analizzatore di gas a cella lunga. **88.** mustard ~ (yperite) (*chem.*), iprite, yprite. **89.** natural ~ (*chem.*), metano. **90.** noble ~, *see* rare gas. **91.** perfect ~ (*phys.*), gas perfetto. **92.** poison ~ (*milit.*), gas tossico. **93.** producer ~ (*comb.*), gas di generatore. **94.** power ~ (producer gas feeding gas engines) (*ind.*), gas di gasogeno per alimentazione motori. **95.** semiwater ~ (*comb.*), miscela di gas d'acqua e gas povero. **96.** sewer ~ (*chem.*), gas di fogna. **97.** tear ~ (*police*), gas lacrimogeno. **98.** town ~ (*comb.*), gas illuminante, gas per uso domestico. **99.** vesicating ~ (*milit.*), gas vescicatorio. **100.** war gases (*milit.*), agressivi chimici. **101.** water ~ (*comb.*), gas d'acqua. **102.** wet ~ meter (*meas. instr.*), contatore di gas a liquido. **103.** wild ~ (or gasoline, too volatile for commercial use) (*chem.*), benzina eccessivamente volatile.

gas (to) (to treat with gas) (*chem.*), sottoporre all'azione di gas, gasare. **2.** ~ (*text. ind.*), bruciare. **3.** ~ (as of a battery under charge) (*elect.*), sviluppare gas, "bollire". **4.** ~ (to cause absorption of gas, as from metallic pieces) (*metall.*), trattare con gas, gassare. **5.** ~ (to fill the tank with gasoline) (*aer. - aut. - etc.*), far rifornimento di benzina.

gasbag (used for plugging a broken gas main) (*pip.*), pallonetto (di chiusura). **2.** ~ (of a rigid airship) (*aer.*) (Am.), pallonetto.

gasboat (boat powered by a gasoline engine: as an aut. engine) (*naut.*), imbarcazione con motore a benzina.

gas-cap (above a natural reservoir of liquid petroleum) (*min.*), cappa di gas, "gas cap". **2.** ~ injection (external gas injection) (*min. oil field*), iniezione di gas dall'esterno (per pressurizzare il petrolio).

gascheck pad (of a gun breechblock) (*ordnance*), anello plastico (di tenuta gas).

gas-discharge lamp (*illum. app.*), lampada a (elettro) luminescenza.

gasdynamic (*a. - phys.*), gasdinamico.

gasdynamics (dynamics branch dealing with gaseous fluids and plasmas) (*phys.*), gasdinamica.

gas-electric set (*ind.*) (Am.), gruppo elettrogeno con motore a benzina.

gaseous (*a. - phys.*), gassoso, aeriforme. **2.** ~ discharge lamp (*illum.*), lampada a (elettro) luminescenza.

gas-filled (as of a gas tube etc.) (*a. - elics.*), a riempimento di gas, pieno di gas.

gas-fired furnace (*metall. ind. app.*), forno a gas.

gash (*gen.*), incisione profonda. **2.** ~ (as on shaving cutter teeth) (*mech.*), incisione, scanalatura.

gash (to) (to rough-mill as gear teeth) (*mech.*), sgrossare.

gashing (as of gear teeth) (*mech.*), sgrossatura.

gasholder (*ind.*), gasometro. **2.** ~, *see also* gasometer.

gashouse (gasworks) (*ind.*), officina di produzione del gas.

gasification (*ind. chem.*), gassificazione.

gasify (to) (*chem. phys.*), gassificare, convertire in gas.

gas-injection well (for obtaining oil drive from other wells) (*oil well min.*), pozzo per iniezione di gas (per pressurizzare il giacimento).

gasket (for securing a sail) (*naut.*), gerlo. **2.** ~ (*mech.-pip.*), guarnizione. **3.** bunt ~ (canvas triangle for securing a square sail to the yard) (*naut.*), ventrino. **4.** filter casing ~ (as of a carburetor) (*mot. mech.*), guarnizione per corpo filtro. **5.** flowed-in ~ (*mech.*), guarnizione a riempimento di liquido. **6.** head ~ (*mot.*), guarnizione della testa (o testata).

gasketed (as of covers etc.) (*a. - mech.*), munito di guarnizione, guarnito.

gaslight (*light*), luce a gas. **2.** ~ (gas burner), becco a gas.

gasogene, gazogene (app. burning charcoal or wood and producing combustible gas) (*ind. app.*), gasogeno. **2.** ~ (the motor fuel gas produced by a gasogene) (*gaseous fuel*), gas povero, gas d'aria.

gasolene, *see* gasoline.

gasoline (*comb.*) (Am.), benzina. **2.** ~ can, latta per benzina. **3.** ~ motor (*mot.*), motore a benzina. **4.** ~ pump (*aut.*), distributore di benzina. **5.** ~ stove (*therm. app.*), stufa a benzina. **6.** ~ torch (*impl.*) (Am.), lampada a benzina, fiaccola a benzina. **7.** ~ vapor, vapore di benzina. **8.** antiknock ~ (for mot.), benzina con antidetonante, benzina indetonante. **9.** automotive ~ (*comb.*), benzina auto, benzina per automobili. **10.** aviation ~ (*comb.*), benzina avio. **11.** balanced ~ (*comb.*), benzina bilanciata. **12.** high-test ~ (*comb.*), benzina di alta qualità. **13.** leaded ~ (*mot.*), benzina etilizzata. **14.** lead-free ~ (*aut.*), benzina non etilizzata, benzina senza piombo. **15.** premium ~ (99.5 octane number) (*aut.*) (Am.), benzina super a 99,5 ottani. **16.** regular ~ (92.4 octane number, normal grade gasoline) (*aut.*) (Am.), benzina normale, benzina a 92,4 ottani. **17.** super-premium ~ (102.1 octane number) (*aut.*) (Am.), benzina speciale a 102,1 ottani. **18.** wild ~ (wild gas) (*oil refinery*), benzina naturale.

gasoliner (*naut.*), motolancia con motore a benzina.

gasometer (*ind. instr.*), gasometro. **2.** bell-shaped ~ (*ind.*), gasometro a campana. **3.** dry ~ (*ind.*), gasometro a secco. **4.** wet ~ (*ind.*), gasometro a umido.

gasproof (*ind.*), impermeabile ai gas. **2.** ~ (of elect. mach., of elect. app.), ermetico, a tenuta di gas. **3.** ~ (of a paint or a varnish) (*paint. ind.*), resistente ai gas della combustione. **4.** ~ shelter (*milit.*), ricovero antigas.

gassed (*phys.*), gassato.

gasser (oil well producing gas) (*min.*), pozzo metanifero.

gassing (*n. - chem.*), gassatura, operazione di assoggettare all'azione di un gas. **2.** ~ (of a battery) (*electrochem.*), ebollizione. **3.** ~ (as of a liquid metal) (*metall. - found.*), gasaggio. **4.** ~ (for absorption of gas from the metal) (*metall. treat.*), trattamento con gas. **5.** ~ (of a balloon) (*aer.*) (Brit.), gonfiatura con gas. **6.** ~ (*text. ind.*), gasatura, bruciatura.

gassy (containing gas) (*a. - ind. - min. - etc.*), contenente gas.

gastight (*ind.*), impermeabile ai gas.

gastroscope (*med. instr.*), gastroscopio.

gasworks (*chem. ind.*), officina del gas, officina (di produzione) del gas.

"GAT" (Greenwich apparent time) (*geophys.*), ora solare di Greenwich.

gat (channel between sandbanks or cliffs) (*naut.*), canale, passaggio.

"GATB" (General Aptitude Test Battery) (*pers. - psychotech.*), batteria di reattivi attitudinali generali.

gate (made of a grating or open frame) (*bldg.*), cancello. **2.** ~ (main door) (*bldg.*), portone. **3.** ~ (*found.*) (Am.), attacco di colata. **4.** ~ (of a die-casting mach. die) (*found.*), bocchello. **5.** ~ (gated pulse) (*radio*), impulso rettangolare. **6.** ~ (position on the extension of a runway axis above which an aircraft must pass during a controlled landing) (*aer.*), cancello, posizione di entrata. **7.** ~ (solidified metal in a gate) (*found.*), colame. **8.** ~ (on the quadrant range of a lever for stopping the latter in a fixed position) (*mech.*), tacca. **9.** ~ (film gate) (*m. pict.*), quadruccio di proiezione. **10.** ~ (a circuit which yelds an output signal that is dependent on some function of its present or past input signals) (*comp.*), porta (logica). **11.** ~ (gatekeeper lodge, of a firm) (*ind.*), portineria. **12.** ~ (sliding element of a gate valve) (*hydr.*), saracinesca. **13.** ~ (movable barrier controlling the water level of a channel) (*hydr.*), paratoia, chiusa. **14.** ~ (as the swinging barrier at railw. crossings) (*railw. - road*), sbarra, barriera. **15.** ~ (it permits the output of a signal when particular conditions are met) (*elics.*), porta. **16.** ~ bott (*found.*), tampone di colata. **17.** ~ change (as of a mach. tool speed gear) (*mech.*), cambio a settori (o a gradini). **18.** ~ change gear (*aut.*), cambio a settori. **19.** ~ inlet (*found.*), attacco di colata. **20.** ~ knife (*found.*), mestola per canali di colata. **21.** ~ money (*sport*), prezzo del biglietto di ingresso. **22.** ~ pin (vertical runner) (*found.*), canale di colata verticale. **23.** ~ valve (*pip.*), saracinesca, valvola a saracinesca. **24.** ~ wash (*found.*), pulitura del canale di colata. **25.** ~ winding (as in a magnetic amplifier) (*elics.*), avvolgimento di porta (o sblocco). **26.** "AND" ~ ("AND" circuit) (*elics. - comp.*), porta AND, circuito AND. **27.** "AND NOT" ~ (*elics. - comp.*), porta AND-NOT. **28.** branch ~ (multiple gate) (*found.*), attacco di colata multiplo. **29.** centrifugal ~ (tangent gate) (*found.*), attacco di colata tangenziale. **30.** cluster ~ (*found.*), attacco di colata a grappolo. **31.** comb ~ (*found.*), attacco di colata a pettine. **32.** crest ~ (of a dam) (*hydr.*), paratia di coronamento. **33.** except ~ (*elics. - comp.*), porta di inibizione. **34.** flat ~ (*found.*), attacco di colata piatto, attacco di colata a coltello. **35.** flow ~ (riser) (*found.*), montante. **36.** horn ~ (*found.*), attacco di colata a corno. **37.** in- ~ (*found.*), attacco di colata. **38.** lift ~ (a gate which opens by vertical movement) (*bldg.*), cancello a ghigliottina. **39.** logical ~ (switching gate: "OR", "AND", "NOT" etc.) (*elics. - comp.*), porta logica. **40.** main ~ (runner) (*found.*), canale di colata. **41.** pencil ~ (*found.*), attacco di colata a pioggia. **42.** pop ~ (*found.*), attacco di colata a pioggia. **43.** ring ~ (*found.*), attacco di colata ad anello. **44.** skim ~ (*found.*), attacco di colata con filtro, attacco di colata con fermascorie. **45.** sluice ~ (*hydr.*), paratoia, chiusa mobile. **46.** sound ~ (of a sound film projector) (*electroacous.*) (Brit.), finestra sonora. **47.** spin ~ (tangent gate) (*found.*), attacco di colata tangenziale. **48.** swing ~ (*bldg.*), cancello girevole. **49.** switching ~ (logical gate) (*elics. - comp.*), porta logica. **50.** tangent ~ (*found.*), attacco di colata tangenziale. **51.** wedge

~ (*found.*), attacco di colata a zeppa, attacco di colata a cuneo.

gate (to) (to generate gated pulses) (*elect.*), generare impulsi rettangolari. **2.** ~ (to furnish a pattern or mold with the gates) (*found.*), mettere le colate. **3.** ~ (to control: as by means of a gate) (*elics.*), controllare per mezzo di una porta. **4.** ~ (to control the passage of a fluid through a pipe by means of a valve) (*pip. - etc.*), controllare mediante valvola.

gated (as of a scanning circuit) (*a. - elics.*), controllato.

gatehouse (keeper's lodge) (*bldg.*), (edificio adibito a) portineria. **2.** ~ (place from where the gates of a dam are controlled) (*hydr.*), posto di comando delle chiuse.

gatekeeper (*work.*), portiere.

gateman (*work.*), portiere.

gateway (point of passage) (*transp. - navig.*), passaggio, punto di transito. **2.** ~ (as in a viewdata system: access point to the comp. that supplies information) (*comp.*), accesso all'elaboratore informatore.

gather (the mass of glass picked up by the worker on a punty or blowing iron) (*glass mfg.*), levata.

gather (to) (to assemble as signatures for binding) (*bookbinding*), raccogliere. **2.** ~ (to get glass from a pot or tank on the pipe or punty) (*glass mfg.*), levare. **3.** ~ (as metal by heading) (*forging*), ricalcare. **4.** ~ headway (*naut.*), *see* to gather way. **5.** ~ steerageway (*naut.*), *see* to gather way. **6.** ~ way (to begin to move) (*naut.*), iniziare movimento.

gathered (*gen.*), raccolto, raggruppato. **2.** ~ writing (*comp.*), scrittura raggruppata (o accumulata).

gathering (*med.*), ascesso. **2.** ~ ground (catchment area) (*hydr.*), bacino idrografico, bacino imbrifero. **3.** ~ iron (*glass mfg.*), tubo di levata. **4.** ~ locomotive (*min.*), piccola locomotiva da manovra. **5.** ~ machine (*bookbinding*), macchina raccoglitrice. **6.** ~ ring (one of the clay rings floating on molten glass) (*glass mfg.*), anello raggruppa scorie. **7.** ~ rod (*glass mfg.*), tubo di levata.

gating (of a mold) (*found.*), dispositivo di colata, insieme dei canali di colata e montanti. **2.** ~ (application of gates to a casting) (*found.*), applicazione delle colate. **3.** ~ (solidified metal in gates) (*found.*), colame. **4.** ~ (generation of gated pulses) (*elect.*), generazione di impulsi rettangolari. **5.** ~ and risers (solidified metal in the gates and risers) (*fond.*), boccame.

"GATT" (General Agreement on Tariffs and Trade) (*comm.*), GATT, Accordo Generale Tariffario per le Dogane ed il Commercio.

gauge, gage (distance between the rails of a railroad) (*railw.*), scartamento. **2.** ~ (distance between wheels) (*veh.*), carreggiata. **3.** ~ (*meas.*), misura. **4.** ~ (for checking dimensions) (*t.*), calibro. **5.** ~ (marking gauge) (*carp. t.*), graffietto da falegnami. **6.** ~ (instr. for measuring) (*device*), indicatore. **7.** ~ (diameter, as of a wire) (*mech. - meas.*), diametro. **8.** ~ (thickness, as of sheet metal) (*mech. - meas.*), spessore. **9.** ~ (common plaster mixed with plaster of Paris for quick setting) (*mas.*), malta contenente gesso (per ottenere rapida presa). **10.** ~ (*firearm*), calibro. **11.** ~ (gauge length: of a test bar) (*mech.*), tratto utile. **12.** ~ (gage: level indicator) (*meas. instr.*), indicatore di livello, televel. **13.** ~ block (for mech. measurements) (*mech. instr.*), blocchetto di riscontro, calibro a blocchetto. **14.** ~ door (a door for regulating ventilation) (*coal min.*), portello per regolare la ventilazione. **15.** ~ glass (*instr.*), tubo di vetro calibrato. **16.** ~ glass (*boil.*), (tubo del) livello di vetro. **17.** ~ hole (*mech.*), foro di riferimento. **18.** ~ pin (as of a die set) (*sheet metal w. - etc.*), spina di riferimento. **19.** ~ plate (for assuring the right gauge to the track) (*railw.*), piastra di scartamento. **20.** ~ point (*draw.*), punto di partenza delle quote, punto corrispondente a quota zero. **21.** ~ pressure (pressure differential above or below atmospheric pressure) (*meas.*), pressione relativa. **22.** ~ saw (*carp. t.*), sega a profondità regolabile. **23.** ~ stick (*found.*), asta di controllo. **24.** ~ tank (*ind.*), serbatoio di livello. **25.** ~ wheel (of plow) (*agric.*), ruota limitatrice della profondità di aratura, avantreno, ruotino anteriore. **26.** air ~ (*meas. instr.*), comparatore pneumatico. **27.** air ~ (for meas. as the pressure of air in the reservoirs or pipes of an air brake system) (*railw. - etc. - instr.*), manometro dell'aria. **28.** American wire ~, "AWG" (of wire diameters) (*mech. - meas.*), scala A.W.G., scala americana dei diametri dei fili metallici. **29.** bayonet ~ (for ascertaining the oil level of the crankcase) (*aut.*), stecca (di misurazione) del livello dell'olio. **30.** beta ~ (for meas. the thickness of materials) (*meas. instr.*), calibro per spessori ad assorbimento di raggi beta. **31.** beta-ray-thickness ~ (*meas. instr.*), spessimetro a raggi beta. **32.** bit ~ (for limiting the depth of a hole) (*t. - impl.*), distanziale che limita la profondità del foro. **33.** broad ~ (of railroads), scartamento largo. **34.** caliper ~ (of fixed size) (*mech. meas. instr.*), calibro fisso. **35.** compression ~ (for meas. the compression of an i. c. engine) (*mot. - instr.*), misuratore di compressione. **36.** cutter setting ~ (as of a gear shaper) (*t.*), calibro per la registrazione del coltello. **37.** depth ~ (*t.*), calibro di profondità. **38.** depth slide ~ (*meas. instr.*) (Brit.), calibro di profondità a corsoio. **39.** dial ~ (*meas. instr.*), minimetro, comparatore a quadrante (o ad "orologio"). **40.** diameter testing ~ (fo) the diameter of car wheels and axles (*railw. t.*), calibro per cerchioni (o per assili). **41.** difference ~ (*t.*), calibro differenziale. **42.** electric fuel ~ (*aer. or aut. instr.*), indicatore elettrico di livello. **43.** electric ~ (elect. instr. for mech.) (*instr.*), calibro elettrico, comparatore elettrico. **44.** electronic ~ (*meas. instr.*), comparatore elettronico. **45.** fillet ~ (*meas. t.*), calibro per superfici curve. **46.** flow ~, *see* flowmeter 1 ~. **47.** force ~ (dynamometer) (*instr.*), dinamometro. **48.** frame ~ (of a film) (*m. pict.*), passo d'immagine. **49.** fuel economy ~ (*aut. instr.*), econometro. **50.** fuel level float ~ (*aut. - etc.*), indicatore a galleggiante del livello del combustibile. **51.** fuel level ~ (*aut. - aer.*), indicatore di livello del combustibile. **52.** fuel pressure ~ (*aer. mot.*), manometro del combustibile. **53.** gas ~ (of aut.) (Am.), indicatore di livello della benzina. **54.** glass ~, tubo di livello. **55.** go ~ (*t.*), calibro passa. **56.** go-no-go ~ (*mech. shop impl.*), calibro passa/non passa. **57.** H I ~ (not go plug gauge for checking internal threads) (*mech.*) (Am.), calibro non passa (a tampone). **58.** hole ~ (*t.*), calibro per fori, dima. **59.** inside micrometer ~ (*t.*), micrometro per interni. **60.** internal and external ~ (*t.*), calibro a forchetta. **61.** internal cylindrical ~ (*t.*), calibro a tampone. **62.** jointer ~ (*join. t.*), morsetto orientabile (da falegname). **63.** level ~ (*ind. device*), indicatore di livello. **64.** limit ~ (difference gauge, formed by more gauges as a go gauge and a not-go gauge) (*meas. instr.*), calibro differenziale. **65.** loading ~ (as of a railway car) (*railw.*), sagoma di carico. **66.** L O ~ (low gauge, not go ring gauge for checking external threads) (*t.*) (Am.), calibro non passa (ad anello). **67.** marking ~ (*carp. impl.*), graffietto da falegnami. **68.** master ~ (reference gauge) (*t.*), calibro campione. **69.** micrometer ~ (*t.*), micrometro, palmer. **70.** narrow ~ (*railw.*), scartamento ridotto. **71.** not-go ~ (*mech. t.*), calibro non passa. **72.** oil pressure ~ (*mot.*), manometro dell'olio. **73.** optical ~ (*meas. instr.*), calibro ottico. **74.** perforation ~ (*philately*), odontometro (per mis. dentellatura). **75.** perforation ~ (of a film) (*m. pict.*), passo della perforazione. **76.** plate ~ (*mech.*), calibro in lamiera, "stasa". **77.** plug ~ (*t.*), calibro a tampone. **78.** pneumatic ~ (for inspecting size and ovality) (*mech.*), calibro pneumatico. **79.** pressure ~ (*ind. instr.*), manometro, indicatore di pressione. **80.** rain ~ (*instr.*), pluviometro. **81.** reference ~ (master gauge) (*mech.*), calibro campione. **82.** ring ~ (*t.*), calibro ad anello. **83.** roller thread ~ (*t.*), calibro a rulli per filetti. **84.** scavenge oil pressure ~ (as of an engine) (*mot.*), manometro dell'olio di ricupero. **85.** screw ~ (*t.*), calibro per viti. **86.** screw-pitch ~ (*t.*), contafiletti, calibro contafiletti. **87.** sheet ~ (*t.*), calibro per lamiere. **88.** sliding ~ (*t.*), calibro a corsoio. **89.** slip ~ (gauge block) (*t.*) (Brit.), blocchetto piano parallelo, blocchetto di riscontro. **90.** snap ~ (*t.*), calibro a forchetta, calibro a forcella. **91.** staff ~ (river gauge) (*hydr. meas. instr.*), asta idrometrica, idrometro (fluviale). **92.** standard ~ (*railw.*), scartamento normale. **93.** star ~ (for bore diameter meas.) (*meas. t.*), micrometro a stella per interni. **94.** strain ~ (*instr. - mech. technol.*), estensimetro, estensigrafo. **95.** Stubs wire ~ (Birmingham wire gauge) (*mech. - meas.*), scala B.W.G., scala di Birmingham dei diametri dei fili metallici. **96.** surface ~ (*t.*), truschino, graffietto. **97.** temperature ~ (*instr.*), indicatore di temperatura. **98.** thickness ~ (*t.*), calibro per lamiere, calibro per spessori, spessimetro. **99.** thread ~ (*t.*), calibro a tampone filettato. **100.** thread plug ~ *see* thread ~. **101.** thread ring ~ (for meas. of male threads) (*meas. instr.*), calibro ad anello (filettato). **102.** tire ~ (*aut.*), manometro per pneumatici. **103.** vernier slide ~ (*meas. instr.*), calibro a corsoio con nonio. **104.** water ~ (*meas. instr.*), idrometro, indicatore di livello dell'acqua. **105.** water ~ (of a boiler: as of a steam locomotive) (*boil.*), livello, livello dell'acqua. **106.** weighing rain ~ (*meteor. instr.*), pluviometro ad altalena (od a bilancia). **107.** wickman ~ (*meas. instr.*), calibro a forchetta registrabile. **108.** wide ~ (*railw.*), scartamento largo. **109.** wire ~ (*meas. instr.*), calibro per fili metallici.

gauge (to) (*gen.*), misurare. **2.** ~ (*mech.*), calibrare, misurare con precisione.

gauger (*mech. ind. work. - etc.*), collaudatore, incaricato di misurazioni dimensionali.

gauging (gauging plaster) (*bldg.*), intonaco di gesso e grassello di calce. **2.** ~ (checking with a gauge) (*mech.*), verifica mediante calibro. **3.** ~ block (*portable meas. instr.*), blocchetto di riscontro. **4.** ~ surface (of a gauge) (*mech. t.*), superficie di lavoro. **5.** automatic ~ equipment (*meas. instr.*), dispositivi automatici di misura.

gauntlet (as for welders) (*impl.*), guanto.

gauntry, *see* gantry.

gauss (electromagnetic unit), gauss. **2.** ~ meter (indicating the strength of the magnetic field) (*elect. instr.*), magnetometro, "gaussometro", "gaussimetro".

Gaussian (*math. - etc.*), gaussiano, di Gauss. **2.** ~ curvature (Gauss curvature) (*geom.*), curvatura gaussiana. **3.** ~ curve (probability curve) (*stat.*), curva di Gauss, curva degli errori, curva delle probabilità. **4.** ~ distribution, *see* normal distribution. **5.** ~ integer (complex number) (*math.*), intero di Gauss.

gaussmeter (*elect. instr.*), gaussmetro, misuratore di gauss.

gauze (thin fabric), garza. **2.** ~ (*phot.*), velatino. **3.** wire ~, reticella metallica.

gavelock (crowbar) (*impl.*), palanchino.

gazebo (summerhouse) (*bldg.*), capannina da giardino, "gazebo". **2.** ~ (turret on a roof) (*bldg.*), torretta. **3.** ~, *see* baywindow.

gazette (*journ.*), gazzetta.

"GB" (grid battery) (*radio*), batteria di griglia.

"gbo" (goods in bad order) (*comm. - transp.*), merci in cattive condizioni.

"GCA" (ground-controlled approach, system for instr. landing) (*aer. - radar*), avvicinamento radioguidato da terra, atterraggio a discesa guidata.

"g-cal" (gram calorie) (*phys.*), caloria grammo, piccola caloria.

"GCD" (greatest common divisor) (*math.*), massimo comune divisore.

"GCF" (greatest common factor) (*math.*) massimo comun fattore.
"GCFR" (gas-cooled fast reactor) (*atom phys.*), reattore veloce raffreddato a gas.
"GCL" (ground controlled landing) (*aer.*), atterraggio guidato da terra.
"GCT" (Greenwich civil time) (*naut. - geogr.*), tempo di Greenwich.
Gd (gadolinium) (*chem.*), gadolinio.
"gd" (guard) (*gen.*), *see* guard. **2.** ~, *see also* good, ground.
Ge (germanium) (*chem.*), germanio.
gear (a mech. device operating a specific function: as steering gear, valve gear, landing gear etc.) (*mech.*), meccanismo. **2.** ~ (of a gearbox or transmission) (*aut.*), marcia, rapporto. **3.** ~ (toothed wheel) (*mech.*), ruota dentata, ingranaggio. **4.** ~ (of a gear and pinion pair) (*mech.*), ruota. **5.** ~ (rigging) (*naut.*), manovre. **6.** ~ blank (*mech.*), ingranaggio in verde, ingranaggio da tagliare, sbozzo di ingranaggio. **7.** ~ body (*mech.*), corpo dell'ingranaggio. **8.** ~ box (*mech. - etc.*), *see* gearbox. **9.** ~ burnisher (*mech.*), brunitoio per ingranaggi. **10.** ~ burring machine (*mach. t.*), sbavatrice per ingranaggi. **11.** ~ casing core (*found.*), anima della scatola ingranaggi. **12.** ~ chamfering machine (*mach. t.*), spuntatrice per ingranaggi. **13.** ~ change (Brit.), *see* gearshift. **14.** ~ checker (*mech. instr.*), apparecchio di controllo per ingranaggi. **15.** ~ checking (*mech.*), controllo degli ingranaggi. **16.** ~ cluster, *see* cluster gear. **17.** ~ combination (*mech.*), combinazione d'ingranaggi, ruotismo. **18.** ~ cutter (*t.*), fresa a modulo. **19.** ~ cutter (gear cutting machine) (*mach. t.*), dentatrice. **20.** ~ cutting (*mech.*), dentatura. **21.** ~ cutting attachment (as of universal mach. t.) (*mech.*), accessorio per dentatura. **22.** ~ flank (*mech.*), fianco dell'ingranaggio. **23.** ~ hobber (*mach. t.*), dentatrice a creatore. **24.** ~ housing (*mech.*), scatola ingranaggi. **25.** ~ in neutral (*aut.*), cambio in folle. **26.** ~ lapping (*mech.*), levigatura (o lappatura) degli ingranaggi. **27.** ~ lapping machine (*mach. t.*), levigatrice (o lappatrice) per ingranaggi. **28.** ~ lever (*aut.*) (Am.), leva del cambio di velocità. **29.** ~ lubricant (*mech.*), lubrificante per ingranaggi. **30.** ~ pair (*mech.*), coppia di ruote dentate, ingranaggio. **31.** ~ pair with intersecting axes (*mech.*), coppia di ruote dentate ad assi intersecantisi. **32.** ~ pair with non intersecting non parallel axes (*mech.*), coppia di ruote dentate ad assi sghembi. **33.** ~ pair with parallel axes (*mech.*), coppia di ruote dentate ad assi paralleli. **34.** ~ planer (*mach. t.*), dentatrice a coltello lineare. **35.** ~ pump (*mech.*), pompa ad ingranaggi. **36.** ~ ratio (ratio between delivered and applied force) (*mech.*), rapporto di trasmissione. **37.** ~ roller (*mach.*), rullatrice (a caldo) per ingranaggi. **38.** ~ selector rod (*aut.*) (Brit.), asta del cambio. **39.** ~ shaft (*mech.*), albero porta-ingranaggi. **40.** ~ shaft (of a gearbox or transmission) (*aut.*), albero del cambio di velocità. **41.** ~ shaper (as Fellows type) (*mach. t.*), dentatrice stozzatrice (a coltello). **42.** ~ shaving (*mech.*), sbarbatura di ingranaggi. **43.** ~ sound tester (as for checking the noise of gears) (*mech. instr.*), ingranofono, apparecchio per provare la rumorosità degli ingranaggi. **44.** ~ "speeder", *see* gear sound tester. **45.** ~ transmission (*aut.*), cambio ad ingranaggi. **46.** angle bevel gears (*mech.*), ingranaggi conici di angolo. **47.** angling ~ (of a torpedo) (*navy expl.*), meccanismo di angolazione. **48.** annular ~ (ring gear) (*mech.*), corona a dentatura interna. **49.** annulus ~ (*mech.*), *see* annular gear. **50.** arresting ~ (wire cables connected with strong springs lying on an aircraft carrier deck used for hooking and arresting the airplanes) (*navy*), dispositivo elastico di arresto. **51.** back gears (at the headstock of a lathe) (*mach. t.*), ingranaggi (o routismi) di riduzione (o di ritardo). **52.** beaching ~ (as for drawing a seaplane ashore) (*aer.*), carrello di alaggio. **53.** bevel ~ (*mech.*), ruota conica, ingranaggio conico. **54.** bevel ~ pair (*mech.*), coppia conica, ingranaggio conico. **55.** bicycle ~ (landing gear formed by wheels or sets of wheels set one behind the other under the longitudinal center of the fuselage) (*aer.*), carrello a biciclo. **56.** bottom ~ (*mtc. - aut.*), prima velocità. **57.** buffer ~ (as of a locomotive) (*railw.*), organo di repulsione. **58.** cam steering ~ (*aut.*), comando sterzo ad eccentrico. **59.** caterpillar track ~ (type of landing gear) (*aer.*), carrello (di atterraggio) a cingoli. **60.** change ~ (as of aut.) (*mech.*), cambio di velocità. **61.** change ~ (as for the number of teeth: as of a gear cutting machine) (*mach. t. - mech.*) (Am.), ruota di cambio. **62.** change-speed ~ (of a vehicle or mach. t.) (*mech.*), cambio. **63.** cluster gears (*mech.*), ingranaggi a grappolo. **64.** compensating ~ (for turning a ship's rudder) (*naut.*), agghiaccio. **65.** constant mesh ~ (*mech.*), ingranaggio sempre in presa, ingranaggio in presa continua. **66.** coupling ~ (for coupling two or more engines) (*mot. - aer. - aut.*), accoppiatore. **67.** cycloidal ~ (*mech.*), ingranaggio cicloidale. **68.** depth ~ (of a torpedo) (*navy expl.*), regolatore di profondità. **69.** differential ~ (*mach. - aut.*), (ingranaggio) differenziale. **70.** direct ~ (of aut. transmission or gearbox) (*aut.*), presa diretta. **71.** disengaging ~ (*mech.*), ingranaggio di disinnesto. **72.** diving ~ (*naut.*), scafandro. **73.** double-helical ~ (*mech.*), ruota bielicoidale, ingranaggio bielicoidale, ingranaggio elicoidale a freccia. **74.** "drive" ~, *see* driving gear. **75.** driven ~ (*mech.*), ruota condotta, ingranaggio condotto. **76.** driving ~ (*mech.*), ruota motrice, ingranaggio conduttore. **77.** elevating ~ (as of a gun) (*ordnance*), congegno di elevazione, congegno di punteria in elevazione. **78.** elevating ~ (of a gun carriage) (*ordnance*), ingranaggio di elevazione. **79.** epicyclic ~ train (*mech.*), treno epicicloidale di ingranaggi. **80.** epicyclic reduction ~ (*mech.*), riduttore epicicloidale. **81.** ex-

ternal ~ (external-toothed gear) (*mech.*), ruota a dentatura esterna, ruota esterna. **82.** external ~ pair (*mech.*), coppia di ruote a dentatura esterna, ingranaggio a dentatura esterna, ingranaggio esterno. **83.** face ~ (gear-wheel) (*mech.*), ruota piano-conica, ruota a denti frontali. **84.** firing ~ (of a torpedo) (*navy expl.*), dispositivo di lancio. **85.** fixed ~ (*mech.*), ingranaggio fisso. **86.** floor ~ change (central change) (*aut.*), cambio a "cloche". **87.** Formate ~ (type of toothed gear) (*mech.*), ruota Formate. **88.** forward ~ (*mech.*), marcia avanti. **89.** freewheel ~ (as of a helicopter) (*mech.*) (Brit.), ingranaggio a ruota libera. **90.** full ~ (valve open to the max. extent) (*n. - steam eng.*), piena ammissione, condizione di piena ammissione. **91.** gate-change ~ (*aut.*) cambio a settori. **92.** generated ~ (*mech.*) ruota (dentata) generata. **93.** heavy-duty ~ (*mech.*), ruota di forza. **94.** heeling ~ (*naut.*), segnalatore di sbandamento. **95.** helical ~ (*mech.*), ruota (dentata) elicoidale, ingranaggio elicoidale. **96.** herringbone ~ (*mech.*), ingranaggio a freccia (o a cuspide, o a "chevron"). **97.** high ~ (of aut. trasmission (*aut.*), presa diretta. **98.** high ~ (of a two-speed supercharger) (*aer. mot.*), alta velocità. **99.** hypoid bevel ~ (*mech.*), ruota conica ipoide, ingranaggio conico a dentatura ipoide. **100.** hypoid ~ (*mech.*), ruota (dentata) ipoide, ingranaggio ipoide. **101.** hypoid ~ generator (*mach. t.*), dentatrice per ingranaggi ipodi. **102.** hypoid ~ pair (*mech.*), ingranaggio ipoide, coppia ipoide. **103.** idle ~ (*mech.*), ingranaggio folle. **104.** index change ~ (of mach. t.), ingranaggio intercambiabile per la divisione. **105.** in ~ (in mesh: said of gear wheels) (*a. - mech.*), ingranato, in presa. **106.** interchangeable ~ (*mech.*), ingranaggio intercambiabile. **107.** intermediate ~ (*mech.*), ingranaggio intermedio, ingranaggio di rinvio. **108.** internal ~ (*mech.*), ruota interna, corona a dentatura interna. **109.** internal ~ pair (*mech.*), coppia (di ruote dentate) a dentatura interna, ingranaggio a dentatura interna, ingranaggio interno. **110.** involute tooth ~ (*mech.*), ingranaggio a evolvente. **111.** knuckle ~ (*mech.*), ingranaggio con denti a profilo semicircolare. **112.** landing ~ (of an airplane) (*aer.*), carrello di atterraggio. **113.** landing ~ (of a seaplane) (*aer.*), galleggiante di ammaraggio. **114.** left-hand helical ~ (*mech.*), ingranaggio elicoidale con inclinazione a sinistra. **115.** low ~ (of aut. transmission or gearbox) (*aut.*), prima, prima velocità, ingranaggio della prima velocità. **116.** low ~ (of a two speed supercharger) (*aer. mot.*), bassa velocità. **117.** low-low ~ (gear for steep inclines as found in gearboxes of trucks) (*aut.*), prima ridotta, primino. **118.** master ~ (gear grinding mach. impl.) (*mach. t. mech.*), ingranaggio campione. **119.** mating ~ (*mech.*), ruota (dentata) coniugata. **120.** miter ~ (*mech.*), ingranaggio conico per assi normali. **121.** nose-wheel landing ~ (*aer.*), carrello a triciclo. **122.** oleo ~ (of a landing gear) (*aer.*), ammortizzatore oleodinamico. **123.** overdrive ~ (*aut.*), ingranaggio di moltiplicazione, ruota moltiplicante. **124.** periscope lifting ~ (of sub.) (*navy*), dispositivo di sollevamento del periscopio. **125.** pick-off ~ (as for changing the working speed: as of a lathe) (*mach. t. - mech*), ruota di cambio. **126.** planet ~ (*mech.*), ruota (dentata) satellite. **127.** plate ~ (*mech.*), ingranaggio a disco pieno. **128.** preselected ~ change (*mech.*), cambio a preselettore. **129.** quickchange ~ (*mach. t.*), cambio Norton, scatola Norton. **130.** reduction ~ (*mech.*), riduttore a ingranaggi. **131.** reversing ~ (*mech.*), invertitore di marcia. **132.** right-hand helical ~ (*mech.*), ingranaggio elicoidale con inclinazione a destra. **133.** ring bevel ~ (*mech.*), corona (dentata) conica. **134.** ring ~ (*mech.*), corona dentata. **135.** roller ~ (*mech.*), ingranaggio a rulli. **136.** safety ~ (*gen.*), dispositivo di sicurezza. **137.** second ~ (of aut. transmission or gearbox) (*aut.*), seconda, seconda velocità. **138.** shoulder ~ (*mech.*), ruota con spallamento, ingranaggio con spallamento. **139.** shoulder ~ (*mech.*), *see also* step gear. **140.** side ~ (of a differential) (*mech.-aut.*), planetaria, ruota planetaria. **141.** sighting ~ (of a gun) (*milit.*), congegno di mira. **142.** skew bevel ~ (*mech.*), ingranaggio conico per assi sghembi. **143.** skew ~ (*mech.*), ingranaggio conico per assi sghembi. **144.** sliding ~ (*mech.*), ingranaggio scorrevole. **145.** speed ~ (change gear) (*aut. - mach. t. - etc.*), cambio di velocità. **146.** spiral bevel ~ (as in aut. differential assembly) (*mech.*), ruota conica elicoidale. **147.** spiral ~ (*mech.*), ruota elicoidale. **148.** spur external ~ (*mech.*), ruota a denti diritti con dentatura esterna. **149.** spur ~ (*mech.*), ruota dentata cilindrica a denti diritti, ingranaggio cilindrico a denti diritti. **150.** spur ~ hob (*gear cutting t.*), creatore per ingranaggi cilindrici a denti diritti. **151.** spur ~ pair (*mech.*), coppia di ruote a denti diritti, ingranaggio diritto. **152.** spur internal ~ (*mech.*), ruota a denti diritti con dentatura interna. **153.** steering ~ (of aut.), (dispositivo di) sterzo, meccanismo di sterzo, comando sterzo. **154.** steering ~ (*naut.*), agghiaccio, meccanismo di governo. **155.** stem ~ (*mech.*), ingranaggio con gambo. **156.** step ~ (shoulder gear, consisting of a small and large gear closely spaced and integral) (*mech.*), gruppo di due ruote dentate solidali (di diverso diametro). **157.** straight bevel ~ (*mech.*), ruota (dentata) conica a denti diritti, ruota diritta conica. **158.** straight bevel ~ generator (*mach. t.*), dentatrice per ingranaggi conici a denti diritti. **159.** suction and pressure gears for rotary pump (*mech.*), ingranaggi di aspirazione e mandata per pompa rotativa. **160.** sun ~ (or sun wheel) (*mech.*), ruota (dentata) centrale. **161.** synchromesh ~ (*aut.*), cambio sincronizzato. **162.** third ~ (of aut. transmission) (*aut.*), terza, terza velocità. **163.** top ~ (*mtc. - aut.*), presa diretta. **164.** to slip out of ~ (in a transmission or gearbox) (*aut.*), disinnestarsi. **165.** to throw into

~ *(mech.)*, ingranare. **166.** training ~ (of a gun) (*navy*), dispositivo di brandeggio. **167.** transmission ~ (*mech.*) (Am.), ingranaggio del cambio. **168.** universal ~ checker (*mech. instr.*), apparecchio universale per controllo ingranaggi. **169.** valve ~ (of a steam engine) (*mech.*), distribuzione. **170.** variable-speed ~, *see* change gear. **171.** worm ~ (worm wheel) (*mech.*), ruota a vite. **172.** worm ~ hob (*gear cutting t.*), creatore per ruote a vite. **173.** worm ~ pair (*mech.*), coppia ruota dentata-vite elicoidale. **174.** Zerol bevel ~ (similar to a straight bevel gear but having a curved tooth in the lengthwise direction) (*mech.*), ruota (dentata) conica Zerol.

gear (to) (*mech.*), ingranare. **2.** ~ (to bring into adjustment) (*ind.*), adeguare. **3.** ~ (to become adjusted) (*ind.*), adeguarsi. **4.** ~ level (when the driven shaft turns at the same speed as the driving shaft) (*mech.*), trasmettere (mediante ingranaggi) all'albero condotto la stessa velocità del conduttore. **5.** ~ up (to accelerate: as production) (*ind.*), accelerare. **6.** ~ up (the driven shaft goes faster than the driving one) (*mech.*), aumentare la velocità (mediante ingranaggi).

gearbox (transmission: consisting of gear change, propeller shaft to the live axle) (*aut.*) (Am.), trasmissione (dal motore alle ruote). **2.** ~ (gearcase) (*mech.*), *see* gearcase. **3.** ~ (gear change by which the speed of a veh. can be changed without changing the engine rpm) (*aut.*) (Brit.), cambio di velocità. **4.** ~ casing (*aut.*), scatola del cambio di velocità. **5.** ~ lever (*aut.*) (Brit.), leva del cambio di velocità. **6.** constant mesh ~ (as of a mtc. gear change) (*mtc. - aut.*), cambio ad ingranaggi sempre in presa. **7.** preselecting ~ (*mech.*), cambio con preselezione di velocità, cambio a preselettore.

gearcase (of a mach.) (*mech.*), scatola (degli) ingranaggi. **2.** ~ (as of an elect. locomotive) (*railw.*), cassa ingranaggi. **3.** ~ (*aer. mot.*), scatola comandi ausiliari, centralina comandi ausiliari. **4.** accessory ~ (*aer.*), scatola comandi ausiliari, centralina comandi ausiliari, "maialino".

gear-cutting machine (*mach. t.*), dentatrice.

gear-cutting process (*mech.*), metodo di taglio degli ingranaggi.

geared (*mech.*), azionato da ingranaggi. **2.** ~ bender (as for pipes) (*mach. t.*), curvatrice ad ingranaggi. **3.** ~ down (*a. - mech.*), ridotto, demoltiplicato. **4.** ~ motor (*elect. mach.*) (Am.), motoriduttore, motore (elettrico) con riduttore a ingranaggi. **5.** ~ press (*mach. t.*), pressa a ingranaggi. **6.** ~ turbine (*mach.*), turboriduttore, turbina con riduttore. **7.** ~ turbine ship (*naut.*), nave a turboriduttore. **8.** ~ up (*a. - mech.*), moltiplicato.

gear-grinding machine (*mach. t.*), rettificatrice per ingranaggi.

gearing (*mech.*), ruotismo, sistema di ingranaggi. **2.** spur reduction ~ (*mech.*), riduttore ad ingranaggi cilindrici. **3.** step-down ~ (*mech.*), ruotismo riduttore. **4.** step-up ~ (*mech.*), ruotismo moltiplicatore.

gearing-down (reduction of speed, in a drive) (*mech.*), riduzione (di giri).

gearing-up (increase of speed, in a drive) (*mech.*), moltiplicazione (di giri).

gearless (*mech.*), senza ingranaggi. **2.** ~ traction (without interposed gears) (*mech.*), trazione diretta.

gearmotor (elect. mot. with several output speeds reduced by the attached gearing) (*electromech.*), motoriduttore con uscite a velocità variabili.

gear-quenching machine (*mach.*), macchina per la tempra di ingranaggi.

gearset (*mech.*), gruppo di ingranaggi.

gearshift [of transmission (Am.), or gearbox (Brit.)] (*aut. mech.*), dispositivo di selezione delle marce. **2.** ~ attached to the steering column (*aut.*), "cambio sul volante", (leva del) cambio sul piantone guida. **3.** ~ fork (as of aut. trasmission) (*mech.*) (Am.), forcella del cambio. **4.** ~ lever (*aut.*) (Am.), leva del cambio di velocità. **5.** floortype ~ (*aut.*), cambio a "cloche", comando a "cloche" del cambio.

gear-testing machine (*mach.*), macchina per controllare ingranaggi.

gearwheel (*mech.*), *see* cogwheel.

geat (*found.*) (Brit.), *see* gate.

Gee (radionavigation system) (*aer. - radio*), sistema (iperbolico) Gee.

Gee H (radionavigation system) (*aer. - radio*), sistema Gee H.

geepound (*meas.*), *see* slug.

Geiger-Müller counter (*atom phys. instr.*), contatore di Geiger e Müller.

Geissler tube (*elect.*), tubo di Geissler.

gel (*chem.*), gel, sistema colloidale semisolido (o gelatinoso). **2.** ~ point (*phys. chem.*), punto di gelificazione (o gelatinizzazione o gel). **3.** ~ time (*phys. chem.*), tempo di gelizzazione. **4.** silica ~ (*chem. ind.*), gelo di silice, silicagel.

gel (to) (as colloidal liquids) (*phys. chem.*), gelificare.

"gel", *see* gelatinous.

gelatin, gelatine (*ind.*), gelatina. **2.** frosted ~ (*phot.*), gelatina cristallizzata.

gelatinize (to) (*phot.*), coprire con uno strato di gelatina.

gelatinous, gelatinoso.

gelation (*phys. chem.*), gelificazione, gelatinizzazione, formazione di geli, gelatine ecc.

gelignite (gelatin dynamite) (*expl.*), gelignite.

gelling (act of becoming coagulated: as colloidal liquids) (*chem.*), gelificazione. **2.** ~ (deterioration of a paint) (*paint defect*), gelatinizzazione.

"GEM" (ground-effect mach.) (*transp. veh.*), aeroscivolante, aeroslittante, "hovercraft", veicolo a cuscino d'aria.

gem (*geol.*), gemma.

geminate (*a. - gen.*), geminato. **2.** ~ crystal (*min.*), geminato.
gemination (twinning of crystals) (*min.*), geminazione.
"gen" (generator) (*elect.*), generatore. **2.** ~ (general) (*a. - gen.*), generale.
genemotor, *see* dynamotor.
general (*a. - gen.*), generale. **2.** ~ (*milit.*), generale d'armata. **3.** ~ arrangement drawing (*draw.*), disegno di sistemazione (o disposizione) generale. **4.** ~ foreman (as of a mech. shop) (*factory pers.*), capo officina. **5.** ~ headquarters (*milit.*), Comando Supremo delle Forze Armate. **6.** ~ inspection (as of a house) (*build.*), collaudo. **7.** ~ manager (of a company) (*company management*), direttore generale. **8.** General Staff (*milit.*), Stato Maggiore. **9.** General Staff Corps (*milit.*), Corpo di Stato Maggiore, Corpo di S.M. **10.** ~ term (*math.*), termine generale. **11.** lieutenant ~ (*milit.*), generale di corpo d'armata. **12.** major ~ (*milit.*), generale di divisione.
General Agreement on Tariffs and Trade, "GATT" (*comm.*), accordo generale su tariffe e commercio.
general-purpose (designed for various purposes) (*a. - gen.*), di impiego universale, di uso generalizzato, (di uso) non dedicato.
generate (to) (*gen.*), generare. **2.** ~ (to originate new programs by a program generator) (*comp.*), generare, produrre.
generated (as a tooth profile) (*mech.*), generato.
generating (movement of a hobbing mach.) (*mech.*), movimento di generazione. **2.** ~ roll (of gear generation) (*mech.*), rullo di base, rullo evolvente. **3.** ~ rolling circle (of a gear) (*mech.*), cerchio generatore (o di base od evolvente). **4.** ~ rolling curve (or line) (of a gear) (*mech.*), curva generatrice, cerchio di base. **5.** ~ set (*elect. mech.*) (Brit.), gruppo elettrogeno. **6.** ~ station (*elect.*), centrale elettrica. **7.** hydroelectric ~ station (*elect.*) (Brit.), centrale idroelettrica. **8.** no-break ~ set (formed by engine, flywheel, motor and alternator, standby set) (*elect.*), gruppo elettrogeno di continuità. **9.** petrol-electric ~ set (*elect. - therm. unit*), gruppo elettrogeno a benzina. **10.** steam ~ station (*elect.*) (Brit.), centrale termoelettrica a vapore.
generation (of a geometrical figure) (*geom.*), generazione. **2.** ~ (of electric power) (*electromech.*), produzione di energia elettrica. **3.** ~ (historical classification of the programming techniques used in comp. construction: first, second, third generation etc.) (*comp.*), generazione. **4.** ~ number (*comp. history*), numero di generazione (o di versione). **5.** ~ of gas (*chem.*), sviluppo di gas. **6.** ~ of gears (*mech.*), sviluppo della dentatura. **7.** system ~ (the creation of an operating system by the intelligent use of the comp. performances) (*comp.*), generazione di sistema (operativo).
generator (*elect. mach.*), generatore. **2.** ~ (alternator) (*elect. mach.*), alternatore. **3.** ~ (dynamo) (*d. c. elect. mach.*), dinamo, generatore cc. **4.** ~ (generatrix) (*math.*), generatrice. **5.** ~ (program originating new selected programs) (*comp.*), generatore. **6.** ~ regulator (as on an aut. elect. circuit) (*aut. device*) (Am.), interruttore di minima. **7.** ~ unit (elect., compressed air etc.) (*mech.*), gruppo generatore (elettrogeno, di aria compressa ecc.). **8.** acetylene ~ (*ind. app.*), generatore di acetilene. **9.** axle-driven ~ (*railw.*), dinamo comandata dall'assile, dinamo d'asse. **10.** battery charging ~ (elect. accessory of i.c. engine) (*elect.*), dinamo per carica batterie. **11.** daylight ~ (as for checking colors) (*illum. app.*), generatore di luce solare. **12.** double-current ~ (*elect. mach.*), generatore di corrente alternata e continua. **13.** electrostatic ~ (producing high potential charges by electrostatic processes) (*electromech.*), macchina elettrostatica. **14.** endothermic ~ (*ind.*), generatore endotermico. **15.** flip-flop ~ (bistable multivibrator: relaxation generator changed from a stable to a nearly stable state by a short-duration pulse) (*elics.*) (Brit.), generatore bistabile. **16.** gas ~ (*ind. app.*), gasogeno. **17.** homopolar (d.c. generator) (*electromech.*), generatore omopolare. **18.** master signals ~ (as for a teleph. exchange), generatore di segnali campione. **19.** program ~ (a program that generates other programs) (*comp.*), generatore di programmi. **20.** relaxation oscillations ~ (*radio - telev.*), generatore di oscillazioni rilassate. **21.** rotating armature type a.c. ~ (*elect. mach.*), alternatore ad indotto rotante. **22.** salient-pole ~ (*elect. mach.*), alternatore (con rotore) a poli salienti. **23.** solar ~ (elect. generator powered by solar cells) (*artificial satellite power source*), generatore solare. **24.** spark ~ (*radio*), generatore a scintilla. **25.** standard frequency ~ (*radio*), generatore di frequenza tipo. **26.** standard-signal ~ (*instr.*), generatore di segnali campione. **27.** steam ~ (*boil.*), generatore di vapore. **28.** synchronizing signals ~ (*telev. app.*), generatore di segnali di sincronismo. **29.** three-phase synchronous ~ (*elect. mach.*), generatore sincrono trifase. **30.** tone ~ (low, intermediate or high audiofrequencies generator) (*audiofrequency test*), generatore di audiofrequenze. **31.** tube ~ (as of radio-frequency) (*elics. - radio*), generatore di frequenza a valvole. **32.** turbo ~ (*a.c. or d.c. elect. mach.*), turbogeneratore, (turboalternatore, turbodinamo).
generatrix (*geom.*), generatrice.
geneva movement (obsolete type of movement) (*horology*), movimento di tipo antiquato. **2.** ~ stop (maltese cross) (*horology*), arresto geneva, arresto croce di malta.
genuine (*gen.*), vero, autentico, genuino.
genuineness (*gen.*), autenticità, genuinità.
geochemistry (*geol. - chem.*), geochimica.
geocorona (the earth's external atmosphere: over 330 miles high) (*geophys.*), esosfera.
geode (rock cavity lined with crystals) (*geol.*), geòde.

geodesist (*geod.*), geodeta.
geodesy, geodesia.
geodetic, geodetico. **2.** ~ construction (manufacturing method for curved space frames) (*aer.*), costruzione geodetica. **3.** ~ surveying (*geod.*), rilevamento geodetico. **4.** ~ system (*geod.*), rete geodetica.
geodetical, geodetico.
geodynamics (*geol.*), geodinamica,
geoelectric (*geol.*), geoelettrico.
geographic, geografico. **2.** ~ co-ordinates (latitude and longitude) (*geogr.*), coordinate geografiche. **3.** ~ grid (network of parallels and meridians) (*geogr.*), reticolo geografico, reticolato geografico.
geographical, geografico. **2.** ~ mile (1,852 m) (*meas.*), miglio geografico. **3.** ~ wind direction (*aer. - naut.*), angolo geografico del vento.
geography, geografia.
geoid (*geogr. - top.*), geoide.
geological, geologico.
geologist, geologo.
geolograph (automatic recorder of the bit penetration rate) (*wells drilling instr.*), registratore della progressione di perforazione (nel tempo).
geology, geologia. **2.** ~ (a study of the solid matter of a celestial body) (*astr.*), geologia. **3.** economical ~ (*geol.*), geologia economica. **4.** geotectonic ~ (*geol.*), geologia strutturale, geologia tettonica. **5.** historical ~ (*geol.*), geologia storica. **6.** mining ~ (*geol.*), geologia mineraria. **7.** paleontologic ~ (*geol.*), geologia paleontologica. **8.** stratigraphic ~ (*geol.*), geologia stratigrafica, stratigrafia. **9.** structural ~ (*geol.*), geologia struttuale, geologia tettonica.
geomagnetic (*a. - magnetism*), geomagnetico. **2.** ~ storm (*earth magnetism*), tempesta geomagnetica.
geomagnetism, *see* terrestrial magnetism.
geomechanics (*geol.*), geomeccanica.
geometer, studioso di geometria, professore di geometria.
geometric (*a.*), geometrico. **2.** ~ (in geometric progression) (*a. - math.*), in progressione geometrica. **3.** ~ progression (*math.*), progressione geometrica. **4.** ~, *see also* geometrical.
geometrical, geometrico. **2.** ~ figure (*geom.*), figura geometrica.
geometry, geometria. **2.** ~ (relative arrangement of the components, as of an app.) (*phys.*), disposizione relativa. **3.** ~ (shape, as of a part) (*gen.*), forma. **4.** algebraic ~ (*geom.*), geometria algebrica. **5.** analytic ~ (*geom.*), geometria analitica. **6.** descriptive ~ (*geom.*), geometria descrittiva. **7.** Euclidean ~ (*geom.*), geometria euclidea, geometria generale. **8.** hyperbolic ~ (*geom.*), geometria iperbolica. **9.** plane ~ (*geom.*), geometria piana. **10.** projective ~ (*geom.*), geometria proiettiva. **11.** Riemannian ~ (*geom.*), geometria riemanniana. **12.** solid ~ (*geom.*), geometria solida.
geomorphology (*geol.*), geomorfologia.
geophone (*acous. app.*), geofono.
geophysical (*geophys.*), geofisico. **2.** ~ engineering (*min. eng.*), ingegneria geofisica.
geophysics, geofisica.
geopressured (as of a natural deposit of methane) (*a. - min.*), geopressurizzato.
geoprobe (a rocket reaching the height of more than 6000 km height) (*meteor.*), razzo sonda.
geoscopy (*geogr. - geol.*), geoscopia.
geostationary (as of an artificial satellite travelling at the same earth's angular speed) (*a. - astric.*), geostazionario.
geostrophic (regarding the force caused by the rotation of the earth) (*a. - meteorol.*), geostrofico. **2.** ~ wind speed (*meteorol.*), velocità geostrofica del vento.
geosyncline (*geol.*), geosinclinale.
geotechnics (*geol.*), geotecnica.
geothermal (*a. - geol.*), geotermico. **2.** ~ gradient (*geol.*), gradiente geotermico.
geothermometer (*geophys. instr.*), geotermometro.
German (type) (*typ.*), carattere gotico. **2.** ~ silver (nickel silver) (*alloy*), alpacca, argentone.
germanium (Ge - *chem.*), germanio. **2.** ~ semiconductor diode (low voltage conduction diode: 0,3 V) (*elics.*), diodo a semiconduttore al germanio.
germicide (*chem. - med.*), germicida.
gesso (plaster of Paris with glue used on surfaces to be painted) (*arch.*), gesso da stucchi.
get (of a coal mine) (*min.*), produzione.
get (to) (to achieve) (*gen.*), raggiungere. **2.** ~ (to become) (*gen.*), diventare. **3.** ~ (to obtain) (*gen.*), ottenere. **4.** ~ afloat (*naut.*), disincagliare, disincagliarsi. **5.** ~ a job (of work., of an employee), impiegarsi. **6.** ~ in touch (*gen.*), prendere contatto. **7.** ~ loose (as of a bolt) (*mech.*), allentarsi. **8.** ~ the anchor aweigh (*naut.*), salpare l'àncora.
"GETOL" (ground effect for take-off and landing) (*aer.*), effetto del suolo per il decollo e l'atterraggio.
getter (for removing the last traces of gas in a vacuum tube) (*phys. chem.*), assorbitore (metallico p. es.) di gas.
geyser (*geol.*), geyser. **2.** ~ (water heater) (*therm app.*), scaldabagno.
"GFE" (government-furnished equipment) (*milit.*), equipaggiamento fornito dal governo.
"GFP" (government-furnished property) (*milit. - etc.*), proprietà concessa dal governo.
"GG" (ground-to-ground: as of missile) (*a. - milit.*), terra-terra.
ghost (in an optical instr.), falsa immagine, "filatura". **2.** ~ (band of material having lower carbon content than the surrounding material; as in steel) (*metall.*), banda decarburata. **3.** ~, image (double image) (*telev.*), eco, doppia immagine. **4.** ~ line (ghost) (*metall.*), banda decarburata. **5.** ferrite ~ (line on a metal surface containing usually a concentration of sulphides, phosphides

etc.) (*metall. defect*), banda di ferrite, banda decarburata, banda di segregazione.
"GHQ" (General Headquarters) (*milit.*), quartiere generale.
"GI" (galvanized iron) (*metall.*), ferro zincato.
giant (*gen.*), gigante. **2.** ~ powder (a kind of American dynamite) (*expl.*), (tipo di) dinamite.
gib (*mech.*), lardone. **2.** ~ (as of a forging mach. or press) (*mech.*), lardone. **3.** ram slide gibs (of a press) (*mech.*), lardoni guidamazza. **4.** taper ~ (*mech.*), lardone conico.
gib (to) (*naut.*), *see* to jib.
gibberish (meaningless, unintelligible language) (*comp. - etc.*), linguaggio (o dati) senza senso, risultati incomprensibili.
gibbet (jib, arm of a crane) (*ind. mach.*), braccio.
gibbsite ($Al_2O_3 \cdot 3H_2O$) (*min. - refractory*), gibbsite.
gibson girl (emergency portable transmitting radio) (*radio*), tipo di radio trasmittente portatile a manovella.
gift (*gen.*), dono, regalo. **2.** ~ stamps (trading stamps) (*adver. - comm.*), bolli premio. **3.** ~ tax (*finan.*), tassa sulle donazioni. **4.** ~ voucher (to be exchanged in a shop for goods having the voucher value) (*comm.*), buono regalo.
giftware (*comm.*), articoli per regalo.
gig (the captain's boat) (*naut.*), lancia del comandante. **2.** ~ (*fishing impl.*), rampone, fiocina. **3.** ~ (*veh.*), calesse. **4.** ~ (*text. mach.*), garzatrice. **5.** ~ (a rotary cylinder with wire teeth) (*text. mach.*), cilindro garzatore. **6.** ~ mill (*text. mach.*), garzatrice.
gig (to) (to fish or spear with a hooked implement) (*fishing*), ramponare, fiocinare.
giga, "G" (prefix meaning: 10^9 in metric system, 2^{30} in informatic meas.) (*scientific meas.*), giga.
gigabit (10^9 bits) (*elics. - comp.*), gigabit.
gigacycle (10^9 hertz) (*frequency*), gigahertz.
gigawatt (10^9 watts) (*elect.*), gigawatt.
gigback (for moving back a mach. t. carriage) (*mach. t. mech.*), meccanismo di ritorno.
"GIGO", *see* garbage in, garbage out.
gilbert (the C.G.S. unit of magnetomotive force; equivalent to 0.7958 ampere-turns) (*elect. meas.*), gilbert.
gild (to) (*ind.*), dorare.
gilded, dorato.
gilder (*work.*), doratore.
gilding (*ind.*), doratura. **2.** ~ metal (brass containing 93% copper and 7% zinc: for primer cups, detonators etc.) (*metall. - milit.*), bronzo al rame.
gill (*text. ind.*), pettine. **2.** ~ (as for radiating heat) (*mech.*), alettatura. **3.** ~, *see also* gills. **4.** gill = gi (Am.) = 0,118 l, gill = gi (Brit.) = 0,142 l (*meas.*), gill. **5.** ~ (two-wheeled frame for transporting timber) (*veh.*) (Brit.), carretto a due ruote. **6.** ~ net (vertical net in the meshes of which fishes become entangled) (*fishing*), rete a imbrocco. **7.** ~ netter (*fishing*), peschereccio (per pesca) con rete a imbrocco. **8.** ~ pin (as of a gill box) (*text. mach.*), punta da pettine. **9.** ~ *see also* gill box.
gill box (*text. ind.*), "gill box", stiratoio, banco di stiro a barrette. **2.** balling ~ (as of wool) (*text. mach.*), stiratoio bobinatore. **3.** can-finishing ~ (for wool) (*text. mach.*), stiratoio finitore a vasi. **4.** double-headed can ~ (*text. mach.*), stiratoio semplice a due teste con scarico in vasi. **5.** intersecting ~ (*text. mach.*), stiratoio doppio. **6.** printing ~ (*text. mach.*), stiratoio per stampa. **7.** raving ~ (*text mach.*), stiratoio a bobine (o alette). **8.** rubber intersecting ~ (*text. mach.*), stiratoio doppio con manicotti frottatori. **9.** spindle ~ (*text. mach.*), stiratoio semplice a fusi.
gilling (*text. ind.*), stiro, operazione di stiro.
gill-netter (*fishing*), *see* gill netter.
gills (fins) (*mech.*), alette. **2.** ~ (*aer.*), flabelli.
gilt, doratura. **2.** silver ~, argento dorato, vermeil.
gimbal joint (universal joint) (*mech.*), giunto cardanico.
gimbals (as of a compass) (*mech.*), sospensione cardanica.
gimlet (*carp. t.*), succhiello. **2.** twist ~ (*carp. t.*), succhiello.
gimmick, *see* gadget.
gimp nail (small forged nail with a rounded head) (*mech.*), chiodo da tappezziere, chiodino a testa tonda.
gin (*hoisting mach.*), argano, paranco. **2.** ~ (a tripod for hoisting heavy weights) (*app.*), capra. **3.** ~ (for cotton) (*text. mach.*), sgranatrice. **4.** ~ block ~ (*naut.*), paranco a una o più pulegge. **5.** ~ pole (single pole) (*hoisting impl.*), falcone. **6.** knife roller ~ (for cotton) (*text. mach.*), sgranatrice a cilindri a coltelli. **7.** saw ~ (a gin wherein cotton lint is drawn by the teeth of saws) (*text. mach.*), sgranatrice a denti di sega.
gin (to) (cotton) (*text. ind.*), sgranare.
gingely, *see* gingili.
gingelly, *see* gingili.
gingerbread (chrome ornamentation) (*aut.*) (slang), cromatura vistosa e superflua. **2.** ~ work (as in the trim of a house) (*arch.*), lavoro ornamentale pretenzioso e di cattivo gusto.
gingili, sesamo. **2.** ~ oil (*ind.*), olio di sesamo.
ginnery (ginning mill) (*cotton mfg.*), ginniera.
ginning (*cotton mfg.*), ginnatura, sgranatura. **2.** ~ mill (ginnery) (*cotton mfg.*), ginniera, sgranatrice, **3.** ~ outturn (the output of a ginnery) (*text. ind.*), resa di sgranatura.
giorgi system (mks system) (*meas. units*), sistema Giorgi.
girasol, girasole (fire opal) (*min.*), girasole, opale girasole.
girder (*ind. - bldg.*), trave. **2.** ~ (keelson) (*shipbuild.*), paramezzale. **3.** ~ (of an airship) (*aerotechnics*), trave. **4.** ~, *see also* beam. **5.** ~ bridge (*bldg.*), ponte a travata. **6.** ~ depth (*constr. theor.*), altezza della trave. **7.** ~ rail (*railw.*), rotaia a gola per tranvie. **8.** ~ resting on two sup-

ports (*constr. theor.*), trave appoggiata alle estremità. **9.** ~ supported at both ends (*constr. theor.*), trave appoggiata alle estremità. **10.** axial ~ (as of a rigid airship) (*aer. constr. - etc.*), trave assiale. **11.** box ~ (*constr. theor.*), trave a scatola. **12.** bridge ~ (*arch.*), travata di un ponte. **13.** center ~ (central keelson, of a double bottom) (*shipbuild.*), paramezzale centrale. **14.** crescent-shaped ~ (*constr. theor.*), travatura parabolica a falce. **15.** cruciform ~ (as of an airship) (*ind. constr.*), trave crociata. **16.** frame ~ (*aer. constr. - etc.*), travatura a traliccio. **17.** iron ~ (*bldg.*), longarina. **18.** lattice ~ (*constr. theor.*), travatura a traliccio. **19.** panel ~ (*constr. theor.*), travatura a elementi. **20.** parabolic ~ (*constr. theor.*), travatura parabolica. **21.** parallel ~ (*constr. theor.*), travatura parallela. **22.** saddle-backed ~ (*constr. theor.*), travatura centinata. **23.** side ~ (side keelson: of a double bottom constr.) (*shipbuild.*), paramezzale laterale. **24.** tail ~ (*aer.*), trave di coda. **25.** to make a ~ saddle-backed (*constr. theor.*), centinare una trave. **26.** trapezoidal ~ (*constr. theor.*), travatura a trapezio. **27.** trellis ~ (*constr. theor.*), travatura a traliccio.

girdle (*gen.*), cintura, collare.

girl (maidservant) (*work.*), cameriera. **2.** continuity ~ (*m. pict.*), segretaria di edizione. **3.** office ~ (*work.*), signorina di ufficio.

girt (circumference of a round timber) (*timber*) (Brit.), circonferenza. **2.** ~ (horizontal stiffening member) (*bldg.*), trave orizzontale di rinforzo. **3.** ~ (small girder) (*bldg.*) (Brit.), travetto. **4.** ~, *see also* girth.

girth (*gen.*), contorno. **2.** ~ (of a saddle) (*horse riding*) (Brit.), ventrino. **3.** ~ (circumference) (*gen.*), circonferenza. **4.** ~ (horizontal girder, as in square-set timbering) (*min.*), trave orizzontale.

girth (to) (to measure the contour) (*mech.*), misurare il contorno.

git (*found.*), *see* gate.

give (as of a spring) (*constr. theory*), cedimento elastico.

give (to) (to deliver, to furnish: as power, energy etc.) (*gen.*), dare, sviluppare, fornire. **2.** ~ (to collapse: as by pressure) (*gen.*), cedere, rompersi. **3.** ~ in charge (as a work) (*gen.*), affidare. **4.** ~ the gun (to accelerate abruptly) (*mot.*), dare gas, dare una accelerata. **5.** ~ way (to collapse: as by a force) (*gen.*), cedere, crollare.

"GL" (ground level) (*adv. - mach. draw.*), a livello del suolo.

"gl" (glass) (*gen.*), vetro. **2.** ~, *see also* glaze.

glacial (*geogr. - geol.*), glaciale. **2.** Glacial period ~ (*geol.*), pleistocene, periodo glaciale.

glacier (*geol.*), ghiacciaio. **2.** ~ table (block of stone on the top of a column of ice) (*geol.*), blocco di roccia sul ghiacciaio.

glaciology (*geophys.*), glaciologia.

glacis (artificial or natural slope), terreno in pendenza.

glade (*geogr.*), radura.

glance coal (*comb.*), antracite.

glance pitch (pure asphalt) (*min.*), asfalto puro.

gland (interlocking labyrinths for avoiding the leakage of fluids from rotating shafts) (*mech.*), tenuta. **2.** ~ (movable, metallic part compressing the packing in a stuffing box) (*mech.*), premistoppa, pressatreccia.

glare (*opt.*), abbagliamento. **2.** ~ shield (*aut.*), visiera parasole. **3.** ~ shield (for protecting the pilot's night vision from violent light) (*aer.*), (protezione) antiabbagliante. **4.** blinding ~ (*illum.*), abbagliamento accecante. **5.** direct ~ (*illum.*), abbagliamento diretto. **6.** discomfort ~ (*illum.*), abbagliamento insopportabile.

glare (to) (to dazzle) (*opt.*), abbagliare.

glare-proof (as a rear view mirror) (*aut.*), antiabbagliamento.

glasphalt (*roads surfacing*), miscela di asfalto e vetro finemente tritato.

glass, vetro. **2.** ~ (of a windshield) (*aut.*), cristallo. **3.** ~ (optical instr. for aiding the view) (*opt.*), strumento ottico ingranditore. **4.** ~ block (for reinforced concrete floor or wall) (*mas.*), bicchiere per vetrocemento. **5.** ~ blowing (*ind.*), soffiatura del vetro. **6.** ~ bulb (as of an elect. lamp) (*ind.*), ampolla di vetro, bulbo di vetro. **7.** ~ ceiling bowl (*elect.*) plafoniera. **8.** ~ cup, vaschetta in vetro. **9.** ~ cutter (*impl.*), utensile tagliavetro. **10.** ~ door (*bldg.*), porta a vetri (o in vetro). **11.** ~ gauge (*boil.*), tubo di livello. **12.** ~ paper (*ind.*), carta vetrata. **13.** ~ plate (*bldg. ind.*), lastra di vetro. **14.** ~ pliers (*glazier impl.*) (Brit.), pinzette da vetraio. **15.** ~ run (the groove guiding the movement of the window glass) (*aut.*), canalino (di guida del vetro). **16.** ~ silk (by winding) (*ind.*), filamenti (di vetro). **17.** ~ stop (*bldg.*), listello fermavetro. **18.** ~ vessel, vaso di vetro. **19.** ~ wool (*bldg. - therm. insulation*), lana di vetro. **20.** annealed ~ (*ind.*), vetro ricotto. **21.** athermic ~ (as of the windshield and windows of a motorcar or railcar) (*aut. - railw.*), vetro atermico. **22.** beveled plate ~ (*glass mfg.*), cristallo molato agli orli. **23.** blown ~ (glassware shaped by air pressure) (*glass. mfg.*), vetro soffiato. **24.** blue ~ (as for examining wood pulp) (*paper mfg. - etc.*), vetro blu. **25.** borate ~ (*glass. mfg.*), vetro al boro. **26.** borosilicate ~ (*glass mfg.*), vetro al borosilicato. **27.** bottle ~ (*glass mfg.*), vetro da bottiglie. **28.** bulletproof ~ (*aut. - etc.*) (Am.), cristallo blindato. **29.** "camphor ~" (*glass mfg.*), vetro opalino. **30.** cased ~ (glassware whose surface layer has different colors from that of the main glass body) (*glass mfg.*), vetro a strati. **31.** casehardened ~ (*glass mfg.*), vetro temprato. **32.** cathedral ~ (*glass. mfg.*), vetro cattedrale. **33.** chemical ~ (a chemically durable glass that is suitable for use in making lab. apparatus) (*glass mfg.*), vetro di Boemia, vetro per laboratorio. **34.** clear ~ (transparent glass without color) (*glass mfg.*), vetro bianco. **35.**

colored ~, vetro colorato. **36.** conductive ~ (*elect.*), vetro conduttivo. **37.** conductive ~ seal (as of a sparking plug) (*elect. - mot.*), mastice conduttivo. **38.** conical ~ (*med. impl.*), bicchiere a calice. **39.** corrugated ~, vetro corrugato. **40.** counting ~ (lens for counting yarns) (*text. ind.*), lente contafili. **41.** cover ~ (as of a welding helmet: common glass protecting the filter glass from spattering material) (*welding*), vetro (incolore) protettivo. **42.** crown ~ (*opt.*), vetro "crown". **43.** cut ~ (glassware decorated by grinding figures or patterns on its surface by abrasive means, followed by polishing) (*glass mfg.*), vetro intagliato. **44.** depolished ~ (ground glass) (*glass ind.*), vetro smerigliato. **45.** drawn ~ (glass made by continuous mechanical drawing operation) (*glass mfg.*), vetro rullato, vetro cilindrato. **46.** drinking ~, bicchiere. **47.** fibrous ~, *see* fiber glass. **48.** field ~ (*opt.*), binocolo. **49.** figured ~ (for light diffusion) (*glass mfg.*), vetro olofano. **50.** flashed ~ (*glass mfg.*), vetro filogranato. **51.** flat ~ (*glass mfg.*), vetro piano. **52.** flint ~, vetro "flint". **53.** frosted ~ (*glass mfg.*), vetro ghiacciato. **54.** gauge ~, tubo di vetro calibrato. **55.** green ~ (bottle glass) (*ind.*), vetro verde (da bottiglie). **56.** ground ~, vetro smerigliato. **57.** hard ~ (*glass mfg.*), vetro lungo. **58.** horizon ~ (fixed glass of a sextant) (*instr.*), specchio minore. **59.** index ~ (movable glass of a sextant) (*instr.*), specchio maggiore. **60.** laminated ~, *see* shatterproof glass. **61.** lead ~ (*glass mfg.*), vetro al piombo, vetro piombico. **62.** lime ~ (*glass mfg.*), vetro comune. **63.** lined ~, vetro rigato. **64.** long ~ (*naut. impl. - opt. instr.*), telescopio nautico. **65.** looking ~, specchio. **66.** magnifying ~ (*phys.*), lente d'ingrandimento. **67.** medium thick ~, vetro semidoppio. **68.** medium thick plate ~, semicristallo, mezzo cristallo. **69.** metallic ~ (metallic alloy having the glass structure) (*metall.*), vetro metallico. **70.** molded ~ (*glass mfg.*), vetro stampato, vetro formato in stampo. **71.** obscure ~ (*opt. - join.*), vetro traslucido, vetro smerigliato, vetro opaco. **72.** opal ~ (opalescent glass used as for ornamental ware) (*glass mfg.*), vetro opalino, vetro latteo, vetro di latte. **73.** opaque ~, vetro opaco. **74.** opera ~ (*opt. instr.*), binocolo da teatro. **75.** ophtalmic ~ (glass used in spectacles) (*glass mfg.*), tipo di vetro d'ottica. **76.** optical ~ (*opt.*), vetro d'ottica. **77.** oven ~ (glass suitable for manufacture of articles to be used in baking or roasting foods) (*glass mfg.*), vetro termoresistente. **78.** phototropic ~ (light sensitive glass which darkens upon exposure to light and clears again when the light fades) (*sunglasses*), vetro fototropico. **79.** pick ~ (a lens for counting yarns) (*text. impl.*), lente contafili. **80.** plain ~, vetro semplice. **81.** plate ~, cristallo. **82.** polished ~ (*glass mfg.*), vetro molato. **83.** pot ~ (glass melted in a pot) (*glass mfg.*), vetro di crogiolo. **84.** pressed ~ (glasswork that has been shaped in a mold by means of pressure) (*glass mfg.*), vetro pressato, vetro stampato, vetro formato in stampo. **85.** protective ~ (colored glass used for welding helmets) (*welding*), vetro attinico. **86.** quartz ~ (glass made by fusing vein quartz) (*glass mfg.*), vetro di quarzo. **87.** rolled ~ (flat and thick glass obtained by rolling molten glass) (*glass mfg.*), vetro cilindrato, vetro rullato. **88.** roofing ~ (*glass mfg.*), vetro da coperture. **89.** safety ~ (wired glass) (*glass mfg.*), vetro retinato, vetro armato. **90.** safety ~, *see also* laminated glass *and* toughened glass. **91.** sedimentation ~ (conical glass) (*med. impl.*), bicchiere (a calice) per sedimentazione. **92.** shatterproof ~ (laminated glass) (*glass ind.*), vetro di sicurezza laminato. **93.** silvered ~, vetro argentato (specchio). **94.** sliding ~ (Am.) (of aut. window), vetro abbassabile, vetro scorrevole. **95.** soda-lime ~ (*glass mfg.*) (Brit.), *see* crown glass. **96.** soft ~ (opposite of hard glass) (*glass mfg.*), vetro breve. **97.** soluble ~ (*chem.*), vetro solubile, silicato di sodio (o di potassio). **98.** spun ~ (*ind.*), vetro filato. **99.** structural ~ (flat glass used for structural purposes) (*glass mfg.*), vetro strutturale. **100.** structural ~ in reinforced-concrete frame (*bldg.*), vetrocemento. **101.** tank ~ (glass melted in a tank or suitable for tank melting) (*glass mfg.*), vetro di bacino. **102.** textile ~ (*text. - glass ind.*), vetro tessile. **103.** toughened ~ (as for aut. windshield and windows of aut., railw. coaches etc.) (*glass ind.*), vetro di sicurezza temprato. **104.** transparent ~, vetro trasparente. **105.** water ~ (sodium or potassium silicate) (*chem.*), vetro solubile. **106.** welding ~ (colored glass to protect the welder's eyes from injurious radiations) (*glass mfg.*), vetro attinico. **107.** window ~ (*glass mfg.*), vetro da serramenti. **108.** wired ~ (wire glass, flat glass with embedded wire) (*glass mfg.*), vetro retinato, vetro armato. **109.** wire reinforced ~, vetro retinato, vetro armato.

glass (to) (to smooth, as leather) (*gen.*), lucidare. **2.** ~ (to pack in glass containers, as coffee) (*ind.*), confezionare in vasi di vetro. **3.** ~, *see also* to glaze.

glassblower (*glass mfg. work.*), vetraio soffiatore.

glassblowing (*glass mfg. art*), soffiatura del vetro.

glass-crate (glass blocks in steelwork) (*bldg.*), pavimentazione carrabile a lucernario in vetro e ferro.

glasses, occhiali. **2.** granny ~ (metal framed glasses) (*opt.*), occhiali con montatura metallica. **3.** protective ~ (for workers) (*ind.*), occhiali di protezione. **4.** test ~ (*med. opt.*), occhiali di prova.

glass-hard (having the highest degree of hardness) (*a. - gen.*), con elevato grado di durezza.

glasshouse (*garden bldg.*), serra. **2.** ~ (glassworks) (*ind.*), vetreria.

glassine (transparent parchment, a kind of wrapping paper) (*paper mfg.*), pergamina sottile, pergamina trasparente.

glassivation (as passivation of transistors by glass deposition) (*elics.*), passivazione a vetro.

glassmaker (*glass mfg. work.*), vetraio.

glassman (*work.*), vetraio.
glass-paper (to) (*paint. - join. - etc.*), cartavetrare.
glassware (*gen.*), articoli di vetro.
glasswork (*ind.*), oggetti in vetro. **2.** glassworks (*ind.*), vetreria.
glaze (ice coating formed by contact of cold rain with cold objects) (*meteor.*) (Am.), vetrone, gelicidio. **2.** ~ (layer of transparent color) (*paint.*), mano di vernice trasparente pigmentata. **3.** ~ (vitreous coating of pottery) (*ceramics*), vetrina, vetrino. **4.** ~ kiln (*furnace for ceramics*), forno per la cottura del vetrino.
glaze (to) (to clog: of a grinding wheel) (*mech.*), impastarsi, divenire lucido e quindi perdere l'abrasività. **2.** ~ (to fit with glass: as a window) (*bldg. - carp.*), mettere i vetri, invetriare. **3.** ~ (to coat with a glassy surface: as earthenware) (*ind.*), smaltare a vetrino, dare lo smalto a vetrino. **4.** ~ (to give a high glaze to paper) (*paper mfg.*), lisciare, levigare, satinare, calandrare, cilindrare.
glazed (supplied with glass) (*bldg.*), a vetro, vetrato. **2.** ~ (glossy: as of polished marble) (*ind.*), lucido. **3.** ~ (covered with glaze, as pottery) (*ceramics*), vetrinato. **4.** ~ brick (*bldg.*), mattone greificato. **5.** ~ door (*bldg.*), porta a vetri. **6.** ~ frame (*bldg.*), vetrata, vetriata, chiassileria a vetri. **7.** ~ frost (ice coating of terrestrial objects hit by cold rain; international symbol ~) (*meteorology*) (Brit.), gelicidio. **8.** ~ grinding wheel (*mech.*), mola impastata, mola intasata.
glazer (glazing machine) (*phot.*), macchina smaltatrice. **2.** flat-bed ~ (*phot.*), smaltatrice piana. **3.** rotary ~ (*phot.*), smaltatrice rotativa.
glazier (*work.*), vetraio. **2.** ~'s diamond (*glazier t.*), diamante per vetraio. **3.** ~ putty, mastice da vetro.
glazing (of a printed picture) (*phot.*), lucidatura, smaltatura. **2.** ~ (glasses set in a frame) (*bldg.*), vetrata. **3.** ~ (the process of fitting glass into window sashes) (*bldg.*), montaggio dei vetri, vetratura. **4.** ~ (coating with glaze, as pottery) (*ceramics*), vetrinatura. **5.** ~ (finish of a painted surface by the application of a thin colored and transparent coat of varnish) (*paint.*), velatura. **6.** ~ (*paper mfg.*), lisciaggio, lisciatura, levigatura, calandratura, calandraggio. **7.** ~ press (for fabric) (*text. ind.*), pressa per lucidatura. **8.** ~ putty, stucco da vetri.
"glb" (glass block) (*bldg.*), bicchiere per vetrocemento.
gleam (light), bagliore.
glide (*aer.*), volo librato, volo planato. **2.** ~ angle, *see* gliding angle. **3.** ~ bomb (*milit.*), bomba planante. **4.** ~ path (glide slope indicated by a radio beam) (*aer. navig.*), radiosentiero di planata, traiettoria di discesa. **5.** ~ path beacon (on a radio beam) (*aer. navig.*), radiofaro indicante il sentiero di planata. **6.** ~ slope, *see* ~ path. **7.** spiral ~ (*aer. navig.*), volo librato a spirale.
glide (to) (*aer. navig.*), librarsi, planare.
glider (*aer.*), aliante. **2.** ~ (*naut.*), potente e veloce motoscafo a carena piatta. **3.** ~ bomb, *see* glide bomb. **4.** hang ~ (as for gliding from a high rock) (*sport*), deltaplano. **5.** towed ~ (*aer.*), aliante rimorchiato.
gliderborne (*aer.*), trasportato con alianti.
gliderport (*aer.*), aeroporto per alianti.
gliding boat (*naut.*), idroscivolante. **2.** ~ angle (*aer.*), angolo di planata. **3.** ~ machine (*aer.*), aliante. **4.** minimum ~ angle (*aer.*), pendenza minima di volo librato.
glint (tiny bright flash of reflected light) (*opt. - radar*), barbaglio di luce (intensa) riflessa.
glitch (a false electronic signal) (*elics.*), segnale errato, falso segnale. **2.** ~ (a malfunction: as of a scientific device) (*gen.*), cattivo funzionamento, guasto. **3.** ~ (unfortunate accident, mishap) (*gen.*), incidente sfortunato.
glitter (shining in the light, as of a fractured steel section) (*metall. - etc.*), brillìo.
glitter (to) (to shine in light) (*metall. - etc.*), brillare, scintillare.
global (as of a variable pertaining to many programs etc.) (*a. - comp. - gen.*), globale.
globe (*gen.*), globo. **2.** ~ joint (*mech.*), giunto sferico. **3.** ~ lightning (*meteorol.*), fulmine globulare, fulmine sferico. **4.** ~ valve (for pip.), valvola (a globo). **5.** celestial ~ (*astr.*), globo celeste. **6.** light ~ (*elect. device*), diffusore a globo. **7.** terrestrial ~ (*astr.*), globo terrestre, mappamondo.
globular (*a. - gen.*), globulare. **2.** ~ (spheroidal, cast iron) (*metall.*), globulare, sferoidale. **3.** ~ pearlite (granular pearlite) (*metall.*), perlite granulare.
globule (*gen.*), globulo.
glory hole (blowing furnace, for reheating and softening glass when stiff in working) (*glass mfg.*), forno di riscaldo. **2.** ~ (an opening exposing the hot interior of a furnace used to reheat the ware in hand-working) (*glass mfg.*), apertura di riscaldo. **3.** ~ (*atom phys.*), *see* beam hole.
gloss (as of silk) (*gen.*), brillantezza, lucentezza. **2.** ~ (*paint.*), brillantezza.
gloss (to) (*gen.*), lucidare.
glossmeter (*photometer*), lucidometro, misuratore di lucentezza.
glossy, levigato e lucidato. **2.** ~ (as a paint) (*a.*), brillante. **3.** ~ (of a print) (*a. - phot.*), lucido. **4.** ~ print (*phot.*), copia (fotografica) smaltata.
glost fire (second firing of glazes) (*ceramics*), seconda cottura.
glove, guanto. **2.** ~ box (of a car dash board) (*aut.*), cassetto ripostiglio, cassetto portaguanti. **3.** ~ box (sealed box with ports equipped with gloves for manipulating materials inside the box) (*technol. - etc.*), recipiente (stagno) con guanti (di manipolazione). **4.** ~ compartment (*aut.*), ripostiglio (o cassetto) del cruscotto. **5.** gloves (for workers in some ind. jobs), guanti.
glove (to) (*gen.*), inguantare, coprire con un guanto.

Glover's tower (*ind. chem.*), torre di Glover.
glow (*gen.*), luminescenza, bagliore, **2.** ~ discharge (in a gas) (*elect.*), scarica luminescente, scarica a bagliore. **3.** ~ lamp (gas-discharge lamp) (*illum.*), lampada a luminescenza. **4.** ~ plug (*mot.*), candela ad incandescenza. **5.** ~ screen (device for obscuring glow from hot metal) (*metall.*), schermo protettore (per la vista). **6.** ~ switch (starting switch in fluorescent lamps) (*elect. lamp.*), relais d'accensione per lampade fluorescenti, starter. **7.** negative ~ (as in Crookes tube) (*elics.*), luminescenza negativa. **8.** negative-pole ~, *see* negative glow.
glucinum, *see* beryllium.
glucose, ($C_6H_{12}O_6$) (*chem.*), glucosio, destrosio.
glucosides (*chem.*), glucosidi.
glue (*chem.*), colla. **2.** ~ heating apparatus (as for carp.), scaldacolla. **3.** ~ stock (*ind.*), materia prima per la produzione della colla. **4.** blood ~ (*ind.*), colla di sangue. **5.** casein ~ (*ind.*), colla alla caseina. **6.** fish ~ (*ind.*), colla di pesce, ittiocolla. **7.** marine ~ (*shipbuild.*), colla da marina.
glue (to), incollare. **2.** ~ on (*gen.*), incollare su.
glueing (*gen.*), incollatura, incollamento. **2.** ~ machine (as for boxboards) (*mach.*), incollatrice. **3.** cold ~ (*packing - etc.*), incollatura a freddo.
gluepot (*join. impl.*), pentolo da colla (a bagnomaria).
gluon (hypotetical particle strongly interacting with quarks) (*atom phys.*), gluone.
glut (excessive amount) (*gen.*), quantità eccessiva. **2.** ~ (piece of iron or wood having a wedge shape) (*gen.*), cuneo. **3,** ~ (small brick for completing a course) (*bldg.*), pezzo di mattone, mattone tagliato.
gluten, glutine.
glutinous, glutinoso.
glutting (choking) (*gen.*), intasamento.
glyceride (*chem.*), gliceride.
glycerin, glycerine ($C_3H_8O_3$) (*chem.*), glicerina.
glycerol ($C_3H_8O_3$) (*chem.*), glicerolo, glicerina.
glycerophosphate (*pharm. chem.*), glicerofosfato.
glyceryl (*chem.*), gliceride.
glycocoll (glycine, glycin) ($H_2N \cdot CH_2 \cdot COOH$) (*chem.*), glicocolla, glicina, acido amminoacetico, zucchero di colla.
glycol (*chem.*), glicole. **2.** ethylene ~ ($CH_2OH \cdot CH_2OH$) (*chem.*), glicole etilenico.
glyph (ornamental groove) (*arch.*), glifo. **2.** ~ (symbolic information as those given by road signs) (*road traff.*), segnalazione simbolica (espressa mediante simboli).
glyptal (sinthetic alkyd resin) (*chem. ind.*), gliptal.
"GM" (gun metal) (*metall.*), bronzo. **2.** ~ (Greenwich Meridian) (*geogr.*), meridiano di Greenwich. **3.** ~ (guided missile) (*milit.*), missile guidato.
"gm" (gram, grams) (*meas.*), grammo, grammi.
g-m counter, *see* geiger counter.
"G MET" (gun metal) (*metall.*), bronzo duro, bronzo da cannoni.
"GMT" (Greenwich mean time) (*astr. - naut. - aer.*), ora (media) di Greenwich.
gnarl (a knot in wood) (*wood*), nodo.
gnarled (knotty) (*wood*), nodoso, pieno di nodi.
"gnd", *see* ground.
gneiss (rock), "gneiss".
gnomon (of a sundial), gnomone.
"GNP" (gross national product) (*finan.*), prodotto nazionale lordo.
go (of a gauge) (*mech.*), passa. **2.** ~ (functioning properly) (*a. - gen.*), funzionante regolarmente. **3.** ~ (authorization to proceed) (*a. - astric. - etc.*), autorizzazione a procedere. **4.** ~ message (*comp.*), segnale di partenza. **5.** not ~ (of a gauge), non passa.
go (to) (*gen.*), andare. **2.** ~ about (ship movement) (*naut.*), *see* to tack. **3.** ~ ahead (as of ship movement) (*naut.*), andare avanti. **4.** ~ alongside (ship movement) (*naut.*), affiancare. **5.** ~ alongside (*veh.*), accostare. **6.** ~ astern (ship movement) (*naut.*), andare indietro. **7.** ~ back (*veh.*), fare retromarcia. **8.** ~ in reverse (*aut.*), andare in marcia indietro. **9.** ~ into action (*milit.*), entrare in azione. **10.** ~ off (to explode) (*milit.*), fare esplodere. **11.** ~ public (to offer stocks to the public) (*comm.*), offrire al pubblico, vendere al pubblico. **12.** ~ through (*mech.*), passare. **13.** ~ to the bottom (*naut.*), colare a picco.
go-ahead (*naut. - etc.*), (vai) avanti! **2.** ~ polling (*comp.*), (vai) avanti con l'interrogazione ciclica.
goal (*gen.*), traguardo, meta.
goat (*text. ind.*), capra. **2.** Tibetan ~ (*wool ind.*), capra tibetana.
gob (waste ore left for filling purposes) (*min.*), ripiena. **2.** ~ (a portion of hot glass delivered by a feeder or gathered on a punty) (*glass mfg.*), goccia. **3.** ~ process (a process whereby glass is delivered to a forming unit in "gob" form) (*glass mfg.*), processo a goccia.
gobo (device for shielding a microphone from sounds) (*m. pict.*), schermo di isolante acustico. **2.** ~ (a device for shielding from light a camera, for instance) (*phot. - telev. - m. pict.*), schermo luce.
go-cart (light, open, motorized, veh.) (*sport*), go-cart.
godet (plastic roller used for stretching synthetic fibers) (*text.*), rullo di stiratura (per fibre artificiali).
go-devil (gravity plane) (*min.*) (Am.), piano inclinato. **2.** ~ (handcar or petrol engine car for transporting personnel and supplies) (*railw.*), carrello di servizio. **3.** ~ (small turbine operated by compressed water moving along the inside of the pipes of a boiler for scraping and cleaning) (*boiler upkeeping*), turbinetta per disincrostare le tubazioni. **4.** ~ (*agric. mach.*), *see* sled cultivator.
goethite ($Fe_2O_3 \cdot H_2O$) (*min. - refractory*), goethite.
goffer (an iron for goffering) (*text. app. - paper app. - leather app.*), ferro per goffrare. **2.** ~ (a press for

goffering) (*text. mach. - paper mach. - leather mach.*), pressa per goffrare.

goffer (to) (*text. ind. - paper ind. - leather ind.*), arricciare, pieghettare, goffrare.

goffering (*text. ind. - leather ind. - paper ind.*), arricciatura, pieghettatura, goffratura.

goggles (safety eye coverings for protection in workshop) (*safety impl.*), occhiali protettivi, occhiali di sicurezza.

going (current, as prices or rates) (*a. - gen.*), corrente. **2.** ~ (available) (*gen.*), disponibile. **3.** ~ (in operation) (*gen.*), in atto.

gold (Au - *chem.*), oro. **2.** ~ (*a. - metall.*), aureo. **3.** ~ leaf (for gilding) (*metall. - join.*), foglia d'oro. **4.** ~ nugget (*min.*), pepita d'oro. **5.** ~ plated, dorato. **6.** ~ plating, doratura. **7.** ~ point (*finan.*), punto d'oro. **8.** ~ point (the temperature of 1064.43° C) (*temp. meas.*), temperatura di fusione dell'oro. **9.** ~ powder (*paint. - print*), oro in polvere. **10.** ~ reserve (*finan.*), riserva aurea. **11.** size (oleo-resinous varnish) (*paint.*), vernice per dorare. **12.** ~ standard (monetary system) (*econ.*), "gold standard", tallone oro, tallone aureo. **13.** liquid ~ (varnish containing finely divided ~: as for ceramics decoration) (*paint.*), vernice oro. **14.** sterling ~ (*alloy*), oro a 11/12 (o 916/1000 o a 22 carati).

goldbeating (art of obtaining thin gold leaves by hammering) (*metall.*), arte del battiloro.

golden section (*math.*), sezione aurea.

goldsmith (*art*), orafo.

goldshmidt's process, *see* aluminothermy.

golf (game) (*sport*), golf, gioco del golf. **2.** ~ cart (for transp. two persons and equipment: motorized caddie cart) (*motorized veh.*), caddie motorizzato, carrello a motore per golf.

gondola (of an airship) (*aer.*), navicella. **2.** ~ (a cabin: as one of a ski lift) (*transp.*), cabina passeggeri. **3.** ~ (motor truck with a hopper shaped body: for concrete) (*mas. transp.*), autocarro a tramoggia per calcestruzzo. **4.** ~ car (*railw.*) (Am.), carro scoperto, carro aperto, carro merci con sponde fisse, "cassettone". **5.** ~ lift (*transp.*), cabina di funivia. **6.** ~ (*railw.*), *see* ~ car.

goniometer (for measuring angles) (*meas. instr.*), goniometro, strumento per misurare gli angoli. **2.** ~, *see* direction-finder. **3.** contact ~ (for measuring crystal face angles) (*phys. instr.*), goniometro ad applicazione. **4.** reflecting ~ (*phys. instr.*), goniometro a riflessione.

goniometry, goniometria.

go-no-go (referring to the point at which astronauts must decide whether or not to continue the course) (*a. - astric.*), relativo al punto di non ritorno, relativo al punto nel quale deve essere presa la decisione di continuare o rinunciare.

go not-go gage, *see* go no-go gauge.

good (*gen.*), buono. **2.** ~ (valid: as of a permit), valevole, valido. **3.** ~ (perfect: applied to paper without defects) (*paper mfg.*), buona, di prima scelta. **4.** ~ for printing (for press, o.k. for printing) (*print.*), si stampi, visto si stampi, imprimatur. **5.** ~, *see also* goods.

goodies (interesting, rare and attractive things such as the valuable parts of old automobiles etc.) (*gen.*), oggetti di buon gusto rari ed interessanti.

good-natured (with large temp. interval during which the metal is still workable) (*a. - metall.*), con ampio intervallo di temperatura di lavorabilità.

goods (Brit.), merci. **2.** ~ in stock (*comm.*), merci disponibili. **3.** ~ inwards (of a factory) (*ind.*), merci in arrivo. **4.** ~ on hand (*comm.*), merci disponibili. **5.** ~ sent by slow freight (*railw.-comm.*) (Am.), merci spedite a piccola velocità. **6.** ~ sent by through freight (*railw. - comm.*) (Am.), merci spedite a grande velocità. **7.** ~ shed (*railw.*), (Brit.), magazzino merci. **8.** ~ station (*railw.*) (Brit.), scalo merci. **9.** bonded ~ (of goods deposited in a bonded wharehouse) (*comm.*), merce giacente in magazzini doganali. **10.** canned ~ (*ind.*), scatolame. **11.** consumer ~ (*marketing*), beni di consumo. **12.** convenience ~ (such as cigarettes etc.) (*comm.*), prodotti di comodo. **13.** damaged ~ (*comm.*), merce avariata. **14.** dry ~ (hardware) (*ind.*) (Australian), ferramenta. **15.** dry ~ (soft goods: textile fabrics in general) (*text. ind.*) (Am.), tessuti. **16.** economic ~ (said of useful goods that must be paid for having them) (*comm. - ind. - etc.*), beni economici. **17.** finished ~ (*ind. - comm. - etc.*), prodotti finiti. **18.** industrial ~ (*adm. - ind.*), prodotti industriali. **19.** inflammable ~, merci infiammabili. **20.** lot of ~ (*comm.*), partita di merce. **21.** shopping ~ (as clothes, furnitures etc.) (*comm.*), prodotti di scelta. **22.** soft ~ (dry goods: textile fabrics in general) (*text. ind.*) (Brit.), tessuti. **23.** wash ~ (fabrics that do not loose quality when washed) (*text.*), tessuti lavabili. **24.** white ~ (*domestic text.*), biancheria per casa. **25.** white ~ (washers, refrigerators, stoves etc.) (*household app.*), elettrodomestici.

goodwill (good will, custom acquired by a firm) (*comm.*), avviamento, clientela.

gooseneck (as of pip., of tools etc.), collo d'oca. **2.** ~ (connecting pipe: as in a distiller) (*chem.*), (tubo di) raccordo a collo d'oca. **3.** ~ (iron hook that connects a spar with a mast) (*naut.*), perno (a collo d'oca) del boma.

gore (as of a parachute) (*aer.*), spicchio. **2.** ~ (triangular piece of canvas etc., as of a sail) (*gen.*), elemento triangolare.

gorge (groove, of a pulley) (*mech.*), gola. **2.** ~ (drip) (*arch.*), gocciolatoio. **3.** ~ (narrow valley) (*geol.*), gola. **4.** ~ (ravine) (*geol.*), burrone. **5.** ~ (concave molding) (*arch.*), gola. **6.** ~, *see* cavetto.

gorgerin (part of a column) (*arch.*), collarino.

goring (goring cloth, triangular piece of canvas, used as for widening a sail) (*naut.*), gherone.

gosport (speaking tube) (*aer.*), portavoce a tubo flessibile.

gossan (oxidized area of ore body) (*geol. - min.*), cappello.

Gothic (*arch.*), gotico. **2.** ~ (grotesque, type) (*typ.*), lapidario, etrusco, grottesco, bastone. **3.** ~ arch (*arch.*), arco gotico.

GOTO (go to: jump instruction, in high level languages) (*comp.*), istruzione di salto.

gotten (exhausted mine) (*min.*), miniera esaurita. **2.** ~ (abandoned mine) (*min.*), miniera abbandonata. **3.** ~ (mined coal ready to be loaded underground) (*min.*), carbone abbattuto.

gouge (*t.*), sgorbia, scalpello concavo. **2.** ~ (contact clays between vein and wall) (*min. - geol.*) (Brit.), coppe. **3.** ~ (*med. instr.*), sgorbia. **4.** firmer ~ (*t.*) (Brit.), sgorbia da taglio.

gouge (to) (to cut material by a gouge) (*join. w.*), intagliare con la sgorbia, togliere materiale con la sgorbia.

gouge-bit (*carp. t.*), punta a sgorbia.

"gov", *see* governor.

govern (to) (to control the speed or the power of a mot. automatically) (*mech.*), regolare automaticamente.

governing (of an engine revolutions) (*mot.*), regolazione di giri.

government (*gen.*), governo. **2.** local ~ unit (*adm.*), ente (governativo) locale.

governor (*mech.*), regolatore. **2.** ~ (for controlling the speed or power absorbed by a grinder) (*paper mfg. mach.*), regolatore. **3.** ~ (device of automatic control) (*mech.*), dispositivo di regolazione automatica, regolatore automatico. **4.** ~ suitable for parallel operation (as fitted to an engine of a diesel-generator set intended for parallel operation) (*mot. - elect.*), regolatore di giri per funzionamento in parallelo. **5.** astatic ~ (as of turbines) (*mech.*), regolatore astatico. **6.** automatic ~ (as of turbines) (*mech.*), regolatore automatico. **7.** centrifugal ~ (as of mot.) (*mech.*), regolatore centrifugo. **8.** fly weight ~ (centrifugal governor) (*mot. - mech.*), regolatore centrifugo. **9.** isochronous ~ (a governor having only one speed consistent with stability) (*mot.*), regolatore isocrono. **10.** load ~ (*mot.*), regolatore del carico. **11.** overspeed ~ (*mech.*), limitatore di velocità. **12.** pendulum ~ (*mech.*), regolatore a pendolo. **13.** simple ~ (*mech.*), regolatore di Watt. **14.** speed ~ (as of mot.), regolatore di giri. **15.** spring ~ (*mech.*), regolatore a molla. **16.** 3% ~ (of engine revolutions) (*mot.*), regolatore (di giri) con scarto del 3%. **17.** Watt's ~ (centrifugal governor) (*mach.*), regolatore di Watt, regolatore centrifugo. **18.** weighted ~ (*mech.*), regolatore a contrappeso.

"gox" (gaseous oxygen) (*chem.*), ossigeno gassoso.

"GP" (Gran Prix) (*aut. - sport*), Gran Premio. **2.** ~ (general purpose) (*gen.*), di uso generale. **3.** ~, *see also* glide path.

"gpd" (grams per denier, a measure of the tenacity of a yarn or cord) (*text.*), grammi per denaro. **2.** ~ (gallons per day) (*meas.*), galloni al giorno.

"GPF" (gasproof) (*ind.*), impermeabile ai gas.

"gph" (gallons per hour) (*meas.*), galloni all'ora.

"GPI" (ground position indicator) (*aeronavigation*), indicatore di posizione rispetto al suolo.

"gpm" (gallons per minute) (*meas.*), galloni al minuto.

"gps" (gallons per second) (*meas.*), galloni al secondo.

"G P zones" (Guinier-Preston zones, plate-like zones in a quenched Al-Cu alloy) (*metall. - heat-treat.*), zone G.P., zone Guinier-Preston.

"gr" (grain = 0.0648 g) (*weight meas.*), grano (0,0648 grammi). **2.** ~, *see* grade, gram, graphite, gravity, great, grind.

grab (device for gripping and withdrawing something lost underwater) (*naut. app.*), raffio, rampino. **2.** ~ (device for gripping and extracting broken drills: as from a borehole) (*mech. - min.*), estrattore a pinza. **3.** ~, *see* grab bucket. **4.** ~ bucket (device for collecting and hoisting loose material) (*crane*), benna. **5.** ~ crane (*crane*), gru a benna. **6.** ~ jaws (*crane*), mascelle della benna. **7.** ~ rod (*naut.*), tientibene. **8.** automatic ~ (device for collecting and hoisting loose material) (*crane*), benna automatica.

grab (to) (to seize) (*mech. defect*), bloccare, bloccarsi, ingranarsi. **2.** ~ (as coal with a grab bucket) (*ind.*), prendere con la benna. **3.** ~ (of a clutch) (*aut.*), strappare.

grabbing crane, *see* grab crane.

grad (one hundredth of a right angle) (*meas.*), grado centesimale.

"grad", *see* gradient.

gradation (as of colors) (*gen.*), gradazione.

gradatory (series of steps, as into a church) (*n. - arch.*), gradini.

grade (quality) (*gen.*), qualità. **2.** ~ (stage, step, degree), grado. **3.** ~ (as of wool) (*gen.*), finezza, qualità. **4.** ~ (of a slope), pendenza. **5.** ~ (octane number: of a fuel) (*liquid comb.*), indice di ottano, numero di ottano. **6.** ~ (*railw.*), pendenza. **7.** ~ (as of workers: skilled, semiskilled etc.) (*work.*), categoria. **8.** ~ (mark indicating merit) (*school - etc.*), voto (di merito). **9.** ~ (reference level) (*top.*), livello (o quota) di riferimento. **10.** ~ (channel classification: as broadband, voice band etc.) (*comp.*), classificazione. **11.** ~, *see* elevation 3 ~, gradient 1 ~. **12.** ~ beam (just on the foundation and supporting the wall) (*bldg.*), trave di collegamento della fondazione e di sostegno della muratura. **13.** ~ crossing (*railw.*), passaggio a livello. **14.** at ~ (on the same level) (*road constr. - etc.*), allo stesso livello. **15.** heat ~ (heat rating, of a sparking plug) (*elect. - mot.*), grado termico. **16.** high ~ (as of coal), alta qualità.

grade (to), graduare. **2.** ~ (to form a gradation) (*gen.*), disporre secondo gradazioni (di forma, di colore ecc.), ordinare (in senso crescente o decrescente).

gradeability (the maximum steepness of grade that a

motor veh. is able to climb) (*aut.*), pendenza massima superabile.

gradefinder (gradometer, gradiometer) (*top. instr.*), livello.

grader (*agric. and road mach.*), livellatrice, terrazzatrice. **2.** fruit ~ (*agric. app.*), selezionatrice di frutti. **3.** motor ~ (*mach.*), motolivellatrice, motolivellatore.

gradient (rate of rise or descent of a road with respect to the horizontal) (*civ. eng.*), pendenza. **2.** ~ (length of a road which is not level) (*civ. eng.*), livelletta. **3.** ~ (*electro-technics*), gradiente. **4.** ~ (a sloping way: as of a road or railw. track) (*top.*), livelletta, tratto in pendenza. **5.** ~ of potential (*elect.*), gradiente del potenziale. **6.** ~ tints (*cart.*), tinte ipsometriche. **7.** ~ wind speed (*meteor.*), velocità gradientale del vento. **8.** barometric ~ (*meteorol. - aer.*), gradiente barometrico. **9.** geothermal ~ (*geol.*), gradiente geotermico. **10.** gust ~ distance (horizontal distance over which the vertical velocity of a gust changes from zero to its maximum value) (*aer. - meteor.*), distanza del gradiente di raffica. **11.** hardness ~ (hardness variation from center to surface of a casting) (*found.*), gradiente di durezza. **12.** heavy ~ (*railw.*), pendenza forte. **13.** limiting ~ (*railw.*), pendenza limite. **14.** maximum braking ~ (*railw.*), pendenza limite di frenatura. **15.** maximum ~ (*railw.*), pendenza limite. **16.** pressure ~ (in a horizontal plane) (*meteorol.*), gradiente (orizzontale) di pressione. **17.** reverse ~ (*railw.*), contropendenza. **18.** ruling ~ (*railw.*), pendenza massima. **19.** steady ~ (*railw.*), livelletta. **20.** steeper than the ruling ~ (*railw.*), pendenza superiore alla massima. **21.** steep ~ (*railw.*), pendenza forte. **22.** straight ~ (*railw.*), pendenza in rettifilo. **23.** thermal ~ (*aer. - meteorol.*), gradiente termico. **24.** vertical ~ (rate of variation of meteorological data with variation of height) (*meteorol.*), gradiente verticale.

gradienter (*top. instr.*), livello.

grading (classing) (*gen.*), classificazione. **2.** ~ (sorting), cernita. **3.** ~ system (of employees, according to their ability on assigned jobs) (*job evaluation - pers.*), metodo di valutazione per incasellamento. **4.** gravity ~ machine (*min. mach.*), cernitrice a gravità.

gradiometer (instr. for meas. a gradient as that of a temp., a descent, a salinity etc.) (*instr.*), (strumento) misuratore di gradiente.

gradual (*gen.*), graduale, progressivo.

graduality (gradualness, as of brakes) (*aut. - etc.*), progressività.

gradually (*gen.*), gradualmente.

graduand (on the way to become a graduate) (*n. - school*), laureando.

graduate (graduated vessel or tube) (*chem. impl.*), recipiente graduato, provetta graduata. **2.** ~ (having a university degree) (*n. - instruction*), laureato.

graduate (to) (as a dial) (*mech. - phys.*), graduare. **2.** ~ (to confer a degree) (*university*), laureare.

graduated (as of a micrometer circle) (*opt. mech.*), graduato. **2.** ~ taxation (*adm.*), tassazione progressiva.

graduation, graduazione.

graft (*agric.*), innesto. **2.** cleft ~ (*agric.*), innesto a spacco. **3.** whip ~ (tongue graft) (*agric.*), innesto a occhio.

graft (to) (*agric.*), innestare.

grain (texture of a metal) (*metall.*), grana. **2.** ~ (as of a grinding wheel) (*phys.*), grana. **3.** ~ (0.0648 g) (*gr. - meas.*), grano. **4.** ~ (crystal of a metal) (*metall.*), grano. **5.** ~ (*wood*), andamento delle fibre, venatura. **6.** ~ (seed of a cereal) (*agric.*), seme di cereale, cereale. **7.** ~ (of paper) (*paper mfg.*), grana. **8.** ~ (as of a photographic emulsion) (*phot.*), grana. **9.** ~ (particle, as of an explosive) (*ind. chem.*), grano, particella. **10.** ~ (hair side surface of leather) (*leather ind.*), grana, fiore. **11.** ~ (dimensions of the particles constituting the abrasive) (*abrasives - grinding wheels*), grana. **12.** ~ (water hardness degree) (*chem.*), durezza. **13.** ~ alcohol, *see* ethyl alcohol. **14.** ~ boundary (*phys. - metall.*), orlo dei grani. **15.** ~ direction (as of a paper fibers) (*paper mfg.*), direzione della fibra. **16.** ~ drill (*agric. mach.*), seminatrice. **17.** ~ growth (*metall.*), ingrossamento del grano. **18.** ~ harvester (*agric. mach.*), mietitrice. **19.** ~ number (as of an abrasive) (*mech. - paint. - etc.*), numero della grana. **20.** ~ refining (*metall.*), affinazione del grano. **21.** ~ roller (*leather ind.*), rullo per granire. **22.** ~ size (*metall.*), grossezza del grano. **23.** ~ size control (deoxidation technique used for producing steel with a prefixed grain size number) (*metall.*), tecnica per produrre (acciaio con) grani di dimensione prestabilita. **24.** ~ size number (*metall.*), numero indice della dimensione del grano. **25.** brittle ~ (*leather ind.*), fiore fragile, grana fragile. **26.** close ~ (*leather ind.*), fiore compatto, grana compatta. **27.** coarse ~ (as of an abrasive, a steel etc.) (*gen.*), grana grossa. **28.** deformed ~ (*metall.*), grano deformato. **29.** ferritic ~ (*metall.*), grano ferritico. **30.** fine ~ (as of an abrasive etc.) (*gen.*), grana fine. **31.** fine ~ (*leather ind.*), fiore fino, grana fine. **32.** inherent ~ size (McQuaid-Ehn grain size, austenite grain size) (*metall.*), dimensione del grano austenitico. **33.** McQuaid-Ehn ~ size (*metall.*), *see* inherent grain size. **34.** medium ~ (as of an abrasive, etc.) (*gen.*), grana media. **35.** metric ~ (1 grain = 50 mg) (*jewelry meas.*), grano metrico. **36.** very coarse ~ (as of an abrasive, a steel etc.) (*gen.*), grana molto grossa. **37.** very fine ~ (as of an abrasive etc.) (*gen.*), grana molto fine.

grain (to) (to paint in imitation of wood) (*paint.*), macchiare a (finto) legno. **2.** ~ (to salt out) (*soap mfg.*), salare. **3.** ~ (to soften and raise the grain of leather) (*leather ind.*), granire, sollevare la grana. **4.** ~ (to take the hair off skins) (*leather ind.*), depilare. **5.** ~ (to give the wanted grain to a surface) (*lith. - text.*), dare la granitura, granire.

grained (*a.*), a struttura granulare. **2.** coarse- ~ (*metall.*), a grano grosso. **3.** fine- ~ (*metall.*), a grano fine.

grainer (painting tool) (*paint.*), pettine per venare.

graininess (as of a film) (*phot. - etc.*), grana, granulosità, granularità.

graining (salting out) (*soap mfg.*), salatura. **2.** ~ (imitation of wood) (*paint.*), macchiatura a legno, macchiatura a finto legno. **3.** ~ (softening and raising of the grain of leather) (*leather ind.*), granitura, sollevamento della grana. **4.** ~ (removing of the hair off skins) (*leather ind.*), depilazione . **5.** ~ machine (*leather ind. mach.*), macchina per granire, macchina per sollevare la grana.

gram (15.432 grs) (*g.-meas.*), grammo. **2.** ~ atom (*chem.*), grammoatomo. **3.** ~ atomic weight (*chem.*), grammoatomo. **4.** ~ calorie, *see* small calory. **5.** ~ equivalent (*chem.*), grammoequivalente. **6.** ~ ion (*electrochem.*), grammoione. **7.** ~ molecular weight (*chem.*), grammomolecola. **8.** ~ molecule (mole, mol) (*chem.*), grammomolecola, mole.

gram-atomic weight, *see* gram atom.

gram-equivalent weight, *see* gram equivalent.

gramophone (*acous. instr.*), grammofono, fonografo. **2.** portable ~ (*electroacous.*), fonovaligia.

gram-rad (unit measuring the amount of radiations absorbed from a living body: 1 gram-rad corresponds to 100 ergs energy) (*atom phys. radiation biol.*), grammorad.

granary (*bldg.*), granaio.

grandfather (as of a file whose origin ascends to two generations before) (*comp.*), nonno, di seconda generazione.

Grand Prix (*aut. - sport*), Gran Premio.

grandstand (*bldg. - arch.*), tribuna coperta.

Gran Touring (G.T.) (*aut. - sport*), Gran Turismo, G.T.

granite (rock), granito.

granoblastic (having a mosaic structure) (*a. - min.*), granoblastico.

granodiorite (granular rock) (*n. - min.*), granodiorite.

"granodizing" (*metall.*), *see* phosphate coating.

granogabbro (plutonic rock) (*min.*), granogabbro.

granolite (any granular igneous rock) (*min.*), roccia granulare.

granolith (artificial granite) (*bldg.*), granito artificiale.

granophyre (rock) (*min.*), granofiro.

granophyric (texture) (*min.*), granofirico.

grant (to), concedere. **2.** ~ a patent (*law.*), concedere un brevetto.

granular (*gen.*), granulare. **2.** ~ pearlite (from ordinary lamellar pearlite, by long annealing at temperature near the critical point) (*metall.*), perlite granulare.

granulate (granulated substance) (*a. - gen.*), granulato.

granulate (to) (to crystallize: as sugar) (*ind.*), cristallizzare.

granulated (as of gunpowder) (*phys.*), granulare. **2.** ~ cork (*therm.*), sughero granulato.

granulating (*ind.*), granulazione. **2.** ~ machine (*print. mach.*), granitoio.

granulation (*gen.*), granulazione. **2.** ~ (*phys.*), granulosità.

granulator (for drying the crystals of the crystallized and centrifuged sugar) (*sugar mfg. app.*), essiccatore. **2.** ~ (for plastic materials, as of an injection press) (*app.*), granulatore.

granule, granulo. **2.** carbon ~ (as for a microphone) (*elect.*), granulo di carbone.

granulometry (*phys. - mater.*), granulometria.

grapestone (*agric. ind.*), vinacciolo. **2.** ~ oil (*ind.*), olio di vinaccioli.

graph (*n. - ind.*), diagramma. **2.** ~ (*n. - math.*), grafico. **3.** ~ (a set of points and lines) (*n. - math. - comp.*), grafo. **4.** ~ paper (*draw.*), carta millimetrata. **5.** ~ plotter (*comp.*), tracciatore di diagrammi, plotter grafico. **6.** bar ~ , *see* bar chart. **7.** line ~ (variables) representation), grafico. **8.** profit ~ (*adm.*), diagramma di redditività, grafico degli utili.

graphema (*n. - voice inf.*), grafèma.

graphic (*a.*), grafico. **2.** ~ (suitable for writing: as of an instr.) (*gen.*), scrivente. **3.** ~ (as a diagram displayed on a "VDU") (*a. - comp.*), grafico. **4.** ~ arts (*print.*), arti grafiche. **5.** ~ formula, *see* structural formula. **6.** ~ indicator (*instr.*), registratore. **7.** ~ kilowattmeter (*instr.*), chilowattometro registratore.

graphical, *see* graphic.

graphically, graficamente, con metodo grafico.

graphics (graphic display and manipulation) (*comp.*), grafica. **2.** ~ terminal (*comp.*), terminale grafico.

graphite (*chem.*), grafite. **2.** Widmanstätten ~ (abnormal graphite in cast iron) (*found. - metall.*), grafite di Widmanstätten.

graphitic (as carbon) (*a. - metall.*), grafitico. **2.** ~ steel (containing small amounts of free carbon) (*metall.*), acciaio grafitico.

graphitization (transformation of combined carbon into graphitic carbon) (*heat-treat.*), grafitizzazione, ricottura di grafitizzazione. **2.** ~ (graphite coating or impregnation) (*gen.*), grafitatura.

graphitize (to) (to transform combined carbon into graphite) (*heat-treat.*), grafitizzare, trasformare carbonio amorfo in grafite. **2.** ~ (to coat with graphite) (*electrochem.*), grafitare.

graphitizing (as a steel) (*heat-treat.*), grafitizzazione, ricottura di grafitizzazione.

grapnel (*t.*), raffio. **2.** ~ (a small anchor) (*naut.*), ancorotto, ferro. **3.** ~ (grappling iron) (*naut.*), rampino.

grapple (to) (as to seize with a grapnel) (*gen.*), agganciare.
grappling iron (or hook) (*impl.*), raffio, rampino.
grasp (to) (*gen.*), afferrare. **2.** ~ (G, as a work) (*time study*), prendere, afferrare.
grass (deflections from the time base, as due to ground noise etc.) (*radar*), erbetta, segnale parassita, ondulazione. **2.** ~ bleaching (as of flax on grass fields) (*text. ind.*), candeggio all'aperto, candeggio su prato. **3.** ~ roots (foundation, as of a problem) (*gen.*), base. **4.** ~ roots (soil at or immediately under the surface) (*agric.*), terreno agrario.
grasshopper (*aer.*), "cicogna", piccolo aeroplano da ricognizione. **2.** ~ (app. dropped by an aircraft for transmitting meteorol. conditions) (*meteorol. - radio app.*), "cavalletta", trasmettitore meterologico paracadutabile. **3.** ~ (obsolete locomotive) (*railw.*), antica locomotiva a caldaia a cilindri verticali. **4.** ~ gauge (*carp. t.*), tipo di graffietto da falegname.
grate (as for a window) (*bldg.*), inferriata. **2.** ~ (*boil.*), griglia. **3.** ~ area (*boil.*), superficie di griglia. **4.** ~ bar, *see* fire bar. **5.** chain ~ (of boil.), griglia a catena. **6.** hinged ~ (of boil.), griglia mobile. **7.** mechanical stoking of the ~ (of boil.), alimentazione meccanica della griglia. **8.** moving ~ (of boil.), griglia mobile. **9.** shakeout ~ (*found.*), griglia a scossa. **10.** tipping ~ (of boil.), griglia oscillante.
grate (to) (to rub something on a rough surface in order to reduce it to small particles) (*gen.*), grattugiare. **2.** ~ (to grind: to produce a harsh noise as by improperly meshing gearbox gears) (*aut.*), grattare.
grater (*domestic t.*), grattugia.
graticule (reticule) (*opt.*) (Brit.), reticolo.
grating (*opt.*), reticolo. **2.** ~ (as for walkways, platforms, trench covers etc.) (*ind.*) (Am.), griglia. **3.** ~ (noise, as by changing gear, in a gearbox) (*mech. - acous.*), rumore, grattamento. **4.** ~ (wood lattice) (*naut.*), carabottino. **5.** gully ~ (*bldg.*), griglia di scolo (a pavimento). **6.** hatch ~ (*naut.*), carabottino di boccaporto.
gratuity (lump sum, severance pay, paid to an employee at the moment of retirement) (*pers.*), liquidazione.
"graunch" (coll.), *see* head/disk interference.
graupel (soft hail, international symbol Δ) (*meteorol.*), neve leggera, neve debole, neve granulosa e friabile.
grave (to) (to clean) (*naut.*), pulire la carena (di navi non in ferro). **2.** ~ (to carve, to cut), incavare, scolpire.
gravel (*bldg.*), ghiaietto. **2.** ~ (mixture of coarse sand and rounded pebbles) (*bldg.*), misto di sabbia grossa e ciottoli. **3.** ~ guard (as on a headlight) (*aut.*), parasassi. **4.** ~ roofing (coarse sand and bitumen) (*mas.*), tetto ricoperto di strato di bitume e sabbia. **5.** loose ~ stratum (surface covered with loose gravel) (*road.*), strato di ghiaietto sciolto. **6.** pebble ~ (*bldg.*), ghiaia.
gravelly (*geol.*), ghiaioso.
graver (*t.*), bulino. **2.** ~ (engraver) (*work.*), incisore.
gravestone (*arch.*), pietra tombale, lapide funeraria.
gravimeter (type of hydrometer) (*phys. meas. instr.*), aerometro. **2.** ~ (instr. for meas. the relative gravity) (*geophys. instr.*), gravimetro. **3.** astatized ~ (*geophys. instr.*), gravimetro astatico. **4.** unastatized ~ (*geophys. instr.*), gravimetro non astatico. **5.** underwater ~ (*geophys. instr.*), gravimetro per misure sottomarine.
gravimetric (as of analysis) (*chem. - phys.*), gravimetrico.
gravimetry (*geophys.*), gravimetria.
graving dock (*naut.*), *see* dry dock.
graving piece (piece of wood used for replacing a defective part: as of a plank) (*shipbuild. - etc.*), tassello.
gravisphere (the sphere of space in which the gravity influence of a celestial body acts) (*astric.*), sfera di attrazione.
gravitate (to) (*phys. - etc.*), gravitare.
gravitation (*phys.*), gravitazione (universale). **2.** constant of ~ (*astrophys.*), costante di gravitazione universale.
gravitational (*a. - phys.*), gravitazionale. **2.** ~ acceleration (*phys.*), accelerazione di gravità. **3.** ~ collapse (toward a common gravity center) (*astrophys.*), collasso gravitazionale. **4.** ~ constant, *see* constant of gravitation. **5.** ~ potential (*celestial mech.*), potenziale gravitazionale. **6.** ~ pull (*astron. - astric. - space*), attrazione gravitazionale. **7.** ~ wave (hypothetical wave having the speed of light and propagating the effect of gravitational attraction) (*phys.*), onda gravitazionale.
gravitometer (*meas. instr. for specific gravity*), aerometro.
graviton (theoretical particle: quantum of gravity) (*atom. phys.*), gravitone.
gravity (*phys.*), gravità. **2.** ~ acceleration (*theor. mech.*), accelerazione di gravità. **3.** ~ conveyer (*mach.*), trasportatore a gravità. **4.** ~ dam (*hydr. constr.*), diga a gravità. **5.** ~ die-casting (permanent-mold casting) (*found.*) (Brit.) colata in conchiglia (a gravità). **6.** ~ feed (*mot.*), alimentazione a gravità. **7.** ~ hot-air heating system (*therm.*), impianto di riscaldamento ad aria calda a circolazione naturale. **8.** ~ meter (*geophys. instr.*), *see* gravimeter. **9.** ~ purifier (of a flour mill) (*mach.*), semolatrice a caduta. **10.** ~ railroad (gravity railway) (*railw.*), parigina. **11.** ~ wave, *see* gravitational wave. **12.** absolute ~ (*geophys.*), gravità assoluta. **13.** center of ~ (*phys.*), centro di gravità, baricentro. **14.** force of ~ (*theor. mech.*), forza di gravità. **15.** relative ~ (*geophys.*), gravità relativa. **16.** specific ~ (ratio of density of the sub-

stance to the density of water at 4°C) (*mech.*), densità relativa.

gravity-free (*astric.*), senza gravità, senza peso. **2.** ~ flight (*astric.*), volo con gravità zero.

gravure (rotogravure) (*print.*), rotocalco, rotocalcografia. **2.** ~ rollers (*print.*), cilindri per rotocalco.

gray, *see* grey.

grazing (of flight) (*aer.*), radente. **2.** ~ fire (*milit.*), tiro radente.

"grd" (grind) (*mech. draw.*), rettificare, molare. **2.** ~ (ground) (*elect. - geogr. - mech.*), *see* ground.

grease (*chem. - mech.*), grasso, olio denso. **2.** ~ (greasy wool) (*wool ind.*), lana sudicia. **3.** ~ cup (for bearings) (*mech.*), ingrassatore (tipo Stauffer). **4.** ~ gun (*mech.*), pompa per ingrassaggio a pressione. **5.** ~ nipple (*mech.*), ingrassatore. **6.** ~ paint (used by actors) (*m. pict.*), cerone. **7.** ~ trap (*pip.*), pozzetto di intercettazione per grassi. **8.** axle ~ (*chem. - aut.*) (Am.), lubrificante per ponti. **9.** fiber ~ (*chem. - mech.*), grasso fibroso. **10.** graphite ~ (*chem. - mech.*), grasso grafitato. **11.** magnesium base ~ (as for elect. motor bearings) (*chem. - mech.*), grasso a base di magnesio. **12.** soap ~ (lubricating grease) (*chem.*), grasso consistente. **13.** soda soap ~ (sodium soap grease, lubricating grease) (*chem.*), grasso consistente sodico. **14.** "Stauffer" ~ cup (*mech.*), ingrassatore Stauffer. **15.** yellow ~ (for soapmaking) (*chem. - mech.*), grasso giallo.

grease (to) (*mech.*), lubrificare, ingrassare.

greaseproof (as of wrapping paper) (*a. - packaging*), resistente al grasso, non permeabile al grasso.

greasiness, untuosità. **2.** ~ (of the fiber) (*wool ind.*), grassezza.

greasing (*mech.*), ingrassaggio.

greasy (*a.*), unto, untuoso. **2.** ~ pulp (greasy stuff, greasy wood pulp) (*paper mfg.*), pasta grassa. **3.** ~ wool (*wool ind.*), lana grassa.

great (*a. - gen.*), grande. **2.** ~ circle (*geod. - math.*), cerchio massimo. **3.** ~ primer (*print.*), corpo 18.

green, verde. **2.** ~ (of concrete not sufficiently hardened) (*a. - mas.*), fresco, che non ha ancora fatto presa. **3.** ~ (of metallic powder: not sintered) (*a. - metall.*), non sinterizzato. **4.** ~ card (aut. insurance for foreign countries) (*aut.*), modulo verde, carta verde, foglio verde. **5.** ~ casting (*found.*), fusione in verde. **6.** ~ cement (*bldg.*), cemento fresco. **7.** ~ earth of Verona (earthy color), terra verde, terra di Verona. **8.** ~ film (*m. pict.*), pellicola fresca. **9.** ~ glass (common glass) (*glass mfg.*), vetro verde (comune). **10.** ~ labor (*work.*), mano d'opera non specializzata. **11.** ~ lumber (*wood*), legname non stagionato. **12.** ~ manure (*agric.*), sovescio. **13.** ~ mortar (*mas.*), malta fresca (che non ha ancora fatto presa). **14.** ~ rouge (for polishing: as stainless steel) (*ind.*), ossido di cromo. **15.** ~ sand molding (*found.*), formatura a verde. **16.** ~ strength (as of foundry sands) (*found.*), coesione a verde. **17.** sight ~ (color reducing sight fatigue) (*color*), verde vista. **18.** Veronese ~ (*color*), verde di Verona. **19.** viridian ~ (*color*), verde di Verona.

greenheart (*wood*), legno (di colore) verdastro (di piante tropicali americane).

greenhouse (*garden bldg.*), serra. **2.** ~ (drying place) (*pottery*), essiccatoio. **3.** ~ (of aut. body) (*aut. bodywork*) (Am. coll.), complesso della struttura sopracintura. **4.** ~ (transparent plastic covering as for the nose, the turret, the cockpit etc.) (*aer. constr.*), musone (o tettuccio) in plastica trasparente. **5.** ~ effect (selective transmission of solar radiations) (*astrophysics*), effetto serra.

greening, (defect of black painted surfaces) (*paint.*), inverdimento.

Greenwich mean time, "GMT" (*navig. - astron.*), ora di Greenwich, ora universale.

gregale (northeast wind) (*meteor.*), grecale.

greige, grege (beige) (*a. - color*), beige. **2.** ~ (rawsilk) (*text.*), seta greggia.

grenade (small missile thrown by hand or fitted to rifle) (*milit.*), bomba (lanciata) a mano (o da fucile). **2.** hand ~ (*milit. expl.*), bomba a mano.

grenadine (*text. ind.*), organzino speciale, "grenadine".

grès (*ceramic*), gres.

grey, grigio. **2.** ~ (*text. ind.*), grezzo. **3.** ~ body (*opt.*), corpo grigio. **4.** ~ cloth (*text. ind.*), tessuto grezzo. **5.** ~ pig iron (*metall.*), ghisa grigia, ghisa di prima fusione. **6.** ~ top (tinplate defect due to insufficient thickness of the tin layer) (*metall. defect*), bordo grigio, grigiore. **7.** engine ~ (*color*), grigio macchina. **8.** pearl ~ (*color*), grigio perla.

grid (*radio*), griglia. **2.** ~ (*text. impl.*), graticcio. **3.** ~ (of an accumulator plate) (*elect.*), griglia. **4.** ~ (network: as of water distribution pipes), (*pip.*), rete di distribuzione. **5.** ~ (reference system) (*mech. draw.*), reticolo. **6.** ~ (starting order, of a motor car race) (*sport - aut.*), ordine di partenza. **7.** ~ (network of reference lines on a map) (*cart.*), reticolo. **8.** ~ (a network of stations) (*radio - telev.*), rete di stazioni (trasmittenti). **9.** ~ (of a modular partition) (*bldg.*), maglia. **10.** ~ (grid indicating the location of each racing car at a race start) (*aut. races - sport*), griglia, griglia di partenza. **11.** ~ (made of parallel and perpendicular lines: for character optical meas.) (*comp.*), griglia. **12.** ~ (of a coordinates addressable memory) (*elics. - comp.*), griglia. **13.** ~ battery (C battery) (*thermion.*), batteria di griglia. **14.** ~ bias (*elics.*), polarizzazione di griglia. **15.** ~ bias resistance (*radio*) (Brit.), resistenza di polarizzazione. **16.** ~ cap (*radio*), cappellotto di griglia. **17.** ~ circuit (*radio*), circuito di griglia. **18.** ~ condenser (*radio*), condensatore di griglia. **19.** ~ current (*radio*), corrente di griglia. **20.** ~ glow tube (*radio*), triodo a gas. **21.** ~ leak resistor (*radio*), resistenza di fuga (di griglia). **22.** ~ modulation (modulation system) (*radio*), modulazione di griglia. **23.** ~ rectification (*radio*), rivelazione di griglia. **24.** cathodic ~ (*thermion.*), griglia catodica. **25.** compensating ~ (*thermion.*), griglia di compensazione, **26.** control ~ (*thermion.*), griglia-pilota, griglia di comando. **27.** modular ~ (*bldg.*), maglia modulare. **28.** reference ~ (module) (*bldg.*), maglia di riferimento. **29.** screen ~ (*thermion.*), griglia schermante, griglia schermo. **30.** space charge ~ (*thermion. tube*), griglia con carica spaziale. **31.** suppressor ~ (*thermion.*), griglia di arresto (o di soppressione).

grid-dip meter (tester of radio frequencies) (*meas. instr.*), ondametro ad assorbimento.

griddle (*min.*), *see* riddle.

gridiron (*cooking impl.*), graticola. **2.** ~ pendulum (a compensation pendulum) (*horology*), pendolo compensato.

grid-north (in grid navigation) (*navig.*), nord-griglia.

grievance (unsatisfaction in work) (*pers.*), insoddisfazione, protesta.

grill (*gen.*), griglia. **2.** radiator ~ (*aut.*), cuffia radiatore.

grillage (*constr. theor.*), intelaiatura di fondazione.

grille (as in a window) (*bldg.*), inferriata. **2.** ~ (grating: as of a door) (*bldg.*), cancellata, cancello. **3.** ~ (as the screen hiding the loudspeaker) (*radio - etc.*), schermatura, griglia di schermo. **4.** ~ (ornamental screen before the radiator) (*aut.*), mascherina (del radiatore).

grillwork, *see* grillage.

grime (*gen.*), sudiciume, sporcizia.

grind (to) (*mech.*), rettificare, molare. **2.** ~ (to sharpen) (*mech.*), arrotare, affilare. **3.** ~ (to reduce to powder) (*ind.*), macinare. **4.** ~ (to grate: to produce a harsh noise as by improperly meshing gearbox gears) (*aut.*), "grattare". **5.** ~ (to levigate: as the semiconductors silicon substrate) (*elics.*), levigare, rettificare. **6.** ~ a flat surface (*mach. t. w.*), rettificare una superficie piana. **7.** ~ a tool (*mech. technol.*), affilare un utensile. **8.** ~ in (to lap in) (*technol.*), smerigliare. **9.** ~ the valves (as of a mot.) (*mech.*), smerigliare le valvole.

grinder (grinding machine) (*mach. t.*), rettificatrice. **2.** ~ (sharpening machine) (*mach. t.*), affilatrice. **3.** ~ (as for smoothing welded joints, removing burrs etc.) (*mach. t.*), molatrice. **4.** ~ (*radio noise*), scarica tambureggiante. **5.** ~ (pulverizing machine) (*mech. app.*), mulino. **6.** ~ (machine used to prepare mechanical wood pulp) (*paper mfg. mach.*), sfibratore. **7.** ~ (tool used as for grinding valve seats) (*t.*) rettificatore. **8.** ~ (*mach. t. - work.*), rettificatore. **9.** ball ~ (*ind. mach.*), mulino a palle. **10.** band ~ (*mach. t.*), smerigliatrice a nastro. **11.** belt ~ (*mach. t.*), smerigliatrice a nastro. **12.** broach ~ (*mach. t.*), affilatrice per brocce. **13.** camshaft ~ (*mach. t.*), rettificatrice per alberi a camme, rettificatrice per eccentrici. **14.** card ~ (mach. for grinding cards) (*mach.*), molatrice per scardassi. **15.** centerless ~ (*mach. t.*), rettificatrice senza centri. **16.** centerless thread ~ (*mach. t.*), rettificatrice senza centri per filetti. **17.** chain ~ (*paper mfg. mach.*), sfibratore a catene. **18.** coffee ~ (*domestic app.*), macina caffè, macinino per caffè. **19.** crushed wheel ~ (*mach. t.*), rettificatrice con mole sagomate al rullo. **20.** cutter ~ (*mach. t.*), affilatrice per frese. **21.** cylinder ~ (as for cylinder block grinding) (*mach. t.*), rettificatrice per cilindri. **22.** drill ~ (as for twist drills) (*mach. t.*), affilatrice per punte da trapano. **23.** electric ~ (*mach. t.*), elettrosmerigliatrice. **24.** external ~ (*mach. t.*), rettificatrice per esterni. **25.** hand-driven bench ~ (*shop impl.*) (Brit.), molatrice da banco a mano. **26.** hob ~ (*mach. t.*), affilatrice per creatori. **27.** internal ~ (*mach. t.*), rettificatrice per interni. **28.** magazine ~ (*paper mfg. mach.*), sfibratore a magazzino. **29.** plain ~ (*mach. t.*), rettificatrice parallela (per esterni). **30.** plunge ~ (*mach. t.*), rettificatrice a tuffo. **31.** portable air ~ (*shop impl.*), molatrice portatile pneumatica. **32.** portable electric ~ (*mech. impl.*), molatrice portatile elettrica. **33.** precision ~ (*mach. t.*), rettificatrice di precisione. **34.** profile ~ (*mach. t.*), rettificatrice di profili (o per sagomare). **35.** rag ~ (wool mfg.) (*text. mach.*), sfilacciatrice. **36.** ring type ~ (*paper mfg. mach.*), sfibratore ad anello. **37.** rotary table surface ~ (*mach. t.*), lapidello a tavola rotante, rettificatrice per piani. **38.** screw type ~ (*paper mfg. mach.*), sfibratore a vite. **39.** single-stand ~ (*mach. t.*), molatrice monoposto, molatrice ad un posto di lavoro. **40.** size-matic ~ (having automatic control of the size for the entire grinding operation) (*mach. t. - mech.*), rettificatrice "size-matic". **41.** snag ~ (*mach. t.*), molatrice per sbavatura, sbavatrice. **42.** spline ~ (*mach. t.*), rettificatrice per scanalature (o per alberi scanalati). **43.** surface ~ (*mach. t.*), rettificatrice in piano, rettificatrice per superfici piane. **44.** swing frame ~ (as for removing burrs) (*mach. t.*), molatrice oscillante. **45.** tool ~ (*mach. t.*), affilatrice per utensili, molatrice per affilatura utensili. **46.** universal ~ (*mach. t.*), rettificatrice universale. **47.** universal tool ~ (*mach. t.*), affilatrice universale per utensili. **48.** valve seat ~ (*work.*), rettificatore per sedi valvole. **49.** valve seat ~ (*mach. t.*), rettifica per sedi valvole.

grinding (*mech.*), rettifica, molatura, smerigliatura. **2.** ~ (reducing to powder) (*ind.*), macinazione. **3.** ~ (removing gates and fins with a grinding wheel) (*found.*), sbavatura alla mola. **4.** ~ (of glass) (*ind.*), molatura. **5.** ~ (for preparing wood pulp) (*paper mfg.*), sfibratura. **6.** ~ (operation of levigation: as in the preparation of semiconductors) (*elics.*), levigazione, rettifica. **7.** ~ balls (as of a ball grinder), sfere macinanti. **8.** ~ fineness (of ground material) (*ind.*), finezza di macinazione. **9.** ~ machine (*mach. t.*), rettificatrice. **10.** ~ of a cylinder (*mech.*), rettifica di un cilindro. **11.** ~ path (as of a gear grinding mach.) (*mach. t. - mech.*), traiettoria di rettifica. **12.** ~ stone, *see* grindstone.

13. ~ wheel (*t.*), mola. **14.** ~ wheel center (*mach. t. - mech.*), disco portamola. **15.** ~ wheel dressing (*mech.*), ravvivatura della mola, ripassatura della mola. **16.** accurate ~ (*mech.*), rettifica di precisione. **17.** ball bearing track ~ machine (*mach. t.*), rettificatrice per piste di cuscinetti a sfere. **18.** bed ways ~ machine (*mach. t.*), rettificatrice per guide di bancali. **19.** bursting of the ~ wheel (*wheel defect*), "scoppio" della mola, rottura della mola. **20.** camshaft ~ machine (*mach. t.*), rettificatrice per alberi a camme. **21.** center drill ~ machine (*mach. t.*), rettificatrice per punte da centri. **22.** circular saw ~ machine (*mach. t.*), affilatrice per seghe circolari. **23.** coarse-grained ~ wheel (*t.*), mola a grana grossa. **24.** crankshaft ~ machine (*mach. t.*), rettificatrice per alberi a gomito. **25.** crush ~ (*mech. operation*), rettifica con mola sagomata. **26.** cup ~ wheel (*t.*), mola a tazza. **27.** cylinder ~ machine (*mach. t.*), rettificatrice per cilindri. **28.** cylinder-type ~ wheel (*t.*), mola ad anello. **29.** dry ~ (*mech.*), rettifica (o molatura) a secco. **30.** external ~ (*mech. operation*), rettifica esterna. **31.** external ~ machine (*mach. t.*), rettificatrice per esterni. **32.** fine-grained ~ wheel (*t.*), mola a grana fine. **33.** finish ~ (*mech.*), rettifica di finitura. **34.** flared-cup ~ wheel (*t.*), mola a tazza conica. **35.** hard ~ wheel (*t.*), mola dura. **36.** hob ~ machine (*mach. t.*), rettificatrice per creatori. **37.** horizontal spindle ~ machine (edge wheel grinding machine) (*mach. t.*), rettificatrice tangenziale, rettificatrice a mandrino orizzontale. **38.** hydraulic surface ~ machine (*mach. t.*), rettificatrice idraulica in piano. **39.** inserted blade cutter ~ machine (*mach. t.*), affilatrice per frese a lame riportate. **40.** internal ~ (*mech. operation*), rettifica interna. **41.** internal ~ machine (*mach. t.*), rettificatrice per interni. **42.** jig ~ machine (*mach. t.*), rettificatrice di precisione per maschere e stampi. **43.** lathe tool ~ machine (*mach. t.*), affilatrice per utensili da tornio. **44.** optical diesel engine injection nozzle ~ machine (*mach. t.*), rettificatrice ottica per iniettori di motori a ciclo diesel. **45.** pitless ~ (for preparing wood pulp) (*paper mfg.*), sfibratura senza pozzetto. **46.** precision ~ (*mech. operation*), rettifica di precisione. **47.** profile ~ machine (*mach. t.*), rettificatrice per profili. **48.** semi-automatic ~ machine (*mach. t.*), rettificatrice semiautomatica. **49.** shoulder ~ (*mach. t. - mech.*), rettifica di spallamenti. **50.** snap gauge ~ and lapping machine (*mach. t.*), rettificatrice e lappatrice per calibri a forcella. **51.** soft ~ wheel (*t.*), mola tenera. **52.** stone ~ (*mech.*), affilatura con pietra arenaria. **53.** straight-cup ~ wheel (*t.*), mola a tazza cilindrica. **54.** straight through ~ (*mach. t. w.*), rettifica parallela passante. **55.** surface ~ machine (*mach. t.*), rettificatrice per piani. **56.** thread ~ machine (*mach. t.*), rettificatrice per filetti. **57.** tool ~ machine (*mach. t.*), affilatrice per utensili. **58.** tool-room internal ~ machine (*mach. t.*) (Brit.), rettificatrice per interni da utensileria (o da attrezzeria). **59.** tooth flank ~ machine (*mach. t.*), rettificatrice per fianchi di dentature. **60.** twist drill ~ machine (*mach. t.*), affilatrice per punte elicoidali. **61.** universal ~ machine (*mach. t.*), rettificatrice universale. **62.** vertical spindle ~ machine (*mach. t.*), rettificatrice frontale, rettificatrice a mandrino verticale. **63.** visual surface ~ machine (*mach. t.*), rettificatrice in piano con apparecchio ottico. **64.** vitrified ~ wheel (*t.*), mola vetrificata. **65.** wet (stone) ~ wheel (*t.*), mola arenaria.

grinding-in (as of valves in the valve seats in overhauling) (*mot.*), smerigliatura.

grindstone (*t.*), mola. **2.** ~ (millstone), macina da mulino. **3.** ~ (*obsolete mach. t.*), mola per affilare ad acqua, mola da arrotino.

grip (device for grappling) (*mech. - etc.*), maniglione, presa. **2.** ~ (bite, as of the road from a tire) (*gen.*), aderenza, presa, mordenza. **3.** ~ (as of the stock, from the dies of a forging mach.) (*forging*), serraggio. **4.** ~ (hold) (*gen.*), appiglio. **5.** ~ (scene shifter) (*m. pict.*) (Am.), macchinista. **6.** ~ (small channel for surface water in country roads) (*roads constr.*), fossetta di drenaggio. **7.** ~ (as in riveting: distance between the centers of the rivets) (*mech.*), distanza tra i (centri dei) chiodi. **8.** ~ (safety gear) (*hoisting app.*), arresto di sicurezza, dispositivo d'arresto. **9.** ~ (total thickness of the two superimposed metal sheets held in place by rivets) (*mech.*), spessore della chiodatura. **10.** ~ (as of a camera) (*phot. - m. pict.*), impugnatura. **11.** ~ car, *see* cable car. **12.** ~ cheek (*hoisting app.*), ganascia d'arresto. **13.** ~ die (the matrix of a forging machine) (*forging*), matrice (di fucinatrice). **14.** ~ eccentric (*hoisting app.*), eccentrico d'arresto. **15.** ~ pawl (*hoisting app.*), dente di arresto. **16.** ~ roller (*hoisting app.*), rotella d'arresto. **17.** ~ thickness (as of two overlapped sheet iron pieces secured by fasteners) (*mech.*), spessore di serraggio. **18.** ~ tire (as for milit, aut. or agric. tractors) (*rubb. ind.*), pneumatico mordente, copertura con battistrada scolpito profondamente (per marcia fuoristrada), pneumatico con ramponi. **19.** ~ wedge (*hoisting app.*), cuneo di arresto. **20.** automatic ~ (as of a wire drawer) (*mech. device*), chiusura automatica. **21.** ball ~ (handle) (*mech. - etc.*), manopola. **22.** left ~ (*firearm*), guancia sinistra. **23.** pendulum ~ gear (*hoisting app.*), dispositivo d'arresto a pendolo. **24.** right ~ (*firearm*), guancia destra. **25.** wedge ~ gear (*hoisting app.*), dispositivo di arresto a cuneo.

grip (to) (as in a vice) (*mech.*), stringere, afferrare, chiudere.

gripe (forefoot: of a ship bow) (*shipbuild.*), piè di ruota. **2.** ~ (holding device: as a brake) (*mech.*), dispositivo per trattenere. **3.** gripes (rope, hook etc. assemblage for securing boats when hoisted) (*naut.*), rizze, rizzatura.

griping (as of a craft that spontaneously goes to the windward) (*aer. - naut.*), orziero.

gripped (*mech.*), bloccato, serrato.
gripper (in a printing press: device for gripping the edge of a sheet of paper) (*print. mach.*), pinza. **2.** ~ edge (edge of a sheet of paper gripped when fed into the print. mach.) (*print.*), lato pinza.
gripping (as of the bar in a horizontal forging machine) (*mech.*), chiusura, bloccaggio. **2.** ~ device (safety brake) (*hoisting app.*), freno di sicurezza, arresto paracadute. **3.** ~ power (*mech.*), forza di chiusura.
"grip-ring" (retaining ring installed on a straight ungrooved shaft) (*mech.*), anello mordente.
gristmill (a custom mill) (*ind.*), mulino da grano (per conto terzi).
grit (sand), sabbia. **2.** ~ (material for mech. operations: as for sanding), graniglia. **3.** ~ (defect of paper) (*paper mfg.*), sabbiosità. **4.** ~ blasting (*technol.*), granigliatura. **5.** ~ cleaning (of billetts) (*metall.*), granigliatura. **6.** ~ number (of an abrasive) (*mech. - paint. - etc.*), numero della grana. **7.** ~ size (as of sandstone for sanding) (*mech. technol.*), dimensione dei grani, grana (della graniglia).
grit-blast (to) (*mech. technol.*), granigliare.
grit-blasted (*mech. technol.*), granigliato.
grivation (horizontal angle between the grid datum and the magnetic meridian) (*air navigation*), angolo tra il nord geografico ed il nord magnetico.
grizzly (coarse screen for ore and coal) (*min.*), griglia. **2.** ~ elevator (*min. mach.*), elevatore a griglia. **3.** ~ man (*min. work.*), addetto alla griglia.
"grm", *see* gram.
"gro" (gross) (*meas.*), grossa.
groats (dried grain) (*agric.*), cereali essiccati e frantumati.
grocery (*comm.*), droghe, generi (o prodotti) coloniali.
grog (refractory materials, as broken pottery etc., added to clay for the manufacture of firebricks etc.) (*ceramics*), chamotte.
groin (solid angle formed where two vaults meet) (*arch.*), unghia, angolo solido d'intersezione di due volte. **2.** ~ , *see also* groyne.
groined (*a. - arch.*), lunettato. **2.** ~ arch. (*arch.*), arco lunettato. **3.** ~ vault (*arch.*), volta lunettata.
grommet (rubber sealing ring) (*mech.*), anello di tenuta (in gomma). **2.** ~ (metal eyelet: as on the edges of a sail), occhiello metallico (per tela). **3.** ~ (single twisted strand of rope forming a ring) (*naut.*), canestrello, anello di cavo. **4.** ~ (washer, as of hemp, treated with red-lead putty: for preventing steam leaks) (*steam eng.*), guarnizione anulare di tenuta. **5.** ~ (insulating bush) (*elect. impl.*), boccola isolante. **6.** ~ nut (with a blind hole) (*mech.*), dado (cieco) con calotta.
groove (*mech.-join.*), scanalatura, gola. **2.** ~ (as of a tire tread) (*rubb. ind.*), scolpitura, incavo. **3.** ~ (pass, of a rolling mill roll) (*metall.*), scanalatura, canale. **4.** ~ (*min.*), galleria, pozzo. **5.** ~ (of a gramophone record), solco. **6.** ~ (of a type) (*print.*), canale. **7.** ~ (of a rifled gun barrel) (*ordnance*), riga. **8.** ~ (of a cartridge case) (*expl.*), scanalatura. **9.** ~ and tongue (as in match-boards) (*join.*), (incastro a) maschio e femmina, linguetta e scanalatura. **10.** ~ turning (*mech. technol.*), esecuzione di gole al tornio. **11.** beveled ~ (wood working) (*join.*), incastro a sbieco. **12.** oil ~ (as of bearings) (*mech.*), scanalatura per lubrificazione. **13.** packing ~ (*mech.*), scanalatura per guarnizioni.
groove (to) (*mech. - join.*), scanalare.
grooved (*mech. - join.*), scanalato. **2.** ~ rail (*railw.*), rotaia a canale.
groover (for anvil) (*forging t.*), strangolatore, attrezzo per scanalare.
grooving (*min.*), escavazione. **2.** ~ (due to wear) (*mech.*), solcatura. **3.** ~ plane (*join. t.*), pialla per scanalare.
gross (twelve dozen) (*meas.*), grossa. **2.** ~ tonnage (*naut.*), stazza lorda. **3.** ~ weight (*comm.*), peso lordo. **4.** great ~ (twelve gross) (*meas.*), dodici grosse.
grotesque (a style of decorative work) (*arch.*), grottesco. **2.** ~ (sans-serif, type) (*typ.*), grottesco, etrusco, bastone, lapidario.
grotto (*geol.*), grotta. **2.** ~ (*arch.*), grotta artificiale.
ground (earth), terra, suolo, terreno. **2.** ~ (*agric. - gen.*), terreno, terra. **3.** ~ (return of an electric circuit: as the aut. frame) (*elect. connection*), massa. **4.** ~ (*naut.*), fondo. **5.** ~ (*top.*), terreno. **6.** ~ (past part. of to grind) (*mech.*), rettificato. **7.** ~ (past part. of to grind: reduced to small particles), macinato. **8.** ~ (one of the metallic or wooden guides used in plastering) (*mas.*), guida. **9.** ~ (metallic pipe or plate buried in the ground in order to connect it as with domestic apparatus) (*elect.*), terra. **10.** ~ absorption (*radio*), assorbimento del suolo. **11.** ~ angle (of the wing chord with the ground) (*aer.*), incidenza al suolo. **12.** ~ auger (*t.*) (Brit.), trivella. **13.** ~ beam (sleeper) (*bldg.*), dormiente. **14.** ~ cable (*elect.*), conduttore di terra. **15.** ~ checks (*aer. mot.*), controlli al suolo. **16.** ~ clamp (metallic plait for electrical connection with the ground) (*elect. impl.*), presa di terra. **17.** ~ clearance (as of a mtc. or aut.), distanza libera da terra. **18.** ~ crew (*aer.*), personale per i servizi a terra. **19.** ~ current, *see* earth current. **20.** ~ cushion (of helicopters: dampening effect near the ground, on landing, due to the packing of air between the rotor and the ground) (*aer.*), effetto (del) suolo. **21.** ~ detector (indicating the degree of insulation toward the ground) (*elect. instr.*), megaohmetro. **22.** ~ drill (*t.*), trivella. **23.** ~ effect (of helicopters: effect enabling a very fast initial ascent owing to the packing of the air between the rotor and the ground) (*aer.*) effetto (del) suolo. **24.** ~ effect machine, "GEM" (*veh.*), veicolo a cuscino d'aria. **25.** ~ floor (near the ground) (*bldg.*), piano terreno, pianterreno, pianoterra. **26.** ~

floor loose stone foundation (*bldg.*), vespaio. **27.** ~ glass (semitransparent: as for focusing in phot.) (*glass mfg.*), vetro smerigliato. **28.** ~ grading (*mas.*), livellamento del terreno. **29.** ~ lead (*radio*) (Am.), presa di terra. **30.** ~ level (*aer.*), livello del suolo. **31.** ~ leveling (*mas.*), spianamento del terreno. **32.** ~ line (*bldg. meas.*), piano terra. **33.** ~ loop (*aer.*), capottamento. **34.** ~ looping (*aer.*), capottamento, capottata. **35.** ~ noise (*radio*), rumore di fondo. **36.** ~ paint, colore in polvere. **37.** ~ personnel (nonflying personnel) (*aer.*), personale non navigante. **38.** ~ plan (*draw.*), pianta del terreno. **39.** ~ plan (of a building) (*draw.*), pianta del piano terreno. **40.** ~ plane (horizontal plane of projection) (*perspective draw.*), piano orizzontale. **41.** ~ plate (*elect.*), piastra di terra. **42.** ~ resonance (of helicopters: violent shuddering caused by the flexibility of the tires and oleostruts coinciding with a critical period in the whole machine) (*aer.*), risonanza al suolo. **43.** ~ running (of aero-engines) (*aer.*), funzionamento al suolo. **44.** ~ running time (*aer. mot.*), tempo di funzionamento a terra. **45.** ~ service (*aer.*), servizio a terra. **46.** ~ settling (*bldg.*), assestamento del terreno. **47.** ~ state (normal state, not excited state, as of a nucleus) (*atom phys.*), livello energetico normale, stato fondamentale, stato normale. **48.** ~ strap (*elect.*), piattina di massa (o di terra). **49.** ~ support equipment (*aer. - air force*), installazioni di assistenza al suolo (o a terra). **50.** ~ swell (*naut.*), risacca. **51.** ~ system (of an antenna) (*radio*), sistema di terra. **52.** ~ test couplings (*aer.*), accoppiamenti per prove a terra, giunti per prove a terra. **53.** ~ tests (of aero-engines) (*aer.*), prove a terra. **54.** ~ twill (*text. ind.*), saia di fondo. **55.** ~ water (*hydr.*), acqua del sottosuolo. **56.** ~ wave (*radio*), onda di superficie. **57.** ~ wire (of an antenna) (*radio*), filo di terra. **58.** equipment ~ (relating to machinery, apparatus etc.) (*elect.*), presa (o attacco) di terra di una apparecchiatura. **59.** hilly ~ (*top.*), terreno accidentato. **60.** holding ~ (bottom good holder of anchor) (*naut.*), fondo (buon) tenitore. **61.** landing ~ (*aer.*), campo di atterraggio. **62.** loose ~ (not compact soil) (*mas. - min. - etc.*), terreno sciolto. **63.** neutral ~ (grounded neutral) (*elect.*), neutro a terra. **64.** rolling ~ (rolling land) (*top.*) (Am.), terreno ondulato. **65.** sick ~ (because infested) (*agric.*), terreno infestato. **66.** standing ~ (solid ground: doesn't need propping) (*mas. - min.*), terreno compatto. **67.** static ~ (of an aircraft earth system) (*aer.*), collegamento a terra (per ovviare a) cariche elettrostatiche. **68.** undulating ~ (*top.*), terreno ondulato. **69.** weak ~ (not able to sustain weight) (*mas. - min.*), terreno non fidabile.

ground (to) (*elect.*), mettere a terra. **2.** ~ (*naut.*), dare in secco, incagliarsi. **3.** ~ (to force a pilot or an airplane to remain on the ground) (*aer.*), proibire (o impedire) il decollo, trattenere a terra.

ground-controlled approach, "GCA" (radio guided approach system) (*aer.*), avvicinamento radioguidato da terra, atterraggio a discesa parlata.

ground-controlled interception, "GCI" (*air force*), intercettazione controllata da terra.

grounded (*a. - elect.*), messo a terra.

ground-effect (*a. - aer. - etc.*), a cuscino d'aria, ad effetto di suolo. **2.** ~ machine, "GEM" (machine travelling on an air-cushion over land or water) (*veh.*), veicolo a cuscino d'aria, hovercraft, aeroscivolante.

groundfault (*elect.*), isolamento difettoso verso terra.

ground-glass (with semitransparent surface) (*a. - glass mfg.*), a superficie smerigliata. **2.** ~ (with polished surface) (*a. - glass mfg.*), molato, a superficie molata.

grounding (as of a circuit) (*elect.*), messa a terra, messa a massa. **2.** ~ (*naut.*), arenamento. **3.** ~ (as of an aircraft earth system) (*elect.*), collegamento a terra (del sistema di massa). **4.** ~ plate (earthing plate: as for a transformer core) (*electromech.*), piastrina di messa a terra.

ground-oil paint (*paint.*), colore macinato a olio.

groundwater (*geol. - civil constr.*), acqua freatica, acqua di falda freatica. **2.** ~ level (*geol.*), livello della falda freatica.

groundwood (wood pulp) (*paper mfg.*), pasta meccanica di legno.

groundwork (*bldg.*), fondazione.

ground-zero (*atom. bomb*), punto geografico nel quale viene fatta esplodere una bomba atomica.

group, gruppo. **2.** ~ (*chem.*), radicale. **3.** ~ (as of accumulator plates having the same polarity) (*elect.*), gruppo. **4.** ~ (*math.*), gruppo. **5.** ~ delay (is the delay due to the slower element of the group) (*comp.*), ritardo di gruppo. **6.** ~ drive (*mach.*), comando a gruppi. **7.** ~ frequency (*radio*), frequenza dei treni d'onda. **8.** ~ leader (in charge of a gang; as in a factory) (*ind.*) (Brit.), caposquadra. **9.** ~ mark (*comp.*), segno (delimitatore) di gruppo. **10.** ~ technology (*technol. - ind.*), tecnologia di gruppo. **11.** ~ theory (*math.*), teoria dei gruppi. **12.** air bottle ~ (*sub.*), gruppo d'aria, gruppo di bombole d'aria. **13.** symmetric ~ (consisting of all the permutations of *n* items) (*math.*), gruppo simmetrico. **14.** work ~ (as for a particular study) (*pers. organ.*), gruppo di lavoro.

grouping (of vehicles) (*road traff.*), agglomeramento.

grouser (of a tractor wheel or track) (*mech.*), costola di aggrappamento.

grout (mortar made very thin by the addition of water) (*mas.*), malta liquida, boiacca. **2.** ~ (plaster with small stones) (*mas.*), intonaco a pinocchietto. **3.** colloidal ~ (*bldg.*), malta (liquida) colloidale.

grout (to) (to fill with grout) (*mas.*), riempire di malta (o cemento).

grouter, *see* grouser.

grouting (injection of grout into the ground near the

foundation for strengthening purposes) (*constr.*) (Brit.), (processo di consolidamento del terreno mediante) iniezioni di cemento. **2.** ~ (filling with mortar) (*bldg.*), riempimento con malta. **3.** ~ (finishing with mortar) (*mas.*), intonacatura. **4.** ~ (as of cement under the base of a machine) (*mas.*), colata di cemento. **5.** ~ mortar (mixture to be applied under pressure) (*bldg.*), malta per iniezioni.

grow (to) (*gen.*), crescere.

growler (*sea*), piccolo iceberg. **2.** ~ (a device for ascertaining whether coils are short circuited) (*elect. app.*), apparecchio prova bobine.

grown (as of a tree) (*gen.*), cresciuto.

growth (of plants) (*botany*), crescita, sviluppo. **2.** ~ (as of cast iron after repeated heatings) (*found.*), rigonfiamento. **3.** ~ (*gen.*), accrescimento.

groyne (*hydr. sea constr.*), pennello (in calcestruzzo o pietrame).

"GRP" (glass reinforced plastic) (*chem.*), plastica rinforzata con fibre di vetro.

"GR-S" (Government Rubber and styrene, buna S) (*ind. chem.*), gomma allo stirene, buna S.

grubber (*agric. mach.*), estirpatore.

grub-screw (headless screw) (*mech.*), grano (o vite) di riferimento (o di bloccaggio).

grubstake (funds given to a mining prospector or to a person for launching an enterprise on promise of a share in his success) (*min. - ind. - finan.*), aiuto economico con compartecipazione (agli utili).

grummet, *see* grommet.

"gr wt" (gross weight) (*comm.*), peso lordo.

"GS" (ground speed) (*aer.*), velocità assoluta, velocità suolo.

"gs", *see* gauss.

"G sil" (German silver) (*alloy*), argentone.

"gskt" (gasket) (*mech.*), guarnizione.

g-string (*elics.*), linea unifilare di trasmissione a radiofrequenza.

"G" suit, *see* suit.

"GT" (gross ton, long ton) (*weight meas.*), tonnellata da 1016,0471 kg. **2.** ~ (gastight) (*gen.*), impermeabile ai gas.

"GTMA" (Gauge and Tool Maker's Association) (*mech.*), Associazione Fabbricanti Utensili e Calibri.

"gtt" (drops) (*med. - etc.*), gocce.

"GTV" (gate valve) (*pip.*), valvola a saracinesca.

"GTW" (gross trailer weight) (*aut. transp.*), peso lordo del rimorchio.

guano (*fertilizer*), guano.

guarantee (*comm.*), garanzia, avallo. **2.** ~ (guarantor) (*comm.*), garante, avallante.

guarantee (to) (to warrant) (*comm.*), garantire. **2.** ~ (as a bill) (*comm.*), avallare.

guaranteed (*a. - gen.*), garantito.

guarantor (*comm.*) (Brit.), garante, avallante.

guaranty (*comm.*), avallo. **2.** ~ (*comm. - law*), cauzione.

guard (*bldg. - ind.*), parapetto. **2.** ~ (*mech.*), riparo, protezione. **3.** ~ (watchman on duty: as of a factory), sorvegliante. **4.** ~ (railing) (*naut.*), battagliola. **5.** ~ (*railw.*) (Brit.), *see* cowcatcher. **6.** ~ ring (of insulator) (*elect.*), anello di guardia. **7.** ~ zone (as a blank space of a track) (*comp.*), zona di guardia. **8.** advanced ~ (*milit.*), avanguardia. **9.** belt ~ (*mech.*), paracinghia, riparo della cinghia. **10.** belt safety ~ (of a mach.), riparo della cinghia, protezione di sicurezza dalla cinghia. **11.** bumper ~ (of a bumper bar) (*aut.*), rostro (del paraurti). **12.** chuck ~ (as of lathe) (*mech.*), riparo di protezione del mandrino. **13.** driver's overhead ~ (as of a lift truck) (*factory veh.*), protezione del conducente. **14.** flank ~ (*milit.*), pattuglia di fiancheggiamento. **15.** gapless-type ice ~ (*aer. mot.*), paraghiaccio senza interstizio. **16.** gapped-type ice ~ (*aer. - mot.*), paraghiaccio con interstizio. **17.** hinged ~ (as over the work of a mach. t.) (*mech.*), cuffia cernierata, riparo apribile a cerniera. **18.** main ~ (*milit.*), grosso d'avanguardia. **19.** memory ~ (protection: as for avoiding erasing) (*comp.*), protezione della memoria. **20.** mud ~ (Brit.) (as of aut.), parafango. **21.** night ~, guardia di notte. **22.** rear ~ (*milit.*), retroguardia. **23.** safety ~ (as of mach. ut.) (*mech.*), riparo, protezione di sicurezza. **24.** splash ~ (as of mot.) (*mech.*), paraolio.

guarding (as of a factory by guards), sorveglianza.

guardrail (*naut.*), battagliola. **2.** ~ (checkrail) (*railw.*), controrotaia. **3.** ~ (as at the edge of a highway) (*road*), barriera di sicurezza, guardavia, sicurvia, "guardrail".

guardroom (as of factory guards), corpo di guardia. **2.** ~ (*milit.*), corpo di guardia.

gudgeon (*mech.*), perno. **2.** ~ (of mot.), spinotto, perno di stantuffo. **3.** ~ pin (piston pin: of mot.), spinotto, perno di stantuffo. **4.** floating ~ (pin: of mot.), spinotto flottante, perno flottante di stantuffo. **5.** rudder ~ (*naut. - aer.*), femminella del timone.

guerrilla (guerilla, one engaged in irregular warfare) (*milit.*), guerrigliero. **2.** ~ warfare (*milit.*), guerriglia.

guess-rope (an extra line from a ship to a towed boat) (*naut.*), cavo di rimorchio supplementare per tenere in linea il rimorchio.

guesstimate (for an approximative estimate) (*adm. - comm.*) (coll.), stima approssimativa.

guess-warp (a line fastening a ship to a buoy or to a shore) (*naut.*), cavo di ormeggio.

guesswork (conjecture) (*gen.*), ipotesi.

guest rope, *see* guess-rope.

guidance (as of a space ship, a missile, etc.) (*astric. - rckt.*), guida. **2.** beam riding ~ (the guiding system for a craft that follows a beam) (*aer. navig. - astric.*), guida a fascio direttore. **3.** inertial ~ (as of a space veh.) (*astric. - rckt.*), guida inerziale, guida ad inerzia. **4.** stellar ~ (as of a space vehicle) (*astric. - rckt.*), guida a riferimento astronomico.

guide (*mech.*), guida, guida di scorrimento. **2.** ~ (of valve stems: as of a mot.) (*mech.*), guida. **3.** ~ (as of locomotive driving gears) (*railw.*), guida. **4.** ~ (short for wave-guide) (*tlcm.*), guida d'onda. **5.** ~ (used for ensuring location in rolling) (*metall.*), guardia. **6.** ~ bar (*mech.*) (Brit.), guida (di scorrimento). **7.** ~ blade (of turbine) (*mech.*), paletta fissa, paletta direttrice, paletta del diffusore. **8.** ~ edge (as of a punched card, a sheet of paper, a tape etc.) (*comp.*), margine guida. **9.** ~ mark (surface defect due to abrasion between the metal and a guide) (*rolling defect*), riga di laminazione, graffiatura di laminazione. **10.** ~ pin (leader pin: as for the exact positioning of a die) (*mech.*), perno di guida, spina di guida, perno pilota. **11.** ~ plate (of spinning mach.) (*text. ind.*), guidafilo. **12.** ~ pulley (as of aer. controls operated by cable) (*mech.*), puleggia di guida. **13.** ~ pulley (of a belt) (*mech.*), galoppino, puleggia guidacinghia. **14.** ~ rope (of a balloon) (*aer.*), cavo pilota. **15.** ~ score (*rolling defect*), *see* guide mark. **16.** ~ scratch (*rolling defect*), *see* guide mark. **17.** ~ shearing (*rolling defect*), *see* guide mark. **18.** carriage ~ (*mach. t.*), guida del carrello. **19.** corner ~ (as of an elevator) (*bldg.*), guida su cantonale, guida di angolo. **20.** crosshead ~ (of a steam locomotive) (*railw.*), guida della testa a croce. **21.** exhaust valve ~ (*mot.*), guida valvola di scarico. **22.** inverted ~ (invert guide) (*mech.*), guida invertita. **23.** lateral ~ (as of an elevator) (*bldg.*), guida laterale. **24.** light ~ (as formed by a bundle of optical fibers) (*opt.*), guida di luce, conduttore di luce. **25.** prismatic ~ (*mech.*), guida prismatica. **26.** saddle ~ (*mach. t.*), guida del carrello. **27.** sawblade ~ (*wood work. mach.*), guidalama. **28.** valve ~ (*mot.*), guidavalvola. **29.** wave ~ (*radio*), guida d'onda.

guide (to) (*mech.*), guidare.

guided missile (remote controlled by radio signals or automatically selfaiming on the target by a built-in radar device) (*rckt.*), missile guidato.

guidepost (*road traff.*), indicatore stradale, cartello indicatore.

guildhall (*arch.*), municipio, sala per riunioni.

guilloche (*arch.*), particolare fregio con elementi ornamentali circolari.

guillotine, ghigliottina. **2.** ~ (window with sash moving vertically) (*join.*), finestra a ghigliottina. **3.** ~ cutting machine (*paper - cutting mach.*), taglierina a ghigliottina. **4.** ~ shears (*mach. t.*), cesoia a ghigliottina.

guillotining (*mech. operation*), taglio con cesoia a ghigliottina.

gulch (the deep bed of a torrent) (*geol.*), forra.

gulf (*geogr.*), golfo. **2.** ~ stream (*sea*), corrente del golfo.

gullet (trench in an excavation) (*civ. eng.*), trincea di servizio. **2.** ~ (of a saw) (*mech.*) (Brit.), spazio tra due denti successivi.

gulp (a group of bytes representing a unit) (*comp.*), gruppo di ottetti.

gum (*chem. - ind.*), gomma. **2.** ~ (gum-bichromate print) (*phot.*) (Am.), copia su carta bicromatata. **3.** ~ (*philately*), gomma. **4.** ~ (in gasoline consequent to cracking) (*chem.*) (Am.), gomma. **5.** ~ arabic, gomma arabica. **6.** ~ elastic (*ind.*), *see* rubber. **7.** ~ resin (*chem. ind.*), gommaresina. **8.** ~ tree, (varietà di) albero produttore di gomma resinosa. **9.** arabian ~ (*adhesive*), gomma arabica. **10.** existent ~ (in gasoline) (*chem.*), gomma attuale.

gum (to) (abrasive wheel clogging) (*mech.*), impastarsi. **2.** ~ (to restore the original space between the teeth: as by filing) (*saw blades upkeeping*), affilare. **3.** ~ up (to treat with gum, as lithographic plates) (*lith.*), dare la gomma.

gum-bichromate process (*phot.*), processo al bicromato.

gum-dichromate process, *see* gum-bichromate process.

gummed (*a. - gen.*), gommato. **2.** ~ (clogged, a grinding wheel) (*t.*), intasato, impastato. **3.** ~ tape (*paper mfg.*), nastro gommato.

gummer (for sharpening saw teeth) (*mach. t.*) (Am.), affilatrice.

gumming (clogging, defect as of an abrasive wheel when abrading tender material) (*mech.*), impastamento. **2.** ~ (*print.*), gommatura. **3.** ~ machine (*mach.*), gommatrice. **4.** ~ spade (*min. t.*), (tipo di) pala lunga e piatta.

gummy (*gen.*), gommoso.

gums (colloidal substances, vegeta resins) (*chem.*), gomme.

gun (*firearm*), cannone, arma da fuoco, bocca da fuoco. **2.** ~ (a small arm), fucile. **3.** ~ (as for lacquer spraying) (*paint. t.*), pistola. **4.** ~ (grease gun: hand pump) (*mech. app.*), pistola per ingrassaggio. **5.** ~ (for spraying: as concrete mixture) (*mas. - mach.*), apparato per gettare. **6.** ~ (electric soldering tool) (*elect. t.*), saldatoio elettrico a (forma di) pistola. **7.** ~ (throttle lever) (*aer. mot.*), leva del gas, manetta. **8.** ~, *see* air hammer, electric hammer, electron gun. **9.** ~ artificer (*artillery man*), artificiere. **10.** ~ barrel (of firearms), canna. **11.** ~ camera (for photographing the fire effect on the target) (*air. force phot. device*), fotomitragliatrice. **12.** ~ captain (*milit.*), capopezzo. **13.** ~ carriage (*artillery*), affusto di cannone. **14.** ~ commander (*milit.*), capopezzo. **15.** ~ cover (as of a fighter plane) (*aer.*), coperchio abitacolo armi. **16.** ~ crew (*artillery*), serventi al pezzo. **17.** ~ deck (gallery gun) (*obsolete navy*), ponte di batteria. **18.** ~ drill (*milit.*), esercizio ai pezzi. **19.** ~ emplacement (*milit.*), postazione d'arma. **20.** ~ lathe (*mach. t.*), tornio per cannoni. **21.** ~ layer (*artillery*), puntatore. **22.** ~ metal (*metall.*), bronzo duro, bronzo per cannoni. **23.** ~ mount (*artillery*), affusto per cannone. **24.** ~ neck (*telev.*), collo del cannone elettronico. **25.** ~ rifling machine (*mach.*), macchina per rigare armi da fuoco. **26.** ~ sight (*artillery*), congegno di mira. **27.** ~ slide (*ordnance*), slitta di rinculo (sull'affusto). **28.** after ~ (*navy*), cannone poppiero. **29.** air ~ (air-operated welding gun) (*mech. technol.*), pinza pneumatica, pinza ad aria compressa. **30.** antiaircraft ~ (*milit.*), cannone antiaereo. **31.** antitank ~ (*milit.*), cannone anticarro. **32.** belt-fed machine ~ (*firearm*), mitragliatrice a nastro. **33.** booster operated ~ (welding gun operated through air-hydraulic booster) (*mech. technol.*), pinza azionata idropneumaticamente. **34.** built-up ~ (*ordnance*), cannone cerchiato. **35.** breech-loading ~ (*artillery*), cannone a retrocarica. **36.** C-type ~ (welding gun) (*mech. technol.*), pinza a C. **37.** electron ~ (*thermion.*), cannone elettronico. **38.** field ~ (*milit.*), cannone da campagna. **39.** flow ~ (spray gun) (*paint. impl.*), pistola a spruzzo. **40.** greaser ~ (tool: for mach.), ingrassatore a pressione. **41.** hammerless ~ (*firearm*), fucile a cani interni. **42.** landing ~ (*navy*), cannone da sbarco. **43.** line-throwing ~ (*naut.*), cannone lanciasagole, lanciasagole. **44.** lyle ~, *see* line-throwing gun. **45.** machine ~ (*firearm - milit.*), mitragliatrice. **46.** machine guns mounted in pairs (*firearm*), mitragliatrici abbinate. **47.** mud ~ (for closing with clay the taphole of a melting furnace) (*found.*), pistola per lutare il foro di colata. **48.** muzzle-loading ~ (*obsolete*), cannone ad avancarica. **49.** oil ~ (*mech. t.*), siringa per lubrificazione. **50.** priming spray ~ (*paint. t.*), pistola per fondi. **51.** quick-fire ~ (*ordnance*), cannone a tiro rapido. **52.** rapid-fire ~ (*ordnance*), cannone a tiro rapido. **53.** scissors-type ~ (welding gun) (*mech. technol.*), pinza a forbici. **54.** self-propelled (mounting) ~ (*artillery*), cannone semovente. **55.** semiautomatic ~ (*milit.*), cannone semiautomatico. **56.** shot ~ (*firearm*), fucile da caccia. **57.** soldering ~ (for hard or soft solder) (*elect. t.*), saldatoio elettrico a punta diritta e impugnatura a pistola. **58.** split-trail ~ carriage (*artillery*), affusto a doppia coda. **59.** spray ~ (for painting), pistola per verniciatura a spruzzo. **60.** submachine ~ (*firearm*), fucile mitragliatore, mitra. **61.** tire ~ (*aut. - etc.*), pistola per gonfiaggio pneumatici. **62.** touch-up spray ~ (*paint. t.*), pistola per ritocchi. **63.** trench ~ (*artillery*), lanciabombe, mortaio. **64.** triple-barreled ~ (*firearm*), fucile a tre canne, "drilling". **65.** washing ~ (*aut. impl.*), pistola per lavaggio. **66.** wire flame spray ~ (*ind. t.*), pistola da metallizzazione a spruzzatura di metallo fuso.

gun (to) (to open the throttle) (*aer.*), dare manetta, dare "gas".

gunboat (*navy*), cannoniera.

guncotton (*expl.*), nitrocotone, fulmicotone.

gunfire (*milit.*), cannoneggiamento.

gunite (a cement, sand and water mixture forced through a cement gun by pneumatic pressure) (*hydr. constr.*), gunite.

gunlock (of a firearm) (*mech.*), meccanismo di scatto a percussione.

gunmetal, *see* gun metal.

gunnel, *see* gunwale.

gunner (*milit.*), artigliere. **2.** machine ~ (*milit.*), mitragliere.

gunnery (ordnance) (*milit.*), artiglieria. **2.** ~ (ballistics) (*milit.*), balistica.

gunny (*text.*), tela da sacchi.

gunpowder (*expl.*), polvere nera.

gun-rivet (to) (*mech.*), chiodare con martello pneumatico.

gunship (armed helicopter) (*air force*), elicottero armato.

gunshot (*firearm*), colpo di arma da fuoco. **2.** ~ (range of a gun) (*firearm*), gittata massima.

gunsight (*firearm - rocket*), congegno di mira.

gunsmith (*work.*), armaiolo.

gunstock (as of a rifle) (*firearm*), calcio.

gunter iron (for fastening the topmast to the lower mast) (*shipbuild.*), testa di moro.

gunwale (*naut.*), capo di banda, frisata.

gusher (oil well with spontaneous flow) (*min.*), pozzo ad eruzione spontanea.

gusset (angular iron plate used for strengthening joints in steel structures), fazzoletto. **2.** ~ plate (connection plate) (*steel structures*), piastra nodale di testa.

gust (*meteorol.*), raffica (di vento). **2.** ~ detector (*aer.*), rivelatore di raffiche (di vento).

gust-sonde (*radio - aer. - meteor. instr.*), radiosonda per rilevamenti di turbolenza.

gutta (ornament of the Doric entablature) (*arch.*), goccia. **2.** ~ ($C_{10}H_{16}$) (*chem.*), gutta, guttaperca.

gutta-percha, guttaperca.

gutter (of a road), cunetta, zanella. **2.** ~ (a channel around the eaves for carrying rain away) (*bldg.*), doccio, grondaia. **3.** ~ (narrow ditch) (*mas.*), canale, canale di scolo. **4.** ~ (for flash: of a die) (*metall.*), scanalatura per sfogo bavatura. **5.** ~ (dry river bed containing alluvial gold) (*min.*), letto di fiume contenente oro alluvionale. **6.** stabilizing ~ (flame stabilizer of a jet afterburner) (*aer. mot. mech.*), stabilizzatore della fiamma.

gutter (to) (*gen.*), scanalare.

guttering (as on the seat or head of a valve) (*mech.*), incavatura di erosione.

"gutterway" (*road*), zanella.

guy (rope) (*naut.*), bozza. **2.** ~ (rope, chain or rod for holding something in place) (*gen.*), fune (o catena o tirante) per controventare.

guy-rope (*bldg. - naut. - etc.*), vento.

"gvl" (gravel) (*bldg.*), ghiaietto.

"GVW" (gross vehicle weight) (*aut.*), peso lordo veicolo.

"GW" (gigawatt) (*elect.*), gigawatt.

"gy", *see* gyro.

gyle (the beer produced at one brewing) (*chem. ind.*), partita di birra. **2.** ~ (wort in incipient fermentation) (*brewing*), primo mosto. **3.** ~ (a vat in which beer is fermented) (*brewing*), vasca di fermentazione.

gymkhana (*aut. - sport - etc.*), gincana, "gymkhana".

gymnasium (*bldg.*), palestra.
gymnastics (*sport*), ginnastica.
"gyp" (gypsum) (*min.*), gesso idrato.
gypsum ($CaSO_4 \cdot 2H_2O$) (*min.*), gesso idrato, pietra da gesso. **2.** ~ blocks (for internal bearing walls) (*bldg. constr.*), blocchi di gesso. **3.** ~ cement, *see* gypsum plaster. **4.** ~ plaster (*bldg.*), malta di gesso. **5.** aerated (*bldg.*), gesso cellulare. **6.** calcined ~ (suited for construction) (*bldg.*), gesso da costruzione. **7.** floor ~ (*bldg.*), gesso da pavimentazioni. **8.** lime-sand ~ plaster (*bldg.*), malta di gesso e calce. **9.** sanded ~ plaster mix (*bldg.*), malta di sabbia e gesso.
"gypsy wheel" (a wheel or pulley grooved to fit the links of a chain) (*mach.*), ruota da catena (calibrata).
gyration (rotation in a circle or spiral) (*phys.*), rotazione. **2.** centre of ~ (guiding centre of a particle, centre about which a charged particle is moving in a plasma placed in a magnetic field) (*plasma phys.*), centro guida.
gyratory (*mech.*), giratorio.
gyro (gyroplane) (*aer.*), autogiro. **2.** ~ (gyrocompass) (*instr.*), bussola giroscopica, girobussola. **3.** ~ (gyroscope) (*instr.*), giroscopio. **4.** ~ horizon (artificial horizon) (*aer. - top. - instr.*), orizzonte artificiale, indicatore di assetto. **5.** ~ mechanism (operating the vertical rudders of a torpedo) (*torpedo mech.*), regolatore di direzione, guidasiluri. **6.** ~ repeater (*aer. instr.*), ripetitrice giroscopica. **7.** directional ~ (*aer. - naut. instr.*), indicatore giroscopico di direzione. **8.** electric ~ (electric gyroscope) (*aer. instr.*), giroscopio elettrico. **9.** free ~ gyroscope (*aer. instr.*), giroscopio libero.
gyrocar (monorail car) (*railw.*), vettura per monorotaia.
gyrocompass (*aer. - naut. instr.*), girobussola, bussola giroscopica. **2.** master ~ (*aer. naut. instr.*), bussola giroscopica madre.
gyrocopter (one place rotorcraft with a normal propeller) (*aer.*), elicottero monoposto ad elica convenzionale.
gyrodynamics (dynamics relating to gyroscopes) (*mech.*), dinamica relativa ai giroscopi.
gyrofins (*shipbuild.*), pinne stabilizzatrici, pinne antirollio.
gyrograph (*mech. instr.*), contagiri registratore.
gyromagnetic (as the spinning electron of the atom) (*phys.*), giromagnetico. **2.** ~ frequency (of a particle in a magnetic field, cyclotron frequency) (*phys.*), frequenza ciclotronica. **3.** ~ resonance (cyclotron resonance, gyroresonance) (*plasma phys.*), risonanza ciclotronica.
gyropilot (*aer. device*), pilota automatico.
gyroplane (*aer.*), elicoplano.
gyrorelaxation effect (*plasma phys.*), effetto di girorilassamento.
gyrorepeater (*navig. instr.*), ripetitore di girobussola.
gyroresonance (*plasma phys.*), *see* gyromagnetic resonance.
gyroscope (*mech.*), giroscopio. **2.** ~, *see also* gyro.
gyroscopic, giroscopico. **2.** ~ bomb-sight (*milit. device*), mirino giroscopico per bombe. **3.** ~ effect (*mech.*), effetto giroscopico. **4.** ~ horizon, *see* artificial horizon. **5.** ~ stabilizer (*aer. instr.*), girostabilizzatore. **6.** steered by a ~ device (as of a robot bomb) (*milit.*), giroguidato.
gyrostabilizer (*naut. - aer.*), stabilizzatore giroscopico, girostabilizzatore.
gyrostat, *see* gyrostabilizer.
gyrostatic (of a gyrostat) (*a. - mech.*), girostatico.

H

"H" (hone!) (*mech. draw.*), levigare, microfinire. **2.** ~ (hardness) (*gen.*), durezza. **3.** ~, *see also* enthalpy, magnetic field strength.
H (hydrogen) (*chem. symbol*), H, idrogeno.
H[2], [2]**H** (deuterium) (*chem. symbol*), deuterio.
H[3], [3]**H** (tritium) (*chem. symbol*), trizio.
"h" (hecto–, prefix: 10^2) (*meas.*), h, etto–. **2.** ~ (hail, Beaufort letter) (*meteorol.*), grandine. **3.** ~ (Planck's constant, in the expression for the quantum of energy equal to 6.55×10^{-27}) (*phys.*), h, costante di Planck. **4.** ~ (henry) (*elect. meas.*), henry. **5.** ~, *see also* half, hall, harbor, hard, hardness, haze, heat, height, helicopter, high, horizon, horizontal, hot, hour, house, humidity.
ha (hectare) (*agric. meas.*), ettaro.
haar (*meteorol.*) (Brit.), nebbia fredda (proveniente dal Nord).
habitable (*gen.*), abitabile.
habitableness (*gen.*), abitabilità.
habitation (dwelling) (*bldg. - arch.*), abitazione.
hachure (shading, as on a drawing or maps) (*draw.*), tratteggio, ombreggiatura.
hachure (to) (*draw.*), tratteggiare, ombreggiare.
hack (notch) (*gen.*), tacca. **2.** ~ (as an aut. engine used for wearing out trials) (*mot. - aut.*), muletto. **3.** ~ (a pick, a mattock) (*t.*), gravina. **4.** ~ (grating) (*hydr.*), grigliato. **5.** ~ saw (*impl.*), seghetto (a mano). **6.** ~ sawing machine (*mach. t.*), segatrice alternativa, seghetto meccanico.
hackberry (tree of genus Celtis) (*wood*), bagolaro.
hacked bolt, *see* jag bolt.
hackle (*flax and hemp ind.*), pettine. **2.** ~ pin (*text. ind.*), punta da pettine. **3.** hemp ~ (*text. mach.*), pettine per canapa.
hackle (to) (flax or hemp) (*text. ind.*), pettinare.
hackling (of flax or hemp) (*text. ind.*), pettinatura. **2.** ~ bench (*text. ind.*), banco del pettine. **3.** ~ machine (*text. ind. mach.*), pettinatrice meccanica, scapecchiatrice.
hacksaw, *see* hack saw.
hadal (below 6,000 metres) (*a. - sea*), relativo alle zone al di sotto dei 6.000 metri di profondità.
hade (the angle which a fault plane makes with the vertical) (*geol.*), angolo di faglia.
Hadley's quadrant (*old naut. instr.*), ottante.
hadron (class of elementary particles dealing with strong interaction) (*atom phys.*), adrone.
haematein (*chem.*), *see* hematein.
haematite, *see* hematite.
haemoglobin, hemoglobin (*biochem.*), emoglobina. **2.** ~ meter (*med. instr.*), emoglobimetro.
haemoglobinometer (*med. instr.*), emoglobimetro.
haemorrhage (hemorrhage) (*med.*), emorragia.
hafnia (HfO_2) (*chem.*), biossido di afnio.
hafnium (Hf - *chem.*), afnio.
haft (handle), impugnatura.
haggle (to) (to bargain) (*comm.*), mercanteggiare.
hail (*meteorol.*), grandine. **2.** soft ~ (graupel, international symbol Δ, granular snow) (*meteorol. - air navig.*), neve debole, neve leggera, grandine nevosa, neve granulosa e friabile.
hail (to) (*meteor.*), grandinare. **2.** ~ (a ship) (*naut.*), chiamare.
hailer (combined microphone and loudspeaker) (*electroacous.*), megafono elettronico.
hailstone (*meteorol.*), chicco di grandine.
hailstorm (*meteorol.*), grandinata.
hair (*text. material*), pelo. **2.** ~ belt (*ind.*), cinghia di crine. **3.** ~ clipper (*hairdresser t.*), macchinetta per tagliare i capelli. **4.** ~ drier (*electrodomestic app.*), asciugacapelli. **5.** ~ felt (for heat insulation, as of passenger cars) (*railw. - etc.*), feltro di crine. **6.** ~ salt (alunogen) (*min.*), alunogeno. **7.** ~ spring, *see* hairspring. **8.** camel's ~ (*text. material*), pelo di cammello. **9.** curled ~ (*text. material*), crine. **10.** goat's ~ (*text. ind.*), pelo di capra. **11.** rabbit's ~ (*ind.*), pelo di coniglio. **12.** stadia hairs, *see* stadia wires.
hair–check (very fine crack: as on paint) (*imperfection*), incrinatura capillare.
haircloth (*fabric*), tessuto di crine.
hairdrier, *see* hair drier.
hairline (very slender line, as of a type) (*print.*), linea finissima.
hairpin (turn of almost 180°) (*road*), curva di circa 180°, tornante.
hairslip (*leather ind.*), perdita del pelo.
hairspring (of a watch) (*horology*), spirale del bilanciere.
halation (halo) (*phot. - opt.*), alone. **2.** ~ (formation of a halo) (*opt. - phot.*), formazione di alone.
halberd (*ancient arm*), alabarda.
half (*a.*), mezzo, metà. **2.** ~ (in a football team) (*sport*), mediano. **3.** ~ barrier (of grade crossing) (*railw.*), semisbarra. **4.** ~ bearing (as of connecting rod) (*mech.*), semicuscinetto, semiguscio. **5.**

~ box (*found.*), semistaffa. **6.** ~ box (*mech.*), semiscatola. **7.** ~ casing (as of a gearbox) (*mech. - etc.*), semiscatola. **8.** ~ casing (as of a pump) (*mach.*), semicarcassa. **9.** ~ crown (type of knot) (*naut.*), gassa rotonda, gassa a legatura in croce. **10.** ~ cycle (*phys. - elect.*), semiperiodo. **11.** ~ hitch (knot) (*naut.*), (nodo a) mezzo collo. **12.** ~ life (*radioact.*) (Am.), *see* half-life (Brit.). **13.** ~-lock coil rope (half-locked coil rope) (*mech. - naut. - etc.*), fune semichiusa. **14.** ~ lustre (*gen.*), semilucido. **15.** ~ round (ornament) (*arch.*), modanatura a mezzo tondo. **16.** ~ section (*draw.*), semisezione, mezza sezione. **17.** ~ space, *see* halfpace. **18.** ~ stick (type set in half-column width) (*typ.*), colonnino. **19.** ~ stuff (rag pulp partially broken and washed) (*paper mfg.*), mezza pasta, pesto. **20.** ~ tone (*acous.*), semitono. **21.** ~-track (truck) (*aut. veh.*), autocarro semicingolato (a ruote direttrici e cingoli posteriori). **22.** ~ warp (*text. ind.*), mezza catena. **23.** ~-width value (*phys.*), semilarghezza. **24.** flat ~-round (flat half-round bar) (*metall. ind.*), mezzotondo irregolare, semitondo irregolare. **25.** hollow ~ round (hollow half-round bar) (*metall. ind.*), barra a canalino.

half-a-brick (wall) (*a. - mas.*), a una testa.

half-adder (*comp.*), semiaddizionatore.

half-beam (*shipbuild.*), barrotto, mezzo baglio.

half-breadth plan (*shipbuil. draw.*), piano (o sezione) orizzontale.

half-duplex, "HDX" (not in both directions simultaneously) (*a. - tlcm.*), semiduplex, semibidirezionale.

half-life, half-life period (time required for half atoms of a substance to become disintegrated) (*atom phys.*), tempo di semidisintegrazione, tempo di dimezzamento della radioattività.

half-loop (*acrobatics*), mezza grande volta.

half-mast (at half-mast: as of a flag) (*adv. - naut.*), a mezz'asta. **2.** ~ (*n. - naut.*), mezz'asta.

halfpace (half space: landing between two half flights) (*bldg.*), pianerottolo.

half-roll (*aer. acrobatics*), mezzo frullino, mezzo tonneau.

half-round (half-round bar) (*n. - metall.*), mezzotondo, semitondo.

half-sized (as paper in which a medium "size" has been used) (*a. - paper mfg.*), a mezza colla.

half-timbered (*a. - arch.*), ad ossatura in legno e tramezzi in muratura costituiti da stuoie intonacate.

halftone (*a. - print. - photomech.*), a retino, retinato, mezzatinta. **2.** halftones (middle tones) (*phot.*), mezzi toni, toni intermedi. **3.** ~ negative (*print. - photomech.*), negativo retinato. **4.** ~ positive (*print. - photomech.*), positivo retinato. **5.** ~ screen (*print. - photomech.*), retino.

half-track (2 wheels in front and 1 half-track system in the rear) (*n. - aut.*), semicingolato. **2.** ~ (*a. - aut.*), provvisto di semicingoli. **3.** ~ armored truck (*milit. veh.*), autoblindo semicingolato.

half-wave (*a. - radio*), in (o di) semionda. **2.** ~ antenna (*radio*), antenna in semionda. **3.** ~ plate (relating to polarized light) (*opt.*), lastrina a mezza onda. **4.** ~ rectifier (*elect.*), raddrizzatore a semionda.

halfway (*adv. - gen.*), a mezza strada.

halid, halide (*chem.*), alogenuro.

hall (assembly room) (*arch.*), sala. **2.** ~ (entrance room of a building) (*arch.*), atrio, atrio d'ingresso, "hall". **3.** ~ (of university) (*bldg.*), aula magna. **4.** ~ coefficient (hall constant) (*elect.*), costante di Hall. **5.** ~ effect (*elect.*), effetto "hall". **6.** dining ~ (*ind. bldg.*), refettorio.

hallmark (official mark: as on gold or silver items) (*comm.*), marchio di garanzia.

halloysite [$Al_2Si_2O_5(OH)_4nH_2O$] (*min. - refractory*), halloysite.

halo (*astr. - opt.*), alone.

halo (to) (to form a halo) (*opt. - phot.*), formare alone.

halocline (gradient of salinity) (*sea - torpedos*), gradiente di salinità (verticale).

halogen (*chem.*), alogeno.

haloid (*a. - chem.*), aloide, saliforme. **2.** ~ (*n. - chem.*), alogenuro.

halt (stop), fermata. **2.** ~ (*milit.*), alt. **3.** ~ (*comp.*), alt, arresto. **4.** ~ instruction (breakpoint instruction, stop run instruction) (*comp.*), istruzione di arresto. **5.** programmed ~ (*comp.*), arresto programmato.

halt (to) (*gen.*), fermare.

halted (*gen.*), fermato.

halter (for horse head) (*impl.*), cavezza.

halvans (inferior ore) (*min.*) (Brit.), minerale scadente.

halve (to), dimezzare.

halving (splitting) (*gen.*), divisione in due metà. **2.** ~ (*carp.*), giunto a mezzo legno, giunzione a mezzo legno, unione a mezzo legno.

halyard, halliard (*naut.*), drizza, ghindazzo, cavo buono.

ham (*radio*), radioamatore patentato.

hamate (hook shaped) (*a. - gen.*), a forma di gancio.

hamber (hamberline, hambroline), *see* roundline.

hammer (*t.*), martello. **2.** ~ (as of a gun) (*firearm*), cane. **3.** ~ (*forging mach.*), maglio. **4.** ~ blow (*mech.*), colpo di martello. **5.** ~ blow (*forging*), colpo di maglio. **6.** ~ blow (the hammering of rails caused by the inertia of a rail car) (*railw.*), martellamento (delle rotaie). **7.** ~ box (noise-making device for acoustic mine sweeping) (*navy*), campana di dragaggio. **8.** ~ cogging (*forging*), sbozzatura al maglio. **9.** ~ contact (*elect.*), contatto a martello. **10.** ~ crusher (*ind. mach.*), frantoio a martelli. **11.** ~ finish paper (*paper mfg.*), carta martellata. **12.** ~ forging machine (reciprocating hammer forging machine) (*forging mach.*), martellatrice. **13.** ~ form (*sheet metal w.*), sagoma per battilastra. **14.** ~ glazing (*paper mfg.*), satinatura a martello. **15.** ~ head (of a drop hammer) (*mech.*), mazza battente. **16.** ~ mill (as for ore dressing) (*ind. mach.*), mulino a martelli. **17.** ~ mill (food grinder) (*agric. mach.*), frangitutto, mulino a martelli. **18.** ~ welding (*technol.*), saldatura al maglio. **19.** air ~ (*forging mach.*), maglio ad aria compressa. **20.** air lift ~ (single-action type of gravity drop hammer) (*forging mach.*), maglio ad aria compressa a semplice effetto. **21.** ballpeen ~ (*t.*), martello con penna tonda. **22.** board drop ~ (*forging mach.*), maglio a tavola, berta e tavola. **23.** boilermaker's ~ (*t.*), martello da calderaio. **24.** boiler scaling ~ (*t.*), martellina. **25.** brick ~ (*t.*), martello da muratore. **26.** bricklayer's ~ (*t.*), martello da muratore. **27.** cartridge ~ (for driving nails etc.) (*t.*), pistola sparachiodi. **28.** chipping ~ (a pneumatically operated chisel) (*mas. t.*), scalpello pneumatico. **29.** claw ~ (*t.*), martello da carpentiere. **30.** compressed-air ~ (*forging mach.*), maglio ad aria compressa. **31.** counterblow ~ (*forging mach.*), maglio a contraccolpo. **32.** double-action steam ~ (*forging mach.*), maglio a vapore a doppio effetto. **33.** drop ~ (*forging mach.*), maglio a caduta libera, berta. **34.** electric ~ (*t.*), martello elettrico. **35.** electro-hydraulic drop ~ (*forging mach.*), maglio elettroidraulico. **36.** farrier's ~ (*t.*), martello con penna a granchio. **37.** firing ~ (as in a shotgun) (*firearm mech.*), cane. **38.** flogging ~ (sledge for chipping castings) (*found. t.*), mazza per scalpellare sbavature. **39.** forge ~ (*mach.*), maglio. **40.** glazier's ~ (*t.*), martello da vetraio. **41.** gravity drop ~ (*mach.*), maglio a caduta libera, berta. **42.** hack ~ (*t.*), martellina. **43.** knapping ~ (stone-cutter tool with two faces) (*t.*), martello di peso medio a due bocche. **44.** mason's ~ (*mas. t.*), martello da muratore. **45.** open-frame ~ (for forging without dies) (*mach.*), maglio per fucinatura senza stampi (o libera). **46.** pile-driving ~ (*bldg.*), berta per piantare palafitte. **47.** planishing ~ (as for sheet-metal surfaces) (*mech. t.*), martello per spianare. **48.** plumber's ~ (*t.*), martello da fontaniere. **49.** pneumatic ~ (*t.*), martello pneumatico. **50.** pneumatic power ~ (*forging mach.*) (Brit.), maglio pneumatico. **51.** pneumatic trip ~ (*mach.*), maglietto pneumatico. **52.** power ~ (*forging mach.*), maglio. **53.** print ~ (as an impact printer) (*comp.*), martelletto pressore. **54.** riveting ~ (*t.*), martello per ribadire. **55.** rock ~ (pneumatic hammer) (*min. t.*), martello pneumatico. **56.** scaling ~ (*boil. t.*), martellina per disincrostazione. **57.** set ~ (*blacksmith's t.*) (Brit.), martello piano, buttarola. **58.** shoeing ~ (*t.*) (Brit.), martello da maniscalco. **59.** sledge ~ (*t.*), mazza. **60.** smasher ~ (used by photoengravers) (*t.*), martello da fotoincisore. **61.** steam ~ (*forging mach.*), maglio a vapore. **62.** strap ~ (*mech. t.*), maglio a cinghia a caduta. **63.** throwing the ~ (*sport*), lancio del martello. **64.** tilt ~ (*forging mach.*), maglio a leva. **65.** trip ~ (*mach.*), maglio a leva. **66.** uphand ~ (*t.*), mazzetta. **67.** upholsterer's ~ (*t.*) (Brit.), martello da tappezziere. **68.** water ~ (*hydr.*), colpo di ariete. **69.** wooden ~ (*t.*), mazzuolo (di legno).

hammer (to) (*mech.*), martellare.

hammerbox, *see* hammer box.

hammered (*gen.*), martellato. **2.** ~ plate (*technol.*), lamiera stirata al maglio.

hammering (*mech.*), martellatura. **2.** ~ (*forge operation*), lavorazione al maglio. **3.** ~ machine (*forging mach.*), maglio.

hammering-in (as of internal combustion engine valve seats) (*mech.*), martellamento.

hammerless (of a firearm) (*a.*), a cani interni.

hammerman (tending a drop hammer) (*work.*), stampatore.

hammersmith (*work.*), fucinatore. **2.** ~ (supervisor of work made by hot pressing or drop forging) (*factory pers.*), capo reparto stampaggio a caldo.

hammerweld (to) (*iron forging*), saldare al maglio.

hammer-wrought (*a. - metall.*), fucinato.

hammock, amaca.

hamper (to), intralciare.

Hampshire (sheep breed) (*wool ind.*), pecora "hampshire", razza di pecora con lana lucente e fitta.

hand (*n.*), mano. **2.** ~ (*a. - gen.*), a mano. **3.** ~ (as of a dial) (*instr.*), indice. **4.** ~ (*naut.*), membro dell'equipaggio. **5.** ~ (of a watch), lancetta. **6.** ~ (one working in manual jobs) (*work.*), operaio. **7.** ~, *see also* hands. **8.** ~ brace (*carp. t.*), menaruola. **9.** ~ brake (*aut.- etc.*), freno a mano. **10.** ~ capacity effect (*radio*), effetto capacitivo della mano. **11.** ~ crank (*mech. - etc.*), manovella a mano. **12.** drill (*t.*), trapano a mano. **13.** ~ drive (*mech.*), comando a mano. **14.** ~ feed (*mach. t.*), avanzamento a mano. **15.** ~ frame (operated by hand) (*text. mach.*), macchina a mano per maglieria. **16.** ~ grenade (*milit.*), bomba a mano. **17.** ~ grip (*mech. - etc.*), manopola, impugnatura. **18.** ~ guard (of a rifle), copricanna. **19.** ~ lever (*mech.*), manetta. **20.** ~ line (*fishing*), lenza. **21.** ~ made (*ind.*), fatto a mano. **22.** ~ of spiral (gears) (*mech.*), senso della spirale. **23.** ~-operated, azionato a mano. **24.** ~ press (*print.*), *see* proof press. **25.** ~ pump (*mach.*), pompa a mano. **26.** ~ rammer (*found. t.*), piletta, pestello (calcaterra). **27.** ~ spinning (*text. ind.*), filatura a mano. **28.** ~ steering (*naut.*), timone a mano. **29.** ~ tap (*mech. t.*), maschio a mano. **30.** ~ vice (*mech. fixture*), morsetto a mano. **31.** ~ wheel (as of mach., of valves etc.) (*mech.*), volantino. **32.** by ~, a mano. **33.** farm ~ (*agric. work.*), bracciante, operaio agricolo. **34.** iron ~ (part of unloading machine, used for removing pressed work from the mach.) (*mech. technol.*), mano meccanica, manipolatore. **35.** iron ~ unloading machine (as for removing a workpiece from a mach.) (*mach.*), scaricatrice a mano meccanica. **36.** leading ~ (person in charge of a gang: as in a factory) (*pers. organ.*), caposquadra. **37.** mechanical hands (*autom.*), manipolatore, mano meccanica. **38.** operated by ~, azionato a mano. **39.** painting by ~ brush (*paint.*), verniciatura a pennello. **40.** ready to ~, a portata di mano. **41.** right ~ (*gen.*), destra, dritta. **42.** under the ~ of (authenticated by the handwriting of) (*law*), legalizzato con firma di.

hand (to) (to furl a rope) (*naut.*), dar volta. **2.** ~ sails (to furl) (*naut.*), serrare le vele.

handbag (*gen.*), sacco a mano.

handbarrow (stretcher) (*milit. - etc.*), barella.

handbasin, *see* washbasin.

handbill (leaflet) (*adver.*), volantino.

handbook (*gen.*), manuale. **2.** ~ (a book containing maintenance and servicing instructions) (*mot. - etc.*), libretto d'istruzione. **3.** operation and maintenance ~ (*mot. - etc.*), libretto uso e manutenzione.

handcar (*railw.*) (Am.), carrello di servizio.

handcart (*veh.*), carretto a mano.

handcraft, *see* handicraft.

handcuff (to) (*law - police*), ammanettare.

handcuffs (*police impl.*), manette.

handgrip (*gen.*), impugnatura. **2.** ~ with tool chuck (as of a rotary filing mach. with flexible shaft) (*shop app.*), impugnatura con testa portautensili.

handgun (*firearm*), arma da fuoco usata con una sola mano, pistola, revolver.

handhold (as in public transport vehicles) (*veh.*), maniglia.

handhole (*gen.*), portellino di ispezione, apertura che consenta l'introduzione di una mano.

handicap (*gen.*), svantaggio.

handicraft (*gen.*), arte manuale. **2.** ~ (*mfg.*), artigianato. **3.** ~ (*a. - work.*), artigianale.

handicraftsman (artisan) (*work.*), artigiano.

handie-talkie (two-way radio) (*radio*), ricetrasmettitore portatile.

handiness (*naut.*), manovrabilità.

handle, maniglia, impugnatura, manico. **2.** ~ (of an oar) (*naut.*), girone. **3.** ~ (of wool: to the touch) (*wool ind.*), tatto, "mano". **4.** ~ (of a plow) (*agric. impl.*), stegola. **5.** handles (*bldg. - etc.*), maniglie, manigliame. **6.** ~ control (as for gear change of throttle) (*mtc.*), comando a manopola. **7.** ball crank ~ (as of a mach. t.) (*mech.*), manovella contrappesata. **8.** capstan ~ (as in a turret lathe) (*mech.*), manovella a bracci (o a raggiera). **9.** cranking ~ (*mot.*), manovella d'avviamento. **10.** door window regulator ~ (of aut.) (Am.), maniglia di regolazione del vetro del finestrino. **11.** lifting ~, maniglia di sollevamento. **12.** locking ~ (as of a mach. t.) (*mech.*), maniglia di bloccaggio. **13.** starting ~ (*mot.*), manovella di avviamento. **14.** traversing ~ (as of a machine gun) (*firearm*), impugnatura per brandeggio.

handle (to) (to touch, hold or move with the hand), maneggiare. **2.** ~ (to control), controllare. **3.** ~ (as a ship), manovrare. **4.** ~ (to use, to treat) (*gen.*), usare, trattare.

handlebar (as of a motorcycle), manubrio. **2.** ~ (as of a motorcultivator) (*agric. mach.*), stegola.

handler (operating program: as of a peripheral unit) (*comp.*), gestore.

handling (use) (*gen.*), modo di impiegare. **2.** ~ (control), controllo, comando. **3.** ~ (as of a car) (*aut. - etc.*), maneggevolezza. **4.** ~ (as the packaging and shipping of a merchandise) (*transp.*), imballaggio e spedizione. **5.** ~ time (time required to move parts to and from a work station) (*time study*), tempo di trasporto. **6.** ~ time (the time required to perform the manual portion of an operation) (*time study*), tempo manuale. **7.** cargo ~ (*naut.*), maneggio delle merci, maneggio del carico. **8.** chip ~ (*ind.*), maneggio dei trucioli, movimentazione trucioli. **9.** document ~ (*comp.*), movimentazione dei documenti. **10.** interplant material ~ (*ind.*), trasporto dei materiali fra stabilimenti. **11.** material ~ (inside a factory) (*ind.*), "movimentazione" dei materiali. **12.** material ~ (hoisting and coveying of materials) (*ind.*), movimento del materiale, maneggio e trasporto dei materiali. **13.** material ~ equipment (as conveyors, elevators, fork trucks, cranes, tractors, ropeways etc.) (*ind.*), impianti ed attrezzamenti per sollevamento e trasporto. **14.** mechanized ~ (as of a chips) (*ind. transp.*), maneggio meccanico, movimentazione meccanica.

handloom (*text. mach.*), telaio a mano.

handmade (*a. - gen.*), fatto a mano. **2.** ~ paper (*paper mfg.*), carta a mano.

hand-operated (*a. gen.*), a mano, azionato a mano.

handout (free distributed circular as for advertising purposes) (*comm. - etc.*), circolare, volantino. **2.** ~ (official statement to the press, press release) (*press - journ.*), comunicato stampa, dichiarazione (alla stampa).

handpiece (of a mech. device) (*mech.*), impugnatura, manopola.

hand-primer (as on the feed pump of a diesel engine fuel system) (*mot.*), pompetta di adescamento a mano.

handrail (*bldg. ind.*), parapetto, corrimano. **2.** ~ (as on a bus for standing passengers) (*veh.*), corrimano, mancorrente.

handrammer (*impl.*), battipalo a mano, mazzapicchio.

hands, maestranza, mano d'opera. **2.** ~ down (easily) (*gen.*) (coll.), senza sforzo, facilmente.

handsaw (*join. t.*), sega a mano.

handsel (first money collected) (*comm.*), primo incasso. **2.** ~ (earnest money) (*comm.*), caparra. **3.** ~ (gift) (*gen.*), strenna.

handset (transmitter and receiver mounted on the same handle) (*teleph.*), microtelefono, "ricevitore". **2.** ~ (*typ.*), composto a mano.

hand-setting (hand composition) (*typ.*), composizione a mano.

handshake (between sending and receiving system: syncronization or OK signal) (*comp.*), sincronizzazione consensuale.
hand-sizing (*paper mfg.*), incollatura a mano.
handspike (*impl.*), leva.
handstamp (to) (to impress a marking as of an office name, a date etc. on documents) (*burocracy*), timbrare a mano.
handtruck (*veh.*), carrello a mano.
handwheel (as of mach., valves etc.) (*mech.*), volantino.
handwork (*ind.*), lavoro a mano, manufatto.
handy (*gen.*), a portata di mano. **2.** ~ (*a. - naut.*), manovriero.
hang (choking of the charge in a furnace) (*metall.*), formazione di ponte, formazione di volta. **2.** ~, *see* slope. **3.** ~ out of the rear (controlled skid of the rear wheels when cornering) (*aut. - racing*) (slang), derapata controllata, scivolata laterale controllata. **4.** ~ up (unespected comp. halt) (*comp.*), interruzione.
hang (to) (*gen.*), sospendere, appendere. **2.** ~ (to lean) (*gen.*), pendere, essere inclinato. **3.** ~ (in a furnace) (*metall.*), formarsi di ponte. **4.** ~ on (*teleph.*), rimanere all'apparecchio. **5.** ~ out the rear (to take a curve with the rear wheels in a controlled skid position) (*aut. racing*), curvare con derapata controllata, prendere una curva con slittamento controllato (o al limite di slittamento). **6.** ~ to right (as a car with a defective right-hand suspension) (*aut. - etc.*), pendere a destra. **7.** ~ up (the microphone) (*teleph.*), interrompere la comunicazione, riagganciare.
hangar (*aer.*), aviorimessa. **2.** ~ (*veh.*), rimessa. **3.** ~ deck (of an aircraft carrier) (*navy*), ponte dell'aviorimessa.
hanger (*mech.*), staffa. **2.** ~ (as of a feeding line suspension) (*railw.*), pendino. **3.** ~ (for overhead shafting) (*mech.*), supporto pendente. **4.** ~ (for supporting the load of a conveyer) (*ind. mach.*), supporto pendente. **5.** ~ (for transporting ladles or crucibles) (*found. impl.*), portantina. **6.** ~ (of a railcar bogie) (*railw.*), pendino. **7.** ~ (vertical tension rod) (*constr. theor.*), tirante verticale. **8.** drop ~ (as of a pipe) (*installation fitting*), sospensione. **9.** pipe ~ (*pip.*), supporto pendente per tubi. **10.** swing ~ (bars or links attached to the transom of a bogie at their upper ends and carrying the spring plank at their lower ends) (*railw.*), pendino articolato. **11.** swing link ~ (*railw.*), *see* swing hanger.
hangfire (delay in the ignition, as of a propellant) (*expl.*), ritardo di accensione.
hanging (suspended) (*gen.*), sospeso. **2.** ~ (*metall.*), *see* hang. **3.** ~ gutter (*bldg.*), grondaia. **4.** ~ wall (of a deposit) (*min.*), tetto (di un banco). **5.** maximum ~ load (as of a crane) (*ind. work safety*), portata massima.
hangings (wall papers, curtains etc.) (*bldg. - finishings*), carta da parati e tapezzeria.
hang-up (non-programmed stop in a routine caused as by improper coding) (*comp.*), arresto non programmato, arresto improvviso, "hang-up".
hank (*text. ind.*), matassa. **2.** ~ (560 yd of worsted yarn) (*text. ind. meas.*), matassa di 512,1 m. **3.** ~ (840 yd of cotton yarn) (*text. ind. meas.*), matassa di 768,1 m. **4.** ~ (iron or wooden ring) (*naut.*), anello.
harbor (*naut.*) (Am.), rada, porto. **2.** ~ due (*naut.*), diritto portuale. **3.** ~ master (*naut.*), capitano di porto. **4.** ~ master branch (*naut.*), capitaneria di porto. **5.** ~ service (*naut.*), servizio portuale. **6.** ~ worker (*work.*), portuale. **7.** ~ works (*naut. bldg.*), lavori portuali. **8.** inner ~ (*naut.*), porto interno. **9.** natural ~ (*geogr. - naut.*), porto naturale. **10.** outer ~ (*naut.*), avamporto. **11.** sea ~ (*naut.*), porto di mare.
harbour, (Brit.) *see* harbor (Am.).
hard, duro. **2.** ~ (as of an electron tube) (*a. - elect.*), a vuoto spinto. **3.** ~ (as of X rays) (*elect.*), duro, ad alto potere penetrativo. **4.** ~ (too sharply defined, as a color) (*a. - phys.*), a forte contrasto. **5.** ~ (as of sound) (*a. - acous.*), duro. **6.** ~ (containing an excess of lime as to water) (*a. - chem.*), duro. **7.** ~ (as a season) (*a. - meteor.*), inclemente. **8.** ~ (settled at high level: as prices) (*a. - comm.*), alto e stabile. **9.** ~ (thick) (*a. - oil*), denso. **10.** ~ (with great contrast) (*a. - phot.*), contrastato, con molto contrasto, duro. **11.** ~ alee! (*naut.*), barra sottovento!, orza tutto! **12.** ~ aport (ship movement) (*naut.*), tutto a sinistra. **13.** ~ astarboard (ship movement) (*naut.*), tutto a dritta. **14.** ~ aweather (*naut.*), barra sopravento!, poggia tutto! **15.** ~ broaching (*mech.*), brocciatura allo stato duro. **16.** ~ center (as in a metal bar) (*metall.*), cuore duro. **17.** ~ coal (*comb.*), antracite. **18.** ~ copy (a copy printed on paper: instead of a *soft* "VDU" copy) (*comp.*), copia (stampata) su carta. **19.** ~ core (*mas. - road*), massicciata. **20.** ~ corn (*agric.*), grado duro. **21.** ~ currency (*finan.*), valuta pregiata. **22.** ~ fiber (*ind.*), fibra vulcanizzata. **23.** ~ grained (*a. - metall.*), dalla grana compatta e dura. **24.** ~ hat (protection hat) (*work. - safety*), elmetto. **25.** ~ labor (*law*), lavori forzati. **26.** ~ lead (*alloy*), piombo all'antimonio. **27.** ~ paper (*paper mfg.*), carta dura. **28.** ~ rubber (ebonite) (*chem. - rubber*), ebanite. **29.** ~ solder (*mech.*), lega per brasatura a forte. **30.** ~-soldered (*mech.*), brasato a forte. **31.** ~ spots (*metall. - found*), zone dure. **32.** ~ steering (*aut. defect*), sterzo duro. **33.** ~ waste (material discarded during the last processes of manufacturing) (*text. mfg.*), scarti di fine lavorazione. **34.** ~ water (*chem. - boil. - etc.*), acqua dura.
hardboard (fibreboard compressed in drying) (*paper mfg. - bldg. constr.*), cartone di fibra compresso.
hard-drawn (hardened by drawing process, hardened by cold working) (*a. - metall.*), incrudito a causa della trafilatura.

harden (to) (to make hard) (*gen.*), indurire. **2.** ~ (to make compact), rassodare. **3.** ~ (*phys.*), indurire. **4.** ~ (as the gelatine of a film) (*phot.*), indurire. **5.** ~ (by heating and quenching) (*heat-treat.*), temprare. **6.** ~ (to become hard: as of lime) (*mas.*), indurirsi.

hardenability (by cooling) (*heat-treat.*), temprabilità, attitudine a prendere la tempra.

hardenable (by cooling) (*a. - heat-treat.*), temprabile.

hardened (*heat-treat.*), temprato. **2.** ~ (protected by means of concrete or earth, as an underground missile launching site) (*a. - milit.*), protetto. **3.** ~ and tempered (usual kind of heat-treating: as for steels) (*heat-treat.*), bonificato. **4.** ~ oils (*chem.*), olii induriti.

hardener (solution added to adhesives, paints etc.) (*chem.*), induritore. **2.** ~ (primary alloy, to be added to a melt) (*metall.*), lega indurente.

hardening (of X rays) (*med. radiology*), indurimento. **2.** ~ (that which hardens) (*heat-treat.*), materiale per cementazione, materiale per produrre indurimento superficiale. **3.** ~ (of steel: by heating and quenching) (*heat-treat.*), tempra di durezza, tempra comune, tempra diretta, tempra ordinaria. **4.** ~ (as of plastic materials) (*chem. ind. - etc.*), indurimento. **5.** ~ (of binders, mortars or concrete) (*bldg.*), indurimento, presa. **6.** ~ (*rope mfg.*), torcitura supplementare. **7.** ~ and tempering (*heat-treat.*), bonifica. **8.** ~ bath (*phot.*), bagno induritore. **9.** ~ media (liquids in which steel is quenched for hardening) (*heat-treat.*) (Brit.), bagni di tempra. **10.** ~ of oils (*chem.*), indurimento degli olii. **11.** age ~ (of aluminum alloys) (*heat-treat.*), aumento di durezza ottenuto con l'invecchiamento. **12.** ammonia ~ (*heat-treat.*), nitrurazione. **13.** bench ~ (by drawing the wire after annealing) (*wire draw.*), incrudimento per (o a causa della) trafilatura. **14.** box ~ (casehardening process carried out in an iron box) (*heat-treat.*), cementazione in cassetta. **15.** bright ~ (carried out in such an ambient as to avoid oxidation etc. and to keep a bright surface) (*heat-treat.*), tempra in bianco, tempra antiossidante. **16.** case-~ (*heat-treat.*), cementazione. **17.** cyanide ~ (cyaniding) (*heat-treat.*), cianurazione. **18.** dispersion ~ (*heat-treat.*) (Brit.), *see* precipitation hardening. **19.** flame-~ (hardening the surface of a metal by heating with a flame and then quenching) (*heat-treat.*), flammatura, tempra alla fiamma. **20.** induction ~ (*heat-treat.*), tempra per induzione. **21.** pack ~ (treatment of steel items by solid carbonaceous materials) (*heat-treat.*), cementazione in cassetta. **22.** precipitation ~ (*heat-treat.*), invecchiamento artificiale. **23.** secondary ~ (hardening effect occurring when tempering certain previously hardened steels) (*heat-treat.*), durezza secondaria. **24.** selective ~ (*heat-treat.*), tempra differenziale. **25.** surface ~ (*heat-treat.*), tempra superficiale, indurimento superficiale. **26.** through ~ (*heat-treat.*) tempra di profondità.

hardenite (martensite with a 0.9% carbon contents and the composition of which corresponds to pearlite) (*metall.*), hardenite.

hard-face (to) (to weld hard material onto the surface) (*mech.*), riportare materiale resistente all'usura, stellitare.

hard-facing (as the welding of hard material on a die impression) (*mech. technol.*), riporto duro. **2.** (hard-facing material) (*mech. technol.*), riporto duro.

hardhat (building worker) (*work.*), operaio di cantiere.

hardie, *see* hardy.

hardness (*metall. - phys.*), durezza. **2.** ~ (of minerals) (*min.*), durezza. **3.** ~ (as of a negative) (*phot.*), durezza. **4.** ~ (degree of vacuum: as in a vacuum tube) (*ind.*), grado di vuoto. **5.** ~ (of X rays) (*phys.*), durezza, penetrazione. **6.** ~ (of water) (*chem.*), durezza. **7.** ~ gradient (hardness variation from center to surface of a casting) (*found.*), gradiente di durezza. **8.** ~ of a radiation (*med. radiology*), durezza di una radiazione. **9.** ~ of water (*chem.*), durezza dell'acqua. **10.** case ~ (*heat-treat.*), durezza di cementazione, durezza superficiale dovuta alla cementazione. **11.** optical ~ tester (*testing app.*), apparecchio ottico per prove di durezza. **12.** permanent ~ (*chem.*), durezza permanente. **13.** red ~ (of high speed tool steel) (*metall.*), durezza a caldo. **14.** Rockwell ~ (*technol.*), durezza Rockwell. **15.** temporary ~ (of water) (*chem.*), durezza temporanea. **16.** total ~ (of water) (*chem.*), durezza totale.

hardpan (a hard layer in the soil, where digging is difficult) (*agric.*), crostone.

hard-sectored (said of floppy disk having an identification hole in correspondence to each sector) (*a. - comp.*), a formattazione (o inizializzazione) meccanica della divisione in settori.

hard-sized (as paper in which much "size" has been used) (*a. - paper mfg.*), tutta colla.

hard-solder (to) (to braze) (*mech.*), saldare a forte.

hard-soldered (*mech.*), saldato a forte.

hard-spun (as of a wool yarn twisted firmly during spinning) (*a. - text. ind.*), supertorto, stratorto.

hardstand, hardstanding (as of an airfield) (*aer.*), area di stazionamento.

hardtop (of a car) (*aut.*), tetto rigido, capote rigida, "hardtop". **2.** " ~ " (an ironsheet top car with two doors; chiefly a sports car) (*aut.*) (Am.), "coupé".

hardware (*ind.*), ferramenta, articoli di ferro. **2.** ~ (the mechanical, electronic and physical items and elements which make up an apparatus) (*comp. - veh. - etc.*), "hardware", complesso dei componenti fisici costituenti l'impianto. **3.** ~ (apparatus for instructing personnel: as closed circuit TV, tape recorders etc.) (*electroacous.*), apparecchiature audiovisive. **4.** ~ (tools, mach. t., mech parts, metal fittings, metal jigs etc. of a system) (*mech.*

factory), attrezzamenti metallici specifici (di una commessa).

hardwire (to) (*elect.*), collegare con fili metallici.

hardwired (realized by permanent circuits, not changeable by programming) (*a. - comp.*), cablato.

hardwood (heavy, close-grained wood) (*wood*), legno duro. **2.** ~ (wood of broad-leaved tree as distinguished from that of a coniferous tree) (*wood*), latifoglia, legname di latifoglie.

hardy (blacksmith's cutting chisel for anvils) (*t.*), tagliolo da incudine. **2.** ~ (*a. - gen.*), robusto, resistente alla fatica. **3.** ~ hole (of an anvil) (*mech.*), foro quadro (di incudine).

harl (of flax or hemp) (*text.*), filaccia. **2.** ~ (*bldg.*) (Brit.), *see* roughcast.

harm, danno.

harmful (*a. - gen.*), dannoso.

harmless (*a. - gen.*), innocuo.

harmonic (*a. - acous. - math.*), armonico. **2.** ~ (of a periodic quantity) (*n. - math. - phys. - acous. - elect.*), armonica. **3.** ~ analysis (*math. - phys.*), analisi armonica. **4.** ~ analyzer (*phys. - mach.*), analizzatore di armoniche. **5.** ~ antenna (*radio*), antenna armonica. **6.** ~ distortion (in amplitude) (*elect.*), distorsione di armonica. **7.** ~ energy (*radio*), potenza di armonica. **8.** ~ excitation (*radio*), eccitazione armonica. **9.** ~ filter (*radio*), filtro di armonica. **10.** ~ frequency (*elect.*), frequenza armonica. **11.** ~ function (*math.*), funzione armonica. **12.** ~ generator (*radio*), generatore di armoniche. **13.** ~ interference (*radio*), interferenza di armonica. **14.** ~ series (*math.*), serie armonica. **15.** ~ suppressor (*radio*), soppressore di armoniche. **16.** ~ wave (*radio*), onda armonica. **17.** forth ~ (*phys.*), quarta armonica.

harmonica (small wind instr.) (*mus.*), armonica, concertina.

harness (of a horse), finimenti. **2.** ~ (preassembled wiring system as of a mach. t., an aut. etc.) (*elect.*), cablaggio preassemblato. **3.** ~ (of a parachute) (*aer.*), imbracatura. **4.** ~ (the part of a loom containing the heddles) (*text. ind.*), zona dei licci. **5.** ~ (aer. seat belt) (*aer. safety*), cintura di sicurezza. **6.** diagonal ~ (seat belt) (*aut. safety*), cintura (di sicurezza) a bandoliera. **7.** lap ~ (seat belt) (*aut. safety*), cintura (di sicurezza) addominale. **8.** safety ~ (seat belt) (*aut. safety*), cintura di sicurezza.

harness (to) (a horse), "vestire", bardare. **2.** ~ (to utilize) (*gen.*), utilizzare.

harpoon (*fishing*), arpione. **2.** ~ gun (*fishing*), apparecchio lancia arpione.

harrow (*agric. impl.*), erpice. **2.** ~ machine ("leviathan": for wool washing) (*text. mach.*), macchina ad erpice per lavare la lana. **3.** blade ~ (*agric.*), erpice a lame. **4.** chain ~ (*agric. mach.*), erpice a catena. **5.** diamond ~ (*agric. mach.*), erpice diagonale. **6.** disc ~ (for breaking plowed land) (*agric. mach.*), frangizolle a dischi. **7.** disk ~ (*agric. mach.*), erpice a dischi. **8.** knife ~ (*agric. mach.*), erpice coltivatore. **9.** peg-tooth ~ (*agric. mach.*), erpice a denti fissi. **10.** seed ~ (*agric. mach.*), erpice da semina. **11.** spring-tooth ~ (*agric. mach.*), erpice a denti flessibili.

harrow (to) (*agric.*), erpicare.

harsh (as of the defective voice of a radioreceiver) (*a. - acous.*), rauco.

harsh-grained (hide) (*a. - leather ind.*), a grana ruvida.

harvest (crop) (*agric.*), raccolto.

harvester (*agric. mach.*), mietitrice. **2.** ~ (*work.*), mietitore. **3.** forage ~ (*agric. mach.*), mietiforaggi. **4.** rice ~ (*agric. mach.*), mieti-riso.

harvester-thresher (combine harvester) (*agric. mach.*), mietitrebbia.

harvesting (reaping) (*agric.*), mietitura.

harveyize (to) (to harden a metal surface by heating it in producer gas) (*metall.*), "harveizzare", indurire superficialmente.

hash (unwanted signal) (*radio - telev. - radar*), segnale parassita, disturbo. **2.** ~ (gibberish) (*comp. or human error*), linguaggio (o dati) senza senso, risultati incomprensibili. **3.** ~ sign # (hash mark located before a digit indicating that it is octal binary coded) (*comp.*), segno #. **4.** ~ total (it is meaningless from a digital standpoint: has only a control function on the reading correctness of the comp.) (*comp.*), totale di controllo (o di quadratura).

hashing (*comp.*), tecnica di indirizzamento.

haslock (hard wool on the throat of a sheep) (*wool ind.*), lana dura.

hasp (fastening of a box, a trunk lid etc.) (*gen.*), patta cernierata di chiusura ad occhiello.

hasten (to) (*gen.*), accelerare, affrettare, affrettarsi.

"HAT" (high altitude test) (*aer.*), collaudo ad alta quota.

hat (*min.*), cappellaccio. **2.** ~ (metal section ⊓) (*metall. ind.*), profilato a C con bordi. **3.** high ~ (cylindrical cover for protecting the thread of a grinder shaft) (*paper mfg. mach.*), coperchio.

hatch (cover) (*naut.*), boccaporto (portello). **2.** ~ (hatchway) (*naut.*), boccaporto. **3.** ~ (for representing shading) (*draw.*), tratteggio. **4.** ~ (of sub.) (*navy*), portella. **5.** ~ (an opening for loading, as a covered hopper car) (*railw.*), apertura di carico. **6.** ~ (opening for emergency or for loading) (*aer.*), portello. **7.** ~ (*gen.*), spazio chiuso, compartimento. **8.** ~ bar (for opening the hatch) (*aer.*), barra (di apertura) del portello. **9.** ~ beam (*shipbuild.*), baglio di boccaporto. **10.** ~ box (*naut.*), condotto con boccaporto terminale. **11.** ~ coamings (*naut.*), mastre di boccaporto. **12.** ~ cover (as of a covered hopper car) (*railw.*), portello (dell'apertura) di carico. **13.** escape ~ (emergency exit) (*aer. - ed.*), portello di emergenza. **14.** fiddley ~ (for ventilating the mach. room) (*naut.*), boccaporto di ventilazione della sala macchine.

hatch (to) (*draw.*), tratteggiare, ombreggiare.

hatchback (car back having a hatch opening upwards) (*aut.*), terza porta, porta (o sportello) posteriore incernierato orizzontalmente in alto.

hatchel (a kind of large comb for cleaning flax or hemp) (*text.*), pettine.

hatchet (ax, axe, tool having the handle parallel to the cutting edge) (*carp. - firemen*), accetta. **2.** broad ~ (with a rectangular hammering face) (*t.*), accetta con bocca. **3.** claw ~ (*t.*), accetta con un estremo terminante a penna. **4.** lathing ~ (for trimming and for nailing) (*carp. t.*), tipo particolare di accetta-martello.

hatching (*draw.*), ombreggiatura, tratteggio. **2.** ~ (as of a sectional view) (*mech. draw.*), tratteggio.

hatchway (*naut.*), boccaporto **2.** ~ house (*naut.*), cappa di boccaporto. **3.** boiler ~ (*naut.*), boccaporto delle caldaie. **4.** coaling ~ (*naut.*), boccaporto del carbonile.

haul (distance through which any material is transported) (*transp.*), (Brit.), distanza di trasporto. **2.** free ~ (max. distance through which excavated material is transported without extra charge) (*civ. eng.*) (Brit.), massima distanza di trasporto senza sovraprezzo.

haul (to) (*ind.*), trasportare, convogliare. **2.** ~ (to pull) (*gen.*), tirare, trainare. **3.** ~ (to pull: as a hawser) (*naut.*), alare. **4.** ~ (to sail close to the wind) (*naut.*), stringere il vento. **5.** ~ (to change direction: of wind) (*meteorol. - naut.*), cambiare (direzione). **6.** ~ down (*naut.*), ammainare. **7.** ~ out of line (*navy*), uscire dalla formazione. **8.** ~ to port (*naut. - aer.*), accostare a sinistra. **9.** ~ to starboard (*naut. - aer.*), accostare a dritta.

haulage (*ind.*), trasporto, convogliamento. **2.** ~ (*naut.*), alaggio. **3.** ~ (transport of mineral in galleries) (*min.*), carreggio, trenaggio. **4.** ~ (charge made for hauling) (*comm. - transp.*), costo del trasporto. **5.** ~ contractor (*comm. - transp.*), impresa di trasporti. **6.** pneumatic ~ (*ind.*), trasporto pneumatico.

haulageway, *see* gangway 3 ~.

haulaway (*aut. transp.*), multiplo, autocarro trasporto vetture.

hauler, *see* haulier.

haulier (*naut.*), rimorchiatore.

hauling tackle (as of a dragboat) (*naut.*), falso braccio.

haunch (*arch.*), fianco di un arco, zona dell'arco tra chiave ed imposta. **2.** ~ (of a highway) (*road*), banchina.

haven (*geogr.*), rada, porto. **2.** ~ (*naut.*), porto.

haversack (*milit.*), tascapane.

hawk (*mas. impl.*), vassoio.

hawse (hawsehole) (*naut.*), occhio di cubia. **2.** ~ flap (*naut.*), portello di cubia.

hawsehole (*naut.*), occhio di cubia, cubia.

hawsepiece (hawse timber) (*naut.*), trave di cubia.

hawsepipe (for the anchor chain) (*naut.*), condotto di cubìa.

hawser (*naut.*), gomena, gherlino. **2.** towing ~ (*naut.*), gomena da rimorchio, gherlino da rimorchio.

hawser-laid (cable-laid: as a rope) (*a. - naut.*), torticcio.

hay (*agric.*), fieno. **2.** ~ baler (*agric. mach.*), pressatrice per fieno. **3.** ~ cutter (*agric. mach.*), trinciaforaggio. **4.** ~ fever (*med.*), asma del fieno. **5.** ~ loader (*agric. mach.*), caricafieno.

hayloft (*bldg.*), fienile.

"HAZ" (heat affected zone of a weld) (*welding*), zona termicamente alterata.

haze (international symbol ∞) (*meteorol.*), foschia, caligine. **2.** ~ (*phot.*), velo.

hazy (*meteorol.*), nebbioso.

"HB", *see* heavy bomber.

H-beam (*metall. - bldg.*), trave ad I ad ala larga.

H bomb (*expl.*), bomba (atomica) all'idrogeno, bomba H.

"hbr", *see* harbor.

"HC" (heat coil) (*elect.*), bobina termica. **2.** ~ (hand control) (*mech. system*), controllo manuale, comando manuale. **3.** ~, *see* hard copy.

"HCF" (highest common factor) (*math.*), massimo fattore comune.

"HCMOS", High performance Complementary "MOS" (integrated circuits technol.) (*elics. - comp.*), MOS complementare ad alte prestazioni.

"HD" (heavy-duty) (*a. - gen.*), per servizio gravoso. **2.** ~ (hardened) (*a. - heat-treat.*), indurito.

"hd" (head as of screw, eng. etc.) (*mech.*), testa.

"hdlg", *see* handling.

"HDN" (harden) (*heat-treat.*), indurire, trattare termicamente per avere una superficie più dura.

"HDTV" (high definition "TV") (*telev.*), televisione ad alta definizione.

"hdw", "hdwe", *see* hardware.

"HE" (high explosive) (*expl.*), esplosivo ad alto potenziale, alto esplosivo.

He (helium) (*chem. symbol*), elio.

head (part of a machine tool supporting the cutter) (*mech.*), testa. **2.** (*of mot.*), testa, testata. **3.** ~ (of a valve) (*mech.*), fungo. **4.** ~ (as of reinforced concrete or iron beam) (*bldg.*), fungo. **5.** ~ (of a rail) (*railw.*), fungo. **6.** ~ (of a pump) (*hydr.*), prevalenza. **7.** ~ (head metal) (*found.*), materozza. **8.** ~ (of a jetty) (*naut. bldg.*), testata. **9.** ~ (lintel) (*bldg.*), architrave. **10.** ~ (of a ship) (*naut.*), prora. **11.** ~ (pressure) (*phys.*), carico, pressione. **12.** ~ (*geogr.*), promontorio. **13.** ~ (as of a river) (*geogr.*), sorgente. **14.** ~ (feeder head) (*found.*), *see* feedhead. **15.** ~ (top, as of a square sail) (*naut.*), antennale,lato d'inferitura. **16.** ~ (of a printed sheet) (*print.*), margine superiore, testata. **17.** ~ (toilet) (*naut.*), ritirata. **18.** ~ (magnetic head for converting sound into elect. signals and viceversa) (*electroacous.*), testina magnetica. **19.** ~ (cover: terminal top part) (*chem. ind. app.*), coperchio, testa. **20.** ~ (heading, headline: as of a piece of printed matter) (*print.*), titolo. **21.** ~ (top), cima. **22.** ~ (of a cartridge case) (*expl.*), fondello. **23.** ~ (for recording, reading, erasing data: as on a tape) (*comp.*), testina. **24.** ~ carriage (of a disk unit with moving head) (*comp.*), braccio (o carrello) porta testina. **25.** ~ clearance (*road traff.*), altezza libera. **26.** ~ gasket (*mot.*), guarnizione della testata. **27.** ~-gates (the gates at the high-level end of a lock) (*hydr.*) (Brit.), paratoie di massimo livello. **28.** ~ lamp (*aut.*), proiettore, faro. **29.** ~ of the spoke (*bicycle*), testa del raggio. **30.** ~ rest (as of a railw. car seat) (*gen.*), appoggiatesta. **31.** ~ restraint, *see* headrest. **32.** ~ roll (as of a railw. car seat) (*gen.*), appoggia-nuca. **33.** ~ sea (*naut.*), mare di prua. **34.** ~ slab core (*found.*), anima della lista attacco testa. **35.** ~ to the wind (of a ship) (*naut.*), alla cappa. **36.** ~ to wind (*naut. - aer.*), controvento. **37.** ~ valve (of a pump) (*mech.*), valvola di mandata. **38.** ~ water (coming water: as of a river) (*hydr.*), acqua a monte. **39.** ~ wind (*naut.*), vento di prua. **40.** acoustic ~ (homing head, of a torpedo) (*navy*), testa acustica, testa autocercante. **41.** armor-piercing ~ (of a shell) (*milit.*), testa perforante. **42.** available ~ (*hydr.*), salto (di pressione) utilizzabile. **43.** average ~ (elevation above a given datum) (*hydr.*), altezza media (in colonna di liquido), prevalenza media. **44.** by the ~ (of a ship) (*naut.*), appruato. **45.** cast ~ (cylinder head) (*mot.*), testa di fusione. **46.** cheese ~ (of a screw) (*mech.*), testa cilindrica (con intaglio). **47.** clutch ~ (one way head of a screw which may be driven in one direction only) (*mech.*), testa non svitabile. **48.** combined ~, *see* read-write ~. **49.** countersunk ~ screw (*mech.*), vite a testa svasata piana. **50.** cutter slide tilting ~ (*match. t. - mech.*), testa inclinabile (o orientabile) della slitta portautensile. **51.** cylinder ~ (of mot.) (*mech.*), testa cilindro, testata. **52.** dead ~ (*found.*), materozza. **53.** delivery ~ (of a pump), prevalenza, altezza di mandata. **54.** distilling ~ (*chem. impl.*), colonna di distillazione, deflemmatore. **55.** dividing ~ (as of universal mach. t.) (*mech.*), testa a dividere. **56.** drill ~ (as of a torpedo or of a shell) (*navy*), testa da esercitazione. **57.** drilling ~ (as of a derrick) (*min.*), testa di trivellazione. **58.** dynamic ~ (kinetic head, velocity head) (*mech. of fluids*), altezza cinetica. **59.** elevation ~ (*hydr.*), pressione corrispondente al battente. **60.** erase ~, *see* erasing head. **61.** erasing ~ (*electroacous.*), testa di cancellazione, testina di cancellazione. **62.** exercise ~ (torpedo head without explosive used for training) (*navy expl.*), testa di esercitazione, testa di esercizio. **63.** feeding ~ (feedhead) (*found.*), alimentatore, materozza. **64.** fillister ~ (of a screw, raised cheese head) (*mech.*), testa cilindrica con calotta. **65.** flying ~ (read-write head for magnetic disks or drums supported by an interposed film of air) (*comp.*), testina flottante. **66.** flying erase ~ (as on a "VTR") (*audiovisuals*), testina flottante di cancellazione. **67.** friction ~ (loss of pressure due to friction) (*hydr.*), perdita di carico per attrito. **68.** guide ~ (as of a pin stenter) (*text. mach.*), testa di guida. **69.** hexagonal ~ (of a bolt) (*mech.*), testa esagonale. **70.** homing ~ (for automatic active and/or passive guidance of the torpedo on the target) (*navy*), testa autocercante, testa acustica. **71.** hydraulic pressure ~ (*hydr.*), altezza manometrica. **72.** kinetic ~ (*hydr.*), altezza cinetica. **73.** lost ~ (*hydr.*), salto (di pressione) non utilizzato. **74.** magnetic ~ (as in a wire or tape recorder) (*electroacous.*), testina magnetica. **75.** naked style ~ (of an internal grinder) (*mach. t. - mech.*), testa (di mandrino) a sbalzo. **76.** obturator ~ (mushroom head) (*ordnance*), testa a fungo. **77.** one way ~ (*mech.*), *see* clutch head. **78.** oval ~ (raised countersunk head, of a sheet metal screw) (*mech.*), testa svasata con calotta. **79.** pan ~ (of a screw, cylindrical head whose edge remote from the shank is radiused) (*mech.*), testa cilindrica con spigolo superiore arrotondato. **80.** panorama ~ (*phot. - m. pict. device*), testa panoramica. **81.** plain indexing ~ (as of universal mach. t.) (*mech.*), testa semplice con divisione diretta. **82.** playback ~ (as of a tape recorder) (*electroacous.*), testina di lettura. **83.** preread ~ (head reading data in advance of the second head) (*comp.*), testina di prima lettura (o di prelettura). **84.** pressure ~ (*hydr.*), altezza piezometrica. **85.** radio-frequency ~ (transmitting/receiving radar unit) (*radar*), testa a radiofrequenza. **86.** raised cheese ~ (fillister head, of a screw) (*mech.*), testa cilindrica con calotta. **87.** raised countersunk ~ (oval head, of a sheet metal screw) (*mech.*), testa svasata con calotta. **88.** raised hexagon washer ~ (of a screw) (*mech.*), testa esagonale con calotta e spallamento. **89.** read ~ (*comp.*), testina di lettura. **90.** read-write ~ (combined head) (*comp.*), testina di lettura-scrittura. **91.** recording ~ (as of a dictaphone) (*elect.*), fonoincisore, testa di registrazione. **92.** recording ~ (device used to record the sound on a tape or a disk) (*electroacous.*), testina di registrazione. **93.** reproducing ~ (as of a dictaphone), testa del riproduttore. **94.** router ~ (of wood mach. t.) (*mech.*), testa della fresatrice verticale (o del taboretto). **95.** shutoff ~ (as in a centrifugal pump installation) (*hydr. mach.*), prevalenza a mandata chiusa. **96.** sleeve style ~ (of an internal grinder) (*mach. t. - mech.*), testa (con mandrino) supportata dal cannotto. **97.** sound ~ (of a m. pict. projector) (*electroacous.*), testa sonora, testa rivelatrice del suono. **98.** static ~ (*mech. of fluids*), pressione statica. **99.** suction ~ (of a pump), altezza di aspirazione. **100.** total ~ (*hydr.*), carico (o prevalenza) totale. **101.** total ~ (of a pump), prevalenza totale. **102.** total ~ (sum of the dynamic and static pressures) (*mech. of fluids*), pressione totale. **103.** turntable ~ (*mach. t.*), testa orientabile. **104.** 12 point ~ (of a screw) (*mech.*), testa a stella, testa poligonale, testa a doppio esagono. **105.** velocity ~ (*hydr.*), altezza cinetica. **106.** war ~ (of a torpedo) (*navy*), testa di guerra, testa carica.

head (to) (*naut.*), far rotta su. **2.** ~ (to surpass) (*gen.*), sorpassare. **3.** ~ (as an army) (*milit.*), capitanare, condurre. **4.** ~ (to upset) (*forging*), ricalcare, rifollare.

headband (book decoration at the top as of a page or cover) (*bookbinding*), capitello.

headchute (refuse from the boat head) (*naut.*), scarico nero, scarico della rete nera.

head-disk interference ("HDI", causing a harmfull loss of data) (*comp. defect*), contatto tra testina e disco.

headed (*mech.*), con testa.

header (*boil.*), collettore. **2.** ~ (*mas.*), mattone di punta. **3.** ~ (of a series of pipes), collettore. **4.** ~ (of framing) (*carp.*), testata, pezzo di testata. **5.** ~ (*roof bldg.*), travetto. **6.** ~ (*upsetting mach.*), ricalcatrice. **7.** ~ (round or octagonal sheet of paper used to protect the end of a roll in wrapping) (*paper mfg.*), protezione della testata. **8.** ~ (head of an elect. app. through which wires pass out) (*n. - elics.*), coperchietto di uscita dei terminali. **9.** ~ (manifold) (*mot. piping*), collettore. **10.** ~ (title, first section of a message) (*comp.*), intestazione. **11.** ~ and thresher (*agric. mach.*), *see* combine. **12.** cold ~ machine (*mach. t.*), ricalcatrice a freddo per bulloneria.

headframe (over the shaft) (*min.*) (Am.), incastellatura di estrazione.

headgear (*min.*) (Brit.), *see* headframe.

headhouse (housing people waiting for trains departing from the terminal) (*railw.*), sala di aspetto del terminale. **2.** ~ (housing a mine headframe) (*min.*), locale del castelletto (di estrazione).

heading (upsetting) (*mech.*), ricalcatura. **2.** ~ (direction of the longitudinal axis of an aircraft in flight) (*aer.*), rotta, angolo di rotta. **3.** ~ (end of a drift) (*min.*), estremità (o tratto terminale) di galleria di livello. **4.** ~ (of a newspaper) (*journ.*), titolo. **5.** ~ (of a letter) (*off.*), intestazione. **6.** ~ angle (angle between the longitudinal axis of the veh. and the X-axis of the space axis system) (*aer.*), angolo di direzione. **7.** ~ flash (on a radar screen) (*radar*), linea luminosa di rotta. **8.** ~ line (*naut.*), linea di rotta. **9.** ~ machine (*mach.*), ricalcatrice. **10.** ~ punch (*t.*), punzone di ricalcatura. **11.** ~ tool (*t.*), punzone di ricalcatura. **12.** cold ~ (*mech. technol.*), ricalcatura a freddo. **13.** compass ~ (from north indicated by compass) (*aer.*), angolo di rotta alla bussola. **14.** contents ~ (*journ.*), rubrica. **15.** hot ~ (upsetting) (*mech. technol.*), ricalcatura a caldo. **16.** magnetic ~ (from magnetic north) (*aer.*), angolo di rotta magnetica. **17.** newspaper ~ (*journ.*), testata del giornale. **18.** true ~ (*aer.*), angolo di rotta vera, angolo di rotta geografica.

headlamp (*med. instr.*) (Brit.), lampada frontale. **2.** ~ (*aut.*), *see* head lamp *and* headlight. **3.** ~ signaller (*aut.*), avvisatore a lampi di luce, lampeggio fari.

headland (*geogr.*), promontorio.

headledge (transverse coaming, as of a hatchway) (*shipbuild.*), battente della mastra.

headless (*a. - mech. - gen.*), senza testa.

headlight (*aut.*), proiettore, faro. **2.** ~ flashing (high beam flashing for warning) (*aut.*), lampo luce. **3.** blackout ~ (*aut.*), proiettore oscurato. **4.** dipped ~ (*aut.*), proiettore su luce anabbagliante. **5.** pivotable ~ (of a car) (*aut.*), proiettore rotante, faro rotante. **6.** retractable ~ (of a car) (*aut.*), proiettore a scomparsa, faro a scomparsa.

headline (*naut.*), *see* headrope. **2.** ~ (*mach.*), *see* line shaft. **3.** ~ (line at a page top giving the title of the book or chapter subject) (*print.*), titolo.

headlining (of a car) (*aut.*), rivestimento (interno) del padiglione.

headman (person in charge of a gang: as in a factory) (*pers. organ.*) (Am.), caposquadra.

head-on (frontal) (*a. - gen.*), frontale. **2.** ~ wind (*aer. - etc.*), vento contrario, vento frontale.

head-per-track (relating to a magnetic disk having one read/write fixed head for each magnetized track) (*comp.*), una testina per traccia.

headphone (*radio*), cuffia radiotelefonica. **2.** ~ (*teleph.*), cuffia telefonica. **3.** ~ (for a single ear) (*electroacous.*), auricolare.

headquarters (*milit.*), quartiere generale.

headrace (race bringing water to the turbine or waterwheel) (*hydr.*), condotta forzata.

headrest (as of a railw. car seat) (*gen.*), appoggiatesta.

headroom (free space: as under an arch) (*bldg.*), altezza libera di passaggio.

headrope (of a sail) (*naut.*), gratile, ralinga.

headsail (*naut.*), vela (situata) a prua dell'albero di trinchetto.

headset (*radio - telegraph - teleph.*), cuffia. **2.** ~ (as used by a pilot) (*aer. - radio*), casco d'ascolto.

headspace (of a small arm; distance between the obturator and the barrel breech) (*firearm*), lasco dell'otturatore.

headstock (of mach. t.) (*mech.*), testa. **2.** ~ (end cross member as of a railcar or locomotive underframe) (*railw.*), testata del telaio, traversa di testa del telaio. **3.** chain ~ (as of a chain and chisel mortiser) (*wood mach. t.*), portautensile a catena.

headwater (as of a river) (*hydr.*), acqua a monte.

headway (free space: as under an arch) (*road traff.*), altezza libera. **2.** ~ (forward motion), marcia avanti, movimento in avanti. **3.** ~ (of a ship) (*naut.*), abbrivio in avanti. **4.** ~ (interval between two trains running on the same track) (*railw.*), intervallo di tempo. **5.** ~ (distance between the front of a vehicle and the one ahead) (*road traff.*), distanza (dal veicolo che precede). **6.** ~, *see also* headroom.

heald (*text. ind.*), *see* heddle.

healing (covering of a roof with tiles etc.) (*bldg.*), copertura.

health (*med.*), salute. **2.** ~ hazard (of radioact.) (*atom phys.*), pericolo radiologico. **3.** ~ monitoring (of radioact. danger) (*atom phys.*), controllo radiologico. **4.** ~ officer (*med.*), ufficiale sanitario. **5.** ~ physics (determining the radiation danger) (*med. - atom phys.*), fisica medica, fisica (o protezione) radiologica.

heap (as of material) (*ind.*), cumulo, mucchio. **2.** ~ (a zone of a comp. memory dynamically allocated, with random destinations) (*comp.*), mucchio, zona di memoria per impieghi vari.

heap (to), ammucchiare.

heaping (*gen.*), ammucchiamento, ammassamento.

heart, cuore. **2.** ~ (as of a rope), anima. **3.** ~ bond (*mas.*), muratura a giunti sfalsati. **4.** ~ disease (*med.*), malattia di cuore.

hearth (bottom of a reverberatory furnace) (*metall.*), suola, laboratorio. **2.** (*found.*), letto di fusione. **3.** ~ (bottom, as of an open-hearth furnace) (*metall.*), suola. **4.** ~ (of a stove), focolare. **5.** ~ (crucible) (*metall.*), crogiuolo. **6.** ~ molding (*found.*), formatura in fossa. **7.** open-~ furnace (*metall.*), forno Martin. **8.** open-~ steel (*metall.*), acciaio Martin (Siemens). **9.** ring ~ (of an induction furnace: part occupied by the metal and forming the secondary of the furnace transformer) (*metall.*), canale circolare, anello secondario.

heart-lung machine (for heart surgery) (*med. mach.*), macchina per mantenere la circolazione del sangue.

heartwood (duramen, more durable and denser part of wood) (*join.*), durame, massello, cuore del legno.

heat, calore. **2.** ~ (*found.*), colata. **3.** ~ (single complete process of heating: as in a furnace etc.) (*ind.*), infornata, calda. **4.** ~ (forging period before a further reheating of the work is necessary) (*forging*), calda. **5.** ~ (group of elements, as in an aut. race) (*sport*), batteria. **6.** ~ (product of a single furnace charge) (*metall.*), *see* cast. **7.** ~ balance (*therm.*), bilancio termico. **8.** ~ capacity (*phys.*), capacità termica. **9.** ~ conductivity (*phys.*), conduttività termica. **10.** ~ content, *see* enthalpy. **11.** ~ contents (*thermodyn.*), contenuto termico. **12.** ~ drop (as of a gas passing to a lower pressure) (*therm.*), caduta termica. **13.** ~ emission surface (*therm.*), superficie di emissione del calore. **14.** ~ engine (*thermodyn.*), macchina termica. **15.** ~ exchanger (*ind. app.*), scambiatore di calore. **16.** ~ grade (heat rating, of a spark plug) (*mot.*), grado termico. **17.** ~ inertia (*phys.*), inerzia termica. **18.** ~ of combination (*phys. chem.*), calore di combinazione. **19.** ~ of combustion (*chem.*) (Am.), potere calorifico. **20.** ~ of condensation (*phys.*), calore di condensazione. **21.** ~ of fusion (*phys.*), calore di fusione, calore di liquefazione. **22.** ~ of reaction (*chem.*), calore di reazione. **23.** ~ of sublimation (*phys.*), calore di sublimazione. **24.** ~ of vaporization (*phys.*), calore di vaporizzazione. **25.** ~ pollution, *see* thermal pollution. **26.** ~ pump (mechanical refrigerating system) (*therm.*), pompa di calore. **27.** ~ rating (as of a sparking plug) (*elect. - mot. - etc.*), grado termico. **28.** ~ rays (as infrared rays) (*phys. - therm.*), raggi calorifici. **29.** ~ shunt, *see* ~ sink. **30.** ~ sink (way for dissipating noxious heat: as by an electronic app.) (*heat elimination*), dissipatore di calore, pozzo di calore. **31.** ~ sinking (cooling as of power supply app. and elic. app.) (*therm.*), termodispersione. **32.** ~ sponge (as the metal wall of a rocket combustion chamber) (*rckt.*), spugna termica. **33.** ~ time (as in spot welding: time during which the current flows) (*mech. technol.*), tempo caldo, tempo del passaggio di corrente. **34.** ~ transfer equipment (*therm. app.*), scambiatore di calore. **35.** ~ transmission (*therm.*), trasmissione del calore. **36.** ~ transmission by conduction (*therm.*), trasmissione del calore per conduzione. **37.** ~ transmission by contact (*therm.*), trasmissione del calore per contatto. **38.** ~ transmission by convection (*therm.*), trasmissione del calore per convezione. **39.** ~ transmission by radiation (*therm.*), trasmissione del calore per radiazione. **40.** ~ treating department (*shop*), reparto trattamenti termici. **41.** ~ treatment (as of steel) (*metall.*), trattamento termico. **42.** ~ unit (calorie etc.) (*phys.*), unità termica. **43.** ~ value (*therm.*), potere calorifico. **44.** ~ wave (radiant heat wave) (*phys.*), onda di calore radiante. **45.** ~ wave (a period of hot weather) (*meteor.*) (coll.), ondata di calore. **46.** ~ weight (*thermodyn.*), *see* entropy. **47.** condensation ~ (*phys. chem.*), calore di condensazione. **48.** decay ~ (in a nuclear reactor) (*atom phys.*), calore di decadimento. **49.** decomposition ~ (*phys. chem.*), calore di decomposizione. **50.** during the ~ (*therm. treat.*), durante il riscaldo. **51.** equator of ~ (*meteorol.*), *see* thermal equator. **52.** elimination ~ (*sport*), eliminatoria. **53.** formation ~ (*phys. chem.*), calore di formazione. **54.** good ~ conductor (*therm.*), buon conduttore del calore. **55.** gross ~ value (as of coal) (*chem.*), potere calorifico superiore. **56.** latent ~ (*phys. chem.*), calore latente. **57.** latent ~ of vaporization (*phys. chem.*), calore latente di vaporizzazione. **58.** loss of ~ (*therm.*), dispersione del calore. **59.** mechanical equivalent of ~ (*thermod.*), equivalente meccanico del calore. **60.** melting ~ (*phys. chem.*), calore di fusione. **61.** molecular ~ (*phys. chem.*), calore molecolare. **62.** net ~ value (as of coal) (*chem.*), potere calorifico inferiore. **63.** solidification ~ (*phys. chem.*), calore di solidificazione. **64.** specific ~ (*phys.*), calore specifico. **65.** total ~ (sum of sensible and latent heat) (*therm.*), calore totale. **66.** useful ~ (*therm.*), calore utile. **67.** vaporization ~ (*phys. chem.*), calore di vaporizzazione. **68.** white ~ (*metall.*), calore bianco.

heat (to) (*therm.*), scaldare, riscaldare.

heated (*therm.*), scaldato, riscaldato.

heater (*ind. device*), riscaldatore. **2.** ~ (as for heating a cathode) (*thermion.*), riscaldatore. **3.** ~ (as electric, for heating the engine oil system) (*therm.*

app.), riscaldatore, scaldiglia. **4.** ~ (for car passengers comfort) (*aut.*), riscaldatore. **5.** ~ (furnaceman) (*work.*), addetto ai forni. **6.** ~ fan (*aut.*), ventilatore del riscaldamento, elettroventilatore. **7.** ~ plug (of a Diesel engine) (*mot.*), candela ad incandescenza. **8.** asphalt ~ (*road constr. impl.*), scaldatore di bitume. **9.** bar-type induction ~ (*furnace*), forno a induzione per barre. **10.** bath ~ (*therm. fixture*), scaldabagno. **11.** electric ~ (for domestic heating) (*elect. app.*) (Brit.), stufa elettrica. **12.** electric immersion ~ (for liquids) (*elect. therm. device*), resistenza corazzata. **13.** electric water ~ (*household elect. app.*), scaldacqua elettrico. **14.** electroventilating unit ~ (*heating app.*), aerotermo con motore elettrico. **15.** feed water ~ (as of a boil.), riscaldatore dell'acqua di alimentazione. **16.** fresh-air ~ (for car passengers comfort) (*aut.*), riscaldatore-aeratore, riscaldatore di aria (presa dall'esterno). **17.** high-frequency ~ (in plastic and metall. ind.) (*elect.*), riscaldatore (mediante correnti) ad alta frequenza. **18.** horticultural ~ (*agric.*), riscaldatore per orticoltura. **19.** immersion ~ (*therm. app.*), riscaldatore a immersione. **20.** induction ~ (*elect. app. for metall.*), riscaldatore a induzione. **21.** infrared ~ (in plastic and paint ind.) (*elect. app.*), riscaldatore a raggi infrarossi. **22.** intake air ~ (*aer. mot.*), riscaldatore (dell')aria aspirata. **23.** oil ~ (*boil. impl.*), riscaldatore a combustibile liquido, riscaldatore a nafta. **24.** paint ~ (for hot spraying) (*paint. app.*), riscaldatore per vernice. **25.** quartz ~ (quartz tubes located in front of a reflective back) (*elect. - med. device*), stufa al quarzo. **26.** steam unit ~ (*heating app.*), aerotermo a vapore. **27.** turbine type unit ~ (*heating app.*), aerotermo a turbina. **28.** unit ~ (*heating app.*), aerotermo. **29.** ventilated unit ~ (*heating app.*), aerotermo collegato a un impianto fisso di ventilazione.

heath, heather (erica) (*plant*), erica, scopa.

heating, riscaldamento. **2.** ~ battery (A battery) (*thermion.*) (Brit.), batteria d'accensione. **3.** ~ current (*thermion.*), corrente di accensione (o di filamento). **4.** ~ effect (*therm.*), effetto scaldante. **5.** ~ element (as of an electric furnace) (*elect.*), resistenza (elettrica), elemento riscaldante. **6.** ~ load (quantity of heat necessary for maintaining a given temperature permanently) (*bldg. heating*), carico termico. **7.** ~ medium (*therm.*), mezzo riscaldante. **8.** ~ plant, impianto di riscaldamento. **9.** ~ surface (*therm.*), superficie riscaldante. **10.** ~ system (*therm.*), impianto di riscaldamento. **11.** ~ tube (as of a heating app.) (*therm.*), tubo riscaldante. **12.** value (*therm.*), potere calorifico. **13.** ~ voltage (*thermion.*), tensione di accensione, tensione di filamento. **14.** aerodynamic ~ (as on the skin of a multi-Mach plane) (*therm.*), riscaldamento (da attrito) aerodinamico. **15.** air ~ (as in air conditioning), riscaldamento dell'aria. **16.** automatic ~ (*therm.*), riscaldamento senza conduzione manuale. **17.** central ~ plant, impianto di riscaldamento centralizzato. **18.** collisional ~ (gyrorelaxation heating, plasma heating) (*plasma phys.*), riscaldamento collisionale, riscaldamento da girorilassamento. **19.** dielectric ~ (of a nonconductive material by high-frequency electromagnetic field) (*ind.*), riscaldamento ad alta frequenza da perdite dielettriche. **20.** dip ~ (as in thermic treatment) (*metall.*), riscaldo per immersione. **21.** direct ~ (as in air conditioning), riscaldamento (dell'aria) per contatto. **22.** direct resistance ~ (by passing the elect. circuit direct through the metal to be heated) (*therm. - metall.*), riscaldamento a resistenza diretta. **23.** district ~ (heat distribution to the buildings of a zone from a central plant) (*therm. ind.*), riscaldamento centralizzato di quartiere. **24.** dynamic ~ (of an aircraft surface in flight, due to friction) (*aer.*), riscaldamento dinamico. **25.** electric ~ (*therm.*), riscaldamento elettrico. **26.** electronic ~ (*elics. - elect.*), riscaldamento ad alta frequenza. **27.** forced hot-air ~ (*therm.*), impianto di riscaldamento ad aria calda a circolazione forzata. **28.** hot-blast ~ (*therm.*), riscaldamento ad aria calda. **29.** hot-blast ~ system (*therm.*), impianto di riscaldamento ad aria calda a circolazione forzata. **30.** hot-water ~ (*therm.*), riscaldamento ad acqua calda. **31.** hot-water ~ boiler (boiler for heating system), caldaia per impianto di riscaldamento ad acqua calda. **32.** induction ~ (electrotherm.) (*metall.*), riscaldamento a induzione. **33.** inductive ~, *see* induction heating. **34.** infrared ~ (*therm.*), riscaldamento a (raggi) infrarossi. **35.** panel ~ (radiant heating) (*heating*), riscaldamento a pannelli radianti. **36.** radiant ~, *see* panel ~. **37.** resistance ~ (by elect.) (*therm.*), riscaldamento a resistenza. **38.** steam ~ (*therm.*), riscaldamento a vapore. **39.** warm-air ~ (*therm.*), riscaldamento ad aria calda.

heat-resistant (as a steel used for components working at high temperature, as gas turbines etc.) (*a. - metall. - etc.*), resistente al calore, resistente a caldo. **2.** ~ cast iron (*found.*), ghisa resistente a temperature elevate.

heat-resisting, *see* heat-resistant.

heatronic (relating to dielectric heating) (*a. - elect. - ind.*), relativo a riscaldamento ad alta frequenza da perdite dielettriche.

heatseeker (as of an infrared homing missile) (*a. - milit.*), autoguidato a infrarossi.

heatsink, *see* heat sink.

heatstroke (illness due to excessive temperature, as striking metal workers) (*med. ind.*), colpo di calore.

heat-treat (to) (*metall.*), trattare termicamente.

heat-treater (*metall. work.*), addetto ai trattamenti termici.

heat-treating (*metall.*), trattamento termico. **2.** ~ induction heater (*elect. app. for metall.*), apparecchio a induzione per trattamento termico. **3.** in-

duction ~ (*metall.*), trattamento termico mediante apparecchi a induzione.
"heat-treatment" (*metall.*), *see* heat treatment.
heave (horizontal displacement in faulting) (*geol.*), componente orizzontale dello scorrimento.
heave (to) (to careen a ship) (*naut.*), abbattere, inclinare. **2.** ~ (as the log) (*naut.*), filare. **3.** ~ (to haul on, to pull) (*naut.*), alare, tirare. **4.** ~ (to lift) (*phys. - mech. - ind.*), alzare. **5.** ~ (to throw) (*naut.*), gettare. **6.** ~ (to turn, to veer) (*naut.*), virare. **7.** ~ in sight (*naut.*), comparire all'orizzonte. **8.** ~ out (as a sail) (*naut.*), mollare. **9.** ~ short (the anchor) (*naut.*), virare a picco, virare (la catena dell'ancora sino a trovarsi) a picco. **10.** ~ to (to bring the ship to a standstill) (*naut.*), mettersi in panna (o alla cappa).
heavenly body (*astr.*), corpo celeste.
heaver (*naut.*), sbarra (usata come leva).
heavier-than-air (*a. - aer.*), più pesante dell'aria. **2.** ~ craft (aerodyne: airplane, glider, rotorcraft) (*aer.*), aeromobile più pesante dell'aria, aerodina.
Heaviside layer, *see* ionosphere.
heavy, pesante. **2.** ~ burr and (or) seed wool (*wool ind.*), lana contenente semi e (o) lappole fino al 16% (del peso del prodotto sudicio). **3.** ~ drive fit (*mech.*) (Am.), accoppiamento bloccato forzato alla pressa (a caldo o sottozero). **4.** ~ earth (*chem.*), barite. **5.** ~ hydrogen (deuterium or tritium) (*chem. - atom phys.*), idrogeno pesante (o deuterio o tritio). **6.** ~ oxygen (*chem.*), ossigeno pesante. **7.** ~ spar (barite) (*min.*), spato pesante, baritina. **8.** ~ water (*chem.*), acqua pesante. **9.** ~ weapon (*milit.*), arma pesante. **10.** stern-~ (*naut.*), appoppato.
heavy-duty (*a. - mech. - ind.*), per servizio pesante, per lavoro gravoso. **2.** ~ machine (*mach.*), macchina per lavoro pesante.
heckle, *see* hackle.
heckle (to), *see* to hackle.
heckling (*text. ind.*), *see* hackling.
hectare (2.471 acres) (ha - *meas.*), ettaro.
hectogram (3.527 oz avoir-dupois) (hg - *meas.*), ettogrammo.
hectograph (a gelatine pad for making multiple copies of drawings or writings) (*app.*), (tipo di) duplicatore.
hectolitre (100 l = 3.531 cu ft = 26.42 Am. gals or 21.99 Brit. gals) (*meas.*), ettolitro.
hectometer (hm = 100 m - *meas.*), ettometro.
heddle (of a loom) (*text. ind.*), liccio. **2.** ~ braiding machine (*text. mach. mfg.*), intrecciatrice meccanica per licci. **3.** ~ eyes (*text. ind.*), cappi di liccio. **4.** ~ knitting machine (*text. mach. mfg.*), macchina per la preparazione dei licci. **5.** wire ~ twisting machine (*text. mach. mfg.*), macchina per preparare licci di filo metallico.
heddling (of warp threads) (*text. mfg.*), rimettitura, passaggio delle catene nei licci.
hedge (*bldg.*), siepe. **2.** ~ trimmer (*agric. app.*), tagliasiepi.
hedgehog (antisubmarine bomb) (*navy*), bomba antisommergibile, BAS. **2.** ~ (a defensive obstacle made of angle irons bedded in concrete with barded wire etc.) (*milit.*), difese anticarro o antisbarco. **3.** ~ (obstacle of barbed wire put around crossed poles) (*milit.*), cavallo di Frisia.
hedgehop (to) (*aer.*) (Am. coll.), volare radente.
hedgehopping (*aer.*) (Am. coll.), volo radente.
heel (of a mast) (*naut.*), piede. **2.** ~ (of a keel) (*naut.*), calcagnolo. **3.** "~" (of brake shoes) (*mech.*) (Am.), parte (della ganascia) vicina al perno di rotazione. **4.** ~ (of a bevel gear tooth, portion of the tooth surface at the outer end) (*mech.*), superficie (all'estremità) esterna. **5.** ~ (of a switch blade) (*railw.*), tallone, calcio. **6.** ~ (cant: in respect to the vertical of a floating vessel) (*hydr.*), angolo di inclinazione. **7.** ~ (melted metal portion left in an induction furnace to ignite the melt) (*found.*), riserva fusa. **8.** ~ (of a bowsprit) (*naut.*), maschio. **9.** ~ (the lower end of a topmast) (*naut.*), rabazza, parte inferiore di un alberetto. **10.** ~ and toe operation (of the brake and accelerator pedals) (*aut.*), manovra punta-tacco. **11.** ~ bearing (of gears) (*mech.*), contatto all'estremità esterna (dei denti). **12.** ~ of points (*railw.*), calcio dello scambio. **13.** ~ plate (of firearms), piastra terminale di protezione del calciolo. **14.** ~ trim (phase displacement angle to be given to horizontal rudders for eliminating the torpedo heeling) (*torpedo mfg.*), scivertamento. **15.** angle of ~ (of a seaplane) (*aer.*), angolo di sbandamento. **16.** blade ~ (tongue heel: of a switch) (*railw.*), calcio dell'ago. **17.** mast ~ (the lower end of the mast) (*naut.*), piede d'albero.
heel (to) (to cant over: of a ship) (*naut.*), ingavonarsi.
heeling (*naut.*), ingavonamento. **2.** ~ error (deviation of the magnetic compass occurring when the ship heels) (*naut.*), errore dovuto all'ingavonamento.
heelpiece (*shoe mfg.*), tacco. **2.** ~ (socle: as of a tube) (*elics. - etc.*), zoccolo.
heelpost (case post to which are secured the door hinges) (*bldg.*), montante del telaio fisso (o mostra della porta) lato cerniere.
heft (handle) (*gen.*), *see* haft.
heft (to) (to hoist) (*gen.*), sollevare.
height (*gen.*), altezza. **2.** ~ (*aer.*), quota. **3.** ~ (of an arch) (*arch.*), freccia. **4.** ~ (elevation) (*geogr.*), altura. **5.** ~ clearance (*road traff.*), altezza libera. **6.** ~ finder (as for antiaircraft guns) (*milit. instr.*), indicatore d'altezza, quotametro, telequotametro. **7.** ~ loss (*aer.*), perdita di quota. **8.** ~ measure, *see* hypsometer. **9.** ~ of equilibrium (of an aerostat) (*aer.*), quota di equilibrio. **10.** ~ of fall (*phys.*), altezza di caduta. **11.** ~ of sharp V thread (of unified threads) (*mech.*), altezza del triangolo generatore (della filettatura). **12.** ~ of suction (as of a pump) (*hydr.*), altezza di aspirazione. **13.** ~ to paper (standard height of type, 0.9186 in) (*typ.*),

altezza normale del carattere, 0,9186 pollici. **14.** barometric ~ (*meteorol.*), altezza barometrica. **15.** clear ~ (as of a bridge) (*road traff.*), altezza massima libera. **16.** critical ~ (maximum height at which a given boost pressure can be maintained without ram effect) (*aer. - mot.*), quota di progetto, quota critica. **17.** cruising ~ (*aer.*), quota di crociera. **18.** deck ~ (*naut.*), altezza di interponte. **19.** density ~ (height in International Standard Atmosphere at which the density is equal to the given density) (*aer.*), quota-densità. **20.** effective ~ (of an antenna) (*radio*), altezza efficace. **21.** equilibrium ~ (as of a free balloon) (*aer.*), quota di equilibrio. **22.** full throttle ~ (*aer. mot.*), quota di ristabilimento, quota di farfalla tutta aperta, quota di piena ammissione. **23.** instrument ~ (*top.*), altezza dello strumento. **24.** moderate ~ (of swell waves) (*sea*), altezza moderata. **25.** pressure ~ (height in International Standard Atmosphere at which the atmospheric pressure is equal to the given pressure) (*aer.*), quota-pressione. **26.** radiation ~ (of an antenna) (*radio*), altezza irradiante (effettiva). **27.** relative ~ (*aer.*), quota relativa. **28.** safety ~ (in instrument flight) (*air navig.*), quota di sicurezza. **29.** spot ~ (number stating on a map the height above datum level of a given point) (*top.*), quota locale. **30.** stack ~ (of a stack or chimney) (*therm.*), altezza di tiraggio. **31.** true ~ (above a datum level, as sea level) (*aer.*), quota vera.

heighten (to) (to raise higher) (*gen.*), elevare, innalzare. **2.** ~ (to increase) (*gen.*), aumentare.

height-to-paper (standard height of type, 0.9186 in) (*typ.*), altezza normale del carattere, 0,9186 pollici.

hektograph, *see* hectograph.

heliarc welding (*mech.*), saldatura in atmosfera di elio.

heliborne (transported by helicopter) (*a. - aer.*), elitrasportato.

heli-bus service (helicopter bus service) (Am.), servizio di elibus, servizio di elicotteri.

helical (*a. - mech.*), elicoidale. **2.** ~ gear (*mech.*), ingranaggio elicoidale. **3.** ~ gear shaper cutter (of a hobbing machine) (*mech.*), coltello per il taglio di ruote elicoidali. **4.** ~ groove (*mech.*), scanalatura elicoidale.

helical-toothed (of a gear) (*a. - mech.*), a dentatura elicoidale.

helicity (spin component measure) (*atom phys.*), elicità. **2.** ~ (way of moving of a particle around its axis of motion) (*n. - atom phys.*), movimento elicoidale.

helicline (*arch.*), rampa ad elica.

helicogyre (*aer.*), elicogiro.

helicoid (*n. - geom.*), elicoide. **2.** ~ (helicoidal) (*a.*), elicoidale. **3.** developable ~ (*geom.*), elicoide sviluppabile. **4.** oblique ~ (*geom.*), elicoide obliquo. **5.** right ~ (*geom.*), elicoide retto.

helicoidal (helicoid) (*a. - geom.*), elicoidale.

"heli-coil" (*mech.*), filetto riportato, "Heli-Coil".

helicopter (*aer.*), elicottero. **2.** ~ bus service (*aer. transp.*), servizio di elibus. **3.** ram-jet ~ (*aer.*), elicottero a statoreattori. **4.** twin rotor ~ (*aer.*), elicottero birotore.

helilift (to) (to transport by helicopter: as infantry) (*aer. - air force*), elitrasportare.

heliocentric (*astr.*), eliocentrico.

heliochrome (*phot.*), fotografia a colori naturali.

heliochromy, *see* color photography.

heliograph (*instr.*), eliografo. **2.** ~ (a photoengraving), eliografia.

heliograph (to) (*sign.*), segnalare con l'eliografo.

heliogravure (*phot.*), elioincisione.

heliometer (*astr. instr.*), eliometro.

helioscope (*astr.*), elioscopio.

heliotrope (dye) (*text. ind.*), eliotropio, colorante rosso/viola.

heliotypy (*phot. process*), eliotipia.

helipad (a small area for the landing and takeoff of helicopters) (*aer.*), piazzola di atterraggio eliportuale.

heliport (landing field for helicopters) (*aer.*) (Am.), eliporto.

helispot (provisory heliport) (*aer.*), piazzola temporanea per atterraggio elicotteri.

helium (He - *chem.*), elio. **2.** ~ car (*railw.*), carro speciale per il trasporto di elio. **3.** ~ 4 (helium isotope) (*chem.*), elio 4. **4.** ~ leak test (*mech.*), prova di tenuta con elio.

"heliwelding" (inert-gas shielded-arc welding) (*mech. technol.*), saldatura in atmosfera di elio.

helix (*geom.*), elica. **2.** ~ (of an Ionic capital) (*arch.*), voluta. **3.** ~ (wire coil) (*elect.*), solenoide. **4.** ~ angle (*geom. - mech.*), angolo di inclinazione dell'elica. **5.** ~ angle (of a helical gear) (*mech.*), angolo d'elica.

hell bomb, *see* H-bomb.

helm (*naut.*), timone. **2.** ~ (tiller) (*naut.*), barra. **3.** ~ down (*naut.*), barra sotto. **4.** ~ hard over (*naut.*), timone alla barra. **5.** ~ port (*shipbuild.*), losca. **6.** up with the ~ ! (*naut.*), puggia!, poggia!

helmet (of a diver) (*naut.*), elmo. **2.** ~ (of a pilot) (*aer.*), casco. **3.** ~ (*milit.*), elmetto. **4.** crash ~ (for head safety of auto racing pilots, motorcycle pilots, etc.) (*aut. - motorcycle*), casco integrale. **5.** steel ~ (*milit.*), elmetto d'acciaio. **6.** sun ~ (*gen.*), casco coloniale. **7.** welder's ~ (*welding impl.*), maschera a casco.

helmsman (*naut.*), timoniere.

helper (*gen.*), aiutante.

helve (as of a hammer, hatchet etc.) (*t.*), manico. **2.** ~ hammer (*mach.*), maglio a leva (o a testa d'asino).

hem (of cloth) (*sewing*), orlo. **2.** peripheral ~ (of a parachute canopy) (*aer.*), orlatura periferica, orlo periferico.

hem (to) (to border) (*text.*), orlare.

hematein ($C_{16}H_{12}O_6$) (haematein, hematin, haema-

tin used for dyeing) (*chem. - leather ind.*), ematei-na.
hematite (haematite) (Fe_2O_3) (*min.*), ematite. **2.** ~ cast iron (*found.*), ghisa ematite.
hemi (half of) (*gen.*), semi. **2.** "~" (hemispherical: indicating a competition engine with hemispherical combustion chambers) (*mot. - racing*), motore con camere di combustione emisferiche.
hemicellulose (*chem.*), emicellulosa.
hemicycle (*arch.*), emiciclo. **2.** ~, *see also* semicircle.
hemihedrisum, hemihedry (*min.*), emiedria.
hemimorphite $[Zn_4(OH)_2Si_2O_7 \cdot H_2O]$ (*min.*), calamina, emimorfite.
hemisphere, emisfero.
hemlock (poisonous herb, Cicuta) (*botany*), cicuta. **2.** ~ (Tsuga, a variety of spruce or fir) (*wood*) (Am.), tsuga. **3.** eastern ~ (Canadian hemlock for pulp production) (*wood*), tsuga canadese. **4.** western ~ (Pacific hemlock) (*wood*), tsuga del Pacifico.
hemmer (*text. mach.*), orlatrice.
hemming (*text.*), orlatura. **2.** ~ (*sheet metal w.*), orlatura. **3.** ~ machine (*text. mach.*), macchina orlatrice. **4.** double ~ (seaming) (*sheet metal w.*), aggraffatura.
hemoglobin, *see* haemoglobin.
hemoglobinometer, *see* haemoglobinometer.
hemorrhage, *see* haemorrhage.
hemostatic (*med.*), emostatico.
hemp (*text. material*), canapa. **2.** ~ oil (*ind.*), olio di canapa. **3.** ~ packing (*mech.*), guarnizione di canapa. **4.** ~ rope (*rope mfg.*), canapo. **5.** sisal ~ (*text. material*), canapa sisal.
hemp-brake, *see* brake 5 ~.
hempseed (*bot.*), seme di canapa. **2.** ~ oil (*ind.*), olio di canapa.
henequen, heniquen (kind of sisal fiber: from tropical American agave) (*text.*), fibra di agave centroamericana, sisal centroamericano.
H-engine (*aer. mot.*), motore ad H.
henna (dye), enné.
hennebique (referring to reinforced concrete) (*a. - constr. theor.*), relativo a cemento armato.
henry (unit of inductance = 1×10^9 C.G.S. units) (*elect. meas.*), henry.
"HEP" (hydroelectric power) (*elect. ind.*), potenza idroelettrica.
heptane (*chem.*), eptano.
heptode (tube) (*radio*), eptodo.
herbarium (*botany*), erbario.
herbicide (*chem. - ind. - agric.*), erbicida.
hercynite [($FeO.Al_2O_3$) iron spinel] (*min. - refractory*), hercinite.
heredity (characteristics kept by a metal after successive melting) (*found. - metall.*), eredità.
"HERF" (high-energy-rate forging) (*forging*), fucinatura ad alta energia.
hermaphrodite caliper (*meas. instr.*), compasso a becco.
hermetic (*a.*), ermetico. **2.** ~ seal (*gen.*), chiusura ermetica.
Heroult (trademark of an arc furnace producing electric steel) (*metall.*), forno Heroult.
herringbone (a. - gen.), a spina di pesce. **2.** ~ gear (herringbone wheel) (*mech.*), ingranaggio a freccia (o a cuspide o chevron). **3.** ~ tooth (of a gear) (*mech.*), dente a cuspide. **4.** a flooring with ~ arrangement of bricks (*bldg.*), pavimentazione in mattoni a spina di pesce.
hertz (unit of frequency: one cycle per second) (*phys. meas.*), hertz.
hertzian (*a. - elect.*), hertziano. **2.** ~ oscillator (*elect. instr.*), oscillatore di Hertz. **3.** ~ wave (electric wave) (*elect.*), onda hertziana.
hesitation (pause in the main program for performing another program) (*comp.*), sospensione (momentanea).
hessian (coarse sack cloth made of hemp or hemp and jute) (*text. - transp.*), tela da sacchi, tela di canapa (o canapa e juta) per sacchi.
"H & T" (hardened and tempered) (*mech. draw.*), bonificato, temprato e rinvenuto.
heteroatom (in a heterocyclic compound) (*atom phys.*), eteroatomo.
heteroatomic (*a. - chem.*), con atomi di varia specie.
heterochromatic (of lights) (*a. - phys.*), eterocromatico.
heterodyne (*radio receiving app.*), eterodina. **2.** ~ interference (*radio*), interferenza per eterodinaggio. **3.** ~ oscillator (*radio*), oscillatore ad eterodina. **4.** ~ principle (*radio*), principio dell'eterodina. **5.** ~ reception (beat reception) (*radio*), ricezione ad eterodina. **6.** ~ wavemeter (*radio*), misuratore di lunghezza d'onda (o ondametro) ad eterodina. **7.** supersonic ~ reception (superheterodyne reception) (*radio*), ricezione a supereterodina.
heterodyning (*radio*), eterodinaggio.
heterogeneity (as of metals) (*gen.*), eterogeneità.
heterogeneous, eterogeneo. **2.** ~ (not uniform: as in frequencies [radiation], as in density [fluid]) (*a. - phys.*), eterogeneo, non omogeneo. **3.** ~ (relating to phases: as solid-liquid or solid-liquid-vapor reaction) (*a. - phys. chem.*), eterogeneo, polifasico. **4.** ~ (said as of a comp. net utilizing units of different type or make) (*a. - gen.*), eterogeneo. **5.** ~ propellant (a rocket motor propellant with more than one base) (*rckt. - mot.*), propellente eterogeneo.
heterojunction (between two heterogeneous semiconductor materials) (*elics.*), eterogiunzione.
heteropolar (*chem.*), eteropolare.
heteropolymer, *see* copolymer.
heterostatic (*a. - elect.*), eterostatico.
"HEU" (hydroelectric unit) (*elect. power*), unità (generatrice) idroelettrica.
heuristic (the science of empirical research, for approching the solution of a problem by trials) (*n. - math. - comp.*), euristica. **2.** ~ (pertaining to heu-

ristic procedure) (*a. - math. - comp.*), euristico. **3.** ~ procedure (*comp. - etc.*), metodo euristico.
hew (to) (*carp.*), tagliare con l'ascia.
hewn (*a. - carp.*), squadrato rozzamente. **2.** ~ (of stones) (*a. - mas.*), sbozzato.
hex *short for* hexagonal *or* hexadecimal. **2.** ~ nut (*mech.*), dado esagonale.
hexadecimal (*a. - math.*), esadecimale, relativo ad un sistema numerico con base sedici. **2.** ~ number system (*math.*), sistema di numerazione esadecimale, numerazione con base sedici.
hexagon (*geom.*), esagono. **2.** ~ turret on carriage (as of a lathe) (*mach. t.*), torretta (a revolver) esagonale su carrello.
hexagonal (*a.*), esagonale.
hexagonal-head (as of a bolt) (*a. - mech.*), a testa esagonale.
hexamethylenetetramine ($C_6H_{12}N_4$: vulcanizing acceleration) (*rubb. mfg. - pharm.*), esametiltetrammina, urotropina.
hexane [(C_6H_{14}) hydrocarbon] (*chem.*), esano.
hexastyle (as of a temple) (*arch.*), esastilo.
hexatomic (*phys. - chem.*), esatomico.
hexavalent (*chem.*), esavalente.
hexode (tube with six electrodes) (*old radio - elics.*), esodo. **2.** "~" (multiplex telegraphy for transmitting six messages simultaneously) (*n. - electrotel.*), sistema di telegrafia a sei trasmissioni simultanee.
hexoses ($C_6H_{12}O_6$) (monosaccharides) (*chem.*), esosi.
"HF" (high-frequency) (*a. - elect.*), ad alta frequenza. **2.** ~ (*n. - elect.*), alta frequenza.
Hf (hafnium) (*chem. symbol*), afnio.
"hf", *see* half.
"HFC" (high frequency current) (*elect.*), corrente ad alta frequenza.
"hfs" (hyperfine structure) (*metall.*), struttura finissima.
Hg (mercury) (*chem. symbol*), mercurio.
"hg", **"hgm"**, *see* hectogram.
H girder, *see* H-beam.
"hgt" (height) (*draw. - etc.*), altezza.
"HHV" (hhv) (high heating value) (*therm.*), potere calorifico superiore.
"HI" (Hydraulic Institute) (*hydr.*) (Am.), Istituto di Idraulica. **2.** ~ (high intensity) (*elect. power*), intensità elevata.
"hi-beam" (headlight, head lamp) (*aut.*), proiettore, faro.
hickey, hicky (threaded coupling for connecting a fixture to an outlet box) (*elect.*), attacco a vite.
hickory (*wood*), noce americano.
hidden (as a part of a detail on a drawing) (*draw. - etc.*), nascosto, non in vista. **2.** ~ tax, *see* indirect tax.
hide (*leather ind.*), pelle. **2.** bathed ~ (*leather ind.*), pelle bagnata, pelle lavata. **3.** meaty ~ (*leather ind.*), pelle carnosa. **4.** ribbed ~ (*leather ind.*), pelle rugosa. **5.** summer ~ (*leather ind.*), pelle estiva.
hides, pellami, pelli.
hiding power (as of a paint), potere coprente, "coprenza".
hierarchical (*pers. - etc.*), gerarchico. **2.** ~ line (*organ. - pers.*), linea gerarchica.
hierarchy (*milit. - factory pers. organ. - etc.*), gerarchia. **2.** ~ (structure arranged on development branches) (*comp.*), gerarchia.
HI-FI, hi-fi (high fidelity: correct reproduction of sound) (*n. - electroacous.*), alta fedeltà. **2.** ~ (*a. - electroacous.*), ad alta fedeltà.
high (*gen.*), alto. **2.** ~ (area of high pressure; anticyclone) (*n. - meteorol.*), area di alta pressione, anticiclone. **3.** ~ alloy steels (*metall.*), acciai ad alto tenore di legante. **4.** ~ altar (*arch.*), altare maggiore. **5.** ~ carbon steel (*metall.*), acciaio ad alto tenore di carbonio. **6.** ~ explosive (*expl.*), alto esplosivo. **7.** ~ fidelity (*electroacous.*), alta fedeltà. **8.** ~ frequency (3 ÷ 30 megacycles) (*elect. - radio*), alta frequenza. **9.** ~ heat salt (for high-speed steel thermic treatment), bagno di sale per alte temperature. **10.** ~ jump (*sport*), salto in alto. **11.** ~ light (of a picture) (*photomech.*), zona di massima luce. **12.** ~ mountain (*geogr.*), alta montagna. **13.** ~ percentage alloy (*metall.*), lega ad alto tenore di, lega ad alta percentuale di. **14.** ~ point control (*elect. device*), regolatore di massima. **15.** ~ pressure (*ind.*), alta pressione. **16.** ~ sea (open sea) (*sea - naut.*), alto mare. **17.** ~ speed (of transmission) (*aut.*), marcia alta. **18.** ~ speed steel (redhard steel) (*metall.*), acciaio rapido. **19.** ~ steel (steel containing a high percentage of carbon) (*metall.*), acciaio ad elevato contenuto di carbonio. **20.** ~ tap (*elect.*), presa a voltaggio alto. **21.** ~ tension (*elect.*), alta tensione. **22.** ~ tide (*sea*), alta marea. **23.** ~ voltage (*elect.*), alta tensione. **24.** ~ voltage line (*elect.*), linea ad alta tensione.
highball (fast train) (*railw.*) (Am.), direttissimo. **2.** ~ (railroad signal) (*railw.*), segnale di procedere a tutta velocità.
high-boiled (as pulp long or severely boiled or digested) (*a. - paper mfg.*), fortemente lisciviata.
high-boiling (*chem.*), ad elevato punto di ebollizione.
high-dried (*a. - chem.*), ad essiccazione spinta.
high-duty (of taxes on goods) (*a. - comm.*), soggetto a forti tasse. **2.** ~ (as of a machine) (*a. - mach.*), d'elevata produzione.
high-energy (as of particles accelerated by an accelerator) (*a. - atom phys.*), ad alta energia. **2.** ~ (producing great energy in a reaction) (*a. - chem.*), con grande produzione di energia.
high energy physics (*atom phys.*), fisica delle particelle accelerate.
high-frequency (*a. - elect. - radio*), ad alta frequenza. **2.** ~ cable (*radio*), cavo ad alta frequenza. **3.** ~ telephony (*teleph.*), telefonia ad alta frequenza. **4.**

~ transformer (*elect. - radio*), trasformatore di alta frequenza.

high-grade (of superior quality) (*a. - gen.*), di qualità superiore.

high-key (of a picture having light tones) (*a. - phot.*), di tonalità chiara e poco contrasto.

highland (*geogr.*), altipiano.

highlight (of a picture) (*photomech.*) (Brit.), zona di massima luce, alta luce. **2.** ~ exposure (in half-tone photography) (*photomech.*), posa delle alte luci. **3.** ~ mask (in color separation) (*photomech.*), maschera delle alte luci. **4.** ~ stop (*photomech.*), diaframma usato per (la posa delle) alte luci.

highline (high voltage line) (*elect. line*), linea ad alta tensione.

high-melting (*metall. - etc.*), ad elevato punto di fusione.

high-octane (more than number 80) (*a. - gasoline*), ad alto numero di ottano.

high-order (as of a bit: due to a digit location) (*a. - comp.*), di valore alto, di ordine elevato.

high-pass filter (*elics.*), filtro passa-alto.

high-performance (*a. - gen.*), di elevate prestazioni.

high-pitched (of a sound) (*acous.*), acuto.

high-priority (*a. - comp.*), ad alta priorità.

"high-quality" (*a. - gen.*), di alta qualità.

high-resolution (as of a radar, of a telescope, of a display etc.) (*a. - radar - opt. - comp.*), ad alta risoluzione.

high-rise (multistory and with elevators) (*a. - bldg.*), a più piani. **2.** ~ (high-rise bldg.) (*n. - bldg.*), fabbricato a più piani.

high-riser (*n.*), *see* high-rise (*n.*).

highroad, *see* highway.

high-speed (*a. - gen.*), ad alta velocità.

"high-spy" (*aer.*) (Am. coll.), pilota osservatore.

high-tensile (having a high-tensile strength: as of an alloy, a steel etc.) (*a. - theor. mech. - metall.*), alta resistenza a trazione.

high-tension (*a.*), ad alta tensione. **2.** ~ circuit (*elect.*), circuito ad alta tensione.

high-test (*a. - gen.*), di qualità.

high treshold logic, "HTL" (integrated circuits technol. with high voltage) (*elics. - comp.*), logica a soglia elevata.

high-voltage (*a. - elect.*), ad alta tensione.

high-water mark (*hydr.*), livello di piena. **2.** ~ (*sea*), limite dell'alta marea.

highway (*road*), strada di grande comunicazione. **2.** (*comp.*), *see* bus. **3.** ~ code (*road traff. law.*), codice della strada. **4.** belt ~ (*road traff.*), circonvallazione, arteria di circonvallazione. **5.** divided ~ (dual highway) (*road*), autostrada (a doppio traffico) con aiuola spartitraffico. **6.** dual ~ (with two separated carriageways) (*road*), strada di grande comunicazione a carreggiate separate. **7.** super ~ (*road*), autostrada.

highwheeler (steam locomotive for high speed passenger trains) (*railw.*), locomotiva a ruote motrici di grande diametro (per treni rapidi).

"high-wing" (*a. - aer.*), ad ala alta. **2.** ~ airplane (*aer.*), aeroplano ad ala alta. **3.** ~ monoplane (*aer.*), monoplano ad ala alta.

high-wrought (*gen.*), lavorato artisticamente (o con abilità).

hijack, *see* hijacking.

hijacker (of airline planes) (*aer.*), dirottatore. **2.** computer ~ (information stealer by electronic means) (*comp.*), pirata dei computer.

hijacking (of airline planes) (*aer.*), dirottamento.

hill (*geol.*), collina. **2.** ~ climb (race) (*aut. - sport*), corsa in salita. **3.** ~ holder (device in the gearbox) (*aut.*), dispositivo di arresto (dell')indietreggio. **4.** abyssal hills (*oceanography*), colline abissali.

hilt (*gen.*), impugnatura. **2.** ~ (of a sword) (*milit.*), elsa.

hinder (to) (to set up obstacles), ostacolare.

Hindley's screw (*mech.*), vite globoidale.

hindrance (impediment, difficulty) (*gen.*), ostacolo, impedimento. **2.** steric ~ (due to the disposition of atoms in a molecule) (*chem.*), impedimento sterico.

hinge (as of a door, gate) (*carp.*), cardine. **2.** ~ (an articulated joint) (*carp. mech.*), cerniera. **3.** ~ moment (*aer.*), momento di cerniera. **4.** ~ pin (*mech.*), perno d'incernieramento, perno di cerniera. **5.** butt ~ (normally in use for doors) (*join.*), cerniera cilindrica, cerniera a va e vieni. **6.** concealed ~ (as in aut. bodies) (*mech.*), cerniera celata. **7.** continuous ~ (as used in aer. external doors) (*mech.*), cerniera continua, tuttacerniera.**8.** drag ~ (of a helicopter rotor blade: for the angular displacement in azimuth of the blade) (*aer.*), cerniera di ritardo. **9.** feathering ~ (of a helicopter rotor blade: for permitting the variation of the blade axial angle) (*aer.*), cerniera del passo, cerniera di messa in bandiera. **10.** flapping ~ (permitting the variation of the zenithal angle of a helicopter rotor blade) (*aer.*), cerniera di flappaggio. **11.** H ~ (as for wooden door frames) (*join. impl.*), cerniera ad H, cerniera piana per infissi (ad elementi diritti). **12.** H and L ~ (common hinge for wooden casement windows) (*join. impl.*), cerniera comune (ad L) per finestre in legno. **13.** hook-and-eye ~ (for light wooden gates) (*join.*), cerniera a cardine ed occhio. **14.** invisible ~ (concealed hinge: as in aut. bodies) (*mech.*), cerniera celata. **15.** parliament ~ (it permits to doors, shutters etc. to swing open 180°), cerniera che permette il ribaltamento dell'infisso di 180°. **16.** pin ~ (*mech.*), cerniera a spina, cerniera a spillo. **17.** T ~ (for doors etc.) (*join. - bldg.*), cerniera a maschietto, cerniera a "paumelles".

hinged (*mech. - etc.*), a cerniera, incernierato. **2.** ~ joint (*carp. - mech.*), giunto a cerniera.

hinterland (*geogr.*), retroterra.

hip (*arch.*), padiglione. **2.** ~ knob (*arch.*), tipo di ornamento posto sulla sommità della diagonale di un tetto. **3.** ~ rafters (in a roof) (*bldg.*), puntoni principali (o d'angolo). **4.** ~ roof (*arch.*), tetto a padiglione. **5.** ~ strap (of horse harness), reggi-imbraca.

hippodrome (*sport*), ippodromo.

hips, *see* hip rafters.

hiran (high precision shoran system) (*radar - air navig.*), sistema (di navigazione) hiran.

hire (price paid for the temporary use of something) (*comm.*), affitto, nolo. **2.** ~ (pay, reward, compensation paid) (*work.*), remunerazione, paga. **3.** ~ purchase (hire-purchase agreement, hire and purchase agreement) (*comm.*), acquisto a rate, acquisto a credito.

hire (to) (to engage: as workers), assumere. **2.** ~ (to give or take in temporary use for compensation), noleggiare, affittare.

hiring (as of a worker), assunzione.

hirst (a sandbank) (*river*), banco di sabbia.

hiss (of a microphone: trouble in sound reproduction) (*radio*) (Brit.), soffio. **2.** microphonic ~ (*radio*), soffio microfonico.

hissing, *see* hiss.

histogram (graph of a frequency distribution, graph of inspection results) (*stat. - quality control*), istogramma.

historical cost (cost determined step by step in the production process) (*factory adm.*), somma dei costi direttamente rilevati nelle varie fasi della produzione.

hit (blow) (*gen.*), colpo. **2.** ~ (collision) (*gen.*), collisione, urto. **3.** ~ (a successful answer obtained from the system) (*comp.*), risultato positivo, successo. **4.** ~ (momentary disturbance: as on a commun. line) (*elect.*), disturbo momentaneo.

hit (to) (to reach), raggiungere. **2.** ~ (to strike) (*gen.*), colpire. **3.** ~ (to ignite the charge in the cylinders of an internal comb. engine) (*mot.*), funzionare, andare. **4.** ~ with an aerial torpedo (*navy - air force*), aerosilurare.

hitch (*naut.*), nodo, collo. **2.** (as of a plow) (*agric.*), attacco. **3.** ~ (recess for fixing timbers etc. in the rock) (*min.*), mortuasa. **4.** ~ (trailing hook) (*veh.*), gancio di traino. **5.** ~ point (as of an agric. tractor), punto d'attacco (della barra di trazione). **6.** ~ roll (roll arranged to adjust the tension of the felt) (*paper mfg.*), rullo tendifeltro. **7.** blackwall ~ (*naut.*), nodo di gancio. **8.** clove ~ (knot) (*naut.*), nodo parlato semplice. **9.** double blackwall ~ (*naut.*), nodo di gancio doppio. **10.** double ~ (knot) (*naut.*), nodo di gancio doppio. **11.** full-floating ~ (*veh.*), gancio di traino snodato. **12.** half ~ (*naut.*), (nodo) mezzo collo. **13.** marling ~ (type of knot used as for securing hammocks etc.) (*naut.*), allacciatura a catena per branda, gassa a serraglio e mezzo collo. **14.** midshipman's ~ (*naut.*), nodo di branca. **15.** rigid ~ (*veh.*), gancio rigido. **16.** rolling ~ (*naut.*), nodo di bozza, nodo parlato doppio. **17.** single blackwall ~ (*naut.*), nodo di gancio semplice. **18.** timber ~ (*mas.*), nodo da muratori. **19.** timber ~ (*naut.*), gassa a serraglio, nodo d'anguilla. **20.** weaver's ~, *see* weaver's knot.

hitch (to) (to couple) (*veh. - etc.*), agganciare, attaccare. **2.** ~ (to cut a recess in a rock, for fixing timbers etc.) (*min.*), mortuasare.

hithe (small river port) (*naut.*), porticciolo fluviale.

hit-on-the-fly printing (*comp.*), stampa continua, stampa senza arresto della carta.

hive (*agric.*), arnia.

"HIVOS" (High-Vacuum Orbital Simulator) (*astric.*), simulatore orbitale ad alto vuoto.

"HL" (horizontal line) (*draw.*), linea orizzontale.

"hl" (hectoliter) (*liquids meas.*), ettolitro.

"HLL", High Level Language (*comp.*), linguaggio di alto livello.

"hm", *see* hectometer.

"hmd", *see* humid.

"HMG" (heavy machine gun) (*milit.*), mitragliatrice pesante.

"HMOS", High density "MOS" (integrated circuits technol.) (*elics. - comp.*), logica MOS ad alta densità.

"hnd", *see* hand.

"hndbk", *see* handbook.

Ho (holmium) (*chem. symbol*), olmio.

hoarding (fence of boards of a building yard) (*bldg.*), staccionata.

hoarfrost (formed by the condensation due to nocturnal radiation, international symbol ⊔) (*meteorol.*), brina, brina di condensazione.

hob (gear cutter) (*t.*), creatore, fresa a vite, fresa creatrice. **2.** ~ (leader or main wheel of a machinery) (*mach.*), ruota principale. **3.** ~ (hob tap, master tap) (*t.*), *see* hob tap. **4.** ~ (tool for printing a number on steel) (*t.*), stampiglia. **5.** ~ (hub, engraved block as for die sinking) (*t.*), improntatore. **6.** ~, *see* hob tap, sellers hob. **7.** ~ sharpening machine (*mach.*), affilatrice per creatori. **8.** ~ spindle (of a mach. t.), mandrino portacreatore. **9.** ~ swivel (of a hobbing machine) (*mach. t. - mech.*), piattaforma girevole portacreatore. **10.** ~ tap (master tap) (*t.*), maschio creatore (per filiere). **11.** chain sprocket ~ (*t.*), creatore per ruote di catena. **12.** double ~ (double-thread hob) (*t.*), creatore a due principi. **13.** double-thread ~ (*t.*), creatore a due principi. **14.** elongated tooth ~ (*t.*), creatore speciale per alberi scanalati. **15.** feed worm gear ~ (*t.*), creatore per ruote elicoidali con alimentazione. **16.** gear chamfering ~ (*t.*), creatore per smussatura di ingranaggi. **17.** gear ~ (*t.*), creatore per ingranaggi. **18.** ground gear ~ (*t.*), creatore per ingranaggi (a denti) rettificati. **19.** ground ~ (*t.*), creatore rettificato. **20.** ground spline shaft ~ (*t.*), creatore per alberi scanalati a profilo rettificato. **21.** helical ~ (*t.*), creatore per ingranaggi elicoidali. **22.** herringbone gear ~ (*t.*), creatore per ingranaggi con dentatura a freccia. **23.** master ~ (printing tool for steel) (*t.*), stampiglia campione. **24.** multiple-thread ~ (*t.*), creatore a più principi. **25.** pre-grinding ~ (of a hobbing mach.) (*t.*), creatore per ruote da rettificare. **26.** pre-shaving ~ (as for sprockets) (*t.*), creatore per ruote da sbarbare. **27.** pre-shaving ~ (in gear shaving) (*t.*), creatore per ingranaggi da sbarbare. **28.** protuberance ~ (for obtaining undercuts at the root of gear teeth) (*t.*), creatore con protuberanze. **29.** roller chain sprocket ~ (*t.*), creatore per ruote per catena a rulli. **30.** sellers ~ (*t.*), creatore Sellers. **31.** semi-topping ~ (for obtaining beveled-top gear teeth) (*t.*), creatore per dentatura a sommità smussata, creatore "semi-topping". **32.** serration ~ (*t.*), creatore per profili striati, creatore per profili Whitworth. **33.** shank type worm gear ~ (*t.*), creatore a codolo per ruote a vite. **34.** silent chain sprocket ~ (*t.*), creatore per ruote di catena silenziose. **35.** single ~ (single-thread hob) (*t.*), creatore ad un principio. **36.** single position ~ (*t.*), creatore a posizione (assiale) invariabile. **37.** single-thread ~ (*t.*), creatore ad un principio. **38.** spline shaft ~ (*t.*), creatore per alberi scanalati. **39.** spur ~ (*t.*), creatore per ingranaggi cilindrici. **40.** square shaft ~ (*t.*), creatore per fresare alberi quadri. **41.** standard gear ~ (*t.*), creatore per ingranaggi normali. **42.** stub tooth gear ~ (*t.*), creatore per ingranaggi ribassati. **43.** tangential feed ~ (of hobbing machines) (*t.*), creatore ad avanzamento tangenziale. **44.** taper spline ~ (*t.*), creatore per scanalature coniche. **45.** unground gear ~ (*t.*), creatore per ingranaggi (a denti) non rettificati. **46.** unground spline shaft ~ (*t.*), creatore per alberi scanalati a profilo non rettificato. **47.** worm gear ~ (*t.*), creatore per ruote a vite.

hob (to) (to cut with a hob) (*mech.*), lavorare con creatore, lavorare con fresa a vite. **2.** ~ (to impress, as a die) (*mech. - forging*), improntare (o scavare) mediante creatore.

hobbed (cut with a hob) (*a. - mach.*), lavorato con creatore. **2.** ~ (printed with a hob) (*a. - mech.*), stampigliato. **3.** ~ insert (printed insert) (*mech.*), tassello stampigliato riportato.

hobber (hobbing mach.) (*mach. t.*), dentatrice a creatore.

hobbing (of a gear) (*mech.*), dentatura a creatore. **2.** ~ (of a splined shaft) (*mech.*), fresatura a creatore. **3.** ~ (printing as of numbers on steel) (*mech.*), stampigliatura. **4.** ~ (impression, as of a die) (*mech. - forging*), improntatura. **5.** ~ cutter, *see* hob. **6.** ~ machine (*mach. t.*), dentatrice a creatore, dentatrice con fresa a vite. **7.** ~ of gear teeth (by hobbing machines) (*mech.*), dentatura di un ingranaggio con creatore. **8.** ~ steel (on which numbers, etc. can be printed) (*metall.*), acciaio stampigliabile. **9.** crown ~ (of a gear) (*mech.*), dentatura bombata a creatore. **10.** gear ~ machine (horizontal or vertical) (*mach. t.*), dentatrice a creatore, dentatrice con fresa a vite. **11.** hydraulic ~ machine (*mach. t.*), dentatrice idraulica a creatore.

hobnail (short, large-headed nail) (*shoe mfg.*), chiodo da scarpe. **2.** ~ (for shoes used for climbing mountains) (*shoe mfg.*) (Brit.), chiodo per scarpe da montagna. **3.** ~ for soles (*shoe mfg.*) (Brit.), bulletta per suole.

hock (strong hook) (*impl.*), gancio robusto.

hockey (*sport*), "hockey", palla al maglio. **2.** field ~ (*sport*), "hockey" su prato. **3.** ice ~ (*sport*), "hockey" su ghiaccio.

hod (container for carrying mortar) (*mas. t.*), vassoio, sparviero. **2.** ~ carrier (*mas. work.*), manovale edile.

hodman (*mas. work.*), manovale di muratore.

hodograph (of a variable vector, locus representing the rate of change in magnitude and direction) (*math. - mech.*), odografo, curva odografa.

hodoscope (apparatus for tracing the path of cosmic rays) (*phys. instr.*), odoscopio.

hoe (*impl.*), zappa, marra. **2.** ~ (drag shovel) (*earth moving mach.*) (Brit.), escavatore a cucchiaia rovescia. **3.** ~ scraper (scraper-loader) (*rock moving mach.*), ruspa da carico. **4.** back ~ (*earth moving mach.*), escavatore a cucchiaia rovescia. **5.** rotary ~ (*agric. mach.*), ruotazappa, zappatrice rotante. **6.** trench ~ (*earth moving mach.*) (Brit.), escavatore a cucchiaia rovescia.

hoeing machine (*agric.*), sarchiatrice.

hog (as of an airship) (*aer.*), curvatura dell'asse longitudinale. **2.** ~ (a one year old sheep not yet shorn) (*wool ind.*), pecora di un anno non ancora tosata. **3.** ~ (brush for cleaning the ship's deck) (*naut.*), frattazzo. **4.** ~ (device used for stirring wood pulp) (*paper mfg.*), agitatore. **5.** ~ (upward curving in the middle as of a ship's keel) (*shipbuild.*), inarcamento. **6.** ~ wire (type of barbed wire weighing 400 lb per mile approx.) (*metal. ind.*) (Am.), filo spinato del peso di circa 400 libbre per miglio.

hog (to) (to clean with a hog) (*naut.*), frettare, pulire con un frattazzo. **2.** ~ (to become curved upward, as a keel at the center) (*naut.*), inarcarsi. **3.** ~ in (to cut metal using an excessive feed or depth of cut with the danger of breaking the tool) (*mach. t. - mech.*) (Am.), tagliare una eccessiva sezione di truciolo, tagliare con avanzamento eccessivo. **4.** ~ out (to cut metal using very fast feeds and very high speeds) (*mach. t. - mech.*), tagliare con elevata velocità di taglio e forte avanzamento. **5.** ~ out (to rough shape) (*mach. t. work.*), sgrossare.

hogback (*shipbuild.*) (Am.), *see* hogframe.

hogframe (frame used to prevent hogging) (*shipbuild.*), intelaiatura antiinarcamento.

hogged (as a ship's keel) (*a. - naut.*), inarcato. **2.** ~ (highly convex, as of a road section) (*a. - road*), a freccia elevata, a sezione fortemente bombata.

hogger (mach. t. fit for cutting at high speed and taking heavy cuts) (*mach. t.*), macchina utensile ad alta velocità di taglio e ad elevata sezione di truciolo. **2.** ~ (short pipe for connections) (*pip.*) (Brit.), tronchetto di collegamento.

hogget (*wool ind.*), *see* hog.

hoggin, hogging (for paving a road) (*road*) (Brit.), mescolanza di ghiaia ed argilla. **2.** ~ (sheer) (*shipbuild.*), inarcamento. **3.** ~ (roughing-out) (*mech.*), sgrossatura. **4.** ~ cuts (roughing-out) (*mech.*), passate di sgrossatura. **5.** ~ frame (*shipbuild.*), intelaiatura antiinarcamento.

hogshead (63 Am. gals) (*meas.*) (Am.), fusto da 238,5 litri.

hoist (*mech. impl.*), paranco, montacarichi. **2.** ~ (of a sail) (*naut.*), ghinda. **3.** ~ (hoisting apparatus) (*mech. or hydr. device*), apparecchio di sollevamento. **4.** ammunition ~ (*navy*), elevatore di munizioni. **5.** ash ~ (*naut.*), montaceneri. **6.** electric ~ (*mech. impl.*), paranco elettrico. **7.** hand ~ (*ind. impl.*), paranco a mano. **8.** hydraulic ~ (as for a side dump body truck) (*aut.*), sollevatore idraulico. **9.** spur geared chain ~ (*mech. impl.*), paranco a catena a ingranaggi cilindrici. **10.** swing ~ (*hoisting app.*), paranco a bandiera. **11.** worm gear ~ (*mech. impl.*), paranco a vite senza fine.

hoist (to) (*naut.*), issare. **2.** ~ (*ind.*), sollevare. **3.** ~ (by means of a tackle or halliard) (*naut.*), alare.

hoister (hoisting apparatus) (*mech. device*), sollevatore.

hoisting, sollevamento. **2.** ~ equipment (*hoisting app.*), mezzi di sollevamento. **3.** ~ shaft (*min.*), pozzo di estrazione. **4.** ~ system (*ind.*), impianto di sollevamento. **5.** ~ tower (for hoisting building materials) (*bldg. app.*), montacarichi da cantiere (edile).

"hol", *see* hollow.

hold (grip) (*gen.*), appiglio. **2.** ~ (*naut.*), stiva. **3.** ~ (stronghold) (*milit.*), piazzaforte. **4.** ~ (delay in countdown) (*astric.*), arresto nel conteggio alla rovescia. **5.** ~ (cargo compartment) (*aer.*), stiva, bagagliaio. **6.** ~ beam (*shipbldg.*), baglio di stiva. **7.** ~ fast (*carp. impl.*), morsetto da falegname. **8.** ~ points (in a process that needs compulsory check-up before proceeding to following operations) (*ind. proc.*), punti vincolanti. **9.** ~ time (in seam, flash and upset welding: time during which force is applied to the work after the current has ceased to flow) (*mech. technol.*), tempo di applicazione della pressione sul pezzo dopo l'interruzione della corrente. **10.** ~ time (in spot and projection welding: time during which force is applied at the point of welding after the last impulse of current has ceased to flow) (*mech. technol.*), tempo di applicazione della pressione sull'elettrodo dopo l'interruzione della corrente. **11.** ~ yard (*railw.*), piazzale di deposito. **12.** bar ~ (tongs hold: end of a bar or forging suitable for the use of tongs) (*forging*), codolo. **13.** refrigerated ~ (*naut.*), stiva refrigerata. **14.** tongs ~ (*forging*), *see* bar hold.

hold (to) (*gen.*), tenere. **2.** ~ (to restrain movement) (*mech.*), trattenere, limitare il movimento. **3.** ~ (to contain: as a tank) (*gen.*), contenere. **4.** ~ (to support) (*mech. - bldg. - etc.*), sostenere. **5.** ~ (as to retain data for further use) (*comp.*), conservare, trattenere. **6.** ~ a record (*sport*), detenere un primato. **7.** ~ back (to shade partially an image) (*phot.*), mascherare. **8.** ~ down (as a key) (*comp. - etc.*), tenere premuto. **9.** ~ for collection! (said of a package sent by carrier for being collected at the carrier deposit of the town of destination) (*transp.*), fermo stazione. **10.** ~ in (to restrain: as to keep a lock pin pushed) (*mech.*), tenere premuto. **11.** ~ on (*teleph.*), rimanere in linea. **12.** ~ on (to catch) (*naut.*), agguantare. **13.** ~ over (as an act) (*comm.*), posporre. **14.** ~ temporarily an order (*ind.*), far slittare una commessa, ritardare una commessa. **15.** ~ the course (of a ship) (*naut.*), tenere la rotta. **16.** ~ up (as traffic) (*road*), contrastare, impedire. **17.** ~ water (*naut.*), sciare.

holdback (device for holding a window, shutter etc. open) (*device*), fermo, gancetto di bloccaggio (o di fermo).

hold-down (securing device) (*mech.*), dispositivo di fissaggio.

holder (*comm.*), detentore. **2.** ~ (*mech.*), staffa di supporto. **3.** ~ (of a bill or check) (*finan.*), portatore. **4.** ~ (*naut.*), (marinaio) stivatore. **5.** ~ (as of shares) (*finan.*), titolare, possessore. **6.** ~ (a light-proof container of phot. films or plates) (*phot.*), caricatore (sigillato). **7.** ~ of an account (*finan.*), correntista. **8.** ~ of a postal cheque account (*mail*), correntista postale. **9.** ~ of proxy (of a firm) (*law*), procuratore. **10.** ~ of record (as of shares) (*finan.*), titolare registrato nei libri (della società). **11.** bayonet ~ (*elect.*) (Brit.), portalampada a baionetta. **12.** blank ~ (of a press) (*mach.*), premilamiera. **13.** (brake) shoe ~ (of brake) (*veh.*), portaceppi. **14.** brush ~ (*elect. mach.*), portaspazzole. **15.** card ~ (*off. impl.*), schedario. **16.** cylinder ~ (as of a gas fed aut.), portabombole. **17.** die ~ (of a die-casting die) (*found.*), portastampo. **18.** Edison screw ~ (*elect.*) (Brit.), portalampada Edison. **19.** eyepiece ~ (*opt.*), portaoculari. **20.** film ~ (*phot. - m. pict.*), caricatore, magazzino. **21.** gauge block ~ (*mech.*), portablocchetti. **22.** lamp ~ (*elect.*), portalampada. **23.** nozzle ~ (of a Diesel engine injector) (*mot.*), portapolverizzatore. **24.** tube ~ (tube socket) (*elics.*), portavalvola, zoccolo. **25.** unit ~ (an unit trust investor) (Brit.) (*finan.*), sottoscrittore di fondo comune di investimento.

"holderbat" (metal collar used for fixing rainwater pipes etc. to a wall) (*bldg.*) (Brit.), staffa a collare (per tubi).

holdfast (clamp, catch) (*mech. - carp. - etc.*), morsetto, (dispositivo di) fermo.

holding (*a. - gen.*), che tiene. **2.** ~ (as of a temperature) (*phys.*), mantenimento. **3.** ~ (as of steel at a given temperature) (*metall.*), permanenza. **4.** ~ (a company belonging to a holding company) (*finan.*), gruppo di società controllate da altra società. **5.** ~ company (company that controls one or more other companies) (*finan.*), "holding", gruppo industriale che controlla altre società. **6.** ~ furnace (*metall.*), forno di attesa. **7.** ~ ground (bottom good holder of anchor) (*naut.*), fondo (buon) tenitore. **8.** ~ pattern (flight over the airport perimeter while awaiting landing clearance) (*aer. traffic*), giro (o giri) di attesa. **9.** ~ point (the point near which an aircraft is instructed to remain before landing) (*aer. traffic*), punto di attesa. **10.** ~ procedure (the flight path an aircraft is instructed to follow when waiting for landing) (*aer. traffic*), circuito di attesa. **11.** ~ relay (*elect.*), relè a ritenuta. **12.** road ~ (of a mtc. or aut.), tenuta di strada.

holdup (total amount of process material tied up in a plant) (*ind.*), materiale del giro di lavorazione.

hole (*mech.*), foro. **2.** ~ (*mas.*), scavo. **3.** ~ (in road surface), buca. **4.** ~ (cave) (*min.*), cava. **5.** ~ (air hole: encountered during flight) (*aer.*), vuoto d'aria. **6.** ~ (vacant electron: as in a semiconductor) (*elics.*), lacuna. **7.** ~ gauge (*t.*), calibro (o dima) per fori. **8.** ~ in the air (*aer.*) (Am. coll.), vuoto d'aria. **9.** ~ mobility (*elics.*), mobilità della lacuna. **10.** ~ saw, *see* crown saw. **11.** ~ spline (*mech.*), scanalato femmina. **12.** back ~ (blast hole made in the roof of a mine working) (*min.*), foro di scoronamento. **13.** beam ~ (of a nuclear reactor) (*atom. phys.*), canale per radiazioni. **14.** biological ~ (of a nuclear reactor) (*atom. phys.*), canale biologico. **15.** black ~ (*astr.*), corpo celeste di piccolo diametro e intenso campo gravitazionale. **16.** blind ~ (*mech.*), foro cieco. **17.** blow ~ (*found.*), soffiatura. **18.** bottoming ~ (opening of a reheating furnace) (*glass mfg.*), *see* glory hole. **19.** bottoming ~ (*mech.*), *see* blind hole. **20.** clearance ~ (for bolts) (*mech.*), foro passante. **21.** code ~ (*comp.*), perforazione riguardante il codice, foro di codice. **22.** collared ~ (for avoiding the slipping of the bit) (*mech.*), foro intestato. **23.** coyote ~ (a T shaped blasthole) (*min.*), foro da mina a T. **24.** dead ~ (*mech.*), foro cieco. **25.** down ~ (lower part of a gallery) (*min.*), foro di soglia. **26.** drilled ~ (*mech.*), foro trapanato. **27.** easer ~ (*min.*), foro di aiuto. **28.** feed ~ (sprocket hole: as of a tape) (*n. c. mach. t. - etc.*), foro di trasporto, foro di trascinamento. **29.** fid ~ (*naut.*), foro per chiave d'albero. **30.** flat ~ (*min.*), foro piano. **31.** hawsehole (*naut.*), occhio di cubia. **32.** inspection ~, foro di spia. **33.** lightening ~ (as in aircraft parts) (*aer.*), foro di alleggerimento. **34.** locating ~ (*mech.*), foro di riferimento. **35.** lubber's ~ (*naut.*), buco del gatto. **36.** open ~ (*min.*), pozzo (o foro) non rivestito. **37.** parallel ~ (*mech. - etc.*), foro cilindrico. **38.** primary holes (of a jet engine combustion chamber) (*aer. mot.*), fori primari, fori per l'aria primaria, fori dell'aria primaria. **39.** secondary holes (of a jet engine combustion chamber) (*aer. mot.*), fori secondari, fori per l'aria secondaria, fori dell'aria secondaria. **40.** slag ~ (*found.*), foro per la scoria. **41.** slotted ~ (slot) (*sheet metal w.*), asola. **42.** slow-running ~ (of a carburetor) (*mot. mech.*), foro del minimo. **43.** sprocket ~ (feed hole: as of a tape) (*n. c. mach. t. - etc.*), foro di trascinamento, foro di trasporto. **44.** spud ~ (in an anvil: square or circular hole used when punching) (*blacksmith's t.*) (Brit.), foro per punzone. **45.** stope ~ (in the lower part of a stope) (*min.*), foro in soletta. **46.** tertiary holes (of a jet engine combustion chamber, holes for diluting the hot gases and reducing their temperature) (*aer. mot.*), fori terziari, fori per l'aria terziaria, fori dell'aria terziaria. **47.** toe of a ~ (*min.*), fondo di un foro. **48.** to make a ~ (to drill) (*oil well*), perforare un pozzo. **49.** tool ~ (locating hole, in sheet metal working) (*mech.*), foro di riferimento per l'attrezzatura. **50.** well ~ (the shaft of a well) (*hydr. - mas.*), canna di (o del) pozzo, pozzo.

hole (to), *see* perforate (to), pierce (to).

hole-basis system (tolerance system) (*mech.*), sistema foro base.

holiday (day of exemption from work), festa. **2.** ~ work (*labor*), lavoro festivo. **3.** legal ~ (*work.*), giorno festivo ufficiale.

holidays (period of vacation), ferie. **2.** ~ (uncoated areas on a painted surface) (*paint. defect*), zone mancanti di vernice. **3.** ~ with pay (of workers, of employees), ferie retribuite.

Hollander (*paper mfg. mach.*), olandese.

Hollerith (Hollerith code representing alphanumeric data on punched cards) (*comp.*), codice Hollerith. **2.** ~ card (punch card 12 lines x 80 columns) (*comp.*), scheda Hollerith.

hollow (*a.*), cavo. **2.** ~ (*n.*), depressione, cavità. **3.** (*n. - bldg.*), svasatura. **4.** ~ block (*mas.*), blocco forato. **5.** ~ casting (*found.*), getto cavo, getto con cavità interna. **6.** ~ mill (as for projections, rings etc.) (*t.*), fresa cava, fresa a tazza frontale. **7.** ~ punch (*t.*), fustella, foratoio. **8.** ~ shaft (*mech.*), albero cavo. **9.** ~ space, intercapedine. **10.** ~ tile (*mas.*), tavella, mattone forato. **11.** ~ wall (*mas.*), muro a cassavuota, muro con intercapedine.

hollow (to) (to hollow out) (*gen.*), incavare.

hollow-ground (as of a blade) (*a. - mech.*), rettificato concavo.

holly (*botany*), agrifoglio. **2.** ~ oak (holm oak) (*wood*), leccio, elce, elcio.

holm (*botany*) (Brit.), agrifoglio. **2.** ~ oak (*wood*), leccio, elce, elcio.

holmium (Ho - *chem.*), olmio.

Holocene (*geol.*), olocene.

hologram (three dimensional picture obtained by coherent light) (*phys.*), ologramma.

holograph (holographic) (*a. - phys.*), olografico. **2.** ~ (*n.*), *see* hologram.

holographic (*a. - phys.*), olografico.

holography (a form of three dimensional image) (*opt. phot.*), olografia.

holophote (for directing a large amount of light: a ~ of a lighthouse lamp) (*opt.*), sistema ottico direttivo, "olofoto".

holosteric (as of an aneroid barometer) (*a. - phys.*), olosterico.

holster (a case for a pistol) (*milit.*), fondina. **2.** hol-

sters (housings for rolling mill rolls) (*metall.*), gabbie.
holyday, holy day (*work.*), festività religiosa.
holystone (for scrubbing decks) (*naut.*), mattone inglese, pietra friabile.
home (as to the ultimate position) (*adv. - mech.*), a posto, a segno. **2.** ~ (house: private dwelling) (*bldg.*), casa (di abitazione). **3.** ~ (starting point) (*comp. - etc.*), punto di partenza. **4.** ~ computer, *see* personal computer. **5.** ~ location (home address) (*comp.*), indirizzo di pista, indirizzo guida. **6.** ~ market (*comm.*), mercato interno, mercato nazionale. **7.** ~ signal (it is placed at the beginning of a block) (*railw.*), segnale di avviso (se il blocco è impedito o libero). **8.** mobile ~ (special type of oversize caravan built and equipped for permanent residential use) (*veh.*), speciale tipo di roulotte maggiorata costituente vera e propria abitazione mobile.
home (to) (to return to base as a plane to a carrier) (*aer. - etc.*), ritornare alla base. **2.** ~ (to dwell) (*gen.*), abitare. **3.** ~ (of a missile, torpedo etc., to direct itself to the target, as addressed by its echo) (*v. i. - aer. - navy*), dirigersi automaticamente verso il bersaglio. **4.** ~ (to guide by radio etc.) (*v. t. - aer. - naut.*), radioguidare. **5.** ~ (to go toward a target, addressed by its radiations) (*missile*), autoguidarsi (o indirizzarsi automaticamente) verso il bersaglio. **6.** ~ (to return to the starting place: as of a plane to its aircraft carrier) (*gen.*), ritornare al luogo (o punto) di partenza.
homespun (*n. - text. ind.*), tessuto fabbricato con telaio a mano.
homestead (a home and its surrounding ground) (*city planning*), casa con terreno circostante.
homeworker (*work.*), lavoratore a domicilio.
homing (navigation with constant bearing: as on a radio beam) (*naut. - aer.*), navigazione con rilevamento costante. **2.** ~ device (*radio navig.*), radiobussola, radioguida. **3.** ~ head (nose of a homing torpedo) (*navy expl.*), testa autoguidante. **4.** ~ indicator (*aer. - radar*), indicatore di ritorno alla base. **5.** ~ receiver (radio app. indicating deviation of the longitudinal axis of an airplane from the line connecting it to a transmitter) (*aer. navig. - radio*), ricevitore per percorso radioguidato. **6.** ~ system (homing nose with proper electronic panels operating the rudders of a torpedo) (*navy expl.*), autoguida. **7.** acoustic ~ (as of a torpedo) (*navy*), guida acustica. **8.** collision course ~ (as of a missile on a moving target) (*milit.*), autoguida su rotta di collisione. **9.** directional ~ device (*radar - aer. navig.*), radiosentiero di avvicinamento. **10.** passive ~ (*aer. navig.*), autoguida passiva. **11.** radar ~ (as a missile guidance to the target by radar) (*radar - rckt. - etc.*), radarguida.
homocentric, homocentrical (*a. - math. - phys.*), concentrico.
homochromatic (of lights) (*phys.*), omocromatico.
homochromous (*opt.*), omocromo.
homodyne (*radiotelephony*), ad omodina. **2.** ~ reception (*radiotelephony*), ricezione ad omodina.
homogeneity (as of metals) (*gen.*), omogeneità.
homogeneous (*a. - phys.*), omogeneo. **2.** ~ propellant (a rocket motor propellant with a single base) (*rckt. - mot.*), propellente omogeneo. **3.** ~ reactor (with the fuel uniformly distributed throughout the moderator material) (*nuclear reactor*), reattore omogeneo.
homogeneousness, omogeneità.
homogenizer (*ind. - mach.*), omogeneizzatore.
homogenizing (special annealing for obtaining homogenization) (*heat-treat.*), ricottura di omogeneizzazione.
homologate (to) (*aer. - aut. - etc.*), omologare.
homologated (as a car for races) (*sport - aut.*), omologato.
homologation (of a record) (*sport*), omologazione.
homologous (*chem.*), omologo.
homology (*math.*), omologia.
homolysis (*chem.*), omolisi.
homomorphism (*math.*), omomorfismo.
homonuclear (of molecule) (*atom. phys.*), omonucleare.
homopolar (unipolar) (*a. - elect.*), unipolare. **2.** ~ (of like polarity) (*elect. chem.*), omopolare. **3.** ~ (relating to atom bonds) (*a. - phys. chem.*), omopolare. **4.** ~ dynamo (*d. c. elect. mach.*), dinamo omopolare, dinamo unipolare. **5.** ~ winding (*elect.*), avvolgimento unipolare.
homothetic (*a. - gen.*), omotetico. **2.** ~ stress (*mech.*), sollecitazione simmetricamente orientata.
homothety (*math.*), omotetia.
hone (stone for sharpening razors) (*t.*), pietra per affilare, cote. **2.** ~ (tooling for finishing internal cylindrical surfaces to strict tolerances) (*mech. t.*), dispositivo superfinitore, dispositivo per microfinitura.
hone (to) (as a cylinder) (*mech.*), levigare, microfinire, smerigliare. **2.** ~ (to sharpen) (*mech.*), affilare.
"honer", *see* honing machine.
honey (*agric.*), miele. **2.** ~ separator (*agric. app.*), smielatrice.
honeycomb (*a. - ind.*), a nido d'api. **2.** ~ casting (*found.*), getto spugnoso. **3.** ~ coil (*elect.*), bobina a nido d'api. **4.** ~ grid (in a wind tunnel: for straightening the air flow) (*n. - aer.*), raddrizzatore a nido d'api. **5.** ~ structure (as realized by plastic) (*ind.*), struttura a nido d'ape.
honeycomb (to) (to become pitted) (*metal corrosion*), vaiolarsi.
honing (mech. operation: as of a cylinder bore) (*mech.*), levigatura, microfinitura. **2.** ~ fixture (*technol.*), attrezzo per levigatura. **3.** ~ machine (as of a cylinder bore) (*mach. t.*), levigatrice, microfinitrice, smerigliatrice (per fori). **4.** ~ stone (*technol.*), pietra per affilare. **5.** ~ stone (honestone, for a honing machine) (*impl.*), utensile le-

vigatore, levigatore. **6.** ~ tool (*t.*), utensile levigatore (o smerigliatore).

honor guard (*milit.*), guardia d'onore.

hood (*chem.*), cappa. **2.** ~ (*bldg.*) cappa di camino. **3.** ~ (of aut.), cofano, cofano mobile. **4.** ~ (canvas top of a carriage) (*aut.*), "capote", mantice. **5.** ~ (covering, as for a companion hatch or steering gear) (*naut.*), tuga. **6.** ~ (as of a radar screen) (*illum.*), paraluce. **7.** ~ (insulation cap for elect. cables) (*elect.*), cappuccio (isolante). **8.** ~ fastener (as of aut.), fermacofano. **9.** armored ~ (as of a tank) (*milit. navy*), cupola corazzata. **10.** canvas ~ (*aut.*), "capote", mantice. **11.** exhaust ~ (for sucking shavings: as in a planing or routing mach.) (*carp.*), cuffia per (impianto) aspirazione (trucioli). **12.** fume ~ (*chem.*), cappa (di laboratorio). **13.** ventilator ~ (as of a railw. car) (*railw.*), presa (o condotto) dell'aria di ventilazione. **14.** viewing ~ (as for a radar screen) (*illum.*), visiera schermoluce.

hoof (of a horse), zoccolo.

hook (as of a crane) (*mech.*), gancio. **2.** ~ (knitting instr.), uncinetto. **3.** ~ (implement) (*fishing*), amo. **4.** ~ (as for cutting grass) (*agr. t.*), falcetto. **5.** ~ (defect: in transistors) (*elics.*), innesco. **6.** ~ angle (as on a milling cutter edge) (*mech. t.*), angolo ad uncino. **7.** ~ angle (face angle, of a broach tooth) (*t.*), angolo di spoglia superiore. **8.** ~ gaggers (*found.*), armature a gancio. **9.** ~ mouth (*mech.*), apertura (o larghezza) del gancio. **10.** ~ poker (for forges) (*t.*), attizzatoio. **11.** ~ screw, *see* screw hook. **12.** ~ spanner (*t.*), chiave a gancio. **13.** ~ with flat eye (*mech.*), gancio con occhiello piatto. **14.** ~ with handle (*mech.*), gancio con impugnatura. **15.** ~ wrench (*t.*), chiave a gancio. **16.** boat ~ (*naut. impl.*), mezzo marinaio, gaffa, gancio d'accosto. **17.** bolt ~ (*join. or domestic impl.*), gancio con gambo filettato. **18.** can ~ (rope having hooks at each end, used for hoisting casks etc.) (*naut. - etc.*), braca a ganci. **19.** clasp ~ (pair of hooks) (*naut.*), gancio doppio. **20.** claw ~ (as of a crane) (*mech.*), gancio a griffa. **21.** clothes hanger ~ (on a car) (*aut.*), gancio attaccapanni. **22.** deck ~ (breasthook) (*shipbuild.*), gola di prua, ghirlanda di prua. **23.** draw ~ (as of a locomotive) (*railw.*), gancio di trazione. **24.** eye ~ (*hoisting app.*), gancio ad occhiello. **25.** floating ~ (*hoisting app.*), gancio oscillante. **26.** front pull ~ (as of an agric. tractor), gancio di traino anteriore. **27.** hoisting ~ (swivel hook) (*hoisting device*), gancio a testa girevole. **28.** pintle ~ (as of a truck), gancio da rimorchio. **29.** safety ~ (as for coupling a steam locomotive to the tender) (*railw.*), gancio di sicurezza. **30.** safety ~ (*hoisting app.*), gancio di sicurezza. **31.** sail ~ (*naut.*), gancio da vele. **32.** sling ~ (*hoisting app.*), gancio (per catena) di sollevamento. **33.** slip ~ (*naut.*), gancio a scocco. **34.** spare ~ (as of a locomotive) (*railw.*), gancio di riserva. **35.** swivel ~ (as of a crane) (*mech.*), gancio a molinello, gancio girevole, gancio a perno. **36.** swivel spring ~ (*mech.*), gancio girevole con molla. **37.** tow ~ (*aut. - veh. - tractor*), gancio di traino, gancio di rimorchio. **38.** tow ~ (*railw.*), gancio di trazione. **39.** towing ~ (as of an agric. tractor), gancio di traino.

hook (to), agganciare. **2.** ~ (*naut.*), incocciare.

hook-and-butt joint (tensile scarf joint) (*carp.*), giunto ad ammorsatura resistente a trazione.

hooker (a two-mast vessel) (*naut.*), nave olandese a due alberi. **2.** ~ (fishing boat) (*naut.*) (Brit.), peschereccio ad un albero.

hookup (group of circuits, apparatus etc.) (*radio*), insieme degli apparecchi, allacciamenti e circuiti. **2.** ~ (diagram of a group of circuits, app. etc.) (*radio*), schema (di montaggio o di funzionamento). **3.** ~ (mech. brake operating system) (*aut.*), rimando freni. **4.** ~ (as of tanks, instruments and pipes) (*pip. - etc.*), schema (dei collegamenti). **5.** ~ man (*transp. work.*), imbragatore.

hoop (*ind.*), cerchio, anello. **2.** ~ (as on a gun jacket) (*ordnance*), camicia di forzamento. **3.** ~ (of a gun) (*artillery*), cerchiatura. **4.** ~ (iron band: as of a cask), cerchio. **5.** ~ (load ring, of a balloon net) (*aer.*), anello di sospensione, corona. **6.** ~ (for supporting the canopy of a truck) (*aut.*), centina. **7.** ~ iron (*metall.*), nastro di ferro, reggetta di ferro. **8.** ~ stress (as induced on the blank periphery during a deep drawing operation on sheet metal) (*sheet metal w.*), sollecitazione del premilamiera. **9.** barrel ~, cerchio di barile. **10.** wheel ~, cerchione di ruota.

hooping (*gen.*), cerchiatura.

hooter (*aut. impl.*), avvisatore acustico. **2.** ~ (a siren, as used in factories), sirena.

hop (flight in an airplane) (*aer.*) (Am. coll.), volo. **2.** ~, *see also* hops.

hopper (of a water closet) (*sanitary fitment*), cassetta di cacciata. **2.** ~ (funnel-shaped receptacle), tramoggia. **3.** ~ (tank: as of a toilet), serbatoio con scarico sul fondo. **4.** ~ (*railw.*), *see* hopper car. **5.** ~ car (*railw.*), carro a tramoggia. **6.** ~ chain (as of a conveyor) (*ind. transp.*), catena di tramogge. **7.** ~ closet (*sanitary fitment*), sciacquone, vaso completo della cassetta di cacciata. **8.** ~ frame (hospital light that can be opened inwards) (*join. - carp.*), finestra munita di rosta apribile a vasistas. **9.** ~ ore car (*railw.*), carro a tramoggia per trasporto minerali. **10.** charging ~ (as of a conveyor) (*ind. device*), tramoggia di caricamento. **11.** outlet ~ (discharge hopper) (*hydr.*), imbuto di sfioro. **12.** shaft ~ (hopper feeding shafts to a mach. t.: as to threaders, grinders etc.) (*mach. t. impl.*), alimentatore per barre. **13.** vibratory ~ feed (*mach. t.*), alimentazione a tramoggia vibrante. **14.** ~, *see also* card ~.

hopper-bottom car (*railw.*), carro a tramoggia.

hops (*beer and pharm. ind.*), luppolo.

"hor", *see* horizontal.

horizon (*astr.*), orizzonte. **2.** ~ glass (fixed glass of a sextant) (*instr.*), specchio minore. **3.** ~ photograph (*photogr.*), fotografia dell'orizzonte. **4.** apparent ~ (visible horizon) (*astr.*), orizzonte visibile. **5.** artificial ~ (*aer. instr.*), orizzonte artificiale, indicatore di assetto. **6.** astronomical ~, *see* celestial horizon. **7.** celestial (rational, geometrical or true) ~ (*astr.*), orizzonte astronomico, orizzonte razionale, orizzonte vero. **8.** gyro ~ (*aer. instr.*), girorizzonte.

horizontal, orizzontale. **2.** ~ boring machine (*mach. t.*), alesatrice orizzontale. **3.** ~ casting (*found.*), getto coricato. **4.** ~ intensity (of the earth's magnetic field) (*geol. magnetism*), componente orizzontale. **5.** ~ lathe (*mach. t.*), tornio orizzontale. **6.** ~ rudder (*aer.*), equilibratore, timone di quota. **7.** ~ scanning (*telev.*), scansione orizzontale.

horn (*gen.*), corno. **2.** ~ (*aut. device*), avvisatore acustico, tromba. **3.** ~ (*wood*), corniolo. **4.** ~ (as of an anvil) (*gen.*), corno. **5.** ~ (arm, of resistance welding mach.) (*welding mach.*), braccio. **6.** ~ (of a horn-plate or pedestal) (*railw.*) (Brit.), braccio del parasale. **7.** ~ (as of a contact mine) (*navy*), urtante (*s.*). **8.** ~ (the horn shaped part of some type of loudspeaker) (*electroacous.*), tromba. **9.** ~, *see* horn antenna. **10.** ~ antenna (*radio*), antenna a tromba. **11.** ~ block (axle box guide) (*railw.*) (Brit.), guida del parasale. **12.** ~ gap (*elect.*), spinterometro ad elettrodi divergenti. **13.** ~ gap arrester (*elect. device*), scaricatore a corna. **14.** ~ gate (*found.*), attacco di colata a corno. **15.** ~ lead (lead chloride) (*old chem.*), cloruro di piombo. **16.** ~ mercury (*min.*), calomelano. **17.** ~ press (*mach. t.*), pressa a braccio. **18.** ~ quicksilver, *see* horn mercury. **19.** ~ radiator (*radar*), antenna a tromba. **20.** ~ reed (*acous. device*), linguetta, ancia. **21.** ~ spacing (of a resistance-welding mach.) (*welding mach.*), distanza tra i bracci. **22.** bulb ~ (*obsolete aut. app.*), tromba a pera. **23.** deep tone ~ (*aut. - etc.*), avvisatore a suono basso. **24.** electric ~ (*aut. device*), tromba elettrica, clackson. **25.** exponential ~ (*radio*), tromba esponenziale. **26.** high-and-low tone ~ (*aut. - etc.*), avvisatore (acustico) a suoni alternati. **27.** pneuphonic ~ (*railw.*), avvisatore pneumatico, tromba pneumatica. **28.** switch-~ (as of a contact mine) (*navy*), urtante ad interruttore. **29.** tuned horns (*aut.*), avvisatori (acustici) accordati, tromba a doppio suono accordato. **30.** warning ~ (*aut.*), avvisatore acustico, clackson.

horn (to) (*gen.*), modellare a forma di corno. **2.** ~ (*shipbuild.*), impostare perpendicolarmente alla linea della chiglia.

hornbeam (*wood*), carpino.

hornblende (*min.*), orneblenda.

horning press, *see* horn press.

"horn-plate" (as on a bogie: axle guide carrying the axle box) (*railw.*) (Brit.), parasale.

horology (*art - sc.*), orologeria.

horse, cavallo. **2.** ~ (*tinman's t.*), cavalletto. **3.** ~ (trestle) (*mas.*), capra, cavalletto. **4.** ~ (footrope) (*naut.*), marciapiede. **5.** ~ (useless rock, as in a vein) (*geol. - min.*), ammasso sterile. **6.** ~ (T-shaped stand used in handmade paper mills) (*paper mfg.*), cavalletto. **7.** ~, *see* horsepower. **8.** ~ box (for horses transp.) (*railw. car - road truck*), carro trasporto cavalli. **9.** ~ car (*railw.*), carro per trasporto cavalli. **10.** ~ iron (caulking iron) (*naut. t.*), calcastoppa. **11.** ~ latitudes (belts of calms lying approx. 30° north and south of the equator) (*meteor.*), latitudini delle calme. **12.** Flemish ~ (short footrope) (*naut.*), contromarciapiede. **13.** white ~ (of sea waves), cresta, cima dell'onda che rompe.

horseflesh ore (*min.*) (Brit.), bornite, erubescite, rame variegato.

horsehair, crine.

horsemanship (*sport*), equitazione.

horsepower (HP = 550 foot pound of work per second = 1,013871 CV) (*meas.*), cavallo inglese. **2.** brake ~ (BHP) (*mot.*), potenza al freno, potenza effettiva. **3.** corrected ~ (power in standard atmosphere) (*aer. mot.*), potenza corretta, potenza in atmosfera tipo. **4.** drawbar ~ (DBH) (*agric. tractor*), potenza alla barra. **5.** effective ~ (net horsepower requested for moving a veh. or a boat at a given speed) (*mech.*), potenza effettiva. **6.** French ~ (*meas.*), *see* metric horsepower. **7.** friction ~ (power absorbed by internal mech. friction: as of an engine) (*mech.*), potenza assorbita dagli attriti interni. **8.** indicated ~ (power deduced from the indicating diagrams of an engine) (*mot.*), potenza indicata. **9.** installed ~ (as on a locomotive) (*mot.*), potenza installata. **10.** maximum admissible ~ (as of aviation engines) (*mot.*), potenza massima ammissibile. **11.** metric ~ (unit of 75 kilogram-meters per second) (*meas. unit*), cavallo vapore (metrico). **12.** normal ~ (power in standard atmosphere at sea level) (*aer. mot.*), potenza in atmosfera tipo al livello del mare. **13.** specific ~ (*mot.*), potenza specifica. **14.** total equivalent brake ~ (of a propeller turbine, brake horsepower at the propeller shaft plus the equivalent horsepower due to the jet thrust) (*aer. mot.*), potenza equivalente totale al freno, potenza equivalente totale all'albero. **15.** type test ~ (as of an aviation engine) (*mot.*), potenza omologata.

horsepower-hour (*meas.*), cavallo ora.

horsepower-year (*meas.*), cavallo anno.

horseshoe, ferro di cavallo.

horseshoer (*work.*), maniscalco.

horst (mass of earth's crust surrounded by a depression) (*geol.*), massiccio, "horst", pilastro tettonico.

HO scale (1/8 inch = 1 foot) (*toys*), scala HO, scala impiegata nel ferromodellismo.

hose (flexible pipe), tubo flessibile. **2.** ~ clamp (as in connections between metallic pip. and hose), fascetta stringitubo. **3.** ~ cover (*rubb. ind.*), (strati di) copertura del tubo. **4.** ~ union (between two or more hose lengths) (*pip.*), raccordo per manichetta. **5.** acid ~ (*ind. chem. impl.*), tubo flessibile per acidi. **6.** air ~, manica d'aria. **7.** armoned ~

(*mech.* - *etc.*), tubo in gomma armato. **8.** canvas ~ (*naut.*), manichetta di tela. **9.** fire ~ (*antifire*), naspo, manichetta. **10.** fire ~ box (*antifire*), cassetta portanaspi. **11.** flexible metallic ~ (*ind.*), tubo flessibile metallico. **12.** radiator ~ (*aut.*), raccordo (o tubo) di gomma del radiatore, manicotto flessibile del radiatore. **13.** rubber ~ (*naut.*), manichetta di gomma. **14.** rubber ~ with quick coupling (*pip.*), tubazione di gomma con attacco rapido. **15.** suction ~ (as of a pump) (*mach.*), manica d'aspirazione.

hosepipe, *see* hose 1 ~.

hosiery (*text. ind.*), maglieria.

hospital (*arch.*), ospedale. **2.** ~ bus-bars (for emergency purposes) (*elect.*) (Brit.), sbarre collettrici di emergenza. **3.** ~ light, *see* hopper frame. **4.** ~ ship (*naut.*), nave ospedale. **5.** ~ station (camp hospital) (*milit.*), ospedaletto da campo. **6.** ~ switch (for excluding broken-down mot.) (*elect. railw.*) (Brit.), interruttore di esclusione. **7.** ~ train (*railw.*), treno ospedale.

host (*gen.*), ospite. **2.** ~ (of a computer) (*comp.*), principale.

hostage (*milit.*), ostaggio.

hostel (lodging, as for use by youth) (*bldg.*), albergo per la gioventù.

hostess (airplane personnel), assistente di volo, hostess. **2.** ~ (touring bus personnel), assistente turistica, hostess.

hostler (workman who handles a locomotive after a journey) (*railw. work.*) (Am.), addetto (o conduttore di) locomotive (dalla stazione al deposito e vice).

hot (*therm.*), caldo, molto caldo. **2.** ~ (radioactive, as said of material, rooms and places) (*radioact.*) (Am. coll.), radioattivo. **3.** ~ (as a metal or bath at a temperature higher than the average tapping temperature) (*a.* - *found.*), molto caldo. **4.** ~ (under voltage) (*elect.*), sotto tensione. **5.** ~ (urgent) (*gen.*) (coll.), urgente. **6.** ~ (fast, as an aircraft) (*aer.*) (coll.), veloce. **7.** ~ (skilled, as a pilot) (*aer.*) (coll.), esperto. **8.** ~ (as of an atom having high kinetic energy) (*a.* - *atom phys.*), eccitato. **9.** ~ bending test (*constr. theor.*), prova di piegatura a caldo. **10.** ~ box (overheated axle box) (*railw.*), boccola surriscaldata, boccola che scalda. **11.** ~ chisel (*t.*), tagliolo a caldo. **12.** ~ circuit (live circuit) (*elect.*), circuito sotto tensione, circuito attivo. **13.** ~ crack (crack developing before the casting has completely cooled) (*found.*), cricca di ritiro, cricca di solidificazione. **14.** ~ end (those manufacturing operations concerned with hot glass, that is melting, forming, annealing) (*glass mfg.*), operazioni su (o a) vetro caldo. **15.** ~ glue (*join.*), colla a caldo. **16.** ~ heading (as of rivets etc.) (*technol.*), ricalcatura a caldo (della testa). **17.** ~ iron (obtained by high temperature in the melting zone of a blast furnace) (*found.*), ghisa calda. **18.** ~ neutral (*elect.*), neutro sotto tensione. **19.** ~ plate (heated iron plate) (*household app.*), piastra scaldante. **20.** ~ plate (portable domestic app. operated by elect. or by gas), fornello. **21.** ~ plate (electric hot plate) (*household app.*), fornello elettrico. **22.** ~ plate (gas hot plate) (*household app.*), fornello a gas. **23.** ~ plate press (*mach.*), pressa a piani riscaldati. **24.** ~ rod (old car the engine of which has been modified for high speed and acceleration) (*aut.*), "hot rod", vettura truccata, automobile truccata. **25.** ~ saw (*t.*), sega per il taglio a caldo. **26.** ~ set (*t.*) (Brit.), tagliolo a caldo. **27.** ~ shoe (a device for attaching an electronic flashgun to a camera) (*phot.*), attacco (o presa) del "flash". **28.** ~ spot (as in a reactor) (*atom phys.* - *etc.*), punto caldo. **29.** ~ spot (*semidiesel eng.*), regione calda del vaporizzatore, punto più caldo della testa (calda). **30.** ~ spot (light spot due to faulty illum.) (*m. pict.*), macchia di luce. **31.** ~ spraying (of lacquer) (*paint.*), spruzzatura a caldo. **32.** ~ sprueing (removing of gates from a casting before the metal has completely solidified) (*found.*), taglio a caldo delle colate. **33.** ~ start lamp (*illum.*), lampada con adescamento a caldo. **34.** ~ tear, *see* hot crack. **35.** ~ test (shrinkage test on wool) (*wool ind.*), prova di restringibilità a caldo, prova a caldo. **36.** ~ water rinse, risciacquatura con acqua calda. **37.** ~ well (for condensation: as in a steam heating plant), pozzo caldo. **38.** red-~ (*metall.*), al calor rosso.

hot-air (*a.* - *gen.*), ad aria calda. **2.** ~ drier (as of wool) (*ind. app.*), essiccatore ad aria calda. **3.** ~ furnace (*heating app.*), stufa ad aria calda. **4.** ~ heating (*ind.* - *therm.* - *build.*), riscaldamento ad aria calda.

hotbed (zone in an ironworks where hot bars are laid for cooling) (*metall.*), zona di raffreddamento.

hot-blast (*a.* - *ind.*), a soffio caldo, a circolazione forzata di gas caldi. **2.** ~ heating system (*therm.*), impianto di riscaldamento ad aria calda a circolazione forzata. **3.** ~ stove (as for an iron blast furnace) (*metall.*), preriscaldatore (d'aria).

hot-bulb (*a.* - *semidiesel eng.*), testa calda, vaporizzatore.

hot-cathode (*a.* - *thermion.*), a catodo caldo.

hot-draw (to) (to draw by heating) (*metall.*), trafilare a caldo.

hot-drawn (*a.* - *metall.*), trafilato a caldo.

hot-galvanize (to) (*metall.*), zincare a caldo.

hothouse (*agric. bldg.*), serra. **2.** ~ (drying building or room) (*pottery*), essiccatoio.

hot-press (*paper and text. ind.*), calandra a cilindri riscaldati. **2.** ~ (hydraulic press) (*ind. mach.*), pressa a riscaldamento interno (dei piani).

hot-press (to) (*heat-treat*), stampare a caldo.

hot-quench (to) (*metall.*), temprare in bagno caldo.

hot-roll (to) (*metall.*), laminare a caldo.

hot-rolled (*a.* - *metall.*), laminato a caldo. **2.** ~ (*a.* - *paper mfg.*), calandrato a caldo.

hot-rolling (*metall.*), laminazione a caldo. **2.** ~ (*paper mfg.*), calandratura a caldo.

hot-short (*a.* - *metall.*), fragile a caldo. **2.** ~ crack-

ing test (as of welds) (*mech. technol.*), prova di criccabilità a caldo.
hot-shortness (*metall.*), fragilità a caldo.
hot-spot chamber (*mot.*), camera di preriscaldo.
hot-stuff (to) (hides) (*leather ind.*), ingrassare a caldo.
hot-tempered (*a. - glass mfg.*), a tempera rapida, temperato con rapidità.
hot-trim (to) (*forging*), sbavare a caldo.
hot-trimmed (*forging*), sbavato a caldo.
hot-trimming (*forging*), sbavatura a caldo.
hot-water (*a. - therm.*), ad acqua calda. **2.** ~ fit (*mech.*), accoppiamento bloccato a caldo. **3.** ~ heating (*therm.*), riscaldamento ad acqua calda.
hot-wire (to) (to start, as a car engine without using a key) (*aut. - etc.*), mettere in moto senza chiave cortocircuitando i fili.
hot-wire ammeter (*elect.*), amperometro termico, amperometro a filo caldo.
hot-work (to) (to forge, press, roll etc. hot metals) (*metall.*), lavorare a caldo.
hot-working (*metall.*), lavorazione a caldo.
houdryforming (reforming process in which the catalyst is regenerated during interruption of the process) (*chem. ind.*), "houdryforming", processo Houdry, processo di "reforming" a catalizzatore rigenerabile con interruzione del processo.
hounding (of a mast: part comprised between the deck and hounds) (*naut.*), parte tra maschetta e coperta. **2.** ~ (of a bowsprit: part projecting from the stern) (*naut.*), parte fuori prora (o fuori dritto).
hounds (masthead frame supporting the topmast etc.) (*naut.*), intelaiatura di coffa.
hour, ora. **2.** ~ angle (of a star) (*aer. - naut.*), angolo orario. **3.** ~ circle (*astr.*), circolo orario. **4.** ~ hand (of a timepiece), lancetta delle ore. **5.** ~ meter (for recording the running time of an engine) (*mot.*), "contaore". **6.** ~ of labor (*ind. - etc.*), ora di lavoro. **7.** ~ wheel (of a watch), ruota (della lancetta) delle ore. **8.** decimal ~ (unit of measure for taking the time with stop watches in which the hand is moving 100 revolutions in one hour) (*time study*), ora decimale. **9.** flexible working hours (of a worker: as in an ind.) (*work.*), orario flessibile. **10.** office hours (*ind. - etc.*), ore di ufficio. **11.** working ~ (*ind. - etc.*), ora di lavoro, ora lavorativa.
hourglass (*meas. instr.*), clessidra. **2.** ~ screw (*mech.*), vite globoidale.
"hour-meter" (as for agric. tractors, electric circuits etc.) (*instr.*) (Brit.), "contaore", contatempo, indicatore delle ore di funzionamento.
house (*bldg.*), casa. **2.** ~ (firm) (*comm.*), casa commerciale, ragione, ditta. **3.** ~ (quarters rising above the deck) (*shipbuild.*), sovrastruttura, soprastruttura. **4.** ~ car (closed freight car) (*aut.*), furgone. **5.** ~ for rent (*bldg.*), casa d'affitto. **6.** ~ sewer (extended from the bldg. line to the main sewer) (*pip.*), raccordo di fognatura. **7.** ~ tax, imposta sui fabbricati. **8.** ~ track (rails inside or along the freight house) (*railw.*), binario del magazzino merci. **9.** ~ trailer (a caravan like veh. that may be used permanently as a house) (*veh.*), grande "roulotte" per uso abitazione. **10.** accepting ~ (discount house) (*finan.*), istituto di sconto. **11.** basement ~ (*bldg.*), residenza signorile avente un piano interrato o seminterrato. **12.** country ~ (*bldg.*), villa di campagna. **13.** earthquake resisting ~ (*bldg.*), abitazione antisismica. **14.** lamp ~ (of a m. pict. projector) (*opt.*), lanterna. **15.** prefabricated ~ (*bldg.*), casa prefabbricata. **16.** software ~ (*comp.*), centro di studio ed esecuzione del "software". **17.** tenement ~ (*bldg.*), casa popolare d'affitto. **18.** town ~ (two stories town house, for a single family) (*bldg.*), villino urbano. **19.** workman's ~ (*bldg.*), casa operaia.
house (to) (to shelter) (*gen.*), racchiudere, coprire, proteggere. **2.** ~ (*mech. - etc.*), alloggiare. **3.** ~ a mast (*shipbuild.*), calare un albero.
housebreaking (*law*), violazione di domicilio.
housefurnishings (small articles for a house), oggetti di arredamento per la casa, (utensili da cucina, lampadari ecc.).
househeating (central heating of a residence) (*therm.*), riscaldamento centrale.
household (domestic establishment, family, those living together in the same dwelling place), casa, famiglia.
housekeeping (*gen.*), governo ed economia della casa. **2.** ~ (operations for keeping the comp. in operation but ininfluent on programs solution) (*comp.*), operazioni preparatorie (o ausiliarie o di servizio).
houseline (*naut.*), lezzino.
housephone (connected to the public exchange by switchboard) (*teleph.*), telefono interno abilitato tramite centralino.
housing (as of an elect. mot.) (*mech.*) (Am.), corpo, carcassa. **2.** ~ (as of a clutch or steering box) (*aut. - mech.*), scatola. **3.** ~ (as of mach.), incastellatura, carcassa. **4.** ~ (as for a ball bearing) (*mech.*), sede, alloggiamento, custodia. **5.** ~ (support) (*mech.*), sostegno. **6.** ~ (of a rolling mill) (*mech.*), gabbia (di laminatoio). **7.** ~ (of a portion of the mast beneath the deck) (*naut.*), parte (dell'albero) sotto coperta. **8.** ~ (of a bowsprit, inboard portion) (*naut.*), parte (di bompresso) entro il dritto, parte (di bompresso) interna. **9.** ~ allowance (*work.*), indennità di alloggio. **10.** bearing ~ (*mech.*), sede del cuscinetto. **11.** clutch ~ cover (as of an aut. friction clutch) (*mech.*), coperchio della frizione.
hovel (niche) (*arch.*), nicchia.
hover (to) (of a helicopter) (*aer.*), volare a punto fisso. **2.** ~ (of a bird) (*gen.*), librarsi.
hover-car (air cushion vehicle) (*veh.*) (Brit.), veicolo terrestre a cuscino d'aria.
hovercraft (*veh.*) (Brit.), *see* air-cushion vehicle, ground-effect machine.

hovering (of a helicopter) (*aer.*), volo a punto fisso, volo stazionario. **2.** ~ ceiling with ground effect (of a helicopter) (*aer.*), tangenza con effetto di suolo.

hoverplane (helicopter) (*aer.*) (Brit.), elicottero.

hover-ship (air cushion ship) (*naut.*) (Brit.), (natante a cuscino d'aria).

howel (convex plane for smoothing the inside of casks) (*cooper's t.*), pialletto curvo (da interni) per bottai.

howgozit curve (for determining the equitime point) (*aer. navig.*), grafico di Howgozit (per la determinazione del punto di egual tempo).

howitzer (gun) (*milit.*), obice.

howl (undesired prolonged noise or squeal due as to an audio feedback etc.) (*electroacous.*), sibilo.

howler (electric buzzer) (*elect.*) (coll.), ronzatore, cicalina. **2.** ~ (warning device, for radar signals) (*radar*) (coll.), avvisatore.

"HP", "hp" (high pressure) (*gen.*), alta pressione. **2.** ~ (horsepower equal to 33,000 foot-pounds per minute and to 1.0138 CV) (*meas.*), cavallo inglese. **3.** ~ (high-pass) (*elect. filter*), passa alto. **4.** ~-hour (*meas. unit.*), cavallo (inglese)-ora, HP/ora, HP/h.

"HPH", "hph", *see* "HP" hour.

"HQ" (Headquarters) (*milit.*), Quartier Generale.

"HR" (high resistance) (*math.*), resistenza elevata.

"hr" (hour) (*time*), ora.

"hrd", *see* hard.

"HS", *see* high speed.

h-scope (*radar*), indicatore tipo H.

"hse", *see* house.

"hsg" (housing) (*mech.*), sede, custodia.

"HSP" (hoseproof; said of elect. mach.) (*a. - elect.*), protetto contro il getto di (acqua proveniente da) manichetta (antincendio). **2.** ~ (high-speed printer) (*comp.*), stampatrice rapida.

"HSR" (high- speed reader) (*comp.*), lettore rapido.

"HSS" (high speed steel) (*mech. draw.*), acciaio rapido.

"HT", "ht" (high tension) (*elect.*), A.T. (alta tensione).

"ht" (heat) (*therm.*), calore. **2.** ~, *see also* height.

"HTA" (heavier than air) (*aer.*), più pesante dell'aria, aerodina.

"HTGR" (high temperature gas-cooled reactor) (*atom. phys.*), reattore ad alta temperatura raffreddato a gas.

"HTL", *see* High Treshold Logic.

"HTOL" (horizontal take-off and landing) (*aer.*), decollo ed atterraggio orizzontali.

"HTS" (high tensile steel) (*mech. draw.*), acciaio ad alta resistenza.

"HT TR" (heat-treat) (*metall.*), trattare termicamente.

"HTWS" (high tensile welding steel) (*mech. draw.*), acciaio saldabile ad alta resistenza.

hub (of a wheel) (*veh.*), mozzo. **2.** ~ (*civ. eng.*), *see* turning point. **3.** ~ (the central portion to which the detachable blades of a propeller are attached) (*aer.*), mozzo. **4.** ~ (hob, steel punch for making working dies as for coins) (*t.*), improntatore. **5.** ~ (supporting the anchors of filament: of an incandescent lamp) (*elect. lamp constr.*), astina. **6.** ~ (hole corresponding to a plugging contact: in elect. equipments) (*elect.*), bocchetta (o boccola) per spinotto (o per filo). **7.** air inlet ~ (*turbojet eng.*), ogiva della presa d'aria. **8.** collector ring ~ (ring sleeve: as of an induction mot.) (*electromech.*), bussola porta-anelli. **9.** free wheel ~ (as of a bicycle) (*mech.*), mozzo a ruota libera. **10.** screw propeller ~ (*aer. - naut.*), mozzo dell'elica. **11.** wheel ~, mozzo della ruota.

hubcap (decorative cover) (*aut.*), coprimozzo.

"hucr" (highest useful compression ratio) (*eng.*), rapporto di compressione di massima utilizzazione.

hue (color) (*color*), colore. **2.** ~ (a gradation differentiating a color from another of equal brilliance) (*color*), tonalità cromatica, tinta. **3.** intrinsic ~ (*opt.*), tinta (propriamente detta), tonalità intrinseca. **4.** relative ~ (*opt.*), tinta relativa, tinta di contrasto, tonalità relativa, tonalità di contrasto.

hug (to) (to keep close to) (*gen.*), tenersi molto vicino a... **2.** ~ the wind (*naut.*), stringere il vento.

hull (*aer. - naut.*), scafo. **2.** ~ (of rigid airships) (*aer.*), carena, scafo, ossatura di forza. **3.** ~ (husk) (*bot. - etc.*), guscio. **4.** ~ (as of an armored vehicle) (*veh.*), scafo. **5.** ~ (empty shell of projectile) (*milit.*), bossolo. **6.** ~ (the outer casing: as of a guided missile) (*rckt.*), contenitore, involucro. **7.** ~ hydrophone (*navy instr.*), idrofono da scafo. **8.** ~-mounted hydrophone (*navy instr.*), idrofono da scafo. **9.** hydrofoil ~ (*naut.*), scafo ad ala portante. **10.** pressure ~ (cylindrical pressure resistant living space of a submarine) (*navy*), scafo resistente. **11.** welded ~ (*naut.*), scafo saldato.

hulling (*agric. - gen.*), sgusciatura. **2.** ~ machine (*agric. mach.*), sgusciatrice.

hum (sound) (*acous.*), rumore sordo continuo, ronzio. **2.** ~ (as of machinery) (*acous.*), ronzio. **3.** ~ neutralizing coil (*radio*), bobina antironzio. **4.** ~ voltage (*radio*), tensione di ronzio. **5.** A C ~ (*radio*), ronzio dovuto alla corrente alternata.

hum (to) (*acous.*), ronzare.

human (*a. - gen.*), umano. **2.** ~ engineering (management of human beings and human work according to satisfaction and efficiency) (*pers. - ind.*), tecnica della ricerca della soddisfazione ed insieme del rendimento nel lavoro umano. **3.** ~ relations (*ind. - etc.*), relazioni umane.

hum-bucking (*elect.*), antironzio.

humid (*a. - phys.*), umido.

humidification (as of the air), umidificazione.

humidifier (*app.*), apparecchio umidificatore.

humidistat (hygrostat) (*phys. instr. - air conditioning*), igrostato, umidostato.

humidity (*gen.*), umidità. **2.** ~ ratio (*air phys.*), grado igrometrico. **3.** absolute ~ (of the air) (*meteorol.*), umidità assoluta. **4.** relative ~ (of the air) (*meteorol.*), umidità relativa. **5.** specific ~ (of the air), umidità specifica.

humification (*geol. - agric.*), formazione dell'humus, umificazione.

hummeler, hummeller (as of barley) (*agric. mach.*) (Brit. dialectal), sbarbatrice.

humming (buzzing) (*phys.*), ronzio.

hump (range of mountains on an air route) (*aer.*), montagne (o catena di montagne) da sorvolare. **2.** ~ (in a switch yard: double ramp for switching cars to their tracks) (*railw.*), sella di lancio, schiena d'asino, parigina. **3.** ~ bridge (*road traff. sign.*), cunetta. **4.** ~ speed (of a seaplane or amphibian) (*aer.*), velocità di massima resistenza dell'acqua. **5.** road ~ (*road - aut.*), schiena d'asino, dosso.

hump (to) (to compose trains by means of the hump) (*railw.*), impiegare la parigina (o sella di lancio), smistare.

humus (*agric.*), humus.

hundredweight [112 lbs (Brit.) cwt long and 100 lbs (Am.) cwt short] (*meas.*), 50,80 kg (ingl.), 45,36 kg (am.). **2.** long ~ (*weight meas.*) (Brit.), 50,8 kg **3.** metric ~ (110.27 lbs) (*weight meas.*), 50 kg, mezzo quintale. **4.** short ~ (100 lbs) (*weight meas.*) (Am.), 45,36 kg.

hung, *participle: see* hang (to).

hunt (oscillating movement) (*mech. - mot.*), pendolamento.

hunt (to) (to have an instable movement or oscillation, as a speed governor) (*mot. - mach.*), pendolare. **2.** ~ (of a train) (*railw.*), serpeggiare.

hunting (*aer.*), pendolamento. **2.** ~ (*mech.*), oscillazione pendolare. **3.** ~ (as of a governor) (*mech.*), pendolamento. **4.** ~ (as of railw. veh.) (*railw.*), serpeggiamento. **5.** ~ (defect of paralleled mach.) (*elect.*), oscillazioni pendolari. **6.** ~ (periodic variation of a governed engine speed) (*mot.*), pendolamento. **7.** ~ (trouble in sound reproduction) (*acous.*), fluttuazione (del suono). **8.** ~ (of a helicopter rotor blade: angular oscillation about the drag hinge) (*aer.*), oscillazione di resistenza, pendolamento, oscillazione angolare. **9.** ~ (of the flight path) (*aer.*), instabilità longitudinale ad ampio periodo di oscillazione, "montagne russe". **10.** ~ (*sport*), caccia. **11.** ~ (picture instability) (*telev.*), scorrimento. **12.** ~ (act of searching for trying to find something) (*elics. - etc.*), ricerca. **13.** ~ circuit (*elics.*), circuito di ricerca. **14.** ~ tooth (an extra tooth for equalizing wear) (*mech.*), dente supplementare, dente dell'ingranaggio maggiore che aggiunto (o sottratto) al numero dei denti relativo al rapporto, rende possibile un contatto variato fra i denti degli ingranaggi, allo scopo di regolarizzarne il consumo. **15.** horizontal ~ (picture horizontal instability) (*telev.*), scorrimento orizzontale. **16.** vertical ~ (picture vertical instability) (*telev.*), scorrimento verticale.

hurdle (*gen.*), graticcio, graticciato. **2.** ~ (tables of coarse wire gauze in rag house, on which dry rags are sorted) (*paper mfg.*), griglie (di aspirazione). **3.** ~ (barrier to be sourmounted in a race, as by men or horses) (*sport*), ostacolo. **4.** ~ (of a scrubber) (*chem. ind.*), piatto. **5.** ~ race (*sport*), corsa ad ostacoli.

hurl (to), lanciare violentemente.

Huronian (*geol.*), huroniano.

hurricane (wind from 64 mph Beaufort scale 12) (*meteor.*), uragano (da 118 km/h ed oltre). **2.** ~ [(North Am.), or tropical cyclone (India), or typhoon (Far East), or cyclone (Europe), or willy-willy (Australia), or tornado (South Am.)] (*meteorol.*), uragano (Nord Am.), ciclone tropicale (India), tifone (Estremo Oriente), ciclone (Europa). **3.** ~ warning (*meteor.*), avviso di uragano.

hurter (one of the buffers for stopping the wheels of a gun carriage) (*ordnance*), calzatoia.

hurtful (harmful, deleterious) (*gen.*), nocivo, dannoso.

husk (*gen.*), buccia, cartoccio. **2.** ~ (circular saw framework) (*carp. - mach. t.*), banco per sega circolare.

husk (to) (as Indian corn) (*agric.*), scartocciare.

husker (as of Indian corn) (*agric. mach.*), scartocciatrice.

husking (peeling) (*gen.*), sbucciatura.

hut (of wood or bricks) (*mas.*), baracca.

hutch (a chest for small animals) (*agric.*), stia, cesta, gabbia. **2.** ~ (truck) (*min.*), carrello per montacarichi. **3.** ~ (bottom compartment of a jig) (*ore dressing*), comparto di raccolta.

hutment (a camp of huts) (*city planning*), agglomerato di baracche. **2.** ~ (*milit. - etc.*), baraccamento.

"HV" (high voltage) (*elect.*), alta tensione. **2.** ~ (high velocity), alta velocità.

"HVRA" (Heating and Ventilation Research Association) (*bldg.*) (Brit.), Associazione Ricerche Riscaldamento e Ventilazione.

"hvy", *see* heavy.

"HW" (hot water) (*heating*), acqua calda. **2.** ~ (highway) (*road*), strada di grande comunicazione, autostrada. **3.** ~ (head wind) (*naut.*), vento di prua.

"HWGCR" (heavy water gas-cooled reactor) (*atom. phys.*), reattore ad acqua pesante raffreddato a gas.

"HWL" (High Water Line) (*naut.*), linea di galleggiamento alta.

"hwy", *see* highway.

"hy", *see* henry, heavy.

hyacinth (variety of zircon) (*min.*), giacinto.

hyalite (variety of opal) (*min.*), ialite.

hybrid (*gen.*), ibrido. **2.** ~ computer (analog-digital computer) (*comp.*), calcolatore ibrido. **3.** ~ interface (between digital and analog computer) (*comp.*), interfaccia ibrida. **4.** ~ simulation (*comp.*), simulazione ibrida. **5.** ~ transformer (hybrid coil, transformer with four pairs of terminals, the winding being arranged in the form of a bridge circuit) (*elect. - teleph.*), trasformatore differenziale, trasformatore ibrido, trasformatore di equilibrio.

"hyd" (hydraulic) (*a. - mach. draw.*), idraulico. **2.** ~, *see also* hydraulics, hydrostatic, hydrostatics.

hydrant (*pip.*), presa d'acqua. **2.** automatic draining ~ (used to avoid icing of water) (*antifire*), idrante a scarico automatico. **3.** fire ~ (*antifire*), idrante. **4.** standpipe ~ (*antifire*), idrante a colonna. **5.** underground ~ (*antifire*), idrante interrato (o del tipo da interrare).

hydrargillite (gibbsite) (*min. - refractory*), idrargillite.

hydrargyrum (Hg, quicksilver) (*chem.*), mercurio, idrargirio.

hydrate (*n. - chem.*), idrato.

hydrated (*a. - chem.*), idrato. **2.** ~ cellulose (*paper mfg.*), cellulosa idrata.

hydration (*chem.*), idratazione. **2.** ~ (process by which raw material is converted into pulp by prolonged beating) (*paper mfg.*), idratazione.

hydraulic (*a.*), idraulico. **2.** ~ bedplate (a type of bedplate) (*paper mfg.*), platina (mobile a pressione) idraulica. **3.** ~ bending machine (*mach.*), piegatrice idraulica. **4.** ~ brake (*mech.*), freno idraulico. **5.** ~ cement (*mas.*), cemento idraulico. **6.** ~ circuit (as of an aircraft system) (*aer. - etc.*), circuito idraulico. **7.** ~ clutch (*mech.*), frizione idraulica. **8.** ~ copying machine (hydraulic pantograph) (*mach. t.*), pantografo a comando idraulico. **9.** ~ coupling drive, *see* fluid drive. **10.** ~ crane (*mach.*), gru idraulica. **11.** ~ drive (*mech.*), comando idraulico. **12.** ~ elevator (*hydraulic plunger elevator*), sollevatore idraulico. **13.** ~ engineering, ingegneria idraulica. **14.** ~ fluid (oil operating mechanical devices) (*mach. - impl.*), olio per comandi oleodinamici, "olio idraulico", olio per circuiti idraulici. **15.** ~ jack (*impl.*), martinetto idraulico. **16.** ~ lock (used to prevent a fluid from flowing, as in a hydraulic or pneumatic system) (*aer. - etc.*), bloccaggio idraulico. **17.** ~ machine (*mach.*), macchina idraulica. **18.** ~ mining (by water jets) (*min.*), estrazione mediante getti d'acqua. **19.** ~ motor (hydromotor) (*mot.*), motore idraulico. **20.** ~ power steering (as of a bus) (*aut.*), servosterzo idraulico. **21.** ~ press (*mach.*), pressa idraulica. **22.** ~ ram (for raising water) (*hydr. mach.*), ariete idraulico. **23.** ~ ram (in a hydraulic press) (*mech.*), pistone idraulico. **24.** ~ shock absorber (as of aut.) (*mech.*), ammortizzatore idraulico. **25.** ~ system (hydraulic transmission) (*mech.*), trasmissione idraulica. **26.** ~ system (complete hydraulic installation, as of an aircraft) (*mech.*), impianto idraulico. **27.** ~ test (by water pumped into a boiler at a pressure higher than the normal operating pressure) (*boil.*), prova a freddo. **28.** ~ test (of a hollow metal component by subjecting it to internal liquid pressure) (*mech. technol.*), prova idraulica. **29.** ~ working (*hydr. - mech.*), funzionamento idraulico.

hydraulic (to) (to excavate by means of a high-pressure jet of water) (*min.*), scavare a getto d'acqua.

hydraulicking (excavation by means of a high-pressure jet of water) (*min.*), escavazione a getto d'acqua, scavo a getto d'acqua.

hydraulics (*n.*), idraulica.

hydrazine (N_2H_4) (*chem.*), idrazina.

hydrid, hydride (*chem.*), idruro.

hydriodic acid (HI) (*chem.*), acido iodidrico.

hydro, *see* hydroplane.

hydroacoustic (referring to the production of sounds by the flow of compressed fluids) (*a. - acous.*), relativo alla produzione di suoni mediante flusso di un fluido compresso. **2.** ~ (referring to the underwater transmission of sound) (*a. - underwater acous.*), relativo all'acustica subacquea.

hydroairplane, *see* hydroplane.

hydrobomb (rocket propelled aerial torpedo [or bomb]) (*air force - navy*), idrobomba, siluro da aereo con propulsione a reazione.

hydroborons (*chem.*) (Brit.), idruri di boro.

hydrocarbon (*chem.*), idrocarburo. **2.** aromatic ~ (*chem.*), idrocarburo aromatico. **3.** closed chain ~ (*chem.*), idrocarburo a catena chiusa. **4.** heavy ~ (*chem.*), idrocarburo pesante. **5.** light ~ (*chem.*), idrocarburo leggero.

hydrocellulose (*chem.*), idrocellulosa.

hydrochloric acid (HCl) (*chem.*), acido cloridrico.

hydrocopying (as for copy milling) (*mech.*), apparecchiatura a copiare idraulica.

hydrocrack (in the presence of H) (*oil refinery*), piroscindere in presenza di idrogeno.

hydrocracker (hydrocracking app.) (*oil refining app.*), impianto di piroscissione in presenza di idrogeno, impianto di idrocracking.

hydrocracking (petroleum refining process) (*ind. chem.*), idrocracking.

hydrocyanic acid (HCN) (*chem.*), acido cianidrico, acido prussico.

hydrodynamic (*a.*), idrodinamico.

hydrodynamicist (an expert in hydrodynamics) (*hydrodynamics*), esperto in idrodinamica.

hydrodynamics (*n. - sc.*), idrodinamica.

"hydrodynamometer" (measuring the speed of a liquid current) (*hydr. meas. instr.*), "idrodinamometro".

hydroelectric (*elect. power*), idroelettrico.

hydroextraction (as by centrifuge) (*ind.*), idroestrazione.

hydroextractor (*ind. mach.*), idroestrattore. **2.** centrifugal ~ (*mach.*), idroestrattore centrifugo. **3.** suction ~ (*mach.*), idroestrattore aspirante.

hydrofining (gasoline refining by hydrogen and catalyst) (*oil refining*), raffinazione con idrogeno, "hydrofining".

"hydro-finishing" (process for finishing metal surfaces by blasting water mixed with emery powder, as for die impressions) (*mech. technol.*), idrofinitura.

hydroflap (on the seaplane hull) (*seaplane*), aletta idrodinamica ausiliaria.

hydrofluoric acid (HF) (*chem.*), acido fluoridrico.

hydrofoil (plate or fin on a flying boat or speedboat hull) (*n. - naut.*), piano idrodinamico, aletta idrodinamica. **2.** ~ (underwater fin as on a speedboat) (*naut.*), aletta idrodinamica. **3.** ~ (stabilizing fin, as against rolling) (*shipbldg.*), aletta antirollio. **4.** ~ (motorboat, ~ speedboat) (*n. - naut.*), aliscafo, idroplano, battello ad ali portanti. **5.** ~ speedboat (*naut.*), scafo ad ala portante, aliscafo. **6.** submerged-foil ~ (motorboat) (*naut.*), aliscafo ad ala immersa, idroplano ad ala immersa, battello ad ali portanti immerse. **7.** surface-piercing ~ (motorboat) (*naut.*), aliscafo ad ala semisommersa, idroplano ad ala semisommersa, battello ad ali portanti semisommerse.

hydroforming (process for obtaining high-octane petrol) (*oil refining*), "hydroforming", processo di deidrogenazione-ciclizzazione-isomerizzazione. **2.** ~ (fluid forming) (*sheet metal w.*), idroimbutitura. **3.** fixed-bed ~ (*oil refining*), processo di "hydroforming" a letto fisso. **4.** fluid ~ (*oil refining*), processo di "hydroforming" a letto mobile.

hydroformylation (in aldehydes production) (*ind. chem.*), idroformilazione, ossosintesi.

hydrogasification (high pressure hydrogen and steam on coal at high temp.: for obtaining methane) (*chem. proc.*), produzione del metano per sintesi dell'acqua.

hydrogel (formed by water and a colloidal substance) (*chem.*), idrogel.

hydrogen (H - *chem.*), idrogeno. **2.** ~ bomb (*atom. bomb*), bomba all'idrogeno. **3.** ~ dioxide (H_2O_2) (*chem.*), acqua ossigenata. **4.** ~ embrittlement (of steel, due to absorption of hydrogen, as during pickling) (*metall.*), fragilità da idrogeno. **5.** ~ generating plant (*ind. chem.*), impianto di produzione dell'idrogeno. **6.** ~ ion (*chem.*), ione di idrogeno, idrogenione. **7.** ~ peroxide (*chem.*), acqua ossigenata. **8.** ~ sulphide (H_2S) (*chem.*), idrogeno solforato, acido solfidrico. **9.** active ~ (*chem.*), idrogeno attivo, idrogeno nascente. **10.** heavy ~ (*chem.*), idrogeno pesante.

hydrogenate (to) (*chem.*), idrogenare.

hydrogenation (*chem.*), idrogenazione.

hydrogen-ion (*a. - chem.*), idrogenionico. **2.** ~ concentration (*chem.*), concentrazione idrogenionica.

hydrographer (*technician*), idrografo, esperto in idrografia.

hydrographic (*geogr.*), idrografico. **2.** ~ basin (catchment basin, catchment area) (*hydr. - geol.*), bacino idrografico.

hydrography (*geogr.*), idrografia.

hydrokinetic (*phys.*), idrocinetico.

hydrokinetics (*hydr. sc.*), idrocinetica.

"hydrolap" (to) (*mech. technol.*), lappare con processo idraulico, microlevigare con processo idraulico.

"hydrolapping" (lapping process carried out with a lapping compound or liquid jet containing emery powder) (*mech. technol.*), lappatura idraulica, idrolappatura, microlevigatura idraulica.

hydrolitic (*chem.*), idrolitico.

hydrology (*hydr.*), idrologia.

hydrolysis (*chem.*), idrolisi.

hydrolyte (substance subjected to hydrolisis) (*chem.*), idrolito.

hydrolytic (*chem.*), idrolitico.

hydrolyze (*chem.*), idrolizzare.

hydromagnetic (magnetohydrodynamic) (*a. - plasma phys.*), magnetoidrodinamico.

hydromagnetics (magnetohydrodynamics) (*sc.*), magnetoidrodinamica, magnetofluidodinamica.

"hydromatic" (*a. - mech.*), "idromatico". **2.** ~ bed (of mach.), basamento idromatico. **3.** ~ propeller (*aer.*), elica idromatica.

hydromechanics (*hydr.*), meccanica dei liquidi.

hydrometallurgy (*metall.*), idrometallurgia.

hydrometer (*phys. meas. instr.*), aerometro, densimetro.

hydrometry, misura della densità.

"hydromotor" (hydraulic motor) (*mot.*), motore idraulico.

hydronautics (sea exploring science) (*n. - sea*), tecnica dell'esplorazione subacquea organizzata.

hydronic (said of a heating or cooling system in which the heat transfer is obtained by a closed circulation of fluid in pipes) (*a. - therm.*), a trasmissione di calore per circolazione chiusa di fluido.

hydronics (hydronic system) (*therm.*), sistema di trasmissione di calore per circolazione chiusa di fluido.

hydrophilic (*chem.*), idrofilo.

hydrophobic (not easily wet by water) (*a. - chem.*), idrorepellente.

hydrophone (*naut. and navy instr.*), idrofono. **2.** ~ array (*und. acous.*), cortina di idrofoni. **3.** ~ equation (equation which allows to calculate the acquisition distance of a hydrophone) (*und. acous.*), equazione dell'idrofono. **4.** bottom ~ (*und. acous.*), idrofono da fondo. **5.** conformal ~ (hydrophone whose elementary transducers are placed along the hull of the ship or the submarine) (*und. acous.*), idrofono a profilo conforme. **6.** deep sea ~ (*und. acous.*), idrofono per alti fondali. **7.** directional ~ (*und. acous.*), idrofono direttivo. **8.** hull ~ (*navy instr.*), idrofono da scafo. **9.** omnidirectional ~ (*und. acous.*), idrofono adirettivo, idrofono onnidirezionale. **10.** outboard ~ (*naut. and navy instr.*), idrofono da deriva. **11.** standard ~ (*und. acous.*), idrofono campione. **12.** towed ~ (*und. acous.*), idrofono rimorchiato.

hydroplane (hydrofoil: as on a boat hull) (*naut.*), piano idrodinamico. **2.** ~ (race motorboat having stepped bottom so that the hull raises out of the water when at high speed) (*naut. - sport*), idroscivolante, motoscafo a carena planante, idroplano. **3.** ~ (a speedboat raising the hull wholly out of water and having hydrofoils and its struts under water) (*naut.*), aliscafo, idroplano, battello ad ali portanti. **4.** ~ (the diving plane of a submarine) (*navy*), timone di profondità. **5.** ~, *see also* seaplane.

hydroplane (to) (to lose adherence because of the water film) (*aut. on wet road*), slittare sul bagnato, perdere aderenza sul bagnato.

hydroplaning (as of a seaplane on the water) (*naut. aer.*), idroscivolamento, flottaggio. **2.** ~ (*aut. on wet road*), slittamento sul bagnato.

hydropneumatic (working by air and water) (of a mach.), idropneumatico.

hydropress (hydraulic press) (*mach. t.*), pressa idraulica.

hydroquinone (*chem. phot.*), idrochinone.

hydrorubber $(C_5H_{10})_x$ (obtained by subjecting rubber to catalytic hydrogenation) (*rubb. ind.*), idrocaucciù.

hydroscope (*sea device*), idroscopio.

hydroseparator (*ind. app.*), vasca di decantazione.

hydro-ski (on the seaplane hull: for easing landing and take off) (*seaplane*), alette idrodinamiche.

hydroskimmer (air-cushion craft travelling on water) (*naut.*), natante a cuscino d'aria, hovercraft, aeroscivolante.

hydrosol (*chem.*), dispersione di particelle solide nell'acqua, "idrosol".

hydrospace (the whole sea under the surface) (*sea*), idrospazio, spazio al di sotto della superficie del mare.

hydrosphere (the waters on the earth surface and atmosphere) (*geophys.*), idrosfera.

hydrostat (elect. device for regulating the water level of a tank), regolatore di livello, "idrostato".

hydrostatic (*a.*), idrostatico. **2.** ~ balance (*phys.*), bilancia idrostatica. **3.** ~ head (pressure) (*hydr. meas.*), battente. **4.** ~ pressure (*hydr.*), pressione idrostatica. **5.** ~ test (as of a hydr. app.), prova idrostatica di tenuta. **6.** ~ test (by water pumped into a boiler at a pressure greater than the normal operating pressure) (*boil.*), prova a freddo. **7.** ~ test (*mech. technol.*) (Am.), prova idraulica.

hydrostatics (*n.*), idrostatica.

"hydrosuction machine" (*wool mfg. mach.*), idroestrattore ad aspirazione.

"hydrotimeter" (for determining the hardness of water) (*chem. instr.*), idrotimetro.

"hydrotimetry" (process for determining the hardness of water) (*chem.*), idrotimetria.

hydrotreat (to) (to submit to hydrogenation) (*ind. chem.*), idrogenare.

hydrotrope (*n. - chem.*), idrotropo.

hydrotropy (*chem.*), idrotropia.

hydrous (*a. - chem.*), idratato, idrato.

hydroxide (*chem.*), idrato, idrossido. **2.** ammonium ~ (NH_4OH) (*chem.*), idrossido di ammonio, idrato di ammonio.

hydroxyl (*chem.*), idrossile.

hydroxylamine (NH_2OH) (*chem.*), idrossilamina.

hyetograph (*meteor. instr.*), pluviografo (o ietografo) automatico. **2.** ~ (*meteor. chart*), ietografia, diagramma delle precipitazioni medie dell'anno.

hyetometer (rain gage) (*meteorol. instr.*), pluviometro.

hygiene (*n. - med.*), igiene.

hygienic (*a. - med.*), igienico.

hygrodeik (dry and wet thermometers instr.) (*meteor. instr.*), psicrometro a lettura diretta (mediante due termometri).

hygrograph (*instr.*), igrografo.

hygrometer (*instr.*), igrometro. **2.** absorption ~ (*hydr. instr.*), igrometro ad assorbimento. **3.** chemical ~ (*instr.*), igrometro ad assorbimento. **4.** dew point ~ (*instr.*), igrometro a condensazione. **5.** electrolytic ~ (*instr.*), igrometro elettrico. **6.** hair ~ (*instr.*), igrometro a capello.

hygrometry, igrometria.

hygroscope (*instr.*), igroscopio.

hygroscopic (*a. - phys.*), igroscopico. **2.** ~ paper (*paper mfg.*), carta igroscopica.

hygroscopicity (*phys.*), igroscopicità.

hygrostat (air conditioning device), igrostato, umidostato.

hypaethral (of an ancient temple) (*a. - arch.*), a cielo aperto.

hyperbaric (relating to a pressure higher than normal) (*gen.*), iperbarico.

hyperbola (*geom.*), iperbole.

hyperbolic (*math.*), iperbolico. **2.** ~ cosine (*math.*), coseno iperbolico. **3.** ~ cotangent (*math.*), cotangente iperbolica. **4.** ~ secant (math.), secante iperbolica. **5.** ~ sine (*math.*), seno iperbolico. **6.** ~ tangent (*math.*), tangente iperbolica.

hypercharge (the double of the group charge) (*atom. phys.*), ipercarica.

hypercomplex (*a. - math.*), ipercomplesso.

hypercritical (*atom phys. - etc.*), ipercritico.

hyperelastic (*mech.*), iperelastico.

hypereutectic (*a. - metall.*), ipereutettico. **2.** ~ iron (hypereutectic cast iron) (*found.*), ghisa ipereutettica.

hypereutectoid (*a. - metall.*), ipereutettoide. **2.** ~ iron (hypereutectoid cast iron) (*found.*), ghisa (a matrice) ipereutettoide.

hyperfine structure (in an atomic spectrum) (*atom phys.*), struttura iperfine.

hyperfocal (*a. - opt. - phot.*), iperfocale. **2.** ~ distance (*opt. - phot.*), distanza iperfocale.

hyperforming (*chem. ind.*), "hyperforming". **2.** fluid ~ (*chem. ind.*), processo di "hyperforming" a letto mobile.

hypergol (fluid propellent) (*rckt.*), propellente ipergolico, ipergolo.

hypermarket (a very large department store which includes in it a supermarket) (*comm.*), grande magazzino con annesso supermercato.

hyperon (subatomic particle having a mass higher than that of the proton) (*atom. phys.*), iperone.
hypersensitization (*phot.*), ipersensibilizzazione.
hypersonic (denoting speed about five times that of sound in the air) (*a. - gen.*), ipersonico.
hyperspace (space having more than three dimensions) (*math.*), iperspazio, spazio a più di tre dimensioni.
hyperstatic (*a. - constr. theor.*), iperstatico. **2.** ~ unknown value (*constr. theor.*), incognita iperstatica.
hyperstereoscopy (*opt. - phot.*), stereoscopia a base dilatata.
hypersthene (orthorhombic mineral of the pyroxene group) (*min.*), iperstene. **2.** ~ gabbro (*min.*), gabbro iperstene.
hypervelocity (speed higher than 3 km per second) (*astric.*), ipervelocità.
hyphen (mark used for compound words, or for division of a word in syllabes) (*n. - writing*), trattino, lineetta.
hyphen (to) (to connect two words by a hyphen) (*writing*), collegare con trattino, unire con lineetta.
hyphenate (to), *see* hyphen (to).
"hypo" (sodium thiosulphate: phot. fixing agent) ($Na_2S_2O_3$) (*chem.*), iposolfito, iposolfito di sodio, tiosolfato di sodio. **2.** ~ bath (*leather ind.*), bagno di iposolfito.
hypochlorite (ClO–) (rad.) (*chem.*), ipoclorito.
hypocycloid (*geom.*), ipocicloide.
hypoeutectic (*a. - metall.*), ipoeutettico. **2.** ~ iron (hypoeutectic cast iron) (*found.*), ghisa ipoeutettica.
hypoeutectoid (*a. - metall.*), ipoeutettoide. **2.** ~ iron (hypoeutectoid cast iron) (*found.*), ghisa ipoeutettoide.
hypogeum (*arch.*), ipogeo.
hypoid (*mech.*), ipoide. **2.** ~ gear generator (*mach. t.*), dentatrice per ingranaggi ipoidi. **3.** ~ gears (*mech.*), ingranaggi ipoidi. **4.** ~ tester (for testing hypoid gears) (*mach.*), macchina per la prova di ingranaggi ipoidi.
hyponitrous (*chem.*), iponitroso.
hypophosphite (*chem.*), ipofosfito.
hyposcope (*milit. opt. instr.*), iposcopio.
hypostyle (*arch.*), ipostilo.
hyposulphite ($S_2O_3=$) (rad.) (*chem.*), iposolfito.
hypotenuse (*geom.*), ipotenusa.
hypothec (*law*), ipoteca.
hypothenuse, *see* hypotenuse.
hypothesis, ipotesi. **2.** ~ test (*stat.*), controllo delle ipotesi.
hypotrachelium, *see* gorgerin.
hypotrochoid (*geom.*), ipotrocoide.
hypsogram (*geodesy*), diagramma di livello, ipsogramma, curva ipsografica.
hypsography (hypsometry) (*geodesy*), ipsometria. **2.** ~ (portions of a map representing in relief) (*cart. - top.*), ipsografia.
hypsometer (*geodetical instr.*), ipsometro, misuratore di livello.
hypsometric (pertaining to the measurement of heights in relation to sea level) (*top. - cart.*), ipsometrico. **2.** ~ tints (gradient tints) (*top. - cart.*), tinte ipsometriche.
hypsometry (measurement of heights referred to sea level) (*geodesy*), ipsometria.
hysteresimeter, *see* hysteresis meter.
hysteresis (*phys.*), isteresi. **2.** ~ loop (*phys. elect.*), ciclo di isteresi. **3.** ~ loss (*phys.*), perdita per isteresi. **4.** ~ meter (hysteresimeter) (*elect. instr.*), isteresimetro. **5.** ~ tester (*phys. instr.*), isteresimetro. **6.** dielectric ~ (*elect.*), isteresi dielettrica. **7.** magnetic ~ (*elect.*), isteresi magnetica. **8.** mechanical ~ (*mech.*), isteresi meccanica.
hysteretic lag (*elect.*), ritardo (di magnetizzazione) per isteresi.
hysteretic loss (*elect.*), perdita per isteresi.
"Hz" (hertz) (*radio - etc.*), Hz, hertz.

I

I (iodine) (*chem. symbol.*), iodio.

"i", *see* incomplete, independent, industrial, initial, inner, inside, inspector, instantaneous, intercepter, iron, island.

"IA" (international angstrom), angström internazionale.

"IACS" (international annealed copper standard) (*metall.*), standard internazionale di ricottura del rame.

"IAGC" (instantaneous automatic gain control) (*radio*), regolatore automatico istantaneo di guadagno.

"IAL" (international algebraic language) (*comp.*), linguaggio algebrico internazionale.

"IALC" (instrument approach and landing chart) (*aer.*), carta per l'avvicinamento e l'atterraggio strumentali.

"IARU" (International Amateur Radio Union) (*radio*), Associazione Internazionale dei Radioamatori.

"IAS" (indicated air speed) (*aer.*), velocità indicata. **2.** ~ (Institute of Aeronautical Science) (*aer.*) (Am.), Istituto di Scienze Aeronautiche. **3.** ~ (Institute of Aerospace Sciences) (*astric.*) (Am.), Istituto di Scienze Aerospaziali.

"IASA" (International Air Safety Association) (*aer.*), Associazione Internazionale Sicurezza Aeronautica.

"IATA" (International Air Transport Association) (*transp.*), Associazione Internazionale dei Trasporti Aerei.

I-beam (*mech. - bldg.*), trave a I.

"IBM", *see* "ICBM".

"IBP" (initial boiling point) (*phys.*), punto iniziale di ebollizione.

"IC" (integrated circuit) (*elics.*), circuito integrato. **2.** ~ (internal combustion) (*a. - mot.*), a combustione interna. **3.** ~ (information circular), circolare di informazione. **4.** ~ (internal connection), collegamento interno.

"ICAO" (International Civil Aviation Organization) (*aer.*), Organizzazione Internazionale dell'Aviazione Civile, ICAO.

"ICBM" (Intercontinental Ballistic Missile: about 5.500 km range) (*arm - milit.*), missile balistico intercontinentale.

"ICC" (International Chamber of Commerce) (*comm.*), CCI, Camera di Commercio Internazionale.

"ICE" (internal combustion engine) (*mot.*), motore a combustione interna.

ice (*n. - phys.*), ghiaccio. **2.** ~ apron (icebreaker: for protecting a bridge pier against ice) (*bldg.*), paraghiaccio. **3.** ~ block (*ice mfg.*), stanga (o blocco) di ghiaccio. **4.** ~ break (*naut. - etc.*), *see* icebreaker. **5.** ~ bunker (of a refrigerator car) (*railw.*), contenitore del ghiaccio. **6.** ~ calorimeter (*phys.*), calorimetro a ghiaccio. **7.** ~ can (*ice mfg.*), stampo per ghiaccio. **8.** ~ capacity (of frigorific mach.), potenzialità di produzione di ghiaccio. **9.** ~ car (*railw.*), carro per trasporto ghiaccio. **10.** ~ chest, *see* icebox. **11.** ~ cream (*food*), gelato. **12.** ~ cream factory (*ind.*), industria del gelato. **13.** ~ floe (*naut.*), ghiaccio galleggiante. **14.** ~ formation (as on aer. wings) (*aer. - etc.*), formazione di ghiaccio. **15.** ~ guard (as of a ramming intake) (*aer.*), paraghiaccio. **16.** ~ hook (*impl.*), arpone. **17.** ~ load (as an aer. wing) (*meteor.*), carico da ghiaccio. **18.** ~ making (*ice mfg.*), fabbricazione di ghiaccio. **19.** ~ mold (*ice mfg.*), stampo per ghiaccio. **20.** ~ needles, ghiaccioli. **21.** ~ pack (*sea*), banco di ghiaccio. **22.** ~ pan (of a refrigerator car) (*railw.*), *see* ice bunker. **23.** ~ plant (*ice mfg.*), fabbrica di ghiaccio. **24.** ~ point (equilibrium temperature of a water and ice mixture) (*phys.*), punto fisso del ghiaccio. **25.** ~ spar (*min.*), varietà di ortoclasio in cristalli. **26.** ~ strengthening (of vessels navigating among ice) (*naut.*), irrobustimento per navigazione tra i ghiacci. **27.** ~ yacht (*sport - transp.*), *see* iceboat. **28.** dry ~ (*chem. - ind.*), ghiaccio secco. **29.** evaporative ~ (formed as in the induction system of an ic mot. owing to fuel evaporation) (*carb. defect*), congelamento agli ugelli. **30.** gapless-type ~ guard (*aer. mot.*), paraghiaccio senza interstizio. **31.** gapped-type ~ guard (*aer. mot.*), paraghiaccio con interstizio. **32.** glaze ~ (as formed on an aircraft wing by contact with rain) (*phys.*), ghiaccio di pioggia, ghiaccio vitreo. **33.** grain of ~ (*meteorol.*), gragnola, chicchi di ghiaccio. **34.** mottled ~ (*ice mfg.*), ghiaccio con inclusione di aria. **35.** rain ~ (glaze ice: as on a aer. wing) (*phys.*), ghiaccio di pioggia, ghiaccio vitreo. **36.** rain ~ (glazed frost) (*meteorol.*), gelicidio. **37.** rime ~ (ice formation on the surfaces of an aircraft flying in the clouds) (*phys.*), ghiaccio granito. **38.** throttle ~ (ice formation during flight in the carburator duct) (*aer. mot.*), ghiaccio alla farfalla.

ice (to) (to convert into ice), gelare. **2.** ~ (to chill with ice) (*therm.*), raffreddare con ghiaccio, mettere in ghiaccio. **3.** ~ (to cover with ice) (*phys.*), ricoprirsi (o incrostarsi) di ghiaccio.

iceberg (floating ice mountain) (*sea*), iceberg.

iceboat (*sport or transp. veh.*), slitta a vela.

icebound (*a. - naut.*), bloccato dai ghiacci.

icebox (*household impl.*), ghiacciaia.

icebreaker (*naut.*), rompighiaccio. **2.** ~ (*bldg.*), *see* ice apron.

ice-free (as of a port) (*a. - navig. - etc.*), libero da ghiaccio.

icehouse (*bldg.*), ghiacciaia.

icekhana (gymkhana on ice) (*aut. sport*), gimcana sul ghiaccio.

i c engine (internal combustion engine) (*mot.*), motore a combustione interna.

ice-out (as on a lake) (*meteorol.*), disgelo.

ichnography (*arch. draw.*), icnografia, pianta di un edificio.

"ICI" (International Commission on Illumination) (*illum.*), CII, Commissione Internazionale di Illuminazione. **2.** ~ standard eye (or observer) for photometry (*illum. phys.*), occhio (o osservatore) fotometrico normale CII.

icing (ice formation: as on aircraft surfaces) (*phys.*), formazione di ghiaccio. **2.** ~ index (probability of ice formation on aircraft surfaces) (*aer.*), indice di formazione di ghiaccio. **3.** rate of ~ (as on aircraft surfaces) (*phys.*), velocità di formazione del ghiaccio.

"ICO" (International Commission on Oceanography) (*geophys.*), Commissione Internazionale di Oceanografia.

iconometer (direct view-finder) (*phot.*), mirino iconometrico.

iconoscope (*telev.*), iconoscopio, tubo a raggi catodici per la trasmissione dell'immagine.

iconostasis, iconostas, iconostasion (*arch.*), iconostasi.

icosahedron (*geom.*), icosaedro.

"ICW" (interrupted continuous waves) (*radio*), onde persistenti interrotte.

"ICWM" (International Committee on Weights and Measures) (*meas.*), CIPM, Comitato Internazionale Pesi e Misure.

"ID" (inside diameter) (*mech. draw.*) (Brit.), diametro interno.

"id", *see* island.

"IDDD" (International Direct Distance Dialing) (*teleph.*), teleselezione internazionale.

idea (*gen.*), idea.

ideal (*math.*), ideale. **2.** ~ engine (*phys. - mot.*), motore a ciclo reversibile, motore a ciclo Carnot. **3.** ~ gas (*phys.*), gas perfetto. **4.** ~ transducer (*radio*), trasduttore ideale.

idempotent (as an algebrical expression every positive power of which equals the value of the expression itself) (*a. - math.*), idempotente.

identical (*math.*), identico.

identification (*gen.*), identificazione. **2.** ~ division (one of the four parts of a "COBOL" program) (*comp.*), divisione di identificazione. **3.** ~ sign (for identifying a point from the air) (*aer.*), segno d'identificazione.

identifier (symbol, character, bit sequence etc.) (*comp.*), identificatore.

identity (*math.*), identità. **2.** ~ disk (*milit.*), medaglioncino di riconoscimento. **3.** ~ operation (equivalence operation) (*comp.*), operazione di identità.

idiochromatic (*a. - gen. - min.*), idiocromatico.

idioelectric (*phys.*), idioelettrico.

idiot box (automatic transmission) (*aut.*) (coll.), cambio automatico. **2.** ~ (boot tube) (*telev.*), (coll.), apparecchio televisivo, televisore.

idle (not active) (*a. - gen.*), inattivo. **2.** ~ (unemployed) (*a. - work*), disoccupato. **3.** ~ current (*elect.*), *see* reactive current. **4.** ~ gear (*mech.*), ingranaggio folle, ingranaggio di rinvio. **5.** ~ stroke (*mech.*), corsa a vuoto. **6.** ~ time (a mach. ready for use, but not being used at the moment) (*ind. organ.*), tempo di inattività, tempo di sospensione (per mancanza lavoro). **7.** ~ wheel (*mech.*), ingranaggio di rinvio. **8.** ~ wheel (*mech.*), *see also* idler, idler gear, idler pulley, idler wheel. **9.** fast ~ cable (hand throttle cable) (*aut.*), cavo dell'acceleratore a mano.

idle (to) (of mot.), girare al minimo, girare a marcia lenta. **2.** ~ (of mach.), girare a vuoto.

idler (as for belt tensioning) (*mech.*), tenditore. **2.** ~ (idler gear, intermediate gear connecting two gears so mantaining unchanged the direction of rotation) (*mech.*), ingranaggio intermedio. **3.** ~ (idle pulley) (*mech.*), puleggia folle. **4.** ~ (an unloaded car arranged between two loaded cars) (*railw.*), carro vuoto tra due pieni. **5.** ~ arm (of a steering linkage) (*aut.*), leva di rinvio. **6.** ~ gear (intermediate gear transmitting motion) (*mech.*), ingranaggio intermedio. **7.** ~ pulley (*mech. impl.*), puleggia tendicinghia. **8.** ~ wheel (roller with rubber surface driving the tape advancement: by friction as in a sound recorder) (*electroacous.*), rullo di trascinamento.

idling (*mach.*), funzionamento a vuoto. **2.** ~ (*mot.*), funzionamento al minimo. **3.** ~ jet (of a carburetor) (*mech.*), getto del minimo. **4.** approach ~ (*aer. mot.*), minimo di avvicinamento.

"IDP" (integrated data processing) (*comp.*), elaborazione dati integrata. **2.** ~ (International Driving Permit) (*aut.*), patente internazionale.

"IDTV" (improved definition television) (*telev.*), televisione ad elevata definizione di immagine.

"IE", *see* industrial engineer.

i e (that is) (*gen.*), cioè.

"IEC" (International Electrotechnical Commission) (*elect.*), Commissione Elettrotecnica Internazionale.

"IEEE" (Institute of Electrical and Electronics Engineers) (*elect.*), Istituto Tecnici Elettronici ed Elettrici.

"IF" (intermediate frequency) (*radio*), frequenza intermedia.

"IFB" (invitation for bids) (*comm.*), bando di gara.

"IFIP" (International Federation for Information Processing) (*comp.*), Federazione Internazionale per l'Elaborazione delle Informazioni.

"IFR" (instrument flight rules) (*aer.*), norme per il volo strumentale.

"IFRB" (International Frequency Registration Board) (*radio - electrotel.*), comitato internazionale per la registrazione delle frequenze.

i girder (*metall.*), trave ad I.

"ign", *see* ignition.

igneous (*geol.*), igneo. **2.** ~ rock (*geol.*), roccia eruttiva.

igniferous (*a. - gen.*), ignifero.

ignite (to) (to take fire, to begin to burn) (*v.i. - comb.*), accendersi. **2.** ~ (to calcine) (*chem.*), calcinare. **3.** ~ (to kindle), accendere. **4.** ~ (to burn into ashes), incenerire. **5.** ~ (to subject to fire), sottoporre all'azione del fuoco. **6.** ~ (to catch fire) (*phys.*), infiammarsi. **7.** ~ (to become glowing) (*gen.*), divenire luminescente.

igniter (as of a jet engine) (*gas turbine*), accenditore. **2.** ~ (sparker: for internal comb. engines) (*elect. for mot.*), candela di accensione. **3.** ~ (*expl.*), carica di accensione. **4.** ~ (part of an ignitron tube, as for electronic control for resistance welding) (*elics.*), ignitore. **5.** ~ plug (for starting a gas turbine) (*elect.*), candela (di accensione per avviamento). **6.** pull ~ (*expl.*), cannello fulminante a strappo.

ignition (of fire), accensione. **2.** ~ (of mot.) (*elect.*), accensione. **3.** ~ (*chem. - comb.*), ignizione. **4.** ~ angle (firing angle) (*i c motor*), angolo di accensione. **5.** ~ by incandescence (*therm.*), accensione ad incandescenza. **6.** ~ check (of dual ignition engines) (*mot.*), controllo dell'accensione. **7.** ~ coil (*elect. - mot.*), bobina di accensione, rocchetto di accensione. **8.** ~ distributor (of mot.), distributore di accensione. **9.** ~ harness (*mot.*), cablaggio di accensione. **10.** ~ harness (of an i c engine) (*aer. mot.*), cablaggio (fili) accensione. **11.** ~ lock key (as of aut.), chiave (o chiavetta) dell'accensione, chiave del quadro. **12.** ~ lock switch (as of aut.), interruttore dell'accensione. **13.** ~ loss (*chem*), perdita al fuoco. **14.** ~ magneto (*elect. - mot. app.*), magnete d'accensione. **15.** ~ point (ignition temperature) (*phys. chem.*), punto (o temperatura) di autoaccensione. **16.** ~ quality (of a Diesel oil) (*chem. - mech.*), qualità di ignizione. **17.** ~ spark (*mot.*), scintilla di accensione. **18.** ~ system (*gen.*), sistema di accensione. **19.** ~ system by Diesel oil (as of a lignite burning boil.), impianto accensione a nafta. **20.** ~ timing (*mot.*), messa in fase dell'accensione. **21.** advanced ~ (*mot.*), accensione anticipata. **22.** automatic advance ~ (*mot.*), accensione ad anticipo automatico. **23.** battery ~ (as of mot.), accensione a batteria. **24.** breakerless ~ (inductive discharge ignition) (*mot. - elics.*), accensione (elettronica) a scarica induttiva. **25.** coil ~ (as of a mot.), accensione a spinterogeno. **26.** compression ~ (as in a diesel engine) (*mot.*), accensione per compressione. **27.** dual ~ system (of a mot.), doppio sistema di accensione. **28.** early ~ timing (as of aut. mot.) (*mech.*) (Am.), accensione anticipata. **29.** electronic ~ (*mot. - elics.*), accensione elettronica. **30.** electrostatic ~ (of internal-combustion engines) (*mot. - elect.*), accensione elettrostatica. **31.** faulty ~ (*mot.- elect.*), accensione difettosa. **32.** fixed advance ~ (*mot.*), accensione ad anticipo fisso. **33.** high-frequency ~ (of internal-combustion engines) (*mot. - elect.*), accensione ad alta frequenza. **34.** high-tension ~ (*mot.*), accensione ad alta tensione. **35.** hot streak ~ (as of a jet engine) (*mot.*), accensione a vena calda. **36.** knocking surface ~ (*mot.*), accensione a scarica superficiale con detonazione. **36.** late ~ (*mot.*), accensione ritardata. **38.** low-tension ~ (*mot.*), accensione a bassa tensione. **39.** magneto ~ (*mot. - elect.*), accensione a magnete. **40.** non-knocking ~ (*mot.*), accensione a scarica superficiale senza detonazione. **41.** retarded ~ (*mot.*), accensione ritardata. **42.** self ~ (*phys. chem.*), accensione spontanea. **43.** runaway surface ~ (ignition progressively advanced) (*mot.*), accensione a scarica superficiale progressiva. **44.** spark ~ (as of internal comb. engines), accensione a scintilla. **45.** surface ~ (due to the combustion chamber hot spots) (*mot.*), accensione a superficie. **46.** to cut off ~ (*mot.*), interrompere l'accensione. **47.** to turn on ~ (*mot.*), inserire l'accensione, dare il contatto (per l'accensione). **48.** to turn out the ~ (*mot.*), interrompere l'accensione. **49.** transistor ~ (as of an i.c. mot.) (*aut. - elect.*), accensione a transistori. **50.** variable advance ~ (*mot.*), accensione ad anticipo variabile. **51.** weak ~ (*mot.*), accensione debole.

ignitor, *see* igniter.

ignitron (*elect.*), "ignitron", raddrizzatore di semionda con adescamento indipendente dell'arco. **2.** ~ control system (*elect.*), sistema di comando mediante ignitron.

"IGY" (International Geophysical Year) (*geophys.*), Anno Geofisico Internazionale.

"IH" (inside height) (*draw.*), altezza interna.

i-head (with valves in the head of the cylinder) (*a. - mot.*), con valvole in testa.

"IHP", "ihp" (indicated horsepower) (*mot.*), HP indicati, potenza indicata.

"IHPH" (indicated horsepower hour) (*eng.*), potenza/ora indicata, HP/ora indicati.

"IIT" (Illinois Institute of Technology) (*technol.*), Istituto di Tecnologia dell'Illinois.

"IITRI" (Illinois Institute of Technology Research

Institute) (*comp.*), Istituto di Ricerca dell'Istituto di Tecnologia dell'Illinois.

"IL" (inside length) (*draw.*), dimensione interna.

illegal (*a. - law*), illegale. **2.** ~ (not accepted by a comp. because not interpretable) (*a. - comp.*), illegale. **3.** ~ (not compatible with the system) (*a. - comp.*), illegale.

illegible, illeggibile.

illinium (at. wt 61) (Il - *chem.*), promezio, illinio, florenzio.

illite (mineral) (*refractory*), illite.

illuminance (illumination: luminous flux for unit of surface) (*illum. meas.*), illuminamento, illuminazione.

illuminate (to), illuminare. **2.** ~ (to adorn with designs or pictures in colors and gold, as in medieval manuscripts) (*art*), miniare, alluminare. **3.** ~ (to expose to radiation) (*phys.*), esporre.

illuminated (*a. - gen.*), illuminato. **2.** ~ (adorned with designs or pictures in colors and gold, as in medieval manuscripts) (*a. - art*), miniato. **3.** ~ dial (*instr.*), quadrante illuminato. **4.** ~ track diagram (in railw. signaling) (*elect. device*), quadro luminoso ripetitore.

illuminating (*a. - illum.*), illuminante. **2.** ~ art (old manuscripts decoration) (*art*), miniatura, arte del miniare. **3.** ~ oil (*oil refinery*), petrolio illuminante.

illumination (*illum. phys.*), illuminazione. **2.** ~ (surface light density) (*illum.*), illuminamento. **3.** ~ (lighting engineering) (*illum.*), tecnica della illuminazione, illuminotecnica. **4.** ~ (*ind. - phot.*), illuminazione. **5.** diffuse ~ (*illum.*), illuminazione a luce diffusa.

illuminator (*med. instr.*), illuminatore. **2.** antrum ~ (*med. instr.*), illuminatore dell'antro. **3.** frontal sinus ~ (*med. instr.*), illuminatore del seno frontale. **4.** naso-pharyngeal ~ (*med. instr.*), illuminatore naso-faringeo.

illuminometer (*illum. instrum.*), illuminometro, luxmetro.

illustration (as in a book), illustrazione.

ilmenite ($Fe \cdot TiO_3$ mineral) (*refractory*), ilmenite.

"ILS" (instrument landing system) (*aer.*), sistema di atterraggio strumentale.

"IM" (intermodulation) (*elics.*), intermodulazione.

image (*opt. - phot.*), immagine. **2.** ~ (*math.*), immagine. **3.** ~ (a representation of punched information on a punched card etc.) (*comp.*), immagine. **4.** ~ current (eddy current induced in a conductor by a displacing plasma column) (*plasma phys.*), corrente immagine, corrente virtuale. **5.** ~ dissector (optical recognizer dissecting the image along the scanning lines) (*elics. - comp.*), dissettore di immagine, sezionatore di immagine, analizzatore di immagine. **6.** ~ guide (as a bundle of fibers conducting light) (*opt.*), fibra ottica, guida di immagini (o di luce). **7.** ~ iconoscope (*telev.*), iconoscopio ad immagine. **8.** ~ orthicon (image orthoiconoscope) (*telev.*), orticonoscopio ad immagine elettronica. **9.** ~ plate (a special image guide) (*opt.*), piastra (conduttrice) di immagine. **10.** ~ processing (for improving sharpness: as of earth image received by satellite, of aerophotograms, of radar image etc. for milit., geologic etc. purposes) (*elics. - comp.*), elaborazione di immagini. **11.** ~ shift (*telev. defect*), spostamento dell'immagine. **12.** ~ tube, *see* camera tube. **13.** conjugate ~ points (*photogr.*), punti immagine omologhi (o corrispondenti). **14.** conjugate ~ rays (*photogr.*), raggi immagine omologhi (o corrispondenti). **15.** electron ~ (*telev.*), immagine elettronica. **16.** ghost ~ (*telev. - radar*), immagine spuria, fantasma. **17.** real ~ (*opt.*), immagine reale. **18.** sound, ~ *see* sound track. **19.** split ~ (*telev. defect*), immagine sdoppiata. **20.** virtual ~ (*opt.*), immagine virtuale.

imaginary (*math.*), immaginario. **2.** ~ (*n. - math.*), numero complesso. **3.** ~ number (*math.*), numero immaginario. **4.** ~ part (*math.*), parte immaginaria (di un numero complesso). **5.** ~ unit (*math.*), unità immaginaria.

imagination (*psychol.*), immaginazione.

imaging (formation of images) (*phys. - phot.*), formazione di immagini.

imbalanced (not balanced) (*gen.*), non bilanciato.

imbed (to), *see* embed.

imbibition (*phys.*), imbibizione, assorbimento.

imbrex (curved roof tile) (*mas.*), coppo, tegola curva.

imbricated (imbricate) (*bldg. - etc.*), embricato.

imbrication (*art - etc.*), embricatura.

"IME" (Institution of Mechanical Engineers) (*mech.*) (Brit.), Istituto dei Tecnici Meccanici.

"imep" (indicated mean effective pressure) (*mot.*), pressione media effettiva indicata.

"IMF" (International Monetary Fund) (*finan.*), FMI, Fondo Monetario Internazionale.

imitate (to) (*gen.*), imitare.

imitation (artificial imitation) (*n.*), imitazione. **2.** ~ (artificial) (*a. - gen.*), fino, artificiale. **3.** ~ art paper (*paper mfg.*), imitazione carta patinata. **4.** ~ leather (as for aut. upholstery), finta pelle. **5.** ~ parchment (*paper mfg.*), pergamina, pergamena vegetale, finta pergamena.

immalleable (*metall.*), non malleabile.

immerge (to), immergere.

immerse (to), immergere. **2.** ~, *see* embed (to), include (to).

immersed (*gen.*), immerso. **2.** ~ wedge (of a ship when rolling) (*naut.*), porzione della nave che si immerge durante il rullìo.

immersion, immersione. **2.** ~ heater (for liquids) (*elect. device*), riscaldatore (corazzato) ad immersione, resistenza corazzata. **3.** ~ lens (as in microscopy, requiring a drop of liquid between the lens and the cover glass) (*opt.*), obiettivo ad immersione. **4.** ~ objective, *see* ~ lens. **5.** ~ washing (*ind.*), lavaggio ad immersione.

immesh, *see* inmesh.

immesh (to), *see* to inmesh.
immigration (*comm. - work.*), immigrazione.
immiscibile (immixable) (*a. - phys. chem.*), immiscibile.
immittance, *see* admittance, impedance.
immixable (immiscible) (*a. - phys. chem.*), immiscibile.
immovable (*a.*), fisso.
immunity (*gen.*), immunità.
"IMO" (International Meteorological Organization) (*meteor.*), organizzazione meteorologica internazionale.
"imp", *see* impairment, impost, improved, improvement.
impact (collision), collisione. **2.** ~ (as of a liquid stream) (*hydr.*), urto. **3.** ~ (as of a missile) (*milit.*), impatto. **4.** ~ (power of impressing a viewer: as by an advertisement) (*adver. - etc.*), effetto, impressione. **5.** ~ angle (as of a missile) (*milit.*), angolo di impatto. **6.** ~ burnishing (*mech. technol.*), brunitura ad impulsi. **7.** ~ pressure (*aer.*), pressione dinamica. **8.** ~ resistance (*constr. theor.*), resilienza. **9.** ~ strength (*constr. theor.*), resistenza all'urto, resilienza. **10.** ~ test (for determining the resistance to impact of a metallic specimen) (*constr. theor.*), prova d'urto, prova di resilienza. **11.** ~ testing machine (*testing mach.*), macchina per prove di resilienza, macchina per prove di urto. **12.** angled ~ (*aut. - crash test*), urto obliquo. **13.** centered ~ (*aut. - crash test*), urto centrato. **14.** front ~ (*aut. - crash test*), urto frontale. **15.** head-on ~, *see* front impact. **16.** offset ~ (*aut. - crash test*), urto disassato. **17.** point of ~ (of a shell), punto di arrivo. **18.** pole ~ (*aut. - crash test*), urto contro palo. **19.** rear ~ (*aut. - crash test*), tamponamento. **20.** repeated ~ testing machine (*technol. instr.*), macchina per prove ad urti ripetuti. **21.** side ~ (*aut. - crash test*), urto laterale.
impacter (as a steam hammer) (*driving mach.*), maglio, battipalo.
impactor, *see* impacter.
impair (to) (to damage), danneggiare. **2.** ~ (to deteriorate) (*gen.*), deteriorare. **3.** ~ to diminish in value) (*gen.*), svalutare.
"IMPATT" (IMPact Avalanche and Transit Time) diode (*elics.*), diodo IMPATT.
impeachment (*law*), messa in stato d'accusa, incriminazione.
impedance (*acous.*), impedenza. **2.** ~ (*elect.*), impedenza. **3.** ~ coil (reactor) (*elect. device*), reattore. **4.** ~ matching (*elect.*), adattamento d'impedenza. **5.** acoustic ~ (*acous.*), impedenza acustica. **6.** blocked ~ (input impedance of a transducer when its load terminals are open-circuited) (*electroacous.*), impedenza bloccata, impedenza a circuito aperto. **7.** characteristic ~ (*elect. - radio*), impedenza caratteristica. **8.** free ~ (input impedance of a transducer when its load terminals are short-circuited) (*electroacous.*), impedenza in corto circuito. **9.** image ~ (*elect. - radio*), impedenza immagine. **10.** input ~ (*radio*), impedenza di entrata. **11.** iterative ~ (of a quadrupole: impedance value at one pair of terminals when the other pair terminates with an impedance having the same value) (*elect. - radio*), impedenza iterativa. **12.** line ~ (*elect.*), impedenza di linea. **13.** motional ~ (of an electromech. app.) (*electroacous.*), impedenza cinetica, impedenza mozionale. **14.** output ~ (*radio*), impedenza di uscita. **15.** source ~ (as in a filter) (*elect.*), impedenza del generatore (del segnale). **16.** specific acoustic ~ (ratio between the acoustic pressure and the particle velocity) (*acous. - und. acous.*), impedenza acustica specifica. **17.** static ~ (as of elect. mach.) (*electromech.*), impedenza statica. **18.** surge ~ (*elect. - radio*), impedenza caratteristica.
impediment (difficulty, hindrance) (*gen.*), ostacolo, impedimento.
impedor (of a circuit) (*elect.*), elemento che apporta impedenza.
impeller (as of a compressor) (*mech.*), ventola, girante. **2.** ~ (as of a pump) (*mech.*), girante. **3.** ~ (of a fluid coupling) (*mach.*), girante pompa, pompa. **4.** ~ (compressor) (*jet eng.*), compressore. **5.** bilateral ~ (as of a jet engine compressor) (*mech.*), girante a doppio ingresso. **6.** double-sided ~ (as of a centrifugal compressor), girante a doppio ingresso. **7.** reverse flow ~ (as of a blower) (*mech.*), girante a flusso reversibile.
impellor, *see* impeller.
impenetrable (*gen.*), impenetrabile.
imperative instruction (instruction in high level language translated into mach. language) (*comp.*), istruzione imperativa.
imperial (heavy cotton fustian) (*text.*) (Brit.), fustagno pesante. **2.** ~ (33 × 24 in. slate size) (*bldg.*), tegola da 33 × 24 pollici. **3.** ~ (dome-shaped roof with a point at the top) (*bldg.*), tetto a cupola con sommità a punta. **4.** ~ (22 × 30 in. [Brit.]; 23 × 31 in. [Am.] size of paper) (*draw. paper*), carta (da disegno) da 22 × 30 pollici (ingl.) e 23 × 31 pollici (am.). **5.** ~ cap (22 × 29 in. brown paper) (*paper*), carta da 22 × 29 pollici. **6.** ~ roof (*arch.*), tetto a bulbo. **7.** double ~ (30 × 44 in. size) (*paper*), carta da 30 × 44 pollici.
impermeable (*a.*), impermeabile.
impermeability (*gen.*), impermeabilità.
impermeabilize (to) (*gen.*), impermeabilizzare.
impermeableness (*gen.*), impermeabilità.
"imp gal" (imperial gallon = 4.546 l.) (*meas.*), gallone britannico.
impinge (to) (*gen.*), urtare.
impingement (*gen.*), urto. **2.** ~ corrosion (due to gas bubbles adhering to the metal surface following a solubility change) (*metall.*), corrosione da bollicine. **3.** ~ separator (acting on liquid droplets contained in a vapor or gas stream) (*ind.*), separatore ad urto. **4.** ~, *see* impact.
implant (to) (as a pole), piantare.

implastic (stiff) (*gen.*), non plastico, non plasmabile.
implement, attrezzo, apparecchio, utensile. **2.** ~ (as for agric. tractors), attrezzo (operatore). **3.** mounted ~ (as on agric. tractors), attrezzo (operatore) portato. **4.** trailing-type farm ~ (as for agric. tractors), attrezzo (operatore) agricolo trainato.
implement (to) (to give practical effect: as to a new operating system) (*comp.*), rendere operante, implementare.
implementation (carrying out, as of a contract) (*comm. - law*), esecuzione. **2.** ~ (*comp.*), implementazione, operazione di allestimento e messa in funzione.
implicit (*gen.*), implicito.
implode (to) (*phys.*), implodere.
implosion (inward burst) (*phys.*), implosione.
impluvium (a basin in the atrium of ancient Roman houses) (*arch.*), impluvio.
import (*comm.*), importazione. **2.** ~ certificate (*comm.*), certificato di importazione. **3.** ~ duty (*comm.*), dazio d'importazione. **4.** ~ licence, *see* ~ permit. **5.** ~ permit (*comm.*), permesso d'importazione. **6.** ~ quay (*naut. - comm.*), banchina di scarico.
import (to) (*comm.*), importare.
importation (*comm.*), importazione.
imported (*comm.*), importato.
importer (*comm.*), importatore.
impose (to) (to force) (*gen.*), imporre. **2.** ~ (*print.*), mettere in macchina.
imposing (*typ.*), messa in macchina. **2.** ~ surface (*typ.*), banco tipografico.
imposition (*typ.*), messa in macchina.
impost (as of an arch) (*arch.*), imposta.
impound (to) (to collect water: as for hydroelectr. plant, for irrigation etc.) (*hydr.*), raccogliere (acqua).
impracticable (*road*), impraticabile.
imprecise (not exact) (*a. - mech. - etc.*), impreciso.
impreg (resin impregnated wood) (*wood*), legno impregnato di resina.
impregnate (to) (to permeate) (*ind.*), impregnare. **2.** ~ the sleepers (or ties) (*railw.*), impregnare le traversine.
impregnated (*a. - gen.*), impregnato. **2.** ~ paper (*paper mfg.*), carta impregnata, carta imbevuta.
impregnation (permeation) (*phys.*), impregnazione. **2.** ~ (as of railw. sleepers, of elect. winding), impregnazione.
impress (to) (to press, to stamp), imprimere. **2.** ~ (to set up an electromotive force or difference of potential in a conductor) (*elect.*), applicare, stabilire.
impressed (voltage) (*elect.*), applicato.
impression (*gen.*), impronta. **2.** ~ (as of a steel ball in hardness testing) (*mech.*), impronta. **3.** ~ (of a mold) (*found.*), impronta. **4.** ~ (*print.*), stampa. **5.** ~ (of a die) (*forging*), impronta, incisione. **6.** ~ cylinder (of a rotary printing press) (*typ. mach.*), cilindro di stampa. **7.** ~ die forging (drop forging) (*mech. technol.*), fucinatura a stampo. **8.** blocking ~ (of a die) (*forging*), impronta di sbozzatura, incisione di sbozzatura. **9.** finishing ~ (of a die) (*forging*), impronta di finitura, incisione di finitura. **10.** fullering ~ (of a die) (*forging*), impronta di rifollatura, incisione di rifollatura.
imprimatur (license to print) (*typ.*), imprimatur.
imprison (to) (*gen.*), imprigionare.
improper (number) (*math.*), spurio, improprio.
improve (to) (to ameliorate) (*gen.*), migliorare, perfezionare. **2.** ~ (to increase) (*gen.*), aumentare. **3.** ~ the power factor (*elect.*), migliorare il fattore di potenza.
improvement (*gen.*), miglioramento. **2.** ~ (*patent law*), perfezionamento. **3.** ~ (radical improvement of a real estate) (*city planning*), risanamento edilizio. **4.** ~ area (of a town) (*city planning*), zona di risanamento.
"imptr", *see* importer.
impulse (*elect. - mech.*), impulso. **2.** ~ (the product of a force for its time of action) (*theor. mech.*), impulso. **3.** ~, *see* incentive. **4.** ~ blading (as of a gas turbine) (*mech.*), palettatura ad azione. **5.** ~ charge (as of a torpedo) (*navy expl.*), carica di lancio. **6.** ~ excitation (*radio*), eccitazione ad impulso. **7.** ~ flashover (*radio*), scarica a scatto, scarica ad impulso. **8.** ~ of current (*electrotel.*), emissione di corrente. **9.** ~ starter (mech. device giving impulses to a magneto for facilitating starting) (*mot.*), avviatore a scatto, avviatore ad impulso. **10.** ~ test (for cables) (*elect.*), prova a impulso. **11.** ~ turbine (*mach.*), turbina ad azione. **12.** angular ~ (*theor. mech.*), impulso angolare. **13.** zero current ~ (*electrotel.*), emissione nulla.
impulse (to) (to give an impulse) (*comp.*), dare un impulso.
impulsive (acting temporarily) (*a. mech. - phys.*), momentaneo.
impurity, impurità, impurezza. **2.** ~ (*elics.*), *see* dopant.
imput, *see* input.
"IMRAMN" (International Meeting (of) Radio Aids to Marine Navigation) (*radio - naut.*), Conferenza internazionale sui radio aiuti alla navigazione marittima.
"IMU" (Inertial Measurement Unit) (*astric.*), unità di misura di sistemi inerziali.
In (indium) (*chem.*), indio.
"in" (inch = 25.4 mm; inches) (*meas.*), pollice, pollici. **2.** ~, *see also* inlet.
"INA" (international normal atmosphere) (*meteorol. - aerodyn.*), atmosfera standard internazionale.
inabsorbability (*n. - phys. chem.*), non assorbibilità, inassorbibilità.
inabsorbable (*a. - phys. chem.*), non assorbibile, inassorbibile.
inaccessibility (*gen.*), inaccessibilità.
inaccessible (*a. - gen.*), inaccessibile.

inaccuracy (*mech. - etc.*), imprecisione.
inaccurate (*a. - gen.*), impreciso, inesatto.
inactive (*a. - phys. - chem.*), inattivo.
inactivity (*gen.*), inattività.
inadequacy (insufficiency: as of wages) (*work. - pers. - etc.*), insufficienza.
inalterable (*a. - gen.*), inalterabile.
inaugural (inaugural address, inaugural lecture) (*n. - gen.*), discorso di inaugurazione.
inaugurate (to) (to open as an exhibition etc.) (*comm.*), inaugurare.
inauguration (opening as of an exhibition etc.) (*comm.*), inaugurazione.
inboard (the contrary of outboard: as of an engine) (*a. - aer. - naut.*), entrobordo. **2.** ~ (toward the centerline of the craft) (*adv. - aer. - naut.*), verso l'interno. **3.** ~ (as of a guidance system carried within a rocket) (*a. - missile*), di bordo. **4.** ~ (located or being inside the line of the craft) (*a. - aer. - naut. - rckt. - missile - etc.*), di bordo, a bordo. **5.** ~ engine (*naut.*), motore entrobordo. **6.** ~ engine (in a multi-engined aircraft) (*aer.*), motore interno, il motore più vicino all'asse longitudinale dell'apparecchio. **7.** ~ station (a radio receiver/transmitter station) (*radio - naut. - aer. - etc.*), stazione (radio) di bordo.
inboard-outboard unit (for leisure boats: propelling unit) (*naut.*), gruppo poppiero.
inbond (as a brick laid with its shorter side parallel to the face of the wall) (*a. - mas.*), di punta.
in bulk (not in separated parts or cases) (*comm.*), in mucchio, alla rinfusa.
inby, inbye (toward the workings) (*min.*), verso il fronte di scavo.
"inc" *short for* included, income, incorporated, increase.
incandesce (to) (*phys.*), divenire incandescente.
incandescence (*phys.*), incandescenza.
incandescent (*a. - phys.*), incandescente. **2.** ~ lamp (*elect.*), lampada ad incandescenza.
incendiary (*a.*), incendiario. **2.** ~ bomb (fire bomb) (*milit.*), bomba incendiaria.
incendive (relating to the power of starting a fire or a flame: said of a spark) (*a. - therm.*), di accensione.
incentive (money paid besides wages and depending upon production) (*factory pers. econ. organ.*), incentivo di produzione, premio di produzione. **2.** ~ payment (*work. organ.*), pagamento ad incentivo, retribuzione ad incentivo. **3.** ~ working (*work. organ.*), lavoro con retribuzione a incentivo. **4.** individual ~ (*work. organ.*), incentivo singolo.
inception (beginning) (*gen.*), inizio.
inch (25.4 mm) (*in. - meas.*), pollice. **2.** column ~ (space one column wide and one inch deep) (*typ. - adver.*), pollice-colonna. **3.** cubic ~ (16.387 cu cm) (*meas.*), pollice cubico. **4.** one thousandth of an ~ (one "thou") (*meas.*), un millesimo di pollice. **5.** square ~ (6.452 sq cm) (*meas.*), pollice quadrato.
inch (to) (*gen.*), muovere (o muoversi) lentamente o con piccoli spostamenti intermittenti.
incidence (*phys. opt.*), incidenza. **2.** ~ angle (*aer.*) (Am.), angolo di incidenza, incidenza. **3.** absolute ~ (as of a wing) (*aer.*) (Am.), incidenza assoluta. **4.** angle of ~ (*phys.-opt.*), angolo di incidenza. **5.** critical ~ (as of a wing) (*aer.*) (Am.), incidenza critica. **6.** geometrical ~ (as of a wing) (*aer.*) (Am.), incidenza geometrica. **7.** mean ~ (as of a wing) (*aer.*) (Am.), incidenza media. **8.** true angle of ~ (angle of attack) (*aer.*) (Brit.), angolo d'incidenza, incidenza.
incident (as of a ray of light) (*a. - phys. - opt.*), incidente.
incidental (*a. - gen.*), incidentale.
incinerator (a furnace used for burning waste material) (*app.*), inceneritore, forno per incenerimento rifiuti.
incise (to) (*art*), incidere.
incision (*gen.*), incisione. **2.** ~ (*surgery*), incisione.
"incl", *see* included.
"incld", *see* included.
inclinable (*gen.*), inclinabile.
inclination, inclinazione. **2.** ~ (*geom.*), inclinazione. **3.** kingpin ~ (kingpin angle) (*aut.*), inclinazione del perno del fuso a snodo, angolo del perno del fuso a snodo con la verticale (visto di fronte). **4.** magnetic ~ (*geophys.*), inclinazione magnetica.
inclinatorium (dipping needle) (*earth magnetism*), ago della inclinazione magnetica.
incline (slope) (*n.*), china, pendio. **2.** ~ (*railw.*), rampa, livelletta. **3.** ~ (inclined plane) (*theor. mech.*), piano inclinato. **4.** ~ (*civ. eng.*), *see* gradient. **5.** steep ~ (*slope*), china ripida.
incline (to), inclinare, inclinarsi.
inclined (*a. - gen.*), inclinato. **2.** ~ operation up to 45° (as of an engine) (*mot.*), funzionamento con inclinazione fino a 45°. **3.** ~ plane (incline) (*theor. mech.*), piano inclinato.
inclinometer (*aer. instr.*), inclinometro. **2.** ~ (dip compass) (*instr.*), bussola d'inclinazione.
inclose (to), *see* enclose (to).
include (to) (*gen.*), includere, comprendere. **2.** ~ (as in an account) (*comm. - etc.*), includere, comprendere.
included (*gen.*), incluso, compreso. **2.** ~ angle (of a thread) (*mech.*), angolo del filetto, angolo tra i fianchi.
inclusion (foreign body as in a cast iron mass) (*metall.*), inclusione. **2.** ~ (slag, slag trap, in a weld) (*welding defect*), inclusione di scoria. **3.** ~ stringers (lines on a metal surface due as to rolling) (*metall. defect*), bande di inclusioni, linee di inclusioni. **4.** brick ~ (in an ingot) (*metall. defect*), inclusione di refrattario. **5.** endogenous ~ (formed by chem. reaction occurring inside the liquid metal) (*metall.*), inclusione endogena. **6.** exogenous ~ (*metall.*), inclusione esogena. **7.** non-metallic ~ (*metall. - forging*), inclusione non metallica. **8.** sand ~ (scab: surface area of a steel casting inclu-

ding sand) (*found.*), inclusione di terra. **9.** slag ~ (on the surface of a casting) (*found.*), inclusione di scoria.
inclusive of (*comm.*), comprendente, che comprende.
inclusive "OR" operation (logical operation) (*comp.*), operazione di OR inclusivo.
incoercible (of a permanent gas) (*a. - phys.*), incoercibile, che non si arriva a liquefare comprimendolo.
incoherent (loose) (*phys.*), incoerente. **2.** ~ (as light) (*a. - opt.*), incoerente.
incombustible (*a. - phys.*), incombustibile.
incombustibility (incombustibleness), incombustibilità.
incombustibleness (incombustibility), incombustibilità.
income (*comm.*), rendita. **2.** ~ (yield: as of an investment) (*finan.*), rendita. **3.** ~ (gain deriving as from work) (*ind.*), reddito. **4.** ~ before taxes (in a balance sheet) (*accounting*), utile al lordo delle imposte. **5.** ~ ceiling (income limit: on which social insurances etc. are calculated) (*ind.*), massimale di reddito. **6.** ~ limit (income ceiling: on which social insurances etc. are calculated) (*ind.*), massimale di reddito. **7.** incomes policy (*finan.*), politica dei redditi. **8.** ~ statement (*adm.*), conto economico (dei) profitti. **9.** ~ tax (*finan.*), imposta sul reddito. **10.** accrued ~ (in a balance sheet) (*finan.*), rateo attivo. **11.** deferred ~ (deferred credit in a balance sheet) (*finan.*), risconto passivo. **12.** disposable personal ~ (personal income deducted the personal taxes etc.) (*econ. - finan.*), reddito personale netto. **13.** earned ~ (resulting from personal work) (*econ.*), reddito da lavoro. **14.** national ~ (*finan.*), reddito nazionale. **15.** net ~ (all expenses and taxes deducted) (*adm. - econ.*), reddito netto. **16.** non-taxable ~ (as a sickness benefit etc.) (*finan. - adm.*), reddito non imponibile. **17.** operating ~ (in a balance sheet) (*accounting*), ricavo d'esercizio. **18.** real ~ (*adm. - finan.*), reddito disponibile. **19.** unearned ~ (money obtained from an investment of capital) (*finan.*), rendita, reddito non proveniente da lavoro.
incomplete (*a. - gen.*), incompleto.
incompressible (*a. - phys.*), incompressibile.
incompressibility (as of a liquid) (*phys.*), incomprimibilità, incompressibilità.
incondensable (*a. - phys.*), incondensabile.
Inconel (nickel alloy highly resistant to heat and corrosion, with 80% nickel, 12-14% chromium, and iron the balance) (*alloy*), Inconel.
inconnected, *see* disconnected.
inconvenient (*a. - gen.*), non conveniente.
incorporate (to) (*gen.*), incorporare. **2.** ~ (to introduce: as data in memory) (*comp.*), introdurre, immettere.
incorporated (built-in) (*a. - mech. - etc.*), incorporato. **2.** ~ ("inc": being formed into a corporation) (*a. - law*), legalmente costituito. **3.** ~ reduction gear (as in a reversing gear) (*mech.*), riduttore (ad ingranaggi) incorporato.
incorporation (*gen.*), incorporamento. **2.** ~ (as of a company, act of creating a corporation) (*law*), costituzione. **3.** ~ (as a company, a corporation) (*law - comm.*), associazione legale, ente costituito. **4.** ~ (as of two amounts referred to different purposes) (*adm. - etc.*), conglobamento. **5.** certificate of ~ (*law - comm.*), attestato di avvenuta costituzione.
incorrect (inaccurate) (*a. - gen.*), impreciso. **2.** ~ (not complying with established rules) (*a. - gen.*), irregolare. **3.** ~ (as of a spark plug type) (*a. - gen.*), inadatto.
incorrodable (*a. - metall. - etc.*), non corrodibile, incorrodibile.
increase, aumento. **2.** ~ due to the period elapsed in service (employee's salary increase) (*pers. retribution*), scatto di anzianità.
increase (to), aumentare. **2.** ~ the temperature (*therm.*), elevare la temperatura.
increaser (pipe fitting for coupling a small tube to a larger one) (*pip.*), giunto per tubi di diverso diametro.
increasing (*a. - gen.*), crescente.
increment (increase, enlargement) (*gen.*), incremento. **2.** ~ (positive or negative change in the value of a variable) (*math.*), incremento, variazione. **3.** merit ~ (in wages) (*pers.*), aumento di merito.
incremental (*math.*), incrementale. **2.** ~ system (N/C system) (*mach. t.*), sistema (numerico) incrementale.
incrust (to) (as a boil.), incrostare, incrostarsi.
incrustation (as of a boil.), incrostazione.
incrusted (*gen.*), incrostato.
incubator (*agric. - biol. app.*), incubatrice. **2.** ~ (*med. app.*), stufa termostatica.
"ind", *see* index, indicated, indirect, induction, industrial, industry.
indanthrone-dyes (*ind. chem.*), colori all'indantrene.
indelible (*a. - gen.*), indelebile. **2.** ~ color (*color*), colore indelebile.
indemnify (to) (*comm.*), risarcire, indennizzare.
indemnity (money paid as compensation for damages) (*insurance - etc.*), risarcimento, indennizzo. **2.** ~ (protection against losses, damages etc.: as obtained by insurance) (*finan. - insurance*), garanzia assicurativa.
indent (order to a foreign dealer) (*comm.*), ordinazione di merci dall'estero, "indent". **2.** ~ (notch) (*mech. carp.*), dentellatura, tacca. **3.** ~ (indention) (*typ.*), *see* indention.
indent (to) (to make notches on an edge) (*mech. - carp.*), dentellare, intaccare (fare delle tacche). **2.** ~ (to cut for preparing fixed joints) (*carp.*), intagliare, preparare gli incastri. **3.** ~ (in writing a document, to begin a line by leaving more left-hand margin than the other lines: as in starting a new paragraph) (*typewriting*), rientrare dal margine.

indentation (*gen.*), intaccatura. **2.** ~ (*mech. - carp.*), tacca, dentellatura. **3.** ~ (in spot, seam or projection weld) (*techn. mech.*), bugna a secco. **4.** ~ (depression in the exterior surface of the base metal) (*welding*), solco, incisione.

indented (as of a molding) (*a. - arch.*), a dentelli.

indenter, *see* indentor.

indention (indenting action) (*typ.*), passaggio a capoverso. **2.** ~ (blank space due to the indention) (*typ.*), spazio libero (dovuto al passaggio a capoverso).

indentor (penetrator, for hardness tests) (*mech.*), penetratore.

independent (*a. - gen.*), indipendente. **2.** ~ front wheel suspension (*aut.*), sospensione anteriore indipendente.

indeterminate (*a. - math.*), indeterminato.

indeterminateness (*gen.*), indeterminatezza.

indetermination (*gen.*), indeterminazione.

index (alphabetical list), indice. **2.** ~ (exponent) (*math.*), esponente. **3.** ~ (of a root sign) (*math.*), indice. **4.** ~ (as of a book), indice. **5.** ~ (of an instrument), indice. **6.** ~ (an ordered list: as of a file content; directory) (*comp.*), indice. **7.** ~ (card index: with entries on single cards) (*listing of items*), schedario. **8.** ~, *see* alidade. **9.** ~ bar (of a sextant), braccio mobile. **10.** ~ board (*paper mfg.*), cartoncino per schede. **11.** ~ change gears (of a hobbing mach.) (*mach. t.*), ruote di cambio divisorio. **12.** ~ contour (*top. - cart.*), curva (di livello) direttrice. **13.** ~ crank (index head crank) (*mach. t. - element*), manovella della testa a dividere, manovella del divisore. **14.** ~ error (of splines, greatest difference in any two teeth, adjacent or otherwise, between the actual and perfect spacing of tooth profiles) (*mech.*), errore di divisione. **15.** ~ gears (*mach. t.*), ruote del divisore. **16.** ~ glass (movable glass of a sextant) (*instr.*), specchio maggiore. **17.** ~ head (*mach. t.*), testa a dividere, divisore. **18.** ~ hole (in a floppy disk: for finding access to tracks) (*comp.*), foro indice. **19.** ~ line (of an instr.), linea di fede. **20.** ~ of cards (*adm.*), schedario. **21.** ~ of pH (*electrochem.*), valore di pH. **22.** ~ of retail prices (*comm.*), indice dei prezzi al minuto. **23.** ~ of stock rotation (in a store) (*ind.*), indice di rotazione della giacenza. **24.** ~ plate (of mach. t.), disco divisore. **25.** ~ plate (for graduating circles of meas. instr.), disco graduato. **26.** ~ register (base register) (*comp.*), registro indice. **27.** ~ search system (for locating addresses of programs) (*audiovisuals*), sistema di ricerca degli indici, sistema di ricerca dei brani ad indice. **28.** ~ slot (as a slot on a pivot of a disk pack) (*comp.*), fessura indice. **29.** ~ table (horizontal index head) (*mach. t.*), divisore orizzontale. **30.** absorption ~ (*opt.*), indice di assorbimento. **31.** aptitude ~ (*pers. - psychotech.*), indice attitudinale. **32.** cost-of-living ~ (variable following inflation) (*econ.*), indice del costo della vita. **33.** diesel ~ (measuring the ignition quality of a diesel oil in the engine) (*fuel*), indice Diesel. **34.** Dow-Jones ~ (giving the trend of stock exchange) (*finan.*) (Am.), indice Dow-Jones. **35.** exposure ~ (*phot.*), indice di posa. **36.** gross ~ (first consultation index) (*comp.*), indice di primo livello. **37.** icing ~ (on a surface of an aer.) (*aer.*), indice di formazione di ghiaccio. **38.** key-word ~ (*documentation - etc.*), indice a parole chiave. **39.** melt ~ (*plastics w. meas.*), indice di fluidità. **40.** numerical ~ (*gen.*), indice numerico. **41.** refractive ~ (*opt. - phys. - chem.*), indice di rifrazione. **42.** shatter ~ (*constr. theor.*), indice del punto di rottura. **43.** shatter ~ (as of tamped sand in a mold) (*found.*), indice di disgregazione. **44.** specific absorptive ~ (*phys. - chem.*), *see* extinction coefficient. **45.** viscosity ~ (as of an oil) (*chem.*), indice di viscosità. **46.** wholesale price ~ (*comm.*), indice prezzi all'ingrosso. **47.** windchill ~, *see* windchill factor.

index (to) (to graduate) (*mech.*), graduare. **2.** ~ (to move the piece [or the mach.] of one definite interval) (*gear cutting mach.*), spostare di un passo (o di un valore del divisore).

indexation (indexing of cost of living) (*econ.*), indicizzazione.

indexed (provided with an index) (*a. - gen. - comp.*), indicizzato, provvisto di indice. **2.** ~ sequential file (*comp.*), archivio (o file) sequenziale indicizzato (o con indici).

indexing (automatic or hand: as in a gear grinding mach.) (*mach. t. - mech.*), spostamento (di effettuazione della divisione). **2.** ~ (electronic marking of a point of a tape for later access) (*audiovisuals - etc.*), apposizione di indici. **3.** ~ (act of providing with an index: as a file, a document, a book) (*comp.*), indicizzazione, sistemazione di indici. **4.** ~ head (*mach. t.*), divisore, testa a dividere. **5.** ~ machine (*mach.*), macchina a dividere. **6.** ~ plate (for mach. t.), disco divisore. **7.** automatic ~ (indexing operated by comp.) (*comp.*), indicizzazione, sistemazione di indici. **8.** auto ~ (automatic search of indexed addresses) (*audiovisuals*), ricerca automatica dei brani ad indice. **9.** compound ~ (*mach. t. - mech.*), divisore composta. **10.** differential ~ (*mach. t. - mech.*), divisione differenziale. **11.** play ~ (*audiovisuals*), apposizione di indici durante la lettura. **12.** record ~ (*audiovisuals*), apposizione di indici durante la registrazione.

index-linked (linked to the cost of living: as of a pension) (*econ. - finan.*), indicizzato al costo della vita.

India, India. **2.** ~ ink (for draw.), inchiostro di china. **3.** ~ rubber (*chem.*), gomma, caucciù. **4.** ~ millet (durra) (*agric.*), dura, durra.

indicate (to), indicare.

indicated (*a.-gen.*), indicato. **2.** ~ air speed (I.A.S.) (*aer.*), velocità indicata. **3.** ~ horsepower (power deduced from the indicating diagrams of an engine) (*mot.*), potenza indicata. **4.** ~ stalling speed (*aer.*), velocità di stallo indicata.

indication (*gen.*), indicazione. **2.** ~ (*med.*), indicazione. **3.** moving-target ~ (*radar*), indicazione bersagli mobili. **4.** range ~ (*radar - etc.*), indicazione della distanza.

indicator (*chem.*), indicatore. **2.** ~ (*road sign*), indicatore, indicatore stradale. **3.** ~ (instr. for making diagrams: as of the operating pressure of a fluid) (*steam eng.*), indicatore delle pressioni. **4.** ~ (device signalling an error, an omission etc.) (*comp.*), indicatore. **5.** ~, *see* pointer 2 ~. **6.** ~ card (or diagram) (*mot.*), diagramma del ciclo indicato. **7.** ~ instrument (*instr.*), strumento indicatore. **8.** ~ paper (as litmus paper) (*paper mfg.*), carta da prova, carta reattiva. **9.** ~ stalk (stalk of direction indicator stalk type control) (*aut.*), asta dell'indicatore di direzione. **10.** ~ tell-tale (direction indicator tell-tale) (*aut. instr.*), spia (dell')indicatore di direzione. **11.** aerodrome surface movement ~, "ASMI" (*aer. - radar*), indicatore del movimento dell'area aeroportuale. **12.** air-mileage ~ (*aer. instr.*), indicatore di distanza percorsa. **13.** air-position ~ (*aer. instr.*), indicatore di posizione in volo. **14.** air-speed ~ (*aer. instr.*), anemometro, indicatore della velocità (rispetto all'aria). **15.** angle-of-approach ~ (generally by means of a light) (*air traffic*), indicatore dell'angolo di avvicinamento. **16.** bank ~ (*aer. instr.*), sbandometro. **17.** battery charging ~ (*elect.-aut.-mot.*), indicatore carica batterie. **18.** cable-angle ~ (of the angle between the towing cable and the longitudinal axis of a glider) (*aer.*), indicatore dell'angolo del cavo di rimorchio. **19.** cathode-ray ~ (*instr.*), indicatore a raggi catodici. **20.** climb ~ (*aer. instr.*), indicatore di salita. **21.** climbing speed ~ (*aer. instr.*), indicatore della velocità di salita. **22.** destination ~ (for information about the destinations: as of a train, tram etc.), indicatore di destinazione. **23.** dial ~ (*meas. instr.*), indicatore a quadrante. **24.** dive-angle ~ (*aer. instr.*), indicatore di affondata. **25.** earth leakage ~ (*elect. instr.*) (Brit.), indicatore di dispersione a terra. **26.** engine speed ~ (*mot. instr.*), contagiri motore. **27.** flashing ~ (direction indicator) (*aut. traffic*) (Am.), lampeggiatore. **28.** flow ~ (*hydr.*), indicatore del flusso. **29.** flush type ~ (*instr.*), indicatore del tipo incassato. **30.** footage ~ (as of an exposed film) (*m. pict.*) contapiedi, indicatore della lunghezza di pellicola esposta. **31.** ground-position ~ (*aer. instr.*), indicatore di posizione rispetto al suolo. **32.** ground speed ~ (*aer. instr.*), indicatore della velocità (rispetto al) suolo. **33.** height ~ (*aer. instr.*), indicatore di quota, sonda altimetrica. **34.** incidence ~ (*aer. instr.*), indicatore di incidenza. **35.** insulation ~ (*elect. instr.*), indicatore di isolamento. **36.** landing-direction ~ (*aer. instr.*), indicatore di direzione di atterraggio. **37.** leakage ~ (for measuring or detecting current leakage to earth) (*elect. instr.*) (Brit.), rivelatore di dispersione (a massa). **38.** level ~ (of a liquid: as in a fuel tank) (*instr.*), indicatore di livello. **39.** maximum-demand ~ (*elect. instr.*), indicatore di massima, indicatore della massima energia assorbita nell'unità di tempo prestabilita. **40.** maximum safe air-speed ~ (*aer. instr.*), indicatore della velocità massima di sicurezza. **41.** methane ~ (*min. meas. instr.*), grisoumetro, indicatore di metano. **42.** mileage ~ (*instr.*), contamiglia. **43.** moving-target ~, "MTI" (cancels, on the display, stationary objects) (*radar*), indicatore di soli obiettivi mobili. **44.** nose dive ~ (*aer. instr.*), indicatore di picchiata. **45.** oil level ~ (*instr.*), misuratore del livello dell'olio. **46.** oil temperature ~ (as of a mot.) (*instr.*), termometro dell'olio, misuratore della temperatura dell'olio. **47.** optical ~ (*instr.*), indicatore ottico. **48.** overflow ~ (relating to the storage capacity) (*comp.*), indicatore di eccedenza. **49.** overflow check ~, *see* overflow ~. **50.** phase ~ (*elect. instr.*), indicatore di fase. **51.** phase-sequence ~ (*elect. instr.*), indicatore di senso ciclico (di sequenza di fase). **52.** phase voltage difference ~ (*elect. instr.*), comparatore di tensione sulle fasi. **53.** pitch ~ (*aer. instr.*), inclinometro longitudinale. **54.** plan position ~ (PPI: radarscope indicating by means of spots of lights the range and bearing as of ships, mountains etc.) (*radar*), radar panoramico, radar topografico, indicatore topografico. **55.** polarity ~ (*elect. instr.*), indicatore di polarità. **56.** pole ~ (*app. elect.*), cercapoli. **57.** power factor ~ (*elect. instr.*), cosfimetro. **58.** precision ~ (*meas. instr.*), microindicatore. **59.** priority ~ (*comp.*), indicatore di priorità. **60.** rate-of-climb ~ (variometer) (*aer. instr.*), variometro. **61.** rate-of-descent ~, *see* variometer. **62.** remote level ~ (as for boil.) (*instr.*), indicatore di livello a distanza, teleindicatore di livello. **63.** revolution ~ (*instr.*), contagiri. **64.** role ~ (for data retrieval) (*comp.*), indicatore di funzione. **65.** roll ~ (*aer. instr.*), indicatore di rollata. **66.** safe flight ~ (*aer. instr.*), indicatore aerodinamico della perdita di velocità. **67.** sideslip ~ (*aer. instr.*), indicatore di scivolata. **68.** smoke ~ (*milit. instr.*), dispositivo per determinare l'intensità della nebbia artificiale. **69.** stroboscopic ~ (*instr.*), indicatore stroboscopico. **70.** temperature ~ (*instr.*), indicatore di temperatura. **71.** terrain-clearance ~ (*aer. instr.*), avvisatore di minima distanza dal suolo, indicatore di quota sul terreno. **72.** total mileage ~ (*aut. instr.*), contamiglia totalizzatore. **73.** track ~ (*radar*), indicatore di rotta. **74.** trip mileage ~ (*aut. instr.*), contamiglia parziale. **75.** turn-and-bank ~ (turn-and-slip indicator) (*aer. instr.*), indicatore di virata e sbandamento. **76.** turn-and-slip ~ (turn-and-bank indicator) (*aer. instr.*), indicatore di virata e sbandamento. **77.** turn ~ (*aut.*) (Am.), indicatore di direzione. **78.** turn ~ (*aer. instr.*), indicatore di virata, indicatore di volta. **79.** wind-direction ~ (*aer. instr.*), indicatore di direzione del vento. **80.** winking ~ (*instr.*), indicatore a intermittenza. **81.** yaw ~, *see at yaw*: yaw meter.

indicatrix (*math.*), indicatrice.

indict (to) (*law*), imputare.
indictee (*law*), imputato.
indictment (*law*), imputazione.
indifferent (*chem. - mech.*), indifferente.
indigo (*chem.*), indaco.
indigoids (*chm.*), indigoidi.
indirect (*a. - gen.*), indiretto. **2.** ~ cost, ~ charge (*ind. factory adm.*), costo indiretto. **3.** ~ coupling (*elect.*), accoppiamento indiretto. **4.** ~ expenses (overhead: as of a factory) (*adm.*), spese generali. **5.** ~ heating (*therm.*), riscaldamento indiretto. **6.** ~ labor (*factory work organ.*), manodopera indiretta. **7.** ~ material (such material as rags, tools lubricating oil etc. which are necessary for the production but which are not directly chargeable to the production expenses) (*factory adm.*), materiale indiretto.
indirection (indirect action) (*comp. - etc.*), azione indiretta, indirizzamento indiretto, "indirettezza".
indissoluble (insoluble) (*a. - phys. chem.*), insolubile.
indium (In - *chem.*), indio.
indium-plated (*a. - mech.*), indiumizzato.
indium-plating (as of bearings) (*mech. - mot.*), indiumizzazione.
individual (*a. - gen.*), singolo, individuale. **2.** ~ (*n. - law*), individuo.
indivisible (*a. - gen.*), indivisibile.
indole (indol (C_8H_7N), organic compound) (*chem.*), indolo.
indoor (as of elect. app.) (*a. - gen.*), per interno. **2.** ~ (pertaining to the interior) (*bldg.*), interno. **3.** ~ light (tungsten light) (*phot.*), luce artificiale, luce a incandescenza.
indorse (to) (as a check) (*comm. - adm.*), girare, eseguire la girata. **2.** ~, *see also* to endorse.
indorsee (*comm. - adm.*), giratario. **2.** ~, *see also* endorsee.
indorsement (*comm. - adm.*), girata. **2.** ~, *see also* endorsement.
indoxyl (*chem.*), indossile.
"indsl", *see* industrial.
induce (to) (*elect.*), indurre.
induced (*a. - elect.*), indotto. **2.** ~ angle of attack (*aer.*), angolo di incidenza indotto. **3.** ~ current (*elect.*), corrente indotta. **4.** ~ draft (as for a furnace) (*comb. system*), tiraggio indotto. **5.** ~ drag (*aer.*), resistenza indotta. **6.** ~ fission (*atom phys.*), fissione indotta. **7.** ~ radioactivity (artificial radioactivity) (*atom phys.*), radioattività artificiale.
inducements (*econ.*), facilitazioni. **2.** tax and credit ~ (*econ.*), facilitazioni fiscali e creditizie.
inductance (theoretical property) (*elect.*), induttanza. **2.** ~ (app. possessing inductance) (*elect.*), induttanza. **3.** leakage ~ (*elect.*), induttanza di dispersione. **4.** mutual ~ (*elect.*), induttanza mutua.
induction (*elect.*), induzione. **2.** ~ (of internal combustion engines), aspirazione, ammissione. **3.** ~ accelerator, *see* betatron. **4.** ~ coil (elect. app. for transforming direct current into alternating current), rocchetto Ruhmkorff. **5.** ~ compass (*instr.*), bussola a induzione. **6.** ~ forging (*metall.*), fucinatura (con riscaldamento) a induzione. **7.** ~ furnace (*metall. ind.*), forno a induzione. **8.** ~ heater (*elect. app. for metall.*), apparecchio per riscaldamento a induzione, forno a induzione. **9.** ~ heating (*metall.*), riscaldamento ad induzione. **10.** ~ heating equipment (*elect. app. for metall.*), installazione per riscaldamento a induzione. **11.** ~ heating for forging, *see* induction forging. **12.** ~ heat-treatment (*metall.*), trattamento termico (mediante apparecchi) ad induzione. **13.** ~ machine (electrostatic or alternating current generator), *see* influence machine. **14.** ~ machine (*elect.*), macchina ad induzione, macchina asincrona. **15.** ~ manifold (*mot.*), collettore d'ammissione, collettore di alimentazione. **16.** ~ meter (*elect. instr.*), apparecchio di misura (o contatore elettrico) a induzione. **17.** ~ motor (asynchronous motor) (*elect. mot.*), motore a induzione, motore asincrono. **18.** ~ pipe (*mot.*), tubo di aspirazione, tubo di ammissione. **19.** ~ stroke (inlet stroke) (*mot.*), fase di ammissione (o di aspirazione). **20.** aerodynamic ~ (*aerodyn.*), induzione areodinamica. **21.** electromagnetic ~ (*elect.*), induzione elettromagnetica. **22.** electrostatic ~ (*elect.*), induzione elettrostatica. **23.** magnetic ~ (*elect.*), induzione magnetica. **24.** mutual ~ (*elect.*), induzione mutua.
induction-harden (to) (to heat the surface of the finished mech. piece by elect. induction and immediately after cool it by a liquid jet) (*heat - treat.*), temperare a induzione.
inductive (*a. - elect.*), induttivo. **2.** ~ coupler (by mutual induction) (*radio*), circuito di accoppiamento induttivo. **3.** ~ coupling (*elect.*), accoppiamento induttivo.
inductometer (*electromech. app.*), tipo di "variocoupler".
inductor (*n. - elect.*), bobina di induzione, induttanza, induttore. **2.** ~ (reactor) (*elect. device*), reattanza. **3.** ~ compass (induction compass) (*aer. instr.*), bussola a induzione. **4.** ~ generator (fixed armature mach.) (*elect. mach.*), generatore a ferro rotante. **5.** air-core ~ (*elect.*), induttore ad aria. **6.** decade ~ (*elics.*), induttanza a decadi. **7.** earth ~ (*electromech. instr.*), magnetometro terrestre. **8.** iron-core ~ (*elect.*), induttore a nucleo magnetico.
"indus", *see* industrial, industry.
industrial (*a.*), industriale. **2.** ~ chemistry (*ind. chem.*), chimica industriale. **3.** ~ combine (*ind.*), consorzio industriale. **4.** ~ disease (*med. - ind.*), malattia professionale. **5.** ~ engineer (*pers. - ind.*), tecnico del lavoro (esperto in metodi, collaudi, sicurezza sul lavoro). **6.** ~ engineering (work study) (*ind.*), studio del lavoro (inteso come

metodi + collaudo + sicurezza sul lavoro). **7.** ~ institute (*ind.*), istituto industriale. **8.** ~ medicine (*ind. med.*), medicina industriale. **9.** ~ park (*city planning*), zona industriale. **10.** ~ psychology (*med. - ind.*), psicologia industriale. **11.** ~ railroad (*railw.*), ferrovia privata.

industrialization (*ind.*), industrializzazione.

industrialize (to), industrializzare.

industry (*ind.*), industria. **2.** ~ (skill), *see* skill. **3.** ~ of refrigeration (*ind.*), industria del freddo. **4.** base ~ (*ind.*), industria basilare. **5.** chemical ~ (*ind.*), industria chimica. **6.** cycle and motorcycle ~ (*ind.*), industria ciclomotoristica. **7.** die casting ~ (*found.*), industria della pressofusione. **8.** extractive ~ (*min. ind.*), industria estrattiva. **9.** iron ~ (*ind.*), industria siderurgica. **10.** key ~ (*gen.*), industria chiave. **11.** mechanical ~ (*ind.*), industria meccanica. **12.** metallurgical ~ (*metall. ind.*) industria metallurgica. **13.** nationalised ~ (*ind.*), industria nazionalizzata. **14.** paper converting ~ (*ind.*), industria cartotecnica. **15.** process ~ (*ind.*), industria di trasformazione. **16.** refrigeration ~ (*ind.*), industria del freddo. **17.** sheltered ~ (*comm.*), industria protetta. **18.** textile ~ (*ind.*), industria tessile.

ineffective (something not producing a desired effect) (*a. - gen.*), inefficace. **2.** ~ time (as of a comp., a mach. t. etc.) (*comp. - etc.*), tempo di mancato utilizzo.

ineffectiveness (*gen.*), inefficacia.

inefficacious (*a. - gen.*), inefficace.

inefficiency (*gen.*), inefficienza.

inefficient (*a. - gen.*), inefficiente.

inelastic (*a. - phys.*), anelastico (non elastico). **2.** ~ collision (as of particles, with production of radiations) (*phys.*), collisione anelastica, urto anelastico. **3.** ~ scattering (*atom phys.*), diffusione per urto anelastico.

inelasticity (as of demand or supply) (*econ.*), anelasticità, rigidità.

inequality (*math. - etc.*), disuguaglianza, irregolarità, deviazione, variabilità.

inequitableness (unfairness, as of wages) (*work. - pers.*), sperequazione.

inerasable (indelible; as of inks or pencils) (*a. - writing*), indelebile.

inert (as of gas) (*a. - phys. chem.*), inerte. **2.** ~ gas (rare gas) (*chem.*), gas raro. **3.** ~ gas (as nitrogen and CO_2) (*chem.*), gas inerte. **4.** ~ gas-shielded arc welding (*mech. technol.*), (operazione di) saldatura con protezione di gas inerte.

inertia (*theor. mech.*), inerzia. **2.** ~ exploder (as a torpedo) (*navy expl.*), acciarino a inerzia, acciarino a pendolo. **3.** ~ governor (*mech. device*), regolatore ad inerzia. **4.** ~ starter (*mot.*), avviatore ad inerzia. **5.** ~ welding (by the heating obtained by friction between two metallic pieces) (*experimental*), saldatura ad inerzia. **6.** equatorial moment of ~ (*constr. theor.*), momento d'inerzia rispetto all'asse neutro. **7.** moment of ~ (*constr. theor.*), momento d'inerzia. **8.** polar moment of ~ (*constr. theor.*), momento d'inerzia polare (rispetto ad un punto). **9.** thermic ~ (as of incandescent metal) (*therm.*), inerzia termica. **10.** virtual ~ (oscillation force due to the surrounding air) (*aer.*), inerzia virtuale.

inertial (*a. - phys.*), inerziale. **2.** ~ guidance (as of a space vehicle) (*astric. - rckt.*), guida inerziale, guida ad inerzia. **3.** ~ mass (*phys.*), massa inerziale. **4.** ~ navigation, *see* inertial guidance. **5.** ~ platform (for inertial guidance) (*astric. - rckt.*), piattaforma inerziale. **6.** ~ space (fixed coordinates in the space outside the earth) (*astric.*), spazio inerziale.

inexact (*a. - gen.*), inesatto.

inexpensive (cheap) (*a. - comm.*), a buon mercato.

inexplosive (*a. - gas. - etc.*), inesplosivo, non esplosivo.

inextensible, inestensibile.

"inf", *see* information, infusion, infinity.

infantryman (*milit.*), soldato di fanteria, fante.

infarct (*med.*), infarto.

infection (*med.*), infezione.

infeed (feed normal to the axis of rotation of the work) (*mach. t. - mach.*), avanzamento normale (all'asse di rotazione del pezzo), avanzamento in profondità. **2.** ~ (device feeding an ind. mach.) (*mech. app.*), alimentatore.

inference (deduction) (*gen.*), deduzione, previsione. **2.** general ~ (meteorological situation deduced from the pressure distribution and consequent weather forecast over a given area) (*meteorol.*), previsione situazione generale.

inferior (of quality) (*gen.*), scadente.

infiltrate (to) (*phys.*), infiltrare.

infiltration (*phys.*), infiltrazione. **2.** ~ capacity (as of the soil) (*geol. - hydr.*), tasso di infiltrazione.

infiltrometer (meas. the absorption rate) (*geol. - hydr. - instr.*), infiltrometro.

infinite (*a. - n. - math.*), infinito.

infinitesimal (*a. - math.*), infinitesimale.

infinity (*n. - opt. phot.*), infinito. **2.** ~ (*n. - math.*), infinito. **3.** ~ focusing (*phot.*), messa a fuoco all'infinito.

infirmary (*med.*), infermeria.

infix notation (notation inserted: as within a math. expression) (*comp.*), notazione infissa.

inflammability (*phys. chem.*), infiammabilità.

inflammable (*a. - n. - phys.*), infiammabile.

inflammation (state of being set on fire) (*gen.*), accensione, incendio. **2.** ~ (*gen. - med.*), infiammazione.

inflatable (as with air) (*gen.*), gonfiabile.

inflate (to), gonfiare. **2.** ~ a tire (*aut.*), gonfiare un pneumatico.

inflated (as of a tire) (*aut. - etc.*), gonfiato.

inflation (*econ. - finan.*), inflazione. **2.** ~ (as of an aut. tire) (*aut.*), gonfiaggio. **3.** ~ pressure (as of a tire), pressione di gonfiamento, pressione di gonfiaggio. **4.** cost-push ~ (price rise due to increased production costs) (*econ.*), inflazione dovuta ad aumentati costi di produzione. **5.** creeping ~ (*econ.*), inflazione strisciante. **6.** demand-push ~ (*econ.*), inflazione da domanda. **7.** galloping ~ (*econ.*), inflazione galoppante.

inflator (air hand pump: as for bicycles) (*tire app.*), pompa (d'aria) a mano.

inflected, *see* inflexed.

inflection (bend) (*phys.*), inflessione. **2.** ~ (point of inflection, flex, flex point, change of curvature) (*math.*), flesso, punto di flesso. **3.** ~ point, *see* inflection 2 ~.

inflexed (bent) (*a. - gen.*), piegato, inflesso.

in-flight (something to be utilized during a flight: as of a film to be projected on board etc.) (*a. - aer.*), da utilizzare in volo.

inflow (*hydr.*), afflusso.

influence (induction) (*elect.*), induzione. **2.** ~ (*astr. - phys.*), influenza. **3.** ~ line (*constr. theor.*), linea di influenza. **4.** ~ machine (electrostatic generator) (*electromech.*) (Brit.), macchina elettrostatica. **5.** ~ machine (alternating-current mach. working by electromagnetic induction) (*elect.*), macchina ad induzione.

influence (to) (*phys. - astr.*), influenzare.

influx (*hydr.*), afflusso. **2.** ~ (of a river) (*geogr.*), foce. **3.** ~ (inflow: as of air) (*ind. - gen.*), afflusso. **4.** ~ of capitals (*finan.*), afflusso di capitali.

infold (to) (*gen.*), fasciare, avviluppare.

inform (to) (*gen.*), informare. **2.** ~ (*law*), notificare.

informatics (information science) (*comp.*), informatica.

information (*gen.*), informazione. **2.** ~ (*stat.*), informazione. **3.** ~ (data) (*comp.*), informazione, dati. **4.** ~ content (*comp.*), contenuto informativo. **5.** ~ interchange (as between comp.) (*comp.*), scambio di informazioni. **6.** ~ processing (data processing) (*comp.*), elaborazione di informazioni (o di dati). **7.** ~ retrieval (as for documentation purposes) (*ind.*), ricerca delle informazioni, reperimento delle informazioni. **8.** ~ science (diffusion, retrieval, storage etc.: informatics) (*information study*), informatica, scienza e tecnica delle informazioni. **9.** ~ technology, "IT" (Brit.), telematics (Am.) (*comp.*), telematica. **10.** ~ theory (between men, between men and mach. and between mach. and mach.) (*information sc.*), informatica, teoria dell'informazione. **11.** ~ unit (as a bit) (*comp.*), unità di informazione. **12.** dimensional ~ (as to be put in a mach. t. tape) (*n.c. mach. t.*), dati di forma, dati dimensionali. **13.** for any additional ~ required (*comm.*), per qualsiasi ulteriore necessaria informazione. **14.** housekeeping ~ (*tlcm.*), informazione di gestione. **15.** process ~ (to be put in a mach. t. tape) (*n.c. mach. t.*), dati tecnologici.

infracosmic ray (*phys.*), raggio infracosmico.

infraction (*law*), infrazione.

infrangible (*a. - phys.*), infrangibile. **2.** ~ atom (*phys.*), atomo non spezzabile (o non fissionabile).

infrared (*a. - phys.*), infrarosso. **2.** ~ detector (*fire detecting instr.*), rivelatore di infrarosso. **3.** ~ drying apparatus (*app.*), essiccatoio a raggi infrarossi. **4.** ~ photography (*phot.*), fotografia all'infrarosso. **5.** ~ plate (*phot.*), lastra all'infrarosso.

infrasizer (*grinding meas. app.*), misuratore della pezzatura.

infrasonic (*a. - acous.*), infrasonico.

infrasound (below the frequencies of human hearing: below 16 Hz) (*n. - acous.*), infrasuono.

infrastructure (as of an airport) (*aer. - etc.*), infrastruttura. **2.** ~ (of an organization) (*ind. - econ.*), infrastruttura.

infringe (to) (as a contract or patent) (*law*), violare.

infringement (as of a patent or trade-mark) (*law*), violazione. **2.** ~ (contravention, transgression) (*law*), contravvenzione, infrazione.

infusibility (*phys.*), infusibilità.

infusible (*phys.*), di fusione difficile.

infusion (*chem.*), infusione. **2.** ~ (*med.*), fleboipodermoclisi.

infusorial earth (*min.*), (terra di) tripoli, terra d'infusori.

ingate (*found.*), attacco di colata. **2.** ~ (*found.*), *see also* gate. **3.** fan-shaped ~ (*found.*), attacco di colata a ventaglio.

ingot (*metall.*), lingotto. **2.** ~ (as of cast iron, of lead) (*metall.*), pane. **3.** ~ (as of aluminium) (*metall.*), panetto. **4.** ~ (ingot mold) (*metall. impl.*), lingottiera. **5.** ~ iron (*metall.*), ferro fuso, acciaio omogeneo, acciaio dolcissimo (con meno del 0,1% di carbonio). **6.** ~ mold (*found.*), lingottiera. **7.** ~ steel (*metall.*), acciaio fuso in lingotti, acciaio in lingotti. **8.** ~ tipper (ingot tilter) (*impl. - rolling - forging*), giralingotti. **9.** ~ upsetting (*metall.*), ricalcatura del lingotto. **10.** blown ~ (containing many blowholes) (*metall.*), lingotto soffiato. **11.** cartridge brass ~ (*metall. ind.*), lingotto di ottone per bossoli. **12.** octagonal ~ (*metall.*), lingotto ottagono (o ottagonale). **13.** rectangular ~ (*metall.*), lingotto rettangolare. **14.** round ~ (*metall.*), lingotto tondo. **15.** secondary ~ (*found.*), lingotto di seconda fusione. **16.** square ~ (*metall.*), lingotto quadrato. **17.** waffle ~ (aluminium ingot having approx. the thickness of 1/4 of an in and a 3 sq in section) (*metall.*), lingotto di alluminio.

ingot (to) (as cast iron) (*found.*), fondere in pani. **2.** ~ (as steel in a mold) (*metall.*), fondere in lingotti.

"ingotism" (structure of a bar or billet deriving from the original structure of the ingot) (*metall.*), lingottismo, struttura residuata di quella del lingotto (di partenza).

ingrain (dyed in the fiber, before manufacture) (*a. - dyeing*), tinto in fibra.

ingrain (to) (to dye before manufacture) (*dyeing*), tingere in fibra.

ingredient (*chem.*), ingrediente.

inhabit (to) (to occupy) (*gen.*), abitare.
inhabitant (*a. - gen.*), abitante.
inhalator, inhaler (*med. instr.*), inalatore.
inhaul (rope for hauling in a sail) (*naut.*), aladentro.
inhauler (*naut.*), *see* inhaul.
inheritance (*law*), eredità. **2.** ~ tax (*law*), tassa di successione.
inherited (relating as to something coming from a preceeding operation: as an error) (*a. - comp.*), ereditato.
inhibiting (*a. - gen.*), inibitore. **2.** ~ (chem. treatment protecting against corrosion: as of mech. pieces) (*ind. mech.*), trattamento protettivo, trattamento anticorrosivo. **3.** ~ pigment (added to paints to delay corrosion of metals) (*paint.*), pigmento inibitore. **4.** ~ signal (signal providing to stop the normal operation of a circuit) (*comp.*), segnale di inibizione.
inhibitor (chem. composition protecting against corrosion: as for mech. pieces) (*ind. mech.*), fluido protettivo, anticorrosivo. **2.** ~ (a substance which stops or prevents a chemical reaction) (*chem.*), inibitore, catalizzatore negativo, inibitore di reazione. **3.** ~ (added to a pickling bath for minimizing attack on the descaled areas of metal) (*metall. ind.*), moderatore. **4.** ~ (antioxidant) (*corrosion reducer*), antiossidante.
inhibitory (*gen.*), inibitorio.
inhomogeneity (*phys.*), mancanza di omogeneità.
inhour (inverse hour: unit of meas. of a reactor reactivity) (*atom phys.*), ora reciproca, "inhour".
in-house (referring to operations carried on within an organization or company) (*a. - ind. organ. - comp.*), all'interno, in casa.
initial (*a. - gen.*), iniziale. **2.** ~ instructions (*comp.*), istruzioni iniziali. **3.** ~ point (as of a missile trajectory) (*ballistics*), origine.
initial (to) (*gen.*), siglare.
initialing (*gen.*), siglatura.
initialization (the setting of switches, counters, etc. to the starting position at the beginning of a comp. new work) (*comp.*), inizializzazione.
initialize (to) (to set to the starting position and value, before beginning) (*comp.*), inizializzare. **2.** ~ (to begin and perform a preparation to a new reception of data: as on peripheral units) (*comp.*), inizializzare.
initials, iniziali.
initiate (to) (to set going: as a data transfer) (*comp.*), dare inizio.
initiation (beginning as of a fracture in steel) (*metall.*), innesco. **2.** ~ (the act of setting fire to an initiator) (*milit.*), accensione (del detonatore).
initiative, iniziativa.
initiator (substance initiating a reaction) (*chem.*), sostanza innescante. **2.** ~ (detonator: as of an expl. charge) (*milit.*), detonatore. **3.** ~, *see* detonator.
"inj", *see* injection.
inject (to) (*gen.*), iniettare. **2.** ~ (to insert: as a satellite into an orbit) (*astric.*), inserire.
injectant (substance being injected) (*n. - gen.*), sostanza iniettata.
injection (*gen.*), iniezione. **2.** ~ (as of fuel oil in a Diesel engine) (*mech.*), iniezione. **3.** ~ (as in wooden poles treatment) (*ind.*), iniezione. **4.** ~ (blowing in, as of oxigen) (*gen.*), iniezione, insufflamento. **5.** ~ (insertion as of a spacecraft into an orbit) (*astric.*), inserimento. **6.** ~ (as of electrons or of holes in semiconductors) (*elics.*), iniezione. **7.** ~ capacity (of an injection molding mach.) (*plastic ind.*), capacità d'iniezione, grammatura iniettata. **8.** ~ carburetor (*aer. mot.*), carburatore ad iniezione. **9.** airless ~ (direct injection of fuel as in a Diesel engine) (*mot.*), iniezione diretta. **10.** direct ~ (as of Diesel oil or gasoline in a mot.) (*mot.*), iniezione diretta. **11.** hypodermic ~ (*med.*), iniezione ipodermica. **12.** refrigerant ~ (into the air stream of a jet engine to improve performance) (*aer. mot.*), iniezione refrigerante. **13.** solid ~ (of the liquid fuel by airless pressure) (*diesel mot.*), iniezione diretta, iniezione meccanica. **14.** water ~ (as in a jet engine), iniezione d'acqua.
injector (device for feeding: as water to a steam boiler), iniettore. **2.** ~ (injection carburetor) (*mot.*), carburatore a iniezione. **3.** ~ (as of Diesel oil in a Diesel engine) (*mot.*) (Brit.), iniettore. **4.** ~ (of holes and electrons) (*elics.*), iniettore. **5.** ~ valve (as of a fuel pump) (*mech.*), valvola dell'iniettore. **6.** exhaust steam ~ (as of a boiler), iniettore a vapore di scarico. **7.** fuel ~ (pump, valves, injector, etc.) (*diesel mot.*), impianto di iniezione (del combustibile). **8.** impinging jet ~ (as of a rocket motor) (*rckt. - mot.*), iniettore a getti collidenti. **9.** premix ~ (for mixing propellants prior to injection into a rocket motor combustion chamber) (*rckt. - mot.*), iniettore di premiscelazione. **10.** sandbox ~ (*railw.*), iniettore (della) sabbiera. **11.** showerhead ~ (as of a rocket comb. chamber nozzle with a series of concentric holes) (*mot. - rckt.*), iniettore a rosa di fori. **12.** swirl ~ (as of a rocket motor) (*rckt. - mot.*), iniettore a vortice. **13.** water ~ (of a steam locomotive) (*railw.*), iniettore (di) acqua.
injure (to) (to damage), danneggiare. **2.** ~ (*milit. - etc.*), ferire.
injury (damage), danno. **2.** ~ (*med. - milit.*), lesione, ferimento. **3.** ~ benefit (*pers. adm.*), indennità di invalidità.
ink (for writing) (*off. impl.*), inchiostro. **2.** ~ bleed (around the edges of a character) (*comp.*), sbavatura capillare (o essudazione) di inchiostro. **3.** ~ eraser (of a typewriter), gomma da inchiostro. **4.** ~ fountain (of a printing mach.) (*print.*), calamaio. **5.** ~ fountain blade (or knife, of a printing press, for checking the ink supply) (*print.*), lama del calamaio. **6.** ~ smudge (as of blurry edges of a character) (*comp.*), sbavatura d'inchiostro. **7.** ~ stand (*off. impl.*), calamaio. **8.** ~ well (*off. impl.*),

calamaio. **9.** background ~ (ink having a color not visible by optical reader: as magenta color) (*comp.*), inchiostro non rilevabile (al lettore ottico). **10.** copying ~ (*off. - impl.*), inchiostro per copialettere. **11.** double-tone ~ (*print.*), inchiostro a doppia tinta. **12.** indelible ~, inchiostro indelebile. **13.** Indian ~ (for inking in draw.) (*draw.*), inchiostro di china. **14.** magnetic ~ (containing magnetic particles) (*comp.*), inchiostro magnetico. **15.** printing ~ (*print.*), inchiostro da stampa. **16.** screen process ~ (*print.*), inchiostro per serigrafia. **17.** sympathetic ~, inchiostro simpatico. **18.** to ~ in (*draw.*), passare a penna, passare a inchiostro. **19.** transfer ~ (*print.*), inchiostro da trasporto. **20.** transparent ~ (*print.*), inchiostro trasparente. **21.** writing ~ (*writing*), inchiostro per scrivere.

inker (*print.*), inchiostratore, rullo inchiostratore. **2.** automatic ~ (as of a duplicating mach.) (*print.*), inchiostratore automatico.

in kind (a payment made in goods instead of in money) (*comm.*), in natura.

inking (*phot. - etc.*), inchiostrazione.

inkling (vague knowledge) (*gen.*), vaga idea.

inlaid (*a. - art*), intarsiato, incassato in una superficie a formare un disegno decorativo.

inland (*geogr.*), retroterra.

inlay (to), intarsiare, inserire.

inlet (*geogr.*), insenatura. **2.** ~ (*mech.*), entrata, apertura di entrata, ammissione. **3.** ~ angle (as of a fluid in a turbine) (*mech. of fluids*), angolo d'entrata. **4.** ~ closes (inlet valve closes) (*mot.*), fine chiusura (valvola di) aspirazione. **5.** ~ opens (inlet valve opens) (*mot.*), inizio apertura (valvola di) aspirazione. **6.** ~ port (*mot.*), foro (o luce) di ammissione. **7.** ~ stroke (induction stroke) (*mot.*), fase di aspirazione. **8.** ~ valve (*mot.*), valvola di ammissione. **9.** air ~ (as in a carburetor) (*mech.*), presa d'aria.

in-line (as of elements disposed in a straight line) (*a. - gen.*), in linea, allineato. **2.** ~ assembly (*organ. ind.*), montaggio in linea. **3.** ~ engine (*mot.*), motore (a cilindri) in linea.

inmesh (as of a gear, a speed etc.) (*mech.*), inserito, ingranato.

inmesh (to) (as of a gear, a speed etc.) (*mech.*), inserire, ingranare.

inn (hotel) (*bldg.*), locanda.

inner (*a.*), interno **2.** ~ city (the oldest center of a town) (*city planning*), centro storico. **3.** ~ cone (as of a jet engine) (*mech.*), cono interno. **4.** ~ dead-center, *see* top dead-center. **5.** ~ end paper (flyleaf, of a book) (*print.*), risguardo. **6.** ~ part (*gen.*), parte interna. **7.** ~ ridge-girder (of an airship main transverse frame) (*aer.*), centinatura interna di ordinata. **8.** ~ tube (of a pneumatic tire) (*rubb. ind.*), camera d'aria. **9.** ~ waterway (*shipbuild.*), controtrincarino.

innovator (*gen.*), innovatore. **2.** consumer innovators (experimental consumers of new products) (*comm.*), innovatori dei consumi.

inoculant (material for inoculation) (*found.*), correttivo.

inoculation (*med.*), inoculazione. **2.** ~ (operation consisting in adding some elements to liquid cast iron) (*found.*), correzione.

inorganic (*chem.*), inorganico.

inoxidisable (*a. - chem.*), inossidabile.

inphase (*a. - elect.*), in fase.

in-pile (inside the reactor) (*atom phys.*), nel reattore.

input (power absorbed in normal operation: as by a mach.) (*phys.*), potenza (o energia) assorbita. **2.** ~ (of a circuit) (*radio*), alimentazione. **3.** ~ (as of data) (*comp.*), ingresso, entrata, immissione. **4.** ~ (on an elect. app.) (*elect.*), terminale di entrata. **5.** ~ circuit (*elect.*), circuito di alimentazione. **6.** ~ devices (for data input: as a keyboard, a card punch, a magnetic tape unit etc.) (*comp.*), apparecchiature di ingresso, periferiche di entrata. **7.** ~ energy (*mech. - elect.*), energia immessa. **8.** ~ output system (*comp.*), sistema di immissione-emissione. **9.** electrical ~ (*elect.*), assorbimento di energia elettrica. **10.** manual ~ (data introduced by hand: as by a keyboard) (*comp.*), immissione manuale, ingresso impostato manualmente. **11.** field ~ (*radio - elect.*), alimentazione del campo. **12.** rated ~ (the permissible capacity of an electrical machine as specified by the maker on the name plate) (*elect.*), potenza nominale. **13.** reset ~ (for restoring the original conditions) (*comp.*), entrata di ripristino, ingresso di ripristino.

input/output, "I/O" (the passage of data into or out of a computer) (*comp.*), entrata/uscita. **2.** ~ chip selection, "I/O" chip selection (*comp.*), selezione circuito integrato di ingresso/uscita. **3.** ~ control (*comp.*), controllo di entrata/uscita. **4.** ~ device ("I/O" unit) (*comp.*), unità di entrata/uscita.

inquire (to), indagare. **2.** ~ for (*comm.*), richiedere offerta.

inquiry (investigation) (*gen.*), inchiesta. **2.** ~ (*purchasing - comm.*), richiesta di offerta. **3.** ~, *see* enquiry.

inradius (*geom.*), raggio del cerchio (o sfera) inscritto.

inrush (peak, as of voltage) (*elect. - etc.*), punta.

"ins", *see* inscribed, inside, inspected, inspector, insulated, insulation.

"insc", *see* inscribed.

"insce", *see* insurance.

inscribe (to) (*geom.*), inscrivere. **2.** ~ (to prepare data in a way that can be read by optical reader) (*comp.*), inscrivere.

inscribed (*gen.*), inscritto, iscritto.

inscription (*gen.*), inscrizione. **2.** ~ (writing) (*gen.*), scritta. **3.** ~ (*arch.*), epitaffio. **4.** ~ (the preparation of documents in a form readable by opt. reader) (*comp.*), inscrizione.

insecticide (*ind. chem.*), insetticida.

insensitive (*gen.*), insensibile.
inseparable (*gen.*), inseparabile.
insert (movable part of a mold or of a die) (*found. - mech.*), tassello, elemento di forma (o stampo) scomponibile. **2.** ~ (a supplementary sheet of printed matter put between the pages of a magazine) (*print.*), inserto (volante), foglietto supplementare allegato. **3.** ~ (metallic part inserted in the mold and becoming integral in the cast when the metal has been poured) (*found.*), inserto. **4.** ~ (*m. pict.*), inserto. **5.** ~ (as of data in a text) (*comp.*), inserimento.
insert (to), inserire, introdurre. **2.** ~ (to intercalate) (*gen.*), intercalare. **3.** ~ a sleeve (*mech.*), incamiciare.
inserted (*a. - mech.*), riportato. **2.** ~ blade cutter (*mach. t.*), utensile a lame riportate, fresa a lame riportate. **3.** ~ teeth (*mech.*), denti riportati. **4.** ~ valve seat (as of a mot.) (*mech.*), sede riportata di valvola.
inserting (of a sleeve) (*mech.*), incamiciatura.
insertion (*adver.*), inserzione. **2.** ~ (*astric.*), *see* injection. **3.** ~ loss (in decibels) (*radio*), perdita (o attenuazione) di inserzione. **4.** ~ loss factor (*radio*), fattore di (perdita per) inserzione.
inset, *see* insert.
inship (*adv. - naut.*), a bordo.
inside (*a.*), interno. **2.** ~ (*n.*), interno. **3.** ~ (of a football team) (*sport*) mezzala. **4.** ~ caliper (*mech. t.*), calibro per interni. **5.** ~ cover (as of a magazine etc.) (*adver.*), seconda (pagina) di copertina. **6.** ~ diameter (I.D.) (as of a ball bearing) (*mech.*), diametro interno. **7.** ~ finish (completion work in a building) (*bldg.*), lavori interni di finitura. **8.** ~ panel (*aut. body constr.*), pannello (di rivestimento) interno.
insides (sheets of paper) (*paper mfg.*), prima scelta.
"insol", *see* insoluble.
insolation (*meteorol. - bldg.*), insolazione, esposizione al sole.
insole (of a shoe) (*shoe mfg.*), soletta.
insolubility (*chem.*), insolubilità.
insoluble (*a. - chem.*), insolubile.
insolvency (*finan.*), insolvibilità, insolvenza.
insolvent (*a. - comm.*), insolvente.
insonate (to) (to expose, as a volume of water, to the action of sound waves) (*und. acous. - etc.*), investire con onde sonore.
insonated (of a thing exposed to the action of sound waves) (*a. - acous.*), investito da onde sonore. **2.** ~ volume (a volume, as of water, that has been exposed to sound waves) (*und. acous. - etc.*), volume (d'acqua) investito da onde sonore.
insonorous (*a. - acous.*), senza risonanza.
"insp", *see* inspector.
inspect (to) (as the pieces in a mech. working shop), collaudare, controllare. **2.** ~ (*milit.*), ispezionare.
inspection (*gen.*), verifica, ispezione. **2.** ~ (as of engine parts) (*shop*), collaudo, controllo. **3.** ~ (*factory department*), collaudo, controllo. **4.** ~ chamber (for sewers) (*bldg.*), *see* deep manhole. **5.** ~ cover band (as of aut. dynamo) (*mech.*), fascia mobile di ispezione. **6.** ~ door (as in an aer. wing, for inspecting cables) (*mech.*), portello di ispezione. **7.** ~ door (as of a big machine) (*mech.*), portella di ispezione. **8.** ~ hole (*mech.*), foro di ispezione. **9.** ~ jig (*mech. t.*), maschera di controllo. **10.** ~ report (*mech.*), verbale di collaudo. **11.** automatic ~ devices (as of a computer) (*autom.*), dispositivi automatici di verifica. **12.** call-in ~ (at the presence as of the supplier called without advance notice) (*quality control*), controllo senza preavviso (con convocazione del responsabile del difetto). **13.** detailed ~ (*quality control*), *see* detailing. **14.** final ~ (*quality control*), collaudo definitivo (o finale). **15.** gamma-ray ~ (gammagraphy) (*mech. technol. - metall.*), gammagrafia, controllo gammagrafico, ricerca di difetti con raggi γ. **16.** general ~ (as of a house) (*bldg.*), collaudo. **17.** general test and ~ (as of a boiler), collaudo. **18.** incoming parts ~ (inspection of parts received from an outside source) (*quality control*), controllo (o collaudo) arrivi, controllo (o collaudo) ricevimenti. **19.** magnetic-particle ~ (carried out by inducing a magnetic field in the piece and by blowing or flowing finely divided magnetic particles in liquid suspension on the surface so that these build up at the cracks) (*mech.*), esame magnetoscopico. **20.** normal ~ (sampling inspection used when the quality level approximates the fixed acceptable limit) (*quality control*), collaudo normale, controllo normale. **21.** production ~ (*quality control*), collaudo produzione (principale). **22.** quality ~ (*mech. technol. - etc.*), controllo della qualità. **23.** radiographic ~ (for detecting flaws and inclusions) (*metall.*), controllo radiografico. **24.** random ~ (*quality control*), controllo casuale, collaudo casuale. **25.** receiving ~ (as of the goods received from an outside source) (*quality control*), controllo arrivi, collaudo accettazione arrivi. **26.** reduced ~ (sampling inspection on reduced samples used when the quality level is constantly equal or higher than the fixed acceptable level) (*quality control*), collaudo ridotto, controllo ridotto. **27.** sampling ~ (*quality control*), controllo per campionamento, collaudo per campionamento. **28.** shop ~ (carried out during the production cycle) (*quality control*), controllo di fabbricazione, collaudo di fabbricazione. **29.** tightened ~ (requiring a number of samples higher than normal) (*quality control*), collaudo rinforzato, controllo rinforzato. **30.** toolroom ~ (consisting of inspection to tools, jigs etc.) (*quality control*), collaudo produzione ausiliaria. **31.** ultra-short sound wave ~, *see* ultrasonic inspection. **32.** ultrasonic ~ (*mech. technol*), collaudo con ultrasuoni, controllo ultrasonico, controllo con ultrasuoni. **33.** visual ~ (*quality control*), collaudo visivo.
inspector (*gen.*), ispettore. **2.** ~ (as of machined

parts) (*mech. work.*), collaudatore. **3.** chief ~ (*mech. work.*), capo collaudo. **4.** gauge ~ (*mech. work.*), collaudatore di calibri. **5.** quality ~ (*mech. technol.*), addetto al controllo della qualità.

"inst", *see* installment, instant, instantaneous, institute, instruction, instructor, instrument.

instability (*gen.*), instabilità. **2.** ~ (*aer.*), instabilità. **3.** ~ neutrons (false neutrons) (*plasma phys.*), neutroni da instabilità, falsi neutroni. **4.** ballooning ~ (*plasma phys.*), instabilità di rigonfiamento. **5.** directional ~ (*aer.*), instabilità direzionale. **6.** divergent ~ (*veh.*), instabilità divergente. **7.** drift ~ (universal instability, due to the plasma diamagnetic drift) (*atom phys.*), instabilità di deriva, instabilità universale. **8.** lateral ~ (*aer.*), instabilità laterale, instabilità di rollio. **9.** longitudinal ~ (*aer.*), instabilità longitudinale. **10.** oscillatory ~ (*veh.*), instabilità oscillatoria. **11.** rolling ~ (*aer.*), instabilità di rollio, instabilità laterale. **12.** spiral ~ (determining a combination of side-slipping and banking) (*aer.*), instabilità di spirale.

instable (*a. - gen.*), instabile.

install (to) (as a lighting system), installare. **2.** ~ (to appoint, as to an office) (*gen.*), mettere, insediare.

installation (*ind. plant*), impianto. **2.** ~ (act of installing) (*ind.*), installazione. **3.** ~ (appointment, as to an office) (*gen.*), insediamento. **4.** ~ (as of heating systems) (*ind.*), messa in opera. **5.** ~ (as of engines in an aircraft) (*aer. mot.*), installazione. **6.** ~ (setting up for operation) (*gen.*), messa in opera. **7.** central ~ (as in heating systems), impianto centrale. **8.** electric ~ (*elect.*), impianto elettrico. **9.** local ~ (as in heating systems), impianto locale. **10.** pipe ~ (*pip.*), rete di tubazioni. **11.** transporting ~ (ind.), impianto di trasporto.

installed (*elect. - etc.*), installato.

installer (of new equipment) (*skilled work.*), montatore. **2.** ~ (as of elect. equipment) (*work. - elect. - etc.*), installatore.

installment, instalment (*comm.*), rata, quota. **2.** ~ (installation) (*ind.*), installazione. **3.** ~ (of a publication) (*print.*), puntata. **4.** ~ payment (*comm.*), pagamento rateale. **5.** ~ selling (*comm.*), vendita a rate.

instant (*n.*), istante.

instantaneous (*gen.*), istantaneo, ad azione istantanea. **2.** ~ value (*phys.*), valore istantaneo.

instatement, *see* installation.

instep (part of a shoe) (*shoe mfg.*), fiosso.

institute (of art, of science, etc.), istituto.

institute (to) (a legal action) (*law*), intentare, iniziare.

"instl", *see* installation.

"instmt", *see* instrument.

"instr", *see* instruction, instructor, instrument.

"instrn", *see* instruction.

instroke (of an i.c. engine piston) (*mot.*), corsa verso la camera di combustione, corsa di allontanamento dall'albero a gomito.

instruction (knowledge obtained by learning) (*n. - gen.*), istruzione. **2.** ~ (a coded order to a comp.), (*comp.*), istruzione. **3.** instructions for use (as of mach., instr. etc.), istruzioni per l'uso. **4.** ~ set (instruction repertory) (*comp.*), insieme di istruzioni. **5.** ~ word (*comp.*), parola di istruzione. **6.** basic ~ (*comp.*), istruzione base. **7.** branch ~ (jump instruction) (*comp.*), istruzione di salto. **8.** dummy ~ (*comp.*), istruzione fittizia. **9.** entry ~ (*comp.*), istruzione di entrata. **10.** executive ~ (*comp.*), istruzione di esecuzione. **11.** extract ~ (*comp.*), istruzione di estrazione. **12.** logic ~ (*comp.*), istruzione logica. **13.** machine ~ (mach. code instruction) (*comp.*), istruzione (di) macchina. **14.** multiaddress ~, multiple-address ~ (*comp.*), istruzione plurindirizzo, istruzione avente vari indirizzi. **15.** no-address ~ (*comp.*), istruzione senza indirizzo. **16.** no-operation ~, "NO OP" ~ (so the comp. jumps to the next instruction) (*comp.*), nessuna operazione, istruzione di non (fare alcuna) operazione. **17.** one-address ~ (*comp.*), istruzione ad un indirizzo. **18.** operating ~ (*comp.*), istruzione operativa. **19.** presumptive ~, *see* basic ~. **20.** programmed ~ (for learning comp. operation step by step) (*comp.*), istruzione programmata. **21.** quasi ~ (instruction only for the compiler, not for the mach.) (*comp.*), pseudo istruzione. **22.** repetition ~ (*comp.*), istruzione di iterazione. **23.** restart ~ (*comp.*), istruzione di riavviamento. **24.** single-address ~ (one-address instruction) (*comp.*), istruzione ad un solo indirizzo. **25.** three-address ~ (*comp.*), istruzione a tre indirizzi. **26.** transfer ~ (*comp.*), istruzione di trasferimento. **27.** zero-address ~ (*comp.*), istruzione senza indirizzo (o ad indirizzo zero).

instructor, istruttore. **28.** flying ~ (*aer.*), pilota istruttore.

instrument (*gen.*), strumento. **2.** ~ (*law*), strumento. **3.** ~ alighting channel (*aer.*) (Brit.), canale per l'ammaraggio strumentale. **4.** ~ board (*ind.*), quadretto porta-strumenti. **5.** ~ board (dashboard) (*aut. - aer.*), cruscotto. **6.** ~ current transformer (*elect. device for meas.*), riduttore di corrente (per strumenti di mis.). **7.** ~ flying, *see* blind flying. **8.** ~ landing (blind landing) (*aer.*), atterraggio strumentale, atterraggio radioguidato. **9.** ~ landing system (ILS) (in radionavigation) (*aer.*), sistema di atterraggio strumentale. **10.** ~ panel (*ind.*), (Am.), quadretto porta-strumenti. **11.** ~ runway (*aer.*), pista per atterraggi strumentali. **12.** ~ support (*gen.*), supporto per strumento. **13.** bench type ~ (*instr.*), strumento da banco. **14.** bimetallic strip ~ (electrothermic instr.) (*instr.*), strumento a lamina bimetallica. **15.** blind-flying instruments (*aer. instr.*), strumenti per volo cieco, strumenti per volo senza visibilità. **16.** controlling ~ (*instr.*), strumento di comando. **17.** dial ~, strumento a quadrante. **18.** direct ~ (as a transit in such a position as to show the vertical circle on the left hand) (*top. instr.*), strumento in posizione 1ª, strumento in posizione con cerchio a sinistra. **19.**

eye ~ case (*med. opt. instr.*), cassetta oculistica. **20.** indicating ~ (*instr.*), strumento indicatore. **21.** magnetic tape recording ~ (as for sound recording), registratore a nastro magnetico. **22.** plotting ~ (*photogr.*), restitutore, strumento restitutore. **23.** profile testing ~ (*meas. instr.*), apparecchio per controllo profili. **24.** rack-bench type ~ (*instr.*), strumento da banco e da telaio. **25.** rack type ~ (*instr.*), strumento per montaggio su pannello provvisorio. **26.** recording ~ (*instr.*), strumento registratore. **27.** repeating ~ (*top. instr.*), strumento ripetitore. **28.** reversed ~ (as a transit in such a position as to show the vertical circle on the right hand) (*top.*), strumento in posizione 2ª, strumento in posizione con cerchio a destra. **29.** survey ~, *see* survey meter.

instrument (to) (to equip something with instruments) (*mech. - elect. - aut. - etc.*), strumentare, provvedere di strumenti.

instrumental goods, *see* producer goods.

instrumentation (*instr.*), strumentazione. **2.** in-core ~ (nuclear reactor) (*atom phys.*), strumentazione nel nocciolo.

insubmersible (unsinkable) (*naut.*), inaffondabile.

"INSUL" (short for insulated or insulation) (*mach draw.*), isolato, isolamento.

insular (*a. - geogr.*), insulare.

insulate (to) (*elect. - therm. - acous. - etc.*), isolare.

insulated (*a. - elect. - therm. - acous. - etc.*), isolato. **2.** ~ stand (as in an electronic apparatus) (*elect.*), supporto isolato.

insulating (*a. - elect. - therm. - acous.*), isolante. **2.** ~ material (*elect. therm.*), materiale isolante. **3.** ~ oil (*elect.*), olio isolante. **4.** ~ papers (*paper mfg.*), carte isolanti. **5.** ~ plate (shield for protecting the rear surface of the gas turbine disk from the heat of the exhaust gases) (*mot.*), piastra di isolamento. **6.** ~ rod (for operating knife switches) (*elect. t.*), fioretto. **7.** ~ tape (*elect.*), nastro isolante.

insulation (an insulating work) (*n.*), isolamento. **2.** ~ (material used in insulating), isolante. **3.** ~ (*elect. - therm. - acous.*), isolamento. **4.** ~ board (insulating board) (*bldg. - therm. - elect.*), pannello isolante. **5.** ~ class (*elect.*), classe di isolamento. **6.** ~ covering (*ind.*), rivestimento isolante. **7.** ~ resistance (*elect.*), resistenza d'isolamento. **8.** ~ tester (*elect. instr.*), verificatore di isolamento, megaohmmetro. **9.** acoustic ~ (*acous.*), isolante acustico, (materiale) fonoassorbente. **10.** class A ~ (*elect.*), isolamento di classe A. **11.** heat ~ (*therm.*), isolamento termico.

insulator (an item, made of non-conducting material, used for supporting live conductors) (*n. - elect.*), isolatore. **2.** ~ (material bad conductor of elect. heat, sound) (*n. - elect. - term. - acous.*), isolante. **3.** ~ chain (*elect.*), catena di isolatori. **4.** antenna ~ (*radio*), isolatore di antenna. **5.** bell ~ (*elect.*), isolatore a campana. **6.** cable end ~ box (*elect. device*), muffola di estremità di un cavo. **7.** cable junction ~ sleeve (*elect. device*), muffola di giunzione di un cavo. **8.** cleat ~ (*elect.*), isolatore comune serrafilo per linee a due fili distinti. **9.** cork pipe ~ (*therm.*), coppella di sughero isolante per tubazioni. **10.** feedthrough ~ (solid insulator traversed by a built-in wire, apt to be inserted, as in a wall, for feeding electricity through the wall) (*elect.*), isolatore passante con conduttore incorporato. **11.** glass ~ (*elect.*), isolatore di vetro. **12.** high-tension ~ (*elect.*), isolatore per alta tensione. **13.** knob ~ (for coarse electr. wire installations) (*elect.*), isolatore a gola (per impianti interni), isolatore (d)a muro, isolatore comune per cordoncino. **14.** lead-in ~ (tubular insulator set through a wall: in its central hole is passing the wire feeding elect., as to a bldg.) (*elect.*), isolatore passante forato. **15.** low-tension ~ (*elect.*), isolatore per bassa tensione. **16.** petticoat ~ (*elect.*), isolatore a cappa da esterno, isolatore a campana per impianti esterni. **17.** pin ~ (*elect.*), isolatore, rigido. **18.** ribbed ~ (*elect.*), isolatore ad alette. **19.** stand-off ~ (*elect.*), isolatore portante. **20.** suspension ~ (*elect.*), isolatore a sospensione. **21.** telephone type ~ (*elect.*), isolatore per linee telefoniche.

insulin (*pharm.*), insulina.

insurance (*business - comm.*), assicurazione. **2.** ~ broker (*comm.*), agente di assicurazione. **3.** ~ premium, premio di assicurazione. **4.** ~ stamp (*pers.*), marca assicurativa. **5.** accident ~, assicurazione contro l'infortunio. **6.** certificat of ~ (insurance policy) (*insurance*), polizza assicurativa. **7.** comprehensive ~ policy (covering all risks) (*insurance*), polizza assicurativa polirischio. **8.** compulsory old age ~ (*factory pers. insurance*), assicurazione obbligatoria per la vecchiaia. **9.** cost ~ and freight (CIF, cif) (*naut. comm.*), costo assicurazione e nolo. **10.** disability ~ (*factory pers. insurance*), assicurazione invalidità. **11.** fire ~ (*comm.*), assicurazione antincendio, assicurazione contro gli incendi. **12.** hull ~ (on damages to a ship or aircraft) (*comm.*), assicurazione sul mezzo di trasporto aeronavale. **13.** industrial injuries ~ (*factory pers. insurance*), assicurazione infortuni. **14.** life ~ (*comm.*), assicurazione sulla vita. **15.** marine ~ (*comm.*), assicurazione marittima. **16.** national ~ (social insurance) (*work.*), Previdenza Sociale. **17.** public liability ~ (*aut. - law*), assicurazione contro i rischi di responsabilità civile. **18.** sickness ~ (for employees) (*factory pers. insurance*), assicurazione malattie. **19.** social insurances (for employees) (*factory pers. insurance*), assicurazioni sociali. **20.** term ~ (valid only for a specified period) (*insurance*), assicurazione a termine. **21.** third-party ~ (*insurance*), assicurazione contro terzi. **22.** unemployment ~ (*work. insurance*), assicurazione contro la disoccupazione. **23.** war risk ~, assicurazione contro i rischi di guerra.

insurant (*n. - finan.*), assicurato.

insure (to) (*comm.*), assicurare.

insurer (assurer) (*finan.*), assicuratore.

inswept (as an aut. frame), rastremato nella parte anteriore.

"int", *see* intelligence, intercept, interest, interim, interior, intermediate, internal, international, interval, invertiew.

intaglio (*gen.*), intaglio.

intake (opening for passage of a fluid) (*gen.*), presa. **2.** ~ (opening for passage of a fluid) (*fluidics - mech.*), presa. **3.** ~ (the action of taking in: as air by a piston) (*fluidics*), aspirazione. **4.** ~ (energy taken in) (*mech.*), energia assorbita. **5.** ~ (as of a mot., a pump), aspirazione. **6.** ~ (air passage) (*coal mine*), presa d'aria. **7.** ~, *see* input 1 ~. **8.** ~ air heater (*aer. mot.*), riscaldatore (dell')aria immessa. **9.** ~ stroke (of mot.), corsa di aspirazione. **10.** ~ tube (as of a pump), tubo aspirante. **11.** ~ work (as of mot.), lavoro di aspirazione. **12.** air ~ (*aer. mot.*), presa d'aria. **13.** bifurcated air ~ (as of a jet engine) (*mech.*), presa d'aria biforcata. **14.** non-ramming ~ (*aer.*), presa d'aria statica. **15.** ramming ~ (*aer.*), presa d'aria dinamica. **16.** sea water ~ (as for cooling the engine) (*naut.*), presa d'acqua di mare, presa a mare.

intake (to) (as of mot., pumps etc.), aspirare.

intarsia (*join. art*), intarsio.

integer (a whole number) (*math.*), numero intero. **2.** ~ constant (*comp.*), costante intera.

integral (*a.*), integrale. **2.** ~ (pertaining to an integer) (*a. - math.*), intero. **3.** ~ (relating to integrals) (*a. - math.*), integrale. **4.** ~ (*n. - math.*), integrale. **5.** ~ (as a piece forming a single unit with another part) (*mech. - etc.*), solidale. **6.** ~ calculus (*math.*), calcolo integrale. **7.** ~ domain (*n. - math.*), dominio di integrità. **8.** ~ multiple (*math.*), multiplo intero. **9.** Riemann ~ (definite integral) (*math.*), integrale di Riemann. **10.** the largest lift and time-area ~ (of the constant-acceleration cam) (*mot.*), diagramma di alzata di area massima.

integraph (instr. for registering the result of an integration as a curve) (*math.*), integrafo.

integrate (to), integrare. **2.** ~ (*math.*), integrare.

integrated (*a. - math.*), integrato. **2.** ~ circuit (multifunction solid-state circuit) (*elics.*), circuito integrato. **3.** ~ data (*stat.*), dati complessivi. **4.** ~ data processing, "IDP" (*comp.*), elaborazione integrata di informazioni.

integrating factor (*math.*), fattore di integrazione.

integration (*math.*), integrazione. **2.** economic ~ (*econ.*), integrazione economica. **3.** large-scale ~, "LSI", *see* "LSI". **4.** medium-scale ~, "MSI", *see* "MSI". **5.** small-scale ~, "SSI", *see* "SSI". **6.** super large-scale ~, "SLSI", *see* "SLSI". **7.** very large-scale ~, "VLSI", *see* "VLSI".

integrator (as a planimeter, an integraph etc.) (*meas. instr.*), integratore, apparecchio integratore. **2.** ~ (integrating device) (*comp.*), integratore.

integrodifferential (as an equation) (*math.*), integrodifferenziale.

intelligence (as of an employee) (*pers. selection*), capacità intellettuale. **2.** ~ (secret service) (*milit.*), servizi segreti. **3.** artificial ~ (*comp.*), intelligenza artificiale.

intelligent (smart: as a terminal) (*a. - comp.*), intelligente.

intelligibility (meas. of the quality of a teleph. conversation) (*electroacous.*), intelligibilità.

intelsat (International Telecommunication Satellite Consortium) (*astric.*), Consorzio Internazionale per i Satelliti per Telecomunicazioni.

intensification (*gen.*), intensificazione. **2.** ~ (increase of contrast obtained by a further deposit, on the negative or on the print) (*phot.*), rinforzo. **3.** ~ (exaltation, as of oscillations) (*phys.*), esaltazione.

intensifier (app. consisting in two cylinders of different diameter with its pistons rigidly connected) (*hydr. app.*), moltiplicatore di pressione. **2.** ~ (agent increasing the negative strenght) (*phot.*), rinforzatore.

intensify (to) (*gen.*), intensificare. **2.** ~ (*phot.*), rinforzare.

intensity (*gen.*), intensità. **2.** ~ (of a negative) (*phot.*), contrasto, forza, intensità. **3.** ~ (of sound) (*acous.*), intensità. **4.** ~ of current (*elect.*), intensità di corrente. **5.** ~ of field (*phys. - elect.*), intensità di campo. **6.** ~ of illumination (as of a surface) (*illum.*), intensità di illuminazione. **7.** ~ of radiation (electromagnetic or acoustic energy through a unit section per unit time) (*phys.*), intensità della radiazione. **8.** luminous ~ (*illum. phys. - telev.*), intensità luminosa. **9.** mean horizontal ~ (*illum.*), intensità orizzontale media. **10.** mean spherical ~ (*illum.*), intensità sferica media. **11.** sound ~ (*acous.*) intensità acustica. **12.** specific luminous ~ (*illum. phys.*), intensità luminosa specifica.

intentional (*gen.*), intenzionale, volontario.

interact (to) (*gen.*), interagire.

interaction (*gen.*), interazione, azione reciproca, influenza reciproca. **2.** electromagnetic ~ (dealing with photons and elect. forces between elementary particles) (*atom phys.*), interazione elettromagnetica. **3.** gravitational ~ (interaction due to the weakest of the forces between elementary particles) (*atom phys.*), interazione gravitazionale. **4.** strong ~ (it deals with hadrons, it is the strongest of the forces between elementary particles) (*atom phys.*), interazione forte. **5.** weak ~ (between elementary particles) (*atom phys.*), interazione debole.

interactive (of a two-way communication system: as between operator and comp.) (*a. - comp. - teleph. - etc.*), interattivo. **2.** ~ processing (kind of conversational processing that permits the direct intervention of the operator) (*comp.*), elaborazione interattiva, elaborazione a dialogo. **3.** ~ system (a two-way communication system between comp. and operator) (*comp. - teleph.*), sistema interattivo, sistema a dialogo.

interatomic (distance for instance) (*phys.*), interatomico.
interaxial, interaxal (*arch.*), interassiale.
interbedded (*a. - geol.*), intercettore.
interblock gap (interrecord space: space between two blocks of records for avoiding interferences) (*comp.*), interspazio tra registrazioni consecutive.
intercalate (to) (to insert) (*gen.*), intercalare.
intercardinal (between the cardinal points: quadrantal) (*a. - compass*), quadrantale.
intercept (intercepted message) (*n. - radio*), messaggio intercettato.
intercept (to), intercettare.
intercepter (*aer.*), caccia intercettore.
interception (*gen.*), intercettazione.
interceptor (device: as for deviating a message) (*teleph. - etc.*), intercettatore, dispositivo di intercettazione. **2.** ~ , *see also* intercepter.
interchange (between two highways without any crossing) (*road traff.*), intersezione con svincoli. **2.** ~ point (a point where the freight in transit is transferred from one carrier to another) (*transp.*), luogo di corrispondenza.
interchangeability, intercambiabilità. **2.** ~ (as of parts in machines) (*mech.*), intercambiabilità.
interchangeable (*a. - mech.*), intercambiabile. **2.** ~ manufacturing (manufactures realized with predetermined tolerances) (*mech. ind.*), produzione intercambiabile.
interchangeableness (*gen. - mech.*), intercambiabilità.
intercity (operating between large and very important towns: as a train, a bus etc.) (*transp.*), per collegamento tra grandi centri urbani.
intercolumniation (*arch.*), intercolonnio, intercolunnio.
intercom (intercommunication system, for communicating as between offices) (*teleph.*), citofono.
intercommunication (mutual communication) (*teleph. - etc.*), intercomunicazione, reciproca comunicazione. **2.** ~ system (two-way, by loudspeaker and microphone) (*n. - bldg. - tlcm.*), citofono.
interconnect (to) (*mech.*), intercollegare.
interconnection (*elect.*), interconnessione.
interconnector (as for adjacent combustion chambers of a jet engine) (*mot.*), interconnettore, tubo di intercollegamento. **2.** combustion liner ~ (*turbojet eng.*), tubo di collegamento delle camere di combustione.
intercontinental (*gen.*), intercontinentale.
intercooler (as of an air compressor) (*therm. app.*), refrigeratore intermedio.
intercooling (as of an air compressor) (*therm.*), raffreddamento intermedio, interrefrigerazione.
intercostal (*a. - shipbuild.*), a struttura intercostale. **2.** ~ girder (*shipbuild.*), paramezzale intercostale. **3.** ~ plate of first longitudinal (side keelson, of a steel vessel) (*shipbuild.*), paramezzale di stiva.
intercrystalline (*a. - metall.*), intercristallino. **2.** ~ corrosion (*metall.*), corrosione intercristallina. **3.** ~ failure (*metall.*), rottura intercristallina.
interdendritic (*a. - metall.*), interdendritico. **2.** ~ cavities (*metall. defect*), cavità interdendritiche.
interdependence (interdependency) (*gen.*), interdipendenza.
interdiction (*milit.*), interdizione. **2.** ~ fire (*milit.*), tiro d'interdizione.
interest (*comm.*), interesse. **2.** ~ on delayed payment (*finan.*), interessi di mora. **3.** accrued ~ (~ earned but not yet paid) (*adm. - bank*), interesse maturato. **4.** compound ~ (*finan.*), interesse composto. **5.** controlling ~ (majority participation) (*finan.*), partecipazione di maggioranza. **6.** minority ~ (minority participation) (*finan.*), partecipazione di minoranza. **7.** paid ~ (*finan.*), interesse passivo. **8.** simple ~ (*finan. - adm.*), interesse semplice. **9.** vested ~ (as of a group having econ. privileges in something) (*econ. - politics*), parte interessata. **10.** without ~ (bearing no interest) (*finan.*), infruttifero.
interface (the device by means of which two independent systems communicate reciprocally) (*elics. - etc.*), interfaccia. **2.** ~ (boundary between two phases of a heterogeneous system) (*phys. chem.*), interfacie. **3.** ~ (a device by which it is possible to communicate between comp. and mach. t.) (*comp.*), interfaccia. **4.** ~ compatibility (*comp. - tlcm.*), compatibilità di interfaccia. **5.** ~ tension (at the boundary between two phases) (*phys. - chem.*), tensione superficiale di interfacie (o interface). **6.** human ~ (*comp.*), interfaccia con l'operatore. **7.** man/machine ~ (*comp.*), interfaccia uomo/macchina. **8.** parallel ~ (*comp.*), interfaccia parallela. **9.** serial ~ (*comp.*), interfaccia seriale. **10.** standard ~ (*comp.*), interfaccia standard.
interface (to) (to connect by interface) (*elics. - comp.*), interfacciare, collegare mediante interfaccia. **2.** ~ (to connect two stages of different characteristics by an interface) (*elics. -missiles - etc.*), interfacciare, assemblare con interfaccia (intermedia). **3.** ~ (as a mach. t. with a comp.) (*elics.*), interfacciare. **4.** ~ (to interact between two independent devices as an interface does) (*elics.*), interfacciarsi.
interfenestral (*a. - bldg.*), fra due finestre.
interference (influence of two or more components on one another) (*gen.*), interferenza. **2.** ~ (*mech.*), interferenza. **3.** ~ (*elect. - phys. - opt.*), interferenza. **4.** ~ (receiving disturbance) (*radio*), interferenza. **5.** ~ diagram (as in metal inspection) (*metall. - etc.*), interferogramma. **6.** ~ fit (*mech.*), accoppiamento con interferenza, accoppiamento stabile. **7.** ~ fringe (*opt.*), frangia di interferenza. **8.** conducted ~ (*elect. - radio*), interferenza condotta. **9.** C W ~ (continuous wave interference, beat frequency) (*telev.*) (Brit.), sibilo. **10.** electrical ~ (due to electrical phenomena) (*elect.*), inter-

ferenza elettrica. **11.** magnetic ~ (due to magnetic fields) (*elect.*), interferenza magnetica. **12.** precipitation static ~ (noise in an airbone radio station due to the dissipation of static charge from the plane into the atmosphere) (*aer. - radio*), disturbi dovuti a scariche statiche. **13.** radiated ~ (*elect. - radio*), interferenza irradiata. **14.** radio ~ (radio noise) (*radio*), radiodisturbo.

interferential (*gen.*), interferenziale.

interferometer (*instr.*), interferometro.

interferometry (as for meas. the roughness of a worked surface) (*mech. technol. - etc.*), interferometria. **2.** holographic ~ (laser interferometry) (*opt.*), interferometria olografica.

interheater (combustion chamber arranged between the turbine stages, of a jet engine) (*aer. mot.*), intercombustore, combustore intermedio.

interim dividend (advance on dividends) (*finan.*), acconto.

interionic (*a. - atom phys.*), interionico.

interior (*a.*), interno. **2.** ~ (*n.*), interno. **3.** ~ angle (*math.*), angolo interno. **4.** ~ shooting (*m. pict.*), ripresa di un interno. **5.** ~ wiring (wiring for elect. equipment installed inside of a bldg.) (*elect.*), impianto elettrico interno.

interjoin, *see* interconnect.

interlaboratory (referring to the work of more than one laboratory) (*a. - research - etc.*), dovuto alla collaborazione di vari laboratori.

interlace (interlacing) (*gen.*), intreccio.

interlace (to) (*elics. - comp.*), interallacciare. **2.** ~ (as fibers) (*text. ind.*), intrecciare.

interlacement (*text. ind.*), intreccio.

interlacing (of wool fibers) (*wool ind.*), intrecciatura. **2.** ~ (*telev.*), interallacciamento. **3.** ~ factor (defined as twice the smallest separation between adjacent lines of the TV raster divided by the separation between successive lines at that point) (*telev.*), fattore di interallacciamento. **4.** ~ of lines (*railw.*), innesto di binari. **5.** lines ~ (*telev.*), interallacciamento di analisi per righe.

interlaid (*a. - typ.*), taccheggiato.

interlap, *see* overlap.

interlay (as in safety glass mfg.) (*ind.*), interstrato. **2.** ~ (paper inserted under the printing plate for raising the plate to type height) (*typ.*), tacco.

interlay (to) (to insert paper under the printing plate for raising the plate to type height) (*typ.*), taccheggiare.

interlaying (insertion of paper under the printing plate to raise it to type height) (*typ.*), taccheggio.

interleave (to) (*comp.*), intercalare. **2.** ~ (as carbon paper between paper sheets) (*print. - typewriting*), intercalare. **3.** ~ (to dispose in alternate layers) (*gen.*), disporre a strati alterni.

interlens shutter (of a shutter situated between lenses) (*phot.*), otturatore centrale.

interlock (synchronization of the camera and the sound device) (*m. pict.*), sincronizzazione. **2.** ~ (*mech. device or elect. device*), dispositivo di comando ad azione combinata (o interdipendente). **3.** ~ (arrangement for synchronizing the camera and the sound device) (*m. pict.*), dispositivo di sincronizzazione. **4.** ~ (app. used for obtaining the desired sequence of operation) (*railw. app.*), apparato centrale. **5.** ~ board (*railw.*), banco di manovra di apparato centrale. **6.** ~ machine (*text. mach.*), macchina a punto incatenato. **7.** ~ relay (*elect.*), relè di asservimento, relè di blocco (o ad azione combinata). **8.** automatic door ~ (for preventing a veh. from starting when doors are open; as in buses) (*veh.*), blocco (del moto del veicolo) a porte aperte, dispositivo automatico di sicurezza sulle porte. **9.** door ~ cancelling switch (as of bus doors) (*veh.*), interruttore di esclusione del bloccaggio (del motoveicolo) a porta aperta, interruttore di esclusione del dispositivo di sicurezza sulle porte. **10.** revolving cylinder ~ machine (*text. mach.*), macchina a punto incatenato con cilindro girevole.

interlock (to) (as in railw. controls) (*mech. - elect.*), asservire, rendere interdipendenti, effettuare collegamenti (che rendono) interdipendenti.

interlocked (*a. - mech. - elect.*), asservito, interdipendente. **2.** ~ signals (*railw.*), segnali interdipendenti.

interlocking (*elect. - mech.*), asservimento, collegamento con azione combinata. **2.** ~ (control system assuring the fixed sequence of operations by interlocking) (*railw. app.*), apparato centrale. **3.** ~ circuit (*elect.*), circuito di asservimento, circuito dipendente. **4.** ~ tower (*railw.*), cabina di smistamento e segnalazione. **5.** all-relay ~ (control system) (*railw. app.*), apparato centrale a relè. **6.** automatic ~ (*railw. app.*), apparato centrale automatico. **7.** entrance-exit ~ (control system) (*railw. app.*), apparato centrale con comando di estremità (o di entrata-uscita).

interlude (preliminary routine) (*comp.*), procedura preliminare.

intermedia (relating to the use of elics. effect and elics. music) (*a. - show*), con uso di strumentazioni ed effetti elettronici.

intermediate, intermedio. **2.** ~ (as in a reproduction process) (*n. - phot. - print.*), intermedio. **3.** ~ (*n. - aut.*), auto europea grande, auto di dimensione intermedia tra le normali americane e le medie europee. **4.** ~ base-strut (of an airship transverse frame) (*aer.*), traversa inferiore intermedia. **5.** ~ bearing (*mot.*), cuscinetto intermedio. **6.** ~ brake control (of mechanically operated brakes) (*aut.*), rimando dei freni. **7.** ~ circuit (*radio*), circuito intermedio. **8.** ~ contour (*top. - cart.*), curva (di livello) intermedia. **9.** ~ forging (*metall.*), sbozzatura a caldo. **10.** ~ gear (*mech.*), ingranaggio di rinvio. **11.** ~ goods, *see* producer goods. **12.** ~ landing (*aer.*), scalo aereo intermedio. **13.** ~ language (between high and mach. languages) (*comp.*), linguaggio intermedio. **14.** ~ procedure (as part of an approach by aer.) (*gen.*), procedimento intermedio (di avvicinamento). **15.** ~ product (*ind. chem.*), prodotto intermedio. **16.** ~ radial strut (of an airship transverse frame) (*aer.*), traversa radiale intermedia. **17.** ~ shaft (*mech.*), albero di rinvio. **18.** ~ transverse frame (of an airship) (*aer.*), ordinata intermedia.

intermediate-caliber (of a gun) (*a. - milit.*), di medio calibro.

intermission (interval) (*m. pict.*), intervallo.

intermittence (*gen.*), intermittenza.

intermittent (*a. - gen.*), intermittente. **2.** ~ current (*elect.*), corrente intermittente. **3.** ~ light (*aer.*), luce intermittente. **4.** ~ movement (as of the film in a m. pict. projector) (*mech.*), (meccanismo a) movimento intermittente.

intermodulation (*radio*), intermodulazione. **2.** ~ (distortion due to intermodulation) (*teleph.*), distorsione di intermodulazione.

intermolecular (*a. - phys.*), intermolecolare.

internal (*a. - gen.*), interno. **2.** ~ detector of temperature (of an elect. mach.), rivelatore interno di temperatura. **3.** ~ friction (*phys. chem.*), attrito interno. **4.** ~ gear (*mech.*), corona dentata a dentatura interna. **5.** ~ grinder (*mach. t.*), rettificatrice per interni. **6.** ~ induction heat-treating (*mech. technol.*), trattamento termico dell'interno (del pezzo) mediante apparecchio a induzione. **7.** ~ navigation (*naut.*), navigazione interna. **8.** ~ sill (of a window) (*mas.*), davanzale interno. **9.** ~ stress (*metall.*), sollecitazione interna.

internal-combustion (*a. - mot.*), a combustione interna. **2.** ~ engine (*mot.*), motore a combustione interna.

Internal Revenue Service (governmental department collecting taxes) (*econ.*), fisco.

international (*gen.*), internazionale.

International Monetary Fund, *see* "IMF".

interocular distance (eye base) (*photogr. stereoscopy*), distanza interpupillare.

interphone (a two-way communication system for tanks and milit. aircrafts etc.) (*electroacous.*), interfono, impianto interfonico.

interplanetary (*astr.*), interplanetario. **2.** ~ flight (*astric.*), volo interplanetario. **3.** ~ probe (*astric. - rckt.*), sonda interplanetaria. **4.** ~ space (*astric.*), spazio interplanetario. **5.** ~ voyage (*astric.*), viaggio interplanetario.

interpolate (to) (*math.*), interpolare.

interpolation (*math.*), interpolazione.

interpolator (of perforated cards coming from different sources) (*comp.*), inseritrice. **2.** ~ (director) (*n. c. mach. t.*), interpolatore.

interpole (*elect. mach.*), polo di commutazione.

interpolymer, *see* copolymer.

interpret (to) (to construe as a sentence) (*off. - law - etc.*), interpretare. **2.** ~ (to translate: as punched card holes into intelligible print) (*comp.*), interpretare.

interpretation (as of drawings) (*gen.*), interpretazione. **2.** ~ (*psychol.*), interpretazione. **3.** (aerial) photograph ~ (*milit.*), interpretazione di fotografie (aeree), fotointerpretazione.

interpreter, interprete. **2.** ~ (a program translating instructions: as in mach. language) (*n. - comp.*), programma interprete. **3.** (aerial) photograph ~ (*milit.*), interprete di fotografie (aeree), fotointerprete. **4.** punched-card ~ (device that interpretes punched card holes and prints the information) (*comp.*), dispositivo interprete.

interpretive (interpretative, explanatory) (*a. - gen.*), interpretativo. **2.** ~ programming (made in a symbolic language that must be translated into mach. language) (*comp.*), programmazione interpretativa.

interpupillary (*a. - opt.*), interpupillare. **2.** ~ distance gauge (*med. opt. instr.*), misuratore della distanza interpupillare.

interquartile range (*stat.*), intervallo interquartile.

interrogate (to) (as a computer) (*comp.*), interrogare.

interrogation (examination, of a witness) (*law*), escussione. **2.** ~ (of a magnetic storage) (*comp.*), interrogazione.

interrogator (as of a transponder) (*radar - radio*), interrogatore. **2.** ~ (a radar transmitter and receiver combined with a transponder: called also interrogator/responsor) (*elics.*), interrogatore/ricevitore.

interrupt (the interruption itself or the ~ of a running program in order to execute another program) (*n. - comp.*), interruzione (temporanea), sospensione. **2.** ~ signal (*comp.*), segnale di interruzione. **3.** external ~ (*comp. - etc.*), interruzione esterna.

interrupt (to), interrompere. **2.** ~ (as a running routine to be resumed later) (*comp. - etc.*), interrompere temporaneamente, sospendere.

interrupted (discontinued) (*gen.*), interrotto.

interrupter (*elect.*), ruttore.

interruption, interruzione.

intersect (to), intersecare.

intersection, incrocio, intersezione. **2.** ~ (*top.*), *see* triangulation. **3.** ~ approach (*road traff.*), accesso all'incrocio. **4.** ~ exit (*road traff.*), deflusso dall'incrocio. **5.** ~ leg (*road traff.*), ramo dell'incrocio. **6.** rotary ~ (*road traff.*), raccordo stradale circolare. **7.** street ~ (*road*), incrocio stradale.

interspace (*gen.*), intervallo. **2.** ~ (air space: as in a structure) (*naut. - bldg. - etc.*), intercapedine. **3.** ~ (interplanetary space) (*astric.*), spazio interplanetario.

interstage (between two stages: as of an amplifier, a transformer, a turbine etc.) (*mach. - elics. - etc.*), tra due stadi, interstadio. **2.** ~ punching (as between the normal rows of the cards) (*comp.*), perforazione intercalata.

interstellar (*astr.*), interstellare. **2.** ~ space (*astr.*), spazio interstellare.

interstice, interstizio. **2.** ~ (gap) (*gen.*), interstizio. **3.** capillary ~ (*gen.*), interstizio capillare.

intersystem communications (the intercommunication link shared between interlaced comp. systems) (*comp.*), comunicazioni tra sistemi.
intertwine (to) *see*, interlace (to).
"interUnion" (between various Trade Unions) (*a. - work.*), intersindacale.
interurban (*a. - gen.*), interurbano.
interval (*gen.*), intervallo, intermezzo. **2.** ~ (as in a winding or in a commutator) (*elect.*), intervallo. **3.** time ~, intervallo di tempo.
intervalometer (device used for automatically adjusting the release period as of an aerial photogrammetry camera) (*phot. device - etc.*), intervallometro, regolatore automatico dell'intervallo di scatto.
interview (*pers.*), intervista, colloquio. **2.** ~ (person who has been interviewed) (*n. - radio - telev. - etc.*), intervistato. **3.** employment ~ (*pers.*), intervista d'assunzione. **4.** evaluation ~ (*pers.*), intervista di valutazione. **5.** group ~ (*pers.*), intervista di gruppo.
interview (to) (*radio - telev. - etc.*), intervistare.
interviewee (*comm. - etc.*), intervistato (*s.*).
interviewer (*comm. - etc.*), intervistatore, intervistatrice.
intimate (to) (legal action) (*comm. - law*), notificare.
intimation (*comm. - law*), notifica.
"intmt", *see* intermittent.
intoxication (poisoning) (*med. - ind.*), intossicazione.
intra-atomic (*a. - atom phys.*), che riguarda l'interno dell'atomo.
intraday (during the course of one day) (*a. - gen.*), giornaliero.
intrados (of an arch or vault) (*arch.*), intradosso, imbotte, superficie interna.
intragalactic (*a. - astr.*), intergalattico, che è contenuto entro i confini della galassia.
intra-industry, intra-industrial (*a. - ind.*), che avviene nell'ambito di una industria oppure tra società indipendenti appartenenti allo stesso gruppo industriale.
intramolecular (*a. - phys.*), intramolecolare.
in-tray (containing mail to be seen by the manager) (*off.*), cartella della posta in arrivo.
intricate (as of a casting) (*a. - gen.*), complicato.
intrinsic (*gen.*), intrinseco. **2.** ~ hue (*color*), tonalità intrinseca.
"introd", *see* introduction.
introduce (to) (*gen.*), introdurre. **2.** ~ (as a bill into Parliament) (*law*), presentare. **3.** ~ (to put into effect) (*law - etc.*), mettere in vigore.
introduction (as of water, steam etc.), immissione. **2.** ~ (of a book) (*print.*), introduzione. **3.** ~ (recommendation, as of a worker for getting a job) (*pers.*), presentazione, raccomandazione. **4.** letter of ~ (recommendation letter) (*pers.*), lettera di presentazione, lettera di raccomandazione.
intrusion (passenger compartment penetration) (*aut. safety*), penetrazione nell'abitacolo. **2.** ~ (as of magma between preexisting rocks) (*geol.*), intrusione.
intrusive (*a. - geol.*), intrusivo.
"INT STD THD" (International Standard Thread) (*mech.*), filettatura Standard Internazionale.
intubator (*med. instr.*), intubatore. **2.** larynx ~ (*med. instr.*), intubatore della laringe.
inundate (to) (*gen.*), inondare.
inundation (*gen.*), inondazione.
inure (to) (to be operative) (*v.i. - law*), avere effetto, essere in vigore. **2.** ~ (to become operative) (*v.i. - law*), entrare in vigore.
"inv", *see* invented, invention, inventor, inventory, investment, invoice.
invalid (not valid) (*a. - gen.*), non valido. **2.** ~ reception (*comp.*), ricezione non valida.
invalidation (nullification) (*gen.*), invalidazione.
invar (nickel steel) (*metall.*), invar.
invariable (*gen.*), invariabile.
invariant (*a. - math. - phys. - chem.*), invariante.
invent (to), inventare.
invention, invenzione.
inventor (*gen.*), inventore.
inventory (annual account of stock) (*adm.*), inventario. **2.** ~ (itemized list of goods) (*adm.*), inventario. **3.** ~ (stock, inventoriable goods) (*adm.*), giacenze di magazzino, scorte. **4.** ~ (valuation assigned to an inventory) (*adm.*), valore di inventario. **5.** ~ accounts (*adm.*), conti di inventario. **6.** ~ adjustments (*adm.*), differenze di inventario. **7.** ~ control (*adm.*), controllo d'inventario. **8.** ~ control (*ind.*), controllo delle scorte. **9.** ~ ledger (*adm.*), libro inventario. **10.** ~ management (inventory policy) (*ind.*), gestione delle scorte. **11.** ~ pricing (*adm.*), valutazione d'inventario. **12.** ~ turnover (*store adm.*), rotazione delle scorte. **13.** to take an ~ (*adm.*), fare l'inventario.
inventory (to) (to enter in the inventory: as goods in a storehouse, a factory etc.) (*adm.*), inventariare. **2.** ~ (to make an inventory: as of a storehouse, of a factory etc.) (*adm.*), fare l'inventario.
inverse (contrary) (*gen.*), contrario, inverso. **2.** ~ (as a function) (*math.*), inverso. **3.** ~ cosecant, *see* arc cosecant. **4.** ~ cosine, *see* arc cos. **5.** ~ cotagent, *see* arc cot. **6.** ~ secant, *see* arc secant. **7.** ~ sine, *see* arc sine. **8.** ~ tangent, *see* arc tangent. **9.** ~ time lag (inverse time delay, inverse time limit, as of a relay the operation of which is retarded for a time inversely dependent upon the magnitude as of the overcurrent) (*elect.*), ritardo inversamente proporzionale.
inversed (*a. - math.*), inverso. **2.** ~ feedback (*elics. - radio*), controreazione.
inversely (*adv. - gen.*), inversamente. **2.** ~ proportional (*math.*), inversamente proporzionale.
inversion (*gen.*), inversione. **2.** ~ (*chem.*), inversione. **3.** ~ (temperature with increase of height) (*meteorol.*), inversione. **4.** ~ (of d.c. in a.c.)

(*elect.*), conversione. **5.** ~ layer (*meteorol.*), strato d'inversione.

invert (*a.* - *chem.*), invertito. **2.** ~ (inverted arch: as in foundations) (*n.* - *bldg.*), arco rovescio. **3.** ~ sugar (*chem. ind.*), zucchero invertito.

invert (to) (to turn in the opposite direction), rovesciare. **2.** ~ (to reverse order), invertire.

invertase (enzym) (*chem.* - *biochem.*), invertasi.

inverted (invert) (*a.* - *chem.*), invertito. **2.** ~ arch (*arch.*), arco rovescio. **3.** ~ commas (quotation marks) (*print.*), virgolette. **4.** ~ engine (*mot.*), motore invertito. **5.** ~ flight (*aer.*), volo rovescio. **6.** ~ L aerial (*radio*), antenna ad L rovesciato. **7.** ~ load (*aer.*), carico rovescio. **8.** ~ loop (*aer.*), gran volta inversa. **9.** ~ rectifier, *see* inverter.

inverter (from "dc" to "ac" inverter) (*elect. mach.*), invertitore. **2.** ~ (negator) (*comp.*), invertitore, negatore. **3.** ~ unit (for the reversal of the work between subsequent operations on a press) (*sheet metal w.*), voltapezzo. **4.** interference ~ (special circuit used for the suppression of picture disturbances) (*telev.*) (Brit.), diodo antidisturbo. **5.** parallel ~ (thyristor inverter type) (*elics.*), invertitore parallelo. **6.** static ~ (*elics.*), invertitore statico.

inverting telescope (*opt.*), cannocchiale ad immagine rovesciata.

invest (to) (as capitals) (*finan.*), investire, collocare.

investigate (to), indagare.

investigation (*gen.*), investigazione, indagine.

investment (*comm.*), investimento. **2.** ~ analysis (*finan.*), analisi degli investimenti. **3.** ~ casting (*found.*), fusione a cera perduta. **4.** ~ trust (*finan.*), fondo (comune) di investimento. **5.** blue-chip ~ (secure and successful investment) (*finan.*), investimento sicuro. **6.** business ~ policy (*organ.*), politica degli investimenti. **7.** remunerative ~ (*comm.*), investimento remunerativo. **8.** return on investments (ROI) (*finan.*), rimunerazione del capitale investito.

inviscid (as of a fluid) (*a.* - *mech. of fluids*), non viscoso. **2.** ~ fluid (*theor. mech. of fluids*), fluido senza viscosità, fluido perfetto.

invisible (*a.* - *gen.*), invisibile.

invitation (as from a terminal to a comp. for sending a message) (*comp.*), invito (a trasmettere). **2.** ~ list (polling list) (*comp.*), lista di richiamo, lista delle stazioni da chiamare (ciclicamente).

invite (to) (as for a tender) (*comm.*), invitare.

invoice (*comm.* - *adm.*), fattura. **2.** ~ checker (*accounting pers.*), addetto alla verifica fatture. **3.** ~ clerk (biller) (*adm.* - *pers.*), fatturista. **4.** consular ~ (document for custom) (*goods export*), fattura consolare. **5.** proforma ~ (*comm.* - *adm.*), fattura proforma.

invoice (to) (*comm.*), fatturare.

invoke (to) (as the activation of a procedure) (*comp.*), chiamare, richiamare.

involatile (*a.* - *chem. phys.*), non volatile.

involute (*geom.*), evolvente. **2** ~ (as of a gear tooth profile) (*theor. mech.*), evolvente. **3.** ~ gearing (*mech.*), ingranaggi con dentatura ad evolvente. **4.** ~ profile (as of a gear tooth) (*mech.*), profilo ad evolvente. **5.** ~ tooth (of gears) (*mech.*), dente con profilo ad evolvente. **6.** true ~ (of a gear tooth) (*mech.*), evolvente reale.

involution (*math.*) (Brit.), elevazione a potenza.

involvement (*ind. psychol.*), partecipazione. **2.** lack of ~ (*ind. psychol.*), mancanza di partecipazione.

inward, verso l'interno. **2.** ~ freight (*comm.*), nolo d'entrata. **3.** ~ letters (*off.*), lettere in arrivo. **4.** ~ setting of the front wheels (toe in) (*aut. mech.*), convergenza delle ruote anteriori.

"I/O" (Input/Output) (*comp.* - *etc.*), entrata-uscita.

"IO" (valve setting) (*aut.* - *mot.*), *see* inlet opens.

"IOCS" (Input-Output Control System) (*comp.*), sistema di controllo ingresso-uscita.

iodate (*chem.*), iodato.

iodide (*chem.*), ioduro.

iodine (I - *chem.*), iodio. **2.** ~ number, *see* iodine value. **3.** ~ value (iodine number, equal to the centigrams of iodine absorbed, as by a fat) (*chem.*), numero di iodio.

iodoform (CH I_3) (*pharm.*), iodoformio.

iolite (*min.*), *see* cordierite.

ion (*chem.*), ione. **2.** ~ chamber (*atom phys.* - *phys. chem.*), camera di ionizzazione. **3.** ~ current (*atom phys.* - *phys. chem.*), corrente ionica. **4.** ~ engine (for outer space motion) (*astric. mot.*), motore ionico. **5.** ~ exchange (*phys. chem.*), scambio ionico. **6.** ~ exchanger (*phys. chem.*), scambiatore di ioni. **7.** ~ exchange resin (*atom phys.*), resina scambiatrice di ioni. **8.** ~ mobility (*electrochem.*), mobilità di un ione. **9.** ~ propulsion (ionic propulsion) (*astric.*), propulsione ionica. **10.** ~ rocket, *see* ion engine. **11.** ~ solvate (*electrochem.*), solvato di ioni. **12.** ~ source (*atom phys.* - *phys. chem.*), sorgente di ioni. **13.** ~ spot (*telev.*), aureola ionica. **14.** ~ velocity (*electrochem.*), velocità di trasporto di uno ione. **15.** aggretate ions (*electrochem.*), ioni aggregati. **16.** complex ~ (*electrochem.*), ione complesso. **17.** hydrogen ~ (*chem.*), ione (di) idrogeno, idrogenione.

ionic (*a.* - *chem.*), ionico. **2.** ~ (*arch.*), ionico. **3.** ~ charge (*atom phys.* - *phys. chem.*), carica (elettrica) ionica. **4.** ~ propulsion (ion propulsion) (*astric.*), propulsione ionica. **5.** ~ strenght (*chem.*), forza ionica.

ionium (radioactive thorium isotope) (Io - *chem.*), ionio.

ionization (*atom phys.* - *phys. chem.*), ionizzazione. **2.** collision ~ (*atom phys.*), ionizzazione per collisione (o per urto). **3.** specific ~ (total specific ~) (*atom phys.*), potere ionizzante specifico.

ionize (to) (*phys.*), ionizzare.

ionogenic (*a.* - *chem.*), ionizzante, generatore di ioni.

ionogram (phot. record of an ionosonde) (*space*), ionogramma.

ionosonde (app. for recording the height of ionized layers) (*space*), ionosonda.
ionosphere (the region of space extending from 1.0126 to 1.063 times the radius of the earth) (*space*), ionosfera.
ionospheric (*a. - space*), ionosferico, relativo alla ionosfera.
"IOP" (Input Output Processor) (*comp.*), processore di ingresso e uscita.
"IOU" (I owe you) (acknowledgment of a debt) (*comm.*), pagherò.
"IP" (Institut of Petroleum) (*chem. ind.*), Istituto del Petrolio. **2.** ~ (intermediate pressure) (*gen.*), pressione intermedia. **3.** ~ (iron pipe) (*pip.*), tubo di ferro. **4.** ~, *see also* ice point, initial point.
"IPA" (intermediate power amplifier) (*radio - telev. - etc.*), amplificatore intermedio di potenza.
"IPBM" (International Permanent Bureau of Motor Manufacturers) (*mot. - aut.*), Ufficio Internazionale Permanente Fabbricanti di Motori.
"IPL" (Information Processing Language) (*comp.*), linguaggio elaborazione informazioni.
"ipm" (inches per minute) (*meas.*), pollici al minuto.
"ipr" (inches per revolution, as of a feed in drilling) (*mach. t. - work.*), pollici per giro.
"IPS" (iron pipe size) (*pip.*), dimensione del tubo di ferro. **2.** ~ (Interpretive Programming System) (*comp.*), sistema di programmazione interpretativo. **3.** ~ (Inches Per Second), pollici al secondo. **4.** ~ (Instructions Per Second) (*comp.*), istruzioni al secondo.
"IPT" (internal pipe thread) (*pip.*), filettatura interna (del tipo gas).
"IQ" (intelligence quotient) (*ind. psychol.*), quoziente di intelligenza.
"IR" (India rubber) (*mech. draw.*), gomma d'India. **2.** ~ (infrared) (*phys.*), infrarosso. **3.** ~ (inside radius) (*mech. draw.*), (raggio di) raccordo interno.
Ir (iridium) (*chem. symbol.*), iridio.
i rail (I-shaped rail) (*metall. - railw.*), rotaia ad I.
"IRBM" (Intermediate Range Ballistic Missile: about 2.500 km range) (*milit.*), missile balistico a gettata intermedia.
ir drop, IR drop (drop of voltage due to energy lost in a resistor) (*elect.*), caduta di tensione in una resistenza.
"IRHD" (International Rubber Hardness Degrees) (*rubb. ind.*), gradi internazionali durezza gomma.
iridescence, iridescenza.
iridescent (*a.*), iridescente, iridato. **2.** ~ paper (*paper mfg.*), carta madreperlacea, carta iridata.
iridium (Ir - *chem.*), iridio.
iris (*meteor.*), arcobaleno. **2.** ~ (of the eye) (*med.*), iride. **3.** ~ diaphragm (for regulating the aperture of a lens) (*opt.*), diaframma ad iride.
irising (film defect) (*m. pict.*), iridescenza.
"IRL" (intersection of range legs) (*aer. - navig.*), intersezione dei fasci di radio-allineamento.
iron (Fe - *chem.*), ferro. **2.** ~ (short for pig iron or cast iron) (*metall.*), ghisa. **3.** ~ (the cutter: as of a plane) (*carp. t.*), ferro di pialla. **4.** ~, *see* soldering iron. **5.** ~ (short for flatiron) (*domestic app.*), ferro da stiro. **6.** ~ bar (*metall.*), barra di ferro. **7.** ~ carbide (*chem. metall.*), carburo di ferro. **8.** ~ ceiling (*bldg.*), solaio in ferro. **9.** ~ cement (*technol.*), mastice metallico. **10.** ~ industry (*ind.*), industria siderurgica. **11.** ~ losses (*elect.*), perdite nel ferro. **12.** ~ lung (*med. app.*), polmone di acciaio. **13.** ~ metallurgy (*ind.*), siderurgia. **14.** ~ ore (*min.*), minerale di ferro. **15.** ~ piglets (*found.*), panetti (o piccoli pani) di ghisa. **16.** ~ rations (emergency rations) (*milit.*), viveri di riserva. **17.** ~ red (iron oxide: for paints) (*paint.*), antiruggine rossa all'ossido di ferro. **18.** ~ rod (*bldg.*), ferro tondo. **19.** ~ scale, *see* scale 2 ~. **20.** ~ scrap (wrought iron scrap) (*metall.*), rottami di ferro. **21.** ~ scrap (cast scrap, foundry scrap) (*found.*), scarti di fonderia (di ghisa). **22.** ~ sheet (*metall.*), lamiera di ferro. **23.** ~ stand (of an electric iron) (*household app.*), appoggiaferro. **24.** ~ wire (*ind.*), filo di ferro. **25.** ~ works (*ind.*), ferriera. **26.** acicular cast ~ (acicular iron) (*found.*), ghisa aciculare. **27.** alloy ~ (*found.*), ghisa legata. **28.** American process ~ (black-heart iron) (*found.*), ghisa a cuore nero. **29.** angle ~ (*metall.*), ferro angolare. **30.** annealed cast ~ (*found.*), ghisa malleabile. **31.** Armco ~ (*metall.*), armco. **32.** austenitic cast ~ (*found.*), ghisa austenitica. **33.** band ~ (*metall.*), nastro (metallico). **34.** bar ~ (*metall.*), ferro in barre. **35.** Bessemer ~ (or pig) (*metall.*), ghisa senza fosforo per acciaio Bessemer. **36.** blackheart ~ (American process iron) (*found.*), ghisa a cuore nero. **37.** black-heart malleable cast ~ (*found.*), ghisa malleabile a cuore nero. **38.** black ~ pipe (*metall. ind. - pip.*), tubo nero (di ferro). **39.** black sheet ~ (*ind. metall.*), lamiera nera. **40.** brown ~ ore ($2Fe_2O_3$-$3H_2O$) (*min.*), limonite. **41.** bulb-tee ~ (or girder) (*metall.*), ferro a T a bulbo. **42.** calking ~ (caulking iron) (*naut.*), ferro per calafatare. **43.** cast ~ (*found.*), ghisa, ghisa di seconda fusione. **44.** channel ~ (*metall.*), profilato ad U. **45.** chilled ~ (*found.*), ghisa in conchiglia, ghisa temprata. **46.** climbing ~, *see* crampons 1 ~. **47.** commercial ~ (*metall.*), ferro commerciale. **48.** cordless electric ~ (heated by the iron stand) (*household app.*), ferro (da stiro) senza (il) cordone (di alimentazione). **49.** corrugated ~ (*ind. - bldg.*), bandone, bandone di lamiera ondulata zincata (o meno). **50.** corrugated sheet ~ (*metall. ind.*), lamiera ondulata. **51.** cupola ~ (*found.*), ghisa di cubilotto. **52.** drawn out ~ (*metall.*), ferro trafilato. **53.** ductile cast ~ (containing magnesium: nodular cast iron) (*found.*), ghisa a grafite nodulare, ghisa nodulare, ghisa sferoidale. **54.** ductile ~ (*metall.*), ferro dolce. **55.** dumb ~ (rigid piece connecting the frame and spring shackle as of a car) (*aut.*), supporto del biscottino. **56.** electric furnace ~ (*found.*), ghisa al

forno elettrico. **57.** electric ~ (*domestic app.*), ferro (da stiro) elettrico. **58.** electric steam vapor ~ (*household app.*), ferro (da stiro) a proiezione di vapore. **59.** electrolytic ~ (*metall.*), ferro elettrolitico. **60.** engineering cast ~ (*found.*), ghisa meccanica. **61.** European process ~ (white-heart cast iron) (*found.*), ghisa a cuore bianco. **62.** eutectic cast ~ (*found.*), ghisa eutettica. **63.** fagot ~ (*metall.*), ferro a pacchetto. **64.** ferritic cast ~ (*found.*), ghisa ferritica. **65.** fibrous ~ (*metall.*), ferro fibroso. **66.** flat bar ~ (*metall.*), ferro piatto. **67.** flat bulb ~ bar (*metall. ind.*), (ferro) piatto a bulbo, barra piatta a bulbo. **68.** flat ~ (*metall.*), (ferro) piatto. **69.** forged ~ (*metall.*), ferro fucinato. **70.** foundry ~ (foundry pig) (*found.*), ghisa da fonderia, ghisa da getto. **71.** galvanized ~ (*ind.*), ferro zincato. **72.** galvanized sheet ~ (*ind.*), lamiera zincata. **73.** graphitic cast ~ (*found.*), ghisa grafitica. **74.** gray ~ (*metall.*), ghisa grigia. **75.** gray pig ~ (*found.*), ghisa comune. **76.** guard ~, *see* pilot 4 ~. **77.** half-round (~) bar (*metall.*), (ferro) mezzotondo, semitondo regolare. **78.** hand ~ (a small adjustable anvil for light work which can be used on a bench) (stake: Am.) (*smith's t.*), (Brit.), piccola incudine per lavori leggeri. **79.** handrail ~ (serving as a guard, as a support for the hand), ferro corrimano, mancorrente. **80.** hard ~ (retaining magnetization) (*metall.*), ferro a magnetizzazione permanente. **81.** hard ~ (white iron) (*found.*), ghisa bianca. **82.** heat-resisting cast ~ (*found.*), ghisa resistente ad elevata temperatura. **83.** hematite ~ (*found.*), ghisa ematite. **84.** hexagonal bar ~ (*metall.*), barra di ferro esagonale. **85.** high-duty (or high-test) cast ~ (*found.*), ghisa acciaiosa. **86.** high ~ (main line track) (*railw.*), binario principale, binario di corsa. **87.** H ~, trave ad ala larga. **88.** hoop ~ (*metall.*), moietta, piattina. **89.** horse ~ (caulking iron) (*naut. t.*), calcastoppa. **90.** horsing ~ (caulking iron) (*naut. t.*), cataraffio, calcastoppa. **91.** hot flat ~ (*road constr.*), ferro per lisciare a caldo. **92.** hypereutectic (cast) ~ (*found.*), ghisa ipereutettica. **93.** hypoeutectic (cast) ~ (*found.*), ghisa ipoeutettica. **94.** hypoeutectoid (cast) ~ (*found.*), ghisa ipoeutettoide. **95.** i ~ (I bar) (*metall.*), profilato ad I. **96.** ingot ~ (*metall.*), ferro fuso, acciaio omogeneo, acciaio dolcissimo (con meno dello 0,1% di C). **97.** kalamined ~ (sheet iron coated with an alloy of zinc, lead, tin and nickel) (*metall.*), lamiera zincata speciale. **98.** light gray pig ~ (*found.*), ghisa grigio chiaro. **99.** L ~ (*metall.*), ferro a L. **100.** "loded" (cast) ~ (all-pearlitic structure cast iron) (*found.*), ghisa perlitica. **101.** machinable cast ~ (*found.*), ghisa dolce. **102.** making ~ (caulking iron) (*naut. t.*), ferro per calafatare. **103.** malleable cast ~ (*found.*), ghisa malleabile. **104.** malleable ~ (short for malleable cast iron) (*found.*) (Am.), ghisa malleabile. **105.** malleable ~ (wrought iron) (*metall.*) (Brit.), ferro saldato. **106.** malleable ~ (Brit.), *see also* wrought iron. **107.** malleable pig ~ (*found.*) (Am.), ghisa di prima fusione adatta per la malleabilizzazione. **108.** manganese cast ~ (*found.*), ghisa al manganese. **109.** martensitic (cast) ~ (*found.*), ghisa martensitica. **110.** medium phosphorus (cast) ~ (*found.*), ghisa semifosforosa, ghisa mediofosforo. **111.** mesh ~ sheet (*metall.*), lamiera di ferro striata. **112.** meteoric ~ (*metall. - astr.*), ferro meteorico. **113.** mottled ~ (*found.*), ghisa trotata. **114.** nodular (cast) ~ (*found.*), ghisa nodulare, ghisa a grafite nodulare, ghisa sferoidale. **115.** nodular graphite cast ~ (*found.*), ghisa nodulare, ghisa a grafite nodulare, ghisa sferoidale. **116.** pearlitic (cast) ~ (*found.*), ghisa perlitica, ghisa eutettoide. **117.** pearlitic ~ (*found.*), ghisa perlitica. **118.** phosphoric pig ~ (phosphoric cast iron) (*found.*), ghisa fosforosa. **119.** pig ~ (*found.*), ghisa d'alto forno, ghisa di prima fusione. **120.** plane ~ (*tool*), ferro della pialla. **121.** puddled ~ (*metall.*), ferro saldato, ferro pudellato. **122.** redshort ~ (*metall.*), ferro fragile a caldo. **123.** reeming ~ (caulking iron) (*naut.*), calcastoppa, ferro per calafatare. **124.** refined ~ (*metall.*), ferro di qualità. **125.** refined pig ~ (*found.*), ghisa affinata. **126.** reinforcing ~ bar (*reinf. concr.*), ferro portante, armatura. **127.** rolled ~ (*metall.*), ferro laminato. **128.** round ~ (*reinf. concr.*), tondino. **129.** round ~ bar (*metall.*), ferro tondo, tondo. **130.** Russia ~ (sheet iron, the surface of which is chemically treated so that it is not likely to rust) (*metall.*), lamiera con trattamento superficiale antiruggine. **131.** saturated ~ (*elics.*), ferro saturo. **132.** scarp ~ (*metall.*), rottami di ferro. **133.** section ~ (*metall.*), ferro profilato. **134.** section ~ with round corners (*metall.*), profilato di ferro a spigoli arrotondati. **135.** section ~ with sharp corners (*metall.*), profilato di ferro a spigoli vivi. **136.** slag ~ (poker) (*found. t.*), levascorie. **137.** soft ~ (*metall.*), ferro dolce. **138.** sorbitic (cast) ~ (*found.*), ghisa sorbitica. **139.** special cast ~ (*found.*), ghisa speciale. **140.** special ~ (*metall.*), ferro di qualità. **141.** specular ~ (Fe_2O_3) (*min.*), oligisto. **142.** spheroidal graphite cast ~ (*found.*), ghisa sferoidale, ghisa a grafite sferoidale, ghisa nodulare. **143.** spiegel ~ (spiegel) (*metall.*), ghisa speculare, "spiegel". **144.** sponge ~ (*metall.*), ferro spugnoso. **145.** square bar ~ (*metall.*), ferro quadro. **146.** strap ~ (*metall.*), ferro piatto, nastro di ferro. **147.** structural ~ (as for reinf. concr. or build.) (*metall.*), ferro da costruzioni. **148.** synthetic (cast) ~ (pig iron obtained by recarburizing steel scraps and by eventually adding iron alloys) (*found.*), ghisa sintetica. **149.** T ~ (*metall.*), ferro a T. **150.** U ~ (*metall.*), ferro a U, trave a U; ferro a C, trave a C. **151.** waffle ~ (elect. utensil for making waffles) (*elect. impl.*), stampo per cialde. **152.** white cast ~ (*found.*), ghisa bianca. **153.** white-heart (cast) ~ (European process iron) (*found.*), ghisa a cuore bianco. **154.** white-heart malleable cast ~ (*found.*), ghisa malleabile

a cuore bianco. **155.** white ~ (*found.*), ghisa bianca. **156.** wrought ~ (*metall.*), ferro saldato. **157.** Z ~ (*metall.*), ferro a Z.
iron (to) (to press a cloth with a warm flatiron) (*domestic work*), stirare.
"iron-carbon alloy" (*metall.*), lega ferro-carbonio.
ironclad (*a. - electromech. - navy*), corazzato. **2.** ~ (armored vessel) (*n. - navy*), nave corazzata. **3.** ~ (a furnace for mercury one) (*n. - metall.*) (Am.), tipo di forno per minerale di mercurio. **4.** ~ electromagnet (an electromagnet with an iron covering over the winding) (*electromagnet*), elettromagnete a mantello.
"ironclad" (to) (to make ironclad) (*metall.*), corazzare.
ironer (mangle) (*text. mach.*), mangano.
ironheaded (*a. - gen.*), con terminale di ferro.
ironing (as of clothes), stiratura. **2.** ~ die (*sheet metal w. t.*), stampo spianatore.
ironmongery (*metall. - comm.*) (Brit.), ferramenta.
iron-ore cement (*mas. material*), cemento ferrico.
ironsmith, *see* blacksmith, ironworker.
iron-vane meter, *see* moving-iron meter.
ironware *comm.*), articoli in ferro.
ironwork (*ind.*), lavoro in ferro.
ironworker (*work.*), operaio metallurgico.
ironworks (*metall.*), ferriera.
"irr", *see* irregular.
"IRRAD" (Infrared Ranging and Detection) (*opt. - milit.*), localizzazione telemetrica a raggi infrarossi.
irradiance (radiant flux received per unit of surface) (*phys.*), irradiamento.
irradiate (to) (*phys.*), irradiare.
irradiated (*radioact.*), irradiato.
irradiation (*illum. - opt.*), irradiamento. **2.** ~ (as of X rays) (*radiology phys.*), irradiazione.
irrational (*a. - gen.*), irrazionale. **2.** ~ (*math.*), irrazionale.
irrecoverable (as a credit) (*adm. - finan.*), non recuperabile.
irreducible (*a. - math.*), irriducibile.
irrefrangibile (*a. - opt. - radiation*), non rifrangibile.
irregular (*mech. - phys.*), irregolare.
irregularity, irregolarità. **2.** cyclic ~ (as of a flywheel or rotor) (*mot.*), grado di irregolarità.
irreversibility (*gen.*), irreversibilità.
irreversible (not transformable from gel to sol and vice versa) (*colloid*), irreversibile. **2.** ~ (as a machine) (*mech.*), irreversibile. **3.** ~ process (*thermod.*), processo irreversibile.
irrigate (to) (*agric.*), irrigare.
irrigation (*agric.*), irrigazione. **2.** broad ~ (irrigation with liquid sewage) (*agric.*), irrigazione con acqua lurida. **3.** fertilizing ~ (*agric.*), fertirrigazione. **4.** rain ~ (*agric.*), irrigazione a pioggia.
irrigator (*agric. app.*), irrigatore. **2.** ~ (*med. instr.*), irrigatore.
irrotational (of a vector or field) (*a. - theor. elect.*), irrotazionale.
"IRTO" (International Radio and Television Organization) (*radio - telev.*), Organizzazione Internazionale Radio e Televisione.
"IRU" (International Road Transport Union) (*transp.*), Unione Internazionale Trasporti Stradali.
"IS" (Indian Standard) (*technol.*), norma indiana. **2.** ~ (Indian Summer: tropical) (*shipbldg.*), T, tropicale. **3.** ~ (Irish Standard) (*technol.*), norma irlandese.
"ISA" (International Standard Atmosphere) (*phys.*), aria tipo internazionale. **2.** ~ (International Federation of the National Standardizing Associations: now ISO) (*technol.*), ISA, Federazione Internazionale delle Associazioni Nazionali di Unificazione. **3.** ~ (Instrument Society of America) (*instr.*), Associazione Americana degli Strumenti.
"isac" (indicated specific air consumption) (*eng.*), consumo specifico indicato di aria.
isacoustic (*a. - acous.*), che ha uguale intensità di suono.
isallobar (*n. - meteorol.*), isallobara.
"ISDN" (Integrated Services Digital Network) (*tlcm.*), rete numerica a integrazione di servizi.
isentropic (without change of entropy, adiabatic) (*a. - thermodyn.*), isentropico, adiabatico. **2.** ~ (isentropic line) (*n. - thermodyn.*), isentropica.
"ISES" (International Solar Energy Society) (*reclaimable energy*), Ente internazionale per l'energia solare.
"isfc" (indicated specific fuel consumption) (*eng.*), consumo specifico indicato di carburante.
"ISG", "isg" (imperial standard gallon), *see* imperial gallon.
"ISI" (Iron and Steel Institute) (*metall.*), (Brit.), Istituto Ghisa e Acciaio. **2.** ~ (Indian Standards Institute) (*technol.*), Istituto Indiano di Unificazione.
isinglass (mica), mica trasparente. **2.** ~ (fish gelatin) (*ind.*), colla di pesce, ittiocolla.
island (*geogr.*), isola. **2.** ~ (of an aircraft carrier) (*navy*), isola, sovrastruttura laterale. **3.** ~ (on a carriageway, raised central area for constraining traffic movement) (*road traff.*), isola spartitraffico. **4.** rotary ~ (*road traff.*), isola rotatoria. **5.** safety ~ (street refuge) (*road traff.*), salvagente.
islet (*geogr.*), isolotto.
"ISO" (International Standardization Organization) (*mech. - etc.*), ISO, Organizzazione Internazionale per l'Unificazione.
isobar (*n. - chem.*), isobaro, elemento avente lo stesso peso atomico. **2.** ~ (*meteorol.*), isobara, curva isobara. **3.** isobars (*atom phys.*), isobari, elementi di uguale massa atomica. **4.** stable ~ (*atom phys.*), isobaro stabile.
isobaric (*meteorol.*), isobarico. **2.** ~ chart (*meteorol.*), carta isobarica.

isobarometric, *see* isobaric.
isobath (*sea*), isobata.
isobutane (*chem.*), trimetilmetano, isobutano.
isochor (*thermod.*), isocora.
isochromatic (*opt. phot.*), isocromatico.
isochronal (isochronous) (*a. - phys.*), isocrono.
isochronism (*phys.*), isocronismo.
isochronous (*a.*), isocrono.
isoclinal (isoclinal line, line connecting the points having the same magnetic inclination) (*geophys.*), linea isoclina, isoclina.
isocline (*a. - geol.*), isoclino.
isodiaphere (a nuclide having a given difference between neutrons and protons) (*atom phys.*), isodiafero.
isodomum, isodomon (ancient form of masonry) (*arch.*), isodomo.
isoelectric (*a. - elect.*), isoelettrico.
isoelectronic (with the same number of electrons) (*atom. phys.*), isoelettronico.
isoforming (isomerization) (*chem.*), (processo di) isomerizzazione.
isogonal (isogonic line, line joining the points of equal variation on a map) (*geogr. - magnetism*), linea isogona.
isogriv (line on a map connecting points of equal grid-variation) (*n. - aer. - navig.*), isogriva, isogrivazione.
isohyet (isohyetal line) (*geogr. - meteor.*), linea isoieta, isoieta.
isolate (to) (*elect. - chem. - etc.*), isolare. **2.** ~, *see also* insulate (to).
isolating switch (knife switch), *see* isolator.
isolation (*gen.*), isolamento. **2.** ~ switch (as for disconnecting the controls of one engine from the cab control circuits) (*elect. railw.*), interruttore d'isolamento.
isolator (isolating switch for cutting out a circuit under no-load conditions) (*elect.*) (Brit.), sezionatore. **2.** ~ (buffer stage) (*electroteleph.*), stadio separatore. **3.** ~ (device absorbing vibrations) (*mach.*), tampone antivibrazioni. **4.** ~ (material absorbing noise) (*acous.*), fonoassorbente. **5.** optical ~, *see* optical coupler.
isolux (isophote) (*opt.*), isolux, linea isoluxa, linea isofota.
isomagnetic (*a. - geogr.*), isomagnetico.
isomer (*chem.*), isomero.
isomeric (*chem.*), isomerico. **2.** ~ nuclear levels (*atom phys.*), livelli isomerici nucleari. **3.** ~ state (*atom phys.*), stato isomerico.
isomerism (*chem. - atom phys.*), isomeria.
isomerization (*chem.*), isomerizzazione.
isometric (*a. - meas.*), isometrico. **2.** ~ (*n. - thermodyn.*), curva isometrica. **3.** ~ drawing (*draw.*), assonometria a sistema isometrico. **4.** ~ projection (type of axonometric projection) (*draw.*), assonometria ortogonale isometrica, prospettiva ortogonale monometrica (rapida).
isometry (*n. - meas. - geom.*), isometria.
isomorphic, *see* isomorphous.
isomorphism (*min.*), isomorfismo.
isomorphous (isomorphic) (*a. - min.*), isomorfo.
isooctane (*oil refinery*), isoottano.
isopachous curve (as in maps) (*geol.*), curva che unisce punti con uguale spessore geologico.
isophot, isophote (*phys.*), isofoto. **2.** ~ curve (*opt. - illum.*), curva isofota.
isoprene (for synthetic rubber) (C_5H_8) (*chem.*), isoprene.
isosceles (*geom.*), isoscele. **2.** ~ triangle (*geom.*), triangolo isoscele.
isoseismal, isoseismic (*geol.*), isosismico.
isosmotic (*a. - phys. chem.*), isosmotico.
isospin (isotopic spin) (*atom. phys.*), spin isotopico, isospin.
isostasy (equilibrium of masses in the earth crust) (*geophys.*), isostasi.
isostatic (subjected to equal pressure from every side) (*a. - phys. - geol.*), isostatico.
isosteric (*a. - atom phys.*), isosterico.
isothere (curve connecting points having identical mean summer temperature) (*meteorol.*), isotera.
isotherm (*n. - phys. geogr. - phys. chem.*), isoterma. **2.** ~ (*phys. chem.*), diagramma di un processo isotermico.
isothermal (*a. - therm.*), isotermico. **2.** ~ (*n. - phys. chem. - phys. geogr.*), isoterma. **3.** ~ curve, *see* isotherme 1 ~. **4.** ~ line (*phys. chem. - phys. geogr.*), isoterma.
isothermic, *see* isothermal 1 ~.
isothermobath (in a vertical section of the sea) (*sea temp.*), isotermobata.
isotone (a nuclide having a given number of neutrons) (*atom phys.*), isotono.
isotope (*chem.*), isotopo. **2.** ~, *see* nuclide. **3.** ~ separation (*atom phys.*), separazione degli isotopi. **4.** radioactive ~ (*atom phys.*), isotopo radioattivo. **5.** stable ~ (*atom phys.*), isotopo stabile.
isotopic (*a. - chem. phys.*), isotopico. **2.** ~ abundance (*atom phys.*), abbondanza isotopica. **3.** ~ mass (*atom phys.*), massa isotopica. **4.** ~ number (neutrons number minus protons number: in an atomic nucleus) (*atom phys.*), numero isotopico. **5.** ~ ratio (*atom phys.*), percentuale isotopica. **6.** ~ spin, *see* isospin.
isotron (electromagnetic app. used for the separation of isotopes) (*atom phys.*), isotrone, separatore di isotopi.
isotropic (*a. - phys.*), isotropico. **2.** ~ scattering (*atom phys.*), diffusione isotropica.
isotropous (*a. - phys.*), isotropico.
isotropy (*phys.*), isotropia.
"ISR" (International Society of Radiology) (*phys.*), Società Internazionale di Radiologia.
issue (*comm.*), emissione. **2.** ~ (the act of printing a stated number of copies: as of a magazine) (*print.*), tiratura. **3.** ~ (delivery), consegna. **4.** ~ (outflow, exit) (*gen.*), uscita. **5.** ~ (publication: as of a revised edition, of a new number of a magazine

etc.) (*print.*), pubblicazione. **6.** ~ of fact (*law*), questione di fatto. **7.** ~ of law (*law*), questione di diritto. **8.** ~ of venue (*law*), questione della giurisdizione. **9.** bond ~ (*finan.*), emissione obbligazionaria. **10.** fiduciary ~ (of currency) (*econ.*), emissione fiduciaria. **11.** stock ~ (*finan.*), emissione azionaria.

issue (to) (*adm.*), emettere. **2.** ~ (to grant as a licence) (*law*), rilasciare, concedere.

isthmus (*geogr.*), istmo.

"ISWG" (imperial standard wire gauge), *see* SWG.

"IT" (input transformer) (*elect.*), trasformatore di entrata. **2.** ~ (*comp.*), *see at* information technology. **3.** ~, *see also* internal thread.

Italian (*a.*), italiano. **2.** ~ poplar (*wood*), pioppo italico.

italic (oblique, of type) (*a. - typ.*), italico, corsivo. **2.** ~ (italics, italic type) (*n. - typ.*), carattere tipografico italico, carattere corsivo.

item (*n. - gen.*), particolare, articolo. **2.** ~ (in an enumeration or list) (*gen.*), voce, articolo. **3.** ~ (*journ.*), notizia. **4.** ~ (paragraph) (*print.*), paragrafo. **5.** ~ (a set, as of characters, considered a single unit) (*comp.*), elemento, campo dati. **6.** buy-off ~ (item not requiring rectifications) (*quality control*), particolare conforme.

itemize (to) (as costs) (*comm. - etc.*), dettagliare.

itemized (as costs) (*comm. - etc.*), dettagliato.

iterate (to) (to repeat) (*comp. - gen.*), ripetere, iterare.

iteration (*comp. - top.*), iterazione, ripetizione.

iterative (*a. - math.*), iterativo.

"ITR" (instant touch recording) (*audiovisuals*), *see* "OTR".

"ITU" (International Telecommunications Union) (*radio - etc.*), Unione Internazionale delle Telecomunicazioni.

"IUPAC" (International Union of Pure and Applied Chemistry) (*chem.*), Unione Internazionale di Chimica Pura ed Applicata.

"IUPAP" (International Union of Pure and Applied Physics) (*phys.*), Unione Internazionale di Fisica Pura ed Applicata.

ivory, avorio. **2.** ~ black (black pigment obtained by calcining ivory) (*paint.*), nero d'avorio. **3.** ~ black (bone black) (*chem.*), nero di ossa. **4.** ~ board (highly finished board) (*paper mfg.*), cartone avorio.

Izod test (impact test) (*constr. theor.*), prova di resilienza Izod.

J

"J", *see* joule, mechanical equivalent of heat, radiant intensity.

"j", *see* jack, journal.

jab (a sharp thrust) (*gen.*), spinta brusca.

jack (*lifting impl.*), martinetto, cricco, binda. **2.** ~ (female terminal, for a jack plug: as in exchange) (*teleph. - elect. - etc.*), presa "jack", presa (o foro, per spinotto "jack"). **3.** ~ (small flag) (*naut.*), bandiera di bompresso. **4.** ~ (*mas.*), *see* bat. **5.** ~ (in cotton spinning; mach. for twisting the sliver when leaving the carding machine) (*text. mach.*), torcitrice per nastro. **6.** ~ (*min.*), *see* zinc blende. **7.** ~ (*carp.*), *see* sawhorse. **8.** ~ (*spinning*), *see* creel. **9.** ~ (lever for pressing down the sinkers) (*knitting mach.*), leva pressaplatina. **10.** ~ (metal container for blasting powder) (*min.*), recipiente metallico (per polvere da mine). **11.** ~ (for holding the work to be machined) (*mach. t. impl.*), morsetto, "ciampoletto". **12.** ~ arch (Brit.), *see* flat arch. **13.** ~ arms (heavy beams with jackscrew at the ends put on each side of a veh., as of a locomotive crane, to prevent the car body from overturning) (*railw.*), martinetti stabilizzatori. **14.** ~ box (change-over box, switching box) (*elect.*), cassetta di commutazione. **15.** ~ fishing (*fishing*), pesca alla lampara. **16.** ~ frame (cotton spinning) (*text. mach.*), banco a fusi in finissimo. **17.** ~ gear (*mech.*), ingranaggio di rinvio. **18.** ~ ladder (*naut.*), *see* Jacob's ladder. **19.** ~ lagging (temporary and rough arch centering) (*mas.*), centina di intradosso (di arco). **20.** ~ lamp (jack lantern) (*fishing*) (Am.), lampada per pesca alla lampara. **21.** ~ pit (small auxiliary shaft) (*min.*) (Brit.), piccolo pozzo ausiliario. **22.** ~ plug (male fitting to be inserted into the jack female terminal) (*teleph. - elect. - etc.*), spinotto "jack", spinotto. **23.** ~ post (*deep wells boring*), supporto dell'albero. **24.** ~ roving frame (*cotton spinning*), banco di torcitura del lucignolo. **25.** ~ screw (screw for exerting pressure) (*mech.*), vite di pressione. **26.** ~ shaft (intermediate shaft with a crank at one end, used for transmitting motion from the motor armature to the driving wheels) (*elect. - railw.*), asse motore intermedio, albero ausiliario di rinvio, falso asse. **27.** "~ spring" (striking jack spring: of a knitting machine) (*text. mach.*), molla per onda. **28.** ~ truss (of a roof) (*arch.*), capriata secondaria. **29.** "~ wall" (striking jack wall: of a knitting machine) (*text. mach.*), selettore, dividionda. **30.** banana ~ (*elect.*), presa (femmina) per banana. **31.** break ~ (*electrotel.*), presa d'interruzione. **32.** calling ~ (*teleph.*), presa di chiamata. **33.** car ~ (*aut.*) (Brit.), cricco (o martinetto) per automobile. **34.** column-type hydraulic ~ (for garages) (*lifting impl.*), martinetto idraulico a colonna, sollevatore idraulico a colonna. **35.** dolly-type hydraulic ~ (*lifting impl.*), martinetto idraulico a carrello, cricco idraulico a carrello. **36.** hydraulic ~ (*impl.*), martinetto idraulico. **37.** multiple ~ (*teleph.*), presa multipla. **38.** pole ~ (*min. t.*), binda strappapuntelli. **39.** portable hydraulic high-lift ~ (for garages) (*lifting impl.*), martinetto idraulico a carrello, sollevatore idraulico a carrello. **40.** rack and lever ~ (*lifting impl.*), binda a cremagliera. **41.** rack and pinion ~ (*lifting impl.*), binda a cremagliera. **42.** railroad ~ (*railw. impl.*), apparecchiatura di rialzo. **43.** ratchet ~ (*lifting impl.*), binda a dentiera, binda a cremagliera. **44.** scissor ~ (jack formed by a screw and an articulated parallelogram: used for hoisting aut.) (*aut. impl.*), cricco a parallelogramma articolato. **45.** screw ~ (*lifting impl.*), martinetto a vite. **46.** screw down ~ (as for securing a wheeled portable conveyer against movement) (*mech.*), puntone di appoggio (a vite). **47.** striking ~ (of a knitting mach.) (*text. mach.*), "onda". **48.** tip ~ (for a small pin contact plug) (*elect. - elics.*), presa "jack" (per spinottino). **49.** ventilating ~ (wind scoop, flaring tube for ventilating railw. cars) (*railw.*), presa dinamica di ventilazione, aeratore dinamico. **50.** yellow ~ (quarantine flag) (*naut.*), bandiera gialla, bandiera di quarantena.

jack (to) (*mech.*), sollevare mediante cricco (o binda, o martinetto). **2.** ~ (in cotton spinning: to twist the sliver) (*text. ind.*), torcere. **3.** ~ (to increase: as prices) (*comm.*), aumentare. **4.** ~ up (to increase: as prices) (*comm.*), aumentare. **5.** ~ up (to jack) (*mech.*), alzare mediante cricco (o binda, o martinetto).

jackass bark (four masted ship) (*shipbuild.*), jackass a nave a palo.

jackass brig (three masted ship) (*shipbuild.*), jackas a brigantino a palo.

jacket (coating of nonconductive material) (*thermal insulating material*), rivestimento (di materiale) coibente. **2.** ~ (water jacket as in a cylinder block) (*mot.* - *etc.*), camicia di acqua. **3.** ~ (of a gun) (*ordnance*), camicia, fodero. **4.** ~ (steering column outer tube) (*aut.*), tubo esterno (di rivestimento e supporto). **5.** ~ (book wrapper, dust cover: loose paper cover of a bound book) (*print.*), sovracopertina. **6.** ~ (bullet covering) (*expl.*), camicia, rivestimento. **7.** ~ core (*found.*), anima a foggia di fodera o camicia. **8.** book ~ (*print.*), sovracopertina per libri. **9.** cork ~ (*naut. safety*), giubbotto (salvagente) di sughero. **10.** flak ~ (flak suit) (*air force*), tipo di giubbotto pesante antiproiettile. **11.** ice-packed ~ (*chem.* - *etc.*), camicia (di raffreddamento) a ghiaccio. **12.** life ~ (jacket life preserver) (*naut.*), giubbotto di salvataggio. **13.** water ~ (of a cylinder) (*mot.*), camicia d'acqua.

jackhammer (*min. t.*), martello perforatore. **2.** ~, *see* air hammer.

jacking (of a car) (*aut.*), sollevamento (con il cricco). **2.** ~ socket (of a car) (*aut.*), presa per il cricco, sede per il cricco.

jack-in-the-box, jack-in-a-box (differential gear) (*mech.*), differenziale. **2.** ~ (lifting jack) (*mach.*), martinetto. **3.** ~ (jackscrew) (*mach.*), martinetto a vite. **4.** ~ (sun-and-planet motion) (*mech.*), rotismo epicicloidale.

jackleg (for holding the jackhammer in inclined or horizontal position) (*min. impl.*), supporto per martello perforatore.

jackman (installer of printing shells into printing machines) (*text. work.*), attrezzista (di) montaggio stampi.

jack-o'-lantern, jack-o'-lanthorn (St. Elmo's fire) (*meteorol.*), fuoco di Sant'Elmo.

jackplug (as for teleph. switchboard) (*teleph.* - *comp.*), spinotto di connessione.

jackscrew (*mech. impl.*), martinetto a vite.

jackshaft (countershaft) (*aut.* - *mech.*), contralbero, albero secondario. **2.** ~ (shaft on which the pinions of a chain drive are mounted) (*aut.*), albero portante ruote di catena.

jackstay (wire for maintaining the correct spacing between the wires of a balloon rigging system) (*aer.*), cavo distanziatore. **2.** ~ (iron rod to which a sail is attached) (*naut.*), inferitoio, guida.

Jacob's ladder (*naut.*), biscaglina, biscaglino.

Jacquard (jacquard, jacquard loom) (*text. mach.*), telaio Jacquard. **2.** ~ cards (*text. ind.*), cartoni per macchine Jacquard. **3.** ~ weave (*text. ind.*), tessuto operato.

jade (*min.*), giada.

jag (to) (a rope) (*naut.*), abbisciare (una cima), disporre un cavo in anse ravvicinate assicurando con legatura.

jag bolt (*mech.*), bullone da fondazione con gambo da ingessatura, chiavarda da fondazione con gambo da ingessatura.

jagger (a toothed chisel used in stone cutting) (*t.*), scalpello dentato. **2.** ~ (*found.*), *see* gagger.

jagging (of a rope) (*naut.*), abbisciatura. **2.** ~ (indentation) (*gen.*), seghettatura.

jail (*bldg.*), prigione.

jalousie (*join.* - *bldg.*), persiana.

jam (unwanted stop: as of the movable part of a mach.) (*mech.*), inceppamento. **2.** ~ (*road traff.*), congestione. **3.** ~ (*food*), marmellata. **4.** ~ nut (*mech.*), controdado. **5.** ~ up (*mech.*), inceppamento, bloccaggio. **6.** ~ up (as of a press defective working due to die misalignment) (*mech. technol.*), bloccaggio. **7.** ~ welding (butt welding) (*forging*), saldatura di testa.

jam (to) (of brakes) (*mech.*), bloccarsi. **2.** ~ (to disturb intentionally a broadcast by interferences) (*radio-radar*), disturbare. **3.** ~ (of a film out of the box) (*m. pict.*), aggrovigliarsi. **4.** ~ (of the movable part of a machine) (*mech.*), bloccarsi, incepparsi. **5.** ~ (of the movable part of a machine: as due to misalignment) (*mech.*), bloccarsi. **6.** ~ (to obstruct), ostruire. **7.** ~ (to wedge in) (*mech.* - *etc.*), incuneare. **8.** ~ (to bring a boat very close to the wind) (*naut.*), stringere di bolina. **9.** ~ the brakes (*aut.*), bloccare i freni. **10.** ~ up (as of a press, stop working as due to die misalignment) (*mech. technol.*), bloccarsi.

jamb (upright piece of a door frame) (*bldg.*), montante (di infisso di porta). **2.** ~ (of a doorway) (*arch.*), stipite. **3.** ~ (of an opening) (*bldg.*), fianco verticale, spalla. **4.** ~ brick (*mas.*), mattone con uno spigolo a becco di civetta. **5.** ~ linings (*join.*), pannellatura in legno dello strombo di una apertura. **6.** door ~ switch (for light) (*aut.* - *furniture* - *etc.*), interruttore sul montante della porta, interruttore azionato dalla porta. **7.** splayed ~ (window opening) (*bldg.*), strombo, sguancio.

jambstone (of an opening) (*arch.*), stipite in pietra.

jammer (disturbing transmitter) (*radio-radar*), (trasmettitore) disturbatore.

jamming (*radio*), disturbo (intenzionale). **2.** ~ (as of a gun) (*mech.*), inceppamento. **3.** ~ (of a valve) (*mot.*), incollamento. **4.** ~ (jam up, as of a press, due to die misalignment) (*mech. technol.*), bloccaggio. **5.** spot ~ (disturbance in the form of pulses used against radars, torpedoes and influence fuses) (*radar* - *und. acous.*), disturbo ad impulsi, "spot jamming". **6.** sweep ~ (disturbance in the form of variable frequency wave used against radars, torpedoes and influence fuses) (*radar* - *und. acous.*), disturbo a modulazione di frequenza, "sweep jamming".

jam-pack (to) (to overcrowd, as trains) (*transp.*), superaffollare.

"JAN" (joint army-navy) (*army-navy*), norme congiunte esercito-marina.

janitor (one taking care of public or office buildings) (*work.*), custode. **2.** ~ (doorkeeper) (*work.*), portiere.

jap (japanned, lacquer coated) (*paint.*), laccato.

japan (Japanese lacquer), lacca giapponese. **2.** black

~ (glossy black enamel) (*paint.*), nero giapponese.

japan (to) (*paint.*), laccare.

Japanese (*a. - gen.*), giapponese. **2.** ~ paper (long fiber paper) (*paper mfg.*), carta giapponese.

jar (vessel), vaso. **2.** ~ (a unit of capacitance: 1/900 microfarad) (*elect. meas.*), 1/900 di microfarad. **3.** ~ (in deep well boring) (*min. mech.*) (Brit.), snodo. **4.** ~ (jarring, vibration) (*mech. - etc.*), scuotimento, vibrazione. **5.** ~ (as for collecting the acid of a storage battery) (*elect.*), vaschetta. **6.** ~ (vessel, as for containing the storage battery plates) (*elect.*), contenitore. **7.** drain ~ (as off a fuel system) (*mot.*), bicchierino di spurgo, bicchiere per deposito impurità.

jar (to) (to cause to vibrate or shake) (*mech. - etc.*), scuotere, far vibrare. **2.** ~ (to vibrate) (*mech. - etc.*), vibrare, scuotersi. **3.** ~ (to perforate a well by percussions) (*min.*), perforare un pozzo con sistemi a percussione.

jargon (*chem.*), zirconite.

Jarno taper (taper of 0.6 inch per foot on the diameter) (*mech.*), cono Jarno.

jarring (shaking) (*mech. - etc.*), scuotimento, vibrazione. **2.** ~ (camera jarring) (*phot. defect*), mosso (di macchina).

jasper (*min.*), diaspro.

"JATO", "jato", (Jet Assisted Take-Off) (*aer.*), decollo assistito da propulsore a reazione ausiliario. **2.** ~ engine, *see* ~ unit. **3.** ~ unit (rocket engine for boosting the take-off of an airplane) (*aer.*), propulsore a reazione (ausiliario) di decollo, booster.

javelin (*sport*), giavellotto. **2.** throwing the ~ (javelin throw) (*sport*), lancio del giavellotto.

Javel water (aqueous solution of sodium hypochlorite) (*chem. ind.*), acqua di Javel.

jaw (of a brake) (*mech.*), ceppo, ganascia. **2.** ~ (of a chuck) (*mech.*), griffa. **3.** ~ (of a vice) (*mech.*), ganascia. **4.** ~ (of a starter) (*mot.*), griffa, innesto. **5.** ~ (of a boom or gaff) (*naut.*), forcella. **6.** ~ (the helix pitch made by a rope strand) (*rope mfg.*), passo. **7.** ~ bolt (a bolt having a forked end instead of the conventional head) (*mech. railw.*), bullone con testa a forcella. **8.** ~ clutch, *see* dog clutch. **9.** crushing ~ (*min. - etc.*), mascella da frantoio. **10.** false ~ (for a vice) (*mech.*), ganascia addizionale, sopraganascia.

jawbreaker (*ind. mach.*), frantoio a mascelle.

jaws (as of a stone crusher) (*mech.*), ganasce, mascelle.

"JB" (Junction Box) (*elect.*), cassetta di giunzione.

"jc", "jct", "jctn", *see* junction.

"JCL", Job Control Language (*comp.*), linguaggio di controllo del lavoro.

"jd", *see* joined.

jeep (G. P.; general purpose) (small vehicle having moderate speed and heavy traction) (*milit. aut.*), "jeep". **2.** ~ (escort carrier) (*navy*) (Am. coll.), portaerei di scorta.

jeer (*naut.*), drizza di pennone.

jelly, gelatina.

Jena glass (*glass mfg.*), vetro di Jena.

jenny (spinning jenny) (*text. mach.*), *see* mule. **2.** ~ (operating by a steam jet) (*washing mach.*), macchina per detergere mediante getto di vapore. **3.** ~ (crab: a frame mounted on wheels carrying a winch, as of an overhead traveling crane) (*mech.*), carrello (con) argano.

jerk (*gen.*), strappo, scossa. **2.** ~ pump (i.c. engine fuel pump) (*eng.*), pompa di iniezione.

jerry-build (to) (to build with cheap and poor materials) (*bldg.*), costruire all'economica (con materiali poveri e di scarsa consistenza).

jerry-builder (*bldg.*), costruttore di case realizzate con materiali poveri e di scarsa consistenza.

jersey (jersey cloth) (*text.*), tessuto jersey, "jersey".

"JESA" (Japanese Engineering Standards Association) (*technol.*), Associazione Giapponese Norme Tecniche.

jet (*hydr.*), getto, zampillo. **2.** ~ (burning fuel by atmospheric oxygen) (*mot.*), motore a getto, reattore. **3.** ~ (of carburettor) (*mot.*), getto, "gicleur", spruzzatore, ugello. **4.** ~ (*aer.*), *see* ~ plane. **5.** ~ (*min.*), ambra nera. **6.** ~ (pouring gate) (*found.*), canale di colata. **7.** ~ (solidified metal left attached to a casting from a gate) (*found.*), colame. **8.** ~ assisted take-off (with booster rockets) (*aer.*) (Am.), decollo assistito, decollo con razzi ausiliari. **9.** ~ block (of a carburetor), portagetti. **10.** ~ boat (propellerless: receiving thrust from a water jet) (*naut.*), barca a idrogetto. **11.** ~ coal (*comb.*), carbone a lunga fiamma. **12.** ~ engine (*mot.*), motore a reazione. **13.** ~ fighter (*aer.*), caccia a reazione. **14.** ~ fuel (*aer. mot.*), combustibile per aviogetti. **15.** ~ impingement heating (with hot gases, as for heating forgings) (*therm.*), riscaldamento a getto gassoso. **16.** ~ molding (*plastic ind.*), stampaggio ad iniezione rapida. **17.** ~ plane (*aer.*), aviogetto, aeroplano a getto. **18.** ~ power (of jet engines) (*mot.*), spinta a reazione di propulsori a getto. **19.** ~ propulsion (as for aircraft), propulsione a getto, propulsione a reazione. **20.** ~ stream (air stream, air current at the tropopause level) (*meteorol.*), corrente a getto. **21.** ~ thrust (by the propeller shaft) (*aer. - naut.*), spinta. **22.** ~ (turbine) engine (*aer. mot.*), turbogetto, turboreattore. **23.** accelerating ~ (as of a carburetor) (*mech.*) (Am.), getto compensatore (per le accelerazioni improvvise). **24.** auxiliary ~ (in a carburetor) (*mot.*), getto compensatore, spruzzatore compensatore. **25.** enrichment ~ (of a carburetor) (*mot.*), getto supplementare, getto di arricchimento, arricchitore. **26.** fuel ~ (*mech. - mot.*), getto del carburante. **27.** full-power ~ (of a carburetor) (*mot.*), getto di (o per) piena potenza. **28.** full-power ~ carrier (of a carburetor) (*mot. - mech.*), portagetto di piena potenza. **29.** idling ~ (slow running jet: as of a carburetor) (*mot.*), getto del minimo. **30.** impinging

~ injector (as of a rocket motor) (*rckt. - mot.*), iniettore a getti collidenti. **31.** impinging ~ nozzle (as of a rocket motor) (*rckt. - mot.*), iniettore a getti collidenti. **32.** intermittent ~ (pulsejet engine) (*mot.*) (Brit.), pulsoreattore. **33.** main ~ (of a carburetor) (*mot.*), getto principale. **34.** needle ~ (of a carburetor) (*mot.*), getto regolato da ago conico. **35.** normal mixture ~ (of an injection carburetor), getto di miscela normale. **36.** power ~ (as of a carburetor) (*mot.*), getto di potenza. **37.** pulse ~ (*mot.*), pulsoreattore. **38.** resonant ~ (*aer. mot.*), pulsoreattore a risonanza. **39.** rocket-type ~ engine (*mot.*), endoreattore, motore a razzo, motore a reazione (con ossigeno occorrente per la combustione contenuto nel combustibile). **40.** slow running ~ (of a carburetor) (*mot.*), getto del minimo, getto della marcia lenta. **41.** starting ~ (of a carburetor) (*mot.*), getto d'avviamento. **42.** steam ~ refrigeration (*therm.*), raffreddamento a eiezione di vapore (sistema Ross). **43.** thermo ~ (direct steam heating system) (*railw.*) (Am.), sistema di riscaldamento a iniezione di vapore. **44.** weak mixture ~ (of an injection carburetor) (*mot.*), getto di miscela povera.

jet (to), eiettare. **2.** ~ (to throw away the well drillings by a jet of water) (*min.*), asportare il materiale di scavo con getto d'acqua (durante la trivellazione). **3.** ~ (to bore wells by high pressure water jets) (*min.*), perforare pozzi per mezzo di getti d'acqua ad alta pressione.

jetavator (deflector of the direction of a rocket's stream) (*rckt.*), deflettore (o deviatore) del getto di spinta.

"jet-lift" (*aer.*), gettosostentazione.

jet-pile (pile positioned by a high pressure water jet) (*mas. - bldg.*), palo infisso da un getto d'acqua ad alta pressione.

jetport (*aer.*), aeroporto per reattori.

jet-propelled (*a. - mot.*), con motore a getto, con motore a reazione, a propulsione a reazione. **2.** ~ plane (*aer.*), aviogetto, aeroplano (a propulsione) a getto.

jet-propulsion (*a. - mech.*), a propulsione a getto, a propulsione a reazione.

jetsam (*naut.*), relitti di mare. **2.** ~ (cargo thrown overboard to relieve a ship in distress) (*naut. - comm.*), carico gettato a mare.

jetting (boring by high-pressure water or air jets) (*earth boring*), trivellazione a getto (d'acqua o d'aria).

jetting-out (of a corbel) (*arch.*) (Brit.), sporgenza.

jettison (as of fuel from aircraft tank) (*aer.*), scarico rapido. **2.** ~ (act of throwing goods overboard to relieve a ship in distress) (*naut.*), scarico in mare del carico. **3.** ~ gear (of fuel) (*aer.*), (dispositivo per) scarico rapido.

jettison (to) (to throw goods overboard to lighten a ship in danger) (*naut. law*), gettare in mare il carico. **2.** ~ (to release external loads from an aeroplane) (*aer.*), sganciare. **3.** ~ (as booster rocket package after use) (*astric. - rckt.*), liberarsi, abbandonare.

jettisonable (*a. - aer.*), sganciabile.

jetty (*naut.*), gettata, molo, diga a gettata, frangiflutti. **2.** ~ (wooden landing pier) (*naut.*), pontile.

Jetway [trademark] (a telescopic passageway between an airport terminal and the aircraft, for loading and unloading passengers) (*airport equip.*), passerella telescopica.

jewel (in a watch) (*mech.*), rubino. **2.** ~ (precious stone: as for pivot bearings) (*mech.*), pietra fine. **3.** ~ setting machine (*jewelry mach.*), macchina per incastonare. **4.** balance jewels (*mech.*), pietre fini per bilance. **5.** gramophone jewels (*jewelry for electroacous.*), pietre fini per grammofoni. **6.** industrial jewels (*mech.*), pietre fini industriali. **7.** rough synthetic jewels (*mech.*), pietre sintetiche gregge.

jeweling (jewelling) (*art*), arte orafa, gioielleria.

jewellery (*gen.*), gioielli. **2.** ~ (art) (*gen.*), arte di lavorare i gioielli.

jib (of a crane) (*mech.*), braccio (di gru). **2.** ~ (sail) (*naut.*), fiocco. **3.** ~ boom (*naut.*), asta dei fiocchi, bompresso. **4.** ~ crane (*bldg. mach.*), gru a braccio, gru a bandiera. **5.** ~ netting (safety net under the jibboom) (*shipbuild.*), rete sotto all'asta dei fiocchi. **6.** adjustable ~ (of crane) (*mech.*), braccio regolabile. **7.** flying ~ (sail) (*naut.*), controfiocco. **8.** storm ~ (strong sail set in stormy weather) (*naut.*), mangiavento, piccolo fiocco di cappa.

jib (to) (to shift, as a sail or boom) (*naut.*), orientare.

jibboom (bowsprit extension) (*shipbuild.*), asta dei fiocchi, asta dei controfiocchi.

jig (gravity separator for ore) (*min.*), crivello oscillante. **2.** ~ (fixture for guiding the tool) (*mech.*), maschera. **3.** ~ (framework constructed for assembling and aligning structural parts: as of a wing) (*mech.*), maschera di montaggio, attrezzatura di montaggio. **4.** ~ (*dyeing app.*), apparecchio per tintura. **5.** jigs and fixtures (*mech. technol.*), maschere ed attrezzi. **6.** ~ borer (*mach. t.*), alesatrice a coordinate, tracciatrice. **7.** ~ grinder (precision mach. for building jigs, dies etc.) (*mach. t.*), rettifica di precisione, rettifica a coordinate. **8.** ~ grinding machine (*mach. t.*), rettificatrice per maschere. **9.** ~ grinding table (*mecch. - mach. t.*), tavola per rettificare a coordinate. **10.** ~ locators (*mech.*), riscontri delle maschere. **11.** ~ milling table (*mech. - mach. t.*), tavola per fresare a coordinate. **12.** assembly ~ (*mech. - etc. - fixture*), maschera di montaggio. **13.** box ~ (when a piece of work is firmly held in the box jig and so machined) (*mech. jig*), maschera scatolata di lavorazione multipla, scatola portapezzo. **14.** checking ~ (*mech. t.*), maschera di riscontro. **15.** drilling ~ (*mech. t.*), maschera di foratura (a trapano). **16.** Hancock ~ (screen alternately moved in water for separating minerals by density) (*min. app.*), crivello idraulico a piano mobile. **17.** harz ~ (fixed screen through which water is alternately moved for separating minerals by density) (*min. app.*), crivello idraulico a piano fisso. **18.** high-precision optical ~ borer (*mach. t.*), alesatrice ottica di grande precisione. **19.** milling ~ (*mech. t.*), maschera per fresatura.

jig (to) (to treat with a jig) (*mech.*), lavorare con maschere, lavorare con attrezzature. **2.** ~ (to divide ore or coal from gangue: as by jolting them in sieves in water) (*min.*), separare.

jig-back (to-and-fro aerial ropeway) (*transp.*), teleferica a va e vieni.

jigger (hydraulic crane) (*mach.*), gru idraulica. **2.** ~ (*min.*), crivello. **3.** ~ (tackle) (*naut.*), paranco leggero. **4.** ~ (hindmost mast of a four-masted vessel) (*naut.*), albero di mezzana. **5.** ~ (sail) (*naut.*), vela di mezzana. **6.** ~ (*min. work.*), crivellatore. **7.** ~ (*dyeing app.*), apparecchio per tintura.

jigging (*min.*), crivellatura. **2.** ~ (burring, dressing of a pulpstone) (*paper mfg.*), martellinatura.

jig-grind (to) (*mech. - mach. t.*), rettificare a coordinate.

jigsaw (a fine saw with a vertical narrow blade: for ornamental work) (*reciprocating hand t.*), seghetto alternativo per taglio ornamentale, seghetto da traforo.

jim crow (rail bending app.) (*railw. impl.*), piegarotaie, martinetto piegarotaie, "cagna". **2.** ~ (both ways planing mach.) (*carp. mach. t.*), piallatrice che può piallare nei due sensi di lavoro.

jinny (jinny road) (*min.*), piano inclinato. **2.** ~ (stationary engine for hauling loaded cars) (*min.*), motore (fisso) del verricello.

"JIS" (Japanese Industrial Standard) (*technol.*), norma industriale giapponese.

jitter (picture distortion due to synchronization errors) (*telev. defect*), distorsione (dovuta ad errori di sincronizzazione). **2.** ~ (*tlcm.*), tremolio.

"jn", *see* join, junction.

"jnt", *see* joint.

job (employment) (*n.-gen.*), impiego. **2.** ~ (of work), lavoro, mansione, incarico. **3.** ~ (work which will be carried out for a fixed price), a cottimo. **4.** ~ (a motorized vehicle: coll.) (*aut. - mtc.*), "macchina", "moto". **5.** ~ (task) (*comp. - etc.*), mansione. **6.** ~ (work) (*comp.*), lavoro. **7.** ~ action (by workers for forcing the acceptation of their demands) (*trade - unions*), azioni di protesta (riunioni, dimostrazioni, assenteismo ecc.). **8.** ~ analysis (to subdivide a job into stages, pointing out the fundamental points) (*work organ.*), analisi del lavoro. **9.** ~ card (cost sheet: detailing the single operations carried out on a production order and the relating cost) (*shop organ. - adm.*), scheda di lavorazione. **10.** ~ card invoice (*comm. - accountancy*), fattura a consuntivo. **11.** ~ center, *see* employment agency. **12.** ~ classification (*work organ.*), classificazione del lavoro. **13.** ~ control (*comp.*), controllo di (o del) lavoro. **14.** ~ control card (control made by punched card) (*comp.*), scheda di controllo del lavoro. **15.** ~ control language, "JCL" (as by punched card) (*comp.*), linguaggio (di) controllo lavoro (o attività). **16.** ~ costing (*adm. - ind.*), costi di lavorazione. **17.** ~ description (*work organ.*), descrizione del lavoro. **18.** ~ discomforts (*pers.*), disagi di lavoro. **19.** ~ evaluation (job rating) (*work organ.*), valutazione del lavoro. **20.** ~ inventory (*pers.*), inventario delle mansioni. **21.** ~ management (relating to the working needs of a comp.) (*comp.*), gestione (dei) lavori (o di job). **22.** ~ number (job order number) (*ind. organ.*), numero dell'ordine di lavoro. **23.** ~ order (*workshop*), ordine di lavoro. **24.** ~ prerequisites (*pers.*), requisiti professionali. **25.** ~ press (*print. mach.*), macchina da stampa per lavori commerciali. **26.** ~ printing (*typ.*), *see* job work. **27.** ~ ranking system (*job evaluation - pers.*), metodo della graduatoria delle mansioni. **28.** ~ rating (job evaluation) (*work organ.*), valutazione del lavoro. **29.** ~ rotation (*pers.*), rotazione degli incarichi. **30.** ~ security (*work. worry*), sicurezza del posto di lavoro. **31.** ~ sheet (instruction card: as for a worker) (*shop organ.*), foglio (di) istruzioni. **32.** ~ specification (a description of a job for easing the right placement of the right worker) (*w.*), descrizione dettagliata ed approfondita del tipo di lavoro. **33.** ~ ticket (*workshop*), ordine di lavoro. **34.** ~ type (ornamental type) (*print.*), carattere ornamentale. **35.** ~ work (job printing, display work, commercial works, as circulars, cards etc.) (*typ.*), lavori di stampa minuti, lavori avventizi, lavori commerciali. **36.** key ~ (*pers.*), lavoro chiave. **37.** stacked jobs (*comp.*), pila di lavori.

job (to) (to do work for hire) (*ind.*), lavorare a commessa, lavorare per conto terzi. **2.** ~ (to sublet a work) (*ind.*), dare in subappalto. **3.** ~ (to buy and sell as a broker) (*comm.*), commerciare. **4.** ~ (to work by the piece) (*work.*), lavorare a cottimo.

jobber (*comm.*), rivenditore. **2.** ~ (stockjobber) (*stock exchange*), remissore, "remisier".

jobbing (*ind.*), lavorazione su commessa. **2.** ~ foundry (*found.*), fonderia per lavorazione a commessa. **3.** ~ shop (*ind.*), officina (o laboratorio) per conto terzi.

job-hopping (changing from job to job in order to get higher wages) (*work.*), cambiamento (frequente) di lavoro, passaggio da un lavoro all'altro.

Jo-blocks (*mech.*), *see* Johansson block.

jockey (jockey pulley: used for tensioning a belt) (*mech.*), puleggia tendicinghia. **2.** ~ gear (group of pulleys used for tensioning a belt) (*mech.*), sistema di pulegge tenditrici. **3.** ~ roller (roller used for tensioning a belt) (*mech.*), rullo tenditore, rullo tendicinghia. **4.** ~ weight (as of a testing machine) (*mech.*), peso mobile. **5.** ~ wheel (wheel adjustable for height and used for lifting the front of a caravan for coupling to the towing vehicle) (*veh.*), ruotino (anteriore) di sostegno. **6.** ~ wheel (*mech.*), *see also* jockey.

jog (act of moving by jerks) (*mech.*), movimento a impulsi (o a intermittenza). **2.** ~ (slight shake or push) (*gen.*), leggera scossa, leggera spinta. **3.** ~ molding (*found.*), formatura a scosse.

jog (to) (*gen.*), avanzare a scatti (o a intermittenza). **2.** ~ (to put in operation for a moment, as just for positioning a tool) (*mach. t.*), far girare per un istante, "dare un colpo". **3.** ~ (to align the edges of the sheets of paper before printing) (*print.*), pareggiare.

jogger (as in an offset press, device for aligning the sheets of paper before printing) (*print.*), pareggiatore. **2.** rear joggers (in an offset press) (*print.*), pareggiatori posteriori. **3.** side joggers (in an offset press) (*print.*), pareggiatori laterali.

jogging (to cause a mach. to be in operation for an instant) (*mach. t. - etc.*), impulso, mossa istantanea. **2.** ~ (alignement of the edges: as of a stack of cards) (*comp. - etc.*), pareggiatura.

joggle (tooth for preventing slipping of surfaces to be joined) (*bldg.*), gorgia, dente per evitare lo scorrimento di una giunzione (o di un giunto). **2.** ~ (an offset surface consisting of two adjacent, continuous or nearly continuous short-radius bends of apposite curvature) (*sheet metal w.*), piegatura a gradino (del bordo) di una lamiera. **3.** ~ (shake: the shaking of something up and down or to and from) (*gen.*), scuotimento (sussultorio o longitudinale). **4.** ~ piece (in a roof truss) (*bldg.*), monaco. **5.** ~ post *see* joggle piece.

joggle (to) (to prevent slipping) (*mas.*), sfalsare (mattoni ad es.). **2.** ~ (to dowel) (*mech.*), fissare con grani. **3.** ~ (to jog) (*mech.*), spostare a scatti (o a intermittenza).

joggled (as of a clinker-built boat planking) (*a. - carp.*), a gradini.

joggling (offsetting) (*sheet metal w.*), piegatura a gomito.

Johansson block (gauge blocks set) (*mech. impl.*), blocchetti Johansson.

johnson bar (reverse gear of a steam engine) (*railw. locomotive*), leva di inversione rapida di marcia.

johnson noise, *see* thermal noise.

join (to), unire, unirsi. **2.** ~ (*geom.*), congiungere. **3.** ~ (as an association) (*gen.*), iscriversi. **4.** ~ the warp threads (*text. ind.*), riunire i fili dell'ordito.

joined (*gen.*), unito, congiunto.

joiner (*work.*), falegname. **2.** ~ bench (*impl.*), banco da falegname. **3.** ~ work (*join.*), falegnameria, lavoro di falegnameria.

joinery (joiner work) (*join.*), falegnameria.

joint (place where two parts are united so as to admit motion) (*n.-mech.*), snodo, giunto a snodo. **2.** ~ (place where two parts are fixedly united) (*mech. - carp. - join.*), giunto, giunzione, connessione. **3.** ~ (as in a rock, fracture not followed by dislocation) (*geol.*), giunto di stratificazione. **4.** ~ (step of the back of a book) (*bookbinding*), morso. **5.** (as between two adjacent bricks) (*mas.*), giunzione, commettitura. **6.** ~ (between the two abutting rails of a track) (*railw.*), giunto. **7.** ~ (joined, united) (*a. - gen.*), unito, congiunto. **8.** ~ adventure (a cooperative agreement, between two or more companies limited to a single enterprise) (*comm.*), impresa in comune. **9.** ~ bar, *see* splice bar. **10.** ~ box (*elect.*), muffola. **11.** ~ committee (*work. organ.*), commissione paritetica. **12.** ~ director (*adm.*), condirettore. **13.** ~ gap (between the two abutting rails of a track) (*railw.*), agio, intervallo. **14.** ~ manager (*adm.*), condirettore. **15.** ~ partner (person or firm) (*finan.*), consociato, consociata. **16.** ~ signatures (*law*), firme abbinate. **17.** ~ stock (*finan.*), capitale sociale. **18.** ~ venture (*ind. - finan. - adm.*), associazione in compartecipazione. **19.** abutting ~ (*carp.*), giunto ad angolo. **20.** ball-and-socket ~ (*mech.*), giunto a sfera, giunto sferico. **21.** ball ~ (*mech.*), giunto a sfera, giunto sferico. **22.** bayonet ~ (*mech. - etc.*), giunto a baionetta, innesto a baionetta. **23.** bell-and-spigot ~ (*pip.*), giunto a bicchiere. **24.** bird's mouth ~ (of a roof spar) (*join.*), giunto a becco. **25.** bridge ~ (of rails) (*railw.*), giunto a ponte. **26.** bump ~ (pipe-and-flange joint where the pipe is driven in a flange recess) (*pip.*), tipo di giunto flangiato. **27.** butt ~ (*mech.*), giunto di testa. **28.** butt ~ (riveted joint) (*mech.*) (Brit.), chiodatura a coprigiunto. **29.** butt ~ with double butt strap (*mech.*), chiodatura a doppio coprigiunto. **30.** Cardan ~ (universal joint) (*mech.*), giunto cardanico. **31.** clinch ~, *see* lap joint. **32.** coach ~ (*mech. - aut.*), compasso per capote. **33.** corner ~ (between two members approx. at right angle in the form of an L, as for welding) (*mech. technol.*), giunto ad angolo (o spigolo di circa 90°). **34.** cottered ~ (*mech.*), giunto inchiavettato. **35.** cup-and-ball ~ (*mech.*), *see* ball-and-socket joint. **36.** dovetail ~ (*join. - mech.*), giunzione (o connessione) a coda di rondine. **37.** edge ~ (corner joint) (*welding*), giunto d'angolo. **38.** expansion ~ (*pip. - bldg.*), giunto di dilatazione. **39.** fell ~ (*plumber*), giunto a marronella. **40.** fish ~ (as for rails) (*railw.*), giunto a ganasce. **41.** fishplate ~ (for rails) (*railw.*), *see* fish joint. **42.** fixed flange ~ (*pip.*), giunto a flange fisse. **43.** flange ~ (*pip.*), giunto a flangia. **44.** gland expansion ~ (*pip.*), giunto di dilatazione a premistoppa. **45.** half-lap ~ (*join.*) (Brit.), giunto a mezzo legno, unione a mezzo legno, giunzione a mezzo legno. **46.** half-mitre ~ (*carp. - join.*), giunzione a mezzo legno ad angolo. **47.** hinged ~ (*join. - mech.*), snodo a cerniera. **48.** Hooke's ~ (universal joint) (*mech.*), giunto universale. **49.** hub-and-spigot ~, *see* bell-and-spigot joint. **50.** hydraulic ~ (*pip.*), giunto idraulico. **51.** knuckle ~ (*mech.*), snodo a ginocchiera. **52.** lap ~ (*mech.*), giunto a sovrapposizione. **53.** lead ~ (*pip.*), giunto (sigillato) a piombo. **54.** lock ~ (interlocked joint: as a dovetail joint) (*join - carp. - mech.*), unione (o collegamento) a incastro. **55.** loose flange ~ (*pip.*), giunto a flange libere. **56.** mitre ~ (*join.*) (Brit.), giunto ad angolo con incastro. **57.** non-adjustable spring type ball ~ (*mech.*), giunto sferico a molla non regolabile. **58.** overlapped ~ (*mech.*), giunto a sovrapposizione. **59.** riveted ~ (*mech.*), giunto chiodato. **60.** rolled ~ (as by expanding the tube end when inserted into a hole of a boiler tube plate) (*boil. constr. - pip.*), montaggio con mandrinatura interna (di allargamento). **61.** rule ~ (*aut.*), compasso per capote. **62.** scarf ~ (*carp.*), giunto (o giunzione) ad ammorsatura (bullonata). **63.** shackle ~ (shackle fitted through a ring) (*mech.*), attacco a maniglione. **64.** shear riveted ~ (*mech.*), giunto chiodato a taglio. **65.** shouldered ~ (*join.*) (Brit.), giunto ad incastro con spallamento. **66.** slip ~ (on the exhaust system of an aviation engine) (*mech.*), giunto scorrevole (antivibrazione e dilatazione). **67.** split ~ (as for match-boarding) (*carp.*), giunzione a maschio e femmina. **68.** squeezed ~ (*join.*), giunto incollato a pressione. **69.** strap ~ (*mech.*), (riveted joint) (*mech.*), chiodatura a coprigiunto. **70.** stuffing box ~ (*pip.*), giunto (di dilatazione) a premistoppa. **71.** Sylphon expansion ~ (trademark for bellows expansion joints) (*mech.*), giunto di dilatazione a soffietto. **72.** tabled ~ (*mech.*) (Brit.), innesto a griffe. **73.** telescope ~ (*mech.*), giunto telescopico, accoppiamento a cannocchiale. **74.** toggle ~ (*mech.*), snodo (o movimento) a ginocchiera. **75.** tongue ~ (as for matchboarding) (*carp.*), giunzione a maschio e femmina. **76.** universal ~ (as of aut.) (*mech.*), giunto cardanico, giunto universale.

joint (to) (to fit together) (*carp. - join. - mech.*), fare giunzioni, connettere. **2.** ~ (to articulate) (*mech.*), rendere snodato, provvedere di snodo. **3.** ~ (by unions) (*pip.*), raccordare.

jointed (articulated) (*mech.*), snodato, articolato. **2.** ~ (fixedly connected) (*mech. - carp.*), connesso, giuntato.

jointer (of a plow) (*agric.*), avanvomere, coltello. **2.** ~ (*wood w. mach. t.*), *see* buzz planer. **3.** ~ (file for saw blades) (*t.*), utensile a lima per pareggiare i denti di una sega. **4.** ~ (for cutting grooves corresponding to joints in freshly cast cement surfaces) (*mas. t.*), utensile per tracciare scanalature in corrispondenza dei giunti. **5.** brick ~ (*builders' t.*) (Brit.), ferro per giunti di muratura in mattoni (a faccia vista).

jointing (*gen.*), giunzione. **2.** ~ compound (*mech.-mot.*), mastice per giunzioni, ermetico. **3.** stud ~ (*mech.*), unione a mezzo di prigionieri.

jointly (*gen.*), congiuntamente. **2.** ~ and severally liable (*adm. - law*), responsabili in solido.

joist (*bldg.*), travetto, travicello. **2.** bridging ~ (*bldg.*), *see* common joist.

jolly boat (*naut.*), barchino (o barca) di servizio, "pram".

jolt (*gen.*), urto, colpo. **2.** ~ (as of a veh.), scossone. **3.** ~ (sudden shock, as of packing sand in a mold) (*found.*), scossa dura. **4.** ~ (in physics of the solid state) (*phys.*), salto. **5.** ~ pin-lift machine (*found. mach.*), formatrice a scossa con sformatura a candele. **6.** ~ rollover pattern-draw machine (*found. mach.*), formatrice a scossa con sformatura a ribaltamento. **7.** ~ rollover squeeze pattern-draw machine (*found. mach.*), formatura a scossa e compressione con sformatura a ribaltamento. **8.** ~ squeeze machine (*found. mach.*), formatrice a scossa e compressione. **9.** ~ squeeze pin-lift machine (*found. mach.*), formatrice a scossa e pressione con sformatura a candele. **10.** ~ squeeze stripper pin-lift (molding) machine (*found. mach.*), formatrice a scossa e compressione con sformatura a candele.

jolt (to) (as of veh. on rough roads), scuotere, sobbalzare.

jolter (jolt molding machine) (*found. mach.*), formatrice a scossa.

jolting machine (*found. mach.*), formatrice a scossa, macchina per formatura a scossa.

jordan, jordan engine, jordan refiner (*paper mach.*), macchina per raffinare la polpa.

joule (unit of energy, equal to 10^7 ergs or 0.737563 foot-pounds) (*phys.*), joule. **2.** ~ effect (*elect.*), effetto Joule.

Joulean effect, *see* joule effect.

Joule's equivalent, *see* mechanical equivalent of heat.

Joule's law (*elect.*), legge di Joule.

jounce (shake or bump) (*gen.*), scossa. **2.** ~ (bump, compression, of a suspension) (*aut.*), urto di compressione.

journal (newspaper) (*journ.*), giornale. **2.** ~ (as of a shaft) (*mech.*), zona supportata (di un albero o di un perno o di un asse girevole). **3.** ~ (of a crankshaft, crankpin) (*mot.*), perno di banco. **4.** ~ (of a railw. axle) (*railw.*), fusello. **5.** ~ (logbook) (*naut.*), giornale di bordo. **6.** ~ (*bookkeeping*), giornale. **7.** ~ (list of strata drilled) (*well drilling*), elenco degli strati perforati. **8.** ~ bearing (*mech.*), cuscinetto, cuscinetto portante. **9.** ~ box (*mech.*), supporto. **10.** ~ box (*railw.*), boccola. **11.** ~ box guides (for permitting axle box vertical movement) (*railw.*), guida boccola, parasale. **12.** ~ brass (*mech.*), *see* journal bearing. **13.** ~ jack (journal box jack: a jack used for changing the bearings of a journal box) (*railw. t.*), martinetto per boccole. **14.** ~ turbine (*mach.*), turbina a flusso assiale. **15.** cross ~ (as of a universal joint) (*mech.*), crociera. **16.** farm ~ (*journ.*), giornale rurale. **17.** house ~ (*ind.*), giornale aziendale.

journal (to) (to support) (*mech.*), supportare. **2.** ~ (to join by a journal) (*mech.*), collegare mediante perno, imperniare.

journalize (to) (to keep a journal) (*bookkeeping*), tenere un giornale, tenere un registro di carico e scarico.

journey, viaggio. **2.** ~ (a set of trams, in coal mines) (*min.*), convoglio di vagoncini. **3.** ~ (working cycle through which raw materials are converted into glass products) (*glass mfg.*), ciclo di trasformazione (delle materie prime in articoli di vetro).

journeyman (worker capable of carrying out a handicraft or trade) (*work.*), operaio qualificato.

joystick, joy stick (control stick) (*aer.*), governale, barra, "cloche". **2.** ~ (a control stick of a computer display similar to the one on airplanes) (*comp. - etc.*), leva di comando a "cloche".

"JP", *see* jet-propelled, jet propulsion.

J particle (unstable kind of meson) (*atom phys.*), particella J.

"JSME" (Japanese Society of Mechanical Engineers) (*mech.*), Società Giapponese Tecnici Meccanici.

j-stick, *see* j-bar lift.

"jt" (joint) (*gen.*), giunto.

judder (to) (to vibrate intensely) (*mech.*), vibrare fortemente.

judge (*law*), giudice. **2.** police ~ (police justice, police magistrate) (*law*), pretore.

judicial (*law*), giudiziario.

jug (carburetor) (*aut.*) (coll.), carburatore.

juice (*agric. - etc. - ind.*), sugo, succo. **2.** ~ (*sugar mfg.*), sugo. **3.** carbonatation ~ (*sugar mfg.*), sugo di carbonatazione. **4.** diffusion ~ (*sugar mfg.*), sugo di diffusione. **5.** limed ~ (*sugar mfg.*), sugo defecato. **6.** prelimed ~ (*sugar mfg.*), sugo predefecato. **7.** thin ~ (*sugar mfg.*), sugo leggero. **8.** thick ~ (*sugar mfg.*), sugo denso.

jukebox (*electroacous. app.*), giradischi automatico a gettone.

jumbo (huge) (*a. - gen.*), gigante. **2.** ~ (a carriage for transporting materials, as ore etc.) (*min.*) (Am.), carrello gigante. **3.** ~ (huge) (*a. - gen.*) (Am.), enorme. **4.** ~ aircraft (*aer.*), velivolo gigante. **5.** ~ jet (very big jet plane) (*aer.*), "jumbo jet", aviogetto gigante. **6.** ~ roll (huge roll of paper) (*paper mfg.*) (Am.), rotolo gigante (di carta).

jump (*gen.*), salto. **2.** ~ (by parachute from a plane) (*aer.*), lancio con paracadute. **3.** ~ (branch: change from a sequence of instructions to another one) (*comp.*), salto. **4.** ~ instruction (*comp.*), istruzione di salto, ordine di salto. **5.** ~ spark (between two electrodes at a permanent distance) (*elect.*), scarica (elettrica). **6.** ~ test (*forging test*), *see* upending test. **7.** conditional ~ (conditional branch) (*comp.*), salto condizionato. **8.** long ~ (broad jump) (*sport*), salto in lungo. **9.** unconditional ~ (unconditional branch) (*comp.*), salto incondizionato.

jump (to) (*gen.*), saltare. **2.** ~ (as of a m. pict.: displacement of the projected images) (*m. pict.*), saltare. **3.** "~" (to upset) (*forging*), rifollare, ricalcare. **4.** ~ (defect due to flexibility) (*mech.*), vibrare. **5.** ~ (from a plane by parachute) (*aer.*), paracadutarsi, lanciarsi con paracadute. **6.** ~ (to abandon the employment) (*work.*), abbandonare il posto di lavoro. **7.** ~ (as a sequence of instructions in a comp. or a scene in a film etc.) (*comp. - m. pict.*), saltare.

jumper (hand-churn drill) (*min. t.*), sonda a percussione a mano. **2.** ~ (for making a connection or for cutting out part of a circuit) (*elect.*), ponte, ponticello. **3.** ~ (flexible cable for connecting the controller circuits of two locomotives or railcars coupled for joint operations) (*elect. railw.*), cavo di accoppiamento, tronchetto di accoppiamento.

jumping (upsetting) (*mech. technol.*), rifollamento. **2.** ~ (defect due to flexibility: vibration) (*mech.*), vibrazione. **3.** ~ (defect due to instable interlacing) (*telev. defect*), saltellamento.

jumpy (irregular) (*a.-gen.*), a salti.

"junc", *see* junction.

junction (intersection of a normal road with a highway) (*road*), raccordo. **2.** ~ (*mech. - carp.*), connessione, giunzione. **3.** ~ block (*elect.*), basetta di giunzione. **4.** ~ box (*elect.*), scatola di giunzione, muffola. **5.** cold ~ (as of a thermocouple) (*phys.*), giunto freddo. **6.** grown ~ (in semiconductors) (*elics.*), giunzione accresciuta. **7.** measuring ~ (hot junction, of a thermocouple) (*instr.*), giunto caldo. **8.** reference ~ (cold junction, of a thermocouple) (*instr.*), giunto freddo. **9.** road ~ (*road*), nodo stradale. **10.** triangular ~ (*railw.*), raccordo a triangolo. **11.** wiring ~ box (*elect.*), scatola di connessione, muffola. **12.** Y ~ (*road traff.*), biforcazione.

juncture (*mech. - carp.*), connessione.

jungle (*tangled vegetation*), giungla. **2.** ~ fever (*med.*), febbre tropicale. **3.** clearing of the ~ (*rubb. ind. - agric.*), disboscamento della giungla. **4.** dense ~, foresta (o giungla) spessa. **5.** light ~, foresta (o giungla) rada.

juniper (*wood*) (Brit.), ginepro. **2.** ~ (larch) (*wood*) (*Am.*), larice.

junk (*naut.*), giunca. **2.** ~ (as old iron, glass, etc.) (*ind.*), rottame commerciabile. **3.** ~ (of films), scarti. **4.** ~ (old cable) (*naut.*), cordame vecchio fuori uso. **5.** ~ bonds (*finan.*), obbligazioni "carta straccia", obbligazioni ad alto rischio ed elevati interessi. **6.** ~ ring (packing of a steam engine piston) (*mach.*), anello di guarnizione di canapa. **7.** ~ ring (for retaining the packing of a steam engine piston) (*mach.*), anello (metallico) di ritegno della guarnizione, corona. **8.** ~ ring (between the cylinder head and a sleeve valve) (*aer. mot.*), anello di tenuta per testa cilindro. **9.** ~ ring (fitted around the piston of an i.c. engine as a base for the piston rings) (*mot.*), anello (riportato, di sede) per fasce elastiche.

Jurassic (*geol.*), giurassico.

jurimetrics (*law - sc.*), applicazione di metodi scientifici a questioni legali.

jurisprudence (*law*), giurisprudenza.

jurist (*law*), giurista.

jury (*a. - naut.*), di fortuna. **2.** ~ (*law*), giuria. **3.** ~ mast (*naut.*), albero di fortuna. **4.** ~ rudder (*naut.*), timone di fortuna. **5.** member of the ~ (*law*), giurato.

justice (*law*), giustizia.

justification (spacing out of a line of type) (*typ.*), giustificazione, messa a giustezza. **2.** ~ (*comp.*), giustificazione, inquadratura. **3.** ~ digit (*comp.*), cifra di giustificazione.

justify (to) (to adjust, to align, to space etc. a printing) (*print. - comp.*), mettere a giustezza, giustificare, allineare, inquadrare.

jut (*mech. - bldg.*), sporgenza, aggetto.

jut (to) (*bldg.*), aggettare.

jute, juta. **2.** ~ bag, sacco di juta. **3.** ~ paper (manilla wrapping paper) (*paper mfg.*), carta juta. **4.** ~ sack, sacco di juta.

jutting (as of a corbel) (*a. - arch. - gen.*), sporgente. **2.** ~ window (*arch.*), finestra sporgente.

juxtapose (to), (*gen.*), giustapporre, affiancare.

juxtaposit (to) *see* to juxtapose.

K

"K" (Kelvin degrees) (*meas.*), K, kelvin, gradi Kelvin. **2.** ~ (dissociation constant) (*phys. chem.*), costante di dissociazione. **3.** ~ (ionization constant) (*phys. chem.*), costante di ionizzazione.

K (potassium) (*chem. symbol*), potassio.

"k" (kilo–, prefix: 10^3) (*meas.*), k, chilo–. **2.** ~ (Boltzman's constant) (*therm.*), costante di Boltzman. **3.** ~, *see also* cathode, keel, key, thermal conductivity knot, constant.

"ka", *see* cathode.

kainit, kainite ($KCl \cdot MgSO_4 \cdot 3H_2O$) (*min.*), cainite.

kalamine (*min.*), *see* calamine.

kalinite [$KAl\ (SO_4)_2\ 11\ H_2O$] (*chem.*), allume di rocca.

kalium, *see* potassium.

kaolin [$(HAlSiO_4)_2 \cdot H_2O$] (*min.*), caolino.

kaolinite ($2\ SiO_2 \cdot Al_2O_3 \cdot 2\ H_2O$: refractory) (*min.*), caolinite.

kaon (an unstable meson, K–meson, K particle) (*atom. phys.*), kaone, mesone K.

kapok, capoc (ceiba, Java cotton, silk cotton) (*text. ind.*), kapok, capok, capoc.

kapur (the tree producing Malay camphor) (*wood*), capur.

karakul (sheep breed of central Asia and South Africa) (*wool ind.*), pecora karakul.

karat (carat) (*meas.*), carato.

kart (small racing motorcar) (*sport veh.*), go–kart.

karting (*sport*), kartismo, "karting".

katathermometer (*instr.*), catatermometro.

katharometer (gas analysis by thermal conductivity) (*chem. instr.*), catarometro, analizzatore di gas.

kathode (cathode) (*elect. - thermion.*), catodo.

kation (cation) (*phys. - chem.*), catione.

kayser, *see* rydberg unit.

"KB", *see* kite balloon. **2.** ~, *see* "KBYTE".

"kb", *see* kilobit, kilobar.

"kbar", *see* kilobar.

"KBYTE" (memory meas.) (*comp.*), *see* kilobyte.

"kc", *see* kilocycle.

kcal, *see* kilocalorie.

k–capture (particular capture by a nucleus of extranuclear electrons) (*atom phys.*), cattura dal livello K.

"kc/s" (kilocycles per second) (*meas.*), chilocicli al secondo.

"KD", *see* knocked–down.

K degrees (*therm.*), gradi Kelvin, gradi assoluti.

"KE", *see* kinetic energy.

keckling (as a rope wound around a cable to prevent chafing) (*naut.*), fasciatura di protezione.

kedge (kedge anchor) (*naut.*), ancorotto. **2.** ~ rope (*naut.*), cavo da tonneggio.

kedge (to) (*naut.*), tonneggiare tenendosi sull'ancorotto.

keel (*shipbldg.*), chiglia. **2.** ~ (of an air-ship) (*aer.*), chiglia, trave di chiglia. **3.** ~ (flat bottom barge) (*naut.*), barca a fondo piatto, chiatta. **4.** ~ block (*found.*), provetta a chiglia. **5.** ~ laying (*shipbldg.*), impostazione della chiglia. **6.** ~ line (of a wooden ship) (*shipbldg.*), chiglia. **7.** bar ~ (in a metal vessel, solid keel having a rectangular section) (*shipbldg.*), chiglia massiccia, chiglia di barra (non scatolata). **8.** bilge ~ (rolling chock) (*shipbldg.*), aletta di rollio. **9.** drop ~ (sliding keel, centerboard) (*shipbldg.*), deriva mobile. **10.** false ~ (below the main keel) (*shipbldg.*), sottochiglia, falsa chiglia. **11.** hanging ~, *see* bar keel. **12.** inner ~ (keelson) (*shipbldg.*), paramezzale. **13.** main ~ (*shipbldg.*), chiglia maestra. **14.** on (an) even ~ (of a ship having the same draft both at the bow and at the stern) (*a. - naut.*), con la linea di carico parallela alla superficie dell'acqua. **15.** on (an) even ~ (of a plane in horizontal trim on the longitudinal axis) (*a. - aer.*), stabilizzato orizzontalmente. **16.** plate ~ (ship construction) (*naut.*), chiglia piatta, chiglia in lamiera. **17.** side–bar ~ (*shipbldg.*), chiglia a lamierini laterali. **18.** sliding ~ (centerboard) (*naut.*) (Brit.), deriva mobile.

keelage (mooring toll paid from a ship in port) (*naut. - comm.*) diritti di ormeggio.

keelblock (*naut.*), taccata.

keelboat (yacht having a real keel instead of a centerboard) (*naut.*), barca a vela con chiglia fissa.

keelless (*a. - naut.*), senza chiglia.

keelson (*shipbldg.*), paramezzale. **2.** ~ (longitudinal inside member running along the bottom of a seaplane hull or float) (*aer.*), corrente di fondo, controchiglia. **3.** bilge ~ (hold stringer, of a metal vessel) (*shipbldg.*), paramezzale laterale di stiva, corrente di stiva. **4.** box ~ (*shipbldg.*), paramezzale scatolato. **5.** central ~ (*shipbldg.*), paramezzale centrale. **6.** middle–line ~ (*shipbldg.*), paramezzale centrale. **7.** rider ~ (*shipbldg.*), soprapaparamezzale. **8.** side ~ (of a wooden ship) (*shipbldg.*), paramezzale laterale, paramezzaletto. **9.** side ~ (sister keelson, of a metal vessel) (*shipbldg.*), paramezzale di stiva. **10.** sister ~ (of a wooden ship) (*shipbldg.*), paramezzale laterale, paramezzaletto.

keen (having a fine point) (*mech.*), aguzzo, acuminato. **2.** ~ (having a fine edge), tagliente.

Keene's cement (*mas.*) (Brit.), (tipo di) malta per intonaci duri.

keep (cap) (*mech.*), cappello. **2.** ~ plate (as of a die) (*mech.*), piastrina di fermo.

keep (to) (*gen.*), tenere, mantenere, tenersi, mantenersi. **2.** ~ (the hand) (*road traff.*), tenere la mano. **3.** ~ a patent in force (*law*), mantenere in vigore un brevetto. **4.** ~ away (*naut.*), veleggiare col vento al giardinetto. **4.** ~ in the offing (*naut.*), tenersi al largo. **5.** ~ matter standing (*typ.*), conservare la composizione, tenere in piedi la composizione. **6.** ~ the land aboard (*naut.*), tenersi vicino alla terra. **7.** ~ the luff (*naut.*), tenersi al vento, tenersi all'orza. **8.** ~ the offing (*naut.*), tenersi al largo. **9.** ~ the reaction going (as a chain reaction) (*atom phys.*), mantenere attiva la reazione. **10.** ~ the sea (*naut.*), tenere il mare. **11.** ~ the winding (as of a watch) (*mech.*), tenere la carica. **12.** ~ touch (*gen.*), mantenere il contatto. **13.** ~ trim (of sub.) (*navy*), tenere l'assetto. **14.** ~ up (as the price of goods) (*comm.*), mantenere alto. **15.** ~ up steam (of a boiler) (*naut.*), mantenere la pressione.

keeper (for connecting the poles of a magnet) (*elect.*), àncora, armatura. **2.** ~ (porter, as of a firm) (*work.*), guardiano, portiere. **3.** ~ (device keeping something in place) (*mech. impl.*), dispositivo di fissaggio. **4.** ~ (a worker keeping something in good conditions) (*gen.*), addetto alla manutenzione.

keeping (custody) (*n. - gen.*), custodia. **2.** ~ perpends (as for checking the perpendicularity of the vertical joints of a brickwork during construction) (*bldg.*), controllo delle perpendicolarità, verifica degli appiombi.

keg, barile, fusto in legno.

k-electron (electron in the k-shell) (*atom phys.*), elettrone dello strato K. **2.** ~ capture, *see* k-capture.

kellering (machining operation on Keller copy milling machine) (*mach. t.*), lavorazione su fresatrice a copiare (Keller).

kelson, *see* keelson.

Kelvin degrees (units on the Kelvin scale) (*therm.*), gradi Kelvin, gradi assoluti. **2.** ~ effect (*elect.*), effetto Kelvin. **3.** ~ scale (absolute scale of temperature) (*therm.*), scala Kelvin.

kemp (coarse rough hair) (*text.*), pelo scadente.

kenotron (high - vacuum tube used as a rectifier) (*thermion.*) (Brit.), kenotron, (raddrizzatore a) diodo a vuoto spinto (senza controllo della corrente elettronica).

kentledge (*naut.*), zavorra di pani di ghisa (o "salmoni").

keratin (wool fiber constituent) (*biochem.*), cheratina.

kerb (curb in Am.; as of a sidewalk) (*road*) (Brit.), lista, bordo. **2.** ~ weight (weight in running order, of a vehicle) (*aut.*) (Brit.), peso in ordine di marcia.

kerbstone, *see* curbstone.

kerf (cut), taglio. **2.** ~ (notch made as with a hatchet), intaccatura. **3.** ~ (act of cutting) (*gen.*), taglio. **4.** ~ (slit made in cutting as with a saw) (*carp.*), taglio.

kern (projecting part of a type) (*print. type found.*), sporgenza.

kernel (core) (*found.*), anima. **2.** ~ (of a fruit) (*agric.*), seme, mandorla, gheriglio ecc. **3.** ~ (core of an atom deprived of its orbital electrons) (*atom phys.*) nucleo. **4.** ~ (that part of a processing system that must always remain in main memory) (*comp.*) nucleo.

kerogen (bituminous material) (*chem.*), schisto bituminoso.

kerosene, petrolio, petrolio da illuminazione. **2.** ~ (*chem.*), kerosene. **3.** ~ engine (vaporizing oil engine) (*mot.*), motore a petrolio. **4.** ~ oil (*ind. chem.*), olio di kerosene.

kerosine, *see* kerosene.

kersey (coarse and ribbed fabric made of crossbred wool) (*text. ind.*) (Brit.), tessuto di lana a coste.

ketch (*naut.*), tartana.

ketene (C_2H_2O) (*chem.*), chetene.

ketone (chem. compound) (*chem.*), chetone.

ketonic (*a. - chem. ind.*), chetonico. **2.** ~ solvent (*chem. ind.*), solvente chetonico.

kettle (*ind.*), recipiente metallico, pentola. **2.** ~ (*domestic app.*), bollitore. **3.** asphalt ~ (*road constr. impl.*), caldaia del bitume. **4.** electric ~ (*electrodomestic app.*), bollitore elettrico.

"KEV" (kilo electron volt = 10^3eV) (*energy meas.*), chilo volt-elettrone.

kevel (*t.*), tipo di martello da scalpellino. **2.** ~ (*naut.*), gancio di murata.

key (of a lock), chiave. **2.** ~ (multiple switch) (*electrotel.*), chiave. **3.** ~ (of an arch) (*bldg.*), concio di chiave, chiave (dell'arco). **4.** ~ (of Morse telegraph) (*telegr.*), tasto. **5.** ~ (*mech.*), chiavetta, bietta. **6.** ~ (explanation as of reference numbers in a diagram etc.) (*gen.*), leggenda, chiave. **7.** ~ (for securing the die in the anvil cap) (*forging*), lardone. **8.** ~ (for Allen screws) (*t.*), chiave a barra esagonale, chiave per viti a testa esagonale incassata, chiave per brugole. **9.** ~ (of ciphers) (*milit. - etc.*), chiave. **10.** ~ (cotter pin) (*mech.*), coppiglia. **11.** ~ (little switch) (*elect.*), piccolo interruttore. **12.** ~ (a keyboard lever) (*comp. - typewriter*) tasto. **13.** ~ (a picture predominant tone) (*phot.*), tonalità. **14.** ~ (set of characters apt to identify a data record) (*comp.*), chiave. **15.** ~ (keyword), *see* keyword. **16.** ~ block (*arch.*), *see* keystone. **17.** ~ bolt (a bolt slotted near the end to receive a key) (*mech.*), bullone con fessura per chiavetta. **18.** ~ click (disturbance in a receiving system) (*electrotel.*), colpo di tasto. **19.** ~ dialing, ~ dial (by a set of numbered keys) (*teleph. - comp. - etc.*), combinatore a tasti. **20.** ~ industry (*gen.*), industria chiave. **21.** ~ man (as of an industry) (*ind.*), uomo chiave, uomo che occupa un posto chiave. **22.** ~ plan (arrangement of items in a scheme) (*gen.*), tabella indice. **23.** ~ punch (for cutting holes in punched cards) (*comp. equip.*), perforatrice a tastiera. **24.** ~ seat (in a mech. piece) (*mech.*), sede per chiavetta. **25.** ~ "strip" (*elect. - etc.*), tastiera. **26.** backspace ~ (*comp. - typewriter*), tasto di ritorno. **27.** dialing ~ (a ~ of a set of numbered keys acting by pulses) (*teleph.*), tasto del combinatore. **28.** duplicate ~ (for copying card) (*comp.*), tasto (o chiave) di duplicazione. **29.** feather ~ (*mech.*), linguetta. **30.** firing ~ (as of a gun) (*firearm*), tasto di sparo. **31.** function ~ (*comp.*), tasto di funzione. **32.** gib-headed ~ (gib-head key) (*mech.*), chiavetta con nasello. **33.** master ~ (of locks), chiave maestra. **34.** pin ~ (round key) (*mech.*), chiavetta rotonda. **35.** protection ~ (permitting the access only to the memory part that a program can use) (*comp. memory safety*), chiave di protezione. **36.** record ~ (identifies a file record) (*comp.*), chiave (o valore di identificazione) di una registrazione (di archivio). **37.** ringing ~ (*telegraphy*), tasto per la chiamata. **38.** round ~ (pin key) (*mech.*), chiavetta rotonda. **39.** saddle ~ (*mech.*), chiavetta concava. **40.** search ~ (*comp.*), chiave di ricerca. **41.** skeleton ~ (of locks), chiave madre, "passepartout". **42.** sort ~ (~ indicating the sequence) (*comp.*), chiave di ordinamento. **43.** sunk ~ (*mech.*), chiavetta incassata. **44.** talking ~ (*milit. - teleph.*), tasto di ascolto. **45.** tangential ~ (*mech.*), chiavetta tangenziale. **46.** telegraph ~ (as of Morse telegraph), tasto. **47.** Woodruff ~ (*mech.*), linguetta americana, linguetta Woodruff, linguetta a disco.

key (to), chiudere a chiave. **2.** ~ (*mech.*), inchiavettare. **3.** ~ (*electrotel.*), manipolare. **4.** ~ a pulley on a shaft (*mech.*), inchiavettare una puleggia su di un albero. **5.** ~ by wedge (*mech.*), inchiavettare con chiavetta a cuneo. **6.** ~ in (to load data by means of a keyboard) (*comp.*), caricare dati mediante tastiera, introdurre dati mediante tastiera.

keyboard (of a piano, typewriter, etc.), tastiera. **2.** ~ send/receive set, "KSR" set (manual teleprinter) (*elics. - tlcm.*), ricetrasmittente a tastiera. **3.** data entry ~ (*comp.*), tastiera immissione dati, tastiera caricamento dati. **4.** detachable ~ (*comp. - etc.*), tastiera amovibile. **5.** pedal ~ (as of an organ) (*mus.*), pedaliera. **6.** tactile ~ (said of a keyboard provided with a sophisticated electronic control sensitive to a very light finger touch: as in some up to date domestic washing mach., elevator etc.) (*elics.*), tastiera a sfioramento.

keyboard (to) (*print.*), comporre con tastiera.

key-driven (as of a comp. provided with keyboard) (*a. - comp.*), a tastiera, a tasti.

keyed (*mech.*), inchiavettato, imbiettato. **2.** ~ (transmitted by a key) (*a. - electrotel.*), manipolato. **3.** ~ (as of a datum inserted by a key) (*a. - comp. - typewriter*) battuto, digitato. **4.** ~ signal (*a. - electrotel.*), segnale manipolato.

keyer (*elics.*), manipolatore.

keyhole (of a lock), buco della serratura. **2.** ~ (*mech.*), incavo per chiavetta, scanalatura (o taglio) per chiavetta. **3.** ~ saw (*impl.*), gattuccio.

keying (*carp.*), imbiettatura. **2.** ~ (*mech.*), calettamento con chiavetta, inchiavettamento. **3.** ~ (*radio*), manipolazione. **4.** ~, *see also* keystroking. **5.** ~ frequency (*tlcm.*) frequenza di manipolazione. **6.** ~ on (as of a wheel on a shaft) (*mech.*), inchiavettatura. **7.** grid ~ (*tlcm.*), manipolazione di griglia. **8.** light ~ fit (*mech.*) (Brit.), accoppiamento bloccato leggero. **9.** on-off ~ (kind of modulation) (*tlcm.*), modulazione a tutto o niente. **10.** plate ~ (*radio*), manipolazione di placca.

keylock (lock opened by a key) (*gen.*), serratura a chiave.

keyman (as of an industry) (*ind.*), uomo chiave, uomo che occupa un posto chiave.

keypad (small digit keyboard) (*comp.*), tastierina numerica.

keypunch (mach. punching card holes by a keyboard) (*comp.*), perforatrice a tastiera.

keypunch (to) (to punch cards by key or keyboard) (*comp.*), perforare mediante tasto (o tastiera).

keysender (*electrotel.*), manipolatore a tasti.

keyset, *see* keyboard.

keyslot (key seat) (*mech.*), sede per chiavetta.

keystone (as of an arch) (*arch.*), pietra di chiave, chiave di volta. **2.** ~ distortion (trapezium distortion) (*telev.*), deformazione trapezoidale. **3.** ~ effect (*telev.*) (Brit.), deformazione trapezoidale.

keystoning (*telev.*), deformazione trapezoidale.

keystroke (act of striking a key of a keyboard) (*comp. - typewriter - etc.*), battuta, digitazione.

keystroke (to) (to strike a key of a keyboard) (*comp. - typewriter - etc.*), battere, digitare.

keystroking (depressive action on a key of a keyboard) (*comp. - typewriter*), battitura, digitazione. **2.** ~ error (*comp. - typewriter*), errore di battitura. **3.** ~ speed (in the use of a keyboard) (*comp. - typewriter*), velocità di battitura.

key-to-disk unit (*comp.*), unità di registrazione su disco.

key-to-tape unit (*comp.*), unità di registrazione su nastro magnetico.

keyway (*mech.*), sede per chiavetta, cava per chiavetta.

keyway (to) (*mech.*), fare una scanalatura (o alloggiamento) per chiavetta.

keyword (coded instruction order: as "print", "end" etc.) (*comp.*), parola chiave.

"kg" (kilogram, kilograms) (*meas.*), chilogrammo, chilogrammi. **2.** ~, *see* keg.

"kg-cal" (kilogram-calorie) (*phys.*), caloria-chilogrammo, grande caloria.

"kgm" (kilogram, kilograms) (*meas.*), chilogrammo, chilogrammi. **2.** ~ (kilogrammeter) (*meas.*), chilogrammetro.
"KGPS" (kilograms per second) (*phys.*), kilogrammi al secondo.
"kHz" (Kiloherz) (*phys.*), kiloherz.
"KI" (kingpin inclination from vertical, of a car front wheels) (*aut.*), inclinazione del perno del fuso a snodo, angolo del perno del fuso a snodo con la verticale (visto di fronte).
"ki", *see* kilocycle.
kibble (an iron bucket used to raise or lower men, ore and supplies) (*min.*) (Brit.), elevatore (di estrazione).
kick (firearm recoil) (*firearm*), rinculo. **2.** ~ (on the door sill) (*aut.*), batticalcagno. **3.** ~ (sudden thrust: as between cars in a switching yard) (*railw.*), spinta. **4.** ~ (current impulse) (*elect.*), impulso di corrente. **5.** ~ (single operation: of a computer) (*comp.*), operazione automatica singola. **6.** ~ plate (plastic plate to protect the bottom of a door) (*bldg. - etc.*), zoccolo. **7.** ~ starter, ~ start (*mtc.*), pedale di avviamento. **8.** ~ wheel (potter's wheel) (*mach.*), tornio da vasai a pedale.
kick (to) (as a gun) (*firearm*), rinculare. **2.** ~ back (to start backwards, of an internal combustion engine) (*mot.*), dare contraccolpi. **3.** ~ over (begin to fire: as of ic engine) (*mot.*), avviare, avviarsi.
kickback (unfavorable response) (*gen.*), risposta negativa. **2.** ~ (percentage on income) (*comm.*), percentuale sugli utili. **3.** ~ (high voltage given as from a transmitting set) (*radio*), alta tensione di ritorno. **4.** ~ (as of a workpiece when fed in a mach. t.) (*mech.*), reazione. **5.** ~ (of an ic engine giving a backward kick when started) (*mot.*), colpo indietro. **6.** (rake-off: an illegal payment exacted as a condition to get a contract) (*comm. dishonesty*), tangente.
kickdown (a change to lower gear: as in automatic transmission) (*aut.*), passaggio alla marcia inferiore.
kicker (kicker ejector, device for discharging sheet metal work from a press) (*sheet metal w.*), estrattore a scatto. **2.** ~ (opening device operated by foot) (*mech.*), dispositivo di apertura a pedale. **3.** ~ (as a small gasoline engine, for a boat) (*naut.*) (coll.), motorino. **4.** ~ cylinder (*sheet metal w.*), cilindro di estrazione a scatto.
"kickless" (as a cable) (*elect. - etc.*), antipiega.
kickoff (device as for knocking out work from a press) (*mach.*), espulsore.
kickplate (for protecting: as a door bottom) (*bldg.*), zoccolo protettivo.
kicksorter (recorder of pulses) (*elect. instr.*), selettore e registratore di impulsi elettrici.
"kickup" (a stern-wheel steamboat) (*naut.*) (Am. coll.), piroscafo con ruota a pale poppiera.
kid (skin of young goats) (*ind.*), pelle di capretto. **2.** ~ (sailors' mess tub) (*naut.*), gavetta. **3.** ~ (*hydr.*) (Brit.), *see* groyne.
kidvid (programs for children) (*telev.*), programmi per bambini.
kier (for heating liquids) (*ind.*), grande recipiente metallico, caldaia. **2.** ~ (boiler) (*paper mfg.*), lisciviatore.
kieselguhr, kieselgur (*min.*), farina fossile.
"kil", *see* kilogram, kilometer.
kill (to) (as a gas well aflame) (*min.*), domare, soffocare. **2.** ~ (as a procedure) (*comp.*), sopprimere. **3.** ~ (as steel) (*metall.*), calmare. **4.** ~ (to neutralize) (*chem.*), neutralizzare. **5.** ~, *see also* deenergize (to).
killed steel (steel solidified without evolution of gas by addition of deoxidizers) (*metall.*), acciaio calmato, acciaio calmo.
killick, killock (*naut.*), ancorotto.
killing (*soap mfg.*), *see* saponifying. **2.** ~ (small amount of cold work applied to a heat-treated narrow strip) (*metall.*), lavorazione a freddo finale.
kiln (*ind. furnace*), forno. **2.** ~ (drying chamber) (*ind.*), camera di essiccazione. **3.** brick ~ (*ind. furnace*), forno da mattoni. **4.** cement ~ (*ind. furnace*), forno da cemento. **5.** continuous ~ (for bricks) (*brick mfg.*), fornace a fuoco continuo, fornace Hoffman. **6.** continuous ~ (with a conveyor hearth) (*mech. proc.*), forno continuo. **7.** horizontal ~ (a tubular hearth revolving ore: a continuous kiln) (*ind. furnace*), forno orizzontale (continuo). **8.** lime ~ (*ind. furnace*), forno da calce. **9.** periodic ~ (*ind. furnace*), forno intermittente. **10.** rotary ~ (as for cement) (*ind. furnace*), forno rotativo. **11.** shaft ~ (*ind. furnace*), forno a pozzo. **12.** tubular revolving ~ (*ind. furnace*), forno cilindrico girevole. **13.** tunnel ~, *see* continuous kiln.
kiln-dried (*a. - wood*), essiccato artificialmente, essiccato all'essiccatoio.
kiln-dry (to) (*ind.*), essiccare al forno, essiccare all'essiccatoio.
kilneye, kilnhole (*ind. furnace*), bocca del forno.
kilo, k (in metric system = 10^3 = 1000) (*meas.*), kilo, chilo, 1000. **2.** ~ (in informatics = 2^{10} = 1024) (*comp.*), kilo, 1024.
kiloampere (*elect. meas.*), chiloampere.
kilobar (1000 bars) (*pressure unit*), chilobar.
kilobaud (1000 baud) (*elics.*), kilobaud, 1000 baud.
kilobit (2^{10} bit = 1024 bit) (*comp.*), kilobit, 1024 bit.
kilobyte (2^{10} bytes = 1024 bytes) (*comp.*), kilobyte, 1024 ottetti, 1024 gruppi di otto bit.
kilobyte/second (speed unit for data transfer) (*comp.*), kilobyte/secondo, 1024 byte al secondo.
kilocalorie (great calorie) (*therm. meas.*), grande caloria.
kilocycle (*kc. - radio*), chilociclo.
kilogram (kg = 2.2046 lbs avoirdupois) (*meas.*), chilogrammo. **2.** ~ per square centimeter (kg/sq cm = 14.223 lbs per sq in) (*meas.*), chilogrammo per centimetro quadrato (kg/cm^2).

kilogramcalorie (kg–cal, great calorie) (*unit of meas.*), chilocaloria.
kilogrammeter (kgm = 7.233 ft lbs) (*meas.*), chilogrammetro.
kilohm (1000 ohm) (*elect.*) kiloohm.
kiloliter, kilolitre (*meas.*), metro cubo.
kilolitre, *see* kiloliter.
kilolumen (*illum. meas.*), chilolumen.
kilomega (one thousand millions) (*meas.*), chilomega, tera.
kilomegacycle (1000 megacycles = 1 gigacycle) (*frequency meas.*), gigaciclo.
kilometer (km = 0.6214 Statute mile or 0.5396 Nautical mile) (*meas.*) (Am.), chilometro. **2.** kilometers per gallon (consumption: as of an aut., mtc. etc.), chilometri per gallone. **3.** kilometers per hour (*speed*), chilometri per (o all') ora. **4.** square ~ (sq km = 0.3861 sq statute mile) (*meas.*), chilometro quadrato (kmq).
kilometre (Brit.), *see* kilometer.
kilorad (*phys.*), 1000 rad.
"kilotex" (fineness unit, for yarns) (*text. ind.*), kilotex.
kiloton (explosive force of 1000 tons of dynamite) (*atom. bomb. effect meas.*), chiloton, forza esplosiva corrispondente a quella di 1016 tonn. di dinamite.
kilovar (reactive KVA) (*elect.*), kilovar, chilovar.
kilovoltampere (kVA) (*elect.*), chilovoltampere.
kilowatt (kW) (*elect.*), chilowatt.
kilowatt–hour (kWh) (*elect. meas.*), chilowattora.
kilowattmeter (*instr.*), chilowattmetro. **2.** graphic ~ (*instr.*), chilowattmetro registratore.
kimberlite (rock) (*min.*), kimberlite.
kind (class, sort) (*gen.*), tipo, specie. **2.** in ~ (as a payment) (*comm.*), in natura.
kindle (to) (as a fire) (*comb.*), attizzare.
kindling (for starting a fire), fascine. **2.** ~ temperature, ~ point, *see* ignition temperature.
kinematic (*a. - mech.*), cinematico. **2.** ~ motion (*theor. mech.*), cinematismo.
kinematics (*n. - theor. mech.*), cinematica.
kinematograph, *see* cinematograph.
kinescope (cathode–ray tube with fluorescent screen for image reception) (*telev. - etc.*), cinescopio.
kinescopy (*med. - m. pict.*), cinescopia.
kinetic (*a. - theor. mech.*), cinetico. **2.** ~ head (*hydr.*), altezza cinetica. **3.** ~ potential (*theor. mech.*), funzione di Lagrange, potenziale cinetico.
kinetics (*n. - theor. mech.*), cinetica.
kingbolt (of a triangular truss) (*bldg.*), tirante centrale verticale in acciaio. **2.** ~, *see also* kingpin. **3.** ~ (of a railw. truck) (*railw.*), *see* center pin.
kingdom (as mineral) (*natural sc.*), regno.
kingpin (of the steering knuckle of aut. front wheels) (*aut. mech.*), perno del fuso a snodo, perno di sterzaggio (delle ruote anteriori). **2.** ~, *see* kingbolt, knuckle pin. **3.** ~ angle (of aut. front wheels) (*mech.*) (Am.), angolo di inclinazione del fuso a snodo, angolo dell'asse del perno (di sterzaggio) delle ruote anteriori con la verticale (visto di fronte). **4.** ~ inclination (*aut.*), *see* kingpin angle. **5.** ~ offset (horizontal distance in front elevation between the point of intersection of the steering axis with the ground and the center of tire contact) (*aut.*), braccio a terra.
king post (of a wooden triangular truss) (*bldg.*), monaco, ometto. **2.** ~ (strong vertical post: derrick post, samson post) (*shipbldg.*), robusto puntone di sostegno.
king rod, *see* kingbolt.
king–size, king–sized (oversize) (*gen.*), maggiorato.
Kingston valve (*naut.*), valvola di mare, valvola Kingston.
king truss (king–post truss) (*bldg.*), capriata semplice, travatura semplice.
kink (tight curl, defect not permitting the correct sliding of a rope) (*naut.*), cocca, attorcigliamento accidentale ad occhiello. **2.** ~ (as of rails buckling due to creeping, or in summer due to temperature) (*railw.*), serpeggiamento. **3.** ~ (loop or curl of a thread or rope) (*n. - gen.*), riccio, volta.
kink (to) (to buckle; as of creeping rails) (*v.t. - railw.*), serpeggiare, incurvarsi. **2.** ~ (to form into a kink, as of a thread) (*v.i. - text.*), imbrogliarsi, attorcigliarsi, annodarsi.
kiosk (*bldg.*), chiosco.
kip (unit of weight equivalent to 1000 lbs) (*phys. meas.*), 1000 libbre. **2.** ~ (undressed hide of cows, horses etc.) (*leather ind.*), pelle (di animali di grossa taglia).
Kipp generator, Kipp apparatus (*chem. app.*), apparecchio di Kipp.
"KIPS" (Kilo Instructions per Second) (*comp.*), kiloistruzioni/secondo, 1024 istruzioni al secondo.
kirb (*road*), *see* kerb.
Kirchhoff's laws (*elect.*), leggi di Kirchhoff.
kirving (cutting, undercutting) (*min.*), sottoescavazione, intaglio.
kish (separation of powdered graphite) (*metall.*), separazione (o segregazione) di grafite, nido di grafite.
"kisser" (local patch of scale as on sheet metal due to close contact of two sheets during pickling) (*metall.*), scoria locale.
kit (outfit, set of implements) (*gen.*), corredo. **2.** ~ (box, or bag etc., for implements or tools), cassetta, borsa. **3.** ~ (*milit.*), corredo. **4.** ~ (a set of parts ready for assembling) (*comm. - ind. - etc.*), scatola di montaggio, "kit". **5.** ~ bag (*milit.*), sacco per corredo. **6.** first aid ~ (*med. impl.*), cassetta pronto soccorso. **7.** flight tool ~ (*aer. mot.*), corredo (o borsa) degli attrezzi di volo. **8.** tool ~ (*mach. - mot.*), borsa utensili, cassetta attrezzi, utensili di corredo.
kitchen (*bldg.*), cucina. **2.** ~ sink (*bldg.*), acquaio. **3.** small ~ (kitchenette, kitchenet) (*bldg.*), cucinino.
kitchener (cooking range) (*domestic device*), cucina

economica di tipo fisso. **2.** ~ (kettle with a cock) (*domestic impl.*) (Brit.), pentola con rubinetto.

kitchenette (kitchenet, small kitchen) (*bldg.*), cucinino.

kite (*comm. - adm.*), cambiale di favore. **2.** ~ (military air-balloon) (*aer.*), (pallone) drago. **3.** ~ (to be towed as for mine sweeping) (*navy - naut.*), divergenti per dragaggio. **4.** ~ (sailplaning in the air at the end of a string), aquilone, cervo volante. **5.** ~ (glider) (*aer.*), libratore. **6.** ~ (mine sweeping system) (*navy*), sistema di sminamento mediante cavo sommerso. **7.** ~ balloon (military air-balloon) (*aer.*), pallone drago.

kites (flying kites: sky sails spinnakers and light sails) (*naut.*), velatura leggera (per venti deboli).

kittycorner, kittycornered, *see* cater-cornered, catercorner.

"kj" (kilojoule) (*work or energy meas.*), kilojoule.

"kl", *see* kiloliter.

klaxon (electrical horn) (*aut.*), claxon, clacson, avvisatore acustico.

klaxon (to) (*aut.*) (Am. coll.), suonare il claxon.

klevel (*atom phys.*), livello (di energia dell'elettrone) dello strato K.

klieg (or **kleig**) **light** (sun lamp used for taking m. pict.) (*illum.*), riflettore ad arco (per effetto di sole).

"klimep" (knock-limited indicated mean effective pressure) (*mot.*), pressione media effettiva indicata al limite della detonazione.

"klm", *see* kilometer.

kludge, kluge (assembly poorly made and faulty) (*n. - elics. device - etc.*), complessivo raffazzonato.

klydonograph (*elect. phot. instr.*) (Brit.), clidonografo.

klystron (electron tube for transforming direct current into ultrahigh-frequency current) (*thermion.*) (Brit.), clistron, tubo a modulazione di velocità. **2.** reflex ~ (*thermion.*), clistron a riflessione (elettronica).

"km" (kilometer, kilometers) (*meas.*), km, chilometro, chilometri.

K-meson (kaon, an unstable meson, K particle) (*atom phys.*), mesone K. **2.** ~, *see* kaon.

"KMPS" (kilometer per second) (*velocity meas.*), kilometri al secondo.

"kmw" (kilomegawatt) (*elect. meas.*), gigawatt.

"kmwh" (kilomegawatt-hour) (*elect. meas.*), gigawatt-ora.

"kn" (knot, speed of one nautical mile per hour) (*naut.*), nodo.

knaggy , *see* knotty.

knead (to) (to pug) (*ind.*), impastare.

kneaded eraser, kneaded rubber (*draw. - off.*), gomma per cancellare.

kneader (pulper: machine that reduces waste paper to pulp) (*paper mfg.*), spappolatore, impastatore (per cartaccia).

kneading machine (kneader) (*mach.*), impastatrice.

knee (*gen.*), ginocchio. **2.** ~ (of a graph curve) (*draw. - etc.*), ginocchio. **3.** ~ (*shipbldg.*), bracciuolo. **4.** ~ (adjustable table of milling or gear shaving machines) (*mech.*), mensola regolabile. **5.** ~ action, *see* knee action suspension. **6.** ~ action suspension (*aut.*), sospensione con snodo a ginocchiera. **7.** ~ grip (of a mtc.), cuscino appoggia-ginocchia. **8.** ~ plate (for connecting a beam to the ship's side) (*shipbldg.*), bracciuolo di baglio. **9.** ~ rafter (as of a truss) (*mas.*), saetta.

knife, coltello. **2.** ~ (of a knitting machine) (*text. ind.*), coltello. **3.** ~ barking machine (*paper mfg.*), scorzatrice a coltelli. **4.** ~ drum (beater roll) (*paper mfg.*), cilindro a coltelli. **5.** ~ edge (*opt. method*), metodo di Foucault. **6.** ~ file (*t.*), lima a coltello. **7.** ~ grinder (*work.*), arrotino. **8.** ~ grinder (grinding wheel for sharpening) (*t.*), mola per affilatura. **9.** ~ harrow (*agric. mach.*), erpice a coltelli. **10.** ~ switch (a dry contact that cannot support current breaking) (*elect.*), sezionatore. **11.** amputation ~ (*med. instr.*), coltello da amputazione. **12.** broad ~ (*decorator's t.*) (Brit.), spatola. **13.** candy rope cutting ~ (in candy mfg.) (*sweets ind.*), coltello tagliapastone. **14.** clasp ~, coltello a molla (o a scatto). **15.** erasing ~ (*draw. impl.*), raschietto. **16.** label splitter ~ (*packing ind.*), separatore di etichette. **17.** letter ~ (letter opener) (*office t.*), aprilettere. **18.** opening ~ (of a knitting mach.) (*text. ind.*), coltello apritore. **19.** paring ~ (*bookbinders's t.*) (Brit.), scarnitoio. **20.** picker ~ (picking the bottom card from a stack feeder) (*comp.*) coltello (o lama) di prelevamento. **21.** pocket ~ (*instr.*), temperino. **22.** putty ~ (*decorator's t.*), spatola. **23.** riving ~ (froe for splitting wood) (*t.*), cuneo. **24.** rope ~ (*naut.*) (Brit.), tagliacavo. **25.** stripping ~ (*rubb. ind. impl.*), coltello del raffinatore.

knifeboard (obsolete omnibus seat) (*veh.*), tipo di sedile longitudinale doppio a panca e schienali contrapposti.

knife-edge (fulchrum for precision instr., etc.) (*mech.*), coltello.

knighthead (timber carved at the bow of a wooden ship) (*naut.*), apostolo.

knit (to) (*text.*), lavorare a maglia.

knitted (*text.*), lavorato a maglia. **2.** ~ fabric (*text.*), tessuto a maglia.

knitter (*text. ind. mach.*), macchina (o telaio) per maglieria. **2.** (*text. work.*), magliaio. **3.** circular ~ (*text. ind.*), telaio circolare per maglieria. **4.** female ~ (*text. work.*), magliaia. **5.** stocking ~ (*text. ind. mach.*), macchina da calze. **6.** straight ~ (*text. ind.*), telaio rettilineo per maglieria.

knitting (*text. ind.*), lavorazione a maglia. **2.** ~ machine (knitter) (*text. ind. mach.*), macchina per maglieria. **3.** ~ needle (for knitting by hand), ago da calza. **4.** circular ~ (*text. ind.*), lavorazione a maglia circolare. **5.** circular ~ machine (*text.*), macchina per maglieria tubolare. **6.** straight bar ~ machine (*text. mach.*), macchina rettilinea per maglieria. **7.** straight ~ machine (*text. mach.*), macchina rettilinea per maglieria.

knob (as of a radio receiver) (*gen.*), manopola. **2.** ~ (as in an opt. instr.) (*opt.*), bottone. **3.** ~ (handle: as in mach., aut. etc.), manopola, pomello. **4.** ~ (porcelain or glass insulator fixed to a wall for wiring) (*elect.*), isolatore a parete, isolatore a rocchetto. **5.** clamp ~ (as in an opt. instr.) (*opt.*), bottone di bloccaggio. **6.** riveting ~ (*t.*), controstampo per chiodature con rondella. **7.** setting ~ (as of adjusting an instrument) (*instr.*), bottone di regolazione. **8.** stage coarse adjustment ~ (as of a microscope) (*opt.*) (Brit.), bottone per i grossi movimenti del piatto. **9.** stage fine adjustment ~ (as of a microscope) (*opt.*) (Brit.), bottone per movimento micrometrico del piatto.

knobble (to) (*stonecutting*), squadrare in grezzo. **2.** ~ (*metall.*), *see* to shingle.

knock (detonation) (*mot.*), detonazione. **2.** ~ (sound due as to worn bearings in an i.c. engine) (*mot.*), battito. **3.** ~ (sound due to incorrect timing in an i.c. engine) (*mot.*), battito in testa. **4.** ~ rating (measurement of the antiknock value of a fuel) (*mot.*), misura del potere antidetonante, misura della resistenza alla detonazione. **5.** carbon ~ (knocking due to carbon deposit causing preignition) (*mot.*), battito in testa per precombustione dovuta a incrostazioni carboniose. **6.** diesel ~ (tipical noise of diesel engines) (*mot.*), battito diesel. **7.** rich-mixture ~ rating (*aer. mot.*), indice di resistenza alla detonazione con miscela ricca. **8.** spark ~ (detonation increasing with the advance) (*mot.*), battito in testa. **9.** weak-mixture ~ rating (*aer. mot.*), indice di resistenza alla detonazione con miscela povera.

knock (to) (noise of mot. due to mech. defect), battere. **2.** ~ (noise of mot. due to advanced ignition timing), battere in testa. **3.** ~ (to detonate) (*mot.*), detonare. **4.** ~ down (as a mach.), smontare. **5.** ~ out (*found.*), distaffare. **6.** ~ the burrs out (from wool) (*wool mfg.*), togliere le lappole con battitura. **7.** ~ up (to even the edges of book pages) (*bookbinding*), pareggiare.

knockabout (*naut.*), imbarcazione armata a cutter senza bompresso.

knockdown (removal of risers) (*found.*), smaterozzatura. **2.** ~ (said of a ship heeling heavily) (*naut.*), pesantemente sbandato.

knocked-down (as vehicles) (*comm.*), in parti sciolte da montare.

knocking (*gen.*), martellamento. **2.** ~ (detonation) (*mot.*), detonazione. **3.** ~ (knock: characteristic metallic sound in an internal-combustion engine, due to detonation or incorrect timing) (*mot.*), battito in testa. **4.** ~ (due to a worn bearing or uneven comb. etc.) (*mot.*), battito, rumore. **5.** ~ out (*found.*), distaffaggio.

knockmeter (for fuel testing) (*meas. instr.*), detonometro.

knock-off (disconnecting device) (*mech.*), disinnesto. **2.** ~ action (as of a knitting mach.) (*text. ind.*), disinnesto a scatto.

knock-on (*a. - atom phys.*), "knock-on".

knockout (*mech.*), espulsore. **2.** ~ (device as for expelling work from a die) (*mech.*), estrattore. **3.** ~ (act of knocking out, as of the work from a die) (*sheet metal w.*), espulsione. **4.** ~ (removal of sand cores from castings) (*found.*), distaffatura. **5.** ~ (partial hole as in a plastic box and the remaining solid part of which is knocked out as by a hammer) (*technol.*), foro incompleto (ancora da rendere passante). **6.** ~ bar (as of a die) (*sheet metal w.*), candela di espulsione. **7.** ~ plate (*sheet metal w.*), piastra di espulsione. **8.** ~ station (*found.*), posto di distaffatura. **9.** bar ~ (as of a die) (*sheet metal w.*), espulsione a candela.

knoll (top of a submarine bank) (*sea*), sommità (di banco sottomarino). **2.** ~ (*geogr.*), collinetta isolata, poggio.

knoop hardness (*hardness meas.*), durezza Knoop.

knop (of yarn) (*text. mfg.*), bottone.

knot (unit of speed: one nautical mile per hour) (*meas.*), nodo, un miglio marino (1852 m) all'ora. **2.** ~ (as of rope), nodo. **3.** ~ (as of a metallic framework) (*mech.*), nodo. **4.** ~ (an inhomogeneity in the form of a vitreous lump) (*glass mfg.*), nodulo. **5.** ~, *see* core 2 ~. **6.** ~ bar (mach. for removing knots from logs) (*wood work. mach.*), trapano per nodi. **7.** ~ detector (of a knitting mach.) (*text.*), avvisanodi. **8.** ~ sealer (*paint.*), *see* knotting. **9.** anchor ~, nodo dell'àncora. **10.** bowline ~ with a bight (*naut.*), gassa di amante doppia. **11.** builder's ~, nodo parlato. **12.** buoy rope ~ (*naut.*), nodo di boa. **13.** crowned single wall ~ (*naut.*), piè di pollo semplice a corona. **14.** cuckold's ~ (*naut.*), *see* half crown. **15.** diamond ~ (*naut.*), nodo diamante. **16.** double wall ~ (*naut.*), piè di pollo doppio. **17.** double wall ~ with single crown (*naut.*), piè di pollo doppio a corona (o coronato). **18.** figure-of-eight ~, nodo di Savoia. **19.** flat ~, nodo dritto. **20.** granny ~, nodo falso, nodo sbagliato, nodo incrociato. **21.** heaving-line ~, *see* clove hitch. **22.** loop ~, (nodo a) fibbia semplice fissa. **23.** Matthew Walker ~ (*naut.*), piede di pollo per rida, piè di pollo per rida. **24.** mesh ~, *see* sheet bend. **25.** netting ~, *see* sheet bend. **26.** overhead ~, nodo semplice. **27.** reef ~, nodo piano, nodo dritto. **28.** rope-yarn ~ (*naut.*), nodo di filaccia. **29.** running bowline ~ (*naut.*), gassa d'amante scorsoia. **30.** running ~, nodo semplice con fibbia. **31.** shroud ~ (*naut.*), piè di pollo per sartia. **32.** single ~ (*naut.*), nodo semplice. **33.** single wall ~ (*naut.*), piè di pollo semplice. **34.** square ~, nodo piano, nodo dritto. **35.** stopper ~ (*naut.*), nodo di bozza. **36.** wall ~ (*naut.*), piè di pollo, piede di pollo. **37.** weaver's ~, *see* sheet bend.

knot (to), annodare. **2.** ~ two ropes together (*naut.*), intugliare.

"knotbreaker" (*text. app.*), macchina rompinodi.

knotted (*wood*), nodoso.
knotter (*text. device*), annodatore. **2.** ~ (appliance used for removing knots or impurities from pulp) (*paper mfg.*), separa nodi, epuratore. **3.** worm ~ (*paper mfg. mech.*), separa nodi elicoidale, epuratore elicoidale.
knotting (knot sealer: compound used for sealing wood knots in preparation for painting) (*paint.*), fissanodi.
knotty (lumber difficult to be manufactured) (*a. - join. - carp.*), nodoso. **2.** ~ (having many knots) (*a. - wood*), nodoso, pieno di nodi.
know-how (knowledge of how to do practically a particular object: as for reproduction of a patented article) (*patents*), "know-how", istruzioni di dettaglio per la pratica esecuzione. **2.** ~ (technical skill) (*work. ability*), abilità e conoscenza tecnica.
knowledge system (as for data retrieval) (*comp.*), sistema informativo.
knub (the waste silk in winding threads from the cocoon) (*text. ind.*), cascame di trattura.
knuckle (joint) (*mech.*), articolazione. **2.** ~ (part of a hinge) (*mech.*), elemento di cerniera. **3.** ~ (rotating part of an automatic car coupling) (*railw.*), elemento rotante di un accoppiatore automatico. **4.** ~ (pivotal point) (*mech. - gen.*), centro di rotazione, asse di rotazione. **5.** ~, *see* knuckle joint. **6.** ~ gear (*mech.*), ruota con denti a profilo semicircolare. **7.** ~ joint (hinge joint consisting of an eyed fork into which fits an eyed rod crossed by a pin that enters into the fork eyes) (*mech.*), articolazione a forcella. **8.** ~ joint press (*mach.*), pressa a ginocchiera. **9.** ~ pin (wrist pin: of a radial aviation engine) (*mech.*), perno per testa bielletta. **10.** ~ pin (of a knuckle joint) (*mech. impl.*), perno di articolazione (di un giunto snodato a maschio e forcella). **11.** ~ post (vertical post on which is pivoted the stub axle: as in aut. steering knuckle) (*aut. mech.*), perno verticale di articolazione del fuso a snodo. **12.** ~ press (*mach. t.*), pressa a ginocchiera. **13.** ~ tooth (*mech.*), dente a profilo semicircolare. **14.** steering ~ (knuckle pivoting to the vertical post and supporting a steering wheel) (*aut.*), articolazione del fuso a snodo, articolazione di sterzo.
knuckle-joint press (*mach. t.*), pressa a ginocchiera.
knurl (*n. - mech.*), zigrinatura, godronatura.
knurl (to) (*mech.*), zigrinare.
knurled (*a. - mech.*), zigrinato, godronato.
knurling (*mech.*), zigrinatura. **2.** ~ (*arch.*), esecuzione di modanature (elaborate). **3.** ~ machine (*mach.*), macchina per zigrinare. **4.** ~ tool (*t.*), utensile per zigrinare.
"k/o" (knockout, as for a die) (*mech. technol.*), espulsione. **2.** ~ bar (knockout bar, of a die) (*sheet metal w.*), candela di espulsione. **3.** bar ~ (bar knockout, of a die) (*sheet metal w.*), espulsione a candela.
"kohm", *see* kilohm.
kollergang (edge runner) (*paper mfg. mach.*), molazza.
Kollsman number (the number at which a pressure altimeter is set to correspond to the barometric pressure at a given point) (*aer.*), numero di Kollsman (relativo alla) pressione barometrica locale.
konimeter (instr. for meas. the dust content of air) (*min. app.*), conimetro.
K particle, *see* kaon.
"KPH" (Kilometers Per Hour) (*speed meas.*), chilometri orari.
Kr (Krypton) (*chem. symbol*), cripto.
"kr" (Kiloroentgen) (*phys. meas.*), Kiloroentgen.
Krad, *see* Kilorad.
kraft (kraft paper, very strong kind of paper, used as a dielectric) (*paper mfg.*), carta kraft.
krypton (element, atomic number 36, atomic weight 83.80) (Kr - *chem.*), cripto, cripton. **2.** ~ lamp (powerfull and fog piercing light) (*aer. runway*), lampada al kripton.
"KSF" (kips per square foot) (*phys. meas.*), kip per piede quadrato (1000 libbre per piede quadrato).
k-shell (*atom phys.*) strato K.
"KSR", *see* keyboard send/receive.
"kt" (kiloton) (*meas.*), kt, chiloton. **2.** ~, *see also* knot 1 ~.
"KTR" (Keyboard Typing Reperforator: telewriting device) (*comp.*), telescrivente a tastiera con perforatore di nastro.
kurtosis (degree of curvature of a stat. curve compared with that of a normal curve) (*stat.*), curtosi.
"kv" (kilovolt, kilovolts) (*elect. meas.*), kV, chilovolt.
"kva", *see* kilovolt-ampere.
"kvah" (kilovolt-ampere-hour) (*elect. meas.*), kvah, chilovoltamperora.
"kvar" (kilovar) (*elect. meas.*), kvar, chilovar, chilovoltampere reattivi.
"kvarh" (reactive energy) (*elec. meas. unit*), kilovar-ora.
"Kw", *see* Kilowatt.
"Kwh", *see* Kilowatt-hour.
"KW-hr", *see* Kilowatt-hour.
"KWIC" (Key Word In Context: kind of alphabetized index) (*comp.*), "KWIC".
KWOC (Key Word Out Context: kind of index) (*comp.*), "KWOC".
kyanite ($Al_2 O_3.SiO_2$: refractory) (*min.*), cianite.
kymograph (*phys. app.*), chimografo.
"kz" (dust or sand storm, Beaufort letter) (*meteorol.*), tempesta di sabbia, tempesta di polvere.

L

"L" (inductance) (*elect.*), L, induttanza.
"l" (lightning, Beaufort letter) (*meteorol.*), lampi. **2.** ~, *see* lambert, landing, landplane, large, latitude, launch, left, length, liaison, lift, light, line, liner, link, liquid, liter, long, longitude, lumen, pound.
"LA", *see* lighter than air.
La (lanthanum) (*chem. symbol*), lantanio.
"lab" (laboratory) (*chem. - etc.*), laboratorio. **2.** ~, *see also* labor.
label (*comm.*), etichetta, cartellino. **2.** ~ (dripstone) (*arch.*), gocciolatoio. **3.** ~ (projecting molding: as above a door or window) (*arch.*), cornicione, modanatura sporgente. **4.** ~ (set of characters for identifying a record) (*comp.*), etichetta, elemento identificatore. **5.** metal ~ (as on a switchboard with operating instructions) (*mech. - etc.*), targhetta metallica. **6.** tape ~ (*comp. - elics.*), etichetta di nastro (magnetico). **7.** trailer ~ (of a magnetic tape) (*comp.*), etichetta terminale (o di coda).
label (to) etichettare, contrassegnare con cartellino. **2.** ~ (*comp.*), etichettare, rendere identificabile.
labeled (*gen.*), etichettato, contrassegnato (con cartellino). **2.** ~ file (*comp.*), archivio etichettato. **3.** ~ molecule (containing atoms with nonnatural isotopic composition) (*phys.*), molecola con atomi ad instabile composizione isotopica.
labile (unstable) (*chem.*), labile.
labor, labour (Am.), mano d'opera. **2.** ~ (hours of work), lavoro. **3.** ~ contract (*work.*), contratto di lavoro. **4.** ~ cost (*ind. adm.*), costo della mano d'opera (o del lavoro). **5.** ~ engagement form (or sheet) (for workers), modulo di assunzione. **6.** ~ force (*pers. - etc.*), maestranze. **7.** ~ legislation (*law - ind.*), legislazione del lavoro. **8.** ~ market (*pers. - work.*), mercato del lavoro. **9.** ~ mobility (*org. pers.*), mobilità della mano d'opera. **10.** ~ movement (*trade-unions*), movimento sindacale. **11.** ~ office (as of a factory), ufficio assunzione mano d'opera, ufficio assunzione operai. **12.** ~ organization (*work.*), organizzazione sindacale. **13.** ~ relations (*trade-unions*), rapporti sindacali. **14.** ~ turnover (*work organ.*), rotazione delle maestranze (o della mano d'opera). **15.** ~ union (*work.*), sindacato. **16.** direct ~ (in the production of an article) (*ind.*), mano d'opera diretta. **17.** division of ~ (*ind. methodology*), divisione del lavoro. **18.** hard ~ (*law*), lavori forzati. **19.** indirect ~ (*ind.*), mano d'opera indiretta. **20.** manual ~ (*work.*), manovalanza. **21.** nonproductive ~ (*ind.*), mano d'opera indiretta. **22.** productive ~ (*ind.*), *see* direct labor. **23.** skilled ~ (*ind.*), mano d'opera specializzata.
laboratory, laboratorio. **2.** ~ (*chem.*), laboratorio. **3.** ~ (of a reverberatory furnace) (*metall.*), suola. **4.** hot ~ (radioactive materials research ~) (*atom phys.*), laboratorio con alto rischio di radioattività. **5.** manned orbiting ~ (*astric.*), laboratorio spaziale (in orbita) con equipaggio a bordo. **6.** material testing ~ (*constr. theor.*), laboratorio per la prova dei materiali. **7.** space ~ (space lab) (*astric.*), laboratorio spaziale.
laborer (*work.*) (Am.), manovale. **2.** ~ (*agric. work.*), bracciante. **3.** casual ~ (*work.*), avventizio, lavoratore avventizio.
labour (Brit.), *see* labor.
labourer (Brit.), *see* laborer.
labradorite (*min.*), labradorite.
labyrinth (a device to prevent leakage) (*mech.*), labirinto. **2.** ~ loudspeaker (*electroacous.*), altoparlante a camera di compressione. **3.** ~ seal (as of a turbine) (*mech.*), tenuta a labirinto.
lac (resin) (*ind.*), gomma lacca grezza.
laccolith, laccolite (igneous rock) (*geol.*), laccolite.
lace (a cord, as for shoes) (*text. mfg.*), laccio, stringa. **2.** ~ (openwork fabric), merletto, pizzo. **3.** ~ (ornamental braid) (*text.*), gallone. **4.** ~ paper (as for the imitation of an openwork fabric) (*paper mfg.*), carta (uso) pizzo.
lace (to) (to fasten with laces) (*gen.*), allacciare. **2.** ~ (to add: as an ingredient) (*rubb. mfg.*), aggiungere. **3.** ~ (to punch all the holes of a punch card area) (*comp.*), perforare a tappeto, fare un reticolato di fori.
laced (*gen.*), allacciato. **2.** ~ card (*comp.*), scheda con reticolato (di pori), scheda con pori non significativi.
lachrymator (*milit. - chem.*), gas lacrimogeno.
lachrymatory (*a. - chem.*), lacrimogeno.
lacing (of belts) (*mech.*), cucitura, aggraffatura. **2.** ~, ~ line (as through the eyelets of an awning) (*naut.*), cimetta di allacciamento. **3.** ~ hole (of an awning) (*naut.*), gassetta, occhiello. **4.** leather ~ (of belts) (*mech.*), cucitura a lacciuoli (di cuoio). **5.**

steel ~ (for belts) (*mech.*), grappa, graffa metallica.

lack (*gen.*), mancanza. **2.** ~ of fusion (*welding defect*), mancanza di fusione.

lack (to) (*gen.*), mancare.

lacker, *see* lacquer.

lacking (*gen.*), mancante.

lacmus, *see* litmus. **2.** ~ paper, *see* litmus paper.

lacquer (colorless spirit varnish) (*paint.*), lacca (o vernice) a spirito. **2.** ~ (*natural varnish*), lacca. **3.** ~ (transparent spirit varnish applied to prevent tarnish as to a metal) (*paint.*), trasparente a spirito, vernice trasparente. **4.** brittle ~ (*metallic structural part testing*), tensio-vernice. **5.** brushing ~ (*paint.*), vernice a pennello. **6.** cellulose ~ (*paint.*) (Am.), vernice alla cellulosa. **7.** cracking ~ (paint defect) (*paint.*), vernice screpolata. **8.** crystallizing ~ (*paint.*), vernice cristallizzante. **9.** nitrocellulose ~ (*paint.*), vernice alla nitrocellulosa. **10.** pyroxylin ~ (*paint.*), vernice alla pirossilina. **11.** vinyl ~ (*paint.*), vernice vinilica.

lacquer (to) (by artificial varnish paints) (*paint.*), verniciare. **2.** ~ (by natural varnish), laccare.

lacquering (lacquer finishing) (*paint.*), laccatura.

lactate (*chem.*), lattato.

lactescent (*a. - gen.*), lattescente.

lactic (*a. - chem.*), lattico. **2.** ~ acid ($C_3H_6O_3$) (*chem.*), acido lattico.

lactometer (*chem. instr.*), lattodensimetro.

lactone (*chem.*), lattone.

lactose ($C_{12}H_{22}O_{11}$) (*chem.*), lattosio.

lacunar (ceiling) (*arch.*), soffitto a cassettoni. **2.** ~ (recessed panel in a ceiling) (*arch.*), cassettone.

"ladar" (laser detection and ranging: device used for tracking) (*opt. - milit.*), ladar, laser radar.

ladder (*impl.*), scala, scala a pioli. **2.** ~ (bracket) (*gunnery - navy*) (Am.), forcella. **3.** ~ (bucket conveyor) (*ind. app.*), trasportatore a tazze. **4.** ~ chain (ladder shaped chain: as GALLE chain) (*impl.*), catena tipo GALLE. **5.** ~ truck (*fire veh.*), autoscala. **6.** accomodation ~ (*naut.*), scala reale, scala di comando, scala di fuori banda. **7.** aerial ~ (*impl.*), scala porta. **8.** double ~ (*impl.*), scalèo. **9.** extension ~ (*impl.*), scala porta. **10.** rope ~ (*fire- etc.*), scala di corda. **11.** rope ~ (*naut.*), biscaglina. **12.** rung ~ (*impl.*), scala a pioli. **13.** step ~ (*impl.*), scala a gradini (trasportabile).

ladderway (*min.*), via di accesso (o di uscita) provvista di scala.

lade (to) (as a vessel) (*naut.*), caricare.

laden (as of a ship) (*naut.*), caricato. **2.** fully ~ (fully charged) (*nav. - aut. - etc.*), (a) pieno carico.

ladle (*impl.*), ramaiolo, mestolo. **2.** ~ (large cup-shaped spoon with a long handle) (*found. - etc.*), cucchiaione. **3.** ~ (metal container lined with refractories used for casting) (*found.*), siviera, secchione, secchia di colata. **4.** ~ (of a water wheel) (*hydr.*), pala. **5.** ~ (a long-handled, cup-shaped tool for ladling glass, also for filling pots) (*glass mfg.*), ramaiolo. **6.** ~ analysis (made on a test ingot during the pouring of the heat) (*found. - metall.*), analisi a piè di forno, analisi di colata. **7.** ~ lip (*found.*), labbro della siviera. **8.** bottom pouring ~ (*found.*), siviera a tampone. **9.** bull ~ (*found. t.*), secchione, grande siviera. **10.** crane ~ (*found.*), siviera a bilanciere. **11.** drum ~ (*found.*), siviera cilindrica, siviera a botte, siviera a tamburo. **12.** hand ~ (*found.*), sivierina, siviera a mano, tazza di colata, tazzina, cassina. **13.** lead ~ (*plumber's t.*), cucchiaione per piombo. **14.** mixing ~ (*found.*), siviera di mescolamento, mescolatore. **15.** shank ~ (*found.*), sivierina con manico a forchettone. **16.** tea-pot ~ (*found.*), siviera a sifone, siviera a teiera. **17.** tilting ~ (*found.*), siviera rovesciabile.

ladleman (*found. work.*), addetto alle siviere.

ladler (*found. work.*), fonditore. **2.** ~ (that which ladles), *see* ladle.

ladling (feeding) (*found.*), alimentazione. **2.** ~ (to pick up the metal with the ladle from the furnace for casting it in the die) (*found.*), tazzaggio. **3.** automatic ~ (*found.*), alimentazione automatica.

laevorotatory, *see* levorotatory.

lag (retardation: as in movement), ritardo. **2.** ~ (a board or the like, in stave form, covering a cylindrical body) (*mech.*), doga di fasciame, elemento di rivestimento di un corpo cilindrico. **3.** ~ (retardation: as of current in a 3-phase system) (*elect.*) (Brit.), ritardo. **4.** ~ bolt (square head woodscrew) (*carp.*), tirafondo, vite mordente a testa quadra. **5.** ~ screw, *see* lag bolt. **6.** angle of ~ (as of a valve in mot. timing) (*mech.*), angolo di ritardo. **7.** ignition ~, *see* ignition delay. **8.** magnetic ~ (magnetic hysteresis) (*elect.*), isteresi magnetica. **9.** phase ~ (*elics. acous.*), ritardo di fase, sfasamento.

lag (to) (to cover something) (*therm.*), rivestire. **2.** ~ (to retardate: as elect. current) (*elect.*), ritardare. **3.** ~ (to retardate: as a valve) (*mot.*), ritardare.

lag-bolt (to) (to join with lag screws or lag bolts) (*carp.*), giuntare con tirafondi, congiungere con viti mordenti a testa quadra.

lagging (action of covering), rivestimento. **2.** ~ (as of boilers by nonconducting material) (*therm.*), isolamento, rivestimento isolante. **3.** ~ (wooden lining for mine workings) (*min.*), guarnissaggio. **4.** ~ (retardation: as of current in a 3-phase system) (*elect.*) (Am.), ritardo. **5.** ~ (for avoiding earth movement) (*mas. - agric.*), graticciata. **6.** ~ (wooden bearing strips interposed between the centering and the arch, in order to transfer the masonry weight on the centering) (*mas.*), manto di estradosso, manto della centina. **7.** ~ current (*elect.*), corrente in ritardo. **8.** ~ P F (lagging power factor) (*elect.*), fattore di potenza in ritardo. **9.** exhaust cone ~ (of a jet engine), cuffia (o rivestimento) del cono di scarico. **10.** jute ~ (sheating for cables, etc.), rivestimento di juta. **11.** pipe ~ (*pip.*), rivestimento isolante per tubazioni.

lagoon (*geogr.*), laguna.

lagrangian function, *see* kinetic potential.
lagune, *see* lagoon.
laid (as of a pavement), posato. **2.** ~ lines (close light lines in laid papers) (*paper mfg.*), vergelle, vergatura. **3.** ~ paper (*paper mfg.*), carta vergata, carta vergella. **4.** ~ up (of a ship) (*naut.*), disarmato. **5.** ~ wires (parallel wires used for making laid paper) (*paper mfg.*), vergelle. **6.** ~ wool (*ind.*), lana sucida.
laid-up (*a. - gen.*), accantonato, messo da parte. **2.** ~ (reinforcing material placed in position in the mold) (*plastics ind.*), materiale di rinforzo posizionato (nello stampo). **3.** ~ (resin-impregnated reinforcement) (*plastics ind.*), rinforzo impregnato di resina. **4.** ~ (the process of placing the reinforcing material in position in the mold) (*plastics ind.*), messa in posizione (del materiale di rinforzo) nello stampo.
laitance (whitish scum collecting on the surface as of green cement) (*bldg.*), efflorescenza.
lake (*geogr.*), lago. **2.** ~ (red pigment) (*ind. chem.*), pigmento rosso. **3.** ~ (organic colouring matter combined with an alkaline earth metallic base) (*paint.*), lacca. **4.** madder ~ (alizarin lake) (*paint.*), lacca di alizarina.
laky (*a. - geogr.*), lacustre.
"lam", *see* laminated.
lamb (*wool ind.*), agnello. **2.** Persian ~ (for furs), agnello di Persia.
lambda (lambda particle, uncharged elementary particle) (*atom phys.*), particella lambda. **2.** ~ (unit of volume equal to l cubic mm) (*meas.*), millimetro cubo.
lambert (C. G. S. unit of brightness) (*illum. phys.*), lambert.
lambkin (*wool ind.*), agnellino da latte.
lambskin, pelle d'agnello.
lamb's wool (of high spinning quality) (*wool ind.*), lana di agnello. **2.** first ~ (*wool ind.*), lana d'agnello di buone caratteristiche. **3.** second ~ (*wool ind.*), lana d'agnello corta di seconda qualità. **4.** super ~ (*wool ind.*), lana d'agnello lunga, uniforme, chiara. **5.** super crossbred ~ (*wool ind.*), lana superiore di agnello incrociato.
lame (lamina) (*n. - ind.*), lamina. **2.** ~ (metallic thread for fabric as lamé) (*n. - text.*), filato metallico. **3.** ~ (crippled) (*a. - gen.*), zoppo.
lamé (metal threads fabric with silk or cotton etc.) (*text.*), lamé.
lamellar (laminate) (*a. - gen.*), lamellare, lamelliforme. **2.** ~ (*a. - metall.*), lamellare. **3.** ~ pearlite (*metall.*), perlite lamellare.
lamina (*mech. - phys.*), lamina. **2.** ~ (*geol.*), *see* lamination. **3.** ~ (thin steel sheet) (*elect.*), lamierino di acciaio.
laminable (*a. - metall.*), laminabile. **2.** ~ (*geol.*), suddivisibile in lamelle (o lamine).
laminar (consisting of thin layers) (*a. - material*), lamellare. **2.** ~ (relating to a non turbulent flow of a fluid) (*a. - fluids mech.*), laminare, non turbolento. **3.** ~ distance (distance measured along the axis of a homing torpedo, between the torpedo and the perpendicular plane containing the centre of the volume of the directivity pattern of the torpedo head) (*navy - und. acous.*), distanza laminare, distanza di massima probabilità di acquisizione. **4.** ~ layer (of a material consisting of laminas) (*phys.*), strato lamellare, strato lamelliforme. **5.** ~ layer (the thin boundary layer of fluid near the surface of an immersed and moving body) (*fluids mech.*), strato laminare. **6.** ~ point (point of the directivity pattern of a homing torpedo, located at the laminar distance, in which occurs the highest probability of target acquisition) (*navy - und. acous.*), punto laminare, punto preferenziale dell'autoguida.
laminate (having the shape of a lamina) (*a.*) laminare, lamellare. **2.** ~ (*n.*), *see* laminated plastic. **3.** ~ (covered with laminae: as in alclad sheets covered with thin laminal of straight al) (*a. - metall.*), placcato.
laminate (to) (to divide into layers) (*geol.*), presentarsi sotto forma lamellare. **2.** ~ (to roll) (*metall.*), laminare. **3.** ~ (to coat with laminae) (*gen.*), laminare, placcare. **4.** ~ (to separate into laminae) (*gen.*), sfogliare in lamine.
laminated (*a.*), *see* laminate. **2.** ~ beam (*bldg.*), *see* flitch beam. **3.** ~ glass (*glass mfg.*), *see* shatterproof glass. **4.** ~ plastic (plastic sheet made up of superimposed layers of materials impregnated with resin and compressed under heat) (*ind.*), laminato plastico. **5.** ~ spring (leaf spring) (*veh.*), molla a balestra.
lamination (process of laminating) (*metall.*), laminazione. **2.** ~ (in synthetic resins work.) (*chem. ind.*), stratificazione, laminatura. **3.** ~ (lamina) (*mech. - phys.*), lamina. **4.** ~ (crack of a sheet metal) (*material defect.*), laminazione, sfogliazione. **5.** ~ (laminated structure) (*geol. - etc.*), struttura lamelliforme (o laminare). **6.** ~ (constituent of a laminated iron core: as in transformers, etc.) (*n. - electr. - metall.*), lamierino magnetico. **7.** cross ~ (of plastics) (*technol.*), stratificazione incrociata.
laminboard (board composed of layers of parallel fibers glued together and sandwiched between two outer layers of plywood) (*carp. - join.*), paniforte.
lamp (*elect.*), lampada, lampadina. **2.** ~ (light producing device burning gasoline etc.), lampada. **3.** ~ (heat producing device burning gasoline etc.), lampada. **4.** ~ (headlight) (*aut.*), proiettore. **5.** ~ (flaming torch for drying molds) (*found. t.*), torcia. **6.** ~ base (bulb screw base), virola. **7.** ~ holder (screw type or bayonet type: of incandescent lamps) (*elect. illum.*) (Am.), portalampada. **8.** ~ holder plug (*elect. device*), tappo luce a portalampada con presa intermedia di corrente. **9.** ~ house (of a m. pict. projector) (*opt.*), lanterna. **10.** ~ method (for determining sulphur in petrols) (*chem.*), metodo alla lampada. **11.** ~ oil (*oil ind.*), petrolio illuminante. **12.** ~ post (*road*), colonna (o

sostegno) per lampada. **13.** ~ room (*railw.*), lampisteria. **14.** ~ shade (*illum.*), paralume. **15.** ~ socket (*elect. impl.*), portalampada. **16.** ~ with Edison screw (*elect.*), lampada a passo Edison. **17.** alcohol ~ (*med. instr.*), lampada ad alcool. **18.** arc ~ (*elect.*), lampada ad arco. **19.** automobile ~ (*elect.*), lampada auto, lampada per automobile. **20.** backing ~ (backup lamp, reversing lamp) (*aut.*), proiettore per retromarcia. **21.** backup ~ (*aut.*), proiettore per retromarcia. **22.** bayonet type ~ holder (*elect. illum. fitting*), portalampada a baionetta. **23.** BC ~ holder (bayonet cap lamp holder) (*elect.*), portalampada con attacco a baionetta. **24.** Betty ~ (obsolete kind of oil lamp) (*illum. app.*), lume ad olio di tipo antico. **25.** bicycle ~ (*device*), fanale da bicicletta. **26.** blackout ~ (*illum. app.*), lampada per oscuramento. **27.** blow ~ (soldering device) (*mech.*), fiaccola (per saldare). **28.** blow ~ soldering iron (*mech. device*), saldatoio a fiaccola. **29.** candelabra ~ holder with Edison screw (*elect.*) (Am.), portalampade mignona passo Edison. **30.** cap ~ (*min. impl.*), lampada da elmetto. **31.** carbide ~ (*illum. app.*), lampada a carburo. **32.** carbon arc ~ (*illum.*), lampada ad arco fra elettrodi di carbone. **33.** carbon filament ~ (*old illum. app.*), lampada a filamento di carbone. **34.** Carcel ~ (*illum. phys.*), lampada Carcel. **35.** cathode-ray glow ~ (for flashing lamp system in sound-on-film recording) (*electroacous.*), lampada a luce catodica. **36.** ceiling ~ (*illum.*), plafoniera. **37.** clearance ~ (*aut.*), luce di ingombro. **38.** comparison ~ (*illum. phys*), lampada tarata, lampada di paragone. **39.** corner ~ (*aut.*), luce d'angolo. **40.** Davy ~ (*min. impl.*), lampada Davy, lampada di sicurezza. **41.** daylight ~ (*elect. illum.*), lampada a luce diurna. **42.** d. c. arc ~ (*illum.*), lampada ad arco a c.c. **43.** discharge ~ (*illum.*), lampada a scarica. **44.** door courtesy ~ (which illuminates a car interior on opening the door) (*aut.*), luce di cortesia. **45.** double-capped tubular ~ (*illum.*), lampada tubolare a doppio attacco. **46.** exciter ~ (a lamp the light of which passes through the sound track film) (*elect. - m. pict.*), lampada fonica. **47.** exciting ~ (of a m. pict. projector), lampada eccitatrice. **48.** filament ~ (*illum.*), lampada a filamento, lampada ad incandescenza. **49.** flame-arc ~ (*elect. illum.*), lampada ad arco a fiamma. **50.** flashing ~ recording (Movietone system in sound-on-film recording) (*electroacous.*), registrazione del suono con lampada a intensità variabile. **51.** flat filament ~ (*elect.*), lampada con filamento a nastro. **52.** flat-shaped ~ (*elect.*), lampada a forma schiacciata. **53.** fluorescent ~ (*illum.*), lampada (o tubo) a fluorescenza. **54.** frosted ~ (*elect. illum.*), lampada smerigliata. **55.** gas-discharge ~ (*elect. illum.*), lampada a gas luminescente, lampada a luminescenza. **56.** gaseous discharge ~ (*illum.*), lampada luminescente a gas. **57.** gas-filled filament ~ (*elect. illum.*), lampada a incandescenza in gas inerte. **58.** glow ~ (*elect.*), lampada a luminescenza. **59.** gooseneck ~ (*illum. - app.*), lampada da tavolo a stelo flessibile. **60.** half-watt ~ (*elect. illum.*), lampada da mezzo watt. **61.** hand ~ (an accessory, as in a tool kit) (*aut. - etc.*), lampada d'ispezione. **62.** heat ~, *see* infrared lamp. **63.** high-frequency ~ (for flashing lamp system in sound-on-film recording) (*electroacous.*), lampada ad intensità variabile ad alta frequenza. **64.** hot start ~ (*illum.*), lampada con adescamento a caldo. **65.** incandescent ~ (*elect. illum.*), lampada a incandescenza. **66.** indicator ~ (*audiovisuals*), *see* pilot ~. **67.** infrared ~ (incandescent lamp fed by low voltage) (*med. app.*), lampada a raggi infrarossi. **68.** license-plate ~ (number plate light) (*aut. illum.*), luce targa. **69.** lighthouse ~ (*elect.*), lampada del faro. **70.** medium screw ~ holder (*elect.*), portalampade normale a passo Edison. **71.** mercury-arc, *see* mercury discharge lamp. **72.** mercury-discharge ~ (*elect.*), lampada a vapori di mercurio. **73.** mercury-vapor ~ (*elect.*), lampada a vapori di mercurio. **74.** metal halide ~ (mercury vapor lamp with added metal salts for obtaining white light) (*elect. illum.*), lampada a vapori di mercurio con luce bianca. **75.** miner's ~ (*min.*), lampada da miniera. **76.** miniature screw ~ holder (*elect.*), portalampade micromignon. **77.** mixed-light ~ (as a glow and discharge lamp) (*illum.*), lampada a luce mista. **78.** mogul ~ holder (*elect.*), portalampade Goliat (o Goliath). **79.** neon ~ (*elect. device*), lampada al neon. **80.** opal ~ (*elect. illum.*), lampada opalina. **81.** overhead ~ (as for m. pict. shooting) (*illum.*), lampada (o riflettore) verticale. **82.** parking ~ (*aut.*), luce di parcheggio. **83.** passing ~ (lower beam, traffic beam) (*aut.*), proiettore anabbagliante. **84.** pentane ~ (*illum. phys.*), lampada a pentano. **85.** phase ~ (*elect.*), lampadina di fase. **86.** photoflash ~ (photoflash bulb filled with comb. material) (*phot. impl.*), lampada (a combustione) per lampo fotografico. **87.** pilot ~ (*elect.*), lampada spia. **88.** pipe fitting ~ holder (for suspended installations) (*elect. illum. fitting*), portalampada per sospensione tubolare, portalampada con attacco adatto per tubi (e loro raccorderia). **89.** pole ~ (*illum. fixture*), lampadario a palo. **90.** projection ~ (*phot. illum.*), lampada da proiezioni. **91.** push-bar switch ~ holder (*elect. illum.*) (Brit.), portalampada con interruttore a pulsante trasversale. **92.** quartz ~ (*phys. med.*), lampada al quarzo. **93.** quartz-iodine ~ (*aut. - illum. - phot.*), lampada alogena, lampada al quarzo-iodio. **94.** rear stop ~ (rear red lamp) (of a veh.) (*aut. - mtc. - etc.*), fanalino rosso posteriore. **95.** reversing ~ (backup lamp) (*aut.*), proiettore di retromarcia. **96.** roof ~ (*illum.*), plafoniera. **97.** safety ~ (*min.*), lampada di sicurezza. **98.** screw type ~ holder (*elect. illum. fitting*), portalampada a vite. **99.** sealed beam ~ (integrally sealed bulb, reflector and lens; as for motorcar headlights) (*aut.*) (Am.), proiettore a tenuta stagna. **100.** seat back courtesy ~ (tonneau lamp) (*aut.*), luce di cortesia montata sullo schienale. **101.** signal ~ (direction indicator lamp, directional signal lamp) (*aut.*), lampeggiatore, indicatore di direzione. **102.** signal ~ (*electrotel.*), lampada di segnalazione. **103.** sodium-vapor ~ (*elect.*), lampada a vapori di sodio, lampada al sodio. **104.** spheric ~ (*illum.*), lampada sferica. **105.** stroboscopic flash ~ (*elect. illum. device*), lampeggiatore stroboscopico. **106.** student ~ (*off. equip.*), lampada da tavolo (a braccio mobile). **107.** sunlight ~ (*elect. illum.*), lampada a luce solare. **108.** swinging ~ (*naut.*), lampada a sospensione. **109.** table ~ (*illum.*), lume da tavolo. **110.** tail ~ (*aer.*), fanale di coda. **111.** tail ~ (*aut.*), luce di posizione posteriore. **112.** tubular ~ (*illum.*), lampada tubolare. **113.** tubular discharge ~ (*illum.*), tubo luminescente, lampada tubolare a scarica. **114.** tungsten ribbon ~ (*illum.*), lampada a nastro di tungsteno. **115.** ultraviolet ~ (*med. instr.*), lampada per raggi ultravioletti. **116.** vacuum ~ (*elect. illum.*), lampada (a incandescenza) nel vuoto. **117.** vaporproof ~ (as in painting equip.) (*antifire illum. device*), lampada a chiusura ermetica, lampada stagna, lampada antideflagrante. **118.** wall ~ (*illum.*), "applique", apparecchio di illuminazione da parete. **119.** wall bracket ~ (*road*), lampada su mensola a muro. **120.** ~, *see also* bulb.

lampblack (*chem. ind.*), nerofumo di lampada.

lamplight (*phot.*), luce artificiale.

"LAN" (Local Area Network) (*comp.*), rete locale.

"lanac" (laminar air navigation and collision: to avoid midair collisions through a secondary radar) (*navig. safety*), LANAC.

lance (old-style arm), lancia. **2.** ~ (of a cutting torch) (*part of mech. t.*), lancia. **3.** ~ corporal (*milit.*), soldato scelto. **4.** ~ corporal (*cavalry*), appuntato. **5.** ~ sergeant (*milit.*), sergente maggiore. **6.** free ~ (as one writing for a newspaper) (*adver. - journ.*), collaboratore esterno.

lanceolate (*a. - arch.*), lanceolato.

lancet (*med. instr.*), bisturi. **2.** ~ arch (*arch.*), arco gotico rialzato.

land, terra, terreno. **2.** ~ (as of a gun bore: the surface between contiguous grooves) (*mech.*), pieno, parte in rilievo tra le rigature. **3.** ~ (between the ring grooves of a piston) (*mot. mech.*), colletto, pieno. **4.** ~ (between the grooves of a twist drill) (*t.*), faccia, zona della punta tra due solchi successivi. **5.** ~ (of a broach tooth) (*tool*), faccetta, fascetta. **6.** ~ (flash land, of a forging die, area of the die in contact with the flash) (*forging*), cordone di bava. **7.** ~ (landing: amount of the overlap of the plates in a steel ship) (*shipbuild.*), entità della sovrapposizione. **8.** ~ (uncut material between two adjacent grooves as in a phonographic record) (*acous. - impl.*), zona fra due solchi, spessore tra due solchi adiacenti. **9.** ~ boundary (*top.*), confini della proprietà. **10.** ~ bridge (*geogr.*), istmo. **11.** ~ force (*milit.*), forze di terra. **12.** ~ recco (*milit.*) (coll.), ricognizione terrestre. **13.** ~ reclamation (*agric.*), bonifica. **14.** ~ station (on land, not mobile) (*radio*), stazione a terra, stazione fissa. **15.** ~ survey (*top.*), rilievo del terreno. **16.** ~ tax, imposta fondiaria. **17.** afforested ~ (obtained by planting trees) (*agric.*), terreno rimboschito. **18.** bottom ~ (of a gear tooth) (*mech.*), bassofondo (del dente), fondo (dente). **19.** disafforested ~ (*agric.*), terreno disboscato. **20.** low ~ (*geogr.*), bassopiano. **21.** public ~ (public domain) (*law*) (Am.), proprietà demaniale. **22.** survey of ~ (*top.*), rilievo del terreno. **23.** top ~ (of a gear tooth) (*mech.*), sommità piatta (del dente).

land (to) (of an airplane) (*aer.*), atterrare. **2.** ~ (*naut.*), approdare, sbarcare. **3.** ~ (of a seaplane) (*aer.*), ammarare.

lander (on a celestial body) (*spacecraft*), veicolo destinato alla discesa su di un corpo celeste. **2.** ~ (worker unloading rock and loading mining tools etc. to be lowered in the mine) (*min.*), minatore esterno addetto al carico e scarico.

landfall (landing) (*naut.*), approdo. **2.** ~ (first sight of land from an airplane flying over the sea or from a ship) (*aer. - naut.*), avvistamento della terra. **3.** ~ (landslide) (*geol.*), frana.

landing (*bldg.*), pianerottolo. **2.** ~ (*naut.*), approdo. **3.** ~ (of landplanes) (*aer.*), atterraggio. **4.** ~ (of seaplanes) (*aer.*), ammaraggio. **5.** ~ angle (*aer.*), angolo di atterraggio. **6.** ~ beacon (*aer.*), faro di atterraggio. **7.** ~ beam (*aer. - radio*), segnale unidirezionale speciale per atterraggio. **8.** ~ circle (*aer.*), giro di orientamento intorno al luogo di atterraggio. **9.** ~ craft (*navy*), mezzo da sbarco, motozattera. **10.** ~ distance (*aer.*), percorso di atterraggio (o di ammaraggio). **11.** ~ field (*aer.*), campo di atterraggio. **12.** ~ gear (of landplanes) (*aer.*), carrello di atterraggio. **13.** ~ gear (supporting the semitrailer forward part when parked) (*semitrailer app.*), supporto anteriore retrattile, zampa anteriore di appoggio. **14.** ~ gear (of seaplanes) (*aer.*), galleggianti di ammaraggio. **15.** ~ gear lock switch (*aer.*), interruttore di bloccaggio del carrello. **16.** ~ gear up lock switch (*aer.*), interruttore di bloccaggio del carrello in posizione retratta. **17.** ~ ground (*aer.*), campo di atterraggio. **18.** ~ lane (of an aerodrome) (*aer.*), pista di atterraggio. **19.** ~ mat (for provisory runways) (*aer.*), pista provvisoria metallica, pista realizzata con elementi di lamiera stampata. **20.** ~ net (*fishing t.*), retino. **21.** ~ procedure (part of the approach) (*aer.*), procedura per l'atterraggio. **22.** ~ speed (*aer.*), velocità di atterraggio. **23.** ~ stage (*naut.*), pontile. **24.** ~ strip (*aer.*), pista di atterraggio. **25.** ~ tee, *see* wind tee. **26.** ~ weight (LW, of a plane) (*aer.*), peso all'atterraggio, peso al momento dell'atterraggio. **27.** ~ wires (*aer.*), controdiagonali. **28.** ~ zone (ring zone of a disk where the flying head lands and from where it takes off) (*comp.*), zona di ritorno e di partenza della testina. **29.** all-weather ~ system (*aer.*), sistema di atterraggio ognitempo. **30.** dead stick ~ (*aer.*), atterraggio a elica ferma. **31.** downwind ~ (*aer.*), atterraggio in direzione del vento. **32.** emergency ~ ground (*aer.*), campo di fortuna. **33.** fixed ~ gear (*aer.*), carrello di atterraggio fisso (non retrattile). **34.** forced ~ (*aer.*), atterraggio forzato, ammaraggio forzato. **35.** full stop ~ (FSL) (*aer.*), atterraggio ed arresto completo. **36.** instrument ~ (*aer.*), atterraggio strumentale, atterraggio radioguidato. **37.** lopsided ~ (*aer.*), atterraggio su una ruota. **38.** nonretractable ~ gear (*aer.*), *see* fixed landing gear. **39.** nose ~ gear (*aer.*), carrello di atterraggio prodiero. **40.** nose-wheel ~ gear (tricycle landing gear) (*aer.*), carrello a triciclo. **41.** pancake ~ (*aer.*), atterraggio a piatto. **42.** power-stall ~ (*aer.*), atterraggio con motore alla minima velocità di sostentamento. **43.** retractable ~ gear (*aer.*), carrello d'atterraggio retrattile. **44.** side-slip ~ (*aer.*), atterraggio con scivolata d'ala. **45.** ski ~ gear (*aer.*), carrello (d'atterraggio) con sci. **46.** soft ~ (as of a space capsule on the Moon's surface as to avoid upsetting meteoritic dust) (*astric.*), atterraggio morbido. **47.** tail ~ (*aer.*), atterraggio di coda. **48.** tail-wheel ~ gear (*aer.*), carrello (d'atterraggio) con ruota in coda. **49.** three-point ~ (*aer.*), atterraggio su tre punti. **50.** tricycle ~ gear (*aer.*), *see* nose-wheel landing gear. **51.** wheels ~ (*aer.*), atterraggio sulle ruote.

landmark (as for delimiting a farm) (*agric. - top.*), pietra confinaria, riferimento fisso. **2.** ~ (*naut.*), riferimento a terra.

landplane (*aer.*), aeroplano terrestre.

"L and R" (lake and rail) (*transp.*), lago e ferrovia.

landscape, paesaggio.

landside (of a plow) (*agric.*), tallone.

landslide, frana, smottamento.

landslip (of ground), frana (del terreno), smottamento.

lane, sentiero. **2.** ~ (*naut.*), rotta. **3.** ~ (*elics.*), corsia. **4.** ~ (road part for a traffic line) (*road traff.*), corsia. **5.** acceleration ~ (*highway*), corsia di accelerazione, corsia di immissione (ad andatura progressivamente accelerata). **6.** car-track ~ (*road traff.*), sede tranviaria. **7.** landing ~ (of an aerodrome) (*aer.*), pista di atterraggio. **8.** passing ~ (*road traff.*), corsia di sorpasso. **9.** traffic ~ (*road traff.*), corsia di traffico. **10.** water ~ (for landing and takeoff of seaplanes) (*aer.*), idroscalo.

langley solar radiation unit: 1 gram calorie per square centimeter) (*astr. meas.*), langley, unità di radiazione solare.

language (as technical) (*off. - etc.*), linguaggio. **2.** ~ (*comp.*), linguaggio. **3.** ~ translator (from assembly language to mach. language) (*comp.*), traduttore. **4.** algorithmic ~ (in programming field: as ALGOL) (*comp.*), linguaggio algoritmico. **5.** business ~ (*comp.*) linguaggio per applicazioni gestionali. **6.** command ~ (*comp.*), linguaggio di comando. **7.** high-level ~, "HLL" (*comp.*), linguaggio ad alto livello. **8.** interpretive ~ (interpretive code acting an immediate translation of instructions) (*comp.*), linguaggio interpretativo. **9.** job control ~ (*comp.*), linguaggio (di) controllo operazioni. **10.** low-level ~ (*comp.*), linguaggio a basso livello. **11.** machine ~ (comp. language) (*comp.*), linguaggio macchina. **12.** machine-oriented ~ (computer-oriented language, assembly language) (*comp.*), linguaggio orientato alla macchina, linguaggio assemblatore. **13.** mother ~ (mother tongue) (*work. - etc.*), madrelingua. **14.** natural ~ (as the English or the Italian language) (*comp.*), linguaggio naturale (o di uso comune). **15.** numerical control ~ (NUCOL) (*n.c. mach. t.*), linguaggio per comando numerico. **16.** object ~ (target language into which a translation is made: as by mach.) (*comp.*), linguaggio oggetto. **17.** problem-oriented ~ (*comp.*), linguaggio di programmazione orientato al problema. **18.** procedure-oriented ~, procedural ~ (as by "ALGOL", "COBOL", "FORTRAN" algorithms) (*comp.*), linguaggio di programmazione orientato alla procedura. **19.** programming ~, "PL" (as: "BASIC", "FORTRAN", "COBOL" etc.) (*comp.*), linguaggio di programmazione. **20.** query ~ (*comp.*), linguaggio di interrogazione. **21.** source ~ (to be translated into another one) (*comp.*), linguaggio sorgente. **22.** symbolic ~ (*comp.*), linguaggio simbolico. **23.** target ~ (object language) (*comp.*), linguaggio oggetto.

laniard, *see* lanyard.

lanolin(e) (*pharm. ind.*), lanolina.

lantern (*light impl.*), fanale, lanterna. **2.** ~ (on the roof of a building for admitting air and light) (*bldg.*), lucernario, lanterna, lanternino. **3.** ~ (lighthouse chamber containing the optical and light apparatus) (*naut. installation*), lanterna. **4.** ~ ring (H cross section packing ring or gland for stuffing box) (*mech. impl.*), guarnizione ad H. **5.** dark ~ (*impl.*), lanterna cieca. **6.** magic ~ (*opt. instr.*), lanterna magica. **7.** police ~ (bull's eye lantern) (*illum.*), lanterna cieca. **8.** railroad ~ (*railw. illum. impl.*), lanterna da ferrovieri. **9.** stereopticon ~ (*phot.*), proiettore per diapositive.

lanthanum (La - *chem.*), lantanio.

lanyard, laniard (short length of rope) (*naut.*), spezzone di cima, tratto di sverzino (o di cimetta). **2.** ~ (as for operating an obsolete locomotive horn) (*railw.*), corda (o cordone) di comando (del fischio).

lap (polishing tool: as felt etc.) (*mech.*), utensile per levigare (o lappare). **2.** ~ (for cutting glass or gems) (*t.*), mola da vetraio, mola da gioielliere. **3.** ~ (defect due to a metal portion being folded over on itself, as in a rolled piece) (*metall. - rolling - forging*), sovrapposizione, piega, sovraddosso, ripiegatura. **4.** ~ (*text. ind.*), falda (d'ovatta), tela. **5.** ~ (one circuit of a race track) (*sport*), giro. **6.** ~ (a fold in the surface of glass articles caused by incorrect flow during forming) (*glass mfg.*), ruga. **7.** ~ (folded woodpulp sheet) (*paper mfg.*), mazzetta. **8.** ~ (in steam engines, the amount by which the valve has to move from mid position to open the steam or exhaust port) (*steam eng.*), ricoprimento, sporto. **9.** ~ (overlapping distance: of two riveted steel plates) (*riveting*), ampiezza di sovrapposizione. **10.** ~ (of a rope: as around a drum) (*hoisting device*), giro (di fune). **11.** ~ belt (seat belt) (*aut.*), cinghia addominale, cintura addominale. **12.** ~ dissolve (*m. pict.*), dissolvenza incrociata. **13.** ~ dovetail (kind of dovetail joint) (*carp. - join.*), giunzione a coda di rondine a mezza pialla. **14.** ~ joint (*mech.*), giunto a sovrapposizione. **15.** ~ machine (*text. device*), avvolgitore. **16.** ~ plate (strap covering a butt joint) (*mech. - carp. - etc.*), coprigiunto. **17.** ~ roll (or roller) (for cloth) (*text. ind.*), rullo avvolgitore. **18.** ~ winding (*elect. mach.*), avvolgimento in parallelo, avvolgimento embricato. **19.** delivered ~ (*text. ind.*), falda uscente. **20.** fastest ~ (*aut. - sport*), giro più veloce. **21.** fed ~ (*text. ind.*), falda entrante. **22.** head ~ weld (as of a chain link) (*mech.*), saldato in testata a sovrapposizione. **23.** side ~ weld (as of a chain link) (*mech.*), saldato di fianco a sovrapposizione.

lap (to) (to polish) (*mech.*), lappare, smerigliare, levigare. **2.** ~ (to join: as in scarfing) (*carp.*), fare un giunto a sovrapposizione. **3.** ~ (to cover, as a cable with an insulating layer) (*elect.*), fasciare. **4.** ~ (to lick, as a wall) (*gen.*), lambire. **5.** ~ (to assemble cotton or flax, etc. into laps) (*text.*), riunire in falde. **6.** ~ in, *see* to grind in.

laparoscope (*med. instr.*), laparoscopio.

lapilli (*volcanic rock*), lapilli.

lapillus (*volcanic rock*), lapillo.

lapis lazuli (*min.*), lapislazzuli.

lappage (amount by which surfaces overlap) (*mech. - etc.*), entità della sovrapposizione.

lapped (*mech.*), lappato, smerigliato, levigato. **2.** ~ (licked, as a wall from a gas) (*gen.*), lambito. **3.** ~ (wrapped) (*gen.*), avvolto. **4.** ~ (as a large sheet of paper with the two ends folded over) (*paper mfg.*), piegato in due, piegato a doppio. **5.** ~ surface (*mech.*), superficie lappata, superficie smerigliata, superficie levigata.

lapper (lapping machine) (*mach. t.*), lappatrice, levigatrice, smerigliatrice. **2.** ~ (lapping tool) (*t.*), lappatore, lapidello. **3.** ~ (for gears) (*mach. t.*), rodatrice, lappatrice. **4.** hypoid ~ (*mach. t.*), rodatrice ipoide, rodatrice per ingranaggi ipoidi.

lappet (loom attachment used for embroidery) (*text.*), applicazione (al telaio) per ricamo (su stoffa).

lapping (*mech.*), lappatura, smerigliatura, levigatura. **2.** ~ (wrapping) (*gen.*), operazione di avvolgere. **3.** ~ (type of finish) (*mach. t. - mech.*), finitura a specchio. **4.** ~ (method of packing reams of large paper by folding over the two ends, dividing the sheets into three) (*paper mfg.*), piegatura in tre. **5.** ~ (wrapping, of elect. cables) (*elect.*), fasciatura. **6.** ~ compound (*mech. technol.*), pasta per lappare. **7.** ~ machine (*mach. t.*), lappatrice, smerigliatrice, levigatrice. **8.** ~ wheel (*t.*) (Brit.), mola a grana fine. **9.** gear ~ (*mech.*), rodatura degli ingranaggi. **10.** H & V ~ (horizontal and vertical lapping, of spiral gears) (*mech.*), lappatura orizzontale e verticale, rodatura orizzontale e verticale. **11.** SPC ~ (swing pinion cone lapping, of spiral gears) (*mech.*), lappatura (con moto) angolare (dell'asse del cono del pignone), rodatura (con moto) angolare (dell'asse del cono del pignone).

lap-rivet (to) (to rivet the overlapping ends) (*mech.*), chiodare a sovrapposizione.

lapse (*meteorol.*), gradiente termico atmosferico.

lapstrake, *see* lapstreak.

lapstraked, *see* lapstreaked.

lapstreak (*a. - shipbldg.*), *see* clinker-built. **2.** ~ (clinker-built boat) (*shipbldg.*), imbarcazione a fasciame sovrapposto.

lapstreaked (*a. - shipbldg.*), *see* clinker-built.

lap-welding (*mech. technol.*), saldatura a ricoprimento (o a sovrapposizione).

larboard (*naut.*), babordo, fianco sinistro.

larceny (*law*), furto.

larch (*wood*), larice.

lard (*ind.*), lardo. **2.** ~ oil (*mech.*), olio di lardo. **3.** ~ stone (*min.*), steatite.

larder (*bldg.*), dispensa.

large (ample) (*a. - gen.*), grande, ampio. **2.** ~ (wide, broad) (*a. - gen.*), largo. **3.** ~ (of the wind) (*a. - naut.*), favorevole.

large-scale (*a. - gen.*), su larga scala. **2.** ~ integration, *see* "LSI".

Larmor precession (precession: as of a particle spinning in a magnetic field) (*atom phys.*), precessione di Larmor.

larry (liquid mortar, grout) (*mas.*), malta liquida, boiacca. **2.** ~ (hoe with a long handle used for mixing mortar) (*mas. t.*), zappa. **3.** ~ (a hopper car for distributing bulk materials) (*ind. veh.*), carrello a tramoggia per materiali sciolti.

laryngophone (*radio - acous.*), microfono da laringe, laringofono.

Larsen effect (reaction) (*radio*), effetto Larsen.

laryngoscope (*med. instr.*), laringoscopio.

lase (to) (to emit coherent light) (*opt.*), emettere luce laser, emettere luce coerente. **2.** ~ (to operate a laser) (*v. t. - phys.*), azionare un laser. **3.** ~ (to expose to laser radiations) (*v. t. - phys.*), esporre a radiazioni laser.

laser (light amplification by the stimulated emission of radiation, extremely powerful beam of light) (*opt.*), laser. **2.** ~ analysis (for inspection purposes, made by laser) (*mech. technol.*), analisi mediante laser. **3.** ~ beam (*opt.*), raggio (o fascio) laser. **4.** ~ beam recording (microfilm recording by ~ beam) (*comp.*), registrazione con raggio laser. **5.** ~ interferometry (using a laser as light source) (*opt.*), interferometria a laser. **6.** ~ welding (*mech.

technol.), saldatura a laser. **7.** diode ~ (semiconductor ~) (*opt. - elics.*), laser a diodo, laser a semiconduttore. **8.** dual ~ (with two different wavelengths) (*opt.*), laser a due lunghezze d'onda. **9.** dye ~ (*opt.*), laser a colorante. **10.** frequency-modulation ~ (*opt.*), laser a modulazione di frequenza. **11.** gas ~ (as by carbon monoxide gas) (*opt.*), laser a gas. **12.** gasdynamic ~ (*phys. - opt.*), laser gasdinamico. **13.** hydrogen ~ (*opt.*), laser a idrogeno. **14.** infrared ~ (*phys. - opt.*), laser a raggi infrarossi. **15.** ion ~ (kind of gas laser) (*opt.*), laser a ioni. **16.** junction ~ (by a semiconductor junction) (*opt.*), laser a giunzione. **17.** liquid ~ (*opt.*), laser a liquido. **18.** molecular gas ~ (molecular laser) (*opt.*), laser a gas molecolare. **19.** parallel-plate ~ (*opt.*), laser a specchi paralleli.

laserdisc (laser disc), *see at* disk, disc.

lash (clearance, as of valves) (*mech.*), gioco.

lash (to) (to bind) (*gen.*), legare.

lashing (that which is used in order to bind) (*n. - naut.*), rizza.

lash-up (emergency makeshift) (*gen.*), espediente di emergenza.

lasing (emission of coherent light) (*opt.*), emissione di luce laser, emissione di luce coerente.

last (4000 pounds unit of weight) (*meas. unit*) (Am.), "last", misura corrispondente a 1812 kg. **2.** ~ (Brit. capacity unit of 80 bushels) (*meas. unit*), "last", misura corrispondente a 2880 litri.

last (to) (to continue in efficient conditions) (*gen.*), durare.

last in, first out (lifo, type of inventary) (*comp. - accounting*), dentro l'ultimo, via il primo.

"lat" (latitude) (*geogr.*), latitudine.

latch (a catch for holding the door closed) (*join. - gen.*), dispositivo di chiusura della porta, serratura. **2.** ~ (bolt of a door slid by hand) (*join. device*), paletto. **3.** ~ (movable piece holding anything in place by engaging a hole) (*mech.*), catenaccio. **4.** ~ (integrated circuit device) (*elics.*), chiavistello (elettronico). **5.** ~ bolt (spring bolt) (*door lock*), chiavistello a scatto.

latchkey (as of a door) (*join.*), chiave della serratura.

latchstring (a string used for lifting a latch) (*obsolete latch*), corda (di apertura) della nottola (o del saliscendi).

"latd", *see* latitude.

lateen (*a. - gen.*), latino. **2.** ~ sail (*naut.*), vela latina. **3.** ~ yard (*naut.*), antenna.

latency (waiting time between an order and its execution) (*comp.*), latenza.

latensification (latent image intensification) (*phot.*), rinforzo dell'immagine latente.

latent (*a. - gen.*), latente. **2.** ~ heat (*phys. chem.*), calore latente. **3.** ~ image (non-detectable image obtained by ionization of molecules in a sensitive emulsion and shown by development) (*phot.*), immagine latente.

lateral, laterale. **2.** ~ coefficient (lateral force coefficient) (*veh.*), coefficiente di forza laterale. **3.** ~ force (the force component exerted on the tire by the road) (*aut.*), forza laterale. **4.** ~ inversion (reversal of the image, as in a process camera) (*photomech.*), inversione (dell'immagine). **5.** ~ recording, *see* lateral disk. **6.** ~ stability (*aer.*), stabilità trasversale. **7.** ~ thrust (*constr. theor.*), spinta trasversale. **8.** ~ tire load transfer (vertical load transfer from one of the front or rear tires to the other one, as due to acceleration etc. effects) (*veh.*), trasferimento di carico laterale su un pneumatico. **9.** ~ tire load transfer distribution (*veh.*), distribuzione del trasferimento di carico laterale sul pneumatico. **10.** ~ velocity (sideslip velocity) (*veh.*), velocità laterale (o di sbandamento).

laterite (*geol.*), laterite.

latex (*rubb. ind.*), lattice. **2.** ~ foam (*rubb. ind.*), schiuma da lattice, gomma spugnosa da lattice. **3.** ~ thread (*rubb. ind.*), filo da lattice.

lath (for wooden lathwork) (*bldg.*), canniccio. **2.** ~ (strip of wood) (*bldg.*), assicella. **3.** ~ (wire net forming a groundwork for plastering ceilings etc.) (*bldg.*), rete metallica. **4.** ~ (expanded metal forming a groundwork for plastering ceilings etc.) (*bldg.*), lamiera stirata.

lath (to) (to place wooden laths) (*bldg.*), incannicciare, stuoiare.

lathe (*mach. t.*), tornio. **2.** ~ (batten of a loom) (*text. ind.*), battente. **3.** ~ (app. used for dressing pulpstones) (*paper mfg. app.*), ravvivamole. **4.** ~ bed (*mach. t.*), bancale del tornio. **5.** ~ carrier (faceplate, catchplate) (*mach. t.*), menabriglia, disco menabrida. **6.** ~ center (*mach. t.*), punta da tornio. **7.** all-geared ~ (*mach. t.*), tornio monopuleggia. **8.** auto ~ (*mach. t.*), tornio automatico. **9.** automatic ~ (*mach. t.*), tornio automatico. **10.** automatic screw-cutting ~ (*mach. t.*), tornio automatico per filettare. **11.** backing-off ~ (relieving lathe) (*mach. t.*), tornio per spogliare. **12.** bar turret ~ (*mach. t.*), tornio a revolver per barre. **13.** bench ~ (*mach. t.*), tornio da banco. **14.** bench screw-cutting ~ (*mach. t.*), tornio per filettare da banco. **15.** capstan ~ (turret lathe) (*mach. t.*), tornio a revolver, tornio a torretta. **16.** center (or centre) ~ (*mach. t.*), tornio parallelo. **17.** chuck ~, chucking ~ (*mach. t.*), tornio frontale, tornio automatico a pinza. **18.** combination turret ~ (*mach. t.*), tornio a torretta semiautomatico. **19.** copying ~ (*mach. t.*), tornio per copiare (o per profilare). **20.** core turning ~ (*found. mach. t.*), tornio per anime. **21.** crankshaft ~ (*mach. t.*), tornio per alberi a gomiti. **22.** duplicating ~ (*mach. t.*), tornio per copiare. **23.** eccentric ~ (*mach. t.*), tornio ad eccentrico. **24.** engine ~ (*mach. t.*) (Am.), tornio parallelo. **25.** extension gap ~ (*mach. t.*), tornio a collo d'oca a doppio banco. **26.** face ~ (*mach. t.*), tornio frontale. **27.** full automatic ~ (*mach. t.*), tornio automatico. **28.** gap ~ (as for turning a short work of large diameter) (*mach. t.*), tornio a collo d'oca. **29.** high-speed ~ (*mach. t.*), tornio rapido. **30.** horizontal ~ (*mach. t.*), tornio orizzontale, tornio parallelo. **31.** hydrocopying ~ (*mach. t.*), tornio con dispositivo per copiare idraulico, tornio per copiare idraulico. **32.** magazine loading type ~ (*mach. t.*), tornio automatico a caricatore (o a serbatoio). **33.** motor-driven wood turning ~ (*wood mach. t.*), tornio da legno motorizzato. **34.** multi-cut semiautomatic ~ (*mach. t.*), tornio semiautomatico ad utensili multipli. **35.** nut ~ (*mach. t.*), tornio per dadi. **36.** optical ~ (*mach. t.*), tornio per ottici. **37.** pole ~ (*obsolete mach. t.*), tornio a pedale. **38.** precision ~ (*mach. t.*), tornio di precisione. **39.** production ~ (*mach. t.*), tornio di produzione. **40.** projectile ~ (*mach. t.*), tornio per munizioni. **41.** pulley ~ (*mach. t.*), tornio per pulegge. **42.** rapid copying ~ with constant cutting speed (*mach. t.*), tornio rapido per copiare con velocità di taglio costante. **43.** relieving ~ (*mach. t.*), tornio per spogliare. **44.** relieving ~ for hobs and formed milling cutters (*mach. t.*), tornio per spogliare (a scatto) creatori e frese a profilo (o sagomate). **45.** roll-turning ~ (*mach. t.*), tornio per cilindri da laminatoio. **46.** saddle-type turret ~ (*mach. t.*), tornio a revolver con torretta su slitta. **47.** second position ~ (*mach. t.*), tornio da ripresa. **48.** semiautomatic ~ (*mach. t.*), tornio semiautomatico. **49.** short-bed ~ (*mach. t.*), tornio a bancale corto. **50.** single or multi-spindle automatic ~ (*mach. t.*), tornio automatico ad uno o più mandrini. **51.** slide ~ (engine lathe) (*mach. t.*), tornio parallelo. **52.** special automatic crankshaft pin turning ~ (*mach. t.*), tornio automatico speciale per tornire perni di biella di alberi a gomiti. **53.** spinning ~ (*mach. t.*), tornio per imbutitura (o a lastra). **54.** stud ~ (*mach. t.*), tornio con banco accorciato. **55.** toolmakers' ~ (*mach. t.*), tornio da attrezzisti. **56.** turret ~ (*mach. t.*), tornio a revolver. **57.** universal crankshaft ~ (*mach. t.*), tornio universale per alberi a gomiti. **58.** universal ~ (*mach. t.*), tornio universale. **59.** vertical ~ (*mach. t.*) (Am.), tornio verticale. **60.** watchmakers' ~ (*mach. t.*), tornio da orologiai. **61.** wheel set ~ (for railw. wheels mounted on the axle) (*mach. t.*), tornio per sale montate. **62.** winding ~ (as for elect. windings) (*mach. t.*), tornio per avvolgere, tornio per bobinare. **63.** wood turning ~ (*join.*), tornio da legno.

lathe-bore (to) (*mech.*), alesare al tornio.

lathe-boring (mach. t. operation) (*mech.*), alesatura al tornio.

lather (*lathe work.*), tornitore.

lathing (wooden framework for plastering) (*bldg.*), stuoia, incannicciata. **2.** ~ (operation of placing wooden laths) (*bldg.*), stuoiatura, incannicciatura.

lathwork (wooden framework for plastering) (*bldg.*), stuoia, incannicciata. **2.** ~ (operation of placing wooden laths) (*bldg.*), stuoiatura, incannicciatura.

laticiferous (*a. - rubb. ind.*), laticifero. **2.** ~ cell (secreting latex) (*rubb. tree*), vaso laticifero.

latitude (*geogr.*), latitudine.

latrine (*bldg.*), latrina, cesso.

latten (latten brass) (*metall.*), lamierino d'ottone. **2.** lattens (hot rolled sheets from 0.0220 to 0.016 in. thick) (*metall. ind.*), lamierini (dello spessore compreso tra 0,0220 e 0,016 pollici). **3.** extra lattens (hot rolled sheets the thickness of which is less than 0.016 in.) (*metall. ind.*), lamierini (di spessore inferiore ai 0,016 pollici). **4.** white ~ (tinned iron plate) (*metall.*), lamierino di ferro stagnato, banda stagnata.

lattice (*carp.*), traliccio, intelaiatura a graticcio. **2.** ~ (of carding mach.) (*text. ind.*), graticcio. **3.** ~ (space-lattice: network arrangement of atoms or groups of a crystal) (*chem. - crystallography*), reticolo. **4.** ~ (structure made by intersecting elements) (*bldg.*), struttura a elementi incrociati. **5.** ~ cell (space-lattice cell) (*atom. phys.*), cella del reticolo. **6.** ~ constant (space-lattice constant) (*atom. phys.*), costante del reticolo. **7.** ~ driers (as for wool) (*wool ind. app.*), essiccatoi a griglia. **8.** ~ scattering (*crystallography*), diffusione reticolare. **9.** ~ tower (of an elect. line), pilone a traliccio. **10.** body-centered cubic ~ (*metall.*), reticolo cubico corpo-centrato. **11.** face-centered cubic ~ (*metall.*), reticolo cubico facce-centrato.

latticework (*carp.*), traliccio, intelaiatura a traliccio.

lattin, *see* latten.

launch (as of a ship) (*naut.*), varo. **2.** ~ (motorboat) (*naut.*), lancia, motolancia. **3.** ~ (torpedo firing) (*navy expl.*), lancio. **4.** ~ (launching, as of a new product) (*adver.*), lancio.

launch (to) lanciare. **2.** ~ (*naut.*), varare. **3.** ~ (as to catapult) (*aer.*), lanciare, catapultare. **4.** ~ (to fire a torpedo) (*navy weapon*), lanciare. **5.** ~ (as a new product) (*adver. - comm.*), lanciare.

launcher (of rocket) (*milit.*), dispositivo di lancio. **2.** ~ (ship that launches torpedoes as in torpedoes sea tests) (*navy*), unità lanciante. **3.** ~, *see* rocket launcher, catapult. **4.** grenade ~ (a device that can be mounted on a normal rifle for launching grenades) (*milit. device*), lancia bombe portatile.

launching (*shipbldg.*), varo. **2.** ~ (as a missile from a ramp) (*rckt.*), lancio. **3.** ~ cradle (*shipbldg.*), invasatura (per varo). **4.** ~ equipment (as for missiles or space vehicles) (*rckt.*), apparecchiatura di lancio. **5.** ~ frame (as for missiles and rockets) (*rckt.*), rampa di lancio. **6.** ~ pad (as for missiles and rockets) (*rckt.*), piattaforma di lancio. **7.** ~ platform (as for missiles and rockets) (*rckt.*), piattaforma di lancio. **8.** ~ rack (as for missiles and rockets) (*rckt.*), rampa di lancio. **9.** ~ site (*milit. - astric.*), postazione di lancio. **10.** ~ stand (as for missiles and rockets) (*rckt.*), rampa di lancio. **11.** ~ tower (*rckt.*), torre di lancio. **12.** ~ ways, *see* launchways. **13.** spacecraft ~ (*rckt.*), lancio di veicolo spaziale.

launchways (of a cradle) (*shipbldg.*), vasi di varo.
launder (trough), trogolo. **2.** ~ (for ore dressing) (*min.*), canale di lavaggio. **3.** ~ (spout) (*found.*), canale di colata. **4.** ~ separation washing (as for coal) (*min.*), lavaggio con canale separatore.
launder (to) (clothes) (*domestic work*), lavare e stirare. **2.** ~ (an automobile) (*aut.*) (Am.), lavare e lucidare.
laundress (washerwoman) (*work.*), lavandaia.
laundry (washing place) (*ind. bldg.*), lavanderia.
laurel (*wood*), lauro. **2.** ~ (*arch.*), fregio a foglie di lauro.
lauritsen electroscope (operating by a quartz fiber) (*ionization meas. instr.*), elettroscopio a fibra di quarzo.
"lav" (lavatory) (*bldg.*), *see* lavatory.
lava (*geol.*), lava. **2.** ~ flow (*geol.*), colata di lava.
lavatory (room for washing) (*bldg.*), toeletta. **2.** ~ (fixed basin with water taps for washing hands, etc.), lavandino, lavabo. **3.** folding ~ (wash basin, as on railw. sleeping cars) (*railw.*), lavabo eclissabile, lavandino eclissabile. **4.** wall-hung ~ (a wall-hung basin for washing hands and face) (*mas. - pip.*), lavandino a muro, lavabo a muro.
law, legge. 2. ~ (jurisprudence) (*law*), giurisprudenza, legge. **3.** attorney at ~ (Am.), avvocato. **4.** civil ~, diritto civile. **5.** ex post facto ~ (*law*), legge retroattiva. **6.** maritime ~ (*law - naut.*), diritto marittimo. **7.** mass action ~ (*phys. chem.*), legge dell'azione di massa. **8.** periodical ~ (*chem.*), legge di Mendeleieff, legge del sistema periodico (degli elementi). **9.** radioactive displacement ~ (referring to mass number and atomic number changes) (*atom phys.*), legge degli spostamenti radioattivi. **10.** space ~ (*astric. - law*), diritto astronautico.
lawful (*a. - law*), legale, legittimo.
lawn (*text. fabric*), batista. **2.** ~ mower (*garden impl.*), tosatrice per prati, tagliaerba, tosaerba.
lawrencium (radioactive element 103, at. w. 257) (Lw - *chem.*), laurenzio.
lawsuit (legal proceeding) (*law*), causa, processo.
lawyer (Am.), avvocato, dottore in legge.
lay (price) (*comm.*) (Am.), prezzo. **2.** ~ (twisting of strands) (*ropemaking*), cordatura, commettitura, avvolgitura (dei trefoli o legnoli). **3.** ~ (plowshare) (*agric. mach.*), vomere. **4.** ~ (of a loom) (*text. mach.*), *see* batten. **5.** ~ (share of profit paid instead of wages) (*naut.*), interessenza, partecipazione agli utili. **6.** ~ (general direction of tool marks on a machined surface) (*mech.*), direzione dei solchi, direzione dei segni di utensile. **7.** ~ day (time granted for loading or unloading a vessel) (*naut. - comm.*), stallia. **8.** ~ down (as of a film on the cylinder) (*photomech.*), applicazione. **9.** ~ shaft (*mech.*), *see* layshaft. **10.** length of ~ (*ropemaking*), passo della cordatura, passo dell'avvolgitura.
lay (to) (*gen.*), porre, mettere. **2.** ~ (as a mine) (*navy*), posare. **3.** ~ (as a gun) (*milit.*), puntare. **4.** ~ (to coat something: as a wall with paper), ricoprire, rivestire. **5.** ~ (to twist strands for making a rope) (*ropemaking*), commettere. **6.** ~ (as the keel of a vessel) (*shipbldg. - etc.*), impostare. **7.** ~ (to put in place as bricks in building a wall) (*mas.*), porre in opera. **8.** ~ (to drop: as a bomb) (*air force*), sganciare. **9.** ~ (as a cable on a sea bottom, a pipeline etc.) (*cable*), posare, distendere. **10.** ~ down, deporre. **11.** ~ flat (*packing - etc.*), porre in piano, mettere in piano. **12.** ~ hold of (or on) (*gen.*), agguantare, prendere. **13.** ~ off (to draw the lines of a ship and its parts in full dimensions) (*shipbldg.*), tracciare. **14.** ~ off (to dismiss, a workman) (*work.*), licenziare. **15.** ~ off (to cease work) (*work.*), sospendere (il lavoro). **16.** ~ off (to distribute evenly a coat) (*paint.*), stendere, distribuire uniformemente. **17.** ~ off (to steer away from the shore) (*naut.*), scostarsi (da terra). **18.** ~ on (as a sheet of paper on a rotary press) (*typ.*), alimentare, rifornire. **19.** ~ on (to spread on: as a coat of paint) (*paint.*), applicare. **20.** ~ on oars (*naut.*), fornire di remi. **21.** ~ out (as to mark the contour of the work to be machined) (*mech.*), tracciare. **22.** ~ out (*top.*), eseguire tracciamenti sul terreno. **23.** ~ out the stakes (*top.*), palinare. **24.** ~ the land (*naut.*), perdere di vista la terra, allontanarsi dalla terra. **25.** ~ to (*naut.*), essere alla cappa. **26.** ~ up (as to assemble the glued veneers composing plywood, before pressing) (*plywood mfg.*), assiemare. **27.** ~ up (as to build by laying stones, bricks, etc.) (*mas.*), costruire. **28.** ~ up (to store) (*gen.*), immagazzinare. **29.** ~ up (as a ship) (*naut.*), mettere in disarmo.
layboy (of a papermaking machine: device for delivering sheets, in piles) (*paper mfg. mach.*), raccoglifogli.
lay-by (enlarged portion of a speedway for avoiding obstruction to traffic) (*road*), piazzuola di sosta.
layer (*gen.*), strato. **2.** ~ (of a film) (*phot.*), strato (di emulsione), strato (di gelatina). **3.** ~ (of a gun) (*artillery*), puntatore. **4.** ~ (strand twisting machine) (*ropemaking mach.*), macchina per commettitura, macchina per torcere legnoli. **5.** ~ (worker who takes the sheets from the felts) (*paper mfg.*), (operaio) levatore. **6.** ~ (woman taking the sheets from the felts) (*paper mfg.*), (operaia) sceglitrice. **7.** ~ of bitumen sheeting (*mas.*), strato di copertura bituminoso. **8.** air ~, strato d'aria. **9.** boundary ~ (thin layer of fluid near the body surface) (*phys.*), strato limite. **10.** cement ~ (*work.*), cementista. **11.** D ~ (the lowest layer of the ionosphere) (*geophys.*), strato D. **12.** E ~ (the sporadic layer in ionosphere between the height of 100 and 160 km) (*meteorol.*), strato E, strato di Kennelly-Heaviside. **13.** floor ~ (*work.*), pavimentatore. **14.** half-value ~ (absorbing the 50% of electromagnetic radiations) (*radioact.*), strato 50%. **15.** Heaviside ~ (beginning at a height of approximately 25 miles) (*geophys.*), strato di Heaviside, ionosfera. **16.** insulating asphalt ~ (*mas.*), strato

isolante di asfalto. **17.** ionized ~ (*radio*), strato ionizzato. **18.** Kennelly-Heaviside ~, *see* ionosphere. **19.** laminar ~ (*fluids mech.*), strato laminare, strato non turbolento. **20.** laminar boundary ~ (*fluids mech.*), strato limite laminare. **21.** mine ~ (*expl. - navy*), posamine. **22.** tenth-value ~ (absorbing the 90% of electromagnetic radiations) (*radioact.*), strato 10%. **23.** thickness of fuel ~ (as on a boiler grate), spessore dello strato di combustibile.

layer-on (for feeding blanks, as to a punch press) (*mach.*), alimentatore a mano.

laying (*ind.*), posa. **2.** ~ (installation, as of cables) (*elect.*), posa, posa in opera. **3.** ~ (stratum) (*gen.*), strato. **4.** ~ (first coat of a plaster for a lathwork) (*bldg.*), rinzaffo. **5.** ~ (of a gun) (*milit.*), puntamento. **6.** ~ (*ropemaking*), commettitura. **7.** ~ the permanent way (*railw.*), montaggio (o posa) dell'armamento. **8.** ~ to (*naut.*), alla cappa. **9.** ~ underground (as of pipes) (*gen.*), interramento. **10.** track ~ (*railw.*), posa di un binario, costruzione di un binario.

laylight (a semitransparent panel fixed horizontally in a ceiling, flush in the ceiling itself, to admit natural or artificial light to a room) (*illum. - bldg.*), pannello luce (a luce artificiale o naturale).

layoff (as of work), sospensione, interruzione temporanea. **2.** disciplinary ~ (*pers.*), sospensione disciplinare.

layout (a detailed plan for the arrangement of machinery etc. in a factory), planimetria, pianta della sistemazione. **2.** ~ (graphical representation of the work: as on metal sheet) (*shop*), tracciatura. **3.** ~ (directions for work), istruzioni e schemi. **4.** ~ (of a drawing sheet, arrangement of the tables with the draw. number, title, information on materials etc.) (*mech. draw.*), finizione di un disegno (titolo, leggende, istruzioni, note etc.). **5.** ~ (draft of a poster etc.) (*adver.*), bozzetto, **6.** ~ (set: as of screw taps etc.), complesso, serie. **7.** ~ (as of a circuit of a card etc.) (*comp.*), tracciato, schema, schizzo. **8.** general ~ (*draw.*), disegno di massima, bozzetto. **9.** space ~ (*draw.*), disegno di ingombro.

layshaft, lay shaft (countershaft) (*mech.*), albero di rinvio.

"lay-stool" (inclined board on which the sheets are laid after taking them from the felts) (*paper mfg.*), predola, tavola inclinata.

lazaret (space between decks) (*naut.*), interponte, corridoio.

"LB" (lavatory basin) (*bldg.*), lavabo, lavandino. **2.** ~, *see also* light bomber.

"lb" (pound) (*meas. unit*), libbra.

L-beam (*metall. ind.*) (Brit.), angolare, cantonale, profilato ad L.

"lbm" (pound mass) (*meas.*), libbra massa.

"LBP" (length between perpendiculars) (*naut.*), lunghezza tra le perpendicolari.

"lbr", *see* labor.

"L/C", "l/c" (letter of credit) (*comm.*), lettera di credito.

"LC", *see* landing craft, level crossing.

"LCAO" (Linear Combination of Atomic Orbitals) (*chem. - phys.*), combinazione lineare di orbite atomiche.

"LCD", "lcd" (lowest common denominator) (*math.*), minimo comune denominatore. **2.** ~ (Liquid Crystal Display) (*elics.*), visualizzatore a cristalli liquidi.

"lcl" (less than a carload) (*comm.*), l. c. l., inferiore al carico completo.

"LCM", "lcm" [least (or lowest) common multiple] (*math.*), minimo comune multiplo.

"LD" (long distance) (*aer. - naut.*), lungo raggio. **2.** ~ (line of departure) (*gen.*), linea di partenza. **3.** ~ (Laser Disk), *see at* disk.

"ld", *see* land, limited, load.

"Ld" (lead) (*mech. draw.*), piombo.

"ldg", *see* landing, leading, loading.

L/die (lower die) (*press w.*), stampo inferiore.

"LDK" (lower deck) (*naut.*), ponte inferiore.

LD process (Linz-Donawitz process, for steelmaking) (*metall.*), processo LD.

"L/D" ratio (length to diameter ratio) (*meas.*), rapporto lunghezza/diametro.

"ldry", *see* laundry.

"LE", *see* leading edge.

lea (length of yarn: for wool 80 yd, for cotton and silk 120 yd, for linen 300 yd) (*meas. - text. ind.*), matassina.

leach (to) (to wet) (*gen.*), bagnare. **2.** ~ (to percolate) (*ind. - bldg.*), colare attraverso, percolare. **3.** ~ (to lixiviate) (*chem.*), lisciviare. **4.** ~ (*geol.*), lisciviare.

leaching (*chem. - min.*), lisciviazione. **2.** ~ cesspool (*bldg.*), fossa (biologica) a dispersione. **3.** ~ trench (*sewers*), fossa percolatrice.

lead (Pb - *chem.*), piombo. **2.** ~ (of a ground log) (*naut.*), piombo. **3.** ~ (strip for separating lines of types) (*typ.*), interlinea. **4.** ~, *see* graphite 1 ~. **5.** ~ (a stick of graphite used in metal pencil holders) (*draw.*), mina. **6.** ~ acetate [$(CH_3COO)_2$ Pb] (*chem.*), acetato di piombo. **7.** ~ azide (PbN_6) (*expl.*), azotidrato di piombo. **8.** ~ bronze (as for bearings) (*metall.*), metallo rosa. **9.** ~ free (said of a paint: as used in food packing) (*paint.*), esente da piombo. **10.** ~ ladle (*plumber's t.*), cucchiaione per piombo. **11.** ~ line (*naut.*), sagola per scandaglio. **12.** ~ monoxide (PbO) (*chem.*), litargirio. **13.** ~ nail (for securing lead sheets to a roof) (*bldg.*), chiodo per (fissare le lamine di) piombo. **14.** ~ paint (Pb_3O_4) (*paint.*), minio. **15.** ~ pencil, matita nera, matita di grafite. **16.** ~ (plate) accumulator (*elect.*), accumulatore al piombo. **17.** ~ restricted (said of a paint complying with the regulations restricting the amount of lead contained within it) (*a. - paint.*), con contenuto limite di piombo. **18.** ~ shots (*technol.*), pallini di piombo. **19.** ~ sulphate (*chem.*), solfato di piombo. **20.** ~

tetraethyl (antiknock liquid) [$Pb(C_2H_5)_4$] (*chem.*), piombo tetraetile. **21.** ~ tetraoxide (Pb_3O_4) (red lead) (*chem. - paint.*), tetrossido di piombo, minio. **22.** ~ wool (lead in a fibrous state used for caulking joints) (*pip.*), lana di piombo. **23.** basic ~ acetate (*chem.*), acetato basico di piombo. **24.** hard ~ (antimonial lead) (*alloy*), piombo indurito, piombo antimoniale. **25.** red ~ (*paint.*), minio. **26.** sealed with ~ (*transp.*), piombato, sigillato con piombino. **27.** sounding ~ (*naut.*), piombo per scandaglio. **28.** test ~ inspection (of forging dies) (*mech. technol.*), controllo con piombo. **29.** tetraethyl ~ (*chem.*), piombo tetraetile. **30.** tetramethyl ~ (TML) (*chem.*), piombo tetrametile. **31.** to coat with ~ (*metall.*), piombare. **32.** to ~ plate (*ind.*), piombare. **33.** white ~ [$2\,PbCO_3 \cdot Pb(OH)_2$] (*paint.*), biacca.

lead (to) (gasoline) (*mot. - aut.*), etilizzare. **2.** ~ (*typ.*), interlineare.

lead (insulated conductor) (*elect.*), conduttore isolato. **2.** ~ (of a steam engine) (*mech.*), precessione. **3.** ~ (precedence: as in an alternating circuit) (*elect.*), anticipo di fase. **4.** ~ (measure of the axial translation of a screw determined by one turn) (*mech.*), passo reale, passo (dell'elica per la rotazione di un giro). **5.** ~ (artificial millrace) (*hydr.*), gora. **6.** ~ (in a dynamo: it refers to the angle between the theoretical and practical line of the brushes) (*electromech.*), angolo di spostamento (o di calaggio). **7.** ~ angle (of a helical gear) (*mech.*), angolo dell'elica. **8.** ~ error (parallelism error, of a spline with respect to the axis) (*mech.*), errore di parallelismo (rispetto all'asse). **9.** ~ screw (as of a lathe, of a gear cutting mach. etc.) (*mach. t. - mech.*), vite conduttrice, vite madre, patrona. **10.** ~ (screw) nut (as of a lathe) (*mech.*), madrevite, chiocciola della vite madre. **11.** ~ terminal (cable end connector: as of an elect. cable), capocorda, terminale. **12.** ~ time (the period of time between the order and the delivery) (*comm.*), termini di consegna. **13.** angle of ~ (the angle by which d. c. machine brushes are placed forward to obtain commutation without sparks) (*elect.*), angolo di anticipo (o di calaggio). **14.** axial ~ (*elect.*), terminale assiale. **15.** down ~ (of an antenna) (*radio*), coda. **16.** high-voltage ~ support (cross bar support for high-voltage conductors: in a transformer) (*electromech.*), supporto trasversale di sostegno conduttori ad alta tensione. **17.** master cylinder for checking ~ (in gear checking) (*mech.*), rullo campione per il controllo del passo (dell'elica). **18.** saddle ~ screw (of a lathe) (*mach. t. mech.*), vite (madre) di comando della slitta (longitudinale). **19.** to be in the ~ (in a race) (*sport*), essere al comando, essere in testa. **20.** to take the ~ (of a race) (*sport*), prendere il comando.

lead (to) (as a rope) (*naut.*), passare. **2.** ~ (as an army) (*milit.*), condurre, guidare. **3.** ~ (to be in advance: of voltage on current or viceversa) (*elect.*), essere in anticipo.

lead-burn (to) (to connect two pieces of lead by fusion) (*pip. - mech. technol.*), saldare (per fusione) il piombo.

lead-chamber process, *see* chamber process.

leaded (*typ.*), interlineato. **2.** ~ (of gasoline) (*mot. - aut.*), etilizzato.

leader (at the beginning of a film etc.) (*phot. - m. pict.*), linguetta iniziale, coda, esca. **2.** ~ (pipe: as for water), tubo adduttore, tubazione di adduzione. **3.** ~ (rainwater pipe) (*bldg.*), pluviale. **4.** ~ (the principal wheel) (*mach.*), ruota principale. **5.** ~ (a driver of a veh.) (*work.*), conduttore. **6.** ~ (small vein leading to a larger vein) (*min. - geol.*), vena secondaria. **7.** ~ (editorial, leading article) (*journ.*), articolo di fondo, editoriale. **8.** ~ (a person who has a directing role) (*pers.*), capo. **9.** ~ label (identification record) (*comp.*), etichetta di identificazione. **10.** leaders (row of dots leading as to a number) (*typ.*), puntini di guida. **11.** loss ~ (an article sold at a low price in order to promote sales) (*comm.*), merce venduta sottocosto.

leadership (*gen.*), guida, comando. **2.** ~ (skill in leading) (*psychol.*), capacità di comando.

"leadfoot" (fast driver) (*aut. racing*) (coll.), pilota veloce.

lead-in (of an antenna) (*radio*), discesa. **2.** ~ (chamfer, as on a die surface in order to decrease the severity of the drawing operation) (*sheet metal w.*), imbocco. **3.** ~ groove (spiral groove on the disk edge for guiding the pickup to the beginning of recorded sound) (*phonographic record*), spirale di avvio. **4.** ~ wire (of electrical conductor) (*elect.*), capocorda.

leading (*lead ind.*), piombo, articoli di piombo. **2.** ~ (leading-out) (*typ.*), interlineatura. **3.** double ~ (*typ.*), doppia interlineatura.

leading (of an antenna) (*radio*), calata. **2.** ~ (managing) (*a. - gen.*), direttivo, che dirige. **3.** ~ article (*journ.*), articolo di fondo. **4.** ~ axle (front axle, of a locomotive) (*railw.*), asse anteriore, sala anteriore. **5.** ~ edge (as of a wing) (*aerot.*), bordo d'attacco, bordo di entrata. **6.** ~ edge (as of a punched card) (*comp.*), bordo di entrata. **7.** ~ particulars (as of an engine) (*mot. - etc.*), caratteristiche principali. **8.** ~ P.F. (leading power factor) (*elect.*), fattore di potenza in anticipo. **9.** ~ pole horn, *see* leading pole tip. **10.** ~ pole tip (*elect. mach.*), corno polare d'entrata. **11.** ~ screw, *see* lead screw. **12.** ~ sweep (of a propeller blade) (*aer.*), passo angolare positivo. **13.** ~ zeros (located at the left of the cipher) (*comp.*), zeri iniziali. **14.** two ~ shoe brakes (*aut.*), freno a doppia ganascia avvolgente.

leadsman (man who heaves the lead) (*naut.*), scandagliatore, addetto allo scandaglio.

leaf (of a spring) (*mech.*), foglia. **2.** ~ (as of a clock pinion) (*mech. - horology*), dente. **3.** ~ and dart (*arch.*), ornamento ricorrente a foglie e lancette. **4.**

~ for spring (*mech.*), foglia per molla. **5.** ~ spring (*mech.*), molla a balestra. **6.** main ~ (of a leaf spring) (*mech.*), foglia maestra (o principale). **7.** spring ~ (*mech.*), foglia di molla.

leaf (to) (to turn over the pages of a book, newspaper etc. one by one) (*gen.*), sfogliare.

leafing (leafing power) (*paint.*), potere fogliante.

leaflet (*print.*), manifestino, volantino.

league (*old meas.*), lega. **2.** nautical ~ (marine league = 3.45 miles) (*old meas.*) (Brit.), lega marina (5,56 km). **3.** statute ~ (land league = 3 miles) (*old meas.*) (Brit.), lega terrestre (4,83 km).

League of Arab States (Arab League) (*international econ.*), Lega Araba.

leak (leakage), fuga, perdita. **2.** ~ (crack, hole etc.), fessura. **3.** ~ (*elect.*), dispersione. **4.** ~ (*naut.*), falla, via d'acqua. **5.** ~ detector (as of a gas from a container) (*ind. instr.*), rivelatore di perdite. **6.** ~ finder (as for gas leaks of an airship) (*ind. instr.*), cercafughe. **7.** ~ test (of a body) (*aut.*), prova all'acqua, prova a pioggia. **8.** ~ transformer (*elect.*), autotrasformatore a dispersione. **9.** grid ~ (*elics.*), resistenza di fuga di griglia. **10.** springing of a ~ (*naut.*), formazione di una falla. **11.** to stop leaks (as of liquid from a tank), eliminare le perdite (o le fughe).

leak (to) (as of a tank) (*gen.*), perdere. **2.** ~ (of a ship), fare acqua.

leakage (of fluids) (*phys.*), perdita. **2.** ~ (*elect.*), dispersione. **3.** ~ (as in retail selling shops) (*comm.*), perdita. **4.** ~, *see* leakage flux. **5.** ~ current (*elect.*), corrente di dispersione. **6.** ~ flux (magnetic leakage) (*elect.*), flusso (magnetico) di dispersione. **7.** ~ indicator (for measuring or detecting current leakage to earth) (*elect. instr.*) (Brit.), rivelatore di dispersione (a massa). **8.** ~ of fuel from the tank (*aut. - etc.*), perdita di combustibile dal serbatoio. **9.** ~ of water into the car (as due to rain and defective sealing of the body) (*aut.*), infiltrazioni di acqua nella vettura. **10.** ~ path (*elect.*), percorso (o via) di dispersione. **11.** ~ reactance (*elics.*), reattanza di fuga, reattanza di dispersione. **12.** magnetic ~ (*elect.*), dispersione magnetica.

leaker (casting rejected for leakage at the pressure test) (*found.*), getto che perde, getto scartato alla prova a pressione.

leaking (*gen.*), perdente, che perde, non stagno, non ermetico.

leakproof (*a. - pip.*), senza perdita.

lean (poor: as of a gas mixture) (*a. - gen.*), povero. **2.** ~ (poor: as a mineral) (*min.*), povero. **3.** ~ (low: as wages) (*a. - ind.*), basso. **4.** ~ (meager) (*a. - gen.*), magro. **5.** ~ (leaning, of a car when cornering) (*n. - aut.*), inclinazione. **6.** ~ (of mortar or concrete: poor of calx or cement) (*a. - mas.*), magro. **7.** ~ coal (*comb.*), carbone magro. **8.** ~ earth (*agric.*), terra povera, terra poco fertile. **9.** ~ lime (*mas.*), calce idraulica. **10.** ~ mixture (of internal comb. mot.) (*mot.*), miscela povera.

lean (to) (to incline), pendere, inclinare, inclinarsi. **2.** ~ (to rest: as on a support) (*gen.*), appoggiare, appoggiarsi. **3.** ~ (to increase the air as in a fuel air mixture) (*mot.*), impoverire, "smagrire".

leanness, finezza. **2.** ~ of shape (*naut. - etc.*), finezza di forma.

"lean-out" (of the mixture) (*mot. - aut.*), impoverimento, "smagrimento".

lean-to, a una sola pendenza. **2.** ~ (extension building) (*n. - bldg.*), locale annesso. **3.** ~ (open shelter) (*n. - mas.*), tettoia. **4.** ~ roof (*arch.*), tetto ad una falda, tetto ad una sola pendenza.

leapfrogging (method of advancing of two units) (*tactics*), scavalcamento. **2.** ~ (timing of the radar pulse) (*radar*), fasatura dell'impulso (radar).

lear, *see* lehr.

learning (*school*), apprendimento. **2.** machine ~ (by artificial intelligence) (*artificial intelligence*), apprendimento della macchina.

lease (*comm.*), affitto, noleggio. **2.** ~ (method of crossing warp yarns) (*text. ind.*), incrocio, invergatura dei fili dell'ordito. **3.** ~ bar (*text. ind.*), verga, bacchetta d'invergatura. **4.** ~ on life (*comm.*), contratto.

lease (to) (*comm.*), affittare, noleggiare. **2.** ~ (*text. ind.*), invergare.

leased line, *see* dedicated line.

leasehold (*law - econ.*), proprietà di affitto.

leash (*text. ind.*), liccio, maglia. **2.** ~ rod (of a hand loom) (*text. mach.*), verga. **3.** eye of the ~ (*text. ind.*), occhiello del liccio.

leasing (a particular contract of lease of goods that consents to the contractor, when the contract expires, to opt for buying the goods or for renewal of the contract, both at a prefixed and very low price) (*finan. - comm. - ind.*), leasing, particolare tipo di locazione.

least (as of price) (*a. - gen.*), minimo. **2.** ~ common denominator (*math.*), minimo comun denominatore. **3.** ~ common multiple (*math.*), minimo comune multiplo. **4.** ~ significant bit, "LSB" (bit placed at the extreme right position) (*comp.*), bit meno significativo. **5.** ~ significant digit, "LSD" (digit placed at the extreme right position) (*comp.*), cifra meno significativa.

leat (artificial water trench) (*hydr.*) (Brit.), canale.

leather, cuoio. **2.** ~ squeezer (*impl.*), spremipelli. **3.** ~ upholstery (as in aut. seats constr.), "sellatura" in pelle, rivestimento in pelle. **4.** artificial ~ (leatherboard) (*paper mfg.*), cartone (uso) cuoio. **5.** chamois ~, pelle di camoscio. **6.** imitation ~ (as in aut. upholstery), finta pelle, pegamoide, simil-pelle, etc. **7.** oak ~ (oak-tanned leather) (*leather*), cuoio (conciato) al tannino. **8.** tanned ~ (*ind.*), cuoio (conciato). **9.** wash ~ (for cleaning, etc.) (*naut. - aut. - etc.*), pelle di camoscio.

leatherboard (*paper mfg.*), cartone (uso) cuoio. **2.** mechanical ~ (*paper mfg.*), cartone similcuoio (fatto) a macchina.

leatherette (artificial leather) (*ind.*), dermoide, finta pelle, pegamoide, similpelle.
leatherneck (marine), marinaio.
leathery (tough) (*rubb. ind.*), coriaceo.
leave (authorized absence from work), permesso. **2.** ~ (of a die) (*drop forging*), *see* draft. **3.** ~ (leave of absence) (*milit.*), licenza. **4.** ~ with pay (referred to an employee) (*adm.*), permesso retribuito. **5.** annual ~ (*work. - pers.*), ferie annuali. **6.** convalescent ~ (*milit.*), licenza di convalescenza. **7.** ordinary ~ (*milit.*), licenza ordinaria.
leave (to) (to go away), partire. **2.** ~ (to quit) (*gen.*), lasciare. **3.** ~ (as an anchorage: of a ship) (*naut.*), lasciare.
leaven (*ind. chem.*), fermento.
leavings (residue) (*gen.*), residuo. **2.** ~ (refuse, offal) (*gen.*), rifiuti.
leclanché cell (*electrochem.*), elemento Leclanché.
lectern (reading desk) (*gen.*), leggìo.
"LED" (Light Emitting Diode) (*elics.*), diodo ad emissione luminosa, LED. **2.** indicator ~ (*elics.*), diodo indicatore ad emissione luminosa, LED indicatore.
led, *participle of* lead (to).
ledeburite (*metall.*), ledeburite.
ledge (*carp.*), listello. **2.** ~ (vein) (*min.*), vena. **3.** ~ (raised ridge along a surface) (*mech. - carp.*), battuta. **4.** ~ (underwater reef) (*sea*), scoglio sommerso. **5.** ~ (athwartship beam for strengthening or supporting purposes, arranged between the main beams) (*shipbldg.*), baglietto. **6.** ~ (*found.*), *see* ingate.
ledger (the horizontal timber fastened to the vertical poles of a scaffold) (*bldg.*), traversa. **2.** ~ (*adm.*), libro mastro, mastro. **3.** ~ (*bookkeeping*), partitario, registro. **4.** ~ (tombstone) (*arch.*), lapide funeraria, pietra tombale. **5.** ~ board (handrail) (*bldg.*), corrimano. **6.** ~ board (flooring member of a scaffold) (*bldg. - carp.*), tavola da ponteggio, tavola da muratori. **7.** ~ paper (*paper mfg.*), *see* account book paper. **8.** card ~ (*accounting*), partitario a schede. **9.** creditors ~ (purchase ledger, accounts payable ledger) (*accounting*), partitario fornitori. **10.** loose-leaf ~ (*accounting*), partitario a fogli mobili. **11.** sales ~ (*accounting*), partitario clienti. **12.** stockholder ~ (of a joint stock company) (*finan.*), libro dei soci. **13.** stores ~ (*adm.*), libro magazzino.
lee (*naut.*), sottovento. **2.** ~ side (*naut.*), sottovento. **3.** on the ~ beam (*naut.*), al traverso sottovento.
leeboard (*naut.*), ala di deriva, piastra della deriva.
leech (of a sail) (*naut.*), caduta, colonna. **2.** ~ lines (*naut.*), caricaboline. **3.** after ~ (as of a gaff sail) (*naut.*), caduta poppiera. **4.** forward ~ (as of a gaff sail) (*naut.*), caduta prodiera.
"LEED" (Low Energy Electron Diffraction) (*phys.*), diffrazione di elettroni lenti.
leer, *see* lehr.
lees (dregs: as of a wine cask) (*agric. ind.*), fondata, sedimento.
leeward (*naut.*), sottovento.
leeway (*aer.*), angolo di deriva. **2.** ~ (*naut.*), scarroccio, deriva. **3.** to make ~ (*naut.*), scarrocciare.
left (*n. - gen.*), sinistra. **2.** ~ (*a. - gen.*), sinistro.
left-hand (located on the left) (*a. - gen.*), sinistro, a sinistra. **2.** ~ (of a rotatory motion) (*a. - mech.*), sinistrorso, antiorario. **3.** ~ drive (*aut.*), guida (a) sinistra. **4.** ~ heavy-duty turning tool (*lathe t.*), utensile da tornio sgrossatore sinistro, utensile sinistro per tornitura di sgrossatura. **5.** ~ helical gears (*mech.*), ingranaggi elicoidali con elica sinistra. **6.** ~ pattern (as of a motorcar fender) (*aut. - mech. - etc.*), modello sinistro. **7.** ~ rule (*elect.*), regola di Fleming, regola delle tre dita (della mano sinistra). **8.** ~ screw thread (*mech.*), vite sinistra. **9.** ~ steering (of aut.), guida a sinistra. **10.** ~ thread (of a screw) (*mech.*), filettatura sinistrorsa.
left-hander (*work.*), mancino.
left-justified (*comp. - print.*), allineato a sinistra.
leftmost (as of a character) (*a. - comp.*), il più a sinistra.
lef-shift (movement of data to the left) (*comp.*), scorrimento a sinistra.
leg (as of a table), gamba. **2.** ~ (branch) (*gen.*), gamba, branca. **3.** ~ (of a triangle) (*geom.*), lato. **4.** ~ (of a structural angle iron) (*metall. ind.*), lato, ala. **5.** ~ (as of an eccentric press) (*mach.*), fiancata di base. **6.** ~ (of a cupola) (*found.*), colonnina. **7.** ~ (of a derrick) (*earth drilling*), montante. **8.** ~ (branch, of a circuit) (*elect.*), ramo, diramazione. **9.** ~ (phase of a polyphase system) (*elect.*), fase. **10.** ~ (a portion of an aer. track) (*navig.*), tratto (di rotta). **11.** ~ (of a program) (*comp.*), ramo. **12.** lazy ~ (cord for the withdrawal of the parachute) (*aer.*), fune di fuoriuscita. **13.** reciprocal ~ (part of a landing procedure in which the airplane is flown on the reciprocal of the final approach direction) (*aer.*), porzione della traiettoria di avvicinamento situata in direzione opposta all'atterraggio. **14.** shock ~ (part of the undercarriage) (*aer.*), gamba ammortizzatrice.
legacy (*adm. - law*), legato. **2.** ~, *see* bequest.
legal (*a. - law*), legale. **2.** ~ name (of a firm) (*comm. - law*), ragione sociale.
legend (brief description) (*print.*), leggenda.
legislative (*a. - law*), legislativo.
legislature (*law*), legislatura.
legroom (roominess) (*aut. - railw.*), spazio per le gambe.
lehr, leer, lear (a furnace for glass mfg.), forno di ricottura. **2.** ~ loader (*glass mfg.*), *see* stacker.
leisure (selvedge) (*silk ind.*) (Brit.), cimosa, lisiera. **2.** ~ (leisure time) (*work.*), tempo libero.
"LEM" (Lunar Excursion Module) (*astric.*), LEM, modulo lunare.
lemma (*math.*), lemma.
lemniscate (*math.*), lemniscata. **2.** Bernoullian ~ (*math.*), lemniscata di Bernoulli.

lend (to) (*comm.*), prestare, dare a prestito. **2.** ~ oneself (*gen.*), dedicarsi, prestarsi.

length, lunghezza. **2.** ~ (distance), distanza. **3.** ~ (duration), durata. **4.** ~ (as of a pipe), tratto, spezzone. **5.** ~ (of wool) (*wool ind.*), lunghezza. **6.** ~, *see* wavelength. **7.** ~ between perpendiculars (*naut. - etc.*), lunghezza tra le perpendicolari. **8.** ~ of break (of a circuit breaker) (*elect. mech.*), intervallo di interruzione. **9.** ~ of contact (as of helical gear teeth) (*mech.*), lunghezza di contatto. **10.** ~ of cut (as in planing work) (*mech. - join.*), lunghezza del taglio. **11.** ~ of engagement (of screw threads) (*mech.*), lunghezza di avvitamento. **12.** ~ of engagement (of gears) (*mech.*), arco di azione. **13.** ~ on the waterline (length on the water) (*naut.*), lunghezza al galleggiamento. **14.** ~ over all, "LOA" (*naut. - etc.*), lunghezza fuori tutto, lunghezza f. t. **15.** cut ~ (of wire) (*metall. ind.*), tratto di data lunghezza, lunghezza. **16.** exact ~ (as of wire or bar: length corresponding to a definite measure) (*metall. ind.*), spezzone di lunghezza fissa. **17.** fair ~ (of the wool) (*wool ind.*), bella lunghezza. **18.** focal ~ (*opt.*), distanza focale. **19.** gauge ~ (of a test bar) (*metall.*), tratto utile. **20.** good ~ (of wool) (*wood ind.*), buona lunghezza. **21.** grip ~ (as of a mach. t. spindle, in oil drilling etc.) (*mech.*), tratto utile. **22.** migration ~ (*atom phys.*), lunghezza di migrazione. **23.** mixed ~ (of wool) (*wool ind.*), lunghezza mista. **24.** overall ~ (*gen.*), lunghezza totale. **25.** overall ~ (*naut.*), lunghezza fuori tutto. **26.** record ~ (number of words, marks, characters, bits, bytes etc. contained in a larger unit: as a message, a block etc.) (*comp.*), lunghezza di registrazione, numero di unità elementari formanti la registrazione. **27.** register ~ (number of storable characters) (*comp.*), lunghezza del registro, numero di bit formanti il registro. **28.** wave ~ (*radio*) (Am.), lunghezza d'onda. **29.** working ~ (as of a boring machine table) (*mach. t. - mech.*), lunghezza utile.

lengthen (to) (*v. t. - gen.*), allungare. **2.** ~ (*gen.*), allungarsi.

lengthwise (*adv. - gen.*), longitudinalmente, di lungo. **2.** ~ (*a.*), longitudinale. **3.** ~ travel (as of a tool) (*mech.*), corsa longitudinale.

leno (light mesh texture fabric: marquisette) (*text.*), tessuto a punto di garza, marquisette.

lens (*phys. opt.*), lente. **2.** ~ (two or more simple lenses combined together) (*phys. opt.*), obiettivo. **3.** ~ (aerial) (*radio*), lente, antenna a lente. **4.** ~ (of lamps) (*aut.*), vetro. **5.** ~ (for conveying or focusing radiations differing from light) (*elics. - magnetic - elect. - radiowaves - etc.*), lente. **6.** ~, *see also* lenses. **7.** ~ aperture, *see* ~ opening. **8.** ~ barrel (*opt.*), tubo portaobiettivo. **9.** ~ cap (*phot.*), tappo dell'obiettivo. **10.** ~ case (*phot.*), astuccio per obiettivo. **11.** ~ drum (a rotating drum with lenses for mech. radial scanning) (*telev.*), tamburo analizzatore a lenti. **12.** ~ hood (lens screen) (*phot.*), paraluce, parasole. **13.** ~ opening (depending from diaphragm aperture) (*phot. - opt.*), apertura di diaframma. **14.** ~ screen (*phot.*), *see* lens hood. **15.** ~ speed (a characteristic of a lens when the diaphragm is entirely open) (*phot. - opt.*), luminosità dell'obiettivo. **16.** ~ stop (diaphragm) (*phot. - opt.*), diaframma. **17.** ~ turret (of a camera) (*m. pict.*), torretta (girevole) porta-obiettivi. **18.** achromatic ~ (*opt.*), lente (o obiettivo) acromatica. **19.** additional ~ (*opt.*), lente addizionale. **20.** anamorphic ~ (used as in m. pict. large screen projectors) (*opt. - m. pict.*), obiettivo anamorfico, anamorfizzatore. **21.** anastigmatic ~ (*opt.*), lente anastigmatica. **22.** anastigmatic ~ (*phot.*), obiettivo anastigmatico. **23.** antispectroscopic ~ (*opt.*), lente antispettroscopica. **24.** aplanatic ~ (*phot.*), obiettivo aplanatico. **25.** asymmetric ~ (*opt.*), obiettivo asimmetrico. **26.** biconcave ~ (*opt.*), lente biconcava. **27.** biconvex ~ (*opt.*), lente biconvessa. **28.** close-up ~ (for pictures taken at very close range) (*phot.*), lente (addizionale) per primi piani (o fotografie ravvicinate). **29.** converging concavo-convex ~ (*opt.*), menisco convergente. **30.** converging ~ (*opt.*), lente convergente. **31.** corrugated ~ (*opt.*), lente ondulata (per diffusione). **32.** cylindrical ~ (*opt.*), lente cilindrica. **33.** diverging concavo-convex ~ (*opt.*), menisco divergente. **34.** diverging ~ (*opt.*), lente divergente. **35.** double-concave ~ (*opt.*), lente biconcava. **36.** double-convex ~ (*opt.*), lente biconvessa. **37.** dry ~ (*opt.*), obiettivo a secco. **38.** echelon ~ (*opt.*), lente a gradinata, interferometro a gradinata. **39.** electron ~ (as of an electron microscope) (*opt. - elect.*), obiettivo elettronico. **40.** electron ~ (of a cathode-ray tube) (*radio - telev.*), lente elettronica. **41.** electrostatic ~ (electron lens obtained by electrostatic field) (*elect. - elics.*), lente elettrostatica. **42.** fish-eye ~ (180° wideangle lens: for circular images) (*phot.*), obiettivo grandangolare a 180°, obiettivo "fish-eye", obiettivo con lente sferica. **43.** fixed-focus ~ (*phot.*), obiettivo a fuoco fisso. **44.** focusing ~ (*opt.*), lente di messa a fuoco. **45.** Fresnel ~ (echelon lens used as in lighthouses) (*opt.*), lente di Fresnel. **46.** internal focusing ~ (as of a theodolite) (*opt.*), lente di messa a fuoco interna. **47.** long-focus ~ (*phot.*), obiettivo di grande lunghezza focale. **48.** magnetic ~ (focusing electron beams) (*elics. - magnetic*), lente magnetica. **49.** metal ~ (*radar*), lente metallica. **50.** mirror ~ (*opt.*), lente speculare. **51.** plano-concave ~ (*opt.*), lente piano concava. **52.** plano-convex ~ (*opt.*), lente piano convessa. **53.** portrait ~ (*phot. - m. pict.*), obiettivo da ritratto. **54.** process ~ (photomechanical lens) (*photomech. - opt.*), obiettivo fotomeccanico. **55.** projection ~ (*m. pict.*) obiettivo da proiezione. **56.** short-focus ~ (*phot.*), obiettivo di piccola lunghezza focale. **57.** speed of ~ (*opt.*), luminosità, massima apertura relativa della lente. **58.** taking ~ (of a two-lens reflex camera) (*phot.*), obiettivo da presa. **59.** telephoto ~

(*opt. phot.*), teleobiettivo. **60.** telescopic ~ (*phot.*), teleobiettivo. **61.** viewing ~ (of a two-lens reflex camera) (*phot.*), obiettivo del mirino. **62.** wide-angle ~ (*phot.*), obiettivo grandangolare. **63.** zoom ~ (objective lens with variable focal distance) (*m. pict.*), "zoom", obiettivo a focale variabile.

lenses (*opt. - gen.*), lenti. **2.** cemented ~ (*opt.*), lenti incollate. **3.** trial ~ (as for med. opt.), occhiali di prova.

lenticular (*a. - gen.*), lenticolare. **2.** ~ sand (*min.*), sabbia lenticolare.

lenticulation (as of colored elements in color film mfg.) (*phys.*) (Brit.), reticolo lenticolare.

"LEP" (large electron/positron collider: huge accelerator of electrons and positrons realized by european CERN) (*atom phys.*), LEP.

lepidolite (mica) (*min.*), lepidolite.

leptoclase (*geol.*), leptoclasi.

lepton (light elementary particle: as neutrinos, electrons, etc.) (*atom phys.*), leptone.

leptonic (relating to leptons) (*a. - atom phys.*), leptonico.

lessee (tenant) (*comm. - bldg.*), conduttore, locatario.

lesser (of size) (*a. - gen.*), più piccolo. **2.** ~ (of quality) (*a. - gen.*), inferiore.

less-than (*comp. - math.*), minore di.

less-than-car load (LCL: the weight of the load is not sufficient to reach the carload rate) (*railw. - comm. - transp.*), di peso insufficiente per costituire il carico di un carro merci.

less-than-truck load (LTL: the weight of the load is not sufficient to reach the minimum truckload) (*aut. - comm. - transp.*), di peso insufficiente per raggiungere la portata dell'autocarro.

let (to) (to leave) (*gen.*), lasciare. **2.** ~ (to permit) (*gen.*), permettere. **3.** ~ (to discharge something: as a gun, a fluid etc.) (*gen.*), scaricare. **4.** ~ down (to soften by tempering) (*heat - treat.*), rinvenire. **5.** ~ down (to diminish viscosity by adding thinner) (*paint.*), diluire. **6.** ~ down (to glide down: as to a landing field) (*aer.*), discendere planando. **7.** ~ go (as a rope) (*naut.*), lascare, allascare, mollare. **8.** ~ go the anchor (*naut.*), dar fondo all'àncora. **9.** ~ go the moorings (*naut.*), mollare gli ormeggi. **10.** ~ in (*mech.*), innestare. **11.** ~ in the clutch (*aut.*), innestare la frizione. **12.** ~ into the concrete (*mas.*), annegare nel calcestruzzo. **13.** ~ off (to discharge a gun) (*milit.*), far fuoco. **14.** ~ out (*mech.*), disinnestare. **15.** ~ out the clutch (*aut.*), disinnestare (o staccare) la frizione. **16.** ~ out the oil (*mech.*), scaricare l'olio.

letdown (aer. descent from cruising altitude to a landing approach) (*aer.*), discesa.

let-off (releasing device), scatto. **2.** ~ motion (of beams) (*text. mach. device*), movimento di svolgimento.

letter (*off.*), lettera. **2.** ~ (single type) (*typ.*), lettera, carattere tipografico. **3.** ~ balance (*off. - impl.*), pesalettere. **4.** ~ box, *see* mailbox. **5.** ~ carrier (postman) (Am.), postino. **6.** ~ knife (letter opener, envelope knife, envelope opener) (*off. t.*), tagliacarte. **7.** ~ of credence (*international law*), credenziali. **8.** ~ of credit (*comm.*), lettera di credito. **9.** ~ of intent (formal document of agreement) (*comm.*), lettera di intento. **10.** ~ paper (*off.*), carta da lettere. **11.** ~ press (*off. equip.*), copialettere. **12.** ascending letters (as b, d, f etc.) (*typ.*), lettere ascendenti. **13.** battered ~ (defective letter, as due to usage) (*typ.*), carattere difettoso. **14.** black ~ (*typ.*) (Am.), carattere gotico. **15.** call letters (as of a radio station) (*radio - telegr.*), lettere di identificazione. **16.** covering ~ (a letter giving additional information) (*comm. - etc.*), lettera di accompagnamento. **17.** form ~ (sent to various persons with few changes) (*off.*), lettera standard. **18.** Gothic ~ (*typ.*) (Brit.), carattere gotico. **19.** initial ~ (*typ.*), iniziale. **20.** money ~ (fully ensured registered letter) (*mail*), assicurata, lettera assicurata. **21.** old English ~ (Gothic letter) (*typ.*), carattere gotico. **22.** order ~ (*comm.*), lettera d'ordine. **23.** outgoing letters (*off.*), lettere in partenza. **24.** outward letters (*off.*), lettere in partenza. **25.** registered ~ (*mail*), raccomandata, lettera raccomandata. **26.** special delivery ~ (*mail*), espresso. **27.** swash ~ (*typ.*), iniziale ornata, lettera con fregi. **28.** uppercase ~ (capital letter) (*typ.*), lettera maiuscola, carattere maiuscolo. **29.** white ~ (Roman type) (*typ.*), carattere romano.

letterhead (letter paper with heading) (*comm. - off.*), carta intestata. **2.** ~ (heading on letter paper) (*comm.*), intestazione.

lettering (*draw.*), caratteri a mano. **2.** ~ (marking, on freight cars) (*railw.*), notazione. **3.** ~ guide (*draw. instr.*), normografo.

letterpress (typographic, relating to relief printing) (*a. - print.*), tipografico. **2.** ~ (printing process: relief press) (*n. - typ.*), stampa tipografica. **3.** ~ (reading matter in a book) (*print.*), testo. **4.** ~ paper (for typ. printing) (*paper mfg.*), carta per stampa tipografica. **5.** ~ printing (relief printing) (*typ.*), stampa tipografica, stampa a rilievo.

letterset (offset made by a rubber roller) (*n. - typ.*), tipo di offset.

letters of credence (*international law*), credenziali.

letterspace (to) (to leave space between the letters) (*typ.*), spaziare le lettere, lasciare spazio tra le lettere.

letterspacing (*typ.*), spaziatura tra le lettere.

letting down (part of the approach) (*aer.*), discesa. **2.** ~ (tempering of hardened steel by heating to the desired color and then quenching) (*heat - treat.*), rinvenimento con raffreddamento rapido, trattamento di rinvenimento per spegnimento.

leucite [$KAl(SiO_3)_2$] (*min.*), leucite.

leucosapphire (white sapphire) (*min.*) (Brit.), zaffiro bianco.

leucoxene (*min.*), leucocene.

"lev", *see* levant.

levant, levante.

levanter (*naut.*), vento di levante.

levee (embankment) (*hydr. - rivers - irrigation*), argine.

level (*a.*), piano, orizzontale. **2.** ~ (horizontal surface) (*n.*), piano, piano orizzontale. **3.** ~ (instr. indicating the horizontal line) (*n.*), livella. **4.** ~ (workings that are located at the same level) (*min.*), livello. **5.** ~ (*electroacous.*), livello. **6.** ~ (surveyor's telescope) (*top. instr.*), livello. **7.** ~ (of a language) (*comp.*), livello. **8.** ~ (the strength: as of an electrical signal) (*tlcm. - comp.*), livello. **9.** ~ bombing (*aer.*), bombardamento in quota. **10.** ~ control (*hydr.*), regolatore di livello. **11.** ~ crossing (*road - railw.*), passaggio a livello. **12.** ~ crossing with gate (*road - railw.*), passaggio a livello custodito. **13.** ~ crossing without gate (*road - railw.*), passaggio a livello incustodito. **14.** ~ flight (*aer.*), volo orizzontale. **15.** ~ gauge (*boil. instr.*), livello. **16.** ~ ground (*top.*), terreno piano. **17.** ~ height (*hydr.*), battente. **18.** ~ number (hierarchical position: as of an addressing) (*comp.*), numero del livello. **19.** acceptance quality ~ (by quality control) (*mech. technol.*), livello di qualità accettabile. **20.** actual ~ (*electroacous.*), livello assoluto. **21.** at floor ~ (*gen.*), a piano pavimento. **22.** band ~ (*acous.*), livello di banda. **23.** circular spirit ~ (*instr.*), livella sferica a bolla d'aria. **24.** cross ~ (*aer. instr.*), sbandometro. **25.** datum ~ (*top.*), piano di riferimento, piano O. **26.** drawdown ~ (as of a basin) (*hydr.*), livello di svaso. **27.** dummy ~ (*top. instr.*), livella a cannocchiale, livella da geometri. **28.** energy ~ (as of the electrons in a molecular system) (*phys.*), livello energetico. **29.** equivalent loudness ~ (*acous.*), livello di sensazione sonora, livello sonoro. **30.** excitation ~ (*atom phys.*), livello di eccitazione. **31.** flight ~ (level or altitude at which an aircraft is flying) (*aer.*), quota di volo. **32.** fore-and-aft ~ (*aer. instr.*), indicatore di beccheggio. **33.** guarded ~ crossing (*road - railw.*), passaggio a livello custodito. **34.** index ~ (acoustic pressure emitted by a noise or signal generator at a reference unit distance: generally expressed in db referred to 1 μbar) (*und. acous.*), livello indice. **35.** isomeric nuclear ~ (*atom phys.*), livello isomerico nucleare. **36.** mason's ~ (*mas. t.*), livella da muratori. **37.** normal ~ (*phys.*), *see* ground level. **38.** oil ~ (as of mot.), livello dell'olio. **39.** oil ~ indicator (*instr.*), misuratore del livello dell'olio. **40.** prism ~ (*top. instr.*), livello con bolla visibile dall'oculare. **41.** railroad track ~ (*railw. instr.*), livella da ferrovia. **42.** relative ~ (*electroacous.*), livello relativo. **43.** remote ~ indicator (*instr.*), indicatore di livello a distanza. **44.** sea ~ (*a. - n. - phys. - top.*), quota zero, livello del mare. **45.** sea ~ (*aer. mot.*), quota zero. **46.** sound ~ (*acous.*), livello sonoro, livello di sensazione sonora. **47.** source ~ (*und. acous.*), *see* index level. **48.** spectrum ~ (level referred to 1 Hz bandwidth) (*acous.*), livello spettrale. **49.** spirit ~ (*instr.*), livella a bolla d'aria. **50.** striding ~ (as of a theodolite) (*opt.*), livella a cavaliere. **51.** surveyor's ~ (*top. instr.*), livella a cannocchiale. **52.** transmission ~ (*radio*), livello di trasmissione. **53.** unguarded ~ crossing (*road - railw.*), passaggio a livello incustodito. **54.** wage ~ (*pers.*), livello retributivo. **55.** water ~ (*instr.*), livella (a bolla d'aria). **56.** water ~ (as of a basin) (*hydr.*), livello dell'acqua.

level (to), livellare. **2.** ~ off (*gen.*), spianare. **3.** ~ off (to come near to a limit: as the current in a vacuum tube when voltage is changed) (*elect. - etc.*), livellarsi. **4.** ~ off (to make even) (*gen.*), spianare, pareggiare. **5.** ~ off (of an aer. after a climb or a descent) (*aer.*), livellarsi, mettersi in orizzontale.

leveled (*gen.*), livellato.

leveler, leveller (scraper for levelling land) (*earth moving mach.*), ruspa livellatrice.

leveling (*build.*), splateamento, spianamento. **2.** ~ (*top.*), livellazione. **3.** ~ (*time study*), livellamento. **4.** ~ block (for flattening metal plates) (*metall. ind.*), piano a raddrizzare. **5.** ~ instrument (*top. instr.*), livello a cannocchiale. **6.** ~ net (*top.*), rete di livellazione. **7.** ~ pole (*top. impl.*), stadia. **8.** ~ rod (*top. impl.*), stadia. **9.** ~ screw (as of an opt. instr.) (*mech.*), vite calante, vite di livello. **10.** ~ staff (*top. impl.*), stadia. **11.** geodetic ~ (concerned with large areas and taking into account the curvature of the earth's surface) (*top.*), livellazione geodetica, livellazione di alta precisione. **12.** roller ~ (as sheet metal) (*metall.*), spianatura alla macch. a rulli, calandratura. **13.** stretcher ~ (of sheet metal) (*metall.*), *see* patent flattening.

levelling, *see* leveling.

levelling-roll (*mach. t.*), spianatrice.

levelness (*gen.*), planarità.

lever (*mech.*), leva. **2.** ~ arm (*mech.*), braccio di leva. **3.** ~ control (as in railw. signaling), comando mediante leva. **4.** ~ escapement (of a watch), scappamento a leva. **5.** ~ tumbler lock (as of a door) (*mech.*), serratura a cilindri. **6.** bell-crank ~ (as for aer. controls operated by cable) (*mech.*), leva a squadra. **7.** brake ~ (*aut.*), leva del freno. **8.** cam ~ (of a mtc. mot.), levetta interposta tra la camma e la punteria (quando il comando non è diretto). **9.** carriage release ~ (as of a typewriter), leva liberacarrello. **10.** central floor ~ (gearshift lever) (*aut.*), leva (del cambio) a campana, leva a "cloche". **11.** clamping ~ (as of the table of a mach. t.) (*mech.*), leva di bloccaggio. **12.** clutch control ~ (as of a mach. t.) (*mech.*), leva di innesto della frizione, leva di comando della frizione. **13.** clutch-operating ~ (as of a mach. t.) (*mech.*), leva di innesto della frizione, leva di comando della frizione. **14.** cocking ~ (of a gun) (*milit.*), leva d'armamento. **15.** cockpit throttle ~ (of a motor) (*aer.*), leva comando gas (in cabina), "manetta". **16.** cross-feed control ~ (*mach. t.*), leva di comando dell'avanzamento trasversale. **17.** crowbar tire ~ (*aut. impl.*), cavafascioni, leva per pneumatici. **18.** cutting speed setting ~ (as of a gear cutting machine) (*mach. t. - mech.*), leva selezionatrice della velocità di taglio. **19.** engaging ~ (as of spindle feed of a mach. t.) (*mech.*), leva d'innesto. **20.** facing feed ~ (as of a lathe), leva di avanzamento per sfacciare (o per la operazione di sfacciatura). **21.** fast and slow motion ~ (*mach. t.*), leva per la marcia veloce e lenta. **22.** fast-feed ~ (*mach. t.*), leva per l'avanzamento rapido. **23.** first class ~ (*theor. mech.*), leva di primo genere. **24.** foot control ~ (*mech.*), leva a pedale. **25.** foot ~ gearshift (of a mtc.), cambio a pedale. **26.** gate change ~ (as of a mach. tool speed gear) (*mech.*), leva del cambio a settori. **27.** gear ~ (*aut.*), leva del cambio di velocità. **28.** hand and power feed ~ (as of boring mach.) (*mach. t. - mech.*), leva per l'avanzamento a mano e meccanico. **29.** hand ~ (*aut. mech.*), leva a mano. **30.** knee ~ (*mech.*), leva a ginocchiera. **31.** line space and carriage return ~ (*typewriter*), leva per interlineare e tornare a capo. **32.** locking ~ (as of a sliding part of a mach. t.) (*mech.*), leva di bloccaggio. **33.** paper release ~ (as of a typewriter), leva liberacarta. **34.** platen release ~ (of a typewriter) (*off. mach.*), leva liberarullo, liberarullo. **35.** propeller control ~ (of a variable pitch propeller) (*aer.*), leva comando passo elica, leva comando elica. **36.** release ~ (*mech.*), leva di disimpegno (o disinnesto). **37.** reverse ~ (as in mech. or elect. transmissions, mach. t., naut. etc.) (*railw. - etc.*), leva dell'inversione di marcia. **38.** road setup indicating ~ (in centralized railw, signaling), leva indicatrice di instradamento. **39.** rocking ~ (of a timing system) (*mot. mech.*), leva oscillante, bilanciere. **40.** setting ~ (of the cutting speed in a gear cutting mach.) (*mech.*), leva selezionatrice. **41.** side ~ (*mech.*), *see* side beam. **42.** slow-feed ~ (*mach. t.*), cavafascioni. **43.** speed change ~ (gear lever) (*aut.*), leva del cambio di velocità. **44.** speed selector ~ (*mach. t.*), leva del cambio di velocità. **45.** starting ~ (*mech.*), leva di avviamento, leva della messa in marcia. **46.** steam throttle ~ (of a steam locomotive) (*railw.*), leva della valvola di presa vapore. **47.** table feed change ~ (as of a mach. t.) (*mech.*), leva per il cambio dell'avanzamento della tavola. **48.** throttle ~ (*aer. mot.*), leva comando gas, leva del gas, "manetta". **49.** throttle valve control ~ (of carburetor) (*mot. mech.*), leva comando farfalla. **50.** tire ~ (*t. - aut.*), levagomme. **51.** toggle joint ~ (*mech.*), leva a ginocchio. **52.** top ~ (as of a shot gun) (*firearm*), chiave. **53.** turret quick-traverse ~ (as of a lathe), leva di traslazione rapida (della) torretta. **54.** two-armed ~ (*mech.*), leva a due bracci. **55.** uncoupling ~ (of an automatic coupler) (*railw.*), leva di sgancio.

lever (to) (to operate by a lever) (*mech. - etc.*), impiegare una leva.

leverage (system of levers) (*mech.*), leveraggio.

leveraged buyout (*finan.*), finanziamento per l'acquisto del pacchetto azionario ottenuto mediante garanzie sulle attività societarie.

levigate (to) (to fine grind: as by zinc oxide and glycerin) (*marble - etc.*), levigare.

levitation (to be lifted without mech. means: as by high frequency magnetic field) (*electromech.*), levitazione. **2.** ~ heating (as for ~ melting) (*electromech.*), riscaldamento (per corpi) in levitazione. **3.** ~ melting (as in plasma phys.) (*electromech.*), fusione in (stato di) levitazione. **4.** magnetic ~ (by magnetic field: as in magnetic levitation railw.) (*electromech.*), levitazione magnetica.

levorotatory (*crystallography - opt.*), levogiro.

levulose (*chem.*), levulosio.

lewis (steel dovetailed tenon fitted in blocks of masonry: as for lifting large stones) (*mas.*), ulivella. **2.** ~ bolt (as in stone or marble) (*mas.*), bullone a testa larga usato come ulivella.

Leyden jar (*elect.*), bottiglia di Leida.

"LF" (low frequency) (*elect.*), bassa frequenza. **2.** ~ (low-frequency) (*a. - elect.*), a bassa frequenza. **3.** ~ (Line Feed) (*comp.*), *see at* line. **4.** ~, *see also* load factor.

"LFC", "lfc" (low-frequency current) (*elect.*), corrente di bassa frequenza.

"LG", *see* landing ground.

"lg", *see* large, long.

"lge", *see* large.

"lgr" (larger) (*gen.*), più grande. **2.** ~ (longer) (*gen.*), più lungo.

"lgt", *see* light.

"lgth" (length) (*meas.*), lunghezza.

"lg tn" (*meas.*), *see* long ton.

"L H" (left hand) (*mech. draw.*), sinistro. **2.** ~ (Liquid Hydrogen) (*chem.*), idrogeno liquido.

L-head (with the intake and exhaust valves on the same side of the head) (*mot.*), con valvole laterali dallo stesso lato.

"LI" (Low Intensity) (*gen.*), bassa intensità.

Li (lithium) (*chem.*), litio.

"li", *see* link.

liability (responsibility) (*law*), responsabilità. **2.** ~ (debt) (*accouting*), passivo. **3.** contingent ~ (*accounting*), sopravvenienza passiva. **4.** current liabilities (*accounting*), passività correnti. **5.** joint ~ (for conducting a firm) (*law*), responsabilità congiunta. **6.** unlimited ~ (*finan.*), responsabilità illimitata.

liable (*law*), responsabile, obbligato.

liaison (technical or commercial, as between two firms) (*comm.*), collegamento. **2.** ~ aircraft (little airplane for courier work) (*air force*), aereo di collegamento. **3.** ~ office (*comm.*), ufficio di collegamento.

Lias (*geol.*), lias, neogiurassico.

"lib", *see* pound.

liberalization (as of imports) (*comm.*), liberalizzazione.

liberty (freedom) (*gen.*), libertà. **2.** ~ pass (*milit.*),

permesso. **3.** ~ of the press (*journ. - law*), libertà di stampa.
Libra (seventh sign of the Zodiac) (*astr.*), Bilancia.
librarian (*pers.*), bibliotecario. **2.** ~ (library control program) (*comp.*), programma di gestione della libreria.
library, biblioteca. **2.** ~ (collection of information, programs etc.) (*comp.*), libreria. **3.** job ~ (*comp.*), libreria dei lavori. **4.** macro ~ (collection of macroinstructions) (*comp.*), macrolibreria, libreria di macroistruzioni. **5.** magnetic tape ~ (*comp.*, - *elics.* - *etc.*), nastroteca, libreria di nastri. **6.** object ~ (object program library) (*comp.*), libreria di programmi oggetto. **7.** program ~ (*comp.*), libreria di programmi. **8.** record ~ (*electroacous.*), discoteca. **9.** routine ~ (*comp.*), libreria di procedure. **10.** source ~ (*comp.*), libreria di programmi sorgente. **11.** subroutine ~ (*comp.*), sottoprogrammi di libreria.
librations (phenomenon by which more than half of the moon's surface is visible from the earth) (*astr.*), librazioni.
licence, license (permission) (*gen.*), licenza, permesso. **2.** ~ plate (number plate) (*aut.*), targa. **3.** ~ tag (*aut.*), bollo di circolazione. **4.** driver's ~ (permit for driving cars) (*aut.*), patente automobilistica. **5.** driver's ~ renewal (*aut.*), rinnovo della patente di guida. **6.** exclusive ~ (*comm.*), licenza esclusiva. **7.** manufacturing ~ (*comm.*), licenza di fabbricazione. **8.** nonexclusive ~ (*comm.*), licenza non esclusiva. **9.** under ~ (*comm.*), sotto licenza.
licence (to) (*comm.*), concedere licenza.
licencee, licensee (*comm.*), licenziatario, concessionario di licenza.
licencer, licensor (*comm.*), chi concede la licenza, concedente di licenza.
license, *see* licence.
lichen (*n. - botany*), lichene.
licitation (*comm.*), licitazione.
lick (to) (to lap, as a wall from a gas) (*gen.*), lambire.
licked (lapped, as a wall from a gas) (*gen.*), lambito.
licker-in (a cylinder of a carder which takes the lap from the feed rollers) (*text. mach.*), cilindro avvolgitore.
lid (*gen.*), coperchio. **2.** ~ (door, shutter, for closing a relatively small opening) (*gen.*), sportello. **3.** petrol filler box ~ (*aut.*), sportello (del) rifornimento carburante.
"lidar" (light detection and radar: operating with laser pulses instead of microwaves) (*opt. - milit.*), radar ottico.
lie (lying) (*gen.*), giacitura.
lie (to) (to remain in a horizontal position) (*gen.*), giacere. **2.** ~ at anchor (*naut.*), essere all'àncora, essere alla fonda. **3.** ~ athwart (*naut.*), ancorarsi (o ormeggiarsi) con vento di prua. **4.** ~ to (*naut.*), essere alla cappa.
lien (*law*), pegno, garanzia.
lieutenant (*milit.*), tenente. **2.** ~ colonel (*milit.*), tenente colonnello. **3.** ~ general (*milit.*), generale di corpo d'armata. **4.** second ~ (*milit.*), sottotenente.
life (*gen.*), vita. **2.** ~ (as of a mot.), durata. **3.** ~ (of a furnace) (*metall.*), campagna. **4.** ~ (average duration: as of a particle) (*atom phys.*), vita (media). **5.** ~ annuity (*adm.*), vitalizio. **6.** ~ belt (*naut. impl.*), salvagente. **7.** ~ buoy (*naut. impl.*), salvagente. **8.** ~ insurance (*insurance*), assicurazione sulla vita. **9.** ~ line (*naut.*), sagola di salvataggio. **10.** ~ of the plates (of a battery) (*elect.*), durata delle piastre. **11.** ~ preserver (*naut. impl.*), salvagente. **12.** ~ raft (*aer. - naut. - safety device*), zattera di salvataggio. **13.** ~ test (as for cables, lamps, etc.) (*ind.*), prova di durata. **14.** fatigue ~ (the number of stress cycles sustained for a given test condition) (*fatigue testing*), durata (a fatica). **15.** flex ~ (as of a tire) (*rubb. ind.*), durata dinamica, durata alla flessione. **16.** for ~ (lubrication, as of a joint) (*aut. - etc.*), a vita. **17.** liquid ~ (as of liquid resins in a container) (*phys. chem.*), durata allo stato liquido. **18.** shelf ~ (as of adhesives) (*chem.*), durata a magazzino, durata (quando) in magazzino. **19.** still ~ (*adver. - etc.*), natura morta.
lifeboat (*naut.*), imbarcazione di salvataggio. **2.** ~ falls (app. for lowering lifeboats) (*naut.*), cime e paranchi per far discendere le scialuppe di salvataggio.
life-size, life-sized (*a. - gen.*), a grandezza naturale.
life-support-system (all that is necessary to human life on a desert celestial body) (*astric.*), sistema di sopravvivenza.
lifetime (average duration: as of a particle) (*atom phys. - etc.*), vita (media).
"LIFO" (*accounting*), *see* last in first out.
lift (as of a valve) (*mech.*), alzata. **2.** ~ (*aerodyn.*), portanza. **3.** ~ (elevator), ascensore. **4.** ~ (dumbwaiter), calapranzi. **5.** ~ (of a flask) (*found.*), (staffa) coperchio. **6.** ~ (hoisting mach.) (*ind.*), apparecchio di sollevamento montacarichi. **7.** ~ (radial truth, difference between high and low points of a wheel rim) (*aut.*), errore di centraggio. **8.** ~ (a lift gate) (*bldg.*), cancello a ghigliottina. **9.** ~ (rope for supporting or raising a yard) (*naut.*), mantiglio, amantiglio. **10.** ~ (of an aerostat) (*aer.*), forza ascensionale. **11.** ~ (apparatus for hoisting an aut.: as for washing or repairing it) (*garage app.*), sollevatore. **12.** ~ (working floor of a mine) (*min.*), livello. **13.** ~ (vertical distance between two adjacent working levels) (*min.*), distanza tra livelli. **14.** ~ bridge (*bldg.*), ponte sollevabile. **15.** ~ coefficient (*aerodyn.*), coefficiente di portanza. **16.** ~ drag coefficient (*aerodyn.*), coefficiente di merito, coefficiente di efficienza. **17.** ~ fan (of a hovercraft) (*veh.*), ventola portante, ventola sostentatrice. **18.** ~ gate (a gate which opens by vertical movement) (*bldg.*), cancello a ghigliottina. **19.** ~ loss (*aerodyn. phenomenon*), perdita di portanza. **20.** ~ pump (*mach.*), pompa

a spostamento diretto. **21.** ~ truck operator (fork lift truck operator) (*work.*), carrellista. **22.** ~ valve (moving perpendicularly to its seat) (*mech.*), valvola a sollevamento, valvola a fungo. **23.** ~ wires (of aer.), diagonali, tiranti di portanza. **24.** aerodynamic ~ (due only to the relative airflow) (*aer.*), portanza aerodinamica. **25.** aerostatic ~ (*aer.*), forza ascensionale aerostatica. **26.** air ~ (of oil) (*min.*), estrazione con immissione di aria compressa. **27.** auto ~ hydraulic device for lifting aut.: as for lubrication, washing, etc.) (*aut.*) (Am.), sollevatore, ponte sollevatore. **28.** cam ~ (*mech.*), alzata della camma. **29.** car ~ (*railw. - etc.*), montaveicoli. **30.** center of gross ~ (center of gravity of the air displaced by the gas of an aerostat) (*aer.*), centro della forza ascensionale totale, punto di applicazione della forza ascensionale totale. **31.** disposable ~ (of an aerostat) (*aer.*), forza ascensionale disponibile, forza ascensionale residua. **32.** dynamic ~ (of an aerostat) (*aer.*), forza ascensionale dinamica. **33.** false ~ (of an aerostat, due to the difference between the temperature of the gas and that of the air) (*aer.*), forza ascensionale falsa, forza ascensionale dovuta al calore differenziale. **34.** gas ~ (of oil) (*min.*), estrazione con immissione di gas compresso. **35.** gross ~ (of an aerostat) (*aer.*), forza ascensionale totale. **36.** hydraulic ~ (hydraulic elevator) (*mach.*), sollevatore idraulico. **37.** hydraulic power ~ (as of agric. tractors), sollevatore idraulico. **38.** j-bar ~ (ski tow) (*skilift*), tipo di skilift. **39.** mechanical power ~ (as of agric. tractors), sollevatore meccanico. **40.** negative ~ (*aerodyn.*), deportanza, portanza negativa. **41.** net ~ (of an aerostat: gross lift less the disposable and fixed weights) (*aer.*), forza ascensionale netta. **42.** passenger ~ (elevator) (*bldg. mach.*), ascensore per persone. **43.** sash ~ (*railw. - etc.*), maniglia del finestrino. **44.** static ~ (as of an aerostat) (*aer.*), forza ascensionale statica. **45.** total ~ (of an aircraft: due to the component of the resultant force excluding that due to gravity) (*aer.*), portanza totale. **46.** traveling ~ (as in a store for loading and unloading shelves) (*ind. mach.*), traslatore, elevatore-traslatore. **47.** zero ~ angle (of an airfoil) (*aer.*), incidenza di portanza nulla. **48.** zero ~ line (of an airfoil) (*aer.*), asse di portanza nulla, asse principale.

lift (to) (*gen.*), sollevare.

lifter (cam used for lifting) (*mech.*), camma, eccentrico, palmola. **2.** ~ (tongs, for lifting a crucible) (*found.*), tenaglione. **3.** ~ rod (as of a valve) (*mot.*), asta di punteria. **4.** hydraulic column revolving car ~ (*apparatus for aut.*), sollevatore idraulico girevole a colonna per automobili. **5.** valve ~ (*mot. t.*), alzavalvole, leva per sollevamento valvole.

lifting, sollevamento. **2.** ~ (raising, softening of a paint film when another coat is applied over it) (*paint. defect*), sollevamento, distacco. **3.** ~ apparatus (*ind.*), apparecchio di sollevamento. **4.** ~ bolt (eyebolt) (*mech.*), golfare, bullone ad occhio. **5.** ~ eye (*naut.*), golfare, vite ad occhio. **6.** ~ gear (*crane*), meccanismo di sollevamento. **7.** ~ irons (for lifting patterns) (*found.*), asticelle di estrazione. **8.** ~ jack (*impl.*), binda. **9.** ~ lug (*mech.*), orecchione di sollevamento, gancio di sollevamento. **10.** ~ lug (*naut.*), golfare di sollevamento. **11.** ~ magnet (of a crane), piatto magnetico per gru. **12.** ~ of patterns (from the mold) (*found.*), estrazione dei modelli. **13.** ~ of the empty hook (of a crane), sollevamento del gancio a vuoto. **14.** ~ plate (for removing the pattern from the mold) (*found.*), placca di estrazione. **15.** ~ power (of a crane), portata.

lift-off (take off: as of a helicopter or a missile) (*aer. - rckt.*), decollo verticale.

lift on - lift off (as of the load on and off a ship) (*transp. - naut.*), caricamento (o scarico) verticale.

ligature (composed character) (*typ.*), legatura.

light (*n.*), luce. **2.** ~ (not heavy) (*a.*), leggero. **3.** ~ (not dark) (*a.*), illuminato. **4.** ~ (lamp) (*naut. - etc.*), fanale. **5.** ~ (degree of blackness of a typeface) (*a. - typ.*), chiaro. **6.** ~ (window, sky light etc.) (*illum. bldg.*), luce, apertura. **7.** ~ (signalling light) (*naut. - aer. - road traff. - etc.*), segnale luminoso. **8.** ~ air (wind from 1 to 3 mph Beaufort scale 1) (*meteorol.*), bava di vento (da 1 a 5 km/h). **9.** ~ alloy (*metall.*), lega leggera. **10.** ~ amplification by stimulated emission of radiations (laser) (*phys.*), amplificazione della luce mediante emissione stimolata di radiazioni, laser. **11.** ~ beam (*opt.*), raggio di luce, fascio di luce. **12.** ~ bulb, *see* incandescent lamp. **13.** ~ buoy (*naut.*), boa luminosa. **14.** ~ burr wool (*wool ind.*), lana contenente bassa percentuale (il 3%) di lappole (sul peso del prodotto sudicio). **15.** ~ density (*illum.*), densità luminosa. **16.** ~ fastness (as of a color) (*paint. - dyeing*), resistenza alla luce, solidità alla luce. **17.** ~ filter (*phot.*), filtro luce. **18.** ~ filter, *see* color filter, color screen. **19.** ~ flare (parachute flare) (*air force - milit.*), razzo illuminante. **20.** ~ flux (*illum.*), flusso luminoso. **21.** ~ globe (*elect. fitting*), diffusore a globo. **22.** ~ guide (as formed by a bundle of fibers) (*opt.*), guida di luce, conduttore di luce. **23.** ~ guide, *see also* fiber optics. **24.** ~ intensity, *see* lighting power. **25.** ~ list (*naut. - geogr.*), elenco dei fari. **26.** ~ lock (device preventing the passage of light) (*phot.*), trappola antiluce. **27.** ~ meter (exposure meter) (*phot. instr.*), esposimetro. **28.** ~ oil (extracted by distillation from tar) (*ind. chem.*), olio leggero (di composizione variabile) distillato dal catrame. **29.** ~ oil (raw petroleum with a Baumé gravity of 20° or more) (*chem. ind.*), petrolio grezzo di densità Baumé $\geq$ 20°. **30.** ~ pen (connected to a comp. for change of data etc.) (*elics. - comp.*), penna (di) luce, penna ottica. **31.** ~ quantum (*phys.*), quanto di luce. **32.** ~ range (as of a beacon) (*illum.*), portata luminosa. **33.** ~ scattering (*opt.*), diffusione della luce. **34.** ~ seed wool (*wool ind.*), lana contenente bassa percentuale (il 3%) di semi (sul peso del prodotto sudicio). **35.** ~ source (*illum.*), sorgente di luce. **36.** ~ table (used for retouching phot.) (*phot.*), tavolo luminoso. **37.** ~ trap, *see* light lock. **38.** ~ truck (as for m. pict. shoot) (*illum.*), fotoelettrica su autocarro. **39.** ~ vessel, *see* lightship. **40.** ~ water line (*naut.*), linea di galleggiamento a nave scarica. **41.** air-traffic signal ~ (*aer.*), proiettore di segnalazione del traffico aereo, luce di segnalazione del traffico aereo. **42.** alternating ~ (for aerodrome signals, varying in color) (*aer.*), luce intermittente (a colore variabile). **43.** anchor ~ (*naut.*), fanale di fonda. **44.** artificial ~ (for illuminating a subject to be photographed in dark conditions) (*phot. - m. pict.*), luce artificiale. **45.** available ~ (*phot.*), luce ambiente. **46.** back-up ~ (*aut. illum.*), proiettore per retromarcia. **47.** black ~ (radiant energy of ultraviolet rays) (*phys.*), luce nera. **48.** blinker ~ (flashing light) (*aer.*), luce a oltre 20 intermittenze per minuto. **49.** boundary lights (of an airport) (*aer.*), luci di perimetro, luci di delimitazione (del campo). **50.** brake warning ~ (lining wear telltale) (*aut. instr.*), spia freni. **51.** channel lights (arranged along an alighting channel) (*aer.*), luci di canale. **52.** code lights (*sign.*), luci di segnale in codice, segnali luminosi in codice. **53.** contact ~ (one of the series of white lights along a runaway) (*airfield*), cinesino, luce laterale della pista. **54.** distance-marking lights (indicating the distances from the threshold lights) (*aer.*), luci di distanziamento. **55.** drummond ~, *see* limelight. **56.** electric ~ (*illum.*), luce elettrica. **57.** emergency lights (*aut.*), luci di emergenza. **58.** fixed ~ (*sign.*), luce fissa. **59.** flashing ~ (as of lighthouse or of a signal) (*naut.*), luce intermittente, luce a lampi (o bagliori). **60.** flooded ~ (*illum.*), luce diffusa. **61.** fog ~ (as a yellow lamp of a headlight for penetrating fog) (*aut.*), luce fendinebbia, fendinebbia. **62.** fog-guard lights (red or yellow rear lights) (*aut.*), luci (posteriori) antinebbia. **63.** gate ~ (*naut.*), fanale di porto. **64.** ground-traffic signal ~ (*aer.*), luce per il controllo del traffico a terra. **65.** hazard warning lights (*aut. - etc.*), luci di emergenza. **66.** horizon lights (for assisting a pilot taking-off) (*aer.*), luci d'orizzonte. **67.** idiot ~ (warning light on the instr. panel) (*aut.*), spia luminosa. **68.** indicator ~ (*elect.*), segnale luminoso. **69.** infrared ~ (*phys.*), radiazione infrarossa. **70.** instrument panel ~ (*aut.*), luce quadro strumenti. **71.** landing ~ (on an airplane wing) (*aer.*), faro di atterraggio. **72.** lantern ~ (*bldg.*), *see* lantern. **73.** leading ~ (*naut.*), fanale di allineamento. **74.** low fuel warning ~ (*aut. instr.*), spia riserva carburante. **75.** masthead ~ (*naut.*), fanale di testa dell'albero. **76.** mast ~ (*naut.*), fanale dell'albero. **77.** navigation lights (*aer.*), luci di via, luci di posizione, fanali di via. **78.** navigation lights (*naut.*), fanali di via. **79.** number plate ~ (*aut.*), luce targa. **80.** obstruction ~ (signal light: as near an airport) (*aer.*), luce d'ostacolo. **81.** occulting ~ (intermittent light for navigation) (*aer.*), luce intermittente. **82.** parking ~ (*aut.*) (Am.), luce di parcheggio. **83.** pierhead ~ (*naut.*), fanale di testa di molo. **84.** pier ~, *see* pierhead. **85.** port ~ (*naut.*), oblò. **86.** position ~ (*naut.*), fanale di posizione, luce di posizione. **87.** ray of ~ (*phys. opt.*), raggio di luce. **88.** reading ~ (a single light overstanding each seat, as in buses, railway cars, airplanes) (*illum.*) (Am.), luce individuale. **89.** rear ~ (*naut.*), fanale di poppa. **90.** red tail ~ (*aut.*), luce di posizione posteriore. **91.** regulation lights (*naut.*), fanali regolamentari. **92.** riding ~ (*naut.*), fanale di fonda. **93.** runway lights (*aer.*), luci della pista di decollo. **94.** sealed beam ~ (*aut. illum.*), proiettore a tenuta stagna. **95.** shadow ~ (as for m. pict. take), riflettore diffusore. **96.** side ~ (*aut.*) (Brit.), luce di sagoma anteriore. **97.** side lights (navigation lights) (red and green) (*aer. - naut.*), luci di via, luci di posizione, fanali di via. **98.** signal flood ~ (*signal*), lampeggiatore. **99.** spot ~ (*illum.*), riflettore lenticolare. **100.** stem ~ (*naut.*), fanale di via (bianco). **101.** stern ~ (*naut.*), fanale di poppa, fanale di coronamento. **102.** stop ~ (*aut.*), luce di arresto, indicatore di arresto. **103.** subdued ~ (*illum.*), luce indiretta. **104.** tail ~ (tail lamp) (*aut. - illum.*), luce di posizione posteriore. **105.** taxi track lights (*aer.*), luci della pista di rullaggio, cinesini. **106.** threshold lights (as arranged across the ends of a runway) (*aer.*), luci di delimitazione. **107.** tidal ~ (*naut.*), fanale di marea. **108.** top ~ (*naut.*), fanale di gabbia. **109.** trouble ~ (as for making repairs, for emergency etc.) (*elect. impl.*), lampada di ispezione (con relativo attacco). **110.** ultraviolet ~ (*phys.*), luce ultravioletta. **111.** undulating lights (periodically varying in intensity) (*sign.*), luci di intensità periodicamente variabile. **112.** white ~ (*illum. - phys.*), luce bianca. **113.** wing landing ~ (*aer.*), proiettore alare di atterraggio. **114.** winking ~ (direction indicator) (*aut.*) (Brit.), lampeggiatore. **115.** winking ~ (for warning) (*aut.*) (Brit.), lampi luce.

light (to) (a fire, an electric bulb etc.), accendere. **2.** ~ (to lighten: as of a load) (*gen.*), alleggerire. **3.** ~ fires (of a boiler) (*comb.*), accendere i fuochi. **4.** ~ up (*illum.*), illuminare.

light-day (unit of length) (*astron. meas.*), giorno luce.

light-duty (of device, mach., impl. etc.) (*a. - ind.*), per servizio leggero e intermittente.

lighted (*illum.*), *see* lit.

light-emitting-diode, "LED" (*elics.*), LED, diodo ad emissione luminosa.

lighten (to) (*meteorol - opt.*), lampeggiare. **2.** ~ (as to relieve of a load), alleggerire.

lightening (*gen.*), alleggerimento. **2.** ~ (of a vessel) (*naut.*), alleggerimento, alleggio, allibo. **3.** ~ hole (in a structural part: without diminution of

strength) (*aer. constr. - shipbuild. - astric. - etc.*), foro di alleggerimento.
lighter, accendisigari. **2.** ~ (*naut.*), chiatta, maona, bettolina. **3.** electric ~ (as fitted to an aut. dashboard) (*gen.*), accendisigari elettrico.
lighter (to) (*naut.*), trasportare con chiatta.
lighterage (*naut. - adm.*), spese per trasporto su chiatte. **2.** ~ (a transp. by means of lighters) (*naut.*), operazione di trasporto con chiatte, zatteraggio.
lighterman (*naut.*), chiattaiuolo.
lighter-than-air (*a. - aer.*), più leggero dell'aria. **2.** ~ craft (as an airship) (*aer.*), aerostato.
lightface (the contrary of boldface) (*print.*), chiaro. **2.** in ~ (*print.*), in chiaro.
lightfast (of colors) (*a. - color*), resistente alla luce, solido alla luce.
lightfastness (as of dyed fabric exposed to sunlight) (*colors*), stabilità alla luce.
light-hour (unit of length) (*astron. meas.*), ora luce.
lighthouse (*naut.*), faro. **2.** floating ~ (*naut.*), faro galleggiante. **3.** steel tower ~ (*naut.*), faro a gabbia (o traliccio).
lighting (*illum.*), illuminazione. **2.** ~ (relieving of weight) (*gen.*), alleggerimento. **3.** ~ (of fire), accensione. **4.** ~ (source of artificial light) (*illum.*), sorgente di luce artificiale. **5.** ~ fittings (*elect. - comm.*), accessori per illuminazione. **6.** ~ installation (*plant*), impianto di illuminazione. **7.** ~ panel (*elect.*), pannello (o quadro) luce. **8.** ~ power (*illum.*), intensità luminosa. **9.** ~ set (as of a mtc.) (*elect.*), impianto elettrico (luce). **10.** ~ technique (*illum.*), tecnica dell'illuminazione, illuminotecnica. **11.** ~ up (as of a cupola) (*found.*), accensione. **12.** artificial ~ (*illum.*), illuminazione a luce artificiale. **13.** back ~ (as in m. pict.) (*illum.*), controluce. **14.** coop ~ (short for Cooper-Hewitt lighting: old type of mercury-vapor lamp) (*illum.*) (Brit.), illuminazione a vapori di mercurio. **15.** cove ~ (indirect lighting) (*illum.*), illuminazione indiretta dal soffitto. **16.** diffused ~ (*illum.*), illuminazione diffusa. **17.** direct ~ (*illum.*), illuminazione diretta. **18.** horn ~ arrester, *see* horn gap arrester. **19.** indirect ~ (*phys. - opt. - ind.*), illuminazione indiretta. **20.** mixed ~ (incandescent and luminescent gas) (*illum.*), illuminazione mista (o miscelata). **21.** multidirectional ~ (*illum.*), illuminazione pluridirezionale. **22.** natural ~ (*illum.*), illuminazione a luce naturale. **23.** over ~ (*illum.*), illuminazione eccessiva. **24.** panel ~ (*aut.*), illuminazione quadro. **25.** reflex ~ (as in m. pict.) (*illum.*), illuminazione riflessa. **26.** semidirect ~ (*illum.*), illuminazione semidiretta. **27.** semi-indirect ~ (*illum.*), illuminazione semi-indiretta. **28.** under ~ (*illum.*), illuminazione insufficiente.
lightless, senza luce.
lightly, leggermente.
lightness (illumination) (*illum.*), illuminazione. **2.** ~ (of weight), leggerezza.
lightning (*meteorol.*), fulmine, lampo. **2.** ~ arrester (*elect. device*), scaricatore per sovratensioni di origine atmosferica. **3.** ~ conductor (*grounding line*), discesa del parafulmine. **4.** ~ discharge (*geophys.*), scarica del fulmine. **5.** ~ grounding switch (*radio*), commutatore antenna-terra. **6.** ~ protector (*elect. device*), scaricatore di sovratensioni di origine atmosferica. **7.** ~ rod (*elect. device*), parafulmine, asta del parafulmine. **8.** ~ war (*milit.*), guerra-lampo. **9.** ball ~ (*meteorol.*), fulmine globulare, fulmine sferico. **10.** globular ~ (*meteorol.*), *see* ball lightning. **11.** heat ~ (international symbol ⪡) (*meteorol.*), lampo di calore. **12.** sheet ~ (*meteorol.*), lampo diffuso.
lightningproof (*a. - bldg.*), provvisto di parafulmine, protetto dal fulmine.
lightproof (*a. - phot.*), a tenuta di luce, impermeabile alla luce.
lightroom (*lighthouse*), alloggiamento della sorgente luminosa.
light-sensitive (photosensitive) (*phot.*), fotosensibile.
lightship (*naut.*), battello faro, faro galleggiante.
light-struck (defect: as of a plate, a film etc.) (*phot.*), che ha preso luce, velato (dalla luce).
lighttight, *see* lightproof.
light-time (time necessary for light to arrive on earth from a celestial body) (*astron.*), tempo-luce.
"lightware" (relating to fiber optics) (*a. - opt. - inf.*), *see* fiber-optic.
lightweight (*a. - gen.*), poco pesante, leggero. **2.** ~ (*n. - sport*), peso leggero. **3.** ~ (of wool bales) (*a. - comm. - wool ind.*), di peso leggero, di peso inferiore al minimo consuetudinario. **4.** ~ motorcycle (*mtc.*), motoleggera.
light-year (*astr.*), anno luce.
ligne (twelfth part of a pouce, equal to 0.0888 inch, unit of meas. in watch movements; symbol ''') (*horology*), unità di misura usata in orologeria, uguale a 2,256 mm.
lignin (*ind. chem.*), lignina.
lignite (*comb.*), lignite. **2.** fibrous ~ (*comb.*), lignite fibrosa. **3.** pitchy ~ (*comb.*), lignite picea. **4.** xyloid ~ (*comb.*), lignite xiloide.
lignocellulose (*chem.*), lignocellulosa.
lignum vitae (for lining the stern bearing of the propeller shaft) (*naut.*), legno santo, legno ferro.
ligroin(e) (*ind. chem.*), ligroina.
"lim", *see* limit, limited.
limation, *see* filing 2 ~, polishing 1 ~.
limb (as of the horizontal circle of a theodolite) (*opt. mech.*), lembo, bordo graduato. **2.** ~ (as of a sextant) (*instr.*), lembo. **3.** ~ (of an anticline or syncline) (*geol.*), fianco, gamba, ala, lembo. **4.** ~ (part of the human body) (*med. - etc.*), arto. **5.** ~ (a large branch of a tree) (*wood*), grosso ramo. **6.** middle ~ (of a fold) (*geol.*), regione centrale.
limber (of a gun carriage) (*milit.*), avantreno. **2.** ~ (easily bent, flexible) (*a. - gen.*), flessibile. **3.** ~ board (movable plank covering a bilge-water pas-

sage) (*shipbldg.*), pagliolo. **4.** ~ holes (*shipbldg.*), ombrinali.

lime (CaO) (*mas.*), calce viva. **2.** ~ (linden tree) (*wood*), tiglio. **3.** ~ (*a.*), *see* limed. **4.** ~ in clods (*mas.*), calce in zolle. **5.** ~ in powder (*mas.*), calce in polvere. **6.** ~ mortar (*bldg.*), malta di calce. **7.** ~ nitrogen (Ca CN_2) (*agric. chem.*), calcio–cianammide. **8.** ~ paste [Ca (OH_2)] (*mas.*), calce spenta. **9.** ~ plastering (*mas.*), intonaco di calce. **10.** ~ plaster mix (*bldg.*), malta di calce per intonaco. **11.** ~ putty (*mas.*), grassello. **12.** air–hardening ~ (*mas.*), calce aerea. **13.** burnt ~ (*mas.*), calce viva. **14.** carbide ~ (*bldg.*), calce di carburo di calcio. **15.** caustic ~ (*mas.*), calce viva. **16.** chloride of ~ (*ind. chem.*), *see* bleaching powder. **17.** chlorinated ~ (*ind. chem.*), *see* bleaching powder. **18.** common ~ (*mas.*), calce comune. **19.** flux ~ (for metallurgic process) (*metall.*), calcare, castina. **20.** hydrated ~ (*mas.*), calce spenta. **21.** hydraulic ~ (*mas.*), calce idraulica. **22.** lean ~ (water lime) (*mas.*), calce idraulica magra. **23.** marl ~ (*mas.*), calce marnosa. **24.** milk of ~ (*mas.*), latte di calce. **25.** non–hydraulic ~ (air–hardening lime) (*bldg.*), calce aerea. **26.** slaked ~ (*mas.*), calce spenta. **27.** soda ~ (mixture for absorbing humidity) (*chem.*), calce sodata. **28.** to slake ~ (*mas.*), spegnere la calce. **29.** water containing ~ (*mas.*), acqua calcarea.

lime (to) (for removing hair from hides) (*skin ind.*), calcinare. **2.** ~ (to cement) (*mas.*), cementare.

limed (cemented) (*a.*), cementato. **2.** ~ (treated with lime, as hides) (*text. ind.*), calcinato. **3.** ~ pieces (*text. ind.*), pezzami calcinati.

limekiln (*ind. furnace*), forno da calce.

limelight (part of the stage) (*theater*), ribalta. **2.** ~ (stage spotlight) (*theater*), riflettore da scena.

limestone (*mas.*), pietra da calce. **2.** ~ (*rock*), calcare. **3.** ~ (for metallurgical processes) (*metall.*), calcare, "castina". **4.** crystalline ~ (*min.*), calcare cristallino, marmo.

limewash (to), *see* to whitewash.

limewater (natural water), acqua calcarea. **2.** ~ (*ind.*), acqua di calce. **3.** ~ (*chem.*), acqua di calce.

liming (depilation) (*leather ind.*), depilazione con calce.

limit, limite. **2.** ~ (*math.*), limite. **3.** ~ (of tolerance: as in a mech. spare part) (*mech.*), limite (di tolleranza). **4.** ~ gauge (*mech.*), calibro differenziale. **5.** ~ of elasticity (*constr. theor.*), limite di elasticità. **6.** ~ of proportionality (*metall. - constr. theor.*) (Brit.), limite di proporzionalità. **7.** ~ stop (*mach. t. - mech.*), arresto di fine corsa. **8.** ~ switch (preventing overtravel of a motion) (*elect. device*), (interruttore di) fine corsa. **9.** creep ~ (*metall. - theor. constr.*), limite di scorrimento viscoso. **10.** elastic ~ (*constr. theor.*), limite di elasticità. **11.** endurance ~ (*metall. constr. theor.*), resistenza a fatica, limite di fatica. **12.** fatigue ~ (*metall. - constr. theor.*), resistenza a fatica, limite di fatica. **13.** flow ~ (as in metal spinning on the lathe) (*sheet metal w.*), limite di stiramento. **14.** high ~ (of tolerance) (*mech.*), limite superiore. **15.** low ~ (of tolerance) (*mech.*), limite inferiore. **16.** maximum material ~ [maximum metal limit (Brit.), of a hole: minimum limit of size] (*mech.*) (Am.), limite di tolleranza inferiore. **17.** maximum material ~ [maximum metal limit (Brit.), of a shaft: maximum limit of size] (*mech.*) (Am.), limite di tolleranza superiore. **18.** minimum material ~ [minimum metal limit (Brit.), of a hole: maximum limit of size] (*mech.*) (Am.), limite di tolleranza superiore. **19.** minimum material ~ [minimum metal limit (Brit.), of a shaft: minimum limit of size] (*mech.*) (Am.), limite di tolleranza inferiore. **20.** proportional ~ (Am.), *see* ~ of proportionality (Brit.). **21.** speed ~ (*mech.*), velocità limite, limite di velocità. **22.** speed ~ (*road traff.*), limite di velocità. **23.** weight ~ (*traffic*), limite di peso.

limit (to), limitare.

limitation (restriction) (*gen.*), limitazione. **2.** ~ period (after which no legal action can be done) (*law*), tempo disponibile prima della prescrizione.

limited, limitato. **2.** ~ liability company (the shareholder liability is ~ to the value of his shares) (*adm. - law*), società a responsabilità limitata. **3.** ~ partnership (*comm.*), società in accomandita semplice. **4.** input/output ~ ("I/O" bound) (*comp.*), limitato in ingresso/uscita. **5.** peripheral ~ (input/output bound at cause as of lack of availability of peripherals) (*comp.*), limitato dalle periferiche. **6.** tape ~ (the tape operation time exceeds the time needed for computation) (*comp.*), limitato dal nastro.

limiter (of a signal amplitude) (*radio*), limitatore. **2.** automatic noise ~ (*radio*), limitatore automatico di disturbo. **3.** peak noise ~ (*radio*), limitatore di ampiezza di disturbo.

limiting (*a. - gen.*), limitante. **2.** ~ device (*mech. - elect. - etc.*), limitatore. **3.** ~ point (of an aggregate) (*math.*), punto–limite. **4.** load ~ device (as of a crane) (*ind.*), limitatore di carico. **5.** speed ~ device (as of a motor) (*mech.*), limitatore di velocità.

limnimeter, limnometer (device for measuring the level of a lake) (*hydr. instr.*), limnimetro, idrometro lacustre.

limo, *see* limousine.

limonite ($2Fe_2O_3 \cdot 3H_2O$) (*min.*), limonite.

limousine (*aut.*), "limousine".

limpid, limpido.

linable (straight) (*gen.*), rettilineo.

"linac" (linear accelerator) (*atom phys.*), acceleratore lineare.

linaga (Manila hemp bagasse) (*paper mfg.*), bagasse di canapa di Manila.

linage (*gen. - journ.*), *see* lineage.

linchpin (for preventing slipping off of a wheel) (*mech.*), acciarino.

line (electrical, telephonical, geometrical, or of piping etc.), linea. **2.** ~ (flax yarn) (*text.*), filato di lino. **3.** ~ (large rope) (*naut.*), cavo, gomena. **4.** ~ (medium rope) (*naut.*), cima. **5.** ~ (*railw.*), linea, binario (completo di massicciata ecc.). **6.** ~ (equator) (*geogr.*), equatore. **7.** ~ (rope), fune. **8.** ~ (*spectroscopy*), riga, linea. **9.** ~ (as an assembly line) (*ind. work organ.*), linea. **10.** ~ (*horology*), *see* ligne. **11.** ~ (*photomech.*), tratto. **12.** ~ (course or direction of a moving craft) (*gen.*), rotta, direzione. **13.** ~ (contour) (*gen.*), linea. **14.** ~ (transp. organization by aer., buses, ships etc.) (*transp.*), linea di trasporti pubblici. **15.** ~ (*mech.*), *see* lineshaft. **16.** ~ (row of printed characters) (*typ. - comp.*), riga. **17.** ~ (on line) (*ind. - etc.*), *see* on ~. **18.** ~ and plummet (*naut. impl.*), scandaglio, sonda. **19.** ~ and staff structure (*ind. organ.*), struttura gerarchico-funzionale. **20.** ~ block (for black and white printing, without gradation of tone) (*typ.*), cliché a tratto, cliscé a tratto. **21.** ~ copy (line original) (*photomech.*), originale a tratto. **22.** ~ crew (for the upkeeping of line airplanes in the airfield) (*aer.*), personale a terra addetto alla manutenzione degli aerei sulla linea di volo. **23.** ~ drop (voltage drop) (*elect.*), caduta di tensione sulla linea. **24.** ~ end indicator (*teleprinter*), segnalatore di fine riga, indicatore di fine riga. **25.** ~ feed, "LF" (character that obliges a printer or a video screen to advance to the next line) (*comp.*), avanzamento di riga. **26.** ~ flyback (as in frame scansion) (*telev.*), ritorno di riga. **27.** ~ impedance (*tlcm. - electromag.*), impedenza di linea. **28.** ~ load (*elect. - comp.*), carico di linea. **29.** ~ loss (heating of air by line wires) (*elect.*), perdite della linea. **30.** ~ negative (*photomech.*), negativo a tratto. **31.** ~ of action (of a gear) (*mech.*), linea dei contatti. **32.** ~ of aim (*gen.*), linea di mira. **33.** ~ of bearing (*naut. - etc.*), linea di rilevamento. **34.** ~ of business (*comm.*), genere di attività. **35.** ~ of communication (*gen. - transp. - etc.*), linea di comunicazione. **36.** ~ of flight (*aer.*), linea di volo. **37.** ~ of flow (*hydr.*), filetto fluido. **38.** ~ of flux (*elect.*), linea di flusso. **39.** ~ of force (of magnetic field) (*elect.*), linea di forza. **40.** ~ of induction (*elect.*), linea di induzione. **41.** ~ of influence (*constr. theor.*), linea di influenza. **42.** ~ of maximum pressure (*constr. theor.*), linea delle pressioni massime. **43.** ~ of rails (*railw.*), linea di rotaie. **44.** ~ of sight (of a telescope) (*astr.*), asse di collimazione. **45.** ~ of sight (*ballistics*), linea di sito, linea di mira. **46.** ~ of sighting (*firearms*), *see* line of sight. **47.** ~ period (time required for one line scanning) (*telev.*), periodo di linea. **48.** ~ positive (*photomech.*), positivo a tratto. **49.** ~ printer (*comp.*), stampante a linee (o parallela). **50.** ~ production (*ind.*), produzione di linea. **51.** ~ space (lead) (*typ.*), interlinea. **52.** ~ spacer (of a typewriter) (*mech.*), dispositivo (per) interlinea(tura). **53.** ~ stretcher (used in waveguides) (*radar - etc.*), allungatore di linea. **54.** ~ throwing gun (lyle gun) (*naut. safety*), cannoncino lanciasagole. **55.** ~ welding (*mech. technol.*), *see* seam welding. **56.** across ~ (*elect.*), linea in corto circuito. **57.** audio ~ (*electroacous.*), linea audio. **58.** base ~ (as of a triangulation) (*geod. - top.*), base geodetica (o topografica). **59.** base ~ (in a plotting instrument, the line connecting the lens opt. centers of adjacent projectors) (*photogr.*), base strumentale. **60.** boundary ~ (*top.*), linea di confine. **61.** break ~ (*mech. draw.*), linea di rottura. **62.** broken ~ (*draw. - etc.*) linea spezzata. **63.** cease fire ~ (*milit.*), linea armistiziale, linea di cessate il fuoco. **64.** center ~ (as of a shaft etc.) (*draw.*), asse. **65.** center ~ (as of a surface or section) (*draw.*), mezzeria. **66.** chain ~ (*paper mfg.*), *see* chain mark. **67.** chord ~ (*aer.*), linea di corda. **68.** chronoisothermal ~ (*meteor.*), cronoisoterma. **69.** closing ~ (of a vector line polygon) (*theor. mech.*), linea di chiusura. **70.** compensated catenary ~ (of a trolley wire) (*elect.*), linea catenaria compensata. **71.** connecting ~ (*railw.*), binario di raccordo. **72.** continuous wavy ~ (break line) (*draw.*), linea di rottura. **73.** contour ~ (imaginary intersection line between the land surface and a given datum surface) (*geophys. - top.*), isoipsa. **74.** contour ~ (line on a map connecting the points on the ground surface which are at the same height) (*geophys. - top.*), curva di livello. **75.** cross-feed ~ (as in the production of cars) (*ind. work organ.*), linea trasversale di alimentazione. **76.** date ~ (*geogr.*), linea del cambiamento di data. **77.** dedicated ~ (particular line, private line) (*comp.*), linea dedicata, linea personalizzata. **78.** deepest load ~ (of a ship) (*naut.*), linea di carico massimo. **79.** deep load ~ (of a ship) (*naut.*), linea di galleggiamento a nave carica. **80.** delay ~ (*elics.*), linea di ritardo. **81.** depth ~ (of a torpedo) (*navy*), linea di immersione. **82.** dimension ~ (*mech. draw.*), linea di quota, linea di misura. **83.** disassembly ~ (as of engines for revision) (*ind.*), linea di smontaggio. **84.** dotted ~ (*draw.*), linea punteggiata. **85.** double ~ (*railw.*), doppio binario. **86.** drain trunk ~ (*bldg.*), collettore di fognatura (bianca). **87.** earthed ~ (*elect.*), linea a terra. **88.** electric ~ (*elect.*), linea elettrica. **89.** electric traction ~ (*railw.*), linea a trazione elettrica. **90.** exchange ~ (*teleph.*), linea di utente. **91.** feeder ~ (*railw.*), tronco di raccordo. **92.** fiducial ~ (*instr.*), linea di fede. **93.** fine ~ (hairline, very slender line, of a type) (*typ.*), linea fine. **94.** flexible ~ (as for oil to brakes, or fuel to carburetor etc.) (*aut. - railw. - aer. - etc.*), flessibile, tubo flessibile. **95.** Fraunhofer ~ (*spectroscopy*), riga di Fraunhofer. **96.** gas pipe ~ (*pip.*), conduttura del gas. **97.** generating ~ (*geom.*), generatrice. **98.** ghost ~ (band of material having lower carbon content than the surrounding material; as in steel) (*metall.*), banda decarburata. **99.** grass ~ (*naut.*), cavo di fibra vegetale. **100.** half ~ (*geom.*), semiretta. **101.** halving ~ (*instr.*) (Am.), linea di fede. **102.** hauling ~ (rope for hauling boats upstream rivers from the bank) (*naut.*), alzana, alzaia. **103.** heaving ~ (*naut.*), sagola da getto. **104.** helical ~ (*geom.*), elica. **105.** hidden ~ (*mech. draw.*), linea nascosta. **106.** hierarchical ~ (*organ. - pers.*), linea gerarchica. **107.** high-voltage ~ (*elect.*), linea ad alta tensione. **108.** insulated ~ (*elect.*), linea isolata. **109.** isenthalpic ~ (*thermod.*), isoentalpica. **110.** isentropic ~ (*thermod.*), isoentropica. **111.** isobaric ~ (*phys.*), isobara. **112.** isoclinal ~ (isoclinal) (*geophys.*), linea isoclina, isoclina. **113.** "isolux" ~ (*illum.*), linea isoluxa. **114.** isohyetal ~ (isohyet, line connecting the points of equal rainfall) (*geogr. - meteor.*), linea isoieta, isoieta. **115.** isothermal ~ (*therm.*), isoterma. **116.** jerk ~ (as of a derrick) (*min.*), cavo di strappo. **117.** laying out of the ~ (*railw.*), tracciato della linea. **118.** lead ~ (sounding line) (*naut.*), sagola per scandaglio. **119.** life ~ (*naut.*), cima di sicurezza (o di lancio), cima di salvataggio. **120.** lightning ~ (*bldg.*), parafulmine, calata del parafulmine. **121.** light water ~ (of a ship) (*naut.*), linea d'acqua a vuoto, linea di galleggiamento a nave scarica. **122.** load ~ (of a ship) (*naut.*), linea d'acqua a pieno carico normale, linea di galleggiamento a carico normale. **123.** loaded ~ (with high inductance load) (*teleph. line*), linea ad alta induttanza, linea pupinizzata. **124.** load water ~, *see* load line. **125.** local lines (*teleph.*), linee urbane. **126.** log ~ (*naut.*), sagola del solcometro. **127.** long-distance ~ (*elect.*), elettrodotto, linea interurbana. **128.** long ~ (trawl, boulter) (*fishing*) (Brit.), palangrese, lenzara, palamite. **129.** lubber's ~ (as of a compass) (*instr.*), linea di fede. **130.** Lüders' ~, Lueders' ~ (*metall.*), linee di Lüder. **131.** main ~ (*railw.*), linea principale, binario principale, binario di corsa. **132.** mean camber ~ (in a wing cross section) (*aer.*), linea di curvatura media. **133.** mooring ~ (*naut.*), cavo di ormeggio. **134.** motor ~ (*transp. - etc.*), autolinea. **135.** nonresonant ~ (*radio*), linea non risonante. **136.** no-passing ~ (*road traff.*), linea doppia continua. **137.** number ~ (*math.*), retta. **138.** on ~ (in operation: said as of an ind. plant) (*ind. - etc.*), funzionante, in attività. **139.** overhead ~ (*elect. - teleph. - etc.*), linea aerea. **140.** pipe ~ (*pip.*), conduttura, condotto, tubazione. **141.** pitch ~ (of a gear) (*mech.*), linea primitiva. **142.** plumb ~ (*mas. impl.*), filo a piombo. **143.** retrace ~ (return line in a cathode-ray tube scanning) (*elics. - telev.*), linea di ritorno, ritraccia. **144.** rhumb ~ (*naut.*), lossodromia. **145.** scanning ~ (*telev. - electroacous.*), linea esploratrice. **146.** secondary ~ (*railw.*), linea secondaria. **147.** sewer trunk ~ (*bldg.*), collettore di fognatura (nera). **148.** short dashes ~ (*draw.*), linea tratteggiata. **149.** slab ~ (special type of wave guide) (*radar - etc.*), linea a piastra. **150.** slip ~ (as on drawn parts) (*metall.*), linea di scorrimento. **151.** slotted ~ (mean used to determine the standing wave pattern of the electric field in a coaxial transmission line) (*instr.*), linea a fessura, "slotted line". **152.** snag ~ (*naut.*), cavo di strappo. **153.** sounding ~ (*naut. impl.*), scandaglio, sonda. **154.** spectrum ~ (*phys.*), riga spettrale. **155.** spilling ~ (rope for spilling a sail) (*naut.*), strangolacani, cima per sventare. **156.** static ~ (of a parachute) (*aer.*), fune di vincolo. **157.** straight ~ (*geom.*), retta, linea retta. **158.** stream ~ (*hydrodynamics*), linea di flusso. **159.** streetcar ~ (*tramcar*) (Brit.), linea tranviaria. **160.** symmetrical about a center ~ (*mech. draw.*), simmetrico rispetto all'asse. **161.** tear ~ (dotted line as in a continuous stationery) (*comp. - paper mfg.*), linea di separazione (punteggiata). **162.** thick continuous ~ (*draw.*), linea continua spessa. **163.** thin continuous ~ (*draw.*), linea continua sottile. **164.** to draw a dash ~ (*draw.*), tracciare una linea tratteggiata (o a tratti). **165.** to draw a dotted ~ (*draw.*), punteggiare, tracciare una linea punteggiata. **166.** to lay the ~ (*railw. - elect. - teleph. - etc.*), montare la linea. **167.** toll ~ (*teleph.*), linea interurbana. **168.** to run a truck ~ (*comm.*), esercire un servizio di autocarri. **169.** traction ~ (*railw.*), linea di trazione. **170.** transmission ~ (*elect.*), linea di trasmissione (o di trasporto). **171.** tricing ~ (by a block) (*naut.*), ghia. **172.** tripping ~ (*naut.*), caricabbasso. **173.** trolley car ~ (*tramcar*) (Am.), linea tranviaria. **174.** trolley ~ (*wire*), filovia, linea di contatto aerea (di tram per es.). **175.** trunk ~ (*tlcm.*), circuito di collegamento. **176.** trunk ~ (*teleph.*), *see also* toll ~. **177.** trunk ~ (*railw.*), linea principale. **178.** underground ~ (*elect. - pip. - etc.*), linea sotterranea. **179.** waiting ~ (in queuing theory) (*programming - operational research*), linea di attesa. **180.** warping ~ (rope for hauling boats upstream rivers from the bank) (*naut.*), alzana, alzaia. **181.** water ~ (*naut.*), linea di immersione (o di galleggiamento). **182.** water ~ (in a boiler), livello dell'acqua. **183.** white ~ (a line of space) (*typ.*), bianco, spazio bianco corrispondente ad una linea. **184.** yoke ~ (*naut.*), frenello. **185.** zero lift ~ (of an airfoil) (*aer.*), asse di portanza nulla, asse principale. **185.** ~, *see also* lines.

line (to) (to cover the inner surface) (*mech.*), incamiciare, foderare, foderare internamente. **2.** ~ (to cover the inner surface) (*shipbuild.*), rivestire internamente. **3.** ~ (to put the lining in place; as on a brake shoe) (*mech.*), guarnire, montare gli spessori. **4.** ~ out (to mark off, as a casting for indicating the stock to be removed) (*mech.*), tracciare. **5.** ~ up (*mech.*), allineare. **6.** ~ up (*gen.*), mettere in fila, allineare. **7.** ~ up (to adjust) (*mech. - mot.*), mettere a punto. **8.** ~ with tiles (*mas.*), rivestire con mattonelle, piastrellare.

lineable (*gen.*), *see* linable.

lineage (alignment) (*gen.*), allineamento. **2.** ~ (the quantity of printed lines) (*journ.*), numero di righe di composizione. **3.** ~ (payment for printed line) (*journ. - comm.*), tariffa per riga. **4.** ~ (advertising space purchased) (*adver.*), millimetraggio.

lineal (linear) (*a. - gen.*), lineare. **2.** ~ measure (linear measure) (*meas.*), misura di lunghezza.
linear, lineare. **2.** ~ accelerator (*atom phys.*), acceleratore lineare. **3.** ~ algebra (*math.*), algebra lineare. **4.** ~ amplification (*eltn.*), amplificazione lineare. **5.** ~ combination (*math.*), combinazione lineare. **6.** ~ dependence (as of a vector) (*math.*), dipendenza lineare. **7.** ~ equation (equation of the first degree) (*math. - geom.*), equazione di primo grado. **8.** ~ independence (as of a vector) (*math.*) indipendenza lineare. **9.** ~ indexing machine (for shops) (*mech.*), macchina a dividere lineare. **10.** ~ measure (*meas.*), misura di lunghezza. **11.** ~ pinch (of a plasma) (*plasma phys.*), strizione lineare. **12.** ~ programming (*programming-organ.*), programmazione lineare. **13.** ~ rectification (as of unidirectional current directly proportional to instantaneous peak amplitude of applied a. c.) (*radio*), raddrizzamento lineare.
linearity (*gen.*), linearità.
linearization (*chem. - etc.*), linearizzazione.
linearize (to) (*gen.*), linearizzare.
linearly (*adv. - gen.*) linearmente.
"line-bore" (to) (*mech.*), *see* to bore in-line.
"line-boring" (*mech.*), *see* in-line boring.
linecasting (slugcasting) (*typ.*), composizione di righe intere, composizione con linotype.
"line-copying" (*photomech. - typ.*), riproduzione a tratto.
lined (*gen.*), rivestito (internamente). **2.** ~ (with the inner surface covered) (*mech.*), incamiciato, foderato. **3.** ~ (*shipbldg.*), rivestito internamente. **4.** ~ (as a brake shoe) (*mech.*), guarnito. **5.** ~ boards (*paper mfg.*), cartoni rivestiti. **6.** ~ up (*gen.*), allineato. **7.** ~ with tiles (as a wall) (*mas.*), piastrellato. **8.** basic ~ (of a melting furnace lined by basic refractory) (*metall. chem.*), a rivestimento basico.
"line-drill" (to) (*mech. operation*), forare in linea.
lineman (a worker employed to repair telephone or elect. lines, or wires etc.) (*work.*), guardafili.
linen (cloth) (*text. ind.*), tela di lino. **2.** ~ (thread) (*text. ind.*), filo di lino. **3.** ~ (body and household clothing) (*text.*), biancheria. **4.** ~ (*paper mfg.*), *see* linen paper. **5.** ~ finish (surface of paper resembling to linen) (*paper mfg.*), telatura. **6.** ~ paper (high quality writing paper) (*paper mfg.*), carta di lino. **7.** ~ prover (a microscope for counting the threads of linen) (*text. instr.*), contafili (della tela).
linen-faced (linenized, as paper) (*a. - paper mfg.*), telato.
linenize (to) (to make like linen, as paper) (*paper mfg.*), telare.
linenized (made like linen, as paper) (*a. - paper mfg.*), telato.
linenizing (making like linen, as paper) (*paper mfg.*), telatura. **2.** ~ calender (*paper mfg. mach.*), pressa per telare.
liner (*naut.*), nave (in servizio) di linea. **2.** ~ (airplane) (*aer.*), aereo (in servizio) di linea. **3.** ~ (cylindre lining used to back and line an engine cylinder) (*mech.*), canna (o camicia) smontabile. **4.** ~ (shim) (*mech.*), spessore. **5.** ~ (of a gun barrel) (*ordnance*), tubo anima. **6.** cast-in ~ (as a cast iron liner in an aluminum engine block) (*mot.*), canna incorporata di fusione, canna presa in fondita, camicia presa in fondita. **7.** combustion ~ (of a jet engine) (*mot.*), camera di combustione, tubo fiamma. **8.** express ~ (*naut.*), nave di linea per collegamenti rapidi. **9.** pressed-in ~ (*mot.*), canna riportata, camicia riportata. **10.** transatlantic ~ (*naut.*), transatlantico.
"line-ream" (*mech.*), *see* to bore in-line.
lines (outlines of the entire ship) (*naut.*), sagoma. **2.** skew ~ (not intersecting and not in the same plane) (*math.*), rette sghembe.
lineshaft (a shaft carrying pulleys for driving machines by belts, as in obsolete shops) (*mech.*), trasmissione (aerea) con alberi e pulegge.
lineup (schedule: as of TV programs) (*telev.*), lista dei programmi televisivi.
lingel (*shoes mfg.*), spago da calzolai.
lining (*ind.*), rivestimento, rivestimento interno, fodera isolante. **2.** ~ (material) (*gen.*), materiale per rivestimento interno. **3.** ~ (of a brake) (*mech.*), guarnizione, spessore. **4.** ~ (*text. ind.*), fodera. **5.** ~ (*elect.*), rivestimento isolante. **6.** ~ (of an engine cylinder) (*mech.*), incamiciatura. **7.** ~ (material, of a cupola or ladle) (*found.*), materiale di rivestimento. **8.** ~ (alignment) (*gen.*), allineamento. **9.** ~ bar (*t.*), tipo di palanchino. **10.** ~ out (*gen.*), allineamento. **11.** ~ strip (*aut. body constr.*), cadenino. **12.** acid ~ (of a furnace: as in acid process) (*metall.*), rivestimento acido. **13.** brake ~ (*aut.*), guarnizione (o spessore) dei freni. **14.** firebrick ~ (as of a furnace) (*bldg.*), rivestimento in mattoni refrattari. **15.** head ~ (material covering the ceiling of a passenger car) (*railw.*), rivestimento interno del cielo. **16.** long ~ (*fishing*) (Brit.), pesca con palangrese, pesca con lenzara, pesca con palamite. **17.** refractory ~ (*bldg.*), rivestimento refrattario. **18.** top ~ (cloth on the lower central part of a sail to prevent chafing) (*naut.*), batticoffa. **19.** wire-back ~ (as for brakes) (*aut.*), guarnizione con rete metallica incorporata.
link (*mech.*), connessione, articolazione. **2.** ~ (as for operating a flap of an aer.) (*mech.*), comando articolato. **3.** ~ (connecting a leaf spring with the chassis: of aut. veh. and similar) (*mech.*), biscottino. **4.** ~ (fusible piece of a fuse) (*elect.*), elemento fusibile, filo (fusibile), piastrina (fusibile). **5.** ~ (of atoms: in the molecule) (*chem.*), legame. **6.** ~ (of a chain for transmitting motion) (*mech.*), maglia. **7.** ~ (receiving and transmitting unit, or repeater, in a broadcasting system) (*radio - telev.*), unità di collegamento, ripetitore. **8.** ~ (an identifier similar to a pointer) (*comp.*), tipo di puntatore. **9.** ~ (linkage connecting single parts of a program) (*comp.*), collegamento. **10.** ~ block (steam engine) (*mech.*), glifo. **11.** ~ coupling (of a circuit) (*radio*), accoppiamento di collegamento. **12.**

~ motion (of a steam engine) (*mech.*), distribuzione a glifo. **13.** ~ polygon (*theor. constr.*), poligono funicolare. **14.** ~ stud (as of an anchor chain) (*naut.*), traversino di maglia. **15.** club ~ (between the anchor ring and the anchor chain) (*naut.*), maniglione di giunzione tra il cicalino e la catena dell'àncora. **16.** communication ~ (data link) (*comp.*), collegamento informazioni, collegamento dati. **17.** connecting ~ (for terminal board of an elect. mot.) (*elect.*), piastrina di collegamento. **18.** coupling ~ (of draft gears) (*railw.*), maglione. **19.** data ~ (way for transmitting data: as by coaxial cable) (*comp.*), collegamento. **20.** drag ~ (of aut.), tirante longitudinale (dello sterzo). **21.** fuse ~ (in a circuit) (*elect.*), elemento fusibile. **22.** inside ~ (of aut.), biscottino interno. **23.** outside ~ (of aut.), biscottino esterno. **24.** reversing ~ (of a steam engine) (*mach.*), glifo (d'inversione). **25.** swing ~ (*railw.*), *see* swing hanger.

link (to) (*mech.*), collegare.

linkage (magnetic flux through a coil) (*elect.*), flusso concatenato. **2.** ~ (as a lever articulated system) (*mech.*), sistema di leve, leveraggio. **3.** ~ (way of uniting: as the atoms in a molecule) (*atom phys.*), legame. **4.** ~ (as between single parts of a program) (*comp.*), collegamento. **5.** ~ editor, *see* linker. **6.** four-bar ~ (plane linkage) (*theor. mech.*), parallelogramma articolato.

linked (provided with identification and connection links: provided with pointers) (*a. - comp. - etc.*), provvisto di riferimenti (o di puntatori).

linker (linking program: a linkage editor) (*comp.*), collegatore, redattore di collegamenti.

linking (act of connecting single parts of a program: as by address references and a linking program) (*comp.*), collegamento.

linkwork (*mach.*), biellismo, collegamento articolato.

"lino", *see* (Brit.) linotype, (Brit.) linoleum.

linoleum (*bldg. ind.*), linoleum.

Linotype (*typ. mach.*), linotype.

linotypist (*typ. work.*), linotipista.

linoxyn (linoxin, for making linoleum) (*material*), linossina.

linseed, seme di lino. **2.** ~ oil, olio di lino.

linsey-woolsey (coarse fabric made of linen or cotton and wool) (*text. ind.*), tessuto grezzo di mezza lana.

lint (of fabric or yarn) (*text. ind.*), filaccia. **2.** ~ free (as of a cloth) (*text.*), non peloso.

lintel (*arch.*), architrave. **2.** reinforced-concrete ~ (*bldg.*), architrave in cemento armato.

linter (*text. mach.*), macchina per togliere la filaccia. **2.** linters (*text. ind.*), "linters", cascame dei semi di cotone.

lintol (Brit.), *see* lintel.

lip (rim of a vessel etc.) (*gen.*), bordo, orlo. **2.** ~ (of a cutting tool) (*t.*), filo, tagliente. **3.** ~ (of an auger) (*t.*), tagliente. **4.** ~ (of the mouth), labbro. **5.** ~ (of a parachute: canopy peripheral extension to facilitate development) (*aer.*), imboccature periferiche di gonfiamento. **6.** ~ clearance angle (lip relief angle, of a twist drill) (*t.*), angolo di spoglia secondario, angolo di spoglia del tagliente. **7.** ~ length (of a twist drill point) (*t.*), lunghezza del (filo del) tagliente. **8.** ~ microphone (*electroacous.*), microfono di prossimità, (labiale). **9.** ~ relief angle (of a twist drill) (*t.*), angolo di spoglia del tagliente, angolo di spoglia secondario. **10.** ~ seal (*mech.*), tenuta a labbro, guarnizione a labbro, guarnizione a contatto di spigolo. **11.** ~ synchronization (in sound recording) (*m. pict.*), sincronizzazione labiale. **12.** ~ welding (*mech. technol.*), saldatura a labbro.

liparite (rhyolite, effusive rock) (*min. - geol.*), liparite.

lipase (class of enzymes) (*chem. - biochem.*), lipasi.

lipid (lipide) (*chem. - biochem.*), lipide.

lipoide (fatlike substance) (*n. - biochem.*), lipoide, lipide complesso.

liquation (*metall.*), liquazione.

liquefaction (*phys. - metall.*), liquefazione.

liquefied (*phys. - metall.*), liquefatto. **2.** ~ gas (*phys. - ind.*), gas liquefatto, gas liquido.

liquefier (as for gas) (*ind. app.*), apparecchio per liquefazione.

liquefy (to) (as of solids) (*phys. - metall.*), liquefare, liquefarsi. **2.** ~ (as of gases) (*phys.*), liquefare, liquefarsi.

liquid (*a.*), liquido. **2.** ~ (*n.*), liquido. **3.** ~ (*finan.*), liquido. **4.** ~ air (*phys.*), aria liquida. **5.** ~ ammonia (*freezing - chem.*), ammoniaca liquida. **6.** ~ crystal (*phys. chem. - elics.*), cristallo liquido. **7.** ~ crystal display, "LCD" (*elics.*), visualizzatore a cristalli liquidi. **8.** ~ limit (soil water content, at which soil is classed as being liquid) (*soil analysis*), limite di fluidità, limite di liquidità. **9.** ~ oxygen (*rckt. propellant*), ossigeno liquido. **10.** puddling (*metall.*), pudellatura del metallo liquido. **11.** ~ soap (as in the lavatory of a railw. passenger car) (*ind.*), sapone liquido. **12.** ~ state (*phys.*), stato liquido. **13.** ~ surfacer (for smoothing inequalities of a surface) (*paint.*), mastice liquido. **14.** bleaching ~ (*chem.*), acqua di cloro. **15.** condensate ~ (*chem.*), condensa. **16.** freely supported ~ (*phys.*), liquido liberamente sospeso.

liquidate (to) (*comm.*), liquidare.

liquidation (*comm.*), liquidazione. **2.** to go into ~ (*comm. - law*), andare in liquidazione.

liquidator (*legally appointed*), liquidatore.

liquidity (*soil analysis*), fluidità, liquidità. **2.** ~ (relating to a possession of liquid assets) (*finan.*), liquidità. **3.** ~ index (meas. of the consistency of a soil given by the ratio of the difference between the natural water content and plastic limit to the plasticity index, multiplied by 100) (*soil analysis*), indice di fluidità.

liquid-metal (*a. - fuel cell - nuclear fuel - etc.*), a metallo liquido.

liquidus, **liquidus curve** (of a liquid phase: as of

Fe–C) (*phys. chem.*), diagramma (o curva) (di solidificazione), diagramma di stato.

liquiform (rare) (*a. - phys.*), liquido, liquiforme.

liquor (alkaline solution, used in paper industry) (*paper mfg.*), liscivia. **2.** black ~ (spent liquor) (*paper mfg.*), acque nere. **3.** bleaching ~ (*chem. - paper mfg.*), soluzione di cloruro di calcio, soluzione sbiancante. **4.** tail ~ (spent lye) (*soap ind.*), sottoliscivia.

lisle, lisle thread (long staple cotton thread of high quality) (*text.*), filo di scozia.

"LISP" (list processor: form of high level language, oriented on symbols manipulation) (*comp.*), LISP, elaboratore di liste.

list (*carp. - join.*), regolo, listello. **2.** ~ (*gen.*), lista, distinta. **3.** ~ (*adm.*), elenco, nota. **4.** ~ (listel) (*arch.*), listello. **5.** ~ (selvage of a fabric) (*text. ind.*) (Brit.), cimosa, vivagno. **6.** ~ (ship inclination) (*naut.*), sbandamento. **7.** ~ (an ordered set as of written data) (*comp.*), lista. **8.** ~ of names (roster, nomenclature) (*gen.*), nomenclatore, indice. **9.** ~ of prices (*comm.*), listino. **10.** chained ~ (*comp.*), sequenza concatenata, lista concatenata. **11.** freight ~ (*comm. naut.*), manifesto di carico. **12.** mailing ~ (*comm. - adver.*), rubrica indirizzi, indirizzario. **13.** official ~ (prices of stocks and shares) (*finan.*), listino ufficiale. **14.** packing ~ (list of materials contained in a package) (*comm.*), distinta di accompagnamento, distinta di imballaggio. **15.** parts ~ (*gen.*), elenco dei particolari. **16.** price ~ (*comm.*), listino, catalogo. **17.** program ~ (written program, manuscript) (*comp. - n. c. mach. t.*), manoscritto del programma. **18.** pushdown ~ (the last item stored is the first retrieved: last–in, first–out) (*comp.*), lista a impilaggio (o a compressione), lista pushdown. **19.** push–up ~, pushup ~ (first in first out, "FIFO") (*comp.*), lista push–up, lista diretta.

list (to) (to enroll in a list), elencare. **2.** ~ (to enlist) (*milit.*), arruolare. **3.** ~ (*naut.*), sbandare. **4.** ~ out (*comp.*), stampare (o listare).

listed (of a security admitted in a Stock Exchange trade) (*a. - finan.*), quotato.

listel (of a molding) (*arch.*), listello.

listener (as of a radio broadcast) (*person*), ascoltatore. **2.** radio ~ (*radio*), radioascoltatore, radioabbonato.

listen in (to) (*telephone - radio etc.*), ascoltare.

listening (*acous. - radio*), ascolto. **2.** ~ test (*tlcm.*), prova di ascolto.

lister (*agric. mach.*), aratro assolcatore. **2.** ~ planter (*agric. mach.*), macchina per assolcare e seminare contemporaneamente. **3.** ~, *see also* lister–planter.

lister–planter (*agric. mach.*), assolcatrice–seminatrice.

listing (*text. ind.*), cimosa. **2.** ~ (printout or display of a program text) (*comp.*), listato, tabulato.

lit (as of a fire, an electric bulb etc.) (*a. - elect. - comb. - etc.*), acceso. **2.** ~ (as of something from which a load has been removed) (*a. - gen.*), alleggerito. **3.** ~ (illuminated) (*a. - illum.*), illuminato.

"lit", *see* litre.

liter (*meas.*), *see* litre.

literal (in a programming language: a string of characters unchanging in translations) (*n. - comp.*), literal, espressione non modificabile. **2.** numeric ~ (literal expressed by digits) (*comp.*), literal numerico.

literals (literal errors) (*typ.*), refusi.

lithantrax (*comb.*), litantrace.

litharge (PbO) (*ind. chem.*), litargirio.

lithia (*chem.*), ossido di litio. **2.** ~ mica (*min.*), *see* lepidolite. **3.** ~ water (mineral water), acqua litiosa.

lithium (Li - *chem.*), litio.

litho (*print.*), *see* lithography. **2.** ~ (lithographic paper) (*paper mfg.*), carta per litografia.

lithoclase (*geol.*), litoclasi.

lithograph (to), litografare.

lithographer (*work.*), litografo.

lithographic (*a. - print.*), litografico.

lithography, litografia.

lithology (study of rocks) (*geol.*), litologia.

"litho–offset" (offset printing) (*print.*), stampa litografica offset.

lithopone (a coprecipitated mixture of zinc sulphide and barium sulphate) (*ind. chem.*), litopone.

lithosphere (crust rocks) (*geophys.*), litosfera.

litmus (*chem.*), tornasole. **2.** ~ paper (*chem.*), cartine indicatrici di pH, cartine al tornasole.

litre (0.2642 United States gals = 0.2199 Imperial gallons) (*l - meas.*), litro.

litter (*med. impl.*), barella, lettiga. **2.** ~ (rubbish), rifiuti. **3.** ~ bearer (*milit.*), portaferiti.

litterbag (*aer. - naut. - etc.*), sacchetto dei rifiuti.

Little Bear (Ursa Minor) (*astr.*), Orsa Minore.

Little Dipper (*astr.*), le sette stelle dell'Orsa Minore.

littoral (*geogr.*), litorale.

live (*a. - elect.*), sotto tensione. **2.** ~ (vivid, bright) (*color*), vivo, intenso. **3.** ~ (of a projectile) (*a. - milit.*), carico. **4.** ~ (gun) (*milit.*), carico. **5.** ~ (as of engine, axle, pulley etc. in motion) (*a. - mech.*), in moto, in movimento. **6.** ~ (of fire, fuse etc.), vivo, attivo. **7.** ~ (directly broadcast) (*radio - telev.*), in (ripresa) diretta. **8.** ~ (springy: of rubber) (*rubb. mfg.*), nervoso. **9.** ~ (of atomic pile fuel) (*a. - atom phys.*), attivo. **10.** ~ center (as of a lathe) (*mach. t.*), contropunta girevole. **11.** ~ grate area (as of boil.), superficie di griglia attiva, superficie di griglia su cui avviene la combustione. **12.** ~ load (consisting of the cargo or passengers of a veh.) (*veh.*), carico utile. **13.** ~ load (as over a bridge) (*bldg.*), carico accidentale (o di traffico), carico mobile (escluso il carico dinamico). **14.** ~ oak (*wood*), leccio. **15.** ~ program (*telev.*), ripresa diretta. **16.** ~ set (*m. pict. - comp.*), apparecchio in funzione. **17.** ~ steam (*boil.*), vapore vivo. **18.** ~ wire (*elect.*), conduttore sotto tensione, filo energizzato.

liveliness (*rubb. ind.*), nervosità.
livering (progressive thickening: due to gelation) (*paint. defect*), impolmonimento.
Liverpool hook (*mech.*), gancio Liverpool.
living (alive) (*a.*), vivo. **2.** ~ coal, carbone acceso. **3.** ~ force (kinetic energy) (*mech. theor.*), forza viva. **4.** ~ room (*bldg.*), soggiorno, stanza di soggiorno. **5.** ~ unit (for one family) (*bldg.*), appartamento.
lixiviate (to) (*chem.*), lisciviare.
lixiviation (as of ores) (*ind. chem.*), lisciviazione.
lixivium (lye), liscivia.
"LJ" (life jacket) (*naut.*), giubbotto salvagente.
"lk" (link) (*mech.*), connessione, articolazione.
"lkd" (locked) (*mech.*), bloccato.
"lkg" (leakage) (*gen.*), perdita, fuga.
"LK WASH" (lock washer) (*mech.*), rondella di sicurezza, rosetta di sicurezza.
"LL" (live load: movable load) (*bldg. - constr. theor.*), carico mobile. **2.** ~ (live load: payload) (*transp.*), carico utile.
L level (energy of an electron in the L shell) (*atom phys.*), livello di energia nello strato L.
"LLL" (Low Level Logic) (*elics.*), logica di basso livello. **2.** ~ (Low Level Language) (*comp.*), linguaggio a basso livello.
Lloyd's (*naut. insurance*), compagnia del Lloyd. **2.** ~ register (*naut.*), registro di classificazione del Lloyd.
"LLRV" (Lunar Landing Research Vehicle) (*astric.*), veicolo per allunaggio.
"LM" (lunar module, of a spacecraft) (*astric.*), modulo lunare.
"lm" (lumen) (*illum. meas.*), lumen.
"LMFR" (Liquid Metal Fuel Reactor) (*atom phys.*), reattore a combustibile metallico liquido.
"LMG" (Light Machine Gun) (*milit.*), mitragliatrice leggera.
"LMT" (local mean time) (*astr.*), ora media locale.
"lmt", *see* limit.
"ln", *see* natural logarithm.
"LNG" (liquid natural gas) (*chem. ind. - etc.*), gas naturale liquido.
"LO" (lubricating oil) (*mach.*), olio lubrificante.
"LOA" (length overall) (*naut.*), lunghezza fuori tutto.
load (burden), carico. **2.** ~ (of a spring) (*mech.*), carico. **3.** ~ (as of a working mach., as of power absorbed by a circuit etc.) (*mech. - elect. - teleph. - etc.*), carico. **4.** ~ at elastic limit (*constr. theor.*), carico (al) limite di elasticità. **5.** ~ bar (device to distribute a load over two or more trolleys of a conveyor) (*ind. transp.*), barra distributrice del carico. **6.** ~ chart (*time study*), diagramma di carico. **7.** ~ displacement (*naut.*), dislocamento a pieno carico normale, dislocamento di progetto. **8.** ~ distributed over the whole length of the beam (*constr. theor.*), carico ripartito su tutta la trave. **9.** ~ due to snow (*bldg.*), carico dovuto alla neve. **10.** ~ extension curve (*mech. technol.*), curva carichi-deformazioni. **11.** ~ factor (*aer.*), coefficiente di carico. **12.** ~ factor (of an elect. plant, ratio between the average and maximum load) (*elect.*), fattore di carico. **13.** ~ limit (of a freight car) (*railw.*), limite di portata. **14.** ~ line (*naut.*), linea di galleggiamento a carico normale. **15.** ~ resistor (*elect.*), resistenza (o resistore) di carico. **16.** ~ transfer (as from one of the front or rear tires to another one, as due to acceleration etc. effects) (*veh. dynamics*), trasferimento di carico. **17.** ~ variation (as of an elect. mach.) (*elect. - mot.*), variazione del carico. **18.** ~ voltage (*elect.*), tensione di carico. **19.** ~ water line (*naut.*), linea di galleggiamento a carico normale. **20.** ~ water plane (*naut.*), sezione orizzontale in corrispondenza della linea d'immersione a carico. **21.** actual breaking ~ (as of a cable) (*steel cables*), carico di rottura allo strappo. **22.** aggregate breaking ~ (of a steel cable) (*cableways*), carico di rottura teorico. **23.** air ~ (as on an airfoil) (*aerodyn.*), carico aerodinamico. **24.** axial ~ (*theor. mech.*), carico assiale. **25.** balanced ~ (as in a polyphase system) (*elect.*), carico equilibrato. **26.** bolt ~ (*constr. theor.*), carico di un bullone. **27.** breaking ~ (*constr. theor.*), carico di rottura. **28.** breaking test ~ (*constr. theor.*), carico della prova di rottura. **29.** capacity ~ (maximum load that can be carried safely) (*constr. theor.*), portata. **30.** capacity ~ (*elect.*), carico capacitivo. **31.** centered ~ (*constr. theor.*), carico centrato. **32.** commercial ~ (*aer.*), *see* pay load. **33.** compression ~ (bump load, of a shock absorber) (*aut.*), carico di compressione. **34.** concentrated ~ (*constr. theor.*), carico concentrato. **35.** condensive ~ (leading load, reactive load) (*elect.*), carico capacitivo. **36.** connected ~ (the total rating power connected to the distribution line) (*elect.*), carico totale installato. **37.** cooling ~ (amount of heat to be removed in the unit of time: as from a bldg. etc.) (*cold ind.*), carico frigorigeno. **38.** dead ~ (of bridge, of girder etc.) (*constr. theor.*), peso proprio. **39.** dead ~ (*aer.*), *see* empty weight. **40.** descent of the ~ (*crane*), discesa del carico. **41.** design ~ (max. load for which the structure has been calculated) (*bldg. - etc.*), carico teorico. **42.** direct-acting ~ (*constr. theor.*), carico diretto. **43.** disposable ~ (fuel, crew, oil and pay-load for a civil aircraft and fuel, oil and armament stores for a milit. aircraft) (*aer.*), carico amovibile. **44.** dynamic ~ (*constr. theor.*), carico dinamico. **45.** eccentric ~ (*constr. theor.*), carico eccentrico. **46.** equally distributed ~ (*constr. theor.*), carico uniformemente ripartito. **47.** fatigue ~ (*constr. theor.*) carico di fatica. **48.** flexion ~ (*constr. theor.*), carico di flessione. **49.** full ~ (*gen.*), pieno carico. **50.** imposed ~ (part of the total load applied after the bldg. constr.) (*constr. theor.*), carico applicato. **51.** incidental ~ (*constr. theor.*), carico accidentale. **52.** increasing ~ (*elect.*), carico crescente. **53.** inductive ~ (*elect.*), carico induttivo. **54.** landing ~ (load on the wings)

(*aer.*), carico di atterraggio. **55.** leading ~ (condensive load) (*elect.*), carico capacitivo. **56.** less than elastic limit ~ (*constr. theor.*), carico inferiore al limite elastico. **57.** lighting ~ (power station output used by electric lamps) (*elect.*), carico luce. **58.** limit ~ (maximum load that can be applied to an aircraft or part of it) (*aer.*), carico limite. **59.** limit ~ factor (*aer.*), coefficiente di contingenza. **60.** live ~ (as of a bridge) (*constr. theor.*), carico mobile (o di traffico), carico accidentale. **61.** longitudinal tire ~ transfer (vertical load transfer from a front tire to the corresponding rear one) (*veh. dynamics*), trasferimento di carico longitudinale su un pneumatico. **62.** maneuver ~ factor (load factor for the total aerodynamic lift in a maneuver) (*aer.*), coefficiente per carico di manovra. **63.** maximum admissible wheel ~ (*veh.*), carico massimo ammissibile per ruota. **64.** maximum breaking ~ (*constr. theor.*), carico di rottura. **65.** maximum permissible ~ (of an induction meter) (*elect.*), carico massimo ammissibile. **66.** maximum permissible ~ (as on a plane) (*aer. law*), carico massimo consentito. **67.** maximum safety ~ (*constr. theor.*), carico massimo di sicurezza. **68.** mobile ~ (*constr. theor.*), carico mobile. **69.** momentary ~ (*constr. theor.*), carico momentaneo. **70.** motor ~ (power station output consumed by motors) (*elect.*), carico forza motrice. **71.** movable ~ (*constr. theor.*), carico mobile. **72.** moving ~ (as of a bridge) (*constr. theor.*), carico mobile. **73.** noninductive ~ (nonreactive load) (*elect.*), carico ohmico. **74.** nonreactive ~ (noninductive load) (*elect.*), carico ohmico. **75.** off-center ~ (*constr. theor.*), carico decentrato. **76.** pay ~ (the useful load; as of a space vehicle) (*astric.*), carico utile. **77.** pay (or paying) ~ (passengers, mail and freight) (*aer. - etc.*), carico pagante. **78.** permanent ~ (*constr. theor.*), carico permanente. **79.** proof ~ (*aer.*), carico di prova. **80.** rated ~ (the capacity of an electrical machine specified by the maker on the name plate) (*elect. mach.*), potenza nominale, potenza di targa. **81.** rolling ~ (*constr. theor.*), *see* moving load. **82.** safe ~ (*constr. theor.*) (Brit.), carico di sicurezza. **83.** safety ~ (*constr. theor.*), carico di sicurezza. **84.** single ~ (*constr. theor.*), carico concentrato. **85.** snow ~ (of a roof) (*bldg.*), carico dovuto alla neve. **86.** static ~ (*constr. theor.*), carico statico. **87.** static ~ when completely deflected (*rubb. test*), carico statico con appiattimento totale. **88.** swinging ~ (as of a piston pump) (*pressure*), carico pulsante. **89.** test ~ (*constr. theor.*), carico di collaudo (o di prova). **90.** tilting ~ (as of a crane), carico di rovesciamento. **91.** torsion ~ (*constr. theor.*), carico di torsione. **92.** ultimate ~ (*aer.*), carico di robustezza. **93.** "ultimate ~ factor" (*aer.*), *see* ultimate tensile strength factor. **94.** uniformly distributed ~ (*constr. theor.*), carico uniformemente distribuito. **95.** unit ~ (*constr. theor.*), carico unitario. **96.** useful ~ (of an aircraft: the gross weight minus the tare weight or empty weight) (*aer.*), carico utile. **97.** variable ~ (*constr. theor.*), carico variabile. **98.** wind ~ (as on a bridge) (*bldg.*), carico dovuto al vento. **99.** working ~ (work load) (*ind.*), carico di lavoro.

load (to) (*gen.*), caricare. **2.** ~ (to gum: a grinding wheel) (*mech.*), impastare, impastarsi. **3.** ~ (a camera) (*m. pict.*), caricare. **4.** ~ (a gun) (*milit.*), caricare. **5.** ~ (a ship) (*naut.*), fare il carico, caricare. **6.** ~ (a truck), caricare. **7.** ~ (a cost, a price) (*comm.*), caricare, aggiungere una addizionale. **8.** ~ (to locate: as a magnetic tape reel or a disk pack on a peripheral unit) (*comp.*), montare. **9.** ~ (as a transistor, a circuit etc.: to put under normal operating load) (*elect. - elics. - comp.*), caricare, mettere sotto carico. **10.** ~ (to bring the read/write head at the correct distance from the disk) (*comp.*), caricare. **11.** ~ (to introduce data: as into memory or registers) (*comp.*), caricare.

load-and-go (loading data and executing a program) (*comp.*), caricamento ed esecuzione.

load-bearing (as of a hollow tile able to support the masonry load) (*a. - bldg.*), che può essere caricato (del peso della muratura). **2.** ~ wall (*bldg.*), muro portante.

loader (*work.*), caricatore. **2.** ~ (*min.*), draga di caricamento. **3.** ~ (artilleryman), caricatore. **4.** ~ (a program for loading into memory other programs) (*comp.*), caricatore, programma di caricamento. **5.** ~ (power shovel: as for coal) (*min.*), pala caricatrice. **6.** front-end ~ (type of excavator) (*mach.*), pala a caricamento frontale. **7.** swing side ~ (swing side loading fork, of a lift truck) (*factory veh.*), forche girevoli per carico laterale.

loading, carico, caricamento. **2.** ~ (of a line) (*teleph.*), carica induttiva. **3.** ~ (as on a wing) (*aer.*), carico. **4.** ~ (addition to paper pulp of mineral pigments) (*paper mfg.*), carica. **5.** ~ (loader charge: amount of money added to the premium for covering expenses) (*insurance*), addizionale. **6.** ~ agents (*paper mfg.*), sostanze (o materie) di carica. **7.** ~ and shipping dock (*naut.*), banchina di carico e spedizione. **8.** ~ chamber (of a gun), camera di caricamento. **9.** ~ coil (*elect. device*), bobina di carico, di Pupin. **10.** ~ gauge (*railw.*), sagoma limite del carico. **11.** ~ station (*transp.*), stazione di caricamento. **12.** ~ zone (a disk ring zone trackless to afford contact with the head in landing or take off conditions) (*comp.*), zona di caricamento. **13.** band ~ (*radio*), occupazione della banda. **14.** coil ~ (coils introduced along a line) (*teleph.*), pupinizzazione. **15.** continuous ~ (*teleph.*), krarupizzazione. **16.** direct ~ (*constr. theor.*), carico diretto. **17.** gear ~ (*mech.*), carico sull'ingranaggio. **18.** indirect ~ (*constr. theor.*), carico indiretto. **19.** inverted ~ (*aer.*), carico rovescio. **20.** surface ~ (as on a wing) (*aer.*), carico superficiale. **21.** wing ~ (*aer.*), carico alare.

loadless (*a. - gen.*), a vuoto, senza carico. **2.** ~ current (*elect.*), corrente a vuoto. **3.** ~ speed (*mech.*), velocità a vuoto. **4.** ~ voltage (*elect.*), tensione a vuoto. **5.** gradual build-up of ~ voltage (as for testing a new apparatus) (*elect.*), aumento graduale della tensione a vuoto, messa sottotensione graduale a vuoto.

loadmaster (on board: crew member responsible for the cargo) (*aer.*), responsabile del carico.

loadstar, *see* lodestar.

loadstone (*min.*), magnetite.

loam (*gen.*), terra, terriccio. **2.** ~ (*found.*), terra grassa, argilla da formatore. **3.** ~ mold (*found.*), forma in terra. **4.** ~ molding (*found.*), formatura in terra. **5.** ~ rock (*rock*), marna. **6.** molding ~ (*found.*), terra per fonderia. **7.** skinning ~ (*found.*), terra da spolvero per staffe.

loan (*comm.*), mutuo, prestito. **2.** ~ (*paper mfg.*), carta per titoli. **3.** bank ~ (*finan.*), prestito bancario. **4.** collateral ~ (guaranteed loan) (*finan.*), prestito garantito. **5.** convertible ~ stock (*finan.*), prestito obbligazionario convertibile. **6.** dead ~ (*finan.*), credito immobilizzato. **7.** forced ~ (*finan.*), prestito forzoso. **8.** mortgage ~ (*finan.*), prestito ipotecario. **9.** perpetual ~ (*finan.*), prestito irredimibile. **10.** term ~ (*finan. - adm.*), mutuo con rimborso rateale.

lob (*min.*), filone a gradini.

lobby (as of a building etc.) (*bldg.*) (Am.), atrio, portico, tettoia.

lobe (*gen.*), lobo. **2.** ~ (of a camshaft cam) (*mech.*), lobo di camma. **3.** ~ (of a radial engine cam sleeve) (*mot. mech.*), lobo. **4.** ~ (inflated surfaces at the stern: for stabilizing purposes) (*kite balloon*), lobo stabilizzatore. **5.** ~ of radiation (of an antenna) (*radio*), lobo di radiazione. **6.** ~ switching (shifting of a beam direction through the regulation of the current phases in the various dipoles) (*telev.*), commutazione di lobi. **7.** side ~ (*radio - etc.*), lobo secondario, lobo laterale.

lobing (lobe switching) (*telev. - radio*), commutazione di lobi.

"loc", *see* local.

"LOCA" (Loss Of Coolant Accident) (*nuclear reactor*), incidente dovuto alla perdita di refrigerante.

local (relating to place) (*a.*), locale. **2.** ~ anesthesia (*med.*), anestesia locale. **3.** ~ battery (*electrotel.*), batteria locale. **4.** ~ exchange (*teleph.*), centrale urbana. **5.** ~ extension (in a tensile test piece) (*mech. technol.*), allungamento locale. **6.** ~ government unit (*adm.*), ente (governativo) locale. **7.** ~ preheating (as of a structure) (*mech. technol.*), preriscaldamento locale. **8.** ~ processor (*comp.*), processore locale. **9.** ~ stress relieving (*heat - treat.*), distensione locale. **10.** ~ train (*railw.*), treno locale. **11.** ~ vent (*bldg. plumbing*) (Brit.), condotto di aereazione, sfiato, canna di ventilazione.

localization, localizzazione.

localize (to), localizzare.

localizer (*a. - gen.*), localizzatore. **2.** ~, *see* localizer beacon. **3.** ~ beacon (directional radio beacon) (*aer.*), radiofaro localizzatore.

locate (to) (to seek and find the position), individuare il posto, ubicare. **2.** ~ (to place in a particular spot) (*gen.*), sistemare (o mettere) in posizione.

locating, individuazione (o determinazione) della posizione, localizzazione. **2.** ~ (a point) (*top.*), determinazione (di un punto). **3.** ~ hole (*mech.*), foro di riferimento. **4.** ~ peg (*mech.*), spina (o grano) di riferimento. **5.** ~ ring (*mech.*), anello di centraggio. **6.** ~ spot (*mech.*), punto di riferimento. **7.** ~ strip (*mech.*), elemento (tassello o linguetta) di riferimento.

location (place) (*gen.*), posizione, ubicazione. **2.** ~ (act of setting in position) (*gen.*), piazzamento. **3.** ~ (*comm.*), contratto d'affitto, locazione. **4.** ~ (a place in the memory in which data are stored and which can be detected by address) (*comp.*), locazione, posizione. **5.** ~ of a core (*found.*), posizione di un'anima. **6.** ~ plan (*bldg. draw.*), planimetria. **7.** bit ~ (bit position) (*comp.*), posizione di bit. **8.** on ~ (any place outside a studio, used for filming) (*n. - m. pict.*), all'esterno, sul posto. **9.** protected ~ (safe area for avoiding unwanted erasure of essential information from memory) (*comp.*), posizione (o locazione di memoria) protetta. **10.** underfloor ~ (as of the engine in a bus or railcar) (*veh.*), sottopavimento.

locator (*comm.*), locatore. **2.** ~ (device for locating: as a fault) (*comp.*), localizzatore. **3.** sound ~ (*aer. - milit. device*), aerofono.

lock (of a control: as of an aileron) (*mech.*), bloccaggio, fermo, blocco meccanico. **2.** ~ (of a control, as for safety) (*electromech. - etc.*), blocco, interdizione. **3.** ~ (as of a door) (*bldg.*), serratura. **4.** ~ (flock) (*text. ind.*), fiocco, sbordatura. **5.** ~ (*hydr.*), conca, chiusa. **6.** ~, *see* air lock. **7.** ~ (*idr. - nav.*), vasca. **8.** ~ bolt (as of an adjustable part) (*mach.*), bullone di bloccaggio. **9.** ~ bolt (the part of a lock that is operated by the key) (*mech.*), chiavistello (della serratura). **10.** ~ chamber (space between head-gates and tail-gates of a lock) (*hydr.*) (Am.), vasca di chiusa. **11.** ~ die (a die whose dividing line passes in more than one plane) (*forging*), stampo con tallone di reazione, stampo la cui linea di divisione passa per più di un piano. **12.** ~ frame (of a gun) (*artillery*), toppa (di sparo). **13.** ~ nut (*mech.*), controdado. **14.** ~ slot (*mech.*), sede di bloccaggio. **15.** ~ stitch (*sewing*), punto a spola. **16.** ~ stitch machine (*sewing mach.*), macchina per cucire con punti a spola. **17.** ~ washer (*mech.*), rosetta di sicurezza. **18.** ~ washer with external teeth (*mech.*), rosetta di sicurezza a dentatura esterna. **19.** ~ washer with internal teeth (*mech.*), rosetta di sicurezza a dentatura interna. **20.** air ~ (of ventilation plant), serranda dell'aria. **21.** canal ~ (*hydr.*), chiusa. **22.** child-proof ~ (as on the back doors) (*aut.*), serratura di sicurezza per bambini. **23.** combination ~ (*safe - etc.*), serratura a combinazione. **24.**

countersunk tooth ~ washer (*mech.*), rosetta di sicurezza svasata dentata. **25.** cylinder ~ (as of a door), serratura a cilindri. **26.** dial ~, *see* combination lock. **27.** die counter ~ (of a forging die) (*forging*), tallone di reazione. **28.** door ~ (*bldg.*), serratura. **29.** down ~ (relating to the landing gear when down) (*aer.*), bloccaggio del carrello abbassato. **30.** duplex ~ (two keys lock) (*join. - etc.*), serratura a due chiavi. **31.** electric ~ (locking device) (*electromech.*), dispositivo di blocco elettrico. **32.** full ~ (steering lock) (*aut.*), massimo angolo di sterzata, tutto sterzo. **33.** hotel ~ (knob lock accepting a master key) (*doors*), serratura a scatto apribile con passpartout. **34.** hydraulic ~ (prevention of a fluid from flowing, as in a hydraulic or pneumatic system) (*aer. - etc.*), bloccaggio idraulico. **35.** irrigation ~ (*hydr.*), chiusa di irrigazione. **36.** lever tumbler ~ (as of a door) (*mech.*), serratura a nottolini. **37.** mouth ~ (of a parachute) (*aer.*), laccio di ritenuta (della) calotta. **38.** navigation ~ (*hydr. - naut.*), chiusa di navigazione. **39.** office ~ (with knob and key) (*join. impl.*), serratura con scatto e mandata. **40.** row ~ (*naut.*), scalmiera. **41.** safety door ~ (as of a motorcar door, railway coach door etc.) (*aut. - etc.*), serratura di sicurezza della porta. **42.** sash ~ (sash fastener, sash holder) (*railw. - etc.*), (dispositivo di) fermo del finestrino. **43.** steering ~ (full lock) (*aut.*), massimo angolo di sterzata, tutto sterzo. **44.** tooth ~ washer (*mech.*), rosetta di sicurezza dentata. **45.** up-and-down ~ (of a retractable undercarriage) (*aer.*), arresto per posizione retratta o abbassata. **46.** vapor ~ (as in a fuel system) (*aer. mot.*), tampone di vapore, "vapor lock". **47.** warded ~ (*mech.*), serratura con risalti corrispondenti agli intagli della chiave. **48.** Yale cylinder ~ (*mech.*), serratura a cilindri tipo Yale.

lock (to) (as a wheel) (*mech.*), bloccare. **2.** ~ (as a door), chiudere a chiave. **3.** ~ (as to hold inactive a part of a comp.) (*elics.*), bloccare. **4.** ~ by key (as a door), chiudere a chiave. **5.** ~ the controls (*aer.*), bloccare i comandi. **6.** ~ up (as a capital) (*comm.*), immobilizzare. **7.** ~ up (to fasten types in the chase) (*typ.*), legare, serrare. **8.** ~ with cotter (*mech.*), bloccare con chiavetta trasversale. **9.** ~ with cotter pin (*mech.*), incoppigliare. **10.** ~ with key (as a door), chiudere a chiave.

lockage (act of passing) (*naut.*), passaggio di una chiusa. **2.** ~ (toll paid) (*naut. - comm.*), diritti di passaggio di una chiusa.

lock-and-block system (*railw.*), sistema di blocco automatico.

lock-chamber (space between head-gates and tail-gates of a lock) (*hydr.*) (Brit.), vasca di chiusa, conca.

locked (*mech.*), bloccato. **2.** ~ (as of a door), chiuso. **3.** ~ in place (*mech.*), bloccato in posizione.

locker (cupboard) (*furniture*), armadio. **2.** ~ (drawer), cassetto. **3.** ~ (in dressing room of workers), armadietto. **4.** ~ room (for workers in a factory) (*bldg.*) (Am.), spogliatoio. **5.** chain ~ (*naut.*), pozzo delle catene. **6.** clothes ~ (for workers), armadietto da spogliatoio. **7.** tool ~ (*mech.*), armadietto per utensili.

lock-gate (*hydr.*) (Brit.), serranda di una chiusa.

lockhole, *see* keyhole.

locking (*n. - mech.*), bloccaggio. **2.** ~ (*railw. traffic*), blocco. **3.** ~ bar (*mech.*), bietta. **4.** ~ bar (as of a door of railw. freight car) (*railw.*), catenaccio, sbarra di chiusura. **5.** ~ bolt (of a door) (*mech.*), chiavistello di chiusura. **6.** ~ lever (as of a sliding part of a mach. t.) (*mech.*), leva di bloccaggio. **7.** ~ pressure (*mech.*), pressione di bloccaggio. **8.** ~ pressure (of a pressure diecasting machine, pressure to keep the die shut during the injection) (*found.*), pressione di chiusura. **9.** ~ ring (threaded) (*mech.*), ghiera di bloccaggio (filettata). **10.** ~ strip (*mech.*), fascetta di bloccaggio. **11.** ~ up (fastening of types in the chase) (*typ.*), legatura. **12.** approach ~ (*railw. traffic*), blocco di approccio. **13.** centralized door ~ and unlocking (*aut.*), bloccaggio (e sbloccaggio) elettrico simultaneo porte. **14.** electronic ~ (as of a milit. device) (*elics.*), bloccaggio elettronico. **15.** points ~ (*railw.*), blocco degli scambi. **16.** self ~ (*a. - mech. - bldg. - etc.*), a chiusura automatica. **17.** sliding ~ bolt (as of a door) (*bldg.*), catenaccio scorrevole di chiusura.

lock-joint (as the dovetail joint) (*mech. - carp.*), giunto ad incastro.

locknut (*mech.*), controdado. **2.** ~ (for fixing wires in a junction box) (*elect.*), vite del morsetto, dado di fissaggio. **3.** ~ (locking itself when screwed up) (*mech.*), dado autobloccante.

lockout (suspension of work decided by the employer against employees and workers) (*factory*), serrata. **2.** ~ (impossibility of communication between two subscribers, due to interference) (*teleph.*), impossibilità di comunicare. **3.** ~ (inability, of a terminal, to contact the comp. without authorization) (*comp.*), blocco. **4.** keyboard ~ (for avoiding interferences) (*comp.*), blocco della tastiera.

lockpin (pin locking two pieces together when inserted in a common hole) (*carp. - etc.*), spina di bloccaggio.

lockset (complete lock including accessories: as keys, handles etc.) (*join. - mech.*), serratura completa. **2.** ~ (jig for cutting, to the door, the recess for containing the lock) (*join.*), maschera per sedi serrature.

lock-sill (*hydr. - constr.*) (Brit.), *see* mitre-sill.

locksmith (lock maker), costruttore di serrature. **2.** ~ (lock mender) (*work.*), riparatore di serrature.

lockspit (small continuous V-shaped cut in the ground) (*civ. eng.*), (Brit.), solco, fossetta con sezione a V.

lock, stock, and barrel (as of a property sold completely) (*comm. - etc.*), a cancello chiuso, in blocco.

lockup (operation of locking or state of being locked) (*gen.*), chiusura. **2.** ~ (individual garage that may be locked by the user) (*aut.*), autorimessa individuale, box chiudibile.
lockwasher (*mech.*), *see* lock washer.
lockwire (through corresponding holes in the bolt and the nut) (*mech.*), filo di fermo.
"loco" (short for locomotive) (*railw.*), locomotiva.
locomobile (*a.*), semovente.
locomotion , locomozione.
locomotive (*n. - railw.*), locomotiva, locomotore. **2.** ~ (self-moving) (*a. - mach.*), semovente. **3.** ~ crane (power-operated crane equipped to run on rails, under its own power) (*railw.*), gru ferroviaria semovente. **4.** ~ with tender (general purpose type) (*railw.*) (Brit.), locomotiva con tender. **5.** articulated ~ (*railw.*), locomotiva articolata, locomotiva a carrelli. **6.** booster ~ (*railw.*) (Am.), *see* helper. **7.** compound ~ (*railw.*), locomotiva "compound", locomotiva a doppia espansione. **8.** compressed-air ~ (as for narrow gauge ind. use) (*min. transp.*), locomotiva ad aria compressa. **9.** crab ~ (loco. with a winch) (*min. locomotive*), locomotiva da miniera con verricello motorizzato. **10.** Diesel-electric ~ (*railw.*), locomotiva Diesel elettrica, locomotore Diesel elettrico. **11.** Diesel-hydraulic ~ (*railw.*), locomotiva Diesel idraulica, locomotore Diesel idraulico. **12.** Diesel ~ (*railw.*), locomotiva con motore Diesel. **13.** electric ~ (*railw.*), locomotiva elettrica, locomotore. **14.** fireless ~ (steam accumulator experimental locomotive) (*railw.*), locomotiva senza focolaio, locomotiva ad accumulatore termico. **15.** gas-turbine ~ (*railw.*), locomotiva a turbina a gas. **16.** hump ~ (*railw.*) (Brit.), *see* helper (Am.). **17.** line ~ (*railw.*), locomotiva in (o per) servizio di linea. **18.** look out for ~ (*road traff.*), attenti al treno! **19.** mine type ~ (*veh. min. - etc.*), locomotiva tipo Decauville. **20.** mining ~ (*min. transp.*), locomotiva da miniera. **21.** shunting ~ (*railw.*), locomotiva da manovra. **22.** steam ~ (*railw.*), locomotiva a vapore. **23.** steam-turbine ~ (*railw.*), locomotiva a turbina a vapore. **24.** switching ~ (*railw.*), locomotiva da manovra. **25.** tank ~ (*railw.*), locomotiva con serbatoio. **26.** total-adhesion ~ (*railw.*), locomotiva ad aderenza totale. **27.** turbine ~ (turbine engine) (*railw.*), turbolocomotiva, locomotiva a turbina. **28.** two-cylinder ~ (*railw.*), locomotiva gemella, locomotiva a espansione semplice.
locomotor (*a.*), relativo alla locomozione.
locus (locality), località. **2.** ~ (*math.*), luogo. **3.** ~ sigilli (L.S., for documents) (*law*), locus sigilli.
locust tree (*wood*), acacia, robinia.
lodar (loran signals direction finder) (*aer. instr.*), lodar, radiogoniometro per segnali loran.
lode (*min.*), filone a vene parallele. **2.** ~ (artificial dike) (*constr.*) (Brit.), diga artificiale. **3.** ~ (waterway) (*hydr.*), canale. **4.** ~ channel (*geol.*), canale filoniano.
lodestar (polestar) (*astr.*), stella polare.
lodestone, *see* loadstone.
lodge (loggia) (*arch.*), loggia. **2.** doorkeeper ~ (*bldg.*), portineria. **3.** gatekeeper ~ (of a firm) (*ind.*), portineria.
lodge (to) (to accomodate) (*gen.*), alloggiare. **2.** ~ money in a bank (*finan.*), depositare denaro in banca.
lodger (*comm.*), inquilino.
lodginghouse (*bldg.*), casa a quartieri da affitto.
lodgings (a leased room or a flat) (*n.*), camera (o appartamento) d'affitto.
lodgment, lodgement (deposit in a bank) (*finan.*), versamento. **2.** ~ , *see also* lodgings.
"lofar" (LOw Frequency Acquisition and Ranging: sound detection system in submarine ambience) (*navy acous.*), lofar.
"L of C" , *see* line of communication.
loft (*bldg.*), soffitta. **2.** ~ (full dimension layout cut on clear plastic sheet) (*aer. constr.*), "loft". **3.** ~ (fibers resilience) (*text. ind.*), resilienza delle fibre. **4.** mold ~ (large floor on which some piece of a ship is drawn in full dimensions) (*shipbldg. - aer. constr.*), sala a tracciare. **5.** pigeon ~ (*bldg.*), piccionaia. **6.** sail ~ (room in which sails are manufactured) (*naut.*), veleria.
loft (to) (to lay out full size contours: as of an airplane elevator) (*shipbuild. - aer.*), tracciare a scala reale.
lofting (laying out of full sized drawings) (*aer. - naut.*), tracciatura, esecuzione di disegni in scala 1/1.
loftsman (*shipbldg. work.*), tracciatore.
lofty (elastic: as of wool and cotton) (*a. - text.*), elastico.
log (for meas. a ship's speed) (*naut. instr.*), solcometro, misuratore della velocità, "log". **2.** ~ (record) (*naut. - aer.*), giornale di bordo. **3.** ~ (timber) (*mas.*), tronco squadrato. **4.** ~ (of tree), tronco d'albero. **5.** ~ (engine record) (*naut.*), giornale di macchina. **6.** ~ (record of messages traffic and comp. activity) (*comp.*), giornale. **7.** "~" (short for logarithm) (*math.*), logaritmo. **8.** ~ bunk (of a logging car: crossbeam upon which logs rest) (*railw.*) (Am.), traversa supporto tronchi. **9.** ~ chip (or ship) (*naut. instr.*), solcometro a barchetta. **10.** ~ frame (a sawing machine for obtaining boards from logs) (*mach.*), sega meccanica per tronchi. **11.** ~ glass (hourglass) (*naut.*), clessidra. **12.** ~ reel (*naut.*), tamburo del solcometro, guindolo del solcometro. **13.** ~ ship, *see* log chip. **14.** ~ washer (for separating ore from earth) (*min. app.*), doccia meccanica. **15.** air ~ (instr. for recording the distance, relative to the air, covered by an airplane in a straight line) (*aer. instr.*), registratore di distanza. **16.** deck ~ (*naut.*), giornale di bordo. **17.** dutchman's ~ (*naut. instr.*), solcometro a galleggiante. **18.** electromagnetic ~ (*naut. instr.*), solcometro elettromagnetico. **19.** engine ~ (*aer. mot.*), libretto (o giornale di bordo) del mo-

tore. **20.** ground ~ (*naut. instr.*), solcometro di fondo. **21.** patent ~ (*naut. instr.*), solcometro a elica. **22.** taffail ~, *see* patent log. **23.** ~, *see also* logs.

log (to) (to cut trees or logs) (*wood*), tagliare (alberi o tronchi). **2.** ~ (to record as data) (*elics. - etc.*), registrare.

logarithm (*math.*), logaritmo. **2.** addition ~ (*math.*), logaritmo addizionale. **3.** common ~ (*math.*), logaritmo decimale. **4.** natural ~ (*math.*), logaritmo naturale. **5.** subtraction ~ (*math.*), logaritmo di sottrazione.

logarithmic (*a. - math.*), logaritmico. **2.** ~ decrement (*phys.*), decremento logaritmico.

"logatoms" (syllables chosen for the transmission in intelligibility tests) (*teleph.*), logatomi.

logbook (*naut.*), giornale di bordo. **2.** engine ~ (*naut.*), giornale di macchina.

logger (automatic recorder, as of data) (*elics.*), registratore (automatico). **2.** ~ (one who insulates pipelines etc. against heat) (*oil ind. work.*), installatore dell'isolante termico, (operaio) specializzato nella installazione di isolamenti termici. **3.** ~ (a worker who cuts trees) (*wood work.*), boscaiolo.

loggia (*arch.*), loggia.

logging (*wood ind.*), taglio e trasporto dei tronchi. **2.** ~ (recording, as of data) (*elics.*), registrazione. **3.** data ~ system (*elics.*), sistema di registrazione (automatica) dei dati.

logic (logical) (*a. - gen.*), logico. **2.** ~ (science) (*n. - gen.*), logica. **3.** ~ (systematic scheme which defines the interaction of signals in an automatic data processing system) (*n. - elics. - comp.*), logica. **4.** ~ (type of on/off circuit or gate operating in a comp.) (*n. - elics. - comp.*), logica. **5.** ~ circuit (*elics.*), circuito logico. **6.** ~ design (*math. - comp.*), schema logico, struttura logica. **7.** ~ element (*comp. - elics.*), elemento logico. **8.** ~ system (*elics.*), sistema logico, logica. **9.** Boole's ~ (logic used with binary code in electronic computers etc.) (*elics. - math.*), logica di Boole. **10.** complementary transistor ~, "CTL" (logic system with pnp and npn transistors) (*elics. - comp.*), logica a transistori complementari, logica CTL. **11.** diode transistor ~, "DTL" (*elics. - comp.*), logica DTL, logica diodo-transistor. **12.** direct coupled transistor ~, "DCTL" (*elics. - comp.*), logica a transistori ad accoppiamento diretto, logica DCTL. **13.** emitter-coupled ~ "ECL" (*elics. - comp.*), logica ECL, logica ad emettitori accoppiati. **14.** fluid ~ (for fluid controls) (*fluidics*), logica fluidica. **15.** hard-wired ~ (*comp.*), logica cablata. **16.** integrated injection ~, "I^2L" (*comp.*), logica a iniezione (di corrente). **17.** low level ~ (*elics.*), logica di basso livello. **18.** moving-part ~ (MPL, logic in which tiny, lightweight moving parts are shifted by fluid to perform the switching action) (*fluid power*), logica a particolari mobili. **19.** negative ~ (*elics. - comp.*), logica negativa. **20.** positive ~ (*elics. - comp.*), logica positiva. **21.** programmed ~ (*comp.*), logica programmata. **22.** random ~ (*comp.*), logica sparsa. **23.** relay ~ (*elics.*), sistema logico a relé, circuito logico a relé. **24.** resistor-capacitor transistor ~ (RCTL) (*elics. - comp.*), sistema logico transistorizzato resistenza-capacità. **25.** resistor-transistor ~, "RTL" (*elics. - comp.*), logica a resistori e transistori, logica RTL. **26.** stored program ~ (where all or part of the control logic is programmed into a memory) (*comp.*), logica programmata memorizzata. **27.** symbolic ~ (mathematical logic, logistic) (*math.*), logica matematica, logica simbolica, logistica. **28.** transistor-transistor ~, "TTL" (*elics. - comp.*), logica transistori-transistori, logica TTL.

logical (*a. - comp.*), logico. **2.** ~ comparison (*comp.*), confronto logico. **3.** ~ decision (*comp.*), scelta logica. **4.** ~ unit (*comp.*), unità logica. **5.** ~, *see also* logic.

login, log-in, log in, *see* logon.

logistic (symbolic logic, mathematical logic) (*math.*), logistica, logica matematica, logica simbolica.

logistics (*milit.*), logistica.

logo (logotype: as of a firm or of a product) (*typ.*), sigla pubblicitaria.

Logo (didactic type of programming language) (*comp.*), LOGO.

log-off, log off, *see* logoff, logout.

logoff, logout (logging off: request for disconnecting, as from terminal) (*comp.*), richiesta di scollegarsi, richiesta di uscita dal collegamento.

logon, log-on, log on, login, log-in, log in (request for connection: as to a terminal) (*comp.*), richiesta di collegamento.

logotype (word of several letters cast as one piece of type) (*typ.*), logotipo, politipo.

log-out, log out, *see* logoff, logout.

logs (*wood*), legname in tronchi. **2.** rough square ~ (*wood*), legname squadrato. **3.** ~, *see also* log.

logwood (for dyeing), legno di campeggio.

"lon", "long" (longitude) (*geogr.*), longitudine. **2.** ~, *see also* longeron, longitudinal.

long (*a. - gen.*), lungo. **2.** ~ direction (machine direction) (*paper mfg.*), direzione di macchina. **3.** ~ distance (long-distance call) (*n. - teleph.*), telefonata (o chiamata) interurbana. **4.** ~ flax (*text. ind.*), lino a fibre lunghe. **5.** ~ grinders (grinders that grind the wood in the direction of the grain) (*paper mfg.*), sfibratori longitudinali. **6.** ~ grinding (grinding in the direction of the grain) (*paper mfg.*), sfibratura longitudinale. **7.** ~ haul (long distance transportation: as of goods) (*n. - gen.*), trasporto a grande distanza. **8.** ~ hundredweight (*meas.*), 50,8 kg. **9.** ~ life (*gen.*), a lunga durata, di lunga durata. **10.** ~ measure, *see* linear measure. **11.** ~ pennon (long pennant) (*naut.*), fiamma. **12.** ~ primer (*print.*), corpo 10. **13.** ~ running job (*ind.*), lavoro a ciclo lungo. **14.** ~ ton, *see* ton.

"long" (longitudinal) (*geom. - etc.*), longitudinale.

longboat (*naut.*), la più grande delle imbarcazioni a bordo di una nave mercantile.
long-dated (as of a bill of exchange) (*a. - bank*), a lunga scadenza.
long-distance (relating to a call) (*a. - teleph.*), interurbano, relativo a telefonata interurbana. **2.** ~ call (*teleph.*), telefonata (o chiamata) interurbana. **3.** ~ navigation (*aer. navig.*), navigazione su grandi distanze.
long-distance (to) (to make a call) (*teleph.*), fare una telefonata interurbana.
longeron (of a fuselage) (*aer.*), longherone, longarone. **2.** ~ (continuous member of the fuselage) (*aer. bldg.*), corrente di fusoliera. **3.** channel ~ (*mech.*), longarone ad U.
longisection (longitudinal section) (*draw.*), sezione longitudinale.
longitude (*geogr.*), longitudine. **2.** ~ in arc (by degrees) (*geogr.*), longitudine in gradi. **3.** ~ in time (by time) (*geogr.*), longitudine in ore e minuti. **4.** ~ signal (time signal sent by radio) (*naut. - aer.*), segnale (orario) per la determinazione della longitudine. **5.** celestial ~ (of a star) (*astr.*), longitudine celeste.
longitudinal (*a.*), longitudinale. **2.** ~ (of an airship hull) (*n. - aer.*), trave longitudinale. **3.** ~ bay (as of an airship) (*mech. constr.*), campata longitudinale. **4.** ~ member (of a wing) (*aer.*), longarone. **5.** ~ stiffener (of fuselage structure) (*aer.*), rinforzo longitudinale. **6.** ~ stiffener (of wing structure) (*aer.*), ordinata longitudinale. **8.** intermediate ~ (as of an airship) (*mech. constr.*), trave longitudinale intermedia. **9.** main ~ (as of an airship) (*mech. constr.*), trave longitudinale principale.
longline (*fishing*), palamite.
long-line (long-distance) (*a. - teleph.*), interurbano. **2.** ~ (long-distance) (*a. - transp. - navig.*), a grande distanza.
long-lining (fishing with a longline) (*fishing*) (Brit.), pesca con palangrese, pesca con lenzara (o con palamite).
long-oil (as of a varnish containing high percentage of drying oil) (*a. - paint. - etc.*), ad alta diluizione.
long-playing, "LP" (of a 33 $^1/_2$ rpm microgroove record playing about 30 minutes time) (*a. - acous.*) long-playing, (disco) a lunga durata, ELLEPI.
long-range (able to cover long distances: as a missile) (*a. - milit.*), a lunga gittata. **2.** ~ (relating to the distance) (*a. - transp.*), a grande distanza. **3.** ~ (relating to a period of time) (*a. - gen.*), a lunga scadenza, a lungo termine. **4.** ~, *see also* long-term.
longshoreman (docker; loading and unloading ships: lumper) (*dock work.*), scaricatore di porto.
long-term (as of capital held in a bank for longer than six months) (*a. - finan.*), a lungo termine.
look (to) (*gen.*), guardare, esaminare.
looking glass, specchio.
lookout (observation bldg.) (*meteorol. -, etc.*), osservatorio. **2.** ~ (of a caboose) (*railw.*), *see* cupola 3 ~. **3.** ~ (*arch.*), belvedere. **4.** ~ point (*gen.*), punto di osservazione.
look-through (appearance of paper when held to light) (*paper mfg.*), trasparenza.
look-up (search) (*comp.*), ricerca. **2.** table ~ (*comp.*) ricerca tabulare.
look up (to) (to search for) (*comp. - etc.*), ricercare.
loom (*text. mach.*), telaio per tessitura. **2.** ~ (of an oar) (*naut.*), fusto. **3.** ~ (pre-assembled cables to be installed on an aircraft) (*aer. - elect.*), cablaggio. **4.** ~ (said of wind) (*a. - naut.*), moderato. **5.** ~ (flexible protection tubing for wires) (*elect. wire*), tubo flessibile di protezione. **6.** ~ master (*work.*), capo telaio. **7.** ~ waste (*text. ind.*), cascame di telaio. **8.** dandy ~ (*text. mach.*), telaio semimeccanico. **9.** dobby ~ (*text. mach.*), telaio a ratiera. **10.** hand ~ (*text. mach.*), telaio a mano. **11.** lappet ~ (*text. mach.*), telaio ad aghi, telaio per tessuti a ricamo. **12.** multibox ~ (*text. mach.*), telaio automatico a più cassette. **13.** power ~ (*text. mach.*), telaio meccanico. **14.** ribbon ~ (*text. mach.*), telaio per nastri. **15.** terry ~ (*text. mach.*), telaio per tessuti a spugna. **16.** treadle ~ (*text. mach.*), telaio a pedali.
looming (*text. ind.*) (Brit.), rimettaggio.
loop (as of a rope), cappio. **2.** ~ (of velvet fabric) (*text. mfg.*), maglia a velluto. **3.** ~ (of a film) (*m. pict.*), riccio. **4.** ~ (as of a vibrating string) (*phys.*), ventre. **5.** ~ (*elect.*), circuito elettrico ad anello. **6.** ~ (pasty mass of iron) (*metall.*), lingotto incandescente. **7.** ~ (aerobatics) (*aer.*), gran volta, gran volta diritta. **8.** ~ (as of a river) (*gen.*), ansa. **9.** ~ (closed circuit where a set of instructions are repeatedly executed) (*comp.*), ciclo chiuso, ciclo iterativo. **10.** ~, *see* loop antenna *or* loop aerial. **11.** ~ aerial (*radio*), antenna a telaio. **12.** ~ antenna (*radio*), antenna a telaio. **13.** ~ cable (*elect.*), cavo a due conduttori, cavo utilizzato per (i circuiti di) andata e ritorno. **14.** ~ conveyor (a conveyor used for metal pouring) (*found.*), convogliatore (di colata) a circuito chiuso. **15.** ~ current (*elect.*), corrente di circuito chiuso (corrente di andata e di ritorno). **16.** ~ lubrication (*mech.*), lubrificazione a circuito chiuso. **17.** ~ stop (*comp.*), arresto del ciclo (o della iterazione). **18.** ~ test (*comp.*) ciclo di verifica a circuito chiuso. **19.** closed ~ (~ continuing indefinitely) (*comp.*), ciclo chiuso. **20.** diamagnetic ~ (loop around a plasma column) (*plasma phys.*), spira diamagnetica. **21.** expansion ~ (*pip.*), dilatatore (di tubo piegato), compensatore (a tubo piegato), ansa di dilatazione. **22.** feedback ~ (part of a closed-loop system which enables the comparison of response with command in N.C. machines) (*n.c. mach. t.*), comparatore. **23.** ground ~ (*aer.*), capottamento. **24.** hysteresis ~ (*elect.*), ciclo di isteresi. **25.** inverted ~ (aerobatics) (*aer.*), gran volta rovescia. **26.** lateral ~ (aerobatics) (*aer.*), gran volta d'ala. **27.** normal ~ (aerobatics) (*aer.*), gran volta diritta. **28.** outside ~ (aerobatics) (*aer.*), gran volta diritta. **29.** plati-

num ~ (*med. instr.*), ansa di platino. **30.** self-resetting ~ (*comp.*), ciclo ad autoripristino. **31.** upside down ~ (aerobatics) (*aer.*), gran volta rovescia.

loop (to) (aerobatics) (*aer.*), eseguire la gran volta. **2.** ~ (to make loops: as of a rope), fare cappi. **3.** ~ (*elect.*), fare (o completare) un circuito. **4.** ~ (to connect by a couple of electric wires) (*teleph. - etc.*), collegare a doppino.

looped fabric (*text. mfg.*), tessuto "bouclé" (o a maglia).

looper (device for forming loops, as in yarn) (*text. ind.*), incappiatore. **2.** ~ (shuttle, of a double-thread sewing machine) (*text. ind.*), spola, navetta.

loophole, feritoia.

looping (*aer.*), gran volta, "looping". **2.** ~ (*metall.*), serpentaggio. **3.** ~ (zig-zag chimney plume) (*comb.*), pennacchio a zig-zag. **4.** ~ (*comp.*), iterazione.

loose (of earth) (*mas.*), sciolto. **2.** ~ (as of a bolt) (*a. - mech.*), lasco, allentato con gioco. **3.** ~ (of pulley) (*mech.*), folle. **4.** ~ (of poor quality) (*a. - gen.*), scadente. **5.** ~ earth (*bldg.*), materiale sciolto di sterro. **6.** ~ fit (*mech.*) (Am.), accoppiamento libero amplissimo. **7.** ~ laid wall (*mas.*), muro a secco. **8.** ~ part (as of a machine) (*mech.*), parte sciolta. **9.** ~ patterns (*found.*), modelli sciolti, modelli non su placca. **10.** ~ piece (piece of a pattern) (*found.*), tassello, singolo elemento di modello scomponibile. **11.** ~ tool (handled by the forgeman and used during forging operations together with fixed dies for shaping the work) (*forging*), attrezzo a mano. **12.** ~ woven fabric (*text.*), tessuto trasparente. **13.** to become ~ (*mech.*), allentarsi. **14.** to get ~ (*mech.*), allentarsi.

loose (to) (to cast off) (*naut.*), mollare. **2.** ~ (to let go) (*naut.*), allascare. **3.** ~ (to relax) (*gen.*), allentare. **4.** ~ (to release) (*mech.*), sbloccare. **5.** ~ (to untie) (*gen.*), sciogliere. **6.** ~ (as bombs), sganciare. **7.** ~ (to fire: as a gun) (*weapon*), sparare. **8.** ~ sails (*naut.*), mollare le vele, spiegare le vele.

loose-jointed (*a. - mech.*), a giunto lasco, a giunto allentato.

loose-leaf (said of a method for securing leaves as in a book, ledger, notebook etc.) (*off. - etc.*), a fogli mobili. **2.** ~ ledger (*accounting*), partitario a fogli mobili.

loosen (to) (a screw) (*mech.*), allentare. **2.** ~ (to let go) (*naut.*), allascare.

looseness (as of a joint or fit) (*mech.*), allentamento, gioco.

loosening (*mech.*), allentamento. **2.** ~ (release) (*mech.*), sbloccaggio.

lop (to) (to trim trees) (*agric.*), potare.

lopping (pruning of trees) (*agric.*), potatura. **2.** ~ (as of peaks, equalization) (*elect.*), livellamento.

lopsided (*a. - gen.*), inclinato su un fianco. **2.** ~ (unsymmetrical) (*metall. - etc.*), asimmetrico. **3.** ~ landing (*aer.*), atterraggio su una ruota.

"LOR" (lunar orbital rendez-vous) (*astric.*), rendez-vous orbitale lunare, appuntamento orbitale lunare.

"LORAC" (Long Range Accuracy Radar) (*radar*), radar di precisione di grande portata.

loran (long range navigation system) (*aer. - naut.*), sistema di radionavigazione loran. **2.** ~ fix (ship position) (*navig.*), punto nave loran.

lorandite ($TlAsS_2$) (*min.*), lorandite.

"LORL" (Large Orbiting Research Laboratory) (*astric.*), grande satellite laboratorio per ricerche.

lorry (truck) (*aut.*) (Brit.), autocarro, "camion". **2.** ~ (small car running on rails and used in railroad construction and maintenance) (*railw.*), carrello di servizio (a mano). **3.** ~, *see also* larry. **4.** tipping ~ (*aut.*), autocarro con cassone ribaltabile.

"LOS" (Line Of Sight) (*arms*), linea di mira.

lose (to), perdere, far perdere. **2.** ~ height (*aer.*), perdere quota.

losing (*a. - gen.*), perdente. **2.** losings (that which is lost) (*n. - gen.*), perdita. **3.** height ~, *see* height loss.

loss (*gen.*), perdita. **2.** ~ (as of money) (*comm.*), perdita. **3.** ~ (as of gas), perdita. **4.** ~ (of an elect. meter) (*elect.*), auto-consumo. **5.** ~ (of energy) (*mech. - elect. - etc.*), perdite. **6.** ~, *see* attenuation. **7.** ~ angle (of a dielectric) (*elect.*), angolo di perdita. **8.** ~ factor (*radio*), fattore di attenuazione. **9.** ~ in melting (*found.*), calo di fusione. **10.** ~ in weight (*comm.*), calo di peso. **11.** ~ of head, *see* ~ of pressure. **12.** ~ of pressure (due to friction; as in a pipe) (*hydr.*), perdita di carico. **13.** ~ on ignition (*chem.*), perdita al fuoco. **14.** ~ on washing (as of rubber in rubber mfg.) (*ind.*), perdita nel lavaggio. **15.** absorption ~ (*acous.*), perdita per assorbimento. **16.** attenuation ~ (*acous.*), perdita per attenuazione. **17.** average ~ (*naut. comm.*), perdita per avaria. **18.** carpet ~ (loss occurring when solid fuel is stored outside directly on the ground) (*comb.*), perdita di giacenza (sul terreno). **19.** copper ~ (*elect.*), perdita nel rame. **20.** current ~ to earth (*elect.*), corrente (o perdita) verso terra. **21.** eddy-current ~ (*elect.*), perdita per correnti parassite. **22.** energy ~ (*mot.*), perdita di energia. **23.** friction ~ (*mech.*), perdita per attrito. **24.** head ~, *see* ~ of pressure. **25.** height ~ (*aer.*), perdita di quota. **26.** hysteresis ~ (*elect.*), perdita per isteresi. **27.** ignition ~ (*chem.*), perdita al fuoco. **28.** induced power ~ (as of a propeller) (*aer.*), perdita di potenza indotta. **29.** insertion ~ (*radio*), perdita d'inserzione. **30.** Joule ~ (*elect.*), perdita per effetto Joule. **31.** lift ~ (aerodyn. phenomenon) (*aer.*), perdita di portanza. **32.** load ~ (as of a spring for viscous settlement) (*mech.*) (Am.), perdita di carico. **33.** load ~ (due to the copper loss + eddy current loss etc.: as in a transformer) (*elect.*), perdite sotto carico. **34.** melting ~ (*metall.*), calo di fusione, perdita al fuoco. **35.** net ~ (as in a budget) (*adm. - econ.*), perdita netta. **36.** no-load ~ (as of a transformer, electric motor etc.) (*elect.*), perdite a vuoto. **37.** ohmic ~ (*elect.*), perdita (per resistenza) ohmica. **38.** power ~ (as of a propeller) (*aer.*), perdita di potenza. **39.** printing ~ (in sound track film printing) (*phot.*), perdita di stampa. **40.** profile-drag power ~ (as of a propeller) (*aer.*), perdita di potenza per resistenza di profilo. **41.** radiation ~ (as of a boiler) (*thermod.*), perdita per irraggiamento. **42.**propagation ~ (*acous.*), perdita di propagazione. **43.** reflection ~ (*radio*), attenuazione di riflessione. **44.** total ~ (*insurance - damage*), perdita totale. **45.** spreading ~ (*acous.*), perdita per divergenza. **46.** transmission ~ (*tlcm. - teleph. - etc.*), attenuazione di trasmissione, perdita di trasmissione. **47.** windage losses (*aer.*), perdite per resistenza aerodinamica. **48.** zero ~ (*tlcm.*), attenuazione nulla.

lossy (*a. - gen.*), in perdita.

lost (wasted) (*a. - gen.*), perduto.

lost-wax process (*found.*), processo di fusione a cera perduta.

lot (as of wool bales) (*wool ind.*), lotto. **2.** ~ (distinct section of land), lotto (di terreno), appezzamento (di terreno). **3.** ~ of goods (*comm.*), partita di merce. **4.** ~ size (number of pieces forming the lot) (*quality control*), grandezza del lotto. **5.** building ~ (portion of land), lotto fabbricativo, lotto fabbricabile, lotto edificabile, appezzamento (di terreno) fabbricativo (o fabbricabile, o edificabile). **6.** odd ~ (of stocks) (*finan.*), spezzatura. **7.** parking ~ (*aut. traffic*), autoparco.

lot (to) (as a ground area) (*bldg. -, etc.*), lottizzare.

lotus (a decorative water plant used in Egyptian arch. forms) (*arch.*), loto.

loud (of sound) (*acous.*), forte, alto. **2.** ~ pedal (damper pedal of a piano) (*mus.*), pedale della sordina.

loudhailer, *see* loudspeaker.

loudness (of a sound) (*acous.*), livello sonoro, sensazione sonora.

loudspeaker (*elect. - radio*), altoparlante. **2.** ~, *see also* speaker. **3.** air pressure ~ (*electroacous.*), altoparlante a pressione d'aria. **4.** condenser ~ (*electroacous.*), altoparlante a condensatore, altoparlante elettrostatico. **5.** cone ~ (*radio*), altoparlante a diaframma conico. **6.** dynamic ~ (moving-coil loudspeaker) (*elettroacous.*), altoparlante dinamico (o a bobina mobile). **7.** electrodynamic ~ (*electroacous.*), altoparlante elettrodinamico. **8.** electromagnetic ~ (*electroacous. app.*), altoparlante elettromagnetico. **9.** electrostatic ~ (*electroacous. app.*), altoparlante elettrostatico. **10.** exponential ~ (*electroacous.*), altoparlante esponenziale. **11.** horn ~ (*electroacous.*), altoparlante a tromba. **12.** magnetic ~ (*electroacous.*), altoparlante elettromagnetico. **13.** master ~ (*electroacous.*), altoparlante campione. **14.** metal plate ~ (*electroacous.*), altoparlante a diffusione lamellare. **15.** moving-coil ~ (*electroacous. app.*), altoparlante a bobina mobile. **16.** piezoelectric ~ (*electroacous.*), altoparlante piezoelettrico (o a cristallo). **17.** playback ~ (background loudspeaker) (*telev.*) (Am.), altoparlante della base.

lounge (of a private house: living room) (*arch.*), soggiorno. **2.** ~ (of a public bldg.) (*arch.*), salone di ritrovo.

louver (of an aut. hood: for ventilation) (*aut.*), feritoie di (o per) ventilazione, sfinestratura. **2.** ~ board (as of a window) (*bldg.*), stecca di persiana. **3.** ~ stator cover (of an induction mot.) (*electromech.*), protezione a persiana sullo statore. **4.** ~ stator guard (louvered cover of an induction mot.) (*electromech.*), protezione sfinestrata sullo statore.

low (*a.*), basso. **2.** ~ (*astr.*), basso. **3.** ~ (of a sound) (*acous.*), basso. **4.** ~ (depression) (*n. - meteorol.*), depressione. **5.** ~ brass (about 20% zinc) (*alloy*), ottone a basso tenore di zinco. **6.** ~ cherry red (steel temperature 730°C) (*metall.*), rosso ciliegia basso. **7.** ~ "fuel mileage" (as of aut.), forte consumo "chilometrico" di combustibile. **8.** ~ gear (of an aut. transmission), ingranaggio della prima (velocità), ingranaggio lento. **9.** ~ key (of a picture) (*a. - phot.*), scuro, senza contrasto. **10.** ~ "oil mileage" (of aut.), forte consumo "chilometrico" di olio. **11.** ~ point control (*elect. device*), regolatore di minima. **12.** ~ pressure (*gen.*), bassa pressione. **13.** ~ speed (of an aut. transmission) (*aut.*), marcia bassa. **14.** ~ tension (*elect.*), bassa tensione. **15.** ~ tide (*sea*), bassa marea. **16.** ~ voltage (below the required nominal voltage) (*elect.*), tensione al di sotto del normale, tensione bassa. **17.** ~ voltage (safe for domestic use) (*elect.*), bassa tensione.

low-definition (as of a TV having few scanning lines) (*a. - telev. - opt.*), a bassa definizione.

lower (*a. - gen.*), inferiore, più basso. **2.** ~ boom (a spar projecting from the sides of a ship when at anchor in harbour for mooring visitors' boats) (*naut.*), asta di posta. **3.** ~ case (containing small letters) (*typ.*), bassa cassa, cassa per lettere minuscole. **4.** ~ foremast (*naut.*), tronco maggiore di trinchetto. **5.** ~ fore-topsail (*naut.*), basso parrocchetto. **6.** ~ letters (small letters) (*typ.*), lettere minuscole. **7.** ~ limit (of a function) (*math.*), limite inferiore. **8.** ~ mainmast (*naut.*), tronco maggiore di maestra. **9.** ~ mast (*naut.*), tronco maggiore. **10.** ~ mizzen mast (*naut.*), tronco maggiore di mezzana.

lower (to), abbassare, calare. **2.** ~ (to let down) (*naut.*), ammainare. **3.** ~ a load (*ind.*), calare un carico. **4.** ~ the power factor (*elect.*), abbassare il fattore di potenza. **5.** ~ the record (*sport*), abbassare il record.

lowerable (sinkable, as of a window) (*aut. - etc.*), abbassabile.

lowercase (not capital) (*a. - typ.*), minuscolo. **2.** ~ letter (*typ.*), lettera minuscola.

lowercase (to) (to change to small letters) (*typ.*), rendere minuscolo.
lowered (*gen.*), abbassato, calato. **2.** ~ (as a load) (*naut. - etc.*), calato, abbassato. **3.** ~ (let down, landing gear) (*aer.*), abbassato.
lowering (*gen.*), abbassamento.
lowest common multiple (*math.*), minimo comune multiplo.
lowest terms (of a fraction) (*math.*), minimi termini.
low-expansion (*a. - metall.*), a basso coefficiente di dilatazione.
low-frequency (*a. - elect.*), a bassa frequenza.
low-grade (inferior quality) (*a. - gen.*), di qualità inferiore, di bassa qualità.
low-key (of a picture with little contrast and dark tones) (*a. - phot.*) di tonalità scura e poco contrasto.
lowland (*geogr.*), bassopiano.
low-level (*a. - gen.*), a basso livello, di basso livello.
low-loss (*a. - elect.*), a debole perdita.
low-low (of a gear) (*a. - mech.*), a bassissimo rapporto. **2.** ~ (low-low gear: in use on trucks for affording steep grades) (*n. - aut.*), prima ridotta, primino.
low-melting (*chem.*), bassofondente, a basso punto di fusione.
low-pass filter (*elics.*), filtro passa-basso.
low-pressure (*a. - phys.*), a bassa pressione. **2.** ~ fuel filter (in a jet engine fuel system), filtro del combustibile a bassa pressione.
low-priority (*a. - comp.*), a bassa priorità.
low-rise building (house not more than two stories high and without elevators) (*a. - bldg.*), casa a 1 ÷ 2 piani senza ascensori.
low-temperature (*a. - therm.*), a bassa temperatura, relativo alle basse temperature.
low-tension (*a. - elect.*), a (o di) bassa tensione.
low-wing (*a. - aer.*), ad ala bassa. **2.** ~ airplane (*aer.*), aeroplano ad ala bassa.
lox (liquid oxygen) (*rckt. fuel*), ossigeno liquido.
loxing (filling a rocket with liquid oxygen) (*astric.*), rifornimento di ossigeno liquido.
loxodrome (*aer. - naut.*), lossodromia.
loxodromic (*a.*), lossodromico. **2.** ~ airway map (*air navig.*), carta aeronautica lossodromica.
loz (liquid ozone) (*rckt. - astric.*), ozono liquido.
lozenge (*geom.*), losanga, rombo. **2.** ~ (ornament) (*arch.*), losanga.
"LP" (lap!) (*mech. draw.*), lappare. **2.** ~ (low play: as in a two speed "VTR") (*audiovisuals*), bassa velocità. **3.** ~ (Linear Programming) (*organ.*), programmazione lineare. **4.** ~ (low-pass: filter) (*elics.*), passa-basso. **5.** ~ (low pressure) (*gen.*), bassa pressione. **6.** ~ (*record*), *see* long-playing. **7.** ~, *see also* landplane.
"LPD" (light petroleum distillate) (*chem. ind. - etc.*), distillato leggero di petrolio.
"LPE" (Liquid Penetrant Examination) (*metall.*), esame con liquidi penetranti.
"LPG" (liquid petroleum gas) (*fuel*), gas liquido di petrolio, GLP.
"lp gas", *see* "LPG".
"LPM" (Lines Per Minute) (*gen.*), linee al minuto.
"LPW" (lumens per watt) (*illum.*), lumens per watt.
"LR" (Lloyd's Register) (*naut.*), Lloyd's Register. **2.** ~ (long range) (*gen.*), grande raggio, grande distanza.
"LRBM" (long range ballistic missile) (*milit.*), missile a lunga gittata.
"lrg", *see* large.
"LRI" (left-right indicator) (*aut.*), indicatore di direzione.
"LRP" (long range planning) (*organ.*), programmazione a lungo periodo.
"LRR" (long range radar) (*navig.*), radar di lunga portata.
"LS" (limit switch, on a wiring diagram) (*elect.*), interruttore di fine corsa, fine corsa. **2.** ~ (loudspeaker) (*electroacous.*), altoparlante. **3.** ~ (low speed) (*gen.*), bassa velocità. **4.** ~ (leading shoe: of a brake) (*aut.*), ganascia avvolgente. **5.** ~ (left side) (*gen.*), lato sinistro. **6.** ~ (locus sigilli, as on a certificate) (*law*), posto del sigillo, posizione del sigillo. **7.** ~, *see also* longitudinal section.
"LSB" (Least Significant Bit) (*comp.*), bit meno significativo.
"LSD" (Least Significant Digit) (*comp.*), cifra meno significativa.
"LSI" (Large-Scale Integration: from 100 to about 10.000 gates per chip) (*elics.*), integrazione monolitica su larga scala.
"LSI" circuit (large scale integrated circuit) (*elics.*), circuito LSI.
"LSS" (lap shear strength, of adhesives) (*chem. technol.*), resistenza allo scorrimento di elementi sovrapposti.
"LST" (local sidereal time) (*astr.*), ora siderale locale. **2.** ~ (landing ship, tank) (*milit.*), battello da sbarco per carri armati. **3.** ~ (local standard time) (*geogr. - navig.*), tempo locale standard.
"LT" (*meas.*), *see* long ton. **2.** ~ (low tension) (*elect.*), bassa tensione. **3.** ~ (local time) (*geogr. - navig.*), tempo locale.
"lt" (lieutenant) (*officer - milit.*), tenente. **2.** ~ (light) (*illum.*), luce.
"LTA", *see* lighter-than-air.
"Ltd", **"ltd"** (limited, company) (*comm. law*), a responsabilità limitata.
"LTE" (local thermodynamic equilibrium, as of a plasma) (*phys.*), ETL, equilibrio termodinamico locale.
"ltg", *see* lightning.
"ltge" (*naut.*), *see* lighterage.
"LTG H" (lightening hole) (*aer. constr. - etc.*), foro di alleggerimento.
"ltng arr" (*elect.*), *see* lightning arrester.
"ltr", *see* luter, letter, lighter.
Lu (lutetium) (*chem.*), lutezio.
"lu", *see* lumen.

lub (lubricant) (*mech.*), lubrificante. **2.** ~ (lubrication) (*mech.*), lubrificazione.

lubber's hole (of the top) (*naut.*), buco del gatto, passo del gatto.

lubber's line, lubber line, lubber's point (across a compass or directional gyro) (*aer. - naut.*), linea di riferimento, linea di fede (allineata con l'asse longitudinale del velivolo o della nave).

lube (*lubricant*), lubrificante. **2.** ~ (lubricating oil) (*gen.*), olio lubrificante. **3.** ~ oil (mineral oil) (*mech.*), olio minerale lubrificante.

lubricant (*n.*), lubricante. **2.** solid ~ (as graphite or molybdenum disulphide, owing to their crystal structure) (*mech.*), lubrificante solido.

lubricate (to) (*mech.*), lubrificare, ingrassare.

lubricating (*a.*), lubrificante. **2.** ~ grease (*mech.*), grasso lubrificante. **3.** ~ property (*phys.*), potere lubrificante. **4.** ~ quality (*phys.*), potere lubrificante.

lubrication, lubrificazione. **2.** boundary ~ (when the oil film breaks) (*mech.*), lubrificazione in velo sottile, lubrificazione limite, lubrificazione semisecca, lubrificazione untuosa. **3.** forced ~ (*mot.*), lubrificazione forzata. **4.** force-feed ~ (*mot.*), lubrificazione forzata. **5.** hydrodynamic ~ (when the surfaces are completely separated by the oil film) (*mech.*), lubrificazione idrodinamica, lubrificazione in velo spesso, lubrificazione viscosa, lubrificazione fluente. **6.** loop ~ (*mech.*), lubrificazione a circuito chiuso. **7.** pressure ~ (*mot.*), lubrificazione forzata. **8.** quick ~ (as in a slotting type gear cutting mach.) (*mech.*), lubrificazione ad iniezione. **9.** ring ~ (*mech.*), lubrificazione ad anello. **10.** splash ~ (*mech.*), lubrificazione a sbattimento. **11.** total loss ~ (as in a mtc.) (*mech.*), lubrificazione a perdita totale. **12.** unproper ~ (*mech.*), lubrificazione inadatta. **13.** waste ~, *see* wick oiling. **14.** wet-sump ~ (*mot.*), lubrificazione forzata con coppa serbatoio.

lubricator (of mach.) (*mech.*), oliatore, ingrassatore. **2.** drip-feed ~ (*mech.*), oliatore a gocce. **3.** "Stauffer" ~ (of mach.) (*mech.*), ingrassatore "Stauffer".

lubricity (of oil) (*chem.*), proprietà lubrificante.

lucarne, *see* dormer window.

lucid (*a.*), lucido.

Lucifer (*astr.*), Venere. **2.** ~ match (friction match) (*ind.*), fiammifero a strofinamento.

Lucite (polymethyl methacrylate) (*ind. chem.*), resina sintetica trasparente.

luff (of a ship: sailing closer to the wind) (*navig.*), orzata. **2.** ~ (ship side) (rare) (*naut.*), lato sopravento. **3.** ~ (forward leech of a fore-and-aft sail) (*naut.*), caduta prodiera. **4.** ~ tackle (*naut.*), paranco di coperta, paranco volante.

luff (to) (*navig.*), orzare. **2.** ~ (as the jib of a crane) (*mech.*), alzare o abbassare (il braccio di una gru).

lug (as of a forged piece) (*mech.*), aggetto. **2.** ~ (fin: as of an aviation engine cylinder) (*mech.*), aletta. **3.** ~ (projecting part for support) (*mech.*), sporgenza di (o per) appoggio (o supporto). **4.** ~ (connection for mtc. frame tubes) (*mech.*), pipa. **5.** ~ (brass fitting soldered to a wire or cable end) (*elect.*), capocorda. **6.** ~ (of a flask) (*found.*), orecchione, orecchia. **7.** ~ (at the high part of an acc. plate: for conveying current) (*mech.*), bandiera. **8.** ~ (effort, as of an engine when overloaded) (*mot. - etc.*), sforzo. **9.** ~ (cleat applied on the wheel for increasing traction) (*tractor impl.*), rampone. **10.** ~, *see* lugsail. **11.** ~ bolt (a bolt with a flat portion to enable it to be bent into a U shape) (*mech.*), bullone a staffa. **12.** ~ bolt (hook bolt) (*mech. - bldg.*), chiavarda a becco. **13.** ~ foresail (foresail with no boom) (*naut.*), vela di trinchetto senza boma. **14.** spade ~ (electric wire terminal) (*mech. - elect.*), capocorda a forcella.

lug (to) (to move by jerks) (*gen.*), muoversi a scatti. **2.** ~ (to move with effort) (*gen.*), muoversi con sforzo, muoversi con difficoltà. **3.** ~ (to pull with effort) (*gen.*), tirare con sforzo.

luggage (Brit.), bagaglio. **2.** ~ carrier (of aut. or mtc.) (Brit.), portabagaglio. **3.** ~ compartment (*aut.*), bagagliera, vano bagagli. **4.** ~ locker (*bldg.*) (Brit.), ripostiglio per bauli. **5.** ~ rack (as of aut.) (Brit.), portabagaglio. **6.** ~ rail (as of aut.) (Brit.), portabagaglio. **7.** ~ van (*railw.*) (Brit.), bagagliaio.

lugger (*naut.*), trabaccolo, imbarcazione armata con due vele al quarto.

lugsail (*naut.*), vela al quarto (o al terzo).

"LUHF" (lowest useful high frequency) (*radio*), minima alta frequenza utilizzabile.

lukewarm (tepid) (*gen.*), tiepido.

lull (as of the wind) (*gen.*), sosta, tregua. **2.** ~ (of the sea), bonaccia. **3.** ~ (*milit.*), tregua.

lum (a chimney) (*bldg. - etc.*) (dialect), camino.

lumber (timber) (Brit.) (*wood*) (Am.), legname. **2.** ~ (*bldg.*), legname da costruzione. **3.** asbestos ~ (*bldg.*), fibrocemento, Eternit.

lumen (*illum. phys. unit*), lumen, unità di flusso luminoso.

lumen-hour (*illum. phys. unit*), lumenora, unità di quantità di luce.

luminaire (electric light fitting) (*illum.*), apparecchiatura per illuminazione.

luminance (brightness) (*opt. - illum.*), luminanza, brillanza. **2.** ~ difference threshold (*illum.*), soglia differenziale di luminanza. **3.** ~ factor (*illum.*), fattore di luminanza.

luminesce (to) (as a video display: due to phosphors) (*telev. - comp.*), essere luminescente.

luminescence (not ascribable to thermal effect but to chem. or elect. action) (*phys.*), luminescenza.

luminescent (*a. - gen.*), luminescente. **2.** ~ pointer (*instr.*), indice luminescente.

luminometer, *see* illuminometer.

luminophor (luminescent substance) (*phys.*), luminoforo. **2.** ~, *see also* phosphor.

luminoscope (used in the search for rare metals in the

ground) (*min. instr.*), apparato per la ricerca dei metalli rari nel terreno.

luminosity (*illum. phys.*), luminosità. **2.** (*astrophys.*), luminosità. **3.** ~ factor (of a monochromatic radiation) (*illum.*), coefficiente di visibilità. **4.** relative ~ factor (of a monochromatic radiation) (*illum.*), coefficiente di visibilità relativa, fattore di visibilità relativa.

luminous, luminoso. **2.** ~ beam (*illum. phys.*), fascio luminoso. **3.** ~ efficiency (of a source) (*illum.*), coefficiente di efficienza luminosa. **4.** ~ efficiency (percentage of ~ flux to the total radiant flux expressed in lumens/watt) (*illum.*), rendimento luminoso. **5.** ~ emittance (*illum.*), emettenza luminosa. **6.** ~ energy (*illum.*), energia luminosa. **7.** ~ flux (*illum.*), flusso luminoso. **8.** ~ hand (as of a watch) (*instr.*), lancetta luminescente, indice luminescente. **9.** ~ intensity (*illum.*), intensità luminosa. **10.** ~ paint (*paint.*), vernice luminescente. **11.** ~ paper (*paper mfg.*), carta fosforescente.

lump (protuberance), protuberanza. **2.** ~ (nonunion workers) (Brit.) (*work.*), operai non iscritti ad alcun sindacato. **3.** ~ (as of cotton) (*text. ind.*), bioccolo. **4.** ~ (piece of cloth longer than usual) (*text. ind.*), pezza di tessuto più lunga del solito. **5.** ~ (mass of irregular form), pezzo di forma irregolare. **6.** ~ (of ore) (*min.*), mucchio. **7.** ~ (solid bar, as of steel) (*metall.*), massello. **8.** lumps (defect of paper) (*paper mfg.*), nodi (di pasta). **9.** ~ sum (*comm.*), somma forfettaria, "forfait". **10.** in the ~ (by bulk, for a fixed amount) (*comm. - finan.*), a forfait, forfettario.

lump (to) (to unite into a mass without any distinction) (*gen.*), ammucchiare. **2.** ~ (to load) (*gen.*), caricare.

lumper (a laborer that loads and unloads ships) (*work.*), scaricatore di porto.

lumpy (as of a road) (*a.*), dissestato, a superficie accidentata, cattivo.

lunar (*a. - astr.*), lunare. **2.** ~ (pertaining to silver), relativo all'argento. **3.** ~ caustic (*pharm. chem.*), nitrato d'argento fuso in bacchette, pietra infernale. **4.** ~ crater (*astr.*), cratere lunare. **5.** ~ excursion module (LEM spacecraft) (*astric.*), modulo lunare. **6.** ~ module (of a spacecraft) (*astric.*), modulo lunare. **7.** ~ probe (*astric. - rckt.*), sonda lunare. **8.** ~ rocks (*astric.*), pietre lunari. **9.** ~ satellite (*astric.*), satellite lunare.

lunarnaut (*astric.*), astronauta lunare.

lunation (*astr.*), lunazione.

lune (crescent-shaped figure) (*geom.*), lunula.

lunette, lunet (*arch.*), lunetta. **2.** ~ (of a fieldpiece carriage) (*ordnance*), occhione. **3.** ~ (of a fortification) (*milit.*), lunetta.

lunettes, *see* spectacles.

lunicentric (*astr.*), lunicentrico.

lunisolar (referring to the mutual influences of sun and moon) (*astr.*), lunisolare.

lurch (*naut.*), rollata improvvisa.

lurch (to) (*naut.*), rollare repentinamente, sbandare.

luster (*a. - gen.*), *see* lustre.

lusterless, lustreless (as of a color: without gloss) (*a. - gen.*), opaco.

lustre (of mineral) (*min.*), splendore. **2.** ~ (as of wool) (*text. ind.*), lucentezza, lucido. **3.** ~ (as of a paint) (*gen.*), lucentezza, brillantezza. **4.** full ~ (as of wool) (*text. ind.*), lucido pieno.

lustring (silk fabric) (*text. ind.*), lustrino. **2.** ~ machine (*text. ind.*), macchina per lucidatura.

lute (as for levelling a form of poured concrete) (*mas.*), rasiera. **2.** ~ (coating for porous surfaces) (*ceramics - found. - etc.*), luto.

lute (to) (*mas.*), lutare. **2.** ~ (to seal the tapping hole of a furnace with clay) (*found.*), tamponare.

lutecium (Lu - *chem.*), lutezio.

lutetium, *see* lutecium.

lutheran window, *see* dormer window.

luthern (*bldg.*), finestra di abbaino.

lux (*illum. phys. unit*), lux, unità di illuminazione.

luxmeter (*illum. instr.*) (Brit.), luxmetro.

luxury (*gen.*), lusso. **2.** ~ car (*aut.*), vettura di lusso.

"LV" (low voltage) (*elect.*), bassa tensione.

"LW" (landing weight) (*aer.*), peso all'atterraggio, peso al momento dell'atterraggio. **2.** ~ (long wave) (*radio*), onda lunga. **3.** ~ (left wing) (*aer.*), semiala sinistra.

Lw (lawrencium) (*chem.*), laurenzio.

"LWL" (load water line) (*naut.*), linea di galleggiamento a pieno carico normale.

"LWP" (load water plane) (*naut.*), piano di galleggiamento a pieno carico normale.

lyddite (*expl.*), liddite.

lye (*ind. chem.*), soluzione alcalina. **2.** ~ (as for washing, soapmaking etc.), liscivia. **3.** spent ~ (tail liquor) (*soap ind.*), sottoliscivia.

lying (in horizontal position) (*gen.*), giacente. **2.** ~ (situated) (*gen.*), situato. **3.** ~ (treatment with lye) (*ind.*), lisciviazione. **4.** ~ press (*print.*), pressa da legatore. **5.** ~ to (*naut.*), cappa.

lyle-gun, *see* line-throwing gun.

lyolysis (the formation of a base and an acid from a salt by reciprocal action with the solvent) (*chem.*) (Brit.), liolisi.

lyophile, lyophilic, lyophil (relating to the affinity between a colloid and the liquid in which it is suspended) (*a. - chem.*), liofilo.

lyophilization (*ind. proc.*), liofilizzazione.

M

"M" (mill!) (*mech. draw.*), fresare! **2.** ~ (to move, as the work) (*time study*), trasportare, spostare. **3.** ~ (mega–, prefix: 10^6) (*meas.*), M, mega–.

"m" (mist, Beaufort letter) (*meteorol.*), bruma. **2.** ~ (milli–, prefix = 10^{-3}) (*meas.*), m, milli. **3.** ~, *see* mach, magnetic, mail, male, maritime, mark, marker, mass, master, maxwell, mechanical, metal, meter, mill, mine, moment, monoplane, motor, mud.

"ma" (milliampere) (*elect. meas.*), mA, milliampere.

"mA" (milliangstrom) (*opt. meas.*), milliangstrom.

"MAA" (maximum authorized IFR altitude) (*aer.*), quota massima consentita (dalle norme per la navigazione strumentale).

"MAC" (multiple–access computer) (*comp.*), calcolatore ad accesso multiplo.

"mac" (macadam) (*bldg.*), macadam.

macadam (crushed stone used in road construction) (*n. - road*), macadam. **2.** ~ (macadamized road) (*road*), strada in macadam. **3.** bitumen ~ (*road*), macadam al bitume. **4.** cement–bound ~ (*road*), macadam cementato. **5.** water–bound ~ (*road*), macadam con legante idraulico.

macadamize (to) (*road*), macadamizzare, pavimentare a macadam.

macerate (to) (*ind.*), macerare.

maceration (*ind.*), macerazione. **2.** ~ (as of vegetable fibers) (*ind.*), macero.

Mach (Mach number) (*aerodyn.*), numero di Mach. **2.** ~ angle (*aerodyn.*), angolo di Mach. **3.** ~ cone (*aerodyn.*), cono di Mach, onda di Mach, conoide di Mach. **4.** ~ number (*aerodyn.*), numero di Mach. **5.** ~ stem (Mach front: of a shock wave) (*aerodyn.*), fronte d'urto. **6.** critical ~ number (the Mach number at which an aeroplane becomes uncontrollable) (*aer.*), numero di Mach critico, numero di Mach limite. **7.** flight ~ number (referred to the speed of an aircraft) (*aer.*), numero di Mach di volo.

machicolation (opening: as in ancient towers for throwing down missiles) (*arch.*), piombatoio, caditoia.

machinability (*mech. technol. - mach. t. w.*), lavorabilità alla macchina utensile.

machinable (*a. - mech.*), lavorabile alla macchina.

machine (*mach.*), macchina. **2.** ~ (mech. device made of solid bodies [sometimes power driven] apt to perform material work) (*mech.*), macchina. **3.** ~ (any device performing mathematical operations by elect., elics. or mech. means) (*comp.*), macchina. **4.** ~ auger (for a power drill) (*joint. t.*), punta per trapano meccanico. **5.** ~ bed (as of a mach. t.) (*mech.*), basamento della macchina. **6.** ~ broke (mill broke: refuse paper produced during paper manufacturing) (*paper mfg.*), scarto di fabbricazione, fogliacci. **7.** ~ calender (*paper mfg.*), calandra meccanica. **8.** ~ chest (stuff chest, cylindrical tank for storing and mixing stuff with water) (*paper mfg.*), tino di macchina, tino di alimentazione. **9.** ~ direction (long direction, of paper fibers) (*paper mfg.*), direzione di macchina. **10.** ~ downtime (*ind. - etc.*), tempo di macchina ferma. **11.** ~ finish, "MF" (*paper mfg.*), lisciatura di macchina. **12.** ~ gun (*firearm*), mitragliatrice. **13.** ~ language (*comp.*), linguaggio (di) macchina. **14.** ~ load (work being done on a mach. t. of a line, referred to time) (*mach. t.*), carico macchina. **15.** ~ made (*ind.*), fatto a macchina. **16.** ~ member (*mach.*), organo di macchina. **17.** ~ paper (made on a paper machine, in contrast with handmade paper) (*paper mfg.*), carta (a) macchina, carta continua. **18.** ~ processable, ~ processible (suitable to be processed by comp.) (*comp.*), elaborabile da macchina. **19.** ~ steel (0,25% C) (*metall.*), acciaio semiduro per costruzioni meccaniche. **20.** ~ tender (foreman of a paper machine) (*paper mfg. work.*), capomacchina. **21.** ~ tool (*ind.*), macchina utensile. **22.** ~ vice (*mach. t.*), morsa di macchina utensile. **23.** ~ wire (wire cloth: wire tissue or web of a paper machine) (*paper mfg.*), tela metallica. **24.** ~ word, *see* computer word. **25.** ~ work (*ind.*), lavorazione a macchina. **26.** accounting ~ (*off. mach.*), macchina contabile. **27.** adding ~ (*off. mach.*), (macchina) addizionatrice. **28.** air–injection ~ (air–operated die–casting mach.) (*found.*), macchina ad aria compressa per pressofusione. **29.** aluminum die–casting ~ (*found. mach.*), macchina per fusioni sotto pressione di alluminio. **30.** arc–welding ~ (*mech.*), saldatrice ad arco. **31.** asphalting ~ (asphalt–surfacing machine, tar–finisher) (*road constr. mach.*), asfaltatrice. **32.** automatic relieving ~ (*mach. t.*), macchina automatica per spogliare. **33.** automatic screw ~ (*mach. t.*), tornio automatico per bulloneria. **34.** automatic spraying ~ (automatic paint spraying machine) (*paint. mach.*), verniciatrice automatica a spruzzo. **35.** bagfilling ~ (*ind. mach.*), insacchettatrice. **36.** balancing ~ (*mach. t.*), equilibratrice, bilanciatrice. **37.** banding ~ (*bookbinding mach.*), fascettatrice, macchina per applicare fascette. **38.** beating ~ (as for wool fabric) (*text. mach.*), battitrice, macchina per fissaggio. **39.** bench drilling ~ (*mach. t.*), trapanatrice da banco, trapano da banco. **40.** bench shaping ~ (*mach. t.*), limatrice da banco. **41.** beveling ~ (*mach.*), smussatrice, bisellatrice. **42.** beveling ~ (*bookbinding - etc. - mach.*), macchina smussaangoli. **43.** billing ~ (biller) (*adm. - mach.*), fatturatrice, macchina per fatture. **44.** binding ~ (*bookbinding mach.*), legatrice, macchina legatrice. **45.** block making ~ (*mas. mach.*), blocchiera. **46.** boiling and crabbing ~ (for fabric) (*text. mach.*), macchina per riscaldare (il tessuto) e fissare (il filato). **47.** bolt threading ~ (*mach. t.*), filettatrice per bulloneria. **48.** book back rounding ~ (*bookbinding mach.*), macchina piegadorsi. **49.** bookkeeping ~ (*off. mach.*), macchina contabile. **50.** boring ~ (*mach. t.*), alesatrice. **51.** bottle washing ~ (*mach.*), macchina lavabottiglie, lavabottiglie. **52.** bottling ~ (bottler) (*mach.*), imbottigliatrice, macchina per imbottigliare. **53.** brickmolding ~ (*bldg. mach.*), mattoniera, macchina per la fabbricazione dei mattoni. **54.** broaching ~ (*mach. t.*), brocciatrice. **55.** bronzing ~ (*print. mach.*), bronzatrice. **56.** brush dewing ~ (for wool fabric) (*text. mach.*), macchina vaporizzatrice e spazzolatrice. **57.** brushing ~ (*mach.*), spazzolatrice. **58.** brushmaking ~ (*ind. mach.*), macchina per fabbricare spazzole. **59.** burring ~ (for wool) (*text. ind.*), macchina per eliminare le lappole, slappolatrice. **60.** business ~ (as elect. typewriter, elect. calculating mach.: computers excluded) (*off. mach.*), macchine da ufficio. **61.** calculating ~ (*mach.*), (macchina) calcolatrice. **62.** calculating ~ (*mach.*), *see also* computer. **63.** cam milling ~ (*mach. t.*), fresatrice per eccentrici. **64.** camshaft grinding ~ (*mach. t.*), rettificatrice per alberi a camme, rettificatrice per eccentrici dell'albero della distribuzione. **65.** card sliver lapping ~ (of wool) (*text. mach.*), riunitrice per nastri di carda. **66.** casting ~ (as by pressure, centrifugal force, etc.) (*found. mach.*), macchina per colare. **67.** cellophaning ~ (cellophaner) (*packing mach.*), cellofanatrice. **68.** centerless grinding ~ (*mach. t.*), rettificatrice senza centri. **69.** centrifugal casting ~ (*found. mach.*), macchina per getti centrifugati. **70.** centrifugal drying ~ (*text. ind.*), idroestrattore centrifugo. **71.** circular combing ~ (for wool) (*text. mach.*), pettinatrice circolare. **72.** coating ~ (for rubber on text.) (*chem. ind. mach.*), spalmatrice. **73.** combined stress fatigue testing ~ (*constr. theor. mach.*), macchina per prove a sollecitazioni combinate di fatica. **74.** compression testing ~ (*mach.*), macchina per provare la resistenza alla compressione. **75.** conditioning ~ (for cloths) (*text. ind.*), macchina condizionatrice. **76.** core blowing ~ (*found. mach.*), soffiatrice per anime, macchina per soffiare anime, (macchina) sparaanime. **77.** core molding ~ (*found. mach.*), formatrice per anime, macchina per la formatura delle anime. **78.** crown-capping ~ (for bottles) (*ind. mach.*), macchina per l'applicazione di tappi a corona. **79.** cutting and loading ~ (*min. mach.*), sottoescavatrice-caricatrice. **80.** cutting ~ (*min. mach.*), sottoescavatrice, intagliatrice. **81.** cutting-off ~ (*mach. t.*), troncatrice. **82.** cylinder ~ (cylinder mould, mould machine, vat machine) (*papermaking mach.*), macchina in tondo. **83.** data processing ~ (as a comp., a card reader etc.) (*comp.*), macchina elaboratrice dati. **84.** dictating ~ (*off. mach.*), macchina per dettatura. **85.** die-casting ~ (*found. mach.*), macchina per pressofusione. **86.** die-cutting ~ (*mach. t.*), macchina per lavorazione stampi. **87.** dishwashing ~ (*domestic app.*), (macchina) lavastoviglie, (macchina) lavapiatti. **88.** double cone spring tying ~ (*mach.*), macchina per legatura molle biconiche. **89.** double surface microflat ~ (*mach. t.*), levigatrice (o microfinitrice) a dischi contrapposti. **90.** doubling, measuring and balling ~ (for fabric) (*text. mach.*), macchina per addoppiare, misurare ed arrotolare (le pezze). **91.** dovetailing ~ (*wood mach. t.*), macchina per incastri a coda di rondine. **92.** drilling ~ (*mach. t.*), trapano, trapanatrice. **93.** drip-proof ~ (*elect. mach.*), macchina protetta contro lo stillicidio. **94.** duct-ventilated ~ (pipe-ventilated machine) (*elect. mach.*), macchina a condotti di ventilazione, macchina con bocche di ventilazione. **95.** duplicating ~ (*mach. t.*), macchina per copiare. **96.** dynamic balancing ~ (*mach. t.*), equilibratrice dinamica, macchina per l'equilibratura dinamica. **97.** electric accounting ~, "EAM" (almost entirely electromechanical and obsolete mach.) (*calc. mach.*), macchina contabile elettromeccanica, calcolatrice elettromeccanica. **98.** electrical ~ (*elect. mach.*), macchina elettrica. **99.** electric tool-tipping ~ (*welding mach.*) (Brit.), saldatrice elettrica di placchette per utensili. **100.** electric washing ~ (*domestic app.*), lavatrice elettrica, lavabiancheria. **101.** electronically-controlled milling ~ (*mach. t.*), fresatrice a comando elettronico. **102.** fatigue-testing ~ (for testing materials), macchina per prove di fatica. **103.** felting ~ (*mach.*), feltratrice. **104.** flame-hardening ~ (heat-treating app.) (*metall.*), macchina per flammatura. **105.** flat-bed ~ (flat-bed press) (*print. mach.*), macchina piana. **106.** flattening ~ (for metal plates) (*mach.*), macchina per spianatura (lamiere), spianatrice. **107.** flexible shaft ~ (as for burring, filing, grinding, polishing, wire brushing etc.) (*shop mach.*), motore con albero flessibile. **108.** forced-draught ~ (*elect. mach.*), macchina a ventilazione forzata. **109.** forming ~ (*mach. t.*), profilatrice. **110.** forming ~ (former) (*mach.*), foggiatrice. **111.** franking ~ (*mail* *mach.*), affrancatrice. **112.** fret-sawing ~ (*mach.*), traforatrice, sega da traforo alternativa. **113.** frictional ~ (electrostatic generator) (*electromech.*) (Brit.), macchina elettrostatica. **114.** fringing ~ (for paper) (*paper ind. mach.*), frangiatrice. **115.** gaining ~ (*carp. - mach. t.*), mortasatrice, mortasa. **116.** garnetting ~ (garnetter) (*text. ind.*), sfilacciatrice, garnettatrice, "garnett". **117.** gas-operated ~ gun (*milit.*), mitragliatrice a sottrazione di gas. **118.** gear-chamfering ~ (*mach. t.*), spuntatrice di ingranaggi. **119.** gear-cutting ~ (*mach. t.*), fresatrice per ingranaggi, dentatrice. **120.** gear-quenching ~ (*shop mach.*), macchina per temprare ingranaggi. **121.** glazing ~ (glazer) (*phot.*), macchina smaltatrice, macchina per ottenere il lucido brillante. **122.** granulating ~ (*print. mach.*), granitoio. **123.** grinding ~ (*mach. t.*), rettificatrice. **124.** grinding ~ (as for rags) (*text. mach.*), sfilacciatrice. **125.** gumming ~ (as for boxboards) (*mach.*), gommatrice. **126.** gun-rifling ~ (*mach. t.*), macchina per rigare canne di armi da fuoco. **127.** hackling ~ (*text. mach.*), scapecchiatrice. **128.** hand-operated milling and drilling ~ (as for horology work) (*mach. t.*), fresatrice-trapanatrice a mano. **129.** headband ~ (*bookbinding mach.*), macchina per capitelli. **130.** hobbing ~ (*mach. t.*), dentatrice a creatore. **131.** horizontal (and vertical) broaching ~ (*mach. t.*), brocciatrice orizzontale (e verticale). **132.** horizontal boring and milling ~ (*mach. t.*), alesatrice-fresatrice orizzontale. **133.** horizontal boring ~ (*mach. t.*), alesatrice orizzontale. **134.** horizontal planing ~ (*mach. t.*), piallatrice orizzontale. **135.** horizontal shaping ~ (*mach. t.*), limatrice orizzontale. **136.** hoseproof ~ (*elect. mach.*), macchina protetta contro i getti di acqua. **137.** hydraulic hobbing ~ (*mach. t.*), dentatrice idraulica a creatore. **138.** hydrocopying ~ (*mach. t.*), macchina per copiare idraulica, macchina per riprodurre idraulica. **139.** index cutting and printing ~ (*print. mach.*), macchina rubricatrice-intagliatrice. **140.** induction ~ (electrostatic generator) (*electromech.*) (Brit.), macchina elettrostatica, macchina a c.a. ad induzione. **141.** influence ~ (electrostatic generator) (*electromech.*) (Brit.), macchina elettrostatica. **142.** inserted blade cutter grinding ~ (*mach. t.*), affilatrice per frese a lame riportate. **143.** ironing ~ (*domestic app.*), stiratrice. **144.** jarring ~ (molding mach.) (*found. mach.*), formatrice a scossa. **145.** jolt molding ~ (*found. mach.*), formatrice a scossa. **146.** jolt pin lift molding ~ (*found. mach.*), formatrice a scossa a candele. **147.** jolt rollover pattern-draw ~ (*found. mach.*), formatrice a scossa con sformatura per ribaltamento. **148.** jolt squeeze ~ (*found. mach.*), formatrice a scossa e pressione. **149.** jolt squeeze pinlift ~ (*found. mach.*), formatrice a scossa e pressione con sformatura a candele. **150.** keyseating drilling ~ (*mach. t.*), trapanatrice per sedi di chiavette. **151.** knitting ~ (*text. ind.*), macchina da maglieria. **152.** labelling ~ (*mach.*), etichettatrice. **153.** laying ~ (*mach. for cables*), macchina per commettitura, commettitrice. **154.** Lister combing ~ (circular combing mach.) (*text. mach.*), pettinatrice (circolare) Lister. **155.** measuring ~ (*mach.*), banco micrometrico, banco metrologico. **156.** measuring ~ (for fabric pieces) (*text. mach.*), macchina per misurare (le pezze). **157.** mercerizing ~ (*text. mach.*), macchina per mercerizzare. **158.** milling ~ (*mach. t.*), fresatrice. **159.** milling ~ (*text. ind.*), macchina per la feltratura. **160.** molding ~ (*wood mach.*), modanatrice. **161.** molding ~ (*found. mach.*), macchina per formare, formatrice. **162.** mortising ~ (*mach. t.*), mortasatrice. **163.** mould ~ (*paper mfg. mach.*), *see* cylinder machine. **164.** multiple-spindle drilling ~ (*mach. t.*), trapanatrice a mandrini multipli. **165.** multiple-spindle vertical boring ~ (*mach. t.*), alesatrice verticale a più mandrini. **166.** multivat ~ (*paper mfg. mach.*), macchina in tondo a più tamburi. **167.** napping ~ (*text. mach.*), ratinatrice. **168.** numbering ~ (*off. mach.*), numeratrice. **169.** numerically controlled ~ tool (NC machine tool) (*n. c. mach. t.*), macchina utensile a comando numerico. **170.** nut-tapping ~ (*mach. t.*), filettatrice per dadi. **171.** open ~ (*elect. mach.*), macchina aperta. **172.** overwrapping ~ (overwrapper) (*packing mach.*), sovraincartatrice. **173.** painting ~ (*mach.*), verniciatrice. **174.** parcelling ~ (parceller) (*packing mach.*), impaccatrice. **175.** pattern-draw ~ (*found. mach.*), sformatrice. **176.** pattern-draw molding ~ (*found.*), formatrice ad estrazione modello, formatrice e sformatrice. **177.** pfleidering ~ (pfleiderer: cellulose shredder) (*rayon mfg.*), (macchina) spezzettatrice. **178.** photo-composing ~ (*photomech.*), macchina per fotocomposizione, ripetitore, macchina ripetitrice. **179.** photoengraving ~ (*photomech. mach.*), macchina per fotoincisioni. **180.** picking ~ (machine for taking materials to pieces for re-use) (*text. mach.*), sfilacciatrice. **181.** pipe-ventilated ~ (duct-ventilated machine) (*elect. mach.*), macchina a condotti di ventilazione. **182.** plaiting ~ (*text. mach.*), pieghettatrice. **183.** planing ~ (for parquets) (*mach.*), lamatrice. **184.** plate singeing ~ (*text. mach.*), macchina bruciapelo a placche. **185.** point-to-point ~ (NC machine) (*n. c. mach. t.*), macchina per lavorazione (da) punto a punto. **186.** polishing ~ (*mach. t.*), pulitrice, lucidatrice. **187.** postmarking ~ (*mach. - mail*), annullatrice (postale). **188.** power-operated ~ (*mach.*), macchina operatrice. **189.** power forming ~ (power former, as for flanging) (*sheet metal w. mach.*), flangiatrice meccanica. **190.** profile-copying ~ (*mach. t.*), fresatrice per copiare. **191.** protected ~ (*elect. mach.*), macchina protetta. **192.** punching ~ (punch press) (*sheet metal w. mach.*), pressa. **193.** punching ~ (perforating machine) (*mach.*), perforatrice, foratrice. **194.** rack cutting ~ (*mach. t.*), macchina per tagliare cremagliere. **195.**

rag-beating ~ (*text. mach.*), battitoio per stracci. **196.** rag-grinding ~ (*text. mach.*), sfilacciatrice. **197.** rag-tearing ~ (*text. mach.*), (macchina) sfilacciatrice. **198.** raising ~ (*text. mach.*), garzatrice. **199.** reading-in ~ (mach. which reads drawings) (*text. mach.*), macchina per leggere disegni. **200.** rectilinear combing ~ (*text. mach.*), pettinatrice rettilinea. **201.** reflected impression Brinell ~ (*mach.*), macchina per prova Brinell ad impronta riflessa. **202.** revolving cylinder interlock ~ (*text. mach.*), macchina a punto incatenato con cilindro girevole. **203.** rewinding ~ (for wire or strip) (*mach. - rolling mill*), riavvolgitrice. **204.** riveting ~ (*mach. t.*), ribaditrice, chiodatrice. **205.** road finishing ~ (*road mach.*), finitrice stradale. **206.** road-metal spreading ~ (macadam spreader) (*road mach.*), spandipietrisco. **207.** road spreading ~ (*road mach.*), bitumatrice stradale. **208.** roller breaking ~ (*text. mfg. mach.*), gramolatrice a cilindri. **209.** roller strain relieving ~ (for sheet metal) (*mach. t.*), snervatrice a rulli per lamiera. **210.** roll forming ~ (*mach. t.*), (macchina) profilatrice a rulli. **211.** rollover pattern-draw molding ~ (*found. mach.*), formatrice e sformatrice ribaltabile. **212.** rollover pattern-draw ~ (*found. mach.*), sformatrice ribaltabile. **213.** "rotaprint" ~ (*typ. mach.*), riproduttore offset, "rotoprint". **214.** rotary filing ~ (*mach. t.*), limatrice a moto rotatorio, limolatrice. **215.** roughing ~ (rougher) (*mach.*), sbozzatrice, sgrossatrice. **216.** roving ~ (roving frame) (*text. mach.*), banco per lucignolo, banco per stoppino. **217.** rulling ~ (as of offset sheets) (*mach.*), rigatrice, macchina per rigare. **218.** sack filling ~ (sacking machine) (*mach.*), insaccatrice. **219.** sandblast ~ (*shop mach.*), sabbiatrice. **220.** sawing ~ (*mach. t.*), seghetto meccanico. **221.** scarfing ~ (for deseaming as ingots) (*mach. - metall.*), scriccatrice. **222.** (scrap) bundling ~ (*metall. - ind. mach.*), pacchettatrice. **223.** screw-cutting ~ (*mach. t.*), filettatrice. **224.** separately-excited ~ (*elect. mach.*), macchina (elettrica) con eccitazione indipendente. **225.** sewing ~ (*domestic mach.*), macchina per cucire. **226.** shaping ~ (*mach. t.*), limatrice. **227.** sharpening ~ (*mach. t.*), affilatrice. **228.** shaving ~ (for gears) (*mach. t.*), rasatrice, sbarbatrice. **229.** shearing ~ (*mach. t.*), trancia, cesoia (meccanica). **230.** sheet-counting ~ (*paper mfg. - print.*), macchina contafogli. **231.** sheet metal and tube band sawing ~ (*mach. t.*), segatrice a nastro per lamiere e tubi. **232.** shell molding ~ (*found. mach.*), macchina per formatura a guscio. **233.** simple ~ (*theor. mech.*), macchina semplice. **234.** single-cylinder ~ (*paper mach.*), macchina monocilindrica. **235.** single or multiple spindle vertical tapping ~ (*mach. t.*), maschiatrice verticale ad uno o più mandrini. **236.** size-breaking ~ (*text. mach.*), sbozzimatrice. **237.** sizing ~ (*text. ind.*), apprettatrice. **238.** slicing ~ (slicer) (*sugar ind. - mach.*), trinciatrice per bietole, fettucciatrice. **239.** slitting ~ (*mach. t.*), cesoia per taglio in strisce, cesoia (o tranciatrice) multipla. **240.** slot milling ~ (*mach. t.*), fresatrice per scanalature (o per scanalare). **241.** slotting ~ (*mach. t.*), stozzatrice, mortasatrice. **242.** slubbing ~ (*text. mach.*), torcitoio. **243.** sparking ~ tool (spark machine tool) (*mach. t.*), macchina utensile elettroerosiva. **244.** spinning ~ (*text. mach.*), filatoio. **245.** splined shaft grinding ~ (*mach. t.*), rettificatrice per alberi scanalati. **246.** splinning ~ (*mach. t.*), macchina (o fresatrice) per alberi scanalati. **247.** static ~ (electrostatic generator) (*electromech.*) (Brit.), macchina elettrostatica. **248.** station-type ~ tool (*mach. t.*), macchina utensile per lavorazione a stazioni. **249.** stone washing ~ (*bldg. mach.*), lavatrice per pietre. **250.** straightening ~ (*mach.*), macchina raddrizzatrice. **251.** submerged-plunger ~ (for die-casting) (*found. mach.*), macchina (per pressofusione) a tuffante. **252.** surface broaching ~ (*mach. t.*), brocciatrice per esterni (o per superfici esterne). **253.** surface grinding ~ (*mach. t.*), rettificatrice in piano. **254.** swaging ~ (round-swaging machine) (*forging mach.*), martellatrice. **255.** tabulating ~ (*calc. mach.*), tabulatrice. **256.** talking ~ (phonograph) (*electroacous.*), fonografo. **257.** taper forging rolling ~ (*mach. t.*), macchina per fucinare e laminare pezzi conici. **258.** taping ~ (as for parcels) (*ind. mach.*), nastratrice, fasciatrice. **259.** tapping ~ (*mach. t.*), maschiatrice. **260.** teaching ~ (*elics. - mach.*), macchina per insegnare. **261.** tentering and air drying ~ (*text. mach.*), macchina stenditrice ed essiccatrice all'aria. **262.** tentering ~ (*text. mach.*), macchina distenditrice, distenditrice. **263.** testing ~ (*constr. theor.*), macchina per prove materiali. **264.** thread-cutting ~ (*mach. t.*), filettatrice. **265.** threadless ~ (binding mach. type) (*bookbinding mach.*), legatrice a colla. **266.** threshing ~ (*agric. mach.*), trebbiatrice. **267.** timbering ~ (*min. mach.*), macchina per mettere in opera i quadri di armatura. **268.** tonguing and grooving ~ (*wood mach. t.*), mortasatrice. **269.** totally-enclosed closed-air-circuit ~ (by a cooler) (*elect. mach.*), macchina chiusa ventilata in circuito chiuso (per mezzo di refrigerante). **270.** totally-enclosed ~ (*elect. mach.*), macchina chiusa. **271.** totally-enclosed separately air-cooled ~ (*elect. mach.*), macchina chiusa con ventilazione indipendente. **272.** translating ~ (*comp.*), traduttrice (elettronica). **273.** tub-sizing ~ (*paper mfg. mach.*), gelatinatrice, macchina per collatura alla gelatina. **274.** turing ~ (elementary type of theoretic comp. able to do any program) (*comp.*), macchina di Turing. **275.** turnover molding ~ (*found. mach.*), formatrice ribaltabile. **276.** twisting ~ (twisting frame) (*text. mach.*), torcitoio. **277.** twist wrapping ~ (*packing mach.*), avviluppatrice. **278.** type-setting ~ (composing machine) (*typ. mach.*), macchina compositrice. **279.** universal sharpening ~ (*mach. t.*), affilatrice universale. **280.** upsetting ~ (upsetter) (*mach. t.*), fucinatrice meccanica (orizzontale). **281.** vending ~ (*comm. mach.*), distributore automatico. **282.** veneer planing ~ (*join. mach.*), tranciatrice, sfogliatrice in piano. **283.** vibratory finishing ~ (as for concrete road paving) (*road mach.*), vibrofinitrice. **284.** virtual ~, "VM" (operational simulation of another comp.) (*comp.*), macchina virtuale. **285.** warping ~ (*text. mach.*), orditoio meccanico. **286.** washing ~ in full width (*text. ind. app.*), apparecchiatura per il lavaggio in largo. **287.** weighing ~ (*ind.*), pesatrice, pesa. **288.** whipping ~ (for liquids and drinks) (*domestic app.*), frullatore. **289.** winding ~ (*text. ind.*), incannatoio, spolatrice. **290.** wind ~ (a machine used in theatres for reproducing the sound of wind) (*theatre impl.*), macchina del vento. **291.** wind power ~ (*mach.*), macchina eolica. **292.** wire drawing ~ (*mach. t.*), trafilatrice, trafila. **293.** wood splitting ~ (*carp.*), macchina spaccalegna. **294.** worm milling ~ (*mach. t.*), fresatrice per viti senza fine, fresatrice per viti motrici. **295.** wrapping ~ (*packing mach.*), avvolgitrice, incartatrice.

machine (to) (*mech. - mach. t. work*), lavorare alla macchina utensile, lavorare di macchina. **2.** ~ from the bar (*mech.*), lavorare dalla barra. **3.** ~ from the solid (*mech.*), lavorare dal pieno.

machineable, *see* machinable.

machined (*a. - mech. w.*), lavorato di macchina. **2.** ~ all over (*mech.*), lavorato (di macchina) sull'intera superficie. **3.** ~ bright all over (as a connecting rod) (*mech. w.*), lavorato lucido sull'intera superficie.

machine-dried (referred to papers dried on a paper machine) (*paper mfg.*), asciugato alla macchina.

machine-finish [M. F., as of paper (which has been) surfaced (while) on a paper mach.] (*a. - paper mfg.*), liscio-macchina, liscio di macchina.

machine-gun (to) (*milit.*), mitragliare.

machine-hour (operation of one mach. for one hour) (*ind. organ.*), ora (di) macchina.

machine-independent (not subjected to a particular type of mach.: as of a program) (*a. - comp.*), indipendente dalla macchina.

machineman (*work.*), addetto macchina.

machine-pistol (light submachine gun) (*firearm*), mitraglietta.

machine-readable (machine-sensible, machine-recognizable) (*a. - comp.*), leggibile da macchina.

machinery macchinario. **2.** ~ installation (as of a mach. t. in a shop), installazione del macchinario. **3.** drying ~ (*text. ind.*), macchinario per l'essiccazione. **4.** main propelling ~ (*naut.*), apparato motore principale.

machining (*mech.*), lavorazione. **2.** ~ (*print.*), stampa a macchina. **3.** ~ (*mach. t.*), lavorazione alla macchina, lavorazione ad asportazione. **4.** ~ allowance (*mech.*), sovrametallo. **5.** ~ centre (composite mach. t. for the automatic production of single works and batches of work) (*mach. t.*), transfer. **6.** ~ line (*ind.*), linea di lavorazione. **7.** ~ time (of a work piece) (*mech.*), tempo di lavorazione di macchina. **8.** chip-forming ~ (*mech.*), lavorazione ad asportazione di truciolo, truciolatura. **9.** chipless ~ (*mech.*), lavorazione senza asportazione di truciolo. **10.** continuous-path ~ (in NC machines) (*n. c. mach. t.*), lavorazione a posizionamento continuo. **11.** electric spark ~, *see* electron discharge ~. **12.** electron discharge ~ (electrical discharge machining: used for forming holes in hard materials) (*mech. technol.*), elettroerosione. **13.** electrospark ~, *see* electron discharge ~. **14.** point-to-point ~ (on N/C machines) (*n. c. mach. t. - mech.*), lavorazione (da) punto a punto, lavorazione con comando numerico del posizionamento da punto a punto. **15.** ultrasonic ~ (abrasion by means of high frequency vibrating tool) (*ind. method*), lavorazione con ultrasuoni.

machinist (one who operates a machine) (*work.*), macchinista. **2.** ~ (one skilled in the operation of mach. t.) (*work.*), operaio esperto in lavorazioni alla macchina utensile. **3.** ~ (*gen.*), meccanico.

machmeter (flight Mach number indicator) (*aer. instr.*), machmetro, indicatore del numero di Mach.

mackintosh (*rubb. ind.*) (Brit.), impermeabile.

mackle (blurred print: as due to the slipping of paper) (*print.*), stampa annebbiata.

macle (chiastolite) (*min.*), chiastolite. **2.** ~ (a twin crystal) (*min.*), geminato (*s.*), cristallo gemello. **3.** ~ (a dark spot in a mineral) (*min.*), macchia scura.

maco (undyed Egyptian cotton) (*text.*), makò.

macro (large) (*prefix*), macro. **2.** ~ (type of lens: as for macrophotography) (*opt.*), macro. **3.** ~ close-up shooting (*audiovisuals - m. pict.*), ripresa macro di primi piani.

macroassembler (macroassembly program: consisting of various assembly sequences) (*n. - comp.*), macroassemblatore.

macrochemistry (*chem.*), macrochimica.

macroeconomics (*econ.*), macroeconomia.

macroetch (to) (*metall. analysis*), attaccare per macrografia.

macrogeneration (of macro-instructions) (*comp.*), macrogenerazione.

macrography (*phys. metall.*), macrografia.

macroinstruction (*comp.*), macroistruzione.

macromolecule (*chem.*), macromolecola.

macrophotography, *see* photomacrography.

macroprogramming (in assembly language) (*comp.*), macroprogrammazione.

macroscopic (opposed to microscopic) (*a.*), macroscopico.

macrosegregation (*metall.*), macrosegregazione.

macrostresses (interesting large areas of the heat-treated or deformed metal) (*metall.*), macrotensioni.

macrostructure (of metals) (*metall.*), macrostruttura.

"MAD" (magnetic airborne detector) (*air force app.*), rivelatore magnetico di sottomarini.
madapolam, madapollam (*text. ind.*), "madapolam".
madder (*dyeing ind.*), robbia.
made-to-measure (*a. - gen.*), fatto su misura.
made-to-order (on individual demand) (*a. - comm.*), prodotto su ordinazione.
made up (*typ.*), impaginato. **2.** (*m. pict.*) truccato.
Mae West (*milit.*) (Am. coll.), carro armato a doppia torretta. **2.** ~ (*aer.*) (Am. coll.), giubbotto salvagente gonfiabile.
"mag" (magnetic) (*a. - elect.*), magnetico. **2.** ~ (magnetism) (*n. - elect.*), magnetismo. **3.** ~ (magnitude, as of a star) (*n. - astr.*), grandezza. **4.** *see also* magnet, magneto, magazine.
magazine (warehouse for explosives) (*milit. - navy*), deposito munizioni, santabarbara. **2.** ~ (as for feeding bar stock into a forging press) (*mach.*), caricatore. **3.** ~ (for holding cartridges in a gun) (*firearm*), caricatore. **4.** ~ (of a film) (*m. pict.*), caricatore, cassetta di caricamento. **5.** ~ (publication) (*print.*), periodico, rivista. **6.** ~ (of a linotype) (*print.*), magazzino. **7.** ~ (for storing recording media: as magnetic tape, paper tape, punch cards etc.) (*n. - comp.*), caricatore. **8.** ~, *see* warehouse. **9.** ~ feed (as of a mach. gun) (*firearm*), alimentazione automatica. **10.** ~ gun (*firearm*), fucile mitragliatore. **11.** ~ loading type lathe (*mach. t.*), tornio a caricatore. **12.** ~ pistol (*firearm*), pistola mitragliatrice. **13.** ~ rifle (*firearm*), fucile mitragliatore. **14.** ~ stove (*therm.*), stufa ad alimentazione automatica. **15.** film back ~ (interchangeable unit: in some types of reflex camera) (*phot.*), dorso intercambiabile. **16.** output ~ (accumulating device located at the mach. output) (*comp.*), caricatore di uscita. **17.** popular science ~ (*journ.*), rivista di divulgazione scientifica. **18.** powder ~ (*milit.*), polveriera. **19.** powder ~ (*navy*), santabarbara. **20.** tool ~ (*n. c. mach. t.*), caricatore di utensili.
magenta (dye) (*chem.*), *see* fuchsine. **2.** ~ (*color*), colore magenta, colore rosso-viola. **3.** ~ contact screen (*photomech.*), retino a contatto magenta.
magic (*a. - gen.*), magico. **2.** ~ (*n. - gen.*), magia. **3.** ~ eye (cathode ray tube indicating the tuning level of a receiving set on every broadcast) (*thermion.*), occhio magico. **4.** ~ lantern (projecting device) (*opt.*), lanterna magica. **5.** ~ number (stability number) (*atom phys.*), numero magico.
magicube (a type of flashcube) (*phot.*), "magicube".
magistracy (magistrature) (*law*), magistratura.
magistrate (*law*), magistrato. **2.** police ~ (police judge) (*law*), pretore.
"maglev", *see* magnetic levitation.
magma (*geol. - chem.*), magma.
magn (unit of absolute permeability = 1 henry per meter) (*n. - elect. meas.*), magn.
"magn", *see* magnetic, magnetism, magneto.
magnaflux (trademark for a magnetic flaw detector) (*mech. shop app.*), incrinoscopio magnetico. **2.** ~ test (magnetic particle test) (*mech. technol.*) magnetoscopia con sistema Magnaflux.
magnesia (MgO) (*ind. chem.*), magnesia, ossido di magnesio.
magnesian (*a. - ind. chem.*), magnesiaco, di magnesia.
magnesic, *see* magnesian.
magnesiochromite (*min. - refractory*), magnesiocromite.
magnesite ($MgCO_3$) (*min.*), magnesite. **2.** sea-water ~ (*min.*), magnesite estratta dal mare.
magnesium (Mg - *chem.*), magnesio. **2.** ~ carbonate (*min. - chem.*), magnesite, carbonato di magnesio. **3.** ~ light (as for phot.), luce al magnesio. **4.** ~ oxide (*chem.*), magnesia, ossido di magnesio.
magnet (Fe_3O_4) (*min.*), magnetite. **2.** ~ (permanent magnet) (*elect.*), calamita, magnete. **3.** ~ (elect. operated) (*elect.*), elettrocalamita, elettromagnete. **4.** ~ core (*elect.*), nucleo magnetico. **5.** annular ~ (as used for hoisting app.) (*elect.*), magnete anulare. **6.** blowout ~ (for blowing out the arc formed in circuit-breakers or arc lamps) (*elect.*), magnete antiarco (o spegniarco). **7.** brake ~ (as of an induction meter) (*elect.*), magnete freno. **8.** compensating ~, *see* compass corrector. **9.** electromagnetic lifting ~ (of a crane) (*lifting device*), piatto elettromagnetico di sollevamento. **10.** field ~ (*elect. device*), elettromagnete (o magnete) di campo, elettromagnete (o magnete) di statore. **11.** heeling ~ (for marine compass correction) (*naut.*), magnete di compensazione di sbandata. **12.** lifting ~ (as of a crane) (*elect.*), elettromagnete di sollevamento. **13.** lifting ~ with fixed poles (as of a crane) (*elect.*), elettromagnete di sollevamento a poli indeformabili. **14.** lifting ~ with movable poles (as of a crane) (*elect. - hoisting app.*), magnete di sollevamento a poli mobili. **15.** lifting ~ with safety pawls (or claws) (*hoisting app.*), magnete di sollevamento con fermi (od appigli) di sicurezza. **16.** permanent ~ (*elect.*), magnete permanente. **17.** releasing ~ (*elect.*), elettrocalamita (o magnete) di scatto. **18.** ring ~ (as in hoisting app.) (*elect.*), magnete anulare. **19.** temporary ~ (*elect.*), magnete temporaneo.
magnetic (*a. - phys.*), magnetico. **2.** ~ (magnetic substance) (*n.-elect.*), materiale magnetico. **3.** ~ amplifier (*elect.*), amplificatore magnetico. **4.** ~ axis (*elect.*), asse magnetico. **5.** ~ azimuth (*top. - etc.*), azimut magnetico. **6.** ~ blowout (of a spark or arc) (*elect.*), estinzione magnetica. **7.** ~ bottle (configuration of field lines) (*phys.*), bottiglia magnetica. **8.** ~ brake (friction brake: as in crane equip.) (*elect.*), freno a comando elettromagnetico. **9.** ~ bridge (*elect. instr.*), permeametro a ponte magnetico. **10.** ~ cell (a memory cell storing one bit, a ~ bubble etc.) (*comp.*), cella magnetica. **11.** ~ chuck (as of lathe) (*mach. t.*), mandrino magnetico. **12.** ~ circuit (*elect.*), circuito elettroma-

gnetico. **13.** ~ circuit (*phys.*), circuito magnetico. **14.** ~ clutch (*elect. - mech.*), frizione magnetica. **15.** ~ compass (*instr.*), bussola magnetica. **16.** ~ core (*elect. - comp.*), nucleo magnetico. **17.** ~ crack detector (*mech. shop testing mach.*), magnetoscopio, incrinometro magnetico. **18.** ~ cutter (cutting head for the recording of phonograph records) (*electroacous.*), testina magnetica per incisione. **19.** ~ damping (of a mech. movement) (*electromech.*), smorzamento magnetico. **20.** ~ declination (*geophys.*), declinazione magnetica. **21.** ~ detector (*radio*), rivelatore magnetico. **22.** ~ deviation , *see* magnetic declination. **23.** ~ disk (*comp.*), disco magnetico. **24.** ~ displacement (*elect.*), spostamento magnetico. **25.** ~ drum (*comp.*), tamburo magnetico. **26.** ~ equator (*earth magnetism*), equatore magnetico. **27.** ~ field (*elect. - phys.*), campo magnetico. **28.** ~ field strength (*elect.*), intensità di campo magnetico. **29.** ~ fluid clutch (by ferromagnetic particles suspended in oil) (*mech.*), innesto a fluido magnetico. **30.** ~ flux (*elect.*), flusso (di induzione) magnetico. **31.** ~ flux density, *see* magnetic intensity. **32.** ~ focusing (variation of direction of a ray of electrons obtained by a magnetic field: like in a magnetic lens) (*phys. - elics.*), focalizzazione magnetica. **33.** ~ force, *see* magnetic intensity. **34.** ~ hysteresis (*elect.*), isteresi magnetica. **35.** ~ inclination (*geophys.*), inclinazione magnetica. **36.** ~ induction (*elect.*), induzione magnetica. **37.** ~ ink (*comp.*), inchiostro magnetico. **38.** ~ ink character recognition, "MICR" (*comp.*), riconoscimento (o lettura automatica) di caratteri ad inchiostro magnetico. **39.** ~ intensity (*elect.*), intensità del campo magnetico. **40.** ~ iron sheet (*metall.*), lamierino magnetico. **41.** ~ lag (magnetic hysteresis) (*elect.*), isteresi magnetica. **42.** ~ leakage (*elect.*), dispersione magnetica. **43.** ~ memory, *see* magnetic retentivity. **44.** ~ meridian (*geophys.*), meridiano magnetico. **45.** ~ mine (*expl.*), mina magnetica. **46.** ~ mirror (a region with axial symmetric field) (*phys.*), specchio magnetico. **47.** ~ moment (*elect.*), momento magnetico. **48.** ~ needle (*phys.*), ago magnetico. **49.** ~ north (direction near the geographic north) (*geophys.*), nord magnetico. **50.** ~ parallel, *see* isoclinal line. **51.** ~ polarization (*elect.*), polarizzazione magnetica. **52.** ~ pole (of a magnet) (*phys. - elect.*), polo della calamita, polo del magnete. **53.** ~ pole (on the earth's surface) (*earth magnetism*), polo magnetico. **54.** ~ potential (*elect.*), potenziale magnetico. **55.** ~ pumping (plasma heating method) (*plasma phys.*), pompaggio magnetico. **56.** ~ quantum number (*atom phys.*), numero quantico magnetico. **57.** ~ recorder (for recording sounds) (*electroacous. instr.*), registratore magnetico, magnetofono. **58.** ~ reproducer (magnetic-recorder playback) (*electroacous.*), magnetofono (registratore e riproduttore). **59.** ~ retentivity (remaining magnetism after the magnetizing action is over) (*elect.*), magnetismo residuo. **60.** ~ ribbon recording instrument (*electroacous. instr.*), registratore a nastro magnetico, registratore magnetico. **61.** ~ saturation (*elect.*), saturazione magnetica. **62.** ~ separator (used for separating accidental iron from coal) (*ind. app.*), separatore magnetico. **63.** ~ shell (*theor. phys.*), lamina magnetica. **64.** ~ shielding (*elect.*), schermo magnetico. **65.** ~ shunt (*elect.*), derivazione magnetica. **66.** ~ tape (*electroacous. - comp.*), nastro magnetico. **67.** ~ tape deck, *see* tape deck. **68.** ~ tape drive, *see* tape drive. **69.** ~ tape recorder (*electroacous. instr.*), registratore di nastro magnetico. **70.** ~ tape unit (consisting of ~ tape transport mechanics and electronics) (*comp.*), unità a nastro magnetico. **71.** ~ trap (for trapping plasma by an external magnetic field) (*plasma phys.*), trappola magnetica. **72.** ~ wire (for recording) (*electroacous. - comp.*), filo magnetico. **73.** absolute ~ permeability (*elect.*), permeabilità (magnetica) assoluta. **74.** terrestrial ~ field (*geophys.*), campo magnetico terrestre. **75.** terrestrial ~ poles (*geophys.*), poli magnetici terrestri.

magnetical, *see* magnetic.

magnetics, *see* magnetism.

magnetism (*phys.*), magnetismo. **2.** residual ~ (*elect.*), magnetismo residuo.

magnetite (Fe_3O_4) (*min.*), magnetite.

magnetizable (*elect. - phys.*), magnetizzabile.

magnetization (*elect. - phys.*), magnetizzazione. **2.** flash ~ (*electromag.*) magnetizzazione a impulsi. **3.** intensity of ~ (*elect.*), intensità di magnetizzazione. **4.** residual ~ (*elect.*), magnetizzazione residua.

magnetize (to) (*elect. - phys.*), magnetizzare, calamitare.

magnetizing device (*elect. app.*), apparecchio per magnetizzare (o calamitare).

magneto (as for internal-combustion engines) (*elect. app.*), magnete **2.** ~ alternator (as for internal-combustion engines) (*elect. app.*), magnete. **3.** ~ flywheel (as for the ignition system of an outboard motor) (*mech.*), volano-magnete. **4.** booster ~, *see* hand starting magneto. **5.** hand starting ~ (for aer. mot.) (*elect. app.*), magnetino d'avviamento. **6.** screened ~ (*elect. app.*), magnete schermato.

magnetocaloric effect (*phys.*), effetto magnetocalorico.

magnetochemistry (*electromag. - chem.*), magnetochimica.

magnetoelasticity (*phys.*), magnetoelasticità.

magnetoelectric (*electromagn.*), magnetoelettrico.

magnetofluiddynamic (*a. - phys.*), magnetofluidodinamico.

magnetofluiddynamics (*n. - phys.*), magnetofluidodinamica.

magnetofluidmechanics (hydromagnetics) (*phys.*), magnetofluidodinamica.

magnetogasdynamics (plasma hydromagnetics) (*n. - phys.*), magnetogasdinamica.

magnetogenerator, *see* magneto alternator.
magnetograph (app. for recording the changes in intensity of the earth's magnetic field) (*geophys. app.*), magnetografo.
magnetohydrodynamic arcjet (*aer. mot.*), arcogetto (o propulsore) magnetofluidodinamico.
magnetohydrodynamic generator (*elect.*), generatore elettrico magnetofluidodinamico.
magnetohydrodynamics (magnetogasdynamics) (*phys.*), magnetofluidodinamica, magnetoidrodinamica.
magnetomechanic (*a. - phys.*), magnetomeccanico.
magnetomechanics (*n. - phys.*), magnetomeccanica.
magnetometer (*magnetic instr.*), magnetometro.
magnetomotive (*a. - elect.*), magnetomotore, magnetomotrice. **2.** ~ force (*electromag.*), forza magnetomotrice.
magneton (elementary quantum of a magnetic moment) (*atom. phys. meas.*), magnetone.
magnetooptics (science studying the action produced on light by a magnetic field) (*phys.*), magnetoottica.
magnetopause (between magnetosphere and interplanetary space) (*n. - geophys. - astric.*), magnetopausa.
magnetophone (type of magnetic recorder) (*electroacous.*), registratore a nastro.
magnetoplasmadynamic (hydromagnetic) (*a. - phys.*) magnetoplasmadinamico.
magnetoplasmadynamics (elect. current generation) (*n. - phys.*), magnetoplasmadinamica.
magnetoresistance (*n. - electromag.*), magnetoresistenza.
magnetoresistivity (*n. - electromag.*), magnetoresistività.
magnetoscope (instr. indicating the presence of magnetic force lines) (*metall. instr.*), magnetoscopio.
magnetosphere (region dominated by the magnetic field of the earth or a celestial body) (*geophys. - astr.*), magnetosfera.
magnetostatics (*n. - phys.*), magnetostatica.
magnetostriction (*electromag.*), magnetostrizione. **2.** ~ oscillator (magnetostrictive oscillator) (*instr.*), oscillatore a magnetostrizione.
magnetostrictive (*a. - electromag.*), magnetostrittivo. **2.** ~ effect (magnetostriction) (*electromag.*), effetto magnetostrittivo, magnetostrizione.
magnetotail (magnetosphere tail swept back by solar wind) (*n. - astr.*) coda della magnetosfera.
magnetron (thermionic tube controlled by a magnetic field) (*thermion.*), magnetron, tubo catodico ad emissione regolata dall'esterno mediante campo magnetico. **2.** ~ generator (*radio*), generatore magnetron. **3.** ~ oscillator (*radio*), oscillatore magnetron. **4.** cavity ~ (*radio*), magnetron a cavità. **5.** fixed-tuned ~ (*radio*), magnetron a sintonia, magnetron ad onda fissa. **6.** multicavity ~ (*radio*), magnetron multicavità. **7.** multiresonator ~ (multicavity magnetron) (*radio*), magnetron multicavità. **8.** resonant ~ (*radio*), magnetron risonante. **9.** split-anode ~ (*radio*), magnetron ad anodo spaccato. **10.** tunable ~ (*thermion.*), magnetron sintonizzabile.
magnification (*opt.*), ingrandimento.
magnified (*opt.*), ingrandito.
magnifier (magnifying lens) (*opt.*), lente di ingrandimento.
magnify (to) (*opt.*), ingrandire.
magnifying glass (magnifying lens) (*opt.*), lente d'ingrandimento.
magnitude (*astr. - math.*), grandezza.
magnon (magnetic spin of a nucleon) (*meas. unit.*), magnetone (nucleare), quanto elementare di momento magnetico.
magnox (magnesium alloy with small quantities of Be, Ca and Al, used in nuclear reactors) (*atom phys. - metall.*), lega magnox.
magslip (selsyn, synchro) (*elect. remote control*), trasduttore angolare.
mahogany (*wood*), mogano. **2.** horse flesh ~ (*wood*), legno simile al mogano.
mail (that which comes by postal service) (Am.), posta. **2.** ~ bag (*mail - railw.*), sacco postale. **3.** ~ car (*railw.*) (Am.), carro postale. **4.** ~ carrier (*work.*), postino. **5.** ~ catcher (special device fitted to a postal car and used to collect a mail pouch while the train is in motion) (*railw.*), dispositivo per la presa "a volo" di sacchi postali. **6.** ~ order (*comm.*), ordine per corrispondenza. **7.** ~ steamer (*naut.*), postalino. **8.** ~ van (*railw.*) (Brit.), carro postale. **9.** air ~ (*aer.*), posta aerea. **10.** direct ~ advertising (*adver.*), pubblicità per corrispondenza. **11.** electronic ~ (consisting of messages exchanged between users of a net of comp.) (*comp. - tlcm.*), posta elettronica. **12.** missile ~ (*mail*), posta a mezzo missili. **13.** to sign the ~ (*off.*), firmare la corrispondenza.
mail (to), spedire per posta.
mailbag (*mail - railw.*), sacco postale.
mailbox (*mail*) (Am.), cassetta per le lettere, cassetta per impostare.
mailer (mail boat) (*naut.*), piroscafo postale. **2.** ~ (mailing machine, for addressing periodicals etc.) (*mach.*), macchina stampa-indirizzi.
Mailgram (trademark for a message wired to a post office) (*tlcm.*), Mailgram, tipo di telegramma appoggiato all'ufficio postale di destinazione.
mailing (*mail*), spedizione per posta. **2.** ~ list (*comm. - adver.*), indirizzario, rubrica indirizzi. **3.** ~ machine (mailer) (*mail - mach.*), macchina stampa-indirizzi.
mailman, *see* mail carrier.
mailplane (*aer.*), aeroplano postale, aeropostale.
main (principal) (*a.*), principale. **2.** ~ (*n. - pip.*), conduttura principale. **3.** ~ (*n. - elect. - railw.*), linea principale. **4.** ~ (*naut.*), *see* mainmast. **5.** ~ (in electric power distribution) (*elect.*), linea esterna di distribuzione. **6.** ~ bearing (*mot.*), cuscinetto di banco. **7.** ~ bore (rifled part of a gun tube)

(*ordnance*), parte rigata dell'anima. **8.** ~ brace (of a main yard) (*naut.*), braccio del pennone di maestra. **9.** ~ couple (the main truss of a roof) (*bldg.*), capriata principale. **10.** ~ course (square sail) (*naut.*), vela maestra. **11.** ~ dealer (*comm.*), concessionario principale. **12.** ~ deck (*naut.*), ponte principale. **13.** ~ distributor (*comm.*), distributore principale. **14.** ~ drain (longitudinal pipe in a ship's bilge) (*naut.*), impianto di spurgo della sentina. **15.** ~ driving shaft (*mech.*), albero motore principale. **16.** ~ engines (*naut.*), motori principali. **17.** ~ hatch (*naut.*), boccaporto principale. **18.** ~ jet (of a carburetor) (*mech.*), getto principale. **19.** ~ journal (*mot.*), perno di banco. **20.** ~ lighting switch (*elect.*), interruttore luce principale. **21.** ~ planes (the wings) (*aer.*), semiali. **22.** ~ propelling machinery (*naut.*), apparato motore principale. **23.** ~ royal (sail) (*naut.*), controvelaccio. **24.** ~ runner (*found.*), solco principale di colata. **25.** ~ saddle (of mach. t.), slittone, slitta del banco. **26.** ~ skysail (*naut.*), succontrovelaccio. **27.** ~ switch (*elect.*), interruttore principale, interruttore di linea. **28.** ~ system (*elect.*), rete di distribuzione. **29.** ~ topgallant mast (*naut.*), alberetto di velaccio. **30.** ~ topgallant yard (*naut.*), pennone di velaccio. **31.** ac ~ (as of a town) (*elect.*), linea principale a corrente alternata. **32.** force ~ (conduit where liquid is pumped) (*pip.*), tubazione principale di mandata. **33.** ring ~ (*pip.*), conduttura principale ad anello. **34.** ring ~ system (*elect.*), sistema (di distribuzione) con linee principali ad anello. **35.** supply mains (conductors connecting a generator source to a busbar) (*elect.*), alimentazione principale. **36.** water ~ (as of a town) (*pip.*), conduttura principale dell'acqua potabile. **37.** ~, *see also* mains.

mainframe (central processing unit, "CPU") (*main comp.*), unità centrale di elaborazione, elaboratore centrale.

mainland (continent) (*geogr.*), continente.

mainmast (*naut.*), albero maestro.

mainpin (*veh.*), *see* kingbolt.

mainpost (*naut.*), *see* sternpost.

mains (network distributing electric power) (*elect.*), rete. **2.** ~ frequency (*elect.*), frequenza della rete. **3.** ~ voltage (*elect.*), tensione della rete. **4.** ~, *see also* main.

mainsail (*naut.*), vela maestra. **2.** lower top ~ (*naut.*), vela di bassa gabbia.

mainspring (*mech.*), molla principale. **2.** ~ (of a watch), molla motrice.

maintain (to) (to keep in efficient condition) (*ind.*), mantenere in efficienza, effettuare la manutenzione.

maintenance (*gen.*), manutenzione. **2.** ~ (firmness, as of a resale price) (*comm.*), fermezza. **3.** ~ charge (including mach., plants, buildings) (*ind. finan.*), spese di manutenzione. **4.** ~ engineer (*factory management*), tecnico della manutenzione. **5.** corrective ~ (*ind.*), manutenzione correttiva. **6.** planned ~ (scheduled maintenance) (*ind.*), manutenzione programmata. **7.** preventive ~ (*ind.*), manutenzione preventiva. **8.** remedial ~ (corrective maintenance) (*comp.*), manutenzione correttiva. **9.** ~ scheduled (planned maintenance) (*ind.*), manutenzione programmata.

maintop (*naut.*), coffa di maestra.

main-topmast (*naut.*), albero di gabbia. **2.** ~ staysail (*naut.*), vela di straglio di gabbia.

maize (*agric.*), mais, granoturco.

majolica, vasellame di maiolica.

major (*a. - gen.*), maggiore. **2.** ~ (rank) (*n. - milit.*), maggiore. **3.** ~ axis (*opt.*), asse focale. **4.** ~ diameter (of a thread) (*mech.*), diametro esterno. **5.** ~ general (*milit.*), generale di divisione. **6.** ~ part (*mech. - mot. - gen.*), parte principale.

majority (*gen.*), maggioranza. **2.** stock-holding ~ (*finan.*), maggioranza azionaria.

make (*n. - ind.*), fabbricazione, marca. **2.** ~ (of an electric circuit) (*elect.*), chiusura.

make (to) (*gen.*), fare. **2** ~ (to construct), costruire. **3.** ~ (to complete a circuit) (*elect.*), completare. **4.** ~ (to effect a contact) (*elect.*), chiudere (un contatto). **5.** ~ a bid (*comm.*), fare offerta d'appalto. **6.** ~ a complaint against somebody (to prosecute) (*law*), querelare. **7.** ~ an estimate (*comm.*), valutare, effettuare una stima. **8.** ~ a road, costruire una strada. **9.** ~ clear (to clarify, to explain) (*gen.*), chiarire, spiegare. **10.** ~ fast (*naut.*), dare volta. **11.** ~ foul water (to remove the bottom mud by the keel: in shallow water) (*naut.*), intorbidare l'acqua rimuovendo il fondo. **12.** ~ in (to manufacture a part for a product within one's own factory) (*ind.*), fare all'interno, costruire in fabbrica, costruire all'interno, "fare in casa". **13.** ~ land (*naut.*), toccare terra, raggiungere la riva. **14.** ~ port (*naut.*), approdare. **15.** ~ quotations (*comm.*), preventivare. **16.** ~ ready (*gen.*), approntare, allestire. **17.** ~ round, arrotondare. **18.** ~ sails (*naut.*), spiegare le vele. **19.** ~ time (*road - naut. - aer. - etc.*), tenere una velocità costante. **20.** ~ up (as a book) (*print.*), impaginare. **21.** ~ up (*m. pict.*), truccarsi, truccare. **22.** ~ water (*naut.*), rifornirsi di acqua, fare acqua.

Make & Hold (*paper mfg.*), fabbricare e trattenere, ordine a consegna differita.

maker (*ind.*), fabbricante. **2.** car subsidiary ~ (*aut. ind.*), fabbricante di accessori per auto. **3.** furniture ~ (*ind. - join.*), mobiliere, fabbricante di mobili.

makeready (as a die, a press, a mach. etc.) (*shop work*), lavoro di preparazione e messa a punto finale.

maker-up (*typ. work.*), impaginatore.

makeshift (*n. - gen.*), ripiego, espediente.

makeup (composition: as of a train) (*railw. - gen.*), formazione. **2.** ~ (*print.*), impaginatura. **3.** ~ (of an actor) (*m. pict.*), trucco. **4.** ~ (replacement: as of material used) (*gen.*), rifornimento in

tegrativo. **5.** ~ expert (*m. pict.*), truccatore. **6.** ~ hand (*print.*), impaginatore.
makeweight, *see* counterweight, counterpoise.
making (*ind.*), fabbricazione. **2.** ~ capacity (as of a breaker on load) (*elect.*), potere di chiusura. **3.** ~ current (extra value attained when a circuit breaker becomes closed) (*elect.*), extracorrente di chiusura.
making-up (*print.*), impaginazione.
malachite [$Cu_2(OH)_2CO_3$] (*min.*), malachite.
maladjustment (defect of adjustment) (*mech.* - *etc.*), imperfetta regolazione. **2.** ~ (mismatching: out of right place, as of forging dies) (*mech. technol.*), errore di centratura, imperfetta centratura, disallineamento.
malaria (*med.*), malaria.
malconstruction (unsound construction) (*gen.*), cattiva costruzione, costruzione male eseguita.
male (*mech.*), maschio.
malfunction (*n.* - *technol.*), inconveniente.
malfunction (to) (*gen.*), funzionare male.
mall (open air shopping area reserved for pedestrians) (*n.* - *bldg.*), zona pedonale urbana non coperta riservata agli acquisti. **2.** ~ (*impl.*), *see* maul. **3.** shopping ~ (covered walkway shopping center for pedestrians only) (*city bldg.*), galleria.
malleability (*metall.*), malleabilità.
malleabilization (*metall.*), malleabilizzazione.
malleable (*metall.*), malleabile. **2.** ~ cast iron (*found.*), ghisa malleabile. **3.** ~ iron (malleable cast iron) (*found.*), ghisa malleabile. **4.** ~ iron (wrought iron) (*metall.*) (Brit.), ferro saldato.
malleableize (to), *see* malleablize (to).
malleableness (to) (*metall.*), malleabilità. **2.** ~, *see also* malleability.
malleablize (to) (annealing operation on white iron castings for transforming the combined carbon into temper carbon) (*heat-treat.*), malleabilizzare. **2.** ~ (*gen.*), rendere malleabile.
malleablizing (therm. treatment) (*metall.*), malleabilizzazione.
mallet (*wooden t.*), mazzuola, mazzuolo. **2.** carpenter's ~ (*t.*), mazzuolo. **3.** caulking ~ (*naut. t.*), mazzuola da calafato. **4.** plumber's bossing ~ (*t.*), mazzuolo in legno da tubista. **5.** rawhide ~ (*t.*), mazzuolo in cuoio. **6.** round ~ (*wooden t.*), mazzuolo. **7.** serving ~ (grooved mallet used for serving ropes) (*naut. t.*), maglietto per fasciare.
malm (clay and chalk mixture used for brickmaking) (*mas. ind.*), impasto di argilla con gesso. **2.** ~ (White Jura) (*geol.*), malm, giura bianco, giura superiore.
malposition, *see* misplacement.
malt (*brewing*), malto. **2.** ~ sugar (*chem.*), *see* maltose.
maltase (enzyme) (*biochem.*), maltasi.
maltese cross (of intermittent movement) (*m. pict. projector*), croce di malta. **2.** ~ movement (*m. pict.*), movimento a croce di malta. **3.** ~ movement (Geneva stop movement) (*horology*), arresto geneva, arresto a croce di malta.
maltha (bituminous substance), sostanza bituminosa, catrame minerale. **2.** ~ (mortar), tipo di malta.
malthenes (*chem.*), malteni.
malthouse (a factory bldg. where malt is made) (*ind. bldg.*), malteria.
maltose ($C_{12}H_{22}O_{11}$) (*chem.*), maltosio.
"MAM" (milliampere minute) (*elect. meas.*), milliampere (per) minuto.
man, uomo. **2.** ~ power (about 1/10 of HP) (*man phys. effort meas.*), potenza sviluppata dall'uomo. **3.** ~ week (unit of meas. of work) (*work.*), settimana lavorativa. **4.** grizzly ~ (*min. work.*), addetto alla griglia. **5.** hot case ~ (*milit.*), sgombrabossoli. **6.** knockout ~ (*work.* - *found.*), distaffatore. **7.** make-up ~ (*m. pict.*), truccatore. **8.** media ~ (*adver.*), tecnico dei mezzi pubblicitari. **9.** metal ~ (as of a body shop) (*work.*), lattoniere, battilastra, carrozziere. **10.** setup ~ (makes the mach. t. adjusted and ready for routine work) (*mach. t.* - *work.*), operatore, preparatore (macchina), addetto alla preparazione macchina.
man (to) (as a ship) (*naut.*), armare. **2.** ~ (as a capstan) (*naut.*), armare.
"man", *see* manual, manufacture.
"MAN" (Metropolitan Area Network) (*tlcm.*), rete dell'area metropolitana.
manage (to) dirigere, amministrare. **2.** ~ (to achieve), riuscire a.
management (as of a factory) (*ind.*), direzione. **2.** ~ (administration) (*ind.* - *etc.*), gestione. **3.** ~ (as of a job, a resource, a memory etc.) (*comp.*), gestione. **4.** ~ by exceptions (*organ.*), direzione per eccezioni. **5.** ~ by intuition (opposed to scientific management) (*organ.*), direzione per intuizione. **6.** ~ by objectives (*organ.*), direzione per obiettivi. **7.** ~ by projection (studying future trends) (*organ.*), direzione per proiezione. **8.** ~ engineering, *see* industrial engineering. **9.** ~ statistics (*tlcm.*), statistiche gestionali. **10.** data ~ (*comp.*), gestione dati. **11.** financial ~ (*adm.* - *finan.*), gestione finanziaria. **12.** joint ~ (*ind.*), condirezione. **13.** multiple ~ (*organ.*), direzione collegiale. **14.** personnel ~ (of a factory), direzione del personale. **15.** production ~ (as of a factory), direzione produzione. **16.** quality ~ (*work organ.*), direzione del controllo di qualità. **17.** sales ~ (of a factory), direzione commerciale. **18.** scientific ~ (*organ.*), direzione scientifica. **19.** stock ~ (*ind.*), gestione dei materiali.
manager (as of a factory), direttore responsabile. **2.** ~ (business manager, of an undertaking) (*ind.* - *etc.*), gestore. **3.** ~ (film manager) (*m. pict.*), regista. **4.** accountant ~ (directing the conduct of accountancy), direttore contabile. **5.** administration ~ (of a factory), direttore (o capo servizio) amministrativo. **6.** advertising ~ (as of a factory) (*comm.*), direttore della propaganda, direttore

della pubblicità. **7.** assistant ~ (*factory or company management*), vice direttore. **8.** assistant ~ (*m. pict.*), aiuto regista. **9.** assistant sales ~ (*company management*), vicedirettore vendite. **10.** general ~ (of a company) (*company management*), direttore generale. **11.** hotel ~, direttore d'albergo. **12.** joint ~, condirettore. **13.** line ~ (as of one or more employees) (*off. pers. organ.*), capo reparto. **14.** manufacturing ~ (*factory management*), direttore di fabbricazione. **15.** marketing ~ (*pers.*), direttore di mercatistica, responsabile delle analisi e ricerche di mercato (o del "marketing"). **16.** personnel ~ (of a factory) (*ind.*), capo del personale, direttore (o capo servizio) del personale. **17.** planning ~ (of a factory) (*ind.*), capo servizio impianti. **18.** plant ~ (works manager, of a factory) (*factory management*) (Am.), direttore di stabilimento. **19.** product ~ (responsible for the planning and strategies for a single product or a line of products) (*ind.*), "product manager", responsabile del prodotto. **20.** production ~ (of a factory), direttore di produzione. **21.** publicity ~ (*comm.*), direttore della pubblicità. **22.** purchasing ~ (of a factory), direttore (o capo servizio) acquisti. **23.** safety ~ (*company management*), capo servizio sicurezza. **24.** sales ~ (*company management*), direttore vendite. **25.** shop ~ (of a factory) (*ind.*), capo officina. **26.** technical ~ (*ind.*), direttore tecnico. **27.** top ~ (of a factory) (*factory management*), direttore generale. **28.** works ~ (of a factory) (*ind.*), direttore di stabilimento.

managerial (pertaining or characteristic of a manager) (*ind. - etc.*), direttoriale, direzionale.

managing (leading) (*gen.*), direttivo. **2.** ~ director (of a company) (*company management*), amministratore delegato.

mandate (authorization to act on behalf of someone) (*law*), delega, mandato.

man-day (labor undertaken by a worker in an average man-day) (*work meas.*), lavoro compiuto in una giornata lavorativa da un operaio, giorno di lavoro.

"M&R" (maintenance and repair) (*comm. - etc.*), manutenzione e riparazione.

mandrel (core) (*found.*), anima metallica. **2.** ~ (cylindrical spindle) (*mach. t. mech.*), mandrino. **3.** ~ (round bar used for forging tubes, rings, etc.) (*forging t.*), mandrino. **4.** ~ (introduced into a steel pipe during welding) (*pip.*), mandrino di elementi snodati e calibrati introdotti in una tubazione saldata per fare in modo che la saldatura interna del giunto divenga liscia. **5.** ~ drawing (of tubes) (*pip. mfg.*), trafilatura con mandrino. **6.** expanding ~ (*mech.*) (Brit.), mandrino a espansione, stelo a espansione. **7.** split ~ (*mech.*), mandrino in due pezzi.

mandrel (to) (to turn with a mandrel) (*mach. t.*), tornire con mandrino.

mandril, *see* mandrel.

"M&S" (maintenance and supply) (*comm.*), manutenzione e rifornimento.

"maneton" (of a radial engine crankshaft) (*aer. mot.*), controbraccio di manovella. **2.** ~ bolt (as of a radial aero engine crankshaft) (*mot.*), bullone d'unione.

maneuver, manovra. **2.** ~ (*aer. naut.*), evoluzione, manovra. **3.** ~ in the air (*aer.*), evoluzione in aria. **4.** ~ margin with stick fixed (*aer.*), margine di manovra con governale fisso. **5.** ~ margin with stick free (*aer.*), margine di manovra con governale libero. **6.** ~ on land (*aer.*), manovra a terra. **7.** false ~ (*gen.*), falsa manovra.

maneuver (to), manovrare.

maneuverability (*gen.*), manovrabilità. **2.** ~ (as of an aircraft) (*gen.*), maneggevolezza.

manganate (*chem.*), manganato.

manganese (Mn - *chem.*), manganese. **2.** ~ cast iron (*metall.*), ghisa al manganese. **3.** ~ steel (*metall.*), acciaio al manganese.

manganic (*chem.*), manganico.

manganin (bronze alloy for elect. resistances with the 12% of Mn and the 4% of Ni) (*metall. - elect.*), manganina.

manganite MnO(OH) (*min.*), manganite, ossido manganico idrato.

manganous (*chem.*), manganoso.

"Mang B" (manganese bronze) (*mech. draw.*), bronzo al manganese.

mangle (for smoothing cloth) (*mach.*), mangano. **2.** ~ gearing (*mech.*), tipo di guida dentata per trasformare un moto circolare in alternativo. **3.** ~ wheel, *see* mangle gearing.

mangle (to) (as cloths) (*text. ind.*), manganare, passare al mangano.

mangling (flattening of plates by means of a multi-roll straightening machine) (*metall.*), spianatura (con spianatrice a rulli).

manhead, *see* manhole.

manhole (passage, as to a sewer) (*civ. eng.*), botola stradale, passaggio d'ispezione. **2.** ~ (*naut.*), boccaportella. **3.** ~ (inspection passage: as of boil., tank etc.), passo d'uomo. **4.** ~ cover (for boiler inspection) (*mech.*), portello. **5.** ~ cover (*road bldg.*), chiusino, tombino, botola. **6.** deep ~ (box-shaped chamber used to give access as to a sewer for inspection purposes etc.) (*bldg.*), torrino di discesa. **7.** street ~ (*road*), chiusino stradale, botola stradale.

man-hour (unit of work, cost etc.) (*adm. ind.*), ora di manodopera, ora (di lavoro) di operaio.

manifest (*a.*), evidente. **2.** ~ (ship's ~) (*n. - naut.*), manifesto di carico.

manifold (as of mot.) (*n.*), collettore. **2.** ~ (pipe connecting many other smaller pipes) (*n. - pip.*), collettore. **3.** ~ (manifold paper, thin paper used in duplicating) (*paper mfg.*), carta per duplicatori. **4.** ~ (aggregate, set) (*n. - math.*), insieme. **5.** ~ (various) (*a. - gen.*), molteplice. **6.** ~ pressure (absolute pressure in an induction system) (*aer.*

mot.), pressione di alimentazione (assoluta). **7.** ~ pressure gauge (*aer. mot.*), manometro della pressione di alimentazione. **8.** exhaust ~ (*mot.*), collettore di scarico. **9.** feed ~ (as of a turbine) (*pip. for mach.*), collettore di alimentazione. **10.** fuel ~ (as for distributing fuel to the burners of a jet engine) (*pip. for mach.*), collettore del combustibile. **11.** hot air anti-icing ~ (*turbojet eng.*), collettore aria calda antighiaccio. **12.** watercooled exhaust ~ (of a marine engine) (*mot.*), collettore di scarico raffreddato ad acqua.
manifold (to) (to make copies) (*off.*), fare copie.
manikin (model of the human body, for use as in defining vehicle seating or for crash tests) (*aut. - etc.*), manichino.
manila (resin), manilla. **2.** ~ hemp (*text. fiber*), manilla. **3.** ~ rope (*rope mfg.*), cavo di manilla.
manipulate (to) (*gen.*), manipolare.
manipulation (*ind. mfg.*), manipolazione.
manipulator (*mfg. impl.*), manipolatore. **2.** ~ (device for performing operations from a safe place on radioactive matters) (*nuclear app.*), manipolatore. **3.** ~ (tilter) (*rolling mill*), ribaltatore, manipolatore. **4.** master-slave ~ (*nuclear app.*), manipolatore di precisione.
man-minute (work done by one worker in one minute: unit of meas.) (*time motion study*), lavoro eseguito in un minuto di lavoro di un operaio, minuto di lavoro.
manned (strengthened, fortified) (*gen.*), rinforzato, fortificato. **2.** ~ (with personnel, as a radio station) (*radio - etc.*), presidiato, con personale. **3.** ~ (*naut.*), con equipaggio. **4.** ~ (as of an artificial satellite or spaceship) (*a. - veh.*), con equipaggio umano. **5.** ~ flight (of a spaceship) (*astric.*), volo con uomo a bordo.
manning table (it shows the amount of manpower requested for each operation of a specific work to be developed in an ind. plant) (*w. organ.*), analisi del fabbisogno per categorie della mano d'opera occorrente.
mannite (*chem.*), *see* mannitol.
mannitol ($C_6H_{14}O_6$) (mannite, used as for making expl.) (*chem.*), mannite.
mannose ($C_6H_{12}O_6$) (*chem.*), mannosio.
manoeuvre, *see* maneuver.
man-of-war (*navy*), nave da guerra.
manograph (pressure recorder: as in an engine cylinder) (*phys. instr.*), manografo.
manometer (*instr.*), manometro. **2.** ~ with liquid column (*instr.*), manometro a colonna di liquido.
manometric (*phys.*), manometrico.
manor house (*arch.*), maniero, castello.
manostat (it regulates the flow automatically for keeping the pressure at a costant level) (*fluids app.*), pressostato, manostato.
manpower (available persons, of a nation) (*gen.*), potenziale umano. **2.** ~ (man power, persons available for work, in a company) (*work*), forza di lavoro, potenziale lavorativo, disponibilità di maestranze. **3.** ~ (available persons, of an industry) (*ind.*), dipendenti, organico, effettivi, forza.
manrope (*naut.*), cima di parapetto (o di corrimano).
mansard (*arch.*), mansarda. **2.** ~ roof (*arch.*), tetto a mansarda.
mansion (*arch.*), casa signorile.
mantel (fireplace lintel) (*arch.*), architrave del caminetto.
mantelpiece (mantel with upright sides) (*arch.*), architrave e montanti laterali del caminetto.
mantelshelf (zone of a mantel serving as a shelf) (*arch.*), mensola del caminetto.
manteltree, *see* mantel.
mantissa (of common logarithms) (*math.*), mantissa. **2.** ~ (*comp.*), mantissa.
mantle (as for a gasoline lamp) (*illum.*), reticella Auer. **2.** ~ (the outer covering of a wall surface) (*mas.*), manto. **3.** ~ (for a water wheel) (*hydr.*), *see* penstock.
manual (*a.*), manuale. **2.** ~ (handbook: as of an engine, a mach. t. etc.) (*ind.*), manuale, libretto d'istruzione. **3.** ~ control (*gen.*), controllo manuale. **4.** ~ labor (*work.*), manovalanza. **5.** ~ pump (as of a fire engine) (*app.*), pompa a mano. **6.** ~ starter (*mech.*), avviatore a mano, dispositivo di avviamento a mano. **7.** maintenance ~ (as of an engine, a mach. t. etc.) (*ind.*), libretto (o manuale) di istruzione per la manutenzione. **8.** overhaul ~ (as of an engine, a mach. t. etc.) (*ind.*), manuale di istruzione per la revisione.
manually, a mano. **2.** ~ operated (*ind. - mech. - etc.*), azionato a mano.
manufactory, fabbrica, stabilimento.
manufacture (*n. - ind.*), manifattura, fabbricazione. **2.** ~ (process of) (*ind.*), fabbricazione. **3.** ~ (anything manufactured) (*n. - ind.*), prodotto.
manufacture (to) fabbricare. **2.** ~ (with machinery and organized work) (*ind.*), costruire.
manufactured gas (gas mixture obtainable as from coal and used for fuel distribution in large towns) (*ind.*), gas prodotto artificialmente.
manufacturer, industriale, fabbricante.
manufacturing (*n. - ind.*), fabbricazione. **2.** ~ (as industry) (*a. - ind.*), manifatturiero. **3.** ~ manager (*factory management*), direttore di fabbricazione.
manure (*agric.*), concime, letame. **2.** ~ spreader (*agric. mach.*), spandiconcime. **3.** green ~ (*agric.*), sovescio.
manure (to) (*agric.*), concimare.
manuring (*agric.*), concimazione.
manuscript ("MS", "MSS": handwritten or typed, not printed) (*n. - typ.*) manoscritto, dattiloscritto.
manway (shaft without hoist) (*min.*), discenderia, passaggio.
map (*n. - geogr. - cart.*), carta, mappa. **2.** ~ (indicating the location of programs, data units, etc. into the comp. memory) (*n. - comp.*), mappa, tabella di corrispondenza. **3.** ~ grid (*cart.*), reticolo

della carta, reticolato della carta, quadrettatura della carta. **4.** ~ light (*aut.*), luce per consultazione carte. **5.** ~ maker (*technician cart.*), cartografo, compilatore di carte geografiche (o topografiche). **6.** ~ making (*cart.*), cartografia. **7.** ~ paper (*paper mfg.*), carta per carte geografiche. **8.** ~ projection (*cart.*), proiezione. **9.** ~ reading (*cart.*), lettura della carta, interpretazione della carta. **10.** ~ scale (*top. - cart.*), scala della carta. **11.** cadastral ~ (*cart. - top.*), mappa catastale. **12.** general airway ~ (*air navig.*), carta generale aeronautica. **13.** loxodromic airway ~ (*air navig.*), carta aeronautica lossodromica. **14.** manuscript ~ (*top. - cart.*), (carta) originale di campagna. **15.** orthodromic airway ~ (*air navig.*), carta aeronautica ortodromica. **16.** physical ~ (*cart.*), carta fisica. **17.** planimetric ~ (*cart.*), carta planimetrica. **18.** relief ~ (*top. - cart.*), carta tridimensionale, carta in rilievo (o rilievografica), plastico. **19.** road ~ (*cart.*), carta stradale. *20.* route ~ (*cart.*), carta itineraria. **21.** spot height ~ (*top. - cart.*), piano quotato. **22.** topographic ~ (*cart. - top.*), carta topografica. **23.** town ~ (town plan, city plan) (*cart.*), pianta di una città.

map (to) (to make a map) (*geogr. - cart.*), compilare una carta geografica (o topografica). **2.** ~ (to survey) (*top. - cart.*), rilevare. **3.** ~ (to plan) (*organ.*), pianificare. **4.** ~ memory (to dedicate part of main memory: as to a video terminal) (*comp.*), mappare la memoria.

"MAP" (Multiple Aim Point: for diminishing the effect of a surprise enemy attack) (*milit. defense*), moltiplicazione degli obiettivi.

maple (*wood*), acero. **2.** field ~ (*wood*), acero campestre, acero comune, testucchio, oppio, loppo, loppio. **3.** Japanese ~ (*wood*), acero giapponese, acero palmatum. **4.** Norway ~ (*wood*), acero di Norvegia. **5.** rock ~ (*wood*), acero duro. **6.** soft ~ (*wood*), acero (americano) tenero.

mapper (*technician work.*), *see* map maker.

mapping (map making) (*cart.*), cartografia. **2.** ~ (survey for getting data for a map) (*top. - cart.*), rilievo. **3.** ~ (veining, on a casting) (*found. defect*), venatura. **4.** ~ (*n. - math.*), applicazione. **5.** ~ (act of loading addresses physically located in main memory) (*comp.*), mappatura (in memoria).

maquette (as of a railw. coach compartment etc.) (*ind.*), modello preliminare, "maquette".

mar (blemish) (*gen.*), danneggiamento.

mar (to) (to indent) (*gen.*), ammaccare. **2.** ~ (to damage) (*gen.*), danneggiare, rovinare. **3.** ~ (to obstruct) (*gen.*), ostruire, interrompere.

"mar" (maritime) (*a. - naut.*), marittimo. **2.** ~, *see also* marine.

marabou (marabout, a raw silk fabric) (*text.*), marabù.

maraging steel (martensitic with up to 25% nickel) (*metall.*), acciaio "maraging".

marble, marmo. **2.** ~ papers (marbled papers) (*paper mfg.*), carte marmorizzate, carte marezzate, carte a marmo. **3.** ~ quarry (*min.*), cava di marmo. **4.** marezzo ~ (*bldg.*), tipo di marmo artificiale, marezzo. **5.** ~ *see also* marbles.

marbleize (to) (*paint.*) (Am.), marmorizzare.

marbles (marble balls as used with a grainer) (*lith.*), biglie (per granitoio).

marbling (variegation that suggests marble) (*paint.*), marezzatura, marmorizzazione.

marcasite (FeS_2) (*min.*), marcassite, pirite bianca.

marconigram (*radio*), marconigramma.

mare's tail, mare's tails (cirrus) (*meteorol.*), cirro.

marforming (cold plastic deformation on martensitic steel for hardening it) (*metall.*), deformazione della martensite, "marforming".

"marg", *see* margin, marginal.

margin (edge, border) (*gen.*), margine. **2.** ~ (operating limit of an apparatus) (*gen.*), margine. **3.** ~ (economics) (*comm.*), margine. **4.** ~ (*road*), banchina. **5.** ~ of safety, "M.S.". (*constr. theor.*), margine di sicurezza. **6.** ~ release (as of typewriter) (*mech.*), liberamargine. **7.** ~ setting control (*typewriter*), marginatore. **8.** ~ stop (marginal stop) (*typewriter*), arresto della marginatura. **9.** file ~ (filing margin: as of a form) (*comp.*), margine per archiviazione. **10.** guide ~ (of a paper punched tape) (*comp.*), margine di guida. **11.** net ~ (difference between selling and buying prices inclusive of expenses) (*adm. - comm.*), margine di utile netto. **12.** operating ~ (*adm.*), profitto relativo. **13.** static ~ (the horizontal distance from the center of gravity to the neutral steer line divided by the wheelbase, of a car) (*aut.*), margine statico. **14.** static ~ (portion of the mean chord proportional to the displacement of the control column) (*aer.*), margine statico.

margin (to) (*gen.*), marginare, provvedere di un margine, dare un margine. **2.** ~ (*typ.*), marginare.

marginal (as said of production yielding a profit barely covering the costs of production) (*a. - econ.*), marginale. **2.** ~ (as of a probability) (*a. - stat.*), marginale.

margining (*typ.*), marginatura.

margin-notched, *see* edge-notched.

mariculture (sea organisms culture) (*n. - sea*), maricultura.

marigold window (rose window) (*arch.*) (Brit.), finestra a rosone.

marina (a small port provided with moorings for yachts, sailboats etc.) (*naut.*), porto turistico, punto di attracco per barche da diporto.

marine (*a. - naut.*), marino, marittimo. **2.** ~ (amount of ships owned by a nation) (*naut.*), marina. **3.** ~ (sailor) (*n. - naut.*), marinaio. **4.** ~ "acid" (*chem.*), acido cloridrico. **5.** ~ barometer (*naut. instr.*), barometro di tipo marino. **6.** ~ engine (*mot.*), motore marino. **7.** ~ engineering (*naut.*), ingegneria navale. **8.** ~ insurance (*naut.*), assicurazione marittima. **9.** ~ railway (slipway provided with tracks) (*naut.*), scalo di alaggio provvisto di binario. **10.** merchant ~ (mercantile marine) (*naut.*), marina mercantile.

mariner (sailor), marinaio.

mariner's compass (magnetic compass on gimbals) (*naut.*), bussola (magnetica) nautica.

maritime (*a.* - *naut.*), marittimo.

mark (brand) (*ind.* - *comm.*), marca. **2.** ~ (visible sign), traccia, segno. **3.** ~ (for the identification of aircraft) (*aer.*), marca. **4.** ~ (degree of merit) (*school* - *etc.*), voto. **5.** ~ (centering mark for electronic eye) (*packing* - *etc.*), tacca. **6.** ~ (a known and big object easy to be recognized) (*aer. and sea navig.*), riferimento a terra. **7.** ~ (a particular sign denoting a variation or something else) (*comp.*), marcatura. **8.** ~ hold (continuous transmission of a steady mark [as of bit 1], to mean that there is no traffic on the line) (*tlcm.* - *comp.*), segnale permanente. **9.** ~ scanning (automatic and photoelectric sensing: by optical reader) (*comp.*), lettura (ottica) di marcature (o contrassegni). **10.** ~ scraper (*t.*), punta per tracciare. **11.** ~ sensing (as of a card) (*comp.*), rilevamento di marcature (o contrassegni). **12.** alternate ~ inversion (*tlcm.*), inversione alternata di segno. **13.** beginning ~ (as of recording) (*comp.*), marcatura di inizio. **14.** blanket ~ (felt mark, defect of paper) (*paper mfg.*), segno del feltro. **15.** boundary ~ (*top.*), cippo confinario, pietra confinaria, termine. **16.** brush marks (ropey finish) (*paint. defect*), cordonature. **17.** centering ~ (electronic eye mark) (*packing* - *etc.*), tacca di centraggio. **18.** chain ~ (of laid paper, one of the wider parallel lines) (*paper mfg.*), filone. **19.** dandy ~ (defect of paper) (*paper mfg.*), spizzicatura del ballerino. **20.** dog ~ (tongs mark) (*forging defect*), segno di tenaglie. **21.** draught ~ (*naut.*), marca di pescaggio. **22.** end ~ (as at the end of a record) (*comp.*), marcatura di fine, marcatura terminale. **23.** end of field ~ (*comp.*), marcatura di fine campo. **24.** end of file ~ (end of the data flow from the file) (*comp.*), marcatura di fine flusso (dall'archivio). **25.** end of tape ~ (*comp.*), marcatura di fine nastro. **26.** felt ~ (defect of paper) (*paper mfg.*), segno del feltro. **27.** fiduciary ~ (mark of reference for meas.: in an opt. instr.) (*opt.*), linea di fede, segno di riferimento. **28.** high-water ~ (*hydr.*), livello di piena. **29.** punctuation marks (*typ.*), segni di interpunzione. **30.** record ~ (*comp.*), marcatura di registrazione. **31.** roll ~ (on a rolled piece, due to defect on the roll surface) (*metall. defect*), segno di cilindro. **32.** tail ~ (on a rolled piece surface, due to the impression caused on the rolls from the cold end of the bar) (*metall.*), intacco di coda, segno di coda, intaccatura di coda. **33.** tape ~ (as indicating with evidence the end of recording on a tape or the end of tape) (*comp.*), marcatura sul nastro. **34.** tool ~ (on a work) (*mech.* - *mach. t.*), segno di utensile. **35.** witness ~ (as on a machined piece) (*mech.*), testimonio. **36.** word ~ (punctuation bit indicating beginning and end of a word) (*comp.*), marcatura della parola.

mark (to) segnare, contrassegnare, tracciare. **2.** ~ (to stamp, as a metal piece passed by official inspection) (*metall.*), punzonare, marcare. **3.** ~ off (a casting with a scribing block) (*mech.*), tracciare. **4.** ~ out the foundations (*bldg.*), tracciare le fondamenta.

markdown (a lowering of price) (*comm.*), riduzione (di prezzo).

marked (*a.* - *gen.*), segnato, contrassegnato. **2.** ~ capacity (on freight cars) (*railw.*), indicazione del limite di portata, marca di portata. **3.** ~ transfer, *see* cerfied transfer.

marker (*railw.*), segnale. **2.** ~ (*gen.*), segnale. **3.** ~ (colored or properly shaped object used as a signal) (*aer.* - *etc.*), segnale. **4.** ~ (easily identified geol. formation, in well boring) (*min.*), formazione geologica di facile identificazione. **5.** ~ (worker marking the castings to be machined etc.) (*ind. work.*), tracciatore. **6.** ~ beacon (in radionavigation) (*aer.* - *radio*), radiofaro di segnalazione, radiosegnale, radiomeda. **7.** ~ radio beacon, *see* marker beacon. **8.** approach ~ beacon (in radionavigation) (*aer.* - *radio*), radiofaro d'avvicinamento, radiomeda d'avvicinamento. **9.** boundary ~ (located at the borders of a landing strip) (*aer.*), localizzatore di pista, cono giallo-arancio ai bordi della pista, "cinesino". **10.** bridge ~ (*naut.*) (Brit.), fanale di via. **11.** fan ~ beacon (in radionavigation) (*aer.* - *radio*), radiofaro di segnalazione a ventaglio. **12.** inner ~ beacon (in radionavigation: defining the final predetermined point during approach) (*aer.* - *radio*), radiofaro interno (o finale) di segnalazione. **13.** middle ~ beacon (in radionavigation: defining the second predetermined point during approach) (*aer.* - *radio*), radiofaro intermedio di segnalazione. **14.** obstruction ~ (*aer.*), segnale d'ostacolo. **15.** obstruction ~ light (for airways) (*aer.*), segnale luminoso di ostacolo. **16.** outer ~ beacon (in radionavigation: defining the first predetermined point during approach) (*aer.* - *radio*), radiofaro esterno di segnalazione. **17.** taxi-channel ~ (*aer.*), segnale di canale di flottamento, segnale di canale di circolazione. **18.** Z ~ beacon (form of marker beacon for radionavigation) (*aer.* - *radio*), radiofaro Z di segnalazione.

market (*comm.*), mercato, piazza. **2.** ~ analysis (*comm.*), analisi di mercato. **3.** ~ coverage (*comm.*), area (o fascia) di mercato. **4.** ~ estimate (*comm.*), valutazione del mercato. **5.** ~ potential (*comm.*), potenziale di mercato. **6.** ~ price (*comm.*), prezzo corrente. **7.** ~ rate of discount (*comm.*), tasso di sconto corrente. **8.** ~ research, *see* marketing research. **9.** ~ share (percentage of preferences obtained in a market) (*finan.* - *adm.*), quota di mercato. **10.** ~ trend (*finan.* - *comm.*), tendenza del mercato. **11.** ~ value (*comm.*), valore di mercato. **12.** automobile ~ (*aut.* - *comm.*), mercato automobilistico. **13.** bear ~ (buyer's market in stock exchange) (*finan.*), mercato al ribasso. **14.** boom ~ (*comm.*), mercato in forte ripresa. **15.** bullish ~ (in stock exchange) (*finan.*), mercato al rialzo. **16.** buyer's ~ (bear market in stock exchange) (*finan.*), mercato al ribasso. **17.** capital ~ (*finan.*), mercato dei capitali. **18.** common ~ (European trade agreement: MEC) (*finan.*), mercato comune. **19.** consumer ~ (*comm.*), mercato dei beni di consumo. **20.** domestic ~ (*comm.*), mercato interno. **21.** European common ~ (European trade agreement: MEC) (*comm.*), mercato comune europeo. **22.** falling ~ (*comm.*), mercato in ribasso. **23.** financial ~ (*finan.*), mercato finanziario. **24.** foreign exchange ~ (*finan.*), mercato dei cambi (con l'estero). **25.** money ~ (*finan.*), mercato monetario. **26.** open ~ (*comm.*), mercato libero. **27.** potential ~ (*finan. - comm.*), mercato potenziale. **28.** second-hand ~ (of cars) (*aut. - comm.*), mercato dell'usato, mercato delle vetture di seconda mano. **29.** spot ~ (*comm.*), mercato del pronto. **30.** stable ~ (*comm.*), mercato stabile. **31.** stock ~, *see* stock exchange. **32.** street ~ (*stock exchange - finan.*), dopoborsa.

marketable (*comm.*), commerciabile.

marketing (act of selling or buying in a market) (*comm.*), compravendita diretta. **2.** ~ (articles sold in a market) (*comm.*), mercanzia. **3.** ~ (business activity involved in the flow of goods and services from production to consumption) (*comm.*), analisi e ricerche di mercato, "marketing". **4.** ~ research (*comm.*), ricerca di mercato. **5.** ~ scheme (*comm.*), sistema di organizzazione di un mercato. **6.** test ~ (as by launching a new product) (*comm.*), ricerca sperimentale di mercato.

marking (a visible seal or the like), contrassegno. **2.** ~ (act of one who marks) (*gen.*), marcatura. **3.** ~ (a visible sign made on a piece to be machined) (*mech.*), tracciatura. **4.** ~ (*railw.*), *see* lettering. **5.** ~ awl (*join. t.*), punta per tracciare. **6.** ~ compound (colored oil mixture, for testing the bearing position as of gear teeth) (*mech.*), rilevatore impronte di contatto, pittura per rilevare le impronte di contatto. **7.** ~ gauge (*t.*), graffietto. **8.** ~ machine (*mach.*), (macchina) timbratrice. **9.** ~ off (as of a casting with a scribing block: to facilitate the successive machining of the casting) (*mech.*), tracciatura. **10.** ~ table (*mech. technol.*), tavolo di tracciatura. **11.** ~ tool (*t.*), punta per tracciare.

marksman (*milit.*), tiratore scelto.

markup (raise of price) (*comm.*), aumento di prezzo. **2.** ~ (amount added to the cost for calculating the selling price) (*comm.*), margine di profitto.

marl (*earthy deposit*), marna.

marl (to) (*naut.*), fasciare (con merlino).

marline, marling (*naut.*), merlino. **2.** ~ hitch (knot) (*naut.*), strafilatura. **3.** ~ holes (*naut.*), fori per i quali passa il merlino.

marlinespike (pointed iron bar for splicing) (*naut. t.*), caviglia per impiombare.

marlpit (*earthy deposit*), marniera.

marmoreal (made of marble) (*gen.*), marmoreo.

maroon (paper shell charged with explosive) (*milit. expl.*), bomba a salve (con involucro di carta).

marquee (as over the entrance of a hotel: permanent canopy) (*arch.*), pensilina a sbalzo ornamentale e protettiva. **2.** ~ (field tent: for generals) (*milit.*), grande tenda da campo.

marquetry (*gen.*), intarsio.

marquise, *see* marquee.

marry (to) (to couple: as a system for tests) (*test.*), accoppiare.

marsh (*agric.*), palude, acquitrino. **2.** ~ gas (CH_4) (*chem.*), metano, gas delle paludi.

marshal (of a Court) (*law*) (Am.), ufficiale giudiziario.

marshal (to) (to put in order, to arrange) (*gen.*), mettere in ordine, coordinare.

marshalling (as of the parts to be assembled on an aut. chassis) (*ind. prod.*), coordinamento. **2.** ~ yard (*railw. - etc.*), scalo di smistamento, stazione di smistamento.

marshy (*agric.*), paludoso, acquitrinoso.

marstraining (martensite straining), *see* marforming.

marteline (instrument for working or sculpturing marble) (*t.*), martellina.

martempering (quenching and holding at a temperature slightly above the upper limit of martensite formation for permitting equalization of temperature without transformation of austenite, followed by cooling in air and resulting in the formation of martensite) (*heat-treat.*), tempra isotermica, tempra intermedia.

martensite (*metall.*), martensite.

martensitic (*metall.*), martensitico. **2.** ~ spots (*metall.*), aree martensitiche.

martial law (*milit.*), legge marziale.

marver (a flat plate on which a hand gather of glass is rolled, shaped and cooled) (*glass mfg.*), marmo, piastra di marmorizzazione.

"MAS" (milliampere second) (*elect. meas.*), milliampere secondo.

"mas", "masc" (masculine) (*a. - work.*), maschile.

mascon (mass concentration under the moon surface) (*n. - astric.*), mascon, concentrazione occulta di massa.

maser (microwave amplification by stimulated emission of radiations) (*phys.*), maser, amplificazione molecolare mediante emissione stimolata di radiazioni.

mash (hammer for breaking minerals) (*t.*), tipo di martello per minerali. **2.** ~ (crushed mixture of malt etc. with water for alcohol distillation: as whiskey) (*alimentary ind.*), infuso di malto. **3.** ~ weld, *see at* weld.

mash (to) (in brewing), macerare.

mask (adornment) (*arch.*), maschera, mascherone. **2.** ~ (of a camera) (*phot. - m. pict.*), mascherina. **3.** ~ (used in color separation) (*photomech.*), maschera, mascherina. **4.** ~ (used in integrated circuits construction and made by phot. procedure) (*elics. technol.*), maschera. **5.** ~ (pattern of characters) (*comp.*), maschera. **6.** ~ (extractor) (*comp.*), *see* extractor. **7.** ~ for anaesthetics (*med. instr.*), maschera per anestesia. **8.** color corrector ~ (*photomech.*), maschera per correzione del colore. **9.** gas ~ (*milit.*), maschera antigas. **10.** highlight ~ (*photomech.*), maschera delle alte luci, maschera per zone di sovraesposizione. **11.** intermediate ~ (*photomech.*), maschera intermedia. **12.** principal ~ (*photomech.*), maschera principale. **13.** range reduction ~ (*photomech.*), maschera per riduzione di gamma.

mask (to) (as for aut. paint. repair) (*spray paint.*), mascherare. **2.** ~ (a sound) (*acous.*), mascherare. **3.** ~ (*comp.*), mascherare.

masking (of a sound) (*acous.*), mascheramento. **2.** ~ (as for the partial treatment of a work with chemical solutions) (*mech. technol.*), mascheratura, protezione. **3.** ~ (*photomech.*), mascheratura. **4.** ~ (extraction or replacing of characters) (*comp.*), mascheramento. **5.** ~ (the act of coating the due areas in integrated circuits constr.) (*elics. technol.*), mascheratura. **6.** ~ for repair (as in aut. spray paint.), mascheratura per ritocco. **7.** ~ paper (*gen.*), carta per mascheratura. **8.** color ~ (as for eliminating a defect) (*photomech.*), mascheratura del colore.

mason (*work.*), muratore. **2.** stone ~ (*work.*), scalpellino.

mason (to) (*mas.*), murare, costruire in muratura.

masonite (for insulation and lining) (*bldg. - ind.*), masonite.

masonry (anything constructed by a mason) (*mas.*), muratura. **2.** ~ (of a furnace), muratura. **3.** ~ (*art.*), arte muraria . **4.** ~ dam (*hydr. constr.*), diga in muratura. **5.** brick ~ (*mas.*), muratura in mattoni. **6.** concrete ~ (*bldg.*), muratura di calcestruzzo. **7.** firebrick ~ (*mas.*), muratura refrattaria. **8.** stone ~ (*mas.*), muratura in pietrame.

mass (*gen.*), massa. **2.** ~ (*phys.*), massa. **3.** ~ (*a. - phys.*), massico. **4.** ~ (aggregate, set, manifold) (*n. - math.*), insieme. **5.** ~ defect (of an isotope, difference between its mass number and its atomic weight) (*atom phys.*), difetto di massa, correzione di massa. **6.** ~ effect (the effect of size etc. causing a variation of properties from the surface inwards of a work during heat-treatment) (*metall.*), effetto di massa. **7.** ~ flow (as in a jet engine) (*mech. of fluids - aer.*), portata in peso. **8.** ~ media (means for mass communication) (*adver.*), mass media, mezzi di comunicazione di massa. **9.** ~ medium, *see* mass media. **10.** ~ number (*atom phys.*), numero di massa. **11.** ~ production (*ind.*), produzione in grande serie. **12.** ~ production work (*ind.*), lavoro di grande serie. **13.** ~ ratio (the total rocket weight divided by its weight after the fuel has been burnt up) (*rckt.*), rapporto tra peso iniziale e peso a combustione completata. **14.** ~ spectra (*atom phys.*), spettri di massa. **15.** ~ spectrum, *see* mass spectra. **16.** ~ spectrography (*atom phys. - phys. chem.*), spettrografia di massa. **17.** ~ storage, *see at* storage. **18.** ~ unit (atomic mass unit, a. m. u. = 931 MEV) (*phys.*), unità di massa atomica. **19.** air ~ (*meteorol.*), massa d'aria. **20.** associated air ~ (moved by a parachute) (*aer.*), massa d'aria spostata. **21.** atomic ~ (*atom phys.*), massa atomica. **22.** critical ~ (*atom phys.*), massa critica. **23.** isotopic ~ (*atom phys.*), massa isotopica. **24.** overthrust ~ (*geol.*), falda di ricoprimento, nappa di ricoprimento. **25.** relativistic ~ (*atom phys.*), massa relativistica. **26.** rest ~ (mass of a body at rest: without the mass acquired by the body because of its speed) (*phys.*), massa di riposo. **27.** subcritical ~ (mass not permitting a self-supporting chain reaction) (*atom phys.*), massa subcritica. **28.** supercritical ~ (mass giving rise to a self-supporting chain reaction) (*atom phys.*), massa supercritica.

massecuite (thick mass of sugar crystals in mother liquor) (*sugar mfg.*), massa cotta. **2.** first boiling ~ (*sugar mfg.*), massa cotta di I prodotto. **3.** intermediate ~ (second boiling massecuite) (*sugar mfg.*), massa cotta di II prodotto. **4.** raw ~ (third boiling massecuite) (*sugar mfg.*), massa cotta di III prodotto.

mass-energy equation (Einstein equation, $E = MC^2$ where E is energy in ergs, M is mass in grams and C is the velocity of light in cm/sec) (*phys.*), equazione di Einstein.

massicot (PbO) (*chem.*), massicot, ossido di piombo in polvere amorfa e gialla.

massive (consisting of a large mass) (*a. - gen.*), massiccio. **2.** ~ (compacted, as build. material) (*a. - gen.*), massiccio (*a.*), compatto.

massless (as of some particle supposed without mass) (*a. - phys.*), senza massa.

mass media (*m. pict. - telev. - magazines - newspapers - etc.*), mass media, mezzi di divulgazione.

mass-produce (to) (*ind.*), produrre in grande serie, produrre in massa.

"MAST" (manned astronomical space telescope) (*astric. - astr.*), telescopio-astronomico spaziale con personale addetto.

mast (*naut.*), albero. **2.** ~ (of a fork lift truck) (*ind. transp. veh.*), montante. **3.** ~ antenna (of radio installation on an airplane) (*aer.*), supporto antenna radio. **4.** ~ coat (canvas protecting the mast hole for keeping water out) (*naut.*), cappa della mastra d'albero. **5.** ~ fitting (*naut.*), attrezzatura dell'albero. **6.** ~ heel (lower end of the mast) (*naut.*), piede d'albero. **7.** ~ hole (*naut.*), mastra d'albero. **8.** ~ hoops (*naut.*), cerchi d'albero. **9.** ~ rigging (*naut.*), attrezzatura dell'albero. **10.** ~ tenon (*naut.*), maschio d'albero. **11.** built-up ~ (*naut.*), albero composto. **12.** foreroyal ~ (*naut.*), alberetto di controvelaccino. **13.** fore-topgallant ~ (*naut.*), alberetto di velaccino. **14.** lower ~ (*naut.*), albero maggiore, tronco maggiore. **15.**

main topgallant ~ (*naut.*), alberetto di velaccio. **16.** mizzen-royal ~ (*naut.*), alberetto di controbelvedere. **17.** mizzentopgallant ~ (*naut.*), alberetto di belvedere. **18.** mooring ~ (*aer.*), *see* mooring tower. **19.** royal ~ (*naut.*), alberetto di controvelaccino. **20.** skysail ~ (*naut.*), alberetto di dicontrovelaccio, alberetto di dicontra. **21.** topgallant ~ (*naut.*), alberetto. **22.** trellis ~ (as of a ship), albero a traliccio.

master (*gen.*), capo. **2.** ~ (as of a copy-milling mach.) (*mach. t.*), originale da copiare, modello. **3.** ~ (of a merchant ship) (*naut.*), comandante, capitano mercantile. **4.** ~ (mechanism controlling a similar mechanism) (*a. - app.*), principale. **5.** ~ (from which copies are printed) (*typ. - comp. - etc.*), originale. **6.** ~ (a person highly ingenious or a great artist) (*pers.*), maestro. **7.** ~ (as of the hydraulic pump of aut. brakes) (*mech.*), cilindro maestro, cilindro principale. **8.** ~ (relating to a measuring standard) (*a. - ind.*), "master" relativo ad uno standard di campionamento (o di verifica). **9.** ~, *see* master matrix. **10.** ~ alloy (*metall.*), lega madre. **11.** ~ catalogue (*comm.*), catalogo generale. **12.** ~ connecting rod (of a radial engine) (*mot.*), biella madre. **13.** ~ cylinder (as of hydraulic pump of aut. brakes) (*mech.*), cilindro maestro, cilindro principale. **14.** ~ gauge (*mech. meas. instr.*), calibro campione. **15.** ~ hob (printing tool for steel) (*t.*), stampiglia campione. **16.** ~ key (*locks*), chiave maestra. **17.** ~ loudspeaker (*electroacous.*), altoparlante campione (di precisione). **18.** ~ mason, maestro muratore. **19.** ~ matrix (electroplating of a wax recording used for mass production) (*phonographic records*), matrice ottenuta per galvanostegia. **20.** ~ mechanic, capo meccanico. **21.** ~ of ceremonies (person having the task of introducing numbers, interviewing speakers, etc. in a radio program) (*radio*), presentatore. **22.** ~ oscillator (*elics.*), oscillatore pilota. **23.** ~ pattern (*gen.*), copia tipo, modello di campione. **24.** ~ rod (master connecting rod of a radial engine) (*mot.*), biella madre. **25.** ~ schedule (*factory work organ.*), programma di lavoro (per una commessa) suddiviso per officine di produzione. **26.** store (of a toolroom) (*ind.*), magazzino copia, magazzino modelli. **27.** loom ~ (*text. work.*), capotelaio.

master (to) (to have good practice) (*gen.*), padroneggiare, conoscere a fondo, avere una ottima pratica di. **2.** ~ (to make a master: as of a phonograph disk) (*electroacous.*), realizzare la matrice.

masterpiece (*gen.*), capolavoro.

masterplate (stencil) (*mech. - gen.*), maschera (o sagoma) di lamiera.

master/slave system (way of communicating: as between two comp. of which the "slave" comp. depends from the other ["master"] comp.) (*comp.*) sistema master/slave, sistema gestore-asservito.

masthead (*naut.*), colombiere. **2.** ~ light (*naut.*), fanale di colombiere.

mastic, mastice. **2.** ~ (adhesive composition, as a filler, stopper, putty or adhesive) (*paint.*), stucco. **3.** asphalt ~ (*road*), mastice di asfalto. **4.** rubber ~ (for tires: as of aut. bicycles etc.), mastice, soluzione di gomma.

masticate (to) (as in rubber mfg.) (*ind.*), masticare, plastificare.

mastication (as in rubber mfg.) (*ind.*), masticazione.

masticator (as in rubber mfg.) (*mach.*), masticatrice. **2.** ~ (as in rubber mfg.) (*work.*), operaio addetto ad una masticatrice.

masting (*naut.*), alberatura. **2.** ~ wood (*shipbuild.*), legname da alberatura.

masts (*naut.*), alberatura.

mat (on a car body pavement) (*n. - aut.*), tappetino (mobile). **2.** ~ (as of fiber-glass) (*n. plastics ind.*), feltro. **3.** ~ (*n. - naut.*), paglietto, turafalle. **4.** ~ (at a door to wipe the shoes on) (*n.*), stuoino, zerbino. **5.** ~ (coarse fabric), tessuto grezzo (di paglia o canapa ecc.). **6.** ~ (concrete slab for supporting a heavy load on soft ground) (*n. - bldg.*), platea di fondazione. **7.** ~ board (heavy cardboard) (*paper mfg.*), cartone pesante. **8.** ~ sinking (*arch.*), incassatura per lo stuoino d'ingresso. **9.** ~ well, *see* mat sinking. **10.** coir ~ (*naut.*), paglietto di cocco. **11.** collision ~ (*naut.*), paglietto turafalle. **12.** uniform ~ (large foundation ~ supporting walls, columns etc.) (*bldg.*), zatterone di fondazione.

mat, matt, matte (without luster) (*a. - gen.*), opaco, non lucido, matto. **2.** ~ finish (*paper mfg.*), finitura opaca.

"mat", *see* material, matrix, mattres.

match (a lucifer) (*n.*), fiammifero. **2.** ~ (alignment of the top and bottom die) (*forging*), centratura. **3.** ~ (fuse) (*expl.*), spoletta. **4.** ~ (*sport*), incontro. **5.** ~ (comparison for finding corresponding elements) (*comp.*), corrispondenza. **6.** ~ plane (*join. impl.*), pialla per perlinaggi. **7.** ~ plate (pattern plate) (*found.*), placca modello. **8.** ~ plate jobs (*found.*), lavori eseguiti mediante placca modello. **9.** chemical ~ (ancient type of match) (*ind.*), fiammifero chimico. **10.** friction ~ (*ind.*), fiammifero a strofinamento. **11.** lucifer ~ (*ind.*), *see* friction match. **12.** parlor ~ (*ind.*), fiammifero di sicurezza, fiammifero amorfo, svedese. **13.** quick ~ (as for rocket missiles) (*expl.*), spoletta ad azione rapida. **14.** safety ~ (needing to be struck on a special friction surface) (*fire safety*), fiammifero di sicurezza (o svedese). **15.** slow ~ (as for firing expl.), miccia. **16.** wax ~ (vesta) (*ind.*), cerino, fiammifero di cera.

match (to) (to make fit) (*gen.*), adattare. **2.** ~ (to adjust the alignment of the bottom and top dies) (*forging*), centrare. **3.** ~ (to provide the equal of), appaiare. **4.** ~ (to couple) (*elect. - mech.*), accoppiare.

matchboard (*carp.*), perlina (maschia da un lato e femmina da quello opposto).

matchboard (to) (*join.*), perlinare.
matchboarding (lining by matchboards) (*carp.*) (Am.), perlinaggio.
matchbook (matchfolder) (*ind. - gen.*), bustina di fiammiferi.
matchbox (*gen.*), scatola di fiammiferi.
matched (being suitable for fitting with a determined piece only) (*mech.*) (Am.), accoppiato, oggetto di aggiustaggio particolare assieme col pezzo cui è accoppiato. **2.** ~ board, *see* matchboard.
matcher, *see* matching machine.
matchfolder, *see* matchbook.
matching (*wool ind.*), lana scelta, lana di qualità superiore. **2.** ~ (of dies) (*forging*), centratura. **3.** ~ impedance (*elect.*), impedenza d'adattamento. **4.** ~ machine (for matchboards) (*mach. t. for wood*), scorniciatrice, "trafila" per perlinaggi. **5.** ~ transformer (*elics.*), trasformatore di adattamento. **6.** aerial ~ unit (for impedance matching) (*radio - radar*), unità di adattamento (impedenza) di antenna. **7.** impedance ~ (*elect.*), adattamento d'impedenza. **8.** stub ~ (matching obtained with a stub of a quarter-wavelength size) (*telev.*), adattamento di impedenza.
"match-lining" (matchboarding) (*carp.*) (Brit.), perlinaggio.
matchstick (stick used in making matches) (*matches ind.*), stelo del fiammifero.
mate (fellow worker) (*work.*), compagno di lavoro. **2.** ~ (helper) (*work.*), aiuto, assistente. **3.** ~ (officer next in rank to the captain) (*naut.*), secondo. **4.** ~ (subordinate officer) (*navy*), sottonocchiere, caporale dei marinai di coperta. **5.** ~ (a thing customarily associated with another, as bulbs of the two or four motocar headlights) (*a. - gen.*), compagno. **6.** chief ~ (*naut.*) (Brit.), primo ufficiale di coperta. **7.** first ~ (*naut.*) (Brit.), primo ufficiale di coperta. **8.** second ~ (*naut.*) (Brit.), secondo ufficiale di coperta. **9.** third ~ (*naut.*) (Brit.), terzo ufficiale di coperta.
mate (to) (as of gears) (*mech.*), accoppiarsi. **2.** ~ (as of dies) (*mech.*), combaciare, far combaciare.
matelassé (*text. mfg.*), trapuntato, "matelassé".
material (*gen.*), materiale. **2.** ~ (substance) (*chem. - med.*), sostanza. **3.** ~ bill (*ind.*), distinta materiali, distinta base. **4.** ~ checking (*adm.*), controllo del materiale. **5.** ~ engineer (*pers. - ind.*), tecnico dei materiali. **6.** ~ handling (within the factory) (*ind.*), movimentazione del materiale. **7.** ~ handling equipment (as conveyors, elevators, fork trucks, cranes, tractors, ropeways etc.) (*ind.*), impianti ed attrezzamenti per sollevamento e trasporto. **8.** ~ hold disposition (MHD) (*ind.*), bolla di quarantena. **9.** ~ review board (board for examining and eventually salvaging working scraps) (*milit. - railw. or air force inspection*), comitato revisione materiali. **10.** ~ symbols (*constr. draw.*), simboli (convenzionali) per (rappresentare) i materiali. **11.** acoustic ~ (soundproofing material) (*acous.*), materiale insonorizzante (o fonoassorbente). **12.** active ~ (of an accumulator plate) (*electrochem.*), materia attiva. **13.** ballasting ~ (*road.*), materiale da massicciata. **14.** bar ~ (*mech. ind.*), materiale in barre. **15.** bituminous ~ (*mas.*), materiale bituminoso. **16.** building ~ (*bldg.*), materiale da costruzione. **17.** closed-cell cellular ~ (plastic material) (*chem. ind.*), materiale cellulare a cellule chiuse. **18.** cold-set ~ (thermoplastic material) (*chem. ind.*), materiale termoplastico. **19.** direct ~ (that has to be entirely worked in mfg. process) (*ind.*), materiale diretto. **20.** discarded ~ (*shop*), scarto (di lavorazione). **21.** enriched ~ (by an isotope) (*atom phys.*), materiale arricchito. **22.** expendable ~ (*gen.*), materiale di consumo. **23.** fatigue of the ~ (*technol.*), fatica del materiale. **24.** fertile ~ (transformable into fissionable material) (*atom phys.*), materiale fertile. **25.** fissile ~ (*atom phys.*), materiale fissionabile. **26.** hot-set ~ (thermosetting material) (*chem. ind.*), materiale termoindurente. **27.** insulating ~ (*elect. - therm.*), materiale isolante, isolante. **28.** interplant ~ handling (transport from a factory to another) (*ind.*), movimento (o trasporto) di materiali tra stabilimenti. **29.** lagging ~ (*ind.*), isolante, materiale coibente. **30.** nonconducting ~ (*gen.*), materiale coibente. **31.** nutrient ~ (*space med.*), sostanza nutritiva. **32.** open-cell cellular ~ (plastic material) (*chem. ind.*), materiale cellulare a cellule aperte. **33.** plastic ~ (*ind.*), materiale plastico. **34.** raw ~ (*ind.*), materia prima, materiale grezzo. **35.** road foundation ~ (*road*), materiale da massicciata. **36.** sound-damping ~ (*bldg. - ind.*), materiale fonoassorbente. **37.** vibration-dampening ~ (vibration-damper) (*mach. - etc.*), antivibrite, (materiale) isolante per vibrazioni. **38.** wasted ~, materiale inutilizzato, sfrido. **39.** waterproofing ~ (*bldg.*), impermeabilizzante. **40.** weld ~ (in welding) (*mech. technol.*), apporto, materiale di apporto.
material, labor, overhead (M.L.O.) (*adm.*), materiale, mano d'opera, spese generali.
mathematical (*a.*), matematico. **2.** ~ analysis (*math.*), analisi matematica. **3.** ~ formula (*math.*), formula matematica. **4.** ~ model (*operational research*), modello matematico. **5.** ~ physics (*phys.*), fisica matematica. **6.** ~ programming (*operational research*), programmazione matematica.
mathematician (expert in mathematics) (*n. - math.*), matematico.
mathematics (*n.*), matematica. **2.** new ~, new math (*math.*), matematica elementare degli insiemi. **3.** pure ~, matematica pura. **4.** shop ~ (*math.*), matematica d'officina.
mating (*mech.*), accoppiamento. **2.** ~ (as of dies) (*mech.*), combaciamento. **3.** ~ gear (gearwheel) (*mech.*), ruota (dentata) coniugata.
"MATL" (material) (*mach. draw.*), materiale.
matras, matrass, mattrass (bold head; a spherical glass flask) (*chem. app.*), matraccio.

"matric", *see* matriculation.
matriculate (to) (*gen.*), immatricolare.
matriculated (*gen.*), immatricolato.
matriculation (entering as a university) (*gen.*), iscrizione. **2.** ~ examination (an examination of general culture which allows entrance to higher studies and University), esame di maturità.
matrix (mold for casting) (*found.*), forma. **2.** ~ (bottom die) (*t.*), stampo inferiore, matrice. **3.** ~ (as of a linotype) (*typ. mach.*), matrice. **4.** ~ (*math.*), matrice. **5.** ~ (*geol.*), matrice. **6.** ~ (of cast iron: bulk of the material consisting of pearlite and some ferrite) (*found.*), matrice. **7.** ~ (alloy constituent) (*metall.*), matrice. **8.** ~ (a coordinates addressable memory) (*n. - comp.*), matrice. **9.** ~ algebra (*n. - math.*), algebra delle matrici. **10.** ~ character (made by points or segments of straight line) (*comp.*), carattere a matrice. **11.** ~ paper (*stereotyping - paper mfg.*), carta per matrici, carta per stereotipia. **12.** ~ storage (coordinate storage) (*comp.*), memoria a matrice, memoria a coordinate. **13.** ~ structural analysis (*math. - constr. theor.*), analisi strutturale matriciale. **14.** diagonal ~ (*math.*), matrice diagonale. **15.** identity ~ (*math.*), matrice identica, matrice diagonale unitaria. **16.** null ~ (zero matrix) (*math.*), matrice nulla. **17.** S ~, *see* scattering ~. **18.** scattering ~ (S matrix) (*quantum mech. - electromag.*), matrice di diffusione. **19.** skew-symmetric ~ (*math.*), matrice emisimmetrica. **20.** symmetric ~ (*math.*), matrice simmetrica.
"MATS" (Military Air Transport Service) (*air force*), trasporti aerei militari.
matsail (coarse sail made of old ropes and bamboo: for junks) (*naut.*), vela rustica da giunche.
matt (mat) (*a.*), *see* mat.
matte (mat finish) (*paint.*), finitura non lucida, finitura matt, finitura opaca. **2.** ~ (mixture of copper, lead etc. sulphide ores) (*metall.*), metallina.
matted (as of wool) (*text. ind.*), intrecciato, infeltrato. **2.** ~ fiber machine (*text. mach.*), sfeltratore. **3.** ~ wool (*text. ind.*), lana intrecciata.
matter (*phys.*), materia. **2.** ~ (types set up) (*typ.*), composizione. **3.** dead ~ (no longer usable type setting) (*typ.*), composizione non più usabile, composizione da scomporre. **4.** earthy ~ (as in wool) (*wool ind.*), impurità terrose. **5.** foreign ~ (*gen.*), corpo estraneo. **6.** live ~ (*typ.*), composizione viva, composizione non ancora utilizzata. **7.** plain ~ (*typ.*), composizione corrente. **8.** printed ~ (as forms etc.) (*off. - etc.*), stampati. **9.** printed ~ (as mailed advertising leaflets etc.) (*mail*), stampe. **10.** solid ~ (matter without leading) (*typ.*), composizione non interlineata. **11.** standing ~ (*typ.*), composizione da conservare, composizione in piedi. **12.** vegetable ~ (as burrs, straw, in wool) (*wool ind.*), impurità vegetale. **13.** volatile ~ (*chem.*), materia volatile.
matting (materials for mats), materiali per tappeti. **2.** ~ (lusterless surface), superficie opaca. **3.** groved rubber ~ (*aut.*), tappeto di gomma rigato.
mattock (*impl.*), gravina.
mattoir (for roughing the surface) (*engraving t.*), granitoio.
mattress (interwoven brush protecting the banks of a river) (*hydr.*), fascinata, mantellata, mantellatura. **2.** ~ (for a bed) (*domestic impl.*), materasso. **3.** ~ maker (*work.*), materassaio.
mature (referred to paper which has been kept in stock for considerable time before use) (*paper mfg.*), stagionato, condizionato. **2.** ~ coal (high rank coal) (*comb.*), carbone di alta qualità.
maturing (of paints, for improving qualities) (*paint.*), maturazione.
maturity (as of a bill of exchange) (*adm. - comm.*), scadenza.
maul (*impl.*), mazza. **2.** ~ (*road impl.*) (Brit.), mazzapicchio.
mausoleum, mausoleo.
mavar (microwave amplification by variable reactance) (*elics.*), amplificazione di microonde a reattanza variabile.
"max" (maximum) (*gen.*), massimo. **2.** ~ cap (maximum capacity as of a pump) (*gen.*), portata massima.
maxi (very large) (*gen.*), molto grande. **2.** ~ (very long) (*gen.*), molto lungo.
maximin (maximum of a set of minima: games theory) (*math. operational research*), massi-minimo, valore massimo in un insieme di minimi.
maximization (as of profits) (*operational research*), massimizzazione.
maximum, massimo. **2.** ~ admissible horsepower (as of an aviation engine) (*mot.*), potenza massima ammissibile. **3.** ~ continuous power (*aer. mot.*), potenza massima continua. **4.** ~ duration (as of flight) (*aer. - aut.*), autonomia (di tempo). **5.** ~ moving dimension (for railw. wagons) (*railw.*), sagoma limite. **6.** ~ tensile stress (*mech.*), carico di rottura. **7.** ~ width (as of a tire), larghezza massima.
maxwell (flux meas. = 1 gauss per sq cm) (*elect. meas.*), maxwell.
maxwellian distribution, maxwell distribution, maxwell-boltzman distribution (*atom phys. stat.*), distribuzione maxwelliana.
maxwell-turn (line-turn having a magnetic flux of one maxwell) (*n. - elect. meas.*), maxwell-spira.
mayday (from French "m'aidez" distress radio signal) (*naut. - aer.*), segnale radiotelefonico di soccorso.
mazut (residue of petroleum), masut, mazut.
"Mb", *see* megabyte.
"MB", *see* motor boat.
"mb" (millibar) (*meteorol. meas.*), millibar.
"MBH" (one thousand BTU per hour) (*therm. meas.*), mille BTU per ora.
"mbl", *see* mobile.
"MC", *see* meter-candle (lux), motorcycle.

"M/C" (machine!) (*mech. draw.*), lavorare di macchina.

"mc" (marked capacity, on freight cars) (*railw.*), indicazione del limite di portata, marca di portata. **2.** ~ (millicurie, 10^{-3} curie) (*meas. - phys. chem.*), millicurie. **3.** ~, *see also* megacycle.

"M/CD" (machined) (*a. - mach. draw.*), lavorato di macchina.

"MCF" (mean carrier frequency) (*radio*), frequenza portante media. **2.** ~ (1,000 cubic feet) (*meas.*), mille piedi cubi.

"mcg" (microgram) (*meas.*), microgrammo.

"MCI" (malleable cast iron) (*mech. draw.*), ghisa malleabile.

mcleod gage (used to meas. the pressure of rarefied gas) (*phys. instr.*), provetta di Mc Leod.

"MCPS", "mcps", "mc/s" (megacycles per second) (*elect. meas.*), megacicli al secondo.

"M crit" (short for critical Mach number) (*aer.*), *see* critical Mach number.

"MCS" (monte carlo simulation) (*comp. - operational research*), simulazione montecarlo. **2.** ~ (Missile Control System) (*milit.*), sistema di controllo missili. **3.** ~ (master of computer science) (*study*), teorico di scienza dell'elaborazione. **4.** ~ (missile control system) (*rckt.*), sistema (di) controllo missile.

"MCTI" (Metal Cutting Tool Institute) (*t.*), Istituto Utensili per Taglio Metalli.

"MCW" (modulated continuous wave) (*radio*), onda persistente modulata.

"M/CY" (machinery) (*mech. draw.*), macchinario.

"MD", *see* right hand.

Md (mendelevium) (*chem.*), mendelevio.

"MDA" (multiple docking adapter) (*astric.*), adattatore di aggancio multiplo.

"MDS" (Microprocessor Development System) (*comp.*), sistema di sviluppo a microprocessori.

"ME" (mechanical engineer) (*mech.*), perito meccanico.

"ME", "me" (milligramequivalent) (*chem.*), milligrammo equivalente.

meadow (*bldg. - agric. - etc.*), prato.

meal (ground grain) (*agric.*), farina integrale. **2.** ~ (food taken at a certain time of the day) (*gen.*), pasto. **3.** opaque ~ (*med. radiology*), pasto opaco. **4.** Thomas ~ (*metall. - agric.*), scorie Thomas.

mean (*n. - math.*), media. **2.** ~ (*a. - gen.*), medio. **3.** ~ chord (of a wing) (*aer.*), corda media. **4.** ~ difference (*stat.*), media delle differenze. **5.** ~ error (*math.*), errore medio. **6.** ~ free path (done by particles without collisions) (*atom phys.*), cammino medio libero. **7.** ~ horizontal intensity (*illum.*), intensità orizzontale media. **8.** ~ life (*radioact.*), vita media. **9.** ~ line, *see* bisectrix. **10.** ~ pressure angle (of spiral bevel gears) (*mech.*), angolo di pressione medio. **11.** ~ proportional (geometric mean: $x/a = b/x$; $x^2 = ab$; $x = \sqrt{ab}$) (*math.*) media geometrica. **12.** ~ sea level (*geophys.*), livello medio del mare. **13.** ~ spherical intensity (*illum.*), intensità sferica media. **14.** ~ square (*stat.*), media quadratica. **15.** ~ square deviation, *see* standard deviation. **16.** ~ tensile strain (average value of results of testing the tensile strength of a papers) (*paper mfg. - etc.*), resistenza media alla trazione. **17.** ~ time between failures, "MTBF" (*comp. reliability meas.*), tempo medio tra due guasti. **18.** ~ value (*math.*), media aritmetica, valor medio. **19.** arithmetical ~ (*math.*), media aritmetica. **20.** geometrical ~ (*math.*), media geometrica. **21.** harmonic ~ (the reciprocal of the arithmetic mean of the reciprocal of two quantities) (*math.*), media armonica. **22.** piston ~ speed (of an i. c. engine) (*mot.*), velocità media del pistone. **23.** weighted ~ (equal to the sum of the products of the items by their weights divided by the sum of the weights) (*math. - stat.*), media ponderale. **24.** ~, *see also* means.

meander (*geol. - etc.*), meandro.

means (that by the help of which something is obtained) (*n. - gen.*), mezzo. **2.** ~ (financial state of a person) (*finan.*), disponibilità economiche, mezzi.

"meas" (measure) (*gen.*), misura.

measure, misura. **2.** ~ (measuring device or instr.) (*t.*), misura, strumento di misura. **3.** ~ (tonnage) (*naut.*), stazza. **4.** ~ (measure of width, as of a column) (*typ. - print.*), giustezza. **5.** ~ (system of standard units used: British, metric etc.) (*meas.*), sistema di misura. **6.** ~ brief (*naut.*), certificato di stazza. **7.** cubic ~ (*bldg. - etc.*), cubatura. **8.** folding pocket ~ (*impl.*), misuratore lineare snodato. **9.** greatest common ~ (*math.*), massimo comune divisore. **10.** liquid ~ (unit of a system of units used for measuring liquids volume) (*meas.*), (unità di) misura per liquidi. **11.** square ~ (as of elect. conductors), sezione. **12.** standard ~, misura unificata, misura standard. **13.** tape ~ (*impl.*), misuratore a nastro, misuratore a rotella.

measure (to) misurare.

measured (*meas.*), misurato.

measurement (*n.*), misura. **2.** ~ (mensuration), misurazione. **3.** ~ (*meas. system*) (*meas.*), sistema di misura. **4.** ~ over pins (as of tooth thickness) (*mech.*), misurazione fra i rulli. **5.** digital ~ (digital measuring) (*elics. - n. c. mach. t. - etc.*), misurazione digitale, rilevamento digitale dei valori di misura. **6.** flow ~ (of liquids or gases) (*ind.*), misurazione di portata. **7.** tonnage ~ (*naut.*), stazzatura.

measurer (one who measures) (*n. - meas.*), colui che prende le misure, misuratore. **2.** tonnage ~ (*naut. constr.*), stazzatore.

measuring, misura. **2.** ~ appliances (*top.*), strumenti metrologici. **3.** ~ drum (part of the single-sheet cutter) (*paper mfg.*), tamburo misuratore. **4.** ~ machine (*meas. app.*), banco micrometrico, banco metrologico. **5.** ~ range (of an instr.), campo di misura. **6.** ~ stick (as for a tank) (*gen.*), asta di misurazione. **7.** ~ tape (*impl.*), misuratore a rotella. **8.** ~ wheel, *see* odometer. **9.** analogue ~

(*elics.*), misurazione analogica, rilevamento analogico dei valori di misura. **10.** digital ~ (digital measurement) (*elics. - n. c. mach. t. - etc.*), misurazione digitale, rilevamento digitale dei valori di misura. **11.** incremental ~ method (*n. c. mach. t.*), procedimento di misurazione incrementale. **12.** precision ~ (*mech.*), misura di precisione.

meat, carne. **2.** ~ chopper (*domestic impl.*), tritacarne. **3.** ~ cooling plant (*ind.*), impianto per la refrigerazione della carne.

"mech", *see* mechanic, mechanical, mechanics, mechanism.

mechanic (*a.*), meccanico. **2.** ~ (one who performs any mechanical art) (*n.*), meccanico. **3.** motor ~ (automobile repairman) (*work. - aut.*), meccanico per automobili, riparatore di auto.

mechanical (*a.*), meccanico. **2.** ~ burring (*wool ind.*), slappolatura meccanica. **3.** ~ cleaning (as of wool) (*text. ind.*), pulitura meccanica. **4.** ~ efficiency (*theor. mech.*), rendimento meccanico. **5.** ~ energy (*mech.*), energia meccanica. **6.** ~ equivalent of heat (*phys.*), equivalente meccanico del calore. **7.** ~ hysteresis (*mech.*), isteresi elastica. **8.** ~ scanning (*opt.*), scansione meccanica. **9.** ~ stoker (as of a boil.), griglia meccanica. **10.** ~ technology (*mech.*), tecnologia meccanica. **11.** ~ wood pulp (*paper mfg.*), pasta meccanica di legno, pasta-legno.

mechanician (*work.*), meccanico.

mechanics (*n.*), meccanica. **2.** ~ of fluids (*mech. of fluids*), meccanica dei fluidi. **3.** ~ of solids (*mech.*), meccanica dei solidi. **4.** abstract ~ (*theor. mech.*), meccanica razionale. **5.** analytic ~ (*theor. mech.*), meccanica razionale. **6.** applied ~ (*mech.*), meccanica applicata. **7.** celestial ~ (*astr.*), meccanica celeste. **8.** fluid ~ (*mech.*), meccanica dei fluidi. **9.** pure ~ (*theor. mech.*), meccanica razionale. **10.** quantum ~ (*mech.*), meccanica quantistica. **11.** relativistic ~ (*mech.*), meccanica relativistica. **12.** soil ~ (*geol.*), meccanica dei terreni. **13.** statistical ~ (*mech.*), meccanica statistica. **14.** theoretical ~ (abstract mechanics) (*theor. mech.*), meccanica razionale. **15.** wave ~ (*mech.*), meccanica ondulatoria.

mechanism (*mech.*), meccanismo, congegno. **2.** breech ~ (of a gun) (*mech.*), meccanismo di otturazione. **3.** counter-recoil ~ (recuperator, of a gun) (*artillery*), ricuperatore. **4.** double-cut ~ (as of a gear shaper) (*mach. t. mech.*), meccanismo della doppia passata. **5.** firing ~ (*firearm*), meccanismo di sparo. **6.** price ~ (*econ.*), meccanismo dei prezzi. **7.** pull-out ~ (as for extracting trays from a furnace) (*mech. technol.*), dispositivo (o meccanismo) di estrazione. **8.** reciprocating ~ (*mech.*), meccanismo (per movimento) alternativo. **9.** releasing ~ (*mech.*), meccanismo di sgancio. **10.** relieving ~ (as of a gears shaper) (*mach. t. mech.*), dispositivo per il disinnesto.

mechanization (*mech.*), meccanizzazione.

mechanize (to) (*mech.*), meccanizzare.

mechanocaloric effect (*phys.*), effetto meccanotermico.

"MECO" (main engine cut-off) (*naut. - eng.*), arresto del motore principale.

medal, medaglia.

medallion (*arch.*), tondo a bassorilievo, medaglione.

media (advertising media) (*adver.*), mezzi pubblicitari. **2.** ~ man (advertising means specialist) (*adver.*), tecnico dei mezzi pubblicitari. **3.** mass ~ (means of mass communication) (*adver.*), mass media, mezzi di comunicazione di massa. **4.** ~, *plural of* medium.

median, mediano, di mezzo. **2.** ~ (*n. - math. - stat.*), mediana.

medical (*a.*), medico. **2.** ~ examination (as of a worker), visita medica. **3.** ~ jurisprudence (*law*), medicina legale.

medicare (a government program of medical care) (*med. - work.*), assistenza medica mutualistica.

medicinal (*a. - n. - med.*), medicinale.

medicine (*sc.*), medicina. **2.** industrial ~ (*ind. med.*), medicina industriale. **3.** space ~ (*astric.*), medicina spaziale.

medium (mean) (*a. - gen.*), medio. **2.** ~ (as for the transmission of sound) (*n. - gen.*), mezzo. **3.** ~ (*paint.*), *see* vehicle 2 ~. **4.** ~ (degree of blackness and width of a typeface) (*a. - typ.*), normale. **5.** ~ (for retouching) (*phot.*), "medium", vernice per ritocco. **6.** ~ (physical means for containing records such as magnetic tape, paper tape, cards etc.) (*n. - comp.*), supporto. **7.** ~ burr wool (*wool ind.*), lana con contenuto medio (sino all'8%) di lappole. **8.** ~ cherry red (of steel at 750°C temperature) (*metall.*), rosso ciliegia medio. **9.** ~ fit (*mech.*) (Am.), accoppiamento libero normale. **10.** ~ frequencies (from 300 to 3000 kilocycles) (*radio - telev.*), frequenze medie. **11.** ~ lampholder (*elect.*) (Am.), portalampade passo Edison normale. **12.** ~ quality (*a. - gen.*), di media qualità. **13.** ~ seed wool (*wool ind.*), lana con contenuto medio (sino all'8%) di semi. **14.** ~ thick plate glass (*glass ind.*), semicristallo. **15.** ~ waves (from 200 to 1000 m.) (*radio*), onde medie. **16.** blank ~ (medium position without memorized data) (*comp.*), supporto vuoto. **17.** storage ~ (recording medium) (*comp.*), supporto di memoria. **18.** virgin ~ (*comp.*), supporto vergine.

medium-term (*a. - finan.*), a medio termine.

meehanite (cast iron treated in the cupola with a compound of calcium silicide for causing the graphitization of the carbon and increasing resistance to heat, abrasion and erosion; used for cams, gears, pistons etc.) (*metall.*), meehanite, ghisa meehanite.

meerschaum (*min.*), schiuma di mare, sepiolite.

meet (to) incontrare. **2.** ~ (the helm) (*naut.*), scontrare. **3.** ~ (requirements) (*gen.*), conformarsi, soddisfare. **4.** ~ (a debt) (*comm.*), far fronte a...

5. ~ competition (to become competitive) (*comm.*), allinearsi, sostenere la concorrenza.
meeting, riunione, assemblea, adunanza. **2.** annual general ~ (as of stockholders) (*adm.*), assemblea annuale generale. **3.** statutory ~ (as of the shareholders of a company) (*adm.*), assemblea ordinaria.
"meg", *see* megohm.
mega (10^6 = one million) (*decimal meas. unit*), mega. **2.** ~ (2^{20} = 1.048.576) (*inf. meas. unit*), mega.
megabar (*meas. unit*), megabar.
megabit (2^{20} bit = 1.048.576 bit) (*comp.*), megabit.
megabuck (one million dollars) (*n. - finan.*), un milione di dollari.
megabyte (2^{20} bytes = 1.048.576 bytes) (*comp.*), megabyte, Mb.
megachip (*comp.*), megamicrocircuiti integrati, "megachip".
megacycle (Mc, MHz = one million cycles) (*radio - etc.*), megaciclo, megahertz.
megadeath (atomic war meas. unit) (*milit.*), milione di morti.
megafarad (*elect. meas.*), megafarad.
megahertz (MHz = one million hertz) (*meas. unit.*), megahertz.
megalopolis (supercity) (*town*), megalopoli.
megaphone (device for sound), megafono.
megarad (one million of rads) (*n. - atom phys.*), megarad.
megass (megasse) (*sugar ind.*), *see* bagasse.
megastructure (*bldg.*), insieme organico di fabbricati facenti parte di un unico grande complesso, megastruttura.
megaton (1000 kiloton) (*hydrogen bomb effect meas.*), megaton, forza esplosiva corrispondente a 1.016.000 t di dinamite.
megaunit (one million units) (*meas.*), un milione di unità.
megavolt (*elect.*), megavolt.
megawatt (one million watts) (*elect. meas.*), megawatt.
megawatt-day per ton (quantity of fuel burned in a thermoelectric power plant) (*elect. power production*), megawatt-giorno per tonnellata (di combustibile).
megger (used for measuring insulation resistance) (*elect. instr.*) (Brit.),megaohmmetro tipo megger, megger.
"MEGO" (MΩ, megohm = 10^6 ohms) (*elect. meas.*), megaohm.
megohm (one million ohms) (*elect.*), megaohm.
"megohmit" (thin sheets of mica pressed together) (*elect. insulator*), isolante elettrico costituito da un pacco di lamelle di mica incollate assieme.
megohmmeter (used for measuring large resistance) (*elect. instr.*), megaohmmetro.
"MEGV" (MV, megavolt) (*elect. meas.*), megavolt.
"MEGW" (MW, megawatt) (*elect. meas.*), megawatt.
meiobar (zone of low pressure) (*meteorol.*), zona di bassa pressione.
mel (unity of subjective tone pitch; 0 to 2400 mel span the frequency range from 0 to 16 KHz. One mel equal to 1/1000 of a tone having 1000 cycles frequency) (*acous. meas.*), "mel".
melamine (*chem. - paint.*), melammina.
melaphyre (porphyritic rock) (*geol.*), melafiro.
melee (small irregular diamond, under $^1/_4$ carat) (*min.*), diamante irregolare (sotto $^1/_4$ carato).
melinite (*expl.*), melinite.
Mellotron (trademark given to an electronic keyboard used in the reproduction of musical sounds) (*n. - electroacous.*), Mellotron.
mellow (said of paper which has equally absorbed the water applied before it is super-calendered) (*a. - paper mfg.*), stagionato, condizionato. **2.** ~ (soft) (*a. - gen.*), morbido. **3.** ~ (easily worked) (*a. - gen.*), dolce. **4.** ~ (full and pure, as a sound) (*a. - gen.*), puro. **5.** ~ (well-matured, said of wine) (*a. - agric.*), armonico, vellutato.
melt (a specific quantity of glass made at one time) (*glass mfg.*), fusione. **2.** ~ (product of a single furnace charge) (*metall.*), colata.
melt (to) (*v. t. - found.*), fondere. **2.** ~ (*v. i. - gen.*), fondersi. 3. ~ (*phys.*), liquefare, liquefarsi.
meltable (*a. - found.*), fusibile.
meltdown (the melting of the core) (*nuclear reactor*), fusione del nocciolo.
melted (*found.*), fuso. **2.** ~ (*phys.*), liquefatto.
melter (*work.*), fonditore. **2.** ~ (the chamber of a tank furnace where a glass batch is melted) (*glass mfg.*), bacino di fusione. **3.** ~ (*sugar mfg. app.*), caldaia di rifondita.
melting (*found.*), fusione. **2.** ~ point (*phys.*), punto di fusione. **3.** ~ pot (crucible) (*found. impl.*), crogiuolo. **4.** ~ unit (*found.*), forno fusorio. **5.** consumable electrode arc ~ (*metall.*), fusione ad arco con elettrodo annegato. **6.** electron beam ~ (electron bombardment melting, as of columbium) (*metall.*), fusione a bombardamento elettronico. **7.** eutectic ~ (*metall.*), fusione eutettica. **8.** levitation ~ (melting held in suspension by a powerful magnetic field) (*plasma phys.*), fusione levitante, fusione senza contatti meccanici col contenitore. **9.** permanent electrode arc ~ (non-consumable electrode arc melting) (*metall.*), fusione ad arco con elettrodo permanente. **10.** step ~ (*found.*), fusione per gradi. **11.** vacuum arc ~ (*metall.*), fusione ad arco sotto vuoto. **12.** vacuum induction ~ (*metall.*), fusione sottovuoto ad induzione. **13.** vacuum ~ (*found.*), fusione sotto vuoto, fusione nel vuoto.
meltwater (*meteor. - hydr.*), acqua di disgelo.
member (as of a frame) (*mech. - carp.*), elemento. **2.** ~ (as of a society, a club etc.), socio. **3.** ~ of the board of directors (of a company) (*adm.*), consigliere di amministrazione. **4.** cross ~ (as of a frame) (*mech. - carp.*), traversa. **5.** life ~ (of a socie-

ty, club etc.), socio vitalizio. **6.** side ~ (*mech.*), longherone.

membrane, membrana. **2.** semipermeable ~ (as for osmosis) (*phys. chem.*), membrana semipermeabile.

memomotion (m. pict. technique for analysis of work. movements by high speed m. pict. camera) (*time study - etc.*), rallentatore.

memorandum (informal communication or record) (*comm. - etc.*), promemoria, appunto. **2.** ~ and articles of association (*law - comm.*) (Brit.), statuto. **3.** ~ of association (of a company) (*finan.*), atto costitutivo, atto di costituzione. **4.** shipment on ~ (of goods sent with the privilege of return) (*comm. - transp.*), spedizione con facoltà di ritorno.

memorize (to) (*comp. - etc.*), memorizzare.

memory (store, storage, as in electronic computers: device retaining the inserted information as long as needed) (*comp.*), memoria. **2.** ~ (of an elastic material returning to previous conditions) (*phys.*), memoria elastica. **3.** ~ (capacity of memorizing the effects of preceding processings) (*metall.*), capacità di incorporare gli effetti causati da precedenti lavorazioni (o processi). **4.** ~ cell (single element of a memory storing 1 bit) (*comp.*), cella di memoria. **5.** ~ dump, *see at* dump. **6.** ~ mapped (as of a peripheral unit to which is dedicated part of main memory) (*comp.*) mappato in memoria. **7.** ~ size, *see* storage capacity. **8.** ~ tube (storage tube: cathode-ray electron tube) (*elics.*), tubo oscilloscopico a memoria, tubo a temporanea persistenza di immagine. **9.** acoustic ~ (acoustic delay line memory) (*acous. - comp.*), memoria acustica a linea di ritardo. **10.** amorphous ~, *see* ovonic ~. **11.** associative ~ (associative storage: content/addressable ~ instead of address/addressable memory) (*comp.*), memoria associativa. **12.** backing ~ (bulk memory, external memory) (*comp.*), memoria di massa. **13.** battery powered ~ (*comp.*), memoria (alimentata) in tampone. **14.** bubble ~ (magnetic bubble memory) (*comp.*), memoria a bolle. **15.** bucket brigade ~, *see* recirculating ~. **16.** bulk ~ (auxiliary mass storage for large amount of data: as by hard disk) (*comp.*), memoria di massa. **17.** cassette ~ (*comp.*), memoria a nastro in cassetta, memoria a cassetta. **18.** circulating ~ (delay-line memory, delay-line storage) (*comp.*), memoria a ricircolo, memoria a linea di ritardo. **19.** core ~ (*comp.*), memoria a nuclei magnetici. **20.** cryogenic ~ (for increasing speed by superconductivity) (*comp.*) memoria criogenica. **21.** cyclic ~ (as by magnetic drum) (*comp.*), memoria ciclica. **22.** delay-line ~, *see* circulating ~. **23.** direct access ~ (as to data on disks and magnetic drums) (*comp.*), memoria ad accesso diretto. **24.** disc ~ (disc storage) (*comp.*), memoria a disco. **25.** display ~ (memorizes data bits displayed on a "VDU" screen) (*comp.*), memoria di visualizzazione. **26.** electrostatic ~ (on a storage [cathode-ray] tube) (*elics.*), memoria elettrostatica. **27.** erasable ~ (memory on magnetic medium) (*comp.*), memoria cancellabile. **28.** fast access ~, "FAM" (*comp.*), memoria ad accesso veloce. **29.** first-level ~ (*comp.*), memoria principale. **30.** high-speed ~ (rapid memory) (*comp.*), memoria (ad accesso) veloce. **31.** immediate-access ~ (*comp.*), memoria ad accesso immediato. **32.** inherent ~ (*comp. hardware*), memoria interna. **33.** input ~ (*comp.*), memoria d'entrata. **34.** intermediate ~ (as in electronic computers) (*comp.*), memoria intermedia. **35.** intermediate ~ (for holding data temporarily) (*comp.*), memoria intermedia. **36.** laser ~ (*comp.*), memoria laser. **37.** magnetic bubble ~, "MBM" (bubble memory) (*comp.*), memoria a bolle magnetiche. **38.** magnetic core ~, *see* core ~. **39.** main ~ (working memory, main storage) (*comp.*), memoria principale, memoria di lavoro. **40.** nonerasable ~ (storage consisting of paper tape, punched cards etc. or "PROM" memory) (*comp.*), memoria non cancellabile. **41.** nonvolatile ~ (holds information when elect. power feeding is out) (*comp.*), memoria non volatile, memoria permanente. **42.** ovonic ~ (made by a material having the property of passing from the amorphous to the semicrystalline state [and vice versa] under particular electric pulses) (*comp.*), memoria ovonica, memoria amorfa. **43.** permanent ~ (nonerasable memory) (*comp.*), memoria permanente. **44.** plated wire ~ (kind of nonvolatile magnetic memory) (*comp.*), memoria a filo placcato. **45.** program ~ (internal memory portion reserved to programs) (*comp.*), area di memorizzazione di programmi. **46.** programmable read-only ~, "PROM" (programmable "ROM" memory) (*comp.*), memoria programmabile a sola lettura. **47.** quick-access ~ (*comp.*), memoria ad accesso rapido. **48.** random access ~, "RAM" (direct access memory) (*comp.*), memoria ad accesso casuale. **49.** read only ~, "ROM" (not alterable memory) (*comp.*), memoria non distruttiva, memoria a sola lettura. **50.** real ~ (main storage portion used for instructions) (*comp.*), memoria reale. **51.** recirculating ~ (bucket brigade memory) (*comp.*), memoria a ricircolazione. **52.** recognition ~, "REM" (as a memory of an optical character reader, for character recognition) (*comp.*), memoria di riconoscimento. **53.** regenerative ~ (memory where data are to be read and restored to avoid loss) (*comp.*), memoria a rigenerazione. **54.** rotating ~ (rotating mechanically as on a drum) (*comp.*), memoria rotante. **55.** scratchpad ~ (small auxiliary and fast memory) (*comp.*), memoria ausiliaria per appunti, memoria scratchpad. **56.** semiconductor ~ (by transistors, as "RAM", "ROM" etc.) (*comp. - elics.*), memoria a semiconduttori. **57.** sequential access ~ (serial access memory) (*comp.*), memoria ad accesso sequenziale. **58.** shared ~ system (*comp.*), sistema a memoria condivisa. **59.** slow ~ (with long access time) (*comp.*), memoria lenta. **60.** solid-state ~ (integrated circuit memory) (*comp.*), memoria a stato solido. **61.** static ~ (electrostatic memory) (*comp.*), memoria statica. **62.** temporary ~ (used for transient data) (*comp.*), memoria temporanea. **63.** thin-film ~ (kind of high speed storage) (*comp.*), memoria a pellicola sottile. **64.** virtual ~ (an external memory, as a magnetic disk, used by a comp. as it would be its internal memory) (*comp.*), memoria virtuale. **65.** volatile ~ (memory that looses data when the elect. energy is cut off) (*comp.*), memoria volatile. **66.** word-organized ~ (*comp.*), memoria organizzata su base parola. **67.** working ~ (working storage) (*comp.*), memoria di lavoro. **68.** writable control ~ (*comp.*), memoria di controllo scrivibile (o programmabile). **69.** zero-access ~ (*comp.*), memoria con tempo di accesso zero.

mendelevium (radioactive element) (Mv - *chem. - radioact.*), mendelevio.

Mendeleyev's law, *see* periodic law.

mending (*text. ind.*), rammendo.

meniscus (*opt.*), menisco. **2.** ~ (of liquids) (*phys.*), menisco. **3.** concave ~ (*phys.*), menisco concavo. **4.** converging ~ (*opt.*), menisco convergente. **5.** convex ~ (*phys.*), menisco convesso. **6.** diverging ~ (*opt.*), menisco divergente.

mensuration (act of measuring), misurazione.

menthol ($C_{10}H_{19}OH$) (*chem.*), mentolo.

menu (list of programs or procedures visualized on the video terminal) (*comp.*), elenco delle possibilità operative.

"mep" (mean effective pressure) (as in internal-combustion mot.) (*mot.*), pressione media effettiva.

"merc", *see* mercantile, mercury.

mercantile (*a. - comm.*), relativo allo scambio commerciale, mercantile.

mercantilism (*econ.*), mercantilismo.

mercantilistic (*econ.*), mercantilistico.

mercaptan (R.SH) (*chem.*), mercaptano. **2.** ethyl ~ (C_2H_5SH) (*chem.*), mercaptano etilico.

mercerise (to) (Brit), *see* mercerize (to).

mercerization (*text. ind.*), mercerizzazione.

mercerize (to) (cotton) (*ind. chem.*), mercerizzare.

mercerized (*text. ind.*), mercerizzato. **2.** ~ cotton (*text. ind.*), cotone mercerizzato.

mercerizing (*text.*), mercerizzazione. **2.** ~ machine (*text. mach.*), mercerizzatrice, macchina per mercerizzare.

merchandise (*comm.*), merce, mercanzia.

merchant (*n. - comm.*), mercante, commerciante. **2.** ~ bar (*metall. ind.*), profilato commerciale. **3.** ~ marine (*naut.*), marina mercantile. **4.** ~ ship (*naut.*), nave mercantile.

merchantman (*naut. comm.*), nave mercantile.

mercuric (*chem.*), mercurico. **2.** ~ chloride ($HgCl_2$) (*chem.*), bicloruro di mercurio, sublimato corrosivo.

mercurous (*chem.*), mercuroso. **2.** ~ chloride (Hg_2Cl_2) (*chem.*), calomelano.

mercury (Hg - *chem.*), mercurio. **2.** ~ arc (*elect.*), arco a mercurio. **3.** ~ boiler (*boil.*), caldaia a mercurio. **4.** ~ chloride ($HgCl_2$) (*chem.*), sublimato corrosivo, bicloruro di mercurio. **5.** ~ discharge lamp (*elect.*), lampada a vapori di mercurio. **6.** ~ lamp, *see* mercury discharge lamp. **7.** ~ switch (*elect. app.*), interruttore a mercurio.

mercury-arc rectifier (*elect.*), raddrizzatore a vapori di mercurio.

mercury-vapor (*a. - elect.*), a vapori di mercurio. **2.** ~ lamp (mercury discharge lamp) (*elect.*), lampada a vapori di mercurio. **3.** ~ turbine (*mach.*), turbina a vapori di mercurio.

merestone, *see* landmark.

"merg" (short for Mergenthaler [inventor of the linotype machine] and the term used for linotype machine) (*typ. mach.*), macchina linotype.

merge (*comp.*), fusione. **2.** ~ sort (merging sort) (*comp.*), ordinamento mediante fusione.

merge (to) (to insert properly one set of data into another set: as a file in another file in order to have a single ordered file) (*comp.*), fondere, combinare.

merger (of two companies) (*comm. - finan.*), fusione.

meridian (*geogr.*), meridiano. **2.** celestial ~ (*astron.*), meridiano celeste. **3.** lower celestial ~ (*astron.*), meridiano celeste inferiore. **4.** magnetic ~ (*geophys.*), meridiano magnetico. **5.** true ~ (*geogr.*), meridiano geografico. **6.** upper celestial ~ (*astron.*), meridiano celeste superiore.

meridional (southern) (*gen.*), meridionale. **2.** ~ (pertaining to a meridian) (*a. - geogr.*), meridiano.

Merino (sheep breed) (*wool ind.*), merino.

merit (*gen.*), merito. **2.** ~ (receiving quality) (*radio*), rapporto di ricezione, merito. **3.** ~ increase (as of wages) (*pers.*), aumento di merito. **4.** ~ rating (*work. organ.*), valutazione dei meriti (individuali).

meritocracy (*n. - work. organ.*), meritocrazia.

meritocrat (one pertaining to a meritocratic social system and advancing through it) (*n. - talented pers.*), individuo che lavora in regime di meritocrazia.

merlon (*arch.*), merlo.

meromorphic (*a. - math.*), meromorfo.

merotropy, *see* tautomerism.

merry-go-round (revolving contrivance for amusement), giostra.

merwinite (MgO.3CaO.2SiO$_2$) (*min. - refractory*), merwinite.

mesa (natural terrace) (*geol.*), terrazza (naturale).

mesh (engagement of gear teeth) (*mech.*), presa, ingranamento. **2.** ~ (of net), maglia. **3.** ~ (fineness, as of a screen) (*ind.*), dimensione delle maglie, finezza delle maglie. **4.** ~ (of a distribution network) (*elect.*), maglia. **5.** ~ belt (wire belt as for furnaces) (*metall. - transp.*), nastro (di tessuto) metallico. **6.** ~ ceiling (*bldg.*), soffitto a rete. **7.** ~ connection (as of a polyphase system) (*elect.*), collegamento poligonale. **8.** constant ~ gear (as in an aut. gearbox) (*mech.*), ingranaggio di presa continua. **9.** diamond ~ (form of expanded metal) (*bldg.*), lamiera stirata a losanga. **10.** in ~ (*mech.*), ingranato. **11.** 60–~ screen (*ind.*), vaglio a 60 maglie per pollice lineare.

mesh (to) (*mech.*), ingranare.

meshing gear (*mech.*), ingranaggio accoppiato (o che si accoppia).

meshwork, *see* network.

mesic, *see* mesonic.

mesolimnion, *see* thermocline.

mesomerism (*chem.*), mesomeria.

mesomorphic (*phys.*), mesomorfo.

meson (*atom. phys.*), mesone. **2.** omega ~ (1352 times the mass of an electron) (*atom phys.*), mesone omega.

mesonic (*atom phys.*), mesonico.

mesopause (transition zone between the thermosphere and mesosphere) (*atmosphere*), mesopausa.

mesosphere (the region of space extending from 1.063 to 1.157 times the radius of the Earth) (*space*), mesosfera.

mesothorium (Ms - Th_1) (Ms - Th_2) (*chem.*), mesotorio.

mesotron, *see* meson.

Mesozoic (*geol.*), mesozoico.

mess, mensa. **2.** ~ hall (as of a factory) (*build.*), mensa, refettorio. **3.** ~ table (as for workers' mess), tavolo da refettorio. **4.** officers' ~ (*naut.*), quadrato ufficiali. **5.** officers' ~ (*milit.*), mensa ufficiali.

message (*gen.*), messaggio. **2.** ~ (a defined amount of data transmitted: as to a station) (*n. - comp.*), messaggio. **3.** ~ dog (*milit.*), cane da guerra, cane portamessaggi. **4.** ~ pair (the primary message and the answer) (*comp.*), (messaggio di) domanda e (di) risposta. **5.** ~ switching (*comp.*), commutazione di messaggi. **6.** automatic ~ switching center (*comp.*) centro commutazione automatica messaggi. **7.** end of ~, "EOM" (*comp.*), fine messaggio. **8.** error ~ (*comp.*), messaggio di errore. **9.** multiple address ~ (*comp.*), messaggio a indirizzo multiplo. **10.** written telephone ~, fonogramma.

messenger (*off. servant*), fattorino. **2.** ~ (endless rope or chain) (*gen.*), fune ad anello, catena ad anello. **3.** ~ cable (as supporting an aerial elect. cable), corda portante.

messtin (*milit.*), gavetta.

mestizo (half-breed sheep) (*wool ind.*), incrocio. **2.** ~ wool (*text. ind.*), lana meticcia.

"met" (metabolic heat produced by a resting man: 18.5 B.T.U. per sq. ft. hr.) (*therm. meas.*), unità di calore animale dell'uomo. **2.** ~, *see also* metal, metallurgical, metallurgy, meteorological, meteorology.

metabisulfite (pyrosulfite S_2O_5–) (*chem.*), metabisolfito.

metabolism (*biochem.*), metabolismo.

metacenter (*naut.*), metacentro.

metacentre, *see* metacenter.

metacentric (*a.*), metacentrico. **2.** ~ height (between the metacenter and the center of gravity) (*hydrostatics*), altezza metacentrica.

metadyne (d. c. commutator mach.) (*elect. mach.*), metadinamo. **2.** amplifier ~ (amplidyne) (*elect. mach.*), metadinamo amplificatrice, metamplificatrice, amplidina. **3.** generator ~ (*elect. mach.*), metadinamo generatrice, metageneratrice. **4.** motor ~ (*elect. mach.*), metadinamo motrice, metamotore. **5.** transformer ~ (*elect. mach.*), metadinamo trasformatrice, metatrasformatrice.

metal, metallo. **2.** ~ (as of a battleship) (*navy*), effettiva potenza delle bocche da fuoco di una nave. **3.** ~ (crushed stone) (*road*), breccia, pietrisco. **4.** ~ (glass in a melting condition) (*ind.*), vetro fuso, vetro incandescente. **5.** ~ (ore of a metal) (*min.*), minerale di un metallo. **6.** ~ bonded (as a diamond grinding wheel) (*t.*), a legante metallico. **7.** ~ bumping (operation to be performed on the aut. or railw. coach body before paint. operations) (*railw. constr.*), ritoccatura bolli, eliminazione delle fitte dalle superfici in lamiera. **8.** ~ ceramic (*powder metall.*), *see* cermet. **9.** ~ ding (*railw. constr.*), *see* metal bumping. **10.** ~ edged (*a. - gen.*), con bordo di metallo. **11.** ~ edging (of a wood propeller) (*aer.*), blindatura. **12.** ~ lathing (support for plaster) (*bldg.*), rete per plafonatura. **13.** ~ leaf (thin metal sheet) (*metall.*), lamierino. **14.** ~ line (the surface line of the metal or glass in a tank furnace or pot) (*glass mfg.*), linea dei sali, linea del metallo. **15.** ~ mold (*found.*), conchiglia. **16.** ~ packing (*mech.*), guarnizione metallica. **17.** ~ paper (metal sheeted plate) (*paper mfg.*), carta metallizzata. **18.** ~ pattern (*found.*), modello metallico. **19.** ~ penetration (casting defect due to penetration of metal into the mold or core surface) (*found.*), penetrazione di metallo (nella forma). **20.** ~ plating (by electric plating) (*ind.*), rivestimento metallico. **21.** ~ rule (*print.*), *see* em rule. **22.** ~ slag (blast furnace slag) (*bldg.*), scoria metallurgica. **23.** ~ spraying (*mech.*), metallizzazione a spruzzo. **24.** ~ strip (*metall. ind.*), piattina, nastro metallico. **25.** ~ trestle, traliccio metallico. **26.** admiralty gun ~ (*metall.*), bronzo navale. **27.** admiralty ~ (70% copper, 1% tin, 29% zinc) (*alloy*), ottone per imbutitura (o per stampaggio a freddo). **28.** antifriction ~ (*mech. alloy*), metallo antifrizione. **29.** Babbitt ~ (*mech. alloy*), metallo antifrizione. **30.** base ~ (metal to be welded or cut) (*technol.*), metallo base. **31.** base ~ (metal having low corrosion resistant properties) (*metall.*), metallo vile. **32.** bell ~ (*alloy*), bronzo da campane. **33.** brazing ~ (*welding proc.*), metallo di apporto per brasatura. **34.** britannia ~ (a tin, antimony, copper and zinc alloy, especially used for tableware) (*alloy*), lega Britannia, peltro Britannia. **35.** delta ~ (*mech. alloy*), metallo delta. **36.** expanded ~ (*metall.*), lamiera stirata. **37.** filler ~ (*welding*), metallo di apporto. **38.** fusible ~ (*metall.*), metallo fusibile. **39.** high temperature ~ (metal ranging from low alloy steels for service up to 550°C to refractory metals and alloys for use up to 2800°C) (*metall.*), metallo per (impiego ad) alte temperature. **40.** light ~ (*metall.*), metallo leggero. **41.** monotype ~ (76% lead, 16% antimony, 8% tin alloy) (*typ. material*), lega per monotype. **42.** Muntz ~ (60% copper and 40% zinc alloy, used as for propeller shafts) (*metall. - naut.*), metallo Muntz. **43.** noble ~ (*metall.*), metallo nobile. **44.** parent ~ (*technol. mech.*), *see* base metal. **45.** road ~ (*road constr.*), brecciame. **46.** rubber-bonded ~ (rubber-metal bond) (*technol.*), gomma-metallo, "metalgomma". **47.** scrap ~ (*shop*), rottame metallico. **48.** sheet ~ worker (*ind.*), lattoniere. **49.** white ~ (*mech. alloy*), metallo bianco. **50.** wrought ~ (*metall.*), metallo lavorato, metallo martellato.

metal (to) (to cover with metal) (*ind.*), fare un rivestimento metallico. **2.** ~ (to macadamize) (*road constr.*), macadamizzare. **3.** ~ (to ballast) (*railw.*), inghiaiare.

"metal", *see* metallurgical, metallurgy.

metalanguage (language used to explain another language) (*comp.*), metalinguaggio.

"metalceramic" (*powder metall.*), *see* cermet.

metaldehyde $(C_2H_4O)_3$ (*chem.*), metaldeide. **2.** ~ $(C_2H_4O)_3$ (*ind. chem. - comb.*), meta.

metaling, metalling (for macadamizing roads) (*road constr.*), pietrisco.

metalization, metallization (as of a bulb of an X--ray tube) (*phys.*), metallizzazione. 2. galvanic ~ (*electrochem.*), metallizzazione galvanica.

metalize, metallize (to) metallizzare, coprire (od impregnare) di metallo (o di una sostanza metallica) **2.** ~ (to spray melted and atomized metal on worn or undersized surfaces) (*mech.*), riportare metallo a spruzzo, metallizzare a spruzzo.

metalized, metallized (*a. - ind.*), metallizzato, coperto (od impregnato) di metallo (o di una sostanza metallica).

metalizing, metallizing (the process of coating something with a metal: as of a foundry wood model) (*technol. process*), metallizzazione. **2.** ~ gun (spray gun for metalizing) (*impl.*), pistola per metallizzazione.

metallic (*a.*), metallico. **2.** ~ (fabric made of metal or metal coated yarns) (*n. - text. ind.*), tessuto di fili metallici (o di fili rivestiti di metallo). **3.** ~ paint (iron oxide paint) (*antirust paint*), antiruggine all'ossido di ferro. **4.** ~ paint (with metallic pigment) (*paint.*), vernice metallizzata. **5.** ~ paper (markable by a metallic point) (*mech.*), tracciabile con una punta metallica. **6.** ~ paper (paper laminated with a metallic sheet: as aluminium) (*paper mfg.*), carta alluminata.

metallicize (to) (by using wire in place of the ground return) (*elect. line*), sostituire il ritorno da terra con un filo.

metallide (to) (to diffuse by electrolysis some atom of metal into the surface of another metal to be improved) (*metall. - electrochem.*), metallidare.

metalliding (realization of surface alloys by a metallic anode and a bath of alcaline metals) (*metall. - electrochem.*), metallidazione.

metalliferous (as of min.) (*a. - min.*), metallifero.

metalline (*a.*), metallico.

metallize (to), *see* metalize (to).

metallograph (metall microscope provided with a camera) (*opt. - metall. - phot.*), microscopio metallografico (con relativa macchina fotografica).

metallographic, metallografico. **2.** ~ equipment (*metall. app.*), impianto metallografico.

metallography (*n. - metall.*), metallografia.

metalloid (*chem.*), metalloide.

metalloscope (ultrasonic crack detector) (*metall. app.*), metalloscopio (o incrinoscopio) ad ultrasuoni. **2.** ~ (magnetic flaw detector in metals) (*mech. technol. instr.*), metalloscopio a induzione.

metallurgic (*a. - metall.*), metallurgico.

metallurgical (*metall.*), metallurgico. **2.** ~ and steel working industries (*metall. ind.*), industrie metallurgiche e acciaierie.

metallurgist (*metals expert*), metallurgista.

metallurgy (*n. - metall.*), metallurgia. **2.** iron ~ (*metall.*), siderurgia.

"metal-spraying" (*mech. - etc.*), metallizzazione, riporto metallico a spruzzo.

metalware (*domestic utensils*), articoli metallici per la casa.

metalworking (*ind.*), lavorazione dei metalli.

metameric (*a. - chem.*), metamerico.

metamerism (*chem.*), metameria, metamerismo.

metamorphism (*geol.*), metamorfismo. **2.** contact (or local) ~ (*geol.*), metamorfismo di contatto. **3.** dynamic ~ (*geol.*), dinamometamorfismo, metamorfismo di dislocazione. **4.** static ~ (*geol.*), metamorfismo di carico.

metaphosphate (*chem.*), metafosfato.

metascope (for seeing in darkness by infrared rays or for seeing in darkness an infrared source) (*milit. - etc.*), apparato per vedere al buio mediante raggi infrarossi, oppure rilevare una sorgente di raggi infrarossi.

metasilicate (*chem.*), metasilicato.

metasomatosis (*geol.*), metasomatosi. **2.** ~ (metasomatism, transformation by chemical reaction) (*geol.*), metasomatismo.

metastable (*a. - phys. chem.*), metastabile.

mete (to) (*meas.*), misurare. **2.** ~ out (*gen.*), ripartire, suddividere.

meteograph (meteograph) (*meteorol. instr.*), *see* meteorografo.

meteor (*n. - astr.*), meteora. **2.** ~ (any atmospheric phenomenon) (*n.*), fenomeno meteorologico.

"meteor", *see* meteorological, meteorology.
meteoric, meteorical (*a. - astr.*), meteorico. **2.** ~ (*a. - meteorol.*), meteorologico. **3.** ~ diamond (*min.*), diamante meteorico.
meteorite (*astr.*), meteorite.
meteoritic, meteoritical (*a. - astron.*), meteorico.
meteorograph (meteograph) (*meteorol. instr.*), meteorografo.
meteorography (*meteorol.*), meteorografia.
meteoroid (revolving around the sun) (*astr.*), particella meteorica.
meteoroidal (*a.*) (relating to meteoroids) (*a. - astr.*), meteorico.
meteorologic (*meteorol.*), meteorologico.
meteorological, *see* meteorologic.
meteorologist (*meteorol.*), meteorologo.
meteorology (*n.*), meteorologia. **2.** synoptic ~ (*meteorol.*), meteorologia sinottica.
meter (1.0936 yds) (*m - meas.*), metro. **2.** ~ (*impl.*), metro. **3.** ~ (instrument for measuring fluids, elect. etc.) (*ind. and domestic app.*), contatore. **4.** ~ maid (police woman incharged to watch park meters) (*aut. parking*), vigilessa addetta ai parchimetri. **5.** aberration ~ (*opt. instr.*), aberrometro. **6.** airflow ~ (for meas. the flow of air in ducts) (*mech. of fluids instr.*), flussometro, misuratore di portata d'aria. **7.** air ~ (portable anemometer) (*aer. instr.*), anemometro a mano, anemometro portatile. **8.** altitude ~ (*aer. instr.*), altimetro. **9.** balanced-load three-phase ~ (*elect. app.*), contatore trifase per carichi equilibrati. **10.** bellows-type ~ (*meas. instr.*), *see* dry meter. **11.** bouncing-pin detonation ~ (for i. c. engines test) (*meas. instr.*), detonometro ad asta saltellante. **12.** brake ~ (an instrument for measuring the efficiency of motorcar brakes) (*aut. tests instr.*), misuratore dell'efficienza dei freni. **13.** call-counting ~ (*teleph.*), contatore telefonico, apparecchio che conteggia le chiamate. **14.** clock ~ (*elect. instr.*), contatore a orologeria. **15.** contamination ~ (*radioact. meas. instr.*), misuratore di contaminazione. **16.** cubic ~ (35.315 cu ft) (*meas.*), metro cubo. **17.** detonation ~ (*mot. - meas. instr.*), detonometro. **18.** disk ~ (for fluids) (*meas. instr.*), contatore a disco. **19.** dose ~ (dosimeter, as for meas. radiations) (*atom phys. - radioact.*), dosimetro, intensimetro. **20.** drift ~ (*aer. instr.*), derivometro. **21.** dry ~ (gas meter) (*meas. instr.*), contatore a secco. **22.** electricity ~ (*meas. instr.*), contatore elettrico. **23.** electric ~ (*meas. instr.*), contatore elettrico. **24.** evaporation ~ (*phys. app.*), evaporimetro. **25.** exposure ~ (*phot. instr.*), esposimetro. **26.** fluid ~ (*instr.*), flussometro. **27.** gas ~ (*ind. instr.*), contatore del gas. **28.** hot water ~ (*meas. instr.*), contatore per acqua calda. **29.** hot-wire ~ (*elect. meas. instr.*), strumento misuratore a filo caldo. **30.** hour ~ (for recording the running time of an engine) (*mot.*), contaore. **31.** induction ~ (*elect. instr.*), contatore a induzione. **32.** integrating ~ (for summing up the measured values with regard to time) (*elect. instr.*), strumento integratore. **33.** kilowatt-hour ~ (*elect. instr.*), contatore elettrico, chilowattorametro. **34.** lapsed time ~ (for registering total engine operating hours) (*mot.*), contaore. **35.** maximum-demand ~ (*elect. instr.*), contatore con indicatore di massimo. **36.** modulation ~ (modulation factor measuring instrument) (*elics. instr.*), modulometro. **37.** orifice ~ (diaphragm placed in a pipe for measuring the flow) (*hydr. app.*), diaframma di misura. **38.** oscillating ~ (*elect. instr.*), contatore oscillante. **39.** oxygen ~ (in the gas filling of a balloon or airship) (*aer. instr.*), misuratore di ossigeno. **40.** phase ~ (*elect. instr.*), cosfimetro. **41.** photoconductive ~ (battery fed photoconductive cell exposure meter) (*phot. - elics. instr.*), esposimetro a cellula fotoconduttrice. **42.** photovoltaic ~ (photovoltaic effect exposure meter) (*phot. - elics. instr.*), esposimetro ad elemento fotovoltaico. **43.** piston ~ (fluid flow meter) (*meas. instr.*), rotametro. **44.** power-factor ~ (power-factor indicator, phase meter) (*elect.*), cosfimetro. **45.** prepayment ~ (*elect. instr.*), contatore a moneta. **46.** ratio ~ (measuring ratio between two quantities) (*elect. instr.*), logometro, misuratore di rapporto. **47.** resistance ~ (*elect. meas. instr.*) ohmmetro. **48.** slot ~ (prepayment meter) (*elect. instr.*), contatore a moneta. **49.** sound level ~ (*acous. instr.*), fonometro. **50.** square ~ (1.196 sq yds) (*sq m - meas.*), metro quadrato. **51.** step-rate prepayment ~ (in which a higher charge per unit is made until a given number of units have been consumed) (*elect. app.*), contatore a moneta a tariffa differenziata. **52.** survey ~ (portable radioactivity meter) (*radioact. instr.*), misuratore portatile (di radioattività). **53.** thrust ~ (for meas. the thrust of a jet engine installed on a test bed) (*instr.*), misuratore di spinta. **54.** torsion ~ (*text. ind. app.*), torsiometro. **55.** vibration frequency ~ (*elect. instr.*), frequenziometro a lamelle. **56.** vortex cage ~ (fluids meter instr.) (*instr.*), contatore a turbina. **57.** water ~ (*ind. instr.*), contatore per acqua. **58.** watt-hour ~ (*elect. instr.*), wattorametro, contatore elettrico. **59.** wet ~ (gas meter type) (*meas. instr.*), contatore a liquido (per gas.)
meter (to) (*gen.*), misurare. **2.** ~ (as fuel for engines), dosare.
meter-amperes, metre-amperes (transmitting antenna radiating strength) (*radio*), metri-ampere.
meter-candle, *see* lux.
meter-candle-second (*illum. unit*), lux per secondo.
metering (as of fuel) (*mot.*), dosaggio. **2.** ~ (*meas.*), misurazione. **3.** ~ orifice (of a carburetor) (*mech.*), orificio dosatore. **4.** ~ pulses (at regular intervals of time during the call: informs on the cost of it) (*teleph.*), scatti. **5.** ~ pump (for a jet engine bearing lubrication) (*mech.*), pompa dosatrice. **6.** light ~ (as by an exposure meter) (*phot.*), misurazione esposimetrica (della luce).
meter-kilogram (measure of energy) (*phys.*), kilo-

grammetro. **2.** ~ second (mks, m.k.s., MKS, M.K.S.) (*a. - meas.*), relativo al sistema metrico decimale MKS.

meter-kilogram-second (mks) (*energy unit*), chilogrammetro per secondo.

meterstick (*meas. instr.*), metro rigido.

metewand, meteyard (measuring rod) (*meas. instr.*), asta di misurazione.

"metgl", *see* meteorological.

methacrylate plastic (*chem.*), plastico acrilico.

methanation (methanization, a method of enriching a gas by reacting its CO and H over a catalyst to produce methane) (*comb.*), metanizzazione.

methane (CH_4) (*chem.*), metano. **2.** ~ pipeline (*comb. ind.*), metanodotto. **3.** ~ series (*chem.*), serie del metano. **4.** sulphur free natural ~ (*comb.*), metano naturale esente da zolfo.

methanization (*comb. - chem.*), *see* methanation.

methanol (CH_3OH) (methyl alcohol) (*chem.*), metanolo. **2.** ~ and water injection (*aer. mot.*), iniezione di acqua e metanolo.

method, metodo. **2.** ~ engineering (*equip. study*), tecnica dei metodi. **3.** ~-time measurement (MTM) (*time study*), "MTM", misura dei tempi elementari. **4.** analytical ~ (as for designing) (*gen.*), metodo analitico. **5.** cut-and-try ~ (*technol.*), metodo per tentativi. **6.** earth-conductivity ~ (elect. measuring the earth's conductivity variation in an area for the purpose of locating changes in the geological structure) (*geol.*), metodo della conduttività del terreno. **7.** hit-and-miss ~ (as for inspection) (*gen.*), procedimento empirico. **8.** incremental measuring ~ (*n. c. mach. t.*), procedimento di misurazione per incrementi successivi. **9.** Monte Carlo ~ (method for calculating a probable solution) (*comp. math.*), metodo Monte Carlo. **10.** organization and methods (*organ.*), organizzazione e metodi. **11.** playback ~ (for the automatic repetition of a working cycle) (*n. c. mach. t.*), procedimento di ripetizione. **12.** simplex ~ (used in linear programming and permitting to ascertain whether a basis solution is or not the optimum one) (*operational research*), metodo del simplesso, criterio del simplesso. **13.** slicing ~ (horizontal slices mining) (*min.*), coltivazione per fette orizzontali. **14.** teaching ~ (*ind. - etc.*), metodo di insegnamento.

methodology (*stat. - etc.*), metodologia.

methods and equipment department (of a factory) (*ind.*), ufficio metodi ed attrezzamenti.

meths (denaturated ethyl alcool) (*ind.*), alcool denaturato.

methyl (CH_3-) (rad.) (*chem.*), metile. **2.** ~ alcohol ($CH_3.OH$) (*chem.*), alcool metilico. **3.** ~ methacrylate (*chem.*), metilmetacrilato. **4.** ~ violet (as for typewriter ribbons) (*chem.*), metilvioletto, violetto di metile.

methylamine ($CH_3.NH_2$) (*chem.*), metilammina.

methylated spirit (*chem.*), alcool denaturato con metanolo.

methylene (CH_2-) (rad.) (*chem.*), metilene. **2.** ~ (methanol) (*chem. comm.*), metanolo.

methylic (*chem.*), metilico.

METO (maximum except take-off: signal used on a runway) (*aer.*), riferimento di decollo abortito, segnale sulla pista che non consente il decollo se non è raggiunta una determinata velocità.

Metol (Trademark) [$C_6H_4NHCH_3OH_2H_2SO_4$] (*phot. chem.*), metolo.

metope (*arch.*), metopa.

metre (*meas.*), *see* meter.

metric (of meas.) (*a.*), metrico. **2.** ~ (*n. - math.*), metrica. **3.** ~ centener (220.46 pounds = 100 kg = 1 quintal) (*weight meas.*), quintale. **4.** ~ system (*meas.*), sistema metrico decimale. **5.** ~ thread screw (*mech.*), vite a filettatura metrica. **6.** ~ ton (MT) (*meas.*), tonnellata (di 1000 kg).

metrical (of meas.) (*a.*), metrico.

metricate (to) (Brit.), *see* metricize (to).

metrication (*meas.*), *see* metricization.

metricization (conversion from inch, etc. system to metric system, decimalization) (*meas.*), conversione nel sistema metrico.

metricize (to) (to convert into the metric system) (Brit. - *meas.*), convertire nel sistema metrico.

metro (subway metropolitan railway) (*railw.*), metropolitana.

metrology (*phys.*), metrologia. **2.** ~ department (as for special meas. and inspections) (*mech. ind.*), centro metrologico, laboratorio metrologico.

metronome (*instr.*), metronomo.

"MEV" (million electron volts: energy meas.) (*radioact.*), mega voltelettroni.

"MEW" (microwave early-warning) (*radar*), radar di avvistamento a lunga distanza a microonde.

mezzanine, mezzanine floor, mezzanine story (between ground floor and first floor) (*arch. - bldg.*), mezzanino.

"MF" (medium frequency) (*radio*), media frequenza. **2.** ~, *see* machine finish, mill finished.

"mf", *see* microfarad.

"mfd" (microfarad) (*elect. meas.*), microfarad. **2.** ~ (manufactured) (*gen.*), costruito, fabbricato.

"mfg" (manufacturing, manufacture) (*ind.*), fabbricazione.

"mfr" (manufacture) (*ind.*), fabbricazione. **2.** (manufacturer) (*ind.*), fabbricante, "marca".

"MG" (machine gun) (*milit.*), mitragliatrice. **2.** ~ (motor generator) (*elect.*), motore-generatore.

Mg (magnesium) (*chem.*), magnesio.

"mg" (mgm, mgr) (*meas.*), milligrammo.

"MGA" (magnetic gradient accelerator) (*atom phys.*), AGM, acceleratore a gradiente magnetico.

"MGC" (manual gain control) (*radio*), regolazione manuale di guadagno.

"MGD" (million gallons per day) milioni di galloni al giorno.

"mgm", **"mgrm"** (milligram) (*meas. unit.*), milligrammo.

MG set (motor-generator set) (*elect.*), gruppo motore-generatore.
"MH" (manhole) (*bldg.*), *see* manhole.
"mh" (millihenry) (*elect. meas.*), millihenry.
"MHD" (magneto-hydrodynamic, as power generation) (*phys.*), magnetoidrodinamico.
"MHD LT" (masthead light) (*naut.*), fanale di colombiere.
"MHEA" (Mechanical Handling Engineers Association) (*ind.*), Associazione Tecnici Movimentazione Meccanica.
mho (unit of conductance) (*elect. meas.*), mho, 1/ohm.
mhometer (conductance measurer) (*meas. instr.*), misuratore della conduttanza.
"MHz" (megahertz) (*meas. unit*), megahertz.
"MI" (malleable iron) (*found.*), ghisa malleabile.
"mi" (mile) (*meas.*), miglio. **2.** ~ , *see also* mill, minute.
"MIA" (Missing In Action) (*milit.*), disperso.
mica (*min.*), mica. **2.** ~ capacitor (*elect.*), condensatore a mica. **3.** ~ schist (*geol.*), micascisto.
micaceous, micacious (*a. - min.*), micaceo.
micarta (insulating material) (*elect.*), micanite.
micelle (*colloids chem.*), micella.
"MICR", *see* Magnetic-Ink Character Recognition.
micro (microcomputer or microprocessor) (*n. - comp.*), microelaboratore, microprocessore. **2.** ~ (multiplicating prefix [as of a meas.] $= \mu = 10^{-6}$) (*math.*) milionesimo. **3.** ~ (prefix meaning: very small) (*gen.*), micro.
microammeter (*elect. instr.*), microamperometro.
microampere (*elect. meas.*), microampere.
microanalysis (special method of analysis for very small amounts of materials) (*chem.*), microanalisi.
microbalance (*chem. instr.*), microbilancia, bilancia di precisione.
microbarograph (*meteorol. instr.*), microbarografo.
microbeam (as of laser) (*phys.*), microraggio.
microburette (*chem. impl.*), microburetta.
microburner (for microanalysis) (*chem. app.*), microbecco Bunsen.
microbus (*aut.*), minibus, piccolo autobus.
microcalorimeter (*heat meas. app.*), microcalorimetro.
microcamera (for photomicrography) (*phot. - microscope*), apparecchio fotografico per microfotografie (o fotografie fatte al microscopio).
microchemistry (*chem.*), microchimica.
microchronometer (*instr.*), microcronometro.
microcircuit (*elics.*), microcircuito.
microcircuitry (*elics.*), microcircuiteria.
microclimate (the local climate of a given site) (*meteor.*), microclima.
microcline (*min.*), microclino.
microcode (microinstructions: as for a microprocessor) (*comp.*), microcodice.
microcomputer (*comp.*), microcalcolatore.
microcopy (*phot.*), microcopia.
microcracks (very fine cracks visible only with a lens or microscope) (*metall.*), microcricche.
microcrystalline (*a. - min.*), microcristallino. **2.** ~ wax (from petroleum: used for laminated paper) (*chem. - packaging*), cera microcristallina.
microcrystallography (*n.*), microcristallografia.
microcurie (one millionth of a curie) (*meas. unit*), microcurie.
microdistillation (in microanalysis) (*chem.*), microdistillazione.
microdot (microsized phot. of printed matter) (*n. - documents reproduction*), minimicrofotografia, fotografia puntiforme.
microearthquake (less than 3 on the Richter scale) (*n. - geophys.*), microsisma.
microecology (*ecol.*), microecologia, ecologia del micro ambiente.
microeconomics (*econ.*), microeconomia.
microelectrode (as the one inserted in a living cell) (*n. - elect. - biol.*), microelettrodo.
microelectrolysis (*electrochem.*), microelettrolisi.
microelectronic (*a. - elics.*), microelettronico.
microelement (*n. - elics.*), elemento miniaturizzato.
microelectronics (*elics.*), microelettronica.
microfarad (*elect. meas.*), microfarad.
microfiche (card with microfilm images of informations on transparent support) (*phot. - comp. - etc.*), microscheda.
microfilm (exposed film: as of documents) (*phot.*), microfilm. **2.** ~ (especially used for photographing documents) (*phot.*), pellicola per microfotografie.
microfilter (*mot. - etc.*), microfiltro.
microform (reproducing process) (*documents*), microriproduzione. **2.** ~ (reproduced matter) (*documents*), microcopia. **3.** ~ reader (by enlargement) (*opt. - etc.*), lettore di microriproduzioni.
microfractography (examination of fracture surfaces of metals with an electron microscope) (*metall.*), microfractografia, esame di frattura al microscopio elettronico.
microgauss (*elect. meas.*), microgauss.
microgeometrical (as a technical surface) (*mech.*), microgeometrico.
microgram (one millionth of a gram) (*meas. unit*), microgrammo.
micrograph (reproduction of the image seen under the microscope) (*metall. - etc.*), micrografia. **2.** scanning electron ~ (*electron microscope*), micrografia da microscopio elettronico a scansione.
micrographic (*a.*), micrografico.
micrographics (microforming ind.) (*graphic ind.*), industria relativa alla microproduzione di materiale grafico, micrografica.
micrography (art of obtaining micrographs) (*n. - opt.*), micrografia.
microgroove (phonograph record V-groove 0.0025 - 0.0035 inch wide) (*n.- electroacous.*), microsol-

co. **2.** ~ (a record having a microgroove) (*electroacous.*), disco microsolco.
microhardness (hardness of very thin layers) (*mech. technol.*), microdurezza.
microhenry (*elect. meas.*), microhenry.
microhm (*elect. meas.*), microohm.
microhommeter (*meas. instr.*), microohmetro.
microimage, *see* microphotograph.
microinch (= 0.00254 μ) (*μin - meas.*), micropollice.
microinstruction (elementary instruction of a microprogram) (*n. - comp.*), microistruzione.
micromachining (not made by mech. or chem. means) (*elics.*), microlavorazione effettuata con raggio elettronico.
micromanipulator (of a microscope) (*opt. instr.*), micromanipolatore.
micromanometer (*phys. instr.*), micromanometro.
micromechanics (*n.*), micromeccanica.
micrometallography (*metall.*), micrometallografia.
micrometeorite (*astr. - astric.*), micrometeorite.
micrometeoritic (*a. - astr. - astric.*), micrometeoritico.
micrometeoroid, *see* micrometeorite.
micrometer (*instr.*), micrometro. **2.** ~ caliper (screw micrometer) (*mech. t.*), palmer, micrometro a vite. **3.** ~ comparator (micrometric comparator) (*instr.*), comparatore micrometrico. **4.** ~ depth gauge (*meas. instr.*), micrometro di profondità. **5.** ~ gauge (*t.*), micrometro. **6.** ~ screw (*mech.*), vite micrometrica. **7.** eyepiece ~ (*phys.*), micrometro oculare. **8.** inside ~ caliper (*t.*), micrometro per interni, asta micrometrica per interni. **9.** inside ~ gauge (*mech. t.*), calibro per interni. **10.** vernier ~, *see* vernier caliper.
micrometric (micrometrical) (*mech. - etc.*), micrometrico.
micromho (one millionth of a mho) (*meas. unit.*), micromho, μmho.
micromicrofarad (one millionth of a microfarad, 10^{-12} F) (*meas. unit*), picofarad, 1 pF.
micromillimeter (10^{-9} m) (*meas.*), millimicron.
microminiature, microminiaturized (*a. - elics.*), microminiaturizzato.
microminiaturization (*elics.*), microminiaturizzazione.
micro-miniaturize (to) (as circuits by microelectronic components) (*elics.*), microminiaturizzare.
micromodule (miniaturized module) (*elics.*), modulo miniaturizzato.
micromotion (*time study*), micromovimento.
micron (10^{-3} mm) (*μ - meas.*), micron.
microphone (*elect. device*), microfono. **2.** ~ amplifier (*radio*), amplificatore microfonico. **3.** ~ boom (sound film studio impl.) (*m. pict.*), antenna portamicrofono, giraffa. **4.** capacitor ~ (condenser microphone) (*acous.*), microfono elettrostatico. **5.** carbon ~ (*electroacous.*), microfono a carbone, microfono a contatto. **6.** carbon stick ~ (*electroacous.*), microfono a bastoncino di carbone. **7.** cardioid ~ (a microphone having the directional response of a cardioid curve) (*electroacous.*), microfono cardioide. **8.** condenser ~ (*electroacous.*), microfono elettrostatico, microfono a condensatore. **9.** contact ~ (to be employed in contact with the sound source) (*electroacous.*), microfono da contatto. **10.** crystal ~ (*electroacous.*), microfono piezoelettrico, microfono a cristallo. **11.** directional ~ (*electroacous.*), microfono direzionale. **12.** displacement ~ (*electroacous. app.*), microfono di spostamento. **13.** dynamic ~ (moving coil microphone) (*electroacous.*), microfono dinamico, microfono a bobina mobile. **14.** electrodynamic ~ (*electroacous.*), microfono elettrodinamico. **15.** electromagnetic ~ (*electroacous. app.*), microfono elettromagnetico. **16.** inductor ~ (*electroacous.*), microfono a induzione. **17.** lapel ~ (small microphone for attachment to the jacket lapel) (*electroacous. - telev.*) piccolo microfono da risvolto giacca. **18.** magnetic ~ (*electroacous.*), microfono elettromagnetico. **19.** moving coil ~ (*electroacous. app.*), microfono a bobina mobile (elettrodinamico). **20.** moving iron ~ (*electroacous. app.*), microfono a ferro mobile. **21.** nondirectional ~ (*electroacous.*), microfono non direzionale. **22.** piezo ~ (*electroacous. app.*), microfono piezoelettrico. **23.** pressure ~ (*electroacous. app.*), microfono a pressione. **24.** ribbon ~ (*electroacous.*), microfono a nastro. **25.** thermal ~ (*electroacous. app.*), microfono termico, termofono. **26.** velocity ~ (*electroacous. app.*), microfono (a nastro) di velocità.
microphonic (*a. - electroacous.*), microfonico. **2.** ~ effect (output change of a valve due to mechanical vibration of the electrode structure) (*electroacous.*), effetto microfonico. **3.** ~ mixing (*electroacous.*), missaggio microfonico. **4.** ~ noise (*electroacous.*), *see* microphonic effect.
microphonicity (*electroacous.*), *see* microphonic effect.
microphonics (*electroacous.*), disturbi all'altoparlante.
microphony (microphonic effect in electronic tubes) (*elics.*), effetto microfonico, microfonicità.
microphotograph (photograph of a large object made on greatly reduced scale) (*phot.*), fotografia microscopica.
microphotography (photography of very small objects through a microscope) (*phot.*), microfotografia. **2.** ~ (photography of large objects made on greatly reduced scale) (*phot.*), fotografia microscopica.
microphysics (*n.*), microfisica.
microporosity (*technol.*), microporosità.
micropotentiometer (*elect. meas. instr.*), microvoltmetro potenziometrico.
microprobe (electronic app. for microanalysis by spectra) (*elics. app.*), microsonda elettronica.
microprocessor, **"MPU"** (microprocessor that has

the "CPU" functions integrated on one or more chips) (*comp.*), microprocessore.
microprogram (elementary instructions sequence controlling comp. operation) (*n. - comp.*), microprogramma.
microprogramming (*comp.*), microprogrammazione.
micropublication, *see* micropublishing.
micropublishing (as a document in microform) (*n. - gen.*), pubblicazione in microriproduzione.
micropyrometer (*phys. instr.*), micropirometro.
microquake, *see* microearthquake.
microradiometer (instrument measuring weak radiant power) (*n. phys. instr.*), microradiometro.
microscope (*instr.*), microscopio. **2.** electron ~ (*opt. elect. instr.*), microscopio elettronico. **3.** field ion ~ (very high magnification instr. by helium ions) (*instr.*), microscopio ionico ad emissione di campo. **4.** metallurgical ~ (*opt.*), microscopio metallografico. **5.** optical ~ (*opt. instr.*), microscopio ottico, microscopio galileiano. **6.** phase ~ (phase-contrast microscope) (*opt. instr.*), microscopio a contrasto di fase. **7.** polarizing ~ (*opt.*), microscopio polarizzante. **8.** projecting ~ (*opt. instr.*), apparecchio per proiezioni microscopiche. **9.** proton scattering ~ (*atom phys. instr.*), microscopio a diffusione protonica. **10.** reading ~ (*phys. instr.*) (Brit.), catetometro. **11.** scanning electron ~ (with a three-dimensional image) (*elics. - opt.*), microscopio elettronico a scansione. **12.** x-ray ~ (as for the examination of crystals) (*opt.*), microscopio a raggi X.
microscopic, microscopico.
microscopical, *see* microscopic.
microscopy (*n.*), microscopia. **2.** transmission electron ~ (*opt.*), microscopia elettronica diascopica.
microsecond (10^{-6} second) (*meas.*), microsecondo, 1 milionesimo di secondo.
microsegregation (*metall.*), microsegregazione.
microseismical (microseismic) (*geol.*), microsismico.
microshrinkage (discontinuous shrinkage) (*found. defect*), microritiro. **2.** intercrystalline ~ (*found. defect*), microritiro intercristallino, microritiro intergranulare. **3.** interdendritic ~ (*found. defect*), microritiro interdendritico.
microstructure (*metall.*), microstruttura.
microswitch (*elect. app.*), microinterruttore.
microtelevisor (a "LCD" receiving app. having screen dimension from 1 to 5 inches) (*telev.*), microtelevisore, micro TV.
microtext (a microform matter) (*documents*), testo microriprodotto, microfilm.
microtome (*instr. for microscopy*), microtomo. **2.** automatic rotary ~ (*instr. for microscopy*), microtomo rotativo automatico.
microtron (a minimum dimension cyclotron) (*n. - atom phys. accelerator*), microtrone.
microvolt (*elect. meas.*), microvolt.
microwave (between 100 cm. and 1 cm.) (*radio*), microonda. **2.** ~ amplification by stimulated emission fo radiation (maser) (*phys.*), amplificazione della micro-onde mediante emissione stimolata di radiazioni. **3.** ~ relay (*radio - telev. - etc.*), complesso di ricezione e ritrasmissione di segnali in iperfrequenza.
"MIDAS" (missile defense, alarm system) (*aer. - milit.*), sistema di allarme per la difesa anti-missilistica.
midcourse (*a. - gen.*), a metà percorso.
middle (mean, medial) (*a. - gen.*), medio. **2.** ~ (zone at equal distance from the opposite sides: as of a piece etc.) (*n. - gen.*), mezzeria. **3.** ~ (center layer, as of pasteboard) (*paper mfg.*), anima. **4.** ~ article (*journ.*), articolo di mezzo. **5.** ~ conductor (the neutral conductor of a three-wire system) (*elect.*), neutro, filo (o conduttore) del neutro. **6.** Middle East (*geogr.*), Medio Oriente. **7.** ~ mast (*naut.*), albero maestro. **8.** ~ oil (of coal tar distillation) (*ind. chem.*), olio medio. **9.** ~ tap (*mech.*), maschio intermedio. **10.** ~ tones (*phot.*), mezzi toni, toni intermedi. **11.** ~ wire (the neutral conductor of a three-wire system) (*elect.*), neutro, filo (o conduttore) del neutro.
middleman (*comm.*), intermediario. **2.** ~ (rock stratum between two coal seams) (*min.*), strato di roccia fra due giacimenti di carbone.
"middle-post" (*bldg.*) (Brit.), *see* king post.
middling (intermediate) (*a. - gen.*), intermedio. **2.** ~ (having medium quality) (*a. - gen.*), mediocre, di seconda qualità.
middlings (flour sifting by-product) (*agric.*), farina di scarto. **2.** ~ (*oil refining*), sottoprodotto. **3.** ~ (ore) (*min.*), minerale piuttosto povero.
midfeather (longitudinal divisor) (*gen.*), divisorio longitudinale. **2.** ~ (mid-wall or midriff: incomplete central partition of the hollander) (*paper mfg.*), divisorio, parete divisoria. **3.** ~ (central support, of a tunnel) (*min.*), supporto centrale, puntello centrale. **4.** ~ (brick partition wall, as in a furnace) (*bldg.*), divisorio (di mattoni).
midland (inland) (*geogr.*), entroterra.
midplane (*geom.*), piano di simmetria.
midpoint (as of a line) (*geom.*), punto di mezzo.
midportion (*gen.*), parte centrale. **2.** ~ of a core (central part of a core) (*found.*), parte centrale di un'anima.
midship (*a. - naut.*), a mezzanave. **2.** ~ line (*naut.*), linea della sezione maestra. **3.** ~ section (*shipbuild.*), proiezione maestra, sezione maestra.
midsole (*shoe mfg.*), intersuola.
midtown (zone between downtown and uptown) (*urbanistics*), zona fra centro e periferia.
midwatch (middle watch) (*naut.*), secondo turno di guardia.
migmatite (injection-gneiss) (*geol.*), migmatite.
migration (as of atoms or ions) (*chem. phys.*), migrazione. **2.** ~ (as of underground oil) (*min.*), migrazione. **3.** ~ area (*atom phys.*), area di migrazione. **4.** ~ length (*atom phys.*), lunghezza di mi-

grazione. **5.** ~ roll out (a transfer of data: as from main memory to a magnetic tape) (*comp.*) trasferimento da memoria veloce a memoria lenta.

"MIH", **"mih"** (miles per hour) (*meas. unit*), miglia ora.

"mike", *see* microphone, micrometer.

mike (to) (to check with a micrometer) (*v. t. - mech.*), controllare con micrometro. **2.** ~ (to have the dimension shown on a micrometer) (*v. i. - mech.*), avere la dimensione indicata dal micrometro. **3.** ~ (to provide with a microphone) (*electroacous.*), provvedere di microfono.

"MIL" (Military Specifications) (*technol.*), norme MIL, capitolato MIL.

mil (1/1000 inch = 0.0254 mm: unit of meas., of length, as for diameter of wires) (*meas.*), 1/1000 di pollice (0,0254 mm). **2.** ~ (1/6400 of the circle circumference: unit of angular meas., as for artillery) (*meas.*), 1/6400 di angolo giro, millesimo.

"mil", *see* million.

mild (of climate) (*meteorol.*), dolce. **2.** ~ (of steel) (*metall.*), dolce.

mildew, muffa. **2.** ~ resistance (as of a fabric) (*technol.*), resistenza alle muffe.

mile (*meas.*), miglio. **2.** ~ (Statute mile = 1.6093 km.) (Am.) (mi - *meas.*), miglio. **3.** ~ (nautical or geographical or sea mile = 1.852 km) (Am.) (*meas.*), miglio marino. **4.** miles covered (as by a motorcar) (*aut. - etc.*), percorrenza, miglia percorse. **5.** radar ~ (time of 10.75 μsec: required by a radar pulse for travelling to one mile, 1610 m distant target and return) (*meas.*), miglio radar (terrestre). **6.** radar nautical ~ (time of 12.355 μsec: required by a radar pulse for travelling one nautical mile, 1852 m distant target and return) (*meas.*), miglio radar marino. **7.** square ~ (Statute mile = 2.59 sq km) (sq mi - *meas.*), miglio quadrato.

mileage, distanza (o percorso) in miglia. **2.** ~ (amount of money to be paid per mile for the use of a car) (*railw. - aut.*), tariffa per miglio. **3.** ~ counter (*aut. instr.*), contamiglia. **4.** ~ recorder (*instr.*), contamiglia, registratore. **5.** total ~ counter (total mileage recorder) (*aut. instr.*), contamiglia totalizzatore. **6.** trip ~ counter (trip mileage recorder) (*aut. instr.*), contamiglia parziale.

milepost (*road traff.*), cartello indicatore della distanza.

milestone (*road*), pietra miliare.

milinch (mil: 1/1000 of inch) (*meas. unit*), millesimo di pollice, 0,0254 millimetri.

military (*a. - milit.*), militare. **2.** ~ attaché (*milit.*), addetto militare. **3.** free from ~ service (exempt from military service) (*work. - etc.*), militesente.

milk (*ind.*), latte. **2.** ~ glass (*glass mfg.*), vetro opalino bianco o colorato. **3.** ~ lamb (*wool ind.*), agnellino da latte. **4.** ~ powder (*ind.*), latte in polvere. **5.** ~ sugar (*chem.*), lattosio. **6.** condensed ~ (*ind.*), latte condensato. **7.** skimmed ~ (*ind.*), latte scremato. **8.** whole ~ (*ind.*), latte intero.

milk (to) (to emit gas bubbles during the charge, as a storage battery) (*elect.*), bollire.

milkiness (a condition of pronounced cloudiness in glass) (*glass mfg.*), lattescenza. **2.** ~ (*paint. defect*), opalescenza, sfiammatura biancastra.

milking machine (*farmhouse impl.*), mungitrice.

Milky Way (*astr.*), Via Lattea.

mill (for grinding grain) (*mach.*), mulino. **2.** ~ (build. with machines for grinding grain) (*ind. bldg.*), mulino. **3.** ~ (factory), fabbrica. **4.** ~ (rotary cutter) (*t.*), fresa. **5.** ~ (*rubb. ind. mach.*), mescolatore. **6.** ~ (as for hemp softening) (*text. mach.*), molazza. **7.** ~ (washery) (*min.*), laveria. **8.** ~ (rolling mill) (*metall. mach.*), laminatoio, treno (di laminazione). **9.** ~ (screw press, screw punch) (*mach. t.*), bilanciere. **10.** ~ (a machine that works continuously repeating the same operation: as a rolling ~) (*n. - mach.*), operatrice continua. **11.** ~ collets (*mach. t. impl.*), pinze portafrese. **12.** ~ edge (slightly rough edge on papers as supplied by the mill) (*paper mfg.*), orlo grezzo. **13.** ~ finish (*paper mfg.*), lisciatura di macchina. **14.** ~ pack (pack of sheets hot-rolled together) (*metall.*), pacco di lamiere. **15.** ~ washing (as in rubber ind.), lavatura meccanica. **16.** ~ wheel (*mech.*), ruota idraulica del mulino. **17.** ~ wrapper (ream wrapper, mill wrapping, paper wrapping used to protect the reams) (*paper mfg.*), carta per l'imballo (delle risme). **18.** attrition ~ (as for grain: by counterrotating disks) (*agric. mach.*), mulino a dischi. **19.** ball end two-fluted ~ (*t.*), fresa a candela (a due scanalature) con estremità arrotondata. **20.** ball ~ (*mach.*), mulino a palle. **21.** bar ~ (rolling mill) (*metall. mach.*), laminatoio per barre. **22.** big ~ (rolling mill) (*metall. mach.*), treno grosso. **23.** billet ~ (rolling mill) (*metall. mach.*), laminatoio per billette. **24.** blade ~ (*ind. mach.*), mulino a lame. **25.** blooming ~ (rolling mill) (*metall. mach.*), treno sbozzatore, treno blooming. **26.** board ~ (*wood mach. t.*), sega per tavolame di spessore commerciale. **27.** boring ~ (*mach. t.*), tornio verticale. **28.** breaking down ~ (rolling mill) (*metall. mach.*), treno grosso. **29.** clay ~, impastatrice. **30.** cogging ~ (blooming mill) (*metall. mach.*), treno sbozzatore, treno blooming. **31.** cold rolling ~ (*rolling mill*), laminatoio a freddo. **32.** continuous hot strip ~ (rolling mill) (*metall. mach.*), treno continuo a caldo per nastri. **33.** continuous ~ (rolling mill) (*metall. mach.*), treno continuo. **34.** cotter ~ (for cutting grooves: as for cotters) (*mach. t.*), fresatrice per scanalature (o incastri) per chiavette. **35.** cotton ~ (*ind.*), cotonificio. **36.** disk ~ (rolling mill) (*metall. mach.*), laminatoio per ruote. **37.** drag-stone ~ (*min. mach.*), mulino a macine. **38.** edge ~ (*rolling mill*), treno (laminatoio) rifinitore dei bordi. **39.** end ~ (*t.*), fresa frontale (con gambo), fresa a codolo. **40.** face ~ (*t.*), fresa frontale. **41.** fast spiral ~ (*t.*), fresa a spirale rapida. **42.** fine ~ (*paper mfg.*), cartiera per carte fini. **43.** finishing rolling ~ (*metall. mach.*), treno finitore. **44.** flattening ~ (*rolling mill*), treno (laminatoio) appiattitore. **45.** flatting ~ (for sheet metal ribbons) (*metall. mach.*), laminatoio per nastri sottili. **46.** four-stand tandem ~ (*rolling mill*), laminatoio continuo a quattro gabbie in tandem. **47.** fuss ~, *see* attrition mill. **48.** grinding ~ (*ind. mach.*), mulino macinatore. **49.** grinding ~ (lapidary's lathe) (*precious stones*), tipo di tornio per pietre preziose. **50.** hammer ~ (*mach.*), mulino a martelli. **51.** high-speed reversing ~ (*rolling mill*), laminatoio reversibile ad alta velocità. **52.** hollow ~ (*t.*), fresa a bicchiere. **53.** hosiery ~ (*ind.*), maglificio. **54.** hot breaking-down ~ (*rolling mill*), laminatoio di riduzione a caldo. **55.** hot rolling ~ (*rolling mill*), laminatoio a caldo. **56.** ingoing side of rolling ~ (*rolling mill*), entrata del laminatoio. **57.** inserted-blade straddle ~ (*t.*), fresa a disco a due tagli con lame riportate. **58.** interlocked slab ~ (*t.*), frese (cilindriche) per spianare accoppiate. **59.** intermediate ~ (rolling mill) (*metall. mach.*), treno preparatore, treno medio. **60.** jar ~ (small ball mill) (*ind. mach.*), piccolo mulino a palle. **61.** live ~ table (*rolling mill*), tavola a rulli da laminatoio. **62.** looping ~ (rolling mill) (*metall. mach.*), treno serpentaggio. **63.** merchant ~ (*rolling mill*), laminatoio per profilati commerciali. **64.** non-reversing ~ (*rolling mill*), laminatoio (del tipo) non reversibile. **65.** oil ~ (*agric. mach.*), frantoio per olive, ecc. **66.** open ~ (as in rubber mfg.) (*ind. mach.*), mescolatore aperto. **67.** outgoing side of rolling ~ (*rolling mill*), uscita dal laminatoio. **68.** pan ~ (muller) (*found. mach.*), molazza. **69.** pebble ~ (as for rubber mfg.) (*ind. mach.*), mulino a sassi, mulino a silice. **70.** pilger ~ (*rolling mill*), laminatoio a passo di pellegrino. **71.** pin type ~ (consisting of contrarotating discs provided with pins) (*mech.*), mulino a dischi. **72.** plate ~ (*metall. mach.*), laminatoio per piatti e bandelle. **73.** reciprocating ~ (*rolling mill*), laminatoio a movimento alternato. **74.** reversing cold rolling ~ (*rolling mill*), laminatoio reversibile per la laminazione a freddo. **75.** reversing hot finishing ~ (*rolling mill*), laminatoio reversibile per la finitura a caldo. **76.** rod ~ (*ind. mach.*), mulino a barre. **77.** rolling ~ (*metall. mach.*), laminatoio, treno. **78.** roughing rolling ~ (*metall. mach.*), treno blooming, treno sbozzatore. **79.** sand ~ (type of tumbler) (*ind. mach.*), mulino (o barilatrice) a sabbia. **80.** semicontinuous ~ (rolling mill) (*metall. mach.*), treno semicontinuo. **81.** shank end ~ (*t.*), fresa frontale, con gambo. **82.** sheeting ~ (*rubb. mfg.*), mescolatore per fogli. **83.** shell end ~ arbor (*mach. t. impl.*), mandrino per frese frontali. **84.** side ~ (*t.*), fresa a tre taglienti. **85.** single-stand ~ (*metall. mach.*), *see* two-high ~. **86.** slab ~ (slab milling cutter, to produce a flat surface) (*t.*), fresa (cilindrica) per spianare. 87. slabbing ~ (rolling mill) (*metall. mach.*), laminatoio per slebi. **88.** small ~ (small section rolling mill) (*metall. mach.*), treno piccolo. **89.** special purpose ~ (*rolling mill*), laminatoio per lavori speciali. **90.** straddle ~ (*t.*), fresa multipla, treno di frese, gruppo di frese. **91.** tandem stand high hot finishing ~ (*rolling mill*), laminatoio a caldo con gabbie in tandem per la finitura. **92.** three-high ~ (trio mill) (*rolling mill*), trio, gabbia a trio, gabbia a tre cilindri. **93.** tire ~ (rolling mill: as for railstock tires) (*metall. mach.*), treno per cerchioni. **94.** two-high ~ (*rolling mill*), treno duo, duo. **95.** universal rolling ~ (*metall. mach.*), treno universale. **96.** warping ~ (*text. mach.*), orditoio. **97.** washing ~ (*rubb. mfg.*), depuratore. **98.** water ~ (*mach.*), mulino ad acqua. **99.** wheel rolling ~ (*metall. mach.*), laminatoio per ruote. **100.** wire drawing ~ (*ind.*), trafileria. **101.** wire ~ (*metall. mach.*), treno (o laminatoio) per vergella. **102.** woolen ~ (wool mill) (*text. ind.*), lanificio.

mill (to) (*mech.*), fresare. **2.** ~ (as grain into flour) (*ind.*), macinare. **3.** ~ (to roll into a bar) (*metall.*), laminare in barre. **4.** ~ (to saw in a sawmill) (*wood ind.*), segare. **5.** ~ (*silk ind.*), *see* to throw. **6.** ~ (wool) (*text. mfg.*), *see* to full. **7.** ~ (general term for: to break, beat, potch) (*paper mfg.*), raffinare, lavorare la pasta. **8.** ~ (to remove metal from the cylinder head level surface in order to increase the compression ratio) (coll.), sbassare la testata. **9.** ~ (to grind) (*ind. proc.*), frantumare. **10.** ~ (to coin by a screw press) (*ind.*), coniare con bilanciere.

"mill", *see* million.

millboard (as for bookbinding), cartone.

"mill-cut" (as of papers with a mill edge) (*a. - paper mfg.*), ad orlo grezzo.

milldam (*ind.*), gora di mulino.

milled (knurled) (*mech.*), zigrinato. **2.** ~ (by milling cutter) (*mech.*), fresato. **3.** ~ (with a grinding machine) (*ind.*), macinato.

miller (milling machine) (*mach. t.*), fresatrice, "fresa". **2.** ~ (tool for milling mach.) (*t.*), fresa. **3.** ~ (a person who owns or works a mill) (*work.*), mugnaio. **4.** ~ (*mach. t.*), *see* milling machine. **5.** universal ~ (*mach. t.*), fresatrice universale. **6.** universal pattern ~ (*wood mach. t.*), fresatrice universale per modelli. **7.** vertical ~ (*mach. t.*), fresatrice verticale.

millet (Italian millet) (*agric.*), miglio.

mill-finished (machine-finished) (*a. - paper mfg.*), liscio-macchina, liscio di macchina.

milli- (m, 10^{-3}, preceding a meas. unit) (*meas.*), milli-.

milliammeter (*elect. instr.*), milliamperometro.

milliampere (*elect. meas.*), milliamper.

milliangstrom (1/1000 of an angstrom) (*meas. unit*), milliangstrom.

milliard (Brit. = 10^9 = 1000 millions = Am. billion) (*math.*), miliardo.

millibar (1/1000 of a bar = p s i 14.504×10^{-3} = kg cm^2 1.0197×10^{-3}) (*phys. - meteor.*), millibar.

millicurie (*phys. chem. meas.*), millicurie.

millifarad (1/1000 of a farad) (*meas. unit*), millifarad.
milligal (unit of acceleration) (*geol. - meas.*), milligal.
milligram (1/1000 of a gram) (*meas. unit*), milligrammo.
millihenry (1/1000 of a henry) (*meas. unit*), millihenry.
milliliter, millilitre (capacity meas. = 1/1000 of a liter) (*meas.*), millilitro.
millimeter (0.03937 in.) (mm - *meas.*), millimetro. **2.** ~ of mercury, mmHg (equal to 133.322 Pa) (*pressure meas.*), millimetro di mercurio, mmHg. **3.** ~ of water, mm H_2O (equal to 9.806 Pa) (*pressure meas.*), millimetro d'acqua, mm H_2O. **4.** column ~ (*adver. cost in newspapers*), millimetro colonna. **5.** square ~ (0.00155 sq. in.) (sq mm - *meas.*), millimetro quadrato.
millimicro- ($1/10^9$ = nano) (*meas.*), millimicro–, nano–.
millimicron (10^{-6} mm) (mμ - *meas.*), millimicron, nanometro.
millimicrosecond (1/1000 of a microsecond = 10^{-9} sec = 1 nanosecond) (*meas. unit*), nanosecondo, millimicrosecondo.
milling (of a fabric) (*text. ind.*), follatura. **2.** ~ (cutting) (*mech.*), fresatura. **3.** ~ (grinding) (*ind.*), macinazione. **4.** ~ (*text. ind.*), *see also* fulling. **5.** ~ angle (of mach. t.), angolo di fresatura. **6.** ~ cutter (*t.*), fresa. **7.** ~ cutter, *see also* cutter. **8.** ~ cutter with inserted teeth (*t.*), fresa a denti riportati. **9.** ~ flocks (*text. ind.*), cascami di follatura. **10.** ~ machine, fresatrice, "fresa". **11.** ~ machine attendant (*work.*), fresatore. **12.** ~ quality wool (*wool ind.*), lana tendente a feltrarsi. **13.** abreast ~ (simultaneous milling of many pieces located side by side) (*mech. ind.*), fresatura multipla, fresatura di vari pezzi effettuata contemporaneamente. **14.** angular ~ (*mech. work*), fresatura angolare. **15.** backed off ~ cutter (*t.*), fresa a profilo invariabile. **16.** cam ~ machine (*mach. t.*), fresatrice per eccentrici, fresatrice per superfici curve. **17.** chemical ~ (removing of metal by means of a chemical solution) (*mech. - chem.*), fresatura chimica. **18.** climb ~ (*mech. operation*), fresatura concorde, fresatura anticonvenzionale. **19.** coned ~ cutter (*t.*), fresa conica. **20.** conventional ~ (up milling) (*mach. t. - mech.*), fresatura discorde, fresatura convenzionale. **21.** copy ~ machine (*mach. t.*), fresatrice a copiare. **22.** down ~, *see* climb milling. **23.** electronically-controlled ~ machine (*mach. t.*), fresatrice a comando elettronico. **24.** end ~ cutter (*t.*), fresa a codolo. **25.** face ~ (*mach. t. proc.*), fresatura a spianare. **26.** face ~ cutter (*t.*), fresa frontale. **27.** flame ~ (*mech. - technol.*), fresatura alla fiamma, fresatura con ossitaglio. **28.** free ~ (gold and silver ore: treatment made by crushing and amalgamation) (*min.*), trattamento allo stato nativo. **29.** helical ~ (spiral milling) (*mach. t. work*), fresatura elicoidale, dentatura di ingranaggi elicoidali. **30.** horizontal ~ machine (*mach. t.*), fresatrice orizzontale. **31.** pendulum ~ (of a turbine blade, across the axis to the blade) (*mech.*), fresatura trasversale, fresatura pendolare. **32.** plain ~ machine (*mach. t.*), fresatrice semplice. **33.** profile ~ cutter (*t.*), fresa a profilo. **34.** radial ~ cutter (*t.*), fresa a denti radiali. **35.** ram type ~ machine (*mach. t.*), fresatrice universale con mandrino orientabile su braccio. **36.** self-acting ~ machine (*mach. t.*), fresatrice automatica. **37.** side ~ cutter (*t.*), fresa a tre tagli. **38.** slab ~ (peripheral milling) (*mach. t. - mech.*), fresatura periferica, fresatura con fresa cilindrica. **39.** slot ~ cutter (*t.*), fresa a un taglio. **40.** slot ~ machine (*mach. t.*), fresatrice per scanalature. **41.** spherical ~ (*mach. t. - mech.*), fresatura di superfici sferiche. **42.** straddle ~ (*mach. t. operation*), fresatura simultanea con due frese sullo stesso mandrino. **43.** sweep ~ (of a turbine blade, parallel to the axis of the blade) (*mech.*), fresatura parallela (all'asse della paletta). **44.** tracer ~ (*mech.*), fresatura a copiare con tastatore. **45.** universal ~ machine (*mach. t.*), fresatrice universale. **46.** up ~ (conventional milling) (*mach. t. - mech.*), fresatura discorde, fresatura convenzionale. **47.** vertical ~ machine (*mach. t.*), fresatrice verticale. **48.** worm ~ machine (*mach. t.*), fresatrice per viti senza fine.
million (10^6) (*math.*), milione. **2.** ~ electron volts (MeV) (*meas.*), megavoltelettrone.
millionth (1/1000.000) (*math.*), milionesimo.
milliradian (1/1000 of a radian) (*meas.*), milliradiante.
millirem (1/1000 of a rem) (*meas.*), millirem.
millisecond (*meas. unit*), millesimo di secondo, millisecondo.
"millitex" (finess unit for textile fibers = 1 mg/1000 m) (*text. meas.*), millitex.
millivolt (*elect. meas.*), millivolt.
millivoltmeter (*elect. meas. instr.*), millivoltmetro.
milliwatt (1/1000 of a watt) (*meas. unit*), milliwatt.
millrace (*hydr.*), gora.
millstone (circular stone of a mill), macina.
millwright (one who takes care of mach. t. and equipment) (*shop work.*), operatore, operaio addetto alla sistemazione della macchina utensile e della attrezzatura.
"MIL OC" (MILitary OCeanography) (*geophys.*), Oceanografia militare.
"MIL-Std" (Military Standard, in book form) (*technol.*), norma MIL.
mimeograph (app. using thin paper coated with paraffin to reproduce copies as of typewriting) (*print. app.*), ciclostile, mimeografo. **2.** ~ (a mimeograph copy) (*print.*), copia ciclostilata.
"min" (minimum) (*gen.*), minimo. **2.** ~ (minute) (*time meas.*), minuto primo. **3.** ~, *see also* mineral, mineralogical, mineralogy, mining.
minaret (*arch.*), minareto.
mince (to) (*gen.*), tritare.

mine (*expl.*), mina. **2.** ~ (*min.*), miniera. **3.** ~ (iron ore) (*min.*) (Brit.), minerale di ferro. **4.** ~ actuation (*navy-army*), attivazione della mina. **5.** ~ detector (*milit. app.*), (apparecchio) cercamine. **6.** ~ disposal (*navy*), neutralizzazione di una mina. **7.** ~ field (*milit.*), campo minato. **8.** ~ hunter (special type of minesweeper equipped with sonars capable of detecting and locating mines) (*navy*), caccia-mine. **9.** ~ layer (ship) (*navy*), nave posamine. **10.** ~ pig (pig iron made only of ore) (*metall.*), ghisa da solo minerale. **11.** ~ removal (*milit.*), sminamento. **12.** ~ shaft (of sub.) (*navy*), tubo lanciamine. **13.** ~ shaft (*min.*), pozzo di miniera. **14.** ~ ship, *see* mine layer. **15.** ~ sweeper (*navy*), dragamine. **16.** ~ thrower (small trench mortar) (*milit.*), lanciamine. **17.** ~ ventilation (*min.*), aereazione della miniera. **18.** acoustic ~ (*navy expl.*), mina acustica. **19.** aerial ~ (*expl.*), mina lanciata dall'aereo. **20.** antenna ~ (special type of moored mine) (*navy*), mina ad antenna. **21.** anti-personnel ~ (*milit. - expl.*), mina antiuomo. **22.** anti-sweep ~ (*navy expl.*), mina antidragante. **23.** anti-tank ~ (*milit. - expl.*), mina anticarro. **24.** audio-frequency ~ (acoustic mine sensitive to frequencies in the audio spectrum) (*navy*), mina ad audiofrequenza. **25.** bottom ~ (*navy*), mina da fondo. **26.** buoyant ~ (*navy expl.*), mina subacquea. **27.** coarse ~ (of reduced sensitivity) (*navy*), mina a sensibilità ridotta, mina dura. **28.** contact ~ (*expl.*), mina a contatto. **29.** controlled ~ (*milit. - navy - expl. weapon*), mina telecomandata. **30.** copper ~ (*min.*), miniera di rame. **31.** dragged ~ (*navy*), mina trascinata (dalla apparecchiatura di dragaggio). **32.** drifting ~ (*navy expl.*), mina vagante. **33.** drift ~ (*min.*), miniera con accesso a pozzo. **34.** drill ~ (*navy*), mina da esercitazione. **35.** exercise ~ (bottom or moored mine, complete with all the mechanisms but without explosive, used for training and study purposes) (*navy*), mina da esercitazione. **36.** floating ~ (*navy*), mina galleggiante. **37.** ground influence ~ (*navy*), mina a influenza (magnetica) da fondo. **38.** ground ~ (*navy*), mina da fondo. **39.** influence ~ (*navy*), mina da influenza. **40.** land ~ (*expl. milit.*), mina terrestre. **41.** limpet ~ (*navy expl.*), mignatta. **42.** low-frequency ~ (acoustic mine sensitive to frequencies below the lower audio spectrum limit) (*navy*), mina a bassa frequenza. **43.** magnetic ~ (*expl. milit.*), mina magnetica. **44.** magnetic ~ sweeping (*navy*), dragaggio magnetico, dragaggio di mine magnetiche. **45.** moored influence ~ (*navy*), mina ancorata ad influenza (magnetica). **46.** moored ~ (*navy*), mina ormeggiata. **47.** pressure ~ (mine sensitive to the pressure exerted by a moving ship) (*navy*), mina a pressione. **48.** river ~ (*army*), mina fluviale. **49.** slope ~ (*min.*), miniera con discenderia. **50.** snagline ~ (*navy*), mina a cavo galleggiante (a strappo). **51.** strip ~ (*min.*), miniera a cielo aperto. **52.** sulphur ~ (sulphur pit) (*min.*), solfara. **53.** underground ~ (*min.*), miniera sotterranea. **54.** watching ~ (*navy*), mina affiorante.

mine (to) (*min.*), scavare. **2.** ~ (to extract ore from the earth) (*min.*), estrarre. **3.** ~ (to lay mines) (*navy - milit.*), minare, posare mine. **4.** ~ (to burrow) (*milit. - etc.*), scavare per posare mine.

mined (of underground) (*milit.*), minato.

minehunter (*n. - navy*), cacciamine.

miner (*work.*), minatore. **2.** ~ (soldier laying mines) (*milit.*), addetto alla posa mine. **3.** miner's friend (Davy safety lamp) (*min. t.*) lampada (di sicurezza) Davy.

mineral (*n. - a.*), minerale. **2.** ~ dressing (*min. proc.*), preparazione del minerale. **3.** ~ oil (*ind.*), olio minerale. **4.** ~ pitch, *see* asphalt. **5.** ~ resource (*min.*), risorsa mineraria. **6.** ~ tar, *see* maltha. **7.** ~ water, acqua minerale. **8.** ~ wool (*ind.*), cotone silicato. **9.** mafic ~ (magnesium and iron rock) (*min.*), minerale femico (eruttivo).

mineralization, mineralizzazione.

mineralogical (*min.*), mineralogico.

mineralogist (*min.*), mineralogista, mineralogo.

mineralogy (*n.*), mineralogia.

minesweeper (*navy*), dragamine. **2.** coastal ~ (MSC) (*navy*), dragamine costiero, MSC. **3.** inshore ~ (normally called MSI) (*navy*), dragamine portuale, MSI. **4.** oceanic ~ (normally called MSO) (*navy*), dragamine oceanico, MSO.

mini- (miniature) (*a. - gen.*), miniaturizzato, mini-.

mini (minicar) (*aut.*), (vetturetta) utilitaria. **2.** ~ (minicomputer) (*n. - comp.*), minielaboratore.

miniature (reduced scale model) (*m. pict.*), modello in scala ridotta. **2.** ~ (*a. - gen.*), miniaturizzato. **3.** ~, *see* miniature camera. **4.** ~ camera (minicam, minicamera: using a film less than 24 × 36 mm size) (*phot.*), microcamera. **5.** ~ lamp holder (*elect.*) (Am.), portalampade micromignon. **6.** ~ tube (*thermion.*), valvola miniatura.

miniature (to) (to miniaturise, to reduce to small size) (*gen.*), miniaturizzare, ridurre a piccole dimensioni. **2.** ~ (to miniaturise, to represent on a small scale) (*draw.*), rappresentare in scala molto piccola.

miniaturised, miniaturized (reduced to small size) (*gen.*), miniaturizzato.

miniaturization (circuits made of microelectronic components) (*elics.*), miniaturizzazione.

minibike (small, low frame motorcycle) (*mtc.*), minimotoretta.

minibus (a small bus designed to carry no more than ten people) (*transp.*), pullmino.

minicab (small taxi cab) (*transp.*), minitaxi.

minicam, minicamera, *see* miniature camera.

minicar (*aut.*), utilitaria.

minicartridge (*comp.*), minicartuccia.

minicomputer (small comp. with at least 16 K byte of memory) (*comp.*), minielaboratore.

minidisk, *see* minifloppy.

miniflexible disk, *see* minifloppy.

minifloppy (floppy disk smaller than standard: 5 $^{1}/_{4}$

inches) (*comp.*), minidisco flessibile. **2.** ~ disk, *see* minifloppy.

minimax (minimum of a set of maxima, in the theory of games) (*math. - operational research*), minimax, mini–massimo, valore minimo in un insieme di massimi. **2.** ~ (relating to a minimax) (*a. - math.*), di (od a) minimassimo. **3.** ~ theorem (games theory) (*math.*), teorema del minimassimo.

minimization (*gen.*), minimizzazione.

minimum, minimo. **2.** ~ (lowest speed permitted on a highway) (*n. - road*), velocità minima consentita. **3.** ~ wage (of an employee), minimo di paga. **4.** to reduce to a ~, ridurre al minimo.

mining (*a. - min.*), minerario. **2.** ~ (*n. - min.*), estrazione di minerali, coltivazione. **3.** ~ and metallurgical (*min. - metall.*), minero–metallurgico. **4.** ~ engineering (*min.*), tecnica mineraria. **5.** ~ method (*min.*), metòdo (o sistema) di estrazione. **6.** hydraulic ~ (*min.*), coltivazione idraulica. **7.** machine ~ (*min.*), coltivazione meccanizzata. **8.** opencut ~ (opencast mining) (*min.*), scavo a cielo aperto. **9.** open pit ~ (opencast mining) (*min.*), scavo a cielo aperto. **10.** river ~ (*min.*), coltivazione di depositi alluvionali fluviali. **11.** slurry ~ (as in sodium chloride mines: by subsurface immission of water and pumping of a slurry solution to be treated at the surface) (*min.*), coltivazione idraulica. **12.** surface ~, *see* opencut ~. **13.** underground ~ (*min.*), scavo in galleria.

minion (*typ.*), corpo 7.

minipark (*n. - city organ.*), giardino.

miniseries (TV story) (*n. - telev.*), sceneggiato, racconto televisivo a puntate.

minister (secretary) (*gen.*), ministro.

minisub (small submarine: as for scientific purposes) (*naut.*), piccolo sommergibile.

minitape cartridge (*comp.*), minicartuccia.

minitelevisor (a normal cathode–tube receiving app. having screen dimension from 6 to 9 inches) (*telev.*), minitelevisore, mini TV.

minitrack (a system for tracking, by means of a chain of radio stations, a satellite or rocket provided with minitrack transmitter) (*radio - milit. - astric.*), sistema di radio inseguimento. **2.** ~ transmitter (miniaturized transmitter with a range over 3000 miles on very low power: inboard of rockets or artificial satellite) (*radio - elics. - astric.*) radiotrasmettitore miniaturizzato di inseguimento.

"minitruck" (small truck with carrying capacity of less than 1 ton) (*veh.*), autocarro di piccola portata.

minium (Pb_3O_4) (red oxide of lead) (*paint. ind.*), minio.

minivideocassette (a small videocassette with only 30 minutes autonomy) (*elics. - telev.*), minivideocassetta.

minometer (instr. for measuring stray radiations from a radioactive source or material) (*meas. instr.*), misuratore di radioattività dispersa.

minor (smaller) (*a. - gen.*), minore. **2.** ~ diameter (of a screw thread) (*mech.*), diametro interno.

minster (*arch.*), chiesa di monastero.

mint (place in which money is coined), zecca. **2.** ~ (unused: as of postage stamp) (*a. - philately*), nuovo.

mint (to) (to coin: as money), coniare.

mintage (batch of coins produced in a particular period of time) (*mint work*), lotto di materiale coniato. **2.** ~ (action of minting coins) (*state finance*), azione di battere moneta.

minter (of money) (*work.*), coniatore.

minting (*mech.*), coniatura. **2.** ~ die (*mech.*), stampo per coniare.

minuend (*math.*), minuendo.

minus (sign) (*math.*), (segno) meno.

minute (*gen.*), minuto. **2.** ~ (official memorandum on a particular argument) (*gen.*), nota. **3.** ~, *see* minute of arc. **4.** ~ hand (of a watch), lancetta dei minuti. **5.** ~ of arc (*geom. meas.*), minuto (di arco).

minute (to) (*ind. - etc.*), verbalizzare, stendere il verbale.

minutes (official record of the subjects dealt with in a meeting) (*off.*), verbale.

"minvar" (34–36% nickel cast iron, used when a minimum thermal expansion is desired) (*metall.*), minvar, ghisa a bassissimo coefficente di dilatazione.

Miocene (period of the Tertiary) (*geol.*), miocene.

"MIP" (mean indicated pressure) (*phys.*), pressione media indicata.

"MIPS" (Mega Instructions Per Second: for evaluating the comp. calculating speed) (*comp.*), milioni di istruzioni al secondo.

mirage (*opt.*), miraggio.

mirbane oil (*chem.*), olio di mirbana, nitrobenzolo.

mire, melma, pantano.

mirror, specchio. **2.** ~ (*radar*), riflettore. **3.** ~ finish (*mech.*), finitura speculare. **4.** ~ instability (*plasma phys.*), instabilità di specchio. **5.** ~ iron (*metall.*), ghisa speculare, "spiegeleisen". **6.** ~ scale (in which the position of the mirror is such that the reflection of a knife pointer coincides with the pointer itself when the eye is in the correct position to read, used for avoiding parallax errors) (*instr.*), scala a specchio, scala antiparallasse. **7.** ~ screw (*telev. app.*), specchio elicoidale, spirale di specchi. **8.** antiparallax ~ (as of elect. meas. instr.), specchio antiparallasse. **9.** dichroic ~ (*radar*), specchio dicroico. **10.** dipping ~ (rearview mirror) (*aut.*), specchio oscurabile. **11.** door ~ (*aut.*), specchio retrovisore esterno. **12.** driving ~ (*aut.*), specchio retrovisore. **13.** forehead ~ (*med. instr.*), specchio frontale. **14.** make-up ~ (found on the back of the sunvisor) (*aut.*), specchietto di cortesia nel parasole. **15.** one–way ~ (transparent in one direction and reflective in the other) (*opt.*), lamina pian–parallela (dei microscopi per es.). **16.** parabolic ~ (*teleph. - illum. - radar*), riflettore parabolico. **17.** rear reflecting ~ (*aut. impl.*), specchio retrovisore (o retroscopico). **18.** rear view ~ (*aut. impl.*), specchio retrovisore. **19.** reflecting ~ (for m. pict. projector), specchio riflettore, specchio per proiettori cinematografici. **20.** reflecting substage ~ (as of a microscope) (*opt.*), specchio riflettente sotto al portaoggetti. **21.** wing ~ (of a car) (*aut.*), specchietto da parafango.

mirror (to) (to reflect as a mirror) (*gen.*), riflettere.

"MIRV" (Multiple Independently targeted Reentry Vehicle: fractionable head with automatic guide for each head fraction) (*milit.*), missile con ogiva a testa multipla ed a guida indipendente.

"MIRV" (to) (to provide of "MIRV" warheads) (*milit.*), equipaggiare con testate MIRV.

"MIS" (USA program for Man In Space) (*astric.*), uomo nello spazio. **2.** ~ (Management Information System) (*ind.*), sistema di informazioni della direzione.

mis (a prefix meaning in an incorrect way, wrongly, improperly).

misadjustment (*gen.*), errata regolazione.

misaligned (*mech. - etc.*), disallineato, fuori allineamento.

misalignment (*mech. - gen.*), cattivo allineamento, allineamento difettoso.

misallocation (wrong allocation) (*n. - comp. - etc.*), errata allocazione.

miscarriage (*comm.*), disguido.

miscellaneous (*a. - gen.*), eterogeneo. **2.** ~ hydraulic press (*mach.*), pressa idraulica per lavori vari.

miscibility (*phys. - chem. - metall.*), miscibilità. **2.** partial ~ (*metall.*), miscibilità parziale. **3.** total ~ (*metall.*), miscibilità totale.

miscibile (mixable) (*a. - gen.*), miscibile.

miscommunication (*n. - tlcm.*), comunicazione difettosa (o disturbata).

misfire (mine which fails to explode) (*n. - min. expl.*), accensione mancata. **2.** ~ (failure of the primer to detonate) (*expl.*), mancata accensione, cilecca.

misfire (to) (of internal-combustion engine) (*mot.*), dare accensioni irregolari.

misformed, *see* misshapen.

mislay (to) (*mas. - etc.*), piazzare in modo scorretto (o sbagliato).

mismachine (to) (to machine at wrong dimensions) (*spoilt work*), produrre scarti di macchina, lavorare di macchina in modo errato.

mismatch (wrong matching) (*mech. - carp. - etc.*), accoppiamento difettoso.

mismatched (*gen.*), male accoppiato. **2.** ~ (faulty matching) (*elect. - elics.*), male adattato. **3.** ~ (as a die) (*technol.*), scentrato.

mismatching (maladjustment: out of correct place, as of forging dies) (*mech. technol.*), errore di centratura, imperfetta centratura, "scentratura".

mismate (to) (as of dies) (*mech.*), combaciare imperfettamente.

mismating (as of dies) (*mech.*), errore di centratura, difetto di centratura, "scentratura", combaciamento imperfetto.

misnomer (as in legal documents) (*law*), nome (o designazione) inesatto.

misorient (to) (defect in orientation) (*aer. - nav. - etc.*), orientarsi non correttamente, orientarsi in modo errato.

misperform (to) (*gen.*), eseguire scorrettamente, eseguire male.

mispickel (arsenopyrite) (FeAsS) (*min.*), "mispickel", arsenopirite.

misplacement (*ind.*), posizionamento errato.

misprint (*n. - print.*), errore di stampa.

misread (to) (as in decoding or by means of an optical reader) (*comp.*), leggere non correttamente.

misregistration (defective alignment, defective character etc.) (*n. - comp.*), registrazione difettosa.

misrepresentation (untrue representation) (*law - comm. - etc.*), dichiarazione falsa.

misrun (not fully formed casting) (*found.*), fusione incompleta, getto mancato.

miss (to) (*gen.*), mancare, sbagliare. **2.** ~ (of mot.), perdere colpi. **3.** ~ fire (of a gun), scattare a vuoto, "fare cilecca", **4.** ~ the mark (*milit. - firearm*), mancare il colpo.

misshapen (deformed) (*gen.*), deformato.

missile (object projected) (*gen.*), proietto, missile, proiettile. **2.** ~ (self-propelling weapon) (*weapon*), missile. **3.** ~ launching submarine (*navy*), sommergibile attrezzato per il lancio di missili. **4.** ~ shield (as in a nuclear reactor) (*safety*), scudo antiproiettile. **5.** air-to-air ~ (*weapon*), missile aria-aria. **6.** air-to-surface ~ (*weapon*), missile aria-terra. **7.** anti-missile ~ (*weapon*), missile anti-missile. **8.** antisubmarine ~ (*weapon*), missile anti-sommergibili. **9.** antitank guided ~ (*milit.*), missile anticarro guidato. **10.** ballistic ~ (*milit.*), missile balistico. **11.** composite ~ (multiple-stage missile) (*astron.*), missile pluristadio. **12.** guided ~ (*weapon*), missile guidato. **13.** intercontinental ballistic ~ (ICBM) (*weapon*), missile intercontinentale. **14.** intermediate range ballistic ~ (*milit.*), missile intermedio. **15.** jet-propelled ~ (*rckt.*), missile con propulsione a getto. **16.** longrange ballistic ~ (*milit.*), missile a lunga gittata. **17.** medium range ballistic ~ (*milit.*), missile a media gittata. **18.** nuclear ~ (*weapon*), missile nucleare. **19.** radar-guided ~ (*weapon*), missile guidato a mezzo radar. **20.** rocket ~ (rocket propelled missile) (*astric. - rckt.*), missile (propulso) a razzo. **21.** submarine-launched ~ (*weapon*), missile lanciato da sommergibile. **22.** surface-to-air ~ (*weapon*), missile terra-aria. **23.** surface-to-surface ~ (*weapon*), missile terra-terra.

missilery, missilry (missiles) (*astric.*), missili. **2.** ~ (*sc. of missiles*), missilistica.

missing (*a. - gen.*), mancante.

mission (something which someone is entrusted to do or to carry out) (*gen.*), compito. **2.** ~ (group of persons sent to a foreign country to perform negotiations) (*comm. - milit.*), missione.

mist (*meteorol.*), bruma. **2.** ~ blower (*agric. mach.*), nebulizzatrice. **3.** oil ~ (lubrication) (*mech.*), nebbia d'olio.

mist (to) (to steam up, as a window pane) (*gen.*), appannarsi.

mistake, errore. **2.** ~ (error due to a human action) (*n. - comp.*), sbaglio.

"mist-coat" (*paint.*), mano di velatura.

mistune (to) (*radio - telev. - etc.*), mettere fuori sintonia.

misuse (to) (as an engine), fare un uso improprio di, maltrattare.

"MIT" (Massachusetts Institute of Technology) (*technol.*), Istituto di Tecnologia del Massachusetts.

mite (small weight, 0.5 grain) (*meas.*), peso pari a 0,00324 g.

miter (miter joint) (*carp.*), giunto di elementi perpendicolari tra loro, giunto a mezzo legno, giunto a quartabuono. **2.** ~ gears (*mech.*), ingranaggi conici (di ugual diametro) con assi ortogonali. **3.** ~ sill (part as of a canal lock against which the lower end of the gate abuts) (*hydr. constr.*), soglia a gradino. **4.** ~ square (*join. instr.*), squadra zoppa (a 45°). **5.** ~ valve (*mech.*), valvola (a disco) con sede a 45°.

miter (to) (to saw timber at an angle of 45°) (*carp. - etc.*), tagliare a quartabuono, tagliare a 45°.

mitering (*carp.*), giunzione ad angolo (a mezzo legno o a quartabuono).

mitis casting (wrought iron process in which the melting point is lowered by adding small quantities of aluminium) (*metall.*), ghisa malleabile.

mitre, *see* miter.

mix (proportioned mixture) (*gen.*), mescolanza (o miscela o mistura o miscuglio) dosata (o dosato). **2.** ~ (*rubb. ind.*), mescola. **3.** "~" (fading) (*m. pict.*), dissolvenza. **4.** ~ (mixture of materials forming concrete) (*bldg.*), conglomerato, impasto. **5.** ~ (formula of a mixture) (*gen.*), formula di miscelazione. **6.** ~ pot (*paint.*), miscelatore. **7.** base ~ (*rubb. ind.*), mescola di fondo. **8.** standard ~ (of concrete) (*bldg.*), conglomerato normale.

mix (to) rimescolare, mescolare. **2.** ~ (*text. ind.*), mischiare.

mixed (made of unlike parts) (*a. - gen.*), misto. **2.** ~ arch (*arch.*), arco policentrico. **3.** ~ crystal (*crystallography*), cristallo misto, cristallo non puro. **4.** ~ light lamp (as a glow and discharge lamp) (*illum.*), lampada a luce mista. **5.** ~ number (the sum of an integer and a fraction) (*math.*), numero misto.

mixer (as for rubber mfg.) (*ind. mach.*), agitatore, mescolatore. **2.** ~ (*m. pict.*), tecnico del missaggio. **3.** ~ (frequency-changer) (*elics.*), variatore di frequenza. **4.** ~ (in a superheterodyne) (*radio*), miscelatore. **5.** ~ (storage tank for pig iron) (*metall.*), bacino di sosta della ghisa fusa. **6.** ~ (revolving drum for preparing concrete) (*mas. mach.*), betoniera. **7.** ~ valve (*radio*), valvola mescolatrice. **8.** audio ~ (electroacoustic device) (*electroacous.*), miscelatore del suono. **9.** batch ~ (a mach. containing and mixing the ingredients of a single batch) (*mech.*), mescolatore contenente la serie di dosi degli ingredienti relativa ad un lotto. **10.** cement ~ (*bldg. mach.*), impastatrice di cemento, betoniera. **11.** concrete ~ (*bldg. mach.*), betoniera da calcestruzzo, impastatrice di calcestruzzo. **12.** exhaust ~ (*turbojet eng.*), miscelatore di scarico. **13.** internal ~ (as for rubber mfg.) (*ind. mach.*), mescolatore interno. **14.** multiblade ~ (*ind. mach.*), mescolatrice multipla. **15.** sand ~ (*foundry mach.*), mescolatore per terra da fonderia. **16.** solution ~ (as for rubber mfg.) (*ind. mach.*), mescolatore per soluzioni. **17.** transit ~ (*bldg. mach.*), *see* truck mixer. **18.** truck ~ (self-propelled concrete mixer) (*bldg. mach.*), autobetoniera, betoniera semovente.

mixing (as in rubber mfg.) (*ind.*), mescolatura. **2.** ~ (of cotton) (*text. ind.*), mischia. **3.** ~ (combining of sounds from two or more sources into a single recording) (*m. pict.*), missaggio. **4.** ~ (admixture) (*mot. - etc.*), miscelazione. **5.** ~ box (mixing chest: in the modern paper machine) (*paper mfg.*), cassa (o cassetta) di miscela. **6.** ~ chamber (of a gas welding or oxygen cutting torch) (*mech. technol.*), camera di miscela. **7.** ~ intersecting gill box (*text. mach.*), stiratoio mescolatore. **8.** ~ mill (as for rubber mfg.) (*ind. mach.*), molazza mescolatrice. **9.** ~ panel (for sounds) (*electroacous.*), pannello (o quadro) di missaggio. **10.** ~ room (*text. ind.*), camera di mischia. **11.** ~ table, *see* mixing panel. **12.** ~ water (*bldg.*), acqua d'impasto. **13.** microphone ~ (*electroacous.*), missaggio microfonico. **14.** pneumatic ~ (*text. ind.*), mischia pneumatica.

mixture (proportioned), miscela. **2.** ~ (not proportioned), miscuglio. **3.** ~ (of ore and flux: burden as of a blast furnace), letto di fusione. **4.** ~ charge (of mot.), carica di miscela. **5.** ~ control (*aer. mot.*), correttore di miscela, correttore di quota. **6.** ~ strength (*mot.*), titolo della miscela, dosatura della miscela. **7.** altitude ~ control (of aero-engine carburetor), correttore di quota, correttore altimetrico. **8.** automatic ~ control (*aer. mot.*), correttore automatico (di miscela). **9.** bordeaux ~ (fungicide) (*agric.*), bordolese, miscela bordolese. **10.** explosive ~ (*mot.*), miscela esplosiva. **11.** freezing ~ (refrigerating mixture) (*therm.*), miscela frigorifera. **12.** idling ~ (of mot.), miscela del minimo, miscela della marcia lenta. **13.** lean best power ~ (for an internal-combustion engine) (*mot.*), miscela di massimo rendimento. **14.** lean ~ (*mot.*), miscela povera. **15.** meagre ~ (*mas.*), impasto magro. **16.** poor ~ (*mas.*), impasto magro. **17.** poor ~ (of mot.), miscela povera, carburazione magra. **18.** rich ~ (*mas.*), impasto grasso. **19.** rich ~ (of mot.), miscela ricca, carburazione ricca. **20.** rich ~ control (of carburetor) (*mot. - aut.*), arricchitore. **21.** weak ~ (of mot.), miscela povera, carburazione povera. **22.** weak ~ (*mas.*), impasto magro. **23.** weak ~ cruising (*aer.*), crociera economica.

mizzen, mizen (*a.* - *naut.*), di mezzana. **2.** ~ (short for mizzenmast) (*n.* - *naut.*), albero di mezzana. **3.** ~ sail (*naut.*), vela di mezzana. **4.** ~ skysail (*naut.*), vela di succontrobelvedere. **5.** ~ staysail (*naut.*), vela di straglio di mezzana. **6.** ~ topgallant mast (*naut.*), alberetto di belvedere. **7.** ~ topgallant sail (*naut.*), vela di belvedere. **8.** ~ topgallant staysail (*naut.*), vela di straglio di belvedere.

mizzenmast (*naut.*), albero di mezzana.

mizzen-royal staysail (*naut.*), vela di straglio di controbelvedere.

mizzen-topmast (*naut.*), albero di contromezzana. **2.** ~ sail (*naut.*), vela di straglio di contromezzana.

mizzle (rain in very fine drops) (*meteorol.*), pioviggine, pioggia fine.

"MKS" (meter, kilogram, second) (*meas. system*), metro, chilogrammo, secondo.

"MKSA" system (meter-kilogram-second-ampere system, Giorgi system) (*absolute meas. system*), sistema Giorgi, sistema MKSA.

"mL" (millilambert) (*meas. unit*), millilambert.

"ml" (milliliter) (*meas. unit*), millilitro.

"MLBM" (Modern Large Ballistic Missile: as SS9 or SS18 made by URSS) (*milit.*), grande missile balistico moderno.

"MLS" (microwave landing system) (*aer.*), sistema di atterraggio a microonde.

"MM" (Merchant Marine) (*naut.*), marina mercantile.

"mm" (millimeter) (*length meas.*), millimetro.

"MMF","mmf" (magneto-motive force) (*elect.*), forza magnetomotrice, f. m. m. **2.** ~ (micromicrofarad, 10^{-12} faràd) (*elect. meas.*), picofarad, micromicrofarad.

"mmfd" (micromicrofarad, 10^{-12} farad) (*elect. meas.*), picofarad.

"mmm", *see* micromillimeter.

"MMT" (methylcyclopentadienyl manganese tricarbonyl: for increasing octane number of gasoline) (*ind. chem.* - *aut.*), MMT.

Mn (manganese) (*chem.*), manganese.

"MNC" (multinational corporation) (*n.* - *ind.* - *finan.*), multinazionale.

mnemonic (something intended to assist the memory) (*a.* - *gen.* - *comp.*), mnemonico.

"mng", *see* managing.

"mngr", *see* manager.

"MNOS" Metal-Nitride-Oxide-Semiconductor (*elics.*), semiconduttore metallo-nitruro-ossido.

"MO", *see* mail order.

Mo (molybdenum) (*chem.*), molibdeno.

moat (*bldg.*), fossato.

"mob", *see* mobile.

mobile (movable) (*a.* - *phys.*), mobile. **2.** ~ home (special type of oversize caravan built and equipped for permanent residential use) (*veh.*), speciale tipo di caravan maggiorato costituente vera e propria abitazione mobile. **3.** ~ station (*radio*), stazione mobile. **4.** ~ unit (aut. or trailer used as an X ray laboratory, an ambulance, a telev. pick up centre) (*veh.*), unità mobile.

"mobile", *see* automobile.

mobility, mobilità. **2.** ~ (as of labor) (*pers.* - *etc.*), mobilità. **3.** ~ (of ions) (*electrochem.*), mobilità ionica.

mobilization (*milit.*), mobilitazione. **2.** ~ office (*milit.*), ufficio mobilitazione.

mobilize (to) (*milit.*), mobilitare.

mobilometer (consistometer; app. for meas. the consistency as of plastic materials) (*chem. app.*), consistometro.

mock (not real) (*a.*), finto. **2.** ~ lead (*min.*), *see* sphalerite. **3.** ~ moon (*meteorol.*), *see* paraselene. **4.** ~ ore (*min.*), *see* sphaleririte. **5.** ~ raid (*air force*), finta escursione, volo di addestramento. **6.** ~ sun (*meteorol.*), *see* parhelion.

mock-up (for design purposes) (*mech.*), simulacro, manichino. **2.** ~ (for instructional purposes) (*ind.*), modello dimostrativo.

"mod" (model) (*ind.*), modello. **2.** ~ (modulator) (*elics.*), modulatore. **3.** ~ (modern) (*a.* - *gen.*), moderno. **4.** ~ (module) (*n.* - *gen.*), modulo. **5.** ~, *see also* modification.

modal (*stat.*), modale. **2.** ~ value (*stat.*), *see* mode.

modality (*gen.*), modalità.

mode (manner) (*gen.*), modo. **2.** ~ (form) (*gen.*), forma. **3.** ~ (kind) (*gen.*), specie, genere. **4.** ~ (fashion) (*gen.*), moda. **5.** ~ (the most frequent item in a series of statistical data) (*stat.*), moda. **6.** ~ (actual composition of a rock: quantitative mineral composition expressed in percentages by weight) (*geol.*), modo, composizione percentuale in peso. **7.** ~ (running conditions, as of an engine) (*mot.*), modo. **8.** ~ (relating to a possible or alternative way of working of an elics. device: as delay, record, print etc.) (*comp.* - *etc.*), modo, posizione di lavoro. **9.** ~ (modality: as graphic write mode etc.) (*comp.*), modalità. **10.** ~ filter (particular waveguide filter) (*elics.*) filtro di modo. **11.** bending ~ (*aerodyn.*), modo flessionale. **12.** byte ~ (records transferring system: one byte at a time) (*comp.*), modo a byte. **13.** byte multiplex ~ (records transferring system) (*comp.*), modo multiplex a byte. **14.** crippled ~ (of a comp. only partly working) (*comp.* - *etc.*), a funzionamento ridotto. **15.** hold ~ (interruption mode) (*comp.*), modo a interruzione. **16.** interactive ~, conversational ~ (*comp.*), modo interattivo, modo colloquiale. **17.** move ~ (refers to data records movement) (*comp.*), modalità di trasferimento (o di spostamento). **18.** multiplex ~ (records transferring system by multiplexer channel) (*comp.*), modo multiplex. **19.** substitute ~ (in exchange buffering) (*comp.*), modo sostitutivo.

model (copy), copia. **2.** ~ (pattern), modello. **3.** ~

(reduced-scale representation, as of an aircraft) (*aer. - naut. - etc.*), modello. **4.** ~ (distinguishable from others similar objects; like an engine, a missile, a locomotive etc.) (*gen.*), tipo. **5.** ~ (modillion) (*arch.*), *see* modillion. **6.** ~ (tool used in molding) (*pastering t.*), attrezzo per modanature. **7.** ~ (math. description of a system) (*n. - math.*), modello. **8.** ~ aeronautics (*aer. - sport*), aeromodellismo. **9.** ~ aircraft (very small aircraft equipped or not with an engine, uncapable of transporting a human being) (*aer. - sport*), aeromodello, modello volante. **10.** ~ flapper (*aer. - sport*), (aero)modello ad ali battenti. **11.** ~ sailplane (*aer. - sport*), (aero)modello veleggiatore, aeroveleggiatore. **12.** ~ testing (tests carried out on a model aircraft or ship in a wind tunnel or test tank) (*aer. - naut.*), prove con modello. **13.** behavioral ~ (*operational research*), modello di comportamento. **14.** canard ~ (*aer. - sport*), (aero)modello canard. **15.** C/L ~ (control-line model) (*aer. - sport*), (aero)modello controllato. **16.** control-line ~ (*aer. - sport*), (aero)modello controllato. **17.** current ~ (current copy of an archetype) (*comm.*), modello di serie. **18.** current ~ (as of a type of veh.) (*comm.*), modello corrente (o di serie). **19.** custom-built ~ (*aut. - etc.*), modello fuoriserie, fuoriserie. **20.** dynamic ~ (the linear dimensions, mass and inertia of which are such that the motion of the model corresponds to that of the full-scale aircraft) (*aer. testing*), modello in scala, modello per prove dinamiche. **21.** econometric ~ (*econ.*), modello econometrico. **22.** economical ~ (as of a type of veh.) (*comm.*), modello economico. **23.** elastic ~ (the linear dimensions, mass distribution and stiffness of which are such that the aero-elastic behavior of the model can be correlated with that of the full-scale aircraft) (*aer. testing*), modello aeroelastico, modello per prove aeroelastiche. **24.** floor standing ~ (as of a type of comp.) (*comp. - etc.*), modello da (sistemazione sul) pavimento. **25.** flying scale ~ (*aer. - sport*), (aero)modello in scala. **26.** flying wing ~ (*aer. - sport*), (aero)modello tuttala. **27.** free flight ~ (*aer. - sport*), (aero)modello per volo libero. **28.** hard wood ~ (*found. - etc.*), modello in legno duro. **29.** indoor flying ~ (*aer. - sport*), (aero)modello da sala. **30.** liquid drop ~ (*atom phys.*), modello a goccia. **31.** luxe ~ (as of a type of veh.) (*comm.*), modello di lusso. **32.** mathematical ~ (*math. - operational research*), modello matematico. **33.** medium cylinder capacity ~ (*aut.*), modello (o tipo) di media cilindrata. **34.** parasol wing ~ (*aer. - sport*), (aero)modello con ala parasole. **35.** radiocontrolled ~ (*aer. - sport*), (aero)modello radiocomandato. **36.** R/C ~ (radiocontrolled model) (*aer. - sport*), (aero)modello radiocomandato. **37.** rocket-powered ~ (*aer. - sport*), (aero)modello (a reazione) a razzo. **38.** rubber-powered ~ (*aer. - sport*), (aero)modello con motore ad elastico. **39.** special ~ (as of an aut.) (*comm.*), modello fuori serie.

model (to) modellare. **2.** ~ (to represent: as a problem) (*gen.*), configurare.

modeler, modeller (*work.*), modellatore.

modelist, *see* modelmaker.

modelmaker (*technical work.*), modellista.

modem (modulator-demodulator: it transforms signals in a way compatible with another form of equipment) (*elics.*), modulatore-demodulatore, "modem". **2.** data-phone ~ (*teleph. - comp.*) modulatore-demodulatore telefonico, modem telefonico.

moderate (to) (*atom phys.*), moderare.

moderation (*atom phys.*), moderazione.

moderator (*gen.*), moderatore. **2.** ~ (as graphite: for reducing the speed of neutrons in an atomic pile) (*atom phys.*), moderatore, rallentatore. **3.** ~ (as for regulating motion) (*mech.*), regolatore, equilibratore. **4.** ~ (of a discussion) (*radio or television work.*), moderatore. **5.** ~, *see* anchorman.

modern (*a. - gen.*), moderno. **2.** ~ (style) (*n. - typ.*), romano moderno.

modernization (*gen.*), rimordenamento, ammodernamento.

modernize (to) (as an ind. plant), ammodernare.

modernizer (*work.*), rimodernatore.

modification (*gen.*), modifica.

modifier (of the terminal product of a chem. reaction: as for the polymerization in rubber mfg.) (*ind. chem.*), agente modificante. **2.** ~ (for altering an address, an instruction etc.) (*n. - comp.*) modificatore. **3.** index word ~ (*comp.*), modificatore di indice. **4.** ~, *see also* index word.

modify (to) (*gen.*), modificare. **2.** ~ (to alter an address, an instruction etc.) (*comp.*), modificare.

modillion (*arch.*), modiglione.

modular (type of manufacture employing standard size components for assembling the finished product) (*ind.*), modulare. **2.** ~ (sectional: relating to a series of units which can be easily joined: as an office furniture, a kitchen etc.) (*n. - furnishing technol.*), componibile. **3.** ~ arithmetic (*math.*), aritmetica modulare. **4.** ~ construction (*ind.*), costruzione modulare. **5.** ~ dimension (a dimension which is a multiple of a module) (*bldg.*), dimensione modulare. **6.** ~ grid (*bldg.*) maglia modulare. **7.** ~ housing unit (kind of prefabricated house) (*bldg.*) (Brit.), abitazione modulare. **8.** ~ plane (*bldg.*), piano modulare. **9.** ~ point (*bldg.*), punto modulare.

modularity (*n. - elics. - mech.*), impiego del sistema modulare. **2.** ~ (the use of functional units for assembly of electronic or mech. systems) (*n. - elics. - mech. - comp.*), modularità, componibilità.

modularization (producing of parts on a basic module) (*ind.*), modularizzazione.

modularized (*a. - elics. - mech.*), costruito con sistema modulare, a sistema modulare, a moduli.

modulate (to) (*elect. - radio*), modulare.

modulated (*electroacous.*), modulato. **2.** ~ output power (*electroacous.*), potenza modulata di uscita.

modulating (*a. - elics.*), modulatore, modulatrice. **2.** ~ valve (of a disc braking system, anti-skid valve) (*aut.*), valvola limitatrice, valvola modulatrice.

modulation, modulazione. **2.** ~ (*radio*), modulazione. **3.** ~ (of a carrier current) (*electrotel.*), modulazione. **4.** ~ envelope (*radio*), inviluppo della modulazione. **5.** ~ index (relating to frequency modulation) (*radio - telev. - etc.*), fattore di modulazione, indice di modulazione. **6.** ~ meter (*radio instr.*), modulometro. **7.** absorption ~ (*radio*), modulazione per assorbimento. **8.** amplitude ~ (A. M.) (*radio*), modulazione di ampiezza. **9.** carrier suppression system of ~ (*radio*), modulazione con soppressione dell'onda portante. **10.** cross ~ (*radio*), modulazione incrociata. **11.** digital ~ (in a microwave system) (*elics.*), modulazione digitale. **12.** frequency ~ (F.M.) (*radio*), modulazione di frequenza. **13.** intensity ~ (of photoelectric currents) (*telev.*), modulazione di intensità. **14.** light ~ (*telev.*), modulazione della luce. **15.** negative ~ (of the carrying wave) (*telev.*), modulazione negativa. **16.** outphasing ~ (*radio*), modulazione per sfasamento. **17.** percent ~ (*radio*), modulazione percentuale. **18.** phase ~ (*radio*), modulazione di fase. **19.** plate ~ (*radio*), modulazione (per variazione della tensione) di placca. **20.** positive ~ (of the carrying wave) (*telev.*), modulazione positiva. **21.** positive light ~ (referring to the image brightness) (*telev.*), modulazione positiva del segnale video. **22.** pulse ~ (*elect.*), modulazione d'impulso. **23.** pulse-amplitude ~ (*radio*), modulazione di impulsi in ampiezza, modulazione di ampiezza degli impulsi. **24.** pulse code ~ (*radio - etc.*), modulazione a codice d'impulsi, modulazione di impulsi in codice. **25.** pulse-position ~, "PPM" (of a pulse carrier: pulse-phase modulation) (*tlcm.*), modulazione a impulsi di fase (o di posizione). **26.** telegraphy ~ (*electrotel.*), modulazione telegrafica. **27.** velocity ~ (of the scanning cathode ray) (*telev.*), modulazione di velocità.

modulator (*radio*), modulatore. **2.** ~ valve (*radio*), valvola modulatrice. **3.** amplitude ~ (*radio*), modulatore di ampiezza. **4.** frequency ~ (*radio*), modulatore di frequenza. **5.** optical ~ (device for transmitting information by light) (*opt.*), modulatore ottico. **6.** phase ~ (*radio*), modulatore di fase. **7.** reactance ~ (*radio*), modulatore a (tubo di) reattanza.

modulator-demodulator, *see* modem.

module (*arch.*), modulo. **2.** ~ (in the metric system of gearwheels the ratio between the pitch diameter in mm. and the number of teeth) (*mech.*), modulo (metrico). **3.** ~ (the ratio between the pitch diameter in inches and the number of teeth) (*mech.*) (Am.), modulo (inglese). **4.** ~ (device used in irrigation systems for delivering a constant volume of water) (*irrigation*), modulo. **5.** ~ (unit of measure for a flow of water) (*meas. unit.*), modulo. **6.** ~ (volume of water required for a given irrigation) (*irrigation*), modulo. **7.** ~ (arbitrary unit of meas. used for coordinating the dimensions of buildings and installations etc.) (*bldg.*), modulo. **8.** ~ (standard unit which with identical units forms part of a modular construction) (*technol.*), modulo. **9.** ~ (a functional unit of a system: as of a comp.) (*elics. - mech.*), modulo. **10.** ~ (*math.*), modulo. **11.** ~ (independent unit in a multistage structure) (*astric.*), modulo. **12.** ~ (single identifiable unit: as of a program) (*comp.*), modulo. **13.** basic ~ (*comp. - bldg. - etc.*), modulo base. **14.** command ~ (of a spacecraft) (*astric.*), modulo di comando. **15.** control ~ (command module, of a spacecraft) (*astric.*), modulo di comando. **16.** load ~ (to be loaded in memory and executed: run unit) (*comp.*), modulo di caricamento. **17.** lunar excursion ~ (LEM) (*astric.*), modulo lunare, LEM. **18.** lunar ~ (manned spacecraft vehicle used for descending on the moon's surface) (*astric.*), modulo lunare, veicolo per "allunare". **19.** object ~ (*comp.*), modulo oggetto. **20.** service ~ (of a spacecraft) (*astric.*), modulo di servizio. **21.** source ~ (*comp.*), modulo sorgente, modulo di programma in codice sorgente. **22.** structural ~ (*bldg.*), modulo costruttivo.

modulus (coefficient expressing the property of a material) (*constr. theory - etc.*), modulo. **2.** ~ (measure of the stiffness of a rubber) (*rubb. ind.*), modulo, (misura della) rigidità. **3.** ~ (in logarithms, modular arithmetic etc.) (*n. - math.*), modulo. **4.** ~ of a section (*constr. theor.*), modulo di resistenza. **5.** ~ of cubic compressibility (*constr. theor.*), *see* bulk modulus. **6.** ~ of cubic elasticity (*constr. theor.*), *see* bulk modulus. **7.** ~ of efficiency (*thermod.*), coefficiente di rendimento. **8.** ~ of elasticity (*constr. theor.*), modulo d'elasticità. **9.** ~ of elasticity in shear (coefficient of rigidity) (*constr. theor.*), modulo di elasticità tangenziale (o al taglio). **10.** ~ of rigidity (*constr. theor.*), *see* coefficient of rigidity. **11.** ~ of rupture (ultimate strength of a specimen tested in bending) (*constr. theor.*), carico di rottura alla flessione. **12.** ~ of soil reaction (subgrade modulus, modulus of subgrade reaction) (*civ. eng. - bldg.*), quoziente di assestamento, modulo di reazione del terreno. **13.** ~ of transverse elasticity (*constr. theor.*), *see* coefficient of rigidity. **14.** bulk ~ (modulus of cubic elasticity, modulus of cubic compressibility) (*constr. theor.*), modulo di elasticità cubica. **15.** fineness ~ (index of the granulometric composition) (*bldg. material*), modulo di finezza. **16.** section ~ (*constr. theor.*), modulo di resistenza. **17.** subgrade ~ (as of a road) (*civ. eng.*), coefficiente di sottofondo.

"mogas" (motor gasoline) (*mot. - comb.*), benzina per motori.

mogul (type of Am. locomotive) (*railw.*), tipo di locomotiva americana. **2.** ~ base (of electric lamps) (*elect.*), zoccolo Golia, zoccolo Goliath. **3.** ~ lamp holder (*elect.*) (Am.), portalampade Goliath. **4.** base and socket ~ screw coupling (of electric lamp) (*elect.*), attacco Golia, attacco Goliath.

mohair (*wool ind.*), "mohair", pelo della capra d'Angora.

Mohr's circle (graphical determination of stresses) (*constr. theor.*), cerchio di Mohr.

Mohs' scale (hardness scale from 1 [talc] to 15 [diamond]) (*geol.*), scala di Mohs.

moil (the glass originally in contact with the blowing mechanism or head which becomes cullet after the desired article is severed from it) (*glass mfg.*) (Brit.), calotta.

moiles (*glass mfg.*) (Am.), *see* moil.

moire (text. fabric having a watered appearance) (*n. - text.*), moerro, marezzo, stoffa marezzata, "moire".

moiré (watered appearance, as of fabrics, phot. etc.) (*n. - phot. - etc.*), marezzatura. **2.** ~ (having a watered appearance) (*a. - gen.*), marezzato. **3.** ~ fringes (*metall.*), frange moiré. **4.** ~ method (for strain analysis) (*metall.*), metodo del moiré, tecnica del moiré.

moist (*a. - phys.*), umido.

moisten (to), inumidire.

moistening (dampening) (*ind.*), inumidimento, umettamento.

"moistmeter" (for molding sands) (*found. instr.*), apparecchio per la prova dell'umidità, misuratore dell'umidità.

moisture (*phys.*), umidità. **2.** ~ expansion (as of timber) (*gen.*) (Brit.), rigonfiamento (o aumento di volume) dovuto all'umidità. **3.** ~ meter (a device for measuring the dampness as of molding) (*ind. instr.*), apparecchio per la prova dell'umidità, misuratore dell'umidità. **4.** ~ teller, *see* moisture meter. **5.** ~ tester, *see* moisture meter.

moistureproof (*a. - gen.*), stagno all'umidità atmosferica.

moisturize (to) (as air) (*air conditioning - etc.*), umidificare.

moisturized (*a. - gen.*), umidificato.

moisturizing (as air) (*air conditioning - etc.*), umidificazione.

moits (seed, burrs etc. in wool) (*wool ind.*), corpi estranei vegetali.

moity wool (*text. ind.*), lana carica di lappole o sostanze vegetali.

mol, (*chem. - chem. phys*), *see* mole.

"mol", *see* molecular, molecule.

molal (*a. - chem.*), *see* molar.

molar (*a. - chem.*), molare. **2.** ~ concentration (*chem.*), concentrazione molare, molarità. **3.** ~ diluition (*chem.*), diluizione molare.

molarity (molar concentration) (*chem.*), molarità.

molasses (*chem. ind.*), melassa, melasso. **2.** ~ (thick sirup brown colored draining from sugar) (*sugar mfg.*), melasso.

mold (*found.*), forma. **2.** ~ (for molding plastics) (*t.*), stampo. **3.** ~ (template) (*mech. constr.*), sagoma. **4.** ~ (as of press die) (*mech.*), matrice. **5.** ~ (growth of fungi) (*botany*), muffa. **6.** ~ (temporary timber box in which reinf. concr. is cast) (*reinf. concr. mas.*), cassaforma. **7.** ~ (*arch.*), *see* molding. **8.** ~ (impression of a fossil) (*geol.*), impronta di (un) fossile. **9.** ~ (a form, usually metal, in which glass is shaped) (*glass mfg.*), stampo. **10.** ~ (hand mold: implement used in hand papermaking) (*paper mfg.*), forma (a mano), telaio. **11.** ~ (for stereotyping) (*typ.*), impronta. **12.** ~ (form of wood) (*shipbldg.*), staffa. **13.** ~ for base of pillar (*reinf. concr.*), cassaforma del plinto del pilastro. **14.** ~ loft (floor on which the lines of a ship are drawn in full dimension) (*shipbldg.*), sala a tracciare. **15.** ~ release agent (in plastic working) (*technol.*), prodotto per facilitare il distacco dallo stampo. **16.** ~ shrinkage (difference in size of the part when hot on the mold and after removal and at room temperature) (*plastics technol.*), ritiro di stampaggio. **17.** blank ~ (the mold which first shapes glass in the manufacture of hollow ware) (*glass mfg.*), stampo formatore. **18.** block ~ (a one-piece mold) (*glass mfg.*), stampo a pozzo. **19.** blow ~ (the mold in which a blown glass article is finally shaped) (*glass mfg.*), stampo finitore. **20.** book ~ (split and hinged mold) (*found.*), forma in due pezzi cernierati. **21.** compression ~ (for plastics) (*t.*), stampo a compressione. **22.** gang ~ (multicavity mold, for plastics) (*t.*), stampo a più impronte. **23.** green-sand ~ (*found.*), forma in verde. **24.** hot runner ~ (for injection molding) (*plastics ind.*), stampo a canali caldi. **25.** injection ~ (for plastics) (*t.*), stampo ad iniezione. **26.** long-life ~ (permanent mold) (*found.*), forma permanente. **27.** metal ~ (*found.*), forma metallica, conchiglia. **28.** paste ~ (a mold lined with adherent carbon, used wet for blown ware) (*glass mfg.*), stampo rivestito con pasta. **29.** permanent ~ (metallic mold) (*found.*), conchiglia. **30.** permanent ~ die casting (gravity die casting) (*found.*) (Am.), colata in conchiglia per (forza di) gravità. **31.** plaster ~ (*found.*), forma in gesso. **32.** press ~ (*glass mfg.*), stampo in ghisa. **33.** semipermanent ~ (permanent mold with sand cores) (*found.*), forma semipermanente, forma permanente con anime in terra. **34.** separate pot ~ (for plastics) (*t.*), stampo con camera (di caricamento) separata. **35.** shell ~ (mold obtained by covering a heated metal pattern with a mixture of sand and synthetic resin and then baking the shell) (*found.*), forma a guscio. **36.** single-impression ~ (for plastics) (*t.*), stampo ad una impronta. **37.** split ~ (for plastics) (*t.*), stampo diviso. **38.** stacked ~ (*found.*), forma multipla, forma ad elementi sovrapposti. **39.** standard steelworks molds (*found.*), forme normali per acciaierie. **40.** three-plate ~ (for injection molding) (*plastics ind.*), stampo triplo. **41.** to assemble the cores in the molds (*found.*), ramolare, remolare.

mold (to) (as by casting) (*found.*), formare. **2.** ~ (to make the mold itself) (*found.*), costruire la forma. **3.** ~ (*arch.*), decorare con modanatura.

moldable, mouldable (*a. - found.*), formabile.

moldboard (of a plow) (*agric.*), versoio, orecchio. **2.** ~ (board of a form for reinforced concrete casting) (*mas.*), tavola dell'armatura.

molded (formed, as in sand) (*a. - found.*), formato. **2.** ~ in place (cast-in, as cast-iron cylinder sleeves in aluminium engine block) (*found.*), preso in fondita, incorporato nella fusione.

molder (molding machine) (*found.*), formatrice. **2.** ~ (*shipbldg. work.*), staffatore. **3.** ~ (*found. work.*), formatore. **4.** ~ bench (*found.*), banco da formatore. **5.** ~ plate (*found.*), placca modello, piastra modello. **6.** bench ~ (*found. mach.*), formatrice da banco.

molding (*arch.*), modanatura. **2.** ~ (socle) (*arch. - bldg.*), zoccolo. **3.** ~ (anything cast in a mold) (*found. reinf. concr.*), getto. **4.** ~ (process of forming a mold: as in sand) (*found.*), formatura. **5.** ~ (of plastics) (*technol.*), stampaggio. **6.** ~ (as chromium plated ornamental strip on a car body) (*aut.*), fregio. **7.** ~ (trim, as around a windshield) (*aut. body*), cornice. **8.** ~ bay (*found.*), reparto formatura. **9.** ~ board (*found.*), piano per formare. **10.** ~ book (shipbuilding) (*naut.*), fascicolo riportante le dimensioni delle strutture della nave. **11.** ~ box (*found.*), staffa. **12.** ~ die (blocking die) (*forging t.*), stampo abbozzatore, stampo sbozzatore. **13.** ~ in dry sand (*found.*), formatura a secco. **14.** ~ in flask (*found.*), formatura in staffa. **15.** ~ in green sand (*found.*), formatura a verde. **16.** ~ in place (as cast-iron cylinder sleeves in aluminium engine block) (*found.*), presa in fondita, incorporamento nella fusione. **17.** ~ loam (*found.*), terra per formatura. **18.** ~ machine (*found.*), formatrice, macchina per formare. **19.** ~ machine (for cutting moldings in various shapes) (*join. mach. t.*), scorniciatrice. **20.** ~ machine with rotary table (*found. mach.*), macchina a formare con piattaforma girevole. **21.** ~ material (plastics (*chem. ind.*), materiale da stampaggio. **22.** ~ mica plate (*technol.*), lastra di mica (o micanite) da stampaggio. **23.** ~ plate (*found.*), piano per formare. **24.** ~ powder (for plastics) (*chem. ind.*), polvere da stampaggio. **25.** ~ powders (as in rubber mfg.) (*ind.*), polvere da stampaggio. **26.** ~ press (*found.*), pressa per formare. **27.** ~ pressure (for plastics) (*technol.*), pressione da stampaggio. **28.** ~ sand (*found.*), terra da fonderia, sabbia per fonderia. **29.** bench ~ (*found.*), formatura al banco. **30.** blow ~ (of plastics) (*technol.*), soffiatura. **31.** body side sill ~ (*aut.*), fregio sottoporta. **32.** boxless ~ (*found.*), formatura a motta, formatura in formella senza staffa. **33.** cast ~ (of plastics) (*technol.*), stampaggio per colata. **34.** cavetto ~ (*arch.*), modanatura a cavetto. **35.** centrifugal ~ (of plastics) (*technol.*), stampaggio per centrifugazione. **36.** chamotte ~ (*found.*), formatura in "chamotte". **37.** closed ~ (*found.*), formatura in staffa. **38.** cold ~ (of plastics) (*technol.*), stampaggio a freddo. **39.** compression ~ (of plastics) (*technol.*) stampaggio per compressione. **40.** cyma recta ~ (*arch.*), modanatura a goladiritta. **41.** cyma reversa ~ (*arch.*), modanatura a gola rovescia. **42.** dry ~ (dry-sand molding) (*found.*), formatura a secco. **43.** dry-sand ~ (*found.*), formatura a secco. **44.** fascia ~ (*arch.*), modanatura a fascia. **45.** fillet ~ (*arch.*), modanatura a filetto. **46.** floor ~ (*found.*), formatura in fossa. **47.** free ~ (*found.*), formatura senza modello. **48.** green ~ (green-sand molding) (*found.*), formatura a verde, formatura in verde. **49.** green-sand ~ (*found.*), formatura a verde (o in verde). **50.** hand ~ (*found.*), formatura a mano. **51.** hydraulic ~ machine (*found. mach.*), formatrice idraulica. **52.** injection ~ (of plastics) (*technol.*), stampaggio ad iniezione. **53.** jolt ~ (*found.*), formatura a scosse. **54.** jolt ~ machine (*found. mach.*), formatrice a scosse. **55.** jolt pin lift ~ machine (*found. mach.*), formatrice a scossa a candele. **56.** jolt rollover squeeze pattern-draw ~ machine (*found. mach.*), formatrice a scossa e compressione con ribaltamento per estrazione modello. **57.** jolt squeeze ~ machine (*found. mach.*), formatrice a scossa e compressione. **58.** jolt squeeze stripper pin lift ~ machine (*found. mach.*), formatrice a scossa e compressione con estrazione a candele. **59.** laminated ~ (of plastics) (*technol.*), stampaggio di stratificati. **60.** loam ~ (*found.*), formatura in terra grassa (e mattoni). **61.** machine ~ (*found.*), formatura meccanica. **62.** matchplate ~ (*found.*), formatura con piastra modello. **63.** open sand ~ (*found.*), formatura allo scoperto. **64.** pattern-draw ~ machine (*found.*), formatrice ad estrazione modello, formatrice e sformatrice. **65.** pattern plate ~ (*found.*), formatura a placca. **66.** pit ~ (*found.*), formatura in fossa. **67.** planing and ~ machine (*mach. t. for wood*), scorniciatrice. **68.** quarter round ~ (*arch.*), modanatura a quartabono. **69.** rollover pattern-draw ~ machine (*found. mach.*), formatrice e sformatrice ribaltabile. **70.** runnerless injection ~ (process in which the runners are not left attached to the product) (*technol.*), stampaggio a canali nell'interno della matrice. **71.** sand ~ (*found.*), formatura in terra. **72.** screw injection ~ (of plastics) (*technol.*), stampaggio ad iniezione con pressa a vite. **73.** sheet ~ (*plastic ind.*), stampaggio dal foglio. **74.** shell ~ (process in which a shell mold is obtained by covering a heated steel pattern with a mixture of sand and synthetic resin and then baking the shell) (*found.*), formatura a guscio. **75.** shell ~ machine (*found. mach.*), macchina per formatura a guscio. **76.** spindle ~ machine (*mach. t. for wood*), profilatrice, taboretto, "toupie". **77.** steam chest ~ (of plastics) (*technol.*), stampaggio con (uso di) vapore. **78.** stripping plate ~ machine (*found. mach.*), formatrice a pettine, macchina per formare a pettine. **79.** sweep ~ (*found.*), formatura a sagoma. **80.** temporary ~ (*found.*), forma perduta. **81.** torus ~ (*arch.*), modanatura a toro. **82.** transfer ~ (of plastics) (*technol.*), stampaggio per trasferimento. **83.** turnover ~ machine (*found. mach.*), formatrice (con piattaforma) ribaltabile. **84.** turnover type ~ machine (*found. mach.*), macchina per formare (con piattaforma) ribaltabile. **85.** window ~ (*aut. body constr.*), modanatura contorno luce.

moldmade paper (imitation of handmade paper, made by mach.) (*paper mfg.*), carta uso a mano, imitazione di carta a mano.

moldy, mouldy (*a. - gen.*), ammuffito.

mole (gram molecule) (*chem.*), grammo-molecola, mole. **2.** ~ (work of masonry) (*sea constr.*), molo. **3.** ~ (breakwater: made of big loose stones) (*sea constr.*), frangiflutti, antemurale. **4.** ~ fraction (*chem. phys.*), frazione molare.

molecula, *see* molecule.

molecular (*chem. - phys.*), molecolare. **2.** ~ film (*phys.*), strato molecolare. **3.** ~ heat (*phys. chem.*), calore molecolare. **4.** ~ volume (*chem.*), volume molecolare. **5.** ~ weight (*chem.*), peso molecolare.

molecule (*phys. - chem.*), molecola. **2.** gram ~ (mole) (*chem.*), grammomolecola, mole.

molten (melted) (*a. - found.*), fuso. **2.** ~ (cast) (*a. - found.*), gettato.

molybdate (*a. - chem.*), molibdato.

molybdenite (MoS_2) (*min.*), molibdenite.

molybdenum (Mo - *chem.*), molibdeno.

molybdic (*chem.*), molibdico.

molybdous (*chem.*), molibdoso.

moment (instant), momento. **2.** ~ (*constr. theor.*), momento. **3.** ~ at fixed end (*constr. theor.*), momento d'incastro. **4.** ~ coefficient (*aerodyn.*), coefficiente di momento. **5.** ~ curve (*constr. theor.*), diagramma dei momenti. **6.** ~ diagram (as the diagram of the bending moments along a beam) (*constr. theor.*), diagramma dei momenti. **7.** ~ of a couple (*theor. mech.*), momento di una coppia. **8.** ~ of a force (*theor. mech. - constr. theor.*), momento di una forza. **9.** ~ of flexure (*constr. theor.*), momento flettente. **10.** ~ of inertia (*theor. mech. - constr. theor.*), momento d'inerzia. **11.** ~ of momentum, *see* angular momentum. **12.** ~ of resistance (*constr. theor.*), momento resistente. **13.** area contained between the base line and the ~ diagram (*constr. theor.*), area dei momenti. **14.** bending ~ (*constr. theor.*), momento flettente. **15.** bending ~ at support (*constr. theor.*), momento flettente all'appoggio. **16.** counterbalance ~ (as of a crane) (*mech.*), momento del contrappeso. **17.** damping ~ (*aer.*), momento smorzante. **18.** disturbing ~ (*aer.*), momento perturbatore. **19.** electric ~ (as of a dipole) (*elect.*), momento elettrico. **20.** hinge ~ (*aer.*), momento di cerniera. **21.** ideal ~ (*constr. theor.*), momento ideale flettente. **22.** magnetic ~ (*elect.*) momento magnetico. **23.** negative bending ~ (*constr. theor.*), momento flettente negativo. **24.** nose dive ~ (*aerot.*), momento di picchiata. **25.** overturning ~ (*constr. theor.*), momento di rovesciamento. **26.** pitching ~ (*aer.*), momento di beccheggio. **27.** resisting ~ (*constr. theor.*), momento resistente. **28.** restoring ~ (*aer.*), momento stabilizzante. **29.** rolling ~ (*aer.*), momento di rollio (o di rollata). **30.** static ~ (*constr. theor.*), momento statico. **31.** tilting ~ (*constr. theor.*), momento di rovesciamento. **32.** twisting ~ (*constr. theor.*), momento torcente. **33.** yawing ~ (*aer.*), momento d'imbardata.

momentary (as the load variation on a motor) (*a. - gen.*), istantaneo.

momentum (*theor. mech.*), quantità di moto. **2.** angular ~ (moment of momentum) (*theor. mech.*), momento della quantità di moto, momento angolare. **3.** linear ~ (product of the mass and the velocity) (*theor. mech.*), quantità di moto.

"mon" (*navy - elics.*), *see* monitor.

monadic, *see* unary.

monastery (*arch.*), convento, monastero.

monatomic (consisting of one atom) (*chem.*), monoatomico. **2.** ~ (univalent) (*chem.*), monovalente.

monazite [(Ce, La, Md, Pr, Th) PO_4] (*min.*), monazite.

mond gas, *see* producer gas.

Monel metal (67% Ni, 28% Co, 5% Mn, Si etc.) (*anticorrosive alloy*), metallo monel, lega anticorrosiva al nichel-cobalto.

monetarism (economics theory) (*econ.*), monetarismo.

monetary (as of a meter, switch etc., the operation of which is started by the insertion of a coin) (*a. - instr. - etc.*), a moneta. **2.** ~ (pecuniary) (*a. - finan. - etc.*), monetario. **3.** ~ policy (*finan.*), politica monetaria.

money (*comm.*), moneta, denaro, valuta. **2.** ~ broker (a money-changer) (*finan.*), cambiavalute. **3.** ~ changer (*finan.*), cambiavalute. **4.** ~ market (*comm. - finan.*), mercato monetario, borsa. **5.** ~ order (*comm.*), vaglia. **6.** ~ saver (savings depositor) (*finan.*), risparmiatore. **7.** cheap ~ (*finan.*), denaro a basso tasso di interesse. **8.** dear ~ (*finan.*), denaro ad alto tasso di interesse. **9.** idle ~ (*finan. - bank*), denaro infruttifero. **10.** ready ~ (*comm.*), contanti. **8.** to bank ~ (*finan.*), depositare denaro in banca.

monial (Brit.), *see* mullion.

monitor (device checking an activity in order to indicate its correctness during its development) (*comp. - tlcm. - etc.*) monitore, monitor. **2.** ~ (for coast defence) (*navy*), monitore, pontone armato corazzato. **3.** ~ (*elect.*), monitore, avvisatore, apparecchio di controllo. **4.** ~ (app. for checking the telev. image) (*telev.*), monitor. **5.** ~ (horizontally swingable nozzle) (*fire extinguishing app.*), lancia antincendio brandeggiabile. **6.** ~ (for checking radiation) (*radioact. instr.*), apparecchio portatile di controllo della radioattività. **7.** ~ (capstan toolholder) (*mach. t.*), portautensili a torretta, portautensili a revolver. **8.** ~ (furnace) (*metall.*), *see* ironclad. **9.** ~ program (monitor routine) (*comp.*) programma di controllo. **10.** ~ roof (with clerestory) (*arch. - railw. - etc.*), lanternino. **11.** ~ room (for acoustic control: as in a sound film studio) (*m. pict.*), cabina fonica, cabina di controllo del suono. **12.** ~ top (*railw.*), *see* monitor roof. **13.** automatic performance ~ (*radio*), dispositivo automatico per il controllo del rendimento. **14.** clothing ~ (for personnel safety) (*atom phys.*), strumento di controllo della contaminazione vestiario. **15.** hydraulic ~ nozzle (for directing the high-pressure jet of water) (*min. t.*), lancia da abbattimento. **16.** wave ~ (for checking the wave form) (*elect.*), oscilloscopio per il controllo della forma d'onda.

monitor (to) (to check the quality of a transmission during its broadcasting) (*radio - telev. - comp.*), controllare durante l'esecuzione. **2.** ~ (to test: as radioactivity intensity) (*phys.*), provare, determinare. **3.** ~ (as the aer. traffic of an airport) (*aer.*), monitorare.

monitoring (*elect.*), controllo. **2.** ~ circuit (as opposed to the main circuit in an elect. system or app.) (*elect.*), circuito di controllo. **3.** ~ system (alarm system) (*gen.*), sistema di allarme.

"monitor-man" (*m. pict.*) (Brit.), fonico, "recordista".

monkey (falling ram: as of a drop hammer), mazza battente. **2.** ~ (*metall.*), *see* cinder tap. **3.** ~ (as in anthracite mines) (*min.*), *see* airway. **4.** ~ (small) (*a. - min.*), piccolo. **5.** ~ (small crucible) (*glass mfg.*), piccolo crogiuolo. **6.** ~ (*glass mfg.*), *see also* monkeypot. **7.** ~ bridge (as in the engine room of a ship), passerella, ballatoio praticabile. **8.** ~ chatter (*radio*), interferenza, bisbiglio. **9.** ~ engine (of a pile driver) (*mech.*), motore di sollevamento della mazza. **10.** ~ grass (*brush and rapes ind.*), fibra della palma piassava brasiliana. **11.** ~ hammer (*mach.*), *see* drop hammer. **12.** ~ island (pilothouse roof) (*naut.*), tetto della timoneria. **13.** ~ link (used for fixing a tire chain by easy insertion) (*aut.*), anello di chiusura della catena antineve. **14.** ~ press (*mach.*), *see* drop hammer. **15.** ~ spanner, *see* monkey wrench. **16.** ~ way (*min.*), *see* airway. **17.** ~ wrench (*t.*), chiave inglese a rullino.

monkeypot (melting pot for flint glass) (*glass mfg.*), crogiuolo per vetro flint.

mono (monophonic: in sound recording) (*a. - electroacous.*), monofonico. **2.** (recording made in mono: as on a tape) (*n. - hi-fi mus.*), registrazione in mono. **3.** ~ (stereo recording played back in mono rather than in stereo) (*n. - hi-fi mus.*), riproduzione (o lettura) in mono.

monobasic (*chem.*), monobasico.

monobloc (*mech. - found.*), monoblocco.

monochloride (*chem.*), monocloruro.

monochord (single wire jack) (*teleph.*), monocordo.

monochromatic (*phys.*), monocromatico.

monochromatism (*opt.*), monocromatismo.

monochromator (type of spectroscope used to isolate a portion of the spectrum by replacing the eyepiece with a slit) (*opt. app.*), monocromatore.

monochrome (*n. - phot.*), monocromia. **2.** ~ (black - and - white) (*a. - phot. - telev. - etc.*), in bianco e nero.

monoclinic (*a. - crystallography*), monoclino.

monocoque (structure in which the skin of the body supports all the stresses) (*veh. and aer. constr.*), struttura a guscio, struttura integrale. **2.** ~ (relating to the body of an aut., railw., coach etc. which contributes with the chassis to support the stresses) (*n. - body constr.*), struttura a carrozzeria parzialmente portante (o semiportante).

monocular (*a. - opt.*), monoculare.

"monocyclic" (as a system arranged so that currents may be utilized either for lighting or power service) (*elect.*), predisposto per utilizzo indifferente come luce o come forza motrice.

monodromic (*math.*), monodromo.

monoenergetic (*atom phys.*), monoenergetico.

monofuel, *see* monopropellant.

monogenetic (obtained from a single formation process, as a mountain range) (*geol.*), monogenetico.

monograph (treatise on a given subject) (*publication*), monografia.

monohydrate (*chem.*), monoidrato.

monolayer (Brit.), *see* monomolecular layer.

monoline (*railw.*), *see* monorail.

monolith (*arch.*), monolite.

monolithic (*a. - bldg.*), monolitico. **2.** ~ (made from a single crystal: as a chip) (*a. - elics.*), monolitico. **3.** ~ integrated circuit (*elics. - comp.*), circuito integrato monolitico. **4.** ~ storage (storage made by monolithic integrated circuits) (*comp.*), memoria costituita da circuiti integrati monolitici.

monomer (*chem.*), monomero.

monometallism (monetary system based on the parity with a single metal) (*econ.*), monometallismo.

monomial (*math.*), monomio.

monomolecular (*a. - chem.*), monomolecolare. **2.** ~ layer (having the thickness of one molecule) (*phys. chem.*), strato monomolecolare. **3.** ~ reaction (*chem.*), reazione monomolecolare.

monophase (of electric current) (*a. - elect.*), monofase.

monophasic (electric current) (*a. - elect.*), monofase.

monophonic (sound recording system) (*a. - electroacous.*), monofonico.

monoplane (*aer.*), monoplano. **2.** high-wing ~ (*aer.*), monoplano ad ala alta. **3.** low-wing ~ (*aer.*), monoplano ad ala bassa. **4.** midwing ~

(*aer.*), monoplano ad ala media. **5.** parasol ~ (*aer.*), monoplano a parasole.
monopolar (*a. - elect.*), unipolare.
monopole (as a straight element antenna) (*n. - elect. - radio*), monopolo, antenna a stilo.
monopolize (to) (*comm.*), monopolizzare.
monopoly (*comm.*), monopolio. **2.** bilateral ~ (*econ.*), monopolio bilaterale. **3.** buyer's ~ (*econ.*), monopolio del compratore.
monopropellant (with one propellant base: as for a rocket motor) (*a. - rckt.*), ad un solo propellente, a propellente singolo. **2.** ~ (rocket propellant containing the fuel and the oxidizer) (*n. - comb.*), monopropellente. **3.** ~ rocket (as a liquid-propellant rocket) (*rckt.*), missile (o razzo) a propellente singolo.
monopsony (buyer's monopoly) (*econ.*), monopsonio, monopolio del compratore.
"monopulse" (technique which extracts angle error information on the basis of a single pulse and echo) (*radar*), "monopulse", tecnica "monopulse".
monorail (*a. - ind.*), a monorotaia. **2.** ~ (track for wheeled suspended carriages) (*n. - ind.*), monorotaia. **3.** ~ (single rail forming the track for cars) (*railw.*), monorotaia. **4.** ~ with hand-operated hoist (*shop transp.*), monorotaia con paranco (azionato) a mano.
monorailroad, monorailway (relating to passenger transp. realized by a wheeled veh. suspended to a monorail or striding on it) (*transp.*), ferrovia a monorotaia.
monosaccharides (hexoses) ($C_6H_{12}O_6$) (*chem.*), monosaccaridi, esosi.
monoscope (special cathode-ray tube transmitting a stationary pattern for test purposes) (*telev.*), monoscopio.
monosilicate (*chem.*), monosilicato.
monostable (as a circuit) (*a. - elics.*), monostabile.
monotonic (as of a variable function not decreasing or not increasing in a given interval) (*a. - math.*), monotono. **2.** ~ function (*math.*), funzione monotona.
monotron hardness test (by spherical penetrator) (*hardness test*), prova di durezza con penetratore sferico e profondità fissa.
monotropic (*math.*), monotropico.
monotropy (*phys. chem.*), monotropia.
monotype (*print. mach.*), "monotype". **2.** ~ operator (monotyper) (*typ. - work.*), monotipista.
monotyper, monotypist (monotype operator) (*typ. - work.*), monotipista.
monovalent (*chem.*), monovalente.
monovariant (*a. - phys. chem.*), *see* univariant.
monoxide (*chem.*), monossido. **2.** carbon ~ (CO) (*chem.*), ossido di carbonio.
monsoon (*meteorol.*), monsone.
montage (*m. pict.*), montaggio. **2.** ~ photograph (*phot.*) (Brit.), fotomontaggio.
monte carlo method (method starting from probabilities calculus for approximate solutions) (*comp. - operational research*), metodo montecarlo.
Montevideo wool (Uruguayan wool) (*wool ind.*), lana dell'Uruguay.
montgolfier (*n. - obsolete aerostat*), mongolfiera.
month, mese. **2.** calendar ~ (solar month, as when stating delivery terms) (*comm. - etc.*), mese solare, mese di calendario.
monthly (*a.*), mensile. **2.** ~ (*n. - comm. print.*), pubblicazione mensile.
monticellite ($MgO.CaO.SiO_2$: mineral) (*refractory*), monticellite.
montmorillonite (hydrous aluminium silicate: mineral) (*refractory*), montmorillonite.
monument (*arch.*), monumento. **2.** boundary ~ (boundary stone) (*top.*), cippo confinario, pietra confinaria.
monzonite (igneous rock) (*geol.*), monzonite.
moon (*astr.*), luna. **2.** ~ probe (*astric.*), sonda lunare. **3.** ~ room (for carrying out astronautic experiments) (*astric.*), camera lunare. **4.** ~ ship (*astric.*), nave lunare. **5.** ~ shot (moon shoot: of an unmanned veh. toward moon) (*astric.*), lancio (strumentale) verso la luna. **6.** ~ suit (*astric.*), tuta spaziale. **7.** ~ watch (USA free organization) (*astric.*), guardia della luna.
moon (to) (to alight on the moon) (*astric.*), posarsi sulla luna, "allunare".
mooncraft, *see* moonship.
moonfall (moon landing) (*astric.*), allunaggio.
moonflight (flight to the moon) (*astric.*), volo sulla luna.
mooning (the descent of a spacecraft on the moon surface) (*astric.*), allunaggio.
moonlighting (having two jobs at once) (*pers. - etc.*), doppio lavoro, lavoro nero.
moonport (earth's launching station of moon ships) (*astric.*), stazione di lancio per la luna.
moonquake (agitation of the moon's surface similar to an earth quake) (*selenology*), lunemoto.
moonraker (moonsail: above the skysail) (*naut.*), uccellina.
moonsail (moonraker) (above the skysail) (*naut.*), uccellina.
moonship (*astric.*), astronave lunare.
moonshot, *see* moon shot.
moonwalk (*n. - astric.*), passeggiata lunare.
moor (to) (*naut.*), ormeggiare, ormeggiarsi, ammarrare. **2.** ~ along the quay (*naut.*), ormeggiare (o ormeggiarsi) a banchina, attraccare a banchina.
moorage (*naut.*), diritti di ormeggio.
mooring (*naut. - airship*), ormeggio, ammarraggio. **2.** ~ (mooring place) (*naut.*), posto d'ormeggio. **3.** ~ buoy (*naut.*), boa d'ormeggio. **4.** ~ cone (of an airship) (*aer.*), cono d'ormeggio. **5.** ~ mast (*airship*), pilone d'ormeggio. **6.** ~ pile (*naut.*), palo d'ormeggio. **7.** ~ pipe (mooring hawsepipe) (*naut.*), cubia di ormeggio. **8.** ~ point (strengthened part of an airship for mooring purposes) (*aer.*), punto di ormeggio. **9.** ~ rope (*naut. - aer*),

cavo d'ormeggio. **10.** ~ shackle (*naut.*), *see* mooring swivel. **11.** ~ spindle (supporting and airship mooring cone) (*aer.*), alberino di ormeggio. **12.** ~ swivel (*naut.*), mulinello voltacatene. **13.** ~ tower (*airship*), pilone di ormeggio. **14.** centre-point ~ (as of a balloon) (*aer.*), ormeggio centrale. **15.** fore-and-aft ~ (*naut.*), ormeggio in quattro. **16.** head and stern ~ (*naut.*), ormeggio in quattro. **17.** head ~ (*naut.*), ormeggio di prua. **18.** main ~ wire (as of an airship) (*aer.*), cavo principale di ormeggio. **19.** tail-guy ~ (as of a balloon) (*aer.*), ormeggio di coda.

Moorish (*style*), moresco. **2.** ~ arch (*arch.*), arco moresco.

mop (*naut.*), radazza. **2.** ~ (polishing impl.), (*domestic impl.*), spazzolone.

mop (to) (the deck) (*naut.*), lavare. **2.** ~ up (as a just conquered land) (*milit.*), rastrellare.

"MOPA" (Master Oscillator Power Amplifier) (*elics.*), amplificatore di potenza di oscillatore campione.

mopboard (baseboard of a room) (*bldg. finishing*), battiscopa. **2.** ~, *see also* skirting board.

moped (motor pedal) (*veh.*), ciclomotore, bicicletta a motore.

mopping up (of a just conquered land) (*milit.*), rastrellamento.

mopstick rail (handrail) (*bldg.*), tipo di corrimano a sezione quasi circolare.

moquette (carpeting fabric) (*text. mfg.*), moquette.

"MOR" (Middle Of the Road) (*road*), asse stradale, mezzeria della strada.

"mor", *see* mortar.

moraine (*geol.*), morena. **2.** ground ~ (*geol.*), morena profonda, morena di fondo. **3.** lateral ~ (*geol.*), morena laterale. **4.** medial ~ (*geol.*), morena centrale. **5.** push ~ (*geol.*), morena viaggiante. **6.** terminal ~ (*geol.*), morena frontale (o terminale).

morainic (*a. - geol.*), morenico.

morale (as of an army) (*n. - milit. - etc.*), morale. **2.** ~ (as of workers) (*work organ. - etc.*), morale.

morass (*agric.*), acquitrino, palude.

moratorium (extension of time granted for payment) (*comm. - finan.*), moratoria.

mordant (dyeing), mordente. **2.** ~ (*etching*), sostanza corrosiva.

mordant (to) (for dyeing) (*text. ind.*), mordenzare, sottoporre a mordenzatura.

mordanting (*text. ind. - phot. chem.*), mordenzatura.

morgen (used in South Africa) (*agric. meas.*), 2,1 acri.

"MORL" (Manned Orbiting Research Laboratory) (*astric.*), laboratorio di ricerca orbitale con personale (a bordo).

morocco (*leather*), marocchino.

morphin, morphine (*chem. pharm.*), morfina.

Morse code (or alphabet) (*telegraphy*), alfabeto Morse. **2.** ~ receiver (*electrotel.*), ricevitore Morse. **3.** ~ taper (*mech.*), conicità Morse. **4.** ~ telegraph, telegrafo Morse.

mortar (*mass.*), malta. **2.** ~ (line-throwing gun) (*naut.*), cannone lanciasagole. **3.** ~ (*chem. impl.*), mortaio. **4.** ~ (gun) (*milit.*), mortaio. **5.** ~ bed (*mas. impl.*), vassoio. **6.** ~ mixing machine (*mas. mach.*), impastatrice di malta, betoniera. **7.** ~ of cement (*mas.*), malta di cemento. **8.** cement lime ~ (*bldg.*), malta di calce e cemento, malta bastarda. **9.** jointing ~ (fresh mixed mortar) (*bldg.*), malta per giunti. **10.** lime ~ (*mas.*), malta di calce. **11.** line throwing gun ~ (*naut.*), cannone lanciasagole. **12.** masonry ~ (*bldg.*), malta per murature. **13.** nonhydraulic lime ~ (*bldg.*), malta di calce aerea. **14.** ordinary ~ (hardening only in air) (*bldg.*), malta aerea. **15.** pozzolana ~ (*bldg.*), malta pozzolanica. **16.** refractory ~ (*mas.*), malta refrattaria. **17.** trass ~ (made by a volcanic earth similar to pozzolana) (*mas.*), malta di trass.

mortarboard (board for holding a small quantity of mortar) (*mas. t.*), sparviere.

mortgage (*comm. - law*), ipoteca. **2.** ~ loan (*finan.*), prestito ipotecario. **3.** first ~ (*comm.*), ipoteca di primo grado. **4.** second ~ (*comm.*), ipoteca di secondo grado.

mortgage (to) (*finan.*), ipotecare.

mortgagee (*adm.*), creditore ipotecario.

mortgagor, mortgager (*adm.*), debitore ipotecario.

mortice, *see* mortise.

mortise (*carp. - join.*), mortasa. **2.** ~ gage (*join. t.*), graffietto. **3.** ~ joint (*joint.*), giunto a tenone e mortasa. **4.** ~ pin (tapered pin) (*join. work*), spina conica per mortasa. **5.** ~ wheel (*mach.*), ingranaggio con denti in legno incastrati a mortasa. **6.** blind ~ (*join.*), mortasa non passante, mortasa cieca. **7.** square hollow ~ chisel (*wood w. t.*), scalpello a legno per fori quadri.

mortise (to) (*mech. - carp. - join.*), fare incastri a mortasa, congiungere a mortasa.

mortiser (*mach. t. for wood*), mortasatrice. **2.** chain (and chisel) ~ (*mach. t. for wood*), mortasatrice a catena.

mortising (*mech. - carp. - join.*), connessione (o incastro o giunto) a mortasa. **2.** ~ (cutting of mortises) (*mech. carp. - join.*), mortasatura, esecuzione di mortase. **3.** ~ machine (*mach. t.*), mortasatrice, mortasa. **4.** ~ stroke (as of a wood mach. t.) (*mach. t. - mech.*), corsa di mortasatura.

"MOS" (Management Operating System) (*organ.*), sistema operativo direzionale. **2.** ~ (Metal Oxide Semiconductor) (*elics.*), semiconduttore a ossidi metallici.

mosaic (*bldg. decoration*), mosaico. **2.** ~ (detail photograph obtained by joining photographs taken from the air) (*aer. - phot.*), mosaico di fotografie aeree, mosaico aerofotografico, mosaico planimetrico, rilevamento fotopanoramico. **3.** ~ effect (digital art that breaks the picture up into hundreds of tiny squares) (*audiovisuals*), effetto mosaico. **4.** ~ gold (SnS_2 used as pigment)

(*paint.*), solfuro di stagno, oro musivo, "polvere di bronzo". **5.** ~ plate (of the iconoscope) (*telev.*), mosaico fotoelettrico. **6.** ~ screen (made of colored microelements) (*phot.*), mosaico tricromo.
"MOSFET" (Metal Oxide Semiconductor Field Effect Transistor) (*elics.*), transistore MOS ad effetto di campo.
mosk (mosque) (*arch.*), moschea.
mosque (mosk) (*arch.*), moschea.
mosquito boat (*navy*), motosilurante, mas.
moss (bryophytic plant), muschio.
mossy zinc (*metall.*), zinco granulare ottenuto versando zinco fuso nell'acqua.
"MOT" (middle of target) (*milit.*) (Am.), centro.
"mot", *see* motor, motorized.
mote (a speck of floating dust) (*phys.*), granellino di polvere. **2.** ~ (as of cotton, an impurity not removed during ginning) (*text. mfg.*), impurità rimasta dopo la sgranatura (o ginnatura).
motel (aut. hotel) (*bldg.*) (Am.), motel, albergo per automobilisti.
mothball (to) (as a war ship) (*navy - air force*), mettere in naftalina, togliere dal servizio attivo, sottoporre a procedimenti protettivi.
mother (mother matrix, in records production) (*electroacous.*), madre. **2.** ~, *see* prototype. **3.** ~ hair (of lambs) (*wool ind.*), peli perduti (dagli agnelli) dopo il terzo mese di vita. **4.** ~ liquor (mother water remaining after crystallization) (*chem. - phys.*), acqua madre. **5.** ~ lode (principal lode of a region) (*min.*), filone principale. **4.** ~ tongue (mother language) (*work. - etc.*), madrelingua.
motherboard (a printed circuit fixed board on which are connected removable printed circuit boards) (*comp.*), scheda madre, piastra base.
mother-of-pearl, madreperla. **2.** ~ (*a. - gen.*), madreperlaceo. **3.** ~ paper (iridescent paper) (*paper mfg.*), carta madreperlacea.
mothproof (*a. - text.*), inattaccabile dalle tarme. **2.** ~ paper (*paper mfg.*), carta antitarme.
mothproof (to) (*text.*), rendere inattaccabile dalle tarme, antitarme.
motion (*theor. mech.*), moto. **2.** ~ (mechanism) (*mech.*), meccanismo. **3.** ~ (camera action) (*m. pict.*), azione. **4.** ~ (application) (*law - adm.*), mozione. **5.** ~ (agitation) (*gen.*), agitazione. **6.** analysis (*time study*), analisi dei movimenti. **7.** ~ and time study, *see* time study. **8.** ~ of rotation (*theor. mech.*), moto di rotazione. **9.** ~ of translation (*theor. mech.*), moto di traslazione. **10.** ~ picture (*show*), spettacolo cinematografico. **11.** ~ picture camera (*m. pict. app.*), cinepresa, apparecchio da presa cinematografico. **12.** ~ picture mechanics (*m. pict.*), meccanica cinematografica. **13.** ~ picture projector (*ind. app.*), proiettore cinematografico. **14.** ~ pictures (*art*) (Brit.), cinematografia. **15.** ~ picture technique (*m. pict.*), cinetecnica, tecnica cinematografica. **16.** ~ picture theatre (*bldg.*), sala da proiezione. **17.** ~ study (eliminating all unnecessary motions) (*time study*), studio dei movimenti. **18.** ~ time measurement (MTM) (*time study*), MTM, misura dei movimenti elementari, misura dei tempi elementari. **19.** aperiodic ~ (as in an instr.), moto aperiodico. **20.** backing off ~ (of spinning mach.) (*text. ind.*), meccanismo di scoccamento. **21.** crab ~ (in a crane bridge), movimento del carrello. **22.** curvilinear ~ (*theor. mech.*), moto curvilineo. **23.** fast and slow ~ lever (as of mach. t.), leva (di comando) del movimento rapido e lento. **24.** forward and reverse ~ (as of a tool of mach. t.), movimento di andata e ritorno. **25.** four frame ~ (*m. pict.*), marcia a quattro fotogrammi (per giro di manovella). **26.** harmonic ~ (*theor. mech.*), moto armonico. **27.** horizontal traveling ~ (as of a crane bridge) (*mech.*), movimento di traslazione. **28.** jib ~ (crane), movimento del braccio (di una gru). **29.** link ~ (as in a locomotive) (*railw.*), distribuzione a glifo. **30.** lost ~ (difference between the motion of a driving piece and that of a driven member, due to looseness) (*mech.*), movimento perduto per lasco. **31.** main ~ (of mach. t.), movimento principale (di lavoro). **32.** periodic ~ (*theor. mech.*), moto periodico. **33.** primary ~ (cutting motion) (*mach. t. - mech.*), moto di lavoro, moto di taglio. **34.** rectilinear ~ (*theor. mech.*), moto rettilineo. **35.** restricted ~ (*theor. mech.*), moto vincolato. **36.** rotatory uniform ~ (*theor. mech.*), moto circolare uniforme. **37.** seconded and unanimously carried ~ (as in a general assembly of stockholders) (*law - adm.*), mozione appoggiata e approvata alla unanimità. **38.** simultaneous ~ cycle chart (SIMO chart, diagram of elementary motions of hands, etc. often based on film analysis) (*time study*), simoschema. **39.** slow ~, "SM" (of a "VCR") (*audiovisuals*), visione rallentata. **40.** sound ~ picture (*m. pict.*), spettacolo cinematografico sonoro. **41.** stick-slip ~ (*mech. technol.*), moto di scorrimento a strappi. **42.** straight-line ~ (*mech. theor.*), movimento rettilineo. **43.** sun-and-planet ~ (epicyclic train of gears: as in aut. differential gear) (*mech.*), rotismo planetario, rotismo epicicloidale. **44.** talking ~ (picture) (*m. pict.*), *see* sound ~ picture. **45.** to set in ~ (*mach.*), mettere in moto. **46.** uniform accelerated ~ (*theor. mech.*), moto uniformemente accelerato. **47.** uniformly accelerated ~ (*theor. mech.*), moto uniformemente accelerato. **48.** uniformly decelerated ~ (*theor. mech.*), moto uniformemente ritardato. **49.** uniformly retarded ~ (*theor. mech.*), moto uniformemente ritardato. **50.** uniform ~ (*theor. mech.*), moto uniforme. **51.** variable ~ (*theor. mech.*), moto vario. **52.** warp stop ~ (*text. mach.*), arresto automatico per la rottura del filo, guardiatrama. **53.** wave ~ (*sea*), moto ondoso. **54.** winding ~ (of spinning mach.) (*text. ind.*), meccanismo d'incannatura.
motional, *see* kinetic.
motivation (stimulation, as of workers) (*ind. organ.*

- *etc.*), stimolazione. **2.** ~ (*psychol.*), motivazione. **3.** ~ research (*psychol.*), indagine motivazionale.

motivational (*econ. - etc.*), motivazionale.

motive (causing motion) (*a. - mech.*), motore, motrice. **2.** ~ power (water, wind, elect., steam, etc. power), forza motrice.

motocar, *see* motorcar.

motocross (*mtc. sport*), motocross.

motor (*gen.*), motore. **2.** ~ (*a. - gen.*), motore. **3.** ~ (internal-combustion type), *see also* engine. **4.** ~ (elect. motor) (*electromech.*), motore elettrico. **5.** ~, *see* automobile, motor vehicle. **6.** ~ bicycle (*veh.*), bicicletta a motore. **7.** ~ bus (*aut.*) (Brit.), autobus. **8.** ~ car (car driven by i. c. motors installed in the car itself and carrying load, passengers etc.) (*railw.*), automotrice. **9.** ~ coach (bus) (*aut.*), autobus. **10.** ~ coaster (*naut.*), motonave da carico costiera. **11.** ~ converter (*elect. mach.*), convertitore in cascata. **12.** ~ court, *see* motel. **13.** ~ cruiser (cabin cruiser, cruiser) (*naut.*), cabinato a motore. **14.** ~ drive (as of one or more mach. t.) (*electromech.*), motorizzazione con motori elettrici. **15.** ~ ferry (motor ferryboat) (*naut.*), mototraghetto. **16.** ~ generator set (*elect. mach.*), gruppo motore-dinamo, gruppo convertitore. **17.** ~ grader (*road*), motolivellatrice. **18.** ~ home (home built on a truck chassis: camper) (*aut.*), autoroulotte, autocaravan. **19.** ~ horn (*aut.*), avvisatore acustico elettrico, "clackson". **20.** ~ hotel (multistory urban motel) (*bldg.*), motel urbano a più piani. **21.** ~ inn, *see* ~ hotel. **22.** ~ launch (*naut.*), lancia a motore. **23.** ~ liner (motor-driven ship) (*naut.*), motonave. **24.** ~ mechanic (automobile repairman) (*aut. work.*), autoriparatore, meccanico per automobili. **25.** ~ operated valve (mech. device: as for pip. boil. etc.), valvola motorizzata. **26.** ~ plow (*agric. mach.*), motoaratrice. **27.** ~ pump (*mach.*), motopompa. **28.** ~ pump (motor driven pump: by elect. mot.) (*electromech.*), elettropompa. **29.** ~ pumper (automotive fire pump) (*antifire aut.*), autopompa antincendi. **30.** ~ reducer (a motor integral with a reduction gear) (*mech.*), motoriduttore. **31.** ~ sailer (*naut.*), barca a vela con motore ausiliario. **32.** ~ scooter (*mtc.*), motoretta. **33.** ~ ship (*naut.*), motonave. **34.** ~ show (*aut.*), salone dell'automobile. **35.** ~ sprinkler (*aut. ind.*), autoinnaffiatrice. **36.** ~ tanker (with diesel mot.) (*naut.*), motocisterna. **37.** ~ torpedo boat (*navy*), motosilurante, mas. **38.** ~ transport (*ind.*), autotrasporto. **39.** ~ trawler (*naut.*), motopeschereccio. **40.** ~ under load (*mot.*), motore sotto carico. **41.** ~ vehicle (*aut.*), automezzo, autoveicolo. **42.** ~ vessel (motor-driven ship) (*naut.*), motonave. **43.** ~ welding set (*mach. - mech. tecnol.*), motosaldatrice. **44.** ~ with commutating poles (*elect. mot.*), motore con poli di commutazione. **45.** all-suspended ~ traction mot. (*elect. railw.*), motore totalmente sospeso. **46.** alternating current commutator ~ (*elect. mot.*), motore a corrente alternata a collettore (o a commutazione). **47.** alternating current ~ (*elect. mot.*), motore a corrente alternata. **48.** asynchronous ~ (*elect. mot.*), motore asincrono. **49.** auxiliary ~ (*naut.*), motore ausiliario. **50.** bicycle ~ (*mot.*), micromotore, motore per bicicletta. **51.** bidirectional hydraulic ~ (*mot.*), motore idraulico a due sensi di flusso. **52.** commutator ~ (*elect. mot.*), motore a collettore (o a commutazione). **53.** compensated ~ (*elect. mot.*), motore compensato. **54.** compound ~ (*elect. mot.*), motore "compound" (o composto). **55.** compound-wound ~ (*elect. mot.*), motore con avvolgimento "compound" (o composto), motore ad eccitazione composta. **56.** compressed-air ~ (*mot.*), motore ad aria compressa. **57.** crank drive ~ (of railw. veh.), motore con trasmissione a biella. **58.** cranking ~ (as of aut.) (*aut.*), motorino di avviamento. **59.** diesel-electric ~ car (*railw.*) (Am.), automotrice diesel-elettrica. **60.** Diesel oil ~ (*mot.*), motore a olio pesante. **61.** direct-current ~ (*elect. mot.*), motore a corrente continua. **62.** direct drive axle ~ (of elect. veh.), motore a comando diretto. **63.** double-cage ~ (*elect. mot.*), motore a doppia gabbia. **64.** double-decker ~ bus (*aut.*), autobus a due piani. **65.** drive ~ (as of a mach. t.) (*mach. - elect.*), motore principale. **66.** electric ~ (*elect. mot.*), motore elettrico. **67.** electric ~ car (*railw.*) (Am.), elettromotrice. **68.** enclosed ~ (*elect. mot.*), motore chiuso (o di costruzione chiusa). **69.** explosion-proof electric ~ (*elect. mot.*), motore elettrico antideflagrante. **70.** explosion-proof ~ (*mot.*), motore antideflagrante. **71.** fixed-brush ~ (as in induction mot.) (*electromech.*), motore a spazzole fisse. **72.** flanged ~ (*elect. mot.*), motore flangiato. **73.** fluid ~ (*mot.*), motore idraulico o pneumatico, motore azionato da un fluido. **74.** four-pole ~ (*elect. mot.*), motore a quattro poli. **75.** fractional ~ (very low-power motor, as $^{1}/_{10}$-$^{1}/_{20}$ HP) (*elect. mot.*), motore frazionario. **76.** freight ~ transport (*comm. transp.*), autotrasporto merci. **77.** gasoline ~ (*mot.*), motore a benzina. **78.** geared ~ (*elect. - mech.*), motoriduttore, motore con riduttore (o moltiplicatore) ad ingranaggi. **79.** hydraulic ~ (for converting hydraulic power from hydraulic lines into mechanical power) (*mot.*), motore idraulico. **80.** hysteresis ~ (type of synchronous motor) (*electromech.*), motore a c. a. ad isteresi. **81.** induction ~ (*elect. mot.*), motore asincrono, motore a induzione. **82.** internal-combustion ~ (*mot.*), motore a combustione interna. **83.** jet ~, *see* jet engine. **84.** lean burst ~ (mot. fed by a weak mixture that does not leave unburned residuals) (*ecol. mot.*), motore ecologico a miscela povera. **85.** multispeed ~ (*elect. mot.*), motore a velocità multiple. **86.** "OPC" ~ (Outboard Pleasure Craft motor) (*naut. eng.*), motore fuoribordo per imbarcazioni da diporto. **87.** open ~ (*elect. mot.*), motore aperto, motore di costruzione aperta, motore in esecuzione aperta. **88.** passenger ~ transport (*comp. transp.*), autotrasporto passeggeri. **89.** permanent-split capacitor ~ (capacitor motor with starting condenser) (*electromech.*), motore ad avviamento a mezzo circuito capacitivo permanente. **90.** quill drive ~ (traction mot.) (*elect. railw.*), motore ad albero cavo. **91.** radial ~ (*mot.*), motore stellare. **92.** regenerative ~ (jet motor with the intake air heated in the cooling jacket) (*eng.*), motore a getto a recupero di calore. **93.** reluctance ~ (*elect. mot.*), motore a riluttanza. **94.** repulsion-induction ~ (*electromech.*), motore a induzione e repulsione. **95.** repulsion ~ (*elect. mot.*), motore a repulsione. **96.** reversing ~ (*elect. mot.*), motore reversibile. **97.** rocket ~ (independent from atmospheric oxygen) (*mot.*), motore a razzo, motore a reazione (ad ossigeno compreso nel combustibile). **98.** self-ventilated ~ (*elect.*), motore autoventilato. **99.** series ~ (series-wound motor) (*elect. mot.*), motore eccitato in serie. **100.** series-wound ~ (*elect. mot.*), motore ad eccitazione in serie. **101.** shunt-wound ~ (*elect. mot.*), motore ad eccitazione derivata. **102.** single-phase ~ (*elect. mot.*), motore monofase. **103.** slip-ring ~ (*elect. mot.*), motore ad anelli. **104.** splash (or dust) proof electric ~ (*elect. mot.*), motore elettrico di costruzione protetta. **105.** squirrel-cage ~ (*elect. mot.*), motore a gabbia di scoiattolo. **106.** starting ~ (as of aut.) (*elect. mot.*), motorino d'avviamento. **107.** stepper ~, *see* stepping ~. **108.** stepping ~ (stepper mot.: electromech. device rotating by pulses for a short angular movement each pulse) (*elect.*), motore passo-passo, motore a passo. **109.** straight ~ (as an internal-combustion mot.) (*mot.*), motore a cilindri in linea. **110.** synchronous induction ~ (*elect. mot.*), motore asincrono sincronizzato. **111.** synchronous ~ (*elect. mot.*), motore sincrono. **112.** three-phase induction ~ (*elect. mot.*), motore trifase a induzione. **113.** three-phase ~ (*elect. mot.*), motore trifase. **114.** traction ~ (as of an electric locomotive) (*railw.*), motore di trazione. **115.** two-pole ~ (*elect. mot.*), motore a due poli. **116.** unidirectional hydraulic ~ (*mot.*), motore idraulico a un solo senso di flusso. **117.** universal ~ (*elect. mot.*), motore universale. **118.** vacuum ~ (as of a windshield wiper) (*aut.*), motorino a depressione. **119.** variable speed ~ (*elect. mot.*), motore a velocità regolabile. **120.** work driving ~ (of a mach. t.) (*mech.*), motore di comando (della rotazione) del pezzo. **121.** wound-rotor ~ (*electromech.*), motore a c. a. con avvolgimento rotorico polifase.

motorbike (light motorcycle) (*mtc.*), motoleggera. **2.** ~ (bicycle with motor) (*veh.*), bicicletta a motore.

motorboat (*naut.*), motobarca. **2.** ~ (sport and speed boat) (*naut.*), motoscafo.

motorboating (*naut.*), motonautica. **2.** ~ (periodic oscillation of a multistage amplifier) (*radio disturb*) (Brit.), crepitìo, borbottìo.

motor-bogie (bogie as of elect. locomotive, equipped with elect. motors) (*elect. railw.*) (Brit.), carrello motore (con motori inseriti nel carrello).

motorcade (*aut.*), corteo di automobili.

motorcar (*aut.*), autovettura, automobile. **2.** ~ engine (*mot.*), motore per autovettura. **3.** storage battery ~ (*aut.*), automobile elettrica.

motor-bogie (bogie, as of elect. locomotive, equipped with elect. motors) (*elect. railw.*) (Brit.), carrello motore (con motori inseriti nel carrello).

motor-coach (motor bus) (*aut.*), autobus.

motorcultivator (self-propelled cultivator) (*agric. mach.*), motocoltivatore.

motorcycle (*mtc.*), motocicletta. **2.** ~ with sidecar (*mtc.*), motocicletta con carrozzino, motocarrozzino, motocarrozzetta, motocicletta con sidecar.

motorcyclist, motociclista.

motor-driven (takes motion from a mot.) (*a. - mech.*), a motore, azionato da motore. **2.** ~ pump (*elect. hydr. mach.*), elettropompa.

motordrome (track), autodromo.

motored (*a.*), motorizzato.

motoring (*n. - aut.*), turismo automobilistico. **2.** ~ map (*geogr. - tourism*), carta automobilistica. **3.** ~ over (of an engine) (*mot.*), trascinamento.

motorist (*aut.*), automobilista.

motorization (*mech.*), motorizzazione.

motorize (to) (*mech.*), motorizzare.

motorized *mech.*), motorizzato. **2.** ~ type (*mech.*), tipo motorizzato.

motor-lorry, *see* (Brit.), motor-truck.

motorman (*gen.*), conducente. **2.** ~ (driver of an elect. locomotive) (*railw. work.*), macchinista. **3.** ~ (driver of an elect. streetcar) (*work.*), manovratore.

motorscooter (*mtc.*), motoretta.

motortruck (*aut.*), autocarro.

motorway (superhighway) (*road*) (Brit.), autostrada.

mottled (covered with spots of various colors) (*a. - gen.*), screziato. **2.** ~ iron (*metall.*), ghisa trotata.

mottling (spots of different colors on a surface) (*gen.*), screziatura. **2.** diffraction ~ (phenomen due to the interference of rays diffracted from large size crystals) (*defect*), macchie di diffrazione.

mould, *see* mold.

mouldable, *see* moltable.

mouldboard (*agric. impl.*), *see* moldboard.

moulding , *see* molding.

"mould-machine" (*paper mfg.*), *see* cylinder machine.

"mounce" (metric ounce) *see at* ounce.

mound (artificial hill) (*gen.*), collina artificiale. **2.** ~ (in excavation work: original pillar of ground left for showing the depth excavated) (*civ. eng.*), testimonio.

mount (*n. - microscopy*), vetrini ed accessori per microscopia. **2.** ~ (as of mtc.), esemplare. **3.** ~ (of a gun) (*milit.*), affusto. **4.** ~ (of lenses) (*opt.*), montatura. **5.** ~ (support: as of a picture) (*phot.* -

etc.), montaggio. **6.** ~ (for attaching mech. groups or accessories) (*mech.*), predisposizioni di sostegno (o montaggio). **7.** ~ (of a lens: as bayonet mount or screw mount) (*phot.*), attacco. **8.** ~ (structure by which an object is supported, held or maintained in position) (*mech.*), incastellatura di sostegno. **9.** ~ (base for cliché) (*typ.*), zoccolo. **10.** engine ~ (*aer.*), castello motore.

mount (to) (to climb), salire. **2.** ~ (as an instrument), preparare. **3.** ~ (as a lens on a camera) (*gen.*), montare. **4.** ~ (as a disk, a magnetic tape etc.), (*comp.*), montare. **5.** ~ guard (*milit.*), montar di guardia. **6.** ~ up (*aer.*), impennarsi.

mountain, montagna. **2.** ~ chain (*geol.*), catena di montagne. **3.** ~ climber (mountaineer) (*sport*), alpinista. **4.** ~ climbing (mountaineering) (*sport*), alpinismo. **5.** ~ flax (*min.*), amianto, asbesto. **6.** ~ leather (*min.*), amianto in fogli flessibili. **7.** ~ meal (*min.*), farina fossile. **8.** ~ railroad, ~ railway (as the one having rack and pinion as central rail) (*railw.*), ferrovia di montagna, ferrovia a cremagliera. **9.** ~ range (*geol.*), catena di montagne. **10.** ~ ridge (*geol.*), cresta, crinale, sommità (o spartiacque) di una catena di montagne. **11.** ~ sickness (*med.*), mal di montagna. **12.** high ~ (*geogr.*), alta montagna.

mountaineer (mountain climber) (*sport*), alpinista.

mountaineering (*sport*), alpinismo.

mountainous (*geogr.*), montuoso.

mountant (adhesive for fixing: as a picture to a support) (*phot. - etc.*), adesivo per montaggio.

mounting (support: as of a mot.) (*mech.*), supporto. **2.** ~ (*text. ind.*), montaggio. **3.** ~ (the nonoptical part supporting the optical one of an optical instr.) (*opt.*) montatura. **4.** ~ board (for mounting phot. prints) (*paper mfg.*), cartone per montaggio (di fotografie). **5.** ~ distance (as of a gear on a lapping mach.) (*mach. t.*), distanza di montaggio. **6.** "~ test" (method of testing the absorbing power of blotting paper) (*paper mfg.*), prova di assorbimento per capillarità. **7.** flexible ~ (of a mot.) (*aer.*), supporto flessibile. **8.** pod ~ (as of a jet engine on a wing) (*aer.*), supporto a sbalzo. **9.** rigid ~ (of a mot.) (*aer.*), supporto rigido. **10.** shock-isolating ~ (*mech. - etc.*), supporto antivibrante.

mourning, lutto. **2.** ~ paper (black-bordered paper) (*paper mfg.*), carta da lutto, carta abbrunata.

"MOUSE" (Minimum Orbital Unmanned Satellite of Earth) (*astric.*), satellite terrestre senza equipaggio in orbita a minima distanza dalla terra.

mouse (*animal*), topo. **2.** ~ (weight that draws the cords of a window sash into place [over the pulleys]) (*bldg. - carp.*), contrappeso. **3.** ~ (knob on a rope in order to keep a running eye from sliding) (*naut.*), mandorla, ringrosso per evitare lo scorrimento. **4.** ~ (for drawing wires into a conduit by compressed air) (*elect. conduit*), elemento mobile di un sistema ad aria compressa per infilare i fili nei tubi di protezione. **5.** ~ (lashing of a hook) (*naut.*), *see* mousing. **6.** ~ (a peripheral device controlling the cursor position on the comp. display) (*comp.*), "mouse", comando da tavolo del cursore.

mouse (to) (*gen.*), cacciare topi.

mousetrap (*trap*), trappola per topi.

mousing (lashing for preventing the opening of a hook) (*naut.*), legatura al gancio.

mouth (of a river) (*geogr.*), foce. **2.** ~ (*arch.*), *see* scotia. **3.** ~ (charging opening of a furnace) (*metall.*), bocca di caricamento. **4.** ~ (taphole) (*metall.*), foro di spillamento. **5.** ~ (of a mine shaft) (*min.*), imboccatura. **6.** ~ (as of a vise) (*t.*), apertura (delle ganasce). **7.** ~ (*firearm*), bocca. **8.** ~ lock (of a parachute) (*aer.*), laccio di ritenuta calotta. **9.** ~ opener (*med. instr.*), apribocca.

mouthpiece (as of a container) (*gen.*), imboccatura. **2.** ~ (as of dictaphone), portavoce. **3.** ~ (as of a musical instr.) (*instr.*), bocchino.

movable (*n. - a. - phys.*), mobile. **2.** ~ boiler (*boil.*), caldaia mobile. **3.** ~ dam (*hydr.*), diga mobile.

move (movement) (*gen.*), movimento. **2.** ~ (*veh. - naut.*), manovra. **3.** ~ (transfer of external memories: as between peripheral units) (*comp.*), spostamento, trasferimento. **4.** false ~ (*gen.*), manovra falsa, movimento falso.

move (to) (to set in motion) (*phys.*), muovere. **2.** ~ (to change place) (*mech.*), spostare, spostarsi. **3.** ~ (M: as a work) (*time study*), trasportare, spostare. **4.** ~ (to advance) (*gen.*), muoversi. **5.** ~, *see* actuate (to). **6.** ~ away (*v. t. - mech.*), allontanare. **7.** ~ away (*gen.*), allontanarsi (da qualche cosa).

moveable, *see* movable.

movement (motion) (*n. - theor. mech.*), moto. **2.** ~ (driving mechanism: as in a watch) (*n. - mech.*), movimento **3.** ~ (act of moving) (*n.*), movimento. **4.** ~ (mechanism) (*mech.*), meccanismo del movimento. **5.** intermittent ~ (of a film) (*m. pict.*), movimento intermittente. **6.** labor ~ (*trade - union*), movimento sindacale. **7.** relative ~ (*theor. mech.*), moto relativo. **8.** relay time-lag ~ (*electromech.*), meccanismo ritardatore per relè. **9.** reverse ~ (*veh.*), marcia indietro, indietreggio.

mover (a person that proposes a solution) (*meetings*), proponente. **2.** people ~ (as moving sidewalks or other automated means of moving people) (*airport people transp.*) sistemi di spostamento automatico (senza conducente) di passeggeri.

movie (show) (Am.), spettacolo cinematografico. **2.** ~ camera (Am.), cinepresa. **3.** ~ theater (Am.), cinematografo.

Movieola (Trademark: app. used for editing a motion pict.) (*m. pict. app.*), moviola.

movies (*art*) (Am.), cinematografia.

moving (causing motion) (*a. - mech.*), motore, motrice. **2.** ~ (changing place) (*a. - gen.*), mobile. **3.** ~ element (as of an elect. meas. instr.) (*instr.*), equipaggio (o elemento) mobile. **4.** ~ period (feed stroke) (*m. pict.*), fase di movimento, fase di scatto. **5.** ~ picture, *see* motion picture. **6.** ~ sidewalk (*transp.*), marciapiede mobile. **7.** ~ staircase (escalator: passenger transport) (*bldg.*), scala mobile.

moving-coil (*a. - elect.*), a bobina mobile. **2.** ~ (as of a loud-speaker) (*a. - electroacous.*), a bobina mobile. **3.** ~ instrument (as: galvanometer, voltmeter, pickup etc.) (*elect. instr.*), strumento a bobina mobile.

moving-iron meter (*elect. - instr.*), amperometro a ferro mobile.

moving picture theatre (*arch.*), cinematografo.

mow (to) (*agric.*), falciare.

mower (mowing machine) (*agric. mach.*), falciatrice. **2.** ~ (*agric. work.*), falciatore. **3.** lawn ~ (*garden mech. impl.*), tosaerba. **4.** power ~ (*agric. mach.*), motofalciatrice.

mowing (*agric.*), falciatura. **2.** ~ machine (*agric. mach.*), falciatrice.

"MP" (Melting Point) (*phys.*), punto di fusione. **2.** ~ (mathematical programming) (*ind. - etc.*), programmazione matematica. **3.** ~ (multipole) (*elect.*), multipolo.

"mp", *see* melting point.

"MPC" (Maximum Permissible Concentration) (*chem. - etc.*), concentrazione massima permessa. **2.** ~ (man process chart, showing the movements of a worker attending in more places) (*time study*), diagramma degli spostamenti.

"MPE" (maximum possible exposure to radiation, for man safety) (*med. - atom phys. - etc.*), massima esposizione permessa.

"mpg" (miles per gallon: fuel consumption) (*aut. - aer. - etc.*), miglia per gallone.

"mph" (miles per hour) (*speed*), miglia all'ora.

"MPHPS" (miles per hour per second) (*meas. unit*), migliaora per secondo.

"MPL" (motivated productivity level) (*ind.*), livello di produttività motivato.

"MPM", **"mpm"** (meters per minute) (*meas. unit*), metri per minuto.

"MPS", **"mps"** (meters per second) (*meas. unit*), metri per secondo.

"MPU", *see* microprocessor.

"MPX", *see* multiplex.

"mr" (milliroentgen) (*meas. unit*), millesimo di roentgen.

"MRBM" (medium range ballistic missile) (*milit.*), missile a media gittata.

"MRCA" (Multi Role Combat Aircraft) (*aer.*), aereo da combattimento ad impiego multiplo.

"MRR" (Medical Research Reactor) (*atom phys.*), reattore per ricerche mediche.

"MRV" (Multiple Reentry Vehicle: fractionable head but without automatic guide for each head fraction) (*milit.*), missile con ogiva a testa multipla senza guida indipendente.

"MS" (mild steel) (*mech. draw.*), acciaio dolce. **2.** ~ (maximum stress) (*mech. draw.*), carico di rottura. **3.** ~ (Military Standard, in sheet form) (*technol.*) (Am.), tabella MIL. **4.** ~ (meter per second) (*meas. unit*), metri per secondo. **5.** ~, *see also* left hand, main switch, mean square, metric system.

"M/S", **"MS"** (motor ship) (*naut.*), motonave. **2.** ~ (magnetostriction, as in transducers) (*phys.*), magnetostrizione.

"Ms" (temperature at which martensite first appears) (*metall.*), Ms, punto Ms.

"ms" (millisecond, msec) (*time meas.*), millesimo di secondo.

"MSB" (Most Significant Bit) (*comp.*), cifra binaria più significativa.

"MSC" (coastal minesweeper) (*navy*), MSC, dragamine costiero.

"msc", **"msec"**, *see* millisecond.

"MSCP", **"mscp"** (mean spherical candle power) (*illum.*), intensità luminosa media sferica.

"MSD" (Most Significant Digit) (*comp.*), cifra più significativa.

"MSI" (inshore minesweeper) (*navy*), dragamine portuale. **2.** ~ (Medium-Scale Integration: from 10 to about 100 gates per chip) (*elics.*), integrazione su media scala.

"MSL" (mean sea level) (*geogr.*), livello medio del mare.

"MSO" (oceanic minesweeper) (*navy*), MSO, dragamine oceanico.

"MSR" (Missile Site Radar) (*radar*), radar per localizzazione di missili.

"mst", *see* measurement.

"MT" (metric ton) (*weight meas.*), tonnellata metrica. **2.** ~ (Mail Transfer, of money) (*comm.*), bonifico postale. **3.** ~ (Magnetic Tape), *see* tape.

"MTA" (Motion Time Analysis) (*time study*), analisi dei tempi dei movimenti.

"MTB" (motor torpedo boat) (*navy*), motosilurante.

"MTBF" (mean time between failures) (*quality control - etc.*), tempo medio (intercorrente) tra due guasti successivi.

"mtg", *see* mounting.

"mtl", *see* material.

"MTM" (methods-time measurement) (*time study*), misura dei movimenti elementari, misura dei tempi elementari, sistema MTM.

"mtn", *see* mountain.

"MTR" (motor, on a wiring diagram) (*elect.*), motore. **2.** ~ (material testing reactor) (*ind. application of atom phys.*), reattore nucleare per prove sui materiali.

"mtrl", *see* material.

mu (amplification factor in a vacuum tube) (*thermion.*), coefficiente di amplificazione. **2.** high ~ tube (*thermion.*), valvola ad alto coefficiente di amplificazione.

mucilage (gum solution), colla liquida. **2.** ~ (*paint.*), *see* break.

muck (burden) (*min.*), copertura. **2.** ~ bar (bar iron passed once through the rolls) (*metall.*), barra greggia, barra da rilaminare. **3.** ~ roll (of a rolling mill) (*metall.*), cilindro sgrossatore.

mucker (one excavating earth in a mine) (*min. work.*), scavatore (di terra).
mucking (*min.*) (Brit.), *see* lashing.
mud (in a country road) (*gen.*), fango. **2.** ~ (as in a boil.), fanghi. **3.** ~ auger (in oil drilling) (*min. t.*), trivella di pulizia, cucchiaia di pulizia. **4.** ~ boat (for carrying dredged material) (*naut.*), chiatta per trasporto fanghi. **5.** ~ drum (*boil.*), collettore dei fanghi. **6.** ~ flap (flexible piece attached to the mudguard) (*veh.*), paraspruzzi. **7.** ~ pression (in oil drilling) (*min.*), pressione del fango. **8.** ~ pump (in oil drilling) (*min.*), pompa per fango. **9.** ~ saw (for cutting gems) (*jewellery t.*), disco con miscela abrasiva per taglio. **10.** ~ socket (of oil drilling tools: device used for cleaning mud out of a well) (*min. t.*), cucchiaia di pulizia. **11.** electrolytic ~ (*electrochem.*), fango elettrolitico. **12.** to draw off the ~ (*boil.*), scaricare i fanghi.
mud (to) (to introduce artificial muds into an oil well to prevent the outcoming of gas during drilling) (*min.*), otturare con fango. **2.** ~ up (to seal a pot stopper or a joint in a furnace or in a producer gas line, by the application of wet clay) (*glass mfg. - etc.*), stoppare, stuccare.
muddler (as for rubber mfg.), agitatore.
muddy (*a. - gen.*), fangoso. **2.** ~ (having no clarity, dull: said of a picture) (*phot. - telev.*), impastato.
mudflow (as a flowing from a volcano) (*geol.*), colata di fango.
mudguard (as of aut.) (*veh.*), parafango.
mud-hardening (*chem. milit.*), solidificazione del fango. **2.** ~ chemical (*chem. milit.*), solidificante per fango. **3.** ~ process (*chem. milit.*), procedimento di solidificazione del fango.
mudhook, *see* anchor.
mudsill (part of the foundation embedded and resting on the ground for supporting the structure) (*bldg.*), fondazione, fondamenta.
"MUF" (Maximum Usable Frequency) (*radio - telev.*), frequenza massima utilizzabile.
muff (*mech.*), manicotto. **2.** ~ coupling (*mech.*), giunto a manicotto. **3.** heating ~ (as placed around an exhaust pipe of an aer. mot. for heating air) (*therm. device*), (manicotto) scambiatore di calore.
muffle (type of furnace), muffola. **2.** ~ furnace (*ind. app.*), forno a muffola. **3.** electric ~ furnace (*chem. impl.*), forno elettrico a muffola.
muffler (device for deadening sound) (*phys.*), silenziatore. **2.** ~ (as on a mot. exhaust pipe) (*mech.*), silenziatore, marmitta (di scarico). **3.** catalytic ~ (*aut.*), marmitta di scarico catalitica.
mulberry (*wood*), gelso.
mule (cotton spinning mach.) (*text. ind. mach.*), "mule", filatoio intermittente (per filare e torcere). **2.** ~ (small locomotive used for hauling as mine cars) (*railw.*), locomotiva da miniera (o da cantiere), locomotiva Decauville. **3.** ~ (as for towing transp. dollies in a factory) (*transp. veh.*), rimorchiatore leggero. **4.** ~ pulley (mech.), galoppino, puleggia folle di deviazione, guidacinghia (regolabile). **5.** ~ spinning (*text. ind.*), filatura con filatoio intermittente. **6.** ~ twist (*text. ind.*), filato medio (di mezza catena). **7.** dry ~ (*text. ind. mach.*), filatoio intermittente a secco. **8.** self-acting ~ (*text. ind. mach.*), filatoio automatico intermittente.
mule-jenny (*text. mach.*), *see* mule 1 ~.
muley axle (an axle without collars) (*railw.*), assile senza collarini.
muley saw, mulay saw (for sawmills) (*carp. - mach. t.*), sega alternativa verticale per segherie.
mull (*text.*), *see* scrim.
mull (to) (to grind, to powder) (*ind.*), macinare, polverizzare.
mullen tester (for testing the bursting strength of paper) (*paper mfg. testing mach.*), apparecchiatura per la prova di scoppio.
muller (for agitating and grinding) (*ind. mach.*), mescolatore a molazza, molazza.
mulling (*found.*), molazzatura.
mullion (*arch.*), colonnino, sottile montante divisorio verticale in muratura (di finestrone). **2.** ~ (upright central bar or member of a wooden door or window) (*carp.*), elemento verticale mediano, montante mediano.
mullite ($3Al_2O_3.2SiO_2$: min.) (*refractory*), mullite.
mullock (refuse rock from a mine) (*n. - min.*), sterile.
mullocky (*a. - min.*), sterile.
"mult", *see* multiple.
multi- (many, many times) (*prefix*), multi-, pluri-.
multiaddress (as of an instruction) (*a. - comp.*), plurindirizzo, a vari indirizzi.
multicellular (*gen.*), multicellulare.
multicompany (multi-industry company) (*company*), società con attività industriali diversificate.
multicomponent (*a. - phys. chem.*), a più componenti.
multicomputer-system (*comp.*), sistema a più unità di elaborazione.
multicore (as a cable) (*elect.*), multipolare, a più conduttori.
multicoupler (single antenna utilized by various receiving sets) (*radio - telev.*), antenna comune, antenna centralizzata.
multicrystal (*n. - min.*), policristallo.
multicut (*a. - mech.*), ad utensili multipli. **2.** ~ semiautomatic lathe (*mach. t.*), tornio semiautomatico ad utensili multipli.
multicylinder (as a mtc. mot.), policilindrico, a più cilindri.
multidimensional (*a. - gen.*), multidimensionale, pluridimensionale.
multielectrode (as of thermionic tube) (*a. - thermion*), a più elettrodi.
multiengine, *see* multiengined.
multiengined (*a. - aer. - etc.*), plurimotore.
multifilament (of yarn) (*a. - text.*), a più fili.
multifrequency (*a. - phys.*), a più frequenze. **2.** ~

terminal (*comp. - teleph.*), terminale a molte frequenze. **3.** ~ system (*elect.*), sistema a molte frequenze.

multifuel (engine) (*a. - mot.*), policarburante.

multifurrow (of a plow) (*agric. mach.*), polivomere.

multigrade (said of a lubricating oil usable in either low or high ambience temperatures) (*a. - chem. - aut.*), multigrado, quattro stagioni.

multigraph (small printing press for duplicating as letters) (*print. device*), duplicatore tipografico.

multihull (as of a catamaran) (*a. - naut.*), multiscafo, a più di una carena.

multi-industry (as of a company holding separate industries) (*a. - ind.*), con varie attività industriali.

multilane (*a. - highway*), a più corsìe.

multilayer (*a. - gen.*), a più strati. **2.** ~ coil (*elect.*), bobina a più strati.

multilayered, *see* multilayer.

multilevel (as multilevel addressing) (*a. - comp.*), a più livelli.

multilist (as of a chain of items) (*comp.*), multilista.

multilith (*print. device*), duplicatore litografico.

multimeter (instrument capable of measuring several parameters: as electrical ones) (*instr.*), multimetro, tester, analizzatore.

multinational (multinational corporation) (*n. - corporation*), complesso multinazionale. **2.** ~ (as of a corporation having factories and or financial interests in many nations) (*a. - corporation*), multinazionale.

multinodal (*a. - mech. theor.*), che oscilla con varie frequenze, multinodale.

multinomial (*math.*), polinomio.

multiphase (*elect.*), polifase.

multiplane (*n. - aer.*), multiplano.

multiple (*n. - elect.*), parallelo. **2.** ~ (*n. - math.*), multiplo. **3.** ~ (*a. - elect.*), in parallelo, collegato in parallelo. **4.** ~ (*a. - comp.*), multiplo. **5.** ~ address (multiaddress) (*a. - comp.*), plurindirizzo, a vari indirizzi. **6.** ~ die (a die with multiple identical impressions) (*found.*), stampo a figure multiple uguali. **7.** ~ management (with the workers' participation) (*firm organ.*), gestione aziendale con compartecipazione dei dipendenti. **8.** ~ mold (*found.*), forma multipla. **9.** ~ spindle drilling machine (single or multihead) (*mach. t.*), trapanatrice (a una o più teste) a mandrini multipli. **10.** ~ tuned antenna (*radio*), antenna a discese multiple. **11.** least common ~ (*math.*), minimo comune multiplo. **12.** running in ~ (*elect.*), marcia in parallelo. **13.** to run in ~ (*elect.*), marciare in parallelo. **14.** working in ~ (*elect.*), marcia in parallelo.

multiple (to) (to connect in parallel) (*elect. - teleph.*), collegare in parallelo, multiplare.

multiple-current generator (*electomech.*), generatrice polimorfa.

multiplet (composed spectrum line) (*phys.*), multipletto. **2.** ~ (quantum states with similar energy) (*atom phys.*), multipletto. **3.** ~ (elementary particles with similar properties) (*atom phys.*), multipletto.

multiple-unit (of an electric train having many coaches provided with elect. motors) (*a. - elect. railw.*), composto di varie elettromotrici (a comando unificato).

multiplex (multiple) (*a. - gen.*), multiplo. **2.** ~ (system of telegraphy) (*electrotel.*), telegrafia multipla. **3.** ~ (*radio - telev.*), sistema di trasmissione contemporanea sulla stessa onda. **4.** ~ (*telegraphy - teleph.*), sistema di trasmissione contemporanea sullo stesso circuito.

multiplex (to) (*radio - telev.*), trasmettere contemporaneamente sullo stesso canale. **2.** ~ (*telegraphy - teleph.*), trasmettere contemporaneamente sullo stesso circuito. **3.** ~ (*comp.*), multiplare, smistare vari messaggi sullo stesso canale.

multiplexer (*teleph. - radio - etc.*), multiplatore. **2.** ~ (from many input programs to only one output line) (*n. - comp.*), multiplatore. **3.** ~ terminal unit (*comp.*), unità terminale multiplatrice (o smistatrice). **4.** data ~ (data multiplexor) (*comp.*), multiplatore (o smistatore) dati. **5.** frequency-division ~ (*elics.*), multiplatore (o smistatore) a divisione di frequenza.

multiplexing (to switch much information onto a single line) (*teleph. - radio - comp.*), multiplazione, smistamento di varie informazioni su di un solo canale. **2.** ~ bit rate (in bit per second) (*tlcm.*), velocità di multiplazione. **3.** frequence-division ~ (*comp.*), multiplazione a divisione di frequenza. **4.** time-division ~ (*comp.*), multiplazione a divisione di tempo.

multiplexor, *see* multiplexer.

multiplicand (*n. - math.*), moltiplicando.

multiplication (*math.*), moltiplicazione. **2.** ~ factor (reproduction constant) (*atom phys.*), fattore di moltiplicazione. **3.** ~ time (time required for multiplication) (*elics. - comp.*), tempo di moltiplicazione.

multiplicative identity (*n. - math.*), identità moltiplicativa.

multiplicative inverse (*n. - math.*), inverso per moltiplicazione.

multiplier (logic/arithmetic unit operating on binary digits) (*math. - comp.*), moltiplicatore. **2.** electron ~ (*thermion.*), moltiplicatore elettronico. **3.** frequency ~ (*elics.*), moltiplicatore di frequenza.

multiply (to) (*math.*), moltiplicare. **2.** ~! (instance of multiplication to be actuated by a comp.) (*n. - comp.*), moltiplica!, indicazione di moltiplicazione, moltiplicare.

multiplying (*gen.*), di moltiplicazione. **2.** ~ factor (*gen.*), fattore di moltiplicazione. **3.** "~" factor (exposure) (*phot.*), fattore di posa.

multipoint line (*tlcm.*), linea multipunto.

multipolar, multipole (as of app.) (*a. - elect.*), multipolare.

multiport (said of an electronic device provided with many interfacing connectors) (*a. - comp.*), a mol-

te porte (o punti) di interfacciamento. **2.** ~ memory (as for simultaneous transmission of data) (*comp.*), memoria a molte porte.
multiprocessing (parallel processing: as of programs of several comp. at the same time) (*comp.*), multielaborazione, elaborazione simultanea.
multiprocessor (parallel processor, array processor) (*comp.*), multiprocessore, elaboratore parallelo simultaneo.
multiprogramming (of a single comp. system operating on different programs) (*comp.*), multiprogrammazione.
multipropellant (rocket propellant consisting of more unmixed chemicals separately fed into the combustion chamber) (*n. - comb.*), multipropellente.
multipurpose (*a. - gen.*), multiuso, plurimpiego.
multiscreen (digital effect visualizing simultaneously many freezed images) (*audiovisuals*), visualizzazione [sullo schermo] di varie immagini fisse in contemporanea.
multispindle (as of a boring mach.) (*a. - mach. t.*), plurimandrino.
multistable (as of circuits) (*a. - elect.*), multistabile.
multistage (as of a compressor or pump) (*mech.*), pluristadio, a vari stadi. **2.** ~ compression (as of a gas) (*ind.*), compressione (successiva) in differenti (o vari) stadi.
multistandard (as of "VCR" or "TV" operating by signals Pal or Secam or NTSC) (*audiovisuals*), multistandard.
multitask (as in multiprogramming) (*a. - comp.*), a più compiti simultanei.
multitasking (capacity of an operating system to make the "CPU" work on two or more different tasks [or jobs] contemporaneously) (*comp.*), capacità di esecuzione simultanea di (due o più) compiti.
multitubular (*a. - boil.*), multitubolare. **2.** ~ boiler (*boil.*), caldaia multitubolare.
multivalent (*chem.*), plurivalente.
multivalve (*mech.*), plurivalve.
multivator (dc converter to higher dc voltage) (*electromech.*) convertitore di cc. in cc. survoltata.
multiversity (large university inclusive of research department, schools, colleges etc.) (*teaching*), centro universitario comprendente laboratori di ricerca, colleges ecc.
multivibrator (*elics.*), multivibratore. **2.** astable ~ *see* free-running ~. **3.** bistable ~ (relaxation generator the steady state of which is slightly changed by a rapid pulse) (*elics.*), multivibratore bistabile, flip-flop. **4.** free-running ~ (*elics.*), multivibratore astabile. **5.** master ~ (*elics.*), oscillatore multivibratore pilota. **6.** one-shot ~ (*elics.*), multivibratore monostabile.
multiwall (*a.*), a pareti multiple. **2.** ~ (container) (*transp.*), "multiwall", a più strati. **3.** ~ bag (*rubb. ind.*), sacco a pareti multiple.
mumbler (*glass. mfg.*) (Brit.), *see* blower.
mu-meson (*atom phys.*), *see* muon.
mumetal (ferromagnetic alloy 75% Ni, 18% Fe, 5% Cu, 2% Cr) (*metall. - elect.*), mumetal.
mundic (*min.*) (Brit.), *see* iron pyrite.
mungo (short fiber wool: from waste or rags) (*wool ind.*), lana a fibra corta di recupero, lana meccanica di seconda qualità.
municipal (*adm.*), municipale, comunale.
munition (war materials) (*milit.*), materiale bellico.
muon (it has a mass 206 times larger than that of the electron) (*atom phys.*), muone.
muonium (chem. element made of a positive muon and an electron) (*n. - chem. - atom phys.*), muonio.
muriatic (*a. - comm. chem.*), muriatico, cloridrico.
"MUSA" (Multiple Unit Steerable Antenna: a directional antenna) (*radio*), antenna direttiva a unità multiple.
muscovite $[KAl_3Si_3O_{10}(OH)_2]$ (*min.*), muscovite.
museum (*arch.*), museo.
mush (to) (to fly in almost-stalled situation) (*aer.*), volare in condizione di prestallo.
mushroom (in mushroom shape) (*a. - gen.*), a forma di fungo, a fungo, fungiforme. **2.** ~ (from atom bomb expl.) (*atomic expl.*), fungo atomico. **3.** ~ (obturator) (*gun*), tipo di otturatore a fungo. **4.** ~ head (as of a valve) (*mech.*), testa a fungo. **5.** ~ head (obturator head) (*ordnance*), testa a fungo. **6.** ~ head, *see also* obturator head.
music (*acous. - art.*), musica. **2.** ~ paper (*paper mfg.*), carta da musica. **3.** ~ while you work (*social providence in ind.*), musica sul lavoro. **4.** ~ wire (as piano wire), filo per strumenti musicali, filo armonico.
musket (*firearm*), moschetto.
musketproof (as of a window glass in a bank) (*gen.*), a prova di proiettile.
muslin (fabric), mussolina. **2.** ~ binding (for pipe insulation), fasciatura con mussolina. **3.** printed ~ (*text. ind.*), mussolina stampata. **4.** silk ~ (*fabric*), mussolina di seta. **5.** wool ~ (*fabric*), mussolina di lana.
must (juice: as of grape) (*agric.*), mosto.
mustard gas (*chem.*), iprite.
mutarotation (multirotation, variation of the opt. rotatory power of some solutions with time) (*phys. chem.*), mutarotazione, multirotazione.
mutation (*biol.*), mutazione.
mute (dumb) (*a. - gen.*), muto. **2.** ~ (wind. instr. device) (*n. - music*), sordina.
mute (to) (to reduce the sound) (*acous.*), attenuare (o ridurre) il suono, silenziare. **2.** ~ (*electroacous.*), togliere l'audio.
muting (silencing) (*acous.*), silenziamento.
"mutton" (quad) (*print.*) (Brit.), *see* em quad. **2.** ~ rule (*print.*) (Brit.), *see* em rule.
mutual (*a. - gen.*), mutuo, reciproco. **2.** ~ (as conductance) (*a. - elect.*), mutuo. **3.** ~ (shared in common: as a property) (*a. - comm. - etc.*), comune. **4.** ~ conductance (*thermion.*), pendenza,

conduttanza mutua. **5.** ~ inductance (*elect.*), induttanza mutua. **6.** ~ induction (*elect.*), induzione mutua. **7.** ~ inductor (*elics.*), induttore mutuo.

mutule (of Doric cornice) (*arch.*), mutulo.

"MUX", *see* multiplexer.

muzzle (of a cannon) (*ordnance*), volata. **2.** ~ (for the mouth of an animal), museruola. **3.** ~ (gas mask), maschera antigas. **4.** ~ bell (of a gun barrel) (*fireman*), tulipano (di volata). **5.** ~ disk (for adjusting the line of sight) (*firearm*), crocicchio di volata. **6.** ~ door (of a torpedo launching tube) (*navy*), cappello esterno. **7.** ~ face (of a gun barrel) (*firearm*), taglio di volata. **8.** ~ swell (of a gun) (*firearm*), tulipano (di volata). **9.** ~ velocity (of a projectile) (*ballistics*), velocità iniziale.

muzzle (to) (to take in a sail) (*naut.*), ridurre la velatura.

muzzle-loading (of a gun) (*a. - obsolete*), ad avancarica.

"MV" (Medium Voltage) (*elect.*), tensione media. **2.** ~ (Million Volts) (*meas. unit*), megavolt. **3.** ~, *see also* motor vessel, muzzle velocity.

Mv, *see* Md.

"mv" (millivolt) (*elect. meas.*), mv, millivolt.

"mvc" (manual volume control) (*radio*), regolatore di volume manuale.

"MVPCB" (Motor Vehicle Pollution Control Board) (*aut.*), Ufficio Controllo Inquinamento da Autoveicoli.

"MVSS" (motor vehicle safety standard, Federal Standard) (*aut.*) (Am.), norma di sicurezza per autoveicoli.

"mvt", *see* movement.

"Mw" (megawatt) (*elect.*), Mw, megawatt.

"mw" (milliwatt) (*elect. meas.*), mw, milliwatt.

"mwh" (megawatt-hour) (*meas. unit*), megawattora.

"MWP" (Maximum Working Pressure) (*w. order*), massima pressione di esercizio.

"MWV" (maximum working voltage, as of an elect. apparatus) (*elect.*), tensione massima di lavoro.

"MX" (Mobile experimental missile) (*milit.*), missile mobile sperimentale.

"mx" (maxwell) (*elect. meas.*), mx, maxwell. **2.** ~ (multiplex) (*teleph. - etc.*), trasmissione simultanea.

"mxd", *see* mixed.

"MY" (Million Years) (*geol. time meas.*), milioni di anni.

myall (Australian acacia) (*wood*), acacia australiana.

Mylar (trademark of Du Pont, producer of polyester film, as for magnetic tape) (*comp. - electroacous. - etc.*), (pellicola poliestere) Mylar.

myope (*n. - opt.*), miope.

myopia (nearsightedness) (*opt.*), miopia.

myopic (*a. - opt.*), miope.

myriameter (length unit of 10,000 meters) (*meas. unit*), miriametro.

N

"N" (normalized) (*a. - mech. draw.*), normalizzato. **2.** ~ (Avogadro number) (*chem.*), numero di Avogadro. **3.** ~ (newton, unit of force = 1/ 9.80665 kgf = 0.1019716 kgf) (*meas.*), N, newton. **4.** ~ (normal) (*phys. - etc.*), normale. **5.** ~ (north) (*geogr.*), N, nord.

N (nitrogen) (*chem.*), N, azoto.

"n" (refractive index) (*phys. chem.*), indice di rifrazione. **2.** ~ (nano–, prefix: 10^{-9}) (*meas.*), n, nano–. **3.** ~, *see also* navy, number.

"NA" (neutral axis) (*constr. theor.*), asse neutro. **2.** ~ (numerical aperture, of an optical instr.) (*opt.*), apertura numerica.

Na (sodium) (*chem.*), sodio, Na.

"NAB" (Naval Air Base) (*naut. - aer.*), base aerea della marina (militare). **2.** ~ (National Aircraft Beacon) (*aer.*), faro aeronautico nazionale.

"NAC", *see* naval aircraftsman, non–airline–carrier.

"nac", *see* nacelle.

"NACA" (National Advisory Committee for Aeronautics) (*aer.*), N.A.C.A. **2.** ~ cowling (of a radial engine) (*aer.*), cappottatura. **3.** ~ hood (*aer.*), anello naca.

"NACE" (National Association of Corrosion Engineers) (*applied research*), Associazione Nazionale dei Tecnici della Corrosione.

nacelle (of an airship) (*aer.*), navicella. **2.** ~ (of a power plant) (*aer.*), gondola (motore), navicella (motore).

nacre (*gen.*), madreperla.

nacreous (pearly) (*gen.*), perlaceo, a riflessi perlacei.

nadir (*astr.*), nadir. **2.** ~ (nadir of temperature: the lowest obtainable: temperature approximately 7° K absolute) (*temp. meas.*), temperatura minima assoluta ottenibile.

nadiral (*a. - astr.*), nadirale.

nail (*carp.*), chiodo, punta. **2.** ~ puller (*t.*), cavachiodi, levachiodi, estrattore per chiodi, piede di cervo. **3.** ~ punch (*mech.*), punzone. **4.** ~ set, *see* nail punch. **5.** casing ~ (*carp.*), punta a testa conica. **6.** clout ~ (a nail having a large, flat and thin head, as used for securing felt and sash cords) (*bldg.*), punta a (testa larga) per coperture catramate. **7.** common wire ~ (*carp. - join.*), punta Parigi, chiodo comune (a testa piana). **8.** countersunk checkered head ~ (*carp.*), punta a testa fresata quadrigliata. **9.** double-pointed ~ (*join.*), cambretta. **10.** gimp ~ (upholsterer's nail), sellerina, punta da tappezziere. **11.** headless wire ~, chiodo senza testa. **12.** horseshoe ~, chiodo (per ferratura) di cavallo. **13.** lath ~ (*carp. impl.*), punta (o chiodo) da carpentiere. **14.** slater's ~ (*bldg.*), punta ardesia. **15.** small ~ (*gen.*), chiodino. **16.** upholsterer's ~ (*furniture*), borchia, chiodo da tappezziere. **17.** wire ~ (*carp.*), punta Parigi.

nail (to) (as a box), inchiodare.

nailer (nailing machine) (*carp. - mach. t.*), chiodatrice.

nailhead (*carp.*), testa del chiodo.

nailing block (*carp.*), tassello (di legno) per chiodare.

nailrod (rod to be cut for making nails) (*metall.*), filo per chiodi.

nailsick (as a boat, leaking at the nail holes) (*a. - naut.*), che fa acqua dalla chiodatura. **2.** ~ (as of a board weakened by too many nails) (*carp.*), indebolito per troppi chiodi.

"NAK", *see* Negative AKnowledgement.

naked (*a. - gen.*), nudo. **2.** ~ floor (timber supporting floor boards) (*bldg.*), ossatura di sostegno del pavimento. **3.** ~ light (*min. - etc.*), fiamma libera, fiamma non protetta.

"NAM" (National Association of Manufacturers) (*ind.*), Associazione Nazionale degli industriali.

name (*gen.*), nome. **2.** ~ (bearing the name of the manufacturer) (*mach. - mot. - aut.*), sigla, targhetta con la sigla. **3.** ~ (a group of characters for identifying a file, a program etc.) (*comp.*), nome. **4.** ~ plate (a rear car plate or panel which carries the manufacturer's name) (*aut.*), scritta. **5.** legal ~ (of a firm) (*comm. - law*), ragione sociale. **6.** qualified ~ (name with confirmed identification) (*comp.*), nome qualificato. **7.** record ~ (record identification name) (*comp.*), nome di registrazione, nome di record. **8.** trade ~ (*comm. - ind.*), nome commerciale.

name (to) (to assign a distinctive name) (*gen.*), denominare.

nameplate, *see* name plate.

"NAND" (NOT AND) (*comp.*), NAND. **2.** ~ circuit (*comp.*), circuito logico NAND. **3.** ~ gate (*comp.*), porta logica NAND. **4.** ~ operation (*comp.*), operazione logica NAND.

nano- (10^{-9}, preceding a meas. unit) (*meas.*), nano-.
nanometer (10^{-9} meter: very small length meas.) (*n. - meas.*), nanometro.
nanosecond (10^{-9} second) (*time meas.*), nanosecondo.
naos (of a classical temple) (*arch.*), cella.
nap (downy surface) (*text. ind.*), felpatura, felpa. **2.** ~ (granulations on a litographic roller) (*print.*), granulazione. **3.** naps (a napped fabric) (*text.*), tessuti felpati, felpati.
nap (to) (to raise a downy surface on woven fabrics, such as flannel) (*text. ind.*), felpare.
napalm (mixture of aluminum soaps of fatty acids; for incendiary bombs) (*milit.*), napalm.
"NAPCA" (National Air Pollution Control Administration) (*pollution*), Ente Nazionale Controllo Inquinamento dell'Aria.
naperian logarithm, *see* natural logarithm.
naphtha (petroleum), petrolio grezzo. **2.** ~ (varnish solvent), solvente per vernici. **3.** high-test ~ (*fuel*), nafta di alta qualità (a basso punto di ebollizione ed elevato grado Baumé). **4.** mineral ~, *see* petroleum naphtha. **5.** petroleum ~ (mineral naphtha: distilled from petroleum) (*fuel*), nafta.
naphthalene ($C_{10}H_8$) (*chem.*), naftalene, naftalina.
naphthenes (*chem.*), nafteni.
naphthol, naphtol ($C_{10}H_7OH$) (*chem.*), naftolo.
naphthylamine, naphthylamin (used for making dyes) (*chem.*), naftilammina.
napierian, *see* naperian.
nappe (water above a weir crest) (*hydr.*), vena fluente. **2.** clinging ~ (as on a weir) (*hydr.*), vena aderente. **3.** free ~ (*hydr.*), vena libera.
napped (a fabric having a downy surface) (*a. - text.*), felpato.
napper (a napping machine) (*text. mach.*), felpatrice.
napping (as of fabrics: to obtain a downy surface) (*text. ind.*), felpatura. **2.** ~ machine (a machine for imparting a downy surface to fabrics) (*text. mach.*), felpatrice.
narcosis (*med.*), narcosi.
narcotic (*pharm. chem.*), narcotico.
narra (Amboina wood) (*wood*), amboina.
narrow (*gen.*), stretto. **2.** ~ (as of an apartment) (*a. - bldg.*), piccolo. **3.** ~ (as a cloth) (*a. - text.*), basso. **4.** ~ (narrow gallery) (*n. - min.*), galleria stretta.
narrow (to) (*gen.*), stringere. **2.** ~ (to take two stitches into one in order to decrease the size as of a stocking) (*knitting*), diminuire.
narrowband, narrow-band (of frequencies) (*a. - elics.*), a banda stretta.
narrowcasting (opposed to broadcasting: for programs destined to a small group reception) (*comp. - inf. - tlcm.*), diffusione ristretta.
narrow-gauge (*a. - railw.*), a scartamento ridotto.
narthex (*arch.*), nartece.
"NAS" (National Aircraft Standards) (*aer. ind.*), norme per l'industria aeronautica.
"NASA" (National Aeronautic and Space Administration) (*astric. - aer.*), direzione della navigazione aerea e spaziale.
"NASC" (National Aircraft Standards Committee) (*aer. ind.*), Comitato Nazionale per la Normalizzazione dell'Industria Aeronautica.
nascent state (or condition) (*chem.*), stato nascente.
national (as of industry) (*gen.*), nazionale.
National Health Service, "NHS" (*med.*), servizio assistenza sanitaria nazionale, SAUB.
nationality (*law*), nazionalità.
nationalization (as of public services) (*governmental adm.*), nazionalizzazione.
nationalize (to) (as public services), nazionalizzare.
native (*min.*), nativo. **2.** ~ (indigenous) (*a. - work. - etc.*), indigeno, locale. **3.** ~ copper (*min.*), rame nativo. **4.** ~ sheep (*wool ind.*), pecora indigena.
"NATO" (North Atlantic Treaty Organization) (*milit.*), NATO.
natron ($NaCO_3 \cdot 10H_2O$) (*min.*), carbonato idrato di sodio allo stato di minerale.
natural (*gen.*), naturale. **2.** ~ ageing (*metall.*), invecchiamento naturale. **3.** ~ cement (from natural limestone) (*mas.*), tipo di pozzolana. **4.** ~ draft burning (as of a furnace), combustione a corrente d'aria naturale. **5.** ~ food (without preservatives, colorants, flavorings etc.) (*comm.*), cibo genuino (senza conservativi e/o additivi). **6.** ~ frequency (*elics. - mech.*), frequenza naturale. **7.** ~ gasoline (very volatile gasoline: recovered from methane) (*min.*), benzina estrattiva. **8.** ~ logarithm (*math.*), logaritmo naturale. **9.** ~ number (*math.*), numero naturale. **10.** ~ period (of a body vibration) (*phys.*), periodo di vibrazione libera. **11.** ~ science, scienze naturali. **12.** ~ wavelength, *see* natural frequency.
naught, zero.
"naut", *see* nautical.
nautical (*a.*), nautico. **2.** ~ astronomy (*naut. - aer.*), astronomia ad uso della navigazione astronomica. **3.** ~ distance (as between two points, in nautical miles) (*geogr. - naut.*), distanza (lossodromica) in miglia marine. **4.** ~ mile (m 1853.18 Brit.; m 1853.248 Am.) (*meas.*), miglio marino. **5.** ~ science (*naut.*), scienze nautiche.
"nav", *see* naval, navigable, navigation, navigator, navy.
naval (*a. - navy*), navale, della marina da guerra. **2.** ~ academy (*navy*), accademia navale. **3.** ~ construction (*navy*), costruzione per la marina militare. **4.** ~ pipe, *see* chain pipe. **5.** ~ vessel (*navy*), nave da guerra.
navar (radar navigation around an airport) (*aer.*), quadro del movimento aereo (del momento) sopra l'aeroporto trasmesso al pilota.
navarho (NAVigation, Aid, RHO) (*radio aid*), "navarho".
nave (*arch.*), navata. **2.** ~ (hub of a wheel) (*mech.*), mozzo.
navigability (*naut.*), navigabilità.

navigable (*naut.*), navigabile. **2.** ~ airspace (above the minimum height) (*aer.*), spazio aereo navigabile.

navigate (to) (*naut.*), navigare.

navigation (*naut.*), navigazione. **2.** ~ act (navigation law) (*naut. law*), codice marittimo. **3.** ~ light, *see* side light. **4.** ~ officer (*naut. - aer.*), ufficiale di rotta. **5.** ~ school (*naut. school*), istituto nautico. **6.** air ~ (*aer.*), navigazione aerea. **7.** astronomical air ~ (*aer.*), navigazione aerea astronomica. **8.** blind air ~ (*aer.*), navigazione aerea strumentale (o cieca). **9.** coastal ~ (*naut.*), navigazione costiera. **10.** geometric inertial ~ (*navig.*), navigazione inerziale geometrica. **11.** gimballess inertial ~ equipment (*navig.*), dispositivo di navigazione inerziale privo di sospensione cardanica. **12.** grid ~ (aeronavigation system by reference grid that utilizes a network of lines in a chart) (*navig.*), aeronavigazione con griglia di riferimento, navigazione a reticolo. **13.** hyperbolic ~ (as the loran system) (*radio navig.*), navigazione iperbolica. **14.** inland ~ (*naut.*), navigazione interna. **15.** pressure ~ (*aer.*), navigazione barometrica. **16.** radio ~ (*aer. - naut.*), navigazione radioassistita. **17.** river ~ (*naut.*), navigazione fluviale.

navigator (*aer.*), ufficiale di rotta, "navigatore". **2.** ~ compartment (*aer.*), cabina di navigazione.

"NAVSAT" (Navigational Satellite) (*astric.*), satellite per la navigazione.

navvy (unskilled laborer) (Brit.), manovale. **2.** ~ (*bldg. work.*), manovale, badilante, spalatore. **3.** ~ (mach. for excavating earth) (*mach.*), escavatore, escavatrice.

navy (military organization for sea warfare) (*navy*), marina militare. **2.** ~ (the entire complex of the war vessels of a nation) (*navy*), naviglio da guerra, flotta da guerra. **3.** ~ (the entire merchant marine of a nation or the ships belonging to the same privte owner) (*naut.*), flotta, flotta mercantile. **4.** ~ blue (*color*), blu marino. **5.** ~ yard (*naut.*), arsenale. **6.** merchant ~ (merchant marine) (*naut.*), marina mercantile.

"NB" (narrow band as of waves) (*radio*), banda stretta. **2.** ~ (no bias, relay) (*elect.*), (relè) non polarizzato.

Nb (niobium) (*chem.*), niobio.

"NBFM" (Narrow-Band Frequency Modulation) (*radio*), modulazione di frequenza a banda stretta.

"NBS" (National Bureau of Standards) (*technol.*) (Am.), Ufficio Nazionale di Normalizzazione.

"NC" (American National coarse thread, American Standard coarse thread, coarse thread not in unified part) (*mech.*), filettatura grossa American Standard, filettatura grossa per parti non unificate. **2.** ~ contact (normally closed contact) (*elect.*), contatto normalmente chiuso.

"N/C" (numerical control) (*mach. t. - etc.*), controllo numerico. **2.** ~ machine (*mach. t.*), macchina a comando numerico, macchina a controllo numerico.

"NCAC" (National Center for Atmospheric Research) (*meteor.*), Centro Nazionale Ricerche Atmosferiche.

"NCO" (noncommissioned officer) (*milit.*), sottufficiale.

"NCRP" (National Committee on Radiation Protection) (*atom phys.*), Comitato Nazionale Protezione contro le Radiazioni.

"NCV" (no commercial value sample) (*mail*), campione senza valore.

Nd (neodymium) (*chem.*), neodimio.

"NDB" (Non Directional Beacon) (*air navig.*), radiofaro non direzionale.

"NDE" (Non Destructive Examination) (*ind. mech. etc.*), verifica non distruttiva.

"NDIR" analyser (non dispersive infrared analyser, as for exhaust emission) (*app.*), analizzatore non dispersivo ad infrarossi.

"NDPS" (National Data Processing Service) (*comp.*), Servizio Nazionale Elaborazione Dati.

"NDR" *see* nondestructive read.

"NDT" (nil ductility transition, in drop weight test, temperature at which a full brittle fracture occurs) (*metall. - mech. technol.*), temperatura di rottura completamente fragile.

Ne (neon) (*chem.*), neon.

neap (*a. - sea*), di bassa marea. **2.** ~ tide (*sea*), bassa marea.

neaped (aground, after a spring tide) (*a. - naut.*), rimasto a secco per ritiro della marea.

near (*gen.*), vicino. **2.** ~ (left: as the wheel of a left-hand drive car) (*a. - veh. - etc.*), sinistro. **3.** ~ the wind (*naut.*), *see* close-hauled.

nearside (left side, as of a left-hand drive car) (*veh. - etc.*), lato sinistro.

neat (without sand, as a cement) (*bldg.*), senza sabbia.

nebula (*astr.*), nebulosa. **2.** spiral ~ (*astr.*), nebulosa a spirale.

nebulé (*arch.*) (Brit.), modanatura (romana) ad ondulazioni.

nebulize (to) (to atomize, a liquid) (*gen.*), nebulizzare, polverizzare.

nebulizer (*med. instr.*), nebulizzatore.

"NEC" (National Electrical Code) (*elect.*), codice nazionale per il materiale elettrico.

neck (as of a shaft) (*mech.*), collo. **2.** ~ (of a rolling mill roll) (*metall.*), collo. **3.** ~ (tubular tail of a balloon) (*aer.*), manica, appendice tubolare, collo. **4.** ~ (as of a cathode-ray tube) (*thermion.*), collo. **5.** ~ (solidified lava contained in a volcano vent) (*geol.*), diatrema, canale d'esplosione. **6.** ~ (*arch.*), *see* gorgerin. **7.** ~ (of a cartridge case) (*expl.*), colletto. **8.** ~ (of a forging) (*forging*), strozzatura. **9.** ~ ring (a metal mold part used to form the finish of a hollow glass article) (*glass mfg.*), anello del collare. **10.** ~ strap (of a horse harness), reggipetto. **11.** ~ strap (as of leather for holding a camera) (*gen.*), cinghietta a tracolla. **12.** cuckold's ~ (cuckold's knot) (*naut.*), *see* half crown.

neck (to) (*forging*), strangolare, strozzare.

necking (*arch.*), *see* gorgerin. **2.** ~ (local reduction in the cross section preceding fracture in a ductile material subjected to tensile stress) (*metall.*), strizione, riduzione (locale) di sezione. **3.** ~ (*forging*), strangolatura, strozzatura. **4.** ~ (as the wearing of a spike under the head) (*railw.*), riduzione di sezione (per usura). **5.** ~ (undercutting: as machined in the corner of a work piece) (*mech.*), gola di scarico, canale di scarico. **6.** ~ (neckmold, neckmolding: on top of a column) (*arch.*), collarino. **7.** ~ down (of a specimen subjected to tensile stress) (*metall. test*), strizione dovuta a trazione.

neckstrap, *see* neck strap.

needle (*gen.*), ago. **2.** ~ (*mech.*), spillo, ago. **3.** ~ (*med. instr.*), ago. **4.** ~ (as of a Diesel engine injector nozzle) (*mech.*), ago. **5.** ~ (the vertical, reciprocating, refractory part of a feeder which alternatively forces glass through the orifice and pulls it up after schearing) (*glass mfg.*), tuffante, "plunger". **6.** ~ (as for sorting punched cards) (*n. - comp.*), punta, ago. **7.** ~ (of a printing head of a dot matrix printer) (*comp.*), ago. **8.** ~ beam (of a steel car) (*railw.*), *see* crossbearer. **9.** ~ beam (transverse floor beam) (*bridge constr.*), trave trasversale. **10.** ~ bearing (*mech.*), cuscinetto a rullini (o ad "aghi"). **11.** ~ board (of a loom) (*text. ind.*), tavola ad aghi. **12.** ~ curve (of an injection carburetor: curve of the consumption at constant r.p.m. and variable boost) (*mot.*), curva dei consumi in funzione della pressione d'alimentazione a giri costanti. **13.** ~ file (*t.*), lima ad ago. **14.** ~ holder (*med. instr.*), portaghi. **15.** ~ noise (in sound reproduction by records), fruscìo della punta. **16.** ~ valve (*mech.*), valvola a spillo, valvola ad ago. **17.** bearded ~ (of a knitting machine: for close texture) (*text. ind.*), ago per maglia fitta. **18.** curved ~ (*med. instr.*), ago curvo. **19.** darning ~ (*sewing*), ago da rammendo. **20.** dipping ~ (*earth magnetism*), ago magnetico di inclinazione. **21.** dressmaker's ~ (*domestic work*), ago da cucito. **22.** inclinatory ~ (*earth magnetism*), ago magnetico d'inclinazione. **23.** knitting ~ (a knitting pin) (*domestic work*), ago da calza. **24.** knitting ~ (*text. mach.*), ago per macchina da maglieria. **25.** magnetic ~ (*phys.*), ago magnetico. **26.** netting ~ (*fishers' work*), "guscella", ago per riparazione reti. **27.** phonograph ~, puntina da grammofono. **28.** roping ~ (for sails) (*naut.*), ago da velai. **29.** round ~ (*med. instr.*), ago tondo. **30.** sharp ~ (*med. instr.*), ago tagliente. **31.** sorting ~ (for classifying and grading punched cards) (*comp.*), ago di ordinamento. **32.** straight ~ (*med. instr.*), ago diritto. **33.** surgical ~ (*med. instr.*), ago chirurgico. **34.** needles (sharp rocks) (*sea*), rocce aguzze.

needlelike (as of a structure) (*metall. - etc.*), aghiforme.

"NEF" (American National extra-fine thread, American Standard extra-fine thread, extra-fine thread not in unified part) (*mech.*), filettatura extra-fine American Standard, filettatura extra-fine per parti non unificate.

"neg", *see* negative.

negation (NOT-operation) (*math. - comp.*), negazione.

negative (*a. - elect. - math.*), negativo. **2.** ~ (of a film: developed) (*a. - phot.*), negativo. **3.** ~ (*n. - phot.*), negativa, negativo. **4.** ~ (levorotatory) (*opt.*), levogiro. **5.** ~ (*n. - elect.*), polo negativo. **6.** ~ (*n. - math.*), quantità negativa. **7.** ~ acknowledgement character ("NAK" character) (*comp.*), carattere di risposta negativa. **8.** ~ acknowledgement, "NAK" (*comp.*), risposta negativa. **9.** ~ catalyst (*chem.*), inibitore catalitico. **10.** ~ feedback (*elics.*), *see* degeneration. **11.** ~ film stock (*m. pict.*) (Brit.), film negativo vergine. **12.** ~ glow (as in cathode tubes) (*phys. - elect.*), luce negativa. **13.** ~ lens (*opt.*), lente divergente. **14.** collodion ~ (*photomech.*), negativo al collodio. **15.** contact ~ (*phot. - photomech.*), negativo a contatto. **16.** continuous ~ (continuous tone negative) (*photomech.*), negativo a tinta continua (non retinato). **17.** continuous tone ~, *see* continuous negative. **18.** duplicate ~ (*photomech.*), controtipo negativo. **19.** master ~ (negative element in disk recording) (*ind.*), padre. **20.** screen ~ (halftone negative) (*photomech.*), negativo retinato.

negatron (four-electrode thermionic tube) (*thermion.*), negatrone. **2.** ~ (negative charge electron) (*atom phys.*), elettrone negativo, negatrone, negatone.

negligible (*a. - gen.*), insignificante, trascurabile.

negotiability (*comm.*), negoziabilità.

negotiable (as of a document payable cash) (*a. - comm. - etc.*), negoziabile.

negotiate (to) (*comm.*), trattare, negoziare, condurre trattative.

negotiations (*comm.*), trattative.

negotiator (as of a purchasing department of a factory) (*comm.*), contrattatore.

negundo (Acer negundo) (*wood*), negundo, acero negundo, acero americano, acero bianco.

"nekal" (trade name of a group of surface-active products used as detergents and emulsifiers: as in polymerizing synthetic rubber) (*ind. chem.*), solfonato naftilbutilenico di sodio, "nekal".

"NEL" (National Engineering Laboratory) (*research*) (Brit.), Laboratorio Tecnico Nazionale.

"NELA" (National Electric Light Association) (*elect. illum.*), Associazione Nazionale per l'Illuminazione Elettrica.

"NEMA" (National Electrical Manufacturers Association) (*elect.*) (Am.), Associazione Nazionale Industrie Elettrotecniche.

nemaline (fibrous) (*a. - min.*), fibroso.

neocapitalism (*econ.*), neocapitalismo.
neodymium (Nd - *chem.*), neodimio.
neolitic (*geol.*), neolitico.
neomercantilism (*econ.*), neomercantilismo.
neon (Ne - *chem.*), neon. **2.** ~ lamp (*elect.*), lampada al neon. **3.** ~ light, *see* neon lamp. **4.** ~ tube (*elect.*), lampada al neon.
neoprene (rubberlike plastic) (*chem.*), neoprene.
Neozoic (*geol.*), neozoico.
nep (curled fiber button) (*text. ind.*), grumello, nodo.
"NEPA" (Nuclear Energy Propulsion of Aircraft) (*aer.*), propulsione di velivoli ad energia nucleare.
neper (corresponding to 8.686 decibel) (*electroacous. meas.*), neper.
nephelinic (*min.*), nefelinico.
nephelite, nepheline (*min.*), nefelina.
nephelometer (cloudness meas.) (*meteorol. instr.*), nefelometro. **2.** ~ (*phys. chem. istr.*), nefelometro, torbidimetro.
nephoscope (app. for determining the direction and velocity of clouds) (*meteorol. app.*), nefeloscopio, nefoscopio.
neptunium (Np - *chem.*), nettunio.
nerf (to) (to bump the car of another competitor during a race) (*aut. race*), spintonare.
nernst lamp (without vacuum) (*old. elect. experiment*), lampada di Nernst.
"NERVA" (Nuclear Engine for Rocket Vehicle Application) (*atom phys.*), motore nucleare per veicoli a razzo.
nerve (of rubber) (*rubb. mfg.*), nervosità, "scattosità". **2.** ~ (as of wool fiber), resistenza e durata.
"NESC" (national electric safety code) (*safety - elect.*), codice nazionale per la sicurezza nell'utilizzazione dell'energia elettrica.
nest (crow's nest) (*naut.*), coffa. **2.** ~ (as of pulleys, gears etc.) (*mech.*), gruppo compatto. **3.** ~ (small mass of mineral within a different rock) (*geol. - min.*), tasca. **4.** ~ of boiler tubes (*boil.*), fascio tubiero. **5.** ~ spring (helical spring with one or more coils of springs inside of it) (*mech.*), molla ad elica cilindrica multipla, molla ad elica cilindrica con altra (o altre) concentrica.
nest (to) (to gather items in a group) (*gen.*), raggruppare. **2.** ~ (to incorporate a structure into another structure: as a data block into a larger one) (*comp.*), annidare.
nested (as of a set contained in another set) (*a. - comp.*), annidato.
nesting (as the inclusion of a block of data into another block) (*comp.*), annidamento.
net (*a.*), netto. **2.** ~ (*n. - fabric*), rete. **3.** ~ (*a. - comm.*), netto. **4.** ~ (of a balloon) (*aer.*), rete, rete di sospensione. **5.** ~ (*radio*, rete. **6.** ~ (*comp.*), *see* network. **7.** ~ capacity (*naut. - shipbuild.*), portata netta. **8.** ~ cutter (*navy*), tagliarete. **9.** ~ defence (*navy*), sbarramento retale (o a rete). **10.** ~ gate (*navy*), porta dell'ostruzione retale. **11.** ~ loss (*comm. - adm. - finan.*), perdita netta. **12.** ~ panel (*navy*), pannello retale. **13.** ~ section (*navy*), tratta retale. **14.** ~ silk (*text. ind.*), seta ritorta. **15.** ~ weight, peso netto. **16.** antitorpedo ~ (*navy*), rete parasiluri. **17.** camouflage ~ (*milit.*), rete per mimetizzazione. **18.** casting ~ (*fishing t.*), rete da lancio, giacchio. **19.** discount ~, netto di sconto. **20.** drift ~ (*fishing*), rete a deriva. **21.** fishing ~ (*fishing*), rete da pesca. **22.** free-balloon ~ (*aer.*), rete per pallone libero. **23.** gas-bag ~ (as for airship) (*aer.*), rete per pallonetto. **24.** inflation ~ (used for holding down the envelope of an aerostat during inflation) (*aer.*), rete di gonfiamento, rete per trattenere l'involucro durante il gonfiaggio. **25.** landing ~ (*fishing*), retino. **26.** metal wire ~ (*ind.*), rete metallica. **27.** radio ~ (*radio*), rete radio. **28.** submarine ~ (*navy*), rete antisommergibili. **29.** sweep ~ (*fishing*), sciabica. **30.** torpedo ~ (antitorpedo net) (*navy*), rete di protezione contro i siluri, rete parasiluri.
nett, *see* net.
netting (ensemble of ropes in use on board a craft) (*naut.*), complesso di cime e cavi impiegati a bordo. **2.** ~ knot (*naut.*), nodo di scotta, nodo di bandiera.
nettle (*text. material*), ortica.
network (*gen.*), rete. **2.** ~ (*radio*), rete di stazioni (emittenti). **3.** ~ (*railw.*), rete ferroviaria. **4.** ~ (communication lines connecting comp., data bases, terminals etc.) (*comp.*), rete (di collegamento). **5.** ~ analyzer (simulating a power line system) (*theoretical study by comp.*), analizzatore di rete. **6.** ~ area (*tlcm.*), area di rete. **7.** ~ facilities (*tlcm.*), servizi di rete. **8.** ~ flow (network flow of current) (*elect.*) flusso di corrente in rete. **9.** ~ management centre, "NMC" (*tlcm.*), centro (di) gestione (della) rete. **10.** ~ of pipes (*pip*), rete di tubazioni. **11.** ~ operation (*tlcm.*), esercizio della rete. **12.** ~ of rails (*railw.*), rete di binari. **13.** ~ planning (*organ.*), programmazione reticolare. **14.** ~ processing (*comp.*), elaborazione di controllo rete. **15.** ~ structure (*metall.*), struttura reticolare. **16.** branching ~ (*teleph.*), rete delle derivazioni. **17.** cascade networks (networks connected in tandem) (*elect.*), reti in cascata. **18.** computer ~ (*comp.*), rete di calcolatori. **19.** distribution ~ (*elect.*), rete di distribuzione. **20.** earth ~ (*tlcm.*), rete terrestre. **21.** electric ~ (*elect.*), rete (di distribuzione dell'energia) elettrica. **22.** equivalent ~ (a network able to replace another network without changing the performance of the external system) (*elect. - radio*), rete equivalente. **23.** gas pipe ~ (*pip.*), rete di distribuzione del gas. **24.** local ~ (*teleph.*), rete urbana. **25.** multi-exchange ~ (*teleph.*), rete policentrica. **26.** switched ~ (*teleph.*), rete commutata. **27.** voice data ~ (*tlcm.*), rete fonìa dati.
network (to) (to cover with a network) (*tlcm. - railw. - etc.*), coprire con una rete di....
networking (the setting up of a comp. network) (*comp.*) installazione della rete (di collegamento).

2. ~ (the use of a comp. network) (*n. - comp.*), lavoro di rete.
neutercane (subtropical cyclone) (*meteorol.*), ciclone subtropicale.
neutral (*chem.*), neutro. **2.** ~ (*elect.*), neutro. **3.** ~ (*phot.*), neutro. **4.** ~ (gear position) (*mech.*), folle. **5.** ~ axis (*constr. theor.*), asse neutro. **6.** ~ conductor (in a three-wire system) (*elect.*), neutro, conduttore neutro. **7.** ~ filter (*opt.*), filtro neutro, filtro grigio. **8.** ~ gray filter (*phot.*), filtro luce grigio. **9.** ~ line (*constr. theor.*), *see* neutral axis. **10.** ~ point (of a symmetrical polyphase system) (*elect.*), punto neutro. **11.** ~ point (position of the center of gravity for which the trimmed speed is maintained without displacing the control stick) (*aer.*), punto neutro. **12.** ~ point with stick fixed (*aer.*), punto neutro con governale fisso. **13.** ~ point with stick free (*aer.*), punto neutro con governale libero. **14.** ~ position (of aut. gearbox or transmission) (*aut.*), posizione di folle. **15.** ~ position (of the brushes) (*elect. mach.*), posizione di minimo scintillìo. **16.** ~ rope (a rope that does not tend to twist or untwist) (*rope mfg.*), fune bilanciata. **17.** ~ steer (*aut.*), sterzo neutro. **18.** ~ steer line (*veh.*), linea di sterzata neutra. **19.** ~ wire (in a three-wire system) (*elect.*), neutro, filo (o conduttore) del neutro. **20.** ~ zone (*mech.*), *see* positive allowance. **21.** ~ zone (of a commutating machine) (*elect.*), zona neutra. **22.** earthed ~ (*elect.*), neutro a terra. **23.** in ~ (of aut.), in folle.
neutralization (*chem.*), neutralizzazione. **2.** ~ (balancing: as in an amplifier etc.) (*elics.*), neutralizzazione.
neutralize (to) (*chem.*), neutralizzare.
neutralizing, neutralizzazione.
neutretto (*atom phys.*), neutretto.
neutrino (particle the mass of which is lower than 1/10 that of the electron) (*atom phys.*), neutrino.
"neutrodyne" (*radio*), neutrodina.
neutron (*phys.*), neutrone. **2.** ~ age (*atom phys.*), *see* Fermi age. **3.** ~ excess (isotopic number) (*atom phys.*), eccesso di neutroni, numero isotopico. **4.** ~ flux (*atom phys.*), flusso neutronico. **5.** ~ kinetic equations (*atom phys.*), equazioni della cinetica dei neutroni. **6.** ~ leakage (neutron escape) (*atom phys.*), fuga di neutroni. **7.** neutrons absorber (in a nuclear reactor) (*atom phys.*), assorbitore di neutroni. **8.** ~ radiography (*metall. - etc.*), radiografia neutronica. **9.** ~ resonance escape probability (*atom phys.*), probabilità di fuga dei neutroni alla risonanza. **10.** ~ slowing down length (*atom phys.*), entità di rallentamento dei neutroni. **11.** ~ star (hypothetical star the core of which is entirely composed of neutrons) (*atom phys. - astr.*), stella di neutroni. **12.** delayed ~ (*atom phys.*), neutrone lento. **13.** monoenergetic neutrons (*atom phys.*), neutroni monoenergetici. **14.** prompt ~ (*atom phys.*), neutrone immediato, neutrone istantaneo, neutrone pronto. **15.** thermal ~ (*atom phys.*), neutrone termico, neutrone lento. **16.** virgin ~ (neutron before a collision) (*atom phys.*), neutrone vergine.
névé (firn) (*meteor.*), neve granulosa, friabile.
new (*gen.*), nuovo. **2.** ~ entrants (of workers) (*pers.*), nuove leve. **3.** ~ star (*astron.*), *see* nova.
newel (stairway post) (*bldg.*), montante di ringhiera. **2.** ~ (pillar at the end of a wing wall) (*arch.*), pilastro terminale (di un muro d'ala).
newel-post (of a stairway) (*arch.*), pilastrino terminale (della balaustrata).
newline, new line, "NL" (transfer to the next line: as in a "VDU") (*comp.*), (vai) alla riga successiva.
news, notizia. **2.** ~ [short for newspaper(s)] (*journ.*), giornale, giornali. **3.** ~ bulletin (newsletter) (*comm.*), notiziario commerciale. **4.** ~ case (lower case or upper case containing small or capital letters) (*typ.*), cassetta di contenimento per caratteri da stampa. **5.** ~ letter (as issued by a firm and containing news on their products) (*comm. - etc.*), notiziario commerciale. **6.** ~ release (*adver.*), comunicato. **7.** ~ vendor (seller of newspapers) (*work.*), giornalaio. **8.** overissue ~ (newspapers issued in eccess and not distributed) (*paper mfg.*), copie restituite, copie invendute, copie eccedenti il venduto.
newsagent (*newspaper seller*), giornalaio.
newscast (*radio*), radiodiffusione di notizie.
newspaper, giornale. **2.** ~ crier (*work.*), strillone. **3.** ~ heading (*journ.*), titolo del giornale. **4.** ~ press (daily press) (*journ.*), stampa quotidiana. **5.** ~ slot-machine (a machine releasing newspapers by dropping coins into a slot) (*journ.*), distributore automatico di giornali. **6.** ~ without tendency (or without political color) (*journ.*), giornale indipendente. **7.** ~ world (*journ.*), il mondo della stampa. **8.** fortnightly ~ (*journ.*), quindicinale. **9.** gutter ~ (*journ.*), giornale scandalistico. **10.** official ~ (*journ.*), foglio ufficiale. **11.** tabloid ~ (small format newspapers, of approx. half the page size) (*journ.*) (Am.), giornale di piccolo formato. **12.** weekly ~ (*journ.*), settimanale.
newsprint (*paper mfg.*), carta da giornale.
newsreel ~ (*m. pict.*), giornale cinematografico, documentario, attualità, cinegiornale.
"NEWT" (standard unit of kinematic viscosity expressed in sq in/sec) (*phys. - chem.*) (Brit.), unità di viscosità cinematica inglese.
newton (force imparting an acceleration of 1 m/sec^2 to a mass of 1 kg) (*MKS system meas.*), newton.
newtonian (*a. - phys.*), newtoniano.
"NF" (American National fine thread, American Standard fine thread, fine thread not in unified part) (*mech.*), filettatura fine American Standard, filettatura fine per parti non unificate. **2.** ~ (noise factor) (*acous.*), fattore rumore. **3.** ~ (no funds) (*bank*) conto scoperto. **4.** ~, *see also* nonferrous.
"nf" (nanofarad, 10^{-9} farad) (*elect. meas.*), nanofarad.
"NFPA" (National Fire Protection Association) (*safety*), Associazione Nazionale Protezione An-

tincendi. **2.** ~ (National Fluid Power Association) (*fluid power*), Associazione Nazionale Potenza Fluida.
"NH", *see* nonhygroscopic.
"NHP" (nominal horsepower) (*power meas.*), potenza nominale in cavalli (Hp).
Ni (nickel) (*chem.*), nichelio.
nib (point of a pen) (*off.*), pennino. **2.** ~ (of a plain roofing tile) (*bldg.*), sporgenza. **3.** ~ (of a crowbar) (*t.*), punta.
nibble (a bit) (*gen.*), pezzetto. **2.** ~ (a half byte = four consecutive bits) (*comp.*), mezzo byte, semibyte, mezzo ottetto.
nibbler (nibbling machine) (*sheet metal w. mach.*), roditrice.
nibbling (cutting of sheet metal by removing small increments of material along a predetermined line) (*sheet metal w.*), roditura. **2.** ~ machine (*sheet metal w.*), roditrice.
niche (*arch.*), nicchia.
nichrome (trade name of a nickel-chromium kind of alloy) (*alloy*), nicromo, nichelcromo.
nick (notch) (*mech. - carp.*), intaccatura, tacca. **2.** ~ (groove of a type for obtaining a correct placing of it) (*typ.*), tacca. **3.** ~ (a defect consisting of an indentation on an edge or surface) (*gen.*), scheggiatura sbocconcellatura.
nick (to) (to make a notch or slit) (*mech. - carp.*), intaccare, fare una tacca. **2.** ~ (to cause an indent on an edge or surface) (*gen.*), scheggiare, sbocconcellare.
nickel (Ni - *chem.*), nichel. **2.** ~ iron (storage) battery (*elect.*), accumulatore al ferro nichel. **3.** ~ silver (German silver: copper 52 to 80%, zinc 10 to 35%, nickel 5 to 35%) (*alloy*), alpacca, argentone, argentana, packfong.
nickel (to) (*ind.*), nichelare.
nickelage (by mech. or elect. or chem. means) (*n. - ind. proc.*), nichelatura.
nickel-cromium stainless steel (8% Ni + 18% Cr) (*metall.*), acciaio inossidabile (al nichel cromo) 8-18.
nickeline (nickel alloy, for elect. resistances; alloy with 55-68% of copper, 33-19% of nickel and 18% of zinc) (*metall. - elect.*), nichelina.
nickeling, nichelatura.
nickel-plate (to) (*ind.*), nichelare.
nickel-plated (*ind.*), nichelato.
nickel-plating (*ind.*), nichelatura.
nicking (cutting a groove as on a bar) (*technol.*), incisione, intagliatura.
Nicol prism, Nicol's prism (*opt.*), prisma di Nicol.
niello (black alloy of sulphur with silver, copper, etc. used for decorating purposes) (*jewellery art*), niello.
niggerhead (windlass drum) (*hoisting app.*), tamburo del verricello.
night, notte. **2.** ~ effect (fading of signals) (*radio*), effetto notte. **3.** ~ fighter (*air force*), caccia notturno. **4.** ~ intruder (*air force*), ricognitore notturno. **5.** ~ safe (of a bank) (*finan.*), cassa continua. **6.** ~ shift (of workers), turno di notte. **7.** ~ watch (*work.*), guardia di notte, sorvegliante notturno.
nightglow (between 100 and 300 km height) (*n. - meteor.*), luminescenza notturna.
nigre (impure soap solution settling at the last mfg. operation) (*soap mfg.*), sapone residuato di lavorazione, soluzione di sapone contenente impurità.
nigrometer (for meas. the degree of blackness: as in paints) (*meas. instr.*), nigrometro.
"Ni-Hard" (nickel-chromium cast iron having a hardness of 550-650 BHN) (*metall.*), Ni-Hard, ghisa al nichelcromo con durezza Brinell 550-650.
nilpotent (in abstract algebra) (*a. - math.*), nilpotente.
nimbostratus (*meteorol.*), nembo-strato.
nimbus (raincloud) (*meteorol.*), nube di pioggia, nembo. **2.** ~ (luminous ring encircling the heads of divinities) (*art*), aureola.
"nimonic" (heat resiting steel) (*metall.*), nimonic.
niobium, *see* columbium.
nip (clamping) (*mech.*), bloccaggio. **2.** ~ (interference) (*mech.*), interferenza. **3.** ~ (a bend in a rope) (*naut.*), volta, cocca. **4.** ~ (as of ice on a ship) (*naut.*), morsa, stretta. **5.** ~ (contraction, of a coal seam) (*min.*), contrazione. **6.** ~ (line of contact and pressure of a pair of rollers of a paper-making mach.) (*mach.*), linea di contatto e di pressione. **7.** ~ roll (of a slitting mach.) (*m. pict. - mech.*), rullo di compressione.
nip (to) (to clamp, to bite) (*gen.*), stringere, mordere.
Nipkow disk (*telev.*), disco di Nipkow.
nipper (one who distributes drill steels in a mine) (*min. - work.*), addetto alla distribuzione dei fioretti.
nippers (*t.*), tenaglia. **2.** band ~ (*bookbinder's t.*), tenaglia da fasce. **3.** cutting ~ (*t.*), tronchese, tronchesine. **4.** netting ~ (*t. - navy*), tronchese tagliareti. **5.** toggle-jointed cutting ~ (*t.*), tronchese a doppia leva (o a ginocchiera). **6.** wire ~ (*t.*), pinze per fili.
nipple (stopcock), rubinetto di regolazione (o di arresto). **2.** ~ (*mech. - pip.*), raccordo filettato, nipplo. **3.** ~ (*rubber mfg.*), cappuccio per valvola, "capezzolo". **4.** ~ (for tightening the spokes of a bicycle wheel) (*mech.*), tiraraggi. **5.** lubricating ~ (*mech.*), ingrassatore. **6.** spoke ~ (*bicycle*), tendiraggi, tiraraggi, manicottino a vite del raggio.
nips (burrs produced after carbonizing operations) (*wool ind.*), lappole dopo la carbonizzazione.
Ni-Resist (trade name of a nickel-chromium cast iron) (*metall.*), niresist.
"Ni S" (nickel steel) (*mech. draw.*), acciaio al nichel.
"Nisiloy" (trade name of a nickel alloy used for refining the grain of iron castings) (*found.*), "Nisiloy", lega di nichel per ghise di qualità.
nit (candles per sq m) (*opt. meas.*), nit.

niter (potassium or sodium nitrate) (*chem.*), nitrato (di sodio o di potassio).
nitinol (Nickel Titanium Naval Ordnance Laboratory alloy) (*n. - metall.*), nitinol.
niton (formerly Nt, now Rn) (Rn - *chem.*), niton, radon.
nitrate (*chem.*), nitrato. **2.** silver ~ ($AgNO_3$) (*chem.*), nitrato d'argento.
nitrate (to) (*chem.*), nitrare.
nitratine (native sodium nitrate) (*min.*), nitratina, sodanitro, nitro del Cile.
nitration (*chem.*), nitrazione.
nitrator (vessel used for nitration) (*chem. app.*), nitratore.
nitre, *see* niter.
nitric (*chem.*), nitrico. **2.** ~ anhydride (nitrogen pentoxide) (*chem.*), anidride nitrica, pentossido d'azoto. **3.** ~ oxide (NO) (*chem.*), ossido d'azoto.
nitride (*chem.*), nitruro.
nitride (to) (hardening of steel with ammonia vapours) (*metall.*), nitrurare.
nitrided (*metall.*), nitrurato. **2.** ~ alloy steel (*metall.*), acciaio legato nitrurato.
nitriding (process for hardening the surface of steel with ammonia vapours) (*heat-treat.*), nitrurazione. **2.** blank ~ (heating cycle used in nitriding, applied to a test piece but carried out without the nitriding medium) (*heat - treat.*), nitrurazione in bianco, ciclo termico di nitrurazione eseguito senza atmosfera nitrurante. **3.** liquid ~ (nitriding in a molten salt bath to impregnate steel surfaces with nitrogen and very small amounts of carbon to improve strength and wear resistance) (*heat - treat.*), nitrurazione morbida, nitrurazione in bagno di sale.
nitrification (*agric.*), nitrificazione.
nitrile, nitril (*chem.*), nitrile. **2.** ~ rubber (*chem. ind.*), gomma nitrilica.
nitrite (*chem.*), nitrito.
nitrobenzene ($C_6H_5NO_2$) (oil of mirbane, essence of mirbane, artificial oil of bitter almonds) (*chem.*), nitrobenzolo, nitrobenzene.
nitrocellulose (*chem.*), nitrocellulosa. **2.** ~ lacquer (*paint.*), vernice alla nitrocellulosa. **3.** ~ paint (*paint.*), vernice alla nitrocellulosa, vernice alla nitro.
nitrocotton (*expl.*), nitrocotone, fulmicotone.
nitrogelatin, nitrogelatine (*expl.*), gelatina.
nitrogen (N - *chem.*), azoto. **2.** ~ dioxide (nitrogen peroxide, NO_2) (*chem.*), biossido d'azoto. **3.** ~ fixation (*chem.*), fissazione dell'azoto. **4.** ~ lamp (*illum.*), lampada a gas inerte (azoto). **5.** ~ oxide (generic nitric oxide) (*chem.*), ossido d'azoto.
nitrogenous (*chem.*), azotato.
nitroglycerin, nitroglycerine (*expl.*), nitroglicerina.
nitrometer (*chem. app.*), nitrometro.
nitrostarch, nitroamido.
nitrotoluol (nitrotoluene) (*expl.*), nitrotoluolo.
nitrotoluene (nitrotoluol) (*expl.*), nitrotoluolo.
nitrous (*chem.*), nitroso. **2.** ~ oxide [(N_2O), laughing gas] (*chem.*), protossido d'azoto, ossidulo d'azoto, gas esilarante.
NIXIE tube (Trademark of Burroughs Corp.: for numeral display) (*elics.*), tubo NIXIE, tubo a visualizzazione numerica.
"NLG" (nose landing gear) (*aer.*), carrello di atterraggio di prua.
"NLGI" (National Lubrication Grease Institute) (*chem.*), Istituto Nazionale Grassi Lubrificanti.
"NM" (nautical mile) (*naut. meas.*), miglio marino.
"N/m²" (newton per sq m, pressure meas. unit in the metric system) (*meas.*), N/m^2, newton al metro quadrato.
"NMC", *see* network management centre.
"NMOS" (N-channel "MOS") (*elics. - comp.*), transistore MOS a canale N.
"NMTBA" (National Machine Tool Builders Association) (*mach. t.*), Associazione Fabbricanti Macchine Utensili.
"NN" (not to be noted, without expenses as on a bill of exchange) (*comm.*), senza spese.
"NNP" (net national product) (*econ.*), prodotto nazionale netto.
No (nobelium) (*chem.*), nobelio.
"no" (number) (*mech. draw. - etc.*), numero.
nobelium (artificially produced radioactive element) (No - *chem. radioact.*), nobelio.
noble (of metals: resisting corrosive action) (*a. - chem.*), nobile.
no-clutch-pedal (as in automatic transmission cars) (*a. - aut.*), senza (il) pedale della frizione.
N O contact (normally open contact) (*elect.*), contatto normalmente aperto.
no-crush (crease-resisting; said of fabrics that do not need to be ironed) (*text. ind.*), ingualcibile.
noctovision (system of television by infrared rays) (*special telev.*), nottovisione.
noctovisor (ultrared light app.) (*special telev. app.*), nottovisore.
nodal (*gen.*), nodale. **2.** ~ point (*radio*), *see* node.
node (*phys. - acous.*), nodo. **2.** ~ (*astr.*), nodo. **3.** ~ (*geom.*), punto doppio. **4.** ~ (*elect. - radio*), nodo. **5.** ~ (of a distribution network) (*elect.*), nodo. **6.** ~ (junction point in a network) (*elics. - comp.*), nodo. **7.** ascending ~ (*astr.*), nodo ascendente. **8.** descending ~ (*astr.*), nodo discendente.
nodular (*a. - metall.*), nodulare.
nodule (*metall.*), nodulo.
no-fault insurance (kind of aut. insurance compensating the victim only for actual losses regardless who is responsible) (*insurance*), assicurazione limitata ai danni effettivi.
nog (wooden block inserted in a wall: as for driving screws in) (*bldg.*), tassello.
nogging (*mas.*), muratura rustica di riempimento di una struttura in legno.
no-go gauge (*mech. t.*), calibro non-passa.
noil (combing waste) (*text. ind.*), pettinaccia, cascame di pettinatura. **2.** burry ~ (combing waste)

(*text. ind.*), pettinaccia lappolosa. **3.** clear ~ (combing waste) (*text. ind.*), pettinaccia pulita.

noise (*acous.*), rumore. **2.** ~ (due to electromagnetic radiation) (*radio - telev.*), rumore, disturbo. **3.** ~ factor (noise figure) (*electroacous.*), fattore di disturbo. **4.** ~ field intensity (*radio interference*), intensità dell'interferenza, intensità del campo disturbatore. **5.** ~ figure (noise factor), *see* noise factor. **6.** ~ insulation (*acous.*), isolamento acustico. **7.** ~ limiter (for a receiver set) (*radio*), limitatore dei disturbi. **8.** ~ meter (*acous. instr.*), fonometro. **9.** ~ of gears (of mach.), rumorosità degli ingranaggi. **10.** ~ reduction (*acous.*), riduzione del rumore. **11.** ~ spectrum analysis (*acous. - sign. proc.*), analisi spettrale del rumore. **12.** ~ spectrum diagram (*acous. - sign. proc.*), diagramma spettrale del rumore. **13.** airborne ~ (*acous.*), rumore (propagantesi) via aria. **14.** ambient ~ (*acous.*), rumore ambiente. **15.** background ~ (due to many elementary disturbances) (*acous.*), rumore di fondo. **16.** binary ~ (random or pseudo-random noise generated by binary signals) (*sign. proc. - acous.*), rumore binario. **17.** cavitation ~ (*und. acous.*), rumore dovuto alla cavitazione, rumore di cavitazione. **18.** circuit ~ (*teleph.*), disturbo di linea. **19.** flow ~ (noise produced by the hydrodynamic flow around a rigid body) (*und. acous.*), rumore idrodinamico. **20.** galactic ~ (cosmic noise coming from the Milky Way) (*astr. noise*), rumori dovuti ad onde cosmiche. **21.** Gaussian ~ (noise with a probability density function represented by the Gaussian curve) (*sign. proc. - acous.*), rumore gaussiano. **22.** ground ~ (*electroacous.*), rumore di fondo. **23.** impact ~ (as that caused by punching presses, forging hammers, office machinery etc.) (*acous.*), (rumore da) colpo. **24.** impulse ~ (due to a swift changing disturbance) (*acous. - radio*), rumore d'impulso. **25.** loud ~ (din) (*acous.*), rumore forte, frastuono. **26.** machinery ~ (in sonars and torpedoes field: as the engine noise of warships, submarines etc.) (*und. acous.*), rumore prodotto dalle macchine (o dalle parti meccaniche in movimento). **27.** marine-life ~ (noise produced in the ocean by marine fauna) (*und. acous.*), rumore prodotto dalla fauna marina. **28.** needle ~ (in sound reproduction by records) (*acous.*), fruscio della punta. **29.** objective ~ meter (not requiring subjective judgement from the user) (*acous. instr.*), fonometro automatico. **30.** pink ~ (noise whose spectral intensity is inversely proportional to frequency over a specified range) (*acous.*), rumore rosa. **31.** propeller ~ (noise produced by the propeller) (*und. acous. - etc.*), rumore dell'elica. **32.** pseudo-random ~ (noise which looks and acts like random noise but is in fact periodic) (*und. acous. - etc.*), rumore pseudocaotico. **33.** radio ~ (radio interference) (*radio*), radiodisturbo. **34.** random ~ (signal whose instantaneous amplitude is determined at random and which contains no periodic frequency components) (*acous. - sign. proc.*), rumore caotico. **35.** screw ~ (*und. acous. - etc.*), *see* propeller noise. **36.** self-~ (as in acoustic torpedoes, due to machinery, propellers, water flow etc.) (*und. acous. - etc.*), rumore autoindotto, rumore proprio. **37.** shrimp ~ (*und. acous.*), rumore prodotto dai gamberetti. **38.** sprocket ~ (*m. pict.*), rumore della perforazione. **39.** subjective ~ meter (measuring by comparison with a reference sound) (*acous. meas. instr.*), fonometro soggettivo. **40.** target ~ (*und. acous. - etc.*), rumore prodotto dal bersaglio. **41.** thermal agitation ~ (ground noise in an amplifier) (*thermion. noise*), rumore di agitazione termica, effetto termico. **42.** traffic ~ (*acous. - und. acous.*), rumore del traffico. **43.** white ~ (noise whose spectral intensity is constant over a specified range) (*acous.*), rumore bianco.

noise-free (as of a radio), senza disturbi.

noiseless (*a. - gen.*), silenzioso. **2.** ~ recording (system for reducing background noise) (*electroacous.*), registrazione esente da rumori di fondo. **3.** ~ running (as of a mach.), funzionamento silenzioso.

noiselessly (*gen.*), silenziosamente.

noisemaker (device generating noise, used in acoustic mines sweeping and in acoustic torpedo decoying) (*navy*), generatore di rumore.

noiseproof (*a. - bldg.*), acusticamente isolato.

noisy (*a. - gen.*), rumoroso. **2.** ~ gears (*mech.*), ingranaggi rumorosi.

no-load (loadless) (*gen.*), senza carico. **2.** ~ (without commission expenses) (*a. - comm.*), senza gravami, al netto di commissioni. **3.** ~ current (as in open-circuited networks) (*elect.*), corrente a vuoto. **4.** ~ loss (as of an elect. mach. electrically connected but without load) (*elect.*), perdita a vuoto.

"nom", *see* nomenclature.

nom de plume (pen name, pseudonym) (*journ.*), pseudonimo.

nomenclature (*gen.*), nomenclatura.

nominal (*a. - gen.*), nominale. **2.** ~ (not real or actual, as a price) (*comm.*), informativo, non aggiornato. **3.** ~ (satisfactory) (*a. - gen.*), soddisfacente. **4.** ~ (satisfactory: corresponding to the planned previsions) (*a. - gen.*), normale, regolare. **5.** ~ size (of a part) (*mech.*), dimensione nominale. **6.** ~ value (*finan.*), valore nominale.

nominate (to) (to appoint to a task etc.) (*gen.*), designare, nominare.

nomination (as in a comm. society) (*comm. - adm.*), elezione.

nomogram, *see* nomograph.

nomograph (alignment chart) (*math.*), nomogramma.

nomography (*math.*), nomografia.

nonadditive (as of values having a numerical sum differing from the sum of the single values) (*a. - math.*), non sommabile, non additivo.

nonarcing, nonarcking (*a. - elect.*), che non mantiene innescato l'arco.
nonbearing (*a. - bldg.*), non portante. **2.** ~ partition (*bldg.*), muriccio, parete divisoria (non portante). **3.** ~ wall (*bldg.*), muro non portante.
noncellular (acellular) (*aer. constr.*), acellulare.
noncombustible, *see* incombustible.
noncompetitive (*comm.*), non concorrenziale.
noncondensing (of an engine or a turbine) (*a. - steam eng.*), a scarico libero.
nonconducting (*a. - gen.*), coibente, isolante, non conduttore. **2.** ~ material (*gen.*), materiale coibente, materiale isolante.
nonconductor (*n. - phys.*), materiale non conduttore, materiale isolante, nonconduttore, isolante.
nonconsumable (not consumable) (*a. - gen.*), non soggetto a consumo.
nondangerous (*a. - gen.*), non pericoloso, inoffensivo.
nondestructive (*a. - gen.*), non distruttivo. **2.** ~ (as of a test not causing the destruction of the tested material) (*a. - phys.*), non distruttivo. **3.** ~ read (*comp.*), lettura non distruttiva. **4.** ~ test (as: by ultrasound) (*mech. technol. - etc.*), prova non distruttiva.
nondimensional (*a. - gen.*), adimensionale.
nonelastic (inelastic, unelastic: not elastic) (*gen.*), anelastico.
nonfelting (*text. ind.*), antifeltrante, non feltrante.
nonflammable (*a. - gen.*), ininfiammabile.
nonferrous (*a. - metall.*), non ferroso.
"nonflatness" (as of a technical surface) (*mech. - etc.*), aplanarità.
nonfoaming (*chem.*), senza schiuma.
nonfreezing (*a. - gen.*), incongelabile.
"nongrowing" (*mech.*), non dilatabile.
nonhalation (antihalation) (*phot.*), antialo.
nonhoming (as of windshield wiper) (*gen.*), senza (il) ritorno a riposo. **2.** ~ tuning system (*elics. - radio*), tipo di sintonizzazione automatica.
nonhygroscopic (*a. - phys.*), non igroscopico.
noninductive (as of a capacitor, a resistor etc.) (*a. - elect.*), non induttivo.
nonionic (*electrochem.*), non ionico. **2.** ~ detergent (*ind. chem.*), detergente non ionico.
nonius (*meas. device*), nonio.
nonlinear (having values differing from proportionality) (*a. - math. - etc.*), non lineare.
nonlinearity (*math. - etc.*), nonlinearità.
nonmagnetic (*elect.*), non magnetico.
nonmetal (metalloid) (*chem.*), metalloide.
nonnegative (as of zero or positive values) (*a. - math.*), non negativo. **2.** ~ number (*math.*), numero naturale.
nonnitrogenous (*a. - chem.*), senza azoto.
nonnuclear (not regarding, or not operated by, nuclear energy) (*a. - energetic field*), non nucleare.
nonnumeric (no digit: as of a character) (*a. - comp.*), non numerico, non digitale.
nonopening scuttle (*naut.*), boccaportella fissa.
nonparallelism (*mech.*), aparallelismo, non-parallelismo.
nonpareil (6-point) (*typ.*), nonpariglia, nompariglia, corpo 6. **2.** ~ (spacing of six points) (*typ.*), spazieggiatura di sei punti.
nonpaying (unprofitable) (*comm.*), non redditizio.
nonperformance (*gen.*), mancato raggiungimento di una caratteristica o di una prestazione.
nonperiodic (*a. - gen.*), aperiodico.
nonperishable (*a. - packing*), imballato (o trattato) per una buona conservazione.
"nonphosphorized" (*metall.*), non fosforato.
nonpolar, *see* nonionic.
nonpolarized (as of a relay etc.) (*a. - elect.*), non polarizzato.
nonpressure (*a. - gen.*), senza pressione.
nonproductive (as inspection work, factory maintenance work etc.) (*a. - ind.*), improduttivo, non direttamente produttivo.
nonprofit (as of an organization) (*gen.*), senza scopi di lucro.
nonproliferation (of nuclear weapons) (*n. - atom phys.*), non proliferazione.
nonreactive (no capacitance, no inductance, only resistivity) (*a. - elect.*), non reattivo.
nonrecurrent (once, as of expenses) (*adm. - etc.*), "una tantum".
nonresident (not resident into the principal memory) (*comp.*), non residente. **2.** ~ program (program not stored permanently in main memory) (*comp.*), programma non residente.
nonresonant (*a. - acous. - radio - etc.*), non risonante. **2.** ~ line (*radio*), linea non risonante. **3.** ~ transformer (*elect. mach.*), trasformatore antirisonante.
nonreturn (*a. - gen.*), di non ritorno. **2.** ~ valve (check valve) (*pip.*), valvola di ritegno.
non-return to zero, "NRZ" (of a data transmission system) (*comp.*), senza ritorno al punto di riferimento.
nonrigid (*aer.*), floscio. **2.** ~ airship (*aer.*), dirigibile floscio.
nonsedimentable (as of a mixture) (*a. - phys. chem.*), non sedimentabile.
nonshrinking (as of wool) (*a. - text.*), irrestringibile.
"nonsizing" (in wire drawing) (*metall. ind.*), *see* running out 16 ~.
nonsked (*comm. - aer.*), aerotrasportatore charter.
nonskid (as of tire tread) (*aut.*), antisdrucciolevole. **2.** ~ (antislipping) (*mech.*), antislittante. **3.** ~ chains (*aut. impl.*), catene (antisdrucciolevoli).
nonskidding (*a. - aut.*), *see* nonskid.
nonspectral (*a. - phys.*), fuori dello spettro.
nonspherical (*gen.*), asferico, non sferico.
nonstandard (*gen.*), fuori norma, non unificato.
nonstop (as of a flight) (*a. - aer.*), senza scalo.
nonsugar (component of a glucoside) (*chem.*), aglucone, aglicone.
nonsymmetrical (*a. - geom. - draw.*), asimmetrico.
nonsynchronous (*a. - elect. - elics.*), asincrono.

nonsystem (*n.* - *organ.*), complesso privo di organizzazione, non–sistema.
"nontanning" (non–tan) (*a.* - *leather ind.*), non conciante.
nontunable (*a.* - *radio*), non sintonizzabile.
nonunion (not belonging to a trade–union) (*a.* - *trade–union*), non appartenente al sindacato. **2.** ~ (not recognizing trade–union) (*a.* - *trade–union*), che non riconosce i sindacati. **3.** ~ shop (factory with workers not belonging to any labor union) (*pers.* - *work.*), stabilimento con dipendenti non iscritti ai sindacati.
noodle (beet slice) (*sugar mfg.*), fettuccia.
nook (a corner: as of a paper, a bldg. etc.) (*gen.*), angolo.
"NO OP" (no–operation instruction: to the comp.) (*comp.*), nessuna operazione.
noose (a loop provided with a running knot) (*ropes*), laccio, cappio, nodo scorsoio.
noosphere (that part of the biosphere which has been polluted by man) (*ecol.*), la parte della biosfera inquinata dall'uomo.
"NOR" (logic gate NOT OR) (*comp.*), porta logica NOR.
"nor", *see* normal.
nordhausen acid, *see* oleum.
noria (for raising water) (*hydr. mach.*), noria.
norite (a variety of gabbro) (*min.*), norite.
norm (rule) (*gen.*), regola. **2.** ~ (virtual composition of a rock) (*min.*), norma. **3.** ~ (*math.*), norma.
normal (*a.*), normale. **2.** ~ (of a solution) (*a.* - *chem.*), normale. **3.** ~ (*n.* - *geom.*), normale. **4.** ~ curve, *see* gaussian curve. **5.** ~ distribution (*stat.*), distribuzione normale. **6.** ~ level (*phys.*), *see* ground level. **7.** ~ mixture jet (of an injection carburetor) (*mot.*), getto di miscela normale. **8.** ~ orthogonal (orthonormal) (*a.* - *math.*), ortonormale. **9.** ~ pitch (normal circular pitch: of a screw thread) (*mech.*), passo normale. **10.** ~ pitch (of a gear) (*mech.*), passo normale. **11.** ~ pressure (760 mm of mercury at 0°C and gravity equal to that at 45° latitude) (*phys. chem.*), pressione di 760 mm Hg a 0°C e con valore della gravità a 45° di latitudine. **12.** ~ pressure angle (of helical gears, angle in the normal plane) (*mech.*), angolo di pressione normale. **13.** ~ running fit (*mech.*) (Brit.), accoppiamento libero largo. **14.** ~ volume (of a gas) (*phys. chem.*), volume (di un gas) a 0°C e 760 mm Hg.
normalization, (*g.* - *comp.*), normalizzazione. **2.** ~, *see also* normalizing.
normalize (to) (*gen.*), normalizzare. **2.** ~ (by heating above the transformation range followed by cooling as in air: for eliminating internal stress or refining the crystal structure) (*heat–treat.*), normalizzare.
normalized (*a.* - *metall.*), normalizzato. **2.** ~ (*a.* - *gen.*), normalizzato.
normalizer (*math.*), normalizzatore.
normalizing (by heating above the transformation range, followed by cooling as in air: for eliminating internal stress or refining the crystal structure) (*heat–treat.*), normalizzazione.
norman (iron or wood bar to secure a rope into a bitt hole etc.) (*naut.*), caviglione.
normed (*a.* - *math.*), normato.
north (*geogr.*), Nord, nord. **2.** ~ by east (one point, that is 11°15′ east of north) (*navig.*), una quarta (11°15′) ad est rispetto al nord. **3.** ~ by west (one point, that is 11°15′ west of north) (*navig.*), una quarta (11°15′) ad ovest rispetto al nord. **4.** ~ pole (of a magnetized needle) (*magnetism*), polo nord. **5.** North Pole (*geogr.*), Polo Nord. **6.** North Star (*astron.*), stella polare. **7.** grid ~ (*top.*), nord reticolo. **8.** magnetic ~ (*earth magnetism*), nord magnetico. **9.** northwest by ~ (one point, that is 11°15′ north of northwest) (*navig.*), una quarta (11°15′) a nord di nord–ovest. **10.** true ~ (*geogr.*), nord vero, nord geografico.
North Atlantic Treaty Organization, NATO (*milit.*), NATO.
northbound (going north) (*a.* - *naut.* - *etc.*), diretto al nord.
northeast (*geogr.*), nord–est. **2.** ~ by east (*navig.*), 11°15′ ad est di nord est. **3.** ~ by north (*navig.*), 11°15′ a nord di nord–est.
northing (latitude difference, expressed in nautical miles, to the north from the last reckoning) (*navig.*), differenza di latitudine espressa in miglia marine verso nord rispetto al precedente rilevamento. **2.** ~ (north declination, distance of any celestial body north of the equator) (*astron.*), declinazione nord, declinazione positiva.
northlights (*meteor.*), *see* aurora borealis.
northwest (*geogr.*), nord–ovest. **2.** ~ by north (one point, that is 11°15′ north of northwest) (*navig.*), una quarta (11°15′) a nord di nord–ovest. **3.** ~ by west (one point, that is 11°15′ west of north–west) (*navig.*), una quarta (11°15′) ad ovest di nord–ovest.
nose (*gen.*), estremità anteriore. **2.** ~ (of an aer.), musone. **3.** ~ (of an old torpedo) (*navy*), punta. **4.** ~ (of a homing torpedo: terminal part containing the transducers of the homing system) (*navy*), testa, naso. **5.** ~ (of a bullet) (*firearm*), ogiva. **6.** ~ (the refining chamber of a tank) (*glass mfg.*), zona di affinaggio. **7.** ~ (of a lathe tool) (*mech.*), punta. **8.** ~ cap (propeller hub fairing) (*aer.*), carenatura del mozzo. **9.** ~ cap (of an airship envelope) (*aer.*), scudo di prua. **10.** ~ cone (as of a missile or space vehicle) (*rckt.*), cono terminale. **11.** ~ cone (built to withstand the heat caused by the friction with the atmosphere) (*astric.*), scudo termico. **12.** ~ dive (*aer.*), picchiata in candela. **13.** ~ dive (drop, as of prices) (*finan.* - *etc.*), caduta vertiginosa. **14.** ~ doors (of a freighter) (*aer.*), portelloni anteriori. **15.** ~ heaviness (*aer.*), appruamento. **16.** ~ radiator (radiator fitted at the front of the fuselage or nacelle of an aero engine) (*aer. mot.*),

radiatore anteriore. **17.** ~ ribs (of a wing) (*aer.*), false centine. **18.** ~ stiffeners (of an airship envelope) (*aer.*), irrigidimenti di prua, elementi di irrigidimento di prua. **19.** ~ wheel (landing gear wheel) (*aer.*), ruota di prua. **20.** homing ~ (head of a homing torpedo) (*navy expl.*), testa autoguidante. **21.** solid ~ (*aer.*), musone chiuso, musone senza portelloni.

nose (to) (to round off the nose) (*mech.*), arrotondare la punta. **2.** ~ down (*aer.*), picchiare, mettere la prua verso terra. **3.** ~ over (or up, to turn over by a faulty landing) (*aer.*), capotare, capottare, cappottare. **4.** up (*aer.*), cabrare.

nose-dive (to) (*aer.*), gettarsi in picchiata.

nose-heaviness (*aer.*), appruamento.

nose-heavy (tending to drop by the nose) (*a. - aer.*), appruato.

nosepiece (of a single-objective microscope) (*opt.*), portaobiettivo. **2.** ~ (rotating holder for more than one microscope objective) (*opt. impl.*), revolver. **3.** ~ (of a pipe), boccaglio, tubo di efflusso.

nosewheel (landing gear wheel) (*aer.*), ruota di prua.

nosing (of a stair tread) (*bldg.*), sporgenza. **2.** ~ (bridge pier end) (*bldg.*), estremità della pila di un ponte, taglia-acqua. **3.** ~ (of a steam locomotive moving laterally on the rails owing to alternating thrusts in the cylinders) (*railw.*) (Brit.), serpeggiamento.

NOT (logic circuit) (*elics. - comp.*), NOT, circuito NOT.

notam (safety and general information about the plane, flight, service etc.) (*aer.*), notam, notazioni di volo.

NOT-AND, *see* "NAND".

notarial (*law*), notarile.

notarized (as a certificate) (*a. - law*), legalizzato.

notary (*law*), notaio. **2.** ~ public (*law*), notaio.

notation (representation by numbers, symbols, characters etc.) (*comp.*), notazione, rappresentazione. **2.** base ~ (radix rotation) (*math. - comp.*), notazione di radice, notazione a base. **3.** binary-coded decimal ~ (*math. - comp.*), notazione decimale in codice binario. **4.** biquinary ~ (*math. - comp.*), notazione biquinaria. **5.** infix ~ (*comp.*), notazione infissa. **6.** mixed base ~ (*math. - comp.*), notazione a base mista. **7.** mixed-radix ~, *see* mixed base ~. **8.** numerical ~ (*math. - comp.*), rappresentazione numerica, numerazione. **9.** Polish ~ (for helping math. operations) (*comp.*), notazione polacca. **10.** positional ~ (positional representation: the significance of each digit depends on its position) (*comp.*), notazione posizionale. **11.** postfix ~ (suffix notation, reverse polish notation) (*comp.*), notazione polacca inversa. **12.** prefix ~, *see* polish ~. **13.** reverse polish ~, "RPN" (*comp.*), notazione polacca inversa.

notch (*mech. - carp.*), incavo, tacca, dentellatura a "V". **2.** ~ (of a specimen for impact tests) (*mech.*), intaglio. **3.** ~ (woodcut) (*join.*), intaglio. **4.** notches (ragging, on the cutting edge of a tool) (*t.*), frastagliatura. **5.** ~ brittleness (*mech. technol.*), fragilità all'intaglio. **6.** ~ sensitivity (as the lowering of the fatigue limit or shock resistance at a notch) (*metall.*), sensibilità all'intaglio. **7.** ~ toughness (*metall.*), tenacità all'intaglio. **8.** ~ wire gauge (*t.*), calibro a tacche per fili. **9.** keyhole ~ (of a test specimen used in the Charpy impact test) (*mech. technol.*), intaglio a cava di chiavetta. **10.** Mesnager ~ (U-shaped notch) (*mech. technol.*), intaglio Mesnager. **11.** slag ~ (*found.*), canale delle scorie. **12.** ~, *see also* undercut.

notch (to) (*gen.*), intagliare. **2.** ~ (*mech. - carp.*), dentellare, fare delle tacche a "V".

notchback (a body back line not straight, but interrupted) (*n. - aut. body*), linea posteriore interrotta.

notched (*a. - gen.*), dentellato, a intagli, a tacche. **2.** ~ bar (of cast aluminium) (*metall.*), dentella, pane a dentelli.

notched-bar test (*mech. technol.*), prova di resilienza (su provino intagliato).

notcher (notching device) (*t.*), utensile per intagliare. **2.** ~ (notching machine operator) (*work.*), intagliatore.

notching (act of making a notch) (*mech.*), esecuzione di intaglio (o tacca). **2.** ~ (cutting operation in which the punch does not cut the whole contour of the sheet metal piece) (*sheet metal w.*), intaglio, intagliatura. **3.** ~ (splitting, method of grinding a drill point to form secondary cutting edges on the drill point) (*t.*), affilatura a croce, affilatura a diamante. **4.** ~ (as the fixing of the notched parts of two timbers) (*carp.*), collegamento ad incastro.

note, appunto, biglietto. **2.** ~ (list of items: as of goods charged to or issued from the warehouse of a factory) (*adm.*), bolla. **3.** ~ (size of paper 8 × 10 in) (*paper mfg.*), foglio di carta da 8 × 10 pollici. **4.** ~ (as of consignement of an item) (*transp.*), bolletta, bolla. **5.** ~ of hand, *see* promissory note. **6.** ~ paper (*paper mfg.*), carta da lettere. **7.** arrival ~ (for goods) (*comm. - ind.*), bolla di arrivo, arrivo. **8.** consignment ~ (*comm.*), bolletta di accompagnamento. **9.** credit ~ (*comm.*), nota di accredito. **10.** debit ~ (*comm.*), nota di addebito. **11.** delivery ~ (*comm.*), bolla di consegna. **12.** dispatch ~ (*comm.*), bolla di spedizione. **13.** foot ~ (*comm.*), nota in calce. **14.** fundamental ~ (*acous.*), nota fondamentale. **15.** marginal ~ (sidenote) (*print.*), postilla. **16.** promissory ~ (*finan. - adm.*), pagherò cambiario. **17.** receival ~ (*comm.*), bolla di arrivo. **18.** shipping ~ (*naut. transp.*), nota di imbarco.

note (to) (to notice or observe) (*gen.*), rilevare, osservare. **2.** ~ (to make a note of), prendere nota. **3.** ~ (as a bill of exchange owing to nonpayment) (*comm. - finan.*), protestare.

notebook (*typ.*), notes.

NOT-function (*comp.*), funzione NOT.

not-go gauge (*mech. t.*), calibro non-passa.

notice (*comm.*), avviso. **2.** ~ (written warning or information), avviso, comunicazione, notifica. **3.** ~ (as given to an employee for termination of employement) (*work. organ.*), preavviso. **4.** ~ board (as in a factory) (*ind. - etc.*), albo. **5.** ~ board (bulletin board) (*gen.*), tabellone per (affiggervi) comunicati, bacheca. **6.** ~ of dispatch (*comm.*), avviso di spedizione. **7.** ~ of payment (*comm.*), avviso di pagamento. **8.** advance ~ (*comm.*), preavviso. **9.** period of ~ (as for the dismissal of an employee) (*pers. management*), periodo di preavviso. **10.** shipping ~ (as of sold material) (*ind. - comm.*), avviso di spedizione. **11.** warning ~ (*pers.*), ammonizione.

notification (*law*), notifica.

NOT-IF-THEN (logic exclusion) (*comp.*), esclusione.

notify (to) (*law*), notificare.

NOT-OR, *see* "NOR".

not to scale (*draw.*), non in scala.

nought (*math.*), zero. **2.** ~ state (zero condition: as of a memory element =0 value) (*comp.*), stato zero.

nova (star) (*astr.*), nova.

novelty (as a new type of car or body exhibited at a show) (*comm.*), novità.

novice (*gen.*), novizio.

"NOVRAM" (NOn Volatile "RAM") (*comp.*), memoria RAM non volatile.

nowel (core) (*found.*), anima. **2.** ~ (bottom part of a molding box or flask) (*found.*), fondo, staffa inferiore.

nozzle (*hydr.*), boccaglio. **2.** ~ (as of a jet engine) (*mech. - therm.*), ugello. **3.** ~ (*antifire*), lancia. **4.** ~ (as of an injector) (*mech.*), ugello. **5.** ~ (in artificial silk manufacturing), filiera. **6.** ~ (as of a Diesel engine injector) (*mot.*), polverizzatore. **7.** ~ blades (as of a turbine) (*mot.*), palette fisse, palette direttrici, palette del distributore. **8.** ~ guide blades (of a gas turbine) (*mot.*), palette del distributore, palette fisse. **9.** ~ guide vanes (of a gas turbine) (*aer. - mot.*), *see* nozzle guide blades. **10.** ~ holder (of a diesel engine injector) (*mot.*), portapolverizzatore. **11.** ~ ring (as of a gas turbine), distributore. **12.** convergent ~ (as of a jet afterburner) (*aer. mech.*), getto convergente. **13.** corrugated ~ (for reducing noise, of a jet engine) (*mot.*), effusore con sezione a lobi, ugello (propulsore) con profilo ondulato. **14.** discharge ~ (as of a turbojet engine) (*mot.*), ugello di scarico. **15.** ejector ~ (as of a jet afterburner) (*mot.*), ugello dell'eiettore. **16.** exhaust ~ (*jet engine*), cono di scarico. **17.** fuel spray ~ (*turbojet eng.*), spruzzatore combustibile. **18.** impinging jet ~ (as of a rocket motor) (*rckt. - mot.*), iniettore a getti collidenti. **19.** jet ~ (exhaust nozzle: as of a rocket) (*rckt. eng.*), ugello di scarico. **20.** needle ~ (for Pelton wheel turbine) (*hydr. mach.*), boccaglio a spina Pelton. **21.** premix ~ (for mixing propellants prior to injection into a rocket motor combustion chamber) (*rckt. - mot.*), iniettore di premiscelazione. **22.** propeller ~ (ring fitted around the propeller for increasing traction etc.), (*naut.*), mantello per elica. **23.** propelling ~ (as of a jet engine), ugello. **24.** showerhead ~ (as of a rocket comb. chamber nozzle with a series of concentric holes) (*mot. - rckt.*), iniettore a fori concentrici. **25.** spray ~ (as of a carburetor) (*mech.*), spruzzatore. **26.** spray ~ (of a Diesel engine) (*mot.*), polverizzatore. **27.** swirl ~ (as of a rocket motor) (*rckt. - mot.*), iniettore a turbolenza. **28.** teeming ~ (of a ladle) (*found.*), bocchello di colata. **29.** variable-area exhaust ~, *see* variable-area propelling nozzle. **30.** variable-area propelling ~ (for varying the jet velocity) (*aer. mot.*), effusore a sezione variabile. **31.** variable-area propelling ~ (of a jet engine) (*mot.*), ugello ad area variabile.

"N/P" (nameplate) (*elect. - mech. - etc.*), targa.

Np (neptunium) (*chem.*), nettunio.

"np" (new penny, equal to 1/100 of one pound sterling) (*meas.*), nuovo penny.

"NPL" (National Physical Laboratory) (*phys.*) (Brit.), Laboratorio Nazionale di Fisica.

"n-p-n" (semiconductor type) (*elics.*), n-p-n.

"NPSC" (American Standard straight pipe thread for couplings) (*pip.*), filettatura cilindrica passo gas American Standard per tubi.

"NPSI" (American Standard Intermediate Internal Straight Pipe thread used in hard or brittle materials) (*mech.*), NPSI, filettatura interna cilindrica per tubi "intermediate".

"NPT" (Normal Pressure and Temperature) (*phys.*), pressione e temperatura normali.

"NPTF" (American Standard taper pipe thread) (*pip.*), filettatura conica American Standard per tubi.

"NR" (Noise Reduction: as by "Dolby" system) (*electroacous.*), riduzione del fruscìo, riduzione del rumore di fondo.

"nr", *see* near, number.

"nr ml", *see* normal.

"NROTC" (Naval Reserve Officers Training Corps) (Am.) (*navy*), corsi di addestramento degli ufficiali della riserva della marina militare.

"NRZ", *see* Non Return to Zero.

"NS" (Nuclear Ship) (*naut.*), nave atomica, nave nucleare.

"NSA" (National Standard Association) (*technol.*) (Am.), NSA, Associazione nazionale per l'unificazione.

"NSEC", **"nsec"**, **"NS"**, **"ns"** (nanosecond, Nano Second, 10^{-9} second) (*time meas.*), nanosecondo, ns.

"NSF" (National Science Foundation) (*sc.*) (Am.), Fondazione Scientifica Nazionale.

"NTC" (Negative Temperature Coefficient) (*therm.*), coefficiente di temperatura negativo.

"NTIS" (National Technical Information Service) (*technol.*) (Am.), Servizio Nazionale Informazioni Tecniche.

"NTP", "ntp" (normal temperature and pressure) (*phys. - etc.*), temperatura e pressione normale.
"NTS" (not to scale) (*draw.*), non in scala.
"NTSB" (National Transportation Safety Board) (*aer. - aut. transp.*), Ufficio Nazionale Sicurezza Trasporti.
"nt wt" (net weight) (*comm.*), peso netto.
nubbin (unground woodblock, a tree stump) (*paper mfg.*), ceppo (non sfibrato).
"nucleant" (substance added to high speed steel for modifying the solidification of the molten metal in order to improve carbide distribution and avoid segregation) (*metall.*), nucleante, sostanza (aggiunta al metallo fuso) atta a modificare il processo di solidificazione ed evitare segregazione di carburi.
nuclear (*a. - atom phys.*), nucleare. **2.** ~ bomb, *see* atom bomb. **3.** ~ chemistry (*atom chem.*), chimica nucleare. **4.** ~ energy (atomic energy) (*atom phys.*), energia nucleare, energia atomica. **5.** ~ fission (*atom phys.*), fissione nucleare. **6.** ~ force (*atom phys.*), forza nucleare. **7.** ~ force, *see also* strong interaction. **8.** ~ fuel (*atom phys.*), combustibile nucleare. **9.** ~ fusion (*atom phys.*), fusione nucleare. **10.** ~ physic (*atom phys.*), fisica nucleare, fisica atomica. **11.** ~ power (*atom phys.*), energia nucleare. **12.** ~ power plant (*ind. atom phys.*), centrale elettrica termonucleare. **13.** ~ reaction (*atom phys.*), reazione nucleare. **14.** ~ reactor (atomic pile) (*atom phys.*), reattore nucleare, pila atomica. **15.** ~ resonance (absorption of a gamma ray) (*atom phys.*), risonanza nucleare. **16.** ~ warhead (of a missile) (*expl. milit.*), testa nucleare. **17.** cermet ~ fuel (fuel mixed with ceramic and metal) (*atom phys.*), combustibile nucleare cermet. **18.** fluidized ~ fuel (*atom phys.*), combustibile nucleare fluidizzato, combustibile nucleare reso fluido. **19.** nitride ~ fuel (*atom phys.*), combustibile nucleare a base nitrurica.
nuclear-powered (as a ship) (*a. - atom phys. - naut. - etc.*), ad energia nucleare. **2.** ~ generating station (nuclear power plant) (*elect. - atom phys.*), centrale elettronucleare.
nucleation (the formation of crystal nuclei) (*metall.*), nucleazione, germinazione.
nucleon (proton or neutron in atom nucleus) (*atom phys.*), nucleone.
nucleonics (*atom phys.*), fisica nucleare.
nucleonium (nucleus + antinucleus) (*n. - atom phys.*), nucleonio.
nucleosynthesis (by hydrogen: as in stars) (*nuclear phys.*), nucleosintesi.
nucleus (*phys. - chem. - astr.*), nucleo. **2.** ~ (initial crystallization element) (*phys.*), germe (cristallino). **3.** ~ (the bright part of a comet) (*astr.*), nucleo. **4.** ~ (particle upon which water vapor condenses in free air) (*meteorol.*), nucleo (di condensazione). **5.** atomic ~ (*atom phys.*), nucleo atomico. **6.** compound ~ (*atom phys.*), nucleo composito. **7.** stable ~ (without decay) (*atom phys.*), nucleo stabile.
nuclide (atom featured by the number of neutrons and protons it contains) (*atom phys.*), nuclide.
"NUCOL" (Numerical Control Language) (*n. c. mach. t.*), linguaggio per comando (o controllo) numerico.
nugget (as of gold), pepita. **2.** ~ (melted and resolidified metal joining parts in spot, seam and projection welding) (*technol. mech.*), massa metallica costituita dalla saldatura. **3.** ~ (as of iron) (*gen.*), massa.
nuke (nuclear bomb) (*n. - atom phys. - milit.*), (bomba) atomica. **2.** ~ (nuclear-powered elect. generating station) (*n. - atom phys. elect.*), centrale elettronucleare.
nuke (to) (to hit with nuclear bombs) (*milit. - atom phys.*), distruggere con bombe atomiche.
NUL (null character, zero filler) (*comp.*), carattere nullo, carattere zero riempitivo.
null (condition of receiving zero signal on the receiver) (*radio*), mancato ricevimento del segnale, mancanza di segnale. **2.** ~ (*a. - math.*), nullo. **3.** ~ and void (as of a contract) (*a. - comm. - law*), nullo, privo di valore legale. **4.** ~ method (zero method; meas. method in which the variable is compared with a known quantity of the same kind and their equality is determined by zero deflection of the detector) (*instr.*), metodo di azzeramento. **5.** ~ string (*comp.*), stringa nulla, stringa vuota.
nullify (to) (*gen.*), annullare.
null-space (*math.*), spazio nullo.
number (*math.*), numero, cifra. **2.** ~ (distinction by a number: as of wool) (*text. ind.*), titolo. **3.** ~ board (*m. pict.*), tavoletta (o tabella) di numerazione. **4.** ~ of revolutions (*mot.*), numero di giri. **5.** ~ of threads of the worm (of gearing) (*mech.*), numero di principî della vite perpetua. **6.** ~ plate (as of aut.), targa. **7.** acceptance ~ (by quality control) (*mech. technol.*), numero di accettazione. **8.** atomic ~ (*atom phys.*), numero atomico. **9.** binary ~ (*comp. - n.c. mach. t.*), numero binario. **10.** biquinary ~ system (biquinary notation) (*math. - comp.*), notazione biquinaria. **11.** bromine ~ (*chem.*), numero di bromo. **12.** call ~ (relating to comp. operation) (*comp.*), numero di chiamata. **13.** cardinal ~ (*math.*), numero cardinale. **14.** cetane ~ (*comb.*), numero di cetano. **15.** charge order ~ (work order number) (*work organ.*), numero della commessa. **16.** complex ~, *see* imaginary ~. **17.** decimal ~ (*math.*), numero decimale. **18.** double-length ~ (number having twice of digits as are normally admitted in a comp.: double precision number) (*comp.*), numero di lunghezza doppia, numero in doppia precisione. **19.** engine serial ~ (as of an aut. mot.), numero (di fabbricazione) del motore. **20.** even ~ (*math.*), numero pari. **21.** fixed ~ (*math.*), numero fisso. **22.** floating point ~ (*comp.*), numero a virgola mobile. **23.** gold ~ (of protective colloids) (*chem.*), numero d'oro. **24.** grain size ~ (*metall.*), numero indice della dimensione del grano. **25.** in-

teger ~ (*math.*), numero intero. **26.** Kollsman ~ (the number at which a pressure altimeter is set to correspond to the barometric pressure at a given point) (*aer.*), pressione barometrica locale, numero (o coefficiente) di regolazione dell'altimetro. **27.** level ~ (in COBOL language it indicates the hierarchical level of pertinence) (*comp.*), numero del livello. **28.** mixed ~ (sum of an integer and a fraction) (*math.*), numero misto, numero composto da un intero ed una frazione. **29.** mixed–base ~ (mixed–radix number) (*math. - comp.*), numero a base mista. **30.** mixed–radix ~, *see* mixed–base ~. **31.** odd ~ (*math.*), numero dispari. **32.** ordinal ~ (*math.*), numero ordinale. **33.** part ~ (drawing number) (*draw.*), numero categorico. **34.** performance ~, "PN" (antiknock index: as of a gasoline) (*gasoline*), indice di ottano, indice di resistenza alla detonazione. **35.** preferred numbers (series of numbers to be preferred for standardization purposes) (*technol.*), numeri normali. **36.** prime ~ (*math.*), numero primo. **37.** random ~ (as in videogames) (*math. - comp.*), numero casuale. **38.** reel ~ (in a magnetic tape file) (*comp.*), numero di bobina. **39.** Reynold's ~ (*fluids mech.*), numero di Reynold. **40.** sequence ~ (as of messages exchanged between terminals) (*comp.*), numero di sequenza. **41.** signed ~ (a number assembled to a sign as: +, – etc.) (*comp.*), numero dotato di segno. **42.** skid ~ (of a road surface) (*aut.*), coefficiente di slittamento, indice di slittamento. **43.** transference ~ (of ions) (*electrochem.*), numero di trasporto.

number (to), numerare. **2.** ~ (as silk) (*text. ind.*), titolare.

number–cruncher (coll. name of a mainframe) (*comp.*), elaboratore di grandi dimensioni per calcolazioni complesse.

numbering (as of silk) (*text. ind.*), titolazione. **2.** ~ (as of drawings) (*mech. draw.*), numerazione.

numeral (figure expressing a number) (*n.*), numero. **2.** ~ (*a.*), numerale.

numeration (*gen.*), numerazione.

numerator (*math.*), numeratore.

numeric (*a. - math.*), numerico. **2.** ~ control, "NC" (as for operating a mach. t.) (*comp.*), controllo numerico. **3.** ~ punch (*comp.*), perforazione numerica.

numerical (*math.*), numerico. **2.** ~ aperture, NA, na (*microscopy*), apertura numerica. **3.** ~ control (as of mach. t. by punched cards) (*ind. organ.*), controllo numerico. **4.** ~ control milling machine (*mach. t.*), fresatrice a controllo numerico.

nun buoy (red buoy on the left side of a passage rejoining the sea) (*naut.*), boa (rossa) da lasciare a sinistra.

nuraghe (*arch.*), nuraghe.

nurse (woman qualified to look after sick people) (*med.*), infermiera. **2.** male ~ (*med.*), infermiere.

nursery (*pers.*), nido d'infanzia.

nut (*mech.*), dado. **2.** ~ (*print.*) (Brit.), *see* en quad. **3.** ~ insulator (as of a suspended contact line for elect. railw.), isolatore a noce. **4.** ~ plate (nut with a base plate) (*mech. impl.*), dado con base. **5.** ~ runner (*t.*), giradadi. **6.** ~ screw (*mech.*), madrevite. **7.** ~ tapping machine (*mach. t.*), filettatrice per dadi, maschiatrice per dadi. **8.** ~ thread (*mech.*), madrevite. **9.** ~ upsetting machine (*mech.*), macchina per ricalcare dadi. **10.** butterfly ~ (*mech.*), *see* wing nut. **11.** capstan ~ (type of nut operated by a rod inserted in one of the holes) (*mech.*), dado a testa tonda forata diametralmente. **12.** castellated (or castle) ~ (*mech.*), dado a corona (o ad intagli) (per copiglia). **13.** check ~ (*mech.*), controdado. **14.** claw ~, *see* clasp nut. **15.** collar ~ (*mech.*), dado a colletto. **16.** connecting ~ (for a pipe) (*mech.*), dado di raccordo. **17.** corner ~ (*mech.*), piastrina angolare filettata. **18.** elastic stop ~ (*mech.*), dado autobloccante ad espansione. **19.** finger ~ (*mech.*), *see* wing nut. **20.** half ~ (split screw nut to be matched around a male screw) (*mech.*), semidado filettato, mezza chiocciola. **21.** hand ~, *see* wing nut, thumb nut. **22.** hexagon lock ~ (*mech.*), controdado esagonale. **23.** hexagon ~ (*mech.*), dado esagonale. **24.** jam ~ (*mech.*), controdado. **25.** knurled ~ (hand nut) (*mech.*), dado (circolare) zigrinato. **26.** left side wheel ~ (*aut.*), dado fissaggio ruota sinistra. **27.** lock ~ (*mech.*), controdado. **28.** plate ~ (*mech.*), piastrina filettata. **29.** plug ~ (nut screw insert pressed in the hole of a sheet metal piece) (*mech.*), pastiglia (filettata). **30.** ring ~ (*mech.*), ghiera. **31.** self–locking ~ (*mech.*), dado autobloccante, dado a bloccaggio automatico. **32.** slotted ~ (*mech.*), dado a corona. **33.** "speed ~" (locking threaded plate) (*mech.*), piastrina per viti autofilettanti (in funzione di dado). **34.** stop ~ (self–locking nut: as by a plastic insert) (*mech.*), dado autobloccante. **35.** square ~ (*mech.*), dado quadro. **36.** thumb ~ (wing nut) (*mech.*), dado ad alette. **37.** to fit a split pin to a ~ (*mech.*), incoppigliare un dado. **38.** 12–point ~ (*mech.*), dado a doppio esagono, dado per chiave a stella, dado per chiave ad anello con doppia impronta esagonale. **39.** wing ~ (*mech.*), dado ad alette, galletto.

nutation (*astr.*), nutazione. **2.** ~ (of a gyroscope) (*mach.*), nutazione.

nutrient (*a. - med.*), nutritivo. **2.** ~ material (*space med.*), sostanza nutritiva.

nuts and bolts (the operating parts: as of a mach.) (*n. - gen.*), elementi in funzione attiva. **2.** ~ (the practical operation of a system, or of a mach.) (*n. - ind. - mech.*), sistema pratico di funzionamento.

nutsch, nutsch filter (*pip.*), filtro di aspirazione.

nutted (*a. - mech.*), fissato con dado.

"NWG" (National Wire Gauge) (*comm. metall.*), classificazione nazionale americana del diametro dei fili metallici.

nylon (artificial text. fiber) (*ind. chem.*), nailon. **2.** ~ (parachute) (*aer.*) (coll.), paracadute.

O

"O" (overcast, Beaufort letter) (*meteorol.*), cielo coperto.
O (oxygen) (*chem.*), ossigeno.
"o", *see* observation, observer, office, ohm, oil, outlet.
"OA" (overall, length meas.: as of boats) fuori tutto.
oak (*wood*), quercia. **2.** ~ tanning (*leather*), concia al tannino di quercia. **3.** bay ~ (*wood*), rovere. **4.** chestnut ~ (*wood*), rovere. **5.** common ~ (*wood*), quercia comune. **6.** cork ~ (*wood*), quercia da sughero. **7.** European ~ (*wood*), quercia europea. **8.** live ~ (*wood*), leccio. **9.** white ~ (*wood*), quercia bianca d'America, quercia inglese.
oakum, fibra di canapa sciolta. **2.** calking ~ (*naut.*), stoppa da calafato.
"O and R" (ocean and rail) (*transp.*), via mare e ferrovia.
"OAO" (orbiting astronomical observatory) (*astr.*), osservatorio astronomico orbitante.
"OAP" (occupational ability pattern) (*psychotech.*), modello di abilità professionale.
oar (*naut.*), remo.
oar (to) (*naut.*), remare.
oarlock (*naut.*), *see* rowlock.
oarsman (rower) (*naut.*), vogatore, rematore.
"OAS" (Organization of American States) (*comm. organ.*), Organizzazione degli Stati americani.
oasis (*geogr.*), oasi.
oat (*agric.*), avena. **2.** ~ huller (*agric. mach.*), trebbiatrice per avena.
oath (*law*), giuramento.
"ob", *see* observation.
obelisk (*arch.*), obelisco.
obey (to) (as an instruction) (*comp.*), ubbidire.
object (*a. - gen.*), oggetto. **2.** ~ glass (as of a telescope) (*opt.*), obiettivo. **3.** ~ languare (*comp.*), *see at* language.
objectholder (of microscope) (*opt.*), portaoggetto.
objection (*law*), obbiezione, eccezione.
objective (*milit.*), obiettivo. **2.** ~ (system of lenses) (*n. - opt.*), obiettivo. **3.** ~ (as of an analysis or of data) (*a. - gen.*), obiettivo.
object space (*opt.*), campo.
"obl", *see* oblique.
oblate (flat at the poles, as a spheroid) (*a. - geom.*), schiacciato ai poli.
oblateness (*astr.*), *see* ellipticity.
obligation (*law - comm.*), obbligo. **2.** it is understood that this entails no ~ on our part (*comm.*), s'intende senza impegno alcuno da parte nostra.
oblique, obliquo. **2.** ~ (italic type) (*typ.*), corsivo, italico, carattere tipografico italico. **3.** ~, *see* diagonal. **4.** ~ angle (*geom.*), angolo non retto (acuto o ottuso). **5.** ~ lamination (*geol.*), *see* crossbedding. **6.** ~ triangle (*geom.*), triangolo non rettangolo.
obliquity, obliquità. **2.** ~ of the wheels (*aut.*), obliquità (o angolo) delle ruote.
oblong (elongated) (*gen.*), oblungo.
"obs", **"obsn"**, *see* observation, observatory, obsolete.
obscuration (of a paint) (*paint.*) (Brit.), potere coprente. **2.** ~ (gen.), oscuramento.
obscure, oscuro.
obscurity, oscurità.
observation (*gen.*), osservazione. **2.** ~ (ascertaining the altitude of a celestial body in order to obtain the ship's position) (*naut.*), punto, operazione di rilevamento della posizione geografica della nave. **3.** ~ end (an observation room found at the end of a railw. car fitted with large windows to allow an unobstructed view) (*railw.*), piattaforma belvedere, belvedere. **4.** ~ post (*astr.*), osservatorio. **5.** ~ sleeping car (*railw.*), vagone letto con belvedere. **6.** ~ stand (as of an aer.) (*aer.*), posto di osservazione. **7.** ~ station (*astr.*), osservatorio. **8.** ~ tank (*navy*), barilotto d'osservazione.
observatory (as for astr., meteorol. etc.) (*bldg.*), osservatorio.
observe (to), osservare. **2.** ~ (to comply with something e.g. delivery term) (*gen.*), rispettare, mantenere.
observer (*aer.*), osservatore. **2.** automatic ~ (automatic app. for recording the readings of instr.) (*aer. - etc. app.*), registratore automatico, osservatore automatico.
obsidian (a highly siliceous natural glass) (*geol.*), ossidiana.
obsolescence (*gen.*), obsolescenza, antiquatezza. **2.** ~ (depreciation of the equipment of a factory due to new and better processes) (*adm.*), deprezzamento dei mezzi tecnici dovuto al loro superamento.
obsolete (of a machine) (*a. - mach.*), obsoleto, antiquato. **2.** ~ (as of price etc.), scaduto.

obstacle, ostacolo. **2.** ~ (*radar*), ostacolo.
obstruct (to) (to impede), ostacolare. **2.** ~ (as to close a pipe) (*pip.*), ostruire, intasare.
obstructed (clogged) (*pip.*), ostruito, intasato.
obstruction, ostruzione. **2.** ~ (obstacle) (*radar*), ostacolo. **3.** ~, *see* impediment.
obtain (to) (*gen.*), ottenere.
obturator (of firearms), otturatore. **2.** ~ head (mushroom head) (*ordnance*), testa a fungo.
obtuse (*geom.*), ottuso.
"OC" (official classification) (*gen.*), classificazione ufficiale. **2.** ~, *see also* over charge.
occlude (to) (to obstruct) (*gen.*), ostruire, chiudere. **2.** ~ (to absorb: as a gas) (*chem.*), assorbire. **3.** ~ (to shut in) (*phys.*), occludere.
occluded (as of gas) (*metall.*), occluso.
occlusion (*gen.*), occlusione. **2.** ~ (absorption: as of gases) (*phys.*), assorbimento. **3.** ~ (*meteorol.*), occlusione.
occultation (as an eclipse of stars by the moon) (*astr.*), occultazione.
occupancy (act of taking possession of something) (*gen.*), occupazione.
occupation (in railw. signaling), occupazione. **2.** ~ (employment) (*work.*), occupazione.
occupational (said of a risk, disease etc. due to a particular occupation) (*a. - pers.*), occupazionale, dovuto al tipo di lavoro. **2.** ~ accident (*work*), infortunio occupazionale, infortunio sul lavoro dovuto al tipo di lavoro.
occupy (to) (to set the instr. over a station) (*top.*), far stazione. **2.** ~ (to inhabit) (*gen.*), abitare.
occurrence (event) (*comp. - etc.*), evento.
ocean (*sea*), oceano. **2.** ~ bill of lading (*naut. comm.*), polizza di carico per trasporto oceanico. **3.** ~ going vessel (*naut.*), nave oceanica, nave di lungo corso. **4.** ~ liner (*naut.*), transatlantico.
oceanaut, *see* aquanaut.
oceanic (*sea*), oceanico.
oceanics (*ocean sc.*), oceanografia, talassografia, studio del mare.
oceanographic (*a. - sea*), oceanografico. **2.** ~ ship (*geophys. - naut.*), nave oceanografica.
oceanography (*sea sc.*), oceanografia.
oceanologic (oceanographic) (*a. - sea*), oceanografico.
oceanologist (oceanographer) (*n. - sea*), oceanografo.
ocher (*min. color*), ocra.
"OCR" (Optical Character Reader) (*comp.*), lettore ottico dei caratteri. **2.** ~ (Optical Character Recognition) (*comp.*), riconoscimento ottico di caratteri.
ochre, *see* ocher.
octagon (*geom.*), ottagono.
octagonal (*geom.*), ottagonale.
octahedron (*geom.*), ottaedro.
octal (tube socket type with 8 connecting pins) (*a. - elics.*), a otto poli. **2.** ~ (pertaining to eight, as a number system of base eight) (*a. - comp.*), con base otto, ottale.
octane (*chem.*), ottano. **2.** ~ number (as of fuel) (*chem. - mot.*), numero di ottano. **3.** ~ rating (as of fuel) (*chem. - mot.*), numero di ottano. **4.** high ~ fuel (*ind. chem.*), carburante ad alto numero di ottano. **5.** high ~ rating fuel (high grade fuel, premium fuel) (*aut.*), supercarburante, benzina super.
octant (*geom. - astr. - math.*), ottante. **2.** bubble ~ (*aer. navigation instr.*), ottante a bolla d'aria.
octastyle (columniation) (*arch.*), ottastilo.
octave (frequency interval in which the beginning frequency of the sequence and the end frequency are in the ratio $f_2/f_1 = 2$) (*phys. - vibrations*), ottava. **2.** ~ (relating to eight elements) (*a. - gen.*), ottavo. **3.** third-~ (*acous. - etc.*), terzo di ottava.
octavo (*a. - print.*), in ottavo. **2.** ~ (8vo, book of which each sheet is folded into 8 leaves or 16 pages) (*n. - print.*), libro in ottavo.
octet (*atom phys. - comp. - mus.*), ottetto.
octoate (as a salt of an octoic acid) (*paint. - chem.*), ottoato.
octode (*thermion.*), ottodo.
octodecimo (18mo) (*book size*), *see* decimo-octavo.
octoic (caprylic) (*chem.*), octilico, caprilico.
octopole, octupole (*elect.*), doppio quadripolo.
octroi (concession) (*comm. law*), concessione di diritti esclusivi di commercio. **2.** ~ (tax) (*comm.*), dazio.
ocular (eyepiece of an optical instr.) (*n.*), oculare.
oculist (*med.*), oculista.
oculistic (*a. - med.*), oculistico. **2.** ~ bag (*med. impl.*), borsa oculistica, cassetta oculistica. **3.** ~ treatment chair (*med. app.*), poltrona per oculisti.
"OD" (Outside Diameter) (*mech. draw.*), diametro esterno. **2.** ~ (Optical Disk) (*comp. - audiovisuals*), *see* optical disk. **3.** ~ (Optical Disk), *see at* disk, disc.
odd (*math.*), dispari. **2.** ~ leg, ~ legs, *see* hermaphrodite caliper. **3.** ~ lot (of stocks) (*finan.*), spezzatura. **4.** ~ number (*math.*), numero dispari.
oddleg (*t.*), *see* hermaphrodite caliper.
oddments (of wool) (*wool ind.*), lane irregolari in qualità e finezza.
odeum (a hall designed for musical performances) (*ancient arch.*), teatro.
odograph (*veh. instr.*), odometro registratore, odografo.
odometer (for meas. distance covered) (*instr.*), odometro. **2.** total ~ (total meter) (*aut. instr.*), contachilometri totalizzatore. **3.** trip ~ (trip meter) (*aut. instr.*), contachilometri parzializzatore.
odontograph (for making the outlines of gear teeth) (*mech. app.*), apparecchio per tracciare il profilo del dente.
odor, odore.
odorization (as of natural gas) (*chem. ind.*), odorizzazione.

odorize (to) (as a natural gas) (*chem. ind.*), odorizzare.
odorizer (as for a natural gas) (*chem. ind.*), odorizzante.
odorless (*a. - gen.*), inodoro.
odour, *see* odor.
"OECD" (Organization for Economic Cooperation and Development (*comm.*), OCSE, Organizzazione per la Cooperazione e lo Sviluppo Economici.
"OECE" (Organization for European Economic Cooperation), Organizzazione per la Collaborazione Economica Europea.
oeil-de-boeuf (window) (*bldg.*), finestra ovale o circolare, occhio di bue.
"OEM" (Original Equipment Manufacturer: it means that for producing very complicated units the manufacturer uses bought out equipments) (*organ. ind.*), azienda che impiega complessivi acquistati all'esterno.
oenocyanine (coloring agent of or for wines) (*oenology*), enocianina.
oenology (*agric.*), enologia.
oersted (electromagnetic unit of magnetizing force) (*elect. meas.*), oersted.
oesophagoscope (*med. instr.*), esofagoscopio.
"OF", *see* oxidizing flame.
"ofc", *see* office.
off (of low grade) (*a. - gen.*), di cattiva qualità. **2.** ~ (disengaged) (*a. - mech.*), disinnestato. **3.** ~ (closed: as of a cock) (*a. - hydr.*), chiuso. **4.** ~ (disengaged, open: as of an electric switch) (*a. - elect.*), aperto, disinserito. **5.** ~ (as of a market) (*a. - comm.*), in depressione. **6.** ~ (printing ended) (*print.*), finito di stampare. **7.** ~ (away, as to fly off) (*adv. - gen.*), via. **8.** ~ (right-hand: as the wheel of a car) (*a. - veh.*), destro. **9.** ~ cycle (in a cyclic production) (*ind.*), ciclo di sosta. **10.** ~ its feet (not vertical: as a set type) (*print.*), inclinato. **11.** ~ season (*gen. - comm.*), stagione morta. **12.** ~ side (in football, hockey etc.) (*sport*), fuori gioco. **13.** ~ size (as a rejected work) (*mech. - ind. - work - etc.*), non a misura, fuori misura.
offal (*leather ind. - etc.*), scarto, sottoprodotto.
off-balance (out of balance) (*a. - mech. - etc.*), fuori equilibrio.
offbeat (unconventional) (*gen.*), non convenzionale, non usuale.
off-center (*a. - mech.*), disassato. **2.** ~ (of a stamp) (*a. - philately*), (stampato) fuori centro.
off-color (as color photography when colors are not normal) (*a. - phot.*), con colori non naturali, con colori anomali.
offcuts (of paper) (*paper mfg.*), ritagli, sciaveri.
offender (transgressor) (*law*), trasgressore.
offensive (*milit.*), offensiva.
offer (*comm.*), offerta. **2.** ~ price (*comm.*), prezzo di offerta. **3.** binding ~ (*comm.*), offerta impegnativa. **4.** premium ~ (*comm.*), offerta a premio.
offer (to) (as for sale) (*comm. - etc.*), offrire.
offerer, offeror (*comm.*), offerente.
off-gauge, off-gage (as of a metal strip or sheet the thickness of which exceeds the permitted limits) (*metall. ind.*), di spessore fuori tolleranza, fuori spessore.
offgrade (of inferior quality) (*a. - gen.*), di qualità inferiore.
off-hook (line occupied and impossibility to be called and receive) (*teleph. - comp.*), occupato, condizione di ricevitore staccato.
office (*gen.*), ufficio. **2.** ~ (the building, or the rooms where the administrative direction of a company works) (*comm.*), sede, uffici della sede. **3.** offices (as rooms or buildings for carrying out the duties connected with the service of a house) (*bldg.*), servizi. **4.** ~ automation (*comp.*), automazione (del lavoro) di ufficio. **5.** ~ building (*bldg.*), fabbricato uffici. **6.** ~ hours (*pers. organ.*), ore di ufficio. **7.** ~ manager (*pers.*), capo ufficio. **8.** ~ peaks (*off.*), punte di lavoro (di ufficio). **9.** ~ supplies (*off.*), forniture di ufficio. **10.** ~ work (as in a factory), lavoro di ufficio. **11.** branch ~ (*comm.*), filiale, succursale. **12.** cash ~ (as of a factory), ufficio cassa. **13.** editorial ~ (*journ.*), ufficio (di) redazione. **14.** employment ~ (of a firm) (*work organ. - pers.*), ufficio assunzioni. **15.** head ~, sede (principale). **16.** labor ~ (as of a factory), ufficio mano d'opera. **17.** left-luggage ~ (checkroom, as of a railw. station) (*railw. - etc.*), deposito bagagli. **18.** open-plan offices (*off. organ.*), uffici a salone unico. **19.** principal ~ (as of a corporation) (*comm.*), sede sociale. **20.** public call ~ (*teleph.*), ufficio telefonico pubblico, telefono pubblico. **21.** registered ~ (official address as of a firm) (*law*), sede sociale, domicilio legale. **22.** registration ~ (of the population as of a town) (*off. - stat.*), anagrafe, ufficio anagrafe.
officer (of a firm), dirigente, funzionario. **2.** ~ (*milit. - navy - air force*), ufficiale. **3.** cadet ~ (*milit.*), aspirante ufficiale. **4.** customs ~ (*finan.*), doganiere. **5.** duty ~ (*milit.*), ufficiale di servizio, ufficiale di picchetto. **6.** first ~ (*naut.*) (Am.), primo ufficiale di coperta. **7.** intelligence ~ (*milit.*), ufficiale informatore. **8.** liaison ~ (*milit.*), ufficiale di collegamento. **9.** navigating ~ (*navy - air force*), ufficiale di rotta, navigatore. **10.** personnel ~ (personnel manager, of a factory) (*ind.*), capo del personale. **11.** petty ~ (*naut.*), sottufficiale. **12.** press ~ (of an industry) (*adver.*), addetto stampa. **13.** safety ~ (*work. safety*), addetto alla sicurezza sul lavoro. **14.** second ~ (*naut.*) (Am.), secondo ufficiale di coperta. **15.** third ~ (*naut.*) (Am.), terzo ufficiale di coperta. **16.** warrant ~ (*milit.*), maresciallo.
official (*a. - gen.*), ufficiale. **2.** ~ (*n.*), *see* officer. **3.** ~ receiver, *see at* receiver.
officious (*gen.*), ufficioso.
offing (sea: at a safety distance from the coast) (*naut.*), a distanza di sicurezza dalla costa.
offlet (grip, small channel for draining the surface

water of a road) (*road constr.*), canaletto di scarico.
off-line (not operating in direct communication) (*comp.*), fuori linea. **2.** ~ (of an equipment put on stand-by) (*comp. - etc.*), disattivato.
off-load (to), *see* to unload.
off-peak (not at the maximum) (*a. - gen.*), non di punta. **2.** ~ hours (*traffic - etc.*), ore non di punta.
off-punch (a hole out of the proper place: in a punched card) (*comp.*), perforazione fuori posto.
offset (*arch.*), risega. **2.** ~ (line) (*elect.*), linea di derivazione, linea secondaria. **3.** ~ (as a sudden bend in a pipe) (*mech.*), deviazione brusca. **4.** ~ (of nonparallel and nonintersecting pipes, axes etc.) (*n. - mech.*), disassamento. **5.** ~ (of axes) (*a. - mech.*), disassato. **6.** ~ (staggered) (*gen.*), sfalsato. **7.** ~ (lithographic printing process, offset printing) (*print.*), offset, stampa offset. **8.** ~ (in faulting) (*geol.*), spostamento orizzontale. **9.** ~ (setoff, transfer of wet ink type impression to the back of the next page) (*print.*), controstampa. **10.** ~ (short drift) (*min.*), breve galleria di derivazione. **11.** ~ (distance from pivot center to track of tire on ground) (*aut.*), braccio a terra. **12.** ~ (the perpendicular distance between the axes as of a hypoid gear pair) (*mech.*), disassamento. **13.** ~ (of an object) (*gen.*), risega, variazione brusca di profilo (o di dimensione). **14.** ~ (difference of value to be added or subtracted, as to an index register, for obtaining the wanted target) (*comp.*), spiazzamento. **15.** ~ bar (*mech.*), barra con una piegatura. **16.** ~ flat bed machine (*print. mach.*), macchina offset con forma in piano. **17.** ~ lithography (*print.*), *see* offset printing. **18.** ~ paper (*print.*), carta per offset. **19.** ~ press (*print. mach.*), macchina (da stampa) offset. **20.** ~ printer (*print. work.*) macchinista per offset. **21.** ~ printing (*print.*), stampa offset. **22.** ~ rotary (*print. mach.*), macchina rotativa offset. **23.** ~ shafts (*mech.*), alberi disassati. **24.** ~ sheet (sheet inserted between freshly printed pages to avoid setoffs) (*typ.*) (Am.), foglio antiscartino. **25.** ~ tool (*t.*), utensile con tagliente fuori allineamento rispetto al gambo. **26.** frequency ~ (*tlcm.*), spostamento di frequenza. **27.** reel-fed ~ press (*print. mach.*), macchina offset a bobina, macchina offset a rotolo. **28.** sheet-fed ~ press (*print. mach.*), macchina offset a foglio. **29.** web-fed ~ press (*print. mach.*), macchina offset a bobina, macchina offset a rotolo.
offset (to), sfalsare. **2.** ~ (in faulting) (*geol.*), spostarsi orizzontalmente. **3.** ~ (*arch.*), formare una risega. **4.** ~ (to balance, to compensate) (*gen.*), compensare. **5.** ~ (to print by offset process) (*print.*), stampare con procedimento offset. **6.** ~ lithography (offset printing) (*print.*), stampa offset.
"offset-litho" (offset printing) (*print.*), stampa offset.
offshore (directed toward the open sea; as a wind) (*a. - gen.*), di terra, diretto dalla terra verso il mare aperto. **2.** ~ (working in open sea: as a fisherman) (*a. - gen.*), d'alto mare. **3.** ~ (made or coming from abroad) (*a. - comm.*), estero. **4.** ~ (overseas, as a procurement) (*a. - comm.*), oltremare. **5.** ~ oil field (*min.*), giacimento di petrolio in mare aperto. **6.** ~ rig, *see at* rig.
offside (right side, as of a car) (*veh.*), lato destro.
off-sorts (by-products of wool classing) (*wool ind.*), sottoprodotti della lana.
offtake (of a channel) (*hydr.*), derivazione. **2.** ~ (as of a flask) (*found.*), canale di sfogo. **3.** ~ (for gases: as in a blast furnace) (*metall.*), apertura di sfogo.
off-the-peg (ready-made: as of clothes) (*a. - comm. - text.*), confezionato (in serie), pronto da indossare.
off-the-rack (ready made: as of clothes) (*a. - comm. - text*), confezionato (in serie), pronto da indossare.
off-the-shelf (said of goods not made to custom) (*a. - gen.*), di serie.
"OFHC" (oxygen-free high conductivity, finest form of copper used commercially) (*metall.*), esente da ossigeno e di alta conduttività.
"OG" (ogee) (*arch.*), *see* ogee.
ogee (*arch.*), modanatura a S. **2.** ~ (cyme) (*arch.*), gola diritta (o rovescia). **3.** ~ arch (*arch.*), arco ogivale.
ogival, ogivale.
ogive (pointed arch) (*arch.*), arco acuto. **2.** ~ (ogival head as of a rocket missile, of an artificial satellite etc.) (*milit. - astric.*), ogiva.
"OGO" (orbiting geophysical observatory) (*geophys.*), osservatorio geofisico orbitante.
"OH" (oil hardening) (*mech. draw.*), tempra in olio. **2.** ~ (open hearth) (*a. - steel mfg.*), Martin-Siemens.
"OHC" (overhead camshaft) (*mot.*), albero delle camme in testa.
"OH & T" (oil hardened and tempered) (*mech. draw.*), temprato in olio e rinvenuto.
ohm (*elect. meas.*), ohm. **2.** mechanical ~ (corresponding to: one dyne force/one cm/sec velocity) (*mech. meas.*), ohm meccanico.
ohm-ammeter (*elect. instr.*), ohmetro-amperometro.
ohmic (*elect.*), ohmico. **2.** ~ resistance (*elect.*), resistenza ohmica.
ohmmeter (*elect. instr.*), ohmmetro.
Ohm's law (*elect.*), legge di Ohm.
ohms per volt (used for meas. of the internal resistance of an instr.) (*elect. meas.*), ohm/volt.
"OHV" (overhead valves) (*mot.*), valvole in testa.
oil (*gen.*), olio. **2.** ~ (petroleum) (*min.*), petrolio, greggio. **3.** ~ (containing or resembling oil) (*a. - gen.*), oleoso. **4.** ~, *see* nitroglycerin. **5.** ~ asphalt (artificial asphalt) (*road paving*), bitume asfaltico artificiale, bitume asfaltico proveniente

dalla distillazione del petrolio. **6.** ~ bath (oil stream directed onto the cutting tool and the working piece) (*mach. t. work*), getto (o flusso) d'olio da taglio. **7.** ~ bath (*mech.*), bagno di olio. **8.** ~ blacked (*technol.*), brunito in olio. **9.** ~ bomb (a napalm bomb) (*aer.*), bomba al napalm. **10.** ~ burner (*comb.*), bruciatore per nafta. **11.** ~ burner (as of an engine having the defect of an excessive oil consumption) (*gasoline eng.*), eccessivo consumatore d'olio. **12.** ~ burner (having oil–fired boilers) (*a. - ship.*), con caldaie ad olio combustibile. **13.** ~ cake (*agric. ind.*), pannello di sansa. **14.** ~ change (as of an engine) (*aut. - mot.*), cambio dell'olio. **15.** ~ circuit breaker (*elect.*), interruttore in olio. **16.** ~ concession (*min.*), concessione petrolifera. **17.** ~ conservator (of a transformer) (*elect. mach.*), conservatore dell'olio, serbatoio (di espansione o di livello) dell'olio. **18.** ~ control ring (of a piston) (*mot.*), fascia elastica raschiaolio. **19.** ~ cooler (*aer.*), radiatore dell'olio, refrigeratore dell'olio. **20.** ~ cup (oilcup, connected to or with the mach. part to be lubricated) (*mech.*), oliatore a tazza. **21.** ~ dilution system (for artic conditions) (*aer. mot.*), sistema di diluizione dell'olio. **22.** ~ drain plug (*mot. - etc.*), tappo di scarico dell'olio. **23.** ~ drill, *see* oilhole drill. **24.** ~-engined (as of locomotives etc.) (*mot.*), con motore a olio pesante. **25.** ~-engined vessel (*mot.*), nave con propulsione a olio pesante. **26.** ~ feed (*mach.*), adduzione dell'olio, alimentazione dell'olio. **27.** ~ feeder (as of mach.) (*mech.*), oliatore. **28.** ~ field (*min.*), giacimento petrolifero. **29.** ~ film (as in mach.) (*lubrication*), velo d'olio. **30.** ~ filter (mot. - mach.), filtro dell'olio. **31.** ~-firing (as a furnace), funzionante a nafta. **32.** ~ fuel storage (as of sub.), deposito di nafta. **33.** ~ gallery (*eng.*), condotto (di mandata) dell'olio. **34.** ~ gas (*ind. - comb.*), gas di petrolio. **35.** ~ gauge (*phys. instr.*), *see* oleometer. **36.** ~ groove (as of a bearing) (*mech.*), scanalatura per lubrificazione, zampe di ragno per la lubrificazione. **37.** ~ gun (*mech. tool*), siringa per lubrificazione. **38.** ~ hardening (*heat-treat.*) (Brit.), tempra in olio. **39.** ~ industry (*min.*), industria petrolifera. **40.** ~ length (ratio between oil and resin in a varnish) (*paint.*), lunghezza d'olio. **41.** ~ level indicator (*instr.*), indicatore di livello dell'olio. **42.** ~ mill (*ind.*), oleificio. **43.** ~ nipple (*mach.*), oliatore. **44.** ~ of turpentine (*paint.*), acquaragia. **45.** ~ of vitriol ($H_2S_2O_7$) (*chem.*), oleum, acido solforico fumante. **46.** ~ paint (*paint.*), pittura a olio. **47.** ~ pan (as of mot.) (*mech.*), coppa dell'olio, carter. **48.** ~ pipeline (*ind.*), oleodotto. **49.** ~ pool (*min.*), giacimento petrolifero. **50.** ~ press (*agric. mach.*), pressa per olio. **51.** ~ pressure relief valve (*mot.*) (Brit.), valvola limitatrice della pressione dell'olio. **52.** ~ pulp (substance added to the oil for temporarily increasing its viscosity) (*chem.*), addensante (per olio). **53.** ~ pump (as of a mot.) (*mech.*), pompa dell'olio. **54.** ~ refinery (*ind.*), raffineria di petrolio. **55.** ~ retainer (*mech.*), paraolio. **56.** ~ rights (for extracting oil) (*min. - law*), diritti di estrazione del petrolio. **57.** ~ ring (*mot.*) (Brit.), anello raschiaolio. **58.** ~ sand (*geol.*), sabbia petrolifera. **59.** ~ sand mixture (*found.*), sabbia preparata con olio agglomerante. **60.** ~ scraper ring (*mot.*), anello raschiaolio. **61.** ~ seal (*mech.*), tenuta d'olio, paraolio. **62.** ~ seal ring (*mech.*), anello per tenuta olio, anello paraolio. **63.** ~ shale (from which we can distill oil) (*min.*), scisto bituminoso. **64.** ~ slick (as an oil film floating on sea water) (*ecol.*), chiazza di greggio (o nafta) sul mare. **65.** ~ splash guard (*mech.*), paraolio. **66.** ~ stone (*impl.*), pietra per affilare (da usare) ad olio. **67.** ~ string (*well drilling*), colonna di produzione. **68.** ~ sump (as of mot.) (*mech.*), coppa dell'olio. **69.** ~ sump (of radial aero-engine) (*mot.*), pozzetto dell'olio. **70.** ~ tank (*mot.*), serbatoio dell'olio. **71.** ~ tanker (*naut.*), petroliera. **72.** ~ temperature indicator (as of mot.), indicatore della temperatura dell'olio, termometro dell'olio. **73.** ~ thrower (as a ring, for lubrication) (*mech. - mach.*), lanciaolio, (anello) lanciaolio. **74.** ~ tight (*a. - mech.*), a tenuta d'olio. **75.** ~ tree (*bot.*), ricino. **76.** ~ well (*min. ind.*), pozzo petrolifero. **77.** ~ window (in mach.), spia olio. **78.** ~ yard (*min.*), cantiere petrolifero. **79.** acid free ~, olio privo di acidità. **80.** almond ~ (*ind.*), olio di mandorle. **81.** animal ~, olio animale. **82.** anthracene ~ (tar distillation) (*ind. chem.*), olio di antracene. **83.** arachis ~ (peanut oil) (*chem.*), olio d'arachidi. **84.** bergamot ~ (used in perfumery), essenza di bergamotto. **85.** blubber ~ (whale oil) (*chem.*), olio di balena. **86.** bunker ~ (for ships) (*comb.*), nafta per caldaie (o motori). **87.** burnt ~ (used oil) (*lubricant*), olio bruciato. **88.** caraway ~ (*liquors ind.*), olio essenziale di carvi, essenza di carvi. **89.** carbolic ~ (tar distillation) (*chem. ind.*), *see* coal tar (middle) oil. **90.** castor ~, olio di ricino. **91.** clove ~ (*ind.*), essenza di garofano. **92.** coal ~, petrolio. **93.** coal-tar ~ (*ind.*), olio di catrame. **94.** coconut ~, olio di cocco. **95.** codliver ~ (*pharm.*), olio di fegato di merluzzo. **96.** corn ~ (*ind.*), olio di granturco, olio di mais. **97.** cotton seed ~ (*ind.*), olio di cotone. **98.** crude ~ (*comb.*) (Brit.), petrolio greggio. **99.** cutting ~ (for mach. t. working) (*mech.*), olio da taglio. **100.** detergent ~ (lubricant) (*chem. - mot.*), olio detergente. **101.** Diesel ~ (flash point 168° F), gasolio, nafta per motori. **102.** drying ~ (*paint. ind.*), olio siccativo. **103.** easing ~ (used to facilitate the unscrewing as of rusted nuts) (*mech.*), olio per sbloccare. **104.** E.P. ~ (extreme pressure oil) (*mach. - chem. ind.*), olio per altissime pressioni. **105.** essential ~ (*chem.*), olio essenziale. **106.** extra heavy ~ (*lubricant*), olio extra denso. **107.** fish ~, olio di pesce. **108.** fixed ~ (not volatile) (*chem.*), olio fisso, olio non volatile. **109.** fuel ~ (*comb.*), nafta, olio combustibile, olio pesante. **110.** gas ~, *see* Diesel oil. **111.** grapestone ~

(*ind.*), olio di vinaccioli. **112.** graphitic ~ (for lubrication), olio grafitato. **113.** heavy-duty ~ (for lubricating) (*ind. chem.*), olio lubrificante per servizio pesante (o gravoso). **114.** hemp ~ (*ind.*), olio di canapa. **115.** husk ~ (*ind.*), olio di sansa. **116.** hydraulic ~ (as for brake system) (*mech.*), olio (fluido) per comandi idraulici. **117.** inhibited ~ (lubricant oil containing additives to avoid any tendency of piston rings to stick) (*aer. mot.*), olio additivato. **118.** insulating ~ (as for transformers, circuit breakers etc.) (*elect.*), olio isolante. **119.** lard ~, olio di lardo. **120.** light crude ~ (*chem. ind.*), petrolio grezzo leggero. **121.** light ~ (*lubricant*), olio fluido. **122.** linseed ~, olio di lino. **123.** liver ~ (*pharm. - chem.*), olio di fegato. **124.** long ~ (*paint.*), lungo olio. **125.** long ~ alkyd (*paint.*), alchidica lungo olio. **126.** long ~ varnish (*paint.*), vernice lungo olio. **127.** loom and spindle ~ (lubricating oil for text. machinery) (*chem. ind.*), olio per macchinario tessile. **128.** lubricating ~, olio lubrificante. **129.** medium heavy ~ (*lubricant*), olio semidenso. **130.** mineral ~, olio minerale. **131.** mineral seal ~ (*min. product*), petrolio illuminante. **132.** mixed-base crude ~ (*chem. ind.*), petrolio grezzo a base mista. **133.** naphthenic-base crude ~ (*ind. chem.*), petrolio grezzo a base naftenica. **134.** non-drying ~ (*chem.*), olio non siccativo. **135.** olive ~ (*agric.*), olio di oliva. **136.** palm kernel ~ (*ind.*), olio di palmisti. **137.** palm nut ~ (*ind.*), olio di palmisti. **138.** palm ~, olio di palma. **139.** paraffin-base crude ~ (*chem. ind.*), petrolio grezzo a base paraffinica. **140.** paraffin ~ (*ind. chem.*), olio di paraffina. **141.** peanut ~ (*ind.*), olio di arachidi. **142.** pressure ~ (*mot.*), olio di mandata. **143.** rancid ~, olio rancido. **144.** rape ~ (*ind.*), olio di ravizzone. **145.** rapeseed ~ (*ind.*), olio di ravizzone. **146.** refined ~ (*ind.*), olio raffinato. **147.** revolving ~ dip ring (of a bearing) (*mech.*), anello lubrificatore. **148.** scavenge ~ (*mot.*), olio di ricupero. **149.** schist ~, olio di schisto. **150.** sesame ~, olio di sesamo. **151.** shale ~ (*comb.*), olio di schisto. **152.** short ~ (low ratio between oil and resin in a varnish medium) (*paint.*), corto olio. **153.** short ~ alkyd (*paint.*), alchidica corto olio. **154.** short ~ varnish (*paint.*), vernice corto olio. **155.** soybean ~ (*ind.*), olio di soia. **156.** sperm ~ (*ind.*), olio di spermaceti. **157.** spindle ~ (*chem. ind.*), olio per fusi. **158.** stand ~ (used in paints), standolio. **159.** steam turbine ~ (*lubricant*), olio (lubrificante) per turbine a vapore. **160.** sunflower ~ (*paint.*), olio di girasole. **161.** super heavy ~ (*lubricant*), olio extradenso. **162.** tallow ~ (*ind.*), olio di sego. **163.** thick ~, olio denso. **164.** thin ~, olio fluido. **165.** to drain the ~ (*mech.*), scaricare l'olio. **166.** to let off the ~, scaricare l'olio. **167.** tung ~, olio di tung, olio di legno cinese. **168.** vegetable ~, olio vegetale. **169.** viscous ~, olio denso. **170.** volatile ~ (*chem.*), olio essenziale. **171.** wash ~ (oil used for washing gas) (*gas mfg.*), petrolio di (o per) lavaggio. **172.** whale ~, olio di balena.

oil (to) (*mech.*), lubrificare con olio.

oilcan (oiler) (*t.*), oliatore a mano.

"oilcanning" (panting, a bulging outward of the metal skin of an aircraft) (*aer.*) (coll.), bombatura (o "impolmonimento") della lamiera.

oilcloth (waterproof cloth impregnated with paint), tela cerata.

oilcup (oil cup, connected with the mach. part to be lubricated) (*mech.*), oliatore a tazza.

oiled (*mech.*), lubrificato. **2.** ~ (as of paper) (*paper mfg. - etc.*), oleato.

oil-electric, *see* diesel-electric.

oiler (*t.*), oliatore. **2.** ~ (oil tanker) (*naut.*, petroliera. **3.** ~ (oil well) (*min.*) (Am. coll.), pozzo petrolifero. **4.** ~ (fed by oil) (*ship*), nave alimentata ad olio combustibile. **5.** ball ~ (lubricator) (*mech. - mach.*), oliatore a sfera. **6.** cup ~ (*mech. - mach.*), oliatore a tazza. **7.** drip-feed ~ (*mech.*), oliatore a gocce. **8.** sight-feed ~ (visible through a transparent tube etc.) (*mech.*), oliatore a goccia visibile.

oilfeeder (*mech. impl.*) (Brit.), oliatore a pressione.

"oil-fired" (as of a boil.) (*a. - ind.*), a nafta.

oil-harden (to) (*heat-treat.*), temprare in olio.

oil-hardening (*heat-treat.*), tempra in olio.

oilhole (as in a bearing) (*mech.*), foro di lubrificazione. **2.** ~ drill (*t.*), punta da trapano con foro di lubrificazione.

oiling (oil lubrication) (*mech.*), lubrificazione ad olio. **2.** ~ (of wool) (*wool ind.*), oliatura.

oil-in-water (*a. - chem. - mech. ind.*), relativo ad olio emulsionato.

oilless (*a. - mech.*), senza olio. **2.** ~ bearing (*mech.*), cuscinetto autolubrificante.

oillet, *see* eyelet.

oilometer (oil tank) (*gen.*), serbatoio dell'olio. **2.** ~ (*instr.*), *see also* oleometer.

oilpaper (*paper mfg.*), carta oleata.

oilproof (*a. - gen.*), impermeabile all'olio.

oilskin (waterproof cloth), tela impermeabilizzata (con olio).

oilstone (*mech.*), pietra per affilare (da usare con olio).

oil-temper (to) (to harden by oil quenching) (*mech. proc.*), temprare in olio.

oiltight (*a. - mech.*), a tenuta d'olio.

oilway (for lubricating purpose) (*mech.*), canale dell'olio.

oily (unctuous, containing oil) (*a. - gen.*), oleoso, untuoso, contenente olio.

ointment (unguent) (*pharm. chem.*), unguento.

OK (all correct, all right) (*documents - etc.*), sta bene, approvato.

OK (to) (to approve) (*documents - etc.*), approvare, dare benestare, vistare.

"OL", *see* overload.

Oldham coupling (*mech.*), giunto di Oldham per alberi leggermente disassati.

oleate (*chem.*), oleato.

olefin, olefine (unsaturated hydrocarbon) (*chem.*), olefina, idrocarburo non saturo (a catena aperta).
oleic (*chem.*), oleico. **2.** ~ acid (*chem.*), acido oleico.
oleiferous (as of seed) (*a. - agric.*), oleoso.
olein, oleine (*chem.*), oleina.
oleo gear (hydraulic shock-absorber) (*mech.*), ammortizzatore idraulico.
oleograph, oleografia.
oleomargarine (*chem.*), oleomargarina.
oleometer (*phys. instr.*), oleometro.
oleorefractometer (for meas. the refraction of oils) (*phys. instr.*), oleorifrattometro.
oleoresin (*chem.*), oleoresina.
oleo strut (*aer.*), gamba elastica (con ammortizzatore oleopneumatico). **2.** ~ (shock absorber) (*veh. - landing gears*), ammortizzatore oleopneumatico.
oleum (fuming sulphuric acid) (*chem.*), oleum, olio di vetriolo, acido solforico fumante.
olfactronics (odors science) (*phys.*), studio scientifico degli odori.
oligist (*min.*), oligisto.
Oligocene (*geol.*), oligocene.
oligochronometer (*time meas. instr.*), cronometro per la misura di intervalli di tempo piccolissimi.
oligoclase (*min.*), oligoclasio.
oligodynamic (*chem.*), oligodinamico.
oligomer (*chem.*), parzialmente polimerizzato.
oligopoly (subdivision of the market among two or more producers) (*econ.*), oligopolio.
oligopsony (market condition in which there are few purchasers and many producers of a given article) (*comm.*), oligopsonio.
olive (*tree*), olivo, ulivo. **2.** ~ (fruit) (*agric.*), oliva. **3.** ~ oil (*agric.*), olio di oliva.
olivine [(Mg Fe)$_2$ SiO$_4$] (*min.*), olivina.
olona (fiber for making ropes resistant to sea water) (*naut.*), fibra olona.
ombrometer (rain gauge) (*meteorol. instr.*), pluviometro.
ombudsman (one that investigates complaints and helps to obtain fair settlements) (*law - finan. - etc.*), difensore civico, magistrato indipendente incaricato di dirimere controversie tra cittadini ed istituzioni.
omega (omega meson) (*atom phys.*), mesone omega. **2.** ~ (the last letter of the Greek alphabet: ω) (*gen.*), omega, ω. **3.** ~ hyperon (omega particle) (*atom. phys.*), iperone omega. **4.** ~ particle (having 3280 times the mass of an electron) (*atom phys.*), particella omega.
omit (to) (as a word) (*off. - etc.*), omettere.
omnibearing (bearing of an omnidirectional radio station) (*radio navig. - aer.*), rilevamento di una radiostazione omnidirezionale.
omnibus (bus, public vehicle for transporting passengers) (*aut.*), autobus. **2.** ~ (steel-sheet cover for protecting articles in the lehr) (*glass mfg.*), lamiera protettiva. **3.** ~ bar (*elect.*), *see* bus-bar. **4.** ~ train (stopping at all stations) (*railw.*), accelerato, treno omnibus.
omnidirectional (said of an antenna, a microphone etc.) (*a. - radio - electroacous.*), onnidirezionale. **2.** ~ radio range, *see* omnidirectional range. **3.** ~ range (system using several stations broadcasting a short-range, high-frequency beacon in all directions) (*aer.*), (sistema di) radionavigazione (aerea) onnidirezionale.
omnifocal (*a. - spectacles*), varilux, bifocale con passaggio graduale da una focalità all'altra.
omnirange, *see* omnidirectional range.
omniscope, *see* periscope.
"ON", *see* octane number.
on (engaged, operating: as of a brake or elect. current) (*a. - gen.*), inserito. **2.** ~ (open: as of a cock) (*a. - gen.*), aperto. **3.** ~ (live: of an elect. circuit) (*a. - elect.*), chiuso. **4.** ~ (*adv. - gen.*), in funzionamento, in funzione. **5.** ~ behalf of (*gen.*), a nome di, per conto di. **6.** ~ chip (on the same integrated circuit) (*elics. - comp.*), sullo stesso circuito (integrato). **7.** ~ hand (of goods) (*comm.*), in magazzino, a scorta. **8.** ~ load (*elect.*), sotto carico. **9.** ~-off (of a cock) (*pip.*), aperto-chiuso. **10.** ~-off (of elect. circuit) (*elect.*), chiuso-aperto. **11.** ~-off (of a machine) (*mach.*), marcia-arresto. **12.** ~-off (of a coupling) (*mech.*), innestato-disinnestato. **12.** ~ pension (*work.*), in pensione. **13.** ~ sale (*comm.*), in vendita. **14.** ~ the stock (under construction) (*bldg. - naut. - etc.*), in costruzione, in cantiere.
onager (old catapult) (*milit.*), onagro, catapulta.
onboard (as of a guidance system carried within rocket) (*a. - veh.*), di bordo. **2.** ~ (on the same printed circuit) (*a. - elics. - comp.*), sullo stesso circuito (stampato). **3.** ~ station (*radio - aer. - naut.*), stazione trasmittente di bordo.
on-camera (within camera range) (*phot. - telev. - m. pict.*), in campo.
once (nonrecurrent, as of an expense) (*adm. - etc.*), "una tantum".
"once-run" (said of oil run only once through the still) (*a. - min.*), a processo diretto, senza riciclo.
"once-through" (*a. - min.*), *see* once-run.
oncost (overhead expenses of a factory, off. etc.) (*adm.*) (Brit.), spese generali. **2.** selling ~ (*comm. - adm.*), spese generali di vendita, spese commerciali.
ondogram (autographic record of the ondograph) (*elect.*), ondogramma.
ondograph (*elect. instr.*), ondografo.
ondometer (indicating the frequency of electromagnetic waves) (*instr.*), ondametro, cimometro.
one (*n. - math.*), uno. **2.** ~ (*a. - gen.*), unico. **3.** one's complement (*comp.*), complemento a uno.
one-dimensional (linear) (*a. - comp.*), lineare.
one-man (as of a crank) (*a. - mech.*), azionata da un solo uomo.
one-off (limited to a single time) (Brit.) (*a. - gen.*), per una sola volta, non ripetibile.

one-pipe (*a. - gen.*), ad un solo tubo. **2.** ~ hot-water system (*pip. - heating*), impianto di riscaldamento ad acqua calda distribuita con tubo unico. **3.** ~ steam system (*heating - pip.*), impianto di riscaldamento a vapore distribuito con tubo unico.

one-point perspective, *see* parallel perspective.

one-shot, oneshot (*a. - elect. - elics. - etc.*), a impulso singolo.

one-sided (*a. - gen.*), unilaterale.

"one-stop shopping center" (shopping center with a covered shopping area and a large parking area for customers cars) (*city planning - comm.*), centro commerciale con parcheggio.

one-tailed test (*stat.*), test unilaterale.

one-track (*a. - railw.*), ad un solo binario.

one-way (as of a street) (*a. - road traff.*), a senso unico.

on-hook (line free and full possibility to be called) (*teleph. - comp.*), libero, condizione di ricevitore attaccato.

onionskin (kind of paper, thin and translucent) (*paper mfg.*), pelle d'aglio, carta traslucida.

on-line (in direct communication with a computer) (*a. - comp.*), in linea, collegato direttamente con l'elaboratore. **2.** ~ (said as of a peripheral unit when interacting with a comp.) (*comp.*), in linea. **3.** ~ (operational state: as of a system or of an unit ready to operate) (*a. - comp. - etc.*), operativo, pronto. **4.** ~ (performed in real-time) (*a. - comp.*), in tempo reale. **5.** ~ (served by a particular railroad connected to the main railroad: as of a factory) (*a. - railw. - ind.*), raccordato, provvisto di raccordo ferroviario.

online, *see* on-line.

onroll (*naut. - aer.*), rullata.

onset (connection, as of the full load on a generator) (*elect. - etc.*), inserzione, applicazione. **2.** ~ (electrostatic printing) (*print.*), *see* electronography.

on-the-fly (on-the-fly printer), *see at* printer.

on-the-job (said of something learned during the working on a job) (*a. - gen.*), acquisito sul lavoro, appreso nel corso del lavoro.

onward (of space or time) (*adv. - gen.*), avanti, in avanti.

onyx (*min.*), onice.

oölite (*rock*), oolite.

"OOO" (out of order) (*gen.*), guasto, fuori servizio.

ooze (as in the bed of a river) (*gen.*), fanghiglia. **2.** ~ (tan liquor) (*leather ind.*), liquore conciante. **3.** ~ leather (velvet leather) (*leather ind.*), scamosciato (*s.*).

ooze (to) (to emit: as moisture) (*phys.*), trasudare.

opacifier (*chem. - etc.*), opacizzante.

opacimeter (*instr.*), opacimetro, nefelometro.

opacity (*phys.*), opacità. **2.** ~ (to radiant energy) (*light - sound - electromag. waves - etc.*), opacità. **3.** ~ (hiding power) (*paint.*), potere coprente.

opal (hydrated $SiO_2 \cdot nH_2O$) (*min.*), opale. **2.** ~ glass (*glass mfg.*), vetro opalino.

opalescence (*phys.*), opalescenza. **2.** milky ~ (as of a paint) (*gen.*), lattescenza, opalescenza lattea.

opaline (*n. - glass mfg.*), *see* opal glass.

opaque (*phys.*), opaco. **2.** ~ (opaque paint used to block out sections or areas of a negative) (*n. - phot.*), vernice coprente (per ritocco negativi).

opaqueness (*phys.*), opacità.

opaquing (painting of pin-holes or scratches on photographic negatives) (*phot.*), ritocco di negativi (con vernice coprente).

OPC motor (Outboard Pleasure Craft motor) (*naut.*), motore fuoribordo per imbarcazioni da diporto.

"OPEC" (Organization of Petroleum Exporting Countries) (*oil producers*), OPEC, organizzazione dei paesi esportatori di petrolio.

open, aperto. **2.** ~ (as of a belt) (*a. - mech.*), non incrociata, aperta. **3.** ~ (of a town) (*milit.*), aperta. **4.** ~ (type of elect. mach., of elect. app., of elect. mot.) (*elect.*), aperto, di costruzione aperta, in esecuzione aperta. **5.** ~ (granular) (*a. - soap mfg.*), granulare. **6.** ~ (*aut.*), aperto. **7.** ~ (open-chain) (*a. - chem.*), a catena aperta. **8.** ~ (free from obstruction) (*a. - gen.*), libero, non ostruito. **9.** ~ (porous) (*a. - gen.*), poroso, friabile. **10.** ~ (without cover) (*a. - bldg. - naut. - etc.*), aperto, senza copertura. **11.** ~ (*a. - math.*), aperto. **12.** ~ (break: as in a circuit) (*n. - elect.*), interruzione. **13.** ~ air (*gen.*), aria aperta. **14.** ~ antenna (*radio*), antenna aperta. **15.** ~ chain (*chem.*), catena aperta. **16.** ~ cheque (*banking*) (Brit.), assegno non sbarrato. **17.** ~ circuit (*elect.*), circuito aperto. **18.** ~ cup (in oil tests) (*chem. impl.*), vaso aperto. **19.** ~ die (*mech. technol.*), stampo aperto. **20.** ~ grain (open - grained) (*a. - gen.*), a grande porosità. **21.** ~ letter (of protest or appeal) (*gen.*), lettera aperta. **22.** ~ loop (a control system without self-correction) (*electromech.*), (sistema di) comando senza auto-correzione. **23.** ~ market (*comm.*), mercato libero. **24.** ~ mill (as in rubber mfg.) (*ind. mach.*), mescolatore aperto. **25.** ~ motor (*elect. mot.*), motore aperto, motore di costruzione aperta, motore in esecuzione aperta. **26.** ~ reel (relating to standard $^1/_2''$ magnetic tape reel, opposed to cassette tape) (*electroacous. - comp.*), bobina aperta (di tipo commerciale). **27.** ~ sea (*naut.*), alto mare. **28.** ~ shed (as in Jacquard loom) (*text. ind.*), passo aperto. **29.** ~ shedding (*text. ind.*), battuta a passo aperto. **30.** ~ state (as of cotton) (*text. ind.*), sciolto, aperto. **31.** ~ station (to which freight can be shipped for payment at delivery) (*railw.*), stazione con spedizioni a porto assegnato. **32.** ~ storage (*gen.*), deposito all'aperto.

open (to), aprire. **2.** ~ (to inaugurate as an exhibition) (*comm.*), inaugurare. **3.** ~ (*soap mfg.*), *see* to salt out. **4.** ~ (to act a logical connection: as to open a channel, a file etc.) (*comp.*), aprire. **5.** ~ a circuit (*elect.*), aprire un circuito. **6.** ~ an account (*finan.*), aprire un conto. **7.** ~ fire (*milit.*), aprire il fuoco. **8.** ~ the throttle (as in a carburetor) (*mot.*), aprire la farfalla (del carburatore).

openable (*a. - gen.*), apribile.

open-air (*a. - gen.*), all'aria aperta.

openband twisting (*text. ind.*), torsione da sinistra a destra.

opencast (*a. - min.*), a cielo aperto, a giorno.

open-chain (*a. - chem.*), a catena aperta.

open-circuit (*a. - telev.*), a circuito aperto.

opencut (open sky mine) (*min.*), cava. **2.** ~ (*railw. - road constr.*), taglio in trincea.

open-ended (as of a technical system permitting expansion) (*comp.*), a struttura aperta.

opener (that which opens) (*t.*), utensile per aprire. **2.** ~ (*text. ind. mach.*), apritoio meccanico. **3.** automatic electric door ~ (*bldg.*), apriporte elettrico. **4.** beater ~ (*text. ind. mach.*), apritoio con battitoio. **5.** can ~ (can preparer) (*text. mach.*), apritoio a vasi. **6.** can ~ (tin opener) (*t.*), apriscatole. **7.** cylinder ~ (*text. ind. mach.*), apritoio a tamburo. **8.** door ~ (*bldg. - autobus - railw. - etc.*), apriporta. **9.** letter ~ (letter knife) (*off. t.*), tagliacarte. **10.** porcupine ~ (*text. ind. mach.*), apritoio (piccolo) con tamburo a denti. **11.** vertical ~ (*text. ind. mach.*), apritoio verticale.

open-hearth (*a. - metall.*), relativo al processo (con forno) Martin-Siemens. **2.** ~ process (*metall.*), processo Martin-Siemens.

opening (width, span) (*gen.*), larghezza, luce. **2.** ~ (act of opening: as of a valve) (*mech.*), apertura. **3.** ~ (passage, gap) (*mech.*), apertura. **4.** ~ (as of cotton) (*text. ind.*), apritura. **5.** ~ (inauguration, as of an exhibition) (*comm.*), inaugurazione. **6.** ~ (opportunity: as of improvement in profession) (*pers.*), opportunità, occasione. **7.** ~ bit (broach, reamer) (*t.*), broccia, alesatore. **8.** ~ machine (*text. ind. mach.*), apritoio meccanico. **9.** ~ speech (*adver. - etc.*), discorso di apertura. **10.** ~ time (of a parachute) (*aer.*), tempo di apertura. **11.** delayed ~ (of a parachute) (*aer.*), apertura ritardata. **12.** feed ~ (as of a machine gun) (*milit.*), sportello di alimentazione. **13.** lens ~ (lens aperture, lens stop, diaphragm) (*phot.*), apertura di diaframma. **14.** ventilation ~ (part which is opened) (*arch.*), apertura per la ventilazione.

openness (*n. - gen.*), apertura. **2.** ~ of grains (*metall.*), struttura aperta.

openwork (*min.*), coltivazione a cielo aperto.

operable (as of a system in operating condition) (*comp.*), in grado di funzionare.

opera glass (*opt. instr.*), binocolo da teatro.

operand (quantity to be operated) (*n. - comp.*), operando.

operate (to) (a mine) (*min. - ind.*), coltivare, sfruttare. **2.** ~ (to put, or keep in action) (*mech.*), azionare, far funzionare. **3.** ~ (as a transport line) (*comm.*), esercire, gestire. **4.** ~ (to manage data etc.) (*comp.*), gestire.

operated (*mech.*), azionato, comandato. **2.** ~ (*min.*), coltivato, sfruttato. **3.** battery ~ (as of an app.) (*ind. - etc.*), (funzionante) a batteria.

operating (*n. - gen.*), funzionamento. **2.** ~ (*a. - gen.*), funzionante. **3.** ~ cost (*adm.*), costo di esercizio. **4.** ~ data (*mech. technol. - mot.*), dati di funzionamento. **5.** ~ expenses (as of a factory) (*adm.*), spese di esercizio. **6.** ~ features (*mech. technol. - mot.*), caratteristiche di funzionamento. **7.** ~ frequency (*elect. - radio*), frequenza di lavoro. **8.** ~ lever (*mach.*), leva di manovra. **9.** ~ potential (*elect.*), tensione di funzionamento. **10.** ~ pressure (*gen.*), pressione di esercizio. **11.** ~ room (*surgery*), sala operatoria. **12.** ~ speed (cruising speed, of an aircraft) (*aer.*), velocità di crociera. **13.** ~ speed (cruising rpm, of an aircraft engine) (*aer.*), velocità di crociera. **14.** ~ system, "OS" (executive system) (*comp.*), sistema operativo, sistema esecutivo. **15.** ~ time (period of time of use: as of a comp.) (*comp.*), tempo di utilizzo. **16.** ~ time (as of relay etc.) (*elect.*), tempo di intervento.

operation (*finan.*), operazione. **2.** ~ (*milit.*), operazione. **3.** ~ (*technol. - mech.*), operazione. **4.** ~ (functioning: as of mot.), funzionamento. **5.** ~ (action of practical work: as the manual operation of welding) (*shop*), operazione. **6.** ~ (of a furnace) (*metall. - found.*), condotta. **7.** ~ (single step done during a program execution) (*comp.*), operazione. **8.** ~ code (function code) (*comp.*), codice di operazione. **9.** ~ line-up (*shop organ.*), disposizione delle operazioni in ciclo. **10.** ~ line-up sheet (*shop organ.*), cartellino del ciclo di lavorazione. **11.** ~ part (*comp.*), parte di una operazione. **12.** ~ record (*autom.*), piano di lavoro. **13.** operations research [operational research (Brit.)] (*ind. - etc. - organ.*) (Am.), ricerca operativa. **14.** ~ schedule (*factory organization*), ciclo di lavorazione. **15.** ~ sheet (as for the use of a mach.) (*gen.*), foglio istruzioni sul funzionamento. **16.** air-transport ~ (*aer.*), esercizio del trasporto aereo. **17.** arithmetic ~ (*comp.*), operazione aritmetica. **18.** auto ~ (as in "VTR" playing) (*audiovisuals*), funzionamento automatico. **19.** average calculating ~ (*comp.*), operazione media di calcolo. **20.** binary arithmetic ~ (*math. - comp.*), operazione aritmetica binaria. **21.** degreasing ~ (*shop*), operazione di sgrassatura. **22.** duplex ~, *see* duplex transmission. **23.** in ~ (in use: as of a mach.) (*gen.*), in funzione. **24.** inclined ~ up to 45° (as of an engine) (*mot.*), funzionamento con inclinazione fino a 45°. **25.** logic ~, logical ~ (*comp.*), operazione logica. **26.** manual ~ (*comp. - etc.*), operazione manuale. **27.** monadic ~ (operation on a single operand: unary operation) (*comp. - math.*), operazione monadica, operazione unaria. **28.** multiple ~ (as of two coupled locomotives that can be operated from either cab) (*railw.*), comando multiplo. **29.** off-line ~ (*comp.*), operazione fuori linea. **30.** on-line ~ (*comp.*), operazione in linea. **31.** parallel ~ (parallel to another operation) (*comp.*), operazione parallela. **32.** parallel ~ (as of elect. motors) (*elect.*), funzionamento in parallelo. **33.** real-time ~ (real-time processing) (*comp.*), operazione (o elaborazione) in tempo reale. **34.** red-tape operations (secondary operations) (*comp.*), operazioni secondarie. **35.** sequential ~ (*comp.*), operazione sequenziale. **36.** serial ~ (on sequential data) (*comp.*), operazione seriale. **37.** single-shot ~ (one-shot operation) (*comp.*), funzionamento passo-passo. **38.** single step ~, *see* single shot ~. **39.** start-stop ~ (as that of a taxi or municipal service vehicles) (*veh.*), funzionamento discontinuo. **40.** to come into ~ (as an agreement, price list etc.) (*comm.*), entrare in vigore. **41.** transfer ~ (*comp.*), operazione di trasferimento. **42.** unattended ~ (*comp. - etc.*), operazione non assistita, operazione automatica.

operational (*a. - milit.*), operativo. **2.** ~ amplifier (*elics.*), amplificatore operazionale. **3.** ~ ceiling (of aircraft or aircraft equipment) (*aer.*), tangenza di esercizio. **4.** ~ research [operations research (Am.)] (*ind. - etc. - organ.*) (Brit.), ricerca operativa.

operative (*n. - work.*), operaio, impiegato. **2.** ~ (with the power of operating) (*a. - ind.*), operativo. **3.** ~ (in active work) (*a. - gen.*), al lavoro.

operator (one attending the operation as of a mach. t.) (*work.*), operatore. **2.** ~ (worker that receives or transmits telephone, telegraph, radio calls), telefonista, telegrafista, radiotelegrafista. **3.** ~ (a math. symbol: as +, −, × etc.) (*math.*), simbolo (di operazione). **4.** ~ (a person attending to the comp. work) (*comp.*), operatore. **5.** ~ (that part of an instruction that indicates the action to be performed on operands) (*comp.*), operatore. **6.** operator's access code (relating to an operator identification character) (*comp.*), codice di accesso dell'operatore. **7.** ~ "ID", ~ identification character (*comp.*), carattere di identificazione dell'operatore. **8.** ~ interrupt (*comp.*), interruzione da parte dell'operatore. **9.** ~ side (of a machine) (*mach. t. - etc.*), lato operatore. **10.** crane ~ (*work.*), gruista. **11.** direction finder ~ (*radio*), radiogoniometrista. **12.** dyadic ~ (acting on two operands only) (*comp.*), operatore diadico. **13.** exchange ~ (*teleph.*), centralinista. **14.** machine ~ (*comp. pers.*), operatore di macchina. **15.** monotype ~ (monotyper) (*typ. - work.*), monotipista. **16.** wireless ~ (*aer. - naut.*), marconista.

operazionalize (to) (as: a veh., an equipment, a program) (*gen. - comp.*), rendere operativo.

ophite [$H_2Mg_3(SiO_4)_2H_2O$] (*rock*), ofite, serpentino (in molte varietà).

ophthalmodynamometer (*med. instr.*), oftalmodinamometro.

ophthalmometer (*opt. - med. - instr.*), oftalmometro, oftalmetro.

ophthalmoscope (*opt. instr.*), oftalmoscopio. **2.** electric ~ (*med. instr.*), oftalmoscopio elettrico. **3.** folding handle ~ (*med. instr.*), oftalmoscopio con manico pieghevole. **4.** rigid handled ~ (*med. instr.*), oftalmoscopio con manico rigido.

opinion (*gen.*), opinione. **2.** ~ poll (opinion research) (*comm.*), indagine d'opinione. **3.** to be of the ~ (*gen.*), essere dell'opinione, essere del parere.

opisometer (instr. for meas. curved lines, as on a map) (*instr.*), curvimetro.

"OPM" (Operations Per Minute) (*comp.*), (numero di) operazioni al minuto.

"opng", *see* opening.

"opp", *see* opposed, opposite.

opposed (as of cylinders) (*a. - mot.*), contrapposto, opposto. **2.** ~ cylinder engine (*mot.*), motore a cilindri contrapposti.

opposite (as the sides in a square) (*a. - geom.*), opposto. **2.** ~ (opposite to, facing) (*a. - gen.*), di fronte, affacciato, in faccia. **3.** ~ (contrarily moving, as two points moving apart along the same line) (*a. - gen.*), in senso contrario. **4.** ~ direction (*gen.*), senso contrario.

opposition (*astr.*), opposizione. **2.** phase ~ (of symmetrical alternating quantities) (*phys. - elect. - etc.*), opposizione di fase.

"opr", *see* operator.

"OPS" (Operations Per Second) (*comp. - etc.*), (numero di) operazioni al secondo.

"opt" (optical) (*a. - opt.*), ottico.

optic (*opt.*), ottico. **2.** ~ axis (of crystal) (*min.*), asse ottico.

optical (*a. - opt.*), ottico. **2.** ~ axis (*opt.*), asse ottico. **3.** ~ center (of a lens) (*opt.*), centro ottico. **4.** ~ character reader, "OCR" (*comp.*), lettore ottico di caratteri. **5.** ~ character recognition (*print. - comp.*), lettura ottica di caratteri. **6.** ~ comparator (*mech. instr.*), proiettore di profili. **7.** ~ compensation (of film movement) (*opt. - m. pict.*), compensazione ottica. **8.** ~ coupler (optoisolator, optocoupler, optical isolator, photo coupler) (*elics.*), fotoaccoppiatore, fotoisolatore, isolatore ottico. **9.** ~ disk, *see at* disk, disc. **10.** ~ fiber (a single strand of fiber optics) (*opt. - tlcm.*), fibra ottica singola. **11.** ~ electron, *see* valence electron. **12.** ~ gage (*meas. t.*), proiettore di profili. **13.** ~ glass (*opt.*), vetro d'ottica. **14.** ~ horizon (*astr.*), orizzonte ottico. **15.** ~ mark recognition, "OMR" (*comp.*), riconoscimento ottico di marcature. **16.** ~ maser, *see* laser. **17.** ~ path (*opt.*), percorso ottico. **18.** ~ pyrometer (*instr.*), pirometro ottico. **19.** ~ range (*opt.*), distanza visiva. **20.** ~ range (*radar - etc.*), portata ottica. **21.** ~ system (*opt.*), sistema ottico. **22.** ~ thickness (optical depth, of an illuminated plasma layer) (*plasma phys.*), spessore ottico. **23.** ~ train (*opt.*), complesso ottico. **24.** ~ type font (characters easily read by a human operator or an optical reader) (*comp.*), assortimento di caratteri per la lettura ottica. **25.** ~ waveguide, *see at* waveguide.

optician (glasses technician or dealer) (*opt.*), ottico.

optics (*n.*), ottica. **2.** electron ~ (*phys.*), ottica elettronica. **3.** geometrical ~ (*opt. - math.*), ottica geometrica. **4.** physical ~ (*phys.*), ottica ondulatoria, ottica. **5.** projection ~ (*m. pict. - opt.*), ottica da proiezione.

optimization (*gen.*), ottimazione.

optimize (to) (*operational research*), ottimizzare.

optimum (*n. - phys. - comm.*), optimum. **2.** ~ (optimal) (*a. - gen.*), ottimale. **3.** ~ quantity (*gen.*), quantitativo ottimale.

option (*comm. - finan.*), opzione. **2.** ~ (choice) (*n. - gen.*), scelta. **3.** right of ~ (*finan.*), diritto di opzione.

optional (*comm.*), facoltativo, a richiesta. **2.** ~ extra (of a car accessory) (*aut. comm.*), extra a richiesta, opzionale a pagamento.

optocoupler, *see* optical coupler.

optoelecronic (relating to light and elics.) (*a. - opt. - elics.*), optoelettronico. **2.** ~ switching (*elics. - opt.*), commutazione optoelettronica.

optoelectronics (related to a science dealing with electr., elics. and opt.) (*n. - opt. - elics.*), optoelettronica.

optoisolator, *see* optical coupler.

optometer (for meas. the distance at which a subject has a distinct vision) (*opt. instr.*), optometro.

"OQ" (oil quenching) (*heat-treat.*), tempra in olio.

"OR" (in Boolean algebra) (*comp. - math.*), somma logica. **2.** ~ (operational research) (*organ. - etc.*), RO, ricerca operativa. **3.** ~ circuit, *see* OR gate. **4.** ~ function (*comp.*), funzione OR. **5.** ~ gate (exclusive "OR" circuit, exclusive "OR" gate: logic element of Boolean algebra) (*comp.*), circuito OR, circuito di somma logica. **6.** exclusive ~ (either-or) (*comp. - etc.*), OR esclusivo. **7.** inclusive ~ (*comp.*), OR inclusivo.

Oracle (teletext system operated by a private telev.: see BBC Ceefax) (Brit.) (*n. - telev. service*), televideo.

orange (*agric.*), arancio. **2.** ~ color (*gen.*), arancione. **3.** ~ peel (as in lacquer spraying) (*paint.*), buccia d'arancia. **4.** ~ peel (drawing defect due to severe stretching) (*sheet metal w.*), pelle d'arancia, buccia d'arancia. **5.** ~ wrappers (*paper mfg.*), carta per agrumi.

oratory (*arch.*), oratorio.

"ORB" (Omni-directional Radio Beacon) (*aer. - radio*), radiofaro onnidirezionale.

"orb" (*astr. - astric.*), orbita. **2.** ~ (plane of the orbit) (*astr.*), piano dell'orbita.

orbit (*astr.*), orbita. **2.** stationary ~ (as of a satellite) (*ind. astric.*), orbita geostazionaria. **3.** to carry into ~ (as an artificial satellite by a rocket) (*astric.*), mettere in orbita.

orbit (to) (to fly on a circular path awaiting clearance to land) (*aer.*), volare su traiettoria circolare. **2.** ~ (to put in orbit, as a satellite around the moon, earth etc.) (*astric.*), mettere in orbita. **3.** ~ (to revolve in an orbit, as a satellite) (*astric.*), girare in orbita, orbitare.

orbital (*a. - astric. - astr.*), orbitale. **2.** ~ flight (as of a satellite or space vehicle) (*astric.*), volo orbitale, volo in orbita.

orbiting (*a. - gen.*), orbitante.

orchestra (the space used in modern theatres by the musicians) (*arch.*), orchestra. **2.** ~ (all the main floor) (*theatre*), platea.

orchil (orchilla, archil, coloring substance) (*ind.*), oricello.

"ord", *see* order.

order (*comm.*), ordinazione, commissione. **2.** ~ (command), ordine. **3.** ~ (as for payment) (*adm.*), mandato. **4.** ~ (regular arrangement), ordine. **5.** ~ (instruction) (*comp.*), ordine, istruzione. **6.** ~ (*arch.*), ordine. **7.** ~ (degree) (*math.*), ordine, grado. **8.** ~ distributor (as in a n. c. mach. t.) (*comp. - elics.*), distributore di istruzioni, distributore di ordini. **9.** ~ letter (*comm.*), lettera d'ordine. **10.** ~ number (job order or work order number) (*factory organ.*), numero dell'ordine di lavoro. **11.** ~ of enforcement (exequatur) (*law*), exequatur. **12.** back ~ (order held for future delivery) (*comm.*), ordine differito. **13.** blanket ~ (open order, not definite order) (*ind.*), ordine aperto, ordine generale. **14.** charge ~ number (work order number) (*work organ.*), numero della commessa. **15.** Corinthian ~ (*arch.*), ordine corinzio. **16.** customer's ~ number (*comm. work organ.*), numero dell'ordine del cliente. **17.** Doric ~ (*arch.*), ordine dorico. **18.** firm ~ (*ind.*), ordine impegnativo. **19.** floating-point ~ (*comp.*), ordine a virgola mobile, istruzione a virgola mobile. **20.** formal ~ (*adm. - gen.*), ordine regolare. **21.** Ionic ~ (*arch.*), ordine ionico. **22.** logic ~ (*comp.*), ordine logico, istruzione logica. **23.** low ~ (relating to the smallest value of a digit: in the rightmost position) (*comp.*), ordine basso. **24.** mail ~ (*comm.*), ordine per corrispondenza. **25.** money ~ (*comm.*), vaglia. **26.** one-address ~ (*comp.*), ordine a un solo indirizzo, istruzione a un solo indirizzo. **27.** on ~ (*comm.*), in ordinazione. **28.** production ~ (*ind. - comm.*), commessa. **29.** purchase ~ (*comm.*), ordine d'acquisto. **30.** standing ~ (as for a periodical publication) (*comm.*), ordine permanente. **31.** telegraphic money ~ (*finan.*), vaglia telegrafico. **32.** tentative ~ (*ind.*), ordine informativo. **33.** to ~ (as made to order), (*n. - comm.*), su ordinazione. **34.** work ~ (*ind. comm.*), commessa. **35.** zero-address ~ (*comp.*), ordine senza indirizzo, istruzione senza indirizzo.

order (to) (to command), ordinare. **2.** ~ (to place an order) (*purchase department*), ordinare. **3.** ~ (to put in order), mettere in ordine, riordinare.

ordered (*a. - math.*), ordinato.

orderly (soldier) (*n. - milit.*), piantone. **2.** ~ (*a. gen.*), in ordine.

ordinal (*a. - math.*), ordinale.

ordinary (*a. - gen.*), ordinario, comune. **2.** ~ leave (*milit.*), licenza ordinaria. **3.** ~ ray (of refraction)

(*opt.*), raggio fondamentale. **4.** ~ wool (card wool) (*wool ind.*), lana comune, lana da carda.
ordinate (*math.*), ordinata.
ordinance (*artillery*), servizio artiglieria e motorizzazione.
ore (*min.*), minerale. **2.** ~ beneficiation (*min.*), arricchimento dei minerali. **3.** ~ body (*min.*), giacimento di minerale. **4.** ~ dressing (*min.*), trattamento dei minerali, preparazione meccanica dei minerali. **5.** ~ pocket (*min.*), silo sotterraneo per minerale. **6.** ~ process (Siemens process) (*metall.*), metodo al minerale, processo Siemens. **7.** ~ pulp (ore mud) (*min.*), torbida. **8.** bell-metal ~ (*min.*), *see* stannite. **9.** brown iron ~ (*min.*), limonite. **10.** dry-bone ~ (*min.*), *see* smithsonite.
organ (*mus. instr.*), organo. **2.** electric ~ (*mus. instr.*), organo elettro-acustico. **3.** two-manual ~ (*mus. instr.*), organo a due tastiere.
organdy, organdie (muslin), organdi, organdis.
organic (*a. - chem.*), organico. **2.** ~ chemistry (*chem.*), chimica organica.
organization (*gen.*), organizzazione. **2.** ~ and methods (*organ.*), organizzazione e metodi. **3.** ~ chart (schematic chart of the different departments of a company or factory) (*work organ.*), organigramma. **4.** field ~ (*comm. - etc.*), organizzazione periferica. **5.** horizontal ~ structure (*ind. organ.*), struttura organizzativa orizzontale. **6.** vertical ~ structure (*ind. organ.*), struttura organizzativa verticale.
organize (to) (*gen.*), organizzare. **2.** ~ a race (*sport*), organizzare una corsa.
organzine (kind of silk), organzino.
"orgn", *see* organization.
oriel (bay window) (*arch.*), balcone chiuso a vetrata, "bovindo".
orient (east), oriente. **2.** ~ (as of a pearl), oriente, translucidità profonda.
orient (to), orientare. **2.** ~ (as a map) (*top.*), orientare. **3.** ~ oneself, orientarsi.
oriental (*a. - geogr.*), orientale. **2.** ~ rug (or carpet) (*text. ind.*), tappeto orientale. **3.** ~ walnut (*wood*), noce australiano.
orientation, orientamento. **2.** basal ~ (of the camera) (*photogr.*) orientamento della base. **3.** molecular ~ (*material structure*), orientamento molecolare. **4.** relative ~ (of the camera) (*photogr.*), orientamento reciproco.
orienting, orientamento.
orifice (*mech.*), orifizio. **2.** ~ (*hydr.*), bocca. **3.** ~ plate (flange with a calibrated hole) (*pip.*), flangia con foro calibrato, flangia modulatrice. **4.** thin-plate ~ (for fluids meas.) (*hydr. - pip.*), diaframma idrometrico, luce in parete sottile. **5.** ~, *see also* aperture 1 ~, hole 1 ~.
origin (*gen.*), origine. **2.** ~ of a force (*theor. mech.*), punto di applicazione di una forza. **3.** certificate of ~ (*comm.*), certificato di origine.
original (as of a book) (*n. - print. - edit.*), originale manoscritto, dattiloscritto. **2.** ~ (*n. - photomech.*), originale. **3.** line ~ (*photomech.*), originale al tratto. **4.** screen ~ (*photomech.*), originale a retino.
originate (to) (*comp. - etc.*), dare inizio.
origination (the process of preparing the input data in a form understandable by comp.) (*comp.*), preparazione (di dati) in forma accettabile (dal calcolatore).
O ring (ring gaskets of synthetic rubber) (*hydropneumatic mech. - oleopneumatic mech. - etc.*), "O ring", anello di tenuta toroidale.
Orion (*astr.*), Orione.
orlop (lowest deck) (*naut.*), corridoio. **2.** ~ beam (*naut.*), baglio di corridoio. **3.** ~ deck (*naut.*), ponte di corridoio.
ormolu varnish (*paint.*), vernice alla porporina.
ornament (*arch.*), ornamento, decorazione.
ornamental, ornamentale.
ornithopter (*theor. aircraft*) (Brit.), ornitottero, alibattente.
orogenesis (orogeny, orogenesy) (*geol.*), orogenesi.
orogenesy (orogenesis, orogeny) (*geol.*), orogenesi.
orogeny (orogenesis, orogenesy) (*geol.*), orogenesi.
orography (*geogr.*), orografia.
orometer (*instr.*), altimetro.
oropesa float (used in marine mine-sweeping) (*navy*) (Brit.), galleggiante divergente.
orpiment (arsenic trisulphide As_2S_3) (*chem. - min.*), orpimento, trisolfuro d'arsenico.
Orsat apparatus (flue gas analyzer) (*chem. app.*), apparecchio di Orsat, apparecchio per l'analisi dei gas (combusti).
orthicon (*telev.*), orticonoscopio.
ortho (short for orthochromatic) (*phot.*), orto.
orthocenter (intersection point of the three altitudes of a triangle) (*geom.*), ortocentro.
orthochromatic (*phot.*), ortocromatico.
orthoclase ($KAlSi_3O_8$) (*min.*), ortoclasio, ortosio.
orthodromic (*a.*), ortodromico. **2.** ~ airway map (*milit. - aer.*), carta aeronautica ortodromica. **3.** ~ sailing (*naut.*), navigazione ortodromica.
orthodromy (*naut.*), ortodromia.
orthoforming (a cathalitic reforming process) (*ind. chem.*), processo orthoforming. **2.** fluid ~ (*ind. chem.*), processo orthoforming a letto fluidificato.
orthogonal (*geom.*), ortogonale. **2.** ~ (with scalar product zero) (*a. - vectors*), ortogonale.
orthogonalization (*math.*), ortogonalizzazione.
orthograph (orthographic projection, of a building) (*arch.*), ortografia, alzato.
orthographic (*a.*), ortografico. **2.** ~ projection (*geom.*), proiezione ortogonale. **3.** ~ projection (of a map) (*cart.*), proiezione ortografica.
orthohydrogen (*chem.*), ortoidrogeno.
orthonon (sensitive to blue and violet) (*phot. material*), materiale sensibile solamente al violetto ed al blu.
orthonormal (said of a normalized orthogonal system) (*a. - math.*), ortonormale.

orthopanchromatic (*a. - phot.*), ortopancromatico.
orthopter (*theor. aircraft*), ortottero, alibattente.
orthoscopic (*opt.*), ortoscopico.
orthose (*min.*), *see* orthoclase.
orthostereoscopy (*phot.*), proiezione stereoscopica in prospettiva reale.
orthotropic (*a. - constr. theor.*), ortotropico.
"OS" (oversized) (*a. - mech.*), maggiorato. **2.** ~ *see also* outside, outstanding. **3.** ~, *see* operating system.
Os (osmium) (*chem.*), osmio.
osciducer (oscillator-transducer) (*elics.*), trasduttore-oscillatore.
oscillate (to) (*phys. - mach.*), oscillare.
oscillating (fluctuating) (gen.), oscillante, fluttuante. **2.** ~ (*phys. - math.*), oscillante. **3.** ~ current (*elect.*), corrente oscillante. **4.** ~ strainer (*paper mfg. app.*), epuratore a scosse.
oscillation (*phys. - elect. - mech.*), oscillazione. **2.** ~ (of a pendulum), oscillazione. **3.** ~ circuit (*thermion.*), circuito oscillante. **4.** ~ constant (*radio - etc.*), costante oscillatoria. **5.** complex ~ (having a complex form) (*elect. - radio - etc.*), oscillazione complessa. **6.** damped ~ (*radio - mech. - etc.*), oscillazione smorzata. **7.** forced ~ (*phys.*), oscillazione forzata. **8.** free ~ (*radio*), oscillazione libera. **9.** lateral ~ (*aer.*), oscillazione laterale. **10.** local ~ (*radio*), oscillazione locale. **11.** longitudinal ~ (*aer.*), oscillazione longitudinale. **12.** parasitic ~ (*radio*), oscillazione parassita. **13.** persistent ~ (*phys.*), *see* undamped oscillation. **14.** phugoid ~ (of aircraft stability) (*aer.*), oscillazione fugoide. **15.** relaxation ~ (*radio - telev.*), oscillazione di rilassamento. **16.** saw-tooth ~ (*telev.*), oscillazione a dente di sega. **17.** self- ~ (of a receiver) (*radio*), autoscillazione. **18.** stable ~ (*aer. - etc.*), oscillazione costante, oscillazione permanente. **19.** "trip" ~ (relaxation oscillation) (*telev.*), oscillazione rilassata (o di rilassamento). **20.** undamped ~ (*radio*), oscillazione non smorzata, oscillazione persistente. **21.** unstable ~ (increasing until the airplane reaches a particular altitude) (*aer.*), oscillazione instabile, oscillazione divergente.
oscillator (*elect. - mech. app.*), oscillatore. **2.** ~ (*radio*), oscillatore, generatore di radio frequenze. **3.** audio ~ (producing oscillations at audio frequency) (*acous.*), oscillatore acustico, oscillatore sonoro, oscillatore (ad) audiofrequenza. **4.** beat-frequency ~ (*radio*), oscillatore a battimenti. **5.** blocking ~ (*radio*), oscillatore a rilassamento. **6.** crystal ~ (*elics. - etc.*), oscillatore a cristallo. **7.** heterodyne ~ (*radio*), oscillatore ad eterodina. **8.** local ~ (*radio*), oscillatore locale. **9.** master ~ (*radio*), oscillatore pilota. **10.** optical parametric ~ (device for varying a laser wavelength) (*opt.*), oscillatore ottico parametrico. **11.** pilot ~ (*radio*), oscillatore pilota. **12.** self-pulsing ~ (*radio - elect.*), oscillatore autointerrotto. **13.** spark gap ~ (*elect.*), oscillatore a spinterometro, oscillatore spinterometrico, oscillatore a distanza esplosiva. **14.** supersonic ~ (*hydrophonic instr.*), oscillatore ultrasonoro. **15.** sweeping oscillators (*elics.*), oscillatori a deviazione. **16.** transfer ~ (instrument which determines the value of a unknown signal frequency, by mixing it with a harmonic of a variable frequency internal oscillator) (*instr. - elics.*), oscillatore trasferitore.
oscillatory (*a. - elect. - phys.*), oscillatorio. **2.** ~ circuit (*radio*), circuito oscillante. **3.** ~ current, *see* oscillating current.
oscillogram (record obtained as by an oscillograph) (*elect. - mech. vibrations*), oscillogramma.
oscillograph (*elect. instr.*), oscillografo. **2.** bifilar ~ (*elect. instr.*), oscillografo bifilare. **3.** cathode-ray ~ (*electroacous.*), oscillografo a raggi catodici. **4.** soft-iron ~ (*elect. instr.*), oscillografo a ferro dolce.
oscillometer (instr. used for measuring the rolling or pitching angle of a vessel) (*naut. instr.*), indicatore dell'angolo di rollio (o di beccheggio). **2.** ~ (instr. for meas. blood pulsations oscillation) (*med. instr.*), oscillometro.
oscilloscope (*elect. instr.*), oscilloscopio. **2.** cathode-ray ~ (*elect. instr.*), oscilloscopio a raggi catodici.
osculating (*a. - geom.*), osculatore. **2.** ~ curve (*geom.*), osculatrice.
osculation (*geom.*), osculazione.
osmium (Os - *chem.*), osmio.
osmol (unit of osmotic pressure) (*meas.*), "osmole".
osmolar (osmotic) (*a. - phys.*), osmotico.
osmometer (for measuring osmotic pressure) (*phys. - mas. instr.*), osmometro.
osmondite (steel structure occurring after quenching) (*metall.*), osmondite.
osmose (*n.*), *see* osmosis.
osmose (to) (*phys. - chem.*), sottoporre a osmosi.
osmosis (*n. - phys. chem.*), osmosi. **2.** reverse ~ (as used for water filtering etc.) (*chem. - ind.*), osmosi inversa.
osmotic *a. - phys. chem.*), osmotico. **2.** ~ pressure (*chem. phys.*), pressione osmotica.
"OSO" (orbiting solar observatory) (*astric.*), osservatorio solare orbitante.
"OSS" (orbital space station) (*astric.*), stazione spaziale orbitante.
ossuary (*arch.*), ossario.
osteophone (hearing app.) (*med. app.*), osteofono.
"OT", *see* overtime.
"OTR" (One-Touch Timer Recording) (*audiovisuals*), registrazione al tocco con temporizzatore.
otter (*navy*), *see* paravane. **2.** ~ boards (for keeping a trawl spread) (*fishing*), divergenti. **3.** ~ trawl (*fishing*), rete con divergenti.
ounce (ounce avoirdupois, oz av = 28.349 g) (*meas*), oncia avoirdupois. **2.** ~ (leather thickness meas. unit: corresponding to 1/64 inch) (*leather meas. unit*), 0,397 mm **3.** ~ metal (copper alloy composed of one ounce of tin, lead and zinc to one pound

of copper) (*alloy*), lega di rame contenente zinco, stagno e piombo. **4.** fluid ~ (United States) (fl oz = 29.57 cc.) (*meas.*), oncia fluida. **5.** fluid ~ (Great Britain) (fl oz = 28.4 cc) (*meas.*), oncia fluida. **6.** metric ~ ("mounce" = 25 g) (*mech. meas.*), oncia metrica.

oust (to) (*law*), espropriare.

out, fuori. **2.** ~ (as of an electric switch) (*elect.*), disinserito. **3.** ~ (word omitted in setting types) (*n. - print.*), parola omessa. **4.** ~ (in radio communication) (*radio*), chiudo. **5.** ~ guide (card in a file indicating the removal as of a letter etc.) (*off.*), cartellino indicante prelievo. **6.** ~ of commission (not listed in order form) (*ind. - comm.*), scoperto da ordine. **7.** ~ of commission (laid aside) (*ind.*), messo da parte. **8.** ~ of frame (of film) (*m. pict.*), fuori quadro. **9.** ~ of tune (*radio - etc.*), fuori sintonia. **10.** ~ of tune (of a singer) (*acous.*), stonato. **11.** ~ of use (*gen.*), fuori uso. **12.** burnt ~ (as of an electrical apparatus) (*elect.*), bruciato, fulminato. **13.** over and ~ (in radio communication) (*radio*), passo e chiudo. **14.** to fit ~, allestire.

outage (of a machine) (*ind.*), inoperosità. **2.** ~ (a period with no supply of electric current from a generating station) (*elect.*), periodo di interruzione della fornitura. **3.** ~ (outlet) (*gen.*), uscita. **4.** ~ (quantity as of oil lost in storage or transportation) (*ind.*), calo. **5.** ~ (vent) (*mech. - pip.*), sfiato, sfogo. **6.** ~ (headspace: space not filled with liquid) (*tank - barrel bottle - etc.*), volume di liquido mancante al riempimento del recipiente.

"OUTBD" (outboard) (*naut.*), fuoribordo.

outbid (to) (to offer a higher price) (*comm.*), fare una offerta superiore.

outboard (outside the board) (*adv. - nav. - aer.*), fuori bordo. **2.** ~ (using an outboard motor) (*a. - naut.*), a motore fuoribordo. **3.** ~ motor (*naut.*), motore fuoribordo, fuoribordo.

outbond (said of a brick laid with its longer side parallel to the face of the wall) (*a. - mas.*), di fascia.

outbreak (*geol. - min.*), *see* outcrop.

outbuilding (*arch.*), fabbricato annesso.

outburst (outcrop) (*min.*), *see* outcrop.

outby, outbye (toward the entry of a shaft) (*min.*), verso il pozzo.

outcome, esito.

outcrop (outcoming of a stratum to the ground surface) (*min.*), affioramento superficiale. **2.** ~ (surface part of ore body) (*min. - geol.*), cappello, cappellaccio.

outcrop (to) (of an ore body) (*geol.*), affiorare.

outcropping (as a body) (*a. - geol.*), affiorante.

outdated (having an expired validity: as of phot. film emulsion) (*a. - gen.*), scaduto, con periodo di validità scaduto. **2.** ~ (antiquated) (*a. - bldg. - mach. - etc.*), antiquato.

outdoor (*a. - gen.*), all'aperto. **2.** ~ (out of a bldg., at the daylight) (*phot.*) esterno, esterno con luce diurna. **3.** ~ shooting (*m. pict.*), *see* exterior shooting.

"outdrive" (outboard drive operated by inboard engine: for motorboats and small yachts) (*naut.*), gruppo poppiero.

outer, esterno. **2.** ~ cover (external covering: as of a rigid airship hull) (*aer. - etc.*), rivestimento esterno. **3.** ~ harbor (*sea - naut.*), avamporto. **4.** ~ ridge girder (of an aerostat) (*aer.*), centinatura esterna di ordinata. **5.** ~ space (*astr. - astric.*) spazio cosmico, spazio esterno all'atmosfera terrestre.

outfall (open discharging end, as of a drain) (*hydr. - etc.*), sbocco.

outfit (articles constituting an equipment) (*gen.*), corredo, completo, dotazione completa.

outfit (to) (*gen.*), equipaggiare.

outflank (to) (*milit.*), aggirare sull'ala.

outflow (*phys. - hydr.*), efflusso. **2.** ~ (exodus, of capitals) (*finan.*), esodo, fuga. **3.** capital ~ (*finan.*), fuga di capitali.

outgassing (*phys.*), degassamento.

outgate (*found.*) (Brit.), *see* riser. **2.** ~ (*gen.*), *see* outlet.

outgo (outgoing, efflux) (*gen.*), uscita.

outgoing (*a. - gen.*), uscente. **2.** ~ (*n. - gen.*), uscita. **3.** ~, outgoings (as domestic expenditures) (*n. - adm. - econ.*), uscite. **4.** ~ signal (*radio*), segnale in uscita.

outhaul (rope used for hauling out as a sail) (*naut.*), alafuori.

outhouse, *see* outbuilding. **2.** ~ (*bldg.*) (Am.), *see* privy.

outlast (to) (*gen.*), durare di più di. **2.** ~ by 5 to 1 (*gen.*), durare 5 volte di più di.

outlay (*comm. - finan.*), spesa.

outlet (*mech.*), uscita. **2.** ~ (of a pipe) (*pip.*), sbocco, bocca di efflusso. **3.** ~ (river coming from a lake) (*geogr.*), emissario. **4.** ~ (a terminal of a wiring system, apt to attachment of lamps, fixtures, motors etc. by a plug) (*elect.*), presa (di corrente). **5.** ~ (retail store or market where goods may be sold) (*comm.*), punto di vendita, sbocco (commerciale). **6.** ~ angle (as of fluid from a turbine) (*mech.*), angolo d'uscita. **7.** ~ box (*elect.*), scatola di connessione. **8.** ~ end (*gen.*), lato di uscita. **9.** ~ plug (*gen.*), tappo di scarico. **10.** flush ~ (current tap flush with a wall) (*elect.*), presa (di corrente) a filo muro. **11.** ground ~ (*elect.*), presa di corrente con terra. **12.** recessed ~ (recessed current tap) (*elect.*), presa a muro incassata. **13.** wall ~ (current tap) (*elect.*), presa di corrente a muro.

outline (contour) (*gen.*), profilo, sagoma, contorno. **2.** ~ (preliminary sketch, as of a plan), schema, tracciato. **3.** ~ (of a drawing) (*draw.*), contorno.

outline (to) (to draw the outline of something) (*gen.*), tracciare il contorno.

outlook (as for a market, probability for the future) (*comm.*), prospettive.

out-of-alignment (as of a propeller shaft) (*mech.*), disassamento.

out-of-balance (*a. - mech.*), sbilanciato.
out-of-center (*a. - gen.*), fuori centro.
out-of-order (in disorder) (*gen.*), in disordine. **2.** ~ (needing repairs: as a mach.) (*gen.*), da riparare, fuori servizio.
out-of-phase (*a. - elect.*), fuori fase, sfasato.
out-of-pitch (said of propeller blades) (*n. - aer.*), decalaggio.
out-of-plumb (*a. - constr. - bldg. - mech.*), fuori piombo.
out-of-round (as of a machined work, defect) (*n. - mech.*), errore di cilindricità, errore di rotondità. **2.** ~ (of the cylinders of a mot.) (*a. - mech.*), ovalizzato. **3.** ~ (the imperfection of non-roundness in glass articles) (*n. - glass mfg.*), ovalizzazione.
out-of-sink, out-of-synch (out of synchronization) (*m. pict. - etc.*), fuori sincronizzazione, non sincronizzato.
out-of-stock (when the entire stock has been sold) (*comm.*), esaurito.
out-of-track (said of propeller blades) (*n. - aer.*), scentraggio.
out-of-work (*a. - n.*), disoccupato.
outpace (to) (to surpass) (*gen.*), sorpassare.
outport (port outside the customs control) (*comm. - law*), porto franco.
outpost (*milit.*), avamposto.
output (of furnaces, machines, factory etc.) (*ind.*), produzione. **2.** ~ (yield: as of ind.) (*gen.*), lavoro utile, resa, rendimento. **3.** ~ (as power delivered by a motor) (*mech.*), potenza sviluppata. **4.** ~ (as energy delivered by a battery), energia erogata. **5.** ~ (the result produced, the data transmitted, the printed output etc.), (*comp.*), uscita, risultato. **6.** ~ (given information) (*comp. - etc.*), risposta, risultato. **7.** ~ (terminal) (*elect. app.*), terminale di uscita. **8.** ~ buffer (relating to data to be transferred) (*comp.*), memoria tampone di dati in uscita. **9.** ~ bus driver (*elics. - comp.*), guida di uscita sul bus. **10.** ~ circuit (*elect.*), circuito di erogazione. **11.** ~ device (unit converting comp. data in form acceptable from an external storage: as a printer, card pucher etc.) (*comp.*), dispositivo di uscita. **12.** ~ meter (*radio instr.*), misuratore di uscita. **13.** ~ per hour (production) (*ind. - mach.*), produzione oraria. **14.** ~ stage (*radio*), stadio di uscita, stadio finale. **15.** ~ unit, *see* ~ device. **16.** average ~ (*ind.*), produzione media. **17.** modulated ~ (*audiovisuals*), potenza modulata. **18.** rated ~ (the capacity of an electrical machine specified by the maker on the name plate) (*elect. mach.*), potenza nominale, potenza di targa. **19.** telegraphy ~ (*electrotel.*), rendimento telegrafico.
output (to) (to produce) (*gen.*), produrre.
outrigger (any projecting beam etc.) (*naut.*), buttafuori. **2.** ~ (boat) (*naut.*), fuoriscalmo. **3.** ~ (of mach.), sporgenza esterna. **4.** ~ (support for control surfaces) (*aer.*), intelaiatura di sostegno. **5.** ~ (braced frame supporting the empennage) (*aer. constr.*), trave di coda. **6.** ~ (support projecting outside the fuselage) (*helicopter - ship - etc.*), supporto sporgente. **7.** outriggers (*railw.*), *see* jack arms.
outrun (to) (to surpass) (*aut. - etc.*), sorpassare.
outside (*n.*), esterno. **2.** ~ caliper (*mech. instr.*), calibro per esterni. **3.** ~ circle (of a gear) (*mech.*), cerchio esterno. **4.** ~ diameter (*mech.*), diametro esterno. **5.** ~ helix angle (of a gear) (*mech.*), angolo dell'elica sul cerchio esterno.
outsides (outside sheets of a ream of paper) (*paper mfg.*), "fogli mezzetti", "cantimutti", terza scelta.
outskirts (as of a town), periferia.
outsole (of a shoe) (*shoe mfg.*), suola.
outstanding (unsettled, as an account) (*a. - accounting*), non saldato. **2.** ~ (excellent) (*a. - gen.*), eccezionale, eccellente. **3.** ~ work (as items to be delivered on orders to be completed) (*a. - ind.*), lavoro inevaso.
outstroke (of the piston as of an i. c. engine, stroke towards the crankshaft) (*mot.*), corsa verso l'albero a gomito.
out-to-out (*a. - meas.*), misurato da un bordo al bordo successivo.
outturn (output) (*ind. - gen.*), *see* output.
outwear (to) (*mech. - etc.*), *see* to wear out.
outweigh (to) (in weight or value) (*gen.*), superare in peso (o valore).
outwork (work done outside of the factory for which it is carried out) (*ind.*), lavoro esterno, lavoro affidato all'esterno.
"OV", *see* overvoltage.
oval (*a. - gen.*), ovale. **2.** ~ (oval bar) (*n. - metall. ind.*), barra ovale.
ovalization (as of a piston or cylinder) (*mech.*), ovalizzazione.
ovalize (to) (as the cylinders of a mot.) (*mech.*), ovalizzare.
ovalized (as of cylinders of a mot.) (*mech.*), ovalizzato.
ovals of Cassini (*math.*), ovale di Cassini, cassiniana, cassinoide.
"OVBD" (overboard) (*naut.*), fuori bordo, in mare.
"OVC", *see* overcast.
oven (hot-air chamber: as for brick baking, alimentary ind. etc.), forno. **2.** ~ drying (*ind.*), essiccazione al forno. **3.** ~ sag (bending: as of a piece on two supports) (*technol.*), incurvamento in forno, cedimento in forno. **4.** convection ~ (with hot air circulating by fan around the food etc.) (*domestic oven*), forno termoventilato. **5.** core ~ (*found.*), forno per anime. **6.** drying ~ (as for clay ware) (*ind. app.*), forno di essiccazione. **7.** microwave ~ (operating by microwaves penetrating food) (*domestic device*), forno a microonde ad alta frequenza. **8.** radiation ~ (an oven heating food by infrared rays) (*domestic app.*), forno a raggi infrarossi. **9.** testing ~ (as for wool moisture) (*wool ind.*), apparecchio di stagionatura (o condizionatura).
oven-cure (to) (as resins by oven polymerization) (*chem.*), polimerizzare a caldo.

oven-dry (*a. - ind.*), essiccato in forno.
oven-dry (to) (*ind.*), essiccare in forno.
ovenproof (as of glass pots for cooking food) (*a. - kitchenware*), da forno, resistente al calore del forno.
over (in radio communication) (*radio*), passo. **2.** ~ and out (in radio communication) (*radio*), passo e chiudo.
overageing (softening due to prolonging the time of ageing temperature) (*heat-treat.*), sovrainvecchiamento, invecchiamento spinto (o prolungato).
overaging (*heat-treat.*), *see* overageing.
overall (*a. - gen.*), totale. **2.** ~ (length of a ship including overhangings) (*a. - naut.*), fuori tutto. **3.** ~ attenuation (*radio*), attenuazione globale. **4.** ~ dimensions, ingombro, dimensioni di ingombro. **5.** ~ efficiency (*mech.*), rendimento totale. **6.** ~ gain (*radio*), guadagno totale. **7.** ~ length (*naut.*), lunghezza fuori tutto. **8.** ~ placing (of a race) (*aut. - sport*), classifica assoluta. **9.** ~ winner (*aut. - sport*), primo assoluto.
overalls, tuta, abito da lavoro.
overarm (slide: as of a shaping mach.) (*mach. t.*), slittone.
overbalance (*gen.*), squilibrio, sbilanciamento.
overbalance (to) (outweigh) (*gen.*), sbilanciare.
overbend (to) (as a carriage spring) (*gen.*), comprimersi in eccesso.
overbias (of a grid) (*n. - thermion.*), polarizzazione eccessiva.
overbid (a bid made in excess of the value) (*comm.*), offerta troppo alta.
overbid (to) (to offer in excess, to outbid) (*comm.*), offrire di più.
overblow (to) (to exceed limits in burning impurities in metals in the Bessemer process) (*metall.*), sovraossidare.
overblowing (burning of steel due to excessive air blow in the converter) (*n. - metall.*), sovraossidazione.
overblown (*a. - metall.*), sovraossidato.
overboard (*naut.*), fuori bordo, in mare. **2.** man ~ (*naut.*), uomo in mare.
overbook (to) (to emit reservations in excess) (*transp. error*), emettere prenotazioni eccedenti la disponibilità di posti.
overbridge (*railw. - road*), cavalcavia.
overburden (*min.*), terreno di copertura, copertura.
overcast (of sky) (*a. - meteorol.*), coperto. **2.** ~ (*n. - sewing*), *see* overcasting. **3.** ~ (as a fold) (*a. - geol.*), *see* overturned. **4.** ~ stitch (*embroidery*), punto ad asola, punto a smerlo, punto a centina.
overcast (to) (*sewing*), sopraffilare, sopraggittare, fare il sopraggitto.
overcasting (*n. - sewing*), sopraffilo, sopraggitto, "soprappunto", "soprammano".
overcharge (excessive load) (*n. - gen.*), sovraccarico. **2.** ~ (extraprice) (*comm.*), sovrapprezzo, extraprezzo.
overcharge (to) (to load excessively), sovraccaricare.
overcharged (*a. - gen.*), sovraccaricato.
overchlorination (*chem.*), sovraclorurazione.
overchoke (to) (as an aut. carburetor) (*aut.*), chiudere (o strozzare) eccessivamente l'aria.
overchoking (as of an aut. carburetor) (*aut.*) (Am.), eccessiva chiusura dell'aria.
overcoat (as of varnish) (*paint.*), mano protettiva.
overcoating (fabric) (*text. ind.*), tessuto per soprabiti.
overcome (to) (as a difficulty), superare.
overcompound (as of a type of dynamo) (*a. - elect.*), ipercomposito, ipercomposto.
overcritical, *see* hypercritical.
overcure (to) (to overvulcanize) (*rubb. ind.*), sovravulcanizzare.
overcured (overvulcanized) (*rubb. ind.*), sovravulcanizzato.
overcurrent (*elect.*), sovracorrente.
overdamp (to) (*elect.*), sovrasmorzare.
overdeveloped (*phot. - etc.*), sovrasviluppato.
overdischarge (to) (*elect. battery*), scaricare eccessivamente.
overdraft (sum overdrawn on a current account) (*n. - finan.*), scoperto (*s.*). **2.** ~ (bending upwards of rolled metal when leaving the rolls) (*metall.*), incurvamento verso l'alto.
overdraw (to) (to draw money in excess of the amount deposited) (*bank*), avere il conto scoperto.
overdrive (gear by which a speed higher than that of the engine is transmitted to the propeller shaft, used as on a speedway) (*aut.*), marcia sovramoltiplicata, overdrive.
overdub (the act of overdubbing) (*n. - electroacous.*), sovrapposizione di una registrazione su di un'altra preesistente.
overdub (to) (to transfer a recorded sound onto a preceeding recorded sound: as the voice on a music) (*electroacous.*), sovrapporre una registrazione su di un'altra preesistente.
overdue (as of an account not paid at the proper time) (*a. - adm. - bank*), scaduto.
overestimate (to) (to overrate) (*gen.*), sopravvalutare.
overexcitation (*elect.*), sovreccitazione.
overexcited (overenergized) (*elect.*), sovraeccitato.
overexpose (to) (*phot.*), sovraesporre.
overexposed (*phot.*), sovraesposto.
overexposure (*phot.*), sovraesposizione.
overfall (weir) (*hydr.*), stramazzo. **2.** submerged ~ (*hydr.*), stramazzo rigurgitato.
overfill (longitudinal rib on a rolled product) (*rolling defect*), riga di laminazione.
overfishing (*fishing*), supersfruttamento dei banchi di pesca.
overflow (flowing over) (*gen.*), traboccamento. **2.** ~ (inundation), inondazione. **3.** ~ (liquid flowed over) (*hydr.*), liquido traboccato. **4.** ~ (outlet for excess liquid) (*hydr. pip.*), troppopieno. **5.** ~

(*min.*), sfioro, prodotto di sfioro. **6.** ~ (device, of a dam) (*hydr. constr.*), sfioratore. **7.** ~ (when the storage capacity is insufficient) (*comp.*), superamento, straripamento, traboccamento. **8.** ~ indicator (*comp.*), indicatore di superamento (o straripamento, o traboccamento). **9.** ~ pipe (*hydr.*), tubo di troppopieno, scarico del troppopieno. **10.** ~ well (in diecasting, added to the casting for facilitating the escape of air or heating the die in the required area (*found.*), pozzetto di tracimazione, sacca di tracimazione, pozzetto di lavaggio. **11.** arithmetic ~ (when the number to be represented exceeds the calculating capacity) (*comp.*), traboccamento aritmetico.

overflow (to) (to inundate) (*hydr.*), inondare. **2.** ~ (to flow over the border) (*gen.*), tracimare, traboccare. **3.** ~ (to flow over the bounds, as of a river) (*hydr. constr.*), straripare.

overflowing (*a. - gen.*), traboccante. **2.** ~ (*a. - hydr.*), tracimante. **3.** ~ (of a river) (*n. - hydr. - hydr. constr.*), straripamento.

overfreight (shipment without waybill) (*railw.*), spedizione senza lettera di vettura.

overgear (*mech.*), moltiplicatore, moltiplicatore ad ingranaggi.

overhand (striking downward), (*a. - gen.*), dall'alto verso il basso. **2.** ~ (stope) (*a. - min.*), a gradino rovescio. **3.** ~ (overhand stroke, in tennis) (*n. - sport*), rovescio. **4.** ~ planing (*wood w.*), piallatura su pialla a filo.

overhang (as of a biplane wing) (*gen.*), sbalzo, sporgenza, aggetto. **2.** ~ (as of a story, a roof etc.) (*arch. - bldg.*), costruzione in aggetto, parte costruita a sbalzo.

overhang (to) (*n. - arch.*), aggettare. **2.** ~ (to hang over), sospendere.

overhanging (*a. - arch.*), a sbalzo, sporgente, aggettante. **2.** ~ (suspended) (*gen.*), sospeso.

overhaul (*n. - mot.*), revisione. **2.** ~ life (*aer. mot.*), perido tra due successive revisioni. **3.** complete ~ (as of an i.c. engine) (*mot. - etc.*), revisione generale. **4.** top ~ (*mot.*), revisione parziale.

overhaul (to) (as a mot.) (*mech.*), revisionare. **2.** ~ (to overtake) (*gen.*), sorpassare, superare. **3.** ~ (a ship) (*naut.*), oltrepassare. **4.** ~ (to run back as for releasing the pull of a hoist) (*mech.*), dare indietro, andare indietro.

overhauling (as of a mot.) (*mech.*), revisione. **2.** valve ~ (*mot.*), revisione (o ripassatura) valvole.

overhead (*a. - adm. - accounting*), generale. **2.** ~ (*n. - adm.*), spese generali. **3.** ~ (*a. - mot.*), in testa. **4.** ~ (operating overhead: as a traveling crane, a monorail etc.) (*a. - ind.*), aereo. **5.** ~ (of distillation products, overhead product) (*ind. chem.*), testa, prodotto di testa. **6.** ~ absorption (method of charging general expenses: as among products) (*adm.*), ripartizione delle spese generali. **7.** ~ camshaft (O. H. C.) (*mot.*), albero delle camme in testa. **8.** ~ expenses (*comm.*), spese generali. **9.** ~ line (feeding tractive veh.: as elect. locomotives, trolley buses etc.), linea aerea di contatto. **10.** ~ monorail conveyor (*shop transp. means*), trasportatore aereo a monorotaia. **11.** ~ operation (housekeeping operation) (*comp.*), esecuzione di funzioni interne di sistema. **12.** ~ pedestrian crossing (*road traff.*), sovrapasso pedonale, passaggio pedonale aereo. **13.** ~ position (*welding*), posizione sopratesta. **14.** ~ price (all-round price) (*adm. - comm.*), prezzo globale. **15.** ~ product (in distillation) (*ind. chem.*), prodotto di testa. **16.** ~ railway (*railw.*), ferrovia che ne incrocia un'altra a mezzo di un ponte aereo. **17.** ~ traveling crane (*ind. mach.*), gru a ponte. **18.** ~ valves (O. H. V.) (*mot.*), valvole in testa. **19.** ~ valves, pushrods and rockers (as opposed to O. H. C. valve gear type of engine) (*eng.*), valvole in testa, aste di spinta e bilancieri; valvole in testa ed albero a camme nel basamento. **20.** production ~ (*amm.*), spese generali di produzione.

overhearing (*teleph. - milit.*), controllo delle conversazioni.

overheat (to) (*therm.*), surriscaldare. **2.** ~ (to run hot, as of bearings) (*mech.*), riscaldarsi, surriscaldarsi.

overheated (*therm.*), surriscaldato.

overheating (*mech.*), surriscaldamento. **2.** ~ (engine defect) (*mot.*), surriscaldamento.

overhung (*a. - mech.*), sospeso.

overlap (overlapping) (*gen.*), sovrapposizione. **2.** ~ (overlapping part) (*gen.*), parte sovrapposta. **3.** ~ (of gears) (*mech.*), arco d'ingranamento, contatto d'ingranamento. **4.** ~ (when exhaust and inlet valves are contemporarily open in the timing cycle) (*mot.*), ricoprimento, angolo di ricoprimento, sovrapposizione (o incrocio), settore del diagramma di distribuzione nel quale le valvole di aspirazione e scarico sono entrambe contemporaneamente aperte. **5.** ~ (as of two bands) (*radio*), sovrapposizione. **6.** ~ (of two aerial photograms) (*aer. - photogr.*), sovrapposizione. **7.** ~ (defect) (*metall. - forging - rolling*), *see* lap. **8.** sealing overlaps (*packing*), incroci (o falde) di chiusura (a sovrapposizione). **9.** valve ~ (in timing diagram) (*mot.*), ricoprimento, angolo di ricoprimento, incrocio (o sovrapposizione) dell'apertura delle valvole, apertura simultanea della valvola di aspirazione e di scarico.

overlap (to) (*gen.*), sovrapporre, accavallare. **2.** ~ (to perform simultaneously many operations) (*comp.*), sovrapporre.

overlapped (*a. - gen.*), sovrapposto. **2.** ~ part (as on a shingle roof: it refers to the distance from the butt of a shingle to the butt of the shingle above) (*bldg.*), sormonto. **3.** ~ joint (*mech.*), giunto a sovrapposizione.

overlapping (overlap: a simultaneous performing of many operations) (*n. - comp.*), sovrapposizione. **2.** ~, *see* overlap.

overlay (*n. - gen.*), sovrapposizione. **2.** ~ (a technique that permits the repeated usage of the same

storage locations at different times) (*comp.*), sovrapposizione, sovraregistrazione. **3.** ~ program (a program divided in overlay segments) (*comp.*), programma di sovrapposizione. **4.** ~ segment (a sequence of instructions ready to be charged in memory) (*comp.*), segmento di sovrapposizione.
overlay (to) (*gen.*), sovrapporre.
overleaf (as of a sheet of paper) (*off.*), sul verso, sulla facciata a tergo.
overlighted (*a.* - *illum.*), eccessivamente illuminato.
overload (*constr. theor.*), sovraccarico. **2.** ~ (*elect.*), sovraccarico. **3.** ~ cutout (*for elect. mot.*), salvamotore. **4.** ~ level (as of a transducer) (*elect. - radio - phys. mech.*), livello di sovraccarico. **5.** ~ relay (*elect.*), relé di sovraccarico. **6.** ~ release (as for protecting an elect. mot.) (*elect.*), interruttore (o scatto) di sovraccarico. **7.** momentary ~ (as of an elect. mach.) (*elect. - etc.*), sovraccarico momentaneo.
overload (to) (*mech. - elect. - bldg.*), sovraccaricare.
overloaded (*mech. - bldg. - mot.*), sovraccaricato.
overmake (overplus, overrun, surplus) (*paper mfg. - etc.*), eccedenza di fabbricazione, eccesso di produzione.
overmanning (to have more men employed than needed) (*organ. pers.*), mano d'opera in eccesso.
overmodulate (to) (*radio - electroacous.*), sovramodulare.
overmodulated (as in sound-on-film recording) (*electroacous.*), sovramodulato.
overmodulation (when the modulating signal is made too strong) (*radio*), sovramodulazione.
overpass (*road*), cavalcavia, sovrappassaggio.
overpickled (*a.* - *metall.*), sovradecapato, sottoposto a decapaggio prolungato.
overpitched (as a roof) (*a.* - *bldg.*), a falda molto inclinata.
overplus (surplus) (*gen.*), *see* overmake.
overpoling (excessive poling of the copper bath) (*metall. defect*), eccessivo trattamento al legno verde, eccesso di lavoro di pertica, eccessivo "perchage".
overpotential, *see* overvoltage.
overpress (overpressure) (*mech. - fluidics*), pressione eccessiva, sovrapressione. **2.** ~ (projecting excess glass resulting from imperfect closing of mold joints) (*glass mfg.*), sbavatura da stampo.
overpressure (*mech. - fluidics*), pressione eccessiva, sovrapressione.
overprint (*philately*), sovrastampa. **2.** ~ (a display of an image, as of characters and/or numbers, on another image) (*telev. - etc.*), sovraimpressione.
overprint (to) (to print an image on another image) (*print.*), sovrastampare. **2.** ~ (to print too long or with excess of light) (*phot.*), sovraesporre la stampa.
overproduce (to) (*ind.*), produrre in eccesso.
overproduction (*gen.*), sovrapproduzione.
overpunch (additional hole in a punch card: as for doing a correction) (*comp.*), perforazione addizionale.
overpurchase (to) (to purchase at a too high price) (*comm.*), acquistare a prezzi troppo elevati, pagare caro.
overrate (to) (*gen.*), sopravvalutare.
override (device superseding and taking over the action of another device) (*mech. - etc.*), meccanismo di intervento a mano (che esclude il meccanismo automatico). **2.** fuel control rod stop ~ (excess fuel device, of a diesel engine injection pump, for easy starting) (*mot.*), supererogatore.
overrider (guard, of a bumper bar) (*aut.*), rostro.
overriding (superseding) (*a.* - *gen.*), in sostituzione, sostituente. **2.** ~ force (of a trailer as when braking) (*aut.*), spinta.
overrolling (of thread) (*mech. defect.*), soprarullatura.
overrun (overs, prints made in excess) (*print.*), copie stampate in più. **2.** ~ (defect due to an excess of speed in a serial transmission of data) (*comp.*), sovrapposizione. **3.** ~ brake (overrunning brake, of a trailer) (*aut.*), freno ad inerzia.
overrun (to) (to cause a mot. to overrun) (*mot.*), imballare. **2.** ~ (to run faster than permitted) (*mach.*), sorpassare la velocità limite. **3.** ~ (to ravage) (*milit.*), devastare. **4.** ~ (to outrun) (*veh.*), sorpassare.
overrunning (surpassing by running) (*veh.*), sorpasso. **2.** ~ brake (overrun brake, of a trailer) (*aut.*), freno ad inerzia. **3.** ~ clutch (of a starter) (*mot. - elect.*), frizione di sorpasso. **4.** ~ force (of a trailer, as when braking) (*aut.*), spinta. **5.** ~ torque (of a starter) (*mot. - elect.*), coppia di sorpasso.
overs (prints made in excess to a set number) (*print.*), copie stampate in più. **2.** ~ (spoilage, overplus, waste: extra sheets added to a ream of paper to be printed, serving to make good the spoils by the printer) (*paper mfg. - print.*), aggiunta per scarti di stampa.
oversaturation (*chem. phys.*), soprasaturazione.
overseal (for protection of the existing seal) (*gen.*), sigillazione supplementare.
overseas, oversea (*geogr.*), oltremare.
oversee (to) (to inspect), ispezionare. **2.** ~ (to survey), sorvegliare.
overseeing (as of a shop operation), sorveglianza, responsabilità della esecuzione del compito assegnato.
overseer (supervisor), ispettore, incaricato responsabile, capo squadra. **2.** ~ (foreman) (*typ. work.*), proto.
overshoe (*rubb. ind.*), soprascarpa.
"overshoes" (mech. deicers) (*aer.*), dispositivo meccanico antighiaccio.
overshoot (failure to land within the proposed area) (*n.* - *aer.*), atterraggio lungo. **2.** ~ (passing rapidly ahead of a moving body) (*phys.*), sorpasso rapido. **3.** ~ (form of transient distortion of the re-

sponse to a signal) (*elic. - telev. defect*), “sorpassamento”.
overshoot (to) (*aer.*), atterrare lungo e richiamare. **2.** ~ (to shoot beyond) (*gen.*), tirare troppo lungo (o troppo alto). **3.** ~ (to pass rapidly ahead of a moving body) (*gen.*), passare avanti velocemente, sorpassare velocemente. **4.** ~ the mark (*gen.*), oltrepassare il segnale.
overshot (as a water wheel) (*hydr. - etc.*), per dispora. **2.** ~ (fed, as from a hopper) (*ind.*), alimentato dall’alto.
oversight (omission), svista.
oversize (of a work, part etc.) (*n. - mech.*), maggiorazione. **2.** ~ (*a.*), *see* oversized.
oversized (larger than the normal size) (*a. - gen.*), surdimensionato, sovradimensionato. **2.** ~ (*a. - mech. - carp.*), maggiorato.
overslung (as of a motorcar frame fitted above axles) (*a. - aut.*), montato al di sopra (degli assi). **2.** ~ spring (a spring fitted above the axles of a motocar) (*aut.*), molla montata sopra gli assi.
overspeed (as of a turbine) (*mech.*), velocità di fuga, velocità superiore alla massima normale. **2.** ~ test (as of an impeller) (*mech.*), prova di centrifugazione.
overspeed (to) (as of a grinding wheel) (*mech.*), raggiungere una velocità eccessiva.
overspray (paint lost owing to excess of air or pressure) (*paint. defect*), eccesso di fumo.
oversquare (engine with the bore larger than the stroke) (*mot.*), superquadro.
overstate (to) (to overestimate) (*gen.*), sopravvalutare.
oversteer (the tendency to oversteer) (*n. - aut. defect*), sovrasterzo.
oversteer (to) (said of an oversteering car) (*aut. defect*), sovrasterzare, stringere (in curva).
oversteering (said of a car the distribution of masses of which are such that it tends to oversteer when turning) (*a. - aut. defect*), sovrasterzante. **2.** ~ (*n. - aut. defect*), sovrasterzo.
overstock (to) (the market) (*comm.*), sovrapprovvigionare, sovraccaricare.
overstoping (overhand stoping) (*min.*), coltivazione a gradino rovescio.
overstrain (to) (*mech.*), deformare oltre il limite elastico.
overstrength (excessive personnel in respect to the calculated need) (*factory workers organ.*), eccesso di personale.
overstress (*constr. theor.*), sovrasollecitazione, sollecitazione oltre il limite elastico.
overstress (to) (*mech.*), sovrasollecitare, sollecitare oltre il limite elastico.
overtake (to) (to catch up) (*sport*), raggiungere. **2.** ~ (to catch up and pass: e.g. as one car to another) (*aut.*), raggiungere e sorpassare, sorpassare.
overtaking (*road traff.*), sorpasso. **2.** no ~ (*road traff. sign.*), divieto di sorpasso.
overthrust (overthrust fault) (*geol.*), faglia di carreggiamento. **2.** ~ mass (*geol.*), falda di ricoprimento, nappa di ricoprimento. **3.** ~ sheet (*geol.*), coltre di carreggiamento.
overtime (extraworking time) (*n.*), straordinario, ore straordinarie. **2.** ~ ban (disapproval of overtime work by trade union) (*org. pers.*), rifiuto sindacale agli straordinari. **3.** ~ work (*work*), lavoro straordinario.
overtime (to) (*phot.*), sovraesporre.
overturn (to), rovesciare.
overturned (*a. - gen.*), rovesciato. **2.** ~ fold (*geol.*), piega rovesciata.
overturning, che si ribalta. **2.** ~ moment (*veh.*), momento ribaltante.
overvoltage, sovratensione. **2.** ~ (due to atmospheric electricity) (*elect.*), sovratensione di origine atmosferica. **3.** electrolytic ~ (*electrochem.*), sovratensione elettrolitica.
overweight (*gen.*), sovraccarico.
overwind (to) (*elect.*), fare un avvolgimento sovradimensionato.
overwrap (to) (*packing*), sovraincartare, incartare, involgere.
overwrapper (overwrapping machine) (*packing mach.*), sovraincartatrice, incartatrice, involtatrice.
overwrite (to) (to record new data by destroying the previous record) (*comp.*), scrivere sopra (cancellando automaticamente la precedente registrazione), riscrivere.
“ovhd” (overhead, as of a shop transp. means operating overhead) (*a. - transp.*), aereo. **2.** ~ (as the eng. valves) (*eng.*), in testa.
“ovhl” (overhaul) (*mech.*), revisione.
“ovld” (overload) (*constr. theor.*), sovraccarico.
ovolo (*arch.*), ovolo.
ovonic (relating to a particular amorphous state of materials subjected to Ovshinsky effect) (*a. - elics.*), ovonico, “amorfo”.
ovonic effect (Ovshinsky effect: it deals with the passage from nonconducting to semiconducting state of kinds of glasses subjected to voltage) (*elect. - elics.*), effetto ovonico, variazioni della conduttività di tipi di vetro sottoposti a tensione.
owe (to) (as money) (*comm.*), dovere.
“OWF” (optimum working frequency) (*elect. - elics.*), frequenza ottimale di utilizzazione.
own (to) (to possess) (*gen.*), possedere.
owner, proprietario. **2.** managing ~ (of a ship) (*naut.*), armatore proprietario.
ownership (*law*), possesso. **2.** ~ (property), proprietà. **3.** joint ~ (*bldg. - law*), condominio.
oxalate (*chem.*), ossalato.
oxidable (*chem.*), ossidabile.
oxidate (to), *see* to oxidize.
oxidation (*chem.*), ossidazione. **2.** ~ potential (*electrochem.*), potenziale di ossidazione. **3.** ~ state (ionic charge of the atom: valence number, oxidation number) (*chem.*), numero di ossidazione. **4.** anodic ~ (as of aluminum) (*electrochem.*),

ossidazione anodica. **5.** dry ~ (occurring when reheating metal in air or oxidizing ambient) (*metall.*), ossidazione secca. **6.** fractional ~ (*chem. phys.*), ossidazione frazionata.
oxidation-reduction (in a redox system: chem. reaction with electrons transferring) (*chem.*), ossidoriduzione. **2.** ~ potential (*electrochem.*), potenziale di ossido-riduzione.
oxidative (*chem.*), ossidante.
oxide (*chem.*), ossido. **2.** ~ blue (*color*), blu cobalto. **3.** ~ coating (as on Al) (*chem. ind.*), strato (o pellicola) di ossido. **4.** ~ yellow (*color*), giallo ocra. **5.** calcium ~ (CaO) (*chem.*), ossido di calcio. **6.** copper ~ (*chem.*), ossido di rame. **7.** ferric ~ (Fe_2O_3) (*chem.*), ossido ferrico. **8.** red ~ (*paint.*), minio. **9.** selenium ~ (*chem.*), ossido di selenio. **10.** thorium ~ [(ThO_2) (thorio)] (*chem.*), torina, ossido di torio. **11.** titanium ~ (*paint.*), bianco di titanio. **12.** zinc ~ (*paint.*), bianco di zinco.
oxidize (to) (*chem.*), ossidare, ossidarsi.
oxidizer, *see* oxidative.
oxidizing (*a.* - *chem.*), ossidante. **2.** ~ agent (*chem.*), agente ossidante.
oxidoreduction (*n.* - *electrochem.*), ossiriduzione.
oxyacetylene (*n.* - *chem.*), ossiacetilene. **2.** ~ (*a.* - *technol.* - *chem.*), ossiacetilenico. **3.** ~ blowpipe (as for welding) (*mech. impl.*), cannello ossiacetilenico. **4.** ~ cutting machine (*mach. t.*), ossitomo. **5.** ~ torch (as for welding) (*mech. impl.*), cannello ossiacetilenico. **6.** ~ welding (*mech. technol.*), saldatura ossiacetilenica.
oxyacid (*chem.*), ossiacido.
oxybenzene (phenol) (*chem.*), ossibenzolo, fenolo (propriamente detto) ordinario.
oxycellulose (*chem.*), ossicellulosa.
oxychloride (*chem.*), ossicloruro.
oxygas (oxygen mixed with combustible gas) (*chem.* - *ind. proc.*), gas misto di ossigeno e gas combustibile.
oxygen (O - *chem.*), ossigeno. **2.** ~ breathing set (*aer.* - *etc.* - *app.*), respiratore di ossigeno, inalatore di ossigeno. **3.** ~ lancing (*mech. technol.*), *see* oxygen-lance cutting. **4.** ~ meter (in the gas filling of a balloon or airship) (*aer. instr.*), misuratore di ossigeno. **5.** ~ respirator (*antifire*), autoprotettore a riserva di ossigeno. **6.** ~ set (oxygen breathing set) (*aer.* - *etc. app.*), inalatore di ossigeno, respiratore di ossigeno.
oxygen-acetylene, *see* oxyacetylene.
oxygenate (to), *see* oxidize (to).
oxygen-hydrogen welding (*mech. technol.*), saldatura ossidrica.
oxyhydrogen (*a.*), ossidrico. **2.** ~ blowpipe (*mech. impl.*), cannello ossidrico. **3.** ~ torch (*mech. impl.*), cannello ossidrico. **4.** ~ welding (*mech. technol.*), saldatura ossidrica.
oxysalt (*chem.*), sale ossigenato.
oxywelting, *see* oxygen-acetylene welding.
oz (weight meas.), *see* ounce.
ozalid (copy used for reproducing drawings) (*draw.*), ozalid, copia ammoniaca. **2.** ~ paper (*print.*), carta ozalid, carta all'ammoniaca. **3.** ~ process (*print.*), procedimento ozalid, procedimento all'ammoniaca.
ozocerite (mineral wax) (*chem.* - *min.*), ozocerite, cera minerale.
ozone (O_3) (*chem.*), ozono. **2.** ~ ageing (of rubber) (*ind. chem.*), invecchiamento da ozono. **3.** ~ degradation product (as in rubber mfg.), prodotto degradato da ozono. **4.** ~ eaten (as a rubber windshield wiper blade) (*aut.* - *etc.*), corroso da ozono.
ozonization (*ind.*), ozonizzazione.
ozonize (to) (*chem.*), ozonizzare.
ozonizer (*ind. app.*), ozonizzatore.
ozonizing (*ind.*), ozonizzazione. **2.** air ~ (*ind.* - *disinfection* - *etc.*), ozonizzazione dell'aria.
ozonosphere (layer from 30 to 50 km high) (*meteorol.*), ozonosfera.

P

"P" (plane!) (*mech. draw.*), piallare!, spianare! **2.** ~ (position, as a work) (*time study*), mettere in posizione. **3.** ~ (protected, said of electr. mach.) (*a. - elect.*), protetto.

P (phosphorus) (*chem.*), fosforo.

"p" (pico–, prefix: 10^{-12}) (*meas.*), p, pico–. **2.** ~, *see also* page, parallax, part, perforation, perimeter, pint, pipe, pitch, plate, point, polar, pole, power, principal.

"PA" (polyamid) (*chem.*), PA, poliammide. **2.** ~ (pulse amplifier) (*radio - etc.*), amplificatore di impulsi. **3.** ~ (pressure angle, of gearwheels or splines) (*mech.*), angolo di pressione.

"PA", "P/A" (power of attorney) (*law*), procura. **2.** ~ (power amplifier) (*electroacous.*), amplificatore di potenza.

Pa (protactinium) (*chem.*), protoattinio. **2.** ~, *see also* pascal.

"PABX" (private automatic branch exchange) (*teleph.*), centralino automatico privato.

"PACE" (precision analog computing equipment) (*comp.*), calcolatore analogico di precisione.

pace (rate of movement or speed of something) (*gen.*), cadenza, passo. **2.** ~ (length of a step), passo. **3.** ~ lap (lap: made for engines warming) (*n. - aut. race*), giro di riscaldamento (o di ricognizione). **4.** ~ rating (performance rating) (*time study*), valutazione delle prestazioni. **5.** ~ vehicle (vehicle being overtaken) (*aut.*), veicolo da sorpassare.

pace (to) (to walk a distance) (*gen.*), percorrere. **2.** ~ (to measure by paces) (*gen.*), misurare a passi. **3.** ~ (to move with slow, regular steps) (*gen.*), andare al passo.

pacemaker (*med. app.*), stimolatore cardiaco, dispositivo per stimolare i battiti del cuore.

pachymeter (an instr. for meas. thicknesses, as of paper) (*instr.*), spessimetro, misuratore di spessore.

pacing (the act of regulating the speed of the receiving terminal to the speed of the transmitting one) (*comp.*), sincronizzazione (o regolazione) della cadenza.

pack (as of a pit) (*min. - mas.*), muro (o pilastro) di sostegno. **2.** ~ (package) (*gen.*), pacco, involto. **3.** ~ (as of cards, as of disks) (*comp.*), pacco, pila. **4.** ~ (of sheet-iron plates) (*metall.*), pacchetto. **5.** ~ (240 lbs of wool) (*wool ind.*) (Brit.), balla (inglese) del peso di 240 libbre. **6.** ~ (packing stuff) (*packing*), materiale per imballaggio. **7.** "~" (the ratio of packed ware to theoretical production) (*glass mfg.*), rapporto tra prodotto vendibile e produzione teorica. **8.** ~ (of a parachute) (*aer.*), custodia. **9.** ~ (pack load, as for an animal) (*transp.*), soma. **10.** ~ (ice pack) (*geogr.*), banchisa, "pack". **11.** ~ (of films: filmpack) (*phot.*), filmpack, caricatore a pacco. **12.** ~ (packing method) (*packing*), metodo di imballaggio. **13.** ~ (container) (*gen.*), contenitore. **14.** ~ cover (pack, of a parachute) (*aer.*), custodia. **15.** ~ duck (*text.*), *see* packcloth. **16.** ~ hardening (hardening in a sealed container with a packing medium, as spent pitch coke, that will neither carburize nor decarburize within the normal hardening-temperature range) (*heat-treat.*), tempra in cassetta (con sostanza leggermente carburante), "tempra in atmosfera neutra". **17.** ~ prop (extensible metal prop) (*min.*), puntello (metallico) allungabile. **18.** disk ~ (group of disks to be removed together from a disk drive) (*comp.*), pacco (o pila) di dischi. **19.** ice ~ (*geol.*), banchisa. **20.** inner ~ (of a parachute) (*aer.*), custodia interna. **21.** metal ~ (as a parachute tray) (*ind.*), custodia metallica. **22.** mill ~ (pack of sheets hot-rolled together) (*metall.*), pacco di lamiere. **23.** outer ~ (of a parachute) (*aer.*), custodia esterna, custodia della fune di vincolo. **24.** power ~ (a transformer, rectifier and filter unit for conversion of power line tension to radio circuits tension) (*elics.*), gruppo di alimentazione.

pack (to) (as in cases), imballare, incassare. **2.** ~ (as a stuffing box) (*mech.*), guarnire, montare una guarnizione. **3.** ~ (or fill, as a stope with waste rock) (*min. - earth movement*), riempire. **4.** ~ (to increase the density of records for reducing space and transmission time) (*comp.*), impaccare, condensare. **5.** ~ up (*gen.*), fare le valige.

package (parcel), pacco. **2.** ~ (process of packing), imballaggio. **3.** ~ (finished product, as a power unit, prefabricated building etc.) (*gen.*), prodotto (o impianto) finito e completo pronto per l'uso (o l'installazione). **4.** ~ (self-contained and ready for use unit) (*mot. - boat - radio - etc.*), unità (o complesso) autonoma pronta per l'uso. **5.** ~ (a general use program or a group of programs) (*comp.*), pacchetto. **6.** ~ conveyor (*packages moving belt*), convogliatore pacchi. **7.** ~ deal (a proposal for agreement) (*comm.*), proposta di accordo, pacchetto di proposte. **8.** ~ to be returned (*transp.*), imballaggio a rendere. **9.** accounting ~ (accounting information program) (*comp.*), programma di contabilizzazione, pacchetto della contabilizzazione. **10.** application ~ (*comp.*), raccolta di programmi applicativi. **11.** throwaway ~ (*transp.* - *comm.*), imballaggio a perdere.

package (to), confezionare, imballare (in cartoni o casse o pacchi).

packaged, confezionato. **2.** ~ (as in a case) (*transp.*), imballato. **3.** ~ (self-contained) (*gen.*), autonomo, comprensivo dell'occorrente per il pronto impiego. **4.** ~ fuel (*comm. coal*), mattonelle di combustibile (confezionate) in pacchi.

packaging, confezione, impacchettatura, imballaggio. **2.** ~ machine (*mach.*), confezionatrice.

packcloth (*text.*), tela da imballo.

packed (compact, of soil) (*civ. eng.*), compatto. **2.** ~ decimal (for reducing space) (*comp.*), decimale impaccato.

packer (*work.*), imballatore.

packers' can (for food) (*packing*), lattina stagnata per prodotti alimentari.

packet (small package), pacchetto. **2.** ~ (ship) (*naut.*), battello, battello di linea. **3.** ~ (mail ship) (*naut.*), battello postale. **4.** ~ (a standardized packet consisting of a data unit inclusive of control and addressing characters) (*comp.*), pacchetto. **5.** ~ switching system, "PSS" (*comp.*), rete di commutazione a pacchetti. **6.** ~ switching, "PS" (*tlcm.*), commutazione di pacchetto. **7.** shell and slide ~ (*packing*), pacchetto a tiretto (o a cassetto).

packetize (to) (*tlcm.*), pacchettizzare.

packhouse (warehouse) (*bldg.*), magazzino.

packing (*mech.*), guarnitura. **2.** ~ (*comm.*), imballaggio. **3.** ~ (piston ring, compression ring) (*mot. mech.*), fascia elastica. **4.** ~ (as in a stuffing box) (*naut.*), baderna, guarnizione. **5.** ~ (of a double wall) (*mas.*), riempimento. **6.** ~ (filling up) (*gen.*), riempimento. **7.** ~ (filling material) (*gen.*), materiale di riempimento. **8.** ~ (*arch.*), *see* furring. **9.** ~ (operation by which the main parachute canopy is folded and inserted in the pack) (*aer.*), ripiegamento (nella custodia). **10.** ~ (sheets of paper placed under the blanket as of an offset press to increase the circumference) (*lith.*), abbigliamento. **11.** ~ bench (*ind.*), banco per imballatore, postazione di imballaggio. **12.** ~ box, *see* packing case. **13.** ~ case (*transp.*), cassa d'imballaggio. **14.** ~ case (stuffing box) (*mech.*), premistoppa, camera a stoppa con relativo premistoppa. **15.** ~ expenses (*comm.*), spese di imballaggio. **16.** ~ fraction (ratio between mass defect and mass number) (*atom phys.*), rapporto di addensamento, rapporto tra difetto di massa e numero di massa. **17.** ~ gland (*mech.*) (Am.), pressatreccia, premistoppa. **18.** ~ list (*comm.*), distinta di imballaggio, rimessa specificante la merce contenuta negli imballi. **19.** ~ machine (*ind. mach.*), imballatrice. **20.** ~ nut, *see* stuffing nut. **21.** ~ ring, *see* piston ring. **22.** ~ stick (impl. used for pressing packings) (*naut. impl.*), calcabaderne. **23.** ~ strip (*mech.*), guarnizione. **24.** automatic ~ machine (*ind. mach.*), imballatrice automatica. **25.** copper asbestos ~ (*mech.*), guarnizione di rame e amianto. **26.** gas ~ (by inert gas as for food packing) (*packing*), imballaggio (stagno) con gas inerte. **27.** hemp ~ (*mech.*), guarnizione di canapa. **28.** leather ~ (*mech.*), guarnizione di cuoio. **29.** metal ~ (*mech.*), guarnizione metallica. **30.** splitted ~ (*mech.*), guarnizione spaccata.

packtong (*alloy*), *see* paktong.

packway (*road*), *see* bridle-way.

paco (alpaca wool) (*wool ind.*), pelo di alpaca.

pact (*milit.*), patto, alleanza.

"PAD" (packet assembler/disassembler) (*comp.*), assemblatore/disassemblatore (di) pacchetti.

pad (cushioning pad) (*mech.*), tampone antivibrante, cuscino ammortizzatore. **2.** ~ (as of a seat or dashboard) (*aut.*), imbottitura. **3.** ~ (of a disc brake) (*aut.*), pattino, pastiglia. **4.** ~ (*elect.*), attenuatore fisso. **5.** ~ (socket for bit insertion of a hand drill, a brace etc.) (*mech.*), testina portautensile. **6.** ~ (for stamps) (*off. impl.*), cuscinetto. **7.** ~ (a projecting deposit of weld metal) (*welding*), ringrosso di saldatura. **8.** ~ (block of writing sheets) (*paper mfg.*), blocco notes. **9.** ~ (for protecting items to be shipped) (*packing*), imbottitura di protezione. **10.** ~ (area annexed to the airway: for warming engines) (*aer.*), piazzuola (di attesa). **11.** ~ (runway zone where the plane takes off or lands) (*aer.*), zona della pista nella quale l'aereo lascia il contatto col suolo al decollo o lo riprende all'atterraggio. **12.** ~ (takeoff and landing zone of a heliport) (*helicopter*), piazzuola, zona di atterraggio o decollo. **13.** ~ (a signal attenuator) (*elics.* - *teleph.*), attenuatore. **14.** ~ crimp (press for molding leather) (*leather ind.*), pressa per formare (cuoio). **15.** ~ saw (a small size compass saw) (*t.*), gattuccio. **16.** bonding ~ (small area disposable for soldering connections: as in electronic circuits) (*elics.*), zona di saldatura. **17.** cushioning ~ (as for the mounting trunnions of an aero-engine: made of rubber) (*mot.* - *mech.*), tampone antivibrante, cuscinetto (di gomma). **18.** film pressure ~ (as in a m. pict. projector). pattino pressafilm. **19.** film tension ~ (as in a m. pict. projector), pattino tendifilm. **20.** heat ~ (*electrodomestic app.*), termoforo. **21.** insulation ~, *see* cushioning pad. **22.** launching ~ (launching platform, launching stand for missiles) (*milit.* - *astric.*), piattaforma di lancio. **23.** numeric ~ (as of a pocket calculator or of a push-button teleph.) (*comp.*), tastiera numerica. **24.** pressure ~ (of a m. pict. projector), pattino (o guida) di pressione. **25.** skid ~ (slicky, oiled, asphalt zone for testing skids of motorvehicles) (*aut.* - *mtc.*), pista per prove di slittamento. **26.** thrust ~ (*mech.*), cuscino di spinta.

pad (to) (to furnish with pads) (*mech.*), applicare pattini (o tamponi, o cuscini). **2.** ~ (to waterproof: as cloth) (*gen.*), impermeabilizzare. **3.** ~ (to impregnate with a mordant) (*dyeing*), impregnare con mordente. **4.** ~ (to saturate with grease) (*leather ind.*), ingrassare. **5.** ~ (to stuff: as a seat) (*gen.*), imbottire.

padded (cushioned) (*a. - mech. - etc.*), su supporti elastici, elasticizzato. **2.** ~ (stuffed) (*gen.*), imbottito. **3.** ~ instrument panel (*aut. safety*), cruscotto imbottito, plancia imbottita.

padder (a small condenser for fine correction of capacity) (*elect.*), condensatore correttore. **2.** ~ (*elics.*), condensatore compensatore.

padding (as of a dash) (*aut. - etc.*), imbottitura. **2.** ~ (metal deposited in more layers by welding) (*mech. technol.*), strati multipli. **3.** ~ (impregnating with a mordant) (*dyeing*), "padding", impregnazione con mordente. **4.** ~ (the adding as of blank characters for reaching a fixed size) (*n. - comp.*), riempimento. **5.** ~ capacitor (padding condenser, in series with a variable condenser for reducing the capacity) (*elics.*), padding, condensatore riduttore.

paddle (as of a water wheel) (*mech.*), pala. **2.** ~ (mixing impl.) (*ind.*), spatola. **3.** ~ (oar) (*naut. impl.*), pagaia. **4.** ~ (short for paddle wheel) (*naut.*), ruota a pale. **5.** ~ (arm of a semaphore) (*railw. day sign. app.*), ala. **6.** ~ box (of a paddle steamer) (*naut.*), tamburo (di protezione) della ruota a pale. **7.** ~ steamer (*naut.*), piroscafo con ruote a pale. **8.** ~ tumbler (revolving drum used in tanning etc.) (*leather mfg.*), bottale. **9.** ~ wheel (*naut.*), ruota a pale. **10.** ~ wheel (for moving skins in a tank) (*leather ind.*), aspo. **11.** ~ wheel fan (*ventil. app.*), ventilatore a pale. **12.** feathering ~ wheel (as of a paddle steamer) (*naut.*), ruota a pale articolate.

paddle (to) (*naut.*), vogare con pagaia. **2.** ~ (by paddle wheels) (*naut.*), muoversi mediante ruote a pale. **3.** ~ (*leather mfg.*), bottalare.

paddling (*leather mfg.*), bottalatura. **2.** ~ (rought shaping of a piece of glass in a furnace by means of paddles or tools preparatory to pressing operations for making optical glass blanks) (*glass mfg.*), spalettatura.

paddock (platform, as near a shaft, for temporary deposit of material) (*min.*), piazzola.

padlock, lucchetto.

padlock (to) (*gen.*), chiudere con lucchetto.

padstone (for supporting a beam end on a wall) (*mas.*), piastra di appoggio.

page (*gen.*), pagina. **2.** ~ (page composed of types and ready for printing) (*typ.*), pagina. **3.** ~ (attendant as in a theater) (*work.*) (Am.), maschera. **4.** ~ (a block of data filling a page, transferable as a unit) (*comp.*), pagina. **5.** ~ (a group of contiguous memory cells being a sizable part of the main memory) (*n. - comp.*), pagina. **6.** ~ (the data simultaneously visualized on a "VDU") (*comp.*), pagina. **7.** ~ fault (virtual storage interruption: while the page in question is being read into the memory or it is in secondary memory) (*comp.*), mancanza di pagina. **8.** ~ in (the transfer of a page of data from the secondary memory to the principal one) (*comp.*), pagina inserita (in memoria principale). **9.** ~ one (*print.*), prima pagina. **10.** ~ out (the transfer of a page of data from principal memory to secondary one) (*comp.*), pagina scaricata (dalla memoria principale). **11.** ~ paper (piece of stiff paper on which a page of type is placed) (*typ.*), portapagina. **12.** ~ proof (*typ.*), bozza impaginata. **13.** ~ size (*print.*), formato pagina. **14.** ~ (a table of addresses with the corresponding page numbers) (*comp.*), tabella delle pagine. **15.** ~ store (*tlcm.*), memoria di pagina. **16.** ~ turning (the movement of a page of data from internal memory to an auxiliary storage and its substitution with a new page) (*comp.*), cambio di pagina. **17.** back ~ (page bearing an even number, verso page) (*typ.*), verso. **18.** bastard-title ~ (half-title page, of a book) (*typ.*), occhietto, occhiello. **19.** blank ~ (*typ.*), pagina bianca, pagina non stampata. **20.** bled-off ~ (*print.*), pagina al vivo. **21.** bottom of ~ (*print.*), pie' di pagina. **22.** half-title ~ (bastard-title page, of a book) (*typ.*), occhietto, occhiello. **23.** odd ~ (of a sheet) (*typ.*), bianca, prima pagina, pagina dispari. **24.** slip ~ (*typ.*), pagina mobile.

page (to) (to page up, to make up in pages) (*print.*), impaginare. **2.** ~ (to number, as pages) (*print. - etc.*), numerare. **3.** ~ (to transfer pages between main memory and secondary memory) (*comp.*), paginare.

pagination (making up into pages) (*print.*), impaginazione, impaginatura.

paging (pagination) (*print.*), impaginatura, impaginazione. **2.** ~ (page numbering) (*print. - etc.*), numerazione. **3.** ~ (displacement of information blocks) (*comp.*), paginazione. **4.** ~ (the movement of pages of data from internal memory to an auxiliary storage) (*n. - comp.*), paginazione. **5.** ~ rate ("VSI" speed: in page change) (*comp.*), ritmo di cambio pagina. **6.** ~ system (numbering system) (*gen.*), metodo di numerazione. **7.** demand ~ (*comp.*), paginazione a richiesta.

pagoda (*arch.*), pagoda.

paid (receipted, invoice) (*comm.*), quietanzato, pagato. **2.** delivered duty ~ (*comm. - transp.*), reso sdoganato. **3.** fully ~ (*comm.*), saldato.

pail (*impl.*), secchio.

paillettes (sequins, for clothes) (*text. ind.*), lustrini.

paint (pigmented material) (*paint.*), vernice, pittura, vernice pigmentata. **2.** ~ (act of painting), verniciatura. **3.** ~ (*naut. paint.*), pittura. **4.** ~ heater (for hot spraying) (*paint. app.*), riscaldatore per vernice. **5.** ~ reclaiming (*paint.*), riutilizzazione della vernice. **6.** ~ remover (*paint.*), prodotto sverniciante, sverniciatore. **7.** ~ roller (*paint. t.*), rullo per verniciare. **8.** ~ sprayer (spraying gun) (*paint. app.*) (Brit.), pistola per verniciatura a spruzzo, aerografo. **9.** acid resisting ~, vernice resistente agli acidi. **10.** anticorrosive ~ (*paint.*), vernice antiacido. **11.** antifire ~ (*bldg.*), ignifugo, vernice ignifuga. **12.** antifouling ~ (*naut. paint.*), pittura antivegetativa, pittura sottomarina. **13.** baking ~ (*ind. paint.*), vernice a fuoco, vernice a cottura. **14.** bituminous ~ (as for antinoise purposes, under aut. bottom surface) (*aut.*), protettivo (o pittura) bituminoso, antirombo. **15.** cement ~ (*paint.*), pittura per cemento. **16.** central ~ mix room (*shop*), locale preparazione vernici. **17.** cold-water ~ (having water used as thinner) (*paint.*), vernice all'acqua, idropittura. **18.** color wash ~ (applied) (*mas.*), tinteggiatura a calce (o a tempera). **19.** emulsion ~ (*paint.*), pittura emulsionata. **20.** enamel ~ (*paint.*), vernice a smalto. **21.** enamel ~ (application) (*paint.*), verniciatura a smalto. **22.** filler ~ (*paint.*), vernice di fondo. **23.** flat ~ (*paint.*), vernice opaca. **24.** flat wall ~ (*paint.*), pittura murale opaca, pittura opaca per pareti. **25.** ground oil ~ (*paint.*), colore macinato a olio. **26.** ground ~, colore in polvere. **27.** hard gloss ~ (enamel) (*paint.*), vernice a smalto. **28.** impregnating ~ (as in wood painting before undercoast or enamels) (*paint.*), impregnante. **29.** lead ~, minio. **30.** nitrocellulose ~, vernice alla nitrocellulosa, vernice alla "nitro". **31.** oil ~, vernice a olio. **32.** plastic ~ (which can be peeled off) (*paint.*), vernice pelabile. **33.** plastic ~ (which can be manipulated after application so as to obtain a given pattern) (*paint.*), pittura plastica. **34.** radar ~ (paint forming a coat that partially absorbs radar waves) (*elics. - milit.*), vernice antiradar. **35.** sizing ~, vernice (o verniciatura) di fondo. **36.** spirit ~, vernice (o verniciatura) a spirito. **37.** spray ~ (*paint.*), vernice a spruzzo. **38.** spray ~ (act of painting) (*paint.*), verniciatura a spruzzo. **39.** tempera ~ (applied) (*mas.*), tinteggiatura a tempera. **40.** textured ~ (plastic paint used for obtaining a textured finish, as a low relief pattern) (*paint.*), pittura per effetto a rilievo. **41.** underwater ~ (*naut. paint.*), pittura sottomarina. **42.** water color ~ (applied) (*mas.*), tinteggiatura a tempera. **43.** water ~ (water color) (*paint.*), pittura ad acqua, idropittura. **44.** zinc-rich ~ (*aut. paint.*), vernice ricca di zinco.

paint (to) (*ind. - bldg.*), verniciare. **2.** ~ (*art*), dipingere. **3.** ~ in watercolors (*art of paint.*), acquerellare.

paintbrush (*paint. t.*), pennello.

painted (*ind. - bldg.*), verniciato.

painter (worker using oil paint), verniciatore. **2.** ~ (rope) (*naut.*), barbetta, cima da ormeggio (o da rimorchio). **3.** house ~ (worker using whitewash), imbianchino, decoratore.

painting, verniciatura. **2.** ~ by hand, verniciatura a mano. **3.** ~ machine (*mach.*), verniciatrice. **4.** body ~ machine (*aut.*), verniciatrice per scocche. **5.** color wash ~ (wall painting) (*mas.*), tinteggiatura a calce (o a tempera). **6.** electrostatic ~ (*ind. paint.*), verniciatura elettrostatica. **7.** nitrocellulose ~, verniciatura alla nitrocellulosa. **8.** poker ~ (*art*), *see* pyrography. **9.** single-tone ~ (*aut.*), verniciatura monocolore. **10.** spray ~, verniciatura a spruzzo. **11.** tempera ~ (process of painting) (*mas.*), tinteggiatura a tempera. **12.** two-color ~ (*aut.*), verniciatura bicolore. **13.** two-tone ~ (of a car) (*aut.*), verniciatura bicolore. **14.** watercolor ~ (act of painting) (*mas.*), tinteggiatura a tempera.

paintpot (*paint. container*), barattolo di vernice, lattina di vernice.

pair (*gen.*), paio. **2.** ~ (*teleph.*), coppia, doppino. **3.** ~ (kinematic pair: as the combination of a piston and its cylinder) (*applied mech.*), coppia, coppia cinematica. **4.** ~ (gang, of workers) (*min.*), squadra. **5.** bevel gear ~ (*mech.*), coppia conica. **6.** higher ~ (in which the contact is along lines or at points) (*kinematics*), coppia cinematica superiore. **7.** lower ~ (with surface contact) (*kinematics*), coppia cinematica elementare. **8.** sliding ~ (*kinematics*), coppia cinematica prismatica. **9.** turning ~ (*kinematics*), coppia cinematica rotoidale. **10.** twisting ~ (*kinematics*), coppia cinematica elicoidale.

pair (to), appaiare.

pairing (*gen.*), appaiamento, accoppiamento, abbinamento.

pair-oar (*naut.*), a due remi ed un rematore per ciascun remo.

paktong, pakfong (nickel, zinc and copper alloy) (*alloy*), paktong, pakfong.

"PAL" (Permissive Action Link) (*atomic weapons safety*), dispositivo di sicurezza anti esplosione accidentale. **2.** ~ (Phase-Alternation Line system) (*color telev.*), sistema PAL.

palace (*arch.*), palazzo.

pale, *see* paling. **2.** ~ (faint in color) (*a.*), pallido, smorto.

pale (to) (to fade, to lose color) (*color*), scolorire.

Paleocene (*geol.*), paleocene.

paleolithic (*geol.*), paleolitico.

paleomagnetism (residual magnetism in ancient rocks) (*geol.*), paleomagnetismo, magnetismo residuo (delle rocce).

paleontology (*geol.*), paleontologia.

Paleozoic (Palaeozoic) (*n. - geol.*), paleozoico, era paleozoica.

palette (*artistic paint. impl.*), tavolozza. **2.** ~ (a breastplate for a breast drill) (*mech.*), piastra di appoggio. **3.** ~ knife (*paint. t.*), spatola.

palindrome (as of a number that is the same whether read backward or foward) (*math.*), palindromo.

paling (palisade made of pales) (*mas.*), palizzata.

palingenesis (formation of new rocks caused by the refusion of preexisting rocks) (*geol.*), palingenesi.

palisade (*bldg.*), palizzata.

palisander, palissander (*wood*), palissandro.

pall, *see* pawl.

Palladian (*a. - arch.*), Palladiano.

palladium (Pd - *chem.*), palladio.

pallet (as for driving or adjusting a ratchet wheel), nottolino (di comando o regolazione). **2.** ~ (*potter's or artist's impl.*), paletta (da vasaio o da artista). **3.** ~ (of a watch), bocchetta (dell'àncora). **4.** ~ (disc of a chain pump) (*obsolete pump*), disco di una pompa a catena. **5.** ~ (for warehouse racks and speedy transportation in a factory by fork trucks) (*ind.*), paletta, "pallet". **6.** ~ (*paint.*), *see* palette. **7.** ~ truck (for the transportation of palletized materials) (*transp. veh.*), carrello a forche. **8.** ~ type fixture (as for clamping and holding the work during the various machining operations as on a transfer machine) (*mech.*), portapezzi trasferibile.

palletization (shop system of internal transp.: as by fork trucks) (*ind.*), palettizzazione.

palletize (to) (to store or transport by means of pallets) (*ind.*), palettizzare.

palletizing (*ind.*), *see* palletization.

pallograph (apparatus for recording the vibrations of a ship) (*naut. instr.*), apparecchiatura per la registrazione delle vibrazioni delle navi.

palm (*tree*), palma. **2.** ~ (of the anchor) (*naut.*), patta, palma. **3.** ~ (in sailmaking, protecting metal disk used in sewing sails) (*naut.*), guardamano. **4.** ~ oil, olio di palma. **5.** ~ vaulting (*arch.*), volta palmata.

palmette (ornament) (*arch.*), palmetta.

palmitin (*chem.*), palmitina.

palnut (thin steel nut with concave, shallow bottom face which in deforming itself under stress causes a binding grip on the bolt) (*mech.*), dado autobloccante, dado di sicurezza.

"PAM" (pulse-amplitude modulation) (*radio*), modulazione di ampiezza degli impulsi.

pampero (South American wind) (*meteorol.*), pampero.

pamphlet (*print.*), opuscolo.

"PAN" (polyacrylnitril) (*plastics*), PAN, poliacrilonitrile. **2.** ~ (panchromatic) (*phot.*), pancromatico.

pan (*kitchen impl.*), teglia. **2.** ~ (of a balance) (*meas. instr.*), piatto (di bilancia). **3.** ~ (pan shot) (*m. pict.*), *see* panning shot. **4.** ~ (vat, tank, beater tub: tank portion of the hollander) (*paper mfg.*), vasca. **5.** ~ (short for panchromatic) (*a. - phot.*), pancromatico. **6.** ~ (short for panel) (*arch. - etc.*), pannello. **7.** ~ (a vessel for separating: as gold) (*min.*), bateia. **8.** ~ (scraper transporting collected materials) (*earth moving mach.*), tipo di ruspa trasportatrice. **9.** ~ bolt (*mech.*), bullone a testa troncoconica. **10.** "~ coke" (*comb.*), coke di ricupero. **11.** ~ conveyor (plates chain conveyor) (*ind. impl.*), convogliatore (continuo) a piastre. **12.** ~ shovel (shovel excavator) (*earth moving mach.*), escavatore a cucchiaia. **13.** blur ~ (very rapid panning shot for transition between two scenes) (*m. pict. - telev.*), panoramica rapidissima di transizione (tra due scene). **14.** charging ~ (bucket used as for charging a melting app.) (*found. - etc.*), benna di caricamento. **15.** chip ~ (chip tray) (*mach. t. work*), raccoglitrucioli, recipiente raccoglitrucioli. **16.** oil ~ (as of mot.) (*mech.*), coppa dell'olio. **17.** zip ~ (*m. pict. - telev.*), *see* blur pan.

pan (to) (to move a camera to obtain a panoramic effect or to keep a subject in the film) (*m. pict. - telev.*), riprendere una panoramica oppure seguire il soggetto col movimento della macchina da presa. **2.** ~ (to wash in a pan) (*min.*), lavare in vasca.

pancake landing (*aer.*), atterraggio spanciato, atterraggio "a piatto". **2.** ~ coil (*elect. - radio*), bobina piatta. **3.** ~ engine (with horizontally disposed cylinders) (*mot.*), motore a sogliola.

pancake (to) (*aer.*), atterrare spanciato, atterrare "a piatto".

pancaking (pancake) (*aer.*), atterraggio spanciato, atterraggio a "piatto".

panchromatic (*a. - phot.*), pancromatico. **2.** ~ film (*phot.*), pellicola pancromatica.

"Pand L" (profit and loss) (*adm.*), profitti e perdite.

pane (lateral face of a nut) (*mech.*), faccia. **2.** ~ (of glass) (*bldg.*), vetro, lastra di vetro. **3.** ~ (panel) (*bldg.*), pannello. **4.** ~ (peen, of a hammer) (*t.*), penna.

panel (*bldg.*), pannello. **2.** ~ (section of a mine) (*min.*), sezione. **3.** ~ (as of a switchboard) (*elect.*), pannello. **4.** ~ (unit: as of a main plane surface) (*aer.*), pannello. **5.** ~ (subdivision of a parachute gore) (*aer.*), spicchio. **6.** ~ (group of discussing people, as on a technical subject) (*technol. - etc.*), gruppo di lavoro. **7.** ~ (group as of technicians for research, study etc.) (*pers. organ.*), pannello, gruppo. **8.** ~ (one of the pieces of fabric of the envelope) (*aerostats*), pannello, spicchio. **9.** panels (of a car body) (*aut.*), pannelleria. **10.** ~ (a board controlling a computer machine by means of switches, lights, buttons etc.) (*comp.*), pannello (di controllo). **11.** ~ aircraft (large aircraft with a separate instrument panel for the flight engineer) (*aer.*), velivolo con quadro separato (per il motorista). **12.** ~ beater (as for aut. body repairs or mfg.) (*work.*), battilastra. **13.** ~ board (as of an electric locomotive) (*elect.*), quadro strumenti. **14.** ~ boards (*paper mfg.*), cartoni per pannelli. **15.** ~ body truck (*aut.*), furgone. **16.** ~ cooling (*therm.*), raffreddamento a pannelli (refrigeranti). **17.** ~ discussion (*gen.*), dibattito in un gruppo di lavoro. **18.** ~ girder (*constr. theor.*), travatura a elementi. **19.** ~ heating (radiant heating) (*therm.*), riscaldamento a pannelli radianti. **20.** ~ lighting (*aut.*), illuminazione quadro. **21.** ~ point (relating to the elements of a truss) (*truss constr.*), nodo. **22.** ~ stake truck (*aut.*), autocarro a sponde alte. **23.** ~ strip (*join. - etc.*), coprigiunto. **24.** ~ switch (flush switch) (*elect.*), interruttore da quadro (da incasso). **25.** body side ~ (presswork) (*aut. body constr.*), fiancata, (elemento) stampato di fiancata. **26.** bonnet ~ (presswork) (*aut. body constr.*) (Brit.), cofano (elemento) stampato di cofano. **27.** control ~ (*mach. t. - etc.*), quadro di comando, quadro di manovra. **28.** dash (board) ~ (*aut. body constr.*), cruscotto, plancia cruscotto. **29.** detachable side ~ (as of an engine sheet steel cowling) (*mot.*), pannello laterale asportabile. **30.** door inside and outside panels (*aut. body constr.*), pannelli interni ed esterni per porte. **31.** drive shaft tunnel ~ (presswork) (*aut. body constr.*), tegolo copritrasmissione, tunnel dell'albero di trasmissione. **32.** facia ~ (presswork) (*aut. body constr.*) (Brit.), quadro portastrumenti. **33.** feeder ~ (distribution panel, distribution board) (*elect. system*), pannello di distribuzione. **34.** fender ~ (presswork) (*aut. body constr.*), parafango, (elemento) stampato di parafango. **35.** floor ~ (*aut. body constr.*), pavimento, fondo. **36.** hinged panels fitting (fitting of doors etc. to a body shell) (*aut.*), ferratura (della scocca). **37.** inner sill ~ (*aut. body constr.*), longherone centrale. **38.** inside valance ~ (presswork) (*aut. body constr.*), fianchetto interno. **39.** instrument ~ (*aer. - aut.*), cruscotto, quadro strumenti. **40.** insulating ~ (*bldg. - therm.*), pannello isolante. **41.** lower rear ~ (*aut. body constr.*), pannello inferiore posteriore. **42.** luggage compartment ~ (*aut. body*), parete della bagagliera. **43.** mixing ~ (for microphones) (*electroacous.*), pannello (o quadro) di missaggio. **44.** padded instrument ~ (for safety) (*aut.*), cruscotto imbottito, quadro strumenti imbottito. **45.** parcel tray squab ~ (*aut. body constr.*), paretina con pianetto portaoggetti. **46.** patch ~ (control panel: plugboard) (*comp.*), pannello di controllo. **47.** push button ~ (*elect.*), pulsantiera. **48.** quarter ~ (*aut. body constr.*), pannello laterale posteriore. **49.** radiating ~ (radiating surface) (*therm.*), pannello radiante. **50.** rear door inside ~ (*aut. body constr.*), pannello interno porta posteriore. **51.** rear window opening ~ (*aut. body constr.*), pannello del lunotto (posteriore). **52.** rocker ~ (sill [Brit.]) (*aut. body*) (Am.), batticalcagno. **53.** roof ~ (presswork) (*aut. body constr.*), padiglione, tetto, stampato di padiglione. **54.** sandwich ~ (wooden panel made by bonding a ply-wood sheet on a solid core) (*carp.*), paniforte. **55.** squab ~ (*aut. body constr.*), pannello posteriore dello schienale. **56.** tonneau side ~ (presswork) (*aut. body constr.*), fiancata posteriore. **57.** trunk floor ~ (presswork) (*aut. body constr.*), pavimento bagagliera, pavimento del piano portabagagli. **58.** trunk lid ~ (presswork) (*aut. body constr.*), coperchio bagagliera, coperchio baule. **59.** valance ~ (*aut. body constr.*), fianchetto. **60.** wheelhouse ~ (*aut. body constr.*), (pannello del) passaggio ruota. **61.** windshield inner frame ~ (*aut. body constr.*), complessivo ossatura interna del parabrezza.

panel (to) (*join - bldg.*), rivestire con pannelli, pannellare.

paneling, *see* panelling.

panelled (*a. - gen.*), pannellato, a pannelli.

pannelling, pannellatura, rivestimento a pannelli. **2.** wood ~ (*bldg.*), rivestimento a pannelli di legno.

"panel-switch", *see at* panel.

panhead (of a rivet) (*technol. mech.*), testa troncoconica.

panic (*gen.*), panico. **2.** ~ button (emergency button) (*aer. - etc.*), pulsante di emergenza. **3.** ~ button (request of operator assistance) (*comp.*), richiesta di assistenza.

pannier (*impl.*), gerla.

panning (rotation of a m. pict., or telev. camera for securing a panoramic effect or for keeping in field a moving object) (*m. pict. - telev.*), panoramica. **2.** ~ (washing as of diamonds) (*min.*), lavaggio. **3.** ~ shot (*m. pict. - telev.*), ripresa panoramica.

panoramic (*a. - gen.*), panoramico. **2.** ~ head (*phot. impl.*), testa panoramica. **3.** ~ view (*phot.*), vista panoramica.

pant (defective beat of an engine) (*n. - mech.*), battito anormale, funzionamento con battito anormale.

pantal (trade name of an aluminium alloy containing Mg, Si, Cu, Mn: used for chilled castings) (*found.*), pantal.

pantechnicon (*veh.*) (Brit.), furgone per mobilia.

pantiles (*bldg.*), tegole alla fiamminga (o olandesi).

panting (*aer.*), *see* oilcanning.

pantograph (copying instr.) (*mach.*), pantografo. **2.** ~ (of elect. veh.), presa a pantografo. **3.** ~ foot pump (*elect. railw.*), pompa a pedale per (sollevamento) pantografo. **4.** ~ trolley (*elect. device*), asta di presa a pantografo, "trolley" a pantografo.

pantograph (to) (*draw.*), pantografare.

pantometer (angles meas. instr.) (*top. instr. - etc.*), pantometro.

pantoscope (wide - angle lens) (*n. - phot.*), grandangolare.

pantoscopic (*a. - phot.*), a grandangolare.

pantry (*bldg.*), dispensa. **2.** ~ (*naut.*), cambusa.

"pap", *see* paper.

paper, carta. **2.** ~ (a writing, as on a technical subject) (*gen.*), memoria. **3.** ~ (short for newspaper) (*journ.*), giornale. **4.** ~ bag, sacco di carta. **5.** ~ clip (*off. impl.*), fermaglio per documenti. **6.** ~ condenser (*elect. app.*), condensatore a carta. **7.** ~ cord (*ind.*), corda di carta, treccia di carta. **8.** ~ cutter (*print. mach.*), macchina tagliatrice, taglierina. **9.** ~ cutter, *see* paper knife. **10.** ~ finger (*of typewriter*), premicarta. **11.** ~ guide (*typewriter*), posizionatore del foglio. **12.** ~ hanger (wall decorator) (*work.*), decoratore. **13.** ~ hangings, *see* wallpaper. **14.** ~ knife (*t. for paper ind. mach.*), lama per taglierina. **15.** ~ machine (used for obtaining paper from the pulp) (*paper mfg.*), macchina continua, macchina in piano. **16.** ~ mildew (due to a fungus which affects paper) (*paper mfg.*), muffa della carta. **17.** ~ mill (*ind.*), cartiera. **18.** ~ money (*finan.*), carta moneta. **19.** ~ release lever (of a typewriter), leva liberacarta. **20.** ~ shredder (to destroy documents: as for security purposes) (*off. app.*), apparecchio per la distruzione di documenti. **21.** ~ skip, *see* ~ throw. **22.** ~ throw (speedy movement of the paper for an amount greater than a single line spacing) (*comp. printer*), salto di avanzamento (o di trascinamento) carta. **23.** ~ tree (tree from which paper is made) (*paper mfg.*), albero da carta. **24.** ~ wool (as for packing) (*paper mfg.*), paglietta di carta, trucioli di carta. **25.** ~ work (*off. work*), lavoro di ufficio. **26.** abrasive ~ (*paper for ind.*), carta abrasiva. **27.** absorbent ~ (*paper mfg.*), carta assorbente. **28.** accommodation ~ (accommodation bill, windbill, kite) (*comm.*), cambiale di comodo. **29.** action ~ (for carbonless copy) (*paper mfg.*), carta autocopiante. **30.** adhesive ~ (gummed paper) (*paper mfg.*), carta gommata. **31.** air-dried ~ (*paper mfg.*), carta asciugata all'aria. **32.** air-mail ~ (*paper mfg.*), carta per posta aerea. **33.** air-proof ~ (*paper mfg.*), carta impermeabile all'aria. **34.** art ~ (coated and polished paper: as for books) (*paper mfg.*), carta patinata. **35.** asphalt ~ (*paper mfg. - bldg.*), carta catramata, cartone catramato. **36.** autoadhesive ~ (pressure sensitive adhesive paper) (*paper mfg.*), carta autoadesiva. **37.** autopositive ~ (used for the reproduction of drawings etc.) (*draw. - etc.*), carta autopositiva. **38.** bank note ~ (currency paper) (*paper mfg.*), carta per biglietti di banca, carta per banconote. **39.** baryta ~ (*phot. - print.*), carta baritata. **40.** base ~ (raw paper) (*paper mfg.*), carta greggia, carta cruda. **41.** battery ~ (*paper mfg.*), carta per pile (elettriche). **42.** Bible ~ (very thin book paper) (*paper mfg.*), carta bibbia. **43.** bill ~ (*paper mfg.*), carta per assegni, cartavalori. **44.** bimonthly ~ (*journ.*), (pubblicazione) quindicinale. **45.** biweekly ~ (*journ.*), (pubblicazione) bisettimanale. **46.** black and white ~ (*phot.*), carta (per riproduzioni) in bianco e nero. **47.** black-bordered ~ (*print.*), carta da lutto, carta abbrunata. **48.** black line ~ (*paper mfg.*), carta eliografica positiva. **49.** blackout ~ (for blackout during the war) (*paper mfg.*), carta da oscuramento. **50.** blasting ~ (dynamite shell paper) (*paper mfg.*), carta per cariche da mina. **51.** block ~ (wall paper) (*mas.*), carta da parati. **52.** blotting ~ (*off.*), carta assorbente, carta asciugante. **53.** blueprint ~ (*paper mfg.*), carta cianografica. **54.** body ~ (raw paper) (*paper mfg.*), carta greggia, carta cruda. **55.** bond ~ (uncalendered high-quality paper used for letterheads etc.) (*paper mfg.*), carta per macchina da scrivere. **56.** bookbinding ~ (*paper mfg.*), carta per legatoria. **57.** book ~ (*paper mfg.*), carta da stampa per libri, carta per edizioni. **58.** Braille ~ (*paper mfg.*), carta Braille. **59.** bright enamel ~ (*paper mfg.*), carta rasata, carta lucida. **60.** brush enamel ~ (*paper mfg.*), carta lucidata a spazzola. **61.** building ~ (for insulation from moisture in walls, roofs and floors) (*bldg.*), cartone catramato. **62.** butcher's manilla ~ (*paper mfg.*), carta per macelleria. **63.** butter ~ (greaseproof paper) (*paper mfg.*), carta per burro. **64.** cable ~ (*paper mfg.*), carta per cavi. **65.** cambric ~ (*paper mfg.*), carta telata. **66.** carbolic ~ (*pharm.*), carta fenicata. **67.** carbon ~ (*off.*), carta carbone. **68.** casing ~ (casing, 36 × 46 in) (*paper mfg.*), carta in fogli (da 36 × 46 pollici). **69.** chart ~ (*paper mfg.*), carta per carte geografiche. **70.** cheque ~ (check paper) (*paper mfg.*) (Brit.), carta per assegni. **71.** chloride ~ (*phot.*), carta al cloruro. **72.** cigarette ~ (*paper mfg.*), carta per sigarette. **73.** coated ~ (art paper) (*paper mfg.*), carta patinata. **74.** Congo ~ (*chem.*), carta al rosso Congo. **75.** copperplate printing ~ (*print.*), carta per calcografia. **76.** copying ~ (as used in a copying press) (*paper mfg.*), carta per copialettere, carta copiativa. **77.** copy ~ (*paper mfg.*), carta per copie multiple. **78.** cork ~ (*paper mfg.*), carta sugherata. **79.** corrugated ~ (thick paper used as a protective wrapper) (*paper mfg.*), carta ondulata, cartone ondulato. **80.** crepe ~ (*paper mfg.*), carta crespata. **81.** currency ~ (*paper mfg.*), carta moneta, carta per banconote, carta per biglietti di banca. **82.** cyclostyle ~ (*paper mfg.*), carta per duplicatori, carta per ciclostile. **83.** detail ~ (tracing paper form used for detail drawings) (*mech. draw.*), carta da lucidi per particolari. **84.** developing-out ~ (*phot.*), carta da sviluppo. **85.** double-coated ~ (*paper mfg.*), carta patinata da ambo i lati, carta "doppio patinata". **86.** drawing ~ (*draw.*), carta da disegno. **87.** duplicating ~ (*paper mfg.*), carta per duplicatori, carta per ciclostile. **88.** Dutch marble ~ (a kind of strong marble paper used as for the covers of account books) (*paper mfg.*), carta marmorizzata con pettine. **89.** edge stay ~ (as of boxes) (*paper mfg.*), carta per la protezione degli spigoli. **90.** electrosensitive ~ (darkens by the passage of electric current) (*ind. - etc.*), carta elettrosensibile. **91.** embossed ~ (*paper mfg.*), carta goffrata. **92.** emery ~, carta smerigliata, carta smeriglio. **93.** enamel ~ (*paper mfg.*), carta patinata. **94.** end ~ (flyleaf, of a book) (*typ.*), risguardo. **95.** envelope ~ (*paper mfg.*), carta per buste. **96.** evening ~ (*journ.*), quotidiano della sera. **97.** fancy ~ (*paper mfg.*), carta fantasia. **98.** filter ~ (*chem.*), carta da filtro. **99.** fireproof ~ (*paper mfg.*), carta incombustibile. **100.** fish ~ (elect. insulating paper board) (*elect.*), presspan. **101.** flint ~ (*paper mfg.*), carta glacé. **102.** flong ~, *see* matrix paper. **103.** fly ~ (flypaper), carta moschicida. **104.** fruit ~ (*paper mfg.*), carta per avvolgere frutta, carta per agrumi. **105.** fumigating ~, carta fumogena. **106.** gas-light ~ (*phot.*), carta lenta. **107.** glass ~, carta vetrata. **108.** graph ~ (*draw. - etc.*), carta millimetrata. **109.** gravure ~ (*print.*), carta per rotocalco. **110.** grocery ~ (*paper mfg.*), carta per drogheria. **111.** handmade deckle-edged ~ (*paper mfg.*), carta a mano. **112.** heat pressure-sensitive ~ (*paper ind.*), carta autoadesiva a caldo. **113.** heliographic ~ (*draw.*), carta eliografica. **114.** impact ~ (for carbonless copy) (*paper mfg.*), carta autoricalcante. **115.** imperial ~ [(22 × 30 in size (Brit.) and 23 × 31 in size (Am.)] (*draw. paper*), carta (da disegno) da 22 × 30 pollici (Ingl.) oppure 23 × 31 pollici (Am.). **116.** impregnated ~ (*paper mfg. - elect. - etc.*), carta impregnata, carta imbevuta. **117.** India ~ (thin and opaque printing paper) (*paper mfg.*), carta Bibbia, carta india. **118.** ingrain ~ (cheap type of wallpaper) (*paper mfg.*), carta da parati. **119.** in ~ (said of books or pamphlets folded and sewn with paper covers) (*paper mfg.*), legato in brossura, legato alla bodoniana. **120.** intaglio ~ (paper used for intaglio printing) (*paper mfg. - print.*), carta per calcografia, carta per stampa da matrice incavata. **121.** iodide-starch test ~ (for testing a chlorine bath) (*chem.*), cartina amido-iodurata. **122.** keyboard ~ (for monotype mach.) (*typ.*), nastro di carta per macchina monotype. **123.** lacmus ~ (*chem.*), carta al tornasole, cartina indicatrice di pH. **124.** ledger ~ (*paper mfg.*), carta per contabilità. **125.** letter ~ (*off.*), carta da lettera. **126.** linen-faced ~ (linenized paper) (*paper mfg.*), carta telata. **127.** linen ~ (linenized paper), carta telata. **128.** linen ~ (linen, high-quality writing paper) (*paper mfg.*), carta di stracci, carta di lino. **129.** lining ~ (undercoat paper applied to a wall as a basis for wallpaper) (*paper mfg. - bldg.*), carta di rivestimento. **130.** litmus ~ (*chem.*), carta al tornasole. **131.** loan ~ (loan, rag paper used for bank notes, bonds etc.) (*paper mfg.*), carta per titoli, carta per valori. **132.** log-log ~ (logarithmic paper) (*diagrams*), carta bilogaritmica, carta con ordinate ed ascisse in scala logaritmica. **133.** log ~ (logarithmic paper) (*math.*), carta logaritmica. **134.** luminous ~ (*paper mfg.*), carta fosforescente. **135.** manifold ~ (light paper used with carbon paper for obtaining many copies) (*paper mfg.*), velina, vergatina, carta per copie multiple, carta da scrivere leggera. **136.** Manila ~ (manilla paper) (*paper mfg.*), carta Manilla. **137.** map ~ (*paper mfg.*), carta per carte geografiche. **138.** masking ~ (in spray paint.), carta per mascheratura. **139.** matt art ~ (*paper mfg.*), carta patinata opaca. **140.** metal-foil ~, *see* metallic ~. **141.** metallic ~ (paper covered by a thin layer of metal) (*paper mfg.*), carta metallizzata. **142.** monotype ~, *see* keyboard paper. **143.** morning ~ (*journ.*), quotidiano del mattino. **144.** mourning ~ (black-bordered paper) (*print.*), carta da lutto, carta abbrunata. **145.** music ~ (*paper mfg.*), carta da musica. **146.** natural colored ~ (self-colored paper) (*paper mfg.*), carta a colori naturali. **147.** note ~ (8 × 10 in paper) (*paper mfg.*), carta da 8 × 10 pollici. **148.** offset ~ (*paper mfg. - print.*), carta per offset. **149.** oiled ~ (*paper mfg.*), carta oleata. **150.** onionskin ~ (thin translucent paper) (*paper mfg.*), pelle d'aglio, carta traslucida. **151.** ozalid ~ (used in the reproduction of drawings) (*draw.*), carta ozalid, carta all'ammoniaca. **152.** packing ~ (*comm.*), carta da imballaggio. **153.** page ~ (piece of stiff paper on which a page of type is placed) (*paper mfg.*), portapagina. **154.** paraffin ~ (*paper ind.*), carta paraffinata. **155.** parchment ~ (vegetable parchment) (*paper mfg.*), pergamena vegetale, carta pergamenata, carta pergamena. **156.** pattern ~ (used by tailors) (*paper mfg.*), carta per modelli. **157.** peat ~ (*paper mfg.*), carta di torba. **158.** phenolphthalein ~ (*chem.*), carta alla fenolftaleina. **159.** photographic ~ (*phot.*), carta sensibile. **160.** photogravure printing ~ (*paper mfg.*), carta per rotocalco. **161.** plan ~ (map paper) (*paper mfg. - cart.*), carta per carte geografiche. **162.** plate ~ (used in printing from engraved plates) (*paper mfg. - print.*), carta per calcografia. **163.** plate ~ (heavy dull paper used for books) (*paper mfg.*), carta pesante opaca. **164.** plotting ~, *see* graph paper. **165.** pole-finding ~ (polarity paper) (*elect.*), carta cercapoli. **166.** porcelain ~ (kind of fancy glazed paper) (*paper mfg.*), carta porcellana. **167.** poster ~ (*paper mfg. - print.*), carta per affissi. **168.** preservative ~ (*paper mfg.*), carta per conserve. **169.** pressure sensitive adhesive ~ (*paper mfg.*), carta autoadesiva. **170.** pressure-sensitive ~ (*paper ind.*), carta autoadesiva (a freddo). **171.** printing out ~ (*phot.*), carta ad annerimento diretto. **172.** printing ~ (*paper mfg.*), carta da stampa. **173.** profile ~ (graph paper used in drawing profiles) (*civ. eng.*), carta per profili altimetrici. **174.** proof ~ (proofing paper) (*paper mfg. - print.*), carta per prove di stampa, carta per bozze. **175.** rag ~ (*paper mfg.*), carta di stracci. **176.** reinforced ~ (*paper mfg.*), carta con rinforzo interno. **177.** repp ~ (*paper mfg.*), carta con vergatura a pressione. **178.** rice ~ (*paper mfg.*), carta di riso. **179.** ruled ~, carta rigata. **180.** sampling ~ (*paper mfg.*), carta per campionari. **181.** scale ~ (graph paper) (*draw. - etc.*), carta millimetrata. **182.** security ~ (*paper mfg.*), carta per titoli. **183.** self-blue ~ (made with blue rags) (*paper mfg.*), carta azzurra naturale. **184.** self-toning ~ (*phot.*), carta autovirante. **185.** sensitive ~ (*phot.*), carta sensibile. **186.** sensitized ~ (photographic paper) (*phot.*), carta sensibile. **187.** sheathing ~ (waterproof paper obtained by bitumination) (*bldg.*), cartone bitumato. **188.** silkworm-egg ~ (*paper mfg.*), cartone per bachicoltura. **189.** silver bromide ~ (*phot.*), carta al bromuro d'argento. **190.** slate ~ (used at school) (*paper mfg.*), carta ardesia. **191.** slow contact ~ (*phot.*), carta lenta. **192.** squared ~ (*off.*), carta quadrettata. **193.** stabilized ~ (*paper mfg.*), carta condizionata. **194.** stamped ~ (*comm. - law*), carta bollata, carta da bollo. **195.** straw ~ (for grocers and butchers) (*paper mfg.*), carta paglia. **196.** sulphite ~ (*paper mfg.*), carta al solfito. **197.** tarred ~ board (*bldg.*), cartone catramato. **198.** test ~ (*chem.*), carta reattiva. **199.** thermographic ~ (for thermal printer) (*paper mfg. - comp.*), carta termica. **200.** thermosealing ~ (*paper mfg.*), carta termocollante. **201.** tissue ~, carta velina. **202.** tracing ~ (*draw.*), carta lucida. **203.** transfer ~ (used for transferring impressions, as in lithography) (*print.*), carta da trasporto. **204.** transfer ~ (to obtain reproducible copies) (*draw.*), carta per copie riproducibili. **205.** turmeric ~ (*chem.*), carta alla curcuma. **206.** typewriting ~ (*paper mfg.*), carta per dattilografia, carta per macchina da scrivere. **207.** unsized ~ (*paper mfg.*), carta non incollata, carta senza colla. **208.** vat ~ (handmade paper) (*paper mfg.*), carta a mano, carta al tino. **209.** waste ~, carta straccia. **210.** waterproof ~, carta impermeabile. **211.** waxed ~, carta cerata. **212.** wrapping ~, carta per pacchi, carta da imballo. **213.** wove ~ (*paper mfg.*), carta retinata. **214.** writing ~ (*paper mfg.*), carta da scrivere.

paper (to) (to wrap in paper) (*packing*), incartare.

paperboard (*ind.*), cartone.

papergram (*chem.*), cromatogramma su carta.

paperhanger (*bldg. work.*), installatore di carta da parati.

paper-mache, *see* papier-mâché.

papermaker (*paper mfg.*), cartaio, fabbricante di carta. **2.** papermaker's soap (*paper mfg.*), sapone dei cartai.

paperweight (*off. impl.*), fermacarte.

papeterie (kind of writing paper) (*paper mfg.*), carta confezionata, tipo di carta da scrivere.

papier-mâché (*ind.*), cartapesta.

papreg (cardboard impregnated with resins) (*elect. insulator - etc.*), laminato di cartone imbevuto di resina.

papyrin, papyrine (parchment paper, vegetable paper) (*paper mfg.*), pergamena vegetale, carta pergamenata.

"PAR" (precision-approach radar) (*aer. - radar*), radar di avvicinamento di precisione.

"par", *see* parallax, parallel, paragraph.

par (*finan. - comm.*), pari.

para, *see* para rubber.

parabola (*geom.*), parabola. **2.** ~ (type of microphone) (*electroacous.*), microfono a forma di parabola. **3.** ~ (directional antenna) (*radio - telev. - etc.*), antenna direzionale parabolica.

parabolic (*geom.*), parabolico. **2.** ~ reflector (*illum. impl.*), riflettore parabolico.

paraboloid (*geom.*), paraboloide.

parabomb (*air force - expl.*), bomba paracadutata.

parabrake (for airplane braking) (*aer.*), paracadute freno.

parachute (*aer.*), paracadute. **2.** ~ (device for decelerating the descent of a cage in a mine) (*min.*), paracadute. **3.** ~, *see* parachute spinnaker. **4.** ~ assembly (*aer.*), paracadute completo. **5.** ~ boat (*aer. - naut.*), tipo di canotto pneumatico di salvataggio da lanciare con paracadute. **6.** ~ bucket (*aer.*), custodia del paracadute. **7.** ~ flare (released from an aircraft for illum. purposes) (*air force*), razzo illuminante a paracadute. **8.** ~ spinnaker (very large spinnaker for races) (*naut.*), grande spinnaker da regata. **9.** ~ tray (metal pack) (*aer.*), custodia metallica (di paracadute). **10.** anti-spin ~ (fitted to the wing tips or tail of an aircraft) (*aer.*), paracadute antivite. **11.** automatic ~ (automatic opening parachute) (*aer.*), paracadute ad apertura automatica. **12.** brake ~ (to reduce the landing run of an aircraft) (*aer.*), paracadute freno, paracadute frenante. **13.** deceleration ~ (drogue) (*aer.*), paracadute ritardatore. **14.** drag ~ (in the rear of a fast plane, for landing) (*aer.*), paracadute freno. **15.** emergency ~ (used for emergency descent) (*aer.*), paracadute di emergenza. **16.** flat ~ (consisting of gores which form a regular polygon when spread out flat) (*aer.*), paracadute piano. **17.** free ~ (manually deployed by the parachutist) (*aer.*), paracadute libero, paracadute con apertura a comando. **18.** reserve ~ (*aer.*), paracadute di riserva. **19.** retarder ~ (fitted to the pack to ensure that the rigging lines deploy before the canopy) (*aer.*), paracadute sussidiario, calottina, calottino estrattore. **20.** ribbon ~ (having the canopy formed of ribbons) (*aer.*), paracadute a nastri. **21.** shaped ~ (*aer.*), paracadute sagomato. **22.** square ~ (the canopy of which is approx. square when spread out flat) (*aer.*), paracadute quadrato. **23.** stabilizing ~ (to stabilize unstable loads) (*aer.*), paracadute stabilizzatore. **24.** supply-dropping ~ (*aer.*), paracadute per aerorifornimenti. **25.** triangular ~ (approx. triangular when laid out flat) (*aer.*), paracadute triangolare.

parachute (to) (as of a person) (*aer.*), lanciarsi col paracadute, paracadutarsi. **2.** ~ (as supplies) (*aer.*), lanciare con paracadute, paracadutare.

parachutist (*air force*), paracadutista.

paracrate (container for dropping goods from an airplane by parachute) (*n. - air force - etc.*), contenitore paracadutabile.

paradise (*arch.*), cortile davanti (o presso) al portico di una chiesa.

paradoctor (*aer.*), medico paracadutista.

paradrop (*aer.*), lancio paracadutato.

paraffin, paraffine (solid paraffin) (*chem. ind.*), paraffina (solida). **2.** ~ (hydrocarbon) (*ind.*), idrocarburo paraffinico. **3.** ~ (short for paraffin oil, kerosene) (*chem.*) (Brit.), petrolio, petrolio da illuminazione. **4.** ~ (short for paraffin oil) (*chem. ind.*) (Am.), olio di paraffina. **5.** ~ oil (*chem.*) (Am.), olio di paraffina. **6.** ~ oil (kerosene) (*chem.*) (Brit.), cherosene. **7.** ~ paper (*paper ind.*), carta paraffinata. **8.** ~ series (*chem.*), serie paraffinica. **9.** ~ wax (*ind.*), paraffina solida.

paraffin (to) (to paraffine) (*paper mfg. - etc.*), paraffinare.

paraffinic (*chem.*), paraffinico.

paraform, paraformaldehyde $[(CH_2O)_n \cdot H_2O]$ (*chem.*), paraformaldeide.

paragenesis (formation of minerals in contact) (*geol.*), paragenesi.

paraglider (device used for guiding the spacecraft after the reentry in the atmosphere) (*astric.*), "paraglider", tipo di delta per dirigere l'astronave all'atterraggio.

paragraph (*typ.*), paragrafo. **2.** ~ short (*adver.* - *journ.*), trafiletto.

para-hydrogen (*chem.*), paraidrogeno.

paraison (*technol.*), *see* parison.

parakite (towed as by a motorboat) (*aer. sport*), tipo di deltaplano rimorchiato.

paraldehyde $(C_2H_4O)_3$ (*chem.*), paraldeide.

parallactic (*a.* - *top.* - *etc.*), parallattico.

parallax (*astr.* - *opt.*), parallasse. **2.** ~ corrector prism (*phot.*), prisma per la correzione di parallasse. **3.** ~ in altitude (*astr.*), parallasse di altezza. **4.** annual ~ (*astr.*), parallasse annua, parallasse eliocentrica. **5.** diurnal ~ (*astr.*), parallasse diurna, parallasse geocentrica. **6.** geometric ~ (*astr.*), *see* diurnal parallax. **7.** heliocentric ~ (*astr.*), *see* annual parallax. **8.** horizontal ~ (*astr.*), parallasse orizzontale, parallasse geodetica. **9.** residual ~ (*photogr.*), parallasse residua. **10.** stellar ~ (*astr.*), *see* annual parallax. **11.** x-~ (horizontal parallax) (*photogr.*), parallasse orizzontale. **12.** y-~ (vertical parallax) (*photogr.*), parallasse verticale.

parallel (*a.-geom.*), parallelo. **2.** ~ (*n.* - *geom.*), parallela. **3.** ~ (*n.* - *geogr.*), parallelo. **4.** ~ (multiple) (*n.* - *elect.*), parallelo. **5.** ~ (having a constant cross section, as a shaft, hub, pin) (*a.* - *mech.*), cilindrico.**6.** ~ (simultaneous transmissions, on parallel connections: of data, words etc.) (*n.* - *comp.*), parallelo, operazioni simultanee e indipendenti. **7.** ~, *see* parallel block. **8.** ~ bars (for gymnastics) (*sport*), parallele. **9.** ~ block (*mech. t.*), parallela. **10.** ~ connection (*elect.* - *radio*), collegamento in parallelo, collegamento in derivazione. **11.** ~ motion (as of work and cutter: in a mach. t.) (*mech.*), movimento parallelo. **12.** ~ perspective (*draw.*), prospettiva parallela (o rapida o assonometrica). **13.** ~ resonance (*radio*), risonanza in parallelo. **14.** ~ resonant circuit (*radio*), circuito risonante in parallelo. **15.** ~ rule (*naut. instr.*), parallela (per tracciare rotte). **16.** ~ transformer (*elect.*), trasformatore collegato in parallelo. **17.** ~ V block (*mech. t.*), parallela a V. **18.** ~ vice (*mech.*), morsa parallela. **19.** ~ winding, *see* lap winding. **20.** running in ~ (*elect.*), marcia in parallelo. **21.** to run in ~ (*elect.*), marciare in parallelo. **22.** working in ~ (*elect.*), marcia in parallelo.

parallel (to) (*gen.*), avere (o dare) un andamento parallelo. **2.** ~ (*elect.*), mettere in parallelo.

parallelepiped (*geom.*), parallelepipedo.

parallelepipedon (*geom.*), parallelepipedo.

paralleling (as of alternators) (*elect.*), messa in parallelo.

parallelism, parallelismo. **2.** ~ error (*mech.*), errore di parallelismo.

parallelogram (*geom.*), parallelogramma. **2.** ~ of forces (*constr. theor.*), parallelogramma delle forze.

paralysis (*radar*) (Am.), *see* blocking (Brit.).

paramagnetic (*elect.*), paramagnetico. **2.** ~ resonance, *see* electron spin resonance. **3.** ~ substance (*elect.*), sostanza paramagnetica.

paramagnetism (*elect.*), paramagnetismo.

parameter (*comp.* - *math.* - *phys.*), parametro. **2.** frequency ~ (ratio between the frequency of an oscillation and the air speed) (*aer.*), parametro di frequenza. **3.** preset ~ (*comp.*), parametro prefissato. **4.** program ~ (variable parameter) (*comp.*), parametro di programma.

parametric (*a.* - *gen.*), parametrico.

paramilitary (*a.* - *milit.*), paramilitare.

parapet (wall: as of a build.) (*civ.* - *milit.*), parapetto. **2.** ~ (railing) (*ind.*), ringhiera, parapetto.

paraphase amplifier (phase inverter amplifier) (*elect.* - *elics.*), amplificatore sfasatore.

paraselene (phenomenon by which a luminous ring is seen around the moon) (*meteorol.*), paraselenio, paraselene.

"parasheet" (polygonal parachute) (*aer.*), paracadute a telone. **2.** gathered ~ (*aer.*), paracadute a telone con bordo rinforzato. **3.** ungathered ~ (*aer.*), paracadute a telone ad orlatura semplice.

parasite resistance, *see* parasite drag.

parasitic (as of eddy currents) (*a.* - *elect.*), parassita. **2.** ~ (current or oscillation) (*n.* - *radio*), corrente (od oscillazione) parassita. **3.** ~ loss (of eddy currents) (*elect.*), perdite parassite, perdite per correnti parassite. **4.** ~ suppressor (suppressor of parasitic high frequency oscillations) (*elics.*), soppressore di oscillazioni parassite.

parasol (monoplane with parasol wings) (*n.* - *aer.*), aeroplano parasole, parasole. **2.** ~ wing (above the pilot's head) (*aer.*), ala parasole.

paratroops (*air force*), paracadutisti.

paravane (device to be towed at the sides of the bow for cutting the moorings of mines) (*navy*), dispositivo per tagliare i cavi di ormeggio delle mine.

parawing (*astric.*), *see* paraglider.

parboil (to) (to boil partially) (*therm.*), bollire parzialmente. **2.** ~ (to overheat) (*therm.*), surriscaldare.

parbuckle (cask hoisting impl.), lentìa, braga per oggetti cilindrici.

parcel (*law* - *comm.*), lotto. **2.** ~ (collection of lots: for marketing) (*comm.*), partita. **3.** ~ (package), pacco. **4.** ~ (a quantity of wire in coils or bundles) (*metall. ind.*), rotoli di filo, matasse di filo. **5.** ~ grid (as of a mtc.), piccolo portapacchi a griglia. **6.** ~ of shares (parcel of stocks) (*finan.*), pacchetto azionario. **7.** ~ post, pacco postale. **8.** ~ rack (*railw.*), bagagliera, portabagagli. **9.** ~ shelf (parcel tray, as in front of the rear window) (*aut.*), piano portaoggetti. **10.** ~ tray (as in front of the rear window) (*aut.*), piano portaoggetti.

parcel (to) (to divide) (*gen.*), spartire, dividere in parti. **2.** ~ (to cover a rope with canvas) (*naut.*), bendare. **3.** ~ (to make up into a parcel) (*packing*), impaccare.

parceling, parcelling (act of dividing) (*gen.*), spartizione. **2.** ~ (act of wrapping) (*packing*), involtatura. **3.** ~ (canvas strip wound round a rope) (*naut.*), bendatura, nastratura.

parch (to) (to scorch) (*therm.*), scottare.

parchment, pergamena. **2.** ~ paper (vegetable parchment) (*paper mfg.*), pergamena vegetale, carta pergamenata, carta pergamena. **3.** cotton ~ (*paper mfg.*), pergamena di cotone. **4.** transparent ~ (*paper mfg.*), *see* glassine.

parchmentization (*paper mfg.*), pergamenatura.

"PARD" (periodic and random deviation, of a d c output quantity from its average value, ripple) (*elect.*), fluttuazione.

parent (a radionuclide, origin of a radioactive series) (*n. - atom phys.*), progenitore.

parfocal (as of the interchangeable lenses of a turret of a motion-picture camera) (*a. - opt.*), di uguale lunghezza focale.

parget (*mas.*), *see* plaster *or* roughcast. **2.** ~ (whitewash) (*mas.*), bianco di calce.

pargeting (plastering of the flues inside: for easing draft) (*mas.*), intonacatura delle gole. **2.** ~ (roughcast plastering) (*mas.*), intonacatura grezza.

pargework (Brit.), *see* pargeting.

parging (thin coat of mortar on a bldg. wall) (*mas.*), leggera mano di intonaco.

parhelion (luminous phenomenon consisting of a kind of halo appearing around the sun, due to the refraction of the sun light on the ice crystals suspended in the atmosphere) (*meteorol.*), parelio.

paring (chip) (*carp.*), truciolo. **2.** ~ (as of a potato) (*gen.*), buccia. **3.** ~ chisel (wood chisel) (*carp. t. - join. t.*), scalpello a legno.

parison (the preliminary shape or blank from which a glass article is to be formed) (*glass mfg.*), "paraison", stampo formatore. **2.** ~ (paraison, extruded part used in blow molding of plastics) (*technol.*), tubo estruso, candela, "paraison", "parison".

parity (*atom phys.*), parità. **2.** ~ (as of a function, of an integer, of a bit etc.) (*n. - math. - phys. - comp.*), parità. **3.** ~ (as of wages, of job etc.) (*ind. pers. - etc.*), parità, uguaglianza. **4.** ~ bit (additional bit: for control) (*comp.*), bit di parità. **5.** check (odd-even check) (*comp.*), controllo di parità. **6.** ~ error (detected by parity check) (*comp.*), errore di parità. **7.** even ~ check (when the expression in binary code has an even number of "1") (*comp.*), controllo di parità pari. **8.** horizontal ~ check, *see* longitudinal ~ check. **9.** longitudinal ~ chek (control if the bits in a message are odd or even) (*comp.*), controllo di parità longitudinale. **10.** odd ~ check (when the expression in binary code has an odd number of "1") (*comp.*), controllo di disparità.

park (*gen.*), parco. **2.** ~ (fleet, number of vehicles, as of a firm) (*veh.*), parco. **3.** automobile ~ (*aut.*), autoparco.

park (to) (a car) (*aut.*), parcheggiare.

parkability (of a car) (*aut.*), parcheggiabilità.

parkerize (to) (trade name of a process for protecting steel by treating it with a solution of phosphoric acid and MnO_2) (*mech.*) (Brit.), parcherizzare.

parkerizing, parcherizzazione.

parking, parcheggio. **2.** ~ brake (*aut.*), freno di stazionamento (o di parcheggio), freno a mano. **3.** ~ lights (*aut.*), luci di stazionamento, luci di parcheggio. **4.** ~ lot (as for aut.), area per parcheggio. **5.** ~ meter (app. used for meas. the period a car is staying in a parking place) (*aut.*), parchimetro. **6.** ~ orbit (said of a space vehicle serving as a lauching station for another vehicle) (*astric.*), orbita di parcheggio. **7.** ~ prohibited (*traff. sign.*), divieto di parcheggio (o di sosta). **8.** authorized ~ (*traff. sign.*), parcheggio autorizzato. **9.** no ~ (*traff. sign.*), divieto di parcheggio (o di sosta).

parkway (*road*), viale.

parlor (*civ. bldg.*), salotto, sala. **2.** ~ match (sulphurless) (*match*), fiammifero svedese.

parlour, *see* parlor.

parquet (*bldg.*), pavimento in legno.

parral (*naut.*), *see* parrel.

parrel (of a rope) (*naut.*), trozza. **2.** ~ truck (*naut.*), bertoccio, paternostro.

parsec (PARallax SECond: corresponds to 3.26 light-years) (*astr. meas.*), parsec.

parser (analyzer of grammatical description of words and its syntactical relationship) (*comp. compiler*), analizzatore grammaticale/sintattico.

parseval (type of non rigid airship) (*airship*), dirigibile Parseval.

parshall, parshall flume (*hydr. meas. instr.*), tipo di misuratore di portata.

parsing (grammatical and syntactical analysis of expressions in programming language) (*comp. compiler*), analisi grammaticale/sintattica.

part (*gen.*), parte. **2.** ~ (*mech.*), pezzo, parte, particolare. **3.** ~, *see* aliquot, fraction, fragment, submultiple. **4.** ~ number (*mech. shop organ.*), matricola (del pezzo), numero categorico (del pezzo). **5.** ~ owner (of a ship) (*nav.*), caratista. **6.** ~ time (*n. - work time - etc.*), tempo parziale. **7.** aliquot ~ (*math.*), parte aliquota. **8.** engineering ~ (*mech. - etc.*), particolare tecnico. **9.** finished ~ (*mech. - ind.*), particolare finito. **10.** fixed point ~ (mantissa) (*comp.*), mantissa, parte a virgola fissa. **11.** inner ~ (*gen.*), parte interna. **12.** in ~ (*law - comm.*), parzialmente. **13.** loose ~ (*mech.*), particolare sciolto. **14.** machined ~ (*mech.*), pezzo lavorato, particolare lavorato. **15.** on our ~ (*gen.*), da parte nostra. **16.** small parts (small items) (*gen.*), minuteria. **17.** spare ~ (*mech.*), parte (o pezzo) di ricambio.

part (to) (to separate) (*gen.*), separare. **2.** ~ (to share) (*gen.*), suddividere, distribuire. **3.** ~ (to break, as the anchor chain) (*naut.*), rompere, rompersi. **4.** ~ (to part off a bar as by a cropper) (*mech.*), troncare. **5.** ~ off (to cut, as bar stocks by a cropper) (*mech.*), troncare.

"part", *see* particular, partner.
partaker (participant) (*gen.*), partecipante.
partial, parziale.
participant (partaker) (*n. - gen.*), partecipante.
participate (to) (to take part) (*gen.*), partecipare.
participation (sharing) (*finan. - etc.*), partecipazione.
particle (*phys.*), particella. **2.** ~ accelerator (*atom phys.*), acceleratore di particelle. **3.** ~ detector (*atom. phys.*), rivelatore di particelle. **4.** ~ emission (*atom phys.*), emissione di particelle. **5.** ~ velocity (of the particles of a medium) (*phys.*), velocità individuale della particella. **6.** alpha ~ (*atom phys.*), particella alfa. **7.** beta ~ (*atom phys.*), particella beta. **8.** elementary ~ (as electron, proton etc.) (*atom phys.*), particella elementare. **9.** ionizing ~ (*atom phys.*), particella ionizzante. **10.** negatively charged ~ (*phys.*), particella con carica negativa. **11.** sigma ~, *see* sigma. **12.** tau ~ (short living and heavier than an electron) (*atom phys.*), particella tau. **13.** upsilon ~ (unstable and neutral particle of meson family) (*atom. phys.*), particella Y. **14.** Z ~ (hypothetical fundamental particle) (*atom phys.*), particella Z.
particular, particolare. **2.** ~ integral, *see* particular solution. **3.** ~ solution (of a differential equation) (*math.*), integrale particolare.
particularity (individual characteristic) (*gen.*), particolarità, caratteristica.
particulate (as a structure) (*a. - phys.*), particellare. **2.** ~ (particulate substance) (*n. - phys.*), sostanza particellare, sostanza costituita da particelle. **3.** particulates (as airborne solid particles) (*ind. phys. - ecol.*), fumi pulverulenti, polveri.
parting (between two sections of a mold) (*found.*), giunto (o superficie) di separazione. **2.** ~ (parting sand: dusted on patterns to prevent adherence) (*found.*), sabbia isolante (o antiaderenza). **3.** ~ (parting-off as by a cropper) (*mech.*), troncatura. **4.** ~ (as of a component from an alloy) (*metall.*), separazione. **5.** ~ (parting of the ways) (*road*), biforcazione. **6.** ~ bead (as of a window) (*bldg.*), striscia di divisione. **7.** ~ line (*gen.*), linea di divisione. **8.** ~ plane (*gen.*), piano di divisione. **9.** ~ powder (*found.*), polvere isolante (o antiaderenza). **10.** ~ pulley, *see* split pulley. **11.** ~ sand (fine molding sand dusted between the cope and drag) (*found.*), sabbia isolante, sabbia antiaderenza. **12.** ~ strip (or slip: between the two moving parts of the sashes) (*carp.*), elemento separatore, regolo distanziale. **13.** ~ tool (*t.*), utensile per troncare.
parting-off (as of bar stocks by a cropper) (*mech.*), troncatura.
partition (element that separates) (*gen.*), divisorio. **2.** ~ (*bldg.*), tramezzo, parete divisoria. **3.** ~ (into the principal memory) (*comp.*), partizione. **4.** brick ~ (*mas.*), muro divisorio in mattoni. **5.** double ~ (as of a wall into which a sliding door may enter) (*bldg.*) (Brit.), doppio muro, muro a "coulisse". **6.** semipermeable ~ (*phys. chem.*), diaframma (o membrana) semipermeabile.
partly (partially), parzialmente. **2.** ~ finished product (*gen.*), semilavorato.
partner (*comm. - law*), socio. **2.** general ~ (*comm. - law*), (socio) accomandatario. **3.** joint ~ (a person) (*finan.*), consocio, consociato. **4.** joint ~ (a company) (*finan.*), consociata, società consociata. **5.** limited ~ (of a limited partnership) (*comm. - law*), (socio) accomandante. **6.** nominal ~ (*comm. - law*), socio nominale. **7.** secret ~ (*comm. - law*), socio occulto. **8.** senior ~ (of an association), socio principale. **9.** silent ~ (is not active in business but shares profits) (*finan.*), socio accomandante.
partners (*naut.*), mastre. **2.** ~ of mast (*naut.*), mastre d'albero. **3.** ~ of the capstan (*naut.*), mastre dell'argano. **4.** winch ~ (*naut.*), mastre del verricello.
partnership (firm) (*comm. - law*), società. **2.** ~ (*comm. - law*), associazione, società in nome collettivo. **3.** general ~ (*comm. - law*), società in nome collettivo. **4.** limited ~ (*comm. - law*), società in accomandita semplice.
"PAR TOL" (parallelism tolerance) (*mech. draw.*), tolleranza di parallelismo.
parton (elementary particle smaller than a proton) (*atom phys.*), partone.
partridgewood (Andira Americana) (*wood*), andira.
part-time (said of employment lasting less than the standard time) (*a. - work.*), a tempo parziale, a orario ridotto. **2.** ~ work (*work.*), lavoro a tempo parziale.
party (*milit.*), reparto. **2.** ~ (*politics*), partito. **3.** ~ (a person constituting alone one of the two sides of a legal dispute) (*law*), parte. **4.** ~ line (party wire) (*teleph.*), linea collegante due o più abbonati mediante centralino (privato). **5.** ~ wall (*law - bldg.*), muro di confine. **6.** landing ~ (*milit.*), reparto da sbarco. **7.** storming ~ (*milit.*), reparto d'assalto.
parvis, *see* paradise.
parylene (*plastic*), "parylene".
pascal (1 Newton/m^2 = 1 Pa: meas. unit [1 Atm = 1.01325×10^5 Pa, 1 At = 0.980596×10^5 Pa, 1 torr = 133.3224 Pa]) (*meteor. meas.*), pascal, Pa.
Pascal (kind of high level program language) (*comp.*), Pascal.
Pascal law (*fluids mech.*), legge di Pascal.
Paschen's law (*elics.*), legge di Paschen.
pass (permission to go), permesso. **2.** ~ (permission to go and come), lasciapassare. **3.** ~ (run, single longitudinal progression of a welding operation) (*welding*), passata. **4.** ~ (single passage as through a die or pair of rolls) (*metall. ind.*), passata. **5.** ~ (groove in a rolling mill roll) (*metall.*), canale. **6.** ~ (of warp thread) (*text. mfg.*), rimettaggio. **7.** ~ (a shaft through which ore is dropped from one level to another) (*min.*), fornello di gettito. **8.** ~ (passage of an airplane, a satellite etc.) (*aer. - astric.*), passaggio. **9.** ~ (way: as in a fence) (*gen.*), passag-

gio. **10.** ~ (aperture: as between two grooved rolls of a rolling mill: for structural steel) (*metall.*), passaggio calibrato. **11.** ~ (a work cycle consisting of reading, processing and writing) (*n. - comp.*), passata, ciclo di elaborazione. **12.** "~ light" (passing beam, lower beam, traffic beam) (*aut.*), luce anabbagliante, luce antiabbagliante, fascio anabbagliante. **13.** back ~ (pass made to deposit a weld at the back of a single groove weld) (*welding*), passata sul rovescio. **14.** edging ~ (*rolling mill*), passata sugli spigoli. **15.** liberty ~ (*milit.*), permesso.

pass (to) (as a work after inspection) (*mech.*), accettare, passare. **2.** ~ (*sport*), oltrepassare. **3.** ~ (to secure by a rope turn) (*gen. - naut.*), dare volta. **4.** ~ (to flow: as in a pipe) (*fluidics*), fluire, passare. **5.** ~, *see* exceed (to).

"pass", *see* passage, passenger, passive.

passage (*build.*), passaggio. **2.** ~ (corridor) (*bldg.*), corridoio. **3.** ~ (process of passing, transit) (*gen.*), passaggio. **4.** ~ (accomodation onboard) (*aer. - naut. - etc.*), passaggio, posto. **5.** air ~ (air duct) (*ind.*), condotto dell'aria.

passageway (as between mach. t. in a workshop) (*gen.*), passaggio, corsia. **2.** ~ (of a passenger car) (*railw.*), *see* corridor.

passband (*elics.*), banda passante. **2.** ~ filter (*elics.*), filtro passabanda. **3.** filter ~ (filter transmission band) (*elics.*), banda passante del filtro.

passbook (bankbook) (*bank*), libretto di risparmio (o di deposito).

passed (by inspection) (*mech.*), accettato, passato.

passementerie (fabric ornaments, as ribbons, braids etc.) (*text.*), passamanerie.

passenger (traveler: as by train), passeggero, viaggiatore. **2.** ~ car (for not more than nine persons) (*aut.*), pullmino. **3.** ~ seat (as of an airplane) (*aer. constr.*), poltrona passeggeri. **4.** ~ ship (*naut.*), nave passeggeri.

passenger-mile (passenger traffic statistical meas.) (*transp.*), passeggero-miglio, passeggero per miglio percorso.

passimeter (as in a station, theater etc.) (*gen.*), mulinello (o girello) conta persone.

passing (act) (*gen.*), passaggio. **2.** ~ (material passing through a screen) (*ind.*), passante (*s.*), materiale passante. **3.** ~ distance (*aut.*), distanza di sorpasso, distanza richiesta per il sorpasso. **4.** ~ lane (*road traff.*), corsia di sorpasso. **5.** ~ light (steady red light on the left wing at the outer leading edge of the aircraft) (*aer.*), luce di via. **6.** ~ time (*aut. traffic*), tempo di sorpasso, tempo richiesto per il sorpasso. **7.** ~ vehicle (*aut. traffic*), veicolo sorpassante. **8.** no ~ (no overtaking) (*road traff. sign.*), divieto di sorpasso.

passivate (to) (*phys. chem.*), rendere passivo, passivare.

passivated (*electrochem. - mech. technol.*), passivato.

passivation (*electrochem. - mech. technol.*), passivazione.

passive (*gen.*), passivo. **2.** ~ (as of a balance sheet) (*accounting*), passivo. **3.** ~ (not reacting) (*chem.*), passivo. **4.** ~ (as a communication satellite only reflecting the input signals) (*a. - astric. - elics.*), passivo. **5.** ~ (using directly the solar heat: as a solar house through its glass areas) (*a. - heating*), ad impiego diretto del calore solare. **6.** ~ commerce (*comm. - naut.*), commercio con navi straniere. **7.** ~ defense (*milit.*), difesa passiva. **8.** ~ graphics (on which the operator can't intervene for alterations: as on a video display) (*comp.*), grafica passiva. **9.** ~ metal (on which the rapidly formed oxide film prevents further corrosion) (*metall.*), metallo passivo. **10.** ~ satellite (with no instr. and serving only for reflecting radio signals to earth) (*astric.*), satellite passivo.

passivity (as metals immersed in certain acids) (*metall. chem.*), passività. **2.** ~ (as of a balance sheet) (*accounting*), passività. **3.** ~ (as of an electrode) (*electrochem.*), inattività per polarizzazione. **4.** electrochemical ~ (of a metal) (*electrochem.*), passività elettrochimica.

passport, passaporto.

password (*milit.*), parola d'ordine. **2.** ~ (a confidential sequence of characters needed by the user for login) (*comp.*), parola d'ordine.

paste (as of a battery plate) (*elect.*), massa attiva. **2.** ~ (adhesive), colla. **3.** ~ (*gen.*), pasta. **4.** alimentary ~ (*ind.*), pasta alimentare. **5.** polishing ~ (as for nitrocellulose paint) (*paint.*), pasta abrasiva. **6.** starch ~ (*chem.*), pasta d'amido, colla d'amido, salda d'amido.

paste (to) (by adhesive) (*gen.*), incollare. **2.** ~ (to incorporate with paste or change into paste) (*gen.*), impastare. **3.** ~ (accumulator plates) (*elect.*), pastigliare, impastare.

pasteboard (obtained by pasting together several sheets of paper) (*paper mfg.*), cartone accoppiato, cartone incollato.

pasted (acc. plate filled with active material) (*a. - elect.*), impastato, pastigliato, con gli alveoli pieni di sostanza attiva. **2.** ~ (by adhesive) (*gen.*), incollato. **3.** ~ (as boards obtained by pasting together two or more sheets of dry paper) (*paper mfg.*), alla colla.

pastel (for draw.), pastello. **2.** ~ crayon (for draw.), pastello, matita a pastello.

"pasteless board" (handmade board for water colour painting) (*paper mfg.*), cartone alla forma, cartone al tino per acquerelli.

paster (gummed slip of paper, sticker) (*gen.*), striscia di carta gommata. **2.** bill ~ (bill sticker) (*adver. work.*), attacchino.

pasteurization (*med. - biol. - ind.*), pastorizzazione.

pasteurize (to) (*med. - biol. - ind.*), pastorizzare.

pasteurizing (*med. - biol. - ind.*), pastorizzazione.

pastille (troche) (*med.*), pastiglia. **2.** ~ (round knob formed in the metal during expanding or forging from the bar) (*metall. defect*), bottone, pasticca, pastiglia.

pasting (as of cores by paste) (*found.*), unione. **2.** ~ (*soap mfg.*), *see* saponifying. **3.** ~ (pasting paper, used for covering boxes etc.) (*paper mfg.*), carta di rivestimento. **4.** ~ machine (*text. ind. mach.*), macchina per collare.

pastoral pest (of sheep) (*wool ind.*), malattia dei pascoli.

pasture (*agric.*), pascolo.

pasture (to) (cattle) (*agric.*), pascolare.

pasty (as iron) (*metall.*), pastoso.

"pat", "patd" (patented) (*law*), brevettato.

patache (tender of sailing ships) (*naut.*), veliero di appoggio.

patch, rappezzatura. **2.** ~ (stain) (*gen.*), macchia. **3.** ~ (as for tire tubes), toppa. **4.** ~ (a fabric flap attached to the envelope of an airship or balloon for supporting ropes) (*aer.*), gualdrappa. **5.** ~ (temporary connection, as a teleph. hookup) (*teleph. - etc.*), collegamento provvisorio. **6.** ~ (temporary correction made in a wrong program debugging) (*comp.*), correzione provvisoria, correzione posticcia. **7.** ~ board, *see* patchboard. **8.** ~ bolt (as for repairing boilers) (*boil. - naut.*), vite di rappezzo. **9.** ~ cord (wire with plug at both ends, patching cord) (*teleph. - etc.*), prolunga, filo a due spine (alle estremità). **10.** ~ panel (printed circuit board permitting temporary connections between various circuits) (*comp.*), pannello (o scheda) di pronto intervento. **11.** ~ panel (*teleph. - etc.*), *see* patchboard. **12.** all-directional ~ (*aer.*), gualdrappa circolare. **13.** black ~ (local patch of scales as on a metal sheet caused by imperfect pickling) (*metall.*), scoria locale. **14.** channel ~ (*aer.*), gualdrappa tubolare. **15.** eta ~ (H-shaped patch) (*aer.*), gualdrappa ad acca. **16.** hard ~ (plate extended over the break) (*mech. repair*), piastra di rinforzo. **17.** heat ~ (as for tire tubes) (*aut.*), toppa a caldo. **18.** rigging ~ (*aer.*), gualdrappa per sartiame. **19.** split ~ (*aer.*), gualdrappa per giunzioni.

patch (to) (to repair) (*gen.*), rappezzare, rattoppare. **2.** ~ (as a cupola lining) (*found.*), rappezzare. **3.** ~ (to connect elect. devices by patch cord) (*elect. - teleph.*), collegare con prolunga. **4.** ~ (to correct a program roughly and termporarily etc.) (*comp.*), correggere provvisoriamente. **5.** ~ the tube (*aut.*), mettere una toppa alla camera d'aria.

patchboard (board with interconnection of circuits made by patch cords) (*teleph. - etc.*), quadro (con collegamenti) a spine (dei circuiti).

patching (*gen.*), rappezzatura. **2.** ~ (as of a cupola lining) (*found.*), rappezzatura. **3.** ~ cord, *see* patch cord.

pate (the skin of the head of a calf) (*leather ind.*), pelle della testa (del vitello).

patent, brevetto. **2.** ~ ax, *see* bushhammer. **3.** ~ blowpipe (for air and gas) (*mech. impl.*), "chalumeau", cannello per saldature con gas a bassa pressione. **4.** ~ claims, rivendicazioni di brevetto. **5.** ~ hammer, *see* bushhammer. **6.** ~ leather (enamelled leather) (*leather ind.*), pelle verniciata. **7.** ~ office (government office) (*invention law*), ufficio brevetti centrale. **8.** ~ rights (control of the manufacture of the invention) (*law*), diritti di privativa industriale, esclusività di un brevetto. **9.** ~ slip (marine railway) (*naut.*), scalo di alaggio su binario. **10.** ~ specifications, descrizione del brevetto.

patent (to), brevettare. **2.** ~ (to heat-treat, as by molten lead) (*metall.*), patentare, normalizzare al piombo (o in aria).

patentability (*law*), brevettabilità.

patentable, brevettabile.

patented (*ind.*), brevettato. **2.** ~ (treated as in molten lead) (*a. - heat-treat.*), patentato.

patentee (*comm.*), concessionario di brevetto.

patenting (heating above the critical temperature and then cooling in molten lead or air) (*heat - treat.*), patentamento. **2.** air ~ (*heat - treat.*), patentamento in aria.

patera (round ornament in relief) (*arch.*), ornamento a rosone (in rilievo).

paternalism (paternalistic attitude, of the employer) (*pers.*), paternalismo, atteggiamento paternalistico.

"pâte tendre" (*ceramics*), pasta tenera.

path (*mech.*), corsa. **2.** ~ (*footway*), viottolo. **3.** ~ (track) (*sport*), pista, sentiero. **4.** ~ (as the rails of a bridge crane), vie di corsa. **5.** ~ (of a winding: in commutator armature) (*elect.*), via interna. **6.** ~ (indicating a section on a drawing) (*mech. draw.*), linea tratteggiata. **7.** ~ (iron items forming a magnetic circuit) (*electromech. - elect.*), elementi del circuito magnetico. **8.** ~ (as of a ray of light) (*phys.*), percorso. **9.** ~ (the logical way for operating: as a line, channel, bus etc.) (*n. - comp.*), percorso, cammino. **10.** ~ (as of transmission, of access, of return etc.) (*tlcm.*), via. **11.** ~ in more than one plane (*mech. draw.*), linea tratteggiata spezzata. **12.** ~ of lift (as of a crane hook), corsa di sollevamento. **13.** ~ of ray (*opt.*), traiettoria del raggio. **14.** bridle ~ (bridle road, bridle track, bridle way) (*road*), mulattiera. **15.** continuous ~ (in N/C machines) (*n.c. mach. t.*), posizionamento continuo. **16.** critical ~ (*programming*), percorso critico, posizionamento critico, "critical path". **17.** current ~ (circuit) (*elect.*), percorso della corrente. **18.** glide ~ (*aer.*), traiettoria di discesa. **19.** swept ~ (as in mine-sweeping) (*navy*), striscia dragata, fascia dragata.

pathway (*footpath*), sentiero.

patina (as of bronze), pàtina.

patio (inner court) (*arch.*), patio. **2.** ~ (floor where ores are treated) (*metall.*), area per il trattamento dei minerali.

patrix, *see* punch 3 ~.

patrol (*milit. - navy*), pattuglia. **2.** ~ (watching) (*milit. - navy*), perlustrazione. **3.** ~ grader (*ground leveling mach.*), moto-livellatrice. **4.** ~ wagon (*police aut.*), carrocellulare. **5.** aerial ~ (*air force*), pattuglia aerea. **6.** speed ~ (Brit.), *see* patrol grader. **7.** steam ~ ship (*navy*), pirovedetta.

patrol (to) (*milit.*), pattugliare. **2.** ~ (*milit. - navy*), perlustrare.

"patt", *see* pattern.

patten (base, of a pillar or column) (*mas.*), base.

patter (thick wood float used for leveling cement surfaces) (*mas. t.*) (Brit.), pialletto.

pattern (model) (*ind.*), modello costruttivo. **2.** ~ (sample) (*gen.*), campione. **3.** ~ (physical distribution of elements: as data, memory locations etc.) (*comp.*), configurazione. **4.** ~ (*found.*), modello. **5.** ~ (*telev.*), oscillogramma. **6.** ~ (*mas.*), sagoma. **7.** ~ (distribution of shots) (*ordnance*), rosa di tiro. **8.** ~ (lobe of radiation, of an antenna) (*radio-radar*), caratteristica polare, lobo, caratteristica. **9.** ~ (monoscope, for setting a televisor) (*telev.*), monoscopio. **10.** ~ (distribution of antisubmarine depth charges) (*navy*), tappeto. **11.** ~ (the prescribed rules to be applied before landing) (*aer.*), procedura di atterraggio. **12.** ~ card (as of a Jacquard apparatus) (*text. ind.*), cartone. **13.** ~ draft (taper on vertical elements in a pattern) (*found.*), sformo del modello. **14.** ~ heating (*found.*), riscaldo del modello. **15.** ~ maker (*found. work.*), modellista. **16.** ~ plate (match plate) (*found.*), placca modello, piastra modello. **17.** ~ setter (*found.*), aggiustatore di modelli. **18.** ~ shop (of foundry), reparto modellisti. **19.** ~ shrinkage allowance (to compensate contraction) (*found.*), maggiorazione del modello per (compensare) il ritiro. **20.** binary ~ (*comp.*), forma binaria. **21.** bit ~ (*comp.*), configurazione di bit, sequenza di bit. **22.** destructive ~ (of antisubmarine charges) (*navy*), tappeto distruttivo. **23.** directivity ~ (*radio - und. acous.*), diagramma direzionale di radiazione. **24.** distracting ~ (of antisubmarine charges) (*navy*), tappeto di disturbo. **25.** double-shrinkage ~ (used when metal patterns are to be cast from wood master patterns) (*found.*), modello a doppio ritiro. **26.** elevation ~ (of an antenna) (*radio - radar*), caratteristica polare in elevazione. **27.** flat ~ (developed area as of a drawn metal sheet on a flat surface) (*sheet metal w.*), tracciato in piano (di lamiera sviluppata). **28.** free-space ~ (of an antenna, pattern corresponding to a radiation in a space without obstacles) (*radar - radio*), diagramma di radiazione diretta (in spazio libero). **29.** frozen-mercury ~ (*found.*), modello in mercurio solidificato. **30.** full-scale ~ (*found.*), modello al naturale. **31.** gated ~ (*found.*), modello con colata attaccata. **32.** gating ~ (*found.*), modello del dispositivo di colata. **33.** investment ~ (*found.*), modello a cera persa. **34.** left-hand ~ (as of a motorcar headlight) (*aut. - mech. - etc.*), modello sinistro. **35.** multi-lobe ~ (of an antenna) (*radio*), caratteristica a molti lobi. **36.** plate ~ (*found.*), modello su placca. **37.** radiation ~ (of an antenna) (*radio*), caratteristica di radiazione, lobo di radiazione. **38.** registered ~ (*comm.*), modello depositato. **39.** right-hand ~ (as of a motorcar headlight) (*aut. - mech. - etc.*), modello destro. **40.** scanning ~ (*telev.*), disegno di scansione (o di analisi). **41.** search ~ (the geometric form in the sea space and the way by which the torpedo searches the target) (*navy*), programma di ricerca. **42.** sectional ~ (*found.*), modello in più pezzi. **43.** segmental ~ (*found.*), modello a tasselli, modello a pezzi amovibili. **44.** skeleton ~ (*found.*), modello a carcassa, modello a scheletro. **45.** split ~ (*found.*), modello scomponibile. **46.** wax ~ (as for the thermit welding process) (*welding*), modello in cera.

pattern-draw (drawing of the pattern from the mold) (*found.*), estrazione del modello.

patternmaker (*found. work.*), modellista.

patternmaker's glue (*found. - join.*), colla da modellisti.

Pattinson process (lead purification) (*metall.*), pattinsonaggio.

"PATT NO" (pattern number) (*mech. draw.*), numero del modello.

"PAU" (power amplifier unit) (*elics.*), unità amplificatrice di potenza.

paul, *see* pawl.

paulin, *see* tarpaulin.

paunch (paunch mat, made of strands of rope to prevent chafing of the rigging) (*naut.*), paglietto.

pause (break) (*work. - ind.*), pausa, intervallo. **2.** wage ~ (*trade unions*), tregua salariale.

pave, *see* pavement.

pave (to) (*road*), pavimentare.

paved (*a. - bldg. - road*), pavimentato. **2.** ~ with cobblestone (*road*), acciottolato. **3.** asphalt ~ road (*road*), strada asfaltata. **4.** brick ~ (*bldg.*), ammattonato. **5.** stone ~ (*road*), lastricato. **6.** stone ~ road (*road*), strada lastricata.

pavement (surfacing) (*road making*), pavimentazione. **2.** ~ (sidewalk) (*road*) (Brit.), marciapiedi. **3.** ~ light (*bldg.*), lucernario (o soletta) carrabile in vetro-cemento armato (o di vetro in intelaiatura di ferro). **4.** block ~ (*road*), pavimentazione a blocchi. **5.** telford ~ (*road paving*), tipo di pavimentazione macadamizzata con sottofondo di grosso pietrame.

paver (*work.*), selciatore. **2.** ~ (self-moving concrete mixer) (*road mach.*), betoniera (semovente) per pavimentazione stradale. **3.** road ~ (*road mach.*), pavimentatrice stradale.

pavilion (*arch.*), padiglione.

paving (*bldg. - road*), pavimentazione. **2.** ~ breaker (road mach.), macchina rompiselciato. **3.** ~ brick (vitrified brik) (*mas.*), mattonella greificata. **4.** ~ mixer, *see* paver. **5.** ~ roller, *see* road roller. **6.** ~ slab (*bldg.*), elementi piani a contorni irregolari (di marmo per es.) usati per pavimentazione. **7.** ~ tile (*bldg.*), mattonella. **8.** brick ~ (*road*), pavimentazione in mattoni. **9.** cobblestone ~ (*road*), acciottolato. **10.** wood block ~ (*road*), pavimentazione in blocchetti di legno. **11.** wood ~ (*road*), pavimentazione in legno.

pavior (brick used for paving) (*bldg.*), mattone per pavimentazione.

pawl (*mech.*), dente d'arresto, nottolino d'arresto (generalmente a molla). **2.** ~ (of a capstan) (*naut.*), scontro, castagna. **3.** ~ (of a poise on the scale beam) (*weighing impl.*), nottolino di scatto (del romano). **4.** ~ rim (pawl ring, of a capstan) (*naut.*), corona con sedi per gli scontri. **5.** thrust ~ (as of a speedometer gear) (*mech.*), nottolino reggispinta.

pawl (to) (as a capstan) (*naut.*), mettere gli scontri.

pawn (*comm. - law*), pegno.

pawn (to) (*comm. - law*), impegnare.

"PAX" (private automatic exchange) (*teleph.*), centralino automatico privato.

pay (as of factory personnel), stipendio, paga. **2.** ~ envelope, *see* ~ packet. **3.** ~ packet (pay envelope) (*adm. - pers.*), busta paga. **4.** ~ roll (*adm.*), libro paga. **5.** ~ sheet, *see* payroll. **6.** ~ station (public telephone) (*teleph.*), cabina telefonica a gettone. **7.** ~ television (TV programs that customers can see only by means of a paid decoding device) (*telev.*), programmi televisivi a pagamento. **8.** extra month ~ (extra month salary) (*pers.*), mensilità extra. **9.** fall-back ~ (recourse to a fund supporting workers when full wages can't be paid not for their fault) (*adm. - pers.*), cassa integrazione. **10.** full ~ (as of workers) (*adm.*), paga intera. **11.** half ~ (as of workers) (*adm.*), mezza paga. **12.** lay-off ~, *see* fall-back ~. **13.** severance ~ (sum paid to an employee at the moment of retirement) (*pers.*), liquidazione. **14.** take-home ~ (taxes etc. deducted: PAYE) (*work. earning*), paga netta. **15.** thirteenth month's ~ (*pers.*), tredicesima (mensilità).

pay (to) pagare, estinguere un debito. **2.** ~ (a bill) (*comm.*), saldare. **3.** ~ (to coat, as with tar, a vessel's bottom) (*naut.*), impermeabilizzare con catrame a caldo. **4.** ~ for one's self (to return cost: as of the machinery of a factory) (*adm. finan.*), ammortizzare. **5.** ~ off (to turn the head to leeward) (*naut.*), andare sottovento. **6.** ~ off (to unwind, as a thread) (*ind.*), filare, svolgere. **7.** ~ off (to pay and discharge: as personnel) (*adm.*), liquidare e licenziare. **8.** ~ out (as a rope, chain etc.) (*naut.*), mollare, filare.

payback (amount of profits returned) (*econ.*), redditività.

payable (*finan.*), pagabile. **2.** accounts ~ (*accounting*), conti passivi.

pay-cable (TV programs sent through a cable to customers by a decoder) (*n. - telev.*), programmi televisivi (via cavo) a pagamento.

PAYE (pay as you enter: net of government income tax etc.) (*adm. - work.*), paga corrisposta al netto delle ritenute.

payee (*finan.*), beneficiario.

payer (*finan.*), pagatore.

paying (*a. - gen.*), pagante. **2.** ~ (profitable) (*a. - comm.*), redditizio. **3.** ~ (exploitable) (*min. - etc.*), sfruttabile. **4.** ~ (*aer.*), *see* payload. **5.** ~ load, *see* payload.

payload (amount of work. payrolls, of a factory) (*adm.*), importo paghe e stipendi. **2.** ~ (useful load or load that gives a revenue, as passengers or goods) (*veh. - transp.*), carico utile, carico pagante. **3.** ~ (the load of expl. of a torpedo or missile warhead (*milit.*), carico utilizzabile, carica di esplosivo. **4.** ~ (the useful load: as of a spacecraft) (*astric.*), carico utile.

paymaster (*milit.*), ufficiale pagatore. **2.** ~ (*naut.*), ufficiale commissario.

payment (*comm.*), pagamento, versamento. **2.** ~ in advance (*comm.*), pagamento anticipato. **3.** ~ on account (*comm.*), acconto. **4.** down ~ (that part of the price paid on the delivery of the item) (*comm. - adm.*), primo versamento. **5.** incentive ~ (*work. organ.*), pagamento ad incentivo, retribuzione ad incentivo. **6.** part ~ (of a part of the full price) (*comm. - adm.*), acconto. **7.** progress ~ (*amm.*), pagamento in base allo stato di avanzamento dei lavori. **8.** redundancy payments (payments given to workers in case of dismissal due to lack of work) (*work.*), pagamenti in caso di licenziamento per mancanza di lavoro. **9.** subsidiary ~ (*gen.*), sussidio. **10.** terms of ~ (*comm.*), condizioni di pagamento.

payoff (unwinding, of a coil) (*gen.*), svolgimento. **2.** ~ (device for unwinding as thread) (*ind.*), svolgitore. **3.** ~ (reward) (*gen.*), ricompensa. **4.** ~ (decisive factor) (*gen.*), fattore determinante. **5.** ~ (wages distribution) (*pers.*), distribuzione delle paghe.

payroll (list of workers entitled to receive wages) (*adm. - pers.*), foglio paga. **2.** ~ (sum of money necessary for payment of wages of workers on a payroll) (*adm. - finan.*), ammontare delle paghe (o degli stipendi).

pay-TV, *see* pay television.

"PB" (phosphor bronze) (*mech. draw.*), bronzo fosforoso. **2.** ~ (push button, on a wiring diagram) (*elect.*), pulsante.

"PBS" (Public Broadcasting Service) (*radio*), Radiodiffusione nazionale (americana).

"PBT", *see* push button telephone.

"PBX" (private branch exchange) (*teleph.*), centralino privato per telefoni in derivazione.

"PC" (pitch circle) (*mech. draw.*), primitiva, circonferenza primitiva. **2.** ~ (Portland cement) (*bldg.*), cemento Portland. **3.** ~ (printed circuit) (*elics.*), circuito stampato. **4.** ~ (polycarbonate) (*plastics*), PC, policarbonato. **5.** ~, *see* personal computer, plug compatible, printed circuit.

"pc", **"pce"**, *see* piece.

"PCB" (Printed Circuit Board) (*comp.*), scheda di circuito stampato.

"PCD" (pitch circle diameter) (*mech. draw.*), diametro primitivo.
"pcf" (pounds per cubic foot) (*meas.*), libbre per piede cubo.
"PCM" (Pulse Coded Modulation: for voice transmission under digital form) (*elics. - comp.*), modulazione codificata ad impulsi. **2.** ~ signal (pulse code modulation signal) (*radio - teleph.*), segnale PCM.
"pcpn", *see* precipitation.
PCQ rating (productivity criteria quotient rating an index number indicating the number of design changes made that have an influence on mach. t. productivity) (*mach. t.*), quoziente di produttività.
"PCR" (pitch circle radius) (*mech. draw.*), raggio primitivo.
"PCS" (position control system, in N/C machining) (*n. c. mach. t.*), sistema di comando della posizione.
"pcs" (pieces) (*gen.*), pezzi.
"pct", *see* per cent.
PCV valve (Positive Cranckase Ventilation valve) (*mot.*), valvola di ventilazione del basamento, valvola di ammissione all'aspirazione (del motore) dei gas trafilati nel blocco cilindri.
"PD" (pitch diameter) (*mech.*), diametro primitivo. **2.** ~ (potential difference) (*elect.*), differenza di potenziale.
Pd (palladium) (*chem.*), palladio.
"pd" (paid) (*adm.*), pagato.
"pdl" (*meas. unit*), poundal.
"PDM" (pulse duration modulation) (*radio*), PDM, modulazione a durata degli impulsi.
"PDP" (programmed data processor) (*comp.*), elaboratore-dati programmato.
"pdr", *see* powder.
PE (polyethylene) (*plastics*), PE, polietilene. **2.** ~, *see also* photoelectric.
pea (as of iron pyrites) (*min.*), grano. **2.** ~ (of an anchor) (*naut.*), unghia.
peak (*gen.*), massimo. **2.** ~ (of a flag) (*naut.*), picco. **3.** ~ (of a gaff) (*naut.*), penna. **4.** ~ (of a hill) (*geogr.*), cima, vetta, sommità. **5.** ~ (the highest point, the maximum: as in a graph) (*gen.*), valore massimo. **6.** ~ (corner of a gaff sail) (*naut.*), angolo di penna, angolo alla penna del picco. **7.** ~ (of a signal) (*elics.*), picco. **8.** ~ (of an anchor) (*naut.*), unghia. **9.** ~, *see* afterpeak, forepeak. **10.** ~ currents (*elect.*), correnti di cresta. **11.** ~ demand (*comm.*), domanda massima. **12.** ~ distortion (largest distortion in a period of time) (*audiovisuals*), distorsione massima. **13.** ~ efficiency (*ind.*), massimo rendimento. **14.** ~ factor (*elect.*), fattore di cresta (o di ampiezza). **15.** ~ load (*mech. - elect.*), carico massimo. **16.** ~ power (of a diesel engine, max. power achieved on the test bed and not developed in service) (*mot.*), potenza massima al freno. **17.** ~ pressure (*mech. - hydr.*), pressione di punta, pressione massima. **18.** ~ response (*radio*), risposta massima. **19.** ~ revolution per minute, "RPM" (*mot.*), regime massimo, massimo numero di giri. **20.** ~ to ~ (*elect. - elics. - diagrams - etc.*), picco-picco, da picco a picco. **21.** ~ to ~ voltage (*elect. - elics.*), tensione picco-picco. **22.** ~ value (*elect.*), valore di cresta. **23.** ~ voltmeter (*elect. instr.*), voltmetro di picco. **24.** black ~ (point of max. travel covered by the picture signal in the black direction) (*telev.*), cresta del nero. **25.** office peaks (*off. work*), punte di lavoro (di ufficio).
peak (to) (as an engine) (*mot.*), spingere al massimo.
peaked (as of a graph) (*a. - gen.*), con picchi.
pean (of a hammer) (*t.*), *see* peen.
peanut (*agric.*), arachide. **2.** ~ gallery (upper balcony) (*arch.*), loggione. **3.** ~ oil (*ind.*), olio di arachidi.
pearl, perla. **2.** ~ (*typ.*), corpo 5. **3.** ~ grey (*n. - color*), grigio perla. **4.** cultured ~ (*ind.*), perla coltivata.
pearlash (*chem.*), carbonato di potassio parzialmente purificato.
pearlescent (as of a paint finish) (*paint. - etc.*), perlaceo.
pearlite (*metall.*), perlite. **2.** divorced ~ (the cementite of which has been spheroidized by annealing) (*metall.*), perlite sferoidale. **3.** divorced ~, *see also* granular pearlite.
pearlitic (*a. - metall.*), perlitico.
pearlstone, *see* perlite.
pear-shaped (shape: as of a pushbutton switch) (*a. - gen.*), a pera. **2.** ~ pushbutton (*elect.*), pulsante a pera.
peat (*comb.*), torba. **2.** ~ moss (*geol.*), torbiera, deposito di torba.
pebble (transparent quartz), cristallo di rocca. **2.** ~ (worn and rounded stone) (*mas.*), ciottolo (di fiume). **3.** pebbles (coarse structure with visible grains on a metal surface) (*defect*), grani (in vista). **4.** ~ dash (pebble dashing [Brit.], rough finish plastering) (*mas.*) (Am.), intonaco a pinocchino, intonaco granuloso con ghiaietto. **5.** ~ grain (*leather ind.*), grana impressa. **6.** ~ gravel (*mas.*), ghiaia. **7.** ~ guard (of a veh.), parasassi, grembiale. **8.** ~ mill (ball grinder: as for rubber mfg.) (*ind. mach.*), mulino a ciottoli.
pebble (to) (to pave with pebbles) (*old road - etc.*), pavimentare con ciottoli. **2.** ~ (to grain hides) (*leather ind.*), granire, imprimere la grana, zigrinare.
pebbling (graining, of hides) (*leather ind.*), granitura, zigrinatura. **2.** ~ machine (*leather ind.*), macchina per granire.
"PEC", "pec" (photoelectric cell) (*elect.*), cellula fotoelettrica.
peck (as of rye, malt etc.) (*dry meas.*), misura [di 9,090 liters (Ingl.) o di 8,810 liters (Am.)].
pecker (sensor of a paper tape holes reader) (*n. - comp.*), sensore.
pectin (*colloidal chem.*), pectina.

pectocellulose (*chem. - paper mfg.*), pectocellulosa.
pectolite [$HNaCa_2 (SiO_3)_3$, monoclinic mineral] (*min.*), pectolite.
"ped", *see* pedal, pedestal, pedestrian.
pedal (*mech.*), pedale. **2.** ~ (of a bicycle), pedale. **3.** ~ (of flight controls: as of a rudder) (*aer.*), pedaliera. **4.** ~ crank (of bicycle), pedivella. **5.** ~ stroke (*bicycle - etc.*), pedalata. **6.** accelerator ~ (of aut.), pedale dell'acceleratore. **7.** clutch ~ (of aut.), pedale della frizione. **8.** foot brake ~ (as of aut.), pedale comando freni. **9.** tail rotor control ~ (as of helicopters) (*mech.*), pedaliera direzionale, pedaliera comando elica di coda.
pedal (to) (*veh. - etc.*), pedalare.
peddler (pedlar) (*comm.*), venditore ambulante, ambulante.
peddling (selling from place to place) (*comm.*), vendita ambulante.
pedestal (*arch. - mech.*), piedistallo. **2.** ~ (*aer.*), piantana. **3.** ~ (bearing or pillow block) (*mech.*), supporto, cuscinetto. **4.** ~ (*railw.*) (Am.), parasale. **5.** ~ (of a ski landing gear, pillar connecting the ski to the aircraft) (*aer.*), supporto (per sci). **6.** ~ (of a bridge truss) (*bldg.*), piastra d'appoggio. **7.** ~ box (*mech.*), *see* journal box. **8.** ~ truck (having the journal boxes held in jaws or pedestals bolted or integral with the truck frame) (*railw.*) (Am.), carrello con parasale. **9.** ~ welder (stationary welding machine) (*mach.*), saldatrice fissa. **10.** engine control ~ (*aer.*), piantana comando motori. **11.** plain ~ (solid journal bearing, not split in two half bearings) (*mech.*), supporto chiuso, cuscinetto in un solo pezzo, boccola tubolare (non divisa in due). **12.** solid ~ (solid journal bearing) (*mech.*), *see* plain pedestal. **13.** truck ~ (one of the vertical legs or jaws of a truck frame between which a journal box is placed) (*railw.*) (Am.), parasale.
pedestrian (*road traff.*), pedone. **2.** ~ crossing (*road traff.*), attraversamento pedonale, passaggio pedonale. **3.** ~ island (*road traff.*), isola pedonale. **4.** pedestrians keep to the left (*road traff.*), pedoni a sinistra. **5.** ~ period (*road traff.*), periodo di via libera per i pedoni. **6.** elevated ~ crossing (*road traff.*), sovrapassaggio pedonale, passaggio pedonale sopraelevato. **7.** overhead ~ crossing (*road traff.*), sovrapassaggio pedonale, passaggio pedonale sopraelevato.
pedestrianize (to) (to walk on foot) (*gen.*), camminare a piedi. **2.** ~ (*aut. safety*), equipaggiare l'automobile con dispositivi atti a proteggere i pedoni urtati.
pediment (*arch.*), frontone.
pedology (science studying soils) (*agric.*), pedologia.
pedometer (instr. measuring the number of steps) (*top. instr.*), pedometro.
pedrail (wheel) (*tractor*), trattore con ruote munite di piedi (o dischi su gambo) di contatto col terreno.
peek-a-boo system (punched hole index cards information system) (*comp.*), sistema a schede perforate.
peel, buccia. **2.** ~ (rind: of fruit) (*gen.*), buccia. **3.** ~ strength (of an adhesive) (*chem. ind.*), resistenza alla pelatura, resistenza al distacco per pelatura. **4.** ~ test (of an adhesive) (*chem. ind.*), prova di pelatura. **5.** orange ~ (as in lacquer spraying) (*paint.*), buccia d'arancia.
peel (to) (*gen.*), pelare, sbucciare, scortecciare. **2.** ~ (as a casting) (*found.*), distaffare. **3.** ~ off (to leave the formation) (*aer. - naut.*), staccarsi.
peeled (disbarked, barkpeeled, barked) (*wood*), scortecciato. **2.** ~ (on the lathe) (*mech. - metall.*), pelato, scortecciato.
peeler (peeling machine) (*mach. t.*), pelatrice. **2.** bar ~ (*mach. t.*), pelatrice per barre, pelabarre.
peeling (a piece of rind, peel, etc.) (*gen.*), corteccia, buccia. **2.** ~ (husking, act of removing peel) (*gen.*), sbucciatura. **3.** ~ (disbarking, barkpeeling, barking) (*wood*), scortecciatura. **4.** ~ (on the lathe) (*mach. t. work.*), pelatura. **5.** ~ (spontaneous removal of a paint, etc. due to lack of adhesion) (*paint. defect*), spellatura. **6.** ~ (as of malleable iron castings) (*found. defect*), spellatura. **7.** ~ machine (as for cotton seeds) (*text. mach.*), mondatrice. **8.** ~ machine (*mach. t.*), *see* peeler.
peen (of a hammer), penna. **2.** ball ~ (of a hammer) (*t.*), penna emisferica. **3.** cross ~ (of a hammer) (*t.*), penna col taglio (perpendicolare al manico). **4.** straight ~ (of a hammer) (*t.*), penna col taglio (parallelo al manico).
peen (to) (as metals, leather, etc.) (*ind.*), martellare a penna. **2.** ~ (to blast a metal surface with steel shots: as on springs) (*mech.*), pallinare.
peend (*mech. technol.*), martellato a penna.
peening (*mech. technol.*), martellatura a penna. **2.** ~ wear (*mech.*), erosione per urto, usura da erosione per urto. **3.** glass-bead ~ (as for increasing the fatigue life of steel) (*mech. technol.*), pallinatura con pallini di vetro.
peephole, foro di spia. **2.** ~ (device for examining the inside of a cupola) (*found.*), sguardo, spia.
peep sight (as of a firearm), mirino.
peg (*gen.*), caviglia, picchetto. **2.** ~ (*mech.*), spina. **3.** ~ (block used for keeping the forging tools at a minimum distance) (*forging*), spessore. **4.** ~ (stake) (*road constr.*), picchetto. **5.** ~ and hole adjustment (as for adjusting the height of a table with telescopic legs) (*mech. - etc.*), regolazione a spina e fori, regolazione a spina inseribile in fori successivi. **6.** ~ switch, *see* plug switch. **7.** center ~ (*road constr.*), picchetto centrale.
peg (to) (to fasten with pegs), incavigliare. **2.** ~ (to mark with pegs), picchettare. **3.** ~ (to fix: as wages, rate of exchange, prices etc.) (*econ.*), stabilizzare.
pegmatite (*geol.*), pegmatite.
peirameter (dynamometer for towed vehicles) (*road truck - railw. car*), bilancia dinamometrica.

pelican hook (*naut. impl.*), tipo di gancio cernierato e chiudibile.

pelite (rock) (*min.*), roccia pelitica.

pellet (*gen.*), palla, pallina. **2.** ~ (firearm bullet) (*firearm*), pallottola. **3.** ~ (as of a thyristor, semiconductor piece) (*elics.*), pastiglia. **4.** ~ (*plastics ind.*), pastiglia.

pellet (to) (*gen.*), appallottolare.

pelletization (agglomeration into pellets) (*plastic ind. - etc.*), pellettizzazione, agglomerazione in granuli sferici.

pellicular (*gen.*), pellicolare.

pell-mell (*adv. - gen.*), alla rinfusa.

pellucid (transparent), *see* transparent.

pelorus (navigational instr. for taking sight bearings) (*naut.*), grafometro, goniometro per rilevamenti polari.

peloton (*milit.*), plotone.

pelt (*ind.*), pelle non conciata (di animali da pelliccia). **2.** ~ wool (short wool of a sheep slaughtered not more than three months after shearing) (*wool ind.*), lana corta proveniente da pelli.

Peltier effect (*elect.*), effetto Peltier.

Pelton wheel (*hydr.*), turbina Pelton.

peltry (*ind.*), pelletteria.

pelvimeter (*med. instr.*), pelvimetro.

pen (*off. instr.*), penna. **2.** ~ (of a recorder) (*instr.*), penna. **3.** ~ (small fenced space for animals) (*agric.*), recinto. **4.** ~ (as a dock for repairing submarines etc.) (*navy*), bacino di carenaggio protetto (contro gli aerei). **5.** ~ (*hydr.*), diga fluviale. **6.** ~ point (of a recorder) (*instr.*), pennino, punta scrivente. **7.** ~ point for compasses (*draw. instr.*), tiralinee per compasso. **8.** correction ~ (covers with a white liquid the character to be eliminated) (*typewriting*), penna da correzione. **9.** drawing ~ (*draw. instr.*), tiralinee. **10.** fountain ~, penna stilografica. **11.** ink ~ (*draw. instr.*), tiralinee. **12.** light ~ (*elics. - comp.*), *see at* light.

"pen", *see* penetration, peninsula.

penalty (fine) (*gen.*), multa. **2.** ~ clause (to be inserted in a contract) (*comm. - law*), clausola delle penalità. **3.** ~ (*comm.*), penalità. **3.** ~ points (as in a rally) (*sport - aut.*), punti di penalità.

pencil (collection of rays) (*opt. - phys.*), pennello. **2.** ~ (*off. instr.*), lapis, matita. **3.** ~ (small brush) (*impl.*), pennellino. **4.** ~ diamond (*glass cutting impl.*), diamante tagliavetro. **5.** ~ of rays (*opt.*), pennello di luce. **6.** ~ sharpener (*draw. off. impl.*), appuntalapis. **7.** conductive ~ (*comp.*), matita elettrografica. **8.** copying ~ (*off.*), matita copiativa. **9.** electric ~ (for printing letters on metal) (*mech. instr.*), penna elettrica. **10.** hair ~ (soft pencil) (*paint.*), pennello di pelo, pennello morbido. **11.** mechanical ~ (*writing impl.*), matita automatica. **12.** soil ~ (soil sampler) (*bldg. t.*), sonda campionatrice per terreno.

pencil (to) (to draw by pencil) (*draw.*), disegnare a matita. **2.** ~ (to treat with a brush) (*med. - etc.*), pennellare.

pendant (as of elect. fixture suspended from the ceiling) (*elect.*), calata (dal soffitto per es. di lampada o pulsante). **2.** ~ (piece of rope or chain with a thimble at its free end) (*naut.*), penzolo, bracotto. **3.** ~ (as in Gothic style) (*arch.*), fregio pensile. **4.** pendants (of the rudder) (*naut.*), bracotti. **5.** ~ pushbuttons (for controlling as a mach. t.) (*mach. t. - etc.*), pulsantiera pensile. **6.** ~ switch unit (as for controlling a mach. t.) (*mach.*), pulsantiera pensile. **7.** rise and fall ~ (*illum.*), apparecchio di illuminazione a saliscendi. **8.** sheet ~ (*naut.*), bracotto di scotta. **9.** vang ~ (*naut.*), bracotto di ostino.

pendentive (*arch.*), pennacchio.

pendule (*horology*), pendola, orologio a pendolo.

pendulum (*mech. - phys.*), pendolo. **2.** ~ press (*mach. t.*), pressetta a pedale oscillante. **3.** compensation ~ (*pendulum clock*), pendolo a compensazione.

pene (*t.*), *see* peen.

penetrameter (the penetrating power of radiation as measured by sensitive radiographic material) (*X ray app.*), penetrametro.

penetrant (*a. - gen.*), penetrante, aguzzo. **2.** ~ (penetrating substance etc.) (*n. - gen.*), sostanza penetrante, penetrante (*s.*). **3.** dye ~ (as for checking the soundness of metal parts) (*technol.*), penetrante colorato. **4.** dye ~ check (dye check: inspection on a metallic work) (*technol.*), esame con penetrante colorato. **5.** fluorescent ~ inspection (on a metallic work) (*mech. technol.*), esame con penetrante fluorescente, controllo con penetrante fluorescente.

penetrate (to), penetrare.

penetrating, penetrante. **2.** ~ shower (of cosmic rays) (*astrophys.*), sciame penetrante.

penetration, penetrazione. **2.** ~ (as of a shell in a body), penetrazione. **3.** ~ (*welding*), penetrazione. **4.** ~ (as in testing greases: the distance that a standard needle vertically penetrates a sample of material) (*meas.*), penetrazione. **5.** ~ (as in a market) (*comm.*), penetrazione. **6.** ~ (field depth: as of a microscope) (*opt.*), profondità di campo. **7.** ~ (descent from high to approach altitude) (*aer. navig.*), discesa di avvicinamento. **8.** excessive ~ bead (*welding defect*), eccesso di penetrazione (del cordone). **9.** inadequate ~ (*welding*), insufficienza di penetrazione. **10.** incomplete inter-run ~ (lack of inter-penetration) (*welding defect*), deficienza di penetrazione in saldatura con ripresa. **11.** incomplete root ~ (*welding defect*), deficienza di penetrazione. **12.** lack of ~ (*welding*), *see* inadequate penetration. **13.** metal ~ (casting defect due to penetration of metal into the mold or core surface) (*found.*), penetrazione di metallo (nella forma). **14.** unworked ~ (of a grease) (*chem. ind.*), penetrazione in provino non manipolato. **15.** worked ~ (of a grease) (*chem. ind.*), penetrazione in provino manipolato.

penetrator (for hardness testing) (*mech.*), penetra-

tore. **2.** advanced manned ~ (*astric.*), capsula spaziale con equipaggio umano. **3.** diamond conical ~ (for testing hardness) (*mech.*), penetratore a diamante conico. **4.** steel ball ~ (for testing hardness) (*mech.*), penetratore a sfera di acciaio.
penetrometer (as for greases) (*meas. instr.*), penetrometro. **2.** ~ (*radiology instr.*), misuratore di durezza, misuratore di qualità.
penguin (an aer. which does not take off: as for pilot training schools) (*aer.*), pinguino.
penholder (*off. impl.*), portapenne.
penicillin (*pharm.*), penicillina.
pening (*mech. technol.*), *see* peening.
peninsula (*geogr.*), penisola.
penknife (*t.*), temperino.
penlight, penlite (small flashlight similar to a short pencil) (*elect.*), minitorcia (elettrica). **2.** ~ battery (*elect.*), pila (o piletta) a stilo.
pennant (pendant) (*naut.*), penzolo. **2.** ~ (flag) (*naut. - navy*), fiamma, pennello, guidone. **3.** ~ (signaling flag) (*naut.*), bandiera da segnalazione. **4.** broad ~ (*naut.*), pennello. **5.** centre-point ~ (wire used for hauling a balloon) (*aer.*), cavo di manovra centrale.
pennon, *see* pennant.
pennsylvania truss (*bldg.*), trave tipo Pennsylvania, tipo di trave parabolica.
pennyweight (troy meas. = 1/20 oz) (pwt or dwt) (*meas.*), misura di peso uguale a 1,555 grammi.
pension (stipend paid to retired employees etc.) (*work. - milit.*), pensione. **2.** contributory ~ (fed by the worker's and his company's contributions) (*adm. - pers.*), pensione contributiva, pensione basata su contributi del lavoratore e del datore di lavoro. **3.** disability ~ (*work. organ.*), pensione di invalidità. **4.** old age ~ (*work. organ.*), pensione di vecchiaia. **5.** retirement ~ (*work. organ.*), pensione di vecchiaia. **6.** widow's/orphan's ~ (*work. organ.*), pensione per la vedova e il figlio.
pensioner (*work. - milit.*), pensionato.
penstock (water pipe to the turbine) (*hydr.*) (Am.), condotta forzata. **2.** ~ (pentrough) (*hydr.*), canale di alimentazione. **3.** ~ (sluice or gate for regulating the water flow) (*hydr.*), chiusa (o saracinesca) di regolazione.
pent, *short for* penthouse. **2.** ~ roof (*bldg.*), tetto ad una falda, tetto a shed.
pentaerythritol [$C(CH_2OH)_4$] (*chem.*), pentaeritritolo.
pentagon (*geom.*), pentagono.
pentagonal, pentagonale.
pentagrid (*thermion.*), pentagriglia.
pentahedron (*geom.*), pentaedro.
pentane (C_5H_{12}) (*chem.*), pentano.
pentaprism (used in focusing) (*phot. viewfinder*), pentaprisma.
pentastyle (*arch.*), pentastilo.
pentathlon (*sport*), pentatlon.
penthouse (apartment built on the roof of a bldg.) (*arch.*), superattico. **2.** ~ (annex) (*bldg.*), piccolo fabbricato annesso. **3.** ~ (shed attached to a build.) (*bldg.*), tettoia ad un solo spiovente a sbalzo dalla parete del fabbricato. **4.** ~ (as the structure, on the roof, covering the elevator shaft, the stairs etc.) (*bldg.*), torretta degli ascensori e servizi, struttura elevata sul tetto a copertura terminale dei servizi.
pentode (electron tube) (*thermion.*), pentodo.
pentosans (*chem.*), pentosani.
pentoxide (*chem.*), pentossido.
pentrough (an open conduct feeding a water wheel) (*hydr.*), canale di alimentazione.
penumbra (*phot. - astr.*), penombra.
peptization (*phys. - chem.*), peptizzazione.
peptone (*chem.*), peptone.
"PERA" (Production Engineering Research Association) (*ind.*), Associazione Ricerche Tecniche di Produzione.
peracid (*chem.*), peracido.
perborate (*chem.*), perborato. **2.** sodium ~ (perborax) ($Na\ BO_3 \cdot 4\ H_2O$) (*chem.*), perborato di sodio.
perborax ($Na\ BO_3 \cdot 4\ H_2O$) (*chem.*), perborato di sodio.
percale (cotton fabric), percalle.
percent (*a. - adv. - gen.*), per cento. **2.** ~ (*n. - %*), percento. **3.** ~ (percentage) (*n. - math. - adm.*), percentuale.
percentage, percentuale. **2.** turnover ~ (percentage of the shifts of the workers) (*pers.*), tasso di avvicendamento. **3.** ash ~ (as in coal analysis) (*chem.*), percentuale di ceneri.
percentile (centile) (*n. - stat.*), centile. **2.** ~ (*a. - stat.*), percentile.
perceptible (perceivable) (*gen.*), percettibile.
perceptibility (perceivability) (*gen.*), percettibilità.
perception (*phys. - etc.*), percezione.
perch (pole, bar), pertica. **2.** ~ (16.5 ft) (*meas.*), pertica (m 5,029).
perch (to) (to smooth hides) (*leather ind.*), palissonare.
percher (one who perches leather) (*work.*), palissonatore.
perching (inspection: as of cloth) (*text. ind.*), esame dei difetti. **2.** ~ (*leather ind.*), palissonatura. **3.** ~ knife (crutch stake) (*leather ind. t.*), palissone, lunetta per palissonare.
perchlorate (*chem.*), perclorato. **2.** potassium ~ ($KCl\ O_4$) (*chem.*), perclorato di potassio.
percolate (to), percolare, filtrare.
percolation (of waste liquid of sewers) (*civ. eng.*), percolazione, filtrazione.
percolator (strainer), filtro. **2.** ~ (domestic coffeepot), macchinetta da caffè a filtrazione ripetuta. **3.** automatic coffee ~ (*mach.*), macchina per caffè espresso. **4.** electric ~ (*household app.*), caffettiera elettrica.
percussion, percussione. **2.** ~ cap (*expl.*), fulminante, incendivo, detonatore (primario). **3.** ~ drilling, *see* rope drilling. **4.** ~ lock (*firearm*),

meccanismo di percussione. **5.** ~ pin (*firearm*), percussore.

"perf", *see* perfect, perforate, perforated, perforation, performance.

perfect, perfetto. **2.** ~ gas (*phys. chem.*), gas perfetto. **3.** ~ radiator (absorbing every radiation) (*phys.*), corpo nero teorico.

perfect (to) (to complete) (*gen.*), completare, perfezionare. **2.** ~ up (to print the back of a sheet of paper) (*print.*), stampare la volta.

perfected (as an order) (*comm.*), perfezionato.

perfecting (*gen.*), completamento. **2.** ~ engine (refiner) (*paper mfg. mach.*), raffinatore. **3.** ~ press (perfecting mach., printing the paper on both sides simultaneously) (*print. mach.*), macchina per la stampa contemporanea in bianca e volta.

perfilograph (sea bottom profile recording instr.) (*top. instr.*), apparecchiatura per registrare l'andamento del fondale.

perforate (to) (*mech.*), perforare.

perforated (pierced with holes) (*mech. - comp.*), perforato.

perforating, *see* perforation. **2.** ~ (cutting of a group of punched or slotted holes in sheet metal) (*mech. technol.*), tranciatura di fori multipli.

perforation (*gen.*), perforazione. **2.** ~ (of a film) (*m. pict.*), perforazione. **3.** comb ~ (as of stamps) (*paper ind.*), perforazione multipla a pettine.

perforator (of the paper strip) (*electrotel.*), perforatore. **2.** keyboard ~ (for punching paper tape) (*comp.*), perforatrice a tastiera. **3.** zone ~ (as of a teleprinting mach.) (*automatic control mach.*), perforatore di zona.

perform (to) (to finish, to complete) (*gen.*), completare. **2.** ~ (to accomplish), compiere. **3.** ~ (to fulfill), adempiere, soddisfare. **4.** ~ (to carry through with skill), eseguire a regola d'arte. **5.** ~ (to solve an equation) (*math.*), risolvere. **6.** ~ (*mus.*), eseguire.

performance (working capacity: as of a motor, mach., aircraft, plant etc.) (*gen.*), prestazione, caratteristica. **2.** ~ (technical or artistic execution), esecuzione. **3.** ~ appraisal (evaluation of the efficiency of a worker) (*pers. - organ.*), valutazione del merito. **4.** evaporative ~ (*phys.*), capacità evaporante.

"perfs", *see* perforations.

perfume (*ind.*), profumo.

perfumery (*ind.*), profumeria.

pergamyn (parchment paper, vegetable parchment) (*paper mfg.*), pergamina, pergamena vegetale, carta pergamenata.

pergeting (*mas.*), *see* pargeting.

pergola (*arch.*), pergola.

periapsis, *see* perihelion.

periclase (Mg O) (*min. - refractory*), periclasio.

pericyntion, *see* perilune.

peridot [$(Mg\ Fe)_2\ SiO_4$] (olivine) (*min.*), peridoto.

peridotite (magmatic rock) (*min.*), peridotite.

perigee (as of an artificial satellite orbit) (*astric.*), perigeo.

perihelion (*astr.*), perielio.

peril, pericolo.

perilune (position of a moon satellite analogous to the perigee for an earth satellite) (*astric.*), periluna, periselene.

perimeter (*geom.*), perimetro. **2.** ~ (*med. instr.*), perimetro. **3.** portable ~ (*med. instr.*), perimetro portatile.

period (*astr. - elect. - geol. - phys.*), periodo. **2.** ~ (of a circuit) (*elect. - radio*), periodo. **3.** cut-off ~, *see* obscuring period. **4.** dead ~ (of a mine) (*navy*), periodo di disattivazione. **5.** decay ~ (*radioact.*), *see* half-life. **6.** Diluvial ~ (*geol.*), diluvium, periodo diluviale. **7.** Glacial ~ (*geol.*), periodo glaciale, pleistocene. **8.** half-life ~ (*radioact.*) (Am.), *see* half-life (Brit.). **9.** obscuring ~ (in m. pict. film projection) (*m. pict.*), fase (o intervallo) di oscurazione. **10.** pile ~ (*atom phys.*), periodo della pila atomica. **11.** probationary ~ (as of a worker) (*work organ.*), periodo di prova. **12.** retention ~ (period of time during which the records are kept before erasing them) (*comp.*), periodo (o tempo) di conservazione. **13.** stabilization ~ (of the speed of an ind. engine following a load variation) (*mot.*), tempo di stabilizzazione. **14.** testing ~ (of a mach. etc.) (*gen.*), periodo di prova.

periodate (*chem.*), periodato.

periodic (*gen.*), periodico. **2.** ~ (*chem.*), periodico. **3.** ~ acid ($H\ IO_4$) (*chem.*), acido periodico. **4.** ~ function (*math.*), funzione periodica. **5.** ~ system (*chem.*), sistema periodico (degli elementi). **6.** ~ table (*chem.*), tavola del sistema periodico.

periodical (*gen.*), periodico. **2.** ~ attention (as of an engine, car etc.) (*mot. - etc.*), operazioni periodiche.

periodicity (*gen.*), periodicità.

periodograph, *see* harmonic analyzer.

peripheral (*a. - gen.*), periferico. **2.** ~ (auxiliary device for communicating with the comp.) (*n. - comp.*), unità periferica. **3.** ~ control unit (*comp.*), unità di controllo della periferica. **4.** ~ device (peripheral equipment) (*comp.*), periferica, unità periferica. **5.** ~ equipment (*comp.*), unità periferica. **6.** ~ interface channel (*comp.*), canale di interfaccia (con la) periferica. **7.** ~ speed (*mech.*), velocità periferica. **8.** ~ transfer (data transfer between "CPU" and a peripheral or between peripherals) (*comp.*), trasferimento periferico. **9.** output ~ (*comp.*), periferica di uscita.

periphery (*geom.*), circonferenza, perimetro. **2.** ~ (*gen.*), periferia.

periptery (*arch.*), periptero.

periscope (*opt. instr.*), periscopio. **2.** night lens ~ (of sub.) (*navy*), periscopio notturno. **3.** retractile ~ (of sub.) (*navy*), periscopio retrattile.

periscopic (*a. - opt.*), periscopico.

periscopical, *see* periscopic.

periselene, periselenium, *see* perilune.

perish (to) (as of goods), deperire.
perishable, deperibile. **2.** ~ goods (*comm.*), merci deperibili.
perished (as of cotton fibres damaged by exposure to weather) (*a. - text.*), deteriorato. **2.** ~ staple (as of deteriorated cotton lint by exposure to weather) (*text.*), filaccia deteriorata.
"perisphere" (at a depth from 40 to 800 miles) (*geol.*), perisfera.
perissad (element having odd atomic n.) (*chem.*), elemento con numero atomico dispari.
peristyle (*arch.*), peristilio.
peritectic (as a reaction occurring between phases) (*a. - min. - metall.*), peritettico. **2.** ~ change (reaction between two phases) (*metall.*), trasformazione peritettica.
perlite (volcanic rock) (*min.*), farina di lava di silice, pietra perla, roccia vulcanica a struttura vetrosa e frattura concoide.
perlon (sinthetic fiber similar to nylon) (*chem.*), perlon.
permafrost (perennially frozen soil) (*geol.*), suolo perennemente gelato.
permanence (durability) (*gen.*), stabilità. **2.** ~ (resistance of an adhesive bond to deteriorating influence) (*chem.*), resistenza al deterioramento.
permanent (*gen.*), permanente. **2.** ~ gas (difficult to liquefy) (*phys.*), gas permanente. **3.** ~ hardness (of water) (*ind.*), durezza permanente. **4.** ~ load (*constr. theor.*), carico permanente. **5.** ~ magnet (*elect.*), magnete permanente. **6.** ~ magnet steel (*metall.*), acciaio per magneti permanenti. **7.** ~ mold casting (*found.*), colata in forme permanenti. **8.** ~ mold die casting (gravity die casting) (*found.*) (Am.), colata in conchiglia per (forza di) gravità. **9.** ~ set (*constr. theor.*), deformazione permanente. **10.** ~ way (superstructure and ballast) (*railw.*), armamento ed inghiaiata (o ballast).
permanganate (*chem.*), permanganato. **2.** potassium ~ ($KMnO_4$) (*chem.*), permanganato potassico.
permeability (*electromag.*), permeabilità. **2.** ~ (as of gas through airship fabric) (*phys.*), permeabilità. **3.** ~ (passage of gases through sand molds) (*found.*), permeabilità. **4.** ~ (as of paper) (*gen.*), permeabilità. **5.** ~ (of a soil) (*soil analysis*), permeabilità. **6.** ~ bridge (*elect.*), permeametro a ponte magnetico. **7.** absolute ~ (*electromag.*), permeabilità assoluta.
permeable (*phys.*), permeabile.
permeameter (for measuring permeability) (*elect. instr.*), permeametro.
permeance (*elect.*), permeanza.
permeate (to) (*phys.*), permeare.
permeation (*phys.*), permeazione. **2.** gas ~ (*technol. phys.*), permeazione di gas.
Permian (*a. - geol.*), permiano.
per mill, per mille, per mil (*gen.*), per mille.
permissible, ammissibile. **2.** ~ (*mech. - etc.*), ammesso, ammissibile.
permissible, ammissibile. **2.** ~ (*mech. - etc.*), ammesso, ammissibile.
permission (authorization) (*gen.*), permesso.
permit (written license) (*n.*), permesso. **2.** driving ~ (*aut.*), patente di guida. **3.** international driving ~ (*aut.*), patentino internazionale (automobilistico).
permittance (*elect.*), permittanza.
permittivity (*elect.*), permittività.
permselective (semipermeable membrane) (*a. - phys.*), perm-selettiva.
permutate (to) (*gen.*), permutare.
permutation (*math.*), permutazione. **2.** ~ (*chem. reaction*), permutazione. **3.** ~ (barter) (*comm. - adm.*), permuta. **4.** odd ~ (*math.*), permutazione dispari.
permutator (*electromech.*), permutatrice.
Pernot furnace (for steel) (*metall. of steel*), forno a riverbero con suola ruotante, forno Pernot.
peroxidation, *see* peroxidizement.
peroxide (*chem.*), perossido. **2.** ~ (hydrogen peroxide) (H_2O_2) (*chem.*), acqua ossigenata. **3.** high-test hydrogen ~ (HTP, oxidant used as for rocket and jet engines) (*chem. - aer.*), acqua ossigenata di alta qualità. **4.** hydrogen ~ (*chem.*), acqua ossigenata.
peroxidizement (of an accumulator plate) (*elect.*), perossidazione.
"perp", *see* perpendicular.
perpendicular (vertical) (*a.*), a piombo, perpendicolare. **2.** ~ (*n. - geom. - shipbldg.*), perpendicolare.
perpetual (*gen.*), perpetuo. **2.** ~ day (when the sun does not set for nearly six months) (*geogr.*), giorno di sei mesi. **3.** ~ inventory (*adm.*), inventario permanente. **4.** ~ loan (*finan.*), prestito irredimibile. **5.** ~ motion (*thermodyn.*), moto perpetuo. **6.** ~ night (when the sun does not rise for nearly six months) (*geogr.*), notte di sei mesi.
perquisites (fees legally due) (*law*), emolumenti, competenze.
perron (*arch.*), scalinata esterna.
persalt (*chem.*), persale.
per second per second (acceleration rate) (*theor. mech.*), secondo secondo.
"persh", *see* perishable.
persienne (external shutter) (*window*), persiana. **2.** ~ (venetian blind) (*window*), veneziana.
persis (archil powder) (*dyestuff*), persio.
persist (to) (*gen.*), persistere.
persistence (*opt.*), persistenza. **2.** ~ of vision (utilized in m. pict. vision) (*eye physiol.*), persistenza della immagine.
persistent (enduring) (*gen.*), persistente, permanente, continuo.
person, persona. **2.** prosecuted ~ (defendant) (*law*), l'imputato, l'imputata. **3.** self-employed ~ (*pers.*), lavoratore in proprio. **4.** shipwrecked ~ (*naut.*), naufrago.
personal (*a. - gen.*), personale, home computer). **2.**

~ computer (medium cost comp.: for limited comm. and ind. purposes) (*comp.*), personal computer, calcolatore personale. **3.** ~ computer (low cost amateur comp.) (*comp.*), calcolatore amatoriale. **4.** ~ effects (*comm. - insurance*), effetti personali. **5.** ~ traits summary (*pers.*), profilo professionale.

personalism (character individuality) (*psychol.*), equazione personale, caratteristiche individuali.

personality (*psychol.*), personalità. **2.** ~ test (*psychotech.*), test di personalità, test caratterologico.

personalize (to) (to make alterations on customer request) (*comp. - aut. - mtc. - etc.*), personalizzare.

personnel (*n.*), personale (impiegati ed operai). **2.** ~ department (as of a factory) (*adm.*), ufficio personale. **3.** ~ director (*company management*), direttore del personale. **4.** ~ monitoring (radioactive contamination check on individuals) (*atom phys. med.*), verifica (della contaminazione) individuale. **5.** bridge ~ (*naut.*), personale di plancia. **6.** engine-room ~ (*naut.*), personale di macchina. **7.** upper deck ~ (*naut.*), personale di coperta.

perspective (*n. - draw.*), prospettiva. **2.** ~ (*a. - draw.*), prospettico. **3.** ~ aerophotogram (*aer. phot.*), aerofotogramma prospettico. **4.** angular ~ (two points perspective) (*draw.*), prospettiva angolare a due punti di fuga.

perspectograph (app. for drawing the perspective image of an object) (*opt. app.*), prospettografo.

perspectometer, *see* perspectograph.

"PERT", *see* program evaluation and review technique.

pertain (to), riguardare, concernere.

perthite (*min.*), perthite, pertite.

perturbation (*astr. - etc.*), perturbazione.

pervaporation (colloid concentration by use of semipermeable membrane) (*phys. chem.*), concentrazione.

pesthouse (*med. - bldg.*), lazzaretto.

pestle (*chem. impl.*), pestello.

"PET" (Positron's Emission Tomography: for brain diagnosis) (*med. mach.*), PET, pet, tomografia ad emissione di positroni.

petard (type of firecracker) (*expl.*), petardo.

pet cock, petcock (a cock used to let air out) (*mach.*), valvola (o rubinetto) di sfogo. **2.** ~ (drain cock: of mach. mot. etc.) (*mech.*), rubinetto di spurgo.

peter (to) (to become exhausted, as a mine) (*min.*), esaurirsi. **2.** ~ out (*min.*), *see* to peter.

petrifaction (*min.*), mineralizzazione, pietrificazione.

petrify (to) (*min.*), mineralizzare, pietrificare.

petrochemical (*n. - chem.*), prodotto petrochimico. **2.** ~ (*a. - chem.*), petrochimico.

petrochemistry (*chem.*), petrochimica, chimica del petrolio.

petrodollars (owned from petroleum-exporting countries) (*n. - finan.*), petrodollari.

petrography (*geol.*), petrografia. **2.** ~ (*min. sc.*), classificazione sistematica delle rocce.

"petroil" (oil and petrol mixture for two stroke mot.) (*fuel*) (Brit.), miscela (di olio e benzina).

petrol (*comb.*) (Brit.), benzina. **2.** ~ can (Brit.), latta da benzina. **3.** can of ~ (Brit.), latta di benzina. **4.** lead-free ~ (*aut.*) (Brit.), benzina non etilizzata, benzina senza piombo.

petrolatum (*pharm. - chem.*), vaselina.

petroleous (containing petroleum) (*a. - petroleum*), contenente petrolio.

petroleum, petrolio grezzo. **2.** ~ asphalt, *see* artificial asphalt. **3.** ~ chemistry (*chem.*), petrochimica. **4.** ~ engine (*mot.*), motore a petrolio. **5.** ~ ether (*chem.*), etere di petrolio. **6.** ~ exploration (*min.*), esplorazione petrolifera. **7.** ~ gas oil, *see* gas oil. **8.** ~ grease (refining residue) (*oil ind.*), grasso minerale. **9.** ~ jelly, *see* petrolatum. **10.** ~ motor spirit, *see* gasoline (Am.), petrol (Brit.). **11.** ~ naphtha, *see* naphtha. **12.** ~ refinery (*ind.*), raffineria di petrolio, impianto di raffinazione del petrolio. **13.** ~ refining (*chem. ind.*), raffinazione del petrolio. **14.** liquid ~ gas (L.P.G.; mixture formed by $^2/_3$ butan and $^1/_3$ propan) (*fuel*), gas liquido di petrolio.

petroliferous (*a. - geol.*), petrolifero.

petrology (*geol.*), petrologia, studio delle rocce.

petrosphere, *see* lithosphere.

petticoat (sleeve, as of an airship) (*aer.*), manica, appendice. **2.** ~ insulator, *see* insulator. **3.** ~ pipe (*railw. steam locomotive*), diffusore dello scappamento. **4.** valve ~ (*airship*), manica con valvola.

petties (*comm. - adm.*), piccole spese, spese minute.

petty (*a. - gen.*), piccolo, insignificante. **2.** ~ officer (*naut.*), sottufficiale.

pewter (tin alloy) (*alloy*), peltro.

"PF" (push fit) (*mech. draw.*), accoppiamento di spinta. **2.** ~ (*elect.*), *see* power factor. **3.** ~ (picofarad) (*elect. meas.*), picofarad.

"PFA" (pulverised fuel ash) (*comb.*), cenere di carbone in polvere.

"pfce", *see* performance.

pfleiderer (cellulose shredder) (*rayon mfg.*), (macchina) spezzettatrice.

"PFM" (pulse frequency modulation) (*elics.*), modulazione di frequenza degli impulsi, "PFM".

"pfx", *see* prefix.

"pg", *see* page.

pH (acidity and alkalinity expression) (*chem.*), pH (esponente di acidità). **2.** ~ range (*chem.*), intervallo di pH. **3.** ~ value (*chem.*), grado di pH, valore di pH.

"ph" (phase) (*elect. - phys. chem.*), fase. **2.** ~, *see also* phone.

phaeton (open aut.) (*aut.*), torpedo, automobile aperta.

phanatron, *see* phanotron.

phanotron (phanatron: low-pressure diode rectifier) (*thermion.*), fanotron.

phantom (as a drawing or illustration with some areas fogged as for pointing out a part of a machine) (*print.*), (vista in) trasparenza, illustrazione

con parziale velatura (per far risaltare determinati particolari, di una macchina per esempio). **2.** ~ circuit (*tlcm.*), circuito virtuale.
phantoming (*teleph.*), virtualizzazione, formazione di circuiti virtuali.
pharmaceutical (*pharm.*), farmaceutico. **2.** ~ product (*pharm.*), prodotto farmaceutico.
pharmaceutics (*pharm. sc.*), farmaceutica, farmacia.
pharmaceutist, *see* pharmacist.
pharmacist (*pharm.*), dottore in farmacia, farmacista.
pharmacopoeia (*pharm.*), farmacopea.
pharmacy (*pharm. art*), farmacia, farmaceutica. **2.** ~ (*pharm. shop*), farmacia.
pharos (*bldg.*), *see* lighthouse.
pharyngoscope (*med. instr.*), faringoscopio.
phase (*elect. - phys. - astr. - phys. chem. - comp.*), fase. **2.** ~ advancer (for improving the power factor) (*elect.*), compensatore di fase, rifasatore. **3.** ~ angle (*astr.*), angolo di fase, fase. **4.** ~ angle (*elect.*), angolo di sfasamento (o di fase). **5.** ~ coincidence (*elect.*), concordanza di fase. **6.** ~ conscious (as of an electronic circuit) (*elics.*), sensibile alla fase. **7.** ~ constant (in waves propagation) (*radio*), costante di fase. **8.** ~ control (*elics.*), controllo di fase. **9.** ~ convertor (*elect. mach.*), convertitore di fase. **10.** ~ diagram (equilibrium diagram, of an alloy) (*metall.*), diagramma di stato. **11.** ~ difference (*elect.*), sfasamento, discordanza di fase. **12.** ~ displacement (*elect.*), sfasamento. **13.** ~ indicator (*elect. instr.*), indicatore di fase. **14.** ~ inverter (*elics. - vacuum tube - etc.*), invertitore di fase. **15.** ~ lamp (*elect. device*), lampadina di fase. **16.** ~ meter, *see* phasemeter. **17.** ~ modulation (*radio*), modulazione di fase. **18.** ~ rule (*phys. chem.*), regola delle fasi. **19.** ~ shift (*elect. - elics.*), differenza di fase, sfasamento. **20.** ~ splitter (*elect.*), accorgimento circuitale per ottenere una alimentazione bifase da una monofase (mediante capacità o induttanza). **21.** ~ transformer, *see* phasing transformer. **22.** angle of ~ displacement (*elect.*), angolo di sfasamento. **23.** in ~ (as in synchronizing) (*a. - elect. - elics. - phys. - etc.*), in fase. **24.** out of ~ (as in synchronizing) (*a. - elect. - elics. - phys. - etc.*), sfasato. **25.** sigma ~ (brittle and nonmagnetic constituent which may be present in certain steels subjected to heat-treatment) (*metall.*), fase sigma. **26.** three- ~ (*a. - elect.*), trifase. **27.** to exchange the ~ (*elect.*), scambiare le fasi. **28.** two- ~ (*elect.*), bifase.
phase (to) (as the shutter of a m. pict. projector etc.), mettere in fase. **2.** ~ (*phys.*), mettere in fase.
phasemeter (phase meter) (*elect. instr.*), fasometro, cosfimetro.
phaseout (gradual closing down) (*ind.*), fermata della produzione per chiusura graduale delle singole operazioni.
phase-wound (instead of the squirrel cage) (*a. - induction mot.*), con secondario avvolto.
phasing current (as between two alternate current generators) (*electromech.*), corrente di circolazione.
phasing signal (*elics.*), segnale di messa in fase.
phasing transformer (phase transformer) (*elect.*), trasformatore sfasatore.
phasitron (frequency modulator) (*thermoion.*), fasitron, modulatore di fase.
phasor (*elect. - elics.*), vettore indicatore di fase.
phasotron (kind of cyclotron) (*atom phys. app.*), fasotrone.
"ph bz" (phosfor bronze) (*alloy*), bronzo fosforoso.
phenacetin (acetophenetidin) [C_6H_4 (NH · CH_3CO) O C_2H_5] (*pharm.*), fenacetina.
phenanthrene ($C_{14}H_{10}$) (*chem.*), fenantrene.
phenates (*chem.*), fenati.
phenol (C_6H_5OH) (*chem.*), fenolo, acido fenico.
phenolate (phenate) (*chem.*), fenato.
phenolic (*a. - chem.*), fenolico. **2.** ~ (synthetic phenolic resin) (*n. - chem.*), resina fenolica sintetica, fenoplasto. **3.** ~ resins (*chem.*), resine fenoliche sintetiche.
phenolphtalein (*chem.*), fenolftaleina.
phenomena (*phys.*), fenomeni.
phenomenology (*scientific description*), fenomenologia.
phenomenon (*phys.*), fenomeno.
phenoplast (synthetic phenolic resin) (*n. - chem.*), fenoplasto, resina fenolica sintetica.
phenyl (C_6H_5–: rad.) (*chem.*), fenile. **2.** ~ salicylate [C_6H_4 (OH) $CO_2C_6H_5$] (*pharm.*), salolo, salicilato di fenile.
phenylenediamine [C_6H_4 (N $H_2)_2$] (*chem.*), fenilendiammina.
phenylhydrazine ($C_6H_5NHNH_2$) (*chem.*), fenilidrazina.
phial (*med. - pharm.*), fiala.
Phillips Screw (trademark for screws provided with a cross slot) (*mech. - carp. - etc.*), vite con taglio a croce, vite Phillips.
phlegma (residue of alcohol distillation) (*chem.*), flemma, flegma.
"PHL H" (phillips head, of a screw) (*mech.*), testa (di vite) con taglio a croce.
pH-meter (*instr.*), pH-metro, misuratore di pH. **2.** glass-electrode ~ (*instr.*), pH-metro ad elettrodo di vetro.
phon (unit of meas.) (*acous.*), fon, unità di misura della intensità della sensazione sonora.
phonautograph (ancient sound recording instr.) (*phys. instr.*), fonoincisore.
phone, *see* earphone, telephone, telephone receiver.
phone-in (call-in radio program) (*radio*), programma che prevede interventi dall'esterno di spettatori per mezzo di chiamate telefoniche.
phoneme (*n. - voice inf.*), fonèma.
phonetic (*a. - acous.*), fonetico.
phonetics (*acous.*), fonetica.
phonevision (telev. programs distributed to subscribers over teleph. lines) (*telev. - teleph.*), sistema di

trasmissione di programmi televisivi mediante linee telefoniche, "filotelevisione".
phonic (*a. - acous.*), fonico. **2.** ~ wheel (*multiplex telegraph system*), ruota fonica.
"phono", *see* phonograph.
phonogram (*teleph.*), fonogramma.
phonograph (*instr.*) (Am.), fonografo, grammofono. **2.** ~ (using cylindrical records, Edison phonograph) (*obsolete acous. instr.*) (Brit.), fonografo. **3.** ~ (using disk records) (*acous. instr.*) (Brit.), grammofono, fonografo. **4.** ~ type amplifier (*electroacous.*), amplificatore per grammofono. **5.** hill-and-dale ~ (the recording stylus of which moves vertically and makes variable depth cuts on a hard-wax cylinder) (*ancient acous. instr.*), fonografo per incisioni in profondità. **6.** lateral-type ~ (a recording stylus which moves in a horizontal plane and cuts a wavy groove on a hard-wax disk) (*acous. instr.*), grammofono (o fonografo) per incisione di superficie.
phonolite (*rock*), fonolite.
phonology (*voice sc.*), fonologia.
phonometer (*acous. - meas. - instr.*), fonometro.
phonometry (*phys.*), fonometria.
phonon (quantum of compression-wave energy) (*phys. - acous.*), fonone.
phonophore (teleph. and telegraph. device) (*elect.*), apparecchio (o dispositivo) per fonotelegrafia simultanea.
phonorecord (a phonograph record) (*n. - acous.*), registrazione fonografica, disco fonografico.
phonotelemeter (*phys. - milit.*), fonotelemetro.
phonovision, *see* phonevision.
"Phos B" (phosphor bronze) (*mech. draw.*), bronzo fosforoso.
phosgene ($CO\,Cl_2$) (*chem. - milit.*), fosgene.
phosphate (*chem.*), fosfato. **2.** ~ coat (a rust, resistant coating on mech. items) (*mech.*), fosfatazione. **3.** ~ rock (fertilizer) [$Ca_3\,(PO_4)_2$] (*min.*), fosfato minerale, fosforite. **4.** trisodium ~ (*chem. ind.*), fosfato trisodico.
phosphatic (*chem.*), fosfatico.
phosphating (anticorrosion treatment, as of steel) (*technol. - paint.*), fosfatazione.
phosphatize (to) (*chem.*), fosfatare. **2.** ~ (to obtain a protective layer on a metal surface) (*metall.*), fosfatare.
phosphatizing (*chem.*), fosfatazione.
phosphide (rad.) (*chem.*), fosfuro.
phosphin(e) (PH_3) (*chem.*), fosfina.
phosphite (*chem.*), fosfito.
phosphor, phosphore (phosphorescent substance) (*phys.*), sostanza fosforescente. **2.** ~ (a substance that becomes fluorescent when subjected to elect. discharge in rarefied atmosphere: generally used in fluorescent tubes and on the screen of TV cathode-ray tubes etc.) (*elect. - elics. - phys.*), fosfòro. **3.** ~ bronze (*metall.*), bronzo fosforoso. **4.** double-layer ~ (as on a cathode-ray tube) (*comp. - telev.*), a doppio strato di fosfòri.
phosphorescence (*phys.*), fosforescenza.
phosphorescent (*phys.*), fosforescente.
phosphoric (*chem.*), fosforico.
phosphorite (*min.*), fosforite.
phosphorous (*chem.*), fosforoso.
phosphors (the phosphor dots which coat the inside surface of a cathode-ray tube display and becomes fluorescent only when activated by an electron beam) (*elics. - telev. - etc.*), fosfòri.
phosphorus (P-*chem.*), fosforo. **2.** ~ 32 (Ph isotope with mass number 32: radiophosphorus) (*atom phys.*), fosforo 32. **3.** amorphous ~ (red phosphorus) (*chem.*), fosforo rosso. **4.** ordinary ~ (*chem.*), fosforo comune. **5.** red ~ (*chem.*), fosforo rosso. **6.** white ~ (*chem.*), fosforo bianco. **7.** yellow ~ (*chem.*), fosforo giallo.
phosphorylation (esterification of alcoholic hydrogen atom.) (*chem.*), fosforilazione.
phot (C.G.S. unit of illumination = 1 lumen per sqcm) (*illum. meas.*), fot.
"phot", *see* photograph, photographer, photographic, photography.
"photo", *see* photograph.
photoacoustic (*a. - phys.*), fotoacustico. **2.** ~ director (*milit. - navy*), fotofonopuntatore.
photocatalysis (*phys. - chem.*), fotocatalisi.
photocathode (*telev.*) (Brit.), fotocatodo.
photocell (*elect.*), fotocellula. **2.** ~ tachometer (*instr.*), tachimetro a fotocellula.
photochemical (*a. - phot. - chem.*), fotochimico. **2.** ~ reaction (*chem.*), reazione fotochimica.
photochemistry (*phot. chem.*), fotochimica.
photochromic (changing color when exposed to light, as glass) (*phys.*), fotocromico. **2.** ~ tube, *see at tube* dark-trace tube.
photochromism (*phys.*), fotocromismo, fotocromia, tipo di fototropia.
photochromy (*former phot. process - phys.*), fotocromia.
photochronograph (used for recording small intervals of time) (*phys. instr.*), fotocronografo.
photochronography (*phys.*), fotocronografia.
photocomposing (*photomech.*), fotocomposizione. **2.** ~ machine (*photomech. - mach.*), fotocompositrice, compositrice fotografica.
photocomposition (*photomech.*), fotocomposizione.
photocompositor (*photomech. mach.*), fotocompositrice.
photoconductance, *see* photoconductivity.
photoconductivity (*elect.*), fotoconduttività.
photoconductor (*phys.*), fotoconduttore.
photocopy (*phot.*), copia fotostatica, fotocopia.
photocopy (to) (*phot. - etc.*), fare fotocopie, fotocopiare.
photocopying machine (*off. mach.*), fotocopiatrice, fotoriproduttore.
photocoupler, *see* optical coupler.
photocurrent (*phys. - elics.*), corrente fotoelettronica.

photodecomposition (*chem. - phys.*), fotodecomposizione.
photodiode (semiconductor diode sensible to light) (*n. - elics.*), fotodiodo. **2.** planar ~ (consisting of a photocathode and an anode) (*elics.*), fotodiodo planare.
photodisintegration (*atom phys.*), fotodisintegrazione, disintegrazione del nucleo di un atomo prodotta da energia radiante.
photodissociation (*phot. chem.*), fotodissociazione.
photodosimetry (*radiations meas.*), fotodosimetria.
photoduplicating (*phot.*), processo per produrre fotocopie.
photoeffect, *see* photodisintegration.
photoelastic (*constr. theor.*), fotoelastico.
photoelasticity (study of stress distribution by means of photographic measurement) (*mech. technol.*), fotoelasticità.
photoelectric, photoelectrical (*elect. - phys.*), fotoelettrico. **2.** ~ cell (*a. - elect. - phys.*), cellula fotoelettrica. **3.** ~ cell amplifier (*m. pict. - elect. - acous.*), amplificatore a cellula fotoelettrica. **4.** ~ current, *see* photocurrent. **5.** ~ effect (electrons emission) (*elect. - phys.*), effetto fotoelettrico. **6.** ~ emission, *see* photoemission. **7.** ~ threshold (*elics. - phys.*), soglia di sensibilità fotoelettrica. **8.** ~ tube, *see* phototube.
photoelectricity (*elect.*), fotoelettricità.
photoelectron (electron emitted by the action of light) (*elics.*), fotoelettrone.
photoelectronics (*elics.*), fotoelettronica.
photoelement, *see* photovoltaic cell.
photoemission (*phys.*), fotoemissione.
photoemissive (emitting electrons when struck by light) (*a. - phys.*), fotoemissivo.
photoengraving (*photomech.*), fotoincisione. **2.** ~ machine (*photomech.*), macchina per fotoincisione.
photoetching, *see* photoengraving.
photofabrication (as of microcircuits) (*elics. - phot.*), fabbricazione di componenti elettronici con sistemi fotografici.
photo finish (*sport*), ordine d'arrivo determinato con fotografia.
photofission (*atom phys.*), fotofissione.
photoflash (flash of light) (*phot.*), lampo fotografico. **2.** ~ composition (magnesium/aluminum powder) (*phot. impl.*), polvere lampo al magnesio. **3.** ~ lamp, ~ bulb (having the bulb filled by comb. material) (*phot. impl.*), lampada (a combustione) per lampo fotografico. **4.** ~ unit (elics. app. generating flash by condenser discharge) (*phot. impl.*), lampeggiatore elettronico, flash.
photoflood, photoflood bulb, photoflood lamp (excess voltage fed lamp) (*phot. impl.*), lampada (survoltata) per fotografie.
photogalvanic, *see* phovoltaic.
photogelatin printing (*print. proc.*), fototipia.
photogelatin process (collotype) (*print. proc.*), collotipia.
photogen, photogene (light oil), olio leggero di distillazione (di torba, carbone, ecc.).
photogenic (phosphorescent) (*biol.*), fosforescente. **2.** ~ (suitable for being photographed) (*a. - phot.*), fotogenico.
photogoniometer (*top. instr.*), fotogoniometro.
photogram (*aer. phot.*), fotogramma. **2.** ~ (*m. pict.*), fotogramma.
photogrammetric (*phot.*), fotogrammetrico.
photogrammetry (the taking of phot. from the air for survey work) (*photogr.*), fotogrammetria. **2.** aerial ~ (*aerial photogr.*), fotogrammetria aerea. **3.** ground ~ (*photogr.*), fotogrammetria terrestre.
photograph (*phot.*), fotografia. **2.** high oblique ~ (*aerial photogr.*), fotografia (aerea) panoramica obliqua. **3.** horizon ~ (aerial photograph) (*aerial photogr.*), fotografia dell'orizzonte. **4.** horizontal ~ (ground photograph) (*photogr.*), fotografia (terrestre) ad asse orizzontale. **5.** low oblique ~ (*aerial photogr.*), fotografia (aerea) semipanoramica. **6.** montage ~ (*phot.*), fotomontaggio. **7.** oblique aerial ~ (taken with the optical axis of the camera inclined from the vertical) (*aerial photogr.*), fotografia (aerea) obliqua. **8.** vertical ~ (taken from the air with the camera opt. axis vertical) (*aerial photogr.*), aerofotografia verticale, fotografia (aerea) verticale, aerofotografia planimetrica.
photograph (to) (*phot.*), fotografare.
photographer, fotografo.
photographic (*a. - phot.*), fotografico. **2.** ~ reproduction (*phot.*), riproduzione fotografica.
photography (*phot. - art*), fotografia. **2.** air ~ (*aer. phot.*), fotografia aerea. **3.** black-and-white ~ (*phot. - m. pict.*), fotografia in bianco e nero. **4.** close-up ~ (*phot.*), primo piano, fotografia ravvicinata. **5.** color ~ (*phot.*), fotografia a colori. **6.** high-speed ~ (for research work) (*phot.*), fotografia rapida. **7.** still ~ (*phot.*), posa fotografica. **8.** trick ~ (*phot.*), fotografia truccata.
photogravure (*phot. print.*), fotocalcografia. **2.** ~ (rotogravure) (*print.*), rotocalco. **3.** ~ rotary press (*print. mach.*), rotativa rotocalco.
photoinduced (*a. - phys.*), prodotto dalla azione della luce.
photo-ionization (*phys.*), fotoionizzazione.
photoisomerization (*n. - chem. phys.*), fotoisomerizzazione.
photolithograph (lithographic picture), fotolitografia, fotolito.
photolithograph (to) (*phot. print.*), fotolitografare.
photolithography (mode of obtaining printed circuits and microelectronic devices: by etching the unprotected zones) (*elics.*), fotolitografia.
photoluminescence (due to exposure to light) (*phys.*), fotoluminescenza.
photolysis (chem. reaction by light action) (*chem.*), fotolisi.

photomacrography (*metall. - chem.*), fotomacrografia.
photomap (*aer. top.*), fotopiano.
photomechanical (*a. - phot. print.*), fotomeccanico. **2.** ~ process (*print.*), procedimento fotomeccanico.
photometer (*illum. meas. instr.*), fotometro. **2.** ~ test plate (*opt.*), piastra di prova fotometrica. **3.** chromatic ~ (*med. opt. instr.*), fotometro cromatico. **4.** equality of brightness ~ head (*illum. instr.*), testa fotometrica a confronto simultaneo. **5.** flame ~ (*chem. analysis instr.*), spettrofotometro a fiamma. **6.** flicker ~ (*illum. meas. instr.*), fotometro a sfarfallamento. **7.** flicker ~ head (*illum. instr.*), testa fotometrica a sfarfallamento. **8.** Foerster's ~ (*med. opt. instr.*), fotometro tipo Foerster. **9.** grease-spot ~ (*illum. - meas. instr.*), fotometro a macchia d'olio. **10.** integrating ~ (*illum. instr.*), lumenometro, fotometro integratore. **11.** physical ~ head (*illum. instr.*), testa fotometrica fisica (od oggettiva). **12.** polarization ~ (*illum. meas. instr.*), fotometro a polarizzazione. **13.** visual ~ (*opt. app.*), fotometro visuale, fotometro soggettivo. **14.** visual ~ head (*illum. instr.*), testa fotometrica visuale.
photometric (*a. - phys.*), fotometrico.
photometry (*n.*), fotometria. **2.** visual ~ (*opt.*), fotometria visuale.
photomicrograph (photograph obtained attaching a camera to a microscope) (*phot.*) (Am.), microfotografia.
photomicroscope (*opt. instr. - phot.*), microscopio fotografico.
photomontage (*phot.*), fotomontaggio.
photomultiplier (it multiplies the radiation beam intensity electronically) (*elics.*) (Brit.), fotomoltiplicatore.
photomural (large size photograph) (*phot.*), fotografia murale, fotografia di grandi dimensioni.
photon (quantum of light) (*atom phys.*), fotone. **2.** ~ propulsion (*astric.*), propulsione a fotoni. **3.** ~ rocket (a rocket which utilizes energy converted into light) (*rckt.*), missile (o razzo) a fotoni.
photoneutron (a neutron set free by photodisintegration) (*atom phys.*), fotoneutrone.
photooxidation (*chem. - plastics - etc.*), ossidazione fotochimica.
photophone (device operated by sound and light) (*didactic app.*), fotofono.
photophoresis (*phys. - chem.*), fotoforesi.
photoplate (photographic plate) (*n. - phot.*), lastra fotografica.
photoplay, spettacolo cinematografico.
photopolarimeter (*n. - opt. instr.*), fotopolarimetro.
photopolymer (light-sensitive polymer) (*n. - print. ind.*), fotopolimero.
photoproton (from photodisintegration) (*n. - atom phys.*), fotoprotone.
photoradio (*phot. transmission by radio*), teletrasmissione delle immagini via radio, telefoto via radio.
photoreportage (*phot. - journ.*), fotocronaca, fotoservizio.
photoreporter (press-photographer) (*phot. - journ.*), fotocronista, fotoreporter.
photoresist (for etching) (*photomech.*), riserva fotosensibile, monomero che polimerizza alla luce ultravioletta.
photoresistance, *see* photoconductivity.
photosensitive (*a. - phot.*), fotosensibile.
photosphere (*astr.*), fotosfera.
photostable (*a. - chem. - etc.*), fotostabile.
Photostat (app. used for rapid reproduction as of documents etc., giving a negative image) (*phot.*), apparecchio per riproduzione fotostatica. **2.** ~ (print obtained by means of the Photostat app.) (*phot.*), copia fotostatica.
photostereograph (double picture stereoscopic phot.) (*a. - phot.*), fotografia stereoscopica.
photosynthesis (*biological chem.*), funzione clorofilliana, fotosintesi.
phototechnic (*a. - phot.*), fototecnico. **2.** ~ lithography (*phot. print.*), litografia fototecnica.
phototelegraphy (*phot. transmission by telegr.*), fototelegrafia.
phototheodolite (*phot. top. instr.*), fototeodolite.
phototyristor (light-activated silicon controlled rectifier) (*elics.*), fototiristore.
phototopography (by aer. phot.) (*top.*), fotogrammetria.
phototransistor (*elics.*), fototransistore.
phototropic (the changing in color of something when exposed to light) (*phys. chem.*), fototropico. **2.** ~ glass (*aut. - etc.*), vetro fototropico.
phototropism (reversible change in color of a substance when exposed as to light) (*phys. chem.*), fototropia.
phototube (*thermion.*) (Brit.), cellula fotoelettrica. **2.** multiplier ~ (photomultiplier tube: used in stars photometry) (*elics. - astron.*), fotomoltiplicatore.
phototype (*photomech.*), fototipo.
phototype (*photomech.*), fototipia.
phototypesetting (phototypesetting mach.) (*photomech.*), fotocompositrice.
photovaristor (a light sensitive varistor) (*n. - elics.*), fotovaristore.
photovoltage (*elics. - elect.*), tensione dovuta ad effetto fotovoltaico.
photovoltaic (*a. - elect. - phys.*), fotoelettrico. **2.** ~ cell (for converting sunlight energy into elect. energy) (*astric. - elect.*), cella solare, pila fotovoltaica (o fotoelettronica).
photozincography (*print.*), fotozincografia.
photozincotypy (*print.*), fotozincografia.
phreatic (*a. - geol.*), freatico. **2.** ~ surface (*geol.*), falda freatica. **3.** ~ water (*geol.*), acqua freatica.
phugoid (*a. - math. - aer.*), relativo alla fugoide, fugoidale. **2.** ~ oscillation (on the longitudinal axis) (*aer.*), oscillazione fugoidale.

"phys" (physical) (*a. - phys.*), fisico. **2.** ~, *see also* physics, physicist.

physic (*a. - phys.*), fisico.

physical (*a. - phys.*), fisico. **2.** ~ map (*cart.*), carta fisica. **3.** ~ metallurgy (*metall.*), studio delle proprietà fisiche dei metalli e loro leghe. **4.** ~ stock (in a store) (*ind. - amm.*), giacenza effettiva.

physician (*med.*), medico, dottore.

physicist (*phys.*), fisico, dottore in fisica.

physics (science) (*phys.*), fisica. **2.** electronic ~ (science studying the movement of electrically charged particles into materials when subjected to elect. field) (*elics. phys.*), fisica elettronica. **3.** solid state ~ (*phys.*), fisica dello stato solido.

physiognomy (*phsychol.*), fisionomia.

physiography (geomorphology) (*geogr.*), geomorfologia, geografia fisica.

physiology (*biol.*), fisiologia.

"PI" (proportional integral; regulator type) (*app.*), PI, proporzionale-integrale. **2.** ~ (paper insulated) (*elect.*), isolato con carta.

pi ($\pi = 3.1415926536...$) (*math.*), pi greco. **2.** ~ (*print.*), *see* pie.

pi (to) (*print.*), *see* to pie.

piano (*mus. instr.*), pianoforte, piano. **2.** ~ wire (*mech.*), filo armonico.

piassava (piassaba, piasava, piasaba, coarse fiber used for making mats, brushes etc.), (*ind.*), piassava.

piazza (veranda) (*arch.*) (Am.), veranda. **2.** ~ (roofed passage with arches and columns) (*arch.*), portico.

"pibal" (pilot balloon) (*meteor.*), pallone sonda.

"pic", *see* motion picture.

pica (*typ.*), corpo 12. **2.** small ~ (*typ.*), corpo 11.

piceous (appearence) (*a. - min. - etc.*), piceo.

pick (*impl.*), gravina, piccone. **2.** ~ (a blow throwing the shuttle of a loom) (*text. mech.*), colpo. **3.** ~ (weft thread) (*text. ind.*), filo della trama. **4.** ~ glass (a lens for counting yarns) (*text. impl.*), lente contafili. **5.** ~ hammer (*rock t.*), piccarocca. **6.** ~ mattock (*impl.*), piccone. **7.** picks per inch (*text. ind.*), numero di inserzioni di trama per pollice. **8.** ~ up, *see* pickup. **9.** pneumatic ~ (compressed-air operated pick) (*road t.*), martello-piccone, piccone pneumatico. **10.** speed in picks per minute (of a loom) (*text. mech.*), velocità (di un telaio) in colpi al minuto.

pick (to) (to select), scegliere. **2.** ~ (to use a pickaxe), picconare. **3.** ~ (to gather, as fruits) (*gen.*), spiccare, cogliere. **4.** ~ in (to indicate, as a detail, on a videoscreen with a pointed object) (*gen.*), indicare, far rilevare. **5.** ~ out (as minerals) (*min.*), estrarre a forza di colpi. **6.** ~ the burrs (*wool ind.*), cernere le lappole. **7.** ~ up (to take up), prender su. **8.** ~ up (as an anchor) (*naut.*), salpare (un'àncora). **9.** ~ up (as a radio wave) (*radio*), ricevere, captare. **10.** ~ up (a submarine cable) (*naut. - sea*), recuperare. **11.** ~ up (to reach the operating range, of an engine) (*mot.*), avviarsi completamente, portarsi a regime di funzionamento. **12.** ~ up (of a relay, to energize) (*elect.*), attrarre, eccitarsi. **13.** ~ up (passengers or freight) (*naut. - aut.*), imbarcare, prendere a bordo. **14.** ~ up, *see* accelerare (to).

pickaroon (picaroon, pike pole, long gaff for handling trees in rivers) (*t.*) (Brit.), arpione lungo.

pickax(e) (*impl.*), piccone.

picked (selected: as of wool) (*gen.*), scelto.

picker (of a loom) (*text. ind.*), lancianavetta. **2.** ~ (as of a knitter) (*text. ind.*), raccoglitore. **3.** ~ (as for corn) (*agric. mach.*), raccoglitrice. **4.** ~ (a machine that tears materials to pieces for reuse) (*text. mach.*), sfilacciatrice.

picket (*top. impl.*), picchetto. **2.** ~ (during a strike) (*work.*), picchetto. **3.** ~ boat (picketboat, coast guard cutter type) (*navy*), tipo di guardacoste.

picket (to) (during a strike) (*work.*), picchettare.

picketboat (*navy*), *see* picket boat.

picketing (during a strike) (*work.*), picchettaggio.

pickfork (Brit.), *see* pitchfork.

picking (*text. ind.*), inserzione (della trama). **2.** ~ (pulling off of the surface of coated paper) (*paper mfg.*), distacco della patina. **3.** ~ (not fully burned brick) (*n. - mas.*), mattone poco cotto. **4.** ~ machine (a machine for tearing materials to pieces for reuse) (*text. mach.*), sfilacciatrice. **5.** ~ resistance meter (*paper mfg. - app.*), misuratore della resistenza al distacco (della patina). **6.** ~ stick (of a loom) (*text. ind.*), spada di lancio. **7.** ~ strength (resistance to picking: of paper) (*paper mfg.*), resistenza al distacco (della patina). **8.** ~ up (pulling up) (*paint. defect*), *see* pulling up. **9.** pieces ~ (*text. comm.*), classifica dei pezzami. **10.** rotary ~ table (*min. mach.*), classificatore a tavola rotante. **11.** weft ~ (*text. mfg.*), inserzione della trama.

picking-up (as of wool) (*wool ind.*), raccolta. **2.** ~ (transfer of material from one surface to another surface of a running fit) (*mech.*), tracce di grippatura.

pickle (bath for pickling) (*metall.*), bagno di decapaggio. **2.** ~ (pickling bath) (*leather mfg.*), bagno di picklaggio. **3.** ~ stain (*metall.*), macchia da decapaggio. **4.** ~ test (for detecting surface defects of steel by immersion of a sample in acid) (*metall.*), prova in acido.

pickle (to) (*metall.*), decapare.

pickled (*metall.*), decapato.

pickler (*metall. work.*), addetto al decapaggio.

pickling (*metall.*), decapaggio. **2.** ~ (treatment of skins with a sulphuric acid and salt solution) (*leather mfg.*), picklaggio. **3.** ~ vat (*metall.*), vasca di decapaggio. **4.** electrochemical ~ (*electrochem.*), decapaggio elettrochimico, pulitura elettrochimica. **5.** electrolytic ~ (*electrochem.*), decapaggio elettrolitico.

picklock (used as by thieves), grimaldello. **2.** ~ (the product of Saxony Merino and Silesian sheep) (*wool ind.*), tipo di lana fine.

pick-off (removable) (*a. - mech.*), smontabile. **2.** ~

(electronic app. of a gyro flight stabilizer operating by electrical impulses) (*aer.*), stabilizzatore giroscopio a mezzo di impulsi elettrici. **3.** ~ gears (for changing the working speed: as of a lathe) (*mach. t. - mech.*), ruote per il cambio (della velocità).

pickup (as the acceleration of an aut., an engine, etc.) (*mech.*), accelerazione, ripresa. **2.** ~ (as in a radiogramophone) (*elect. device*), fonorivelatore, pickup. **3.** ~ (removal of metal of one part from the adjacent one, as in a running fit) (*mech.*), tracce di grippatura, inizio di grippaggio, inizio di asportazione del metallo da una delle due superfici di un accoppiamento. **4.** ~ (conversion of an image into electrical energy) (*telev.*), conversione dell'immagine in energia elettrica. **5.** ~ (apparatus for television), convertitore di immagine. **6.** ~ (light commercial truck with a cab and a low box-like open body) (*aut.*), autocarro per collettame, camioncino a pianale basso. **7.** ~ (brush) (*elect. mot.*), spazzola. **8.** ~ (trasducer) (*elect. - elics.*), trasduttore. **9.** ~ (matter standing ready as for immediate use) (*typ.*), composizione pronta. **10.** ~ (improvement after an economic recession) (*econ.*) (coll.), ripresa. **11.** ~ (*aut.*), *see* accelera-tion. **12.** ~ current (of a relay, energizing current) (*elect.*), corrente di attrazione, corrente di eccitazione. **13.** ~ loop (pickup coil) (*plasma phys.*), spira di sondaggio, bobina esploratrice. **14.** ~ reaction (as a capture of a nucleon by an incident particle) (*atom phys.*), reazione di pickup. **15.** ~ truck (*aut.*), autocarro leggero ricavato da un telaio per autovettura. **16.** ~ voltage (as of a relay) (*elect.*), tensione di eccitazione. **17.** crystal ~ (*electroacous.*), fonorivelatore piezoelettrico. **18.** dynamic ~ (moving coil pickup) (*electroacous.*), testina elettrodinamica, fonorivelatore a bobina mobile. **19.** mechanical ~ (for records: of a gramophone) (*acous.*), diaframma, fonorivelatore meccanico. **20.** piezoelectric ~ (of a gramophone) (*electroacous.*), fonorivelatore piezoelettrico, dispositivo di presa piezoelettrico. **21.** playback ~ (for wax recording control in disk recording) (*electroacous.*), rivelatore di controllo. **22.** proximity ~ (sensor) (*meas. instr. - etc.*), rivelatore di prossimità, sensore. **23.** sound ~ (of a sound head of sound film projector) (*electroacous.*), lettore del suono. **24.** vibration ~ (in testing) (*instr.*), rivelatore di vibrazioni.

pickup (to), *see at* to pick.

picnometer, *see* pycnometer.

pico- (prefix: 10^{-12}) (*meas.*), pico-, p.

picofarad (micro-micro-farad) (*elect. meas.*) (Brit.), picofarad, micromicrofarad.

picogram (1 gr. 10^{-12} = micromicrogram) (*n. - weight meas. unit*), picogrammo.

picosecond (1 sec. 10^{-12} = micromicrosecond) (*n. - time meas. unit*), picosecondo.

picrate (*chem. expl.*), picrato.

picric (*a. - chem.*), picrico. **2.** ~ acid [$C_6H_2(NO_2)_3OH$] (*chem.*), acido picrico.

picrochromite ($MgO \cdot Cr_2O_3$) (*min. - refractory*), picrocromite.

pictorial (*n. - print.*), giornale illustrato. **2.** ~ (*a.*), illustrato.

picture (*phot.*), fotografia. **2.** ~ (*m. pict.*), fotogramma. **3.** ~ (*telev.*), immagine. **4.** ~ (mask: pattern of characters) (*n. - comp.*), maschera. **5.** ~ counter, *see* frame counter. **6.** ~ element (*telev.*) (Brit.), area elementare (di immagine). **7.** ~ frequency (*tlcm.*), frequenza di quadro, frequenza di immagine. **8.** ~ gallery (*arch. - art*), galleria di quadri, pinacoteca. **9.** ~ house (picture palace, m. pict. theater) (*m. pict.*) (Brit.), teatro di posa. **10.** ~ jump (unsteady picture) (*m. pict. defect*), oscillazione dell'immagine. **11.** ~ plane (in perspective) (*draw.*), piano di proiezione. **12.** ~ point (a point easily identified both on the ground and on an aerial photograph) (*photogr.*), punto fotografico, punto appoggio. **13.** ~ ratio (*telev.*), formato dell'immagine. **14.** red-eye ~ (the common phenomenon of red eyes in a person photographed by flash) (*n. - phot.*), fenomeno degli occhi rossi in foto col flash. **15.** ~ signal (video signal) (*telev.*), segnale d'immagine. **16.** ~ size (*phot.*), formato. **17.** ~ story (*phot. - journ.*), fotocronaca, fotoreportage. **18.** ~ tube (kinescope, cathode-ray tube used for reproducing telev. pictures) (*telev.*), cinescopio. **19.** ~ window (*arch. - bldg.*), finestra panoramica. **20.** motion ~ (show) (*m. pict.*), spettacolo cinematografico. **21.** sound motion ~ (*m. pict.*), spettacolo cinematografico sonoro. **22.** topical ~ (*phot. - journ.*), fotografia d'attualità. **23.** truncated ~ (*telev.*), immagine troncata. **24.** TV ~ tube (cathode-ray television tube) (*telev.*), cinescopio.

picture-in-picture (simultaneous vision of two programs on the same screen: one at full screen and the other compressed in a screen corner) (*a. - telev.*), a visione contemporanea di due programmi, a multiimmagine.

picturephone (videophone) (*tlcm.*), videotelefono, "videofono".

"PID" (proportional, integral, differential; regulator type) (*app.*), PID, proporzionale, integrale, differenziale.

pie (type arranged in a wrong way) (*typ.*), refuso. **2.** ~ wool (*wool ind.*), lana strappata dalla pelle.

pie (to) (to arrange type in a wrong way) (*typ.*), commettere refusi, fare refusi.

piece (*gen.*), pezzo. **2.** ~ (of fabric) (*text. ind.*), pezza. **3.** ~ rate (price paid for each piece produced: in piecework) (*job organ.*), tariffa di cottimo. **4.** bilge ~, *see* bilge keel. **5.** blanked ~ (*mech.*), pezzo tranciato. **6.** contact ~ (as of a tramcar controller) (*elect.*), pettine del combinatore. **7.** distance ~ (*mech.*) (Brit.), distanziatore. **8.** drawn ~ (drawnpiece, drawn component) (*sheet metal w.*), pezzo imbutito, imbutito. **9.** fashion ~

(*shipbldg.*), ossatura della volta di poppa. **10.** insulating ~ (*elect.*), elemento isolante. **11.** machined ~ (*mech.*), pezzo lavorato. **12.** pole ~ (as of elect. mach.) (*elect.*), espansione polare. **13.** zone-hardened ~ (*metall.*), pezzo temprato localmente.

piece-dyed (*a. - text. ind.*), tinto in pezza.

piecework (*job organ.*), lavoro a cottimo, cottimo.

pieceworker (*work.*), cottimista.

piecing machine (*text. mach.*), giuntatrice.

pier (*arch.*), stipite. **2.** ~ (an auxiliary masonry work built to strengthen a wall) (*bldg.*), contrafforte. **3.** ~ (mole) (*naut.*), molo. **4.** ~ (landing structure on piles) (*naut.*), pontile. **5.** ~ (either of two pillars supporting a lintel, an arch etc.) (*arch.*), piedritto, pilastro. **6.** ~ (of a bridge) (*arch.*), pila (di ponte). **7.** ~ (solid wall between two openings) (*bldg.*), tratto di parete piena (senza aperture). **8.** ~, *see* pilaster, pillar. **9.** ~ buttress (*arch.*), pilastro di scarico di un arco rampante. **10.** abutment ~ (*bridge constr.*), pila-spalla. **11.** clustered ~ (*arch.*), pilastro a fascio, polistilo.

pierage (*comm.*), diritti di banchina.

pierce (to) (as a tunnel) (*min.*), perforare. **2.** ~ (as the enemy's line) (*milit.*), sfondare. **3.** ~ (to bore), forare.

pierceable (*a. - gen.*), perforabile.

piercer (*t.*), punzone. **2.** ~ (*work.*), operaio addetto alla punzonatrice. **3.** ~ (drilling t.: as an auger) (*t.*), utensile per forare.

piercing (*a. - gen.*), perforante. **2.** ~ (making a hole without removing metal) (*forging*), perforazione. **3.** fusion ~ (as for obtaining blastholes in the rock) (*min.*), perforazione termica.

pierhead (*naut.*), testa (o punta) di molo.

pieze (pz, unit of pressure equal to 1 sthene per square meter = 1000 pascals) (*phys. meas.*), pieze.

piezochemistry (*chem. phys.*), piezochimica, studio dell'influenza della pressione sui fenomeni chimici.

piezoelectric (*a. - elect. - min.*), piezoelettrico. **2.** ~ oscillator (*elics.*), oscillatore a quarzo piezoelettrico. **3.** ~ plate (*elics.*), lamina di cristallo piezoelettrico. **4.** ~ resonator (*elics.*), risonatore piezoelettrico.

piezoelectricity (*elect. - min.*), piezoelettricità.

piezoluminescence (triboluminescence) (*phys.*), triboluminescenza, piezoluminescenza.

piezometer (*phys. instr.*), piezometro.

piezometric (*phys.*), piezometrico.

piezomicrophone (*elect. instr.*) (Brit.), microfono a cristallo.

piezo resonator, *see* piezoelectric oscillator.

pig (mass of crude metal) (*metall.*), lingotto, pane. **2.** ~ (pig bed mold or channel) (*metall.*), fossa di colata per lingotti, canale di colata per lingotti. **3.** ~ (a brush to be pulled and pushed through a pipe to clean it) (*n. - pip. impl.*), scovolo. **4.** ~ (shielded container for radioactive materials) (*atom phys.*), contenitore schermato. **5.** ~ bed (*metall.*), letto di colata per lingotti, fossa (in letto di sabbia) per lingotti. **6.** ~ iron (*metall.*), ghisa di prima fusione, ghisa grezza, ghisa d'alto forno. **7.** ~ lead (*metall.*), piombo in pani. **8.** ~ metal (*metall.*), metallo in pani. **9.** chill foundry ~ iron (*metall.*), ghisa per fusioni in conchiglia. **10.** forge ~ iron (*metall.*), ghisa da pudellaggio. **11.** silvery ~ (*metall.*), ghisa siliciosa, ghisa speculare, "spiegeleisen". **12.** soft foundry ~ iron (*metall.*), ghisa dolce da fonderia.

pig (to) (*found.*), colare (la ghisa) in pani.

pig-back (to) (in steel manufacture) (*found.*), aggiungere ghisa grezza.

pigeon, piccione. **2.** carrier ~ (*milit.*), piccione viaggiatore. **3.** homing ~ (*milit.*), piccione viaggiatore.

pigeonhole (*off.*), casellario. **2.** ~ (white space in printed matter) (*typ.*), spazio bianco.

piggyback, pickaback, pig-a-back (*n. - railw. transp.*), trasporto per ferrovia del semirimorchio stradale (carico o vuoto di ritorno). **2.** ~ (relating to truck trailers transported by railw. flatcars) (*a. - railw. transp.*), relativo al trasporto per ferrovia di semirimorchi stradali (carichi o vuoti di ritorno). **3.** ~ (additional) (*a. - gen.*), addizionale. **4.** ~ (said of extra load taken into space by a spacecraft) (*a. - astric.*), relativo ad un carico addizionale inserito su di un vettore spaziale. **5.** ~ (said of an additional commercial during a comm. break) (*a. - telev. - radio adver.*), relativo ad intervallo pubblicitario supplementare. **6.** ~ component (as an external "EPROM" memory to be applied on the back of a microprocessor) (*comp.*), componente inserito (fisicamente) su di un altro componente.

piggyback (to) (*gen.*), essere trasportato (o trasportare) in modo sovrapposto ed addizionale. **2.** ~ (*railw. transp.*), trasportare (merci) per ferrovia caricate sopra semirimorchi stradali.

piggybacking (*gen.*), sovrapposizione aggiuntiva. **2.** ~ (*railw. transp.*) (Am.), trasporto (di merci) mediante semirimorchi caricati su carri ferroviari, tasporto per ferrovia con semirimorchi, trasporto mediante "piggy-back".

piglet (*found.*), panotto, piccolo pane.

pigment (*paint.*), pigmento. **2.** ~ binder ratio (*paint.*), rapporto pigmento-legante. **3.** ~ paper (*print.*), carta al pigmento. **4.** inert ~ (a pigment which remains inactive) (*paint.*), pigmento inerte. **5.** inert ~ (extender: inorganic material used as a constituent of paints to adjust properties) (*paint.*), carica inerte. **6.** inhibiting ~ (added to paints to retard corrosion of metals) (*paint.*), pigmento inibitore. **7.** inorganic ~ (*paint.*), pigmento inorganico.

pigment (to) (*paint. - print.*), pigmentare.

pigmentation (as of rubber) (*ind.*), colorazione a mezzo di pigmenti.

pigmenting (*paint. - print.*), pigmentazione. **2.** ~ machine (*paint. - print.*), pigmentatrice.

pigsty (*bldg.*), porcile. **2.** ~ (timber crib) (*min.*), pila.

pigtail (of a lamp) (*elect.*), coda di porco. **2.** ~ (short connecting wire) (*elect.*), filo connettore (a spirale), spiralina.

pilaster (*arch.*), pilastro. **2.** pilasters (pillaring) (*bldg.*), pilastrata, ordine di pilastri. **3.** ~ strip (*arch.*), lesèna. **4.** polystyle ~ (*arch.*), piliere, pilastro polistilo.

pile (*elect.*) (Brit.), pila. **2.** ~ (*text. ind.*), pelo. **3.** ~ (driven into the ground to support a load) (*bldg.*), palo di fondazione, palafitta. **4.** ~ (fagot of wrought iron) (*metall.*), pacchetto (di ferro). **5.** ~ (heap), pila, mucchio. **6.** ~ (as of paper to be printed) (*print.*), pila. **7.** ~ (as of sheets in a printing press) (*print.*), pila. **8.** ~ (nuclear reactor), *see* reactor. **9.** ~ caisson (*hydr. constr.*), cassone. **10.** ~ drawer (*bldg. mach.*), macchina per estrarre pali, estrattore per pali. **11.** ~ driver (*bldg. app.*), battipalo, berta. **12.** ~ engine, *see* pile driver. **13.** ~ hammer (*bldg. mech.*), mazza battente di battipalo. **14.** ~ hoop (steel band mounted around the head of a wooden pile) (*civ. eng.*), ghiera (del palo), corona (del palo). **15.** ~ period (time required for neutrons flow to change by "e" ratio) (*atom phys.*), periodo della pila (atomica). **16.** ~ shoe (steel point of a wooden pile) (*civ. eng.*), puntazza (del palo). **17.** atomic ~ (*atom phys.*), pila atomica. **18.** cast-in-situ ~ (*bldg.*), palo gettato in sito, palo gettato in opera. **19.** chain-reacting ~ (*atom phys.*), pila atomica, pila per reazioni a catena. **20.** foundation ~ (*bldg.*), palo di fondazione. **21.** hollow prestressed concrete ~ (*civ. eng.*), palo cavo in cemento precompresso. **22.** metal sheet ~ (*civ. eng.*), palancola metallica. **23.** nuclear ~, *see* nuclear reactor. **24.** pedestal ~ (concrete pile with enlarged bottom) (*mas.*), palo a base allargata, palo Franki. **25.** sheet ~ (*mas.*), palancola, palopiano. **26.** sigma ~ (pile used for studying neutrons absorption) (*atom phys.*), reattore (campione) sigma. **27.** steam ~ driver (*mas. mach.*), battipalo a vapore. **28.** stock ~ (heap, as of ore) (*min. - etc.*), mucchio. **29.** Volta's ~ (*elect.*), pila di Volta.

pile (to) (*ind.*), accatastare, impilare, ammucchiare. **2.** ~ (*metall.*), formare un pacchetto. **3.** ~ (to drive piles) (*bldg.*), palificare, palafittare, piantare palafitte.

pile-driving (*bldg.*), affondamento del palo, infissione del palo.

"pilgrim process" (for making seamless steel tubes) (*pip. mfg.*), metodo del pellegrino. **2.** ~ rolls (for making seamless tubes) (*metall. mach.*), laminatoio a passo del pellegrino.

piling (as for a foundation) (*bldg.*), palificazione, palificazione di sostegno. **2.** ~ (paint defect resulting in a film of uneven thickness) (*paint. defect*), ammassamento. 3. foundation ~ (*bldg.*), palificazione di costipamento. **4.** iron sheet ~ (*mas.*), palancolata in ferro.

piling-up (*gen.*), accatastamento.

pill (*pharm.*), pillola, pastiglia.

pillar (*arch. - bldg.*), pilastro. **2.** ~ (vertical iron bar, stanchion) (*shipbldg.*), puntale. **3.** ~ (of mach. t.: as of a pillar drill) (*mech.*), colonna. **4.** ~ (supporting the saddle) (*bicycle*), tubo reggisella. **5.** ~ (mass of ore which is left in place for supporting the roof) (*min.*), pilastro. **6.** ~ block (*mech.*), *see* pillow block. **7.** ~ crane (which can be rotated about a fixed pillar) (*ind. mach.*), gru (girevole) a colonna. **8.** ~ drawing (*min.*), *see* pillar robbing. **9.** ~ light (*aut.*), luce di cortesia sul montante. **10.** ~ of the hold (*naut.*), puntale di stiva. **11.** ~ robbing (removal of pillars at mining completed) (*min.*), abbattimento dei pilastri (in ritirata). **12.** body center ~ (*aut. body constr.*), montante centrale scocca. **13.** false ~ (*arch.*), falso pilastro. **14.** mounting ~ (in elect., gas, water etc. distribution) (*pip. - elect.*), colonna montante. **15.** rib ~ (*min.*), pilastro a diaframma. **16.** sand ~ (*meteorol.*), tromba di sabbia.

pillar (to) (to support with pillars) (*bldg.*), pilastrare, supportare con pilastri.

pillaring (pillars collectively) (*gen.*), puntelli, pilastratura. **2.** ~ (*shipbldg.*), puntellatura.

pillbox (*milit. bldg.*), casamatta di cemento armato.

pillion (motorcycle saddle for passenger), sella (o seggiolino) aggiuntiva.

pillow (*mech.*), cuscino, cuscino di supporto. **2.** ~ (*gen.*), cuscino. **3.** ~ block (bearing) (*mech.*), supporto. **4.** ~ box (space under the seat of a sleeping car used for keeping the pillows when the berth is not made up) (*railw.*), ripostiglio cuscini.

pilot (guide: as of mach. t.), guida, appoggio guidato. **2.** ~ (the man who pilots) (*naut. - aer.*), pilota. **3.** ~ (pilot punch) (*sheet metal w.*), perno di guida, pilota. **4.** ~ (cowcatcher, of a locomotive) (*railw.*), parasassi. **5.** ~ (book) (*naut.*), portolano. **6.** ~ (mechanism regulating or operating another mechanism) (*mech.*), meccanismo pilota. **7.** ~ balloon (*meteorol.*), pallone pilota. **8.** ~ bar (of an auto lathe) (*mach. t. - mech.*), barra di guida. **9.** ~ boat (*naut.*), pilotina. **10.** ~ boss (as in presswork) (*mech. technol.*), boccola di guida. **11.** ~ burner (pilot flame, of a gas system) (*comb.*), semprevivo, spia. **12.** ~ chute (small parachute for drawing the main parachute) (*aer.*), paracadute pilota, pilotino. **13.** ~ circuit (a circuit used to control a main circuit) (*fluid power*), circuito pilota. **14.** ~ engine (a locomotive preceding a train for security) (*railw.*), staffetta, locomotiva staffetta. **15.** ~ flame (pilot burner, of a gas system) (*comb.*), semprevivo, spia. **16.** ~ lamp (*elect. - mech.*), lampada spia. **17.** ~ light, *see* pilot lamp, pilot burner. **18.** ~ motor (*elect.*), motorino per la prova automatica dei circuiti. **19.** ~ order (*comm.*), commessa pilota, commessa iniziale (o di guida). **20.** ~ pin (as in presswork) (*mech. technol.*), perno di guida. **21.** ~ pressure control (*fluid power*), comando con pressione pilota. **22.** ~

pressure differential control (*fluid power*), comando con pressione pilota differenziale. **23.** ~ production (*ind.*), produzione preventiva. **24.** ~ system (pneumatic system for pilot valves) (*ind.*), impianto di pilotaggio, impianto di comando. **25.** ~ valve (*mech.*), valvola pilota. **26.** automatic ~ (*aer.*), giropilota, autopilota. **27.** chief test ~ (*aer. pers.*), capo pilota collaudatore. **28.** dock ~ (*naut.*), pilota di porto. **29.** mechanical ~ (*aer.*) (Am.), giropilota, autopilota. **30.** robot ~ (*aer.*) (Am.), giropilota, autopilota. **31.** sea ~ (*naut.*), pilota d'altura, pilota d'alto mare. **32.** solenoid and ~ pressure control (*fluid power*), comando sia a solenoide che a pressione pilota. **33.** solenoid or ~ pressure control (*fluid power*), comando a solenoide o a pressione pilota. **34.** space ~ (*astric.*), pilota spaziale. **35.** test ~ (*aer.*), pilota collaudatore.

pilot (to) (*aer. - naut.*), pilotare.

pilotage (piloting), pilotaggio. **2.** ~ (reward paid to a pilot), compenso dato al pilota. **3.** ~ (contact flying, navigation by direct observation) (*aer.*), volo a vista.

pilothouse (*naut.*), casotto di navigazione, timoneria.

piloting (*aer. - naut.*), pilotaggio.

pilotless (*aer.*), senza pilota.

pimple metal (sulphides mixture at 78% of copper) (*metall.*), metallina col 78% di rame, miscuglio di solfuri minerali col 78% di rame.

pimpling (as in castings) (*found.*), bollicine (o piccoli rigonfiamenti) superficiali.

pin (gudgeon), perno. **2.** ~ (peg) (*carp.*), cavicchio. **3.** ~ (of a crank) (*mech.*), bottone. **4.** ~ (for fastening mech. elements) (*mech.*), spina. **5.** ~ (as for measuring the thickness of splines) (*mech.*), cilindretto, rullino. **6.** ~ (as for attaching papers, clothes etc.), spillo. **7.** ~ (liquid measure = 5.4 U.S. gals) (*meas.*) (Brit.), misura per liquidi = 20,46 l. **8.** ~ (of a flask, as for the alignment of the cope and drag) (*found.*), spinotto. **9.** ~ (any metallic pin terminal used to connect circuits: tubes, semiconductors etc.) (*elics.*), piedino. **10.** ~ bush (pinholes reamer) (*t.*), alesatore per piccoli fori. **11.** ~ clutch (*mech.*), innesto a pioli. **12.** ~ contact point (pitch point, of splines, intersection of the spline tooth profile with the pitch circle) (*mech.*), punto di contatto del cilindretto, punto di contatto del rullino. **13.** ~ drill (*mech.*), punta (da trapano) con pilota. **14.** ~ mark (in a type foundry) (*typ.*), tacca. **15.** ~ valve (*mech.*), valvola a spillo. **16.** ~ wheel (of a gear) (*mech.*), ruota a piuoli. **17.** ~ wrench (*mech. t.*), chiave a dente. **18.** ball headed ~ (*mech.*), perno a testa sferica. **19.** clamping ~ (*railw.*), caviglia a becco. **20.** clevis ~ (fastening pin) (*mech.*), perno a testa piana. **21.** cotter ~ (*mech.*), coppiglia. **22.** crank ~ (of a crankshaft) (*mot.*), perno di manovella. **23.** dowel ~ (*mech.*), spina di centraggio. **24.** drawing ~ (*draw. impl.*), puntina da disegno. **25.** firing ~ (of a pistol) (*firearm*), percussore. **26.** floating piston ~ (of mot.), spinotto flottante. **27.** knuckle ~ (Am.), *see* kingpin. **28.** knuckle ~ (Brit.), *see* wrist pin. **29.** parallel ~ (straight pin, fastening pin) (*mech.*), spina cilindrica. **30.** percussion ~ (as for expl.) (*mech.*), percussore. **31.** piston ~ (of mot.) (*mech.*), spinotto, perno stantuffo. **32.** static ~ (wire used to secure the petals of a parachute petal cap) (*aer.*), filo di chiusura della custodia. **33.** straight ~ (parallel pin, fastening pin) (*mech.*), spina cilindrica. **34.** taper ~ (fastening pin) (*mech.*), spina conica. **35.** thumb ~ (*draw. impl.*), puntina da disegno. **36.** wooden ~ (*mas.*), cavicchio. **37.** wrist ~ (gudgeon pin: as of a piston) (*mot.*) (Am.), spinotto, perno stantuffo. **38.** wrist ~ (of a radial engine) (*aer. mot.*), perno di testa bielletta.

pin (to) (*gen.*), fissare mediante spillo. **2.** ~ (to fix by cotter pins) (*mech.*), incoppigliare. **3.** ~ (to clog: as of a file) (*mech.*), impastarsi.

pinaster (*wood*), pino marittimo.

pinball (pinball machine, amusement device) (*elect. device*), "flipper".

pinboard (board with pegs for inserting bobbins for transp.) (*text. impl.*), portabobine. **2.** ~ (patchboard: a board having holes for making elect. connections by pins: a plugboard) (*n. - comp. - elect.*), pannello (o quadro) di connessione (o di cablaggio).

pincers (*t.*), tenaglie. **2.** ~ (*chem. impl.*), pinze. **3.** bit ~ (*t.*), pinze a ganascia curva. **4.** upholsterer's ~ (*t.*), pinze da tappezziere.

pinch (pinch bar) (*impl.*), palanchino. **2.** ~ (interference) (*mech.*), interferenza. **3.** ~ (longitudinal overlap in a sheet metal) (*metall.*), ripiegatura longitudinale, piega longitudinale. **4.** ~ (pinching of a hose, inner tube etc.) (*defect - aut. - etc.*), pizzicatura. **5.** ~ (part of a lamp near the cap) (*elect.*), pinzatura. **6.** ~ bar (impl.), palanchino, leva. **7.** ~ effect (radial contraction of a plasma column) (*atom phys.*), reostrizione, effetto di strizione. **8.** ~ roll (*rolling mill*), cilindro di presa. **9.** steering ~ bolt (as of a mtc. steering) (*mech.*), bullone serraggio testa sterzo.

pinch (to) (as of lodes) (*min.*), contrarsi.

pinchbeck (alloy of copper and zinc resembling gold) (*alloy*), princisbecco.

pinchcock (Hoffmann and Mohr type: for regulating the flow through a rubber tube) (*chem. impl.*), pinza per tubi di gomma.

pinchers, *see* pincers.

pinching bar, *see* pinch bar.

pinch-pass (skin pass) (*sheet metal w.*), *see* temper-rolling.

pine (*wood*), pino. **2.** Aleppo ~ (*wood*), pino d'Aleppo, pino di Gerusalemme. **3.** American ~ (*wood*), pino americano. **4.** Austrian ~ (Pinus nigra) (*wood*), pino nero, pino austriaco. **5.** cluster ~ (*wood*), *see* maritime pine. **6.** maritime ~ (cluster pine) (*wood*), pino marittimo, pinastro. **7.**

mountain ~ (*wood*), pino montano. **8.** parasol ~ (umbrella pine) (*wood*), pino domestico, pino a ombrello, pino mediterraneo, pino da pinoli. **9.** parasol ~ (stone pine, Swiss pine, Swiss stone pine) (*wood*), cembro, cirmolo. **10.** ponderosa ~ (*wood*), pino ponderosa. **11.** red ~ (*wood*), pino rosso. **12.** Scots ~ (Scotch pine, Pinus silvestris) (*wood*), pino silvestre, pino di Scozia. **13.** Swiss pine (Pinus cembra) (*wood*), cembro, cirmolo. **14.** white ~ (*wood*), pino bianco (del Canadà). **15.** yellow ~ (American pine) (*wood*), pino strobo.

pineapple (hand grenade) (*expl.*) (Am.) (coll.), bomba a mano.

pinene ($C_{10}H_{16}$) (*chem.*), pinene.

ping (the action of an acoustic transmitter pulsing into water or air) (*acous. - und. acous.*), impulso (emesso o ricevuto), "ping". **2.** ~ continuous pinging (due to excessive preignition) (*mot.*), battito in testa. **3.** ~, *see also* pinging and knock.

ping (to) (as of a mot. the ignition of which is too advanced) (*mech.*), battere (in testa), picchiare (in testa). **2.** wild ~ (intermittent pinging due to preignition) (*mot.*), battiti in testa intermittenti.

pinger (acoustic transmitter which sends acoustic pulses into water or air) (*acous. - und. acous.*), trasmettitore di impulsi, "pinger".

pinging (sound: as of a mot. the ignition of which is too advanced) (*mech.*), battito in testa.

pinhead, testa di spillo.

pinhole, foro di spillo. **2.** ~ (as in a truss) (*bldg.*), foro per perno. **3.** ~ (casting defect) (*found.*), punta di spillo. **4.** ~ (*paint. defect*), piccolo alveolo, foro a punta di spillo, forellino. **5.** ~ (a pinhole in a camera wall: substituting lens) (*phot.*), foro stenopeico. **6.** ~ camera (*phot.*), stenoscopio, apparecchio fotografico a foro (senza lenti). **7.** ~ porosity (*found. defect*), porosità puntiforme, porosità a punte di spillo. **8.** pinholes (paper defect) (*paper mfg.*), punte di spillo.

pinholing (*defect in paint, found., paper etc.*), formazione di minutissimi alveoli, formazione di fori a punta di spillo.

pinion (gear) (*mech.*), pignone. **2.** ~ above center (of hypoid gears) (*mech.*), pignone sopra centro. **3.** ~ below center (of hypoid gears) (*mech.*), pignone sotto centro. **4.** ~ housing (*rolling mill*), gabbia a pignoni. **5.** bevel ~ (*mech.*), pignone conico. **6.** dynamo driving ~ (*aut. mech.*), pignone (di) comando (della) dinamo. **7.** fiber ~ (*mech.*), pignone di fibra. **8.** lantern ~ (trundle: used in clockwork mech.) (*mech.*), ingranaggio a gabbia. **9.** planetary ~ (*aut. mech.*), pignone satellite. **10.** satellite ~ (*aut. mech.*), pignone satellite. **11.** side ~ (of a differential, planetary pinion, satellite pinion) (*mech. aut.*), satellite, pignone satellite.

pink (pink-sterned vessel) (*n. - naut.*), nave a poppa sottile.

pinkie (pink-sterned vessel) (*naut.*), nave a poppa sottile.

pinking (detonation) (*mot.*) (Brit.), detonazione. **2.** ~ (knocking due to a worn bearing) (*mot.*) (Brit.), battito dovuto ad usura. **3.** ~ machine (*tailors' impl.*), dentellatrice.

pink-sterned (as a ship with narrow stern) (*a. - naut.*), a poppa sottile.

pinky (pink-sterned vessel) (*naut.*), nave a poppa sottile.

pinnace (ship's boat) (*naut.*), imbarcazione di bordo.

pinnacle (*arch.*), pinnacolo.

pinning (fastening by pins) (*mech.*), fissaggio con spina, spinatura. **2.** ~ (clogging of a file) (*mech. - etc.*), impastamento.

pinout, pinout diagram (represents the circuital function of each pin) (*elics.*), schema delle funzioni circuitali di ciascun piedino.

pinpoint (position of an aircraft obtained by direct observation of the ground) (*air navig.*) (Brit.), punto di riferimento al suolo.

pint (Brit. 0.568 liter; Am. 0.473164 liter) (*meas.*), pinta.

pintle (as of a door) (*mech. carp.*), cardine. **2.** ~ (of the rudder) (*naut.*), agugliotto. **3.** ~ (tow hook) (*aut.*), gancio di rimorchio. **4.** ~ (needle or plunger of a Diesel engine injector opened by the oil pressure acting on an annular ring and closed by a spring) (*mot.*), pernetto. **5.** ~ hook (as of a truck) (*veh.*), gancio di rimorchio. **6.** ~ injector (of a Diesel engine fuel system) (*mot.*), iniettore a pernetto, iniettore a mantello anulare. **7.** heel ~ (bottom pintle, of the rudder) (*naut.*), agugliotto inferiore, agugliotto del calcagnolo.

pinwheel (rotating drum with pins) (*washing mach.*), tamburo per lavaggio pelli. **2.** ~ (gear wheel with teeth made by pins) (*obsolete mech.*), pignone a gabbia.

pion (meson π: pi-meson) (*atom phys.*), pione, mesone π.

pioneer (*milit.*), artiere. **2.** ~ Bn (pioneer battalion) (*milit.*), battaglione artieri. **3.** ~ tunnel, ~ bore (small tunnel made in advance in the section area of the main tunnel) (*min.*), galleria di primo avanzamento.

"PIP" (*telev.*), *see* picture-in-picture.

pip (small projection, as left in the centre of a bar as after parting operations by lathe) (*mech.*), protuberanza. **2.** ~ (blip, indication on a radarscope of the returned signal) (*radar*), segnale di ritorno.

pipage (transport: as of oil by means of pipes) (*transp.*), trasporto a mezzo tubi. **2.** ~ (charge for transportation by pipe) (*comm.*), spesa di trasporto a mezzo tubi.

pipe, tubo. **2.** ~ (cavity, as in a casting) (*found.*), cavità di ritiro, risucchio. **3.** ~ (worm hole, elongated or tubular cavity in a weld, due to entrapped gas) (*welding defect*), cavità tubolare. **4.** ~ (*glass mfg.*), *see* blowtube. **5.** ~ (molder's tool for smoothing concave surfaces) (*found. t.*), cucchiaio, cucchiarozzo. **6.** ~ (pipe vein, a body of ore of tubular form) (*min.*), giacimento tubolare.

7. ~ bending machine (*mach.*), curvatubi, curvatrice per tubi. **8.** ~ burst (*pip.*), scoppio di un tubo. **9.** ~ coil (*pip.*), serpentino. **10.** ~ connection (*pip.*), giunzione di tubi. **11.** ~ coupling (*pip.*), manicotto. **12.** ~ cutter (*t.*), tagliatubi. **13.** ~ die (*mech.*), filiera per tubi. **14.** ~ expander (*app.*), mandrino per tubi, mandrinatubi. **15.** ~ fitter (*work.*), installatore di tubazioni, idraulico (*s.*). **16.** ~ fitting (*t.*), raccordo. **17.** ~ fittings (*pip.*), raccorderia, accessori per tubazioni. **18.** ~ grip (*t.*), *see* pipe wrench. **19.** ~ hanger (*pip.*), attacco a sospensione per tubi. **20.** ~ installation (*pip.*), rete di tubazioni. **21.** ~ insulation (*therm. - pip.*), isolamento di tubazione. **22.** ~ lagging (*therm.*), rivestimento isolante di tubazioni. **23.** ~ laying (*pip.*), montaggio dei tubi, messa in opera di tubi. **24.** ~ line (*pip.*), tubatura, conduttura. **25.** ~ lining (*pip.*), rivestimento di tubi. **26.** ~ opener (*plumber's t.*), allargatubi. **27.** ~ reamer (conical device for eliminating burrs) (*pip. t.*), sbavatubi. **28.** ~ roll (support permitting axial movements due to thermic expansion) (*pip.*), supporto a rullo per tubi. **29.** ~ squeezer (*t.*), schiacciatubi. **30.** ~ stand (*pip.*), supporto per tubi. **31.** ~ supporting roller (*pip.*), supporto a rullo per tubi. **32.** ~ tap (*t.*), maschio per tubi. **33.** ~ union (*pip.*), manicotto, raccordo per tubazioni. **34.** ~ vice (*plumber's t.*), morsa da tubi. **35.** ~ (wall) thickness (*mech.*), spessore della parete di un tubo. **36.** ~ wrench (*t.*), (chiave) stringitubo. **37.** ammonia ~ (*pip.*), *see* refrigeration pipe. **38.** black iron ~ (*pip.*), tubo nero (in ferro). **39.** black ~ (*pip.*), tubo nero. **40.** branch ~ (*pip.*), tubo di diramazione. **41.** breather ~ (*mot.*), sfiato, tubo di sfiato. **42.** brine ~ (*pip.*), *see* refrigeration pipe. **43.** capillary ~ (welding defect) (*mech. technol.*), cavità capillare. **44.** centrifugal-casting ~ (*pip. - found.*), tubo centrifugato. **45.** cork ~ insulator (*ind.*), coppella di sughero per isolamento tubi. **46.** corrugated ~ (as for boil.), tubo ondulato. **47.** covered ~ (*pip.*), tubo rivestito. **48.** creased ~ (*pip.*), tubo con curva a grinze, tubo con curva corrugata. **49.** delivery ~ (as of a pump) (*hydr.*), tubo di mandata. **50.** draining ~ (*pip.*), tubo di scarico. **51.** drain ~ (*pip.*), tubo di scarico. **52.** drill ~ equipment (*min.*), batteria tubolare di perforazione. **53.** ejector ~ (of an aer. engine: exhaust pipe producing appreciable forward thrust) (*aer. mot.*), tubo di scarico del reattore. **54.** exhaust ~ (as of aut.), tubo di scappamento. **55.** exhaust ~ (as of mot.), tubo di scarico. **56.** flanged ~ (*pip.*), tubo a flangia, tubo flangiato. **57.** flexible ~ (*mech. ind.*), tubo flessibile. **58.** flue ~ (as of an organ) (*mus.*), canna. **59.** flue ~ (as of a furnace) (*comb.*), condotto del fumo. **60.** Fretz-Moon ~ (pipe welded with Fretz-Moon process) (*metall.*), tubo saldato (col sistema) Fretz-Moon. **61.** galvanized ~ (*pip.*), tubo zincato. **62.** gas ~ (threaded pipe) (*pip.*), tubo gas. **63.** gas ~ line (*pip.*), conduttura del gas. **64.** helical finned ~ (as for heat conductivity) (*therm.*), tubo a nervatura elicoidale. **65.** jet ~ (leading the exhaust gas from the exhaust cone to the propelling nozzle) (*mot.*), tubo di scarico del reattore. **66.** light ~ (transparent rod of plastic) (*opt.*), guida di luce. **67.** longitudinal finned ~ (as for heat conductivity) (*therm.*), tubo a nervature longiudinali. **68.** oil ~ (*mot.*), tubo dell'olio. **69.** oil ~ line (*ind.*), oleodotto. **70.** overflow ~ (*hydr.*), tubo dello sfioratore, tubo di troppo pieno. **71.** painted ~ (*pip.*), tubo verniciato. **72.** rain ~ (*bldg.*), pluviale. **73.** refrigeration ~ (for conveying refrigerants) (*pip.*), tubo per liquidi refrigeranti. **74.** rose ~ (as on the suction pipe of a pump), cipolla, succhieruola. **75.** scavenge ~ (as of an oil system of an aer. mot.) (*pip.*), tubo di ricupero. **76.** sewer ~ (*bldg.*), tubo per fognatura. **77.** socket ~ (*pip.*), tubo a bicchiere. **78.** stove ~ (*bldg.*), tubo da stufa. **79.** stub ~ (short exhaust pipe conveying the gases direct from the cylinder to the atmosphere) (*aer. mot.*), tronchetto di scarico, tubo per scarico diretto. **80.** suction ~ (as of a pump), tubazione aspirante. **81.** tank vent ~ (of an oil tank) (*pip.*), tubo di sfiato del serbatoio. **82.** tarred ~ (*pip.*), tubo catramato. **83.** threaded ~ (*pip.*), tubo gas, tubo filettato. **84.** to convey by means of pipes, distribuire (o convogliare) a mezzo tubazioni. **85.** waste ~ (*pip.*), tubo di scarico, tubazione di scarico.

pipe (to) (to convey by means of pipes) (*pip.*), trasportare a mezzo di tubazioni. **2.** ~ (*radio - telev.*), trasmettere per filo (o cavo coassiale). **3.** ~ (for conveying orders: as by a boats wain's pipe) (*naut.*), fischiare. **4.** ~ (to form cavities, in a casting) (*found.*), formarsi di cavità di ritiro, risucchiare. **5.** ~ (to install pipe systems: as in a factory) (*pip.*), installare tubazioni, mettere in opera tubazioni. **6.** ~ up (to increase in strength, as of wind) (*naut.*), aumentare di intensità.

pipelaying (pip.), messa in opera di tubi.

pipeline, condotto, tubazione. **2.** ~ (characteristic of UNIX system permitting to operate a programming chain by a single control) (*comp.*), concatenazione. **3.** ~ network (*pip. ind.*), rete di tubazioni. **4.** ~ run (quantity of oil transported or delivered by a pipeline) (*pip.*), portata dell'oleodotto, quantità trasportata (o erogata) dall'oleodotto. **5.** cargo discharge ~ (*naut.*), tubazione di (imbarco e) sbarco. **6.** gas ~ (*pip. - ind.*), gasdotto. **7.** methane ~ (*pip. - ind.*), metanodotto. **8.** oil ~ (*pip. - ind.*), oleodotto.

pipelining (laying of a pipeline) (*hydr. constr. - etc.*), posa in opera di un condotto (o una condotta). **2.** ~ (conveying by a pipeline, as oil) (*hydr. constr. - etc.*), trasporto a mezzo di un condotto (o una condotta).

piper (fracture from which gas is discharged) (*min.*), fessura di uscita. **2.** ~ (worker laying or repairing pipes) (*pip. work.*), tubista.

piperazine $(C_2H_4NH)_2$ (a basic substance) (*pharm. chem.*), piperazina.

pipet, *see* pipette.
pipette (*chem. impl.*), pipetta. **2.** absorption ~ for gas analysis (*chem. impl.*), pipetta gasometrica, pipetta per assorbimento di gas (di Hempel o di Orsat). **3.** dissociation ~ assembly (*chem. app.*), apparecchio a pipetta per misurare la dissociazione.
piping (*ind. pip.*), tubazione, tubazioni. **2.** ~ (pipe system) (*pip.*), rete di tubazioni. **3.** ~ (pipe, as formed in an ingot during the cooling) (*found.*), cavità di ritiro. **4.** ~ (*min.*), *see* hydraulicking. **5.** ~ system (*pip.*), rete di tubazioni. **6.** city ~ system (as of water or of gas), condotta municipale. **7.** high-pressure water ~ (feeding a water turbine) (*hydr. pip.*), condotta forzata. **8.** return ~ (*pip.*), tubazione di ritorno. **9.** steam ~ (*pip.*), tubazione di vapore.
piqué (fabric) (*text. mfg.*), piqué, piccato, picchè.
piracy (robbery in a ship at high sea) (*naut. - etc.*), pirateria.
pirn (of a weaver's shuttle) (*text. device*), cannetta. **2.** ~ winding machine (*text. ind.*), incannatoio ad avvolgimento, cannettiera.
piscina (swimming pool) (*bldg.*), piscina. **2.** ~ (for lithurgical ablutions) (*arch.*), recipiente per acqua lustrale, acquasantiera.
pisé (build. material of rammed earth or dry clay) (*bldg.*), "pisé".
pistol (*firearm*), pistola, rivoltella. **2.** ~ (of a torpedo) (*expl. app.*), acciarino. **3.** ~ grip (of a shot gun) (*firearm*), impugnatura. **4.** ~ grip (*handtools*), impugnatura a pistola. **5.** automatic ~ (*firearm*), pistola automatica. **6.** contact ~ (of a torpedo) (*expl. app.*), acciarino ad urto. **7.** inertia ~ (of a torpedo) (*expl. app.*), acciarino ad inerzia, acciarino a pendolo. **8.** machine ~ (*firearm*), pistola mitragliatrice, mitraglietta.
piston (as of mot.) (*mech.*), pistone, stantuffo. **2.** ~ (as of a pump) (*mech.*), stantuffo, pistone. **3.** ~ displacement (*mot.*), cilindrata. **4.** ~ drill (penumatic percussion drill) (*mas. t.*), martello pneumatico a pistone. **5.** ~ ellipse (*mot.*), ovalità stantuffo. **6.** ~ engine (*mot.*), motore a pistoni, motore alternativo. **7.** ~ head (as of mot.), testa del pistone. **8.** ~ mean speed (of an i.c. engine) (*mot.*), velocità media del pistone. **9.** ~ pin (as of mot.) (*mech.*), spinotto, perno di stantuffo. **10.** ~ pin boss (*mot.*), mozzo (o portate) del pistone. **11.** ~ ring (as of mot.) (*mech.*), fascia elastica, segmento, anello per stantuffo. **12.** ~ ring (of a steam locomotive) (*mech.*), anello elastico per stantuffo. **13.** ~ rod (as of internal comb. mot.) (*mech.*), biella. **14.** ~ rod (as of a steam engine) (*mech.*), stelo dello stantuffo. **15.** ~ seizure (*mot.*), grippaggio del pistone. **16.** ~ skirt (*mech.*), mantello dello stantuffo, fascia di guida del pistone. **17.** ~ slap (*mot. defect*), scampanamento di pistone (o stantuffo). **18.** ~ stroke (*mech.*), corsa del pistone, corsa dello stantuffo. **19.** ~ with slipper (of a steam engine) (*mech.*), stantuffo a pattino. **20.** accelerator pump ~ (of a carburetor) (*mot. mech.*), pistone della pompa di accelerazione. **21.** balance ~ (*mech.*), stantuffo di compensazione. **22.** balancing ~ (as of a steam turbine) (*mech.*), pistone equilibratore. **23.** cam ground ~ (piston ground to a slightly oval shape which under the heat of operation becomes round) (*mot.*), pistone preovalizzato. **24.** controlled-expansion ~ (*eng.*), pistone autotermico. **25.** ~ curved-head (as of mot.), pistone a testa bombata. **26.** domed ~ (*mot.*), pistone convesso, pistone bombato. **27.** dummy ~ (for balancing the axial thrust: of a gas turbine) (*mech.*), stantuffo compensatore. **28.** floating ~ (*mech.*), stantuffo flottante. **29.** oval ~ (*mot.*), pistone ovalizzato. **30.** torque meter ~ (as of an aviation engine) (*mot.*), pistone del torsiometro. **31.** trunk ~ (as of mot.) (*mech.*), pistone cavo, pistone a fodero.
pistonphone (small chamber with piston for establishing a known sound pressure in the chamber) (*acous. - instr.*), misuratore a stantuffo della pressione sonora.
pit (abyss), burrone. **2.** ~ (of a garage: as for aut. repair), fossa (per le riparazioni). **3.** ~ (of a theatre), platea (di teatro). **4.** ~ (cavity) (*gen.*), cavità. **5.** ~ (due to corrosion) (*mech. technol.*), alveolo, puntinatura. **6.** ~ (in aut. races) (*sport*), box. **7.** ~ (*min.*) (Brit.), miniera di carbone, pozzo carbonifero. **8.** ~ (of mortars) (*milit.*), piazzuola. **9.** ~ (casting pit) (*found.*), fossa di colata. **10.** ~ (under a grinder) (*paper mfg. mach.*), pozzetto. **11.** ~ (in a stock exchange) (*finan.*), recinto (alle grida). **12.** ~ casting (*found.*), getto (eseguito) in fossa. **13.** ~ furnace (shaft furnace for heat-treating) (*metall.*), forno a pozzo. **14.** ~ stop (a station along a highway where it is possible to get food, fuel and rest) (*aut. - highway*), autogrill, stazione di rifornimento con attrezzature logistiche. **15.** ~ top (*min.*), entrata del pozzo. **16.** borrow ~ (borrow) (*civ. eng.*), cava di prestito. **17.** casting ~ (*found.*), fossa di colta. **18.** corrosion ~ (*metall.*), alveolo da corrosione. **19.** jackhead ~ (auxiliary shaft used as an air shaft) (*min.*), pozzo ausiliario, pozzo di ventilazione. **20.** sand ~, cava di rena (o sabbia). **21.** scale ~ (*metall.*), cavità prodotta da sfogliatura di ossido. **22.** strip ~ (*min.*), miniera a cielo aperto. **23.** surface ~ (*min.*), cava a cielo aperto. **24.** weapon ~ (as of a gun, a machine gun etc.) (*milit.*), postazione.
pit (to) (*mech.*), vaiolarsi, "pittare". **2.** ~ (to form pits in: defect, as in rolls of a rolling mill) (*phys.*), formarsi di caverne.
pitch (the distance between two contiguous threads of a screw) (*mech.*), passo. **2.** ~ (the distance between two contiguous threads of a single-start screw-thread) (*mech.*), passo reale, passo effettivo. **3.** ~ (the distance between two contiguous threads of a multi-start screw thread) (*mech.*), passo apparente. **4.** ~ (tar distillation residue) (*chem. ind.*), pece. **5.** ~ (of a propeller) (*aer.* -

naut.), passo. **6.** ~ (pitching) (*naut. - aer.*), beccheggio. **7.** ~ (of a sound) (*acous.*), altezza. **8.** ~ (as of a commutator or winding) (*electromech.*), passo. **9.** ~ (of sleepers) (*railw.*), distanza (tra un elemento e il successivo). **10.** ~ (of teeth) (*mech.*), passo. **11.** ~ (of a roof) (*bldg.*), falda. **12.** ~ (dip: as of a vein) (*min.*), pendenza. **13.** ~ (slope) (*gen.*), inclinazione. **14.** ~ (the area occupied by a single caravan, as in a camping) (*veh.*), posteggio. **15.** ~ (angle of the tooth) (*saw blade*), inclinazione del dente. **16.** ~ (distance as between two adjacent rivets) (*mech.*), passo. **17.** ~ (distance between two adjacent perforations of a film) (*m. pict.*), passo. **18.** ~ (effective pitch: distance between two successive grooves of a record) (*disc recording*), passo della spirale. **19.** ~ (number of teeth per inch) (*mech. impl.*), numero di denti per pollice. **20.** ~ (number of grooves per inch) (*disc recording*), numero di solchi per pollice. **21.** ~ (number of threads per inch) (*mech. impl.*), numero di filetti per pollice. **22.** ~ (of an ore body) (*min. - geol.*), *see* plunge. **23.** ~ (distance between two contiguous hole rows: as in a punch tape) (*comp.*), passo. **24.** ~ (number of characters per inch: in a printer) (*comp.*), passo. **25.** ~ angle (of a bevel gear) (*mech.*), angolo del cono primitivo, angolo primitivo. **26.** ~ apex (of a bevel gear) (*mech.*), vertice primitivo. **27.** ~ circle (of a gear) (*theor. mech.*), primitiva, circonferenza primitiva. **28.** ~ cone (of bevel gears) (*mech.*), cono primitivo. **29.** ~ cylinder (of spur gears) (*mech.*), cilindro primitivo. **30.** ~ diameter (of gears) (*mech.*), diametro primitivo. **31.** ~ diameter (V belt sheave) (*mech.*), diametro primitivo. **32.** ~ fir (*wood*), legno duro americano. **33.** ~ indicator (*aer. instr.*), inclinometro longitudinale. **34.** ~ indicator (of a controllable-pitche propeller) (*naut.*), indicatore del passo. **35.** ~ line (of gears) (*theor. mech.*), primitiva, circonferenza primitiva. **36.** ~ measuring instrument (as for spur and helical gears) (*meas. instr.*), apparecchio per misurare il passo. **37.** ~ of teeth (*mech.*), passo dei denti. **38.** ~ ore (*min.*), pechblenda. **39.** ~ paying (pitching) (*shipbldg.*), impeciatura. **40.** ~ pine (*wood*), pitchpine, legno duro americano. **41.** ~ point (of gears) (*mech.*), punto di tangenza dei cerchi primitivi, punto primitivo. **42.** ~ polishing (polishing operation in which pitch rather than felt is the carrier for the polishing agent) (*glass mfg.*), lucidatura a resina. **43.** ~ setting (variable-pitch propeller blade angle) (*aer.*), passo di riferimento. **44.** ~ surface (of a gear) (*mech.*), superficie primitiva. **45.** ~ up (longitudinal instability at stalling occuring at high speed and in landing conditions) (*aer.*), instabilità longitudinale allo stallo. **46.** ~ velocity (*veh.*), velocità di beccheggio. **47.** adjustable-~ propeller (the pitch of which can be adjusted when not rotating) (*aer.*) (Brit.), elica a passo regolabile a terra. **48.** angle of ~ (*aer.*), angolo di beccheggio. **49.** braking ~ (of a propeller) (*aer.*), passo frenante, passo di frenatura. **50.** chordal ~ (as of a gear) (*mech.*), passo cordale. **51.** circular ~ (*mech.*), passo circonferenziale. **52.** coarse ~ (of a propeller) (*aer.*), passo massimo. **53.** collective ~ change (as of a helicopter main rotor blades) (*aer.*), variazione collettiva del passo. **54.** collective ~ control (of a helicopter rotor blades) (*aer.*), comando collettivo del passo, comando variazione collettiva del passo. **55.** commutator ~ (*electromech.*), passo polare del commutatore. **56.** constant ~ airscrew (*aer.*), elica a passo costante. **57.** cyclic ~ change (of a helicopter main rotor blades) (*aer.*), variazione ciclica del passo. **58.** cyclic ~ control (of a helicopter rotor blades) (*aer.*), comando ciclico del passo, comando variazione periodica del passo. **59.** diagonal ~ (in zig-zag riveting) (*mech.*), distanza diagonale, "passo" diagonale. **60.** diametral ~ (of gears) (*mech.*), modulo inglese, numero di denti per pollice di diametro primitivo (=25,4/ modulo metrico). **61.** effective ~ (distance covered by an airplane in its flight path for one revolution of its propeller) (*aer.*), avanzamento per giro. **62.** experimental mean ~ (distance through which a propeller advances along its axis during one revolution, when giving no thrust) (*aer.*), passo medio (o teorico). **63.** feathering ~ (of a propeller) (*aer.*), passo bandiera. **64.** feed ~ (relating the holes of sprocket punched stationery) (*mech. - comp.*), passo (dei fori) di trascinamento. **65.** fine ~ (of a propeller) (*aer.*), passo minimo. **66.** fine ~ stop (of a propeller) (*aer.*), arresto di passo minimo. **67.** geometrical ~ (of a propeller) (*aer.*), passo geometrico. **68.** mineral ~ (*min.*), *see* asphalt. **69.** normal ~ (standard pitch: of gears) (*mech.*), passo normale. **70.** propeller ~ (*aer.*), passo dell'elica. **71.** reverse ~ (as of a braking propeller) (*aer.*), passo invertito, passo negativo. **72.** screw ~ (*naut.*), passo dell'elica. **73.** subjective ~ (capability of human ears to compare the frequencies of different sounds) (*acous.*), capacità soggettiva di riconoscimento della frequenza. **74.** track ~ (pitch between adjacent and concentrical recording tracks) (*comp.*), passo (o distanza) delle piste (o tracce). **75.** variable ~ airscrew (*aer.*), elica a passo variabile. **76.** variable ~ pulley (V-belt pulley with adjustable width) (*mech.*), puleggia con V a larghezza variabile. **77.** virtual ~ (theor. advance of a propeller in one revolution without thrust) (*aer.*), passo virtuale.

pitch (to) (to mesh, engage) (*mach.*), ingranare, innestare. **2.** ~ (*naut. - aer.*), beccheggiare. **3.** ~ (as a tent) (*milit.*), piantare. **4.** ~ (to cover with pitch), spalmare di pece, impeciare. **5.** ~ (down by the tail) (*aer.*), impennarsi. **6.** ~ (down by the nose) (*aer.*), picchiare.

pitchblende (*min.*), pechblenda.

pitcher (earthenware or glass container) (*domestic impl.*), brocca.

pitchfork (*agric. impl.*), forcone.

pitching (*aer. - naut.*), beccheggio. **2.** ~ (dive, of a car when braking) (*aut.*), picchiata. **3.** ~ axis (of an aircraft) (*aer.*), asse trasversale, asse di beccheggio. **4.** ~ frequency (*aer. - naut.*), frequenza di beccheggio. **5.** ~ piece (staircase supporting beam) (*mas.*), trave di sostegno di una rampa di scale.

pitchometer (instr. used for measuring the pitch of a ship's propeller) (*naut. instr.*), passimetro, misuratore del passo.

pitch-under (nose-heaviness) (*aer.*), appruamento.

pitch-up (tail-heaviness) (*aer.*), appoppamento.

pitchy (*a. - gen.*), pecioso.

pith (of wood), midollo.

pitman (*min. - work.*), cavatore. **2.** pitmans (connecting rod) (*mech.*), barra di accoppiamento, biella. **3.** ~ arm (of a steering system) (*aut.*), leva di rinvio (comando sterzo).

pitometer (*fluids speed meas. instr.*), doppio tubo di Pitot.

Pitot comb (many pitot tubes fitted at various points for simultaneous observations) (*aer.*), tubi di Pitot multipli.

pitot-static tube (*aer. instr.*), pitometro composto, doppio tubo di Pitot, tubo pressostatico, antenna Pitot.

Pitot tube (for meas. the speed of fluids) (*instr.*), Pitot, tubo di Pitot.

pitsaw (*carp. impl.*), segone, sega a mano da tronchi.

pitted (*a. - med. - metall.*), vaiolato, butterato, cosparso di alveoli, "pittato". **2.** ~ (with pits formed or marked in: as of faulty aut. magneto contact-breaker points) (*gen.*), vaiolato, butterato, "pittato". **3.** ~ (*a. - geol. - min.*), cariato.

pitting (*metall.*), vaiolatura, corrosione ad alveoli, butteratura, "pittatura". **2.** undermining ~ (corrosion type) (*metall.*), corrosione sottopelle.

pivot (*mech.*), perno di testa. **2.** ~ (as of a door) (*mech.*), cardine. **3.** ~ (as of a pointer) (*instr. mech.*), perno. **4.** ~ (of a veh. axle) (*veh. mech.*), fuso, fusello. **5.** ~ (axle: as of a wheel) (*mech.*), asse. **6.** ~ bridge (*bldg.*), ponte girevole. **7.** ~ pin, *see* knucle pin, kingbolt. **8.** ~ pitch (as of railcar bogies) (*railw.*), interperno, distanza tra i perni ralla. **9.** ~ point (*mech.*), punto di articolazione. **10.** center ~ (as of a steam locomotive bogie) (*railw.*), perno (del) carrello. **11.** set on a ~ (*mech.*), imperniato.

pivot (to) (to set on a pivot) (*mech.*), imperniare. **2.** ~ (to rotate or swing as on a pivot), ruotare.

pivoted (*a. - mech.*), imperniato.

pixel (picture element: each elementary point composing an image, as on a TV screen) (*"VDU" - telev. - etc.*), "pixel", area elementare (o puntiforme) di immagine, microarea di immagine.

"pk", *see* pack, park, peak.

"pkg" (packing) (*mech.*), guarnizione. **2.** ~, *see also* package.

"pkwy", *see* parkway.

"PL" (plane) (*mech. draw.*), piano. **2.** ~ (parts list) (*gen.*), elenco dei particolari.

"pl", *see* pile, place, plaster, plate.

"PLA" (Programmable Logic Array) (*comp.*), circuito logico (a matrice) programmabile.

placard (poster), cartello, affisso, manifesto.

place (*gen.*), posto. **2.** ~ (as in a theater) (*gen.*), posto. **3.** ~ (job of a worker) (*gen.*), impiego, lavoro. **4.** ~ card (as in a meeting, in a dinner, in railw. compartment etc.) (*gen.*), cartellino segnaposto. **5.** passing ~ (local widening of a narrow road to enable vehicles to pass each other) (*road*), tratto allargato (per consentire l'incrocio di veicoli).

place (to) (to invest) (*comm.*), investire. **2.** ~ (as a mach. in a shop), piazzare. **3.** ~ (as a satellite into an orbit) (*rckt. - etc.*), inserire. **4.** ~ in operation (*mech. - bldg. - etc.*), mettere in opera, far funzionare. **5.** ~ the bars (*reinf. concr.*), disporre i ferri.

placement (as of a satellite into an orbit) (*rckt. - etc.*), inserimento. **2.** ~ (of a worker in a job) (*job organ.*), collocamento.

placer (alluvial deposit containing gold or other valuable mineral) (*min.*), placer, giacimento alluvionale (aurifero ecc.). **2.** ~ (gold deposit in sands) (*min. - geol.*), sabbie aurifere.

placing (*gen.*), collocamento.

plafond (*arch.*), soffitto decorato (o comunque elaborato).

plagioclase (*rock*), plagioclasio.

plaid (*text. ind.*), coperta (da viaggio), "plaid".

plain (*n. - geogr.*), pianura. **2.** ~ (of cloth) (*a. - text. mfg.*), liscio. **3.** ~ (glass in the furnace which is relatively free from bubbles and seed during melting) (*a. - glass mfg.*), purgato. **4.** ~ bearing (friction bearing) (*mech.*), cuscinetto liscio. **5.** ~ live axle (axle with differential and road wheels) (*aut. mech.*), ponte con ruote montate. **6.** ~ milling machine (*mach. t.*), fresatrice orizzontale semplice. **7.** ~ muslin (*text. ind.*), mussolina semplice. **8.** ~ roofing tile (*bldg.*), marsigliese, embrice, tegola piatta. **9.** ~ V slide (*mech.*), guida ad un solo V. **10.** ~ weave (taffeta weave) (*text. ind.*), armatura semplice.

plaintiff (*law*), attore, iniziatore di una azione giudiziaria, querelante.

plaintile (flat roofing tile) (*bldg.*), tegola piatta, embrice, marsigliese.

plait (braid), treccia. **2.** ~ (fold), piega. **3.** copper ~ (*elect.*), corda di rame. **4.** copper ~ (*ind.*), treccia di rame. **5.** straw ~ (*found. - etc.*), treccia di paglia.

plait (to) (to interweave: as wires) (*ind.*), intrecciare. **2.** ~ (to pleat) (*text.*), pieghettare.

plaited (of cordage) (*rope mfg.*), intrecciato. **2.** ~ upholstery (as in aut. seat constr.), rivestimento a piegoni, sellatura a piegoni.

plaiting (interweaving) (*ind.*), intreccio. **2.** ~ machine (*rope ind.*), trecciatrice, macchina per intrecciare. **3.** ~ machine (pleating machine) (*text. mach.*), pieghettatrice.

plan (project), piano, progetto. **2.** ~ (top view) (*draw.*), pianta, pianta d'insieme. **3.** ~ (horizontal section) (*draw. - bldg.*), pianta, sezione orizzontale. **4.** body ~ (on a transverse plane) (*shipbldg.*), piano di costruzione. **5.** flight ~ (information on the flight of an aircraft) (*aer.*), piano di volo. **6.** ground ~ (*draw.*), pianta del piano terreno. **7.** sinking ~ (*adm.*), piano di ammortamento. **8.** working ~ (draw. from which a worker takes measurements) (*shop*), disegno costruttivo (o esecutivo).

plan (to) (to project) (*gen.*), progettare, studiare. **2.** ~ (as an economical project) (*adm.*), pianificare.

planar (having a flat form or structure: as a semiconductor) (*a. - elics. - math.*), planare. **2.** ~ process (silicon-transistor mfg. process) (*elics.*), processo (o procedimento) planare.

planchet (metal disk with edges milled ready for coining) (*sheet metal w.*), dischetto (da coniare).

plane (surface) (*n.*), piano. **2.** ~ (airplane) (*aer.*), aeroplano. **3.** ~ (*carp. t.*), pialla. **4.** ~ (*wood*), platano. **5.** ~ (a surface plate) (*mech.*), piano di riscontro. **6.** ~ (*aer.*), piano portante. **7.** ~ (flat) (*a. - gen.*), piano. **8.** ~ (two-dimensional) (*a. - math.*), bidimensionale, a due dimensioni. **9.** ~, *see also* airplane. **10.** ~ angle (*geom.*), angolo piano. **11.** ~ bit (*t.*), ferro da pialla. **12.** ~ curve (*geom.*), curva piana. **13.** ~ figure (*geom.*), figura piana. **14.** ~ geometry (*geom.*), geometria piana. **15.** ~ iron (*t.*), ferro di pialla. **16.** ~ normal to the axis (as of gears) (*mech.*), piano (del dente) normale all'asse. **17.** ~ of action (of gears) (*mech.*), piano d'azione. **18.** ~ of osculation (*math.*), piano osculatore. **19.** ~ of polarization (*phys.*), piano di polarizzazione. **20.** ~ of sight (of a gun) (*firearm*), piano di mira. **21.** ~ of site (*top.*), piano di campagna. **22.** ~ table (*top. instr.*), tavoletta pretoriana. **23.** ~ table (a large surface plate) (*mech. impl.*), piano di riscontro. **24.** ~ tree (*wood*), platano. **25.** attack ~ (*air force*), cacciabombardiere. **26.** beading ~ (*join. t.*), pialla per modanature. **27.** bench ~ (for benchwork) (*carp. and join. t.*), pialla da falegname. **28.** bomber ~ (bomber) (*aer.*), aereo (o aeroplano) da bombardamento. **29.** cargo ~ (*aer.*) (Am.), aereo da carico, aereo per trasporto merci. **30.** carrier-based ~ (*aer.*), aeroplano di portaerei. **31.** chamfer ~ (for beveling edges or corners) (*carp. t.*), incorsatoio, pialla per sagomare (o modanare o scanalare). **32.** circular ~ (*t.*), pialletto curvo. **33.** combat ~ (*aer.*), aereo da combattimento. **34.** combination ~ (for grooving, making moldings etc.) (*carp. mach.*), pialla multiuso. **35.** combined controls ~ (combined rudder and ailerons) (*aer.*), aeroplano a comandi riuniti. **36.** cutting ~ (imaginary plane through a drawn piece) (*mech. draw.*), piano di sezione. **37.** dovetail ~ (*carp. t.*), pialla per gli incastri a coda di rondine. **38.** experimental ~ (*aer.*), aereo (o aeroplano) sperimentale. **39.** focal ~ (*opt.*), piano focale. **40.** four-engined ~ (*aer.*), quadrimotore. **41.** half ~ (*geom.*), semipiano. **42.** heavy bomber ~ (*aer.*), aereo (o aeroplano) da bombardamento pesante. **43.** hedgehopping ~ (*aer.*), aereo per volo radente. **44.** image ~ (*opt.*), piano immagine. **45.** inclined ~ (*theor. mech.*), piano inclinato. **46.** jack ~ (*carp. t.*), pialla per sgrossare, sbozzino. **47.** jet ~ (*aer.*), aereo (o aeroplano) a getto, aviogetto. **48.** jointer ~ (hand plane about 2 feet long) (*join. t.*), pialla a mano grande. **49.** land ~ (*aer.*), aeroplano terrestre. **50.** long-range ~ (*aer.*), aereo (o aeroplano) a grande autonomia. **51.** main ~ (main supporting surface) (*aer.*), piano alare, ala. **52.** match ~ (*t.*), pialla per perlinare. **53.** midwing ~ (*aer.*), aereo ad ala media. **54.** modular ~ (*bldg.*), piano modulare. **55.** monomotor ~ (*aer.*), aereo (o aeroplano) monomotore. **56.** not in the same ~ (*mech.*), non sullo stesso piano, non complanari. **57.** passenger ~ (*aer.*), aereo passeggeri. **58.** pickaback ~ (*aer.*), *see* piggyback plane. **59.** piggyback ~ (parasite plane carried on the top of another airplane) (*aer.*), velivolo avioportato. **60.** pilotless ~ (*aer.*), aereo (o aeroplano) senza pilota. **61.** plough ~ (plow plane) (*carp. t.*), pialletto a vite per scanalare, incorsatoio. **62.** plurimotor ~ (*aer.*), aereo (o aeroplano) plurimotore. **63.** principal ~ (*photogr.*), piano principale. **64.** propellerless ~ (*aer.*), aereo (o aeroplano) senza elica. **65.** pursuit ~ (*aer.*), apparecchio da caccia, caccia. **66.** quadrimotor ~ (*aer.*), (aeroplano) quadrimotore. **67.** rabbet ~ (*carp. t.*), sponderuola. **68.** racing ~ (*aer.*), aeroplano da corsa. **69.** release ~ (containing the trajectory of an aerial bomb) (*air force*), piano di getto. **70.** rocket ~ (*aer.*), aereo a razzo, aeroplano con propulsione a razzo. **71.** rotor ~ (rotary-wing aircraft) (*aer.*), aeroplano ad ala rotante. **72.** scout ~ (*aer.*), aereo (o aeroplano) da ricognizione. **73.** scrub ~ (*carp. t.*), pialletto col ferro a profilo curvo. **74.** side rebate ~ (*carp. t.*), sponderuola. **75.** smoothing ~ (smooth plane: for finishing) (*carp. t.*), pialla a finire. **76.** stub ~ (short length of plane to which the main planes are connected) (*aer.*), pianetto. **77.** supersonic ~ (*aer.*), aereo (o aeroplano) supersonico. **78.** tailless ~ (*aer.*), aeroplano senza coda, aeroplano tuttala. **79.** tail ~ (*aer.*), piano fisso di coda. **80.** target ~ (containing the target line) (*air force*), piano di mira. **81.** taxi ~ (*aer. - comm.*), aereo (o aeroplano) da noleggio. **82.** tilt rotor ~ (as in a convertiplane) (*aer*), aereo a rotore basculante, convertiplano. **83.** tongue ~ (*t.*), scorniciatore, incorsatoio. **84.** T rabbet ~ (*carp. t.*), sponderuola a T. **85.** training ~ (*aer.*), aereo per addestramento, aereo per istruzione. **86.** transport ~ (*aer.*), aereo da trasporto. **87.** trimotor ~ (*aer.*), (aeroplano) trimotore. **88.** trying ~ (*join. t.*), piallone. **89.** twin-motor ~ (*aer.*), (aeroplano) bimotore. **90.** two-jet ~ (two-jet aircraft) (*n. - aer.*), bireattore. **91.** viewing ~ (cutting plane) (*mech. draw.*), piano di sezione. **92.** wooden jack

~ (*join. t.*), pialletto. **93.** wooden trying ~ (*join. t.*), pialla.

plane (to) (*mech. or join. machining*), piallare. **2.** ~ (to level a surface), spianare. **3.** ~ (to lift out of the water like a hydroplane, due to speed and hydrodinamic bottom) (*naut.*), planare sull'acqua, idroscivolare. **4.** to rough-plane (*mach. t. operation*), sbozzare alla pialla.

planeload (the load corresponding to the plane capacity) (*aer.*), carico corrispondente alla completa capacità dell'aereo, carico completo.

plane-parallel (*a. - phys. - mech.*), piano-parallelo, pianoparallelo.

planer (*work.*), piallatore. **2.** ~ (planing mach.) (*mach. t.*), piallatrice. **3.** ~ (wooden block used by printers to level the type by beating on it with a mallet) (*typ.*), battitoio, battitoia. **4.** ~ (a multiblade rotating and portable app.: as for smoothing parquets) (*portable t.*), lamatrice. **5.** ~ (multiblade grader) (*earth moving mach. - road mach.*), ruspa, livellatrice a più lame. **6.** ~ centers (similar to lathe centers and used to support small works) (*mach. t.*), sostegno a punte per piallatrice. **7.** ~ head (*mach. t. - mech.*), testa (portautensile) della piallatrice. **8.** ~ jack (small screw jack used to set work on the table) (*mach. t.*), martinetto per piallatrici. **9.** ~ knife, *see* plane iron. **10.** ~ type horizontal boring machine (*mach. t.*), alesatrice orizzontale a pialla. **11.** ~ type single or multiple head milling machine (*mach. t.*), fresatrice orizzontale a pialla a una o più teste. **12.** buzz ~ (single-cylinder planer) (*wood mach. t.*), pialla a filo, piallatrice a filo. **13.** closed ~ (for metal working, with two uprights) (*mach. t.*), piallatrice a due montanti. **14.** composition ~ (universal planer) (*mach. t.*), pialla universale, piallatrice universale. **15.** double-cylinder ~ (*mach. t. for wood*), pialla a spessore, piallatrice a spessore. **16.** gear ~ (*mach. t.*), dentatrice a coltello lineare. **17.** hand ~ (*woodworking mach. t.*), *see* buzz planer. **18.** openside ~ (*mach. t.*), piallatrice ad un montante. **19.** rotary ~ (*carp. mach. t.*), piallatrice a filo. **20.** single-cylinder ~ (*mach. t. for wood*), pialla a filo, piallatrice a filo. **21.** universal ~ (*mach. t.*), pialla universale, piallatrice universale. **22.** widened ~ (*mach. t.*), piallatrice a tavola allargata.

plane-shear, *see* plank-sheer.

planeside (zone adjacent to the airplane) (*aer.*), zona accanto all'aereo, zona adiacente l'aereo.

planet (*astr.*), pianeta. **2.** ~ wheel, ~ gear (*mach.*), ruota satellite.

planetary (*a. - astr, - phys.*), planetario. **2.** ~ activity sphere (the region of space extending for less than 150 times a planet's radius and in which the planet holds a satellite) (*space*), sfera di attività planetaria. **3.** ~ electron (*phys.*), elettrone planetario. **4.** ~ gravisphere (the region of space extending for less than 150 times a planet's radius and in which the planet holds a satellite) (*astr.*), sfera gravitazionale planetaria. **5.** ~ probe (*astric.*), sonda planetaria.

planetoid (*astr.*), pianetoide.

planetology (study of planets and meteorites) (*astr.*), studio dei pianeti o dei meteoriti.

planimeter (*instr.*), planimetro.

planimetric (*geom.*), planimetrico. **2.** ~ aerophotogram (*aer. phot.*), aerofotogramma planimetrico. **3.** ~ map (*cart.*), carta planimetrica.

planimetry (*geom.*), planimetria.

planing (*mech. or join. machining*), piallatura. **2.** ~ and molding machine (*mach. t. for wood*), scorniciatrice. **3.** ~ height (*mech. technol.*), altezza di piallatura. **4.** ~ machine (for mach. the valve seat of a steam eng.) (*hand mach.*), rettifica portatile. **5.** ~ machine (as for marble floors or for wood decks or floors) (*portable mach.*), levigatrice per pavimenti, arrotatrice per pavimenti. **6.** ~ machine with open side (*mach. t.*), piallatrice ad un montante. **7.** ~ mill (*wood ind.*), falegnameria. **8.** ~ width (*mech. technol.*), larghezza di piallatura. **9.** circular ~ machine (*join. mach.*), pialla circolare. **10.** horizontal ~ machine (*mach. t.*), piallatrice orizzontale. **11.** overhand ~ (*wood w.*) (coll.), piallatura su pialla a filo. **12.** round ~ (*join. machining*), piallatura circolare. **13.** table ~ machine (*mach. t.*), piallatrice a tavola. **14.** wood ~ machine (*join. mach.*), piallatrice per legno.

planish (to) (to toughen and polish: as metallic objects by hammering) (*gen.*), martellare. **2.** ~ (to make a worked sheet metal surface flat and smooth) (*mech.*), spianare.

planished (made plane: as a sheet metal panel) (*mech.*), spianato.

planisher (*t.*), utensile a spianare.

planisphere (*astr.*), planisfero.

plank (thick board) (*join. - etc.*), tavola, tavolone, asse. **2.** ~ scraper (for levelling land, cleaning ditches etc.) (*agric. mach.*), tipo di ruspa leggera. **3.** timber in planks (*wood*), legname in tavole.

plank (to) (*carp.*), coprire (o pavimentare o rivestire) di tavole. **2.** ~ (*shipbuild.*), fasciare con legname. **3.** ~ (to join sliver ends before drawing) (*wool ind.*), giuntare.

planker (*agric. mach.*), *see* plank scraper.

planking (*carp.*), tavolato, assito. **2.** ~ (the outside covering of the hull of a wooden vessel) (*shipbldg.*), fasciame. **3.** ~ machine (sizing machine, in hat making) (*text. mach.*) (Brit.), follone, macchina per follare. **4.** bottom ~ (of a wooden vessel) (*shipbldg.*), fasciame della carena, fasciame dell'opera viva. **5.** deck ~ (*shipbldg.*), tavolato del ponte, costruzione del tavolato del ponte. **6.** topside ~ (of a wooden vessel) (*shipbldg.*), fasciame dell'opera morta.

plank-sheer (deck plank) (*naut.*), corso esterno del tavolato del ponte. **2.** ~ (waterway) (*shipbldg.*), trincarino.

plankton (*fishing ind.*), plankton.

planner, progettista.

planning (*gen.*), progettazione. **2.** ~ (as of a city) (*bldg.*), pianificazione, urbanistica. **3.** ~ (making a schedule as for carrying out a new project) (*ind.*), programmazione. **4.** ~ chief (technical personnel), capo (ufficio) progettazione, capo ufficio studi. **5.** ~ permission (from a local authority: as for a bldg. constr.) (*law*), approvazione del progetto. **6.** factory ~ (*organ.*), pianificazione aziendale. **7.** long-range ~ (*ind.* - *etc.*), programmazione a lungo termine. **8.** network ~ (*organ.*), programmazione reticolare. **9.** short-term ~ (*ind.* - *etc.*), pianificazione a breve scadenza. **10.** time ~ (for production) (*ind.*), programmazione dei tempi.

plano-concave (of a lens) (*a.* - *opt.*), piano-concavo.

plano-convex (*a.* - *opt.*), piano-convesso.

"plano-cylindrical", "plano-cylindric" (*geom.*), pianocilindrico.

planography (photolitography, offset etc.) (*typ.*), procedimento planografico.

planometer (surface plate for plane surfaces) (*mech. equip.*), piano di riscontro (per superfici piane).

planomiller (planer-type milling machine, slabber, planomilling machine) (*mach. t.*), fresatrice (di tipo) a pialla, fresatrice per spianare.

planomilling machine, *see* planomiller.

plan position indicator ("PPI": objects representation on a radarscope) (*radar*), radar topografico, indicatore topografico del terreno esplorato, schermo a presentazione planimetrica. **2.** remote display ~ (*radar*), radar topografico derivato.

plansifter (*flour milling*) (Brit.), buratto piano a stacci multipli.

plant (apparatus, machinery etc.), impianto. **2.** ~ (factory) (*ind.*), fabbrica, stabilimento. **3.** ~ (special mach. and equipment for performing a particular operation) (*ind.*), attrezzamento. **4.** ~ factor (as of an elect. plant, ratio between the average load and the rated capacity) (*elect.* - *mech.*), rapporto tra carico medio e potenza nominale (dell'impianto). **5.** ~ layout department (as of a factory), servizio impianti. **6.** ~ layout study (of a factory), studio degli impianti. **7.** ~ thermal efficiency (ratio between the heat delivered by a plant and the heat supplied by the fuel) (*therm.*), rendimento termico dell'impianto. **8.** asphalt and tar macadam mixing ~ (*mach.*), impianto per impasto di pietrischetto, bitume e asfalto. **9.** automatic zinc-plating ~ (*ind.*), impianto automatico di zincatura. **10.** automobile ~, fabbrica di automobili. **11.** auxiliary generating ~ (as for aircraft electric power) (*aer.* - *elect.*), motogeneratore ausiliario, gruppo generatore ausiliario. **12.** auxiliary power ~ (independent engine and ancillary equipment used for producing power for auxiliary services on an aircraft) (*aer.*), apparato motore ausiliario, gruppo (motore) ausiliario. **13.** batching ~ (as for preparing concrete) (*mach.*), dosatore. **14.** bleaching ~ (*paper mfg.*), impianto di imbianchimento. **15.** carbonizing ~ (*text. ind.*), batteria di carbonizzazione. **16.** central heating ~, centrale termica (per riscaldamento). **17.** chemical ~ (*ind.*), stabilimento chimico. **18.** chromium-plating ~ (*technol.*), impianto di cromatura. **19.** desalination ~ (*chem. ind.* - *etc.*), dissalatore, impianto di dissalazione. **20.** drainage ~ (*agric.*), impianto di drenaggio. **21.** electric generating ~ (*elect. ind.*), centrale elettrica. **22.** emergency power ~ (*elect.*), gruppo elettrogeno di emergenza. **23.** gaseous-diffusion ~ (for the separation of isotopes) (*atom phys.*), impianto a diffusione gassosa. **24.** generating ~ (as for aircraft electric power) (*elect.*), gruppo generatore. **25.** haulage ~ (*ind.*), impianto di trasporto. **26.** heating ~ (*therm.*), impianto di riscaldamento. **27.** hydroelectric power ~ (*elect. ind.*), centrale idroelettrica. **28.** industrial ~ (*ind.*), stabilimento industriale. **29.** interlocking ~ (in railw. control and signaling: as of a station) (*railw.*), impianto di blocco. **30.** loading ~ (*ind.*), impianto di caricamento. **31.** pneumatic ~, impianto ad aria compressa. **32.** power ~ (central station) (*elect.*), centrale elettrica. **33.** power ~ (of an aircraft) (*aer.*), gruppo motopropulsore, apparato motore. **34.** power ~ (generator set) (*elect.*), gruppo elettrogeno. **35.** pumping ~ (*hydr.*), stazione di pompaggio. **36.** spraying ~ (*paint.*), impianto di verniciatura a spruzzo. **37.** thermoelectric power ~ (*elect. ind.*), centrale termoelettrica. **38.** washing ~ (for wool) (*wool ind.*), impianto di lavaggio. **39.** water purification ~ (*hydr.*), impianto di depurazione dell'acqua.

plantation (as for the rubb. ind.) (*agric.*), piantagione.

planter (*agric. mach.*), piantatrice. **2.** multi-row ~ (*agric. mach.*), piantatrice a più file. **3.** one-row ~ (*agric. mach.*), piantatrice ad una fila.

planting (the laying of the first foundation courses) (*mas.*), posa dei primi corsi di fondazione.

plaque (*gen.*), piastrina.

plasm, *see* plasma.

plasma (a variety of quartz) (*min.*), plasma. **2.** ~ (the region of an electrical discharge in a gas in which the number of electrons is approximately the same as the number of positive ions) (*atom phys.*), plasma. **3.** ~ (*med.*), plasma. **4.** ~ arc cutting (*mech. technol.*), taglio ad arco-plasma. **5.** ~ confinement (plasma containement) (*plasma phys.*), confinamento di un plasma. **6.** ~ eater (a device for measuring the rate of flow of a plasma) (*phys. app.*), "plasmafago" (*s.*). **7.** ~ engine (*rckt.*), motore a plasma. **8.** ~ jet (*plasma phys.*), getto di plasma. **9.** ~ torch (operating at 5000-15,000 °C, for cutting or vaporizing metals) (*app.*), lampada a plasma. **10.** ~ waves (longitudinal waves, electromagnetic waves propagating in a plasma) (*plasma phys.*), onde plasma, onde longitudinali del plasma. **11.** cold ~ (a plasma the kinetic pressure of which is negligible as compared to the magnetic pressure of the external field) (*plasma phys.*), plasma freddo. **12.** quiescent ~ (stationary plasma produced by contact ionization) (*plasma phys.*), plasma quiescente.

plasmascope (a device for the visualisation of a plasma) (*phys. app.*), plasmascopio.

plasmasphere (the highest part of the atmosphere made of electrons and protons: from 12.000 to 36.000 km high) (*n. - geophys.*) plasmasfera.

plasmon (quantum of energy associated with plasma fluctuation) (*phys.*), plasmone.

plaster (*mas.*), intonaco, malta per intonaco. **2.** ~ ($CaSO_4 \cdot {}^1/_2 H_2O$) (*mas.*), gesso. **3.** ~ (double skin formed at the bottom of an ingot) (*metall.*), crostone. **4.** ~ bond (applied to the outside walls against dampness) (*mas.*), manto idrofugo (bituminoso). **5.** ~ cast (model), modello in gesso. **6.** ~ cast (used for curing as broken bones) (*surgery*), gesso, ingessatura. **7.** ~ casting (*found*), colata in gesso. **8.** ~ finish (*mas.*), intonachino, malta per intonachino a gesso. **9.** ~ mold (obtained by casting plaster on a pattern) (*found.*), forma in gesso. **10.** ~ of Paris (calcined gypsum: partially dehydrated) (*mas.*), gesso, gesso cotto. **11.** ~ priming (*paint.*), appretto murale. **12.** ~ refuse (*mas.*), calcinacci. **13.** ~ sprayer (*bldg. mach.*), intonacatrice. **14.** ~ stone, *see* gypsum. **15.** hard wall ~, *see* cement plaster. **16.** moulding ~ (*bldg.*), gesso da modello.

plaster (to) (*mas.*), intonacare.

plastering (*mas.*), intonaco. **2.** cement ~ (*mas.*), intonaco di cemento. **3.** lime ~ (*mas.*), intonaco di calce.

plastic (*a. - phys.*), plastico. **2.** ~ (capable of being molded) (*a. - technol.*), modellabile, plasmabile, malleabile, plastico. **3.** ~ (artificial plastic material) (*n. - chem. ind.*), plastica, materia plastica. **4.** ~ (artificial: as our way of living during the plastic age) (*a. - gen.*), artificiale. **5.** plastics (*ind.*), materie plastiche. **6.** ~ flow, *see* plastic deformation. **7.** ~ foam (expanded plastic) (*ind. chem. - packing ind.*), espanso, resina espansa. **8.** ~ limit (water content of a soil at which it ceases to be plastic) (*soil analysis*), limite di plasticità. **9.** ~ model (*arch.*), plastico. **10.** ~ sealing material (*ind.*), materiale plastico per sigillatura. **11.** ~ sheet (used for cartography) (*cart.*), foglio plastico. **12.** ~ surgery (*med.*), chirurgia plastica. **13.** glass fiber reinforced ~ (fiberglass reinforced plastic) (*chem. ind.*), materia plastica rinforzata con fibra di vetro, vetroresina. **14.** high-explosive ~ (plastic explosive) (*expl.*), esplosivo al plastico, plastico. **15.** silicone ~ (*chem. ind.*), materia plastica siliconica.

plasticate (to) (for injection molding) (*plastics ind.*), plastificare.

plasticator (for injection molding) (*plastics ind. mach.*), plastificatore. **2.** screw ~ (for injection molding) (*plastics ind. mach.*), plastificatore a vite.

plasticimeter (measuring plasticity of clay, cement, mortar etc.) (*mas. meas. app.*), penetrometro, "plasticimetro".

Plasticine (artificial compound used for modelling as cars, for measuring clearances etc.) (*aut. - mech.*), plastilina.

plasticity (*phys.*), plasticità. **2.** ~ (*soil analysis*), plasticità. **3.** ~ (formability, of a metal piece) (*forging - etc.*), lavorabilità, foggiabilità, plasticità. **4.** ~ index (difference between the liquid limit and the plastic limit of a soil) (*soil analysis*), indice di plasticità.

plasticization (as in rubber mfg.) (*ind.*), plasticizzazione, plastificazione. **2.** ~ (changing from the elastic to the plastic state, of a solid body) (*phys.*), plasticizzazione.

plasticize (to) (*ind. - rubb. mfg.*), plasticizzare, rendere plastico.

plasticizer (Am.) (*resins ind.*), plastificante. **2.** ~ (*rubb. mfg.*), masticatore.

plasticorder (plastigraph: laboratory tester for plastic material) (*n. - technol. meas. on plastics*), plastografo.

plastigel (*chem.*), plastigel.

plastify (to), *see* plasticize (to).

plastisol (resin in powder dispersed in a plasticizing liquid) (*chem.*), plastisol.

plastometer (plasticity or viscosity meter) (*rubb. ind. meas. instr.*), plastometro. **2.** parallel plate ~ (*rubb. ind. instr.*), plastometro a piani paralleli. **3.** shearing disk ~ (*rubb. ind. instr.*), plastometro a scorrimento.

plat (small piece of ground), piccolo appezzamento (di terreno). **2.** ~ (map: as of a city) (*top.*) (Am.), pianta. **3.** ~ (loading etc., platform) (*min.*), piattaforma, piano.

platband (flat arch) (*arch.*), piattabanda.

plate (dish), piatto. **2.** ~ (sheet of metal) (*metall.*), lamiera. **3.** ~ (*phot.*), lastra. **4.** ~ (of a clutch) (*mech.*), disco. **5.** ~ (of a boiler), piastra. **6.** ~ (of an electron tube) (*thermion.*), placca, anodo. **7.** ~ (of a railw. wheel) (*railw.*), disco. **8.** ~ (flat, thin sheet of any material), foglio. **9.** ~ (flat, thick sheet of any material), lastra, piastra. **10.** ~ (conducting surface of a variable condenser) (*elics.*), placca, armatura. **11.** ~ (of battery) (*elect.*), piastra, placca. **12.** ~ (metal sheet thicker than $^1/_8$ inch) (*metall.*), lamiera grossa. **13.** ~ (dental plate) (*med.*), dentiera. **14.** ~ (of a distillation tower) (*chem. ind.*), piatto. **15.** ~ (defect of sheet metal) (*metall.*), sfogliatura. **16.** ~ (as a stereotype page to be printed from) (*print.*), cliché, lastra di metallo con superficie stampante. **17.** ~ (loose tool used for producing as a neck in a forging) (*forging*), spessore. **18.** ~ (thin layer deposited in electroplating or plating) (*electrochem.*), film metallico elettrodeposto o di placcatura. **19.** ~ (element for supporting or for reinforcing) (*wooden bldg.*), elemento di sostegno o di rinforzo. **20.** ~ (having a thickness from 50 to 250 km: in plate tectonics theory) (*n. - geophysics*), zolla. **21.** ~ battery (B battery) (*thermion.*), batteria di placca, batteria anodica. **22.** ~ beam, *see* plate girder. **23.** ~ bulb (*metall.*), lamiera con uno spigolo a bulbo. **24.** ~ charger (as of a machine gun) (*firearm*), caricatore a piastra. **25.** ~ circuit (*thermion.*), circuito di placca, circuito anodico. **26.** ~ clamps (*mech.*), pinze per lamiera. **27.** ~ clutch (*mech.*), frizione a dischi. **28.** ~ column (distillation tower) (*chem. ind.*), *see* plate tower. **29.** ~ coupling (flange coupling) (*mech.*), giunto a flangia. **30.** ~ current (*thermion.*), corrente di placca, corrente anodica. **31.** ~ dissipation (*thermion.*), dissipazione anodica. **32.** ~ efficiency (*thermion.*), rendimento anodico. **33.** ~ gauge (*mech.*), calibro in lamiera. **34.** ~ girder (shaped steel beam made of a webplate and of a pair of angles riveted to it) (*bldg.*), trave composta da un'anima di lamiera e da profilati agli estremi. **35.** ~ glass, cristallo, vetro da specchi. **36.** ~ glazing (*paper mfg.*), satinatura a lastra. **37.** ~ life (of a battery) (*elect.*), durata delle piastre. **38.** ~ potential (*thermion.*), tensione anodica. **39.** ~ rectification (*thermion.*), rettificazione di placca. **40.** ~ resistance (*thermion.*), resistenza interna. **41.** ~ signal (*telev.*), segnale di placca. **42.** ~ tower (distillation tower) (*chem. ind.*), torre a piatti. **43.** ~ type clutch (*mech.*), frizione a dischi. **44.** ~ voltage (*thermion.*), tensione di placca, tensione anodica. **45.** albumin ~ (lith. plate obtained by albumin process) (*lith.*), lastra (litografica) all'albumina. **46.** antislip ~ (as of an outboard mot.) (*naut.*), piastra anticavitazione. **47.** base ~ (*constr. theor.*), piastra di appoggio. **48.** bearing ~ (of rails) (*railw.*), piastrina d'appoggio. **49.** bed ~ (*constr. theor.*), piastra di appoggio. **50.** black ~ (hot-rolled plate) (*metall. ind.*), lamiera nera. **51.** body center ~ (as of a railw. car: attached to the underside of the body bolster) (*railw.*), ralla superiore. **52.** boiler ~ ($^1/_4$"-$^1/_2$" thick) (*metall.*), lamiera media, di spessore medio. **53.** boiler ~ (electro or stereotype of newspapers) (*print.*), elettrotipia (o stereotipia). **54.** bolster ~ (as of a press) (*mach.*), piastra portastampi. **55.** bottom ~ (plate supporting an open-bottomed mold) (*metall. - found.*), piastra di colata. **56.** box ~ (of an accumulator) (*elect.*), piastra a cassetti. **57.** bright ~ (*metall. ind.*), lamiera lucida. **58.** buckle ~ (as for floors) (*metall.*), lamiera leggermente convessa. **59.** butt cover ~ (*bldg. - mech.*), coprigiunto di rinforzo ad un giunto di testa). **60.** center ~ (*nav.*), deriva mobile metallica. **61.** chequered ~ (checkered plate) (*metall. ind.*), lamiera striata. **62.** coil pressure ~ (of a transformer) (*electromech.*), piastra pressabobina. **63.** cold-rolled ~ (*metall. ind.*), lamiera laminata a freddo, lamiera lucida. **64.** combination ~ (a plate the printing surface of which contains both lines and halftones) (*print.*), cliché con parti a tratto e parti a retino. **65.** connecting ~ (as of an iron framework), lamiera di attacco (o di giunzione). **66.** contact breaker ~ (as on an aut. distributor), piastra portaruttore. **67.** core ~ (lamination, as for transformer cores) (*elect. mach.*), lamierino. **68.** cover ~ (flange plate used for increasing the strength of the beam) (*mech. - naut. - etc.*), piastra di rinforzo. **69.** data ~ (*mot. - aer. - aut. - etc.*), targhetta dati. **70.** deep-etch ~ (lith. plate obtained by deep-etch or gum reversal process) (*lith.*), lastra (litografica) alla gomma. **71.** deflecting ~ (*telev.*), placca deviatrice. **72.** diamond floor ~ (*metall. - comm.*), lamiera striata con disegno a losanghe (per pavimentazione). **73.** dish ~ (drawing plate) (*metall. ind.*), disco di lamiera (da imbutire). **74.** earthing ~ (grounding plate: as for a transformer core) (*electromech.*), piastrina di messa a terra. **75.** embossed floor ~ (*metall.*), lamiera bugnata. **76.** end ~ (as of a boil.), fondo. **77.** engine-tender fall ~ (as of a steam locomotive) (*railw.*), ponticello tra macchina e tender. **78.** Faure ~ (of an accumulator) (*elect.*), *see* pasted plate. **79.** firebox rear ~ (of a steam locomotive) (*railw.*), placca posteriore del focolaio. **80.** flange ~, *see* cover ~. **81.** flanged ~ (*metall. ind.*), lamiera flangiata. **82.** flat ~ (*constr. theor. - ind.*), lastra piana. **83.** flat stayed ~ (*boil. - constr. theor.*), piastra piana rinforzata da tiranti. **84.** floor ~ (of a steel ship) (*shipbldg.*), pavimento in lamiera. **85.** ground ~ (earth plate) (*elect.*), piastra di terra, elettrodo di terra, dispersore. **86.** grounding ~ (earthing plate: as for a transformer core) (*electromech.*), piastrina di messa a terra. **87.** hot-rolled ~ (*metall. ind.*), lamiera laminata a caldo, lamiera nera. **88.** indexing ~ (*mach. t.*), disco divisore. **89.** index ~ (*mach. t.*), disco divisore. **90.** indicating (or indicator) ~ (*mot. - aut. - aer. - etc.*), targhetta indicatrice. **91.** ironclad ~ (of an accumulator) (*elect.*), piastra corazzata. **92.** joint ~ (as in iron frameworks), lamiera di attacco (o di giunzione). **93.** keel ~ (*naut.*), lamiera di chiglia. **94.** license ~ (*law - comm.*), targhetta di autorizzazione (portante il numero di registrazione della autorizzazione). **95.** mild steel ~ (*metall. ind.*), lamiera di ferro omogeneo. **96.** multigrip floor ~ (*metall.*), lamiera bugnata. **97.** name ~ (as for indicating the name of the manufacturer) (*ind.*), targhetta della ditta costruttrice. **98.** negative ~ (accumulator electrode) (*elect.*), piastra negativa. **99.** note ~ (*ind.*), targhetta. **100.** oxter ~ (molded plate above the propeller aperture) (*shipbldg.*), lamiera della volta di poppa. **101.** pasted ~ (of an accumulator) (*elect.*), piastra impastata, piastra pastigliata, piastra a ossidi riportati, piastra Faure. **102.** perforated ~ (*metall. ind.*), lamiera forata. **103.** pickled ~ (*metall. ind.*), lamiera decapata. **104.** plain ~ (smooth plate) (*metall. ind.*), lamiera liscia. **105.** pocket ~ (of an accumulator) (*elect.*), piastra a sacche, piastra a cellule. **106.** positive ~ (accumulator electrode) (*elect.*), piastra positiva. **107.** press ~ (*mech. technol.*), piastra da pressa, piastra portastampi. **108.** pressure ~ (of a m. pict. projector) (*m. pict.*), quadro pressore. **109.** printing ~ (*typ.*), matrice. **110.** punched ~ (perforated plate) (*metall. ind.*), lamiera forata. **111.** raw ~ (*metall. ind.*), lamiera greggia. **112.** rifled ~ (*metall. ind.*), lamiera rigata. **113.** rolled iron ~ (*metall. ind.*), lamiera di ferro laminata. **114.** rotor ~ (rotating part of a variable condenser) (*elect. - elics.*), armatura mobile. **115.** routed ~ (obtained by mech. operations) (*print.*), cliché fresato. **116.** shell ~ (of a boil.), parete. **117.** signal ~ (*telev.*), placca (o anodo) collettrice. **118.** spring (or elastic) ~ (for rails) (*railw.*), piastina elastica. **119.** stressed ~ (plate having a bearing function, as of a railcar body side) (*mech.*), lamiera portante. **120.** stripping ~ (*found.*), piastra di estrazione. **121.** surface ~ (*mech. t.*), piano di riscontro. **122.** terne ~ (*metall.*), lamiera piombata. **123.** thick ~ (*metall.*), lamiera grossa. **124.** tie ~ (of rails) (*railw.*), piastra d'appoggio. **125.** tie ~ (for strengthening deck beams) (*shipbldg.*), lamiera di rinforzo dei bagli di coperta. **126.** tie ~ with tenon (of rails) (*railw.*), piastra a caviglia. **127.** tin ~ (*metall. ind.*), lamiera stagnata. **128.** transformer core ~ (*elect. mach.*), lamierino per trasformatori. **129.** tube ~ (of boil.), piastra tubiera. **130.** tubular ~ (of an accumulator) (*elect.*), piastra a tubetti. **131.** universal plates (flats) (*metall. ind.*), larghi piatti. **132.** wall ~ (as of a roof) (*bldg.*), trave di posa, trave di appoggio interposta tra il piano del muro e la estremità delle capriate (nel tipo di costr. Am.). **133.** wash plates (plates fitted in the bottom of a ship to prevent movement of the bilge water when the ship is rolling) (*shipbldg.*), diaframmi antirollìo. **134.** yoke pressure ~ (core clamp: in a transformer) (*electrochem.*), pressagioghi.

plate (to) (to cover mechanically with a metal), placcare. **2.** ~ (to cover with metal plates), rivestire di piastre metalliche. **3.** ~ (to cover electrochemically with a metal) (*electrochem.*), trattare galvanicamente (o galvanostegicamente). **4.** ~ (*shipbuild.*), fasciare. **5.** ~ (to fix by a plate) (*mech.*), sistemare mediante piastra. **6.** ~ (to make flat) (*gen.*), appiattire. **7.** ~ (to polish paper by pressing it between metal plates) (*paper mfg.*), lucidare. **8.** to lead ~ (*ind.*), piombare. **9.** to platinum ~ (*ind.*), platinare. **10.** to zinc ~ (*ind.*), zincare.

plate-and-frame filter (*ind. app.*), tipo di filtro.

plateau (*geogr.*), altipiano.

plateband, *see* platband.

plated (by a mechanical process), placcato. **2.** ~ decks (as of a warship) (*navy*), coperte fasciate. **3.** gold ~ (as silverware), placcato in oro.

plateholder (*phot.*), telaio portalastre.

platelayer (trackman, one whose duty is to lay and maintain the rail) (*railw. work.*), addetto alla posa e manutenzione dei binari.

platemaker (mach. for making offset printing plates) (*n. - typ.*), macchina per eseguire matrici offset.

platen (movable table of a mach. t.) (*mach. t. - mech.*), tavola (mobile). **2.** ~ (a plate of metal: as of mach.), piastra metallica. **3.** ~ (roller of a typewriter) (*mech.*), rullo. **4.** ~ (of a printing machine, part by which the paper is pressed against the type) (*print. mach.*), platina. **5.** ~ (of a resistance-welding mach., flat surface member, to which dies or electrode holders are secured, transmitting the electrode upsetting force) (*welding mach.*), piastra. **6.** ~ (sliding member or ram of a power press) (*mach. - pressworking*), mazza, slittone. **7.** ~ (turntable supporting a record) (*phonograph*), piatto. **8.** ~ press (*print. mach.*), macchina (da stampa) a platina, platina, platina tipografica. **9.** ~ spacing (*welding*), *see* horn spacing. **10.** film ~ (a flat plate pressing the film in place during exposure projection etc.) (*m. pict. camera - etc.*), pressore della pellicola. **11.** punching ~ (*print. mach.*), platina fustellatrice.

plater (*work.*), placcatore.

plate-type (*a. - gen.*), a piastre. **2.** ~ heat exchanger (*therm. app.*), scambiatore di calore a piastre.

platform (*gen.*), piattaforma. **2.** ~ (sidewalk of a railw. station), marciapiede, banchina. **3.** ~ (as of a streetcar) (*veh.*), piattaforma. **4.** ~ car (*railw.*), pianale, carro merci senza sponde. **5.** ~ elevator, *see* elevator 3 ~. **6.** ~ roofing (in a station: at the sides of the railroad, where trains stop) (*railw. bldg.*), pensilina. **7.** ~ spring (*aut. mech.*), sospensione con tre balestre semiellittiche due longitudinali posteriori ed una trasversale anteriore. **8.** ~ truck (*factory transp. veh.*), carrello senza sponde. **9.** launching ~ (launching pad or stand for missiles) (*milit. - astric.*), piattaforma di lancio. **10.** loading ~ (*ind.*), piattaforma di caricamento. **11.** open ~ (of a passenger car) (*railw.*), piattaforma aperta. **12.** revolving ~ (*ind.*), piattaforma girevole. **13.** stabilized ~, *see* stable ~. **14.** stable ~ (as of a navy gun or missile system) (*navy - etc.*), piattaforma stabilizzata.

platforming (gasoline mfg. process, catalytic polymerization) (*chem. ind.*), platforming, polimerizzazione catalitica.

platina, *see* platinum.

plating (of an aer. structure) (*aer.*) (Am.), rivestimento. **2.** ~ (*shipbldg.*), fasciame metallico. **3.** ~ (*metall. - ind.*), placcatura. **4.** ~ (preparation of plates, as for the erection of boilers) (*ind.*), preparazione delle lamiere. **5.** ~ bath (mech. process) (*ind.*), bagno di placcaggio. **6.** ~ bath (electrochem. process) (*ind.*), bagno galvanico. **7.** cadmium (chromium, zinc etc.) ~ equipment (*ind.*), impianto di cadmiatura (cromatura, zincatura ecc.). **8.** cyanide ~ bath (*ind.*), bagno di placcatura al cianuro. **9.** flush ~ (*shipbldg.*), fasciame a paro con contropezza interna. **10.** in-and-out ~ (*shipbldg.*), fasciame a doppio ricoprimento. **11.** mechanical ~ (obtained by cold-peening metallic items with a different metal in a tumbler) (*mech. proc.*), placcatura meccanica. **12.** raised-and-

sunk ~ (in-and-out plating) (*shipbldg.*), fasciame a doppio ricoprimento. **13.** vacuum ~ (coating of a surface by metal vapor deposition) (*mech. proc.*), deposizione metallica sotto vuoto.
platiniridium (*alloy*), platino-iridio.
platinize (to) (*ind.*), platinare.
platinochloride ($PtCl_4$) (*chem. phot.*), cloruro di platino. **2.** ~ acid (H_2PtCl_6) (*chem.*), acido cloroplatinico.
platinocyanic acid [$H_2Pt(CN)_4$] (*chem.*), acido platinocianidrico.
platinocyanid, platinocyanide (*chem.*), platinocianuro.
platinoid (alloy: as for electric resistances or thermocouples) (*metall.*), platinoide.
platinotype (*phot.*), platinotipia.
platinum (Pt - *chem.*), platino. **2.** ~ black (used as a catalyst) (*chem.*), nero di platino. **3.** ~ plated (*ind.*), platinato. **4.** ~ plating (*ind.*), platinatura. **5.** ~ sponge (*chem. catalyst*), spugna di platino. **6.** to ~ plate (*ind.*), platinare.
platoon (*milit.*), plotone.
platter (a magnetic disk or a phonograph record) (*comp. - acous.*), disco (magnetico o fonografico).
play (amusement) (*sport*), gioco. **2.** ~ (amount of free space left by a constrained motion) (*mech.*), gioco, spazio libero. **3.** ~ (free motion left to a mech. element) (*mech.*), libertà di movimento. **4.** ~ (act of playing back a record or a magnetic tape) (*electroacous.*), riproduzione acustica, lettura.
play (to) (as of an actor in a m. pict.), recitare. **2.** ~ (to reproduce recorded sound: as by phonograph or magnetophone) (*electroacous.*), suonare, leggere.
playback (reproduction as of a tape sound recording) (*electroacous.*), riproduzione, lettura. **2.** ~ machine (turntable or device for reproducing tape sound) (*electroacous.*), giradischi, magnetofono. **3.** slow ~ (as by a "VTR") (*audiovisuals*), lettura al rallentatore, riproduzione al rallentatore. **4.** still ~ (a ~ mode with a still picture) (*audiovisuals*), riproduzione con fermo immagine.
player (app. for reproducing recorded sound or/and recorded video: as a videodisk player, a videocassette player etc.) (*elics. - audiovisuals*), lettore. **2.** videodisk ~ (CD CD-V LD optical disk player operated by laser, reads audiovisual signals and plays back by home telev.) (*audiovisuals*), lettore di videodisco, lettore di disco ottico (audiovisivo), lettore laser di disco.
playing (*a. - gen.*), da gioco. **2.** ~ cardboard (*paper mfg.*), cartoncino per carte da gioco. **3.** ~ field (as for football etc.) (*sport*), campo da gioco.
playlist (list of records to be aired) (*n. - radio station*), programma delle registrazioni da mettere in onda.
"plbg", *see* plumbing.
"plbr", *see* plumber.
plea (statement of defense, defense, answer in civil cases) (*law*), difesa. **2.** to raise pleas (*law*), sollevare eccezioni.
pleading (*law*), arringa, perorazione.
pleat (as of cloth), piega.
pleat (to) (as cloth), piegare. **2.** (to plait) (*text. ind.*), plissettare, pieghettare.
pleated (of fabric), pieghettato.
pledget (oakum thread used in calking operations) (*naut.*), cordone di stoppa.
Pleiades (*astr.*), Pleiadi.
Pleiocene (*geol.*), *see* Pliocene.
Pleistocene (*geol.*), pleistocene, plistocene, postpliocene, glaciale, diluvioglaciale, diluviale.
plench (combination of pliers and wrench: for astronauts) (*astric. t.*), chiave-pinza.
plenum (space full of matter) (*n. - gen.*), pieno. **2.** ~ (air pressure greater than that of outside atmosphere) (*phys.*), sovrapressione. **2.** ~ chamber (*ventil.*), camera in pressione. **3.** ~ chamber (as for regulating air pressure in a duct) (*mech. of fluid*), polmone. **4.** ~ system (*air conditioning - ventil.*), sistema a sovrapressione.
pleochroism (of crystals), pleocroismo.
"plex" (*comp.*), struttura dati.
plexiglass (polimethylmetacrilate [trademark]) (*ind. chem.*), plexiglass.
pliability (*gen.*), piegabilità. **2.** ~ (flexibility) (*gen.*), pieghevolezza.
pliable, pliant (*gen.*), pieghevole.
plied (made by two or more strands) (*a. - text.*), a trefoli, composto di due o più trefoli.
pliers (*t.*), pinze. **2.** closing ~ (*t.*), pinze convergenti. **3.** combination ~ (*t.*), pinze universali. **4.** expanding ~ (*t.*), pinze divergenti. **5.** flat nose ~ (*t.*), pinze piane. **6.** flat ~ (*t.*), pinze piane. **7.** furriers' ~ (*impl.*), pinze da pellicciaio. **8.** gas ~ (*t.*), pinze da gasista. **9.** glass ~ (*glazier impl.*), pinze da vetraio. **10.** linking up ~ (*t.*), pinze piatte (o piane). **11.** needle nose ~ (*t.*), pinze ad ago. **12.** roundnose ~ (*t.*), pinze tonde. **13.** round ~ (*t.*), pinze tonde. **14.** toggle-action ~ (aut. bodywork tool), morsetto registrabile per bloccaggio rapido.
Plimsoll, Plimsoll's mark, Plimsoll's line, (load line mark) (*naut.*), marca.
plinth (*arch.*), plinto. **2.** ~ (as of a statue), base. **3.** foundation ~ (*bldg.*), plinto di fondazione.
Pliocene (*geol.*), pliocene.
Pliotron (electron tube used for transmissions requiring high power) (*thermion.*), pliotron.
plissé, plisse (*text.*), tessuto pieghettato, plissé.
"PL/M" (Programming Language for Microcomputers) (*comp.*), linguaggio di programmazione per microcalcolatori.
"plmb", "plmg", *see* plumbing.
plodder (stamper) (*soap ind. mach.*), stampatrice.
"PL/1" (Programming Language/One: high level language for multipurpose applications) (*comp.*), linguaggio PL/1.
plot (small area of ground), appezzamento (di terreno). **2.** ~ (ground plan of build.) (*draw.*), pian-

ta del piano terreno. **3.** ~ (group) (*math.*), grafico. **4.** air ~ (*air navig.*) (Brit.), tracciato rotta, riduzione in diagramma dei dati di navigazione.

plot (to) (to draw: as a diagram) (*gen.*), tracciare. **2.** ~ (*top.*), riportare (sulla carta) i punti rilevati (numericamente). **3.** ~ (as the course of a wire-guided torpedo) (*math. - navy - etc.*), rappresentare mediante coordinate. **4.** ~ (*city planning*), lottizzare, frazionare un terreno in lotti.

plotter (for plotting curves, graphic recorder) (*app.*), registratore grafico, diagrammatore, tracciatore. **2.** ~ (*comp.*), registratore di grafici. **3.** ~ (one who marks on a map the position of a flying craft) (*aer. pers.*), incaricato della tracciatura della rotta. **4.** ~ (plotting apparatus) (*eng.*), plotter. **5.** ~ (coordinate plotter, XY plotter) (*comp.*), tracciatore a coordinate. **6.** data ~ (on paper or on a visual display) (*comp.*), tracciatore di dati. **7.** drum ~ (*comp.*), diagrammatore a tamburo. **8.** electrostatic ~ (*comp.*), tracciatore (o diagrammatore) elettrostatico. **9.** flatbed ~ (for plotting graphics on a plane surface) (*comp. device*), diagrammatore a tavola piana. **10.** incremental ~ (*comp.*), tracciatore incrementale. **11.** sound ray ~ (instrument which plots the path of sound rays in the water as a function of the temperature gradient) (*und. acous.*), tracciatore del percorso del suono. **12.** X-Y ~ (two-dimension plotter) (*instr.*), tracciatore X-Y, tracciatore a due dimensioni.

plotting (*n. - photogr.*), restituzione (fotogrammetrica). **2.** ~ (to draw a diagram) (*gen.*), tracciamento del grafico, rappresentazione grafica. **3.** ~ (*radar*), "plotting", rappresentazione grafica. **4.** ~ (operation of drawing on paper the results of a survey) (*top. - cart.*), rappresentazione grafica dei punti rilevati numericamente. **5.** ~ (*city planning*), lottizzazione, frazionamento del terreno in lotti. **6.** ~ instrument (used for obtaining from one, two or more pictures, the data required for the reconstruction of the object in the effective shape, as the land on a top. map) (*photogr. instr.*), restitutore, strumento restitutore. **7.** ~ paper (*paper ind.*), carta quadrettata.

plough, *see* plow.

plow (*agric. impl.*), aratro. **2.** ~ (*bookbinder's impl.*), blocco per la rifilatura. **3.** ~ (contact device) (*elect. railw.*) (Am.), dispositivo di contatto. **4.** ~ (grooving plane) (*carp. t.*), pialla per scanalare. **5.** ~ (ballast spreading mach.) (*road mach.*), macchina spandighiaia. **6.** ~ beam (*agric. mach.*), bure. **7.** ~ steel (high strength steel used for rope wires) (*metall.*), acciaio per funi. **8.** breaking ~ (*agric. mach.*), dissodatrice. **9.** direct-connected ~ (*agric.*), aratro portato. **10.** disk ~ (*agric.*), aratro a dischi. **11.** gang ~ (*agric. mach.*), arato multiplo (o polivomere). **12.** multiple-bottom ~ (*agric.*), aratro polivomere. **13.** one-bottom ~ (*agric.*), aratro monovomere. **14.** ridging ~ (lister) (*agric. mach.*), rincalzatore. **15.** single-bottom ~ (*agric.*), aratro monovomere. **16.** subsoil ~ (*agric. mach.*), aratro talpa, aratro ripuntatore. **17.** sulky ~ (*agric. mach.*), aratro per trattrice (o per trattore). **18.** swivel ~ (*agric. mach.*), aratro voltaorecchio. **19.** three-bottom ~ (*agric.*), aratro trivomere. **20.** three-furrow ~ (*agric.*), aratro trivomere. **21.** (tractor) disk ~ (*agric. mach.*), aratro a dischi. **22.** turnwrest ~ (turnwrist plow) (*agric. mach.*), *see* swivel plow. **23.** two-bottom ~ (*agric.*), aratro bivomere. **24.** two-furrow ~ (*agric.*), aratro bivomere. **25.** two-way ~ (*agric.*), aratro doppio. **26.** vineyard ~ (*agric.*), aratro da vigneto. **27.** walking ~ (*agric. mach.*), aratro a trampolo, aratrino.

plow (to) (*agric.*), arare. **2.** ~ (to cut a groove, as in a plank) (*carp.*), scanalare.

plow back (to) (to reinvest profits) (*finan. - adm.*), reinvestire.

plowing (*agric.*), aratura. **2.** ~ (taxying of a seaplane) (*aer.*), flottamento.

plowshare, ploughshare (of a plow) (*agric.*), vomere.

"plowtail" (ploughtail) (*agric.*), stegola, stanga di guida.

"plstc", *see* plastic.

"plt", *see* pilot, plate.

"pltg", *see* plating.

pluck (to) (to pull off: as hair) (*gen.*), strappare.

plucker (for extricating long-staple wool before combing) (*text. mach.*), sfeltatrice, macchina a sfeltrare.

plucking (*paper mfg.*), *see* picking.

plug (*mech. - pip.*), tappo. **2.** ~ (fusible plug) (*elect.*), tappo fusibile. **3.** ~ (short for spark plug) (*mot.*), candela. **4.** ~ (for an electric socket) (*elect.*), spina. **5.** ~ (for a telephone jack) (*teleph.*), spina. **6.** ~ (cast iron remaining in the tapping hole of a cupola and obstructing the outlet of metal) (*found.*), carota, chiodo. **7.** ~ (for making tubes by plug drawing) (*pip. mfg.*), spina. **8.** ~ (of a cock) (*pip.*), maschio. **9.** ~ (advertisement inserted in a program) (*radio*), intermezzo pubblicitario. **10.** ~ (fusible plug) (*boil. safety*), tappo fusibile. **11.** ~ (plug for regulating the fluid flow through a plug cock) (*pip.*), maschio (di apertura e chiusura). **12.** ~ (hydrant), *see* fireplug. **13.** ~, *see* plug gauge. **14.** ~ adaptor (Brit.), *see* lampholder plug. **15.** ~ bib (*pip.*), *see* plug cock. **16.** ~ board (*elect. - etc.*), pannello a spine. **17.** ~ cock (*pip.*), rubinetto a maschio. **18.** ~ drill (*mas. t.*), punta a percussione. **19.** ~ fuse (*elect.*), fusibile a tappo. **20.** ~ gauge (*mech. - t.*), calibro a tampone. **21.** ~ key, *see* switch plug. **22.** ~ rod (plug tree, a rod that works the valves of a steam engine) (*mach.*), asta comando distribuzione. **23.** ~ switch (plugging switch) (*elect.*), interruttore a spina. **24.** ~ tap (*t.*) (Am.), maschio per filettare. **25.** ~ valve (*pip.*), valvola a maschio. **26.** attachment ~ (plug connection by cord to a lamp holder) (*elect.*), presa costituita da un tappo a vite per portalampada connesso ad un cordone luce. **27.** banana ~ (male fitting to be inserted in banana jack) (*elect.*), banana, spinotto unipolare. **28.** banjo ~ (of a banjo union) (*mech. - pip.*), bocchettone maschio. **29.** boat ~ (for draining the bilge: to be removed on the dry dock) (*naut.*), alleggio. **30.** coded ~ (program plug) (*comp. - n.c. mach. t.*), spina (di) programma. **31.** cold ~ (spark plug) (*mot.*), candela fredda. **32.** connecting ~ (*elect.*), spina di contatto. **33.** contact ~ bolt (or screw) (*elect.*), morsetto di attacco, morsetto di connessione. **34.** dummy nose ~ (dummy fuse) (*target expl.*), finta spoletta. **35.** dummy (sparking) ~ (*mot.*), falsa candela. **36.** eight pin ~ for telegraphic operation (octal plug) (*teleprinter - etc.*), spina telegrafica "octal", spina telegrafica a otto poli. **37.** electrical ~ (*elect.*), spina (per presa di corrente). **38.** fire ~ (*antifire*), idrante antincendi. **39.** fusible ~ (*elect.*), tappo fusibile. **40.** glow ~ (ignition device for starting diesel engines) (Am.), candela a incandescenza. **41.** heater ~ (for starting diesel engines) (*mot.*), candela di riscaldamento. **42.** hot ~ (spark plug) (*mot.*), candela calda. **43.** igniter ~ (for starting a gas turbine) (*elect. device*), candela (di accensione per avviamento). **44.** open coil heater ~ (for starting diesel engines) (*mot.*), candela di riscaldamento a spirale non protetta. **45.** priming ~ (as of a pump), tappo di riempimento, tappo di adescamento. **46.** revolving ~ (of a lock) (*mech.*), nottolino. **47.** S.D. ~ (surface discharge spark plug) (*mot. - elect.*), candela a scarica superficiale. **48.** sheathed element heater ~ (for starting diesel engines) (*mot.*), candela di riscaldamento ad elemento protetto. **49.** soluble ~ (of a mine) (*navy expl.*), tappo solubile. **50.** sparking ~ (*mot.*), candela. **51.** spark ~ (*mot.*), candela. **52.** three-pin ~ (*elect.*), spina tripolare. **53.** top water ~ (*fishing*), galleggiante della lenza. **54.** two-pin ~ (*elect.*), spina bipolare. **55.** wander ~ (*elect.*), spina mobile. **56.** water ~ (*pip.*), presa d'acqua, idrante.

plug (to) (to stop) (*pip. - mech.*), chiudere. **2.** ~ (to stop, as a motor by reversing its rotation direction) (*elect.*), frenare elettricamente, frenare mediante controcorrente, frenare invertendo il senso di rotazione. **3.** ~ (to advertise insistently) (*adver.*) (Am.), fare della pubblicità (ripetuta). **4.** ~ in (*elect.*), inserire la spina (o a mezzo di spina). **5.** ~ into (to connect by a plug to a system) (*elics. - comp. - etc.*) collegare, collegarsi.

plugboard (a switchboard with plug connections) (*elect.*), pannello (o quadro) con allacciamento a spine. **2.** ~ (panel with a number of female connectors receiving male plugs for establishing control circuit) (*comp. - n.c. mach. t.*), pannello a spine, pannello per il collegamento con spine.

plug-compatible (as of an unit which can be connected directly to another one) (*a. - elics. - comp. - elect.*), direttamente collegabile, compatibile.

plugger (*min. t.*), *see* jackhammer.

plugging (*gen.*), tamponatura. **2.** ~ (soundproof material) (*bldg.*), materiale isolante acustico. **3.** ~ (as of a cupola tapping hole) (*found.*) (Am.), tamponatura. **4.** ~ device (plug type) (*elect.*), dispositivo di connessione a spina. **5.** ~ switch (plug switch) (*elect.*), interruttore a spina. **6.** electric ~ (of an elect. motor) (*elect.*), frenatura elettrica.

plug-in (receptacle with female connection, as to elect. or teleph. circuit: utilizable by a jack plug) (*n. - elect. - etc.*), presa, attacco.

plug-in unit (*elett.*), apparecchio inseribile a spina, unità inseribile, apparecchio a spina.

plug-to-plug compatible, *see* plug-compatible.

plum (*fruit*), prugna. **2.** ~ (plumb, vertical) (*a. - gen.*), verticale. **3.** ~ tree (*wood*), susino.

plumb (plumb bob) (*mas.*), piombino. **2.** ~ (plum, vertical) (*a. - gen.*), verticale. **3.** ~ bob (weight of a plumb line), piombino, peso (per filo a piombo). **4.** ~ joint (overlapped and soldered: on sheet metal) (*plumber's work*), giunto saldato a sovrapposizione. **5.** ~ line (*impl.*), filo a piombo. **6.** ~ rule (*mas. impl. - top. impl.*), archipenzolo, archipendolo. **7.** out of ~ (off plumb, out of the vertical) (*mas. - mech. - etc.*), fuori piombo.

plumb (to) (to cause to be vertical) (*gen.*), mettere a piombo. **2.** ~ (to check by a plumb line) (*mas.*), verificare col filo a piombo, piombare. **3.** ~ (to seal with lead), impiombare, sigillare con piombini. **4.** ~ (to sound with a plumb) (*naut. - etc.*), scandagliare.

plumbago (graphite in powdered form) (*chem. - ind.*), grafite ventilata, piombaggine. **2.** ~ crucible (a crucible of graphite plus clay) (*found.*), crogiolo di grafite.

plumber (*work.*), tubista, fontaniere, idraulico.

plumber's caulking tool (*plumber's t.*), presello da idraulico per calafatare.

plumber's furnace (used for melting solder etc.) (*impl.*), fornello (portatile) da idraulico.

plumber's saw (*t.*), seghetto da idraulico.

plumber's snake (for eliminating obstructions in a pipe) (*plumbing t.*), flessibile stasatubi.

plumbery (leadwork) (*pip.*), articoli di piombo. **2.** ~ (business of plumbing, plumber's trade) (*pip.*), lavoro da idraulico. **3.** ~ (a plumber's place of business) (*pip.*), officina dell'idraulico.

plumbing (*bldg.*), tubazione igienico-sanitaria. **2.** ~ screw (for leveling an instr. or a scale: leveling screw) (*instr. leveling*), vite di calaggio, vite di livellazione.

plumb-stem bow (*naut.*), prua verticale.

plume (chimney plume) (*comb.*), pennacchio.

plummer (plummer block, pillow or bearing block) (*mech.*), cuscinetto, supporto, supporto comune diritto.

plummet (a marine sounding lead) (*naut. impl.*), scandaglio. **2.** ~ (for measuring the specific gravity of liquids) (*phys. instr.*), densimetro per liquidi, aerometro. **3.** ~, *see* plumb bob. **4.** ~, *see* plumb rule. **5.** ~ device (as of a mine) (*navy*), dispositivo a scandagli. **6.** optical ~ (as of a theodolite) (*opt.*), piombino ottico.

plump (to) (to swell) (*leather ind.*), gonfiare, gonfiarsi.

plunder (*milit.*), bottino.

plunge (immersion), immersione. **2.** ~ (pitch, rake, vertical angle between an horizontal plane and the max. extension of an ore body) (*geol. - min.*), inclinazione. **3.** ~ action (*gen.*), azione tuffante. **4.** ~-cut grinding (by directly feeding into the work a wheel the face of which is sufficiently wide to cover the entire surface being ground) (*mach. t.*), rettifica a tuffo.

plunge (to) (as into water) (*gen.*), immergere, tuffare, immergersi, tuffarsi. **2.** ~ (to incline downward) (*geol.*), inclinarsi. **3.** ~ a grade (to fix a grade between two points) (*top.*), stabilire la pendenza. **4.** ~ a grade (to test for reliability: as a railw. embankment) (*railw.*), accertare la sicurezza.

plunge-feed (to) (the tool) (*mach. t.*), dare un avanzamento a tuffo.

plunger (elastic suction cup for eliminating small obstructions from domestic traps) (*plumbing impl.*), ventosa sturalavandini. **2.** ~ (as of a pump) (*mech.*), stantuffo. **3.** ~ (as of a hydraulic press) (*mech.*), pistone, stantuffo. **4.** ~ (as of a pump) (*mech.*), stantuffo, pistone. **5.** ~ (*hydr. mach.*), tuffante, stantuffo tuffante. **6.** ~ (as of a tire tube valve) (*aut.*), spillo. **7.** ~ (as of an electric suction coil) (*electromech.*), nucleo mobile. **8.** ~ (of a diecasting mach.) (*found. mach.*), stantuffo, stantuffo d'iniezione. **9.** ~ (the reciprocating metal part which forces glass into the contours of a mold or which, in a black mold, forms the initial cavity for subsequent blowing) (*glass mfg.*), "plunger", punzone. **10.** ~ cylinder (a cylinder in which the movable element has the same cross-sectional area as the piston rod as in wobble plate pumps) (*mech.*), cilindro di stantuffo senza asta. **11.** ~ elevator (*ind. mach.*), *see* hydraulic elevator. **12.** ~ plate (as of a press) (*mach.*), piastra portapunzone. **13.** ~ pump (*mach.*), pompa a stantuffo. **14.** ~ springing (as of a mtc.) (*mech.*), molleggio idraulico telescopico. **15.** ~, *see also* blunger.

plus (*math. sign*), più. **2.** ~ (*elect.*), positivo. **3.** ~ lens, *see* converging lens. **4.** ~ sign (*math.*), segno più.

plush (fabric) (*text. mfg.*), felpa.

plutonism (*geol.*), plutonismo, processo plutonico.

plutonium (Pu - *chem.*), plutonio.

pluviograph (*meteorol. instr.*), pluviografo.

pluviometer (*meteorol. instr.*), pluviometro.

pluviometric, pluviometrical (*meteorol.*), pluviometrico. **2.** ~ chart (rain chart) (*meteorol.*), carta pluviometrica.

pluviometry (*meteor.*), pluviometria.

ply (fabric layer: as in a tire) (*ind. applications*), (strato di) tela. **2.** ~ (rubberized fabric of a tire) (*tire mfg.*), tela. **3.** ~ (veneer sheet: as in plywood) (*carp.*), piallaccio. **4.** ~ (fold, bend as of fabric) (*gen.*), piega. **5.** ~ rating (of a tire) (*aut.*), numero delle tele. **6.** ~ yarn (yarn of different color strands) (*text. ind.*), filato fantasia. **7.** crisscross plies (of a tire) (*rubb. ind. - aut.*), tele incrociate. **8.** number of plies (of a tire) (*rubb. ind.*), numero delle tele.

ply (to) (*gen.*), piegare. **2.** ~ (to beat) (*naut.*), guadagnare al vento. **3.** ~ (veneer sheets or fabric layers) (*tire or plywood mfg.*), adattare.

plyboard, *see* paperboard, plywood.

plying (in tire construction) (*rubb. ind.*), applicazione delle tele.

plymetal (plywood sheathed with aluminium) (*aer. constr.*), compensato placcato con alluminio.

plywood (*join.*), legno compensato.

"PM" (phase modulation) (*elics.*), modulazione di fase. **2.** ~ (pulse modulation) (*elics.*), modulazione degli impulsi. **3.** ~ (preventive maintenance) (*ind.*), manutenzione preventiva. **4.** ~ (per thousand), per mille. **5.** ~ (per month) (*adv. - gen.*), al mese. **6.** ~ (Powder Metallurgy) (*metall.*), metallurgia delle polveri. **7.** ~, *see also* permanent magnet.

Pm (promethium: atomic number 61) (*chem.*), promezio, prometeo, illinio, florenzio.

"pm" (post meridiem) (*time*), del pomeriggio, pomeridiano.

"PMBX" (private manual branch exchange) (*teleph.*), centralino manuale privato derivato.

"pmep" (difference between mean effective pressure of the exhaust stroke and that of the inlet stroke) (*mot.*), differenza tra pressione media effettiva della fase di scarico e quella della fase di aspirazione.

"PMH" (per man-hour) (*work. meas.*), per ora uomo.

"PMMA" (polymethylmethacrylate) (*plastics*), PMMA, polimetilmetacrilato.

"PMOS" (P-channel "MOS") (*elics. - comp.*), MOS a canale P.

"pmr" (point of minimum radius, of a curve) (*math.*), punto di raggio minimo.

"PMVR (prime mover) (*mech.*), motore primo.

"PMX" (private manual exchange) (*teleph.*), centralino manuale privato.

"pn", "PN" (promissory note) (*finan. - comm.*), pagherò cambiario. **2.** ~ (part number) (*ind.*), numero del particolare, numero categorico. **3.** ~, *see also* position.

"pneu", "pneum" (pneumatic) (*a. - n.*), penumatico.

"pneum" (pneumatic) (*a. - mech. draw.*), pneumatico.

pneumatic (*a. - phys.*), pneumatico. **2.** ~ (pneumodynamic, acting by the force of gases in motion) (*a. - phys.*), pneumatico. **3.** ~ (a tire: as of aut.) (*n.*), pneumatico. **4.** ~ brake hose (*railw.*), manichetta per freno ad aria compressa. **5.** ~ caisson (*build. - hydr.*), cassone per fondazioni pneumatiche. **6.** ~ chuck (as of mach. t.), mandrino pneumatico. **7.**

~ circuit (as of an aircraft system) (*aer. - etc.*), circuito pneumatico, impianto pneumatico. **8.** ~ digger (*mach.*), scavatrice pneumatica. **9.** ~ dispatch (*transp. system*), posta pneumatica. **10.** ~ drill (*t.*), trapano pneumatico. **11.** ~ hammer (*t.*), martello pneumatico. **12.** ~ pump (vacuum pump) (*mach.*), pompa a vuoto. **13.** ~ release (*mech. - etc.*), scatto pneumatico, sgancio pneumatico. **14.** ~ system (of an aircraft: complete pneumatic installation) (*aer.*), impianto pneumatico. **15.** ~ system (method of pneumatic transmission) (*mech.*), trasmissione pneumatica. **16.** ~ tube (*transp. system*), posta pneumatica. **17.** ~ wrench (*t.*), avvitatrice pneumatica.

pneumatics (*branch of phys.*), meccanica degli aeriformi.

pneumatolysis (final stage of magnatic crystallization) (*geol.*), pneumatolisi.

pneumoconiosis (disease of the lungs due to inhaling industrial dusts) (*ind. disease*), pneumoconiosi.

pneumodynamic (*a. - phys.*), *see* pneumatic.

"pnl", *see* panel.

"PNT" (Point of No return) (*aer.*), punto di non ritorno.

"pntd", *see* painted.

"PO" (polish!) (*mech. draw.*), lucidare! **2.** ~ (postal order) (*comm.*), vaglia postale.

Po (Polonium) (*chem.*), polonio.

"po", *see* point, pole.

poach (to) (*paper mfg.*), *see* to bleach.

poacher (poacher tub) (*paper mfg.*), vasca di imbiancatura.

poak, *see* poke.

"POB" (post office box) (*comm.*), casella postale, cassetta postale.

"poc" (port of call) (*comm.*), porto di scalo.

pocket (*a. - gen.*), tascabile. **2.** ~ (in a casting) (*n. - found.*), cavità. **3.** ~ (of an accumulator plate: containing active material) (*elect.*), sacca, taschetta, cellula. **4.** ~ (for storing coal, grain etc.) (*bldg.*), ripostiglio. **5.** ~ (cavity in which mineral or water is contained) (*geol. - min.*), sacca. **6.** ~ (as of air in a pipeline) (*pip.*), sacca. **7.** ~ (box for punched cards) (*n. - comp.*), casella. **8.** ~ battleship (*navy*), incrociatore "tascabile". **9.** ~ conveyor (sling conveyor) (*ind. mach.*), trasportatore a sacche. **10.** ~ flashlight (*elect. impl.*), lampadina (elettrica) tascabile. **11.** air ~ (*aer.*), vuoto d'aria. **12.** air ~ (*pip.*), sacca d'aria. **13.** gas ~ (blowhole, defect in a weld) (*mech. technol.*), soffiatura. **14.** mud ~ (*pip.*), pozzetto di raccolta fanghi. **15.** thermometer ~ (generally full of oil in which deeps the thermometer bulb) (*therm.*), pozzetto per termometro, tasca per termometro. **16.** water ~ (*pip.*), sacca d'acqua.

pocketing (a strong fabric for lining pockets) (*text. ind.*), foderame per tasche.

pockmark (pit) (*gen.*), alveolo.

pockmarked (*gen.*), *see* pitted.

pockmarking (orange peel) (*paint.*) (Brit.), buccia d'arancia.

pod (bit socket, of a brace) (*t.*), portapunta. **2.** ~ (straight groove as of a pod bit) (*t.*), scanalatura, cava. **3.** ~ (detachable compartment of a spacecraft, such as a power unit compartment) (*astric.*), stadio, parte amovibile. **4.** ~ (streamlined container for fuel, freight, bombs, engine etc.) (*aer.*), navicella. **5.** ~ auger (*carp. t.*), trivella a sgorbia. **6.** ~ bit (*carp. t.*), punta a sgorbia.

"pod" (pay on delivery) (*comm.*), pagamento alla consegna.

podium (*arch.*), podio.

"POE" (port of embarkation) (*comm. - naut.*), porto d'imbarco.

"POGO" (programmer-oriented graphics operation) (*data proc.*), POGO, operazione grafica orientata da programmatore.

point (of immaterial things), punto. **2.** ~ (*mech.*), punta. **3.** ~ (decimal point, dividing the units and the decimals) (*math. - etc.*), virgola. **4.** ~ (of a reef) (*naut.*), matafione. **5.** ~ (point rail) (*railw.*) (Am.), ago. **6.** points (switch) (*railw.*) (Brit.), scambio. **7.** ~ (unit of meas. for types equal to approx. $^1/_{72}$ of 1 inch) (*typ.*), punto (tipografico, sistema inglese uguale a 0,3528 mm). **8.** ~ (of a vanguard) (*milit.*), punta. **9.** ~ (paper thickness measure corresponding to 1/1000 of inch = 0,0254 mm) (*paper mfg.*), unità di misura dello spessore (della carta: corrispondente a 0,0254 mm). **10.** ~ (the essential matter, as of a question) (*gen.*), nocciolo. **11.** ~ (of a durometer) (*test app.*), penetratore. **12.** ~, *see also* points. **13.** ~ angle (of a twist drill) (*t.*), angolo tra i taglienti, angolo di affilatura. **14.** ~ at which the force acts (*theor. mech.*), punto di applicazione di una forza. **15.** points control (in railw. signaling) (*elect. mech.*), controllo di posizione dello scambio. **16.** ~ estimate (*math.*), stima puntuale. **17.** ~ five inches (0.5 inches) (*meas.*), cinque decimi di pollice, 0,5 pollici. **18.** ~ of contact (of a gear) (*mech.*), punto di contatto. **19.** ~ of entry (of a control zone) (*aer.*), punto di entrata. **20.** ~ of impact (as of a shell), punto d'arrivo. **21.** ~ of no return (radius of action and return to base still retaining a safety margin of fuel) (*aer.*), punto critico, punto di non ritorno. **22.** ~ of purchase (*comm.*), punto di acquisto. **23.** ~ of sale (*comm.*), punto di vendita. **24.** ~ of sight (center of vision: in perspective) (*draw.*), punto di vista. **25.** ~ of sight (station point: in perspective) (*draw.*), punto principale. **26.** ~ of support (as of bridge) (*arch.*), punto d'appoggio. **27.** ~ of support (*constr. theor.*), punto d'appoggio. **28.** ~ of the compass (11°15′) (*naut.*), quarta. **29.** ~ rail (tapered rail: as of a frog) (*railw.*), ago. **30.** ~ scale (rating method) (*organ.*), graduatoria a punteggio. **31.** ~ set (*math.*), insieme di punti. **32.** ~ size (of the type block) (*typ.*), corpo, forza di corpo. **33.** ~ source (*illum. - opt.*), sorgente puntiforme. **34.** ~ system (job evaluation method) (*pers.*), metodo del punteggio. **35.** ~ to point (as of a line connecting two fixed stations) (*commun.*), da punto a punto. **36.** absolute zero ~ (point of absolute zero for all machine axes and at which counting is started in numerically controlled machines) (*n.c. mach. t.*), punto (di) zero assoluto. **37.** Ac ~ (in an equilibrium diagram, critical point occurring on heating) (*metall.*), punto critico (di riscaldamento). **38.** Ar ~ (in an equilibrium diagram, critical point occuring on cooling) (*metall.*), punto critico (di raffreddamento). **39.** arrest ~ (*metall.*) (Brit.), *see* critical point. **40.** boiling ~ (*chem. phys.*), punto d'ebollizione. **41.** break-even ~ (point at which gains and losses balance) (*adm.*), pareggio. **42.** break ~ instruction (intermediate programmed stop, check point instruction) (*n.c. mach. t.*), ordine di arresto intermedio, stop intermedio. **43.** brittle ~ (as of rubber at low temperature) (*rubb. mfg.*), punto di fragilità. **44.** burning ~ (*phys. chem.*), punto di accensione. **45.** cardinal ~ (of the compass), punto cardinale. **46.** center ~ (*t.*), contropunzone. **47.** chamfer ~ (of a metal thread screw) (*mech.*), estremità piana smussata. **48.** change ~ (*metall.*), *see* critical point. **49.** check ~ (geogr. location) (*aer.*), punto di riferimento. **50.** check ~ instruction (intermediate programmed stop) (*n.c. mach. t.*), ordine di arresto (intermedio), stop (intermedio). **51.** cigar-shaped ~ (*gen.*), estremità a forma ogivale. **52.** cloud ~ (as of petroleum oil) (*chem.*), punto di intorbidimento. **53.** cone ~ (of a metal screw) (*mech.*), punta conica. **54.** contact breaker platinum ~ (as in aut. ignition) (*electromech.*), puntina platinata del ruttore. **55.** control switching ~ (for long distance calls: in direct distance dialing system) (*teleph.*), centro di commutazione (per traffico interurbano). **56.** crack ~ (as of rubber at low temperature) (*rubb. mfg.*), punto di rottura. **57.** critical ~ (*phys.*), punto critico. **58.** critical ~ (equitime point) (*air navig.*), punto critico, punto di non ritorno. **59.** critical ~ (temperature at which a constitutional change occurs) (*metall.*), punto critico. **60.** crossing ~ (as of reinforcement rods) (*reinf. concr.*), punto d'incrocio. **61.** cup ~ (of a screw) (*mech.*), estremità a corona tagliente. **62.** Curie ~ (*metall. - elect.*), *see* magnetic change point. **63.** curved ~ (of a switch) (*railw.*), ago curvo. **64.** datum ~ (*top.*), caposaldo. **65.** dew ~ (*phys.*), punto di rugiada. **66.** drill ~ (*t.*), (parte) tagliente della punta (da trapano). **67.** dropping ~ (as of a lubricating grease) (*chem.*), punto di gocciolamento. **68.** equinoctial ~ (*astr.*), punto equinoziale. **69.** eutectic ~ (*metall.*), punto eutettico. **70.** facing ~ (*railw.*), ago (dello scambio) preso di punta. **71.** fire ~ (of fuel) (*phys. chem.*), punto d'accensione, temperatura d'accensione. **72.** first ~ of Aries (the point of the celestial sphere at which the sun crosses the celestial equator from south to north, on its passage along the ecliptic) (*astr.*), primo punto di Ariete. **73.** fixed ~ (*mech. - top.*), punto fisso. **74.** fixed ~ (as in a decimal number) (*comp. - math.*), virgola fissa. **75.** flash ~ (*comb.*), punto d'infiammabilità. **76.** flat ~ (of a screw) (*mech.*), estremità piana. **77.** floating ~ (point location not fixed: as in a floating point arithmetic) (*comp.*), virgola mobile. **78.** fouling ~ (beyond which cars must stop: safety distance from the switch for avoiding collisions) (*railw. safety*), punto di collisione. **79.** freezing ~ (*chem. ind. - phys. chem.*), punto di congelamento, punto di solidificazione. **80.** full dog ~ (of a screw) (*mech.*), estremità a nocciolo sporgente. **81.** half dog ~ (of a screw) (*mech.*), estremità a nocciolo sporgente corto. **82.** hoar-frost ~ (dew point when below 0°C) (*meteorol.*), punto di brina. **83.** holding ~ (the point near which an aircraft in flight is instructed to remain) (*aer.*), punto di attesa. **84.** index ~ (reference mark, as on a disk: for timing) (*comp. - mech.*), marcatura di riferimento. **85.** isoelectric ~ (*chem. phys.*), punto isoelettrico. **86.** jacking ~ (at the lower edge of the body) (*aut.*), sede del martinetto, attacco del martinetto. **87.** low-boiling ~ (as of liquids) (*a. - chem.*), a basso punto di ebollizione. **88.** lubber's ~ (of a compass) (*naut.*), linea di fede. **89.** machine points (metal pins used for adjusting sheets with uneven edges when printing) (*print.*), spine di registro. **90.** magnetic change ~ (Curie point, temperature above which iron becomes non-magnetic on heating) (*metall. - elect.*), punto di Curie. **91.** magnetic transformation ~ (*metall. - elect.*), *see* magnetic change point. **92.** melting ~ (*phys. - metall.*), punto di fusione. **93.** modular ~ (*bldg.*), punto modulare. **94.** neutral ~ (of a symmetrical polyphase system) (*elect.*), punto neutro. **95.** out-of-pocket recovery ~ (*finan.*), punto di ricupero dei finanziamenti effettuati. **96.** penalty points (as in a rally) (*sport - aut.*), punti di penalità. **97.** pen ~ for compasses (*draw. instr.*), tiralinee per compassi. **98.** permanent points control (in railw. signaling) (*elect. - mech.*), controllo permanente di posizione dello scambio. **99.** picture ~ (*cart.*), punto fotografico, punto appoggio. **100.** pitch ~ (of gears) (*mech.*), punto primitivo. **101.** pour ~ (as of petroleum oil) (*chem.*), punto di scorrimento. **102.** principal ~ (*opt. - phot.*), punto principale. **103.** quarter-chord ~ (point of a chord line whose distance from the leading edge is equal to $^1/_4$ of the chord length) (*aer.*), quarto anteriore della corda, punto ad un quarto della corda (a partire dal bordo d'attacco). **104.** radix ~ (*math.*), virgola. **105.** recalescence ~ (*metall.*), *see* critical point. **106.** reorder ~ (store position in which an order should be placed) (*ind.*), scorta minima. **107.** reporting ~ (geographical point to which the position of an aircraft is to be referred) (*aer.*), punto di riferimento. **108.** round ~ (of a screw) (*mech.*), estremità a calotta. **109.** self-drilling ~ (of a screw) (*mech.*), punta autoperforante. **110.** shutdown ~ (factory position in which the selling prices are lower than the costs of production) (*ind.*), punto di chiusura. **111.** smoke ~ test (for the burning quality of kerosene) (*comb.*), prova del punto di fumo. **112.** softening ~ (as of rubber) (*ind.*), punto di rammollimento. **113.** solstitial ~ (*astr.*), punto solstiziale. **114.** standard points (*railw.*), scambio normale. **115.** starting ~ (*top.*), punto di riferimento. **116.** station ~ (in perspective) (*draw.*), punto di stazione. **117.** strong ~ (*milit.*), caposaldo. **118.** strong ~ (for attaching the static line of a parachute) (*aer.*), attacco per moschettone. **119.** to make the ~ (*naut.*), fare il punto. **120.** transformation ~ (*metall.*), *see* critical point. **121.** utmost ~, estremità, punto estremo. **122.** wing pick up ~ (*aer.*), punto di applicazione della braga di sollevamento (sull'ala). **123.** yield ~ (*constr. theor.*), carico di snervamento. **124.** zero offset ~ (zero offset position, the point to which zero on the machine is shifted from absolute zero, in N/C machines) (*n.c. mach. t.*), punto zero spostato. **125.** ~, *see also at* points.

point (to) (as a gun) (*milit.*), puntare. **2.** ~ (as a topographic instrument on a target) (*top.*), collimare. **3.** ~ (to sharpen) (*gen.*), appuntire. **4.** ~ out, indicare, far rilevare, far risaltare.

point-blank (end of the straight line of flight) (*n. - missile - bullet*), punto terminale della traiettoria rettilinea. **2.** ~ (distance covered by a bullet in a nearly straight line of flight) (*n. - missile - bullet*), distanza percorsa con traiettoria rettilinea. **3.** ~ (straight toward the target without appreciable drop) (*a. - firearm*), diritto al bersaglio.

pointed (having a point) (*a. - gen.*), a punta. **2.** ~ (sharpened) (*gen.*), appuntito, aguzzo. **3.** ~ arch (*arch.*), arco acuto, arco (di stile) gotico. **4.** ~ style (*arch.*), stile gotico.

pointer (used to direct attention), indicatore. **2.** ~ (as of an instrument), indice, lancetta. **3.** ~ (as of a gun) (*ordnance - navy*) (Am.), puntatore. **4.** ~ (switch blade) (*railw.*), ago dello scambio. **5.** ~ (sharpener, for twist drills) (*mach. t.*), affilatrice. **6.** ~ (link containing the address for accessing to the next record) (*comp.*), puntatore. **7.** luminescent ~ (*instr.*), indice luminescente. **8.** stack ~ (*comp.*), puntatore della pila. **9.** station ~ (three-rod instr. used for locating on a map the position of a point) (*top. and naut. instr.*), staziografo, rapportatore a tre aste. **10.** top of stack ~, "TOS" ~ (*comp.*), puntatore dell'estremo superiore di catasta.

pointing (as of a topographic instrument) (*instr.*), messa in collimazione, collimazione. **2.** ~ (finishing the external joints of brickwork) (*mas.*), rifinitura dei giunti di malta in vista. **3.** ~ (sharpening, of twist drills) (*mech.*), affilatura.

points (switch) (*railw.*) (Brit.), scambio. **2.** distributor ~ (*aut.*), puntine (di contatto) dello spinterogeno, contatti del ruttore. **3.** double slip ~ (*railw.*) (Brit.), scambio inglese doppio. **4.** group of ~ (*railw.*), fascio di scambi. **5.** platinum ~ (as of a contact-breaker of a battery coil ignition system) (*aut.*), puntine platinate. **6.** single slip ~ (*railw.*) (Brit.), scambio inglese semplice. **7.** spark plug ~ (*mot.*), puntine della candela.

pointsman (*railw. work.*), deviatore.

point-to-point (opposed to continuous, as setting, in N/C machining) (*n. c. mach. t.*), da punto a punto. **2.** ~ machine (N/C machine) (*n. c. mach. t.*), machina per lavorazione punto a punto. **3.** ~ machining (on N/C machines) (*n. c. mach. t.*), lavorazione punto a punto, lavorazione con comando numerico del posizionamento da punto a punto.

poise (C.G.S. unit of absolute viscosity) (*phys.*), poise. **2.** ~ (weight sliding on a notched beam of a weighing scale) (*meas. impl.*), romano, peso scorrevole. **3.** ~ (balance, equilibrium) (*mech. - etc.*), bilanciamento, equilibratura.

poise (to) (to balance) (*gen.*), equilibrare.

poison (*pharm.*), veleno. **2.** ~ (contaminating the activity, as of a catalyst) (*phys. chem.*), veleno. **3.** ~ (neutrons adsorber) (*atom phys.*), assorbitore di neutroni. **4.** ~ changes (following neutron flux changes) (*atom phys.*), variazioni di avvelenamento. **5.** burnable ~ (in a nuclear reactor) (*atom phys.*), assorbitore di neutroni soggetto ad esaurimento. **6.** economic ~ (*ind. chem.*), disinfettante insetticida, antiparassitario.

poison (to) (*chem. - etc.*), avvelenare.

poisoning (*gen.*), avvelenamento. **2.** reactor ~ (*atom phys.*), avvelenamento del reattore. **3.** xenon ~ (in a nuclear reactor) (*atom. phys.*), avvelenamento da xeno.

Poisson's ratio (*constr. theor.*), coefficiente di Poisson.

poke (thrust) (*phys.*), spinta. **2.** ~ welder (as for plastic) (*welding mach.*), saldatrice a estrusione.

poker (*furnace or forge impl.*), attizzatoio. **2.** ~ (slag iron) (*found. t.*), levascorie. **3.** ~ drawing (*art*), *see* pyrography. **4.** ~ hole (of a furnace) (*furnace*), foro per l'attizzatura. **5.** ~ painting (*art*), *see* pyrography. **6.** ~ work (*art*), *see* pyrography.

poker (to) (*art*), *see* to pyrograph. **2.** ~ (as the fire) (*comb.*), attizzare.

"POL" (petroleum, oil and lubricants) (*refinery*), prodotti petroliferi.

"pol", *see* polar, polish.

polacre (three masts old vessel) (*naut.*), polacca.

polar (*a. - elect. - geogr. - phys.*), polare. **2.** ~ (curve) (*n. - aer.*), polare. **3.** ~ (*n. - math.*), polare, curva polare. **4.** ~ (said of a satellite which passes over the north or south pole) (*a. - astric.*), polare. **5.** ~, *see* electrovalent (a. of electrovalence). **6.** ~ circle (*geogr.*), circolo polare. **7.** ~ coordinates (*math. - geom.*), coordinate polari. **8.** ~ curve of light distribution (*illum.*), indicatrice sferica di emissione. **9.** ~ distance (codeclination) (*astr. - aer. - naut.*), distanza polare. **10.** ~ lights, aurora boreale (od australe). **11.** ~ moment of inertia (*constr. theor.*), momento d'inerzia rispetto ad un punto (o polare). **12.** ~ orbit (as of a satellite) (*astric.*), orbita polare. **13.** ~ route (*aer.*), rotta polare. **14.** logarithmic ~ (*math. - aer.*), polare logaritmica. **15.** relative ~ (as of aerodyn. forces on an aer. wing) (*aer.*), polare relativa.

polarimeter (*opt. instr.*), polarimetro.

polarimetry (*chem.*), polarimetria.

polariscope (*opt. instr.*), polariscopio.

polarity (*elect.*), polarità. **2.** ~ cap (as for d c app. or systems) (*elect. impl.*), spina (inseribile esclusivamente) con polarità predeterminata. **3.** ~ indicator (*elect. instr.*), indicatore di polarità. **4.** reverse ~ (with the electrode connected to the positive pole of the arc) (*welding*), polarità inversa. **5.** straight ~ (with the electrode connected to the negative pole of the arc) (*welding*), polarità diretta, polarità normale.

polarization (*phys. - opt. - elect.*), polarizzazione. **2.** ~ (sugar concentration) (*chem.*), polarizzazione, grado saccarimetrico. **3.** ~ error (night error or night effect, error due to the polarization of the received waves) (*direction finding*), effetto di notte. **4.** ~ receiving factor (*telev.*), coefficiente di ricezione di polarizzazione. **5.** anodic ~ (*electrochem.*), polarizzazione anodica. **6.** circular ~ (*radio*), polarizzazione circolare. **7.** dielectric ~ (*elect.*), polarizzazione dielettrica. **8.** electrolytic ~ (*electrochem.*), polarizzazione elettrolitica. **8.** magnetic ~ (*elect.*), polarizzazione magnetica.

polarize (to) (*elect. - opt. - phys.*), polarizzare.

polarized (*a. - elect. - opt. - phys.*), polarizzato. **2.** ~ light (*opt.*), luce polarizzata. **3.** ~ relay (*elect.*), relè polarizzato.

polarizer (*opt. instr.*), polarizzatore.

polarizing (*a. - phot. - opt.*), polarizzante. **2.** ~ filter (polarizing screen) (*phot.*), filtro polarizzante.

polarogram (a curve obtained with a polarograph) (*phys. chem.*), polarogramma.

polarograph (*phys. chem. app.*), polarografo.

polarographic (*a. - phys. chem.*), polarografico. **2.** ~ analysis (*chem.*), analisi (per via) polarografica.

polarography (qualitative and quantitative system of analysis) (*chem.*), polarografia.

pole (*elect. - magnetic - theor. mech. - geogr.*), polo. **2.** ~, po (*meas.*), *see* perch. **3.** ~ (of a spherical balloon) (*aer.*), polo. **4.** ~ (slender piece of wood), palo. **5.** ~ (one of the two ends of an elect. mot. magnet), espansione polare. **6.** ~ (of a vehicle) (*veh.*), timone. **7.** ~ (upper part of a mast) (*naut.*), alberetto. **8.** ~ (with poles foundation) (*a. - bldg.*), con fondazione su pali. **9.** ~ chain (*meas. instr.*), *see* Gunter's chain. **10.** ~ changer (*elect.*), invertitore di poli. **11.** ~ climber (climbing iron) (*impl.*), rampone per (salire sui) pali. **12.** ~ face (of elect. mach.), faccia polare, superficie polare. **13.** ~ finder (*elect.*), cercapoli. **14.** ~ hood (as of aerial line poles) (*elect. - etc.*), cappuccio copripalo. **15.** ~ horn (of elect. mach.), corno polare. **16.** ~ indicator (*elect. app.*), cercapoli. **17.** ~ piece (as of elect. mot.), espansione polare. **18.** ~ pitch (of an elect. mach.), passo polare. **19.** ~ plate (in a roof: beam supporting the rafters at their end) (*bldg.*), trave di gronda. **20.** ~ shoe (of elect. mach.), scarpa polare, espansione polare. **21.** ~ step (for climbing) (*work. impl.*), gradino a vite per pali. **22.** ~ strength (magnetic force) (*electromech.*), forza magnetomotrice. **23.** ~ transformer (to be supported by a pole) (*elect. lines app.*), trasformatore aereo da palo. **24.** ~ vaulting (*sport*), salto con l'asta. **25.** antilogous ~ (of a crystal) (*pyroelect.*), polo negativo. **26.** asunder poles (*elect.*), poli opposti. **27.** A-type ~ (as of an elect. line) (*elect.*), palo ad A. **28.** bracket ~ (as for an elect. line), palo a mensola. **29.** celestial ~ (*astr.*), polo celeste. **30.** double-bracket ~ (as for an elect. line), palo a mensola doppia. **31.** magnetic ~ (of a magnet) (*phys. - elect.*), polo magnetico, polo dell'elettromagnete. **32.** magnetic ~ (on the earth's surface) (*geophys.*), polo magnetico. **33.** North ~ (*geogr.*), polo nord. **34.** salient ~ (of a generator rotor) (*elect.*), polo saliente. **35.** skysail ~ (portion of the royal mast above the shoulder) (*naut.*), varea. **36.** South ~ (*geogr.*), polo sud. **37.** telegraph ~ (*telegraphy*), palo telegrafico. **38.** telephone ~ (*teleph.*), palo telefonico. **39.** terrestrial magnetic ~ (*geophys.*), polo magnetico terrestre. **40.** to char a ~ (to be set in the ground), carbonizzare un palo. **41.** to set a ~ (as for an elect. line), piantare un palo. **42.** unit ~ (a magnetic pole with a repulsion force of one dyne from another pole placed at one centimetre) (*elect.*), unità polare campione.

"pole-finding" paper (Brit.) (*elect.*), carta cercapoli.

polemoscope (device for seeing objects not directly before eyes: by inclined mirrors) (*milit. instr.*), polemoscopio, periscopio a specchi.

polestar (*astr.*), stella polare.

police (*law*), polizia. **2.** ~ court (*law*), pretura. **3.** ~ justice (police magistrate, police judge) (*law*), pretore. **4.** railway ~, polizia ferroviaria.

policeman (rod for loosening precipitates: as from the bottom of a beaker) (*chem. impl.*), bacchetta di gomma (o con gommino). **2.** ~ (as for directing road traffic) (*work.*), vigile. **3.** ~ (*law*), poliziotto.

policy (*gen.*), linea di condotta. **2.** ~ (*comm.*), polizza. **3.** ~ (certificate of insurance) (*n. - insurance*), polizza (di assicurazione). **4.** business investment ~ (*organ.*), politica degli investimenti. **5.** economical ~ (*econ.*), politica economica. **6.** incomes ~ (*econ.*), politica dei redditi. **7.** insurance ~ (*comm.*), polizza d'assicurazione. **8.** monetary ~ (*finan.*), politica monetaria. **9.** open ~ (for goods changing in volume and the premium of which is computed periodically) (*comm. - naut.*), polizza d'abbonamento. **10.** price ~ (*comm.*), politica dei prezzi.

policyholder (*n. - comm.*), assicurato.
poling (refining of liquid metals, especially copper, by introducing wooden poles) (*metall.*), trattamento al legno verde, riduzione con pali di legno verde, "perchage", pinaggio. **2.** ~ boards (boards retaining the earth of a trench, after excavation, by horizontal propping) (*bldg.*), tavole di ritegno, tavole per sbadacchiatura (o puntellamento orizzontale di uno scavo).
poling-board method (system of excavating trenches by sheathing the opposed vertical walls with boards and props) (*min. - earth moving*), sistema di protezione dello scavo con tavole di ritegno e puntelli orizzontali, sbadacchiatura.
polish (used for producing gloss) (*ind.*), preparato (o composto) per lucidatura. **2.** ~ (polishing process) (*n. - proc.*), lucidatura. **3.** French ~ (shellac for polishing wood) (*paint.*), lacca a tampone.
polish (to) (*gen.*), lucidare, lisciare. **2.** ~ (as with polishing mach.) (*mech.*), lucidare, brillantare.
polisher (*work.*), lucidatore. **2.** ~ (burnisher of metals) (*mech. shop work.*), operaio addetto alla pulitrice. **3.** floor ~ (*work.*), lucidatore di pavimenti. **4.** furniture ~ (*work.*), lucidatore di mobili.
polishing, lucidatura. **2.** ~ (as with polishing mach.), lucidatura, brillantatura. **3.** ~ (*join. operation*), lucidatura. **4.** ~ iron (burnisher for polishing metallic objects) (*mech. t.*), brunitoio, strumento per lucidare (o levigare). **5.** ~ machine (*mach. t.*), pulitrice, lucidatrice. **6.** ~ mop (for polishing mach.) (*impl.*), disco per pulitrice (o lucidatrice). **7.** ~ wheel (made of felt: used with adhesives and abrasives) (*mach. impl.*), disco di feltro per pulitrice. **8.** acid ~ (polishing of a glass surface by treatment with acid) (*glass mfg.*), lucidatura ad acido. **9.** chemical ~ (*metall.*), lucidatura chimica.
politics (*politics*), politica.
poll (of a hammer) (*t.*), bocca, testa. **2.** ~ (public-opinion poll, questioning of persons for obtaining information on trends) (*comm. - etc.*), sondaggio.
poll (to) (to question in a poll) (*comm. - etc.*), fare un sondaggio, indagare sull'opinione del pubblico. **2.** ~ (to interrogate in sequence every comp. terminal) (*comp.*), interrogare ciclicamente.
poller (*comm.*), *see* pollster.
polling (a sequence interrogation of every terminal: for servicing) (*comp.*), interrogazione ciclica, lista di chiamata. **2.** ~ list (list of terminals to be polled) (*comp.*), lista di interrogazione ciclica.
pollster (poller, one conducting a poll) (*comm. - etc.*), intervistatore, addetto ad indagini sull'opinione del pubblico.
pollutant (as contained in exhaust emissions) (*n. - aut. - etc.*), inquinante.
polluting (as of the atmosphere through exhaust gases of cars) (*aut.*), inquinamento.
pollution (as of water), inquinamento. **2.** ~ (as of the air from exhaust emissions etc.) (*ecol. - aut. - etc.*), inquinamento. **3.** ~ load (of water) (*ecol.*), carico di sostanze inquinanti. **4.** noise ~ (*ecol.*), inquinamento acustico, inquinamento da rumore.
polonium (Po - *chem.*), polonio.
polyacrylamide (water soluble polymer: thickening agent) (*n. - chem.*),poliacrilammide.
polyamide, polyamid (plastic substance) (*chem.*), poliammide. **2.** ~ resins (*ind. chem.*), resine poliammidiche.
polybasic (*chem.*), polibasico.
polycarbonate (*plastic*), policarbonato.
polychromatic (as of a radiation) (*a. - opt. - electromag.*), policromatico.
polychrome (*a.*), policromo.
polychromy (as a multicolor print) (*typ. - etc.*), policromia.
polyclinic (*bldg.*), policlinico.
polycondensation (formation of large molecules from simpler molecules by their chem. combination) (*chem.*), policondensazione. **2.** ~ product (*chem.*), policondensato.
polycyclic (*a. - elect. - chem.*), policiclico.
polyester (*chem.*), poliestere. **2.** ~ plastic, *see* polyester resin.
polyesterification (*chem.*), poliesterificazione.
polyethylene (*chem.*), polietilene.
polyforming (a mixed process consisting of reforming and thermal polymerization) (*chem. ind.*), processo misto di "reforming" e polimerizzazione termica.
polygon (*geom.*), poligono. **2.** ~ of forces (*constr. theor.*), poligono delle forze. **3.** ~ of stresses (*constr. theor.*), poligono delle forze. **4.** funicular ~ (*constr. theor.*), poligono funicolare.
polygonal (*a. - geom.*), poligonale. **2.** ~ masonry (*mas.*), muratura in pietrame tagliato ma non squadrato.
polygraph (*copying mach.*), poligrafo.
polygroove, polygrooved (*a. - gen.*), con più rigature.
polyhedral (*geom.*), poliedrico.
polyhedron (*geom.*), poliedro.
polyimide (a synthetic and wear resistant resin: used as for protective coatings) (*n. - chem.*), poliimmide, resina poliimmidica.
polyisoprene (*rubb. mfg.*), poli-isoprene.
polymer (*chem.*), polimero. **2.** addition ~ (*chem. - plastics ind.*), polimero per addizione. **3.** atactic ~ (*plastics ind.*), polimero atattico. **4.** block ~ (*plastics ind.*), polimero a blocchi. **5.** condensation ~ (*plastics ind.*), polimero di condensazione. **6.** emulsion ~ (*plastics ind.*), polimero in emulsione. **7.** graft ~ (*plastics ind.*), polimero ad innesto. **8.** high ~ (*chem.*), alto polimero. **9.** isotactic ~ (with structure stereochemically similar) (*plastics ind.*), polimero isotattico. **10.** mass ~ (*plastics ind.*), polimero in massa. **11.** solution ~ (*plastics ind.*), polimero in soluzione. **12.** suspension ~ (*plastics ind.*), polimero in sospensione. **13.** syndiotactic (or syndyiotactic) ~ (with stereochemical structures having predetermined cyclic differences) (*plastics

ind.), polimero sindiotattico. **14.** transtactic ~ (*plastics ind.*), polimero transtattico.

polymeric (*a. - chem.*), polimerico.

polymerization (*chem.*), polimerizzazione. **2.** bulk ~ (*plastics ind.*), polimerizzazione in massa. **3.** emulsion ~ (*plastics ind.*), polimerizzazione in emulsione. **4.** graft ~ (*plastics ind.*), polimerizzazione ad innesto. **5.** ionic ~ (stereospecific polymerisation) (*plastics ind.*), polimerizzazione ionica, polimerizzazione stereospecifica. **6.** pearl ~ (*plastics ind.*), polimerizzazione in perle. **7.** solution ~ (*plastics ind.*), polimerizzazione in soluzione. **8.** stereospecific ~ (ionic polymerisation) (*plastics ind.*), polimerizzazione stereospecifica, polimerizzazione ionica. **9.** suspension ~ (*plastics ind.*), polimerizzazione in sospensione.

polymerize (to) (*chem.*), polimerizzare.

polymerized (*a. - chem.*), polimerizzato.

polymerizer (worker operating polymerizing app.) (*ind. chem.*), polimerizzatore.

polymeter (*elect. meas. instr.*), polimetro, analizzatore.

polymethyl methacrylate (transparent plastic: used in shatterproof lenses constr. etc.) (*ind. chem.*), polimetilacrilato.

polymorphism (*min. chem.*), polimorfismo.

polymorphous (*a. - min.*), polimorfo.

polynomial (*n. - math.*), polinomio. **2.** ~ (*a. - math.*), polinomiale.

polyphase (*elect.*), polifase. **2.** ~ induction motor (*electromech.*), motore ad induzione polifase, motore asincrono polifase. **3.** ~ system (*elect.*), sistema polifase. **4.** balanced ~ system (*elect.*), sistema polifase equilibrato. **5.** symmetrical ~ system (*elect.*), sistema polifase simmetrico.

polyphaser (*electromech.*), macchina polifase.

polyphony (*acous.*), polifonia.

polypropylene (*chem. ind.*), polipropilene.

polysaccaride (*chem.*), polisaccaride.

polyspeed (*a. - mot.*), a più velocità.

polystyle (*a. - arch.*), polistilo.

polystyrene (plastic) (*ind. chem.*), polistirolo, polistirene. **2.** ~ foam (*chem. ind.*), polistirene espanso, espanso polistirenico.

polytechnic (*a.*), politecnico.

polythene (polymer of ethylene, thermoplastic synthetic resin) (*ind. chem.*), politene.

polytropic (*a. - thermod.*), politropico. **2.** ~ curve (*phys. - thermodyn.*), curva politropica, politropica.

polyurethan (polyurethane, polymerization resin) (*chem.*), poliuretano. **2.** flexible cellular ~ (flexible foamed polyurethane) (*chem. ind.*), espanso poliuretanico flessibile, poliuretano espanso flessibile.

polyvalence (*chem.*), polivalenza.

polyvalent (*chem.*), polivalente.

polyvinyl (*a. - chem.*), polivinilico. **2.** ~ acetate (plastic) (*ind. chem.*), acetato di polivinile. **3.** ~ alcohol (*ind. chem.*), alcool polivinilico. **4.** ~ chloride (for coating electric cables) (*chem. - elect.*), cloruro di polivinile, vipla. **5.** ~ resins (*chem. ind.*), resine poliviniliche.

pomace (*agric.*), polpa di frutta spremuta.

pommel (knob: sometimes ornamental) (*gen.*), pomello. **2.** ~ (graining tool) (*leather ind.*), utensile per granire. **3.** ~ (plunger for plastics extrusion) (*mach. t. mech.*), stantuffo di estruzione.

pommel (to) (to grain) (*leather ind.*), granire.

pompier ladder (*firemen impl.*), scala da pompieri.

pond (artificial or natural body of water smaller than a lake) (*hydr.*), bacino di acqua, stagno. **2.** solar ~ (salt water pond heated by the sun: for ind. utilization by means of turbogenerators) (*therm.*), bacino di acqua salmastra a riscaldamento solare.

ponderomotive (said of force causing movement to a body) (*a. - phys.*), ponderomotrice.

ponging (hollow resonance) (*radio - coll.*), *see* microphonic effect.

"pont", *see* pontoon.

pontie (*glass mfg. t.*), *see* punty.

pontil (*glass mfg. t.*), *see* punty.

pontonier (*milit.*), pontiere.

pontoon, ponton (for a pontoon bridge) (*road eng.*), barca da ponte. **2.** ~ (a float of an aircraft) (*aer.*), galleggiante. **3.** ~ (flat bottomed lighter) (*naut.*), chiatta, pontone. **4.** ~ bridge (*milit. constr.*), ponte di barche. **5.** ~ pile-driving plant (*bldg. - naut.*), battipalo installato su pontone. **6.** crane ~ (*naut.*), pontone a biga, pontone a gru.

pony car (a two door hardtop sports car) (*sport aut.*), tipo di coupé gran turismo.

pool (of standing water), stagno. **2.** ~ (*comm.*), consociazione per esplicare un'attività. **3.** ~ (agreement among companies operating in the same economical sector) (*finan.*), "pool". **4.** ~ (*geol.*), giacimento di idrocarburi fluidi. **5.** ~ hole (for quarrying blocks of stone by means of wood wedges) (*min.*), foro per cuneo. **6.** stilling ~ (stilling basin) (*hydr. constr.*), vasca di calma. **7.** suppression ~ (relating to a pool used as a steam dump in a nuclear reactor) (*atom phys.*), piscina di abbattimento del vapore. **8.** swimming ~ (*arch.*), piscina. **9.** truck ~ (*comm.*), consociazione per l'esercizio di autocarri. **10.** weld ~ (puddle) (*welding*), bagno di fusione.

pool (to) (as to pool investments) (*finan.*), mettere in comune.

"pool-rectifier" (liquid cathode tube rectifier) (*telev.*), valvola raddrizzatrice a catodo liquido.

poop (superstructure on the stern of old ships built in the 16th century) (*naut.*), casseretto, cassero di poppa. **2.** ~ deck (*naut.*), ponte di poppa. **3.** ~ deckhouse (*naut.*), sovrastrutture di poppa. **4.** ~ lantern (*naut.*), fanale di poppa, fanale di coronamento. **5.** ~ royal (old-time constructions) (*naut.*), casseretto sopraelevato di poppa.

poor (lacking required quality), scadente, povero, inefficiente, deteriorato.

pop (small boss with a setscrew) (*mech.*) (Brit.), piccolo mozzo con vite di fermo. **2.** ~ (gun shot) (*firearm*), colpo. **3.** ~, ~ art (*art*), arte pop. **4.** ~ test (bursting strength test) (*paper mfg.*) (Am.), prova della resistenza allo scoppio. **5.** ~ valve, *see* poppet valve.

pop (to) (*mot.*), *see* to backfire. **2.** ~ out (as a light) (*elect.*), spegnere.

poplar (*wood*), (legno di) pioppo. **2.** white ~ (*wood*), gattice, pioppo bianco.

poplin (fabric), poplin, popelina, "popeline".

poppet (a vertical support fixed at the bottom) (*mech.*) (Am.), supporto verticale. **2.** ~ (rowlock) (*naut.*), scalmiera. **3.** ~ (vertical timber supporting a ship during launching) (*shipbldg.*), colonna dei vasi. **4.** ~ ball (as of aut. gearshift rails) (*mech.*) (Am.), sfera di arresto, sfera di scatto. **5.** ~ valve (*mech.*) (Am.), valvola con movimento perpendicolare alla (propria) sede. **6.** ~ valve (mushroom valve) (*mot.*) (Brit.), valvola a fungo. **7.** ~ valve engine (*mot.*) (*Brit.*), motore con valvole a fungo.

poppethead (lathe tailstock) (*mech.*) (Am.), contropunta. **2.** ~ (lathe headstock) (*mech.*) (Am.), testa. **3.** ~ (of a shaft) (*min.*) (Brit.), *see* headframe.

pop-top (as of a beer can) (*a. - gen.*), apribile sul coperchio.

population (*stat. - etc.*), popolazione. **2.** ~ served (as for water supply) (*hydr. - etc.*), complesso (degli) utenti allacciati.

"porc" (porcelain) (*mech. draw.*), porcellana.

porcelain, porcellana. **2.** ~ clay (*min.*), *see* kaolin. **3.** ~ glass (cryolite glass) (*glass mfg.*), vetro porcellanato. **4.** artificial ~ (soft-paste porcelain) (*ceramics*), semiporcellana, porcellana tenera, porcellana inglese. **5.** hard-paste ~ (natural porcelain) (*ceramics*), porcellana dura. **6.** soft-paste ~ (artificial porcelain) (*ceramics*), semiporcellana, porcellana tenera, porcellana inglese.

porcelainize (to) (*technol.*), porcellanare.

porch (veranda) (*arch.*) (Am.), veranda. **2.** ~ (covered entrance) (*arch.*), copertura prospiciente l'ingresso, porticato (o pensilina) prospiciente l'ingresso.

porcupine (porcupine beater, porcupine roller) (*text. mach.*), apritoio, porcospino, tamburo a denti.

pore (*phys.*), poro. **2.** pores (cavities in a casting) (*found. defect*), pori, porosità.

poromeric (synthetic textile, resin used in the making of wind jackets etc.) (*n. - text. ind.*), poromerico, materiale poromerico.

porosimeter (*meas. instr.*), porosimetro.

porosity (*phys.*), porosità. **2.** ~ meter (for meas. the porosity of fabrics as for aer.) (*instr.*), porosimetro, indicatore di porosità. **3.** ~ ratio (of a soil, ratio of the volume of voids to the total volume of material including voids) (*soil analysis*), indice di porosità. **4.** elongated ~ (*found. defect*), porosità a pori allungati. **5.** globular ~ (of a casting) (*found.*), porosità globulare. **6.** intercommunicating ~ (in powder metallurgy) (*defect*), porosità continua. **7.** interdendritic ~ (microscopical cavities near the pipe of an ingot) (*metall. defect*), porosità interdendritica, microritiri. **8.** pinhole ~ (*found. defect*), porosità puntiforme, porosità a punte di spillo. **9.** round ~ (*found. defect*), porosità a pori sferici. **10.** sharp-edged ~ (*found. defect*), porosità a pori angolosi. **11.** shrinkage ~ (casting defect due to liquid shrinkage) (*found.*), porosità di ritiro. **12.** spheroidal ~ (*found. defect*), porosità a pori sferici.

porous (*phys.*), poroso.

porphyrite (*min.*), porfirite.

porphyry (*min.*), porfido.

porpoising (undulating movement of an aircraft or a seaplane) (*aer.*), delfinamento.

port (opening) (*mech.*), luce, apertura. **2.** ~ (harbor) (*naut.*), porto. **3.** ~ (left side) (*n. - naut.*), fianco sinistro. **4.** ~ (opening in a vessel's side) (*naut.*), portella. **5.** ~ (*a. - naut.*), sinistro, di sinistra. **6.** ~ (commercial port, place where goods are shipped or received) (*naut. - comm.*), porto commerciale. **7.** ~ (an interfacing connector used in input/output operations) (*comp.*), porta. **8.** ~ (terminal used for input/output of data) (*comp.*), porta. **9.** ~ (for entrance or exit from a network) (*n. - elics. - elect.*), porta. **10.** ~, *see* airport. **11.** ~ charges (*comm. - naut.*), spese portuali. **12.** ~ light (*naut.*), oblò. **13.** ~ of call (*naut.*), porto di scalo. **14.** ~ of destination (*naut.*), porto di destinazione. **15.** ~ of discharge (*naut.*), porto di sbarco. **16.** ~ side (larboard) (*naut.*), babordo, fianco sinistro. **17.** coaling ~ (*naut.*), porto di carbonamento. **18.** commercial ~ (*naut. comm.*), porto di commercio. **19.** free ~ (*naut. comm.*), porto franco. **20.** home ~ (*naut.*), porto nazionale. **21.** inspection ~ (of an airship envelope) (*aer.*), portello d'ispezione, apertura spia. **22.** intermediate ~ (*naut.*), scalo intermedio. **23.** parallel ~ (exit or entrance of data on many wires in parallel) (*elics. - elect.*), porta parallela. **24.** raft ~ (opening for loading materials) (*naut.*), portella di carico. **25.** serial ~ (exit or entrance of data on one wire only, by sequences) (*elics. - elect.*) porta seriale.

"port", *see* portable.

portability (the possibility of using a set of data or a file with various operative systems) (*comp.*), flessibilità di impiego.

portable (*gen.*), portatile. **2.** ~ (*mach. - etc.*), trasportabile. **3.** ~ typewriter (*off. app.*), macchina da scrivere portatile.

portal (*arch.*), portale. **2.** ~ (metallic support: as of a suspended contact line for elect. railw.) (*railw.*), portale. **3.** ~ (portal-to-portal, relating to the time a workman spends for reaching his working place from the factory gate and for returning to the latter after the work shift) (*a. - work.*), relativo al tempo intercorrente tra ingresso in fabbrica e raggiungimento del posto di lavoro e viceversa.

porter (worker that carries burdens), facchino. **2.** ~ (doorkeeper), portiere. **3.** ~ (keeper, as of a firm) (*work.*), guardiano, portiere. **4.** ~ (an iron bar the end of which is subjected to forging) (*forging*), barra il cui estremo viene forgiato. **5.** ~ bar (tool used to hold ingots, etc. during forging operations) (*forging t.*), tenaglie per fucinare. **6.** (house) ~ (*work.*), casiere.

porterage (*comm.*), facchinaggio, spese di facchinaggio.

portfolio (case for documents) (*comm. - etc.*), borsa, borsa portadocumenti. **2.** ~ (securities owned) (*finan.*), portafoglio. **3.** ~ (list, of shares in the hands of an investor or a bank) (*finan.*), portafoglio. **4.** ~ (folder containing documentation, as of an advertising campaign) (*adver.*), cartella documentazione pubblicitaria. **5.** investment ~ (securities portfolio) (*finan.*), portafoglio titoli.

porthole (window) (*naut.*), oblò. **2.** ~ (opening in a vessel's side) (*naut.*), portella. **3.** ~ (opening in a wall as for defence) (*arch.*), feritoia. **4.** ~ (window) (*aer.*), finestrino.

portico (*arch.*), portico.

portion (part) (*gen.*), porzione, parte.

Portland blast-furnace slag cement (*mas.*), cemento misto di Portland e scorie d'alto forno.

Portland cement (*mas.*), cemento Portland, cemento idraulico.

Portland-pozzolana cement (*mas.*), cemento misto di Portland e pozzolana.

portlight (*naut.*), vetro di oblò mobile, oblò fisso (con vetro).

portrait (*phot. - etc.*), ritratto.

"POS" (point-of-sale) (*comm.*), punto di vendita.

"pos", *see* position, positive, possession.

posigrade (giving additional thrust to the spaceship: relating to a rocket) (*a. - astric.*), ausiliario.

position (*gen.*), posizione. **2.** ~ (as of a ship or an aer.) (*geogr.*), posizione. **3.** ~ (place) (*astr.*), posizione. **4.** ~ (site, place), posizione. **5.** ~ (a placing), piazzamento. **6.** ~ (defensive position) (*milit.*), posizione difensiva, postazione. **7.** ~ buoy, *see* fog buoy. **8.** ~ display (*n.c. mach. t.*), visualizzatore di posizione, indicatore di posizione. **9.** ~ finder (*milit. instr.*), telemetro. **10.** ~ fixed by observation (*aer. - naut.*), punto osservato. **11.** ~ light signal (*railw.*), segnale fisso con variazione di posizione di più luci. **12.** ~ line (of an aircraft) (*air navig.*), linea di posizione. **13.** positions offered (situations vacant, headline of the advertisement column) (*adver.*), offerte di impiego. **14.** ~ sensor (position transducer, as of the slide motion, on numerical controlled machines) (*n. c. mach. t.*), sensore di posizione, trasduttore di posizione. **15.** ~ transducer (resolver, in N/C machines) (*n. c. mach. t.*), trasduttore di posizione, sensore di posizione. **16.** air ~ (geographical position at a given time if the aircraft had been flying in still air) (*air navig.*), posizione in aria. **17.** driving ~ (as of a railcar) (*veh.*), posto di guida. **18.** dummy ~ (*milit.*), postazione simulata. **19.** end ~, posizione estrema. **20.** feathered ~ (as of a variable pitch propeller), posizione in bandiera. **21.** five o' clock ~ (of the clock hands when pointing at five o' clock) (*a. - gen.*), nella posizione delle lancette alle cinque esatte. **22.** flat ~ (of welding, performed from the upper side when the weld is approx. horizontal) (*welding*), posizione in piano, in piano. **23.** fortified ~ (*milit.*), campo trincerato. **24.** ground ~ (of an aircraft) (*aer.*), posizione rispetto al suolo, punto a terra. **25.** most probable ~ (of an aircraft, position estimated by means of all available data) (*aer.*), posizione stimata, posizione di massima probabilità. **26.** null ~ (just open position, as of a magic eye tube) (*thermion.*), posizione di completa apertura. **27.** operator's ~ (of a switch-board) (*electrotel.*), posto d'operatore. **28.** pole ~ (first position on the first row) (*aut. race*), in testa, "pole position". **29.** print ~ (position of a printer) (*comp.*), posizione di stampa. **30.** punch ~ (in the right location as of a card) (*comp.*), posizione di perforazione. **31.** ship ~ (*naut.*), punto nave. **32.** taxi-holding ~ (of an aircraft waiting permission to proceed) (*aer.*), punto di attesa di rullaggio. **33.** to fix the ~ (to determine the geogr. position, as of an aer.) (*aer. - naut.*), fare il punto. **34.** zero offset ~ (zero offset point, the point to which zero on the machine is shifted from absolute zero, in N/C machines) (*n. c. mach. t.*), punto zero spostato.

position (to) (to locate) (*gen.*), ubicare. **2.** ~ (to set in the proper position) (*gen.*), mettere in posizione, piazzare. **3.** ~ (a work) (*time study*), orientare, posizionare.

positional (*a. - gen.*), posizionale. **2.** ~ notation, ~ representation (of a numeric value) (*math. - comp.*), rappresentazione posizionale.

positioner (*welding app.*), posizionatore.

positioning (as of a work) (*mech. tecnhol.*), posizionamento.

positive (*a. - elect. - math. - phys.*), positivo. **2.** ~ (definite, unyielding, as of a control) (*a. - mech.*), meccanico, di azione sicura, desmodronico. **3.** ~ (dextrorotatory) (*a. - opt.*), destrogiro. **4.** ~ (*n. - phot.*), positiva, copia. **5.** ~ (of a film: developed) (*m. pict.*), positivo. **6.** ~ allowance (*mech.*), giuoco. **7.** ~ and negative booster (*elect. mach.*), survoltore-devoltore. **8.** ~ booster (*elect. mach.*), survoltore. **9.** ~ clutch (*mech.*), innesto meccanico, innesto a denti. **10.** ~ column (from the anode to Faraday dark space) (*elect. discharge*), colonna positiva. **11.** ~ displacement compressor (compressing air by displacing it mechanically, as with a piston or two gears acting as a gear pump) (*mach.*), compressore volumetrico. **12.** ~ electron, *see* positron. **13.** ~ feedback (as in an amplifier) (*elect.*), reazione positiva. **14.** ~ lens (*opt.*), lente convergente. **15.** ~ motion (as by gears) (*mech.*), trasmissione senza slittamento. **16.** ~ pressure (higher than the atmospheric presure) (*phys.*), pressione superiore all'atmosferica. **17.** ~ ray (canal ray) (*phys. chem.*), raggio canale. **18.** ~

stock (of a film) (*m. pict.*), film positivo vergine, film per positivi non ancora esposto. **19.** ~ stop (mechanical stop) (*mech.*), arresto meccanico. **20.** ~ transmission (positive light modulation) (*telev. system*), sistema televisivo nel quale ad un incremento di forza del segnale corrisponde un aumento di luminosità dell'immagine. **21.** contact ~ (*phot. - photomech.*), positivo a contatto. **22.** continuous tone ~ (*photomech.*), positivo a tinta continua (non retinato). **23.** screen ~ (*photomech.*), positivo retinato.

positive-displacement (of a pump or compressor) (*a. - mach.*), volumetrico.

positron (the positive electron) (*atom. phys.*), positone.

positronium (a system constituted of one electron and one positron) (*n. - atom phys.*), positronio.

"POSN TOL" (positional tolerance) (*mech. draw.*), tolleranza di posizione.

possession (*law*), possesso. **2.** possessions (*finan. - law*), beni.

possibility (*gen.*), possibilità. **2.** promotional possibilities (*pers. organ.*), possibilità di carriera.

post (mail), posta. **2.** ~ (*bldg.*), pilastro, montante. **3.** ~ (*milit.*), posto. **4.** ~ (*naut.*), dritto di poppa. **5.** ~ (prop), puntello. **6.** ~ (pole), palo. **7.** ~ (of a timber set) (*min.*), gamba. **8.** ~ (charge of mineral, as of a furnace) (*metall. - found.*), carica di minerale. **9.** ~ (a size of printing paper, $15^1/_4 \times 19$ in or 16×20) (*paper mfg.*), carta da stampa in fogli da $15^1/_4 \times 19$ (o 16×20) pollici. **10.** ~ (pile of sheets of wet pulp) (*paper mfg.*), posta, posta bianca. **11.** ~ (binding post, metallic post on an elect. app. for making connections) (*elect.*), morsetto. **12.** ~ (doorjamb) (*bldg.*), stipite. **13.** ~ card, cartolina illustrata. **14.** ~ exchange (shop for various kinds of merchandise) (*milit.*), spaccio. **15.** ~ luminescence (*phys.*), luminescenza residua, postluminescenza. **16.** ~ office, ufficio postale. **17.** ~ office box (*comm.*), casella postale. **18.** ~ of registry (*naut.*), ufficio del registro. **19.** binding ~ (metallic post on an elect. app. for making connections) (*elect.*), morsetto. **20.** electronic ~ service (*mail tlcm.*), postel, posta elettronica. **21.** inner ~ (*shipbldg.*), controdritto di poppa, controruota interna di poppa. **22.** king ~ (of a truss) (*bldg.*), ometto, monaco (di capriata). **23.** pendant ~ (part of a timber roof frame) (*mas.*), saettone. **24.** pinched ~ (writing paper, size $14^1/_2 \times 19$ in) (*paper*), carta da scrivere da $14^1/_2 \times 19$ pollici. **25.** propeller ~ (*shipbldg.*), dritto dell'elica. **26.** queen ~ (vertical element of a triangular truss) (*bldg. roof*), monaco, ometto. **27.** railing ~ (*bldg.*), colonnetta della ringhiera. **28.** repeating ~ (as in an automatic electric block system) (*railw.*), posto ripetitore. **29.** semaphore ~ (visual signaling with a flag in each hand) (*milit.*), posto segnalazione con bandiere a mano. **30.** tool ~ (*mach. t.*), portautensili. **31.** turret tool ~ (as of a lathe) (*mach. t. - mech.*), portautensili a torretta. **32.** visual signaling ~ (*milit.*), stazione ottica. **33.** winning ~ (*sport*), traguardo.

post (to) (to send by post) (*mail*), inviare per posta. **2.** ~ (to deliver to the post office or post box) (*mail*), impostare, imbucare. **3.** ~ up (to complete the record) (*bookkeeping - etc.*), aggiornare.

postage, affrancatura, spese postali. **2.** ~ meter (*mail mach.*), affrancatrice, macchina affrancatrice. **3.** ~ paid (*mail*), franco di porto. **4.** ~ stamp, francobollo. **5.** free of ~ (*mail*), franco di spese postali.

postal (relating to the mail service) (*a. - gen.*), postale. **2.** ~ (coll.: short for postal card) (*mail*), cartolina postale. **3.** ~ aircraft (*aer.*), aeropostale. **4.** ~ card, cartolina postale. **5.** ~ delivery zone (zone) (*post*) (Am.), quartiere postale. **6.** ~ meter, *see* postage meter. **7.** ~ official (travelling on a train) (*mail pers.*), impiegato postale, ufficiale postale. **8.** ~ storage car (*railw.*), carrozza postale senza smistamento della posta durante il trasporto.

postamble (terminal position of synchronization) (*comp.*), postambolo.

post-and-lintel (without vaults and arches: as in Greek and Egyptian architecture) (*a. - arch.*), a pilastri e trabeazioni.

post-atomic (*a. - atomic expl.*), postatomico, susseguente alla esplosione atomica.

postcard (*mail*), *see* post card. **2.** ~ ($3^1/_2 \times 5^1/_2$ in cut card for postal cards) (*paper mfg.*) (Brit.), cartoncino (da $3^1/_2 \times 5^1/_2$ pollici) per cartoline postali.

postcode (*mail*), codice postale.

postdate (to) (*finan. - etc.*), postdatare.

postedit (edition of output data) (*n. - comp.*), redazione (di dati) in uscita.

poster (placard), cartello, affisso, manifesto. **2.** ~ (placard) (*adver.*), affisso, manifesto, cartello. **3.** ~ (paper for posters) (*paper mfg.*), carta per affissi.

posterestante, poste restante (general delivery) (*mail*), fermo posta.

postering (*adver.*), affissione.

posterist (one who designs posters) (*work.*), cartellonista.

posterization (the execution of posters: as from photographs) (*n. - phot. - print.*), esecuzione di poster.

postern (back door) (*n. - bldg.*), ingresso posteriore. **2.** ~ (underground passage between the interior of a fortification and the outside) (*milit.*), passaggio sotterraneo.

postheating (as of a weld after welding operations) (*welding*), postriscaldo, riscaldamento successivo.

posthole (*mas.*), buca per (piantare un) palo. **2.** ~ digger (*mas. - mach.*), trivella per pali.

posticum, *see* postern.

postman, postino, portalettere.

postmark, timbro postale.

postmaster, ufficiale postale. **2.** Postmaster General, Ministro delle Poste.

post meridiem (p. m., after noon) (*gen.*), pomeridiano.

postmortem (of an action following a completed operation) (*a. - comp.*), postmortem, al termine dell'operazione.

postpaid (with prepaid postage) (*a.*), con spese postali pagate.

postponable (extendable, adjournable, as a term) (*comm. - etc.*), posticipabile.

postpone (to) (as a meeting or payment) (*comm.*), rinviare, posticipare.

postponed (*comm.*), rinviato, posposto, posticipato.

postprocessor (*comp.*), postelaboratore.

postproduction (the period after filming and before public presentation: editing and scoring time) (*n. - telev. - m. pict.*), tempi occorrenti per il montaggio ed il commento musicale.

postrecording, *see* postscoring.

postscoring (postrecording of voice and sound on a silent film) (*m. pict.*) (Brit.), postsonorizzazione, postsincronizzazione, sonorizzazione di film muto.

postscript (P.S., ps) (*off.*), poscritto, postscriptum, P.S.

postsynchronization (*m. pict.*) (Brit.), postsonorizzazione, postsincronizzazione, sonorizzazione di film muto.

posttension (to) (when the falsework is removed: after concrete setting) (*reinf. concr.*), mettere in tensione dopo la presa.

posttensioning (method for confering prestressed characteristics to a concrete beam, after casting it) (*n. - mas.*), post–tensionamento.

postulate (*geom.*), postulato.

postulate (to) (*math.*), postulare.

pot, pentola, vaso, recipiente. **2.** ~ (metal crucible) (*found.*), crogiuolo metallico. **3.** ~ (a one–piece refractory container for molten glass) (*glass mfg.*), padella crogiolo. **4.** ~ (valve chamber) (*steam pump*), camera delle valvole. **5.** ~ (*paper mfg.*), *see* pott. **6.** ~ arch (a furnace for firing or preheating a pot) (*glass mfg.*), "carcara", forno di riscaldo. **7.** ~ brazing (liquid brazing) (*mech. technol.*), brasatura (o saldatura a forte) per immersione. **8.** ~ life (period of utilisation, as of molding resins, adhesives etc.) (*chem. ind.*), durata a magazzino, tempo di passivazione. **9.** ~ life in open container (period of utilization, as of resins) (*chem. ind.*), durata in vaso aperto. **10.** ~ metal (glass melted in a pot) (*glass ind.*), metallo nel crogiolo, vetro fuso nel crogiolo. **11.** ~ metal (stained glass) (*glass ind.*), vetro colorato nel crogiolo. **12.** ~ metal (cast iron used for pots) (*metall.*), ghisa per crogiuoli. **13.** ~ metal (alloy of copper and lead) (*alloy*), lega di rame e piombo per recipienti. **14.** ~ steel, *see* cast steel, crucible steel. **15.** ~ valve (a type of safety valve) (*steam boil.*), (tipo di) valvola di sicurezza. **16.** ~ wagon (a vehicle used for transferring a pot from a pot arch to a pot furnace) (*glass mfg.*), diavolo. **17.** ~ wheel, *see* noria. **18.** closed ~ (a pot having a crown protecting the glass from the furnace atmosphere) (*glass mfg.*), crogiolo chiuso. **19.** glazed ~ (a new pot coated inside with a thin layer of glass for protection from batch) (*glass mfg.*), padella vetriata. **20.** lapping ~ (as in a lapping mach.), tazza levigatrice. **21.** melting ~ (*found.*), crogiolo. **22.** open ~ (a pot open to the flames and combustion gases of the furnace) (*glass mfg.*), crogiolo scoperto. **23.** porous ~ (as of a cell) (*elect.*), vaso poroso.

"pot", *see* potential.

potable (drinkable), potabile.

potamometer, *see* current meter.

potash (K_2CO_3) (potassium carbonate) (*chem.*), potassa, carbonato di potassio. **2.** ~ (caustic potash) (KOH) (*chem.*), potassa caustica, idrossido di potassio. **3.** ~ bulbs (*chem. impl.*), tubo a bolle per assorbimento di gas con alcali.

potassium (K - *chem.*), potassio. **2.** ~ bitartrate ($C_4H_5O_6K$) (*chem.*), tartarato acido di potassio, bitartarato di potassio, cremore di tartaro. **3.** ~ carbonate (K_2CO_3) (*chem.*), carbonato di potassio. **4.** ~ chlorate ($KCl\,O_3$) (*chem.*), clorato di potassio. **5.** ~ chloride (KCl) (*chem.*), cloruro di potassio. **6.** ~ hydroxide (KOH) (*chem.*), potassa caustica, idrato di potassio, idrossido di potassio. **7.** ~ nitrate (KNO_3) (*chem.*), salnitro, nitrato di potassio. **8.** ~ permanganate ($KMnO_4$) (*chem.*), permanganato di potassio. **9.** ~ silicate (*chem.*), silicato di potassio.

potassium-argon (dating method) (*a. - archaeology*), al potassioargon.

potato flour (*agric. ind.*), fecola di patate.

potch (to) (*paper mfg.*), *see* to bleach.

potcher (potcher engine) (*paper mfg. mach.*), olandese imbiancatrice, pila imbiancatrice.

potching engine (potching machine) (*paper mfg. mach.*), *see* potcher.

potential (*a.*), potenziale. **2.** ~ (*n. - elect. - math.*), potenziale. **3.** ~ (*n. - phys.*), potenziale. **4.** ~ barrier (for stopping particles: as thermions, alpha etc.) (*elect. - elics. - atom phys.*), barriera di potenziale. **5.** ~ difference (*elect.*), differenza di tensione. **6.** ~ divider (voltage divider) (*elect.*), partitore di tensione, divisore di tensione. **7.** ~ energy (*phys.*), energia potenziale. **8.** ~ gradient (*math. - phys.*), gradiente del potenziale. **9.** ~ minimum (virtual cathode, space charge surface where the elect. field is zero and the potential negative) (*thermion.*), catodo virtuale. **10.** ~ well (potential hole) (*phys. - elect.*), zona di potenziale minimo. **11.** ~ with respect to earth (*elect.*), potenziale rispetto alla terra, potenziale verso terra. **12.** electric ~ (*elect.*), potenziale elettrico. **13.** fall of ~ (voltage drop) (*elect.*), caduta di potenziale. **14.** ionization ~ (*electrochem.*), potenziale di ionizzazione. **15.** ionization ~ (*atom phys.*), potenziale di ionizzazione. **16.** magnetic ~ (*elect.*), potenziale magnetico. **17.** market ~ (*comm.*), potenziale di mercato. **18.** normal electrode ~ (*electrochem.*), potenziale (elettrolitico) normale di un elettrodo. **19.** operating ~ (*elect.*), tensione di funzionamento. **20.** oxidation-reduction ~ (*electrochem.*), potenziale di ossiriduzione. **21.** redox ~ (*phys. chem.*), *see* oxidation-reduction potential. **22.** resonance ~ (*atom phys.*), potenziale di eccitazione. **23.** reversibile electrochemical ~ (of an electrode) (*electrochem.*), potenziale elettrochimico reversibile. **24.** sales ~ (of a firm) (*comm.*), potenziale di vendita. **25.** spurious ~ (parasitic potential) (*elect.*), tensione parassita. **26.** Y ~ (*elect.*), tensione stellata. **27.** zeta ~ (electrokinetic potential) (*electrochem.*), potenziale elettrocinetico.

potentiometer (*elect. meas. instr.*), potenziometro. **2.** ~ measuring circuit (as of a pyrometer) (*elect.*), circuito potenziometrico. **3.** bias ~ (*thermion. - etc.*), potenziometro di polarizzazione. **4.** helical-type ~ (*elics.*), potenziometro a filo elicoidale. **5.** magnetic ~ (*electr. instr.*), tensiometro (o potenziometro) magnetico.

potentiometric (*elect.*), potenziometrico.

potline (aluminium electrolysis) (*metall.*), batteria di celle elettrolitiche (per alluminio).

pott (writing paper size $12^1/_2 \times 15$ in) (*paper mfg.*) (Brit.), carta da scrivere da $12^1/_2 \times 15$ pollici. **2.** ~ (printing paper size 13 × 16 in) (*paper mfg.*), carta da stampa da 13 × 16 pollici.

potter (*work.*), vasaio.

potter's clay (*min.*), argilla per ceramiche.

potter's earth (*min.*), argilla per ceramiche.

potter's wheel (*ceramics impl.*), tornio da vasai.

pottery (*ceramics*), ceramica. **2.** ~ (*factory*), fabbrica di ceramiche. **3.** ~ (vessels made from clay), ceramiche.

potting (the making of pottery) (*pottery mfg.*), fabbricazione di ceramiche. **2.** ~ compound (sealing and insulating mixture: as for filling a junction box) (*elect. cables - etc.*), miscela isolante.

pottle (half gallon) (*meas.*), misura di capacità uguale a mezzo gallone.

pouch (cartridge box) (*milit.*) (Brit.), cassetta per munizioni. **2.** ~ (bag for cartridges) (*milit.*), giberna. **3.** ~ (*mail*), *see* mailbag. **4.** ~ catcher (*railw.*), *see* mail catcher. **5.** cartridge ~ (*milit.*), giberna. **6.** tobacco ~ (*smokers' article*), borsa per tabacco.

Poulsen arc (*elect.*), arco Poulsen.

pound (avoirdupois) (0.453592 kg) (lb - *meas.*), libbra. **2.** ~ (troy pound: 0.373241 kg used for weighing gold, silver etc.) (*weight meas.*), libbra troy. **3.** ~ degree, *see* British thermal unit. **4.** ~ per square inch (0.07031 kg per sq cm) (lb per sq in - *meas.*), libbra per pollice quadrato. **5.** ~ sterling (Brit. money), sterlina. **6.** foot ~ (0.13825 kgm) (ft lb - *meas.*), libbra piede. **7.** foot ~ per second (1.3558 watt) (ft lb per sec. - *meas.*), libbra piede per secondo. **8.** troy ~ (of 5,760 grains, equal to 373.2418 grams, formerly used in weighing silver, gold and costly materials) (*meas.*), libbra troy.

pound (to) (to reduce to powder by beating) (*gen.*), pestare, battere, polverizzare.

poundal (0.138 newton, unit of force producing an acceleration equal to 1 foot per second per second on a mass of 1 lb) (*meas.*), forza che imprime una accelerazione di 1 piede/sec^2 ad una massa di 1 libbra.

pound-foot, *see* foot-pound.

pounding, tritatura, pestatura.

pounding-in (as of internal combustion engine valve seats) (*mach.*), martellamento.

pour (quantity poured) (*gen.*), quantitativo versato. **2.** ~ (mold opening for molten metal) (*found.*), foro di colata. **3.** ~ (of concrete into predisposed forms) (*mas. - bldg.*), gettata. **4.** ~ point (of a lubricant) (*chem.*), punto di scorrimento. **5.** interrupted ~ (casting defect: lack of union between parts of a casting due to interruption of the pouring operation or to insufficient metal) (*found.*), colata interrota.

pour (to), versare. **2.** ~ (*found.*), colare. **3.** ~ (concrete into forms) (*mas. - bldg.*), gettare.

poured (*a. - gen.*), versato. **2.** ~ (*a. - found.*), colato. **3.** ~ short (as a casting) (*a. - found.*), mancato.

pouring (casting) (*found.*), colata. **2.** ~ device (of a furnace) (*found.*), dispositivo di spillatura.

powder (*phys.*), polvere. **2.** ~ (gunpowder) (*expl.*), polvere, polvere pirica. **3.** ~ charge (of a cannon) (*ordnance*), cartoccio, carica di lancio. **4.** ~ factory (*expl. ind.*), polverificio. **5.** ~ metallurgy (metalceramics, cermet) (*metall.*), metallurgia delle polveri, ceramica delle polveri, metalceramica. **6.** black ~ (gunpowder) (*expl.*), polvere nera. **7.** blasting ~ (as for mines) (*expl.*), polvere da mina. **8.** bleaching ~ (*ind.*), polvere da sbianca. **9.** gold ~ (*paint. - print.*), polvere d'oro. **10.** in ~ (*gen.*), in polvere. **11.** molding ~ (as in rubber mfg.) (*ind.*), polvere da stampaggio. **12.** smokeless ~ (*expl.*), polvere senza fumo.

powdered (pulverized) (*a. - gen.*), in polvere, polverizzato. **2.** ~ metal press (*metall.*), pressa per formatura con metallo in polvere. **3.** ~ milk (*ind.*), latte in polvere.

powdering (becoming like powder, as a defective paint) (*paint. - etc.*), scrostamento polverulento, sfarinamento.

powdery (crumbling) (*a. - gen.*), friabile. **2.** ~ (resembling powder) (*a. - gen.*), pulverulento. **3.** ~ (covered with dust) (*a. - gen.*), polveroso.

power (*theor. mech.*), potenza. **2.** ~ (as of a lens) (*opt.*), potere di ingrandimento. **3.** ~ (as of a mot. or elect. mot.), potenza. **4.** ~ (*math.*), potenza. **5.** ~ amplification ratio (*elics.*), rapporto di amplificazione di potenza. **6.** ~ amplifier (*elics.*), amplificatore di potenza. **7.** ~ at altitude curve (*aer. mot.*), curva di potenza in quota. **8.** ~ brake (*aut.*), servofreno. **9.** ~ breeder (a reactor producing power and fuel) (*atom phys.*), reattore autofertilizzante. **10.** ~ car (for feeding electricity and heating to a train) (*railw.*), carro del servizio riscaldamento e luce. **11.** ~ car (as of an airship) (*aer.*), gondola motore. **12.** ~ curve (*mot.*), curva di potenza. **13.** ~ dive (*aer.*), tuffata con motore, picchiata con motore. **14.** ~ down (extinction) (*comp.*), spegnimento. **15.** ~ drill (*mach. t.*), trapano motorizzato. **16.** ~ drive hoist (*ind. impl.*), paranco elettrico. **17.** ~ duster (for insecticidal dust) (*agric. mach.*), spargipolvere. **18.** ~ factor (*elect.*), fattore di potenza, cosfi. **19.** ~ factor between unity and 0.8 lag (*elect.*), fattore di potenza compreso tra 1 e 0,8 in ritardo. **20.** ~ factor correction (*elect.*), rifasamento. **21.** ~ factor indicator (*elect. instr.*), cosfimetro. **22.** ~ failure (break of elect. energy) (*ind. - comp. - etc.*), interruzione di energia elettrica. **23.** ~ forging (*technol.*), fucinato ottenuto meccanicamente. **24.** ~ gain (*elect.*), guadagno di potenza. **25.** ~ grader (*road constr. mach.*), motolivellatrice. **26.** ~ grid (*elect.*), rete di distribuzione. **27.** ~ jet (of a carburetor) (*mot.*), getto di potenza. **28.** ~ loading (of an aircraft) (*aer.*), carico di potenza, carico per cavallo. **29.** ~ of attorney (*law*), procura, mandato di procura. **30.** ~ pack (for obtaining a steady direct current from an alternating current network, consisting of a transformer, rectifier and filter) (*elect. - radio - etc.*), gruppo di alimentazione. **31.** ~ package (power plant) (*aer. mot.*), gruppo moto-propulsore. **32.** ~ plant (generator set) (*elect.*), gruppo elettrogeno. **33.** ~ plant (of an aircraft) (*aer.*), gruppo motopropulsore, apparato motore. **34.** ~ plant (power station) (*elect.*), centrale elettrica. **35.** ~ rating (permitted by rules for given uses) (*aer. mot.*), potenza a regime. **36.** ~ reel (*text. mach.*), aspatoio meccanico. **37.** ~ reverse gear (of a steam locomotive) (*railw.*), cambio marcia, inversione marcia. **38.** ~ seat (a seat with controls for slightly adjusting both inclination and height) (*aut.*), sedile motorizzato. **39.** ~ series (*math.*), serie di potenze. **40.** ~ showel (*earth moving mach.*), escavatore a badilone, escavatore a pala. **41.** ~ stall (as in a too rapid climb) (*aer.*), stallo con potenza. **42.** ~ stroke (of a piston egine) (*mot.*), corsa di lavoro, fase di espansione, fase utile. **43.** ~ supply (*radio - telev. - etc.*), alimentazione. **44.** ~ supply (a device employed to provide proper voltages required (*comp.*), alimentatore. **45.** ~ takeoff (as in trucks equipped with a motorized winch) (*aut. - etc.*), presa di forza. **46.** ~ takeoff lever (as in trucks equipped with a motorized winch) (*aut. - etc.*), leva di comando della presa di forza. **47.** ~ train (mechanism between engine and veh. driving wheels or boat propeller) (*mech.*), catena cinematica (dal motore per es. alle ruote motrici). **48.** ~ tube (*thermion.*), valvola di potenza. **49.** ~ typing (*typewriter*), scrittura a macchina con macchina per scrivere elettrica. **50.** ~ unit (single engine or essembly of two or more engines comprising reduction gear and propeller shaft) (*aer. mot.*), unità motrice, gruppo motore. **51.** ~ unit (motor generator set) (*elect.*), gruppo elettrogeno. **52.** ~ unit (power amplifier) (*radio*) (Brit.), amplificatore di potenza. **53.** ~ up (as for starting) (*comp.*), accensione. **54.** ~ window (electrically operated glass door) (*aut.*), alzacristalli elettrico. **55.** acoustic ~ (*acous.*), potenza acustica. **56.** active ~ (*elect.*), potenza efficace. **57.** actual ~ (horsepower at the output shaft) (*mech.*), potenza effettiva, potenza sull'asse (o sull'albero) **58.** antenna ~ (*radio*), potenza di antenna. **59.** apparent ~ (*elect.*), potenza apparente, (VA). **60.** B ~ supply (in an electron tube) (*elics.*), alimentatore di placca, alimentatore anodico. **61.** buying ~ (purchasing power) (*econ. - comm.*), potere di acquisto. **62.** climbing ~ (*aer. mot.*), potenza di salita. **63.** continuous ~ (24 hours rating, as of a Diesel engine) (*mot.*), potenza continuativa, potenza continua, potenza per (servizio di) 24 ore. **64.** coupled-engine ~ unit (formed by two coupled engines for driving a single propeller or contrarotating propellers) (*aer. mot.*), unità motrice a motori accoppiati, gruppo di due motori accoppiati. **65.** covering ~, *see* hiding power. **66.** cruising ~ (*aer. mot.*), potenza di crociera. **67.** developed ~ (*mot.*), potenza sviluppata. **68.** double-engine ~ unit (comprising two engines driving co-axial propellers) (*aer. mot.*), unità motrice a due motori, gruppo con due motori. **69.** dump ~ (surplus of hydroelectric power) (*elect.*), energia idroelettrica in surplus. **70.** emergency ~ plant (*elect.*), gruppo elettrogeno di emergenza. **71.** felting ~ (property of paper) (*paper*), potere feltrante. **72.** floating ~ (said of the engine placed in such a way as to avoid the transmission of vibrations to the body) (*aut.*), sospensione flottante del motore. **73.** forward ~ take-off (of an engine) (*mot.*), presa di forza anteriore. **74.** fuel stop ~ (of a diesel engine, the max. power an engine can develop for a certain period of service with a given setting of the injection pump) (*mot.*), potenza di taratura della pompa di iniezione, potenza massima sviluppabile con una data taratura della pompa di iniezione. **75.** ground ~ unit (motor generator set for electrical supply to aircraft) (*aer. - elect.*), gruppo mobile elettrogeno aeroportuale, "dolly". **76.** height ~ factor (the ratio between the power at altitude and that developed at sea level) (*aer.*), fattore di potenza in quota. **77.** hiding ~ (as of colors) (*paint. - rubb. ind. - etc.*), potere coprente, coprenza. **78.** horse-power (Brit.), horsepower (Am.) (*meas.*), cavallo (inglese). **79.** hydraulic ~ (*hydr.*), potenza idraulica. **80.** kickback ~ supply (fly-back extra high tension supply) (*telev.*), generatore di extra alta tensione. **81.** lifting ~ (*aer.*), forza ascensionale. **82.** magnifying ~ (of a lens) (*opt.*), ingrandimento. **83.** maximum continuous ~ (*aer. mot.*), potenza massima continua. **84.** maximum ~ (1 hour rating, of a Diesel engine) (*mot.*), potenza massima, potenza unioraria. **85.** mobile airfield ~ unit (*elect.*), gruppo elettrogeno mobile per aeroporto. **86.** motive ~ (*gen.*), forza motrice. **87.** motive ~ (water, wind, elect., steam, etc. power) (*phys.*), forza motrice. **88.** obliterating ~ (*paint.*), *see* hiding power. **89.** overload ~ (as of a Diesel engine) (*mot.*), potenza di sovraccarico. **90.** peak ~ (of a Diesel engine, max. power achieved on the test bed and not developed in service) (*mot.*), extrapotenza al freno, potenza massima al freno. **91.** penetrating ~ (as of X rays) (*radiology*), potere penetrante. **92.** purchasing ~ (buying power) (*econ. - comm.*), potere di acquisto. **93.** rated ~ (24 hours rating, of a Diesel engine) (*mot.*), potenza continuativa, potenza per (servizio di) 24 ore. **94.** reactive ~ (*elect.*), potenza reattiva. **95.** reducing ~ (the extent to which a white pigment whitens a colored pigment) (*paint.*), potere decolorante. **96.** refractive ~ (refractivity) (*opt.*), potere rifrangente. **97.** required ~ (*mach.*), potenza richiesta. **98.** resolving ~ (*telev. - opt.*), potere risolvente. **99.** specific ~ (of a nuclear fuel) (*atom phys.*), potenza specifica. **100.** staining ~ (the extent to which a colored pigment colors a white pigment) (*paint.*), potere colorante. **101.** take-off ~ (*aer. mot.*), potenza di decollo. **102.** thermal ~ (of a heating system), potenzialità termica. **103.** throwing ~ (ability to form a uniform depth plating on a surface of irregular shape) (*electroplating - paint.*), capacità di (effettuare dovunque) riporti di spessore uniforme. **104.** tinting ~ (as of a color) (*ind.*), potere colorante. **105.** to rise the ~ factor (*elect.*), rifasare. **106.** total equivalent ~ (of a turboprop, equal to the power on the propeller shaft plus the power equivalent to the jet thrust) (*aer.*), potenza equivalente totale. **107.** to turn off the ~ (*elect.*), togliere la corrente. **108.** water ~ (*hydr.*), energia idraulica.

power (to) (to equip with a motor) (*gen.*), motorizzare. **2.** ~ (to feed with electricity) (*elect. - elics.*), alimentare.

powerboat (*naut.*), motoscafo veloce d'altura.

powered (operated by power) (*a. - gen.*), azionato da motore, motorizzato. **2.** ~ (producing power) (*a. - gen.*), equipaggiato per produrre energia.

powerforming (reforming process in which the catalyst may be regenerated without interruption of the process) (*chem. ind.*), "powerforming", processo di "reforming" con catalizzatore rigenerabile senza interruzione del processo.

powerful (as of mot.) (*a.*), potente.

powerhouse (central station) (*elect.*), centrale elettrica.

powerless (as of mot.), senza potenza.

power-off (without power being delivered from the engines) (*a. - aer. - etc.*), a motore spento, senza motore.

power-on (with power being delivered from the engine) (*a. - aer. - etc.*), con motore in moto.

power-operate (to) (as a mach.) (*mech.*), meccanizzare.

pozzolana, pozzuolana (*min.*), pozzolana. **2.** ~ (hydraulic cement) (*bldg.*), cemento pozzolanico.

"PP" (polypropylene) (*plastics*), PP, polipropilene. **2.** ~, *see also* peak to peak, power plant.

"pp" (post paid) (*mail*), porto pagato. **2.** ~, *see also* page(s).

"PPBS" (planning-programming-budgeting system) (*organ.*), sistema di pianificazione-programmazione-previsione.

"pphm" (parts per hundred millions, as a concentration, of ozone in air) (*chem. - etc.*), parti per cento milioni.

"PPI" (plan position indicator) (*radar*), radar topografico, indicatore topografico del terreno (o spazio) esplorato, schermo a presentazione planimetrica. **2.** remote display ~ (remote display Plan Position Indicator) (*radar*), radar topografico derivato.

"PPM" (pulse phase modulation) (*elics.*), modulazione di fase degli impulsi, PPM.

"ppm" (parts per million) (*meas. - math. - etc.*), parti per milione.

"PPPA" (push-pull power amplifier) (*elics.*), amplificatore di potenza in controfase.

"PPS" (point-to-point system, in N/C machining) (*n. c. mach. t.*), sistema (di posizionamento) da punto a punto. **2.** ~ (pulses per second) (*elics.*), impulsi al secondo.

"PR" (primary radar) (*radar*), radar primario. **2.** ~ (public relations) (*ind.*), relazioni pubbliche.

Pr (praseodymium) (*chem.*), praseodimio.

"pr" (passing showers of rain, Beaufort letter) (*meteorol.*), rovescio di pioggia. **2.** ~ (ply rating, of a tire) (*aut.*), numero delle tele. **3.** ~, *see also* power, printed, printer.

practicability (practicableness) (*road - veh.*), praticabilità, percorribilità.

practicable (*gen.*), praticabile. **2.** ~ (road, bridge etc.) (*veh.*), transitabile, praticabile, percorribile.

practicableness (*road - veh.*), transitabilità, percorribilità, praticabilità.

practical (useful) (*a.*), pratico. **2.** ~ (experienced) (*a. - work.*), pratico.

practice, practise, esercizio, pratica. **2.** ~ (customary routine) (*gen.*), prassi. **3.** ~ (professional business) (*gen.*), attività professionale. **4.** ~ (rules of a court of law) (*law.*), regolamenti, norme. **5.** ~ (the performance of what has been laid down in theory) (*gen.*), esecuzione pratica. **6.** ~ (clients) (*gen.*), clientela. **7.** ~ (*milit.*), esercitazione. **8.** ~ ground (*milit.*), balipedio. **9.** to be in ~ (to be in action) (*gen.*), essere in esercizio. **10.** to be out of ~ (out of exercise) (*gen.*), essere fuori esercizio. **11.** to put into ~ (*gen.*), mettere in pratica.

practice (to) (to exercise a profession), esercitare. **2.** ~ (to learn by practice), fare della pratica.

practitioner (practicant) (*work.*), praticante.
prandtl number (*fluids therm. conductivity*), numero di Prandtl.
pram (small oars and outboat motor boat used as tender of a larger boat) (*naut.*), barchino di servizio, pram.
praseodymium (Pr - *chem.*), praseodimio.
pratique (permission to enter a port after presentation of the bill of health) (*naut.*), pratica.
"prcht", *see* parachute.
prealarm (*milit. - air force*), preallarme.
preamble (initial position of synchronization) (*comp.*), preambolo.
preamplification (*elics.*) (Brit.), preamplificazione.
preamplifier (*elics.*) (Brit.), preamplificatore.
prearrange (to) (*gen.*), predisporre.
prearrangement (*gen.*), predisposizione.
preassembly (*ind. - mach. - etc.*), montaggio preliminare, premontaggio, preassemblaggio.
"pre bore" (precision bore) (*mech. draw.*), alesaggio di precisione.
Pre-Cambrian (*a. - geol.*), precambriano.
precast (of a concrete element, as a unit for pier construction) (*a. - civ. eng.*), prefabbricato.
precaution, precauzione.
precede (to), precedere.
precedence, precedenza.
precedent (*n. - law.*), precedente.
precedent (*a. - gen.*), precedente.
preceding (*a. - gen.*), precedente.
precess (to) (to progress with a movement of precession) (*mech.*), avanzare con movimento di precessione.
precession (movement) (*mech.*), precessione. **2.** ~ of the equinoxes (*astr.*), precessione degli equinozi. **3.** axis of ~ (as of a gyroscope) (*mech.*), asse di precessione. **4.** lunisolar ~ (*astr.*), precessione lunisolare. **5.** movement of ~ (*mech.*), movimento di precessione.
precessional (*mech.*), di precessione. **2.** ~ frequency (*mech.*), frequenza di precessione.
precipice, precipizio.
precipitable (*chem.*), precipitabile.
precipitant (*n. - chem.*), (agente) precipitante.
precipitate (of a liquid) (*chem.*), precipitato. **2.** finely divided ~ (*chem.*), precipitato finemente suddiviso. **3.** flocky ~ (*chem.*), precipitato fioccoso.
precipitate (to) (*phys. chem. - meteorol.*), precipitare.
precipitation (*meteorol. - chem.*), precipitazione. **2.** ~ (precipitate) (*chem.*), precipitato. **3.** ~ hardening (*heat-treat.*), invecchiamento artificiale. **4.** ~ static interference (noise in an airborne radio due to dissipation of a static charge from the aircraft to the atmosphere) (*aer. - radio*), disturbi dovuti a scariche statiche.
precipitator (electrical precipitator, electrostatic precipitator: for gases, fumes etc.) (*ind. app.*), elettrofiltro, filtro elettrostatico. **2.** electrical ~, *see* precipitator. **3.** electrostatic ~, *see* precipitator.
précis (compendium) (*gen.*), breve riassunto.
precise (*gen.*), preciso.
precision, precisione, esattezza. **2.** ~ (the max. number of binary or decimal places by which the number can be represented in a given comp.) (*comp.*), precisione. **3.** ~ block, *see* gauge block. **4.** ~ casting (operation) (*found.*), microfusione, fusione di precisione. **5.** ~ casting (cast piece) (*found.*), microfuso, getto microfuso. **6.** ~ finishing (fine finishing) (*mech. - mach. t. w.*), superfinitura, microfinitura. **7.** ~ folding machine for textile fabrics (*text. ind.*), piegatrice meccanica di precisione per tessuti. **8.** ~ yarn scale (*text. ind.*), bilancia di precisione per filati. **9.** double ~ (by the use of two comp. words for representing a number) (*comp.*), doppia precisione. **10.** single ~ (by the use of one comp. word for representing a number) (*comp.*), precisione semplice.
"precision-finish" (to) (to fine-finish) (*mech. - mach. t. w.*), superfinire, microfinire.
precleaner (*mech. ind.*), prefiltro.
precombustion (*comb.*), precombustione. **2.** ~ engine (*mot.*), tipo di motore a testa calda.
precondition (to) (to prepare, as for a treatment or test) (*ind. - pers.*), preparare, predisporre.
precool (to) (*gen.*), preraffreddare.
precooler (as of a gas turbine) (*mot.*), prerefrigeratore.
precuring (in rubber mfg.), scottatura.
precut (to) (the parts of a prefabricated house) (*bldg.*), preparare tagliato a misura, tagliare a misura.
predella (*arch.*), predella.
predesign (*ind.*), preprogetto, progetto preliminare.
predetermine (to) (*gen.*), predeterminare, prestabilire.
predetermined (*gen.*), predeterminato, prestabilito, prefissato.
predicted (in the firing against moving targets) (*a. - gunnery*), futuro. **2.** ~ firing (against moving targets) (*gunnery*), tiro nel punto futuro. **3.** ~ target elevation (in the firing against moving targets) (*gunnery*), sito futuro. **4.** ~ target position (in the firing against moving targets) (*gunnery*), punto futuro.
prediction (in the firing against moving targets) (*gunnery*), determinazione dei dati futuri. **2.** vertical ~ (in the firing against moving targets) (*gunnery*), determinazione del sito futuro.
predictor (a calculating instr. for antiaircraft fire) (*milit. instr.*), calcolatore di tiro contraereo, "goniotacometro".
preemphasis (system for reducing noise effect: see emphasis) (*elics.*), preenfasi.
preemption (the privilege consisting of the right of making a purchase before others) (*law*), prelazione. **2.** ~ (priority privilege) (*comp. - comm.*), prelazione.

preemptive (pertaining to preemption) (*a.* - *law*), relativo alla prelazione. **2.** ~ (having preemption) (*a.* - *comp.* - *comm.*), con prelazione.
preengineered (made by prefabricated modules) (*a.* - *bldg.*), realizzato con (elementi modulari) prefabbricati.
preerase (to) (using a second erasing head, before rewriting) (*comp.*), precancellare.
preexposure (for increasing sensitivity) (*phot.*), preesposizione.
prefab (a prefabricated house or structure) (*n.* - *bldg.*), casa (o struttura) prefabbricata. **2.** ~ (prefabricated) (*a.* - *bldg.*), prefabbricato.
prefabricate (to) (as a house) (*bldg.*), prefabbricare.
prefabricated (*a.*), prefabbricato. **2.** ~ house (*bldg.*), casa prefabbricata.
prefabrication (*bldg.* - *etc.*), prefabbricazione.
preface (foreword, in a book) (*edit.*), prefazione.
preference (*gen.*), preferenza. **2.** consumer ~ (*comm.*), preferenza del consumatore.
preferential (*gen.*), preferenziale.
prefilter (*app. ind.* - *mech.* - *etc.*), filtro preliminare, prefiltro.
prefix (as deca, mega etc.) (*meas.* - *etc.*), prefisso.
preflight (preparation to be done before flight) (*a.* - *aer.*), prevolo.
prefocus (to) (*opt.* - *elics.* - *etc.*), prefocalizzare.
prefolding (preforming, as of a blank) (*sheet metal w.*), preformatura.
preform (preformed part) (*n.* - *technol.*), sbozzato (*s.*). **2.** ~ (as a tablet of plastic molding material for facilitating handling) (*plastics ind.*), pastiglia.
preform (to) (*technol.*), preformare, sbozzare, abbozzare.
preformatting (*comp.*), preformattazione.
preforming (act of compressing metal powder for obtaining a compact) (*metall.*), preformatura.
preheat (*therm.*), preriscaldamento.
preheat (to) (*ind.*), preriscaldare.
preheater (*therm. app.*), preriscaldatore. **2.** forms ~ (in plastics molding) (*therm. app.*), preriscaldatore degli stampi.
preheating (*therm.*), preriscaldamento, preriscaldo. **2.** ~ salt (in heat-treating, by salt bath), sale per preriscaldo. **3.** local ~ (as of a structure) (*mech. technol.*), preriscaldamento locale.
preignite (to) (*mot.*), preaccendersi.
preignition (*mot.*), preaccensione, accensione prematura, accensione a valvola d'aspirazione aperta.
preinstall (to) (as pipes passages in a factory constr.) (*bldg.*), predisporre per l'eventuale installazione.
prelaunch (preliminary to a launch: as the coutdown) (*a.* - *astric.*), preliminare al lancio.
preliminarily (*gen.*), preventivamente.
preliminary (*gen.*), preliminare. **2.** ~ heating (*ind.*), preriscaldo. **3.** ~ treatment (*ind.*), trattamento preliminare.
preload (to) (to prestress) (*mech.* - *etc.*), precaricare.
preloaded (prestressed) (*mech.* - *etc.*), precaricato.
preloading (as of bearing) (*mech.*), precarico.
premature (a charge exploding before the fixed time) (*expl.*), carica che esplode prematuramente.
premelting (below the melting point) (*metall.*), fusione (parziale) prima del punto di fusione.
premise (assumption) (*gen.*), premessa, condizione preliminare.
premises (buildings) (*bldg.*), fabbricati. **2.** ~ (property: as buildings, land etc.) (*factory adm.*), immobili (fabbricati e terreni). **3.** ~ and equipment (as in a balance sheet) (*adm.*), immobili ed impianti e macchinario.
premium (as of an insurance) (*comm.*), premio. **2.** ~ (a reward given to a worker in addition to his wages), premio. **3.** ~ (as a product offered as a gift) (*adver.*), omaggio. **4.** ~ (of exceptional quality, as a plastic, casting etc.) (*a.* - *technol.* - *etc.*), superiore, super, di qualità superiore. **5.** ~ (a sum in addition to the nominal value of a good) (*comm.*), maggiorazione. **6.** ~ grade fuel (96.8-98.8 octane fuel) (*aut.*), benzina super, benzina ad alto numero di ottano. **7.** ~ offer (*comm.*), offerta a premio. **8.** ~ plastic (*chem. ind.*), superplastica (*s.*), plastica di qualità superiore. **9.** ~ sales (*comm.*), vendite a premio. **10.** ~ system (for paying workmen) (*ind. work. organ.*), sistema a incentivo, sistema a premio. **11.** Halsey ~ system (*ind. work. organ.*), sistema a premio Halsey. **12.** Rowan ~ system (sliding-scale premium system) (*ind. work. organ.*), sistema a premio Rowan, sistema a premio variabile.
premix (mixing of propellants prior to injection into a rocket motor combustion chamber) (*rckt.* - *mot.*), premiscelazione. **2.** ~ (in reinforced plastic molding, mixing by the molder himself of the compounds that is resin, reinforcement, fillers etc.) (*plastics ind.*), miscela preparata (dallo stampatore), materiale da stampaggio preparato (dallo stampatore). **3.** ~ injector (for mixing propellants prior to injection into a rocket motor combustion chamber) (*rckt.* - *mot.*), iniettore di premiscelazione. **4.** ~ nozzle (for mixing propellants prior to injection into a rocket motor combustion chamber) (*rckt.* - *mot.*), iniettore di premiscelazione.
premix (to) (*gen.*), premiscelare.
premixing (as of concrete) (*mas.* - *etc.*), premiscelatura.
premodification (*draw.* - *etc.*), premodifica, esecuzione premodifica.
"prendelo" (of an automatic transmission: term given to the operating panel and derived from the letters printed on the panel, that is P-R-N-D-L: Parking, Reverse, Neutral, Drive, Low speed) (*aut.*) (Am. coll.), settore di comando del cambio.
preoperative headstock (*mach. t.*), testa preselettiva.
preorder (to) (*comm.* - *ind.*), ordinare in anticipo.
"prep", *see* preparation, preparatory.
preparation (*gen.*), preparazione. **2.** ~ time (in bar-

rage fire) (*artillery*), tempo di preparazione. **3.** artillery ~ (fire action) (*milit.*), preparazione d'artiglieria.
preparatory (*a. - gen.*), preparatorio.
prepare (to) (to make ready), allestire, preparare. **2.** ~ (to provide), provvedere.
preparer (opener) (*text. mach.*), apritoio. **2.** can ~ (opener) (*text. mach.*), apritoio a vasi.
preparing (as an instr. for use), preparazione.
prepay (to) (*comm. - adm.*), pagare anticipatamente.
prepayment (*comm. - adm.*), pagamento anticipato.
"prepg", *see* preparing.
prepreg (reinforced plastics term meaning the reinforcing material combined with the resin before molding) (*plastics ind.*), resina rinforzata (prima dello stampaggio). **2.** ~ (as cloth pre-impregnated by resin) (*n. - ind.*), materiale preimpregnato.
preprocess (to) (to process data primarily) (*comp.*), preelaborare.
preprocessor (*n. - comp.*), preprocessore.
preproduction (as of a new model) (*ind.*), preserie, serie di avviamento, serie di preproduzione. **2.** ~ (work of organization to be done prior to begin filming) (*n. - m. pict.*), preproduzione.
preprogram (to) (to program in advance) (*comp. - etc.*), preprogrammare.
preprogramming (*comp.*), preprogrammazione.
prerefining (*metall.*), preaffinazione.
prerelease (of the exhaust for reducing backpressure) (*steam eng.*), anticipo allo scarico, apertura anticipata dello scarico.
presbyopia (*opt.*), presbiopia.
presbyopic (*a. - med.*), presbite.
presbytery (*arch.*), presbiterio.
prescore (to) (*m. pict.*), preregistrare.
prescoring (sound recorded before shooting the picture) (*m. pict.*), registrazione preventiva, preregistrazione.
prescreen (to) (to view before public release) (*telev. - m. pict.*), visionare, vedere in anteprima.
prescribed (as a tolerance etc.) (*mech. - etc.*), prescritto.
prescription (laid down as an acceptance term, as for a supply) (*ind.*), prescrizione. **2.** ~ (*med.*), ricetta, prescrizione medica.
preselection (*radio*), preselezione.
preselector (*teleph.*), preselettore. **2.** ~ (selector) (*aut.*), preselettore. **3.** ~ transmission (or gearbox) (*aut.*), cambio a preselettore. **4.** feed ~ (as of a boring mach.) (*mach. t.*), preselettore dell'avanzamento. **5.** spindle speed ~ (as of a boring mach.) (*mach. t.*), leva di preselezione delle velocità del mandrino.
presence (*work. - etc.*), presenza.
present (to) (to introduce), presentare. **2.** ~ arms (*milit.*), presentare le armi.
presentation (as of echo images on a radar screen) (*radar*), presentazione.
preservation (*gen.*), conservazione. **2.** ~ (as a wood treatment) (*bldg. - etc.*), conservazione.
preservative (as in rubber mfg.), preservante. **2.** ~ (for wood) (*carp.*), sostanza preservatrice, preservante, che migliora la conservazione. **3.** ~ (as for protecting finished mech. parts to be stored as spares) (*mech.*), film protettivo.
preserve (to) (to keep from injury or decaying) (*gen.*), conservare.
preset (as an app. or operation) (*electromech. app.*), predisposto. **2.** ~ (arranged in advance: as of a camera device) (*phot.*), preregolato, con regolazione predisposta. **3.** ~ (inizialized) (*a. - comp.*), inizializzato.
preset (to) (as an app.) (*electromech. - etc.*), predisporre.
presetter (presetting device) (*electromech. app.*), dispositivo per predisporre.
presetting (as of an app. or operation) (*electromech. - etc.*), predisposizione, preregolazione.
preshaving (of a gear) (*mech.*), preparazione alla (o della) sbarbatura. **2.** ~ hob (in gear shaving) (*mech. t.*), creatore per (la preparazione di) ingranaggi da sbarbare. **3.** ~ shaper cutter (in gear shaving) (*mech. t.*), coltello per dentatrice stozzatrice per (la preparazione di) ingranaggi da sbarbare.
preshrinkage (fabric treatment for eliminating lather shrinking in laundering) (*text. ind.*), sanforizzazione.
preshrunk (of fabric subjected to preshrinkage) (*a. - text.*), sonforizzato.
presidency (chair) (*finan. - ind.*), presidenza.
president (as of a corporation), presidente. **2.** vice-~ (*gen.*), vicepresidente.
presintered (*a. - metall.*), presinterizzato.
presintering (*n. - metall.*), presinterizzazione.
presinterizing (*metall. - etc.*), presinterizzazione, presinteraggio.
presoak (to) (to impregnate beforehand: as clothes) (*text. - etc.*), preimpregnare.
presort (method of prearranging data items in a particular way) (*comp.*) preordinamento, preselezione.
presplitting (mining method) (*min.*), pretaglio, tecnica del pretaglio, "presplitting".
press (*mach.*), pressa. **2.** ~ (process or art of printing), stampa. **3.** ~ (printing press) (*print. mach.*), macchina da stampa. **4.** ~ (the journalism) (*n. - newspapers - periodicals - etc.*), la stampa. **5.** ~ advertising (*comm. - adver.*), pubblicità a mezzo stampa. **6.** ~ agent (*adver.*), press agent, agente per la stampa. **7.** ~ brake (*mach. t.*), piegatrice, pressa piegatrice. **8.** ~ button board (as of a lift) (*elect. equip.*), quadro a pulsanti. **9.** ~ conference (newsmen interview meeting) (*news media - telev. - radio - etc.*), conferenza stampa. **10.** ~ corrector (*print. work.*), correttore di bozze. **11.** ~ cutting (press clipping, cut fragment, as from a newspaper) (*journ.*), ritaglio di giornale. **12.** ~ of a joiner's bench (*carp.*), morsa del banco da fale-

gname. **13.** ~ officer (of an industry) (*adver.*), addetto stampa. **14.** ~ plate (*mech. technol.*), piastra da pressa, piastra portastampi. **15.** ~ proof (*print.*), bozza di macchina, ultima bozza, bozza finale pronta per la stampa. **16.** ~ release (*press*), comunicato stampa. **17.** ~ rolls (wet presses, part of the paper machine) (*paper mfg. mach.*), presse umide, presse piane. **18.** arbor ~ (mandrel press) (*mach.*), pressa a calcatoio. **19.** arbor ~ (hand lever press) (*mach. t.*), pressetta manuale a leva. **20.** arch ~ (punch press having a C shaped frame) (*mech. mach.*), pressa a C, pressa a collo di cigno. **21.** bench ~ (*mach. t.*), pressetta da banco. **22.** block ~ (for plastics) (*mach.*), pressa a blocco. **23.** briquette ~ (*ind. mach.*), pressa per mattonelle (di carbone p.e.). **24.** cam ~ (*mach. t.*), pressa ad eccentrico. **25.** centripetal ~ (*mach.*), pressa centripeta. **26.** C-frame ~ (*mach.*), pressa frontale, pressa a collo di cigno. **27.** clodding ~ (for squeezing oil out of seeds) (*ind. mach.*), pressa per olio di semi. **28.** coining ~ (sizing press) (*forging mach.*), coniatrice, pressa per coniare. **29.** copperplate ~ (printing press) (*print. mach.*), torchio calcografico. **30.** counterblow ~ (as a forging press in which both platens are moving toward each other) (*mach.*), pressa a contraccolpo. **31.** crank ~ (as for forging) (*mach.*), pressa a manovella, pressa a collo d'oca. **32.** cylinder ~ (*print. mach.*), macchina rotativa. **33.** dial ~ (press fed by disc) (*mach. t.*), pressa con alimentatore a disco. **34.** die-forging ~ (*mach.*), pressa per fucinatura a stampo. **35.** die-spotting ~ (*mech. technol. - mach.*), pressa provastampi. **36.** double-acting ~ (*shop mach.*), pressa a doppio effetto. **37.** double-crank ~ (*shop mach.*), pressa a doppia manovella. **38.** double ram ~ (for plastics) (*mach.*), pressa a doppio pistone. **39.** double size printing ~ (*print. mach.*), macchina da stampa a doppio formato. **40.** drawing-forming ~ (for sheet metal) (*mach.*), pressa per piegare ed imbutire. **41.** drawing ~ (*mach.*), pressa per imbutire. **42.** dual ~ (of a paper machine) (*paper mfg. mach.*), pressa doppia. **43.** eccentric ~ (*mach. t.*), pressa ad eccentrico. **44.** eccentric-shaft ~ (*mach. t.*), pressa ad eccentrico. **45.** filter ~ (*ind. app.*), filtropressa. **46.** fine blanking ~ (*sheet metal w. - mach.*), pressa per tranciatura fine. **47.** flash trimming ~ (*mach.*), pressa sbavatrice. **48.** flat-bed cylinder ~ (printing press) (*print. mach.*), macchina da stampa pianocilindrica. **49.** flat-bed ~ (*print. mach.*), macchina piana. **50.** fly ~ (*mach.*), bilanciere a mano. **51.** forging ~ (*mach.*), pressa per stampaggio a caldo. **52.** forming ~ (as for sheet metal working) (*mach.*), pressa per piegatura, piegatrice. **53.** for ~ (good for printing, O.K. for printing) (*print.*), si stampi, visto si stampi, approvato per la stampa. **54.** friction ~ (*mach.*), bilanciere a frizione. **55.** gang ~ (a press having many and all similar sets of dies) (*mach.*), pressa a matrici multiple. **56.** gap-frame ~ (*mach.*), pressa frontale. **57.** gap ~ (gap-frame press) (*mach.*), pressa frontale, pressa a collo di cigno. **58.** gas-actuated ~ (operated as by dry nitrogen) (*mach.*), pressa pneumatica a gas (inerte). **59.** geared ~ (*mach.*), pressa a ingranaggi. **60.** glazing ~ (for fabrics) (*text. ind.*), pressa per lucidatura. **61.** glue ~ (*carp. impl.*), morsetto da falegname. **62.** gold blocking ~ (*print. mach.*), pressa per dorare. **63.** hand ~ (*typ. mach.*), *see* proof press. **64.** high-speed mechanical ~ (*forging mach.*), pressa meccanica veloce. **65.** hobbing ~ (sinking press, as for dies) (*mach.*), improntatrice. **66.** horning ~ (*mach.*), pressa a braccio. **67.** hot-plate ~ (*mach.*), pressa a piani riscaldati. **68.** hydraulic forging ~ (*mach.*), pressa idraulica per fucinare. **69.** hydraulic ~ (*agric. mach.*), pressa idraulica, torchio idraulico. **70.** hydraulic ~ (*metall. mach.*), pressa idraulica. **71.** hydraulic upsetting ~ (mach. for a forge shop), ricalcatrice idraulica. **72.** hydrostatic ~, *see* hydraulic press. **73.** inclinable eccentric ~ (*mach.*), pressa eccentrica inclinabile. **74.** inclinable ~ (*mach.*), pressa inclinabile. **75.** indexing ~ (*mach.*), pressa con tavola rotante. **76.** injection ~ (for plastics) (*mach.*), pressa a iniezione. **77.** just off ~ (as a book) (*print.*), appena pubblicato. **78.** mandrel ~ (for inserting mandrels into a hole) (*mach.*), pressa a calcatoio. **79.** matrix molding ~ (*typ. mach.*), pressa per flani. **80.** mechanical ~ (*forging mach.*), pressa meccanica. **81.** miscellaneous hydraulic ~ (*mach.*), pressa idraulica per lavori vari. **82.** molding ~ (*found.*), pressa per formare. **83.** multiple ~ (with multiple dies to perform a series of operations on a piece of work) (*mach.*), pressa multipla. **84.** multiple-die ~ (*mach. t.*), pressa a stampi multipli. **85.** octuple ~ (printing $8 \times 8 = 64$ pages per revolution) (*typ. mach.*), rotativa da 64 pagine/giro. **86.** offset ~ (*print. mach.*), macchina offset. **87.** openback gap ~ (*mach.*), pressa frontale ad incastellatura aperta. **88.** open-back ~ (opened in the back of the frame) (*mach.*), pressa frontale. **89.** pedal ~ (*mach. t.*), pressa a pedale. **90.** percussion ~ (screw press) (*mach.*), bilanciere, pressa a vite. **91.** pillar ~ (with two uprights) (*mach. t.*), pressa a due montanti. **92.** printing ~ (*print. mach.*), macchina da stampa. **93.** proof ~ (proofing press, hand press) (*printing mach.*), tiraprova, tirabozze, torchio tirabozze, torchio tiraprove. **94.** punching ~, *see* punch press. **95.** punch ~ (mechanical press for punching, blanking sheet metal) (*mach. t.*), pressa meccanica per tranciatura e punzonatura. **96.** riveting ~ (*mach.*), pressa per rivettare. **97.** rotary ~ (rotary printing press) (*typ. mach.*), rotativa, macchina rotativa. **98.** rotary printing ~ (*mach.*), rotativa, macchina rotativa. **99.** rotary steam ~ (*text. mach.*), pressa rotativa a vapore. **100.** rotogravure printing ~ (*print. mach.*), macchina rotativa rotocalco. **101.** screw ~ (*mach.*), pressa a vite. **102.** shaft straightening ~ (*mach. t.*), pressa raddrizzatrice per alberi. **103.**

single acting ~ (*mach.*), pressa a semplice effetto. **104.** single double or triple action ~, for blanking and drawing sheet metal (*mach.*), pressa a semplice, a doppio o triplo effetto per tranciare ed imbutire lamiere. **105.** solid-frame ~ (*mach.*), pressa ad incastellatura rigida. **106.** spotting ~ (tryout press) (*mach.*), pressa per prova stampi. **107.** stamping ~ (*mach. t.*), pressa per coniare. **108.** standing ~ (*bookbinding*), pressa verticale. **109.** steam ~ (*text. mach.*), pressa a vapore. **110.** stretching ~ (*mach.*), pressa per stiro. **111.** tablet ~ (*chem. ind. mach.*), pastigliatrice. **112.** the ~ (the newspapers etc. collectively) (*journ.*), la stampa. **113.** tie-rod ~ (*mach.*), pressa con incastellatura a tiranti. **114.** tire molding ~ (*ind. mach.*), pressa per (produzione di) pneumatici. **115.** toggle (or toggle-joint) ~ (*mach.*), pressa a ginocchiera. **116.** to go to ~ (*typ. - journ.*), andare in macchina. **117.** trimming ~ (*mach.*) (Am.), pressa per sbavare, pressa sbavatrice. **118.** triple-acting ~ (*mach.*), pressa a triplo effetto. **119.** tryout ~ (spotting press) (*mach.*), pressa per prova stampi. **120.** upstroke ~ (as for plastics) (*mach.*), pressa ascendente. **121.** Vincent friction screw ~ (press the ram of which is pulled upward) (*mach.*), pressa a frizione a vite Vincent, bilanciere Vincent. **122.** web ~ (printing press) (*print. mach.*), macchina da stampa dal rotolo (o dalla bobina). **123.** wedge-type ~ (as a forging press in which the stroke of the ram is obtained by pushing a wedge between the ram and the columns) (*mach.*), pressa del tipo a cuneo. **124.** wet presses (of a paper mach.) (*paper mach.*), presse umide, presse piane. **125.** wheel ~ (machine for pressing wheels, as on locomotive axles) (*railw. mach.*), pressa per calettare ruote. **126.** wine ~ (*agric. mach.*), pressa enologica. **127.** yarn beaming ~ (*text. mach.*), pressa per subbio.

press (to) (to compel, to push), premere. **2.** ~ (as with a press), pressare. **3.** ~ (as juice from grapes), spremere. **4.** ~ (metal sheet into a given shape, to draw) (*mech. technol.*), imbutire. **5.** to hot -press (*mech. metall.*), pressare a caldo.

pressboard (very strong board: similar to vulcanized fiber: as for making suitcases) (*ind.*), cartone fibra. **2.** ~ (fullerboard: type of pressboad used as dielectric) (*elect.*), cartone fibra isolante, presspan.

pressed (*a. - gen.*), pressato. **2.** ~ (*a. - mech.*), stampato alla pressa. **3.** ~ brick (*mas.*), mattone pressato. **4.** ~ glass (glass that has been shaped in a mold by means of pressure) (*glass mfg.*), vetro stampato. **5.** ~ steel (steel items shaped by press) (*mech. ind.*), stampato d'acciaio, particolare in lamiera d'acciaio stampata.

presse-pâte (mach. used to convert half-stuff into a web of pulp) (*paper mfg.*), macchina pressapasta. **2.** ~ machine (*paper mfg.*), macchina pressapasta.

presser (of sewing mach.), premistoffa, piedino di pressione. **2.** ~ (of a knitting machine) (*text. ind.*), pressoio. **3.** ~ (as of wool in bales) (*wool ind.*), pressatore. **4.** ~ drum, tamburo di pressione. **5.** ~ foot (of a sewing mach.) (*mech.*), piedino di pressione, premistoffa. **6.** ~ pad (of a camera) (*m. pict.*), pressore.

press-forge (to) (*forging*), fucinare alla pressa, stampare a caldo alla pressa.

press-forged (*a. - forging*), stampato a caldo alla pressa.

press-forging (a forged piece) (*forging*), pezzo stampato a caldo alla pressa. **2.** ~ (operation) (*forging*), stampaggio a caldo alla pressa.

pressing (urgent), urgente. **2.** ~ (operation) (*sheet metal w.*), stampaggio alla pressa. **3.** ~ (forging etc.) (*metall.*), stampaggio alla pressa. **4.** ~ (phonograph record obtained from a matrix) (*electroacous.*), disco. **5.** ~ (as a liquid squeezed by pressure) (*ind.*), liquido spremuto. **6.** ~ (stamped metal part) (*mech.*), stampato. **7.** pressing (papers used as for pamphlets) (*paper mfg.*), copertine monolucide. **8.** ~ cage (as for extracting vegetable oils) (*app.*), gabbia di spremitura, gabbia della pressa.

pression, *see* pressing, pressure.

pressman (printer) (*print. work.*), stampatore, macchinista, tipografo. **2.** ~ (journalist or reporter) (*journ.*), giornalista, corrispondente.

pressmark (impressed watermark) (*paper mfg.*), filigrana a secco.

pressroom (*mech. ind.*), reparto presse. **2.** ~ (*typ. shop*), sala macchine.

pressure (*constr. theor. - phys. - mech. - hydr.*), pressione. **2.** ~ (compression) (*constr. theor. - phys. - mech. - hydr.*), compressione. **3.** ~ (electromotive force) (*electromech.*), forza elettromotrice. **4.** ~ (as of earth) (*civil constr.*), spinta. **5.** ~ (of a forging press) (*mach.*), forza. **6.** ~, *see* atmospheric pressure. **7.** ~ altimeter (aneroid type) (*aer. instr.*), altimetro aneroide. **8.** ~ angle (of gearwheels or splines) (*mech.*), angolo di pressione. **9.** ~ bar (for gripping the edge of the iron sheet when it is being formed on the press) (*mach. t. impl.*), premilamiera. **10.** ~ belt (as for applying the pressure necessary for sticking) (*packing*), cinghietta di aderenza. **11.** ~ car (for feeding a gas -fired locomotive) (*railw.*), tender-serbatoio per gas compressi. **12.** ~ contour (*meteor.*), linea a pressione costante. **13.** ~ control (pressure switch) (*app.*), pressostato. **14.** ~ drilling (as of a well) (*min. - bldg. - etc.*), trivellazione a pressione, perforazione a pressione, sondaggio a pressione. **15.** ~ drop (*gen.*), caduta di pressione. **16.** ~ evaporation (*chem. ind.*), evaporazione sotto pressione. **17.** ~ feed (of mot.), alimentazione forzata, alimentazione a pressione. **18.** ~ filter (as for oil or fuel) (*mot.*), filtro sulla mandata. **19.** ~ foot (pressure shoe of a sewing mach.), piedino. **20.** ~ gauge (*meas. phys. instr.*), manometro, misuratore di pressione. **21.** ~ head (*hydr.*), altezza piezometrica. **22.** ~ head (for measuring the speed of an air current) (Brit.) (*aer.*), pitometro composto, doppio tubo di Pitot, antenna Pitot, tubo pressostatico. **23.** ~ height (as of a free balloon) (*aer.*), quota di pressione. **24.** ~ increase (*ind.*), aumento di pressione. **25.** ~ line (of gears) (*mech.*), linea d'azione. **26.** ~ lubrication (*mot.*), lubrificazione forzata. **27.** ~ nozzle (*aer.*) (Am.), *see* ~ pitot-static tube. **28.** ~ pad (*mech.*), pattino di spinta. **29.** ~ pad (of a m. pict. projector) (*m. pict. mech.*), pressore, pattino di pressione. **30.** ~ pin (*mech.*), perno (o puntalino) di pressione. **31.** ~ pipe (*hydr. - ind.*), condotta forzata. **32.** ~ plate (of a dry disc clutch) (*aut. mech.*), disco condotto. **33.** ~ pump (of a motor lubrication system) (*mot.*), pompa di mandata. **34.** ~ reducing valve (*ind.*), valvola di riduzione della pressione. **35.** ~ retaining spring (*mech. of fluids*), molla antagonista della pressione. **36.** ~ sensor (*device*), elemento sensibile alla pressione. **37.** ~ sprin adjusting screw (as in mech.), vite di taratura (della pressione) della molla. **38.** ~ stage (in a steam turbine) (*steam turbine*), stadio a reazione. **39.** ~ switch (operated as by the oil pressure of an engine oil system) (*elect. device for fluids*), pressostato. **40.** ~ tank (*gases - hydr. - pip. - etc.*), serbatoio sotto pressione. **41.** ~ test (*ind.*), prova a pressione. **42.** ~ test (*elect.*), prova di rigidità. **43.** ~ thermit welding (*technol.*), saldatura per pressione alla termite. **44.** ~ wave (*acous.*), onda di pressione. **45.** absolute ~ (*phys.*), pressione assoluta. **46.** absolute ~ (sum of gauge pressure and barometric pressure: as of a boil., compressed air etc.), pressione assoluta. **47.** angle of ~ (of two gear teeth) (*mech.*), angolo di pressione. **48.** back ~ (*mech. of fluid*), contropressione. **49.** bursting ~ (as of a tire) pressione di scoppio. **50.** center of ~ (of an airfoil) (*aer.*), centro di pressione. **51.** collapsing ~ (of a cylinder subjected to external pressure) (*constr. theor.*), pressione di implosione. **52.** cracking ~ (the pressure at which a valve begins to pass fluid) (*pip.*), pressione di (cedimento della) mandata. **53.** critical ~ (*phys. chem.*), pressione critica. **54.** delivery (or discharge) ~ (of a pump) (*hydr.*), pressione di mandata. **55.** dynamic ~ (*aer.*), pressione dinamica. **56.** earth ~ (*civ. eng.*), spinta delle terre. **57.** electrolytic solution ~ (*electrochem.*), tensione della soluzione elettrolitica. **58.** electrostatic ~ (*elect.*), pressione elettrostatica. **59.** exhaust back ~ (of mot.), resistenza allo scarico, contropressione allo scarico. **60.** extra water ~ (*hydr.*), sovrapressione dell'acqua. **61.** flowing ~ (bottom hole pressure of an oil well in production) (*min.*), pressione di fondo pozzo in erogazione. **62.** gage ~ (pressure differential above or below atmospheric pressure) (*meas.*), pressione relativa. **63.** high ~ (*ind.*), alta pressione. **64.** hydraulic ~ head (*hydr.*), pressione in colonna d'acqua, altezza manometrica, battente. **65.** hydrostatic ~ (*hydr.*), pressione idrostatica. **66.** inflation ~ (as of a tire), pressione di gonfiaggio, pressione di gonfiamento. **67.** initial ~ (at a shot start: in the cartridge chamber) (*firearm*), pressione di forzamento. **68.** kinetic ~ (dynamic pressure) (*mech. of fluids*), pressione cinetica, pressione dinamica. **69.** loss of ~ (due to friction: as in pip.) (*hydr.*), perdita di carico. **70.** low ~ (*phys.*), bassa pressione. **71.** magnetic ~ (*plasma phys.*), pressione magnetica. **72.** normal ~ angle (of helical gears, angle in the normal plane) (*mech.*), angolo di pressione normale. **73.** operating ~ (*boil. - receivers - pip. - etc.*), pressione di esercizio. **74.** osmotic ~ (*phys. chem.*), pressione osmotica. **75.** proof ~ (non-destructive test pressure) (*meas.*), pressione di prova. **76.** reacted ~, *see* zero delivery pressure. **77.** reduced ~ (*phys.*), pressione ridotta. **78.** reference ~ (dynamic pressure, equal to the product of half the density and the square of a fluid velocity) (*mech. of fluids*), pressione dinamica. **79.** released ~ control (*pneumatics*), comando a depressione. **80.** reversible electrolytic ~ (*electrochem.*), tensione reversibile di elettrolisi. **81.** shock ~ (pressure in a wave moving at supersonic velocity) (*phys.*), pressione d'urto. **82.** shut-in ~ (gas or oil pressure when the outflow is closed) (*oil min.*), pressione a pozzo chiuso. **83.** specific ~ (*constr. theor.*), pressione specifica. **84.** stagnation ~ (*aerodynamics*) (Brit.), pressione d'arresto. **85.** stalled ~, *see* zero delivery pressure. **86.** static ~ (*mech. of fluids*), pressione statica. **87.** sunction ~ (of a pump) (*mach.*), depressione di aspirazione. **88.** support ~ (reaction) (*constr. theor.*), reazione. **89.** to determine the ~ on the support (*constr. theor.*), determinare la pressione sull'appoggio. **90.** total ~ (sum of static and dynamic pressure) (*mech. of fluids*), pressione totale. **91.** vapor ~ (*phys.*), tensione di vapore. **92.** velocity ~ (*mech. of fluids*), pressione dinamica. **93.** wind ~ (*bldg.*), pressione (o spinta) del vento. **94.** working ~ (*mach. - boil. - etc.*), pressione di esercizio, pressione di lavoro, pressione di regime. **95.** zero delivery ~ (pressure at which the delivery of a variable-delivery hydraulic pump becomes automatically zero) (*hydr. system.*), pressione di mandata nulla.

pressure-sensitive (as a label or tape having an adhesive surface needing only a light pressure for obtaining adherence and sealing) (*gen.*), autoadesivo.

pressurization (*aer. - phys. - ind. - etc.*), pressurizzazione.

pressurize (to) (as the cabin of an aircraft) (*aer.*), pressurizzare, mantenere ad una determinata pressione atmosferica. **2.** ~ (to put under pressure acting on a fluid) (*phys. - ind. - etc.*), pressurizzare, mettere sotto pressione.

pressurized (as of a cabin of a stratospheric plane) (*aer.*), pressurizzato, mantenuto ad una determinata pressione atmosferica. **2.** ~ cabin (*aer.*), cabina pressurizzata. **3.** ~ radar (*radar*), radar pressurizzato.

pressurizer (cabin supercharger) (*aer.*), pressurizzatore.

presswork (proces of printing) (*typ.*), stampatura. **2.** ~ (product of printing press) (*typ.*), stampato.

Prestel (Brit. Videotex system) (*teleph. - comp.*), sistema informativo inglese corrispondente all'italiano Videotel.

prestore (to) (as by a peripheral unit) (*comp.*), prememorizzare.

prestraining (*metall.*), predeformazione.

prestress (of reinforced concrete) (*bldg.*), precompressione.

prestress (to) (of reinforced concrete) (*bldg. - etc.*), precomprimere.

prestressed (of reinforced concrete) (*bldg. - etc.*), precompresso. **2.** ~ (preloaded) (*mech. - etc.*), precaricato.

prestressing (stressing, as of reinforced concrete rods) (*bldg.*), tesatura.

presumptive (as of an address) (*a. - comp.*), di riferimento.

pre-synchronization (*m. pict.*), presincronizzazione.

presynchronize (to) (*m. - pict.*), presincronizzare.

pretension, (to) *see* prestress (to).

preterintentional (unintentional) (*law*), preterintenzionale.

pretreat (to) (*chem.*), trattare preventivamente.

prevalent (of wind) (*meteorol.*), dominante.

preventer (temporary rope, bolt etc.) (*naut.*), elemento (cavo ecc.) ausiliario provvisorio. **2.** ~ plate (*naut.*), controlanda.

prevention (*gen.*), prevenzione. **2.** ~ (as of accidents) (*work. - etc.*), prevenzione. **3.** ~ of injures (*ind.*), prevenzione infortuni.

preventive (precautionary) (*a. - med. - etc.*), preventivo. **2.** ~ measures (*gen.*), misure preventive.

preview (prevue) (*n. - m. pict.*) (Am.), prossimamente, proiezione reclamistica di scene di un film programmato. **2.** ~ (film shown before public presentation) (*m. pict.*), anteprima. **3.** depth of field ~ button (the preview button will stop the lens diaphragm down to preselected lens opening, so allowing the depth of field effect in a reflex camera to be checked) (*phot.*), pulsante di valutazione preventiva della profondità di campo (prima di scattare la fotografia).

preview (to) (the image to be transmitted) (*telev.*), vedere in prova, vedere prima di trasmettere, vedere prima di andare in onda.

previous (*a. - gen.*), precedente.

prevulcanization (in rubber mfg.), prevulcanizzazione.

"PRF" (pulse repetition frequency) (*radio - telev.*), frequenza d'impulsi.

"prf", *see* proof.

price (*comm.*), prezzo. **2.** ~ at origin (*comm.*), prezzo all'origine. **3.** ~ catologue (*comm.*), prezzario. **4.** ~ current (price list) (*comm.*), listino prezzi correnti. **5.** ~ estimate (*comm.*), preventivo di prezzo. **6.** ~ index (indicates the average variation of prices during a period) (*comm. - econ.*), indice dei prezzi. **7.** ~ list (*comm.*), listino prezzi. **8.** ~ mechanism (*econ.*), meccanismo dei prezzi. **9.** ~ policy (*finan.*), politica dei prezzi. **10.** ~ range (as on a market) (*comm.*), gamma dei prezzi. **11.** ~ slashing (*comm.*), abbassamento dei prezzi. **12.** ~ tag (*comm.*), segnaprezzo, cartellino segnaprezzo. **13.** ~ war (due to commercial or ind. competition) (*comm.*), guerra dei prezzi. **14.** basis ~ (*comm.*), prezzo base. **15.** close ~ (*comm.*), prezzo ristretto. **16.** closing ~ (*finan.*), prezzo di chiusura. **17.** cost ~, prezzo di costo. **18.** cover ~ (as of a book, magazine etc.) (*comm. print.*), prezzo di copertina. **19.** current market ~ (*comm.*), prezzo corrente di mercato. **20.** fancy ~ (*comm.*), prezzo d'affezione. **21.** fixed ~ (*comm.*), prezzo fisso. **22.** list ~ (*comm.*), prezzo di listino. **23.** opening ~ (*finan.*), prezzo d'apertura. **24.** piecework ~, prezzo di cottimo. **25.** reserve ~ (least price announced to be paid: at an auction) (*comm.*), prezzo base, prezzo minimo. **26.** retail ~ (*comm.*), prezzo al minuto. **27.** rise of (or in) ~ (*comm.*), rincaro. **28.** special ~ (*comm.*), prezzo di favore. **29.** to reduce the ~, ridurre il prezzo. **30.** trade ~ (as the price paid by a retailer to the manufacturer) (*comm.*), prezzo all'ingrosso. **31.** unit ~ (*comm.*), prezzo unitario. **32.** upset ~, *see* reserve ~. **33.** wholesale ~ (*comm.*), prezzo all'ingrosso.

price (to) (*comm.*), prezzare, fissare il prezzo.

price-cutting (as for increasing sales) (*comm.*), riduzione dei prezzi.

pricing (*adm.*), determinazione e fissazione dei prezzi.

prick (mark made by a pointed instrument) (*gen.*), puntinatura. **2.** ~ punch (for impressing a reference point in a metal work) (*mech. t.*), puntizzatore, puntino di acciaio.

prick (to) (*gen.*), pungere. **2.** ~ (to move a river boat by pushing a long pole against the bottom of the river) (*naut.*), spingere con palo appoggiato sul fondo. **3.** ~ (of wine: to initiate acetic fermentation) (*agric. defect*), prendere lo spunto. **4.** ~ (to apply colorhead pins on a map for tracing the course) (*naut.*), indicare la rotta con spilli a testa colorata.

pricker (for making vents in molds) (*found.*), spillo, ago. **2.** ~ (small fid or marlinespike) (*naut.*), piccola caviglia. **3.** ~ (a bar used as to dislodge hanging coal from the roof of a mine) (*min. t.*), tipo di leva.

pricking (piercing) (*gen.*), foratura. **2.** ~ machine (mach. used for piercing text. cards) (*text. mach.*), macchina per forare (cartoni).

prick-mattock (for digging) (*t.*), tipo di piccone.

prill (optimum copper ore) (*min.*), minerale pregiato di rame. **2.** ~ (material made in pellets) (*n. - min.*), granulato.

"prim", *see* primary.
primage (extra compensation the shipper gives to the captain or to the owner of the ship) (*naut. - comm.*), piccolo premio (talvolta percentuale).
primary (as of an atom of carbon) (*a. - chem.*), primario. **2.** ~ (of an induction coil or transformer winding) (*n. - elect.*), primario. **3.** ~ (melted directly from ore) (*a. - metall.*), di prima fusione. **4.** ~, *see* primary color. **5.** ~ air (*comb.*), aria primaria. **6.** ~ cell (*electrochem.*), elemento di batteria. **7.** ~ coil (*elect.*), avvolgimento primario. 2 ~. **8.** ~ color (*opt.*), colore fondamentale. **9.** ~ explosive (*expl.*), esplosivo da innesco. **10.** ~ function (of a station or of a system) (*comp.*), compito principale. **11.** ~ motion (cutting motion) (*mach. t. - mech.*), moto di lavoro, moto di taglio. **12.** ~ rays (alpha, beta and gamma rays) (*phys.*), radiazioni principali. **13.** ~ structure (as of an airplane) (*gen.*), struttura primaria. **14.** ~ winding (of a transformer) (*elect.*), avvolgimento primario.
primavera (white mahogany) (*wood*), mogano bianco.
prime (*a. - math.*), primo. **2.** ~ (minute of arc) (*n. - geom.*), minuto primo, minuto. **3.** ~ (sign, as applied to a letter, *a'* for instance) (*n. - math.*), apice. **4.** ~ (of the highest quality) (*a. - gen.*), di prima qualità. **5.** ~ (sheet metal of the best commercial quality) (*comm. - metall.*), lamiera commerciale della miglior qualità. **6.** ~ contractor (a party to whom the responsibility is given for prime coordination of the accomplishment of a contract) (*comm. - factory organ.*), capo commessa. **7.** ~ cost (price cost, overhead expenses excluded) (*adm. - ind.*), prezzo di costo escluse le spese generali, costo di fabbricazione (costituito solamente da materiali e mano d'opera diretta). **8.** ~ meridian (*geogr.*), meridiano di riferimento. **9.** ~ mover (*mech.*), motore primo. **10.** ~ mover (all-wheel drive tractor) (*milit.*) (Am.), trattore pesante con tutte le ruote motrici. **11.** ~ number (*math.*), numero primo. **12.** ~ time (as from 7 to 11 p.m., when telev. audiences reach a peak) (*telev.*), fascia di massimo ascolto. **13.** ~, *see also* primes.
prime (to) (to give the first coat of paint to something) (*paint.*), applicare i fondi, dare le mani di fondo. **2.** ~ (as a gun) (*firearm*), innescare. **3.** ~ (to make ready for working conditions) (*gen.*), approntare per il funzionamento. **4.** ~ (to apply the prime mark, as to a letter) (*math.*), applicare l'apice, mettere l'apice. **5.** ~ a pump (*hydr.*), adescare una pompa.
primed (as a pump) (*hydr.*), adescato. **2.** ~ (as a letter, *a'* for instance) (*math.*), con apice.
primer (of a cartridge) (*expl.*), innesco, fulminante. **2.** ~ (a sprayer of fuel in the induction system, for facilitating starting) (*aer. mot.*), cicchetto. **3.** ~ (a first coat of paint) (*paint.*), fondo, mano di fondo. **4.** ~ case (of a cartridge) (*firearm*), capsula. **5.** zinc phosphate ~ (*aut. paint.*), mano di fondo al fosfato di zinco.
primes (top quality sheets of metal) (*metall. ind.*), lamiere di prima qualità.
priming (applying of the first coat of paint) (*paint.*), applicazione dei fondi. **2.** ~ (coat) (*paint.*), mano di fondo. **3.** ~ (mixture of colors with oil used to prepare for painting) (*art*), mestica. **4.** ~ (setting in working conditions: as of a pump), adescamento, caricamento. **5.** ~ (of steam, as in a boil.) (Brit.), produzione di vapore con acqua in sospensione. **6.** ~ (injection of fuel for starting: as in a mot.), cicchetto, iniezione (diretta di combustibile liquido nel cilindro). **7.** ~ (of a pump) (*hydr.*), adescamento. **8.** ~ (dragging of large quantities of water in a boiler, due to sudden changes in the demand of steam) (*boil.*), colpo d'acqua, forte movimento di una massa d'acqua. **9.** ~ coat (*paint.*), mano di fondo. **10.** ~ pump (*hydr. - etc.*), pompa di adescamento.
primitive (a function of an operating system: as "open", "read", "delete", "wait" etc.) (*n. - comp.*), primitiva, funzione operativa.
principal (truss of a roof) (*n. - bldg.*), capriata. **2.** ~ (capital) (*n. - finan. - adm.*), capitale. **3.** ~ (*a. - gen.*), principale. **4.** ~ (chief: as of a firm), principale. **5.** ~ (headmaster, of a school) (*n. - school*), preside. **6.** ~ axis (of inertia: one of the three axes perpendicular to each other) (*constr. theor. - theor. mech.*), asse principale.
principle (as of a natural phenomenon: basic law), principio. **2.** ~, *see also* axiom. **3.** ~ of equivalence (*phys.*), principio di equivalenza. **4.** minimax ~ (in the theory of games) (*operational research*), minimo-massimo, minimassimo, minimax.
print (printed matter) (*n.*), stampato. **2.** ~ (*draw.*), riproduzione. **3.** ~ (*phot.*), copia. **4.** ~ (of a film) (*m. pict.*), copia, copia del positivo. **5.** ~ (printed publication), pubblicazione (stampata). **6.** ~ (impression) (*gen.*), impronta. **7.** ~ (core print) (*found.*), portata. **8.** ~ (photomechanical reproduction) (*typ.*), copia. **9.** ~ centering (*packing - etc.*), centratura (della) stampa. **10.** blurred ~ (not clearly printed) (*print.*), stampa non nitida. **11.** contact ~ (*phot. - photomech.*), copia stampata per contatto. **12.** "dyeline ~" (*print.*), stampa a linee colorate. **13.** glossy ~ (*phot.*), copia lucida (o smaltata). **14.** lavender ~ (*phot. color*), copia lavanda. **15.** memory ~, (memory dump: a printout of the whole memory content) (*comp.*), copia (o stampato, o scarico, o ammasso) di memoria, dump di memoria. **16.** release ~ (copy of a film for public use) (*m. pict.*), copia per noleggio. **17.** two color ~ (*typ.*), bicromia, stampa a due colori, stampa duplex. **18.** white ~ (*draw.*), riproduzione (o copia) eliografica.
print (to), stampare. **2.** ~ (a positive) (*phot.*), stampare. **3.** ~ down (from phot. to printing plate) (*typ.*), fotoincidere.
printable (*a. - gen.*), stampabile.

printed (having an impressed pattern) (*a. - gen.*), stampato. **2.** ~ circuit (*elics.*), circuito stampato. **3.** ~ circuit board (*elics.*), scheda di circuito stampato. **4.** ~ form (*adm.*), modulo. **5.** offset ~ (*a. - print.*), litografato.

printer (m. pict. mach. for printing positive films) (*m. pict. mach.*), stampatrice. **2.** ~ (*work.*), tipografo, stampatore. **3.** ~ (contact printer, box containing a lamp and a printing frame for obtaining phot. prints) (*phot. app.*), bromografo. **4.** ~ (teleprinter) (*mach.*), telescrivente. **5.** ~ (printing unit) (*comp.*), stampante. **6.** band ~ (*comp.*), stampante a banda. **7.** bar ~ (*comp.*), stampante a barre. **8.** barrel ~ (*comp.*), stampante a tamburo (o a barilotto). **9.** belt ~, *see* band ~. **10.**bidirectional ~ (*comp.*), stampante bidirezionale. **11.** chain ~ (*comp.*), stampante a catena. **12.** character ~ (*comp.*), stampante a carattere singolo. **13.** contact ~ (*phot.*), bromografo. **14.** daisy-wheel ~ (*comp.*), stampante a margherita. **15.** dot ~ (*comp.*), stampante ad aghi, stampante a punti. **16.** dot matrix ~, *see* matrix ~. **17.** electrophotographic ~, *see* electrostatic ~. **18.** electrostatic ~ (xerographic printer) (*comp. - off. duplication*), stampante elettrostatica (o xerografica) **19.** helix ~ (*comp.*), stampante a spirale. **20.** high resolution ~ (letter quality printer) (*comp.*), stampante ad alta risoluzione. **21.** high-speed ~ (*comp. - comm.*), stampante veloce. **22.** impact ~ (*comp.*), stampante ad impatto. **23.** impact matrix ~ (*comp.*), stampante a matrice ad impatto. **24.** ink-jet ~ (by electrostatically charged drops of ink) (*comp.*), stampante a getto di inchiostro. **25.** laser ~ (*comp.*), stampante laser. **26.** letter-quality ~ (high resolution printer) (*comp.*), stampante di qualità. **27.** line ~ (the entire line is printed by a rotating cylinder) (*comp.*), stampante a linee, stampante parallela. **28.** matrix ~ (dot matrix printer) (*comp.*), stampante ad aghi. **29.** monitor ~ (printing device automatically operated by comp.: messages printer) (*comp.*), stampante a (o di) controllo. **30.** moving carriage ~ (*teleprinter*), telescrivente a carrello mobile. **31.** moving head ~ (as in teletapewriter) (*comp.*), stampante a testina mobile. **32.** non impact ~ (printing effected without mech. contact: as optically, electronically etc.), (*typ. - comp.*), stampante senza contatto (meccanico). **33.** on-the-fly ~ (continuous printer) (*comp.*), stampante veloce e continua. **34.** page ~ (page at-a-time printer) (*comp. - etc.*), stampante a pagina. **35.** parallel ~ (line printer) (*comp.*), stampante parallela. **36.** R.T. carriage ~ (*teleprinter*), telescrivente a carrello R.T. **37.** serial ~ (one character at a time printer) (*comp.*), stampante seriale. **38.** serial-parallel ~ (*comp.*), stampante serie-parallela, stampatrice serie-parallela. **39.** solid font ~ (opposed to dot matrix printer) (*comp.*), stampante a caratteri in rilievo, stampante a impatto. **40.** thermal matrix ~, thermal printer (by warmed needles matrix) (*comp.*), stampante termica (a matrice). **41.** train ~, *see* on-the-fly ~. **42.** wire ~, *see* matrix ~. **43.** xerographic ~ (electrostatic printer) (*comp. - off. duplication*), stampante xerografica (o elettrostatica).

printer's devil (*print. work.*), apprendista tipografo.

printing (*print. - phot.*), stampa. **2.** ~ (as of a part number by electrical pencil) (*mech.*), scritturazione con penna elettrica. **3.** printings (paper for printing, as books etc.) (*paper mfg.*), carte da stampa, carte per edizioni. **4.** ~ frame (*phot.*), torchietto da stampa. **5.** ~ lamp (*photomech.*), lampada per riproduzioni. **6.** ~ machine (printing press) (*print.*) (Brit.), stampatrice. **7.** ~ office (*print.*), stamperia. **8.** ~ paper (*print.*), carta da stampa. **9.** ~ plate (*print.*), *see* plate 16 ~. **10.** ~ press (*print. mach.*), macchina da stampa. **11.** ~ shop (*typ.*), tipografia. **12.** ~ unit (printer) (*comp.*), unità stampante. **13.** anastatic ~ (process in which the design in transferred to a zinc plate) (*print.*), stampa anastatica. **14.** aniline ~ process (*print.*), stampa all'anilina. **15.** color ~ (*print.*), stampa a colori. **16.** coloured printings (as for book covers) (*paper mfg.*), stampa a colori. **17.** contact ~ (*phot.*), stampa per contatto. **18.** copperplate ~ machine (*print. mach.*), macchina da stampa calcografica. **19.** copperplate ~ process (*print.*), stampa calcografica, calcografia. **20.** double size ~ press (*print. mach.*), macchina da stampa a doppio formato. **21.** end ~ (printing on one edge of a punched card the information punched on the card) (*comp.*), stampa marginale (interpretativa). **22.** four-color ~ (*print.*), quadricromia. **23.** good for ~ (O.K. for printing, good for press) (*print.*), si stampi, visto si stampi, approvato per la stampa. **24.** gravure ~ (*print.*), rotocalcografia. **25.** gum-bichromate ~ (*phot.*), stampa su carta bicromatata. **26.** intaglio ~ (*print.*), stampa a incavo, stampa da matrice incavata. **27.** iridescent ~ (*print.*), stampa iridata. **28.** line-a-time ~ (*comp.*), stampa di una linea intiera (di caratteri) in un sol colpo. **29.** metal decorating ~ (as on tin plate) (*print. - ind.*), stampa sulle superfici metalliche. **30.** multicolour ~ (as of magazines) (*print.*), stampa policroma. **31.** rotary ~ press (*mach.*), (macchina) rotativa (da stampa). **32.** sound film ~ machine (*mach.*), stampatrice per film sonoro. **33.** sound-on-film ~ (*m. pict.*), stampa del film sonoro. **34.** surface ~ (process employing a plane printing surface) (*print.*), stampa da matrice piana, stampa planografica. **35.** vacuum ~ frame (used for keeping as a diapositive in contact with the zinc plate by suction, during exposure to the arc lamp) (*lith.*), pressa pneumatica, telaio pneumatico.

printing-in (particular effects introduced into a photograph during its printing) (*phot.*), mascheratura in stampa (o in fase di stampaggio).

printout (an automatically produced printed record) (*comp.*), tabulato, stampato. **2.** ~ (automatically printed by a comp.), scheda scritta.

prioritize (to) (*gen.*), mettere in ordine di precedenza.

priority, (precedence) (*n. - gen.*), priorità, precedenza. **2.** ~ interrupt (*comp.*), interruzione prioritaria. **3.** limit ~ (highest priority) (*comp.*), priorità massima. **4.** top ~ (as in manufacture) (*ind.*), precedenza assoluta.

priory (*arch.*), priorato.

prise (to) (*mech.*), far leva.

prism (*opt. - geom. - crystallography*), prisma. **2.** ~ binocular (*opt. instr.*), cannocchiale prismatico. **3.** Amici ~ (used in a direct-vision spectroscope) (*opt.*), prisma di Amici. **4.** deflecting ~ (*opt.*), prisma deflettore. **5.** Dove ~ (*opt. photogr. instr.*), prisma di Dove. **6.** parallax corrector ~ (*phot.*), prisma per la correzione di parallasse. **7.** Porro ~ (*opt. app.*), prisma di Porro. **8.** rectifying ~ (*opt.*), prisma raddrizzatore. **9.** reflecting ~ (*opt.*), prisma di rinvio, prisma di riflessione. **10.** rotating ~ (*opt.*), prisma girevole.

prismatic (having the form of a prism or formed by prisms) (*a. - gen. - phys.*), prismatico. **2.** ~ compass (*top. instr.*), bussola prismatica. **3.** ~ eye (*phot.*), mirino a prisma. **4.** ~ guide (*mech.*), guida prismatica. **5.** ~ reflector (*opt.*), prisma a riflessione totale.

pritchel (for enlarging holes) (*blacksmiths t.*), punzone allargafori.

private (*n. - a.*), privato. **2.** ~ (soldier) (*milit.*), soldato semplice. **3.** ~ industry (*ind.*), industria privata.

privateer (*naut.*), nave corsara.

privatize (to) (as an ind.: from public to private control) (*econ. - politics*), privatizzare.

privy (latrine) (*bldg.*), latrina, ritirata.

prix, *see* prize.

prize (*sport*), premio. **2.** ~ (press operated by a lever) (*tobacco mfg.*), pressa a leva.

prize (to), *see* to prise.

"prntr", *see* printer.

probability (*math.*), probabilità. **2.** ~ curve (Gaussian curve) (*stat.*), curva delle probabilità, curva di Gauss. **3.** ~ density function (function giving information on the occurring probability of a given value) (*math. - stat.*), funzione della densità di probabilità, curva delle probabilità. **4.** decay ~ (*atom. phys.*), probabilità di disintegrazione.

probable (*gen.*), probabile. **2.** ~ error (*stat.*), errore probabile.

probe (*med. instr.*), sonda, specillo. **2.** ~ (radar instr. carried by a balloon and transmitting meteorol. information) (*radio - radar*), sonda meteorologica. **3.** ~ (as of ultrasonic inspection equipment) (*testing app.*), sonda. **4.** ~ (as for measuring the depth of holes of a work loaded on a transfer mach.) (*mach. t.*), sonda. **5.** ~ (conductor projecting from the waveguide wall for coupling to an external circuit) (*radio*), attacco. **6.** ~ (said of a pipe for refueling in flight, projecting from a tanker plane) (*aer. tanker*), sonda maschio. **7.** ~ (front pipe of an airplane to be refueled from a tanker plane) (*aer.*), sonda femmina. **8.** cislunar ~ (space probe for exploring cislunar space) (*astric.*), sonda cislunare. **9.** instrumented space ~ (space probe equipped with research instruments) (*astric.*), sonda spaziale munita di strumenti di ricerca, sonda spaziale strumentata. **10.** interplanetary ~ (*astric. - rckt.*), sonda interplanetaria. **11.** Langmuir ~ (for meas. some plasma parameters) (*plasma phys.*), sonda di Langmuir. **12.** lunar ~ (*astric. - rckt.*), sonda lunare. **13.** planetary ~ (*astric.*), sonda planetaria. **14.** resonance ~ (for meas. the plasma electronic density) (*plasma phys.*), sonda a risonanza. **15.** space ~ (*astric.*), sonda spaziale. **16.** transceiver ~ (*testing app.*), sonda a ricetrasmettitore.

probe (to) (to examine with a probe) (*gen.*), sondare. **2.** ~ (to investigate) (*gen.*), indagare, fare ricerche. **3.** ~ (as an engine block at a transfer station) (*mach. t.*), sondare.

probit (probability unit) (*stat. meas. unit*), unità di probabilità, "probit".

problem (*gen.*), problema. **2.** the faces of the ~ (*gen.*), gli aspetti del problema. **3.** trouble-location ~ (*comp.*), problema di localizzare la disfunzione.

procedure (*comp. - etc.*), procedura. **2.** ~ (*law*), procedura. **3.** ~ division (in COBOL program) (*comp.*), divisione della procedura. **4.** back up ~ (*comp.*), procedura di riserva. **5.** cut-and-try ~ (as for inspections) (*gen.*), procedimento empirico. **6.** holding ~ (waiting for landing) (*aer. - naut.*), attesa di procedura. **7.** landing ~ (*aer.*), procedura per l'atterraggio, procedura di atterraggio. **8.** missed-approach ~ (*aer.*), procedura per avvicinamento mancato. **9.** systems and procedures (*organ.*), sistemi (organizzativi) e procedure.

proceed (to) (*law*), procedere.

proceeding (*law*), istruttoria.

proceedings (as of a society) (*comm.*), rendiconti. **2.** ~ (*law*), istruttoria. **3.** ~ (as of a meeting or congress) (*adm. - etc.*), atti.

proceeds (*comm.*), ricavo, provento.

process (*gen.*), procedimento. **2.** ~ (*ind.*), processo. **3.** ~ (photomechanical) (*a. - print.*), fotomeccanico. **4.** ~ (photomechanical process) (*n. - print.*), procedimento fotomeccanico. **5.** ~ (an execution of instructions or of active programs) (*comp.*), processo. **6.** ~ analysis (*ind.*), analisi del processo (produttivo). **7.** ~ annealing (heating below transformation point followed by slow cooling) (*metall. proc.*), ricottura. **8.** ~ camera (*photomech. app.*), macchina fotografica per riproduzioni fotomeccaniche. **9.** ~ chart (*comp.*), *see* flow chart. **10.** ~ developer (*photomech.*), sviluppo fotomeccanico. **11.** ~ film (*photomech.*), pellicola fotomeccanica. **12.** ~ information (by numerical fotomeccanica. **12.** ~ information (by numerical control) (*mach. t. - etc.*), dati tecnologici, informazioni tecnologiche. **13.** ~ lens (for photomech.) (*opt.*), obiettivo per riproduzioni fotomeccaniche. **14.** ~ plate (*photomech.*), lastra fotomeccanica. **15.** ~ steam (used for heating) (*heating*), vapore per riscaldamento. **16.** acid ~ (*metall.*), processo acido. **17.** additive color ~ (*phot.*), sistema (a colori) additivo. **18.** additive ~ (color film mfg.) (*phot.*), sistema additivo. **19.** amalgamation ~ (chem. preparation of ore) (*min.*), amalgamazione. **20.** basic ~ (*metall.*), processo basico. **21.** bleaching ~ (*phot.*), procedimento di imbianchimento. **22.** bleachout ~ (process by which light-sensitive colors are bleached by light exposure) (*color phot.*), procedimento di eliminazione dei colori mediante luce: per ottenere disegni da copie fotografiche. **23.** blythe ~ (by carbolic acid) (*wood*), processo di preservazione Blythe, trattamento al carbolineum. **24.** Catalan ~ (for producing wrought iron) (*metall.*), processo al basso fuoco. **25.** concurrent ~ (process developed at the same time of another one: by a comp. having more than one "CPU") (*comp.*), processo concorrente. **26.** contact ~ (for making sulphuric acid) (*chem. ind.*), metodo per contatto. **27.** drying ~ (*text. ind.*), processo di essiccamento (o di essiccazione). **28.** Erhardt ~ (for making tubes) (*pip.*), *see* pushbench process. **29.** fluid bed ~ (fluidized bed process) (*chem. ind. - etc.*), fluidizzazione, processo di fluidizzazione. **30.** forming ~ (of a battery) (*elect.*), formazione. **31.** four-color ~ (*photomech.*), quadricomia, procedimento quadricomico. **32.** freezing ~ (by freezing the unstable material through which a tunnel or shaft has to be excavated) (*min.*), metodo del congelamento. **33.** gum-reversal ~ (deep-etch process) (*lith.*), procedimento di inversione alla gomma. **34.** industrial ~ (the whole range of activity organized in an industrial field: as by ind. automation) (*comp.*), processo industriale. **35.** intaglio ~ (a printing process from an engraved surface) (*print.*), procedimento a matrice incavata. **36.** letterpress ~ (*print.*), *see* relief process. **37.** Mannesmann ~ (seamless tubing) (*metall.*), processo Mannesmann. **38.** man ~ chart (MPC, graph of the movements of a worker attending in more places during a process) (*time study*), diagramma degli spostamenti. **39.** Martin ~ (of steel) (*metall.*), processo Martin. **40.** oleobrom ~ (*phot.*), oleobromia. **41.** open-hearth ~ (*metall.*), processo con forni a riverbero, processo Martin. **42.** paint ~ (silk-screen process, printing process) (*print.*), serigrafia. **43.** paint-screen ~ (paint process) (*print.*), serigrafia. **44.** photomechanical ~ (*print.*), procedimento fotomeccanico. **45.** pilgrim ~ (for making seamless steel tubes) (*pip. - metall.*), metodo del pellegrino. **46.** planographic ~ (printing process from a flat surface) (*print.*), procedimento a matrice piana. **47.** pushbench ~ (Erhardt process for making tubes) (*pip.*), processo Erhardt. **48.** refraction ~ (survey made by seismic reflection of artificial explosions) (*min.*), prospezione a rifrazione (sismica). **49.** relief ~ (a printing process from a raised surface) (*print.*), procedimento a matrice rilevata, procedimento tipografico. **50.** rolling ~ (*ind. metall.*), laminazione. **51.** Schoop ~ (metallization by compressed-air spraying of molten metal) (*metall.*), processo Schoop, schoopinizzazione, metallizzazione a spruzzo. **52.** sideblown ~ (Tropenas process, in which air is admitted through one side of a converter) (*metall.*), processo a soffiaggio laterale. **53.** silk-screen ~ (*print.*), serigrafia. **54.** stochastic ~ (*stat.*), processo stocastico. **55.** subtractive color ~ (*phot.*), sistema (a colori) sottrattivo. **56.** subtractive ~ (color film mfg.) (*phot.*), sistema sottrattivo. **57.** surface ~ (*print.*), *see* planographic process. **58.** Thomas ~ (*metall.*), processo Thomas, processo Bessemer con rivestimento basico. **59.** threecolor ~ (*photomech.*), tricromia. **60.** three-color ~ (color film mfg.) (*phot.*), sistema a tre colori, sistema tricromo. **61.** Weldon ~ (for making chlorine) (*chem. ind.*), processo Weldon.

process (to) (*ind.*), sottoporre a(l) processo (o trattamento), trattare. **2.** ~ (*comp.*), elaborare.

processability (as in the rubber ind.), lavorabilità. **2.** ~ (*comp.*), possibilità di elaborazione (o di computerizzazione).

processable, *see* processible.

processed (something which has been subjected to some form of treatment) (*chem. ind.*), trattato.

process-engraving (*print.*), *see* photoengraving.

processible (something that can be processed) (*a. - ind. - etc.*), sottoponibile a procedimento. **2.** ~ (*a. - comp.*), sottoponibile ad elaborazione, computerizzabile.

processing (in a factory) (*ind.*) (Am.), lavorazione, trattamento (industriale), metodo di fabbricazione. **2.** ~ (chem. operations, from the exposing of the negative in the camera to the obtaining of the positive) (*phot.*) (Brit.), processo fotografico, esposizione, sviluppo fissaggio e stampa. **3.** ~ (of data, as in a computer) (*comp.*), elaborazione. **4.** ~ (developing, as of a film) (*phot. - etc.*), sviluppo. **5.** ~ equipment (of a factory) (*ind.*), impianti e attrezzature specifiche, impianti e attrezzature relative al tipo di lavorazione da eseguire. **6.** ~ line (*ind.*), linea di lavorazione. **7.** ~ management (*comp.*), gestione della elaborazione. **8.** ~ procedure (*autom.*), sequenza operativa. **9.** background ~ (*comp.*), elaborazione non prioritaria, elaborazione non in evidenza. **10.** batch ~ (*comp.*), elaborazione a lotti. **11.** continuous ~ line (*ind.*), linea di lavorazione continua. **12.** demand ~ (*comp.*), elaborazione a richiesta (o immediata). **13.** fullscale ~ (*ind.*), lavorazione a pieno ritmo. **14.** information ~ (*comp.*), elaborazione di informazioni. **15.** in-line ~ (on-line processing, online) (*comp.*), elaborazione in linea. **16.** integrated data ~ (*comp.*), elaborazione integrata dei dati. **17.** off-line ~ (*comp.*), elaborazione fuori linea. **18.** parallel ~ (multiprocessing: a comp. system carrying out two or more programs simultaneously) (*comp.*), elaborazione parallela. **19.** primary ~ (*ind.*), prima lavorazione. **20.** priority ~ (*comp.*), elaborazione prioritaria. **21.** real time ~ (*comp.*), elaborazione in tempo reale. **22.** serial ~ (on a single line) (*comp.*), elaborazione seriale. **23.** simultaneous ~ (by two simultaneous comp.) (*comp.*), elaborazione simultanea. **24.** stacked job ~ (sequential processing job-to-job) (*comp.*), elaborazione di lavori raggruppati in cataste (di schede), elaborazione sequenziale di lavori ordinatamente raggruppati. **25.** word ~ (producing typewrited documents, text editing, retyping etc.) (*comp. - typ.*), elaborazione di testi.

processor (data processor: central processing unit, "CPU", central processor) (*n. - comp.*), processore, unità centrale di elaborazione, elaboratore centrale. **2.** ~ (a program transforming a program into a form acceptable to the comp.) (*comp.*), programma processore. **3.** ~ bound, *see* processor-limited. **4.** main ~ unit (*comp.*), processore principale (di controllo). **5.** word ~ (a keyboard operated terminal with a "VDU" and a memory for word processing) (*comp.*), terminale a tastiera con VDU e memoria per elaborazione testi. **6.** word ~ (software for word processing) (*comp. - typ.*), software per elaborare testi, componenti di programmazione occorrenti per elaborazione testi.

processor-limited (processor bound: of a comp. system limited by the speed of its central processing unit) (*a. - comp.*), limitato dal processore.

proctoscope (*med. instr.*), proctoscopio. **2.** operating ~ (*med. instr.*), proctoscopio operativo.

proctosigmoidoscope (*med. instr.*) (Brit.), proctosigmoidoscopio.

procure (to) (as materials), approvvigionare.

procurement (acquirement) (*gen.*), acquisizione. **2.** ~ (purchase) (*comm.*), acquisto. **3.** ~ authorization (P.A.) (*comm.*), autorizzazione di acquisto.

procurved (*a. - gen.*), curvato in fuori.

prod (*found. t.*), *see* pricker.

"prod", *see* produce, producer, product, production.

prods (test prods) (*of elect. meas. instr.*), puntali (di contatto).

produce (amount produced) (*n. - comm. - ind. - etc.*), prodotto.

produce (to) (*gen.*), produrre. **2.** ~ (as films) (*m. pict.*), presentare al pubblico. **3.** ~ (to extend, as a line) (*geom.*), prolungare. **4.** ~ (to exhibit: as a document) (*gen.*), produrre, mostrare, esibire.

producer (*n. - gen.*), produttore. **2.** ~ (gas producing app.) (*ind. device*), gasogeno. **3.** ~ (of a film) (*m. pict.*), produttore. **4.** ~ (of agricultural products) (*agric.*), produttore. **5.** ~ gas (*comb.*), gas di gasogeno. **6.** ~ gas equipment (*comb. ind.*), impianto a gasogeno. **7.** ~ goods (instrumental goods: as raw materials, jigs, tooling, furnishings etc.) (*ind.*), beni strumentali, beni indiretti. **8.** executive ~ (of a film) (*m. pict.*), direttore di produzione. **9.** inverted ~ (*ind. device*), gasogeno invertito. **10.** to start the ~ (*ind.*), mettere in funzione il gasogeno.

product (*gen.*), prodotto. **2.** ~ (*chem.*), prodotto. **3.** ~ (*math.*), prodotto. **4.** ~ engineer (*ind.*), tecnico responsabile dalla progettazione alla esecuzione del prototipo e del controllo dei materiali impiegati. **5.** ~ manager (responsible for the planning and strategies for a single product or a line of products) (*ind. organ.*), "product manager", responsabile della produzione di uno o più prodotti. **6.** ~ of combustion (*comb.*), prodotto della combustione. **7.** by-~ (*ind.*), sottoprodotto. **8.** combustion residual ~ (*comb.*), prodotto residuo della combustione. **9.** end ~ (the final product of a production line) (*ind.*), prodotto terminale. **10.** finished ~ (*ind.*), prodotto finito. **11.** gross national ~, "GNP" (*econ.*), prodotto nazionale lordo. **12.** half-finished ~ (*mech.*), semilavorato. **13.** machined ~ (*mech. ind.*), materiale lavorato di macchina. **14.** mortality ~ (meas. of the toxicity of a gas) (*chem.*), indice di tossicità. **15.** net national ~, "NNP" (*econ.*), prodotto nazionale netto. **16.** overhead ~ (in distillation) (*ind. chem.*), prodotto di testa. **17.** partial ~ (*math.*), prodotto parziale. **18.** partly finished ~ (*ind.*), semilavorato. **19.** partly machined ~ (*mech. ind.*), (materiale) semilavorato. **20.** polycondensation ~ (*chem.*), policondensato. **21.** semimanufactured ~ (*ind. - mech.*), semilavorato. **22.** staple ~ (as of a regional market) (*comm.*), prodotto principale. **23.** unfinished ~ (*ind.*), semilavorato.

production (*ind.*), produzione. **2.** ~ (of films) (*m. pict.*), produzione. **3.** ~ center (*ind.*), centro di produzione. **4.** ~ control (*ind. - w. organ.*), controllo della produzione. **5.** ~ cost (overhead expenses included) (*ind.*), costo di produzione. **6.** ~ counter (for counting the number of produced pieces) (*app.*), contatore di produzione. **7.** ~ curve (showing as the quantity of oil produced from a well) (*gen.*), diagramma di produzione. **8.** ~ engineering department (of a factory), servizio tecnico fabbricazione. **9.** ~ estimate (*ind.*), preventivo di produzione. **10.** ~ goods, *see* producer goods. **11.** ~ line (of a factory) (*ind.*), linea di produzione. **12.** ~ manager (of a film) (*m. pict.*), direttore di produzione. **13.** ~ manager (of a factory) (*ind.*), direttore di produzione. **14.** ~ order (*ind. comm.*), commessa. **15.** ~ planning (*ind.*), programmazione della produzione. **16.** ~ rate (quantity produced) (*ind.*), ritmo di produzione. **17.** ~ run (as on a press: period during which a given number of workpieces are processed) (*ind.*), periodo di produzione. **18.** ~ schedule (as of a factory) (*ind.*), programma di produzione. **19.** ~ unit (*ind.*), complessivo di produzione, unità produttiva. **20.**

automated ~ (*ind.*), produzione automatizzata. **21.** batch ~ (when the output of the machines is effected in series by batches, as mach. t., steam boilers etc.) (*ind.*), produzione a lotti. **22.** belt ~ (*ind.*), produzione a catena. **23.** computer aided ~ (computerized manufacturing) (*ind. - comp.*), produzione assistita da calcolatore. **24.** flow ~ (when the machined component or assembled product is transmitted directly from one operation to the next) (*ind.*), produzione a flusso continuo. **25.** large batch ~ (*ind.*), produzione a grandi lotti. **26.** line ~ (*ind.*), produzione a catena. **27.** mass ~ (large output of articles of the same type, as of cigarettes) (*ind.*), produzione di massa. **28.** non-flow ~ (*ind.*), produzione a flusso intermittente. **29.** "one-off" ~ (when output amounts to a few articles per month or year, as prototype turbines) (*ind.*), produzione di singoli complessivi. **30.** shop ~ facilities (of workshop), attrezzamenti di officina. **31.** small batch ~ (*ind.*), produzione a piccoli lotti. **32.** small lot ~ (*ind.*), produzione di piccole serie. **33.** unit ~ (production on order) (*ind.*), produzione su ordinazione. **34.** volume ~ (*ind.*), produzione di grandi serie.

"production-boosting" (*a. - ind.*), che aumenta la produzione.

productive (*a.*), produttivo. **2.** ~ (of time: in time-study analysis) (*a. - factory work organ.*), attivo. **3.** ~ (worker) (*n. - ind.*), operaio produttivo. **4.** ~ labor (*ind.*), *see* direct labor.

productivity (*ind.*), produttività. **2.** acceptable ~ level (*ind.*), livello di produttività accettabile.

profession, professione.

professional (*n. - work. - sport*), professionista. **2.** ~ (*a. - work.*), professionale. **3.** ~ institute (*school*) (Brit.), istituto professionale.

professor (teacher of high education school grade), professore universitario (Ingl. - Am.) [(o di scuole medie) (Am.)].

profile (*gen.*), profilo. **2.** ~ (section) (*arch.*), sezione. **3.** ~ (curve made by recorded data) (*gen.*), grafico. **4.** ~ (vertical section of surveyed ground) (*top.*), profilo altimetrico. **5.** ~ (*psychol.*), profilo. **6.** ~ board (template) (*mech.*), sagoma. **7.** ~ cutter (*mech.*), fresa sagomata. **8.** ~ cutting (*mach. t. w.*), lavorazione con utensile sagomato. **9.** ~ drag (*aer.*), resistenza di profilo. **10.** ~ drag power loss (*aer.*), perdita di potenza per resistenza di profilo. **11.** ~ grinding (*mach. t. w.*), rettifica con mola sagomata. **12.** ~ machine (*mach. t.*), fresatrice a copiare. **13.** ~ map (*top.*), carta topografica. **14.** ~ middle line (of gear) (*mech.*), asse (o mezzeria) del profilo (del dente). **15.** ~ testing instrument (*meas. instr.*), apparecchio per controllare profili. **16.** ~ tool (forming tool) (*t.*), utensile profilatore, profilatore, utensile sagomato. **17.** ~ turning (lathe operation), profilatura al tornio, tornitura a profilo. **18.** active ~ (*mech.*), profilo attivo. **19.** airfoil ~ (*aer.*), profilo aerodinamico. **20.** conjugate ~ (of a gear) (*mech.*), profilo coniugato. **21.** longitudinal ~ (*road constr.*), profilo longitudinale. **22.** wing ~ (*aer.*), profilo alare.

profile (to) (*mech.*), profilare, sagomare.

profiler, *see* profiling machine.

profiling (by a milling machine) (*mech.*), fresatura a profilo. **2.** ~ attachment (*mach. t. equip.*), dispositivo a copiare. **3.** ~ machine (*mach. t.*), fresatrice a copiare.

profilograph, *see* profilometer.

profilometer (for measuring roughness) (*instr.*) (Brit.), profilografo, profilometro, scabrosimetro, rugosimetro, ondulometro.

profit (*adm.*), utile, profitto, reddito. **2.** ~ and loss account (*adm.*), conto profitti e perdite. **3.** ~ graph (*adm.*), grafico degli utili, diagramma di redditività. **4.** ~ margin (*comm. - etc.*), margine di profitto. **5.** ~ sharing (*finan. - comm.*), compartecipazione agli utili. **6.** anticipated ~ (provision of profit) (*adm. - econ.*), utile previsto. **7.** excess ~ (*adm.*), sovraprofitto. **8.** excess profits tax (*finan.*), tassa sui sovraprofitti. **9.** gross ~ (*adm.*), profitto lordo. **10.** net ~ (*adm.*), profitto netto. **11.** undistributed profits (retained earnings, income not paid out to shareholders) (*finan.*), utili non distribuiti.

profit (to) (to take advantage) (*econ.*), trarre profitto.

profitability (*comm.*), redditività.

profitable (*comm. - ind.*), redditizio, remunerativo.

proforma (*gen.*), proforma. **2.** ~ invoice (*comm.*), fattura proforma.

"prog", *see* program, progress, progressive.

prognosis (*med.*), prognosi.

program (plan of action for the future) (*gen.*), programma. **2.** ~ (complete sequence of machine instructions and routines necessary to solve a problem) (*comp.*), programma. **3.** ~ counter (instruction counter, current address register) (*comp.*), contatore di programma, registro di indirizzo corrente. **4.** ~ evaluation and review technique, "PERT" (*organ. ind.*), PERT, tecnica di valutazione e controllo dei programmi. **5.** ~ generator (permitting to a comp. to write automatically another program) (*comp.*), generatore di programmi. **6.** ~ loading (the introduction of a program into the central memory) (*comp.*), caricamento di un programma. **7.** ~ status word, "PSW" (comp. word for operative controls) (*comp.*), parola di stato del programma. **8.** application ~ (a program written for a customer particular application) (*comp.*), programma per applicazioni particolari. **9.** assembly ~ (assembler) (*comp.*), programma assemblatore. **10.** automatic ~ control unit (as for repetition production) (*mach. t. work*), comando a programma automatico. **11.** background ~ (*comp.*), programma non prioritario, programma a bassa priorità. **12.** bootstrap ~, *see* loading ~ **13.** checking ~ (a program for finding errors in other programs) (*comp.*), programma di controllo. **14.** coded ~ (program expressed in the code or language of a given machine or programming system) (*comp. - n.c. mach. t.*), programma di macchina, programma codificato. **15.** compiling ~ (compiler) (*comp.*), programma compilatore. **16.** general ~ (general-purpose program) (*comp.*), programma generale. **17.** heuristic ~ (heuristic routine: consisting in trying several methods for solving a problem) (*comp.*), programma euristico. **18.** interpretive ~ (*comp.*), programma interpretativo. **19.** loading ~ (a program for loading other programs into the central memory) (*comp.*), programma di caricamento. **20.** macroassembly ~ (group of assembly languages) (*comp.*), programma macroassemblatore. **21.** main ~ (a program coordinating the tasks to various subroutines) (*comp.*), programma principale. **22.** object ~ (a program translated by a compiler) (*comp.*), programma oggetto. **23.** output ~ (output routine) (*comp.*), programma di emissione. **24.** postmortem ~ (postmortem routine) (*comp.*), programma al termine della operazione. **25.** research ~ (*ind.*), programma di ricerca. **26.** source ~ (a program that has been written in source code) (*comp.*), programma sorgente. **27.** supervisory ~ (program organizing the flow and distribution of work) (*comp.*), programma di supervisione. **28.** target ~ (object program) (*comp.*), programma oggetto. **29.** test ~ (test routine) (*comp. - n.c. mach. t.*), programma diagnostico, programma di prova. **30.** transcribed ~ (*radio*), programma riprodotto. **31.** utility ~ (program for software auxiliary tasks) (*comp.*), programma di utilità.

program (to) (to insert a program) (*comp. - etc.*), programmare.

programmable, programable (*comp.*), programmabile. **2.** ~ read-only memory, "PROM" (*comp.*), memoria programmabile a sola lettura, ROM programmabile.

programmatics, *see* software analysis.

programme (Brit.), *see* program.

programmer (as for electronic computers), programmatore. **2.** simplified numerical automatic ~ (as in N/C machines, SNAP) (*n.c. mach. t.*), programmatore automatico numerico semplificato.

programming (*comp.*), programmazione. **2.** absolute ~ (absolute coding: by means of absolute code) (*comp.*), programmazione in linguaggio macchina, programmazione in assoluto. **3.** automatic ~ (*comp.*), programmazione automatica. **4.** bar-code ~ (*audiovisuals*), programmazione con codice a barre. **5.** dynamic ~ (*operational research*), programmazione dinamica. **6.** interactive ~ (*comp.*), programmazione interattiva. **7.** linear ~ (*ind. organ. - etc.*), programmazione lineare. **8.** mathematical ~ (*operational research*), programmazione matematica. **9.** nonlinear ~ (*ind. organ. - etc.*), programmazione non lineare. **10.** optimum ~ (for reaching a good efficiency) (*comp.*), programmazione ottimale. **11.** serial ~ (a programming where only one operation is executed at one time) (*comp.*), programmazione seriale. **12.** structured ~ (it means a programming well done, well organized, easy to be understood and altered etc.) (*comp.*), programmazione strutturata.

program-sensitive fault (pattern sensitive fault) (*comp.*), errore rilevabile per mezzo del programma.

progress (*n. - gen.*), progresso. **2.** ~ (as of the work in a shop) (*shop organ.*), avanzamento. **3.** ~ chart (for comparing the work actually done with the scheduled work) (*ind.*), (situazione) avanzamento lavori, tabella (o grafico) di produzione effettiva rispetto al programmato. **4.** ~ clerk (*shop organ.*), incaricato dell'aggiornamento del grafico di produzione. **5.** in ~ (as of a work) (*art*), in corso di esecuzione.

progression (*math. - astr.*), progressione. **2.** arithmetical ~ (*math.*), progressione aritmetica. **3.** geometric ~ (*math.*), progressione geometrica.

progressive (*a. - gen.*), progressivo. **2.** ~ dies (follow dies) (*metall. w.*), stampi progressivi, stampo composto per operazioni multiple. **3.** ~ proofs (in color printing: set of proofs in which colors are shown both separately and combined) (*print.*), progressive, bozze progressive, bozze con colori singoli e sovrapposti. **4.** ~ punch press (*mach.*), pressa per stampaggio progressivo. **5.** ~ scanning (*telev.*), scansione (o esplorazione) a linee contigue. **6.** ~ waves (*radio*), onde progressive.

prohibited (*gen.*), vietato. **2.** ~ (prohibited to motorcars) (*traff. sign*), divieto di transito (alle automobili).

prohibition, divieto.

project (design), progetto. **2.** ~ (group of houses built for low-income families) (*bldg.*), case popolari. **3.** definite ~ (definitive design), progetto definitivo. **4.** preliminary ~ (design), progetto di massima.

project (to) (*geom.*), proiettare. **2.** ~ (to contrive), progettare. **3.** ~ (to extend beyond) (*arch. - mech.*), aggettare, sporgere.

projected (*geom.*), proiettato. **2.** ~ (planned), progettato. **3.** ~ (expected in a future execution) (*gen.*), previsto.

projectile (of firearms), proiettile. **2.** high-explosive ~ (*milit.*), proiettile dirompente.

projecting (*arch. - mech.*), sporgente. **2.** ~ part (*arch. - mech.*), risalto.

projection (a jut) (*arch. - mech.*), sporgenza. **2.** ~ (*geom.*), proiezione. **3.** ~ (a plan, design, as of a new undertaking, road etc.) (*gen.*), progetto, piano. **4.** ~ (*psychol.*), proiezione. **5.** ~ (as of a map) (*cart.*), proiezione. **6.** ~ (of motion pictures), proiezione. **7.** ~ machine (motion pictures) (*mach.*), proiettore. **8.** ~ optics (*m. pict. - opt.*), ottica da proiezione. **9.** ~ room (*m. pict.*), cabina da proiezione. **10.** ~ screen (*m. pict.*), schermo di proiezione. **11.** ~ size (*telev.*), dimensione dell'immagine. **12.** ~ television (image magnification on a large screen obtained by an optical system) (*telev.*), televisione proiettata (su grande schermo). **13.** ~ welding (resistance welding with welds localized at predetermined points) (*welding*), saldatura a punti prestabiliti e rilevati. **14.** axonometric ~ (*draw.*), proiezione assonometrica. **15.** cavalier ~ (*mech. draw.*), proiezione cavaliera. **16.** conformal ~ (of a map) (*cart.*), proiezione conforme. **17.** conical ~ (of a map) (*cart.*), proiezione conica. **18.** cylindrical ~ (of a map) (*cart.*), proiezione cilindrica. **19.** equal area ~ (equivalent projection: of a map) (*cart.*), proiezione equivalente (o entalica). **20.** first-angle ~ (projection of different views in mech. drawings as practiced in England) (*mech. draw.*), proiezione all'europea. **21.** fixed ~ (as of transparent images) (*opt. - phot.*), proiezione fissa. **22.** gnomonic ~ (of a map) (*cart.*), proiezione gnomonica, proiezione centrografica. **23.** isometric ~ (form of a perspective drawing in which the parallel lines of the object appear parallel on the drawing) (*mach. draw.*), prospettiva isometrica, prospettiva rapida. **24.** Mercator's ~ (of a map) (*cart.*), proiezione di Mercatore. **25.** oblique ~ (*mech. draw.*), proiezione obliqua. **26.** orthographic ~ (*geom.*), proiezione ortogonale. **27.** orthographic ~ (of a map) (*cart.*), proiezione ortografica. **28.** perspective ~ (as of a map) (*cart. - draw.*), proiezione prospettica. **29.** polyconic ~ (of a map) (*cart.*), proiezione policonica. **30.** polyhedral ~ (of a map) (*cart.*), proiezione poliedrica (o policentrica). **31.** stereographic ~ (of a map) (*cart.*), proiezione stereografica. **32.** third-angle ~ (*draw.*), proiezione all'americana.

projectionist (*m. pict.*), operatore da cabina, operatore da proiezione. **2.** ~ (of television equipment) (*telev.*), operatore.

projective (as of a test) (*psychotechn.*), proiettivo.

projectivity (*math.*), proiettività.

projector (*opt. app.*), proiettore. **2.** ~ (*elect. illum. app.*) (Brit.), proiettore. **3.** cinema ~ (*m. pict.*), proiettore per sale cinematografiche. **4.** contour ~ (*mech. instr.*), proiettore di profili. **5.** effect ~ (for a theater) (*illum.*), riflettore per palcoscenico. **6.** electric ~ (*illum.*), proiettore elettrico. **7.** home ~ (*m. pict.*), proiettore per famiglie. **8.** motion picture ~ (*ind. app.*), proiettore cinematografico. **9.** sound ~ (*und. acous. - etc.*), trasmettitore acustico, proiettore acustico. **10.** sound ~ (*m. pict.*), proiettore sonoro.

projectual (scientific trasparency that can be projected on a screen) (*n. - opt. - etc.*), materiale per proiezioni didattiche.

projet (plan) (*gen.*), schema di progetto.

prolate (extended lengthwise) (*a. - gen.*), allungato.

proliferation (of nuclear weapons) (*milit. - politics*), proliferazione.

prolongation (*gen.*), prolungamento.

"PROM" (Programmable Read Only Memory, Programmable "ROM") (*comp.*), ROM programmabile, memoria programmabile a sola lettura.

promethium (metallic element) (Pm - *chem.*), promezio.

promille (per thousand) (*math.*), permille, p.m., ‰.

promo, *short for* promotional.

promontory (*geogr.*), promontorio.

promote (to) (to increase or accelerate a reaction) (*phys. chem.*), accelerare, incrementare. **2.** ~ (*gen.*), promuovere. **3.** ~ (to a higher place, as a worker) (*work.*), promuovere.

promoted (*work. - etc.*), promosso.

promoter (of a company), fondatore. **2.** ~ (substance increasing a reaction in presence of a catalyst) (*phys. - chem.*), sostanza acceleratrice. **3.** ~ (of business), promotore.

promotion (as of personnel) (*ind. - etc.*), promozione. **2.** ~ (advertising) (*comm.*), propaganda. **3.** ~ money (paid to the board of directors of a company) (*finan.*), spese di fondazione, spese di costituzione.

promotional (*comm.*), promozionale.

promotor, *see* promoter.

prompt (limit of time for payment) (*n. - comm.*), scadenza, termine di pagamento. **2.** ~ (immediately ready) (*a. - gen.*), pronto. **3.** ~ (word or symbol that the comp. writes on the terminal when ready) (*comp.*), avviso di pronto.

prompter (*theatre - work.*), suggeritore. **2.** ~ (*comp.*), programma suggeritore.

promptuary (book) (*typ.*), prontuario.

pronaos (*arch.*), pronao.

prong (*mech.*) (Am.), elemento protuberante, sottile sporgenza. **2.** ~ (of a plug) (*elect.*), polo (di spina). **3.** ~ (one of the pointed spikes of a fork) (*agric.*), rebbio, dente. **4.** ~ (fork as for straw) (*agric. t.*), forca. **5.** ~ chuck (in wood lathes, a forklike chuck) (*mach. t.*), mandrino a forcella. **6.** ~ die, *see* spring die. **7.** ~ key (for nuts made in round shape) (*t.*), chiave a denti. **8.** four-~ plug (for electric sockets) (*elect.*), spina quadripolare.

pronged washer (*mech.*), rondella aperta, rondella a forchetta.

pronounce (to) (an award) (*law*), pronunciare, formulare.

pronouncement (of an award) (*law*), pronuncia.

pronuclear (favorable to nuclear power generating stations) (*public opinion*), pronucleare, favorevole alle centrali nucleari, favorevole all'impiego di energia nucleare per la produzione di energia elettrica.

pro number (as a progressive number assigned to successive shipments by a transp. company) (*gen.*), numero progressivo.

Prony brake (*mot.*), freno (dinamometrico) Prony.

proof (test) (*n. - gen.*), prova. **2.** ~ (*n. - math.*), dimostrazione. **3.** ~ (result of evidence) (*n.*), prova. **4.** ~ (*n. - print.*), bozza, prova di stampa. **5.** ~ (of spirit) (*n.*), gradazione alcoolica. **6.** ~ (protected: as a dustproof mounted ball bearing) (*a. - mech.*), protetto. **7.** ~ (*glass mfg.*), *see* rod proof. **8.** ~ load (*aer.*), carico di prova, carico elastico. **9.** ~

load (special cartridge with stronger powder charge than the normal one) (*firearm test*), cartuccia di prova. **10.** ~ press (*typ. mach.*), tirabozze, torchio tirabozze, tiraprove, torchio tiraprove. **11.** ~ pressure (non-destructive test pressure) (*meas.*), pressione di prova. **12.** ~ pulling (*print.*), tiratura delle bozze. **13.** ~ sample (*constr. theor.*), provino. **14.** ~ sheet (proof) (*print.*), bozza, prova di stampa. **15.** ~ spirit, gradazione alcoolica. **16.** ~ stress (causing permanent deformation) (*constr. theor.*), sollecitazione che dà luogo a deformazione permanente, sollecitazione oltre il limite elastico. **17.** clean ~ (*print.*), bozza corretta. **18.** first ~ (*print.*), prime bozze. **19.** offset ~ press (*print. mach.*), torchio litografico per copie di prova. **20.** progressive proofs (in color printing: set of proofs in which colors are shown both separately and combined) (*print.*), progressive, bozze progressive, bozze con colori singoli e sovrapposti. **21.** repro ~ (reproduction proof) (*print.*), *see* repros. **22.** rod ~ (a test specimen taken from the melt on an iron rod) (*glass mfg.*), cordellina. **23.** to pull a ~ (*print.*), tirare una bozza.

proof (to) (to give a demonstration) (*proc.*), provare, dare la dimostrazione. **2.** ~ (to make something waterproof) (*ind. - text. mfg.*), impermeabilizzare.

proofing (a preparation for aer. fabrics) (*text. ind.*), impermeabilizzante. **2.** ~ (the process of making proof) (*ind.*), impermeabilizzazione.

proofread (to) (*print.*), correggere le bozze.

proofreader (*print.*), correttore di bozze.

proofreading (*print.*), correzione di bozze.

proof–test (to) (to fire proof loads) (*firearm test*), sottoporre a prova forzata.

prop (*bldg.*), puntello. **2.** ~ (*constr. theor.*), puntone. **3.** ~ blast, *see* slipstream. **4.** ~ joint, *see* rule joint. **5.** ~ stand (a support for a mtc.), cavalletto, gamba di sostegno. **6.** hydraulic ~ (telescopic prop hydraulically operated) (*min. t.*), puntello idraulico.

prop (to) (*bldg.*), puntellare. **2.** ~ up (a trench) (*mas.*), puntellare, "sbadacchiare".

"prop", *short for* propeller, property, propose, proposition.

propagate (to) (*gen.*), propagare, propagarsi.

propagation (*gen.*), propagazione. **2.** ~ (as of waves) (*phys. - hydr. - etc.*), propagazione. **3.** ~ coefficient (or constant) (*radio*), costante di propagazione. **4.** ~ delay (as of a signal through an operating circuit) (*comp.*), ritardo di propagazione. **5.** ~ loss (loss of energy which takes place during the propagation of acoustic or radio waves) (*acous. - und. acous. - radio - etc.*), perdita di propagazione. **6.** cylindrical ~ (*acous. und. acous.*), propagazione cilindrica. **7.** deep water ~ (acoustic propagation in sea waters whose depth is more than 100–200 m) (*und. acous.*), propagazione in acque alte. **8.** free-field ~ (propagation which takes place in an ideal homogeneous medium of infinite extent or not affected by boundaries) (*acous. - und. acous.*), propagazione in campo libero. **9.** multipath ~ (form of propagation which takes place in the sea due to temperature, salinity and pressure gradient) (*und. acous.*), propagazione a percorsi multipli. **10.** rate of flame ~ (*comb.*), velocità di propagazione della fiamma. **11.** sea ~ (*und. acous.*), propagazione attraverso il mare. **12.** shallow water ~ (acoustic propagation in sea waters whose depth is less than 200 m) (*und. acous.*), propagazione in acque basse. **13.** spherical ~ (*acous. - und. acous. - etc.*), propagazione sferica. **14.** underwater ~ (acoustic propagation in sea water) (*und. acous.*), propagazione subacquea.

propane (C_3H_8) (*chem.*), propano.

propel (to), spingere, propellere.

propellant (as for a rocket engine) (*n. - fuel*), propellente. **2.** composite ~ (heterogeneous propellant for rocket motors) (*rckt. - mot.*), propellente eterogeneo. **3.** heterogeneous ~ (a rocket motor propellant with more than one base) (*rckt. - mot.*), propellente eterogeneo. **4.** homogeneous ~ (a rocket motor propellant with a single base) (*rckt. - mot.*), propellente omogeneo. **5.** liquid ~ (for missiles) (*mot. - rckt.*), propellente liquido. **6.** single-base ~ (homogeneous propellant) (*rckt. - mot.*), propellente omogeneo. **7.** solid ~ (for missiles) (*mot. - rckt.*), propellente solido.

propelled (*a. - gen.*), propulso, spinto.

propellent, *see* propellant.

propeller (screw propeller) (*aer. - naut.*), elica. **2.** ~ aperture (aperture in which the propeller rotates) (*naut.*), pozzetto dell'elica. **3.** ~ balancing stand (*mech. impl.*), apparecchio (a parallele) per l'equilibratura delle eliche. **4.** ~ blade angle (*aer.*), angolo della pala dell'elica. **5.** ~ blades (*aer. - naut.*), pale dell'elica. **6.** ~ cavitation (*naut.*), cavitazione dell'elica. **7.** ~ cuff (the shank fairing) (*aer.*), ogiva. **8.** ~ disk (*aer.*), disco dell'elica. **9.** ~ efficiency (*fluid dynamics*), rendimento dell'elica. **10.** ~ fan (*ventil. app.*) (Brit.), ventilatore elicoidale. **11.** ~ hub (*aer. - naut.*), mozzo dell'elica. **12.** ~ noise (*aer.*), rombo dell'elica. **13.** ~ pitch (*aer. - naut.*), passo dell'elica. **14.** ~ post (*naut.*), dritto dell'elica. **15.** ~ race (*aer.*), flusso dell'elica. **16.** ~ rake (*aer.*), angolo di campanatura dell'elica. **17.** ~ reduction gear (*aer. - naut.*), riduttore (a ingranaggi) dell'elica. **18.** ~ shaft (*aut.*), albero di trasmissione. **19.** ~ shaft (*aer. mot. - naut.*), albero portaelica. **20.** ~ shaft tailpiece (*aer.*), appendice dell'albero portaelica. **21.** ~ singing (propeller song, harmonic noise due to vibrations of propeller's edges during the movement through water) (*navy - und. acous.*), canto dell'elica. **22.** ~ speed control (*aer.*), comando giri elica. **23.** ~ thrust (*aer. - naut.*), spinta dell'elica. **24.** ~ torque (*aer. - naut.*), coppia dell'elica. **25.** ~ turbine engine (*mot.*), motore a turboelica. **26.** ~ wash, *see* slipstream. **27.** adjustable pitch ~ (Am.), *see* variable pitch propeller. **28.** adjustable-pitch ~ (the pitch of which can be adjusted when not rotating) (*aer.*) (Brit.), elica a passo regolabile a terra. **29.** automatic controlled ~ (*aer.*), elica (a passo variabile) a comando automatico del passo. **30.** braking ~ (*aer.*), elica frenante. **31.** built-up ~ (*naut.*), elica a pale riportate (o smontabili). **32.** cavitating ~ (propeller which causes cavitation into water) (*navy - und. acous.*), elica cavitante. **33.** cavitation-free ~ (propeller not causing cavitation into water) (*navy - und. acous.*), elica non cavitante. **34.** coaxial propellers (with independent drive and rotating in opposite directions) (*aer.*), eliche coassiali. **35.** constant-speed ~ (*aer.*), elica a giri costanti. **36.** contra-rotating propellers (*aer.*), eliche controrotanti. **37.** controllable-pitch ~ (*aer. - naut.*), elica a passo variabile. **38.** counter-rotating propellers (*aer.*), *see* contra-rotating propellers. **39.** cycloidal ~ (vertical axis propeller used in shallow waters) (*naut.*), elica ad asse verticale per acque basse. **40.** dual-rotation ~ (on coaxial shafts) (*aer.*), coppia di eliche (coassiali) controrotanti. **41.** ducted ~ (*aer. - naut.*), elica intubata. **42.** feathering ~ (which can be set to a pitch giving the minimum drag, when the engine is stopped) (*aer.*), elica con messa in bandiera. **43.** feathering ~ (obsolete type of propeller the blades of which could be brought parallel to the shaft when the vessel was under sail) (*naut.*), elica a pale articolate. **44.** fixed-pitch ~ (*aer.*), elica a passo fisso (o costante). **45.** geared ~ (*aer. - naut.*), elica demoltiplicata. **46.** jury ~ (*naut.*), elica di fortuna. **47.** keep clear of propellers! (*aer. - naut.*), attenzione alle eliche! **48.** left-handed ~ (*aer.*), elica sinistrorsa. **49.** lifting ~ (*aer.*), elica portante. **50.** metal blade ~ (*aer.*), elica metallica. **51.** pusher ~ (located behind the wing) (*aer.*), elica spingente, elica propulsiva. **52.** reversible-pitch ~ (*aer.*), elica a passo reversibile, elica frenante. **53.** right-handed ~ (*aer.*), elica destrorsa. **54.** screw-~ (*naut. - aer.*), elica. **55.** solid ~ (*naut.*), elica a pale formanti corpo unico col mozzo. **56.** tandem ~ (one behind the other) (*aer.*), eliche in tandem. **57.** test ~ (club) (*aer.*), elica di prova, mulinello. **58.** three-bladed ~ (*aer. - naut.*), elica tripala. **59.** tractor ~ (*aer.*), elica trattiva. **60.** two-bladed ~ (*aer. - naut.*), elica bipala. **61.** variable-pitch ~ (*aer. - naut.*), elica a passo variabile. **62.** weedless ~ (*naut.*), elica antialga. **63.** wooden blade ~ (*aer.*), elica in legno.

propellerless (*aer.*), senza elica.

propelling (*a. - gen.*), propellente, che dà la spinta in avanti. **2.** ~ nozzle (of a jet engine) (*mot.*), effusore. **3.** ~ power (*naut.*), potenza di macchina.

propellor, *see* propeller.

propelment (propelling element) (*n. - mech.*), elemento propulsivo. **2.** ~, *see* propulsion.

proper (*a. - gen.*), indicato, appropriato. **2.** ~ fraction (*math.*), frazione propria.

property (characteristic quality), proprietà, potere. **2.** ~ accounting (*adm.*), contabilità beni patrimoniali. **3.** ~ man (as in film production) (*m. pict.*), trovarobe. **4.** ~ tax (*finan.*), imposta sul patrimonio. **5.** felting ~ (*text.*), feltrabilità. **6.** lubricating ~, potere lubrificante. **7.** real ~, proprietà immobiliare.

prophylaxis (*med.*), profilassi.

propjet, *see* turbo-propeller engine.

"propn", *see* proportion.

proportion, proporzione. **2.** geometric ~ (*math.*), proporzione geometrica. **3.** inverse ~, proporzione inversa.

proportion (to) (*gen.*), proporzionare. **2.** ~ (ingredients) (*chem.*), dosare.

proportional (*a. - math.*), proporzionale. **2.** ~ dividers (*draw. impl.*), compasso di riduzione. **3.** ~ limit (*constr. theor.*) (Am.), limite di proporzionalità.

proportionality (*gen.*), proporzionalità. **2.** range of ~ (as of a stress-strain curve) (*metall.*), intervallo di proporzionalità.

proportionate (to) (*gen.*), proporzionare.

proposal (*gen.*), proposta.

propose (to) (*gen.*), proporre.

proposition (proposal) (*gen.*), proposta. **2.** ~ (*math.*), proposizione. **3.** Pythagorean ~ (*math.*), teorema di Pitagora.

propping (as of a build.), puntellamento. **2.** ~ (of a digging: by timber) (*mas.*), puntellamento (con assi ed elementi trasversali), "sbadacchiatura".

proprietary (proprietor, owner) (*n. - law*), proprietario. **2.** ~ (produced by a person having the exclusive right of manufacture and marketing) (*a. - comm. - law*), prodotto e commercializzato su licenza con esclusiva.

proprietor (owner, proprietary) (*n. - law*), proprietario.

proprietorship (proprietor's equity, net assets) (*adm.*), capitale netto. **2.** ~ equation (*adm.*), equazione del capitale netto.

propulsion (*mech.*), propulsione. **2.** Diesel-electric ~ (*railw.*), propulsione Diesel-elettrica. **3.** electric ~ (a system where the electrically charged particles of a propellant are accelerated by an elect. device: as in arc jet engine) (*aer. propulsion*), propulsione elettrica. **4.** electromagnetic ~ (electric propulsion) (*plasma phys. - spacecraft*), propulsione elettromagnetica. **5.** hybrid ~ (by liquid and solid propellants) (*rckt.*), propulsione ibrida. **6.** storage battery ~ (*elect.*), propulsione ad accumulatori. **7.** turbo-electric ~ (*railw.*), propulsione turbo-elettrica.

propulsive (*a. - mech.*), propulsivo. **2.** ~ coefficient (the indicated engine horsepower divided by the effective horsepower: as of a ship engine) (*naut. eng.*), potenza meccanica indicata divisa per potenza effettiva. **3.** ~ efficiency (*aer. - naut.*), rendimento propulsivo.

propulsor (*n. - mech. - rckt.*), propulsore.

propyl (—C_3H_7) (radical) (*chem.*), propile.

propylaeum (*arch.*), propileo.
propylene ($CH_3 \cdot CH = CH_2$) (*chem.*), propilene.
pro rata (*gen.*), pro rata, in proporzione, proporzionalmente.
prorate (to) (to divide or distribute proportionally) (*gen.*) (Am.), dividere (o distribuire) proporzionalmente.
proration (*petroleum ind.*), limitazione della produzione ad una quota parte della capacità produttiva. **2.** ~ (division or distribution pro rata) (*gen.*), divisione (o distribuzione) proporzionale.
proscenium (of a theater) (*bldg.*), proscenio.
prosecute (to) (to make a complaint against....) (*law*), querelare.
prosecution (*law*), accusa.
prosecutor (public prosecutor) (*law*), Pubblico Ministero.
prospect (tested sample) (*min.*), saggio di campionatura.
prospect (to) (*min.*), esplorare (dal punto di vista minerario).
prospecting (*min.*), prospezione, ricerca di giacimenti. **2.** geophysical ~ (*geol.*), prospezione geofisica. **3.** seismic ~ (*geol.*), prospezione sismica.
prospection (*min.*), prospezione.
prospector (one exploring a land for minerals) (*min.*), prospettore.
prospectus (document listing as the details of a program) (*gen.*), prospetto.
prostyle (*arch.*), prostilo.
"prot", *see* protected, protection.
protanopia (red blindness) (*opt. - med.*), protanopia, cecità per il rosso.
protect (to) (*gen.*), proteggere.
protected (of elect. mach., of elect. app.) (*a. - elect.*), protetto.
protection, protezione. **2.** ~ (*milit.*), sicurezza. **3.** ~ (as persons safety protection against exposure to radiations) (*atom phys. med.*), protezione. **4.** ~ at rest (*milit.*), sicurezza in stazione. **5.** ~ in the move (*milit.*), sicurezza in marcia. **6.** leakage ~ (*elect.*), protezione contro difetti di isolamento. **7.** memory ~ (guard; as for avoiding accidental erasing) (*comp.*), protezione della memoria. **8.** radiation ~ guide (maximum permissible exposure to radiations: max. permissible radiation dose) (*radiation med. meas.*), dose massima consentita, massima esposizione consentita. **9.** trade mark ~ (*comm.*), modello depositato.
protectionism (*finan. - comm.*), protezionismo.
protective (*a. - gen.*), protettivo. **2.** ~ (*n. - gen.*), protettore. **3.** ~ coating (*paint.*), strato protettivo, mano di protezione. **4.** ~ colloids (*chem.*), colloidi protettori. **5.** ~ deck (armored deck) (*warship*), ponte corazzato. **6.** ~ device (protector) (*elect. - teleph.*), apparato di protezione. **7.** ~ horn (of an insulator) (*elect.*), scaricatore a corna.
protector (*elect. - teleph.*), elemento di protezione. **2.** ~ (works for protecting; as banks from erosion) (*hydr. - bldg.*), opere di difesa, opere di protezione.
protein (*s. - chem.*), proteina. **2.** ~ (proteic) (*a. - chem.*), proteico. **3.** ~ paint (*mas. - paint.*), pittura alla caseina.
protest (of a bill of exchange) (*finan.*), protesto.
protest (to) (as a bill of exchange) (*law*), protestare, mandare in protesto.
protester (*law*), creditore che richiede il protesto.
protium (hydrogen isotope) (H^1 - *chem.*), protio.
protoactinium (Pa - *chem.*), protoattinio.
protochloride (*chem.*), protocloruro. **2.** ~ of mercury (Hg_2Cl_2) (*chem.*), calomelano, cloruro mercuroso.
protocol (line control discipline that enables the communication as between two independent comp.), (*n. - comp.*), protocollo. **2.** handshake ~ (*comp.*), protocollo di sincronizzazione consensuale.
protogine (granite) (*rock*), protogino.
proton (*atom phys.*), protone. **2.** ~ moment (magnetic moment of the proton) (*atom phys.*), momento magnetico del protone. **3.** ~ synchrotron, *see* proton–synchrotron.
proton-synchrotron (*atom phys. mach.*), protosincrotrone.
prototype (*gen.*), prototipo. **2.** ~ airplane (*aer.*), aereo prototipo. **3.** ~ championship (*aut. sport*), campionato prototipi.
protoxide (*chem.*), protossido, ossidulo.
protractor (*meas. instr.*), goniometro, rapportatore. **2.** circular ~ (*artillery instr.*), rapportatore circolare.
protrude (to) (*mech. - etc.*), sporgere.
protrusion (as of a sleeve above a cylinder block) (*mech.*), sporgenza.
protuberance (*gen.*), protuberanza, sporgenza. **2.** ~ hob (for obtaining undercuts at the root of teeth) (*t.*), creatore con protuberanza. **3.** ~ shaper cutter (for gears) (*mech.*), coltello per dentatrice stozzatrice con protuberanza.
proud (said of a tool with a large amount of top rake) (*mech.*), con forte angolo di spoglia superiore. **2.** ~ (misaligned, as one edge of a weld) (*mech. technol.*), non livellato.
prove (to) (to demonstrate), dimostrare. **2.** ~ (to test) (*gen.*), provare. **3.** ~ (to verify) (*math.*), eseguire la prova.
prover (tester) (*app.*), apparecchio di misura (o per prove). **2.** ~ (in lithography: a pressman) (*work.*), stampatore.
provide (to) (to furnish) (*gen.*), provvedere. **2.** ~ (to equip with) (*gen.*), fornire di.
provided that (*gen.*), purché, a condizione che, a condizione di.
proving (*print.*), esecuzione di bozze. **2.** ~ (comp. functioning check) (*comp.*), controllo di funzionamento. **3.** ~ ground (as for a car) (*aut.*), percorso di prova, pista. **4.** ~ ground (for testing weapons) (*milit.*), balipedio, campo di tiro, poligono

di tiro. **5.** ~ ground (for testing new aircrafts) (*aer. - air force*), campo di volo sperimentale. **6.** ~ press (*typ. mach.*), torchio tirabozze, tirabozze, tiraprove, torchio tiraprove. **7.** ~ ring (for calibration of testing mach.) (*testing mach. impl.*), anello di verifica, anello di taratura. **8.** offset ~ press (*print. mach.*), torchio litografico per copie di prova.

provision (a stock of required materials), provvista, scorta. **2.** ~ (measure) (*gen.*), provvedimento. **3.** ~ (*law*), disposizione di legge. **4.** ~ account (reserve account as for renewing bldg., mach. etc.) (*amm. - ind.*), fondo di accantonamento (o di riserva).

provisional, provvisorio.

proviso (*law*), condizione, clausola.

prow (*naut.*), prua. **2.** ~ (of an airship) (*aer.*), prua.

prox (proximo) (*a. - gen.*), prossimo.

proximate analysis (as of a coarse mixture) (*chem.*), analisi quantitativa.

proximity (*gen.*), prossimità. **2.** ~ effect (*elect.*), induzione (mutua e/o autoinduzione). **3.** ~ fuse (as radio proximity fuse for weapons not to be used underwater) (*expl.*), spoletta di prossimità. **4.** ~ pickup (sensor as of a proximity fuse) (*milit. device - etc.*), sensore di prossimità. **5.** ~ switch (*elect.*), interruttore di prossimità.

proxy (authority to act for another) (*comm. - adm. - law*), procura.

"prs" (showers of sleet, Beaufort letters) (*meteorol.*), rovesci di nevischio.

"PR SW" (short for pressure switch, as on a diagram etc.) (*elect. - hydr. device*), pressostato.

pruning (trimming, of trees) (*agric.*), potatura. **2.** ~ shears (*agric. t.*), forbici da potatore, forbici da giardino.

prunus blasting (*mech.*), granigliatura dolce, granigliatura con gusci frantumati di albicocche (o prugne), "prunatura".

Prussian blue $[Fe_4(Fe(CN_6)_3]\cdot nH_2O$ (*paint. ind.*), blu di Prussia, ferrocianuro di potassio.

prussiate (*chem.*), prussiato. **2.** red ~ of potash $[K_3Fe(CN)_6]$ (*chem.*), prussiato rosso di potassio, ferricianuro di potassio. **3.** yellow ~ of potash $[K_4Fe\ (CN)_6]$ (*chem.*), prussiato giallo, ferrocianuro di potassio.

prussic acid (HCN) (hydrocianic acid) (*chem.*), acido prussico, acido cianidrico.

pry (crowbar) (*t.*), palanchino.

pry (to) (to move with a lever) (*gen.*), smuovere con una leva.

"PS" (showers of snow, Beaufort letters) (*meteorol.*), rovesci di neve. **2.** ~ (polystyrene) (*plastics*), PS, polistirolo. **3.** ~ (passenger steamer) (*naut.*), piroscafo passeggeri. **4.** ~ (post scriptum, postscript) (*off.*), P.S., postscriptum, poscritto. **5.** ~ (peel or stripping strength, as of adhesives) (*technol.*), resistenza al distacco per pelatura. **6.** ~, *see* packet switching.

"ps" (poise, viscosity unit equal to one dyne-second per sq cm) (*meas.*), poise. **2.** ~ (pieces) (*gen.*), pezzi.

psammitic (formed of sandy particles) (*a. - geol.*), psammitico.

"psd" (passed, as from inspection) (*mech. draw.*), passato, accettato.

pseudocode (interpretative code or language: programming language) (*comp.*), codice interpretativo.

pseudodipteral (*a. - arch.*), pseudodiptero.

pseudohalogen [as (—CNS), (—CN) (rad.)] (*chem.*), pseudo alogeno.

pseudoinstruction (instruction made in programming language) (*n. - comp.*), pseudoistruzione.

pseudomorphosis (of a mineral) (*min.*), pseudomorfosi.

pseudo-operation (not pertaining to a comp. normal repertoire) (*n. - comp.*), pseudo-operazione.

pseudoperipteral (*a. - arch.*), pseudoperiptero.

pseudorandom (*a. - stat.*), pseudoaleatorio.

pseudosolution (colloidal solution) (*phys. chem.*), pseudosoluzione.

"psf" (pounds per sq ft) (*meas.*), libbre per piede quadrato.

"psgr", *see* passenger.

"psi" (pounds per square inch) (*pressure meas.*), libbre per pollice quadrato.

"psia" (pounds per sq in absolute) (*meas.*), libbre per pollice quadrato assolute.

"psig" (pounds per sq in gage) (*meas.*), libbre per pollice quadrato lette sullo strumento, libbre per pollice quadrato relative.

psilomelane $BaMn_8O_{16}(OH)_4$ (*min.*), psilomelano.

"psn", *see* position.

psophometer (for meas. the sound intensity) (*electroacous. meas. instr.*), psofometro.

psophometric (*a. - electroteleph.*), psofometrico. **2.** ~ voltage (voltage at 800 c/s producing the same degree of interference as the disturbing voltage) (*electroteleph.*), tensione psofometrica, tensione di disturbo.

"PSS" (push selector switch) (*elect.*), selettore a pulsante.

"PSW" (Program Status Word: internal register of the "CPU") (*comp.*), parola di stato del programma.

psychologist (*psychol.*), psicologo. **2.** work ~ (industrial psychologist) (*psychol.*), psicologo d'azienda.

psychotechnical (*a. - psychol.*), psicotecnico.

psychotechnology (*ind. - psychol.*), psicotecnica.

psychrometer (*instr.*), psicrometro.

psychrometric (chart) (*hygrometry*), diagramma psicrometrico.

Pt (platinum) (*chem.*), platino.

"pt" (point) (*gen.*), punto. **2.** ~ (payment) (*comm.*), pagamento. **3.** ~ (pint) (*meas.*), pinta. **4.** ~, *see also* part, port.

"ptbl", *see* portable.

PT boat (patrol torpedo boat), *see* motor torpedo boat.

"ptd" (painted) (*paint.*), verniciato. **2.** ~ (pointed) (*gen.*), a punta. **3.** ~ (as of an arch) (*arch.*), acuto. **4.** ~ (printed) (*print.*), stampato.

"PTFE", "ptfe" (polytetrafluorethylene) (*chem.*), PTFE, politetrafluoroetilene.

"ptg", *see* printing.

"pt no" (part number, as in a spare parts list) (*mach. - etc.*), numero (di individuazione) del particolare, numero categorico.

"PTO" (power take off: as of an agric. tractor) (*mech.*), presa di forza. **2.** ~ (please turn over) (*correspondence - etc.*), vedi retro.

"Pt Off" (patent office) (*law*), ufficio brevetti.

"ptr", *see* painter, printer.

"pts" (pints) (*meas.*), pinte.

"PTV" (public television) (*telev.*), rete televisiva statale.

"pty" (proprietary, as a company) (*a. - n. - finan. law*), proprietario. **2.** ~ (party) (*milit.*), reparto. **3.** ~ company (*finan.*), società proprietaria.

"PU", *see* pickup.

Pu (plutonium) (*chem.*), plutonio.

"publ", *see* public, publication, publisher.

public (*a. - n. - gen.*), pubblico. **2.** ~ domain (public land) (*law*), proprietà demaniale. **3.** ~ sector of the economy (*public service amm.*), settore pubblico dell'economia. **4.** ~ service vehicle, "PSV" (*veh.*), mezzo pubblico. **5.** ~ works (works of public utility: as governmental or of a town) (*civ. eng.*), lavori pubblici, opere di pubblica utilità.

public-address system (sound amplifying apparatus consisting of microphones, loudspeakers, amplifiers etc.: for outdoor use) (*electroacous. equip.*), impianto di diffusione sonora.

publication, pubblicazione. **2.** technical ~ department (*ind.*), ufficio pubblicazioni tecniche.

publicity (advertising) (*adver.*), pubblicità. **2.** wall ~ (*adver.*), pubblicità murale.

publish (to), stampare, pubblicare.

publisher (*print.*), editore, casa editrice.

puck (a rubber disk absorbing vibrations) (*mech.*), ammortizzatore a disco (di materiale resiliente). **2.** ~ (a pinch roller: it holds tape against the capstan for preventing speed variations) (*tape recorder*), rullo pressore dell'avanzamento (nastro).

pucker (corrugation on the wall of a drawn cup) (*sheet metal w. defect*), ondulazione, grinza.

pucker (to) (as of a paint) (*paint. defect - etc.*), raggrinzire.

puckering (wrinkling, as of a painted surface) (*paint. defect - etc.*), raggrinzimento. **2.** ~ (waves in the walls of a deep drawn part) (*sheet metal w. defect*), ondulazioni, onde, grinze.

puddening, pudding (soft material for preventing chafing) (*naut.*), fasciatura di protezione.

puddingstone (conglomerate) (*geol.*), puddinga, conglomerato.

puddle (standing water: as on a bad roadbed) (*road - etc.*), pozzanghera, pozza. **2.** ~ (weld pool) (*welding*), bagno di fusione. **3.** ~ ball (wrought iron) (*metall.*), massello. **4.** ~ bar (as by hammering from a puddle ball) (*n. - metall. - power hammer*), sbozzato. **5.** ~ jumper (observation lightplane) (*air force*), aereo leggero (di tipo turistico) utilizzato per osservazione tattica.

puddle (to) (*metall.*), puddellare. **2.** ~ (to mix grout) (*mas.*), impastare. **3.** ~ (to wash) (*ore dressing*), lavare.

puddled (*a. - metall.*), puddellato.

puddling (transformation of pig iron into wrought iron) (*metall.*), puddellaggio. **2.** ~ (washing) (*ore dressing*), lavaggio. **3.** ~ (the working of a wet mixture of concrete) (*mas.*), impastatura della gettata. **4.** ~ furnace (*furnace*), forno di puddellaggio. **5.** vibration ~ (mechanical puddling by vibrating mach. for compacting concrete) (*mas.*), vibratura (o pervibratura) della gettata.

puer (pure, mixture for bating skins after liming) (*leather ind.*), purga chimica.

puff (to) (to blow) (*gen.*), soffiare. **2.** ~ (to inflate) (*gen.*), gonfiare.

puffer (small coastal steamship) (*naut.*), carretta a vapore per piccolo cabotaggio.

puffing (swelling) (*gen.*), gonfiamento. **2.** ~ agent (thickening agent) (*paint.*), addensante.

pug (*min.*), *see* gouge. **2.** ~ mill (mixer, for clay) (*bldg. mach.*), impastatrice.

pug (to) (to blend by stirring: as clay) (*ind.*), impastare.

pugging (special mixture for insulating buildings against sounds) (*bldg.*), materiale isolante acustico.

pulaski tool (a tool having one blade at right angles to the handle and the other one parallel to it) (*carp. t.*), bipenne con una penna parallela e l'altra trasversale al manico.

pull (act of pulling) (*phys.*), trazione. **2.** ~ (in advertising) (Am. coll.), attrazione. **3.** ~ (transverse crack on an ingot face due to restriction to free contraction during cooling) (*metall. defect*), cricca trasversale. **4.** ~ (the quantity of glass delivered by a furnace in a given time) (*glass mfg.*), tiro, produzione. **5.** ~ (brushing resistance due to the paint drag) (*paint.*), resistenza a distendersi. **6.** ~ box (metal box inserted flush with the wall on a run of conduit for facilitating the pulling in of the wires) (*elect.*), cassetta di derivazione. **7.** ~ pin (it unlocks when pulled) (*mech.*), spina di sblocco, spina di messa in folle. **8.** ~ socket (lamp holder having a switch operated by a little chain) (*elect. impl.*), portalampade con interruttore a catenella di trazione. **9.** ~ station (*fire alarm*), posto di allarme comandato con maniglia di trazione. **10.** ~ test (of a weld) (*technol.*), prova a trazione. **11.** drawbar ~, "DBP" (*agric. tractor*), sforzo (di trazione) alla barra. **12.** gravitational ~ (*astron. - astric.*), attrazione gravitazionale.

pull (to), tirare. **2.** ~ (as a liquid from a tank) (*gen.*), estrarre. **3.** ~ (to make, as a proof) (*print.*), tirare. **4.** ~ (to remove the hair) (*tanning*), depilare. **5.** ~ (to subtract) (*math.*), sottrarre. **6.** ~ (to set on: as the hand brake) (*aut. - etc.*), azionare, mettere in azione. **7.** ~ (*aer.*), cabrare. **8.** ~ (to extract: as cards from a file) (*comp. - etc.*), estrarre. **9.** ~ a proof (*print.*), tirare una bozza, tirare una copia di prova. **10.** ~ down (to demolish, as a building) (*gen.*), demolire. **11.** ~ in (as said of a relay) (*elect.*), eccitarsi. **12.** ~ oars (*naut.*), vogare. **13.** ~ off (to carry out) (*gen.*), eseguire, portare a termine. **14.** ~ off (to remove) (*gen.*), togliere. **15.** ~ off (to move away) (*gen.*), allontanarsi. **16.** ~ the well (to dismount the pumps from an oil well) (*min.*), abbandonare il pozzo. **17.** ~ to one side (defect of veh.), tirare da una parte, tendere ad andare da un lato.

pull-broach (to) (*mech.*), brocciare con broccia di trazione.

pulldown (*m. pict.*), *see* claw.

puller (*mech. device*), estrattore. **2.** ~ (of wool from skin) (*text. mach.*), strappatore. **3.** hub ~ (*mech. device*), estrattore per mozzi. **4.** nail ~ (*tool*), tirachiodi, estrattore per chiodi, piede di cervo. **5.** valve guide ~ (*mech. impl.*), estrattore per guide valvola.

pulley (*mech.*), puleggia. **2.** ~ (sheave), carrucola. **3.** ~ block, *see* block 1 ~. **4.** ~ frame, *see* headframe. **5.** belt ~ (band pulley of an agric. tractor) (*mech.*), puleggia per cinghia, puleggia a fascia piana. **6.** deckle ~ (in a paper machine) (*paper mfg. mach.*), carrucola delle (centi)guide. **7.** differential ~ block (*mach.*), paranco differenziale. **8.** driven ~ (*mech.*), puleggia mossa, puleggia condotta. **9.** driving ~ (*mech.*), puleggia conduttrice, puleggia motrice. **10.** fast ~ (*mech.*), puleggia fissa (all'albero). **11.** fixed ~ (*mech.*), puleggia fissa. **12.** flying ~ (loose pulley) (*mech.*), puleggia folle. **13.** jockey ~ (as for tightening a belt) (*mech.*), galoppino. **14.** loose ~ (*mech.*), puleggia folle. **15.** split ~ (a pulley composed of two detachable semi-circular halves) (*mach.*), puleggia composta, puleggia formata da due elementi semicircolari. **16.** step ~ (*mech.*), puleggia multipla a gradini. **17.** variable-pitch ~ (V-belt pulley with adjustable width) (*mech.*), puleggia a V a larghezza regolabile (della gola). **18.** wire rope ~ (*mech.*), puleggia a gola per fune.

pull-in, *see* drive in. **2.** ~ torque (from rest to rated speed in minimum time) (*aut.*), coppia massima di accelerazione.

pulling (*gen.*), trazione. **2.** ~ jack (*mach.*), martinetto di trazione. **3.** ~ over (leveling process for a wood lacquer by rubbing with a cloth pad soaked in a partial solvent for the lacquer) (*paint.*), uguagliatura, levigatura con solvente. **4.** ~ up (softening of a previous coat caused by a successive coat of paint applied to it) (*paint. defect*), rinvenimento.

pullman (car) (*railw. - aut.*), (vettura) pullman.

"pullmanize (to) (*railw.*) (Am.), viaggiare in pullman.

pull-off (act of releasing the parachute from the aircraft when jumping off) (*aer.*), sgancio.

pullout (recovery from a dive) (*aer.*), richiamata. **2.** ~ mechanism (as for extracting trays from a furnace) (*mech. technol.*), dispositivo di estrazione. **3.** ~ torque (the maximum torque a motor will permanently carry: as an induction motor) (*elect.*) (Brit.), coppia massima (in esercizio continuo).

pullout (to) (from a dive or spin to normal flight) (*aer.*), richiamare (dopo picchiata o vite).

pullshovel (*earth moving mach.*) (Brit.), escavatore a cucchiaia rovescia (o a trazione).

pull-up (*aer.*), cabrata.

Pulmotor (*med. app.*), polmone di acciaio, respiratore meccanico.

pulp (ore mixed with water) (*min.*), torbida, minerale macinato commisto con acqua. **2.** ~ (aqueous substance from which paper is made) (*paper mfg.*), pasta. **3.** ~ (soft mass, of beats) (*sugar mfg.*), polpe, fettucce esaurite. **4.** ~ board (*paper mfg.*) (Brit.), cartone di pasta di legno. **5.** ~ colored (*paper mfg.*), colorato in pasta. **6.** ~ drying machine (*paper mfg. mach.*), addensatore, disidratatrice. **7.** ~ engine (a mach. with revolving knives for obtaining pulp from paper stock) (*paper mfg.*), raffinatrice, raffinatore. **8.** ~ mill (*paper mfg.*), fabbrica di pasta di legno. **9.** ~ saver (it receives the water from the papermaking mach. to avoid loss of fibrous materials) (*paper mfg. mach.*), recuperatore per pasta. **10.** ~ water (water coming from the paper mach.) (*paper mfg.*), acqua di ricupero, acqua bianca. **11.** ~ water (*sugar mfg.*), acqua di polpe. **12.** ~ wood (*paper mfg.*), legnami per cartiere. **13.** chemical wood ~ (*paper mfg.*), cellulosa chimica, pasta chimica di legno. **14.** cold-ground ~ (*paper mfg.*), pasta sfibrata a freddo. **15.** hot-ground ~ (*paper mfg.*), pasta sfibrata a caldo. **16.** low-boiled ~ (*paper mfg.*), pasta dura. **17.** oil ~ (substance added to the oil in order to temporarily increase its viscosity) (*chem.*), addensante (per olio). **18.** semicellulose ~ (*paper mfg.*), pasta semi-chimica di legno, pasta bruna. **19.** straw ~ (*paper mfg.*), pasta di paglia. **20.** wood ~ (*paper ind.*), pasta di legno.

pulpboard (made from pulp) (*paper mfg.*) (Am.), cartone di pasta di legno.

pulp-colored (*a. - paper mfg.*), colorato in pasta.

pulp-coloring (*paper mfg.*), colorazione in pasta.

pulper (*paper mfg. mach.*), impastatrice.

pulpit (*arch.*), pulpito. **2.** ~ (elevated platform, as for a machine operator) (*gen.*), piattaforma sopraelevata.

pulpstone (large grindstone) (*paper mfg. mach.*), macina per polpe.

pulsar (pulsating radio sources) (*astr. - radio*), pulsar, radiosorgenti pulsanti.

pulsate (to), pulsare.

pulsating (*a.* - *gen.*), pulsante. **2.** ~ combustion (*comb.*), combustione pulsante. **3.** ~ current (*elect.*), corrente pulsante.

pulsation (angular frequency) (*math.* - *phys.* - *elect.*), pulsazione, frequenza angolare.

pulse (*radio*), impulso. **2.** ~ amplitude modulation, "PAM" (*tlcm.*), modulazione di ampiezza a impulsi. **3.** ~ code modulation, "PCM" (*tlcm.*), modulazione ad impulsi codificati. **4.** ~ duration modulation (*tlcm.*), modulazione a durata di impulsi. **5.** ~ frequency modulation (*tlcm.*), modulazione a frequenza di impulsi. **6.** ~ generator (*elics.*), generatore di impulsi. **7.** ~ modulator (*elics.*), modulatore ad impulso. **8.** ~ string, *see* ~ train. **9.** ~ technique (technique used in underwater tanks to avoid reflections from walls, surface and bottom) (*und. acous.*), tecnica ad impulsi. **10.** ~ train (pulse string) (*comp.*), treno di impulsi. **11.** brightening ~ (*elics.*), impulso intensificatore. **12.** clipped ~ (*elics.*), impulso mozzato. **13.** command pulses (one character each pulse) (*elics.* - *comp.*), segnali di comando. **14.** commutator ~ (*comp.*), impulso di commutazione. **15.** emitter ~ (as in a punch-card mach.) (*comp.*), impulso dell'emettitore. **16.** enabling ~ (as a pulse enabling to a sequential action) (*comp.*), impulso di abilitazione. **17.** gated ~ (rectangular pulse) (*elics.*), impulso rettangolare. **18.** gating ~ (rectangular pulse) (*elics.*), impulso rettangolare. **19.** pre-sync ~ (*elics.*), impulso presincronizzatore. **20.** rectangular ~ (gated pulse) (*elics.*), impulso rettangolare. **21.** retrigger ~ (a pulse limiting another pulse) (*elics.*), impulso limitatore (di altro impulso). **22.** sprocket ~ (relating to an intermittent movement like a film in a m. pict. projector or of a continuous stationery in a printer) (*comp.*), impulso sincronizzato (di trascinamento). **23.** square ~ (*elics.*), impulso quadro, impulso quadrato. **24.** trapezoidal ~ (*elics.*), impulso trapezoidale. **25.** triangular ~ (*elics.*), impulso triangolare.

pulse (to) (to emit pulses) (*elics.* - *radio* - *tlcm.*), emettere impulsi.

pulse-jet engine (*mot.*), pulsoreattore.

pulse-position modulation, *see* pulsetime modulation.

pulser (pulse generator) (*elics.*), generatore di impulsi.

pulsetime modulation (*tlcm.*), modulazione ad impulso di durata variabile.

pulsometer (a displacement steam pump), pulsometro.

"pulv", *see* powder, pulverizer.

pulverization, polverizzazione.

pulverize (to), polverizzare.

pulverizer, pulverizer harrow (*agric. mach.*), erpice frangizolle.

pulvinated (*a.* - *arch.*), a faccia convessa.

pulvino (*arch.*), *see* dosseret.

pumice, pomice. **2.** ~ concrete (*bldg.*), calcestruzzo di pomice. **3.** ~ stone (*rock*), pietra pomice.

pumice (to), pomiciare.

pummel, *see* pommel. **2.** "~" (pilot punch) (*sheet metal w.*), perno di guida, pilota.

pump (*mach.*), pompa. **2.** ~ (as of a filling station) (*aut.*), distributore. **3.** ~ (radiation or device for pumping atoms or molecules) (*atom phys.*), pompa. **4.** ~ (process of pumping atoms or molecules) (*atom phys.*), pompaggio. **5.** ~ brake (*gun*), freno (idraulico) del rinculo. **6.** ~ casing (*mech.*), corpo della pompa. **7.** ~ feed (as of a mot.) (*mech.*), alimentazione a pompa. **8.** ~ house (*bldg.*), sala pompe. **9.** ~ jockey (gasoline pump attendant) (*aut. coll.*), benzinaro. **10.** ~ rod, *see* piston rod 15 ~. **11.** ~ shot (*mech.*), colpo di pompa. **12.** ~ well (*naut.*), ridotto delle pompe, sala delle pompe. **13.** accelerating ~ (of carburetor) (*mot.*), pompa di accelerazione. **14.** accelerator ~ (of a carburetor) (*mot.*), pompa di accelerazione. **15.** acid ~ (*mach.* - *pip.*), pompa per acidi. **16.** air ~ (vacuum pump) (*mach.*), pompa a vuoto. **17.** axial piston ~ (*mach.*), pompa rotativa a pistoni assiali. **18.** backing ~ (for an aircraft fuel system) (*aer.*), pompa ausiliaria. **19.** backwater ~ (as in paper mfg.) (*ind. plant*), pompa per l'acqua di ricupero. **20.** ballast ~ (*naut.*), pompa per acqua di zavorra. **21.** beam ~ (*obsolete oil pump*), pompa a bilanciere. **22.** bilge ~ (*naut. mach.*), pompa di sentina. **23.** booster ~ (for increasing pressure) (*fluidics*), pompa di sovrapressione. **24.** bulk-injection ~ (metering pump injecting fuel in the induction pipes) (*aer. mot.*), pompa di iniezione. **25.** centrifugal electric ~ (*mach.*), pompa centrifuga elettrocomandata. **26.** chain ~ (consisting of an endless chain passing through a tube and to which disks are attached) (*mech.* - *hydr.*), pompa intubata a dischi fissati su catena. **27.** compressed-air lift ~ (*hydr. device*), impianto di sollevamento (dell'acqua per es.) ad aria compressa. **28.** concrete ~ (*bldg. mach.*), pompa per calcestruzzo. **29.** cooling system by ~ (as of an aut. engine) (*mech.*), raffreddamento a circolazione forzata. **30.** deep well ~ (*mech.*), pompa per pozzi profondi. **31.** diaphragm ~ (as for gasoline) (*hydr.* - *mech.*), pompa a membrana. **32.** direct-injection ~ (metering pump injecting fuel into the cylinders) (*aer. mot.*), pompa ad iniezione diretta. **33.** double-acting ~ (*mach.*), pompa a doppio effetto. **34.** feathering ~ (*aer.*), pompa per la messa in bandiera. **35.** feed ~ (as for mot., boil. etc.) (*mech. device*), pompa di alimentazione. **36.** fire ~ (*naut.* - *etc.*), pompa antincendio. **37.** fixed displacement ~ (as for hydraulic controls) (*mach.*), pompa a cilindrata fissa. **38.** foot ~ (as used for raising an elect. locomotive pantograph) (*mech.*), pompa a pedale. **39.** force ~ (*mach.*), pompa premente. **40.** forcing ~, *see* force pump. **41.** freshwater ~ (of a marine engine cooling system) (*mot.*), pompa dell'acqua dolce. **42.** fuel injector ~ (of diesel engines) (*mech. device*), pompa di iniezione del combustibile. **43.** fuel ~ (of a jet engine) (*mot.*), pompa d'alimentazione, pompa combustibile. **44.** fuel ~ (of a petrol engine) (*mot.*), pompa benzina, pompa d'alimentazione. **45.** gear ~ (as for forced lubrication in a mot.) (*mech.*), pompa a ingranaggi. **46.** gearwheel ~ (gear pump) (*mech.*), pompa a ingranaggi. **47.** gravel ~ (pumping a mixture of gravel and water) (*bldg*), pompa per ghiaia. **48.** grease gun ~ (*aut. impl.*), pompa per ingrassaggio. **49.** hand ~ (*mech. impl.*), pompa a mano. **50.** heat ~ (as in refrigerating plants) (*therm.*), pompa di calore. **51.** helical gear ~ (*mech.*), pompa a ingranaggi a denti elicoidali. **52.** helical ~ (*mach.*), pompa elicoidale. **53.** high-vacuum ~ (*mach.*), pompa del vuoto spinto. **54.** injection ~ (for fuel feeding) (*i.c. eng.*), pompa di iniezione. **55.** jerk ~ (diesel engine fuel - injection pump) (*mot. - app.*), pompa di iniezione. **56.** jet ~ (operating by the impulse of a speedy jet of the fluid to be pumped) (*hydraulic app.*), pompa a getto. **57.** lift and force type diaphragm ~ (*mach.*), pompa aspirante-premente a diaframma. **58.** lubrication ~ (of a steam locomotive) (*railw.*), pompa oliatrice. **59.** metering ~ (as for lubricating bearings) (*mach. - mot.*), pompa dosatrice. **60.** molecular ~ (type of rotary vacuum pump) (*phys. instr.*), pompa rotativa molecolare. **61.** motor-driven ~ (coupled to elect. mot.), elettropompa. **62.** muddy water ~ (*agric. - road mach.*), pompa per acque fangose. **63.** multistage ~ (*mach.*), pompa polistadio. **64.** oil ~ (*mot. app.*), pompa dell'olio. **65.** pantograph foot ~ (*elect. railw.*), pompa a pedale per (sollevamento) pantografo. **66.** piston ~ (*mach.*), pompa a stantuffo. **67.** portable foot air ~ (*aut. accessory*), pompa dell'aria portatile a pedale. **68.** portable hand air ~ (*mtc. accessory*), pompa dell'aria a mano. **69.** positive-displacement ~ (as a piston or gear pump) (*mach.*), pompa volumetrica. **70.** primer ~ (*hydr. device*), pompa di adescamento (o per "caricare"). **71.** priming ~ (*hydr. - etc.*), pompa di adescamento. **72.** progressing-cavity (rotary) ~ (by a helical rotor and double helical stator) (*ind. mach.*), pompa (rotativa) a capsulismo del tipo a cavità elicoidale continua. **73.** radial piston ~ (*mach.*), pompa rotativa a pistoncini radiali. **74.** rotary gear ~ (as of a mot.), pompa ad ingranaggi. **75.** rotary piston ~ (*mach.*), pompa rotativa a pistoncini. **76.** rotary ~ (as Roots blower) (*ind. device*), pompa a capsulismo. **77.** sanitary service ~ (*naut.*), pompa per servizi igienici. **78.** scavenge ~ (for oil return) (*mot.*), pompa di ricupero. **79.** scavenging ~, *see* scavenge pump. **80.** seawater ~ (of a marine engine cooling system) (*mot.*), pompa dell'acqua di mare. **81.** self-priming ~ (*mach.*), pompa autoadescante. **82.** single-acting ~ (*mach.*), pompa a semplice effetto. **83.** slush ~ (*ind. mach.*), pompa per liquidi densi. **84.** steam ~ (*boil. feeding mach.*), pompa a vapore, cavallino. **85.** submersed ~ (*mach.*), pompa sommersa. **86.** suction ~ (*hydr. mach.*), pompa aspirante. **87.** suds ~ (in mach. t. operation: for cooling), pompa per liquido refrigerante. **88.** swashplate ~ (as for an engine fuel system) (*mot.*), pompa a disco oscillante. **89.** test ~ (as for testing hydraulic apparatus with pressure) (*mach.*), pompa per pressare. **90.** tire ~ (*mtc. impl.*), pompa per pneumatici. **91.** to prime a ~, caricare una pompa, adescare una pompa. **92.** turbine ~ (*mach.*), turbopompa. **93.** unidirectional, pressure-compensated, variable-displacement hydraulic ~ (*mach.*), pompa idraulica a portata variabile e a pressione compensata con un solo senso di flusso. **94.** vacuum ~ (steam pump, without piston) (*mach.*), pulsometro. **95.** vacuum ~ (as for the automatic pilot system) (*aer.*), depressore. **96.** vacuum ~ (for exhausting air) (*mach.*), pompa a vuoto. **97.** vane ~ (as for a hydraulic circuit) (*mach.*), pompa a palette. **98.** variable-delivery hydraulic ~ (as of an aircraft hydraulic system) (*aer.*), pompa idraulica a portata variabile. **99.** variable-delivery ~ (*ind. mach.*), pompa a portata variabile. **100.** variable displacement ~ (as for hydraulic controls) (*mach.*), pompa a cilindrata variabile. **101.** wobble-plate ~ (Brit.), *see* swashplate pump. **102.** wobble ~ (used for the carburetor of an airplane engine) (*aer.*) (Am.), pompa di alimentazione ausiliaria a mano.

pump (to), pompare. **2.** ~ (to hunt, as of a compressor) (*mach. - defect*), pompare. **3.** ~ (to hunt) (*elect. - defect*), pendolare. **4.** ~ (of a sub.) (*naut.*), delfinare. **5.** ~ (to stimulate emission of radiations by exciting atoms or molecules) (*atom phys.*), pompare. **6.** ~ a tire (*aut.*), gonfiare un pneumatico. **7.** ~ by heads (to pump intermittently, from a little production well) (*min. - chem. ind.*), pompare ad intermittenza. **8.** ~ down (as a tank) (*gen.*), svuotare (con pompe).

pumped storage (in a hydroelectric power system with the purpose of sparing energy) (*hydr. elect.*), impianto con serbatoio elevato di acqua pompatavi nei periodi di basso assorbimento di energia.

pumping (*ind.*), pompaggio. **2.** ~ (agitation of a riser to prevent solidification and prolong the feeding period) (*found.*), pompatura. **3.** ~ (of water from mines) (*min.*), eduzione. **4.** ~ element (of a Diesel engine injection pump) (*mot.*), pompante. **5.** ~ engine (pump driven by an i c mot.) (*mach. - fire - etc.*), motopompa. **6.** ~ jack (for a deep well) (*obsolete app.*), apparecchiatura di comando (a cinghia) di una pompa da pozzo. **7.** ~ station, *see* pump house.

punch (*t.*), punzone. **2.** ~ (upper die) (*metall.*), stampo (parte maschia), punzone. **3.** ~ (steel die used for obtaining the matrix for casting types) (*typ.*), stampo. **4.** ~ (as for cutting holes in documents to be filed) (*off. hand impl.*), perforatrice. **5.** ~ (for removing bolts, rivets, etc. from holes) (*t.*), cacciachiodi. **6.** ~ (mech. device for making holes in paper tape, cards etc.) (*n. - comp.*), perforatore, perforatrice. **7.** ~ (hole in a tape, card etc. made by a punch) (*comp. - mech.*), perforazione. **8.** ~ (punch press) (*mach. t.*), pressa meccanica. **9.** ~ , *see* prick punch. **10.** ~ card (punched card, as for computerized accounting mach.) (*comp. - adm.*), scheda perforata. **11.** ~ cutter (*typ. work*), *see* type cutter. **12.** ~ holder (of a press) (*mach.*), portastampi, portapunzoni. **13.** ~ operator (for punched cards) (*work.*), perforatore. **14.** ~ press (*mach. t.*), pressa, pressa meccanica. **15.** ~ ware (handmade, thin, blown glassware, especially tumblers) (*glass mfg.*), vetro soffiato a mano. **16.** automatic ~ (*comp.*), perforatore automatico, perforatrice automatica. **17.** belt ~ (*impl.*), perforatrice a stella. **18.** binary ~ (*comp.*), perforazione in binario. **19.** blanking ~ (*mech. technol.*), punzone per tranciare. **20.** card ~ (*comp.*), perforatore (o perforatrice) di schede. **21.** center ~ (*t.*), punzone per centri. **22.** control ~ (designation punch: hole indicating the data category etc.) (*comp.*), foro di controllo. **23.** drawing ~ (*mech. technol.*), punzone per imbutire. **24.** electronic calculating ~ (it reads punched cards, performs math. operations and writes the result on the card) (*comp.*), calcolatrice elettronica a schede perforate. **25.** eyelet ~ (*t.*), punzonatrice per occhielli. **26.** forming ~ (*mech. technol.*), punzone per piega. **27.** gang ~ (gang punching mach.) (*mach.*), perforatrice multipla. **28.** hand metal ~ (*mech. device*), punzonatrice a mano. **29.** heading ~ (*t.*), punzone di ricalcatura. **30.** hollow ~ (*t.*), fustella, foratoio. **31.** mattress ~ (*upholsterer's t.*), punzone per materassi. **32.** nail ~ (*join. t.*), punzone per (incassare) chiodi. **33.** numeric ~ (*comp.*), perforazione numerica. **34.** output ~ (a device that writes by punching, as on a tape, the comp. informations) (*comp.*), perforatore (o perforatrice) di produzione. **35.** paper-tape ~ (device for punching holes, as on a paper tape) (*comp.*), perforatore di nastri. **36.** piercing ~ (*mech. technol.*), punzone per forare. **37.** pin ~ (*t.*), cacciachiodi. **38.** round ~ (*blacksmith's t.*), punzone a punta tonda. **39.** shearing ~ (*sheet metal w.*), tagliolo. **40.** spot ~ (holes punching by hand pliers) (*comp.*), pinza perforatrice, perforatore a mano. **41.** tape ~ (paper tape punch) (*comp.*), perforatore di nastri (o di banda). **42.** tufts ~ (*upholsterer's t.*), punzone per materassi. **43.** X ~ (eleven punch) (*comp.*), perforazione undici. **44.** Y ~ (twelve punch) (*comp.*), perforazione dodici.

punch (to) (*mech.*), punzonare, perforare. **2.** ~ (to mark, to stamp, as metal parts for certifying acceptance by an official authority) (*metall.*), punzonare, marcare. **3.** ~ (to perforate: as a ticket) (*gen.*), perforare.

punched (*mech.*), punzonato. **2.** ~ card (as for automatic accounting mach.) (*ind. - adm. - etc.*), scheda perforata. **3.** ~ card (as for calculating machines) (*comp.*), scheda perforata. **4.** ~ -card technique (as for carrying out automatic operation schedules) (*mach. t. - mech. - etc.*), metodo a scheda perforata. **5.** ~ hole (*mech.*), foro punzonato. **6.** ~ press, *see* punch press. **7.** ~ tape (as for a calculating mach.) (*ind. - etc.*), nastro perforato. **8.** ~ tape reader (*comp.*), lettore di nastri perforati.

puncheon (short post) (*carp.*), corto montante in legno.

puncher (*telegr.*), *see* perforator.

punching (*gen.*), punzonatura. **2.** ~ (cutting of holes in the blank) (*sheet metal w.*), punzonatura, foratura. **3.** ~ (lamination, as for transformer cores) (*elect. mach.*), lamierino (tranciato). **4.** ~ machine (*mach. t.*), punzonatrice. **5.** ~ station (as for cards punching) (*comp.*), stazione di perforazione. **6.** hollow ~ (by pressing a hollow punch through hot steel) (*forging*), punzonatura cava. **7.** multiple ~ (simultaneous punching of two or more holes in a punch card) (*comp.*), multiperforazione, perforazione multipla. **8.** summary ~ (data conversion into punch card holes: as by accounting mach.) (*comp.*), perforazione riassuntiva (o complessiva).

punctiform (*gen.*), puntiforme.

punctually (in due time) (*comm.*), puntualmente, entro il termine.

punctuation (*typ.*), interpunzione. **2.** ~ marks (*typ.*), segni di interpunzione.

puncture (as of an aut. tire), foratura. **2.** ~ discharge (*elect.*), scarica disruttiva. **3.** ~ voltage (of an insulator) (*elect.*), tensione di perforazione.

puncture (to) (as a tire) (*aut.*), forare. **2.** ~ (as insulating material, by a discharge) (*elect.*), perforare.

punctured (*a. - technol.*), perforato. **2.** ~ (small perforations made along a tear off line: as in a continuous stationery) (*technol.*), perforato.

punish (to) (*work. - etc.*), punire.

punishment (*work. - etc.*), punizione.

punner (*road*) (Brit.), *see* hand rammer.

punning, *see* ramming.

punt (*naut.*), chiatta, pontone.

puntee (*glass mfg. t.*), *see* punty.

punty (a gathering iron of solid cross section) (*glass mfg. t.*), pontello.

pupa (of silk worm) (*silk ind.*), crisalide.

pupillary (*opt.*), pupillare.

Pupin coils (*teleph.*), bobine di Pupin.

"pupinize" (to) (to insert loading coils or inductance coils) (*teleph.*), pupinizzare.

pupin system (by inductance coils) (*teleph.*), linea pupinizzata.

"PUR" (polyurethan) (*plastics*), PUR, poliuretano.

"pur", *see* purchase, purchaser, purchasing, purification.

purchase (*comm.*), acquisto, compera. **2.** ~ (tackle) (*naut.*), paranco. **3.** ~ (a mech. means for moving heavy loads) (*ind.*), paranco, leva, mezzo meccanico. **4.** ~ accounts department (of a firm) (*accounting*), servizio contabilità acquisti. **5.** ~ block (*naut.*), bozzello di paranco (o caliorna). **6.** ~ department (of a factory), servizio (o ufficio) acquisti. **7.** ~ manager (of a factory), direttore acquisti. **8.** ~ officer (*ind. organ.*), responsabile acquisti. **9.** ~ order (*adm. - comm.*), ordine di acquisto. **10.** ~ returns and allowances (*adm. - comm.*), resi (al fornitore) ed abbuoni sugli acquisti. **11.** hire ~ (hire-purchase agreement, hire and purchase agreement) (*comm.*), acquisto a credito, acquisto a rate. **12.** twofold ~ (a purchase formed by two double blocks) (*naut.*), paranco doppio.

purchase (to) (*comm.*), acquistare, comperare. **2.** ~ (to haul: as by a rope) (*gen.*), tirare su.

purchaser (*comm.*), committente, compratore.

purchasing department (as of a factory), servizio acquisti, ufficio acquisti. **2.** ~ analysis (dept. of a large industry) (*ind.*), analisi (degli) acquisti. **3.** ~ office (as of a factory) (*ind.*), ufficio acquisti. **4.** ~ officer, *see* purchase officer **5.** ~ power (*finan.*), potere d'acquisto.

pure (*chem.*), puro. **2.** ~ (pure stress, as torsion, bending etc.) (*constr. theor.*), semplice. **3.** ~ (mixture for bating skins after liming) (*n. - leather ind.*), purga chimica. **4.** ~ mathematics (*math.*), matematica pura. **5.** ~ wave (without harmonics) (*phys. - etc.*), onda (sinusoidale) fondamentale pura. **6.** chemically ~ (*chem.*), chimicamente puro.

purebred (as of sheep) (*a. - wool ind.*), di razza pura.

purge (to) (as a boil.), spurgare. **2.** ~ (erasing procedure used for useless and old records of a file) (*comp.*), cancellare, ripulire. **3.** ~ air from a pipe (*pip.*), spurgare aria da una tubazione. **4.** ~ the sediment (as from a boil.), spurgare i fanghi.

purification (*chem.*), purificazione, depurazione. **2.** feed water ~ (as of boil.) (*chem.*), depurazione dell'acqua di alimentazione. **3.** water ~ plant (*ind. chem. app.*), impianto di depurazione dell'acqua. **4.** wet ~ (as of combustion gases) (*ind.*), depurazione per via umida.

purifier (*app.*), depuratore. **2.** oil ~ (lubricating oil filter, as of a diesel engine oil system) (*mot.*), filtro rigeneratore.

purify (to) (*chem. phys.*), purificare, depurare.

purine ($C_5H_4N_4$) (*chem.*), purina.

purity (percentage of lifting gas in a given volume of gas in a balloon or airship) (*aer.*), purezza. **2.** ~ (of color on telev. video) (*color telev.*), purezza. **3.** ~ meter (for meas. the lifting gas proportion in the gas contained as in a balloon) (*aer. instr.*), indicatore di purezza. **4.** colorimetric ~ (*opt.*), (fattore di) purezza colorimetrica.

purlin, purline (of roof) (*bldg.*), arcareccio, terzere.

purple (*color*), porpora. **2.** ~ copper ore, *see* bornite. **3.** ~ ore (*chem.*), cenere di pirite.

purpleheart (a hard, close-grained wood, used for veneers) (*wood*), amaranto.

purser (of a passenger ship) (*naut. - aer.*), commissario di bordo.

pursue (to) (*milit.*), inseguire.

purveyance (supply) (*gen.*), fornitura.

purveyor (one who purveys) (*adm. - comm.*), fornitore.

push, spinta. **2.** ~ boat (*naut.*), rimorchiatore da spinta. **3.** ~ bolt (opened by hand rather than by key) (*door impl.*), chiusura a scatto con comando a mano. **4.** ~ button (*elect.*), pulsante. **5.** ~ fit (*mech.*) (Brit.), accoppiamento di spinta. **6.** ~ rod (as for valve operation) (*mot.*), asta della punteria. **7.** ~ wave (of earthquake) (*geol.*), onda sismica. **8.** bell ~ button (*elect.*), pulsante da campanello. **9.** easy ~ fit (*mech.*) (Brit.), accoppiamento preciso di scorrimento. **10.** illuminated ~ button (*elect. - etc.*), pulsante illuminato. **11.** mushroom-head ~ button (*elect. - etc.*), pulsante a testa di fungo.

push (to), spingere. **2.** ~ (to push over, to push the control stick forward) (*aer.*), picchiare.

push-bar conveyor (push bar elevator: pushing the load by crossbars) (*mech.*), convogliatore a catena con traversini (di spinta).

push-bar elevator, *see* push-bar conveyor.

push-broach (to) (*mech.*), brocciare con broccia di spinta.

push-button (*a. - elect. - etc.*), a pulsante. **2.** ~ panel (*elect.*), pulsantiera.

pushcart (*veh.*), carrello a mano.

pushdown (pushdown list, pushdown storage, from which the first item retrieved is the last stored, "LIFO") (*comp.*), immagazzinamento a impilaggio (od a compressione o "pushdown"). **2.** ~ stack (*comp.*), *see* pushdown.

push-down (diving manoeuver) (*n. - aer.*), picchiata. **2.** ~ storage (*comp.*), *see* pushdown.

pusher (auxiliary locomotive placed behind a train on steep gradients) (*railw.*), locomotiva ausiliaria da spinta. **2.** ~ (device consisting of something that pushes) (*mech.*), dispositivo di spinta. **3.** ~ furnace (*mech. ind.*), forno a spingitoio. **4.** ~ propeller (as of an airplane) (*aer.*), elica spingente.

pushing (act of pushing) (*gen.*), spinta. **2.** ~ off (of wagons) (*railw.*), manovra a spinta.

pushover (*aer.*), inizio di picchiata.

push-pull (*a. - elect.*), in controfase, in opposizione di fase. **2.** ~ amplification (*elics. - etc.*), amplificazione in controfase. **3.** ~ amplifier (*elics. - etc.*), amplificatore con stadio in controfase. **4.** ~ connection (*elics. - etc.*), collegamento in controfase. **5.** ~ modulator (*elics.*), modulatore in controfase. **6.** ~ oscillator (*elics.*), oscillatore (con valvole) in controfase. **7.** ~ switch (for light: on a flexible cord) (*elect.*), interruttore a pulsante.

pushrod (when operated by camshaft it opens the valve) (*i c engine*), asta della punteria.

"push-to-reset" (as a safety switch) (*elect. - etc.*), ripristino a pulsante.

push-up (*mech. technol.*), *see* upsetting allowance. **2.** ~ list ("FIFO" storage) (*comp.*), lista diretta, lista primo dentro primo fuori.

put (Stock Exchange term) (*finan.*), opzione per vendita. **2.** ~ (thrust) (*gen.*), spinta.

put (to) (to place), mettere. **2.** ~ (to stretch and

smooth, as skins) (*leather mfg.*), stirare e lisciare. **3.** ~, *see* focus (to). **4.** ~ about (*naut.*), virare di bordo. **5.** ~ a spring under tension (*mech.*), tendere una molla. **6.** ~ back (to return back) (*naut.*), tornare indietro. **7.** ~ forward (*gen.*), presentare, proporre, sottoporre. **8.** ~ in (*naut.*), entrare in porto. **9.** ~ in order, riordinare, mettere in ordine. **10.** ~ in the cupola bed (*found.*), preparare la suola del cubilotto. **11.** ~ into the furnace (*furnace*), infornare. **12.** ~ off (to delay, to postpone) (*gen.*), rimandare. **13.** ~ on (to assign a work) (*w.*), assegnare un lavoro. **14.** ~ on a coat of lead paint, verniciare con una mano di minio. **15.** ~ on the current (as in a circuit) (*elect.*), immettere la corrente. **16.** ~ out (light, fire), spegnere. **17.** ~ out of action (*milit.*), mettere fuori combattimento. **18.** ~ through (to obtain the connection with) (*teleph.*), ottenere la comunicazione. **19.** ~ through (to put in connection with) (*teleph.*), dare la comunicazione. **20.** ~ to sea (of a ship) (*naut.*), prendere il mare. **21.** ~ up, *see* build (to), erect (to).

putlog (horizontal timber sustaining the floor of the scaffold) (*mas.*), traversa orizzontale di ponteggio poggiante da un lato sulla muratura. **2.** ~ hole (*mas.*), buca pontaia, buca nella muratura per appoggio orizzontale ponteggi.

put-put (small gasoline engine) (*mot. veh.*), motorino a benzina, veicolo (o barca) equipaggiato con un piccolo motore.

putty (cement used by mechanics), mastice. **2.** ~ (cement used for fastening glass in windows) (*bldg.*), stucco. **3.** ~ (plastering) (*mas.*), intonachino a gesso. **4.** ~ (putty powders, a white polishing compound) (*glass mfg.*), "putty", abrasivo al cerio. **5.** ~ coat (*mas.*), mano di intonachino a gesso. **6.** ~ knife (*decorator's t.*), spatola per mastice. **7.** ~ powder (an oxide of tin, used for polishing metals, lenses, etc.) (*ind.*), polvere per lucidare. **8.** glassing ~ (*bldg.*), stucco da vetri. **9.** glazier ~ (*bldg.*), stucco da vetri. **10.** iron ~ (for mech.), mastice all'ossido di ferro. **11.** lime ~ (*mas.*), grassello. **12.** redlead ~ (*mech.*), mastice al minio.

putty (to) (*carp. - mech. - join.*), masticiare, stuccare.

puzzolan, *see* pozzolana.

"PVA", *see* polyvinyl acetate.

"PVAC" (polyvinyl-acetat) (*plastic*), PVAC, acetato di polivinile.

"PVC" (polyvinyl chloride, as for coating electric cables) (*chem. - elect.*), cloruro di polivinile, vipla.

"PVF" (polyvinylfluorid) (*plastics*), PVF, fluoruro di polivinile, polifluoruro vinilico.

"pwd", *see* powder.

"PWR" (pressurized water reactor) (*atom phys.*), reattore ad acqua pressurizzata.

"pwr", *see* power.

"pwt" (pennyweight: 1/20 oz) (*meas.*), misura di peso uguale a 1,555 grammi.

"PX" (private exchange) (*teleph.*), centralino telefonico privato. **2.** ~ (post exchange) (*teleph.*), centralino telefonico.

pycnometer, picnometer, pyknometer (for density meas.) (*phys. instr.*), picnometro.

pylon (*aer.*), pilone. **2.** ~ (as for supporting high-tension elect. lines), palo a traliccio, pilone. **3.** ~ (structure for supporting something external to a craft) (*aer.*), pilone. **4.** turn indicating ~ (*aer.*), pilone di virata, pilone.

"pymt" (payment) (*comm.*), pagamento.

pyr (1.06 Hefner candles) (*photometry*), candela decimale.

pyramid (*geom.*), piramide. **2.** ~ (structure used for carrying the lightning diverter of a balloon) (*aer.*), piramide. **3.** ~ roof (*bldg.*), tetto a piramide a quattro falde.

pyramidal (*a.*), piramidale.

pyrargyrite ($Ag_3 Sb S_3$) (*min.*), pirargirite.

pyrethrum (*insecticide*), piretro.

pyrheliometer (*astrophys. instr.*), pireliometro.

pyridine (C_5H_5N) (alcohol denaturant) (*chem.*), piridina.

pyrite ($Fe S_2$) (*min.*), pirite di ferro, pirite. **2.** arsenical ~ (mispickel) (Fe As S) (*min.*), pirite arsenicale, arsenopirite, solfoarseniuro di ferro. **3.** iron ~ (*min.*), pirite, pirite di ferro.

pyrobitumen, *see* asphalt.

pyrocatechin, pyrocatechol $[C_6H_4(OH)_2]$ (*phot. chem.*), pirocatechina, orto-diossibenzene.

pyroceram (white, shockproof, heat resistant glass) (*glass mfg.*), vetroceramica.

pyroconductivity (*therm. - elect.*), piroconduttività.

pyroelectric (*phys.*), piroelettrico. **2.** ~ crystal (giving electrical effects when heated or cooled, as tourmaline) (*min.*), cristallo piroelettrico. **3.** ~ lamp (Nernst lamp) (*photometry*), lampada di Nernst.

pyroelectricity (*crystals elect.*), piroelettricità.

pyrogallol $[C_6H_3(OH)_3]$ (*photogr. - chem.*), pirogallolo, orto-triossibenzene.

pyrognostics (examination of the characteristics of a mineral as by the use of a blowpipe) (*min.*), pirognostica.

pyrograph (to) (*art*), pirografare.

pyrography (*art*), pirografia.

pyroheliometer (*meteorol. instr.*), piroeliometro.

pyroligneous alcohol (or spirit) (CH_3OH) (*chem.*), alcool pirolegnoso, metanolo.

pyrolusite ($Mn O_2$) (*min.*), pirolusite.

pyrolysis (*chem.*), pirolisi, piroscissione.

pyromagnetic (thermomagnetic) (*a. - phys.*), piromagnetico, termomagnetico.

pyrometer (*instr.*), pirometro. **2.** color comparator ~ (*instr.*), pirometro policromatico. **3.** disappearing filament ~ (*instr.*), pirometro a filamento scomparente. **4.** electric ~ (*elect. instr.*), pirometro elettrico. **5.** monochromatic optical ~ (*instr.*), pirometro ottico monocromatico. **6.** optical ~ (*instr.*), pirometro ottico. **7.** radiation ~ (*therm. instr.*), pirometro a radiazione. **8.** recording ~ (*instr.*), pirometro registratore. **9.** resistance ~ (*instr.*), pirometro a resistenza. **10.** total radiation ~ (*instr.*), pirometro a radiazione totale.

pyrometric cone (seger cone) (*therm.*), cono pirometrico, cono di Seger.

pyrometry (*phys. - meas.*), pirometria.

pyrophosphoric acid ($H_4 P_2 O_7$) (*chem.*), acido pirofosforico.

pyrophotometer (monochromatic light optical comparison instr.) (*opt. instr. for meas. temp.*), pirometro monocromatico a confronto.

pyrophyllite ($Al_2 O_3 \cdot 4 Si O_2 \cdot H_2O$) (*min. - refractory*), pirofillite.

pyrostat (*antifire device*), segnalatore di incendi. **2.** ~ (thermostat for high temp.) (*therm. app.*), termostato per alte temperature.

pyrosulphate (*chem.*), pirosolfato. **2.** potassium ~ ($K_2S_2O_7$) (*chem.*), pirosolfato di potassio.

pyrosulphuric acid ($H_2 S_2 O_7$) (*chem.*), acido pirosolforico.

pyrotechnic (*a.*), pirotecnico.

pyrotechnics (*n.*), pirotecnica.

pyroxene (*min.*), pirosseno. **2.** ~ group (*min.*), pirosseni.

pyroxylin (*ind. chem. - expl.*), pirossilina. **2.** ~ plastic (*ind.*), sostanza plastica alla pirossilina.

pyrrol, pyrrole ($C_4 H_5 N$) (*chem.*), pirrolo.

Pythagorean (*math.*), pitagorico. **2.** ~ proposition (or theorem) (*geom.*), teorema di Pitagora.

"pz", *see* pieze.

Q

"q" (squall, Beaufort letter) (*meteorol.*), groppo.
Q-boat (Q-ship, decoy ship, mystery ship, merchant ship with concealed armament) (*navy*), nave civetta.
Q-correction (applied to observed altitudes of Polaris) (*astr.*), correzione polare.
Q-factor (measure of the quality: as of a conductor) (*elect. - phot. - etc.*), fattore di merito.
Q-meter (instr. for meas. the Q-factor) (*elect. instr.*), indicatore del fattore di merito.
"QSO" (quasi-stellar object), *see* quasar.
Q-switch (for laser) (*laser phys.*), otturatore Q, otturatore a quantum di energia.
Q-switch (to) (*laser phys.*), comandare l'otturatore Q.
"qt" (quart; meas. of capacity equal to 2 pints or $^1/_4$ gal; for liquid) (*meas.*), misura di capacità uguale a 1,1365 litri (Ingl.) e 0,9463 litri (Am.).
"qtr" (quarter) (*gen.*), quarto, quarta parte. **2.** ~ ($^1/_4$ cwt) (*weight meas.*), mis. di peso [12,70 kg (ingl.); 11,34 kg (am.)].
"qtz" (quartz) (*min.*), quarzo.
quad (short for quadrangle) (*geom.*), quadrangolo. **2.** ~ (short for quadrant) (*naut. - mech. - instr.*), quadrante. **3.** ~ (short for quadriphony) (*n. - electroacous.*), quadrifonia. **4.** ~ (short for quadruplet) (*teleph.*), bicoppia. **5.** ~ (short for quadrat, metal piece used for spacing) (*typ.*), quadrato. **6.** ~ (short for quadruple: four-venturi carburetor) (*aut.*) (coll.), carburatore a quattro diffusori. **7.** em ~ (quadrat having the width of one em) (*typ.*) (Brit.), quadratone, quadrato di 12 punti. **8.** en ~ (having the width of half an em) (*typ.*) (Brit.), quadratino. **9.** mutton ~ (em quad) *typ.*) (Am. coll.). quadratone.
quadded (of an assembly of four units) (*a. - elect. wires - etc.*), a quattro elementi. **2.** ~ cable (quadruple cable) (*elect.*), cavo bicoppia.
quadder (as in a composing mach.) (*typ.*), dispositivo di centratura.
quadrangle (*geom.*), quadrangolo. **2.** ~ (*bldg.*), corte interna quadrata.
quadrangular, quadrangolare.
quadrant (*geom.*), quadrante. **2.** ~ (*mech.*), quadrante, settore. **3.** ~ (of compass) (*naut.*), quadrante. **4.** gunner's ~ (*artillery*), quadrante a livello. **5.** tooth ~ (*mech.*), settore dentato.
quadrantal (*a. - gen.*), relativo ad un quadrante (o quarto di cerchio), quadrantale. **2.** ~ altitude (*air navig.*), quota quadrantale. **3.** ~ correction (*air navig.*), correzione quadrantale. **4.** ~ cruising level (*air navigation*), quota di crociera quadrantale. **5.** ~ deviation (quadrantal error) (*navig.*), errore quadrantale. **6.** ~ height-separation rule (*air navig.*), regola per la separazione delle quote quadrantali. **7.** ~ spheres (or correctors) (of a binnacle) (*naut.*), sfere quadrantali.
quadraphonic, *see* quadriphonic.
quadrate (*geom.*), quadrato.
quadratic (*a. - math.*), al quadrato. **2.** ~ (*n. - math.*), espressione al quadrato, equazione di secondo grado. **3.** ~ equation (*math.*), equazione di secondo grado.
quadratrix (curve by which the quadrature of other curves is obtained) (*geom.*), quadratrice.
quadrature (*math.*), quadratura. **2.** ~ (*elect.*), quadratura. **3.** ~ of the circle (*math.*), quadratura del circolo. **4.** in ~ (*phys. - elect.*), in quadratura.
quadric (surface the equation of which is of the second degree) (*geom.*), quadrica. **2.** ruled ~ (*geom.*), quadrica rigata.
quadrilateral (*n. - a. - geom.*), quadrilatero. **2.** articulated ~ (*mech. theor.*), quadrilatero articolato.
quadrillé paper (quadrille finish paper) (*paper mfg.*), carta quadrettata.
quadrillion [septillion (Am., 10^{24})] (*math.*) (Brit.), quadrilione.
quadrinomial (*a. - math.*), quadrinomiale. **2.** ~ (*n. - math.*), quadrinomio.
quadriphonic (relating to quadriphony) (*a. - electroacous*), quadrifonico.
quadriphonics *see* quadriphony.
quadriphony (sound recording and reproduction operated on four channels) (*n. - electroacous.*), quadrifonia.
quadrisect (to) (to divide into four equal parts) (*gen.*), quadripartire, dividere in quattro.
quadrivalent (*chem.*), tetravalente. **2.** ~ , *see also* tetravalent.
quadruplane (*aer.*), quadriplano.
quadruple (*a. - n. - math.*), quadruplo. **2.** ~ nosepiece (as of a microscope) (*opt. instr.*), revolver quadruplo portaobiettivi.
quadruplex (system of telegraphy) (*electrotel.*), telegrafia quadruplice.
quadrupole, quadripole (*a. - gen.*), quadripolare. **2.**

~ (network with only two pair of terminals) (*n. - elect. - radio*), quadripolo, quadrupolo, trasduttore quadripolare.

"qual" (quality) (*gen.*), qualità.

qualification (as for office employment), qualifica, attitudine, capacità. **2.** ~ test (as of an engine, generator set etc.) (*mot. - etc.*), prova di qualificazione.

qualified (as of an employee), qualificato.

qualifier (additional element for identifying a name) (*n. - comp.*), segno di qualificazione, qualificatore.

qualify (to) (*gen.*), qualificare. **2.** ~ (to confer legal capacity) (*gen.*), abilitare, autorizzare. **3.** ~ (to modify) (*gen.*), modificare.

qualitative (*a. - gen.*), qualitativo. **2.** ~ analysis (*chem.*), analisi qualitativa. **3.** ~ data (data based on the quality of an item) (*stat.*), dati qualitativi.

quality, qualità. **2.** ~ control (*technol.*), controllo di qualità. **3.** ~ control chart (a chart that determines the number of defects in a daily operation) (*shop - technol. control.*), scheda (o carta) del controllo di qualità. **4.** ~ management (*work organ.*), direzione del controllo di qualità. **5.** ~ statistical control (*gen. technol.*), controllo statistico di qualità. **6.** coarse-~ (*gen. - comm.*), di qualità scadente. **7.** color ~ (*opt.*), *see* chroma. **8.** colorimetric ~ (*opt.*), *see* chroma. **9.** high-~ (*gen. - comm.*), di alta qualità. **10.** lubricating ~ (*ind. chem.*), potere lubrificante. **11.** medium-~ (*gen. - comm.*), di media qualità.

quanta, *plural of* quantum.

quantify (to) (to express the quantity) (*gen.*), valutare quantitativamente. **2.** ~ (to measure the quantity) (*gen.*), misurare la quantità.

quantimeter (for measuring X ray quantity) (*phys. instr.*), dosimetro, quantimetro.

quantitative (*a. - gen.*), quantitativo. **2.** ~ analysis (*chem.*), analisi quantitativa. **3.** ~ data (data based on the quantity of an item) (*stat.*), dati quantitativi.

quantity (*gen.*), quantità. **2.** ~ (*math. - phys. - elect.*), grandezza. **3.** ~ of electricity (*elect.*), quantità di elettricità. **4.** ~ of light (luminous energy) (*illum. phys.*), quantità di luce. **5.** ~ per second (as of water) (*hydr.*), portata al secondo. **6.** ~ production (*ind.*), produzione di massa. **7.** complex ~, *see* imaginary. **8.** negative ~ (*math.*), grandezza negativa. **9.** oscillating ~ (*phys. - elect.*), grandezza oscillante. **10.** scalar ~ (*math.*), grandezza scalare. **11.** sinusoidal ~ (*phys. - elect.*), grandezza sinusoidale. **12.** unknown ~ (*math.*), incognita. **13.** vector ~ (*theor. mech.*), grandezza vettoriale.

quantization (*phys.*), quantizzazione. **2.** ~ (expression of a variable quantity by quanta) (*phys.*), quantizzazione. **3.** ~ (process by which the range of a variable quantity is subdivided into smaller and finite units) (*atom phys. - etc.*), quantizzazione.

quantize (to) (*phys.*), quantizzare.

quantized (*a. - atom phys.*), quantizzato. **2.** ~ oscillator (*atom phys. instr.*), oscillatore quantizzato.

quantizer (analog-to-digital converter) (*n. - elics.*), convertitore analogico-numerico.

"quant suff" (quantum sufficit, as in the composition of a medicine) (*med. pharm.*), quantum sufficit, quanto basta, q. b.

quantum (of energy) (*phys.*), quanto di energia. **2.** ~ electronics (*phys.*), elettronica quantistica. **3.** ~ mechanics (*phys.*), meccanica quantistica. **4.** ~ number (*atom phys.*), numero quantico. **5.** ~ state (*atom phys.*), stato quantico. **6.** ~ theory (*phys.*), teoria dei quanti. **7.** azimuthal ~ number (associated with the angular momentum of an atomic electron) (*atom phys.*), numero quantico principale. **8.** light ~ (*phys.*), quanto di luce, fotone. **9.** principal ~ number (*atom phys.*), numero quantico principale.

quarantine (*naut. - med.*), quarantena.

quarantine (to) (*naut. - med.*), mettere in quarantena.

quark (last constituent of subnuclear particles: hypothetical) (*atom phys.*), quark, costituente (ritenuto) ultimo delle particelle subnucleari. **2.** down ~ (*atom phys.*), quark inferiore. **3.** top ~ (last hypothesized quark) (*atom phys.*), quark "top". **4.** up ~ (*atom phys.*), quark superiore.

quarl (refractory fire-bricks around a burner port) (*comb.*), gola in refrattario.

quarrel (a small quadrangular element, as a tile, glass etc.) (*arch.*), quadrello. **2.** ~ (glazier's diamond) (*glazier's t.*), diamante da vetrai. **3.** ~ (stonecutter's chisel) (*stonecutter's t.*) (Brit.), scalpello da tagliapietre.

quarry (as of marble, sand, stone etc.) (*min.*), cava. **2.** ~ (tile) (*arch.*), *see* quarrel. **3.** ~ face (of ashlar) (*bldg.*), faccia a vista (di un concio).

quarry (to), estrarre da una cava.

quarryman (*min. work.*), cavatore.

quarrystone (stone extracted from a quarry), pietra di cava.

quart (meas. of capacity equal to 2 pints or $^1/_4$ gal, for liquid) (*meas.*), misura di capacità uguale a 1,1365 litri (Ingl.) e 0,9463 litri (Am.).

quartation (inquartation, process of separating gold from silver) (*metall.*), inquartazione, quartazione.

quarter (the fourth of a year), trimestre. **2.** ~ (as of grain etc.) (*capacity meas.*), mis. di volume (2,909 ettolitri). **3.** ~ (after part of a ship side) (*naut.*), anca, giardinetto. **4.** ~ (the fourth part) (*math.*), quarto. **5.** ~ (of the moon) (*astr.*), quarto. **6.** ~ ($^1/_4$ cwt, equal to 28 lb (Brit.) and 25 lb (Am.) (*weight meas.*), 12,70 kg (Ingl.); 11,34 kg. (Am.). **7.** ~ (at right angle) (*a. - mech.*), ad angolo retto. **8.** ~ (perpendicularity) (*n. - mech.*), perpendicolarità. **9.** ~ (small upright) (*arch.*), piccolo montante. **10.** ~ belt (*mach.*), cinghia collegante pulegge con assi ad angolo retto. **11.** ~ bend (as in piping), curva a 90°. **12.** ~ boards (topgallant boards, boards arranged above the bulwarks) (*naut.*), impavesata, bastingaggio. **13.** ~ box (bearing housing with four adjustable brasses) (*mech.*), sopporto a quattro quarti di bronzina ciascuno registrabile. **14.** ~ fast (mooring rope) (*naut.*), cavo di ormeggio dell'anca. **15.** ~ plate (*phot.*), lastra da 3 $^1/_4$×4 $^1/_4$ pollici. **16.** ~ rope *see* quarter fast. **17.** ~ round (*join. - carp.*), quartabono. **18.** ~ saver (device of a knitting mach. used for preventing work from escaping as when the yarn breaks) (*text. mach.*), dispositivo di bloccaggio del lavoro. **19.** ~ turn (*join.*), quarto di giro. **20.** on the ~ (*naut.*), a 45° a poppavia del traverso.

quarter (to) (as cranks) (*mech.*), mettere ad angolo retto. **2.** ~ (to divide into four parts) (*gen.*), dividere in quattro parti. **3.** ~ (to give lodging) (*milit.*), alloggiare.

quarterdeck (of an old ship) (*naut.*), cassero, cassero di poppa, casseretto.

quarterfinal (*sport*), quarto di finale.

quartering (act of riding diagonally on the road) (*n.*), attraversamento diagonale. **2.** ~ (*a. - math.*), ad angolo retto. **3.** ~ belt (half-crossed belt) (*mach.*), cinghia semincrociata. **4.** ~ machine (for simultaneously boring parallel holes with the center lines at 90° degrees to each other) (*mach. t.*), trapasso multiplo con assi paralleli.

quarterly (*adv.*), trimestralmente. **2.** ~ (*a.*), trimestrale. **3.** ~ (*n. - print.*), pubblicazione trimestrale.

quartermaster (*naut.*), quartiermastro. **2.** ~ (*milit.*) (Am.), ufficiale ai rifornimenti.

quarterpace (landing between two half flights located at right angle) (*bldg.*), pianerottolo.

quarter-phase (*a. - elect.*), bifase.

quartersaw (to) (to saw log into quarters and then obtain boards which will warp relatively little) (*wood ind.*), tagliare radialmente in quattro parti.

"quarter-undulation" (as a quartz plate retarding by $^1/_4$ of a wave length one of the two refracted rays) (*a. - opt.*), a quarto d'onda. **2.** ~ plate (quartz plate) (*opt.*), lamina a quarto d'onda.

quarter-wave (*a. - elect. - radio - opt.*), a quarto d'onda. **2.** ~ antenna (the overall length of which is approx. $^1/_4$ of the free-space wavelength) (*radio*), antenna a quarto d'onda. **3.** ~ line (transmission line section having the length of $^1/_4$ wavelength) (*elect. - radio*), linea a quarto d'onda. **4.** ~ plate (quartz plate retarding by $^1/_4$ of a wave length one of the two refracted rays) (*opt.*), lamina a quarto d'onda.

quartet, quartette, quartetto (*mus.*), quartetto. **2.** ~ (a group of four contiguous bits) (*comp.*), quartetto.

quartile (value in a frequency distribution such that one fourth of the total frequency lies above or below it) (*stat.*), quartile. **2.** ~ rank method (*psychol.*), quartilaggio.

quarto (four leaves) (*typ.*), fascicolo, quarto, quarticino, carticino, quaderno. **2.** ~ (paper size, 4to) (*typ.*), in-quarto, in 4°.

quartz (Si O_2) (*min.*), quarzo. **2.** ~ battery, *see* stamp mill. **3.** ~ fibre (*instr.*), fibra di quarzo. **4.** ~ glass (*glass mfg.*), vetro di quarzo. **5.** ~ lamp (*phys. - med. device*), lampada di quarzo. **6.** ~ oscillator (*elics.*) (Brit.), piezooscillatore. **7.** ~ plate (*elect.*), parte di cristallo di quarzo piezoelettricamente attiva. **8.** ~ rock (*min.*), *see* quartzite. **9.** ~ sand (*min.*), sabbia quarzosa. **10.** brown ~ (*min.*), quarzo affumicato. **11.** sapphire ~ (*min.*), zaffiro di quarzo.

quartzic (*a. - min.*), *see* quartziferous.

quartziferous (*a. - min.*), quarzifero.

quartz-iodine lamp (*aut. - illum. - phot.*), lampada alogena, lampada al quarzo-iodio.

quartzite (*rock*), quarzite.

quartzose (quartzous) (*a. - min.*), quarzoso.

quartzy (*a. - min.*), *see* quartzose.

"quasag" (quasi-stellar galaxies) (*astr.*), quasag, galassie quasi-stellari.

quasar (quasi-stellar radio source) (*astr.*), quasar, radiosorgente quasi-stellare.

"quasilinearization" (*math.*), qualsilinearizzazione.

quasi-optical (acting like light: as ultrashort waves) (*a. - phys.*), che si comporta come la luce.

quasiparticle (*phys.*), complesso che si comporta come una particella singola.

"quasi-periodic" (said of a function) (*a. - math.*), quasiperiodica.

quasi-stellar (*astr.*), quasistellare. **2.** ~ radio source (quasar) (*astr.*), radiosorgente quasistellare, quasar.

Quaternary (*n. - geol.*), Quaternario, Era quaternaria. **2.** ~ (*a. - geol.*), quaternario. **3.** ~ period (*geol.*), Quaternario, Era quaternaria.

quaternion (complex number) (*math.*), quaternione. **2.** ~ (paper folded quire-fashion in sets of four sheets) (*typ.*), fascicolo, quarto, quarticino, carticino, quaderno.

quatrefoil (ornament) (*arch.*), quadrifoglio.

quaver (of tone: as of a voice) (*acous.*), tremolio.

quay (*naut.*), banchina. **2.** ~ rates (*naut. - comm.*), diritti di banchina. **3.** ~ trial (*naut.*), prova agli ormeggi. **4.** ex ~ (*naut. - comm.*), franco banchina.

quayage (*naut. - comm.*), diritti di banchina.

queachy (marshy, as said of soil) (*a. - gen.*), paludoso.

quebracho (*wood*), quebracho. **2.** ~ extract (*pharm.*), estratto di quebracho. **3.** red ~ (*wood*), quebracho rosso. **4.** white ~ (*wood*), quebracho bianco.

queen Anne style (*arch.*), stile regina Anna. **2.** ~ post (*bldg.*), monaco (di una capriata a due monaci). **3.** ~ truss (*bldg.*), capriata a due monaci.

quench (act of quenching) (*gen.*), spegnimento. **2.** ~ frequency (*radio*), frequenza di disinnesco. **3.** ~ hardening (as cooling ferrous alloy after heating) (*heat. - treat.*), tempra per brusco raffreddamento.

quench (to) (to cool suddenly) (*heat-treat.*), raffreddare (per tempra), bagnare (per tempra). **2.** ~ (a fire) estinguere. **3.** ~ (to extinguish: as a fire) (*antifire*), spegnere. **4.** ~ and temper (*heat-treat.*), bonificare. **5.** ~ in water (*heat-treat.*), temprare in acqua. **6.** ~ the lime (*mas.*), spengere la calce.

quenchable (as of an alloy) (*heat-treat.*), raffreddabile bruscamente.

quenchant (quenching medium) (*heat-treat.*), mezzo per tempra, mezzo per rapido raffreddamento.

quenched (*heat-treat.*), spento, temprato. **2.** ~ (slaked, as lime) (*mas. - etc.*), spento. **3.** ~ gap (*radio*), spinterometro a scintilla frazionata.

quencher (worker operating quenching baths), (*heat-treat.*), (operaio) addetto alle vasche di tempra. **2.** ~ (substance which acts deleteriously on luminescence) (*fluorochemistry*), inibitore.

quenching (*heat-treat.*), spegnimento, tempra, rapido raffreddamento. **2.** ~ (of a fire), spegnimento. **3.** ~ bath (*heat-treat.*), bagno di tempra. **4.** ~ furnace (*heat-treat.*), forno per tempra. **5.** ~ machine (*heat-treat.*), macchina per tempra. **6.** ~ oil (*heat-treat.*), olio per tempra. **7.** ~ press (for reducing distortion) (*heat-treat.*), pressa per tempra. **8.** ~ salt (*heat-treat.*), sale per bagno di tempra. **9.** die ~ (*mech. technol.*), tempra alla pressa. **10.** differential ~ (*heat-treat.*), tempra differenziale. **11.** interrupted ~ (*heat-treat.*), tempra interrotta. **12.** regenerative ~ (*heat-treat.*), doppia tempra. **13.** selective ~ (*heat-treat.*), tempra differenziale. **14.** spray ~ (*heat. - treat.*), tempra a spruzzo. **15.** time ~ (interrupted quenching) (*heat - treat.*), tempra interrotta.

quercitannin (quercitannic acid) (*chem.*), acido quercitannico.

quercitron (*wood*), quercitrone.

query (enquiry) (*n. - comp.*), interrogazione.

questioning (*law*), interrogatorio.

questionnaire, questionary (*gen.*), questionario.

queue (waiting line consisting of programs or units waiting for a service) (*comp.*), coda, fila di attesa. **2.** input/output ~ (*comp.*), coda di ingresso/uscita. **3.** message ~ (as awaiting a priority transmission) (*comp.*), coda di messaggi.

queue (to) (*gen.*), accodare, accodarsi.

queueing (as of cars in autoroute or of programs or messages in a comp.) (*aut. - comp.*), accodamento. **2.** ~ theory (*math.*), teoria delle code. **3.** message ~ (queueing of messages awaiting transmission) (*comp.*), accodamento di messaggi.

quick (*a. - gen.*), rapido. **2.** ~ change adapter (*mach. t. impl.*), mandrino a cambio rapido. **3.** ~ diving tank (of a sub.) (*navy*), cassone di rapida immersione, rapida. **4.** ~ fire (*milit.*), tiro rapido. **5.** ~ match (as for expl.) (*milit.*), miccia del tipo a polvere nera. **6.** ~ return (of mach. t.), dispositivo per il ritorno rapido. **7.** ~ start lamp (*illum.*), lampada (fluorescente) ad accensione istantanea. **8.** ~ stop (of cutting) (*mech. - mach. t.*), brusca interruzione (del taglio).

"quick-aging" (*metall.*), invecchiamento rapido.

quick-break switch (*elect.*), interruttore a scatto rapido.

quick-fire (as of a gun etc.) (*a. - milit.*), a tiro rapido.

quick-freezing (*cold storage*), congelazione rapida.

quickie (a poor quality film) (*m. pict.*) (Am.), film scadente.

quicklime (Ca O) (*mas.*), calce viva.

quickness (speed, celerity) (*gen.*), celerità, rapidità.

"quick-release" (*a. - mech. - etc.*), a sgancio rapido, a scatto rapido.

"quick-return" (of mach. t.) (*a.*), a ritorno rapido.

quicksand (*geol.*), sabbie mobili.

quick-setting cement (*mas.*), cemento a rapida presa.

quicksilver (Hg - *chem.*), mercurio.

"quick-thread screw" (*mech.*), vite rapida.

"quick-traverse" (movement: as of a turret lathe) (*a. - mech.*), a traslazione rapida.

quickwork (*naut.*), opera viva.

quiescent (not active: not in operation: as of a comp.) (*a. - elect. - elics. - etc.*), non in funzione, a riposo. **2.** ~ phase (*tlcm.*), fase di inattività.

quiescing (state of inactivity: as of a tlcm. system) (*comp. - etc.*), messa a riposo, disattivazione.

quietness (as of gears) (*mech.*), silenziosità.

quill (*mech.*), albero (o perno) cavo. **2.** ~ (as a wheel spindle with stilus head for an internal grinder) (*mach. t. - mech.*) (Am.), mandrino per alesare. **3.** ~ (of feather) (*text. ind.*), cannello. **4.** ~ (for elect. locomotives) (*railw.*), albero cavo. **5.** ~ bit (*t.*), punta a cucchiaio. **6.** ~ drive (of an electric locomotive: flexible connection between motors and driving wheels) (*railw.*), trasmissione (elastica) ad albero cavo.

quilt (a heat insulating covering, as for piping) (*n. - pip.*), rivestimento isolante.

quilt (to) (to fill like a quilt) (*text. - etc.*), imbottire.

quinary (*a. - math.*), quinario. **2.** ~ code (five based code) (*comp.*), codice quinario.

quinhydrone-electrode (for pH test) (*electrochem.*), elettrodo al chinidrone.

quinine ($C_{20}H_{24}N_2O_2$) (alkaloid) (*chem.*), chinina.

quinoline (C_9H_7N) (chinoline, chinolin) (*chem.*), chinolina. **2.** ~ dyes (*chem.*), coloranti alla chinolina.

quinone ($C_6H_4O_2$) (*chem.*), chinone, parabenzochinone.

quintal (220.46 lbs avoirdupois) (q. - *meas.*), quintale.

quinternion (gathering of five sheets folded once, hence forming ten leaves) (*paper mfg.*), quinterno.

quintet, quintette, quintetto (*music.*), quintetto.

quintillion [nonillion (Am.), 10^{30}] (*math.*) (Brit.), quintilione.

quire (twentieth part of a ream, but usually taken to

mean 24 sheets of paper) (*paper mfg.*), mazzetta di 24 fogli di carta, ventesima parte di una risma.

quirk (sudden deviation) (*gen.*), deviazione brusca. **2.** ~ (small groove separating a molding) (*arch.*), scanalatura (o gola) di separazione. **3.** ~ (diamond-shaped glass) (*glass mfg.*), lastra romboidale. **4.** ~ (*plastering t.*), utensile per modanature.

quit (to) (to stop, as work) (*gen.*) (Am.), interrompere. **2.** ~ (to cease) (*gen.*), cessare. **3.** ~ (to leave one's job) (*work.*), lasciare (l'impiego). **4.** ~ (as a debt) (*gen.*), saldare, regolare. **5.** ~ (to renounce) (*gen.*), rinunciare. **6.** ~ (to release from obligations) (*gen.*), disobbligare. **7.** ~ (to abandon: as a program, an activity) (*comp. - etc.*), abbandonare.

quittance (document) (*adm. - finan.*), quietanza, ricevuta.

quitter (tin smelting slag) (*metall.*), scoria di stagno.

quoin (of corner) (*arch.*), concio d'angolo. **2.** ~ (of an arch) (*arch.*), concio rastremato, concio per archi. **3.** ~ (wedge used for locking up forms) (*print.*), serraforme.

quonk (noise in radio or TV broadcast caused by disturbances near the microphone or camera) (*radio - telev.*), disturbi occorrenti nei pressi delle apparecchiature trasmittenti.

quorum (number of members legally qualified to carry on business) (*adm. - law*), numero legale.

quota (*adm.*), quota.

quotation (price quoted) (*comm.*), quotazione. **2.** ~ (offer) (*comm.*), offerta. **3.** ~ marks (*typ.*), virgolette. **4.** to ask for a ~ (*comm.*), chiedere offerta.

quote (to) (*comm.*), dare le quotazioni, indicare i prezzi correnti. **2.** ~ (to put between quotation marks) (*typ.*), mettere tra virgolette.

quotes (quotation marks, colloquial) (*typ.*), virgolette.

quotient (*math.*), quoziente.

qwerty (relates to an american type keyboard that initiates by QWERTY letters) (*comp.*), tastiera di tipo americano.

R

"R" (Réaumur, temperature degree) (*phys.*), R, Réaumur. **2.** ~ (refined, as a metal) (*mech. draw.*), affinato. **3.** ~ (rolled) (*mech. draw.*), laminato. **4.** ~ (ream!) (*mech. draw.*), alesare!, lisciare! (con alesatore). **5.** ~ (radius) (*mech. draw.*), raggio. **6.** ~ (reach: as a work) (*time study*), raggiungere. **7.** ~ (render) (*bldg.*), *see* to render. **8.** ~ (heavy rain, Beaufort letter) (*meteorol.*), pioggia forte. **9.** ~ (restricted) (*a. - m. pict.*), proibito ai minori di 16 anni.

"r" (rain, Beaufort letter) (*meteorol.*), pioggia. **2.** ~ (röntgen, roentgen) (*meas. unit.*), r, röntgen.

"RA" (right ascension) (*astr.*), ascensione retta.

Ra (radium) (*chem.*), radio.

raband (*naut.*), *see* roband.

rabbet (a groove or channel) (*carp. join.*), gola, scanalatura, sede. **2.** ~ (a recess, as on the edge of a door, for receiving the mating part) (*carp.*), battuta. **3.** ~ (a groove, as of the keel for receiving the garboard strake) (*shipbuilding*), battuta. **4.** ~ joint (*join.*), giunto a maschio e femmina. **5.** ~ plane (*carp. t.*), pialletto per scanalare. **6.** door ~ (*carp.*), battuta di porta.

rabbet (to) (*join.*), fare un incastro.

rabbeted (recessed, for receiving another piece: as a lock) (*a. - join. - etc.*), incassato, predisposto per incasso. **2.** ~ lock (*carp.*), serratura incassata.

rabbit (a small box containing a radioactive sample that is propelled pneumatically into a nuclear reactor or laboratory) (*atom phys.*), cartuccia portacampione. **2.** ~ (a recess in a die corner for allowing wrinkling of the blank) (*sheet metal w.*), cavità antigrinza. **3.** ~ ears (indoor dipole antenna consisting of two extensible rods disposed in V shape) (*radio - telev.*), antenna interna a V.

rabbit-ear faucet (self-closing faucet, by two small handles) (*technol.*), tipo di rubinetto a chiusura automatica.

rabble (a puddling iron tool used as for skimming a metal bath) (*metall.*), raschiatoio. **2.** ~ (for agitating a metal bath) (*metall. t.*), agitatore, mescolatore.

rabble (to) (in iron puddling) (*metall.*), rimescolare rapidamente.

rabbling (of a metal bath) (*metall.*), rimescolamento. **2.** ~ hole (of a furnace) (*metall.*), foro per l'agitatore.

"RAC" (rectified alternating current) (*elect.*), corrente alternata raddrizzata.

race (*hydr.*), canale di convogliamento, condotta d'acqua. **2.** ~ (*sport*), corsa. **3.** ~ (groove or track in which a piece slides) (*mech.*), gola di scorrimento, guida di scorrimento. **4.** ~ (of a pulley) (*mech.*), gola. **5.** ~ (inner or outer ring of a ball bearing) (*mech.*) (Brit.), anello (esterno o interno). **6.** ~ (raceway: of a ball bearing) (*mech.*) (Am.), sede di rotolamento, pista, gola. **7.** ~ (of sailboats) (*sport*), regata. **8.** ~ (of the sea), maretta, corrente rapida di marea. **9.** ~ (of a propeller) (*aer.*) (Am.), flusso. **10.** ~ course (*hydr.*), *see* raceway. **11.** ~ rotation (*aer.*), rotazione del flusso. **12.** ~ rotation (rotary motion produced by a propeller on the fluid) (*aer. - naut.*), vortice dell'elica. **13.** ~ track (*aut. - sport*), circuito. **14.** long distance ~ (*aut. - etc.*), gara di fondo. **15.** propeller ~ (*aer.*), flusso dell'elica. **16.** road ~ (*sport*), corsa su strada. **17.** sailing ~ (regata) (*sport*), regata di barche a vela. **18.** straight roller bearing ~ (*mech.*) (Am.), pista (o sede di rotolamento) di cuscinetto a rulli cilindrici. **19.** tapered roller bearing ~ (*mech.*) (Am.), pista (o sede di rotolamento) di cuscinetto a rulli conici. **20.** to organize a ~ (*sport*), organizzare una corsa.

race (to), correre. **2.** ~ (the engine) (*mot.*), imballare (il motore).

racecourse (*sport*), pista.

raceline (artificial channel for water) (*hydr.*), canale artificiale.

racer (reel) (*text. mfg.*), aspo. **2.** ~ (person) (*sport*), corridore. **3.** ~ (*aer. - aut. - naut. - etc.*), mezzo da corsa.

raceway (*hydr. bldg.*), canale di condotta d'acqua. **2.** ~ (race: of a ball bearing) (*mech.*) (Am.), sede di rotolamento, gola, pista. **3.** ~ (used for housing cables) (*elect.*), canalizzazione, canaletta. **4.** metal ~ (for power secondary distribution in factories) (*elect.*), canalizzazione metallica.

racing (*n. - sport*), corsa. **2.** ~ (*a. - sport*), da corsa. **3.** ~ (of horses) (*sport*), corse. **4.** ~ (of a turbine), fuga. **5.** ~ (of an engine) (*mot.*), fuga, imballata. **6.** ~ car (*aut.*), automobile da corsa. **7.** ~ craft (*naut.*), imbarcazione da competizione. **8.** ~ craft (*aer.*), aeroplano da competizione. **9.** ~ seaplane (*aer.*), idrocorsa. **10.** road ~ (race made on roads temporarily closed to the public) (*aut. - mtc.*), gara su strada. **11.** track ~ (*sport*), corsa su pista.

rack (small shop stand) (*shop impl.*), piccolo scaffale a più piani. **2.** ~ (a bar toothed on one face) (*mech.*), cremagliera, dentiera. **3.** ~ (in gear generation) (*mech.*), cremagliera. **4.** ~ (a framework, on which materials are kept) (*shop impl.*), rastrelliera. **5.** ~ (implement fixed inside the fuselage for attaching bombs etc.) (*n. - air force*), rastrelliera. **6.** ~ (mech. container: as for printed circuit cards etc.) (*comp.*), contenitore, cestello. **7.** ~ car (special flat car transporting automobiles on two levels) (*railw.*), carro (ferroviario) per trasporto automobili. **8.** ~ cutting machine (*mach. t.*), macchina per tagliare cremagliere. **9.** ~ feed (as of the table) (*mach. t.*), avanzamento a cremagliera. **10.** ~ rail (of railw.), rotaia a cremagliera. **11.** ~ railway (or railroad) (*railw.*), ferrovia a cremagliera, ferrovia a dentiera. **12.** ~ saw (a saw with wide teeth) (*t.*), sega a denti larghi. **13.** ~ tooth (*mech.*), dente della cremagliera. **14.** baggage ~ (*railw. - etc.*), bagagliera. **15.** bag ~ (*railw. - etc.*), *see* baggage rack. **16.** basket ~ (*railw. - etc.*), *see* baggage rack. **17.** bomb ~ (device for carrying bombs) (*air force*), rastrelliera porta bombe. **18.** drying ~ (*ind. impl.*), rastrelliera per (o di) essiccazione. **19.** forming ~ (for cold forming as of splines) (*t.*), pettine per rullare. **20.** indexing ~ (gear grinding mach. device) (*mach. t. device*), cremagliera divisoria. **21.** luggage ~ (*railw. - etc.*) (Brit.), *see* baggage rack. **22.** master ~ (gear grinding mach. attachment) (*mach. t. impl.*), cremagliera campione. **23.** mounting ~ (consisting into a mech. frame for supporting electronic circuits, elics. items etc.) (*elics.*), struttura di supporto, incastellatura di sostegno. **24.** parcel ~, *see* baggage rack. **25.** parts ~ (a box into which items are placed) (*shop impl.*), raccoglitore. **26.** roof ~ (*aut.*), portabagagli per (carico sul) tetto (o imperiale). **27.** ski ~ (*aut.*), portasci. **28.** stamp ~ (*off. impl.*), portatimbri. **29.** trunk ~ (as of aut.), portabagagli.

rack (to) (as two ropes) (*gen. - naut.*), legare alla portoghese. **2.** ~ (as raw rubber), stirare. **3.** ~ (act of separating a liquid from its sediment: as wine) (*agric. - ind.*), travasare. **4.** ~ up (to move up the image across the display screen) (*comp. - telev.*), scorrere (o far scorrere) verso l'alto.

rack-and-lever jack (*lifting impl.*), martinetto a cremagliera.

rack-and-pinion press (*mach. t.*), pressetta a cremagliera.

racket (*sport*), racchetta. **2.** ~ (noise) (*acous.*), rumore confuso con squittìo.

racking (the act of separating spirits or wines from sediments) (*ind.*), travaso. **2.** ~ (placing in racks: as loose parts) (*ind.*), raccolta in rastrelliera. **3.** ~ (way of constructing a wall by bricks) (*n. - mas.*), muratura a corsi sovrapposti sfalsati di mezzo mattone. **4.** ~ (two ropes bound together) (*naut.*), legatura alla portoghese. **5.** ~ (as of courses of bricks or stones) (*n. - bldg.*), corsi sfalsati.

rack-shaped cutter (*t.*), utensile a cremagliera (o pettine).

rackwork (*mech.*), meccanismo a cremagliera.

racon (*radar beacon*), radarfaro, radar a risposta, radar secondario, apparecchiatura radar che automaticamente risponde in codice a segnali radar ricevuti.

"rad" (radius) (*mech. draw.*), raggio. **2.** ~, *see* radial, radian, radiant, radiator, radical, radio, radius, root.

rad (radiation unit, amount which releases energy of 100 ergs per gram of matter) (*phys.*), rad. **2.** ~ (radiation absorbed dose: unit for measuring the effective absorption as by workers) (*atom. phys. - med.*), rad, unità di dose di radiazione assorbita.

radar (radio detecting and ranging) (*radio*), radar, radiolocalizzatore. **2.** ~ array (*radar*), schiera di radar. **3.** ~ astronomy (*astr.*), radar-astronomia. **4.** ~ beacon (racon) (*radar.*), radar di aeronavigazione, radar radiogonometrico. **5.** ~ contact (the identification of a radar echo on the cathode-ray tube, as an aircraft) (*radar - aer.*), contatto radar. **6.** ~ control (air-traffic control by radar) (*aer. - radar*), controllo radar. **7.** ~ controller (air-traffic controller) (*aer. navig. - radar*), controllore radar, radarista, addetto al radar. **8.** ~ cross section (echo area: that part of a target area [as of an airplane in flight] which reflects back electromagnetic waves to the radar, "RCS") (*radar*), sezione (o superficie) d'eco. **9.** ~ detection (*radar*), radarlocalizzazione. **10.** ~ drawing of the ground (by a special type radar) (*aer.*), rilevamento radar del terreno. **11.** ~ man (*radar*), radarista. **12.** ~ mirage (*radar*), miraggio radar. **13.** ~ monitoring (air-traffic control procedure) (*aer. navig. - radar*), guida radar. **14.** ~ scope (*radar*), schermo radar, schermo fluorescente del radar. **15.** ~ service (*radar - milit.*), servizio di radiolocalizzazione. **16.** ~ set (*radar*), apparecchio radiolocalizzatore. **17.** ~ surveillance (guidance procedure, or aircraft, by radar) (*aer. navig. - radar*), vigilanza radar. **18.** ~ telescope (*astr.*), radar-telescopio. **19.** ~ trainer (mock-up radar used for training purposes) (*radar*), radar (simulato) per esercitazioni. **20.** ~ wind (wind tracked by radar) (*meteor.*), vento rilevato con radar. **21.** airborne ~ (*radar - aer.*), radar aeroportato. **22.** aircraft interception ~ (*radar - aer.*), radar per intercettazione aerei. **23.** aircraft-warning ~ (*radio-aer.*), radar per avvistamento aerei. **24.** airfield control ~ (*aer. navig. - radar*), radar di controllo dell'aeroporto. **25.** anti-collision ~ (*radar - aer. - naut.*), radar anticollisione. **26.** approach control ~ (*aer. navig. - radar*), radar controllo avvicinamento. **27.** beacon tracking ~ (*aer. - nav. - etc.*), radar per ricerca ed individuazione radiofari. **28.** cloud and collision warning ~ (*radar*), radar anticollisione e per avvistamento meteore. **29.** continuous-wave

~ (*radar*), radar ad onde persistenti. **30.** distance-measuring ~ (*radar*), radar telemetrico. **31.** fire-control ~ (*radar - naut.*), radar per la direzione del tiro. **32.** glide path ~ (*aer. navig. - radar*), radar per la determinazione della traiettoria di discesa. **33.** ground-controlled approach ~, "GCA" ~ (*aer. - navig.*), radar per avvicinamento radioguidato da terra. **34.** ground surveillance ~ (for the surveillance of an adjacent ground area) (*radar*), radar terrestre per la vigilanza. **35.** gun-laying ~ (*radar*), radar di puntamento. **36.** harbor-control ~ (*radar - naut.*), radar portuale. **37.** height-finding ~ (*radar - aer.*), radar per la determinazione della quota, radar altimetrico. **38.** high-discrimination ~ (*radar*), radar di precisione. **39.** imaging ~ (forming images of the ground) (*aer. - top.*), radar per immagini topografiche. **40.** intercept-type ~ (*radar*), radar d'intercettazione. **41.** interrogator ~ (*radar*), radar interrogatore. **42.** land-based ~ (*radar*), radar terrestre. **43.** laser ~, *see* "ladar". **44.** long-range accuracy ~ (*radar*), radar di precisione di grande portata. **45.** mapping ~ (*radar*), radar di esplorazione al suolo. **46.** marine ~ (*radar - naut.*), radar marittimo. **47.** marine ~ beacon (*radar - naut.*), radarfaro marittimo. **48.** maritime ~ (*radar - naut.*), radar marittimo. **49.** microwave ~ (*radar*), radar a microonde. **50.** microwave early warning ~ (long-range sophisticated radar) (*elics. - milit.*), radar a microonde per allarme avanzato (o tempestivo). **51.** missile site ~, "MSR" (*radar*), radar per localizzazione missili. **52.** moving-target indication ~ (*radar*), radar per indicazione bersagli mobili. **53.** navigational ~ (*radar*), radar per navigazione. **54.** over-the horizon ~ (operating by jonosphere reflection) (*radar*), radar con portata oltre la linea dell'orizzonte. **55.** passive ~ (*elics. - radar*), radar passivo. **56.** precision-approach ~, "PAR" (*aer. navig.*), radar di avvicinamento di precisione. **57.** primary ~ (the pulses of which are reflected by the target) (*radar*), radar primario, radar diretto. **58.** pulse ~ (*radar*), radar ad impulsi. **59.** responder beacon ~ (*radar*), radar secondario, radar a risposta. **60.** search ~ (*aer. - app. - etc.*), radar di avvistamento. **61.** secondary ~ (radar beacon) (*radar*), radar secondario. **62.** shore-based ~ (*naut.*), radar costiero. **63.** surveillance ~ (*aer. navig.*), radar di sorveglianza. **64.** surveillance ~ element "SRE" (*aer. - radar*), elemento radar di sorveglianza. **65.** terrain avoidance ~, "TAR" (*radar - aer.*), radar per (evitare) ostacoli terrestri. **66.** tracking ~ (for following satellites, rockets etc.) (*astric. - milit.*), radar di inseguimento. **67.** warning ~ (*radar*), radar di avvistamento. **68.** weather ~ (for finding storms, clouds etc.) (*meteor.*), radar meteorologico.

radar-fitted (*a. - radar*), attrezzato con radar. **2.** ~ ship (*radar*), nave attrezzata con radar.

radarscope (scope) (*radio*), schermo radar.

raddle (rough wooden reed for guiding warp threads) (*text. mach.*), pettine separatore di catena.

"RADI" (radiographic inspection) (*metall.*), controllo radiografico.

"RADIAC" (radioactivity detection identification and computation; general term used for indicating ind. and milit. portable instr.) (*radioact. instr.*), misuratore portatile di radioattività.

radial, radiale. **2.** ~, *see* radialtire, radial-ply tire. **3.** ~ bar (*draw. instr.*), compasso per curve a grande raggio. **4.** ~ drill (*mach. t.*), trapanatrice radiale. **5.** ~ engine (*mot.*), motore stellare, motore radiale. **6.** ~ location (*gen.*), sistemazione a raggiera. **7.** ~ runout (as measured on the periphery of a rotating disc) (*mech.*), errore di centratura. **8.** ~ saw (*mach. t.*), sega radiale, sega circolare montata su di un braccio orientabile. **9.** ~ triangulation (photogrammetric method of aerial triangulation) (*cart.*), triangolazione (aerea) radiale. **10.** ~ velocity (*theor. mech.*), velocità radiale.

radial-flow (*a. - turbine*), a flusso radiale. **2.** ~ turbine (*mach.*), turbina radiale.

radian (*math.*), radiante.

radiance, radiancy (the flux density emitted per unit area of radiating surface) (*phys.*), irraggiamento, radianza.

radiant (*a. - phys.*), radiante. **2.** ~ efficiency (of a radiant source) (*phys.*), rendimento energetico. **3.** ~ emittance (of a radiant source) (*phys.*), emettenza energetica. **4.** ~ energy (*phys.*), energia radiante. **5.** ~ flux (rate of energy radiation from a light source; measured in watts or in ergs/sec) (*phys.*), flusso energetico. **6.** ~ glass (glass containing thermal elements) (*aut. - railw.*), pannello di vetro antiappannante. **7.** ~ heating (panel heating) (*therm.*), riscaldamento a pannelli radianti. **8.** ~ intensity (radiant power measured in watt per steradian) (*phys.*), intensità energetica. **9.** ~ panel (in radiant heating) (*therm.*), pannello radiante. **10.** ~ power (radiant flux) (*phys.*), flusso energetico.

radiate (to) (*phys.*), irradiare.

radiatics (*n. - phys.*), scienza delle radiazioni.

radiating (*a. - gen.*), che irradia, irradiante. **2.** ~ (tapered) (*a. - mas.*) (Brit.), rastremato. **3.** superturnstile ~ element (*telev.*) (Brit.), elemento di antenna a dipoli incrociati orizzontali e sovrapposti.

radiation (emission of energy in form of electromagn. or sound waves, or of corpuscolar emissions) (*phys.*), radiazione. **2.** ~ efficiency (of an antenna) (*radio*), rendimento di radiazione. **3.** ~ monitoring (in a nuclear reactor) (*atom phys.*), rilevamento della radioattività. **4.** ~ pattern (*radio - radar*), caratteristica di radiazione, lobo di radiazione, diagramma di radiazione. **5.** ~ pressure (as of the sunlight on the earth's surface) (*phys.*), pressione della radiazione. **6.** ~ pyrometer (*opt. instr.*), pirometro a radiazione. **7.** ~ resistance (of an antenna) (*radio*), resistenza di radiazione. **8.** ~

sterilization (*atom phys. med.*), sterilizzazione mediante irradiazione. **9.** annihilation ~ (when travelling in opposite directions) (*atom phys.*), radiazione di annichilazione. **10.** cerenkov ~ (in a nuclear reactor) (*atom phys.*), luce di Cerenkov. **11.** complex ~ (*phys. - opt.*), radiazione complessa. **12.** corpuscular ~ (*radiology*), radiazione corpuscolare. **13.** cosmic ~ (*phys.*), radiazione cosmica. **14.** electromagnetic ~ (as of the light) (*phys.*), radiazione elettromagnetica. **15.** full ~ (of the black body) (*illum. phys.*), radiazione nera. **16.** hard ~ (by high energy particles) (*atom phys.*), radiazione dura. **17.** heat ~ (thermal radiation) (*thermod.*), radiazione termica. **18.** heterogeneous ~ (*med. radiology*), radiazione eterogenea. **19.** homogeneous ~ (*med. radiology*), radiazione omogenea. **20.** infrared ~ (as of the light) (*phys.*), radiazione (monocromatica) infrarossa. **21.** monochromatic ~ (as of the light) (*phys.*), radiazione monocromatica. **22.** prompt ~ (instantaneously emitted radiation) (*atom phys.*), radiazione istantanea. **23.** residual ~ (as of fission products) (*atom phys. - med.*), radiazione residua. **24.** secondary ~ (*radiology*), raggi secondari. **25.** secondary ~ (emitted by atoms and due to the incidence on them of a primary radiation) (*atom phys.*), radiazione secondaria. **26.** spurious ~ (a radiation the frequency of which is not within the band assigned to the transmission) (*radio*), radiazione su banda proibita. **27.** sun ~ (*phys.*), radiazione solare. **28.** thermal ~ (*phys.*), radiazione termica, "termoradianza". **29.** ultraviolet ~ (as of the light) (*phys.*), radiazione (monocromatica) ultravioletta. **30.** visible ~ (light) (*phys.*), radiazione (monocromatica) visibile (o luminosa).

radiative (relating to the emission of radiations) (*a. - phys.*), radiativo, radiante. **2.** ~ (relating to the way of emission: as of heat, from a body) (*a. - phys.*), per irraggiamento.

radiator (*aut.*), radiatore. **2.** ~ (*radioact.*), sostanza radioattiva. **3.** ~ (transmitting antenna) (*radio*), antenna trasmittente. **4.** ~ (transmitting instr.) (*telegr.*), trasmettitore. **5.** ~ (for heating buildings) (*heating app.*), radiatore. **6.** ~ (of the cooling system of a liquid-cooled aero engine) (*aer. mot.*), radiatore. **7.** ~ (radiating element) (*radar*), antenna. **8.** ~ cap (*aut.*), tappo del radiatore. **9.** ~ core (*aut.*), massa radiante. **10.** ~ cowl (*aut.*), maschera per radiatore, cuffia. **11.** ~ grille (*aut.*), griglia radiatore. **12.** ~ hose (*aut.*), raccordo (o tubo) di gomma del radiatore, manicotto flessibile del radiatore. **13.** ~ rodding out (clearing of the blocked water tubes of a radiator) (*mot.*), disintasamento (o pulizia) del radiatore. **14.** ~ shell upper chamber (*aut.*), testa del radiatore. **15.** acoustic ~ (as the cone of a loudspeaker) (*acous.*), radiatore sonoro. **16.** air tube ~ (honeycomb radiator) (*aut. - aer.*), radiatore a tubi d'aria. **17.** alpha ~ (material radiating alpha rays) (*atom phys.*), sostanza emettente raggi alfa. **18.** annular ~ (arranged within a circular cowling) (*aer. mot.*), radiatore anulare. **19.** black ~ (black body) (*illum. phys.*), radiatore nero, corpo nero. **20.** directive ~ (directional antenna) (*radar*), antenna direttiva. **21.** ducted ~ (*aer. mot.*), radiatore intubato. **22.** gilled ~ (*therm.*), radiatore ad alette. **23.** half-wave ~ (*radar*), antenna di semionda. **24.** honeycomb ~ (as of aut. mot.), radiatore a nido d'ape. **25.** horn ~ (*radar*), antenna a tromba. **26.** ideal ~, *see* blackbody. **27.** integral ~ (blackbody) (*illum. phys.*), radiatore (termico) completo, corpo nero. **28.** leading-edge ~ (forming the leading edge of a wing) (*aer. mot.*), radiatore sul bordo di attacco. **29.** mixed-matrix ~ (a compound radiator containing alternate tubes for water and oil) (*aer. mot.*), radiatore misto (per acqua ed olio lubrificante). **30.** nose ~ (of an-aero engine: radiator fitted at the front of the fuselage or nacelle) (*aer. - mot.*), radiatore anteriore. **31.** oil ~ (oil cooler) (*aer. - mot.*), radiatore dell'olio. **32.** panel ~ (as set in a wall recess) (*heating app.*), radiatore a pannello, pannello radiante. **33.** planckian ~ (black body) (*illum. phys.*), radiatore di Planck, corpo nero. **34.** recessed ~ (of an heating system), radiatore incassato, radiatore in nicchia. **35.** ring ~ (of circular form) (*mot. - etc.*), radiatore anulare. **36.** secondary-surface ~ (the cooling surface of which is provided with fins) (*aer. mot.*), radiatore a trasmissione indiretta. **37.** series ~ (*mot. - etc.*), radiatore in serie. **38.** space ~ (for electrical-power supply) (*astric. - etc.*), pannelli radianti spaziali. **39.** surface ~ (formed by part of the aircraft surface adapted for cooling) (*aer. - mot. - etc.*), radiatore superficiale. **40.** thermal ~ (*phys.*), radiatore termico, corpo termoradiante. **41.** underwing ~ (fitted below the wing) (*aer. mot.*), radiatore subalare, radiatore montato sotto l'ala. **42.** wall ~ (*heating app.*), radiatore di formato speciale e ridotto per particolari applicazioni nel riscaldamento degli ambienti. **43.** water tube ~ (*aut. - aer.*), radiatore a tubi d'acqua. **44.** wing ~ (aer. installation) (*aer.*), radiatore alare.

radical (*chem.*), radicale. **2.** ~ (*math.*), espressione radicale. **3.** ~ expression (*math.*), espressione radicale. **4.** ~ sign (*math.*), segno di radice.

radicand (*math.*), radicando.

radiesthesia (sensitiveness revealed by pendulum or divining rod) (*n. - sensitive activity*), radioestesia.

radii (*geom.*), raggi.

radio (radio receiving set) (*radio*), radio, apparecchio radio, apparecchio radioricevente. **2.** ~ (short for radioactive: as in radio iron, radio silicon etc.) (*atom chem.*), radioattivo. **3.** ~ aids (*aer. - navig.*), radioaiuti. **4.** ~ altimeter (*aer. - radio instr.*), radioaltimetro, radiosonda. **5.** ~ astronomy (*astr.*), radio astronomia. **6.** ~ balloon (*meteorol.*), pallone radiosonda meteorologica. **7.** ~ beacon (transmitting app.) (*radio - naut. - aer.*), radiofaro. **8.** ~ beam (directional signal) (*aer. navig.*), radiosegnale direzionale. **9.** ~ channel (*ra-

dio), radiocanale. **10.** ~ communication (*radio*), radiocomunicazione. **11.** ~ compass (*radio - aer. - naut. - etc.*) (Brit.) radiobussola, tipo di radiogoniometro. **12.** ~ control (as of an aer.) (*radio*), radiogoverno. **13.** ~ detection (as by a radiogoniometer or by radar) (*navig.*), radiorilevamento. **14.** ~ direction finder (*radio*), radiogoniometro. **15.** ~ engineer (*radio - work.*), radiotecnico. **16.** ~ equipment (as on an aer.) (*aer.*), impianto radio, installazione radio di bordo. **17.** ~ field intensity (or field strength) (*radio*), intensità del campo. **18.** ~ fix (location of a transmitter by a direction finder) (*radio*), radio localizzazione. **19.** ~ flying (*aer.*), volo radioguidato. **20.** ~ frequency (*radio*), radiofrequenza. **21.** ~ galaxy (*astrophys.*), radiogalassia. **22.** ~ goniometer (*radio*), radiogoniometro. **23.** ~ gramophone (*electroacous.*), radiogrammofono. **24.** ~ interference (radio noise) (*radio*), radiodisturbo. **25.** ~ interference suppressor (*radio - etc.*), dispositivo antidisturbi radio, dispositivo antiradiodisturbi. **26.** ~ iron (*atom chem.*), ferro radioattivo. **27.** ~ link (radiotelephone circuit used for joining up ordinary wire circuits) (*radio - teleph.*), ponte radio. **28.** ~ listener (*radio*), radioascoltatore, radioabbonato. **29.** ~ marker (radio transmitter indicating positions as with respect to the landing field) (*aer.*), "radio marker". **30.** ~ mechanic (*skilled work.*), radiomontatore. **31.** ~ message (radiogram) (*radio - milit. - etc.*), radiomessaggio. **32.** ~ navigation (*naut.*), navigazione radioguidata, radionavigazione. **33.** ~ net (*radio*), rete radio. **34.** ~ operator (*aer. - naut.*), radiotelegrafista. **35.** ~ orientation (*aer. - naut. - radio*), orientamento mediante radio. **36.** ~ phonograph, radiogrammofono. **37.** ~ pilot light (*aut. - radio*), spia luminosa. **38.** ~ proximity fuse (proximity fuse, variable time fuse) (*expl.*), radiospoletta. **39.** ~ range (*aer. - naut. - radio*), radiofaro direzionale, radiosentiero. **40.** ~ range beacon (*radio - aer.*), radiofaro direzionale equisegnale, radiofaro direttivo. **41.** ~ range orientation (*radio - aer. - navig.*), orientamento mediante radio. **42.** ~ range station (radio transmitting signals for radio navigation aid) (*aer. - naut.*), stazione radio di assistenza agli aerei in volo. **43.** ~ receiver (*radio*), radioricevitore. **44.** ~ reception (*radio*), radioricezione. **45.** ~ recording tape (*radio impl.*), nastro per registrazione radio. **46.** ~ relay (receiving and transmitting station (*radio*), stazione ripetitrice. **47.** ~ repairer (radio set repairer) (*work. - radio*), radioriparatore. **48.** ~ set (*radio*), apparecchiatura radio. **49.** ~ sextant (*app. - naut.*), radiosestante. **50.** ~ shielding (*radio*), schermaggio. **51.** ~ spectrograph (radiotelescope for the analysis of sun radiations) (*astr. app.*), radiospettrografo. **52.** ~ stars (nonvisible stars emitting short-wave radiations) (*astr.*), radiostelle. **53.** ~ static (*radio*), disturbi atmosferici. **54.** ~ station selector (*aut. - radio*), selettore stazioni radio. **55.** ~ sulphur (*atom chem.*), solfo radioattivo. **56.** ~ telescope (astronomic instrument) (*astron.*), radiotelescopio. **57.** ~ telescopy (*astr.*), radiotelescopia. **58.** ~ tower (*radio antenna*), antenna a torre, antenna autoirradiante. **59.** ~ transmission (*radio*), radiotrasmissione. **60.** ~ transmitter (*radio app.*), radiotrasmettitore. **61.** ~ transmitter, *see also* transmitting set. **62.** ~ tube (*elect.*), valvola termoionica. **63.** ~ wave (*radio*), radioonda. **64.** ~ window (*radio*), intervallo radio. **65.** all round ~ beacon (*radio - aer. - naut.*), radiofaro circolare. **66.** aural ~ range beacon (*radio*), radiofaro direzionale acustico. **67.** cellular ~, *see* land ~ mobile. **68.** directional ~ beacon (*radio*), radiofaro fisso, radiofaro direzionale, radiofaro circolare. **69.** land ~ mobile (a teleph. set installed inboard of a car or consisting of a portable unit) (*teleph. - radio*), radiomobile (di conversazione). **70.** line ~ (wire radio, wired radio, wired wireless, wire wave communication, radio programs distribution by means of teleph. lines) (*radio*), filodiffusione. **71.** omnidirectional ~ beacon (*radio - aer. - naut.*), radiofaro onnidirezionale. **72.** picture ~ transmission (*radio*), radiotrasmissione delle immagini, "radiofoto". **73.** portable ~ (portable receiver) (*radio*), radioricevitore portatile, radio portatile, radiolina. **74.** rotating ~ beacon (*radio*), radiofaro girevole. **75.** to find the direction by ~ (*radio - navig.*), radiogoniometrare. **76.** two-way ~ (*radio*), ricetrasmettitore, radio ricevente e trasmittente.

radio (to) (to communicate by radio) (*tlcm.*), comunicare via radio.

radioacoustics (science of sound transmission by radio) (*radio*), "radioacustica", studio della trasmissione e riproduzione dei suoni a mezzo radio.

radioactive (*a. - chem. phys.*), radioattivo. **2.** ~ contamination (*atom phys.*), contaminazione radioattiva. **3.** ~ decay (*atom phys.*), disintegrazione radioattiva. **4.** ~ dust (made of radioactive particles) (*atom phys.*), cenere radioattiva. **5.** ~ nucleus (*atom phys.*), nucleo radioattivo. **6.** ~ particles (radioactive dust due to atom bombs explosion) (*atom phys.*), particelle radioattive, cenere radioattiva. **7.** ~ series, ~ chain (decay chain, disintegration chain) (*atom phys.*), catena di disintegrazione radioattiva. **8.** ~ tracer (*atom phys.*), tracciante radioattivo. **9.** ~ waste (*radioact.*), residuo radioattivo, scoria radioattiva.

radioactivity (*chem. phys. - atom phys.*), radioattività. **2.** ~ concentration guide (maximum permissible dose of radioactivity) (*radiation med. meas.*), concentrazione massima consentita di radioattività. **3.** artificial ~ (*radioact.*), radioattività artificiale. **4.** induced ~ (*atom phys.*), radioattività indotta. **5.** natural ~ (*radioact.*), radioattività naturale.

radiobiology (*radioact. - biol.*), radiobiologia.

radiobroadcast (to) (*radio*), radiodiffondere, radiotrasmettere.

radiocarbon (artificially produced) (*radioact.*), isotopo radioattivo del carbonio.
radiochemistry (*phys. chem.*), radiochimica, chimica delle sostanze radioattive.
radiochromatography (analysis made by radioactivity meas. in a chromatogram) (*n. - chem.*), radiocromatografia.
radio-controlled (as of an airplane) (*radio - aer. - etc.*), radiocomandato. **2.** ~ target (*milit. - radio*), bersaglio radiocomandato.
radiodermatitis (*med. radiology*), radiodermatite.
radioecology (effects of radioactive materials on ecology) (*nuclear ecol.*), effetti delle radiazioni sulla ecologia.
radioelement (radioactive element) (*chem.*), elemento radioattivo.
radio-facsimile system (*tlcm.*), radiotelefotografia.
radio-frequency (*a. - radio*), a radiofrequenza. **2.** ~ choke (*elics.*), bobina di arresto per radiofrequenza.
radiogenic (relating to a material produced by radioactive decay) (*a. - atom phys.*), radiogenico.
radiogoniometer (*radio instr.*), radiogoniometro.
radiogoniometric (*radio*), radiogoniometrico.
radiogoniometry (*radio*), radiogoniometria.
radiogram (radio message) (*radio - tlcm. - etc.*), radiomessaggio, marconigramma. **2.** ~ (radio gramophone) (*radio*), radiogrammofono.
radiograph (X-ray photography) (*mech. technol. - med.*), radiografia.
radiograph (to) (to roentgen) (*mech. technol. - med.*), radiografare, eseguire una radiografia.
radiography (science) (*phys. chem. - mech. technol. - med.*), radiografia. **2.** color X-rays ~ (used for inspection purposes) (*mech. technol.*), radiografia a colori. **3.** neutron ~ (for inspection purposes) (*mech. technol.*), radiografia a neutroni. **4.** periodical mass ~ (of factory employees) (*ind. - pers.*), esame radiografico periodico. **5.** pulsed X-rays ~ (as for inspection purposes) (*mech. technol.*), radiografia a raggi pulsanti.
radioiron (*chem.*), ferro radioattivo.
radioisotope (*radioact. - chem.*), isotopo radioattivo.
radioisotopic (*a. - radioact.*), radioisotopico.
radiolocation (location by radar) (*radio*), radiolocalizzazione, individuazione della posizione mediante radar.
radiolocator (Brit.), *see* radar.
radiologic (radiological) (*phys. - etc.*), radiologico.
radiologist (*mech. technol. - med.*), radiologo.
radiology (*mech. technol. - med.*), radiologia.
radiolysis (molecules scission due to radiation: as in deuterium formation) (*atom phys. - chem.*), radiolisi.
radioman (radio operator) (*radio*), radiotelegrafista.
radiometallography (*metal radiology*), radiometallografia.
radiometer (*radiant energy meas. instr.*), radiometro.
radiometeorograph, (*meteorol. instr.*), radiometeorografo.
radiometry (meas. of radiating quantities) (*phys.*), radiometria.
radiomicrometer (radiant energy meas. instr.) (*phys. instr.*), radiomicrometro.
radionics, *see* electronics.
radionuclide (*atom phys. - radioact.*), radionuclide.
radiopaque (not penetrable by radiations) (*a. - phys.*), radiopaco, radioopaco.
radiophare (*aer. - naut.*), radiofaro.
radiophone (as a photophone) (*didactic phys. app.*), fotofono. **2.** ~ (radiotelephone) (*radio*), radiotelefono.
radiophone (to) (*radio - teleph.*), radiotelefonare.
"radiophonograph" (*app.*), radiogrammofono.
radiophosphorus, *see* phosphorus 32.
radioreportage (*radio*), radiocronaca.
radioreporter (*radio*), radiocronista.
radioscopy (*radiology*), radioscopia.
radio-shielding (*a. - radio*), schermatura antiradiodisturbi.
radiosodium (artificially produced) (*radioact. - chem.*), isotopo radioattivo del sodio.
radiosonde (a radio app. carried by a small free balloon) (*meteorol. instr.*), radiosonda.
radiotelegram (*radio*), radiotelegramma, marconigramma.
radiotelegraph (*telegr.*), radiotelegrafo. **2.** ~ operator (*work.*), radiotelegrafista.
radiotelegraphy (*radio*), radiotelegrafia.
radiotelemetry (*navig. - radio - etc.*), radiotelemetria.
radiotelephone (*teleph.*), radiotelefono. **2.** ~ operator (*work.*), radiotelefonista.
radiotelephonic (*radio*), radiotelefonico. **2.** ~ call (radiotelephonic conversation) (*radio*), radiotelefonata.
radiotelephony (*radio*), radiotelefonia. **2.** quiescent-carrier ~ (*tlcm.*), radiotelefonia con portante soppressa.
radioteletypewriter (teletypewriter operated by radio: "RTTY") (*n. - tlcm.*), radiotelescrivente.
radiothallium (radium C″) (*radioact.*), isotopo radioattivo del tallio, radio C″.
radiotherapy (*med. radiology*), radioterapia.
radiothermy (*med. shortwaves treatment*), radiodiatermia.
radiotransmitter, *see* radio transmitter.
radiovision (*telev.*), televisione.
radium (Ra - *chem.*), radio. **2.** ~ dial (an instr. dial provided with luminous figures and pointers) (*technol.*), mostra radionizzata. **3.** ~ emanation (*Rn - chem.*), emanazione di radio.
radius (*geom.*), raggio. **2.** ~ (rounding of corners, as on a drawing) (*mech.*), raccordo, raggio del raccordo. **3.** ~ (eccentricity, as of an eccentric) (*mech.*), eccentricità. **4.** ~ bar, *see* radius rod. **5.**

~ gage (*mech.*), calibro per raggi di curvatura. **6.** ~ of action (of an aircraft) (*aer.*), raggio d'azione. **7.** ~ of curvature (*geom.*), raggio di curvatura. **8.** ~ of gyration (*constr. theor.*), raggio di girazione, raggio d'inerzia. **9.** ~ of inertia (or oscillation), *see* radius of gyration. **10.** ~ of pitch circle (of a gear) (*mech.*), raggio del cerchio primitivo. **11.** ~ rod (as of a wheel) (*mech.*), raggio. **12.** ~ turning tool (*t.*), utensile per tornire curvo. **13.** ~ vector (*math. astr.*), raggio vettore. **14.** bending ~, raggio di curvatura. **15.** bend ~ (in sheet metal working) (*mech. technol.*), raggio di piegatura. **16.** critical ~ (of a nuclear reactor) (*atom phys.*), raggio critico. **17.** draw ~ (radius of the drawing punch and die corners) (*sheet metal w.*), raggio d'imbocco. **18.** effective rolling ~ (of a tire) (*veh.*), raggio di rotolamento effettivo. **19.** geometrical ~ (of a gear) (*mech.*), raggio del cerchio primitivo. **20.** loaded ~ (rod of a wheel) (*mech.*), raggio sotto carico. **21.** Schwarzschild ~ (radius of a collapsing celestial body when it becomes a black hole) (*astrophys.*), raggio di Schwarzschild. **22.** standard ~ (of a propeller, arbitrary radius used for the specification of the characteristics) (*aer.*), raggio di riferimento, raggio standard. **23.** turning ~ (minimum radius: as of aut., bus etc.) (*veh.*), raggio di volta, raggio (minimo) di sterzatura, raggio di sterzata.

radius (to) (*mech.*), raccordare, dare una curvatura di raccordo.

radiused (*mech.*), raccordato.

radix (base: as of logarithms) (*math.*), base. **2.** ~ (of a number system: decimal system = 10; binary system = 2) (*n. - comp.*), base, radice.

radome (radar antenna housing) (*radio - aer.*), radomo, cupola di ricetrasmissione.

radon (radium emanation) (*Rn - chem.*), emanazione (di radio), radon.

"RAF" (Royal Air Force) (*air force*) (Brit.), RAF, Royal Air Force.

raffia (fiber), raffia.

raffinate (purified by extraction with a solvent) (*n. - chem.*), raffinato.

raffinose (sugar) ($C_{18}H_{32}O_{16}$) (*chem.*), raffinosio.

raft (*naut.*), zattera. **2.** life ~ (*naut.*), zattera di salvataggio.

raft (to) (*naut.*), trasportare su zattera.

rafter (common rafter in a roof framework consisting of one of the slender sloping beams resting on other horizontal and longitudinal beams) (*bldg.*), travicello del tetto. **2.** ~ end (projecting beyond the wall face) (*bldg.*), passafuori, travicello di gronda. **3.** common ~ (*bldg.*), travicello del tetto. **4.** principal ~ (of a truss) (*bldg.*), puntone.

rag (waste piece of cloth) (*paper - text. - mech. ind.*), straccio. **2.** ~ (burr, as on a casting or machined metal edge) (*mech. - metall.*), bava, bavatura. **3.** ~ (hard rock used as for whetstones) (*min.*) (Brit.), pietra d'India, pietra dura, pietra per affilare. **4.** ~ (large roofing slate) (*bldg.*), pietra da copertura, lastra di pietra con funzioni di tegola. **5.** ~ boiler (*paper mfg. app.*), lisciviatore per stracci, bollitore per stracci. **6.** ~ bolt (foundation bolt) (*mech.*), bullone di fondazione, chiavarda di fondazione (a zampa spaccata e divaricata). **7.** ~ cutter (rag chopper) (*paper mfg. mach.*), tagliastracci. **8.** ~ dust (*paper mfg.*), polvere di stracci. **9.** ~ engine (machine used to convert rags into pulp) (*paper mach.*), olandese per stracci. **10.** ~ felt (felt paper impregnated with asphalt: used for waterproofing roofs) (*bldg.*), cartone catramato. **11.** ~ grinding (*text. ind.*), sfilacciatura di stracci. **12.** ~ opener (*text. mach.*), (macchina) sfilacciatrice per stracci. **13.** ~ pulp (*paper mfg.*), pasta di stracci, pasta di cenci. **14.** ~ shaker (*text. ind.*), battitore per stracci.

rag (to) (to cut roughly) (*mech.*), sgrossare. **2.** ~ (to become ragged, as the edge of a tool) (*mech.*), frastagliarsi.

ragged (of edges) (*t.*), frastagliato.

ragger (roughing operator at an engine-lathe) (*ironworks work.*), operaio sgrossatore di tornio.

ragging (hollow cuts on rolling mill roughing rolls to avoid skidding between roll and steel) (*metall.*), solchi antislittamento. **2.** ~ (notches, on the cutting edge of a tool) (*t.*), frastagliatura.

raghouse (of a paper mill) (*paper mfg.*), stracceria, sala di cernita (degli stracci).

raglan (sleeve type) (*text. ind.*), "raglan".

ragtop (convertible car) (*n. - aut.*), (auto) decapottabile.

raid (*milit.*), incursione. **2.** air ~ (*air force*), incursione aerea.

raider (plane engaged in war raids) (*air force*), aeroplano impiegato in azioni belliche.

rail (*railw.*), rotaia. **2.** ~ (*bldg.*), ringhiera, parapetto. **3.** ~ (inside of the gearbox, of the control of gears) (*aut.*), asta. **4.** ~ (a protective metal or wood structure arranged at the border of the upper deck) (*naut.*), battagliola. **5.** ~ (plank running at the top of the bulwarks) (*naut.*), capodibanda, listone di capodibanda, orlo di murata. **6.** ~ (horizontal member of a frame: as of a wooden door) (*carp.*), traversa. **7.** ~ (drag car for straight-line acceleration races) (*n. - aut. sport*), "drag car", auto speciale per competizioni di accelerazione in rettilineo. **8.** ~ bond (of track in an elect. railw.) (*railw.*) (Brit.), connessione elettrica del binario. **9.** ~ car (*railw.*), *see* railway car. **10.** ~ car (self-propelled) (*railw.*), *see* railcar. **11.** ~ carrier (*railw. - transp.*), vettore ferroviario, vettore a mezzo ferrovia. **12.** ~ center (*railw.*), centro ferroviario. **13.** ~ cross-section (*railw.*), sezione della rotaia. **14.** ~ diesel car (railcar powered by diesel engine) (*railw. veh.*), automotrice diesel. **15.** ~ gauge (*railw.*), scartamento. **16.** ~ guard (*railw.*), *see* check rail. **17.** ~ head (*railw.*), fungo della rotaia. **18.** ~ level (for reference of height distances in veh. constr.) (*railw.*), piano del ferro. **19.** ~ post (*bldg.*), colonnino di ringhiera.

20. ~ saw (*t.*), sega per rotaie. **21.** ~ shipment (*comm.*), spedizione per ferrovia. **22.** ~ tongs (tongs used for lifting rails) (*railw. impl.*), tenaglie per rotaie. **23.** ~ web (*railw.*), anima della rotaia. **24.** by ~ (*railw.*), per ferrovia. **25.** central contact ~ (third rail, elect. railw. system), rotaia centrale, terza rotaia (centrale). **26.** check ~ (*railw.*), controrotaia. **27.** closing ~ (*railw.*), *see* make-up rail. **28.** contact ~ (*elect. railw.*), terza rotaia. **29.** crane ~ (*ind. mach.*), rotaia per gru. **30.** cross ~ bond (of the track in elect. railw.) (Brit.), connessione elettrica trasversale del binario. **31.** double-head ~ (*railw.*), rotaia a doppio fungo. **32.** edge ~ (guardrail set lengthwise the main rail: at the switches) (*railw.*), controrotaia. **33.** flanged ~ (Brit.), flange ~ (Am.) (*railw.*), rotaia Vignole, rotaia a base piana, rotaia a suola. **34.** flat bottom ~ (*railw.*), rotaia Vignole, rotaia a base piana. **35.** girder ~ (*railw.*), rotaia Vignole, rotaia a base piana. **36.** grooved ~ (*railw.*), rotaia a canale. **37.** guard ~ (*railw.*), controrotaia. **38.** guide ~ (*railw.*), controrotaia. **39.** guide ~ (as of a sliding window or door) (*carp.*), rotaia (o rotaietta) di guida. **40.** head of the ~ (*railw.*), fungo della rotaia. **41.** inner ~ (of a curve) (*railw.*), rotaia interna. **42.** iron ~ with steel head (*railw.*), rotaia in ferro con fungo in acciaio, rotaia dolce con fungo duro. **43.** light ~ (*railw. - etc.*), rotaietta. **44.** light standard ~ (*railw.*), rotaietta normale. **45.** longitudinal ~ bond (of the track in elect. railw.) (Brit.), connessione elettrica longitudinale del binario. **46.** make-up ~ (length of rail shorter than standard rails, used as for completing a siding) (*railw.*), rotaia corta. **47.** middle ~ (third rail) (*elect. railw.*), terza rotaia interna al binario. **48.** monkey ~ (second rail arranged just above the quarter rail of a vessel) (*shipbldg.*), battagliola (o parapetto) del cassero. **49.** outer ~ (of a curve) (*railw.*), rotaia esterna. **50.** over-running ~ (*railw.*), *see* third rail. **51.** rack ~ (*railw.*), rotaia a cremagliera. **52.** ramp ~ (*railw.*), rotaia rampante. **53.** safety ~ (*railw.*), *see* check rail. **54.** side contact ~ (third rail) (*elect. railw.*), terza rotaia laterale. **55.** side ~ (*railw.*), *see* check rail. **56.** skid ~ (in passenger car construction) (*railw.*), *see* side sill. **57.** static ~ (secured to the airplane cabin and used as a parachute static cable) (*aer.*), rotaia di vincolo collettivo. **58.** stock ~ (fixed rail towards which the point is moving) (*railw.*), controago. **59.** third ~ (for three-phase elect. locomotive) (*railw.*), terza rotaia. **60.** topgallant ~ (*shipbldg.*), orlo di murata, capodibanda, listone di capodibanda. **61.** tramway ~ (tram rail) (*railw.*), rotaia per tramvia. **62.** underground contact ~ (third rail) (*elect. railw.*), terza rotaia in cunicolo. **63.** Vignoles' ~, rotaia Vignole, rotaia a base piana. **62.** web of the ~ (*railw.*), anima della rotaia.

railcar (self-propelled railw. car used for transporting passengers, mail, baggage and goods) (*railw.*) (Brit.), automotrice. **2.** articulated ~ (*railw.*), automotrice articolata. **3.** integral tubular ~ (*railw.*), automotrice con cassa a struttura tubolare. **4.** twin-articulated ~ (*railw.*), automotrice articolata a due casse.

railhead (point at which traffic originates or terminates) (*streetcars - etc.*), capolinea. **2.** ~ (*railw.*), stazione terminale (o di testa).

railing (balustrade) (*bldg. ind.*), ringhiera, parapetto. **2.** ~ (fence) (*bldg.*), ringhiera.

railroad "RR" (*railw.*), binario, linea ferroviaria, ferrovia. **2.** ~ (Am.), *see also* railway (Brit.). **3.** ~ car (*railw.*) (Am.), vagone. **4.** ~ truck (station impl.) (*railw.*), carrello portabagagli. **5.** ~ trunk (*railw.*), complesso di binari. **6.** industrial ~ (tap line) (*railw.*), tronco ferroviario di raccordo.

railway (*Ry - railw.*) (Brit.), binario, linea ferroviaria, ferrovia, tramvia. **2.** ~ (Am.) (as street railway), linea tramviaria, linea ad armamento leggero. **3.** ~ car (used for passengers or freight) (*railw.*) (Am.), vagone ferroviario. **4.** ~ coach (*railw.*), carrozza ferroviaria. **5.** ~ construction (*railw.*), costruzione di una linea ferroviaria. **6.** ~ law (*railw.*), legislazione ferroviaria. **7.** ~ mail car (railway car carrying mail) (*railw.*), carro postale, vagone postale. **8.** ~ mount (*railw.*), affusto ferroviario. **9.** ~ network (*railw.*), rete ferroviaria. **10.** ~ police (*railw.*), polizia ferroviaria. **11.** ~ post office, *see* railway mail car. **12.** ~ rates (*railw.*), tariffe ferroviarie. **13.** ~ regulation (*railw.*), regolamento ferroviario. **14.** ~ route (*railw.*), tracciato della ferrovia. **15.** ~ section (*railw.*), tronco ferroviario. **16.** ~ service car (*railw.*), carro ferroviario di servizio. **17.** ~ station (railroad station) (*railw.*), stazione ferroviaria. **18.** ~ system (*railw.*), rete ferroviaria. **19.** ~ tariff (*railw.*), tariffa ferroviaria. **20.** ~ worker (*railw. work.*), ferroviere. **21.** adhesion ~ (*railw.*), ferrovia ad aderenza. **22.** branch ~ (*railw.*), diramazione ferroviaria. **23.** cable ~ (*transport*), funicolare. **24.** double-line ~ (*railw.*), ferrovia a doppio binario. **25.** electric ~ (*railw.*), ferrovia elettrica. **26.** elevated ~ (*railw.*), ferrovia sopraelevata. **27.** funicular ~ (*railw.*), funicolare. **28.** interurban ~ (*railw.*), ferrovia (o tramvia) interurbana (o suburbana). **29.** light ~ equipment (relating to narrow gauge vehicles: as for ind., mas., min.) (*min. - ind. - etc.*), materiale mobile per trasporti su rotaia a scartamento ridotto. **30.** light ~ equipment (fixed material of reduced weight for narrow gauge veh.) (*min. - ind. - etc.*), armamento leggero per scartamento ridotto. **31.** magnetic levitation ~ (high speed wheelless railw. reaching about 400 km per hour) (*railw.*), ferrovia a levitazione magnetica. **32.** multiple-line ~ (*railw.*), ferrovia a più binari. **33.** narrow-gauge ~ (*railw.*), ferrovia a scartamento ridotto. **34.** overhead ~ (*railw.*), ferrovia (o tranvia) sopraelevata. **35.** private ~ (*railw.*), ferrovia privata. **36.** rack ~ (*railw.*), ferrovia a cremagliera, ferrovia a dentiera. **37.** secondary ~ (*railw.*), ferrovia secondaria.

38. single-line ~ (*railw.*), ferrovia ad un binario. **39.** state ~ (*railw.*), ferrovia statale. **40.** steam ~ (*railw.*), ferrovia a vapore. **41.** street ~, tranvia. **42.** tube ~ (*railw.*), metropolitana, ferrovia sotterranea. **43.** underground ~ (*railw.*), ferrovia sotterranea, metropolitana.

raiment (clothing in general) (*gen.*), indumenti, abbigliamento.

rain (*meteorol.*), pioggia. **2.** ~ (of a film) (*m. pict. defect*), pioggia. **3.** ~ awning (*gen.*), tenda. **4.** ~ chart (pluviometric chart) (*geogr. - meteorol.*), carta pluviometrica. **5.** ~ gauge (*meteorol. instr.*), pluviometro. **6.** ~ glass, *see* barometer. **7.** ~ squall (*meteorol.*), piovasco. **8.** ~ water, acqua piovana. **9.** excessive ~ (40 mm p. hour) (*meteorol.*), pioggia fortissima. **10.** heavy ~ (15 mm p. hour) (*meteorol.*), pioggia forte. **11.** light ~ (1 mm p. hour) (*meteorol.*), pioggia leggera. **12.** moderate ~ (4 mm p. hour) (*meteorol.*), pioggia moderata.

rain (to) (*meteorol.*), piovere.

rainbow (*meteorol.*), arcobaleno. **2.** ~ wheel (as of a stage effect projector) (*illum.*), disco girevole portafiltri colorati.

raincoat (coat), impermeabile.

rainer (*agric. impl.*), irrigatore a pioggia. **2.** swinging ~ (*agric. mach.*), irrigatore a pioggia oscillante.

rainfall (quantity of rain falling within a given area in a given time) (*meteorol.*), quantità di pioggia caduta.

rainproof (as of fabrics) (*a. - text. ind.*), impermeabile.

rainproof (to) (*text. ind.*), impermeabilizzare.

rainproofer (*text. ind.*), impermeabilizzante.

rainstorm (storm with rain) (*meteorol.*), temporale con pioggia.

rainwater (quite soft) (*n. - gen.*), acqua piovana. **2.** ~ pipe (*bldg.*), pluviale.

rainy (*meteorol.*), piovoso.

raise (vertical passageway) (*min.*), fornello.

raise (to) (the power of an engine etc.), elevare. **2.** ~ (to increase the height, of a house) (*bldg.*), sopraelevare, rialzare. **3.** ~ (*text. ind.*), garzare. **4.** ~ (to remove: as a blockade) (*milit.*), togliere. **5.** ~ (to increase: as the ambient temperature) (*gen.*), aumentare. **6.** ~ (to originate: as an objection), sollevare. **7.** ~ (to form hollow pieces by hammering and annealing) (*mech.*), formare oggetti cavi mediante martellatura e rinvenimenti successivi. **8.** ~ (to collect money) (*finan. - etc.*), raccogliere. **9.** ~ a wall (*bldg.*), rialzare un muro. **10.** ~ pleas (*law*), sollevare eccezioni. **11.** ~ steam (*boil.*), mettere sotto pressione. **12.** ~ the price (*comm.*), aumentare il prezzo. **13.** ~ to the tenth power (*math.*), elevare alla decima potenza.

raised (as an objection) (*a. - gen.*), sollevato. **2.** ~ (as to the tenth power) (*a. - math.*), elevato. **3.** ~ (as a wall) (*a. - bldg.*), rialzato. **4.** ~ (*a. - text. ind.*), garzato. **5.** ~ (increased, as of temperature or price) (*a. - therm. - comm. - etc.*), aumentato, elevato. **6.** ~ (projecting, as a part number on a casting) (*a. - mech.*), in rilievo. **7.** ~ (removed, as a blockade) (*a. - milit.*), tolto. **8.** ~ part number (*mech.*), numero categorico in rilievo. **9.** *a* ~ to the minus two (a^{-2}) (*math.*), *a* alla meno due, *a* elevata alla meno due.

raising (on fabrics) (*n. - text. ind.*), garzatura (per produrre una peluria sul tessuto). **2.** ~ (erection, constructing) (*bldg.*), erezione, costruzione. **3.** ~ (increase of height as of house) (*bldg.*), sopraelevazione. **4.** ~ (*paint. defect*), *see* lifting. **5.** ~ blocks (as of universal mach. t.) (*mech.*), parallelepipedi di spessore. **6.** ~ hammer (a hammer used for sheet metal) (*t.*), martello da battilastra. **7.** ~ of a building (*bldg.*), sopraelevazione. **8.** ~ of the water level (*hydr.*), innalzamento del livello dell'acqua.

rake (*agric. impl.*), rastrello. **2.** ~ (as of the masts of a ship) (*naut.*), inclinazione. **3.** ~ (inclination from the perpendicular: as of the steering head of a motorcycle) (*mech.*), angolo di inclinazione. **4.** ~ (angle between the cutting surface of a tool and the plane perpendicular to the work surface and containing the rotation axis of the tool or of the work) (*mach. t. - mech. technol.*), angolo di spoglia. **5.** ~ (in t. sharpening: as a hob) (*mach. t. - mech.*), spoglia. **6.** ~ (overhang of the stern or stem top beyond the end of the keel) (*naut.*), slancio. **7.** ~ (inclination) (*civ. eng.*), *see* batter. **8.** ~ (forked tool) (*min. t.*), forcone. **9.** ~ (of an ore body) (*geol. - min.*), *see* plunge. **10.** ~ angle (helix angle, of a twist drill) (*t.*), angolo dell'elica. **11.** ~ of the stem (*naut.*), slancio del dritto di prua. **12.** axial ~ (of a tool) (*mech. t. - mech. technol.*), angolo di spoglia assiale. **13.** bottom ~ (relief angle, clearance angle) (*t.*), angolo di spoglia inferiore secondario. **14.** dump ~ (*agric. - mach.*), rastrello meccanico. **15.** front ~ (of a lathe tool: measured in the longitudinal direction) (*mech. t. - mech. technol.*), angolo di spoglia frontale (o superiore). **16.** negative ~ (*mech. t. - mech. technol.*), angolo di spoglia negativo. **17.** positive ~ (of a tool) (*mech. technol.*), angolo di spoglia positivo. **18.** propeller ~ (*aer.*), angolo di campanatura dell'elica. **19.** radial ~ (of a tool) (*mech. technol.*), angolo di spoglia laterale. **20.** resultant ~ (*mech. technol.*), *see* front ~. **21.** rock ~ (*agric. mach.*), macchina per asportare pietre dal terreno. **22.** root ~ (impl. fitted as to an agric. tractor) (*agric. impl.*), ruspa disboscatrice. **23.** side-delivery ~ (*agric. mach.*), ranghinatore. **24.** side ~ (of a tool) (*mech. technol.*), angolo di spoglia (inferiore) del fianco principale. **25.** top ~ (of a cutting tool) (*mach. t. - mech. technol.*), angolo di spoglia superiore. **26.** true ~ (measured in the direction of chip flow) (*mach. t. - mech. technol.*), angolo di spoglia effettivo, angolo di incidenza reale.

rake (to) (to incline), inclinarsi. **2.** ~ (to collect), raccogliere. **3.** ~ (to sweep an area with machine gun fire or bombs etc.) (*milit.*), spazzare.

raker (tool used for removing waste as from a wood pulp screen) (*paper mfg.*), raschiatoio, "raschia". **2.** ~ (raking shore) *see* raking shore. **3.** ~ tooth (used for cleaning the bottom of a cut) (*mech.*), attrezzo per pulire il fondo dei tagli.

raking (*a. - gen.*), obliquo, inclinato. **2.** ~ shore (an inclined timber temporarily supporting a wall) (*carp. mas.*), sprone.

rally (rallye: sport car long-distance race on ordinary traffic roads) (*aut. sport*), rally, rallye. **2.** ~ (recovery of price) (*comm.*), ripresa.

rally (to) (to have a rise in prices) (*comm.*), riprendersi.

"RAM" (random access memory) (*comp.*), memoria ad accesso casuale. **2.** ~ mapped video, ~ video (part of "RAM" dedicated only to a video terminal) (*comp.*), video mappato su RAM. **3.** dynamic ~ (*comp.*), memoria RAM dinamica.

ram (of a shaping mach.) (*mach. t. - mech.*), slittone. **2.** ~ (plunger) (*hydr. mach.*), pistone. **3.** ~ (ancient war engine) (*milit.*), ariete. **4.** ~ (of ancient ships) (*naut.*), sperone. **5.** ~ (of a power hammer) (*mach.*), mazza meccanica, mazza battente. **6.** ~ (of a press) (*mach.*), slitta. **7.** ~ (the weight in a pile driver) (*mech.*), mazza battente. **8.** ~ (*astr.*), Ariete. **9.** ~ (male sheep) (*wool ind.*), ariete, montone. **10.** ~ (*aer.*), *see* ram effect. **11.** ~ and rod (as of a steam hammer) (*mach.*), mazza e asta. **12.** ~ effect (compression due to the dynamic air intake in an air stream) (*aer.*), effetto dimico, effetto di presa dinamica. **13.** ~ engine (*mach.*), berta. **14.** ~ pressure (difference between the scoop pressure and the atmospheric static pressure) (*aer. eng.*), sovrapressione alla presa d'aria. **15.** ~ rocket (ramjet engine boosted to the operating speed by a rocket mounted coaxially) (*aer. mot*), endoautoreattore, endostatoreattore. **16.** ~ slide gibs (of a press) (*mach.*), lardoni guidamazza, lardoni guidaslittone. **17.** ~ truck (as in a factory for special transportation) (*veh.*), carrello a corno. **18.** hydraulic ~ (*hydr. mach.*), ariete idraulico. **19.** nozzle operating ~ (of a jet afterburner) (*aer. mot. mech.*), martinetto per l'azionamento dell'ugello.

ram (to) (to force down into the earth) (*mas.*), piantare. **2.** ~ (to make compact) (*mas.*), costipare. **3.** ~ (*naut.*), speronare. **4.** ~ (as sand in the mold) (*found.*), stivare, pigiare. **5.** ~ (the refractory lining of a furnace) (*metall.*), pigiare. **6.** ~ (to press, as a projectile in the bore of a gun) (*ordnance*), calcare.

ramark (radar marker: continuously transmitting radar beacon) (*navig. assistance*), radarfaro omnidirezionale (o circolare).

Rambouillet (French merino sheep) (*wool ind.*), razza francese di montoni merino.

ramie (Asian plant), ramiè. **2.** ~ fiber (*text. material*), fibra di ramiè.

ramification, diramazione.

ram-jet engine, ramjet (*aer. mot.*), statoreattore, autoreattore.

ram-jet helicopter (*aer.*), elicottero a statoreattori.

rammer (*impl.*), pestello. **2.** ~ (for pressing sand into a mold) (*found. t.*), piletta. **3.** ~ (rod for pressing, as a charge in the bore of a gun) (*ordnance*), calcatoio. **4.** cast iron ~ (*mas. - road impl.*), pestello in ghisa. **5.** hand ~ (*road impl.*), mazzapicchio. **6.** pneumatic ~ (*t.*), pestello pneumatico. **7.** standard ~ (*mas. impl.*), pillo normale. **8.** wooden ~ (*mas. - road impl.*), pillo in legno.

ramming (*mas.*), battitura, pestatura. **2.** ~ (of sand in a mold) (*found.*), stivatura, pigiatura, stivamento. **3.** ~ (effect increasing the pressure in the induction manifold of an aero-engine, due to the position of the air intake) (*aer.*), effetto dinamico. **4.** ~ (ramming effect), *see* ram effect. **5.** ~ (air) intake (*aer.*), presa d'aria dinamica.

ramp (*arch.*), rampa. **2.** ~ (short slope) (*civ. eng.*), rampa. **3.** ~ (flank, of a cam profile) (*mot. - mech.*), fianco. **4.** ~ (movable stairway for a civilian airplane) (*airport*), scaletta di imbarco. **5.** launching ~ (as for a missile) (*rckt.*), rampa di lancio. **6.** load ~ (nuclear reactor) (*atom phys.*), rampa di potenza. **7.** loading ~ (*ind.*), rampa di caricamento.

rampan (*fishing*), *see* shore seine.

rampant (*arch.*), rampante.

rampart (*bldg.*), bastione.

ram's horn (double hook: for a crane) (*ind.*), gancio doppio.

ranch (*agric.*), fattoria per allevamento bestiame, azienda agricola, tenuta. **2.** ~ wagon (*veh.*), *see* station wagon. **3.** raised ~, *see* bi-level.

rancher (one story ranch house of Spanish America) (*n. - agric. bldg.*), rancho.

rancho, *see* ranch.

rancid, rancido. **2.** ~ oil, olio rancido.

"R and C" (rail and canal) (*transp.*), ferrovia e canale.

"R & D" (research and development) (*ind.*), ricerca e sviluppo.

"R & H" (refined and hardened) (*mech. draw.*), affinato e temprato.

"R and L" (rail and lake) (*transp.*), ferrovia e lago.

"R and O" (rail and ocean) (*transp.*), ferrovia e mare.

random (at random) (*gen.*), a casaccio. **2.** ~ (*a. - comp. - stat. - quality control*), casuale. **3.** ~ access memory ("RAM", random access storage) (*comp.*), memoria ad accesso casuale. **4.** ~ access storage, *see* ~ access memory. **5.** ~ error (*stat.*), errore casuale. **6.** ~ inspection (in quality control) (*mech. technol.*), controllo casuale, collaudo casuale, collaudo (o controllo) di pezzi scelti a caso. **7.** ~ numbers (*math. - comp.*), numeri casuali.

randomization (random process) (*stat. - comp.*), casualizzazione.

randomize (to) (*stat. - etc.*), casualizzare, "randomizzare".

randomizer (as a device for finding the desired address) (*n. - comp.*), dispositivo (o procedura) di casualizzazione.

randomizing (*stat. - comp.*), casualizzazione, distribuzione casuale.

"R and W" (rail and water) (*transp.*), ferrovia e nave.

range (of choice) (*n. - gen.*), possibilità, campo, gamma. **2.** ~ (of a gun) (*firearm*), portata, gittata. **3.** ~ (shooting field) (*milit.*), poligono. **4.** ~ (as of a transmitting station) (*radio*), portata. **5.** ~ (*atom phys.*), raggio d'azione, "range". **6.** ~ (of an airplane, of a ship), autonomia (di percorso). **7.** ~ (of seats: as in theater), fila. **8.** ~ (distance covered) (*radar - etc.*), distanza, portata. **9.** ~ (as of frequencies) (*radio*), gamma. **10.** ~ (preparation, as of a chain cable on the deck before letting go the anchor) (*naut.*), abbisciatura. **11.** ~ (the field between the least and greatest values of an attribute or variable) (*stat. - quality control*), escursione, campo di variazione. **12.** ~ (class: as of wages) (*pers. - etc.*), categoria. **13.** ~ (glass thickness gage) (*glass. ind.*), calibro (da vetrai). **14.** ~ (cooking app. fed by gas, elect., coal etc. provided with oven or ovens) (*domestic app.*), cucina (con forno). **15.** ~ (extent of the number of bits representable) (*comp. - etc.*), estensione. **16.** ~ (of a crane jib, a microphone boom etc.) (*transp. - telev. - etc.*), campo d'azione. **17.** ~ angle (sighting angle between the vertical line and the target, used when bombing) (*air force*), angolo di rilevamento verticale. **18.** ~ at economic speed (as of a boat) (*naut.*), autonomia al regime di crociera, autonomia a velocità di crociera. **19.** ~ at maximum weak mixture power (*aer.*), autonomia a potenza massima di crociera economica, autonomia a potenza massima con miscela povera. **20.** ~ beacon, *see* radio ~ beacon. **21.** ~ change switch (*radar*), selettore di distanze. **22.** ~ clock (*navy gunnery*), cronoindicatore. **23.** ~ control gear (as of a torpedo) (*navy expl.*), regolatore di distanza. **24.** ~ diagram (*stat.*), diagramma dei campi di variazione. **25.** ~ estimation (*milit. - etc.*), stima delle distanze. **26.** ~ finder (for firearms) (*opt. milit. instr.*), telemetro. **27.** ~ finder (*phot. instr.*), telemetro. **28.** ~ indication (*radar - etc.*), indicazione della distanza. **29.** ~ light (on shore: guiding a ship in a straight way) (*naut.*), luci di allineamento a terra. **30.** ~ marks (on a cathode-ray indicator) (*radar*), cerchi di distanza. **31.** ~ of audibility (*acous.*), area di udibilità. **32.** ~ of prices (*comm.*), scala dei prezzi. **33.** ~ of speeds (of a motor) (*mech.*), gamma di regimi, settore di regimi. **33.** ~ of visibility (*aer. - naut.*), visibilità, campo di visibilità. **34.** ~ pole (*top. impl.*), palina. **35.** ~ rings (calibration rings) (*radar*), cerchi di distanza. **36.** ~ scale selector (*radar*), selettore scala distanze. **37.** acoustic tracking ~ (three-dimensional range type) (*und. acous.*), poligono di tracciamento acustico (subacqueo). **38.** acquisition ~ (of an acoustic torpedo or of a detection system) (*und. acous. - navy*), distanza di acquisizione, portata. **39.** advance ~ (predicted distance, as of the target in antiaircraft fire) (*artillery*), distanza futura. **40.** audio ~ (audible frequencies range) (*radio*), gamma delle audiofrequenze, gamma musicale. **41.** close ~ (*gen.*), breve distanza. **42.** detection ~ (*navy - milit.*), *see* acquisition range. **43.** density ~ (*photomech.*), scarto di densità. **44.** effective ~ (as of a radar set) (*radar*), portata effettiva. **45.** freezing ~ (solidification range) (*metall.*), intervallo di solidificazione. **46.** error ~ (*comp. - etc.*), campo di errore. **47.** ground-painting ~ (of a radar set) (*radar*), portata (dell'apparecchio) nel rilevamento del terreno. **48.** homing ~ (*aer. - naut. - missile*), portata del sistema di guida. **49.** intermediate ~ (as of a missile: from 200 to 2500 km) (*a. - milit.*), a portata intermedia, a medio raggio. **50.** intersection of ~ legs, "IRL" (*aer. - navig.*), interesezione dei fasci di radioallineamento. **51.** (kitchen) ~, fornello (da cucina). **52.** luminous ~ (as of a lighthouse lamp) (*opt.*), portata ottica, portata luminosa. **53.** microprism ~ finder (*phot. viewfinder*) telemetro a microprismi. **54.** most economical ~ (*aer.*), autonomia di massima economia. **55.** mountain ~ (*geol.*), catena di montagne. **56.** noise ~ (a group of stations equipped to measure the noise produced by ships, torpedoes, etc.) (*und. acous.*), poligono per la misura del rumore. **57.** operating ~ (as of an airplane, a gun, etc.), raggio d'azione. **58.** out of ~ (*gen.*), fuori portata, fuori del raggio d'azione. **59.** pH ~ (*chem.*), intervallo di pH. **60.** slant ~ (*radar*), distanza sul sito. **61.** solidification ~ (*metall.*), intervallo di solidificazione. **62.** sound ~ (noise range; range for sound meas.) (*und. acous.*), poligono per la misura del rumore. **63.** stress ~ (algebraic difference between the maximum and minimum stresses in one cycle) (*fatigue testing*), campo di sollecitazione. **64.** three-dimensional ~ (measuring stations capable of tracking underwater movable objects as submarines or torpedoes on a threedimensional plot) (*und. acous.*), poligono tridimensionale. **65.** visual-aural ~ (very-high-frequency radio range with visual and aural indication of the track) (*radionavigation*), radiofaro audio-visivo. **66.** wage ~ (*pers.*), categoria retributiva. **67.** within ~ (*gen.*), alla portata, nel raggio d'azione.

range (to), sistemare, disporre (in ordine, in fila ecc.). **2.** ~ (a gun), dare l'alzo. **3.** ~ (to train, as a telescope) (*instr.*), puntare. **4.** ~ (to sail along the coast) (*naut.*), costeggiare. **5.** ~ (to prepare, as a cable on the deck of a vessel before letting go the anchor) (*naut.*), abbisciare. **6.** ~ (to determine the position of an object by a range finder) (*opt. - milit.*), misurare telemetricamente. **7.** ~ (to change, as prices, within limits) (*comm.*), variare, oscillare.

rangefinder, *see* range finder.
"rangetaker" (*milit.*), telemetrista.
ranging (determination of the elevation of a gun) (*milit.*), determinazione dell'angolo di elevazione. **2.** ~ (preparation, as of a cable on the deck before letting go the anchor) (*naut.*), abbisciatura. **3.** ~ (meas. of distance) (*artillery - etc.*), misura della distanza, telemetria. **4.** ~ pole, *see* ranging rod. **5.** "~ radar" (*milit. - app. - etc.*), radar di puntamento. **6.** ~ rod (*top. impl.*) (Brit.), palina. **7.** ~ staff (*top. impl.*), *see* ranging rod. **8.** eco-~ (technique of measuring a distance by means of acoustic echoes) (*und. acous.*), ecogoniometria.
rank (*milit.*), grado. **2.** ~ (of an employed worker, or white collar), grado, posizione. **3.** ~ (of a determinant or of a matrix) (*math.*), ordine. **4.** ~ (*math.*), rango.
rank (to) (to classify: as by merit) (*pers.*), classificare.
Rankine cycle (*thermodyn.*), ciclo di Rankine.
ransom (as the money paid for release from penalty) (*n. - law*), riscatto. **2.** ~ bill (ransom bond, as a contract for a ship captured in time of war and valid as a safe-conduct) (*law - naut.*), lettera di riscatto.
ransom (to) (*law*), riscattare.
"RAO" (radio astronomy observatory) (*astr.*), osservatorio radioastronomico.
rap (to) (*gen.*), battere. **2.** ~ (to toss as a pattern before drawing it out from the mold) (*found.*), scampanare, branare.
rape (*botany*), ravizzone. **2.** ~ oil (*ind.*), olio di ravizzone.
rapeseed oil (*ind.*), olio di ravizzone.
rapid (suitable for short exposure) (*a. - phot.*), rapido. **2.** ~ (part of a river where the speed of the stream is higher than usual) (*n. - hydr.*), rapida. **3.** ~ return (as of a tool) (*mach. t. - mech.*), ritorno rapido. **4.** ~ traverse (of a lathe) (*mach. t.*), corsa rapida.
rapide (European express train) (*railw.*), Trans Europa Express, TEE.
rapid-fire (*a. - firearm*), a tiro rapido.
rapid-firing (*a. - firearm*), a tiro rapido.
rapidity (*gen.*), rapidità. **2.** ~ of modulation (*electrotel.*), rapidità di modulazione.
rapido (Italian express train) (*railw.*), rapido.
rapping (tossing, as of a pattern before removal from the mold) (*found.*), scampanatura, "branatura", serie di piccoli colpi.
rapporteur (one presenting reports) (*adver. - etc.*), relatore.
rare earth (*chem.*), terra rara.
rarefaction (*phys.*), rarefazione.
rarefied (gas) (*phys.*), rarefatto.
rarefy (to) (*phys.*), rarefare.
rarefying (*phys.*), rarefazione.
"RAS" (rectified air speed, indicated speed corrected for instr. and position errors) (*aer.*), velocità calibrata.
rase (to) (to incise) (*gen.*), incidere.
rasp (rasp-cut file) (*join. - carp. impl.*), raspa, lima da legno. **2.** ~ (machine used for rasping) (*carp.*), raspa rotativa. **3.** cabinet ~ (*join impl.*), raspa da ebanista. **4.** horse ~ (for horses' hoofs) (*impl.*), raspa da maniscalco. **5.** shoe ~ (*impl.*), raspa da calzolaio. **6.** wood ~ (*join. - carp. impl.*), raspa da legno.
rasp (to) (*join carp.*), limare a mezzo raspa, raspare.
rasp-cut file, *see* rasp.
raster (a complete cycle of lines on which is reproduced an image) (*telev. - comp.*), trama, quadro. **2.** ~ display (*telev.*), visualizzazione della trama (o del quadro). **3.** ~ scanning (*telev. - comp.*), scansione della trama, scansione del quadro.
raster-scan, *see* raster scanning.
ratchet (click, pawl etc.) (*mech.*), dente di arresto, nottolino di arresto. **2.** ~ brace (*hand t.*), menaruola a cricco. **3.** ~ dog (*mech.*), leva a cricco. **4.** ~ drill (*hand t.*), trapano a cricco. **5.** ~ gear (*mech.*), arpionismo. **6.** ~ jack (*mech. impl.*), martinetto a carico. **7.** ~ pawl (*mech.*), dente d'arresto, nottolino d'arresto, fermo per cricco. **8.** ~ screwdriver (screwdriver moved by a ratchet) (*hand t.*), cacciavite a cricchetto. **9.** ~ stop (ratchet wheel and pawl that limits the motion in one direction) (*mach.*), fermo a ruota a denti e nottolino (o cricchetto) d'arresto. **10.** ~ tooth (saw tooth shape) (*mech.*), dente a forma di dente di sega. **11.** ~ wheel (*mech.*), ruota a denti di sega con nottolino (o dente) di arresto, ruota a cricco. **12.** ~ wrench (wrench moved by a ratchet) (*t.*), chiave a cricchetto.
rate (quantity per unit of time) (*gen.*), ritmo, entità per unità di tempo. **2.** ~ (speed, as of flame propagation, cooling etc.) (*gen.*), velocità. **3.** ~ (as of interest) (*comm. - finan.*), tasso, saggio. **4.** ~ (price) (*comm.*), prezzo. **5.** ~ (a charge per unit, such as electricity, gas, water etc.), tariffa. **6.** ~ (price for unit of space) (*adver.*), prezzo per spazio unitario. **7.** ~ (fixed amount) (*gen.*), quantitativo. **8.** ~ cutting (*labor organ. by time study*), taglio dei cottimi. **9.** ~ fixer (of time for doing jobs) (*ind. employee - time study*), cronometrista, analista dei tempi. **10.** ~ of change (derivative: as of distance with respect to time) (*math.*), derivata. **11.** ~ of climb (generally of an aircraft) (*aer.*), velocità ascensionale, velocità verticale di salita. **12.** ~ of climb (of an aircraft: in testing) (*aer.*), componente verticale della velocità (in aria tipo). **13.** ~ of combustion (as of a boiler), tasso di combustione. **14.** ~ of flow (discharge, volume of liquid flowing through a cross-section in a unit of time) (*hydr.*), portata. **15.** ~ of interest (*finan.*), tasso di interesse. **16.** ~ of reciprocation (*mech.*), ritmo di alternanza. **17.** ~ of return (*adm. - finan.*), tasso di rendimento, percentuale di rendimento. **18.** ~ range (different pays admitted for the same job) (*pers. organ.*), fascia di paghe ammesse. **19.** azimuth ~ (rate of change in azimuth in the unit of

time: as of a gun) (*milit.*), velocità di brandeggio. **20.** base ~ (rate of interest that a bank offers to a depositor) (*bank*), tasso (di) base. **21.** bit ~ (amount of bits treated per unit of time on a line) (*comp.*), tasso (di trasmissione) di bit. **22.** block ~ (according to which the price decreases for the successive amounts of kwh used) (*elect.*), tariffa scalare. **23.** clock ~ (bits transmission frequency) (*comp.*), cadenza di temporizzazione. **24.** closing ~ (approach speed, as of a space craft) (*astric.*), velocità di avvicinamento. **25.** cooling ~ (as of a casting) (*found. - etc.*), velocità di raffreddamento. **26.** counting ~ (referred to radiation efflux) (*atom phys.*), intensità di flusso. **27.** data transfer ~ (as from a source to a receiver) (*comp. - etc.*), tasso di trasferimento dati. **28.** day ~ (*wages system for work.*), (retribuzione) a economia (of a giornata). **29.** drilling ~ (*mech.*), velocità di foratura. **30.** drilling ~ (*min.*), velocità di trivellazione. **31.** dry adiabatic lapse ~ (lapse rate of dry air near the ground under adiabatic conditions) (*meteorol.*), gradiente verticale adiabatico aria secca. **32.** elevation ~ (as of artillery) (*milit.*), velocità (angolare) di elevazione. **33.** error ~ (*gen.*), tasso di errori. **34.** feed ~ (*mech. - comp. - etc.*), velocità di alimentazione. **35.** flat ~ (in electric-power selling) (*comm.*) (Am.), tariffa per uso promiscuo. **36.** hourly ~ (of wages) (*pers.*), paga oraria. **37.** initial ~ (for a worker) (*ind.*), salario iniziale, rimunerazione iniziale. **38.** lapse ~ (rate of decrease of temperature with altitude) (*meteorol.*), gradiente verticale. **39.** meter ~ (according to the reading of the meter) (*elect.*), tariffa a contatore. **40.** perforation ~ (paper tape punching rate) (*comp.*), velocità di perforazione. **41.** prime ~ (lowest interest at which a bank lends money to most important customers) (*finan.*), "prime rate", tasso primario. **42.** punching ~ (paper tape or card perforations number for unit of time) (*comp.*), velocità di perforazione. **43.** railroad ~ (*comm.*), tariffa ferroviaria. **44.** reading ~ (*comp.*), velocità di lettura. **45.** sampling ~ (*comp. - stat. - etc.*), frequenza di campionamento. **46.** saturated adiabatic lapse ~ (lapse rate of saturated air under adiabatic conditions) (*meteorol.*), gradiente verticale adiabatico aria satura. **47.** scanning ~ (*radar*), velocità di ricerca, velocità di scansione. **48.** spot ~ (exchange rate for immediate currency) (*bank - finan.*), tasso di cambio per contanti. **49.** spreading ~ (area coated per unit of paint applied) (*paint.*), resa. **50.** straight-line ~ (in electric-power selling) (*comm.*), tariffa a forfait (o forfettaria). **51.** time ~ (amount of pay given to a worker for hour of work done) (*pers.*), tariffa oraria. **52.** wage ~ (*pers.*), tariffa salariale, paga oraria corrisposta.

rate (to) (to estimate) (*ind. - comm.*), stimare. **2.** ~ (a clock), regolare. **3.** ~ (to class) (*gen.*), classificare. **4.** ~ (to fix the amount of premium (*insurance*), fissare il premio. **5.** ~ (to evaluate) (*pers.*), valutare.

rated (relating for example: to the power of an engine, to the maximum load a veh. is designed to carry etc.) (*a. - technol.*), nominale, di esercizio. **2.** ~ altitude (of a supercharged engine) (*aer.*), quota di ristabilimento a potenza normale. **3.** ~ current (as of an app., of a mot. etc.) (*elect.*), corrente nominale. **4.** ~ horsepower (of an aero-engine) (*aer. mot.*), potenza nominale. **5.** ~ load (indicated on eng. or mot. nameplate) (*mach.*), potenza di targa. **6.** ~ output (*mot.*), potenza nominale. **7.** ~ pressure (as of a boil, of a gas bottle etc.), pressione nominale, pressione di esercizio. **8.** ~ voltage of a cable (*elect.*), tensione di esercizio (o nominale) di un cavo.

rate-of-climb indicator (*aer. instr.*), variometro.

rates (local taxes) (Brit.) (*tax*), imposte locali.

ratification (as of a contract) (*comm. - etc.*), ratifica.

ratify (to) (a law) (*law*), ratificare, sanzionare.

ratiné (*text. ind.*), ratiné.

rating (power, as of a motor or engine, expressed in horsepower, kilowatts etc.) (*mot.*), potenza nominale. **2.** ~ (as of elect. lamps), taratura. **3.** ~ (*time study - etc.*), valutazione. **4.** ~ (*sport*), classificazione. **5.** ~ (grade of a sailor in a vessel's crew) (*naut.*), posizione, grado. **6.** ~ (operating data, as of an elect. mach.) (*elect. mach.*), dati di targa, dati nominali. **7.** ~ (the measurement as of a yacht for racing) (*naut. - sport*), stazza di regata. **8.** ~ (an estimate of the audience of a TV or radio program) (*radio - telev.*), indice di ascolto. **9.** ~ plate (indicating operating data, as of an elect. mach.) (*elect. mach.*), targa, targhetta dei dati di funzionamento. **10.** accuracy ~ (*instr.*), classe di precisione. **11.** combat ~ (*aer. mot.*), potenza di combattimento. **12.** continuous ~ (operating limit of a mach.: expressed in horsepower, kilowatts, voltage, speed, temperature etc.) (*mech.*), prestazioni per servizio continuato. **13.** DIN ~ (DIN HP, of a car engine, output measured with engine driven fan, generator, air cleaner and series exhaust system) (*mot.*), cavalli DIN, potenza DIN. **14.** maximum continuous ~ (*aer. mot.*), potenza massima continua. **15.** PCA ~ (productivity criteria quotient rating; an index number indicating the number of design changes made that have an influence on mach. t. productivity) (*mach. t.*), quoziente di produttività. **16.** power ~ (power permitted by regulation, as for take-off, combat etc.) (*aer. mot.*), potenza massima permessa. **17.** rich-mixture knock ~ (*mot.*), indice di resistenza alla detonazione con miscela ricca. **18.** SAE ~ (SAE HP, of a car engine, power measured with no engine driven fan or generator, no air cleaner, with special exhaust system) (*mot.*), cavalli SAE, potenza SAE. **19.** take-off ~ (or power) (for an aircraft engine) (*aer.*), potenza massima di decollo. **20.** tax ~ (*aut. tax*), potenza fiscale. **21.** 10-hour

~ (as of the ampere-hour capacity of a storage battery) (*elect.*), per scarica in 10 ore. **22.** voltage ~ (working voltage: as of an elect. app.) (*elect.*), tensione nominale di esercizio. **23.** weak-mixture knock ~ (*aer. mot.*), indice di resistenza alla detonazione con miscela povera. **24.** weak-mixture ~ (*aer. - mot.*), potenza con miscela povera.

rating-plate (bearing operating data, as of an elect. mach.) (*elect.*), targhetta con i dati caratteristici.

ratio (*chem.*), titolo. **2.** ~ (*elect.*), rapporto. **3.** ~ (*mech. - math.*), rapporto. **4.** ~ delay study (work sampling: consisting in a method of recurrent and intermittent measuring of times of activity and times of delay of a worker in doing the same work) (*time study*), rilevamento tempi. **5.** ~ of a geometric progression (constant quantity that, multiplied by each term of the progression, generates the succeeding term) (*math.*), ragione della progressione geometrica. **6.** ~ of *a* to *c* (*math.*), rapporto tra *a* e *c*, *a*/*c*, *a*:*c*. **7.** ~ of conversion, *see* ratio of transformation. **8.** ~ of expansion (*steam. eng.*), rapporto di espansione. **9.** ~ of similitude (between two similar figures) (*math.*), rapporto di similitudine. **10.** ~ of transformation (of a transformer) (*electromech.*), rapporto di trasformazione. **11.** activity ~ (as of a file) (*comp.*), tasso di attività. **12.** amplification ~ (gain) (*electrotel.*), rapporto di amplificazione. **13.** aperture ~ (of a lens) (*opt.*), apertura relativa, luminosità. **14.** aspect ~ (ratio between the span and the medium chord) (*aer.*), allungamento. **15.** aspect ~ (rate of length to diameter: as of a rocket combustion chamber) (*rckt.*), rapporto lunghezza/diametro. **16.** aspect ~ (ratio between the width and height of an image on a TV screen) (*telev.*), rapporto tra la larghezza e l'altezza dell'immagine. **17.** blade-width ~ (of a propeller blade) (*aer.*), rapporto di larghezza. **18.** braking ~ (ratio between the veh. weight and the braking pressure) (*mech.*), rapporto di frenatura. **19.** close ~ (as of race type mtc.), rapporti avvicinati. **20.** compression ~ (of i.c. engines) (*mot.*), rapporto di compressione, grado di compressione, rapporto volumetrico di compressione. **21.** contraction ~ (as of a wind tunnel, ratio between the max. and working cross section) (*aer. - phys.*), rapporto di contrazione. **22.** conversion ~ (atoms of plutonium produced for each fission of uranium 235) (*atom phys.*), coefficiente di conversione, rapporto di trasformazione. **23.** cost/performances ~ (*ind. - comm.*), rapporto costo-prestazioni. **24.** drawing ~ (ratio between the blank diameter and that of the deep-drawn part) (*sheet metal w.*), rapporto di trafilatura. **25.** endurance ~ (*mech. technol.*), *see* fatigue ratio. **26.** gear ~ (*mech.*), rapporto di trasmissione, rapporto degli ingranaggi. **27.** isotopic ~ (*atom phys.*), percentuale isotopica. **28.** lift-drag ~ (*aerodyn.*), coefficiente di finezza. **29.** moderating ~ (*atom phys.*), rapporto di rallentamento. **30.** operating ~ (activity time divided by total time) (*comp.*), rapporto operativo, percentuale di tempo attivo. **31.** over-all gear ~ (*mech.*), rapporto totale di trasmissione. **32.** payload-mass ~ (*aer. - rckt. - etc.*), rapporto carico utile/peso totale iniziale. **33.** pigment/binder ~ (*paint.*), rapporto pigmento/legante. **34.** Poisson's ~ (*constr. theor.*), coefficiente di Poisson, rapporto di deformazione trasversale. **35.** power amplification ~ (*elics.*), rapporto di amplificazione di potenza. **36.** pressure ~ (*phys.*), rapporto (manometrico) di compressione. **37.** read-around ~ (*comp.*), tasso di rilettura. **38.** real ~ of expansion (of a steam engine) (*mach.*), rapporto di espansione effettivo. **39.** rear-axle ~ (final drive) (*aut.*), rapporto al ponte, "coppia conica". **40.** signal/noise ~ (*radio*), rapporto segnale/disturbo. **41.** signal-to-noise ~ (*radio*), rapporto segnale/disturbo. **42.** slenderness ~ (in combined bending and compressive stress) (*constr. theor.*), grado di snellezza. **43.** solidity ~ (of a propeller, the total blade area divided by the disk area) (*aer.*), rapporto di solidità. **44.** specific heat ~ (*thermod.*), rapporto dei calori specifici, C_p/C_v. **45.** spin-slip ~ (the ratio of lateral acceleration to the product of yaw rate and forward speed) (*aut.*), rapporto "spin-slip". **46.** steam ~ (in the air), titolo di vapore acqueo (o di umidità). **47.** stoichiometric ~ (in comb.) (*chem.*), rapporto stechiometrico. **48.** strength-to-weight ~ (*mech. technol.*), rapporto tra resistenza e peso. **49.** stress ~ (ratio of minimum stress to maximum stress) (*fatigue testing*), rapporto di sollecitazione. **50.** thickness tapering ~ (gradual change of thickness along a wing length) (*aer. wing*), rapporto di rastremazione dello spessore iniziale con la lunghezza. **51.** thrust/weight ~ (ratio between the thrust of the jet engine and the gross weight of the aircraft) (*aer.*), rapporto spinta/peso. **52.** "turn-down" ~ (the ratio between full and minimum output of an oil burner) (*comb.*), rapporto tra piena e minima portata. **53.** turns ~ (*electromech.*), rapporto fra le spire. **54.** uniformity ~ (of illumination) (*illum.*), fattore di uniformità. **55.** utility ~ (of a torque converter: ratio between the maximum and minimum values of the speed ratios for which the drive efficiency is equal to 70%) (*mech.*), intervallo di utilizzazione. **56.** velocity ~ (*theor. mech.*), rapporto di trasmissione. **57.** water-cement ~ (ratio between the weight of water and cement in mixing mortar or concrete) (*civ. eng.*), rapporto acqua/cemento (in peso). **58.** wide ~ (of a mtc. gearbox: as for special races) (*mech.*), rapporti fortemente intervallati. **59.** work ~ (as ratio between useful work and total expansion work) (*thermod.*), rendimento interno.

ratio-delay study, *see at* ratio.

ratiomotor (motor unit coupled with a speed-reducing gear) (*mech.*), motoriduttore.

ration (a portion of food) (*milit.*), razione. **2.** iron rations (reserve food) (*milit.*), viveri di riserva.

rational, razionale. **2.** ~ (*math.*), razionale. **3.** ~ number (*math.*), numero razionale.
rationalization (*ind.*), razionalizzazione.
rationalize (to) (*ind. - etc.*), razionalizzare.
ratlin, ratline (*naut.*), grisella.
ratline (to) (to fit ratlines) (*naut.*), mettere le griselle.
"RATO" (Rocket Assisted Take-Off) (*aer.*), decollo assistito. **2.** ~ (rocket assisted take-off) (*aer.*), razzo di decollo.
"RATOG" (rocket assisted take-off gear) (*aer.*) (Brit.), razzo ausiliario di decollo.
rato unit, *see* jato unit.
ratproof (as elect. equipment) (*naut. - etc.*), antitopo.
rat's-tail, rat-tail (Brit.), **rattail** (Am.) (something resembling a rat's tail) (*a. - gen.*), a coda di topo.
rattle (as an abnormal noise of a mot.), battito, rapida successione di suoni acuti.
rattle (to) (to make a rapid sequence of noises), battere. **2.** ~ (loudspeaker defect) (*electroacous.*), raschiare.
rattler (*found. mach.*), *see* tumbler.
rattletrap (any mach. or veh. that does not run smoothly) (*veh. - mach.*), trappola.
ravehook (tool shaped like a hook, used for cleaning, as seams) (*naut. t.*), (gancio) cava-stoppa.
ravel (to) (to disengage the threads of a fabric: to unravel) (*text. ind.*), sfilacciare.
raveled, ravelled (of a roadway when the road metal is scattered) (*a. - road*), dissestato.
ravelling (of a road surface) (*road*) (Brit.), *see* fretting.
ravine (gorge) (*geol.*), burrone.
raw (*a. - gen.*), grezzo, greggio. **2.** ~ (crude) (*gen.*), non cotto, crudo. **3.** ~ (unexposed: as of a film) (*phot. - m. pict.*), vergine, non esposto. **4.** ~ block (*gen.*), blocco greggio. **5.** ~ block (*metall.*), lingotto di partenza. **6.** ~ cullet charge (a glass charge made totally of cullet) (*glass mfg.*), carica di cullet. **7.** ~ engine (engine without accessories) (*mot.*), motore nudo, motore senza accessori. **8.** ~ film (*m. pict.*), *see* unexposed film. **9.** ~ material (*ind.*), materiale grezzo, materiale non lavorato, materia prima. **10.** ~ oil (untreated linseed oil) (*ind.*), olio di lino crudo. **11.** ~ paper (*paper mfg.*), carta greggia, carta cruda, "supporto". **12.** ~ stock, *see* raw film.
rawhide, pelle non conciata, pellame grezzo.
rawin (wind revealed by a balloon tracked by a radar) (*radar - meteor.*), vento rilevato con il radar.
rawinsonde (radiosonde for checking the velocity of wind aloft) (*meteorol.*), radiosonda per determinare la velocità del vento in quota.
ray (*phys.*), raggio. **2.** ~ filter, *see* color filter. **3.** ~ of light (*phys.*), raggio di luce. **4.** alpha ~ (*atom phys.*), raggio alfa. **5.** beta ~ (*atom phys.*), raggio beta. **6.** canal ~ (*phys.*), raggio canale. **7.** cathode ~ (*phys.*), raggio catodico. **8.** cathode - ~ oscillograph (*elect. instr.*), oscillografo catodico, oscillografo a raggi catodici. **9.** cosmic ~ (*atom phys.*), raggio cosmico. **10.** delta ~ (*phys.*), raggio delta. **11.** extraordinary ~ (part of a ray divided by double refraction and not following the law of refraction) (*opt.*), raggio straordinario. **12.** gamma ~ (*atom phys.*), raggio gamma. **13.** hard ~ (*radiology*), raggio duro. **14.** infra-cosmic ~ (*phys.*), raggio infracosmico. **15.** infrared ~ (extrared ray) (*phys.*), raggio infrarosso. **16.** light ~ (hypothetical and destructive for man and objects) (*milit.*), raggio della morte. **17.** ordinary ~ (part of a ray divided by double refraction and following the law of refraction) (*opt.*), raggio ordinario. **18.** path of ~ (*opt.*), traiettoria del raggio. **19.** positive ~ (*radiology*), raggio positivo. **20.** röntgen ~ (*radiology*), raggio röntgen. **21.** scanning ~ (*telev.*), raggio analizzatore. **22.** secondary ~ (secondary radiation) (*radiology*), raggio secondario. **23.** soft ~ (*radiology*), raggio molle. **24.** ultraviolet ~ (*phys.*), raggio ultravioletto. **25.** violet ~ (*phys.*), raggio violetto. **26.** X ~ (*phys.*), raggio X.
rayl (unit of acoustical impedance) (*acous. meas.*), rayl.
rayleigh (unit of acous. impedance) (*acous. meas.*), rayleigh, unità di impedenza acustica.
rayon (artificial silk) (*text. ind.*), raion. **2.** acetate ~ (*text. ind.*), raion all'acetato di cellulosa, raion acetato, seta all'acetato di cellulosa. **3.** cuprammonium ~ (*text. ind.*), raion al cuprammonio. **4.** viscose ~ (*text. ind.*), raion di viscosa.
raze (to) (*milit.*), radere al suolo.
razon, razon bomb (radio controlled aerial bomb) (*air force-radio*), bomba aerea radioguidata.
razor (*cutting instr.*), rasoio. **2.** ~ blade (*impl.*), lametta per rasoio. **3.** injector ~ (operated by a blade dispenser) (*domestic impl.*), rasoio di sicurezza con sostituzione automatica delle lamette mediante caricatore. **4.** safety ~ (*shaving instr.*), rasoio di sicurezza.
razor-edge (*n. - gen.*), filo del rasoio.
"Rb" (Rockwell hardness with steel ball penetrator) (*mech.*), durezza Rockwell R_b con penetratore a sfera d'acciaio.
Rb (rubidium) (*chem.*), rubidio.
"RBT", *see* remote batch terminal.
"RC" (reinforced concrete) (*bldg.*), cemento armato. **2.** ~ (Remote Control) (*gen.*), comando a distanza.
"R/C" (radio controlled, as of a craft) (*radio*), radiocomandato.
"Rc" (Rockwell hardness with diamond cone penetrator) (*mech.*), durezza Rockwell R_c con penetratore a cono di diamante.
"RCA" (Radio Corporation of America) (*radio broadcasting*), ente di radiodiffusione americano.
R-C coupling (resistance-capacity coupling) (*radio - elect.*), accoppiamento resistivo-capacitivo, accoppiamento R-C.
"RCM" (Radar Counter Measure) (*milit.*), contromisure radar.

"RCMF" (Radio Component Manufacturers Federation) (*radio*), Federazione Fabbricanti Componenti Radio.
"RCS" (Radar Cross Section) (*radar*), *see* radar cross section.
"RCTL" (resistor-capacitor transistor logic) (*elics.*), sistema logico a transistori a resistenza-capacità, logica a transistori a resistenza-capacità.
"RD", "rd" (round) (*mech. draw.*), rotondo. **2.** ~ (root diameter, of a gear) (*mech.*), diametro di fondo.
"RDC" (Rail Diesel Car) (*railw.*), automotrice diesel.
"RDF" (Radio Direction Finder) (*radio*), radiogoniometro.
"RD HD", "rd hd" (round-head) (*a.* - *mech. draw.*), a testa rotonda.
"RDT & E" (research, development, test and evaluation) (*ind.*), ricerca, sviluppo, prova e valutazione.
"RE" (rodding eye) (*pip.* - *bldg.*), foro per disotturazione.
Re (rhenium) (*chem.*), renio.
reach (range, as of a hand) (*gen.*), portata. **2.** ~ (length of the threaded portion as of a bolt etc.) (*mech.*), lunghezza della parte filettata. **3.** ~ (as of a crane), campo di azione. **4.** ~ (bearing shaft) (*mech.*), albero portante. **5.** ~ (distance) (*mech.*), distanza. **6.** ~ (of a tackle), alzata (comprensiva dell'ingombro del paranco). **7.** ~ (straight arm of water) (*geogr.* - *etc.*), braccio di mare, tratto rettilineo di corso d'acqua.
reach (to) (*gen.*), raggiungere. **2.** ~ (R, as a work) (*time study*), raggiungere.
react (to) (*chem.* - *mech.* - *comm.*), reagire.
reactance (*elect.*), reattanza. **2.** ~ drop (voltage drop due to the reactance) (*elect.*), caduta di tensione dovuta a reattanza. **3.** ~ tube (electron tube) (*elics.*), valvola elettronica di reattanza. **4.** acoustical ~ (*acous.*), reattanza acustica. **5.** capacity ~ (*elect.*), reattanza capacitiva. **6.** effective ~ (*elect.*), reattanza efficace. **7.** inductive ~ (*elect.*), reattanza induttiva. **8.** leakage ~ (*elics.*), reattanza di fuga, reattanza di dispersione.
reactant (a substance reacting chemically) (*chem.*), reagente.
reaction (the force which a body opposes to a force acting upon it) (*constr. theor.* - *mech.*), reazione. **2.** ~ (*chem.*), reazione. **3.** ~ (nuclear process) (*atom phys.*), reazione. **4.** ~ engine (as a rocket) (*eng.*), motore a reazione. **5.** ~ kinetics (phys. chem. branch that studies the mechanism of chemical reactions) (*chem.* - *phys.*), cinetica chimica, chemiocinetica. **6.** ~ motor, *see* reaction engine. **7.** ~ propulsion (propulsion by a reaction engine) (*aer.* - *etc.*), propulsione a reazione. **8.** ~ time (interval between the reception of a stimulus, as by a driver, and the action) (*psychotech.*), tempo di reazione, tempo psicotecnico. **9.** acid ~ (*chem.*), reazione acida. **10.** aerodynamic ~ (*aer.*), reazione aerodinamica. **11.** alkaline ~ (*chem.*), reazione basica. **12.** chain ~ (*atom phys.* - *chem.*), reazione a catena. **13.** characteristic electrochemical ~ (of an electrode) (*electrochem.*), reazione elettrochimica caratteristica (di un elettrodo). **14.** controlled thermonuclear ~ (*atom phys.*), reazione termonucleare controllata. **15.** double ~ (*radio*), doppia reazione. **16.** endothermic ~ (*chem.*), reazione endotermica. **17.** exothermic ~ (*chem.*), reazione esotermica. **18.** explosive ~ (*chem.*), reazione esplosiva. **19.** nuclear chain ~ (as in a nuclear reactor) (*atom phys.*), reazione nucleare a catena. **20.** nuclear ~ (*atom phys.*), reazione nucleare. **21.** photochemical ~ (*chem.*), reazione fotochimica. **22.** photonuclear ~ (due to a collision between a photon and a nucleus) (*atom phys.*), reazione fotonucleare. **23.** reversible ~ (*chem.*), reazione reversibile. **24.** spallation ~ (a nuclear reaction with emission of a high number of nucleons) (*atom. phys.*), reazione di spallazione. **25.** support ~ (*constr. theor.*), reazione di appoggio. **26.** thermonuclear ~ (*atom. phys.*), reazione termonucleare. **27.** torque ~ (as of a propeller or helicopter rotor) (*theor. mech.*), coppia di reazione. **28.** transfer ~ (*atom phys.*), reazione di trasferimento.
reactivate (to) (*gen.*), riattivare. **2.** ~ (as a catalyst) (*phys. chem.*), riattivare.
reactivation (as of a catalyzer) (*chem.*), riattivazione.
reactive (*a.*), reattivo, reagente. **2.** ~ circuit (*radio*), circuito reattivo. **3.** ~ coil (*elect.*), *see* reactor. **4.** ~ current (*elect.*), corrente reattiva, corrente swattata. **5.** ~ load (load measured by volt-amperes when voltage and current are out of phase) (*elect.*), carico reattivo, potenza reattiva. **6.** ~ power (*elect.*), potenza reattiva. **7.** ~ volt-amperes, *see* reactive power.
reactivity (of an atomic pile, equal to the difference between the reproduction factor and the unit) (*atom phys.*), reattività.
reactor (*elect. device*), reattanza. **2.** ~ (nuclear reactor) (*atom phys.*), reattore nucleare, pila atomica. **3.** ~ (chem. reagent) (*chem.*), reagente. **4.** ~ cavity (of a nuclear reactor) (*atom phys.*), fossa (di alloggiamento) del reattore. **5.** ~ core (*atom phys.*), nocciolo (del reattore). **6.** ~ fuel element (nuclear fuel element) (*atom phys.*), elemento di combustibile nucleare. **7.** ~ trip (*atom phys.*), escursione del reattore. **8.** ~ vessel (*atom phys.*), contenitore del reattore. **9.** bare ~ (*atom phys.*), reattore nudo. **10.** boiling water ~ (*atom phys.*), reattore ad acqua bollente. **11.** breeder ~ (*atom phys.*), reattore nucleare autofertilizzante, pila atomica autorigeneratrice. **12.** chain ~ (*atom phys. app.*), pila atomica, reattore nucleare. **13.** circulating fuel ~ (*atom phys.*), reattore a combustibile circolante. **14.** clean ~ (with a full and fresh fuel charge) (*atom phys.*), reattore vergine. **15.** critical ~ (in critical conditions) (*atom phys.*),

reattore critico. **16.** current-limiting ~ (*elect. app.*), limitatore di corrente. **17.** dual-purpose ~ (for the production of energy and plutonium) (*atom phys.*), reattore a doppio scopo. **18.** fast ~ (*atom phys.*), reattore nucleare veloce. **19.** fast-breeder ~ (*atom phys.*), reattore autofertilizzante veloce. **20.** fission ~ (nuclear reactor) (*atom phys.*), reattore nucleare. **21.** fusion ~ (*atom phys.*), reattore a fusione. **22.** gas-cooled graphite-moderated ~ (*atom phys.*), reattore moderato a grafite e raffreddato a gas. **23.** heat ~ (*atom phys.*), reattore per produzione di calore. **24.** heterogeneous (*atom phys.*), reattore eterogeneo. **25.** homogeneous ~ (reactor having fuel and moderator mixed) (*atom phys.*), reattore omogeneo. **26.** liquid metal fuel ~, "LMFR" (*atom phys.*), reattore a combustibile metallico liquido. **27.** material testing ~, "MTR" (*ind. application of atom phys.*), reattore nucleare per prove materiali. **28.** molten-salt ~ (fused-salt reactor) (*atom phys.*), reattore a sali fusi. **29.** natural circulation ~ (without pumping the coolant) (*atom phys.*), reattore a circolazione naturale. **30.** natural uranium ~ (using not enriched uranium) (*atom phys.*), reattore ad uranio naturale. **31.** nuclear ~ (*atom phys. app.*), reattore nucleare, pila atomica. **32.** oxide fuel ~ (reactor fed by UO_2 or Pu O_2) (*atom phys.*), reattore a ossido di uranio (o di plutonio). **33.** pool ~ (*atom phys.*), reattore a piscina. **34.** pool-type research ~ (*atom phys.*), reattore a piscina da ricerca. **35.** pressure-tube ~ (*atom phys.*), reattore a tubi pressurizzati. **36.** pressurized water ~, "PWR" (*atom phys.*), reattore ad acqua pressurizzata. **37.** process heat ~ (heat reactor) (*atom phys.*), reattore per produzione di calore. **38.** prompt critical ~ (*atom phys.*), reattore immediatamente critico. **39.** proportioning ~ (a saturable core impedance used to regulate the current) (*elect.*), reattanza stabilizzatrice. **40.** regenerative ~ (reactor producing energy and fissionable material: breeder reactor) (*atom phys.*), reattore autofertilizzante (o rigeneratore). **41.** research ~ (*atom phys.*) reattore di ricerca. **42.** saturable core ~ *see* saturable reactor. **43.** saturable ~ (of current rectifiers) (*elect.*), reattore saturabile, reattore a nucleo saturabile. **44.** slow ~ (with moderate speed neutrons) (*atom phys.*), reattore a neutroni moderati. **45.** sodium-cooled ~ (*atom phys.*), reattore con raffreddamento al sodio. **46.** static fuel ~ (*atom phys.*), reattore a combustibile stazionario. **47.** steady-state ~ (*atom phys.*), reattore a regime stazionario. **48.** subcritical ~ (*atom phys.*), reattore subcritico. **49.** submarine intermediate ~, "SIR" (medium-energy neutrons reactor) (*navy - atom phys.*), reattore a neutroni di media energia per sommergibili. **50.** submarine thermal ~, "STR" (slow neutrons reactor) (*navy - atom phys.*), reattore a neutroni lenti per sommergibili. **51.** supercritical ~ (having a multiplication factor greater than 1) (*atom phys.*), reattore supercritico. **52.** tank ~ (having the core inside a closed tank) (*atom phys.*), reattore a vasca chiusa. **53.** thermal ~ (slow neutron) (*atom phys.*), reattore a neutroni lenti. **54.** thermal breeder ~ (*atom phys.*), reattore autofertilizzante termico. **55.** uranium ~ (*atom phys.*), reattore ad uranio. **56.** water-boiler ~ (homogeneous reactor having fuel mixed with moderator consisting of water) (*atom phys.*), reattore moderato ad acqua. **57.** water-moderated ~, *see* water-boiler ~. **58.** zero-power ~ (experimental reactor with very low power level) (*atom phys.*), reattore a potenza zero.

read (act of reading) (*gen.*), lettura. **2.** ~ (conversion of punched holes or magnetic tape records etc. into electrical signals) (*comp.*), lettura. **3.** ~ cycle time (*comp.*), tempo del ciclo di lettura. **4.** ~ in (reading in: insertion of data into memory) (*comp.*), memorizzazione. **5.** scatter ~ (made on record segments located in non contiguous area) (*comp.*), lettura dispersa (o sparsa, o non sequenziale). **6.** ~, *see also* readout.

read (to) (*gen.*), leggere. **2.** ~ (*comp.*), leggere.

reader (app. that converts information from one form of information to another: e.g. an optical reader) (*inf. - comp.*), lettore. **2.** ~ (proofreader) (*typ. worker*), correttore di bozze. **3.** ~ (device: as for reading printed code) (*instr.*), lettore, dispositivo di lettura. **4.** ~ (meter reader) (*work.*), letturista, lettore di contatori. **5.** ~ (unit scanning recorded data for storage) (*comp.*), lettore. **6.** badge ~ (identification badge reader) (*comp.*), lettore di tessere. **7.** bar code ~ (bar code scanner) (*comp. - comm.*), lettore di codice a barre. **8.** card ~ (*comp.*), lettore di schede. **9.** character ~ (optical character reader) (*comp.*), lettore (ottico) di caratteri. **10.** film ~ (microfilm reader) (*elics. - comp. - opt.*), lettore di microfilm. **11.** magnetic strip ~, magnetic stripe ~ (*comp.*), lettore di striscia magnetica. **12.** optical ~ (optical character reader unit converting printed characters into storable data) (*comp. app.*), lettore ottico. **13.** optical barcode ~ (*comp.*), lettore ottico di codice a barre. **14.** optical disk ~ (it reads by laser the information and data stored on the disk) (*comp.*), lettore di disco ottico (di informatica). **15.** page ~ (*comp. - elics. typ.*), lettore di pagina. **16.** paper-tape ~ (punched tape reader) (*comp.*), lettore di nastro perforato. **17.** punched-card ~ (*comp.*), lettore di schede perforate. **18.** punched tape ~ (paper tape reader) (*comp.*), lettore di nastro perforato. **19.** tape ~ (paper tape reader) (*comp.*), lettore di nastri (di carta).

"reader-punch" (*comp.*), perforatore- lettore.

readership (total mass of the readers: as of a newspaper) (*journ.*), i lettori, il complesso dei lettori.

readied (*gen.*), approntato.

read-in (to), **read-into** (to) (to read a datum and transmit it into memory) (*comp.*), trasferire in memoria, (leggere e) memorizzare.

reading (act of reading) (*gen.*), lettura. **2.** ~ (value read on the scale as of an instr.) (*instr. - etc.*), lettura, valore letto. **3.** ~ (legend) (*gen.*), dicitura. **4.** ~ device (reader, reading head) (*elic. mach.*), lettore. **5.** ~ glass (a magnifying lens as for easier map consulting) (*gen.*), lente di ingrandimento da tavolo. **6.** ~ light (a single light over each seat, as in buses, railway cars, airplanes) (*illum.*) (Am.), luce individuale. **7.** direct ~ (as of an instr.) (*instr. - etc.*), lettura diretta. **8.** mark ~ (of special information marks located in the coding area of the form) (*comp.*), lettura di marcature, lettura di segni particolari. **9.** meter ~ (*ind.*), lettura del contatore. **10.** scale ~ (value read on a scale) (*instr.*), lettura (effettuata) sulla scala, valore letto sulla scala.

readout (the displaying of memory informations in any understandable form: as by "VDU" screen, by punched tape, by printed form etc.) (*comp.*), (lettura e) stesura (di un contenuto di memoria). **2.** ~ (act of reading) (*gen.*), lettura. **3.** ~ (of images and data from a spacecraft) (*radio - telev. - astric.*), messa in onda diretta (o registrata) di una trasmissione da veicolo spaziale. **4.** ~ (the information removed from the comp. and recorded on tape, or displayed by "VDU") (*comp.*), materiale informativo trasferito dalla memoria. **5.** ~ device (a device for reading and displaying information by "VDU") (*comp.*), lettore/visualizzatore. **6.** ~ optical modulator (as a "Pockels effect" modulator) (*opt. - elics.*), modulatore ottico di lettura. **7.** analogic ~ (*instr. - elics.*), rappresentazione analogica. **8.** digital ~ (*comp.*), lettore-indicatore numerico. **9.** digital ~ (*instr. - elics.*), rappresentazione digitale, rappresentazione numerica. **10.** nondestuctive ~, "NDRO" (a nondestructive read, nondestructive reading: without erasing memorized data) (*comp.*), lettura non distruttiva.

read-write channel (*comp.*), canale di lettura/scrittura.

ready (as for service) (*gen.*), pronto. **2.** ~ room (room where the plane pilots are briefed) (*aer. - navy*), locale (o sala) del "briefing". **3.** made ~ (readied) (*mach. - etc.*), approntato, allestito.

ready ~ state (*gen.*), stato di pronto.

ready (to) (to make ready) (*gen.*), approntare.

ready-for-wear, ready-to-wear (ready-made clothing or clothing mass produced for public consumption) (*comm. - text.*), confezionato. **2.** ~ clothing (ready-made clothing or clothing mass produced for public consumption) (*comm. - text.*), vestiario confezionato.

ready-made (mass produced for public consumption) (*comm. - ind.*), confezionato. **2.** ~ clothing (mass produced for public consumption) (*comm. - text.*), vestiario confezionato.

ready-mix (as mortar, concrete, paint, etc. ready for use) (*n. - comm. - gen.*), miscela pronta per l'uso. **2.** ~ (as of mortar, paint etc.: ready for use) (*a. - comm. - gen.*), pronto per l'uso.

reagent (*chem.*), reagente. **2.** Fehling ~ (*chem.*), *see* Fehling solution. **3.** Millon's ~ (used as in paper ind.) (*biochem.*), reagente di Millon.

real (*gen.*), reale. **2.** ~ (*math.*), reale. **3.** ~ cost, *see* flat cost. **4.** ~ estate, proprietà immobiliare. **5.** ~ image (*opt.*), immagine reale. **6.** ~ number (*math.*), numero reale. **7.** ~ property, proprietà immobiliare. **8.** ~ ratio of expansion (*steam eng.*), rapporto di espansione effettivo. **9.** ~ time (*comp.*), tempo reale. **10.** ~ time processing (processing of information or data at a speed such that the results are available in time to influence the process being controlled) (*comp.*), elaborazione in tempo reale.

realgar (As_2S_2) (*min.*), realgar.

realization (of a film) (*m. pict.*), realizzazione, messinscena. **2.** ~ of assets (*adm. - finan.*), liquidazione di beni patrimoniali.

realize (to) (as profits) (*comm.*), realizzare. **2.** ~ (to change into actual money) (*comm.*), realizzare. **3.** ~ (as a project) (*gen.*), realizzare.

realm (domain: grouping area) (*comp.*), area di raggruppamento.

real-time (*a. - comp.*), in tempo reale.

real-valued (*a. - math.*), espresso da numero reale.

ream (*glass defect*), *see* boil. **2.** ~ (480 sheets of paper, 20 quires) (*paper mfg.*), risma. **3.** perfect ~ (*paper mfg.*), *see* printer's ream. **4.** printer's ~ (516 sheets of paper, 21 1/2 quires) (*paper mfg.*), pacco di 516 fogli di carta.

ream (to) (to machine the bore: as of a gun) (*mech.*), alesare. **2.** ~ (to funnel-shape enlarge the mouth of a hole) (*mech.*), *see* to countersink.

reamed (by hand) (*mech.*), alesato.

reamer (*t.*), alesatore. **2.** adjustable-blade ~ (*mech. t.*), alesatore a lame registrabili. **3.** adjustable ~ (*mech. t.*), alesatore a lame registrabili. **4.** chucking ~ (machine reamer) (*t.*), alesatore a macchina. **5.** expanding ~ (*mech. t.*), alesatore espansibile. **6.** floating ~ (*mech. t.*), alesatore flottante. **7.** fluted ~ (*t.*), alesatore a scanalature (o scanalato). **8.** inserted-blade ~ (*t.*), alesatore a lame riportate. **9.** jobber's ~ (usable by hand or by a mach.) (*t.*), alesatore da usarsi a mano o a macchina. **10.** shell ~ (*t.*), alesatore a manicotto. **11.** solid ~ (*t.*), alesatore fisso. **12.** straight ~ (*t.*), alesatore cilindrico. **13.** taper ~ (*t.*), alesatore conico.

reamer (to) (to shape a hole by means of a reamer) (*mech.*), alesare.

reaming (act of reaming) (*mech.*), alesatura.

reap (to) (to cut grain) (*agric.*), mietere.

reaper (*reaping mach.*), mietitrice. **2.** ~ (*agric. work.*), mietitore. **3.** ~ and binder (*agric. mach.*), mietilegatrice.

reaping (*agric.*), mietitura. **2.** ~ machine (*agric. mach.*), mietitrice.

rear (*n. - gen.*), tergo, parte posteriore. **2.** ~ (*a. - gen.*), posteriore. **3.** ~ axle (*aut.*), ponte posteriore. **4.** ~ axle driving shaft (*aut.*), albero di comando del ponte posteriore, albero di trasmissione. **5.**

~ -burster (as of a shrapnel) (*a.* - *expl.*), a camera (di scoppio) posteriore. **6.** ~ drive (as of a mot. vehicle) (*n.* - *aut.* - *etc.*), trazione posteriore. **7.** ~ end (after part of an aut. consisting in rearaxles, differential gears driving wheels, etc.) (*aut.*) (Brit.), treno posteriore. **8.** ~ guard (*milit.*), retroguardia. **9.** ~ projection (on a translucent screen: from the rear) (*m. pict.*), proiezione da dietro lo schermo. **10.** ~ quarter panel (*aut. body constr.*), pannello fianco posteriore (laterale). **11.** ~ seats (as of aut.), sedili posteriori. **12.** ~ sight (as of firearms), alzo. **13.** ~ spring (*aut.*), balestra (o molla) posteriore. **14.** ~ stop lamp (as of a veh.), luce posteriore di stop. **15.** ~ wheelhouse panel (*aut. body constr.*), arco passaggio ruota (posteriore), arco passa ruota (posteriore). **16.** facing ~ end (as in fixing the direction of rotation: as of a mot., gearbox etc.) (*mech.* - *etc.*), visto dal lato posteriore, guardando l'estremità posteriore.

rear-drive (as of a mot. vehicle) (*a.* - *aut.* - *etc.*), a trazione posteriore.

rear-engine (as of a motorcar with the engine in the back) (*a.* - *aut.* - *etc.*), a motore posteriore.

rearrange (to), riordinare, rimettere in ordine.

rearview mirror (*aut.*), specchio retrovisivo.

rear-vision mirror (*aut.*), specchio retrovisivo.

rearward (rear guard) (*n.* - *milit.*), retroguardia. **2.** ~ (*a.*), posteriore. **3.** ~ (*adv.*), indietro.

reascend (to) (*gen.*), risalire.

reasonable (a price) (*comm.*), adeguato, giusto.

reassemble (to) (*mech.*), rimontare.

reassembling (*mech.* - *etc.*), riassemblaggio, rimontaggio.

reassembly (*mech.* - *etc.*), rimontaggio, riassemblaggio.

reassessment (new apportioning of something) (*gen.*), ridistribuzione.

reassured (covered by another insurance company) (*a.* - *adm.*), riassicurato.

Réaumur (*a.*), di Réaumur. **2.** ~ scale (*temp. meas.*), scala Réaumur.

rebate (*join.*), incavo, sede. **2.** ~ (*comm.*), riduzione, ribasso. **3.** ~ (a payment back; as of an overpayment on taxes) (*comm.*), rimborso. **4.** ~ (part of a transport charge reimbursed to the shipper from the carrier) (*railw.*), rimborso. **5.** ~ joint (*join.*), *see* rabbet joint. **6.** ~ plane (*carpenter's tool*) (Brit.), sponderuola.

reboil (reappearance of bubbles in molten glass after it previously appeared plain) (*glass mfg.*), ribollitura.

reboil (to) (to boil again) (*proc.*), ribollire.

reboot (to) (to repeat the bootstrap action: to initialize anew) (*comp.*), riavviare, ripetere la inizializzazione.

rebore (to) (the main bearings of an engine) (*mech.*), rialesare, ripassare. **2.** ~ a cylinder (*mech.*), rialesare un cilindro, ripassare un cilindro.

reboring (as of an engine main bearings) (*mech.*), rialesatura, ripassatura.

rebound (as in rubb. test), rinvio, resa elastica. **2.** ~ (of a suspension: relative displacement of the sprung and unsprung masses when the distance between the masses increases from that at static condition) (*aut.*), estensione. **3.** ~ (of a shock absorber) (*veh.*), estensione. **4.** ~ cable (as of suspensions) (*aut.*), cavo di fine corsa (dello) scuotimento, cavo limitatore dell'ampiezza delle oscillazioni. **5.** ~ rubber (as of suspensions) (*aut.*), tampone di gomma di fine corsa dello scuotimento. **6.** ~ stop (as of suspensions) (*aut.*), arresto scuotimento, fine corsa delle oscillazioni, limitatore dello scuotimento. **7.** ~ strap (as of suspensions) (*aut.*), bandella (di) fine corsa dello scuotimento. **8.** rubber ~ bumper (*aut.*), tampone (di gomma) arresto scuotimento.

rebound (to) (*phys.*), rimbalzare.

rebranch (to) (*gen.*), diramarsi in rami secondari.

rebroadcast (*radio*), ritrasmissione.

rebroadcast (to) (*radio*), ritrasmettere.

rebuild (to) (to restore the architecture of a bldg. to its original condition) (*arch.* - *bldg.*), ripristinare. **2.** ~ (to apport important changes to the original construction) (*bldg.*), ricostruire. **3.** ~ (to do important repairs and to replace defective parts) (*mech.*), revisionare a fondo.

rebuilding (*bldg.*), ricostruzione.

recalculate (to) (to calculate again) (*math.*), ricalcolare.

recalescence (*metall.*), recalescenza.

recalibrate (to) (*instr.*), ritarare.

recalibration (*instr.*), ritaratura.

recall (to) (as a defective product to be returned to the manufacturer for repair) (*ind. for customer protection*), richiamare (in fabbrica).

recap (to) (to fit new rubber on the tread and shoulders of a tire) (*aut.*), ricostruire semi-integralmente.

recapping (the fitting of new rubber on the tread and shoulders of a tire) (*aut.*), ricostruzione semi-integrale.

recarburization (*metall.*), ricarburazione.

recarburize (to) (*metall.*), ricarburare.

recarburizing (*metall.*), ricarburazione.

receipt (of an invoice) (*comm.*), saldo, quietanza. **2.** ~ (as of goods) (*comm.*), ricevuta. **3.** receipts (as inward payments) (*accounting*), entrate. **4.** ~ book (*pharm.* - *med.* - *cookery*), ricettario. **5.** ~ book (*comm.*), registro delle ricevute. **6.** please acknowledge ~ (*comm.*), pregasi accusare ricevuta. **7.** warehouse ~ (*factory*), ricevuta di magazzino.

receipt (to) (*comm.* - *adm.*), quietanzare.

receivable (as of a bill) (*comm.*), esigibile. **2.** accounts ~ (*accounting*), conti attivi.

receive (to) (*comm.*), ricevere. **2.** ~ (*comp.* - *radio* - etc.), ricevere. **3.** ~ and forward (to record and to transmit) (*comp.*), registrare e trasmettere.

receiver (*teleph.* - *telegraphy*), ricevitore. **2.** ~ (as of gases) (*ind.*), serbatoio, serbatoio polmone. **3.** ~

(official receiver: appointed for conserving property in a bankrupt) (*law - adm.*), curatore fallimentare. **4.** ~ (*radio*), radio, apparecchio radioricevente. **5.** ~ (telephone receiver, handset) (*teleph.*), ricevitore telefonico, cornetta. **6.** ~ (*chem. impl.*), recipiente per raccolta gas. **7.** ~ (forehearth of a cupola) (*found.*), avancrogiolo. **8.** ~ (tester) (*radio instr.*), analizzatore. **9.** allwave ~ (*radio*), radioricevitore plurionda, apparecchio ricevente per tutte le lunghezze d'onda. **10.** echo ~ (*radio*), ricevitore d'echi. **11.** galena ~ (*radio*), ricevitore a galena. **12.** homing ~ (radio app. indicating the deviation of the longitudinal axis of an airplane from the line-connecting it to a transmitter) (*aer. - radio*), ricevitore per ritorno radioguidato. **13.** Morse ~ (*electrotel.*), ricevitore Morse. **14.** narrow-band ~ (*radio*), ricevitore a banda stretta. **15.** portable ~ (portable radio) (*radio*), radioricevitore portatile, radioportatile, radiolina. **16.** satellite ~ (app. receiving from a parabolic disc antenna and transmitting to a normal TV color set) (*telev.*), ricevitore da satellite. **17.** telephone ~ (*teleph.*), ricevitore telefonico. **18.** thermionic tube ~ (*radio*), ricevitore a valvole termoioniche.

receivership (the function of a receiver) (*law.*), curatela. **2.** ~ (as of a corporation) (*adm.*), amministrazione controllata.

receiver-transmitter, *see* transceiver.

receiving (*gen.*), ricevente. **2.** ~ set (radio or telev. receiving app.) (*radio - telev.*), apparecchio ricevente. **3.** ~ yard (for freight trains) (*railw.*), parco vagoni merci in arrivo. **4.** printing ~ apparatus (*electrotel.*), ricevitore stampante.

receptacle (container) (*gen.*), recipiente. **2.** ~ (socket, as for an elect. plug) (*elect.*), presa, innesto femmina. **3.** ~ (terminal board) (*elect.*), morsettiera.

reception (*radio*), ricezione. **2.** ~ (as of signals) (*electrotel.*), ricezione. **3.** ~ (as of goods) (*ind. - etc.*), ricevimento, accettazione. **4.** ~ (as of a representative visiting a firm) (*comm. - etc.*), accoglienza. **5.** ball ~ (relay television: telev. system) (*telev.*), ritrasmissione, ripetizione. **6.** beam ~ (*radio*), ricezione direttiva. **7.** beat ~ (*radio*), ricezione ad eterodina. **8.** cardioid ~ (the polar diagram of which is a cardioid) (*direction finding*), ricezione a cardioide. **9.** diversity ~ (the best reception automatically selected between various antennas) (*radio*), ricezione ottimizzata. **10.** heart-shape ~, *see* cardioid reception. **11.** homodyne ~ (*radio*), ricezione ad omodina. **12.** radio ~ (*radio*), radioricezione. **13.** reconditioned carrier ~ (for improving reception quality) (*elics. - radio - telev.*), ricezione con rigenerazione della portante.

receptionist (man or woman who helps and greets visitors in a company) (*pers. - etc.*), addetto/a a compiti di rappresentanza.

receptivity (the quality of receiving, of absorbing) (*gen.*), ricettività.

recess (in a room) (*arch.*), recesso, alcova, nicchia. **2.** ~ (as in a surface), cavità. **3.** ~ bed (wall bed) (*furniture*), letto ribaltabile verticalmente (in apposita incassatura nel muro). **4.** Phillips ~ (slot in the head of a screw) (*mech.*), intaglio a croce.

recess (to) (to put something in a recess) (*gen.*), occultare in una nicchia. **2.** ~ (to make a recess) (*gen.*), eseguire una nicchia.

recessed (as of an instr. on a control board) (*a. - instr.*), incassato.

recessing (sheet metal working) (*mech. technol.*), incavatura. **2.** ~ (machining of grooves in the bore of a work) (*mech.*), incavatura, lavorazione di gole. **3.** deep ~ (of sheet metal) (*mech. technol.*), incavatura profonda. **4.** shallow ~ (of sheet metal) (*mech. technol.*), incavatura poco profonda.

recession (referred to comm. and ind.) (*econ.*), crisi economica, recessione.

recharge, ricarica. **2.** battery ~ (*elect.*), ricarica della batteria, carica (della) batteria.

recharge (to) (as a gun) (*milit.*), ricaricare. **2.** ~ (to reload) (*gen.*), ricaricare.

rechargeable (as a battery) (*a. - elect.*), ricaricabile.

recheck (to) (to check again) (*gen.*), ricontrollare.

recidivist (*law*), recidivo.

recipe (prescription) (*med.*), ricetta.

recipient (of a letter or a parcel etc.) (*gen.*), destinatario.

reciprocal, reciproco. **2.** ~ (*math.*), reciproco. **3.** ~ diagram (of a framed structure) (*constr. theor.*), diagramma reciproco, diagramma cremoniano. **4.** ~ quantities (two numbers whose product is 1) (*math.*), numeri reciproci.

reciprocate (to) (*mech.*), muovere (o muoversi) avanti e indietro.

reciprocating (*a. - mech.*), (a moto) alternativo. **2.** ~ compressor (*ind. mach.*), compressore a stantuffo. **3.** ~ engine (*mach. - mot.*), motore alternativo. **4.** ~ motion (*mech.*), moto alternativo. **5.** ~ sawing machine (*mach.*), seghetto alternativo. **6.** ~ wheel (as of a reciprocating sawing mach.) (*mech.*), volano per (comando di) movimento alternativo. **7.** ~ wheel spindle mechanism (*mach. t. - mech.*), meccanismo di oscillazione assiale del mandrino portamola.

reciprocity (*gen.*), reciprocità. **2.** ~ (correlation) (*math.*), reciprocità.

recirculating system (used for pumping paint in an aut. painting plant) (*pip.*), circolazione continua.

recitation (*m. pict.*), recitazione.

reckon (to) (accountant's work) calcolare, contare, computare, contabilizzare.

reckoner, contabile, computista.

reckoning (calculation) (*gen.*), calcolo. **2.** ~ (ship's position) (*naut.*), punto calcolato. **3.** ~ (determining of a ship's position) (*aer. - naut.*), determinazione della posizione. **4.** ~ from (as a delivery term) (*comm. - etc.*), a partire da, a decorrere da. **5.** dead ~ (calculation of a position without celestial observations) (*aer. - naut.*), stima della posizione. **6.** dead ~ (position determined without celestial observations) (*aer. - naut.*), posizione stimata.

reclaim (to) (from scrap material) (*ind.*), recuperare. **2.** ~ (rubber) (*ind.*), rigenerare. **3.** ~ (a land) (*agric.*), bonificare.

reclaimable (as from scrap material) (*a. - ind.*), recuperabile.

reclaimed (as from scrap material) (*ind.*), ricuperato. **2.** ~ (as land) (*a. - agric.*), bonificato.

reclaiming (of land) (*agric.*), bonifica. **2.** ~ (of rubber) (*chem. ind.*), rigenerazione.

reclamation (land recovery) (*n. - agric.*), bonifica.

reclining-chair car, *see* parlor car.

recloser (a circuit breaker that closes anew an interrupted circuit) (*elect.*), interruttore di ripristino di chiusura (del circuito).

recoal (to) (of a ship) (*naut.*), fare rifornimento di carbone, carbonare.

recock (to) (as a firearm), riarmare.

recognition (as of a signal) (*milit.*), riconoscimento. **2.** ~ (characters and symbols identifying process etc.) (*comp.*), riconoscimento. **3.** ~ differential (minimum value, expressed in decibels, of the S/N ratio necessary to extract the signal out of the noise) (*und. acous.*), differenziale di riconoscimento, rapporto di percezione. **4.** ~ process (optical recognition voice recognition etc.) (*comp. - voice inf.*), processo di riconoscimento. **5.** magnetic-ink character ~, "MICR" (*comp.*), riconoscimento di caratteri ad inchiostro magnetico. **6.** pattern ~ (automatic and bidimensional identification process: as of characters, symbols etc. by an opt. reader) (*comp.*), riconoscimento di forme (di caratteri).

recoil (*mech. - gen.*), contraccolpo. **2.** ~ (as of firearms), rinculo. **3.** ~ (*atom phys.*), rimbalzo. **4.** ~ cylinder (of a gun) (*ordnance*), cilindro freno. **5.** ~ electron (electron set in motion by a collision) (*phys.*), elettrone di rimbalzo. **6.** ~ pull (as of firearms) contraccolpo.

recoil (to) (of a firearm) (*ordnance*), rinculare.

recoilless (as of a gun) (*a. - milit.*), senza rinculo.

recoinage (recoining, as of money) (*finan.*), riconiatura.

recomb (to) (*text. ind.*), ripettinare.

recombed (*text. ind.*), ripettinato.

recommendation (as for standard specifications) (*mech. - etc.*), raccomandazione. **2.** draft ~ (as for standard specifications, issuing before definite standards) (*mech. - etc.*), raccolta delle raccomandazioni.

recommission (to) (as a ship) (*naut. - navy*), riarmare.

recon, *see* recco.

reconcile (to) (to settle: as differences) (*bookkeeping*), far quadrare. **2.** ~ (to smooth boards at their joints) (*shipbldg.*), lisciare.

recondense (to) (*gen.*), ricondensare, ricondensarsi.

recondition (to) (*gen.*), ripristinare. **2.** ~ (as an aut.), revisionare. **3.** ~ (as the cylinders of a mot.) (*mech.*) (Am.), rialesare. **4.** ~ (as valve seats) (*mech. operation*), ripassare.

reconditioned (*mot.*), revisionato. **2.** ~ (restored) (*gen.*), ripristinato.

reconditioning (as of an aut., of an engine, of the hardware, of a comp. etc.) (*mech. - comp. - etc.*), revisione.

reconfiguration (physical relocation: as of a mass memory volume) (*comp.*), riconfigurazione.

reconnaissance (*milit.*), ricognizione, esplorazione. **2.** ~ aircraft (*air force*), ricognitore. **3.** ~ aviation (*air force*), aviazione da ricognizione, aviazione da osservazione. **4.** ~ car (fast and armored car equipped with a mach. gun) (*milit.*), autoblindo veloce da ricognizione, veicolo corazzato veloce da ricognizione. **5.** close ~ (*tactics*), esplorazione ravvicinata. **6.** land ~ (*milit.*), ricognizione terrestre. **7.** tactical ~ (*air force*), ricognizione tattica.

reconnect (to) (to connect anew) (*elect. - elics. - comp. - etc.*), ricollegare.

reconstruct (to) (*bldg.*), ricostruire.

reconstructed (rebuilt) (*gen.*), ricostruito.

record (*sport*), record, primato. **2.** ~ (memorial) (*gen.*), documentazione. **3.** ~ (disk) (*n. - phonographic ind.*), disco. **4.** ~ (relating to gramophone records) (*a. - electroacous. - etc.*), discografico. **5.** ~ (an individual record of activities, in school, business etc. and a list of things done during a working life) (*pers.*), curriculum vitae. **6.** ~ (group of coordinate informations or a memorized information logical unit) (*n. - comp.*), registrazione, "record". **7.** ~ changer (a device for the automatic change of a stock of records) (*electroacous. app.*), cambiadischi (automatico). **8.** ~ header (*comp.*), testata della registrazione. **9.** ~ length (number of words or characters contained in a record) (*comp.*), lunghezza di registrazione. **10.** ~ library (*electroacous.*), discoteca. **11.** ~ player (*electroacous. app.*), giradischi. **12.** amendment ~ (change record) (*comp.*), registrazione modifiche, registrazione aggiornamenti. **13.** change ~, *see* amendment ~. **14.** data ~ (group of processable data) (*comp.*), gruppo (o insieme) (di) dati. **15.** deletion ~ (replaces the existing record) (*comp.*), registrazione sostitutiva. **16.** end of ~, "EOR" (*comp.*), fine della registrazione. **17.** fixed length ~ (*comp.*), registrazione a lunghezza fissa. **18.** flexible ~ (phonograph disk), disco flessibile. **19.** grouped records (*comp.*), registrazioni raggruppate. **20.** hard ~ (phonograph disk), disco rigido. **21.** header ~ (*comp.*), registrazione iniziale, registrazione di testa. **22.** home ~ (the first record in a chained file) (*comp.*), prima registrazione. **23.** label ~ (*comp.*), registrazione di identificazione. **24.** logical ~ (*comp.*), registrazione logica. **25.** long-playing ~, "LP" (a 33 $^1/_2$ rpm microgroove record, playing about 30 minutes time) (*grammophone disk*), LP, disco a lunga durata. **26.** master ~ (file basic record) (*comp.*), record originale d'archivio, registrazione principale. **27.** microgroove ~ (phonograph disk), disco microsolco. **28.** physical ~ (record block: a group of information units recorded on the same medium, as a disk, and having a location easily identifiable) (*comp.*), registrazione fisica, blocco (di registrazioni). **29.** sound and picture ~ (*m. pict.*), ripresa cinematografica sonora. **30.** spanned ~ (of a record covering more than one block or one physical record) (*comp.*), registrazione logica eccedente un blocco. **31.** to beat the ~ (*sport*), battere il record. **32.** to lower the ~ (*sport*), abbassare il record. **33.** trailer ~ (the last record of a file) (*comp.*), registrazione di coda. **34.** transaction ~, *see* amendment ~. **35.** unit ~ (as the record collected on a single punched card) (*comp.*), registrazione unitaria. **36.** variable length ~ (following the length that data require) (*comp.*), registrazione a lunghezza variabile. **37.** ~, *see also* records.

record (to) (*adm.*), registrare. **2.** ~ (to transcribe sound on a wax disc) (*phonograph*), incidere. **3.** ~ (to transcribe sound on a magnetic tape) (*electroacous.*), registrare, incidere. **4.** ~ (to record data into a memory: to store) (*comp.*), memorizzare.

recorder (*instr.*), registratore, strumento registratore. **2.** ~ (one who records) (*acous.*), tecnico della (o addetto alla) registrazione. **3.** ~, *see* sound recorder. **4.** ~ (disk, magnetic tape etc.) (*electroacous. instr.*), apparato registratore. **5.** altitude ~ (*aer. instr.*), registratore di quota, altimetro registratore, barografo. **6.** audio ~ (*electroacous*), registratore audio. **7.** circular chart ~ (*instr.*), registratore a disco. **8.** compression ~ (*instr. - mot.*), registratore del rapporto di compressione. **9.** course ~ (instr. tracing the traveled course) (*aer. instr.*), registratore di rotta. **10.** disk ~ (for disks) (*electroacous.*), testa d'incisione. **11.** distant ~ (telecounter) (*instr.*), telecontatore, contatore a distanza. **12.** flight path ~ (*aer. instr.*), registratore di rotta, registratore della traiettoria. **13.** level ~ (*acous. instr.*), registratore di livello. **14.** magnetic ~ (for recording sounds) (*electroacous. instr.*), registratore magnetico, magnetofono. **15.** magnetic tape ~ (magnetic ribbon recorder) (*electroacous. instr.*), registratore a nastro magnetico, registratore magnetico a nastro. **16.** magnetic wire ~ (of sound) (*electroacous. instr.*), registratore a filo magnetico. **17.** maximum-demand ~ (*elect. instr.*), registratore di massimo. **18.** mileage ~ (*aut. instr.*), contamiglia. **19.** portable ~ (*electroacous. app.*), registratore portatile, apparecchio portatile per la registrazione del suono. **20.** sound ~ (*electroacous. app.*), apparecchio di registrazione del suono, registratore del suono. **21.** strip chart ~ (*instr.*), registratore a nastro continuo. **22.** tape ~ (*electroacous. instr.*), registratore a nastro. **23.** time ~ (time clock) (*horology*), marcatempo. **24.** total mileage ~ (*aut. instr.*), contamiglia totalizzatore. **25.** trip mileage ~ (*aut. instr.*), contamiglia parziale. **26.** two-pen ~ (*instr.*), registratore a due pennini. **27.** Vg ~ (accelerometer recording simultaneously acceleration and air speed) (*aer. instr.*), registratore di accelerazione e velocità. **28.** video ~, *see* videotape ~. **29.** videotape ~ (video recorder: a magnetic tape recorder for video signals) (*audiovisuals*), videoregistratore (a nastro). **30.** Z-fold chart ~ (*instr.*), registratore a carta piegata a fisarmonica.

recording (as of signals) (*electrotel.*), registrazione. **2.** ~ (of sound) (*m. pict.*), ripresa, presa, registrazione. **3.** ~ (of sound) (*electroacous.*), registrazione, incisione. **4.** ~ (as by tape recorder) (*off. - etc.*), registrazione. **5.** ~ altimeter (*aer. instr.*), altimetro registratore, registratore di quota, barografo. **6.** ~ amplifier (*m. pict. - electroacous.*) (Brit.), amplificatore di registrazione. **7.** ~ barometer (*instr.*), barografo. **8.** ~ compass (*naut. instr.*), bussola con registrazione di rotta. **9.** ~ cutter (for disk) (*electroacous.*), stilo fonoincisore, punta per incisione. **10.** ~ frequency meter (*elect.*), frequenziometro registratore. **11.** ~ instrument (*instr.*), strumento registratore. **12.** ~ lamp (for flashing lamp system in sound-on-film recording) (*electroacous. - m. pict.*), lampada a intensità di luce variabile (a frequenza acustica). **13.** ~ manometer (pressure recorder) (*instr.*), manometro registratore, manografo. **14.** ~ meter (clockwork driven: instr. used for recording pressure, temp., current etc. on a chart) (*meas. instr.*), registratore grafico continuo. **15.** ~ room (in sound recording plant) (*m. pict.*), cabina (o studio) di registrazione. **16.** ~ slit (*electroacous.*), intaglio (o fenditura) di registrazione. **17.** ~ speed (on a disk) (*electroacous.*), velocità d'incisione. **18.** ~ speed indicator (on a recorder) (*electroacous.*), indicatore della velocità di registrazione. **19.** ~ stylus (*electroacous.*), punta da registrazione, punta da incisione, stilo. **20.** disk ~ (*electroacous.*), incisione di un disco. **21.** double-pulse ~ (magnetic recording of bits) (*comp.*), registrazione a doppio impulso. **22.** electromagnetic ~ (*electroacous.*), registrazione elettromagnetica (del suono). **23.** electromagnetic sound-on-disk ~ (*electroacous.*), incisione su disco con diaframma elettromagnetico. **24.** electron beam ~, "EBR" (as on phot. film or on microfilm) (*elics.*), registrazione a fascio di elettroni. **25.** magnetic ~ (of sound) (*electroacous.*), registrazione magnetica. **26.** magnetic tape ~ (of sound) (*electroacous.*), registrazione su nastro magnetico. **27.** magnetic wire ~ (of sound) (*electroacous.*), registrazione su filo magnetico. **28.** mechanical sound-on-disk ~ (*electroacous.*), incisione su disco con diaframma meccanico. **29.** nonreturn to reference ~ (nonreturn to zero recording) (*comp.*), registrazione senza ritorno al punto di riferimento, registrazione senza ritorno a zero. **30.** phonograph ~ (by wax) (*acous.*), registrazione fonografica. **31.** radio ~ (*electroacous.*), registrazione da radio. **32.** single ~ system (picture and sound on the same film) (*m. pict.*), ripresa ottica e sonora sulla stessa pellicola. **33.** sound-on-disk ~ (recording system) (*electroacous.*), registrazione (del suono) su disco. **34.** sound-on-film ~ (recording system) (*m. pict.*), registrazione ottica, registrazione (del suono) su pellicola cinematografica. **35.** sound-on-film ~ (equipment for m. pict.) (*electroacous.*), complesso sonoro da presa, complesso per la registrazione ottica (su colonna sonora). **36.** sound-on-wire ~ (recording system) (*electroacous.*), registrazione (del suono) su filo magnetico (d'acciaio). **37.** sound ~ (*electroacous.*), registrazione del suono (su colonna sonora, nastro magnetico ecc.). **38.** sound ~ device (by mech. means on the disc grooves) (*phonograph disc recording app.*), fonoincisore. **39.** sound ~ device (*electroacous. app.*), dispositivo di registrazione del suono. **40.** telephone conversation ~ (*off. - police*), registrazione delle conversazioni telefoniche (o delle telefonate). **41.** timer ~ (*audiovisuals - etc.*), registrazione con il timer (o temporizzatore). **42.** variable-area ~ (in sound-on-film recording system) (*m. pict.*), registrazione ad area variabile. **43.** variabile-density ~ (in sound-on-film recording system) (*electroacous.*), registrazione (del suono) a densità variabile.

recordist (*m. pict.*), fonico, recordista.

records (*comm. - adm.*), atti.

recover (to) (*gen.*), recuperare. **2.** ~ (*law*), vincere una causa.

recovery (*gen.*), recupero. **2.** ~ (*aer.*), ripresa di assetto. **3.** ~ (of a spring, of a piston, of an oar) (*mech.*), ritorno, corsa di ritorno. **4.** ~ (reestablishment of physical properties of work-hardened material) (*heat-treat.*), riassestamento. **5.** ~ (percentage of useful substance obtained in an ore treatment) (*min. proc.*), resa, percentuale di resa. **6.** ~ set (usable set recovered from waste) (*ind.*), apparecchio di recupero. **7.** ~ time (of an electronic circuit) (*elics.*), tempo di ripristino. **8.** ~ voltage (after the arc rupture) (*elect.*), tensione di ritorno. **9.** error ~ (*comp.*), correzione di errore, eliminazione di errore. **10.** out-of-pocket ~ point (*finan.*), punto di ricupero dei finanziamenti effettuati. **11.** secondary ~ (as by waterflooding a well not producing more oil) (*min.*), ricupero secondario. **12.** signal ~ (detection of a repetitive signal buried in noise) (*sign. proc.*), estrazione di un segnale (dal rumore).

recrater (machine putting bottles or cans into shipping boxes) (*ind. mach.*), inscatolatrice, confezionatrice in casse.

recreational (*gen.*), ricreativo. **2.** ~ club (of a factory) (*work.*), circolo ricreativo.

recruit (*milit.*), recluta.

recruit (to) (*milit.*), reclutare.

recruitment (as of personnel) (*ind. - pers.*), , reclutamento.

recrystallization (*chem. - metall.*), ricristallizzazione.

recrystallize (to) (*phys. chem.*), ricristallizzare.

rectangle (*geom.*), rettangolo.

rectangular (*geom.*), rettangolare. **2.** ~ coordinate (either of two cartesian coordinates) (*math.*), coordinata cartesiana.

rectification (relating to conversion of a c in d c) (*radio - elics. - elect.*), raddrizzamento, conversione in c.c. **2.** ~ (as of a rejected piece) (*mech.*), ripassatura. **3.** ~ (*chem.*), rettifica. **4.** ~ (*adm.*), rettifica, correzione. **5.** ~ (of aerial photographs) (*cart.*), raddrizzamento. **6.** ~ of a curve (*road*), rettifica di una curva. **7.** full-wave ~ (*radio - elics.*), raddrizzamento integrale. **8.** grid ~ (*radio - elics.*) (Brit.), raddrizzamento di griglia. **9.** linear ~ (as of unidirectional current directly proportional to instantaneous peak amplitude of applied a.c.) (*radio - elics.*), raddrizzamento lineare. **10.** straight-line ~ (linear rectification) (*radio - elics.*), raddrizzamento lineare.

rectified (*adm.*), rettificato, corretto. **2.** ~ (*elect.*), raddrizzato. **3.** ~ (*chem.*), rettificato. **4.** ~ (*radio*), rettificato, raddrizzato. **5.** ~ (*mech.*), ripassato.

rectifier (*elect. app.*), raddrizzatore. **2.** ~ (apparatus for correcting the perspective of aerophotographs) (*opt. instr.*), raddrizzatore (aerofotografico). **3.** ~ (electron tube) (*thermion.*), valvola raddrizzatrice. **4.** ~ (detector) (*radio*), rivelatore. **5.** ~ instrument (it measures a.c. by a rectifier coupled with a d.c. meter) (*elect.*), amperometro per c.a. con raddrizzatore. **6.** arc ~ (*elect. app.*), raddrizzatore ad arco. **7.** barrier-layer ~ (*elect. app.*), raddrizzatore a strato di arresto. **8.** bridge ~ (*elics.*), raddrizzatore a ponte. **9.** copper-oxide ~ (*elics.*), raddrizzatore a ossido di rame. **10.** diode ~ (*elics.*), raddrizzatore a diodo. **11.** electrolytic type ~ (*elics.*), raddrizzatore elettrolitico. **12.** electronic ~ (*elics.*), raddrizzatore (termo) elettronico. **13.** full-wave ~ (*elect.*), raddrizzatore di onda completa. **14.** gas-filled ~ (*elics.*), raddrizzatore a gas. **15.** half-wave ~ (*elics.*), raddrizzatore di semionda. **16.** mechanical ~ (by means of a synchronous mot.) (*elect. device*), raddrizzatore meccanico (o elettromeccanico) **17.** mercury-arc ~ (*elics.*), raddrizzatore a vapore di mercurio. **18.** metal oxide ~ (*elics.*), raddrizzatore a ossido metallico. **19.** metallic ~, *see* metal oxide ~. **20.** sectional ~ (mercury vapor operated) (*elect. app.*), raddrizzatore a sezioni. **21.** selenium ~ (*elics.*), raddrizzatore al selenio. **22.** silicon controlled ~, "SCR" (*elics.*), raddrizzatore controllato al silicio. **23.** thermionic ~ (*elics.*), raddrizzatore termoionico. **24.** vibrating blade ~ (*elics.*), raddrizzatore a lamina vibrante. **25.** vibrating type ~ (*elics.*), raddrizzatore a vibratore. **26.** video ~ (*telev.*), raddrizzatore video, videoraddrizzatore.

rectify (to) (as a rejected piece) (*mech.*), ripassare. **2.** ~ (*adm.*), rettificare, correggere. **3.** ~ (*chem.*), rettificare. **4.** ~ (*elect. - radio*), raddrizzare. **5.** ~ a curve (*road*), rettificare una curva.

rectilineal (*a. - gen.*), rettilineo.
rectilinear (*a. - gen.*), rettilineo. **2.** ~ lens (*opt.*), obiettivo rettolineare.
recto (right-hand page) (*print.*), recto.
rector (of university) (*school*), rettore.
recuperating device, *see* recuperator.
recuperative (*a. - mech.*), a ricupero.
recuperator (as of a gun) (*mech.*), ricuperatore, dispositivo di recupero. **2.** ~ (for preheating air by the exhaust gases of a furnace) (*comb. device*), preriscaldatore a ricupero, ricuperatore di calore. **3.** spring ~ (as of a gun) (*mech.*), ricuperatore a molla.
recursion (procedure that may repeat itself until a particular condition is met) (*n. - comp. - math.*), ricorsività.
recursive (*a. - comp. - math.*), ricorsivo. **2.** ~ operation (*comp. - math.*), operazione ricorsiva.
recursiveness (*n. - comp. - math.*), ricorsività.
recurved (curved backward or inward) (*a. - gen.*), incurvato.
recut (to) (*gen.*), tagliare di nuovo. **2.** ~ (as valve seats) (*mech.*), ripassare.
recycle (process of repeating a cycle anew) (*n. - ind. - etc.*), riciclo. **2.** ~ (the process of melting waste material [as glass bottles, old automobiles etc.] for manufacturing new products) (*n. - ind.*), riciclaggio.
recycle (to) (as in rubb, mfg.) (*ind.*), riciclare. **2.** ~ (to bring something back to its original conditions: as an electric device) (*elics.*), ripristinare le primitive condizioni, resettare. **3.** ~ (to process, as waste infected water, for using it again) (*ind.*), riciclare, riportare in ciclo. **4.** ~ (to stop the countdown and to begin anew) (*rckt. - astric.*), ripetere il ciclo, ricominciare il conto alla rovescia. **5.** ~ (as recycle an elect. generator, by a gradual acceleration until it rejoins the nominal speed) (*elect. mach.*), riportare a regime.
recycling (*ind.*), riciclo.
red, rosso. **2.** ~ arsenic (*min.*), realgar, arsenico rosso. **3.** ~ ball (of top priority freight train) (*a. - railw.*), a grande velocità. **4.** ~ blindness (protanopia) (*opt. - med.*), protanopia. **5.** ~ board (red eye: railbroad stop signal) (*railw.*), segnale rosso. **6.** ~ hardness (of high speed tool steel) (*metall.*), durezza a caldo. **7.** ~ heat (*metall.*), calor rosso, temperatura corrispondente al calor rosso. **8.** ~ lead, minio. **9.** ~ lead ore (Pb Cr O_4) (*min.*), crocoite. **10.** ~ oak (as for furniture) (*wood*), quercia rossa. **11.** ~ shortness (hot shortness) (*metall.*), fragilità a caldo, fragilità al calor rosso. **12.** ~ tape (prolonged delay in bureaucratic procedures) (*comm. - off. - etc.*), lungaggini burocratiche. **13.** brick ~ (*color*), rosso mattone. **14.** cherry ~ (*metall.*), rosso ciliegia. **15.** dark cherry ~ (of steel at a temperature of 730° C) (*metall.*), rosso ciliegia scuro. **16.** English ~ (for paints) (*chem.*), rosso inglese. **17.** signal ~ (color used as for signals) (*color*), rosso segnale. **18.** Venetian ~ (*color*), rosso di Venezia.
red (to) (to red out, to suffer congestion, of face etc. for negative acceleration) (*aer. - med.*), avere visione rossa.
redbrick (built of red bricks) (*a. - mas.*), a (o di) mattoni rossi.
Red Cross (*milit. - med.*), Croce Rossa.
reddle, *see* rouge.
redeem (to) (to retake possession) (*comm. - law.*), riscattare. **2.** ~ (a debt) (*adm.*), redimere, riscattare.
redeemable (*finan.*), redimibile.
redesign (*ind.*), rifacimento del progetto, rifacimento dello studio, ridisegno.
redevelop (to) (to redesign, to rebuild: also to make extensive changes and improvements to the inside of an old bldg.) (*bldg.*), ricostruire, ristrutturare.
redevelopment (*bldg.*), ricostruzione, ristrutturazione.
red-hard (hard when red-hot: as high-speed steel) (*a. - metall.*), duro al calor rosso. **2.** ~ steel (*metall.*), acciaio rapido.
red-hot (*a. - metall.*), al calor rosso. **2.** ~ (*n. - metall.*), metallo al calor rosso.
rediscount (of a bill of exchange) (*comm. - finan.*), riscontro.
rediscount (to) (a draft) (*comm. - finan.*), riscontrare.
redissolve (to) (*chem.*), ridisciogliere.
redo (to) (to do something again) (*gen.*), rifare.
redox (oxidation/reduction) (*chem.*), ossidoriduzione. **2.** ~ cell (converting reactant energy into electrical energy) (*elect. - chem.*), pila ad ossidoriduzione.
redraft (*comm. - law*), rivalsa. **2.** ~ (*draw.*), modifica al disegno.
redraft (to) (to redraw a modified sketch) (*draw.*), ridisegnare.
redrawing (*sheet metal w.*), imbutitura successiva, passaggio successivo di imbutitura. **2.** ~ press (*metal sheet w. mach.*), pressa per imbutitura successiva. **3.** inside-out ~ (reverse redrawing) (*sheet metal w.*), imbutitura inversa, controimbutitura. **4.** reverse ~ (*sheet metal w.*), imbutitura inversa, controimbutitura.
redress (to) (to return an aeroplane to flying attitude) (*aer.*), raddrizzare, riportare in assetto di volo.
redrill (to) (*technol.*), ripassare al trapano.
red-short (*a. - metall.*), fragile a caldo.
red-shortness (*metall.*), fragilità al calor rosso, fragilità a caldo.
reduce (to) (*gen.*), ridurre. **2.** ~ (*chem.*), ridurre, deossidare. **3.** ~ (*phot.*), indebolire. **4.** ~ (to cause something to assume a certain state by means of crushing etc.) (*phys.*), ridurre. **5.** ~ (for extracting metal from ore) (*metall.*), ridurre. **6.** ~ (to gear down) (*mech.*), demoltiplicare, ridurre. **7.** ~ the price (*comm.*), ridurre il prezzo.
reduced (*gen.*), ridotto. **2.** ~ (geared down) (*mech.*),

demoltiplicato. **3.** ~ speed (as of an aut.), velocità ridotta.

reducer (*mech.*), riduttore, dispositivo di riduzione. **2.** ~ (*pip.*), giunto di riduzione. **3.** ~ (*chem.*), agente riducente, deossidante. **4.** ~ (as for overexposed negatives) (*phot.*), bagno di indebolimento. **5.** ~ (thinner) (*paint.*) (Am.), diluente. **6.** pressure ~ (mech. device for reducing pressure) (*mech. and ind. app.*), riduttore di pressione. **7.** speed ~ (*mech.*), riduttore, riduttore di velocità.

"reduceroll" (forging rolls) (*forging mach.*), laminatoio sbozzatore (per fucinati), fucinatrice a rulli, sbozzatrice a rulli, laminatoio di preparazione (alla fucinatura). **2.** ~ , *see also* forging rolls.

reducing (*a. - mech.*), riduttore. **2.** ~ (*a. - chem.*), riducente. **3.** ~ furnace (*metall.*), forno di riduzione. **4.** ~ gear (the gear of a gear reduction unit) (*mech.*), ingranaggio del riduttore. **5.** ~ power (extent to which a white pigment whitens a colored pigment) (*paint.*), potere decolorante. **6.** ~ press (as for redrawing cartridge shells) (*mech. ind.*), pressa di pressotrafilatura, pressa di imbutitura con trafilatura a freddo. **7.** ~ socket (or pipe-joint) (internally threaded fitting for connecting pipes of different diameters) (*pip.*) (Brit.), manicotto di riduzione. **8.** ~ valve (*mech.*), valvola (automatica) di riduzione della (pressione).

reduction (*chem.*), riduzione. **2.** ~ (as of price) (*comm.*), riduzione. **3.** ~ (as of observed values to standard conditions) (*meteorol.*), correzione. **4.** ~ (of an accumulator plate) (*electrochem.*), riduzione. **5.** ~ (process of condensing data without loosing important details: as on films, microfilms etc.) (*comp.*), riduzione. **6.** ~ gear (as between the engine and the airscrew) (*aer. - mech.*), riduttore (a ingranaggi). **7.** ~ gear (reduction unit) (*mech.*), riduttore. **8.** ~ gear bevel pinion (*mech.*), pignone conico del riduttore. **9.** ~ gear casing (*mech.*), scatola del riduttore (a ingranaggi). **10.** ~ gears (*mech.*), ingranaggi di riduzione. **11.** ~ unit (*mech.*), riduttore. **12.** epicyclic ~ gear (*mach.*), riduttore epicicloidale. **13.** gear ~ unit (*mech.*) (Brit.), riduttore a ingranaggi. **14.** reverse ~ gear (*mech. - naut.*), riduttore dell'invertitore. **15.** torquemeter ~ gear (*aer. mot.*), riduttore con torsiometro (incorporato). **16.** worm ~ unit (*mech.*) (Brit.), riduttore a vite senza fine.

redundancy (*elect. sign.*), ridondanza. **2.** ~ (as a duplication of circuitry for reducing the failure possibility) (*comp.*), ridondanza. **3.** ~ payments (payments in case of dismissal of workers due to lack of work) (*work.*), indennità da pagare in caso di licenziamenti per mancanza di lavoro.

redundant (*gen.*), ridondante. **2.** ~ member (not effectively necessary for support: in a structure) (*constr. statics*), elemento ridondante, elemento iperstatico. **3.** ~ signals (useless component signals) (*elect. - etc.*), segnali ridondanti.

redwood (a coniferous timber tree: as Californian sequoia) (*wood*), sequoia.

reed (type of molding) (*arch.*), tipo di modanatura. **2.** ~ (similar to the bamboo cane), canna. **3.** ~ (of a loom) (*text. ind.*), pettine. **4.** ~ (of musical instr.), linguetta. **5.** ~ (metal tongue, as of a frequency meter) (*elect.*), lamella. **6.** ~ (non metallic inclusion: defect, as in rolling) (*metall.*), inclusione non metallica. **7.** expanding ~ (*text. mach.*), pettine estensibile. **8.** fast ~ (of a warping mach.) (*text. mach.*), pettine fisso. **9.** fast ~ (as of a loom) (*text. ind.*), pettine fisso. **10.** vibrating ~ (*elect. instr.*), lamella vibrante.

reeding (*arch.*), tipo di modanatura. **2.** ~ (*text. mfg.*), impettinatura. **3.** ~ (serrations around the edge of a coin) (*mech. technol.*), zigrinatura. **4.** ~ machine (*text. ind. mach.*), macchina per il passaggio al pettine, macchina di passatura.

reeducation (of workers) (*work. - etc.*), riaddestramento.

reef (of a sail) (*naut.*), terzarolo. **2.** ~ (in the sea) (*rock*), scogliera, banco di scogli. **3.** ~ (*min.*), filone tabulare. **4.** ~ band (piece of canvas for strengthening a sail at the reef point holes) (*naut.*), benda di terzarolo. **5.** ~ knot (*naut.*), nodo piano. **6.** ~ point (of a sail) (*naut.*), matafione di terzarolo. **7.** ~ tackle (*naut.*), paranchino di terzarolo. **8.** balance ~ (diagonal reef) (*naut.*), terzarolo diagonale. **9.** saddle ~ (*geol. - min.*), filone tabulare ondulato.

reef (to) (*naut.*), terzarolare.

reefer (refrigerator car) (*railw.*), carro frigorifero, vagone frigorifero. **2.** ~ (refrigerator truck) (*veh.*), autofurgone refrigerato. **3.** ~ (refrigerator ship) (*naut.*), nave frigorifera. **4.** ~ (refrigerator), *see* refrigerator.

reek (exhalation) (*gen.*), esalazione.

reel (*weaving device*), aspo. **2.** ~ (of sewing thread) (*text. ind.*), rocchetto. **3.** ~ (spool), bobina, rocchetto. **4.** ~ (of wire, string, photographic film, etc.), bobina, rocchetto. **5.** ~ (of a print. mach.) (*typ. mach.*), bobina, rotolo. **6.** ~ (spool on which a film is wound) (*m. pict.*), bobina. **7.** ~ (film wound on the spool) (*m. pict.*), rotolo. **8.** ~ (1000 or 2000 ft. of film) (*m. pict.*), rotolo di 305 (o 610) metri. **9.** ~ (on which a line etc. is wound) (*naut.*), guindolo, tamburo. **10.** ~ (of paper) (*paper mfg.*), bobina, rotolo. **11.** ~ (as of tape for a magnetic recorder) (*electroacous.*), bobina. **12.** ~ carrier (reel trolley) (*packing ind.*), portabobina. **13.** ~ printing (web or roll printing) (*prin.*), stampa dalla bobina, stampa dal rotolo. **14.** ~ stick (of a loom) (*text. mech.*), portarocche. **15.** ~ trolley (reel carrier) (*packing ind.*), portabobina. **16.** log ~ (*naut.*), guindolo del solcometro, tamburo del solcometro. **17.**payoff ~ (as of a tape recorder) (*electroacous.*), bobina svolgitrice. **18.** power ~ (*text. mach.*), aspatoio meccanico. **19.** star ~ (of a rotary press) (*print. mach.*), portabobina stellare. **20.** take-up ~ (as of a tape recorder) (*electroacous.*), bobina di avvolgimento, bobina avvolgitrice. **21.** ~ , *see also* spool.

reel (to) (as paper) (*paper mfg. - etc.*), avvolgere, bobinare. **2.** ~ (*text. ind.*), innaspare. **3.** ~ (to be shaken by the disorderly movements of a ship when in a storm) (*naut.*), ballare. **4.** ~ off (*text. ind.*), dipanare.

reeler (reeling machine) (*paper mfg. - etc.*), bobinatrice.

reeling (*text. ind.*), innaspamento, aspatura. **2.** ~ (straightening and planishing of a round bar by feeding it between steel rolls in a direction nearly parallel to the axes of the rolls) (*metall.*), rullatura, raddrizzatura-spianatura a rulli. **3.** ~ apparatus (for cocoons) (*silk ind. impl.*), filatoio, aspatoio. **4.** ~ frame (*text. mach.*), aspatoio. **5.** ~ hammer (with rectangular edges: for paving blocks) (*mas.*), martellina da pavimentatore. **6.** automatic ~ apparatus (for cocoons) (*text. mach.*), filatrice (o aspatrice) automatica. **7.** crossed ~ (*text. ind.*), innaspamento incrociato, aspatura incrociata. **8.** double-end ~ (*text. ind.*), innaspamento a due capi, aspatura a due fili. **9.** silk ~ (*silk mfg.*), filatura del bozzolo, trattura della seta.

reel-to-reel (magnetic tape threading) (*a. - tape recording*), da bobina a bobina.

reengage (to) (*milit.*), raffermare.

reenter (said of a spaceship returning to orbit in the earth's atmosphere) (*astron.*), rientro. **2.** ~ problem (as of a spaceship in the earth's atmosphere) (*astric.*), problema del rientro.

reenter (to) (said of a spaceship returning to orbit in the earth's atmosphere) (*astric.*), rientrare.

reentering (*a. - gen.*), rientrante. **2.** ~ (as of a wall) (*bldg. - etc.*), rientrante. **3.** ~ angle (*geom.*), angolo rientrante.

reentrable, reentrant (said of a sequence of instructions not subjected to change and consequently in execution concurrently in several tasks contemporaneously: reusable, shareable, pure code, reentrant code) (*a. - comp.*), rientrabile, riutilizzabile, rientrante.

reentrance, reentrancy (as an inward indentation) (*n. - gen.*), rientranza. **2.** ~ (state of to be reusable or reentrant or reentrable) (*n. - comp.*), rientranza, riutilizzabilità.

reentry (said of a capsule or space vehicle returning from space) (*astric.*), rientro. **2.** ~ (retaking of possession) (*law*) ripresa di possesso.

reetch (to) (to etch something again: as a lithographic stone) (*typ.*), rimordenzare.

reeve (to) (as a rope in a hole) (*gen.*), passare.

reexport (*comm.*), riesportazione.

reexport (to) (*comm.*), riesportare.

reface (to) a bearing (*mech.*), ripassare (o rettificare) un cuscinetto. **2.** ~ a valve (*mech.*) (Am.), rettificare una valvola.

refectory (as of a convent) (*arch.*), refettorio.

refer (to) (to relate) (*gen.*), riferirsi. **2.** ~ (to inquire about the integrity, capacity, etc. as of an employee) (*pers.*), rivolgersi per referenze (o informazioni).

referee (*sport*), arbitro. **2.** ~ in bankruptcy (*adm.*), giudice fallimentare.

reference (*gen.*), riferimento. **2.** ~ (as an instruction label at the inside of a program) (*n. - comp.*), riferimento. **3.** ~ block (used for the control of ultrasonic equipment, as for the examination of welds) (*mech. technol.*), blocchetto di riferimento. **4.** ~ edge, *see* guide edge. **5.** ~ gage (Am.), ~ gauge (Brit.) (*mech.*), calibro di riscontro, calibro campione. **6.** ~ line (*math. - draw.*), linea di riferimento. **7.** ~ list (instructions listing) (*comp.*), lista dei riferimenti. **8.** ~ mark (*print.*), segno di riferimento. **9.** ~ mark (distant mark used for taking angular distances to other marks) (*top.*), centrino di riferimento. **10.** ~ roll (*mech. technol.*), rullo di calibratura. **11.** ~ temperature (*gen.*), temperatura di riferimento. **12.** ~, *see also* references.

references (written declaration of qualifications) (*comm. - pers. - etc.*), referenze. **2.** ~ (list of reference publications, as at the end of a book) (*edit.*), bibliografia. **3.** bank ~ (*comm.*), referenze bancarie. **4.** credit ~ (*comm.*), referenze di credito.

refill (replacement, as for a ball pen) (*n. - gen.*), ricambio, "refill".

refill (to) (*gen.*), riempire nuovamente.

refinancing (*adm. - finan.*), rifinanziamento.

refine (to) (*metall.*), affinare. **2.** ~ (*ind.*), raffinare. **3.** ~ (to improve) (*gen.*), migliorare, perfezionare. **4.** ~ (to treat the stuff in the beater) (*paper mfg.*), raffinare. **5.** zone ~ (to refine by zone melting) (*metall.*), affinare per zone.

refinement (process of refining) (*ind.*), raffinazione. **2.** ~ (improvement) (*gen.*), perfezionamento. **3.** aerodynamic ~ (of an aircraft) (*aer.*), finezza aerodinamica.

refiner (as in the rubb. ind.), raffinatore. **2.** ~ (perfecting engine, mach. used for reducing large particles in the pulp) (*paper mfg. mach.*), raffinatore. **3.** ~ (refining chamber of a tank furnace) (*glass mfg.*), zona di affinaggio. **4.** double-disk ~ (*paper mfg. mach.*), raffinatore a doppio disco.

refinery (as for oil, metals, sugar), raffineria. **2.** oil ~ (*ind. chem.*), raffineria di petrolio. **3.** petroleum ~ (*ind. chem.*), raffineria di petrolio.

refining (of grain) (*metall.*), affinazione. **2.** ~ (process by which molten glass is cleared from undissolved gases) (*glass mfg.*), affinaggio. **3.** ~ (*chem.*), raffinazione. **4.** ~ engine (*paper mfg. mach.*), *see* refiner. **5.** clay ~ (as gasoline by granular clay) (*ind. chem.*), raffinazione con argilla. **6.** electrolytic ~ (*electrochem.*), raffinazione elettrolitica. **7.** grain ~ (*metall.*), affinazione del grano. **8.** open-hearth ~ (*metall.*), affinazione su suola. **9.** steam ~ (as of gasoline) (*ind. chem.*), raffinazione con vapore acqueo.

refit (*gen.*), riparazione. **2.** ~ (*naut.*), raddobbo.

refit (to), riattare. **2.** ~ (*naut.*), raddobbare, riparare.

"REF L" (reference line, datum line) (*draw.*), linea di riferimento.

reflect (to) (to return rays, waves, etc. or to be mirrored) (*phys.*), riflettere, riflettersi.

reflectance (*opt.*), fattore di riflessione. **2.** ~ (in opt. character recognition) (*comp.*), riflettanza.

reflected (mirrored) (*a. - phys.*), riflesso. **2.** ~ impedance (*elect.*), impedenza mutua.

reflecting (*a. - phys.*), riflettente. **2.** ~ galvanometer (mirror galvanometer) (*elect. instr.*), galvanometro a specchio.

reflection (*phys.*), riflessione. **2.** ~ (*math.*), riflessione. **3.** ~ factor (coefficient of reflection) (*phys.*), riflettenza, coefficiente di riflessione. **4.** ~ loss (*radio*) (Brit.), attenuazione di riflessione. **5.** ~ preventing (as for phot. lens) (*opt.*), antiriflettente. **6.** bottom ~ (*und. acous.*), riflessione da (o del) fondo. **7.** regular ~ (*opt.*), riflessione regolare. **8.** spurious ~ (parasitic reflection) (*radar*), riflessione spuria. **9.** surface ~ (*und. acous.*), riflessione di (o della) superficie. **10.** total ~ meter (*phys. instr.*), totalrifrattometro.

reflectivity (*phys.*), potere riflettente, fattore di riflessione.

reflectometer (instrument for measuring reflection) (*opt. instr.*), riflettometro.

reflector (*elect. illum. impl.*), riflettore. **2.** ~ (of aut. headlight), riflettore. **3.** ~ (flat reflecting device generally covered with thick colored glass), catarifrangente. **4.** ~ (of a telev. antenna) (*telev.*), riflettore. **5.** ~ (*radar*), riflettore. **6.** ~ (telescope provided with concave mirror for focusing) (*opt. instr.*), telescopio riflettore, telescopio catottrico. **7.** ~ (a device reflecting neutrons back to the core) (*atom phys.*), riflettore neutronico. **8.** collapsible corner ~ (*radar*), riflettore angolare ripiegabile. **9.** corner ~ (*radar*), riflettore angolare. **10.** fishbone ~ (*radar*), riflettore a spina di pesce. **11.** floodlight ~ (*illum.*), riflettore a largo fascio di luce. **12.** parabolic ~ (*radio - radar - illum.*), riflettore parabolico. **13.** reflex ~ (*aut.*), catarifrangente, assieme di catadiottri. **14.** RLM dome ~ (*illum. app.*), tipo di riflettore (unificato in Am.) per illum. di ambienti industriali. **15.** standard ~ (*illum.*), riflettore comune. **16.** supergain ~ (*radar*), riflettore ad altissimo guadagno. **17.** trailer reflex ~ (*aut.*), catarifrangente per rimorchio. **18.** truncated-parabola ~ (*radar*), riflettore a parabola tronca.

reflectoscope (app. used for testing the soundness, as of metal ingots, by comparing reflection of high-frequency waves) (*testing app.*), "riflettoscopio".

reflex (*psychol. - physiology*), riflesso. **2.** ~ (image produced by reflection from a mirror) (*n. - opt.*), immagine riflessa. **3.** ~ (relating to a reflected image) (*a. - opt.*), a riflessione. **4.** ~ camera (where the image is reflected on a ground glass screen) (*phot.*), macchina (fotografica) reflex, fotocamera reflex. **5.** psychogalvanic ~ (p.g.r.) (*psychol. - physiology*), riflesso psicogalvanico.

refloat (to) (*naut.*), recuperare, rimettere a galla.

reflux, riflusso. **2.** ~ (*chem.*), riflusso. **3.** ~ (reflux condenser) (*chem. ind. app.*), condensatore a riflusso. **4.** ~ ratio (*chem.*), rapporto di riflusso. **5.** ~ valve (check valve) (*pip.*), valvola di ritegno.

reform (to) (to produce higher octane gasoline by cracking) (*chem. technol.*), trattare col processo "reforming".

reforming (process by which the octane rating of gasoline is increased through the isomerization and cyclization of the composing hydrocarbons) (*chem. ind.*), reforming, processo di trasformazione tendente ad aumentare il numero di ottano di benzine mediante isomerizzazione e ciclizzazione degli idrocarburi costituenti le stesse.

refract (to) (*opt. - phys.*), rifrangere.

refracted (*opt. - phys.*), rifratto.

refraction (*opt. - phys.*), rifrazione. **2.** ~ (*radio*) (Brit.), rifrazione. **3.** atmospheric ~ (due to the varying density of the atmosphere and causing errors in the observed altitude) (*astr.*), rifrazione atmosferica. **4.** dome ~ (due to the astrodome) (*opt. - astr.*), rifrazione della cupola. **5.** double ~ (*opt.*), birifrangenza. **6.** index of ~ (refractive index) (*opt.*), indice di rifrazione. **7.** seismic ~ (method for determining rock depths) (*geotechnique*), rifrazione sismica. **8.** sound rays ~ (due to gradient temperature and salinity) (*und. acous.*), rifrazione dei raggi sonori.

refractive (refracting) (*opt. - phys.*), rifrangente. **2.** ~ (pertaining or due to refraction) (*a. - opt.*), relativo alla rifrazione, di rifrazione. **3.** ~ index (*opt.*), indice di rifrazione.

refractivity (*phys.*), rifrattività.

refractometer (*phys. instr.*), rifrattometro.

refractometric (*a. - phys.*), rifrattometrico.

refractometry (*phys.*), rifrattometria.

refractor (*elect. illum. impl.*), rifrattore. **2.** ~ (a telescope provided with an achromatic lens for focusing) (*opt. instr.*), telescopio rifrattore, telescopio diottrico.

refractoriness (as of materials) (*therm.*), refrattarietà.

refractory (as of lining material for furnaces) (*a. - n.*), refrattario. **2.** ~ clay (fireclay) (*geol. - metall.*), argilla refrattaria, terra refrattaria. **3.** ~ lining (of furnaces), rivestimento refrattario. **4.** ~ metal (as molybdenum, columbium or tantalium, used for parts working at very high temperature) (*metall.*), metallo refrattario.

refresh (operation of refreshing: as of an image on a visual display unit) (*comp.*), rinfresco, ripristino.

refresh (to) (electronic operation made to avoid degradation of "RAM" dynamic memory and of image on a display terminal) (*comp.*), rinfrescare, ripristinare costantemente.

refresher (keeping up to date) (*a. - gen.*), di aggior-

namento. **2.** ~ (refresher course, as for pilots) (*n. - gen.*), corso di aggiornamento.
refrigerant (*a. - therm.*), refrigerante.
refrigerate (to) (*therm. ind.*), refrigerare.
refrigerating (*a.*), frigorifero. **2.** ~ capacity (*therm.*), potenza frigorifera. **3.** ~ machine (*mach.*), macchina frigorifera. **4.** ~ machinery compartment (as of a ship) (*naut.*), sala macchine frigorifere. **5.** ~ unit (*therm. meas.*), frigoria.
refrigeration, refrigerazione. **2.** ~ compressor (*ind. mach.*), compressore per frigorifero. **3.** ~ industry (*ind.*), industria del freddo. **4.** air ~ (as in air conditioning), refrigerazione dell'aria. **5.** electric ~ (*therm.*), refrigerazione ottenuta con macchina frigorifera a compressore elettrocomandato. **6.** gas ~ (*therm.*), refrigerazione ottenuta a mezzo app. frigorifero azionato da riscaldamento a gas. **7.** mechanical ~ (*cooling technol.*), refrigerazione effettuata mediante macchine frigorifere.
refrigerative (*n. - a. - therm. ind.*), refrigerante.
refrigerator (therm. apparatus for cooling compressed air) (*ind.*), refrigeratore. **2.** ~ (*household app.*), frigorifero. **3.** ~ (freezer) (*therm.*), cella frigorifera. **4.** ~ (*work.*), operaio addetto ad un gruppo refrigerante. **5.** ~ car (*railw.*), carro frigorifero, carro refrigerato. **6.** ~ ship (*naut.*), nave frigorifera. **7.** ~ truck (*veh.*), autofurgone refrigerato. **8.** absorption ~ (*therm. mach.*), frigorifero ad assorbimento. **9.** condensing unit ~ (*therm. mach.*), frigorifero a condensatore. **10.** electric home ~ (*therm. mach.*), frigorifero elettrico per famiglia. **11.** electric ~ (*therm. mach.*), frigorifero (con compressore) azionato da motore elettrico. **12.** gas ~ (*therm. mach.*), frigorifero ad assorbimento azionato da riscaldatore a gas. **13.** mechanical ~ (*therm. mach.*), frigorifero (con compressore) azionato da un motore a combustione interna.
refrigeratory (device for condensing vapours) (*n. - therm. app.*), condensatore. **2.** ~ (chamber in which ice is formed) (*n. - as in a domestic refrigerator*), evaporatore. **3.** ~ (*a.*), see refrigerative.
refuel (to) (*comb.*), rifornire di carburante.
refuelling (as of aer., aut. etc.) (*fuel*), rifornimento. **2.** ~ (of a nuclear reactor) (*atom phys.*), cambio degli elementi di combustibile. **3.** ~ in flight (*aer.*), rifornimento in volo.
refund (to) (*comm.*), rifondere, rimborsare.
refurbish (to) (to renovate) (*comp. - etc.*), rimettere a nuovo.
refurbishing (renewal, repair) (*n. - comp. - etc.*), rimessa a nuovo.
refusal (the total length a pile sinks under repeated blows) (*bldg.*), rifiuto. **2.** to ~ (as of a pile driven until stoppage) (*n. - bldg. - mech. - etc.*), a rifiuto.
refuse (*gen.*), scarto. **2.** ~ (waste of municipalities) (*gen.*), immondizie, rifiuti.
refusion (*found.*), rifusione.
regain (weight allowance for humidity of fibers) (*text. ind.*), ripresa, tolleranza (di umidità) dopo l'essiccazione.
regap (to) (to adjust the sparking plug electrode gap) (*mot.*), registrare la distanza tra gli elettrodi (o tra le puntine).
regatta (*sport*), regata.
regenerate (to) (to make use again, by means of preheaters or other special devices, of heat or other forms of energy that otherwise would be lost) (*ind.*), ricuperare. **2.** ~ (to re-establish original properties of a material) (*ind.*), rigenerare.
regeneration (making use again, by means of preheaters or other special devices, of heat or other forms of energy that otherwise would be lost) (*ind.*), ricupero. **2.** ~ (*radio - elect.*), rigenerazione, reazione positiva. **3.** ~ (*radio*), *see also* feedback, reaction. **4.** ~ (the refreshing of the image on a "VDU", the rewriting process after a destructive reading etc.) (*comp.*), rigenerazione.
regenerative (as of an air heater) (*a. - ind.*), a ricupero. **2.** ~ cycle (relating to steam engines making use of regeneration heat) (*steam eng.*), ciclo a recupero di calore. **3.** ~ furnace (*ind. app.*), forno a ricupero (di calore). **4.** ~ storage (a storage, as a tube, in which data are continuously read and restored for avoiding their loss: refreshing storage) (*comp.*), memoria a rinfresco, memoria a rigenerazione, memoria a ripristino.
regenerator (a device for heating incoming air or gases by means of the outgoing hot gases, as in a furnace) (*ind. app.*), preriscaldatore a ricupero, ricuperatore di calore, ricuperatore. **2.** ~ (for heat in a Stirling cycle engine) (*n. - thermodyn.*), serbatoio-scambiatore di calore (teoricamente isotermico). **3.** ~ (counterpoise: as of a mine pump) (*n. - mech.*), contrappeso di bilanciamento. **4.** Cowper ~ (Cowper stove, of a furnace) (*metall.*), cowper, recuperatore di calore cowper.
regiment (*milit.*), reggimento.
regiment (to) (to make up regiments) (*milit.*), formare reggimenti.
region (tract of land) (*geogr.*), regione. **2.** ~ (*math.*), campo di variabili. **3.** ~ blacker-than-black (*telev.*), zona infranera. **4.** blurring ~ (*telev.*), zona d'incertezza. **5.** D ~ (low ionosphere: from 60 to 80 km high with a particular reflecting action) (*radio - atmosphere*), strato D. **6.** E ~, *see* E layer. **7.** flight-information ~ (air space within which flight information is provided) (*air navig.*), regione per la quale vengono fornite informazioni di volo. **8.** industrially retarded ~ (*econ.*), zona depressa.
register (book) (*adm.*), registro. **2.** ~ (for admitting or excluding air: as in air conditioning) (*ventil.*), registro, valvola di regolazione. **3.** ~ (correct correspondence of superimposed work, as of colors in color printing) (*print.*), registro. **4.** ~ (a hardware device used for storing and operating a limited number of data) (*comp.*), registro. **5.** ~ (hardware for memorizing one comp. word) (*comp.*), regi-

stro. **6.** ~ glass (glass plate against which the film is pushed during exposure) (*phot.*), pressapellicola. **7.** ~ marks (*print.*), croci di registro. **8.** accumulator ~ ("CPU" location where the results of arithmetical or logical operations are memorized) (*comp.*), accumulatore, registro accumulatore. **9.** address ~ (*comp.*), registro di indirizzamento. **10.** American ~, "AR" (*naut.*), RA, registro americano. **11.** electronic cash ~, "ECR" (*comm. elics. app.*), registratore di cassa elettronico. **12.** index ~ (modifier register used for altering an address) (*comp.*), registro indice. **13.** input ~ (*comp.*), registro di ingresso. **14.** instruction ~ (*comp.*), registro di istruzione. **15.** Lloyd's ~ (*naut.*), registro di classificazione del Lloyd. **16.** memory ~, *see* storage ~. **17.** modifier ~, *see* index ~. **18.** off ~ (out of register: as in color printing) (*print.*), fuori registro. **19.** operation ~ (gives instruction on the operation to carry out) (*comp.*), registro di operazione. **20.** program ~ (instruction register) (*comp.*), registro di programma. **21.** shift ~ (in which the characters, data etc. may be shifted one or more positions) (*comp.*), registro a scorrimento. **22.** side ~ (controlling circuit) (*elics.*), regolatore di posizione. **23.** standby ~ (*comp.*), registro di riserva. **24.** storage ~ (register memorizing one comp. word) (*comp.*), registro di memoria.

register (to) (to record) (*adm.*), registrare. **2.** ~ (to correspond exactly) (*gen.*), mettere a registro per corrispondere esattamente. **3.** ~ (as a car) (*aut.*), immatricolare. **4.** ~ (a letter) (*mail*), raccomandare. **5.** ~ (to superimpose exactly as two or more color images, in phot. printing) (*phot.*), sovrapporre a registro.

registered (as of bonds, shares etc.) (*a. - finan.*), nominativo. **2.** ~ (as a letter) (*a. - mail*), raccomandato. **3.** ~ (as a car) (*aut.*), immatricolato. **4.** ~ letter (*comm.*), lettera raccomandata, raccomandata. **5.** ~ mail (*a. - mail*), posta raccomandata. **6.** ~ pattern (*ind. law*), modello depositato. **7.** ~ stock (*finan.*), titolo nominativo. **8.** ~ tonnage (gross tonnage after the volume occupied by engines and crew has been deducted) (*freight ship*), tonnellaggio registrato. **9.** ~ trade-mark (*ind. law*), marchio (di fabbrica) depositato.

registering thermometer (thermometer that indicates either the max. or the min. or both temperatures) (*instr.*), termometro a (o di) massima o/e minima.

registrar (an official keeper of records) (*pers.*), archivista.

registration (*adm.*), registrazione. **2.** ~ (as of a car or civil airplane) (*aut. - aer. law*), immatricolazione. **3.** ~ (as of shares) (*finan.*), nominatività. **4.** ~ book (*pers.*), libro matricola. **5.** land ~ (cadastral registration) (*cadastre - law*), iscrizione al catasto terriero.

registry (certificate of registry) (*naut.*), certificato rilasciato dalle autorità portuali, contenente la descrizione della nave ed attestante la nazionalità della stessa.

reglet (*arch.*), tipo di modanatura piatta. **2.** ~ (strip of wood used for spacing) (*typ.*), regolo tipografico. **3.** nonpareil ~ (six points reglet) (*typ.*), regolo da sei punti. **4.** pica ~ (twelve points reglet) (*typ.*), regolo da dodici punti.

regrating (redressing of old stone faces) (*mas.*), ripassatura.

regress (to) (*gen.*), regredire.

regression (*stat.*), regressione.

regrind (to) (as the valve seats of an aut. mot.) (*mech.*) (Am.), ripassare. **2.** ~ (tools) (*mech.*), riaffilare.

regrindable (*t.*), riaffilabile.

regrinding (of tools) (*mech.*), riaffilatura.

reground (*t.*), riaffilato.

regular (normal) (*a. - gen.*), regolare. **2.** ~ fuel (gasoline, as distinguished from premium fuel) (*aut.*), benzina normale.

regularly (*gen.*), regolarmente.

regulate (to) (*mech.*), regolare.

regulating box (rheostat for regulating the current) (*elect.*), reostato di regolazione.

regulation (*mech. - elect. - etc.*), regolazione. **2.** ~ (*law*), regolamento. **3.** ~ (*a. - gen.*), prescritto, regolamentare. **4.** ~ number plate (as of a vehicle) (*aut. - law*), targa regolamentare. **5.** automatic ~ (as of voltage) (*elect. - etc.*), autoregolazione, regolazione automatica. **6.** frequency-based speed ~, "FBSR" (*electromech.*), regolazione di velocità a riferimento di frequenza. **7.** manual ~ (as of voltage) (*elect. - etc.*), regolazione a mano. **8.** on-off ~ (*mach.*), regolazione a tutto o niente. **9.** railway ~ (*railw.*), regolamento ferroviario. **10.** steady state ~ (as of voltage) (*elect. - etc.*), regolazione statica. **11.** transient voltage ~ (*elect. - etc.*), regolazione della tensione transitoria.

regulator (*elect. app.*), regolatore. **2.** ~ (of mach., watch etc.), regolatore. **3.** ~ (as of a steam engine), regolatore di ammissione (del vapore), valvola di riduzione (della pressione del vapore). **4.** automatic voltage ~ (*elect. app.*), regolatore automatico di tensione. **5.** carbon-pile voltage ~ (*elect. app.*), regolatore di tensione a compressione di dischi di carbone. **6.** door window ~ (for vertical sliding glass panes) (*aut.*) (Am.), dispositivo alzacristalli. **7.** electronic voltage ~ (*elect.*), regolatore di tensione elettronico. **8.** exciter field ~ (*elect. app.*), reostato di campo dell'eccitatrice. **9.** feed ~ (*elect.*), regolatore di alimentazione. **10.** induction ~ (*electromech.*), regolatore a induzione. **11.** magamp voltage ~ (magnetic amplifier voltage regulator) (*elect.*), regolatore di tensione ad amplificatori magnetici. **12.** magnetic amplifier voltage ~ (*elect.*), regolatore di tensione ad amplificatori magnetici. **13.** on-off ~ (as for temperature) (*instr.*), regolatore tutto-niente. **14.** pressure ~ (as of gases), regolatore di pressione. **15.** setting time ~ (as for concrete) (*bldg.*), regolatore del tempo di presa. **16.** transistor-magamp voltage ~ (*elics.*), regolatore di tensione ad amplificatori magnetici e transistori. **17.** voltage ~ (*elect.*), regolatore di tensione.

reguline (smooth electrodeposit of metal) (*electroplating*), elettrodeposito metallico.

regulus (the button, globule or mass of metal formed in smelting and reducing ores) (*old metall. - chem.*), regolo.

rehabilitation (as of a build.) (*bldg.*), ripristino, restauro.

rehearsal (*m. pict. - etc.*), prova.

reheater (exhaust reheater, of a jet engine) (*aer. mot.*), postbruciatore, postcombustore. **2.** ~ (for supplementary heating to be supplied to a fluid) (*thermodyn.*), riscaldatore intermedio.

reheating (aftercombustion: as in a jet engine) (*mot.*), postcombustione, "ricombustione". **2.** ~ (*therm.*), riscaldamento successivo. **3.** ~ (*metall.*), postriscaldo, riscaldamento successivo. **4.** ~ (of a gas turbine), riscaldamento intermedio. **5.** ~ chamber (of a gas turbine), combustore per riscaldamento intermedio (o postcombustione).

reimburse (to) (*comm.*), rimborsare, rifondere.

reimbursement (*comm.*), rimborso.

reimport (reimportation) (*comm.*), reimportazione.

reimpose (to) (*print.*), reimpaginare.

reinforce (to) (*mech. - bldg.*), rinforzare. **2.** ~ (concrete by iron rods) (*reinf. concr.*), armare. **3.** ~ the bearings (*bldg.*), rinforzare gli appoggi.

reinforced (*gen.*), rinforzato. **2.** ~ (*reinf. concr.*), armato. **3.** ~ concrete (*bldg.*), cemento armato. **4.** ~ concrete and hollow tiles mixed floor (*bldg.*), solaio misto in cemento armato e laterizi. **5.** ~ concrete structure (*bldg.*), struttura in cemento armato. **6.** doubly ~ (*reinf. concr.*), a doppia armatura, armato nei due sensi.

reinforcement (*mech.*), rinforzo. **2.** ~ (*mas.*), consolidamento. **3.** ~ (steel bars for concrete) (*reinf. concr.*), armatura. **4.** ~ bars (*reinf. concr.*), ferri dell'armatura. **5.** ~ ring (as on high-pressure steel pipes of a water line) (*hydr.*), cerchiatura di rinforzo. **6.** ~ rods (*reinf. concr.*), ferri dell'armatura. **7.** diagonal ~ (of iron rods) (*reinf. concr.*), armatura diagonale. **8.** double ~ (of iron rods) (*reinf. concr.*), armatura doppia. **9.** longitudinal ~ (of iron rods) (*reinf. concr.*), armatura longitudinale. **10.** spiral ~ (of iron rods) (*reinf. concr.*), armatura a spirale. **11.** transverse ~ (of iron rods) (*reinf. concr.*), armatura trasversale, staffe, ferri di ripartizione.

reinforcing rod (*reinf. concr.*), ferro di armatura.

reins (of horse harness), redini. **2.** ~ (of an arch) (*arch.*), reni.

reinstatement (*gen.*), ripristino, reintegrazione.

reinsurance (*insurance*), riassicurazione.

reinsure (to) (to insure again) (*adm.*), riassicurare.

reject (*gen.*), scarto. **2.** ~ (*ind.*), scarto.

reject (to) (*shop*), scartare. **2.** ~ (as of goods) (*comm.*), rifiutare.

rejected (*ind. inspection*), scartato. **2.** ~ by inspection (*ind.*), scartato dal collaudo (o controllo). **3.** ~ work (*ind.*), scarto di lavorazione, pezzo di scarto.

rejection (work, casting etc., rejected, as by inspection) (*ind.*), scarto. **2.** ~ number (by quality control) (*ind. technol.*), numero di rifiuto. **3.** machine shop ~ (*ind.*), scarto di lavorazione. **4.** product ~ device (*packing ind.*), dispositivo scarta-prodotto.

rejector (rejector filter) (*radio*), filtro eliminatore di banda.

rel (reluctance unit equal to one ampere turn per maxwell) (*elect. meas.*), unità di riluttanza (un amper-spira per maxwell).

related (having relationship) (*gen.*), relativo.

relation (*comm.*), relazione. **2.** ~ (report) (*off.*), relazione. **3.** customer relations (*comm.*), rapporti con la clientela. **4.** employer-employees relations (*factory pers. organ.*), rapporti tra dipendenti e direzione. **5.** external relations (*adver. - comm.*), rapporti col pubblico. **6.** human relations (between employees and employer) (*factory pers. organ.*), relazioni sociali. **7.** industrial relations (employment relations, including personnel management and labor relations that is, dealing with all types of activities designed to secure the efficient cooperation of manpower resources) (*pers.*), rapporti di collaborazione aziendale. **8.** labor-management relations (*ind.*), relazioni tra i dipendenti e la direzione, relazioni tra i lavoratori e la direzione. **9.** labor relations (*trade-unions*), rapporti sindacali. **10.** personnel and labor relations (in a factory) (*factory pers. organ.*), relazioni tra personale e sindacati. **11.** press relations (*adver.*), rapporti con la stampa. **12.** public relations (*factory pers. organ.*), relazioni pubbliche. **13.** stockholder relations (*finan.*), rapporti con gli azionisti. **14.** worker-management relations (*factory pers. organ.*), relazioni sociali.

relational (*a. - comp.*), di relazione. **2.** ~ operator (operating a comparison between two values: a true and a false value) (*comp.*), operatore di relazione.

relationship (*gen.*), relazione. **2.** ~ (*comm.*), relazione.

relative (*a. - gen.*), relativo. **2.** ~ aperture (speed: of a lens) (*opt.*), apertura relativa, luminosità. **3.** ~ bearing (*aer. - naut.*), rilevamento relativo alla rotta. **4.** ~ humidity (ratio of water vapor by weight for unit volume to the weight of saturation) (*phys.*), umidità relativa. **5.** ~ inclinometer (referring apparent gravity) (*aer. instr.*), inclinometro relativo. **6.** ~ motion (of one body in respect of a fixed one) (*phys.*), moto relativo. **7.** ~ speed (as of an aircraft with reference to the air) (*aut. - aer. - mech.*), velocità relativa.

relativistic (pertaining to relativity) (*a. - math. - phys.*), relativistico.

relativity (*gen.*), relatività. **2.** ~ theory (*math. -*

phys.), teoria della relatività. **3.** general theory of ~ (*phys.*), teoria della relatività generale. **4.** special (or restricted) theory of ~ (*phys.*), teoria della relatività speciale (o ristretta).

relax (*a.* - *gen.*), rilassato.

relax (to) (as a tension), rilassare.

relaxation (as of discipline) (*n.* - *gen.*), rilassamento. **2.** ~ of resistance (load loss, as of a spring owing to viscous settlement) (*mech.*) (Brit.), perdita di carico. **3.** ~ oscillation (*radio* - *telev.*) (Brit.), oscillazione rilassata. **4.** ~ oscillation generator (*radio* - *telev.*) (Brit.), generatore di oscillazioni rilassate. **5.** ~ time (damping time in a damped oscillation) (*math.* - *phys.* - *mech.*), tempo di rilassamento. **6.** stress ~ (stress decay, of rubber) (*rubb. ind.*), cedimento sotto carico.

relay (*elect. device*), relé, soccorritore, ripetitore. **2.** ~ broadcast (rebroadcast) (*radio*), ritramissione. **3.** ~ circuit (*elect.*), circuito-relé, circuito di relé. **4.** ~ lever (relay arm, of the steering linkage) (*aut.*), leva di rinvio. **5.** ~ race (*sport*), corsa a staffetta, staffetta. **6.** ~ station (*tlcm.* - *etc.*), stazione ripetitrice. **7.** ~ television (ball reception telev. system) (*telev.*), ripetizione, ritrasmissione. **8.** accelerating ~ (as of an elect. locomotive) (*elect.*), relé d'accelerazione. **9.** auxiliary ~ (*elect. app.*), relé soccorritore. **10.** block ~ (for railw. signaling) (*elect.*), relé di blocco. **11.** definite time lag ~ (definite time delay relay, indipendent time lag relay, in which the operation delay is independent of the magnitude as of the overcurrent) (*elect.*), relé a tempo (regolabile ma indipendente). **12.** delay ~ (*elect.*), relé a ritardo. **13.** dependent time lag ~ (*elect.*), relé a tempo dipendente. **14.** directional ~ (the operation of which depends on the current direction) (*elect.*), relé direzionale. **15.** electromagnetic ~ (*elect.*), relé elettromagnetico. **16.** flag ~ (*elect.*), relé a cartellino. **17.** gas-filled ~ (*thermion.*), relé a gas. **18.** high-speed ~ (*elics.*), relé a funzionamento rapido. **19.** high-tension maximum ~ with time adjustment (*elect.*), relé di massima a tempo per alta tensione. **20.** holding ~ (*elect.*), relé a ritenuta. **21.** impedance ~ (operated by a change of impedance) (*elect.*), relé a impedenza. **22.** induction ~ (*elect.*), relé a induzione. **23.** interlock ~ (as of mach. t.) (*elect.*), relé di asservimento, relé di blocco. **24.** inverse time o/c ~ (inverse time over-current relay, in which the operation time is inversely dependent upon the magnitude of the overcurrent) (*elect.*), relé di sovracorrente a tempo inversamente dipendente. **25.** inverse time ~ with definite minimum (inverse time-limit relay with definite minimum) (*elect.*), relé a tempo inversamente dipendente con ritardo minimo prestabilito. **26.** locking ~ (*elect.*), relé di blocco. **27.** maximum (current) ~ for quick release (*elect.*), relé di massima per interruzione istantanea. **28.** measuring ~ (*elect.*), relé di misura. **29.** mechanical interlock ~ (*elect.*), relé a blocco meccanico. **30.** metering ~ (*elect.*), relé di conteggio. **31.** motor type ~ (*elect.*), relé con indotto a collettore. **32.** moving-coil ~ (*electrotel.*), relé a bobina mobile. **33.** multiple contact ~ (*elect.*), relé a contatti multipli. **34.** neutral ~ (nonpolarized relay) (*elect.*), relé non polarizzato. **35.** over-current ~ (*elect.*), relé di massima corrente. **36.** overload ~ (over-current relay) (*elect.*), relé di massima corrente. **37.** plug-in ~ (*elect.*), relé (innestabile) a spina. **38.** polarized ~ (*electrotel.*), relé polarizzato. **39.** power ~ (*elect.*), relé di potenza. **40.** reed ~ (operating by magnetic field) (*teleph.* - *etc.*), relé a lamelle. **41.** reverse-phase ~ (for protecting mot. against the unwanted reversal of phase) (*elect.*), relé di protezione contro l'inversione di fase. **42.** signal ~ (for railw. signaling) (*elect.*), relé di segnale. **43.** telegraphic ~ (*electrotel.*), relé telegrafico. **44.** temperature ~ (*therm. elect. device*), relé termico. **45.** thermoelectronic ~ (electron tube) (*thermion.*), relé termoelettronico. **46.** thermostatic ~ (*elect.*), relé termico. **47.** time-delay ~ (*elect.*), relé ad azione ritardata. **48.** time ~ (*elect.*), relé a tempo. **49.** track ~ (for railw. signaling) (*elect.*), relé di binario. **50.** two-step ~ (*elect.*), relé a due soglie, relé a doppio effetto.

relay (to) (*elect.*), controllare (o comandare un circuito) a mezzo di relé. **2.** ~ (to pass on as a message to another station) (*telegraph.* - *tlcm.* - *etc.*), ritrasmettere, ripetere.

releasable (*mech.* - *etc.*), disinnestabile.

release (loosening, unclamping) (*mech.*), sbloccaggio, sblocco. **2.** ~ (as of a spring loaded device) (*mech.*), scatto, rilascio. **3.** ~ (device, as of an elect. switch) (*mech.*), dispositivo di sgancio. **4.** ~ (of a new product) (*ind.*), delibera. **5.** ~ (as the steam outflow from a steam engine cylinder), scarico. **6.** ~ (as of a phot. camera), scatto. **7.** ~ (of a film, for rental) (*comm.*), permesso di noleggio, noleggio. **8.** ~ (as for publication, etc.) (*gen.*), licenza, permesso, benestare. **9.** ~ (release agent, for the molding from the mold, in plastic working) (*technol.*), agente di distacco. **10.** ~ (edition, or variant, as of a program after updating) (*comp.*), versione, edizione **11.** ~ button (button for freeing a mechanism) (*phot.* - *etc.*), pulsante di sbocco. **12.** ~ for manufacture (*ind.*), delibera della costruzione. **13.** ~ of a spring (*mech.*), rilascio di una molla, scatto di una molla. **14.** ~ plane (as the vertical one containing the trajectory of an aerial bomb) (*air force*), piano di getto. **15.** ~ print (copy of a film for public use) (*m. pict.*), copia per noleggio. **16.** ~ trigger (as of a phot. camera), scatto, pulsante di scatto. **17.** automatic ~ (*phot.*), autoscatto. **18.** automatic ~ (*electromech.*), apertura automatica. **19.** bonnet ~ (*aut.*), comando apertura cofano. **20.** cable ~ (used to operate the camera shutter) (*phot.*), scatto (o sblocco) comandato da flessibile. **21.** carriage ~ lever (of a typewriter) (*off. mach.*), leva liberacarrello, liberacarrello. **22.** lens ~ (in a camera) (*phot.*), sblocco dell'obiettivo, sblocco dell'ottica. **23.** low-volt ~

(automatic device) (*elect.*), interruttore di minima tensione. **24.** mold ~ agent (in molding of plastics) (*technol.*), prodotto per facilitare il distacco dallo stampo. **25.** new ~ (new edition or new as of a program) (*comp.*), aggiornamento, programma aggiornato. **26.** news ~ (*adver.*), comunicato. **27.** no-voltage ~ (device for opening the circuit, as to a motor, in case of voltage failure) (*elect.*), interruttore di mancanza di tensione. **28.** overcurrent ~ (automatic device) (*elect.*), interruttore di massima corrente. **29.** overload ~ (automatic device) (*elect.*), interruttore di sovraccarico. **30.** paper ~ lever (*off. mach.*), leva liberacarta, liberacarta. **31.** platen ~ lever (of a typewriter) (*off. mach.*), leva liberarullo, liberarullo. **32.** press ~ (*press*), comunicato stampa. **33.** reverse-current ~ (*elect.*), interruttore (funzionante in caso) di inversione di corrente. **34.** trigger ~ (in a camera) (*phot.*), sblocco a grilletto. **35.** undervoltage ~ (automatic device) (*elect.*), interruttore di minima tensione.

release (to) (to disengage) (*mech. - etc.*), sganciare, liberare, disimpegnare. **2.** ~ (to loosen, to unclamp) (*mech.*), sbloccare. **3.** ~ (*phot.*), far scattare. **4.** ~ (as of pressure) (*fluids*), scaricare. **5.** ~ (as an app. etc., before the supply) (*ind.*), omologare. **6.** ~ (RL, as a work) (*time study*), abbandonare. **7.** ~ (as a spring mechanism) (*mech.*), far scattare. **8.** ~ a spring (*mech.*), scaricare una molla. **9.** ~ for manufacture (*ind.*), deliberare la costruzione. **10.** ~ the brake (*mech.*), allentare il freno. **11.** ~ the seat belt (*aut. - aer.*), slacciare la cintura di sicurezza.

releaser (*mech.*), dispositivo di scatto. **2.** ~ automatic ~ (of a m. pict. camera) (*mech.*), scatto automatico.

"relet" (short for: reference letter) (in comm. correspondence) (*off.*), riferimento lettera.

relet (to) (as a flat), subaffittare.

relevant (pertinent) (*gen.*), pertinente, appartenente, relativo.

reliability, affidabilità, sicurezza, attendibilità. **2.** ~ coefficient (measure of reliability) (*quality control*), coefficiente di affidabilità. **3.** ~ level (as of a mech., electr. etc. item or system) (*ind. prod.*), grado di affidabilità. **3.** ~ of service (as of a mach.), sicurezza di servizio. **4.** ~ test (for determining the degree of meas. accuracy) (*instr.*), prova di affidabilità.

reliable (dependable) (*a. - gen.*), affidabile, sicuro, attendibile.

relief (*mech.*), gola, scarico. **2.** ~ (*sculpture*), rilievo. **3.** ~ (angle of relief), *see* relief angle. **4.** ~ (elevations of a land surface) (*phys. geogr.*), orografia, andamento altimetrico. **5.** ~ (portions of a map representing the ground) (*cart.*), ipsometria. **6.** ~ angle (clearance angle, bottom rake: of a tool) (*mech. technol.*), angolo di scarico, angolo di spoglia inferiore secondario. **7.** ~ map (model showing in relief the differences of height of an area) (*cart.*), plastico. **8.** ~ map (map showing mountains, etc., as for touring purposes) (*cart.*), carta in rilievo, carta rilievografica. **9.** ~ plate (*typ.*), cliché tipografico. **10.** ~ printing (*typ.*), stampa tipografica a rilievo. **11.** ~ process (printing process) (*typ technol.*), procedimento tipografico a rilievo, procedimento a matrice rilevata. **12.** ~ valve (*boil.*), valvola di sicurezza, valvola di sfogo. **13.** barostatic ~ valve (as of a jet engine fuel system) (*aer. mot.*), *see* barostat. **14.** face ~ angle (of a tool) (*mech. technol.*), angolo di scarico della faccia. **15.** grinding ~ (*mach. t. work*), gola (o scarico) per rettifica. **16.** high ~ (*sculpture*), altorilievo. **17.** low ~ (*sculpture*), bassorilievo. **18.** pressure ~ valve (of a fuel or oil pump) (*mot.*), valvola limitatrice della pressione, valvola regolatrice della pressione. **19.** shaded ~ (shading, as for showing altimetry) (*cart.*), ombreggiatura dell'andamento altimetrico.

relieve (to) (to unload, to remove the stress) (*mech. - etc.*), togliere il carico. **2.** ~ (to back off) (*mech.*), spogliare. **3.** ~ a spring (*mech.*), togliere il carico da una molla. **4.** ~ someone from all and any responsibilities (*law*), sollevare qualcuno da ogni e qualsiasi responsabilità.

relieving (*gen.*), eliminazione. **2.** ~ (backing off) (*mech.*), spogliatura, lavorazione a spoglia. **3.** ~ arch (*constr. theor.*), arco di scarico. **4.** ~ device (*mach. t.*), apparecchio per spogliare (o tornire esternamente). **5.** ~ lathe for hobs and formed milling cutters (*mach. t.*), tornio spogliatore per creatori e frese a profilo costante. **6.** ~ tackle (used in case of damage to the steering gear) (*naut.*), paranco di emergenza. **7.** ~ temperature (*heat. - treat.*), temperatura di distensione, temperatura di eliminazione delle sollecitazioni interne. **8.** local stress ~ (*heat - treat.*), eliminazione localizzata delle tensioni interne. **9.** stress ~ (done by heating steel at a given temperature and keeping it at such a temperature for a certain period in order to reduce internal stresses) (*heat - treat.*), distensione. **10.** vibratory stress ~ (*mech. technol.*), trattamento di distensione per (o a mezzo di) vibrazione.

relievo (*arch.*), lavoro in rilievo.

relight (to) (as a jet engine in flight) (*aer. mot.*), riavviare, riaccendere.

relighting (of a jet engine in flight) (*aer. mot.*), riaccensione, riavviamento.

reline (to) (as brakes) (*aut.*), sostituire gli spessori. **2.** ~ (as a crucible or ladle) (*found.*), rifare il rivestimento. **3.** ~ the clutch disk (*mech.*) (Am.), sostituire gli spessori al disco della frizione, riguarnire il disco della frizione.

relinquishment (*gen.*), rinunzia.

reload (to) (*ind.*), ricaricare. **2.** ~ (as a cartridge), ricaricare.

relocatable (capable of being relocated: as of a code) (*a. - comp.*), rilocabile.

relocate (to) (to change a location) (*comp.*), rilocare. **2.** ~ (as a person) (*pers. - etc.*), trasferire.
relocation (a change of location) (*n. - comp.*), rilocazione. **2.** dynamic ~ (movement of a program to another location) (*comp.*), rilocazione dinamica.
reluctance (ratio between magnetomotive force and magnetic flux) (*elect.*), riluttanza (magnetica). **2.** ~ cartridge (of a reproducing head) (*electroacous.*), testina magnetica (del fonorivelatore). **3.** ~ motor (*elect.*), motore sincrono a riluttanza.
reluctancy, *see* reluctance.
reluctivity (specific reluctance) (*elect.*), riluttività, riluttanza specifica.
rem (roentgen equivalent man, amount of any ionizing radiation causing to human tissue an injury equal to that due to one roentgen of X-ray or gamma-ray dosage) (*phys. - med.*), equivalente roentgen biologico, rem.
remain (to) (*gen.*), rimanere.
remainder (*gen.*), residuo. **2.** ~ (*math.*), resto.
remaking (as of a piece) (*mech.*), rifacimento.
remanence (remanent magnetism) (*phys.*), magnetismo residuo. **2.** ~ (residue) (*gen.*), residuo.
remanent (residual) (*a. - gen.*), residuo. **2.** ~ magnetism (*phys.*), magnetismo residuo.
remedy, rimedio.
remelt (to) (*found.*), rifondere, fondere nuovamente.
remelting (*found.*), rifusione.
remetal (to) (as a bearing) (*mech.*), ricolare il metallo (bianco) (ad un cuscinetto).
remit (to) (money) (*adm. - comm.*), rimettere.
remittance (of stocks, bills, money etc.), rimessa.
remnant (ore pillar left in situ) (*min.*), pilastro abbandonato. **2.** ~ (short end of unsold cloth) (*text. ind. - comm.*), scampolo. **3.** ~ (of goods) (*comm.*), rimanenza.
remolding (the fitting of new rubber on the tread and sides of a tire up to the bead) (*aut.*), ricostruzione integrale.
remote (distant: in space, time etc.), (*a. - gen.*), distante, lontano. **2.** ~ control (*elect. - radio - etc.*), comando a distanza, telecomando. **3.** ~ control (of guns) (*milit.*), puntamento a distanza. **4.** ~ control (handy and portable keyboard, generally operated by infrared rays, for home telev. remote control: channels change and set adjustment) (*telev. impl.*), telecomando. **5.** ~ control (guide, as of rockets) (*aer. - milit. - astric.*), teleguida. **6.** ~-controlled (guided, as a rocket by radio signals) (*astric. - aer.*), teleguidato. **7.** ~-controlled (*a. - elect. - radio - etc.*), comandato a distanza, telecomandato. **8.** ~-controlled shock absorber (as in aut.) (*mech.*), ammortizzatore telecomandato. **9.** ~ indicator (*instr.*), (strumento) indicatore a distanza. **10.** ~ job entry, "RJE" (data input from a distant station) (*comp.*), ingresso lavoro da stazione distante. **11.** ~ r.p.m. indicator (*meas. instr.*), contagiri a distanza. **12.** ~ starting control (*ind. mach.*), comando di avviamento a distanza. **13.** ~ terminal (*comp.*), terminale distante.
remote-control (guide, as of rockets) (*aer. - astric. - milit.*), teleguida.
removable (allowing removal) (*gen.*), amovibile, che si può togliere, asportabile. **2.** ~ (*mech.*), smontabile, asportabile. **3.** ~ stock (*mech.*), soprametallo asportabile.
removal, rimozione. **2.** ~ (*comm. - law*), revoca. **3.** ~ (elimination), eliminazione. **4.** ~ (dismissal, of an employee) (*work.*), licenziamento. **5.** ~ (change of residence) (*law*), trasloco, cambio di domicilio. **6.** ~ of flaws (*metall.*), scriccatura. **7.** ~ of the slag (*metall. - found.*), asportazione delle scorie, descorificazione.
remove (to), togliere, asportare, levare, rimuovere. **2.** ~ (to dismiss, an employee) (*work.*), licenziare. **3.** ~ flaws (*metall.*), scriccare. **4.** ~ forms (*reinf. concr.*), disarmare le casseforme. **5.** ~ molds (*reinf. concr.*), disarmare le casseforme. **6.** ~ nails (as from a wooden case) (*carp.*), schiodare. **7.** ~ the air (*chem. - etc.*), togliere l'aria, disareare. **8.** ~ the air from a piping (*pip.*), togliere l'aria da una tubazione. **9.** ~ copper-plating (to strip the copper-plating from something) (*metall.*), sramare. **10.** ~ the key (to knock the key out) (*mech.*), togliere la chiavetta, schiavettare. **11.** ~ the oil (to separate the oil, as from the compressed air) (*pip. - etc.*), togliere l'olio (dall'aria). **12.** ~ the slag (*found. - metall.*), togliere le scorie, descorificare.
remover (of paint) (*chem. ind.*), sverniciatore, prodotto sverniciante. **2.** dust ~ (*app.*), separatore delle polveri, depolverizzatore. **3.** paint ~ (*paint.*), sverniciatore, prodotto sverniciante.
remunerate (to) (*comm.*), remunerare.
remuneration (as of a worker) (*adm.*), retribuzione.
rename (to) (to change the name: as of a file by a new name) (*comp. - etc.*), dare un nuovo nome.
render (first coat of plaster) (*mas.*), rinzaffo.
render (to) (to give), dare, consegnare, trasmettere, restituire. **2.** ~ (to apply the first coat of plaster) (*mas.*), rinzaffare, dare la prima mano di intonaco.
render-and-set, renderset (two-coat plaster work on walls) (*mas.*), rinzaffo e finitura.
render-float-and-set (three-coat plaster work on walls) (*mas.*), rinzaffo, arricciatura e finitura.
rendering (first of plaster) (*mas.*), rinzaffo, prima mano di intonaco. **2.** ~ (operation) (*mas.*), rinzaffatura. **3.** ~ (*draw.*), tecnica per dare risalto al disegno prospettico. **4.** ~ (representation; as of colors) (*phot.*), resa. **5.** cement ~ (*mas.*), rinzaffatura (o rinzaffo) di cemento. **6.** color ~ index (*opt.*), indice di resa dei colori. **7.** gun ~ (*mas.*), rinzaffatura (o rinzaffo) a spruzzo.
rendezvous (as of space bodies) (*astric.*), rendezvous, appuntamento. **2.** earth orbital ~, "EOR" (*astric.*), rendez-vous orbitale terrestre, appuntamento orbitale terrestre. **3.** lunar orbital ~,

"LOR" (*astric.*), rendez-vous orbitale lunare, appuntamento orbitale lunare.
rendition (performance: as of the right color in a film) (*m. pict.*), resa, riuscita.
renew (to), rinnovare.
renewal (*law - comm.*), rinnovo. **2.** ~ cost (including mach., plants, buildings) (*ind. finan.*), spese di rinnovamento. **3.** driving license ~ (*aut. - adm.*), rinnovo della patente.
rennet (*ind.*), caglio.
rent (*comm.*), affitto. **2.** farm ~ (*agric. - etc.*), affittanza.
rent (to) (*comm.*), affittare.
rental (*a. - comm.*), in affitto, d'affitto. **2.** ~ (amount of a rent) (*n. - comm.*), canone di affitto. **3.** ~ (let for a rent) (*a. - comm.*), in affitto. **4.** ~ allowance (*milit. - etc.*), indennità di alloggio.
reorder (subsequent order) (*ind.*), riordinazione, ordinazione di ripetizione. **2.** ~ point (of a store having reached the minimum stock) (*ind.*), punto di riordinazione, scorta minima (raggiunta la quale occorre emettere una nuova ordinazione).
reorder (to) (*comm.*), riordinare, riacquistare, fare un nuovo ordine (od acquisto).
reorganization (*gen.*), riorganizzazione.
reorganize (to), riorganizzare. **2.** ~ (to organize something anew, as an industry) (*finan. - etc.*), ridimensionare, organizzare su nuove basi.
rep, repp (corded fabric) (*text. ind.*), reps, tessuto cannettato.
rep (rep unit, equivalent roentgen physical, amount of any ionizing radiation developing the same amount of energy in human tissues as one roentgen of X-ray or gamma-ray dosage) (*phys. - med.*), equivalente roentgen fisico, rep.
repack (to) (as in case) (*packing*), imballare nuovamente. **2.** ~ (as a stuffing box) (*mech.*), sostituire la guarnizione.
repaint (to), riverniciare.
repainting, riverniciatura.
repair, riparazione. **2.** ~ (as of a house) (*gen.*), riparazione. **3.** ~ (*naut.*), raddobbo. **4.** ~ (*paint.*), ritocco.
repair (to), riparare. **2.** ~ a bearing (as of mot.) (*mech.*), rigenerare un cuscinetto, "rifare una bronzina".
repairable (capable of being repaired) (*gen.*), riparabile. **2.** ~ (to be repaired) (*gen.*), da riparare, guasto.
repairer (*work. - etc.*), riparatore. **2.** radio ~ (radio set repairer) (*work. - radio*), radioriparatore. **3.** registered ~ (workshop authorized to repair the vehicle of a given firm) (*ind.*), officina autorizzata.
reparable (worth repairing) (*gen.*), riparabile. **2.** ~ (repairable, to be repaired) (*gen.*), da riparare, guasto. **3.** ~ (of injury) (*med.*), guaribile.
repatriate (to) (a prisoner) (*milit.*), rimpatriare.
repave (to) (a road) (*road constr.*), ripavimentare.
repay (to) (*comm.*), rimborsare.
repayment (*comm.*), rimborso.
repeal (*law*), abrogazione.
repeal (to) (as a law), abrogare.
repeat (as in a textile design) (*text. ind.*), ripetizione.
repeat (to) (as the circle of a theodolite) (*opt. - surveying*), reiterare. **2.** ~ (*gen.*), ripetere.
repeatability (*gen.*), ripetibilità, riproducibilità.
repeater (special type of vacuum tube amplifier inserted at intervals into a telephone circuit) (*teleph.*) (Brit.), ripetitore. **2.** ~ (relay station, transceiver) (*radio - telev.*), ripetitore, ritrasmettitore. **3.** ~ (*firearm*), arma a ripetizione. **4.** ~ (as of a gyrocompass) (*naut.*), bussola ripetitrice, ripetitrice, ripetitore girostatico. **5.** equalizing repeaters (*tlcm.*), ripetitori equalizzatori. **6.** impulse ~ (*teleph.*), ripetitore d'impulsi. **7.** regenerative ~ (*electrotel.*), traslatore rigeneratore. **8.** telegraphic ~ (*electrotel.*), traslatore telegrafico. **9.** telephone ~ (*teleph.*), ripetitore telefonico.
repeating (*a. - gen.*), ripetitore, a ripetizione. **2.** ~ decimal (a decimal fraction with a figure which recurs ad infinitum) (*math.*), decimale ricorrente, frazione continua. **3.** ~ firearm (*firearm*), arma da fuoco a ripetizione. **4.** ~ instrument (*top. - etc. - instr.*), strumento ripetitore. **5.** ~ post (as in an automatic electric block system) (*railw.*), posto ripetitore. **6.** ~ watch (*horology*), orologio a ripetizione.
repel (to) (*gen.*), repellere. **2.** ~ (as an elect. charge by another charge) (*phys.*), respingere.
repellent (a substance applied to fabric for repelling water) (*ind.*), idrorepellente, impermeabilizzante.
repeller (electrode reversing the flow of electrons) (*elics.*), elettrodo repulsore, elettrodo reflex (di un Klystron reflex).
repercussion (*gen.*), ripercussione.
repertoire (list of the operating possibilities offered by a system) (*ind. - etc.*), elenco delle possibilità di azione. **2.** ~ (operation handbook: as of a comp.) (*n. - elics. - etc.*), libretto di istruzioni. **3.** instruction ~, *see* instruction set.
repetend (a group of digits which repeats indefinitely) (*math.*), periodo.
repetition (act of repeating) (*gen.*), ripetizione, replica. **2.** ~ (copy) (*gen.*), copia, riproduzione. **3.** ~ work (*gen.*), lavoro di copia.
replace (to), cambiare, sostituire.
replaceable (*mech. - etc.*), sostituibile.
replacement (*gen.*), sostituzione. **2.** ~ engine (at overhaul periods) (*eng.*), motore di rotazione, motore di giro.
replacer (*railw.*), *see* car replacer.
replay (immediate repetition of a direct broadcasting portion) (*sport - telev.*), ripetizione. **2.** instant ~ (of a videotaped action: as in slow motion) (*sport - telev.*), ripetizione immediata.
replenish (to) (to refill) (*gen.*), riempire. **2.** ~ (to renew stocks), rifornire.
replenisher (chem. solution to be added, as to a de-

veloper in order to preserve the original chem. activity) (*phot.*), rigeneratore.

replenishment (*gen.*), riempimento. **2.** ~ (recharge with water of the water bearing stratum) (*geol. - hydr.*), ravvenamento. **3.** ~ basin (recharge basin) (*geol. - hydr.*), bacino di ravvenamento.

replica (*gen.*), replica. **2.** ~ (very thin film, as of carbon or metal obtained on a metal surface for conducting electron microscope analysis) (*metall.*), replica, riproduzione pellicolare, copia pellicolare (della superficie). **3.** carbon ~ (*metall.*), replica a carbonio. **4.** oxide ~ (*metall.*), replica ad ossido.

replicate (to) (to duplicate) (*gen.*), duplicare.

reply (*gen.*), risposta.

reply-paid telegramm (*mail*), telegramma con risposta pagata.

report (firearm expl. noise), colpo. **2.** ~ (on an event), relazione. **3.** ~ (printout document of processed informations) (*n. - comp.*), relazione. **4.** ~ card (*school*), pagella. **5.** ~ of directors (as of a company) (*adm.*), relazione degli amministratori. **6.** annual ~ (of a factory) (*adm.*), relazione annuale sul bilancio. **7.** business ~ (credit report) (*comm. - finan.*), informazioni commerciali. **8.** company ~ (annual report) (*finan.*), relazione di bilancio. **9.** credit ~ (business report, credit status information) (*comm.*), informazioni commerciali. **10.** survey ~ (as for damages occurred in transit) (*transp. - etc.*), relazione peritale.

reporter (*journ.*), cronista, reporter. **2.** ~ (one who makes statements or speaks on a given subject) (*ind. - etc.*), relatore.

repoussé work (thin metal worked in relief) (*art*), lavoro a sbalzo.

representation (*gen.*), rappresentazione. **2.** conventional ~ (as of threads etc. on a drawing) (*mech. draw.*), rappresentazione semplificata (o schematica). **3.** positional ~ (positional notation) (*comp.*), rappresentazione posizionale.

representative (*n. - gen.*), rappresentante. **2.** ~ (*a. - gen.*), rappresentativo. **3.** ~ (of a firm) (*n. - pers. - organ.*), funzionario. **4.** ~ sampling (*stat.*), campionatura rappresentativa. **5.** employers' representatives (*work organ.*), rappresentanti dei datori di lavoro. **6.** legal ~ (of a firm) (*comm.*), rappresentante legale. **7.** union representatives (*work organ.*), rappresentanti sindacali dei lavoratori.

reprimand (warning notice) (*pers.*), ammonizione. **2.** written ~ (*pers.*), ammonizione scritta.

reprint (*print*), ristampa.

reprint (to) (*print.*), ristampare.

repro, repro proof (reproduction proof apt to be photographed for printing plate) (*print.*), bozza fotografabile per rotocalco.

reprocessing (*atom phys.*), rigenerazione. **2.** ~ (*comp.*), rielaborazione. **3.** ~ plant (*atom phys.*), impianto di rigenerazione del combustibile. **4.** nuclear fuel ~ (treatment and recover of fertile materials) (*atom phys.*), rigenerazione (o ritrattamento) del combustibile nucleare.

reproduce (to), riprodurre. **2.** ~ (*draw.*), riprodurre.

reproducer (app. for reproducing sound: as from records, magnetic tapes, cinema sound tracks etc.) (*n. - electroacous.*), lettore, fonoriproduttore. **2.** card ~ (punching mach. that duplicates punched cards or tapes) (*comp.*), riproduttore (di schede o nastri perforati). **3.** dynamic ~ (dynamic pickup) (*electroacous.*), testina elettrodinamica.

reproducibility (*gen.*), riproducibilità. **2.** ~ (as of results in a test) (*technol.*), ripetibilità.

reproducible (*gen.*), riproducibile.

reproducibles (negatives, positives, clichés, stereotypes etc. used for reproduction) (*print.*), materiale da riproduzione.

reproducing (*gen.*), di riproduzione. **2.** ~ head (pick-up: as for reproducing sound from tapes, records etc.) (*electroacous.*), testina (riproduttrice o di lettura), fonorivelatore, pick-up. **3.** ~ slit (*electroacous.*), intaglio (o fenditura) di riproduzione (o esplorazione).

reproduction, riproduzione. **2.** ~ (of sound) (*radio - m. pict. - etc.*), riproduzione del suono. **3.** ~ (of drawings) (*draw.*), riproduzione. **4.** ~ (production of prints) (*phot. print.*), riproduzione. **5.** ~ factor (of neutrons in an atomic pile) (*atom phys.*), fattore di moltiplicazione. **6.** ~ tube (a cathode ray tube used in television) (*telev.*), cinescopio. **7.** black-line ~ (*print.*), riproduzione a tratto. **8.** direct process ~ (*print.*), riproduzione a processo diretto. **9.** sound electrical ~ (obtained by electromagnetic means as from a record) (*acous.*), riproduzione elettrica del suono. **10.** sound mechanical ~ (obtained as from a record without electromagnetic devices) (*acous.*), riproduzione meccanica del suono. **11.** sound ~ (*radio - m. pict. - etc.*), riproduzione del suono.

reprogram (to) (to make a new program) (*comp. - organ.*), riprogrammare.

reprography (facsimile reproduction technology) (*tlcm.*), riprografia, reprografia.

"rept" (receipt) (*comm.*), ricevuta. **2.** ~ (report, as on a test) (*technol.*), rapporto scritto, relazione.

repudiation (a refusal to pay a debt) (*comm. - adm.*), rifiuto di onorare un pagamento.

repulsion (*phys.*), repulsione.

"req" (required) (*gen.*), *see* required.

request (*comm.*), richiesta.

required, necessario.

requirement (necessity), esigenza. **2.** ~ (that which is necessary: as for flow production), fabbisogno. **3.** ~ (that which is necessary: as for quality production), requisito.

requisition (to) (*milit.*), requisire.

rerail (*railw.*), rimettere sul binario.

rerailer (*railw.*), *see* car replacer.

rerecord (to) (as a sound track on another film) (*m. pict.*), ri-registrare, riportare.

rerecording (*electroacous.*), ri–registrazione.
rereel (to) (*text. ind.*), riinnaspare.
rereeling (rewinding) (*paper mfg. - etc.*), ribobinatura. **2.** ~ machine (rewinder) (*paper mfg. - etc.*), ribobinatrice.
re–refine (to) (as burned motor oil) (*lubricant ind.*), rigenerare.
rering (to) (to replace the piston rings of an engine as during overhaul) (*mot. - aut.*), sostituire le fasce elastiche, sostituire gli anelli elastici.
reroll (to) (*rolling mill*), rilaminare.
rerun (act of running something again: as a TV or a comp. program) (*n. - telev. - m. pict. - comp. - etc.*), riesecuzione, ripetizione.
resale (*comm.*), rivendita.
"rescap" (RESistor–CAPacitor unit: ready for use in an encapsulated circuit) (*elect.*), (circuito) resistenza/capacità.
rescind (to) (to cancel something: as a contract) (*law - comm.*), rescindere.
rescission (of a contract) (*comm.*), rescissione, annullamento.
rescud (to) (to scrape hides in order to remove remaining hairs) (*leather ind.*), ripassare.
rescue (*n. - a. - gen.*), soccorso, salvataggio. **2.** ~ aircraft (*aer.*), apparecchio da soccorso. **3.** ~ dump (*comp.*), copia di salvataggio del controllo di memoria. **4.** ~ seaplane (*aer.*), idrovolante per soccorso. **5.** ~ vessel (*naut.*), nave soccorso.
rescue (to) (*naut. - aer. - etc.*), salvare. **2.** ~ (as a prisoner of war) (*milit.*), liberare.
rescuer (one who rescues) (*safety*), soccorritore. **2.** miner's self–~ (kind of gas mask) (*safety*), autoprotettore per minatore.
research (as of laboratory), ricerca. **2.** ~ and development, "R&D" (*ind.*), ricerca e sviluppo. **3.** ~ program (*ind.*), programma di ricerca. **4.** advertising ~ (*adver.*), ricerca pubblicitaria. **5.** applied ~ (*ind.*), ricerca applicata. **6.** atomic researches (*atom phys.*), ricerche atomiche. **7.** basic ~ (*ind.*), ricerca di base. **8.** consumer behavior ~ (*comm.*), ricerca sul comportamento del consumatore. **9.** marketing ~ (*comm.*), ricerca di mercato. **10.** motivational ~ (*comm.*), ricerca motivazionale. **11.** nuclear researches (*atom phys.*), ricerche nucleari. **12.** operational ~ (operations research) (*ind. - etc.*), ricerca operativa. **13.** scientific ~ (*ind.*), ricerca scientifica.
research (to) (*technol. - ind.*), ricercare, eseguire ricerche.
researcher (*ind. - etc.*), ricercatore.
reseat (to) (to set again: the valve seat for inst.) (*mech.*), rifare la sede, rinnovare la sede.
reseau (a network of meteorological stations collaborating together) (*meteorol.*), rete meteroologica.
resell (to) (*comm.*), rivendere.
reseller (*comm.*), rivenditore.
reservation (of a hotel room), prenotazione. **2.** seat ~ system (on airlines, railway etc.) (*comp. - transp.*), sistema di prenotazione posti.
reserve (*gen.*), riserva. **2.** ~ (as of a bank) (*finan.*), riserva. **3.** ~ (*adm. - finan.*), accantonamento, fondo, riserva. **4.** ~ (of an advance guard) (*milit.*), grosso d'avanguardia. **5.** ~ buoyancy (*naut.*), riserva di galleggiabilità, compartimenti stagni dell'opera morta. **6.** ~ capacity (for covering the maximum load) (*power plant*), potenza di riserva. **7.** ~ factor (ratio between the actual strength of a structure and the minimum required value for a given condition) (*aer. - etc.*), coefficiente di sicurezza, riserva di resistenza. **8.** ~ for possible losses on loans (in a balance sheet) (*accounting*), fondo svalutazione crediti. **9.** ~ officer (*milit.*), ufficiale di complemento. **10.** central ~ (central strip, as in a speedway) (*road constr.*), aiuola spartitraffico. **11.** free ~ (*finan.*), riserva disponibile. **12.** gold ~ (*finan.*), riserva aurea. **13.** hidden ~ (*finan.*), riserva occulta. **14.** legal ~ (*finan.*), riserva legale. **15.** naval ~ (*navy*), riserva navale. **16.** surplus ~ (*finan.*), riserva straordinaria. **17.** unallocated ~ for contingencies (in a balance sheet) (*accounting*), riserve straordinarie per imprevisti.
reserve (to) (as to reserve storage zones in a comp. program) (*comp. - etc.*), riservare.
reserved (as a word, a storage area etc.), (*a. - comp.*), riservato.
reservoir (*ind. - hydr. constr.*), serbatoio, cisterna. **2.** ~ (oil conservator: for transformers) (*electromech.*), conservatore, serbatoio di livello. **3.** ~ (as of a railw. air brake) (*pip.*), serbatoio. **4.** ~ (as an artificial lake) (*n. - ind. - hydr.*), bacino di accumulo, lago artificiale. **5.** ~ (a subsoil cavity containing rough oil or natural gas) (*geol. - min.*), giacimento. **6.** atmospheric ~ (*hydr. - etc.*), serbatoio a cielo aperto, serbatoio atmosferico. **7.** auxiliary ~ (of a railw. air brake) (*railw.*), serbatoio ausiliario. **8.** compressed–air ~ (for compressed–air installations), serbatoio di aria compressa. **9.** fresh water ~ (*naut. - mot. - etc.*), serbatoio dell'acqua dolce. **10.** hydraulic fluid ~ (as of an aer.) (*mech.*), serbatoio (del) liquido (per) comandi idraulici. **11.** main ~ (of a railw. air brake) (*railw.*), serbatoio principale. **12.** pressurized ~ (*hydr.*), serbatoio pressurizzato. **13.** vented ~ (atmospheric reservoir) (*hydr.*), serbatoio a cielo aperto.
reset (as of a page) (*n. - typ.*), ristampa. **2.** ~ (resetting, as of the initial condition) (*electromech. - etc.*), ripristino, ristabilimento, riarmo, "resettaggio". **3.** ~ (device for restoring as a contact to its normal position) (*electromech. - elics.*), dispositivo di riarmo, dispositivo per riportare un apparato (o circuito) nelle condizioni originarie (o normali) di funzionamento, dispositivo di "resettaggio", "reset". **4.** ~ button (*comp. - etc.*), pulsante di ripristino (delle condizioni iniziali). **5.** ~ time

(as of relay etc.) (*elect.*), tempo di ripristino, tempo di riarmo, tempo di "resettaggio".

reset (to) (as a condition) (*electromech. - etc.*), ripristinare, ristabilire. **2.** ~ (as a dial) (*instr.*), rimettere a zero. **3.** ~ (to set again) (*gen.*), risistemare. **4.** ~ (*print.*), ricomporre. **5.** ~ (to retool, a mach. t.) (*mach. t. w.*), ripreparare, preparare nuovamente.

resetting (setting a contact [or something else] to its prior position again) (*electromech. - elics.*), riarmo, "resettaggio". **2.** ~ (of a dial) (*instr.*), rimessa a zero. **3.** ~ (*gen.*), risistemazione. **4.** ~ (*print.*), ricomposizione. **5.** ~ (retooling, of a mach. t.) (*mach. t. w.*), ripreparazione. **6.** ~ device (for setting again, as a contact, to its prior position) (*elect. - elics.*), dispositivo di riarmo, dispositivo di "resettaggio".

resid, *see* residual oil.

reside (to) (*gen.*), risiedere, aver sede.

residence, abitazione, residenza. **2.** ~ (the persistence of particles, as of radioactive materials or a pollutant, in suspension in a medium, as in the atmosphere) (*phys. - ecol. - med. - etc.*), permanenza in sospensione. **3.** ~ time (of particles suspended in a medium) (*phys. - etc.*), tempo di permanenza in sospensione.

resident (permanently stored into main memory: as an executive program) (*a. - comp.*), residente.

residual (*a.*), residuo. **2.** ~ (*n. - gen.*), residuo, sostanza residua. **3.** ~ (*n. - math.*), differenza. **4.** ~ error (*stat.*), scostamento, scarto (dal valor medio). **5.** ~ magnetism (*elect.*), magnetismo residuo. **6.** ~ oil (residual: after gasoline removal) (*ind.*), prodotti residui della distillazione del petrolio. **7.** ~ stress (due as to defective heat treatment) (*prod. defect.*), tensione interna residua.

residue (*n. - gen.*), residuo, sostanza residua. **2.** tarry ~ (*chem. ind.*), residuo catramoso.

residuum (as of distillation) (*ind.*), residuo. **2.** ~, *see also* residue.

resign (to) (as of an employee, or a workman, director etc.) (*pers.*), dimettersi.

resignation (as of an employee, or a workman etc.), dimissioni.

resigner (*gen.*), dimissionario.

resilience (the recoverable potential energy of an elastic body when subjected to a stress) (*constr. theory*), resa elastica. **2.** ~ (bouncing property of rubber) (*rubb. ind.*), resa elastica, rimbalzo. **3.** ~ test (*constr. theor.*), prova di resilienza. **4.** Yerzley ~ (of rubber subjected to dynamic loading) (*rubb. ind.*), rimbalzo Yerzley, resa elastica Yerzley.

resiliency (*constr. theor.*), resilienza.

resilient (*constr. theor.*), resiliente.

resiliometer (instrument for testing resilience) (*instr.*), apparecchio per la misura della resilienza.

resin, resina. **2.** ~ milk (white adhesive) (*paper mfg.*), colla bianca. **3.** acrylic ~ (plastics) (*chem. ind.*), resina acrilica. **4.** alkyd resins (*chem. ind.*), resine alchidiche. **5.** allyl resins (*chem. ind.*), resine alliliche. **6.** casting resins (resins capable of being cast and hardened in a mold) (*chem. ind.*), resine da colata. **7.** epoxy ~ (as for making masters or dies) (*mech. technol. - chem. ind.*), resina epossidica. **8.** ethenoid ~ (in the rubb. ind.) (*chem. ind.*), resina (vinilica) derivata dall'etilene. **9.** furan(e) resins (*chem. ind.*), resine furaniche. **10.** furfural resins (*chem. ind.*), resine furfuroliche. **11.** hydrocarbon ~ (as for rubber and asphalt use) (*chem. ind.*), resine idrocarboniche. **12.** ion exchange ~ (*chem.*), resina scambiatrice di ioni. **13.** laminating resins (*chem. ind.*), resine stratificanti, resine per laminati. **14.** melaminic resins (*chem. ind.*), resine melamminiche. **15.** nonshrink resins (*chem. ind.*), resine stabili. **16.** oilreactive ~ (*chem. ind.*), resina oleo-attiva. **17.** oilsoluble ~ (*chem. ind.*), resina oleo-solubile. **18.** one-stage ~ (*chem. - plastics*), *see* resol. **19.** onestep ~ (*chem. - plastics*), *see* resol. **20.** oven-curing resins (*chem. ind.*), resine polimerizzanti in forno. **21.** phenolic ~ (plastics) (*chem. ind.*), resina fenolica. **22.** polyamide ~ (*chem. ind.*), resina poliammidica. **23.** polyester resins (*chem. ind.*), resine poliestere. **24.** polyvinyl resins (*chem. ind.*), resine poliviniliche. **25.** room-temperature curing resins (*chem. ind.*), resine polimerizzanti a temperatura ambiente. **26.** silicone resins (*chem. ind.*), resine al silicone. **27.** single-stage ~ (*chem. - plastics*), *see* resol. **28.** single-step ~ (*chem. - plastics*), *see* resol. **29.** styrene resins (*chem. ind.*), resine stireniche. **30.** synthetic ~ (*chem. ind.*), resina sintetica. **31.** thermosetting resins (*chem. ind.*), resine termoindurenti. **32.** unfilled resins (*chem. ind.*), resine non additivate. **33.** vinyl ~ (plastics) (*chem. ind.*), resina vinilica. **34.** vinyl ~, *see also* ethenoid resin. **35.** xylenol ~ (*chem. ind.*), resina xilolica.

resinates (*chem.*), resinati.

resin-bonded (as glass fibre felt) (*plastic ind.*), resinato, legato con resina.

resinification (as of oils) (*chem.*), resinificazione.

resinify (to) (*chem.*), resinificare.

resinoid (*a. - chem.*), resinoide.

resinoid-bonded (as a grinding wheel) (*t.*), ad agglomerante resinoide.

resinous (*chem.*), resinoso.

resist (substance, applied on parts of fabric to prevent the fixing as of a color) (*text. ind.*), riserva. **2.** ~ (acidproof substance applied to the printing area to protect it while etching) (*print.*), riserva. **3.** ~ (substance used to prevent deposition by rendering the surface non conducting) (*electroplating*), riserva. **4.** ~ (substance applied to some localized surface of objects to prevent the electrodeposition) (*electrochem.*), isolante protettivo (per bagni elettrolitici). **5.** ~ printing (*text. ind.*), stampa a riserva. **6.** gravure etching ~ (*photomech.*), riserva per l'incisione del rotocalco.

resist (to) (*chem. - mech. - bldg. - etc.*), resistere. **2.**

~ (to print a fabric by means of a resist) (*text. ind.*), stampare a riserva.

resistance (*gen.*), resistenza. **2.** ~ (*aerodynamic*), resistenza. **3.** ~ (*elect. - magnetism*), resistenza. **4.** ~ (*mech.*), resistenza. **5.** ~ (resistor) (*elect.*), resistenza, resistore. **6.** ~ at exhaust (of mot.), resistenza allo scarico. **7.** ~ box (*elect.*), cassetta di resistenze, cassetta di resistori. **8.** ~ coupling (*elics.*), accoppiamento resistivo. **9.** ~ derivatives (following the disturbance of steady motion) (*aerodyn.*), resistenze aerodinamiche a moto uniforme derivate da disturbi esterni. **10.** ~ drop (*elect.*), caduta (di tensione) per sola resistenza. **11.** ~ etching (*elect. mech.*), incisione mediante resistenza elettrica. **12.** ~ of materials (*constr. theor.*), resistenza dei materiali. **13.** ~ thermometer (*instr.*), termometro a resistenza. **14.** ~ to bending (of a cable) (*cableway*), rigidezza. **15.** ~ to bending stress (*constr. theor.*), resistenza alla sollecitazione di flessione. **16.** ~ to bursting (test on fabric: as for aer. wings) (*text. ind. test*), resistenza allo scoppio. **17.** ~ to compressive stress (*constr. theor.*), resistenza alla sollecitazione di compressione. **18.** ~ to fatigue (as of an axle, a crankshaft etc.) (*constr. theor.*), resistenza alla fatica. **19.** ~ to oxygen (as of rubber) (*test*), resistenza all'ossigeno. **20.** ~ to rolling (*theor. mech.*), resistenza (di attrito) al rotolamento. **21.** ~ to shearing stress (*constr. theor.*), resistenza alla sollecitazione di taglio. **22.** ~ to solvents (as of rubber) (*test*), resistenza ai solventi. **23.** ~ to tear (as of rubber) (*test*), resistenza alla lacerazione. **24.** ~ to tensile stress (*constr. theor.*), resistenza alla sollecitazione di trazione. **25.** ~ to torsional stress (*constr. theor.*), resistenza alla sollecitazione di torsione. **26.** ~ welding (*technol.*), saldatura a resistenza. **27.** abrasion ~ (as of rubber) (*test*), resistenza all'abrasione. **28.** acid ~ (as of paint) (*technol.*), resistenza agli acidi. **29.** acoustical ~ (*acous.*), resistenza acustica. **30.** aerial ~ (*radio*), resistenza di antenna. **31.** anode slope ~ (resistive component of the anode impedance) (*elics.*), resistenza dell'impedenza anodica. **32.** apparent ~ (as of a battery) (*elect.*), resistenza apparente. **33.** ballast ~ (used for maintaining a constant current in a circuit) (*elect.*), resistenza autoregolatrice, resistenza zavorra. **34.** bleeder ~ (bleeder, bleeder resistor) (*radio - telev.*), resistenza di dispersione. **35.** centre of ~ (*milit.*), centro di resistenza. **36.** compensating ~ (*elect.*), resistenza compensatrice. **37.** contact ~ (*elect.*), resistenza di contatto. **38.** crack-growth ~ (as of rubber) (*test*), resistenza a screpolarsi. **39.** crease ~ (*text.*), ingualcibilità. **40.** cutting ~ (as of rubber) (*test*), resistenza al taglio. **41.** dynamic ~ (effective resistance) (*radio*), resistenza dinamica, resistenza equivalente. **42.** earth ~ (*elect.*), resistenza di terra. **43.** eddy ~ (of a ship) (*naut.*), resistenza dei vortici, resistenza dovuta ai vortici. **44.** filament ~ (*thermion.*), resistenza di filamento. **45.** fire ~ (as of rubber) (*test*), resistenza al fuoco, incombustibilità. **46.** flame ~ (as of rubber) (*test*), resistenza alla fiamma. **47.** flexing ~ (as of rubber) (*test*), resistenza alla flessione. **48.** flow ~ (as of a liquid in a pipe) (*fluids mech.*), perdita di carico, resistenza allo scorrimento. **49.** frictional ~ (*theor. mech.*), resistenza di attrito. **50.** graduated ~ (as of an elect. device), resistenza graduabile. **51.** grid ~ (*thermion.*), resistenza di griglia. **52.** heat break ~ (as of rubber) (*test*), resistenza alla rottura per azione termica. **53.** heat ~ (as of rubber) (*test*), resistenza al calore. **54.** impact ~ (*constr. theor.*), resilienza, capacità di resistere agli urti. **55.** insulation ~ (as of rubber) (*test*), resistenza di isolamento. **56.** internal ~ (as of a battery) (*elect.*), resistenza interna. **57.** mar ~ (resistance of a film of paint to mech. damage when subjected to the conditions for which it was designed) (*paint.*) (Brit.), resistenza all'usuale maneggio. **58.** moment of ~ (*constr. theor.*), momento resistente. **59.** parasite ~ (*aer.*), resistenza parassita. **60.** plate ~ (*thermion.*), resistenza anodica. **61.** ply separation ~ (of a tire) (*rubb. ind.*), resistenza al distacco delle tele. **62.** radiation ~ (of an antenna) (*radio*), resistenza di radiazione. **63.** regulating ~ (*elect.*), resistenza regolabile. **64.** rolling ~ moment (moment of the tire contact forces exerted on the tire by the road) (*aut.*), momento resistente al rotolamento. **65.** shock ~ (of a tire) (*rubb. ind.*), resistenza all'urto. **66.** solvent ~ (as of plastics) (*technol.*), resistenza ai solventi. **67.** specific rolling ~ (*railw.*), resistenza specifica al rotolamento. **68.** starting ~ (*theor. mech.*), resistenza all'avviamento. **69.** starting ~ (*elect.*), resistenza di avviamento. **70.** stepped ~ (as of an elect. device) resistenza a gradini. **71.** streamline ~ of the hull (*naut.*), resistenza idrodinamica. **72.** structural ~ (*aer.*), resistenza totale della struttura. **73.** tearing ~ (tear resistance, as of vulcanized rubber, measured in lb per inch of thickness) (*technol.*), resistenza allo strappo. **74.** thermal ~ (*therm.*), resistenza termica. **75.** voltage reducing ~ (*elect.*), resistenza riduttrice della tensione. **76.** water ~ (as of rubber) (*test*), resistenza all'acqua. **77.** wave ~ (as of a ship) (*naut.*), resistenza d'onda. **78.** wing ~ (*aer.*), resistenza di sostentamento. **79.** wire-wound ~ (*elect.*), resistenza a filo.

resister (*gen.*), elemento resistente. **2.** age ~ (*rubb. ind.*), antinvecchiante.

resisting (*gen.*), resistente. **2.** ~ moment (*constr. theor.*), momento resistente.

resistive (*elect.*), resistivo.

resistivity (*elect. - magnetic*), resistività. **2.** thermal ~ (*therm.*), resistività termica.

resistojet (small rocket used for small movements of a spaceship) (*astric.*), resistogetto.

resistor (*elect.*), resistore, resistenza. **2.** ballast ~ (ballast resistance) (*elect.*), resistenza autoregolatrice. **3.** carbon composition ~ (resistor constr.) (*elect.*), resistenza ad impasto a base di carbone. **4.** cermet ~ (*elect.*), resistenza metalloceramica. **5.**

decade ~ (*elics.*), resistenza a decadi. **6.** glass ~ (glass plate with a painted resistance on it) (*elect. - glass mfg.*), resistore su (o di) vetro. **7.** grid-bias ~ (*elics.*), resistenza di polarizzazione. **8.** load ~ (*elect.*), resistore (o resistenza) di carico. **9.** starting ~ (as of a locomotive) (*elect.*), resistenza di avviamento. **10.** tapped ~ (a resistor with fixed intermediate taps) (*elect.*), resistenza con prese intermedie. **11.** wire-wound ~ (wire-wound resistance) (*elect.*), resistenza a filo avvolto.

resnatron (electron tube used for jamming enemy radar) (*thermion. - milit.*), valvola elettronica per disturbo radar.

resojet engine (pulsejet engine operated by a resonance established within the engine) (*aer. mot.*), pulsoreattore a risonanza.

resol (synthetic resin) (*chem. - plastics*), resolo, bakelite B.

resolution (*chem.*), scissione. **2.** ~ (*opt.*), risolvenza. **3.** ~ (definition, of the image) (*phot. - telev. - etc.*), definizione. **4.** ~ (decision, as of a general assembly) (*law - adm. - finan.*), delibera, deliberazione. **5.** ~ of a force into its components (*theor. mech.*), scomposizione di una forza nelle sue componenti. **6.** extraordinary ~ (as of a general assembly) (*finan.*), deliberazione straordinaria. **7.** high ~ (of an image) (*telev. - tlcm.*), alta definizione. **8.** horizontal ~ (the number of scanning lines of a telev., telecamera etc.) (*audiovisuals*), risoluzione orizzontale, definizione orizzontale. **9.** low ~ (low definition: as of a picture, an image etc.) (*telev. - etc.*), bassa definizione. **10.** ordinary ~ (as of a general assembly) (*finan.*), deliberazione ordinaria.

resolve (to), risolvere. **2.** ~ (*opt.*), risolvere. **3.** ~ (*chem.*), scindere. **4.** ~ (to decide) (*law - adm.*), decidere, deliberare. **5.** ~ a force into its components (*theor. mech.*), scomporre una forza nelle sue componenti.

resolver ~ (position transducer, in N/C machines) (*n. c. mach. t.*), trasduttore di posizione angolare.

resolving (*opt. - m. pict.*), risolvente. **2.** ~ power (*opt.*), potere risolvente, potere separatore. **3.** ~ time (relating to two successive pulses detected in a nuclear counter) (*atom phys.*), potere risolutivo.

resonance (*phys. - elect. - radio - atom phys.*), risonanza. **2.** ~ absorption (*atom phys.*), assorbimento di risonanza. **3.** ~ cross section (*atom phys.*), sezione d'urto per risonanza. **4.** ~ curve (*phys.*), curva di risonanza. **5.** ~ factor (*radio*), coefficiente di risonanza. **6.** ~ frequency (*radio*), frequenza di risonanza. **7.** ~ line (spectral line) (*opt.*), riga di risonanza. **8.** ~ radiation (type of fluorescence) (*atom phys.*), radiazione di risonanza. **9.** ~ test (for obtaining the natural frequency and mode of vibration of the structure) (*aer.*), prova di risonanza. **10.** acoustic ~ (*acous.*), risonanza acustica. **11.** electron spin ~ (*atom phys.*), risonanza paramagnetica elettronica, risonanza di spin elettronico. **12.** ground ~ (of helicopters: violent shuddering caused by the flexibility of the tires and oleo legs coinciding with a critical period in the whole machine) (*aer.*), risonanza al suolo. **13.** magnetic ~ (*phys.*), risonanza magnetica. **14.** nuclear magnetic ~ (*atom phys.*), risonanza magnetica nucleare. **15.** parallel ~ (*radio - elect.*), risonanza in parallelo. **16.** series ~ (*radio - elect.*), risonanza in serie.

resonant (*a. - acous.*), risonante, che risuona. **2.** ~ (*a. - radio - elect.*), di risonanza, in risonanza. **3.** ~ circuit (*radio*), circuito in risonanza. **4.** ~ line (*radio*), linea risonante, linea di risonanza.

resonantjet, *see* resojet engine.

resonate (to) (*phys.*), entrare in risonanza.

resonator (*phys.*), risonatore. **2.** ~ (*elect. app.*), risonatore. **3.** ~ (*acous.*), risonatore, cassa di risonanza. **4.** ~ (resonant circuit) (*radio*), circuito di risonanza. **5.** catcher ~ (in the klystron) (*radio*), risonatore captatore. **6.** cavity ~ (*radio*), risonatore a cavità. **7.** Oudin's ~ (*med. instr.*), risonatore di Oudin. **8.** wave-guide ~ (*radioteleph. - telev.*), stadio risonante di guida d'onda.

resorcin, resorcinol [$C_6H_4(OH)_2$] (resorcin) (*chem.*), resorcina, metadiossibenzene.

resound (to) (*acous.*), risuonare, echeggiare.

resource (any instrument needed for processing: as an area of "CPU", a peripheral unit etc.) (*n. - comp.*), risorsa. **2.** resources (*finan.*), risorse. **3.** ~ allocation (*comp.*), assegnazione di risorsa. **4.** ~ management (*comp.*), gestione di risorse. **5.** natural resources (as coal, iron, oil etc.) (*econ.*), risorse naturali.

respirator (*med. instr.*), respiratore.

responder (the part of a transponder that answers transmitting the radio coded signal) (*radar - radio*), risponditore.

response (as of a loudspeaker: the voltage input per unit of sound) (*electroacous.*), risposta. **2.** ~ (*comm. - etc.*), risposta. **3** ~ (as a response to a request for information) (*n. - comp.*), risposta. **4.** ~ curve (*radio*), curva di risposta. **5.** audio-frequency ~ (*audiovisuals*), risposta in audiofrequenza. **6.** control ~ (as of a car) (*veh.*), risposta ai comandi. **7.** disturbance ~ (as of a car) (*veh.*), risposta alle perturbazioni. **8.** peak ~ (*radio*), risposta massima. **9.** steady state ~ (as of a car) (*veh.*), risposta in condizioni di regime. **10.** voice ~ (audio response) (*sophisticated comp.*), risposta vocale.

responsibility, responsabilità.

responsible, responsabile.

responsiveness (*instr.*), sensibilità.

responsor (the receiving part of an interrogator/responsor) (*radar - radio*), ricevitore di risposta.

rest (that upon which one or something rests for support) (*gen.*), appoggio. **2.** ~ (*gen.*), riposo. **3.** ~ (condition of no motion) (*mech.*), quiete. **4.** ~ (as of a cutting tool or work) (*mach. t.*), supporto, appoggio. **5.** ~ bushing (*mech.*), boccola di appoggio. **6.** at ~ (as of liquid) (*hydr.*), in riposo. **7.** "calf ~" (extension under a seat for the legs to rest) (*railw.* - *etc.*), appoggia-gambe. **8.** foot ~ (as a bar or rail under a seat on which passengers may rest their feet) (*seat accessory* - *railw.* - *etc.*), appoggia-piedi.

rest (to) (to lean: as a beam on its support) (*bldg.*), appoggiare. **2.** ~ (to be supported: as a beam) (*bldg.*), essere supportato (o sostenuto).

restart (*mech.*), rimessa in marcia. **2.** ~ (of a weld, after interruption) (*mech. technol.*), ripresa. **3.** ~ (as of a program after a comp. failure) (*n.* - *comp.*), ripartenza (della elaborazione). **4.** automatic ~ (*comp.*), ripartenza automatica, rimessa in funzione automatica. **5.** deferred ~ (rerun) (*comp.*), riavviamento differito. **6.** running ~ (*comp.*), ripartenza della elaborazione.

restart (to) (*mech.*), rimettere in marcia. **2.** ~ (a rocket) (*astric.*), riaccendere. **3.** ~ (as a malfunctioning comp.) (*comp.*), rimettere in funzione, far ripartire.

restartable (*a.* - *rckt.*), riaccendibile.

restarting (as of a jet engine during a flight or of an aut. engine etc.) (*astric.* - *aut.* - *mot.*), riaccensione. **2.** ~ (as of an elect. switch) (*mech.*), dispositivo (o bottone) di "resettaggio" (o di ripristino delle condizioni di partenza).

restaurant (*bldg.*), ristorante.

restful (as a color) (*gen.*), riposante.

resting (as of a beam) (*constr. theor.*), appoggiato.

restitution (*gen.*), restituzione. **2.** ~ (return to a former state) (*phys.*), ristabilimento. **3.** coefficient of ~ (of a blow) (*mech.*), coefficiente di restituzione.

restoration (*arch.*), restauro. **2.** ~ (as of a vintage car) (*old aut.* - *etc.*), restauro.

restore (to) (as a condition) (*gen.*), ripristinare, ristabilire. **2.** ~ (the structure of overheated steel) (*metall.*), rigenerare. **3.** ~ (to repair, renew etc.) (*bldg.*), restaurare. **4.** ~ to its position (an aircraft) (*aer.*), richiamare.

restorer (as of a bldg.), restauratore. **2.** ~ (for resetting to the original state, as the D.C. component to a radio signal) (*elect.* - *etc.*), dispositivo di "resettaggio".

restoring (*bldg.*), restauro. **2.** ~ force, restoring torque (*theor. mech.*), forza (o coppia) riequilibratrice. **3.** ~ moment, *see* righting moment.

restrain (to) (*gen.*), trattenere, costringere. **2.** ~ (*constr. theor.*), incastrare.

restrained (as of a beam) (*constr. theor.*), incastrato. **2.** ~ beam (*constr. theor.*), trave incastrata.

restrainer (special bath holding back the action: in film developing) (*phot.*), rallentatore.

restraint (as of a built-in beam) (*constr. theor.*) (Am.), incastro. **2.** ~ (as the air bags, seat belts etc.) (*aut. safety*), (dispositivo di) sicurezza a trattenuta. **3.** passive ~ (self acting automatically, for protection, during a crash: as a seat belt) (*aut. safety*), dispositivo di sicurezza di tipo passivo.

restrict (to), limitare.

restricted (degree of reservedness assigned to military or diplomatic material) (*milit.*), riservato.

restriction (*law* - *comm.*), restrizione, limitazione. **2.** ~ (as to export) (*comm.*), limitazione.

restrictor (a device which reduces the cross-sectional flow area) (*pip.*), limitatore di efflusso. **2.** ~ (*aer.*), restrittore.

restrike (light blow after trimming for correcting distortion of a presswork) (*mech. technol.*), assestamento.

restrike (to) (a presswork, for correcting distortion) (*mech. technol.*), assestare.

restriking (restrike) (*sheet metal w.*), assestamento. **2.** ~ (operation by which distortion is corrected by a light blow to the drop forging after trimming) (*forging*), assestamento.

restructure (to) (to give a new organization: as to a corporation) (*pers. organ.* - *etc.*), ristrutturare.

restyling (as of a car) (*aut.*), rifacimento dello stile.

result, risultato, esito.

resultant (of forces) (*theor. mech.*), risultante.

resunk (impression milled a second time on a die) (*mech.*), reinciso.

resurfacing (as of a street) (*road*), ripavimentazione, rifacimento della pavimentazione.

ret (to) (to soak) (*ind.*), macerare.

retail (*a.* - *comm.*), al minuto. **2.** ~ (sale of goods in small quantities) (*n.* - *comm.*), vendita al minuto. **3.** ~ dealer (of a firm) (*comm.*), subagente. **4.** ~ price (*comm.*), prezzo al dettaglio.

retail (to) (*comm.*), vendere al dettaglio (o al minuto).

retailer (*comm.*), rivenditore al minuto, commerciante al minuto, dettagliante.

retain (to) (as heat) (*gen.*), conservare.

retained (as austenite) (*heat* - *treat.*), residuo.

retainer (*mech.*), fermo. **2.** ~ (for holding something) (*mech.*), staffa. **3.** ~ (cage for holding bearing balls or rollers) (*mech.*), gabbia. **4.** ~ (of a valve spring: of mot.) (*mech.*) (Am.), scodellino.

retaining wall (*constr.*), muro di sostegno.

retake (to) (a scene) (*m. pict.*), ripetere la presa (o la ripresa della scena). **2.** ~ (to take a shot or a film for a second time) (*m. pict.*), prendere di nuovo, girare di nuovo, riprendere.

retan (leather tanned first with min. compounds and then with vegetable tanning) (*leather ind.*), cuoio riconciato.

retard (to), ritardare. **2.** ~ (as the ignition of a mot.) (*mech.*), ritardare.

retardation (amount of delay) (*gen.*), ritardo.

retarder (added to cement for increasing setting time) (*mas.*), ritardatore. **2.** ~ (as in rubb. mfg.) (*ind.*), ritardante. **3.** ~ (car retarder, power-operated brake for controlling the speed of cars as moving on humps) (*railw.*), freno (sul binario). **4.** ~ brake (used on long downhills) (*aut.*), freno di rallentamento.

retel (reference telegram) (in comm. correspondence) (*off.*), riferimento telegramma.

retentivity (*magnetism*), proprietà di conservare la magnetizzazione.
reticle (*opt.*), reticolo.
reticular (reticulated) (*gen.*), reticolare.
reticulate (to) (to distribute by means of a network: as electricity, water, gas) (*town planning*), distribuire mediante rete.
reticulation (defect: as of a film gelatine or of a painted surface) (*phot. - paint.*), retinatura.
reticule (*opt.*), reticolo.
retighten (to) (*mech.*), riavvitare, ristringere.
retime (to) (as the ignition of a mot.) (*aut.*) (Am.), rimettere in fase.
retina (of the eye) (*med.*), retina.
retinite (an inflammable mineral resin) (*min.*), retinite.
retire (to) (from service) (*milit.*), dimettersi. **2.** ~ (in war) (*milit.*), ritirarsi, ritirare. **3.** ~ (from a race) (*sport*), ritirarsi. **4.** ~ (to stop working due to age) (*pers.*), andare in pensione.
retirement (from a race) (*sport*), ritiro. **2.** ~ (withdrawal from active service) (*n. - work pers.*), pensionamento. **3.** temporary ~ (as of an employee) (*work. - pers.*), aspettativa.
"retnr", *see* retainer.
retooling (*ind.*), riattrezzamento.
retort (*chem. impl.*), storta. **2.** ~ (gas retort) (*chem. - ind. - impl.*), storta per gas. **3.** ~ furnace (*ind. app.*), forno a storta. **4.** ~ graphite (for ind.), carbone (o grafite) di storta. **5.** plain ~ (*chem. impl.*), storta semplice, storta da laboratorio.
retouch (to) (*phot.*), ritoccare.
retouching (*phot. - paint. - etc.*), ritocco. **2.** ~ desk (*phot.*), tavolo per ritocco. **3.** ~ dye (used on negatives) (*phot.*), vernice coprente per ritocco.
retrace (flyback of the electron beam to the initial point in a cathode ray tube) (*elics.*), traccia di ritorno, ritraccia. **2.** ~ time (time of return in a cathode-ray tube scanning) (*comp.*), tempo di ritraccia, tempo della traccia di ritorno.
retract (to) (*gen.*), retrarre.
retractable (*a. - gen.*), retrattile. **2.** ~ (as of landing gear) (*aer.*), retrattile.
retractile, retrattile.
retraction (due to load elimination: as in rubber testing), ritorno indietro. **2.** ~ lock (safety device for avoiding accidental retraction of the landing gear) (*elics.*), bloccaggio di sicurezza contro la retrazione carrello, dispositivo di sicurezza (contro l'involontario) ritiro (del) carrello.
retractor (*med. instr.*), divaricatore. **2.** self-retaining ~ (*med. instr.*), divaricatore automatico.
retrain (to) (a worker before placing him in a new job) (*pers.*), riqualificare.
retransmission (*radio*), ritrasmissione.
retread (retreaded tire) (*rubb. ind.*), gomma ricostruita, copertone ricostruito.
retread (to) (as an aut. tire) (*rubb. ind.*), ricostruire (un copertone), ricostruire il battistrada (di un copertone).
retreading (as of a tire) (*rubb. ind.*), ricostruzione (di copertoni), ricostruzione del battistrada.
retreat (*milit.*), ritirata.
retree (defective sheets of paper) (*paper mfg.*), seconda scelta, riscelta, "mezzetto", "cernaglia".
retrieval (as of information, for documentation purposes) (*ind.*), reperimento. **2.** ~ code (as for retrieval of a specific information from memory) (*comp.*), codice di reperimento. **3.** data ~ (*comp.*), reperimento dati. **4.** false ~ (false drop) (*comp.*), reperimento errato.
retrieve (caster action: as of a steering gear) (*aut.*), reversibilità.
retrieve (to) (as information for documentation purposes) (*ind. - etc.*), reperire. **2.** ~ (as of a torpedo or other weapons or objects left in the sea) (*navy*), ricuperare. **3.** ~ (as to retrieve specific data) (*comp.*), reperire.
retriever (boat used to recover torpedoes or other weapons or objects left in the sea) (*navy*), ricuperatore.
retrimming (*forging*), seconda sbavatura.
retroaction (as of a law) (*law*), azione retroattiva. **2.** ~ (reaction as of an amplification circuit) (*radio*), reazione.
retroactive (*a. - gen.*), retroattivo. **2.** ~ coil (*elect.*), *see* reactor. **3.** ~ law (*law*), legge retroattiva.
retroactivity (*gen.*), retroattività.
retro-engine (rocket engine on a spacecraft), *see* retro-rocket.
retrofire (to) (to ~ a retro rocket) (*astric.*), accendere un retrorazzo.
retrofit (modification, as of an aircraft) (*aer.*), aggiornamento.
retrograde (said of a satellite rotating in opposite direction to a celestial body) (*a. - astric.*), con senso di rotazione orbitale opposto a quello naturale dell'astro.
retropack (retro-rocket) (*astric.*), retrorazzo.
retroreflection (catoptrical reflection) (*opt.*), riflessione catottrica.
retroreflector (device reflecting radiation along paths parallel to those of incident rays) (*n. - opt.*), catadiottro.
retro-rocket (applied to the last stage, as of a moon missile, to act as a kind of brake) (*astric. mot.*), retrorazzo, razzo frenante, razzo di frenatura.
retry (to) (to try something again) (*comp. - etc.*), ripetere.
rettery (a place where flax is retted) (*text. ind.*), maceratoio.
retting (as of hemp or flax) (*text. ind.*), macerazione.
retube (to) (as a well, a gun) (*gen.*), ritubare.
return (of piston) (*mech.*), corsa di ritorno. **2.** ~ (*adm. - comm.*), ricavo, profitto. **3.** ~ (echo) (*radio - radar*), eco, ritorno. **4.** ~ (line conveying something back to its startpoint; as steampipe, electric conductors etc.) (*n. - ind. installations*), ritorno. **5.** ~ (as of an address, an instruction etc.) (*a*

- *comp.*), di ritorno. **6.** ~ air (*ventil.*), aria di ricupero. **7.** ~ bend (as of a pipe fitting), curva doppia (a 180°). **8.** ~ key (of a typewriter), tasto di ritorno. **9.** ~ on capital (*finan.*), rimunerazione del capitale. **10.** ~ on investment (*finan.*), rimunerazione del capitale investito, profitto sul capitale investito. **11.** ~ receipt requested (in comm. correspondence) (*off.*), si richiede ricevuta. **12.** ~ spring (*mech.*), molla di richiamo. **13.** false ~ (false echo) (*radar*), falsa eco. **14.** grid ~ (of grid current) (*elics.*), ritorno di griglia. **15.** ground ~ (circuit using the earth as return) (*elect.*), ritorno a terra. **16.** ground ~ (*radio - radar*), eco da terra. **17.** non ~ valve (*pip. - mech.*), valvola di non ritorno. **18.** sale returns and allowances (*adm.*), resi ed abbuoni sulle vendite. **19.** sea ~ (reflected by the sea surface and received by an air-borne radar set) (*radar*), eco dal mare.

return (to) (*gen.*), restituire. **2.** ~ cost (to pay for oneself: as of machinery) (*adm. - finan.*), ammortizzare. **3.** ~ to the store (to put back in the store) (*gen.*), ritornare (o riversare) a magazzino.

reunion machine (*text. mach.*), stiratoio riunitore.

reusability (*gen.*), riutilizzabilità, possibilità di riutilizzo.

reusable (*gen.*), riutilizzabile. **2.** ~ (reentrant) (*comp.*), *see* reentrable.

reuse (*n. - gen.*), riutilizzazione.

reuse (to) (*gen.*), riutilizzare.

reutilization (reuse) (*gen.*), riutilizzo, riutilizzazione.

reutilize (to) (*gen.*), riutilizzare.

"REV" (review: as a recorded videotape) (*audiovisuals*), ripasso, l'atto di rivedere (il registrato).

"rev", *see* reversed, revised, revolution, revolving.

rev (revolution: as of a mot.), giro.

rev (to) (to increase the number of revolutions per minute) (*eng.*), aumentare i giri.

"revacycle" machine (Gleason patent: straight bevel gear milling mach.) (*mach. t.*), fresatrice speciale per ingranaggi conici a denti diritti.

revaluation (as increase of the currency value with regard to foreign ones) (*finan.*), rivalutazione.

rev-counter (revolution counter) (*aut. instr.*), contagiri.

reveal (masonry side of a door or window opening between the frame and the exterior surface of the wall) (*bldg.*), mazzetta. **2.** ~ (window border) (*aut.*), telaino del finestrino. **3.** ~ molding (surrounding as a windshield or rear window) (*aut.*), profilato metallico (di cornice). **4.** ~, *see also* jamb.

revenue (*comm.*), rendita, reddito. **2.** ~ (gouvernmental income raised by taxes) (*country finan.*), gettito fiscale. **3.** ~ cutter (armed vessel against smugglers) (*navy*), motovedetta. **4.** marginal ~ (*adm. - comm.*), reddito marginale.

reverb, *short for* reverberation.

reverberate (to) (as light, heat etc.) (*phys.*), riverberare.

reverberation (*acous.*), riverberazione, coda sonora. **2.** ~ (*phys.*), riverbero. **3.** ~ (reflection due to inhomogeneities of the water, micro-organisms etc., which does not follow the specular law, but occurs more or less in all directions) (*und. acous.*), riverberazione. **4.** ~ index (of a medium: ratio, expressed in decibel, between the acoustic intensity reflected by the unity volume of the medium and the acoustic intensity incident on it) (*und. acous.*), indice di riverberazione. **5.** ~ strength (*und. acous.*), indice di riverberazione. **6.** ~ time (or period) (*acous.*), durata della coda sonora. **7.** bottom ~ (reverberation caused by the sea bottom) (*und. acous.*), riverberazione di fondo. **8.** surface ~ (reverberation caused by the sea surface) (*und. acous.*), riverberazione di superficie. **9.** volume ~ (reverberation due to inhomogeneities present in the volume of sea water) (*und. acous.*), riverberazione di volume.

reverberator (that which produces reverberation) (*phys. device*), superficie di riverbero. **2.** ~ (a reflecting lamp) (*phys. device*), lampada a riverbero.

reverberatory (*a. - phys.*), a riverbero. **2.** ~ furnace (as for metall.) forno a riverbero.

reversal (*mech.*), inversione, ritorno. **2.** ~ (as of the image by a lens) (*opt.*), rovesciamento, inversione. **3.** ~ (as of a negative film into a positive) (*phot. - m. pict.*), inversione. **4.** ~ film (for color phot.) (*phot.*), pellicola invertibile. **5.** ~ material (for color phot.) (*phot.*), materiale invertibile. **6.** ~ of control (*aer.*), inversione di comando. **7.** ~ of stress (*constr. theor.*), inversione di sollecitazione. **8.** ~ process (*photomech.*), procedimento di inversione. **9.** ~ speed (minimum equivalent speed at which reversal of control occurs) (*aer.*), velocità di inversione di comando. **10.** automatic ribbon ~ (*teleprinter*), inversione automatica del nastro. **11.** gum ~ process (reversal process using a specially prepared plate coating solution) (*lith.*), procedimento di inversione alla gomma, fotolitografia alla gomma.

reverse (reversing gear) (of mach. or mot.), invertitore di marcia, retromarcia, marcia indietro. **2.** ~ (defeat) (*milit.*), sconfitta, rovescio. **3.** ~ (the rear) (*milit.*), retroguardia. **4.** ~ (the back of a page) (*typ.*), verso, retro, pagina pari, pagina opposta al recto. **5.** ~ dog (*mech.*), nottolino di inversione. **6.** ~ feedback (*radio*), *see* degeneration. **7.** ~ flush (made by a fluid obliged to flow in a direction opposite to the normal one) (*filters upkeeping*), lavaggio controcorrente. **8.** ~ gear (of aut.), marcia indietro, retromarcia. **9.** ~ gear (*mech. - naut.*), invertitore (di marcia). **10.** ~ gradient (*railw.*), contropendenza. **11.** ~ jato (braking rocket) (*aer.*), razzo frenante. **12.** ~ lever (*elect. railw. - etc.*), leva dell'(o per l')inversione di marcia. **13.** ~ motion (*mech.*), retromarcia. **14.** ~ movement (of veh.), (moto di) marcia indietro. **15.** ~ press (of a paper machine, the press on which the web of paper is reversed) (*paper mfg.*), pressa montante. **16.** ~ reduction gear (*mech.*), riduttore dell'invertitore. **17.** ~ rotation (*mech.*), rotazione invertita. **18.** ~ stop (of a truck) (*aut.*), arresto indietreggio. **19.** ~ turn (*aer.*), virata rovescia, virata imperiale, gran volta imperiale. **20.** ~ turn (counterclockwise rotation) (*gen.*), rotazione antioraria. **21.** automatic ribbon ~ (of typewriter) (*mech.*), invertitore automatico del nastro. **22.** feed ~ (of mach. t. movement) (*mach. t.*), inversione dell'avanzamento. **23.** hydraulic ~ gear (*mech. - naut.*), invertitore (di marcia) idraulico. **24.** power ~ gear (of a steam locomotive) (*railw.*), cambio marcia, inversione marcia. **25.** to go in ~ (*aut.*), andare in retromarcia.

reverse (to) (*mach.*), invertire il movimento.

reverse-current circuit breaker (breaker that opens the circuit when the current reverses direction) (*electromech.*), interruttore di protezione contro l'inversione di corrente.

reversed (as of sheet-metal edges) (*a. - mech.*), risvoltato. **2.** ~ negative (*photomech.*), negativo con immagine rovesciata (cioè diritta).

reverser (*elect. device*), invertitore. **2.** ~ (as of an elect. motor) (*elect.*), invertitore di marcia. **3.** ~ (device for reversing the direction of rotation of traction motors) (*railw.*), invertitore di marcia. **4.** ~ (process camera accessory, mirror or prism) (*photomech.*), invertitore. **5.** electropneumatic ~ (*elect.*), invertitore elettropneumatico. **6.** remote control ~ (*elect. device*), teleinvertitore.

reversible (capable of moving backward and forward) (*mech.*), a inversione di marcia. **2.** ~ (as of a reaction (*chem.*), reversibile. **3.** ~ stock (*m. pict.*), pellicola invertibile.

reversing (as of a mechanism) (*a. - mech.*), invertitore, che inverte. **2.** ~ bath (*phot.*), bagno d'inversione. **3.** ~ eyepiece (having a prism or mirror giving a mirror image of the field) (*opt.*), oculare invertitore. **4.** ~ gear (of a mach.) (*mech.*), invertitore di marcia. **5.** ~ handle (*mech.*), leva dell'invertitore. **6.** ~ prism (right-angle prism that reverses the images only along one coordinate) (*opt. - photomech.*), prisma (retto) invertitore. **7.** ~ starter (*elect.*), (tele)invertitore.

reversion (*gen.*), ritorno. **2.** ~ (*chem.*), ritorno allo stato precedente.

revert (to) (to return to a former state) (*chem. - etc.*), ritornare allo stato precedente, tornare indietro.

revetment (as of an embankment) (*road*), rivestimento di sostegno. **2.** ~ (as a sandbag wall protecting an aircraft etc.) (*milit. - etc.*), protezione.

review (explanatory and critical report as on a pubblication) (*typ. - journ.*), recensione. **2.** ~ (as of technical press) (*gen.*), rassegna. **3.** ~ (*milit.*), rivista. **4.** ~ playback (as of a recorded videotape) (*audiovisuals*), riproduzione di ripasso.

review (to) (as a book) (*typ.*), recensire. **2.** ~ (to replay a recorded videotape) (*audiovisuals*), rivedere, ripassare.

reviewer (*journ.*), critico letterario.

revise (second proof, corrected) (*typ.*), seconda bozza, bozza corretta.

revise (to) (as a dictionary) (*gen.*), revisionare. **2.** ~ (to make up-to-date) (*gen.*), aggiornare.

revised (as a mech. drawing) (*mech. draw.*), aggiornato.

revision (of a drawing) (*mech. draw.*), aggiornamento. **2.** ~ (as of a map) (*cart. - etc.*), aggiornamento.

revocable (*gen.*), revocabile.

revocation (as of a patent) (*law*), revoca.

revoke (to) (a law) (*law*), revocare.

revolution (of mot., of mach.), giro. **2.** ~ (*astr.*), rivoluzione. **3.** ~ counter (*instr.*), contagiri. **4.** ~ indicator (*instr.*), contagiri. **5.** body of ~ (*math. - geom.*), solido di rotazione.

revolutions per minute (r.p.m.) (*mech.*), giri al minuto. **2.** number of ~ (*mech.*), numero di giri (al minuto).

revolvable (*mech.*), girevole.

revolve (to) (*mech.*), girare.

revolved (of a section) (*mech. draw.*), ribaltato.

revolver (*firearm*), rivoltella.

revolving (*a. - gen.*), girevole. **2.** ~ (as of a tool post on a mach. t.) (*mach. t. - mech.*), orientabile. **3.** ~ (as a letter of credit which may be automatically extended or renewed) (*comm. - finan.*), rinnovabile e prorogabile tacitamente. **4.** ~ door (as at the entrance of a hotel) (*bldg.*), porta girevole. **5.** ~ drier (*text. app.*), asciugatoio a tamburo rotante.

reward (as to a worker) (*gen.*), ricompensa.

reweld (to) (to repair or to make stronger a weld) (*mech. technol.*), riprendere la saldatura, risaldare.

rewelding (for repair) (*mech. technol.*), ripresa della saldatura.

rewind (to) (as a film) (*m. pict.*), riavvolgere. **2.** ~ (*gen.*), riavvolgere. **3.** ~ (*text. ind.*), riannaspare, stracannare. **4.** ~ (*elect.*), ribobinare, riavvolgere.

rewinder (for winding films) (*m. pict.*), avvolgitore. **2.** ~ (rewinding machine) (*paper mfg.*), *see* reeling machine. **3.** ~ (of a print. mach.) (*print.*), ribobinatore.

rewinding (*gen.*), riavvolgimento. **2.** ~ (as of a film) (*m. pict.*), riavvolgimento. **3.** ~ (*text. mfg.*), stracannatura. **4.** ~ (as of a mot.) (*electromech.*), riavvolgimento. **5.** ~ machine (for wire or strip) (*mach. - rolling mill*), riavvolgitrice.

rewrite (to) (to restore previous records if cancelled by reading) (*comp.*), riscrivere.

"reyn" (standard unit of absolute viscosity in the British system, expressed in lb-sec/sq. inch) (*chem.*), reyn.

Reynolds number (*mech. of fluids*), numero di Reynolds.

"RF", "rf" (range finder) (*opt. app.*), telemetro. **2.** ~ (radio frequency) (*radio*), radiofrequenza. **3.** ~ (reducing flame) (*chem.*), fiamma riducente. **4.** ~

(rapid-fire, rapid-firing) (*a.* - *milit.*), a tiro rapido.

"RFC", *see* radio-frequency choke.

"RFI" (ready for inspection: in shop production) (*ind.*), pronto per il collaudo.

"rfl", *see* refuel.

"rf station" (radio beacon transmitting in all directions with equal intensity) (*aer.*), radiofaro circolare, radiofaro onnidirezionale.

"RG" (rough grind!) (*mech. draw.*), sgrossare di rettifica!

"RGB" (Red Green Blue: cathode ray tube colors) (*comp.* - *telev.*), rosso verde blu.

"RH" (right hand) (*a.* - *mech. draw.*), destro. **2.** ~ (Rockwell hardness) (*mech.* - *metall.*), durezza Rockwell.

Rh (rhodium) (*chem.*), rodio.

"rh" (relative humidity) (*meteorol.* - *etc.*), U.R., u.r., umidità relativa.

rhabdomancy, rabdomanzia.

rhe (the reciprocal of a poise, C.G.S. unit of viscosity) (*phys. meas. of fluidity*), rhe, unità di fluidità.

rhenium (Re - *chem.*), renio.

"rheograph" (*elect. instr.*), reografo.

rheological (*chem.* - *phys.*), reologico.

rheology (science dealing with the flow and deformation of matter) (*sc.*), reologia.

rheometer (*hydr. instr.*), reometro.

rheopexy (rapid solidification of a thixotropic fluid due to continuous stirring) (*chem.*), reopessia.

rheophore (*elect.*), reoforo.

rheoscope (*phys.*), galvanoscopio. **2.** ~, *see also* galvanoscope.

rheostat (*elect. device*), reostato. **2.** back-of-board field ~ (*elect.*), reostato di campo da retroquadro. **3.** exciter field ~ (as of a d.c. generator) (*elect. app.*), reostato di campo dell'eccitatrice. **4.** field ~ (*elect.*), reostato di campo. **5.** liquid ~ (*elect.*), reostato a liquido. **6.** speed regulating ~ (*elect. device*), reostato regolatore di velocità. **7.** starting ~ (*elect. device*), reostato d'avviamento.

rheostriction (pinch effect) (*elect.*) (Brit.), reostrizione.

rheotron (type of betatron) (*atom phys.*), reotrone.

rheotrope (*elect. device*), commutatore di inversione.

rhino (one or more pontoons with outboard engines used in landing operation) (*navy*) (Am.), pontone (o gruppo di pontoni) da sbarco con motori fuoribordo.

rhinoscopic mirror (*med. instr.*), specchio rinoscopico.

rhm (one roentgen per hour at one meter distance, roentgen-hour-meter) (*med.*), unità di intensità di emissione di una sorgente di raggi gamma.

rho, rho particle (meson) (*atom phys.*), particella rho.

rhodamines (synthetic red dyes) (*chem.*), rodamine.

rhodamins, *see* rhodamines.

rhodium (Rh - *chem.*), rodio.

rhombic (rhombical) (*geom.*), rombico. **2.** ~ dodecahedron (*geom.*), rombododecaedro.

rhombohedron (*geom.*), romboedro.

rhomboid (*geom.*), romboide.

rhomboidal (*geom.*), romboidale.

rhombus (*geom.*), rombo.

rhumb (course) (*naut.*), rotta. **2.** ~ (one of the 32 points of the compass) (*naut.*), rombo. **3.** ~ line (*naut.*), rotta lossodromica, lossodromia.

rhumbatron (of a klystron) (*elics.*), rhumbatron, risonatore a cavità (di un klystron). **2.** ~ (resonant circuit in a klystron) (*elics.*), oscillatore a cavità. **3.** ~, *see also* klystron.

rhymer (reamer) (*t.*), alesatore.

"RI" (Repulsion Induction) (*elect.*), induzione di repulsione. **2.** ~ (Resistance-Inductance) (*elect.*), resistenza-induttanza. **3.** ~ circuit (Resistor and Inductor circuit) (*elect.*), circuito resistenza-induttanza.

rib (of a wing) (*aer.*), centina, centina alare. **2.** ~ (of the fuselage) (*aer.*), ordinata. **3.** ~ (*shipbldg.*), ordinata. **4.** ~ (*mech.* - *reinf. concr.*), nervatura. **5.** ~ (in Gothic vaulting) (*arch.*), nervatura, costolone. **6.** ~ (timber frame of an arch) (*bldg.*), centina. **7.** ~ (stratum) (*geol.*), strato. **8.** ~ (dike) (*geol.*), dicco. **9.** ~ (as of a casting) (*found.*), nervatura di rinforzo. **10.** ~ (one of the vertical ridges of a fabric) (*text. ind.*), costa. **11.** ~ with concrete floor above (*reinf. concr.*), nervatura con sovrastante soletta. **12.** ~ wool (*wool ind.*), lana dei fianchi. **13.** compression ~ (*aer.*), centina resistente a compressione. **14.** cooling ~ (as of mot.), aletta di raffreddamento. **15.** root ~ (*aer. constr.*), centina d'incastro. **16.** stiffening ~ (*mech.* - *build.*), nervatura di rinforzo. **17.** trailing ~ (as of a wing) (*aer.*), centina (del bordo) di uscita. **18.** ~, *see also* fin.

rib (to) (*mech.* - *bldg.* - *reinf. concr.* - *shipbuild.* - *etc.*), nervare. **2.** ~ (to furnish with fins: as a pipe) (*therm.*), alettare.

ribbed (strengthened with ribs) (*a.* - *mech.* - *etc.*), nervato. **2.** ~ (with fins) (*therm.*), alettato. **3.** ~ (as of a fabric with vertical ridges) (*a.* - *text. ind.*), a coste. **4.** ~ fabric (*text. ind.*), tessuto a coste. **5.** ~ tire (as for front wheels) (*mtc.*), pneumatico rigato.

ribbiness (brush marks on a painted surface) (*paint. defect*), cordonatura, rigatura, segni di pennello.

ribbing (as of a plate) (*mech.*), nervatura.

ribbon (*text. mfg.*), nastro. **2.** ~ (flat strip of metal), nastro. **3.** ~ (as of a typewriter), nastro. **4.** ~ brake (*mech.*), freno a nastro. **5.** ~ building (*bldg.*) (Brit.), costruzione di case lungo le vie principali di comunicazione. **6.** ~ conveyer (*mach.*), trasportatore a nastro. **7.** ~ movement (device moving the ribbon) (*typewriter*), meccanismo di avanzamento del nastro. **8.** ~ saw, sega a nastro. **9.** single-selvedged trimming ~ (text. material: as for the upholstery of an aut. body), bat-

tentino ad una cimosa. **10.** typewriter ~, nastro di (o per) macchina dattilografica, nastro di macchina per scrivere.
ribwork (*mech.*), struttura nervata.
rice (*agric.*), riso. **2.** ~ paper (*paper mfg.*), carta di riso.
ricer (*kitchen t.*), schiacciapatate.
rich (*a.* - *gen.*), ricco. **2.** ~ mixture (*mot.*), miscela grassa, miscela ricca.
ricochet (shot rebound), rimbalzo.
ricochet (to) (shot rebound), rimbalzare.
riddle (*ind. impl.*), vaglio, crivello. **2.** ~ (sieve used to sift coal in a coal mine) (*min. impl.*), vaglio. **3.** ~ (*found. impl.*), setaccio, crivello.
riddle (to) (*found.* - *etc.*), setacciare. **2.** ~ (*min.*), grigliare, vagliare.
riddled (as of coal) (*min.* - *etc.*), vagliato.
riddling (*ind.*), vagliatura. **2.** ~ (*found.*), setacciatura, crivellatura.
ride (*aut.* - *etc.*), marcia. **2.** ~ comfort (*aut.*), confortevolezza di marcia.
ride (to) (in a car etc.) (*veh.*), viaggiare. **2.** ~ at anchor (*naut.*), essere alla fonda. **3.** ~ out a gale (*naut.*), mettersi alla cappa.
rider (of a balance beam) (*weighing impl.*), cavaliere. **2.** ~ (diagonal rider, strengthening piece of iron fitted outside the frames) (*shipbldg.*), rinforzo diagonale per ordinate. **3.** ~ (extra frame of a wooden vessel) (*shipbldg.*), ordinata supplementare. **4.** ~ (a roller in an offset press) (*lith. mach.*), cannella. **5.** ~ arch (one of a series of arches which support the checkerwork in a regenerator) (*glass mfg.* - *etc.*), voltina. **6.** dispatch ~ (*milit.*), portaordini, staffetta. **7.** scooter ~ (motor scooter rider) (*sport* - *etc.*), scooterista, scuterista.
ridership (amount of passengers transported by a type of public means) (*transp.*), numero di passeggeri trasportati.
ridge (*gen.*), cresta. **2.** ~ (of a roof) (*bldg.* - *arch.*), colmo, linea di displuvio, linea di spartiacque. **3.** ~ (*geogr.*), cresta, crinale. **4.** ~ (high-pressure band connecting two anticyclones) (*meteorol.*), promontorio, espansione di alta pressione. **5.** ~ (of a freight car roof) (*railw.*), colmo. **6.** ~ (of an awning) (*naut.* - *etc.*), crinale. **7.** ~ beam (*bldg.*), *see* ridgepole. **8.** ~ fillet (main runner) (*found.*), canale principale di colata. **9.** ~ tile (*bldg.*), tegola di colmo. **10.** mountain ~ (*geogr.*), crinale, sommità di una catena di montagne. **11.** mountain ~ (water parting, watershed, between two catchment areas) (*geogr.*), spartiacque, linea displuviale. **12.** projecting ~ (*mech.*), risalto.
ridgeboard, *see* ridgepole.
ridgecap (covering the ridge of a roof) (*bldg.*), colmo, comignolo, copertura della linea di colmo.
ridgepiece, *see* ridgepole.
ridgepole (of a roof) (*bldg.*), trave di colmo.
ridger (*agric. impl.*), rincalzatore.
ridgerope (as of an awning) (*naut.*), fune di colmo.
ridging (defect of gear teeth) (*mech.*), striatura.
riemannian geometry (*math.*), geometria di Riemann.
riffle (fast flowing water on a shallow bed zone of a river) (*n.* - *geogr.* - *naut.*), rapida. **2.** ~ (a thin strip of wood placed across the stream of pulp in the sand table) (*paper mfg.*), traversa (del separasabbia). **3.** ~ (strip or bar, in gold washing machinery) (*min.*), traversino.
riffler (curved file) (*t.*), lima curva, lima per stampi, "rifloir".
rifle (*firearm*), fucile a palla, carabina. **2.** ~ bar (of machine drill for wells) (*min. mach.*), barra di rotazione della trivella. **3.** ~ green (*milit. colour*), grigio verde militare. **4.** ~ range (*sport* - *milit.*), campo del tiro a segno, poligono. **5.** automatic ~ (*firearm*), fucile automatico.
rifle (to) (to groove the inside, as of a gun barrel) (*firearm constr.*), rigare.
rifled (as of a gun barrel) (*a.* - *mech.*), rigato. **2.** ~ cannon (*milit.*), cannone rigato.
rifleman (soldier) (*milit.*), fuciliere.
riflescope (telescope for rifle) (*milit.*), cannocchiale di puntamento per fucili.
rifling (of a gun barrel), rigatura. **2.** uniform-twist ~ (of a gun barrel) (*ordnance*), rigatura a passo costante. **3.** variable-twist ~ (of a gun barrel) (*ordnance*), rigatura a passo variabile.
rifrangible (*a.* - *opt.* - *radiations*), rifrangibile.
rift (fissure) (*gen.*), fessura, spaccatura. **2.** ~ saw (*carp. impl.*), sega da tronchi.
rift (to) (to split), spaccare, dividere.
rig (apparatus or mach. fitted for special operations) (*ind.*), attrezzamento specifico. **2.** ~ (a derrick complete with running means) (*min.*), impianto di trivellazione, impianto di sondaggio. **3.** ~ test (as of a pump, carburetor, etc.) (*mech.*), prova al banco. **4.** combination ~ (rotary and cable system for boring) (*min.*), impianto (di trivellazione) combinato. **5.** diesel ~ (said of mach. fitted with diesel engine) (*ind.*), motorizzato diesel, motorizzato con motore diesel. **6.** floating ~ (a floating platform equipped for submarine drilling) (*oil* - *naut.*), impianto galleggiante di trivellazione. **7.** offshore ~ (a special anchored platform for submarine drilling) (*oil* - *natural gas*), piattaforma petrolifera in mare aperto. **8.** oil ~ (*oil* - *natural gas*), impianto di trivellazione petrolifera.
rig (to) (*gen.*), equipaggiare, attrezzare. **2.** ~ in (to draw in, as a boom) (*naut.*), rientrare, far rientrare. **3.** ~ out (to push out, as a boom) (*naut.*), spingere fuori, mettere fuori.
rigger (as an aircraft worker), montatore. **2.** ~ (pulley) (*mech.*), puleggia a fascia piana. **3.** ~ (*shipbldg. work.*), attrezzatore. **4.** ~ (provisory scaffold erected during constr. to protect passers-by from falling objects) (*bldg.*), ponteggio di protezione.
rigging (*naut.*), manovre. **2.** ~ (adjustment and assembling of the component parts of an aircraft)

(*aer.*), assemblaggio finale previa messa in bolla. **3.** ~ (of a balloon) (*aer.*), sartiame, cavi portanti. **4.** ~ (shroud lines of a parachute) (*n. - aer.*), fascio funicolare. **5.** ~ at the masthead (*naut.*), incappellaggio. **6.** ~ band (reinforced band fitted to the balloon envelope for attaching the rigging) (*aer.*), nastro d'attacco del sartiame. **7.** ~ lines (of a parachute) (*aer.*), fascio funicolare, sistema funicolare. **8.** ~ mats (*naut.*), paglietti (o baderne) delle sartie. **9.** ~ position (position of an aircraft in which the rolling axis and the pitching axis are strictly horizontal) (*aer.*), posizione di messa in bolla per l'assemblaggio finale. **10.** ~ screw (screw camp for ropes) (*naut.*), stringitoio per legature. **11.** auxiliary ~ lines (of a parachute) (*aer.*), fascio funicolare ausiliario. **12.** centre-point ~ (of a balloon) (*aer.*), sartiame centrale. **13.** flying ~ (winch suspension, of a kite balloon) (*aer.*), cavo di frenatura. **14.** running ~ (*naut.*), manovre correnti. **15.** running ~ (of a balloon, rigging automatically adjusting itself upon a variation, as of the direction of pull) (*aer.*), sartiame mobile, sartiame orientabile. **16.** standing ~ (*naut.*), manovre fisse, manovre dormienti. **17.** valve ~ (rigging inside the envelope used for operating a valve) (*aer.*), sartiame della valvola.

right (fit, proper) (*a. - gen.*), adatto. **2.** ~ (correct, not wrong) (*a. - gen.*), giusto. **3.** ~ (straight) (*a. - mech. - geom.*), diritto. **4.** ~ (opposed to left) (*a.*), destro. **5.** ~ (*n. - law*), diritto. **6.** ~ (normal to a base: as a tower, etc.) (*a. - geom. - mech.*), ad asse verticale, coll'asse perpendicolare alla base. **7.** ~ angle (*geom.*), angolo retto. **8.** ~ ascension (*astr. - aer.*), ascensione retta. **9.** ~ line (*gen.*), linea retta. **10.** ~ of option (*finan.*), diritto di opzione. **11.** ~ of search (*naut. law*), diritto di perquisizione. **12.** ~ of way (*road traff.*), priorità, diritto di precedenza, precedenza di passaggio. **13.** ~ of way (easement) (*law*), servitù di passaggio. **14.** ~ side (of cloth) (*text.*), diritto. **15.** ~ to work (*trade-union*), diritto al lavoro. **16.** ~ triangle (*geom.*), triangolo rettangolo. **17.** preemptive ~ (as of old shareholders in new shares purchasing) (*law - finan.*), diritto di prelazione. **18.** stock ~ (stock option, right of option) (*finan.*), diritto d'opzione (per l'acquisto di azioni). **19.** to keep to the ~ (*road traff.*), tenere la destra.

right-angle clamp (*impl.*), morsetto a squadra.

right-angle gauge, *see* try square.

right-bank (to) (*aer.*), virare a destra.

right-hand (r.h.) (*a. - gen.*), destro. **2.** ~ (of a gear) (*a. - mech.*), destro, destrorso. **3.** ~ (clockwise) (*a. - gen.*), destrorso, in (o con) senso orario. **4.** ~ helical gears (*mech.*), ingranaggi elicoidali con elica destra. **5.** ~ pattern (as of a motorcar fender) (*aut. - mech. - etc.*), modello destro. **6.** ~ screw thread (*mech.*), filettatura destrorsa. **7.** ~ tooth face (of a gear) (*mech.*), costa (o fianco) destra del dente.

right-handed (*a. - gen.*), destrorso. **2.** ~ moment (*mech.*), momento positivo (o destrogiro).

right-hander (right-hand-drive car) (*aut.*), vettura con guida a destra.

righting moment (*naut. - aer.*), momento stabilizzante, momento raddrizzante.

right-justify (to) (to line up at the right margin) (*comp. - typ.*), allineare a destra.

right-of-way (easement, a right which a person may have by law to pass over the land of another) (*bldg. - road*), servitù di passaggio. **2.** ~ (as of a land over which a public road is to be built) (*law*), diritto di passaggio. **3.** ~ (*road traff. - aer. - naut. - etc.*), priorità, diritto di precedenza.

rigid, rigido. **2.** ~ (of an airship), rigido. **3.** ~ airship (*aer.*), dirigibile rigido. **4.** ~ box type frame (*mech.*), telaio scatolato del tipo rigido. **5.** ~ conduit (metallic and rigid tubing for electric wiring) (*elect. installations*), tubo "elios", tubo di ferro piegato e non saldato. **6.** ~ mounting (as of an aer. engine) (*aer. mot.*), supporto rigido.

rigidity (*mech.*), rigidità. **2.** coefficient of ~ (*mech.*), modulo di elasticità tangenziale (o di scorrimento), modulo di rigidità. **3.** dielectric ~ (*elect.*), rigidità dielettrica.

rill, rille (moon valley) (*astr.*), valle lunare. **2.** ~ (rivulet) (*geogr.*), torrentello.

rim, orlo, bordo. **2.** ~ (of a flywheel) (*mech.*), corona. **3.** ~ (as of a mtc. wheel) (*mech.*), cerchio, cerchione. **4.** ~ (metal frame as for a headlamp glass) (*aut.*), cornice. **5.** ~ (of a top) (*naut.*), cornice. **6.** ~ brake (as of a bicycle), freno al cerchione. **7.** grooved ~ (of aut. wheels) (*aut.*), cerchio a canale. **8.** longitudinally split ~ (of truck wheels) (*aut.*), cerchio diviso. **9.** tire ~ (as of aut. wheels), cerchio, cerchione.

rim (to) (as a wheel), fare il bordo, cerchiare.

rimate (fissured) (*a. - gen.*), fessurato.

rim-driver (system of turntable driven by a rim frictional contact) (*n. - electroacous.*), sistema di trascinamento sul bordo, sistema di trascinamento a frizione sul bordo interno del disco.

rime (white frost) (*aer. - meteorol.*), ghiaccio bianco. **2.** ~ (of a ladder) (*bldg.*), *see* rung. **3.** ~ (formed from the undercooling of fog or clouds, international symbol V) (*meteorol.*), galaverna, brina da nebbia (o da nubi). **4.** ~ frost (hoarfrost, international symbol) (*meteorol.*), brina, brina di condensazione (da radiazione notturna).

rimer (reamer) (*mech. t.*), alesatore.

rimer (to) (to ream) (*mech.*), alesare.

rimmed steel (*metall.*), acciaio effervescente (o non calmato).

rimming steel (steel cast before being completely deoxidised) (*metall.*) (Brit.), acciaio effervescente (o non calmato).

rind (as of a tree) (*wood ind.*), corteccia. **2.** ~, *see also* bark.

ring (enclosure), recinto. **2.** ~ (*geom.*), anello. **3.** ~ (*mech.*), anello, ghiera. **4.** ~ (for a spinning frame) (*text. ind.*), anello. **5.** ~ (of an anchor) (*naut.*), maniglione. **6.** ~ (race: of ball bearings) (*mech.*) (Brit.), anello. **7.** ~ (*chem.*), anello. **8.** ~ (vibrating sound: as of a bell) (*acous.*), suono squillante. **9.** ~ (act of ringing a bell) (*acous.*), suono (o suonata) del campanello. **10.** ~ (telephone call) (*teleph.*), chiamata telefonica. **11.** ~ (as on a radar screen: indicating the range) (*radar*), cerchio. **12.** ~ (for boxing) (*sport*), quadrato, "ring". **13.** ~ armature (*elect.*), indotto ad anello. **14.** ~ bevel gear (*mech.*), corona dentata conica. **15.** ~ collector (as of an induction mot.) (*electromech.*), collettore ad anelli. **16.** ~ frame (*text. mach.*), filatoio continuo ad anelli. **17.** ~ gauge (*mech.*), calibro ad anello. **18.** ~ gear (*mech.*), corona dentata, ingranaggio a corona. **19.** ~ head (magnetic head for magnetic tape with a ring-shaped magnetic core) (*electroacous.*), testina magnetica a forma di anello. **20.** ~ lubrication (bearing in which the lubricant is brought by means of a ring dipping in oil) (*mech.*), lubrificazione ad anello. **21.** ~ machine (linotype machine used for making type corrections) (*typ. mach.*), linotype destinata alla composizione di linee di correzione. **22.** ~ main system (*elect.*) (Brit.), sistema di conduttori installati ad anello. **23.** ~ man (a printer whose job is to correct type) (*typ. work.*), correttore, incaricato della correzione della composizione. **24.** ~ nut (*mech.*), ghiera. **25.** ~ oiler (for ring lubrication as of big shafts) (*mech.*), anello lubrificante. **26.** ~ radiator (of a circular form, as for aer. mot.) (*therm. app.*), radiatore anulare. **27.** ~ rail (*text. ind. mach.*), traversa porta-anelli. **28.** ~ rolling (shaping of weldless rings between rolls) (*forging*), rullatura di anelli. **29.** ~ sleeve (collector ring hub: as of an induction mot.) (*electromech.*), bussola porta-anelli. **30.** ~ spinner (a ring spinning machine) (*text. ind. mach.*), filatoio ad anelli. **31.** ~ twister (*text. ind.*), torcitoio ad anelli. **32.** ~ wastes (*text. ind.*), cascami di filatoio ad anelli. **33.** ~ winding (*elect. mach.*), avvolgimento ad anello. **34.** actuating ~ (*turbojet eng.*), anello attuatore. **35.** annual ~ (of a tree) (*wood*), anello di crescita annuale. **36.** benzene ~ (*chem.*), anello benzenico. **37.** boiler shell ~ (of a steam locomotive) (*railw.*), cerchiatura della caldaia. **38.** bull ~ (for large piston rings) (*mech.*), anello di ritegno (della fascia elastica). **39.** centering ~ (*mech.*), anello di centraggio. **40.** collector ~ hub (ring sleeve: as of an induction mot.) (*electromech.*), bussola porta-anelli. **41.** compression ~ (of a piston) (*mot.*), fascia elastica di tenuta, anello di tenuta. **42.** contact ~ (slip ring: as of an induction mot.) (*elect.*), anello di contatto. **43.** coupling ~ (*mech.*), anello di unione. **44.** distance ~ (*mech.*), anello distanziale. **45.** double-cone ~ for fuel feeding pipe (as of a carburetor) (*mot. mech.*), anello a doppio cono per tubo arrivo benzina. **46.** E ~ (retaining ring, applied radially and having three equally spaced protrusions) (*mech.*), anello ad E, anello di sicurezza ad E. **47.** exhaust ~ (as of a radial engine) (*mot.*), collettore di scarico. **48.** external (retaining) ~ (as a circlip for shafts) (*mech.*), anello (elastico) di sicurezza per alberi. **49.** gas ~ (of a piston) (*mot.*), anello di tenuta, fascia elastica di tenuta. **50.** grooved piston ~ (of mot.), anello raschiaolio. **51.** guard ~ (as of an insulator) (*elect.*), anello di protezione. **52.** gun mounting ~ (as of a machine gun installed aboard an aer.) (*firearm*), corona girevole per mitragliatrice. **53.** inner ~ (as of a ball bearing) (*mech.*), anello interno. **54.** internal (retaining) ~ (as a circlip for bores) (*mech.*), anello (elastico) di sicurezza per fori. **55.** load ~ (hoop, of a balloon, ring to which the net and basket suspensions are attached) (*aer.*), anello di sospensione, corona (della rete). **56.** locating ~ (*mech.*), anello di centraggio. **57.** locking ~ nut (*mech.*), ghiera di bloccaggio filettata. **58.** lock ~ (of a piston pin) (*mech.*), anello di sicurezza. **59.** Newton's rings (concentric rings formed by interference of light waves between smooth flat surfaces) (*opt. - phot.*), anelli di Newton. **60.** obturator ~ (of a piston, L-shaped gas ring) (*mot.*), anello di tenuta con sezione ad L. **61.** oil control ~ (of a piston) (*mot.*), fascia elastica raschiaolio. **62.** oil retaining half ~ (as of mot.), semianello di tenuta dell'olio. **63.** oil ~ (scraper ring, of a piston) (*mot.*), anello raschiaolio. **64.** oil ~ (revolving dip ring: of a bearing) (*mech.*), anello di lubrificazione. **65.** oil transfer ~ (as of a propeller) (*mech.*), anello passa-olio. **66.** outer ~ (as of a ball bearing) (*mech.*), anello esterno. **67.** packing ~ (*mech.*), anello di guarnizione. **68.** part of circle ~ (*geom.*), settore di corona circolare. **69.** piston ~ (of mot.), anello per stantuffo, fascia elastica. **70.** range ~ (*radar*), cerchio di distanza. **71.** retaining ~ (*mech.*), anello (elastico) di sicurezza. **72.** reversible wheel rings (of a tractor for increasing traction) (*veh.*), settori circolari ribaltabili per ruote. **73.** revolving oil dip ~ (*mech.*), anello lubrificatore. **74.** rotating ~ (rotating band of a projectile) (*expl.*), cintura di forzamento. **75.** scraper ~ (of mot.) (*mech.*), anello raschiaolio. **76.** screwed ~ (*mech.*), ghiera filettata. **77.** shading ~, *see at shading* shading coil. **78.** shrink ~ (put in place while expanded by heating and then contracted by cooling) (*mech.*), anello di forzamento. **79.** slinger ~ (tubular ring on the propeller hub for supplying deicing fluid to the propeller blades) (*aer.*), anello antighiaccio dell'elica. **80.** slip ~ (of induction mot.) (*elect.*), anello. **81.** slip ~ (as for transmitting elect. impulses from a rotating part to an instr. through brushes) (*elect. testing*), anello di contatto. **82.** slotted oil scraper ~ (*mot.*), anello raschiaolio con feritoie. **83.** snap ~ (spring ring (*mech.*), anello elastico. **84.** starter ~ gear (on the flywheel) (*mot.*), corona dentata di avviamento. **85.** thrust ~ (*mech.*), anello di spinta. **86.** time ~ (of a fuse, for setting the explosion time) (*expl.*) anello mobile, anello graduato. **87.** write ~ (write enable ring, protecting physically the file) (*comp.*)

anello di consenso alla scrittura. **88.** write enable ~, *see* write ~. **89.** write-permit ~, *see* write ~.

ring (to) (to sound, said of a bell), suonare. **2.** ~ (to encircle with a ring), circondare con un anello. **3.** ~ up, telefonare.

ringbolt (an eyebolt with a ring) (*mech.*), bullone ad occhio con anello.

ring-bound (as an handbook or a manual having perforated loose leaves held by split metal rings) (*a. - bookbinding*), con rilegatura ad anelli apribili.

ringing (bell sounding) (*acous.*), suono di campanello. **2.** ~ (split image) (*telev. defect*), sdoppiamento di immagine. **3.** ~ engine (pile driver operated by hand) (*mach.*), battipalo a mano. **4.** ~ tone (*teleph.*) (Brit.), segnale di chiamata.

ring-roll mill (used for crushing material between rings) (*mach.*), frantoio ad anelli.

ringsail (*naut.*), *see* ringtail.

ringtail (type of studding sail) (*naut.*), tipo di coltellaccio.

rink (ice surface used for skating) (*sport*), pista di pattinaggio.

rinky-dink (old-fashioned) (*a. - gen.*), antiquato.

rinse (rinsing operation: as in plating) (*ind.*), risciacquatura. **2.** acidified ~ (*ind.*), risciacquatura mediante soluzione acida. **3.** cold water ~ (*ind.*), risciacquatura con acqua fredda. **4.** hot water ~ (rinsing operation: as in plating) (*ind.*), risciacquatura con acqua calda.

rinse (to) (*gen.*), risciacquare, sciacquare.

rinsing (rinsing water) (*gen.*), acqua di (o per) risciacquatura. **2.** ~ (act of rinsing) (*gen.*), riasciacquatura, sciacquatura. **3.** ~ machine (as for wool mfg.) (*text. ind.*), macchina risciacquatrice. **4.** ~ tank (*text. impl.*), vasca di risciacquatura.

rip (ripping bar) (*t.*), estrattore per chiodi. **2.** ~ cord (made of two insulated wires easily separable by ripping) (*elect.*), piattina bipolare. **3.** ~ cord (for releasing the pilot parachute which brings the main parachute out) (*parachuting*), corda di strappo, cavo di spiegamento. **4.** ~ cord (aerostat safety device) (*aer.*), fune di strappamento. **5.** ~ fence (saw rip: as on the table of a fret-sawing mach.) (*mach. t. impl.*), guida pezzo. **6.** ~ link (of a balloon) (*aer.*), anello di strappamento. **7.** ~ panel (of a balloon or airship) (*aer.*), pannello da strappo. **8.** ~ pin (of a parachute) (*aer.*), spina di spiegamento. **9.** ~ track (siding where small repairs are made to cars) (*railw.*), binario destinato alle piccole riparazioni del materiale rotabile.

rip (to) (to tear), lacerare. **2.** ~ (to saw timber in the direction of the fiber) (*carp.*), segare secondo la fibra.

ripcord (*aer.*), *see* rip cord.

ripen (to) (*gen.*), maturare.

ripper (*agric. tractor impl.*), scarificatore. **2.** ~ (for drawing nails) (*t.*), estrattore per chiodi. **3.** ~ (ripsaw) (*carp. impl.*), saracco.

ripping bar (*t.*), estrattore per chiodi.

ripple (of cloth), increspatura. **2.** ~ (of water), increspatura. **3.** ~ (slight oscillation of a steady current intensity) (*elect. - radio*), ondulazione. **4.** ~ (cockled and wavy edge as of sheet metal) (*defect*), ondulazione (ai bordi). **5.** ~ (for cleaning, as hemp) (*text. mach.*), pettine per scortecciare. **6.** ~ filter (*elics.*), filtro di spianamento. **7.** ~ voltage (*elect. - elics.*), tensione di ondulazione.

rippled (as of a water surface) (*gen.*), increspato, ondulato. **2.** ~ surface (of an ingot, due to successive interruption in the rise of the steel near the mold walls during casting) (*metall. defect*), superficie con linee di ripresa, superficie che rivela l'interruzione di colata.

rippling (deep drawing defect) (*sheet metal w.*), ondulazioni. **2.** ~ (on a metal surface) (*mech. defect*), ondulazioni.

riprap (foundation of loose stones thrown down in water on a soft bottom) (*hydr. constr.*) (Am.), fondazione a scogliera, fondazione (subacquea) in pietrame alla rinfusa. **2.** ~ (stones used for a riprap) (*hydr. constr.*), pietrame per fondazioni subacquee.

ripsaw (coarse tooth saw for cutting in the grain direction) (*carp. t.*), sega per taglio secondo fibra.

rise (*aer.*), ascensione. **2.** ~ (as of a river) (*hydr.*), innalzamento di livello. **3.** ~ (as of prices) (*comm.*), rialzo, aumento. **4.** ~ (vertical passageway) (*min.*), fornello. **5.** ~ (slope: of a road), salita. **6.** ~ (as of a bridge) (*bldg.*), freccia. **7.** ~ (as of a carriageway, difference in vertical height between two points) (*civ. eng.*), differenza di livello. **8.** ~ (of wages) (Brit. coll.), aumento. **9.** ~ (upward slope) (*road - roof - etc.*), pendenza. **10.** ~ (per tooth, of a broach) (*t.*), incremento. **11.** ~ (height of a step of a staircase) (*bldg.*), alzata, altezza della alzata, altezza del gradino. **12.** ~ of an arch (*bldg.*), freccia (o monta) di un arco. **13.** ~ of floor (*shipbldg.*), *see* dead rise. **14.** ~ time (as of function or a signal: time necessary to the signal to reach its nominal value) (*elics. - elect.*), tempo di salita. **15.** dead ~ (bottom rise from the horizontal line at the boat centre) (*shipbldg.*), monta.

rise (to) (to increase) (*gen.*), aumentare, crescere. **2.** ~ (to ascend) (*gen.*), sollevarsi. **3.** ~ (to go up into the air) (*aer.*), prendere quota. **4.** ~ the power factor (*elect.*), rifasare, migliorare il fattore di potenza.

riser (vertical piece of a step) (*bldg.*), alzata. **2.** ~ (feedhead) (*found.*), materozza, montante. **3.** ~ (vertical passageway) (*min.*), fornello. **4.** ~ (*pip.*), colonna montante. **5.** ~ (block supporting the printing plate) (*typ.*), zoccolo. **6.** ~ pin (taper pattern pin for obtaining risers in a mold) (*found.*), cono modello per montanti. **7.** blind ~ (*found.*), montante cieco. **8.** dummy ~ (blind riser) (*found.*), montante cieco. **9.** heel ~ (located at a side of a mold) (*found.*), montante laterale. **10.** to remove risers (*found.*), smaterozzare. **11.** ~ (*typ.*), *see also* ascender.

"risering" (location of risers for a casting) (*found.*),

materozzamento, applicazione delle materozze, applicazione dei montanti.
risetime (from one value to a greater one) (*elics. - comp.*), tempo di salita.
rising (*min.*), *see* raise. **2.** ~ head (riser) (*found.*), materozza. **3.** ~ tide (*sea*), marea crescente. **4.** ~ wood (of the keel) (*naut.*), controchiglia. **5.** dead ~ (dead-rise line, curved fore-and-aft line connecting in the sheer plane the floorheads) (*shipbldg.*), inarcamento longitudinale, linea delle estremità dei madieri. **6.** dead risings (approx. vertical frames of the run of a ship) (*shipbldg.*), ordinate verticali dello stellato di poppa.
risk, rischio. **2.** at buyer's ~ (*comm.*), a rischio del compratore. **3.** consumer's ~ (*comm.*), rischio del committente. **4.** fire ~ (*insurance*), rischio di incendio. **5.** producer's ~ (*comm.*), rischio del fornitore. **6.** war ~ (*insurance*) rischio di guerra.
risk (to) (*comm. - finan. - etc.*), rischiare.
rive (to) (to tear apart) (*gen.*), spaccare. **2.** ~ (as of wood, to become split) (*gen.*), spaccarsi, fendersi.
rivelling (*paint.*) (Brit.), *see* wrinkling.
river (*geogr.*), fiume. **2.** ~ bed (of a river), alveo fluviale. **3.** ~ construction (*hydr.*), costruzione fluviale. **4.** ~ dam (dam across a river) (*hydr. constr.*), cavedone. **5.** ~ gauge (*meas. app.*), idrometro fluviale. **6.** ~ source (*geogr.*), sorgente di un fiume. **7.** ~ stone, ciottolo di fiume.
riverbank (of a river), sponda, riva.
riverboat (*naut.*), battello fluviale.
riverside (of a river), sponda, riva.
riverway (used as a transp. way) (*hydr. transp.*), idrovia, via di navigazione interna.
rivet (*mech.*), chiodo, rivetto, ribattino. **2.** ~ buster (chisel for cutting the rivet heads) (*t.*), tagliachiodi. **3.** ~ cap (*leather technol.*), controribattino. **4.** ~ forge (for heating rivets) (*mech.*), fucina scaldachiodi. **5.** ~ gun (*impl.*), martello per ribadire. **6.** ~ gun (*mach. t.*), ribaditrice. **7.** ~ hole (*mech.*), foro per chiodo. **8.** ~ pitch (distance between two adjacent rivets) (*bldg.*), passo della chiodatura. **9.** ~ plate (*aer. - mech. constr.*), piastrina di rinforzo per rivetti. **10.** ~ set (tool for forming the head) (*t.*), butteruola. **11.** ~ shank (*mech.*), gambo del chiodo. **12.** ~ snap (*t.*), martello per ribadire. **13.** bifurcated ~ (split rivet) (*mech.*), rivetto spaccato. **14.** blind mechanically expanded ~ (drive pin blind rivet) (*mech.*), ribattino ad espansione con spina (inserita). **15.** button ~ (buttonhead rivet) (*mech.*), chiodo a testa tonda stretta. **16.** conehead ~ (*mech.*), chiodo a testa tronco-conica. **17.** countersunk-head ~ (*mech.*), chiodo a testa svasata. **18.** cuphead ~ (*mech.*), chiodo a testa tonda. **19.** drive pin blind ~ (blind mechanically expanded rivet) (*mech.*), ribattino ad espansione con spina (inserita). **20.** explosive ~ (containing a charge, the bursting of which determines the securing action) (*mech.*), chiodo esplosivo. **21.** flathead countersunk ~ (flat-countersunk-head rivet) (*mech.*), chiodo a testa svasata piana. **22.** flathead ~ (*mech.*), chiodo a testa piana. **23.** flat-top countersunk ~ (*mech.*), *see* flathead countersunk rivet. **24.** flush ~ (countersunk-head rivet, flushhead rivet) (*mech.*), chiodo a testa svasata (o fresata), chiodo a testa da incasso. **25.** mushroomhead ~ (*mech.*), chiodo a testa tonda larga. **26.** panhead ~ (*mech.*), *see* conehead rivet. **27.** roundhead ~ (*mech.*), chiodo a testa tonda. **28.** round-top countersunk ~ (*mech.*), chiodo a testa svasata con calotta. **29.** screw ~ (stud rivet) (*mech.*), chiodo filettato e ribadito. **30.** semitubular ~ (*mech.*), rivetto semitubolare, rivetto forato parzialmente. **31.** snaphead ~ (buttonhead rivet) (*mech.*), chiodo a testa emisferica. **32.** split ~ (*mech.*), chiodo spaccato. **33.** steeple-head ~ (*mech.*), chiodo a testa conica. **34.** tubular ~ (*mech.*), chiodo tubolare, rivetto tubolare.
rivet (to) (to secure with rivets) (*mech.*), chiodare. **2.** ~ (to upset) (*mech.*), ribadire. **3.** ~ hot (as metal sheets) (*mech.*), chiodare a caldo.
riveted (*mech. technol.*), chiodato. **2.** ~ joint (*mech.*), chiodatura, giunto chiodato.
riveter (*mech. work.*), chiodatore. **2.** ~ (*mach.*), chiodatrice, ribaditrice. **3.** hydraulic ~ (*mach.*), chiodatrice idraulica.
riveting (*mech.*), chiodatura. **2.** ~ gun (*t.*), pistola chiodatrice, pistola sparachiodi. **3.** ~ hammer (*t.*), martello per ribadire. **4.** ~ machine (*mech.*), chiodatrice. **5.** ~ press (*mach.*), pressa per rivettare. **6.** ~ set (*t.*), stampo per chiodi. **7.** chain ~ (*mech.*), chiodatura a catena. **8.** cold ~ (*mech.*), chiodatura a freddo. **9.** double ~ (*mech.*), chiodatura doppia. **10.** hot ~ (*mech.*), chiodatura a caldo. **11.** lap ~ (*mech.*), chiodatura a sovrapposizione. **12.** single ~ (*mech.*), chiodatura semplice. **13.** triple ~ (*mech.*), chiodatura tripla. **14.** zigzag ~ (*mech.*), chiodatura a zigzag.
riving (as of wood, splitting) (*gen.*), spaccatura. **2.** ~ knife (froe, for splitting wood) (*t.*), cuneo.
rivulet (*geogr.*), ruscello, gora.
"rkva" (reactive kilovolt-ampere) (*elect. meas.*), kilovolt-ampère reattivo, chilovolt-ampère reattivo.
"RL" (release, as a work) (*time study*), abbandonare. **2.** ~ (rocket launcher) (*milit.*), lanciarazzi, rampa di lancio per razzi.
"RM" (rough machine!) (*mech. draw.*), sgrossare di macchina!
r-meter (a device measuring gamma or X rays intensity) (*meas. instr.*), misuratore di Roengten.
"RMS", "rms" value (root-mean-square) (*elect.*), radice quadrata dei valori medi al quadrato, media quadratica, valore efficace.
Rn (radon) (*chem.*), rado.
"RNG" (range, radiorange) (*air navig.*), radiosentiero.
"RO" (Receive Only) (*comp.*), sola ricezione.
road (*n.*), strada, via. **2.** ~ (pertaining to the road) (*a. - road*), stradale. **3.** ~ (large water surface naturally protected where ships can ride at anchor)

(*naut.*), rada. **4.** ~ block (*road traff.*), posto di blocco. **5.** ~ builder (*road*), costruttore stradale. **6.** ~ building (*road*), costruzioni stradali. **7.** ~ bump (*road*), cunetta. **8.** ~ clearance (minimum distance of a vehicle from the ground) (*aut.*), distanza (minima) da terra. **9.** ~ condition (*road*), viabilità. **10.** ~ crossing (*road*), attraversamento stradale, crocevia. **11.** ~ crown (*road*), colmo della strada. **12.** ~ drain well (*road*), tombino. **13.** ~ embankment (*road*), terrapieno stradale. **14.** ~ engine (line service locomotive) (*freight railw.*), locomotiva di linea. **15.** ~ fork (*road*), bivio stradale. **16.** ~ foundation (*road*), massicciata. **17.** ~ foundation material (*road*), materiale da massicciata. **18.** ~ grade (*road*), pendenza di una strada. **19.** ~ grader (wheeled road scraper) (*road mach.*), ruspa stradale. **20.** ~ harrow (*road mach.*), scarificatore stradale. **21.** ~ hog (a driver who causes trouble to others by driving incorrectly) (*aut. driver*), pirata della strada. **22.** ~ maker (*road*), costruttore stradale. **23.** ~ making (act of constructing roads) (*road*), costruzione stradale. **24.** ~ making (science of road construction) (*road*), costruzioni stradali. **25.** ~ map (*cart.*), carta stradale. **26.** ~ map (automobile road map) (*aut.*), carta automobilistica. **27.** ~ mender (*work.*), stradino. **28.** ~ metal (*road*), brecciame. **29.** ~ metaling (*road*), pavimentazione della strada in brecciame. **30.** ~ mix (bituminous mixture for road surface) (*road*), pietrischetto bitumato. **31.** ~ narrows (*road traff. sign.*), strettoia. **32.** ~ pad (of a track: as of agric. tractor), soprasuola. **33.** ~ pen (two points pen: as for tracing roads on a map) (*drawing t.*), tiralinee doppio. **34.** ~ ripper (scarifier) (*road mach.*), scarificatore. **35.** ~ roller (*road mach.*), compressore stradale. **36.** ~ rolling (*road*), cilindratura stradale. **37.** ~ service (*aut.*), servizio assistenza stradale. **38.** ~ sign (*road traff.*), indicatore stradale, cartello indicatore. **39.** ~ surface (wearing course) (*road constr.*), manto di usura. **40.** ~ test (of aut. veh.), prova su strada. **41.** ~ track (*aut. - sport*), circuito stradale. **42.** ~ under construction (*road traff.*), strada in costruzione, lavori in corso. **43.** ~ wheel (non automotive wheel of a veh.) (*veh.*), ruota non motrice. **44.** alpine ~, strada alpestre. **45.** bad surface ~ (*road*), strada dissestata. **46.** bridle ~ (bridle track, bridle path, bridle way) (*road*), mulattiera. **47.** by-pass ~ (*road*), circonvallazione. **48.** carriage ~ (*road*), rotabile. **49.** cobblestone ~ (*road*), strada in acciottolato, strada pavimentata a ciottoli. **50.** country ~ (*road*), strada di campagna. **51.** divided ~ (double-lane road) (*road traff.*), strada a carreggiata doppia. **52.** four ~ junction (*road*), quadrivio. **53.** gravel ~ (*road*), strada inghiaiata. **54.** loop ~ (for avoiding obstructions) (*road*), deviazione stradale (permanente). **55.** lumpy ~ (*road*), strada a fondo cattivo. **56.** macadamized ~ (*road*), strada in macadam. **57.** main ~ (*road*), strada principale. **58.** major ~ (*road traff.*), strada principale, strada a priorità. **59.** metaled (or metalled) ~ (*road*), strada con pavimentazione di brecciame, strada in macadam. **60.** minor ~ (*road traff.*), strada secondaria. **61.** motor ~ (*road*), autostrada. **62.** mountain ~ (*road*), strada di montagna. **63.** multi-lane ~ (*road traff.*), strada a più corsie. **64.** no through ~ (*road traff. sign.*), strada senza uscita. **65.** odd-lane ~ (*road traff.*), strada a corsie dispari. **66.** one-way ~ (*road traff.*), strada a senso unico. **67.** radial ~ (connecting the center and the outer districts of an urban area) (*road*), strada radiale. **68.** raised ~ approach (*road*), rampa d'accesso in rilevato. **69.** ring ~ (as around a town) (*road*), strada di circonvallazione. **70.** rule of the ~ (*naut.*), codice della navigazione, regolamento della circolazione dei natanti. **71.** rule of the ~ (*road law*), codice della strada, regolamentazione della circolazione stradale. **72.** service ~ (*road traff.*) (Brit.), strada accessoria. **73.** state (high) ~ (*road*), strada statale. **74.** stone-paved ~ (*road*), strada lastricata. **75.** subsidiary ~ (*road*), strada secondaria. **76.** through ~ (*road*), strada diretta (con precedenza di passaggio). **77.** traffic ~ (*road*), strada carrozzabile. **78.** two-way ~ (*road traff.*), strada a due sensi. **79.** undivided ~ (*road traff.*), strada a carreggiata unica. **80.** vibratory ~ roller (*road mach.*), vibrocompressore stradale, rullo compressore vibrante.

roadability (steady and balanced behavior on road) (*aut. quality*), comportamento su strada.

roadable (as of an aircraft: capable of being converted into a land veh.) (*a. - aer. - aut.*), trasformabile in veicolo terrestre.

roadbed (*road*), fondo stradale, massicciata. **2.** ~ (*railw.*), massicciata. **3.** ~ and stations (*railw.*), materiale fisso.

roadblock (*milit.*), blocco stradale.

roader (ship anchored in a roadstead) (*naut.*), nave in rada.

roadhead (of a road under construction) (*road constr.*), punto più distante raggiunto da una strada in costruzione.

roadholding (Brit.) (*n. - aut. performance*), tenuta di strada.

roadhouse (*bldg. - road*), posto di ristoro con alloggio.

roading (highway maintenance) (*road*), manutenzione stradale. **2.** ~ (highway construction) (*civ. eng.*), costruzioni stradali.

roadmaker (*road constr.*), costruttore stradale.

roadnet (system of roads) (*road*), rete stradale.

roadside (strip of land at the side of a road) (*n. - road*), banchina.

roadstead (large water surface naturally protected where ships can ride at anchor) (*naut.*), rada.

roadster (*aut.*), spider, spaider.

roadway (*road*), piano stradale, carreggiata. **2.** ~ (as of a bridge), piano stradale. **3.** ~ (road) (*road*), strada. **4.** "frontage ~" (*road traff.*) (Am.), strada accessoria.

roadwork (*road constr.*), lavoro stradale. **2.** roadworks ahead (*traffic sign.*), lavori stradali in corso.

roak (defect due to slag being pressed into the surface of metal, as during rolling) (*metall.*) (Brit.), paglia (da scoria).

roast (to) (ore) (*metall.*), arrostire.

roaster (furnace for roasting ore) (*min.*), arrostitore. **2.** ~ scorcher (for drying fresh stereotype matrices) (*typ.*), essiccatoio per stereotipi. **3.** flash ~ (*min.*), arrostitore istantaneo.

roasting (as of ore) (*min. - metall.*), arrostimento. **2.** ~ (as of coffee) (*ind.*), torrefazione. **3.** ~ furnace (*min. - metall.*), forno di arrostimento. **4.** heap ~ (*min.*), arrostimento in cumuli.

roast sintering, *see* blast roasting.

rob (to) (to remove the pillars of coal left to support the roof) (*min.*), abbattere i pilastri.

roband (kind of reef point for fastening a sail, as to a spar) (*naut.*), tipo di matafione d'inferitura.

robbin (*naut.*), *see* roband.

robbings (in combing) (*text. ind.*) (Brit.), fibre più lunghe tolte con la pettinatura.

robomb, *see* robot bomb.

robot (*mech. - radio - elics.*), automa, robot, dispositivo automatico che sostituisce l'azione dell'uomo. **2.** ~ bomb (*expl.*), missile balistico giroguidato. **3.** ~ pilot (*aer.*), autopilota, pilota automatico.

robotics (study, construction and operation of robots) (*n. - autom.*), robotica.

robotize (to) (to cause to become automatic) (*autom.*), robotizzare.

roc (aerial bomb equipped with television app.) (*milit. aer. expl.*), bomba aerea a testa televisiva.

Rochelle salt ($C_4H_4O_6KNa \cdot 4H_2O$) (*chem.*), sale della roccella, sale di Seignette, tartrato sodico potassico.

rock, roccia, pietra. **2.** ~ burst (as due to heavy pressure on brittle rocks) (*min.*), colpo di tensione. **3.** ~-climber (*sport*), alpinista, rocciatore. **4.** ~ crystal (SiO_2) (*min.*), cristallo di rocca, quarzo jalino. **5.** ~ drill (*mach.*), perforatrice da roccia. **6.** ~ drill hose (*pip.*), manichetta per trivellazione. **7.** ~ oil, *see* petroleum. **8.** ~ dust (for safety: in coal mines) (*min.*), pietra polverizzata. **9.** ~ pressure (the pressure in a closed well) (*geol.*), pressione della roccia. **10.** ~ salt (NaCl) (*min.*), salgemma. **11.** ~ sand (as for cores mfg.) (*min. - found.*), sabbia di roccia. **12.** ~ wool (for heat and sound insulation) (*ind.*), lana di scoria. **13.** argillaceous ~ (*min.*), roccia argillosa. **14.** brittle ~ (*geol.*), roccia friabile. **15.** country ~ (*min.*), roccia del posto. **16.** effusive ~ (*geol.*), roccia effusiva. **17.** eruptive ~ (*min.*), roccia eruttiva. **18.** extrusive ~ (*geol.*), roccia estrusiva. **19.** hanging ~ (as of a fault hanging wall) (*geol.*), roccia al tetto. **20.** igneous ~ (formed by solidification of a molten magma) (*geol.*), roccia eruttiva, roccia magmatica. **21.** intrusive ~ (*geol.*), roccia intrusiva. **22.** loam ~ (*geol.*), marna. **23.** lunar rocks (*astric.*), pietre lunari. **24.** metamorphic ~ (*geol.*), roccia metamorfica. **25.** pneumatic ~ drill (*t.*), scalpello pneumatico. **26.** sedimentary ~ (*geol.*), roccia sedimentaria. **27.** siliceous ~ (ganister) (*geol.*), roccia silicea. **28.** wall ~ (a rock enclosing a vein) (*geol.*), roccia di faglia.

rock (to) (*gen.*), oscillare. **2.** ~ (to move backward and forward) (*gen.*), spingere avanti e indietro.

rockair (small rocket fired from aer. when at high altitude) (*research rckt.*), razzo sonda lanciato da aereo.

rock-boring machine (*mach.*), perforatrice da roccia.

rockcraft (the art of building by rocks) (*arch. - bldg.*), tecnica delle costruzioni in pietra.

rock-dust (to) (to spray rock dust to avoid explosions) (*min.*), spargere polvere di roccia, "calcarizzare".

rock-dusting (in a coal mine: for reducing the explosion danger) (*min. safety*), "calcarizzazione superficiale" (del carbone).

rocker (as for the overhead valves of a mot.) (*mech.*), bilanciere. **2.** ~ (any piece that rocks or can be rocked) (*n. - gen.*), elemento dondolante (o dondolabile). **3.** ~ arm (*mech.*), leva oscillante. **4.** ~ arm (of a mot.) (*mech.*), bilanciere. **5.** ~ bracket (of a radial engine) (*mot.*), scatola (di supporto) bilancieri. **6.** ~ cam (of a timing system) (*aut. mech.*), camma della distribuzione. **7.** ~ lever (rocking lever, rocker arm, as of a clutch) (*mech.*), leva a bilanciere. **8.** ~ lever (of a mot.) (*mech.*), bilanciere. **9.** ~ shaft (*mech.*), albero oscillante, perno di bilanciere. **10.** ~ side dump car (*min. - bldg. - etc.*), vagonetto ribaltabile lateralmente, vagonetto tipo Decauville. **11.** spring equalising ~ arm (*aut.*), bilanciere compensazione molle.

rocket, razzo. **2.** ~ (rocket engine), *see at* ~ engine. **3.** ~ assisted take-off (with a booster rocket) (*aer.*) (Brit.), decollo con razzo ausiliario. **4.** ~ bomb (aerial bomb accelerated by rocket mot.) (*air force expl.*), bomba aerea a razzo. **5.** ~ bomb (a ground bomb rocket propelled: as a V 2) (*expl.*), missile a razzo, bomba volante. **6.** ~ engine (that doesn't utilize the atmospheric oxygen for combustion) (*aer. mot.*), endoreattore, motore a razzo. **7.** ~ launcher (as the Am. bazooka) (*artillery*), lanciarazzi. **8.** ~ missile (*rckt.*), missile propulso a razzo. **9.** ~ motor (*mot.*), motore a razzo, motore a reazione non utilizzante l'ossigeno atmosferico. **10.** ~ plane (*aer.*), aviorazzo, aeroplano a razzo, aeroplano con propulsione a razzo. **11.** ~ propulsion (*missile*), propulsione a razzo. **12.** ~ ramjet, *see* ram ~. **13.** ~ sled (for testing: as human resistance to acceleration) (*med. - astric. - tests*), slitta propulsa a razzo. **14.** bipropellant ~ (*rckt.*), missile (o razzo) a doppio propellente. **15.** carrier ~ (*astric.*), razzo vettore. **16.** ducted ~, *see* ram ~. **17.** electric ~ (electric engine: rocket engine having the propellant accelerated by an elect. device: as in arc-jet engine) (*aer. propulsion*), razzo elettrico, propulsore (a razzo) elettrico. **18.** fin stabilized ~ (for stabilization) (*rckt.*) (Brit.), missile (o razzo) con alette stabilizzatrici. **19.** fission ~ (equipped with a fission reactor) (*rckt.*), razzo a fissione. **20.** fusion ~ (equipped with a fusion reactor) (*rckt.*), razzo a fusione. **21.** liquid fuel ~ (*rckt.*), razzo a combustibile liquido. **22.** metal fuel ~ (as aluminium suspended in kerosene) (*rckt.*), razzo a combustibile metallico. **23.** monopropellant ~ (as a liquid propellant rocket) (*rckt.*), missile (o razzo) a propellente singolo, missile (o razzo) ad un solo propellente. **24.** multi-stage ~ (*rckt.*), missile (o razzo) polistadio. **25.** multistage ~ (*rckt.*), missile (o razzo) polistadio. **26.** multistep ~ (*rckt.*), missile (o razzo) polistadio. **27.** multistep ~ (*rckt.*), missile (o razzo) polistadio. **28.** nuclear-powered ~ (nuclear energy propelled missile) (*rckt.*), missile (o razzo) ad energia nucleare, missile (o razzo) atomico. **29.** nuclear ~ (nuclear energy propelled missile) (*rckt.*) (Brit.), missile (o razzo) ad energia nucleare, missile (o razzo) atomico. **30.** photon ~ (a rocket which utilizes energy converted into light) (*rckt.*), razzo a fotoni. **31.** signal ~ (signaling by tracing colored lights in the sky) (*sign.*), razzo di segnalazione. **32.** solar ~ (equipped as with bowl-shaped mirrors) (*mot.*), razzo solare. **33.** solid fuel ~ (*mot.*), razzo a combustibile solido. **34.** sounding ~ (a rocket or missile for measuring the higher strata of the earth's atmosphere) (*rckt.*), razzo sonda. **35.** staged ~ (*rckt.*) (Brit.), missile (o razzo) a stadi. **36.** step ~ (*rckt.*) (Brit.), missile (o razzo) a stadi. **37.** take-off ~ (booster rocket for additional thrust at take-off) (*aer.*), razzo ausiliario di decollo. **38.** three-stage ~ (*rckt.*), missile (o razzo) a tre stadi. **39.** unguided ~ (*rckt.*), missile (o razzo) senza guida. **40.** unmanned ~ (*astric. - rckt.*), missile (o razzo) senza equipaggio. **41.** vernier ~ (vernier engine: consisting of a small thrust rckt. for fine adjustment of a spacecraft or a missile course) (*astric. - missile*), endoreattore verniero, razzo verniero. **42.** winged ~ (for stabilization) (*rckt.*) (Brit.), missile (o razzo) con alette stabilizzatrici.

rocketeer (an expert in rocketry) (*rckt.*), esperto di missilistica.

rocket-propelled (*a. - artillery - aer.*), a (o con) propulsione a razzo.

rocketry (the study and use of rockets) (*rckt.*), missilistica.

rock-fill (*a. - mas.*), riempito di pietrame.

rocking (*a. - mech.*), oscillante. **2.** ~ bar (*watch*), leva del bilanciere. **3.** ~ lever (*mech.*), leva oscillante. **4.** ~ lever (as of a mot.) (*mech.*), bilanciere. **5.** ~ valve (rocking slide valve: of a steam engine) (*eng.*), valvola oscillante a cassetto cilindrico.

rockoon (small rocket fired from a balloon) (*air force*), razzo lanciato da pallone quando ad alta quota.

rockshaft (as the shaft of a rocker lever oscillating on its bearings with the rocker lever, instead of revolving) (*mech.*), albero oscillante, albero con movimento angolare alterno, albero di bilanciere. **2.** ~ (rocker shaft: a shaft for introducing rock filling) (*min.*), pozzo di ripiena.

Rockwell hardness (*technol.*), durezza Rockwell.

rocky (*geol.*), roccioso.

rococo (*arch.*), rococò.

rod (*mech. ind.*), asta. **2.** ~ (round iron) (*metall.*), ferro tondo. **3.** ~ (sensory cell in the retina) (*med. - opt.*), bastoncino. **4.** ~ (containing nuclear fuel or fertile material) (*n. - atom phys.*), barra. **5.** ~ bending machine (*bldg. mach.*), piegaferri. **6.** ~ feeding (of a riser) (*found.*), pompatura. **7.** ~ iron (round iron used in reinforced concrete) (*metall. - bldg.*), tondino (di ferro). **8.** ~ mill (mill producing metallic rods) (*metall.*), laminatoio per tondi. **9.** ~ mill (*paper mfg. mach.*), mulino a barre. **10.** ~ proof (a test specimen taken from the melt on an iron rod) (*glass mfg.*), cordellina. **11.** accelerator pump control ~ (of a carburetor) (*mot. mech.*), asta di comando della pompa di accelerazione. **12.** articulated ~ (of a radial engine) (*mot.*), bielletta. **13.** big end of the connecting ~ (*mech.*), testa di biella. **14.** boring ~ (*min. t.*), asta di perforazione. **15.** check ~ (as for preventing a clamp from swinging) (*mech.*), asta di ritegno. **16.** clutch control ~ (*mech.*), asta (o tirante) (per) comando frizione. **17.** connecting ~ (*mot. - mech.*), biella. **18.** connecting ~ (relay rod, of a steering linkage) (*aut.*), leva di rinvio. **19.** connecting ~ small end (of mot.), piede di biella. **20.** control ~ (for changing the reactivity of a reactor) (*atom phys.*), barra di controllo, barra di regolazione. **21.** divining ~, bacchetta da rabdomante. **22.** draft ~ (*railw.*), asta di trazione. **23.** drill ~ (*min.*), asta di perforazione. **24.** eye pull ~ (*mech.*), tirante con occhio. **25.** feed ~ (of a lathe) (*mech.*), barra di alimentazione, candela. **26.** flattened ~ (used in order to prevent a tappet from turning) (*mech.*), asta spianata. **27.** forked (connecting) ~ (of a V-engine) (*mot.*), biella a forchetta. **28.** glass ~ (*chem. impl.*), bacchetta di vetro. **29.** lease ~ (*text. ind.*), bacchetta d'invergatura. **30.** leveling ~ (stadia rod) (*top. impl.*), stadia (graduata). **31.** level ~ (*top.*), *see* leveling rod. **32.** lightning ~ (metallic rod) (*elect.*), asta del parafulmine. **33.** lightning ~ (rod connected by conductor to the earth) (*elect. device*), parafulmine. **34.** master ~ (of radial mot.) (*mech.*), biella madre. **35.** metering ~ (metallic pin used for metering the flow of a carburetor nozzle) (*mech.*), spillo di regolazione. **36.** piston ~ (*mech.*), stelo di stantuffo. **37.** polished ~ (as of a derrick) (*min.*), asta liscia. **38.** polished ~ head (as of a derrick) (*min.*), testa di asta liscia. **39.** pump piston ~ (of a carburetor) (*mot. - mech.*), asta comando pistone pompa. **40.** push ~ (of a rocker lever) (*mot.*), asta di punteria, asta di spinta (del bilanciere). **41.** ranging ~ (*top. impl.*), palina. **42.** reinforcing ~ (*reinf. concr.*), tondo per cemento armato. **43.** reinforcing ~ cutter (for reinforced concrete) (*impl.*), tagliatondini. **44.** scram ~ (safety rod, used as an emergency stop for a reactor) (*atom phys.*), barra di sicurezza. **45.** sector connecting ~ (of a steam engine) (*railw.*), biella di settore. **46.** shim ~ (for coarse regulation of reactivity) (*nuclear reactor*), barra di compensazione. **47.** side ~ (coupling rod, of a steam locomotive) (*railw.*), biella di accoppiamento. **48.** stadia ~ (*top. impl.*), stadia (graduata). **49.** stay ~ (*mech.*), tirante. **50.** steel drill ~ (tool steel) (*mech.*), tondo di acciaio per utensili. **51.** stopper ~ (as for ladles) (*metall. - found.*), asta tampone. **52.** sucker ~ (of a pump for wells: as in min.) (*mech.*), asta di pompaggio, astina. **53.** target ~ (*top. impl.*), mira a scopo. **54.** tension ~ (*mech.*), tirante. **55.** tension ~ (*reinf. concr.*), barra portante. **56.** threaded ~ (boiler stud) (*boil.*), tirante (di collegamento) a vite. **57.** tie ~ (*mech.*), tirante. **58.** track ~ (as of aut.: steering gear) (*aut. mech.*), barra di accoppiamento. **59.** vent ~ (*found.*), spillo, ago per respiri. **60.** vertical ~ (*carp.*), montante. **61.** welding ~ (*mech.*), bacchetta (per saldatura). **62.** ~ (*meas.*), *see* perch.

rodding (removal of obstructions from a pipe by means of a rod) (*bldg. - pip.*), stasare per mezzo di pertica (o tondino). **2.** ~ eye (removable plug fitted to an elbow for the purpose of removing obstructions) (*pip. - bldg.*), foro per introduzione di pertica (o tondino) per stasare. **3.** radiator ~ out (the clearing of blocked water tubes of a radiator) (*therm.*), disotturazione (o stasamento o pulizia) del radiatore (o pulizia) del radiatore.

rodenticide (insecticide for rats), ratticida.

rodman (a man who holds and reads the target rod, in surveying) (*top. work.*), porta-mire, portastadia, canneggiatore. **2.** ~ (worker adjusting the reinforcing steel bars into forms) (*reinf. concr. bldg.*), ferraiolo.

rods (linkage) (*mech.*), tiranteria.

Roentgen, *see* Röntgen.

"ROI" (return on investments) (*finan.*), rimunerazione del capitale investito.

roil (to) (*phys.*), intorbidare.

roiled (as of liquids), torbido.

roke (*metall.*), *see* roak.

rolamite (mechanism with reduced friction made up of rollers inserted in plastic or metallic bands) (*mech.*), tipo di comando flessibile ad attrito ridotto.

role (of an employee), ruolo. **2.** ~ (of an actor) (*m. pict.*), parte. **3.** not on the employee ~ (*pers.*), fuori ruolo.

roll (roller), rullo. **2.** ~ (cylinder), cilindro. **3.** ~ (of a rolling mill) (*metall.*), cilindro. **4.** ~ (that which is rolled up), rotolo. **5.** ~ (rolling, as for generating a gear) (*mech.*), rotolamento. **6.** ~ (rolling) (*naut.*), rollio. **7.** ~ (of a film) (*phot.*), rullo. **8.** ~ (*aer. aerobatics*), frullo orizzontale, vite orizzontale. **9.** ~ (as of a cannon) (*milit.*), rombo. **10.** ~ (as of paper), rotolo, bobina. **11.** ~ (in the Ionic order) (*arch.*), cartoccio. **12.** ~ (a coil, as of metal strip) (*metall.*), rotolo. **13.** ~ (as a canvas roll: for containing tools) (*aut. - etc.*), borsa. **14.** ~ angle (of gears) (*mech.*), angolo di rotolamento. **15.** ~ axis (*veh.*), asse di rollìo. **16.** ~ bar (at the rear of a racing car driver's seat to protect him in case of car overturning) (*aut. - sport*), "roll bar", barra di sicurezza. **17.** ~ bending (as of sheet metal) (*mech. technol.*), curvatura a rulli. **18.** ~ casting machine (centrifugal casting machine) (*found. mach.*), macchina per produrre cilindri centrifugati. **19.** ~ center (*aut.*), centro di rollìo. **20.** ~ damping (of car suspensions) (*aut.*), smorzamento a rollìo. **21.** ~ face width (*rolling mill*), larghezza del cilindro. **22.** ~ film (*phot.*), rotolo di pellicola. **23.** ~ fluting machine (*mach.*), macchina per scanalare cilindri. **24.** ~ forming (as of splines) (*mech. technol.*), rullatura. **25.** ~ forming machine (*mach. t.*), profilatrice a rulli. **26.** ~ grinder (*mach. t.*), rettificatrice per rulli. **27.** ~ indicator (*aer. instr.*), indicatore di rollata. **28.** ~ joint (metal sheet joint obtained by rolling their overlapping edges) (*mech. proc.*), giunto a sovrapposizione rullata. **29.** ~ lathe (*mach. t.*), tornio per cilindri da laminatoio. **30.** ~ of film (*phot.*), rotolo di pellicola. **31.** ~ rate (the change in the restoring couple exerted by the suspension on the sprung mass of the vehicle per unit change in roll angle) (*veh.*), rigidezza torsionale di rollìo, rapporto di rollìo. **32.** ~ rate distribution (*veh.*), distribuzione della rigidezza torsionale di rollìo, distribuzione del rapporto di rollìo. **33.** ~ sintering (metallic powders sintered by a rolling mill) (*metall. technol.*), sinterizzazione a nastro. **34.** ~ stiffness (of the suspensions of a car) (*aut.*), rigidezza di rollìo. **35.** ~ straightener (*mach.*), raddrizzatrice per rulli. **36.** ~ train (of a rolling mill) (*metall.*), treno di rulli. **37.** ~ velocity (*veh.*), velocità di rollìo. **38.** ~ welding (a type of forge welding) (*mech. technol.*), saldatura (per bollitura) con rulli. **39.** aileron ~ (aerobatics) (*aer.*), frullo orizzontale. **40.** angle of ~ (*aer.*), angolo di rollìo. **41.** barrel ~ (*aer. acrobatics*), vite orizzontale. **42.** bending ~ (*rolling mill*), cilindro di flessione. **43.** bending rolls (*sheet metal w. mach.*), curvatrice a rulli. **44.** bottom ~ (as of a rolling mill) (*metall. ind.*), cilindro inferiore. **45.** break ~ (of a rolling mill) (*metall. ind.*), cilindro di snervamento. **46.** chilled ~ (*found. - metall. ind.*), cilindro conchigliato. **47.** corrugated spiral spreader ~ (as in rubb. mfg.), cilindro allargatore con nervature elicoidali. **48.** crushing ~ (for grinding wheels) (*mech.*), rullo per sagomare. **49.** dancing ~ (a part as of a paper sheets cutter) (*paper mfg. mach.*), rullo oscillante di pressione. **50.** dandy ~ (or roller: of a paper machine and used for impressing watermarks) (*paper mfg.*), ballerino, tamburo ballerino, rullo per filigranare, tamburo per filigranare. **51.** dutch ~ (mixed lateral and directional oscillation) (*aer.*), rollìo olandese. **52.**

feed ~ (*rolling mill*), cilindro di alimentazione. **53.** finishing ~ (as of a rolling mill) (*metall.*), cilindro finitore. **54.** flick ~ (rapid roll) (*aer. acrobatics*), vite orizzontale rapida. **55.** generating ~ (of gears) (*mach. t. mech.*) (Am.) settore di rotolamento. **56.** generating ~ (pitch block: of gear grinding mach.) (*mech.*), rotolamento di generazione. **57.** grooved (or fluted) ~ (*mech.*), cilindro scanalato. **58.** half ~ (*aer. acrobatics*), mezzo frullo orizzontale. **59.** half slow ~ (split S) (*aer. - acrobatics*), virata rovescia. **60.** hydraulic ~ pressure control (*rolling mill*), regolazione idraulica pressione cilindri. **61.** intermediate rolls (rolling mill) (*metall.*), treno preparatore, treno medio. **62.** lower ~ (bottom roll) (*rolling mill*), cilindro inferiore. **63.** mill ~ (from the paper mach.) (*paper mfg.*), rullo di carta di cartiera. **64.** nip ~ (as for a metal sheet shearing machine) (*mech.*), rullo di pressione. **65.** pilgrim ~ (*rolling mill*), cilindro a passo di pellegrino. **66.** pinch ~ (*rolling mill*), cilindro di presa. **67.** printing ~ (as in rubb. mfg.), cilindro per stampa. **68.** roughing ~ (*metall.*), cilindro sbozzatore, treno sbozzatore. **69.** sheet ~ (as of a rolling mill) (*metall.*), cilindro per lamiere. **70.** smooth ~ (*mech.*), cilindro liscio. **71.** snap ~ (*aer.*), *see* flick roll. **72.** straightening ~ (*mach.*), rullo spianatore, rullo raddrizzatore. **73.** support ~ (*rolling mill*), cilindro di supporto. **74.** top ~ (as of a rolling mill) (*metall.*), cilindro superiore. **75.** upper ~ (top roll) (*rolling mill*), cilindro superiore. **76.** use rolls (reduceroll) (*forging mach.*), laminatoio sbozzatore (per fucinati). **77.** wheel dressing ~ (*shop auxiliary app.*), rullo per ravvivatura mole. **78.** whip ~ (the roll which carries the warp threads) (*text. mach.*), cilindro dei fili di ordito. **79.** work ~ (*rolling mill*), cilindro di lavoro.

roll (to) (as of a wheel), rotolare. **2.** ~ (as in rubb. mfg.), rullare. **3.** ~ (*metall.*), laminare. **4.** ~ (sheet metal prior to deep drawing) (*sheet metal w.*), snervare (a rulli). **5.** ~ (*naut.*), rollare. **6.** ~ (to thread, as a rod by means of rollers) (*mech.*), filettare alla rullatrice, filettare con rulli. **7.** ~ (as a road), cilindrare, rullare. **8.** ~ (as to wrap something round on itself or on something else), arrotolare. **9.** ~ (to level with rollers) (*mech.*), spianare con rulli. **10.** ~ (to press with rollers) (*mech.*), rullare. **11.** ~ (to ink by a roll) (*print.*), inchiostrare a rullo. **12.** ~ form (as splines) (*mech. technol.*), rullare. **13.** ~ in (*mech.*), mandrinare. **14.** ~ in (to transfer data from auxiliary storage to main memory) (*comp.*), trasferire in memoria principale. **15.** ~ in the tube end (as in a boiler tube plate) (*mech.*), mandrinare l'estremità di un tubo. **16.** ~ out (to transfer data from main memory to an auxiliary storage) (*comp.*), trasferire (o scaricare) dalla memoria principale. **17.** ~ up (*gen.*), arrotolare. **18.** ~ up (*comp.*), *see* scroll (to).

rollable (*a. - metall.*), laminabile.

rollback, *see* rerun.

rolled (*a. - gen.*), rullato. **2.** ~ (*a. - metall.*), laminato. **3.** ~ glass (flat glass formed by rolling) (*glass mfg.*), vetro rullato. **4.** ~ glass (thick plate glass made by rolling) (*glass mfg.*), lastra di vetro rullato (o laminato). **5.** cold ~ (*metall.*), laminato a freddo. **6.** hot ~ (*metall.*), laminato a caldo.

roller (*n. - gen.*), rullo. **2.** ~ (*a. - gen.*), a rullo, a rulli. **3.** ~ (heavy contrivance for compacting and leveling roads) (*road app.*), rullo compressore (ad uno o più rulli). **4.** (roller ship) (*naut.*), nave avente la caratteristica di rollare oltre il normale. **5.** ~ (as for moving heavy machines on the floor) (*ind.*), curro, rullo. **6.** ~ (of papermaking machines) (*paper ind.*), cilindro. **7.** ~ (of roller bearings) (*mech.*), rullo. **8.** ~ (as of a printing press) (*print.*), rullo. **9.** ~ (*threading t.*), rullo. **10.** ~ (*sea*), cavallone. **11.** ~ bearing (*mech.*), cuscinetto a rulli. **12.** ~ blind (*bldg.*), avvolgibile, persiana avvolgibile. **13.** ~ breaking machine (*text. mfg. mach.*), gramolatrice a cilindri. **14.** ~ chain (*mech.*), catena a rulli. **15.** ~ crusher (*mach.*), frantumatore a rulli. **16.** ~ dies (for threading) (*mech. t.*), rulli per filettare. **17.** ~ freight car (equipped with roller bearings) (*railw.*), carro su cuscinetti a rulli. **18.** ~ gate (horizontal cylinder movable up and down on the crest of a dam) (*level regulating device*), paratoia a settore cilindrico. **19.** ~ gin (*text.*), sgranatrice. **20.** ~ indexing mechanism (as of mach. t.) (*mech.*), meccanismo divisore a rullo. **21.** ~ leveler (*mach. t.*), raddrizzatrice a rulli. **22.** ~ mill (for grinding: as wheat) (*agric. mach.*), mulino a rulli. **23.** ~ nest (roller system: as under a bridge to permit thermal dilatation) (*bldg.*), appoggio a rulli. **24.** ~ shutter (window shutter) (*bldg.*), persiana avvolgibile, tapparella, serranda avvolgibile. **25.** ~ skate (*sport*), pattino a rotelle. **26.** ~ skating (*sport*), pattinaggio a rotelle. **27.** ~ stand (for stationary tests of motor cars) (*aut. testing*), banco a rulli. **28.** ~ stock (of a printing roller) (*typ. mech.*), asse del cilindro. **29.** ~ strain relieving machine (*mach. t.*), snervatrice a rulli. **30.** ~ streaks (printing defects due to uneven contact of the inking roller) (*print.*), barrature. **31.** ~ tiller (*agric. impl.*), rullo costipatore. **32.** ~ washer (*print. mach.*), lavarulli. **33.** ~ waste (*text. ind.*), cascame dei cilindri. **34.** barrel ~ bearing (*mech.*), cuscinetto a rulli a botte. **35.** bush ~ (*mas. impl.*), bocciarda (a rullo). **36.** composition ~ (for giving ink) (*typ.*), rullo inchiostratore. **37.** conical ~ (of roller bearings) (*mech.*), rullo conico. **38.** dandy ~ (*paper mfg.*), ballerino, rullo ballerino, rullo per filigranare. **39.** distributing ~ (as of a printing press) (*print.*), rullo distributore. **40.** drop ~ (*print.*), *see* ductor roller. **41.** ductor ~ (drop roller, dropping at intervals for feeding ink to a printing machine) (*print.*), rullo prenditore, penna. **42.** feed ~ shaft (as of a roller feed wood working mach.) (*mach. t.*), albero portarulli d'alimentazione. **43.** form ~ (inking roller) (*print.*), rullo inchiostratore. **44.** guide ~ (as in a m. pict. projector), rullino di guida. **45.** hand ~ (as for inking forms) (*print.*), rullo a mano. **46.** heated ~ (*road impl.*), rullo riscaldato. **47.** ink fountain ~ (roller receiving ink from the fountain) (*print.*), rullo (del) calamaio. **48.** jockey ~ (for tensioning a belt) (*mech.*), rullo tenditore, rullo tendicinghia. **49.** paper hanger ~ (*decorator's t.*), rullo per incollare carte da parati. **50.** pneumatic-tyred ~ (tamping roller) (*civ. eng.*), rullo costipatore a ruote pneumatiche. **51.** pressure ~ (as in a m. pict. projector), rullino pressore. **52.** road ~ (*mach.*), compressore stradale. **53.** roughing ~ (*mas. impl.*), bocciarda (a rullo). **54.** sheep-foot rollers (tamping rollers) (*agric. - road constr. mach.*), rulli costipatori a piè di pecora. **55.** spring ~ (*mech.*), rullo elastico. **56.** squeegee ~ (*phot. and typ. instr.*), asciugatore a rullo. **57.** steam ~ (*road mach.*), compressore stradale a vapore. **58.** straight ~ (of a straight roller bearing) (*mech.*), rullo cilindrico. **59.** subsoil ~ (*agric. mach.*), rullo da sottosuolo. **60.** tandem ~ (*road roller*), compressore a due rulli, tandem. **61.** tapered ~ (of a conical roller bearing) (*mech.*), rullo conico. **62.** tension ~ (as in a m. pict. projector), rullino tenditore. **63.** thread ~ (tool for making screw threads) (*mech. t.*), rullo per filettare. **64.** track ~ (as of a tractor) (*mech.*), rullo portacingolo. **65.** trough ~ (for bending the belt of a conveyor so as to form the trough) (*ind. mach.*), rullo della conca, rullo laterale per rialzare il bordo del nastro. **66.** vibrating ~ (vibrator roller, roller supplying ink from the drop roller to the ink table) (*print. mach.*), rullo macinatore.

roller-coat (to) (to apply the paint with a roller) (*paint.*), verniciare col rullo.

roller-level (to) (to strain-relieve, to flex-level) (*sheet metal w.*), snervare.

roller-leveller (for sheet metal before drawing) (*sheet metal w. mach.*), snervatrice (a rulli).

roller-levelling (of sheet metal before drawing, strain-relieving, flex-leveling) (*sheet metal w.*), snervatura (a rulli).

rollerman (*aut. work.*), collaudatore di messa a punto dell'auto nuova in officina. **2.** ~ (worker upkeeping hoisting machines) (*min. work.*), operaio addetto alla manutenzione dei montacarichi.

rolley (*min.*), vagonetto.

roll-in (to) (*comp.*), *see* to roll in.

rolling (act of moving along a surface by rotation: as a wheel on a rail, on a road etc) (*n. - a. - gen.*), rotolamento, rotolante. **2.** ~ (act of revolving, as of a wheel on an axis) (*n. - a. - gen.*), rotazione, rotante. **3.** ~ (by reduceroll) (*forging*), laminazione (di preparazione), sbozzatura al laminatoio. **4.** ~ (*road*), cilindratura. **5.** ~ (oscillatory motion about the longitudinal axis) (*aer. - naut.*), rollìo. **6.** ~ (a single angular motion about the horizontal axis) (*aer. - naut.*), rollata. **7.** ~ (pressing by rolls: as flax) (*text. ind.*), laminatura, cilindratura. **8.** ~ (rolling mill process) (*metall.*), laminazione. **9.** ~ (threading, as a rod by means of rollers) (*mech.*), filettatura alla rullatrice, filettatura con rulli. **10.** ~ axis (of an aircraft) (*aer.*), asse di rollìo. **11.** ~ bearing (*mech.*) (Brit.), cuscinetto a rotolamento. **12.** ~ chock (bilge keel) (*naut.*), aletta di rollìo. **13.** ~ circle (of cycloidal curves) (*math.*), cerchio generatore. **14.** ~ circle (of a gear: pitch circle) (*mech.*), cerchio primitivo, circonferenza primitiva. **15.** ~ cones (of a gear) (*mech.*), coni di rotolamento (o primitivi). **16.** ~ curve (of a gear) (*mech.*), curva evolvente. **17.** ~ cylinder (of a gear) (*mech.*), cilindro di rotolamento. **18.** ~ eight (succession of two horizontal eights) (*acrobatics*), doppio otto orizzontale. **19.** ~ fitness (*metall. - rolling mill*), laminabilità. **20.** ~ friction (*theor. mech.*), attrito volvente. **21.** ~ gate (*bldg. ind.*), serranda. **22.** ~ generating principle (of a gear) (*mech.*), metodo (o sistema) di generazione per evolvente. **23.** ~ generating process (of a gear) (*mech.*), procedimento di generazione per evolvente. **24.** ~ ground (rolling land) (*top.*) (Am.), terreno ondulato. **25.** ~ height (of a wheel) (*aut.*), raggio di rotolamento. **26.** ~ landside (landside in the form of a revolving disk: as of a plow) (*agric. mech.*), tallone a disco. **27.** ~ line (of a gear) (*mech.*), linea di rotolamento. **28.** ~ machine (for making threads) (*mach. t.*), rullatrice, filettatrice a rulli. **29.** ~ mill (*mach.*), laminatoio, treno. **30.** ~ mill (*metall. mech.*), laminatoio, ferriera. **31.** ~ mill (milling factory) officina laminatoi. **32.** ~ mill train, treno di laminatoi. **33.** ~ motion (*aer. - naut.*), rollata. **34.** ~ pitch diameter (of a gear) (*mech.*), diametro primitivo di rotolamento. **35.** ~ point (instantaneous center of motion) (of gears) (*theor. mech.*), centro istantaneo di rotazione. **36.** ~ press (calender) (*paper ind. mach.*), satinatrice, satina, calandra, liscia. **37.** ~ process (*metall.*), processo di laminazione. **38.** ~ resistance force (*veh.*), resistenza al rotolamento. **39.** ~ resistance moment (moment of the forces exerted on the tire by the road) (*aut.*), momento resistente al rotolamento. **40.** ~ shutter (*bldg. ind.*), serranda. **41.** ~ stock (as locomotives, cars etc.) (*railw.*), materiale rotabile. **42.** ~ stock clearance gauge (*railw.*), sagoma limite del materiale rotabile (o mobile). **43.** ~ surface (of a gear) (*mech.*), superficie di rotolamento. **44.** ~ tank (of a ship) (*naut.*), vasca per la prova di rollìo. **45.** ~ temper (*metal w.*), laminazione a freddo di finitura, laminazione superficiale a freddo. **46.** ~ up (inking of the form, generally by hand) (*print.*), inchiostrazione. **47.** bar ~ mill (*mach.*), laminatoio per barre. **48.** billet ~ mill (*mach.*), laminatoio per billette. **49.** blooming ~ mill (*mach.*), laminatoio per blumi, treno "blooming". **50.** breaking down ~ mill (*ironworks mach.*), laminatoio sbozzatore. **51.** cold header and thread ~ machine (*mach. t.*), macchina per (la produzione della) bulloneria ricalcata e rullata a freddo. **52.** cold ~ (*metall.*), laminazione a freddo. **53.** cross ~ (rolling in the direction transverse to the longitudinal axis as of the ingot) (*me-*

tall.), laminazione trasversale. **54.** hot ~ (*metall.*), laminazione a caldo. **55.** lengthwise ~ (*metall.*), laminazione nel senso della lunghezza. **56.** looping ~ mill (*metall. mach.*), treno serpentaggio. **57.** merchant shape ~ mill (*mach.*), laminatoio per profilati. **58.** pack ~ (hot rolling of several sheets together) (*metall.*), laminazione a pacco, laminazione multipla. **59.** rail ~ mill (*mach.*), laminatoio per rotaie, treno per rotaie. **60.** reversible ~ mill (*mach.*), laminatoio reversibile. **61.** ring ~ (shaping of weldless rings between rolls) (*forging*), rullatura di anelli. **62.** road ~ (*road*), cilindratura stradale. **63.** roughing ~ mill (*mach.*), treno sbozzatore. **64.** sandwich ~ (*rolling*), laminazione a sandwich. **65.** sheet ~ mill (*mach.*), laminatoio per lamiere, treno per lamiere. **66.** strip ~ mill (*mach.*), laminatoio per nastri. **67.** thin sheet ~ mill (*mach.*), laminatoio per lamiere sottili. **68.** thread ~ machine (*mach. t.*), macchina per bulloneria rullata, filettatrice a rulli, rullatrice. **69.** three-high ~ mill (*metall. mach.*), treno a trio. **70.** tube ~ mill (*mach.*), laminatoio per tubi. **71.** twin ~ mill (*mach.*), treno duo. **72.** two-high ~ mill (*metall. mach.*), treno a duo, treno duo. **73.** widthwise ~ (*metall.*), laminazione nel senso della larghezza.

roll-off (sound recording system efficiency decrease due to frequency variation) (*electroacous.*), attenuazione dovuta a variazioni di frequenza. **2.** ~ (tendency to lower a wing at high speed) (*aer. defect*), tendenza a metter giù un'ala. **3.** ~ (transfer of data from a fast access storage to a slow one) (*comp.*), trasferimento dati da memoria veloce a lenta.

roll-on-roll-off, *see at ferry* ~ ferry.

roll-out (to), *see* to roll out.

roll-up (to) (*comp.*), *see* to scroll.

"ROM" (Read Only Memory) (*comp.*), memoria a sola lettura.

Roman (style) (*a. - art.*), romano. **2.** ~ (upright type) (*n. - typ.*), carattere tondo (o romano, o diritto [non corsivo]). **3.** ~ arch (*arch.*), arco a tutto sesto.

romanesque (*style*), romanico. **2.** ~ architecture (*arch.*), architettura romanica.

"ROM"less (*comp.*), senza memoria ROM.

roneo (to) (by a duplicating machine) (*typ.*), "roneare", fare copie "roneo".

röntgen (meas. unit of gamma and X radiations) (*phys. meas.*), röntgen. **2.** ~ rays (*radiology*), raggi Röntgen.

röntgenize (to), **roentgenize** (to) (to subject to X rays treatment) (*med.*), sottoporre all'azione dei raggi X, irradiare con raggi X.

rood meas. unit (Brit.) = 40 square rods.

roof (as of build.) (*arch. - gen.*), tetto. **2.** ~ (*aut.*), tetto. **3.** ~ (of a gallery) (*min.*), cielo. **4.** ~ (as of a railw. car) (*railw. - etc.*), imperiale. **5.** ~ boarding (*bldg.*), assito del tetto. **6.** ~ cover (*bldg.*), copertura del tetto. **7.** ~ covering (aut. headlining) (*aut. ind.*), rivestimento padiglione. **8.** ~ frame (*bldg.*), orditura del tetto. **9.** ~ freight container (*aut.*), portabagagli sul tetto. **10.** ~ garden (*bldg.*), giardino pensile. **11.** ~ prism (it changes the direction of 90° and reverses the image) (*opt.*), prisma a 90° con inversione di immagine. **12.** ~ tiling (*mas.*), tegola, embrice. **13.** ~ timbering (*bldg.*), materiale (in legname) del tetto. **14.** arched ~ (of a passenger car, turtleback roof, without clerestory) (*railw.*), imperiale ad arco. **15.** built-up ~ (roofing made by several layers: as of asphalt and felt) (*bldg.*), copertura (impermeabilizzata) a strati multipli. **16.** cantilever ~ (as of railw. station) (*bldg.*), pensilina, tettoia a sbalzo. **17.** double-cantilever ~ (on a single line of pillars) (*bldg.*), pensilina. **18.** flat ~ (*arch.*), tetto piano. **19.** gambel ~ (*bldg.*), *see* mansard roof. **20.** helm ~ (steeply pitched pyramid shaped roof: as on a tower) (*arch.*), tetto piramidale allungato, tetto a guglia. **21.** hip ~ (*bldg.*), tetto a padiglione. **22.** hip-and-valley ~ (*arch.*), tetto a padiglioni. **23.** lantern ~ (*bldg.*), tetto a lucernario. **24.** lean-to ~ (*arch.*), tetto a "shed". **25.** mansard ~ (*arch.*), tetto mansarda, tetto ad abbaini. **26.** open-timbered ~ (*mas.*), tetto in legno con travature in vista. **27.** peaked ~ (*arch.*), tetto a falde (o spioventi). **28.** penthouse ~ (*bldg.*), tettoia ad un solo spiovente. **29.** platform ~ (*bldg.*), tetto a terrazza. **30.** protecting ~ (as of a railw. station) (*bldg.*), tettoia. **31.** purlin ~ (*bldg.*), tetto ad arcarecci. **32.** raised ~ (of a passenger car) (*railw.*), *see* deck roof. **33.** saddle ~ (*arch.*), tetto a due spioventi, tetto a due falde. **34.** single-pitch ~ (*arch.*), tetto ad una falda. **35.** spire ~ (*arch.*), tetto a guglia. **36.** station ~ (single or double-cantilever roof on a single line, as of columns) (*railw. - bldg.*), pensilina ferroviaria. **37.** steel sliding ~ (of a car) (*aut.*), tetto apribile scorrevole in lamiera. **38.** stepped ~ (*arch.*), tetto a gradinata. **39.** sun ~ (*aut. body*), tetto apribile. **40.** tile ~ (*bldg.*), tetto in tegole. **41.** trussed ~ (*arch.*), tetto a capriate. **42.** umbrella ~ (*bldg. - railw.*), *see* station roof.

roof-deck (part of a roof structured as a terrace) (*bldg.*), copertura a terrazza.

roofer (*work.*), "conciatetti", muratore specializzato nella costruzione e riparazione dei tetti. **2.** ~, *see also* roof timbering.

roofing (covering with a roof) (*bldg.*), copertura con tetto. **2.** ~ (materials for a roof) (*bldg.*), materiali da copertura, copertura. **3.** ~ boards (impermeabilized) (*bldg.*), cartoni per coperture. **4.** composition ~ (*bldg.*), *see* prepared roofing. **5.** prepared ~ (formed of asbestos felt and asphalt and mounted with asphalt cement) (*bldg.*), copertura a manto impermeabile continua. **6.** ready ~ (*bldg.*), *see* prepared roofing. **7.** roll ~ (*bldg.*), *see* prepared roofing.

roofless (*bldg.*), senza tetto.

rooftop antenna (*radio - telev.*), antenna sul tetto, antenna esterna.

rooftree (ridgepole) (*bldg.*), trave di colmo.
room (*gen.*), spazio. **2.** ~ (*bldg.*), vano, ambiente, stanza, sala. **3.** ~ index (*illum.*), indice del locale. **4.** ~ 102 (as of a public building) (*comm. - etc.*), stanza n° 102. **5.** ~ paper (*bldg.*), *see* wallpaper. **6.** ~ temperature (*phys. ind.*), temperatura ambiente. **7.** ~ utilisation factor (*illum.*), fattore di utilizzazione del locale. **8.** assembly ~ (for meetings etc.) (*bldg. - ventil.*), aula per riunioni, aula per convegni. **9.** assembly ~ (for assembling parts) (*shop*), sala montaggio. **10.** changing ~ (for changing clothes) (*bldg.*), spogliatoio. **11.** cold ~ (as for engine starting tests) (*testing equip.*), camera a freddo, cella refrigerata. **12.** cold-storage ~ (*therm. - bldg.*), cella frigorifera. **13.** composing ~ (*typ.*), sala di composizione. **14.** cutting ~ (*m. pict.*), sala di montaggio. **15.** dark ~ (for phot.) (*bldg.*), camera oscura. **16.** dining ~ (*bld.*), sala da pranzo. **17.** display ~ (*comm. - bldg.*), sala da esposizione. **18.** drawing ~ (*bldg.*), sala da ricevimento. **19.** dressing ~ (as in a theatre) (*bldg.*), spogliatoio. **20.** editorial ~ (*journ.*), sala di redazione. **21.** engine ~ (*shop*), sala macchine, sala delle macchine. **22.** engine test ~ (*shop*), sala prova motori. **23.** family ~ (kind of living room for family recreation) (*bldg. - arch.*), tipo di soggiorno. **24.** filing ~ (*bldg.*), archivio. **25.** living ~ (*bldg.*), soggiorno. **26.** locker ~ (as for workers) (*bldg.*), spogliatoio. **27.** monitor ~ (for acoustic control: as in a sound film studio) (*m. pict.*), cabina fonica, cabina di controllo del suono. **28.** moon ~ (for carrying out astronautics experiments) (*astric.*), camera lunare. **29.** operating ~ (*surgery*), sala operatoria. **30.** recording ~ (in a sound recording plant) (*m. pict.*), cabina (o camera) di registrazione. **31.** refrigerating ~ (*ind.*), cella frigorifera. **32.** school-~ (*school - bldg.*), aula scolastica. **33.** sea ~ (*naut.*), posto per la manovra, posto per manovrare. **34.** sitting ~ (*bldg.*), salotto. **35.** standing ~ (*bus - railw. - etc.*), posti disponibili in piedi. **36.** stripping ~ (as of mot.) (*mech. shop*), sala (di) smontaggio. **37.** strong ~ (of a bank) (*bldg.*), camera blindata. **38.** switch control ~ (*elect.*), sala dei comandi della distribuzione. **39.** test ~ (testing room as for mot.) (*mech. shop*), sala prova. **40.** viewing ~ (*m. pict. - bldg.*), sala (o studio) per proiezioni private. **41.** waiting ~ (as in railw. stations), sala d'aspetto.
roomette (of a sleeping car: a compartment with single berth and toilet) (*railw.*), cabina singola (ad un letto) con servizi igienici.
roominess (*bldg.*), ampiezza. **2.** ~ (*gen.*), spaziosità. **3.** ~ (as of a car body) (*aut.*), spaziosità, spaziosità dell'abitacolo, spazio abitabile.
roomy (*bldg.*), spazioso, ampio.
root (*gen.*), radice. **2.** ~ (of a blade) (*mech.*), radice. **3.** ~ (of a gear tooth) (*mech.*), fondo, radice. **4.** ~ (of threads) (*mech.*), fondo. **5.** ~ (as of a tailplane spar) (*aer. constr.*), attacco. **6.** ~ (of a weld, zone farthest from the welder) (*mech. technol.*), vertice. **7.** ~ (base of a tree diagram hierarchical structure) (*comp.*), radice. **8.** ~ angle (of straight bevel gears) (*mech.*), angolo di fondo, angolo "dedendum", angolo del bassofondo, angolo base (del dente). **9.** ~ circle (of a gear) (*mech.*), cerchio interno, cerchio di fondo. **10.** ~ diameter (of a gear) (*mech.*), diametro interno. **11.** ~ groove (as of a seam) (*welding defect*), insellatura. **12.** ~ line (of a gear) (*mech.*), cerchio di fondo. **13.** ~ line spiral angle (of spiral bevel gears) (*mech.*), angolo spirale sulla generatrice interna. **14.** ~ mean square, "RMS" (*math. - stat. - phys. - etc.*), valore quadratico medio. **15.** ~ of soapwort, radica saponaria. **16.** ~ radius (of threads) (*mech.*), raccordo di fondo. **17.** ~ run (in welding) (*mech. technol.*), passata di fondo. **18.** opening ~ (between the edges of the two items to be welded) (*welding*), intervallo fra i bordi (da saldare). **19.** cube ~ (*math.*), radice cubica. **20.** square ~ (*math.*), radice quadrata.
rooter (for tearing: as the road surface) (*road or agric. tractor impl.*), scarificatore.
root-mean-square, "RMS" (square root of the mean of the squares of "n" numbers) (*n. - math.*), valore quadratico medio.
rope, fune, canapo. **2.** ~ (*naut.*), cavo, cima. **3.** ~ (mountain climbing) (*sport*), cordata. **4.** ~ brown (brown paper made with old ropes) (*paper mfg.*), carta bruna di corda. **5.** ~ clip (for clamping two wire ropes) (*steel ropes impl.*), morsetto per funi di acciaio. **6.** ~ drilling (*min.*), trivellazione a percussione. **7.** ~ drive (*mech.*), trasmissione a funi. **8.** ~ factory (for metal ropes) (*ind.*), fabbrica di funi. **9.** ~ factory (as for hemp ropes) (*ind.*), fabbrica di corde, corderia. **10.** ~ fastener (rope clamp) (*rope*), serra-fune. **11.** ~ ladder (*naut. - fire - etc.*), scala di corda. **12.** ~ making (*rope mfg.*), fabbricazione delle corde e delle funi. **13.** ~ plaiting machine (*rope mfg.*), macchina per intrecciare cordame. **14.** ~ race (of a pulley operated by rope) (*mech.*), gola. **15.** ~ tackle block (*bldg. impl.*), paranco a corda, taglia a corda. **16.** ~ yarn (*text.*), filaccia. **17.** braided ~, fune intrecciata. **18.** braided straw ~ (*found. - etc.*), treccia di paglia. **19.** cable-laid ~ (obtained by three ropes of three strands each twisted together) (*rope mfg.*), cavo torticcio, gherlino. **20.** coarse-wire ~ (*mech. - naut. - etc.*), fune metallica a filo grosso. **21.** coir ~ (*naut.*), borasso, cavo di fibra di cocco. **22.** fine-wire ~ (*mech. - naut. - etc.*), fune metallica a filo sottile. **23.** flat ~ (formed by strands sewed together) (*mech.*), fune piatta. **24.** flattened strand ~ (*mech. - naut. - etc.*), fune a trefoli piatti. **25.** full-lock coil ~ (full-locked coil rope) (*mech. - naut. - etc.*), fune chiusa. **26.** hawser-laid ~ (cable-laid rope) (*naut.*), cavo torticcio. **27.** hemp ~, fune di canapa. **28.** Lang lay ~ (in which the strands and their component wires have the same direction of twist) (*transp. app. - etc.*), fune ad avvolgimento parallelo, fune paral

lela, fune Lang. **29.** locked-wire ~ (locked-coil wire rope, having a smooth external surface formed by interlocked wires) (*mech. - naut. - etc.*), fune metallica chiusa. **30.** mooring ~ (*naut.*), cavo da ormeggio, cavo d'ammaraggio. **31.** neutral ~ (a rope that does not tend to twist or untwist) (*rope mfg.*), fune bilanciata. **32.** ordinary lay ~ (the strands of which are twisted reversely to the wires) (*rope mfg.*), fune ad avvolgimento crociato, fune incrociata. **33.** plain-laid ~ (*rope mfg. - naut.*), cavo piano, merlino. **34.** plaited ~, fune intrecciata. **35.** pull ~ (*mech.*), fune di trazione. **36.** rudder ~ (*naut.*), frenello. **37.** shroud-laid ~ (*rope mfg.*), cavo piano con anima. **38.** Simplex ~ (type of locked-wire rope without core) (*rope mfg.*), fune Simplex, tipo di fune chiusa senza anima. **39.** sling ~ (for hoisting materials), fune per imbracatura. **40.** spiral ~ (*rope mfg.*), fune a spirale, fune spiroidale. **41.** steel clad ~ (*ind.*), fune di acciaio chiusa. **42.** steel wire ~, cavo d'acciaio. **43.** stranded ~, fune a trefoli. **44.** tail ~ (of a hauling system) (*min.*), fune di rinvio. **45.** tow ~ (*naut.*), cavo da rimorchio. **46.** traction ~ (*mech.*), fune di trazione. **47.** trail ~ (of an aerostat) (*aer.*), cavo moderatore, cavo guida. **48.** twisted ~, fune ritorta. **49.** wheel ~ (*naut.*), frenello. **50.** wire ~ (*mech.*), fune metallica.

rope (to) (to bind with ropes) (*naut.*), rizzare con cime. **2.** ~ (to fasten with ropes) (*gen.*), imbragare con funi. **3.** ~ (to sew ropes on the border of a sail) (*naut.*), ralingare.

ropeband (*naut.*), *see* roband.

ropemaker (*work.*), cordaio.

ropemaking (*ind.*), fabbricazione delle corde, fabbricazione delle funi.

ropery (*ind.*), corderia.

ropeway (cableway) (*passengers transp.*), funivia. **2.** ~ (*goods transp.*), teleferica. **3.** continuous ~ with automatic catching (*passenger transp.*), funivia continua ad agganciamento automatico. **4.** passenger ~ (*transp.*), funivia.

ropework (factory) (*ind.*), corderia.

ropey, ropy (as of paint that does not level properly under the brush, so leaving brush marks) (*a. - paint. defect*), che tende a cordonare, che dà luogo a cordonature.

ropiness (*paint. defect*), *see* ropey finish.

roping (ropes) (*ind.*), cordame. **2.** ~ needle (*naut.*), grosso ago da velaio. **3.** ~ palm (*naut.*), guardamano.

"ROPS" (Roll Over Protective System) (*aut. safety*), sistema di protezione antiribaltamento.

"RORC" (Royal Ocean Racing Club) (*naut.*), Royal Ocean Racing Club.

"ROS" (read only store) (*comp.*), memoria a sola lettura, memoria fissa.

rose (perforated nozzle) (*pip.*), succhieruola, nappa. **2.** ~ (*color*), rosa. **3.** ~ (*jewelry*), rosetta. **4.** ~ countersink (conical ending countersink with radial teeth) (*mech. t.*), accecatoio conico a denti diritti. **5.** ~ reamer (straight reamer cutting only at its end) (*mech. t.*), alesatore (di estremità) per sgrossatura. **6.** ~ window (*arch.*), rosone. **7.** compass ~ (of bearing instr.), rosa della bussola.

rosette (ornament) (*arch.*), rosone. **2.** ~ (as of a suspended contact line for elect. railw.), rosone (d'ammaraggio). **3.** ~ (graphitic figure) (*metall.*), rosetta. **4.** strain ~ (three strain gages disposed in different directions) (*meas. instr.*), rosetta estensimetrica.

rosewood (*wood*), legno di palissandro.

rosin (colophony) (*ind. chem.*), colofonia. **2.** ~, *see also* resin. **3.** ~ oil (by distillation of rosin) (*ind. chem.*), olio di resina. **4.** ~ size (sizing) (*ind.*), colla di resina.

ross (to) (to remove the bark from a tree) (*paper mfg.*), scortecciare.

roster (list) (*gen.*), lista. **2.** ~ (*milit.*), ruolino.

rostrum (*arch.*), podio, tribuna per oratori. **2.** ~ (raised platform for actors) (*m. pict.*), pedana.

rot (*a.*), putrefatto. **2.** dry ~ (decay; as of seasoned timber) (*wood*), putrefazione secca.

rot (to), marcire.

rotameter (for meas. the flow of fluids) (*ind. instr.*) (Brit.), indicatore di portata, flussometro. **2.** ~ (for measuring curved lines: as on a draw.) (*instr.*) (Am.), misuratore meccanico a quadrante per linee curve.

rotary (*a. - gen.*), rotante. **2.** ~ (movement) (*a. - mech.*), rotatorio. **3.** ~ (rotary drill) (*n. - min.*), sonda a rotazione, "rotary". **4.** ~ (road junction in which traffic moves round a central island) (*n. - road traff.*) (Am.), crocevia a circolazione rotatoria. **5.** ~ blower (*ind. mach.*), compressore centrifugo. **6.** ~ bridge crane (on a circular track) (*ind. mach.*), carroponte girevole. **7.** ~ converter (*electromech.*), commutatrice, convertitore rotante. **8.** ~ drier (*ind.*), essicatoio rotante. **9.** ~ drill (*min.*), sonda a rotazione, "rotary". **10.** ~ engine (*mach.*), macchina rotativa. **11.** ~ file (*t.*), lima rotante, limola. **12.** ~ filing (*mech.*), limolatura. **13.** ~ filing machine (*mach. t.*), limatrice a moto rotatorio, limolatrice. **14.** ~ gap (*elect.*), spinterometro con elettrodo rotante. **15.** ~ hoe (*agric. mach.*), ruotazappa. **16.** ~ lapping (*mech. operation*), lappatura rotante (o per rotazione). **17.** ~ machine (*print.*) (Brit.), rotativa. **18.** ~ milling machine (having a rotary table) (*mach. t.*), fresatrice universale con tavola girevole. **19.** ~ minder (*print. work.*), rotativista. **20.** ~ motion (*gen.*), moto rotatorio. **21.** ~ planer (*mach. t.*), fresatrice-pialla, fresa-pialla. **22.** ~ plow (with a big rotating screw throwing the snow aside) (*road mach.*), spazzaneve a vite d'Archimede. **23.** ~ press (*print. mach.*), rotativa. **24.** ~ pump (*ind. mach.*), tipo particolare di pompa d'Archimede. **25.** ~ shears (*mach.*), cesoia circolare (o rotante). **26.** ~ stabilizer (of a sound film projector) (*electroacous.*), volano di compensazione, stabilizzatore. **27.** ~ steam press (*text. mach.*), calandra a vapore. **28.** ~ surface grinder (*mach. t.*), lapidello a tavola rotante. **29.** ~ swaging (*forging*), martellatura rotativa. **30.** table (as of a mach. t.) (*mech.*), tavola rotante, tavola girevole. **31.** ~ table oven (with the table rotating on the vertical axis) (*impl.*), forno a suola girevole. **32.** ~ template (*text. ind.*), tempiale rotativo. **33.** ~ valve (*mech.*), valvola rotativa. **34.** ~ worktable (*mech. ind.*), tavola portapezzo girevole. **35.** newsprinting ~ press (*print. mach.*), rotativa (tipografica) per giornali. **36.** offset ~ press (*print. mach.*), rotativa per la stampa "offset". **37.** photogravure reel-fed ~ press (*print. mach.*), rotativa per la stampa a rotocalco da bobina. **38.** reel-fed ~ press (*print. mach.*), rotativa per la stampa da bobina. **39.** sheet-fed gravure ~ press (*print. mach.*), rotativa per la stampa a rotocalco dal foglio. **40.** sheet-fed letterpress ~ (*print. mach.*), rotativa tipografica dal foglio.

rotary-wing aircraft (*aer.*), rotodina.

rotate (to) (*gen.*), ruotare.

rotating (as of a crane) (*mech.*), girevole. **2.** ~ die head (mach. that chases turning around the fixed work) (*mach. t. - mech.*), testa filettatrice girevole. **3.** ~ element (as of a turbine) (*mech.*), girante. **4.** ~ ring (the rotating band of a projectile) (*expl.*), cintura di forzamento.

rotating-wing aircraft, *see* rotary-wing aircraft.

rotation (*mech.*), rotazione. **2.** ~ of crops (crop rotation) (*agric.*), rotazione agraria. **3.** ~ viewed from radiator end (of an engine) (*mot.*), (senso di) rotazione (con motore) visto dal lato radiatore. **4.** anticlockwise ~, *see* counterclockwise. **5.** axis of ~ (*theor. mech.*), asse di rotazione. **6.** clockwise ~, rotazione in senso orario. **7.** counterclockwise ~, rotazione in senso antiorario. **8.** direction of ~ (*mech.*), senso di rotazione. **9.** Faraday ~ (of a beam of polarized light of microwaves) (*opt. magnetic*), rotazione per effetto Faraday. **10.** instantaneous center of ~ (*theor. mech.*), centro istantaneo di rotazione. **11.** motion of ~ (*theor. mech.*), rotazione, movimento di rotazione. **12.** race ~ (of a propeller) (*aer.*), rotazione del flusso (dell'elica). **13.** reverse ~ (*mech.*), rotazione invertita.

rotational (of a vector, a field) (*a. - theor. elect. - phys. - math.*), rotazionale, vorticale. **2.** ~ motion, *see* vortical motion. **3.** ~ vector (*math.*), vettore rotazionale.

rotative (movement) (*mech.*), rotatorio.

rotator (device or machine causing rotation) (*mech.*), dispositivo che provoca la rotazione. **2.** ~ (device for rotating a television antenna) (*telev.*), servomotore di antenna, attuatore di antenna. **3.** ~ (small high-speed elect. motor) (*elect. mot.*), motorino elettrico ad elevato numero di giri. **4.** valve ~ (as in aut. mot.) (*mech.*), dispositivo per la rotazione delle valvole.

rotatory (as of optically active substances) (*phys.*), rotatorio. **2.** ~, *see also* rotary. **3.** ~ power (of an optically active substance) (*phys. chem.*), potere rotatorio.

"rotn", *see* rotation.

"rotocap" (*aut. mot.*), *see* valve rotator.

rotogravure (*print.*), rotocalco. **2.** ~ printing press (*print. mach.*), macchina rotativa rotocalco.

"rotomolding" (of plastics formed inside a closed mold while it is rotated about two axes and heated) (*technol.*), stampaggio a rotazione.

rotor (as of a pump) (*mech.*), girante. **2.** ~ (of a turbine) (*mech.*), ruota, girante. **3.** ~ (of ignition distributors) (*mot.*), spazzola (rotante). **4.** ~ (as of a helicopter) (*aer.*), rotore. **5.** ~ (of an elect. meter) (*elect.*), equipaggio mobile. **6.** ~ (of elect. mot.) (*elect.*), rotore. **7.** ~ blade (blade of a rotor assembly) (*helicopter*), pala (del rotore). **8.** ~ core (*electromech.*), nucleo del rotore. **9.** ~ disk (volume swept by rotor blades) (*helicopter*), disco del rotore. **10.** ~ head (of a helicopter, part of the hub to which the blades are attached) (*aer.*), testa del rotore. **11.** ~ hub (of a helicopter, the rotating system to which the blades are attached) (*aer.*), mozzo del rotore. **12.** ~ plane (*aer.*), *see* rotary-wing aircraft. **13.** ~ ship (a ship propelled by the action of the wind on vertical revolving cylinders) (*naut.*), rotonave. **14.** auxiliary ~ (of a helicopter: for counteracting the reaction of the main rotor) (*aer.*), rotore secondario, rotore anticoppia. **15.** compressor ~ (as of a gas turbine axial compressor) (*mech.*), girante del compressore. **16.** lifting ~ (main rotor, of a helicopter) (*aer.*), elica di quota, rotore principale. **17.** main ~ (compressor, turbines and shaft, of a jet engine) (*aer. mot.*), girante principale, gruppo rotore. **18.** main ~, *see* lifting rotor. **19.** paddle-wheel ~ (rotor of a cyclogyro) (*aer.*), rotore di ciclogiro. **20.** radial ~ (of a helicopter) (*aer.*), elica di coda. **21.** salient-pole ~ (of an alternator) (*elect. - mach.*), rotore a poli salienti. **22.** short circuit ~ (*elect. mot.*), indotto in corto circuito. **23.** slip-ring ~ (*elect. mot.*), indotto ad anelli. **24.** tail ~ (an auxiliary rotor, as of helicopters) (*aer.*), elica di coda, elica anticoppia.

rotorcraft, *see* rotary-wing aircraft.

"roto shave" (rotary shaving operation) (*mach. t.*), sbarbatrice per sbarbatura tonda (o cilindrica).

"ROTR" (Receive Only Typing Reperforator) (*comp. terminal*), terminale solo ricevente che stampa (telescrive) e perfora.

rotten, marcio.

rotting (as of fibers) (*text. ind.*), putrefazione.

rotunda (*arch.*), rotonda.

rouge (ferric oxide power used for polishing metals etc.) (*n. - jewelry - etc.*), rossetto (inglese). **2.** ~ (ferric oxide used for polishing) (*glass mfg. etc.*), rossetto inglese, ossido ferrico. **3.** ~ lapping (*mech.*), lappatura a rossetto.

rough (crude, unrefined), greggio. **2.** ~ (as of the sea), grosso. **3.** ~ (not smooth or plain), non livellato, ruvido. **4.** ~ (as a surface) (*mech. - etc.*), rugoso. **5.** ~-boring (*mech.*), sgrossatura di un foro.

6. ~ coat (*mas.*), rinzaffo, prima mano d'intonaco. 7. ~ glass (as glass obtained by cutting the original sheet of rolled glass into workable sizes) (*glass mfg.*), lastra grezza. 8. ~ ground (*agric.*), terreno incolto. 9. ~ papers (*paper mfg.*), carte ruvide, carte con grana grossa. 10. ~ sketch (*draw.*), disegno schematico. 11. ~-turning (lathe operation) (*mech.*), sgrossatura (o sbozzatura) al tornio.

rough (to) (*carp. - mech. - etc.*), sbozzare, sgrossare. 2. ~ in (to apply the first coat of plaster) (*bldg.*), rinzaffare, dare la prima mano di intonaco.

roughcast (*mas.*), intonaco rustico.

roughen (to) (*gen.*), irruvidire.

roughened (*gen.*), irruvidito.

roughening (*mech.*), irruvidimento. 2. brochure ~ machine (*bookbinding mach.*), fresatrice per dorsi di brossure.

rougher (*t.*), utensile sgrossatore, utensile per sgrossare. 2. ~ (*mech. work.*), operaio sgrossatore. 3. ~ (roughing machine) (*mach.*), sbozzatrice. 4. ~ (*text. mach.*), pettinatrice in grosso. 5. ~ (*text. work.*), pettinatore in grosso. 6. hypoid gear ~ (*mach. t.*), dentatrice per sgrossatura corone ipoidi. 7. straight bevel gear ~ (*mach. t.*), dentatrice per sgrossatura ingranaggi conici a denti diritti.

rough-grind (to) (mach. t. operation) (*mech.*), sgrossare di rettifica.

roughing (*mech.*), sgrossatura. 2. ~ (cold or hot rolling mill operation) (*rolling mill*), sbozzatura. 3. ~ (*a. - gen.*), sbozzatore. 4. ~ hob (of a hobbing machine) (*mech. t.*), creatore per sbozzare. 5. ~ mill (*metall. mach.*), treno sbozzatore. 6. ~ roller (bush roller) (*mas. impl.*), bocciarda a rullo. 7. ~ teeth (of a broach) (*t.*), denti sgrossatori.

roughing-in (first coat of plaster) (*bldg.*), rinzaffo, prima mano d'intonaco. 2. ~ (application of the first coat of plaster) (*bldg.*), rinzaffatura, applicazione della prima mano d'intonaco.

roughing-out (*carp. - etc.*), sgrossatura.

rough-machined (*mech.*), sbozzato di macchina.

rough-machining (*mech.*), sgrossatura di macchina, sbozzatura di macchina.

roughness (*n.*), ruvidezza, scabrosità, stato di non finitura. 2. ~ (of a machined surface) (*mech.*), scabrosità, rugosità. 3. ~ effect (*mech. of fluids*), effetto di scabrosità. 4. ~ height (of a machined surface) (*mech.*), altezza della rugosità, altezza dei solchi. 5. ~ number (of a surface) (*mech. draw.*), grado di rugosità, numero di scabrosità. 6. ~ width (of a machined surface) (*mech.*), larghezza dei solchi, spaziatura della rugosità. 7. ~ width cut-off (maximum width the instrument is adapted to register) (*mech.*) (Am.), larghezza limite (registrabile) della rugosità, larghezza base di misura. 8. surface ~ (*gen.*), ruvidità della superficie, scabrosità superficiale. 9. surface ~ (of a machined surface) (*mech.*), scabrosità (o rugosità) superficiale.

roughometer (used on roads surface) (*meas. instr.*), strumento che indica lo stato del manto stradale.

rough-plane (to) (mach. t. operation) (*mech.*), sbozzare alla pialla.

rough-roll (to) (*metall.*), sbozzare al laminatoio.

rough-rolled (*a. - metall.*), greggio di laminazione.

rough-shape (to) (*mech. - etc.*), sbozzare.

roughstuff (undercoat for levelling the surface) (*paint. proc.*), mano di fondo a spianare.

rough-turn (to) (lathe operation) (*mech.*), sgrossare al tornio, sbozzare al tornio.

rough-turned (*mach. t.*), sgrossato al tornio.

rough-turning (*mech.*), sgrossatura al tornio.

round (*gen.*), rotondo. 2. ~ (*firearm*), colpo. 3. ~ (*sport*), ripresa, "round". 4. ~ (blasting of a series of drill holes) (*min.*), volata. 5. ~ (a rung of a ladder) (*impl.*), piolo, gradino. 6. ~ angle (*math.*), angolo giro. 7. ~ arch (*arch.*), arco a tutto sesto, arco a pieno centro. 8. ~ bale (cotton bale of approx. 250 lbs) (*text. ind.*), balla di cotone cilindrica (di circa 113 kg). 9. ~ bar iron (*metall.*), ferro tondo. 10. ~ figure (*comm.*), cifra tonda. 11. ~ of beam (deck beam camber) (*shipbuild.*), curvatura del baglio. 12. ~ punch (*t.*), punzone tondo. 13. blank ~ (without shell) (*milit.*), colpo in bianco. 14. Kennedy ~ (trade agreement development between Europe and USA) (*comm.*), "Kennedy round". 15. in ~ figure (*comm.*), in cifra tonda. 16. live ~ (with shell) (*milit.*), colpo con proiettile. 17. out of ~ (of a cylinder) (*mech.*), ovalizzato. 18. quarter ~ (*join. - carp.*), quartabono.

round (to) (to make circular) (*gen.*), arrotondare. 2. ~ (*math.*), arrotondare. 3. ~ (to haul, as a rope) (*naut.*), alare. 4. ~ in (to haul a rope in) (*naut.*), alare. 5. ~ off (as a corner of a piece of work) (*mech.*), arrotondare. 6. ~ off (to drop some decimal and increase the final decimal by 1) (*math. - comp.*), arrotondare. 7. ~ off a grinding wheel (*mach. t. - mech.*), contornire una mola, arrotondare una mola. 8. ~ off to the nearest .005″ (*meas.*), arrotondare ai 5 millesimi di pollice. 9. ~ out (*gen.*), completare, finire. 10. ~ to (of a vessel, to haul the wind) (*naut.*), orzare, venire al vento. 11. ~ up (to haul up) (*naut.*), alare.

roundabout (traffic round-about, road junction where traffic moves round a central island) (*road traff.*) (Brit.), crocevia a circolazione rotatoria. 2. roundabouts (road traffic signal), circolazione rotatoria. 3. ~ assembly system (as of a body shell) (*ind.*), montaggio a giostra, montaggio a carosello.

rounded (*gen.*), arrotondato.

roundel, roundle (*arch.*), pannello (finestra o nicchia) di forma circolare.

roundhouse (housing locomotives) (*railw. bldg.*) (Am.), deposito locomotive circolare, rotonda. 2. ~ (locomotive repairing shop) (*railw. bldg.*) (Am.), officina riparazioni locomotive, fabbricato a rotonda per riparazione locomotive.

rounding (yarn or rope wound round a cable for

preventing chafing) (*naut.*), fasciatura. **2.** ~ (by dropping some decimal) (*math. - comp.*), arrotondamento.
rounding-off (of a grinding wheel) (*mach. t. - mech.*), contornitura, arrotondatura.
"roundle" (crucible slag) (*found.*), scoria di crogiolo.
roundline (small line for seizing) (*naut.*), cimetta per legature piane.
roundness, rotondità. **2.** ~ (*mech. - etc.*), circolarità, rotondità.
roundrobin (nonstop flight in which take-off and landing are made at the same place) (*aer.*), volo di andata e ritorno senza scalo.
roundtop (masthead platform) (*naut.*), coffa del colombiere.
round-topped (*a. - gen.*), a sommità arrotondata. **2.** ~ tooth (*mech.*), dente a sommità arrotondata.
round-trip (as a railw. ticket) (*a. - railw. - etc.*), di andata e ritorno.
rouse (to) (to haul strongly) (*naut.*), alare con forza.
roustabout (laborer) (Am.), manovale.
rout (defeat) (*milit.*), rotta.
rout (to) (*milit.*), mettere in rotta.
route (way), percorso, strada. **2.** ~ (*naut. - aer.*), rotta, itinerario. **3.** ~ card (*ind. work organ.*), cartellino del ciclo di lavorazione. **4.** ~ locking (electric device locking switches) (*railw.*), comando elettrico del blocco dello scambio. **5.** air ~ (*air navig.*), rotta aerea. **6.** air ~ surveillance radar (*aer. traffic*), radar di controllo del traffico aereo.
route (to) (to select a direction) (*gen.*), indirizzare. **2.** ~ (to arrange the working cycles) (*ind. w. organ.*), seguire (o predisporre) i cicli di lavorazione.
router (for wood working) (*mach. t.*), toupie, taboretto, fresatrice verticale, contornitrice. **2.** ~ (router plane) (*carp. t.*), sponderuola, pialletto per scanalature. **3.** ~ (as a ~ program) (*tlcm.*), instradatore.
router-bit (worker using a routing machine) (*aer. - carp.*), operaio addetto alla contornitrice.
routine (regular, unvarying) (*a. - gen.*), ordinario. **2.** ~ (a set of instructions generally designed to a recursive operation) (*comp.*), procedura, programma. **3.** ~ maintenance (as of a car, engine etc.) (*gen.*), manutenzione ordinaria. **4.** automatic ~ (*comp.*), procedura automatica. **5.** auxiliary ~ (*comp.*), procedura ausiliaria. **6.** check ~ (test program, test routine) (*comp.*), procedura di controllo. **7.** compiling ~ (*comp.*), programma compilatore. **8.** diagnostic ~ (diagnostic test, diagnostic check) (*comp.*), procedura diagnostica. **9.** error ~ (error detection and correction) (*comp.*), procedura di errore. **10.** executive ~ (for controlling other routines: monitor routine) (*comp.*), procedure di supervisione. **11.** floating-point ~ (*comp.*), programma a virgola mobile. **12.** general ~ (*comp.*), procedura generale. **13.** heuristic ~ (attempting the solution by trials) (*comp.*), procedura euristica. **14.** interpretive ~ (*comp.*), procedura interpretativa. **15.** library ~ (*comp.*), procedura di libreria. **16.** malfunction ~ (procedure for trouble-shooting) (*comp.*), procedura localizzazione guasti. **17.** master ~, *see* executive ~. **18.** monitor ~ *see* executive ~. **19.** open ~ (*comp.*), procedura aperta. **20.** output ~ (*comp.*), procedura di uscita (o di emissione). **21.** post-mortem ~ (a service routine used for analyzing the cause of a failure) (*computers*), programma post-mortem. **22.** rerun ~ (*comp.*), procedura di secondo passaggio. **23.** sequence-checking ~ (*comp.*), procedura di controllo di sequenza. **24.** service ~ (*comp.*), procedura di servizio. **25.** specific ~ (*comp.*), procedura specifica. **26.** stored ~ (*comp.*), procedura memorizzata. **27.** test ~ (check routine) (*comp.*), procedura di controllo. **28.** translator ~ (*comp.*), procedura di traduzione.
routing (*mech. operation*), contornitura (ad asportazione di truciolo). **2.** ~ (of production) (*ind. w. organ.*), preparazione dei lavori. **3.** ~ (choice of a path for sending data) (*n. - comp.*), instradamento. **4.** ~ card (*ind. w. organ.*), cartellino del ciclo di lavorazione, modulo specificazione lavoro. **5.** ~ indicator (*comp.*), indicatore di instradamento. **6.** ~ machine (for light alloy working) (*mach. t.*), contornitrice ad asportazione di truciolo. **7.** ~ machine (*bookbinding mach.*), fresatrice. **10.** message ~ (messages switching) (*comp.*), instradamento (o smistamento) di messaggi. **8.** ~ sheet (operation schedule) (*ind. w. organ.*), cartellino del ciclo di lavorazione. **9.** ~ sheet (for the production of a given article) (*ind.*), ruolino di marcia. **10.** ~ table (*tlcm.*), tabella di instradamento. **11.** alternative ~ (*comp.*) instradamento alternativo. **12.** basic ~ (*tlcm.*), instradamento principale. **13.** message ~ (messages switching) (*comp.*), instradamento (o smistamento) di messaggi.
rove (small washer for riveting) (*mech.*), rondella per ribattini. **2.** ~ (*text. ind.*), stoppino, lucignolo.
rover (roving frame) (*text. mach.*), banco per lucignolo, banco per stoppino. **2.** ~ (roving vehicle, off-road type vehicle as for lunar exploration) (*veh.*), (tipo di) veicolo per fuoristrada.
roving (*text. ind.*), stoppino, lucignolo. **2.** ~ frame (*text. mach.*), banco per lucignolo, banco per stoppino. **3.** ~ machine (roving frame) (*text. mach.*), banco per lucignolo, banco per stoppino. **4.** ~ waste (*text. ind.*), cascame dei lucignoli.
row (file), fila. **2.** ~ (of cylinders in a radial engine) (*mot.*), stella. **3.** ~ of rivets (*mech.*), fila di chiodi. **4.** fan blades ~ (as of an axial air compressor) (*mach.*), corona di palette del compressore.
row (to) (*naut.*), remare.
rowboat (*naut.*), barca a remi.
rower (oarsman) (*naut.*), rematore, vogatore.
rowlock (oarlock) (*naut.*), scalmiera. **2.** ~ pin (*naut.*), scalmo.
royal (as navy or army) (*a. - milit.*), regio. **2.** ~ (writ-

ing paper size: 19×24 in) (*paper mfg.*), carta da scrivere da 19×24″. **3.** ~ (printing paper size: 20×25 in) (*paper mfg.*), carta da stampa da 20×25″. **4.** main ~ (*naut.*), controvelaccio. **5.** mizzen ~ (*naut.*), controbelvedere.

royalty (due to the owner of a patent or copyright) (*law*), diritti di licenza, "redevance".

"RP" (reinforced plastic) (*chem. ind.*), (materia) plastica rinforzata.

"RPG" (Report Program Generator) (*comp.*), linguaggio di programmazione per applicazioni commerciali.

"RPM", "rpm" (revolutions per minute) (*mech.*), (numero di) giri (al minuto primo). **2.** ~ range (revolutions per minute range) (*mot.*), regime di giri.

"rps" (revolutions per second) (*mech.*), giri/sec., numero di giri al secondo.

"RR" (railroad) (*railw.*), *see* railroad.

"RRL" (Road Research Laboratory) (*road. - aut.*) (Brit.), Laboratorio Ricerche Stradali.

"RS" (Radio Station) (*radio*), stazione radio. **2.** ~ (Right Side) (*gen.*), lato destro. **3.** ~ (Recommended Standard: as for interfacing) (*comp. - elics.*), standard raccomandato. **4.** ~ (Record Separator) (*comp.*), delimitatore di registrazioni.

"rs" (sleet, Beaufort letters) (*meteorol.*), nevischio.

"RSQ" (rescue) (*n. - a. - gen.*), soccorso, salvataggio.

"RT" (radio telegraphy) (*radio - telegr.*), radiotelegrafia. **2.** ~ (receiver and transmitter) (*radio*), ricetrasmettitore. **3.** ~ (real time) (*comp.*), tempo reale.

"RTI" (referred to input) (*elics.*), riferito al segnale di ingresso.

"RTL" (Resistor Transistor Logic) (*comp.*), logica a resistori e transistori. **2.** ~ (Register Transfer Language) (*comp.*), linguaggio di trasferimento tra registri.

"RTN" (Register Trade Name) (*abbr.*), nome registrato.

"RTS" (ready to send) (*comp.*), pronto per l'invio. **2.** ~ (real-time system) (*comp.*), sistema che opera in tempo reale.

Ru (ruthenium) (*chem.*), rutenio.

"rub", *see* rubber.

rub (surface inequality) (*gen.*), gobba.

rub (to) strofinare. **2.** ~ down (*paint.*), carteggiare, levigare, pomiciare. **3.** ~ out (*draw.*), cancellare. **4.** ~ with emery (*mech.*), smerigliare.

rubbed (*gen.*), strofinato, sfregato. **2.** ~ down (*paint.*), carteggiato, levigato, pomiciato.

rubber, gomma. **2.** ~ (type of founding worker) (*found. - print.*), (operaio) finitore. **3.** ~ (*text. mach.*), frottatoio. **4.** ~ boat (inflatable type) (*naut. - aer.*), canotto pneumatico. **5.** ~ bond (*ind.*), impasto di gomma, impasto elastico. **6.** ~ bond wheel (*t.*), mola con impasto di gomma, mola con impasto elastico. **7.** ~ buffer (*aut.*), tampone di gomma. **8.** ~ cement (*rubb. ind.*), soluzione di gomma, mastice. **9.** ~-coated (of electric wires) (*ind.*), gommato, sotto gomma. **10.** ~ forming (rubber pad forming, on a press) (*sheet metal w.*), modellatura con tampone di gomma, stampaggio con tampone di gomma. **11.** ~ gear (*text. app.*), frottatoio. **12.** ~ hydrochloride (thermoplastic obtained by treating a rubber solution with anhydrous HCl) (*chem. ind.*), gomma idroclorurata. **13.** ~ latex, lattice di gomma. **14.** ~ oil (caoutchouc oil, caoutchouc, obtained by the dry distillation of rubber) (*chem. ind.*), olio di gomma, olio di caucciù. **15.** ~ plant (*rubb. ind.*), albero della gomma. **16.** ~ plating (deposition of rubber from rubber dispersion, as latex, on a metal) (*ind. proc.*), rivestitura di gomma, rivestimento di gomma. **17.** ~ press (for rubber pad press working) (*mech.*), pressa con tampone di gomma. **18.** ~ solution (as for tire repair), soluzione di gomma, mastice. **19.** ~ spreader (for rubberizing) (*mach.*), spalmatrice di gomma. **20.** ~ spring (as for aut. suspensions) (*aut.*), molla di gomma. **21.** ~ stamp (*off. impl.*), timbro di gomma. **22.** ~ thread (rubber filament for eleasticizing fabrics) (*text.*), filo elasticizzato. **23.** baled ~ (*rubb. ind.*), gomma in balle. **24.** butyl ~ (*rubb. ind.*), gomma butilica. **25.** cased ~ (*rubb. ind.*), gomma in casse. **26.** chlorinated ~ (*rubb. ind.*), gomma clorurata. **27.** comminuted ~ (mechanically triturated rubber) (*rubb. ind.*), gomma granulata ottenuta meccanicamente. **28.** dry ~ content (*rubb. ind.*), contenuto solido di gomma. **29.** hard ~ (*ind.*), ebanite. **30.** India ~, gomma, caucciù. **31.** killed ~ (*rubb. ind.*), gomma masticata. **32.** masticated ~ (*rubb. ind.*), gomma masticata. **33.** metal ~ (*text. app.*), frottatoio di metallo. **34.** opaque ~ (opaque to X rays: used in med. radiology) (*rubb. ind.*), gomma piombifera. **35.** para ~, gomma para. **36.** plantation ~ (*rubb. ind.*), gomma di piantagione. **37.** rebound ~ (as of suspensions) (*aut.*), tampone di gomma di fine corsa dello scuotimento. **38.** reclaimed ~ (*rubb. ind.*), gomma rigenerata. **39.** "ϱc ~" (rubber having the same acoustic impedance as sea water) (*und. acous.*), "gomma ϱc", gomma con la stessa impedenza acustica dell'acqua di mare. **40.** sheet ~ (*rubber ind.*), gomma in fogli. **41.** soft ~ (*rubb. ind.*), gomma elastica, vulcanizzato elastico. **42.** sponge ~ (a cellular rubber product: as for cushions) (*rubb. ind.*), gommaspugna, gomma spugnosa. **43.** synthetic ~ (*rubb. ind.*), gomma sintetica. **44.** synthetic ~ plant (*rubb. ind.*), stabilimento per la produzione della gomma sintetica. **45.** vulcanized ~, gomma vulcanizzata. **46.** wild ~ (*rubb. ind.*), gomma di foresta.

rubber-coated fabric (as for an aerostat) (*rubb. text.*), stoffa gommata.

rubbering (rubberizing) (*rubber ind.*), gommatura.

rubberize (to) (to coat with rubber), gommare. **2.** ~ (as silk), caricare.

rubberizing (*text. ind.*), gommatura.

rubber-stamp (to) (with a stamp of rubber), timbrare.

rubbing, sfregamento. **2.** ~ (rubbing down) (*paint.*), carteggiatura, levigatura, pomiciatura. **3.** ~ block (for making electric contact: as with the third rail) (*railw.*), pattino. **4.** ~ leather (of text. mach.), cuoio di sfregamento. **5.** ~ paper (*ind.*), carta abrasiva. **6.** ~ test (*paper mfg.*), prova di sgualcimento.

rubbish, materiale di scarto (o di rifiuto).

rubble (*mas.*), ciottoli, selci, breccia, calcinacci, mattoni rotti, ecc. **2.** ~ (rough uncut stones) (*mas.*), pietra da sbozzare.

rubblework (masonry made of non squared and irregular stones) (*mas.*), muratura di pietrame.

rubidium (Rb - *chem.*), rubidio.

ruby (*min.*), rubino. **2.** ~ (the bearing of a watch), rubino. **3.** ~ of zinc (*min.*), solfuro di zinco. **4.** ~ silver (Ag_3SbS_3) (*min.*), pirargirite, argento rosso.

rud, rudd (reddish) (*color*), rossastro.

rudder (*naut.*), timone. **2.** ~ (vertical rudder, of an airplane) (*aer.*), timone verticale, timone di direzione. **3.** ~ (of a lighter-than-air craft) (*aer.*), timone di direzione. **4.** ~ angle (*aer. - naut.*), angolo di barra del timone. **5.** ~ bar (for operating the control cables of a rudder) (*aer.*), pedaliera (del) timone. **6.** ~ blade (*naut.*), bandiera del timone. **7.** ~ brace (*naut.*), femminella del timone. **8.** ~ breeching rope (rope for lifting the rudder in order to diminish the strain on the pintles) (*naut.*), cime di sollevamento del timone. **9.** ~ crosshead (bar connecting athwartship the rudder head to the steering gear) (*naut.*), leva azionante il timone montata trasversalmente (per madiere). **10.** ~ heel (*naut.*), calcagnolo del timone. **11.** ~ hinge pin (*naut. - aer.*), agugliotto. **12.** ~ indicator (*naut.*), assiometro. **13.** ~ moment (*naut. - aer.*), momento di evoluzione. **14.** ~ pedals (*aer.*), pedaliera. **15.** ~ pendants (*naut.*), bracotti del timone. **16.** ~ pintle (*naut.*), agugliotto del timone. **17.** ~ post (rudderpost) (Am.) (*naut.*) (Brit.), dritto del timone. **18.** ~ post (rudderpost: Am.) (*aer.*) (Brit.), penna del timone di direzione, dritto del timone di direzione. **19.** ~ stop (*naut.*), fine corsa del timone. **20.** ~ tackle (emergency tackle: when the mechanical rudder control is broken) (*naut.*), comando di emergenza del timone. **21.** ~ tiller (*naut.*), barra del timone. **22.** ~ torque (on the fuselage) (*aer.*), momento torcente (sulla fusoliera dovuto alla manovra) del timone. **23.** ~ trunk (*naut.*), losca del timone. **24.** ~ unit (*aer.*), impennaggio verticale. **25.** balance (or balanced) ~ (*aer. - naut.*), timone compensato. **26.** dagger ~ (*naut.*), timone stretto e profondo. **27.** equipoise ~ (*aer. - naut.*), timone compensato. **28.** horizontal ~ (*aer.*), timone di profondità, timone di quota. **29.** jury ~ (*aer. - naut.*), timone di fortuna. **30.** neutral ~ (rudder position) (*aer.*), timone neutro. **31.** vertical ~ (*aer.*), timone di direzione.

rudderhead (the top end of the rudder stock to which the tiller is secured) (*naut.*), testa del timone.

rudderhole (*naut.*), losca.

rudderpost (rudderstock) (*naut.*), anima del timone, dritto del timone, asse del timone. **2.** ~ (extra sternpost in single-propeller vessels) (*naut.*), dritto di poppa ausiliario.

rudderstock (*naut.*), anima del timone, asse del timone, dritto del timone.

ruddervator, ruddevator (rudder and elevator: as on a V tail) (*aer.*), tipo di timoneria di coda a funzione mista di equilibratore e timone direzione per aerei con coda a V.

ruddle (*opt. - etc.*), *see* rouge.

ruddled (*a. - gen.*), tinto (o colorato) in rosso. **2.** ~ wool (*wool ind.*), lana tinta in rosso.

ruff (to) (flax) (*text. operation*), pettinare in grosso.

ruffer (for flax) (*text. impl.*), pettine in grosso.

ruffing (of flax) (*text. ind.*), pettinatura in grosso.

ruffle (defect at the edges of rolled metal, as strip or sheets) (*metall.*), increspatura.

ruffler (an attachment of sewing machines to form ruffles) (*text. mach.*), increspatore.

rug (blanket) (*text. ind.*), coperta. **2.** ~ (floor covering) (*aut. - etc.*), tappeto.

rugged (robust, sturdy: as of machinery) (*gen.*) (Am.), robusto. **2.** ~, *see also* rough.

ruggedization (as of an electronic device made resistant to vibrations, moisture etc.) (*n. - technol.*), irrobustimento.

ruggedize (to) (to reinforce, to strengthen: as a mach., an instr.) (*technol.*), irrobustire, rinforzare.

Ruhmkorff coil (*elect. app.*), rocchetto di Ruhmkorff.

rule (*law*), regolamento. **2.** ~ (*math.*), regola. **3.** ~ (ruler) (*draw. instr.*), riga. **4.** ~ (*workshop instr.*) riga (graduata). **5.** ~ (thin brass or lead plate bear ing one or more lines on its face and used for tra cing the outlines, as of a table) (*typ. impl.*), filetto **6.** ~ joint (*aut.*), compasso per capote. **7.** rules o conciliation and arbitration (*law*), regolamento d conciliazione ed arbitrato. **8.** ~ of the air (law re gulations) (*aer. traffic*), regolamentazione de traffico aereo. **9.** ~ of the road (*naut.*), regola mento per evitare abbordi in mare, regole di ma novra. **10.** ~ of thumb (rule o' thumb) (*gen.*), re gola empirica. **11.** brass ~ (*typ. impl.*), filetto ottone. **12.** chain ~ (*math.*), regola catenaria. **13** column ~ (a rule having the length of a colum and used between the columns of a page) (*typ.*), f letto tra due colonne. **14.** contraction ~ (shrin rule) (*found. t.*), riga per (o da) modellisti. **15.** do ted ~ (*typ. impl.*), filetto punteggiato. **16.** doub fine ~ (*typ. impl.*), filetto doppio chiaro. **17.** e ~ (*typ.*), quadratone lineato. **18.** fine face ~ (*ty impl.*), filetto chiaro. **19.** foot ~ (*meas. instr.* stecca di un piede (di lunghezza). **20.** mason's (metric rule) (*meas. instr.*), metro a segmenti. **2** middle-third ~ (*constr. theor.*), regola del ter medio. **22.** perforating ~ (*typ. impl.*), filetto pe foratore. **23.** phase ~ (*phys. chem.*), regola de fasi. **24.** plumb ~ (*mas. impl. - top. impl.*), arc penzolo, archipendolo. **25.** quadrantal height separation ~ (*air navig.*), regola per la separazione delle quote quadrantali. **26.** right hand ~ (Fleming's rule) (*electromag.*), regola della mano destra (o di Fleming) **27.** setting ~ (*typ. t.*), cava–righe. **28.** shaded ~ (*typ. impl.*), filetto chiaroscuro. **29.** shrink ~ (contraction rule) (*found. t.*), riga da (o per) modellisti, riga che tiene conto del ritiro. **30.** slide ~ (*off. instr.*), regolo calcolatore. **31.** steel ~ (*workshop impl.*), riga in acciaio. **32.** wave ~ (*typ. impl.*), filetto ondulato. **33.** ~, *see also* rules.

rule (to) (to control) (*gen.*), regolare. **2.** ~ (*law*), regolamentare. **3.** ~ (as a line with a rule) (*draw.*), tirare linee con la riga. **4.** ~ (to mark, as a sheet with lines) (*gen.*), rigare. **5.** ~ out (or off: to exclude) (*gen.*), escludere.

ruler (*draw. instr.*), riga. **2.** ~ (mach. for ruling paper) (*print. mach.*), rigatrice, macchina per rigare.

rules, norme. **2.** steering and sailing ~ (*naut.*), regole di barra e di rotta. **3.** works ~ (of a factory) (*factory organ.*), regolamento interno.

ruling (tracing the outlines, as of a table with a rule) (*typ.*), filettatura. **2.** ~ (the making of lines, as on writing paper) (*paper mfg.*), rigatura. **3.** ~ (as of a crystal screen) (*photomech. - print.*), lineatura. **4.** ~ machine (as of offset sheets) (*mach.*), rigatrice, macchina per rigare. **5.** ~ pen (*draw. instr.*), tiralinee. **6.** ~ section (usual dimensions, as in a billet, forging etc.) (*metall.*), dimensione ricorrente.

rumble (low–frequency noise) (*electroacous.*), rombo, rimbombo. **2.** ~, *see* tumbling barrel. **3.** ~ (sound) (*acous.*), rombo. **4.** ~ knob (*electroacous. app.*), tasto antirombo. **5.** ~ seat (as on a roadster) (*aut.*), sedile posteriore ripiegabile esterno.

rumble (to) (to tumble: as for removing burrs or polishing metal pieces, as by tumbling barrel) (*mech. proc.*), barilare.

rumbler, *see* tumbling barrel.

rumbling (tumbling, as for removing burrs or polishing metal pieces) (*mech. proc.*), barilatura. **2.** ~ (tumbling, as painting method for small articles) (*paint.*), verniciatura a buratto, verniciatura a tamburo. **3.** ~ (low frequency noise emitted by a reaction engine) (*noise*), rombo, rimbombo.

rump (of the body of an animal), parte posteriore della groppa. **2.** ~ wool (*wool ind.*), lana della groppa.

rumple (creasing) (*gen.*), gualcitura.

rumple (to) (to crease) (*text. - etc.*), gualcire, gualcirsi, raggrinzare, raggrinzarsi.

run (course or way: as of the cable controlling an aileron or rudder etc.) (*mech. - gen.*), percorso. **2.** ~ (as the quantity of work made with a given order or a part of such order) (*gen.*), partita, lotto. **3.** ~ (general tendency) (*comm. - finan.*), andamento. **4.** ~ (paint defect due to excess of paint) (*paint.*), colata, gocciolatura. **5.** ~ (race) (*sport*), corsa, prova. **6.** ~ (brook) (*geogr.*) (Am.), torrente. **7.** ~ (free run: as of a mot.) (*mech.*), marcia a vuoto. **8.** ~ (chalcopyrite) (*min.*), calcopirite. **9.** ~ (deviation of a cutter from the proper path) (*mech.*), deviazione. **10.** ~ (of a step) (*arch.*), distanza tra due alzate successive. **11.** ~ (ramp, of a theater) (*bldg.*), rampa. **12.** ~ (wedgelike after part of a vessel, below the water line) (*naut.*), stellatura di poppa, stellato di poppa. **13.** ~ (amount of copies printed) (*print.*), tiratura. **14.** ~ (*welding*), *see* pass. **15.** ~ (operation schedule, cycle) (*w. organ.*), ciclo (di lavoro). **16.** ~ (series) (*gen.*), serie. **17.** ~ (period of operation, as of a mach.) (*mech. - etc.*), periodo di funzionamento. **18.** ~ (pair of millstones) (*milling*), coppia di macine. **19.** ~ (test) (*min.*), prova. **20.** ~ (inclined passage between levels) (*min.*), fornello. **21.** ~ (irregular ore body) (*min.*), giacimento irregolare. **22.** ~ (train of cars) (*min.*), treno. **23.** ~ (mach. run: a single and continuative execution: as of a program) (*n. - comp. - etc.*), passata esecuzione, svolgimento. **24.** ~ in (broken in) (*mot. - aut.*), rodato. **25.** ~ of mine (tout–venant coal or ore) (*n. - min.*), come viene, "tout–venant". **26.** ~ steel (malleable pig iron) (*found.*) (Am.), ghisa malleabile. **27.** backing ~ (in welding) (*mech. technol.*), passata al rovescio, cordone al rovescio, ripresa al rovescio. **28.** circular ~ (*sport*), circuito. **29.** control ~ (course: as of the cable controlling an aileron or rudder etc.) (*mech.*), percorso dei comandi. **30.** dry ~ (as of a torpedo) (*navy*), corsa simulata. **31.** final ~ (in welding) (*mech. technol.*), passata finale. **32.** landing ~ (*aer.*), corsa di atterraggio. **33.** long test ~ (*mech. - sport*), prova di durata. **34.** nonstop ~ (*sport*), prova senza fermata. **35.** reliability ~ (*gen. - aer.*), prova di affidabilità. **36.** root ~ (in welding) (*mech. technol.*), passata di fondo. **37.** sealing ~ (in welding, backing run) (*mech. technol.*), passata al rovescio, ripresa al rovescio. **38.** short ~ (production of small series) (*ind.*), produzione di piccole serie. **39.** take–off ~ (*aer.*), percorso di decollo, corsa di decollo. **40.** test ~ (as of a program) (*comp.*), esecuzione (o passata) di prova. **41.** vein ~ (direction of an ore vein) (*min.*), direzione della vena. **42.** window ~ channel (*aut.*), guida di scorrimento del vetro del finestrino.

run (to) (*gen.*), correre. **2.** ~ (*law*), essere in vigore, avere corso legale. **3.** ~ (a mot.), girare, far girare. **4.** ~ (as an aut.) (*veh.*), guidare. **5.** ~ (to manage: as a factory), dirigere. **6.** ~ (molten metal) (*metall.*), colare. **7.** ~ (to cause to run), far funzionare. **8.** ~ aground (of a ship) (*naut.*), incagliarsi, dare in secca. **9.** ~ a truck line (*comm.*), gestire un servizio di autocarri. **10.** ~ cold (of a torpedo by compressor) (*navy*), funzionare a freddo. **11.** ~ down (a battery) (*elect.*), scaricare eccessivamente, mettere a terra (la batteria). **12.** ~ down (as of watch spring) (*mech.*), scaricarsi. **13.** ~ down (to collide and sink; as of boats) (*naut.*), far affondare per collisione. **14.** ~ down (as a pedestrian with a car) (*aut.*), investire. **15.** ~ foul of (*naut.*), collidere con. **16.** ~ free (as of a mot.) (*mech.*), girare in folle. **17.** ~ gates (*found.*), praticare gli attacchi di colata. **18.** ~ hot (of a torpedo) (*navy expl.*), funzionare a caldo. **19.** ~ in (a mot. or mach.), rodare. **20.** ~ light (of mach., mot.), marciare a vuoto. **21.** ~ loaded (of mach., mot. etc.), funzionare sotto carico. **22.** ~ off (to print) (*print.*), stampare. **23.** ~ off (as molten metal) (*metall.*), colare. **24.** ~ off the bales (as in the wool ind.), disfare le balle. **25.** ~ out (as of a liquid), effluire. **26.** ~ out (as of fuel) (*aut. - aer. - etc.*), esaurire, restare senza. **27.** ~ past (as a stop signal) (*railw. - road*), sorpassare. **28.** ~ short (as of fuel) (*gen.*), rimanere a corto. **29.** ~ true (as of a rotor) (*mech.*), girare centrato. **30.** ~ untrue (as of a rotor) (*mech.*), girare scentrato. **31.** ~ up (to increase), aumentare.

runabout (uncovered wagon), carro aperto. **2.** ~ (roadster) (*aut.*), spider. **3.** ~ (open speedboat) (*naut.*), motoscafo veloce non cabinato.

runaround (way that bypasses an obstacle) (*gen.*), bipasso, "by-pass".

runaway (as prices) (*a. - comm.*), soggetto a rapidi aumenti. **2.** ~ electrons (plasma electrons) (*plasma phys.*), elettroni di fuga. **3.** ~ speed (*mot. - turbine*), velocità di fuga. **4.** ~ speed rate (*aut. - eng.*), regime di fuori giri.

rundle (drum: as of a capstan) (*mech.*), tamburo.

run-down (unwound: as of a clock) (*a.*), scarico. **2.** ~ (exhausted: as of a battery) (*a.*), scarico, esausto, a terra.

rung (the spoke of a wheel), raggio. **2.** ~ (of a ladder), piolo. **3.** ~ (of a steering wheel) (*naut.*), caviglia. **4.** ~ ladder (*impl.*), scala a pioli.

run-in-again (repeat advertisement) (*adver.*), annuncio inserito più volte.

runner (a part in which or on which something slides) (*mech.*), pattino, guida di scorrimento. **2.** ~ (*found.*), canale di colata, collegamento di colata. **3.** ~ (of a hydraulic transmission) (*aut.*), girante. **4.** ~ (of a water turbine) (*mach.*), girante. **5.** ~ (the running block of a single rope tackle) (*naut.*), bozzello mobile (di un paranco ad una sola fune), amante. **6.** ~ (soldier) (*milit.*), portaordini. **7.** ~ (a very fast ship) (*naut.*), nave velocissima. **8.** ~ (a channel feeding a mold by fluid plastic) (*plastic ind.*), canale di alimentazione. **9.** ~ stick (gate pin, taper pattern pin, for obtaining gates in a mold) (*found.*), cono modello per colate. **10.** central ~ (of a glider) (*aer.*), pattino centrale (d'atterraggio). **11.** iron ~ (as of a blast furnace) (*metall.*), canale di colata della ghisa.

running (*a. - mot. - mach.*), in marcia. **2.** ~ (*n. - mot. - mach.*), marcia, funzionamento. **3.** ~ block (movable block of a tackle) (*hoisting impl.*), bozzello mobile. **4.** ~ board (footboard: as of a locomotive), pedana. **5.** ~ caption (*m. pict.*), didascalia a tamburo. **6.** ~ cost (*ind.*), costo di esercizio. **7.** ~ down by open circuit (as of an acc.) (*elect.*), scarica per dispersione. **8.** ~ fit (*mech.*) (Am.), accoppiamento libero (per alberi rotanti). **9.** ~ gate (*found.*), foro di colata. **10.** ~ gear (as of a machine or veh.) (*mech.*), parti mobili. **11.** ~ head (running title) (*typ.*), titolo corrente, titoletto. **12.** ~ idle (*mach. - mot.*), funzionamento a vuoto. **13.** ~ in (*mot.*), rodaggio. **14.** ~ light (at night: one of the red or green or white lights on ships or airplanes) (*naut. - aer.*), luce di posizione. **15.** ~ order (*aut.*), ordine di marcia. **16.** ~ out (of a wire, excessive progressive increase in size during drawing, due to wear of the die) (*metall. defect.*), eccessivo aumento di diametro, diametro fuori tolleranza. **17.** ~ position (*mach.*), posizione di marcia. **18.** ~ rail (running line, track) (*railw.*), via di corsa, binario. **19.** ~ rigging (*naut.*), manovre correnti. **20.** ~ rope (as for hoisting sails, for hauling etc.) (*naut.*), cima delle manovre correnti. **21.** ~ time (time required for processing) (*comp.*), tempo di elaborazione. **22.** ~ unloaded (*mach. mot.*), funzionante a vuoto. **23.** ahead ~ (of mach., of veh.), marcia avanti. **24.** astern ~ (of mach., of veh.), marcia indietro. **25.** forward ~ (as of an elect. mot.) (*mot.*), marcia avanti. **26.** ground ~ (of installed aero-engines) (*aer. mot.*), funzionamento a terra. **27.** no-load ~ (as of a transformer) (*electromech.*), marcia a vuoto. **28.** parallel ~ (as of a new system running contemporarily with the old one) (*comp. - etc.*), funzionamento (simultaneo) in parallelo. **29.** reverse ~ (as of an elect. mot.) (*mot.*), marcia indietro. **30.** slow ~ (*mot.*), minimo, marcia lenta. **31.** slow ~ adjusting screw (of a carburetor) (*mot. mech.*), vite di registro del minimo. **32.** smooth ~ (having little frictional resistance: as of a mechanism) (*mech.*), movimento (o marcia) scorrevole.

runout (the maximum travel of a mach. moving part) (*mech.*), corsa massima. **2.** ~ (the amount by which one surface is not true with another surface) (*mech.*), scentratura. **3.** ~ (escape of metal from molds) (*found.*), fuga del metallo dalla forma. **4.** ~ (incomplete casting due to molten metal escaping out of the mold during or after pouring) (*found.*), getto incompleto. **5.** axial ~ (as measured on the face of a rotating disc) (*mech.*), errore di ortogonalità del piano di un disco rispetto al suo asse di rotazione. **6.** radial ~ (as measured on the periphery of a rotating disc) (*mech.*), eccentricità.

runover (*journ.*), *see* turnover.

runway (of a bridge crane) (*ind.*), via di corsa, piano (o rotaia) di scorrimento. **2.** ~ (strip on an aviation field for planes landing and take-off) (*aer.*), pista. **3.** ~ (for seaplanes) (*aer.*), scivolo. **4.** ~ (as of a stream: a channel) (*hydr.*), canale. **5.** ~ controller (*aer.*), direttore di pista, controllore di pista.

rupture (*gen.*), rottura. **2.** ~ (hernia) (*med.*), ernia.

rupturing (*gen.*), rottura. **2.** ~ capacity, *see* breaking capacity.

rural (*a. - gen.*), rurale.

rush (a swift increase: as of production, of voltage,

etc.) (*n. - gen.*), sbalzo. **2.** ~ (requiring haste) (*a. - comm.*), urgente. **3.** ~ (the first print of a scene, promptly developed for the approval by the director) (*n. - m. pict.*), copia rapida, giornaliero. **4.** ~ hours (*traffic*), ore di punta. **5.** ~ of liquid (a sudden flush: as of water) (*hydr.*), getto improvviso.

russel cord (wool and cotton mixed fabric) (*text. ind.*), tessuto con catena di cotone e trama di lana pettinata.

russet (of natural color, as leather prior to coloring and polishing) (*a. - leather ind.*), di colore naturale.

rust (iron defect), ruggine. **2.** ~ inhibitors (*chem. - paint.*), sostanze antiruggine. **3.** ~ joint (a joint made with iron cement) (*technol.*), giunzione effettuata con mastice metallico. **4.** ~ preventer (*ind.*), antiruggine.

rust (to), arrugginire, arrugginirsi.

rusted, arrugginito.

rustic (*mas.*), rustico.

rusticate (to) (*arch.*), bugnare.

rusticated ashlar (*arch.*) (Brit.), bugna.

rustication (by projecting ashlars) (*arch.*) (Brit.), bugnato.

rusting (*metall.*), arrugginimento.

rustproof (*a. - steel*), inossidabile, non arrugginibile.

rust-proof (to) (*ind.*), rendere resistente alla ruggine, proteggere dalla ruggine.

rust-proofing (*ind. chem.*), protezione antiruggine, antiruggine.

rusty, rugginoso. **2.** to become ~, arrugginire, arrugginirsi.

rut (of a road), solco, carreggiata.

ruthenic (*a. - chem.*), rutenico.

ruthenium (Ru - *chem.*), rutenio.

rutherford (unit measuring the disintegrating strength of a radioactive substance = 10^6 disintegrations p. sec.) (*atom phys. meas.*), rutherford (unità di misura della forza radioattiva = 10^6 disintegrazioni al sec.).

rutile (TiO_2) (*min.*), rutilo.

"RV" (rear view) (*draw.*), vista posteriore. **2.** ~ (relief valve) (*pip.*), valvola regolatrice della pressione. **3.** ~ (research vessel) (*naut.*), mezzo navale per ricerche. **4.** ~ (recreational vehicle) (*veh.*), veicolo ricreativo, veicolo da diporto.

"RVA" (reactive volt-ampere) (*elect.*), volt-ampère reattivi, potenza reattiva. **2.** ~ (recorded voice announcement) (*teleph. - etc.*), messaggio registrato.

R-value (width thickness strain ratio, as indicating the drawability of sheet metal) (*mech. technol.*), indice R, indice di imbutibilità. **2.** ~ (meas. of the thermal insulation properties of a material) (*n. - therm. insulation meas.*), grado (o livello) di isolamento termico.

"RW" (right of way) (*road traff.*), diritto di precedenza.

"rw" (railway) (*railw.*), ferrovia. **2.** ~ (right wing) (*aer.*), semiala destra.

"RWO" (rain water outlet) (*bldg.*), scarico (di) acqua piovana.

"RWP" (rain water pipe) (*bldg.*), tubo (dell') acqua piovana.

rye (*agric.*), segale.

rydberg unit, rydberg constant (wave number tied to the atomic spectrum of the element) (*phys. chem.*), costante di Rydberg.

S

"S" (scrape!) (*mech. draw.*), raschiettare! **2.** ~ (snow, Beaufort letter) (*meteorol.*), neve. **3.** ~ (summer) (*naut.*), estate, E.
"S","s" (south) (*geogr.*), S, Sud.
S (sulphur) (*chem.*), S.
"s" (sec, second) (*time unit*), secondo, sec. **2.** ~ (siemens: conductance unit) (*meas. unit*), siemens.
"SA" (single action, of a press) (*mach.*), a semplice effetto. **2.** ~ (sail area) (*naut.*), superficie velica.
"SAA" (Standards Association of Australia) (*technol.*), Associazione di Normalizzazione Australiana.
"saa" (small arms ammunitions) (*milit.*), munizioni per armi portatili.
saber (*arm*), sciabola. **2.** ~ saw (portable jigsaw) (*join. t.*), seghetto portatile da traforo.
sabicu (sabicu wood, a very heavy dark-brown wood) (*wood - shipbuild.*), sabicu.
sabin (*acous. meas.*) (Brit.), unità di assorbimento acustico.
sabot (soft metal ring, of old projectiles for muzzle-loading rifles) (*expl.*), corona.
sabotage (*law - milit.*), sabotaggio.
sabotage (to) (*law - milit.*), sabotare.
saboteur (*milit. - etc.*), sabotatore.
"SAC" (strategic air command) (*air force*) (Am.), Comando Strategico dell'aria. **2.** ~ (Society for Analytical Chemistry) (*chem.*), Società di Chimica Analitica.
saccharate (*chem.*), saccarato. **2.** calcium ~ (*chem.*), saccarato di calcio.
saccharide (carbohydrate) (*chem.*), saccaride, carboidrato.
saccharifier (app. used for saccharifying starch etc.) (*ind. app.*), ammostatore, tino di ammostamento.
saccharify (to) (*chem.*), saccarificare.
saccharimeter (as a polarimeter) (*instr.*), saccarimetro.
saccharimetry (*chem.*), saccarimetria.
saccharin (C_6H_4–CO–SO_2–NH) (*n. - chem.*), saccarina.
saccharine (containing sugar: as sugarbeet) (*a. - sugar ind.*), saccarifero.
saccharometer (as a hydrometer) (*chem.*), saccarometro.
saccharose ($C_{12}H_{22}O_{11}$) (*chem.*), saccarosio.
sack (*text. ind.*), sacco. **2.** ~ filling machine (sacking machine) (*mach.*), insaccatrice. **3.** ~ lift (*lifting mach.*), montasacchi. **4.** ~ piler (sacklift) (*ind. transp.*), montasacchi, impilatore per sacchi. **5.** jute ~, sacco di juta.
sack (to) (*ind.*), insaccare. **2.** ~ (to dismiss an employee) (coll.) (*ind.*), licenziare.
sackcloth, tela da sacco.
sacked (as of cement) (*ind.*), insaccato.
sacker (device that sacks) (*ind. mach.*), insaccatrice.
sackful (*volume meas.*), il quantitativo di un sacco pieno.
sacking (a coarse cloth for making sacks) (*text. ind.*), tela da sacco. **2.** ~ (the dismissal of an employee) (*ind.*), licenziamento. **3.** ~ weigher (*mach.*), insaccatrice-pesatrice.
sacristy (of church) (*arch.*), sagrestia.
sad (dark-colored) (*gen.*), di colore scuro. **2.** ~ (of inferior quality) (*gen.*) (coll.), di qualità inferiore.
sadden (to) (to darken, as cloth in dyeing) (*ind.*), scurire.
saddening agent (used in leather ind., color darkening agent) (*chem.*), agente per scurire la tinta.
saddle (as of a lathe) (*mach. t.*), slitta, carrello. **2.** ~ (as of a bicycle), sella. **3.** ~ (of a horse harness), sella. **4.** ~ (support shaped or functioning like a horse saddle) (*mech. - etc.*), sella. **5.** ~ (sill: of wood or metal on the threshold of the door) (*bldg.*), soglia. **6.** ~ board (the covering a roof ridge: made of metal or of special ridge tiles) (*mas.*), colmo (del tetto). **7.** ~ clamp (*mach. t.*), bloccaggio della slitta, bloccaggio del carrello. **8.** ~ clamp lever (*mach. t.*), leva per bloccaggio slitta. **9.** ~ cover (as of mtc.), coprisella. **10.** ~ flange (curved flange for repairing pipes etc.) (*pip.*), flangia a sella, flangia curva. **11.** ~ girth (*harness*), sottopancia. **12.** ~ joint (two metal sheets jointed together by a special bending of their edges: as in roofing) (*bldg.*), aggraffatura. **13.** ~ key (*mech.*), chiavetta concava. **14.** ~ lead screw (of a lathe) (*mach. t. - mech.*), vite (madre) di comando della slitta. **15.** ~ roof (*arch.*), tetto a due spioventi, tetto a due falde. **16.** ~ tank (as on a steam switching locomotive), serbatoio (dell'acqua) a sella (disposto sulla caldaia). **17.** turret ~ (of a turret lathe) (*mach. t. - mech.*), slitta della torretta.
saddleback (size of wrapping paper) (*paper meas.*), (Brit.) carta per pacchi delle dimensioni di 45 × 36 in.
saddle-backed (*gen.*), a forma di sella.

saddler (*work.*), sellaio.
saddlery (saddler's shop or trade) (*comm.*), selleria. **2.** ~ (saddles, harness etc.) (*leather ind.*), articoli di selleria.
saddle-tank (sub. type) (*a.-navy*), a controcarena. **2.** ~ submarine (*navy*), sommergibile a controcarena.
"SAE" (Society of Automotive Engineers: for metal specifications, lubricating oil viscosity, etc.) (*metall. - chem. - etc.*), S.A.E. **2.** ~ number (No. 10 to No. 70, for lubricating oils) (*mot. - chem. ind.*), numero SAE. **3.** ~ rating (SAE HP, of a car engine, power measured with no engine driven fan or generator, no air cleaner, with special exhaust system) (*mot.*), cavalli SAE, potenza SAE.
"saf" (safety) (*gen.*), sicurezza.
safe (steel box) (*n.*), cassaforte. **2.** ~ (*a.*), sicuro. **3.** ~ edge (of a file or rasp) (*t.*), lato privo di taglio. **4.** ~ flight indicator (of stalling speed) (*aer. instr.*), indicatore aerodinamico (della perdita di velocità). **5.** ~ harbor (*naut.*), porto sicuro. **6.** ~ load (*constr. theor.*), carico di sicurezza. **7.** night ~ (of a bank) (*money*), cassa continua.
safeguard (*mech. - railw. - veh. - etc.*), protezione, salvaguardia. **2.** ~ (check rail) (*railw.*) (Brit.), controrotaia.
safelight (*phot.*), luce inattinica. **2.** ~ lamp (used in dark rooms) (*phot.*), lampada di sicurezza (o a luce inattinica).
safety, sicurezza. **2.** ~ (of a firearm) (*mech.*), dispositivo di sicurezza, sicura. **3.** ~ (accident prevention) (*law - etc.*), sicurezza, antinfortunistica. **4.** ~ appliance (*mech. ind. - etc.*), dispositivo di sicurezza. **5.** ~ barrier (a net used for arresting an aircraft landing on a carrier) (*aer.*), barriera di sicurezza, rete di sicurezza. **6.** ~ belt (*aer. - aut.*), cintura di sicurezza. **7.** ~ bolt (as of a door: it can be opened from one side only) (*join. - bldg.*), chiavistello di sicurezza. **8.** ~ button (a medallion that measures the radiation adsorbed by the worker wearing it) (*nuclear energy work. prevention*), piastrina di sicurezza. **9.** ~ cage (lift cage that has a safety device) (*min.*), cabina munita di dispositivo di sicurezza. **10.** ~ catch (*firearm*), sicura, dispositivo di sicurezza. **11.** ~ catch (of a hoisting app.) (*mech.*), arresto di sicurezza. **12.** ~ chain (as connecting railroad cars together) (*railw.*), catena di sicurezza. **13.** ~ department (of a firm) (*ind.*), servizio sicurezza sul lavoro (o antinfortunistico). **14.** ~ device (*mech.*), congegno di sicurezza. **15.** ~ director (*company management*), capo servizio antinfortunistico. **16.** ~ door lock (as of motorcar door, railway coach door etc.) (*aut. - etc.*), serratura di sicurezza della porta. **17.** ~ engineer (of a firm) (*ind. pers.*), tecnico della sicurezza sul lavoro, tecnico di antinfortunistica. **18.** ~ factor (factor of safety) (*constr. theor.*), coefficiente (o grado) di sicurezza. **19.** ~ film (*m. pict.*), pellicola di sicurezza, pellicola ininfiammabile. **20.** ~ fuse (burning slowly: made of black powder) (*min.*), miccia (lenta) a polvere nera. **21.** ~ glass (plate made of two sheets of glass with an intermediate transparent sheet not made of glass) (*glass mfg. - aut.*), vetro (di sicurezza) accoppiato (o stratificato). **22.** ~ harness (seat belt) (*aut.*), cintura di sicurezza. **23.** ~ hat (used for head protection) (*min. - found. - metall.*), elmetto di sicurezza. **24.** ~ height (*air navig.*), quota di sicurezza. **25.** ~ hoist (it doesn't work with overhauls) (*ind. app.*), paranco (provvisto) di sicurezza. **26.** ~ hook (as for coupling a steam locomotive to a tender) (*railw.*), gancio di sicurezza. **27.** ~ injection (cooling device acting on the core of a nuclear reactor) (*atom phys.*), raffreddamento di sicurezza (del nocciolo). **28.** ~ ink (indelible ink) (*chem.*), inchiostro indelebile. **29.** ~ island (for pedestrians) (*road traff.*), salvagente. **30.** ~ joint (*mech.*), giunto di sicurezza. **31.** ~ lamp (*min. impl.*), lampada di sicurezza. **32.** ~ link (link protecting the chain from overstresses) (*mech.*), anello di sicurezza. **33.** ~ lock (*mech.*), serratura di sicurezza. **34.** ~ manager (*company management*), capo servizio antinfortunistico. **35.** ~ paper (safety cheque paper, difficult to copy) (*paper mfg.*), carta (per) valori, carta moneta. **36.** ~ pin (a device for avoiding accidental arming of a fuse) (*expl. milit.*), spillo di sicura. **37.** ~ pin (*domestic impl. - aer. impl.*), spillo di sicurezza, spilla da balia. **38.** ~ plug (plug made of fusible metal melting when the boiler reaches a predeterminate temperature) (*boil. impl.*), tappo fusibile di sicurezza. **39.** ~ range (*gen.*), settore di sicurezza, campo di sicurezza. **40.** ~ razor (*shaving instr.*), rasoio di sicurezza. **41.** ~ rods (*atom phys.*), barre di sicurezza. **42.** ~ rules (*ind. - etc.*), norme di sicurezza. **43.** ~ shoe (for avoiding foot injuries or sparks) (*work. protection*), scarpa di sicurezza. **44.** ~ stock (uninflammable film) (*m. pict.*), pellicola ininfiammabile, pellicola di sicurezza. **45.** ~ stop (*mot. - mach.*), dispositivo di arresto, arresto di sicurezza. **46.** ~ switch (emergency stop) (*elect.*), interruttore di sicurezza, arresto di emergenza. **47.** ~ system (of a nuclear reactor) (*atom phys.*), sistema di controllo. **48.** ~ tread (as a step covered with rubber to prevent the foot from slipping) (*railw. - etc.*), gradino (con pedata) antisdrucciolevole. **49.** ~ valve (used for boil., compressed air etc.), valvola di sicurezza. **50.** ~ zone (for pedestrians) (*road traff.*), zona di sicurezza, isola di sicurezza. **51.** active ~ (*aut. safety*), sicurezza attiva. **52.** composite ~ structure (stiff box center with crushable extensions structures, of an aut. body) (*aut.*), struttura differenziata di sicurezza. **53.** factor of ~ (of an aircraft) (*aer.*) (Brit.), coefficiente di sicurezza. **54.** passive ~ (*aut. safety*), sicurezza passiva. **55.** preventive ~ (*aut. safety*), sicurezza preventiva. **56.** protective ~ (*aut. safety*), sicurezza protettiva.
saffian (morocco leather) (*leather ind.*), marocchino, pelle di marocchino.

safflower (herb for dyestuff), cartamo. **2.** ~ (red dyestuff), tintura rossa.

safranine, safranin (dye) (*chem. - ind. text.*), safranina.

sag (*n. - gen.*), abbassamento, piegamento. **2.** ~ (as of an elect. line) (*constr. theor.*), freccia apparente. **3.** ~ (as in a roadbed) (*constr.*), cedimento. **4.** ~ (of an airship) (*aer.*), insellamento, cedimento centrale del trave longitudinale. **5.** ~ (*comm.*), temporanea diminuzione di prezzo, flessione dei prezzi. **6.** ~ (drift) (*naut.*), deriva. **7.** ~ (depression formed by two gradients) (*civ. eng.*), avvallamento. **8.** ~ (defect in painting as due to overspraying) (*paint.*), insaccatura, colatura. **9.** ~ point (as in lacquer overspraying) (*paint.*), punto di insaccatura, punto di colatura. **10.** ~ to leeward (*naut.*), scarroccio.

sag (to) (to sink), abbassarsi. **2.** ~ (to bend downwards), curvarsi verso il basso. **3.** ~ (to compensate the slack due to temp. changes) (*elect. line*), compensare le variazioni di lunghezza da temperatura. **4.** ~ (to settle), assestarsi. **5.** ~ (to drift) (*naut.*), andare alla deriva. **6.** ~ (*shipbldg.*), insellarsi, cedere al centro. **7.** ~ to leeward (to make leeway) (*naut.*), scarrocciare.

"SAGE" (SemiAutomatic Ground Environment) (*milit. - air force*), centrale semiautomatica di tiro contraereo, sistema di difesa aerea, dove tutte le informazioni relative alla situazione sono valutate in una centrale di calcolo.

sagged (sunk below a given level) (*gen.*), abbassato. **2.** ~ (as a coil spring) (*mech.*), schiacciato. **3.** ~ (*shipbldg.*), insellato.

sagger (a box containing delicate pieces while being fired) (*ceramic*), cassetta di cottura. **2.** ~ (a box containing cast-iron articles when decarbonizing in the annealing furnace) (*metall.*), cassetta di ricottura. **3.** ~ man (*ceramics*), ceramista.

sagging (sinking) (*gen.*), abbassamento. **2.** ~ (as in lacquer overspraying) (*paint. defect*), colatura (o insaccamento). **3.** ~ (sinking in the center of a hull) (*naut.*), insellamento, insellatura. **4.** ~ (process of forming glass by reheating until it conforms to the shape of the mold or form on which it rests) (*glass mfg.*), plasmatura. **5.** ~ at the crown (as of a vault) (*bldg.*), abbassamento in chiave. **6.** ~ moment (*naut.*), momento d'insellamento. **7.** ~ of the vault (*bldg.*), abbassamento della volta.

sagitta (*math.*), monta, freccia.

sags (*paint.*), *see* sagging.

sail (*naut.*), vela. **2.** ~ (sails collectively) (*naut.*), velatura. **3.** ~ (of a wind - mill), pala. **4.** ~ outfit (*naut.*), velatura. **5.** back ~ (having the wind pressure on the forward side) (*naut.*), vela che prende vento di prua. **6.** fore-and-aft ~ (*naut.*), vela aurica, vela di taglio. **7.** fore royal studding ~ (*naut.*), coltellaccio di controvelaccino. **8.** fore ~ (*naut.*), vela di trinchetto. **9.** fore-topgallant ~ (*naut.*), velaccino. **10.** fore topgallant studding ~ (*naut.*), coltellaccio di velaccino. **11.** fore topmast studding ~ (*naut.*), coltellaccio di parrocchetto. **12.** lateen ~ (*naut.*), vela latina. **13.** light sails (for light winds) (*naut.*), velatura leggera. **14.** lower studding ~ (*naut.*), coltellaccio di basso parrocchetto, scopamare. **15.** main royal studding ~ (*naut.*), coltellaccio di controvelaccio. **16.** main ~ (*naut.*), vela di maestra. **17.** main topgallant ~ (*naut.*), velaccio. **18.** main topgallant studding ~ (*naut.*), coltellaccio di velaccio. **19.** main topmast studding ~ (*naut.*), coltellaccio di gabbia. **20.** mizzen ~ (*naut.*), mezzana. **21.** mizzen-topgallant ~ (*naut.*), belvedere. **22.** plain ~ (*naut.*), velatura ordinaria, velatura normale. **23.** "sliding gunter ~" (*naut.*), vela alla portoghese. **24.** square ~ (*naut.*), vela quadra. **25.** storm ~ (*naut.*), velatura di cappa. **26.** studding ~ (*naut.*), coltellaccio. **27.** to unfurl the sails (*naut.*), spiegare le vele. **28.** trapezoidal ~ (*naut.*), vela aurica, vela trapezoidale. **29.** under ~ (*a. - naut.*), alla vela.

sail (to) (to begin a voyage) (*naut.*), partire. **2.** ~ (to be conveyed in a vessel) (*naut.*), navigare.

sailage (the sails of a ship) (*naut.*), velatura.

sailboard (a small flat sailboat for one or two passengers) (*n. - naut.*), minigalleggiante piano, a vela.

sailboat (*naut.*), barca a vela.

sailcloth (heavy canvas), tela da vele.

sailer (sailing ship) (*naut.*), veliero. **2.** ~ (of a ship's qualities) (*naut.*), navigatore.

sailflying (*aer.*), volo a vela.

sailing (*naut.*), navigazione. **2.** composite ~ (parallel and great-circle sailing) (*naut.*), navigazione mista. **3.** great-circle ~ (following a great-circle track) (*naut.*), navigazione per circolo massimo. **4.** meridian ~ (course along a meridian) (*naut.*), rotta lungo un meridiano. **5.** orthodromic ~ (*naut.*), navigazione ortodromica. **6.** parallel ~ (along a parallel) (*naut.*), navigazione sul parallelo. **7.** rhumb-line ~ (*navig.*), navigazione lossodromica.

sailmaker (*naut.*), velaio.

sailor, marinaio.

sailplane (*aer.*), veleggiatore.

sailplane (to) (*aer.*), veleggiare.

sal (salt) (*chem. - pharm.*), sale. **2.** ~ ammoniac (NH_4Cl) (*chem.*), sale ammoniaco, cloruro di ammonio. **3.** ~ soda, *see* sodium carbonate.

salable, saleable (*comm.*), smerciabile, vendibile.

salamander (in a blast furnace: mass of unfused material) (*metall.*), materiale residuo non fuso. **2.** ~ (portable stove used as during the construction of a building to prevent the freezing of plaster etc.) (*bldg.*), stufa portatile.

salaried (stipendiary) (Brit.) (*a. - work.*), stipendiato.

salary (as of an employee) (*ind.*), stipendio. **2.** ~ earner (salaried employee, stipendiary) (Brit.) (*work.*), stipendiato. **3.** ~ review (or revision) (*ind. - pers.*), revisione dello stipendio.

sale (*comm.*), vendita, smercio. **2.** ~ (the selling

of goods at bargain price) (*comm.*), svendita, saldi. **3.** ~ returns and allowances (*adm.*), rese ed abbuoni sulle vendite. **4.** auction ~ (*comm.*), vendita all'asta. **5.** cash ~ (*comm.*), vendita a contanti. **6.** conditions of ~ (*comm.*), condizioni di vendita. **7.** credit ~ (*comm.*), vendita a credito. **8.** for ~ (*comm.*), in vendita. **9.** short ~ (sale as of unowned shares) (*finan.*), vendita allo scoperto. **10.** subject to prior ~ (*comm.*), salvo venduto. **11.** to put up for ~ (*comm.*), mettere in vendita. **12.** ~, *see also* sales.

saleratus (*chem.*), bicarbonato di potassio (o di sodio).

sales (*comm.*), vendite. **2.** ~ budget (*comm.*), bilancio preventivo delle vendite. **3.** ~ costs (*comm.*), spese di vendita. **4.** ~ department (as of a factory) (*comm.*), servizio commerciale, servizio vendite. **5.** ~ drive (*comm.*), campagna di vendite. **6.** ~ forecasting (*comm.*), previsione delle vendite. **7.** ~ manager (as of a factory) (*company management*), direttore commerciale, direttore vendite. **8.** ~ office (as of a factory) (*comm.*), ufficio commerciale, ufficio vendite. **9.** ~ planning (*comm.*), pianificazione delle vendite. **10.** ~ potential (of a firm) (*comm.*), potenziale di vendita. **11.** ~ promotion (*comm.*), promozione delle vendite. **12.** ~ representative (a salesman) (*comm.*), rappresentante. **13.** ~ supervisor (*comm.*), ispettore vendite. **14.** ~ territory (*comm.*), zona di vendita. **15.** ~ volume (*comm.*), volume delle vendite. **16.** assistant ~ manager (*company management*), vicedirettore commerciale, vicedirettore vendite. **17.** forward ~ (sales for future delivery) (*comm.*), vendita a termine.

salesman (*comm.*), rappresentante. **2.** ~ (commercial traveler) (*comm.*), viaggiatore di commercio. **3.** ~ (salesclerk) (*comm. work.*), commesso. **4.** door-to-door ~ (*comm.*), venditore a domicilio.

saleswoman (*comm. work.*), commessa.

salicylate (*chem.*), salicilato. **2.** phenil ~ (*chem. - pharm.*), salolo, salicilato di fenile.

salicylic (*a. - chem.*), salicilico. **2.** ~ acid [C_6H_4 (OH)-COOH] (*chem.*), acido salicilico, acido ortossibenzoico.

salient (*n. - constr.*), saliente. **2.** ~ (projecting) (*a. - gen.*), sporgente. **3.** ~ pole (of elect. mach.), polo saliente. **4.** ~-pole (as an alternator rotor) (*a. - electromech.*), a poli salienti.

salify (to) (to change into a salt) (*chem.*), salificare. **2.** ~ (to mingle with a salt) (*ind. chem.*), salare.

salina (saltworks) (*n. - ind.*), salina.

saline (*a. - chem.*), salino. **2.** ~ (natural deposit of any salt) (*n. - min.*), giacimento di sale.

salinimeter, salinometer, salometer (*chem. instr.*), salinometro, densimetro per soluzioni saline.

salinity (saltness) (*chem.*), salinità, contenuto salino. **2.** ~ (of sea water), salinità, salsedine. **3.** ~ gradient (rate of change of salinity in sea water affecting the sound velocity) (*geophys. - underwater acous.*), gradiente di salinità.

salle (selecting room) (*paper mfg.*), sala di cernita.

sally (to) forth (*milit.*), balzare fuori, fare una sortita.

salon (*arch.*), salone da ricevimento.

saloon (*bldg. - naut. - etc.*), salone. **2.** ~ (saloon car) (*aut.*) (Brit.), guida interna, berlina. **3.** ~ (large first class cabin) (*naut.*), cabina di lusso. **4.** ~ [saloon carriage (Brit.), parlor car (Am.)] (*railw.*) (Brit.), carrozza salone. **5.** ~ (compartment of a parlor car) (*railw.*) (Am.), compartimento. **6.** ~ (smaller subdivision of a sleeping car) (*railw.*) (Am.), cabina. **7.** ~ (room furnished with a toilet) (*railw.*) (Am.), cabina con servizi.

salse (mud volcano) (*geol.*), salsa.

sal soda, *see* sodium carbonate.

salt (NaCl) (*chem.*), sale, cloruro di sodio. **2.** ~ (any salt derived from an acid) (*chem.*), sale. **3.** ~ block (*ind.*), salina. **4.** ~ dome (*geol.*), duomo salino **5.** ~ effect (*chem.*), effetto sale. **6.** ~ paper, *see* touch paper. **7.** ~ water (molten sulfates floating on the surface in a glass melting unit) (*glass mfg.*), fiele, scorie. **8.** alkaline earth ~ (*chem.*), sale alcalino-terroso. **9.** analysis ~ (pure salt for analysis) (*chem.*), sale puro per analisi. **10.** aniline ~ (aniline hydrochloride) (*chem.*), sale di anilina, idrocloruro di anilina. **11.** basic ~ (*chem.*), sale basico. **12.** coarse ~ (*chem.*), sale grosso. **13.** common ~ (NaCl) (*min.*), sale comune. **14.** double ~ (*chem.*), sale doppio. **15.** hartshorn ~ [$(NH_4)_2CO_3$] (*chem.*), carbonato di ammonio. **16.** high heat ~ (for high-speed steels) (*metall.*), sale (per riscaldo di tempra) ad alta temperatura. **17.** preheating ~ (*heat - treat.*), sale per preriscaldo. **18.** quenching ~ (*heat - treat.*), sale per bagno di tempra. **19.** Rochelle ~ ($C_4H_4O_6KNa \cdot 4H_2O$) (sodium potassium tartrate) (*chem.*), sale di Seignette. **20.** rock ~ (NaCl) (*min.*), salgemma.

salt (to) (*gen.*), salare. **2.** ~ out (*soap mfg.*), salare.

saltern (saltworks where salt is obtained by evaporation) (*ind.*), salina.

saltiness (as of sea water), salsedine.

salting (*gen.*), salatura. **2.** ~ out (*soap mfg.*), salatura.

saltness (salinity) (*chem.*), salinità.

saltpeter, *see* saltpetre.

saltpetre (KNO_3) (*chem.*), salnitro, nitrato di potassio. **2.** ~ (Chile ~) ($NaNO_3$) (*chem.*), nitrato del Cile, nitrato di sodio.

saltshaker (omnidirectional receiving microphone: can receive satisfactorily from all directions) (*electroacous.*), tipo di microfono onnidirezionale.

saltworks (*ind.*), salina.

salty (*a.*), salino.

salute (discharge of cannons) (*milit. - navy*), salve. **2.** ~ (gen. act of honoring) (*milit. - navy*), saluto.

salute (to) (to honor someone) (*milit. - navy*), salutare, rendere gli onori.

salvage (*ind.*), materiale di recupero. **2.** ~ (compensation paid for rescue of a ship or its cargo) (*naut.*), premio di salvataggio. **3.** ~ (act of saving) (*naut.*), salvataggio. **4.** ~ (property saved from a marine wreck or fire) (*naut. - etc.*), materiale recuperato. **5.** ~ boat (used for salvage activities) (*naut.*), barca da salvataggio. **5.** ~ operation (*mech.*), operazione di ricupero.

salvage (to) (to save, to rescue) (*naut. - etc.*), salvare, recuperare.

salvaged (of material) (*a. - gen.*), di recupero.

salvaging (said of a salvaging operation) (*a. - naut. - etc.*), di recupero.

salvo (*air force*), rastrelliera di bombe (o di razzi) sganciate contemporaneamente. **2.** ~ (simultaneous discharge of several artillery pieces) (*milit. - navy*), salva.

salvo (to) (*air force*), sganciare contemporaneamente una rastrelliera di bombe (o di razzi).

"SAM" (surface-to-air missile) (*rckt.*), missile (o razzo) terra-aria.

samarium (Sm - *chem.*), samario.

samarskite (tantalum mineral) (*min.*), samarskite.

sammier, sammer (mach. for pressing the water from skins in tannine) (*leather ind. mach.*), strizzatoio.

"SAMOS" (satellite and missile observation system) (*astric.*), sistema di osservazione di satelliti e missili.

sample (*comm.*), campione. **2.** ~ (material sample from which one or more test pieces are obtained) (*constr. theor. - metall.*), saggio. **3.** irradiation ~ (as in a nuclear reactor) (*atom phys.*), campione per l'irraggiamento. **4.** samples only (sample post) (*comm.*), campione senza valore. **5.** ~ post (*comm. - mail*), campione senza valore. **6.** ~ size (number of pieces forming the sample) (*stat. - quality control*), grandezza del campione. **7.** bath ~ (*metall.*), provino prelevato dal bagno, provino del bagno. **8.** random ~ (*stat. - quality control*), campione casualizzato. **9.** stratified ~ (*stat. - quality control*), campione stratificato. **10.** test ~ (*constr. theor. - metall.*), provetta, provino.

sample (to) (*gen.*), campionare.

sampler (device for extracting samples) (*min. - etc.*), sonda campionatrice. **2.** soil ~ (soil borer) (*bldg. t.*), sonda campionatrice per terreno.

sampling (*ind.*), campionatura. campionamento. **2.** ~ (*chem.*), campionatura. **3.** ~ borer (for taking semisolid samples: as of soap, wax etc.) (*chem. app.*), trivella (o succhiello) per campionatura. **4.** ~ error (*stat. - quality control*), errore di campionatura. **5.** ~ inspection (*quality control.*), collaudo per campionamento. **6.** ~ length [by roughness measurement, roughness width cut-off (Am.), of a machined surface] (*mach.*) (Brit.), lunghezza base di misura. **7.** ~ paper (*paper mfg.*), carta per campionari. **8.** ~ plan (*stat. - quality control*), piano di campionamento. **9.** ~ theorem (*tlcm. - comp.*), teorema della campionatura. **10.** ~ thief (for taking liquid samples: as from barrels etc.) (*chem. app.*), sonda per campionatura. **11.** acceptance ~ (*quality control*), collaudo mediante campionamento. **12.** double ~ (*stat. - quality control*), campionamento doppio. **13.** multiple ~ (*stat. - quality control*), campionamento multiplo. **14.** sequential ~ (*stat. - quality control*), campionamento sequenziale. **15.** single ~ (*stat. - quality control*), campionamento semplice.

samson post (upright support between the keelson and the deck) (*shipbuild.*), puntale. **2.** ~, *see* king post.

"SAN" (strong acid number) (*chem.*), *see* acid value.

"san" (sanitary) (*bldg.*), *see* sanitary.

sanatorium (*hospital*), sanatorio.

sanction (*gen.*), autorizzazione, benestare, approvazione. **2.** ~ (ratification) (*law - etc.*), sanzione, ratifica.

sanction (to) (to ratify, as of a law) (*law - etc.*), sanzionare, ratificare.

sanctuary (*arch.*), santuario.

sand (*mas.*), sabbia, rena. **2.** ~ (for found.), terra da fonderia. **3.** ~ bath (for special heating in chem. laboratory) (*chem.*), bagnosabbia. **4.** ~ belt (of a sand-belt mach.) (*grinding t.*), nastro abrasivo. **5.** ~ block (as a wooden piece on which sandpaper is constrained) (*paint. t.*), blocchetto (di legno) per cartavetrare. **6.** ~ blower (for sandblasting) (*mech. app.*), compressore per sabbiatura. **7.** ~ box (as on railw. cars), sabbiera. **8.** ~ buckle (buckle scab, irregular projection on a casting surface, loosely adhering, containing sand and due to ramming too near to the pattern, unevenly rammed molds etc.) (*found.*), taccone falso, scatola, falsa sfoglia. **9.** ~ casting (*found.*), getto in forma di terra. **10.** ~ crush (*found.*), sgretolamento della terra. **11.** ~ dewatering machine (*ind. mach.*), scolatrice per sabbia. **12.** ~ dome (locomotive sandbox: for rails sanding) (*railw.*), sabbiera, cassa sabbiera. **13.** ~ finish (finish of plastering made by rubbing it by darby) (*mas.*), frattazzatura, fratazzatura. **14.** ~ flask (frame containing the sand mold) (*found.*), staffa per forme di sabbia. **15.** ~ hole (small hole in a casting) (*found.*), soffiatura. **16.** ~ holes (casting defect: irregular cavities containing sand) (*found.*), cavità contenenti terra. **17.** ~ load (dry load, attenuator) (*radio*), attenuatore a sabbia (per guida d'onda). **18.** ~ measure box (*mas.*), cassamisura della terra da fonderia. **19.** ~ mixing machine (*found.*), molazza per terre da fonderia. **20.** ~ pillar (*meteor.*) (Brit.), tromba di sabbia. **21.** ~ pipe (*railw.*), tubo della sabbiera. **22.** ~ pit, cava di rena (o di sabbia). **23.** ~ pump (as of a dredge) (*app.*), pompa per sabbia. **24.** ~ quarry, cava di rena (o di sabbia). **25.** ~ reclamation (*found.*), recupero della terra, rigenerazione della terra. **26.** ~ trap (sand collector) (*hydr. constr.*), separatore di sabbia, fermasabbia, dissabbiatore. **27.** ~ trap (sand catcher, sand sifter: cavity in the floor of a hollander trough) (*paper mfg.*), sabbiera, separasabbia. **28.** ~ wash (*found.*), lavaggio di sabbia. **29.** alluvial ~ (*geol.*), sabbia alluvionale.

30. angular ~ (*found.*), sabbia a granuli angolosi. **31.** backing ~ (*found.*), terra di riempimento. **32.** bedding ~ (*found.*), terra da riempimento, sabbia da riempimento. **33.** blast furnace slag ~ (for mas. work), sabbia di scorie di alto forno. **34.** core ~ (*found.*), terra per anime, sabbia per anime. **35.** dug ~, sabbia di cava. **36.** facing ~ (special molding sand to be used in contact with a pattern to produce a smooth casting surface) (*found.*), terra (da) modello. **37.** fire ~ (*found.*), sabbia refrattaria. **38.** foundry ~ testing instruments (*found. instr.*), apparecchi per provare terre e sabbie da fonderia. **39.** green ~ (*found.*), terra a verde. **40.** green ~ casting (*found.*), getto colato a verde. **41.** lenticular ~ (*min.*), sabbia lenticolare. **42.** molding ~ (*found.*), sabbia per fonderia. **43.** open ~ casting (*found.*), getto in forma scoperta. **44.** parting ~ (sand dusted on patterns to prevent adherence) (*found.*), sabbia isolante, sabbia spolverata sul modello per facilitarne il distacco. **45.** pit ~, sabbia di cava. **46.** river ~ (*civ. eng.*), sabbia di fiume. **47.** sea ~, sabbia di mare. **48.** sharp ~ (as for sandblasting), graniglia a spigoli vivi. **49.** shell molding ~ (*found.*), sabbia per formatura a guscio. **50.** silica ~ (*found.*), sabbia siliciosa. **51.** standard ~, sabbia comune. **52.** synthetic ~ (obtained by mixing a relatively clay-free sand with a binder) (*found.*), terra sintetica, sabbia sintetica.

sand (to) (by sandpaper) (*paint. - join.*), carteggiare. **2.** ~ (to mix with sand) (*gen.*), mescolare (o trattare) con sabbia. **3.** ~ up (to choke fire with sand: as in oil wells) (*antifire*), spengere (o soffocare) con sabbia.

sandalwood (*wood*), sandalo.

sandarac (*resin for ind.*), sandracca. **2.** ~ (realgar) (As_2S_2) (*min.*), realgar.

sandbank (shoal) (*sea - naut.*), secca. **2.** ~ (*sea - geol.*), banco di sabbia.

sand-belt machine (*mach.*), smerigliatrice a nastro.

sandblast (*mech. - found.*), sabbiatura. **2.** ~ machine (*mach.*), sabbiatrice.

sandblast (to) (*mech. technol.*), sabbiare.

sandblasted (as a casting) (*mech. technol.*), sabbiato.

sandblaster (worker who operates a sandblasting machine) (*work.*), sabbiatore.

sandblasting (*mech. technol.*), sabbiatura.

sandbox (*railw.*), sabbiera, cassa sabbiera. **2.** ~ injector (*railw.*), iniettore (della) sabbiera.

sand-burned (covered with a hard skin due to melted sand because of too high metal temperature) (*a. - found.*), con crostone vetrificato.

"S and C" (Shipper and Carrier) (*transp.*), spedizioniere e trasportatore.

sand-cast (*a. - found.*), colato in terra, fuso in terra.

sand-cast (to) (*found.*), colare in terra, fondere in terra.

sander (*mach.*), sabbiatrice. **2.** ~ (sandpapering machine) (*mach.*), smerigliatrice a nastro. **3.** ~ (for delivering sand between the veh. wheels and the rails) (*railw. app.*), sabbiera. **4.** disk ~ (for smoothing floors: as those made of marble) (*mas. mach.*), levigatrice da pavimenti. **5.** pneumatic ~ (*railw.*), lanciasabbia ad aria compressa.

sandglass (*instr.*), clessidra.

sanding (*mech. technol.*), sabbiatura, granigliatura. **2.** ~ (*join.*), carteggiatura. **3.** ~ (as of matchboards in truck constr.) (*join.*), carteggiatura, levigatura con abrasivo. **4.** ~ (as under locomotive wheels) (*railw.*), lancio di sabbia. **5.** ~ disk (*ind.*), disco per smerigliatura. **6.** ~ gear (*railw.), see* sander. **7.** ~ machine (rubbing with sandpaper) (*join.*), (macchina) smerigliatrice. **8.** dry ~ (as in aut. paint.), carteggiatura (o scartatura, o pomiciatura) a secco. **9.** hand ~ (*paint.*), carteggiatura a mano. **10.** wet ~ (as in a complete paint. cycle) (*aut. or railw. paint.*), carteggiatura a umido, pomiciatura a umido.

sandpaper, carta vetrata.

sandpaper (to) (as in joinery or painting work) (*ind. proc.*), carteggiare.

sandpapering machine (*join. mach.*), smerigliatrice a nastro.

"S & S" (Spigot and Socket: kind of pipe) (*a. - pip. - bldg.*), a bicchiere.

sandslinger (trade name of a sand thrower) (*found. mach.*), lanciaterra.

sandstone (*rock*), arenaria. **2.** chalky ~ (*rock*), arenaria calcarea.

sandstorm (*meteorol.*), tempesta di sabbia.

sandwich (structural part formed by two parallel skins attached to a sheet of material having different properties) (*aer. - etc.*), pannello a sandwich, sandwich. **2.** ~ beam (*bldg.*), trave composta da elementi tenuti uniti da una piastra in ferro. **3.** ~ film (*phot.*), pellicola a due emulsioni.

sandy (*gen.*), sabbioso.

"sanforizing" (*text. ind.*), sanforizzatura.

sanitary (*a. - gen.*), igienico. **2.** ~ (*n. - bldg.*), apparecchio igienico-sanitario. **3.** ~ cotton, cotone idrofilo. **4.** ~ fittings (sanitary fitments) (*bldg. app.*), apparecchi igienico-sanitari.

sans-serif (type made without serifs) (*typ.*), bastone, carattere sprovvisto di tratti terminali, carattere sprovvisto di grazie.

santonin, santonine ($C_{15}H_{18}O_3$) (*pharm. chem.*), santonina.

"SAP" (sintered aluminium product) (*metall.*), prodotto di alluminio sinterizzato. **2.** ~ (start of active profile, of gear teeth) (*mech.*), inizio (del) profilo attivo.

sap (juices of a tree), linfa. **2.** ~ (sapwood) (*wood*), alburno.

saponifiable (*ind. chem.*), saponificabile.

saponification (*ind. chem.*), saponificazione. **2.** ~ number (*chem.*), numero di saponificazione.

saponified (*chem. ind.*), saponificato.

saponify (to) (*ind. chem.*), saponificare.

saponifying (soap mfg. operation) (*soap ind.*), saponificazione.
saponin, saponine (glucoside) (*chem.*), saponina.
sapper (soldier) (*milit.*), zappatore.
sapphire (*min.*), zaffiro. **2.** ~ quartz (*min.*), zaffiro di quarzo. **3.** white ~ (leucosapphire) (*min.*), zaffiro bianco.
sapropel (*geol.*), sapropelite.
sapwood (*wood*), alburno.
"SAR" (search and rescue) (*aer. - etc.*), ricerca e salvataggio.
saran (trademark of a thermoplastic material used for protective coatings, for lining, for tapestry fibers, for pipes etc.) (*ind. chem.*), saran.
saran (to) (to coat by flexible protective coating) (*packing - etc.*), saranizzare.
sarcophagus (*arch.*), sarcofago.
sash (framing for glazed doors or windows) (*bldg.*), telaio (di porta a vetri o di finestra). **2.** ~ (movable portion of a window) (*bldg.*), affisso di finestra (o di porta). **3.** ~ (casement window) (*bldg.*), finestra a battenti (ruotanti su cerniere verticali). **4.** ~ door (door the top part of which is glazed) (*bldg.*), porta a vetri. **5.** ~ lift (*railw. - etc.*), maniglia (per alzare il) finestrino. **6.** ~ lock (sash fastener, sash holder) (*railw. - etc.*), (dispositivo di) fermo del finestrino. **7.** ~ weight (*bldg.*), contrappeso per finestre (ad intelaiatura scorrevole in senso verticale). **8.** ~ window (sliding vertically) (*bldg.*), finestra a ghigliottina, finestra scorrevole verticalmente. **9.** bottom hung ~ (*bldg.*), finestra a vasistas, vasistas. **10.** double-hung ~ (window sliding vertically) (*bldg.*), finestra a saliscendi contrappesata. **11.** horizontal centre hung ~ (*bldg.*), finestra a bilico orizzontale. **12.** top hung ~ (*bldg.*), finestra a battente ruotante su cerniere superiori a perno orizzontale.
sassolite [$B(OH)_3$] (sassolin, sassoline) (*min.*), sassolino, acido borico allo stato minerale.
"SATAR" (satellite-aerospace research) (*astric.*), ricerca aerospaziale mediante satellite (artificiale).
"SATCOM" (SATellite COMmunications) (*tlcm.*), comunicazioni via satellite.
"satd", *see* saturated.
sateen (of fabric), rasato.
satellite (*astr.*), satellite. **2.** ~ (auxiliary airport) (*aer.*), aeroporto satellite. **3.** ~ (indipendent small town near a big city) (*n. - urbanism*), città satellite. **4.** ~ communications (as the system realized by "Intelsat" [International Telecommunications Satellite Organization]) (*tlcm. network*), rete di telecomunicazioni via satellite. **5.** ~ receiver (*telev.*), *see at* receiver. **6.** artificial ~ (*astronautics*), satellite artificiale. **7.** cartographic ~ (*top. astric.*), satellite cartografico. **8.** communications ~ (*tlcm. astric.*), satellite per telecomunicazioni. **9.** geodetic ~ (*geophys. astric.*), satellite geodetico. **10.** geostationary ~ (*astric.*), satellite geostazionario. **11.** instrumented ~ (artificial satellite equipped with instruments: as for research) (*astric.*), satellite strumentato, satellite (artificiale) munito di strumenti (di ricerca). **12.** lunar ~ (*astric.*), satellite lunare. **13.** microwave system via satellites (*radio - astric.*), sistema di comunicazione a microonde attraverso satelliti (artificiali). **14.** observation ~ (*astric.*), satellite osservatorio. **15.** sign-int ~ (signal intelligence satellite) (*milit. satellite*), tipo di satellite spia. **16.** tethered ~ (an artificial satellite attached to a spacecraft by a very long rope) (*astric.*), satellite al guinzaglio.
satin (*fabric*), raso. **2.** ~ finish (as of honed cylinder bores) (*mech.*), finitura satinata.
satinwood (*wood*), legno seta, satin.
satiny (as of fabric) (*a.*), satinato.
satisfactory (*a. - gen.*), soddisfacente.
satisfy (to) (*gen.*), soddisfare.
saturate (of colors) (*a.*), intenso.
saturate (to) (*chem. - phys.*), saturare.
saturated (*phys. - chem.*), saturato, saturo. **2.** ~ atmosphere (*phys.*), atmosfera satura. **3.** ~ iron (*electromag.*), ferro saturo **4.** ~ solution (*chem.*), soluzione satura. **5.** ~ steam (*thermod.*), vapore saturo. **6.** ~ vapor (*thermod.*), vapore saturo.
saturation (of an electron tube) (*thermion.*), saturazione. **2.** ~ (condition of equilibrium between a radionuclide decay rate and its production rate) (*n. - atom phys.*), saturazione. **3.** ~ (of a bipolar transistor) (*elics. - comp.*), saturazione. **4.** ~ (intensity of chromatic purity) (*colors*), saturazione, intensità. **5.** ~ curve (as in a magnetic field) (*electromag.*), curva caratteristica di saturazione. **6.** ~ deficiency (as of air), deficienza di saturazione. **7.** ~ point (*phys. - chem.*), punto di saturazione. **8.** ~ pressure (of a vapor) (*phys. chem.*), tensione di saturazione, pressione di saturazione. **9.** ~ vapor pressure (*meteorol. - etc.*), tensione di vapore di saturazione. **10.** anode ~ (*elics.*), saturazione anodica. **11.** magnetic ~ (*electromag.*), saturazione magnetica. **12.** steam ~ (*thermod.*), saturazione del vapore.
saturator (as in sugar mfg.) (*chem. ind. app.*), saturatore.
saturnism (lead poisoning) (*med. - ind.*), saturnismo, intossicazione da piombo.
saucer (flat caisson for bringing sunken vessels up) (*naut.*), cassone per recuperi, pontone per recuperi.
sausage balloon (*aer.*), pallone (frenato) osservatore.
sauterelle (instr. for tracing angles) (*tracing mas. t.*), squadra zoppa.
save (to) (*gen.*), risparmiare. **2.** ~ (*comm.*), economizzare. **3.** ~ (to keep data from being lost by storing them in a particular way) (*comp.*), proteggere, salvaguardare (dalle cancellazioni). **4.** ~ (to preserve, to safeguard) (*gen.*), salvaguardare.
save-all (metal trough for collecting leakages) (*navy*) (Brit.), raccoglitore. **2.** ~ (small sail placed under another sail or between two sails) (*naut.*), partico-

lare tipo di vela tendente a recuperare vento. **3.** ~ (tank placed under paper machine wires for receiving the escaping pulp) (*paper mfg.*), vasca sotto tela, recuperatore.

saver (*gen.*), risparmiatore. **2.** money ~ (saving depositor) (*finan.*), risparmiatore.

saving (*comm.*), economia. **2.** ~ (as of heat), risparmio. **3.** savings (money put by) (*gen.*), risparmi (in denaro).

saw (*t.*), sega. **2.** ~ blade (*mech.*), lama della sega. **3.** ~ blade guide (*wood w. mach.*), guidalama (di sega). **4.** ~ dust (*carp. join.*), segatura. **5.** ~ frame (as of a fret saw) (*t.*), telaio della sega. **6.** ~ gin (a gin wherein cotton lint is drawn by the teeth of saws) (*text. mach.*), sgranatrice a denti di sega. **7.** ~ gummer (*mach. t.*) (Am.), affilatrice per seghe. **8.** ~ rip (fence: as on the table of a fret-sawing mach.) (*mach. t. impl.*), guida-pezzo. **9.** ~ set (*join. t.*), licciaiuola. **10.** ~ setting machine (*join. mach.*), macchina per allicciare lame da sega, licciaiuola, macchina per stradare lame da sega. **11.** ~ tooth (*t. - etc.*), dente di sega. **12.** ~ tooth climb (climb made at various airspeeds) (*aer.*), salita a velocità variabile. **13.** ~ web (*mech.*), lama della sega. **14.** amputation ~ (*med. instr.*), sega da amputazione. **15.** arm ~ (*t.*), seghetto. **16.** band ~ (*mach.*), sega a nastro. **17.** belt ~ (*mach.*), sega a nastro. **18.** bench circular ~ (*mach. t.*), segatrice (o sega) circolare da banco. **19.** bench ~ (circular saw on bench) (*carp. t.*), sega circolare (montata su banco). **20.** bow ~ (*carp. t.*), seghetto per tagli curvi. **21.** butcher's ~ (*impl.*), sega da macellaio. **22.** buzz ~ (*mach.*), sega circolare. **23.** chain ~ (portable power saw with endless chain) (*carp. t.*), motosega portatile. **24.** circular ~ (*mach.*), sega circolare. **25.** circular ~ grinding machine (*mach. t.*), affilatrice per seghe circolari. **26.** cold ~ (*mach. t.*), sega a freddo. **27.** compass ~ (keyhole saw) (*join. t.*), gattuccio, foretto. **28.** copying ~ (*join. t.*), seghetto da traforo. **29.** corrugated sheet ~ (*t.*), sega per lamiera ondulata. **30.** crosscut ~ (*carp. t.*), segone, sega per taglio trasversale, sega da tronchi. **31.** crown ~ (*t.*), sega frontale a corona. **32.** cutoff ~ (*carp. - t.*), segone a mano. **33.** cylinder ~ (crown saw, hole saw) (*mech. t.*), sega frontale a corona. **34.** diamond ~ (*t.*), sega (circolare) a polvere di diamante. **35.** disk ~ (*mach.*). sega circolare. **36.** double-cut ~ (*t.*), sega che taglia sia nella corsa di andata che in quella di ritorno. **37.** dovetail ~ (as for pattern-making) (*join. t.*), seghetto a contornire. **38.** electric band ~ brazer (*mech. app.*), saldatrice elettrica a ottone per nastri di sega. **39.** endless ~ (*mach.*), sega a nastro. **40.** flooring ~ (for wood floors) (*carp. t.*), segaccio per pavimentatori. **41.** frame ~ (*carp. t.*), sega a telaio. **42.** fret ~ (*t.*), sega da traforo. **43.** gang ~ (*carp.*), sega multipla. **44.** gang ~ (for a gang mill) (*t.*), lama da sega per seghe multiple. **45.** grooving ~ (for cutting grooves) (*carp. - mach. t.*), sega circolare a scanalare. **46.** hack ~ (arm saw: for metals) (*t.*), seghetto (a mano). **47.** hand ~ (*t.*), seghetto. **48.** helicoidal ~ (made of steel wires twisted together) (*stone saw*), sega a filo elicoidale. **49.** hot ~ (for cutting metals) (*metall. mach. t.*), sega (per taglio) a caldo. **50.** jump ~ (circular saw that can be lowered or raised) (*carp. - mach. t.*), sega circolare abbassabile o alzabile. **51.** key hole ~ (*join. t.*), gattuccio. **52.** metal-slitting ~ (kind of saw ~) (*mech. t.*), fresa per taglio metalli. **53.** pad ~ (*carp. t.*), gattuccio. **54.** pattern maker's ~ (*join. t.*), tipo di segaccio, saracco. **55.** pendulum crosscut ~ (*mach. t.*), sega a pendolo a motore per tagli trasversali. **56.** pit ~ (*carp. t.*), segone, sega a mano per tronchi. **57.** removable teeth grooving ~ (*t.*), sega per scanalare a denti smontabili. **58.** rift ~ (*carp. t.*), sega da tronchi. **59.** scroll ~ (*carp. t.*), sega a svolgere. **60.** scroll ~ (*mach. t.*), sega meccanica a svolgere. **61.** slitting ~ (*t.*), sega circolare per metalli. **62.** solid teeth grooving ~ (*t.*), sega per scanalare a denti fissi. **63.** span ~ (frame saw) (*carp. t.*), sega a telaio. **64.** tenon ~ (backsaw) (*carp. t.*), sega per tenoni, saracco a dorso. **65.** traveling head crosscutting and trenching circular ~ (*mach. t.*), sega circolare con testata mobile per tagli incrociati e intagli. **66.** turning ~ (compass saw) (*carp. t.*), gattuccio. **67.** two-man ~ (*carp. t.*), segone, sega a mano per tronchi. **68.** typographic ~ (*t.*), seghetto per tipografia. **69.** web ~ (frame saw) (*carp. t.*), sega a telaio. **70.** wire ~ (helicoidal saw) (*stonecutter saw*), sega a filo elicoidale. **71.** wobble ~ (*mach. t.*) (Brit.), sega circolare oscillante.

saw (to) (*mech. - carp. - join.*), segare.

sawbuck (sawhorse) (*firewood hand sawing impl.*), cavalletto per segare la legna (da ardere). **2.** ~ table (*join.*), tavolo con gambe incrociate a X.

sawdust (of wood), segatura. **2.** ~ (of marble), polvere di marmo.

sawhorse (type of trestle) (*bldg. - road - mech. - etc.*), capra. **2.** ~ (for sawing firewood by hand) (*impl.*), cavalletto per segare la legna (da ardere).

sawing machine (*mach.*), sega meccanica, segatrice. **2.** automatic bar ~ (*mach. t.*), segatrice automatica per barre. **3.** fret - ~ (*mach. t.*) (Brit.), segatrice per contornitura, segatrice contornitrice. **4.** hack ~ (*mach. t.*), segatrice alternativa per metalli. **5.** metal ~ (*mach. t.*), segatrice per metalli. **6.** reciprocating ~ (*mach.*), segatrice alternativa. **7.** semiautomatic bar ~ (*mach. t.*), segatrice semiautomatica per barre. **8.** sheet metal and tube band ~ (*mach. t.*), segatrice a nastro per lamiere e tubi.

sawmill (mill), segheria. **2.** ~ (*mach.*), sega meccanica per legno.

sawtooth, saw-toothed (shaped in the way of a tooth of a saw) (*a. -gen.*), a dente di sega. **2.** ~ building (with a sawtooth roof) (*bldg.*), edificio con tetto a shed. **3.** ~ roof (*ind. bldg.*), tetto a shed.

sawyer (*work.*), segantino.

Saybolt viscosity (*phys.*), viscosità Saybolt.

"sb", *see* stilb.

"SB" (simultaneous broadcasting) (*radio*), trasmissione contemporanea (da più trasmettitori). **2.** ~, *see also* steamboat.
"SBA" (standard beam approach system) (*aer. - radio*), sistema normale di avvicinamento a fascio.
"SBR" (styrene butadiene rubber) (*chem.*), gomma sintetica al butadiene-stirene.
"SBS" (Satellite Business System) (*tlcm.*), sistema di comunicazione esteso ai satelliti.
"SC" (short circuit) (*elect.*), corto circuito. **2.** ~ (semiconductor) (*elics.*), semiconduttore.
Sc (scandium) (*chem.*), scandio.
"sc", *see* screw, steel casting.
"SCA" (steel-cored aluminium conductor) (*elect.*), conduttore di alluminio con anima di acciaio, filo di alluminio con anima di acciaio.
scab (surface defect due to adhesion of scale) (*found.*), aderenza. **2.** ~ (surface area of a steel casting including sand) (*found.*), inclusione superficiale di terra. **3.** ~ (irregular projection on the surface of an iron casting sometimes containing sand and due to insufficient bond strength of sand, too heavy ramming, etc.) (*found.*), taccone, sfoglia, "spoglia", "rappezzo". **4.** ~ (trade union worker who works instead of taking part in a strike) (*work.*), crumiro. **5.** ~ (*forging*), *see* shell. **6.** ~ (*med.*), scabbia. **7.** ~ (worker employed under conditions not conforming with those fixed by a trade-union) (*trade-union*), lavoratore a condizioni di impiego non conformi a quelle sindacali. **8.** ~ (worker taking the place of another on strike) (*trade-union*), lavoratore che sostituisce uno scioperante. **9.** "blacking ~" (defect on a casting) (*found.*), "taccone a pelli di nero", "pelle di nero". **10.** blind ~ (*found.*), *see* sand buckle *or* buckle scab. **11.** buckle ~ (sand buckle, defect on a casting) (*found.*), taccone falso, scatola, falsa sfoglia. **12.** dumb ~ (*found.*), *see* sand buckle *or* buckle scab. **13.** expansion ~ (defect on a casting) (*found.*), *see* sand buckle *or* buckle scab. **14.** pull down ~ (defect on a casting) (*found.*), taccone falso a tira giù. **15.** ramming ~ (*found.*), *see* sand buckle *or* buckle scab. **16.** rattail ~ (defect on a casting) (*found.*), coda di topo, taccone a coda di topo.
scabbard (of a bayonet or sword) (*milit.*), fodero.
scabble (to) (as stone), sbozzare.
scabbling (of stone), scaglia. **2.** ~ hammer (for stones) (*t.*), martello per sbozzare.
scaffold (*bldg. carp.*), ponteggio, impalcatura. **2.** ~ (in a blast furnace) (*metall.*), ponte, volta. **3.** iron ~ (*bldg. carp.*), ponteggio in ferro. **4.** suspended ~ (*bldg.*), ponteggio sospeso. **5.** timber ~ (*bldg. carp.*), ponteggio in legno. **6.** tubular ~ (*bldg.*), ponteggio tubolare. **7.** wood ~ (*bldg. carp.*), ponteggio in legno.
scaffolder (*work.*), carpentiere, montatore di impalcature.
scaffolding (scaffold) (*carp. mas.*), impalcatura, ponteggio. **2.** ~ (in a blast furnace) (*metall.*), formazione del ponte, formazione della volta. **3.** ~ (material for scaffolds) (*mas.*), materiale per ponteggi. **4.** roof ~ (*bldg.*), orditura del tetto.
scagliola (imitation of colored marbles in plaster work), imitazione di marmo colorato a base di scagliola.
scalar (*math.*), scalare. **2.** ~ quantity (*theor. mech.*), grandezza scalare.
scald (to) (to heat) (*therm.*), scaldare. **2.** ~ (to burn by contact) (*gen.*), scottare.
scalding (of flax) (*text. ind.*) cottura, lisciviatura.
scale (*decimal - mus. - etc.*), scala. **2.** ~ (as on the surface of rolled iron) (*metall.*), scoria, scaglia (di lavorazione a caldo). **3.** ~ (lamina or leaf resembling a fish scale), scaglia. **4.** ~ (of fiber) (*wool ind.*), scaglia. **5.** ~ (of a map) (*geogr.*), scala. **6.** ~ (of draw.), scala. **7.** ~ (*weighing mach.*), bilancia, bascula. **8.** ~ (as of a boil.), incrostazione. **9.** ~ (*draw. impl.*), righello graduato ("doppio decimetro"). **10.** ~ (as a balance pan) (*mech.*), piatto (della bilancia). **11.** ~ breaker (*forging*), rompiscoria. **12.** ~ drawing (*draw.*), disegno in scala. **13.** ~ effect (correction to values from model to full-sized body) (*aerodyn.*), effetto di scala. **14.** ~ of hardness (*phys.*), scala di durezza. **15.** ~ pan (*mech.*), piatto della bilancia. **16.** ~ plate (of instr.), quadrante con scala. **17.** ~ reading (*instr.*), lettura, valore letto sulla scala. **18.** baby ~ (*med. instr.*), bilancia pesa bambini. **19.** bar ~ (*top. - cart.*), scala grafica. **20.** Baumé ~ (*phys. meas.*), scala Baumé. **21.** constant weight feeder ~ (as for a furnace) (*mach.*), bilancia di alimentazione a peso costante. **22.** diagonal ~ (*top.*), scala ticonica. **23.** diaphragm ~ (*phot.*), scala dei diaframmi. **24.** distance ~ (*phot.*), scala delle distanze. **25.** draftsman's ~ (*draw. instr.*), scalimetro. **26.** draw-in ~ (as in wire drawing) (*metall.*), scoria incorporata. **27.** elevation ~ (as of artillery) (*milit.*), quadrante di elevazione. **28.** fractional ~ (*cart.*), scala numerica. **29.** full ~ (of an instrument, indication on the dial) (*instr.*), fondo scala. **30.** full size ~ (*draw.*), scala 1: 1. **31.** half size ~ (*draw.*), scala 1: 2. **32.** Kelvin's ~ (scale of absolute temperatures) (*phys. meas.*), scala Kelvin. **33.** large ~ (*cart.*), scala grande. **34.** logarithmic ~ (*math.*), scala logaritmica. **35.** mill ~ (*metall. ind.*), scorie di laminazione. **36.** mirror ~ (in which the position of the mirror is such that the reflection of a knife edge coincides with the pointer when the eye is in the correct position to read, used for avoiding parallax errors) (*instr.*), scala a specchio, scala antiparallasse. **37.** octane ~ (used for rating octane number) (*gasoline*), scala dell'ottano. **38.** on large ~ basis (*gen.*), su vasta scala. **39.** pendulum ~ (vertical pendulum = zero weight, horizontal pendulum = max. weight) (*weighing app.*), bilancia a contrappeso. **40.** physician ~ with measuring rod (*med. instr.*), bilancia con antropometro. **41.** platform ~ (*weighing mach.*), pesa a bilico, stadera a ponte, ponte a bilico. **42.**

point ~ (*organ.*), graduatoria a punteggio. **43.** quarter size ~ (*draw.*), scala 1:4. **44.** range ~ (as of a gun battery) (*milit.*), scala telemetrica. **45.** Réaumur ~ (of temperature) (*phys. meas.*), scala Réaumur. **46.** Richter ~ (earthquake magnitude meas.: ranging from 1 to 9) (*geophys.*), scala Richter. **47.** rolled-in ~ (in rolling) (*metall.*), scoria incorporata nel corso della laminazione. **48.** sliding ~ (of workers wages) (*econ.*), scala mobile. **49.** small ~ (*cart.*), scala piccola. **50.** time ~ (refers to the time involved in study of physical events made by simulation) (*comp.*), scala dei tempi. **51.** to scrape off the ~ (as from a boil.), togliere (o raschiare) le incrostazioni. **52.** translucent ~ (*top.*), scala traslucida (o trasparente). **53.** trip ~ (with platforms above the beam) (*meas. t.*), bilancia a sospensione inferiore. **54.** twice full size ~ (*draw.*), scala 2:1. **55.** vernier ~ (*meas. instr.*), scala del nonio. **56.** wind ~ (*meteorol. meas.*), scala dei venti. **57.** yarn ~ (*weighing mach.*), (bilancia) romana. **58.** z - ~ (*stat.*), scala z.

scale (to) (to grade) (*mech. - phys.*) graduare. **2.** ~ (to scale off) (*gen.*), squamarsi, sfogliarsi. **3.** ~ (to foul: as of boil.) incrostarsi. **4.** ~ (to remove scales as from a boil.), disincrostare. **5.** ~ (to estimate or meas. logs or standing trunks) (*wood comm.*), cubare il legname in tronchi (o in pianta). **6.** ~ (to ascend, to climb) (*milit. - sport*), scalare. **7.** ~ (to weigh) (*ind. - comm.*), pesare. **8.** ~ (to come off in scales), sfaldarsi, staccarsi in scaglie.

scaleboard (*gen.*), foglio sottilissimo. **2.** ~ (sheet of wood used for veneering) (*join.*), foglio per impiallacciatura.

scalene (*a. - geom.*), scaleno **2.** ~ (a scalene triangole) (*geom.*), triangolo scaleno.

scalepan (of a balance), piatto della bilancia.

scaler (electronic demultiplier of pulses) (*atom phys.*), demoltiplicatore (elettronico di impulsi). **2.** ~ (scaleman who weighs stuff by a scale) (*work.*), pesatore, addetto al peso. **3.** ~ (worker removing scales: as from a boiler) (*work.*), addetto alla disincrostazione, addetto alla pulizia interna della caldaia.

scaling (scale deposit: as in a boil.) (*boil.*), incrostazione. **2.** ~ (process of removing scales, as from a boiler) (*boil.*), disincrostazione. **3.** ~ (removal of dangerous rock) (*min.*), disgaggio. **4.** ~ (as of a stereoscopic model) (*gen. - photogr.*), dimensionamento in scala. **5.** ~ (formation of scales on heated steel) (*forging*), formazione di scoria. **6.** ~ (forming of scales on a painted surface) (*paint. defect*), sfogliamento. **7.** ~ circuit (*radioact.*), circuito demoltiplicatore. **8.** ~ hammer (*t.*), martellina (per disincrostare). **9.** ~ off (as of small portion of metal from a chilled surface) (*technol.*), sfaldamento.

scallop (decorative element consisting in a series of curves at the edge as of cloth) (*text. - etc.*), smerlo. **2.** "~" (defect of a sheet metal body) (*aut. body - railw. body - etc.*) (Am. coll.), grinzatura.

scalloping (decorative series of curves at the edge) (*text. - etc.*), smerlatura, dentellatura. **2.** ~ machine (*leather ind. mach.*), macchina per dentellare.

scalp (to) (to remove the surface from semifinished metal bars, rods etc.) (*mech. technol.*), macchinare in superficie, asportare di macchina lo strato superficiale. **2.** ~ (to screen: as ore) (*ind. - min.*), vagliare.

scalpel (*med. instr.*), bisturi ad un solo taglio.

scalper (*milling*), buratto, crivello.

scaly (*gen.*), squamoso.

scan (the act of scanning by a bright moving electron beam) (*cathode-ray tube*), scansione. **2.** ~ (looking search: as by a periscope) (*opt.*), ricerca visiva. **3.** ~ (radar display) (*radar*), rappresentazione (su schermo) radar. **4.** ~ line (one of the parallel scanned lines) (*radar - telev. - comp.*), linea di scansione. **5.** ~ rate (number of scan per unit of time) (*radar - telev. - comp.*), numero di scansioni nell'unità di tempo. **6.** raster ~ (*telev. - comp. - elics.*), scansione del reticolo.

scan (to) (*telev.*), analizzare, scandire, esplorare (l'immagine). **2.** ~ (*radar*), esplorare (una determinata zona).

scandium (Sc - *chem.*), scandio.

"SC and S" (Strapped, Corded and Sealed: said of a package) (*transp.*), fascettato, legato e sigillato.

scannable (capable of being scanned: as of a bar code) (*a. - comp.*), sottoponibile a scansione.

scanned (*telev.*), analizzato, esplorato, scandito.

scanner (*telev. app.*), analizzatore, dispositivo di esplorazione (o di scansione). **2.** ~ (characters recognizing device) (*comp.*), analizzatore. **3.** bar code ~, *see* bar code reader. **4.** belt ~ (scanning device formed by an endless belt furnished with scanning holes) (*telev.*), analizzatore a nastro. **5.** digital ~ (as of a bar code) (*elics.*), lettore digitale. **6.** flying spot ~ (optical device for character recognition: optical reader) (*comp.*), lettore ottico a scansione, analizzatore a punto luminoso. **7.** lens drum ~ (*telev. app.*), analizzatore a corona di lenti. **8.** slit ~ (in character recognition) (*comp.*), analizzatore a fessura. **9.** "telecine" ~ (*telev.*), analizzatore per telecinema.

scanning (*telev.*), analisi, esplorazione, scansione. **2.** ~ beam (*telev.*), fascio esploratore. **3.** ~ disk (*telev.*), disco analizzatore. **4.** ~ head (as for photoelectric devices) (*electrooptics*), testina esplorante, testa di scansione. **5.** ~ line (*electroacous. - telev.*), linea di scansione, linea esploratrice. **6.** ~ pattern (*telev.*), disegno di analisi (o di scansione). **7.** ~ pitch (*telev.*), passo di esplorazione (o di analisi, o di scansione). **8.** ~ speed (*telev.*), velocità di esplorazione. **9.** ~ spot (*telev.*), area esploratrice, area analizzatrice. **10.** circular ~ (as in radar) (*elics.*), scansione circolare. **11.** conical ~ (as in radar) (*elics.*), scansione conica. **12.** direct ~ (*telev.*), scansione diretta. **13.** electronic ~ (as by an electron beam) (*elics.*), scansione elettronica. **14.**

film ~ (for transmitting by telev. a m. pict. film) (*elics. - telev. - m. pict.*), scansione di film. **15.** flying spot ~ (*telev.*), esplorazione con fascio mobile. **16.** horizontal ~ (*telev.*), scansione orizzontale. **17.** interlaced ~ (*telev.*), scansione interlacciata. **18.** line ~ (*telev.*), scansione a linee, analisi a linee. **19.** linear ~ (by a rotary radar bean) (*elics.*), scansione lineare. **20.** mechanical ~ (as by a rotating disk) (*telev.*), esplorazione (o analisi o scansione) meccanica. **21.** nonsequential ~ (*telev.*), *see* interlaced scanning. **22.** parallel ~ (as by numerical control) (*autom.*), lettura in parallelo, esplorazione in parallelo. **23.** progressive ~ (without interlacing) (*telev.*), scansione per linee successive. **24.** spiral ~ (as in radar) (*elics.*), scansione a spirale. **25.** spiral ~ (*telev.*), scansione a spirale, analisi a spirale.

scant (to) (said of a ship that hauls the wind) (*naut.*), mettersi all'orza, portare la prua al vento.

scantling (sample), campione. **2.** ~ (dimensions of frames etc.: in shipbuilding, build. etc.) (*gen.*), dimensioni. **3.** ~ number, ~ numeral (classification number referring to the security of a ship and its sea worthiness) (*naut.*), numero di classificazione (della nave).

scanty (scarce) (*gen.*), scarso.

scape (of a column) (*arch.*), scapo, fusto. **2.** ~ wheel (as of a watch), ruota dentata di scappamento.

scapple, *see* scabble.

scarce (scanty) (*gen.*), scarso.

scarcement (offset: as of a wall) (*bldg.*), riduzione di spessore, risega.

scarf (as of a scarf joint) (*carp.*), ammorsatura. **2.** ~ (*shipbldg.*), parella, ammorsatura. **3.** ~ joint (*carp.*), giunto (o giunzione) ad ammorsatura (bullonata). **4.** beam ~ (*shipbldg.*), parella di baglio, ammorsatura di baglio.

scarf (to) (to taper) (*mech.*), rastremare. **2.** ~ (*technol. - carp.*), congiungere a dente, ammorsare. **3.** ~ (to chamfer, as a plate) (*metall.*), bisellare, smussare. **4.** ~ (*shipbldg.*), ammorsare, imparellare. **5.** ~ (to deseam by oxy-gas flame) (*metall.*), scriccare a caldo.

scarfer (deseams or removes surface defects as from ingots by oxy-gas flame) (*metall. work.*), scriccatore.

scarfing (deseaming or removal of surface defects as from ingots by oxy-gas flame) (*metall.*), scriccatura con cannello, scriccatura alla fiamma. **2.** ~ (chamfering) (*welding*), bisellatura, smussatura. **3.** ~ (*shipbldg.*), imparellatura. **4.** ~ (scarf joint) (*technol.*), ammorsatura, immorsatura. **5.** hand ~ (deseaming, removal of surface defects) (*metall.*), scriccatura a mano. **6.** machine ~ (*metall.*), scriccatura meccanica.

scarfs (*carp. - mech.*), elementi di giunto ad ammorsatura.

scarfweld (a joint welded metallic scarf) (*mech.*), giunto ammorsato e saldato.

scarification (*road constr.*), scarificazione.

scarifier (*agric. impl.*), scarificatore. **2.** ~ (*surgeon instr.*), scarificatore.

scarify (to) (the road surface) (*road constr.*), scarificare, disgregare.

scarlet (*color*), scarlatto.

scarp (*bldg.*), scarpa. **2.** ~ buttress (*bldg.*), sprone. **3.** ~ wall (*bldg.*), muro di scarpa, barbacane.

scarph, *see* scarf.

"SCATER" (security control of air traffic and electromagnetic radiation) (*aer.*), controllo per la sicurezza del traffico aereo e delle radiazioni elettromagnetiche.

scatter (dispersion; as of observations) (*stat.*), dispersione. **2.** ~ bomb (an incendiary bomb) (*air force*), bomba incendiaria a dispersione di agente. **3.** ~ diagram (*stat.*), diagramma a nube di punti.

scatter (to) (to diffuse: as a beam of rays) (*phys.*), diffondere, disperdere.

scatterer (elementary particle which produces multidirectional reflection of a sound energy because not homogeneous with the others of the medium) (*phys.*), elemento causante dispersione (o riflessione disordinata).

scattering (as of rays) (*phys.*), dispersione. **2.** ~ (*atom phys.*), diffusione, scattering. **3.** ~ (dispersion; as of data obtained in a test) (*stat. - technol.*), dispersione. **4.** ~ (multidirectional reflection due to inhomogeneities of the medium; as referred to acoustic energy in water) (*und. acous. - etc.*), riflessione caotica, diffusione, dispersione. **5.** ~ coefficient (*opt.*), coefficiente di dispersione. **6.** ~ layer (*und. acous. - etc.*), strato diffusore, strato dispersore. **7.** back-~, *see* backscattering. **8.** bottom- ~ coefficient (*und. acous.*), coefficiente di diffusione del fondo. **9.** deep-~ (of sound) (*und. acous.*), diffusione (del suono) a profondità elevate. **10.** nuclear ~ (particles dispersion due to collision with nuclei) (*atom phys.*), diffusione nucleare. **11.** resonance ~ (scattering of neutrons) (*atom phys.*), diffusione di risonanza. **12.** sound ~ (*und. acous. - acous.*), diffusione del suono, dispersione sonora. **13.** volume-~ coefficient (*und. acous.*), coefficiente di diffusione di volume.

scavenge (molten metal deoxidation) (*metall.*), deossidazione. **2.** ~ (remotion of exhaust gases from the cylinder) (*mot.*), lavaggio. **3.** ~ oil (*mot.*), olio di ricupero. **4.** ~ oil filter (*mot.*), filtro dell'olio di ricupero. **5.** ~ oil pipes (*mot.*), tubi dell'olio di ricupero. **6.** oil pump (*mot.*), pompa dell'olio di ricupero. **7.** ~ pipe (return oil pipe) (*i.c. eng.*), tubo di ritorno dell'olio. **8.** pressure ~ (as of a two-stroke Diesel engine) (*mot.*), lavaggio forzato.

scavenge (to) (as exhaust gases from the cylinder) (*mot.*), lavare, evacuare, spazzare. **2.** ~ (the molten metal) (*metall.*), deossidare, purificare.

scavenger (additive substance to make a mixture innocuous) (*phys. chem.*), additivo innocuizzante. **2.** ~ (additive substance for precipitating a particu-

lar component of a mixture), additivo precipitatore. **3.** ~ (lead scavenger: ethylene dibromide for removing lead from a combustion chamber) (*mot. chem.*), antipiombo. **4.** ~ (of radioactive contaminants) (*radioact.*), spazzatore. **5.** ~ pump (*mot.*), *see* scavenge oil pump. **6.** "lead ~" (ethylene dibromide used for removing lead from a combustion chamber) (*mot. - chem.*), antipiombo.
scavenging (as of exhaust gas) (*mot.*), lavaggio. **2.** ~ (of radioactive contaminants) (*radioact.*), spazzamento. **3.** ~ air port (of a Diesel engine) (*mot.*), luce dell'aria di lavaggio. **4.** ~, *see also* scavenge.
"scd", *see* schedule, screwed.
"SCE" (safety code for elevators) (*bldg.*), norme di sicurezza per ascensori.
scenario (of a film) (*m. pict.*), sceneggiatura, scenario.
scenarist (screenplay editor) (*m. pict.*), sceneggiatore.
scend (upward motion of a ship due to waves: as in pitching) (*naut.*), movimento verso l'alto, movimento in verticale.
scene (*m. pict.*), scena.
scenography (*art*), scenografia.
scentless, inodoro.
"scfm" (standard cubic feet per minute) (*meas.*), piedi cubi al minuto in condizioni (di temp. press. ecc.) normali.
"sch", *see* schedule, schooner.
schappe (*silk mfg.*), seta cui sono state tolte gomma e sericina.
schedule (*adm.*), distinta, specchio, tabella. **2.** ~ (as for the construction of a bldg., of a mot., a ship etc.) (*gen.*), programma (di lavoro). **3.** ~ (scheme for future procedure) (*adm. - ind.*), programma. **4.** ~ (inventory) (*adm. - ind.*), inventario. **5.** ~ (of a trip: as of a ship), programma. **6.** ~ contract (*law*), contratto a programma. **7.** delivery ~ (*comm.*), programma di consegna. **8.** manufacturing ~ (*ind. w. organ.*), programma dettagliato di lavoro per una commessa (o per la parte destinata ad una sola officina). **9.** master ~ (*ind. w. organ.*), programma di lavoro (per una commessa) suddiviso per officine di produzione. **10.** operation ~ (*ind. w. organ.*), ciclo di lavorazione. **11.** train ~ (*railw.*), orario ferroviario.
schedule (to) (*ind.*), programmare.
scheduled (in a list) (*gen.*), previsto, elencato, compreso, incluso (in una distinta, in uno specchio, in una tabella ecc.). **2.** ~ items (for future procedure) (*adm. - ind.*), articoli programmati. **3.** ~ items (in inventory) (*adm. - ind.*), articoli (o oggetti) inventariati.
scheduler (in a multiprogramming comp.: a dispatcher) (*n. - comp.*), pianificatore. **2.** job ~ (*comp.*), pianificatore di lavori.
scheduling (*ind. w. organ.*), programmazione. **2.** ~ (*comp.*), pianificazione. **3.** times and methods ~ (of production, determination of times and methods) (*ind. w. organ.*), determinazione dei tempi e dei metodi.
schema, scheme (plan, program), schema, piano, programma.
schematic (*a. - gen.*), schematico. **2.** ~ diagram (*gen.*), diagramma schematico.
scheme (*technical*), progetto. **2.** encumbrance ~ (*ind.*), schema d'ingombro.
schist (*rock*), schisto.
schistose (*a. - min.*), schistoso.
schistous, *see* schistose.
schlieren (regions of varying refraction as caused by varying pressure in a fluid) (*phys.*), zone di rifrazione variabile, " schlieren". **2.** ~ photography (as for examining shockwave formation and boundary layer behaviour in aerodynamic tests) (*aer. - phys.*), fotografia "schlieren".
schnorkel, schnorchel, *see* snorkel.
scholarship (allowance granted to a student) (*school*), borsa di studio.
scholium (explanatory note) (*math. - etc.*), scolio, nota esplicativa marginale.
school (*arch.*), scuola. **2.** ~ bus (*transp.*), scuolabus. **3.** ~ ship (*naut.*), nave scuola. **4.** driving ~ (*aut.*), scuola guida, autoscuola. **5.** evening ~ (*school*), scuola serale. **6.** flying ~ (*aer.*), scuola di volo. **7.** industrial ~, scuola industriale. **8.** vestibule. ~ (operated in the factory for workers training) (*ind. pers.*), scuola aziendale.
schoolroom, aula (scolastica).
schooner (*naut.*), goletta. **2.** three-masted ~ (*naut.*), goletta a tre alberi.
schorl (black tourmaline) (*min.*), tormalina nera.
schreiner (to) (*text. mfg.*), *see* to schreinerize.
schreinerize (to) (to calender wet cotton between hot rollers) (*text. mfg.*), calandrare a caldo.
sciagraph (*med.*), *see* skiagraph.
science, scienza. **2.** natural ~, scienze naturali.
scientific, scientifico.
scientist, scienziato. **2.** atomic ~ (*atom phys. brain*) scienziato atomico. **3.** natural ~ (*study*), scienziato, studioso di scienze naturali.
scintigraphy (diagnostic representation of a radioisotope radiation in a body organ) (*n. - med.*), scintigrafia, scintillografia.
scintillate (to) (to emit sparks) (*phys. - elect.*), scintillare. **2.** ~ (astr. phenomenon), scintillare.
scintillation (as elect. phenomenon), scintillamento. **2.** ~ (*astr.*), scintillio.
scintillator (material emitting photons when exposed to ionizing radiations) (*atom phys.*), scintillatore. **2.** sodium iodide ~ (*atom phys.*), scintillatore a ioduro di sodio.
scintilloscope, scintilliscope (used for detecting scintillation on a sensitive screen) (*elics. app.*), scintilloscopio.
scintiscan (dinamic scintigraphy: of a body organ) (*n. - med.*), scansioscintigrafia.
sciograph (skiagraph) (of drawing) (*arch.*), sezione.
scion (*agric.*) (Brit.), innesto.

scissel (clippings or cuttings of metals, or sheet metal) (*mech.*), ritagli metallici, sfridi metallici.
scission, scissione.
scissor (to), tagliare con le forbici.
scissors (*t. - impl.*), forbici. **2.** ~ (*med. instr.*), forbici. **3.** ~ truss (scissor truss) (*arch.*), incavallatura a forbice.
scive (to) (*leather ind.*), *see* to skive.
"scl", *see* scale.
sclerometer (*instr.*), sclerometro. **2.** ~ of Klingelfus (*radiology instr.*), sclerometro (di Klingelfus).
sclerometric (*a. - phys.*), sclerometrico. **2.** ~ hardness (as of min.), durezza sclerometrica.
scleroscope (sclerometer) (*meas. instr.*), scleroscopio.
sclerotic (*med. - opt.*), sclerotica.
scob (defect in a fabric due to a not interlaced warp thread in weaving) (*text. ind.*), difetto di tessitura (dovuto a filo di ordito non concatenato).
sconce (wall bracket for illuminating) (*furniture*), candelabro a muro, applique per illuminazione.
sconcheon (*bldg.*), stipite.
scontion, *see* sconcheon.
scoop (*impl.*), paletta. **2.** ~ (*naut. impl.*), sassola, votazza, gottazza. **3.** ~ (bucket: as of an endless conveyor) (*ind.*), tazza. **4.** ~ (of an earth-moving mach.) (*road mach.*), tazza, cucchiaia, cucchiaione. **5.** air ~ (as of mot.) (*mech.*), presa d'aria dinamica. **6.** bailing ~ (*naut. impl.*), sassola, votazza, gottazza. **7.** combustion chamber air ~ (*turbojet eng.*), presa d'aria della camera di combustione. **8.** wind ~ (*railw.*), *see* ventilating jack.
scoop (to) (to empty) (*naut.*), vuotare, sgottare.
scooter (motorscooter) (*veh.*), motoretta, "motorscooter". **2.** ~ rider (motorscooter rider) (*sport - etc.*), "scooterista".
scope (*gen.*), scopo. **2.** ~ (length: as of a cable), lunghezza. **3.** ~ (range: as of view), campo. **4.** ~ (radarscope) (*radar*), indicatore, schermo fluorescente. **5.** A ~ (*radar*), indicatore tipo A.
scopolamin, scopolamine (*chem. - pharm.*), scopolamina.
scorch (surface burn) (*gen.*), scottatura. **2.** ~ temperature (as in rubb. mfg.) (*ind.*), temperatura di scottatura.
scorch (to) (as in rubb. mfg.) (*ind.*), scottare.
scorchability (of rubber) (*rubb. ind.*), scottabilità.
scorching (as in rubb. mfg.) (*ind.*), scottatura.
score (notch, mark), tacca, segno. **2.** ~ (groove made in a block for receiving the strap) (*naut.*), scanalatura. **3.** ~ (scratch) (*mech.*), rigatura.
score (to) (to notch), dentellare, fare delle tacche. **2.** ~ (to scratch), rigare. **3.** ~ (*geol.*), erodere. **4.** ~ (to gain) (*gen.*), guadagnare. **5.** ~ (to mark by lines or by notches) (*gen.*), marcare.
scored, rigato. **2.** ~ cylinder (of an engine) (*mech.*), cilindro rigato.
scoria (dross, slag) (*metall.*), scoria.
scorify (to), scorificare.
scoring (scratches, as on a piston, due to defective lubrication) (*mech.*), rigatura. **2.** ~ (*geol.*), abrasioni. **3.** ~ (surface abrasion due to defective lubrication in the running as of a piston in the cylinder) (*mech.*), abrasione superficiale, inizio di grippaggio. **4.** ~ (musical composition for a sound film) (*m. pict.*), commento musicale.
scotch (chock or wedge placed under a wheel of a veh.) (*veh.*), calzatoia, zeppa.
Scotch (trademark of a pressure adhesive tape: as cellulose tape, masking tape etc.) (*gen. - ind. - etc.*), nastro autoadesivo, scotch.
scotchman (piece of wood, etc. used to prevent chafing of rigging) (*naut.*), elemento di protezione contro l'usura.
scotia (molding) (*arch.*), scozia.
scotopic (*med. opt.*), scotopico. **2.** ~ vision (*med. opt.*), visione scotopica.
scour (for wool) (*wool mfg.*), detersivo. **2.** ~ (action of running water) (*gen.*), pulitura, lavaggio.
scour (to) (to cleanse) (*gen.*), pulire. **2.** ~ (to rub) (*gen.*), strofinare (per pulire o per lucidare). **3.** ~ (to cleanse something of grease) (*wool mfg.*), sgrassare, lavare. **4.** ~ (to degum the silk) (*text. ind.*), purgare, sgommare, cuocere. **5.** ~ (to erode, as with water) (*geol.*), erodere, causare erosione, provocare erosione.
scoured (cleansed of grease) (*gen.*), sgrassato. **2.** ~ (washed) (*gen.*), lavato. **3.** ~ wool (*wool ind.*), lana lavata.
scourer (*wool ind. work.*), lavatore. **2.** ~ (for cleaning wheat) (*agric. mach.*) (Brit.), svecciatoio con ventilatore.
scouring (degumming, of silk) (*silk mfg.*), sgommatura, purga. **2.** ~ (*wool ind.*), lavatura. **3.** ~ (erosion of earth by water) (*geol.*), erosione. **4.** ~ (underwashing) (*geol.*), scalzamento, erosione sotterranea. **5.** ~ barrel (*impl.*), *see* tumbling barrel. **6.** ~ bath (*wool ind.*), bagno di sgrassaggio. **7.** ~ machine (for wool) (*text. mach.*), lavatrice.
scout (*aer. - navy*), ricognitore. **2.** ~ (soldier) (*milit.*), esploratore, pattugliatore. **3.** ~ car (police patrol car) (*police veh.*), auto da pattugliamento. **4.** ~ car (*milit. veh.*), autoblindo leggero da ricognizione.
scout (to) (*navy - milit.*), esplorare.
scouting (*gen.*), ricognizione. **2.** ~ plane (*air force*), ricognitore, apparecchio da ricognizione.
scow (large flatbottomed boat, used as a lighter) (*naut.*), (tipo di) chiatta.
scow (to) (a particular fastening of safety for the anchor) (*naut.*), assicurare con traversino la cima dell'àncora al diamante dell'àncora stessa, in modo che se questa s'incattiva sul fondo il traversino si rompe e l'àncora può essere recuperata.
"SCP", "scp" (spherical candlepower) (*illum. meas.*), intensità luminosa sferica.
"scpd" (scrapped, as by inspection) (*a. - mech.*), scartato.
"SCR" (screwed) (*a. - mech. draw.*), avvitato. **2.** ~ (screw) (*mech.*), vite. **3.** ~ (Silicon Controlled

Rectifier, thyristor) (*elics.*), raddrizzatore controllato al silicio, tiristore.

"scr", *see* screen.

scram (of a nuclear reactor) (*atom phys.*), spegnimento immediato. **2.** ~ button (*atom phys.*), pulsante di spegnimento immediato.

scramble (motorcycle race on hilly and rough course) (*mtc. sport*), corsa fuoristrada, motocross, corsa tuttoterreno (su piste campestri).

srcamble (to) (to make messages unintelligible to interceptors: as in communications by radio, teleph. etc.) (*milit. - police - etc.*), rendere indecifrabile. **2.** ~ (to take off with full speed) (*air force*), decollare urgentemente a tutto gas.

scrambler (device that makes messages unintelligible to interceptors) (*milit. - etc.*), rimescolatore, confonditore. **2.** ~ (motorcycle designed to race on hilly and rough course) (*sport mtc.*), tuttofuoristrada, tuttoterreno, "scrambler".

scramjet (supersonic combustion ramjet) (*aer. mot.*), statoreattore a combustione supersonica.

scrap (waste) (*gen.*), rottame, sfrido. **2.** ~ (in mech. ind.), rottame (o sfrido) metallico. **3.** ~ (as in rubb. ind.), cascame. **4.** ~ (incorrectly manufactured part) (*ind.*), scarto di lavorazione. **5.** ~ (*rolling mill*), rottami, sfridi. **6.** ~ baler (for mech. ind.) (*mach.*), pacchettatrice per rottami (o per sfridi). **7.** ~ baling (*metall. ind.*), pacchettatura rottami. **8.** ~ chute (of a die set) (*sheet metal w.*), scivolo per sfridi. **9.** ~ cutter (*rolling mill mach.*), cesoia per rottami, cesoia per sfridi. **10.** ~ cutter (as of a die) (*sheet metal w.*), tagliasfridi. **11.** ~ flattening roll (*mech. ind. mach.*), laminatoio per sfrido lamiera. **12.** ~ iron (*metall.*), rottame di ferro. **13.** ~ losses (*ind.*), perdite dovute a sfridi. **14.** ~ metal (of shop) (*ind.*), rottame metallico. **15.** ~ paper (for notes etc.) (*off.*), carta da appunti. **16.** ~ process (as for making steel) (*metall.*), metodo al rottame. **17.** ~ view (as of a drawing), veduta parziale. **18.** small ~ (*metall.*), rottame minuto.

scrap (to) (as ship) (*naut.*), demolire. **2.** ~ (*ind.*), gettare a rottame, rottamare. **3.** ~ (as a work after inspection) (*mech.*), scartare.

scrape (to) (*mech.*), raschiettare, raschinare. **2.** ~ (*mas.*), scrostare. **3.** ~ (to remove the flesh from raw skins) (*leather ind.*), graminare. **4.** ~ off the scale (as from a boil.), disincrostare, togliere le incrostazioni.

scrape-finished (*a. - mech.*), raschiettato, finito a raschietto.

scraper (*mech. t. - rubb. ind. t.*), raschietto. **2.** ~ (of a conveyor) (*ind. mach.*), raschiatore. **3.** ~ (*agric. tractor impl.*), ruspa. **4.** ~ blade (*rubb. ind.*), lama di raschietto. **5.** ~ ring (as of mot.) (*mech.*), raschiaolio, anello raschiaolio. **6.** drag ~ (earth digger and mover) (*earth moving mach.*), tipo di scavatrice a cucchiaia. **7.** hollow ~ (for antifriction metal and concave surfaces) (*t.*), raschietto a cucchiaio, raschietto per superfici concave. **8.** hooked ~ (used for flat surfaces) (*t.*), raschietto a becco, raschietto per superfici piane. **9.** triangular ~ (used for curved surfaces) (*t.*), raschietto a sezione triangolare, raschietto per superfici curve.

scraping (as of a wall) (*mas. - etc.*), scrostatura. **2.** ~ (*mech.*), raschiettatura, raschinatura. **3.** ~ (removing of flesh from raw skins) (*leather ind.*), graminatura, graminaggio. **4.** ~ machine (*mach. t.*), macchina per raschiettare.

scrapman (a man handling scrap) (*work.*), addetto al rottame.

scrappage (scrapped material) (*ind.*), materiale passato a rottame. **2.** ~ (rate, as of automobiles scrapped per year) (*gen.*), rottamato (annuale), materiale passato (nel tempo) alla rottamazione.

scrapped (as a work after inspection) (*a. - mech.*), scartato. **2.** ~ (*a. - metall.*), rottamato.

scratch (on a metal surface) (*mech.*), graffio, scalfittura. **2.** ~ (as on a film) (*gen.*), graffio. **3.** ~ hardness (*min. test*), durezza sclerometrica. **4.** ~ pad (block of paper sheets for memoranda) (*paper mfg.*), blocco per appunti. **5.** ~ test (as made on a detergent paste) (*ind. test*), prova per la determinazione della percentuale di abrasivo presente. **6.** ~ test (materials test) (*constr. theor.*), prova sclerometrica, prova di penetrazione per abrasione. **7.** ~ work (*art.*), graffito.

scratch (to), graffiare, scalfire. **2.** ~ (to cancel) (*comp.*), cancellare.

scratchbrush (wire brush used for cleaning as iron castings) (*t.*), spazzola metallica.

scratchbrush (to) (by a wire brush: as for hard cleaning) (*found. - etc.*), spazzolare con spazzola metallica.

scratching (loudspeaker defect) (*electroacous.*), fruscìo, vibrazione sonora fastidiosa.

scratch-pad, *see* scratch-pad memory.

scree (talus, of a mountain) (*geol.*), ghiaione.

screech (strident noise with violent high-frequency vibration set up in ram-jet engines or reheat system, followed by rapid mechanical failures) (*aer. mot.*), lacerante stridìo con vibrazione anomala e violenta.

screed (in plastering) (*mas.*), guida (dell'intonaco). **2.** ~ (lute for levelling concrete pavement) (*mas. t.*), rasiera. **3.** vibratory concrete finishing ~ (*road mach.*), vibrofinitrice per pavimentazioni in calcestruzzo.

screen (*gen.*), riparo. **2.** ~ (*arch.*), muretto divisorio. **3.** ~ (*m. pict.*), schermo, telone cinematografico. **4.** ~ (of ships) (*navy*), scorta. **5.** ~ (*phot. - opt. - photomech.*), schermo. **6.** ~ (*mas. impl. - etc.*), vaglio, crivello. **7.** ~ (semitransparent glass front of a cathode-ray tube having a layer of phosphors: for image display) (*radar - telev. - comp. - etc.*), schermo. **8.** ~ (imaginary obstacle of a given height used for the determination of take-off and landing performance) (*aer.*), ostacolo. **9.** ~ (halftone screen, crystal plate on which a large number of very small squares are traced, used for halftone reproduction) (*print. - photoengraving*), retino. **10.** ~ analysis (*ind.*), esame granulometrico, prova di setacciatura. **11.** ~ angle (as in three-color process) (*photomech.*), angolo d'inclinazione del retino. **12.** ~ bulkhead (dust-tight barrier) (*ind. test*), paratia a tenuta di polvere. **13.** ~ distance (distance from the sensitive surface) (*photomech.*), distanza del retino. **14.** ~ for art paper (*photoengraving*), retino per carta patinata. **15.** ~ grid (*thermion.*), griglia schermo. **16.** ~ holder (part of a process camera) (*photomech.*), telaio portaretino. **17.** ~ image (display image) (*telev. - radar - comp.*), immagine (sullo schermo). **18.** ~ plant (as for a crusher) (*mas. - road*), classificatore a vagli. **19.** ~ play (*m. pict.*), sceneggiatura. **20.** ~ play editor (*m. pict.*), sceneggiatore. **21.** ~ process (*color phot.*), procedimento di tricromia. **22.** ~ process, *see* silk-screen process. **23.** ~ rollers (*print.*), cilindri retinati. **24.** ~ room (place where mechanical wood pulp is screened) (*paper mfg.*) (Am.), camera di depurazione. **25.** absorption ~ (absorbing light) (*opt. - illum.*), filtro ottico, filtro (di) luce. **26.** anti-arcing ~ (*elect.*), schermo antiarco. **27.** bull ~ (for separating wood splinters from the wood pulp) (*paper mfg. mach.*), separaschegge. **28.** centrifugal ~ (for wood pulp) (*paper mfg. mach.*), assortitore centrifugo. **29.** cloth ~ (*m. pict.*), schermo di tela. **30.** color ~ (absorbing light waves except those of a given length) (*opt.*), filtro (selettivo) colorato. **31.** contact ~ (*photomech.*), retino a contatto. **32.** cross-line ~ (halftone screen) (*photomech.*), retino. **33.** crystal ~ (*print.*), retino in cristallo. **34.** diffusion ~ (*m. pict. - phot.*) (Brit.), schermo diffusore. **35.** film ~ (*print.*), retino pellicolare. **36.** flat ~ (for wood pulp) (*paper mfg. mach.*), assortitore piano. **37.** fluorescent ~ (in radiology), schermo fluorescente. **38.** fluorescent ~ (*radar*), schermo fluorescente. **39.** glow ~ (device for obscuring glow from hot metal) (*metall.*), schermo protettore. **40.** halftone ~ (*photomech.*), retino. **41.** home ~, *see* television. **42.** horizontal oscillating ~ (as for stones) (*ind. app.*), vaglio a scosse orizzontale. **43.** impact ~ (*ind. - min. - agric.*), vaglio a scosse. **44.** intensifying ~ (in radiology), schermo di rinforzo. **45.** line ~ (halftone screen) (*photomech.*), retino. **46.** magnetic ~ (*elect.*), schermo magnetico. **47.** plaster ~ (*m. pict.*), schermo a stucco. **48.** projection ~ (*m. pict.*), schermo di proiezione. **49.** rotary ~ (as of stone screening plant) (*ind. app.*), vaglio rotante. **50.** silk ~ printing industry (*print.*), industria serigrafica. **51.** silk ~ printing stencil (*print.*), maschera per serigrafia. **52.** silk ~ process (*print.*), serigrafia. **53.** smoke ~ (*milit. navy*), cortina di fumo, cortina di nebbia. **54.** translucent ~ (*m. pict.*), schermo traslucido. **55.** vibrating ~ (*ind. mach.*), vaglio vibratore, vibrovaglio.

screen (to) (*gen.*), schermare. **2.** ~ (to shelter with a screen) (*mech. - opt. radio - etc.*), schermare. **3.** ~ (to sift) (*mas. - ind.*), vagliare. **4.** ~ (to project a picture) (*m. pict.*), presentare sullo schermo, proiettare. **5.** ~ (to adapt a novel, story etc. to motion picture) (*m. pict.*), adattare per lo schermo. **6.** ~ (to be suitable for projection) (*m. pict.*), essere proiettabile, essere adatto per lo schermo.

screened (*elect. - elics.*), schermato. **2.** ~ (*a. - photomech.*), retinato. **3.** ~ (coal size) (*fuel*), grigliato, crivellato. **4.** ~ ignition stystem (*elect. wires for mot.*), sistema (o impianto) di accensione schermato. **5.** ~ magneto (*elect. app. for mot.*), magnete schermato. **6.** ~ spark plug (*mot.*), candela schermata.

screenholder (part of a process camera) (*photomech.*), telaio portaretino.

screening (*ind.*), vagliatura. **2.** ~ (*elect. - elics.*), schermaggio. **3.** ~ (*phys.*), schermaggio. **4.** ~ (examination for selection) (*gen.*), selezione. **5.** ~ (*quality control*), *see* detailing. **6.** ~ area (*ind.*), superficie di vagliatura, area di crivellatura. **7.** ~ effect (*elect.*), effetto schermante. **8.** ~ factor (as of a cable) (*elect.*), fattore di schermaggio.

screenings (material screened) (*gen.*), materiale vagliato. **2.** ~ (refuse of the screening operation) (*gen.*), residui (o scarti) di vagliatura, vagliatura.

screenplay (*m. pict.*), sceneggiatura. **2.** ~ editor (*m. pict.*), sceneggiatore.

screw (*mech.*), vite. **2.** ~ (screw propeller) (*naut. - aer.*), elica. **3.** ~ (for plasticating) (*plastic ind. mach.*), vite. **4.** ~ anchor (expanding piece inserted into a hole for retaining a screw: as for walls) (*gen. - domestic use*), tassello a espansione. **5.** ~ and bolt header (*mach. t.*), macchina per bulloneria ricalcata. **6.** ~ aperture (aperture at the stern in which the propeller revolves) (*naut.*), pozzo dell'elica, pozzetto dell'elica. **7.** ~ arbor (arbor to which an attachment is fixed by a screw thread) (*t. impl.*), albero filettato. **8.** ~ blade (*naut.*), pala dell'elica. **9.** ~ bolt (*mech.*), bullone. **10.** ~ boss (propeller) (*naut.*), mozzo dell'elica. **11.** ~ cap (*mech.*), coperchio a vite. **12.** ~ clamp (*impl.*), morsetto (a vite). **13.** ~ conveyor (*mach.*), (trasportatore a) coclea. **14.** ~ coupling (by a left and right threaded sleeve nut) (*mech.*), tenditore a vite. **15.** ~ cutting machine (*mach. t.*), filettatrice. **16.** ~ die (for screwstock) (*t.*), cuscinetto, filiera. **17.** ~ driver (*t.*), cacciavite. **18.** ~ driver (electrically or air-operated) (*t.*), avvitatrice, giraviti. **19.** ~ eye (*wood screw*), occhiello a vite, vite ad occhiello. **20.** ~ feed (*ind.*), alimentazione a coclea. **21.** ~ feeder (*ind. transp. device*), coclea. **22.** ~ gauge (*t.*), calibro a vite. **23.** ~ gear, ~ gearing (worm and worm wheel) (*mech.*), accoppiamento a vite senza fine. **24.** ~ hook (with a threaded shank) (*join. - domestic use*), gancetto a vite. **25.** ~ jack (jackscrew) (*mech. impl.*), martinetto a vite. **26.** ~ joint (a mating of male and female screws) (*mech.*), giunto a vite. **27.** ~ machine (a form of turret lathe) (*mach. t.*), tornio automatico da viteria. **28.** ~ nail (drive screw) (*mech.*), vite autofilettante. **29.** ~ nail (wood screw) (*carp.*), vite a legno. **30.** ~ pile (*bldg.*), palo a vite. **31.** ~ pitch (of a screw) (*mech.*), passo di una vite. **32.** ~ pitch (of a screw propeller) (*naut.* - *aer.*), passo dell'elica. **33.** ~ plug (*mech.*), tappo a vite. **34.** ~ press (*mach.*), bilanciere. **35.** ~ propeller (*naut.* - *aer.*), elica. **36.** ~ propeller hub (*gen.*), mozzo dell'elica. **37.** ~ pump (*mach.*), pompa a vite. **38.** ~ punch (*mach.*), bilanciere. **39.** ~ rivet, *see* stud rivet. **40.** ~ shackle (device for hooking railway cars) (*railw.*), tenditore a vite. **41.** ~ shackle (*mech.*), *see* turnbuckle. **42.** ~ shaft (*aer.* - *naut.*), albero portaelica, albero dell'elica. **43.** ~ slip (*naut.*), regresso dell'elica. **44.** ~ spike (*railw.*), caviglia. **45.** ~ stair (*build.*), scala a chiocciola. **46.** ~ stake (*bldg.*), palo a vite. **47.** ~ stay (*mech.*), tirante a vite. **48.** ~ stock (*t.*), portafiliere, portacuscinetti. **49.** ~ stud (*mech.*), prigioniero. **50.** ~ tap (*t.*), maschio. **51.** ~ thread (as of a mech. piece) (*mech.*), filettatura **52.** ~ thrust (*naut.* - *aer.*), spinta dell'elica. **53.** ~ tunnel (*naut.*), tunnel dell'elica. **54.** ~ acme thread (*mech.*), filettatura trapezia. **55.** adjusting ~ (*mech.*), vite di regolazione. **56.** Allen ~ (*mech.*), *see* socket screw. **57.** American national ~ thread (*mech.*), filettatura SAE. **58.** Archimedean ~ (*mech.*), coclea, vite di Archimede. **59.** automatic ~ machine (form of turret lathe) (*mach.*), tornio automatico per viteria. **60.** bolts and screws (*mech.*), viteria, bulloneria. **61.** breech ~ (as of a gun) (*firearms*), vitone, vite d'otturazione. **62.** buttress ~ thread (*mech.*), filettatura a dente di sega. **63.** cap ~ (*mech.*), vite (a ferro) da avvitarsi in un foro filettato (senza dado). **64.** capstan ~ (with drilled head: as for instr.) (*mech.*), vite a testa cilindrica forata (trasversalmente). **65.** cheese-headed ~ (*mech.* - *carp.*), vite a testa cilindrica. **66.** choke securing ~ (of a carburetor) (*mot. mech.*), vite di fermo del diffusore. **67.** clamp ~ (clamping screw) (*mech.*), vite di fissaggio. **68.** coach ~ (*carp.*), vite a legno a testa quadra. **69.** concha ~ (*naut.*), elica a conchiglia. **70.** cork ~, cavaturaccioli. **71.** countersunk head ~ (flathead screw) (*mech.*), vite a testa fresata piana. **72.** coupling ~ (of draft gear) (*railw.*), tenditore a vite. **73.** cross-slotted ~ (*mech.*), vite con (in)taglio a croce. **74.** cuphead ~ (*mech.*), vite a testa tonda. **75.** drive ~ (*mech.*), vite autofilettante. **76.** elevating ~ (as of a mach. t. working table) (*mach. t.*), vite di elevazione. **77.** external ~ (*mech.*), vite maschia. **78.** eye ~ (*join.* - *etc.*), occhiello a vite. **79.** feathering ~ (variable and reversible pitch propeller) (*naut.*), elica a passo variabile e reversibile. **80.** feed ~ (as of a lathe) (*mach. t.*), vite d'alimentazione. **81.** female ~ (*mech.*), vite femmina. **82.** flat fillister head ~ (*mech.*), vite a testa cilindrica piana. **83.** flathead ~ (*mech.* - *carp.*), vite a testa piana svasata. **84.** foot ~ (as one of the three vertical screws for levelling a tripod) (*technol. impl.*), vite calante. **85.** grub ~ (headless screw for mech. fixing) (*mech.*), vite senza testa (con intaglio). **86.** hand ~ (as a wing nut or a thumbscrew) (*as in domestic app.*), dado (o vite) da serrarsi a mano, dado (o vite) a galletto (o a testa zigrinata). **87.** hexagonal ~ (*mech.*), vite (a testa) esagonale. **88.** Hindley's ~ (*mech.*), vite globoidale. **89.** Hindley's ~, *see also* hourglass screw. **90.** hourglass ~ (Hindley's screw) (*mech.*), vite globoidale. **91.** idling mixture adjusting ~ (of a carburetor) (*mot.* - *mech.*), vite di registro (della miscela) del minimo. **92.** internal ~ (*mech.*), madrevite, " vite femmina". **93.** interrupted ~ (as of the breech block of a gun) (*mech.*), vite a settori interrotti. **94.** lag ~ (*carp.*), tirafondo, vite a legno a testa quadra. **95.** leading ~ (of a lathe) (*mech.*), vite conduttrice, vite madre. **96.** lead ~ (of a lathe) (*mach. t.*), vite di comando, vite madre. **97.** leveling ~ (*top. instr.*), vite di livello. **98.** lock ~ (*mech.*), vite di arresto, vite di fermo. **99.** machine ~ (for mech. use) (*mech.*), vite a ferro. **100.** male ~ (*mech.*), vite maschia. **101.** metering ~ (constant rate feeder for loose materials) (*ind. app.*), coclea per (o di) alimentazione a portata costante. **102.** metric ~ thread (*mech.*), filettatura metrica. **103.** micrometric ~ (*mech.*), vite micrometrica. **104.** nut ~ (*mech.*), madrevite. **105.** oval-headed ~ (*mech.* - *carp.*), vite a testa svasata con calotta (o a goccia di sego). **106.** Phillips ~ (screw with star-slotted head) (*mech.*), vite con intaglio a croce. **107.** "pilot air" ~ (for slow running control of a carburetor) (*mtc.*), vite di registro del minimo. **108.** pipe ~ thread (*mech.*), filettatura gas (o passo gas). **109.** reversing ~ (as of a mach.) (*mech.*), vite d'inversione. **110.** rigging ~ (screw clamp for ropes) (*naut.*), stringitoio per legature. **111.** roundheaded ~ (*mech.* - *carp.*), vite a testa tonda. **112.** round ~ thread (*mech.*), filettatura tonda. **113.** saddle lead ~ (of a lathe) (*mach. t.*), vite (madre) di comando della slitta. **114.** self-drilling ~ (for sheet metal) (*mech.*), vite autoperforante-filettante. **115.** selftapping ~ (*mech.*), vite autofilettante. **116.** set ~ (*mech.*), *see* setscrew. **117.** sheet metal ~ (*mech.*), vite per lamiera. **118.** short compression ~ (of an injection molding machine) (*plastics mach.*), vite a zona di compressione corta. **119.** single-slot ~ (*mech.*), vite ad intaglio semplice, vite con intaglio fresato. **120.** slow running air adjusting ~ (of a carburetor) (*mot. mech.*), vite di registro (della miscela) del minimo. **121.** slow running holes inspection ~ (of a carburetor) (*mot. mech.*), vite di ispezione dei getti del minimo. **122.** slow running mixture adjusting ~ (of a carburetor) (*mot.*), vite di registro (della miscela) del minimo. **123.** socket head ~ (Allen screw) (*mech.*), vite ad esagono incassato, brugola. **124.** starting air ~ (of a carburetor) (*mot. mech.*), vite per l'aria d'avviamento. **125.** tap ~ (tap bolt) (*mech.*), bullone senza dado. **126.** thread cutting tapping ~ (*mech.*), vite autofilettante. **127.** thread forming ~ (*mech.*), vite autofilettante. **128.** throttle securing ~ (of carburetor) (*mot.* - *mech.*), vite fissaggio farfalla. **129.** through ~ (*mech.*), vite passante. **130.** thrust ~ (*mech.*), vite di pressione, vite di spinta. **131.** to cut a ~ with a chaser (*mech.*), filettare col pettine. **132.** to loosen a ~ (*mech.*), allentare una vite. **133.** turn of ~ (*mech.*), giro di vite. **134.** Whitworth ~ thread (*mech.*), filettatura Whitworth. **135.** wing nut ~ (*mech.*), vite con dado ad alette. **136.** wood ~ (*carp.*), vite per legno. **137.** worm ~ (*mech.*), vite senza fine.

screw (to), avvitare. **2.** ~ (to screw up, to bolt, to secure by screws) (*mech. - etc.*), fissare con viti, imbullonare. **3.** ~ off (*mech.*), svitare. **4.** ~ out (*mech.*), svitare. **5.** ~ tight (as a nut) (*mech.*), avvitare a fondo, stringere una vite. **6.** ~ up (*mech.*), fissare con viti.

screw-cutting (process of cutting) (*mech. technol.*), filettaggio. **2.** ~ lathe (*mach. t.*), tornio per filettare.

screwdrive (to) (by means of a screwdriver) (*mech.*), avvitare con cacciavite.

screwdriver (*t.*), cacciavite. **2.** ~ (electrically or air-operated) (*t.*), avvitatrice, giraviti. **3.** ~ bit (*carp. t.*), punta a cacciavite (per girabecchino, girabacchino o menarola). **4.** impact ~ (*t.*), avvitatrice ad impulso. **5.** offset ~ (for particular use) (*t.*), cacciavite a squadra. **6.** spiral ratchet ~ (*t.*), cacciavite a pressione. **7.** torque ~ (provided of torquemeter) (*t.*), cacciavite torsiometrico.

screwed (SCR) (*mech.*), avvitato.

screwer (that which screws) (*mech.impl.*), avvitatrice. **2.** pneumatic ~ (*t.*), avvitatrice pneumatica.

screwhead (*mech.*), testa della vite.

screwing (*mech.*), avvitamento.

screwnail, *see* screw nail.

screw-pitch gauge (thread gauge) (*mech. impl.*), calibro per filettature.

screwship (*naut.*), nave ad elica.

screw-spike (to) (*railw.*), incavigliare.

screwstock (*mech.*), portafiliera.

scribble (to) (*text. ind.*), cardare in grosso.

scribbler (*text. ind. work.*), cardatore in grosso. **2.** ~ (*text. ind. mach.*), carda in grosso, carda di rottura.

scribbling (*text. ind.*), cardatura in grosso.

scribe (scriber) (*t.*), punta per tracciare.

scribe (to) (as wood, metal etc.) (*technol.*), tracciare.

scriber (*t.*), punta per tracciare. **2.** timber ~ (*carp. t.*), graffietto da falegnami.

scribing (*mech.*), tracciamento. **2.** ~ block (surface gauge) (*mech. impl.*), truschino, graffietto. **3.** ~ compass (*mech. impl.*), compasso da tracciatore. **4.** ~ tool (*mech. t.*), attrezzo per tracciare.

scrim (fabric), tela (di cotone o di lino).

script (*radio*), copione (per la trasmissione). **2.** ~ (*m. pict.*), copione. **3.** ~ (a type style which imitates handwriting) (*print.*), corsivo inglese. **4.** ~ (manuscript) (*writing*), manoscritto. **5.** ~ (handwriting) (*writing*), scrittura, scrittura a mano. **6.** machine ~ (data written in mach. code; promptly used by comp.) (*comp.*), documento (in codice) macchina.

scrive board (for tracing the ship's full size drawing) (*shipbuild. - aer. constr.*), piano a tracciare.

scroll (of a centrifugal pump, blower, water turbine etc.), chiocciola, coclea, camera a spirale a sezione decrescente. **2.** ~ (of a chuck) (*mach. t. mech.*), corona a spirale (di autocentrante). **3.** ~ (of textile mach.) (*text. ind.*), lumaca. **4.** ~ (of a capital) (*arch.*), voluta, spira ornamentale. **5.** ~ chuck (*mech. app.*), mandrino autocentrante. **6.** ~ gear, ~ wheel (wheel [or sector] with spiral teeth disposed on one flat face) (*mech.*), ruota [o settore] dentata con denti elicoidali in rilievo su di una faccia piana (della ruota o del settore). **7.** ~ saw (*carp. t.*), sega a svolgere. **8.** ~ saw (*mach. t.*), sega meccanica a svolgere. **9.** ~ shear (*t.*), cesoia per tagli complessi.

scroll (to) (to move an image across, up and down display screen) (*comp. - telev.*), scorrere, fare scorrere (l'immagine). **2.** ~ (to roll up) (*gen.*), arrotolare.

scrolling (continuous vertical movement of an image, generally from down to up, across a "VDU" screen) (*comp. - telev. - etc.*), scorrimento.

scrub (to) (as a floor), lavare fregando energicamente. **2.** ~ (as a gas) (*chem.*), lavare.

scrubber (*technol. chem.*), gorgogliatore di lavaggio.

scrubbing (of gas) (*chem.*), lavaggio, gorgogliamento.

scrub brush (scrubbing brush) (*domestic t.*), bruschino.

scrub plane (for removing excessive material) (*carp. t.*), pialletto sgrossatore.

scruff (thin coating) (*gen.*), pellicola, rivestimento leggero. **2.** ~ (scum, refuse) (*gen.*), scarto. **3.** ~ (of a tinning bath) (*metall.*), scoria. **4.** ~ (surface, as of water) (*gen.*), superficie.

scrutinize (to examine closely) (*gen.*), esaminare a fondo.

scrutiny (*politics - ind.*), scrutinio.

"SCS" (silicon-controlled switch) (*elics.*), interruttore al silicio.

scuba (self-contained underwater breathing apparatus; for divers and frogmen) (*naut. app.*), apparecchiatura per subacquei (o sommozzatori). **2.** ~ diver (*naut.*), subacqueo.

scud (*meteorol.*), *see* fractostratus.

scud (to) (to get away as from a storm) (*naut.*), fuggire. **2.** ~ (to scrape for removing remaining lime, hairs etc.) (*leather ind.*), ripassare.

scuff (to) (to become rough, as a surface lacking lubrication) (*mech.*), rigarsi, pregrippare.

scuffing (roughening, as a surface lacking lubrication) (*mech.*) rigatura, pregrippatura. **2.** ~ resistance (of paper) (*paper mfg.*), resistenza allo sgualcimento.

scuffler (gummer) (for a saw) (*mach. t.*), affilatrice.

scuff plate (metal plate fitted on the threshold of a door) (*aut.*), batticalcagno.
scull (skull) (*metall.*), raggrumazione, crosta. **2.** ~ (an oar worked at the stern) (*naut.*), remo per voga di poppa. **3.** ~ (rowboat), sandolino.
scull (to) (to propel a boat with just one oar worked at the stern) (*naut.*), vogare di poppa con un solo remo.
sculler (a boat propelled by one man and two sculls) (*naut.*), sandolino. **2.** ~ hole (*naut.*), foro per remo di poppa.
scullery (*bldg.*), zona (o vano accessorio) della cucina ove vengono lavati e custoditi gli utensili.
sculptor (*art*), scultore.
sculpture (*art*), scultura.
scum (scoria of molten metal) (*metall.*), scoria. **2.** ~ (a floating layer of unmelted material on the surface of molten glass) (*glass mfg.*), scoria.
scupper (*naut.*), ombrinale. **2.** ~ (outlet for overflow of water from a floor or a terrace) (*bldg.*), scarico, foro di scarico.
scurf (scale) (*gen.*), scaglia.
scurf (to) (a surface) (*gen.*), togliere le scaglie.
scurfing (removing of roughness from a surface by means of scraper or emery cloth) (*mech.*), scrostatura, cartavetratura.
scutch (instr. for beating flax, hemp etc.) gramola, maciulla, scotola. **2.** ~ (bricklayer's hammer: for dressing bricks) (*mas. t.*), martello bipenne per mattoni.
scutch (to) (flax, hemp) (*text. ind.*), maciullare, scotolare, gramolare, stigliare.
scutcheon, *see* escutcheon.
scutcher (*text. ind. device*), scotolatrice, macchina per stigliare.
scutching (*text. ind.*), scotolatura, stigliatura. **2.** ~ machine (for flax) (*text. mach.*), scotolatrice, macchina per stigliare.
scuttle (*naut.*), boccaportella, portellino. **2.** ~ (basket), cesta. **3.** ~ (cowl, of a car, front top portion of the body forward of the windshield) (*aut.*), pannello esterno compreso tra parabrezza e cofano. **4.** ~ (floor opening with its lid) (*bldg.*), botola.
scuttle (to) (*naut.*), autoaffondare.
scuttlebutt (drinking water fountain) (*naut.*), fontanella di acqua potabile.
scythe (*agric.*), falce.
"SD", (stop down: reduction of the lens aperture by means of a diaphragm) (*phot.*), riduzione della apertura dell'obiettivo per mezzo del diaframma. **2.** ~**,** *see also* standard deviation, semidiameter.
"S/D" (sight draft) (*comm.*), tratta a vista.
"sd" (soft-drawn) (*metall.*), trafilato a caldo. **2.** ~ (signed) (*off.*), firmato. **3.** ~, *see* sound, sewed, sand.
"SD BL" (sand blast) (*mech. shop*), sabbiare.
"SD plug" (surface discharge spark plug) (*mot. - elect.*), candela a scarica superficiale.
"SE", *see* stock exchange, standard error.
Se (selenium) (*chem.*), selenio.
sea mare. **2.** ~ (single heavy wave striking a vessel) (*naut.*), colpo di mare. **3.** ~ (heavy swell, heavy wave) (*sea*), ondata. **4.** ~ abeam (*naut.*), mare di traverso. **5.** ~ boat (fit for the open sea) (*naut.*), barca che tiene bene il mare. **6.** ~ bottom (*sea*), fondo marino. **7.** ~ buoy (from the sea side: the first buoy found at the entrance channel to a port) (*naut.*), boa a mare. **8.** ~ chest (sea water intake valve, below the water line) (*naut.*), presa d'acqua di mare. **9.** ~ coal (*fuel*), carbone fossile. **10.** ~ coal (for foundry facing) (*found.*), carbone da spolvero. **11.** ~ foam (of sea water), schiuma di mare. **12.** ~ foam (*min.*), schiuma di mare, sepiolite. **13.** ~ gate (passageway to the sea) (*gen.*), via di accesso al mare. **14.** ~ level (standard for height meas.) (*aer. - geogr. - top.*), livello del mare, quota zero. **15.** ~ mule (tug) (*naut.*), rimorchiatore. **16.** ~ power, potenza marittima, nazione sostenuta da una flotta potente. **17.** ~ return (*radar*), see echo. **18.** ~ room (free space for manoeuvering safely) (*naut.*), acqua libera sufficiente per manovrare. **19.** ~ state (*naut.*), stato del mare, forza del mare. **20.** ~ storm (*sea*), mareggiata. **21.** ~ train (convoy of many navy and army cargo ships) (*navy - milit.*), convoglio di navi trasporto. **22.** ~ train (big ship capable of transporting trains or railroad cars) (*naut. - railw.*), nave equipaggiata per il trasporto di rotabili ferroviari. **23.** ~ wall (*sea bldg.*), diga marittima. **24.** ~ water intake (used for cooling an engine) (*naut.*), presa (d'acqua) di mare. **25.** athwart ~ (*naut.*), mare di traverso. **26.** at ~ (*naut.*), in mare, sul mare. **27.** beam ~ (*naut.*), mare di traverso. **28.** by ~ (*sea*), per mare. **29.** calm ~ (glassy: 0 international sea scale) (*sea*), mare calmo, mare piatto, mare senza increspatura. **30.** calm ~ (rippled: 1 international sea scale) (*sea*), mare quasi calmo, mare con increspature. **31.** choppy ~ (*sea*), mare corto, maretta, mare rotto. **32.** deep-~ (*a. - sea - naut.*), d'alto mare, d'altura. **33.** deep-~ fishing (*fishing - naut.*), pesca d'altura. **34.** following ~ (*sea*), mare di poppa. **35.** head ~ (*naut.*), mare di prua. **36.** heavy ~ (*sea*), mare grosso. **37.** high ~ (7 international sea scale) (*sea*), mare grosso. **38.** high seas (*sea*), alto mare. **39.** hollow ~ (*sea*), mare vecchio, mare morto, onda lunga. **40.** long ~ (*naut.*), mare lungo. **41.** moderate ~ (4 international sea scale) (*sea*), mare molto mosso. **42.** open ~ (*sea*), mare libero, alto mare. **43.** phenomenal ~ (9 international sea scale) (*sea*), mare tempestoso. **44.** rough ~ (5 international sea scale) (*sea*), mare agitato. **45.** short ~ (*naut.*), mare corto. **46.** slight ~ (3 international sea scale) (*sea*), mare mosso. **47.** smooth ~ (wavelets: 2 international sea scale) (*sea*), mare poco mosso, mare con piccole onde. **48.** to go to ~ (*naut.*), prendere il mare. **49.** to hold out at ~ (*naut.*), tenere il mare. **50.** to put to ~ (*naut.*), prendere il mare. **51.** very high ~ (8 international sea scale) (*sea*), mare molto grosso. **52.**

very rough ~ (6 international sea scale) (*sea*), mare molto agitato.
seabag (for clothes etc.) (*sailor impl.*), sacco da marinaio.
seaboard (*geogr.*), costa.
seacoast (*geogr.*), costa.
seacraft (seagoing craft) (*naut.*), mezzo marino.
seadrome (floating airport) (*aer.*), aeroporto galleggiante.
seafarer, *see* mariner.
seafaring (*a. - sea*), di mare.
seagirt (*a. - sea*), circondato dal mare.
seagoing (*a. - naut.*), di alto mare, (di tipo) marino. **2.** ~ (seafaring) (*n. - naut.*), navigazione. **3.** maximum ~ comfort (as of a boat) (*naut.*), massima confortevolezza di navigazione.
sea-kindly (easy to be handled at sea) (*a. - naut.*), manovriero.
seal (any device to prevent the passage as of air etc.) (*pip. - etc.*), dispositivo di tenuta, tenuta. **2.** ~ (as of leather, felt etc.) (*mech.*) (Am.), guarnizione di tenuta. **3.** ~ (U bend in a pipe, filled with water, so as to prevent the return of gas) (*pip. device*), sifone (o pozzetto) a tenuta idraulica. **4.** ~ (*comm.*), sigillo. **5.** ~ (between the stem and the hub of an incandescent lamp) (*elect. lamp. constr.*), orletto. **6.** ~ coat (last bituminous coat given for sealing) (*civil constr. - road*), impermeabilizzante, manto (bituminoso) impermeabilizzante. **7.** ~ water (of a nuclear reactor) (*atom phys.*), acqua per la tenuta, acqua di tenuta. **8.** acoustic ~ (as the door of a motor veh. or a railcar, used in order to avoid noise disturbing the passenger) (*acous.*), tenuta acustica. **9.** dry ~ (as of gas holder) (*ind.*), tenuta a secco. **10.** face ~ (*mech.*), (guarnizione a) tenuta frontale. **11.** heat ~ (as on a joint of two surfaces of thermoplastic material) (*ind*), saldatura a caldo, termosaldatura. **12.** interstage ~ (*turbojet eng.*), tenuta interstadio. **13.** labyrinth ~ (as of a steam turbine or turbojet engine) (*mach.*), tenuta a labirinto. **14.** lead ~ (*comm.*), piombino (di sigillo). **15.** lip ~ (as of a Wankel engine rotor) (*mech.*), tenuta a labbro, tenuta a spigolo, tenuta a contatto di spigolo. **16.** oil ~ (as on a shaft) (*mech.*), paraolio. **17.** wet ~ (as of gas holder) (*ind.*), tenuta a liquido, tenuta idraulica.
seal (to) (as for granting authenticity) (*gen.*), sigillare. **2.** ~ (*mech. - etc.*), chiudere a tenuta, rendere stagno, rendere ermetico. **3.** ~ (*elect.*), fare un buon contatto. **4.** ~ (as a crevice, a hole) (*gen.*), chiudere. **5.** ~ (to fix: as with cement) (*gen.*), sistemare. **6.** ~ (with lead) (*gen.*), piombare. **7.** ~ with lead, piombare, sigillare con piombini.
sealant (sealing agent) (*bldg. - etc.*), materiale di tenuta.
sealed (*mech.*), a tenuta, stagno. **2.** ~ (as of an envelope) (*a. - comm.*), sigillato. **3.** ~ against dust (as of an aut. body) (*ind.*), stagno alla polvere. **4.** ~ beam lamp (integrally sealed bulb, reflector and lens; as for motorcar headlights) (*aut.*) (Am.), proiettore con lampada incorporata. **5.** hermetically ~ (*mech. phys.*), chiuso ermeticamente.
sealer (*paint.*), isolante, mano isolante. **2.** ~ (a filler coat applied on wood before painting) (*n. - join.*), mano di fondo di stucco, mano turapori. **3.** asphaltic ~ (*paint.*), isolante asfaltico, sigillante bituminoso. **4.** jaw ~ (as of plastic envelopes to be thermically sealed) (*packaging*), macchina per saldare a caldo (imballaggi di plastica).
sealing (seal impression) (*gen.*), impronta del sigillo. **2.** ~ (*mech. - etc.*), chiusura a tenuta. **3.** ~ box (of a cable) (*elect.*), muffola. **4.** ~ coat (*paint.*), *see* sealer. **5.** ~ compound (*mech.*), ermetico. **6.** ~ papers (sealing wrappers, used for packaging paper or cardboard) (*paper mfg.*), carta per l'imballo delle risme. **7.** ~ tape (as for packages) (*gen.*), nastro adesivo. **8.** ~ wax (*chem. - etc.*), ceralacca. **9.** self - ~ (as a fuel tank) (*aer. - etc.*), autosigillante.
seam (junction line), linea di giunzione. **2.** ~ (*found.*), bava, riccio. **3.** ~ (*min.*), banco, filone. **4.** ~ (of cloth), cucitura. **5.** ~ (*naut.*), comento. **6.** ~ (surface defect of rolled metal due to an internal blowhole) (*metall.*), paglia. **7.** ~ folding machine (*mach.*) aggraffatrice. **8.** ~ of coal (*min.*), giacimento di carbone. **9.** ~ set (a tool or roll for flattening seams) (*hand t.*), utensile per spianare le giunzioni. **10.** ~ welding (*mech. technol.*), saldatura continua. **11.** brazing ~ (*mech.*), cordolo (o linea) della brasatura. **12.** flat folded ~ (as of tin plate) (*mech.*), aggraffatura. **13.** projecting folded ~ (as of tin plate) (*mech.*), aggraffatura diritta. **14.** soldering ~ (*mech.*), cordolo (o linea) della saldatura (a forte o a dolce). **15.** unopened ~ (an unused seam; as of coal) (*min.*), filone non sfruttato, banco non sfruttato.
seam (to) (to join by sewing, as cloth) (*gen.*), cucire. **2.** " ~ " (to slightly grind the sharp edges of a piece of glass) (*glass mfg.*), molare.
seaman, marinaio. **2.** able ~ (*naut.*) (Brit.), marinaio scelto. **3.** ablebodied ~, *see* able seaman. **4.** leading ~ (*naut.*), sottocapo.
seamanship (*naut.*), arte marinaresca, arte della navigazione.
seamark (landmark) (*naut.*), meda. **2.** ~, *see also* beacon.
seamer (for making joints: in sheet metal) (*mach. t.*), aggraffatrice. **2.** double ~ (it closes metallic cans by rolling their lids along the rims) (*mach. t.*), aggraffatrice per scatole di latta. **3.** lock ~ (a joint obtained by overlapping the edges of two or more sheets) (*tinsmith work*), giunto a marronella di due o più fogli di lamiera.
seaming dies (for folded sheet-metal edges) (*mech.*), stampi per aggraffature.
seamless (*gen.*), senza giunzioni. **2.** ~ tube (*pip.*), tubo senza saldatura.
seamobile (engine driven barge) (*naut.*), chiatta motorizzata.

seam-weld (to) (*mech. technol.*), unire con saldatura continua.
sea-packing (*transp.*), imballo oltremare.
seaplane (*aer.*), idrovolante. **2.** ~ station (*aer.*), idroporto. **3.** ~ trolley (ground impl.) (*aer.*), carrello (o ruote) d'alaggio. **4.** boat ~ (*aer.*), idrovolante a scafo. **5.** float ~ (*aer.*), idrovolante a galleggianti. **6.** racing ~ (*aer. - sport*), idrocorsa.
seaport (*naut.*), porto di mare.
seaquake (*geol.*), maremoto.
sear (of gunlock) (*mech.*), sicura, chiavistello di bloccaggio del meccanismo di sparo, dente d'arresto del cane, arresto del cane. **2.** ~ (saw), *see* saw.
search (as of a ship cargo) (*gen.*), visita, controllo. **2.** ~ (generally a sequential organized search) (*comp. - etc.*), ricerca. **3.** ~ and rescue (*navig.*), ricerche e salvataggi. **4.** ~ key (*comp.*), chiave di ricerca. **5.** ~ pattern (the geometric form in the sea space and the way by which the torpedo searches the target) (*navy*), programma di ricerca. **6.** ~ periscope (of a sub.) (*navy*), periscopio di esplorazione. **7.** ~ word (as by a keyword) (*comp.*), parola di ricerca. **8.** area ~ (*comp.*), ricerca per zone. **9.** binary ~ (dichotomic search) (*comp.*), ricerca binaria (o dicotomica). **10.** dichotomizing ~ (*comp.*), ricerca dicotomica (o binaria). **11.** echo-detector ~ (*navy*), ricerca con rivelatore di echi. **12.** sequential ~ (*comp.*), ricerca sequenziale. **13.** tape ~ (*comp.*), ricerca nastri.
search (to) (*comp. - etc.*), ricercare.
searching (*comp. - etc.*), ricerca.
searchlight (as for aircraft landing etc.) (*illum. device*), proiettore. **2.** ~ station (*milit.*), stazione fotoelettrica. **3.** cloud ~ (projector for determining the height of clouds) (*meteorol. app.*), proiettore per altezza nubi.
searchlighting (tracking, as of a moving target) (*radar*) (Am.), puntamento.
searchword, see search word.
seasickness (*naut. - med.*), mal di mare.
seaside (*geogr.*), riva del mare.
season check (crack due to an excessively rapid seasoning) (*wood defect*), spaccature di stagionatura. **2.** ~ crack (crack in a metal produced by excessive internal stresses, due to manufacturing processes) (*metall.*), cricca da tensioni interne.
season (to) (as of wood), stagionarsi.
seasoned (as of wood) (*a. - carp. - join.*), stagionato. **2.** ~ timber (*carp. - join.*), legname stagionato.
seasoning (of wood), stagionatura. **2.** ~ (as of textile fibers), stagionatura.
seat (space for sitting; as in an aut.), posto. **2.** ~ (thing on which to sit; as on a veh., aut. etc.), sedile. **3.** ~ (as of a valve) (*mech.*), sede. **4.** ~ belt (safety belt) (*aut.*), cintura di sicurezza. **5.** ~ cover (to protect original upholstery; as of a motorcar) (*aut.*), copertina, copertina per sedile. **6.** ~ cushion (as of aut.), cuscino di sedile. **7.** ~ division (metal bar used for separating a large seat into sections) (*railw. - etc.*), divisorio per sedili. **8.** ~ ring (replaceable valve seating) (*mot. mech.*), sede riportata (di valvola). **9.** ~ spring (*railw. - aut. - etc.*), molla per sedili. **10.** ~ tapping plate (metal plate embedded in a car floor and used for attaching a seat pedestal) (*railw. - etc.*), piastra attacco sedile. **11.** ~ webbing (coarse canvas used in upholstering car seats) (*railw. - etc.*), tela per sedili. **12.** back of ~ (as on veh., aut. etc.), schienale del sedile. **13.** banana ~ (*bicycle*), sellino a banana. **14.** bucket ~ (wrap-around seat) (*aut. - aer. - etc.*), sedile avvolgente. **15.** bucket ~ (as found on old racing cars) (*aut.*), "baquet", sedile a baquet. **16.** conical ~ (as of a valve) (*mech.*), sede conica. **17.** drop ~ (hinged seat) (*aut.*), sedile ribaltabile. **18.** ejection ~ (*aer.*), sedile catapultabile, sedile eiettabile. **19.** flat ~ (as of a valve) (*mech.*), sede piana. **20.** folding ~ (of aut.), strapuntino, strapontino. **21.** high back ~ (as of a passenger car) (*railw. - etc.*), sedile a schienale alto. **22.** inertia reel ~ belt (*aut. safety*), cintura (di sicurezza) a rullino. **23.** inserted valve ~ (as in a mot.) (*mech.*), sede riportata di valvola. **24.** jump ~ (folding seat) (*aut.*), strapuntino, sedile ripiegabile. **25.** needle valve ~ (of a carburetor) (*mot. mech.*), sede per spillo. **26.** power ~ (a seat equipped with controls enabling small variations to its inclination or height) (*aut.*), sedile motorizzato. **27.** rail ~ (on the sleeper) (*railw.*), sede per la rotaia (nella traversina). **28.** rear ~ (as of an aut.) (*aut. - etc.*), sedile posteriore. **29.** reclining ~ (*railw. - etc.*), sedile (a schienale) inclinabile. **30.** reclining ~ (of a car) (*aut.*), sedile inclinabile. **31.** slideover ~ (*railw.*), *see* walkover seat. **32.** throw-over ~ (*railw. - etc.*), sedile a schienale mobile. **33.** to regrind the valve seats (as of an aut. mot.) (*mech.*) (Am.), ripassare le sedi delle valvole. **34.** twin car ~ (*railw.*), sedile doppio per carrozze ferroviarie. **35.** valve ~ insert (as of mot.) (*mech.*), sede riportata di valvola. **36.** walkover ~ (type of car seat in which the back does not turn over when the seat is reversed) (*aut.*), sedile ribaltabile a schienale fisso. **37.** W.C. ~, sedile di latrina. **38.** wrap-around ~ (*aut. - etc.*), sedile avvolgente.
seating (*mech.*), sede. **2.** ~ (as of a boil.) (*mech.*), sella. **3.** ~ (material for upholstering seats) (*aut. - railw. constr.*), materiale di selleria (o tappezzeria) per sedili. **4.** ~ accomodation (as in a theater) (*bldg.*), posti a sedere. **5.** ~ capacity (as of a bus, seating accomodation) (*veh.*), posti a sedere. **6.** valve ~ (*mech.*), sede della valvola.
seat-mile (in calculating passenger transportation cost) (*transp.*), passeggero-miglio.
"SEATO" (SouthEast Asia Treaty Organization) (*milit.*), organizzazione del trattato del sudest asiatico.
seat-pack parachute (*aer.*), paracadute cuscino.
seaward (*sea*), al largo.
seaway (ocean traffic route) (*naut.*), via di naviga-

zione, via marittima. **2.** ~ (moderate sea) (*sea*), mare mosso. **3.** ~ (rough sea) (*sea*), mare molto agitato.

seaweed (*botany*), alga.

seaworthiness (*naut.*), qualità nautiche. **2.** ~ certificate (*naut.*), certificato di navigabilità. **3.** excellent ~ (as of a boat) (*naut.*), eccellenti qualità nautiche, eccellente tenuta di mare.

seaworthy (*naut.*), atto a tenere il mare.

sebacic (*chem.*), sebacico.

"sec", *see* second, secant, section, security.

"SECAM" (SEquential Couleur A Memoire: TV system) (*telev.*), SECAM, sistema SECAM.

secant (of a circle) (*geom.*), secante.

second (sec.) (of time) (*n.*), secondo. **2.** ~ (after the first) (*a.*), secondo. **3.** ~ (short for second gear) (*aut.*), seconda. **4.** ~ car (for those who already own a larger car) (*aut. - comm.*), seconda vettura. **5.** ~ lamb (*wool ind.*), lane agnelline di seconda qualità. **6.** ~ lieutenant (*milit.*), sottotenente. **7.** ~ pieces (*text. ind.*), pezzami di seconda scelta. **8.** ~ story (the second story above the ground floor [Brit.], the story above the ground floor [Am.]) (*bldg.*), secondo piano (ingl.), primo piano (am.). **9.** ~ tap (*mech. t.*), maschio intermedio. **10.** atomic ~ (international unit of time based on the internal oscillation of the atom of Cesium 133, which has replaced the unit based, on the Earth's motion) (*time meas.*), secondo atomico.

secondary (secondary winding: as of a transformer) (*n. - elect.*), secondario. **2.** ~ (as of an atom of carbon) (*a. - chem.*), secondario. **3.** ~ air (for combustion: introduced over the firebed) (*comb.*), aria secondaria. **4.** ~ channel (as a supervisory channel) (*comp.*), canale secondario. **5.** ~ color (color obtained by mixing any two primary colors in equivalent quantities) (*opt.*), colore secondario. **6.** ~ electron (pertaining to a secondary emission) (*atom phys.*), elettrone secondario. **7.** ~ emission (of electrons from a surface bombarded by primary electrons) (*phys.*), emissione secondaria. **8.** ~ ingot (*metall.*), lingotto di seconda fusione. **9.** ~ pipe (defect in high ingots) (*metall.*), cono secondario. **10.** ~ spectrum (in a lens corrected for chromatic aberration) (*opt.*), aberrazione cromatica residua. **11.** ~ station (tributary station) (*comp.*), stazione secondaria.

secondhand (*a. - comm.*), di seconda mano, usato. **2.** ~ dealer (*comm.*), rigattiere.

second-level storage, *see at storage* secondary storage.

second-strike system (refers to a defence system capable of surviving an atomic attack and then of striking back at the enemy with atomic weapons) (*atomic war*), (sistema di) risposta atomica.

secret (*a. - gen.*), segreto. **2.** ~ (below top ~ but above confidential) (*a. - milit. security*), segreto. **3.** ~ ballot (as for the election of a shop committee) (*ind.*), elezioni segrete. **4.** ~ service (intelligence department) (*milit.*), servizi segreti. **5.** top ~ (degree of reservedness assigned to military or diplomatic material) (*milit.*), segretissimo.

secretary (bookcase) (*furniture*), "trumeau", scrivania con libreria. **2.** ~ (employee: as of a director) (*pers.*), segretario. **3.** ~ bookcase (*furniture*), "trumeau", scrivania con libreria.

secretary's office (*adm.*), ufficio segreteria, segreteria.

sectile (capable of being cut) (*gen.*), settile.

section (*draw.*), sezione. **2.** ~ (of a sleeping car) (*railw.*), scompartimento. **3.** ~ (portion: as of a chain, of a road, etc.), tratto. **4.** ~ (group of mach. t. carrying out the same operations) (*mach. t.*), linea. **5.** ~ (as section bar) (*metall. ind.*), profilato. **6.** ~ (signature, folded sheet of a book) (*print. - bookbinding*), segnatura. **7.** ~ (character) (*print.*), segno di paragrafo. **8.** ~ (part of a unit) (*milit.*), sezione. **9.** ~ bar (*metall. - comm.*) (Am.), profilato. **10.** ~ foreman (in charge of a group of mach. t. of the same type) (*mach. t.*), capo della linea (o del reparto). **11.** ~ iron (*metall.*), profilato ferroso. **12.** ~ lining (*mech. draw.*), tratteggio. **13.** ~ modulus (*constr. theor.*), modulo di resistenza. **14.** ~ plane (surface seen in section) (*draw.*), spaccato. **15.** absorption cross ~ (*atom phys.*), sezione d'urto per assorbimento. **16.** activation cross ~ (*atom phys.*), sezione d'urto per attivazione. **17.** airfoil ~ (*aerodyn.*), profilo aerodinamico. **18.** box-type ~ (*metall. ind.*), profilato a scatola. **19.** buffer ~ (as of a contact line for elect. railw.) (*elect.*), tratto tampone. **20.** capture cross ~ (*atom phys.*), sezione d'urto per cattura. **21.** center ~ (portion of fuselage between the main planes) (*aer.*), tronco centrale. **22.** conic ~ (*geom.*), conica. **23.** cross ~ (*draw.*), sezione trasversale. **24.** cross ~ (square meas.) (*meas.*), sezione. **25.** cross ~ (*radioact.*), sezione (d'urto), parametro di probabilità che una data reazione si verifichi (o che una data emissione avvenga). **26.** deck ~ (of a ship) (*shipbldg.*), proiezione orizzontale, sezione orizzontale. **27.** fission cross ~ (*atom phys.*), sezione d'urto per fissione. **28.** flash spotting ~ (*artillery*), sezione rilevamento vampa. **29.** fore-and-aft ~ (of a ship) (*shipbldg.*), sezione longitudinale verticale. **30.** grinding ~ (*mach. t.*), linea rettificatrici. **31.** half ~ (*draw.*), semisezione, mezza sezione. **32.** horizontal ~ (*draw.*), sezione orizzontale. **33.** light ~ (*metall. ind.*), profilato leggero. **34.** longitudinal ~ (profile, as of a cableway, road etc.) (*transp. - etc.*), profilo longitudinale. **35.** longitudinal ~ (*draw.*), sezione longitudinale verticale. **36.** main ~ (as of a ship) (*draw.*), sezione maestra, sezione massima trasversale. **37.** midship ~ (of a ship) (*shipbldg.*), sezione maestra, sezione massima trasversale. **38.** milling ~ (*mach. t.*), linea fresatrici, reparto fresatrici. **39.** milling ~ foreman (*mach. t.*), caporeparto fresatrici. **40.** neutral ~ (as of a contact line for elect. railw.) (*elect.*), tratto neutro. **41.** part ~ (*mech. draw.*), sezione parziale. **42.** pressed steel channel ~ (as for a frame) (*ind. metall.*), profilato a C in acciaio stampato, profilato a C in lamiera (di acciaio stampata. **43.** rail ~ (*railw.*), tronco (o tratto) di binario. **44.** reference ~ (of a structure) (*aer. - etc.*), sezione di riferimento. **45.** removed ~ (*mech. draw.*), sezione ribaltata fuori dalla vista. **46.** resonance cross ~ (*atom phys.*), sezione d'urto per risonanza. **47.** revolved ~ (*mech. draw.*), sezione ribaltata. **48.** scattering cross ~ (*atom phys.*), sezione d'urto per diffusione. **49.** shipbuilding ~ (*metall. ind.*), profilato per costruzioni navali. **50.** sound ranging ~ (*artillery*), sezione fonotelemetristi. **51.** special ~ (*metall. ind.*), profilato speciale. **52.** steel ~ (*metall. ind.*), profilato di acciaio. **53.** stopped ~ (of a railw. track) (*railw.*), sezione tampone. **54.** to ~ line (*draw.*), tratteggiare. **55.** transverse ~ (*draw.*), sezione trasversale. **56.** vertical ~ (*draw.*), sezione verticale.

section (to) (to cross-hatch for indicating a section) (*draw.*), tratteggiare.

sectional, parziale. **2.** ~ (divided into sections), diviso in sezioni. **3.** ~ (modular), *see* modular. **4.** ~ boiler (shipped in sections and erected in place, with brickwork) (*boil.*), caldaia montata sul posto. **5.** ~ pontoon dock (floating dock in sections) (*naut.*), bacino (galleggiante) a sezioni. **6.** ~ rectifier (*elect. app.*), raddrizzatore (a vapori di mercurio) a sezioni.

sectioning (crosshatching indicating a section) (*draw.*), tratteggio. **2.** ~ (as of an elect. line) (*distributing network*), sezionamento.

sector (*geom.*), settore. **2.** ~ (of a steam locomotive) (*railw.*), settore. **3.** ~ (*milit.*), settore. **4.** ~ (portion of trace of a magnetic disk or a block of information memorized in such a portion) (*comp.*), settore. **5.** ~ (public sector, private sector, economic sector etc.) (*gen.*) settore. **6.** ~ connecting rod (of a steam locomotive) (*railw.*), biella di settore. **7.** ~ gate (roller gate for a crest dam) (*hydr. app.*), paratoia in ciglio di una diga a tracimazione. **8.** ~ gear (*mech.*), settore dentato. **9.** ~ slot (a sector ring slot) (*comp.*), intaglio nell'anello (del disco). **10.** battle ~ (*tactics*), settore d'azione. **11.** blind ~ (*radio - radar*), settore morto, settore cieco. **12.** warm ~ (body of warm air) (*meteorol.*), settore caldo.

sectoring (division in sectors of a disk trace) (*comp.*), settorizzazione, divisione in settori.

secure (to) (to make something fast) (*gen.*), fissare. **2.** ~ (as a position) (*milit.*), fortificare. **3.** ~ (to ensure a protection) (*milit.*), proteggere. **4.** ~ (to go off duty) (*milit. - navy*), andare in libera uscita. **5.** ~ in position (*mech.*), fissare in posto. **6.** ~ the anchor (*naut.*), traversare l'àncora.

securities (*comm.*), titoli. **2.** short-dated ~ (*finan.*), titoli a breve scadenza.

security (*comm. - law*), cauzione. **2.** ~ (one who becomes liable for another) (*finan.*), garante. **3.** ~ (protection, defence etc.) (*gen.*), sicurezza. **4.** ~ (stock, bond, debenture etc., certificate guaranteed from government) (*n. - bank - finan.*), titolo. **5.** ~ clearance (indispensable to pers. of a private ind. for having access to classified material) (*milit. - ind.*), nullaosta di segretezza. **6.** ~ code (privacy code: access control) (*comp.*), codice di sicurezza. **7.** ~ dowel (*mech.*), grano di fissaggio. **8.** ~ deposit (as a sum deposited to guarantee the fullfillment of an obligation) (*adm.*), deposito cauzionale. **9.** listed ~ (admitted in Stock Exchange trade) (*adm. - finan.*), titolo quotato.

sedan (*aut.*), guida interna, berlina a guida interna, berlina. **2.** ~ landaulet (sedan automobile body with a rear part having a collapsible top) (*aut. type*), landaulet. **3.** ~ limousine (sedan automobile with a partition behind the front seats) (*aut. type*), berlina con divisorio.

sediment (*phys. - chem. - hydr.*), sedimento. **2.** ~ (of water) (*hydr.*), sedimento. **3.** ~ (of boil.), fanghi.

sedimentable (something capable of being sedimented) (*a, - phys. - chem.*), sedimentabile.

sedimentary (*min.*), sedimentario.

sedimentation (*min. - chem.*) sedimentazione. **2.** ~ (as of ore), sedimentazione, decantazione.

see (to) (*gen.*), vedere.

Seebeck effect (*elect.*), effetto Seebeck, effetto termoelettrico.

seed (*agric.*), seme. **2.** ~ (boil, small gaseous inclusion in glass) (*glass defect*), pùlica, pùliga. **3.** ~ cotton (unginned cotton) (*text. ind.*), cotone non sgranato.

seedbed (*agric.*), semenzaio.

seeder (*agric. mach.*), seminatrice. **2.** wheelbarrow ~ (*agric. mach.*), seminatrice a spaglio.

seediness (*paint. defect*), puntinatura.

seeding (*agric.*), semina, seminagione. **2.** ~ (treating as a liquid with solid particles in order to induce crystallization) (*sugar mfg. - etc.*), innesco. **3.** ~ (formation of grains, in paints) (*paint.*), "seeding", "germinazione", formazione di granuli.

seedling (*forestry*), pianta giovane (alta meno di 1 m). **2.** ~ nursery (*agric.*), vivaio forestale.

seedy (of glass, containing small bubbles) (*a. - glass*), puligoso. **2.** ~ glass (*glass mfg.*), vetro puligoso. **3.** ~ wool (*wool ind.*), lana con impurità vegetali.

seek (seeking: positioning of the head on the wanted trace of a magnetic disk) (*comp.*), posizionamento. **2.** ~ arm (access arm) (*comp.*), braccio di accesso. **3.** ~ time (positioning time) (*comp.*), tempo di posizionamento, tempo di ricerca.

seek (to) (to look for or to search for something) (*gen.*), cercare. **2.** ~ (to position the reading/writing head on the wanted trace) (*comp.*), posizionare.

seeker (a seeking device that is addressed by means of radiation, as heat, light, sound etc., emitted by the target) (*milit.*), autocercante, guida autocercante. **2.** ~ (a missile using a seeker) (*milit.*), missile autocercante.

seep (to) (as of liquid) (*phys.*), infiltrare, infiltrarsi.

seepage (*gen.*), infiltrazione.

seesaw, altalena. **2.** ~ (having a reciprocating motion) (*a. - mech. - etc.*), a moto alternativo. **3.** ~ (reciprocating motion) (*n. - mech. - etc.*), moto alternativo.

seesaw (to) (to move with a reciprocating motion) (*mech. - etc.*), muoversi con moto alternativo.

seger cone (*therm.*), cono di Seger, cono pirometrico.

segment (*geom.*), segmento. **2.** ~ (a section of a program) (*comp.*), segmento, segmento di programma. **3.** ~ (one of the seven segments forming a number, or a character: in a "LCD" or "LED" display) (*comp.*), segmento. **4.** ~ cores (*found.*), anime a sezioni. **5.** ~ number (relating to a program section) (*comp.*), numero (di identificazione) del segmento. **6.** ~ table (*comp.*), tabella descrittiva del segmento. **7.** commutator ~ (*elect.*), lamella del collettore. **8.** elliptical ~ (*geom.*), segmento ellittico. **9.** root ~ (a control segment remaining permanently in the main memory) (*comp.*), segmento principale.

segment (to) (*gen.*), segmentare, suddividere in segmenti.

segmental (formed by successive segments) (*a. - gen.*), costituito da segmenti (o da elementi successivi). **2.** ~ (shaped like an arc of a circle) (*a. - arch. - furniture*), ad arco di cerchio. **3.** ~ wheel (*mech. technol.*), mola a settori.

segmentation (division of a program in sections) (*comp.*), segmentazione.

segregate (to) (*gen.*), segregare. **2.** ~ (*metall.*), segregarsi.

segregation (*metall.*) (Brit.), segregazione. **2.** segregations (abnormal concentration of some alloying components in certain parts of a casting) (*found. defect*), segregazioni, liquazioni. **3.** dendritic ~ (*metall.*), segregazione dendritica. **4.** gravity ~ (*metall.*), segregazione per gravità. **5.** intercrystalline segregations (*found. defect*), segregazioni intercristalline. **6.** inverse ~ (segregation in which the amount as of impurities is less than that in the surrounding metal) (*metall.*), segregazione inversa. **7.** negative ~ (*metall.*), *see* inverse segregation. **8.** pipe ~ (around the pipe of an ingot) (*metall.*), segregazione di cono di ritiro. **9.** positive ~ (normal segregation, in which the impurity percentage is higher than in the surrounding metal) (*metall.*), segregazione normale, segregazione positiva. **10.** shrinkage segregations (*found. defect*), segregazioni da ritiro.

seine (net with floats on the top and leads at the bottom hanging vertically in the water and enclosing the fish when the ends are taken together) (*fishing*) (Am.), rete di aggiramento, cianciolo. **2.** shore ~ (kind of net) (*fishing*), rete di aggiramento da costa.

seine (to) (*fishing*), pescare con rete di aggiramento, pescare con cianciolo.

seine-net (*fishing*) (Brit.), *see* seine (Am.).

seining (purse seining) (*fishing*), pesca con rete di aggiramento, pesca a cianciolo.

seismal, *see* seismic.

seismic (*geol.*), sismico. **2.** ~ refraction (method for determining rock depths) (*geotechnics*), sismica a rifrazione, rifrazione sismica.

seismical, *see* seismic.

seismogram (*geophys.*), sismogramma.

seismograph (*instr.*), sismografo.

seismologist (a specialist in seismology) (*geol.*), sismologo.

seismology (*geol.*), sismologia.

seismometer (*meas. instr.*), sismometro.

seize (to) (as of a piston in a mot. cylinder) (*mech.*), grippare. **2.** ~ (of a journal in a bearing) (*mech.*), ingranarsi, grippare. **3.** ~ (to bind or secure together as ropes with yarn) (*naut.*), legare.

seized (as a piston) (*mot. - mech.*), grippato.

seizing (as of a piston in a mot. cylinder) (*mech.*), grippaggio. **2.** ~ (as of a journal in a bearing) (*mech.*), grippaggio, ingranamento. **3.** ~ (binding together of two ropes by a roundline) (*naut.*), legatura piana. **4.** round ~ (*naut.*), legatura piana per gassa.

seizure (*mech.*), grippaggio, ingranamento. **2.** ~ (as of goods) (*law*), sequestro.

"SEJ" (sliding expansion joint) (*pip.*), giunto di dilatazione scorrevole.

"sel", *see* select, selected, selection.

select (to) (to pick), scegliere. **2.** ~ (to choose, to make a selection) (*comp.*), selezionare.

selectance (selectivity: as in radio reception) (*radio*), selettività.

selected (chosen) (*a. - gen.*), scelto.

selection (*gen.*), selezione, scelta. **2.** ~ of supervisors (*pers.*), selezione dei capi intermedi. **3.** ~ rules (referred to atom. energy) (*atom phys.*), regole di selezione. **4.** personnel ~ (as of a factory) (*ind. - pers.*), selezione del personale.

selective (*radio*), selettivo. **2.** ~ absorption (*phys.*), assorbimento selettivo. **3.** ~ calling (as in telex operation by a station selection code) (*tlcm.*), chiamata selettiva. **4.** ~ dispersion (abnormal dispersion, anomalous dispersion) (*phys.*), dispersione anomala. **5.** ~ flotation (differential flotation, preferential flotation) (*min.*), flottazione differenziale. **6.** ~ hardening (different degrees of hardness in different areas) (*heat-treat.*), tempra differenziale. **7.** ~ protection (of elect. lines as from overvoltage etc.) (*elect.*), sistema di protezione selettivo. **8.** ~ quenching (*heat-treat.*), tempra differenziale. **9.** ~ radiation (*phys.*), radiazione selettiva. **10.** ~ reflection (*opt.*), riflessione selettiva. **11.** ~ sliding gear (*aut.*), *see* clash gear. **12.** ~ transmission (as of aut.) (*mech.*), cambio (di velocità) a preselettore.

selectivity (*radio*), selettività. **2** ~ automatic control (*radio*), regolazione automatica di selettività. **3.** ~ factor (*radio*), coefficiente di selettività.

selector (of an automatic telephone exchange) (*teleph.*), selettore. **2.** ~ (*comp. device*), selettore. **3.** ~ (*aut.*), preselettore. **4.** ~, *see also* preselector. **5.** ~ channel (*comp.*), canale selettore. **6.** band ~ (*radio*), selettore di gamme d'onda. **7.** channel ~ (for obtaining the desired telev. channel) (*telev.*), selettore di canale. **8.** final ~ (*teleph.*), selettore finale. **9.** group ~ (*teleph.*), selettore di gruppo. **10.** line space ~ (*typewriter*), selettore dell'interlinea. **11.** long-distance ~ (toll-line selector) (*teleph. app.*), teleselettore. **12.** "omni-bearing" ~ (*radio - aer. instr.*), selettore di rotta. **13.** range scale ~ (*radar*), selettore di scala distanze.

selenite ($CaSO_4.2H_2O$) (*min.*), selenite, gesso cristallizzato.

Selenium (Se - *chem.*), selenio. **2.** ~ cell (*elics. device*), cellula (fotoelettrica) a selenio.

selenodesy (relating to the shape and surface of the moon) (*n. - astrophysics*) selenodesia.

selenographer (expert in selenography) (*astr.*), selenografo.

selenography (science treating of the moon surface) (*astr. - astric.*), selenografia.

selenologist, selenonaut (Brit.), *see* lunarnaut.

selenology (*astr.*), selenologia.

self-accounting (as of a company of a group) (*finan. - adm.*), con contabilità propria.

self-acting (as of a mach.) (*a.*), automatico. **2.** ~ mule (for spinning wool) (*text. mach.*), filatoio automatico.

self-actor (*text. mach.*), filatoio automatico. **2.** ~ (self-acting machine) (*mach.*), macchina automatica. **3.** ~ (self-acting mule) (*text. mach.*), filatoio automatico.

self-adjusting (*mech. - etc.*), autoregolato, a regolazione automatica.

self-aligning (*a. - mech.*), autoallineantesi, per (o di) autoallineamento. **2.** ~ bearing (*mech.*), cuscinetto (oscillante) per autoallineamento.

self-annealing (*metall.*), autoricottura.

self-balance (*mech. - etc.*), autocompensazione, compensazione automatica.

self-balanced (*mech. - etc.*), autocompensato.

self-bias (automatic grid bias in an electron tube) (*elics.*), autopolarizzazione.

self-cancelling (switch) (*elect.*), ad apertura automatica.

self-capacity (*elics. - elect.*), capacità propria.

self-catalysis (*phys. chem.*), *see* auto-catalysis.

self-centering, self-centring (as a chuck) (*a. - mech.*), autocentrante.

self-checking (*a. - comp. - etc.*), ad autocontrollo.

self-cleaning (as of an oil filter of a mot.) (*a. - mech.*), a pulizia automatica, autopulitore. **2.** ~ (of a spark plug) (*n. - elect. - mot.*), autopulimento.

self-clocking (*a. - comp.*), autosincronizzante.

self-combustion, autocombustione.

self-contained (comprising all the necessary working parts) (*a.-mach.*), autonomo. **2.** ~ cooling unit (*air conditioning*), condizionatore autonomo. **3.** ~ unit (*mech. ind.*), gruppo autonomo.

self-control (*gen.*), autocontrollo. **2.** ~ (inspection carried out during the production cycle by the production operator) (*quality control*), autocontrollo.

self-destructive (*a. - milit. - air force*), autodistruttivo.

self-diffusion (*phys.*), autodiffusione.

self-discharge (of an accumulator) (*elect.*), autoscarica.

self-drive (*mech. - aer. - torpedo - etc.*), autoguida.

self-energized (*elect.*), autoeccitato.

self-excitation (as of an elect. dynamo) (*elect.*), autoeccitazione.

self-exciter (*electromech.*), autoeccitatrice.

self-feeder (*app.*), alimentatore automatico.

self-filming (*m. pict.*), autoripresa.

self-financing (*finan. - adm.*), autofinanziamento.

self-hardening (*a. - metall.*), autotemprante. **2.** ~ (as a molding material) (*a. - chem. ind.*), autoindurente. **3.** ~ (*n. - metall.*), autotempra. **4.** ~ steel (*metall.*), acciaio autotemprante.

self-heterodyne (*radio*), endodina.

self-ignition (*mot.*), autoaccensione. **2.** ~ (*phys. chem.*), accensione spontanea. **3.** ~ (autoignition: as of fuel) (*rckt.*), autocombustione.

self-induced (*a. - elect.*), autoindotto.

self-inductance (*elect.*), autoinduzione, autoinduttanza.

self-induction (*elect.*), autoinduzione, selfinduzione.

self-inductive (*elect.*), autoinduttivo.

self-injury (of worker), autolesione.

self-loading (*a. - mech.*), a caricamento automatico.

self-locking (*a. - mech.*), a chiusura automatica, a bloccaggio automatico.

self-lubricating (as of bushing) (*a. - mech.*), autolubrificato.

self-lubrication (*mech.*) autolubrificazione.

self-multiplying (chain reaction) (*a. - atom phys.*), automoltiplicante.

self-opening (*a. - mech.*), ad apertura automatica. **2.** ~ die head (*mech. t.*), filiera a scatto automatico.

self-organizing (as referred to a program) (*comp.*), autoadattante.

self-oscillation (of a radio receiver) (*radio*) (Brit.), auto-oscillazione.

self-parking (windscreen wiper) (*aut.*), ad azzeramento automatico.

self-powered (*a. - ind.*), ad alimentazione autonoma.

self-priming (of a pump) (*a. - hydr.*), autoadescante.

self-programming (*technol. - etc.*), autoprogrammazione.

self-propelled (*a. - mech.*), a propulsione autonoma, semovente.

self-recording (*a.*), a registrazione automatica.
self-registering (*a.*), a registrazione automatica.
self-regulated (self-regulating, as an alternator) (*electromech.*), autoregolato.
self-regulating (as of an aut. or aer. gasoline feeding pump) (*a. - mech.*), autoregolatore, autoregolatrice.
self-scattering (*radioact. - atom phys.*), autodiffusione.
self-sealing (*mech. - etc.*), autosigillante. **2.** ~ (pneumatic tire) (*aut.*), antiforo. **3.** ~ (as a fuel tank) (*aer. - etc.*), autosigillante.
self-service (*comm.*), servizio effettuato da se stessi, "self service".
self-sharpening (*t. - etc.*) autoaffilante.
self-shielding (the internal part of a nuclear fuel is shielded by the fuel outer part) (*atom. phys.*), autoschermatura, autoschermo.
self-starter (of mot.), avviatore automatico.
self-starting (of a mot.) (*a. - mot.*), ad avviamento automatico.
self-stowing (stockless, as an anchor) (*a. - naut.*), senza ceppi.
self-supporting (self-bearing) (*technol.*), autoportante.
self-synchronizer (selsyn) (*elect. - etc.*), autosincronizzatore.
self-synchronizing (self-synchronized) (*a. - elect. - etc.*), autosincronizzato.
self-tapping screw (*mech.*), autofilettante, vite autofilettante.
self-test (*tlcm.*), autoverifica.
self-threading (thread-forming screw) (*mech.*), autofilettante. **2.** ~ (*a. - text. mfg.*), ad infilatura automatica.
self-timer (automatic release) (*phot.*), autoscatto. **2.** ~ (as in a camcorder) (*audiovisuals*), temporizzatore automatico.
self-toning (*phot.*), autovirante.
self-trimming (as a vessel) (*a. - naut.*), autostivante.
self-ventilated (*elect. - etc.*), autoventilato.
self-ventilation (*elect. - etc.*), autoventilazione.
self-winding (of a clock) (*a.*), a caricamento automatico, a carica automatica. **2.** ~ (*a. - gen.*), ad avvolgimento automatico.
sell (to) (to vend) (*comm.*), vendere, smerciare. **2.** ~ by retail (*comm.*), vendere al minuto. **3.** ~ wholesale (*comm.*) (Brit.), vendere all'ingrosso.
seller (*comm.*), venditore. **2.** furniture ~ (*comm.*), mobiliere, venditore di mobili.
selling (sale) (*comm.*), vendita. **2.** ~ agent (*comm.*), commissionario. **3.** ~ price (*comm.*), prezzo di vendita. **4.** direct ~ (*comm.*), vendita diretta. **5.** telephone ~ (*comm.*), vendita per telefono.
selsyn (self-synchronizer) (*elect. - etc.*) autosincronizzatore. **2.** ~ (synchro: motor and generator turning synchronously in the same angular position) (*elect. remote control*), trasduttore angolare.
selvage (edge plate of a bolt lock) (*mech.*), bocchetta. **2.** ~ (edge of a piece of fabric) (*text. ind.*), cimosa. **3.** ~ (layer of detrital rock along the sides of a vein or seam) (*min.*), salbanda, losima.
selvedge (selvage) (*text. ind.*), cimosa. **2.** ~ machine (*text. mach.*), macchina per cimosa. **3.** ~ *see also* selvage.
"SEM" (scanning electron microscope) (*opt.*), microscopio elettronico a scansione.
semantics (the study of meanings of words, signs and their interrelation: as in programming language etc.) (*comp.*), semantica.
semaphore (*railw.*), semaforo. **2.** ~ (visual signaling with flags) (*milit.*), segnalazione con bandiere a mano. **3.** ~ arm (*railw.*) (Brit.), braccio del semaforo. **4.** ~ blade (*railw.*) (Am.), braccio del semaforo. **5.** ~ post (*milit.*), posto di segnalazione con bandiere a mano. **6.** railroad ~ (*railw.*), semaforo ferroviario.
semaphorist (*railw. work.*), semaforista.
semiautomated (partly automated) (*a. - gen.*), semiautomatizzato.
semiautomatic (*electromech. - etc.*), semiautomatico.
semiaxis (the segment of axis beginning from the center of a geom. figure: half of an axis) (*n. - math.*), semiasse, la metà dell'asse.
semi-beam (*bldg. mech.*) (Brit.), trave incastrata ad un estremo e libera all'altro, trave a sbalzo.
semicellulose (*paper mfg.*), pasta semi-chimica.
semicircle, semicerchio.
semicircular (*a. - gen.*), semicircolare.
semicoarse (*mech.*), semigrossolano.
semicoke (coalite, fuel obtained by carbonizing coal at about 600°C) (*comb.*), semicoke.
semicolon (*print.*), punto e virgola.
semiconductor (used as in transistors) (*n. - elics.*), semiconduttore. **2.** ~ junction (generally between *p* type and *n* type material) (*elics.*), giunzione tra semiconduttori. **3.** ~ memory, *see at* memory. **4.** doped ~ (having performances depending on impurities) (*elics.*), semiconduttore drogato. **5.** extrinsic ~, *see* doped ~. **6.** impurity ~ (doped semiconductor) (*elics.*), semiconduttore con impurezze (o drogato). **7.** integrated ~, *see* integrated circuit. **8.** metal-nitride-oxide ~, "MNOS" [the nitride is (Si_3N_4) and the oxide is ($Si\ O_2$)] (*elics.*), semiconduttore metallo-nitruro-ossido. **9.** metal oxide ~, "MOS" [the oxide is ($Si\ O_2$)] (*elics.*), semiconduttore metallo-ossido, MOS. **10.** *n*-type (or *p*-type) ~ (*elics.*), semiconduttore di tipo *n* (o di tipo *p*). **11.** vertical-groove metal oxide ~, "VMOS" (*elics.*), MOS verticale, VMOS.
semicontinuous (*rolling mill*), semicontinuo.
semidiameter (*astr.*), semidiametro.
semidiesel engine (a two-stroke cycle internal combustion engine with a separate combustion chamber kept in temperature) (*eng.*), motore semidiesel (o a testa calda).
"semiebonite" (*rubb. ind.*), gomma contenente zolfo combinato nella proporzione 4 ÷ 25 %.

"semienclosed" (of elect. mach., elect. app.) (*constr. type*), semichiuso.
semifinalist (*sport*), semifinalista.
semifinals (*sport*), semifinali.
semifinished (*a. - mech. - etc.*), semilavorato. **2.** ~ part store (*mech. ind.*), magazzino (particolari) semilavorati. **3.** ~ products (*ind.*), semilavorati. **4.** ~ steel (steel bars, billets, blooms, sheets etc.) (*metall.*), semilavorati di acciaio.
semiflexible, semirigido.
semifloating (*gen.*), semiflottante. **2.** ~ axle (transmitting torque and placed inside a fixed housing that supports the veh. weight) (*aut.*), semiasse di una scatola portante.
semifluid (*phys.*), semifluido.
semigroup (*math.*), semigruppo.
semikilled (steel) (*metall.*), semicalmato. **2.** ~ (*metall.*), acciaio semicalmato.
semiliquid (*phys.*), semiliquido.
semimachine (to) (*mech. ind.*), lavorare parzialmente (di macchina), compiere le prime lavorazioni (di macchina).
semimagnetic controller (used in furnaces, motors etc.) (*electromech.*), regolatore ottenuto mediante componenti elettromagnetici o di altro tipo.
semimanufactured (article, piece etc.) (*a. - ind. - mech. - chem.*), semilavorato.
semimonocoque (as of the airplane fuselage) (*aut. - railw. - aer. - constr.*), struttura semiportante, struttura semintegrale.
seminar (training and formation technique as for executives) (*pers. instruction*), seminario.
semipermanent (*gen.*), semipermanente. **2.** ~ mold (comprising an outside steel mold) (*found.*), semiconchiglia.
semipermeable (*phys.*), semipermeabile. **2.** ~ membrane (as in osmosis) (*phys.*), membrana semipermeabile.
semipneumatic tire (tubular tire without inner tube, for light veh., as wheelbarrows) (*rubb. mfg.*), pneumatico tubolare senza camera d'aria.
semiportable (*mach. - etc.*), semifisso.
semiprotected (of elect. mach., elect. app.) (*constr. type*), semiprotetto.
semirigid (*a. - gen.*), semirigido. **2.** ~ (of an airship) (*aer.*), semirigido. **3.** ~ airship (*aer.*), dirigibile semirigido. **4.** ~ theory (approx. theory of elastic structures using a finite number in place of the theoretic infinite number of degrees of freedom) (*aer.*) (Brit.), teoria del corpo semirigido, teoria della semirigidità, teoria della mobilità ristretta.
semiskilled (*work.*), qualificato. **2.** ~ labour (*work.*), mano d'opera qualificata.
semisteel (*metall.*), ghisa acciaiosa.
semi-submersible crane vessel, "SSCV" (huge catamaran vessel equipped with two powerful cranes hoisting more than 10,000 metric tons weight each: used for assemblage of offshore drilling rigs) (*naut. - offshore oil rig*), imponente catamarano, a scafi parzialmente sommergibili, equipaggiato con due colossali gru.
semitrailer (*aut.*), semirimorchio, semitrailer.
semitransparent (*gen.*) semitrasparente.
semiwater gas (mixture of water gas and air gas) (*ind. chem.*), gas misto.
sems (assembly of screw and washer made before threading by upsetting) (*mech. fastener*), vite con rondella elastica autobloccante montata prima di filettare a ricalco.
send (to), inviare. **2.** ~ (as to send messages) (*tlcm.*), trasmettere. **3.** ~ to the bottom (*navy*), colare a picco, affondare.
sender (*comm.*), mittente. **2.** ~ (*telegraphy*), apparecchio trasmittente, emettitore. **3.** ~ (*radio - teleph.*), *see* transmitter. **4.** automatic ~ (*telegraphy*), emettitore automatico. **5.** keyboard ~ (*telegraphy*), manipolatore a tastiera. **6.** oil pressure ~ (oil pressure transmitter) (*mot.*), trasmettitore pressione olio.
sending (as of signals) (*telegraphy*), emissione. **2.** ~ (*radio*), *see* transmission. **3.** ~ data (*comp.*), dati da trasmettere. **4.** ~ key (*telegraphy*), manipolatore.
send-receive set (*tlcm.*), apparecchio ricetrasmittente. **2.** keyboard ~ (as a manual teleprinter) (*elics. - tlcm.*), unità ricetrasmittente a tastiera.
sengierite (rare mineral containing 43% of uranium) (*min. - radioact.*), sengierite.
senior (as an employee) (*n. - pers.*), anziano. **2.** ~ (as an employee) (*a. - work. - pers.*), anziano (*a.*). **3.** ~ executive (*company management*), dirigente anziano. **4.** ~ security (*finan.*), titolo privilegiato.
seniority (*gen.*), anzianità. **2.** ~ (as of an employee) (*ind. - pers.*), anzianità. **3.** ~ bonus (*pers.*), premio di anzianità.
sennit (braided cordage) (*naut.*), treccia, trinella. **2.** French ~ (sennit) (*naut.*), treccia.
sensation unit (former name of decibel) (*acous.*) (Brit.), decibel.
sense (direction: as of a force) (*gen.*), senso, direzione, verso. **2.** ~ (perception: realized by a sensor) (*elics. - etc.*), rilevamento. **3.** ~ finder (*radiogoniometry*), rivelatore della direzione. **4.** carrier ~ signal (*tlcm.*), segnale (di rilevamento) della presenza della portante.
sense (to) (to perceive) (*gen.*), percepire. **2.** ~ (to be sensitive, to respond) (*instr. - etc.*), essere sensibile, rispondere. **3.** ~ (to detect automatically the punched holes of a tape or of cards) (*comp.*), rilevare le perforazioni. **4.** ~ (to detect particular physical variations: as of magnetical particles orientation etc.) (*comp.*), sentire, rilevare particolari variazioni fisiche.
sensibility (of instr.), sensibilità.
sensible (*a. - gen.*), sensibile. **2.** ~ heat (heat causing a change in the temperature of a body when added or subtracted) (*therm.*), calore sensibile.
sensing (sensitive) (*gen.*), sensibile. **2.** ~ holes (punched holes to be detected by a sensor)

(*comp.*), perforazioni di rilevamento, fori (destinati) a sensori di rilevamento. **3.** altitude ~ unit (*instr.*), gruppo compensatore di quota, gruppo sensibile alle variazioni di quota, correttore di quota. **4.** mark ~ (detection of a special information mark) (*comp.*), rilevamento della marcatura.

sensitive (as of radio, mech., phot. material, instrument etc.), sensibile. **2.** ~ drilling machine (*mach. t.*) trapanatrice sensitiva, trapano sensitivo. **3.** ~ material (*phot.*), materiale sensibile.

sensitiveness (of an instr.), sensibilità.

sensitivity (as of radio, mech., phot. material, instr. etc.), sensibilità. **2.** luminous ~ (*telev.*), sensibilità luminosa, fotosensibilità. **3.** notch ~ (tendency of the resistance, as to a shock test, to be lowered at a notch) (*metall.*), sensibilità all'intaglio. **4.** variational ~ (*radio - telev.*), sensibilità di variazione.

sensitization (*phot.*), sensibilizzazione.

sensitize (to) (*phot.*), sensibilizzare.

sensitizer (*phot.*), sensibilizzante. **2.** ~ (*chem.*), sensibilizzatore, sensibilizzante. **3.** color ~ (*phot.*), sensibilizzante cromatico.

sensitometer (*phot. - opt. instr.*), sensitometro.

sensitometry (*phot.*), sensitometria.

sensor (device operating as by temp., pressure, light, radio waves etc.), (*comp. - ind. - mach. - etc.*), sensore. **2.** position ~ (as in firing device of an exploder) (*milit. - navy*), sensore di posizione. **3.** position ~ (position transducer, as of the slide motion, on numerical controlled machines) (*n. c. mach. t.*), sensore di posizione. **4.** pressure ~ (as in torpedoes) (*mech. - navy - etc.*), pressostato. **5.** white balance ~ (in a camcorder) (*audiovisuals*), sensore di bilanciamento del bianco.

sentence (*law*), sentenza. **2.** open ~ (*math.*), frase aperta.

sentinel (mark or symbol found at the beginning or end of a tape) (*comp.*), marca, marcatura.

sentry (*milit.*), sentinella. **2.** ~ box, garitta.

separable (detachable) (*gen.*), staccabile, separabile.

separate (to) (*phys.*), separare.

separately excited (as of an electric generator) (*a. - electromech.*), ad eccitazione separata.

separation (*gen.*), separazione. **2.** ~ (*chem.*), separazione. **3.** ~ (spacing of several aircraft at the same height during landing) (*aer.*), distanziamento. **4.** ~ (of colors) (*photomech.*), selezione. **5.** ~ from reflection copy (*photomech.*), selezione da bozzetto. **6.** ~ from transparency (*photomech.*), selezione da diapositivo. **7.** ~ negatives (*photomech.*), negativi da selezione. **8.** ~ of signals (video and audio) (*telev. app.*), separazione dei segnali. **9.** ~ point (point at which the flow separates from the surface) (*mech. of fluids*), punto di distacco (della vena). **10.** gravity ~ (of immiscible phases) (*phys.*), separazione per gravità. **11.** heavy-liquid ~ (as of ore by apposite density liquid) (*min. technol.*), separazione densimetrica. **12.** lateral ~ (*aer.*), distanziamento laterale. **13.** longitudinal ~ (*aer. navig.*), distanziamento longitudinale. **14.** vertical ~ (*aer. navig.*), distanziamento verticale.

separator (*ind. or chem. impl.*), separatore. **2.** ~ (as between acc. plates) (*elect.*), separatore. **3.** ~ (cage of a ball bearing) (*mech.*), gabbia. **4.** ~ (*min.*), separatore. **5.** ~ (of a steam engine) (*mech.*), separatore. **6.** ~ (buffer stage) (*electrotel.*), stadio separatore. **7.** ~ (character indicating the beginning or the end: as of a string) (*comp.*), delimitatore, separatore. **8.** baffle ~ (as for gas purification) (*ind. app.*), separatore, separatore a diaframmi (o ad urto). **9.** centrifugal oil ~ (as for oiled cuttings) (*mach.*), centrifuga per il ricupero dell'olio. **10.** centrifugal ~ (*mach.*), separatore centrifugo. **11.** condensate ~ (*ind. app.*), separatore di condensa. **12.** cream ~ (*ind. mach.*), scrematrice. **13.** directional ~ (*road traff.*), spartitraffico. **14** impulse ~ (*telev.*), separatore di impulsi. **15.** information ~, "IS" ("IS" character) (*comp.*), (delimitatore o) separatore di informazioni. **16.** lane ~ (*road traff.*), separazione fra le vie di traffico. **17.** magnetic ~ (*elect. device*), separatore magnetico, separatore elettromagnetico **18.** magnetic ~ (as for iron ores) (*min. device*), separatore magnetico. **19.** oil ~ (as in steam, compressed-air piping etc.) (*ind. app.*), separatore di olio.

sepia (*color*), seppia. **2.** ~ color (as of phot. print.), color seppia. **3.** ~ print (*phot.*), copia seppia. **4.** ~ print (*draw.*), riproduzione seppia, seppia, copia seppia.

sepiolite (*min.*), sepiolite, schiuma di mare.

septic tank (*bldg.*), fossa settica.

septum (any dividing wall) (*gen.*), setto. **2.** ~ (in osmosis) (*phys.*), setto.

sequence (*m. pict.*), sequenza. **2.** ~ (simple succession: as in tightening the bolts of a mot. cylinder head) (*gen.*), ordine di precedenza. **3.** ~ (a sequence of ordered items, a string) (*comp.*), sequenza. **4.** ~ (of the elements in a welding cycle) (*mech. technol.*), sequenza. **5.** ~ check, ~ checking (*comp.*), controllo di sequenza. **6.** ~ circuit (establishing the sequence of two or more phases of a circuit) (*fluid power*), circuito di sequenza. **7.** ~ control program (*comp.*), programma di controllo di sequenza. **8.** ~ timer (*welding*), temporizzatore di sequenza. **9.** backstep ~ (*welding*), metodo a ritroso, metodo a passo di pellegrino. **10.** called ~ (*comp.*), sequenza chiamata. **11.** calling ~ (*comp.*), sequenza chiamante. **12.** collating ~ (*comp.*), sequenza di confronto, sequenza di collazione. **13.** deposit ~ (deposition sequence) (*welding*), metodo di deposito, sequenza di deposito. **14.** key ~ (for access to virtual memory) (*comp.*), sequenza di chiavi. **15.** longitudinal ~ (*welding*), metodo longitudinale, sequenza longitudinale. **16.** stepback ~ (*welding*), *see* backstep sequence. **17.** transitional ~ (*m. pict.*), sequenza di passaggio. **18.** welding ~ (*welding*), sequenza di saldatura.

sequence (to) (to set something in a sequence) (*gen.*), mettere in ordine sequenziale, sistemare in sequenza.
sequencer (*comp.*), ordinatore di sequenza.
sequential (*a. - comp.*), sequenziale.
sequential color television, see sequential system.
sequential system (*color telev.*), sistema a sequenza di trame.
sequester (*law*), sequestro.
sequoia (*wood*), sequoia.
"ser", *see* serial, series.
serene (clear) (*meteor.*), sereno.
serge (twilled fabric used for lining) (*text.*), tessuto per fodere.
sergeant (*milit.*), sergente. **2.** ~ major (*milit.*), sergente maggiore.
serial (*n. - m. pict.*), film a episodi, film a puntate. **2.** ~ (*a. - gen.*), in (o di) serie. **3.** ~ (*a. - comp.*), seriale. **4.** ~ access (*comp.*), accesso seriale. **5.** ~ number (*ind.*), numero di matricola. **6.** ~ tap (one of the three serial screwing taps) (*mech.*), uno dei maschi filettatori di una terna. **7.** ~ transmission (sequential transmission of groups of data in time intervals) (*tlcm. - comp.*), trasmissione seriale. **8.** bit ~ (sequential transmission of bits on a single channel) (*comp.*), (trasferimento) seriale di bit, trasmissione sequenziale di bit.
serialize (to) (to arrange something in serial form) (*math. - etc.*), ordinare (o convertire) in serie.
sericin (of silk) (*chem.*), sericina.
sericulture (*text. ind.*), sericultura.
series (as of aut. of the same model) (*a. - gen.*), di serie. **2.** ~ (elect. connection), serie. **3.** ~ (*chem.*), serie. **4.** ~ (mode of ordering: succession, sequence etc.) (*comp.*), serie. **5.** ~ connection (*elect. - elics.*), collegamento in serie. **6.** ~ motor (*electromech.*), motore (eccitato) in serie. **7.** ~ multiple (*elect.*), serie-parallelo. **8.** ~ number (as of an engine, chassis etc.) (*ind.*), numero (di identificazione), numero di individuazione, numero di fabbricazione. **9.** ~ parallel (series multiple) (*n. - elect.*), serie-parallelo. **10.** ~ production (*ind.*), produzione in serie. **11.** ~ resonance (*elics.*), risonanza in serie. **12.** ~ spectra (spectral series) (*phys.*), serie spettrale. **13.** Fourier ~ (the expression of a wave in fundamental and harmonics) (*math.*), serie di Fourier. **14.** harmonic ~ (*math.*), serie armonica. **15.** in ~ (elect. connection), in serie. **16.** methane ~ (*chem.*), serie del metano. **17.** Taylor's ~ (*math.*), serie di Taylor. **18.** thorium ~ (*atom phys.*), famiglia del torio.
serif (short line at the beginning or end of a letter) (*typ.*), terminazione, tratto terminale, grazia. **2.** oblique ~ (*typ.*), terminazione inclinata. **3.** sans ~ (type made without serifs) (*typ.*), bastone, carattere sprovvisto di tratti terminali, carattere sprovvisto di grazie.
serimeter (*text. instr.*), serimetro.
"ser n" (series number, as of an engine, chassis etc.) (*ind.*), numero (di identificazione), numero di fabbricazione.
serpentine [$H_2Mg_3(SiO_4)_2.H_2O$] (*min. rock*), serpentino.
"serr" (serrated) (*a. - mech. - etc.*), *see* serrated.
serrate (saw-toothed) (*a.*), a denti di sega.
serrate (to) (to sawtooth) (*mech.*), dentare a denti di sega. **2.** ~ (to notch) (*carp.*), fare delle tacche.
serrated (saw-toothed) (*a. - mech.*), a denti di sega. **2.** ~ (grooved, as a shaft) (*mech.*), scanalato. **3.** ~ impulse (in toothlike pulse: as for frame synchronization) (*telev.*), impulsi di sincronizzazione o picchi di sincronizzazione. **4.** ~ shaft (kind of spline shaft) (*mech.*), albero scanalato a denti di sega.
serration (saw-tooth profile) (*gen.*), profilo a denti di sega. **2.** ~ (as of a shaft) (*mech.*), striatura, rigatura, profilo Whitworth, dentatura a denti di sega. **3.** ~ (lands and gashes on a shaving cutter tooth) (*mech. t.*), scanalature taglienti, dentelli.
serrature (*n.*), *see* serration.
serum (*biochem.*), siero.
"serv", *see* service.
serve (to) (*gen.*), servire. **2.** ~ (to cover with canvas, small ropes, etc.) (*naut.*), fasciare, proteggere con fasciatura. **3.** ~ (a notice, to bring to notice) (*law*), notificare. **4.** ~ (as an office) (*comm.*), rimanere in carica, coprire una carica. **5.** ~ (to fire artillery or naval guns) (*ordnance - navy*), servire (ai pezzi).
server (as a device granting a service) (*comp.*), server, "servente", sistema di servizio.
service, servizio. **2.** ~ (*comm.*), assistenza. **3.** ~ (bus service) (*public utility*), servizio di autobus. **4.** ~ (serving, stuff wound round a rope) (*naut.*), fasciatura. **5.** ~ (as of a complaint) (*law*), notifica. **6.** ~ (for maintenance and repair: as of aut., telev. etc.) (*n. - gen.*), servizio assistenza. **7.** ~ brake (foot brake, used when driving) (*aut.*), freno a pedale. **8.** ~ call (*teleph.*), chiamata di controllo, chiamata di servizio. **9.** ~ ceiling (*aer.*), tangenza pratica. **10.** ~ center (*aut. - etc.*), centro di assistenza. **11.** ~ charge (bank charge) (*adm. - bank*), spese bancarie. **12.** ~ engineer (for repair and maintenance) (*ind.*), capo (servizio) assistenza. **13.** ~ module (containing the fuel tanks, the rocket engine and the fuel cells of a spacecraft) (*astric.*), modulo di servizio. **14.** ~ of process (*law*), notifica dell'azione. **15.** ~ pipe (it connects the principal water or gas pipes of a bldg. to the main electric power) (*bldg. operation*), allacciamento. **16.** ~ requirements (as of an officer), requisiti di servizio. **17.** ~ speed (of a ship: maintained in normal cruise conditions) (*naut.*), velocità di crociera. **18.** ~ water (water for ordinary uses, in ind.; undrinkable) (*factory water system*), acqua industriale. **19.** active ~ (*milit.*), servizio attivo. **20.** aeronautical broadcasting ~ (*aer. - radio*), servizio di radiodiffusione informazioni aeronautiche. **21.** aeronautical fixed ~ (telecommunication service between fixed points) (*aer. - radio*), servizio fisso

aeronautico. **22.** aeronautical mobile ~ (*aer. - radio*) servizio mobile aeronautico. **23.** aeronautical radionavigational ~ (*aer. - radio*), servizio di radio-navigazione aeronautica. **24.** aeronautical telecommunication ~ (*aer. - radio*), servizio telecomunicazioni aeronautiche. **25.** after-sales ~ (service during the period of warranty, as given to a car) (*comm. - aut.*), assistenza clienti, assistenza nel periodo di garanzia, assistenza di garanzia. **26.** air ~ (*aer.*), servizio aereo. **27.** bus ~ (*public service*), servizio di autobus. **28.** compulsory ~ (*milit.*), servizio obbligatorio. **29.** continuous ~ (of a mach., of a plant etc.) (*ind.*), servizio continuo. **30.** failure in ~ (as of a mach.) (*gen.*), arresto nel funzionamento. **31.** flight-information ~ (*air navig.*), servizio informazioni di volo. **32.** harbor ~ (*naut.*), servizio portuario. **33.** helicopter-bus ~ (*aer.*) (Am.), servizio di elibus, (o di elicotteri da trasporto). **34.** intelligence secret ~ (milit.), servizio informazioni. **35.** intermittent ~ (of a mach., of a plant etc.) (*ind.*), servizio intermittente. **36.** merchant ~ (*naut.*), marina mercantile. **37.** periodic ~ (of a mach., of a plant etc.) (*ind.*), servizio periodico. **38.** public utility ~ (as water service, gas service etc.), servizio pubblico. **39.** radar ~ (*milit. - radio*), servizio di localizzazione. **40.** railway ~ (*public utility*), servizio ferroviario. **41.** road ~ (*aut.*), servizio assistenza stradale. **42.** sanitary ~ pump (*naut.*), pompa per servizi igienici. **43.** shuttle ~ (*railw.*), servizio di navetta. **44.** telephone ~ (*public utility*), servizio telefonico. **45.** temporary ~ (of a mach., of a plant etc.) (*ind.*), servizio temporaneo.

service (to) (*mech. - mot.*), eseguire la manutenzione, riparare. **2.** ~ (as a summons) (*law*), portare a conoscenza.

serviceability (as of an airplane) (*gen.*), stato di efficienza.

serviceable (*gen.*), efficiente, idoneo al servizio, funzionale.

servicing (maintenance, repair) (*mech. - mot.*), manutenzione, riparazione. **2.** second free ~ (of a car after a given number of miles) (*aut.*), secondo tagliando gratuito.

serving.(service, stuff wound round a rope) (*naut.*), fasciatura. **2.** ~ (protection covering) (*gen.*), rivestimento, protezione. **3.** ~ (as of jute on armored elect. cables) rivestimento protettivo esterno.

servitude (*law*), servitù.

servo (servomechanism) (*mech. - elics. - hydr.*), servomeccanismo. **2.** ~ (servomotor) (*mech. - etc.*), servomotore. **3.** ~ amplifier (torque amplifier: as in a servomechanism) (*mech. impl.*), moltiplicatore di coppia. **4.** ~ brake (power brake) (*aut.*), servofreno. **5.** ~ control (*aer. - etc.*), servocomando. **6.** ~ head (a head following a servo track in a track following servo system) (*comp.*), servotestina. **7.** ~ surface (disk surface having servo tracks recorded) (*comp.*), superficie con servotracce. **8.** ~ system (servomechanism) (*electromech. - etc.*), servomeccanismo. **9.** ~ track (on a hard disk: a particular preregistered track to be read by a servo head) (*comp.*), servotraccia. **10.** track following ~ (a system for positioning the read/write heads of a magnetic disk unit: by servo track and servo head) (*comp.*), sistema di posizionamento delle testine mediante servotraccia.

servomechanism (*mech.*), servomeccanismo.

servomotor (*mech.*) (Brit.), servomotore. **2.** hydraulic ~ (*mech. device*), servomotore idraulico.

servovalve (a valve which modulates output as a function of an input signal) (*hydr. - etc.*), servovalvola.

"SES" (Standards Engineers Society) (*technol.*), Società dei Tecnici di Normalizzazione. **2.** ~ (Surface Effect Ship), *see at* ship.

sesame, sesamo. **2.** ~ oil (*ind.*), olio di sesamo.

sesqui (combining form: as in sesquioxide) (*chem.*), sesqui.

sesquioxide (*chem.*), sesquiossido.

session (period of time during which an operator is in contact with a comp.) (*comp.*), sessione.

set (fixed) (*a.*), fissato. **2.** ~ (rigid) (*a.*), rigido. **3.** ~ (built-in) (*a. - mech.*), riportato. **4.** ~ (adjusted, as a Diesel engine to a given r.p.m. for coupling to a generator) (*a. - mot.*), tarato. **5.** ~ (group or series) (*n. - gen.*), serie, assieme, complesso. **6.** ~ (*m. pict. - telev.*), scenario, scena. **7.** ~ (*n. - radio*), apparecchio ricevente. **8.** ~ (permanent change of shape due to overstraining) (*n. - constr. theor.*), deformazione permanente. **9.** ~ (as of tools, of wheels etc.) (*n.*), serie. **10.** ~ (as of spare brushes for an elect. mach.) (*n. - mach. - etc.*), muta. **11.** ~ (as of mortar or cement) (*n. - bldg.*), presa. **12.** ~ (lateral deviation of a saw-tooth point) (*mech.*), allicciatura. **13.** ~ (setting coat) (*mas.*), *see* setting coat. **14.** ~ (supporting timber frame, as of a tunnel) (*min.*), quadro. **15.** ~ (of a spring: rise that a spring deflects under normal load) (*railw. - etc.*), freccia (o deformazione elastica) a carico normale. **16.** ~ (number of reeds in one inch) (*text. ind.*), numero di pettini per pollice. **17.** ~ (number of threads in a reed) (*text. ind.*), numero di fili per pettine. **18.** ~ (aggregate, manifold) (*math.*), insieme. **19.** ~ (the whole electric or electronic unit of a radio set, a television set etc.) (*n. - elect. - elics. - hi-fi - etc.*), apparecchio. **20.** ~ (*math.*), insieme. **21.** ~ (a group: as of instructions etc.) (*n. - comp.*), insieme. **22.** ~ bar, *see* set iron. **23.** ~ dresser (in a m. pict. studio) (*m. pict.*), montatore di scene. **24.** ~ for cutting (*t.*), serie (completa) di utensili da taglio. **25.** ~ gauge (for a saw-tooth blade) (*mech.*), calibro di misura, calibro dell'allicciatura. **26.** ~ iron (set bar for controlling the curvature) (*shipbuild.*), sesta, sagoma per rilevare il garbo. **27.** ~ nut (*mech.*), controdado. **28.** ~ of lenses (as of a camera) (*phot.*), corredo di obiettivi) **29.** ~ of wrenches (*t.*), serie di chiavi. **30.** ~ on a pivot (*mech.*), imperniato. **31.** ~ pin (*mech.*), grano. **32.** ~ point (at which we should like to maintain constant a variable quantity: as the temp. of a furnace) (*meas.*), punto di regolazione, regolazione. **33.** ~ type (*typ.*), composizione tipografica. **34.** ~ up (made ready for use: as machinery) (*a. - mech.*), approntato. **35.** ~ up (composed, of type) (*a. - typ.*), composto. **36.** all-wave ~ (*radio*), apparecchio multigamma. **37.** basic ~ (set not provided with furnishings) (*telev.*), scena senza arredamento. **38.** coil ~ (as of a mtc. mot.) (*elect. mech.*), impianto a spinterogeno. **39.** common battery telephone ~ (*teleph.*), apparecchio telefonico a batteria centrale. **40.** crystal ~ (*radio*), ricevitore a cristallo, radio a galena. **41.** emergency stand-by generator ~ (*elect.*), gruppo elettrogeno di riserva di emergenza. **42.** engine-compressor ~ (*mach.*), gruppo motocompressore. **43.** incomplete ~ (*min.*), quadro zoppo. **44.** local battery telephone ~ (*teleph.*), apparecchio telefonico a batteria locale. **45.** no-break generating ~ (formed by engine, flywheel, motor and alternator) (*elect.*), gruppo elettrogeno di continuità. **46.** oxygen ~ (*aer.*), inalatore di ossigeno. **47.** petrol-electric generating ~ (*elect. - therm. unit*) (Brit.), gruppo elettrogeno a benzina. **48.** receiving ~ (*radio*), apparecchio radioricevente. **49.** rivet ~ (for heading a rivet) (*mech.*), stampo per chiodi. **50.** saw ~ (*t.*), allicciatoio, stradaseghe. **51.** square ~ (rectangular timbering of a mine) (*min.*), quadro di legno. **52.** steel square ~ (rectangular set made of steel) (*min.*), quadro d'acciaio. **53.** telegraph ~ (*elect. app.*), apparecchio telegrafico. **54.** telephone ~ (*teleph.*), apparecchio telefonico. **55.** timber ~ (*min.*), *see* set. **56.** working ~ (as in operating on virtual memory) (*comp.*), insieme di lavoro. **57.** workman ~ (*shop*), squadra di operai.

set (to) (as varnish), seccare. **2.** ~ (as fixtures and cutters for a required operation) (*mach. t. - mech.*), mettere a punto, registrare, regolare. **3.** ~ (to adjust: as the cutting stroke of a gear cutting mach.) (*mech.*), registrare. **4.** ~ (to adjust, as a Diesel engine to a given r.p.m. for coupling to a generator) (*mot.*), tarare. **5.** ~ (as to prepare an instrument, a device etc. for use), sistemare, preparare. **6.** ~ (the teeth of a saw) (*carp.*), allicciare, stradare. **7.** ~ (to lower in place and fix) (*mas.*), sistemare. **8.** ~ (to settle) (*bldg.*), assestarsi. **9.** ~ (as of mortar, plaster, concrete etc.) (*mas.*), far presa. **10.** ~ (*typ.*), comporre. **11.** ~ (to establish the fineness of texture; as of a fabric) (*text. ind.*), determinare il grado di finezza. **12.** ~ (as a lens diaphragm) (*phot.*), regolare. **13.** ~ (to fix as a jewel in a metal frame) (*instr.*), incastonare. **14.** ~ (to incorporate, as diamonds in a grinding wheel) (*t.*), incorporare. **15.** ~ (to run in, as of the piston rings) (*mot. - etc.*), assestarsi. **16.** ~ (to spread to the wind: as sails) (*naut.*), spiegare. **17.** ~ a map (*top.*), orientare una carta. **18.** ~ apart (*finan.*), stanziare. **19.** ~ a pole (*mas.*), piantare un palo. **20.** ~ aside (to set apart for a purpose) (*gen.*), accantonare. **21.** ~ aside (as funds) (*finan.*), accantonare. **22.** ~ at work (to cause to start: as a mach., a plant etc.) (*ind.*), mettere in funzione. **23.** ~ to work (to apply oneself), mettersi al lavoro. **24.** ~ a watch, regolare un orologio. **25.** ~ going (*mech.*), mettere in moto, avviare. **26.** ~ in air (as of concrete) (*mas.*), far presa in aria. **27.** ~ off (to cause explosion: as of a detonating charge) (*milit. - expl.*), fare esplodere. **28.** ~ on fire, incendiare. **29.** ~ out (to separate: as a car from a train) (*railw.*), staccare. **30.** ~ over (to put slightly to one side) (*gen.*), spostare. **31.** ~ over (to fix out of line) (*mech.*), disassare. **32.** ~ sail (*naut.*), spiegare le vele. **33.** ~ to zero (*instr.*), azzerare. **34.** ~ under water (as of concrete) (*mas.*), far presa sott'acqua. **35.** ~ up (as a lighting installation), installare. **36.** ~ up (to assemble and install, as a machine), montare e mettere in opera, montare ed installare. **37.** ~ up (a building), erigere. **38.** ~ up (to make tight) (*naut.*), arridare. **39.** ~ up (to clear a route) (*railw.*), sgombrare. **40.** ~ up (to make ready for use) (*gen.*), approntare. **41.** ~ up (to modify a series car for the purpose of racing) (*aut.*), allestire. **42.** ~ up the forms (*reinf. concr.*), armare (o sistemare) le casseforme.

setback (setting back of the outside walls of a building) (*arch.*), arretramento dei muri perimetrali. **2.** ~ (*bldg.*), *see* offset. **3.** ~ (*ballistics*), reazione.

set-in (inserted: as an item placed as a part of another construction) (*mech. - ed. - etc.*), inserito.

setoff (*law*), compensazione di debito. **2.** ~ (*typ.*), controstampa. **3.** ~ sheet (setoff page) (*typ.*) (Brit.), *see* offset sheet (Am.).

setover (a device for taper turning on a lathe) (*mach. t.*), dispositivo per tornitura conica. **2.** ~ mechanism (as for lapping gears) (*mech.*), dispositivo di piazzamento, meccanismo di posizionamento, posizionatore.

setscrew (*mech.*), vite di fermo, vite di arresto, vite di pressione. **2.** ~ wrench (Allen wrench) (*mech.*), chiave per viti Allen, chiave per viti a testa cava esagonale, chiave esagonale per "brugole".

settee (a piece of furniture) (*furniture*), divano.

setter (saw setting machine, for saw blades) (*mach.*), stradatrice, allicciatrice, macchina per stradare (o per allicciare) lame da sega. **2.** ~ (saw setter) (*t.*), stradaseghe, allicciatoio. **3.** ~ (setting operator) (*mach. t. work.*), operatore, addetto alla preparazione macchine. **4.** stove ~ (stove fitter) (*work.*), fumista.

setting (as of cement) (*mas.*), presa **2.** ~ (as of the table of a mach. t. in relation to the cutter) (*mech.*), messa a punto, registrazione. **3.** ~ (adjustment as of a Diesel engine to a given r.p.m. for coupling to a generator) (*mot.*), taratura. **4.** ~ (composition, matter) (*typ.*), composizione. **5.** ~ (saw setting) (*mech.*), stradatura, allicciatura. **6.** ~ (as of jewels in a metal frame) (*gen.*), incastonatura. **7.** ~ (of diamonds as in a grinding wheel) (*t.*), incastratura. **8.** ~ (position: as of a mach. in a shop) (*mach. layout*), posizione. **9.** ~ angle (as the angle of a tail plane or wing etc.) (*aerot.*), angolo di calettamento. **10.** ~ angle (*t.*), angolo di posizione. **11.** ~ at work (as of a plant) (*ind. - naut. - mech. - etc.*), messa in funzione. **12.** ~ coat (third coat of plaster: skim coat) (*mas.*) (Brit.), velo, stabilitura, terza mano di intonaco. **13.** ~ dial for depth of cut (as of gear shaper) (*mach. t. - mech.*), disco graduato per la registrazione della profondità di taglio. **14.** ~ gauge (as for the cutter of a gear shaper) (*mach. t. - mech.*), calibro di registrazione. **15.** ~ off (disconnecting) (*elect.*), disinserimento. **16.** ~ point (freezing point) (*chem.*) (Am.), punto di solidificazione. **17.** ~ point (of a lubricant oil, corresponding to the temperature at which flow ceases with a pressure of 5 cm of water) (*chem.*) (Brit.), punto di gelo (con pressione di 5 cm di acqua). **18.** ~ point (*mech.*), punto di regolazione. **19.** ~ punch (riveting set, rivet set, rivet knob, riveting die: used for punching a rivet on a washer) (*leather- work t.*), punzone da rivetto su rondella. **20.** ~ range (*elect. - etc.*), campo di regolazione. **21.** ~ rate (a comparative term referring to the time required for the glass surface to cool) (*glass mfg.*), velocità di raffreddamento. **22.** ~ reservoir (for settling ind. liquids by cascaded basins) (*ind. proc.*), vasche di sedimentazione a gradini. **23.** ~ stick (composing stick) (*typ.*), compositoio. **24.** ~ time (*mas.*), tempo di presa, durata della presa. **25.** ~ up (of a mechanism) (*mech.*), messa a punto. **26.** commencement of ~ (*mas.*), inizio della presa. **27.** finish of ~ (*mas.*), fine della presa. **28.** hand ~ (of wire) (*metall. ind.*), *see* hand straightening. **29.** quick ~ (*mas.*), presa rapida. **30.** slow ~ (*mas.*), presa lenta. **31.** square ~ (*min.*), armamento a quadri completi.

settle (to) (to become steady) (*gen.*), stabilizzarsi. **2.** ~ (as a road, the ground etc.), sistemare. **3.** ~ (to sink to a lower level) (*bldg.*), abbassarsi, cedere. **4.** ~ (*naut.*), abbassare. **5.** ~ (a bill) (*comm.*), saldare, regolare. **6.** ~ (of precipitate) (*chem.*), depositarsi, raccogliersi sul fondo (del recipiente). **7.** ~ (a controversy) (*v. t. - work. - law*), conciliare, comporre.

settlement (*bldg.*), cedimento, cedimento di assestamento. **2.** ~ (*comm.*), saldo, pagamento. **3.** ~ (as of a road, the ground etc.), sistemazione, assestamento. **4.** ~ (of a controversy) (*work. - law*), componimento. **5.** ~ (in stock exchange) (*finan.*) (Brit.), liquidazione. **6.** ~ (an agreement on a legal issue) (*law*), transazione. **7.** in full ~ (as in the case of the payment of an employee when terminating work) (*pers. adm.*), a saldo di qualsiasi somma dovuta.

settlements (breaks in a structure due to subsidence) (*bldg.*), rotture di assestamento, rotture dovute a cedimento.

settling (*bldg.*), cedimento, assestamento. **2.** ~ (*comm.*), liquidazione. **3.** ~ (as of a road, the ground etc.), sistemazione, assestamento. **4.** ~ (soap mfg. operation) (*soap mfg.*), liquidazione. **5.** ~ (deposition of solid constituents, as of a paint.) (*phys.*), sedimentazione. **6.** ~ pits (*hydr.*), pozzi filtranti. **7.** ~ tank (sedimentation tank) (*sewage*), vasca di sedimentazione. **8.** ~ tank (tank used to recover pulp from backwaters) (*paper mfg.*), decantatore. **9.** ~ time (as of electronic circuits, resetting time) (*elics.*), tempo di ripristino, tempo di riassestamento, tempo di resettaggio.

setup (arrangement: as of an instr.), sistemazione, preparazione, messa a punto. **2.** ~ (of a rock drill) (*min.*), messa in posizione. **3.** ~ (organization), organizzazione. **4.** ~ (making ready for use) (*gen.*), approntamento. **5.** ~ for cutting (*t.*), serie completa di utensili da taglio e loro montaggio. **6.** ~ gauge (*mech.*), calibro di messa a punto. **7.** ~ man (*mach. t. work.*), operatore, preparatore (della macchina), addetto alla preparazione (macchina). **8.** test ~ (*mech.*), preparazione della prova.

seventy-two (the 72nd part of a sheet) (*print. - bookbinding*), settantaduesimo.

sever (to), (to separate) (*gen.*), separare, separarsi.

severance (separation) (*gen.*), separazione. **2.** ~ pay (sum paid to an employee at the moment of retirement) (*pers.*), liquidazione.

severe (rigorous, as a test) (*a. - technol.*), rigoroso.

severity (as of an operation) (*gen.*), gravosità. **2.** ~ (percent reduction, of a drawing or redrawing operation) (*sheet metal w.*), rapporto di trafilatura, grado di trafilatura. **3.** ~ (as of a test) (*technol.*), rigorosità. **4.** thermal ~ test (as of a weld) (*technol.*), prova di rigorosità termica.

sew (to) (*upholstering - etc.*), cucire.

sewage (content of a sewer), acque luride, liquame. **2.** ~ (sewerage) (*bldg.*), fognatura. **3.** ~ disposal (system for converting sewage) (*ecol.*), trattamento del liquame. **4.** ~ pump (*bldg. - mach.*), pompa per liquame. **5.** ~ treatment (*bldg.*), trattamento dei liquami. **6.** fouled ~ (*bldg.*), liquame putrido.

sewed, sewed up (aground) (*a. - naut.*), incagliato, rimasto in secco.

sewer (conduit) (*bldg.*), fogna, canale di fognatura. **2.** ~ (ditch) (*gen.*), fosso. **3.** ~ gas (*chem.*), gas di fogna. **4.** ~ trunk line (*bldg.*), collettore di fognatura. **5.** storm ~ (rainfall sewer) (*mas.*), fognatura bianca. **6.** system of ~ of a city (*bldg.*), sistema di fognatura di una città.

sewerage (*bldg.*), fognatura. **2.** ~ (system of sewer: as of a city) (*bldg.*), sistema di fognatura.

sewing (act of one who sews), cucitura. **2.** ~ machine (*household mach.*), macchina per cucire. **3.** ~ thread (*text. ind.*), (filato) cucirino. **4.** ~ thread spooling machine (*sewing thread mfg.*), macchina per avvolgere rocchetti con filo cucirino. **5.** ~ thread star shaped card spool (*yarn mfg.*), cartoncino a stella di filo cucirino.

sexadecimal (hexadecimal) (*math. - comp.*), esadecimale.

sextant (*naut. instr.*), sestante. **2.** air ~ (using a special device for providing an artificial horizon) (*aer. instr.*), sestante aeronautico. **3.** bubble ~ (*aer. instr.*), sestante a bolla d'aria. **4.** gyroscopic ~ (*aer. instr.*), sestante giroscopico. **5.** radio ~ (*naut. - app.*), radiosestante.

sextodecimo (16mo: having sixteen leaves to a sheet) (*a. - print. - bookbinding*), in sedicesimo.

sextuple (six elliptic springs coupled together side by side) (*railw.*), gruppo di sei doppie molle a balestra affiancate.

"SF" (superfinish!) (*mech. draw.*), superfinire! **2.** ~ (semifinished) (*shop work.*), semilavorato. **3.** ~ (spotfaced) (*mech. draw.*), lamato. **4.** ~ (signal frequency) (*radio*), frequenza del segnale. **5.** ~, *see also* square foot.

"S'FACE" (spot face!) (*mech. draw.*), lamare!

sferics (*storms detector*), rivelatore di temporali a distanza. **2.** ~, *see also* atmospherics.

"SFM", *see* "SFPM".

"SFPM" (surface feet per minute, as of the cutting speed of a tool) (*mach. t.*), velocità superficiale in piedi al minuto.

"sft", *see* shaft, soft.

"SG" (structural glass) (*bldg.*), vetro da costruzione. **2.** ~, *see also* screen grid.

"sg" (specific gravity) (*phys.*), peso specifico. **2.** ~, *see also* signed.

"sgl", *see* single.

sgraffito (*art*), graffito.

"SH" (side hung, as of a window) (*a. - bldg.*), a battente ruotante su cerniere laterali a perno verticale.

"sh", *see* shunt, short, shipping, shell, sheet.

"SHA" (sidereal hour angle) (*astr.*), angolo orario siderale.

"SH ABS" (shock absorber) (*aut.*), ammortizzatore.

shack (*bldg.*) (Am.), baracca.

shackle (*mech. ind.*), anello di trazione (a "U" chiuso da un perno). **2.** ~ (the leaf spring of an aut.) (*mech.*), biscottino. **3.** ~ (as of an anchor chain) (*naut.*), maniglia, maniglione. **4.** ~ (ring supporting the hook: as of a chain) (*mech.*), anello portagancio. **5.** ~ bolt (*naut.*), perno del maniglione. **6.** ~ of chain (*naut.*), lunghezza di catena. **7.** rubber ~ (*aut. constr.*), biscottino di gomma. **8.** screw ~ (*naut.*), maniglione a vite.

shackle (to) (to secure with a shackle) (*naut.*), ammanigliare.

shade (of draw.), ombra. **2.** ~ (of colors), gradazione. **3.** ~ (made of glass, silk etc.: for diminishing the light of a lamp) (*illum.*), paralume. **4.** shades (sunglasses) (*opt.*), occhiali da sole. **5.** ~ glass (darkened glass: for an opt. instr.) (*opt. - phot.*), filtro ottico. **6.** color ~ (*paint.*), gradazione di colore, tonalità. **7.** open ~ (kind of subject illumination) (*phot.*), ombra. **8.** roller ~ (light flexible screen protecting the window against the summer sun) (*bldg.*), avvolgibile leggero estivo senza cassonetto. **9.** window ~ (window curtain wound on a roller, as of a car window) (*railw. - etc.*), tendina avvolgibile.

shade (to) (as a draw.), ombreggiare, sfumare.

shaded-pole motor (monophase starting motor: as of a turntable) (*electromech.*), motore con espansione polare spaccata.

shading (of draw.), ombreggiatura, sfumatura. **2.** ~ (as for carthographic representation of relief) (*cart. - paper*), lumeggiamento a sfumo. **3.** ~ agent (as for leather, nuancing agent) (*chem.*), agente per "nuanzaggio", agente per sfumatura. **4.** ~ coil (for monophase and self-starting mot.) (*electromech.*), spira di c.c.

shadow, ombra. **2.** ~ (on the screen of an optical comparator) (*opt.*), profilo. **3.** ~ (*phot.*), ombra, parti in ombra. **4.** ~ intensity meter (*opt., instr.*), misuratore dell'intensità delle ombre. **5.** ~ light (as for m. pict. take) (*illum.*), luce schermata, riflettore diffusore. **6.** ~ stop (the minimum aperture used in making a halftone negative) (*photomech.*), diaframma usato per mezzitoni. **7.** ~ zone (volume of water not sonorized due to acoustic ray refraction) (*und. acous.*), zona d'ombra.

shadow (to) (to keep under close watch), sorvegliare. **2.** ~ (*paint. - draw. - etc.*), ombreggiare. **3.** ~ (to dim, to screen) (*illum.*), oscurare, schermare.

shadowgraph (skiagraph) (*med.*), radiografia. **2.** ~ (underwater high frequency sonar used to localise small objects on the sea bottom) (*navy - und. acous.*), ecogoniometro ad effetto ombra, "shadowgraph".

shadrach (*metall.*), *see* salamander.

shaft (*mech.*), albero. **2.** ~ (pit) (*min.*), pozzo. **3.** ~ (as of a horse-drawn veh.), stanga. **4.** ~ (of a blast furnace), tino. **5.** ~ (rod at the end of the heddles of a loom) (*text. mach.*), licciolo, licceruolo. **6.** ~ (verge: of a column) (*arch.*), fusto. **7.** ~ (ind. chimney) (*ind.*), ciminiera. **8.** ~ bottom (pit bottom) (*min.*), fondo del pozzo. **9.** ~ furnace (*metall.*), forno a tino. **10.** ~ hauling (*min.*), estrazione a mezzo di pozzo. **11.** ~ horsepower (*mot. - naut.*), potenza all'asse, potenza all'albero. **12.** ~ key (*mech.*), chiavetta dell'albero. **13.** ~ passage (of propeller shaft) (*naut.*), galleria dell'albero. **14.** ~ spline (*mech.*), scanalato maschio. **15.** ~ top (*min.*), accesso del pozzo. **16.** ~ tunnel (of a propeller shaft) (*naut.*), galleria dell'albero. **17.** accessory drive ~ (as of motors) (*mech.*), albero comando accessori. **18.** air ~ (*min.*), pozzo d'aerazione. **19.** axle ~ (as of aut.), semiasse. **20.** back gear ~ (as of a lathe) (*mech.*), albero degli ingranaggi riduttori. **21.** cardan ~ (propeller shaft) (*aut.*), albero cardanico, albero di trasmissione. **22.** center ~ (as of a jet engine) (*mech.*), albero del rotore. **23.** climbing ~ (leading to the top of an airship) (*aer.*), camino di salita, passaggio verticale. **24.** compressor ~ (as of a turbojet engine) (*mech.*), albero del compressore. **25.** diminished ~ (of a column) (*arch.*), fusto rastremato. **26.** downcast ~ (*min.*), pozzo di ventilazione discendente, pozzo di immissione dell'aria. **27.** driven ~ (takes its motion from another) (*mech.*), albero condotto. **28.** drive ~ (wheel drive shaft) (*aut.*), semiasse. **29.** drive ~ (driving shaft) (as of mach.) (*mech.*), albero motore. **30.** elevator ~ (as in a build.), pozzo dell'ascensore. **31.** feed roller ~ (of a mach. t. for wood working) (*mach. t.*), albero portarulli d'alimentazione. **32.** feed ~ (of a mach. t.) (*mach. t. - mech.*), albero (di comando) dell'avanzamento. **33.** flexible ~ (*mech.*), albero flessibile, flessibile. **34.** gear ~ (of aut.), albero del cambio (di velocità). **35.** hauling ~ (*min.*), pozzo di estrazione. **36.** hoisting ~ (*min.*), pozzo di estrazione. **37.** hollow ~ (*mech.*), albero cavo. **38.** intermediate ~ (as between the propeller shaft and the engine) (*naut.*), albero intermedio. **39.** jack ~ (shaft with a crank at the ends, used for transmitting motion from the motor armature to the driving wheels) (*elect. railw.*), albero ausiliario, falso asse. **40.** lay ~ (countershaft) (*mech.*), albero di rinvio, contralbero. **41.** lay ~ (as of a gearbox) (*aut.*) (Brit.), albero di rinvio. **42.** main driving ~ (*mech.*), albero principale di comando. **43.** main ~ (as of a gearbox) (*aut.*) (Brit.), albero primario. **44.** main ~ (as of carburetor) (*mot. mech.*), alberino principale. **45.** mine ~ (of a sub.) (*navy*), tubo lancia-mine. **46.** output ~ (*mech.*), albero motore. **47.** propeller ~ (as of aut.), albero di trasmissione. **48.** propeller ~ (*mech.*), albero di propulsione. **49.** propeller ~ (*aer.*), albero portaelica. **50.** propeller ~ (*naut.*), albero dell'elica. **51.** rear axle propeller ~ (*aut.*), albero di trasmissione del ponte posteriore. **52.** rocking ~ (*mech.*), albero oscillante. **53.** secondary ~ (as of a gearbox) (*aut.*) (Brit.), albero secondario. **54.** serrated ~ (*mech.*), albero rigato, albero Whitworth, "Whitworth". **55.** sloping ~ (*min.*), pozzo inclinato. **56.** solid ~ (*mech.*), albero pieno. **57.** spline ~ (*mech.*), albero scanalato. **58.** standard ~ (*mech.*), albero base. **59.** steering gear ~ (*aut.*), albero per leva comando sterzo. **60.** synchronizing ~ (of a twin-engined helicopter) (*aer.*), albero sincronizzatore. **61.** tail ~ (*naut.*), albero dell'elica. **62.** torque ~ (*mech.*), albero di torsione. **63.** transmission ~ (carrying sliding gears) (*aut.*), albero secondario del cambio. **64.** tubular propeller ~ (as of aut.), albero di trasmissione tubolare. **65.** tubular ~ (*mech.*), albero tubolare. **66.** turbine ~ (*mech.*), albero della turbina. **67.** upcast ~ (*min.*), pozzo di ventilazione ascendente, pozzo di aspirazione dell'aria. **68.** ventilating ~ (*min.*), pozzo di aerazione. **69.** vertical ~ (*min.*), pozzo verticale.

shafting (*mech.*), trasmissione ad alberi. **2.** ~ (propeller shaft, intermediate shaft etc., running from the propeller to the engine) (*naut.*), linea d'asse.

shafty wool (*wool ind.*), lana sana e lunga.

shag, *see* shaggy wool.

shake (of a boat) (*shipbldg.*), corso, elemento longitudinale del fasciame. **2.** ~ (*mech.*), *see* backlash. **3.** ~ (fissure, in wood) (*wood*), fenditura. **4.** ~ (of a paper mach.: device for shaking the wet end) (*paper mfg. mach.*), scuotitore, meccanismo scuotitore.

shake (to), scuotere. **2.** ~ loose (as of a nut) (*mech.*), allentarsi sotto l'effetto di vibrazioni. **3.** ~ out (*found.*), distaffare. **4.** ~ out a reef (to untie a reef) (*naut.*), mollare un terzarolo.

shakedown (for testing a new aer. or ship in navigation conditions) (*a. - shipbuild. - aer.*), destinato a prove in condizioni di normale impiego ed alla familiarizzazione dell'equipaggio.

shakeout (removal of castings from the molds) (*found.*), distaffatura. **2.** ~ equipment (*found.*), distaffatrici **3.** ~ grate (*found.*), griglia a scossa. **4.** ~ machines (*found.*), distaffatrici a scossa. **5.** ~ sand (*found.*), terra di distaffatura.

shakeproof (*a. - mech. - etc.*), resistente alle vibrazioni.

shaker (conveyor) (*ind.*), trasportatore a scosse. **2.** ~ (*text. mach.*), lupo battitore. **3.** ~ (of a threshing machine) (*agric. mach.*), scuotipaglia. **4.** ~ (vibrating device) (*mech.*), vibratore. **5.** ~ pins (of text. ind. mach.), aste a scosse. **6.** rag ~ (*text. ind.*), battitore per stracci.

shaking (of wool, for eliminating burrs) (*wool ind.*), scuotimento. **2.** shakings (cordage scraps) (*naut.*), scarti di cavi vecchi. **3.** ~ grate (*min.*), griglia a scossa. **4.** ~ machine (*chem. app.*), agitatore. **5.** ~ table (*min.*), piano a scossa.

shale (stratified or laminated rock), minerale (o roccia) schistoso, minerale (o roccia) stratificato. **2.** ~ (*rock*), schisto. **3.** ~ oil (*ind.*), olio di schisto.

shalloon (light, combed woolen fabric) (*text. ind.*), tessuto di lana leggero pettinato (per fodere).

shallop (*naut.*), barca a vela.

shallow (*a. - naut.*), poco profondo. **2.** ~ (*n. - naut.*), bassofondo.

sham (imitation) (*n. - gen.*), imitazione. **2.** ~ (feigned) (*a. - gen.*), finto, simulato. **3.** ~ fight (*milit.*), finta battaglia.

shampoo (for an aut.) (*aut.*), "shampoo".

shank (*mech.*), gambo. **2.** ~ (of an anchor) (*naut.*), fuso. **3.** ~ (of a tool), stelo, gambo, codolo. **4.** ~ (*found.*), *see* hand ladle. **5.** ~ (of a lathe tool) (*t.*), codolo. **6.** ~ cutter (*t.*), fresa frontale a codolo. **7.** ~ (end) mill (*t.*), fresa frontale a codolo. **8.** ~ painter (of an anchor) (*naut.*), serrabozze. **9.** forked ~ (fork, of a hand ladle) (*found.*), forchettone. **10.** rivet ~ (*mech.*), gambo del chiodo.

shannon (relating to binary digit information theory elaborated by Shannon) (*inf. meas.*), shannon, misura del contenuto decisionale.

Shantung (*silk fabric*), sciantung.

"SHAPE" (Supreme Headquarters Allied Powers in Europe) (*milit.*), comando supremo delle potenze alleate in Europa.

shape (*form*), forma. **2.** ~ (*metall.*), profilato speciale. **3.** ~ cutting machine (*mach. t.*), macchina per eseguire tagli sagomati. **4.** ~ of hull (*shipbldg.*), forma dello scafo. **5.** fineness of ~

(*shipbldg.*), finezza della forma. **6.** leanness of ~ (*shipbldg.*), finezza della forma.

shape (to) (with a shaping mach.) (*machining*), limare (con limatrice). **2.** ~ (to form into a given form), sagomare.

shaped (something formed into a given shape), sagomato.

shaper (shaping mach.) (*mach. t.*), limatrice. **2.** ~ (wood or metal working mach. with cutter(s) on vertical spindle) (*mech. - join.*), "taboretto", toupie. **3.** ~ cutter (of a gear shaping machine) (*mech.*), coltello tipo Fellows. **4.** all purpose gear ~ (*mach. t.*), dentatrice a coltello tipo Fellows. **5.** gear ~ (*mach. t.*), dentatrice. **6.** horizontal ~ (shaping mach.) (*mach. t.*), limatrice orizzontale. **7.** pillar ~ (*mach. t.*), limatrice-pialla, limatrice a tavola (portapezzo) mobile. **8.** pulse ~ (instrument which generates electric pulses of various shapes) (*instr.*), formatore di impulsi. **9.** ~ punch (*mach. t.*), limatrice per punzoni.

shaping (forming into a particular shape) (*gen.*), sagomatura. **2.** ~ (with a shaper) (*mech.*), limatura (con limatrice). **3.** ~ dies (set of dies) (*mach. t. impl.*), dotazione di stampi di formatura. **4.** ~ groove (of a rolling mill roll) (*metall.*), canale sbozzatore. **5.** ~ machine (*mach. t.*), limatrice. **6.** ~ planer (*mach. t.*), tipo di pialla con i movimenti della limatrice. **7.** bench ~ machine (*mach. t.*), limatrice da banco. **8.** horizontal ~ machine (*mach. t.*), limatrice orizzontale. **9.** universal ~ machine (*mach. t.*), limatrice universale.

share (of a plow) (*agric.*), vomere. **2.** ~ (*adm.*), quota. **3.** ~ (Am., stock) (Brit.) (*finan.*), azione. **4.** ~ capital (*finan.*), capitale azionario. **5.** ~ certificate (*finan.*), cartella azionaria, certificato di proprietà (di azioni). **6.** ~ index (*finan.*), indice azionario. **7.** ~ issue (*finan.*), emissione di azioni. **8.** ~ premium (difference between nominal and market value) (*finan.*), plusvalore. **9.** ~ register (Am.) [stock ledger (Brit.)] (*finan.*), libro dei titoli azionari. **10.** allotment of shares (as an apportionment of a new issue of shares) (*finan.*), ripartizione di titoli. **11.** ordinary ~ (*finan. - adm.*), azione ordinaria. **12.** parcel of shares (parcel of stocks) (*finan.*), pacchetto azionario. **13.** preference shares (*finan.*) (Brit.), *see* preferred stocks (Am.). **14.** redeemable preference ~ (*finan. - adm.*), azione privilegiata redimibile.

share (to) (to divide) (*gen.*), dividere.

shareable (*comp.*), *see* reentrable.

shared (as of a logic) (*a. - comp.*), condiviso.

shareholder (*comm.*) (Brit.), azionista. **2.** major ~ (*finan. - adm.*), azionista di maggioranza. **3.** ordinary ~ (a person holding ordinary shares) (*finan. - adm.*), azionista ordinario.

sharing (*chem.*), legame di compartecipazione. **2.** ~ (participation) (*finan. - etc.*), partecipazione. **3.** gain ~ (profit sharing) (*adm.*) (Am.), compartecipazione agli utili.

sharp (keen) (*mech.*), acuto, aguzzo. **2.** ~ (thin-edged: as a tool) (*mech.*), tagliente, affilato. **3.** ~ (as sand for grout) (*mas.*), angoloso, a spigoli vivi. **4.** ~ (of sound) (*music*), diesis. **5.** ~ (as a curve) (*a. - road - railw.*), stretta. **6.** ~ (well defined as the image of a phot. negative) (*a. - opt. - telev. - phot.*), ben definito, a contorni netti, bene a fuoco. **7.** ~ tuning (*radio*), sintonia acuta.

sharpen (to), affilare, arrotare, aguzzare. **2.** ~ (to grind) (*t.*), affilare. **3.** ~ (to point) (*gen.*), appuntire. **4.** ~ a picture (*opt. - telev. - phot. - etc.*), aumentare la definizione dell'immagine, aumentare la nettezza dei contorni dell'immagine. **5.** ~ a tuning (*radio - etc.*), affinare la sintonia.

sharpened (ground) (*t.*), affilato. **2.** ~ (pointed) (*gen.*), appuntito, aguzzo.

sharpener (*mach. t.*), affilatrice. **2.** ~ (as of tools, of gears, of saws, etc.) (*mech. work.*), affilatore. **3.** band saw ~ (*mach. t.*), affilatrice per seghe a nastro. **4.** blade ~ (as for saw blades) (*mach. t.*), affilatrice per lame. **5.** circular saw ~ (*mach. t.*), affilatrice per seghe circolari. **6.** pencil ~ (*off. app.*), temperalapis, temperamatite.

sharpening (*mech.*), affilatura. **2.** ~ machine (*mach. t.*), affilatrice. **3.** automatic band saw ~ machine (*mach.t.*), affilatrice automatica per seghe a nastro. **4.** automatic circular saw ~ machine (*mach. t.*), affilatrice automatica per seghe circolari. **5.** broach ~ machine (*mach. t.*), affilatrice per brocce. **6.** hob ~ machine (*mach. t.*), affilatrice per creatori. **7.** saw ~ machine (scuffler) (*mach. t.*), affilatrice per seghe.

sharp-freezing (quick-freezing) (*cold storage*), congelazione rapida.

sharpie, sharpy (a long, sharp, flat-bottomed boat with two masts and triangular sails) (*naut.*), tipo di barca a vela a due alberi e fondo piatto.

sharpness (said of an image) (*opt.*), nitidezza. **2.** ~ (of a blade), affilatezza. **3.** tuning ~ (*radio*), acutezza di sintonia.

shatter (*gen.*), frammento. **2.** ~ index (as of the tamped sand in the mold) (*found.*), indice di disgregazione.

shatter (to), andare (o mandare) in pezzi, rompersi (o rompere) in frammenti.

shatterproof (*a. - gen.*), infrangibile. **2.** ~ glass (safety glass, plate made of two sheets of glass with an intermediate transparent sheet not made of glass) (*glass mfg. - aut.*), vetro (di sicurezza) accoppiato (o stratificato).

shave (thin slice: as cut by a tool), truciolo. **2.** ~ hook (*t.*), raschietto. **3.** heartshape ~ hook (*plumber's t.*), raschietto a cuore. **4.** triangular ~ hook (*plumber's t.*), raschietto triangolare.

shave (to) (*technol.*), piallare, lisciare. **2.** ~ (as gears) (*mech.*), sbarbare, rasare. **3.** ~ (to trim the edges of a book when binding) (*bookbinding*), raffilare.

shaver (razor), rasoio. **2.** electric ~ (*household app.*), rasoio elettrico.

shaving (of gears) (*mech. technol.*), sbarbatura, rasatura. **2.** ~ (chip) (*mech. - carp.*), truciolo. **3.** ~ (roughing) (*mech.*), sgrossatura. **4.** ~ cutter (in gear shaving) (*mech.*), coltello sbarbatore. **5.** ~ fixture (as for the turbine blade root) (*mech.*), attrezzo per sbarbatura. **6.** ~ machine (*mach. t.*), sbarbatrice, rasatrice. **7.** ~ press (*mach. t.*), pressa per finitura, pressa a finire. **8.** ~ stock (on gear tooth thickness) (*mech.*), soprametallo di sbarbatura. **9.** conventional ~ (of a gear) (*mech.*), sbarbatura normale (o ad assi incrociati). **10.** crossed axes ~ (of a gear) (*mech.*), sbarbatura normale (o ad assi incrociati). **11.** crown ~ (crowned shaving, elliptoid shaving, of gear teeth) (*mech.*), sbarbatura bombata, sbarbatura ellissoidica. **12.** diagonal ~ (of a gear) (*mech.*), sbarbatura diagonale. **13.** elliptoid ~ (crowned shaving, of gear teeth) (*mech.*), sbarbatura bombata, sbarbatura ellissoidica. **14.** gear ~ machine (*mach. t.*), sbarbatrice per ingranaggi. **15.** internal external gear ~ machine (*mach. t.*), sbarbatrice di ingranaggi esterni ed interni. **16.** metal ~ (*mech.*), truciolo metallico. **17.** underpass ~ (diagonal shaving) (*mach. technol.*), sbarbatura diagonale, sbarbatura trasversale. **18.** universal diagonal ~ machine (*mach. t.*), sbarbatrice universale diagonale. **19.** wooden ~ (*carp. - join.*), truciolo di legno.

shavings (*mech. - carp.*), trucioli. **2.** ~ (of paper) (*paper ind.*), strazio, ritagli di carta. **3.** ~ exhaust plant (*in carp. shop*), impianto aspirazione trucioli.

sheaf (bunch: as of grain) (*agric.*), covone, fascio. **2.** ~ (aggregate: as of straight lines) (*geom.*), fascio. **3.** ~ binding machine (binder) (*bookbinding*), macchina cucitrice per legatoria. **4.** ~ catalogue (loose-leaf catalogue) (*adver. - etc.*), catalogo a fogli sciolti.

shear (*mach. t.*), cesoia. **2.** ~ (for bars or billets) (*mach. t.*), troncatrice. **3.** ~ (*mach. t.*), *see also* shears. **4.** ~ (shearing stress) (*constr. theor.*), taglio, sollecitazione di taglio. **5.** ~ (*geol.*), fratturazione. **6.** ~ (slipping of adjacent parallel layers) (*metall. defect*), cesoiamento. **7.** ~ blade (*t.*), lama della cesoia. **8.** ~ bow (sheet metal defect due to defective shearing) (*metall.*), incurvatura da cesoiamento. **9.** ~ center (flexural center: point at which a shearing force generates only bending and no twist) (*constr. theor.*), centro di taglio, centro di flessione. **10.** ~ hulk (pontoon equipped with shears for hoisting heavy loads) (*naut.*), pontone a biga. **11.** ~ mark (a scar appearing in glassware, caused by the action of the cutting shear) (*glass mfg.*), segno di tagliatura. **12.** ~ modulus (*constr. theor.*), modulo di elasticità tangenziale. **13.** ~ pin (for the safety of a mechanism when the load becomes excessive) (*mech.*), spina di sicurezza. **14.** ~ rate (*viscosimetry*), fattore di taglio. **15.** ~ spinning (*mech. technol.*), *see* spinning. **16.** ~ steel (steel obtained by heating and hammering blister steel cut into short lengths) (*metall.*), ferro (da puddellaggio) saldato a pacchetto. **17.** ~ strain (angular distortion due to shear) (*constr. theor.*), deformazione di taglio, angolo di scorrimento. **18.** ~ test (for adhesives) (*technol.*), prova di scorrimento. **19.** ~ waves (as of an ultrasonic inspection app.) (*phys. - mech. technol.*), onde trasversali. **20.** billet ~ (*mach. t.*), troncabillette, cesoia troncabillette. **21.** circle ~ (rotary shear such as to cut disks from the sheet rotated between the cutters) (*mach. t.*), cesoiatrice circolare per dischi. **22.** double-lever ~ (*mach. t.*), cesoia a ginocchiera. **23.** lap ~ strength (of adhesives) (*technol.*), resistenza allo scorrimento di elementi sovrapposti. **24.** power ~ (*mach. t.*), cesoia meccanica. **25.** power squaring ~ (*mach. t.*), cesoia a ghigliottina (o lineare). **26.** scrap ~ (*mach.*), tagliarottami, cesoia tagliarottami. **27.** slitting ~ (*sheet metal w. mach.*), rifenditrice, cesoia per taglio a strisce. **28.** tensile ~ test (for adhesives) (*technol.*), prova di scorrimento a trazione. **29.** wind ~ (change of wind speed with distance along an axis perpendicular to the wind direction) (*meteorol.*), gradiente trasversale (della) velocità (del) vento. **30.** ~ *see also* shears.

shear (to) (*mech.*), tranciare, tagliare. **2.** ~ (a sheep) (*wool ind.*), tosare. **3.** ~ (bars or billets) (*mech. technol.*), troncare. **4.** ~ (to subject to shear stress) (*mech. - etc.*), sottoporre a sforzo di taglio.

shear-cake (a counterweighed refractory slab used as a gate or door to a small furnace) (*glass mfg.*), "bandiera", portina contrappesata.

sheared wool (*wool ind.*), lana tosata.

shearer (worker using shears on sheet iron and other metals) (*mach. t. work.*), tranciatore.

shearing (*constr. theor.*), taglio. **2.** ~ (with shearing machine) (*sheet metal w.*), cesoiamento, taglio con cesoia. **3.** ~ (of sheep) (*wool ind.*), tosa. **4.** ~ (*geol.*), clivaggio a piani paralleli. **5.** ~ (cutting, of wire) (*metall. ind.*), *see* cropping. **6.** ~ die (*mach. t. impl.*), stampo di tranciatura. **7.** ~ force (one of the two opposed forces giving shear) (*constr. theor.*), forza di taglio. **8.** ~ machine (*mach. t.*), cesoia, trancia. **9.** ~ machine (*wool ind.*), macchina cimatrice, macchina per tosare. **10.** ~ strain (*constr. theor.*), deformazione di taglio. **11.** ~ strength (*constr. theor.*), resistenza al taglio. **12.** ~ stress (*constr. theor.*), sollecitazione di taglio. **13.** hand lever ~ machine (*mach. t.*), cesoia a mano. **14.** resistance to ~ stress (*constr. theor.*), resistenza alla sollecitazione di taglio.

shearlegs (*ind. mach.*), *see* shears.

shearling (sheep) (*wool ind.*), pecora tosata una sola volta.

shears (*t.*), forbici. **2.** ~ (*mach. t.*), cesoia. **3.** ~ (*med. instr.*), cesoie. **4.** ~ (hoisting app.) (*naut.*), bigo. **5.** ~ (ways, as of a mach. t.) (*mech.*), guide. **6.** ~ (hoisting shears, shear legs) (*hoisting device*), capra, sostegno costituito da due pali legati all'estremità e rizzati a V rovescio sul cui nodo appoggia un terzo provvisto di paranco. **7.** ~ and slitters (*mach. t.*), cesoie lineari e circolari (o rotative) per tagli in strisce. **8.** bench ~ (*t.*), cesoia da banco. **9.** circular ~ (*mach. t.*), cesoia circolare. **10.** crank ~ (*mach. t.*), cesoia a collo d'oca. **11.** electric bench ~ (*shop impl.*), cesoia elettrica da banco. **12.** garden ~ (*garden t.*), forbici da giardino. **13.** gate ~ (*mach. t.*), *see* guillotine shears. **14.** guillotine ~ (*mach.*), cesoia a ghigliottina (o lineare). **15.** hand lever ~ (*t.*), cesoia a mano, "bove". **16.** lever ~ (alligator shears crocodile shears: hand operated) (*hand mach. t.*), cesoia a leva (azionata a mano). **17.** paper hanger's ~ (*t.*), forbici da decoratore. **18.** parallel ~ (*mach. t.*), cesoia parallela. **19.** pinking ~ (*text. t.*), forbici con lame a denti di sega. **20.** pruning ~ (*garden t.*), forbici per potare. **21.** rib ~ (*med. instr.*), cesoie da costotomia. **22.** rotary ~ (*mach. t.*), cesoia circolare. **23.** rotary ~ for tubes (*mech. app.*), cesoia a rulli per tubi. **24.** rotary slitting ~ (*mach. t.*), cesoia circolare. **25.** scrap ~ (*mach. t.*), cesoia tagliarottami. **26.** squaring ~ (*mach. t.*), cesoia a ghigliottina. **27.** tailor's ~ (*impl.*), forbici da sarto. **28.** tinman's ~ (*tinman's t.*), forbici da lattoniere.

sheath, guaina, astuccio. **2.** ~ (as of elect. wire) (*elect.*), guaina. **3.** ~ (sheathing) (*bldg.*), rivestimento protettivo.

sheath (to), *see* to sheathe.

sheathe (to), inguainare, rivestire.

sheathing (as of a flexible shaft) (*mech.*), guaina di protezione. **2.** ~ (plating or skin) (*shipbldg.*), fasciame. **3.** ~ (*arch. - carp.*), rivestimento. **4.** ~ (*naut.*), fodera. **5.** ~ paper (*elect.*), carta per rivestimenti isolanti. **6.** cable ~ (in elect. cable mfg.) (*rubb. ind.*), protezione per cavi.

sheave (*impl.*), carrucola. **2.** ~ (grooved pulley) (*mech.*), puleggia a gole, puleggia scanalata. **3.** ~ (the eccentric disk of an eccentric) (*mech. device*), disco eccentrico, corpo dell'eccentrico. **4.** chain ~ (*mech.*), puleggia per catena. **5.** dead ~ (fixed half sheave for the passage of ropes) (*naut.*), mezza puleggia fissa. **6.** multi-step cone ~ (*mech.*), puleggia a gradini per cinghie trapezoidali. **7.** step cone ~ (*mech.*), puleggia a gradini per cinghie trapezoidali.

shed (a slender covered structure) (*bldg.*), capannone. **2.** ~ (hangar) (*aer. - bldg.*), aviorimessa, hangar. **3.** ~ (a solid angle between the warp threads in a loom) (*text. ind.*), passo, bocca d'ordito. **4.** ~ (hut) (*bldg.*), baracca. **5.** ~ (penthouse) (*bldg.*), tettoia.

shedder (as a rod for ejecting blanks etc.) (*sheet metal mfg.*), espulsore.

shedding (formation of the shed) (*text. mfg.*), formazione del passo. **2.** ~ (division, separation) (*gen.*), separazione.

sheen (brightness, lustrous surface) (*n. - paint. - etc.*), lucidità, superficie lucida. **2.** ~ (glittering) (*a. - gen.*), scintillante.

sheep (*wool ind.*), pecora, pecore.

sheepshank (knot) (*naut.*), nodo Margherita.

sheepskin, pergamena, cartapecora.

sheer (longitudinal upward curvature of the deck of a ship seen from the side) (*naut.*), insellatura. **2.** ~ (of a ship riding to a single anchor) (*naut.*), posizione di nave ormeggiata a ruota. **3.** ~ (deviation in heading) (*navig.*), cambio di rotta. **4.** ~ (shear strake) (*shipbldg.*), corso di cinta. **5.** ~ batten (a wooden strip used in the constr. of wooden boats) (*shipbldg.*), sagoma. **6.** ~ plan (projection of the lines of a ship on the median longitudinal vertical plane) (*shipbldg.*), piano di costruzione longitudinale, sezione verticale mediana.

sheer (to) (from a course) (*naut.*), deviare, far deviare. **2.** ~ off (to move away in order to avoid a collision) (*naut.*), scostarsi, allargare.

sheerlegs, *see* shears.

sheet (*gen.*), foglio. **2.** ~ (*metall.*), lamiera. **3.** ~ (sheet rubber, pressed latex) (*rubb. ind.*), foglia, "sheet", gomma in fogli. **4.** ~ (*naut.*), scotta. **5.** ~ (*geol.*), filone. **6.** ~ anchor (*naut.*), àncora di speranza, àncora di tonneggio. **7.** ~ anchor cable (*naut.*), cavo dell'àncora di rispetto. **8.** ~ anchor chain (*naut.*), catena dell'àncora di tonneggio. **9.** ~ bar (intermediate rolled section in flat bars) (*metall.*), bidone. **10.** ~ bend (*naut.*), nodo di scotta, nodo di bandiera. **11.** ~ calender (*paper ind.*), calandra per fogli. **12.** ~ calendered paper (*paper ind.*), carta calandrata in fogli. **13.** ~ gauge (*t.*), calibro per lamiere. **14.** ~ glass (flat glass made by continuous drawing) (*glass mfg.*), vetro tirato. **15.** ~ metal (up to $^1/_8$ inch. thick), lamiera sottile. **16.** ~ metal and tube band sawing machine (*mach. t.*), segatrice a nastro per lamiere e tubi. **17.** ~ metal roller strain relieving machine (*mach. t.*), snervatrice a rulli per lamiera. **18.** ~ metal squaring shears (*mach. t.*), cesoia lineare per lamiera. **19.** ~ metal worker (*ind.*), battilastra, lattoniere. **20.** ~ mill (sheet rolling mill) (*metall.*), laminatoio per lamiere. **21.** ~ pavement (asphalt pavement) (*road constr.*), manto asfaltato. **22.** ~ piling (*bldg.*), palizzata. **23.** ~ pit (in large paper machines) (*paper mfg.*), fossa della continua. **24.** ~ plastic (*ind. - etc.*), plastica in fogli. **25.** ~ rubber (*rubb. ind.*), gomma in fogli. **26.** ~ separation (gap between lapped parts after welding by the spot, projection or seam system) (*mech. technol.*), luce tra i lembi della lamiera. **27.** balance ~ (*adm.*), bilancio. **28.** black ~ iron (*metall.*), lamiera nera. **29.** brass ~ (*metall.*), lamiera di ottone. **30.** calendered ~ (*rubb. ind.*), foglia calandrata, foglietta calandrata. **31.** camouflaged ~ (*milit.*), telo mimetico. **32.** cladded ~ metal (*metall. ind.*), lamiera placcata. **33.** coding ~ (apposite printed form) (*comp.*), modulo per codifica. **34.** cone ~ (*geol.*), filone conico. **35.** corrugated ~ (*metall.*), lamiera ondulata. **36.** curved corrugated ~ iron (*metall. ind.*), lamiera ondulata curvata. **37.** deep-drawing ~ (*metall. ind.*), lamiera per stampaggio profondo. **38.** double ~ bend (*naut.*), nodo di scotta doppio. **39.** galvanized ~ iron (*ind.*), lamiera zincata. **40.** grid ~ (paper), carta quadrettata. **41.** ice ~ (on artic lands) (*geol.*), calotta di ghiaccio. **42.** iron ~ (*metall.*), lamiera di ferro. **43.** labor engagement ~ (for work.), modulo di assunzione. **44.** "mesh iron ~ " (*metall.*), lamiera di ferro striata. **45.** plastic ~ (vinyl sheet used for photomechanical reproductions) (*photomech.*), foglio plastico. **46.** slip ~ (setoff sheet) (*typ.*), *see* offset sheet. **47.** steel ~ (*metall.*), lamiera di acciaio. **48.** tally ~ (tally chart) (*statistical quality control*), carta di controllo. **49.** tank ~ (*metall. ind.*), lamiera per serbatoi. **50.** tin ~ (*metall.*), foglio di latta, latta. **51.** zinc ~ (*metall.*), lamiera di zinco.

sheet (to) (to wrap something in a sheet) (*packing*), incartare. **2.** ~ (to press and obtain sheets by a calender, a paper mach. etc.) (*rubb. mfg. - paper ind.*), calandrare. **3.** ~ home (a sail) (*naut.*), stringere il vento alando le scotte.

sheet-brass (*metall. ind.*) (Brit.), lamierino di ottone.

sheet-counter (*print. mach.*), contafogli. **2.** ~ (*off. mach.*), contacopie.

sheeter (cutting mach., as for a rotogravure press) (*print. mach.*), taglierina. **2.** cross rotary ~ (cutting mach., as for a rotogravure press) (*print. mach.*), taglierina rotativa trasversale.

sheeting (material) (*ind.*), materiale in fogli. **2.** ~ (*text. material*), tela. **3.** ~ (*geol.*), struttura lamellare. **4.** ~ (horizontal boards used for lining; as of a trench) (*mas.*) (Brit.), tavolame da rivestimento. **5.** ~ mill (as for rubber mfg.) (*ind. mach.*), mescolatore per foglie. **6.** amber ~ (*phot. impl.*), filtro ambra. **7.** hospital ~ (*rubb. med. impl.*), lenzuolino per ospedale.

sheets (ropes or chains for adjusting the angle of sails) (*naut.*), scotte.

sheet-steel (*metall. ind.)* (Brit.), lamierino d'acciaio.

sheiner speed (*phot.*), grado sensitometrico Sheiner, grado di rapidità Sheiner.

shelf, scaffale a muro, mensola, piano di scaffale. **2.** ~ (shelfpiece) (*shipbldg.*), dormiente. **3.** ~ (rock) (*geol.*), roccia sommersa. **4.** ~ catalogue (shelf list, of books) (*libraries*), elenco del collocamento negli scaffali. **5.** ~ life (as of an adhesive or paint) (*chem. ind.*), durata a magazzino, durata di conservazione a magazzino. **6.** ~ rest (movable bracket for supporting the movable cabinet shelves) (*furniture*), mensoletta (o supporto) spostabile di sostegno del piano mobile di uno scaffale. **7.** ~ storage (*ind. storage*), immagazzinamento in scaffali. **8.** ~ warmer (unsold article) (*coll. comm.*), articolo invenduto. **9.** rear ~ (as in the back side of a passenger compartment) (*aut.*), pianetto posteriore, pianetto posteriore portaoggetti. **10.** rock ~ (*shop impl.*), scaffale a rastrelliera.

shelfback (backbone) (*bookbinding*), dorso.

shelflist (*libraries*), *see* shelf catalogue.

shelfpiece (*shipbldg.*), dormiente.

shell (*gen.*), guscio. **2.** ~ (series of electrons concentrically arranged in the atom) (*chem. - atom phys.*), strato elettronico, livello elettronico. **3.** ~ (*expl.*), granata, proiettile, proietto. **4.** ~ (small boat) (*naut.*), canotto. **5.** ~ (as of a mollusk), conchiglia. **6.** ~ (of a torpedo) (*navy expl.*), involucro. **7.** ~ (outside covering of a ship) (*naut.*), fasciame. **8.** ~ (outer case of a block) (*naut.*), cassa. **9.** ~ (metal part as of a cupola covering or supporting the refractory lining) (*found.*), carcassa, involucro metallico, mantello. **10.** ~ (sheet structure generally forming a tube) (*aer.*), guscio. **11.** ~ (of a bearing) (*mech.*), guscio. **12.** ~ (thin film of metal imperfectly attached to the surface of steel) (*forging*), sovrapposizione. **13.** ~ (bldg. without partition walls and finishing) (*mas.*), ossatura, struttura (muraria) portante. **14.** ~ (of a loom) (*text. mach.*), portapettine. **15.** ~ (of a boiler) (*boil.*), corpo. **16.** ~ (concave grinding wheel) (*t.*), mola concava. **17.** ~ (shell bit, used with a brace) (*t.*), punta a sgorbia. **18.** ~ (of a tool, as with a hollow shank to receive the spindle on which the tool will be fastened) (*a. - t.*), a manicotto. **19.** ~ (*geol.*), crosta. **20.** ~ (casing of a pulley block) (*hoisting app.*), corpo del bozzello. **21.** ~ (metallic matrix for records) (*electroacous.*), matrice. **22.** ~ auger (*t.*), trivella con cavità interna, trivella cava. **23.** ~ bearing (*mech.*), cuscinetto a guscio. **24.** ~ bit (*t.*), punta a sgorbia. **25.** ~ boiler (*boil.*), caldaia cilindrica. **26.** ~ case (*artillery*), bossolo di proiettile. **27.** ~ casting (*found.*), colata in guscio. **28.** ~ chuck (*mach. t.*), anello a viti, mandrino a viti radiali. **29.** ~ core (*found.*), anima a guscio. **30.** ~ crater (*expl.*), cratere di granata. **31.** ~ drill (four-fluted drill used for rough reaming) (*t.*), punta (a quattro scanalature) per sgrossare. **32.** ~ expansion (drawing of the shell plating) (*aer. - shipbuild. - etc.*), piano della lamieratura dello scafo. **33.** ~ hole (*expl.*), *see* shell crater. **34.** ~ mold (mold obtained by covering a heated metal pattern with a mixture of sand and synthetic resin and then baking the shell) (*found.*), forma a guscio. **35.** ~ molding (process in which a shell mold is obtained by covering a heated steel pattern with a mixture of sand and synthetic resin and then baking the shell) (*found.*), formatura a guscio. **36.** ~ molding machine (*found. mach.*), macchina per formatura a guscio. **37.** ~ plating (of a metal vessel) (*shipbldg.*), fasciame. **38.** ~ pump (for sand sludge) (*mach.*), pompa per poltiglia di sabbia (o fango). **39.** ~ reamer (hollow reamer fitted on a shank) (*t.*), alesatore a manicotto. **40.** ~ roof (*mas.*), copertura in cemento a. con pannelli curvi (per grandi ambienti). **41.** ~ transformer (*electromech.*), trasformatore a mantello, trasformatore corazzato. **42.** armor piercing ~ (*expl. - milit.*), granata perforante. **43.** atomic ~ (for atomic cannon) (*atom. artillery expl.*), proiettile atomico. **44.** bearing ~ (*mech.*), guscio di cuscinetto. **45.** blind ~ (unexploded shell) (*expl.*), proiettile inesploso. **46.** boiler ~ (*mech.*), corpo della caldaia. **47.** capped ~ (*milit. expl.*), proiettile incappucciato. **48.** gas ~ (*milit. expl.*), granata chimica. **49.** incendiary ~ (*milit. expl.*), granata incendiaria. **50.** magnetic ~ (*phys. - sc.*), lamina magnetica. **51.** percussion ~ (*milit. expl.*), granata a percussione. **52.** radiator ~ (*aut.*), intelaiatura esterna del radiatore. **53.** radiator ~ upper chamber (*aut.*), testa per radiatore. **54.** smoke ~ (*milit. expl.*), granata fumogena. **55.** solid ~ (*milit. expl.*), proiettile pieno. **56.** star ~ (*milit.*), razzo illuminante (a paracadute).

shell (to) (*milit.*), cannoneggiare, bombardare. **2.** ~ (*milit.*), bombardare. **3.** ~ (*agric.*), sgusciare, togliere il guscio.

shellac, shellack (*chem. ind.*), gomma lacca.

shell-cast (*found.*), colato in guscio, fuso in guscio.

shelling (with artillery), cannoneggiamento.

shell-lac, *see* shellac.

shellproof (bombproof) (*bldg.*), a prova di bomba.

shell-vault (*constr. theor.*), struttura a guscio.

shelter (*milit.*), ricovero, riparo, rifugio. **2.** ~ (*naut.*), ridosso. **3.** ~ deck (*naut.*), ponte di riparo, ponte protetto. **4.** ~ tent (A-shaped tent formed by two pieces of waterproof fabric) (*milit.*), tenda a due teli. **5.** fallout ~ (*safety bldg.*), rifugio anti-atomico. **6.** gasproof ~ (*milit. bldg.*), ricovero antigas. **7.** underground ~ (*milit. bldg.*), ricovero sotterraneo.

shelter (to) (*aut. - etc.*), ricoverare.

sheltered (against foreign competition) (*a. - comm.*), protetto. **2.** ~ (as a harbor) (*a. - gen.*), protetto. **3.** ~ industry (*ind.*), industria protetta.

shelve, *see* shelf 3 ~.

shelve (to) (to be sloping) (*gen.*), inclinarsi. **2.** ~ (to put on shelves: as in a warehouse) (*gen.*), scaffalare. **3.** ~ (to install shelves: as in a warehouse) (*ind.*), montare le scaffalature.

shelving (shelves collectively) (*ind. storage*), scaffali, scaffalatura.

shepherd (*agric.*), pastore.

sherardize (to) (to heat for many hours at approx 350°C in a box containing zinc dust for producing a zinc iron alloy on the steel surface) (*metall. - heat treat.*), sherardizzare.

sherardizing (*metall. - heat treat.*), sherardizzazione.

"SHF" (superhigh frequency, from 3,000 to 30,000 megacycles) (*radio - telev.*), iperfrequenza.

"shg", *see* shipping.

"SHHT" (shut height: of a die) (*mech. technol.*), altezza stampo chiuso.

"Sh I" (sheet iron) (*mech. draw.*), lamiera di ferro.

shide (wooden roofing) (*bldg.*), *see* shingle.

shield (*mech. ind.*), riparo. **2.** ~ (*elect. - elics.*), schermo, schermaggio. **3.** ~ (*atom phys.*), schermo. **4.** ~ (of a gun) (*firearm*), scudo. **5.** ~ (metal structure used in the excavation) (*min.*), scudo. **6.** ~ (of a fieldpiece) (*milit.*), scudo (paraschegge). **7.** biological ~ (of a nuclear reactor) (*atom phys.*), schermo biologico. **8.** face ~ (for work. safety) (*weld. impl.*), visiera protettrice. **9.** frost ~ (*aut.*), visiera termica. **10.** glare ~ (*aut.*), visiera parasole. **11.** heat ~ (as in a jet afterburner) (*mot. - etc.*), schermo termico. **12.** missile ~ (of a nuclear reactor) (*milit.*), scudo antimissile. **13.** splash ~ (*aut.*), paraspruzzi.

shield (to) proteggere, riparare. **2.** ~ (*radio - elect.*), schermare.

shielded (protected) (*a. - gen.*), protetto. **2.** ~ (*elect. - elics.*), schermato. **3.** ~ magneto (*elect. - mot.*), magnete schermato. **4.** ~ ordnance (*artillery*), artiglieria protetta.

shielding (*elect. - elics.*), schermaggio, schermatura. **2.** ~ (*gen.*), protezione, riparo. **3.** electric ~ (*elect.*), schermatura elettrica. **4.** electromagnetic ~ (*electromag.*), schermatura elettromagnetica.

shieldless (*a. - elect. - elics.*), non schermato.

shift (of sets of workmen), turno. **2.** ~ (movement of data to the right or to the left: as in a register) (*n. - comp.*), scorrimento, spostamento. **3.** ~ (act of depressing a special key that permits the printing of capital letters) (*typewriter*), abbassamento del tasto (di inserimento) delle maiuscole. **4.** ~ character (character that acts on the hardware for passing from letters to numbers or vice versa: as in a data transmitting code) (*teletypewriter*), carattere di permutazione. **5.** ~ key (as of a typewriting mach.) (*typewriter*), tasto (di inserimento) delle maiuscole. **6.** ~ lock (as in a typewriting mach.) (*typewriter*), tasto fissamaiuscole. **7.** ~ register (register for moving data to the right or to the left) (*comp.*), registro a scorrimento. **8.** ~ supervisor (*teleph. pers. - etc.*), capoturno. **9.** ~ worker (*work.*), turnista. **10.** ~ working (as in ironworks) (*pers. organ.*), lavoro a turni. **11.** cyclic ~ (circular shift, circuit shift, ring shift) (*comp.*), scorrimento ciclico. **12.** day ~ (*pers.*), turno centrale, turno di giorno. **13.** early ~, *see* day ~. **14.** figures ~, "FIGS" (a carriage positioning permitting to print numbers, symbols etc. instead of letters) (*teletypewriter*), spostamento (del carrello) alla posizione numeri e simboli. **15.** letters ~, "LTRS" (a carriage positioning permitting the printing of letters) (*teletypewriter*), spostamento del carrello alla posizione lettere. **16.** logical ~ (*comp.*), spostamento binario, spostamento logico. **17.** night ~ (*pers.*), turno di notte. **18.** split ~ (as shift divided in two or more parts) (*organ. pers.*), turno articolato. **19.** work ~ (of sets of workmen), turno di lavoro.

shift (to) (*gen.*), cambiare. **2.** ~ (to shift gears) (*aut.*), cambiare (la marcia). **3.** ~ (to change position) (*gen.*), spostare, spostarsi. **4.** ~ (to press a special key for raising the carriage so that only capital letters, symbols and numbers can be printed) (*typewriter*), inserire (il tasto delle) maiuscole, simboli e numeri, spostare il carrello per inserire maiuscole, simboli e numeri. **5.** ~ (to move data to the right or to the left) (*comp.*), far scorrere, spostare. **6.** ~ gears (*aut.*), cambiare (marcia). **7.** ~

the helm (*naut.*), cambiare la direzione della barra, spostare la barra.

shifted (said of a defective casting) (*a. - found.*), spostato. **2.** ~ casting (defective casting due to the shifting as of the mold) (*found.*), getto spostato. **3.** ~ cores (*found.*), anime spostate. **4.** ~ 90° out of phase from the anode voltage (*elect.*), sfasato di 90° rispetto alla tensione anodica.

shifter (*mech.*), dispositivo spostatore. **2.** ~ fork (belt-shifter fork) (*mech.*), forcella spostacinghia, guidacinghia. **3.** belt ~ (*mech.*), spostacinghia. **4.** phase ~ (phase adjuster) (*elect. app.*), variatore di fase, sfasatore.

shifting (*mech.*), spostamento. **2.** ~ (of molds or cores) (*found.*), spostamento. **3.** ~ (of gear) (*aut.*), cambio di marcia. **4.** ~ center (*naut.*), *see* metacenter. **5.** ~ fork (of aut. transmission) (*mech.*) (Am.), forcella del cambio. **6.** ~ register (*comp.*), *see* shift register. **7.** carriage ~ (for printing characters in linear sequence) (*typewriter - comp.*), traslazione (o avanzamento) del carrello. **8.** down ~ (*aut.*), passaggio a marcia inferiore, cambio di marcia verso le marce inferiori, cambio verso il basso. **9.** synchronized ~ (of aut. transmission), cambio di marcia sincronizzato. **10.** up ~ (*aut.*), passaggio a marcia superiore, cambio di marcia verso le marce superiori, cambio verso l'alto.

shim (*mech.*), spessore. **2.** ~ (a small piece of metal, wood or stone for adjustments) (*bldg.*), zeppa, spessore. **3.** ~ rod (control rod in a nuclear reactor) (*atom. phys.*), barra di compensazione. **4.** chemical ~ (as boric acid into the cooling water of a reactor for absorbing neutrons) (*atom. phys.*), compensatore chimico.

shim (to) (to fit shims) (*mech. - etc.*), inserire spessori, "spessorare". **2.** ~ (to fill cracks with putty) (*paint. - aer. - aut.*), stuccare, "masticiare", dare il mastice.

shimming (fitting of shims) (*mech.*), montaggio di spessori, "spessoramento".

shimmy (steering defect) (*aut.*), "shimmy". **2.** ~ damper (as of castoring wheels) (*aut. - aer.*), ammortizzatore anti-shimmy.

shin (of a hill), sommità. **2.** ~ (*railw.*), *see* fishplate. **3.** ~ wool (*wool ind.*), lana degli stinchi.

shine (to) (*gen.*), (far) luccicare, (far) splendere, (far) brillare.

shiners (shining spots) (*paper mfg.*), punti lucidi.

shingle (*mas.*), ciottoli, selci. **2.** ~ (wooden roofing, shide) (*bldg.*), scidula, assicella di copertura.

shingle (to) (to free a mass of iron from slag and impurities by hammering) (*metall.*), disincrostare (o pulire) al maglio, eliminare le scorie (mediante colpi al maglio).

shingling (as by hammering) (*metall.*), disincrostazione (o pulitura) al maglio, eliminazione delle scorie (con colpi di maglio).

shining (*a.*), lucido.

ship (*naut.*), nave, bastimento, piroscafo. **2.** ~ (chip, of a log) (*naut.*), barchetta (del solcometro). **3.** ~ (airship) (*aer.*), dirigibile. **4.** ~ (airplane), aeroplano. **5.** ~ (spacecraft) (*astric.*), astronave. **6.** ~ canal (*naut.*), canale navigabile. **7.** ship's certificate of registry (*naut.*), certificato di registro della nave. **8.** ~ chandler (*naut.*), provveditore navale. **9.** ship's husband (representative on land of the owner of a ship and attending to its provisioning, repairing etc.) (*naut.*), agente marittimo. **10.** ~ lying at anchor (*naut.*), nave alla fonda. **11.** ~ plate (*shipbldg.*), lamiera per navi, lamiera grossa. **12.** ~ railway (as for landing a boat) (*naut.*), scalo di alaggio munito di binario a mare. **13.** ship's report (to the customs officials of the port of arrival) (*naut.*), dichiarazione di bordo. **14.** ~ surveyor (*naut.*), perito navale. **15.** air sea rescue ~ (*naut.*), nave di soccorso per aerei. **16.** ammunition ~ (*navy*), nave oneraria. **17.** auxiliary sailing ~ (*naut.*), motoveliero. **18.** auxiliary ~ (*naut.*), veliero con motore ausiliario. **19.** cable ~ (*naut.*), nave posacavi. **20.** cargo ~ (*naut.*), nave da carico. **21.** coast defence ~ (*naut.*), nave guardacoste. **22.** concrete ~ (*naut.*), nave in (o di) cemento. **23.** convoying ~ (*navy*), nave scorta. **24.** crane ~ (*naut.*), battello gru. **25.** decoy ~ (*navy*), nave civetta. **26.** depot ~ (for repair and refueling) (*navy*), nave appoggio. **27.** drill ~ (for offshore oil drilling) (*naut. - min.*), nave attrezzata per trivellazioni petrolifere (del fondo marino). **28.** electric ~ (*naut.*), nave a propulsione elettrica, elettronave. **29.** fire ~ (*navy*), brulotto. **30.** hospital ~ (*navy*), nave ospedale. **31.** ironclad ~ (*navy*), nave corazzata. **32.** iron ~ (*naut.*), nave in (o di) ferro. **33.** landing ~ (*navy*), mezzo da sbarco (truppe). **34.** launch of a ~ (*naut.*), varo di una nave. **35.** light ~ (*naut.*), battello faro. **36.** merchant ~ (*naut.*), nave mercantile. **37.** mixed ~ (*naut.*), nave mista. **38.** moon ~ (*astric.*), astronave lunare. **39.** mother ~ (tender) (*navy*), nave appoggio. **40.** motor ~ (*naut.*), motonave. **41.** nuclear ~ (atom-powered ship) (*naut.*), nave (a propulsione) atomica. **42.** oil ~ (*naut.*), (nave) petroliera. **43.** parent ~ (*naut.*), nave appoggio. **44.** passenger cargo ~ (*naut.*), nave passeggeri e da carico. **45.** passenger ~ (*naut.*), nave passeggeri. **46.** photon-propelled ~ (*astric.*), astronave con propulsione a fotoni. **47.** radar-fitted ~ (*radar*), nave (attrezzata) con radar. **48.** rearmost ~ (*navy*), nave di coda. **49.** repair ~ (*navy*), nave officina. **50.** sailing ~ (*naut.*), veliero. **51.** salvage and recovery ~ (*naut.*), nave per ricuperi e salvataggi. **52.** school ~ (*naut.*), nave scuola. **53.** sister ~ (*naut.*), nave gemella. **54.** space ~ (an inhabitable space vehicle) (*astric.*), veicolo spaziale, nave spaziale, astronave. **55.** submarine depot ~ (*navy*), nave appoggio per sommergibili. **56.** surface ~ (*navy*), nave di superficie. **57.** surveying ~ (*naut.*), nave idrografica, nave per rilievi idrografici. **58.** swinging ~ (compass calibration obtained by placing a ship, or aircraft, in various magnetic directions) (*nav. - aer.*), nave (o aereo) ai giri di bussola. **59.** tank landing ~ (*navy*), mezzo da sbarco per carri armati. **60.** training ~ (*naut.*), nave scuola. **61.** transport ~ (*milit.*), nave trasporto. **62.** turbine ~ (*naut.*), turbonave, T/N. **63.** wooden ~ (*naut.*) nave in (o di) legno. **64.** ~, *see also* ship's.

ship (to) (*comm.*), spedire. **2.** ~ (*comm. naut.*), spedire a mezzo nave. **3.** ~ (to put in place, as a propeller) (*naut.*), installare.

shipboard (ship's side) (*naut.*), fianco della nave. **2.** on ~ (*naut.*), a bordo.

shipborne (*naut.*), trasportato via mare, studiato per essere trasportato via mare.

shipbuilder (*naut.*), costruttore di navi.

shipbuilding (*naut.*), costruzione navale.

shipfitter (one who puts the ship's structural parts in correct position as for welding) (*naut. work.*), imbastitore navale.

shiplap (shiplapped joint) (*naut. - join. - etc.*), giunzione a sovrapposizione.

shipment (*comm.*), spedizione. **2.** ~ (lot of material as to be submitted to quality control when shipped) (*ind.*), partita. **3.** drop ~ (shipment of goods made directly from manufacturer to retailer) (*comm.*), consegna da produttore a dettagliante. **4.** rail ~ (*ind.*), spedizione per ferrovia.

shipowner (*naut.*), armatore.

shipowners' club (*naut. - comm.*), associazione armatori.

shipper (*naut. - comm.*), spedizioniere marittimo.

shipping (*naut.*), naviglio. **2.** ~ (*comm.*), spedizione marittima. **3.** ~ agent (*comm.*), spedizioniere. **4.** ~ articles, *see* ship's articles. **5.** ~ company (*naut. - comm.*), compagnia di navigazione. **6.** ~ cubage (*naut. - comm.*), cubatura di spedizione. **7.** ~ notice (*transp. - comm.*), avviso di spedizione. **8.** ~ tonnage (*naut. - comm.*), tonnellaggio di spedizione. **9.** ~ volume (*transp.*), cubaggio marittimo.

"shipplane", **"ship-plane"** (*air force*), velivolo imbarcato, velivolo di (o per) nave portaerei.

ship's articles (documents of agreement between the captain and the sailors) (*naut. comm. law*), clausole d'ingaggio. **2.** ~ husband (agent carrying out the provisioning, repairs, etc. of a ship while in port) (*naut.*), agente marittimo. **3.** ~ papers (*naut. comm. law*), documenti di bordo.

shipshape (*adv. - naut.*), alla marinara.

shipside (dock) (*naut.*), banchina.

shipway (ship canal) (*naut.*), canale navigabile.

shipwreck (*naut.*), naufragio.

shipwreck (to) (*naut.*), naufragare.

shipwright (*naut.*), maestro d'ascia.

shipyard (*naut.*), cantiere navale.

shiver (to) (of a sail) (*naut.*), sfileggiare, fileggiare.

shives (in wool) (*wool ind.*), particelle vegetali.

shivy wool (*wool ind.*), lana contenente particelle vegetali.

"shl", *see* shell, shoal.

"shlp", *see* shiplap.

"shltr", *see* shelter.

"shlw", *see* shallow.

shoad (fragment as of mineral) (*geol.*) frammento di minerale.

shoal (*naut.*), bassofondo, secca.

shoal (to) (of water depth) (*naut.*), diminuire di profondità.

shock, colpo, scossa. **2.** ~ (*med.*), shock. **3.** ~ absorbent watch (*watch*), orologio antiurto. **4.** ~ absorber (as of aut.) (*mech.*), ammortizzatore. **5.** ~ absorber pad (*mech.*), cuscino ammortizzatore. **6.** ~ cord (rubber cord used as a landing shock absorber for small airplanes) (*aer.*), cavo (o corda o nastro) elastico ammortizzatore. **7.** ~ cord (rubber cord used for launching gliders) (*aer.*), cavo elastico di lancio. **8.** ~ excitation (*radio*), eccitazione ad impulso. **9.** ~ mount (for absorbing shocks) (*for instr.*), supporto antiurto. **10.** ~ (or impact) test (as by a Charpy mach. for meas. the breaking strength, or resilience, of a specimen) (*constr. theor.*), prova d'urto. **11.** ~ pressure (pressure in a wave moving at supersonic velocity) (*aerodyn. - etc.*), pressione d'urto. **12.** ~ resistant (as a watch) (*mech.*), antiurto. **13.** ~ wave (*aerodyn.*), onda d'urto. **14.** combustion ~ (due to fuel preignition by detonation, defect in i.c. engine: knocking) (*mot.*), battito in testa. **15.** electric ~ (*elect.*), scossa elettrica. **16.** electric ~ (*med. - elect.*), scossa elettrica, elettroshock. **17.** friction (disk) ~ absorber (*mech.*), ammortizzatore a frizione. **18.** hydraulic ~ absorber (*mech.*), ammortizzatore idraulico. **19.** parachute-opening ~ (*aer.*), strappo di apertura del paracadute. **20.** remote-controlled ~ absorber (*mech.*), ammortizzatore telecomandato.

shock (to) (to collide) (*gen.*), scontrarsi, collidere.

shock-forming (as of sheet metal by high explosive) (*mech. technol.*), formatura ad urto, formatura ad alto esplosivo.

shockproof (said of a watch or instr.) (*a. - mech.*), antiurto.

shoddy (reclaimed wool) (*text. ind.*), lana meccanica di prima qualità, lana rigenerata di prima qualità.

shode (*geol.*), *see* shoad.

shoe (metallic part to which frictional material is secured) (*brake mech.*), ganascia, ceppo. **2.** ~ (for contact rail) (*elect. railw.*), pattino. **3.** ~ (of a sledge) (*sport*), pattino. **4.** ~ (ferrule), puntale. **5.** ~ (horse shoe), ferro di cavallo. **6.** ~ (of a bridge) (*arch.*), scarpa di appoggio. **7.** ~ (the casing of a tire) (*aut.*), copertone. **8.** ~ (*elect.*), contatto scorrevole, spazzola. **9.** ~ (plate to be mounted on the links of an agric. caterpillar tractor: as for travelling on asphalt roads) (*agric. mech.*), ciabatta. **10.** ~ brake (*mech.*), freno a ganasce, freno a ceppi. **11.** ~ knife (*shoemakers' t.*), trincetto. **12.** ~ nails (*shoe mfg.*), semenza, chiodi da scarpe. **13.** ~ soling (*shoe mfg.*), suolatura di scarpe. **14.** ~ tree (*shoemakers' impl.*), forma per scarpe. **15.** anchor

~ (piece of wood for protecting planking against the pea of an anchor) (*naut.*), suola (o scarpa) dell'àncora. **16.** brake ~ (*mech.*), ganascia del freno, ceppo del freno. **17.** brake ~ holder (*veh.*), portaceppi. **18.** cleaning ~ (fan and sieves group in a threshing mach.) (*agric. - mach. - mech.*), gruppo ventilatore e vagli. **19.** cross-head ~ (of a steam locomotive) (*railw.*), slitta della testa a croce. **20.** guide ~ (*mech.*), pattino di contatto, pattino di scorrimento. **21.** leading ~ (of an aut. brake) (*mech.*), ganascia avvolgente. **22.** pole ~ (*of elect. mach.*), espansione polare, scarpa polare. **23.** sliding ~ (*mech.*), pattino di contatto, pattino di scorrimento. **24.** spudding ~ (as of a derrick) (*min.*), scarpa di trivellazione. **25.** third-rail ~ (shoe to which the current is fed from the third rail) (*elect. railw.*), pattino della terza rotaia. **26.** trailing ~ (of an aut. brake) (*mech.*), ganascia svolgente.

shoe (to) (a horse), ferrare.

shook (a set of staves for a cask) (*carp.*), serie di doghe. **2.** ~ (a set of parts to be assembled) (*carp.*), serie (di parti da montare).

S hook (*mech.*), gancio ad S.

shoot (chute) (as for coal, ashes etc.) (*ind.*), condotto inclinato, scivolo. **2.** ~ (body of ore) (*min.*), giacimento di minerale. **3.** ~ (push of an arch) (*bldg.*), spinta. **4.** ~ (of weft) (*text.*), *see* pick. **5.** ~ (chute, pass) (*min.*), fornello di gettito. **6.** ~ (rocket or missile shooting) (*rckt.*), lancio. **7.** coal ~, scivolo (con sponde) per carbone.

shoot (to) (to push into or out: as a plunger) (*mech.*), azionare. **2.** ~ (by firearms) (*milit.*), sparare. **3.** ~ (as a star) (*astr. - top.*), determinare l'altezza. **4.** ~ (to hit with a missile) (*firearm*), colpire. **5.** ~ (to plane true) (*carp.*), piallare a misura. **6.** ~ (to blast) (*min.*), far saltare. **7.** ~ (as flames: as steam etc.) (*gen.*), emettere. **8.** ~ (as by swiftly emptying a truck as of a coal) (*ind.*), scaricare rapidamente. **9.** ~ a motion picture (*m. pict.*), girare un film. **10.** ~ a picture (*phot.*), prendere (o scattare) una fotografia. **11.** ~ a scene (*m. pict.*), girare una scena. **12.** ~ down (*air force*), abbattere.

shooting (*milit.*), colpo. **2.** ~ (action of shooting a scene by a m. pict. or telev. camera) (*audiovisuals - m. pict.*), ripresa. **3.** ~ board (shooting box, in planing, fixture used as a guide) (*carp.*), attrezzo di guida, guida. **4.** ~ range (*milit.*), poligono di tiro. **5.** ~ script (*m. pict.*), sceneggiatura. **6.** ~ star (*astr.*), meteora. **7.** ~ tricks (*m. pict.*), trucchi cinematografici. **8.** interior ~ (*m. pict.*), ripresa di interni.

shop (store) (*comm.*), negozio. **2.** ~ (machine shop: as of a factory), officina. **3.** ~ (a unit group of workmen producing glass ware) (*glass mfg.*), squadra. **4.** ~ (location at the furnace and machines pertaining to the producing unit) (*glass mfg.*), piazza. **5.** ~ (of an artisan) (*bldg.*), bottega, officina artigiana. **6.** ~ assistant (a clerk in a retail shop) (*comm.*), commesso. **7.** ~ chairman (*factory pers.*), *see* shop deputy. **8.** ~ coat (priming coat applied in the shop) (*paint.*), mano protettiva (applicata in officina). **9.** ~ committee (formed by employees of a factory for dealing with management) (*factory pers.*), commissione interna, C.I. **10.** ~ deputy (member of a shop committee) (*factory pers.*), membro della commissione interna. **11.** ~ equipment (*mech.*), attrezzatura di officina. **12.** ~ foreman (as of a mech. shop), capo officina. **13.** ~ mathematics (*math.*), matematica d'officina. **14.** ~ shots (*ind.*), sistemi di officina, accorgimenti di officina. **15.** ~ steward (*factory pers.*), *see* shop deputy. **16.** ~ traveler (*ind. mach.*), *see* overhead traveling crane. **17.** assembling ~ (*mech.*), officina di montaggio. **18.** authorized repair ~ (for the vehicles of a given firm) (*aut.*), officina autorizzata. **19.** back ~ (for locomotives repairing) (*railw.*), officina riparazione locomotive. **20.** body ~ (as of a manufacturer) (*aut. constr.*), officina carrozzerie, reparto carrozzeria. **21.** body ~ (for repairing bodies, as of a dealer) (*aut.*), carrozzeria, officina riparazione carrozzerie. **22.** duty-free ~ (as at an international airport) (*customless goods*), negozio in zona franca (esente da dogana), "duty-free shop". **23.** erecting ~ (shop where the finished components as of large machines are assembled) (*ind.*), reparto montaggio. **24.** factory ~ (*ind.*), spaccio aziendale. **25.** jeweler's ~ (*comm.*), gioielleria. **26.** machine ~ (workshop where work is machined and assembled) (*ind.*), officina meccanizzata. **27.** molding ~ (*found.*), reparto formatura. **28.** open ~ (of a processing center where it is possible to process directly its own problem) (*a. - comp.*), centro di calcolo a elaborazione aperta (al cliente). **29.** pattern ~ (*found.*), reparto modellisti. **30.** printing ~ (*print.*), tipografia. **31.** repair ~ (*aut. — etc.*), officina (per) riparazioni. **32.** string of shops (string of stores) (*finan. - comm.*), catena di negozi.

shop (to) (to make retail purchases) (*domestic activity*), fare compere (nei negozi). **2.** ~ (to send a railw. car to a repair shop) (*railw.*), inviare in officina.

shopgirl, commessa di negozio.

shopping (retail buying) (*domestic activity*), compere. **2.** ~ center (area with a number of shops together) (*city planning - comm.*), centro commerciale.

shoptalk (to) (*ind. - etc.*), parlare in gergo di officina.

shopwindow (*comm.*), vetrina.

shopwork (*ind.*), lavoro di officina.

shoran (short range navigation, system using two land-based secondary radar) (*radar - air navig.*), shoran, sistema (di navigazione) con due radar secondari a terra.

shore (prop) (*bldg.*), puntello. **2.** ~ (of sea, of lake), costa, riva. **3.** ~ (beach) (*geogr.*), spiaggia, lido. **4.** ~ (*shipbldg.*), puntello. **5.** ~ (of a stream), riva, greto. **6.** ~ fast (line for securing a ship as to a post on the shore) (*naut.*), cavo (o cima) d'ormeggio. **7.** ~ line (littoral) (*geogr.*), litorale. **8.** ~ scleroscope (type of scleroscope) (*meas. instr.*), scleroscopio Shore. **9.** ~ seine (*fishing*), rete di aggiramento da costa. **10.** Shore test (*technol. test*), prova (scleroscopica) di Shore. **11.** bilge ~ (*shipbldg.*), puntello di sentina. **12.** bold ~ (*sea*), costa a picco. **13.** flying ~ (horizontal shore) (*bldg.*), puntello orizzontale.

shore (to) (*bldg.*), puntellare.

shorer (*carp. work.*), puntellatore.

shoring (*constr.*), puntellamento.

shorl (*min.*), *see* schorl.

shorn wool (sheared wool) (*wool ind.*), lana tosata.

short (missing) (*a. - gen.*), mancante. **2.** ~ (*n. - m. pict.*), cortometraggio. **3.** ~ (brittle) (*metall.*), fragile. **4.** ~ (friable: as of coal) (*a. - phys.*), friabile. **5.** ~ (of brief length) (*a. - gen.*), corto. **6.** ~ (length of strip remaining after cutting a coil into lengths of given dimensions) (*n. - metall. ind.*), spezzone di sfrido (di nastro), sfrido. **7.** ~ (short shot) (*n. - milit.*), colpo corto. **8.** ~ (short-circuit) (*elect.*), cortocircuito. **9.** ~, *see also* shorts. **10.** ~ - circuit (*elect.*), corto circuito. **11.** ~ cut (*road*), scorciatoia. **12.** ~ haul (*railw.*), trasporto a breve distanza. **13.** ~ iron (*metall.*), ferro fragile. **14.** ~ plate (of a leaf spring) (*mech.*), la foglia più corta di una molla a balestra. **15.** ~-run casting (defect) (*found.*), *see* misrun. **16.** ~ sea (sea conditions) (*sea*), mare corto. **17.** ~ splice (*naut.*), impiombatura corta. **18.** ~ time (short time working) (*work.*) lavoro a orario ridotto. **19.** ~ waves (*radio*), onde corte.

short (to) (to short-circuit) (*elect. - etc.*), cortocircuitare.

shortage (*gen.*), deficienza, scarsità. **2.** ~ (*finan.*), deficit. **3.** ~ note (as in a consignment) (*comm. - adm.*), elenco dei mancanti, nota dei mancanti.

short-circuit (to) (*elect. - etc.*), cortocircuitare. **2.** ~ the motor (*elect.*), chiudere il motore in cortocircuito.

short-circuiter (acting by centrifugal force for actuating a commutator) (*elect. mot. device*), apparato centrifugo di commutazione.

shorten (to), accorciare. **2.** ~ (as a price) (*comm.*), ridurre, ribassare. **3.** ~ sail (*naut.*), serrare le vele, ridurre la velatura.

shortened (*gen.*), accorciato.

shortening (*gen.*), accorciamento. **2.** ~ (of the test piece, in the compression test) (*material testing*), accorciamento.

shorthand (method) (*n.*), stenografia. **2.** ~ (stenographic) (*a. - off. - etc.*), stenografico. **3.** ~ (written in shorthand) (*a.*), stenografato. **4.** ~ (as a trunk) (*a. - teleph. - etc.*), a breve distanza. **5.** ~ and typewriting (*off.*), stenodattilografia.

shorthand (to) (to stenograph) (*off.*), stenografare.

shorthanded (*a. - pers.*), a corto di personale.

shorthandtypist, stenodattilografo, stenodattilografa.

shorting (act of short-circuiting) (*elect.*), messa in corto circuito.

short-jointed (*a. - mech.*), con giunti ravvicinati.

"short-landed" (of a cargo: short, as of a declared quantity, when landed) (*comm. - naut.*), mancante (da un carico) quando scaricato.

short-natured (with short temp. interval during which it is still workable) (*a. - glass mfg.*), con breve intervallo (di temperatura) di lavorabilità.

shortness (to be short of time, length, distance etc.) (*gen.*), mancanza, indisponibilità. **2.** ~ (*metall.*), fragilità. **3.** cold ~ (*metall.*), fragilità a freddo. **4.** hot ~ (red shortness) (*metall.*), fragilità a caldo, fragilità al rosso. **5.** red ~ (hot shortness) (*metall.*), fragilità al rosso, fragilità a caldo.

short-run (defective casting) (*a. - found.*), incompleto.

shorts (*wool ind.*), lane corte. **2.** ~ (items missing as from a consignment) (*comm. - adm.*), mancanti. **3.** ~ (clippings, trimmings etc.) (*mfg.*), scarti, sfridi, ritagli. **4.** ~ (*print.*), fogli mancanti. **5.** ~ (*ropemaking*), canapa di scarto.

short-stapled wool (*wool ind.*), lana a fibra corta.

shortstop (rolling mill worker who diverts the rod for its winding in a coil) (*work.*), deviatore. **2.** ~ (agent interrupting a reaction) (*n. - chem.*), agente che interrompe (una reazione). **3.** ~ bath (as for stopping the developping process) (*phot.*), bagno di arresto.

short-stop, short-stop bath (bath used for stopping a developing process) (*n. - phot.*), bagno di arresto.

short-stroke (said of an engine with the bore higher than the stroke) (*a. - mot.*), superquadro.

short-term (*bank - law - etc.*), a breve scadenza. **2.** ~ (relating to short-term assets) (*a. - finan.*), a breve termine.

shortwave (radio waves shorter than 60 m) (*radio - elect.*), onde corte.

short-wooled (of a sheep) (*a. - wool ind.*), a lana corta.

shot (projectile), proiettile. **2.** ~ (as for hunting shotgun cartridge), pallini di piombo. **3.** ~ (lead pellet of cartridge), pallottola. **4.** ~ (in die casting) (*found.*), iniezione. **5.** ~ (firearm discharge), colpo. **6.** ~ (action or manner of making a film record) (*m. pict.*), ripresa. **7.** ~ (scene) (*m. pict.*), sequenza. **8.** ~ (as of colors) (*text.*), cangiante. **9.** ~ (single picture) (*m. pict.*), fotogramma. **10.** ~ (of weft) (*text.*), *see* pick. **11.** ~-blasting unit (*mech.*), pulitrice a graniglia metallica. **12.** ~ effect (*telev.*), disturbo granulare. **13.** ~ hole (*min.*), foro da mina. **14.** ~ metal (lead alloy with two per cent arsenic, for hunting shot) (*metall.*), lega di piombo per pallini da caccia. **15.** ~ noise (noise due to shot effect) (*radio defect*), disturbo dovuto ad effetto granulare. **16.** ~-peening intensity (*mech. technol.*), intensità di pallinatura. **17.** ~-peening machine (*mech. - ind. mach.*), macchina per pallinatura, pallinatrice. **18.**

~ samples (*mech. technol.*), campioni di graniglia. **19.** angle ~ (angle view) (*m. pict.*), ripresa inclinata. **20.** angle ~ (camera position) (*m. pict.*), angolazione (di presa). **21.** blank ~ (*firearm*), colpo in bianco. **22.** chilled ~ (for hunting cartridge) (*metall.*), pallini (da caccia) induriti. **23.** close ~ (*m. pict.*), mezzo primo piano (M.P.P.). **24.** cold ~ (in a defective casting, round particles resulting from a cold shut) (*found.*), goccia fredda. **25.** cold ~ (cold shut) (*found.*), ripresa, giunto freddo. **26.** crane ~ (*m. pict.*), panoramica ascensore. **27.** distance ~ (*m. pict.*), campo lungo (C.L.). **28.** exterior ~ (*m. pict.*), esterno. **29.** full ~ (*m. pict.*), primo piano di figura. **30.** interior ~ (*m. pict.*), interno. **31.** long ~ (*m. pict.*), campo lungo (C.L.). **32.** low ~ (camera position) (*m. pict.*), angolazione dal basso. **33.** medium ~ (*m. pict.*), mezzo campo lungo (M.C.L.). **34.** mute ~ (*m. pict.*), ripresa muta. **35.** panning ~ (*m. pict.*), panoramica. **36.** process ~ (*m. pict.*), ripresa a trucco. **37.** pump ~ (*mech.*), colpo di pompa. **38.** reverse ~ (*m. pict.*), controcampo, ripresa a controcampo. **39.** ricocheting ~ (*firearm*), colpo di rimbalzo. **40.** running ~ (*m. pict.*), carrellata, ripresa inseguimento, presa mobile. **41.** slow-motion ~ (*m. pict.*), ripresa col rallentatore, ripresa a velocità ultrarapida. **42.** snap ~ (*phot.*), istantanea. **43.** tracking ~ (*m. pict.*), carrellata, presa mobile. **44.** travel ~ (*m. pict.*), carrellata, presa mobile. **45.** warning ~ (*milit.*), colpo di avvertimento.

shot, *participle of* to shoot.

shot, (to) (to form into small particles) (*metall.*), formarsi di granuli, granulare.

shotblast (used for descaling) (*mech. technol.*), granigliatura, granigliatura (con graniglia metallica).

shotblast (to) (*mech. technol.*), granigliare con graniglia metallica, pallinare.

shotblasting (*mech. technol.*), granigliatura con graniglia metallica.

shotgun (a weapon often with two smooth barrels) (*firearm*), fucile da caccia.

shot-peen (to) (*mech. technol.*), pallinare.

shot-peened (*mech. technol.*), pallinato.

shot-peening (special treatment in order to increase the resistance to fatigue and elasticity; as of a spring) (*mech. technol.*), pallinatura. **2.** ~ coverage (*mech. technol.*), copertura della pallinatura. **3.** ~ intensity (*mech. technol.*), intensità di pallinatura. **4.** ~ machine (*mech. - ind. mach.*), macchina per pallinatura, pallinatrice.

shotting (referring to lead for hunting cartridges) (*ind. proc.*), procedimento di produzione di pallini da caccia.

shotweld (system of spot welding) (*mech. technol.*), sistema di saldatura a punti.

shoulder (as of a ball bearing) (*mech.*), spallamento. **2.** ~ (of a bastion) (*milit. bldg.*), spalla. **3.** ~ (of a road), margine, bordo. **4.** ~ (top of a type) (*typ.*), spalla. **5.** ~ (of a tire, portion between the tread and sidewall) (*aut.*), spalla. **6.** ~ (of a cartridge case) (*expl.*), cono. **7.** ~ cowl (*aer.*), contronaca. **8.** ~ gear (*mech.*), ingranaggio con spallamento. **9.** ~ grinding (*mach. t.*), (operazione di) rettifica di spallamenti. **10.** ~ knot (*milit.*) (Am.), spallina. **11.** ~ piece (of machine gun) (*firearm*), calcio. **12.** ~ screw (with a cylindrical unthreaded shoulder of larger diameter, acting as a pivot) (*mech.*), vite a perno. **13.** ~ strap (*gen.*), tracolla. **14.** ~ wool (*wool ind.*), lana delle spalle. **15.** hard ~ (used for emergency stopping on a motorway) (*road traff.*), banchina.

shove (*gen.*), spinta.

shove (to) (*gen.*), spingere. **2.** ~ off (*gen.*), scostare.

shovel (*impl.*), pala, badile. **2.** ~ (of mech. digger) (*impl.*), cucchiaia. **3.** ~ (of a dredge) (*impl.*), cucchiaia. **4.** ~ (power shovel, excavator) (*earth moving mach.*), escavatore a cucchiaia, escavatore a pala, escavatore a badilone. **5.** crowd ~ (face shovel) (*earth moving mach.*), escavatore a cucchiaia spingente, escavatore a cucchiaia diritta. **6.** drag ~ (pull shovel) (*earth moving mach.*), escavatore a cucchiaia rovescia. **7.** face ~ (*earth moving mach.*), escavatore a cucchiaia spingente, escavatore a cucchiaia diritta. **8.** forward ~ (*earth moving mach.*), *see* face shovel. **9.** gasoline ~ (power shovel) (*earth moving mach.*), escavatore a cucchiaia (azionato da motore) a benzina. **10.** hoe ~ (*earth moving mach.*), escavatore a cucchiaia rovescia. **11.** loading ~ (*earth moving mach.*), pala caricatrice. **12.** mechanical ~ (*earth moving mach.*), escavatore meccanico a cucchiaia. **13.** power ~ (*earth moving mach.*), escavatore a cucchiaia, escavatore a pala, escavatore a badilone. **14.** pull ~ (drag shovel) (*earth moving mach.*), escavatore a cucchiaia rovescia. **15.** steam ~ (*earth moving mach.*), escavatore a vapore a cucchiaia.

shovel (to) (*mas.*), spalare, paleggiare.

shoveler (shoveller) (*work.*), spalatore, badilante. **2.** ~ (shovelman, excavator driver) (*work.*), escavatorista.

show (as of motion pictures), spettacolo. **2.** ~ (exhibition) (*comm.*), esposizione. **3.** ~ (of a film) (*m. pict.*), proiezione. **4.** ~ rafter (short rafter, often ornamented, projecting from the wall) (*bldg.*), passafuori, mensola. **5.** ~ window (*comm. - bldg.*), vetrina. **6.** first ~ (*m. pict.*), prima visione. **7.** on a ~ of hands (for voting) (*finan. - etc.*), per alzata di mani. **8.** talk ~ (interview program) (*telev. - radio*), programma con personaggi intervistati.

show (to) (*gen.*), mostrare, indicare.

showcard (placard etc.) (*adver.*), manifesto (o cartellone) pubblicitario.

showcase (a glazed case for exhibition of goods) (*comm.*), vetrina.

shower (of rain) (*meteorol.*), rovescio, acquazzone. **2.** ~ (bath) (*bldg.*), doccia. **3.** ~ (group of particles) (*atom phys.*), sciame. **4.** ~ bath (*bldg.*), doccia. **5.** ~ curtain (rubb. ind. product.: as for bathroom), tenda per doccia. **6.** soft ~ (of a group of particles having little penetrating power) (*atom phys.*), sciame a bassa penetrazione.

"shp" (shaft horse-power) (*mot.*), potenza sull'asse.

"shpg", *see* shipping.

"shpt", *see* shipment.

shrapnel (*artillery*), granata a palle, shrapnel. **2.** ~ shell (*expl.*) (Brit.), granata a palle, shrapnel. **3.** rear booster ~ (*expl.*), shrapnel a camera posteriore.

shred (fragment) (*gen.*), frammento.

shred (to) (to mince or to cut something into small pieces) (*gen.*), tagliuzzare, tagliare in piccoli pezzi.

shredder (*mach. for ind. and agric.*), spezzettatrice, trinciatrice. **2.** paper ~ (to destroy documents, as confidential ones) (*off. app.*), apparecchio distruttore di documenti.

shredding (*gen.*), spezzettatura, riduzione in frammenti. **2.** paper ~ machine (*paper mfg. mach.*), truciolatrice per carta, macchina truciolatrice per carta.

shrink (shrinkage) (*gen.*), ritiro, contrazione. **2.** ~ (shrinkage) (*found.*), ritiro. **3.** ~ fit (*mech.*) (Am.), accoppiamento bloccato forzato a caldo (oppure sottozero). **4.** ~ hole (*found.*), cavità di ritiro. **5.** ~ of the fabric (*text. ind.*), ritiro del tessuto. **6.** ~, *see also* shrinkage.

shrink (to) (of cloth), restringersi. **2.** ~ (to contract: as of wood, concrete etc.) (*phys.*), contrarsi, "ritirarsi". **3.** ~ on (as a railw. tire on a wheel) (*mech.*), calettare a caldo (o sottozero).

shrinkage (as of concrete, wood, castings etc.), ritiro. **2.** ~ (of a fabric, due to washing) (*text. ind.*), restringimento. **3.** ~ (*comm.*), calo. **4.** ~ (as of prices) (*comm.*), contrazione. **5.** ~ (of paint film) (*paint.*), ritiro. **6.** ~ block (metal or wooden block for avoiding distortion of plastic parts during the cooling period) (*plastics ind.*), informatore. **7.** ~ cavities (*found.*), cavità dovute a ritiro. **8.** ~ crack (crack in a casting due to a collapse of the surface after solidification and caused by wrong design or feeding method) (*found.*), incrinatura di ritiro, cricca di ritiro. **9.** ~ fit, *see* shrink fit. **10.** ~ limit (of a soil, water content below which a variation in it does not produce an equivalent volumetric change) (*soil analysis*), limite di ritiro. **11.** ~ porosity (casting defect due to liquid shrinkage) (*found.*), porosità di ritiro. **12.** filamentary ~ (*found.*), ritiro filamentoso. **13.** internal ~ (of a casting) (*found.*), cavità di ritiro. **14.** oven ~ (of sheet plastic due to forming strains relieving) (*technol.*), ritiro in forno.

shrink-fitting (shrinking-on) (*mech.*), montaggio a caldo (o sottozero), calettamento a caldo (o sottozero).

shrinking (*found. - text.*), ritiro. **2.** ~ on (*mech.*), calettamento a caldo.

shrinkproof (as of unshrinkable fabric) (*a. - text. ind.*), irrestringibile.

shrink-resist (as of a woolen fabric) (*a. - text.*), irrestringibile.

shrink-wrap (to) (to wrap, as a new book or a bundle of new pieces in a clear plastic made adherent by heating) (*packaging*), confezionare in plastica termoretrattile.

shroud (*naut.*), sartia. **2.** ~ (that which shelters) (*gen.*), riparo. **3.** ~ (iron sheet diaphragm between hood and cowl) (*aut. body constr.*), pannello di separazione tra vano motore e abitacolo. **4.** ~ (thermal shield) (*aer. constr.*), scudo. **5.** ~ lines (of a parachute) (*aer.*), fascio funicolare, sistema funicolare. **6.** futtock shrouds (iron shrouds or rods connecting the top with the lower mast) (*naut.*), rigge. **7.** turbine disk ~ (as of a jet engine) (*mot.*), anello esterno al disco turbina.

shroud (to) (to cover) (*gen.*), coprire.

shrouded (*gen.*), riparato, protetto. **2.** ~ impeller (of a supercharger) (*mech.*), ventola scatolata.

shrub (*wood - etc.*), arbusto.

shruff (dross) (*metall.*), scoria dei metalli.

shrunk (as of a hoop on a gun jacket) (*a. - ordnance*), forzato. **2.** ~ on (*mech.*), calettato a caldo (o sottozero).

"Sh S" (sheet steel) (*mech. draw.*), lamiera di acciaio.

"SHSS" (super high speed steel) (*mech. draw.*), acciaio extrarapido.

"sh tn" (short ton) (*weight meas.*), tonnellata da 907,1853 kg.

shuffle (to) (as to shuffle cards) (*gen.*), mescolare, rimescolare.

shunt (*elect.*), derivazione, shunt. **2.** ~ (an alternate path for current in elect. apparatus) (*elect.*), derivazione in parallelo, shunt. **3.** ~ (small collision between racing cars) (*n. - aut. race*), lieve contatto. **4.** ~ circuit (*elect.*), circuito shuntato. **5.** ~ dynamo (*elect. mot.*), dinamo eccitata in derivazione. **6.** ~ motor (*elect. mot.*), motore eccitato in derivazione. **7.** ~ valve (*mech. pip.*), valvola di cortocircuitazione. **8.** heat ~ (for dissipation of unwanted heat, as in welding) (*technol.*), raffreddatore. **9.** magnetic ~ (*elect.*), derivatore magnetico.

shunt (to) (a train from one track to another) (*railw.*), smistare. **2.** ~ (*elect.*), derivare in parallelo, shuntare. **3.** ~ (*elics.*), collegare in derivazione, derivare in parallelo. **4.** ~ (to by-pass current) (*elect.*), cortocircuitare.

shunted (*elect.*), derivato. **2.** ~ (by-passed, as current) (*elect.*), derivato in parallelo, shuntato.

shunter (switchman) (*railw. work.*), deviatore, manovratore di scambi. **2.** ~ (small engine) (*railw.*), locomotiva da manovra, "muletto", piccola locomotiva da smistamento. **3.** Diesel ~ (Diesel engine powered shunting locomotive) (*railw.*), locomotiva da manovra Diesel.

shunting (*elect.*), derivazione, shuntaggio. **2.** ~ (switching) (*railw.*) (Brit.), smistamento, instradamento. **3.** ~ locomotive (*railw.*), locomotiva da manovra. **4.** ~ work (of a locomotive) (*railw.*), servizio di manovra. **5.** ~ yard (*railw.*), scalo di smistamento. **6.** field ~ (as of an elect. mot.), derivazione di campo. **7.** heavy ~ work (of a locomotive) (*railw.*), servizio di manovra pesante. **8.** medium ~ work (of a locomotive) (*railw.*), servizio di manovra medio.

shunt-wound (*a. - electromech.*), con avvolgimento in parallelo.

shut (*a. - gen.*), chiuso. **2.** ~ (union line of welded metal pieces) (*n. - mech.*), linea della saldatura, cordolo della saldatura, saldatura. **3.** ~ (defect) (*metall. - rolling - forging*), *see* lap. **4.** ~ height "SH" (of a press die) (*mech.*), altezza stampo chiuso. **5.** cold ~ (casting defect: lack of union of metal where two or more streams of metal meet, due to insufficient fluidity of metal) (*found.*), giunto freddo, ripresa, piega fredda, saldatura fredda.

shut (to) (as a door), serrare, chiudere. **2.** ~ down (as work in a factory), interrompere. **3.** ~ off (as steam etc.) (*ind.*), chiudere.

shutdown (as of a furnace, a nuclear reactor, a comp. etc.) (*metall. - atom phys. - comp.*) (Am.), spegnimento. **2.** ~ (temporary shutting of a factory) (*ind.*), chiusura, interruzione del lavoro. **3.** ~ (of works for vacations) (*ind.*), chiusura. **4.** ~ (of an engine) (*mot.*), arresto, blocco. **5.** ~ point (factory position in which the selling prices are lower than the costs of production) (*econ.*), punto di chiusura. **6.** high water temperature and low oil pressure automatic ~ (as of an i. c. engine) (*mot.*), arresto automatico per elevata temperatura dell'acqua e bassa pressione dell'olio. **7.** safety ~ device (as of an engine) (*mot.*), dispositivo di arresto di emergenza.

shutline (junction between doors etc., and body) (*aut.*), linea di chiusura.

shutoff cock (*pip. - mech.*), rubinetto di intercettazione, rubinetto di arresto.

shutter (as of a radiator: for regulating the cooling effect) (*mech.*), parzializzatore. **2.** ~ (*naut.*), portello. **3.** ~ (*m. pict. - phot.*), otturatore. **4.** ~ (internal to a window) (*bldg.*), scuro, scuretto, scurino. **5.** ~ (external to a window) (*bldg.*), persiana, gelosia. **6.** ~ dam (for irrigation) (*hydr. - agric.*), bassa paratia ruotante orizzontalmente sulla soglia dello sbarramento. **7.** ~ release (as of a camera) (*phot.*), pulsante di scatto dell'otturatore. **8.** ~ speed scale (of a camera) (*phot.*), graduazione della velocità dell'otturatore. **9.** between-the-lens ~, *see* interlens shutter. **10.** curtain ~ (of a camera) (*phot.*), tendina. **11.** diaphragm ~ (*phot.*), otturatore ad iride. **12.** dissolving ~ (*m. pict.*), otturatore per dissolvenza. **13.** focal-plane ~ (*phot.*), otturatore a tendina. **14.** interlens ~ (as of a camera lens) (*phot.*), otturatore centrale, otturatore sistemato tra le lenti. **15.** roller ~ (as of a store door), saracinesca. **16.** roller ~ (as of a window) (*bldg.*), avvolgibile, serranda avvolgibile. **17.** roller ~ box (*bldg.*), cassonetto dell'avvolgibile. **18.** rotary ~ (as of m. pict. projector) (*opt.*), otturatore rotante. **19.** sliding ~ (*mech.*), chiusura scorrevole. **20.** to wind up the ~ (*phot.*), caricare l'otturatore. **21.** tube ~ (of sub.) (*naut.*), portellone.

shuttering (formwork) (*bldg.*), casseforme, armature. **2.** ~ (shutters) (*bldg.*), persiane ed analoghi serramenti.

shutters (internal to a window or external) (*bldg.*), scuri, scurini, persiane, gelosie.

shuttle (of a loom) (*text. ind.*), navetta. **2.** ~ (of a sewing mach.), navetta. **3.** ~ (*aer.*), successione continuativa di viaggi di andata e ritorno tra due località, spola. **4.** ~ (space veh. traveling between the earth and a space station) (*astric.*), navetta. **5.** ~ box (of a loom) (*text. mach.*), cassetta. **6.** ~ mechanism (*m. pict.*), meccanismo (di scatto) alternativo. **7.** ~ picking (of a loom) (*text. mech.*), lancio della navetta. **8.** ~ rectifying machine (*text. mach.*), macchina per rettificare spole. **9.** ~ service (*railw.*), servizio di navetta. **10.** automatic ~ changing (weaving) (*text. mfg.*), cambiamento automatico della navetta. **11.** gripping ~ (of a loom) (*text. mfg.*), navetta a morsetto. **12.** pneumatic operation of the ~ (as in a loom) (*text. mfg.*), movimento pneumatico della navetta. **13.** space ~, *see* shuttle 4 ~.

shuttle (to) (to move back and forth as for transportation) (*aer. - naut. - etc.*), fare la spola.

"SI" (Système International, International System of units) (*meas.*), sistema metrico decimale.

Si (silicon) (*chem.*), silicio.

sial (part of the earth's crust characterized by the content of silicium and aluminium) (*geol.*), sial.

"SIC" (standard industry code) (*comp.*), codice standard industriale.

siccative (*n. - a. - ind.*), essiccativo, siccativo. **2.** ~ oil (*ind.*), olio siccativo.

sick (*a. - gen.*), ammalato. **2.** ~ (improductive: as of infested soil, not productive) (*a. - agric.*), non produttivo. **3.** ~ bay (or berth) (*navy - naut.*), infermeria (di bordo). **4.** ~ flag (*naut.*), bandiera di quarantena. **5.** ~ pay (to employees) (*ind. pers. organ.*), sussidio malattia.

sickle (*agric. impl.*), falce, falcetto.

sickle-shaped truss (*constr. theor.*), travatura parabolica a forma di falce.

sickness (*gen.*), malattia. **2.** ~ benefit (as for a worker) (*law - social*), sussidio malattia. **3.** ~ insurance fund (sickness fund) (*med. - work. organ.*), cassa malattia, mutua. **4.** altitude ~ (*aer. - med.*), mal d'aria, malattia delle altitudini. **5.** mountain ~ (*med.*), mal di montagna. **6.** space ~ (*med. - astric.*), mal di spazio. **7.** works ~ fund (*ind.*), mutua aziendale.

sick-out (sickness pretext for absence from work) (*n. - work.*), assenza per finta malattia.

side (*gen.*), fianco, lato. **2.** ~ (of threads) (*mech.*), fianco. **3.** ~ (of a polygon) (*geom.*), lato. **4.** ~ (one page or side of a sheet) (*typ.*), pagina, facciata. **5.** ~ arms (as swords, revolvers etc.) (*milit.*), arma portata al fianco. **6.** ~ band, *see* sideband. **7.** ~ band (*radio*), banda laterale. **8.** ~ chain (of atoms) (*chem.*), catena laterale. **9.** ~ clearance (backlash) (*mech.*), gioco laterale. **10.** ~ connecting rod, *see* side rod. **11.** ~ curtains (as for open military aut.) (Am.), tendine laterali. **12.** ~ cut (breakdown, forging die) (*t.*), stampo per scapolatura. **13.** ~ cutting (material taken outside the roadbed and used for it) (*civil constr.*), materiale di scavo laterale. **14.** ~ cutting-edge angle (of a lathe tool) (*t.*), angolo del profilo del tagliente principale. **15.** ~ ditch (of a road), cunetta laterale. **16.** ~ drift (adit) (*min.*) (Brit.), galleria orizzontale d'accesso. **17.** ~ flasher (repeater lamp) (*aut.*), lampeggiatore laterale. **18.** ~ frame, fiancata. **19.** ~ frame (part of the coach, forming the side of the coach, a car body) (*railw.*), fiancata. **20.** ~ gear (of a differential) (*mech. - aut.*), planetario, ruota planetaria. **21.** ~ lamp (*veh.*), luce di posizione. **22.** ~ lights (green and red navigation lights) (*aer. - naut.*), luci di via, luci di posizione, fanali di via. **23.** ~ member (of a frame) (*mech.*), longherone. **24.** ~ milling (milling at right angle to the milling cutter axis) (*mech. proc.*), fresatura con fresa a tre tagli. **25.** ~ panel (*aut. constr.*), fiancata. **26.** ~ pinion (of a differential) (*mech. - aut.*), satellite, pignone satellite. **27.** ~ play (maximum lateral space requested because of the moving part of a mach.) (*mach. t.*), ingombro (della macchina in pianta) relativa alla parte mobile. **28.** ~ port (as for loading foodstuff for the caboose) (*shipbuild.*), portellone a murata. **29.** ~ rebate plane (*join. t.*), sponderuola. **30.** ~ road (*civ. eng.*), via secondaria. **31.** ~ rod (of a steam locomotive) (*railw.*), biella accoppiata. **32.** ~ rods (of a loom) (*text. mach.*), barre laterali. **33.** ~ seal (of a Wankel engine rotor) (*eng.*), tenuta laterale. **34.** ~ sill (as of a railw. car) (*railw. - etc.*), longherone esterno (del telaio), longherone laterale. **35.** ~ slip (*aer.*) (Brit.), scivolata d'ala. **36.** ~ tool (side cutting edge t.) (*t.*), utensile a taglio laterale, utensile (con solo taglio) laterale. **37.** ~ wall (*mas.*), sponda. **38.** ~ wind (*naut.*), vento di traverso. **39.** ~ wool (of sheep) (*wool ind.*), lana dei fianchi. **40.** body ~ (*aut. body constr.*), fiancata della scocca. **41.** bottom ~ (flank, of a gear tooth) (*mech.*), fianco dedendum. **42.** celluloid ~ (of a film) (*m. pict.*), lato celluloide. **43.** coating ~, *see* emulsion side. **44.** emulsion ~ (as of a film or of a photographic plate) (*phot. - m. pict.*), lato emulsione, lato gelatina emulsionata. **45.** end ~ (as of a pack, a parcel etc.) (*packing - etc.*), testata. **46.** far ~ (of an object, as referred to the sight of it) (*gen.*), lato opposto. **47.** flip ~ (the opposite side: as of a phonograph record) (*n. - gen.*), il rovescio, il lato opposto. **48.** near ~ (of an object, as referred to the sight of it) (*gen.*), lato in vista. **49.** operator ~ (of a machine) (*mach. t. - etc.*), lato operatore. **50.** port ~ (*naut.*), sinistra, babordo, fianco sinistro. **51.** starboard ~ (*naut.*), dritta, tribordo, fianco destro. **52.** top ~ (face of a gear tooth) (*mech.*), fianco addendum. **53.** weather ~ (*naut.*), lato sopravento.

sideband, side band (*radio - elics.*), banda laterale. **2.** vestigial ~, "VSB" (*radio - commun.*), banda laterale residua.

side-band (*a. - radio - elics.*), a banda laterale.

side-beam engine (side-lever engine) (*mot.*), motore a biella laterale.

sidecar (of a motorcycle), carrozzino, sidecar. **2.** ~ lugs (on a mtc. frame) (*mech.*), attacchi per (l'applicazione del) carrozzino.

side-delivery rake (*agric. mach.*), ranghinatore semplice, rastrello a carico laterale continuo.

sidehill plow (two-way plow) (*agric. mach.*), aratro voltaorecchio.

side-lighted (*a. -phot.*), illuminato di fianco, con illuminazione laterale.

sidenote (marginal note) (*print.*), postilla.

sideral (*astr.*), sidereo, siderale.

sidereal (*astr.*), siderale. **2.** ~ day, giorno siderale.

siderite ($FeCO_3$) (*min.*), siderite.

sidesaddle (for horse riding) (*sport*), sella da amazzone.

sideskid, *see* sideslip.

sideslip (*aer.*), scivolata (d'ala). **2.** ~ (*aut.*), sbandata. **3.** ~ angle (attitude angle, as of a car) (*veh.*), angolo di assetto. **4.** ~ indicator (*aer. instr.*), indicatore di scivolata. **5.** ~ landing (*aer.*), atterraggio con deriva. **6.** ~ velocity (lateral velocity) (*veh.*), velocità laterale. **7.** rate of ~ (of an aircraft) (*aer.*), entità della velocità laterale.

sideslip (to) (*aer.*), scivolare d'ala. **2.** ~ (*aut.*), sbandare.

sideslipping (of an aircraft) (*aer.*) (Am.), scivolata (d'ala). **2.** ~ (*aut.*), sbandamento. **3.** ~ (of a parachute) (*aer.*), entità della velocità laterale.

sidetone (disturbance due to the speaker's voice heard directly and from the receiver at the same time) (*tlcm. defect.*), effetto locale.

side-to-side (*gen.*), fianco a fianco.

sidetrack (*railw.*), binario di raccordo.

side-valve (*a. - mot.*), a valvole laterali.

sidewalk (*road*), marciapiede.

sidewall (as of a tire) (*aut. - etc.*), parete laterale. **2.** ~ (longitudinal wall of a tank furnace above the metal line resting on the flux blocks) (*glass mfg.*), parete laterale.

sideways (*adv. - gen.*), lateralmente.

side-wheel (*obsolete river boat*), battello a ruote.

sidewise (*adv. - gen.*), lateralmente.

siding (*railw.*), raccordo, binario di raccordo. **2.** ~ (thickness, as of a beam) (*shipbldg.*), spessore. **3.** ~ (horizontal boards forming the exposed surface of outside walls) (*bldg.*), tavole in vista. **4.** dead-end ~ (*railw.*), binario morto, binario secondario. **5.** private ~ (*railw.*), raccordo privato. **6.** sanded ~ (*railw.*), raccordo insabbiato.

siege (of a pot furnace) (*glass ind.*), suola (di forno da vetro). **2.** ~ (*milit.*), assedio. **3.** ~ artillery (*artillery*), artiglieria pesante campale.

siemens (elect. conductance unit) (*meas. unit*), siemens.

sienna (earthy color), terra di Siena.

sieve (*impl.*), setaccio, staccio. **2.** ~ (*mas. impl.*), crivello, vaglio. **3.** cocoon ~ (*silk ind. impl.*), crivello per bozzoli.

sieve (to), setacciare. **2.** ~ (*mas. - min.*), vagliare.

sieving (sifting) (*ind. technol.*), setacciatura, vagliatura, crivellatura.

sift (to) (*ind.*), setacciare, vagliare.

sifter (as for flour mill) (*impl.*), buratto, setaccio.

siftings (*ind.*), vagliatura, materiale passato al (o rimasto sul) vaglio.

"SIG GEN" (signal generator) (*elics.*), generatore di segnali.

sight (*top.*), traguardo. **2.** ~ (of a firearm), mirino. **3.** ~ (as for static tests of an aer.) (*aerot.*), traguardo. **4.** ~ (as of opt. instr.), mirino. **5.** ~ bill of exchange (*comm.*), tratta a vista. **6.** ~ check (for ascertaining identicalness of two punched cards by superposing them and looking through the corresponding holes) (*comp.*), controllo a vista. **7.** ~ distance (visibility distance) (*road traff.*), (lunghezza della) visuale libera. **8.** ~ glass (for controlling the level of a tank or the flow in a pipe) (*fluids*), vetro spia. **9.** ~ standard (of a gun) (*ordnance*), congegno di mira. **10.** annular ~ (of firearms), alzo anulare. **11.** at ~ (as of a check payable at sight) (*bank*), a vista. **12.** at ~ (as: payable) (*comm.*), a vista. **13.** back ~ (rear sight, as of a rifle) (*firearm*), alzo. **14.** bar ~ (as of A. A. gun) (*milit.*), cursore. **15.** collimating ~ (for rifle, gun etc., riflescope) (*opt. sight*), mirino ottico, cannocchiale di puntamento. **16.** drift ~ (*aer. instr.*), derivometro. **17.** fore ~ (of a rifle) (*firearm*), *see* front sight. **18.** front ~ (*firearm*), mirino anteriore. **19.** leaf ~ (*firearm*), alzo graduabile (con mirino posteriore a traguardo diretto). **20.** leaf ~ with adjustable slide (*firearms*), alzo a ritto regolabile. **21.** lowered ~ (sight set for near firing) (*firearm*), alzo abbattuto. **22.** panoramic ~ (*opt. instr.*), cannocchiale panoramico. **23.** panoramic ~ (*artillery instr.*), cannocchiale panoramico iposcopico. **24.** peep ~ (as of a firearm), alzo regolabile (con mirino posteriore a foro). **25.** rear ~ (*firearm*), alzo. **26.** telescope ~ (*instr.*), collimatore.

sight (to) (*firearm*), mirare. **2.** ~ (*naut.*), avvistare. **3.** ~ (*opt.*), centrare, traguardare.

sight-feed (as of oil cups or feeding pipes made of transparent material) (*a. - pip.*), a visione diretta.

sighting (*firearm*), puntamento. **2.** ~ stake (*top. impl.*), palina, biffa.

sightproof (*opt.*), opaco.

sigma (sigma particle, instable particle of the baryon family) (*atom phys.*), sigma, particella sigma.

sigmoid curve (*math. - stat.*), curva sigmoidale.

sign (*gen.*), segno. **2.** ~ (as of a shop) (*comm.*), cartello, insegna. **3.** ~ (+, –, = etc.) (*math.*), segno. **4.** conventional ~ (*gen.*), segno convenzionale. **5.** conventional signs (as map symbols) (*cart. - top. - etc.*), segni convenzionali. **6.** ground ~ (*aer.*), segnale da terra. **7.** integral ~ (*math.*), segno di integrale. **8.** minus ~ (*math.*), segno meno. **9.** multiplication ~ (times sign, symbol x) (*math.*), segno di moltiplicazione. **10.** opposite in ~ (*math.*), di segno contrario. **11.** plus ~ (*math.*), segno più. **12.** radical ~ (*math.*), segno di radice. **13.** road ~ (*road traff.*), cartello indicatore, indicatore stradale. **14.** sky ~ (electric adver. on top of a building) (*adver.*), insegna (luminosa) alla sommità di un edificio. **15.** sky ~ (sign towed by an airplane) (*adver.*), scritta aerotrainata. **16.** times ~, *see* multiplication ~. **17.** traffic ~ (*road traff.*), indicatore stradale. **18.** warning ~ (*road traff.*), segnale di pericolo. **19.** zodiac ~ (*astr.*), segno dello zodiaco.

sign (to) (to make a sign, a signal) (*gen.*), segnare, marcare. **2.** ~ (*comm. - law*), firmare. **3.** ~ a sales contract (*comm.*), firmare un contratto di vendita. **4.** ~ on (*milit.*), arruolarsi. **5.** ~ on (to enlist) (*pers.*), accettare l'assunzione. **6.** ~ the mail (*office*), firmare la corrispondenza.

signage (signs for aut. direction, warning etc.) (*road traff.*), segnaletica.

signal, segnale. **2.** ~ (*electrotel.*), segnale. **3.** ~ alarm (*gen.*), sistema di avvertimento del pericolo mediante segnalazioni. **4.** ~ bell (warning bell) (*elect. - etc.*), soneria. **5.** ~ board (*railw.*), pannello dei segnali. **6.** ~ book (*navy - milit.*), codice dei segnali. **7.** ~ box (*railw.*), cabina comando segnali. **8.** Signal Corps (*milit.*), Genio Collegamenti. **9.** ~ flood light (*aer. - naut. - etc.*), lampeggiatore. **10.** ~ noise ratio (*radio*), rapporto segnale disturbo. **11.** ~ pedal (*railw. signal*), pedale (per comando) segnali. **12.** ~ plate (*telev.*), placca collettrice. **13.** ~ processing (manipulation of electronic signals which makes for their better recognition and evaluation) (*sing. proc. - elect. - und. acous.*), trattamento dei segnali, manipolazione dei segnali, elaborazione dei segnali. **14.** ~ recovery (detection of a signal buried in noise) (*sign. proc.*), estrazione di un segnale (dal rumore). **15.** ~ regeneration (*elics.*), rigenerazione del segnale. **16.** ~ repeater (in railw. signaling) (*elect. - mech.*), ripetitore di segnali. **17.** ~ rocket (*gen.*), razzo da segnalazioni. **18.** ~ wave (wave conveying data, messages, images etc.) (*tlcm.*), onda di segnale, segnale. **19.** absolute stop ~ (*railw.*), segnale d'arresto assoluto. **20.** access-barred ~ (signal sent to the calling terminal) (*comp.*), segnale di accesso bloccato. **21.** alarm ~ (*gen.*), segnale di allarme. **22.** audio-visible signals (as an electric horn and warning light for emergency operating conditions) (*mot. - etc.*), segnali acustici e ottici. **23.** automatic block ~ (*railw.*), segnale di blocco automatico. **24.** back-up air ~ (a warning whistle which can be operated at the rear of a train when backing up) (*railw.*), fischio per la marcia indietro. **25.** black ~ (in the minimum luminosity points of the scanned image) (*telev.*), segnale nero (o di nero). **26.** block ~ (*railw.*), segnale di blocco. **27.** clear request ~ (*tlcm.*), segnale di richiesta di svincolo. **28.** code ~ (*navig. - etc.*), segnale in codice. **29.** color light ~ (*railw.*), segnale (permanentemente) luminoso. **30.** color light ~ with movable spectacles (*railw. sign.*), segnale (permanentemente) luminoso a schermo mobile. **31.** continuity failure ~ (*tlcm.*), segnale di circuito interrotto. **32.** disk ~ (*railw.*), segnale a disco, disco. **33.** distance ~ (*naut.*), segnale a distanza. **34.** distinguishing ~ (*milit.*), segnale di riconoscimento. **35.** distress ~ (*milit.*), segnale (di richiesta) di soccorso. **36.** dwarf ~ (*railw.*), *see* pot signal. **37.** electric ~ (analogic, digital) (*inf.*), segnale elettrico. **38.** electric ~ box (*railw. sign. system*), apparato centrale elettrico di segnalazione. **39.** explosive fog ~ (*railw.*), petardo da nebbia. **40.** hang-up ~ (*teleph.*), segnale di riaggancio. **41.** inhibiting ~ (*comp.*), segnale di inibizione, segnale inibitorio. **42.** interlocked ~ (in railw. control and signaling: as of a station) (*railw.*), segnale manovrato da apparati centrali. **43.** outgoing ~ (*radio*), segnale in uscita. **44.** picture ~ (*telev.*), segnale d'immagine. **45.** plate ~ (*telev.*), segnale di placca. **46.** pot ~ (*railw. sign. system*), segnale basso girevole per manovra, marmotta. **47.** pyrotechnical ~ rocket (*aer. - etc.*), segnale pirotecnico. **48.** road crossing ~ (*railw. sign.*), segnale ai passaggi a livello. **49.** semaphore ~ (*railw.*), segnale semaforico (o del semaforo). **50.** smoke ~ (*milit.*), segnale fumogeno. **51.** sound ~ (*gen.*), segnale acustico. **52.** synchronizing ~ (*telev.*), segnale sincronizzante. **53.** time ~ (as broadcast over the radio) (*radio*), segnale orario. **54.** timing ~, *see at timing* timing pulse. **55.** to display the ~ (*railw.*) (Am.), effettuare la segnalazione. **56.** traffic ~ (road signal: as in a central road crossing of a town) (*road traff.*), semaforo, segnale per il traffico. **57.** video ~ (*telev.*), segnale video, videosegnale. **58.** white ~ (in the maximum luminosity points of the scanned image) (*telev.*), segnale di bianco. **59.** ~ *see also* wave. **60.** ~ (*teleph.*), *see also* tone.

signal (to) (*gen.*), segnalare. **2.** ~ (*aer. - naut. - railw. - etc.*), fare segnalazioni.

signaler (signaller) (*gen.*), segnalatore. **2.** headlamp ~ (*aut.*), avvisatore a lampi di luce, lampeggio fari.

signaletics (*road traff.*), segnaletica.

signaling, signalling (*gen.*), segnalazione, segnalamento. **2.** ~ apparatus (*gen.*), apparecchio di segnalazione. **3.** color ~ (*railw. sign. system*), segnalamento mediante colore. **4.** direction ~ (*railw. sign. system*), segnalamento di direzione. **5.** flag ~ (*naut. - etc.*), segnalazione con bandiera. **6.** flash ~ (*milit.*), segnalazione a lampi. **7.** speed ~ (*railw. sign. system*), segnalamento di velocità. **8.** traffic ~ device (*road*), semaforo. **9.** visual ~ (*milit.*), segnalazione ottica.

signalman (*gen.*), segnalatore. **2.** block ~ (*railw. work.*), guardiablocco.

signals (*milit.*), collegamenti. **2.** ~ station (*milit.*), stazione di collegamento. **3.** main ~ artery (*milit.*), asse dei collegamenti.

signal-to-noise ratio, "SNR" (*tlcm. - comp. - electroacous. - radio - etc.*), rapporto segnale/rumore, rapporto segnale/disturbo.

signatories (as in a limited company) (*adm.*), firmatari.

signature (*comm. - law*), firma. **2.** ~ (folded sheet of a book) (*print. - bookbinding*), segnatura. **3.** ~ (as for identifying an orchestra, a program etc.) (*radio - telev.*), sigla. **4.** acoustic ~ (as of a given ship or type of submarine) (*und. acous. - navy*), segnatura acustica, diagramma acustico di individuazione. **5.** separate ~ (*law*), firma singola.

signed (*gen.*), firmato. **2.** ~ for acceptance (*gen.*), firmato per accettazione, firmato per approvazione.

signer, firmatario.

significant (weighty) (*a. - gen.*), significativo. **2.** most ~ digit (the most weighty: the leftmost digit of a number) (*comp.*), la cifra più significativa.

signpost (guidepost) (*traffic sign*), segnavia, indicatore stradale.

silage cutter (for cutting forage and storing it in a silo) (*agric. mach.*), trinciatrice-insilatrice.

silence (absence of sound) (*acous.*), silenzio. **2.** cone of ~ (vertically above the radio signal beam) (*radio*), cono del silenzio, zona del silenzio.

silence (to) (to eliminate noises) (*acous.*), silenziare. **2.** ~ (to silence the enemy guns) (*milit. - etc.*), ridurre al silenzio.

silencer (as for firearms), silenziatore. **2.** ~ (of telegraph wires) (*elect.*), silenziatore. **3.** ~ (as the muffler on a mot. exhaust pipe) (*mech.*), silenziatore di scarico, marmitta di scarico. **4.** gun ~ (*milit.*), silenziatore (d'arma). **5.** spark arresting exhaust ~ (*mot.*), marmitta di scarico antiscintilla, silenziatore di scarico antiscintilla.

silent (silent film) (*m. pict.*), film muto. **2.** ~ film (*m. pict.*), film muto.

silentness (as of a car) (*acous.*), silenziosità.

silex, *see* silica.

silhouette, contorno. **2.** ~ (black representation) (*draw.*), siluetta, "silhouette".

silica (SiO_2) (*chem.*), anidride silicica, silice. **2.** ~ brick (*found. - metall.*), mattone refrattario di silice. **3.** ~ flour (*min.*), farina silicea. **4.** ~ gel (*chem.*), silicagel, gelo di silice. **5.** ~ sand (*min.*), terra silicea.

silicate (*chem.*), silicato. **2.** ~ of alumina (clay) (*chem.*), silicato di allumina. **3.** ~ of soda (Na_2SiO_3) (*chem.*), silicato di sodio, vetro solubile.

siliceous (*chem.*), siliceo, silicioso.

silicide (*chem.*), siliciuro.

silicidizing (diffusion of silicon atoms into the surface of a metal) (*min.*), silicizzazione.
silicium (Si - *chem.*), silicio.
silicization (*min.*), silicizzazione.
silicize (to) (*metall. - heat-treat.*), silicizzare.
silicofluoride (fluosilicate) (*chem.*), silicato di fluoro, fluosilicato.
silicon (Si - *chem.*), silicio. **2.** ~ bronze (*metall.*), bronzo al silicio. **3.** ~ carbide (SiC) (*chem.*), carburo di silicio, "carborundum". **4.** ~ chip (*elics.*), piastrina di silicio **5.** ~ copper (*alloy*), cuprosilicio. **6.** ~ dioxide (Si O_2: silicon dioxide for "MOS" constr. etc.) (*elics. technol.*), biossido di silicio. **7.** ~ dioxide (*chem.*), silice. **8.** ~ steel (*metall.*), acciaio al silicio.
silicone (polymeric silicon compound used for insulators, varnishes etc.) (*chem. ind.*), silicone.
siliconizing (casehardening of a steel in a medium from which silicon can be absorbed) (*heat - treat.*), silicizzazione.
silicon-on-sapphire, "SOS" (technology of mfg. applied to high speed "MOS") (*comp. - elics.*), silicio su zaffiro.
silicosis (*med.*), silicosi.
silk, seta. **2.** ~ (silk web) (*text. ind.*), tessuto di seta. **3.** ~ cotton (*text. ind.*), bambagia delle Indie (o "kapok"). **4.** ~ fabric (*text. ind.*), tessuto di seta. **5.** ~ gum (sericin: main constituent of raw silk) (*text. ind.*), sericina. **6.** ~ mill (*text. ind.*), setificio. **7.** ~ moth, farfalla di baco da seta. **8.** ~ reeling (*text. ind.*), trattura della seta, filatura della seta. **9.** ~ waste (*text. ind.*), cascami di seta. **10.** ~ weaver (*work.*), setaiolo. **11.** ~ web (*text. ind.*), tessuto di seta. **12.** acetate ~ (acetate rayon) (*chem. - text. ind.*), raionacetato, seta all'acetato di cellulosa. **13.** artificial ~ (*text. ind.*), seta artificiale. **14.** artificial ~ fabric (*text. ind.*), tessuto di seta artificiale. **15.** bleached ~ (*silk mfg.*), seta candeggiata. **16.** cellulose acetate artificial ~ (*text. ind.*), seta artificiale all'acetato di cellulosa. **17.** collodion ~ (*artificial silk mfg.*), seta al collodio. **18.** cuprammonium ~ (*artificial silk mfg.*), seta artificiale al cuprammonio, seta parigina. **19.** double-thrown ~ (*silk mfg.*), organzino. **20.** glass ~ (insulating material) (*therm. - bldg. - acous.*), lana di vetro. **21.** net ~ (*text. ind.*), seta ritorta. **22.** nitro ~ (*artificial silk mfg.*), seta alla nitrocellulosa. **23.** raw ~ (*text. ind.*), seta grezza. **24.** scoured ~ (*text. ind.*), seta cotta, seta lavata. **25.** slack ~ (*text. ind.*), seta floscia. **26.** vegetable ~ (*text. ind.*), seta vegetale. **27.** viscose ~ (*artificial silk mfg.*), seta alla viscosa. **28.** weighted ~ (*text. mfg.*), seta caricata. **29.** wild ~ (*text. ind.*), seta selvatica.
silkgrower (sericulturist) (*agric. - text. ind.*), sericultore, bachicultore.
silking (silk appearance of a painted surface due to parallel microscopic irregularities) (*paint.*), satinatura.
silk-screen printing industry (*print. ind.*), industria serigrafica. **2.** ~ printing stencil (*print. ind.*), maschera per serigrafia. **3.** ~ process (serigraphy) (*print. ind.*), serigrafia.
silkworm, baco da seta, filugello. **2.** ~ house (*silk ind.*), bigattiera.
silky (like silk) (*a. - gen.*), sericeo. **2.** ~ wool (*wool ind.*), lana sericea.
sill (floor, of a deposit) (*min.*), letto. **2.** ~ (bottom timber of a timber set) (*min.*), soglia, soletta. **3.** ~ (of a dry dock) (*naut.*), soglia. **4.** ~ (basis or foundation) (*bldg.*), base, fondazione. **5.** ~ (threshold) (*bldg.*), soglia. **6.** ~ (of a window) (*bldg.*), davanzale. **7.** ~ (of a weir) (*hydr.*), soglia. **8.** ~ (intrusive sheet of igneous rock) (*geol.*), filone-strato, dicco-strato, "sill". **9.** ~ (main longitudinal member of the underframe of a railw. car) (*railw.*) (Am.), longherone. **10.** ~ board (body finishing item) (*aut.*), batticalcagno. **11.** ~ moulding (*aut.*), profilato di finizione sotto la soglia, fregio del batticalcagno. **12.** center ~ (of a railw. car) (*railw.*), trave centrale longitudinale. **13.** draft ~ (*railw.*), *see* center sill. **14.** end ~ (transverse member of the underframe of a car, extending across the end of the longitudinal sills) (*railw.*), traversa di testata, testata del telaio. **15.** intermediate ~ (of a railw. car) (*railw.*), longherone intermedio. **16.** outside ~ (*railw.*), *see* side sill. **17.** side ~ (outside longitudinal member of the underframe) (*railw.*), longherone esterno del telaio, longherone laterale.
sillimanite ($Al_2O_3.SiO_2$) (fibrolite, min.) (*refractory*), sillimanite.
silo (storage structure) (*bldg.*), silo. **2.** ~ divided into bins (*bldg.*), silo a scomparti.
silo (to) (to ensile) (*agric.*), insilare.
"SILS" (to silver solder) (*mech.*), saldare ad argento.
silt (fine earthy material deposited by flowing water) (*geol.*), limo. **2.** ~ (loose sedimentary material) (*geol.*), materiale sedimentario sciolto. **3.** ~ (sedimentary material suspended in flowing water) (*geol.*), materiale sedimentario di sospensione. **4.** ~ (scum) (*metall.*), scoria.
silt (to) up (as of a channel) (*hydr.*), interrarsi, ostruirsi.
silting (*geol. - etc.*), infangamento.
silumin (aluminium silicon alloy containing approx. 13% of silicon) (*alloy*) (Brit.), silumina.
silundum (as for elect. resistors) (*ind. chem.*), carburo di silicio, carborundo, "carborundum".
Silurian (*geol.*), siluriano.
silver (Ag - *chem.*), argento. **2.** ~ (*a.*), di argento, argentato. **3.** ~ bromide (AgBr) (*chem.*), bromuro d'argento. **4.** ~ bromide paper (*phot.*), carta al bromuro d'argento. **5.** ~ chloride (AgCl) (*chem.*), cloruro d'argento. **6.** ~ gilt, argento dorato. **7.** ~ nitrate ($AgNO_3$) (*chem.*), nitrato d'argento. **8.** ~ plated (*ind.*), argentato. **9.** ~ plating (*ind.*), argentatura. **10.** ~ screen (*m. pict.*), schermo argentato. **11.** ~ standard (monetary system) (*econ.*),

tallone argenteo. **12.** colloidal ~ (*chem. - elics.*), argento colloidale. **13.** German ~ (*alloy*), argentone. **14.** nickel ~ (*alloy*), argentone. **15.** sterling ~ (*alloy*), argento a 925/1000. **16.** wrought ~, argento battuto.
silver (to), argentare.
silvering, argentatura.
silver-plate (to) (*ind.*), argentare.
silversmith (*work.*), argentiere.
silver-solder (to) (*mech. technol.*), saldare ad argento.
silverware, argenteria.
silvery iron (*metall.*), ghisa grigia.
silvex (selective herbicide) (*n. - agric.*), "silvex", tipo di diserbante selettivo.
similar (*gen.*), simile. **2.** ~ (*geom.*), simile.
similarity (*gen.*), similitudine. **2.** ~ law (*naut.*), legge della similitudine. **3.** geometrical ~ (*geom.*), similitudine geometrica. **4.** kinematic ~ (*theor. mech.*), similitudine cinematica.
simple (*gen.*), semplice. **2.** ~ (*chem.*), semplice. **3.** ~ beam (*constr. theor.*), trave appoggiata agli estremi. **4.** ~ engine (as a steam engine) (*eng.*), motore (a vapore) con unica fase di espansione. **5.** ~ fraction (*math.*), frazione semplice. **6.** ~ machine (*theor. mech.*), macchina semplice.
simplex (tlcm. method using only one direction of transmission) (*n. - tlcm. - comp.*), sistema monodirezionale, simplex. **2.** ~ (spatial configuration) (*n. - geom.*), simplesso. **3.** ~ (simple) (*a. - gen.*), semplice. **4.** ~ method (used in linear programming allowing to ascertain whether a basis solution is or not the optimum one) (*operational research*), metodo del simplesso, criterio del simplesso. **5.** ~ pump (*hydr. mach.*), pompa ad un solo corpo. **6.** ~ winding (of an electric machine) (*electromech.*), indotto bipolare. **7.** double-channel ~ (*tlcm.*), simplex a due canali.
simplify (to) (*math. - etc.*), semplificare.
simulate (to) (as to simulate particular flight conditions in a wind tunnel) (*technol.*), simulare.
simulation (examination of a problem by means of a programmed comp.) (*n. - comp.*), simulazione.
simulator (a device simulating actual operating conditions of a unit being tested) (*aer. testing app.*), simulatore, dispositivo che riproduce le reali condizioni di volo. **2.** ~ (a program that simulates the behavior of a system or of a comp.) (*n. - comp.*), simulatore. **3.** flight ~ (*aer.*), *see* flight.
simulcast (simultaneous broadcast, by radio and television) (*radio - telev.*), trasmissione simultanea (o contemporanea) (per radio e televisione).
simulcast (to) (by simultaneous broadcast, by radio and television) (*radio - telev.*), trasmettere simultaneamente (o contemporaneamente).
simultaneity (simultaneousness) (*gen.*), simultaneità, contemporaneità.
simultaneous (*gen.*), simultaneo, contemporaneo. **2.** ~ motion cycle chart (simo chart, diagrams of elementary motions of hands etc.) (*time study*), diagramma dei movimenti contemporanei, simoschema. **3.** ~ (parallel, synchronous) (*a. - comp.*), simultaneo, parallelo.
simulation (*gen.*), simulazione. **2.** ~ (examination of a problem by means of a programmed comp.) (*n. - comp.*), simulazione. **3.** ~ language (*comp.*), linguaggio di simulazione. **4.** digital ~ (made with digital computers) (*comp.*), simulazione digitale. **5.** plasma ~ (computer simulated plasma) (*plasma phys. - comp.*), simulazione di plasma.
"sin" (short for sine) (*math.*), seno.
sine (*math.*), seno. **2.** ~ bar (*mech. t.*), barra dei seni. **3.** ~ curve (*math.*), sinusoide. **4.** ~ plate (for mach. t. working of the piece at the desired angle) (*mech. impl.*), blocchetto a piano inclinabile. **5.** ~ wave (*math.*), sinusoide. **6.** ~ wave (*phys.*), onda sinusoidale. **7.** conversed ~ (the function $1 - \sin \alpha$) (*math.*), $1 - \text{sen}\ \alpha$. **8.** hyperbolic ~, sinh (*math.*) seno iperbolico. **9.** versed ~ (the function $1 - \cos \alpha$) (*math.*), $1 - \cos \alpha$. **10.** versed ~ (*bldg.*), *see* rise.
sine die (indefinitely) (*law*), sine die.
sine-shaped (wave form) (*a. - elect. - etc.*), sinusoidale.
sing (to) (an unwanted way of operating of a radio or telephone set in which an audio oscillation is heard) (*teleph. defect*), innescarsi di oscillazioni audio indesiderate, fischiare.
singe (to) (*text. ind.*), bruciare.
singeing (*a. - gen.*), scottante. **2.** ~ machine (*text. mach.*), macchina bruciapelo. **3.** gas ~ machine (*text. ind.*), (macchina) bruciapelo a gas. **4.** plate ~ machine (*text. mach.*), macchina bruciapelo a placche.
singing (unwanted oscillation in a transmission line causing noise) (*radio*), oscillazione acustica parassita. **2.** ~ (unwanted audio oscillation heard in a telephone-set) (*teleph. defect*), innesco (in banda audio). **3.** ~ arc (*elect.*), arco cantante.
single (*a. - gen.*), singolo. **2.** ~ (*rowing*), singolo. **3.** ~ (*mtc.), see* single-gear. **4.** ~ (a single not doubled thread) (*n. - text. ind.*), filo semplice, filo non ritorto. **5.** ~ entry (*bookkeeping*), partita semplice. **6.** ~ stirrup (reinforced concrete) (*bldg.*), staffa semplice. **7.** ~ ticket (*railw. comm.*), biglietto di sola andata.
single-acting (of the operating piston: as of a press) (*a. - mech.*), a semplice effetto.
single-axle (*a. - veh. - etc.*), ad un solo asse, monoasse.
single-banked (*a. - naut.*), ad una sola fila di rematori.
single-bolster (as a bogie) (*a. - railw.*), ad unica trave oscillante.
single-colored (*a. - gen.*), monocolore, monocromo.
single-columned (as an article in single-column size) (*a. - journ.*), su (di) una colonna.
single-control (as of an aircraft) (*a. - aer.*), monocomando, ad un solo comando.
single-cylinder (*a. - mot.*), monocilindrico.

single-driver (of a locomotive) (*a. - mech.*), ad una sola coppia di ruote motrici.
single-engined (single-engine) (*a. - mot. - aer. - etc.*), ad un solo motore, monomotore. **2.** ~ aircraft (*aer.*), aeroplano monomotore.
single-gear (*a. - mtc.*), senza cambio, ad una sola marcia.
single-leaf (as of a motorcar spring) (*a. - aut.*), a foglia unica. **2.** ~ spring (*aut.*), balestra a foglia unica.
single-phase, monofase. **2.** ~ system (*elect.*), sistema monofase.
single-phaser (*n. - electromech.*), macchina monofase.
single-plate (*mech.*), monodisco. **2.** ~ clutch (*mech.*), frizione monodisco.
single-pulley (*mech.*), monopuleggia.
single-riveted (*mech.*), a chiodatura semplice. **2.** ~ butt joint (*mech.*), chiodatura semplice a coprigiunto. **3.** ~ lap joint (*mech.*), chiodatura semplice a sovrapposizione.
single-row (of a radial engine) (*a. - mot.*), a stella semplice.
single-screw (*a. - naut.*), monoelica, ad una sola elica.
single-seater (*a. - veh. - aer. - etc.*), monoposto.
single-shear steel, *see* shear steel.
single-side band modulation (*radio - telev.*), modulazione su banda laterale unica.
single-side band transmission (*radio - telev.*), trasmissione su banda laterale unica.
single-speed (*a. - aut. - mot.*), ad una sola velocità. **2.** ~ windshield wiper (*aut.*), tergicristallo ad una sola velocità.
single-spindle (as a boring machine) (*a. - mach. t.*), monomandrino.
single-stage (*mach.*), monostadio, ad un solo stadio.
singlet (elementary single particle) (*n. - atom phys.*), singoletto.
single-threaded (as of a screw) (*a. - mech.*), ad un principio. **2.** ~ hob (*t.*), creatore ad un principio.
single-throw (of crankshaft) (*a. - mot.*), ad una (sola) manovella. **2.** ~ (as a knife switch, one-way) (*elect.*), ad una via.
singleton (*math.*), insieme di un solo elemento. **2.** ~ (set containing only one element) (*n. - math.*), singoletto.
single-track (*a. - railw.*), ad un solo binario.
singular (*gen.*), singolare. **2.** ~ (*a. - math.*), singolare. **3.** ~ point (*phys. - etc.*), punto di singolarità.
sinh, *see* hyperbolic sine.
sink (kitchen basin connected to a drain and water supply) (*bldg.*), acquaio, lavello. **2.** ~ (preliminary excavation) (*min.*), assaggio. **3.** ~ (depression in the land's surface) (*geol.*), depressione. **4.** ~ (heat sponge: as the metal wall of a rocket combustion chamber) (*rckt.*), spugna termica. **5.** ~ (sewer drain), scarico, scarico in fogna. **6.** ~ (in the irrotational flow of a fluid) (*phys. - hydrodinamics - etc.*), pozzo. **7.** ~ (as that part of a terminal that receives data from a channel: the contrary of source) (*comp.*), pozzo. **8.** ~ mark (surface defect of molded plastics, dimple-like depression) (*technol.*), depressione superficiale. **9.** heat ~ (cooler, as of an electronic app.) (*elics.*), termodispersore, dissipatore di calore.
sink (to) (*naut.*), affondare. **2.** ~ (to penetrate) (*phys.*), penetrare. **3.** ~ (to mill the impression on a die block) (*mech.*), incidere, eseguire l'impronta. **4.** ~ (to descend), calare. **5.** ~ (to diminish: as prices) (*comm.*), ribassare. **6.** ~ (to descend, to fall or drop slowly) (*gen.*), abbassarsi. **7.** ~ a well (*min.*), scavare un pozzo, perforare un pozzo. **8.** ~ heat (*elics.*), dissipare (il) calore.
sinkage (shrinkage) (*text. ind.*) (Brit.), restringimento.
sinker (big weight of concrete or metal for holding the mooring line of a boat, positioned by a buoy) (*naut.*), corpo morto. **2.** ~ (of a mine) (*navy*), ancorotto affondatore, zavorra. **3.** ~ (of a knitting machine) (*text. ind.*), platina, piastrina. **4.** ~ drill (as for shafts sinking) (*min.*), fioretto (da roccia). **5.** dividing ~ (of a knitting mach.) (*text. ind.*), platina dividitrice, platina con lisiera, platina di divisione. **6.** jack ~ (or jacking sinker) (of a knitting mach.) (*text. ind.*), platina rinforzata. **7.** rocking ~ (of a knitting mach.) (*text. ind.*), platina oscillante.
sinkhead (feedhead) (*found.*), materozza.
sinkhole (cesspool) (*bldg.*), pozzo nero. **2.** ~ (sink outlet) (*mas.*), scarico di fogna.
sinking (*naut.*), affondamento. **2.** ~ (of a well) (*min.*), trivellazione. **3.** ~ (*geol.*), sprofondamento. **4.** ~ (impression on a forging die block) (*mech.*), impronta, incisione. **5.** ~ (drawing of tubes without an internal plug or mandrel) (*pip. mfg.*), trafilatura senza spina o mandrino. **6.** ~ fund (*adm.*), fondo di ammortamento. **7.** ~ in (absorption of a finishing coat by the undercoat) (*paint.*), assorbimento della mano a finire (da parte dei fondi). **8.** ~ plan (*adm.*), piano di ammortamento. **9.** ~ speed (of an airplane when gliding) (*aer.*), velocità di discesa in volo planato. **10.** heat ~ (cooling as of an electronic app.) (*elics.*), eliminazione del calore, raffreddamento. **11.** self - ~ (*navy*), autoaffondamento.
sinoidal, *see* sinusoidal.
"SINS" (ship's inertial navigation system) (*naut.*), sistema di navigazione inerziale per navi.
sinter (dross of iron), scoria. **2.** ~ (the product of sintering) (*metall.*), agglomerato. **3.** ~ (*min.*), geyserite.
sinter (to) (*metall.*), sinterizzare.
sintered (*metall. - technol.*), sinterizzato. **2.** ~ carbide (as for the cutting tips of cutting tools) (*metall.*), miscuglio di carburi sinterizzati. **3.** ~ glass (as for filtering) (*chem.*), vetro (filtrante) sinterizzato.

sintering (hot-pressing to a solid mass powdered substances) (*metall.*), sinteraggio, sinterizzazione. **2.** ~ (of an electric lamp filament) (*elect.*), consolidamento del filamento ottenuto mediante riscaldamento dovuto al passaggio di una notevole corrente (nel vuoto). **3.** ~ (*min.*), sinteraggio, agglomerazione, pallottizzazione. **4.** liquid-phase ~ (*technol.*), sinteraggio con fase liquida.
sinuous flow (eddy flow) (*hydr.*) (Brit.), moto turbolento.
sinusoid (*math.*), sinusoide.
sinusoidal (*a. - math.*), sinusoidale.
"SIP", *see* standard inspection procedure.
sipe (small groove in the tire tread for increasing the grip and preventing skids) (*aut.*), scanalatura per migliorare l'aderenza, scanalatura aderizzatrice (o ancorizzatrice). **2.** ~ (slit, cut which has not removed material) (*aut. tire defect*), taglio (senza asportazione di materiale).
siphon (*phys. - ind.*), sifone. **2.** ~ (*hydr.*), sifone. **3.** ~ brick (syphon brick: of a cupola, for separating slag) (*found.*), mattone a sifone, mattone sistemato in modo da separare le scorie. **4.** inverted ~ (of a culvert) (*hydr. constr.*), tomba a sifone, botte a sifone.
siphon (to), travasare.
"SIR" (submarine intermediate reactor) (*navy - atom phys.*), reattore a neutroni di media energia per sommergibili.
siren (*acous. app.*), sirena. **2.** electric ~ (*acous. app.*), sirena elettrica.
sirene (*acous. app.*), *see* siren.
sirocco (wind) (*meteorol.*), scirocco.
sirup (syrup) (*sugar mfg.*), scolo. **2.** high ~ (white sirup) (*sugar mfg.*), scolo di I prodotto. **3.** intermediate ~ (*sugar mfg.*), scolo di II prodotto.
sisal (fiber) (*text.*), sisal. **2.** ~ hemp (*text. material*), canapa sisal.
sismograph (*instr.*), sismografo.
sister block (*naut.*), bozzello a vergine.
sister hook (*hoisting app.*), gancio doppio.
sister keelson (*shipbldg.*), paramezzale laterale, paramezzaletto.
"SIT", *see* spontaneous ignition temperature.
sit-down (sit-down strike, strike with occupation of the plant) (*work.*), sciopero con occupazione della fabbrica.
site, luogo. **2.** ~ (angle of site, angle of position) (*artillery*), sito. **3.** ~ (whole of a piece of ground used for caravaning) (*veh.*), area di campeggio. **4.** ~ (position, location) (*n. - comp.*), posizione, locazione. **5.** ~ test (as of an engine, motor generator set etc.) (*test*), prova in opera. **6.** launching ~ (*milit. - rckt.*), postazione di lancio.
sit-in (act of protest made by sitting on the floor) (*work. organ.*), sit in, il mettersi seduti per terra.
sitting (meeting) (*finan. - etc.*), seduta, riunione. **2.** ~ room (*bldg.*), salotto.
situation, situazione. **2.** close quarter ~ (*naut.*), situazione di pericolo immediato. **3.** situations vacant (*adver.*), offerte di impiego. **4.** situations wanted (*adver.*), domande di impiego.
sitz bath (*bldg.*), vasca da bagno a sedile.
six-coupled locomotive (having six driving wheels: coupled together with rods) (*railw.*), locomotiva con sei ruote motrici.
six-engine (*a. - aer.*), esamotore.
sixteenmo (as a book with the sheets folded each into sixteen leaves) (*n. - print. - bookbinding*), sedicesimo. **2.** ~ (16mo) (*a. - print. - bookbinding*), in sedicesimo.
sixty (a bill of exchange payable in 60 days) (*comm.*), cambiale a 60 giorni.
sixty-fourmo (64mo, said of a book each sheet of which is folded into sixty-four leaves) (*a. - print. - bookbinding*), in sessantaquattresimo.
six-wheeler (*veh.*), veicolo a sei ruote.
sizable (fairly big) (*gen.*), di notevoli dimensioni.
size (magnitude, dimension), grandezza, dimensione. **2.** ~ (as of coal), pezzatura. **3.** ~ (used to fill superficial pores of paper, plaster etc. before coloring) (*ind.*), colla, turapori. **4.** ~ (glue to be applied to warp yarns) (*text. ind.*), bozzima. **5.** ~ (as of a book) (*print. - bookbinding*), formato. **6.** ~ block (*mech. technol.*), blocchetto di misurazione. **7.** ~ error (if the register is too short for containing the entire number) (*comp.*), errore dovuto a dimensione. **8.** ~ milk (*bookbinding*), latte di colla. **9.** ~ of an opening (*bldg.*), luce di una apertura, grandezza di una apertura. **10.** ~ parts (*packing - etc.*), particolari a formato. **11.** acid ~ (*ind.*), colla acida. **12.** actual ~ (*draw.*), grandezza naturale. **13.** actual ~ (measured size, of a workpiece) (*mech.*), dimensione naturale. **14.** base ~ (common draw size: intermediate size in which a wire is heat-treated before final drawing) (*metall. ind.*), dimensione intermedia. **15.** basic ~ (size from which the limits of size are derived by the application of allowances and tolerances) (*mech.*), dimensione base, dimensione di riferimento delle tolleranze e giochi (o interferenze). **16.** basic ~ (standard size, of a book) (*print. - bookbinding*), formato standard. **17.** basic ~ (*ind.*), colla basica. **18.** commercial ~, formato commerciale. **19.** critical ~ (*atom phys.*), dimensione critica. **20.** cut down ~ (as of an iron bar) (*mech.*), spezzone. **21.** design ~ (size from which the limits of size are derived by the application of tolerances) (*mech.*), dimensione nominale. **22.** extrapolated ~ (fictitious size) (*theor. mech. - etc.*), dimensione estrapolata. **23.** lot ~ (number of pieces forming the lot) (*quality control*), grandezza del lotto. **24.** sample ~ (*stat.*), dimensione del campione. **25.** set ~ (side width: of the type block) (*typ.*), avvicinamento. **26.** standard ~ (of a book) (*print. - bookbinding*), formato standard.
size (to) (to classify, to grade) (*ind.*), fare la cernita, pezzare. **2.** ~ (to bring to size) (*mech. - etc.*), portare a misura, ridurre a misura. **3.** ~ (to apply a

coating of glue to warp yarns) (*text. ind.*) (Am.), imbozzimare.
"size-matic" grinder (having automatic control of the size for the entire grinding operation) (*mach. t. - mech.*), rettificatrice calibratrice.
sizer (*text. mach.*), imbozzimatrice. **2.** ~ (*work.*), imbozzimatore. **3.** ~ (of mineral) (*min. device*), pezzatore. **4.** ~ (tap) (*t.*), maschio finitore.
sizing (*text. mfg.*), imbozzimatura. **2.** ~ (preselected setting of the work on a grinding machine by which an automatic stop to finished dimension of the work is obtained) (*mach. t. - mech.*), calibratura, regolazione (micrometrica) prescelta (per realizzare automaticamente un determinato diametro di rettificatura nella lavorazione in serie). **3.** ~ (of dimensions) (*meas.*), dimensionamento. **4.** ~ (as of paper, filling of superficial pores) (*paper mfg. - etc.*), incollatura, collaggio. **5.** ~ (*forging*), see coining. **6.** ~ agent (as used for paper) (*paper mfg. - etc.*), sostanza collante. **7.** ~ agents (*text. mfg.*), materiali per l'imbozzimatura. **8.** ~ disc (as to determine candy size) (*sweets ind. - etc.*), disco calibratore. **9.** ~ machine (*text. mach.*), imbozzimatrice, incollatrice. **10.** ~ mill (*metall.*), laminatoio calibratore. **11.** ~ press (coining press) (*forging mach.*), coniatrice, pressa per coniare. **12.** ~ roller (*packing ind. - etc.*), rullo calibratore. **13.** ~ solution (as for paper) (*ind.*), soluzione collante. **14.** tub ~ (sizing applied after paper has been made and dried) (*paper mfg.*), incollatura in superficie, collatura in superficie, collatura alla gelatina.
sizzle (type of noise) (*radio - electroacous.*), disturbo (o rumore) di sfrigolìo.
sizzling (very hot) (*gen.*), molto caldo. **2.** ~ heat (about 200-230°C, of iron) (*metall.*), temperatura di 200-230°C.
"SJ" (soldered joint) (*mech. technol. - bldg.*), giunto saldato (a dolce o a forte).
"SK" (sketch) (*mech. draw.*), schizzo. **2.** ~, *see also* storekeeper.
"sk", *see* sack, skip, sink.
skate (*sport*), pattino. **2.** ~ (*railw.*), cuneo strisciante. **3.** ~ machine (for stopping cars in a classification yard) (*railw. device*), meccanismo elettrico (o pneumatico) per porre (o togliere) cunei striscianti di arresto dei carri. **4.** roller ~ (*sport*), pattino a rotelle. **5.** side-tracking ~ (device for moving aircraft sideways) (*aer.*), carrello di manovra.
skeet (scoop) (*naut.*), gottazza, votazza, sassola.
skeg (afterpart or extension of a keel supporting the rudder) (*naut.*), calcagnolo. **2.** propeller ~ (as of the propeller of an outboard motor) (*naut.*), pinna paraelica.
skein (*text. ind.*), matassa.
skeleton (*gen.*), ossatura, scheletro, intelaiatura. **2.** ~ (scrap ribbon left after blanking operations) (*sheet metal w.*), nastro tranciato di sfrido. **3.** ~ construction (*bldg.*), struttura a telai. **4.** ~ drums (cylindrical frames used in drying tub-sizing papers) (*paper mfg. app.*), tamburi a gabbia (di asciugamento). **5.** ~ key (master key) (*locks*), chiave maestra, chiave madre. **6.** building ~ (*bldg.*), ossatura muraria.
skelp (for welded pip. constr.) (*mech.*), nastro per tubazioni saldate.
skep (basket) (*gen.*), cesta. **2.** wool ~ (*wool ind.*), cesta di lana.
sketch (*draw.*), schizzo, abbozzo. **2.** free hand ~ (*draw.*), schizzo a mano libera.
sketch (to) schizzare, abbozzare, fare uno schizzo.
skew (oblique) (*gen.*), obliquo. **2.** ~ (*geom.*), sghembo. **3.** ~ (nonsymmetrical) (*stat. - etc.*), asimmetrico. **4.** ~ (oblique direction of characters pertaining to a line or other mishap occurring to a paper punched tape) (*n. - comp.*), disallineamento, accartocciamento. **5.** ~ bevel gear (*mech.*), ingranaggio conico con assi sghembi. **6.** ~ distribution (*stat.*), distribuzione asimmetrica. **7.** ~ factor (factor for easing the reading of disk sectors) (*comp.*), fattore di traslazione. **8.** ~ gears (skew bevel gears) (*mech.*), ingranaggi conici ad (o per) assi sghembi. **9.** ~ table (for sustaining diagonal thrust) (*arch.*), elemento di muratura destinato a sostenere una pressione obliqua.
skew (to) (*gen.*), prendere una direzione obliqua, mettersi di sbieco.
skewback (as of an arch) (*bldg.*), cuscino (o cuscinetto) di imposta.
skewed (twisted) (*gen.*), ritorto.
skewness (asymmetry) (*gen.*), asimmetria.
ski (*sport*), sci. **2.** ~ lift (transp. system) (*sport*), sciovia, " ski lift". **3.** ~ rack (on the roof of a car) (*aut.*), portascì. **4.** ~ tow (for skiers) (*transp.*), fune traente sciatori in risalita. **5.** ~ wax (*sport - chem. ind.*), sciolina.
ski (to) (*sport*), sciare.
skiagraph (*med. phot.*), radiografia.
skiascopy, sciascopy (examination of the refractive state of the eye) (*med. opt.*), sciascopia.
ski-chairlift (*sport - transp.*), seggiovia per sciatori.
skid (act of skidding), slittata. **2.** ~ (*mech.*), pattino. **3.** ~ (slideway) (*ind.*), scivolo. **4.** ~ (tail landing gear) (*aer.*), pattino, pattino di coda. **5.** ~ braking system (anti-skid braking system) (*aut.*), impianto frenante antislittamento. **6.** ~ chain (tire chain) (*aut.*), catena antislittamento, catena da neve. **7.** ~ fin (*aer.*), aletta antislittamento. **8.** ~ number (of a road pavement) (*aut.*), numero di slittamento, indice di slittamento. **9.** electrode ~ (in spot or seam welding) (*technol.*), slittamento dell'elettrodo. **10.** semilive ~ (platform with two small wheels and two short legs) (*ind. impl.*), carrellino a due ruote e due appoggi (fissi). **11.** side ~ (*aut. - aer.*), sbandamento. **12.** tail ~ (*aer.*), pattino di coda. **13.** tip ~ (*welding), see* electrode skid. **14.** ~, *see also* skids.
skid (to) (*aut.*), scivolare, slittare. **2.** ~ (to rotate without moving the veh.: as of a driving wheel of a car that has been too much accelerated in a stan-

ding start) (*aut.*), pattinare. **3.** ~ (*aer.*), derapare. **4.** to side ~ (*aut.*), sbandare.

skidding (as of aut.), slittamento. **2.** ~ (as of wheels on the tracks) (*railw.*), slittamento. **3.** ~ (lateral sliding of an aircraft in a turn) (*aer.*), derapata.

skid-mounted (as of a motor generator set) (*a. - mech.*), su slitta.

skids (wooden buffer along a vessel's side) (*n. pl. - naut.*), parabordo (di legno), bottazzo. **2.** on ~ (as a generator set) (*mech.*), su slitta.

skier (*sport*), sciatore.

skiff (light rowboat) (*naut.*), barca a remi, "skiff".

ski lift (for skiers) (*transp.*), seggiovia per sciatori, ski lift.

skill (*gen.*), abilità.

skilled (*work.*), specializzato. **2.** ~ workman (*work.*), operaio specializzato.

skim (scum) (*gen.*), schiuma. **2.** ~ coat (last coat of plaster) (*mas.*) (Am.), stabilitura, velo. **3.** ~ coat (*rubb. ind.*), foglietta. **4.** ~ gate (runner with a bridge for stopping slag) (*found.*), canale di colata con sbarramento di arresto delle scorie. **5.** ~ milk (*ind.*), latte scremato.

skim (to) (to remove scum) (*gen.*), schiumare. **2.** ~ (to pass lightly over something) (*gen.*), sfiorare, lambire. **3.** ~ (plastering) (*mas.*), dare il velo. **4.** ~ (to cream milk) (*ind.*), scremare. **5.** ~ (to rectify a metal surface) (*mech.*), ripassare. **6.** ~ (*chem. ind.*), *see* to top.

skimmed (creamed, milk) (*ind.*), scremato, magro.

skimmer (for preventing slag from entering a mold) (*found. impl.*), schiumaruola, fermascorie, schiumatore. **2.** ~ (of a plow) (*agric.*), avanvomere a lama larga. **3.** ~ (power shovel for leveling the ground surface) (*earth moving mach.*), ruspa. **4.** ~ (excavator attachment used for surface leveling) (*earth moving impl.*), lama per livellare.

skimming (as of milk) (*ind.*), scrematura. **2.** ~ (*chem. ind.*), *see* topping. **3.** ~ coat (*mas.*) (Brit.), *see* skim coat.

skin (*gen.*), pelle. **2.** ~ (*wool ind.*), pelle. **3.** ~ (of a boat) (*naut.*), fasciame. **4.** ~ (of a torpedo) (*navy expl.*), armatura. **5.** ~ (*shipbldg.*), fasciame. **6.** ~ (as of a wing) (*aer.*), rivestimento. **7.** ~ (as of a casting) (*found.*), crosta. **8.** ~ (as of paint) (*packing - etc.*), pellicola. **9.** ~-dried molding (*found.*), formatura a secco. **10.** ~ effect (*elect.*), effetto pelle. **11.** ~ friction (*aer.*), attrito di superficie. **12.** ~ friction (resistance of a torpedo body to its movement in the water) (*hydromechanics*), attrito dell'armatura (o dell'involucro). **13.** ~ grafting (*med. surgery*), chirurgia plastica. **14.** ~ hole (on an ingot) (*metall.*), foro sulla pelle. **15.** ~ resistance (frictional resistance) (*naut.*), resistenza di attrito. **16.** ~ strakes (*naut.*), corsi di rivestimento. **17.** ~ wool (*wool ind.*), lana calcinata, lana proveniente dai calcinai (delle concerie). **18.** calf ~ (*ind.*), pelle di vitello. **19.** chamois ~ (chamois, chammy, shammy, shamoy) (*leather ind.*), pelle scamosciata. **20.** chamois ~ (chamois, chamois yellow) (*color*), colore camoscio, colore giallo rossastro. **21.** double-~ (as of a boat) (*a. - shipbldg.*), a doppio fasciame. **22.** double ~ (of an ingot) (*metall.*), doppia pelle. **23.** stressed ~ wing (*aer.*), ala a rivestimento resistente. **24.** swealed ~ (burnt away skin, due to excessive reheating in oxidizing atmosphere) (*metall.*), pelle bruciata (per ossidazione eccessiva). **25.** tanned ~ (leather) (*ind.*), cuoio, pelle (conciata). **26.** ~, *see also* skins.

skin-milling (for aircraft construct.: milling as of a fuselage skin panel) (*mech. operation*), fresatura di pannelli per rivestimento resistente. **2.** ~ machine (*mach. t.*), fresatrice per pannelli di rivestimento resistente.

skinner (*ind.*), conciatore di pelli.

skinning (solidification of the surface layer of the paint in a container) (*paint.*), formazione di (o della) pelle.

skin-panel (*aer. constr.*), pannello per rivestimento resistente.

skin-pass (pinch pass) (*sheet metal w.*), *see* temper-rolling.

skins, pelli, pellami.

skip (bucket) (*transp. impl.*), secchiello, tazza. **2.** ~ (container for extracting ore) (*min. - transp.*), "skip". **3.** ~ (container discharging cement and aggregate into a beton mixer drum) (*bldg. mach.*), benna di carico, benna di caricamento. **4.** ~ (charging pan for charging a melting app.) (*found. app.*), benna di caricamento. **5.** ~ (mach. function permitting one or more omissions: as of holes in a card punch, of characters in a printer etc.) (*comp.*), dispositivo di salto. **6.** ~ (the deliberate omission of one or more instructions of a sequence of instructions) (*comp.*), salto. **7.** ~ bombing (bombing made by a plane flying at low altitude) (*air force*), bombardamento da bassa quota. **8.** ~ box (for transporting materials) (*ind. transp.*), cassone per trasporto. **9.** ~ distance (point at which the reception of ionospheric waves begins satisfactorily) (*radio*), distanza alla quale un trasmettitore diviene udibile per onda ionosferica, distanza a partire dalla quale la recezione (ionosferica) è buona. **10.** ~ hoist (*ind. transp. mach.*), elevatore a cassoni ribaltabili. **11.** ~ hoist (or elevator) (*min. device*), "skip", gabbia da miniera. **12.** ~ instruction (*comp.*), istruzione di salto. **13.** ~ sequential access (*comp.*), accesso sequenziale selettivo. **14.** ~ zone (area between ground waves limit and the beginning of ionospheric reflection) (*radio*), zona del silenzio. **15.** tape ~ (mach. instruction of spacing, when in presence of a tape defect) (*comp.*), salto nel nastro. **16.** ~, *see also* skips.

skip (to) (*gen.*), saltare. **2.** ~ (of a gear tooth) (*mech.*), saltare. **3.** ~ (to misfire) (*mot.*), perdere colpi. **4.** ~ (to omit deliberately one or more instructions) (*comp.*), saltare. **5.** ~ (to fail a regular operation: as a misfiring i c engine etc.) (*aer. - nav. - mech. - etc.*), funzionare irregolarmente (in modo discontinuo).

ski-plane (*aer.*), aereo munito di sci.
skipper (master of a pleasure boat, commander of a navy ship, captain of an airplane) (*naut. - aer.*), comandante. **2.** ~ (conductor of a train) (*railw.*), capotreno.
skips (thin brown paper used for lining as crates for cotton goods) (*paper mfg.*) (Brit.), sottile carta bruna da imballo.
skirmish (*milit.*), scaramuccia.
skirmish (to) (*milit.*), fare una scaramuccia.
skirt (rim, border) (*gen.*), orlo, bordatura. **2.** ~ (of a piston) (*mot.*), mantello. **3.** ~ (lower portion of a parachute canopy) (*aer.*), bordo d'attacco della calotta. **4.** ~ type pistons (*mech.*), stantuffi del tipo a mantello, stantuffi con mantello notevolmente sviluppato.
skirt (to) (*naut.*), costeggiare. **2.** ~ (*wool ind.*), sbordare (la lana).
skirted (sorted wool) (*wool ind.*), sbordato.
skirting (*gen.*), zoccolatura, bordatura. **2.** ~ (wool sorting) (*wool ind.*), sbordatura. **3.** ~ board (mop-board) (*bldg.*), zoccolo in legno.
skirtings (*wool ind.*), lana di qualità inferiore, lana delle parti posteriori, della pancia e delle gambe.
skitow (*sport - transp.*), sciovia (ad aggancio) a trascinamento.
skittish (unstable, as a car) (*gen.*), instabile.
skive (to) (to scive, to shave, leather or rubber) (*leather ind.*), rasare, tagliare in strati sottili.
skiver (type of leather) (*leather ind.*), skiver.
skull (a crust of solidified material which forms on a ladle bottom) (*found.*), residuo di colata.
skullguard (*work. impl.*), elmetto di protezione, casco.
sky (*meteorol.*), cielo. **2.** ~ factor (*illum.*), fattore cielo. **3.** ~ pilot (*aer.*), pilota con brevetto. **4.** ~ shade (*phot.*), paraluce, parasole. **5.** ~ sign (elect. sign at the top of a building) (*adver.*), insegna (luminosa) alla sommità di un edificio. **6.** ~ sign (sign towed by an airplane) (*adver.*), scritta aerotrainata. **7.** ~ train (air train) (*aer.*), traino aereo (semplice o multiplo). **8.** ~ truck (*aer.*), aeroplano per trasporti pesanti. **9.** ~ wave (part of waves reflected by the Heaviside layer and propagating in the ionosphere) (*radio*), onda ionosferica. **10.** clear ~ (*meteorol.*), cielo sereno. **11.** mackerel ~ (*meteorol.*), cielo a pecorelle. **12.** overcast ~ (*meteorol.*), cielo nuvoloso (o coperto).
skycap (*work.*), facchino aeroportuale, portabagagli aeroportuale.
skydiving (aerobatic jump by parachute from about 2.000 m. height) (*n. - parachuting sport*), lancio acrobatico.
skyhook balloon (as for high altitude recording) (*phys. - meteorol.*), pallone sonda.
skyjack (to) (to take forcible possession of an aircraft in flight) (*aer.*), dirottare un aereo.
skyjacker (*aer. violence*), dirottatore aereo.
skyjacking (aerial hijacking) (*aer.*), dirottamento aereo.
skylab (american sky laboratory) (*astric.*) (Brit.), laboratorio spaziale.
skylight (*naut.*), osteriggio, spiraglio. **2.** ~ (*bldg.*), lucernario. **3.** ~ (window in a roof) (*bldg.*), lanterna (di un lucernario). **4.** ~ (a very poor quality of plate glass) (*glass mfg.*), vetro cristallo di bassa qualità. **5.** ~ coaming (*naut.*), mastra di osteriggio. **6.** ~ turret (of a dome) (*arch.*), lanterna.
skyliner (*aer.*), see airliner.
skylunge (passenger bus transported by a helicopter from a terminal to the airport) (*aer. - veh.*), veicolo passeggeri elitrasportato dal terminal all'aeroporto.
skysail (sail above the royal) (*naut.*), decontrovelaccio, decontrovelaccino, decontrobelvedere.
skyscraper (*arch.*), grattacielo.
skysweeper (a radar operated 75 mm automatic gun) (*ordnance*), cannone antiaereo radarcomandato.
sky-train (*town railw.*), metropolitana leggera.
skywalk (aerial passageway between two skyscrapers) (*n. - bldg.*), passaggio aereo chiuso tra grattacieli.
skywriting (as by means of smoke) (*aer.*), scrittura aerea.
"SL", *see* sea level, sound locator, searchlight.
"sl", *see* slide, slip, slow.
slab (*gen.*), piastra, lastra, piastrone, lastrone. **2.** ~ (intermediate rolled section the width of which is at least twice its thickness) (*metall.*), slebo. **3.** ~ (of reinforced concrete) (*bldg.*), soletta. **4.** ~ and girder floor (t-beam bridge) (*bldg.*) (Brit.), solaio a soletta nervata. **5.** ~ broach (external broach, to produce a flat surface) (*t.*), broccia piatta (per superfici esterne). **6.** ~ ingot (*metall.*), lingotto a sezione rettangolare. **7.** ~ mill (slab milling cutter, to produce a flat surface) (*t.*), fresa (cilindrica) per spianare. **8.** ~ milling (peripheral milling) (*mach. t. - mech.*), fresatura periferica, fresatura con fresa cilindrica. **9.** ~ stock (as of foamed polyurethane) (*chem. ind.*), lastra, blocco. **10.** bearing ~ (*bldg.*), piastrone di appoggio. **11.** concrete foundation ~ (*bldg.*), piastra di fondazione in calcestruzzo. **12.** concrete ~ (*bldg.*), piastra di calcestruzzo, platea di calcestruzzo. **13.** ferro-concrete ~ (*bldg.*), piastra in cemento armato, soletta in cemento armato. **14.** floor ~ (*reinf. concr. - bldg.*), soletta. **15.** interlocked ~ mill (*t.*), frese (cilindriche) per spianare accoppiate. **16.** reinforced-concrete foundation ~ (*bldg.*), zatterone di fondazione in cemento armato, piastra di fondazione in cemento armato. **17.** reinforced-concrete ~ (*bldg.*), piastra in cemento armato, soletta in cemento armato. **18.** tappet ~ core (of mot.) (*found.*), anima del tassello punteria. **19.** thick ~ (flat bloom) (*metall.*), blumo rettangolare, bramma.
slab (to) (as a pavement) (*mas.*), lastricare.
slabber (planomilling machine, planomiller) (*mach. t.*), fresatrice (di tipo a) pialla, fresatrice per spianare.

slabbing (rolling of slabs) (*metall. ind.*), laminazione di slebi. **2.** ~ (covering a road with slabs) (*road*), lastricatura. **3.** ~ cutter (*t.*), *see* slab mill. **4.** ~ machine (planomiller) (*mach. t.*), *see* slabber. **5.** ~ mill (steel rolling mill) (*metall. ind.*), laminatoio per slebi.

slack (loose) (*a. - gen.*), lento, allentato, lasco (*a.*). **2.** ~ (backlash) (*n. - mech.*), gioco, lasco (*s.*). **3.** ~ (as of loosened rope) (*n. - naut.*), imbando. **4.** ~ (of coal) (*min.*), polverino di miniera. **5.** ~ (not watertight: as of a barrel apt to transp. only dry goods) (*a. - transp.*), (di recipiente adatto) per aridi (non per liquidi). **6.** ~ bytes (filling elements for granting alinement or synchronization) (*comp.*), bytes di riempimento. **7.** ~ in stays (slow in tacking, said of a ship) (*naut.*), lento nelle manovre. **8.** ~ running fit (*mech.*) (Brit.), accoppiamento libero amplissimo. **9.** ~ silk (*text. ind.*), seta floscia. **10.** extra ~ running fit (*mech.*) (Brit.), accoppiamento extra libero amplissimo.

slack (to) (to loosen) (*gen.*), allentare. **2.** ~ (to slow), rallentare. **3.** ~ (to lack activity), mancare di attività.

slackening (slowing down) (*mech.*), rallentamento. **2.** ~ (becoming loose) (*mech.*), allentamento.

slackness (as in business) (*comm.*), ristagno.

slag (dross, cinder, scoria: silicates floating on the molten iron bath in refining) (*metall. - found.*), scoria, loppa. **2.** ~ (slag trap, inclusion, in a weld) (*welding defect*), scoria. **3.** ~ cement (*ind.*), cemento di scoria. **4.** ~ furnace (for the previous roasting of lead ore) (*metall.*), forno per arrostimento del minerale di piombo. **5.** ~ hole (*found.*), foro per la scoria. **6.** ~ inclusions (on the surface of a casting) (*found.*), inclusioni di scoria. **7.** ~ notch (*metall.*), canale delle scorie. **8.** ~ wool (*ind.*), lana di scoria, cotone silicato. **9.** basic ~ (*metall. - found.*), scoria basica, scoria corta. **10.** blast furnace ~ (*metall.*), scoria d'alto forno, loppa di alto forno. **11.** floating ~ (*metall.*), scoria galleggiante. **12.** granulated ~ (*metall. - found.*), loppa granulata.

slag (to), scorificare.

slagging (*found. - metall.*), formazione di scoria, scorificazione.

slake (to) (in speed, force etc.), rallentare, diminuire. **2.** ~ (a fire) (*gen.*), spegnere. **3.** ~ lime (*mas.*), spegnere la calce.

slaked (quenched, as of lime) (*mas. - etc.*), spento.

slaker (lime slaker) (*app.*), attrezzatura per spegnere (la calce).

slalom (a skiing way made between markers in a zigzag downhill course) (*sport*), slalom. **2.** ~ test (a test for motorcars conducted over 100 metres and ten "doors" or obstacles) (*aut.*), prova di maneggevolezza.

"SLAM" (supersonic low-altitude missile) (*milit.*), missile supersonico per bassa quota.

slam (to) (as a door), sbattere.

slant (*a.*), inclinato. **2.** ~ (*n.*), inclinazione. **3.** ~ (slanting gallery) (*n. - min.*), rimonta.

slanting, inclinato.

slap (piston slap) (*mot. defect*), scampanamento.

slap (to) (of pistons) (*mot. defect*), scampanare.

slash, slash mark (diagonal character /) (*typ.*), barra (obliqua).

slasher (a sizing machine) (*text. mach.*), imbozzimatrice. **2.** ~ (cotton waste from a slasher) (*text. ind.*), cascame di imbozzimatura.

slashing (sizing) (*text. ind.*), imbozzimatura.

slat (as of Venetian blinds) (*bldg.*), stecca. **2.** ~ (*aer.*), aletta di estradosso. **3.** ~ (at the leading edge of the wing) (*aer.*), ipersostentatore del bordo di entrata tipo "slat". **4.** ~ conveyor (apron conveyor) (*ind.*) (Brit.), convogliatore a piastre. **5.** ~ , *see also* slate.

slatch (transitory breeze) (*n. - naut.*), vento di breve durata.

slate (*min.*), ardesia, lavagna. **2.** ~ (tile) (*mas.*), tegola. **3.** ~ (*m. pict.*), ciak. **4.** ~ knife (slater) (*leather ind.*), coltello per scarnare. **5.** clay ~ (argillaceous slate) (*geol.*), argilloscisto.

slate (to) (to cover something with slate, as a roof) (*bldg.*), ricoprire di ardesia. **2.** ~ (to flesh hides) (*leather ind.*), scarnare.

slating (application of slates) (*bldg.*), lavoro (o esecuzione della copertura) con lastre di ardesia. **2.** ~ (slates) (*bldg.*), lastre di ardesia. **3.** ~ (fleshing, removing of flesh etc. from hides) (*leather ind.*), scarnatura. **4.** ~ machine (fleshing machine) (*leather ind. mach.*), macchina per scarnare.

slaty (as the character of shale rock), stratificato.

slaughter (to) (*meat ind.*), mattare, macellare.

slaughterhouse (*bldg.*), macello, ammazzatoio.

slave (*n. - elect. - elics. - mech.*), asservimento. **2.** ~ (*a. - elect. - elics. - mech.*), asservito. **3.** ~ station (*radio navig. - comp.*), stazione asservita.

slave (to) (to make directly responsible of another unit) (*comp. - etc.*), asservire.

slay, *see* sley.

"SLBM" (Submarine Launched Ballistic Missile) (*milit.*), missile balistico (portato e lanciato) da sommergibile.

"SLCM" (Sea Launched Cruise Missile) (*milit.*), missile da crociera da unità navale (sommergibile o di superficie).

"sld", *see* sailed, sealed, solder.

sleazy (cloth wanting firmness of texture) (*text.*), inconsistente.

sled (vehicle on runners) (*veh.*), slitta. **2.** rocket ~ (for testing: as human resistance to acceleration) (*med. astric. test*), slitta (propulsa) a razzo.

sled (to) (to pick cotton with the cotton sled machine) (*agric.*), raccogliere (o cogliere) a macchina.

sledded (as of cotton harvested with a sled) (*a. - agric.*), raccolto (o colto) a macchina.

sledding (picking; as cotton with a sled) (*agric.*), raccolto a macchina.

sledge (*t.*), mazza. **2.** ~ (*veh. - sport*) (Brit.), slitta.

3. ~ hammer (*t.*), mazza. 4. ~ hammer blow (*mech.*), colpo di mazza.
sleek (to) (*gen.*), lisciare. **2.** ~ (to make something smooth) (*technol.*), lisciare.
sleeker (*t.*), utensile per lisciare. **2.** ~ (tool for smoothing molds) (*found.*), lisciatoio, spatola per lisciare. **3.** ~ (*shoemaker's t.*), bussetto.
sleeking (*technol. - found.*), lisciatura. **2.** ~ stick (sleeker) (*shoemaker's t.*), bussetto.
sleep (*gen.*), sonno. **2.** ~ at the wheel (*aut.*), sonno al volante.
sleeper (*carp.*), travetto. **2.** ~ (for rails) (*railw.*) (Brit.), traversina. **3.** ~ (sleeping car) (*railw.*) (Am.), vagone letto. **4.** ~ (timber supporting floor joists) (*bldg.*), dormiente. **5.** ~ bearing girder (*bldg.*), longarone. **6.** ~ screw (screw spike) (*railw.*), caviglia. **7.** ~ track (*railw.*), binario armato con traversine. **8.** impregnated wood ~ (for rails) (*railw.*), traversina di legno impregnato. **9.** I section ~ (*railw.*), traversina (di ferro) a I. **10.** untreated wood ~ (for rails) (*railw.*), traversina di legno non impregnato.
sleeping car (Am.), **sleeping carriage** (Brit.) (*railw.*), carrozza letto.
sleet (frozen raindrops) (*meteorol.*), nevischio.
sleeve (*mech.*), manicotto. **2.** ~ (of the commutator of an elect. mach.) (*elect. mech.*), lanterna, bussola. **3.** ~ collar (*mech. device*), fascetta. **4.** ~ valve (*mot.*), valvola a fodero. **5.** ~ valve engine (*mot.*), motore a fodero, motore con valvole a fodero. **6.** air ~ (wind cone, wind sleeve) (*aer. - meteorol.*), manica a vento. **7.** ring ~ (collector ring hub: as of an induction mot.) (*electromech.*), bussola porta-anelli.
sleeve-wrap (to) (to band-wrap) (*packing*), incartare a fascia.
sleigh (*veh.*) (Am.), slitta.
slender (*gen.*), snello, slanciato.
slenderness (*gen.*), snellezza. **2.** ~ (exility) (*gen.*), esilità. **3.** ~ ratio (in combined bending and compressive stress) (*constr. theor.*), grado di snellezza.
slew, slough, slue (*agric.*), pantano. **2.** ~ (a fast movement, of sliding and turning, of paper through a printer) (*comp.*), salto. **3.** ~ limit (of an amplifier: maximum rate of change of signal which the amplifier can follow linearly) (*meas. - elics.*), limite di rapidità di risposta. **4.** ~ rate (as of an amplifier: rate of change of signal which the amplifier can follow) (*elics.*), velocità di risposta.
slew (to), **slough** (to), **slue** (to) (to turn) (*mech.*), ruotare, girare. **2.** ~ (to twist) (*mech.*), torcere. **3.** ~ (as a gun) (*milit.*), brandeggiare. **4.** ~ (to turn: as a radar) (*radar*), spazzolare.
slewing (as of a crane) (*mech.*), girevole. **2.** ~ (*radar*), spazzolamento rapido. **3.** ~ test (of an amplifier: test which determines how fast an amplifier responds to a rapidly changing input) (*meas. - elics.*), prova di rapidità di risposta.
sley (of a loom) (*text. ind.*), cassa battente.
slice (*gen.*), fetta. **2.** (chip) (*sugar mfg.*), fettuccia. **3.** ~ (silicon wafer) (*elics.*), fetta. **4.** ~ (in stoping) (*min.*), trancia. **5.** ~ bar (*boil. t.*), attizzatoio. **6.** rill ~ (inclined slice) (*min.*), trancia inclinata.
slicer (used for bread, ham etc.) (*mach.*), affettatrice. **2.** ~ (clipping circuit) (*telev. - radio*), circuito limitatore.
slick (smooth) (*a. - gen.*), liscio. **2.** ~ tire (*aut.*), *see at* tire.
slick (to), *see* to sleek.
slicker (*agric. mach.*), *see* float.
slicking (polishing) (*technol.*), lucidatura.
slid (to), *see* to slide.
slide (of a mach. t.) (*mech.*), slitta. **2.** ~ (of an instr.), cursore. **3.** ~ (that which slides) (*mech.*), slitta. **4.** ~ (motion) (*mech.*), scorrimento. **5.** ~ (of a tool post in a mach. t.) (*mach. t. - mech.*), carrello, slitta. **6.** ~ (that on which something travels by sliding) (*mech.*), guida (o piano) di scorrimento. **7.** ~ (shear) (*constr. theor.*), (sollecitazione di) taglio. **8.** ~ (which holds glass objects to be examined by a microscope) (*opt.*), vetrino. **9.** ~ (phot. trasparency on film or plate: for projection) (*phot.*), diapositiva. **10.** ~ bar (*mech.*), asta di guida. **11.** ~ bridge (*elect.*), *see* slide-wire. **12.** ~ caliper (*t.*), calibro a corsoio. **13.** ~ fastener (zipper, as for overalls, dresses etc.) (*clothing*) (Am.), cerniera lampo, chiusura lampo. **14.** ~ projector (diascope) (*phot.*), diascopio, proiettore per diapositive. **15.** ~ rest (of a lathe) (*mach. t.*), lunetta mobile. **16.** ~ rest (device for holding a tool) (*mach. t.*), portautensili. **17.** ~ rule (*engineer's instr.*), regolo calcolatore. **18.** ~ track (as of a bridge crane), vie di corsa, piano di scorrimento. **19.** ~ valve (of a steam engine) (*mech.*), cassetto di distribuzione. **20.** ~ valve (*mech.*), valvola a cassetto. **21.** ~ valve (*pip.*), valvola a saracinesca, saracinesca. **22.** bed ~ (as of a lathe) (*mech.*), guida del bancale. **23.** color ~ (*phot.*), diapositiva a colori. **24.** cross ~ (of a lathe) (*mach. t. - mech.*), slitta trasversale. **25.** cross ~ feed (of a lathe) (*mach. t. - mech.*), avanzamento trasversale. **26.** dark ~ (*phot.*), châssis, telaio portalastre. **27.** die grip ~ (of a forging mach.) (*mech.*), slitta di chiusura stampo. **28.** power ~ (with wheel drift of a car) (*aut.*), derapata, derapaggio. **29.** tail ~ (*aer.*), scivolata di coda.
slide (to) (*gen.*), scivolare. **2.** ~ (*mech.*), scorrere. **3.** ~ (as of a contact element) (*elect.*), strisciare.
slider (as of an instr. or mach.) (*mech.*), corsoio, cursore. **2.** ~ (that part of a reading/writing head that constitutes the air beared surface supporting the reading/writing device) (*comp.*) elemento flottante porta testina.
slideway (as of a mach. t.) (*mech.*), guida di scorrimento, guida.
slide-wire (wire resistance measuring device) (*elect. instr.*), ponte (di Weatstone) a filo, reocordo.
sliding (*a. - mech.*), scorrevole, mobile. **2.** ~ (extractable, telescopic) (*mech. - etc.*), estraibile, sfilabile. **3.** ~ (*n. - mach.*), scorrimento. **4.** ~ (of in-

ductance) (*electroacous.*), variabile. **5.** ~ bar (of a door), catenaccio. **6.** ~ block (of a steam engine) (*mech.*), pattino. **7.** ~ bow (of the pantograph) (of elect. railw.) (*railw.*), archetto (del pantografo). **8.** ~ door (*bldg.*), porta scorrevole. **9.** ~ door (as of a furnace), porta scorrevole. **10.** ~ fit (*mech.*), accoppiamento di scorrimento, accoppiamento scorrevole. **11.** ~ friction (*mech.*), attrito radente. **12.** ~ gear (*mech.*), ingranaggio scorrevole. **13.** ~ glass (Am.) (of aut. window), vetro scorrevole, vetro abbassabile. **14.** ~ member (*mech.*), organo scorrevole. **15.** ~ scale (of workmen's wages) (*adm.*), scala mobile. **16.** ~ shutter (*gen.*), chiusura scorrevole. **17.** ~ surface (*mech.*), piano di scorrimento. **18.** ~ ways (*naut.*), vasi (dell'invasatura). **19.** smooth ~ (as of a mech. piece sliding frictionless on a surface) (*a. - n. - mech.*), scorrevole, scorrevolezza.

sliding-gear transmission (*aut. - etc.*), cambio ad ingranaggi scorrevoli.

slidometer (app. for recording shocks in railw. cars as due to sudden braking) (*railw. instr.*), registratore di scosse.

slight (without weight) (*a. - gen.*), leggero. **2.** ~ breeze (*meteorol.*), bava (di vento).

slim (slender) (*gen.*), snello. **2.** ~ (of small thickness) (*gen.*), sottile.

slime (humid and soft earth), limo. **2.** ~ (washing plant drain) (*min.*), limo. **3.** electrolytic ~ (*electrochem.*), fango elettrolitico.

slimy (glutinous) (*chem.*), gelatinoso. **2.** ~ (as of ground), limaccioso.

sling (for securing a load to be hoisted) (*gen.*), imbragatura. **2.** ~ (wire for cutting clay) (*ceramics*), filo da taglio. **3.** slings (*naut.*), braga. **4.** ~ hook (*hoisting app.*), gancio (per imbraga) di sollevamento. **5.** rifle ~ (*firearm*), cinghia del fucile. **6.** to place in a ~ (*ind. - etc.*), imbragare.

sling (to) (*ind. - etc.*), imbragare. **2.** ~ (to cut clay with a wire) (*ceramics*), tagliare con filo.

slingboard (for hauling a cargo on board) (*naut. impl.*), piattaforma di carico.

slinger (*hoisting work.*), imbragatore. **2.** ~ (whizzer) (*drying mach.*), estrattore centrifugo. **3.** ~ (oil thrower: as by a ring in a bearing) (*mech.*), centrifugatore, anello centrifugatore. **4.** ~ groove (as in a bearing for lubricating as the crankshaft) (*mot. - mech.*), scanalatura per lubrificazione. **5.** ~ ring (tubular ring on a propeller hub for supplying deicing fluid to the propeller blades) (*aer.*), anello tubolare sul mozzo dell'elica (cui viene addotto liquido decongelante destinato alle pale dell'elica).

slip (as of a belt on a pulley) (*mech.*), scorrimento. **2.** ~ (of a fluid coupling) (*mach.*), scorrimento. **3.** ~ (movement) (*geol. - min.*), scivolamento, scorrimento. **4.** ~ (result of rock movement) (*geol.*), franamento, frana. **5.** ~ (in a fault, measure of the displacement in the fault plane) (*geol. - min.*), rigetto stratigrafico. **6.** ~ (sideslip) (*aer.*), scivolata d'ala. **7.** ~ (difference between the actual speed and that obtainable by a propeller acting on a solid) (*naut. - aer.*), regresso. **8.** ~ (bank of an aeroplane; as for turning) (*aer.*), inclinazione trasversale. **9.** ~ (whetstone) (*mech. impl.*), pietra per affilare, cote. **10.** ~ (of an induction motor) (*elect.*), scorrimento. **11.** ~ (shipbuilding) (*naut.*), scalo di costruzione, scalo di alaggio. **12.** ~ (liquid potter's clay) (*ceramics*), argilla liquida. **13.** ~ (pie, typographical error) (*typ.*), errore tipografico, refuso. **14.** ~ (of part of a crystal along a given plane) (*metall.*), scorrimento. **15.** ~ (percentage of leakage: as of a pump, a blower etc.) (*ind.*), perdita (o trafilamento) percentuale. **16.** ~ angle (angle formed between the direction of the wheel heading and the direction of the wheel travel, due to the tire) (*aut.*), angolo di deriva. **17.** ~ band (as on drawn parts) (*metall.*), banda di scorrimento. **18.** ~ clutch (*mech.*), innesto di sicurezza. **19.** ~ coach (of carriage) (*railw.*), carrozza (o carro) sganciabile in corsa. **20.** ~ coupling (relating to slip coaches) (*railw.*), tipo di accoppiamento per carri sganciabile in corsa. **21.** ~ coupling (designed to slip, for safety, under excessive loads) (*mech.*), innesto (a frizione) di sicurezza, innesto a frizione che consente lo scorrimento al di sopra di una determinata coppia. **22.** ~ fuel tank (*aer.*), serbatoio del combustibile sganciabile (in volo). **23.** ~ function (of a propeller) (*aer.*), rapporto di funzionamento. **24.** ~ joint (*mech.*), giunto scorrevole. **25.** ~ knot (*naut.*), laccio, nodo scorsoio. **26.** ~ line (as on drawn parts) (*metall.*), linea di scorrimento. **27.** ~ mortise (*mech. - carp.*), mortasa passante. **28.** ~ page (*typ.*), pagina mobile. **29.** ~ plane (*phys.*), piano di scorrimento. **30.** ~ regulator (rheostat operating on induction motor collector rings) (*electromech.*), reostato (regolabile) di avviamento. **31.** ~ ring (of an elect. mot.) (*elect.*), anello (di contatto). **32.** ~ ring (as for transmitting elect. impulses from a rotating part to an instr. through brushes) (*elect. - testing*), anello di contatto. **33.** ~ ring motor (*elect. mach.*), motore ad anelli (collettori). **34.** ~ ring rotor (*elect. mach.*), rotore ad anelli (collettori). **35.** ~ sheet (*print.*), *see* offset sheet. **36.** ~ stream (of the propeller) (*aer.*) (Am.), flusso (dell'elica). **37.** ~ tank (*aer.*), serbatoio sganciabile. **38.** apparent ~ (of a propeller) (*naut.*), regresso apparente. **39.** building ~ (the sloping structure on which a boat is built) (*shipbldg.*), scalo di costruzione. **40.** dip ~ (in a fault, measure of the displacement in the fault plane) (*geol.*), rigetto stratigrafico. **41.** negative ~ (of a propeller) (*naut.*), regresso negativo. **42.** paying-in ~ (*finan.*), modulo di versamento. **43.** screw ~ (*naut.*), regresso dell'elica. **44.** wheel ~ indicator (showing when a pair of driving wheels are slipping) (*railw. instr.*), indicatore di slittamento.

slip (to) (of clutch, of belt etc.) (*mech.*), slittare. **2.** ~ (to sideslip) (*aer.*), scivolare d'ala. **3.** ~ (to drop, as the anchor) (*naut.*), gettare. **4.** ~ (to coat with slip) (*ceramics*), ingobbiare. **5.** ~ (a parachute toward the direction where you want it to descend) (*aer.*), dirigere il paracadute. **6.** ~ the cable (of an anchor) (*naut.*), (lasciar) filare la catena.

slipband (one of the lines of a material stressed beyond elastic limit: Lüders' line) (*microscopic inspection*), linea di Lüders, linea di scorrimento.

slipe, *see* slipe wool. **2.** ~ (a sleigh or sledge) (*veh.*), slitta. **3.** ~ wool (wool removed from skins by lime) (*wool ind.*), lana calcinata, lana di concia.

slipknot (*knot*), nodo scorsoio, laccio.

slippage (as of brakes) (*mech.*), scorrimento. **2.** ~ (loss in power transmission) (*mech.*), perdita per scorrimento. **3.** ~ (of a film) (*m. pict. defect*), slittamento. **4.** ~ (as of a hydraulic coupling) (*mech.*), scorrimento.

slipper (of a steam engine) (*mech.*), pattino. **2.** ~ (shoe) (*mech.*), *see* gib. **3.** ~ (slipper brake) (*mech. - railw.*), freno sulla rotaia. **4.** ~ piston (*mot.*), stantuffo alleggerito. **5.** anchor ~ (*naut.*), pattino d'àncora.

slipperiness (of a road) (*aut.*), sdrucciolevolezza.

slippery (*gen.*), sdrucciolevole. **2.** ~ road (*road*), strada sdrucciolevole.

slipping (*mech.*), scorrimento, slittamento. **2.** ~ (as on a wet road surface) (*aut.*), sdrucciolamento, slittamento.

slip-sheet (to) (*print.*), inserire fogli antiscartino.

slip-sheeting (*print.*), interfogliatura, scartinatura.

slipsole (of a shoe) (*shoe mfg.*), tramezza.

slipstream (propeller race) (*aer.*), flusso (dell'elica), scìa (dell'elica) **2.** ~ (a space zone immediately following a racing car) (*aerodyn.*) scìa.

slipstream (to) (to drive in the slipstream of the preceeding car) (*aut. racing*), correre nella scia.

slipway (as for seaplanes to the water) (*aer.*), scivolo. **2.** ~ (*shipbuild.*), scalo di alaggio.

slit (*opt. - m. pict. - gen.*), fenditura, fessura. **2.** ~ (as of a spectroscope) (*opt.*), fenditura. **3.** ~ plate (thread guide) (*text. mfg.*), placchetta guidafilo. **4.** guiding ~ (*text. ind.*), passafili. **5.** recording ~ (*electroacous.*), intaglio (o fenditura) di registrazione. **6.** reproducing ~ (*electroacous.*), intaglio (o fenditura) di riproduzione (o esplorazione).

slit (to) (to cut lengthwise), tagliare secondo la lunghezza. **2.** ~ (sheet metal) (*shears work*), tagliare a strisce. **3.** ~ (to cut a reel of paper lengthwise, that is in the machine direction) (*paper mfg.*), tagliare longitudinalmente.

slitter, *see* slitting machine.

slitting (*gen.*), taglio a strisce. **2.** ~ (cutting with shears) (*sheet metal w.*), taglio a strisce. **3.** ~ machine (for sheet metal) (*mach. t.*), cesoia (a lame multiple) per taglio in strisce, rifenditrice. **4.** ~ machine (for cutting narrow pieces of film) (*m. pict.*), macchina tagliatrice. **5.** ~ machine (rotary machine which cuts the web of paper in the long direction) (*paper mfg. mach.*), apparecchio per il taglio longitudinale, taglierina longitudinale. **6.** ~ shears (*sheet metal w. mach.*), cesoia per taglio a strisce.

sliver (a strand of fiber from a carding machine) (*text. ind.*), nastro. **2.** ~ (splinter, as of glass) (*gen.*), scheggia. **3.** ~ (*forging*), *see* shell. **4.** ~ lap machine (*text. ind. mach.*), riunitoio di nastri. **5.** card ~ (*text. ind.*), nastro di carda. **6.** memory ~ (a 32 words group) (*comp.*), gruppo di 32 parole di memoria.

slogan (*adver.*), "slogan", battuta pubblicitaria.

sloop (*navy*) (Brit.), corvetta. **2.** ~ (sloop-rigged yacht) (*naut.*), cutter con vela Marconi.

slop (soft mud) (*gen.*), fanghiglia. **2.** ~ (waste) (*gen.*), rifiuti. **3.** ~ (*distilling*), residuo, fanghi. **4.** ~ (composed matter left over after completing the forms of a newspaper) (*print. - journ.*), composizione eccedente. **5.** ~ chest (*naut.*), magazzino vestiario. **6.** ~ molding (of bricks) (*mas. ind.*), formatura a umido.

slop (to) (to spill) (*gen.*), spandere. **2.** ~ (to slop over, as of liquid) (*gen.*), traboccare, spandersi.

slope (of a characteristic) (*mot. elect. - elics. - etc.*), pendenza. **2.** ~ (*top.*), rampa, pendìo. **3.** ~ (inclination of a surface expressed as one vertical unit to a number of horizontal units) (*civ. eng.*), pendenza. **4.** ~ (sloping side of an embankment) (*railw. - road*), scarpata. **5.** ~ (*min.*), discenderia inclinata. **6.** ~ (sloping side, as of a dyke) (*hydr. constr.*), scarpata. **7.** ~ (trigonometric tangent) (*math.*), pendenza. **8.** ~ (as in a Weibull distribution) (*stat.*), pendenza. **9.** ~ control (in welding, when the weld is started at a reduced heat, then shifting to a higher value and in some cases reducing gradually instead of a sudden stoppage) (*mech. technol.*), regolazione della pendenza, regolazione della corrente di saldatura. **10.** ~ from center to side (of a road), bombatura, acquatura, monta. **11.** ~ of a roof (*bldg.*), inclinazione del tetto, pendenza del tetto. **12.** longitudinal ~ (as of a road), pendenza longitudinale. **13.** steep ~ (*top.*), china ripida, forte pendìo. **14.** to descend a ~ (*aut.*), percorrere una discesa. **15.** upward ~ (of a road), salita.

slope (to) (to cause to incline), inclinare. **2.** ~ (to take a slanting direction), pendere, prendere una direzione obliqua. **3.** ~ down (to decline) (*gen.*), digradare.

slope-line approach (defining the landing place by two convergent lines of lights) (*aer.*), zona di avvicinamento all'atterraggio.

sloping (inclined), inclinato. **2.** ~ (declivous: as a road), in discesa. **3.** ~ letter (on a drawing) (*mech. draw.*), carattere inclinato.

sloppy (too loose) (*mech.*), lasco. **2.** ~ (wet, as a road) (*gen.*), bagnato.

slops (articles for sailors) (*naut.*), articoli per marinai. **2.** ~ (cheap ready-made clothes) (*text.*), abiti fatti (di poco prezzo).

slosh (of a liquid) (*gen.*), spruzzo, sbattimento. **2.** ~ baffle (as in a moving tank) (*liquids technol.*), diaframma antisbattimento.

slosh (to) (to splash a liquid or something into a liquid) (*gen.*), spruzzare, sbattere.
slot (as on a mach. t. table for clamping the work) (*mech.*), scanalatura, guida. **2.** ~ (of time) (*tlcm.*), intervallo elementare (di tempo). **3.** ~ (of a screw) (*mech.*), taglio. **4.** ~ (as for a sunk key) (*mech.*), scanalatura, alloggiamento. **5.** ~ (air passage in a wing for modifying lift) (*aer.*), fessura. **6.** ~ (as of armature of elect. mot.), cava, scanalatura. **7.** ~ (cut-out in a sheet metal) (*sheet metal w.*), asola, sfinestratura. **8.** ~ (narrow opening for input of a replaceable integrated circuit card) (*n. - comp.*), fessura (introduzione scheda). **9.** ~ (short interval of time) (*comp.*), breve intervallo di tempo. **10.** ~ machine, macchina automatica a moneta. **11.** ~ winding (*electromech.*), avvolgimento alloggiato in scanalature. **12.** dowel ~ (*mech.*), sede (o cava) per grano (o perno di riferimento). **13.** expansion ~ (for introducing an expansion board) (*comp.*), fessura di espansione. **14.** T ~ (on a table) (*mach. t.*), guida (o scanalatura) a T.
slot (to) (*mech.*), scanalare, stozzare, mortasare.
slot-drill (to) (to cut a slot with a drill) (*mech.*), ricavare una scanalatura.
slotted (*gen.*), a fessure, sfinestrato. **2.** ~ (*mach. t. w.*), stozzato. **3.** ~ aileron (*aer.*), alettone a fessura. **4.** ~ hole (slot) (*sheet metal w.*), asola. **5.** ~ wing (*aer.*), ala a fessura.
slotter (slotting machine) (*mach. t.*), stozzatrice, mortasatrice.
slotting (operation on a piece of work) (*machining*), stozzatura (o mortasatura di un pezzo). **2.** ~ (cutting of elongated or rectangular holes in sheet metal) (*mech. technol.*), tranciatura di asole, tranciatura di sfinestrature. **3.** ~ machine (slotter) (*mach. t.*), stozzatrice, mortasatrice. **4.** die ~ machine (*mach. t.*), spinatrice. **5.** gear ~ machine (*mach. t.*), mortasatrice per ingranaggi. **6.** keyway ~ machine (*mach. t.*), stozzatrice per sedi chiavette.
slouch (a pipe through which water is taken up from an engine) (*pip.*), tubo di aspirazione. **2.** ~ time (time in the air which is not spent directly in flying from departure to arrival point) (*aer.*), tempo in aria non speso direttamente in volo utile.
slough, *see* slew.
slough, *see* to slew.
slow (lacking speed), lento. **2.** ~ (slowly), piano. **3.** ~ cooling (*metall. - etc.*), raffreddamento lento. **4.** ~ heating (*metall. - etc.*), riscaldamento lento. **5.** ~ match (as for firing expl.), miccia lenta. **6.** ~ reactor (*atom phys.*), reattore a neutroni moderati. **7.** ~ running (of mot.), minimo, marcia lenta. **8.** ~ speed ahead! (ship maneuver) (*naut.*), avanti adagio! **9.** fine ~ (digitally aided slow-motion) (*audiovisuals*), rallentatore digitale. **10.** go slow! (*road traff.*), rallentare!
slow (to) down (*gen.*), rallentare. **2.** ~ up (*gen.*), rallentare.
slow-break switch (*elect.*), interruttore ad apertura lenta.
slow-burning (as of wood suitably treated to resist fire) (*a. - antifire*), a combustione lenta.
slowing down (*gen.*), rallentamento. **2.** compression ~ (down hill) (*aut.*), freno motore.
slowly, lentamente, piano.
slow-motion (film) (*m. pict.*), film al rallentatore. **2.** ~ camera (*m. pict.*), cinepresa con possibilità di aumento dei fotogrammi ripresi nell'unità di tempo (così da consentire proiezioni al rallentatore). **3.** ~ device (as for moving a part of an opt. instr.) (*mech.*), dispositivo di demoltiplicazione. **4.** ~ picture (ultrarapid picture) (*m. pict.*), film al rallentatore. **5.** ~ shot (*m. pict.*), ripresa a velocità ultrarapida, ripresa (per proiezione) col rallentatore.
slow-setting cement (*mas.*), cemento a lenta presa.
"SLSI" (Super Large-Scale Integration: more than 100,000 gates per chip) (*elics.*), integrazione su scala super larga, superintegrazione.
slub (of a yarn) (*text. ind.*), ringrosso (del filo). **2.** ~ catcher (of a loom) (*text. mech.*) (Brit.), stribbie.
slub (to) (to twist, as a yarn) (*text. ind.*), torcere, ritorcere.
slubber (slubbing machine) (*text. mach.*), torcitoio.
slubbing (process) (*text. ind.*), torcitura (o torsione) leggera. **2.** ~ (as of wool) (*text. ind.*), stoppino, nastro sottoposto a leggera torsione (o torcitura). **3.** ~ billy (slubbing machine) (*text. mach.*), torcitoio. **4.** ~ box (for combed wool) (*text. ind.*), torcitoio. **5.** ~ frame (*text. mech.*), banco a fusi in grosso. **6.** ~ machine (*text. ind.*), torcitoio.
sludge (*gen.*), fango, fanghiglia. **2.** ~ (deposit from oils: as from lubricating oils) (*mot. - mech. - ind. chem.*), morchia. **3.** ~ (as in a steam boiler), fanghi. **4.** ~ hole (of a boiler) (*boil.*), foro di pulizia. **5.** activated ~ (in sewage treatment) (*sewage*), fango attivo. **6.** mayonnaise ~ (soft sludge, colloidal sludge) (*mot.*), morchia colloidale, morchia molle.
slue (to), **slew** (to), **slough** (to), *see* to slew.
slug (metal blank from which a forging is obtained) (*forging*), spezzone. **2.** ~ (bullet of a revolver) (*firearm*), pallottola. **3.** ~ (ore) (*min.*), ammasso di minerale per metà arrostito. **4.** ~ (nugget) (*min.*), pepita. **5.** ~ (in welding) (*mech. technol.*), *see* nugget. **6.** ~ (scrap formed by punching metal sheets) (*sheet metal w.*), sfrido. **7.** ~ (f p s system = pound force/ft/sec^2) (*meas.*), unità di massa = 14,59 kg_{peso} = 1,488 unità MK_pS. **8.** ~ (knot, as in yarn) (*text.*), nodo. **9.** ~ (nail for boot soles) (*shoe mfg.*), chiodo. **10.** ~ (lead core of a bullet) (*expl.*), anima di piombo di una pallottola blindata. **11.** ~ (a magnetized iron core: as of an inductance) (*electromag.*), nucleo magnetico. **12.** ~ (the movable iron core of a coil) (*electromag.*), nucleo (magnetico) mobile. **13.** ~ (solid line of type as cast by means of the Linotype process) (*typ.*), riga intera realizzata con caratteri in rilievo. **14.** ~ (strip of metal used for spacing lines of type) (*typ.*), interlinea. **15.** ~ (biscuit, injection residual) (*die*

casting), biscotto, residuo di colata. **16.** ~ casting machine (Linotype) (*typ. mach.*), Linotype. **17.** ~ casting machine (Ludlow machine, used for casting borders, display lines etc.) (*typ. mach.*), macchina tipo Ludlow, fonditrice per titoloni. **18.** ~ cutter (*print. mach.*), tagliarighe. **19.** ~ test (*forging test*), *see* upending test.

slug (to) (to insert a ball into a musket) (*firearm*), caricare. **2.** ~ (to push a soft lead ball through the firearm bore for determining the bore diameter) (*firearm*), determinare il calibro dell'arma mediante una pallottola di piombo.

slugcasting (linecasting) (*typ.*), composizione di righe intere, composizione con linotype.

slugging (pressworking of sheet metal in which the punch steel is set to complete the fracturing of the sheet metal without punching out the blank) (*mech. technol.*), punzonatura senza distacco del pezzo (dalla lamiera).

sluggish (slow, as of motion) (*gen.*), lento. **2.** ~ (not inclined to activity, as a worker) (*gen.*), indolente. **3.** ~ (slow to respond, as when tired) (*work.*), di lenti riflessi. **4.** ~ (slow to respond as to a treatment) (*metall. - etc.*), "lungo (da trattare)", (materiale) che richiede molto tempo (per il trattamento). **5.** ~ (as an i. c. engine with low compression) (*mot.*), sfiatato. **6.** ~ (stagnant, as of business or market) (*comm.*), fermo, stagnante.

sluggishness (tendency to inactivity, as of a worker) (*gen.*), indolenza. **2.** ~ (slowness to respond as to a treatment) (*metall. - etc.*), lentezza (di acquisizione). **3.** ~ (as of business) (*comm.*), stasi, ristagno.

sluice (water channel provided with flow controlling means) (*hydr.*), canale con chiusa, chiusa. **2.** ~ (for conveying the excess of water) (*hydr.*), (canale) sfioratore, canale di troppo pieno. **3.** ~ (stream conveying surplus water: as of a river for avoiding flooding) (*hydr.*), scolmatore. **4.** ~ gate (*hydr.*), saracinesca, chiusa, paratoia. **5.** ~ head (*hydr.*), testa di una chiusa. **6.** ~ valve (*shipbuild.*), valvole a saracinesca. **7.** inlet ~ (*hydr.*), paratoia di presa.

sluicing (fluid stream conveying) (*ind. transp.*), trasporto a corrente fluida, convogliamento a corrente fluida.

slump (fall in prices) (*comm.*), ribasso improvviso, caduta dei prezzi. **2.** ~ (of sales) (*comm.*), calo, caduta. **3.** ~ (recession) (*econ.*), recessione, congiuntura. **4.** ~ (sinking of the top surface of freshly-made concrete when the mold is removed) (*civ. eng.*), assettamento. **5.** ~ test (for measuring the consistency of freshly-made concrete) (*civ. eng.*), prova di assettamento. **6.** ~ test (for consistency of concrete) (*material testing*), prova di consistenza.

slumpflation (economic difficulty with rising inflation) (*econ.*), depressione economica con inflazione crescente.

slur (of a knitting mach.: device for pressing the sinkers) (*text. mach.*), pressaplatina.

slurb (suburban poor houses) (*city planning*), insediamenti popolari di periferia.

slurry (water mixture: as liquid cement, mortar etc.) (*mas.*), impasto liquido, malta liquida. **2.** ~ (*gen. - min.*), melma, fanghiglia. **3.** ~ (mixture, as of oxidizers and plastic fuels) (*chem.*), impasto liquido. **4.** abrasive ~ (of insoluble materials in suspension in water) (*technol.*), mistura abrasiva, liquido abrasivo. **5.** coal-water ~ (viscous fluid, made of coal powder and water, injectable in furnaces like fuel oil) (*comb.*), miscela acqua-carbone.

slush (watery snow), neve dimoiata. **2.** ~ (soft mud), melma. **3.** ~ (mixture used to protect metal parts of mach. against oxidation), protettivo antiruggine per macchine. **4.** ~ (grout) (*mas.*), boiacca di cemento. **5.** ~ casting (*found.*), colata in forma di un metallo con successivo suo immediato svuotamento (ottenendosi così un getto sottile).

slush (to) (to remove surplus water from pulp) (*paper ind.*), estrarre l'acqua in eccesso (dalla pasta). **2.** ~ (to cover with lubricant) (*mech.*), dare il grasso. **3.** ~ (to protect mach.), dare l'antiruggine.

slusher (*min.*), *see* scraper.

slushing oil (as for protecting polished surfaces from oxidation) (*ind.*), grasso protettivo.

"SM" (slow motion) (*audiovisuals*), *see* slow motion.

Sm (samarium) (*chem.*), samario.

smack (coasting and fishing boat) (*naut.*), peschereccio costiero, tartana. **2.** ~ (quick, sharp blow) (*gen.*), colpo secco.

small (little in size) (*gen.*), piccolo. **2.** ~ (little in quantity) (*gen.*), poco. **3.** ~ arms (*firearm*), armi portatili, armi leggere. **4.** ~ calorie (*therm. meas.*), piccola caloria. **5.** ~ coal (charcoal) (*fuel*), carbone di legna. **6.** ~ coal (small-sized coal) (*fuel*), carbone in pezzatura minuta. **7.** ~ end (of a connecting rod) (*mech.*), piede (o occhio) (di biella). **8.** ~ money (*gen.*), moneta spicciola, spiccioli. **9.** ~ parts (small items) (*gen.*), minuteria. **10.** ~ wheel (*mech. - etc.*), rotellina.

small-end (of a connecting rod) (*mot. mech.*), piede (di biella).

smalls (small advertisement) (*adver.*), piccoli annunci, piccola pubblicità. **2.** ~ (of coal) (*comb.*), pula, trito, minuto.

smalt (fused and ground cobalt oxide and silica) (*color*), smaltino.

smaltite, smaltine (Co, Ni, As) (*min.*), smaltina.

smaragd (emerald) (*min.*), smeraldo.

smart (intelligent: as a terminal having selfprogrammation) (*comp.*), intelligente. **2.** ~ teleguided: as a missile) (*a. - milit.*), teleguidato. **3.** ~ (working by automation: as a mach. t.) (*autom.*), automatizzato, con prestazioni avanzate.

smash (a break in the warp yarn) (*n. - text. ind.*),

rottura. **2.** ~ (tennis stroke) (*sport*), "smash", colpo schiacciato, schiacciata.
smash (to), fracassare. **2.** ~ (to compress book sections) (*bookbinding*), pressare.
smashed (*a. - gen.*), fracassato.
smasher (smashing machine, for books) (*bookbinding*), pressa, macchina per pressare. **2.** ~ (stone smasher) (*work.*), spaccapietre.
smashing (compression of book sections) (*bookbinding*), pressatura. **2.** ~ machine (smasher) (*bookbinding*), pressa, macchina per pressare.
S matrix, *see at* matrix.
"SMC" (sheet molding compound) (*plastic ind.*), composto per lo stampaggio del foglio, materiale per lo stampaggio del foglio.
smear (spot) (*gen.*), macchia. **2.** ~ distortion (as on "CCD" circuits) (*telecamera defect*), distorsione delle macchie.
smear (to) (*gen.*), spalmare.
smectic (*chem. phys.*), smettico.
smeddum (*min.*), minerale polverizzato.
smelt (to) (*metall.*), fondere. **2.** ~ (to reduce, to refine, to scorify) (*metall.*), ridurre, affinare, separare il metallo (dalla scoria).
smelter (*work.*), fonditore.
smelter, smeltery (factory for separating metal from ore) (*metall.*), impianto metallurgico (per la separazione di un metallo dal minerale).
smith (*work.*), fabbro.
smitham, *see* smeddum.
smithereens (fragments) (*gen.*), frammenti.
smithery (*shop*), fucina (di fabbro). **2.** ~ (*art*), arte del fabbro.
smithsonite (Zn CO_3) (*min.*), smitsonite.
smithy (*shop*), fucina (di fabbro).
"smls" (seamless) (*technol.*), senza saldatura.
smog (SMOke and foG, in a city) (*meteor. - ind.*), smog, fumi della combustione mescolati a nebbia.
smogless (as of a comb. without any fumes) (*a. - ecol.*), senza prodotti della combustione dannosi o inquinanti, pulito.
smoke, fumo. **2.** ~ (fume), vapore. **3.** ~ (suspension of solid matters in a gas) (*phys. chem.*), nebbia. **4.** ~ ammunition (*milit.*), proiettili fumogeni. **5.** ~ bomb (*milit.*), bomba fumogena. **6.** ~ box [smokebox (Am.)] (of a steam locomotive) (*railw.*), camera a fumo. **7.** ~ candle (*milit.*) (Brit.), candela fumogena. **8.** ~ discharger (*milit. app.*), nebbiogeno. **9.** ~ limit (of a diesel engine) (*mot.*), limite del fumo. **10.** ~ pipe (*bldg.*), tubo da stufa. **11.** ~ point test (for the burning quality of kerosene) (*comb.*), prova del punto di fumo. **12.** ~ producer (*milit.*), fumogeno. **13.** ~ screen (*navy*), cortina di fumo. **14.** ~ shell (*milit.*), granata fumogena. **15.** ~ tube boiler (*boil.*), caldaia a focolare interno, caldaia a tubi di fumo. **16.** grade of ~ (of an engine, as in altitude operation) (*mot.*), fumosità.
smoke (to) (*gen.*), fumare, emettere fumo. **2.** ~ (to expose something to the action of smoke), affumicare, sottoporre all'azione del fumo (o vapore ecc.).
smokebox (as of a steam locomotive) (*boil.*), cassa a fumo, camera a fumo. **2.** ~ door (as of a steam locomotive) (*boil.*), porta della camera a fumo.
smoked (*gen.*), affumicato. **2.** ~ (a term applied to the discoloring of glass in a reducing flame) (*a. - glass mfg.*), decolorato. **3.** ~ (glass covered with smoky film from open-fired lehrs) (*a. - glass mfg.*), imbiancato in ricottura.
smokeless (*a. - gen.*), senza fumo. **2.** ~ (as of gun powder) (*expl.*), senza fumo.
smokestack (funnel) (*heating plant - ship - locomotive - etc.*), fumaiolo.
smoking (*gen.*), affumicatura. **2.** ~ (preliminary stage of firing in which the moisture is removed from green ware) (*ceramics*), cottura preliminare. **3.** ~ car (car reserved for smokers) (*railw.*) (Am.), carrozza per fumatori. **4.** ~ compartment (reserved for smokers) (*railw.*), scompartimento (per) fumatori.
smolder (to) (to smoulder, to burn and smoke without flame) (*comb.*), bruciare senza fiamma, covare sotto la cenere.
smooch (to) (*gen.*), *see* to smutch.
smooth (*a.*), piano, liscio, levigato. **2.** ~ (as a machined surface) (*a. - mech. - etc.*), levigato, lisciato. **3.** ~ (frictionless) (*a. - mech.*), privo di attrito. **4.** ~ finish (as of a surface) (*gen.*), finitura liscia. **5.** ~ operation (as of mach. or instr.) (*mech.*), funzionamento scorrevole. **6.** ~ running (*mot.*), marcia regolare. **7.** ~ running (having little frictional resistance: as of mechanism) (*a. - mech.*), scorrevole. **8.** ~ sea (*sea*), mare calmo. **9.** ~ stones (*bldg. material*), ciottoli di fiume. **10.** ~ tire (as of aut.), copertone liscio, copertone con il battistrada consumato. **11.** ~ water (*naut.*), acqua calma. **12.** ~ wool (*wool ind.*), lana liscia.
smooth (to) (*gen.*), spianare, levigare, lisciare, lucidare.
smoothbore (of firearms) (*a.*), a canna liscia, a canna non rigata.
smoother (sleeker) (*found. t.*), lisciatoio, spatola per lisciare. **2.** ~ (as a filter for removing fluctuations) (*comp.*), appianatore di fluttuazioni.
smoothing, lisciatura, spianatura, lucidatura. **2.** ~ circuit (for transforming a pulsating current or voltage, in a direct current or steady voltage consisting of a capacitor and inductor) (*elect. - elics.*), circuito stabilizzatore, circuito livellatore. **3.** ~ iron (*leather ind.*), ferro per lisciare.
smoothness (of a surface), levigatezza. **2.** ~ (of running) (*mech.*), scorrevolezza.
smudge (a blurred spot: as of ink) (*typ.*), macchia sbavata.
smut (to) (to clean) (*leather ind.*), ripulire.
smutch (to) (to blacken something with smoke) (*gen.*), annerire, affumicare.
"SN", **"S/N"** (shipping note) (*comm.*), bolla di spedizione. **2.** ~ ratio (signal-to-noise ratio) (*radio -*

electroacous.), rapporto segnale–disturbo. **3.** audio ~ ratio (*audiovisuals performance*), rapporto S/N audio. **4.** video ~ ratio (*audiovisuals performance*), rapporto S/N video.

Sn (tin) (*chem.*), Sn, stagno.

snack car (poor type of dining car) (*railw.*), vagone per servizio ristoro.

snaffle (horse bit), morso snodato.

snag (difficulty) (*gen.*), difficoltà imprevista, ostacolo imprevisto. **2.** ~ (protuberance) (*gen.*), protuberanza. **3.** ~ (*t.*), utensile per sbavatura. **4.** ~ (as in a production line) (*ind.*), rallentamento, ostacolo.

snag (to) (*mech. technol.*), sbavare.

snagger (cutting excess metal from castings) (*found. - work.*), sbavatore.

snagging machine (*mach. t.*), sbavatrice. **2.** ~ operation (*mech. technol.*), sbavatura.

snail (spiral cam) (*mech.*), camma con profilo spiraliforme (a chiocciola).

snake (plumber's snake) (*t.*), stasatore manuale.

snake hole (a bore under the base: for blasting) (*min.*), foro da mina nel basamento.

snaking (uncontrolled oscillation in yaw) (*aer.*), serpeggiamento.

"SNAP" (simplified numerical automatic programmer, as in N/C machines) (*n. c. mach. t.*), programmatore automatico numerico semplificato. **2.** ~ (system of nuclear auxiliary power) (*atom phys. - elect.*), impianto nucleare per (la produzione di) energia elettrica ausiliaria, batteria elettro–atomica.

snap (as of rubber), scattosità, nervosità. **2.** ~ (snap flask) (*found.*), staffa apribile. **3.** ~ (punch for forming rivetheads) (*mech. t.*), stampo per chiodi, butteruola. **4.** ~ (a device for gripping a piece of formed glass for fire polishing and finishing) (*glass mfg. t.*), rocca. **5.** ~ fastener (as for car tops etc.) (*aut. - etc.*), automatico, bottone automatico. **6.** ~ flask (*found.*), staffa apribile. **7.** ~ gauge (*t.*), calibro a forcella, calibro a forchetta. **8.** ~ hook (spring hook) (*mech.*), gancio a molla. **9.** ~ out (form used in firms for various purposes, as for invoices, delivery notes, internal communications etc.) (*ind.*), modulo (fascicolato) a strappo, modulo "snap–out". **10.** ~ ring (retaining ring: as for the gudgeon pin of a piston) (*mech.*), anello elastico per interni (di filo). **11.** ~ roll (*aer. acrobatics*), mulinello, frullo orizzontale. **12.** ~ (*phot.*), *short for* snapshot. **13.** ~ switch (*elect.*), interruttore a scatto.

snap (to) (to spring back as of a locking device) (*gen.*), scattare. **2.** ~ (to shut, as a door) (*gen.*), chiudere a scatto. **3.** ~ (to emit sharp noises, as a fire) (*gen.*), scoppiettare. **4.** ~ (to sparkle) (*gen.*), scintillare, emettere scintille. **5.** ~ (to misfire) (*firearm*), fare cilecca. **6.** ~ (to break in two, as a mast or needle) (*gen.*), spezzarsi (in due). **7.** ~ (short for to snapshot) (*phot.*), *see* to snapshot. **8.** ~ shut (as of a back cover of a phot. camera) (*mech.*), chiudere (o chiudersi) a scatto.

snape (to) (to bevel, a timber) (*shipbuild.*), smussare.

snaphead (riveting device) (*mech. t.*), stampo per chiodi. **2.** ~ (as of a bolt) (*mech.*), testa emisferica, testa tonda.

snapping tool (forcing sheet metal into a die) (*press work*), maschio di formatura.

snappy (as said of a phot. rich with contrast) (*a. - phot.*), con forte contrasto.

snapshoot (to) (to take a snapshot) (*phot.*), scattare una istantanea.

snapshot (*n. - phot.*), istantanea. **2.** ~ (as a snapshot dump, a snapshot program) (*a. - comp. - etc.*), istantaneo.

snapshot (to) (*phot.*), scattare una istantanea.

snarl (tangle, knot of wire), arruffatura, nodo. **2.** ~ (in spinning) (*text.*), arricciatura. **3.** ~ (kink, in a wire) (*metall. ind.*), *see* kink.

snatch block (*naut.*), pastecca, tipo di bozzello col fianco apribile.

snatch pickup (as of a glider when picked up by a flying plane) (*aer.*), presa a rimorchio.

sneak current (leakage current) (*teleph. - etc.*), corrente di dispersione.

"SNG" (Synthetic Natural Gas) (*chem. ind.*), gas sintetico.

sniffer (detecting device: as of gasoline vapor) (*safety instr.*), rivelatore.

snip (a good bargain) (*comm.*), occasione.

snip (to), tagliare.

sniper (*milit.*), tiratore scelto.

sniperscope (small periscope attached to the rifle sight) (*firearm*), mirino ottico rialzato a periscopio. **2.** ~ (Brit.), *see* snooperscope.

snipper, *see* snipping machine.

snipping machine (*text. ind. mach.*), spuntatrice meccanica.

snips (*t.*), forbici da lattoniere. **2.** bent ~ (*t.*), cesoie ricurve. **3.** curved blade ~ (metal cutting shears) (*t.*), forbici con taglienti curvi.

"SNOBOL" (StriNg Oriented SimBOlic Language) (*comp.*), SNOBOL, linguaggio di programmazione orientato su stringhe di caratteri.

snooperscope (operating by infrared rays) (*milit.*), visore a raggi infrarossi, "sniperscope".

snorkel, schnörkel (of a sub.) (*navy*), tipo di presa d'aria per sommergibili, "snorkel".

snort (*navy*) (Am. coll.), *see* snorkel.

snout, *see* nozzle.

snow (*meteorol.*), neve. **2.** ~ (interference on a radarscope) (*radar - telev.*), effetto neve. **3.** ~ crab (*railw.*), spartineve. **4.** ~ flanger (plate attached to a locomotive for scraping away snow and ice on the sides of the rail heads) (*railw.*), spartineve. **5.** ~ plow (*mach.*), *see* snowplow. **6.** ~ scraper (*railw.*), *see* snow flanger. **7.** ~ static (noise) (*radio*), disturbo da neve. **8.** ~ static (elect. due to the passage of the aircraft through snow) (*aer. - tlcm.*),

carica statica da neve, disturbi atmosferici da neve. **9.** granular ~ (*meteorol.*), nevischio, neve granulare.
snow (to) (*meteorol.*), nevicare.
snowblower (*road mach.*), spazzaneve a turbina.
snowcat (recreational vehicle) (*veh. - sport*), gatto delle nevi, motoslitta.
snowfall (*meteorol.*), nevicata.
snowflake (*meteorol.*), fiocco di neve. **2.** ~ (steel defects appearing as a bright area of almost circular form and originated by fracturing a hair line crack) (*metall.*), fiocco.
snowiness (the condition to be snowy) (*s. - meteor.*), innevamento.
snowmaker (gun used for making artificial snow by means of air and water: for skiing purposes) (*n. - sport mach.*), innevatore artificiale, cannone per innevamento.
snowmaking (said of a gun, or of a device producing artificial snow) (*a. - sport ind.*), da innevamento artificiale.
snowmobile (recreational vehicle) (*veh.*), slitta motorizzata, motoslitta.
snowmobiler, snowmobilist (*snowmobile driver*), conduttore (o pilota) di motoslitta.
snowmobiling (snowmobile driving) (*n. - sport*), pilotaggio di motoslitta.
snowplow (as of a locomotive) (*railw. - road mach.*), spartineve, spazzaneve. **2.** double track ~ (*railw.*), spazzaneve per doppio binario. **3.** rotary ~ (*mach.*), spazzaneve a turbina, sgombraneve. **4.** single track ~ (*railw.*), spazzaneve per binario singolo.
snowshed (a structure protecting from snow an open and windy part: as of a road) (*safety structure*), riparo antineve.
snowshoe (*sport*), racchetta per (camminare sulla) neve.
snowstorm (*meteorol.*), tormenta, tempesta di neve.
"SNR", see Signal–to–Noise Ratio.
snub (to) (to enlarge an undercut) (*min.*), sgrottare. **2.** ~ (to increase the tension of a rope) (*gen.*), tesare. **3.** ~ (to turn a rope's end around an anchoring post) (*gen.*), dar volta.
snubber (device comprising a drum, spring and friction band, connecting axle and frame) (*aut.*), ammortizzatore. **2.** ~ (stop) (*mech.*), arresto. **3.** ~ (as for stabilizing pressure in a pump discharge line) (*pip.*), stabilizzatore.
snub pulley (as found on conveyor belt) (*mech.*), puleggia di rinvio.
snuffer (for extinguishing an electric arc) (*elect.*), spegniarco.
snug (tight) (*a. - mech.*), serrato. **2.** ~ (*n. - mech.*), grano di fermo. **3.** ~ (projection, as on a bolt shank for preventing rotation) (*mech.*), naso. **4.** ~ (seaworthy, said of a ship) (*naut.*), atto a tenere il mare, con buone qualità marinare. **5.** ~ fit (no allowance) (*mech.*) (Am.), accoppiamento di spinta (o preciso) ancora montabile a mano.
snug (to) (to fit accurately) (*mech.*), aggiustare con precisione, adattare con precisione. **2.** ~ (to snug down the sails) (*navig.*), ridurre la velatura. **3.** ~ (to prepare ship or sails etc. to afford a storm) (*navig.*), predisporre per affrontare la burrasca.
snugly (accurately) (*mech. - etc.*), con precisione.
soak (bath for dry skins in the tanning process) (*leather ind.*), bagno di rinverdimento.
soak (to) (to impregnate: as through pores etc.), imbibire. **2.** ~ (to macerate) (*gen.*), macerare. **3.** ~ (to become saturated) (*phys.*), saturarsi. **4.** ~ (to saturate) (*phys.*), saturare. **5.** ~ (to absorb, as liquid) (*phys.*), assorbire. **6.** ~ (to charge slowly as a battery) (*elect.*), caricare lentamente. **7.** ~ (*leather ind.*), rinverdire.
soaking (as in rubb. ind.), macerazione. **2.** ~ (in the tanning process) (*leather ind.*), rinverdimento. **3.** ~ (holding the material in a furnace for the purpose of obtaining a uniform temperature throughout its mass) (*metall.*), permanenza in forno a temperatura di regime, condizionamento termico. **4.** ~ pit (a conditioning furnace used to bring the glass in open pots to a uniform temperature for casting) (*glass mfg.*), forno condizionatore. **5.** ~ pit (for steel ingots) (*metall.*), fossa di permanenza. **6.** ~ vat (as in rubb. ind.), vasca di macerazione.
soap (*ind.*), sapone. **2.** ~ (*chem.*), sapone. **3.** soaps (bricks of size $9 \times 2^1/_4 \times 2^1/_4$ in.) (*bldg.*) (Brit.), mattoni da $9 \times 2^1/_4 \times 2^1/_4$ pollici. **4.** ~ factory (*chem. ind.*), saponificio. **5.** ~ stock (*soap ind.*), pasta oleosa, pasta di olio, pasta da saponificazione. **6.** ~ test (for water hardness) (*chem.*), prova (di durezza dell'acqua) con sapone titolato. **7.** glass ~ (manganese dioxide) (*glass mfg.*), sapone dei vetrai. **8.** liquid ~ (*soap ind.*), sapone liquido. **9.** liquid ~ fixture (as of a railw. car lavatory) (*railw. - bldg. - etc.*), portasapone per sapone liquido. **10.** soft ~ (*ind.*), sapone molle. **11.** solid ~ (hard soap, made with soda) (*ind.*), sapone duro.
soap (to) (*gen.*), insaponare.
soapery (*ind.*), saponificio.
soaping machine (*text. app.*), macchina insaponatrice.
soapstone (steatite) (*min.*), steatite, pietra da sarti.
soapsuds, saponata.
soapwort (*herb*), saponaria.
soar (to) (*aer.*), veleggiare.
soarer (sailplane) (*aer.*), veleggiatore. **2.** model ~ (model sailplane) (*aer.*), modello veleggiatore.
soaring (*aer.*), volo a vela. **2.** ~ site (*aer.*), campo di volo a vela.
soccer (football game) (*sport*), gioco del calcio. **2.** ~ pool (*play*), totocalcio.
social (*a. - ind. - etc.*), sociale. **2.** ~ security agencies (*work. security organ.*), enti di assistenza sociale, istituto di previdenza sociale. **3.** ~ work (social services, as in a factory) (*ind. pers. organ.*), servizi sociali. **4.** ~ worker (*ind.*), assistente sociale.

socialize (to), socializzare. **2.** ~ industries (*politics*), socializzare le industrie.
society (*comm.*), società. **2.** ~ (*econ.*), società. **3.** cooperative ~ (*comm.*), cooperativa. **4.** affluent ~ (*econ.*), società del benessere.
sociology, sociologia. **2.** industrial ~ (*ind.*), sociologia industriale.
sociometry (*psychol.*), sociometria.
sock (wind cone) (*aer.*), manica a vento, segnavento. **2.** ~ (*shoe mfg.*), soletta. **3.** air ~ (wind cone or sleeve) (*aer. - meteorol.*), manica a vento.
sock (to) (to sock in, to be compelled to ground from bad weather) (*aer.*), essere costretto a terra, essere costretto a rinunciare al volo.
socket (screw lamp holder) (*elect.*), portalampada. **2.** ~ (as for inserting audio or video input or output cable etc. to a "VTR", a camcorder etc.) (*audiovisuals*), presa. **3.** ~ (for steel rope) (*naut.*), capocorda. **4.** ~ (enlarged end of a pipe) (*pip.*), bicchiere. **5.** ~ (screw or pin lamp holder as for incandescent lamps or electron tubes) (*elect. - elics.*), zoccolo portalampada, zoccolo portavalvola elettronica. **6.** ~ (a hollow base for supporting a shaft or something similar) (*mech. - gen.*), alloggiamento. **7.** ~ (as for fixing a flash to a camera) (*phot.*), attacco, presa. **8.** ~ chisel (*carp. or join. t.*), scalpello con manico. **9.** ~ head screw (Allen screw) (*mech.*), brugola, vite ad esagono incassato. **10.** ~ punch (*t.*), fustella. **11.** ~ wrench (box wrench) (*t.*), chiave a bussola, tipo di chiave a tubo. **12.** bayonet ~ (as for electric bulb) (*elect.*), portalampada con attacco a baionetta. **13.** center pin ~ (as between the body and the bogie of a railw. veh.) (*railw.*), ralla. **14.** current controller ~ (*med. instr.*), portalampade regolatore. **15.** tube ~ (tube holder) (*elics.*), portavalvola.
socket (to) (to insert something in a socket) (*gen.*), fissare in uno zoccolo. **2.** ~ (to provide with a socket) (*gen.*), munire di zoccolo.
socle (*arch.*), zoccolo.
sod (*agric.*), zolla.
soda (Na_2CO_3) (*chem.*), soda, carbonato di sodio. **2.** ~ ash (*chem.*), carbonato di sodio. **3.** ~ fountain (*app.*), sifone (per acqua di seltz). **4.** ~ lime (mixture for absorbing humidity) (*chem.*), calce sodata. **5.** ~ process (alkaline treatment of wood for the production of chemical wood pulp) (*paper mfg.*), processo alla soda. **6.** ~ water (*beverage*), acqua di seltz, acqua con anidride carbonica disciolta sotto pressione. **7.** caustic ~ (NaOH) (*chem.*), soda caustica. **8.** washing ~ (*ind. chem.*), soda, soda per lavare.
sodion (sodium ion) (*chem.*), ione di sodio.
sodium (Na - *chem.*), sodio. **2.** ~ bicarbonate (Na HCO_3) (*chem.*), bicarbonato di sodio. **3.** ~ carbonate (Na_2CO_3) (*chem.*), carbonato di sodio. **4.** ~ cellulose (*chem. ind.*), sodiocellulosa. **5.** ~ chlorate ($NaClO_3$) (*chem.*), clorato di sodio. **6.** ~ chloride (NaCl) (*chem.*), cloruro di sodio, salgemma. **7.** ~ cyanide (NaCN) (*chem.*), cianuro di sodio. **8.** ~ hydroxide (NaOH) (*chem.*), soda caustica. **9.** ~ hyposulphite ($Na_2S_2O_3$) (*chem.*), iposolfito di sodio. **10.** ~ lamp, *see* sodium-vapor lamp. **11.** ~ light (*illum.*), luce al sodio. **12.** ~ nitrate ($NaNO_3$) (*chem.*), nitrato di sodio. **13.** ~ silicate (Na_2SiO_3) (*chem.*), silicato di sodio. **14.** ~ stannate ($Na_2SnO_3.3H_2O$) (*chem.*), stannato di sodio. **15.** ~ stearate ($C_{17}H_{35}COONa$, for soaps) (*chem. ind.*), stearato di sodio. **16.** ~ thiosulphate ($Na_2S_2O_3$) (phot. fixing agent) (*chem.*), tiosolfato di sodio, iposolfito di sodio.
sodium-cooled valve (sodium filled exhaust valve) (*mot.*), valvola al sodio, valvola raffreddata con sodio.
sodium-vapor lamp (*elect. illum.*), lampada a vapori di sodio.
"SOF" (sound on film) (*m. pict.*), film sonoro.
sofar (sound fixing and ranging, system for obtaining the location of an underwater explosion) (*acous. app.*), sistema acustico per la localizzazione di esplosioni subacquee.
soffione (*geol.*), soffione.
soffit (as of a cornice, staircase etc.) (*arch.*), intradosso, quella superficie che è rivolta verso il basso. **2.** archway ~ (*arch.*), intradosso di arco.
soft (of water) (*chem.*), dolce. **2.** ~ (*metall.*), dolce. **3.** ~ (*phot.*), morbido, con poco contrasto. **4.** ~ (of X ray) (*a. - radiology*), molle. **5.** ~ (as of cloth, wool etc.), morbido. **6.** ~ (as currency, not readly convertible) (*finan.*), leggero, non facilmente convertibile. **7.** ~ (not protected) (*milit.*), esposto, non protetto. **8.** ~ (biodegradable, of a detergent) (*chem.*), biodegradabile. **9.** ~ (alloy easy to magnetize and to demagnetize) (*a. - metall. - elect.*), di buona suscettività magnetica. **10.** ~ (of glass that can be annealed at low temperature) (*a. - glass*), che può essere ricotto a bassa temperatura. **11.** ~ (as of the landing of a craft on a planet) (*a. - astric.*), morbido. **12.** ~ annealed (*metall.*), ricotto completamente. **13.** ~ broaching (before hardening) (*mach. t. operation*), brocciatura allo stato dolce. **14.** ~ center (of a candy) (*sweet ind.*), ripieno tenero. **15.** ~ coal (*comb.*), carbone bituminoso. **16.** ~ feel (as of rubber) (*rubb. ind.*), sofficità, morbidezza. **17.** ~ goods (dry goods: textile fabrics in general) (*text. ind.*) (Brit.), tessuti. **18.** ~ landing (as of a missile on the Moon's surface to avoid upsetting meteoritic dust) (*rckt.*), atterraggio morbido. **19.** ~ soldered (*mech.*), saldato a dolce. **20.** ~ steel (*metall.*), acciaio dolce. **21.** ~ wares (soft goods, textile fabrics in general) (*text. ind.*) (Am.), tessuti. **22.** ~ waste (material discarded during the initial stages of manufacture) (*text. mfg.*), scarti di inizio lavorazione. **23.** ~ wood, *see* softwood.
softbound (a book) (*print.*), non rilegato, in brossura.
soften (to) (*chem. - metall.*), addolcire, render dolce. **2.** ~ (as a color) (*opt.*), ammorbidire.

softened (steel) (*heat-treat.*), addolcito, "stemprato".

softener (app. for softening water) (*ind. device*), depuratore. **2.** ~ (as in rubb. mfg.), plastificante. **3.** ~ (softening agent, as for resins) (*chem. ind.*), rammollitore, emolliente. **4.** ~ (for text. fibers) (*text. ind. mach.*), ammorbidatrice. **5.** ~ (type of brush for removing gold) (*lith. t.*), pennello. **6.** ~ (type of brush as used for spreading color on biscuit) (*ceramics t.*), pennello. **7.** water ~ (*chem. - ind. device*), addolcitore (o depuratore) d'acqua.

softening (emollient) (*a. - text. ind.*), emolliente. **2.** ~ (of water) (*ind.*), raddolcimento. **3.** ~ (of rays) (*med. radiology*), rammollimento. **4.** ~ (decreasing of the hardness of a metal, by heat-treatment) (*metall.*), addolcimento. **5.** ~ (*paint. defect*), rammollimento. **6.** ~ (for text. fibers) (*text. ind.*), ammorbidatura. **7.** ~ machine (as for jute) (*text. ind. mach.*), frantoio, macchina a comprimere. **8.** Vidal ~ point (of a thermoplastic material) (*plastics testing*), temperatura di rammollimento Vidal.

soft-focus (of a lens) (*a. - phot.*), morbido.

soft-land (to) (as of a craft on a planet: not destructive landing) (*astric.*), compiere un atterraggio morbido.

softness (as of rubber) (*rubb. ind.*), sofficità, morbidezza, plasticità. **2.** ~ (as of a negative) (*phot.*), morbidezza. **3.** ~ (of fiber) (*text. ind.*), morbidezza.

soft-sectored (said of a floppy disk initialized by predisposed informations) (*a. - comp.*), a formattazione (o inizializzazione) magnetica della divisione in settori.

soft-sized (half-sized, slack-sized: paper in which very little size has been used) (*a. - paper mfg.*), poco incollato.

soft-skinned (*a. - metall.*), decarburato.

soft-solder (to) (*mech.*), saldare a stagno (o a dolce).

soft-soldered (*mech.*), saldato a stagno (o a dolce).

soft-stuff (*paper mfg.*), pasta molle, pasta floscia.

soft-top (provided with a top that can be back-folded) (*n. - aut. - motorboat*), decappottabile.

software (opposed to hardware: refers to programs, instructions, documentation etc., associated with a comp. system) (*comp.*), componenti di programmazione, "software". **2.** ~ (outfit for audiovisual equipment) (*electroacous. telev.*), materiale di normale impiego con apparecchiature audiovisive. **3.** ~ analysis (*comp.*), programmatica. **4.** ~ library (*comp.*), libreria di componenti di programmazione. **5.** basic ~ (*comp.*), componenti base di programmazione.

softwood (*wood*), legno dolce. **2.** ~ (wood of coniferous trees) (*wood*), legno di conifere.

soggy (soaked or saturated with water) (*gen.*), inzuppato, fradicio.

soil, suolo. **2.** ~ (*geol.*), terreno. **3.** ~ pipe (pipe for conveying excreta and waste matter to the drains) (*bldg.*), tubazione della fognatura nera. **4.** ~ stability (*civ. eng.*), stabilità dei terreni. **5.** alluvial ~ (*geol.*), terreno alluvionale. **6.** clay ~ (*geol.*), terreno argilloso. **7.** cohesive ~ (*civ. eng.*), terreno coerente. **8.** crumbly ~ (*geol.*), terreno incoerente. **9.** expansive ~ (as due to a change in water content) (*civ. eng.*), terreno espansivo. **10.** loam ~ (*geol.*), terreno vegetale. **11.** noncohesive ~ (*civ. eng.*), terreno incoerente. **12.** rocky ~ (*geol.*), terreno roccioso. **13.** sandy ~ (*geol.*), terreno sabbioso. **14.** top ~ (the layer of soil capable of supporting vegetation) (*geol. - agric.*), parte superficiale del suolo, terreno agrario.

soil (to), insudiciare, imbrattare.

"SOL" (solenoid) (*elect.*), solenoide.

sol (fluid colloidal system) (*chem.*), sol, sistema colloidale sotto forma liquida.

solar, sollar, soller (large longitudinal air passage) (*min.*), condotta d'aria costituita dal soffitto e da una divisione orizzontale longitudinale della galleria.

solar (*a.*), solare. **2.** ~ activity (*astr.*), attività solare. **3.** ~ cell (for converting sunlight energy into elect. energy) (*astric. - elect.*), cella solare, pila fotovoltaica (o fotoelettronica). **4.** ~ compass (*aer. instr.*), bussola solare. **5.** ~ constant (1,94 gram calories per square cm per minute) (*astr.*), costante di irradiazione solare. **6.** ~ day (*astr. - gen.*), giorno solare. **7.** ~ furnace (obtained from sun rays by mirrors or lenses) (*experimental*), forno solare. **8.** ~ house (a house provided with large glass areas utilizing sun's rays for heating) (*bldg.*), casa solare. **9.** ~ lamp (Argand lamp, with a tubular wick) (*illum.*), lampada Argand. **10.** ~ noise (*radio*), disturbo dovuto a emissioni solari. **11.** ~ oil (Brit.), *see* gas oil *or* Diesel oil. **12.** ~ panel (a battery of solar cells) (*elect. - astric.*), pannello solare, batteria a energia (della radiazione) solare. **13.** ~ sail (propulsive surface to be pushed by solar radiation) (*astric.*), vela solare. **14.** ~ system (*astr.*), sistema solare. **15.** ~ wind (plasma ejected from the sun's surface) (*astr.*), vento solare.

solarimeter (pyranometer: for meas. of radiation intensity) (*geophys. instr.*), solarimetro, piranometro.

solarium (*bldg.*), solario, solarium.

solarization (*phot.*), solarizzazione. **2.** ~ (image coloration effect by digital technology) (*audiovisuals*), solarization, solarizzazione.

solar-powered (as a space craft) (*a. - astric.*), ad energia solare.

sold (*a. - comm.*), venduto. **2.** ~ out (*comm.*), esaurito.

solder (hard or soft solder) (*mech.*), lega per brasature, lega per saldatura (a forte o a dolce). **2.** ~ (lead and tin alloy) (*mech.*), lega per saldatura a stagno. **3.** hard ~ (containing copper) (*mech.*), lega per saldatura a forte. **4.** silver ~ (*alloy*), lega per saldatura ad argento. **5.** soft ~ (containing lead, tin etc.) (*mech.*), lega per saldatura a dolce.

solder (to) (*mech.*), saldare (a forte o a dolce). **2.** hard- ~ (*mech.*), saldare a forte, brasare. **3.** soft- ~ (as with a tin and lead alloy) (*mech.*), saldare a dolce, saldare a stagno.
solderable (*mech. technol.*), saldabile.
soldered, saldato (a dolce o a forte).
solderer (*work.*), stagnino.
soldering (with a hard or soft solder) (*mech.*), saldatura (a forte o a dolce). **2.** ~ copper (*t.*), saldatoio. **3.** ~ iron (*t.*), saldatoio. **4.** ~ pot (*plumber's impl.*), fornello per stagnini. **5.** ~ seam (*mech.*), cordone (o linea) della saldatura. **6.** blowlamp ~ iron (*impl.*), saldatoio a benzina, saldatoio a fiaccola. **7.** cold ~ (as by copper amalgam, without heat) (*metall. - etc.*), saldatura a freddo. **8.** combined ~ iron and blowlamp (*plumber's t.*) (Brit.), saldatoio a fiaccola. **9.** electric ~ iron (*plumber's t.*), saldatoio elettrico. **10.** gasoline ~ iron (*t.*), saldatoio a benzina. **11.** infrared ~ (soft soldering obtained by thermal effect of infrared rays) (*mech. technol.*), saldatura (a dolce) ai raggi infrarossi. **12.** silver ~ (*mech.*), saldatura ad argento.
solderless (without solder) (*a. - mech. technol.*), senza saldatura, non saldato.
soldier (reinforcement for a mold) (*found.*), armatura, elemento di rinforzo. **2.** ~ (a course of bricks in a wall laid all standing on end) (*mas.*), mattone messo in opera di punta (in posizione verticale). **3.** ~ (defective sheepskin: with partially utilizable wool) (*wool ind.*), pelle difettosa di pecora.
sole (*shoe mfg.*), suola. **2.** ~ (of a metallurgical furnace) (*furnace*), suola. **3.** ~ (timber base for the cradle) (*shipbldg.*), vaso. **4.** ~ (floor or bottom of a mine) (*min.*), suola, piede. **5.** ~ (one of the two beams supporting the cradle on the sliding ways) (*shipbuild.*), vaso, uno dei vasi dell'invasatura. **6.** ~ (exclusive, single) (*a. - gen.*), esclusivo, unico. **7.** ~ laying (*shoe mfg.*), suolatura di scarpe. **8.** inner ~ (*shoe mfg.*), suola interna. **9.** (valley) ~ (lowest part of a valley) (*geol.*), fondovalle.
solenoid (coil) (*elect.*), solenoide. **2.** ~ brake (*electromech.*), freno magnetico. **3.** ~ operated control (*elect. - mech.*), comando azionato a solenoide. **4.** ~ switch (magnetic switch) (*elect.*) (Am.), interruttore elettromagnetico, teleruttore. **5.** ~ valve (*elect.*), valvola elettromagnetica, elettrovalvola.
solenoidal (said of a vector with divergence O) (*math.*), solenoidale.
soleplate (bedplate: as of a mach.), basamento (o piastra) di fondazione. **2.** ~ (bedplate as of a marine engine) (*mech.*), intelaiatura di appoggio. **3.** ~ (for slight adjustment of a bearing) (*mech.*), piastra di supporto con registri.
solfatara (volcanic area emanating hot sulphurous gases and vapors) (*geol.*), solfatara.
solicitor (as of materials that are necessary for normal production of a factory) (*ind.*), sollecitatore. **2.** ~ (*law*), procuratore legale, avvocato.
solid (*phys.*), solido. **2.** ~ (compact) (*a. - gen.*), compatto. **3.** ~ (not hollow) (*a. - gen.*), pieno. **4.** ~ (mass of mas., differing from void) (*arch.*), pieno. **5.** ~ (without leads between the lines) (*a. - typ.*), sterlineato, senza interlinee. **6.** solids (the percentage, on a weight basis, of solid material in a paint after the solvents have evaporated) (*paint.*), residuo secco. **7.** ~ angle (*geom.*), sterangolo, angolo solido. **8.** ~ box (a babbit lined ring bearing) (*mech.*), bronzina in un unico pezzo con rivestimento interno di metallo antifrizione. **9.** ~ content (*paint.*), residuo secco. **10.** ~ contraction (from the melting point to the ambient temperature) (*found.*), ritiro del getto durante la solidificazione. **11.** ~ die (*mech.*), filiera chiusa, filiera non scomponibile. **12.** ~ form (*phys.*), stato solido. **13.** ~ geometry (*geom.*), geometria solida. **14.** ~ lubricant (as graphite or molybdenum disulphide, owing to their crystal structure) (*mech.*), lubrificante solido. **15.** ~ matter (matter without leads) (*typ.*), composizione sterlineata, composizione senza interlinee. **16.** ~ nose (of an aircraft) (*aer.*), musone chiuso, musone senza portelloni. **17.** ~ shaft (*mech.*), albero pieno. **18.** ~ solution (*phys. chem.*), soluzione solida. **19.** ~ state, *see* solid-state. **20.** ~ system (distribution by buried cables) (*elect.*), distribuzione con cavi interrati. **21.** ~ tire (*veh.*), gomma piena.
solid-drawn (of a weldless tube) (*metall. - pip.*), trafilato da massello.
solidification (for making compact: as the ground) (*mas.*), costipamento, consolidamento. **2.** ~ (reduction to a solid state) (*phys.*), solidificazione. **3.** ~ diagram (*metall.*), diagramma di solidificazione. **4.** ~ range (*metall.*), intervallo di solidificazione.
solidify (to) (to bring a liquid to a solid state) (*phys.*), solidificare. **2.** ~ (to make compact: as the ground etc.), costipare, consolidare.
solidity (as of a building), solidità. **2.** ~ (of a propeller) (*aer.*), *see* solidity ratio. **3.** ~ ratio (of a propeller) (*aer.*), rapporto di solidità.
solid-state (as said of a device based on the movement of electrons within a solid piece of semiconductor material) (*elics.*), a stato solido. **2.** ~ computer (*comp.*), calcolatore a stato solido. **3.** ~ control (*elics.*), comando a stato solido. **4.** ~ joining (*mech. technol.*), *see* diffusion bonding. **5.** ~ relay (*elics.*), relé a stato solido, relé privo di contatti mobili.
solidus (solidus curve) (*phys. chem.*), diagramma della soluzione solida. **2.** ~ (oblique stroke, as dividing shillings and pence: /) (*typ.*), barra, /.
solifluction, solifluxion (soil creep on sloping ground) (*geol.*), soliflusione.
"soln" (solution) (*chem. - etc.*), soluzione.
solo (solo flight, flight without instructor or copilot etc.) (*aer.*), volo senza istruttore (o senza secondo pilota).
solstice (*astr.*), solstizio. **2.** summer ~ (*astr.*), solsti-

zio d'estate. **3.** winter ~ (*astr.*), solstizio d'inverno.
solstitial point, punto solstiziale.
solubility (*phys. chem.*), solubilità. **2.** ~ curve (*phys. - chem.*), curva di solubilità.
solubilization (*chem.*), solubilizzazione.
solubilize (to) (*chem.*), solubilizzare.
soluble (*phys. chem.*), solubile. **2.** ~ glass (water glass) [(Na_2SiO_3) or (K_2SiO_3)] (*chem.*), vetro solubile, silicato di sodio (o di potassio) solido. **3.** ~ nitrocellulose, ~ nitrocotton, *see* pyroxylin.
soluplastic (as a material which becomes plastic when moistened with a suitable solvent) (*chem. ind.*), soluplastico.
solute (*phys. chem.*), soluto.
solution (*phys. chem.*), soluzione. **2.** ~ (to a problem), soluzione. **3.** ~ heat-treatment (particular heating followed by cooling for easing a solid solution in the alloy of a component) (*metall.*), trattamento termico di solubilizzazione. **4.** ~ of continuity (*gen.*), soluzione di continuità. **5.** ~ set (*math.*), insieme delle soluzioni. **6.** alkaline ~ (*chem.*), soluzione alcalina. **7.** buffered ~ (*chem.*), soluzione tamponata. **8.** doctor ~ (for treating petrol etc. and freeing it from sulphur) (*chem.*), soluzione doctor, soluzione per eliminare lo zolfo corrosivo. **9.** equivalent ~ (*chem. phys.*), soluzione equivalente. **10.** feasible ~ (*comp. - etc.*), soluzione fattibile. **11.** Fehling ~ (solution of cupric sulphate and potassium sodium tartrate in alkali, used as in the chemical analysis of cellulose) (*chem.*), liquore di Fehling, liquido di Fehling. **12.** graphic ~ (*comp. - math. - etc.*), soluzione grafica. **13.** normal ~ (*electrochem.*), soluzione normale. **14.** rubber ~ (used in the repairing of tire tubes) (*rubb. ind.*), soluzione di gomma, mastice. **15.** saturated ~ (*chem.*), soluzione satura. **16.** shortstop ~ (*phot.*), soluzione di arresto. **17.** solidified ~ (*metall.*), soluzione solida. **18.** solid ~ (*metall. - phys. chem.*), soluzione solida. **19.** spinning ~ (of artificial silk) (*text. mfg.*), soluzione da filare. **20.** to dilute the ~ (*phys. chem.*), diminuire la concentrazione della soluzione, diluire la soluzione. **21.** to strengthen the ~ (*phys. chem.*), rinforzare la soluzione, aumentare la concentrazione della soluzione.
solution (to) (*gen.*), risolvere. **2.** ~ (by rubber solution) (*rubb. ind.*), fare aderire mediante soluzione di gomma (o mastice).
solvable (*math.*), risolvibile.
solvate (*phys. chem.*), solvato.
solvation (chem. reaction of solvent with solute) (*chem.*), solvatazione.
solve (to) (*math.*), risolvere.
solvency (*chem.*), potere solvente. **2.** ~ (*law - finan.*), solvibilità, solvenza.
za.
solvent (*ind. chem.*), solvente. **2.** ~ (*comm. - law - financial*), solvibile.
sonar (sound navigation ranging: *see* Brit. asdic) (*naut. instr.*) (Am.), ecogoniometro, apparecchio per localizzare oggetti sommersi (mine, sottomarini ecc.). **2.** ~ equation (equation which allows to calculate the acquisition distance of a sonar) (*und. acous.*), equazione dell'ecogoniometro, equazione del sonar. **3.** minehunting ~ (*und. acous. instr.*), ecogoniometro cacciamine, ecogoniometro cercamine. **4.** passive ~ (for meas. distances) (*und. acous. instr.*), ecogoniometro passivo, idrofono misuratore di distanza. **5.** towed ~ (*navy - und. acous.*), ecogoniometro rimorchiato. **6.** variable-depth ~ (sonar whose transducer can be lowered into the water in order to be set below the thermocline) (*navy - und. acous.*), ecogoniometro a profondità variabile.
sonde (*meteorol.*), sonda.
sonic (employing sound waves) (*a. - acous.*), acustico, fonico. **2.** ~ (having the speed of sound waves) (*a. - aer.*), sonico. **3.** ~ barrier (*aer.*), muro del suono, barriera del suono. **4.** ~ boom (as caused by an aircraft passing through the sound barrier) (*aer. - acous.*), scoppio sonico, rumore che si avverte quando un aereo supera il muro del suono, "bum" (coll.). **5.** ~ depth finder (*naut.*), scandaglio acustico. **6.** ~ telegraphy (*navy*), segnalazione idrofonica.
sonne camera, *see* strip camera.
sonobuoy (parachuted antisubmarine app. consisting of a buoy equipped with a hydrophone which transmits to the aircraft by means of an automatic radio transmitter the acoustic signals detected underwater) (*navy - und. acous.*), boa sonora, boa acustica. **2.** active ~ (sonobuoy also equipped with an acoustic transmitter, which can emit signals and receive their acoustic echoes from underwater obstacles; often used to locate submarines) (*navy - und. acous.*), boa acustica attiva, boa sonora attiva.
sonochemistry (referring to the chemical action of ultrasounds) (*phys. chem.*), studio dell'azione chimica dovuta agli ultrasuoni.
sonograph (*n. - acous. instr.*), sonografo.
sonography, *see* ultrasonography.
sonority (*acous.*), sonorità.
soot (*comb.*), nerofumo, fuliggine. **2.** ~ blower (*boil.*), soffiatore di fuliggine. **3.** ~ blowing (as by steam) (*boil.*), rimozione della fuliggine. **4.** ~ catcher (soot arrester) (*comb. - app.*), separatore di fuliggine.
sooty (*comb.*), fuligginoso.
sop (to) (*gen.*), bagnare, immergere.
sophisticate (to) (*chem. - etc.*), sofisticare.
sophistication (as of food) (*gen.*), sofisticazione, adulterazione.
sorb (*wood*), sorbo.
sorbite (*metall.*), sorbite.
sorbitic (*a. - metall.*), sorbitico.
sorghum (*agric.*), sorgo.
sorption (absorption and adsorption) (*phys. chem.*), (fenomeno costituito da) adsorbimento e (da) assorbimento.

sort (programmed arrangement of data: as of a file) (*n. - comp.*), ordinamento. **2.** ~ (*typ.*), *see* type. **3.** ~ generator (*comp.*), programma generatore di ordinamento. **4.** arithmetic ~ (*comp. - math.*), ordinamento aritmetico.

sort (to) (as waste) (*text. ind.*), scegliere. **2.** ~ (to classify) (*gen.*), classificare. **3.** ~ (to arrange data in a particular order: as in a file) (*comp.*), ordinare, dar corso ad un ordinamento.

sorter (of wool) (*wool work.*), scartatore. **2.** ~ (type of screen or strainer for mechanical wood pulp) (*paper mfg. impl.*), classatore, assortitore. **3.** ~ (a device for selecting punched cards, copies etc. or arranging them in a particular order) (*comp.*), selezionatore, ordinatore. **4.** sorters (girls who inspect paper for defects before packing) (*paper mfg. work.*), sceglitrici.

sorting (*ind.*), sortitura, cernita, classificazione. **2.** ~ (*comp.*), ordinamento. **3.** ~ (selecting yarns for weaving) (*text. ind.*), cernita. **4.** ~ (as of ore in a stope) (*min.*), cernita. **5.** ~ (*quality control*), *see* detailing. **6.** ~ machine (*ind.*), (macchina) classificatrice, (macchina) selezionatrice.

SOS (international signal of distress) (*naut. - etc.*), SOS.

sough (a drain) (*min. - etc.*), scolo, scarico.

sound (*n. - acous. phys.*), suono. **2.** ~ (a passage of water leading from one sea to another sea) (*geogr.*), stretto, canale. **3.** ~ (a sounding) (*naut.*), sondaggio. **4.** ~ (undamaged) (*a. - gen.*), sano. **5.** ~ (*med.*), sonda. **6.** ~ analysis (*acous.*), analisi del suono. **7.** ~ attachment (of a sound film projector) (*electroacous.*) (Am.), testa sonora. **8.** ~ camera (*m. pict.*), cinepresa con registrazione sonora. **9.** ~ damping material (*acous.*), materiale per isolamento acustico. **10.** ~ deadener (deadening) (*bldg.*), materiale per isolamento acustico. **11.** ~ deadener (deadening compound sprayed on the floor, the inside or outside of the body) (*aut. constr.*), antirombo. **12.** ~ deadening (*acous.*), silenziamento. **13.** ~ engineer (*m. pict.*), tecnico del suono. **14.** ~ equipment (*m. pict.*), complesso sonoro (da presa). **15.** ~ fading (as in sound film) (*electroacous.*), dissolvenza sonora. **16.** ~ field (*acous.*), zona di propagazione del suono. **17.** ~ film printing machine (*m. pict. mach.*), stampatrice per film sonori. **18.** ~ for dilating urethral strictures (*med. instr.*), sonda per dilatazione uretrale. **19.** ~ gear (underwater acoustics) (*naut.*), apparecchiatura acustica subacquea (attiva e passiva). **20.** ~ head (magnetic head) (*electroacous.*), testina magnetica, testa di registrazione magnetica. **21.** ~ insulating test (*acous.*), prova dell'isolamento acustico. **22.** ~ insulation (*acous.*), isolamento acustico. **23.** ~ level meter (*acous. instr.*), fonometro. **24.** ~ location (echo sounding) (*acous. - naut.*), ecogoniometria. **25.** ~ locator (*air force app.*), aerofono. **26.** ~ meter (*acous. instr.*), *see* noise meter. **27.** ~ motion picture film (*m. pict.*), film sonoro, pellicola sonora. **28.** ~ negative (negative of the sound track film) (*m. pict.*), negativo del suono (o della colonna sonora). **29.** ~ pick-up (of sound head of sound film projector) (*electroacous.*), lettore del suono. **30.** ~ picture (*m. pict.*), film sonoro. **31.** ~ pollution (*ecol.*), inquinamento da rumore. **32.** ~ positive (positive of a sound track film) (*m. pict.*), positivo del suono (o della colonna sonora). **33.** ~ processing (*elics. - comp.*), elaborazione del suono. **34.** ~ program (*audiovisuals*), programma audio. **35.** ~ projector head (of a sound projector) (*m. pict.*), testa sonora. **36.** ~ proofing (*acous.*), isolamento acustico. **37.** ~ ranging section (*artillery*), sezione fonotelemetristi. **38.** ~ recorder (*electroacous. app.*), registratore del suono, apparecchio di registrazione (del suono). **39.** ~ reverberation (*acous.*), riflessione multipla del suono, coda sonora, sonorità (o risonanza) susseguente. **40.** ~ spectrograph (*phys. instr.*), analizzatore del suono. **41.** ~ track (of a film) (*m. pict.*), colonna sonora. **42.** ~ truck (sound equipment on a truck) (*m. pict. - aut.*), autocarro con equipaggiamento sonoro. **43.** ~ velocity (*acous.*), velocità del suono. **44.** ~ volume (of sound film projector) (*electroacous.*), volume sonoro. **45.** ~ waves (*acous. phys.*), onde sonore, onde del suono. **46.** ~ wool (*wool ind.*), lana sana. **47.** air-borne ~ (*acous.*), suono via aria, suono (propagantesi) attraverso l'aria. **48.** binaural ~ (stereophonic sound on two channels) (*acous. - elics.*), suono su due canali. **49.** constant density and variable width ~ track (sound-on-film recording system) (*m. pict.*), colonna sonora a densità costante e larghezza variabile. **50.** constant width and variable density ~ track (sound-on-film recording system) (*m. pict.*), colonna sonora a larghezza costante e densità variabile. **51.** objective ~ meter (*acous. instr.*), *see* objective noise meter. **52.** solid-borne ~ (*acous.*), suono via solido, suono (propagantesi) attraverso (corpi) solidi. **53.** surround ~ (audio signal coding for a tridimensional effect) (*audiovisuals*), audio ad effetto tridimensionale.

sound (to) (*naut.*), scandagliare, sondare.

sound-deadener (as on parts of an aut. body) (*bituminous paint*), (vernice) antirombo.

sounder (*telegraphy*), ricevitore acustico. **2.** echo ~ (echo-sounding gear) (*naut. instr.*), scandaglio acustico, ecometro, ecosonda, ecoscandaglio. **3.** fishing echo ~ (*fishing instr.*), ittioscopio.

soundhead (of a m. pict. projector) (*m. pict.*), testa sonora.

sounding (*a. - acous. phys.*), sonoro. **2.** ~ (*n. - gen.*), sondaggio. **3.** ~ (*n. - naut.*), sondaggio. **4.** ~ balloon (*meteorol. app.*), pallone sonda. **5.** ~ line (*naut. impl.*), scandaglio. **6.** ~ machine (*naut. app.*), scandaglio meccanico. **7.** ~ pipe (as of water or oil tanks) (*naut.*), tubo per la misurazione del livello. **8.** ~ rocket (a rocket or missile for measuring the higher strata of the earth's atmosphere) (*rckt.*), razzo sonda. **9.** echo ~ (sound location) (*acous. - naut.*), ecogoniometria. **10.** electroacoustic ~ set (*naut. app.*), scandaglio elettroacustico. **11.** sonic ~ gear (*naut. instr.*), fonoscandaglio. **12.** supersonic ~ set (*naut. app.*), scandaglio ad ultrasuoni.

soundings (*sea*), fondali scandagliabili.

sound-intensity level (expressed in decibels) (*acous.*), livello di intensità del suono, livello sonoro.

soundless (*a. - acous. phys.*), senza suono.

soundness (resistance opposed to the destruction: as of wool) (*gen.*), resistenza. **2.** ~ (integrity), integrità.

sound-on-disk (*m. pict.*), disco fonografico da suonare in sincronismo con la proiezione del film.

sound-on-film (*m. pict.*), film sonoro. **2.** ~ printing (*m. pict.*), stampa del film sonoro.

soundproof (*acous.*), isolato acusticamente, insonorizzato.

soundproof (to) (*acous.*), isolare acusticamente, insonorizzare.

soundproofing (*n. - acous.*), isolamento acustico. **2.** ~ (*a. - acous.*), antiacustico.

soundstripe (magnetic sound stripe on a film) (*m. pict.*), pista magnetica.

soup (horsepower) (*aer.*) (Am. coll.), potenza.

soup (to) (to increase the power of an engine) (*aer.*) (Am. coll.), aumentare la potenza.

souple (to) (*silk mfg.*), togliere parte della sericina.

sour (light acid solution) (*n. - chem.*), soluzione leggermente acida.

source (as of light, heat etc.) (*phys.*), sorgente. **2.** ~ (in the irrotational flow of a fluid) (*phys. - hydrodyn. - etc.*), sorgente. **3.** ~ (*comp.*), sorgente. **4.** ~ code, *see at code* ~ code. **5.** ~ data (*comp.*), dati sorgente. **6.** ~ program (*comp.*), programma sorgente. **7.** information ~ (*comp.*), sorgente di informazione. **8.** power ~, *see* power supply.

south (*n. - geogr.*), sud. **2.** ~ (southern), meridionale, sud. **3.** ~ pole (*geogr.*), polo sud.

Southdown (*sheep breed*), razza di pecora inglese.

southerly (southern), meridionale.

southern, meridionale. **2.** Southern Cross (*astr.*), Croce del Sud.

southing (latitude difference, expressed in nautical miles, to the south from the last reckoning) (*navig.*), differenza di latitudine espressa in miglia marine verso sud rispetto all'ultimo punto precedentemente determinato. **2.** ~ (south declination, distance south of the equator of any celestial body) (*astr.*), declinazione sud, declinazione negativa.

southward (*geogr.*), verso sud.

southwest (*a. - n. - geogr.*), sud-ovest, sudovest.

sou'wester (*sailor impl.*), cappello d'incerato.

"SOV" (shut-off-valve) (*pip. - etc.*), valvola di arresto.

sow (channel in the pig bed) (*metall.*), canale di colata per lingotti. **2.** ~ (solidified metal in a pig bed channel or mold) (*metall.*), metallo solidificato nel canale di colata (o nella lingottiera). **3.** ~ (*metall.*), *see also* salamander. **4.** ~ block (fitted with a key as to a power hammer anvil) (*forging mach.*), blocco portastampi, banchina portastampi.

sowing machine (*agric. mach.*), seminatrice.

Soxhlet apparatus (*chem. impl.*), apparecchio di Soxhlet.

soybean oil, soya-bean oil (*ind. chem.*), olio di soia.

"SP" (spark ignition) (*mot.*), accensione a scintilla. **2.** ~ (single pole) (*elect.*), unipolare. **3.** ~ (smokeless powder) (*expl.*), polvere senza fumo. **4.** ~ (soil pipe) (*bldg.*), tubazione (delle) acque nere. **5.** ~ (stand pipe) (*hydr.*), serbatoio piezometrico. **6.** ~ (structured programming) (*comp.*), programmazione strutturata. **7.** ~ (speed play: as in a two speed "VTR") (*audiovisuals - etc.*), alta velocità.

"sp" (space) (*gen.*), spazio. **2.** ~ (spare) (*gen.*), ricambio. **3.** ~ (specific) (*gen.*), specifico.

space (*gen.*), spazio. **2.** ~ (of gear teeth) (*mech.*), vano. **3.** ~ (*math. - geom.*), spazio. **4.** ~ (type used for separating the words of a line) (*typ.*), spazio, spaziatura. **5.** ~ (space means time available in radio or telev. programs and means pages, or part of a page, in newspapers or magazines: as for advertising purposes) (*adver. - etc.*), spazio (pubblicitario). **6.** ~ cabin (*astric.*), cabina spaziale. **7.** ~ craft (a spatial vehicle) (*astric. - rckt.*), veicolo spaziale, mezzo spaziale. **8.** ~ current, *see* thermionic current. **9.** ~ description (spatiography) (*astr.*), spaziografia. **10.** ~ engineer (*astric.*), tecnico spaziale. **11.** ~ exploration (*astric.*), esplorazione dello spazio. **12.** ~ flight (*astric.*), volo spaziale. **13.** ~ lab, *see* space laboratory. **14.** ~ lattice (*chem.*), reticolo spaziale. **15.** ~ law (*astric. - law*), diritto astronautico. **16.** ~ pilot (*astric.*), pilota spaziale. **17.** ~ platform (*astric.*), piattaforma spaziale. **18.** ~ ship (an habitable space vehicle) (*astric.*), veicolo spaziale (con uomini a bordo), astronave. **19.** ~ shuttle (reusable rocket powered spacecraft capable of going in orbit and gliding to a landing) (*astric.*), navetta spaziale. **20.** ~ sickness (*astric.*), mal di spazio. **21.** ~ station (an habitable satellite) (*astric.*), stazione spaziale. **22.** ~ suit (*astric.*), combinazione spaziale, tuta spaziale. **23.** ~ telegraphy (*radio*), radiotelegrafia. **24.** ~ time (*theor. phys.*), spazio a quattro dimensioni, spazio-tempo, cronotopo. **25.** ~ walk (of an astronaut outside the spacecraft) (*astric.*), passeggiata spaziale. **26.** ~ washer (*mech. element*), rondella distanziatrice, distanziale. **27.** address ~ (*comp.*), spazio di indirizzamento. **28.** circumplanetary ~ (the region of space generally considered as surrounding a planet with no fixed limits) (*space*), spazio circumplanetario. **29.** circumterrestrial ~ (the region of space generally considered as surrounding the Earth with no fixed limits) (*space*), spazio circumterrestre. **30.** cislunal ~ (the region of space extending from l0 to 50 times the radius of the Moon) (*space*), spazio cislunare. **31.** curved ~ (*astr.*), spazio curvo. **32.** dead ~ (*radio - commun.*), zona di silenzio. **33.** dead ~ (*milit.*), area defilata. **34.** dead-air ~ (as in a hollow wall) (*bldg.*), intercapedine (chiusa). **35.** deep ~ (outside the earth's atmosphere) (*astric.*), spazio interplanetario, spazio interstellare. **36.** Euclidean ~ (*astr.*), *see* flat space. **37.** flat ~ (*astr.*), spazio piatto, spazio euclideo. **38.** 4-em ~ ($^1/_4$ of an em space) (*typ.*), mezzano, spazio da quattro. **39.** geocentric ~ (terrestrial space, the region of space extending from 1 to 10 times the radius of the Earth) (*space*), spazio geocentrico, spazio terrestre. **40.** hair ~ (6-em space, $^1/_6$ of an em space) (*typ.*) (Am.), spazio fino, spazio da sei. **41.** hair ~ (approx. 1-point wide) (*typ.*) (Brit.), spazio finissimo. **42.** half ~ (*bldg. stair*), *see* halfpace. **43.** heliocentric ~ (the region of space in which the Sun holds bodies; from 0 to 1.6 astronomical units) (*space*), spazio eliocentrico. **44.** interplanetary ~ (*astric.*), spazio interplanetario. **45.** lunar ~ (selenocentric space, the region of space in which the Moon can hold a satellite; from 40 to 45 times the Moon's radius) (*space*), spazio lunare, spazio selenocentrico. **46.** metric ~ (*math.*), spazio metrico. **47.** outer ~ (outside the earth's atmosphere) (*astr. - astric.*), spazio interplanetario, spazio interstellare. **48.** planetocentric ~ (the region of space extending for no less than 150 times a planet's radius and in which the planet holds a satellite) (*space*), spazio planetocentrico. **49.** selenocentric ~ (lunar space; the region of space in which the Moon can hold a satellite; from 40 to 45 times the Moon's radius) (*space*), spazio lunare, spazio selenocentrico. **50.** survival ~ (referred to the occupants) (*aut. safety*), spazio (residuo) di sopravvivenza. **51.** terrestrial ~ (geocentric space; the region of space extending from 1 to 10 times the radius of the Earth) (*space*), spazio terrestre, spazio geocentrico. **52.** 3-em ~ ($^1/_3$ of an em space) (*typ.*), terziruolo, spazio forte, spazio da tre. **53.** translunar ~ (the region of space extending from 70 to 300 times the radius of the Earth) (*space*), spazio translunare. **54.** working ~ (working storage: a work area for temporary storing of data) (*comp.*), area di lavoro,memoria di lavoro.

space (to) (*gen.*), spazieggiare. **2.** ~ (*mech.*), distanziare. **3.** ~ (*print.*), spaziare, spazieggiare. **4.** ~ out (to justify, a line of type) (*typ.*), giustificare, mettere a giustezza.

spaceborne (as of an object revolving around the earth, external to the atmosphere and sustained by its velocity) (*a. - astric.*), spaziale.

spacecraft (an habitable space vehicle) (*astric.*), veicolo spaziale, nave spaziale, astronave. **2.** manned ~ (*astric.*), veicolo spaziale con equipaggio.

spaced (*a. - mech.*), distanziato. **2.** ~ (*a. - typ.*), spaziato, spazieggiato. **3.** equally ~ (*a. - mech.*), equidistanziato.

spacelab (european space laboratory), *see* skylab.

spacelattice (as of crystals) (*phys. chem.*), reticolo spaziale.

spaceman (*astric.*), navigatore spaziale, astronauta.

"spaceplane" (hypothetical craft with horizontal take-off and capable of travelling into atmosphere and into space) (*aer. - astric.*), spazioplano.

spaceport (*astric.*), centro spaziale, poligono per lanci spaziali.

spacer (*mech. - mas.*), distanziatore, distanziale. **2.** ~ (space bar, space key, of typewriter) (*off. mach.*), spaziatore, spazieggiatore. **3.** ~ ring (*mech.*), anello distanziatore.

spaceship (an inhabitable space vehicle) (*astric.*), veicolo spaziale, nave spaziale, astronave.

space-time continuum (*theor. phys. and math.*), spazio a quattro dimensioni.

space-woman (*astric.*), donna astronauta.

spacing (interval: as between the pipes of a pipe coil) (*mech. phys.*), interasse, intervallo, distanza. **2.** ~ (of the words in a line) (*typ.*), spazieggiatura. **3.** ~ bar (or key) (*typewriter*), tasto spazieggiatore, tasto spaziatore. **4.** ~ collar (*mech.*), manicotto distanziale. **5.** ~ gaps (*mach. t.*), incavi distanziatori. **6.** ~ punch (tool made up by two center punches whose distance may be adjusted, for punching a series of dots) (*t.*), bulino a passo fisso, punzone a passo fisso. **7.** platen ~ (horn spacing, of a resistance-welding mach.) (*welding mach.*), distanza tra i bracci.

spacistor (a solid state high-frequency semiconductor: similar to a transistor) (*n. - elics.*), "spacistor", spacistore.

spade (*agric. impl.*), vanga. **2.** ~ drill (*t.*), punta a lancia. **3.** ~ terminal (*elect.*), capocorda a forcella.

spall (as of stone) (*mas.*), scheggia.

spall (to) (*mas.*), scheggiarsi.

spallation (splitting off of particles, as due to bombardment) (*atom phys.*), spallazione.

spalling (due to hammering) (*technol.*), scheggiatura (da martellamento). **2.** ~ (breaking or crushing: as caused by heat or mechanical stress) (*gen.*), rottura, sfaldamento. **3.** ~ (breaking away of thin flakes from the surface as of case-hardened steel) (*metall.*), sfogliatura. **4.** ~ (chipping, as of gear teeth) (*mech. defect*), scheggiatura. **5.** ~ hammer (*stonecutting t.*), martellina.

spall-off (crumbling, as of a mold) (*found.*), franatura.

span (*aer.*), apertura d'ali. **2.** ~ (of a bridge) (*bldg.*), luce. **3.** ~ (*meas.*) (Brit.), distanza di 22,86 cm. **4.** ~ (of an arch) (*arch.*), luce. **5.** ~ (of a crane bridge), luce. **6.** ~ (extent between supports) (*constr. theor. - bldg.*), distanza fra gli appoggi, luce. **7.** ~ (portion extended between supports) (*bldg. - elect. lines - etc.*), campata. **8.** ~ (as of time) (*gen.*), breve intervallo. **9.** ~ loading (total weight divided by the square of the span) (*aer.*), carico d'apertura. **10.** ~ roof (saddle roof) (*bldg.*), tetto a due spioventi.

span (to) (to measure) (*gen.*), misurare. **2.** ~ (as a bridge) (*bldg.*), attraversare (o coprire con un arco o campata). **3.** ~ (*math.*), generare.

spandrel (as of an arch) (*arch.*), pennacchio.
spanish burton (*naut. hoisting device*), paranco a due bozzelli.
spank (restrike) (*sheet metal w.*), assestamento.
spanker (*naut.*), randa, randa di poppa.
spanking (*pressworking of sheet metal*), *see* restriking.
spanner (*t.*) (Brit.), chiave. **2.** ~ (provided with a tooth or a pin in the jaw) (*t.*), chiave a settore con nasello, chiave per ghiere. **3.** face ~ (with two cylindrical pins perpendicular to the same spanner plane) (*t.*), chiave a forcella con due naselli cilindrici (normali al piano della chiave). **4.** pin ~, *see* pin wrench. **5.** ratchet ~ (*t.*) (Brit.), chiave a cricco. **6.** torque ~ (*t.*) (Brit.), chiave torsiometrica. **7.** ~, *see also* wrench.
span-new (brand-new), nuovo, nuovo di fabbrica.
spar (mast) (*naut.*), albero. **2.** ~ (*min.*), spato. **3.** ~ (of a wing or control surface) (*aer.*), longarone, longherone. **4.** ~ (*naut.*), *see also* yard, gaff, boom, etc. **5.** ~ deck (*naut.*), controcoperta. **6.** ~ varnish (exterior varnish) (*naut.*), vernice per esterni. **7.** beveled roof ~ with notch for pole plate (*bldg.*), trave da tetto con smusso ed incastro per alloggio della trave orizzontale. **8.** fluor ~ (CaF_2) (*min.*), spato fluoro, fluorite. **9.** Iceland ~ ($CaCO_8$) (*min.*), spato d'Islanda. **10.** tabular ~ (*min.*), *see* wollastonite.
spar-deck vessel (*naut.*), nave con controcoperta.
spare (*n. - gen.*), scorta. **2.** ~ (spare part) (*n. - mech.*), ricambio. **3.** ~ (kept in reserve) (*a. - naut.*), di rispetto. **4.** ~ (a spare tire, spare wheel) (*aut.*), ruota di scorta. **5.** ~ barrel (as of a machine gun) (*milit.*), canna di ricambio. **6.** ~ bow anchor (*navy*), àncora di rispetto. **7.** ~ engine (*mot.*), motore di riserva. **8.** ~ hand (*work.*), operaio di riserva. **9.** ~ hook (as of a locomotive) (*railw.*), gancio di riserva. **10.** ~ part (*naut.*), rispetto, parte di rispetto, parte di ricambio. **11.** ~ parts (*mech.*), parti di ricambio, ricambi. **12.** ~ parts department (*mech. ind.*), servizio ricambi. **13.** ~ parts list (*mech.*), catalogo parti di ricambio. **14.** ~ propeller (*naut.*), elica di rispetto. **15.** ~ wheel (of aut.), ruota di scorta.
spark (*phys. - elect.*), scintilla. **2.** ~ advance (as of mot.), anticipo all'accensione. **3.** ~ advance manual control (*mot.*), comando a mano dell'anticipo (all'accensione). **4.** ~ arrester (as fitted to an exhaust silencer) (*mot.*), parascintille, parafiamma. **5.** ~ arrester (elect. contrivance), dispositivo per togliere lo scintillamento. **6.** ~ arrester (as of a locomotive) (*device*), parascintille. **7.** ~ arrester (spark catcher) (*mech. device*), parascintille. **8.** ~ catcher (as of a locomotive) (*device*), parascintille. **9.** ~ catcher (as of a chimney) (*mech. device*), parascintille. **10.** ~ chamber (wilson chamber) (*atom phys.*), camera a scintilla. **11.** ~ coil (as of mot.) (*elect. coil*), bobina. **12.** ~ discharge (*elect.*), scarica disruptiva. **13.** ~ discharge machining, *see* electrical discharge machining. **14.** ~ erosion (metal machining method) (*mech.*), elettroerosione, erosione a scintilla. **15.** ~ extinguisher (*elect. device*), spegniarco. **16.** ~ failure (*mot.*), mancata accensione. **17.** ~ frequency (*radio*), frequenza delle scintille. **18.** ~ gap (*elect. instr.*), spinterometro. **19.** ~ gap (as of a spark plug) (*elect.*), spazio esplosivo, intervallo esplosivo, distanza tra le puntine, distanza tra gli elettrodi. **20.** ~ generator (*radio*), generatore a scintilla. **21.** ~ instant (*mot.*), istante di accensione. **22.** ~ knock (*mot.*), battito in testa. **23.** ~ lead (*mot.*), anticipo all'accensione. **24.** ~ lever (on the steering wheel or on the instr. board) (*obsolete aut.*), levetta (o pomello) dell'anticipo. **25.** ~ machining (metal machining method, by spark erosion) (*mech. technol.*), elettroerosione a scintilla, taglio a scintilla. **26.** ~ ping (Am.) (of a mot.), battito in testa. **27.** ~ plug (of mot.) (*aut. - etc.*) (Am.), candela. **28.** ~ plug adaptor (*mot.*), prolunga per candele. **29.** ~ plug electrode (*mot.*), elettrodo della candela, puntina della candela. **30.** ~ plug point (*mot.*), puntina della candela. **31.** ~ potential (*mot.*), tensione di scarica, tensione di accensione (o scintillìo). **32.** ~ quenching unit (*device*), spegniscintilla. **33.** ~ screen (as of a cupola) (*found.*), parascintille. **34.** ~ starting (*elect.*), lo scoccare della scintilla. **35.** ~ test (for determining the approximate chem. composition of a steel by the kind of sparks obtained by holding a sample against a grinding wheel) (*mech. technol.*), prova delle scintille (alla mola). **36.** ~ transmitter (*radio*), trasmettitore a scintilla. **37.** automatic ~ advance (*mot.*), anticipo automatico (all'accensione). **38.** branched ~ (*elect.*), scintilla ramificata. **39.** electric ~ (*elect.*), scintilla elettrica. **40.** H.F. ~ plug (high frequency spark plug) (*mot. - elics.*), candela ad alta frequenza. **41.** ignition ~ (of mot.), scintilla d'accensione. **42.** multiple ~ gap (*elect. - radio*), spinterometro multiplo. **43.** quenched ~ gap (*radio*), spinterometro a scintilla strappata (o frazionata). **44.** rotary ~ gap (*elect. - radio*), spinterometro rotante. **45.** screened ~ plug (*mot.*), candela schermata. **46.** sphere ~ gap (*elect.*), spinterometro a sfere. **47.** surface discharge ~ plug (as with a multiple ground electrode) (*mot. - elect.*), candela a scarica superficiale. **48.** to advance the ~ (in a mot.), anticipare l'accensione. **49.** weak ~ (of aut. spark plug) (*aut.*), scintilla debole.
spark (to) (*elect.*), scintillare. **2.** ~ out (to leave the grinding wheel rotate free after feed ceased) (*mach. t. - mech.*), lasciar morire (la mola sul pezzo).
sparker, *see* spark plug or spark arrester.
spark-erosive (electroerosive) (*mech. - elect.*), elettroerosivo.
spark-fired (as of a gas engine) (*a. - mot.*), con (o ad) accensione a scintilla.
sparking (*gen.*), scintillamento. **2.** ~ ball (*med. instr.*), elettrodo a sfera per scintillazioni. **3.** ~ plug (spark plug, of mot.) (*aut. - etc.*) (Am.), can-

dela. **4.** ~ plug point (*mech.*), puntina di candela. **5.** ~ plug test bench (*elect. app.*), banco prova candele.

sparkle (to) (of an astr. phenomenon), scintillare. **2.** ~ (to effervesce) (*phys.*), essere effervescente.

sparklers (white hot particles in a furnace) (*furnace*), particelle di elevata incandescenza.

sparkless (*elect.*), senza scintillamento.

sparkling (of an elect. phenomenon) (*n. - elect.*), scintillamento. **2.** ~ (*a. - gen.*), scintillante. **3.** ~ (*a. - elect.*), che produce scintillamento. **4.** ~ (*a. - astr.*), scintillante. **5.** ~ (as of an astr. phenomenon) (*n. - astr.*), scintillio. **6.** ~ (as soda water) (*a. - phys.*), effervescente. **7.** ~ (of soda water) (*n. - phys.*), effervescenza.

spark-out (in grinding, when the wheel is rotating free after feed ceased) (*mach. t. - mech.*), passata di spegnifiamma.

sparkover (*elect.*), scarica disruptiva.

sparkproof (sparkless) (*elect.*), senza scintillamento.

spat (kind of fairing on a wheel of a fixed landing gear) (*aer. constr.*), carenatura della ruota.

spathic, spathose (*a. - min.*), sfaldabile, lamellare.

spatial (of or pertaining to space) (*a. - space*), spaziale.

spatiography (space description) (*astr.*), spaziografia.

spatter (drop) (*gen.*), goccia, gocce. **2.** ~ (splash) (*gen.*), spruzzo. **3.** ~ (in welding: drops of molten metal spread in the vicinity of a seam) (*mech. technol.*), spruzzi di goccioline, gocce sparse. **4.** ~ dash (roughcast) (*mas.*), intonaco rustico. **5.** welding ~ (*mech. technol.*), gocce di saldante.

spatula (*impl.*), spatola.

spawl (to) (*gen.*), *see* to spall.

"spdl" (spindle) (*mech.*), *see* spindle.

"SPDT" (single-pole, double-throw, as a knife switch) (*elect.*), unipolare a due vie.

"SPE" (Society of Plastic Engineers) (*chem. ind.*), Società dei Tecnici della Plastica.

speach (address) (*gen.*), discorso.

speak (to) (*gen.*), parlare.

speaker (*radio work.*), annunciatore. **2.** ~ (loudspeaker) (*radio*), altoparlante. **3.** coaxial ~ (high and low frequency reproducers disposed on the same axis) (*electroacous.*), altoparlante a diffusori coassiali. **4.** dynamic ~ (moving coil loudspeaker) (*electroacous.*), altoparlante a bobina mobile (o magnetodinamico). **5.** electrodynamic (loud-) ~ (*radio*), altoparlante elettrodinamico. **6.** moving coil (loud-) ~ (*radio*), altoparlante magnetodinamico.

speakerphone (combination of microphone and loudspeaker used for two-way conversation) (*electroacous.*), interfono, tipo di citofono.

speaking tube (*naut.*), portavoce acustico. **2.** ~ trumpet (*acous. instr.*), megafono.

spear (*t.*), arpione per recupero. **2.** ~ rod (main rod, of a mine pump) (*min.*) (Brit.), asta principale. **3.** fishing ~ (*naut. - sport*), fiocina. **4.** rope ~ (for hooking and lifting impl. lost in drilled wells) (*petroleum ind.*), arpione a cavo per recupero. **5.** sweep ~ (molding used for slendering the body-side) (*aut. bodywork - railw. bodywork*) (Am. coll.), fregio a lancia, fregio a freccia.

spear-point chisel (as for a lathe) (*mech. t.*), utensile a punta triangolare.

special (*gen.*), speciale.

specialist (*gen.*), specialista.

speciality (*gen.*), specialità.

specialization (*ind.*), specializzazione.

specialize (to) (*work.*), specializzarsi.

specialized (*work.*), specializzato.

special-purpose (of a device or mach. designed for a particular class of applications) (*a. - technol.*), speciale, per applicazioni speciali.

specific (*a. - gen.*), specifico. **2.** ~ (dedicated) (*a. - comp.*), dedicato. **3.** ~ charge (of a particle: charge/mass) (*elect.*), carica specifica. **4.** ~ consumption (*mot.*), consumo specifico. **5.** ~ gravity flask (*phys. instr.*), picnometro. **6.** ~ heat (heat required by one gram of a substance to raise its temperature by one degree centigrade) (*therm.*), calore specifico. **7.** ~ humidity (weight of water vapor per pound of dry air) (*meteorol.*), umidità specifica. **8.** ~ impulse (unit of thrust per unit of burned propellant per sec.) (*rocket eng.*), spinta specifica. **9.** ~ ionization (*atom phys.*), ionizzazione specifica. **10.** ~ luminous intensity (*phys.*), intensità luminosa specifica. **11.** ~ magnetization (magnetization/mass) (*electromag.*), magnetizzazione specifica. **12.** ~ resistance (*elect.*), resistività. **13.** ~ rotation (of an optically active substance) (*phys. - opt.*), potere rotatorio specifico. **14.** ~ sliding (of gear) (*mech.*), slittamento specifico. **15.** ~ volume (the reciprocal of density; the volume of unitmass) (*phys.*), volume specifico.

specification (minute description), descrizione particolareggiata, specifica. **2.** ~ (publication issued by a Standard Institution and containing regulations as on elect. mach. etc.) (*elect. - etc.*), norma. **3.** ~ (of a patent) (*patent - law*), descrizione e rivendicazione. **4.** ~ limits (drawing tolerances) (*quality control*), tolleranze di disegno. **5.** ~ tag (as of a mach.), targhetta dati caratteristici (o di funzionamento).

specifications (chem. composition and mech. properties: of a material) (*metall.*), caratteristiche. **2.** ~ (description of work to be carried out) (*bldg. - ind. - etc.*), capitolato, specifica. **3.** ~ (a description of construction characteristics and operational performances: as of an interface etc.) (*comp.*), caratteristiche e norme di funzionamento.

specific-gravity balance (*phys. instr.*), bilancia idrostatica (o di Archimede).

specific-gravity bulb (*phys. instr.*), aerometro di Nicholson.

specimen (sample) (*gen.*), campione. **2.** ~ (for tests) (*technol.*), provetta, provino. **3.** ~ (to be examined through a microscope) (*opt.*), preparato da esame (al microscopio). **4.** ~ (*comm.*), campione. **5.** ~ (sample page, as of a book) (*typ. - comm.*), pagina campione, "specimen". **6.** all-weld-metal test ~ (welding specimen) (*mech. technol.*), provetta interamente composta da metallo fuso (nell'esecuzione della saldatura). **7.** base-metal test ~ (*mech. technol.*), provetta di metallo base. **8.** Charpy-V ~ (*mech. technol.*), provino Charpy-V, provino con intaglio a V per prove Charpy.

speckled (*a.*), macchiato, picchiettato. **2.** ~ wood, legno venato (o marezzato).

specks (defects on paper sheets) (*paper mfg.*), "pepe", macchioline.

spectacles (*n. pl. - med. opt.*), occhiali.

spectacular (neon lighted and animated advertising board) (*adver.*), insegna luminosa animata.

spectator (*gen.*), spettatore.

spectral (*a. - phys.*), spettrale. **2.** ~ analysis (*phys.*), analisi spettrale.

spectrobolometer (spectroradiometer) (*astron. instr.*), spettrobolometro.

spectrochemical analysis (*phys. - chem.*), analisi spettrochimica.

spectrogram (*phys.*), spettrogramma.

spectrograph (*phys. app.*), spettrografo. **2.** crystal ~ (*radiology app.*), spettrografo a cristallo. **3.** lattice ~ (*radiology app.*), spettrografo a reticolo. **4.** mass ~ (*atom phys. - phys. chem. app.*), spettrografo di massa. **5.** radio ~ (*astron. app.*), radiospettrografo. **6.** vacuum ~ (*radiology app.*), spettrografo nel (o a) vuoto. **7.** X-ray ~ (*radiology app.*), spettrografo per raggi X.

spectrography (*phys.*), spettrografia.

spectroheliograph (*astrophys. instr.*), spettroeliografo.

spectrometer (*phys. instr.*), spettrometro. **2.** emission ~ (*instr.*), spettrometro a emissione. **3.** mass ~ (*atom phys. - phys. chem.*), spettrometro di massa. **4.** X-ray ~ (*radiology app.*), spettrometro per raggi X.

spectrometric (*opt.*), spettrometrico.

spectrometry (*phys.*), spettrometria.

spectromicroscope (*instr.*), microscopio spettroscopico.

spectrophotometer (*opt. instr.*), spettrofotometro.

spectrophotometry (*opt.*) spettrofotometria. **2.** atomic absorption ~ (as for measuring wear) (*opt.*), spettrofotometria ad assorbimento atomico.

spectropolarimeter (*phys. - chem. instr.*), spettropolarimetro.

spectroradiometer (meas. energy as distributed in a spectrum) (*phys. instr.*), spettroradiometro.

spectroscope (*phys. instr.*), spettroscopio. **2.** cathode-ray ~ (*radio instr.*), spettroscopio a raggi catodici. **3.** direct-vision ~ (*opt. instr.*), spettroscopio a visione diretta. **4.** grating ~ (*opt.*), spettroscopio a reticolo.

spectroscopic (*a. - phys.*), spettroscopico.

spectroscopical, *see* spectroscopic.

spectroscopy (*phys.*), spettroscopia. **2.** acoustic ~ (*acous.*), spettroscopia acustica, fonospettroscopia.

spectrum (*phys.*), spettro. **2.** ~ (frequencies from 30,000 m to 1 mm) (*radio*), gamma di frequenze completa. **3.** ~ analysis (*chem.*), analisi spettroscopica. **4.** ~ analysis (analysis of the frequency spectrum) (*acous. - sign. proc.*), analisi spettrale. **5.** ~ diagram (diagram showing the dependence of a function versus frequency in 1 Hz bandwidth) (*acous. - sign. proc.*), diagramma spettrale. **6.** ~ level (level referred to 1 Hz bandwidth) (*acous.*), livello spettrale. **7.** absorption ~ (*phys.*), spettro di assorbimento. **8.** atomic ~ (*atom. phys. - chem.*), linee di spettro caratteristiche dell'elemento. **9.** band ~ (*opt. - phys.*), spettro a bande. **10.** channeled ~ (*phys.*), spettro a bande. **11.** continuous ~ (*phys.*), spettro continuo. **12.** diffraction ~ (*phys.*), spettro di diffrazione. **13.** discontinuous ~ (*phys.*), spettro discontinuo. **14.** emission ~ (*phys.*), spettro di emissione. **15.** fluted ~ (*phys.*), spettro a bande. **16.** frequency ~ (*phys.*), spettro di frequenza. **17.** infrared ~ (*phys.*), spettro infrarosso. **18.** line ~ (*phys.*), spettro a righe. **19.** luminous ~ (*illum. phys.*), spettro visibile (o luminoso). **20.** normal ~ (*phys.*), spettro normale. **21.** ocular ~ (*phys.*), spettro visibile. **22.** power density ~ (distribution of power per unit frequency bandwidth versus frequency, measured in W/Hz) (*acous.*), spettro della densità di potenza, andamento della potenza per unità di frequenza. **23.** power ~ (distribution of power versus frequency measured in W) (*acous.*), spettro di potenza. **24.** prismatic ~ (*phys.*), spettro prismatico. **25.** pure ~ (*phys.*), spettro puro. **26.** radio-frequency ~ (*radio*) spettro della radiofrequenza. **27.** Raman ~ (*phys.*), spettro Raman. **28.** solar ~ (*phys.*), spettro solare. **29.** spark ~ (*phys.*), spettro di scintilla. **30.** ultraviolet ~ (*phys.*), spettro ultravioletto. **31.** visible ~ (*phys.*), spettro visibile.

specular (*a. - gen.*), speculare. **2.** ~ iron ore (Fe_2O_3) (*min.*), oligisto, ferro speculare.

speculate (to) (*comm.*), speculare.

speculation (*comm.*), speculazione. **2.** land ~ (*comm. - bldg.*), speculazione sulle aree fabbricabili.

speculative (*a. - comm.*), speculativo.

speculum (*med. instr.*), speculum. **2.** ~ (a reflector used for opt. instr.) (*opt.*), riflettore. **3.** ~ metal (alloy used for making reflectors) (*astr. - metall.*), metallo per (specchi) riflettori. **4.** nasal ~ (*med. instr.*), speculum nasale. **5.** rectal ~ (*med. instr.*), speculum rettale. **6.** vaginal ~ (*med. instr.*), speculum vaginale.

speech (a spoken word) (*n. - acous.*), parola. **2.** ~ (a communication made by spoken words) (*n. - comp.*), parlato. **3.** ~ amplifier (low-frequency amplifier) (*acous. - elics.*), amplificatore microfonico, amplificatore di audiofrequenza. **4.** ~ analysis (*acous.*), analisi della parola. **5.** ~ bandwidth (*teleph. - elics. - comp.*), banda di frequenza del parlato. **6.** ~ frequency (*acous. - elics.*), frequenza vocale. **7.** ~ recognition (comp. aptitude to recognize words pronounced by an operator) (*comp.*), riconoscimento del parlato. **8.** ~ signal (voice signal) (*tlcm.*), segnale vocale. **9.** ~ synthesis (*comp.*), sintesi del parlato (o della voce). **9.** ~ synthesizer (*comp.*), sintetizzatore del parlato (o della voce). **10.** closing ~ (as of a conference) (*gen.*), discorso di chiusura. **11.** opening ~ (as of a conference) (*gen.*), discorso di apertura.

speed (*gen.*), velocità. **2.** ~ (a transmission gear of aut.) (*mech. mot.*), velocità, marcia (del cambio). **3.** ~ (revolutions per minute, of an engine) (*mot.*), numero di giri, regime, velocità (angolare). **4.** ~ (as of a worker: ability in performing) (*ind.*), destrezza. **5.** ~ (diving speed) (of a sub.) (*navy*), velocità d'immersione. **6.** ~ (of a film) (*phot.*), sensibilità. **7.** ~ (of a lens) (*opt.*), luminosità. **8.** ~ (degree of sensitivity of an emulsion) (*phot.*), rapidità. **9.** ~ box (of a mach. t.) (*mech.*), scatola del cambio di velocità. **10.** ~ cone (stepped cone pulley) (*mech.*), puleggia a gradini. **11.** ~ counter (as of an engine) (*instr.*), contagiri, indicatore della velocità di rotazione (o di pulsazione). **12.** ~ course (course of known length for obtaining the ground speed of an aircraft) (*aer.*), base (di rilievo velocità). **13.** ~ droop (of an engine speed governor) (*mot.*), scarto di giri. **14.** ~ governor (*mot.*), regolatore di giri. **15.** ~ indicator (tachometer) (*instr.*), contagiri, indicatore di velocità. **16.** ~ in picks per minute (of a loom) (*text. mech.*), velocità (di un telaio) in colpi al minuto. **17.** ~ limit (*road traff.*), limite di velocità. **18.** ~ of rotation (*mech.*), velocità di rotazione. **19.** ~ of travel (feeding speed of a mach. t., of a welding mach. etc.) (*mech.*), velocità di avanzamento. **20.** ~ patrol (Brit.), *see* power grader (Brit.). **21.** ~ plate (*mach. t.*), targhetta delle velocità. **22.** ~ pulley (stepped cone pulley) (*mach.*), puleggia a gradini. **23.** ~ recorder (for a mach.) (*instr.*), contagiri, contagiri registratore. **24.** ~ reducer (*mech.*), riduttore di velocità, riduttore. **25.** ~ reduction (*mech.*), demoltiplicazione di velocità. **26.** ~ shop (*aut.*), negozio di accessori auto che vende equipaggiamenti per truccare l'automobile. **27.** ~ variator (*mech.*), variatore di velocità. **28.** air ~ (speed measured with regard to the air) (*aer.*), velocità relativa, velocità rispetto all'aria. **29.** approach ~ (*aer.*), velocità di avvicinamento. **30.** average ~ (*gen.*), velocità media. **31.** block ~ (time taken by a flight expressed in miles per h.) (*aer.*), durata del volo. **32.** calibrated air ~ (corrected for instrument installation errors) (*aer.*), velocità calibrata. **33.** climbing ~ (*aer.*), velocità di salita. **34.** commercial ~ (*railw.*), velocità commerciale. **35.** copying ~ (as of a duplicator) (*comp. - etc.*), velocità di riproduzione. **36.** crash-dive ~ (of a sub.) (*navy*), velocità della "rapida". **37.** creep ~ (as for positioning a part of a mach. t.) (*n.c. mach. t.*), marcia lenta. **38.** critical closing ~ (of a parachute: speed during acceleration at which it collapses) (*aer.*), velocità critica di chiusura. **39.** critical opening ~ (of a parachute: speed during retardation, at which it becomes normally inflated) (*aer.*), velocità critica di apertura. **40.** critical ~ (*mech. - mot.*), velocità critica. **41.** critical ~ (of an aircraft) (*aer.*), velocità critica. **42.** cruising ~ (of an aer.), velocità di crociera. **43.** cutting ~ (as of mach. t.), velocità di taglio. **44.** delivery ~ (*rolling mill*), velocità di uscita. **45.** divergence ~ (minimum air speed at which aeroelastic divergence arises) (*aer.*), velocità di divergenza. **46.** electromatic ~ indicator (device for aut. speed recording by radar) (*road traff. police*) (Am.), tachimetro (registratore) a radiolocalizzazione. **47.** end ~ (of an aircraft when released from the catapult and relative to the carrier) (*aer.*), velocità finale. **48.** engaging ~ (of an aircraft when engaging the arresting gear and relative to the carrier) (*aer.*), velocità di agganciamento. **49.** engine cruising ~ (*mot. - aer.*), numero di giri di crociera del motore. **50.** equivalent air ~ (*aer.*), velocità equivalente. **51.** excess ~ (*road traff.*), velocità eccessiva. **52.** first ~ (of aut. transmission) (*aut.*), prima (velocità). **53.** flaps down minimum ~ (*aer.*), velocità minima con "flaps" abbassati. **54.** flutter ~ (minimum air speed at which flutter arises) (*aer.*), velocità alla quale si manifestano vibrazioni aeroelastiche. **55.** forward ~ (*aut.*), marcia avanti. **56.** frequency based ~ regulation, "FBSR" (*app.*), regolatore di velocità a riferimento di frequenza. **57.** full ~ (*gen.*), velocità massima, massima velocità. **58.** full ~ (f. s.) (as of a two-speed supercharger) (*aer. - mot.*), alta velocità. **59.** gliding ~ (*aer.*), velocità di volo planato. **60.** governed ~ (of a mot. controlled by governor) (*mech.*), velocità regolata, velocità contenuta entro i limiti consentiti dal regolatore. **61.** gradient wind ~ (*meteorol.*), velocità gradientale del vento. **62.** ground ~ (speed referred to the ground) (*aer.*), velocità effettiva, velocità vera, velocità assoluta, velocità suolo. **63.** ground ~ indicator (*aer. instr.*), indicatore della velocità suolo. **64.** high ~ (*gen.*), grande velocità. **65.** high ~ (of a transmission) (*aut.*), presa diretta. **66.** hump ~ (of a seaplane or amphibian: speed at which the water resistance reaches its max. value) (*aer.*), velocità di massima resistenza dell'acqua. **67.** indicated air ~, "IAS" (of an aircraft) (*aer.*), velocità indicata. **68.** indicated stalling ~ (*aer.*), velocità indicata di stallo. **69.** landing ~ (*aer.*), velocità di atterraggio. **70.** line ~ (highest rate of bits per second of a given channel) (*comp.*), velocità della linea. **71.** low ~ (of aut. transmission) (*aut.*), prima (velocità). **72.** maximum flying ~ (max. speed in level flight in standard atmosphere) (*aer.*), velocità massima di volo orizzontale. **73.** maximum ~ (*road traff.*), limite di velocità. **74.** minimum flying ~ (*aer.*), velocità minima orizzontale. **75.** moderate ~ (m. s.) (of a two-speed supercharger) (*aer. - mot.*), prima velocità. **76.** operating ~ (cruising speed, of an aircraft) (*aer.*), velocità di crociera. **77.** operating ~ (cruising speed, of an aircraft engine) (*aer.*), numero di giri di crociera. **78.** peak ~ (the maximum speed reached) (*technol.*), velocità di picco. **79.** piston mean ~ (of an i. c. engine) (*mot.*), velocità media del pistone. **80.** recording ~ (of disks) (*electroacous.*), velocità d'incisione. **81.** rectified air ~ (indicated air speed corrected for instrument and position errors) (*aer.*), velocità calibrata. **82.** relative ~ (*theor. mech.*), velocità relativa. **83.** reversal ~ (minimum air speed at which reversal of control arises) (*aer.*), velocità di inversione di comando. **84.** revolving ~ (*mech.*), velocità di rotazione. **85.** safe ~ (*mech.*), velocità di sicurezza. **86.** safety ~ (*aer.*), velocità di sicurezza. **87.** second ~ (of aut. transmission) (*aut.*), seconda (velocità). **88.** stalling ~ (*aer.*), velocità di stallo, velocità a cui un aereo comincia a perdere la portanza. **89.** standard ~ (speed established by a commanding officer) (*navy*) (Am.), velocità normale. **90.** surface ~ (of a sub.) (*navy*), velocità in emersione. **91.** take-off ~ (*aer.*), velocità di distacco, velocità di decollo. **92.** telegraphic ~ (*electrotel.*), velocità telegrafica. **93.** terminal ~ (*gen.*), velocità finale. **94.** third ~ (of aut. transmission) (*aut.*), terza velocità. **95.** tip ~ (*mech.*), velocità periferica. **96.** to gain ~ (*gen.*), guadagnare velocità, acquistare velocità. **97.** top ~ (*mech.*), velocità massima. **98.** true air ~ (ground speed: of an aircraft) (*aer.*), velocità effettiva, velocità suolo, velocità vera. **99.** working ~ (*mach. t.*), velocità di lavoro. **100.** ~, *see also* velocity.

speed (to) (*aut.*), andare a velocità eccessiva. **2.** ~ up (*mech.*), accelerare.

speedboat (*naut.*), motoscafo da corsa. **2.** hydrofoil ~ (*naut.*), aliscafo, scafo ad ala portante.

speeder (device for regulating velocity) (*mech.*), dispositivo di regolazione (o regolatore) della velocità. **2.** ~ (light, engined veh. operating on normal railw. tracks: as for repairs or inspection) (*railw.*), carrello di servizio. **3.** ~ (spinning frame) (*text. mach.*), banco a fusi, filatoio.

speedo (*instr.*), *see* speedometer.

speedometer (*aut. instr.*), indicatore di velocità, tachimetro. **2.** ~ (odometer) (*aut. instr.*), contachilometri. **3.** ~ cable (*aut.*), flessibile per tachimetro. **4.** ~ dynamo (as for measuring and adjusting the speed of a friction screw press flywheel) (*elect.*), dinamo tachimetrica. **5.** ~ error (*aut.*), scarto del tachimetro. **6.** ~ trip control (*aut. - instr.*), azzeratore contachilometri parziale. **7.** horizontal moving-column ~ (*aut.*), tachimetro a nastro.

speedup (acceleration: as of a production program) (*gen.*), accelerazione. **2.** ~ (increase of the rate of production requested to a worker) (*work. organ.*), aumento di rendimento, aumento della produzione oraria senza corrispettivo aumento di paga.

speedway (*road*) (Am.), autostrada.

speedy, veloce.

speiss (mixture of impure metallic arsenides) (*metall.*), speiss.

spelk (a rod or stick) (*gen.*), stecca.

spell (a period occupied in work etc., a turn) (*work. - etc.*), turno.

spelling (orthography) (*comp.*), ortografia.

spelt (*agric.*), farro.

spelter (*metall.*), zinco commerciale. **2.** ~ (spelter solder) (*mech. technol.*), lega saldante forte. **3.** ~ solder (zinc solder) (*mech. technol.*), lega saldante forte.

spencer (trysail) (*naut.*), vela di cappa.

spend (to) (*comm.*), spendere.

spent (as of the exhausted fuel of a nuclear reactor) (*a. - gen.*), esaurito. **2.** ~ fuel pit (of a nuclear reactor) (*atomic ind.*), piscina del combustibile esaurito.

spermaceti (*cosmetics*), spermaceti.

spew (spue, bloom, exudation on the surface of leather) (*leather defect*), bianchetto, fioritura. **2.** ~ (mold overflow: as of sand) (*found. - etc.*), tracimazione.

"Sp F" (spot face!) (*mech. draw.*), lamare!

"sp gr" (specific gravity) (*chem. - phys.*), peso specifico.

sphalerite (blende) (ZnS) (*min.*), sfalerite.

sphenoid (crystal) (*min.*), sfenoide.

sphere (*geom.*), sfera. **2.** ~ (*astr.*), sfera. **3.** ~ gap (*elect.*), spinterometro a sfere. **4.** ~ of influence (sphere of action, sphere of interest, zone of influence, field of operations) (*international law*), sfera di influenza. **5.** planetary activity ~ (the region of space extending for less than 150 times a planet's radius and in which the planet can hold a satellite) (*space*), sfera di (o della) attività planetaria. **6.** quadrantal ~ (of a binnacle) (*naut.*), sfera quadrantale. **7.** Ulbricht ~ (*opt.*), sfera fotometrica, sfera di Ulbricht.

spheric (*geom.*), sferico.

spherical (*geom.*), sferico. **2.** ~ aberration (*opt. defect*), aberrazione sferica. **3.** ~ trigonometry (*math.*), trigonometria sferica.

sphericity (roundness), sfericità.

spherics (*math.*), geometria e trigonometria sferica.

spheroid (*geom.*), sferoide. **2.** ~ (as of ductile cast iron) (*metall.*), sferoide, nodulo, globulo. **3.** ~ (ellipsoid) (*geod.*), ellissoide. **4.** reference ~ (*geod.*), ellissoide di riferimento.

spheroidal (*a.*), sferoidale. **2.** ~ (globular, as cast iron graphite) (*metall.*), sferoidale, globulare.

spheroidize (to) (to assume a globular form: as in iron carbide alloy because of particular heat - treating) (*metall.*), sferoidizzare, provocare la sferoidizzazione.

spheroidizing (prolonged heating near the transformation range followed by slow cooling) (*metall.*), ricottura di coalescenza, sferoidizzazione, ricottura di globulizzazione.

spherometer (for measuring face curvatures) (*phys. - mech. instr.*), sferometro. **2.** ~ (+ or –) (*med. - opt. instr.*), sferometro (+ o –).

"sp ht" (specific heat) (*phys.*), calore specifico.

sphygmogram (*med.*), sfigmogramma.

sphygmomanometer (*med. instr.*), sfigmomanometro, oscillometro sfigmomanometrico.

spider (as of an aut. differential), portasatelliti. **2.** ~ (of a wheel) (*mach.*), stella delle razze. **3.** ~ (of a rotor) (*electromech.*), lanterna. **4.** ~ (used to stiffen a core or mold) (*found.*), armatura, lanterna. **5.** ~ (assembly of radiating tie rods on the top of a furnace) (*glass mfg.*), ragno, sistema di tiranti radiali. **6.** ~ (flexible ring in a dynamic loudspeaker) (*electroacous.*), anello di centramento, armatura. **7.** ~ line (for optical instr. reticles) (*opt.*), filo di ragno. **8.** ~ web (*gen.*), ragnatela.

spiegeleisen (*metall.*), ghisa speculare.

spiegel iron (*metall.*), ghisa speculare.

spigot (of a cask), zaffo, tappo. **2.** ~ (cock) (*pip.*) (Am.), rubinetto. **3.** ~ (part of a pipe which enters the female end of the next pipe) (*pip.*), parte imboccata (nel bicchiere). **4.** ~ (for fastening the upper die in a press) (*sheet metal w.*), codolo. **5.** ~ (as of a die set; step on a metal part, used for centering purposes) (*mech.*), centraggio, gradino di centraggio. **6.** ~ joint (bell-and-spigot joint) (*pip.*), giunto a bicchiere. **7.** tank ~ (*pip.*) (Am.), rubinetto del serbatoio.

spigot-and-faucet joint (bell-and-spigot joint), *see* spigot joint.

spike (large nail with an upturned point) (*mas.*), grosso chiodo a becco, arpione. **2.** ~ (*railw.*), arpione. **3.** ~ (fitted in tires for increasing adhesion) (*aut.*), chiodo. **4.** ~ (unusual sharp maximum: as of frequency in radio waves) (*phys.*), picco transitorio. **5.** ~ gun (it thrusts spikes into the ties) (*railw. app.*), dispositivo per piantare gli arpioni (o per avvitare le caviglie). **6.** clamping ~ (*railw.*), arpione a becco. **7.** dog-head eared railway ~ (*railw.*), arpione con testa ad orecchio per ferrovie. **8.** dog-head plain railway ~ (*railw.*), arpione piatto per ferrovie. **9.** hook-headed ~ (nail for securing the base flange of the rail to the tie) (*railw.*), arpione. **10.** "L" ~ ("L" shaped nail) (*nail*), arpione a forma di L. **11.** rail ~ (*railw.*), arpione da rotaia. **12.** screw ~ (*railw.*), caviglia.

spike (to) (a gun) (*milit.*), disarmare l'otturatore, inchiodare. **2.** ~ (to connect with spikes) (*railw. - carp. - etc.*), inchiodare, arpionare.

spiked (*a. - gen.*), ad arpioni. **2.** ~ roller (as of text. ind. mach.), cilindro a denti.

spike-tooth harrow (*agric. impl.*), erpice.

spiking (of rails) (*railw.*), arpionatura.

spile (small plug), piccolo tappo. **2.** ~ (pile driven into the ground) (*mas.*), palafitta. **3.** ~ (forepole for advancing an excavation in loose ground) (*n. - min. timbering*), marciavanti.

spiling (*mas.*), palafitte, pali. **2.** ~ (forepoling: advancing method in loose ground) (*min.*) (Am.), (metodo dei) marciavanti.

spill (for plugging a hole), tampone. **2.** ~ (pin) (*mech.*), caviglia. **3.** ~ (of wood) (*gen.*), scheggia. **4.** ~ [spile (Am.)] (thick board with sharp edges used as a tunneling method in loose ground) (*min.*) (Brit.), marciavanti. **5.** ~ (*forging*), *see* shell. **6.** ~ (*rolling defect - metall.*), *see* lap. **7.** ~ (unwanted waste or accidental release of something: as from a container) (*gen.*), perdita accidentale. **8.** ~ burner (jet engine burner in which part of the inlet fuel is recirculated instead of passing into the combustion chamber) (*aer. mot.*), bruciatore a ricircolazione. **9.** ~ pipe (a Diesel engine injection system used for returning excess fuel to the inlet side) (*mot.*), tubo di ritorno (del combustibile in eccesso). **10.** ~ point (instant at which fuel injection commences, taken as the basis for timing the injection pump) (*diesel mot.*), (inizio) traboccamento. **11.** ~ point method (for timing the injection pump) (*diesel mot.*), metodo del traboccamento. **12.** ~ valve (of an injection carburetor) (*mot.*), valvola di disareazione. **13.** ~, *see also* spillway.

spill (to) (a sail) (*naut.*), sventare. **2.** ~ (to cause accidentally to flow out and to waste: as liquid from a beaker) (*gen.*), spandere, versare.

spilling (*min.*) (Brit.), *see* spiling (Am.). **2.** ~ (escape for air from the lower edge of a parachute canopy accompanied by local collapse) (*aer.*), fuoriuscita aria (dal bordo del paracadute).

spillway (*hydr.*), scaricatore di superficie, sfioratore. **2.** chute ~ (*hydr.*), sfioratore a scivolo. **3.** drop ~ (*hydr.*), sfioratore a stramazzo. **4.** siphon ~ (*hydr.*), sfioratore a sifone.

spin (aerobatics) (*aer.*), vite, avvitamento, vite verticale. **2.** ~ (in general sense) (*atom phys.*), spin, rotazione. **3.** ~ (in a specific sense: angular momentum) (*atom phys.*), quantità di moto angolare. **4.** ~ (revolving motion: as of a top) (*phys.*), prillamento, rotazione rapida intorno a se stesso. **5.** ~ axis (axis of rotation of a wheel) (*aut. - etc.*), asse di rotazione. **6.** ~ dimpling (spinning) (*mech. operation*), imbutitura al tornio. **7.** ~ moment (*atom phys.*), momento della quantità di moto angolare. **8.** ~ resonance, *see* electron spin resonance. **9.** ~ velocity (the angular velocity of the wheel about its spin axis) (*aut. - etc.*), velocità di rotazione. **10.** ~ wave (of a quantum of energy) (*atom phys.*), onda di spin. **11.** axis of ~ (as of a gyroscope) (*mech.*), asse di figura. **12.** flat ~ (aerobatics) (*aer.*), vite piatta. **13.** inverted ~ (aerobatics) (*aer.*), vite rovescia. **14.** to fall into a ~ (*aer.*), cadere in vite.

spin (to) (to shape) (*mech.*), imbutire (una lamiera) al tornio. **2.** ~ (to turn) (*mech.*), far girare. **3.** ~ (to cause to turn, as a ball bearing for testing its freedom of motion) (*mech.*), provare se è libero di ruotare. **4.** ~ (*aer.*), discendere con manovra di avvitamento. **5.** ~ (fibrous material) (*text. ind.*),

filare. **6.** ~ (to spiral downward) (*aer. defect*), entrare in vite.
"spinback" (caster action: as of a steering gear) (*aut.*), reversibilità.
spindle (*a. - gen.*), fusiforme. **2.** ~ (for large round cores) (*found.*), lanterna. **3.** ~ (small shaft) (*mech.*), alberino. **4.** ~ (hydrometer) (Brit.), aerometro. **5.** ~ (main shaft of a milling cutter, of a lathe, of a drilling mach. etc.) (*mach. t. - mech.*), mandrino. **6.** ~ (as of a veh. axle) (*mech.*), fuso, fusello. **7.** ~ (of a loom) (*text. mech.*), fuso. **8.** ~ (the vertical shaft around which a capstan turns) (*naut.*), asse, perno, albero. **9.** ~ (a length unit of 14,400 yards) (*text. meas.*), unità di misura di lunghezza del filato (circa 13.167 m). **10.** ~ bearing (*text. mech.*), supporto del fuso, portafuso. **11.** ~ box (*text. mech.*), cassa del fuso. **12.** ~ box (of a rolling mill) (*metall.*), *see* spindle housing. **13.** ~ clamp (*mach. t. - mech.*), bloccaggio del mandrino. **14.** ~ connecting rod (steering track rod) (*aut.*), barra di accoppiamento. **15.** ~ feed (as of drilling or boring mach.) (*mach. t. - mech.*), avanzamento del mandrino. **16.** ~ feed slide clamp (*mach. t.*), bloccaggio slitta di avanzamento del mandrino. **17.** ~ frame (for spinning) (*text. mach.*), banco a fusi. **18.** ~ headstock (of a lathe) (*mach. t. mech.*), testa portamandrino. **19.** ~ housing (containing the pinions of a rolling mill) (*metall. app.*), gabbia a pignoni. **20.** ~ temper (steelmakers nomenclature) (*metall.*), (acciaio) con l'1,120% di carbonio. **21.** cutter ~ (as of milling mach.) (*mach. t.*), mandrino portafresa. **22.** doubling ~ (*text. ind.*), fuso di ritorcitura. **23.** traversing ~ (as of a horizontal boring mach.) (*mach. t.*), mandrino con movimento assiale. **24.** wheel ~ (as of an internal grinding machine) (*mach. t. - mech.*), mandrino portamola. **25.** work ~ (of a mach. t.), mandrino portapezzo.
spindlehead (as of a horizontal milling mach.) (*mech.*), testa portamandrino.
spindle-shaped (*a. - gen.*), fusiforme.
spine (backbone or back of a book) (*bookbinding*), dorso. **2.** title on the ~ (of a book) (*bookbinding*), titolo sul dorso.
spinel (*min.*), spinello. **2.** chrome ~ (mineral) (*refractory*), spinello di cromo.
spinnaker (balloon sail) (*naut.*), pallone, "spinnaker". **2.** ~ boom (*naut.*), boma "spinnaker", "stuzza".
spinner (*text. work.*), filatore. **2.** ~ (of a propeller hub) (*aer.*), ogiva. **3.** ~ (a lathe operator spinning sheet metal) (*work.*), imbutitore al tornio. **4.** ~ (revolving radar antenna) (*radar*), antenna rotante. **5.** ~ fairing (of a propeller) (*aer.*), controgiva. **6.** ring ~ (a ring spinning machine) (*text. mach.*), filatoio ad anelli. **7.** ~, *see* spinning machine.
spinneret (*rayon ind.*), filiera.
spinning (*text. ind.*), filatura. **2.** ~ (sheet metal formed by a roller pressing the revolving disc of metal on a revolving model placed on the same lathe) (*mech. technol.*), imbutitura in lastra, imbutitura al tornio, repussaggio, fluotornitura. **3.** ~ (orbiting, as of electrons) (*a. - phys.*), orbitante. **4.** ~ (rapid rotation) (*missile*), avvitamento. **5.** ~ apparatus (for artificial silk mfg.) (*text. ind.*), apparecchio per la filatura. **6.** ~ card (*text. mach.*), carda filatrice. **7.** ~ cot (*text. ind.*), manicotto di filatura. **8.** ~ count (*text. ind.*), titolo di filatura. **9.** ~ fly (*text. ind.*), pulviscolo di filatura. **10.** ~ frame (*text. ind. mach.*), filatoio. **11.** ~ hut (for worm) (*silk ind.*), bosco. **12.** ~ jenny (*text. ind. mach.*), gianetta. **13.** ~ lathe (*mach. t.*), tornio per imbutitura, tornio da lastra. **14.** ~ machine (for insulating wires) (*elect. ind.*), macchina per avvolgimenti isolanti (di fili). **15.** ~ machine (*text. ind. mach.*), filatoio. **16.** ~ machine with traveling spindles (*text. mach.*), filatoio con fusi viaggianti. **17.** ~ master (*text. work.*), caposala di filatura. **18.** ~ mill (*text. factory*), filanda, stabilimento di filatura. **19.** ~ waste (*text. ind.*), cascame di filatura. **20.** asbestos ~ (*text. ind.*), filatura dell'amianto. **21.** continuous ~ machine (*text. ind. mach.*), filatoio continuo. **22.** dry ~ frame (*text. ind. mach.*), filatoio a secco. **23.** fit for ~ (suitable for spinning, spinnable) (*text. ind.*), filabile. **24.** glass ~ (*text. ind.*), filatura del vetro. **25.** melt ~ (as of nylon, of glass etc.) (*text.*), filatura per estrusione. **26.** ring ~ (*text. ind.*), filatura ad anello. **27.** ring ~ machine (*text. ind. mach.*), filatoio ad anelli. **28.** shear ~ (sheet metal forming obtained by a revolving mandrel and a roller pressing the sheet) (*mech. proc.*), tornitura in lastra, imbutitura al tornio, repussaggio, fluotornitura. **29.** unfit for ~ (*text. ind.*), inadatto alla filatura. **30.** wet ~ frame (*text. ind. mach.*), filatoio a umido. **31.** wool (or flax, cotton etc.) ~ (*text. ind.*), filatura della lana (o del lino, del cotone ecc.).
spin-off (useful by-product of an important activity) (*n. - gen.*), sottoprodotto utile.
spinout (rotatory skid on four wheels) (*aut. accident*), testa-coda.
spinproof (of an airplane) (*a. - aer.*), a prova di vite.
spira (base of a column) (*arch.*) (Brit.), base (di colonna).
spiral (a helix) (*geom.*), elica. **2.** ~ (a spiral) (*geom.*), spirale. **3.** ~ (trajectory of an aer.) (*aer.*), spirale. **4.** ~ (*a. - gen.*), spiraliforme. **5.** ~ (*a.*), *see also* helical. **6.** ~ (*n.*), *see also* helix. **7.** ~ angle (of spiral gears) (*mech.*), angolo della spirale, inclinazione della spirale. **8.** ~ bevel gear generator (*mach. t.*), dentatrice per ingranaggi conici spiroidali. **9.** ~ bevel gears (*mech.*), ingranaggi conici spiroidali. **10.** ~ binder (*bookbinding*), legatrice. **11.** ~ binding (*bookbinding*), legatura a spirale. **12.** ~ chute (*ind.*), scivolo elicoidale. **13.** ~ conveyor (*transp. device*), convogliatore a coclea. **14.** ~ descent (of an aircraft) (*aer.*), discesa a spirale. **15.** ~ gear (*mech.*), ruota (o ingranaggio) spiroidale. **16.** ~ glide (*aer.*), volo librato a spirale. **17.** ~ milling, *see* helical milling. **18.** ~ nebula (*astr.*), ne-

bulosa a spirale. **19.** Cornu ~ (*geom.*), clotoide, spirale di Cornu, spirale di Eulero, spirale di Fresnel. **20.** equiangular ~, *see* logarithmic ~. **21.** logarithmic ~ (*math.*), spirale logaritmica. **22.** tight ~ (*aer.*), spirale stretta. **23.** wage-price ~ (*econ.*), spirale prezzi-salari.

spiral (to) (*aer.*), discendere (o prendere quota) seguendo la traiettoria di una spirale.

spire (as of a tower) (*arch.*), guglia, cuspide.

spirit (*gen.*), spirito. **2.** ~ (alcoholic solution of volatile liquids) (*pharm. chem.*), spirito. **3.** ~ (any liquid obtained by distillation) (*old chem.*), spirito. **4.** ~ (motor spirit) (*comb.*), carburante. **5.** ~ level (*instr.*), livella a bolla d'aria. **6.** ~ of wine (*chem.*), alcool. **7.** ~ paint (*join.*), vernice a spirito (o a stoppino). **8.** team ~ (as of a workers team) (*ind.*), spirito di squadra. **9.** white ~ (*chem. ind.*), acqua ragia minerale, essenza di trementina artificiale.

spirits of hartshorn (10% ammonia in alcohol) (*chem.*), soluzione al 10% di ammoniaca in alcool. **2.** ~ of turpentine (oil of turpentine) (*pharm. chem.*), essenza (od olio essenziale) di trementina. **3.** ~ of turpentine (oil of turpentine or wood turpentine) (*paint.*), acqua ragia. **4.** mineral ~ (*chem.*), *see* white spirit.

spirometer (used for verifying the meter delivery) (*meas. instr.*), apparecchio per tarare i contatori di gas.

spit (in flash welding) (*technol. mech.*), schizzi. **2.** ~ (small point of land extending into the sea) (*geogr.*), lingua di terra.

spitting (splash, spatter, splatter, in arc welding) (*mech. technol.*), spruzzi.

splash (as of a liquid), spruzzo. **2.** ~ (spitting, spatter, splatter, in arc welding) (*mech. technol.*), spruzzi. **3.** ~ (surface roughness of an ingot due to splashes from the casting stream striking the bottom of the mold) (*metall.*), spruzzo di fondo, paglia di fondo. **4.** ~ feed, *see* splash lubrication. **5.** ~ guard (*mech. - aut.*), paraspruzzi. **6.** ~ lubrication (*mot.*), lubrificazione a sbattimento. **7.** ~ plate (as in a steam locomotive tender: against the water movement) (*railw.*), setto verticale per contrastare il movimento del liquido. **8.** ~ shield (*aut.*), paraspruzzi. **9.** ~ system, *see* splash lubrication. **10.** bottom ~ (splashes on the bottom of an ingot when the liquid metal strikes the bottom of the mould) (*metall. defect*), spruzzo di fondo, paglia di fondo.

splashboard (protective element) (*n. - gen.*), paraspruzzi.

splashdown (the landing of a space capsule in water) (*astric.*), (impatto di) ammaraggio, "splashdown".

splash-lubricate (to) (*mot.*), lubrificare a sbattimento.

splashproof (as of elect. mot.) (*a. - elect.*), protetto (contro gli spruzzi).

splatter (spatter, splash, spitting, in arc welding) (*mech. technol.*), spruzzi.

splay (*arch.*), modanatura piana con smusso a 45°. **2.** ~ (*bldg.*), sguancio, strombatura.

splayed (spread out) (*a. - gen.*), allargato. **2.** ~ (beveled) (*a. - gen.*), smussato, bisellato. **3.** ~ tuyère (of a furnace), ugello allargato.

splice (joint: as of conductors) (*elect.*), giunto. **2.** ~ (junction) (*mech. - carp.*), giunto a ganasce, giunto assiale. **3.** ~ (of wire rope ends) (*naut.*), impiombatura. **4.** ~ bar (as for rails, girders etc.) (*mech.*), ganascia, ganascia piana. **5.** ~ piece (*railw.*), *see* fishplate. **6.** ~ plate (*mech.*), piastra di giunzione. **7.** chain ~ (*naut.*), impiombatura (di cavo) con catena. **8.** cut ~ (*naut.*), doppia impiombatura per gassa. **9.** eye ~ (*naut.*), impiombatura ad occhio. **10.** flying ~ (splicing of the paper web, as in a print. mach.) (*print.*), attacco in marcia, giunzione durante il movimento. **11.** horseshoe ~ (*naut.*), impiombatura a ferro di cavallo. **12.** long ~ (*naut.*), impiombatura lunga.

splice (to) (as timbers, rails, conductors etc.) (*gen.*), congiungere. **2.** ~ (of ropes) (*naut.*), impiombare. **3.** ~ (as films) (*m. pict.*), giuntare. **4.** ~ (to join the two ends of a web of paper from a reel that has been broken) (*paper mfg.*), giuntare. **5.** ~ (to transfer images or sounds from films or tapes to other films or tapes or viceversa) (*m. pict. - electroacous.*), trasferire da un film (o nastro) ad un altro.

splicer (of films, of tapes etc.) (*m. pict. - comp.*), giuntatrice. **2.** butt ~ (used for splicing cardboard, in a printing press) (*print.*), dispositivo di incollaggio di testa.

splicing (cutting and editing of a film) (*m. pict.*) (Brit.), montaggio. **2.** ~ (jointing of a film) (*m. pict.*), giuntaggio. **3.** ~ table (*m. pict.*), tavolo di montaggio. **4.** ~, *see* splice.

spline (longitudinal groove) (*mech.*), scanalatura. **2.** ~ (*carp.*), listello di legno. **3.** ~ (feather key) (*mech.*), chiavetta. **4.** ~ (keyway) (*mech.*), alloggiamento per chiavetta. **5.** ~ broaching machine (*mach. t.*), brocciatrice per scanalature. **6.** ~ milling machine (*mach. t.*), fresatrice per scanalature. **7.** ~ shaft (*mech.*), albero scanalato. **8.** hole ~ (*mech.*), scanalato femmina. **9.** involute ~ (of a splined shaft) (*mech.*), profilo scanalato ad evolvente, scanalatura ad evolvente. **10.** shaft ~ (*mech.*), scanalato maschio.

spline (to) (to cut a keyway) (*mech.*), fare un alloggiamento per chiavetta. **2.** ~ (to insert a spline) (*mech.*), montare una chiavetta. **3.** ~ (as to cut splines in a shaft) (*mech.*), scanalare. **4.** ~ (to couple on splines) (*mech.*), calettare su scanalato.

splined (*mech.*), scanalato. **2.** ~ shaft (*mech.*), albero scanalato. **3.** ~ shaft broach (*t.*), broccia per alberi scanalati. **4.** ~ shaft grinding machine (*mach. t.*), rettificatrice per alberi scanalati. **5.** ~ to the shaft (as a disc fitted on the splines of a shaft) (*a. - mech.*), calettato sullo scanalato dell'albero.

splint (splinter) (*gen.*), scheggia. **2.** ~ (in wooden match manufacturing), fuscello, bastoncino. **3.** ~

cutting machine (for match manufacturing) (*mach. t.*), macchina per tagliare i bastoncini.

splinter (*gen.*), scheggia.

splinter (to) (to cut something into long, thin pieces) (*gen.*), fendere, dividere (nel senso della lunghezza).

splinterproof (as of shells) (*milit.*), antischeggia.

split (fissure), fessura. **2.** ~ (splinter) (*gen.*), scheggia, frammento. **3.** ~ (cleft, divided) (*a. - gen.*), spaccato, diviso. **4.** ~ (the dent of a reed) (*text. mach.*), dente di pettine, dente del pettine. **5.** ~ (divided hide) (*leather ind.*), crosta. **6.** ~ coupling (*mech.*), giunto diviso, giunto in due pezzi. **7.** ~ end (defect of a rolled piece as due to the quality of the material) (*metall.*), sdoppiatura alla estremità, apertura dell'estremità. **8.** ~ flap (*aer.*), ipersostentatore d'intradosso. **9.** ~ hub (*mech.*), mozzo spaccato (o diviso), semimozzo. **10.** ~ image (*telev.*), immagine sdoppiata, sdoppiamento di immagine. **11.** ~ joint (as for matchboarding) (*carp. - join.*), giunzione a maschio e femmina. **12.** ~ key (*mech.*), chiavetta spaccata. **13.** ~ nut (as of a lathe lead screw) (*mech.*), chiocciola spaccata. **14.** ~ pattern (*found.*), modello scomponibile. **15.** ~ pin (*mech.*), coppiglia. **16.** ~ pulley (a pulley composed of two detachable semi-circular halves) (*mach.*), puleggia composta, puleggia formata da due elementi semi-circolari. **17.** ~ ring (piston ring) (*mot.*), anello elastico. **18.** ~ S, *see* half slow roll. **19.** ~ second (*gen.*), frazione di secondo. **20.** ~ system (hot air and radiating heating) (*heating system*), impianto separato (ad aria calda ed a radiazione). **21.** bag ~ (*leather ind.*), crosta da pelletteria. **22.** horizontal ~ case (or casing, as of a centrifugal pump) (*mech.*), cassa a divisione orizzontale, corpo a divisione orizzontale, cassa (o corpo) divisa orizzontalmente. **23.** patent ~ (enamelled split) (*leather ind.*), crosta verniciata. **24.** stock ~ (*finan.*), frazionamento azionario. **25.** velvet ~ (*leather ind.*), crosta scamosciata.

split (to) (*mech.*), spaccare, separare. **2.** ~ (*chem.*), separare. **3.** ~ (as images with prisms) (*opt.*), separare. **4.** ~ (to divide hide and skins into layers) (*leather ind.*), spaccare, dividere. **5.** ~ a second (of a watch) (*time*), spaccare il secondo. **6.** ~ pin (*mech.*), coppigliare, incoppigliare. **7.** ~ the atom (*atom phys.*), rompere l'atomo. **8.** ~ up (as a train) (*railw.*), scomporre.

split-image system (focusing system) (*phot. viewfinder*), sistema ad allineamento d'immagine, sistema ad immagine spezzata.

split-phase (of a divided single-phase alternating current) (*a. - elect.*), relativo a corrente monofase derivata (con differenza di fase artificialmente ottenuta rispetto ad altro circuito derivato in fase). **2.** ~ motor (*electromech. - electroacous.*), motore bifase alimentato con c.a. monofase mediante secondo circuito derivato artificialmente sfasato.

splitpin (to) (*mech.*), coppigliare, incoppigliare.

splitsaw (ripsaw) (*carp. impl.*), saracco.

splitter (device for dividing something into two parts) (*gen.*), sdoppiatore. **2.** ~ (hide splitting mach.) (*hide ind.*), assottigliatrice.

splitting (*gen.*), separazione, divisione (per rottura). **2.** ~ (halving) (*gen.*), sdoppiamento. **3.** ~ (failure) (*sheet metal w.*), strappo. **4.** ~ (notching, grinding method of a drill point to form secondary cutting edges) (*t.*), affilatura a croce, affilatura a diamante. **5.** ~ (splits, on blooms or billet owing to defective rolling or cracks on the ingot) (*metall.*), strappettature. **6.** ~ (dividing of hides, into layers) (*leather ind.*), spaccatura. **7.** ~ action (as of an expl.), azione dilaniatrice. **8.** ~ limit (as by stretch-forming) (*sheet metal w.*), limite di strappo. **9.** ~ machine (*leather ind.*), macchina per spaccare. **10.** ~ up of trains (*railw.*), scomposizione dei treni.

"SPLP" (splash-proof; said of elect. mach.) (*a. - elect.*), protetto contro gli spruzzi (d'acqua).

"sp lt" (speed limit, as for cars) (*aut.*), limite di velocità.

"SPM", "spm" (strokes per minute) (*mech.*), corse al minuto, colpi al minuto.

spoil (refuse excavated material) (*min. - mas.*), materiale di sterro. **2.** ~ (surplus excavated material) (*earthworks*), materiale di deposito. **3.** ~ bank (bank formed by the deposition of spoil) (*earthworks*), deposito, massa di terra scavata in eccedenza.

spoiler (flap which may be raised above the top face of a wing for changing the airflow) (*aer.*), diruttore, intercettore. **2.** ~ (horizontal air deflectors on racing automobiles: for stability improvement) (*aut.*), deflettore.

spoilt work (*ind.*), pezzo rovinato.

spoke (of a flywheel) (*mech.*), razza, raggio. **2.** ~ (as of a mtc. or bicycle wheel) (*mech.*), raggio. **3.** ~ (of a steering wheel) (*naut.*), maniglia. **4.** ~ (rung, of a ladder) (*bldg.*), piolo. **5.** ~ wheel (as of a locomotive) (*railw. - etc.*), ruota a razze. **6.** head of ~ (*bicycle*), testa del raggio.

spokeshave (plane for curved surfaces) (*join. t.*), pialletto per superfici curve.

"spoking" (luminous interfering spots on a radarscope) (*radar defect*), raggiature luminose (persistenti), effetto radiale.

sponge, spugna. **2.** ~ (for cleaning the barrel of a gun) (*ordnance*), scovolo. **3.** ~ iron (*metall.*), ferro spugnoso. **4.** ~ rubber (cellular rubber product: as for cushions) (*ind.*), gommaspugna, gommaspugnosa. **5.** heat ~ (as the metal wall of a rocket combustion chamber) (*rckt.*), spugna termica. **6.** platinum ~ (*chem.*), spugna di platino.

sponginess (intercrystalline local shrinkage) (*found. defect*), spugnosità.

spongy (*a. - gen.*), spugnoso. **2.** ~ platinum (*chem.*), spugna di platino, platino spugnoso.

sponson (as of a flying boat hull: projecting air chamber for increasing stability in water) (*aer. - naut.*), cassa d'aria (laterale) stabilizzatrice. **2.** ~

(projection from a hull for giving lateral stability in water) (*naut. - seaplane*), pinna.
sponsor (a person or firm that supports, also economically, a sport or a cultural enterprise) (*n. - comm. - telev. - sport - etc.*), sponsor, finanziatore.
sponsor (to) (*comm. - telev. - sport - etc.*), sponsorizzare.
sponsored (*a. - comm. - telev. - sport - etc.*), sponsorizzato.
sponsorship (patronage) (*gen.*), patrocinio. **2.** ~ (*comm. - telev. - sport - etc.*), sponsorizzazione. **3.** high ~ (high patronage) (*gen.*), alto patrocinio.
spontaneous (*a. - gen.*), spontaneo. **2.** ~ combustion (*comb.*), autocombustione. **3.** ~ ignition temperature, "SIT" (*phys.*) (Brit.), temperatura di autoaccensione.
spooky (incorporating advanced ideas of line) (*aut. body*) (Am. coll.), di linea futuristica.
spool, rocchetto, bobina (vuota). **2.** ~ (*phot.*), rocchetto, rullo. **3.** ~ (*comp. - m. pict.*), bobina. **4.** ~ (*elect.*), bobina (vuota), carcassa di bobina. **5.** ~ (*text. ind.*), bobina, spola (vuota). **6.** delivery ~ (*m. pict.*), bobina svolgitrice, rocchetto svolgitore. **7.** double-flanged ~ (*text. ind.*), bobina (o spola) a doppia flangia. **8.** feed ~ (*m. pict.*), bobina debitrice, bobina svolgitrice. **9.** flangeless ~ (*text. ind.*), bobina (o spola) senza flange. **10.** jack ~ (for woolen sliver from a card) (*text. ind.*), bobina per nastro di lana cardato. **11.** sheet metal ~ (*text. ind.*), bobina (o spola) di lamiera. **12.** single-flanged ~ (*text. ind.*), bobina (o spola) ad una flangia. **13.** take-up ~ (*m. pict.*), bobina ricevitrice. **14.** uncoiling ~ (*text. ind.*), rocchetto svolgitore. **15.** ~, *see also* bobbin.
spool (to) (the weft) (*text. ind.*), incannare. **2.** ~ (to wind on a spool) (*elect. - photogr.*), bobinare. **3.** ~ off (as the yarn) (*text. - gen.*), svolgere.
"SPOOL", "spool" (Simultaneous Peripheral Operation On-Line: *see* spooling) (*comp.*), memorizzazione simultanea (intermedia) mediante periferiche.
spooler (yarn spooling frame) (*text. mach.*), roccatrice, incannatrice. **2.** ~ (the waste discarded from a spooler) (*text. ind.*), cascame di roccatura, cascame di incannatura.
spooling (of the weft) (*text. ind.*), incannatura, roccatura. **2.** ~ (from "SPOOL": the use of a speedy peripheral unit [as a disk unit] for a temporary intermediate transfer of data between "CPU" and low speed peripherals) (*comp.*), memorizzazione simultanea (intermedia) mediante periferiche. **3.** printer ~ (simultaneous and temporary intermediate transfer of data from "CPU" [to disk and from disk] to printer) (*comp.*), memorizzazione simultanea (intermedia) su stampante.
spoon (sharp spoon) (*med. instr.*), cucchiaio (tagliente). **2.** ~ hook (*fishing*), cucchiaino-esca (con amo). **3.** ~ shovel (for molding) (*molder t.*), cucchiaino per formatori.
sport, sport. **2.** ~ car, sports car (*aut.*), auto sportiva.
sportsfinder (as of a camera) (*phot.*), mirino a traguardo.
spot (locality), punto. **2.** ~ (flaw), macchia, difetto. **3.** ~ (discoloration, mark, stain, or blot), macchia. **4.** ~ (as of an instrument with a luminous spot instead of a pointer) (*instr.*), indice luminoso. **5.** ~ (spotlight) (*m. pict.*), riflettore lenticolare. **6.** ~ (recording light beam) (*electroacous.*), fascio luminoso di registrazione. **7.** ~ (of transmission from a local station) (*radio*), locale. **8.** ~ (electron beam point on the telev. screen) (*telev.*), punto luminoso, "spot". **9.** ~ (short period of time used for advertising) (*radio - telev.*), intervallo pubblicitario. **10.** ~ cash (*comm.*), pronta cassa. **11.** ~ checks (*shop organ.*), controlli saltuari. **12.** ~ cleaning (as in aut. paint.) (*paint.*), (operazione di) preparazione locale (precedente il ritocco). **13.** ~ cotton (all available cotton bought or sold) (*comm. - text. ind.*), cotone disponibile sul mercato. **14.** ~ elevation (spot height) (*cart. - top.*), quota, punto quotato. **15.** ~ facing (*mech.*), lamatura. **16.** ~ finishing (*paint.*), *see* spotting in. **17.** ~ height (number stating on a map the height above datum level of a given point) (*top.*), quota locale. **18.** ~ lamp (spotlight) (*aut.*), proiettore orientabile a mano. **19.** ~ market (*comm.*), mercato sul posto, mercato di vendita vicino ai centri di consumo. **20.** ~ order (*comm.*), ordine per consegna pronta e pagamento a contanti. **21.** ~ price (*comm.*), prezzo per merce pronta. **22.** ~ punch (hand punch) (*comp.*), perforatrice a mano. **23.** ~ remover (as for aut. upholstery), smacchiatore. **24.** ~ sanding (of bodies) (*aut. - paint.*), carteggiatura localizzata. **25.** ~ speed (scanning speed) (*telev. - radar*), velocità di scansione. **26.** ~ test (test made on some particular key points) (*quality control*), prova su punti chiave. **27.** ~ test (test made on few random points) (*quality control*), prova per punti casuali. **28.** ~ test (*chem.*), reazione alla tocca. **29.** ~ welder (*mach.*), puntatrice, saldatrice a punti. **30.** ~ welding (electric welding process in which both current and pressure are applied only to portions of the metal surfaces to be welded) (*technol.*), saldatura a punti. **31.** baby ~ (hooded spotlight for a stage) (*illum.*), proiettore a fascio stretto. **32.** chilled spots (of a casting) (*found.*), punti duri. **33.** dye spots (defect of paper) (*paper mfg.*), macchie di colore. **34.** fluorescent ~ (*telev.*), macchia fluorescente. **35.** grease ~ (on tin plate) (*metall. defect*), macchia di grasso. **36.** hard spots (of a casting) (*found.*), punti duri. **37.** hot spots (in an i. c. engine combustion chamber) (*mot.*), punti caldi. **38.** welding ~ (as made by a spot welder) (*mech. technol.*), punto di saldatura. **39.** yellow ~ (of the eye) (*opt. - med.*), macchia gialla, macula.
spot (to) (to stain) (*gen.*), macchiare. **2.** ~ (to remove a spot) (*text. ind. - etc.*), smacchiare. **3.** ~

(to remove defects) (*phot.*), ritoccare. **4.** ~ (to locate targets) (*aer.*), localizzare i bersagli. **5.** ~ (to hit as a target) (*milit. - etc.*), colpire. **6.** ~ (to mark on a surface) (*gen.*), segnare, fare un segno. **7.** ~ (to make a locating mark on a work) (*mech.*), fare un (segno di) riferimento. **8.** ~ (to mark, as a defective tie) (*railw.*), segnare. **9.** ~ (to place a freight car in a given position for loading or unloading) (*aut. - railw.*), posizionare, situare nella giusta posizione.

spot-drill (to) (to drill a small hole having little depth for locating purposes) (*mech.*), centrare.

spot-face (to) (*mech.*), lamare.

spot-facer (*t.*), utensile per lamare, lamatore.

spot-grinding (*mech.*), rettifica locale.

spotlight (*illum.*), riflettore lenticolare, "occhio di bue". **2.** ~ (*aut. accessory*), faro (o proiettore) battistrada, proiettore orientabile ausiliario. **3.** baby ~ (very small spotlight, as for partial illumination of an actor's face) (*telev.*), piccolissimo riflettore lenticolare.

spot-milling (*mech.*), fresatura locale.

spotter (*railw.*) (Am.), dispositivo per indicare le irregolarità del binario. **2.** ~ (*milit. - navy*), osservatore. **3.** ~ (watcher for detecting airplanes) (*air force*), osservatore aereo. **4.** ~ plane (*aer.*), apparecchio osservatore. **5.** back ~ (interference inverter) (Brit.), (*telev.*) (Am.), diodo invertitore d'interferenza.

spottiness (spotted image) (*telev. defect*), macchiatura (dell'immagine), immagine macchiata.

spotting (of targets) (*aer.*), localizzazione dei bersagli. **2.** ~ (development on a painted surface of small areas differing in color or gloss from the major part of the surface) (*paint. defect*), chiazzatura. **3.** ~ drill (*t.*), punta per centrare. **4.** ~ in (partial repair of a painted surface) (*paint.*), ritocco. **5.** die ~ press (*mech. technol.*), pressa prova-stampi. **6.** flash ~ section (*artillery*), sezione rilevamento vampa.

spot-weld (to) (sheets) (*mech. technol.*), puntare elettricamente, saldare a punti.

spout (of liquid) (*phys. - hydr.*), getto. **2.** ~ (discharging pipe) (*gen.*), tubo di scarico. **3.** ~ (orifice) (*phys. - hydr.*), tubo (o foro) di uscita. **4.** ~ (discharging lip, as of a tilting furnace) (*found.*), becco di colata. **5.** ~ (waterspout) (*meteorol.*), tromba marina. **6.** pouring ~ (of a cupola) (*found.*), doccia di colata, canale di colata. **7.** water ~ (*meteorol.*), tromba marina.

spout (to) (*phys. - hydr.*), eiettare.

spouting (*mas.*), pluviale.

sprag (of veh.), puntone di arresto (per impedire la marcia indietro).

sprang (interlaced and twisted weaving openwork) (*n. - text.*), tessitura ornamentale intrecciata e ritorta.

spray (of water), spruzzo. **2.** ~ (auxiliary gate) (*found.*), canale di colata secondario. **3.** ~ (clump of castings obtained together, before separation) (*found.*), grappolo di pezzi fusi. **4.** ~ (device for application of vaporized paint), *see* spray gun. **5.** ~ booth (*aut. - paint.*), cabina per verniciatura a spruzzo. **6.** ~ carburetor (*mech. - mot.*), carburatore a getto. **7.** ~ cutter (water cutter: device which cuts the web of paper in the paper machine) (*paper mfg.*), getto (d'acqua) taglia-nastro. **8.** ~ damper (device for damping the web of paper as it passes through or leaves paper machine) (*paper mfg. app.*), apparecchio umettatore. **9.** ~ dyeing (of the paper web) (*paper mfg.*), coloritura a spruzzo. **10.** ~ gun (*painting impl.*), aerografo, pistola per verniciatura a spruzzo. **11.** ~ head, *see* spray nozzle 13 ~. **12.** ~ nozzle (in a carburetor) (*mot.*), spruzzatore. **13.** ~ nozzle (as for humidifying air) (*heating and ventilating*), spruzzatore, polverizzatore. **14.** ~ paint, vernice a spruzzo. **15.** ~ painting (*ind. paint.*), verniciatura a spruzzo. **16.** ~ strip (as on a seaplane hull) (*naut.*), paraspruzzi. **17.** hot ~ process, *see* hot spraying. **18.** plasma ~ (plasma jet) (*technol.*), getto di plasma. **19.** underbody ~ (*aut. - paint.*), spruzzatura del disotto della scocca (o del sottopavimento).

spray (to), spruzzare, irrorare. **2.** ~ (*paint.*), verniciare a spruzzo.

sprayed (*gen.*), spruzzato. **2.** ~ (*paint.*), verniciato a spruzzo.

sprayer (as of carburetor) (*mech.*), polverizzatore. **2.** ~ (*mech. device*), spruzzatore, polverizzatore. **3.** ~ (*agric. mach.*), irroratrice. **4.** deicing fluid ~ (*aer.*), spruzzatore antighiaccio. **5.** hydraulic ~ (*agric. mach.*), irroratrice idraulica.

spraying (*paint.*), spruzzatura, verniciatura a spruzzo. **2.** ~ cock (for the smoke box of a steam locomotive) (*boil.*), bagnapolvere. **3.** ~ machine (*paint. mach.*), verniciatrice a spruzzo. **4.** ~ machine (*agric. mach.*), irroratrice, irroratore. **5.** ~ of the fuel (as in a boil. furnace), polverizzazione del combustibile. **6.** ~ plant (*paint. app.*), impianto per verniciatura a spruzzo. **7.** airless ~ (as by hot process) (*paint.*), spruzzatura senza aria, spruzzatura meccanica. **8.** automatic ~ machine (automatic paint spraying machine) (*paint. mach.*), impianto di verniciatura automatica. **9.** cold ~ (of lacquer) (*paint.*), spruzzatura a freddo. **10.** electrostatic ~ (*paint.*), spruzzatura elettrostatica. **11.** hot ~ (of lacquer) (*paint.*), spruzzatura a caldo, verniciatura a spruzzo a caldo. **12.** metal ~ (*ind. proc.*), metallizzazione a spruzzo.

spread (extension) (*n. - gen.*), estensione. **2.** ~ (extended) (*a. - gen.*), esteso. **3.** ~ (*finan.*), opzione doppia. **4.** ~ (deviation) (*stat.*), scarto. **5.** ~ (as between two centers) (*mech.*), distanza. **6.** ~ (span) (*aer.*), apertura alare. **7.** ~ blade method (of gear generator) (*mach. t.*), metodo di finitura in una sola passata con fresa a lame che tagliano internamente ed esternamente. **8.** center ~ (a design occupying the two pages in the center opening as of a booklet) (*print.*), illustrazione occupante le due pagine centrali.

spread (to), spargere. **2.** ~ (as of fire) (*gen.*), propagarsi. **3.** ~ (to distribute), distribuire. **4.** ~ (to unfold, as of paper) (*gen.*), spiegare, distendere. **5.** ~ apart (*mech.*), allontanare. **6.** ~ out flat (as a view on a drawing) (*mech. draw.*), ribaltare. **7.** ~ sails (*naut.*), spiegare le vele.

spreader (of fertilizer) (*agric. mach.*), spandiconcime, concimatrice. **2.** ~ (spreading machine) (*rubber ind.*), macchina spalmatrice (o soluzionatrice). **3.** ~ (device spreading a protective coating as over a text. material) (*ind.*), dispositivo spalmatore. **4.** macadam ~ (road-metal spreading machine) (*road constr. mach.*), spandipietrisco. **5.** sand ~ (*road constr. mach.*), spandisabbia.

spreading (strewing) (*gen.*), spargimento. **2.** ~ (forging operation by which there is a movement of metal greater in the transverse than in the longitudinal direction) (*forging*), stiratura trasversale. **3.** ~ (as of the flax) (*text. ind.*), distendimento. **4.** ~ (reduction in acoustic intensity due to an increase in the area over which a given acoustic energy is distributed) (*und. acous.*), divergenza. **5.** ~ box (machine used for spreading road material) (*road mach.*), spanditrice meccanica. **6.** ~ capacity (of a paint over a surface) (*paint.*), distendibilità. **7.** ~ exponent (*und. acous.*), esponente di divergenza. **8.** ~ loss (*und. acous.*), perdita per divergenza. **9.** ~ machine (*rubb. ind. mach.*), macchina spalmatrice (o soluzionatrice). **10.** ~ rate (area coated per unit of paint applied) (*paint.*), resa.

spreadsheet (a display table consisting of columns and lines to be filled by the user electronically for obtaining a program) (*off. autom.*), foglio elettronico.

sprengel pump (air pump operated by mercury) (*phys. app.*), pompa per vuoto a caduta di mercurio.

sprig (small nail reinforcing the edge of a mold during pouring) (*found.*), chiodo di rinforzo.

spring (*mech.*), molla. **2.** ~ (of an arch) (*arch.*), linea (o piano) d'imposta. **3.** ~ (*a. - gen.*), elastico. **4.** ~ (*geol.*), sorgente. **5.** ~ (rope connecting the ship to the wharf when maneuvering under her own power) (*naut.*), traversino. **6.** ~ (crack, as in a mast) (*naut.*), incrinatura. **7.** ~ (elasticity: as residual elastic power) (*constr. theory*), elasticità. **8.** ~ balance (*meas. instr.*), bilancia a molla. **9.** ~ band (of elliptic springs, strap embracing the spring plates at the center) (*veh. - mech.*), staffa centrale, cavallotto centrale. **10.** ~ bracket (*mech.*), mensola elastica. **11.** ~ calipers (*impl.*), compasso a molla. **12.** ~ carrier (*veh.*), supporto per molla, magnone per molla. **13.** ~ center (of a mach. t.), punta molleggiata. **14.** ~ clip (*veh.*), staffa della balestra. **15.** ~ clip (for terminal connections) (*elect. impl.*), "connettore" a molla. **16.** ~ collet (of a lathe) (*mach. t.*), pinza ad espansione, pinza da tornio. **17.** ~ die (*t.*), filiera regolabile. **18.** ~ drive (as of a transmission shaft) (*mech.*), trasmissione elastica, trasmissione con (giunto) parastrappi. **19.** ~ drive gear (*mech.*), ingranaggio elastico, ingranaggio parastrappi, parastrappi. **20.** ~ equalizing rocker arm (of aut.), bilanciere compensazione molle. **21.** ~ eye (as of a leaf spring main leaf) (*mech.*), occhio della molla. **22.** ~ frame (of a mtc.) (*mech.*), telaio molleggiato (posteriormente). **23.** ~ gear (*veh.*), sospensione. **24.** ~ governor (*mech. app.*), regolatore (centrifugo) a molla. **25.** ~ hammer (*mach. t.*), maglietto a balestra. **26.** " ~ heel" (of a mtc.) (Brit.), molleggio posteriore telescopico. **27.** ~ holder (*mech.*), alloggiamento per molla. **28.** ~ latch (as of a door) (*bldg.*), scrocco. **29.** ~ leaf (*mech.*), foglia di balestra. **30.** ~ machine (*mach. t.*), macchina per la fabbricazione delle molle. **31.** ~ main leaf (as of veh.) (*mech.*), foglia maestra (di molla a balestra). **32.** ~ piston ring (of a steam locomotive) (*railw.*), anello elastico per stantuffo. **33.** ~ plate (of a leaf spring) (*mech.*), foglia di balestra. **34.** ~ rate (*mech.*), flessibilità. **35.** ~ ring, *see* piston ring. **36.** ~ seat (*mech.*), appoggio della molla. **37.** ~ set (of the teeth of a saw blade: for having a kerf) (*saw mfg.*), allicciatura. **38.** ~ steel (*metall.*), acciaio per molle. **39.** ~ system (*veh.*), sistema di sospensione. **40.** ~ temper (particular heat treatment) (*metall.*), trattamento termico per aumentare la caratteristica elastica. **41.** ~ tide (*sea*), marea equinoziale, marea sigiziale. **42.** ~ washer (*mech.*), rondella elastica, rondella "grover". **43.** ~ wheel (*veh.*), ruota elastica. **44.** adjusting ~ (as for controlling the side motion of a two-wheel radial trailing truck) (*railw. - mech. - etc.*), molla di regolazione. **45.** air ~ (car suspension) (*aut. - etc.*), sospensione pneumatica. **46.** back ~ (used for seat backs) (*railw. - etc.*), molla per schienali. **47.** Belleville ~ (*mech.*), molla a tazza, rosetta elastica Belleville. **48.** buffer volute ~ (of buffer gears) (*railw.*), molla a bovolo per respingenti. **49.** bumper ~ (of a watch) (*horology*), molla ausiliaria. **50.** cantilever-type ~ (*aut.*), balestra cantilever, molla cantilever. **51.** carriage ~ (laminated spring) (*railw.*) (Brit.), molla a balestra. **52.** centering ~ (*railw.*), *see* adjusting spring. **53.** coil of the ~ (*mech.*), spira di una molla. **54.** coil ~ (*mech.*), molla a spirale piana. **55.** compression ~ (*mech.*), molla di compressione. **56.** conical spiral pressure ~ (*mech.*), molla a pressione ad elica conica. **57.** contact breaker ~ (*elect. - mech.*), molla di ruttore. **58.** contact ~ (of telephone apparatus), molla di contatto. **59.** counter ~ (*mech.*), molla antagonista. **60.** cushion seat ~ (*aut. upholstering*), molla per cuscini. **61.** cylindrical spiral pressure ~ (*mech.*), molla di pressione ad elica cilindrica. **62.** (cylindric) spiral ~ (*mech.*), molla a elica (cilindrica). **63.** diaphragm return ~ (as of fuel pump) (*mot.*), molla antagonista della membrana. **64.** discoidal ~ (*mech.*), molla discoidale. **65.** double elliptic ~ (*railw. - veh. - etc.*), gruppo di due doppie molle a balestra. **66.** drag ~ (of a sliding member) (*mech. - etc.*), molla strisciante. **67.** elliptic ~ (*mech.*), molla ellittica, doppia molla a balestra. **68.** flat ~ (*mech.*), molla laminare. **69.** fly ~ (thin spring for initial contact in an electric app.) (*elect.*), mollettina di contatto. **70.** full-elliptic ~ (elliptic spring) (*railw. - etc.*), doppia molla a balestra. **71.** garter ~ (helical spring in toric form) (*mech.*), anello di molla ad elica cilindrica. **72.** half-elliptic ~ (*aut. - mech.*), molla semiellittica, molla a balestra, balestra. **73.** hard ~ suspension (as of aut.), molleggio duro. **74.** helical ~ (spiral spring) (*mech.*), molla ad elica cilindrica. **75.** laminated ~ (leaf spring) (*veh.*), molla a balestra. **76.** leaf ~ (*mech.*), molla a balestra, balestra. **77.** leaf ~ seat (*mech.*), appoggio della balestra. **78.** overslung ~ (a spring fitted above the axles of a motorcar) (*aut.*), molla montata sopra gli assi. **79.** permissible flexibility of a ~ (*mech.*), flessione ammissibile di una molla. **80.** pressure ~ (*mech.*), molla di pressione, molla di spinta. **81.** pump piston pressure ~ (of a carburetor) (*mot. mech.*), mòlla premipistone della pompa. **82.** quadruple elliptic ~ (*railw.*), *see* quadruplet. **83.** quarter elliptic ~ (cantilever spring, of a suspension) (*veh.*), semibalestra, molla semicantilever. **84.** rear leaf ~ (*aut.*), balestra posteriore. **85.** return ~ (*mech.*), molla di richiamo. **86.** rocker arm loading ~ (as of a fuel pump) (*mot.*), molla antagonista del bilanciere. **87.** round ~ (*mech.*), molla rotonda. **88.** running out ~ (as in gun mounting) (*mech.*), molla del ricuperatore. **89.** safety ~ ring (*mech.*), anello elastico di sicurezza. **90.** seat ~ (*railw. - etc.*), molla per sedili. **91.** semielliptic ~ (*aut.*), balestra semiellittica. **92.** shaft recalling ~ (of a carburetor) (*mot. mech.*), molla di ritorno dell'alberino. **93.** single-leaf ~ (*aut.*), balestra a foglia unica. **94.** soft ~ suspension (as of aut.), molleggio dolce. **95.** spiral ~ (helical spring) (*mech.*) (Am.), molla ad elica cilindrica. **96.** spiral ~ (flat spiral spring) (*mech.*), molla a spirale piana. **97.** tapered compression ~ (*mech.*), molla conica di compressione. **98.** thermal ~ (*geol.*), sorgente termale. **99.** three-quarter-elliptic ~ (*aut.*), balestra semiellittica più molla semicantilever. **100.** thrust ~ (*mech.*), molla di spinta. **101.** to compress a ~ (*mech.*), comprimere una molla. **102.** to put a ~ under tension (*mech.*), tendere una molla. **103.** to release a ~ (*mech.*), scaricare una molla. **104.** to relieve a ~ (*mech.*), scaricare una molla. **105.** torsion ~ (*mech.*), molla di torsione. **106.** to stretch a ~ (*mech.*), tendere una molla. **107.** transverse ~ (*aut.*), balestra trasversale. **108.** turn of the ~ (*mech.*), spira di una molla. **109.** underslung ~ (a spring suspended below the axles of a motorcar) (*aut.*), molla montata sotto gli assi. **110.** volute ~ (*mech.*), molla a spirale conica, molla ad elica conica. **111.** zig-zag springs (as for seats) (*aut. - etc.*), molle a zig-zag.

spring (to) (to be elastic) (*mech.*), molleggiare. **2.** ~ (as an arch or a vault) (*arch.*), impostare. **3.** ~ (as a mine) (*navy expl.*), far saltare. **4.** ~ (as of water) (*gen.*), scaturire, sgorgare. **5.** ~ a leak (*naut.*), aprirsi una falla. **6.** ~ back (as of metal after having been bent) (*mech.*), ritornare (elasticamente). **7.** ~ out of shape (*gen.*), deformarsi (per ritorno elastico).

springback (as of sheet metal after having been shaped) (*mech.*), ritorno elastico.

springboard (*sport*), asse elastica di trampolino, trampolino.

springer (of an arch) (*bldg.*), imposta.

springing (as of veh.), molleggio. **2.** ~ (as of an arch) (*bldg.*), linea di imposta. **3.** ~ (hot tear, crack, in a weld or cracking in gen.) (*welding defect - etc.*), incrinatura. **4.** ~ (elastic strain, as of a press) (*mach.*), deformazione elastica. **5.** ~ line (*arch.*), linea d'imposta. **6.** ~ system (*veh.*), sistema di molleggio, molleggio.

spring-load (to) (*mech.*), precaricare una molla.

spring-loaded (*a. - mech.*), caricato a molla. **2.** ~ disk (*mech.*), disco a molla precaricata.

springwater (*gen.*), acqua di sorgente.

sprinkle (to), innaffiare, irrorare.

sprinkler (*antifire app.*), impianto (antincendio) ad acqua polverizzata. **2.** ~ (*impl.*), annaffiatoio. **3.** ~ (*sprinkling veh.*), innaffiatrice. **4.** ~ head (sensitive to the fire temperature) (*antifire*), testa sensibile per ugello antincendio. **5.** ~ system (*antifire*), impianto (fisso) di nebulizzazione. **6.** automatic ~ (as in fire extinguishing systems) (*antifire*), nebulizzatore automatico. **7.** bitumen ~ (mach. for road), bitumatrice. **8.** motor ~ (street watering truck) (*aut.*), autoinnaffiatrice. **9.** tar ~ (mach. for road), catramatrice.

sprint (as in a race) (*sport*), volata, scatto.

spritsail (*naut.*), vela a tarchia, vela aurica con asta diagonale.

sprocket (claw: as in a m. pict. projector for film intermittent movement) (*phot. - mech.*), rocchetto, dente (o griffa) del movimento intermittente. **2.** ~ (tooth formed so as to engage a chain) (*mech.*), dente di dentatura a catena (o per catena). **3.** ~ (sprocket wheel), *see* sprocket wheel. **4.** ~ holes (a perforation in a m. pict. film, a paper roll etc. for its driving) (*film. - comp. printer - etc.*), fori di trascinamento. **5.** ~ noise (*m. pict.*), ronzìo (dovuto al rocchetto a denti). **6.** ~ wheel (for chains: as of bicycles) (*mech.*), ruota di catena, rocchetto per catena. **7.** ~ wheel (of a m. pict. projector) (*m. pict.*), rocchetto a denti. **8.** feed ~ (*m. pict.*), tamburo dentato alimentatore. **9.** noiseless chain ~ (*mech.*), ingranaggio per catena silenziosa. **10.** take-up ~ (*m. pict.*), tamburo dentato avvolgitore.

spruce (*wood*), abete. **2.** ~ fir (*wood*), pino di Norvegia. **3.** Engelmann ~ (*wood*), picea di Engelmann. **4.** European ~ (Norway spruce) (*wood*), abete rosso. **5.** red ~ (*wood*), abete rosso. **6.** Sitka ~ (*wood*), picea di Sitka. **7.** white ~ (*wood*), abete bianco.

sprue (down-gate) (Brit.) (*found.*) (Am.), canale di

colata. **2.** ~ (solidified metal in a sprue) (*found.*), colame. **3.** ~ basin (*found.*), bacino di colata. **4.** ~ cutter (metal tool for cutting sprues) (*found.*), troncatrice di colate. **5.** ~ hole (or opening) (*found.*), bocca di colata.

sprueing (removing gates from castings when metal is solidified) (*found.*), troncatura colate.

sprung (supported by springs) (*mech.*), molleggiato.

spry (active, clever) (*gen.*), attivo, abile.

"SPS", "SP S" (spring steel) (*mech. draw.*), acciaio per molle.

"SP ST" (single-pole single-throw, as a knife switch) (*elect.*), unipolare ad una via.

spud (tool for removing weeds) (*agric. t.*), sarchio, sarchietto, sarchiello, zappetto. **2.** ~ (short projection: as in welding) (*mech. technol.*), punto in rilievo, punto in rialzo. **3.** ~ (bark peeling iron) (*t.*), ferro per scortecciare. **4.** ~ (*gen. t.*), arnese.

spud (to) (to drill wells) (*min.*), perforare, trivellare. **2.** ~ (to remove burrs from around reamed holes) (*mech.*), togliere la bavatura.

spue (*leather ind.*), *see* spew.

spun (*a. - text.*), filato. **2.** ~ glass (*ind.*), vetro filato. **3.** ~ yarn (small rope) (*naut.*), cima, merlino. **4.** dry ~ (*text. ind.*), filato a secco.

spur (*gen.*), sperone. **2.** ~ (*carp.*), braccio di rinforzo, controventatura. **3.** ~ (*mech.*), *see* spur gear. **4.** ~ (strut) (*bldg.*), puntone. **5.** ~ (*print.*), *see* machine points. **6.** ~ bit (*t.*), punta a forare con tagliente laterale di guida. **7.** ~ gear (*mech.*), ingranaggio cilindrico (a denti diritti). **8.** ~ gear hob (*t.*), creatore per ingranaggi cilindrici (a denti diritti). **9.** ~ gearing (*mech.*), trasmissione con ingranaggi cilindrici. **10.** ~ marks (unglazed spots on ware) (*ceramics*), punti non vetrinati. **11.** ~ track (*railw.*), raccordo ferroviario. **12.** ~ wheel, *see* spur gear. **13.** ~ wheel reversing gear (as of mach. t.) (*mech.*), invertitore di marcia ad ingranaggi cilindrici. **14.** railroad ~ (*railw.*), raccordo ferroviario.

sputnik (Russian satellite) (*astric.*), sputnik.

sputtering (pulverizing of cathode material struck from positive ions, used as for coating metals) (*elect. - elics. - technol.*), polverizzazione ionica, vaporizzazione ionica. **2.** ~ (coating process using a cathode of the material to be sputtered and an anode that is the material to be coated) (*technol.*), rivestimento a polverizzazione, rivestimento a vaporizzazione.

"sp vol" (specific volume) (*phys.*), volume specifico.

spyglass (*opt. instr.*), cannocchiale.

spying (espionage) (*milit. - etc.*), spionaggio.

"sq" (square) (*a. - meas.*), quadro.

"SQC" (statistical quality control) (*quality control*), controllo statistico della qualità, CSQ.

"sq in" (square inch) (*meas.*), pollice quadro.

"SQ TOL" (squareness tolerance) (*mach. draw.*), tolleranza di ortogonalità.

squab (cushioned seat back, as of an aut. seat) (*aut. - railw. - etc.*), schienale imbottito ed elasticizzato. **2.** ~ panel (*aut. body constr.*), pannello posteriore dello schienale.

squad (said of workers) (*gen.*), squadra, gruppo. **2.** ~ (of warships) (*navy*), squadra. **3.** ~ car (*police aut.*) (Am.), auto con radiotelefono.

squadron (*naut.*), squadra.

squall (strong and sudden wind accompanied by rain) (*meteorol.*), piovasco. **2.** ~ (strong wind lasting a very short time) (*meteorol. - naut.*), groppo. **3.** line ~ (squall advancing on a wide extension) (*meteorol.*), groppo lineare.

square (as of a number) (*n. - math.*), quadrato. **2.** ~ (parallelogram) (*n. - geom.*), quadrato. **3.** ~ (forming a right angle) (*a. - geom. - etc.*), ad angolo retto, ortogonale. **4.** ~ (*drawing - mech. instr.*), squadra. **5.** ~ (*urbanization*), piazza. **6.** ~ (square bar) (*n. - metall.*), barra quadra. **7.** ~ (as of a faucet plug) (*n. - pip.*), quadro. **8.** ~ (as a screw head) (*a. - mech.*), quadro. **9.** ~ (of a roof or floor, 100 square feet area) (*bldg.*), superficie di 100 piedi quadrati. **10.** ~ (of a roof, number of slates covering an area of 100 square feet) (*bldg.*), numero di tegole per 100 piedi quadrati. **11.** ~ (for setting out perpendicular alignments) (*top. instr.*), squadro. **12.** ~ (troops forming a square) (*n. - milit.*), quadrato. **13.** ~ (part of an anchor to which the stock is fixed) (*naut.*), parte di attacco del ceppo. **14.** ~ and rabbet (*arch.*), *see* annulet. **15.** ~ bar iron (*metall.*), ferro quadro, barra quadra. **16.** ~ chain (area of 20.117 times 20.117 m) (*meas. unit*), catena metrica al quadrato, superficie di 4047 are. **17.** ~ cutter (cross cutter: cutting a reel of paper across the web) (*paper mfg. mach.*), taglierina trasversale. **18.** ~ engine (*mot.*), motore quadro, motore con alesaggio uguale alla corsa. **19.** ~ head (as of a screw) (*mech.*), testa quadra. **20.** ~ matrix (*math.*), matrice quadrata. **21.** ~ measure (*meas.*), superficie. **22.** ~ of the circle (*math.*), *see* quadrature of the circle. **23.** ~ root (*math.*), radice quadrata. **24.** ~ thread (*mech.*), filetto quadro. **25.** back ~ (*impl.*), squadra a cappello. **26.** bevel ~ (*impl.*), squadra falsa. **27.** block ~ (precision metal cube or rectangular block used for testing squares) (*t.*), prisma. **28.** carpenter's ~ (*carp. t.*), squadra del falegname. **29.** center ~ (device for locating the center of the flat end of a cylindrical workpiece) (*mech. impl.*), centratore. **30.** combination ~ (usable as a rule, center square etc.) (*mech. impl.*), squadra (multipla) universale. **31.** cylindrical ~ (precision metal cylinder whose ends form a true square to the side) (*t.*), squadra cilindrica. **32.** hexagonal ~ (*impl.*), squadra esagonale. **33.** miter ~ (*impl.*), squadra a 45°. **34.** on the ~ (at right angles) (*technol.*), a squadro (o "squadra"). **35.** optical ~ (using two mirrors at 45°) (*top. instr.*), squadro a specchi. **36.** out of ~ (not at right angles) (*technol.*), fuori squadro (o "squadra"). **37.** precision ~ (*mech. impl.*), squadra di precisione. **38.** prism ~ (*top. instr.*), squadro a prisma, prisma-squadro. **39.** round-corner ~ (*forging - metall.*), quadro a spigoli arrotondati. **40.** set ~ (triangular square of wood etc. used for drawing) (*draw. impl.*), squadra a triangolo. **41.** to make accounts ~ (*bookkeeping*), far tornare i conti. **42.** try ~ (formed by two straight edges set at right angle) (*carp. impl.*), squadra fissa. **43.** T ~ (*draw. impl.*), riga a T.

square (to) (*gen.*), squadrare. **2.** ~ (to set in position with accuracy) (*mech.*), regolare la posizione, mettere a punto (la posizione). **3.** ~ (to adjust) (*mech. - etc.*), regolare. **4.** ~ (*math.*), elevare al quadrato. **5.** ~ (as a stone) (*mas. - etc.*), squadrare. **6.** ~ accounts (*adm.*), saldare i conti. **7.** ~ the valve (of a steam engine) (*mech.*), regolare la (lunghezza dell') asta del cassetto. **8.** ~ the yards (*naut.*), bracciare i pennoni ad angolo retto (con la chiglia e l'albero). **9.** ~ up (*mech. - carp.*), squadrare. **10.** ~ up (to settle or to pay up a bill) (*adm.*), saldare.

squared (*a. - gen.*), squadrato. **2.** ~ paper (commercial type) (*paper mfg.*), carta quadrettata. **3.** ~ stone (*mas.*), pietra squadrata. **4.** ~ up (said when an account is settled) (*adm.*), saldato. **5.** a ~ (a^2) (*math.*), a al quadrato.

square-drill (to) (*mech.*), fare un foro quadro.

squareness (*mech. - etc.*), ortogonalità.

square-thread (to) (*mech.*), eseguire un filetto quadro.

squaring (*technol.*), squadratura. **2.** ~ (*mas. - etc.*), squadratura. **3.** ~ the circle (*math.*), *see* quadrature of the circle.

squash (to) (*gen.*), schiacciare.

squashing (*gen.*), schiacciamento.

squat (a small deposit of ore) (*min.*), mucchio, piccolo deposito. **2.** ~ (down by the tail when in acceleration) (*naut. - aut.*), appoppamento.

squat (to) (to settle) (*glass mfg.*), depositarsi. **2.** ~ (to settle by the stern at high speed or during acceleration) (*naut. - aut.*), appopparsi, cabrare, impennarsi.

squatter (*wool ind.*), allevatore.

squatting (sucking down as of a boat at the stern at high speed) (*naut. - aut.*), appoppamento, cabrata.

"sqd", *see* squad.

squeak (to) (as of defective aut. body) (*acous.*), scricchiolare, cigolare. **2.** ~ (to creak, as of brakes) (*aut. - etc.*), stridere.

squeal (sound) (*acous.*), stridìo. **2.** cornering ~ (of tires) (*aut.*), stridìo in curva, sgommata in curva.

squealing (howling) (*acous. - radio - defect*), sibilo, fischio.

squeegee (transverse piece with a rubber blade and a handle) (*household - naut. - phot. - impl.*), seccatoio, raschiatoio di gomma.

squeeze (by compression) (*gen.*), schiacciamento. **2.** ~ (*min.*), graduale chiusura delle gallerie superiori di una miniera per avvenuto sfruttamento di strati. **3.** ~ (finan. pressure) (*n. - econ.*), stretta, restrizione. **4.** ~ roller (*phot. and print. instr.*), rullo asciugatore. **5.** ~ roller (*wool ind. mach.*), cilindro spremitore, apparecchio a cilindri spremitori. **6.** ~ time (squeeze period, time interval in resistance welding between the application of pressure and the application of the welding current) (*spot welding technol.*), fase di accostamento, intervallo tra l'applicazione della pressione e l'applicazione della corrente di saldatura.

squeeze (to), spremere.

squeeze-casting (combined casting and forging process) (*mech. technol.*), colata e fucinatura.

squeezer (*gen.*), spremitoio, apparecchio per spremere. **2.** ~ (*aut. washing impl.*), spremipelle. **3.** ~ (*agric. mach.*), torchio, strettoio. **4.** ~ (*found.*), formatrice a compressione. **5.** ~ (device for giving shape to the bricks) (*brick mfg.*), formatrice. **6.** ~ (for curving bars) (*mech. device*), piegabarre. **7.** lemon ~ (*domestic impl.*), spremilimone. **8.** pipe ~ (*t.*), schiacciatubi.

squeezing (*gen.*), spremitura. **2.** ~ (as of round material under a press) (*mech. technol.*), appiattimento, schiacciamento. **3.** ~ rolls (as of the tub-sizing machine) (*paper ind. mach.*), rulli pressori.

squelch (the cutting off of the audio output of a radio receiver in absence of signal to avoid noise) (*radio*), silenziamento.

squelch (to) (to interrupt) (*comp.*), interrompere. **2.** ~ (to silence) (*electroacous. - etc.*), silenziare.

squelcher (the circuit which operates the squelch) (*radio*), silenziatore, circuito di silenziamento.

squib (tube as of paper containing powder and fired to explode with a crack) (*expl.*), petardo. **2.** ~ (deflagration) (*expl.*), deflagrazione.

squib (to) (to deflagrate) (*expl.*), deflagrare.

squid (weapon firing antisubmarine charges from a warship board) (*navy*), lanciabas, lancia bombe antisommergibile. **2.** "~" (not fully-distended canopy of a parachute) (*aer.*), calotta a distensione parziale, paracadute cadente a forma di pera.

squinch (arch across a corner to support a superimposed mass) (*arch.*), arco cieco di supporto.

squint (*opt. - med.*), strabismo. **2.** ~ (oblique) (*a. - geom.*), obliquo. **3.** ~ quoin (*mas.*), concio ad angolo non di 90°.

squirrel cage (of elect. mot.), gabbia di scoiattolo.

squirt (a small jet) (*gen.*), piccolo getto. **2.** ~ (molten metal coming out because of a mold defect) (*found. defect - typ.*), metallo fuso fuoruscito. **3.** ~ (small hand pump or syringe) (*impl.*), pompetta (a mano), siringa. **4.** ~ (device used to extinguish a fire) (*impl.*), estintore. **5.** ~ can (oil can with a flexible bottom) (*mech. impl.*), oliatore a mano a fondo flessibile. **6.** ~ gun (*impl.*), spruzzatore. **7.** injector cleaning ~ (for diesel engine injectors) (*impl.*), pompetta (a mano) per pulizia iniettori.

squirt (to) (to eject) (*gen.*), eiettare. **2.** ~ (to inject) (*gen.*), iniettare.

"SR" (secondary radar) (*radar*), radar secondario. **2.** ~ (slow running) (*eng.*), minimo.

Sr (strontium) (*chem.*), Sr, stronzio.

"sr", *see* steradian.

"SRBM" (Short Range Ballistic Missile: about 1,000 km) (*milit.*), missile balistico a corta portata.

"SRCC" (strikes, riots & civil commotion) (*insurance*), scioperi, rivolte, guerra civile.

"SRE" (surveillance radar element) (*aer. - radar*), elemento radar di sorveglianza. **2.** ~ (sodium reactor experiment: cooled by sodium) (*atom phys.*), reattore sperimentale (raffreddato) al sodio.

"SRI" (Stanford Research Institute) (*research*), Istituto di Ricerca Stanford.

"SS" (spring steel) (*metall.*), acciaio per molle. **2.** ~ (selector switch, as on a wiring diagram) (*elect.*), selettore, interruttore di un gruppo di circuiti. **3.** ~ (set screw) (*mech.*), vite di arresto. **4.** ~ (single sideband, SSB, single side band) (*radio*), banda laterale unica. **5.** ~ (silver steel) (*mech. draw.*), acciaio argento, acciaio all'argento. **6.** ~, *see also* semisteel, steamship.

"S/S" (steamship) (*naut.*), piroscafo.

"s/s" (short for same size) (*paper mfg. - etc.*), formato uguale, stesso formato.

"SSB" (single side band, single sideband) (*radio*), banda laterale unica.

"SSCV", *see* semi-submersible crane vessel.

"SSF" (supersonic frequency) (*phys.*), frequenza supersonica.

s-shaped (having the shape of a capital S) (*a. - gen.*), a forma di S.

"SSI" (Small Scale Integration: from 1 to 10 gates per chip) (*elics.*), integrazione su piccola scala.

"SS M" (surface-to-surface missile) (*rckt.*), missile superficie-superficie.

"SST" (supersonic transport) (*aer. - transp.*), (velivolo da) trasporto supersonico.

"SSU" (seconds Saybolt Universal viscosity) (*chem.*), viscosità universale Saybolt in secondi.

"ST" (single-throw, as a knife switch) (*elect.*), ad una via. **2.** ~, *see also* standard time, static thrust, surface tension.

"St" (stoke, kinematic viscosity unit) (*meas.*), stoke.

"st" (steam) (*boil. - etc.*), vapore. **2.** ~ (steel) (*metall.*), acciaio. **3.** ~ (street) (*top. - etc.*), via, strada. **4.** ~, *see also* start, stock, stone, straight.

"sta", *see* stator, station, stationary.

"stab" (stabilizer) (*gen.*), stabilizzatore.

stab (to) (to pierce as sheets before stitching) (*bookbinding*), forare.

stabbing (of sheets before stitching) (*bookbinding*), perforazione. **2.** ~ (roughening of a wall to make plaster adhere to) (*bldg.*), aderizzazione, preparazione (all'intonacatura).

stability (general property of elect. or mech., etc. system), stabilità. **2.** ~ (*aer. - naut. - constr. theor. - chem.*), stabilità. **3.** ~ (as of an aer., a boat, etc.) (*mech. - naut. - aut. - etc.*), stabilità. **4.** asymptotic ~ (existing when the veh. approaches the motion defined by the trim) (*veh.*), stabilità asintotica. **5.** chemical ~ (*chem.*), stabilità chimica. **6.** dimensional ~ (*gen.*), stabilità dimensionale. **7.** directional ~ (of an aer.) (*aer.*), stabilità direzionale, stabilità di rotta. **8.** dynamic ~ (of an aer.) (*aer.*), stabilità dinamica. **9.** inherent ~ (*aer.*), stabilità intrinseca. **10.** lateral ~ (*aer.*), stabilità trasversale. **11.** longitudinal ~ (*aer.*), stabilità longitudinale. **12.** phase ~ (in a synchrotron) (*atom phys.*), stabilità di fase. **13.** positive ~ (if inclined the ship returns to its original position) (*naut.*), stabilità positiva. **14.** static ~ (*aer.*), stabilità statica. **15.** transverse ~ (the recover possibility of a ship or an aer. after a roll) (*aer. - naut.*), stabilità trasversale. **16.** weathercock ~ (*aer.*), stabilità al vento.

stabilization (*gen.*), stabilizzazione. **2.** ~ period (of the speed of an ind. engine following a load variation) (*mot.*), tempo di stabilizzazione. **3.** soil ~ (*bldg.*), stabilizzazione del terreno. **4.** spin ~ (as the stabilization of a spacecraft obtained by giving to the craft a rotation about its axis of symmetry) (*rckt. - astric.*), stabilizzazione mediante rotazione.

stabilize (to) (*gen.*), stabilizzare. **2.** ~ (as an airplane by gyroscopic devices, fixed surfaces etc.) (*aer.*), stabilizzare. **3.** ~ (as the value of money) (*finan.*), stabilizzare.

stabilized (*gen.*), stabilizzato. **2.** ~ (as a drawing steel, by adding aluminium) (*metall. - sheet metal w.*), stabilizzato.

stabilizer (as of an explosive) (*chem.*), stabilizzatore. **2.** ~ (*rubb. ind.*), agente stabilizzatore. **3.** ~ (tail plane) (*aer.*), stabilizzatore. **4.** ~ (adjustable airfoil fitted to a racing car) (*aut.*), alettone. **5.** ~, *see* gyrostatic stabilizer. **6.** ~ bar (as of a truck suspension) (*aut.*), barra stabilizzatrice. **7.** automatic ~ (automatic pilot) (*aer. instr.*), stabilizzatore automatico. **8.** draft ~ (as of a stack) (*therm.*), stabilizzatore di tiraggio. **9.** flame ~ (in a reheat system of a jet engine) (*aer. mot.*), stabilizzatore di fiamma. **10.** frequency ~ (*elect.*), stabilizzatore di frequenza. **11.** gyrostatic ~ (as against the rolling of a ship) (*mech.*), stabilizzatore giroscopico. **12.** horizontal ~ (*aer.*), stabilizzatore. **13.** vertical ~ (*aer.*), deriva.

stabilizing (*metall.*), *see* stress relieving.

stable (*a. - constr. theor.*), stabile, saldo. **2.** ~ (*n. - bldg. for beasts*), stalla. **3.** ~ (as of a nonradioactive nucleus: in a nuclear reactor) (*atom phys.*), stabile. **4.** ~ equilibrium (*theor. mech.*), equilibrio stabile. **5.** ~ oscillation (*phys.*), oscillazione costante.

stack (as an orderly pile of aut. parts in an automobile plant), pila, catasta. **2.** ~ (heap), mucchio. **3.** ~ (*mas. ind.*), stiva. **4.** ~ (*bldg.*), camino, gola di camino. **5.** ~ (row of retorts in the gas works) (*chem. ind.*), batteria (di storte). **6.** ~ (bookshelves of a library) (*bldg.*), scaffalature. **7.** ~ (Brit. measure for coal and wood equal to 108 cu. ft) (*meas.*) (Brit.), misura equivalente a 3,02 m^3. **8.** ~ (the above part of a blast furnace) (*metall.*), parte superiore dell'alto forno. **9.** ~ (exhaust pipe) (*mot.*), tubo di scarico. **10.** ~ (push-down stack: dynamic structure for holding data by "LIFO" system) (*comp.*), pila. **11.** ~ effect (impulse of heated gas to rise in a vertical passage) (*therm.*), effetto camino. **12.** ~ height (as the height of a convector enclosure) (*therm.*), altezza di tiraggio. **13.** ~ pointer (pointer indicating the last datum in the stack, that is the first to be out) (*comp.*), puntatore della pila. **14.** short ~ (for exhaust tubing: as of an aircraft radial engine) (*mot.*), tronchetto di scarico. **15.** soil ~ (main vertical soil pipe) (*bldg.*), colonna montante (collettrice) della fognatura nera.

stack (to) (to pile up) (*gen.*), accatastare, impilare. **2.** ~ (to fix a different height for aircraft awaiting their landing turn) (*aer.*), assegnare la quota.

stackable (*transp.*), accatastabile, impilabile.

stacked (as material) (*a. - ind. - etc.*), ammassato, accatastato.

stacked-antenna (*radio*), antenna a dipoli sovrapposti.

stacked-array (*radio*), antenna collineare.

stacker (elevator type) (*ind. mach.*), accatastatore, impilatore, carrello a piattaforma sollevabile. **2.** ~ (a device for properly placing and spacing glass articles on a continuous lehr belt) (*glass mfg.*), "stacker", arrangiatore. **3.** ~ (card stacker) (*n. - comp.*), impilatore. **4.** battery electric platform ~ (store truck) (*ind. transp.*), carrello elettrico (a batteria) a piattaforma sollevabile. **5.** hand platform ~ (store truck) (*ind. transp.*), carrello a mano a piattaforma sollevabile. **6.** mains electric platform ~ (store truck) (*ind. transp.*), carrello elettrico a piattaforma sollevabile (con alimentazione dalla rete).

stacking (of materials in stores) (*ind. - etc.*), accatastamento. **2.** ~ space (as for palletizing) (*ind. - etc.*), spazio (volumetrico) per accatastamento.

stactometer (*pharm. impl.*), pipetta contagocce.

stadia (*top. impl.*), stadia, stadia graduata. **2.** ~ (telescope with stadia hairs) (*surveying instr.*), cannocchiale distanziometrico. **3.** ~ constant (*top.*), rapporto diastimometrico. **4.** ~ rod (*top. impl.*), stadia, stadia graduata. **5.** glass ~ diaphragm (as of a theodolite) (*opt.*), vetro con reticolo e fili diastimometrici.

stadium (bldg. for sports), stadio. **2.** ~ (*top.*), *see* stadia or stadia rod.

staff (rod) (*gen.*), asta. **2.** ~ (*pers.*), personale con funzioni direttive. **3.** ~ (*milit.*), ufficiali del comando. **4.** ~ (rung, as of a ladder) (*carp.*), piolo. **5.** ~ (*forging t.*) (Brit.), *see* porter bar. **6.** ~ (graduated rule) (*bldg. - top. - etc.*), asta graduata. **7.** ~ (bldg. material consisting of plaster of Paris cast in molds with hemp fiber, used for temporary bldg.) (*bldg.*), materiale per costruzioni provvisorie (costituito da elementi di gesso nei quali sono incorporate fibre di canapa). **8.** ~ angle (strip of wood) (*bldg.*), paraspigolo. **9.** ~ cards (*adm.*), cartelle (o schede) del personale dirigente. **10.** ~ officer (*milit.*), ufficiale di Stato Maggiore. **11.** ~ patterns (of a factory) (*ind.*) (Am.), quadri del personale con funzioni direttive. **12.** ~ work (team work) (*ind.*), lavoro di squadra, lavoro di "équipe". **13.** general ~ (*milit.*), stato maggiore. **14.** leveling ~ (*top. impl.*), stadia. **15.** line and ~ structure (*ind. organ.*), struttura direzione-esecuzione, organizzazione direzione ed esecuzione. **16.** object ~ (*top. impl.*), *see* leveling staff. **17.** permanent ~ (*pers.*), personale di ruolo.

staffing (as of a factory) (*organ.*), assegnazione delle cariche direttive.

stage (distance between two fixed places) (*gen.*), tappa, percorso senza scalo. **2.** ~ (as for holding materials) (*gen.*), scaffale. **3.** ~ (as of pressure, in a turbine) (*mach.*), salto. **4.** ~ (as of a turbojet eng. a high-pressure air compressor) (*mech.*), stadio. **5.** ~ (*radio*), stadio. **6.** ~ (of a theatre), palcoscenico. **7.** ~ (scaffold) (*mas.*), ponteggio. **8.** ~ (story) (*bldg.*), piano. **9.** ~ (landing) (*bldg.*), pianerottolo. **10.** ~ (platform supporting an object) (*microscopy*), piatto portaoggetti. **11.** ~ (of a rocket or missile) (*astric.*), stadio. **12.** ~ (period of practical training on a specified subject, as in a factory) (*ind.*), periodo di pratica. **13.** ~ (gage height: level of the free surface of a stream above a datum) (*hydr.*), livello di riferimento. **14.** ~ (particular period in an organized activity) (*gen.*), stadio, periodo. **15.** ~ box (a box placed over the proscenium of a theater) (*bldg. - arch.*), palco di proscenio, barcaccia. **16.** ~ flood (for theater) (*illum.*), riflettore per palcoscenico. **17.** arena ~ (*bldg.*), palcoscenico centrale. **18.** both direction moving mechanical ~ (as of a microscope) (*opt. - mech.*), piatto traslatore a movimenti ortogonali. **19.** driver ~ (*radio*), stadio pilota. **20.** floating ~ (*naut.*), pontile galleggiante. **21.** landing ~ (*naut. bldg.*), pontile da sbarco. **22.** pressure ~ (of a steam turbine) (*thermod.*), salto di pressione. **23.** selection ~ (*comp. - elics.*), stadio di selezione. **24.** uppermost ~ (the final stage of a missile) (*rckt.*), stadio finale. **25.** velocity ~ (of a steam turbine) (*thermod.*), salto di velocità. **26.** warning ~ (as on a river: for flood prevention) (*hydr.*), livello di guardia. **27.** ~, *see also* worktable.

stagflation (inflation with stagnant demand) (*n. - comm. - finan.*), inflazione con stagnazione della richiesta.

stagger (respective position of the wings of a biplane) (*aer.*), scalamento. **2.** "~ angle" (formed by the blade chord with the turbine axis of rotation) (*mech.*), angolo di calettamento. **3.** ~ wire (connecting the upper wing to the lower one) (*aer.*), tirante della crociera.

stagger (to) (to vibrate) (*gen.*), scuotere, vibrare. **2.**

~ (to dispose parts alternately on each side of a center line) (*mech.*), sfalsare. **3.** ~ (the wings of a biplane) (*aerot.*), scalare.

staggered (offset) (*gen.*), sfalsato. **2.** ~ working hours (*pers. organ.*), orari di lavoro scaglionati (o sfalsati).

staging (scaffolding) (*mas.*), ponteggio. **2.** ~ (operation by which certain areas of a plate are protected as with varnish in order to exclude them from further re-etching) (*photomech.*), scontornamento, mascheratura. **3.** ~ (disengagement: of the burned out stage during flight) (*astric.*), sganciamento in volo. **4.** ~ (movement of data from one file to another support) (*n. - comp.*), trasferimento.

stagnant (water) (*hydr. - geol.*), stagnante.

stagnate (to) (*hydr. - etc.*), ristagnare.

stagnation (*mech. of fluids*), ristagno. **2.** ~ (*econ.*), ristagno. **3.** ~ point (as of a body moving through a fluid) (*mech. of fluids*), punto di ristagno.

stain (a blemish or discoloration caused by extraneous matter), macchia, (s)coloritura accidentale. **2.** ~ (dye) (*text. ind.*), colorante. **3.** ~ (dye used in microscopy), colore usato in microscopia. **4.** ~ (solution or suspension of coloring matter used to color a surface by penetration, as wood) (*paint.*), mordente. **5.** spirit ~ (*paint.*), mordente ad alcool. **6.** water ~ (*paint.*), mordente ad acqua.

stain (to) (to give color), colorare. **2.** ~ (to spot) (*gen.*), macchiare. **3.** ~ (to discolor) (*gen.*), scolorire.

stained glass (colored glass) (*glass mfg.*), vetro colorato.

staining (coloring) (*gen.*), coloritura. **2.** ~ power (the degree of intensity of color which a colored pigment imparts to a white pigment) (*paint.*), potere colorante.

stainless (*a. - gen.*), senza macchia. **2.** ~ steel (corrosion-resistant steel) (*metall.*), acciaio inossidabile. **3.** ~ steel reaction vessel (*ind. chem. impl.*), serbatoio in acciaio inossidabile per reazioni chimiche.

stair (step) (*bldg.*), gradino, scalino. **2.** stairs (*bldg.*), scalinata, scala, gradinata. **3.** ~ rise (*bldg.*), alzata. **4.** flight of stairs (*arch. - bldg.*), rampa di scala. **5.** hanging stairs (*arch.*), scala a sbalzo. **6.** winding ~ (*bldg.*), scala a chiocciola.

staircase (*bldg.*), scalinata, scala, gradinata. **2.** ~ (space enclosing the stair) (*bldg.*) (Brit.), vano scala, gabbia della scala, tromba delle scale. **3.** ~ curve, *see* histogram. **4.** circular ~ (*bldg.*), scala a chiocciola. **5.** spiral ~ (*bldg.*), scala a chiocciola. **6.** twoflight ~ (*bldg.*), scala a due rampe. **7.** winding ~ (*bldg.*), scala a chiocciola.

stairstep (*bldg.*), gradino di scala.

stairway (space enclosing the stair) (*bldg.*), *see* staircase.

stairwell (vertical space occupied by stairs) (*bldg.*), tromba delle scale.

stake, paletto, piolo. **2.** ~ (*join. impl.*), piolo. **3.** ~ (*tinman's t.*), tassetto, piccola incudine. **4.** ~ (*top. impl.*), palina, picchetto. **5.** ~ (timber or metal bar fitted on the sides and ends of flat cars for keeping the load in place) (*railw.*), "stante", montante. **6.** aiming ~ (*top. impl.*), palina. **7.** grooving ~ (*tinman's t.*), tassetto per scanalature. **8.** side ~ (*tinman's t.*), tassetto per ribadire lateralmente. **9.** surveyor's ~ (*top. impl.*), palina. **10.** to lay out the stakes (*top. impl.*), palinare. **11.** wooden ~ (*mas. impl.*), piolo. **12.** wooden ~ (*top. impl.*), picchetto.

stake (to) (*top.*), picchettare, palinare. **2.** ~ a line (*top.*), picchettare una linea.

staking (as of a railw. line) (*top.*), picchettatura, palinatura.

stalactite (*rock geol.*), stalattite.

stalagmite (*rock geol.*), stalagmite.

stalagmometer (instr. for measuring drops) (*meas. instr.*), stalagmometro.

stalagmometry (*phys.*), stalagmometria.

stale (stock or handle, as of a rake) (*gen.*), manico.

stale (to) (to expose hides as to steam) (*leather ind.*), far trasudare.

stalk (of a core) (*found.*), armatura. **2.** ~ fiber (as flax) (*text. material*), fibra di stelo.

stall (for a horse), stalla. **2.** ~ (in a parking place for an aut.), posto. **3.** ~ (*aer.*), stallo, perdita di velocità. **4.** ~ (of a fluid stream from an airfoil) (*aerodyn.*), distacco della vena. **5.** ~ torque (as of an elect. motor) (*mot.*), coppia resistente massima, coppia di stallo. **6.** ~ without power (*aer.*), stallo senza potenza. **7.** hammerhead ~ (*aer. - acrobatics*), dietro front.

stall (to) (to stop, of an i. c. engine, as for mixture wantage or overload) (*mot.*), arrestarsi, "piantarsi". **2.** ~ (to lose the air speed required for control) (*aer.*), stallare, andare in perdita di velocità, andare in perdita di portanza.

stalling (stall) (*aer.*), stallo. **2.** ~ (of an engine) (*mot.*), arresto. **3.** ~ angle (*aer.*), angolo di stallo, incidenza di portanza massima, incidenza critica. **4.** ~ flutter (flutter occurring near the stalling angle) (*aer.*), sbattimento di stallo, vibrazione aeroelastica di stallo. **5.** ~ speed (*aer.*), velocità di stallo.

stall-warning indicator (*aer. app.*), avvisatore di stallo.

stamin (coarse woolen cloth) (*text.*), stamina, stamigna.

stamp (*comm.*), bollo. **2.** ~ (as a worker insurance mark) (*work. - etc.*), marca, bollino. **3.** ~ (*off.*), timbro. **4.** ~ (as for serial numbers) (*impl.*), stampigliatore. **5.** ~ (die) (*mech.*), stampo. **6.** ~ (weight for crushing ore) (*mach.*), mazza battente. **7.** ~ duty (*finan.*), see stamp tax. **8.** ~ mark (impressed watermark) (*paper mfg.*), filigrana a secco. **9.** ~ mill (mill with stamps to crush ore) (*mach.*), frantumatrice a mazze battenti (o a pestelli). **10.** ~ rack (*off. impl.*), portatimbri. **11.** ~ tax (*finan.*), tipo di marca da bollo. **12.** revenue ~

(*comm.*), tipo di marca da bollo. **13.** trading stamps (gift stamps) (*adver. - comm.*), bolli premio.

stamp (to) (to impress a mark) (*off.*), timbrare. **2.** ~ (to bend or form with a die) (*mech.*), stampare. **3.** ~ (to mark, as a section or workpiece from an inspection authority) (*metall. - etc.*), marcare, punzonare. **4.** ~ (a letter) (*mail*), affrancare. **5.** ~ (to crush: as ore) (*min.*), frantumare.

stamper (*crushing mach.*), frantumatrice. **2.** ~ (*off. mach.*), timbratrice. **3.** ~ (*work.*), stampatore. **4.** ~ (negative element in disk recording (*acous.*), (Brit.), stampo. **5.** ~ (plodder: for soap industry) (*mach.*), stampatrice.

stamping (*mech.*), stampaggio. **2.** ~ (impressing of marks), timbratura. **3.** ~ (as of ore in a mill) (*technol.*), frantumatura. **4.** ~ (pressed or drawn piece) (*mech. technol.*), elemento stampato, stampato. **5.** ~ (lamination, as for transformer cores) (*elect. mach.*), lamierino. **6.** ~ (imprinting of letters, etc. on sheet metal etc.) (*mech.*), stampigliatura (di contrassegni). **7.** ~ (cut from a strip of transformer lamination) (*n. - elics.*), (elemento tranciato di) lamierino magnetico, lamierino magnetico tranciato. **8.** ~ machine (*post office mach.*), affrancatrice postale. **9.** ~ mill (ore crushing mach.), frantumatrice. **10.** circle ~ (*mech. technol.*), stampaggio di pezzi circolari. **11.** die ~ (*print.*), stampa con matrice di acciaio. **12.** drop ~ (drop forging) (Brit.) (*metall.*), fucinatura a stampo, stampaggio a caldo (al maglio). **13.** wet ~ (impressing of marks by ink, as with a date stamp) (*packing - etc.*), timbratura ad inchiostro.

stampman (*min. work.*), addetto alla frantumatrice.

"stan" (stanchion) (*bldg. - etc.*), montante. **2.** ~, *see* standard.

"STANAG" (STANdardisation AGreement referring to military matters) (*milit.*), STANAG, accordo di standardizzazione.

stanch (staunch, floodgate) (*hydr.*), paratoia, chiusa.

stanchion (upright) (*mech.*), montante. **2.** ~ (*carp.*), montante. **3.** ~ (stake, as of a railw. open car) (*veh.*), "stante", montante. **4.** ~ (*shipbldg.*), puntale. **5.** iron ~ (*bldg.*), montante in ferro, colonna in ferro.

stanchion (to) (*bldg.*), piazzare dei montanti.

stand (for shop) (*mech. impl.*), cavalletto. **2.** ~ (of a dial gauge) (*mech.*), supporto. **3.** ~ (housing, of a rolling mill) (*metall.*), gabbia. **4.** ~ (on the rear wheel of a mtc.) (*mtc. device*), cavalletto. **5.** ~ (as for warehouse equipment) scaffale. **6.** ~ (of a microscope) (*opt.*), stativo. **7.** ~ (*phot.*), cavalletto. **8.** ~ (*chem. impl.*), sostegno. **9.** ~ (in an exhibition) (*comm.*), "stand", posteggio. **10.** ~ (length of metal to be gathered as on a forging machine) (*forging*), lunghezza (di barra). **11.** ~ camera (*phot.*), macchina a cavalletto. **12.** ~ oil (used in paints), olio di lino cotto. **13.** ~ with rings and clamps (*chem. impl.*), sostegno completo di anelli e pinze. **14.** balanced ~ (of a rolling mill) (*metall.*), gabbia a cilindri equilibrati. **15.** central ~ (of a mtc. frame), cavalletto di sostegno centrale (al centro del telaio). **16.** cloak ~ (*furniture*), attaccapanni. **17.** edging ~ (*rolling mill*), gabbia rifinitrice dei bordi. **18.** engine overhaul ~ (*shop equip.*), cavalletto per revisione di motori. **19.** engine test ~ (*workshop app.*), banco prova motori. **20.** launching ~ (launching pad, launching platform, for rockets or missiles) (*milit. - astric.*), piattaforma di lancio. **21.** magnetic ~ (of a dial gauge) (*mech.*), supporto magnetico. **22.** roughing ~ (of a rolling mill) (*metall.*), gabbia sgrossatrice. **23.** test ~ (as for mot.) (*workshop app.*), banco di collaudo, banco (di) prova. **24.** (test) tube ~ (*chem. impl.*), portaprovette. **25.** three-high ~ (of a rolling mill) (*metall.*), gabbia a trio. **26.** turning ~ (*workshop equip.*), cavalletto girevole. **27.** two-high ~ (of a rolling mill) (*metall.*), gabbia a duo.

stand (to), resistere, sopportare. **2.** ~ (to sail in a given direction) (*naut.*), far rotta. **3.** ~ by (to be ready) (*naut.*), esser pronto. **4.** ~ off (to keep at a distance) (*gen.*), tenere a distanza. **5.** ~ off (to keep oneself at a distance) (*gen.*), tenersi lontano. **6.** ~ off (to move away from the coast) (*naut.*), dirigere la prua al largo. **7.** ~ off (to remove temporarily, as from a job) (*gen.*), sospendere. **8.** ~ on (to continue on the same course) (*naut.*), persistere nella rotta. **9.** ~ on edge (*packing - etc.*), porre di coltello. **10.** ~ out (to move away from the coast) (*naut.*), andare al largo. **11.** ~ up (to resist) (*gen.*), resistere.

standage (reservoir, a sump) (*min.*) (Brit.), bacino di pompaggio, pozzo di raccolta.

stand-alone (*a. - comp.*), indipendente, autonomo, con possibilità di funzionare da solo.

standard (employable for meas.: as standard atmosphere) (*a. - gen.*), tipo. **2.** ~ (fixed model, fixed example) (*a.* - gen.), "standard", unificato. **3.** ~ (specification) (*n. - technol. - etc.*), norma, prescrizione. **4.** ~ (upright, support) (*mech.*), montante, sostegno. **5.** ~ (original specimen of meas.) (*n. - gen.*), campione. **6.** ~ (model accepted by general and authorized agreement: as of a bolt) (*n. - gen.*), normale. **7.** ~ (flag) (*n. - gen.*), vessillo. **8.** ~ (a set of rules and specifications established by authority and to be followed) (*n. - comp.*), normativa. **9.** ~ atmosphere (760 mm Hg and 15°C) (*aerology - meteorol.*), atmosfera tipo. **10.** ~ bar (for testing resistance of materials) (*constr. theor.*), provetta normale, provino normale. **11.** ~ candle, *see* candle. **12.** ~ compass (*navig. instr.*), bussola campione. **13.** ~ error (standard deviation) (*quality control*), errore tipo. **14.** ~ frequency (usually 50 or 60 cycles per second) (*elect.*), frequenza tipo. **15.** ~ frequency generator (*radio instr.*), generatore di frequenza tipo. **16.** ~ gauge (4 ft $8^1/_2$ in) (*railw.*), scartamento normale (1,435 m). **17.** ~ gravity, *see* gravity acceleration. **18.** ~

hole (*mech. technol.*), foro base. **19.** ~ inspection procedure (*quality control*), norme di collaudo unificate. **20.** ~ mean chord (*aer.*), corda media. **21.** ~ moisture (the factor of moisture adopted as for calculating the weight of cellulose in wood pulps in air-dried condition) (*paper mfg.*), umidità base. **22.** ~ part (*mech. ind.*), elemento normale (o unificato). **23.** ~ pitch (pitch of a propeller measured at 2/3 of the radius) (*aerot.*), passo (di riferimento). **24.** ~ pitch (of a film) (*m. pict.*), passo normale. **25.** ~ pitch (of gears) (*mech.*), passo normale. **26.** ~ room (of a mech. shop) (*ind.*), sala metrologica. **27.** ~ sample (*gen.*), campione unificato. **28.** ~ section (*metall. - ind.*), profilato normale. **29.** ~ shaft (*mech. technol.*), albero normale. **30.** ~ size (*mech. technol.*), dimensione unificata (o normale). **31.** ~ steelwork molds (*found.*), forme unificate usate nelle acciaierie. **32.** ~ time (of a country), ora legale. **33.** ~ time (as determined by time study) (*work organ.*), tempo rubrica, tempo stabilito dall'analisi dei tempi. **34.** ~ wire gauge, "SWG" (series of sizes) (*mech.*), scala dei diametri normali dei fili metallici. **35.** future ~ (sample for a forward-delivery contract) (*comm.*), campione per contratti con consegne a termine. **36.** gold ~ (monetary system) (*econ.*), tallone oro, tallone aureo. **37.** luminous ~ (*illum. phys.*), campione di intensità luminosa. **38.** periscope ~ (of a sub.) (*navy*), colonna di guida del periscopio. **39.** photometric ~ (*illum. phys.*), campione fotometrico. **40.** primary luminous ~ (*illum. meas.*), campione primario di intensità luminosa. **41.** secondary photometric ~ (*illum. meas.*), campione fotometrico secondario. **42.** silver ~ (monetary system) (*econ.*), tallone argento, tallone argenteo. **43.** turnable ~ (as of a mach. t.) (*mech.*), montante orientabile.

standard-bearer (*milit.*), alfiere.

standardization (*mech. technol.*), normalizzazione, unificazione.

standardize (to) (as a model, quality, measure etc.) (*gen.*), normalizzare, unificare, standardizzare. **2.** ~ (to determine the strength, as of a solution) (*chem.*), titolare. **3.** ~ (to determine the scale value, as of a voltmeter) (*instr.*), tarare. **4.** ~ (to compare something with a standard) (*gen.*), confrontare con un campione.

standardized (as of a part) (*a. - mech. - etc.*), normalizzato, unificato.

standards (poles: as of a power line) (*elect.*), pali di sostegno.

standby (ready, available for use in emergency, as a motor generator set) (*a. - gen.*), di emergenza, di riserva.

stand by (to) (to be ready for action) (*gen.*), stare pronto.

standing (at rest), inoperoso. **2.** ~ (upright), verticale. **3.** ~ (position, as of drivers in races) (*n. - aut. - sport*), classifica, posizione in classifica. **4.** ~ (level of living) (*n. - econ.*), tenore di vita. **5.** ~ block (fixed pulley block of a tackle) (*hoisting app.*), bozzello fisso. **6.** ~ finish (*bldg.*), infissi. **7.** ~ order (as for a periodical publication) (*comm.*), ordine permanente. **8.** ~ press (*typ.*), macchina da stampa verticale. **9.** ~ rigging (*naut.*), manovra fissa. **10.** ~ room (as in a bus), posto in piedi. **11.** ~ rope (guy: piece of chain or rope for bracing something) (*hoisting. - etc.*), cavo per bilanciare (o guidare) carichi sospesi. **12.** ~ start (as of a motorcar) (*sport - speed test*), partenza da fermo. **13.** ~ valve (foot valve: as of an oil pump) (*mech.*), valvola di fondo. **14.** ~ wave (stationary wave) (*phys.*), onda stazionaria. **15.** ~ wave ratio (ratio between the maximum and minimum signal voltage) (*radio - etc.*), rapporto d'onda stazionaria. **16.** hard ~ (hard surface for parking heavy aircraft) (*aer.*), piazzale per stazionamento.

standoff (neutralisation) (*gen.*), neutralizzazione. **2.** ~ (a short rest from work) (*work*) (Brit.), pausa. **3.** ~ (standoff insulator) (*elect.*), isolatore a cappe.

standpipe (*hydr.*), serbatoio piezometrico. **2.** ~ (high cylindrical water tank) (*hydr.*), serbatoio d'acqua cilindrico ed elevato, torre dell'acqua.

standstill (*n.*), fermata, arresto. **2.** ~ (*a.*), fermo, in riposo.

stannate (*chem.*), stannato. **2.** sodium ~ (Na_2SnO_3) (*chem.*), stannato di sodio.

stannic (*chem.*), stannico.

stannite (*chem.*), stannito. **2.** sodium ~ (Na_2SnO_2) (*chem.*), stannito di sodio.

stannous (*chem.*), stannoso.

stannum, *see* tin.

staple (*mech.*), ponticello, forcella. **2.** ~ (as for securing sheets of paper together) (*off.*), punto metallico. **3.** ~ (chaplet: for holding molds or cores in place) (*found.*), supporto (o chiodo o ferro) di formatura. **4.** ~ (U-shaped nail) (*carp.*), cambretta. **5.** ~ (length, fineness, grade etc. of fibers) (*text. ind.*), qualità (o caratteristiche) della fibra. **6.** ~ (raw material) (*ind.*), materiale grezzo. **7.** ~ (of wool fibers) (*wool ind.*), fiocco. **8.** ~ (*min.*), *see* staple pit. **9.** ~ fibre (rayon yarn) (*text. ind.*), filato di rayon. **10.** ~ pit (*min.*), cunicolo di comunicazione. **11.** ~ product (the principal good produced in a country) (*a. - comm.*), prodotto principale. **12.** abnormal ~ (of wool fibers) (*wool ind.*), fiocco anormale. **13.** boardy ~ (of wool fibers) (*wool ind.*), fiocco feltrato. **14.** highly curled ~ (of wool fibers) (*wool ind.*), fiocco molto arricciato. **15.** irregular depth ~ (of wool fibers) (*wool ind.*), fiocco di lunghezza disuguale. **16.** irregular ~ (of wool fibers) (*wool ind.*), fiocco irregolare. **17.** knotty ~ (of wool fibers) (*wool ind.*), fiocco nodoso. **18.** loose ~ (of wool fibers) (*wool ind.*), fiocco facilmente separabile. **19.** open ~ (of wool fibers) (*wool ind.*), fiocco aperto. **20.** pointed waved ~ (of wool fibers) (*wool ind.*), fiocco con peli troppo ondulati. **21.** regular depth ~ (of wool fibers) (*wool ind.*), fiocco di lunghezza uniforme. **22.** rounded ~ (of wool fibers) (*wool ind.*), fiocco arrotondato. **23.** smooth ~ (of wool fibers) (*wool ind.*), fiocco liscio. **24.** stave ~ (*carp.*), cambretta per doghe. **25.** sticky tips ~ (of wool fibers) (*wool ind.*), fiocco con punte incollate. **26.** tow-like ~ (of wool fibers) (*wool ind.*), fiocco stopposo. **27.** upright ~ (of wool fibers) (*wool ind.*), fiocco diritto. **28.** well bound ~ (of wool fibers) (*wool ind.*), fiocco ben congiunto. **29.** well marked ~ (of wool fibers) (*wool ind.*), fiocco ben caratterizzato.

staple (to) (as sheets of paper together) (*off. - etc.*), cucire. **2.** ~ (to divide according to staples, as for cotton) (*text. ind.*), classificare secondo la fibra.

stapler (*wool work.*), classificatore (della lana). **2.** ~ (for binding papers together) (*off. impl.*), cucitrice.

stapling (binding of papers together) (*off.*), cucitura. **2.** ~ hammer (*carp. t.*), martello per cambrette. **3.** ~ machine (as pneumatically-powered for stapling hard and thick materials) (*mach.*), cucitrice meccanica.

"STAR" (scientific and technical aerospace reports) (*aer. - etc.*), bollettini scientifici e tecnici aerospaziali.

star (*astr.*), stella. **2.** ~ (chief actress) (*m. pict.*), stella. **3.** ~ (chief actor) (*m. pict.*), divo. **4.** ~ (Star boat) (*naut. sport*), imbarcazione classe Stella. **5.** ~ and cam movement, *see* Maltese cross movement. **6.** ~ class (of a boat) (*naut. sport*), classe Stella. **7.** ~ connection (as of a three-phase system) (*elect.*), collegamento a stella. **8.** ~ drill (as for rock) (*min. t.*), fioretto con punta a stella. **9.** ~ feed (mech. feeding) (*mach. t. - mech.*), tipo di alimentazione automatica (di tipo meccanico). **10.** ~ lot (3 to 4 bales of wool) (*wool ind.*), piccolo lotto di lana. **11.** ~ point (of a three-phase system) (*elect.*), centro stella. **12.** ~ reel (of a rotary press) (*print. mach.*), porta-bobina stellare. **13.** ~ shake (of timber) (*wood*), fessurazione radiale. **14.** ~ vault (*arch.*), volta con nervature a stella. **15.** ~ wheel (ratchet wheel) (*mech.*), ruota di arpionismo. **16.** ~ winding (*elect.*), avvolgimento a stella. **17.** carbon ~ (low temp. red star) (*astr.*), gigante rossa, stella rossa. **18.** fixed ~ (*astr.*), stella fissa. **19.** radio stars (stars emitting short-wave radiations) (*astr.*), radiostelle. **20.** shooting ~ (*astr.*), meteora.

starboard (*naut.*), dritta, destra. **2.** ~ (*a. - naut.*), di dritta, di tribordo. **3.** ~ side (*naut.*), dritta, tribordo.

starch [$(C_6H_{10}O_5)_x$] (*n. - chem.*), amido. **2.** ~ gum (dextrin) (*chem.*), destrina. **3.** ~ paste (*chem.*), colla d'amido.

starch (to) (*text. ind.*), inamidare, insaldare.

starching machine (for fabrics) (*text. ind.*), macchina per saldare.

star-connected (*a. - elect.*), collegato a stella.

starling (*hydr. constr.*), palizzata di protezione e sostegno.

star-quad cable, *see* quad cable.

star-ribbed vault, *see* star vault.

starshake (timber crack) (*wood ind.*), fessurazione (o spaccatura) radiale.

start (starting) (*mot.*), avviamento. **2.** ~ of message, "SOM" (*comp.*), inizio del messaggio. **3.** ~ of text, "STX" (control character preceeding the text of a message) (*comp.*), STX, inizio del testo. **4.** cold ~ (*mot.*), avviamento a freddo. **5.** flying ~ (as of a race which starts when the competitors are moving or as when meas. the speed on a mile) (*aut. test - sport*), partenza lanciata. **6.** kick ~ (*mtc.*) (Brit.), avviamento a pedale. **7.** standing ~ (as of a motorcar, as when meas. the speed on a mile) (*sport - speed test*), partenza da fermo.

start (to) (*mot.*), avviare, mettere in moto. **2.** ~ (*mot.*), avviarsi. **3.** ~ (to set going) (*ind.*), mettere in servizio. **4.** ~ (to set running) (*mach.*), mettere in moto. **5.** ~ at full load (*mot.*), avviare a pieno carico. **6.** ~ the fire (as in a furnace), accendere il fuoco. **7.** ~ without load (*mot.*), avviare a vuoto.

starter (elect. mot. that starts an internal comb. engine) (*aut.*), motorino (elettrico) di avviamento. **2.** ~ (of an elect. mot.) (*elect. device*), avviatore. **3.** ~ (for fluorescent lighting) (*illum. app.*), starter, reattanza d'accensione. **4.** ~ battery (as of an i.c. engine) (*elect.*), batteria di avviamento. **5.** air ~ (as of an i.c. engine) (*mot.*), avviatore ad aria compressa. **6.** automatic ~ (*elect. device*), avviatore automatico. **7.** autotransformer ~ (*elect. app.*), autotrasformatore di avviamento. **8.** cartridge ~ (*mot.*), avviatore a cartuccia. **9.** combustion ~ (cartridge starter) (*aer. mot.*), avviatore a cartuccia. **10.** compressed-air ~ (as of an i.c. engine) (*mot.*), avviatore ad aria compressa. **11.** contactor ~ (*elect. app.*), avviatore. **12.** direct ~ (*elect. device*), avviatore diretto. **13.** electric inertia ~ (as of an aircraft engine) (*mot.*), avviatore elettrico ad inerzia. **14.** electric ~ (*mot.*), avviatore elettrico. **15.** engine ~ (*mech.*), avviatore del motore. **16.** fluorescent lamp ~ (electronic discharge starter) (*elect.*), avviatore (o starter) per lampada fluorescente. **17.** gasoline ~ (as for a Diesel engine) (*mot.*), motore di avviamento a benzina. **18.** ground ~ (not carried in the aircraft) (*aer. mot.*), avviatore a terra. **19.** hand and electric ~ (*mot.*), avviatore elettrico ed a mano. **20.** hand ~ (*mot.*), avviatore a mano. **21.** impulse ~ (as of an i. c. engine) (*mot.*), avviatore a scatto. **22.** inertia ~ (*mot.*), avviatore ad inerzia. **23.** internal-combustion ~ (as for an aer. mot.) (*aer. mot.*), avviatore a combustione interna. **24.** liquid ~ (as of elect. mot.), resistenza di avviamento a liquido. **25.** magnetic ~ with overload and undervoltage protection (*elect.*), avviatore magnetico protetto contro i sovraccarichi e gli abbassamenti di tensione. **26.** manual inertia ~ (as of an i.c. engine) (*mot.*), avviatore ad inerzia a mano. **27.** manual ~ (*mot.*), avviatore a mano. **28.** oil-cooled ~ (as of elect. mot.), reostato avviatore con raffreddamento a olio. **29.** overload ~ (motor protector) (*elect. app.*), avviatore con salvamotore. **30.** rheostatic ~

(*elect. app.*), reostato di avviamento, resistenza di avviamento. **31.** solenoid ~ (of an elect. mot.) (*elect. app.*), teleruttore di avviamento. **32.** star-delta ~ (*elect. device*), avviatore a stella-triangolo. **33.** star-mesh ~ (*elect. app.*), avviatore a stella-triangolo. **34.** turbine ~ (as of an i.c. engine) (*aer. mot.*), avviatore a turbina. **35.** turbo ~ (for jet engines) (*mot.*), avviatore a turbina.

starting (*mech.*), avviamento, messa in moto. **2.** ~ air (*mot.*), aria d'avviamento. **3.** ~ autotransformer (*elect. app.*), autotrasformatore di avviamento. **4.** ~ box, *see* rheostat. **5.** ~ by compressed air (as of mot.), avviamento ad aria compressa. **6.** ~ current (as of elect. mot.), corrente di avviamento. **7.** ~ cycle (of a jet engine) (*mot.*), ciclo di avviamento. **8.** ~ dogs (*mot.*), griffa (o innesto) per l'avviamento. **9.** ~ electrode (*illum.*), elettrodo di accensione. **10.** ~ friction (*mech.*), attrito di primo distacco. **11.** ~ handle (*mot.*), manovella d'avviamento. **12.** ~ load (of an induction motor) (*elect.*), carico di avviamento, carico di spunto. **13.** ~ of a boiler (*ind.*), accensione di una caldaia. **14.** ~ platform (*gen.*), piattaforma di partenza. **15.** ~ resistance (*elect.*), reostato di avviamento. **16.** ~ resistor (as in electric locomotives) (*elect.*), resistenza di avviamento. **17.** ~ rheostat (*elect. app.*), reostato di avviamento. **18.** ~ torque (*elect. mach.*), coppia di spunto. **19.** ~ up from rest (*mot.*), avviamento (del motore) da fermo. **20.** ~ watts (of an elect. motor) (*elect.*), carico di avviamento. **21.** air injection ~ (of an aircraft engine) (*mot.*), avviamento ad aria compressa. **22.** cold ~ (*mot.*), avviamento a freddo. **23.** cold weather ~ (*mot.*), avviamento in clima freddo. **24.** compressed-air ~ (*mot.*), avviamento ad aria compressa. **25.** direct electric ~ (of an aircraft engine) (*mot.*), avviamento elettrico diretto. **26.** emergency hand ~ (as of an i.c. engine) (*mot.*), avviamento a mano di emergenza. **27.** hydraulic ~ (as of an i.c. engine through a rack and pinion operated by high pressure oil) (*mot.*), avviamento idraulico. **28.** spark ~ (*elect. - etc.*), innesco dell'arco. **29.** star-delta ~ (of a three-phase induction motor) (*elect.*), avviamento stella-triangolo.

start-stop (a rhythmic system, in which start and stop signals are preparing the receiving mechanism) (*telegr.*), sistema aritmico. **2.** ~ transmission (*tlcm.*), trasmissione ad avvio ed arresto, trasmissione start/stop.

startup (of a nuclear reactor) (*atom phys.*), accensione. **2.** ~ (setting running, of an engine) (*eng.*), avviamento. **3.** ~ (initialization) (*comp.*), inizializzazione.

starvation (impossibility of using the "CPU" because of high priority concurrent processing) (*comp.*), insufficiente disponibilità.

starve (to) (to feed an eng. with a poor quality mixture) (*mot.*), alimentare con miscela povera. **2.** ~ at high speed (of mot.) (Am.), avere alimentazione povera a regime elevato.

starving (as of a water pump at high speeds) (*mot. defect*), alimentazione insufficiente.

"stat" (prefix of anglosaxon electrostatic meas. units: as statvolt, statampere etc.). **2.** ~, *see* static, stationary, statistical, statics.

stat (radioactive disintegration unit; st, 1 st = 13.431 Bequerel) (*atom phys. meas.*), stat.

statampere (cgs electrostatic unit of current corresponding to $3,3 \times 10^{-10}$ ampere) (*elect. meas.*), unità elettrostatica di corrente.

statcoulomb (cgs electrostatic unit of charge) (*elect. meas.*), unità elettrostatica di carica.

state (phys. condition of something) (*n. - phys.*), stato. **2.** ~ (*a. - gen.*), statale. **3.** ~ corporation (*ind.*), azienda di stato, azienda statale. **4.** buffer ~ (*geogr.*), stato cuscinetto. **5.** excited ~ (*atom phys.*), stato eccitato. **6.** ground ~ (*atom phys.*), livello minimo energetico, livello di terra. **7.** metastable ~ (*atom phys.*), stato metastabile. **8.** normal propeller ~ (when the airflow is in an opposite direction to the thrust) (*aer.*), condizione normale propulsiva, condizione normale dell'elica. **9.** smectic ~ (a state of matter intermediate between liquid and solid), stato smettico. **10.** steady ~ (as of an electr. mach. under normal variation of load) (*gen.*), stabilità di regime. **11.** steady ~ (as of an atomic system) (*atom phys.*), stato di stabilità. **12.** steady ~ (as of a car: existing when vehicle responses to controls or disturbances do not change over a long time) (*veh.*), condizioni di regime. **13.** steady ~ response (as of a car) (*veh.*), risposta in condizioni di regime. **14.** transient ~ (as of a car) (*veh.*), condizioni transitorie. **15.** vector ~ (spacecraft position and velocity relative to the earth) (*astric.*), velocità e posizione rispetto alla terra. **16.** virtual ~ (unstable state of a compound nucleus) (*atom phys.*), stato virtuale. **17.** vortex-ring ~ (of a rotor: when the direction of the airflow through the disk area is opposite to the airflow outside the disk area and to the rotor thrust) (*aer.*), condizione di anello vorticoso. **18.** welfare ~ (country assuming the responsability for individual and social welfare) (*social politics*), stato assistenziale. **19.** windmill-brake ~ (of a rotor when its thrust has the same direction as the airflow) (*aer.*), condizione di freno a mulinello, condizione di frenatura con mulinello.

state (to) (to declare) (*gen.*), dichiarare. **2.** ~ (to establish) (*gen.*), stabilire.

statement (*gen.*), dichiarazione. **2.** ~ (of account) (*comm.*), estratto conto. **3.** ~ (setup, as of a problem) (*math.*), enunciato. **4.** ~ (instruction) (*comp.*), istruzione. **5.** ~ of affairs (of a company) (*finan.*), situazione di fallimento, bilancio di fallimento. **6.** declarative ~ (*comp.*), istruzione dichiarativa. **7.** end ~ (*comp.*), istruzione di fine. **8.** imperative ~ (*comp.*), istruzione imperativa (o tassativa). **9.** job control ~ (*comp.*), istruzione di controllo di lavoro. **10.** operating ~ (profit and loss statement) (*adm.*), conto profitti e perdite.

stateroom (*naut.*), cabina. **2.** ~ (*railw.*), scompartimento privato.
statfarad (cgs electrostatic unit of capacitance) (*elect. meas.*), unità elettrostatica di capacità.
stathenry (cgs electrostatic unit of inductance) (*elect. meas.*), unità elettrostatica di induttanza.
static (*a. - phys.*), statico. **2.** ~ (atmospherics) (*n. - radio*), scariche, disturbi locali (o atmosferici). **3.** ~ balance (*mech.*), equilibrio statico. **4.** ~ balance (of a control surface) (*aer.*), equilibrio statico. **5.** ~ balancing (*mech.*), equilibratura statica. **6.** ~ balancing machine (*mach.*), macchina per l'equilibratura statica. **7.** ~ cable (steel cable running along the side of the fuselage and on which the parachute static line strops can slide) (*aer.*), cavo di vincolo collettivo, cavo statico, cavo per funi di vincolo. **8.** ~ equilibrium, *see* static balance. **9.** ~ field, *see* electric field. **10.** ~ friction (*mech.*), attrito di primo distacco. **11.** ~ ground (*aer. - elect.*), collegamento statico a terra. **12.** ~ head (*hydr.*), altezza piezometrica, carico. **13.** ~ lift (as of an aerostat) (*aer.*), portanza statica, forza ascensionale statica. **14.** ~ line (cable one end of which is attached to the parachute and the other end to the aircraft) (*aer.*), fune di vincolo. **15.** ~ load (*constr. theor.*), carico statico. **16.** ~ load when completely deflected (rubb. test) (*rubb. ind.*), carico statico per cui si ha l'appiattimento totale. **17.** ~ machine (an electrostatic generator) (*electromech.*) (Brit.), macchina elettrostatica. **18.** ~ margin (the horizontal distance of a car from the center of gravity to the neutral steer line divided by the wheelbase) (*aut.*), margine statico. **19.** ~ margin with stick fixed (*aer.*), margine statico a governale bloccato. **20.** ~ margin with stick free (*aer.*), margine statico a governale libero. **21.** ~ moment (*constr. theor.*), momento statico. **22.** ~ opening (*mech. of fluids*), presa statica. **23.** ~ pin (wire used to secure the petals of a parachute petal cap) (*aer.*), filo di chiusura della custodia. **24.** ~ pressure (exerted by a static fluid) (*mech. of fluids*), pressione statica. **25.** ~ pressure, *see also* static head. **26.** ~ radial engine (usual type with stationary cylinders) (*aer. - mot.*), motore stellare (a stella di cilindri fissa). **27.** ~ rail (secured to the plane cabin and used as a parachute static cable) (*aer.*), rotaia di vincolo collettivo. **28.** ~ stability (*mech. - aer.*), stabilità statica. **29.** ~ stress (*constr. theor.*), sollecitazione statica. **30.** ~ test (reproducing the stresses on an aircraft and its parts by the application of static loads) (*aer. constr.*), prova statica. **31.** ~ test (ground test of a rocket motor) (*rckt.*), prova a terra. **32.** ~ thrust (as of a propeller or jet engine) (*aer. mot.*), spinta a punto fisso, spinta statica. **33.** ~ torque (*elect. mach.*), coppia di spunto. **34.** ~ tube (for indicating pressure) (*aer.*), tubo di presa statica. **35.** snow ~ (as in aer.) (*radio*), disturbo della radio (dovuto a neve, pioggia, tempesta di sabbia ecc.). **36.** ~, *see also* statics, electrostatic.
statical (*a.*), *see* static.
statically (*gen.*), staticamente.
staticize (to) (to convert transient data into static bits: as by memory cells) (*comp.*), fissare.
statics (*n. - constr. theor.*), statica.
station (of a mach. t.), stazione, posto di operazione. **2.** ~ (*railw.*), stazione. **3.** ~ (*comp. - radio - etc.*), stazione. **4.** ~ (enlargement in a shaft) (*min.*), recetta. **5.** ~ (point at which the instr. is set for taking observations) (*top. surveying*), stazione, punto stazione, punto trigonometrico. **6.** ~ bill (*milit.*), ruolo delle destinazioni. **7.** ~ log (*radio*), giornale (o registro giornaliero) della stazione. **8.** ~ master (*railw.*), capo stazione. **9.** ~ point (in linear perspective) (*draw.*), centro di vista. **10.** ~ pointer (three-rod instr. used for locating on a map the position of a point) (*naut. and top. instr.*), staziografo, rapportatore a tre aste. **11.** ~ rod, *see* leveling rod. **12.** ~ roof (single or double-cantilever roof on a single line as of columns) (*railw. bldg.*), pensilina ferroviaria. **13.** ~ selector (tuning element of a receiving set) (*radio*), comando (o controllo) di sintonia. **14.** ~ wagon (station waggon) (beach wagon) (*aut.*), giardinetta, giardiniera. **15.** aeronautical fixed ~ (radio station) (*aer. - radio*), stazione aeronautica fissa. **16.** aeronautical ~ (radio station) (*aer. - radio*), stazione aeronautica. **17.** aircraft radio ~ (*aer. - radio*), stazione radio di bordo. **18.** angle ~ (of a cableway) (*transp.*), stazione d'angolo. **19.** astronomic ~ (*astr.*), stazione astronomica. **20.** auxiliary power ~ (*elect.*), centrale di riserva. **21.** B ~, b ~ (*naut. - radio*), radio di bordo. **22.** beam radio ~ (*radio - aer.*), radiotrasmittente per segnali direzionali. **23.** broadcasting ~ (*radio*), stazione emittente. **24.** called ~ (*comp.*), stazione chiamata. **25.** calling ~ (*comp.*), stazione chiamante. **26.** camera ~ (on the airplane) (*air photogr.*), punto di presa. **27.** central ~ (powerhouse, power plant) (*elect.*), centrale elettrica. **28.** coaling ~ (*naut.*), stazione di rifornimento di carbone, stazione di carbonamento. **29.** control ~ (*sport*), posto di controllo. **30.** data ~ (*comp.*), stazione dati. **31.** despatch ~ (*railw.*), stazione di spedizione. **32.** direction finding ~ (*radio*), stazione radiogoniometrica. **33.** filling ~ (*aut.*), posto di rifornimento. **34.** fire control ~ (*navy*), stazione di direzione del tiro. **35.** generating ~ (*elect.*), centrale elettrica. **36.** goods ~ (*railw.*), stazione merci. **37.** ground strip ~ (*milit. - air force*), posto di segnalazione a terra (per aerei). **38.** heat-engine generating ~ (*elect.*), centrale termoelettrica. **39.** hydroelectric generating ~ (*elect.*), centrale idroelettrica. **40.** idle ~ (as of a transfer mach.) (*mach. t.*), stazione di attesa. **41.** illicit ~ (*radio*), stazione clandestina. **42.** input ~ (of data) (*comp.*), stazione di immissione. **43.** inquiry ~ (*comp.*), stazione di interrogazione. **44.** intermediate ~ (*railw.*), stazione intermedia. **45.** loading ~ (*mach. t.*), posizione (o stazione) di caricamento. **46.** low-power

~ (*radio*), stazione a basso potenziale. **47.** master ~ (as of a radio navigation system) (*radiocommunication*), stazione principale. **48.** master ~ (station controlling other stations and terminals) (*comp.*), stazione principale. **49.** message collecting ~ (*milit.*), posto di corrispondenza. **50.** message dropping ~ (*milit.*), posto lancio messaggi. **51.** mobile ~ (as a station on a veh.) (*radio*), stazione mobile. **52.** mobile surface ~ (radio station) (*aer. - radio*), stazione mobile al suolo. **53.** nuclear power ~ (*elect. plant*), centrale elettrica termonucleare. **54.** power ~ (*elect.*), centrale elettrica. **55.** prepaid ~ (to which freight cannot be shipped for payment at delivery) (*railw.*), stazione che non ammette spedizioni in porto assegnato. **56.** principal ~ (*top. survey*), stazione principale. **57.** print ~ (of a terminal printer) (*comp.*), stazione di stampa. **58.** private ~ (*radio*), stazione radiotrasmittente privata. **59.** pumping ~ (*ind.*), centrale di pompaggio. **60.** punching ~ (as for punching cards) (*comp.*), stazione di perforazione. **61.** radiobroadcasting ~ (*radio*), stazione radiotrasmittente. **62.** range-finding ~ (*navy*), stazione telemetrica. **63.** read ~, reading ~ (*comp.*), stazione di lettura. **64.** receiving ~ (*railw.*), stazione destinataria. **65.** relay ~ (repeater, transceiver) (*radio - telev.*), stazione ripetitrice, stazione ritrasmittente. **66.** rotating ~ (as of a transfer mach.) (*mach. t.*), stazione di rotazione. **67.** searchlight ~ (*milit.*), stazione fotoelettrica. **68.** service ~ (*aut.*), autostazione, stazione di servizio. **69.** setting up over a ~ (as of a top. instr.) (*top.*), messa in stazione. **70.** shunting ~ (*railw.*), stazione di smistamento. **71.** space ~ (an inhabitable satellite) (*astric.*), stazione spaziale. **72.** spot ~ (*radio*), stazione locale. **73.** terminal ~ (*railw.*), stazione di testa. **74.** thermal ~ (*elect.*), centrale termica. **75.** transfer ~ (*railw.*), stazione di transito. **76.** transforming ~ (*elect.*), stazione di trasformazione. **77.** transmitting ~ (*radio*), stazione trasmittente. **78.** transmitting ~ (for guns) (*navy*), camera d'ordini. **79.** traverse ~ (traverse survey station) (*top.*), vertice di poligonale. **80.** triangulation ~ (*top.*), vertice di triangolazione. **81.** turn ~ (as of a transfer mach.) (*mach. t.*), stazione di rotazione. **82.** turnover ~ (as of a transfer mach.) (*mach. t.*), stazione di ribaltamento. **83.** way ~ (*railw.*), stazione secondaria. **84.** weather ~ (*meteorol.*), stazione meteorologica. **85.** work ~ (*pers. organ.*), posto di lavoro. **86.** work ~ (as a "VDU" terminal) (*comp.*), stazione di lavoro.

stationary (*a.*), stazionario. **2.** ~ Diesel engine (*mot.*), motore Diesel fisso. **3.** ~ engine (*steam engine*), macchina a vapore fissa. **4.** ~ hand crane (*mech.*), gru fissa manovrata a mano. **5.** ~ waves (*phys.*), onde stazionarie.

stationer (*comm.*), cartolaio. **2.** ~'s shop (*paper comm.*), cartoleria.

stationery (*comm. - off.*), cancelleria. **2.** continuous ~ (a continuous ribbon of forms fan-folded and so forming a pack) (*comp.*), (pacco di) moduli continui. **3.** edge punched ~ (for continuous stationery: as for printers) (*paper mfg. - comp.*), carta perforata sui bordi, moduli continui a bordi forati.

stationmaster (*railw.*), capostazione.

station-type machine tool (*mach. t.*), macchina utensile per lavorazioni a stazioni.

statistic (random variable) (*n. - stat.*), statistica.

statistical (*a.*), statistico. **2.** ~ accelerometer (recording the accelerations exceeding a predetermined value) (*aer. instr.*), accelerometro statistico. **3.** ~ findings (*stat.*), rilievi statistici, rilevazioni statistiche. **4.** ~ graph (frequency curve) (*stat.*), curva statistica di frequenza, curva di distribuzione statistica. **5.** ~ variable (*stat.*), variabile statistica.

statistics (*n. - gen.*), statistica.

"statmux" (statistical multiplexer) (*tlcm.*), multiplatore statistico.

statohm (cgs electrostatic unit of resistance) (*elect. meas.*), unità elettrostatica di resistenza ($8,9 \times 10^{11}$ ohm).

stator (as of an elect. mot., a turbine, a variable capacitor etc.) (*n. - gen.*), statore. **2.** ~ core laminations (*electromech.*), lamierini dello statore.

statoscope (*aer. instr. - meteorol. instr.*), statoscopio, altimetro di precisione.

statue (*arch. - art*), statua.

status , *see* state. **2.** ~ word (indicating the condition of a system) (*comp.*), parola di stato.

statute (act or regulation of a corporation) (*adm. - law*), statuto.

statutory (*a. - law*), statutario.

staunch, *see* stanch.

stauroscope (polariscope) (*crystallographic instr.*), stauroscopio.

stave (of a cask) (*carp.*), doga. **2.** ~ (upward inclination of a boat bowsprit) (*naut.*), inclinazione verso l'alto (del bompresso). **3.** ~ (*text. ind.*), *see* heddle.

staving (thickening or upsetting of the ends of tubes) (*pip. mfg.*) (Brit.), rifollatura.

stay (prop) (*bldg.*), puntello. **2.** ~ (of a lathe) (*mech.*), lunetta. **3.** ~ (brace, used for stiffening) (*bldg. - naut.*), controvento. **4.** ~ (guy-rope) (*naut.*), straglio, vento. **5.** ~ (suspension, as of work) (*a. - gen.*), sospensione. **6.** ~ (the condition of remaining in a place or during time) (*n. - gen.*), permanenza. **7.** ~ bolt (*mech.*), chiodo di collegamento, tirante. **8.** ~ rod (*mech.*), tirante. **9.** ~ time (depending on the velocity of flow of propellants in a rocket combustion chamber) (*rckt.*), tempo di permanenza. **10.** ~ wire (*aer.*), tirante. **11.** boring bar ~ (end support: as of horizontal boring mach.) (*mech.*), montante di sostegno della barra alesatrice. **12.** fixed ~ (steady rest) (*mach. t.*), lunetta fissa. **13.** funnel ~ (*naut.*), straglio del fumaiolo, vento del fumaiolo. **14.** horizontal ~ bolts (of a steam locomotive boiler) (*railw.*), tiran-

ti orizzontali. **15.** slack in stays (slow in tacking, said of a sail ship) (*naut.*), lento a virare di bordo.
stay (to) (to prop) (*gen.*), puntellare. **2.** ~ (to stiffen with ties) (*bldg.*), controventare. **3.** ~ (to remain in a place or during time) (*gen.*), stare, rimanere. **4.** ~ (to be motionless) (*gen.*), essere fermo.
stay–in, stay–in strike (*work. protest*), sciopero effettuato al posto di lavoro.
staying (sojourn, sojurn) (Brit.) (*gen.*), soggiorno, permanenza.
staysail (*naut.*), vela di straglio, vela di strallo. **2.** fore topmast ~ (*naut.*), trinchettina. **3.** main-royal ~ (*naut.*), vela di straglio di controvelaccio. **4.** main ~ (*naut.*), vela di straglio di maestra. **5.** main topgallant ~ (*naut.*), vela di straglio di velaccio. **6.** main–topmast ~ (*naut.*), vela di straglio di gabbia. **7.** mizzen–royal ~ (*naut.*), vela di straglio di controbelvedere. **8.** mizzen ~ (*naut.*), vela di straglio di mezzana. **9.** mizzen–topgallant ~ (*naut.*), vela di straglio di belvedere. **10.** mizzen-topmast ~ (*naut.*), vela di straglio di contromezzana.
"stbd" (starboard, right side) (*naut.*), dritta.
"STD" (subscriber trunk dialling) (*teleph.*), teleselezione.
"std" (standard) (*mech. - etc.*), norma, normale.
steadiness (*gen.*), stabilità.
steady (*a. - gen.*), fermo. **2.** ~ (*naut.*), via!, alla via!, via così! **3.** ~ (constant), costante. **4.** ~ (regular), regolare. **5.** ~ (steady rest: of a lathe) (*mach. t. - mech.*), lunetta fissa. **6.** ~ (*naut.*), stabile. **7.** ~ brace of polygon (as of a suspended contact line for elect. railw.), braccio di poligonazione. **8.** ~ condition (*elect. - radio - etc.*), regime permanente. **9.** ~ load (*theor. constr.*), carico fisso, carico permanente. **10.** ~ motion (*theor. mech.*), moto uniforme. **11.** ~ rest (as of a lathe or grinding machine) (*mach. t. - mech.*), lunetta fissa. **12.** ~ span of polygon (as of a suspended contact line for elect. railw.), tirante di poligonazione. **13.** ~ state (as of an atomic system) (*atom. phys.*), stato di stabilità. **14.** ~ state (as of electric waves) (*phys.*), stato stazionario. **15.** ~ state (as of a car) (*veh. - etc.*), regime, condizione di regime. **16.** ~ state response (as of a car) (*veh.*), risposta in condizioni di regime. **17.** ~ state response gain (as of a car) (*veh.*), guadagno di risposta a regime.
stealer (drop strake: a strake discontinued) (*shipbldg.*), corso intercalato.
stealing (*inf.*), appropriazione.
stealth (furtive action) (*gen.*), azione furtiva. **2.** ~ bomber (can't be located or tracked by radar) (*air force*), bombardiere invisibile.
steam, vapore (di acqua). **2.** ~ accumulator (*ind.*), accumulatore di vapore. **3.** ~ barge (for goods) (*naut.*), pirobetta, betta a vapore. **4.** ~ barge (for passengers) (*naut.*), battello fluviale. **5.** ~ bath (as in chem.), bagno di vapore. **6.** ~ boiler (*boil.*), generatore di vapore, caldaia a vapore. **7.** ~ box, *see* steam chest. **8.** ~ car (as for diminishing pollution problems) (*aut.*), automobile a vapore. **9.** ~ chest (of a steam engine), camera (di distribuzione) del vapore. **10.** ~ chest molding (of plastics) (*technol.*), stampaggio con uso di vapore. **11.** ~ cleaner (for washing mech. parts) (*mech. ind.*), lavatrice a getto di vapore. **12.** ~ condenser (*steam plant*), condensatore. **13.** ~ connection (*mech.*), presa di vapore. **14.** ~ damp (steam suppression in a nuclear reactor) (*nuclear ind.*), abbattimento del vapore. **15.** ~ dome (of boil.), duomo. **16.** ~ dome (as of a locomotive) (*railw.*), duomo. **17.** ~ drier (*ind. device*), separatore di condensa, essiccatore di vapore. **18.** ~-driven car (steam car) (*aut.*), automobile a vapore. **19.** ~ drop hammer (*mach.*), maglio a vapore a semplice effetto. **20.** ~ drum (*boil.*), corpo cilindrico. **21.** ~ emulsion number (of lubricating oil) (*chem.*), indice di deemulsionabilità (all'insufflamento di vapore). **22.** ~ emulsion test (of an oil) (*chem.*), prova di deemulsionabilità con (insufflamento di) vapore. **23.** ~ engine, macchina a vapore. **24.** ~ excavator (*mach.*), escavatore a vapore, scavatrice a vapore. **25.** ~ finish (*paper mfg.*), calandratura a getto di vapore. **26.** ~ flooding (*oil wells*), insufflazione di vapore. **27.** ~ formation (as in a boil.), generazione di vapore. **28.** ~ generating tube (of a boiler), tubo bollitore, tubo evaporatore, tubo d'acqua. **29.** ~ generation per sq m of heated surface (*boil.*), produzione di vapore per mq di superficie riscaldata. **30.** ~ hammer (*mach.*), maglio a vapore. **31.** ~ heating (*therm.*), riscaldamento a vapore. **32.** ~ injector (*boil.*), iniettore per caldaia, iniettore a vapore. **33.** ~ jacket (of steam engine), camicia di vapore. **34.** ~ outlet (*mach.*), uscita del vapore. **35.** ~ packet (*naut.*), piroscafo. **36.** ~ patrol ship (*navy*), pirovedetta. **37.** ~ piping (*pip.*), tubazione di vapore. **38.** ~ power plant (*elect.*), centrale termoelettrica a vapore. **39.** ~ roller (*mach.*), compressore (stradale) a vapore. **40.** ~ saturation (*thermod.*), saturazione del vapore. **41.** ~ shovel (*earth moving mach.*), escavatore (a cucchiaia) a vapore. **42.** ~ tap (for cleaning the fire tubes of a boiler), soffiatore di fuliggine. **43.** ~ traction (as of railw.), trazione a vapore. **44.** ~ trap (*pip. app.*), scaricatore di condensa per (impianti) vapore. **45.** ~ trawler (*naut.*), piropeschereccio. **46.** ~ valve (*steam app.*), valvola regolatrice di efflusso (del vapore). **47.** atmospheric ~ engine, macchina con vapore a scarico nell'atmosfera. **48.** condensing ~ engine, macchina a vapore con condensatore. **49.** dry saturated ~ (*thermod.*), vapore saturo secco. **50.** dry ~ (*thermod.*), vapore secco. **51.** high–pressure ~ (*boil.*), vapore ad alta pressione. **52.** live ~ (*therm.*), vapore vivo. **53.** low–pressure ~ (*boil.*), vapore a bassa pressione. **54.** saturated ~ (*thermod.*), vapore saturo. **55.** superheated ~ (*therm.*), vapore surriscaldato. **56.** to raise ~ (of boil.), mettere sotto pressione. **57.** two–pipe ~ heating system (one pipe for supplying steam, the other to return condensation

to boiler) (*therm. ind.*), impianto di riscaldamento a vapore con ritorno di condensa. **58.** under ~ (of boil.) (*navy*), sotto pressione. **59.** wet ~ (*thermod.*), vapore umido.

steam (to) (as the wood) (*carp.*), trattare con vapore. **2.** ~ (*text. mfg.*), passare al vapore, vaporizzare, trattare con vapore. **3.** ~ (of a ship) (*naut.*), navigare. **4.** ~ up (to fog: as of a glass) (*phys.*), appannarsi.

steamboat (*naut.*), barca a vapore.

steamer (*naut.*), piroscafo. **2.** ~ (boat, for public service) (*naut.*), vaporetto. **3.** ~ (steam generator) (*ind.*), generatore di vapore. **4.** ~ (veh. driven by steam) (*veh.*), veicolo a vapore.

steaming (*text. ind.*), trattamento con vapore, vaporizzazione. **2.** ~ up (as of a window) (*gen.*), appannamento.

steamroller (*road mach.*), compressore stradale a vapore.

steamship (*naut.*), piroscafo. **2.** turbine ~ (*naut.*), turbonave (a vapore). **3.** ~, *see also* steamer.

steamtight (*a. - pip. - etc.*), a tenuta di vapore.

steaning (*hydr. constr. - civ. eng.*), *see* steining.

stearate (*n. - chem.*), stearato.

stearic (*a. - chem.*), stearico. **2.** ~ acid ($C_{17}H_{35}$.COOH) (*chem.*), acido stearico.

stearin, stearine ($C_{17}H_{35}$.COOH) (*chem.*), stearina, acido stearico.

steatite (soapstone) (*min.*), steatite, pietra da sarti.

steel (*metall.*), acciaio. **2.** ~ (steel rod for boring) (*min. t.*) (Brit.), barramina, fioretto. **3.** ~ ball, *see* steel lump. **4.** ~ bar (bar, min. t. for the barring) (*min. t.*), piccarocca. **5.** ~ blue (*color*), blu acciaio. **6.** ~ bodywork (*aut. body constr.*), lastroferratura della scocca. **7.** ~ casting (*found.*), getto in acciaio. **8.** ~ chip crusher (*technol. mach.*), frantumatrice per trucioli d'acciaio. **9.** ~ concrete (reinforced concrete) (*bldg.*), cemento armato. **10.** ~ construction (*bldg.*), struttura in ferro. **11.** ~ lump (*metall.*), massello d'acciaio. **12.** ~ mill (steel plant, steelworks) (*metall. ind.*), acciaieria. **13.** ~ strip (*metall. ind.*), nastro d'acciaio. **14.** ~ structural work, carpenteria in ferro. **15.** ~ tape (*meas. instr.*), metro a nastro d'acciaio. **16.** ~ wool (used for polishing) (*ind.*), lana d'acciaio. **17.** acid Bessemer ~ (*metall.*), acciaio (prodotto in forni) Bessemer a suola acida. **18.** acid ~ (*metall.*), acciaio ottenuto con processo acido. **19.** aged ~ (*metall.*), acciaio invecchiato. **20.** air-hardening ~ (*metall.*), acciaio temprabile all'aria. **21.** alloy ~ (*metall.*), acciaio legato. **22.** aluminium-killed ~ (*metall.*), acciaio calmato con (aggiunta di) alluminio. **23.** aluminized ~, *see* calorized ~. **24.** annealed ~ (*metall.*), acciaio ricotto. **25.** austenitic ~ (*metall.*), acciaio austenitico. **26.** balanced ~ (semi-killed steel) (*metall.*) (Brit.), acciaio semicalmato. **27.** bar ~ (*metall. comm.*), acciaio in barre. **28.** basic open-hearth ~ (*metall.*), acciaio prodotto in forni Martin a suola basica. **29.** basic ~ (*metall.*), acciaio basico. **30.** Bessemer ~ (*metall.*), acciaio Bessemer. **31.** best cast ~, "BCS" (*metall.*), acciaio fuso di buona qualità. **32.** black ~ (*metall.*), acciaio (ricotto) nero. **33.** blister ~ (obtained from the cementation of wrought iron) (*metall.*), acciaio vescicolare, acciaio ottenuto per cementazione del ferro saldato. **34.** bright ~ (*metall.*), acciaio (ricotto) lucido. **35.** burnt ~ (*metall.*), acciaio bruciato. **36.** calorized ~ (aluminized steel: steel covered by an aluminium-iron alloy by dip coating) (*metall.*), acciaio calorizzato. **37.** carbon ~ (*metall.*), acciaio al carbonio. **38.** carburizing ~ (casehardening steel) (*metall.*), acciaio da cementazione. **39.** casehardened ~ (*metall.*), acciaio cementato. **40.** casehardening ~ (*metall.*), acciaio da cementazione. **41.** cast ~ (*metall.*), acciaio colato, acciaio fuso. **42.** cemented ~ (*metall.*), acciaio cementato. **43.** centrifuged ~ (*metall.*), acciaio centrifugato. **44.** chrome-molybdenum ~ (*metall.*), acciaio al cromo molibdeno. **45.** chrome-nickel ~ (*metall.*), acciaio al nichel-cromo. **46.** chrome-vanadium ~ (*metall.*), acciaio al cromo-vanadio. **47.** clad ~ (*metall.*), acciaio placcato. **48.** cold-rolled ~ (*metall.*), acciaio laminato a freddo. **49.** cold working ~ (as used for dies) (*metall.*), acciaio (per stampi) a freddo. **50.** concrete ~ (*metall. for bldg.*), acciaio per cemento armato. **51.** converter ~ (*metall.*), acciaio al convertitore. **52.** copper-bearing ~ (containing 0.2-0.6 per cent copper to improve resistance to atmospheric corrosion) (*metall.*), acciaio al rame. **53.** crucible cast ~ (*metall.*), acciaio al crogiuolo. **54.** damask (or Damascus) ~ (hard and elastic steel having wavy designs on the surface) (*metall.*), acciaio damascato. **55.** dead soft ~ (containing less than 0.15 per cent carbon) (*metall.*), acciaio dolcissimo. **56.** deep drawing ~ (*metall.*), acciaio per stampaggio profondo, acciaio per imbutitura profonda. **57.** drawn ~ (*metall.*), acciaio trafilato. **58.** drill ~ (as for making rock drills) (*metall.*), acciaio per scalpelli. **59.** duplex ~ (produced by duplex process) (*metall.*), acciaio prodotto col processo duplex. **60.** effervescing ~ (rimming steel) (*metall.*), acciaio non calmato (o effervescente). **61.** electric ~ (*metall.*), acciaio al forno elettrico. **62.** eutectoid ~ (*metall.*), acciaio eutettoide. **63.** ferritic ~ (*metall.*), acciaio ferritico. **64.** fiery ~ (*metall.*), *see* rimming steel, unkilled steel. **65.** forged ~ (*metall.*), acciaio forgiato, acciaio fucinato. **66.** forge ~ (*metall.*), acciaio fucinabile. **67.** free-cutting ~ (capable of being cut at high speed) (*metall.*), acciaio automatico, acciaio da taglio. **68.** free-machining ~ (freecutting steel) (*metall.*), acciaio automatico, acciaio da taglio. **69.** grain refined ~ (*metall.*), acciaio a grano affinato. **70.** graphitic ~ (containing small amounts of free carbon) (*metall.*), acciaio grafitico. **71.** hardenable ~ (*metall.*), acciaio temprabile. **72.** hardened and tempered ~ (*metall.*), acciaio bonificato. **73.** hardened ~ (*metall.*), acciaio temprato. **74.** hard ingot

~ (*metall.*), acciaio duro in masselli (o lingotti). **75.** hard ~ (*metall.*), acciaio duro (o durissimo). **76.** harveyized ~ (*metall.*), acciaio harveizzato. **77.** high-alloy ~ (*metall.*), acciaio ad alto tenore di legante. **78.** high-carbon ~ (*metall.*), acciaio con contenuto di carbonio da 0,6 a 0,9%. **79.** high-speed ~ (*metall.*), acciaio rapido. **80.** high-speed tool ~ (*metall.*), acciaio rapido da utensili. **81.** high tensile ~, "HTS" (*metall.*), acciaio ad alta resistenza. **82.** high tensile welding ~, "HTWS" (*metall.*), acciaio saldabile ad alta resistenza. **83.** hobbing ~ (on which numbers etc. may be printed) (*metall.*), acciaio stampigliabile. **84.** hot working ~ (as used for dies) (*metall.*), acciaio (per stampi) a caldo. **85.** hypereutectoid ~ (*metall.*), acciaio ipereutettoide. **86.** hypoeutectoid ~ (*metall.*), acciaio ipoeutettoide. **87.** ingot ~ (*metall.*), acciaio in lingotti (o masselli). **88.** iron alloy ~ (carbon steel) (*metall.*), acciaio non legato, acciaio al carbonio. **89.** killed ~ (*metall.*), acciaio calmato. **90.** lead-bearing ~ (with 0.2 per cent lead to improve machinability) (*metall.*), acciaio al piombo. **91.** low-alloy ~ (*metall.*), acciaio legato di bassa qualità. **92.** low-carbon ~ (less than 0.25% carbon) (*metall.*), acciaio dolce (o a basso tenore di carbonio). **93.** magnet ~ (*metall.*), acciaio per magneti. **94.** manganese ~ (*metall.*), acciaio al manganese. **95.** medium ~ (0.25 to 0.60 per cent carbon) (*metall.*), acciaio semiduro, acciaio a medio tenore di carbonio (da 0,25 a 0,60%). **96.** maraging ~ (very high-strength Ni base steel obtained through the ageing of martensite) (*metall.*), acciaio "maraging". **97.** mild ~ (low-carbon steel) (*metall.*), acciaio dolce. **98.** nickel ~ (*metall.*), acciaio al nichel. **99.** nitrided ~ (*metall.*), acciaio nitrurato. **100.** nonaging ~ (*metall.*), acciaio antinvecchiante. **101.** nonmagnetic ~ (*metall.*), acciaio antimagnetico. **102.** normalized ~ (*metall.*), acciaio normalizzato. **103.** open-hearth ~ (*metall.*), acciaio Martin-Siemens. **104.** ordinary ~ (carbon steel) (*metall.*), acciaio al carbonio. **105.** over-reduced ~ (as in the Bessemer process) (*metall.*), acciaio sovradeossidato. **106.** plain carbon ~ (*metall.*), acciaio al carbonio. **107.** pressed ~ (*metall.*), acciaio stampato. **108.** pressed ~ channel section (as for a frame) (*metall. ind.*), profilato a C in acciaio stampato. **109.** puddled ~ (*metall.*), acciaio puddellato. **110.** raw ~ (*metall.*), acciaio greggio, acciaio naturale. **111.** refined ~ (*metall.*), acciaio affinato. **112.** rimmed ~ (*metall.*) (Brit.), acciaio non calmato (o effervescente). **113.** rimming ~ (*metall.*) (Brit.), acciaio non calmato (o effervescente). **114.** rolled ~ (*metall.*), acciaio laminato. **115.** run ~ (cast steel) (*metall.*), acciaio fuso, acciaio colato. **116.** self-hardening ~ (*metall.*), acciaio autotemprante. **117.** semikilled ~ (*metall.*), acciaio semi-calmato, acciaio semi-effervescente. **118.** semi-rimming ~ (*metall.*), *see* semikilled steel. **119.** shear ~ (*metall.*), acciaio da cementazione ottenuto con speciale trattamento di laminazione e fucinatura. **120.** sheet ~ (Sh S) (*metall.*), lamiera di acciaio. **121.** silicon ~ (*metall.*), acciaio al silicio. **122.** silver ~ (*metall.*), acciaio argento. **123.** soft ~ (*metall.*), acciaio dolce. **124.** special ~ (alloy steel) (*metall.*), acciaio speciale. **125.** spring ~ (*metall.*), acciaio per molle. **126.** stainless ~ (*metall.*), acciaio inossidabile. **127.** straight carbon ~ (*metall.*), acciaio al (solo) carbonio. **128.** strip ~ (*metall.*), acciaio in nastri. **129.** structural ~ (*comm. metall.*), acciaio in profilati, profilati d'acciaio, acciaio da costruzione. **130.** super cutting ~ (tool steel) (*metall. - mech. proc.*), acciaio ad altissima velocità. **131.** super high speed ~, "SHSS" (*metall.*), acciaio extrarapido. **132.** tempered ~ (*metall.*), acciaio rinvenuto. **133.** Thomas ~ (*metall.*), acciaio Thomas. **134.** titanium ~ (*metall.*), acciaio al titanio. **135.** tool ~ (*metall.*), acciaio da utensili (o da attrezzi). **136.** tungsten ~ (*metall.*), acciaio al tungsteno. **137.** unkilled ~ (*metall.*), acciaio effervescente, acciaio non calmato. **138.** vanadium ~ (*metall.*), acciaio al vanadio. **139.** very soft ~ (*metall.*), acciaio extra dolce. **140.** weldable ~ (*metall.*), acciaio saldabile. **141.** welding ~ (*metall.*), acciaio saldabile. **142.** weld ~ (*metall.*), acciaio saldato. **143.** wild ~ (*metall.*), acciaio effervescente. **144.** wolfram ~ (*metall.*), acciaio al wolframio.

steel (to) (to coat with electrolytic deposit of iron) (*electrochem. - typ.*), acciaiare.

steel-cage construction, *see* skeleton construction.

steel-clad (*a. - constr.*), rivestito di acciaio.

steeling (as by electroplating copper plates with nickel steel) (*electrochem.*), elettrodeposizione di acciaio, elettroplaccatura con acciaio. **2.** ~ (case-hardening) (*heat-treat.*), cementazione.

steelmaking (*metall.*), fabbricazione dell'acciaio.

steelwork (*gen.*), struttura di acciaio.

steelworks (*ind.*), acciaieria.

steelyard (balance), stadera. **2.** ~ valve (lever safety valve) (*boil.*), valvola di sicurezza (a contrappeso).

steening (*hydr. constr.*), *see* steining.

steep (as of roads), ripido. **2.** ~ descent (of a road), discesa ripida.

steep (to) (as of a liquid, an essence etc.), impregnare, estrarre mediante impregnazione. **2.** ~ (cocoons) (*silk mfg.*), macerare. **3.** ~ (wool etc.), imbibire. **4.** ~ in alum (to alum, as skins) (*leather ind. - etc.*), allumare.

steeping (of cocoons) (*text. ind.*), macerazione. **2.** ~ (as of wool) (*text. mfg.*), bagnatura. **3.** ~ in alum (aluming, as skins) (*leather ind. - etc.*), allumatura. **4.** wool ~ (*wool ind.*), bagnatura della lana.

steeple (*arch.*), guglia di torre. **2.** ~ (church tower) (*arch.*), torre (di chiesa). **3.** ~ engine (*boil.*), macchina a vapore verticale ausiliaria, cavallino (verticale).

steepness (as of a characteristic curve) (*gen.*), ripidezza.

steer (steering mechanism) (*veh.*), sterzo. **2.** ~ (steering motion) (*veh.*), sterzata. **3.** ~ (*veh.*), *see also* steering. **4.** compliance ~ (deflection steering) (*veh.*), sterzata di cedevolezza, sterzata di flessione. **5.** deflection ~ (compliance steering) (*veh.*), sterzata di flessione, sterzata di cedevolezza. **6.** four-wheel ~ (*veh.*), sterzo sulle quattro ruote, quattro ruote sterzanti. **7.** neutral ~ (*veh.*), sterzo neutro. **8.** reference ~ angle (*veh.*), angolo di sterzata di riferimento. **9.** roll ~ (*veh.*), sterzata di rollìo.

steer (to) (*aut.*), sterzare, guidare. **2.** ~ (*naut.*), governare. **3.** ~ for (*naut.* - *etc.*), fare rotta per...

steerage, direzione, guida. **2.** ~ (guidance of a ship), governo. **3.** ~ (vessel sections occupied by low-fare passengers) (*naut.*), zone (della nave) occupate dai passeggeri di ponte (o classe economica). **4.** ~ passenger (*naut.*), passeggero di classe economica.

steerageway (of a ship) (*naut.*), abbrivo sufficiente per governare.

steered (*veh.*), sterzato.

steering, sterzo, guida. **2.** ~ (operation) (*n.* - *aut.*), sterzatura. **3.** ~ (*a.* - *veh.*), sterzante. **4.** ~ (*naut.*), governo. **5.** ~ angle (*aut.*), angolo di sterzata. **6.** ~ arm (*aut.*), braccio di comando sul fuso a snodo (e collegato alla barra longitudinale). **7.** ~ booster (*aut.*), *see* power steering. **8.** ~ box (*aut.*), scatola guida, scatola dello sterzo. **9.** ~ clutch (as of a tank or of an agric. crawler tractor) (*mech.*), frizione di sterzo. **10.** ~ column (*aut.*), piantone di guida. **11.** ~ compartment (*naut.*), timoneria. **12.** ~ compass (*naut. instr.*), bussola di rotta, bussola di governo. **13.** ~ dive (defect of aut.) (Am.), tendenza ad andare sottosterzo. **14.** ~ drop arm (as of aut.) (*mech.*), braccio comando sterzo. **15.** ~ engine (*naut.*), macchina del timone, agghiaccio. **16.** ~ gear (*aut.*), sterzo, comando sterzo, complessivo sterzo. **17.** ~ gear (*naut.*), dispositivo comando timone, agghiaccio. **18.** ~ gear housing (of aut.) (Brit.), scatola guida. **19.** ~ gear shaft (*aut.*), albero della leva di comando sterzo. **20.** ~ geometry (*aut.*), geometria dello sterzo. **21.** ~ head (of a mtc.) (*mech.*), testa di sterzo. **22.** ~ joint plug (*aut.*), tappo dello snodo (del tirante) dello sterzo. **23.** ~ knuckle (*aut. mech.*), articolazione del fuso a snodo, articolazione di sterzo. **24.** ~ lock (steering column lock: antitheft device) (*aut.*), bloccasterzo. **25.** ~ lock (maximum angle of steering range) (*aut.*), massimo angolo di sterzata, tutto sterzo. **26.** ~ pad (test for determining the turning features of a car) (*aut.*), prova dei cerchi. **27.** ~ post, *see* steering column. **28.** ~ repeater (*naut. instr.*), assiometro. **29.** ~ rod (drag link) (*aut.*) (Brit.), barra longitudinale comando sterzo. **30.** ~ truck (as of a steam locomotive) (*railw.*), sterzo. **31.** ~ truck axle (as of a steam locomotive) (*railw.*), sala dello sterzo. **32.** ~ wander (defect of aut.) (Am.), tendenza dello sterzo a spostare lateralmente, tendenza dello sterzo a "tirare" lateralmente. **33.** ~ wheel (*aut.*), volante (di guida). **34.** ~ wheel (*naut.*), ruota del timone. **35.** ~ wheel rake adjustment (*aut.*), regolazione posizione (del) volante. **36.** ~ with caster action (*aut.*), sterzo reversibile. **37.** air power ~ (*aut.*), servosterzo pneumatico. **38.** cam ~ gear (*aut.*), comando sterzo ad eccentrico. **39.** continuous ball-type ~ gear (*aut.*), (comando) sterzo a circolazione di sfere. **40.** deep-center safety ~ wheel (*aut.*), volante di sicurezza a centro abbassato, volante a calice. **41.** deep-sunk center ~ wheel (*aut.*), volante di sicurezza a centro abbassato, volante a calice. **42.** energy-absorbing ~ column (for safety) (*aut.*), piantone dello sterzo ad assorbimento di energia. **43.** Gemmer worm and roller ~ (roller and hourglass-worm steering) (*aut.*), sterzo a vite globoidale e rullo. **44.** hard ~ (*aut. defect*), sterzo duro. **45.** hydraulic power ~ (as of a bus) (*aut.*), servosterzo idraulico. **46.** number of turns of the ~ wheel lock-to-lock (*aut.*), numero (di) giri (del) volante tra le sterzate massime. **47.** power ~ (*aut.*), servosterzo. **48.** rack-and-pinion ~ gear (*veh.*), (comando) sterzo a pignone e cremagliera. **49.** recirculating ball screw-and-nut ~ gear (*aut.*), (comando) sterzo a vite e madrevite con interposizione di sfere. **50.** roller and hourglass-worm ~ (*aut.*), sterzo a vite globoidale e rullo. **51.** vector ~ (system for steering spacecrafts by thrust of venier engines gimbal-mounted on the spacecraft) (*astric.*), guida vettoriale, comando vettoriale. **52.** worm-and-nut ~ gear (*aut.*), (comando) sterzo a vite e madrevite. **53.** worm-and-roller ~ gear (*aut.*), (comando) sterzo a vite e rullo. **54.** worm-and-sector ~ gear (*aut.*), (comando) sterzo a vite e settore.

steersman (helmsman) (*naut.*), timoniere.

steining (lining of a well) (*hydr. constr.*), rivestimento interno.

stele (*arch.*), stele.

stellar (something of or pertaining to stars) (*a.* - *astr.*), stellare. **2.** ~ guidance (as of a space vehicle) (*astric.*), guida a riferimento astronomico.

stellarator (stellar generator, device for producing controlled nuclear fusion) (*atom phys.* - *plasma phys.*), "stellarator", generatore stellare.

stellite (cobalt, chromium alloys) (*metall.*), stellite. **2.** deposit of ~ (as on a tool) (*mech. technol.*), riporto di stellite.

stellited (as a valve) (*a.* - *mech.*), stellitato.

St. Elmo's fire, or **light** (glow appearing at the ends of masts, etc. in stormy weather, due to electric discharge) (*meteorol.*), fuoco di Sant'Elmo.

stem (as the glass element that holds the filament of incandescent lamps) (*elect.*), astina, asticina. **2.** ~ (*mech.*), gambo, stelo, alberino. **3.** ~ (stempost) (*naut.*), dritto di prua. **4.** ~ (of a type) (*typ.*), gambo, asta. **5.** ~ gear (*mech.*), ingranaggio con gambo. **6.** raking ~ (*naut.*), prua slanciata. **7.** straight ~ (*naut.*), prua dritta. **8.** tappet ~ (of

mot.), asta della punteria. **9.** valve ~ (of mot.), gambo della valvola.
stem (to) (to dam up) (*hydr.*), arginare. **2.** ~ the current (*naut.*), risalire la corrente.
stemmer (tamping bar) (*min.*), calcatoio.
stemming (damming up) (*hydr.*), arginatura. **2.** ~ (*civ. eng.*), *see* tamping.
stempost (stem) (*naut.*), ruota di prua.
stemson (*shipbldg.*), bracciuolo della controruota interna di prua.
stenchtrap (*pip.*) (Brit.), pozzetto intercettatore, sifone intercettatore. **2.** ~ , *see also* bell trap.
stencil (as for painting letters, numbers etc.) (*paint. - etc.*), stampino, stampiglia, mascherina. **2.** ~ (pattern obtained by stenciling), marchio. **3.** ~ (for hectographs, as waxed paper, etc.) (*off.*), matrice.
stencil (to) (to paint letters etc., with a stencil) (*paint. - etc.*), stampinare, stampigliare.
stenciler, stenciller (*work.*), stampinatore.
stenciling (as of cases) (*transp. - paint. - etc.*), stampinatura, stampigliatura. **2.** ~ (of cars) (*railw.*), *see* lettering.
stencilman (stenciler) (*work.*), stampinatore.
stenograph (stenographed text) (*off.*), stenoscritto, testo stenografato.
stenograph (to), stenografare.
stenographer (*shorthand writer*), stenografo, stenografa.
stenographic (shorthand) (*off. - etc.*), stenografico.
stenographist, *see* stenographer.
stenography, stenografia.
stenometer (telescope for measuring distances) (*n. - opt.*), telemetro a coincidenza.
stenotypist, stenodattilografo, stenodattilografa.
stenter (stretching device) (*text. ind.*), apparecchio tenditore, apparecchiatura per dare elasticità ai tessuti di cotone mediante successivi stiramenti.
stentering, *see* tentering.
step (advance, movement or distance forward) (*gen.*), passo. **2.** ~ (*bldg.*), scalino, gradino. **3.** ~ (of a seaplane float) (*aer.*), gradino "redan". **4.** ~ (of the mast) (*naut.*), scassa. **5.** ~ (*kinematics*), spostamento, traslazione. **6.** ~ (the stage: as of a missile) (*rckt.*), stadio. **7.** ~ (lower center plate bearing a revolving shaft) (*mech.*), ralla di appoggio. **8.** ~ (*radio*), *see* stage. **9.** ~ (a single instruction or a single operation of a program) (*n. - comp.*), passo. **10.** ~ and repeat machine (photocomposing machine) (*print.*), ripetitore, macchina ripetitrice. **11.** ~ bearing (supporting the lower end of a vertical shaft) (*mech.*), cuscinetto di spinta di estremità. **12.** ~ box, *see* step bearing. **13.** ~ drill (*t.*), punta a gradino. **14.** ~ gear (shoulder gear, as consisting of a small and large gear closely spaced and integral) (*mech.*), coppia di ruote (dentate) solidali (di diverso diametro). **15.** ~ melting (*found.*), fusione per gradi. **16.** ~ motor (*elect.*), *see* stepping motor. **17.** ~ pulley (*mech.*), puleggia multipla a gradini. **18.** ~ relay (*elect. app.*), relè a passo (a passo). **19.** angular ~ (of a stair) (*bldg.*), gradino d'angolo. **20.** by ~ (*gen.*), gradatamente. **21.** hanging ~ (*bldg.*), gradino a sbalzo. **22.** in ~ (*elect.*), in fase. **23.** job ~ (unit of work: as for a load module) (*comp.*), porzione (o fase) di lavoro caricabile. **24.** program ~ (in program processing) (*comp.*), fase (di elaborazione) del programma. **25.** resistance ~ (*elect.*), gradino di resistenza. **26.** stone ~ (*bldg.*), gradino gradino in pietra. **27.** straight ~ (*bldg.*), gradino diritto. **28.** to fall out of ~ (of elect. mach.), andare fuori passo, uscire (dalla velocità) di sincronismo. **29.** to keep ~ (of elect. mach.) (*elect.*), rimanere in sincronismo. **30.** uppermost ~ (the final stage of a missile) (*rckt.*), stadio finale.
step (to) a mast (*naut.*), alberare, sistemare l'albero nella scassa. **2.** ~ down (*elect.*), trasformare (l'alta) in bassa tensione, abbassare (la tensione). **3.** ~ on the gas pedal (*veh.*), premere l'acceleratore, premere il pedale dell'acceleratore. **4.** ~ up (*elect.*), trasformare (la bassa) in alta tensione, elevare (la tensione).
step-by-step (*a. - gen.*), passo a passo, per gradini successivi. **2.** ~ dial system (*elect.*), selettore a passo (a passo), selettore passo-passo.
step-down (*a. - gen.*), di riduzione, riduttore. **2.** ~ gear (*mech.*), ingranaggio di riduzione. **3.** ~ transformer (*elect. mach.*), trasformatore abbassatore (di tensione). **4.** ~ wheels (*mech.*), ruotismi riduttori, ingranaggi riduttori.
stepladder (a portable ladder with broad steps instead of rungs and a hinged back frame for keeping it steady when in use) (*impl.*), scala a libro.
stepless (as a speed change) (*a. - mech. - mot.*), continuo, senza gradini. **2.** ~ variable (as a speed) (*mach.*), a variazione continua.
steppe (*geogr.*), steppa.
stepped (*a. - gen.*), a gradini. **2.** ~ gear (*mech.*), ingranaggio a gradini. **3.** ~ gear wheel (*mech.*), ingranaggio a gradini.
stepper motor, *see at motor* stepping motor.
stepping (as of a relay, of a switch etc.) (*elect.*), a scatti successivi. **2.** ~ motor, *see at* motor.
step-up (*a. - gen.*), elevatore, che aumenta, moltiplicatore. **2.** ~ gear (*mech.*), ingranaggio moltiplicatore. **3.** ~ transformer (*elect. mach.*), trasformatore elevatore (di tensione). **4.** ~ wheels (*mech.*), ruotismi moltiplicatori, ingranaggi moltiplicatori.
stepwise (gradual) (*gen.*), graduale.
sterad, *see* steradian.
steradian (solid angle for which the ratio of the intercepted area of the sphere to the square of the radius is 1) (*geom.*), steradiante.
stere (unit of volume = one cubic meter) (*meas. for wood and coal*), stero.
stereo (stereotype) (*print.*), stereotipia, stereo. **2.** ~ (stereoscopic) (*a. - opt.*), stereoscopico. **3.** ~ (stereophonic) (*a. - acous.*), stereofonico. **4.** ~ camera (*phot. mach.*), macchina fotografica stereosco-

pica, fotocamera stereoscopica. **5.** copper-faced ~ (*print.*), galvano-stereo. **6.** curved ~ (*print.*), stereotipia curva.

stereobate (*mas.*), stereobate.

stereochemistry, stereochimica.

stereochromy (mural painting process), stereocromia (di affresco).

stereocomparator (used for top. meas.) (*top. instr.*), stereocomparatore.

stereogram (*opt.*), stereogramma.

stereograph (pair of stereoscopic pictures) (*phot.*), fotografia stereoscopica (a due immagini).

stereography (*geom.*), stereografia.

stereoisomerism (*chem.*), stereoisomeria, stereoisomerismo.

stereology (the scientific study of conferring three-dimensional characteristics to items normally observed two dimensionally) (*n. - opt.*), "stereologia", studio applicativo di caratteristiche stereo.

stereometry (*geom.*), stereometria, geometria solida.

stereopair (stereograph) (*phot.*), fotografia stereoscopica (a due immagini).

stereophone (a stereophonic headphone) (*n. - electroacous.*), cuffia stereo, cuffia stereofonica.

stereophonic (*a. - acous.*), stereofonico.

stereophony (*acous.*), stereofonia.

stereophotogrammetry (*photogr.*), stereofotogrammetria, fotogrammetria stereoscopica.

stereoplanigraph (*opt. instr.*), stereoplanigrafo.

stereoplotter (of maps: from aerial phot.) (*stereoscopic instr.*), restitutore stereoscopico.

stereopticon (*phot.*), proiettore per diapositive.

stereoradiograph (*radiology*), stereoradiografia.

stereorangefinder (*opt. milit. instr.*), stereotelemetro.

stereoscan (type of electronic microscope) (*microscopy*) (Brit.), tipo di microscopio elettronico.

stereoscope (*opt. instr.*), stereoscopio. **2.** lenticular ~ (*opt. instr.*), stereoscopio a rifrazione. **3.** mirror ~ (*opt. instr.*), stereoscopio a specchio. **4.** reflecting ~ (*opt. instr.*), stereoscopio a riflessione.

stereoscopic (*a. - opt.*), stereoscopico.

stereoscopy (*opt.*), stereoscopia.

stereotape (stereophonic magnetic tape) (*electroacous.*), nastro stereofonico.

stereotelemeter (*navy instr.*), stereotelemetro.

stereotype (plate) (*print.*), lastra stereotipa, stereotipia.

stereotyper (*work.*), stereotipista.

stereotypy (*print.*), stereotipia.

steric (sterical, spatial, relating to the arrangement of atoms in the molecule) (*chem.*), sterico. **2.** ~ hindrance (*chem.*), impedimento sterico.

sterilize (to) (*med.*), sterilizzare. **2.** ~ (to neutralize a bomb or a mine) (*navy - army*), sterilizzare.

sterilizer (*med. instr.*), sterilizzatore, apparecchio per la sterilizzazione. **2.** ~ (device used to neutralize a bomb or a mine) (*navy - army*), sterilizzatore. **3.** ~ for catheters (*med. instr.*), sterilizzatore per cateteri. **4.** formalin ~ (*med.*), sterilizzatore alla formalina. **5.** water ~ (*med.*), sterilizzatore dell'acqua.

sterling (legal currency of Great Britain) (*n. - money*), sterlina. **2.** ~ (fineness of Brit. golden coin) (*n.*), 22 carati. **3.** ~ (fineness of Brit. silver coin: until 1920) (*n.*), titolo 925/1000. **4.** ~ (fineness of Brit. silver coin: after 1920) (*n.*), titolo 500/1000. **5.** ~ (of sterling silver) (*a.*), di argento "sterling". **6.** ~ silver (as for tableware) (*alloy*), argento (al titolo di) 925/1000. **7.** ~ silver (alloy fixed from Brit. for coinage), *see* **3.** *and* **4.**

sterlingite (*min.*), *see* zincite.

stern (*naut.*), poppa. **2.** ~ (of an airship) (*aer.*), poppa. **3.** ~ end (of the ship) (*naut.*), parte poppiera. **4.** ~ fast (*naut.*), codetta, cima per ormeggio di poppa. **5.** ~ heavy (*naut.*), appoppato. **6.** ~ knee (*shipbldg.*), *see* sternson. **7.** ~ light (*naut.*), fanale di poppa, fanale di coronamento. **8.** ~ pipe (*naut.*), cubia di poppa. **9.** ~ post (single vertical member at the end of a fuselage, hull or float) (*aer.*) (Brit.), dritto di poppa. **10.** ~ tube (supporting the after part of the propeller shaft) (*naut.*), astuccio. **11.** ~ tube (torpedo tube) (*navy*), tubo lanciasiluri poppiero. **12.** ~ wave (*naut.*), onda di poppa. **13.** ~ wind (*naut.*), vento di poppa. **14.** down by the ~ (*naut.*), appoppato. **15.** lower ~ (*naut.*), volta di poppa. **16.** pink ~ (narrow stern) (*naut.*), poppa stretta. **17.** upper ~ (*naut.*), poppa rialzata.

stern-heavy (*naut.*), appoppato.

sternpost (*shipbldg.*), dritto di poppa. **2.** inner ~ (*shipbldg.*), controdritto di poppa.

sternson (keelson end to which the sternpost is secured) (*shipbldg.*), bracciuolo del controdritto di poppa.

sternway (of a ship) (*naut.*), abbrivo indietro.

"stero" (of stocked wood, equal to 33.31 cu. ft) (*wood*), stero (1 m^3).

steroid (compound containing the carbon ring system of steroes) (*chem.*), steroide.

stet (word signifying that something once cancelled is to remain) (*typ.*), vive.

stet (to) (to mark with the word stet) (*typ.*), apporre il vive.

stethoscope (*med. instr.*), stetoscopio. **2.** industrial ~ (*inspection app.*), stetoscopio industriale.

stevedore (someone responsible for loading and unloading ships) (*naut. pers.*), stivatore.

steward (servants supervisor), maggiordomo. **2.** ~ (shop steward) (*work. organ.*), membro della commissione interna. **3.** ~ (administrator of a large estate), amministratore. **4.** ~ (*naut.*), "maître", direttore di mensa, steward.

stewardess (a woman attending the passengers needs in airplanes, ships, trains, buses) (*aer. - naut. - etc.*), assistente di volo (o di crociera), assistente turistica).

"stge", *see* storage.

"stgr" (stringer) (*bldg.*), corrente.

sthene (= 1,000 newton: force imparting an acceleration of 1 m per sec.^{2} to a mass of 1 metric ton) (*meas.*), sthene.
stibium, *see* antimony.
stibnite (Sb_2S_3) (*min.*), stibina, antimonite.
stick (vertical lever operating aircraft controls) (*aer.*), governale, barra di comando, "cloche". **2.** ~ (*mas.*), bastone, bacchetta. **3.** ~ (composing stick) (*typ. t.*), compositoio. **4.** ~ control, *see* control stick. **5.** ~ shift (gearshift stick mounted on the floor or steering column) (*aut.*), cambio a cloche, cambio a leva. **6.** abrasive ~ (as for honing mach.), pattino abrasivo. **7.** control ~ (control column) (*aer.*), barra di comando, "cloche". **8.** divining ~, bacchetta da rabdomante. **9.** emery ~ (*t.*), lima a smeriglio. **10.** (oil) dip ~, indicatore di livello (dell'olio) a immersione, asta del livello dell'olio. **11.** twirling ~ (*text. impl.*), frullo.
stick (to) (*gen.*), attaccarsi, aderire. **2.** ~ (to jam) (*mech.*), bloccarsi, incepparsi. **3.** ~ (as of piston rings, of valves etc.) (*mech.*) (Am.), incollarsi. **4.** ~ (to apply oneself to something), dedicarsi. **5.** ~ on (to attach), incollare su.
sticker (adhesive substance) (*chem. - etc.*), adesivo. **2.** ~ (gummed slip of paper, as of a film roll) (*phot. - etc.*), fascetta gommata. **3.** ~ (mach. for molding wooden rods) (*mach.*), macchina per la lavorazione di listelli (di legno). **4.** ~ hole (cavity resulting when a metal sheet is detached from another sheet) (*metall. defect*), cavità da incollamento.
sticking (*a. - gen.*), incollato. **2.** ~ (adhesive) (*a. - chem.*), aderente. **3.** ~ valve (*mech.*), valvola incollata.
stick-slip (jerky movement, as of a slide) (*mach. t.*), avanzamento a scatti.
stiff (not flexible) (*a.*), rigido. **2.** ~ (tightly packed) (*a.*), ammassato, compatto. **3.** ~ (of current, wind etc.) (*a.*), forte, violento.
stiffen (to) (to make something strong) (*mech. bldg.*), rinforzare, irrigidire. **2.** ~ (to make something tightly packed) (*mas.*), rassodare, consolidare. **3.** ~ a circuit (to increase the inductance to capacity ratio) (*elect.*), aumentare il rapporto tra induttanza e capacità di un circuito.
stiffened (*bldg. - etc.*), irrigidito.
stiffener (*mech.*), elemento di rinforzo. **2.** ~ (*aer. constr. - etc.*), elemento di irrigidimento. **3.** ~ (as for banding soap etc., paperboard) (*packing*), cartoncino (di protezione).
stiffening (*mech.*), rinforzo, irrigidimento. **2.** ~ (becoming tightly packed) (*mas.*), rassodamento, consolidamento. **3.** ~ bead (as on a sheet metal panel) (*mech.*), nervatura di irrigidimento, nervatura di rinforzo. **4.** ~ rib (*mech.*), nervatura di irrigidimento, nervatura di rinforzo.
stiffness (lack of flexibility) (*phys.*), rigidezza, rigidità. **2.** ~ (stability: resistance to rolling) (*naut.*), stabilità al rollìo. **3.** ~ coefficient (as of wood) (*constr. theor.*), coefficiente di rigidezza. **4.** ~ criterion (relation between the stiffness and other qualities of a structure which, when satisfied, is such as to prevent flutter etc.) (*aer.*), criterio di rigidezza. **5.** ~ of a cable (*technol. phys.*), rigidezza di una fune. **6.** ~ tester (as for paper testing) (*meas. instr.*), flessiometro. **7.** roll ~ (as in the suspension of a car) (*aut.*), rigidezza di rollìo.
stifling (of silkworm pupa) (*silk mfg.*), stufatura.
stilb (sb - *illum. phys. unit*), stilb, unità di brillanza.
stile (of a frame) (*carp.*), montante verticale.
still (a distillery) (*ind.*), distilleria. **2.** ~ (*chem. device*), alambicco. **3.** ~ (*chem. ind. impl.*), storta di distillazione, distillatore. **4.** ~ (motionless, silent) (*a.*), immobile, silenzioso. **5.** ~ (film advertisement) (*m. pict.*), fotografia pubblicitaria. **6.** ~ advance (frame advance) (*audiovisuals*), avanzamento fotogramma per fotogramma. **7.** ~ air (*gen.*), aria ferma, aria calma. **8.** ~ head (fractionating column of a still) (*distillation*), colonna di frazionamento. **9.** ~ life (*art*), natura morta. **10.** column ~ (*chem. - chem. ind.*), distillatore a colonna. **11.** electric water ~ (*chem. app.*), apparecchio elettrico per la distillazione dell'acqua, distillatore elettrico. **12.** high-vacuum ~ (*chem. ind. app.*), distillatore a vuoto spinto. **13.** molecular ~ (*chem. ind. app.*), distillatore molecolare. **14.** pipe ~ (*chem. ind. app.*), distillatore tubolare, distillatore a tubi. **15.** solar ~ (*sun energy*), distillatore solare.
stillage (support) (*gen.*), supporto, sostegno. **2.** ~ (platform for transporting and storing parts inside a factory) (*ind.*), piattaforma.
Stillson wrench (*t.*) (Am.), chiave Stillson, chiave stringitubi.
stimulate (to) (*gen.*), stimolare.
stimulation (*chem. - etc.*), stimolazione.
stimulus (*phys. - psychol.*), stimolo. **2.** ~ coefficient (of a radiating source, ratio between the luminous flux of radiation and radiant power producing the flux) (*phys.*), rendimento energetico. **3.** ~ error (*psychol.*), errore di stimolo. **4.** ~ threshold (absolute threshold) (*psychol.*), soglia assoluta, stimolo minimo.
sting (arm supporting a model in a wind tunnel) (*aer.*), braccio di supporto. **2.** bee's stings (pinholes: paper defect) (*paper mfg.*), bolle d'aria, forellini.
sting-rout (hot air and flame exhausted through an opening in furnaces or tanks, due to positive internal pressure) (*glass mfg.*), baffatura.
stinkdamp, stink damp, *see at* damp.
stipend (salary, as of an employee) (*pers.*), stipendio.
stipendiary (salaried) (*a. - work.*) (Brit.), stipendiato. **2.** ~ (salaried employee) (*n. - work.*) (Brit.), stipendiato.
stipple (to) (*paint.*), tamponare.
stippling (action of dabbing a freshly painted surface in order to remove brush marks) (*paint.*), tamponatura, battitura. **2.** ~ (for shading curved

surfaces with small points) (*graphic arts - draw.*), battitura, ombreggiatura ottenuta per mezzo di puntini più o meno marcati.

stipulate (to) (*comm.*), stipulare.

stipulated (a contract) (*comm.*), stipulato. **2.** ~ damages (*insurance*), danni liquidati.

stipulation (as of a contract) (*comm.*), stipula, stipulazione.

stir (to) (to agitate a liquid, a dust) (*chem. - ind.*), agitare. **2.** ~ (the fire), attizzare.

stirling cycle (referring to the Stirling engine) (*thermod.*), ciclo Stirling.

stirrer (mach. that stirs) (*chem. - ind.*), agitatore.

stirrup (*carp. - mach.*), staffa. **2.** ~ (of a saddle) (*horse riding*) (Am.), staffa. **3.** ~ (*reinf. concr.*), staffa. **4.** flat (or hoop) iron ~ (*carp. - mech.*), staffa di ferro piatto.

stirrup (to) (*mech.*), staffare.

stitch (in knitting) (*text. work*), maglia. **2.** ~ (in sewing) (*hand or mach. work*), punto. **3.** ~ (joining of the leaves of a book by wire or thread) (*bookbinding*), cucitura. **4.** ~ adjustment (of a sewing mach.), regolatore dei punti. **5.** ~ welding (resistance welding: between two rotating wheels with spaced spots) (*mech. technol.*), saldatura a punti con elettrodo rotante. **6.** chain ~ (*mach. sewing*), punto a catenella semplice, punto catena. **7.** lock ~ (*mach. sewing*), punto a spola. **8.** saddle ~ (*bookbinding*), cucitura in piega. **9.** saddle wire ~ (*bookbinding*), cucitura in piega a punto metallico. **10.** side ~ (*bookbinding*), cucitura laterale. **10.** side thread ~ (*bookbinding*), cucitura laterale a filo di refe. **11.** side wire ~ (*bookbinding*), cucitura laterale a punto metallico. **12.** thread ~ (*bookbinding*), cucitura a filo di refe. **13.** wire ~ (*bookbinding*), cucitura a punto metallico.

stitch (to) (as a tire) (*rubb. mfg.*), rullare. **2.** ~ (to unite by stitching) (*sewing*), unire con punti.

stitcher (as for tires) (*rubb. mfg.*), dispositivo che, rullando, fa attaccare fra loro le varie parti in gomma di un prodotto. **2.** ~ (for joining the signatures composing a book along its back) (*bookbinding mach.*), cucitrice. **3.** wire ~ (*bookbinding mach.*), cucitrice a filo metallico.

stitching (joining by sewing) (*test. - bookbinding ~ rubb. mfg. - etc.*), cucitura. **2.** ~ (joining of thermoplastic material by means of heated electrodes) (*plastic technol.*), saldatura per punti.

"stk" (stock) (*mech. - etc.*), *see* stock. **2.** ~ (strake) (*shipbldg.*), corso di fasciame.

"STL" (space technology laboratory) (*space*), laboratorio di tecnologia spaziale.

"stl", *see* stall, steel, stile.

"stn", *see* stainless, station.

stoa (*arch.*), colonnato coperto.

stochastic (with a probabilistic variable) (*stat.*), stocastico, probabilistico, stocastico probabilistico. **2.** ~ (with a random variable) (*a. - stat.*), casuale, stocastico casuale. **3.** ~ differentiability (the capacity of differentiating conjectures) (*stat.*), differenziabilità stocastica. **4.** ~ process (*stat.*), processo stocastico.

stock (machining allowance) (*mech.*), sovrametallo. **2.** ~ (as of spare parts, available) (*gen.*), scorta, giacenza. **3.** ~ (of an anchor) (*naut.*), ceppo. **4.** ~ (*wood*), tronco, fusto. **5.** ~ (*comm. - finan.*), titolo. **6.** ~ (usual: as of a car model) (*a. - aut. - etc.*), di serie. **7.** ~ (raw material) (*ind.*), materiale indefinito, materiale greggio. **8.** ~ (forging stock: part of a bar which has to be upset with a forging machine, or drop-forged etc.) (*forging*), barra (o spezzone) da fucinare. **9.** " ~ " (mix) (*rubb. ind.*), mescola. **10.** ~ (of portable firearms), calcio. **11.** ~ (short for film stock: an unexposed film) (*m. pict.*) (Brit.), pellicola vergine, pellicola non impressionata. **12.** ~ (stock capital of a joint stock company) (*finan.*), capitale azionario, capitale sociale. **13.** ~ (body of the plane) (*join.*), corpo della pialla. **14.** ~ (die holder for threading) (*mech. t.*), portacuscinetti, portafiliere. **15.** ~ [share (Brit.)] (*finan.*) (Am.), azione. **16.** ~ (material available in a store) (*adm. - comm.*), giacenza. **17.** ~ (block, as of the anvil) (*gen.*), ceppo. **18.** ~ (hub: of a wheel) (*mech.*), mozzo. **19.** ~ (*min.*), *see* stock pile. **20.** stocks (frame or timbers supporting a vessel under construction) (*shipbldg.*), taccate. **21.** ~ allowance (*mech.*), soprametallo. **22.** ~ book (of a store) (*ind. - adm.*), libro di carico e scarico. **23.** ~ capital (of a joint stock company) (*finan.*), capitale azionario, capitale sociale. **24.** ~ car (commercial model kept in stock for regular sales) (*aut.*), automobile di serie. **25.** ~ certificate (*finan.*) (Am.), certificato di proprietà (di azioni). **26.** ~ exchange (*finan.*), borsa. **27.** ~ ledger [share register (Brit.)] (*finan.*) (Am.), libro dei titoli azionari. **28.** ~ management (*ind.*), gestione delle scorte. **29.** ~ on hand (*adm.*), esistenza di magazzino. **30.** ~ pile (heap as of ore) (*min.*), mucchio. **31.** ~ room (a storage place) (*comm.*), magazzino. **32.** ~ split (*finan.*), frazionamento azionario. **33.** ~ straightener (for sheet metal) (*mech.*), spianatrice. **34.** bank ~ (*finan.*), titoli, valori bancari. **35.** buffer ~ (as of wool) (*comm.*), giacenza per livellare il mercato. **36.** capital ~ (stock capital, stock, share capital) (*finan.*), capitale azionario, capitale sociale. **37.** common ~ (Am.) (ordinary share) (*finan.*), azione ordinaria. **38.** common stocks (*finan.*), azioni ordinarie. **39.** film ~ (unexposed film) (*m. pict.*), pellicola vergine. **40.** forging ~ (*forging*), spezzone da fucinare. **41.** grinding ~ (grinding allowance) (*mech.*), sovrametallo per la rettifica. **42.** minimum ~ (*store*), scorta minima. **43.** new issue ~ (*finan.*), titolo di nuova emissione. **44.** on the stocks (*bldg. - naut. - etc.*), in cantiere, in costruzione. **45.** out of ~ (sold out) (*comm.*), esaurito, venduto. **46.** outstanding ~ (*finan.*) (Am.), capitale sottoscritto. **47.** physical ~ (actually existing stock in a store) (*ind.*), giacenza effettiva, inventario fisico. **48.** preference stocks (*finan.*), *see* preferred stocks (Am.). **49.**

preferred stocks (*finan.*) (Am.), azioni privilegiate. **50.** reversible ~ (reversible film) (*m. pict.*), pellicola invertibile. **51.** rolling ~ (*railw.*), materiale mobile, materiale rotabile. **52.** safety ~ (uninflammable film) (*m. pict.*), pellicola ininfiammabile, pellicola di sicurezza. **53.** shaving ~ (on gear tooth thickness) (*mech.*), soprametallo di sbarbatura. **54.** store-house ~ (*gen.*), scorta, giacenza, riserva. **55.** to keep in ~ (*comm.*), tenere in scorta, tenere a magazzino.

stock (to) (to rough-machine) (*mech.*), sgrossare. **2.** ~ out (to finish the stock) (*ind.*), esaurire le scorte. **3.** ~ up (*ind.*), immagazzinare.

stockade (*carp.*), staccionata, assito, steccato, riparo di tavole.

stockade (to) (*gen.*), recingere con uno steccato.

stockbroker (*comm. - finan.*), agente di cambio.

stockcar (cattle wagon, cattle car) (*railw.*) (Am.), carro bestiame.

stockholder [shareholder (Brit.)] (*finan.*) (Am.), azionista. **2.** ~ ledger (of a joint stock company) (*finan.*), libro dei soci. **3.** ~ of record (registered on the company books) (*finan.*), titolare di azioni registrato nei libri (della società).

stockholding (*finan.*), partecipazione azionaria. **2.** majority ~ (*finan.*), maggioranza azionaria.

stocking (hosiery) (*text. ind.*), calza. **2.** ~ (*mech.*), sgrossatura. **3.** ~ (storing as of gases) (*chem. ind.*), stoccaggio. **4.** ~ cutter (*t.*), utensile per sgrossare. **5.** fashioned ~ (*text. ind.*), calza a forma. **6.** tubular ~ (*text. ind.*), calza tubolare.

stockist (distributor) (*comm.*), distributore. **2.** ~ (holder of spare parts for resale) (*aut. - etc.*), ricambista.

stockjobber (jobber) (*stock exchange*), remissore, "remisier". **2.** ~ (stockbroker) (*finan.*), agente di cambio.

stockpile (national reserve of raw material) (*milit.*), riserve (nazionali). **2.** ~ (stock as of coal at the mine surface) (*min.*), disponibilità di (o sul) piazzale. **3.** ~ (road metal for road upkeeping) (*road*), brecciame di scorta (per manutenzione).

stockpile (to) (to heap up) (*min.*), ammucchiare.

stockpiling (*min.*), ammucchiamento.

stocktaking (action of doing inventory) (*adm.*), esecuzione di inventario. **2.** physical ~ (action of making an inventory by counting and checking each item: as in a warehouse) (*adm.*) esecuzione di inventario fisico.

stockturn (stock turnover, in a store) (*ind.*), rotazione delle giacenze.

stockwork (body of rock rich with ore veins) (*min.*), fascio di sottili vene di minerale.

stockyard (yard for keeping stock) (*comm. - bldg. - ind.*), parco di deposito, deposito (di) materiali. **2.** ~ (enclosure for keeping cattle etc.) (*agric. - etc.*), parco bestiame.

stoichiometric (*chem.*), stechiometrico.

stoichiometry (*chem.*), stechiometria.

stoke (unit of kinematic viscosity) (*phys. meas.*), "stoke", unità di misura della viscosità cinematica.

stoke (to) (to stir the fire) (*boil. - furnace - etc.*), attendere, attizzare. **2.** ~ (a furnace with fuel), alimentare, caricare.

stokehold (boiler room) (*naut.*), locale caldaie, sala caldaie.

stokehole (stokehold), *see* stokehold. **2.** ~ (opening of furnace), bocca (del forno).

stoker (*work.*), fuochista. **2.** ~ (mech. stoker), alimentatore. **3.** chain-grate ~ (as of a boiler), griglia (meccanica) a catena. **4.** mechanical ~ (automatic stoker: as of a boiler), alimentatore automatico (di combustibile).

stoking (of fuel) (as of a furnace), alimentazione. **2.** ~ frame (knitting mach.) (*text.*), macchina per (la fabbricazione di) calze. **3.** mechanical ~ of the grate (as of a furnace), alimentazione meccanica della griglia.

"STOL" (short take off and landing) (*aer.*), decollo ed atterraggio corto.

stone, pietra, sasso. **2.** ~ (as for a cylinder grinder) (*mech. impl.*), abrasivo, abrasivo in barrette. **3.** ~ (lithographic stone) (*lith.*), pietra litografica. **4.** ~ (pulpstone, of a grinder) (*paper mfg. mach.*), pietra sfibratrice, mola sfibratrice. **5.** ~ (glass defect) (*glass mfg.*), pietra. **6.** ~ (*typ.*), *see* imposing stone. **7.** stones (*bldg.*), pietrame. **8.** ~ boat (flat drag for transporting stones) (*transp.*), pontone per massi. **9.** ~ breaker (*mach.*), frantumatore, frantoio, "concasseur". **10.** ~ bruise (a cut on a tire casing) (*aut. tire*), taglio (sul copertone). **11.** ~ burnisher (flint glazing machine) (*paper mfg.*), brunitoio a pietra. **12.** ~ chisel (*impl.*), scalpello da muratore. **13.** ~ coal (*comb.*), antracite. **14.** ~ crusher (*mach.*), frantoio da pietre. **15.** ~ deflector (as of veh.), parasassi. **16.** ~ dresser (*work.*), scalpellino. **17.** ~ dressing (*bldg. - etc.*), lavorazione della pietra. **18.** ~ grinding (*mech.*), affilatura con pietra. **19.** ~ guard (wire net fitted in an air intake) (*aer. - mot.*), rete di protezione. **20.** ~ holder (as for a cylinder grinder) (*mech. impl.*), pattino porta-abrasivo. **21.** ~ masonry (*mas.*), muratura in pietrame. **22.** ~ mill (rocks breaker) (*road constr. mach.*), frantoio da pietra. **23.** ~ mill (flour mill by millstones) (*ind.*), mulino a macine di pietra. **24.** ~ oil, *see* petroleum. **25.** ~ paved road (*road*), strada lastricata. **26.** ~ pavement (as of a road), lastrico, lastricato. **27.** ~ quarry (*min.*), cava di pietra. **28.** ~ sand (as for concrete) (*mas.*), sabbia ottenuta per frantumazione della pietra. **29.** ~ wall (*mas.*), muro di pietrame. **30.** ~ washing machine (*mach.*), lavatrice di pietre. **31.** Arkansas ~ (for smoothing metals) (*mech.*), pietra Arkansas. **32.** artificial ~ (*bldg.*), pietra artificiale. **33.** crushed ~ (as for road, mas. etc.), breccia. **34.** cut ~ wall (*arch.*), muro in pietra da taglio. **35.** dressed ~ (*arch.*), pietra lavorata, concio. **36.** finely broken ~ (*road*), pietrischetto. **37.** flint ~, flint, pietra focaia. **38.** grinding ~ (*mech. technol.*), mola per affilare. **39.** hewn ~ (*arch.*), pietra lavorata, concio. **40.** imposing ~ (table on which types are locked before printing) (*typ.*), banco tipografico. **41.** lithographic ~ (*lith.*), pietra litografica. **42.** paving ~ (*road*), massello, bàsolo, massello di pietra squadrata per pavimentazione. **43.** pumice ~ (for build.), pietra pomice. **44.** smooth ~ (for build.), ciottolo. **45.** squared ~ (*mas.*), pietra squadrata. **46.** structural ~ (*bldg.*), pietra da costruzione. **47.** worked ~ (*arch.*), pietra lavorata.

stone (to) (to cover a surface with stones) (*mas.*), rivestire con pietre. **2.** ~ (to sharpen something with a stone: as a blade) (*mech.*), affilare.

stoneboat (kind of sledge) (*marble transp.*), lizza, treggia.

stonecutter (*work.*), scalpellino.

stonecutting (*bldg. - etc.*), lavorazione della pietra.

stoneware (as household pottery), terraglie. **2.** ~ (material used for sanitary fittings etc.) (*ceramics*), gres.

stonework (shaping and setting of stone) (*ind.*), lavorazione della pietra. **2.** ~ (*mas. work*), lavoro in pietra. **3.** ~ (*jewellery work*), arte lapidaria.

stool (single seat with no back), sgabello. **2.** ~ (cylindrical brick supporting the crucible) (*metall.*), formaggella, supporto per crogiuoli. **3.** ~ (foundation for supporting shafts, machinery etc.) (*shipbldg.*), basamento.

stoop (porch, veranda) (*arch.*), porticato, veranda. **2.** ~ (pillar sustaining the roof) (*min.*), pilastro.

stop (device for stopping or limiting motion) (*mech.*), fine corsa, arresto, ritegno, fermo. **2.** ~ (as of a streetcar) (*road traff.*), fermata. **3.** ~ (aperture of a lens) (*phot.*), valore di apertura del diaframma. **4.** ~ (as of an organ) (*mus.*), registro. **5.** ~ (*aut. - road traff. sign.*), stop. **6.** ~ (as the red light of traffic-lights) (*aut.*), segnale di arresto. **7.** ~ (as the red light of a semaphore) (*railw.*), arresto, via occupata. **8.** ~ (shutoff valve: as for cutting off the house water supply) (*as for repairs*), valvola generale di chiusura, valvola di chiusura dell'allacciamento. **9.** ~ bath (as for processing color paper) (*phot.*), bagno di arresto. **10.** ~ bit, *see at* bit. **11.** ~ collar (as for a boring fixture tool) (*mech.*), collare di fermo. **12.** ~ distance (*aut. - etc.*), distanza di arresto, distanza di frenatura. **13.** ~ dowel (*mech.*), grano di arresto. **14.** ~ filter (*elect.*), filtro eliminatore di banda. **15.** ~ log (timber or metal piece, of a dam) (*hydr.*), palancola. **16.** ~ motion (*mech.*), dispositivo di arresto. **17.** ~ number (*phot.*), *see* f-number. **18.** ~ nut (of an adjusting screw) (*mech.*), dado di bloccaggio. **19.** ~ press (*journ. - typ.*), *see* fudge. **20.** ~ ring (*mech.*), anello di bloccaggio. **21.** ~ signal (*tlcm. - comp.*), segnale di arresto. **22.** ~ value (*phot. opt.*), apertura relativa. **23.** ~ valve (as of a boil.) (*mech.*), valvola d'arresto. **24.** ~ watch (*meas. instr.*), cronometro (a scatto), contasecondi. **25.** adjustable ~ (as in a mach. t.) (*mech.*), arresto regolabile. **26.** aperture ~ (of a lens) (*opt.*), diaframma di apertura. **27.** automatic ~ (*comp.*), arresto automatico. **28.** automatic ~ (*mech.*), arresto automatico. **29.** emergency ~ (elect. device for cutting off an engine as for excessive temperature) (*elect. - mot.*), arresto (automatico) di emergenza. **30.** fine pitch ~ (of a variable pitch propeller) (*aer.*), arresto del passo minimo. **31.** limit ~ (*mach. t. - mech.*), arresto di fine corsa. **32.** program ~ (*comp.*), interruzione del programma. **33.** programmed ~ (*comp.*), arresto programmato. **34.** quick ~ (as in cutting) (*mech. - mach. t.*), brusca interruzione. **35.** rebound ~ (as of suspensions) (*aut.*), fine corsa dello scuotimento, limitatore delle oscillazioni, limitatore dello scuotimento. **36.** reverse ~ (of a truck) (*aut.*), arresto indietreggio. **37.** side stops (*mach. t.*), arresti per gli spostamenti laterali.

stop (to), fermare, fermarsi. **2.** ~ (a motor, an engine, a mach.) (*mot. - mach.*), arrestare. **3.** ~ (*mech. - mot. - veh.*), arrestarsi, fermarsi. **4.** ~ (to cut off, to switch off, as a mach.) (*elect. - mach.*), arrestare, disinserire, staccare. **5.** ~ (to close, to obstruct), chiudere, chiudersi. **6.** ~ (*phot.*), diaframmare. **7.** ~ (to secure as a chain cable with a rope) (*naut.*), abbozzare. **8.** ~ (to make an order to a bank: as to stop a payment) (*bank*), bloccare. **9.** ~ a leak (*naut.*), otturare una falla. **10.** ~ down (*phot.*), diaframmare. **11.** ~ engines (*naut.*), fermare le macchine. **12.** ~ the engine (*mot.*), arrestare il motore.

stopblock (found at the end of a track) (*railw.*), respingenti fissi.

stopcock (a plug cock for closing or regulating flow) (*gen.*), rubinetto a maschio.

stop-cylinder press (*typ. mach.*), stampatrice a carrello con corsa utile solo all'andata.

stope (*min.*), cantiere. **2.** ~ drill (*min. t.*), fucile perforatore. **3.** ~ face (*min.*), fronte di coltivazione, fronte di abbattimento. **4.** ~ hole (in the lower part of a stope) (*min.*), foro in soletta. **5.** ~ truck (*veh.*), vagoncino da miniera. **6.** bottom ~ (*min.*), *see* underhand stope. **7.** breast ~ (*min.*), cantiere ad avanzamento frontale. **8.** filled ~ (*min.*), cantiere riempito. **9.** flat-back ~ (*min.*), cantiere a gradino rovescio a tagli orizzontali. **10.** opencast ~ (*min.*), *see* open stope. **11.** open ~ (*min.*), cantiere aperto, cantiere a giorno. **12.** overhand ~ (*min.*), cantiere a gradino rovescio. **13.** rill ~ (*min.*), cantiere a tagli inclinati. **14.** underhand ~ (*min.*), cantiere a gradino diritto.

stoper (*min. t.*), fucile perforatore.

stoping (*min.*), coltivazione. **2.** back-fill ~ (*min.*), coltivazione a ripiena. **3.** back ~ (*min.*), coltivazione a magazzino. **4.** board-and-pillar ~ (*min.*) (Am.), *see* room-and-pillar stoping. **5.** board-and-pillar ~ (*min.*) (Brit.), *see* room-and-pillar stoping. **6.** bottom ~ (*min.*), *see* underhand stoping. **7.** crosscut ~ (*min.*), coltivazione traversobanco. **8.** cut and fill ~ (*min.*), coltivazione a ripiena. **9.** filled flatback ~ (*min.*), coltivazione a gradino rovescio con ripiena. **10.** longwall ~ (*min.*), coltivazione a lunghi tagli. **11.** opencast ~ (*min.*), coltivazione a giorno. **12.** overhand ~ (*min.*), coltivazione a gradino rovescio. **13.** pillar-and-breast (*min.*) (Am.), *see* room-and-pillar stoping. **14.** pillar-and-stall ~ (*min.*) (Brit.), *see* room-and-pillar stoping. **15.** post-and-stall ~ (*min.*) (Brit.), *see* room-and-pillar stoping. **16.** room-and-pillar ~ (*min.*) (Am.), coltivazione a camere e pilastri. **17.** sawtooth ~ (*min.*), coltivazione a gradini rovesci. **18.** shrinkage ~ (*min.*), coltivazione a magazzino. **19.** stoop-and-room ~ (*min.*) (Brit.), *see* room-and-pillar stoping. **20.** sub-level ~ (*min.*), coltivazione sotto livelli. **21.** topslicing ~ (*min.*), coltivazione a trance (orizzontali) con franamento del tetto. **22.** underhand ~ (*min.*), coltivazione a gradino rovescio.

stoplight (controlled by the brake pedal) (*aut. - veh.*), stop, luce di arresto.

stop-motion shot (*m. pict.*), ripresa a fotogramma singolo.

stoppage (clogging: as of a pipe), occlusione, ostruzione, "intasatura". **2.** ~ (of motion) (*mech.*), arresto, fermata.

stopped (of motion), fermato. **2.** ~ (closed), chiuso. **3.** ~ (obstructed), ostruito. **4.** ~ section (of a railw. track) (*railw.*), sezione tampone.

stopper (plug), tappo. **2.** ~ (*naut.*), bozza. **3.** ~ (as of a reaction in rubb. mfg.) (*ind. chem.*), agente stabilizzante. **4.** ~ (plastic material) (*paint.*) (Am.), stucco. **5.** ~ (*forging*), *see* peg. **6.** ~ rod (as for a ladle) (*metall. - found.*), asta tampone. **7.** ~ with vent (as of a storage battery) (*elect.*), tappo con sfiatatoio. **8.** lightning ~ (*elect.*), scaricatore per sovratensione di origine atmosferica. **9.** nitrocellulose ~ (as in aut. painting) (*paint.*), stucco alla nitro. **10.** oil ~ (as in aut. painting) (*paint.*), stucco ad olio.

stopper (to) (to plug up) (*gen.*), tappare, tamponare. **2.** ~ (to fill holes with a plastic material or to apply a coat of it: as in aut. painting) (*paint.*), stuccare, dare lo stucco.

stopping (plastic material) (*paint.*) (Brit.), stucco, stucco a spatola. **2.** ~ (closing, as the tapping hole of a cupola) (*found.*), tamponatura. **3.** ~ (a ventilation partition) (*n. - min.*), diaframma di ventilazione. **4.** ~ condenser (*elect.*), condensatore di arresto. **5.** ~ down (of a furnace) (*metall.*) (Brit.), spegnimento. **6.** ~ down (the diaphragm) (*phot.*), chiusura del diaframma. **7.** ~ knife (as for hard-stopping a body) (*paint. - t.*), spatola per stuccare. **8.** ~ power (*atom phys.*), potere di arresto. **9.** hard ~ (stiff paste applied by knife) (*paint.*) (Brit.), stucco a spatola. **10.** nitrocellulose ~ (as in aut. painting) (*paint.*), stucco alla nitro.

stopple (stopper) (*gen.*), tappo.

stopwatch (*watch - ind. impl.*), cronometro.

stopwater (plug) (*naut.*), tappo, tampone.

storage (as of an elect. storage battery) (*elect.*), carica (di energia elettrica a mezzo di reazioni chimiche reversibili). **2.** ~ (act of storing in a warehouse), immagazzinaggio, magazzinaggio. **3.** ~ (memory, as in computers: device retaining the inserted information as long as needed) (*comp.*), memoria. **4.** ~ (*comp.*), *see also* memory *and* store. **5.** ~ action (as in a certain type of iconoscope) (*telev.*), accumulazione. **6.** ~ area (*comp.*), area di memoria. **7.** ~ battery (*elect.*), batteria di accumulatori. **8.** ~ battery cell (*elect.*), elemento di batteria. **9.** ~ capacity (number of storable bytes) (*comp.*), capacità di memoria. **10.** ~ cell (a single cell) (*electrochem.*), elemento di batteria di accumulatori. **11.** ~ cell (a group of cells of a storage battery) (*electrochem.*), batteria di accumulatori. **12.** ~ cell (single element of a memory: it can store one bit of information) (*comp.*), cella di memoria. **13.** ~ device (as a peripheral unit) (*comp.*), dispositivo di memorizzazione. **14.** ~ life (*chem. ind.*), *see* shelf life. **15.** ~ location (*comp.*), locazione di memoria. **16.** ~ management (*comp.*), gestione della memoria. **17.** ~ medium (phys. support of recordings) (*elics. - comp.*), supporto (fisico) di memorizzazione. **18.** ~ protection (memory guard: for avoiding accidental erasing) (*comp.*), protezione della memoria. **19.** ~ ring (for high energy particles) (*atom phys.*), anello di accumulazione. **20.** ~ tank (as of hydr. system), serbatoio polmone. **21.** ~ tube (cathode-ray electron tube with persistence of image for some minutes) (*comp. graphic terminal*) tubo oscilloscopico a memoria, tubo a temporanea persistenza di immagine. **22.** ~ unit (as on a packing line) (*packing - etc.*), polmone (di accumulo). **23.** ~ yard (*ind.*), deposito materiale, parco di deposito, piazzale di deposito. **24.** associative ~ (*comp.*), memoria associativa. **25.** auxiliary ~ (added to a main comp.) (*comp.*), memoria ausiliaria. **26.** backing ~ (external storage) (*comp.*), memoria di massa. **27.** binary ~ (*comp.*), memoria binaria. **28.** buffer ~ (transit storage, transit memory) (*comp.*), memoria di transito, memoria tampone.**29.** bulk ~ (*sugar mfg. - etc.*), immagazzinamento in cumulo. **30.** delay-line ~ (*comp.*), memoria a linea di ritardo. **31.** demountable ~ (as magnetic tapes, disks, cartridges etc.) (*comp.*), volumi (di memoria) smontabili. **32.** direct access ~ (*comp.*), memoria ad accesso diretto. **33.** disk ~ (magnetic disk memory) (*comp.*), memoria a dischi magnetici. **34.** drum ~ (magnetic drum memory) (*comp.*), memoria a tamburo. **35.** dynamic ~ (*comp.*), memoria dinamica. **36.** erasable ~, *see at memory* erasable memory. **37.** exchangeable disk ~ (*comp.*), (unità di) memoria a dischi intercambiabili. **38.** external ~ (pheripheral storage: as a magnetic tape storage) (*comp.*), memoria esterna. **39.** fixed ~ (not alterable storage, nonerasable memory) (*comp.*), memoria fissa. **40.** fixed-disk ~ (storage memorized on a fixed disk, not removable disk) (*comp.*), memoria su disco (magnetico) fisso. **41.**

gas ~ (of agric. products) (*agric.*), immagazzinamento in atmosfera gassosa. **42.** internal ~ (automatically accessible to the comp.) (*comp.*), memoria interna. **43.** magnetic ~ (magnetic storage realized by static media, as core, or moving media, as tape etc.) (*comp.*), memoria magnetica. **44.** magnetic disk ~ (*comp.*), memoria a disco magnetico. **45.** magnetic drum ~ (magnetic drum memory) (*comp.*), memoria a tamburo magnetico. **46.** magnetic tape ~ (usually recorded on many tracks) (*comp.*), memoria a nastro magnetico. **47.** main ~ (main working memory) (*comp.*), memoria principale, memoria di lavoro. **48.** mass ~ (mass memory: with high recording capacity, as magnetic disks) (*comp.*), memoria di massa. **49.** matrix ~ (coordinate memory) (*comp.*), memoria a matrice. **50.** memory ~ (the whole possibility of storage of a comp. system inclusive of peripheral units) (*comp.*), capacità complessiva di memoria. **51.** nesting ~, *see* push-down ~. **52.** nickel iron ~ battery (*elect.*), batteria di accumulatori al ferronichel. **53.** nonvolatile ~, *see* nonvolatile memory. **54.** open ~ (*gen.*), deposito all'aperto. **55.** overhead ~ (as of aut. engines, pressworks etc., by overhead conveyors) (*ind.*), immagazzinamento aereo. **56.** parallel ~ (coordinate addressable storage having all the bits writable or readable simultaneously) (*comp.*), memoria in parallelo. **57.** parallel search ~ (parallel search memory) (*comp.*), memoria con ricerca in parallelo. **58.** pumped ~ (reserve obtained by pumped water: in hydroelectric stations) (*hydr. - elect.*), bacino di riserva di acqua pompata. **59.** push-down ~ (storage system by which the last data stored is the first out) (*comp.*), memoria a impilaggio, memoria a compressione. **60.** quick-access ~, *see at memory* quick-access memory. **61.** random-access ~, *see at memory* random-access memory. **62.** secondary ~ (as the memory of peripheral units) (*comp.*), memoria secondaria. **63.** serial ~ (*comp.*), memoria seriale. **64.** stationary ~ battery (*elect.*), batteria (di accumulatori) stazionaria. **65.** temporary ~, *see* working ~. **66.** thin-film ~ (kind of high speed memory) (*comp.*), memoria a film sottile. **67.** two-level ~ (composed by one principal storage and one secondary storage), (*comp.*), memoria a due livelli. **68.** working ~ (working space: for temporary storing of data) (*comp.*), memoria di lavoro.

store (shop), negozio, bottega. **2.** ~ (accumulated material), deposito. **3.** ~ (storehouse), magazzino. **4.** ~ (for the sale of any kind of articles) (*comm.*), magazzino di vendita, grande magazzino. **5.** ~ (memory) (*comp.*) (Brit.), memoria. **6.** ~ (a good kept for future needs) (*comm.*), riserva, scorta. **7.** ~ (*comp.*), *see also* memory *and* storage. **8.** stores, depositi di magazzino. **9.** stores (raw material used in production) (*ind.*), scorte di materie prime. **10.** ~ manager (of a factory) (*ind.*), capo servizio magazzini. **11.** buffer ~ (buffer storage) (*comp.*), memoria di transito. **12.** fast ~ (fast storage, quick-access store) (*comp.*), memoria rapida. **13.** finished part ~ (*ind.*), magazzino particolari finiti. **14.** girder ~ (as of a rolling mill) (*metall.*), parco putrelle. **15.** high-speed ~ (*comp.*), memoria rapida. **16.** ingot ~ (as of a steel mill) (*metall.*), parco lingotti. **17.** magnetic core ~ (magnetic core storage) (*comp.*), memoria a nuclei magnetici. **18.** magnetic tape ~ (magnetic tape storage) (*comp.*), memoria a nastro magnetico. **19.** multiple ~ (store pertaining to a chain of stores) (*comm.*), negozio appartenente ad una catena di negozi. **20.** naval stores (*naut.*), provviste di bordo. **21.** raw-material ~ (*ind.*), magazzino materie prime. **22.** secondhand ~ (secondhand shop) (*comm.*), rigatteria. **23.** self-service ~ (*comm.*), grande magazzino con self-service. **24.** semifinished part ~ (*ind.*), magazzino semilavorati. **25.** variety ~ (variety shop) (*comm.*), magazzino (di vendita), emporio.

store (to) (*ind.*), depositare, immagazzinare. **2.** ~ (to put in the store) (*ind.*), versare a magazzino. **3.** ~ (to store into the memory) (*comp.*), memorizzare. **4.** ~ (to retain data) (*comp.*), archiviare.

stored (as of goods) (*ind.*), immagazzinato, giacente. **2.** ~ (signal, from a memory) (*comp.*), memorizzato.

storehouse, magazzino.

storekeeper, magazziniere.

storeman (*ind.*), magazziniere.

storeroom (of a ship) (*naut.*), cambusa.

stores ledger (continuous inventory) (*adm.*), inventario continuo.

storey, *see* story.

storing, immagazzinaggio.

storm (*meteorol.*), temporale, tempesta. **2.** ~ (wind from 48 to 55 mph. Beaufort scale 10) (*meteorol.*), tempesta (da 89 a 102 km/h). **3.** ~ (*meteorol. - naut.*), fortunale. **4.** ~ choke (safety valve of the extraction piping) (*oil well*), valvola automatica di intercettazione. **5.** ~ drain (for storm waste water) (*bldg.*), fognatura della rete pluviale. **6.** ~ porch (for protecting an outside door in bad weather) (*bldg.*), pensilina in corrispondenza della porta d'ingresso. **7.** ~ sash (*bldg.*), controfinestra esterna, doppia finestra. **8.** ~ wind (*meteorol.*), vento di tempesta. **9.** ~ window, *see* storm sash. **10.** magnetic ~ (*geophysics - astr.*), tempesta magnetica. **9.** tropical revolving ~ (*meteorol.*), ciclone tropicale. **11.** violent ~ (wind from 56 to 63 mph. Beaufort scale 11) (*meteorol.*), tempesta violenta (da 103 a 117 km/h).

stormy (*a. - meteorol.*), tempestoso.

story (set of rooms) (*bldg.*), appartamento. **2.** ~ (a floor of a building) (*bldg.*), piano. **3.** ~ (plot of a film) (*m. pict.*), intreccio, trama. **4.** ~ (*journ.*) (Am.), servizio, articolo, cronaca, "reportage".

stoup (a basin for holy water) (*arch.*), acquasantiera.

stout (as of a structure) (*a. - gen.*), robusto, resistente.

stove (*chem. app.*), stufa. **2.** ~ (for warming a room), stufa. **3.** ~ (kitchen app.), cucina, fornello. **4.** ~ (kiln), forno. **5.** ~ (drying room), essiccatoio. **6.** ~ (as for core drying) (*found.*), stufa. **7.** ~ (hothouse, greenhouse) (*bldg.*) (Brit.), serra. **8.** ~ bolt (*carp. impl.*), bullone da carraio a dado quadro. **9.** ~ enamel (*paint.*), smalto a fuoco. **10.** ~ fitter (stove setter) (*work.*), fumista. **11.** ~ with water jacket (*chem. app.*), stufa ad acqua. **12.** cockle ~ (for warming the air current to be sent to the various rooms) (*therm. app.*), stufa per riscaldamento ad aria calda. **13.** gasoline ~ (*therm. app.*), stufa a benzina. **14.** thermostatic ~ (*med. app.*), stufa termostatica.

stove (to) (as components before or after treatment) (*mech.*), mettere (o riscaldare) in forno (o stufa).

stovepipe (*bldg.*), tubo da stufa.

stoving (a drying operation done in an oven) (*metall. - etc.*), essiccazione in forno. **2.** ~ (*metall.*), *see also* baking. **3.** ~ time (*paint. - etc.*), tempo di cottura.

stow (to) (as goods) (*naut. - ind.*), stivare. **2.** ~ the anchor (*naut.*), traversare l'àncora.

stowage (*ind.*), stivaggio. **2.** ~ (arrangement in a proper place: as of an autopilot on board) (*mech. - gen.*), sistemazione. **3.** ~ (*comm.*), spese di stivaggio. **4.** ~ loops (for stowing the parachute shroud lines in the pack) (*aer.*), accessori di stivaggio (del paracadute nella custodia).

stowaway (a person hidden as in a ship for traveling free of cost) (*n.- naut. - aer. - etc.*), passeggero clandestino.

"STP" (standard temperature and pressure: 0°C and 760 mm Hg) (*phys. - chem.*), temperatura 0°C e pressione 760 mm Hg.

"stp", *see* stamp, stop.

"STR" (submarine thermal reactor) (*navy - atom phys.*), reattore a neutroni lenti per sommergibili.

"str" (straight) (*gen.*), *see* straight. **2.** ~ (strainer) (*mech. - hydr. - etc.*), filtro. **3.** ~ (stream) (*hydr. - phys.*), corrente. **4.** ~ (strength) (*constr. theor.*), resistenza. **5.** ~, *see also* steamer, stretch, string, stroke.

straddle (to) (to fire so that one projectile hits a point beyond a target and another falls short of it) (*artillery*), fare forcella.

strafe (to) (to fire at ground troops, as by machine-gun, from a low-flying plane) (*airforce*), attaccare (o mitragliare) a volo radente.

straggling (*atom. phys.*), dispersione statistica.

straight (*a. - gen.*), diritto. **2.** ~ (without foreign matter) (*a. - chem. - etc.*), puro. **3.** ~ (said of the position of the cylinders of an internal comb. engine) (*mot.*), (a cilindri) in linea. **4.** ~ angle (*math.*), angolo piatto. **5.** ~ arch (*arch.*), piattabanda. **6.** ~ arch, *see also* flat arch. **7.** ~ bevel gear (*t.*), ingranaggio conico a denti diritti. **8.** ~ bevel gear generator (*mach. t.*), dentatrice per ingranaggi conici a denti diritti. **9.** ~ bevel gear generator tool (*t.*), utensile per ruote coniche a denti diritti. **10.** ~ carbon steel (*metall.*), acciaio al carbonio puro. **11.** ~ chromium (*chem. ind.*), cromo puro. **12.** ~ eight (eight-cylinder in line engine) (*mot.*), motore ad otto cilindri in linea. **13.** ~ fiber (*text. ind.*), fibra diritta. **14.** ~ flute drill (*t.*), punta a cannone (a unico tagliente per lunghe forature). **15.** ~ hole hob (*t.*), creatore con foro cilindrico. **16.** ~ matter (*typ.*), composizione corrente. **17.** ~ motor (*mot.*), motore a cilindri in linea. **18.** ~ peen (parallel to the handle) (*t.*), penna parallela al manico (del martello). **19.** ~ reamer (*t.*), alesatore per fori cilindrici. **20.** ~ roller (of roller bearing) (*mech.*), rullo (cilindrico). **21.** ~ roller bearing (*mech.*), cuscinetto a rulli. **22.** ~ run (gasoline) (*chem. ind.*), benzina di prima distillazione.

straightaway (in a straight line) (*a. - phys.*), diritto, rettilineo. **2.** ~ (*n. - road*), rettilineo.

straightedge (*impl. - t.*), riga, regolo. **2.** ~ (for checking the planarity of a surface) (*mech. t.*), riga per (il controllo delle) superfici, guardapiano.

straighten (to) (*mech.*), raddrizzare. **2.** ~ (as tops) (*text. mfg.*), lisciare. **3.** ~ out (a sheet) (*mech.*), spianare. **4.** ~ while cold (*mech.*), raddrizzare a freddo.

straightened (*mech.*), raddrizzato.

straightener (row of stator blades as of a steam turbine) (*mech.*), raddrizzatore, deviatore, pseudo distributore. **2.** ~ (of a wind tunnel) (*aer.*), raddrizzatore. **3.** ~ (as of axles, pipes, rods) (*mach. t.*), raddrizzatrice per barre (o tubi o tondi). **4.** ~ blade (as of a jet engine turbine) (*aer.*), paletta del raddrizzatore. **5.** cold ~ (*mach. t.*), raddrizzatrice a freddo. **6.** fan straighteners (as of a wind tunnel: radial vanes used for straightening the stream) (*aer.*), alette raddrizzatrici. **7.** rail ~ (*railw. device*), raddrizzatrice per rotaie.

straightening (*gen.*), raddrizzatura. **2.** ~ machine (*mach. t.*), raddrizzatrice, spianatrice. **3.** ~ press, pressa per raddrizzare, pressa raddrizzatrice. **4.** "~ rasing machine" (*text. mach.*), districatrice. **5.** hand ~ (of wire) (*metall. ind.*), raddrizzatura a mano. **6.** machine ~ (of wire) (*metall. ind.*), raddrizzatura meccanica.

straight-fluted (as of a drill) (*a. - mech.*), a scanalature diritte.

straight-line (as of motion) (*a. - mech.*), rettilineo. **2.** ~ (as of the main parts of a machine disposed in a straight line) (*mach.*), in linea. **3.** ~ capacitance (*elect. - elics.*), condensatore a variazione lineare. **4.** ~ condenser (*elics.*), condensatore a variazione lineare. **5.** ~ frequency condenser (*elics.*), condensatore a variazione lineare di frequenza. **6.** ~ rectification (linear rectification) (*radio*), raddrizzamento lineare.

straight-lined (*a. - gen.*), rettilineo.

straightness (of a machined part) (*mech.*), rettilinei-

tà. **2.** ~ tolerance (*mech.*), tolleranza di rettilineità.
straight-run (as gasoline) (*a. - chem. ind.*), di prima distillazione.
straight-through grinding (*machining*), rettifica passante diritta.
straight-toothed (of a gear) (*a. - mech.*), a dentatura diritta.
straightway (allowing the direct passage, as a valve) (*a. - mach.*), a flusso diretto. **2.** ~ drill (straight-flute drill) (*t.*), punta a scanalature diritte.
strain (filter), filtro. **2.** ~ (deformation due to stress) (*constr. theor.*), deformazione. **3.** ~ (sometimes used instead of stress), *see also* stress. **4.** ~ gauge (*instr.*), *see* straingauge. **5.** ~ hardening (caused by deformation: as in cold-working) (*metall.*) (Am.), incrudimento. **6.** ~ insulator (*elect. app.*), isolatore portante. **7.** casting strains (strains due to internal stresses risen during cooling) (*found.*), deformazioni dovute a tensioni interne. **8.** elastic ~ (*constr. theor.*), deformazione elastica. **9.** permanent ~ (to be removed by annealing) (*found.*), tensioni interne (di solidificazione). **10.** sheet metal roller ~ relieving machine (*mach. t.*), snervatrice a rulli per lamiere. **11.** stretcher strains (Lüder lines, steel defect) (*metall.*), linee di Lüder.
strain (to) (to produce a change of shape, size, etc.) (*constr. theor.*), deformare. **2.** ~ (to filter), filtrare.
strain-aging (following plastic straining) (*metall.*), invecchiamento dovuto a deformazioni plastiche.
strainer (filter), filtro. **2.** ~ (tightening or stretching device) (*mech.*), dispositivo per stringere (of allargare). **3.** ~ (for rubb. mfg.) (*ind. mach.*), trafila. **4.** ~ (of a steam locomotive) (*railw.*), depuratore. **5.** ~ (of a paper mach.) (*paper mach.*), epuratore. **6.** ~ carrier (*mot. - etc.*), porta-filtro. **7.** centrifugal ~ (centrifugal separator) (*paper mfg. mach.*), epuratore centrifugo. **8.** drum stationary ~ (*paper mfg.*), epuratore cilindrico fisso. **9.** rotary ~ (centrifugal dirt collector, of an air brake system) (*railw.*), filtro centrifugo.
straingage *see* straingauge.
straingauge (*constr. theor. instr.*), estensimetro. **2.** electrical resistance ~ (*constr. theor. instr.*), estensimetro a resistenza elettrica. **3.** embedded ~ (for measuring internal stresses) (*constr. theor. instr.*), estensimetro annegato. **4.** vibrating-wire ~ (*constr. theor. instr.*), estensimetro a filo vibrante.
strain-hardening (caused by deformation: as in cold-working) (*metall.*) (Brit.), incrudimento.
straining (filtering) (*n. - ind.*), filtrazione. **2.** ~ (filtering) (*a. - gen.*), filtrante. **3.** ~ (in rubb. mfg.), trafilatura. **4.** ~ beam (as of a palladian truss) (*bldg.*), controcatena. **5.** ~ piece, *see* straining beam.
strainmeter (straingauge, extensometer: an instr. for meas. the deformation of a body under stress) (*n. - mech. - opt. - elect. instr.*), estensimetro.
strainometer, *see* extensometer.
strait, straits (*n. - geogr.*), stretto.
strake (of a ship) (*shipbldg.*), corso di fasciame. **2.** ~ (*min.*), *see* launder. **3.** bilge ~ (*naut.*), fasciame (di lamiera o di tavolame) in corrispondenza della curvatura della carena (tra murata e sentina). **4.** drop ~ (*shipbldg.*), corso intercalato. **5.** garboard ~ (*shipbldg.*), torello. **6.** sheer ~ (*shipbldg.*), corso di cinta.
strand (rope, cable) (*ropemaking*), fune, cavo. **2.** ~ (made up of a plurality of fibers twisted together) (*n. - ropemaking*), trefolo. **3.** ~ (made up of a plurality of wires twisted together) (*n.- naut.*), legnolo. **4.** ~ (beach) (*geogr.*), spiaggia. **5.** ~ (in continuous casting) (*found.*), barra, linea.
strand (to) (*naut.*), arenare, arenarsi, incagliarsi. **2.** ~ (*rope mfg.*), formare i trefoli (o legnoli).
stranded (*naut.*), arenato, incagliato. **2.** ~ (of a molecule having a strand or strands: as in a double-stranded molecule of DNA) (*a. - chem.*), a forma di filamento, a (forma di) catena.
strander (a mach. for twisting the strands of a cable) (*cable mfg. mach.*), macchina avvolgitrefoli.
stranding (said of a ship) (*naut.*), incaglio. **2.** ~ (*rope mfg.*), formazione dei trefoli. **3.** ~ machine (*rope mfg.*), macchina per fare trefoli.
strange (as a quark) (*a. - atom phys.*), strano.
strangeness (quantic characteristic of an elementary particle) (*atom phys.*), stranezza.
strangler (found on a carburetor; for starting purposes) (*mot.*) (Brit.), valvola di chiusura [o limitatrice] (dell'aria).
S trap (*plumbing*), sifone ad S.
strap (*gen.*), striscia di materiale flessibile, cinghia, nastro. **2.** ~ (for shock absorber) (*mech.*), nastro. **3.** ~ (flat strip of metal as for fastening timbers, crates etc.), moietta, reggetta, piattina. **4.** ~ (belt) (*mach.*), cinghia. **5.** ~ (used for fastening) (*mech.*), fascetta. **6.** ~ (as for high - voltage connections in a transformer) (*elect.*), piattina. **7.** ~ (used for securing boots, hoses, etc.) (*mech.*), fascetta. **8.** ~ (strop for securing the oar) (*naut.*), stroppo. **9.** ~ (for gutters) (*bldg.*), staffa. **10.** ~ (of a watch) (*horology*), cinturino. **11.** ~ (short cable: as with an eye at each end: as for securing a load to a tackle) (*impl.*), braca, imbraca, braga, imbraga. **12.** ~ (short connector: as for terminals) (*elics.*), connettore. **13.** ~ bolt (a bolt with a flat portion to enable it to be bent into a U shape) (*mech.*), bullone a staffa. **14.** ~ brake (*mech.*), freno a nastro. **15.** ~ hinge (*join.*), cerniera cilindrica a patte, cerniera da sportelli. **16.** ~ joint (*mech.*), giunzione a coprigiunto (chiodata). **17.** ~ stretcher (*packing tool*), tendireggette. **18.** assist ~ (*aut. - etc.*), maniglia d'appiglio. **19.** butt ~ (of a butt joint) (*mech.*), coprigiunto. **20.** butt ~ (*naut.*), coprigiunto. **21.** deckle straps (at the side of a paper machine for making the deckle edge on the paper) (*paper mfg.*), centiguide, guide, apparecchio bordatore. **22.** hip ~ (of horse harness),

reggimbraca, reggibraca. **23.** neck ~ (of horse harness), reggipetto. **24.** rebound ~ (as of suspensions) (*aut.*), bandella arresto scuotimento, bandella di fine corsa dello scuotimento.

strap (to) (to secure something by means of a strap) (*gen.*), collegare. **2.** ~ (to strop) (*naut.*), stroppare.

strapped (fixed by a strap) (*a. - mech.*), fissato con fascetta.

strapper (for sealing cases) (*impl.*), tendi–reggette.

strapping (straps: as bands or loops of metal) (*carp. - mech.*), moietta, piattina, reggetta. **2.** ~ motion (*text. ind.*), regolatore d'incannatura.

strass (for artificial gems) (*glass ind.*), vetro per gioielli artificiali, "strass".

strategic, strategical (*a. - milit.*), strategico.

strategy (*milit. - etc.*), strategia.

stratification (as of ground) (*geol.*), stratificazione.

stratified (*a. - gen.*), stratificato. **2.** ~ charge engine (*i. c. engine*), motore a combustione interna con miscela stratificata con due diverse concentrazioni.

stratiform (stratified) (*geol.*), stratiforme, stratificato.

stratify (to) (*geol.*), stratificare.

stratigraphic (*geol.*), stratigrafico.

stratigraphy (*geol.*), stratigrafia.

stratocumulus (*meteorol.*), strato–cumulo.

stratoliner (*aer.*), apparecchio di linea per volo stratosferico.

stratosphere (the region of space extending from 10 to 20 km) (*space*), stratosfera.

stratum (*geol.*), strato, falda. **2.** impermeabile ~ (*geol.*), falda impermeabile. **3.** water bearing ~ (*geol.*), falda freatica.

stratus (*meteorol.*), strato. **2.** alto ~ (cloud) (*meteorol.*), altostrato.

straw, paglia. **2.** ~ cellulose (*paper mfg.*), cellulosa di paglia. **3.** ~ paper (used by grocers and butchers) (*paper mfg.*), carta paglia. **4.** ~ pulp (straw stuff) (*paper mfg.*), pasta di paglia. **5.** ~ stuff (*paper mfg.*), pasta di paglia.

strawboard (*paper mfg.*), cartone–paglia, cartone di pasta di paglia.

straw-cutting machine (*agric. mach.*), trincia–paglia.

stray (wandering) (*a. - gen.*), vagante. **2.** ~ (in oil or gas well drilling) (*min. geol.*), formazione imprevista. **3.** ~ (caused by domestic or ind. electricity) (*radio noise*), radiodisturbo locale. **4.** ~ capacity (*elics.*), capacità parassita. **5.** ~ coupling (*radio*), accoppiamento per dispersione (parassita). **6.** ~ currents (*elect.*), correnti vaganti. **7.** ~ energy, *see* stray power. **8.** ~ field (*elect.*), campo di dispersione. **9.** ~ flux (*elect.*), flusso disperso. **10.** ~ losses (*elect.*), perdite supplementari (dovute a dispersione), perdite per dispersione. **11.** ~ power (energy lost by hysteresis, eddy currents etc. but except that lost by resistance) (*elect.*), perdite in genere escluse quelle per resistenza elettrica.

strays (electric waves, currents etc., disturbing reception) (*radio*), onde vaganti, onde (elettromagnetiche) parassite (o accidentali). **2.** ~ (effects of electrical strays disturbing reception) (*radio*), scariche, radiodisturbi, disturbi parassiti.

"strd", *see* strand.

streak (*min.*), filone, vena. **2.** ~ (strake) (*shipbldg.*), corso. **3.** ~ (a transitory phase) (*gen.*), fase transitoria. **4.** ~ (an irregular strip of color or of material causing a variation on a surface) (*gen.*), striatura. **5.** phosphide ~ (segregation in which the phosphorus content is higher than in adjacent areas) (*metall.*), banda di fosfuri.

streaked (*gen.*), a righe. **2.** ~ casting (*found.*), getto rigato, fusione con venature.

stream (continuous flow of air, water, gas, light etc.) (*phys.*), corrente, flusso continuo. **2.** ~ (flow: as of data) (*comp.*), flusso. **3.** ~ anchor (*naut.*), àncora di media grandezza. **4.** ~ gold (*min.*), oro in depositi alluvionali. **5.** jet ~ (air stream) (*meteorol.*), corrente a getto. **6.** on ~ (into production) (*ind. - etc.*), in produzione. **7.** tidal ~ (*sea*), corrente di marea.

stream (to) (to flow or to cause to flow) (*mech. of fluids*), effluire, fare effluire. **2.** ~ (to trail light like a tracer bullet or to emit a beam of light) (*gen.*), emettere un pennello luminoso. **3.** ~ the buoy (before casting off the anchor) (*naut.*), gettare il gavitello.

streamer (flag), bandiera al vento. **2.** ~ (newspaper headline), titolo su tutta la larghezza della pagina. **3.** ~ (visible brush discharge) (*elect.*), scarica a fiocco debolmente luminosa. **4.** ~ (magnetic tape unit: used as a help to magnetise disk system) (*comp.*), unità a nastro magnetico.

streamflow (*hydr.*), portata.

streamline (*a. - aerodyn.*), aerodinamico, carenato. **2.** ~ (contour) (*n. - aerodyn.*), linea aerodinamica, forma aerodinamica. **3.** ~ (course of fluid free from turbulence) (*hydr. - aerodyn.*), linea di flusso, linea di corrente. **4.** ~ motion (steady motion of a fluid as in passing round an airfoil) (*mech. of fluids*), moto laminare, corrente aerodinamica.

streamline (to) (to give a streamline form) (*aerodyn.*), affinare, dare forma aerodinamica.

streamlined (*a. - aut. - aer. - etc.*), di forma aerodinamica.

streamliner (streamlined train or bus) (*veh.*), veicolo aerodinamico.

streamlining (giving a streamline form) (*naut. - etc.*), affinamento. **2.** ~ (a shaping reaching minimum resistance to a current of air) (*n. - aer. - aut. - etc.*), profilo aerodinamico.

street (of a town), via, strada. **2.** ~ (*road*), strada. **3.** ~ box (as in correspondence of an underground gate valve, hydrant etc.) (*road*), chiusino stradale. **4.** ~ cleaner (street sweeper) (*work.*), spazzino stradale. **5.** ~ corner, angolo della strada. **6.** ~ elbow (ell pipe having a male thread at one end and a female thread at the other end) (*pip.*), gomito con filettatura maschia (ad una estremità) e femmina (all'altra). **7.** ~ market (*stock exchange - finan.*), dopoborsa. **8.** ~ sweeper (*road mach.*), spazzatrice. **9.** ~ sweeper (*work.*), spazzino stradale. **10.** cross ~, crocevia. **11.** dead-end ~ (*road traff.*), via senza uscita, via cieca. **12.** one-way ~ (*road traff.*), strada a senso unico.

streetcar (Am.), tram, vettura tranviaria. **2.** ~ man (tramwayman) (Brit.) (*work.*), tranviere. **3.** ~ platform, piattaforma del tram.

streetlamp, streetlight (*road illum. app.*), lampada stradale.

strength (*gen.*), resistenza. **2.** ~ (solidity), solidità. **3.** ~ (of materials) (*constr. theor.*), resistenza, carico unitario. **4.** ~ (intensity of a solution) (*chem.*), concentrazione. **5.** ~ (degree of concentration of solutions) (*chem.*), titolo. **6.** ~ (intensity of light, sound etc.) (*phys.*), intensità. **7.** ~ (*milit.*), forza. **8.** ~ (a term to indicate relative thickness in sheet glass) (*glass mfg.*), spessore. **9.** ~ (velocity: as of a current) (*hydr.*), velocità. **10.** ~ (sometimes used instead of stress), *see also* stress. **11.** ~ change (*soap mfg.*), *see* boiling for strength. **12.** ~ tester (*paper mfg. work.*), collaudatore della resistenza. **13.** ~ to weight ratio (*mech. technol.*), rapporto fra resistenza e peso. **14.** adhesive ~ (as in rubb. mfg.) (*ind.*), forza di adesione. **15.** bond ~ (*rubb. mfg.*), forza di adesione. **16.** breaking ~ (*constr. theor.*), resistenza a rottura. **17.** bursting ~ (as of fabric or paper) (*text. ind. test - paper mfg. test*), resistenza allo scoppio. **18.** Charpy-V ~ (*mech. technol.*), resilienza Charpy-V. **19.** cohesive ~ (as in rubb. mfg.) (*phys. property*), forza di coesione. **20.** compressive ~ (*constr. theor.*), resistenza a compressione. **21.** corrosion ~ (*metall. - etc.*), resistenza alla corrosione. **22.** creep ~ (of metal at high temperature) (*metall.*), resistenza allo scorrimento viscoso. **23.** dielectric (or disruptive or electric) ~ (*elect.*), rigidità dielettrica. **24.** dry ~ (as of foundry sands) (*found.*), coesione a secco. **25.** elastic ~ (*constr. theor.*), resistenza elastica. **26.** electric field ~ (*elect.*), intensità del campo elettrico. **27.** electric ~ (*elect.*), rigidità dielettrica. **28.** endurance ~ (*metall. constr. theor.*), resistenza a fatica, limite di fatica. **29.** fatigue ~ (*constr. theor.*), resistenza a fatica. **30.** fracture ~, *see* breaking ~. **31.** green ~ (as of foundry sands) (*found.*), coesione a verde. **32.** impact ~ (the resistance to fracture by a dynamic blow, as by a Charpy mach.) (*mech. technol.*), resilienza. **33.** insulating ~ (as of a dielectric) (*elect.*), rigidità dielettrica. **34.** ionic ~ (*phys. chem.*), forza ionica. **35.** mixture ~ (*mot.*), titolo della miscela. **36.** 0.2% yield ~ (*constr. theor.*), limite di snervamento convenzionale, carico (di snervamento) corrispondente ad una deformazione permanente dello 0,2%. **37.** shear ~ (*constr. theor.*), resistenza al taglio. **38.** slow-running mixture ~ check (*aer. mot.*), controllo del titolo della miscela del minimo. **39.** strain ~ (*mech. technol.*), resistenza alla deformazione. **40.** stripping ~ (of threads) (*mech.*), resistenza allo strappamento. **41.** target ~ (reflectivity of a target) (*acous. - etc.*), indice di riflessione del bersaglio, "forza" del bersaglio. **42.** tensile ~ (*constr. theor.*), resistenza a trazione. **43.** to determine the ~ (as of a solution) (*chem.*), titolare. **44.** torsional ~ (*constr. theor.*), resistenza alla torsione. **45.** "transverse" ~ (the bending strength, as of cast iron) (*mech. technol.*), resistenza a flessione. **46.** ultimate ~ (*mech. technol.*), resistenza alla rottura, carico di rottura.

strengthen (to), rinforzare, rafforzare. **2.** ~ (*milit.*), potenziare. **3.** ~ the solution (*chem.*), rinforzare (la concentrazione di) una soluzione.

strengthening (as of river bank), consolidamento.

stress (*mech. constr. theor.*), sollecitazione, tensione. **2.** ~ (as of water) (*sea - naut.*), forza, violenza. **3.** ~ (used sometimes instead of strain), *see also* strain. **4.** ~ amplitude (half the value of the algebraic difference between the maximum and minimum stresses in one cycle) (*fatigue testing*), ampiezza di sollecitazione. **5.** ~ analysis (*constr. theor.*), analisi delle sollecitazioni. **6.** ~ at 300% elongation (*rubb. test*), sforzo (o tensione) al 300% di allungamento. **7.** ~ "coat" (stress lacquer) (*paint. - technol.*), tensovernice. **8.** ~ corrosion (*metall.*), tensocorrosione. **9.** ~ corrosion cracking (*mach.*), rottura da tensocorrosione. **10.** ~ decay (stress relaxation, of rubber) (*technol.*), cedimento sotto carico. **11.** ~ diagram (of a framed structure) (*constr. theor.*), diagramma cremoniano. **12.** ~ distribution (*constr. theor.*), distribuzione delle sollecitazioni. **13.** ~ of flexure (*constr. theor.*), sollecitazione di flessione. **14.** ~ raiser (as notches, sharp corners etc.) (*mech. technol.*), invito a rottura. **15.** ~ range (algebraic difference between the maximum and minimum stresses in one cycle) (*fatigue testing*), campo di sollecitazione. **16.** ~ ratio (ratio of minimum stress to maximum stress) (*fatigue testing*), rapporto di sollecitazione. **17.** ~ relaxation (of rubber) (*technol.*), *see* stress decay. **18.** ~ relieving (heating steel at a given temperature and keeping it at such temperature for a certain period in order to reduce internal stress) (*heat-treat.*), distensione, ricottura di distensione, ricottura di stabilizzazione, ricottura di "antistagionatura". **19.** ~ sheet (a diagram showing the single stresses) (*constr. theor.*), schema (o diagramma) delle sollecitazioni. **20.** alternating ~ (*constr. theor.*), sollecitazione alternata. **21.** bending ~ (*constr. theor.*), sollecitazione di flessione. **22.** combined bending and compressive ~ (*constr. theor.*), carico di punta, sollecitazione di pressoflessione. **23.** compressive ~ (*constr. theor.*), sollecitazione di compressione. **24.** concentrated ~ (*constr. theor.*), sollecitazione concentrata. **25.** distributed ~ (*constr. theor.*), sollecitazione distribuita. **26.** dynamic reversed bending ~ (*constr. theor.*), sollecitazione dinamica a flessione alternata. **27.** dynamic ~ (*constr. theor.*), sollecitazione dinamica. **28.** extreme fiber ~ (stress of the fibers most distant from the neutral axis) (*constr. theor.*), sollecitazione delle fibre esterne. **29.** fracture ~ (*constr. theor.*), sollecitazione alla rottura. **30.** impact ~ (*constr. theor.*), sollecitazione d'urto. **31.** load ~ (*constr. theor.*), sollecitazione da (o dovuta al) carico. **32.** locked-up ~ (*mech. technol.*), *see* residual stress. **33.** maximum ~ (highest algebraic value of a stress in a stress cycle) (*fatigue testing*), sollecitazione superiore. **34.** mean ~ (algebraic mean of the maximum and minimum stress in one cycle) (*fatigue testing*), sollecitazione media, precarico. **35.** minimum ~ (lowest algebraic value of a stress in a stress cycle) (*fatigue testing*), sollecitazione inferiore. **36.** nominal ~ (theoretically calculated stress) (*mech. - constr. theor.*), sollecitazione nominale. **37.** operating ~ (stress acting when a structure is in service) (*constr. theor.*), sollecitazione di lavoro. **38.** 0.1% proof ~ (*constr. theor.*), carico che produce un allungamento dello 0,1%. **39.** repeated ~ (*technol.*), sollecitazione ripetuta. **40.** residual ~ (remaining in a structure as a result of thermal or mech. treatment) (*mech. technol.*), sollecitazione (interna) residua. **41.** residual stresses (in a casting) (*found.*), tensioni residue. **42.** residual-welding ~ (*welding*), sollecitazione (interna) residua di saldatura. **43.** resistance to tensile ~ (*constr. theor.*), resistenza alla sollecitazione di trazione. **44.** shearing ~ (*constr. theor.*), sollecitazione (o sforzo) di taglio. **45.** static ~ (*constr. theor.*), sollecitazione statica. **46.** surge ~ (stress acting when a structure, a pipe or an elect. circuit, is subjected to a transient surge) (*nav. - hydr. - elect. - etc.*), sollecitazione da sovraccarico transitorio. **47.** tensile ~ (*constr. theor.*), sollecitazione di trazione. **48.** to put under ~ (*mech. - bldg.*), mettere sotto sforzo, mettere in forza. **49.** torsional ~ (*constr. theor.*), sollecitazione di torsione. **50.** under ~ (*constr. theor.*), sollecitato. **51.** vibrating ~ (*technol.*), sollecitazione vibrazionale, sollecitazione da vibrazioni. **52.** vibratory ~ relieving (*metall.*), eliminazione delle tensioni interne mediante vibrazione, trattamento di distensione per vibrazione. **53.** working ~ (*constr. theor.*), sollecitazione in atto (effettiva). **54.** yield ~ (of a metal) (*constr. theor.*), sollecitazione di snervamento.

stress (to) (*constr. theor. mech.*), sollecitare.

stress-aging (increase of strength of alloys subjected to stresses) (*metall.*), invecchiamento da tensioni elastiche, invecchiamento da sollecitazioni.

stress-crack (to) (as a joint) (*technol.*), incrinarsi sotto sollecitazione.

stressed (*constr. theor. mech.*), sollecitato. **2.** ~ plate (plate having a bearing function, as of a railw. body side) (*mech.*), lamiera portante. **3.** ~ skin (*aer. - etc.*), rivestimento resistente, struttura a guscio.

stressing (prestressing, of reinforced concrete rods) (*bldg.*), tesatura.

stress-strain curve (*constr. theor.*), curva di cedimento, diagramma della deformazione in funzione delle sollecitazioni.

stretch (permanent stretch) (*metall.*), stiramento. **2.** ~ (of yarn), gugliata. **3.** ~ (elongation due to pull) (*constr. theor.*), allungamento. **4.** ~ (strain) (*mech.*), deformazione. **5.** ~ (board: distance covered by a ship on one tack) (*naut.*), bordata. **6.** ~ (in paper: elongation which paper undergoes from the application of a breaking strain to the moment of fracture) (*paper mfg. test*), allungamento di rottura. **7.** ~ (capability of being stretched) (*sheet metal*), capacità di essere stirato. **8.** ~ modulus (*constr. theor.*), modulo di elasticità normale, modulo di Young. **9.** ~ press (*sheet metal w. mach.*), pressa per stiro-imbutitura.

stretch (to) (*metall.*), stirare. **2.** ~ (as of a belt under load) (*mech.*), distendersi, distendere. **3.** ~ a spring (*mech.*), tendere una molla.

stretch-bender (*sheet metal w.*), stiro-curvatrice, curvatrice a stiro.

stretched (taut) (*a. - naut.*), teso. **2.** ~ (sheet metal or forging) (*mech. technol.*), stirato. **3.** ~ beam (or girder) (*metall.*), trave stirata.

stretcher (litter) (*med. impl.*), lettiga, barella. **2.** ~ (*mech.*), tenditore. **3.** ~ (mech. device for expanding), dispositivo per allargare, allargatore. **4.** ~ (tie: of framework) (*iron carp.*), cravatta. **5.** ~ (*mas.*), mattone per lungo. **6.** ~ (*naut.*), puntapiedi. **7.** ~ bearer (soldier) (*milit.*), portaferiti. **8.** ~ leveling (of sheet metal) (*metall.*), *see* patent flattening. **9.** ~ strains (Lüder lines, as in steel) (*metall.*), linee di Lüder. **10.** belt ~ (*mech.*), tendicinghia. **11.** chain ~ (*mech.*), tendicatena. **12.** end ~ (for elect. lines), tenditore di estremità. **13.** fan belt ~ (*aut.*), tendicinghia per ventilatore. **14.** rope ~ (rope tightener) (*mech.*), tendifune. **15.** strap ~ (*packing t.*), tendireggette.

stretcher-bearer (soldier) (*milit.*), portaferiti, barellista.

stretch-forming (working effected on sheet metal or on sheet plastic) (*ind. technol.*), stiro imbutitura, pressostiratura. **2.** ~ machine (*mach. t.*), stiroimbutitrice.

stretching (*gen.*), stiramento. **2.** ~ (extension in length) (*constr. theor. - etc.*), allungamento. **3.** ~ (permanent extension) (*metall.*), snervamento, stiramento. **4.** ~ (as of sheet metal) (*mech. - metall.*), stiro. **5.** ~ machine (for sheet metal working) (*mach. t.*), snervatrice, stiratrice. **6.** repeated ~ (*rubb. test*), stiramento ripetuto.

stretchout (of a drawing) (*draw.*), sviluppo.

strew (to), spargere, spandere, disseminare, cospargere. **2.** ~ gravel (*road*), spargere la ghiaia.

stria (groove, as made by a glacier on a rock) (*geol.*), striatura.

striate (to) (*gen.*), striare, segnare con strie.

striated (as of a fiber or glass) (*a. - gen.*), striato. **2.** ~, *see* streaked.

strick (as of flax, hemp, jute) (*text.*), mazzo.

strickle (template) (*carp. - mas.*), sagoma. **2.** ~ (for sweeping or striking a mold) (*found. impl.*), sagoma.

strict (accurate, rigorous in interpreting) (*a. - gen.*), esatto, preciso, stretto. **2.** ~ watch (*gen.*), stretta sorveglianza.

striding level (as of a theodolite) (*opt.*), livella a cavaliere.

strike (hit), colpo. **2.** ~ (act of leaving work) (*pers. - work.*), sciopero. **3.** ~ (as of a lode or vein) (*geol.*), direzione. **4.** ~ (air strike, air attack) (*air force*), attacco aereo. **5.** ~ (impression made by a punch: as on a medal) (*mech.*), impressione per coniatura. **6.** ~ (a sudden discovery of an important vein: as of gold, of oil, of coal etc.) (*min.*), scoperta inattesa, colpo di fortuna. **7.** ~ to the last (*work.*), sciopero a oltranza. **8.** crippling ~ (short sharp walkouts) (*work.*), sciopero a singhiozzo. **9.** "hiccup" ~ (short sharp walkouts) (*work.*), sciopero a singhiozzo. **10.** general ~ (*work.*), sciopero generale. **11.** offensive ~ (as made to enforce a wage increase) (*pers. - work.*), sciopero per rivendicazioni. **12.** sit-down ~ (*work.*), sciopero bianco. **13.** "staggered" ~ (*pers. - work.*), sciopero a scacchiera. **14.** sympathy ~ (*work.*), sciopero di solidarietà. **15.** unofficial ~ (stoppage of work not supported by Trade Union) (*pers.*), sciopero non dichiarato e sostenuto dai sindacati. **16.** wildcat ~ (sudden strike not promoted by trade-unions) (*work.*), sciopero selvaggio.

strike (to) (to hit), battere, colpire. **2.** ~ (a key) (*typewriting*), *see* stroke (to). **3.** ~ (to impress with a die) (*metall.*), stampare. **4.** ~ (as a rock) (*naut.*), investire, urtare. **5.** ~ (to run aground) (*naut.*), andare in secco, incagliarsi. **6.** ~ (to quit work), scioperare. **7.** ~ (with a die: as a coin) (*metall.*), stampare, coniare. **8.** ~ (to lower) (*naut.*), ammainare. **9.** ~ (to strike out, to smooth skins etc.) (*leather ind.*), lisciare. **10.** ~ (to form an arc: as in arc welding etc.) (*elect.*), innescare. **11.** ~ (to collide: as of a car, a ship, etc.) (*gen.*), urtare, entrare in collisione. **12.** ~ (in electroplating: to make a rapid preliminary deposit) (*electrochem.*), effettuare rapidamente il primo deposito di fondo. **13.** ~ a balance (*adm.*), fare il bilancio. **14.** ~ a bargain (*comm.*), concludere un affare. **15.** ~ off (to divide something with a blow) (*gen.*), separare con un colpo. **16.** ~ off (a ship) (*naut.*), radiare. **17.** ~ off (as a concrete surface) (*mas.*), lisciare. **18.** ~ oil (*min.*), trovare il petrolio.

strikebreaker (*pers.*), sostituto di scioperante, operaio ingaggiato al lavoro in sostituzione di quello in sciopero.

strikebreaking (measures adopted to make a strike cease) (*work. organ.*), misura (coercitiva) per far cessare uno sciopero.

striker (of a firearm), percussore. **2.** ~ (that which holds the door in alignment and prevents rattles) (*aut.*) (Am.), riscontro, dente d'entrata, scontrino (della serratura). **3.** ~ (hammer of a striking clock) (*mech.*), batacchio. **4.** ~ (blacksmith's helper) (*work.*), battimazza, garzone (di fabbro). **5.** ~ (worker leaving work) (*work.*), scioperante.

striking (as of text. ind. mach.), battimento. **2.** ~ (of mercury vapor lamp) (*elect.*), innesco. **3.** ~ (*electrochem.*), elettrodeposizione iniziale, formazione iniziale di un deposito elettrolitico. **4.** ~ (development of color or opacity as during reheating) (*glass mfg.*), opacizzazione da riscaldo. **5.** ~ energy (kinetic energy developed on impact) (*theor. mech.*), energia di urto (o di impatto). **6.** ~ jack (of a straight bar knitting machine) (*text. mach.*), onda. **7.** ~ of the formwork (*bldg.*), disarmo della cassaforma. **8.** ~ out (cancelling, cancellation) (*off. - etc.*), cancellatura, depennatura. **9.** ~ surface (of a die) (*metall. - mech.*), piano di battuta. **10.** ~ voltage (minimum voltage that permits an arc) (*elect.*), tensione di innesco.

string (small cord), spago, corda, cordicella. **2.** ~ (stringcourse) (*arch.*), *see* stringcourse. **3.** ~ (a transparent vein in glass) (*glass mfg.*), filo, virgola, coda. **4.** ~ (of a musical instr.) (*mus.*), corda. **5.** ~ (equipment of well drilling tools) (*min. t.*), serie di utensili per trivellazione. **6.** ~ (a set of homogeneous items arranged in line: as characters, bits etc.), (*comp.*), stringa. **7.** ~ galvanometer (*elect. instr.*), galvanometro a filo. **8.** ~ insulator (series of suspension insulators) (*elect.*), catena di isolatori. **9.** ~ of shops (string of stores) (*comm.*), catena di negozi. **10.** alphabetic ~ (string of characters) (*comp.*), stringa alfabetica, stringa di caratteri. **11.** bit ~ (*comp.*), stringa di bit. **12.** unit ~ (made of only one item) (*comp.*), stringa unitaria.

string (to), legare. **2.** ~ (to make tense: as aerial wires) (*elect.*), tesare.

stringcourse (*arch.*), marcapiano, cornicione marcapiano.

stringer (horizontal member connecting uprights) (*carp.*), corrente orizzontale, traversa orizzontale in legno. **2.** ~ (tie of truss) (*carp.*), catena. **3.** ~ (longitudinal stiffener: of a wing) (*aer.*), correntino. **4.** ~ (*min.*), vena. **5.** ~ (girder) (*shipbldg.*), trincarino, corrente. **6.** ~ (plate stringer) (*shipbldg.*), lamiera-trincarino. **7.** ~ (non-metallic inclusion as in steel) (*metall. defect*), venatura. **8.** beam ~ (*shipbldg.*), trincarino dei bagli. **9.** deck ~ (*shipbldg.*), trincarino di coperta. **10.** orlop ~ (*shipbldg.*), trincarino di corridoio. **11.** plate ~ (*shipbldg.*), lamiera-trincarino.

stringiness (resistance to the motion of the brush) (*paint.*), collosità.

stringing (as of cables) (*teleph. - electrotel. - etc.*), tesatura.

strip (gasket) (*mech.*), guarnizione. **2.** ~ (engine dis-assembling) (*mot.*), smontaggio generale. **3.** ~ (for take-off and landing) (*aer.*) (Am.), pista. **4.** ~ (steel sheet portable runway) (*aer.*), pista amovibile ad elementi metallici. **5.** ~ (*metall.*), nastro, piattina. **6.** ~ (piece of wood) (*carp.*), listello. **7.** ~ (strap: for securing boxes, crates etc.) (*carp.*), reggetta, moietta. **8.** ~ (*join.*), listello, assicella stretta. **9.** ~ (banner) (*adver.*), striscia. **10.** ~ (brass ingot) (*metall.*), "strip", lingotto di ottone. **11.** ~ (*comp.*), striscia. **12.** ~ camera (shutterless aerial camera) (*aer. - phot. - milit.*), macchina fotografica senza otturatore per aerofotografia. **13.** ~ fuse (*elect.*), valvola a patrona. **14.** ~ iron (iron strip) (*metall.*), nastro di ferro. **15.** ~ mill (rolling mill for continuous strips) (*metall.*), laminatoio (continuo) per nastri. **16.** ~ ribbon (a strip of inked ribbon of fabric) (*print. - typewriter*), nastro. **17.** black ~ (hot rolled strip with rolling scale still on the surface) (*metall.*), nastro nero, nastro con scoria (di laminazione). **18.** branch ~ (*elect.*), basetta derivazioni, basetta di derivazione. **19.** button ~ (*elect.*), pulsantiera. **20.** cantilever ~ (of an air linkage) (*air photogr.*), parte a sbalzo. **21.** card ~ (cotton waste from a carding machine) (*text. ind.*), cascame di carda. **22.** cold-rolled ~ (*metall. ind.*), nastro laminato a freddo. **23.** copper ~ (*elect.*), piastrina di rame. **24.** ground ~ (for signalling to aer.) (*milit.*), telo per segnalazione. **25.** hot-rolled ~ (*metall. ind.*), nastro laminato a caldo. **26.** key ~ (*elect.*), tastiera. **27.** magnetic ~ (*magnetic steel - elect.*), piattina magnetica. **28.** magnetic ~ (magnetic stripe coding data on a card) (*comp. - bank*) striscia magnetica. **29.** median ~ (*road constr.*), spartitraffico. **30.** median ~ (planted strip dividing the two traffic directions of a highway) (*road constr.*), aiola spartitraffico. **31.** packing ~ (*mech.*), spessore. **32.** paper ~ (*electrotel.*), zona. **33.** terminal ~ (*elect.*), basetta connessioni, morsettiera (a striscia).

strip (to) (to disassemble: as a motor) (*mech.*), smontare (nei particolari). **2.** ~ (to remove a plating from its base metal) (*electroplating*), togliere il deposito metallico. **3.** ~ (to remove the paint) (*paint.*), sverniciare. **4.** ~ (to tear off the thread) (*mech.*), strappare la filettatura, perdere la filettatura, spanarsi. **5.** ~ (to disassemble: as a gun) (*milit.*), smontare, scomporre nei vari elementi. **6.** ~ (to dismantle: a machine, a gun, etc.) (*milit.*), smantellare. **7.** ~ (to withdraw an ingot from the mold) (*metall.*), slingottare, "strippare". **8.** ~ (a ship) (*naut.*), disarmare. **9.** ~ (as film from its base) (*phot. - etc.*), separare, togliere. **10.** ~ (to separate: as gasoline from oil) (*refinery*), distillare, separare. **11.** ~ (to remove insulation from electric wires) (*elect.*), spelare. **12.** ~ the chromium plating (*electroplating*), togliere la cromatura. **13.** ~ the copper-plating (to remove the copper-plating) (*metall.*), togliere la ramatura.

stripe (*gen.*), striscia. **2.** ~ (*milit.*), gallone. **3.** ~ (*paint.*), filetto.

stripe (to) (*paint.*), far filetti, dipingere filetti (o righe) col pennello.

stripfilm, *see* filmstrip.

stripped (withdrawn, as an ingot from the mold) (*metall.*), slingottato, strippato.

stripper (of a press: to prevent punched metal from being lifted with the punch) (*mech.*), estrattore, spogliatore, dispositivo di estrazione. **2.** ~ (*chem. app.*), estrattore. **3.** ~ (agent for removing old paint) (*paint.*), sverniciatore. **4.** ~ (card cylinder) (*text. ind.*), cilindro spogliatore. **5.** ~ (mechanism for extracting ingots from the mold) (*metall.*), slingottatore, meccanismo di estrazione. **6.** ~ (nearly exhausted oil well) (*min.*), pozzo quasi esaurito. **7.** flush-off ~ (*paint.*), sverniciatore lavabile con acqua. **8.** leaf ~ (for mulberry trees) (*silk ind. impl.*), sfrondatoio. **9.** scrape-off ~ (*paint.*), sverniciatore a raschiatura. **10.** wire ~ (*elect. t.*), pinza spelafilo.

stripping (*mot.*), smontaggio generale. **2.** ~ (as of an ingot) (*found.*), slingottatura, sformatura, strippaggio. **3.** ~ (removing of old paint) (*paint.*), sverniciatura. **4.** ~ (removal of a plating from its base metal) (*electroplating*), strappamento elettrolitico. **5.** ~ (of a chromium plating) (*electroplating*), eliminazione della (precedente) cromatura. **6.** ~ (of threads) (*mech.*), strappamento. **7.** ~ (stripping reaction) (*atom phys.*), strappo, reazione di strappo. **8.** ~ (*min.*), cava. **9.** ~ (*photomech.*), spellicolamento. **10.** ~ column (*chem. ind.*), colonna di distillazione. **11.** ~ device (*found.*), dispositivo di sformatura. **12.** ~ film (with removable emulsion) (*photomech.*), pellicola pelabile. **13.** ~ knife (*rubb. ind. impl.*), coltello (del) raffinatore. **14.** ~ plate (*found.*), piastra di sformatura, pettine. **15.** ~ room (as of mot.) (*mech.*), sala smontaggio. **16.** ~ strength (peel strength, of adhesives) (*technol.*), resistenza alla pelatura. **17.** ~ test (peel test, for adhesives) (*technol.*), prova di pelatura.

strobe (short for stroboscope), *see* stroboscope. **2.** ~ (short for strobotron), *see* strobotron. **3.** ~ (reference pulse) (*elics. - comp.*), impulso di riferimento. **4.** ~ (special effect obtained by digital technology: on advanced VTRs) (*audiovisuals*), riproduzione "a scatti" (con audio inalterato). **5.** ~ (strobotron photography: a kind of slow-motion represented by a series of freeze-frame pictures; a performance of advanced "VTRs") (*audiovisuals*), immagini "stroboscopiche". **6.** ~ pulse (stroboscopic pulse) (*elics.*), impulso stroboscopico.

stroboscope (*motion studying instr.*), stroboscopio.

stroboscopic (*a. - phys.*), stroboscopico. **2.** ~ disk (*phys.*), disco stroboscopico. **3.** ~ effect (as in a fluorescent lamp), effetto stroboscopico. **4.** ~ flash lamp (*phys.*), lampeggiatore stroboscopico. **5.** ~ synchronizer (as for a sound film) (*m. pict.*), sincronizzatore stroboscopico.

strobotron (electron tube for stroboscopic light) (*phys. app.*), lampada per stroboscopi, strobotron.

strockle (a shovel for sand etc.) (*glass mfg.*), pala.

stroke (blow) (*gen.*), colpo. **2.** ~ (of a piston) (*mech.*), corsa. **3.** ~ (as of a tool) (*mach. t.*), corsa. **4.** ~ (determining the type of an internal comb.

mot.) (*mot.*), tempo. **5.** ~ (in rowing) (*naut.*), colpo di remo. **6.** ~ (act of striking a key of a keyboard) (*n. - typewriters - comp.*), battuta, digitazione. **7.** ~ (one of the seven segments of an alphabetic letter [or number] for optical reader recognition) (*n. - print. - comp.*), tratto. **8.** ~ counter (as of a power hammer) (*app.*), contacolpi. **9.** ~ counter (as of a press) (*app.*), contacorse, contatore di corse. **10.** ~ down (as of a press ram, down stroke) (*mach.*), corsa discendente. **11.** backward ~ (of piston) (*mech.*), corsa di ritorno. **12.** compression ~ (*mot.*), corsa di compressione. **13.** down ~ (of the piston) (*mech.*), corsa discendente. **14.** end of ~ (*mech.*), fine della corsa. **15.** exhaust ~ (four stroke eng.) (*mot.*), corsa (o fase) di scarico. **16.** exhaust-suction ~ (*two-cycle engine*), corsa di scarico ed aspirazione. **17.** expansion ~ (of four-stroke mot.), corsa (o fase) di espansione. **18.** forward ~ (of the piston) (*mech.*), corsa avanti. **19.** four (or two) ~ engine (of internal comb. mot.) (*mot.*), motore a quattro (o due) tempi. **20.** idle ~ (*mot.*), corsa a vuoto. **21.** induction ~ (*mot.*), fase di aspirazione, corsa di aspirazione. **22.** intake ~ (of a piston) (*mech.*), corsa di aspirazione. **23.** pedal ~ (*bicycle - etc.*), pedalata. **24.** power ~, *see* expansion stroke. **25.** return ~ (of a piston) (*mech.*), corsa di ritorno. **26.** suction ~ (of a piston) (*mech.*), corsa di aspirazione. **27.** to keep ~ (in rowing) (*naut.*), vogare a tempo. **28.** up ~ (of a piston) (*mech.*), corsa ascendente. **29.** working ~ (of a carriage or saddle) (*mach. t.*), corsa utile. **30.** working ~ (of a piston) (*mot.*), corsa utile, corsa di lavoro.

stroke (to) (to row) (*naut.*), vogare. **2.** ~ (to strike a key) (*typewriter - comp.*), battere, digitare. **3.** ~ at 30 (to row at 30 strokes per minute) (*rowing*), vogare a 30 colpi al minuto. **4.** ~ in (to feed: as a rotary press) (*mech.*), (Brit.), alimentare.

stroking (piston movement) (*mech.*), movimento (di esecuzione della corsa), funzionamento. **2.** four ~ (of a two-stroke mtc. mot. owing to incorrect carburation) (*mot.*), funzionamento a quattro tempi.

stromeyerite (Cu Ag S) (*min.*), stromeyerite.

strong (*gen.*), forte. **2.** ~ force, *see* strong interaction. **3.** ~ point (for attaching the parachute static line) (*aer.*), attacco per moschettone. **4.** ~ pulp (hard pulp) (*paper mfg.*), pasta dura.

strongback (stiffening beam) (*naut.*), trave di rinforzo.

stronghold (*bldg.*), fortezza.

strontianite (Sr CO_3) (*min.*), stronzianite.

strontium (Sr - *chem.*), stronzio.

strop (*naut.*), stroppo. **2.** ~ (of a parachute: static line extension for providing a safe clearance of the load to be dropped) (*aer.*), stroppolo di sicura.

strop (to) (*naut.*), stroppare.

strophoid (particular plane curve) (*n. - math.*), strofoide.

"strsph", *see* stratosphere.

"STR TOL" (straightness tolerance) (*mech. draw.*), tolleranza di rettilineità.

struck (past participle of to strike), (*gen.*), colpito. **2.** ~ (closed by a labor strike) (*a. - ind.*), chiuso per sciopero.

structural (*a. - gen.*), strutturale. **2.** ~ (structural steel) (*n. - metall. comm.*), profilato d'acciaio. **3.** ~ arrangement (*mech.*), schema costruttivo. **4.** ~ basin (*hydr.*), bacino imbrifero. **5.** ~ engineering (design and construction: as of bridges, bldg. etc.) (*bldg.*), progettazione e costruzione. **6.** ~ fittings (*constr. theor.*), adattamenti strutturali. **7.** ~ iron (*metall. ind.*), profilati di ferro o fusioni di ghisa in formati commerciali per l'edilizia. **8.** ~ shape (*metall. ind.*), profilato. **9.** ~ steel (*metall. comm.*), profilato d'acciaio.

structuration (*gen.*), strutturazione, configurazione, conformazione.

structure (as of steel) (*metall.*), struttura. **2.** ~ (*bldg.*), struttura. **3.** ~ (as a bridge etc., of a road or railway) (*bldg.*), opera d'arte. **4.** ~ (as of a wing) (*aer.*), struttura, ossatura. **5.** ~ (as of the atoms in a molecule) (*chem. structural formula*), struttura. **6.** ~ (as of a program, a network, a language etc.) (*comp.*), struttura. **7.** ~ by objectives (*ind. organ.*), struttura per obiettivi. **8.** banded ~ (*metall.*), struttura a bande. **9.** composite safety ~ (stiff box center with crushable extension structures, of a body) (*aut.*), struttura (a resistenza) differenziata di sicurezza. **10.** control ~ (set of instructions chosen for a program management: as sequence, or selection, or iteration etc.) (*comp.*), struttura di controllo. **11.** data ~ (the organization of a group of data) (*comp.*), struttura dati. **12.** fine ~ (*spectroscopy*), righe sottili, banda risolvibile. **13.** foliated ~ (as of min.), struttura stratificata. **14.** granular ~ (of materials) (*technol.*), struttura granulare. **15.** horizontal organization ~ (*ind. organ.*), struttura organizzativa orizzontale. **16.** line and staff ~ (*ind. organ.*), struttura direzione-esecuzione, struttura gerarchico-funzionale. **17.** network ~ (*metall.*), struttura reticolare. **18.** open-grained ~ (of a casting) (*found.*), struttura a grana aperta. **19.** power ~ (hierarchical structure: as of a controlling group) (*organ.*), struttura gerarchica. **20.** primary ~ (of an aircraft) (*aer.*), struttura primaria, struttura principale. **21.** reinforced-concrete ~ (*bldg.*), struttura in cemento armato. **22.** ring ~ (of chem. composition) (*chem.*), struttura ad anello. **23.** statically determinate ~ (*constr. theor.*), struttura staticamente determinata. **24.** statically indeterminate ~ (*constr. theor.*), struttura staticamente indeterminata. **25.** stressed-skin ~ (*aer. - railw. - etc.*), struttura a guscio (o portante). **26.** tree ~ (for representing a hierarchical structure) (*comp.*), struttura ad albero. **27.** vertical organization ~ (*ind. organ.*), struttura organizzativa verticale. **28.** Widmanstätten ~ (coarse microstructure, separation between ferrite and pearlite due to excessively slow passage through the critical points) (*metall.*), struttura di Widmanstätten.

structure (to) (*gen.*), strutturare.

structured (*a. - gen.*), strutturato. **2.** ~ programming (*comp.*), programmazione strutturata.

strum (strainer for the suction pipe of a pump) (*mach.*), succhiarola.

strut (framework member resisting compressive load) (*constr. theor.*), puntone. **2.** ~ (vertical standard of an aer. framework) (*aer.*), montante. **3.** ~ (of a telephone pole) (*carp.*), contropalo. **4.** ~ (as of a jet engine, a machine, a landing gear etc.) (*mech. constr.*), struttura di forza. **5.** ~ of truss (*bldg.*), saetta (o controfisso) di capriata. **6.** drag ~ (of an airfoil) (*aer.*), controvento, puntone di resistenza. **7.** interplane ~ (connecting the planes of an aircraft) (*aer.*), montante interalare. **8.** main radial ~ (of an airship transverse frame) (*aer.*), traversa radiale principale. **9.** shock ~ (shock absorbing strut: as of landing gear) (*aer.*), gamba ammortizzatrice.

strut (to) (as with struts) (*bldg.*), irrigidire (o sostenere, o rinforzare) con puntoni. **2.** ~ (an aer. structure) (*aer.*), tralicciare. **3.** ~ (as an excavation) (*civ. eng.*), armare, puntellare.

strutted (as an excavation) (*civ. eng.*), armato, puntellato.

strutting (struts) (*bldg.*), puntellamento, rinforzo mediante puntelli, puntoni.

stub (stump of a tree) (*carp.*), ceppo. **2.** ~ (part of a grinding wheel, tool etc. left after the greater part has been used up) (*mech.*), mozzicone. **3.** "~" (projection of a flying boat hull for obtaining lateral stability) (*aer.*), pinna. **4.** ~ (metallic cylinder for tuning hf transmission lines), tronco di condotto tubolare per adattare l'impedenza di una linea ad alta frequenza. **5.** ~ axle (axle supporting a steering wheel and carried at the other end on a knuckle post) (*aut. mech.*), fuso a snodo. **6.** ~ axle (axle supporting one wheel and carried at the other end on the veh. frame) (*veh. mech.*) fuso, fusello. **7.** ~ drills (*mech. t.*), punte elicoidali ribassate. **8.** ~ end (crankpin end of a connecting rod) (*mech.*), testa. **9.** ~ gear (*mech.*), ingranaggio con dentatura ribassata (o "stub"). **10.** ~ matching (matching obtained with a stub of a quarter-wavelength size) (*telev.*), adattamento (indipendente) con derivazione da quarto d'onda. **11.** ~ pipe (short exhaust pipe conveying the gases direct from the cylinder to the atmosphere) (*aer. mot.*), tronchetto di scarico. **12.** ~ plane (short length of plane to which the main planes are connected) (*aer.*), pianetto. **13.** ~ station (*railw.*), stazione terminale, stazione di testa. **14.** ~ tooth (of a gear) (*mech.*), dente ribassato. **15.** ~ tooth hob (*t.*), creatore per denti ribassati.

stubbing (stubbing off, as of toothing) (*mech.*), ribassamento.

stubble (*agric.*), stoppia. **2.** ~ shearing (of a sheep, shearing close to the skin) (*wool ind.*), tosa a fondo.

stubborn (difficult to treat: as ore) (*a.*), di difficile trattamento, difficile a trattarsi.

stucco (*bldg.*), stucco. **2.** ~ decorator (*work.*), stuccatore. **3.** cement ~ (*bldg.*), malta di cemento con aggiunta limitata di calce.

stucco (to), stuccare. **2.** ~ (*mas.*), decorare a stucco.

stuccowork (*bldg.*), stucco.

stuck (jammed) (*mech.*), bloccato, inceppato. **2.** ~ in (as of piston rings) (*mech.*) (Am.), incollato. **3.** ~ weld (welding defect) (*mech. technol.*), incollatura, saldatura che non tiene.

stud (*mech.*), colonnetta, perno sporgente. **2.** ~ (stud bolt) (*mech.*), prigioniero, vite prigioniera. **3.** ~ (pin) (*mech.*), perno. **4.** ~ (*patternmaking*), grano di riferimento. **5.** ~ (chaplet with round head and bottom plate) (*found.*), chiodo a base rettangolare e testa tonda. **6.** ~ (of a chain link) (*mech.*), traversino. **7.** ~ bolt (*mech.*), prigioniero, vite prigioniera. **8.** ~ bolt bosses (*mech.*), ringrossi per prigionieri. **9.** ~ box (or block) (*mech. impl.*), avvitaprigionieri, "padreterno". **10.** ~ chain (of an anchor chain) (*naut.*), catena rinforzata, catena con maglia a traversino. **11.** ~ driver (or box) (*mech. impl.*), avvitaprigionieri, "padreterno". **12.** ~ joint (*mech.*), giunto a perno. **13.** ~ reamer (*mech. t.*), alesatore a codolo. **14.** ~ rivet (screw rivet) (*mech.*), rivetto filettato e ribadito. **15.** ~ setter (*mech. impl.*), avvitaprigionieri, "padreterno". **16.** ~ welding (welding obtained by heat and pressure) (*mech. proc.*), processo di saldatura di testa a resistenza e pressione. **17.** 12 ~ terminal block (*elect.*), terminale a 12 morsetti, morsettiera a 12 connessioni.

stud (to) (*mech.*), fissare con prigionieri.

studding (studs, scantlings, uprights) (*carp. - bldg.*), montanti. **2.** ~ (repairing method for fractured grey iron casting, by fitting studs and depositing weld metal) (*found. technol.*), riparazione con prigionieri e saldatura. **3.** ~ bolt (*mech.*), *see* stay bolt.

studdle (timber post of a mine frame) (*min.*), montante.

student (*school*), studente. **2.** ~ lamp (*off. impl.*), lampada da tavolo (a braccio mobile).

studio (*m. pict. bldg.*), teatro di posa. **2.** ~ (*radio*), auditorio.

study (room) (*bldg.*), studio. **2.** ~ (mental application), studio. **3.** feasibility ~ (*ind.*), studio di fattibilità.

stuff (material), materiale. **2.** ~ (fabric), stoffa. **3.** ~ (*carp.*), legname per carpenteria. **4.** ~ (*paper ind.*), pasta. **5.** ~ chest (cylindrical tank for storing stuff and mixing it with water) (*paper mfg.*), tino di macchina, tino di alimentazione. **6.** ~ pump (*paper mfg.*), pompa innalzapasta. **7.** first ~ (half stuff) (*paper mfg.*), mezza pasta. **8.** half ~

(*paper mfg.*), mezza pasta. **9.** whole ~ (stuff ready for use) (*paper mfg.*), pasta raffinata.
stuff (to) (as to pack material into a cushion), imbottire. **2.** ~ (as animals), imbalsamare. **3.** ~ (to grease, hides) (*leather ind.*), ingrassare.
stuffing (*n.*), imbottitura. **2.** ~ box (for avoiding leakage around a turning shaft or a hydr. pump piston: consisting of a chamber, annular packing and annular gland for pressing it) (*mech.*), premistoppa, pressatreccia, premibaderna. **3.** ~ box (*naut.*), premibaderna. **4.** ~ nut (*mech.*), dado del premistoppa. **5.** bit ~ (*comp.*), riempimento di bit.
stull (timber) (*min. - mas.*), sbadacchio, puntello di legno orizzontale. **2.** ~ (platform) (*min.*), palchetto. **3.** ~ stoping (*min.*), coltivazione con (uso di) sbadacchi. **4.** false ~ (*min.*), palchetto volante. **5.** reinforced ~ (*min.*), palchetto rinforzato (con sbadacchi). **6.** saddleback ~ (*min.*), palchetto a V. **7.** wing ~ (*min.*), palchetto ad ala.
stump (*draw. instr.*), sfumino. **2.** ~ (underground part of a tree remaining after its cut) (*wood ind.*), ceppo, ceppa.
stumper (worker adjusting mandrels) (*tube welding mach.*), aggiustatore di madrini (per saldatrici di tubi).
stunt (sensational news) (*journ.*), notizia sensazionale. **2.** ~ press (*journ.*), stampa a sensazione.
stunting (of wool fibers) (*wool ind.*), atrofia.
sturdiness (*gen.*), resistenza, robustezza.
sturdy (*a. - gen.*), robusto, forte. **2.** ~ bar (*metall.*), lingotto. **3.** ~ fabric (*text. ind.*), tessuto sostenuto.
"stwy" (stairway) (*bldg.*), *see* stairway.
"STX" (Start of TeXt), *see* start of text.
style (*arch.*), stile. **2.** ~ (*writing t.*), stilo. **3.** ~ pen (stylographic pen) (*off.*), stilografica. **4.** classical ~ (*arch.*), stile classico. **5.** Gothic ~ (*arch.*), stile gotico. **6.** Queen Anne ~ (*arch.*), stile regina Anna. **7.** Tuscan ~ (*arch.*), stile toscano.
styling (*aut. body constr.*), stile. **2.** ~ department (for bodies) (*aut.*), reparto stile, centro stile.
stylist (industrial stylist specialized, for instance, in drawing outside lines of aut. new models' bodies) (*ind.*), stilista, figurinista.
stylobate (*arch.*), stilobate.
stylus (*writing instr.*), stilo. **2.** ~ (the pen tracing diagram on paper: as of a barograph) (*instr.*), pennino. **3.** cutting ~ (for disc recording) (*electroacous.*), punta da incisione. **4.** phonograph ~ (for reproducing sound) (*acous.*), puntina da grammofono. **5.** recording ~ (*electroacous.*), punta da registrazione, punta da incisione, stilo. **6.** reproducer ~ (of a dictaphone) (*electroacous.*), puntina del riproduttore.
styrene [($C_6H_5CH = CH_2$) styrole, styrol for Buna S, polystyrene etc.] (*chem.*), stirene, stirolo.
"sub", *see* submarine.
subagency (*comm.*), subagenzia.
subaltern (as an officer below the rank of captain) (*milit.*), subalterno.
subangular (*a. - gen.*), con spigoli non taglienti.
subaqueous (*a.*), *see* submarine.
subassembly (that which is subassembled) (*mech.*), sottogruppo. **2.** ~ (*adm.*), sottoassemblea. **3.** ~ fixtures, attrezzature per montaggio sottogruppi.
subatom (*atom phys.*), parte integrante di un atomo.
subatomic (dealing with particles smaller than the atom) (*a. - atom phys.*), subatomico. **2.** ~ phenomena (*atom phys.*), fenomeni subatomici.
subbase (as of a road) (*civ. eng.*), sottofondo. **2.** ~ (as of a column) (*arch.*), sottobase.
sub-base (submarine base) (*navy*), base di sommergibili.
subcarrier (low frequency current: as for color telev.) (*n. - radio - telev.*), sottoportante.
subchannel (*comp.*), sottocanale.
"subcircuit" (as of an aircraft electric system: for transmitting power from a main circuit to one or more apparatus) (*aer. - elect.*), circuito secondario.
subcoat (*paint.*), mano di fondo.
subcompact (car smaller than a compact one) (*aut.*), utilitaria.
subcontract (*ind. - etc.*), subappalto.
subcontract (to) (*ind. - etc.*), subappaltare.
subcontractor (*ind. - etc.*), subappaltatore.
subcooling (cooling below freezing point without actually freezing) (*therm.*), sottoraffreddamento. **2.** ~ , *see* supercooling.
subcritical (*atom phys.*), subcritico. **2.** ~ annealing (*heat-treat.*), ricottura a bassa temperatura, ricottura al disotto della temperatura critica. **3.** ~ reactor (*atom phys.*), reattore subcritico.
subcrust (of a bituminous macadam) (*road constr.*), strato inferiore.
subdivide (to), suddividere.
subdivision, suddivisione.
subeditor (assistant editor) (*edit.*), redattore aggiunto.
subdrill (to) (to bore with a drill leaving sufficient metal for reaming) (*mech.*), forare sottomisura.
subemployment (relating to a part-time or poor wage employment) (*n. - pers.*), sottoimpiego.
subfield (*math.*), sottocampo.
subgrade (earth surface receiving the bottom foundation of a building) (*bldg.*), piano di fondazione. **2.** ~ (earth or rock surface made level to receive a road foundation) (*road constr.*), corpo stradale, piattaforma stradale. **3.** ~ modulus (modulus of subgrade reaction, modulus of soil reaction) (*civ. eng. - bldg.*), quoziente di assestamento, modulo di reazione del terreno.
subgroup (*chem.*), sottogruppo. **2.** ~ (*math.*), sottogruppo.
subharmonic (a component of a periodic oscillation having a frequency which is a submultiple of the fundamental frequency) (*n. - phys.*), subarmonica.
subheading (of a publication) (*print.*), sottotitolo.

subject (*n. - phot.*), soggetto. **2.** ~ (as of a letter) (*n. - comm.*), oggetto. **3.** ~ to prior sale (*a. - comm.*), salvo venduto.
subject (to) (as to a test or treatment: as steel to tempering) (*phys. - mech. - metall. - bldg. - etc.*), sottoporre.
sublease (*bldg. - etc.*), subaffitto.
sublease (to), *see* to sublet.
sublessee (subtenant), subaffittuario.
sublet (to) (*comm. bldg.*), subaffittare.
sublevel (level below the main level) (*min.*), sottolivello. **2.** ~, *see also* subshell.
sublicense (*law - comm.*), sublicenza.
sublicensee (*law - comm.*), sublicenziatario.
sublimate (*chem. - phys. chem.*), sublimato. **2.** corrosive ~ ($HgCl_2$) (*chem.*), sublimato corrosivo.
sublimation (*phys. chem.*), sublimazione. **2.** ~ pressure (*phys. chem.*), tensione di sublimazione.
sublime (to) (*phys. chem.*), sublimare.
subliminal (acting on the subconscious as by m. pict., telev. etc., through very rapid and not consciously visible projections) (*a. - psychol.*), subliminale, ad azione sul subcosciente. **2.** ~ advertisement (*adver.*), pubblicità subliminale, pubblicità che agisce sul subcosciente.
submachine gun (*portable automatic firearm*), fucile mitragliatore, mitra.
submarine (*n. - navy*), sommergibile, sottomarino. **2.** ~ (*a. - sea*), sottomarino, subacqueo. **3.** ~ bell (*naut.*), campana subacquea. **4.** ~ cable (*elect.*), cavo sottomarino. **5.** ~ earthquake (*geophysics*), movimento sismico del fondo del mare. **6.** ~ mine (*navy expl.*), mina subacquea. **7.** ~ telegraph (*telegraph*), telegrafia a mezzo di cavi sottomarini. **8.** ~ telegraph cable (*electrotel.*), cavo telegrafico sottomarino. **9.** ~ telephone (by particular receivers and submerged bells) (*navy*), sistema di comunicazione subacqueo. **10.** ~ tender (*navy*), nave appoggio sommergibili. **11.** atomic ~ (*navy*), sommergibile atomico. **12.** "false-hull ~" (*navy*), sommergibile a controcarena. **13.** fleet ~ (*navy*), sommergibile di lunga crociera. **14.** mine laying ~ (*navy*), sommergibile posamine. **15.** ocean-going ~ (*navy*), sommergibile oceanico. **16.** seagoing ~ (*navy*), sommergibile di media crociera.
submariner (*navy*), sommergibilista.
submerge (to), *see* submerse (to).
submerged-tube boiler (*boil.*), caldaia a tubi sommersi.
submerse (to) (*hydr. - sub.*), sommergere, immergersi.
submersed (*naut. -gen.*), sommerso. **2.** ~ (as of a sub.) (*navy*), in immersione. **3.** ~ foundations (*bldg.*), fondazioni sommerse. **4.** ~ melt welding (*mech. technol.*), saldatura annegata, saldatura ad arco sommerso (o annegato).
submersible (*a. - gen.*), atto a sommergersi. **2.** ~ (submarine) (*n. - navy*), sommergibile.
submersion (*gen.*), sommersione.
submetallic, *see* metalloid.
submillimeter (relating to meas. less than a mm. length) (*a. - meas.*), submillimetrico.
subminiaturization, *see* ultraminiaturization.
"SUB-MIS" (Submarine antiballistic Missile) (*milit.*), missile sottomarino antibalistico.
submultiple (*math.*), sottomultiplo.
subnuclear (dealing with particles smaller than the nucleus) (*a. - atom phys.*), subnucleare.
suboxide (*chem.*), sottossido.
subpoena (*law*), citazione in giudizio.
subpopulation (*math. - stat.*), sottopopolazione.
subprogram (subroutine) (*comp.*), sottoprogramma. **2.** external ~ (*comp.*), sottoprogramma esterno. **3.** internal ~ (*comp.*), sottoprogramma interno.
subring (*math.*), sottoanello.
subroutine (*comp.*), procedura parziale. **2.** ~ library (*comp.*), biblioteca di procedure parziali. **3.** closed ~ (*comp.*), procedura parziale chiusa. **4.** division ~ (*comp.*), procedura parziale di divisione. **5.** open ~ (*comp.*), procedura parziale aperta.
subs (substitutes) (*gen.*), sostituti.
subsatellite (*astric.*), subsatellite, oggetto rilasciato in volo dal satellite principale.
subscribe (to) (as a loan) (*finan.*), sottoscrivere. **2.** ~ (to sign one's name: as to a paper) (*law*), firmare, sottoscrivere. **3.** ~ (as to a magazine) (*comm.*), abbonarsi. **4.** ~ to a newspaper (*comm.*), abbonarsi ad un giornale.
subscribed (*gen.*), sottoscritto.
subscriber (*electrotel. - etc.*), abbonato. **2.** subscriber's meter (*teleph.*), contatore di abbonato. **3.** subscriber's set (*teleph.*), apparecchio (telefonico) di abbonato. **4.** ~ trunk dialling (*teleph.*), teleselezione. **5.** called ~ (called user) (*tlcm.*), abbonato chiamato.
subscript (as a letter or number written below a letter or number) (*math.*), indice (sottosegnato).
subscription (as to a newspaper) (*comm.*), abbonamento. **2.** ~ (as of shares) (*finan. - etc.*), sottoscrizione. **3.** expiration of ~ (*comm.*), scadenza dell'abbonamento. **4.** to cancel a ~ (*comm.*), annullare un abbonamento.
subscription TV (pay TV: the customer needs a special receiver) (*telev. - comm.*), televisione ad abbonamento.
subsequence (*math.*), sottosequenza.
subset (subscriber's set) (*teleph.*), telefono (o apparecchio telefonico) di abbonato. **2.** ~ (*n. - math.*), sottoinsieme. **3.** ~ (as relating to a set of data extracted from another set) (*comp.*), sottoinsieme.
subshell (sublevel of electrons orbiting in an atom) (*n. - atom phys.*), substrato elettronico.
subside (to) (to descend) (*gen.*), abbassarsi. **2.** ~ (to sink), affondare.
subsidence (disturbance decreasing without oscillation) (*aer.*), convergenza. **2.** ~ (as of land surface) (*civil constr.*), abbassamento, cedimento.
subsidiary (*gen.*), sussidiario, ausiliario. **2.** ~ books

(subsidiary ledgers) (*bookkeeping*), libri ausiliari. **3.** ~ payment (subsidy) (*econ.*), sussidio.
subsidize (to) (*comm.*), sovvenzionare.
subsidy (*finan.*), sovvenzione, prestito.
subsill (secondary sill) (*bldg.*), soglia secondaria.
subsistence (*milit.*), sussistenza. **2.** ~ allowance (*comm.*), indennità di trasferta.
subsoil (*agric.*), sottosuolo.
subsoiler (*agric. mach.*), aratro ripuntatore.
subsonic (*a. - aer.*), subsonico. **2.** ~ flow (*aerodyn.*), corrente subsonica. **3.** ~ speed (*aer.*), velocità subsonica.
substance, materia. **2.** ~ (*chem.*), sostanza. **3.** ~ (basic weight: relative weight of paper) (*paper mfg.*), grammatura. **4.** dry ~ (*sugar mfg. - etc.*), sostanza secca. **5.** peaty ~ (*comb.*), sostanza torbosa.
substandard (*a. - gen.*), di tipo (unificato) ridotto. **2.** ~ film (*m. pict.*), pellicola a passo ridotto.
substantive (direct; as a dye) (*a. - text. ind.*), sostantivo. **2.** ~ dye (a direct dye, as for cotton) (*text. ind.*), colorante sostantivo.
substation (transforming station) (*elect.*), sottostazione di trasformazione. **2.** ~ (switching or distributing station) (*elect.*), sottostazione di distribuzione. **3.** ~ (for transforming or converting high-tension electricity) (*elect.*), sottostazione di trasformazione (o di conversione). **4.** outdoor ~ (*elect.*), sottostazione all'aperto. **5.** railway ~ (for railway electric traction), sottostazione ferroviaria. **6.** rectifier ~ (*elect.*), sottostazione di raddrizzatori. **7.** telecontrolled ~ (*elect.*), sottostazione comandata a distanza. **8.** transformer ~ (for electric power) (*elect.*), sottostazione di trasformazione.
substitute (of a thing) (*gen.*), sostituto. **2.** ~ (person) (*work.*), sostituto, supplente. **3.** brown ~ (*rubb. ind.*), fatturato bruno. **4.** floating ~ (*rubb. ind.*), fatturato leggero. **5.** white ~ (*rubb. ind.*), fatturato bianco.
substitute (to) (as a worker) (*gen.*), sostituire. **2.** ~ (as an atom in a molecule) (*chem.*), sostituire.
substrate, substratum (a base for something: as a thin coat of primer applied to a wood surface for supporting paint) (*technol.*), substrato. **2.** ~ (a support for magnetic coating of floppy disks, tape etc.: it may be made by polyester, Mylar etc.) (*comp. - electroacous.*), substrato di supporto, supporto.
substratosphere (region below the stratosphere and higher than 3.5 miles, fit for flying aircraft) (*aer.*), substratosfera.
substruction, *see* substructure.
substructure (of road, of railw.), piano di posa (della massicciata o del ballast). **2.** ~ (foundations) (*bldg.*), fondazioni. **3.** ~ (of a roof) (*bldg.*), sottostruttura.
subsurface (*n. - geol.*), sottosuolo. **2.** ~ (*a. - geol.*), sotterraneo.
subsystem (a secondary system) (*n. - comp.*), sottosistema. **2.** video ~ (*comp.*), sottosistema video.
subtangent (*geom.*), sottotangente.
subtenant (sublessee), subaffittuario.
subtend (to) (as: a chord subtends an arc) (*geom.*), sottendere.
subtitle (*m. pict.*), didascalia.
subtract (to) (*math.*), sottrarre.
subtracter (electronic device forming subtraction) (*n. - comp.*), sottrattore, esecutore di sottrazioni.
subtraction (*math.*), sottrazione.
subtractive (*phot. - opt.*), sottrattivo. **2.** ~ process (color film mfg.) (*phot.*), processo sottrattivo.
subtrahend (*math.*), sottraendo.
subtropic (*geogr.*), *see* subtropical.
subtropical (pertaining to the regions adjacent to the tropical zone) (*geogr.*), subtropicale.
subtropics (subtropical regions) (*geogr.*), regioni subtropicali.
suburb (of a city), suburbio, periferia.
suburban (*a. - gen.*), suburbano. **2.** ~ coach (*railw.*), suburbana, vettura per servizio suburbano.
subvention (*comm.*), sovvenzione.
subvoice-grade (relating to a channel unable to transmit on voice bandwidth) (*a. - comp.*) subvocale.
subway (passage, as for pedestrians, under tracks or under a street) (*railw. - town roads*), sottopassaggio. **2.** ~ (*underground elect. railw.*) (Am.), metropolitana.
sub-zero, sotto zero. **2.** ~ treatment (*heat-treat.*), trattamento sotto zero.
succedaneum (*ind.*), succedaneo.
successor (in a charge) (*gen.*), successore.
succinic acid [$COOH(CH_2)COOH$] (*chem.*), acido succinico.
suck (to) (of mach.), aspirare. **2.** ~ (to draw air: as of defective pumps unable to draw water), aspirare aria.
sucker (piston of a pump) (*mech.*), pistone, pistone valvolato. **2.** ~ (valve of a pump bucket) (*mech.*), valvola di pistone valvolato. **3.** ~ (suction pipe) (*pip.*), tubo di aspirazione. **4.** ~ (feeding sucker, cup-shaped rubber device used as in a folding or gathering mach.) (*bookbinding*), ventosa. **5.** ~ rod (of a well pump) (*mech. - min.*), asta di pompaggio, astina. **6.** ~ rod elevator (of a well pump) (*mech.*), elevatore per astine di pompaggio. **7.** ~ rod wrench (of a well pump) (*mech.*), chiave per astine.
suction (effecting suction: as of mach.) (*a.*), aspirante. **2.** ~ (act of sucking: as of mach.) (*n.*), aspirazione. **3.** ~ and pressure gears (of a rotary pump) (*mech.*), ingranaggi di aspirazione e mandata. **4.** ~ at gate (*found.*), risucchio nel canale di colata. **5.** ~ box (under a paper making mach. wire) (*paper mfg.*), cassa aspirante, cassa d'aspirazione. **6.** ~ filter (intake strainer: as on a suction pipe of a pump) (*pip.*), filtro di aspirazione,

succhieruola. **7.** ~ head (of a pump) (*hydr.*), altezza di aspirazione. **8.** ~ hose (of a pump) (*pip.*), manichetta d'aspirazione. **9.** ~ lift (of a pump) (*hydr.*), altezza di aspirazione. **10.** ~ pump (*mach.*), pompa aspirante. **11.** ~ side (as of a pump) (*mech.*), lato aspirazione. **12.** ~ stroke (*mot.*), corsa di aspirazione, corsa aspirante. **13.** ~ valve (as of a pump) (*mech.*), valvola di aspirazione. **14.** dust ~ (as in a buffing mach.) (*ind. device*), aspirazione della polvere.

sud (soap solution) (*chem.*), soluzione di sapone. **2.** ~, *see also* suds.

sudden (*gen.*), brusco.

suds (*chem.*), saponata, acqua saponata. **2.** ~ (cooling liquid: in mach. t. working) (*mech.*) (Brit.), refrigerante, liquido refrigerante. **3.** ~ pump (*mach. t.*), pompa del refrigerante.

sue (to) (*law*), citare, chiamare in giudizio.

sued (*a. - naut.*), *see* sewed, sewed up.

suède (suède cloth, suedine) (*text.*), tessuto suède. **2.** ~ (tanned skin) (*leather ind.*), suède, pelle scamosciata. **3.** ~ (brown, yellowish red yellow color) (*color*), colore bruno-caldo. **4.** ~ finish (*text. - leather ind. - etc.*), finitura suède.

suet (animal fat, as for leather) (*leather ind. - etc.*), sego.

suffix (*gen.*), suffisso.

sugar (*chem. ind.*), zucchero. **2.** ~ beet (for chem. ind.), barbabietola da zucchero. **3.** ~ cane (for chem. ind.), canna da zucchero. **4.** ~ content (*sugar mfg.*), tenore zuccherino. **5.** ~ of lead (lead acetate) (*chem.*), acetato di piombo. **6.** ~ paper (*paper mfg.*), carta da zucchero. **7.** ~ pine (*wood*), pinus lambertiana. **8.** beet ~ (*sugar mfg.*), zucchero di bietola. **9.** cane ~ (*sugar mfg.*), zucchero di canna. **10.** granulated ~ (pure, crystallized and centrifuged sugar) (*sugar mfg.*), zucchero bianco, zucchero semolato, zucchero cristallino. **11.** invert ~ (*ind. chem.*), zucchero invertito. **12.** loaf ~ (*sugar mfg.*), zucchero in pani. **13.** powdered ~ (ground sugar) (*sugar mfg.*), zucchero in polvere. **14.** raw ~ (*sugar mfg.*), zucchero greggio. **15.** refined ~ (*sugar mfg.*), zucchero raffinato.

sugarhouse (*ind.*), zuccherificio.

suggestion (*gen.*), consiglio. **2.** ~ box (in a factory) (*ind.*), cassetta delle idee, cassetta consigli tecnici.

suint (of the sheep: on the wool) (*wool ind.*), grasso proveniente da sudore.

suit (of clothes) (*text.*), abito, completo. **2.** ~ (process) (*law*), processo. **3.** altitute ~ (*aer.*), tuta pressurizzata. **4.** anti-blackout ~ (*aer.*), combinazione anti-G. **5.** diving ~ (*naut.*), scafandro per palombaro. **6.** fire-fighting ~ (*antifire equip.*), tuta antincendio. **7.** flight ~ (*aer.*), combinazione di volo. **8.** G ~ (gravity suit, pressurized suit counteracting gravity effects on the body) (*aer.*), combinazione anti-G. **9.** moon ~ (*astric.*), combinazione lunare, tuta lunare.

suitability (suitableness, of a process) (*technol.*), applicabilità, impiegabilità, idoneità.

suitable (*a. - gen.*), adatto, idoneo. **2.** ~ to be agreed upon (*gen.*), concordabile.

suitcase (valise), valigia.

suiting (a fabric for clothes) (*text. ind.*), tessuto per abiti.

sulf *for all words so beginning see at forms beginning* **sulph**.

sulky (two wheeled veh. or agric. implement: as a cultivator) (*n. - veh. - etc.*), veicolo (o attrezzo) a due ruote.

sullage (*gen.*), spazzatura. **2.** ~ (silt, mud) (*gen.*), fango. **3.** ~ (scoria on molten metal in a ladle) (*found.*), scoria. **4.** ~ (sewage) (*bldg.*), *see* sewage. **5.** ~ head (sullage piece, head) (*found.*), materozza. **6.** ~ tank (*bldg.*), pozzo nero.

sulphamic (*a. - chem.*), solfammico. **2.** ~ acid (NH_2SO_3H) (*chem.*), acido solfammico.

sulphate (*chem.*), solfato.

sulphate (to) (as the plates of a storage battery) (*chem.*), solfatizzare, solfatizzarsi.

sulphated (*a. - chem.*), solfato. **2.** ~ fatty alcohols (*chem.*), esteri solforici degli alcoli superiori, alcoli solfati.

sulphating (of a battery) (*elect.*), solfatazione.

sulphation (of a battery) (*elect.*), solfatazione.

sulphatize (to) (*chem.*), solfatizzare.

sulphide (*chem.*), solfuro.

sulphite (*chem.*), solfito. **2.** ~ digester (*paper mfg.*), lisciviatore al solfito. **3.** ~ liquor (*paper mfg.*), liscivia al solfito. **4.** sodium ~ (Na_2SO_3) (*chem.*), solfito di sodio.

sulphocyanide (*chem.*), solfocianuro. **2.** potassium ~ (KCNS) (*chem.*), solfocianuro di potassio.

sulphonal, sulphonmethane [$(CH_3)_2$ $C(SO_2C_2H_5)_2$] (*pharm. chem.*), sulfolnal, solfonale.

sulphonated (*a. - chem.*), solfonato. **2.** ~ fatty acids (*chem.*), acidi grassi solfonati.

sulphonation (*chem.*), solfonazione.

sulphonic (*chem.*), solfonico.

sulphur (S - *chem.*), zolfo. **2.** ~ dioxide (SO_2) (*chem.*), anidride solforosa. **3.** ~ dioxide compressor (*refrig. ind.*), compressore per anidride solforosa. **4.** ~ free natural methane (*comb.*), metano naturale esente da zolfo. **5.** ~-nitriding (*heat-treat.*), solfonitrurazione. **6.** ~ pit (sulphur mine) (*min.*), solfara. **7.** ~ printing test (*metall.*), prova Baumann, prova presenza zolfo con reattivo d'impronta. **8.** bound ~ (in rubber vulcanization) (*rubb. ind.*), zolfo combinato (alla gomma). **9.** combined ~ (*ind. chem.*), *see* bound sulphur. **10.** free ~ (as in rubb. vulcanization) (*rubb. ind.*), zolfo libero, zolfo non combinato. **11.** processed ~ (*chem. ind.*), zolfo raffinato.

sulphurate (to), *see* sulphurize (to).

sulphurating (*chem. ind.*), solforazione.

sulphuric (*a. - chem.*), solforico. **2.** ~ acid (H_2SO_4) (*chem. ind.*), acido solforico.

sulphurization (*chem. ind.*), solforazione.

sulphurize (to) (*ind. chem.*), solforare.

sulphurous (*chem.*), solforoso.

sulphuryl (radical) (*chem.*), solforile. **2.** ~ chloride (SO_2Cl_2) (*chem.*), cloruro di solforile.
sulphydrate (*chem.*), solfidrato.
sum (*gen.*), somma. **2.** ~ (*math.*), *see* union 4 ~. **3.** lump ~ (*comm.*), somma forfettaria, "forfait".
sum (to) (*math.*), addizionare.
sumac, sumach (for tanning and dyeing) (*text. ind.*), sommacco.
summary (*n.* - *gen.*), sommario, riepilogo, riassunto, compendio. **2.** ~ (lacking details, brief) (*a.* - *gen.*), sommario. **3.** ~ (*a.* - *law*), sommario. **4.** personal traits ~ (*pers.*), note caratteristiche, scheda di valutazione individuale.
summation (*math.*), sommatoria.
summative (cumulative) (*math.*), sommatorio, cumulativo. **2.** ~ function (*math.*), funzione sommatoria.
summer (lintel) (*bldg.*), architrave. **2.** ~ (main beam of a floor) (*bldg.*), trave principale. **3.** ~ (*a.* - *gen.*), estivo. **4.** ~ embankment (*hydr. constr.*), argine estivo. **5.** ~ freeboard (*naut.*), bordo libero estivo.
summerhouse (*arch.*), casa di campagna per residenza estiva.
summit, sommità. **2.** ~ (of a hill), sommità, cima.
summons (*law*), citazione.
sump (cesspool) (*bldg.*), pozzo nero. **2.** ~ (of a shaft) (*min.*) (Brit.), bacino di pompaggio. **3.** ~ (of mot.), coppa, carter. **4.** ~ (of a radial engine) (*mot.*), pozzetto. **5.** ~ breather (of a radial engine) (*aer. mot.*), sfiato del pozzetto. **6.** ~ filler (pump for oil) (*aut.* - *etc.*), riempicoppa. **7.** ~ fuse (a fuse used under water) (*expl.*), miccia per brillamenti subacquei. **8.** ~ pit (as in a draining system) (*mas.* - *pip.*), pozzetto di raccolta. **9.** ~ pump (as in a draining system) (*mas.* - *pip.*), pompa di estrazione. **10.** dry ~ lubrication (*mot.*), lubrificazione a carter secco (o a coppa secca). **11.** engine oil ~ (of mot.), coppa dell'olio del motore. **12.** oil ~ (of a radial engine) (*aer.* - *mot.*), pozzetto dell'olio. **13.** oil ~ (oil pan, of an engine) (*mot.*), coppa dell'olio.
sun (*astr.*), sole. **2.** ~ compass (*aer.*), bussola solare. **3.** ~ deck (*nav.*), ponte sole. **4.** ~ deck (*bldg.*), solario. **5.** ~ follower, *see* sunseeker. **6.** ~ gear (central gearwheel of a sun-and-planet motion) (*mech.*), ingranaggio centrale. **7.** ~ lamp (*m. pict.*), lampada solare. **8.** ~ lamp, sunlamp (*med. instr.*), lampada a luce solare. **9.** ~ parlor (*arch.*), veranda esposta a mezzogiorno. **10.** ~ radiation (*phys.*), radiazione solare. **11.** ~ roof (*aut. body*), tetto apribile. **12.** ~ screen (for aut.), (visiera) parasole. **13.** ~ visor (*aut.*), (visiera) parasole. **14.** hazy ~ (kind of subject illumination) (*phot.*), sole velato. **15.** mean ~ (imaginary sun moving in the equator with uniform motion) (*astr.* - *top.*), sole medio. **16.** padded ~ visor (*aut.*), parasole imbottito, visiera parasole imbottita.
sunbeam, raggio di sole.
sundial (*astr. instr.*), meridiana.
sundries (*comm.*), (articoli) diversi. **2.** ~ (*adm.*), spese varie. **3.** ~ (as of an agenda etc.) (*gen.*), varie.
sunflower (*agric.*), girasole.
sunglasses (*opt.*), occhiali da sole.
sunk (sunken) (said as of a ship) (*naut.*), affondato. **2.** ~ fillet (*arch.*), modanatura incassata. **3.** ~ key (*mech.*), chiavetta incassata.
sunken (*gen.*), affondato.
sunlamp (*med. app.*), lampada a luce solare.
sunlight, luce solare. **2.** bright ~ (kind of subject illumination) (*phot.*), sole intenso.
sunn (sunn hemp) (*text.*), (tipo di) canapa.
sunroof (car roof provided with a panel that can be opened) (*n.* - *aut.*), tetto apribile.
sunroom, *see* sun parlor.
sunseeker (photoelectric device mounted as on a spacecraft) (*astric. navig.*), cercasole. **2.** ~ (sun follower: consisting of a spacecraft navigational device maintaining a constant sun-facing orientation of a side of the craft) (*n.* - *astric.*), inseguitore solare.
sunshade (of a camera) (*phot.*), parasole.
sunshine, luce solare.
sunspot (*astr.*), macchia solare.
sunwise, *see* clockwise.
"supchgr", *see* supercharger.
super (of excellent grade or quality) (*a.* - *n.* - *gen.*), super.
superaerodynamics (aerodynamics in low density atmosphere) (*aerodyn.*), superaerodinamica.
superalloy (as a nickel-base alloy, used for parts working at high temperature) (*metall.*), superlega.
superbomb, *see* H-bomb (hydrogen bomb).
supercalender (calender separate from the paper machine) (*paper mfg.*), calandra, satina, satinatrice.
supercalender (to) (*paper mfg.*), calandrare, satinare, lucidare.
supercalendered (*a.* - *paper mfg.*), calandrata, satinata.
supercalendering (*paper mfg.*), calandratura, satinatura, lucidatura.
supercargo (ship officer entrusted with the commercial concerns of a crossing) (*naut.* - *pers.*), ufficiale responsabile della parte commerciale del viaggio. **2.** ~ (a person who superintends sale as of a ship's cargo) (*comm.* - *naut.*), agente marittimo.
supercentrifuge (*mach.*), supercentrifuga.
supercharge (to) (a mot.), sovralimentare, fornire di compressore. **2.** ~ (to pressurize: as a cabin) (*aer.*), pressurizzare.
supercharged (of an engine) (*a.* - *mot.*), sovralimentato. **2.** ~ (pressurized: as a cabin) (*a.* - *aer.*), pressurizzato. **3.** ~ cabin (*aer.*), cabina pressurizzata. **4.** ~ engine (*mot.*), motore sovralimentato. **5.** ~ ignition harness (for avoiding elect. leaks at high altitudes) (*aer.*), impianto accensione sistemato in tubazioni stagne pressurizzate. **6.** differ-

entially ~ Diesel engine (*mot.*), motore diesel a sovralimentazione differenziale.
supercharger (of mot.), compressore. **2.** axial-flow ~ (*aer. mot. - etc.*), compressore (a flusso) assiale. **3.** cabin ~ (*aer.*), compressore di cabina. **4.** centrifugal ~ (*aer. mot. - etc.*), compressore centrifugo. **5.** exhaust-driven ~ (*aer.*), compressore azionato dai gas di scarico. **6.** exhaust turbo-blower type ~ (*app. for mot.*), turbocompressore a gas di scarico. **7.** gear-driven ~ (*aer.*), compressore comandato da ingranaggi. **8.** multi-speed ~ (*aer. mot. - etc.*), compressore a più velocità. **9.** multi-stage ~ (*aer. mot. - etc.*), compressore pluristadio, compressore a più stadi. **10.** piston ~ (*aer. mot. - etc.*), compressore a stantuffo. **11.** positive-displacement ~ (as Root compressor) (*aer. and aut. eng.*), compressore volumetrico (compressore a capsulismo, a lobi etc.). **12.** turbo-driven ~, *see* exhaust-driven supercharger. **13.** two-speed ~ (*aer. mot.*), compressore a due velocità. **14.** vane ~ (*aer. mot. - etc.*), compressore a palette.
supercharging (of mot.), sovralimentazione. **2.** exhaust turbo-blower type ~ (*mot.*), sovralimentazione con turbo-compressore a gas di scarico.
supercity (megalopolis) (*n. - town*), megalopoli.
supercolumniation (*arch.*), sovrapposizione di ordini di colonne.
supercompression (of the fuel air mixture) (*mot.*), surcompressione.
superconduction (practically infinitely high conductivity in proximity of absolute zero) (*elect. - metall.*), superconduttività.
superconductivity (of a metal at temperatures near absolute zero, supraconductivity) (*elect.*), superconduttività.
superconductor (*elect.*), superconduttore.
supercool (to) (*phys. chem.*), soprafondere.
supercooling (*phys. chem.*), soprafusione.
supercritical (as of a reactor: tending to increase the chain reaction) (*a. - atom phys.*), supercritico.
supercurrent (as in a superconductor) (*n. - elect.*), supercorrente.
superdense (as the matter in bigbang theory: made of neutrons) (*a. - astrophys.*), ad altissima densità.
superelevated (banked, of a curve) (*a. - road - railw.*) (Brit.), sopraelevato.
superelevation (transverse inclination of a road or railway curve) (*road - railw.*), sopraelevamento, sopralzo, sopraelevazione. **2.** ~ (supplementary elevation) (*bldg.*), sopraelevazione.
superficial (*a. - gen.*), superficiale.
superficies, *see* surface.
superfinishing (*mach. t. - mech.*), superfinitura, microlevigatura, microfinitura.
superfluid (a fluid having very high thermal conductivity and capillarity, as helium at 1° and 2° absolute temperature) (*phys.*), superfluido.
superfuse (to), *see* supercool (to).
superfusion (*phys. - chem.*), soprafusione.
superheat (amount of heat given to vapor in order to superheat it) (*thermod.*), calore di surriscaldamento. **2.** ~ (difference between the temperature of the gas contained in an aerostat and that of the surrounding air) (*aer.*), calore differenziale.
superheat (to) (the steam) (*thermod.*), surriscaldare.
superheated (*phys.*), surriscaldato. **2.** ~ steam (*thermod.*), vapore surriscaldato. **3.** ~ water (*therm.*), acqua surriscaldata.
superheater (steam superheating app.) (*boil.*), surriscaldatore. **2.** ~ header (of boil.), collettore del surriscaldatore. **3.** furnace flue ~ (as of a boil.), surriscaldatore (a tubi di vapore) riscaldato dai gas della combustione. **4.** smoke tube ~ (as of a boil.), surriscaldatore a tubi di fumo.
superheating (as of steam) (*thermod.*), surriscaldamento.
superheavy (having a very great atomic mass, or atomic number) (*a. - chem. - atom phys.*), superpesante.
superheterodyne (*radio receiving system*), supereterodina. **2.** ~ (reception) (*radio*), ricezione a supereterodina.
superhigh frequency (*s. - tlcm.*), iperfrequenza.
superhigh-frequency (*a. - tlcm.*), ad iperfrequenza.
superhighway, autostrada.
superimpose (to), sovrapporre.
superimposing (of image) (*telev.*), sovrapposizione (di immagine).
superimposition, sovrapposizione.
superintend (to) (to oversight, to supervise) (*gen.*), sovraintendere.
superintendent (as of works) (*gen.*), sovrintendente.
superjet (supersonic jet plane) (*aer.*), aviogetto supersonico.
supermarket (a selfservice household and foods retail store) (*comm.*), supermercato.
supermassive (as of a celestial body having a hypothetical mass a thousand times larger than that of the sun) (*a. - astrophys.*), supermassivo.
supermicroscope (as the electron microscope etc.) (*opt.*), microscopio con ingrandimento superiore al normale microscopio ottico.
supermolecule (macromolecule) (*chem.*), macromolecola.
supernutrition (*med.*), supernutrizione, sovranutrizione.
"superorthicon" (tube, of a telev. camera) (*telev.*), supericonoscopio.
superphosphate (fertilizer mixture: $[Ca(H_2PO_3)_2, CaSO_4]$) (*chem.*), perfosfato, superfosfato.
superplastic (as zinc-aluminum alloys) (*a. - forging*), superplastico.
superplasticity (as of a very ductile alloy) (*n. - metall.*), superplasticità.
superpolymer (a resin that maintains mech. and chem. integrity above 400°F for extended periods) (*chem.*), superpolimero.
superpose (*gen.*), sovrapporre. **2.** ~ (*geom.*), sovrapporre.

superposition (as of one rank of columns over another) (*arch.*), sovrapposizione.
superpower (excessive power) (*gen.*), sovrapotenza.
superpressure (difference between the pressure of the gas contained in an aerostat and that of the surrounding air) (*aer.*), pressione differenziale, sovrapressione.
superreaction (receiving system) (*radio*) (Brit.), superreazione.
superregeneration (*radio*) (Am.), superreazione.
supersaturate (to) (*phys. chem.*), soprasaturare.
supersaturated (*phys. chem.*), soprasaturo.
supersede (to) (to replace) (*gen.*), sostituire. **2.** ~ (to render something obsolete) (*gen.*), superare, far diventare antiquato.
superseder (supplant) (*gen.*), sostituto.
supersonic (*a. - acous.*), supersonico, ultrasonico. **2.** ~ (*n. - acous.*), ultrasuono. **3.** ~ (relating to speeds from one time to five times higher than that of sound in the air) (*a. - aer.*), supersonico. **4.** ~ aircraft (*aer.*), apparecchio supersonico. **5.** ~ barrage (*navy*), sbarramento supersonico. **6.** ~ flight (*aer.*), volo supersonico, volo a velocità superiore a quella del suono. **7.** ~ plane (*aer.*), aeroplano (per volo) supersonico, aeroplano con velocità supersonica. **8.** ~ reflectoscope (for testing the soundness as of a metal ingot by comparing reflection of high-frequency waves) (*testing app.*), riflettoscopio a ultrasuoni. **9.** ~ shape (as of wings) (*aer.*), forma (o linea) supersonica, forma (o modello) adatta (al volo) a velocità superiore a quella del suono, modello per volo supersonico. **10.** ~ speed (*aer.*), velocità supersonica. **11.** ~ transport (*aer.*), aereo per trasporto supersonico. **12.** ~ velocity (*aerodyn.*), velocità supersonica.
supersonics (*aer.*), scienza del volo a velocità superiore a quella del suono, scienza del volo supersonico. **2.** ~ (the study of waves whose frequencies are greater than 20.000 per second) (*acous.*), scienza (o studio) degli ultrasuoni.
supersound, *see* ultrasound.
superstore (a large supermarket) (*comm.*), grande supermercato.
superstructure (*gen.*), sovrastruttura. **2.** ~ (*bldg. - naut.*), sovrastruttura. **3.** ~ (ties, rails and fastenings of a track) (*railw.*), armamento. **4.** ~ (body, fitted on the underframe of a railw. car) (*railw.*), cassa.
supertanker (*naut.*), supercisterna.
supervise (to) (a work department), sorvegliare, dirigere. **2.** ~ (to superintend) (*gen.*), sovrintendere.
supervision of the construction (*bldg. ind.*), direzione dei lavori. **2.** ~ (inspection and critical evaluation) (*organ.*), supervisione. **3.** automatic ~ in operation (as of a generator set) (*elect. - etc.*), controllo automatico in funzione.
supervisor (responsible for hiring, promoting, discharging etc. employees in a factory) (*ind. organ. - pers.*), capo del personale. **2.** ~ (*m. pict.*), supervisore. **3.** ~ (executive, supervisory program) (*comp.*), supervisore, programma supervisore. **4.** field ~ (*comm.*), ispettore di zona. **5.** ~ sales (*comm.*), ispettore vendite. **6.** shift ~ (*teleph. pers.*), capoturno.
supervisory (*a. - gen.*), di supervisione. **2.** ~ program (supervisory routine) (*comp.*), programma di supervisione, procedura di supervisione. **3.** ~ program (supervisor) (*comp.*), programma supervisore.
"supp", "suppl", *see* supplement, supplementary.
supplement (*gen.*), supplemento. **2.** ~ (of an angle) (*trigonometry*), supplemento.
supplement (to) (*comm.*), integrare.
supplementary, supplementare, addizionale.
supplier (*comm.*), fornitore. **2.** subordinate ~ (*comm.*), subfornitore.
supplies, rifornimenti. **2.** ~ (provisions) (*gen.*), provviste. **3.** manufacturing ~ (*factory work organ.*), materiali indiretti (o di consumo).
supply (*comm.*), rifornimento, approvvigionamento, provvista. **2.** ~ (offer) (*comm.*), offerta. **3.** ~ and demand (*econ.*), domanda ed offerta. **4.** ~ dump (*milit.*), deposito. **5.** ~ mains (*elect.*), rete (di alimentazione). **6.** ~ on hand, scorta di magazzino. **7.** ~ unit (as of a teleprinter app.) (*elect.*), alimentatore. **8.** excess ~ (*comm.*), eccesso di offerta. **9.** fly-back EHT ~ (fly-back extra high tension supply) (*telev.*), *see* kickback power supply. **10.** fuel ~ (of an engine) (*aut. - aer. - etc.*), alimentazione (del) combustibile. **11.** manufacturing supplies (*factory prod. organ.*), materiali indiretti (o di consumo). **12.** money ~ (total amount of currency, bank deposits, coins etc. of a country) (*finan.*), liquidità monetaria, massa monetaria. **13.** power ~ (source of electrical energy: as of an elics. app.) (*elect. - elics.*), alimentatore.
supply (to) (*comm.*), fornire, rifornire. **2.** ~ (to provide materials), approvvigionarsi.
supply-station (generating station) (*elect.*) (Brit.), centrale elettrica.
support (*mech.*), supporto, sostegno. **2.** ~ (as of a beam) (*bldg.*), appoggio. **3.** ~ (as a prop) (*bldg.*), puntello. **4.** ~ (a supporting material, as plastic, on which light sensitive layer is coated: as in phot. film) (*phot.*), supporto. **5.** ~ (vanguard) (*milit.*), testa d'avanguardia. **6.** ~ skirt (in a nuclear reactor) (*atom. ind.*), gonna di sostegno. **7.** high-voltage leads ~ (cross bar support for high-voltage conductors: in a transformer) (*electromech.*), traversa di sostegno dei conduttori di alta (tensione). **8.** rear ~ (of mach.), supporto posteriore. **9.** steel tunnel ~ (*min.*), armatura in acciaio per gallerie. **10.** upright ~ (*carp.*), montante.
support (to), sostenere, supportare.
supported (*a. - gen.*), supportato. **2.** ~ catalyst (*chem.*), catalizzatore supportato. **3.** ~ joint (of rails on sleepers) (*railw.*), giunto appoggiato.
supporting (*gen.*), di sostegno. **2.** ~ post (*bldg.*), pilone di sostegno. **3.** ~ reinforcement (iron rod)

(*reinf. concr.*), ferro portante. **4.** ~ surface (providing the lift for an aircraft) (*aer.*), superficie portante. **5.** ~ tower (as of suspension railways) (*ironwork. - bldg.*), pilone di sostegno. **6.** pipe ~ roller (*pipe laying fitting*), supporto a rullo per tubi.

suppress (to) (to extinguish) (*gen.*), sopprimere. **2.** ~ (as a hemorrhage) (*med.*), arrestare.

suppression (as of a character, of zero, of printing etc.) (*n. - comp. - print.*), soppressione.

suppression pool (of the steam in a nuclear reactor) (*atom phys.*), piscina di abbattimento del vapore.

suppressor (*radio*) (Brit.), filtro antidisturbi radio, soppressore. **2.** echo ~ (*teleph.*) (Brit.), soppressore di eco. **3.** knock ~ (as for gasoline) (*fuel chem. - ic engine*), antidetonante. **4.** radio interference ~ (*radio*), dispositivo antidisturbi radio, soppressore di disturbi radio. **5.** reaction ~ (*radio - teleph.*) (Brit.), soppressore di reazione. **6.** spark ~ (type of condenser) (*elect.*), soppressore di scintilla, condensatore antiscintilla.

supraconductivity (*elect.*), *see* superconductivity.

"supsd", *see* supersede.

"supt", *see* support, superintendent.

"supv", *see* supervise.

"supvr", *see* supervisor.

"sur", *see* surface, surplus.

surbase (*arch.*), cornice (o modanatura) di basamento.

surcharge (additional tax) (*finan.*), sovratassa. **2.** ~ (additional cost) (*comm.*), maggior costo, sovracosto. **3.** ~ (the earth supported by a retaining wall at a level above the top of the wall) (*constr.*), terreno di sovraccarico. **4.** ~, *see* overload.

surd (*math.*), numero irrazionale.

sure (*a. - gen.*), sicuro.

surety (*comm.*), garanzia. **2.** ~ (guarantor) (*law*), garante.

surf (breaking wave) (*sea*), frangente. **2.** ~ (sea that breaks upon the beach) (*sea*), risacca.

surface (*geom. - phys. - aer.*), superficie. **2.** ~ (of water: as for sub. trials) (*sea*), specchio (d'acqua). **3.** ~ (of a road), piano stradale. **4.** ~ (airfoil) (*aer.*), superficie aerodinamica. **5.** ~ activity (in surface tension of liquids) (*phys. chem.*), tensioattività superficiale. **6.** ~ broaching (*mach. t.*), brocciatura esterna, spinatura esterna. **7.** ~ broaching machine (*mach. t.*), brocciatrice (o spinatrice) per superfici esterne. **8.** ~ converting (*metall.*), cambiamento della struttura alla superficie. **9.** ~ density (*phys. meas.*), densità superficiale, quantità per unità di superficie. **10.** ~ discharge spark plug (as with a multiple ground electrode) (*mot. - elect.*), candela a scarica superficiale. **11.** ~ effects (*metall. - elect.*), effetti pellicolari (o superficiali). **12.** ~ feet per minute (*mach. t. operation*), velocità periferica in piedi al minuto, velocità (di taglio) in piedi al minuto. **13.** ~ friction (*naut.*), resistenza d'attrito in superficie. **14.** ~ gap (of a spark plug) (*mot. - elect.*), intervallo interelettrodico a superficie. **15.** ~ gauge (*tool*), truschino, graffietto. **16.** ~ grinder, *see* surface grinding machine. **17.** ~ grinding machine (*mach. t.*), rettificatrice per piani, lapidello. **18.** ~ hardening (*metall.*), indurimento superficiale. **19.** ~ in contact with water (as in a boil.), superficie bagnata dall'acqua. **20.** ~ of revolution (*geom.*), superficie di rivoluzione. **21.** ~ pit (*min.*), cava a cielo aperto. **22.** ~ plate (*mech. instr.*), piano di riscontro. **23.** ~ radiator (*aer. mot.*), radiatore superficiale. **24.** ~ railway (*railw.*), ferrovia a livello del suolo. **25.** ~ resistance (relating to the surface layer) (*elect.*), resistenza superficiale. **26.** ~ roughness (*gen.*), rugosità superficiale. **27.** ~ sandpapering machine (*mach. t.*), pulitrice a nastro. **28.** ~ speed (*mech. t. operation*), velocità periferica (o alla superficie). **29.** ~ speed (of sub.) (*navy*), velocità in emersione. **30.** ~ tension (*phys.*), tensione superficiale. **31.** ~ tester (*meas. instr.*), apparecchio per controllo (della regolarità) di superfici piane. **32.** ~ vessel (*navy*), unità da superficie. **33.** aircraft seal ~ (as between the engine and the fuselage or wing) (*aer. constr.*), superficie di tenuta. **34.** bearing ~ (*mech.*), superficie portante. **35.** clean up ~ (*mech.*), superficie di prima sgrossatura. **36.** comparison ~ (of a photometer) (*opt. - illum.*), superficie di paragone. **37.** control ~ (*aer.*), superficie di governo. **38.** directly-heated ~ (as in a boil.) (*thermotechnics*), superficie riscaldata direttamente. **39.** indirectly-heated ~ (as in a boil.) (*thermotechnics*), superficie riscaldata indirettamente. **40.** level ~ (*mech. - phys. - etc.*), superficie (o piano) orizzontale. **41.** nonskid ~ (*road surface*), superficie antisdrucciolevole. **42.** plane ~, piano, superficie piana. **43.** rough ~ (defective casting surface due as to metal penetration in the mold) (*found.*), superficie scabrosa. **44.** ruled ~ (surface generated by a straight line moving in the space) (*math.*), superficie generata dal movimento di una retta. **45.** scraped ~ (*mech.*), superficie raschiettata. **46.** sealing ~ (the portion which makes contact with the sealing gasket: as of a container) (*mech. - ind. - etc.*), bordo di tenuta, superficie di tenuta. **47.** sensitive ~ (*phot.*), strato sensibile. **48.** sliding ~ (*mech.*), piano di scorrimento. **49.** supporting ~ (*build. - mech.*), superficie di appoggio. **50.** supporting ~ (providing the lift for an aircraft) (*aer.*), superficie portante. **51.** water ~ (*hydr.*), superficie (o pelo) dell'acqua. **52.** wearing ~ (as of road), manto di usura. **53.** wetted ~ (*naut.*), superficie bagnata.

surface (to) (*carp. - mech.*), spianare e finire una superficie. **2.** ~ (of a sub.) (*navy*), affiorare, emergere.

surface-active agent (*phys. chem.*), sostanza (o agente) tensioattiva.

surfaced (of a sub.) (*navy*), affiorato. **2.** ~ (*mech. - carp.*), spianato e finito. **3.** ~ lumber (*join.*), legname piallato.

surface-effect ship (a ground effect mach. moving

on water) (*naut.*), aeroscivolante nautico (o veicolo a cuscino d'aria).
surface-mounted (*instr.*), sporgente, a parete.
surfacer (leveling unevenness of the surface) (*paint.*), prodotto verniciante di fondo, stucco liquido. **2.** ~ (*mach. t.*), piallatrice, lamatrice. **3.** prime ~ coat (as in aut. paint.) (*paint.*), mano di fondo.
surface-sized (tub-sized) (*paper mfg.*), collata in superficie, collata alla gelatina.
surface-sizing (*paper mfg.*), collatura in superficie (o alla gelatina).
surfacing (deposition of filler metal on a metal surface) (*mech. technol.*), riporto. **2.** ~ (top layer or layers of a road) (*road*), manto superficiale. **3.** ~ (stopping, as of a body) (*paint.*), stuccatura. **4.** ~ machine, *see* surfacer 2 ~. **5.** thin ~ (*road*), *see* carpet.
surfactant (*chem. phys.*), *see* surface-active agent.
surfuse (to) (to supercool) (*phys. - chem.*), soprafondere.
surge (*elect.*), colpo di corrente, sovracorrente momentanea. **2.** ~ (surging, of a compressor, defect) (*mach.*), pompaggio. **3.** ~ (rolling of water) (*sea*), cavallone, maroso. **4.** ~ chamber (surge tank, for absorbing disturbances as due to hydraulic ram) (*hydr.*), pozzo piezometrico. **5.** ~ diverter, *see* lightning arrester. **6.** ~ gap (*elect.*), scaricatore ad intervallo d'aria. **7.** ~ tank (of an aqueduct) (*hydr. constr.*), *see* surge chamber. **8.** ~ tank (as for ind. and domestical systems) (*therm. - etc.*), autoclave.
surge (to) (to rise and fall: as of a ship on waves) (*gen.*), andare su e giù. **2.** ~ (to rise to abnormal value and fall: as voltage) (*elect.*), oscillare in modo anormale. **3.** ~ (to let go or slacken, as a cable) (*naut.*), mollare, allentare, lascare.
surgeon (*med.*), chirurgo.
surgery (*med.*), chirurgia. **2.** exploratory ~ (*med.*), chirurgia esplorativa.
surging (as of r.p.m. or boost) (*n. - aer. mot.*), fluttuazione, oscillazione. **2.** ~ (as the r.p.m.) (*a. - mot.*), oscillante, fluttuante. **3.** ~ (slackening, as of a cable) (*naut.*), allentamento. **4.** ~ (dancing, free vibration of valve springs due to resonance) (*mech.*), sfarfallamento, farfallamento, saltellamento. **5.** ~ (of the delivery pressure of a supercharger when decreasing the airflow) (*mot.*), pompaggio. **6.** ~ (alternate tension and slackening between the towing vehicle and the caravan) (*veh.*), pendolamento.
surjection (*math.*), suriezione, surgezione.
surpass (to) (in quality or in quantity) (*ind. - gen.*), superare.
surplus (*accounting*), avanzo, eccedenza. **2.** ~ (as of war), residuati. **3.** ~ stock (*mech.*), sovrametallo.
surprint (*print.*), sovrastampa.
surprint (to) (*print.*), sovrastampare.
surrender (*milit.*), resa.
surround (to), circondare.
surtax (*finan.*), sopratassa.
surveillance (of guards), sorveglianza.
surveillant (as a guardian of discipline in a factory), sorvegliante, guardia.
survey (examination of value or of conditions) (*comm.*), perizia. **2.** ~ (following as of the construction, by civil, or military authorities) (*ind.*), sorveglianza, vigilanza. **3.** ~ (inspection, as of a ship for ascertaining its conditions) (*naut.*), visita perizia. **4.** ~ (*top. - geophys.*), rilievo, rilevamento. **5.** ~ (examination as for obtaining data) (*technol.*), rilievo. **6.** ~ meter (portable radioactivity meter) (*radioact. instr.*), misuratore portatile (di radioattività). **7.** ~ of an area (*top.*), rilevamento di un'area. **8.** ~ of heights (*top.*), rilievo altimetrico. **9.** ~ report (as for damages incurred in transit) (*transp. - etc.*), relazione peritale. **10.** bottom ~ (*shipbuild.*), visita di carena. **11.** hydrographic ~ (*geophys.*), rilevamento idrografico. **12.** land ~ (*top.*), rilevamento (topografico) del terreno. **13** radiological ~ (*atom phys.*), controllo radiologico. **14.** reflection ~ (seismic survey) (*min.*), prospezione per riflessione sismica. **15.** tachymetric ~ (*top.*), rilevamento tacheometrico. **16.** to hold a ~ (of the ship conditions) (*naut.*), fare una perizia **17.** underground ~ (*min.*), rilevamento sotterraneo.
survey (to) (*top.*), rilevare. **2.** ~ (*comm.*), fare perizie. **3.** ~ elevations (*top.*), battere le quote del terreno.
surveying (*top.*), rilevamento. **2.** ~ (*math. - top. - geodesy*), topografia applicata, tecnica del rilevamento topografico. **3.** ~ instruments (*top.*), strumenti topografici.
surveyor (*top. work.*), topografo.
surveyor's chain (meas. instr. for survey), catena da topografo (di 20,117 m). **2.** ~ compass (*top.*), bussola topografica. **3.** ~ cross (*top. instr.*), squadro. **4.** ~ level (*top. instr.*), livella a cannocchiale.
susceptance (*elect.*), suscettanza.
susceptibility (*elect.*), suscettività (magnetica).
susceptometer (for susceptibility meas.) (*n. - elect. instr.*), suscettometro.
suspend (to) (as a worker from office), sospendere. **2.** ~ (to hang) (*mech.*), sospendere. **3.** ~ (as payments) (*comm. - law*), sospendere. **4.** ~ (to interrupt: as a program) (*comp.*), sospendere.
suspended (hung) (*a. - mech.*), sospeso. **2.** ~ (as of a worker) (*a. - discipline*), sospeso. **3.** ~ (as particles in the air or in a solution) (*chem. - phys.*), sospeso. **4.** ~ joint (of rails on the sleepers) (*railw.*), giunto sospeso.
suspender (*rubb. ind. - clothing product*) (Am.), bretella.
suspense (suspension) (*gen.*), sospensione. **2.** ~ accounts (as on a balance sheet) (*accounting*), conti in sospeso, conti provvisori.
suspension (*phys. chem.*), sospensione. **2.** ~ (spring system: as of veh.) (*railw. - aut. - etc.*), sospensione, molleggio. **3.** ~ (of payment) (*comm.*), so-

spensione. **4.** ~ (as of a moving element of an elect. meas. instr.), sospensione. **5.** ~ arms (*aut.*), bracci della sospensione. **6.** ~ band (of an airship or an aerostat) (*aer.*), gualdrappa. **7.** ~ bridge (*arch.*), ponte sospeso. **8.** ~ line (*aer.*), corda di sospensione. **9.** ~ wire (as in a suspended contact line) (*elect. railw.*), pendino. **10.** air spring ~ (full air suspension, utilizing air in lieu of metal springs) (*aut. - etc.*), sospensione pneumatica. **11.** catenary ~ (*elect. railw.*), sospensione a catenaria. **12.** cross catenary ~ (as in a suspended contact line) (*elect. railw.*), sospensione trasversale a catenaria. **13.** elastic ~ (*mech.*), sospensione elastica. **14.** front ~ (of aut.), sospensione anteriore, molleggio anteriore. **15.** front-wheel ~ spring housing (*aut.*), scatola sospensione anteriore. **16.** hard spring ~ (*mech.*), molleggio duro. **17.** independent front-wheel ~ (*aut.*), sospensione anteriore indipendente. **18.** independent ~ (*aut.*), sospensione indipendente. **19.** independent ~ by transverse links of unequal length (*aut.*), sospensione indipendente con quadrilateri trasversali. **20.** pneumatic ~ (as of a bus, railw., motor car etc.) (*veh.*), sospensione pneumatica. **21.** rigid ~ (*mech.*), sospensione rigida. **22.** rigid ~ (as of a suspended contact line) (*elect. railw.*), sospensione rigida. **23.** semitrailing-arm ~ (splayed trailing-arm suspension, rear suspension type) (*aut.*), sospensione a bracci (longitudinali) a 45°. **24.** single catenary ~ (as of an overhead elect. line), sospensione a catenaria semplice. **25.** soft spring ~ (*mech.*), molleggio dolce. **26.** torsion bar ~ (*aut. - mtc.*), sospensione (o molleggio) a barra di torsione. **27.** trailing-arm ~ (rear suspension type) (*aut.*), sospensione a bracci longitudinali.

suspensoid (colloidal system with solid suspended matter) (*chem.*), sospensoide, sospensione colloidale. **2.** ~ (lyophobic colloid) (*chem.*), colloide liofobo.

sustainer (sustaining program, not paid by advertising firms) (*telev. - radio*), programma trasmesso a spese dell'ente trasmittente. **2.** ~ (sustainer rocket engine: an engine providing to maintain the craft programmed speed when in orbit) (*astric.*), "sustainer", motore ausiliario in orbita.

sustentation (*phys. - aer.*), sostentazione.

sutler (*milit.*), venditore di generi di conforto.

suttle (after the tare has been deducted) (*a. - weight*), netto.

suture (*med.*), sutura.

"SUV" (Saybolt Universal Viscosity) (*chem.*), viscosità universale Saybolt.

"S V" (stop valve) (*draw. - etc.*), valvola di arresto. **2.** ~ (side valve) (as of a mtc. mot.) (Brit.) (*a. - mech.*), a valvole laterali. **3.** ~, *see also* safety valve, sluice valve.

"svc", *see* service.

"S-VHS" (super "VHS": relating to S-video performances) (*a. - audiovisuals*), super VHS. **2.** ~ camcorder (*audiovisuals*), telecamera super VHS, camcorder super VHS. **3.** ~ "VCR", ~ "VTR" (*audiovisuals*), videoregistratore super VHS, VCR super VHS.

"S-VHS-C" (super VHS compact: of a videocassette) (*audiovisuals*), minivideocassetta super VHS.

S-video (a subtle picture improvement obtained by a separate transfer of color and brightness signals to an S-video "TV" set: as by high resolution "VCRs", like "S-VHS", "ED" Beta and "Hi 8") (*audiovisuals*), super video, S-video.

"svy", *see* survey.

"SW" (short wave) (*radio*), onda corta. **2.** ~ (salt water) (*gen.*), acqua salata. **3.** ~ (specific weight, weight per HP) (*eng.*), peso per cavallo. **4.** ~ (spot welding) (*mech. technol.*), saldatura a punti.

"sw" (switch) (*elect.*), interruttore.

swab (*found. t.*), pennellessa da formatore. **2.** ~ (*naut. impl.*), radazza. **3.** ~ (as for firearms) (*impl.*), scovolo. **4.** ~ (plunger for lifting liquids from a well) (*min.*), pistone valvolato. **5.** ~ (a piece of cotton, or similar used for applying medicaments) (*med.*), tampone.

swab (to) (*naut.*), radazzare. **2.** ~ (*med.*), tamponare. **3.** ~ out (as a gun barrel) (*gen.*), scovolinare, pulire con lo scovolo.

swabber (swab, for cleaning, as the bore of a firearm) (*app.*), scovolo.

swabbing (as of pipes) (*pipe - etc.*), scovolatura.

swage (*t.*), stampo. **2.** ~ (*smithing t.*), stampo. **3.** ~ (*decoration*), bordatura, modanatura. **4.** ~ (molding for stiffening sheet metal) (*sheet metal w.*), modanatura (di irrigidimento). **5.** ~ block (used for heading bolts) (*blacksmith's t.*), chiodaia, dama chiodiera. **6.** bottom ~ (*t.*), stampo inferiore. **7.** top ~ (*t.*), stampo superiore.

swage (to) (*forging*), fucinare entro stampi, stampare a caldo. **2.** ~ (as a bolthead) (*mech. technol.*), dare la forma, ricalcare. **3.** ~ (to weld by hammering or compressing) (*forging*), saldare per bollitura. **4.** ~ down (*mech.*), ribadire.

swaging (*mech. technol.*), stampaggio (a caldo). **2.** ~ (reduction of the diameter at a tube end) (*pip.*), rastremazione ad una estremità. **3.** ~ (making a forging of circular section between concave tools) (*forging*), attondatura. **4.** ~ die (*mech. technol.*), matrice per stampaggio a caldo. **5.** ~ machine (round-swaging machine) (*forging mach.*), martellatrice. **6.** rotary ~ (*forging*), martellatura rotativa. **7.** round ~ (all-round swaging) (*forging*), martellatura. **8.** round-~ machine (swaging machine) (*forging mach.*), martellatrice.

swallow (aperture in a block) (*naut.*), passaggio.

swamp, acquitrino, palude. **2.** ~ buggy (amphibious tractor) (*veh.*), trattore anfibio. **3.** ~ buggy (swamp glider, flat bottomed boat propelled by aer. propeller) (*veh.*), idroscivolante spinto da elica da aereo.

swamp (to) (as of a boat) (*naut.*), imbarcare acqua.

swampy (of the ground), paludoso.

swap (exchange) (*comp. - etc.*), scambio.

swap (to) (to make an exchange) (*comp.* - *etc.*), scambiare.
swapping (action of paging: as by transferring data from a secondary memory to the principal one) (*comp.*), trasferimento (o caricamento, di pagine), scambio (di pagine).
swarf (chippings) (*mech.*), trucioli, sfridi. **2.** ~ (fine metal particles cut on a work from a grinding wheel) (*mech.*), residui di molatura. **3.** ~ conveyor (in a mach. t. shop) (*mach.*), trasportatore (dei) trucioli.
swarming (defect of a film due to the grain) (*m. pict.*), brulichìo.
swash plate, *see* wobble plate. **2.** ~ engine (as for torpedoes) (*mot.*), motore a disco oscillante. **3.** ~ pump (*mech.*), pompa (rotativa) a disco oscillante.
swatch (sample, as of fabric) (*text.*), campione. **2.** ~ (collection of samples, as of fabric) (*text.*), campionario.
swath, swathe (full movement of a scythe) (*agric.*), falciata. **2.** ~ (swathe, the path the mach. cuts in one run) (*agric.*), passata.
swather (*agric. mach.*), falciatrice.
s waves, *see* shear waves.
sway (oscillation) (*gen.*), oscillazione, fluttuazione. **2.** ~ (inclination) (*gen.*), inclinazione. **3.** ~ bar (as of a front suspension) (*aut.*), barra stabilizzatrice.
sway (to) (to oscillate) (*mech.*), oscillare (lentamente). **2.** ~ (to lean), inclinarsi, inclinare. **3.** ~ (to deflect), deflettere. **4.** ~ (*naut.*), ghindare. **5.** ~ (to move from one's course) (*gen.*), sbandare.
"swbd" (switchboard) (*elect.*), quadro (di comando).
swear (to) (*law*), giurare.
sweat (to) (to melt solder between surfaces to be jointed) (*mech.*), fondere la lega saldante sulle superfici da saldare. **2.** ~ (the workers) (*work.*), supersfruttare. **3.** ~ (to extract from ore by melting) (*metall.*), estrarre per fusione.
sweated (as of an industry adopting the sweating system) (*a.* - *labor*), che sfrutta le maestranze. **2.** ~ joint (soldered) (*mech.*), giunto saldato mediante fusione della lega saldante.
sweating (of sheep skins) (*wool ind.*), trasudazione, trasudamento. **2.** ~ (exudation of oily matter from an apparently dried film) (*paint.*), trasudamento. **3.** ~ system (*labor*), sfruttamento (delle maestranze). **4.** lead ~ (*phys.*), trasudamento di piombo.
Swedish filter (filtering paper) (*paper mfg.*), carta svedese per filtri.
sweep (of wings) (*aer.*), angolo di freccia. **2.** ~ (template for molding) (*found.*), sagoma. **3.** ~ (minesweeping operation) (*navy*), dragaggio. **4.** ~ (app. with which sweeping is accomplished) (*navy*), cavo di dragaggio, apparecchio a sciabica, rastrello. **5.** ~ (as of a wall) (*arch.*), curvatura. **6.** ~ (camber, as of a vehicle part) (*aut.*), curvatura. **7.** ~ (settling into thermical equilibrium) (*phys.*), stabilizzazione termica. **8.** ~ (systematic search of the sky) (*astr.*), esplorazione sistematica. **9.** ~ (the sail of a windmill) (*wind mach.*), pala. **10.** ~ (horizontal movement of a cathode ray beam) (*elics.* - *telev.*), spazzolamento, scansione. **11.** ~ device (*elics.* - *telev.*), dispositivo di deflessione, dispositivo di spostamento. **12.** ~-forward (*aer.*), angolo di freccia negativo (o in avanti). **13.** ~ frequency (*elics.* - *telev.*), frequenza di scansione. **14.** ~ generator, ~ oscillator (*elics.* - *telev.*), generatore di segnali di spazzolamento. **15.** acoustic ~ (minesweeping app.) (*navy*), apparecchiatura per dragaggio acustico. **16.** A-~ (minesweeping app.) (*navy*), apparecchiatura di dragaggio a sciabica. **17.** blade ~ (of a propeller) (*aer.*), passo angolare della pala. **18.** clearance ~ (minesweeping operation) (*navy*), dragaggio di bonifica, dragaggio di sgombro. **19.** cod of ~ (*navy app.*), centro della sciabica di dragaggio. **20.** echo detection ~ (*navy instr.*), rastrello ad ecorivelatore. **21.** explosive ~ (for acoustic mines) (*navy app.*), apparecchiatura di dragaggio esplosivo. **22.** horizontal ~ (*elics.* - *telev.*), movimento di scansione orizzontale. **23.** leading ~ (of a propeller blade) (*aer.*), passo angolare positivo. **24.** loop ~ (for magnetic mines) (*navy app.*), apparecchiatura di dragaggio ad anello. **25.** magnetic ~ (*navy app.*), apparecchiatura per dragaggio magnetico. **26.** search ~ (minesweeping operation) (*navy*), dragaggio esplorativo. **27.** trailing ~ (of a propeller blade) (*aer.*), passo angolare negativo. **28.** vertical ~ (*telev.*), spazzolamento verticale, scansione verticale.
sweep (to) (as with a broom), spazzare. **2.** ~ (as with guns) (*milit.*), battere (col tiro). **3.** ~ (mines) (*navy*), dragare.
sweepback (of wings) (*aer.*), angolo di freccia positivo (o all'indietro), diedro longitudinale, freccia positiva.
sweeper (mine sweeper) (*naut.*), dragamine. **2.** ~ (street cleaning mach.) (*mach.*), spazzatrice, motospazzatrice. **3.** ~ (*work.*), spazzino. **4.** chimney ~ (*work.*), spazzacamino. **5.** motor ~ (*roads cleaning* - *mach.*), motospazzatrice. **6.** street ~ (*mach.*), spazzatrice stradale, motospazzatrice.
sweepforward (*aer.*), angolo di freccia negativo (o in avanti).
sweeping (*found.*), formatura a sagoma, formatura a bandiera. **2.** ~ (*wool ind.*), scopatura. **3.** ~ (passage of a gas current as in a furnace for modifying the atmosphere) (*metall.*), lavaggio gassoso. **4.** ~ (minesweeping) (*navy*), dragaggio. **5.** ~ ball (*navy*), pallone di dragaggio. **6.** ~ gear (*navy*), apparecchiatura di dragaggio. **7.** acoustic ~ (*navy*), dragaggio acustico. **8.** magnetic ~ (*navy*), dragaggio magnetico.
sweet (relating to the taste) (*a.* - *gen.*), dolce. **2.** ~ (free from sulphur, as gasoline) (*a.* - *chem.*), privo di zolfo.
sweeten (to) (water) (*ind.*), dolcificare, addolcire. **2.** ~ (as an aut. body shape) (*aut. body*), aggraziare.

3. ~ (to eliminate sulphur from gasoline) (*chem.*), desolforare, addolcire.
sweetener (for ind. waters), addolcitore, dissalatore.
sweetening (process for eliminating sulphur from gasoline) (*chem.*), desolforazione, addolcimento. **2.** ~ (of sea water) (*water supply*), dissalazione.
swell (swell wave, long wave) (*sea*), onda lunga, onda morta, onda di mare vecchio. **2.** ~ (protuberance) (*gen.*), protuberanza. **3.** ~ (as of belt pulley) (*mech. - etc.*), bombatura (di puleggia). **4.** ~ (casting defect due to displacement of the mold sand by the pressure of the molten metal) (*found.*), forzatura, rigonfiamento, prominenza.
swell (to) (*phys.*), gonfiare, gonfiarsi, dilatare, dilatarsi. **2.** ~ (to bulge, as of a metal sheet) (*v. i. - technol.*), bombarsi.
swelling, rigonfiamento. **2.** ~ (the increasing of the diameter of a tube end) (*pip.*), campanatura, allargamento in corrispondenza dell'orlo. **3.** wood ~ (*join.*), rigonfiamento del legno.
swept (of wings) (*a. - aer.*), a freccia. **2.** ~ volume (*mot.*), cilindrata. **3.** ~ way (*navy*), rotta di sicurezza. **4.** ~ wing (*aer.*), ala a freccia.
swept-back (of wings) (*a. - aer.*), a freccia positiva. **2.** untapered ~ wing (*aer.*), ala a freccia a corda costante.
swept-forward (of wings) (*a. - aer.*), a freccia negativa.
sweptwing (*aer. constr.*), ala a freccia.
swerve (deviation from a straight course) (*gen.*), deviazione. **2.** ~ (as due to defective brakes) (*veh.*), sbandamento, sbandata.
"SWG" (standard wire gauge) (*mech. technol.*) (Brit.), scala S. W. G. (dei diametri dei fili metallici), scala del Board of Trade.
swift (cylinder, of a carding machine) (*text. ind.*), tamburo. **2.** ~ (for winding) (*text. ind.*), aspo, arcolaio. **3.** ~ (rotating device used for unwinding wire coils) (*metall. ind.*), tamburo svolgitore. **4.** ~ (moving rapidly) (*a. - gen.*), rapido. **5.** ~ engine (*text. mach.*), bobinatrice.
swill (to), *see* rinse (to).
swilling tank (*ind.*), vasca di lavaggio.
swim (*sport*), nuoto. **2.** ~ (unwanted movement of image parts on the screen) (*comp. defect*), movimenti anomali nel contesto dell'immagine.
swim (to) (*sport*), nuotare.
swimming (*sport*), nuoto. **2.** ~ pool (*sport bldg.*), piscina. **3.** ~ pool reactor (*atom phys.*), reattore a piscina.
swing (as of prices) (*comm.*), fluttuazione, oscillazione. **2.** ~ (of an alternator) (*elect.*), pendolamento. **3.** ~ (deviation of an aircraft while taxying or taking-off) (*aer.*), imbardata. **4.** ~ (of a swing bridge) (*bldg.*), parte mobile. **5.** ~ (max. radius of work that can be turned on a lathe) (*mach. t.*), raggio massimo eseguibile, distanza tra il bancale e l'asse dell'autocentrante. **6.** ~ beam (swing bolster) (*railw. constr.*), trave oscillante, trave ballerina. **7.** ~ bolster (*railw. constr.*), *see* swing beam. **8.** ~ bridge (*bldg.*), ponte girevole. **9.** ~ door (*naut.*), botola. **10.** ~ draw-bridge (*bldg.*), ponte girevole. **11.** ~ hammer crusher, *see* hammer mill. **12.** ~ hoist (*app.*), paranco a bandiera. **13.** ~ needle box (of Jacquard loom) (*text. device*), cassetta d'aghi oscillante. **14.** ~ over the bed (of a lathe) (*mach. t.*), raggio massimo del lavoro eseguibile sul bancale. **15.** ~ wheel (balance, of a watch) (*mech.*), bilanciere.
swing (to) (on hinges), girare, ruotare, far ruotare. **2.** ~ (to oscillate), oscillare, far oscillare. **3.** ~ (as to turn a piece a few degrees in order to permit another piece to be removed) (*mech.*) (Brit.), far ruotare, ruotare. **4.** ~ (as of a ship at anchor) (*naut.*), girare, girare a ruota (sull'àncora). **5.** ~ (to find the deviations of a magnetic compass installed on board a ship or a plane) (*naut. - aer.*), eseguire i giri di bussola.
swing-by (of a spacecraft) (*astric.*), cambiamento di rotta ottenuto mediante il campo gravitazionale di un corpo celeste.
swinging (fading) (*tlcm.*), fluttuazione, evanescenza. **2.** ~ (variation of frequency) (*tlcm.*), fluttuazione di frequenza. **3.** ~ (*tlcm.*), *see also* fading. **4.** ~ boom (lower boom: for mooring boats) (*naut.*), asta di posta. **5.** ~ ship (for finding the deviations of a magnetic compass installed inboard a ship or a plane) (*n. - aer. - naut.*), giri di bussola. **6.** ~ target (*milit.*), bersaglio rotante.
swingle (to) (to beat flax) (*text. ind.*), battere (il lino).
swing-wing (relating to a variable geometry wing assuming an arrow form at high speeds) (*a. - aer.*), con ala (a geometria) variabile in volo. **2.** ~ aircraft (*a. - aer.*), aereo con ala (a geometria) variabile in volo.
swipe (lever for starting a portable engine) (*mot.*), leva della messa in moto.
swirl (*gen.*), vortice. tùrbine. **2.** ~ (*mot.*), turbolenza. **3.** ~ chamber (*mot.*), camera di turbolenza. **4.** ~ injector (as of a rocket motor) (*rckt. - mot.*), iniettore a vortice. **5.** ~ nozzle (as of a rocket motor) (*rckt. - mot.*), iniettore a vortice. **6.** ~ vane (for the air entering the combustion chamber of a gas turbine) (*mot.*), diffusore a vortice, paletta per (creare) turbolenza.
swirl (to) (*gen.*), avere (o causare) un movimento vorticoso.
swirling (motion), movimento vorticoso.
swirly (*a. - gen.*), vorticoso.
switch (points) (*railw.*) (Am.), scambio. **2.** ~ (*elect. device*), interruttore. **3.** ~ (selector switch, changeover switch, multicontact switch) (*n. - comp. - elics.*), commutatore. **4.** ~ blades (Am.), *see* points. **5.** ~ block (*railw.*), deviatoio. **6.** ~ box (*elect.*), cassetta (di contenimento) dell'interruttore. **7.** ~ hook (for operating manually high voltage knife switches) (*elect. impl.*), fioretto. **8.** ~ hook (as on a teleph. set) (*teleph.*), gancio (del commutatore) del telefono. **9.** ~ instruction

(*comp.*), istruzione di commutazione. **10.** ~ lamp (*railw. sign.*), luce della marmotta, luce del segnale basso girevole per manovra dello scambio. **11.** ~ panel (*elect.*), pannello dell'interruttore (o degli interruttori). **12.** ~ plate (*railw.*), piastrone dello scambio. **13.** ~ plug (as for electric irons) (*elect.*), spina con interruttore incorporato. **14.** ~ rail (*railw.*), rotaia ad ago. **15.** ~ room (*teleph. - etc.*), sala selettori, sala di commutazione. **16.** ~ tender (*railw. work.*), deviatore. **17.** ~ tongue (*railw.*), ago dello scambio. **18.** ~ tower (*railw.*), cabina di blocco. **19.** air-break ~ (*elect. app.*), interruttore in aria. **20.** alteration ~ (for changing manually a datum of information) (*comp.*), interruttore di modifica. **21.** altitude ~ (contacting altimeter, instr. in which elect. contacts are operated at a given height) (*aer. instr.*), interruttore di quota. **22.** anti-dazzle ~ (*aut.*), commutatore luci anabbaglianti. **23.** band ~ (*radio*), commutatore d'onda. **24.** cam ~ (*elect. impl.*), interruttore a camma. **25.** centrifugal ~ (*elect. app.*), interruttore centrifugo. **26.** chain-pull ~ (*elect. app.*), interruttore a catenella. **27.** change-over ~ (*elect. app.*), commutatore. **28.** circuit-closing ~ (connector) (*elect.*), inseritore. **29.** coaxial ~ (for coaxial cables) (*elect. app.*), interruttore coassiale. **30.** compressed-air ~ (*elect. app.*), interruttore ad aria compressa. **31.** cord ~ (snap switch controlled by a cord: as that of a domestic lamp) (*elect.*), interruttore comandato da cordone (o catenella). **32.** cord-pull ~ (*elect. app.*), interruttore a fune, interruttore a strappo. **33.** cut-out ~ (as of an elect. locomotive) (*railw.*), interruttore generale. **34.** dip ~ (dimmer switch) (*aut.*), commutatore luci anabbaglianti. **35.** disconnecting ~ (*elect. app.*), sezionatore, separatore. **36.** door ~ (*elect. app.*), interruttore per porte. **37.** double ~ (*railw.*) (Am.), scambio doppio. **38.** double-pole ~ (*elect. impl.*), interruttore bipolare. **39.** double-throw knife ~ (*elect.*), commutatore a coltello. **40.** double-throw ~ (with two different sets of fixed contacts) (*elect. app.*), commutatore deviatore. **41.** drum ~ (*elect. impl.*), interruttore a tamburo. **42.** earthing knife ~ (*elect. impl.*), sezionatore di terra. **43.** flashing control ~ (*elect. app.*), interruttore per lampeggiatori. **44.** float ~ (*elect. app.*), interruttore a galleggiante. **45.** floor ~ (operated by a projection from an elevator car) (*elect. app.*), interruttore per (l'arresto di ascensori ai vari) piani. **46.** flush ~ (*elect. app.*), interruttore incassato. **47.** foot-controlled ~ (*elect. impl.*), interruttore a pedale. **48.** foot ~ (*elect. impl.*), interruttore a pedale. **49.** fuel-pressure ~ (controlled by fuel pressure and operating the electric starter of a jet engine) (*aer. mot.*), interruttore a pressione di combustibile. **50.** gang ~ (*elect. impl.*), interruttore multiplo. **51.** grounding knife ~ (*elect. device*), sezionatore di terra. **52.** hospital ~ (as for switching off a failed motor) (*elect. railw.*), interruttore di esclusione, interruttore di motore guasto. **53.** hospital ~ (emergency switch) (*elect.*), interruttore di emergenza. **54.** ignition lock ~ (as of aut.), interruttore dell'accensione. **55.** inductive ~ (as a keyboard switch producing a pulse each time a key is depressed) (*comp.*), interruttore induttivo. **56.** interlocked ~ (*railw.*), scambio a blocco di sicurezza. **57.** isolating ~ (Brit.), *see* isolator. **58.** knife disconnecting ~ (*elect. device*), sezionatore. **59.** knife ~ (*elect. device*), interruttore (o sezionatore) a coltello. **60.** lever ~ (*elect. device*), interruttore a leva. **61.** lighting ~ (*elect. device*), interruttore luce. **62.** limit ~ (*elect. app.*), interruttore di fine corsa. **63.** magnetic ~ (*elect.*), interruttore elettromagnetico, teleruttore. **64.** main ~ (as of an elect. locomotive) (*elect. app.*), interruttore principale. **65.** manual motor starting snap ~ (*elect. app.*), interruttore con scatto a mano per (piccoli) motori. **66.** master ~ (*elect.*), interruttore principale. **67.** mercury ~ (*elect. app.*), interruttore a mercurio. **68.** momentary-contact ~ (push-button switch) (*elect. app.*), pulsante di apertura (o chiusura) momentanea. **69.** muting ~ (for silencing a receiver, as during a change of station) (*electroacous.*), interruttore di silenziamento. **70.** oil-break ~ (*elect. app.*), interruttore in olio. **71.** oil ~ (*elect. app.*), interruttore in olio. **72.** pole change ~ (*elect. app.*), commutatore di polarità. **73.** press ~ (*elect. app.*), interruttore a pulsante. **74.** pressure ~ (as operated by the oil pressure of an engine oil system) (*electrohydr. device*), pressostato. **75.** proximity ~ (*elect. app.*), interruttore di prossimità. **76.** pull ~ (*elect. app.*), interruttore a strappo, interruttore a trazione, interruttore con catenella di trazione. **77.** quick-break ~ (*elect. app.*), interruttore a scatto. **78.** recessed ~ (flush switch) (*elect.*), interruttore incassato. **79.** remote-control ~ (*elect. app.*), teleruttore. **80.** reversing ~ (elect. app.: as of an elect. locomotive) (*elect.*), invertitore. **81.** rotary ~ (*elect.*), interruttore a rotazione, interruttore "pacco". **82.** self-closing ~ (*elect. app.*), interruttore a chiusura automatica. **83.** sequence ~ (*teleph. app.*), combinatore, commutatore sequenziale. **84.** series-parallel ~ (as of an elect. locomotive) (*railw.*), combinatore serie-parallelo. **85.** shunt ~ (*teleph.*), aggiratore. **86.** simple ~ (*railw.*) (Am.), scambio semplice. **87.** single-pole ~ (*elect. app.*), interruttore unipolare. **88.** single-slip ~ (*railw.*), deviatoio inglese semplice. **89.** single-throw knife ~ (*elect.*), interruttore a coltello, sezionatore. **90.** single-throw ~ (with a single set of fixed contacts) (*elect. app.*), interruttore monocontatto. **91.** slow-break ~ (*elect.*), interruttore ad apertura lenta. **92.** snap ~ (rotary etc.: as for house lighting control) (*elect.*), interruttore a scatto. **93.** solenoid ~ (magnetic switch) (*elect.*) (Am.), interruttore a solenoide, teleruttore, interruttore elettromagnetico. **94.** standard ~ (*railw.*) (Am.), scambio normale. **95.** thermal ~ (temperature switch) (*elect. app.*), interruttore termico, termointerruttore. **96.** throw-over ~ (change-over switch, commutator) (*elect.*), commutatore. **97.** time ~ (*elect. app.*), temporizzatore, interruttore a tempo. **98.** toggle ~ (*elect.*), interruttore a ginocchiera. **99.** triple-pole ~ (*elect.*), interruttore tripolare. **100.** tumbler ~ (*elect.*), interruttore a levetta. **101.** two-pole ~ (*elect. app.*), interruttore bipolare. **102.** two-way ~ (change-over switch, commutator) (*elect.*), commutatore. **103.** underload ~ (*elect. device*), interruttore di minimo carico. **104.** wave-change ~ (*radio*) (Brit.), commutatore d'onda.

switch (to) (*railw.*), smistare. **2.** ~ off (*elect.*), disinserire, interrompere. **3.** ~ off the light (*elect.*), spegnere la luce. **4.** ~ on (*elect.*), inserire. **5.** ~ on the light (*elect.*), accendere la luce. **6.** ~ over (*elect.*), commutare.

switchback (of road, of railroad) (*n. - road - railw.*), tracciato a rampe, tracciato a "tourniquets". **2.** ~ (back shunt) (*railw.*), regresso. **3.** ~ (*a. - gen.*), a zig zag, a rampe.

switchboard (on which controlling elect. devices are mounted) (*elect.*), quadro (di comando), pannello di controllo. **2.** ~ (of the various lines) (*teleph.*), tavolo di commutazione, tavolo intermediario. **3.** all-steel cubicle ~ (*elect.*), quadro ad armadio in lamiera di acciaio. **4.** cellular-type ~ (with fireproof material cells containing the switches) (*elect.*), quadro a sistema cellulare, quadro con interruttori in celle separate di materiale incombustibile. **5.** cubicle ~ (cupboard-type switchboard) (*elect.*), quadro ad armadio. **6.** desk ~ (*elect.*), quadro a leggìo. **7.** wall-type ~ (*elect.*), quadro a muro.

switcher (*railw. work.*), deviatore. **2.** ~ (*railw. locomotive*), locomotiva da manovra. **3.** ~ (an operator of telev. remote control) (*telev.*), persona che aziona il telecomando. **4.** ~ gear, *see* switchgear. **5.** dockside ~ (*railw. - naut.*), locomotiva di manovra dell'area portuale.

switchgear (switch) (*elect. app.*) (Brit.), interruttore. **2.** ~ (*elect.*), apparecchiatura elettrica di comando. **3.** ~ (as of a power or transforming station) (*elect.*), complesso delle apparecchiature di interruzione e smistamento, quadri (o pannelli) di manovra. **4.** air-blast ~ (for high voltage) (*elect.*), interruttore ad aria compressa.

switching (of the various lines) (*electrotel.*), commutazione. **2.** ~ (*railw.*) (Am.), manovra, smistamento, instradamento. **3.** ~ circuit (*elect.*), circuito a commutazione. **4.** ~ commands (*n. c. mach. t.*), informazioni di commutazione. **5.** ~ engine (or locomotive) (*railw.*), locomotore (o locomotiva) da manovra. **6.** ~ variable (logic variable) (*comp.*) variabile logica. **7.** circuit ~, *see* line ~. **8.** electronic ~ system (*radio*), commutatore elettronico. **9.** interterminal ~, intraterminal ~ (*railw.*), operazioni di smistamento effettuate nel piazzale. **10.** line ~ (circuit switching) (*commun. - elics. - comp.*), commutazione di linea, commutazione di circuito.

switchman (*railw. work.*) (Am.), deviatore. **2.** ~ (one upkeeping switches, as in a teleph. exchange) (*work.*), commutatorista. **3.** ~ (*see also*), switcher.

switchover (changeover) (*elect.*), commutazione.

swivel (*mech. - gen.*), parte girevole. **2.** ~ (of a chain) (*mech.*), molinello, tornichetto, anello girevole, anello imperniato. **3.** ~ (revolving table: as of a mach. t.), piattaforma girevole. **4.** ~ adapter (for wave guide or slab line) (*radar - instr.*), adattatore a snodo. **5.** ~ block (*naut.*), bozzello a molinello. **6.** ~ bridge, *see* swing bridge. **7.** ~ hook (*mech.*), gancio a molinello. **8.** ~ link (*naut.*), maglia a molinello, anello a tornichetto. **9.** ~ plate (*mech.*), piastra orientabile. **10.** ~ slotting head (*mach. t.*), testa orientabile per scanalare. **11.** ~ spring hook (*mech.*), gancio girevole con molla. **12.** ~ table (*mach. t.*), tavola girevole. **13.** ~ vice (*mech. t.*), morsa orientabile (o girevole). **14.** mooring ~ (*naut.*), molinello d'afforco. **15.** rope ~ (*naut.*), molinello di cavo.

swivel (to) (to turn) (*mech.*), girare, orientare.

swiveling (*mech.*), girevole, orientabile. **2.** ~ worktable (*mach. t. - mech.*), tavola portapezzo girevole (od orientabile).

swivel-pin (as of aut.) (Brit.), *see* kingpin (Am.).

swollen (of a river) (*a.*), in piena. **2.** ~ (as of a defective casting) (*a. - found.*), gonfiato.

sword (*milit.*), spada.

"SWP" (safe working pressure) (*hydr. - etc.*), pressione di esercizio di sicurezza.

"SWR" (standing wave ratio, ratio between the maximum and minimum signal voltage) (*radio - etc.*), rapporto d'onda stazionaria.

S wrench (*t.*), chiave ad S.

"swtg", *see* switching.

"sx", *see* simplex.

"sxn", *see* section.

"SY", *see* square yard.

"sy", *see* supply.

sycamore, sycomore (ficus sycomorus) (*wood*), sicomoro. **2.** ~ (platanus occidentalis) (*wood*) (Am.), platano.

syenite (*rock*), sienite.

syllabus (a compendium containing the schedule and main subjects of a training course) (*ind.*), compendio, sommario, programma di studi.

sylphon bellows (for pressure governing system: as of aircraft carburetors) (part of instr.), capsula barometrica, aneroide.

sylphon expansion joint (trademark for bellows expansion joints) (*mech.*), giunto di espansione a soffietto.

sylvin, sylvine, sylvite (KCl) (*min.*), silvina.

"sym", *see* symbol, symbolic, symmetrical.

symbol (*math. - draw. - geom. - etc.*), simbolo. **2.** ~ (a symbol for identifying a mach. instruction a variable etc.) (*comp.*), simbolo. **3.** symbols (*cart.*

top.), segni convenzionali. **4.** aiming ~ (a symbol visible on the VDU screen and moved by a light pen) (*comp.*), indicatore luminoso per videoschermi.

symbolic (*gen.*), simbolico. **2.** ~ language (*comp.*), linguaggio simbolico. **3.** ~ logic (mathematical logic) (*sc.*), logica simbolica, logica matematica. **4.** ~ programming (for automatic controls) (*comp.*), programmazione simbolica.

symmetric group (*math.*), gruppo simmetrico.

symmetrical (*chem. - math. - geom.*), simmetrico.

symmetry (*math. - etc.*), simmetria. **2.** plane of ~ (of an aircraft) (*aer.*), piano di simmetria.

sympathetic ink, inchiostro simpatico.

symposium (discussion) (*gen.*), discussione. **2.** ~ (conference) (*gen.*), riunione, conferenza, convegno. **3.** ~ (published collection of opinions) (*gen.*), memoria, pubblicazione.

"SYM TOL" (symmetry tolerance) (*mach. draw.*), tolleranza di simmetria.

"syn" (synchronous) (*electromech. - etc.*), sincrono. **2.** ~ (synchronizing) (*elect. - etc.*), sincronizzazione. **3.** ~ (synthetic) (*gen.*), sintetico. **4.** ~ LP (synchronizing lamp) (*elect.*), lampada di sincronizzazione.

synaeresis (syneresis, the separation of liquid from a gel, by means of contraction) (*phys. chem.*), sineresi.

"SYNC" (SYNChronizing), *see* synchronizing.

sync, synch, sink, *short for* synchronization.

synchro (unit comprising generator and motor for obtaining a synchronous motion) (*elect. app.*), sincronizzatore, sincro, albero elettrico. **2.** ~ resolver (by rotating field system) (*n. c. mach. t.*), sincro-risolutore. **3.** ~, *see also* selsyn.

synchro-cyclotron (*atomic phys. app.*), sincrociclotrone.

synchroflash (synchronized flash) (*phot.*), fotolampo sincronizzato.

synchromesh gear (*aut.*), cambio (di velocità) sincronizzato.

synchronism (of a m. pict. projection) (*phys. - elect.*), sincronismo.

synchronization (as in a sound film) (*m. pict. - aer. - elect. - etc.*), sincronizzazione. **2.** ~ pulses (*comp.*), impulsi di sincronizzazione. **3.** flywheel ~ (automatic control of frequency) (*telev.*), sincronizzazione a volano.

synchronize (to) (*phys. - elect. - m. pict. - etc.*), sincronizzare.

synchronized (*a. - gen.*), sincronizzato. **2.** ~ shifting (of aut. transmission), cambio di marcia sincronizzato.

synchronizer (as for a sound film) (*m. pict. - aer. - etc.*), sincronizzatore. **2.** master ~ (master clock) (*comp. - etc.*), orologio pilota, orologio principale. **3.** stroboscopic ~ (*m. pict.*), sincronizzatore stroboscopico.

synchronizing (*elect. - gen.*), sincronizzazione. **2.** ~ gear (as of a machine gun installed on an aer.) (*mech.*), sincronizzatore. **3.** ~ shaft (of a twin-engined twin-rotor helicopter) (*aer.*), albero sincronizzatore. **4.** ~ voltmeter (*elect. instr.*), zerovoltometro.

synchronoscope, *see* synchroscope.

synchronous (*a.*), sincrono. **2.** ~ alternator (*a. c. elect. mach.*), alternatore sincrono. **3.** ~ condenser (overexcited syncronous motor) (*electromech.*), condensatore rotante. **4.** ~ converter (electric machine that converts a. c. in d. c. or vice versa) (*electromech.*), convertitrice sincrona. **5.** ~ drive (as in a sound film) (*gen.*), movimento (o marcia) sincrono. **6.** ~ execution (*comp.*), esecuzione sincrona. **7.** ~ machine (*elect. mach.*), macchina sincrona. **8.** ~ motor (*elect. mach.*), motore sincrono. **9.** ~ speed (*elect.*), velocità di sincronismo.

synchrony (*phys.*), sincronia. **2.** ~ mark (as in a sound cartoon) (*m. pict.*), contrassegno di sincronismo.

synchrophasotron, *see* synchro-cyclotron.

synchroscope, synchronoscope (synchronoscope: indicating if associated mach. or engines are in synchronism) (*aer. - naut. - elect. - etc.*), sincronoscopio.

synchrotron (*atom. phys. app.*), sincrotrone. **2.** ~ radiation (*atom phys.*), radiazione sincrotronica.

synclinal (*a. - geol.*), sinclinale. **2.** ~ (*n. - gen.*), *see* syncline.

syncline (*n. - geol.*), sinclinale.

synclinorium (series of anticlines and synclines) (*geol.*), sinclinorio.

syndacalism (a social movement controlled by labor unions) (*work.*), sindacalismo.

syneresis (*phys. chem.*), *see* synaeresis.

synfuel (synthetic fuel: obtained as from coal, grain fermentation etc.), (*n. - ind. chem.*), combustibile sintetico.

syngas (hydrogen and carbon monoxide mixture, used for chem. synthesis: as for ammonia synthesis) (*n. - ind. chem.*), gas di sintesi.

synoptic (*meteor. - etc.*), sinottico.

syntactic (*chem.*), sintattico. **2.** ~ foam (*chem. ind.*), schiuma sintattica.

syntax (rules that must be observed in programming languages) (*n. - grammar - comp.*), sintassi.

synthesis (*chem.*), sintesi. **2.** ~ (*phot.*), sintesi. **3.** additive ~ (of colors) (*phot.*), sintesi additiva. **4.** subtractive ~ (*phot.*), sintesi sottrattiva.

synthesizer (instr., employed to synthesize) (*elics. instr. - etc.*), sintetizzatore. **2.** frequency ~ (sine wave oscillator with high stability characteristics and tunable over a wide frequency range) (*instr.*), sintetizzatore di frequenza. **3.** voice ~ (for reproducing speech sounds) (*elics.*), sintetizzatore di voce.

synthetic (relating to artificial synthesis) (*ind.*), sintetico. **2.** ~ fiber (*text. - chem.*), fibre sintetiche. **3.** ~ finish (*paint.*), smalto sintetico a finire.

synthetics (method of measuring time) (*time study*), metodo della combinazione delle fasi.

syntonization (*radio - etc.*), sintonizzazione.

syntonize (to) (*radio - etc.*), sintonizzare.
syntony (*radio - etc.*), sintonia.
syphon, *see* siphon. **2.** ~ brick (siphon brick: of a cupola, for separating slag) (*found.*), mattone a sifone, mattone sistemato in modo da separare le scorie.
syren (siren) (*elect. app.*), sirena.
syringe (*aut. t.*), siringa. **2.** hypodermic ~ (*med. instr.*), siringa ipodermica.
syringe (to) (to inject) (*gen.*), iniettare, siringare.
syrup (*ind.*), *see* sirup.
"sys", "syst", *see* system.
"SYSGEN" (SYStem GENeration) (*comp.*), generazione di sistema.
system (plant), impianto. **2.** ~ (*astr. - geol. - phys. - chem. - transp. - etc.*), sistema. **3.** ~ (assembly of the various apparatuses associated with the distribution and transmission of electric power) (*elect.*), impianto. **4.** ~ (as of tunneling) (*civ. eng.*), metodo. **5.** ~ (consisting of a combination of comp., peripheral units, computerniks, methods, programs etc. seeking to obtain the desired results) (*comp.*), sistema. **6.** systems analysis (*organ.*), analisi dei sistemi. **7.** systems analyst (*organ.*), analista di sistemi. **8.** systems and procedures (*organ.*), sistemi (organizzativi) e procedure. **9.** systems engineer (*organ.*), specialista di sistemi di organizzazione, esperto in tecniche organizzative. **10.** systems engineering (*organ.*), organizzazione dei sistemi. **11.** ~ of screw thread (*mech.*), sistema di filettatura. **12.** ~ study (*comp.*), studio di sistema. **13.** ~ theory (*organ.*), teoria dei sistemi. **14.** absolute ~ (coordinate system in which all coordinates are measured from a fixed point of origin) (*math.*), sistema assoluto. **15.** acoustic ~ (*acous. app.*), sistema acustico. **16.** a. c. ~ (*elect.*), impianto a corrente alternata. **17.** anti-skid ~ (braking system) (*aut.*), impianto (frenante) antislittamento. **18.** arythmic ~ (*telegr.*), *see* start-stop. **19.** automatic ~ (*teleph.*), sistema automatico, impianto automatico. **20.** balanced three-phase ~ (*elect.*), sistema trifase equilibrato. **21.** basic operating ~ (*comp.*), sistema operativo base. **22.** Belgian ~ (system of tunneling in which excavation is started from the top) (*civ. eng.*), metodo belga, metodo di attacco in calotta. **23.** block ~ (*railw.*), sistema di blocco. **24.** carrier current ~ (*electrotel.*) (Brit.), sistema a correnti portanti. **25.** center-of-mass ~ (the center of mass is at rest in a moving system: as in a shower of particles) (*theor. mech.*), sistema del baricentro. **26.** city piping ~ (as of water or gas), condotta municipale. **27.** closed-loop ~ (control system where there is a self-correcting action and means of comparing the output with the input for control purposes) (*comp. - n. c. mach. t.*), sistema ad autocorrezione, sistema a catena chiusa. **28.** composite building ~ (*shipbldg.*), sistema misto di costruzione. **29.** conference ~ (*teleph.*) (Brit.), sistema telefonico collettivo. **30.** congested ~ (*tlcm.*), sistema sovraccarico. **31.** coordinated control ~ (of the traffic signals placed at a series of road crossings) (*traffic*), sistema di comando coordinato. **32.** data base management ~ (*comp.*), sistema di gestione di una base dati. **33.** decimal ~ (*meas.*), sistema decimale. **34.** deicing ~ (*aer.*), sistema (o impianto) antighiaccio. **35.** development ~ (as by microcomputer and peripheral units) (*comp.*), sistema di sviluppo. **36.** dial telephone ~ (*teleph.*), rete telefonica automatica. **37.** dial-up ~ (*teleph. - comp.*), sistema automatico di collegamento telefonico. **38.** digital ~ (*comp.*), sistema digitale. **39.** direct distance dialing ~, "DDD" ~ (*teleph.*), teleselezione. **40.** disk operating ~, "DOS" (system operating by magnetic disk peripherals) (*comp.*), sistema operativo a dischi. **41.** distributed parameter ~ (*organ.*), sistema a parametri distribuiti. **42.** distribution ~ (as of elect. power) (*elect.*), impianto di distribuzione. **43.** dot sequential ~ (*telev.*), sistema a sequenza di punti. **44.** downdraft exhaust ~ (as through a floor grating) (*ventil.*), impianto aspirazione a pavimento. **45.** dynamic ~ (*organ.*), sistema dinamico. **46.** earthed neutral ~ (*elect.*), sistema col neutro a terra. **47.** earthed ~ (grounded system) (*elect.*), impianto messo a terra (o collegato a terra). **48.** earth ~ (ground system: as of an aircraft) (*elect.*), sistema di massa. **49.** economic ~ (capitalism, socialism, mixed economy etc.), (*country econ.*), sistema economico. **50.** electric ~ (of distribution), impianto elettrico. **51.** electronic switching ~ (*elics.*), commutatore elettronico. **52.** executive ~, *see* operating ~. **53.** exhaust ~ (as of a mot.) (*therm. mach.*), impianto di scarico. **54.** expert ~ (a set of programs using artificial intelligence for autonomous solution of problems) (*comp.*), sistema esperto. **55.** fluidized bed dripping ~ (capacitor constr.) (*elect. ind.*), processo di immersione a letto fluido. **56.** fuel ~ (as of an airplane), impianto di alimentazione (del carburante). **57.** geodetic ~ (*geod.*), rete geodetica. **58.** grounded ~ (ground system) (*elect.*), impianto messo a massa (o collegato a terra). **59.** ground return ~ (*elect.*), sistema a ritorno via terra. **60.** heating ~ (*therm.*) (Am.), impianto di riscaldamento. **61.** hexagonal ~ (*crystallography*), sistema esagonale. **62.** host ~ (*comp.*), sistema ospite. **63.** hot-water central heating ~ (*therm.*), impianto di riscaldamento centrale ad acqua calda. **64.** hydraulic ~ (hydraulic transmission) (*mech.*), trasmissione idraulica. **65.** hydraulic ~ (complete hydraulic installation, as of an aircraft) (*mech.*), impianto idraulico. **66.** ignition ~ by Diesel oil (as of a boil. normally fed with pulverized lignite), impianto accensione a nafta. **67.** in-and-out ~ (plating system in which alternate strakes overlap the edge of the adjacent strakes) (*shipbldg.*), sistema a doppio ricoprimento. **68.** incremental ~ (N/C control system) (*n. c. mach. t.*), sistema (numerico) incrementale. **69.** information ~ (*comp.*), sistema informativo. **70.** instrument ~

(*aut. - aer. - etc.*), strumentazione. **71.** interactive ~ (as for transaction processing) (*comp.*), sistema interattivo. **72.** isometric ~ (*crystallography*), sistema cubico. **73.** linear ~ (*organ.*), sistema lineare. **74.** lock-and-block ~ (*railw.*), sistema di blocco automatico. **75.** logic ~ (*elics.*), sistema logico. **76.** longitudinal building ~ (*shipbldg.*), sistema longitudinale di costruzione. **77.** machine data processing ~ (*adm. - etc.*), sistema meccanografico. **78.** manual ~ (*teleph.*) (Brit.), sistema manuale. **79.** mass storage ~, "MSS" (*comp.*), sistema con memoria di massa. **80.** metric ~ (*meas.*), sistema metrico. **81.** monitoring ~ (*gen.*), complesso di allarme. **82.** monoclinic ~ (*crystallography*), sistema monoclino. **83.** non linear ~ (*math.*), sistema non lineare. **84.** oil diluition ~ (of aero-engines in arctic condition) (*aer. mot.*), sistema di diluizione dell'olio. **85.** oil ~ (*mot.*), impianto di lubrificazione. **86.** open ~ (*gen.*), sistema aperto. **87.** open-loop ~ (control system where there is no self-correcting action and that has no means for comparing the output with the input for control purposes) (*comp. - n. c. mach. t.*), sistema senza autocorrezione, sistema a catena aperta. **88.** operating ~ (kind of software) (*comp.*), sistema operativo. **89.** operating ~, "OS" (the software, as a set of programs, complementing the comp. hardware) (*comp.*), sistema operativo. **90.** optic ~ (*optics field*), sistema ottico. **91.** orthorhombic ~ (*crystallography*), sistema ortorombico. **92.** periodic ~ (of elements: or Mendelyeev's system) (*chem.*), sistema periodico. **93.** piping ~ (*pip.*), rete di tubazioni. **94.** plenum ~ (*air conditioning*), sistema a sovrapressione. **95.** pneumatic ~ (method of pneumatic transmission) (*mech.*), trasmissione pneumatica. **96.** pneumatic ~ (as of a workshop) (*ind.*), impianto aria compressa. **97.** point ~ (job evaluation method) (*pers.*), metodo del punteggio. **98.** polyphase ~ (*elect.*), sistema polifase. **99.** practical ~ (metric system) (*meas.*), sistema metrico decimale. **100.** protective ~ (of elect. lines as from overvoltage etc.) (*elect.*), sistema di protezione. **101.** public-address ~ (*acous. - radio*), sistema di diffusione sonora. **102.** quadraphonic sound ~ (by four channels and four loudspeakers) (*electroacous.*), quadrifonia, sistema quadrifonico. **103.** radio-facsimile ~ (*radio*) radio-telefotografia. **104.** raised-and-sunk ~ (in-and-out system) (*shipbldg.*), sistema a doppio ricoprimento. **105.** real-time control ~ (*comp.*), sistema di controllo in tempo reale. **106.** Rebecca-Eureka ~ (radar system) (*radionavig.*), radiofaro Rebecca-Eureka. **107.** return-flow ~ (jet engine combustion system in which the entering air and discharged gas flow in opposite directions) (*aer. mot.*), sistema a flusso invertito, sistema a controcorrente. **108.** ring main ~ (*elect.*) (Brit.), sistema di linee principali (di alimentazione) ad anello. **109.** round about assembly ~ (as of a body shell) (*ind.*), montaggio a carosello, montaggio a giostra. **110.** semiautomatic ~ (*teleph.*), sistema semiautomatico. **111.** separate ~ (drainage system using separate drains or sewers for foul and surface water) (*civ. eng.*), sistema a canalizzazione separata, sistema a reti separate. **112.** shaft-basis ~ (tolerance system) (*mech.*), sistema albero base. **113.** simplex ~ (*telegraphy*), sistema "simplex". **114.** single-phase ~ (*elect.*), sistema monofase. **115.** skid braking ~ (anti-skid braking system) (*aut.*), impianto frenante antislittamento. **116.** solar ~ (*astr.*), sistema solare. **117.** springing ~ (*veh.*), sistema di molleggio. **118.** sprinkler ~ (for fire extinction) (*fire safety*), sistema fisso a getti. **119.** standard beam approach ~, "SBA" ~ (*aer. - radio*), sistema normale di avvicinamento a fascio. **120.** start-stop ~ (*telegraphy*), *see* start-stop. **121.** straight-cut control ~ (control only along a single axis, in N/C machines) (*n. c. mach. t.*), comando del taglio lungo un solo asse. **122.** straight-flow ~ (jet engine combustion system in which the entering air and discharged gas flow in the same direction) (*aer. mot.*), sistema a flusso diretto. **123.** symmetrical ~ (*elect.*), sistema simmetrico. **124.** target seeking guidance ~ (for automatic research of a target by the controls of a missile) (*rckt. - milit.*), sistema di guida a ricerca automatica del bersaglio. **125.** tetragonal ~ (*crystallography*), sistema tetragonale. **126.** three-phase four-wire ~ (*elect.*), sistema trifase a quattro fili (o con neutro). **127.** three-phase three-wire ~ (*elect.*), sistema trifase a tre fili. **128.** three-wire ~ (of electric distribution) (*elect.*), distribuzione a tre fili (senza neutro). **129.** time electrical distribution ~ (as for the time clock of a factory) (*elect.*), sistema di comando elettrico a distanza degli orologi. **130.** trabeated ~ (*arch.*), sistema architravato. **131.** transmitted-carrier ~ (*tlcm.*), sistema a portante trasmessa. **132.** triclinic ~ (*crystallography*), sistema triclino. **133.** two-pipe steam ~ (therm. plant) (*pip.*), impianto (di riscaldamento) a vapore con andata e ritorno. **134.** twowire ~ (*elect.*), sistema a due fili. **135.** ungrounded ~ (*elect.*), impianto isolato, sistema isolato. **136.** vessel ~ (*rubb. ind.*), sistema vascolare. **137.** "videomatic" ~ (a system permitting mutual exchange of images, voice and data by teleph.) (*tlcm. - comp. - teleph.*), sistema videomatico. **138.** virtual storage ~ (*comp.*), sistema a memoria virtuale. **139.** water ~ (of distribution) (*pip.*), impianto idrico.

systematic (*gen.*), sistematico. **2.** ~ error (*stat.*), errore sistematico.

systems analysis (a process of studying an activity by math. means, followed by a statement of requirements and a feasibility study) (*comp.*), analisi di sistemi.

systyle (*arch.*), sistilo.

syzygy (*astr.*), sizigia.

"SZ" (silicium-Zener diode) (*elics.*), diodo Zener al silicio.

T

"T" (tempered) (*mech. draw.*), rinvenuto. **2.** ~ (tera–, prefix: 10^{12}) (*meas.*), T, tera–. **3.** ~ (turn!) (*mech draw.*), tornire! **4.** ~ (turn, rotate, as the work) (*time study*), girare, ruotare. **5.** ~ (tropical) (*naut. - etc.*), tropicale. **6.** ~ (tesla), *see* tesla.

T (tritium) (*atom phys. - chem.*), T, tritio.

"t" (thunder, Beaufort letter) (*meteorol.*), tuono. **2.** ~ (tonne, metric ton = 1000 kg) (*meas.*), tonnellata. **3.** ~, *see also* table, taper, technical, telephone, teletype, temperature, tension, terminal, thickness, thread, time, transformer, tread, triangle, true.

"TA" (table of allowances) (*mech.*), tavola delle tolleranze.

Ta (tantalum) (*chem.*), Ta, tantalio.

"tab", *see* tabulate, table.

tab (a thin projecting metal piece) (*mech.*), linguetta. **2.** ~ (strip added to a sheet metal piece before welding and removed after welding) (*welding*), linguetta, piastrina. **3.** ~ (*aer.*), aletta. **4.** ~ washer (with a projecting metal strip: for securing the nut) (*mech.*), rondella di sicurezza, rondella con aletta di fermo. **5.** auto ~ (as of an elevator) (*aer.*), aletta compensatrice automatica, compensatore automatico. **6.** balance ~ (a tab the angular movement of which depends on that of the main member) (*aer.*), aletta compensatrice automatica. **7.** controlled ~ (*aer.*), aletta correttrice, aletta comandabile (in volo). **8.** hand ~ (*aer.*), aletta di compensazione (a comando) a mano. **9.** servo ~ (directly controlled by the pilot for moving the main surface) (*aer.*), servo–aletta. **10.** spring ~ (the movement of which is partially determined by the pilot) (*aer.*), aletta compensatrice elastica. **11.** trailing–edge ~ (*aer.*), aletta incernierata al bordo di uscita. **12.** trimming ~ (*aer.*), correttore di assetto, aletta correttrice di assetto. **13.** trim ~ (*aer.*), correttore di assetto, aletta correttrice di assetto. **14.** ~ *see also* tabs.

tab (to), *see* tabulate (to).

TAB, tab (TABulator), *see* tabulator.

tabbing, *see* tabulating.

tabernacle (*arch.*), tabernacolo. **2.** ~ (a boxtype support for a mast) (*naut.*), supporto scatolato.

table (*gen.*), tavola, tavolo. **2.** ~ (of mach. t.), piano, tavola. **3.** ~ (an arrangement of details, or data, for ready reference) (*gen.*), tabella, tavola. **4.** ~ (of fire range) (*milit.*), tavola (di tiro). **5.** ~ (supporting microscope specimens), piatto, portaoggetti. **6.** ~ (of logarithms), tavola. **7.** ~ (array, list) (*n. - comp.*), tabella. **8.** ~ (*geogr.*), altipiano. **9.** ~ clamp (as of a drilling mach.) (*mach. t. - mech.*), bloccaggio della tavola. **10.** ~ height adjustment (*mach. t.*), regolatore elevazione tavola. **11.** ~ lamp (*illum.*), lampada da tavolo, lume da tavolo. **12.** ~ lookup (*comp.*), ricerca tabulare, ricerca tabellare. **13.** ~ lower limit stop (*mach. t.*), arresto inferiore della tavola. **14.** ~ tennis (*sport*), tennis da tavolo. **15.** ~ tilting adjustment (*mach. t.*), regolatore (di) inclinazione tavola. **16.** anatomic ~ (*med. instr.*), tavolo anatomico. **17.** (bomb) dropping ~ (*air force*), tavola di getto. **18.** bumping ~ (vibrating table) (*min.*), tavola vibrante, tavolo separatore a scosse. **19.** castor ~ (table with half–embedded balls on its surface, used for sliding cases etc. on it) (*ind. transp.*), piano a sfere. **20.** collating ~ (table used for collecting the signatures) (*typ.*), tavola di raccoglitura, tavola raccoglitrice. **21.** compound ~ (as of a boring mach., table with longitudinal and transverse ways) (*mach. t.*), tavola a guide ortogonali. **22.** concussion ~ (*min. - ind.*), tavola a scosse. **23.** drop ~ (*railw. - etc.*), tavolino abbassabile. **24.** examination ~ (*med. app.*), lettino per visita. **25.** graphic ~ (tablet: a peripheral unit used for transmitting drawings and drafts to a comp.) (*comp.*), tavoletta grafica. **26.** gunnery ~ (*milit.*), tavola di tiro. **27.** gynecological ~ (*med. app.*), tavolo ginecologico. **28.** imposing ~ (*typ.*), banco tipografico. **29.** inspection ~ (*ind.*), banco di controllo. **30.** live roller ~ (*rolling mill*), piano a rulli comandati. **31.** lookup ~ (searching process) (*comp.*), tabella di ricerca. **32.** main ~ (*mach. t.*), tavola principale. **33.** mess type ~, tavolo da refettorio. **34.** navigation ~ (*aer.*), tavola di navigazione. **35.** operating ~ (*med. app.*), tavolo operatorio. **36.** radiographic ~ (*med. instr.*), tavolo radiografico. **37.** radioscopic ~ (*med. instr.*), tavolo radioscopico. **38.** revolving ~ (as of a boring machine) (*mach. t.*), tavola girevole, tavola rotativa. **39.** rotary dividing ~ (of mach. t.) (*mach. t. - mech.*), piattaforma girevole a dividere. **40.** rotary worktable (*mach. t.*), tavola portapezzo girevole. **41.** run–out ~ (*rolling mill*), piano di uscita. **42.** scribing ~ (*mech. technol.*), bancale (o piano o "plateau") di tracciatura. **43.**swiveling worktable (*mach. t.*), tavola portapezzo girevole. **44.** symbol ~ (*comp.*), tabella dei simboli. **45.** tilting ~ (*rolling mill - etc.*), tavola inclinabile. **46.** trajectory ~ (graphical trajectory table) (*artillery*), tabella delle traiettorie (grafiche). **47.** traversing ~ (of a mach. t.) (*mach. t. - mech.*), tavola a spostamento trasversale. **48.** truth ~ (logic operation table) (*comp.*), tabella della verità. **49.** two-position rotating ~ (*mach. t. - mech.*), tavola rotativa a due posizioni. **50.** urological ~ (*med. app.*), tavolo urologico. **51.** wool-classing ~ (*wool ind.*), tavola speciale (a griglia) per classificare la lana.

table (to) (as to table a project, a problem etc.) (*gen.*), presentare, mettere all'ordine del giorno.

tablecloth (*text. ind.*), tovaglia.

tableland (*geogr.*), altipiano.

tablespoonful (*med. meas.*), cucchiaio da tavola.

tablet (*pharm.*), pastiglia. **2.** ~ (*comp.*), *see* graphic table.

tabletop (miniature objects photographed as arranged artistically on a table with sophisticated illuminations) (*phot.*), fotografia ottenuta a tavolino mediante trucchi e particolari illuminazioni, fotografia truccata di soggetti in miniatura.

tableware (*articles*), articoli per la tavola. **2.** ~ (*pattery*), vasellame in ceramica.

tabling (of a sail: strengthened edge to which the boltrope is attached) (*naut.*), vaina, guaina, orlo (di vela) rinforzato.

tabloid (newspaper of small size containing condensed news and many photos) (*journ.*), tabloide, giornale illustrato di formato ridotto, giornale illustrato d'informazione di carattere popolare.

taboret, tabouret (small cabinet for use along the workshop lines) (*ind. impl.*), armadietto, armadietto a ruote.

tabs (*m. pict.*) (Brit.), leggere cortine tra lo schermo ed il vero e proprio sipario.

tabular (tabulated) (*gen.*), tabellare, tabulare.

tabulate (to) (as data or items) (*gen.*), disporre in tabella. **2.** ~ (to obtain data in table form from a printer) (*comp.*), tabulare.

tabulated (tabular) (*gen.*), tabulare, tabellare.

tabulating (*gen.*), tabulazione, disposizione in tabella. **2.** ~ key (*typewriter - comp. terminal*), tasto per incolonnare, tabulatore. **3.** ~ machine (*calc. mach.*), tabulatrice. **4.** ~ machine, *see also* tabulator.

tabulation (*n. - comp. - tapewriter*), tabulazione. **2.** ~ (act of tabulating) (*n. - comp. - typewriter*), tabulazione.

tabulator (of a typewriter) (*mech.*), tabulatore. **2.** ~ (device reading information from punched tape or punched cards and transposing it in a printout) (*n. - comp. mach.*), tabulatore. **3.** ~ key (a device, operated by a key, that regulates the columns spacing) (*typewriter - comp. terminal*), tasto per incolonnare, tabulatore. **4.** ~ stops ruler (of a typewriter) (*mech.*), comando arresti del tabulatore. **5.** automatic ~ (*teleprinter*), incolonnatore automatico.

tacan (tactical air navigation, ultra-high frequency navigation system) (*aer. - radio*), tacan, sistema di navigazione aerea tattica (ad altissima frequenza).

"tach", *see* tachometer.

tacheometer (*top. instr.*), *see* tachymeter.

tacheometric (*top.*), *see* tachymetric.

tacheometry (*top.*), *see* tachymetry.

tachistoscope (psychotechnical tests instr.) (*psychotechnical app.*), tachistoscopio.

tachograph (*aut. instr.*), "tachigrafo", registratore della velocità di marcia.

tachometer (*aut. instr.*), tachimetro, contagiri. **2.** ~ drive (as on a mot.) (*mech.*), presa del contagiri. **3.** centrifugal ~ (*instr.*), tachimetro centrifugo. **4.** electric ~ (*instr.*), tachimetro elettrico. **5.** magnetic ~ (*instr.*), tachimetro magnetico. **6.** photocell ~ (*app.*), tachimetro a fotocellula.

tachymeter (*top. instr.*), tacheometro. **2.** ~ (speed indicator) (*aut. instr.*), tachimetro.

tachymetric (*a. - top.*), tacheometrico, celerimetrico. **2.** ~ survey (*top.*), rilievo celerimetrico.

tachymetry (a system of rapid surveying) (*top.*), tacheometria, celerimensura.

tachyon (hypothetical elementary particle faster than light) (*n. - relativity theory*), tachione.

tack (zig-zag movement, as on land) (*gen.*), movimento a zig-zag. **2.** ~ (short nail) (*join.*), bulletta. **3.** ~ (*welding*), puntatura. **4.** ~ (a rope for hauling the sail) (*naut.*), mura, cima per orientare la vela. **5.** ~ (the corner of a sail to which a tack is attached) (*naut.*), angolo di mura. **6.** ~ (as of the run of a ship) (*naut.*), bordata. **7.** ~ (resistance of an adhesive as to traction) (*chem.*), adesività, tenuta. **8.** tacks (shoe nails) (*leather ind.*), semenza. **9.** ~ die (*welding*), maschera di puntatura. **10.** ~ free (said of the drying stage of paint, not sticking under pressure) (*paint.*), fuori polvere, essiccato al tatto. **11.** ~ hammer (light tool for short nails) (*t.*), martello da tappezziere. **12.** ~ rag (coarse mesh cloth impregnated with rosin so as to make it sticky for removing dust and dirt from a car body before spraying) (*aut. paint.*), strofinaccio inumidito per togliere la polvere, "tack rag". **13.** ~ rivets (provisory rivets for holding pieces in place) (*mech.*), chiodi di imbastitura. **14.** ~ weld (*welding*), puntatura. **15.** ~ welding (*mech. technol.*), puntatura. **16.** after ~ (defect of a paint film developing a sticky condition after having reached a tack free state) (*paint. defect*), appiccicosità successiva. **17.** heel ~ (for shoe mfg.), bulletta per tacchi. **18.** jib ~ (a rope for securing a jib) (*naut.*), mura di fiocco. **19.** thumb ~ (*draw. impl.*), puntina da disegno.

tack (to) (as pieces of cloth) (*gen.*), imbastire. **2.** ~ (to change the direction of a boat when sailing close-hauled by putting the helm down) (*naut.*), virare di bordo sul filo del vento. **3.** ~ (to attach by tacks), fissare (mediante puntine). **4.** ~ (to attach two pieces together), congiungere. **5.** ~ (as of resins: tendency of two surfaces of the same substance to adhere to each other when brought together with slight force) (*phys.*), appiccicarsi. **6.** ~ (to sail by a series of tacks) (*naut.*), bordeggiare. **7.** ~ weld (for temporary holding of parts together) (*mech.*), puntare, puntare provvisoriamente (con saldatura).

tacker (for driving staples) (*off. impl.*), cucitrice a molla.

tackifier (tackifying agent) (*rubb. ind.*), adesivante.

tackiness (the tendency of a substance to tack: as of resins, paints etc.) (*phys.*), appiccicosità.

tacking (of a sail ship) (*naut.*), il virare di bordo sul filo del vento.

tackle (*naut.*), paranco. **2.** ~ (as for mas.) (*hoisting device*), taglia, paranco (a fune). **3.** double ~ (as for mas.) (*hoisting device*), taglia doppia. **4.** rope ~ block (for hoisting etc.) (*naut.*), bozzello. **5.** single ~ (as for mas.) (*hoisting device*), taglia semplice.

tackle (to) (to operate a tackle) (*hoisting*), impiegare il paranco.

tack-rag (to) a car body (*aut. paint.*), spolverare la scocca con strofinaccio inumidito (di speciale solvente).

tack-weld (to) (*welding*), puntare.

tack-welded (*mech. technol.*), puntato.

tacky (said of paints) (*a. - gen.*), appiccicoso.

tactical (*a. - milit.*), tattico.

tacticity (steric order in the main chain of a polymer) (*chem.*), tatticità.

tactics (*milit.*), tattica.

tactile (*a. - gen.*), tattile. **2.** ~ keyboard (*elics.*), *see at* keyboard.

taffeta (silk fabric), taffetà.

taffrail, taffarel, tafferel (the ornamented top of a vessel's stern) (*naut.*), coronamento.

tag (card), cartellino. **2.** ~ (metal fragment adhering to a casting) (*found. defect*), bavatura, paglia. **3.** ~ (*wool ind.*), *see* taglock. **4.** ~ (metal strip on which a conductor is soldered) (*elect.*), paglietta di contatto. **5.** ~ (as on an elect. app. for connecting a cable terminal) (*elect.*), capocorda a linguetta. **6.** ~ (terminal, to which the conductor is soldered) (*elect.*), capocorda. **7.** ~ (label) (*n. - comp.*), etichetta. **8.** ~ (symbolic address, marker) (*n. - comp.*), elemento di identificazione. **9.** ~ file (a file of record key) (*comp.*), archivio di chiavi di identificazione. **10.** ~ paper (*paper mfg.*), carta per biglietti. **11.** licence ~ (*aut.*), bollo di circolazione. **12.** price ~ (*comm.*), segnaprezzo, cartellino segnaprezzo.

tag (to), contrassegnare con cartellino. **2.** ~ a package (*comm.*), attaccare i cartellini (di spedizione) al materiale imballato.

tagger (very thin sheet metal) (*metall.*), lamierino sottilissimo, "carta di Spagna".

tagging (to reduce the diameter at a tube end for gripping and pulling it through the die) (*pip.*), rastrematura (d'estremità). **2.** ~ (to taper one end as of a rod before drawing) (*metall. ind.*), rastrematura d'imbocco.

taglock (*wool ind.*), fiocco arruffato (o annodato).

tail (*gen.*), coda. **2.** ~ (*aer.*), coda, piani di coda. **3.** ~ (the bottom of a page) (*print. - bookbinding*), taglio di piede, taglio inferiore, piede. **4.** ~ (tails, waste, tailings) (*min.*), sterile. **5.** ~ (of a comet) (*astr.*), coda. **6.** ~ block (tailstock: of a lathe) (*mach. t. - mech.*), contropunta. **7.** ~ boom (*aer.*), trave di coda. **8.** ~ cone (jet engine exhaust pipe) (*aer.*), cono terminale. **9.** ~ edge (of a book) (*bookbinding*), taglio inferiore, taglio di piede. **10.** ~ fin (of a plane) (*aer.*), deriva. **11.** ~ gate (as of a truck body) (Am.), sponda posteriore. **12.** ~ gate (of a station wagon) (*aut.*), porta posteriore. **13.** ~ heaviness (*aer.*), appoppamento. **14.** ~ journal (as of a shaft) (*mech.*), perno posteriore. **15.** ~ lamp (or light) (*veh.*), luce di posizione posteriore. **16.** ~ lamp, *see* taillight. **17.** ~ mill, *see* end mill. **18.** ~ pipe (of a pump) (*mech. impl.*), tubo di aspirazione. **19.** ~ pipe (barometric pipe) (*phys. instr.*), tubo barometrico. **20.** ~ pipe (of a radial engine exhaust system) (*aer. mot.*), tubo di coda, ugello di uscita. **21.** ~ pipe (of a jet engine) (*mot.*), tubo di scarico. **22.** ~ pipe unit (as of a jet engine) (*mot.*), gruppo (tubo) di scarico. **23.** ~ plane (for longitudinal stability), (*aer.*), piani di coda orizzontali. **24.** ~ race (discharging channel of a hydraulic turbine) [tailrace (Am.)] (*hydr.*), (Brit.), canale di scarico. **25.** ~ rod (prosecution of the rod: as of a steam engine valve) (*mech.*), stelo prolungato. **26.** ~ rotor (as of a helicopter) (*aer.*), elica di coda, elica anticoppia. **27.** ~ shaft (of a radial engine) (*aer. mot.*), prolungamento posteriore dell'albero a manovella, codolo. **28.** ~ shaft (of a ship) (*naut.*), albero portaelica. **29.** ~ skid (*aer.*), pattino di coda. **30.** ~ slide (*aer.*), scivolata di coda. **31.** ~ spindle (tailstock spindle) (*lathe*), albero della contropunta, contropunta. **32.** ~ surface (*aer.*), impennaggio. **33.** ~ unit (*aer.*), *see* empennage. **34.** ~ water (downstream water) (*hydr.*), acqua a valle. **35.** ~ wheel (*aer.*), ruotino di coda. **36.** ~ wind (*aer.*), vento di coda. **37.** all-flying ~ (stabilizer and elevator) (*aer. constr.*), stabilizzatore. **38.** cantilever ~ planes (*aer.*), impennaggi a sbalzo, piani di coda a sbalzo. **39.** fixed horizontal ~ plane (*aer.*), piano fisso orizzontale di coda, stabilizzatore. **40.** flying ~ (type of horizontal stabilizer) (*aer.*), stabilatore, impennaggio orizzontale interamente mobile. **41.** horizontal ~ (surface) (*aer.*), impennaggio orizzontale. **42.** Kamm ~ (sharply cut off tail) (*aut. body*), coda mozza. **43.** mare's tail (*meteorol.*), cirro fluttuante. **44.** vee ~, v ~ (*aer.*), impennaggio a V, impennaggio a farfalla. **45.** vertical ~ surface (*aer.*), impennaggio verticale.

tail (to) (off as of a current) (*elect.*), disperdersi. **2.** ~ (to fasten by the stern, as a ship to a dock) (*naut.*), ormeggiare di poppa. **3.** ~ in (to fasten by one end, as a timber in a wall) (*bldg.*), incastrare.

tailband (strip of cloth at the bottom of a book back, between the cover and the back) (*bookbinding*), capitello. **2.** ~, *see* footband.

tailed (built in, as a timber end in a wall) (*bldg.*), incastrato.

tailgate (removable gate at the rear end of a truck body) (*aut.*), sponda posteriore.

tailgate (to) (to drive too close behind another car) (*safety danger*), tallonare a distanza inferiore ai limiti di sicurezza.

"tailgates" (the gates at the low-level end of a lock) (*hydr.*) (Brit.), chiusa (o porta) verso valle (di una conca di navigazione).

"tailgating" (bumping) (*veh.*), tamponamento.

tail-heaviness (*aer.*), appoppamento.

tail-heavy (said of an aircraft) (*a. - aer.*), appoppato. **2.** ~ (*a. - naut.*), appoppato.

tailing (*arch.*), parte incastrata di un mattone (o di una pietra) in aggetto. **2.** tailings (residue material) (*ind.*), residui di scarto. **3.** tailings (*min.*), *see* waste.

tailless (*gen.*), senza coda. **2.** ~ airplane (*aer.*), apparecchio tuttala.

taillight (as of veh.), luce di posizione posteriore.

tailor (*work.*), sarto. **2.** ~ made (*a. - comp.*), su misura, personalizzato.

tailor-made (as indicating a proper analysis method chosen for a particular material) (*a. - chem. - gen.*), fatto su misura, appropriato. **2.** ~ (made to order) (*ind.*), appositamente fabbricato (o preparato).

tailpiece (of a radial engine propeller shaft) (*aer. mot.*), appendice. **2.** ~ (ornamental mark at the last page of a book or chapter) (*print.*), finalino.

tailpin (tailstock center) (*mach. t.*), contropunta.

tailrace (as of a turbine) (*hydr. constr.*), canale di scarico.

tailshaft (propeller shaft) (*naut.*), albero portaelica, asse portaelica. **2.** ~ liner (stern tube) (*naut.*), astuccio.

tailstock (of a lathe) (*mach. t.*), contropunta.

"tail-wag" (lateral swaying of a trailer) (*veh.*), serpeggiamento.

take (of a film scene) (*m. pict. - telev.*), ripresa.

take (to), prendere. **2.** ~ (a scene) (*m. pict.*), prendere, riprendere, girare. **3.** ~ (as a thrust) (*mech.*), sostenere. **4.** ~ a curve (*road*), curvare, prendere una curva. **5.** ~ aim (*milit.*), mirare, puntare. **6.** ~ apart (to disassemble partially: as a mach. for easier transp.) (*mach. - etc.*), scomporre in grandi complessivi. **7.** ~ arms (*milit.*), iniziare le ostilità. **8.** ~ away, togliere. **9.** ~ bearings (*aer. - naut. - milit.*), eseguire rilevamenti. **10.** ~ dimensions (as of a room) (*gen.*), prendere le misure. **11.** ~ down (*mech.*), smontare. **12.** ~ down (as a scaffolding) (*bldg.*), smontare, smantellare, disfare. **13.** ~ down (to reduce: as the sound, the screen luminosity etc.) (*radio - telev. - opt.*), diminuire. **14.** ~ down the engine (*mech.*), smontare il motore. **15.** ~ down the falsework (*reinf. concr.*), disarmare. **16.** ~ in sail (*naut.*), ridurre la velatura. **17.** ~ in tow (*gen.*), prendere a rimorchio. **18.** ~ off (*aer.*), decollare. **19.** ~ off (to remove), togliere. **20.** ~ off (to reproduce from an original) (*print. - phot.*), riprodurre. **21.** ~ off (to prepare, as a balance) (*accounting - etc.*), preparare. **22.** ~ off (to calculate, as with a calc. mach.) (*calc. mach. - etc.*), calcolare, determinare. **23.** ~ off (to deduct) (*gen.*), detrarre, sottrarre. **24.** ~ off a trial balance (to strike a trial balance) (*comm.*), controllare i conteggi del bilancio, fare un bilancio di verifica. **25.** ~ off scales (as from a boil.), scrostare. **26.** ~ off the burr (*mech.*), sbavare. **27.** ~ on charge (as in a warehouse) (*adm.*), prendere in carico, prendere in consegna. **28.** ~ out (to remove easily an object, as from a receptacle) (*gen.*), tirar fuori, estrarre. **29.** ~ out (as a letter from the proof) (*print.*), togliere. **30.** ~ over (to take control of) (*gen.*), prendere il comando di. **31.** ~ part (*gen.*), prendere parte. **32.** ~ place (*gen.*), aver luogo. **33.** ~ refuge (*navy - milit.*), rifugiarsi. **34.** ~ the air (*aer.*) (Am.), prendere il volo. **35.** ~ the lead (of a race) (*sport*), prendere il comando. **36.** ~ the stress (to withstand) (*constr. theor.*), resistere allo sforzo. **37.** ~ the sun (*naut.*), prendere l'altezza del sole. **38.** ~ the temperature (*gen.*), rilevare (o prendere) la temperatura. **39.** ~ to pieces (*gen.*), scomporre in elementi. **40.** ~ upon oneself (to assume, as debts) (*finan.*), accollarsi. **41.** ~ up slack (*mech.*), eliminare il gioco.

takedown (disassembly) (*mech.*), smontaggio.

take-home (take-home pay: taxes etc. deducted, PAYE) (*work. earning*), paga netta.

takeoff (*n. - aer.*), decollo, involo. **2.** ~ (of a read/write head when it is lifted from a disk surface) (*comp.*), sollevamento. **3.** ~ distance (*aer.*), percorso di decollo, percorso di partenza. **4.** ~ power (*aer.*), potenza di decollo. **5.** ~ rocket (booster rocket for additional thrust at takeoff) (*aer.*), razzo ausiliario di decollo. **6.** ~ run (*aer.*), corsa di decollo. **7.** ~ time (time at which the takeoff occurs) (*aer.*), ora di decollo. **8.** ~ time (time required for takeoff) (*aer.*), tempo di decollo. **9.** ~ weight (*aer. - rckt.*), peso al decollo. **10.** crosswind ~ (*aer.*), decollo con vento trasversale. **11.** horizontal ~ and landing ("HTOL") (*aer.*), decollo ed atterraggio orizzontali. **12.** jet assisted ~ (with a booster rocket) (*aer.*) (Am.), decollo con razzo ausiliario. **13.** power ~ (pulley etc. operated by the main mot. of a veh.: as in agric. tractors, milit. trucks etc.) (*mech.*), presa di forza. **14.** rocket assisted ~ (with a booster rocket) (*aer.*) (Brit.), decollo con razzo ausiliario. **15.** vertical ~ and landing (*aer.*), decollo ed atterraggio verticali.

takeout (a mechanical device for removing a finished article from any forming unit) (*mfg. t.*), estrattore.

take-over (assumption of management and possession: as of another company) (*n. - organ. - econ. - etc.*), assorbimento.

taker (catcher) (*ind.*), dispositivo (o apparecchio) per prendere, rilevare. **2.** bottom hole sample ~ (*min.*), trivella per rilevamento campioni.

taker-in (licker-in, a cylinder of a carder which takes the lap from the feed rollers) (*text. mach.*), cilindro avvolgitore, cilindro introduttore, introduttore.

take-up (winding of a film upon a reel) (*m. pict.*), avvolgimento. **2.** ~ (device for tensioning, as fabric) (*mech. - etc.*), tenditore. **3.** ~ (device for winding a film upon a reel) (*m. pict. impl.*), avvolgitore. **4.** ~ (action of taking up slack) (*mech.*), eliminazione del gioco. **5.** ~ (device for taking up slack) (*mech.*), dispositivo per la eliminazione del gioco. **6.** ~ spool (*m. pict. - etc.*), rocchetto ricevente, rocchetto avvolgitore.

taking (of a picture) (*phot.*), esecuzione della presa. **2.** ~ on charge (as of a warehouse) (*adm.*), presa in consegna. **3.** ~ up (of cloth) (*text. ind.*), avvolgimento. **4.** ~ up device (*text. mach.*), meccanismo di avvolgimento.

takings (receipts) (*comm.*), ricevute.

talc, talcum $[Mg_3H_2(SiO_3)_4]$ (*min.*), talco. **2.** ~ schist (*min.*), talcoscisto.

talcum powder (*rubber upkeeping*), polvere di talco.

talk (to) (to speak) (*gen.*), parlare.

talk-back (*commun.*), *see* interphone.

talk-down, *see* ground-controlled approach.

talkie (*sound m. pict.*), film sonoro. **2.** ~, *see also* talking motion picture.

talking (*a. - gen.*), parlante. **2.** ~ machine (*phonograph*), fonografo. **3.** ~ motion picture (*m. pict.*), film sonoro. **4.** ~ board (*comp.*), scheda del parlato.

tallboy (chimney) (*bldg. - ind.*), camino terminale in lamiera. **2.** ~ (highbody) (*furniture*), "chiffonière".

tallow, sego.

tally (tag, label) (*gen.*), cartellino, etichetta. **2.** ~ (of a meas. chain: tag secured at every tenth link for facilitating reading) (*top.*), piastrina indicatrice. **3.** ~ (a sum or total of something) (*comm. - comp. - etc.*), conteggio, totale. **4.** ~ sheet (tally chart) (*stat. quality control*), carta di controllo.

tally (to) (to register, to mark) (*gen.*), registrare, conteggiare.

talon (as of a lock), dente (di stanghetta di serratura). **2.** ~ (ogee molding) (*arch.*), *see* ogee.

talus (slope) (*top.*), pendìo.

tamarack (*wood*), larice americano.

tambour (*arch.*), tamburo.

tammy (woolen or mixed wool and cotton fabric) (*text. ind.*), tessuto unito di lana (o di lana e cotone).

tamp (to) (*mas.*), pigiare, pestare. **2.** ~ (to drive in by blows), spingere dentro a mezzo di colpi. **3.** ~ (as ground), costipare. **4.** ~ (a blasting charge), intasare.

tamped (rammed, ground) (*civ. eng.*), costipato. **2.** ~ earth (rammed earth) (*road - etc.*), terra battuta.

tamper (*impl.*), pestello, mazzaranga. **2.** ~ (soil compactor) (*road mach.*), costipatore. **3.** ~ (tamping bar, for blastholes) (*min. t.*), intasatore. **4.** ~ (reflector realized by a mass of material located around the core, for delaying a nuclear reaction and preventing neutron escape) (*atom phys.*), riflettore. **5.** ~ (tampering mach.) (*bldg. mach.*), macchina costipatrice. **6.** cast-iron ~ (*mas. impl. - road impl.*), mazzaranga (pillo o pestello) in ghisa. **7.** wooden ~ (*mas. impl. - road impl.*), mazzaranga (pillo o pestello) in legno.

tamper (to) (*gen.*), manomettere.

tamperable (*gen.*), manomissibile.

tampering (*gen.*), manomissione.

tamping (*mas.*), pigiatura, battitura, pestatura. **2.** ~ (as of ground), costipamento. **3.** ~ bar, (*impl.*), pestello, mazzaranga. **4.** ~ rollers (*road impl.*), rulli costipatori.

tampion (plug) (*gen.*), tampone, tappo. **2.** ~ (plug for the muzzle of a gun) (*ordnance*), tappo di volata.

tampon (as for stopping hemorrhage) (*surgery*), tampone.

"TAN" (total acid number) (*chem.*), *see* acid.

"tan" (tannin) (*chem.*), tannino. **2.** ~ (short for tangent) (*math.*), tangente.

tan (to) (leather), conciare.

tandem (*n. - bicycle*), "tandem", bicicletta a due posti. **2.** ~ (*n. - aer.*), *see* tandem plane. **3.** ~ (veh. with a pair of close coupled axles) (*truck - aut. trailer*), veicolo a due (o più) assi accoppiati. **4.** ~ compound (of a steam engine or turbine) (*eng.*), motrice a vapore (o turbina) tandem compound. **5.** ~ mill (*metall.*), laminatoio a stadi successivi. **6.** ~ plane (with wings placed one in front of the other) (*aer.*), apparecchio con ali in tandem, "tandem". **7.** ~ propellers (with a common shaft) (*aer.*), eliche in tandem. **8.** ~ twin (assembly of two engines coupled in line) (*n. - mot.*), due motori accoppiati in linea. **9.** two ~ cylinders (*mach.*), due cilindri accoppiati.

"T & G" (tongue and groove joint) (*join.*), (giunzione a) maschio e femmina.

tang (of a file, knife etc.: part inserted in the handle) (*mech.*), codolo. **2.** ~ (tongue) (*mech.*), linguetta.

tangency (*geom.*), tangenza.

tangent (*n. - a. - geom.*), tangente. **2.** ~ (contiguous) (*a. - gen.*), contiguo. **3.** ~ compass (tangent galvanometer) (*electromagnetic instr.*), bussola delle tangenti. **4.** ~ plane (*geom.*), piano tangente. **5.** ~ point (between a straight road and a curve) (*civ. eng.*), punto di tangenza, punto di raccordo. **6.** ~ wheel (worm wheel) (*mech.*), ruota elicoidale.

tangential (*math. - geom.*), tangenziale. **2.** ~ force (*theor. mech.*), forza tangenziale. **3.** ~ screw (worm) (*mech.*), vite senza fine. **4.** ~ screw (for precision instruments) (*mech.*), vite micrometrica. **5.** ~ strength (*constr. theor.*), resistenza al taglio. **6.** ~ stress (*constr. theor.*), sollecitazione di taglio.

tangent-saw (to) (to saw a log into boards by lengthwise parallel cuts) (*wood ind.*), tagliare longitudinalmente, segare longitudinalmente.

tangle (*gen.*), groviglio.

tangle (to) (as of a line, a rope etc.) (*gen.*), aggrovigliarsi.

"tanh" (hyperbolic tangent) (*math.*), tangente iperbolica.

tank (container for liquids), serbatoio. **2.** ~ (of a switch) (*electromech. app.*), cassa. **3.** ~ (of a transformer) (*electromech.*), cassa. **4.** ~ (of a gasholder: containing water) (*ind.*), vasca. **5.** ~ (of a gasholder: containing gas) (*ind.*), campana. **6.** ~ (cistern), cisterna. **7.** ~ (armored veh.) (*milit.*), carro armato. **8.** ~ (as for electrolytic bath) (*ind.*), vasca. **9.** ~ (a melting unit, in which the container for the molten glass is constructed with refractory blocks) (*glass mfg.*), bacino (fusorio). **10.** ~ (open tank where new ship models are tested) (*naut. - navy*), vasca di Froude, vasca navale, vasca sperimentale. **11.** ~ (as a droppable fuel container) (*aer.*), serbatoio, serbatoio sganciabile. **12.** ~ (bottom compartment for keeping fuel, water, ballast) (*shipbuild.*), doppio fondo. **13.** ~ car (*railw.*), vagone cisterna, carrocisterna. **14.** ~ circuit (association of an oscillatory radio circuit with other circuits) (*elics.*), circuito tampone. **15.** ~ clinching machine (*mach.*), graffatrice per serbatoi, aggraffatrice per serbatoi. **16.** ~ dome (on the top of a tank) (*container*), duomo. **17.** ~ engine (engine carrying its own fuel and water) (*railw.*), locomotiva con propria scorta di combustibile ed acqua. **18.** ~ furnace (*glass mfg.*), forno a bacino. **19.** ~ iron (iron plate having a thickness intermediate between boiler plate and sheet iron) (*metall. ind.*), lamiera media, lamiera di spessore medio. **20.** ~ landing craft (*milit. - navy*), mezzo per lo sbarco di carri armati. **21.** ~ lining (*rubb. ind.*), rivestimento di serbatoio. **22.** ~ locking cap (*aut. - etc.*), tappo del serbatoio con serratura. **23.** ~ locomotive (*railw.*), *see* tank engine. **24.** ~ "RR" car (*railw.*), carro cisterna. **25.** ~ station (furnished with a water tank for supplying locomotives) (*railw.*), stazione dotata di serbatoio (per rifornimento acqua). **26.** ~ test (of ship's models) (*naut.*), prova in vasca. **27.** ~ testing (of a pressurized aircraft fuselage for pressure-fatigue test) (*aer.*), prova a pressione (in vasca a tenuta). **28.** ~ top (*gen.*), cielo del serbatoio. **29.** ~ town (very small town) (*railw.*) (Am. coll.), nucleo abitato di insignificante importanza. **30.** ~ trailer (*aut.*), botte rimorchio. **31.** ~ truck (*aut.*), autocisterna, autobotte. **32.** ~ vent pipe (as of a fuel tank) (*pip.*), tubo di sfiato del serbatoio. **33.** ~ wagon (*railw.*), vagone cisterna. **34.** acoustic ~ (tank used for underwater measurements and calibrations) (*und. acous.*), vasca acustica. **35.** anechoic ~ (acoustic tank specially built to minimize the reflection from walls, surface and bottom) (*und. acous.*), vasca anecoica, vasca anecoide. **36.** antirolling ~ (*naut.*), vasca antirollìo. **37.** automatic inboard venting ~ (*navy*), cassone autoallagabile. **38.** auxiliary ~ (*aer. - etc.*), serbatoio ausiliario. **39.** backwater ~ (*paper ind. - etc.*), vasca dell'acqua di ricupero. **40.** ballast ~ (water ballast) (*naut.*), cassone della zavorra. **41.** belly ~ (*aer.*), serbatoio (ausiliario) sotto la fusoliera. **42.** brake cylinder ~ (as of a Westinghouse brake) (*railw.*), serbatoio (del) cilindro (del) freno. **43.** brake fluid supply ~ (for aut.), serbatoio del liquido dei freni. **44.** buoyancy ~ (as of a sub.) (*navy*), cassone di emersione. **45.** charging ~ (*hydr. - ind.*), serbatoio di carico. **46.** continuous ~ (a glass furnace in which the level of glass remains constant because the feeding to batch continuously replaces the glass withdrawn) (*glass mfg.*), bacino continuo. **47.** corrugated ~ (of an oil transformer) (*electromech.*), cassa ondulata. **48.** crash-diving ~ (of a sub.) (*navy*), cassa di rapida immersione, rapida. **49.** day ~ (a periodic melting unit, usually designed to be emptied by each day of handgathering) (*glass mfg.*), bacino a fondita quotidiana. **50.** deep ~ (*naut.*), stiva cisterna. **51.** developing ~ (*m. pict.*), vasca di sviluppo. **52.** dipping ~ (for industrial painting) (*paint.*), vasca ad immersione. **53.** drop ~ (*aer.*), serbatoio sganciabile, serbatoio supplementare sganciabile. **54.** expansion ~ (as for a hot-water heating system) (*therm.*), vaso di espansione, serbatoio di espansione. **55.** experimental ~ (*hydr.*), vasca sperimentale. **56.** feed ~ (*gen.*), serbatoio di alimentazione. **57.** fresh-water ~ (as of a ship) (*naut.*), serbatoio di acqua dolce. **58.** Froude ~ (for hydrodynamic tests) (*naut.*), vasca Froude. **59.** fuel ~ (*aut. - aer. - etc.*), serbatoio del combustibile. **60.** gasoline ~ (*aut.*) (Am.), serbatoio della benzina. **61.** gauge ~ (*ind. hydr.*), serbatoio di livello. **62.** gravity ~ (fuel tank) (*mot.*), serbatoio a gravità, serbatoio a caduta. **63.** header ~ (*hydr.*), serbatoio di carico. **64.** jettisonable ~ (*aer.*), serbatoio a scarico rapido. **65.** long-range fuel ~ (*aer.*), serbatoio supplementare per (voli di) forte autonomia. **66.** oil ~ (*aer. - mot. - etc.*), serbatoio dell'olio. **67.** peak ~ (*naut.*), cassa del gavone. **68.** petrol ~ (Brit.) (*aut.*), serbatoio della benzina. **69.** quick-dive ~ (of a sub.) (*navy*), cassone di rapida immersione, "rapida". **70.** quick-diving ~ (of a sub.) (*navy*), cassone di rapida immersione, "rapida". **71.** saddle ~ (as of a mtc.) (*ind.*), serbatoio a sella. **72.** seaplane ~ (for carrying out trials on models) (*naut. - navy*), vasca navale per (prove di) modelli di idrovolanti. **73.** sedimentation ~ (*sewage*), vasca di sedimentazione. **74.** settling ~ (*sewage*), *see* sedimentation tank. **75.** slip ~ (*aer.*), serbatoio sganciabile. **76.** storage ~ (*ind.*), serbatoio polmone. **77.** swilling ~ (*ind.*), vasca di lavaggio. **78.**

underground ~ (*mas. - ind.*), serbatoio interrato. **79.** ventral ~ (fitted to the under surface of the fuselage) (*aer.*), serbatoio inferiore, serbatoio applicato sotto la fusoliera. **80.** washing ~ (for mech. parts) (*mech. operation*), vasca di lavaggio. **81.** water ballast ~ (of a ship) (*naut.*), cassone d'acqua di zavorra. **82.** wing tip ~ (*aer.*), serbatoio di estremità alare.

tankage (act of placing in tanks), riempimento dei serbatoi. **2.** ~ (the capacity of a tank), capacità del serbatoio.

tankard (*drinking vessel*), boccale, bricco.

tanker (*naut.*), nave cisterna. **2.** ~ (as a tank truck) (*aut.*), autocisterna. **3.** ~ (as a tank wagon) (*railw.*), carro cisterna. **4.** air ~ (aircraft equipped with large fuel tanks for refuelling other aircraft in flight) (*aer.*), aereo cisterna. **5.** fuel oil ~ (*naut.*), petroliera. **6.** oil ~ (*naut.*), petroliera. **7.** turbine-driven ~ (*naut.*), turbocisterna.

tankette (*milit.*), carro armato leggero.

tankman (*milit.*), carrista.

tankship (*naut.*), nave cisterna.

tannage (tanning) (*leather ind.*), concia. **2.** ~ (*leather ind.*), *see also* tanning. **3.** bag ~ (*leather ind.*), concia in sacco. **4.** chrome ~ (*leather ind.*), concia al cromo. **5.** mineral ~ (*leather ind.*), concia minerale. **6.** mixed ~ (*leather ind.*), concia mista. **7.** oil ~ (*leather ind.*), concia all'olio, concia grassa, scamosciatura. **8.** pit ~ (*leather ind.*), concia in fossa. **9.** sulphur ~ (*leather ind.*), concia allo zolfo. **10.** Union ~ (American tannage, carried out with a mixture as of hemlock and oak) (*leather ind.*), concia americana. **11.** vegetable ~ (*leather ind.*), concia vegetale.

tannate (*chem.*), tannato.

tanned (*a. - leather ind.*), conciato. **2.** ~ skin (*leather ind.*), pelle conciata.

tanner (skin tanning worker) (*work.*), conciatore.

tannery (*leather ind.*), conceria.

tannic acid (*ind. chem.*), acido tannico.

tannin (*chem.*), tannino.

tanning (*ind.*), concia. **2.** ~ (*leather ind.*), *see also* tannage. **3.** alum ~ (tawing) (*leather ind.*), concia all'allume. **4.** chrome ~ (*leather ind.*), concia al cromo. **5.** oil ~ (*leather ind.*), conica all'olio, scamosciatura. **6.** vegetable ~ (*leather ind.*), concia al tannino, concia vegetale.

tannometer (instr. for measuring the strength of a tanning liquor through the loss of density after drawing it through a hide) (*leather ind. instr.*), "tannometro". **2.** ~ (barkometer) (*leather ind. instr.*), *see* barkometer.

tantalite (*min.*), tantalite, niobite.

tantalum (Ta - *chem.*), tantalio.

tanyard (*leather ind.*), impianto di concia.

tap (*elect.*), presa. **2.** ~ (cock, faucet) (Brit.), rubinetto. **3.** ~ (*mech. threading t.*), maschio (per filettare). **4.** ~ (plug), tappo. **5.** ~ (quantity of metal tapped from a furnace) (*found.*), colata, "spillata". **6.** ~ (tapping of melted metal) (*found.*), spillatura. **7.** ~ (intermediate point, as of a transformer winding or of an elect. circuit, where and elect. connection is made) (*elect.*), presa (intermedia). **8.** ~ bolt, *see* tap screw. **9.** ~ changer (as on a small transformer) (*elect.*), commutatore di presa. **10.** ~ drill (tool for machining the hole to be tapped) (*t.*), punta (da trapano) per fori preliminari per la maschiatura, punta per fori da maschiare. **11.** ~ funnel (*chem.*), imbuto con rubinetto. **12.** ~ holder (as a grip for holding a tap) (*mach. t. impl.*), mandamaschio a macchina. **13.** ~ hole (as of blast furnace) (*metall.*), foro di spillatura. **14.** ~ line (*railroad*), tronco di raccordo. **15.** ~ screw (tap bolt: headed bolt mounted without a nut) (*mech.*), bullone (impiegato) senza dado. **16.** ~ system (*pip.*), batteria di rubinetti. **17.** ~ water (undistilled water) (*chem. ind.*), acqua di rubinetto. **18.** ~ wrench (used by hand) (*mech. t.*), giramaschi, mandamaschi. **19.** bottoming ~ (*mech. t.*) (Am.), maschio finitore, terzo maschio filettatore. **20.** cinder ~ (of a blast furnace) (*metall.*), foro d'uscita (delle) scorie fuse. **21.** collapsible ~ (*mech. t.*), maschio ad espansione. **22.** current ~ (*elect.*), presa di corrente. **23.** current ~ flush with a wall (*elect.*), presa di corrente a filo muro. **24.** exhaust drain ~ (*mech. - pip.*), tappo di scarico. **25.** fluted ~ (*t.*), maschio scanalato. **26.** hand ~ (*mech. t.*), maschio a mano. **27.** intermediate ~ (as in a coil) (*elect.*), presa intermedia. **28.** machine ~ (*mech. t.*), maschio a macchina. **29.** master ~, *see* hob tap. **30.** multiple ~ transformer (*elect.*), trasformatore a prese intermedie. **31.** $^1/_2$-13 ~ (example of technol. and comm. denomination) (*t.*), maschio del diametro (esterno) di $^1/_2$ pollice e passo 13 filetti per pollice. **32.** pipe ~ (*t.*), maschio per filettature (passo) gas. **33.** plug ~ (Am.), (second tap) (Brit.) (*mech. t.*), maschio intermedio, secondo maschio filettatore. **34.** recessed current ~ (recessed outlet) (*elect.*), presa di corrente incassata. **35.** screw ~ (*t.*), maschio (per filettare). **36.** second ~ (Brit.) (plug tap: Am.) (*mech. t.*), maschio intermedio, secondo maschio filettatore. **37.** spiral-pointed ~ (*t.*), maschio con punta a spirale. **38.** steam ~ (as of a boil. or steam pip.) (*pip.*), presa di vapore. **39.** taper ~ (*mech. t.*), primo maschio filettatore, maschio sbozzatore.

tap (to) (to give small, light blows to something) (*gen.*), dare leggeri colpi. **2.** ~ (to let out a liquid from a vessel) (*gen.*), spillare. **3.** ~ (to form a screw by a tap) (*mech.*), maschiare. **4.** ~ (*elect.*), inserire (o collegare) un circuito. **5.** ~ (as a tumor) (*surgery*), incidere. **6.** ~ (to drain, a furnace) (*glass mfg.*), drenare. **7.** ~ the trees (*rubb. ind.*), incidere le piante.

tape (*text. mfg.*), nastro. **2.** ~ (friction tape) (*elect.*), nastro isolante. **3.** ~ (magnetic tape) (*comp. - electroacous.*), nastro magnetico. **4.** ~ (paper punched tape) (*comp.*), nastro (o banda) di carta. **5.** ~ cartridge (a cartridge holding a length of magnetic tape) (*electroacous.*), cassetta di nastro (magnetico). **6.** ~ cartridge (a memory volume consisting in magnetic tape located in a cartridge) (*comp.*), cartuccia di nastro (magnetico). **7.** ~ control (punched tape control, of mach. t. etc.) (*comp. - mach.*), comando a nastro (perforato). **8.** ~ deck (app. providing the tape movement and incorporating the electronic circuit except amplifier and loudspeaker) (*electroacous.*), piastra, piastra di registrazione. **9.** ~ drive, *see at* drive. **10.** ~ measure (*meas. impl.*), metro a nastro, rotella metrica. **11.** ~ player (app. for the playback of magnetic tapes) (*electroacous.*), magnetofono giranastri. **12.** ~ recorder, *see* magnetic tape recorder. **13.** ~ reproducer (copying device for punched tapes) (*comp. device*), riproduttore di nastri perforati. **14.** ~ transport (the magnetic tape moving mechanism) (*comp. - electroacous.*), trasporto del nastro, trascinamento del nastro. **15.** ~ winder (*comp. - electroacous.*), avvolgitore di nastri. **16.** adhesive ~ (*elect.*), *see* insulating tape. **17.** amendment ~ (change tape) (*comp.*), nastro delle modifiche, nastro degli aggiornamenti. **18.** binding ~, *see* friction tape. **19.** blank ~ (of a paper tape) (*telex - comp. - etc.*), nastro vuoto, banda vuota. **20.** chromium dioxide ~ (magnetic recording tape) (*electroacous.*), nastro al biossido di cromo. **21.** eight-track punched ~ (*comp.*), nastro perforato ad otto piste. **22.** electric ~ (*elect.*), nastro isolante. **23.** error ~ (*comp.*), nastro degli errori. **24.** formatted ~ (*comp.*), nastro formattato, nastro inizializzato. **25.** friction ~ (*elect.*), nastro isolante. **26.** gapped ~ (magnetic tape with word gaps) (*comp.*), nastro con intervalli. **27.** ladder ~ (supporting the slates of a venetian blind) (*window impl.*), (sistema di) nastri di comando della veneziana. **28.** leader ~ (plastic tape at the beginning and at the end of a tape reel) (*electroacous.*), coda. **29.** library ~ (magnetic tape stored, indexed and available) (*comp.*), nastro di libreria. **30.** magnetic ~ (*electroacous. - comp.*), nastro magnetico. **31.** masking ~ (as for protecting surfaces to which no paint is to be applied) (*paint.*), nastro adesivo protettivo. **32.** master ~ (*comp.*), nastro principale. **33.** numerical ~ (as for operating a machine tool) (*comp.*), nastro numerico. **34.** paper ~ (as for recording data by punched holes) (*comp.*), nastro di carta. **35.** paper ~ reader (punched tape reader) (*comp.*), lettore di nastro (perforato). **36.** perforated ~, *see* punched ~. **37.** pressure sensitive adhesive ~ (*ind. - etc.*), nastro autoadesivo. **38.** program ~ (*comp.*), nastro di programma. **39.** punched ~ (*comp.*), nastro perforato. **40.** steel ~ (of mach.), nastro d'acciaio. **41.** streaming ~, *see* streamer. **42.** work ~ (magnetic tape of general use) (*comp.*), nastro di lavoro.

tape (to) (to cover something with electric tape) (*elect.*), fasciare con nastro isolante. **2.** ~ (by tape recorder) (*electroacous.*), registrare su nastro (magnetico).

tape-controlled (as a machine tool) (*a. - comp.*), controllato da nastro.

tapeline (*meas. impl.*), misura a nastro, rotella con nastro per misurazioni lineari.

tapeman (lineman: a surveyor's assistant) (*top.*), addetto alle misurazioni.

taper (gradually decreasing the cross section) (*a. - gen.*), conico, rastremato. **2.** ~ (gradual decrease of the cross section) (*n. - gen.*), conicità, rastremazione. **3.** ~ (molders' trowel) (*found. t.*), mestola del fonditore. **4.** ~ attachment (of a lathe: for taper turning) (*mach. t. - mech.*), accessorio per tornitura conica. **5.** ~ check (*mech.*), controllo della conicità. **6.** ~ file (*t.*), lima rastremata. **7.** ~ fit (*mech.*), accoppiamento conico. **8.** ~ forging and rolling machine (*mach.*), macchina per la fucinatura e la laminazione di pezzi conici. **9.** ~ gauge (for checking the taper) (*t.*), calibro per (verifica) conicità. **10.** ~ hole (*mech.*), foro conico. **11.** ~ pin (*mech.*), spina conica. **12.** ~ pipe thread (a threading made with a slight tapering diameter on gas pipes: used in order to have a better sealing of screw joints) (*pip.*), filettatura conica passo gas. **13.** ~ ratio (*mech. - etc.*), conicità. **14.** ~ reamer (*t.*), alesatore conico. **15.** ~ roller bearing (*mech.*), cuscinetto a rulli conici. **16.** ~ sleeve (*mech.*), manicotto conico. **17.** ~ turning (*mach. t. operation*), tornitura conica. **18.** rate of ~ (*mech.*), conicità.

taper (to) (*arch. - mech.*), rastremare, rastremarsi.

tape-record (to) (*electroacous.*), registrare su nastro (magnetico).

tapered (*a. - gen.*), conico, rastremato. **2.** ~ compression spring (*mech.*), molla conica di compressione. **3.** ~ journal (*mech.*), perno conico. **4.** ~ roller (of a taper roller bearing) (*mech.*), rullo conico. **5.** ~ shank (*mech.*), gambo conico.

tapering (*a. - gen.*), rastremantesi, rastremato, che diminuisce progressivamente la propria sezione. **2.** ~ equipment (of a lathe) (*mach. t. impl.*), accessorio per tornitura conica.

tapestry , tappezzeria. **2.** ~ (artistic textile), arazzo. **3.** ~ cloth (*text. ind.*), tessuto per tappezzeria.

tape-to-card (data transfer from tape to punched card) (*comp.*), da nastro a scheda.

taphole (of a furnace: for tapping molten metal or slag) (*found.*), foro di colata, foro di spillatura.

taping (*gen.*), nastratura. **2.** ~ machine (as for parcels) (*mach.*), nastratrice, fasciatrice.

taplet (for connecting electric circuits) (*elect. impl.*), blocchetto di giunzione in materiale isolante.

tapper (as a telegraph key), tasto. **2.** ~ (mach. for tapping nuts) (*mach. t.*), maschiatrice per dadi. **3.** ~ tap (a type of tap fit for use in a nut-tapping mach.) (*t.*), maschio a macchina. **4.** Morse ~ (telegraph key), tasto Morse.

tappet (as of mot.), punteria. **2.** ~ (as of a power loom) (*weaving*), *see* wiper. **3.** ~ (a cam for moving heddles on a power loom) (*text. mach.*), eccentrico. **4.** ~ adjustment (*mot.*), registrazione delle punterie. **5.** ~ guide (*mot.*), guida punteria. **6.** ~ rod (for operating the valves: as of an i c mot.) (*mot.*), asta della punteria, stelo della punteria. **7.** ~ slab (*mech.*), tassello (per) punteria. **8.** ~ stem (of mot.), asta della punteria. **9.** ~ wrench (*mot.*), chiave per (registrazione) punterie. **10.** bucket type ~ (operated from on overhead camshaft) (*mot.*), punteria a bicchierino. **11.** self-adjusting hydraulic ~ (*mot.*), punteria idraulica autoregolata. **12.** valve ~ (of mot.), punteria della valvola.

"TAPPI" (Technical Association of the Pulp and Paper Industry) (*paper mfg.*), Associazione Tecnica Industria Carta e Pasta di legno.

tapping (*elect.*), presa. **2.** ~ (as of trees) (*rubb. ind.*), incisione (della corteccia). **3.** ~ (*mech. operation*), maschiatura. **4.** ~ (running of molten metal from a furnace into a ladle) (*metall.*), spillatura. **5.** ~ (restriking, operation by which distortion is corrected by a light blow to the drop forging after trimming) (*forging*), assestamento. **6.** ~ drill (for tapping nuts) (*mach. t.*), macchina per maschiare dadi. **7.** ~ floor (as of a blast furnace) (*metall.*), piattaforma di spillatura. **8.** ~ head (*mach. t.*), testa per maschiare. **9.** ~ hole (of a furnace) (*found.*), foro di spillatura. **10.** ~ hole (to be tapped) (*mech.*), foro da maschiare. **11.** ~ key (for making and interrupting elect. circuits) (*elect. device*), tasto per chiudere ed aprire un circuito elettrico, tipo di tasto da telegrafista. **12.** ~ machine (*mach. t.*), maschiatrice. **13.** ~ screw (*mech.*), vite autofilettante. **14.** ~ slag (*metall.*), scoria di spillatura. **15.** ~ temperature (*metall.*), temperatura di spillatura. **16.** cold ~ (cold sizing, coining) (*forging*), calibratura.

tappings (quantity of metal as tapped from a blast furnace) (*metall.*), colata, "spillata".

"TAR" (terrain avoidance radar) (*radar - aer.*), radar per (evitare) ostacoli terrestri. **2.** ~ (thrust-augmented rocket) (*astric. - rckt.*), razzo a spinta aumentata.

tar, catrame. **2.** ~ (sailor), marinaio. **3.** ~ emulsion (*road paving material*), emulsione di catrame. **4.** ~ macadam (*road*) (Am.), macadam al catrame. **5.** ~ oil (*chem. ind.*), olio di catrame. **6.** ~ paper (*bldg.*), carta catramata. **7.** ~ still (still for treating the first distillation residuum) (*refinery*), distillatore dei residuati della prima distillazione. **8.** coal ~ (*chem. ind.*), catrame di carbone, catrame proveniente dalla distillazione del carbone. **9.** coal ~ heavy oil (tar distillation) (*ind. chem.*), olio pesante di catrame. **10.** coal ~ light oil (tar distillation) (*ind. chem.*), olio leggero di catrame. **11.** coal ~ middle oil (tar distillation) (*ind. chem.*), olio medio di catrame. **12.** coal ~ oil (*ind. chem.*), olio di catrame. **13.** crude ~ (tar not subjected to distillation or other treatment) (*chem. ind.*), catrame grezzo. **14.** peat ~ (*chem. ind.*), catrame di torba, catrame proveniente dalla distillazione della torba. **15.** petroleum ~ (*oil ind.*), bitume asfaltico. **16.** road ~ (*road constr.*), catrame per pavimentazioni stradali. **17.** wood ~ (*chem. ind.*), catrame di legno.

tar (to) (as a road), catramare, incatramare.

tarbrush (*t.*), spazzolone per catramare.

tare (in weighing) (*comm. - ind.*), tara. **2.** ~ weight (official weight of the empty container, veh. etc.) (*comm.*), tara marcata, tara ufficiale.

tare (to) (*comm. - ind.*), fare la tara.

target (*radioact.*), bersaglio, sostanza sottoposta a bombardamento. **2.** ~ (reflecting radar pulses) (*radar*), bersaglio, ostacolo. **3.** ~ (day signal) (*railw.*), semaforo. **4.** ~ (*milit.*), bersaglio. **5.** ~ (of a target rod) (*top.*), scopo. **6.** ~ (as target of a test, target of assistance, target of a program etc.) (*n. - comp.*), destinatario. **7.** ~ chamber (*radioact.*), camera di bombardamento. **8.** ~ classification (process which allows the recognition of the type of target) (*und. acous. - radar*), classificazione del bersaglio. **9.** ~ firing (*sport - milit.*), tiro a segno. **10.** ~ lamp (target lantern) (*railw.*), luce del semaforo. **11.** ~ language (language to be reached by comp.) (*comp.*), linguaggio oggetto. **12.** ~ plane (the vertical one containing the target line) (*air force*), piano di mira. **13.** ~ practice (*milit.*), esercitazioni (di tiro) al bersaglio. **14.** ~ range (*milit.*), campo di tiro. **15.** ~ rod (*top.*), mira a scopo. **16.** ~ strength (reflectivity of a target) (*acous. - etc.*), indice di riflessione del bersaglio, forza del bersaglio. **17.** angled ~ (*X ray app.*), anticatodo inclinato. **18.** false ~ (*radar*), bersaglio virtuale. **19.** moving ~ (*milit. - radar - etc.*), bersaglio mobile. **20.** position ~ (day signal indicating if the switch is open or closed) (*railw.*), marmotta. **21.** radio-controlled ~ (*milit. - radio*), bersaglio radiocomandato. **22.** sleeve ~ (for target practice) (*air force*), manica (o sagoma) rimorchiata. **23.** surface ~ (*radar - navy*), bersaglio di superficie, ostacolo di superficie. **24.** towed ~ (*navy*), bersaglio rimorchiato. **25.** towed ~ (*air force*), manica (o sagoma) rimorchiata.

targetable (as of a warhead aimable at a target) (*missile - etc.*), indirizzabile su bersaglio.

tariff (*comm.*), tariffa. **2.** ~ (scale of charges) (*adm.*), tariffario. **3.** ~ wall (*comm.*), barriera tariffaria. **4.** flat-rate ~ (in elect. power selling) (*comm.*) (Brit.), tariffa per uso promiscuo (di forza motrice e luce). **5.** full ~ (*comm.*), tariffa intera. **6.** preferential ~ (*comm.*), tariffa preferenziale. **7.** protective ~ (*ind. - comm.*), tariffa protettiva. **8.** two-part ~ (consisting of a fixed charge and a variable charge for the actual consumption in a given period) (*elect.*), tariffa promiscua.

Tarmac (trade name of a coal tar paving material for road: tarmacadam) (*road*) (Brit.), macadam al catrame di carbone. **2.** ~ (tar-macadam runway) (*aer.*) (Brit.), pista in macadam al catrame.

tarmacadam (*road*) (Brit.), macadam al catrame.

tarnish (as a continuous thin film of oxide on a

tal surface) (*defect*), appannamento, opacamento (per velo di ossido).

tarnish (to) (*gen.*), appannare, appannarsi, diminuire in lucentezza, opacarsi.

tarnished (as of metal) (*gen.*), ossidato, macchiato, appannato, opaco.

tarnishing (*metal defect*), opacizzazione.

"tarp" (tarpaulin), *see* tarpaulin.

tarpaulin (canvas sheet) (*ind.*), copertone (impermeabile). **2.** ~ (*naut.*), incerata.

tarred , catramato. **2.** ~ board (*bldg.*), cartone catramato.

tarring (tar laying) (*bldg. - etc.*), catramatura, incatramatura.

tarry (tarred), catramato. **2.** ~ (like tar) (*gen.*), catramoso. **3.** ~ (dwell) (*mach. t. operation*), sosta. **4.** ~ control (dwell control) (*mach. t. operation*), comando sosta. **5.** ~ residue (*gen.*), residuo catramoso.

tartan (*naut.*), tartana. **2.** ~ (of cloth) (*text. ind.*), tessuto scozzese.

tartar (*chem.*), tartaro. **2.** ~ emetic [$K(SbO)C_4H_4O_6 \cdot {}^1/_2H_2O$] (*chem.*), tartaro emetico. **3.** cream of ~ (purified acid potassium tartrate) ($C_6H_5O_6K$) (*chem.*), cremore di tartaro.

tartaric acid ($C_4H_6O_6$) (*chem.*), acido tartarico.

tartrate (*chem.*), tartarato, tartrato. **2.** acid potassium ~ ($C_6H_5O_6K$) (*chem.*), tartaro, bitartarato di potassio, cremore di tartaro.

"TAS" (true air speed: of an aircraft) (*aer.*), velocità effettiva, velocità suolo, velocità vera.

task (*n. - gen.*), incarico, compito. **2.** ~ (a set of activities apt to be executed by "CPU") (*n. - comp.*), compito. **3.** ~ force (a group of workers and managers charged to solve a particular problem) (*ind. organ.*), unità operativa. **4.** ~ time (*ind.*), tempo fissato per un'operazione. **5.** ~ wage (of a work.) (*ind.*), salario a cottimo.

taskwork (piecework) (*ind.*), cottimo.

tassel , nappa.

taster (as of wines) (*work.*), assaggiatore.

"TAT" (transatlantic telephone cable) (*teleph.*), cavo telefonico transatlantico.

taunt (said of a mast) (*a. - naut.*), molto alto.

taut (*a. - naut.*), tesato. **2.** ~ (as of a rope) (*a. - gen.*), tesato.

tautomeric (*chem.*), tautomero.

tautomerism (*chem.*), tautomerismo.

tawer (alum tanner) (*leather ind. work.*), conciatore in bianco, conciatore all'allume.

tawery (*leather ind.*), conceria all'allume.

tawing (*ind.*), concia all'allume.

tax (imposed as by government), tassa. **2.** ~ (*comm.*), imposta. **3.** ~ allowance (tax relief) (*tax*), detrazione d'imposta. **4.** ~ burden (*finan.*), onere fiscale. **5.** ~ collector (*work.*), esattore delle tasse. **6.** ~ exemption (*tax*), esenzione fiscale. **7.** ~ payer, contribuente. **8.** ~ rebate (*tax*), rimborso tasse. **9.** ~ relief (*tax*), sgravio fiscale. **10.** ~ year (*tax*), esercizio fiscale. **11.** consumption ~ (*finan.*), imposta di consumo. **12.** corporate ~ (*finan.*), tassa sulle società. **13.** excess profits ~ (*finan.*), tassa sui sovraprofitti. **14.** gift ~ (*finan.*), tassa sulle donazioni. **15.** income ~ (*finan.*), tassa sul reddito. **16.** indirect ~ (*finan.*), tasse indirette. **17.** inheritance ~ (*finan.*), tassa di successione. **18.** motor vehicle ~ (payment to be made to the government for being authorized to circulate) (*aut.*), tassa di circolazione. **19.** personal ~ (direct tax) (*tax*), imposta diretta. **20.** personal income ~ (collected from all the sources) (*tax*), Imposta sul Reddito delle PersonE Fisiche, IRPEF. **21.** property ~ (*finan.*), imposta sul patrimonio. **22.** registration of contracts ~ (*finan.*), imposta di registro sui contratti, imposta registrazione contratti. **23.** stamp ~ (*finan.*), tassa di bollo, bollo. **24.** transactions ~ (*finan.*), imposta generale sull'entrata, I.G.E. **25.** value added ~ (tax adjoined at various stages of the production and sale of a commodity: "VAT") (*tax*), imposta sul valore aggiunto, IVA. **26.** wealth ~ (*tax*), imposta sul patrimonio.

tax (to) (*law*), tassare.

taxable (*finan.*), tassabile, imponibile.

taxation (*finan.*), tassazione. **2.** ~ (*a. - finan.*), fiscale. **3.** graduated ~ (*finan.*), tassazione progressiva.

tax-exempt (*a. - comm.*), esente da tassa.

taxi (short for taxicab), tassì, autopubblica. **2.** ~ (taxiplane) (*aer.*), tassì aereo, aerotaxi. **3.** ~ channel (of a water aerodrome) (*aer.*), canale di flottamento, canale di circolazione. **4.** ~ light (*aer. illum.*), faro di pista di rullaggio. **5.** ~ strip, *see* taxiway. **6.** ~ track (*aer.*) (Brit.), pista di rullaggio.

taxi (to) (of an airplane) (*aer.*), rullare. **2.** ~ (of a seaplane) (*aer.*), flottare. **3.** ~ (to go by taxicab) (*aut.*), andare in tassì.

taxicab (*aut.*), tassì, autopubblica.

taxiing, taxying (as after landing) (*aer.*), rullaggio.

taximeter, taxameter (fare indicator: for a taxicab) (*instr.*), tassametro.

taxiplane (*comm. aer.*), aerotaxi.

taxiway (taxi track) (*aer.*), pista di rullaggio.

taxpayer (*law - finan.*), contribuente.

taylorism (methods of factory management) (*ind. work. organ.*), taylorismo.

"TB" (technical bulletin) (*ind.*), bollettino tecnico, notiziario tecnico. **2.** ~, *see* time base.

Tb (terbium) (*chem.*), Tb, terbio.

"TBA", *see* tires, batteries and accessories; TA (table of basic allowances).

"TB and S" (top, bottom and sides) (*gen.*), parte superiore, inferiore e lati.

t bar, t beam, tee bar, tee beam (*comm. - metall.*), profilato a T.

"TBD" (torpedo-boat destroyer) (*navy*), cacciatorpediniere.

"T-beam" (of a reinforced-concrete floor) (*bldg.*) (Brit.), trave (o nervatura) a T. **2.** ~ bridge (rein-

forced-concrete floor monolithic with beams) (*bldg.*), soletta in cemento armato in un solo blocco coi travetti, soletta nervata (in c.a.).
"TBO" (time between overhaul) (*eng. - etc.*), periodo tra due revisioni successive.
T bolt (with a square or crosspiece head) (*mech.*), bullone a testa quadra o rettangolare.
"TC" (thermocouple) (*elect. - instr.*), termocoppia.
Tc (technetium) (*chem.*), Tc, tecnezio.
"TCAM" (TeleCommunications Access Method) (*comp.*), metodo di accesso in telecomunicazioni.
"Tcd" (traced) (*mech. - draw.*), lucidato.
T connection (as in a transformer) (*elect.*), collegamento a stella.
"TDC" (top dead center, of a piston stroke) (*mot.*), punto morto superiore, PMS.
"tdm", *see* tandem.
"TDM-system" (time-division-multiplex switching system) (*teleph.*), multiplaggio a divisione di tempo.
"TD-Nickel" (refractory metal powder product containing 2% thorium, with high temperature capabilities above 1000°C) (*metall.*), nichel TD.
"TDR" (time delay relay) (*elect.*), relè ad azione ritardata, relè a tempo.
"TDS" (Transaction Driven System) (*comp.*), sistema transazionale.
"TDW" (dead-weight tonnage) (*naut.*), tonnellate di portata lorda, T.P.L.
"TE" (totally-enclosed, said of elect. mach.) (*a. - elect.*), completamente chiuso. **2.** ~ (thermodynamic equilibrium) (*thermod.*), equilibrio termodinamico. **3.** ~ (trailing edge, as of a wing) (*aer. - etc.*), orlo di uscita, bordo di uscita. **4.** ~ *see also* topographical engineer.
Te (tellurium) (*chem.*), Te, tellurio.
teaching (*gen.*), insegnamento. **2.** ~ machine (*elics.*), macchina per insegnare.
teak (*wood*), teck.
teallite ($PbSnS_2$) (*min.*), teallite.
team (of harnessed animals) (*agric.*), coppia (o coppie) di animali attaccati (a veicolo, aratro ecc.). **2.** ~ (group of workers) (*work.*), gruppo. **3.** ~ (as a football team) (*sport*), squadra. **4.** ~ training (*pers.*), addestramento di gruppo.
teamwork (work done with a team) (*work. organ.*), lavoro a squadre. **2.** ~ (taking into consideration the suggestions of workers, as on production methods) (*work. organ.*), lavoro integrato.
tear (shattering) (*gen.*), rottura. **2.** ~ (laceration) (*gen.*), squarcio. **3.** ~ (drawing defect) (*sheet metal w.*), strappo. **4.** ~ (percentage of top to noil) (*wool ind.*), rapporto tra pettinaccia e pettinato. **5.** ~ off line (perforated line: as in a continuous stationery) (*comp. - etc.*), linea di strappo (punteggiatura con perforazioni). **6.** ~ resistance (as of vulcanized rubber, measured in lb per inch thickness) (*rubber technol.*), resistenza allo strappo. **7.** ~ strip (rip type or pre-cut) (*packing*), nastrino a strappo. **8.** hot ~ (crack, in a weld) (*welding defect*), incrinatura. **9.** hot tears (*found.*), incrinature a caldo, cricche di solidificazione. **10.** machining ~ (*mach. t. - mech.*), strappatura da utensile.
tear (*n. - gen.*), lacrima. **2.** ~ (inclusion in glass) (*glass mfg.*), gocciolina, goccia, inclusione. **3.** tears (*paint. defect*), colature a goccia. **4.** ~ gas (*police impl.*), gas lacrimogeno.
tear (to) (to lacerate) (*gen.*), lacerare, stracciare. **2.** ~ (to remove something by force) (*gen.*), strappare. **3.** ~ apart, strappare.
tearability (characteristic as of a sail cloth) (*technol.*), lacerabilità.
teardown (disassembling) (*gen.*), smontaggio.
tearing (removing by force) (*gen.*), strappo, strappamento. **2.** ~ (of image) (*telev. defect*), scorrimento (dell'immagine). **3.** ~ instability (*technol.*), instabilità di strappo. **4.** ~ resistance (as of paper) (*ind. test*), resistenza allo strappo. **5.** ~ strength (in testing resistance) (*text. - paper mfg.*), resistenza allo strappo. **6.** ~ test (as for paper) (*ind. test*), prova della resistenza allo strappo.
tease (to) (as in combing or carding) (*text. mfg.*), disporre (le fibre) parallele, pettinare, cardare.
teasel (to) (*text. ind.*), garzare.
teaselling machine, teaseling machine (*text. mach.*), garzatrice (a cardi naturali). **2.** double-cylinder ~ (*text. mach.*), garzatrice a due tamburi (a cardi naturali).
teaser (*text. mach.*), lupo carda (o cardatore). **2.** ~ (a worker operating a furnace, who regulates charging of batches and adjusts fires) (*glass mfg. work.*), infornatore, addetto al forno.
teasing machine (teaser or carding willow) (*text. mach.*), lupo carda (o cardatore).
teaspoonful (*med. meas.*), cucchiaio da caffè.
teat (as of a cow) (*agric.*), capezzolo. **2.** ~ (rubber ind. product), tettarella.
"tech", **"techn"**, *short for* technology, technical.
technetium (metallic element atomic n. 43) (Tc - *chem.*), tecnezio.
technetronic (of a society organized by technology and electronics) (*a. - ind.*), a tecnologia avanzata.
technic (*a.*), tecnico.
technical (*a.*), tecnico. **2.** ~ aeronautics (*aer.*), aerotecnica. **3.** ~ department (as in a factory), ufficio tecnico. **4.** ~ institute (*school*), istituto tecnico. **5.** ~ manager (of a factory) (*ind.*), direttore tecnico. **6.** ~ order (safety modifications introduced on airplanes in active service) (*aer.*), ordinanze tecniche. **7.** ~ particulars (*gen.*), dettagli tecnici. **8.** ~ staff (*ind.*), personale tecnico.
technician (*n. - gen.*), tecnico. **2.** production engineering ~ (*ind.*), tecnico della produzione.
Technicolor (color cinematography), processo di cinematografia a colori in cui i colori fondamentali sono ripresi su tre separati film, "technicolor".
technics (*n.*), tecnica.
technique (*n.*), tecnica. **2.** crosspoint ~ (*teleph.*), tecnica "crosspoint". **3.** put and take ~ (*comp. - etc.*), metodo delle approssimazioni successive,

tecnica delle approssimazioni successive. **4.** two-wire ~ (submerged arc welding process) (*mech. technol.*), saldatura (ad arco sommerso) a doppio filo.
technocracy (*econ.*), tecnocrazia.
technocrat (*econ.*), tecnocrate.
technological (*a. - ind.*), tecnologico.
technologically (*ind.*), tecnologicamente.
technologist (*n. - gen.*), tecnologo, tecnico.
technology, tecnologia. **2.** electronic ~ (*elics.*), tecnologia elettronica. **3.** high ~ (*ind. - mech. - etc.*), alta tecnologia.
technostructure (corporation of enterprises) (*organ. ind. - etc.*), gruppo imprenditoriale.
tectiform (roof shaped) (*a. - gen.*), a forma di tetto.
tectonic (*geol.*), tettonico.
tectonics (structural geology) (*geol.*), tettonica. **2.** ~ (architectonics: science of construction) (*n. - arch. - bldg.*), scienza delle costruzioni, architettura. **3.** plate ~ (*geophysics*), tettonica a zolle.
tedder (*agric. mach.*), voltafieno. **2.** fork ~ (*agric. mach.*), voltafieno a forche.
tedge (ingate runner) (*found.*), canale di colata.
"TEE" (Trans-Europe-Express) (*railw.*), TEE.
tee, T. **2.** ~ joint (tee connection between the main line and a branch conductor) (*elect.*), derivazione a T. **3.** ~ slot (*mech.*), cava a T. **4.** ~ square (*draw. impl.*), squadra a T. **5.** 90° ~ (*pipe fitting*), T a 90°, raccordo a T a 90°.
teed (as a valve inserted in a pipe through a tee) (*a. - pip.*), montato mediante un (raccordo a) T.
teel, *see* til.
teem (to) (to pour) (*gen.*), versare, vuotare. **2.** ~ (as steel in a mold) (*steel found.*), colare.
teeming (*found.*), colata. **2.** ~ arrest (ingot defect) (*metall.*), *see* cold shut. **3.** ~ lap (double teem, discontinuity in the ingot due to a teeming stoppage) (*metall. defect*), ripresa di colaggio. **4.** uphill ~ (bottom pouring) (*found.*), colata a sorgente, colata a sifone.
teest (small anvil) (*t.*), piccola incudine.
teeth (*mech.*), dentatura. **2.** ~ of the wind (*naut.*), letto del vento. **3.** clutch ~ (*mech.*), denti dell'innesto. **4.** cycloidal ~ (*mech.*), dentatura cicloidale. **5.** internal ~ (*mech.*), dentatura interna.
teg (*wool*), pecora (o vello) nel secondo anno (di età).
tegula (roofing tile) (*bldg.*), tegola.
"TEHP" (total equivalent horsepower, of a propeller-turbine engine: comprising the power equivalent to the thrust of the jet) (*mot.*), potenza equivalente totale.
"TEL" (tetraethyl lead) (*chem.*), piombo tetraetile.
"tel", *see* telegram, telegraph, telephone, telephony.
telamon (*arch.*), telamone.
TelAutograph (Trademark) (*tlcm. app.*), teleautografo.
Teleautography (electrotelegraphy), teleautografia.
telebanking (*bank inf.*), operazioni bancarie (effettuate) a distanza
telecamera (television transmitting camera: converts images and sounds into elect. signals) (*telev.*), telecamera.
telecast (a program broadcast by television) (*n. - telev.*), programma televisivo, trasmissione televisiva, teletrasmissione.
telecast (to) (*telev.*), teletrasmettere, trasmettere per televisione, telediffondere.
telecasting (*telev.*), trasmissione televisiva, teletrasmissione.
telecine (*telev.*), trasmissione televisiva di pellicola cinematografica.
"telecomms" (TELECOMMunicationS), *see* telecommunications.
telecommunication (*electrotel.*), telecomunicazione. **2.** telecommunications (science of communication at a distance) (*tlcm. by teleph., satellite, radio, opt. fibers, comp. etc.*), telematica.
"telecommute" (to) (a way of working for a remote office while staying at home: it may be realized by means of one's own domestic comp. connected in telecommunication, like a terminal, with the above remote office comp.) (*comp. - inf.*), lavorare in telecomunicazione.
telecomputing (*comp.*), teleelaborazione.
Telecoms (Brit.), public service of telecommunications.
teleconference (conference between persons who are far away from each other, but are linked by tlcm. means) (*n. - telev. - teleph. - terminals - etc.*), tavola rotonda (o conferenza) in collegamento.
telecontrol (*mech. - radio - etc.*) (Brit.), telecomando.
Telecopier (Trademark of a facsimile transmitting and receiving app.) (*n. - tlcm.*), "telecopier", telecopiatrice "Telecopier".
telecopy (to) (*tlcm.*), telecopiare.
tele-education (*tlcm.*), teledidattica.
telefacsimile (a system for receiving and transmitting copies by means of teleph. wires) (*n. - teleph. - elics.*), telefax, telefacsimile.
"telefax", *see* telefacsimile.
teleferic, telefer, *see* telpher.
telefilm (television film) (*telev. - m. pict.*), telefilm.
"teleg", *see* telegram, telegraph, telegraphy.
telegenic (of a telev. actor) (*a. - telev.*), telegenico.
telegram, telegramma.
telegraph (*elect. app.*), telegrafo. **2.** ~ (*telegram*), telegramma. **3.** ~ code (*tlcm.*), codice telegrafico. **4.** ~ modulated waves (*radio*), onde a modulazione telegrafica. **5.** ~ operator, telegrafista. **6.** ~ printer (*electrotel. work.*), telescrittore. **7.** engine room ~ (*naut.*), telegrafo delle macchine. **8.** Morse ~, telegrafo Morse. **9.** printing ~ (*telegraphy*), telegrafo stampante.
telegraph (to), telegrafare.
telegrapher (*work.*), telegrafista.
telegraphic (*telegraphy*), telegrafico.
telegraphist (*work.*), telegrafista.
telegraphy, telegrafia. **2.** machine ~ (*telegraphy*),

telegrafia automatica. **3.** multiple synchronous ~ (*telegraphy*), telegrafia multipla sincrona. **4.** optical ~ (*telegraphy*), *see* visual signaling. **5.** "sub-audio" ~ (*electrotel.*), telegrafia infracustica. **6.** "super-acoustic" ~ (*electrotel.*), telegrafia ultracustica. **7.** voice-frequency ~ (*electrotel.*), telegrafia armonica, telegrafia a frequenza acustica.

telelecture (amplifier connected with a teleph. set) (*teleph.*), altoparlante collegato all'apparecchio telefonico. **2.** ~ (teleph. voice amplified by loudspeaker) (*n. - teleph.*), amplificazione di comunicazione telefonica mediante altoparlante effettuata in pubblico.

telelens, *see* teleobjective.

teleload (to) (remote program load: act of loading a remote comp. by means of a tlcm. net) (*comp.*), telecaricare.

telematic (*a. - comp. teleph.*), telematico.

telematics (teleprocessing system between remote computers actuated by lines: as of a teleph. network) (*n. - comp.*), telematica.

telemechanics (*n.*), telemeccanica.

telemedicine (*tlcm.*), telemedicina.

telemeter (range finder) (*instr.*), telemetro. **2.** ~ (for measuring and transmitting data, as by radio, like speed, temperature, pressure etc.) (*elics. instr.*), apparecchiatura di misurazione di dati e loro trasmissione a distanza. **3.** ~ (television meter proportioning the vision time to the sum paid) (*comm. telev.*) (Am.), televisore a gettoni.

telemetering (data transmission by telemeter) (*elics. - radio*), trasmissione a distanza di dati.

telemeteorograph (distance recording) (*meteorol. instr.*), telemeteorografo.

telemotor (hydraulic steering system) (*naut.*), agghiaccio idraulico, macchina (idraulica) del timone.

teleobjective (telephoto lens) (*n. - phot.*), teleobiettivo.

telephone, telefono. **2.** ~ (combined handset) (*teleph.*), apparecchio telefonico. **3.** ~ answering system (*teleph.*), segreteria telefonica. **4.** ~ booth, cabina telefonica. **5.** ~ box (Brit.), *see* telephone booth. **6.** ~ conversation recording (*teleph.*), registrazione delle conversazioni telefoniche. **7.** ~ directory, elenco telefonico. **8.** ~ exchange, centrale telefonica, centralino telefonico. **9.** ~ operator (*work.*), telefonista. **10.** ~ receiver (*teleph.*), ricevitore telefonico. **11.** ~ set (*teleph.*), apparecchio telefonico. **12.** ~ transmitter (transmitting microphone of a teleph. handset) (*teleph.*), capsula microfonica. **13.** automatic ~ (*teleph.*), telefono automatico. **14.** closed circuit ~ system (*teleph.*), telefonia a circuito chiuso, telefonia industriale. **15.** dial ~ (*teleph.*), telefono automatico. **16.** extension ~ (*teleph.*), apparecchio telefonico in parallelo, apparecchio telefonico derivato. **17.** push-button ~ (dialing a number by pushing numbered buttons) (*teleph.*), telefono a pulsanti. **18.** underwater ~ (for acoustic communications in water) (*und. acous.*), telefono subacqueo. **19.** written ~ message, fonogramma.

telephone (to), telefonare.

telephonic (*a.*), telefonico. **2.** ~ connection, collegamento telefonico.

telephony (*teleph.*), telefonia. **2.** television ~ (*teleph. - telev.*), videotelefonia, videofonia. **3.** wireless ~ (*radio teleph.*), radiotelefonìa.

telephoto (telephotography) (*photogr.*), telefotografia. **2.** ~ lens (*phot. instr.*), teleobiettivo. **3.** ~ lens (*phot. lens*), lente teleobiettiva.

telephotograph (*elect. transmission of phot.*), telefotografia.

telephotography (*elect. transmission of phot.*), telefotografia.

teleprinter (teletypewriter device connected to a comp. for printing information by teleph. cable system) (*comp. - tlcm.*), telestampante, telescrivente. **2.** ~, *see also* teletypewriter.

teleprinting (*a. - electrotelephony*), telescrivente. **2.** ~ system (*electrotelephony*), impianto telescrivente.

teleprocessing (comp. processing by remote terminals) (*tlcm.*), telematica, teleelaborazione, elaborazione a distanza.

teleran (television-radar navigation system for aer.) (*aer.*), teleran.

telerecording (*tlcm.*), teleregistrazione.

telescope (*naut. instr.*), cannocchiale da marina. **2.** ~ (*astr.*), telescopio. **3.** ~ (as of a theodolite) (*top. instr.*), cannocchiale. **4.** ~ joint (*mech.*), accoppiamento a cannocchiale, giunto telescopico. **5.** equatorial ~ (*astr. instr.*), telescopio equatoriale. **6.** galileian ~ (*opt. - astr.*), cannocchiale galileiano. **7.** radio ~ (*astr. instr.*), radiotelescopio. **8.** range finder ~ (*opt. instr.*), cannocchiale telemetrico. **9.** reflecting ~ (*astr. instr.*), telescopio a riflessione, riflettore. **10.** refracting ~ (*astr. instr.*), telescopio a rifrazione, rifrattore.

telescope (to) (to slide one within another) (*gen.*), infilarsi (o penetrare) (detto di un elemento in altro consimile). **2.** ~ (to shorten) (*gen.*), accorciare. **3.** ~ (to simplify) (*gen.*), semplificare. **4.** ~ (to enter lengthwise one into another, as of railw. cars in a collision) (*railw. - etc.*), infilarsi uno nell'altro, compenetrarsi (a telescopio).

telescopic (*a.*), telescopico. **2.** ~ (extractable, sliding) (*mech. - etc.*), estraibile, sfilabile, telescopico. **3.** ~ finder (of a camera) (*phot.*), mirino telescopico. **4.** ~ toolholder (*mach. t. - mech.*), portautensili a telescopio.

telescoping (entering lengthwise of one piece into another, as of railw. cars in a collision) (*railw. - etc.*), compenetrazione (telescopica) di una vettura nella precedente.

telescopy (*astr.*), telescopia. **2.** radio ~ (*astr.*), radiotelescopia.

telescreen (television screen) (*telev. app.*), teleschermo, schermo del televisore.

teleshopping, *see* electronic shopping.

telespectroscope (*instr.*), telespettroscopio.
telestereoscope (*opt. instr.*), cannocchiale con effetto stereoscopico.
telesynd (telemetric apparatus, synchronous in speed and position, for remote control: used on aircrafts) (*n. - elect. app.*), "telesynd".
teletape (*tlcm.*), nastro per telescrivente.
Teletel (French Videotex system) (*teleph. - comp.*), sistema informativo francese corrispondente all'italiano Videotel
teletex (transfer of texts from terminals to other terminals) (*tlcm.*), Teletex, servizio di trasferimento testi tra terminali.
teletext (a "TV" service giving, on request, printed informations of public utility displayed on a "TV" home set equipped with a decoder: called "Ceefax" by Brit. BBC) (*n. - telev. service*), Televideo, sistema informativo Televideo.
telethermics (as for towns heating) (*therm.*), (Brit.), studio della trasmissione del calore a distanza.
telethermometer (*phys. instr.*), teletermometro, termometro a distanza.
teletransmitter (remote transmitter) (*instr.*), teletrasmettitore, trasmettitore a distanza.
Teletype, "TTY" (Tele TYpe: Trademark of Teletype Corporation for teletypewriters) (*tlcm.*), telescrivente prodotta dalla Teletype Corporation.
teletypewriter (a typewriting send/receive set operated over a telephonic cable system) (*tlcm.*), telescrivente. **2.** ~, *see also* teleprinter.
teletypewriter exchange service, "TWX" (as telex service) (*tlcm.*), servizio di telescriventi, servizio telex.
teletypist (*work.*), operatore di telescrivente, telescriventista.
teleview (to) (*telev.*), guardare la televisione.
televiewer (*telev.*), telespettatore, spettatore di una trasmissione televisiva.
televise (to) (to broadcast by telev.) (*telev.*), teletrasmettere.
television (*telev.*), televisione, radiovisione. **2.** ~ film (telefilm) (*telev. - m. pict.*), telefilm. **3.** ~ receiver (television set) (*telev. app.*), televisore. **4.** ~ screen (telescreen) (*telev. app.*), schermo del televisore. **5.** ~ telephony (*telev. - teleph.*), *see* videophone. **6.** ~ transmitter (*telev. app.*), trasmettitore televisivo. **7.** ~ tube (kinescope) (*telev. app.*), tubo immagine, cinescopio. **8.** black-and-white ~ (*telev.*), televisione in bianco e nero. **9.** black screen ~ set (set equipped with a filter for reducing the light reflected by the screen) (*telev.*), televisione con filtro ottico. **10.** cathode-ray ~ (*telev.*), televisione a raggi catodici. **11.** closed circuit ~ (*telev.*), televisione a circuito chiuso, televisione industriale. **12.** coin-free ~ (*telev.*) (Brit.), televisione a gettone, televisione a moneta. **13.** color ~ (*telev.*), televisione a colori. **14.** community antenna ~ (programs received by a big antenna and transmitted to paying customers by cable) (*telev.*), trasmissione televisiva da antenna unica via cavo ad un gruppo di utenti. **15.** electromechanical ~ (*telev.*), televisione elettromeccanica. **16.** fee ~ (*telev.*), (Am.), televisione a gettone, televisione a moneta. **17.** high-definition ~ (*telev.*), televisione ad alta definizione. **18.** pay ~ (a service consisting of special and not commercial programs sent only to subscribers provided with a decoder) (*telev.*), TV a pagamento (o in abbonamento) con programmi speciali. **19.** pay-as-you-see ~ (*telev.*) (Am.), televisione a gettone, televisione a moneta. **20.** projection ~ (by videoprojector) (*telev.*), televisione a proiezione. **21.** public ~ (*telev.*), televisione informativa - culturale senza pubblicità. **22.** relay ~ (ball reception: telev. system) (*telev.*), ritrasmissione, ripetizione. **23.** sequential color system ~ (*telev.*), televisione a colori a sistema sequenziale. **24.** stereoscopic ~ (*telev.*), televisione stereoscopica. **25.** zone ~ (telev. system by which different zones of the image are scanned by separate devices) (*telev.*), televisione (con esplorazione dell'immagine) a zone.
televisionary (*a. - telev.*), televisivo, relativo alla televisione.
televisor (transmitting apparatus) (*telev.*), telecamera. **2.** ~ (receiving set) (*telev.*), televisore. **3.** ~ (televiewer) (*telev.*), telespettatore.
televisual (*a. - telev.*), televisivo, relativo alla televisione.
telewriter (teleautograph app.) (*electrotel.*), apparecchio per telescrittura autografica.
telewriting (*electrotel.*), telescrittura autografica.
TELEX (TELeprinter EXchange: a worldwide teletypewriters service by Western Union) (*n. - tlcm.*), telex, servizio automatico di telescriventi telex.
telex (a message sent by TELEX service) (*n. - tlcm.*), telex, messaggio telex.
telex (to) (to send a message by telex) (*tlcm.*), inviare un telex, comunicare via telex.
telfer, *see* telpher.
telford (telford road) (*n. - road constr.*), tipo di pavimentazione macadamizzata con sottofondo di grosso pietrame.
teller (of a bank) (*adm.*), cassiere. **2.** ~ (indicator) (*instr.*), indicatore. **3.** ~ (*top.*), *see* tally. **4.** ~ (one who counts the votes, as in a meeting) (*officer*), scrutatore. **5.** ~ window terminal (*comp.*), terminale di sportello.
telling (relaying of information) (*aer. - etc.*), ritrasmissione, ripetizione.
telltale (tell-tale, warning light) (*app.*), spia (luminosa). **2.** ~ (*naut.*), assiometro, indicatore di posizione del timone. **3.** ~ (*time clock*), orologio controllo. **4.** ~ (warning device) (*railw.*), segnale di pericolo. **5.** ~ light (as of an elect. system) (*elect.*), lampada spia, spia luminosa. **6.** rudder ~ (*naut.*), assiometro del timone.
tellurium (Te - *chem.*), tellurio.
telpher, telfer (a passenger car on aerial cables), cabina di funivia. **2.** ~ carrier (the carriage) (*transp.*), carrello di teleferica.
telpherage, telferage (passenger transportation sys-

tem consisting of cars on aerial cables), trasporto per funivia. **2.** ~ (freight transportation system by cars on aerial cables) (*transp.*), teleferica.

"telvsn", *see* television.

"temp" (temperature) (*therm.*), temperatura. **2.** ~ (temporary worker) (*n. - pers.*), precario, avventizio. **3.** ~, *see also* template.

temper (drawing or drawing the temper: reheating of hardened steel below the critical range) (*heat-treat.*), rinvenimento. **2.** ~ (*glass mfg. - etc.*), tempra. **3.** ~ (mixture of metals added for obtaining an alloy) (*metall.*), miscela (di metalli) legante. **4.** ~ (in steelmaking: the % of carbon content of the steel) (*metall.*), % di carbonio. **5.** ~ (substance used for modifying properties), sostanza correttrice, correttore. **6.** ~ (percentage lengthening of a metal sheet due to cold rolling) (*metall.*) (Brit.), allungamento percentuale dovuto all'operazione di laminazione a freddo. **7.** ~ brittleness (type of brittleness shown in some types of steel after tempering when submitted to the impact test) (*metall.*), fragilità di rinvenimento. **8.** ~ brittleness range (*metall.*), campo di fragilità di rinvenimento. **9.** ~ carbon (carbon, in nodular form, of malleable iron) (*metall.*), carbonio di rinvenimento. **10.** ~ colour (*metall.*), colore di rinvenimento. **11.** ~ hardening alloy (special alloy that increases in hardness when heated after quenching) (*metall.*), lega che aumenta di durezza col rinvenimento. **12.** ~ rolling (cold rolling) (*metal w.*), laminazione superficiale a freddo. **13.** chisel ~ steel (*metall.*), acciaio all'1,0% di C. **14.** die ~ steel (*metall.*), acciaio allo 0,75% di C. **15.** drawing the ~ (*heat-treat.*), rinvenimento. **16.** razor ~ steel (*metall.*), acciaio all'1,5% di C. **17.** saw-file ~ steel (*metall.*), acciaio all'1,4% di C. **18.** set ~ steel (*metall.*), acciaio allo 0,875% di C. **19.** spindle ~ steel (*metall.*), acciaio all'1,125% di C. **20.** tool ~ steel (*metall.*), acciaio all'1,25% di C.

temper (to) (to draw: to reheat hardened steel below the critical range) (*heat-treat.*), rinvenire. **2.** ~ (as glass) (*gen.*), temprare. **3.** ~ (to moisten, hides) (*leather ind.*), inumidire.

tempera (distemper, process of painting using albouminous binder instead of oil) (*fine arts*), pittura a tempera.

temperament (*psychol.*), temperamento.

temperate (as of climate) (*a. - meteorol.*), temperato.

temperature (*n. - therm.*), temperatura. **2.** ~ at spout (*found.*), temperatura al momento della colata. **3.** ~ drop control (of a continuously operated elect. furnace) (*metall.*), regolazione dell'abbassamento della temperatura. **4.** ~ gradient (*meteorol.*), gradiente termico. **5.** ~ rise (*therm.*), rialzo di temperatura. **6.** ~ rise (of an electrical mach.) (*elect.*), rialzo di temperatura. **7.** absolute ~ (*therm.*), temperatura assoluta. **8.** ambient ~ (*therm.*), temperatura ambiente. **9.** boiling ~ (*phys.*), temperatura di ebollizione. **10.** combustion ~ (*chem.*), temperatura di combustione. **11.** crack arrest ~, "CAT" (in drop weight test, temperature at which the brittle fracture propagation stops) (*metall. - mech. technol.*), temperatura di arresto (della) propagazione (della) frattura fragile. **12.** critical ~ (*chem. phys.*), temperatura critica. **13.** dew-point ~ (*phys. chem. - meteor.*), temperatura del punto di rugiada. **14.** dissociation ~ (*phys. chem.*), temperatura di dissociazione. **15.** drop in ~ (*therm.*), caduta di temperatura. **16.** dry-bulb ~ (as in psychrometer reading), temperatura (letta) al termometro asciutto. **17.** effective ~ (*therm.*), temperatura effettiva. **18.** electron ~ (kinetic temperature of electrons) (*phys.*), temperatura elettronica. **19.** equivalent ~ (*therm.*), temperatura equivalente. **20.** fall of ~ (*therm.*), abbassamento di temperatura. **21.** freezing ~ (*phys.*), temperatura di congelamento. **22.** heating surface mean ~ (*therm.*), temperatura media delle superfici radianti. **23.** high ~ metal (metal ranging from low alloy steels for service up to 550°C to refractory metals and alloys for use up to 2800°C) (*metall.*), metallo per (impiego ad) alte temperature. **24.** ignition ~ (ignition point) (*chem.*), temperatura di autoaccensione. **25.** interpass ~ (in a multiple pass weld, the lowest temperature of the deposited weld metal before the next pass is started) (*welding*), temperatura minima (del metallo depositato) prima della nuova passata. **26.** ion ~ (kinetic temperature of ions) (*phys.*), temperatura ionica. **27.** kinetic ~ (of a set of particles) (*phys.*), temperatura cinetica. **28.** low ~ (*therm.*), bassa temperatura. **29.** maximum gas ~ (*therm.*), temperatura massima del gas. **30.** mixibility ~ (*phys. chem.*), temperatura di miscibilità. **31.** operative ~ (*therm.*), temperatura di funzionamento. **32.** permissible ~ (as of an elect. mach.) (*therm.*), temperatura massima consentita. **33.** scorch ~ (*rubb. ind.*), temperatura di scottatura. **34.** stress relieving ~ (*heat-treat.*), temperatura di distensione, temperatura di eliminazione delle sollecitazioni interne. **35.** tapping ~ (*found.*), temperatura di spillatura. **36.** wet-bulb ~ (as in psychrometer reading) (*meas.*), temperatura (letta) al termometro bagnato.

tempered (as of steel) (*heat-treat.*), rinvenuto. **2.** ~ (said of glass) (*glass mfg.*), temprato.

temperer (mach. for mixing cement, sand and water) (*mas. mach.*), betoniera.

temper-hardening (artificial aging) (*heat-treat.*) (Brit.), invecchiamento artificiale.

tempering (reheating of hardened steel below the critical range: drawing) (*heat-treat.*), rinvenimento. **2.** ~ (as of glass) (*gen.*), tempra, operazione di tempra. **3.** ~ (adding of water to coal when it reaches the bunker) (*comb.*), bagnamento. **4.** ~ furnace (*metall. - heat-treat.*), forno di rinvenimento. **5.** ~ furnace (*glass mfg. - etc.*), forno di tempra.

temper-rolling (cold rolling, final operation for the

purpose of preventing stretcher strains) (*sheet metal w.*), laminazione a freddo finale.

tempest (*meteorol.*), tempesta, bufera (di neve o di pioggia).

tempestuous (as of the weather) (*meteorol.*), tempestoso.

template (in a doorway) (*arch.*), architrave. **2.** ~ (*mech.*), calibro sagomato, sagoma, mascherina. **3.** ~ (a piece that distributes the beam pressure on a wall) (*bldg.*), cuscino d'appoggio, piastra (o elemento) di ripartizione del carico. **4.** ~ (pattern for the work to be done) (*mech. t.*), sagoma. **5.** ~ (of a loom) (*text. ind.*), tempiale. **6.** ~ (templet, wooden sample part) (*shipbuild.*), garbo, sagoma. **7.** ~ molding (*found.*), formatura a sagoma. **8.** contour ~ (*mech.*), sagoma di tracciatura (o di contornatura). **9.** master ~ (as for checking sheet metal work) (*device*), sagoma campione.

temple (of a loom) (*text. mfg. device*), tempiale. **2.** ~ (*arch.*), tempio. **3.** mechanical ~ (*text. mfg. device*), tempiale automatico.

templet, *see* template.

tempo (rate of activity) (*gen.*), ritmo. **2.** ~ (*music*), tempo.

temporary , provvisorio. **2.** ~ file (as a peripheral unit) (*comp.*), archivio (o file) temporaneo (o provvisorio).

tenacity (*metall.*), *see* ultimate tensile strength. **2.** ~ (breaking strength of a fiber, yarn, cord) (*text.*), resistenza a rottura.

tenant (lessee) (*comm. - bldg.*), locatario, conduttore.

tendency (*gen.*), tendenza. **2.** barometric ~ (change in barometric pressure during three hours before observation) (*meteorol.*), tendenza barometrica.

tender (*railw.*), tender, carro-scorta. **2.** ~ (*naut. - navy*), nave appoggio. **3.** ~ (for communication between shore and anchored ships) (*naut.*), lancia di servizio (appartenente al bordo). **4.** ~ (offer) (*comm.*), offerta. **5.** ~ ship (*naut.*), nave appoggio. **6.** barrage ~ (*navy*), natante per trasporti di ostruzione. **7.** late tenders will not be considered (*comm.*), le offerte pervenute in ritardo non verranno prese in considerazione. **8.** legal ~ (*comm.*), moneta legale. **9.** submarine ~ (*navy*), nave appoggio e rifornimento sommergibili. **10.** telegraphic ~ (*comm.*), offerta telegrafica.

tender (to) (*comm.*), offrire. **2.** ~ (to make an offer for a bid) (*comm.*), fare un'offerta di appalto.

tendered (*a. - comm.*), offerto.

tenderer (*comm.*), offerente.

tendril (*agric.*), viticcio.

tenement (*bldg.*), appartamento (o casa) d'affitto a basso prezzo. **2.** ~ house (*comm.*), casa popolare da affitto.

tennis (*sport*), tennis. **2.** ~ player (*sport*), tennista. **3.** ~ racket (*sport*), racchetta da tennis.

tenon (*carp.*), tenone. **2.** ~ (heelpiece, lower end of a mast) (*naut.*), maschio, miccia. **3.** ~ saw (*carp.*), sega per tenoni. **4.** ~ tooth, *see* tenon saw. **5.** tapered ~ (*carp.*), tenone rastremato.

tenon (to) (to cut a tenon) (*carp.*), fare un tenone. **2.** ~ (to unite by a tenon) (*carp.*), congiungere mediante tenone.

tenoner (tenoning mach.) (*mach. t.*), tenonatrice.

tenoning (*carp. - join.*), tenonatura. **2.** ~ attachment (for use on a spindle moulding machine) (*mach. t. device for wood*), dispositivo per tenonatura.

ten's complement (*math.*), complemento a dieci.

tensile (*a.*), relativo alla tensione. **2.** ~ (ductile) (*a.*), assoggettabile a tensione, duttile. **3.** ~ shear test (for adhesives) (*technol.*), prova di scorrimento a trazione. **4.** ~ strength (*constr. theor.*), carico di rottura (alla trazione). **5.** ~ stress (*constr. theor.*), sollecitazione di trazione. **6.** ~ test (*constr. theor.*), prova a trazione. **7.** ~ testing machine (*constr. theor. mach.*), macchina per prove di trazione. **8.** maximum ~ strength, *see* ultimate tensile strenght. **9.** ultimate ~ strenght (*constr. theor.*), carico di rottura.

tensimeter (manometer) (*instr.*), manometro.

tensiometer (instr. for means. the surface tension on liquids) (*instr.*), tensiometro.

tensiometric (relating to tensile strength or tension meas.) (*a. - meas.*), tensiometrico.

tension (*elect.*), tensione, potenziale. **2.** ~ (*mech.*), tensione. **3.** ~ bar (*constr.*), tirante. **4.** ~ carriage (*mach.*), carrello tenditore. **5.** ~ frame (as for an overhead conveyer) (*ind. mach.*), tenditore. **6.** ~ pulley (*mech.*), puleggia tendicinghia. **7.** ~ rod (*mech.*), tirante. **8.** ~ roiler (of a belt) (*mech.*), rullo tendicinghia. **9.** ~ shackle (*mech.*), forcella di tensione. **10.** ~ sleeve (*mech.*), *see* screw coupling. **11.** active ~ (*elect.*), tensione efficace. **12.** charging ~ (of a battery) (*elect.*), tensione di carica. **13.** high ~ (*elect.*), alta tensione. **14.** hoop ~ (hoop stress, circumferential tension as in a shell subjected to pressure) (*constr. theor.*), sollecitazione periferica. **15.** low ~ (*elect.*), bassa tensione. **16.** surface ~ (*phys.*), tensione superficiale. **17.** water surface ~ (*phys.*), tensione superficiale dell'acqua.

tension (to) (to tighten: as an alternator drive belt of an aut. engine) (*mech.*), mettere in tensione.

tensive (*a.*), causante tensione. **2.** ~ stress (*constr. theor.*), sollecitazione di tensione. **3.** resistance to ~ stress (*constr. theor.*), resistenza alla sollecitazione di tensione.

tensor (*math.*), tensore.

tent (shelter), tenda. **2.** ~ slide, ~ slip (for adjusting the tension of a tent) (*device*), corsoio del tirante di una tenda. **3.** ~ trailer (for camping) (*aut. - sport*), rimorchietto per materiale da campeggio.

tentative (*n. - gen.*), tentativo. **2.** ~ outline (as a drawing etc.) (*draw.*), schema di massima, disegno di massima. **3.** ~ specification (draft of the specifications, as for a call for bids) (*comm.*), bozza di capitolato.

tented wagon (covered wagon) (*obsolete veh.*), carro coperto da tenda, carro dei pionieri.

tenter (used for stretching cloth) (*impl.*), stenditoio. **2.** ~ (as of a boil., cupola, switch, loom etc.) (*work.*), addetto, incaricato.

tenter (to) (as cloth) (*gen.*), appendere ad uno stenditoio, distendere.

tentering (of fabric) (*text. ind.*), distendimento. **2.** ~ machine (*text. mach.*), macchina distenditrice.

tenthmeter (*meas.*), *see* angstrom, angstrom unit.

tepid (*a. - therm.*), tiepido.

"TEPP" (tetraethyl pyrophosphate) (*chem.*), tetraetilpirofosfato.

tera- (T, prefix: 10^{12}) (*meas.*), tera–, T.

terbium (Tb - *chem.*), terbio.

terebine (liquid drier) (*paint.*), terebene.

term (*law*), termine. **2.** ~ (*math.*), termine. **3.** technical ~ (word) (*ind.*), termine tecnico. **4.** ~, *see also* terms.

"term", *see* terminal, termination.

terminal (*a.*), finale, terminale. **2.** ~ (of a belt conveyor) (*ind. mach.*), estremità, fine. **3.** ~ (*n. - arch.*), dettaglio (ornamentale) di finitura. **4.** ~ (fastened to the end of a wire) (*n. - elect.*), terminale, capocorda. **5.** ~ (on an electr. app. for attaching wires) (*elect.*), morsetto. **6.** ~ (as high or low voltage terminals of a transformer) (*n. - elect.*), morsetto. **7.** ~ (terminal apparatus by which it is possible to obtain communication with the comp.) (*comp.*), terminale. **8.** ~ (a freight and passenger station baricentric to an important area serving as junction with other lines and provided with yards and management offices) (*railw. - bus transp.*), stazione capolinea (ferroviario o di autolinee). **9.** ~ (a place where an airline ends: it is provided with docks, hangars, yards, management offices and a passenger station) (*airlines*), aerostazione, stazione aeroportuale. **10.** ~ (a place where a shipping line ends: it is provided with docks, yards, management offices and passenger station) (*shipping lines*), stazione marittima. **11.** ~ (a device by which the input/output data of a comp. network may be operated automatically or by an operator) (*n. - comp. - inf. - tlcm.*), terminale. **12.** ~ board (as of an elect. motor) (*elect.*), morsettiera. **13.** ~ board guard (as of an induction mot.) (*elect.*), calotta coprimorsetti. **14.** ~ box (as of elect. cables) (*elect.*), muffola terminale, testa. **15.** ~ cone (as of a missile or space vehicle) (*rckt.*), cono terminale. **16.** ~ nose dive (top speed dive) (*aer.*), affondata in candela. **17.** ~ strip (*elect.*), basetta per connessioni, morsettiera. **18.** ~ user (terminal operator) (*comp.*), operatore (o utilizzatore) del terminale. **19.** ~ voltage (as of an elect. mach.) (*elect.*), tensione ai morsetti. **20.** accessible ~ (*elect.*), morsetto accessibile. **21.** air ~ (*aer. transp.*), air terminal, terminale aereo, stazione terminale urbana. **22.** at the terminals (as the output of a generator) (*elect.*), ai morsetti. **23.** audio ~ (audio response terminal) (*comp.*), terminale con risposta audio, terminale con risposta parlata. **24.** batch data ~ (*comp.*), terminale per (elaborazione di) lotti di dati. **25.** business ~ (*comp. - comm.*), terminale gestionale, terminale per gestione affari. **26.** character mode ~ (*tlcm.*), terminale operante a carattere. **27.** composite ~ (formed as by a keyboard and a "VDU" unit) (*comp.*), terminale composto (o combinato, o misto). **28.** connecting ~ (*elect.*) (Brit.), morsetto d'attacco. **29.** data ~ (*tlcm.*), terminale dati. **30.** display ~ (display console) (*comp.*), terminale video. **31.** dumb ~ (*comp.*), terminale passivo. **32.** editing ~ (*comp.*), terminale elaboratore di testi. **33.** eyelet ~ (*elect.*), capocorda ad anello. **34.** feedthrough ~ (*elect.*), *see* feedthrough insulator. **35.** flash ~ (for making elect. connection) (*elect. - phot.*), attacco (presa o contatto) per flash. **36.** form mode ~ (*tlcm.*), terminale a maschera. **37.** graphic ~ (video display terminal) (*comp.*), terminale grafico. **38.** intelligent ~ (smart terminal acting as a comp.) (*comp.*), terminale intelligente. **39.** interactive ~ (permitting two-way information between comp. and operator) (*comp.*), terminale interattivo. **40.** job oriented ~ (terminal dedicated to a particular job) (*comp.*), terminale dedicato. **41.** plait ~ (*mech. - etc.*), capotreccia. **42.** plug ~ (*elect.*), capocorda a spina. **43.** point-of-sale ~ ("POS": as a cash register) (*store comp.*), terminale del punto di vendita, terminale di cassa. **44.** "POS" ~, *see* point-of sale ~. **45.** remote ~ (*comp.*), terminale remoto (o distante). **46.** remote batch ~, "RBT" (*tlcm.*), terminale distante (per trasferimento) a lotti. **47.** reservation ~ (as for booking an hotel room etc.) (*comp.*), terminale di prenotazione. **48.** scroll mode ~ (*tlcm.*), terminale a scorrimento. **49.** smart ~, *see* intelligent ~. **50.** spade ~ (*elect.*), capocorda a forcella. **51.** tubular ~ (*elect.*), capocorda a tubetto. **52.** visual display ~ ("VDU" terminal) (*comp.*), terminale video. **53.** voltage between terminals (*elect.*), tensione ai morsetti. **54.** wire ~ (*elect.*), capocorda, terminale.

terminate (to) (to end) (*gen.*), terminare. **2.** ~ (to end) (*gen.*), ultimare.

termination (of employment) (*pers. - work.*), risoluzione (del rapporto di lavoro). **2.** ~ (cessation of an operation) (*comp.*), cessazione. **3.** ~ (*electromag. - tlcm.*), terminazione.

terminator (character or symbol indicating the end: as of a program) (*comp.*), terminatore.

terminology (*gen.*), terminologia.

terminus (boundary stone) (*top. agric.*), (pietra di) confine, termine. **2.** ~ (end of a transportation line) (*aut. - tramcar*), capolinea. **3.** ~ (station at the end of a transportation line) (*railw.*), stazione di testa.

terms (*comm.*), condizioni. **2.** ~ of payment, condizioni di pagamento. **3.** ~ of sale (*comm.*), condizioni di vendita. **4.** delivery ~ (*comm.*), termini di consegna.

ternary (*chem. - math.*), ternario. **2.** ~ (alloy) (*metall.*), ternario.
terne, terneplate (*ind. metall.*), lamiera (di ferro) piombata.
terne (to) (by an alloy of $^4/_5$ lead, $^1/_5$ tin: as sheet iron) (*ind. metall.*), piombare.
"terotechnology" (maintenance engineering) (*ind. organ.*), "terotecnologia", studio ed applicazione della manutenzione.
terpene ($C_{10}H_{16}$) (*chem.*), terpene.
terpineol ($C_{10}H_{18}O$) (*chem.*), terpìneol.
terpin hydrate ($C_{10}H_{20}O_2.H_2O$) (*chem.*), terpina idrata.
terpolymer (copolymer type) (*chem.*), tripolimero.
"terr", *see* terrace, territory.
terrace (plane roof of a house) (*bldg.*), terrazza, tetto a terrazza. **2.** ~ (open platform facing a bldg., a lake etc.) (*bldg.*), terrazzo. **3.** ~, *see also* portico.
terrace (to) (a soil) (*civ. eng.*), terrazzare.
terracing (*geol. - etc.*), terrazzamento.
terracotta, terracotta.
terra firma (firm earth) (*geogr.*), terraferma, terra.
terrain (*gen.*), terreno. **2.** rough ~ (*agr.*), terreno accidentato.
terran (earthman) (*astric.*), terrestre.
terrazzo (*bldg.*), mosaico alla palladiana.
terrestrial (*a. - gen.*), terrestre. **2.** ~ magnetism (*geophys.*), magnetismo terrestre. **3.** ~ telescope (giving an erect image, not reversed) (*opt.*), cannocchiale terrestre.
territorial (*a. - gen.*), territoriale. **2.** ~ sea (*national jurisdiction*), acque territoriali. **3.** ~ waters (*national jurisdiction*), acque territoriali.
territory (*geogr.*), territorio. **2.** national ~ (home territory) (*comm.*), territorio nazionale.
terry (of fabric) (*text. mfg.*), riccio. **2.** ~ cloth (*text. mfg.*), tessuto a spugna (o a riccio).
tertiary (as of an atom of carbon) (*a. - chem.*), terziario. **2.** ~ (*geol.*), terziario.
tervalent (*chem.*), trivalente.
tesla (T: magnetic flux unit = 1 Weber/sqm.) (*elect. meas.*), tesla.
tessellate (to) (to decorate, as a floor with mosaics) (*arch.*), decorare con mosaico.
tessellated (*a. - arch.*), decorato con mosaico a scacchiera.
tessera (small square piece of marble, stone etc.) (*bldg.*), tessera.
test (*gen.*), prova, saggio, esperimento. **2.** ~ (mental test) (*psychol. - ind. psychol.*), saggio reattivo, reattivo psicologico, test. **3.** ~ (as of mot.) (*ind.*), prova, collaudo. **4.** ~ (for refining gold or silver) (*metall. impl.*), coppella. **5.** ~ (*m. pict.*), provino. **6.** ~ and inspection (*ind.*), prova e collaudo. **7.** ~ at varying speeds (of an engine) (*mot.*), prova a regimi variabili. **8.** ~ bar (*mech. technol.*), provetta, barretta. **9.** ~ certificate (as of elect. mach.) (*mach. - testing*), bollettino di collaudo. **10.** ~ chart (as of a mot.) (*mech. - etc.*), diagramma di prova. **11.** ~ chart (for testing visual acuity) (*med. app.*), tavola ottometrica. **12.** ~ data (*comp. - etc.*), dati di prova. **13.** ~ driver (as of aut.), collaudatore. **14.** ~ film (*m. pict.*), provino. **15.** ~ indicator (as a dial gauge on an adjustable stand) (*meas. t. in mech. shop*), comparatore con supporto. **16.** ~ ingot (as for ladle analysis) (*found.*), provetta per analisi. **17.** ~ lamp (illumination device: as for workshop) (*elect.*), lampada portatile, lampada di ispezione (a gabbia). **18.** ~ paper (*chem.*), carta reattiva. **19.** ~ piece (for testing resistance of materials) (*constr. theor.*), provetta, provino. **20.** ~ pilot (aer. personnel), pilota collaudatore. **21.** ~ plug (*elect.*), spina di prova. **22.** ~ program (*comp. - etc.*), programma di prova. **23.** ~ run (as of a railw. locomotive) (*railw.*), corsa di prova. **24.** ~ sample (*constr. theor.*), provetta. **25.** ~ set (set of instr. for testing radio sets) (*radio*), analizzatore, apparecchiatura, di prova. **26.** ~ tank (*naut. - aer.*), vasca sperimentale. **27.** ~ track (*aut.*), pista di prova. **28.** ~ tube (*chem. impl.*), tubo di saggio, provetta. **29.** ~ tube rack (*chem. impl.*), portaprovette. **30.** ~ (tube) stand (*chem. impl.*), portaprovette. **31.** abrasion ~ (*civil eng. - etc.*), prova di abrasione. **32.** acceptance ~ (as of an engine, ship, aer. etc.) (*ind. - comm.*), collaudo di accettazione. **33.** achievement ~ (*ind. psychol.*), reattivo di rendimento. **34.** aging ~ (*mech. technol.*), prova di invecchiamento. **35.** alternate bending ~ (*mech. technol.*), prova di piegatura ripetuta in sensi opposti. **36.** aptitude ~ (*psychol. - ind. psychol.*), reattivo attitudinale, test attitudinale. **37.** assembly ~ (*ind. psychol.*), reattivo di montaggio. **38.** association ~ (*psychol. - ind. psychol.*), reattivo di associazione (d'idee). **39.** barrier crash ~ (*aut. crash test*), prova di collisione contro barriera. **40.** beam ~ (flexural test) (*mech. technol.*), prova a flessione. **41.** bench ~ (of an engine) (*mot.*), prova al banco. **42.** bending ~ (flexural test) (*mech. technol.*), prova a flessione. **43.** bend ~ (of a test piece) (*mech. technol.*), prova di piega (o piegatura). **44.** biassed ~ (a test based on a fundamental prejudice or error) (*stat.*), prova affetta da errore sistematico. **45.** blow bending ~ (*mech. technol.*), prova di flessione all'urto. **46.** brake ~ (of mot.) (*mech.*), prova al freno. **47.** braking ~ (as of aut.) (*mech.*), prova di frenatura. **48.** breaking ~ (*mech. technol.*), prova di rottura. **49.** Brinell's ~ (*mech. technol.*), prova di Brinell. **50.** Charpy impact ~ (*mech. technol.*), prova di resilienza Charpy. **51.** chemical ~ (*metall.*), prova chimica. **52.** chill ~ piece (*found.*), provetta di fusione in conchiglia. **53.** chi square ~ (*stat.*), prova del χ^2 (chi quadrato). **54.** clerical ~ (*ind. psychol.*), test attitudinale di lavori di ufficio, reattivo per lavori di ufficio, reattivo di attitudine a lavoro impiegatizio. **55.** climatic ~ (as of elect. equipment) (*ind. test*), prove ambientali. **56.** close bend ~ (the 180° bending, as of a sheet specimen) (*metall.*), prova di piegamento a 180°, pro-

va di piegamento a blocco. **57.** closed ~ (of a Diesel oil flash point: test carried out in a closed vessel) (*chem.*), prova in vaso chiuso. **58.** cold-flow ~ (non ignited flow of the liquid propellant) (*rckt. test*), prova di erogazione a freddo. **59.** cold flow ~ (as of aviation turbine fuels) (*mot.*), prova di erogazione a freddo. **60.** cold ~ (*mech. technol.*), prova a freddo. **61.** complex coordination ~ (*ind. psychol.*), reattivo (o prova) di coordinazione complessa. **62.** concrete ~ piece (*constr. theor.*), provino in calcestruzzo. **63.** conditional ~ (a test subject to prescribed conditions) (*stat.*), prova condizionata. **64.** copper sulphate ~ (for determining the quality of galvanized coatings) (*mech. technol.*), prova (di porosità) al solfato di rame. **65.** corrosion ~ (*mech. technol.*), prova di corrosione. **66.** cracking ~ (of welds) (*mech. technol.*), prova di criccabilità. **67.** creeping ~ (*mech. technol.*), prova di scorrimento viscoso. **68.** crippled leapfrog ~ (in programming) (*comp.*), prova ridotta del salto di rana. **69.** crucial ~ (*gen.*), prova decisiva. **70.** cupping ~ (in presswork) (*mech. technol.*), prova di imbutitura. **71.** damp heat ~ (as for electrical devices) (*ind. test*), prova al caldo umido. **72.** deep-drawing ~ (*mech. technol.*), prova d'imbutitura profonda. **73.** delivery ~ (of a plane) (*aer.*), (volo di) collaudo prima della consegna. **74.** dexterity ~ (*ind. psychol.*), reattivo (o prova) di destrezza. **75.** dishing ~ (on metal sheets) (*mech. technol.*), prova d'imbutitura. **76.** doctor ~ (for determining corrosive sulphur in non-leaded fuels) (*chem.*), prova "doctor", prova per la determinazione dello zolfo corrosivo. **77.** drawing ~ (*mech. technol.*), prova d'imbutitura. **78.** drift ~ (*pip.*), *see* expanding test. **79.** drift ~ (carried our by increasing the diameter of a hole bored in a metal plate by means of a conical tool) (*mech. technol.*), prova di allargamento (mediante maschio conico). **80.** drop ~ (of landing gears) (*aer.*), prova d'urto. **81.** drop ~ (as of steel tires) (*mech. technol.*), prova d'urto. **82.** drop weight ~ (brittleness test) (*metall. - mech. technol.*), prova (di fragilità) a caduta di peso. **83.** dry ~ (*gen.*), prova a secco. **84.** dust ~ (as of telecommunication equipment) (*ind. test*), prova alla polvere. **85.** elasticity ~ (*constr. theor.*), prova di elasticità. **86.** electrical ~ (as of rubber) (*ind. test*), prova elettrica. **87.** end quench hardenability ~ (Jominy test) (*mech. technol.*), prova di temprabilità Jominy. **88.** endurance ~ (*sport*), prova di resistenza. **89.** endurance ~ (as of an engine) (*mech.*), prova di durata. **90.** endurance ~ (*mech. technol.*), *see* fatigue test. **91.** engine ~ room (of a workshop), sala prova motori. **92.** etching ~ (*metallography*), prova di attacco chimico. **93.** expanding ~ (of a pipe end) (*pip.*), prova di allargamento. **94.** fatigue ~ (*mech. technol.*), prova a fatica, prova di fatica. **95.** final ~ (of an engine) (*mot.*), prova finale. **96.** flanging ~ (of a metal tube) (*mech. technol.*), prova di slabbratura, prova di flangiatura. **97.** flattening ~ (*mech. technol.*), prova di appiattimento. **98.** flexural ~ (beam test) (*mech. technol.*), prova a flessione. **99.** flight ~ (as of an engine) (*aer.*), prova in volo. **100.** flow-table ~ (for measuring the consistency of freshly-made concrete) (*civ. eng.*), prova di spandimento. **101.** fluidity ~ (*found.*), prova di colabilità. **102.** flying ~ bed (aircraft equipped for carrying out tests in flight on installed engines) (*aer.*), aeroplano attrezzato per la prova dei motori (installati). **103.** freewheel ~ (as of a starter) (*mot. - etc.*), prova della ruota libera. **104.** frustration ~ (*ind. psychol.*), reattivo di frustrazione. **105.** fuel flow ~ (as of aer. mot.), prova di erogazione combustibile. **106.** functional ~ (*tlcm. - etc.*), verifica funzionale. **107.** functioning ~ (of electrical equipment) (*elect.*), prova di funzionamento. **108.** green ground ~ (first ground test of an engine in an aircraft) (*aer. - mot.*), prima prova a terra. **109.** green run ~ (first ground test of an engine in an aircraft) (*aer. - mot.*), prima prova a terra. **110.** ground tests (of aero-engines) (*aer.*), prove a terra. **111.** ground ~ couplings (pipe couplings used for testing hydraulic or pneumatic systems) (*aer.*), accoppiamenti per prove a terra. **112.** group ~ (*psychol. - ind. psychol.*), reattivo collettivo. **113.** hardness ~ (*mech. technol.*), prova di durezza. **114.** high-voltage ~ (as of the circuits of a board) (*elect.*), prova di rigidità, prova ad alta tensione. **115.** hill-climbing ~ (*aut.*), prova in salita. **116.** hot-short cracking ~ (as of welds) (*mech. technol.*), prova di criccabilità a caldo. **117.** hot ~ (*mech. technol.*), prova a caldo. **118.** hydraulic ~ (of a hollow metal piece by subjecting it to internal liquid pressure) (*ind. test*), prova idraulica. **119.** hydrostatic ~ (*ind. test*) (Am.), *see* hydraulic test. **120.** impact ~ (*mech. technol.*), prova di resilienza. **121.** impulse ~ (for cables) (*elect.*), prova a impulso. **122.** instrumental ~ (*psychol. - ind. psychol.*), reattivo analogico. **123.** intelligence ~ (*psychol. - ind. psychol.*), reattivo intelligenza. **124.** interest ~ (*psychol. - ind. psychol.*), reattivo di interessi. **125.** Izod impact ~ (*mech. technol.*), prova di resilienza Izod (con provetta a sbalzo). **126.** jump ~ (*forging test*), *see* upending test. **127.** knock down ~ (*forging test*), *see* upending test. **128.** laboratory ~ (*mech. technol.*), prova di laboratorio. **129.** leak ~ (of the body) (*aut. constr. test*), prova a pioggia, prova (di) tenuta acqua. **130.** leapfrog ~ (program for checking the working of a computer) (*comp.*), prova del salto della rana. **131.** limit ~ (*gen.*), prova limite. **132.** long run ~ (of mot.), prova di durata. **133.** macro etch ~ (of steel) (*metall. laboratory test*), attacco acido macrografico, attacco acido primario. **134.** macrographic ~ (*metall.*), esame macrografico. **135.** manual dexterity ~ (*psychol. - ind. psychol.*), reattivo di abilità manuale. **136.** marginal ~ (marginal check: a test made in operating conditions harder than the normal ones) (*elics. very hard test*), prova in condizioni limite. **137.** maze ~ (*ind. psychol.*), reattivo del labirinto. **138.** mechanical ~ (*ind. psychol.*), reattivo di attitudine meccanica. **139.** mechanical ~ (as of rubber) (*ind. test*), prova meccanica. **140.** mental ~ (*ind. psychol.*), reattivo mentale. **141.** micrographic ~ (*metall.*), esame micrografico. **142.** model ~ (as of a ship, aer. etc.), prova sul modello. **143.** nicked fracture ~ (in which a nicked bar is broken by bending for examining the fracture) (*mech. technol.*), prova di frattura su barretta intagliata. **144.** nondestructive ~ (of metal components, as by gamma rays) (*mech. technol.*), esame non distruttivo. **145.** notched-bar ~ (*mech. technol.*), prova di resilienza (su provetta intagliata). **146.** open ~ (of a Diesel oil flash point: carried out in an open vessel) (*chem.*), prova in vaso aperto. **147.** open water ~ (of ship's models: test carried out with atmospheric pressure on the water surface) (*naut.*), prova con pressione atmosferica sulla superficie dell'acqua. **148.** overspeed ~ (as of an impeller) (*mech.*), prova di centrifugazione. **149.** paper and pencil ~ (*psychol. - ind. psychol.*), reattivo carta matita. **150.** peel ~, peeling ~ (for evaluating the adhesive strength of bonded materials) (*technol. test*), prova di spellatura (o di adesione). **151.** performance ~ (*psychol. - ind. psychol.*), reattivo esecuzione. **152.** personality ~ (*psychol. - ind. psychol.*), reattivo di personalità, test di personalità, test caratterologico. **153.** physical ~ (as of rubber) (*ind. test*), prova fisica. **154.** pickle ~ (for detecting surface defects on steel by immersing a sample in acid) (*metall.*), prova di decapaggio. **155.** pipe expansion ~ (made by forcing a tapered pin into the end of a pipe) (*mech. technol.*), prova di allargamento di un tubo. **156.** pour ~ (as of an oil) (*phys.*), prova di fluidità, prova di scorrevolezza. **157.** power ~ (*psychol. - ind. psychol.*), reattivo di livello. **158.** Preece ~ (*metall.*), *see* copper sulphate test. **159.** preliminary ~ (*mech. technol.*), prova preliminare. **160.** pressure-fatigue ~ (as of pressurized aircraft fuselages for testing the strength of the material subjected to fatigue stress) (*constr. theor.*), prova a pressione di elementi assoggettati a sollecitazione di fatica. **161.** pressure ~ (*ind.*), prova a pressione. **162.** proficiency ~ (*pers. test - psychol.*), misura del progresso professionale. **163.** projection ~ (*psychol. - ind. psychol.*), reattivo proiettivo. **164.** proof ~ (of electrical equipment: carried out in load conditions out of the ordinary, but which may occur) (*elect.*), prova di sovraccarico. **165.** psychological ~ (*psychol. - ind. psychol.*), reattivo psicologico. **166.** psychotechnological fitness ~ (as for aer. pilots) (*med.*), esame psicotecnico. **167.** rain ~ (as of a veh. etc.) (*ind. test*), prova a pioggia. **168.** resilience ~ (*mech. technol.*), prova di resilienza. **169.** resonance ~ (for obtaining the frequency and form of oscillation of a structure) (*aer.*), prova di risonanza. **170.** Rockwells ~ (*mech. technol.*), prova Rockwells. **171.** roller ~ bench (for cars) (*mech. technol.*), banco prova a rulli. **172.** salt spray fog ~ (as of chromium plated fittings, paints etc.) (*aut. - railw. - mtc.*), prova alla nebbia salina. **173.** screening ~ (as of lubricant oils) (*gen.*), prova di preselezione, prova di discriminazione. **174.** setting-point ~ (for obtaining the temperature at which a lubricant oil ceases to flow) (*chem.*), prova di congelamento. **175.** shatter ~ (of glass) (*glass ind.*), prova di frangibilità. **176.** shear peel ~ (of adhesives) (*mech. technol.*), prova di distacco (per scorrimento). **177.** shear ~ (for adhesives) (*mech. technol.*), prova di scorrimento. **178.** shock (or blow) bending ~ (*mech. technol.*), prova di flessione all'urto. **179.** shock ~ (*mech. technol.*), prova all'urto. **180.** short-circuit ~ (*elect.*), prova di corto circuito. **181.** shower ~ (as of an aut. body) (*aut. - railw. ind.*), prova a pioggia. **182.** "single" bend ~ (to a definite angle, as of a bending sheet specimen) (*mech. technol.*), prova di piegatura per un angolo definito. **183.** site ~ (as of an engine) (*ind. test*), prova in opera. **184.** slalom ~ (a test for motor-cars conducted over 100 metres and ten doors or obstacles) (*aut. test*), prova di maneggevolezza. **185.** slug ~ (*forging test*), *see* upending test. **186.** smoke point ~ (for the burning quality of kerosene) (*comb.*), prova del punto di fumo. **187.** sociometric ~ (*ind. psychol. - pers.*), test sociometrico. **188.** spark ~ (for determining the approximate chem. composition of steel by the kind of sparks obtained by holding a sample against a grinding wheel) (*mech. technol.*), prova di scintillamento, prova delle scintille (alla mola). **189.** speed ~ (*psychol. - ind. psychol.*), reattivo di velocità. **190.** sport ~ (*chem.*), reazione alla tocca. **191.** standard ~ bar (bar of standard dimensions) (*mech. technol.*), provetta normale, barretta normale di prova, provetta di dimensioni unificate. **192.** static ~ (reproducing the stesses in an aer. and its parts by applying static loads) (*aer. constr.*), prova statica. **193.** static ~ (ground test of a rocket motor) (*rckt.*), prova a terra. **194.** steam emulsion ~ (of an oil) (*chem.*), prova di deemulsionabilità (con insufflamento di) vapore. **195.** stepped ~ bar (*mech. technol.*), provetta a gradini. **196.** supersonic ~ (*mech. technol.*), *see* ultrasonic test. **197.** sysstem ~ (*comp. - etc.*), collaudo di sistema. **198.** tearing ~ (as of paper in paper mfg.) (*mech. technol.*), prova della resistenza allo strappo. **199.** technological ~ (as of test bars) (*constr. theor.*), prova tecnologica. **200.** tensile shear ~ (for adhesives) (*mech. technol.*), prova di scorrimento a trazione. **201.** tensile ~ (*constr. theor.*), prova di trazione. **202.** thematic apperception ~ (*ind. psycol.*), test di appercezione tematica. **203.** torsion ~ (*constr. theor.*), prova di torsione. **204.** transverse ~ (beam test, flexural test) (*mech. technol.*), prova a flessione. **205.** transverse ~ (in which the test piece longitudinal axis is perpendicular to the direction of rolling or working) (*metall. - forging*), prova sul traverso. **206.** triaxial compression ~ (*mech. technol.*), prova di compressione triassiale. **207.** T-~ (*stat.*), prova del T. **208.** type-approval ~ (*aer. mot.*), prova di omologazione. **209.** type ~ (of an elect. mach.) (*elect.*), prova di tipo. **210.** ultrasonic ~ (for detecting internal defects, as of ingots or welds) (*mech. technol.*), esame agli ultrasuoni. **211.** under load ~ (as of an engine by braking it) (*eng. - mot. - etc.*), prova sotto carico. **212.** upending ~ (*forging test*), prova di fucinabilità. **213.** upsetting ~ (*forging test*), prova di ricalcatura. **214.** wear ~ (*mech. technol.*), prova di abrasione. **215.** welding ~ (*mech. technol.*), prova di saldabilità. **216.** Wöhler ~ (a fatigue test in which a specimen end is held in a chuck and is rotated so as to subject the specimen to a cycle varying from a maximum of tension to a maximum of compression) (*mech. technol.*), prova (di fatica) a flessione rotante. **217.** wrapping ~ (as of wire) (*ind. technol.*), prova di avvolgimento.

test (to) (to try), provare, collaudare. **2.** ~ (*chem.*), analizzare. **3.** ~ (to refine by cupellation) (*metall.*), affinare mediante coppellazione. **4.** ~ check (by systematic sampling) (*adm. verification*), verificare a mezzo di campionamento sistematico.

testable (apt to be tested) (*gen.*), sottoponibile a prova, testabile.

test-bed (*naut. mot. - aer. mot.*), sede definitiva usata come banco di prova.

testdrive (to) (to evaluate performances by testing a car on road) (*aut.*), valutare le prestazioni su strada.

tester, collaudatore. **2.** ~ (device for testing) (*elect. - etc.*), analizzatore, strumento di misura. **3.** ~ (assayer) (*metall. chem. work.*), analista metallurgico. **4.** abrasion ~ (*text. app.*), usometro. **5.** beaten stuff ~ (*paper mfg. testing app.*), misuratore del grado di raffinazione (della pasta). **6.** continuous ~ (*testing app.*), apparecchio per prova continua. **7.** cylinder head volume ~ (*device*), dispositivo per la misurazione del volume della camera di compressione. **8.** Elmendnorf ~ (for testing the tearing strength of paper) (*paper mfg. testing app.*), misuratore Elmendnorf (della resistenza alla lacerazione della carta). **9.** hypoid ~ (hypoid gears testing mach.) (*mach.*), macchina per la prova di ingranaggi ipoidi. **10.** insulation ~ (*elect. instr.*), verificatore di isolamento, megaohmmetro. **11.** involute ~ (for gearwheels) (*app.*), misuratore di evolventi. **12.** Rockwell hardness ~ (*mech. technol.*), macchina per prova durezza Rockwell. **13.** smoothness ~ (as found in the paper ind.) (*ind. testing app.*), lisciometro. **14.** tooth specing ~ (*mech. app.*), apparecchio per il controllo della distanza tra i denti, apparecchio per il controllo del passo (di un ingranaggio).

testify (to) (*law*), testimoniare.

testimonial (an expression of appreciation given to a former employee) (*pers.*), benservito, referenze.

testimony (witnessing) (*law - etc.*), testimonianza.

testing (*gen.*), collaudo, prova. **2.** ~ conditions (*gen.*), condizioni di collaudo. **3.** ~ conditions (*material testing*), prescrizioni di prova. **4.** ~ department (as of a mech. factory), reparto collaudi. **5.** ~ machine (*mech. technol.*), macchina per prove sui materiali. **6.** ~ of materials (*constr. theor.*), prova dei materiali. **7.** ~ oven (for moisture of silk) (*text. app.*), apparecchio di condizionatura. **8.** ~ period (as of a mach., boil. etc.), periodo di prova. **9.** ~ room (*mech.*), sala prova. **10.** ~ set (as for electr. tests), complesso di strumenti di prova. **11.** ~ stand (as of mot.), banco di prova, banco prova. **12.** echo ~ (echo checking, check of the accuracy of transmission of a signal by returning it to the source) (*comp. - n.c.mach. t.*), verifica per eco. **13.** hardness ~ by indentation (or penetration, as by Brinell, Vickers etc. tests) (*material testing*), prova di durezza mediante impronta. **14.** model ~ (tests carried out on a model aircraft or ship in a wind tunnel or test tank) (*aer. - naut.*), prove sul modello. **15.** program ~ (program checking) (*n. c. mach. t.*), prova del programma. **16.** spring ~ machine (*testing mach.*), macchina per provare molle. **17.** tank ~ (of a pressurized aircraft fuselage for pressure-fatigue test) (*aer.*), prova a pressione (in vasca a tenuta). **18.** tensile strength ~ machine (*material testing mach.*), macchina per prove di trazione.

tether (to) (to fasten a boat whilst leaving a limited radius of movement) (*naut. - etc.*), ormeggiare lasciando un limitato grado di libertà.

tethered (as of an artificial satellite restrained to the spacecraft by a very long rope) (*a. - astric.*), al guinzaglio.

tetrachloride (*chem.*), tetracloruro.

tetrad (group of four elements) (*gen.*), tetrade. **2.** ~ (*chem.*), elemento (o atomo o radicale) quadrivalente. **3.** ~ (as a group of 4 bits) (*comp. - n. c. mach. t.*), tetrade.

tetradymite (Bi_2Te_2S) (*min.*), tetradimite.

tetraethyl lead [$Pb(C_2H_5)_4$] (used for preventing detonation in an engine) (*chem.*), piombo tetraetile.

tetraethyl pyrophosphate ($[C_2H_5]_4$ P_2O_7, TEPP, used as an insecticide) (*chem.*), tetraetilpirofosfato.

tetrafluoroethylene ("TFE": a fluorocarbon used for resins) (*chem.*), tetrafluoroetilene.

tetrahedron (*geom.*), tetraedro.

Tetralin [($C_{10}H_{12}$) tetraline] (*chem.*), tetralina, tetraidronaftalina, tetrahydronaphthalene.

tetramethyl (with four methyl groups) (*chem.*), tetrametile.

tetramethylthiuram disulphide (ultraaccelerator in rubber vulcanization) (*ind. chem.*), bisolfuro di tetrametiltiourame.

tetranitroaniline (*expl.*), tetranitroanilina.

tetrastyle (*arch.*), tetrastilo.

tetratomic (*a. - chem.*), tetraatomico.

tetravalent (*chem.*), tetravalente, quadrivalente.

tetrode (electron tube) (*thermion.*), tetrodo.

tetroxide (*chem.*), tetrossido.
tetryl (butyl) (*chem.*), butile. **2.** ~ [$C_6H_2(NO_2)_3N(CH_3)NO_2$] (*expl.*), tetrile.
text (of a printed matter: excluding titles, footnotes etc.) (*print.*), testo. **2.** ~ (the only part of a message that contains the information: from "STX" character to "ETX" character) (*comp.*), testo. **3.** ~ editing (word processing) (*comp.*), redazione (o elaborazione) di testi. **4.** ~ editor (by means of a word processor) (*comp.*), redattore di testi.
textile (*a. - ind.*), tessile. **2.** ~ (*n. - text.*), prodotto tessile.
textiles (*text. ind.*), tessili.
texture (woven fabric, textile) (*text. ind.*), tessuto. **2.** ~ (arrangement of the threads as in a fabric) (*text.*), disposizione dei fili. **3.** ~ (characteristic connection of the threads of the fabric), armatura. **4.** ~ (structure) (*gen.*), struttura. **5.** ~ (of rocks) (*geol.*), struttura. **6.** porphyritic ~ (*geol.*), struttura porfirica. **7.** primary ~ (of a machined surface: roughness due to the normal action of a tool) (*mech.*), rugosità (dovuta alla normale azione dell'utensile). **8.** secondary ~ (waviness of a machined surface, due to imperfections in the performance of the machine tool, as vibration etc.) (*mech.*), rugosità dovuta a vibrazioni. **9.** surface ~ (of a machined surface) (*mech.*), *see* surface roughness.
texturize (to) (to give a particular arrangement to the threads in a fabric) (*text.*), disporre i fili in modo particolare.
"TF" (tile floor) (*bldg.*), pavimento a mattonelle.
"TFE" (tetrafluoroethylene) (*chem.*), tetrafluoroetilene.
"tg", *see* telegram, telegraph.
"tgl" (toggle) (*mech. - etc.*), *see* toggle.
"tgt" (target) (*gen.*), bersaglio.
"TH" (top hung, of a window) (*a. - bldg.*), a battente ruotante su cerniere superiori a perno orizzontale. **2.** ~, *see also* true heading.
Th (thorium) (*chem.*), Th, torio.
"th", *see* threshold.
thallium (Tl - *chem.*), tallio.
thaw (*phys.*), fusione, disgelo. **2.** ~ (*meteorol.*), sgelo.
thaw (to) (*phys.*), fondere, disgelare.
"THD" (thread) (*mech. draw.*), filettatura.
t-head (with the exhaust and intake valves situated on a diameter: as of a head of i c engine) (*a. - mot.*), con valvole situate in posizioni diametralmente opposte (rispetto al cilindro).
theater, theatre (*arch.*), teatro. **2.** ~ (hospital operating room) (Brit.) (*n. - med. bldg.*), sala operatoria. **3.** ~ (tactical: as of a missile) (*a. - milit.*), tattico, di teatro. **4.** ~ bill (*adver.*), locandina teatrale. **5.** ~ of operations (*milit.*), teatro di operazioni. **6.** arena ~ (*bldg.*), teatro con palcoscenico centrale. **7.** 'first run' ~ (*m. pict.*), sala (o cinematografo) di prima visione. **8.** movies ~ (*arch.*) (Am.), cinematografo. **9.** moving picture ~ (*arch.*), cinematografo. **10.** 'second run' ~ (*m. pict.*), sala (o cinematografo) di seconda visione.
theatre, *see* theater.
theft (*law*), furto.
"Th-Em" (thorium-emanation) (*chem.*), emanazione di torio.
theobromine ($C_7H_8N_4O_2$) (alkaloid) (*pharm.*), teobromina.
theodolite (*top. instr.*), teodolite. **2.** transit ~ (*top. instr.*), tacheometro.
theorem (*math.*), teorema. **2.** ~ of three moments (*constr. theor.*), teorema dei tre momenti. **3.** reciprocity ~ (*math. - acous.*), teorema di reciprocità.
theoretic, teorico.
theoretical, teorico.
theory, teoria. **2.** construction ~ (*theor. constr.*), scienza delle costruzioni. **3.** continuous creation ~, *see* steady state theory. **4.** information ~ (science dealing with the measuring and transmission of information) (*comp. - n. c. mach. t. - etc.*), teoria dell'informazione. **5.** information science ~ (*comp. - n.c. mach. t. - etc.*), informatica. **6.** magnetoionic ~ (*phys.*), teoria magnetoionica. **7.** photon ~ (*quantum theory*), teoria dei fotoni. **8.** quantum ~ (*phys.*), teoria dei quanta. **9.** queuing ~ (queuing theory) (*programming - operational research*), teoria delle code. **10.** relativity ~ (*math.*), teoria della relatività. **11.** set ~ (*math.*), teoria degli insiemi. **12.** steady state ~ (*astr.*), teoria dello stato permanente dell'universo. **13.** switching ~ (*elect. elics.*), teoria della commutazione. **14.** vortex ~ (*mech. of fluids*), teoria del vortice libero.
therapy (*med. - etc.*), terapia.
therblig (element of an analyzed manual operation) (*time study*), "therblig", elemento semplice nel quale si può scomporre una operazione manuale.
therm (name given to several units of quantity of heat.) (*thermod.*), therm. **2.** ~ (great calorie) (*therm. meas.*), grande caloria. **3.** ~ (used in the meas. of town gas) (*therm. meas.*), 100.000 B.T.U. **4.** ~ (small calorie) (*therm. meas.*), piccola caloria. **5.** ~ (1000 great calories) (*therm. meas.*), 1000 grandi calorie.
"therm", *see* thermometer.
thermal (*a. - therm.*), termico. **2.** ~ (*n. - meteorol.*), termica, corrente ascendente di aria calda. **3.** ~ (said of material preventing loss of heat: as by inclusion of air spaces) (*a. - therm.*), termico, che conserva il calore. **4.** ~ agitation (of the molecules of a body) (*phys.*), agitazione termica. **5.** ~ barrier (heat barrier limiting speed of missiles and aircrafts) (*aer. - rckt.*), barriera termica, muro del calore. **6.** ~ capacity (*therm.*), capacità termica. **7.** ~ carrier (water, air etc.) (*heating*), termovettore. **8.** ~ circuit breaker (*elect. device*), interruttore a relè termico. **9.** ~ column (part of the atomic pile) (*atom phys.*), colonna termica. **10.** ~ conductivity (*phys.*), conduttività termica. **11.** ~ contact (of

an elect. thermometer) (*elect.*), termocontatto. **12.** ~ converter (hot wire ammetter for alternating current) (*elect. meas. instr.*), amperometro a filo caldo per c.a. **13.** ~ cracking (*oil refinery*), piroscissione. **14.** ~ cutout (*elect. device*), interruttore a relè termico. **15.** ~ detector (bolometer) (*elect. instr.*), bolometro, rivelatore termico. **16.** ~ detector (temperature-sensitive element, as of a telethermometer) (*app.*), termorivelatore, elemento termosensibile, sonda termica. **17.** ~ diffusion (thermodiffusion) (*phys. chem.*), termodiffusione, diffusione termica. **18.** ~ diffusivity (diffusivity) (*therm.*), diffusività termica. **19.** ~ dissociation (*chem.*), dissociazione termica. **20.** ~ efficiency (as of a furnace), rendimento termico. **21.** ~ efficiency (as of an internal-combustion engine) (*thermod.*), rendimento termico. **22.** ~ endurance (the relative ability of glassware to withstand thermal shock) (*glass mfg.*), resistenza agli sbalzi termici. **23.** ~ expansion (*phys.*), dilatazione termica. **24.** ~ head (temperature difference) (*thermod.*), salto termico. **25.** ~ neutron (*atom phys.*), neutrone termico. **26.** ~ noise (due as to the free electrons in the tubes) (*thermion. - radio*), soffio, disturbo di origine termica. **27.** ~ oil recovery (*oil refinery*), ricupero secondario a caldo di petrolio. **28.** ~ plasma (in which the ion temperature equals the electron temperature) (*plasma phys.*), plasma termico. **29.** ~ pollution (discharge of waste water at high temperature as in a lake, sea etc.) (*ecol.*), inquinamento termico (del patrimonio idrico). **30.** ~ radiation (*phys.*), radiazione termica. **31.** ~ radiator (*phys.*), radiatore termico, corpo termoradiante. **32.** ~ shield (*atom phys.*), schermo termico. **33.** ~ schock (*phys.*), sollecitazione termica, urto termico. **34.** ~ station (elect. generating station using steam turbines or i c engines) (*elect.*) (Brit.), centrale termoelettrica. **35.** ~ stress (due to the difference of temperature: as in a structure) (*therm. - constr. theor.*), sollecitazione dovuta a differenza di temperatura. **36.** ~ switch (temperature switch) (*thermoelectric app.*), interruttore termico. **37.** ~ unit (British thermal unit, Btu = 0,252 kcalorie) (*heat meas.*), unità termica inglese.

thermalize (to) (to reduce neutron energy to thermal level by decreasing the speed) (*phys.*), termalizzare.

thermate (Thermit mixture for incendiary bombs) (*milit.*), miscela di termite.

thermel (thermoelectric thermometer) (*therm. - meas.*), termometro termoelettrico.

thermic (*therm.*), termico. **2.** ~ inertia (as of incandescent metal) (*therm.*), inerzia termica. **3.** ~ treatment (*heat-treat.*), trattamento termico. **4.** ~ weight (entropy) (*thermod.*), entropia.

thermie (th: unit of energy equal to 4.1855 MJ) (*therm. meas.*), termìa.

thermion (*phys.*), termoione.

thermionic (*phys.*), termoionico. **2.** ~ amplifier (*thermion.*), valvola amplificatrice. **3.** ~ current (*thermion.*), corrente termoionica (o elettronica). **4.** ~ detector (*thermion.*) (Brit.), valvola rivelatrice. **5.** ~ oscillator (*thermion.*), (Brit.), valvola oscillatrice. **6.** ~ rectifier (*thermion.*) (Brit.), valvola raddrizzatrice. **7.** ~ tube (*thermion.*), valvola termoionica. **8.** ~ valve (*thermion.*), valvola termoionica.

thermionics (*n. - elics. sc.*), termoionica.

thermistor (resistor the resistance of which varies with the temperature) (*app. - elect. - therm.*), termistore.

Thermit (Trademark) (mixture of aluminium oxide and iron oxide) (*welding*), termite. **2.** ~ crucible (*welding impl.*), crogiuolo per termite (o alluminotermia). **3.** ~ mixture (*welding*), miscela alluminotermica. **4.** ~ mold (*welding impl.*), forma per saldatura alluminotermica. **5.** ~ reaction (*phys. chem.*), reazione alluminotermica. **6.** ~ welding (*mech. technol.*), saldatura alluminotermica, saldatura alla termite.

thermoammeter (thermometer combined with a voltmeter) (*elect. meas. instr.*), termometro a termocoppia.

thermobarograph (a barograph combined with a thermograph) (*phys. instr.*), termobarografo.

thermobarometer (*phys. instr.*), termobarometro.

thermocautery (*med. instr.*), termocauterio.

thermochemistry (*chem.*), termochimica.

thermochrosis (property of some bodies to absorb certain ultrared radiations) (*phys.*), "termocrosi".

thermocline (zone of a bathythermogram in which the temperature line, as a function of sea depth, shows a strong gradient) (*und. acous. - etc.*), termoclina, zona a temperatura descrescente.

thermocouple (*elect. device*), termocoppia. **2.** "TGT" ~ (turbojet gas temperature) (*turbojet eng.*), termocoppia di misura della temperatura dei gas di scarico.

thermocurrent (*elect.*), corrente termoelettrica.

thermodiffusion (thermal diffusion, partial separation of the components of a gas mixture due to different heat conductivity of the composing molecules) (*chem.*), termodiffusione, diffusione termica.

thermodynamic (*a.*), termodinamico. **2.** ~ efficiency (*thermod.*), rendimento termodinamico. **3.** ~ equilibrium (*phys.*), equilibrio termodinamico. **4.** ~ scale (*therm. meas.*), scala kelvin.

thermodynamical (*a.*), termodinamico.

thermodynamics (*n.*), termodinamica.

thermoelectric (*a. - phys.*), termoelettrico. **2.** ~ couple (or pair) (*temperature meas. instr.*), coppia termoelettrica, termocoppia. **3.** ~ pair, see thermoelectric couple. **4.** ~ power (of a metal) (*phys.*), forza elettromotrice termoelettrica.

thermoelectricity (*phys.*), termoelettricità.

thermoelectromotive force (*therm. - elect.*), forza elettromotrice termica.

thermoelectron (*thermion.*), elettrone emesso termoionicamente.
thermoelement (thermocouple combined with the wire heating element) (*elect. meas. instr.*), termocoppia completa dell'elemento riscaldante (per la misura di correnti deboli).
thermoform (thermoplastic material) (*n. - plastic ind.*), termoplastica, materiale termoplastico.
thermoforming (forming of heated thermoplastic sheets in a mold) (*technol.*), termoformatura. **2.** contact ~ (of plastic sheets) (*technol.*), termoformatura a contatto, formatura a contatto termico.
thermogalvanometer (thermoammeter for very small currents) (*elect. meas. instr.*), termogalvanometro, galvanometro a termocoppia.
thermograph (*meas. instr.*), termografo.
thermogravimetry (measuring of weight changes during temperature changes) (*meas.*), termogravimetria.
thermojunction (of a thermocouple) (*elect.*), giunto della termocoppia.
thermokinetic (*a. - chem.*), termocinetico.
"thermology" (*phys.*), termologia.
thermomagnetic (pyromagnetic) (*elect.*), termomagnetico.
thermometer (*meas. instr.*), termometro. **2.** ~ pocket (a pocket generally full of oil in which deeps the thermometer bulb) (*pip.*), pozzetto per termometro, tasca per termometro. **3.** bimetallic ~ (*meas. instr.*), termometro bimetallico, termometro a lamina bimetallica. **4.** centigrade ~ (*meas. instr.*), termometro centigrado. **5.** dial ~ (*instr.*), termometro a quadrante. **6.** differential ~ (*meas. instr.*), termometro differenziale. **7.** electric ~ (*meas. instr.*), termometro elettrico. **8.** gas ~ (*meas. instr.*), termometro a gas. **9.** maximum ~ (*meas. instr.*), termometro a massima. **10.** mercury ~ (*meas. instr.*), termometro a mercurio. **11.** minimum ~ (*meas. instr.*), termometro a minima. **12.** oil cooler ~ (*meas. instr.*), termometro del radiatore dell'olio. **13.** resistance ~ (*meas. instr.*), termometro a resistenza. **14.** spirit ~ (*meas. instr.*), termometro ad alcool (o alcole). **15.** thermoelectric ~ (*meas. instr.*), termometro a coppia termoelettrica, termocoppia. **16.** wet-bulb ~ (*meas. instr.*), termometro a bulbo bagnato.
thermometric, termometrico.
thermometrical, termometrico.
thermometrograph, *see* thermograph.
thermometry (*phys.*), termometria.
thermonuclear (*phys.*), termonucleare.
"thermo-osmosis" (*chem.*), termosmosi.
"thermopair" (*elect. instr.*), coppia termoelettrica, termocoppia.
thermophone (*electroacous. app.*), termofono.
thermopile (as for measuring radiant energy or temp.) (*phys. instr.*), termopila.
thermoplastic (as of resin) (*a. - plastics ind.*), termoplastico. **2.** ~ (*n. - chem.*), termoplasto, materiale termoplastico, resina termoplastica.
thermopolymerization (*plastics ind.*), polimerizzazione per calore, polimerizzazione termica.
thermoregulation (*therm.*), termoregolazione.
thermoregulator (*n. - therm.*), termoregolatore.
Thermos bottle, thermos (vacuum bottle) (*household article*), termos, thermos.
thermoscope (*instr.*), termoscopio.
thermosetting (as a resin becoming rigid while being molded under heat) (*a. - chem. ind.*), termoindurente. **2.** ~ compositions (in which a polymerization chemical reaction occurs while molded under heat and pressure) (*plastics*), materie plastiche termoindurenti.
thermosiphon (disposition for the circulation of a liquid by combining of siphon tubes and heat) (*n. - phys.*), termosifone. **2.** ~ cooling (as of aut. mot.) (*phys.*), raffreddamento a termosifone.
thermosphere (from 50 to 330 miles high in the atmosphere) (*geophys.*), termosfera.
thermostable (*phys.*), termostabile.
thermostat (*automatic device*), termostato. **2.** electric ~ (*elect. therm. device*), termostato elettrico. **3.** immersion ~ (*therm. device*), termostato ad immersione.
thermostatic (*a. - therm.*), termostatico.
thermostatics (*n.*), termostatica.
"thermotank" (for heating or cooling) (*ind.*), scambiatore di calore.
thesis (*gen.*), tesi. **2.** doctoral ~ (*university*), tesi di laurea.
thick (not thin), spesso. **2.** ~ (dense), denso. **3.** ~ (of fog), fitto. **4.** ~ (turbid), torbido. **5.** ~ oil, olio denso. **6.** ~ plate (*metall.*), lamiera grossa. **7.** ~ stuff (planks having a thickness from 4 to 12 in) (*naut.*), tavoloni dello spessore da 10 a 30 cm.
thicken (to) (to make something become thick, or thicker, as paint) (*gen.*), rendere più denso, diventare più denso.
thickener (*chem. app.*), concentratore. **2.** ~ (ore dressing app.), addensatore. **3.** ~ (apparatus for removing excess water from pulp stock) (*paper mfg. app.*), addensatore.
thickening, ispessimento.
thickness (density) (*phys.*), densità. **2.** ~ (as of a belt) (*mech.*), spessore. **3.** ~ (of a nut) (*mech.*), altezza. **4.** ~ gauge (feeler) (*meas. t.*), spessimetro. **5.** ~ lines (connecting points on a chart, having the same vertical distance between constant pressure surfaces) (*meteorol.*), linee di spessore. **6.** ~ of a vault (*bldg.*), spessore di una volta. **7.** ~ ratio (of an airfoil) (*aer.*), spessore relativo. **8.** actual tooth ~ (of splines, the circular thickness on the pitch circle) (*mech.*), spessore primitivo, spessore del dente in corrispondenza della circonferenza primitiva. **9.** chordal ~ (of a gear tooth) (*mech.*), spessore cordale. **10.** circular ~ (of a gear tooth) (*mech.*), spessore del dente (misurato sulla primitiva). **11.** (wall) ~ of a pipe, spessore (della parete) di un tubo.
thickness (to) (to apply to a pattern or mold a temp-

orary thickness, as of wax which is removed at molding completed) (*found.*), applicare uno spessore provvisorio di cera (od altro materiale). **2.** ~ (to make of uniform thickness, as planks) (*carp. w.*), piallare a spessore.

thicknessing (wood working) (*carp.*), piallatura a spessore. **2.** ~ (temporary thickness of wax applied to the pattern or mold) (*found.*), applicazione di spessori provvisori di cera (od altro materiale). **3.** ~ machine (*wood w. mach. t.*), piallatrice a spessore.

thief (device for taking samples of a liquid from barrels etc.) (*chem. app.*), sonda per campionatura. **2.** ~ glass (glass thief) (*chem. app.*), sonda in vetro per campionatura. **3.** ~ tube (*chem. app.*), sonda per campionatura. **4.** sampling ~ (*chem. app.*), sonda per campionatura.

thieve (to) (to take a sample, as from a drum) (*chem.*), prelevare un campione.

thill (as of horse-drawn veh.), stanga. **2.** ~ (*min.*) (Brit.), *see* floor.

thimble (an eye shaped ring around which a rope is bent: used as a protection against wear for a loop in a sail) (*mech. - naut. - aer.*), redancia, radancia. **2.** ~ (*sewing impl.*), ditale. **3.** ~ (for types) (*comp. - typ.*), tulipano (o ditale) portacaratteri. **4.** ~ (fixed or movable sleeve) (*mech.*), manicotto, bussola. **5.** ~ (a tubular cone for expanding tubes) (*pip. t.*), mandrino conico allargatubi. **6.** ~ (a tubular distance piece) (*mech.*), manicotto distanziale. **7.** ~ (thimble-shaped cup: as of a die for heading bolts by a forging machine) (*mech.*), svasatura a coppa. **8.** ~ (*chem. impl.*), elemento filtrante in carta. **9.** ~ tube (*pip.*), tubo a bicchiere.

thin (*gen.*), sottile. **2.** ~ (of a picture) (*phot.*), debole. **3.** ~ (as of oil, paint etc.) (*gen.*), fluido. **4.** ~ (of soil) (*agric.*), sterile. **5.** ~ (not dense, as rain) (*gen.*), rado.

thin (to) (to dilute something: as varnish) (*paint.*), diluire. **2.** ~ (to make thin) (*mech. - etc.*), assottigliare.

thing (*gen.*), cosa.

thinking-machine (*comp.*), calcolatore per operazioni matematiche complesse.

think tank, tink factory (research group) (*sc. organ.*), gruppo di ricerca.

thinned (of a paint), diluito.

thinner (*paint.*), solvente, diluente.

thinness (*gen.*), sottigliezza. **2.** ~ (*paint.*), diluizione.

thinning (*paint.*), diluizione. **2.** ~ ratio (*paint.*), tasso di diluizione.

thin-shell concrete (precast elements for vaults) (*bldg.*), elementi prefabbricati in calcestruzzo per volte.

thio (containing sulphur) (*chem.*), tio. **2.** ~ indigo dyestuff (*ind. chem.*), tio indaco.

thiocarbonate (*chem.*), tiocarbonato.

thiocyanate (*chem.*), tiocianato, solfocianato, solfocianuro. **2.** potassium ~ (KCNS) (*chem.*), solfocianuro di potassio.

thiophen, thiophene (C_4H_4S) (*chem.*), tiofene.

thioplast (polisulphide rubber: elastomer obtained by condensation of an alcaline polysulphide with ethylene dichloride: in the rubb. ind.) (*ind. chem.*), tioplasto.

thiosulphate (*chem.*), tiosolfato, iposolfito. **2.** sodium ~ ($Na_2S_2O_3$) (*chem.*), iposolfito di sodio.

thiosulphuric acid ($H_2S_2O_3$) (*chem.*), acido tiosolforico, acido iposolforoso.

thiourea [$CS(NH_2)_2$] (*chem.*), tiourea, tiocarbamide, solfourea.

third (third speed) (*aut.*), terza velocità. **2.** ~ (as on a passenger ship) (*gen.*), terza classe. **3.** ~ deck, *see* lower deck. **4.** ~ rail (for an elect. locomotive) (*railw.*), terza rotaia. **5.** highest part of the middle ~ (*constr. theor.*), terzo medio superiore. **6.** lowest part of the middle ~ (*constr. theor.*), terzo medio inferiore.

"third-angle projection" (in mechanical drawings) (*draw.*), proiezione all'americana.

Third World (a group of underdeveloped nations not aligned with either the Communist or the non Communist bloc) (*sociology*), Terzo Mondo.

thirty-sixmo (36mo, book size) (*n. - print.*), trentaseiesimo.

thirty-twomo (32mo, book size) (*n. - print.*), trentaduesimo.

thixotropic (becoming fluid when shaken or stirred, as a paint) (*a. - phys. chem.*), tixotropico, tissotropico.

thixotropy (the property, as of a painting material, of reducing its consistency when stirred etc., and of restablishing its original consistency when at rest) (*phys.*), tixotropia, tissotropia.

"thk" (thick) (*gen.*), *see* thick.

thowel (pin for oarlock) (*naut.*), scalmo, caviglia.

tholepin (*naut.*), scalmo.

Thomas process, Thomas-Gilchrist process (basic open-hearth process) (*metall.*), processo Bessemer basico.

Thomson effect (*therm. elect.*), effetto Thomson.

thoracoscope (pleuroscope) (*medical instr.*), toracoscopio, pleuroscopio.

thoria (ThO_2) (*chem. - refractory*), ossido di torio.

thorianite ($ThO_2.UO_2$) (*chem.*), torianite.

thorium (Th - *chem.*), torio.

thoroughbred (as of sheep breed) (*a. - n. - zoology*), puro sangue.

thoroughfare (passage), passaggio. **2.** ~ (street), strada (di transito). **3.** no ~ (*road traff.*), senso vietato.

thou, *see* thousand, thousandth.

thousand (*math.*), mille. **2.** per ~ (promille) (*math.*), permille, p.m., ‰.

thousandth ($^1/_{1000}$) (*math.*), millesimo.

"thp" (thrust horsepower) (*aer.*), cavalli di spinta.

thrash, *see* thresh.

thread (fiber), fibra (tessile). **2.** ~ (of screw)

(*mech.*), filettatura, impanatura, filetto. **3.** ~ (continuous filament: of spinned fibers) (*text. ind.*), filo. **4.** ~ angle (of a screw thread) (*mech.*), angolo del filetto. **5.** ~ carrier (of a knitting machine) (*text. ind.*), porta-fili. **6.** ~ chaser (screw thread cutting tool: as on a threading lathe) (*t.*), pettine. **7.** ~ cutting machine (*mach. t.*), filettatrice. **8.** ~ form (as of a screw thread) (*mech.*), profilo della filettatura. **9.** ~ forming tool (*t.*), utensile per filettare. **10.** ~ gauge (*mech. impl.*), calibro per filettature. **11.** ~ generator (a threading mach. using a cutter having the form of a helical pinion) (*mach. t.*), filettatrice sviluppante a coltello rotativo. **12.** ~ grinding machine (internal and external) (*mach. t.*), rettificatrice per filetti. **13.** ~ guide (*text. ind.*), guidafilo. **14.** ~ insert (for soft metals) (*mech.*), filettatura riportata. **15.** ~ miller (*mach. t.*), fresatrice per filetti. **16.** ~ plate (of spinning mach.) (*text. ind.*), guidafilo. **17.** ~ roller (for screw thread) (*t.*), rullo per filettare. **18.** ~ rolling die (*t.*), pettine per rullatura filetti. **19.** ~ tightener (*text. mach.*), tendifilo. **20.** acme screw ~ (*mech.*), filettatura trapezia. **21.** acme ~ (*mech.*), filettatura trapezia. **22.** American standard pipe ~ (*mech.*), filettatura americana per tubi. **23.** bolt ~ (external thread) (*mech.*), vite, filettatura esterna. **24.** (British Standard) pipe ~ (*mech.*), filettatura passo gas. **25.** (British Standard) Whitworth ~ (*mech.*), filettatura Whitworth. **26.** buttress ~ (*mech.*), filettatura a dente di sega. **27.** class of ~ (distinguished by the amount of tolerance) (*mech.*), classe della filettatura. **28.** complete ~ (part of the screwthread which is fully formed both at crest and root) (*mech.*), filettatura completa. **29.** depth of engagement of ~ (contact depth of a screw thread) (*mech.*), altezza utile del filetto, ricoprimento. **30.** depth of ~ (*mech.*), altezza del filetto. **31.** diameter at bottom of ~ (*mech.*), diametro (misurato) sul fondo del filetto. **32.** diameter of ~ (*mech.*), diametro (esterno) della vite. **33.** double screw ~ (*mech.*), filettatura doppia. **34.** external ~ (bolt thread) (*mech.*), vite, filettatura esterna. **35.** fine ~ (*mech.*), filetto fino. **36.** full ~ (*mech.*), *see* complete thread. **37.** full ~ length (as of a bolt) (*mech.*), lunghezza della parte filettata. **38.** gaspipe ~ (*mech.*), filettatura passo gas. **39.** gas ~ (*mech.*), filettatura passo gas. **40.** incomplete ~ (part of the screw thread truncated at the crest and fully formed at the root) (*mech.*), filettatura incompleta (alla cresta), filettatura smussata (in cresta). **41.** internal ~ (nut thread) (*mech.*), filettatura interna. **42.** latex ~ (*rubb. ind.*), filo da lattice. **43.** lefthanded ~ (*mech.*), filettatura sinistra (o sinistrorsa). **44.** left screw ~ (*mech.*), filettatura sinistra (o sinistrorsa). **45.** metric ~ (*mech.*), filettatura metrica. **46.** multiple screw ~ (*mech.*), filettatura multipla. **47.** multiple-start ~ (*mech.*), filettatura a più principii. **48.** multiple ~ (multiple-start thread) (*mech.*), filettatura a più principii. **49.** multi-start screw ~ (*mech.*), filettatura a più principii. **50.** nut ~ (internal thread) (*mech.*), filettatura interna. **51.** pipe ~ (*mech.*), filettatura passo gas. **52.** rolled ~ (*mech.*), filettatura rullata. **53.** round ~ (*mech.*), filetto tondo. **54.** safety ~ (connected to the rip cord and pack of a parachute to prevent accidental release) (*aer.*), legamento di sicurezza. **55.** screw ~ (as of a mech. piece), filettatura. **56.** Seller's ~ (*mech.*), filettatura Sellers. **57.** single screw ~ (*mech.*), filettatura semplice. **58.** single-start screw ~ (*mech.*), filettatura ad un principio. **59.** single ~ (single-start thread) (*mech.*), filettatura ad un principio. **60.** single ~ (*text. ind.*), filo semplice. **61.** square ~ (*mech.*), filetto quadro. **62.** tapered ~ (*mech.*), filettatura conica. **63.** three-start ~ (of a multiple-threaded screw) (*mech.*), filettatura a tre principii. **64.** to cut a ~ (*mech.*), filettare, fare una filettatura. **65.** to strip the ~ (of a screw) (*mech.*), strappare la filettatura. **66.** triangular screw ~ (*mech.*), filettatura a profilo triangolare. **67.** triangular ~ (*mech.*), filetto triangolare. **68.** triple screw ~ (*mech.*), filettatura a tre principii. **69.** triple-start screw ~ (*mech.*), filettatura a tre principii. **70.** two-start ~ (of a double-threaded screw) (*mech.*), filettatura a due principii. **71.** vanish ~ (*mech.*), *see* washout thread. **72.** V ~ (*mech.*), filetto triangolare. **73.** V, ~ vee ~ (*mech.*), filettatura triangolare a 60°. **74.** washout ~ (vanish thread: thread not fully formed at the root) (*mech.*), filettatura incompleta, filettatura smussata. **75.** water ~ (*hydr.*), filetto fluido dell'acqua. **76.** width of ~ (*mech.*), larghezza del filetto.

thread (to) (*mech.*), filettare. **2.** ~ (*elect.*), produrre linee di forza (o magnetiche) attorno ad un conduttore (percorso da corrente). **3.** ~ (to load a camera with a film) (*m. pict.*), caricare. **4.** ~ (as a needle) (*sewing*), infilare. **5.** ~ (as a magnetic tape on a recorder) (*sound recording*), montare.

threadbare (as of a fabric when it is so worn out that the thread is visible) (*a. - text. ind.*), consumato sino alla trama.

threaded (*mech.*), filettato.

threader (threading machine) (*mach. t.*), filettatrice. **2.** ~ (for screw threads cutting: as for pipes etc.) (*t.*), filiera.

threading (*mech.*), filettatura. **2.** ~ cutter (*t.*), utensile per filettare. **3.** ~ die (*t.*), filiera. **4.** ~ lathe (screw cutting lathe) (*mach. t.*), tornio a filettare. **5.** ~ machine (threader) (*mach. t.*), filettatrice. **6.** bolt ~ machine (*mach. t.*), filettatrice per bulloneria.

three-blade (propeller) (*a. - naut. - aer.*), tripala, a tre pale.

three-centered arch (*arch.*), arco a tre centri.

three-circuit switch, *see* three-way switch.

three-color (*a. - gen.*), a tre colori. **2.** ~ inks (*typ.*), inchiostri per tricromia. **3.** ~ photography (*phot.*), fotografia a (tre) colori, tricromia. **4.** ~ process (*phot.*), sistema a tre colori.

three-D, 3-D, *see* three-dimensional.
three-decker (*naut.*), nave a tre ponti.
three-dimensional (as of space) (*a.* - *phys.*), tridimensionale.
three-high (said of a rolling mill provided with three rolls) (*a.* - *metall.*), a trio, di treno a trio.
three-hinged arch (*bldg.*), arco a tre cerniere.
three-master (*naut.*), trealberi, veliero a tre alberi.
three-phase (*a.* - *elect.*), trifase. **2.** ~ converter (*elect.*), convertitore trifase.
three-pin (as a plug) (*a.* - *elect.*), tripolare.
three-pole (*a.* - *elect.*), tripolare.
three-shift (said of a method of working covering the 24 hours of the day) (*a.* - *work*), su tre turni (di lavoro).
three-way switch (*elect. device*), commutatore deviatore.
three-wheeler (*n.* - *veh.*), veicolo a tre ruote, triciclo.
thresh (to) (*agric.*), trebbiare, battere.
thresher (threshing machine) (*agric. mach.*), trebbiatrice. **2.** ~ (*work.*), trebbiatore.
threshing (*a.* - *agric.*), trebbiatura. **2.** ~ floor (*agric.*), aia. **3.** ~ machine (*agric. mach.*), trebbiatrice.
threshold (*arch.*), soglia. **2.** "~ agreement" (variation of wages based on retail price index) (*pers. wages*), scala mobile. **3.** ~ exposure (minimum exposure to ensure discernibility) (*phot.*), esposizione minima. **4.** ~ of audibility (*acous.*), soglia di udibilità. **5.** ~ of hearing (*acous.*) (Brit.), *see* threshold of audibility. **6.** ~ of pain (*acous.*), soglia del dolore. **7.** ~ treatment (in water softening) (*ind. chem.*), trattamento limite. **8.** ~ value (*comp.*), valore di soglia. **9.** ~ worker (beginner) (*work.*), allievo, apprendista, principiante. **10.** detection ~ (recognition differential) (*acous.* - *und. acous.*), rapporto di percezione, differenziale di riconoscimento.
thrift (economy), economia.
throat (of a blast furnace), gola. **2.** ~ (of a staysail) (*naut.*), gola, angolo superiore prodiero. **3.** ~ (of an anchor) (*naut.*), *see* trend. **4.** ~ (of a tube) (*pip.*), strozzatura. **5.** ~ (distance from the root of a fillet weld to its face) (*welding*), spessore. **6.** ~ (inside angle of a wheel flange where it joins the tread) (*railw. wheel*), gola. **7.** ~ (the submerged passage between melter and refiner of a tank) (*glass mfg.*), "barrage". **8.** ~ depth (distance from the centerline of electrodes and the nearest interference point: for welding of sheets) (*welding mach.*), sbraccio, distanza (o profondità) utilizzabile. **9.** ~ microphone (*med.* - *electroacous.*), laringofono. **10.** ~ opening (*welding mach.*), *see* horn spacing. **11.** ~ seizing (type of knot) (*naut.*), gassa a legatura piana. **12.** drop ~ (*glass mfg.*), *see* submerged throat. **13.** straight ~ (a throat at the same level as that of the melter bottom) (*glass mfg.*), "barrage" a livello. **14.** submarine ~ (*glass mfg.*), *see* submerged throat. **15.** submerged ~ (a throat with its level below the bottom of the melter) (*glass mfg.*), "barrage" a gradino.
throatlatch (of horse harness), sottogola.
throb (as a pant of an engine) (*mech.*), pulsazione anormale.
throstle (*text. ind. mach.*) (Brit.), filatoio. **2.** ring ~ (*text. ind. mach.*), filatoio ad anelli.
throttle (throttle valve: of a carburetor) (*mot.*), farfalla, valvola a farfalla. **2.** ~ *see also* throttle lever. **3.** ~ control (*aer. mot.*), comando del gas. **4.** ~ lever (of a jet engine) (*aer. mot.*), leva comando spinta, leva comando valvola regolatrice del flusso. **5.** ~ lever (controlling the throttle of a carburetor) (*mot.* - *aer.*), leva del gas, manetta del gas. **6.** ~ valve (as of a jet engine) (*mot.* - *pip.* - *etc.*), valvola di regolazione. **7.** air-compressor intake ~ (of an air compressor, as fitted on an aero-engine) (*mech.*), valvola d'ammissione del compressore (d'aria). **8.** steam ~ (of a steam locomotive) (*railw.*), presa (regolabile del) vapore. **9.** steam ~ lever (of a steam locomotive) (*railw.*), leva della valvola di presa del vapore. **10.** to open the ~ (of mot.), aprire la (valvola a) farfalla, aprire il gas.
throttle (to) (as the flow in a pipe), strozzare. **2.** ~ down (to slow: as a mot.), rallentare.
throttled (*gen.*), strozzato.
throttling (*gen.*), strozzamento. **2.** ~ (thrust variation in a rocket engine) (*n.* - *aer. mot.*), variazione di spinta. **3.** ~ bar (operating on hydraulic recoil brakes: as of a gun) (*milit.*), asta regolatrice del rinculo, controasta di efflusso.
through (*a.* - *gen.*), passante. **2.** ~ (said of transport), diretto. **3.** ~ bolt (*mech.*), bullone passante. **4.** ~ coupling (*mech.*), (accoppiamento in) presa diretta, accoppiamento diretto. **5.** ~ flow valve (*pip.*), valvola a passaggio diretto. **6.** ~ hardening (*heat-treat.*), tempra di profondità. **7.** ~ shaft (*mech.*), albero passante. **8.** ~ station (*railw.*), stazione di transito. **9.** ~ stone (in a wall) (*mas.*), lega. **10.** ~ switch (snap switch on the feeding cord: as on a domestic app. or lamp) (*elect. device*), interruttore volante a pulsante, interruttore a pulsante (per cordoncino binato). **11.** break ~ (tactics) (*milit.*), penetrazione. **12.** bubbling ~ (of a metal bath) (*found.*), gorgogliamento.
through-and-through coal (coal) (*a.* - *fuel*) (Brit.), "tout-venant", alla rinfusa, a pezzatura mista. **2.** ~ coal (run-of-mine coal) (*comb.*), "tout-venant", carbone a pezzatura mista.
throughfare, *see* thoroughfare.
throughout (*gen.*), da una parte all'altra.
throughput (amount of raw material put in a working process per unit of time) (*ind.* - *etc.*), potenzialità produttiva. **2.** ~ (amount of computing work done per unit of time) (*comp.*), capacità produttiva.
throw (radius of a crank) (*mech.*), raggio. **2.** ~ (a maximum stroke given to a reciprocating piece) (*mech.*), corsa massima. **3.** ~ (as of a cam) (*mech.*), eccentricità, alzata. **4.** ~ (a crank: as of a

crankshaft) (*mech.*), gomito, manovella. **5.** ~ (as of air: in heating by thermal units) (*ventil.*), raggio di azione. **6.** ~ (span) (*elect. transp. line*), luce, campata. **7.** ~ (of a missile) (*milit.*), gittata. **8.** ~ (of a fault: vertical displacement) (*geol.*), rigetto, rigetto verticale. **9.** four-~crankshaft (of mot.), albero a quattro gomiti (o a quattro manovelle).

throw (to) (to cast), lanciare, gettare. **2.** ~ (to twist) (*text. ind.*), torcere, avvolgere. **3.** ~ in (*elect.*), inserire. **4.** ~ into gear (as of gears) (*mech.*), ingranare, fare ingranare. **5.** ~ into gear (as of a clutch) (*mech.*), innestare. **6.** ~ on (to apply, as the load on elect. mach.) (*elect. - etc.*), applicare. **7.** ~ out (*elect.*), disinserire. **8.** ~ out of gear (as of gears) (*mech.*), disingranare, disinserire ingranaggi in presa. **9.** ~ out of gear (as of a clutch) (*mech.*), disinnestare.

throwaway (anything that is thrown away or rejected) (*n. - gen.*), scarto, rifiuto. **2.** ~ (advertising circular etc.) (*comm.*), volantino pubblicitario, "dépliant" pubblicitario. **3.** ~ (containers or packing which are not reusable) (*a. - gen.*), a perdere. **4.** ~ cutter (milling cutter with ungrindable bits) (*t.*), fresa con placchette non riaffilabili. **5.** ~ tool (with ungrindable bits) (*t.*), utensile con placchette non riaffilabili.

thrower oil ~ (ring oiler for lubrication) (*mech. - mach.*), lanciaolio, anello lanciaolio.

throwing (of silk) (*silk mfg.*), torcitura. **2.** ~ machine (*silk mfg.*), torcitoio. **3.** ~ power (ability of forming a uniform depth plating on a surface of irregular shape) (*electroplating*), potere penetrante, capacità di (effettuare dovunque) riporti di uniforme spessore.

throw-off (for stopping feed movement in a machine tool) (*mach. t. - mech.*), dispositivo (automatico) per l'arresto (dell'avanzamento).

throw-out (disconnecting device: as of a clutch) (*mech.*), dispositivo (o meccanismo) di disinnesto. **2.** ~ (act of disconnecting: as a clutch) (*mech.*), disinnesto.

throw-over (double-throw, as a knife switch) (*a. - elect.*), a due vie.

throwster (silk worker) (*text. ind. work.*), torcitore.

thru (Am.), *see* through.

thrust (*mech.*), spinta. **2.** ~ (by the propeller shaft) (*aer. - naut.*), spinta. **3.** ~ (of a gallery) (*min.*), crollo. **4.** ~ (the reaction of a jet engine) (*aer.*), spinta. **5.** ~ bearing (*mech.*), (cuscinetto) reggispinta, cuscinetto reggispinta. **6.** ~ block (thrust bearing) (*mech.*), (supporto) reggispinta, cuscinetto reggispinta. **7.** ~ bearing embodied in an engine block (*mot. mech.*), cuscinetto reggispinta incorporato nel monoblocco. **8.** ~ coefficient (thrust force per unit of frontal area) (*jet - propulsion eng.*), coefficiente di spinta. **9.** ~ collars (of a thrust bearing) (*mech.*), bordini reggispinta. **10.** ~ horsepower (equal to the thrust in pounds multiplied by aircraft speed and divided by 375) (*jet eng.*), potenza equivalente (in HP inglesi). **11.** ~ meter (for meas. the thrust of a jet engine installed on the test bed) (*testing app.*), misuratore di spinta. **12.** ~ of an arch (*arch.*), spinta di un arco. **13.** ~ of the earth (*mas.*), spinta della terra. **14.** ~ reverser (of a jet engine: a device applied to the propelling nozzle for reversing the thrust) (*aer. mot.*), invertitore di spinta. **15.** ~ ring (*mech.*), anello di spinta. **16.** ~ shaft (portion of the propeller shaft furnished with collars) (*naut.*), asse reggispinta. **17.** ~ spoiler (device fitted to the propelling nozzle of a jet engine for reducing or reversing the jet thrust) (*aer. mot.*), variatore di spinta. **18.** ~ washer (*mech.*), rondella di spinta. **19.** effective ~ (theoretical thrust: deducted nozzle friction and unburned fuel) (*rckt.*), spinta efficace. **20.** horizontal ~ (*constr. theor.*), spinta orizzontale. **21.** net ~ (effective thrust deducted the drag due to incoming air) (*jet eng.*), spinta netta. **22.** net ~ (of a propeller) (*aer.*), spinta netta. **23.** propulsive ~ (of a propeller) (*aer.*), spinta propulsiva. **24.** specific ~ (thrust produced by every unit of fuel consumed: as of a rocket engine) (*mot.*), spinta specifica. **25.** static ~ (of a propeller) (*aer.*), spinta a punto fisso. **26.** static ~ (of a jet engine) (*mot.*), spinta a punto fisso, spinta statica. **27.** step ~ ring (*mech.*), anello reggispinta a gradini. **28.** take-off ~ (of a jet engine) (*mot.*), spinta al decollo. **29.** tilting pad ~ ring (*mech.*), anello reggispinta a zoccoli oscillanti. **30.** to take up the ~ (*mech.*), assorbire la spinta.

thrust (to) (*gen.*), spingere.

thruster, thrustor (reaction engine) (*eng.*), motore a reazione.

thrust-pound (of a jet engine) (*aer.*), libbra di spinta.

"thsd", *see* thousand.

thuja (thuya) (*wood*), tuia.

thulium (Tm - *chem.*), tulio.

thumb (molding) (*arch.*), ovolo, echino. **2.** ~ nut (*mech.*), dado ad alette, galletto, dado zigrinato.

thumbscrew (*mech.*), vite con testa ad alette, vite a testa zigrinata.

thumbtack (*draw. impl.*), puntina da disegno.

thumbwheel (as for instr. regulation) (*gen.*), rotella zigrinata.

thump (blow, stroke) (*mech. - etc.*), colpo. **2.** (tire thump, pulsing sensation in a car felt as vibration and heard as sound, usually due to the tires) (*aut.*), vibrazione di rotolamento. **3.** ~ (knock and rattling of a factory) (*n. - noise*), rumore di fondo del macchinario in movimento.

thunder (*meteorol.*), tuono.

thunderbolt (*meteorol.*), fulmine.

thunderstorm (*meteorol.*), temporale.

thwack (to) (*mas. - road*), battere (con pestello appiattito).

thwart (*n. - naut.*), banco per vogatori. **2.** ~ (*a. - gen.*), trasversale, obliquo.

thwartsaw, *see* crosscut saw.

thwartships

thwartships (athwartships) (*naut.*), trasversalmente allo scafo, per madiere.
thymol [($C_{10}H_{13}OH$)] (a white crystalline phenol) (*chem.*), timolo. **2.** ~ blue (*chem.*), blu di timolo, timolsolfoftaleina.
thyratron (a gas-filled triode) (*thermion.*), tiratron, tubo relè a bagliore, valvola a gas a griglia pilota, valvola rettificatrice a griglia pilota. **2.** hydrogen ~ (hydrogen-filled thyratron) (*thermion.*), tiratron ad idrogeno.
thyristor (rectifier, switch etc.) (*elics.*), tiristore. **2.** ~ power converter (*elics.*), convertitore a tiristore di potenza.
"TI" (target identification) (*radar - etc.*), identificazione del bersaglio.
Ti (titanium) (*chem.*), Ti, titanio.
tick (to) (*gen.*), ticchettare.
ticker (receiving device writing on a paper ribbon) (*telegraphy*), ricevitrice scrivente su zona. **2.** ~ tape (paper ribbon) (*telegraphy*), zona per ricevitrice. **3.** ~ tape (for teletypewriter) (*comp.*), nastro per telescrivente.
ticket (*comm.*), scontrino. **2.** ~ (as of railw.), biglietto. **3.** ~ (certificate, permit), certificato, permesso. **4.** ~ collector (*railw.*), controllore (dei biglietti). **5.** ~ office (as of railw.), biglietteria. **6.** ~ printing machine (as for, or of weighing mach.), dispositivo timbrascontrino. **7.** return ~ (round-trip ticket) (*railw. - etc.*), biglietto di andata e ritorno. **8.** round-trip ~ (return ticket) (*railw. - etc.*), biglietto di andata e ritorno.
tickle (to) (a carburetor needle valve for mixture enrichment) (*mot. - aut.*), titillare.
tickler (*mech.*), scuotitore. **2.** ~ (*comm.*), scadenzario. **3.** ~ coil (feedback coil) (*elics.*), bobina di reazione.
ticky wool (*text. ind.*), lana contenente acari e zecche.
tidal (*a. - sea*), di marea. **2.** ~ dock (*naut.*), bacino di marea, darsena (di marea). **3.** ~ wave (exceptionally high sea wave due to stormy wind or earthquake) (*sea - naut.*), onda anomala.
tide (*sea*), marea. **2.** ~ gauge (*sea instr.*), mareografo. **3.** ~ lock (operating by tide) (*hydr.*), chiusa funzionante per mezzo della marea. **4.** ~ mill (operated by tide current) (*hydr. mach.*), macchina azionata dalla marea. **5.** ~ rip (rough water due to opposing tides) (*sea*), ribollimento di marea. **6.** ~ rip (tidal wave) (*sea*), onda di marea. **7.** ~ wave (*sea*) onda di marea. **8.** ebb ~ (*sea*), marea discendente, riflusso. **9.** falling ~ (*sea*), marea discendente, riflusso. **10.** flood ~ (*sea*), marea montante, flusso. **11.** half ~ (*sea*), mezza marea. **12.** high ~ (*sea*), alta marea. **13.** low ~ (*sea*), bassa marea. **14.** neap ~ (*sea*), marea di quadratura, marea alla quadratura. **15.** rising ~ (*sea*), marea crescente. **16.** spring ~ (*sea*), marea equinoziale, marea sigiziale.
tie, legatura. **2.** ~ (*carp.*), cravatta. **3.** ~ (*naut.*), amante. **4.** ~ (sleeper) (*railw.*), traversina. **5.** ~ (tension member) (*constr. theor.*), tirante. **6.** ~ (a power line connecting two electric power systems) (*elect.*), (linea di) collegamento. **7.** ~ (roof support) (*min.*), cappello. **8.** ~ angle (of an iron framework) (*metall. carp.*), fazzoletto. **9.** ~ beam (as in a roof) (*bldg.*), catena. **10.** ~ line (as for connecting two private exchanges) (*teleph.*), linea interna di collegamento. **11.** ~ line (a power line connecting two electric power systems) (*elect.*), linea di collegamento. **12.** ~ plate (between rail and sleeper) (*railw.*), piastra di fissaggio. **13.** ~ plates (narrow plates for strengthening the beams) (*shipbuild.*), "corde", piastre di rinforzo per bagli di coperta. **14.** ~ rod (*mech.*), tirante. **15.** ~ rod (of a roof truss) (*bldg.*), catena. **16.** ~ rod (of a steering system) (*aut.*), barra di accoppiamento. **17.** ~ rod end (*mech.*), testa del tirante.
tie (to) (*gen.*), legare.
tier (line of moored ships) (*naut.*), andana. **2.** ~ (*radio*), *see* antenna array. **3.** ~ (a row, as of arches arranged in rows one above the other) (*arch. - etc.*), ordine. **4.** ~ of beams (*naut.*), ordine di bagli. **5.** cable ~ (*naut.*), *see* clain locker.
"TIG" (tungsten inert gas welding) (*technol.*), TIG, (saldatura in) atmosfera inerte con elettrodo di tungsteno.
tight, stretto. **2.** ~ (watertight) (*phys. - ind.*), a tenuta d'acqua, stagno. **3.** ~ fit (*mech.*) (Am.), accoppiamento forzato leggero. **4.** ~ meshing (of gears) (*mech.*), ingranamento senza gioco. **5.** ~ pulley (*mech.*), puleggia fissa. **6.** hand ~ (as of tube screwed joints, nuts, etc.) (*a. - mech.*), serrato a mano, "stretto" a mano. **7.** machine ~ (as of tube screwed joints, nuts etc.) (*a. - pip.*), serrato a macchina, "stretto" a macchina. **8.** to screw ~ (as a nut) (*mech.*), avvitare a fondo, serrare, "stringere". **9.** wrench ~ (as of tube screwed joints, nuts etc.) (*a. - mech.*), serrato con chiave, "stretto" con chiave.
tighten (to) (as a nut) (*mech.*), avvitare a fondo, serrare, "stringere".
tightener (tightening pulley: of a belt) (*mech.*), tenditore, galoppino.
tightening-up (*mech.*), messa in tensione, chiusura. **2.** ~ device (for coupling railway cars closer) (*railw.*), tenditore.
tightness (*mech.*), ermeticità, tenuta. **2.** ~ test (as of a stuffing box, of a gasket etc.) (*mech.*), prova di tenuta.
tikker (*radio*), "tikker", vibratore.
til (sesame), sesamo. **2.** ~ oil (*ind.*), olio di sesamo.
tile (for roofing) (*bldg.*), tegola. **2.** ~ (for flooring) (*bldg.*), mattonella, piastrella, formella. **3.** ~ conduit (*bldg.*), tubo di terracotta. **4.** ~ covering (*bldg.*), copertura con tegole, manto di tegole. **5.** ~ pipe (clay or cement pipe: as for draining) (*bldg.*), tubo di cemento, tubo di cotto. **6.** ~ roof (*bldg.*), tetto in tegole. **7.** bent ~ (curved section roofing tile) (*bldg.*), tegola curva, tegola a canale, coppo. **8.** cement roofing ~ (*bldg.*), tegola di ce-

mento. **9.** channeled flat ~ (*bldg.*), tavella. **10.** crest ~ (on the ridge of a roof) (*mas.*), tegola di colmo. **11.** eave ~ (*mas.*), tegola di gronda. **12.** flat roofing ~ (*bldg.*), *see* plain roofing tile. **13.** floor ~ (for paving) (*bldg.*), mattonella per pavimenti. **14.** hollow ~ (building unit) (*bldg.*), tavella. **15.** hollow ~ (for reinf. concr. floor) (*mas.*), pignatta (o laterizio forato) per solai in cemento armato. **16.** interlocking ~ (roofing tile) (*bldg.*), tegola da incastro. **17.** plain roofing ~ (*bldg.*), tegola piatta, tegola piana, embrice, marsigliese. **18.** reinforced concrete and hollow tiles mixed floor (*bldg.*), solaio misto in c.a. e laterizio. **19.** ridge ~ (of a roof) (*bldg.*), tegola di colmo. **20.** roofing ~ (*bldg.*), tegola.

tilemaking (*bldg.*), fabbricazione delle tegole. **2.** ~ machine (*bldg. mach.*), tegoliera.

tiler (mas. worker who lays paving tiles on the floor) (*bldg. work.*), pavimentatore. **2.** ~ (roofer) (*bldg. work.*), "conciatetti", muratore specializzato nella posa o riparazione di tetti.

tiling (of a roof) (*bldg.*), copertura in tegole. **2.** ~ (of a floor) (*bldg.*), pavimentazione in mattonelle. **3.** ~ (act of tiling) (*bldg.*), posa in opera di tegole (o mattonelle). **4.** ~ (tiles collectively) (*bldg.*), laterizi.

till (drawer) (*gen.*), cassetto. **2.** ~ (a cash register drawer, for holding money) (*adm. - comm.*), cassetto del registratore di cassa, cassa. **3.** ~ forbid (as to publish till forbid) (*edit.*), fino a contrordine.

till (to) (*agric.*), dissodare.

tillage (*agric.*), dissodamento.

tiller (of the rudder) (*naut.*), barra. **2.** ~ chain (*naut.*), catena del frenello. **3.** ~ gears (*naut.*), aghiaccio. **4.** ~ rope (*naut.*), cima del frenello. **5.** ~ wheel (as of a ladder truck) (*aut.*), volante di sterzo delle ruote posteriori di qualche tipo di veicolo di eccezionale lunghezza. **6.** rudder ~ (*naut.*), barra del timone.

tilt (slope) (*gen.*), inclinazione. **2.** ~ (awning of a boat) (*naut.*), tenda. **3.** ~ (*phot.*), inclinazione. **4.** ~ hammer (*mach.*), maglio meccanico (tipo a leva). **5.** blade ~ (of a propeller blade: angular deviation of the locus of centroids of blade sections from the plane of rotation) (*aer.*), campanatura. **6.** transducer ~ (of a variable-tilt sonar) (*und. acous.*), inclinazione del trasduttore.

tilt (to), inclinare. **2.** ~ (*aer.*), inclinarsi lateralmente.

"tiltdozer" (tilting bulldozer) (*agric. mach.*), apripista inclinabile.

tilter (manipulator) (*rolling mill*), ribaltatore, manipolatore.

tilting (*a. - gen.*), inclinabile. **2.** ~ furnace (*found.*), forno ribaltabile. **3.** ~ hammer, *see* tilt hammer. **4.** ~ indicator (*mach. - veh.*), indicatore di ribaltamento, avvisatore di ribaltamento. **5.** ~ stand (as for engines being overhauled) (*shop impl.*), cavalletto girevole.

timber [lumber (Am.)] (*wood*) (Brit.), legname. **2.** ~ (of a wooden ship) (*naut.*), ordinata, costola. **3.** ~ (squared piece) (*carp.*), tavolone. **4.** ~ beam (*bldg.*), trave in legno. **5.** ~ dog (*impl.*), rampone per legname (in tronchi). **6.** ~ in planks (*carp.*), legname in tavoloni. **7.** ~ set (*min.*), armamento, quadro. **8.** ~ support (*bldg.*), sostegno in legname. **9.** ~ work (*bldg.*), costruzione in legno. **10.** bearing ~ (beam) (*min.*), trave portante. **11.** counter ~ (*shipbuild.*), puntale della volta di poppa. **12.** hawse ~ (*shipbuild.*), scalmo di cubia. **13.** hewn ~ (*carp.*), legame refilato. **14.** seasoned ~ (*carp.*), legname stagionato. **15.** split ~ (*carp.*), legname asciato. **16.** squared ~ (*bldg. carp.*), morale, trave squadrata. **17.** square hewn ~ (*carp.*), legname refilato.

timber (to), mettere in opera legname.

timbering (act of timbering), messa in opera del legname. **2.** ~ (timbers collectively), legname. **3.** ~ (timberwork), lavoro (o costruzione) in legno. **4.** ~ (timbers supporting earth in an excavation) (*min.*), armamento. **5.** roof ~ (*bldg.*), orditura in legno del tetto.

timberwork (*carp. join.*), costruzione (o lavoro) in legno.

timberyard (*wood ind.*), deposito legnami.

timbre (of a sound) (*acous.*), timbro.

time (definite moment), ora. **2.** ~ (duration), durata. **3.** ~ (measurable period), tempo. **4.** ~ (in a multiplication) (*math.*), per, volta. **5.** ~ (scheduled moment of departure or arrival as of a train) (*transp.*), orario, ora. **6.** ~ and motion study (*time study*), *see* time-motion study. **7.** ~ base (pulse sequence by a time base generator) (*comp.*), base dei tempi. **8.** ~ bomb (*milit. - etc.*), bomba a orologeria. **9.** ~ charter (*naut.*), nolo a tempo. **10.** ~ charter (time charter party) (*transp.*), contratto di noleggio a tempo. **11.** ~ clock (used to check the arrival and departure of personnel) (*instr.*), orologio marcatempo, orologio per bollatura cartoline, orologio per timbratura cartellini. **12.** ~ constant (of a circuit, of a capacitor etc.) (*elect.*), costante di tempo. **13.** ~ control (*mech.*), comando a tempo. **14.** ~ cycle (*ind.*), ciclo a tempo. **15.** ~ delay circuit (*comp.*), circuito di ritardo. **16.** ~ deposit (a deposit credited with a bank on the understanding that payment will be effected at a set future date) (*bank*), deposito vincolato. **17.** ~ dilation (time dilatation, a slowing of time as for a spacecraft which moves at a speed approaching that of light) (*phys. - astric.*), dilatazione del tempo. **18.** ~ exposure (*phot.*), posa. **19.** ~ fire (*milit.*), tiro a tempo. **20.** ~ fuse (*expl.*), spoletta a tempo. **21.** ~ lag device (time limit attachment: as a self-timer of a camera for the release control) (*mech.*) (Brit.), dispositivo di regolazione del tempo (di scatto). **22.** ~ limit attachment (time-lag device) (*mech.*), dispositivo di regolazione del tempo (di scatto). **23.** ~ limit protection (of elect. lines, as from overvoltage etc.) (*elect.*), sistema di protezione ad azione differita. **24.** ~ of flight method (for determining the energy of plasma particles) (*plasma phys.*), metodo del tempo di volo. **25.** ~ out, *see* break 5 ~. **26.** ~ quenching (*heat-treat.*), *see* interrupted quenching. **27.** ~ recorder (time clock) (*gen.*), orologio marcatempo, orologio per bollatura cartoline, orologio per timbratura cartellini. **28.** ~ relay (*elect. app.*), relè a tempo, cronorelè. **29.** ~ required for an operation, tempo richiesto per un'operazione, durata di un'operazione. **30.** ~ reversal (reversal of the sequence of events) (*math. phys.*), inversione della successione temporale (degli eventi). **31.** ~ reversal invariance (*phys. - math.*), invarianza per inversione temporale. **32.** ~ ring (of a fuse) (*expl.*), anello dei tempi (di scoppio). **33.** ~ scale (*comp.*), *see at* scale. **34.** ~ sharing (*comp.*), *see* time-sharing. **35.** ~ sheet (for entering time of arrival and departure of employees) (*ind. adm.*), cartellino di presenza, cartolina di bollatura presenze. **36.** ~ signal (*radio - teleph.*), segnale orario. **37.** slice, *see* time-slice. **38.** ~ star, *see* clock star. **39.** ~ study (*time study*), *see* time-motion study. **40.** ~-study engineer (*time study*), cronotecnico. **41.** ~ switch (*elect.*), interruttore a tempo. **42.** times taken (as for repair) (*aut. - mech.*), "tempario" (di lavorazione). **43.** ~ trial (*aut. - mtc. race*), prova a tempo, corsa a cronometro. **44.** ~ zone (*geogr.*), fuso orario. **45.** access ~ (*comp.*), tempo di accesso. **46.** add ~ (*comp.*), tempo di somma, tempo di addizione. **47.** allowed ~ (standard time) (*time study*), tempo normale, tempo standard. **48.** apparent ~ (*astr.*), ora solare. **49.** at a ~ (*gen.*), per volta. **50.** available machine ~ (*mach. work organ.*), tempo di macchina disponibile. **51.** base ~ (required from a normal worker at a normal pace of work) (*time study*), tempo base. **52.** block ~ (flight time) (*aer.*), durata del volo. **53.** "block" ~ (arrival or departure time) (*aer.*), ora di arrivo (o di partenza). **54.** buoy-to-buoy ~ (flight time) (*aer.*), durata del volo. **55.** chock-to-chock ~ (flight time) (*aer.*), durata del volo. **56.** cold ~ (cool time, as in seam welding: the time between successive heat times) (*mech. technol.*), tempo freddo, tempo di interruzione della corrente. **57.** cycle time (memory cycle time: as for a repetitive operation) (*comp.*), tempo di ciclo. **58.** dead ~ (delay between the signal start and the first signal effect) (*n. c. mach. t.*), tempo morto, tempi morti. **59.** deceleration ~ (minimum time required to stop a magnetic tape after recording on it) (*comp.*), tempo di arresto. **60.** departure ~ (as of an aircraft) (*gen.*), ora di partenza. **61.** down ~ (time of inactivity of a machine during operating hours) (*time study*), tempo passivo. **62.** effective ~ (time during which has been in useful service: as a comp.) (*comp.*), periodo di efficienza, durata della efficienza. **63.** elapsed ~ (execution time) (*comp.*), tempo di esecuzione. **64.** equation of ~ (difference between mean and apparent time) (*astr.*), equazione del tempo. **65.** estimated ~ (as for machining a piece or doing an operation) (*work organ.*), tempo preventivato. **66.** execution ~ (of a comp. instruction) (*comp.*), tempo di esecuzione. **67.** falling ~ (as of a bomb) (*milit. - aer. - etc.*), tempo di caduta. **68.** flashing ~ (in flash welding) (*welding*), tempo di scintillìo. **69.** flash-off ~ (*welding*), *see* flashing time. **70.** floor to floor ~ (*ind. work organ.*), tempo ciclo, tempo di lavorazione per ciascuna operazione. **71.** flyback ~ (of the scanning beam) (*telev.*), tempo di ritorno. **72.** from ~ to ~ (*gen.*), di tanto in tanto. **73.** gel ~ (of colloidal liquids) (*chem.*), tempo di gelificazione. **74.** generation ~ (of neutrons) (*atom phys.*), durata di generazione. **75.** Greenwich mean ~ (*astr.*), ora media di Greenwich. **76.** handling ~ (the time required to perform the manual part of an operation) (*time study*), tempo manuale. **77.** handling ~ (time required to move parts to and from a work station) (*time study*), tempo di trasporto. **78.** heat ~ (as in seam welding: time during which the current flows) (*mech. technol.*), tempo caldo, tempo di passaggio della corrente. **79.** hold ~ (in seam, flash and upset welding: time during which a force is applied to the work after the current has ceased to flow) (*mech. technol.*), tempo di applicazione della pressione sul pezzo dopo l'interruzione della corrente. **80.** hold ~ (in spot and projection welding: time during which a force is applied at the point of welding after the last impulse of current has ceased to flow) (*mech. technol.*), tempo di applicazione della pressione sull'elettrodo dopo l'interruzione della corrente. **81.** holding ~ (as of a communication circuit) (*tlcm. - comp.*), tempo di occupazione. **82.** idle ~ (during which the comp. has the possibility to operate but is not operating) (*comp.*), tempo di attesa. **83.** idle ~ (as in mach. t. operation) (*ind. work organ.*), tempo passivo. **84.** instruction ~ (access time added to execution time) (*comp.*), tempo di (esecuzione dell') istruzione. **85.** latency ~ (time elapsed between the order and the beginning of the operation) (*comp.*), tempo di latenza. **86.** lead ~ (a period of time from order to delivery) (*comm.*), termini di consegna. **87.** local mean ~ (*astr.*), ora media locale. **88.** local sidereal ~ (*astr.*), ora siderale locale. **89.** local ~ (in respect to Greenwich time) (*gen.*), ora locale. **90.** machine down ~ (time lost on a machine due to its inefficiency) (*time study*), tempo perduto per macchina inattiva. **91.** machine setting ~ (*mach. t.*), tempo preparazione macchina. **92.** machine ~ (processing time) (*comp.*), tempo di elaborazione. **93.** machining ~ (*ind.*), tempo di lavorazione (alla) macchina. **94.** mean down ~, *see* mean ~ between failures, "MTBF" **95.** mean slowing-down ~ (*atom phys.*), tempo medio di rallentamento. **96.** mean ~ between failures, "MTBF" (comp. reliability index) (*comp.*), tempo medio fra due guasti. **97.** object ~ (time of execution: as of an object program) (*comp.*), tempo di esecuzione. **98.**

official ~, *see* standard time. **99.** off ~ (in resistance welding, time during which the electrodes are off the work) (*mech. technol.*), tempo di elettrodi aperti. **100.** operating ~ (as of a system) (*comp.*), tempo di effettivo funzionamento. **101.** operation ~ (time required for executing an operation: logic, arithmetic etc.) (*comp.*), tempo operativo. **102.** out of ~ (as of the ignition of mot.) (*aut.*), fuori fase. **103.** processing ~ (*comp.*), tempo di elaborazione. **104.** program development ~ (*comp.*), tempo di sviluppo ed applicazione del programma. **105.** reaction ~ (*psychol.*), tempo di reazione. **106.** read ~ (*comp.*), tempo di lettura. **107.** real ~ (*comp.*), tempo reale. **108.** recovery ~ following a sudden change of load (as of a voltage regulator) (*elect.*), tempo di ripristino dopo brusca variazione del carico. **109.** required ~ (for an operation) (*ind. work organ.*), tempo richiesto. **110.** response ~ (*comp.*), tempo di risposta. **111.** running ~ (duration of the execution) (*comp.*), tempo di esecuzione. **112.** search ~ (as for locating data in a storage) (*comp.*), tempo di ricerca. **113.** seek ~ (as time needed for positioning a read/write head) (*comp.*), tempo di posizionamento. **114.** setup ~ (the time occurring for arranging and predisposing the functioning of a run) (*comp.*), tempo di preparazione. **115.** squeeze ~ (*mech. technol.*), tempo di schiacciamento. **116.** standard ~ (*astr. - law*), ora legale. **117.** standard ~ (allowed time) (*time study*), tempo normale, tempo standard. **118.** starting ~ (*mech.*), tempo impiegato per l'avviamento. **119.** stay ~ (velocity of flow of propellants in a rocket combustion chamber) (*rckt.*), tempo di permanenza. **120.** stoving ~ (*paint. - etc.*), tempo di cottura. **121.** takedown ~ (*comp. - etc.*), tempo di smontaggio. **122.** takeoff ~ (time required for the takeoff) (*aer.*), tempo di decollo. **123.** takeoff ~ (time at which the takeoff occurs) (*aer. - transp.*), ora di decollo. **124.** task ~ (*ind. work organ.*), tempo fissato per un'operazione. **125.** track ~ (period of time elapsing between the end of casting in the ingot mold and its introduction in the reheating furnace) (*metall.*), tempo di trasferimento, periodo di tempo tra il termine della colata in lingottiera ed il caricamento nei forni di riscaldo lingotti. **126.** weld ~ (*ind. work organ.*), tempo di saldatura. **127.** training ~ (of personnel) (*comp. - etc.*), tempo di addestramento. **128.** up ~, *see* uptime. **129.** word ~ (*comp.*), tempo di parola. **130.** zone ~ (*astr. - etc.*), ora del fuso orario.

time (to), cronometrare. **2.** ~ (to make coincident in time, to synchronize) (*gen.*), sincronizzare. **3.** ~ (as the machining time of a single piece) (*shop*), determinare i tempi (di lavorazione). **4.** ~ (an engine), mettere in fase. **5.** ~ out (as of a timer) (*elect.*), esaurire il tempo impostato, conteggiare il tempo impostato. **6.** ~ the ignition (of a mot.) (*mot.*), mettere in fase l'accensione.

timecard (used to register the time of arrival and departure of workers: to be marked by a time clock) (*ind.*), cartolina, cartellino (di presenza).

timed (as of an engine ignition system) (*mot.*), messo in fase, in fase. **2.** ~ (time taken, as for speed meas.) (*gen.*), cronometrato. **3.** ~ (as a bomb explosion) (*a. - gen.*), temporizzato, a tempo.

time-delay relay (*elect.*), relè ad azione ritardata.

timekeeper (*ind. work. - sport*), cronometrista. **2.** ~ (*instr.*), dispositivo di cronometraggio.

timekeeping (as in a workshop), rilevamento tempi.

time-lag device (time limit attachment) (*mech.*) (Brit.), dispositivo di regolazione del tempo (di scatto).

time-lapse (*m. pict.*), *see* stop-motion shot.

time-limit (as of release or relay) (*a. - elect.*) (Brit.), ad azione differita. **2.** definite ~ (as of release or relay) (*elect.*), a ritardo indipendente. **3.** "inverse" ~ (as of release or relay) (*elect.*), a ritardo dipendente.

time-motion study (time study, time and motion study: relates to observation and analysis of worker motions in doing a specific work and to an intermittent measuring of his time of activity, of his time of delay etc. for determining a standard time) (*time study*), analisi tempi. **2.** ~ engineer (*work organ. pers.*), cronotecnico, analista tempi, tecnico dei tempi di lavorazione. **3.** ~ office (of a factory) (*ind. organ.*), ufficio analisi tempi.

time-of-flight (referred to a projectile or a missile) (*milit.*), tempo di volo. **2.** ~ (referred to moving particles) (*atom phys.*), tempo di volo. **3.** ~ velocity selector (*atom phys.*), selettore di velocità a tempo di volo.

time-out (when a disposable period of time has elapsed) (*comp. - etc.*), tempo scaduto. **2.** ~ (brief break or suspension of activity) (*comp. - etc.*), breve interruzione.

timepiece, orologio, cronometro.

timer (timekeeper), cronometrista. **2.** ~ (timepiece), orologio, cronometro. **3.** ~ (ignition automatic advance) (*mot.*), anticipo automatico (dell'accensione). **4.** ~ (device interrupting and closing the primary current of an i c engine ignition system) (*aut.*), ruttore dello spinterogeno, "spinterogeno". **5.** ~ (synchronizer) (*gen.*), sincronizzatore. **6.** ~ (stop watch) (*ind. instr.*), contasecondi. **7.** ~ (for regulating the times of a welding mach. in a welding cycle) (*welding device*), temporizzatore. **8.** ~ (clock showing the progress of time and ringing at a predetermined time) (*device*), contatempo (con segnale acustico). **9.** ~ (master clock, for controlling the working cycle of control circuits) (*n.c. mach. t.*), temporizzatore a cadenza. **10.** ~ (device for granting pulsed signals at predetermined times) (*comp.*), temporizzatore. **11.** ~ (for ignition at a given time: as of bombs, of lights etc.), temporizzatore, timer. **12.** electronic ~ (*elics.*), temporizzatore elettronico.

time-share (in joint ownership of a vacation habitation to be occupied in turn for short periods by each owner) (*n. - vacation bldg.*), ripartizione dei periodi di occupazione.

time-share (to) (the occupation of a joint ownership vacation habitation) (*vacation bldg.*), ripartire i periodi di occupazione.

time-sharing (in a multiprogramming system: the simultaneous use of a comp. by many customers) (*n. - comp.*), ripartizione del tempo (di utilizzazione). **2.** ~ , *see also* time-share.

time-slice (brief period of time during which the comp. is assigned to the user) (*comp.*), breve periodo di tempo, porzione di tempo.

timetable (as of trains) (*railw.*), orario. **2.** ~ (schedule of hours worked by every single worker) (*ind.*), specchio delle ore lavorate da ogni singolo operaio (nella quindicina di paga per es.). **3.** graphical ~ (*railw.*), orario grafico dei treni. **4.** train ~ (*railw.*), orario ferroviario.

timework (*ind.*), lavoro ad economia.

timeworker (*work.*), lavoratore ad economia, lavoratore retribuito a tempo.

timing (as of the machining of a single piece) (*mech. workshop*), determinazione dei tempi. **2.** ~ (as of the valve gear or ignition) (*aut. - mot.*), messa in fase, fasatura. **3.** ~ (timing system as of a mot.) (*mech.*), *see* ~ system. **4.** ~ (*telev.*), cadenza. **5.** ~ (synchronizing) (*gen.*), sincronizzazione. **6.** ~ adjustment (of mot.), registrazione della fase, registrazione della distribuzione. **7.** ~ case (as of a mtc.) (*mech.*), carter della distribuzione. **8.** ~ chain (*mot.*), catena della distribuzione. **9.** ~ chest (as of a mtc.) (*mech.*), scatola della distribuzione. **10.** ~ diagram (valve timing) (of a mot.), diagramma della distribuzione. **11.** ~ gear (*mot.*), distribuzione. **12.** ~ gears (of mot.) (*mech.*), ingranaggi della distribuzione. **13.** ~ pinion (of mot.), pignone della distribuzione. **14.** ~ pulse (timing signal) (*comp.*), impulso di temporizzazione. **15.** ~ pulses (*telev. - radar*), impulsi di sincronizzazione. **16.** ~ side (as of a mot.) (*mech.*), lato distribuzione. **17.** ~ side cover (as of a mtc.) (*mech.*), coperchio lato distribuzione. **18.** ~ system (as of a mot.) (*mech.*), distribuzione. **19.** engine ~ (of mot.), messa in fase del motore. **20.** ignition ~ (of mot.), messa in fase dell'accensione. **21.** valve ~ (*mot.*) (Brit.), messa in fase della distribuzione.

"Timken" bearing (trademark) (*mech.*), cuscinetto "timken".

tin (Sn - *chem.*), stagno. **2.** ~ (can, box), barattolo (o scatola) di latta. **3.** ~ (iron tin sheet) (*metall.*) (Am.), latta. **4.** " ~ fish" (nickname for self propelled torpedo) (*navy expl.*) (Brit.), siluro. **5.** ~ foil, stagnola. **6.** ~ hat (helmet) (*work. protection*), elmetto protettivo. **7.** ~ pest (*metall.*), peste dello stagno. **8.** ~ plague (*metall.*), peste dello stagno. **9.** ~ plate, *see* tinplate. **10.** ~ pot (container for tin plating process) (*metall. proc.*), vasca per stagnatura. **11.** ~ sheet (*comm. - typ.*), bollettino. **12.** ~ sheet (*ind.*), latta, foglio di latta. **13.** ~ snips (*impl.*), forbici da lattoniere. **14.** Banka ~ (tin from the island of Banka) (*metall.*), stagno Banca. **15.** to coat with ~ (*ind.*), stagnare.

tin (to) (to coat something with tin) (*ind.*), stagnare. **2.** ~ (to pack in cans) (*ind. - comm.*) (Brit.), confezionare in scatole (di latta), inscatolare.

tincal (*min.*), tinkal, borace grezzo.

tincture (coloring substance), tintura.

tinder (for igniting fire: as in a boil.), stoppaccio infiammabile.

tine (as of a fork, a diapason etc.) (*gen.*), rebbio.

tinge (a shade of a color: as orange in underexposed pictures) (*n. - phot.*), tonalità.

tinge (to) (to color) (*gen.*), colorare, colorarsi. **2.** ~ (to color lightly; as of clouds at sunset) (*gen.*), colorarsi, assumere una tonalità.

tingle (tack, small-sized nail) (*join.*), (Brit.), bulletta.

tinker (*work.*), stagnino, calderaio.

tinman (tinsmith) (*work.*), lattoniere.

tinmar's snips (*t.*), forbici da lattoniere.

tinned (*a. - metall. - ind.*), stagnato. **2.** ~ iron (sheet or plate) (*metall.*), lamiera stagnata.

tinner (tinsmith) (*work.*), stagnino, lattoniere.

tinning (*metall.*), stagnatura.

tinplate (*n. - metall.*) (Brit.), latta, lamiera stagnata.

tin-plate (to) (to coat with tin) (*ind.*), stagnare.

tinsel (silk fabric) (*text. ind.*), satin. **2.** ~ (fabric consisting of interwoven metallic threads), "lamè". **3.** ~ (metallic or metal-covered material used as in embroidery), canutiglia.

tinsman, *see* tinsmith.

tinsmith (tinman) (*work.*), lattoniere, stagnino.

tinstone (*min.*), cassiterite.

tint (color obtained by mixing a large proportion of white pigment with a small proportion of colored pigment) (*color*), colore di tonalità chiara, colore pastello.

tinted (*a. - gen.*), leggermente colorato. **2.** ~ glass (as the windshield and windows of a motorcar) (*aut.*), vetro atermico.

tinting (*mas.*), tinteggiatura. **2.** ~ (operation by which the final adjustment of the paint color is obtained) (*paint.*), messa in tinta. **3.** ~ power (as of a color) (*ind.*), potere colorante.

tinware (*ind.*), oggetti di latta.

tip (apex), apice, limite superiore. **2.** ~ (crest, of thread) (*mech.*), cresta. **3.** ~ (*arch.*), cuspide. **4.** ~ (of a wing) (*aer.*), estremità. **5.** ~ (a small gift of money), mancia. **6.** ~ skid, *see* electrode skid. **7.** ~ speed (*mech.*), velocità periferica. **8.** ~ stall (of the wing tip: difficult lateral control) (*aer. defect*), stallo di estremità. **9.** ~ tank (*aer.*), serbatoio alare di estremità. **10.** ~ wagon (*narrow gauge veh.*) (Brit.), vagonetto a bilico, carrello (o vagonetto) di tipo ribaltabile (Decauville). **11.** throw-away ~ (*t.*), placchetta non riaffilabile, placchetta non ricuperabile. **12.** widia ~ (applied to a mech. tool) (*t. w. element*), punta (piastrina o inserto) di widia.

tip (to) (to incline) (*aer.*), inclinarsi, inclinare. **2.** ~ (to overturn) (*gen.*), rovesciarsi, rovesciare. **3.** ~ (as a lathe tool with carbide) (*mech.*), riportare la placchetta, riportare la punta.

tipped (as of a lathe tool) (*a. - mech.*), a placchetta riportata, a punta riportata.

tipper (tipping lorry) (*aut.*) (Brit.), autocarro a cassone ribaltabile. **2.** ~ (tipping wagon) (*light railw. veh.*), vagonetto a bilico. **3.** ~ (device used to rotate as a case from a position on its end to a position on its side, a down-ender) (*packing-transp.*), ribaltatore (o ribaltatrice di 90°. **4.** electric tool ~ (*welding mach.*), saldatrice elettrica per (riportare) placchette sugli utensili. **5.** front ~ (*light railw. veh.*), vagonetto (a bilico) a scarico di testa.

tipping, rovesciabile, ribaltabile. **2.** ~ device (as for unloading loose material) (*ind.*), dispositivo a bilico, dispositivo rovesciabile. **3.** ~ lorry (*aut.*), autocarro a cassone ribaltabile. **4.** ~ wagon (*light railw. veh.*), vagonetto a bilico.

tipple, tippler (of loaded trucks) (*ind. app.*), scaricatore meccanico. **2.** end ~ (*railw. mach.*), scaricatore a piano ribaltabile frontale. **3.** side discharge ~ (*railw. mach.*), scaricatore a piano ribaltabile laterale.

"TIR" (total indicator reading; as when measuring the runout) (*mech.*), valore totale letto sul comparimetro. **2.** ~ (Transports Internationaux sur Route, Transports Internationaux Routiers) (*aut. - transp.*), T.I.R.

tire (the casing and the tube) (*aut.*), pneumatico. **2.** ~ (hoop of a veh. wheel: as of railw. cars) (*veh.*), cerchione. **3.** ~ (the shoe, the rubber-and-fabric casing of the tube) (*aut.*), copertone, copertura. **4.** ~ axis system (*aut.*), sistema di assi del pneumatico. **5.** ~ boring and turning mill (*mach. t.*), tornio verticale per cerchioni. **6.** ~ chains (for avoiding skidding on the snow) (*aut.*), catene antineve, catene da neve. **7.** ~ fitted with 20×5 rim (*aut.*), pneumatico per cerchione 20×5. **8.** ~ inflating gun (tire gun) (*aut. impl.*), pistola per gonfiaggio penumatici. **9.** ~ iron (*veh. impl.*), leva cavafascioni, leva per smontaggio pneumatici. **10.** ~ remoulding (*rubb. ind. - aut.*), ricostruzione del pneumatico, ricostruzione del battistrada. **11.** ~ rim (*aut.*), cerchione per pneumatico. **12.** ~ sidewall (*tire mfg. - rubb. ind.*), fianco della copertura, fianco del pneumatico. **13.** ~ with removable tread (as made up with several bands) (*aut.*), pneumatico con battistrada separato. **14.** balloon ~ (low pressure and large cross section tire) (*rubb. mfg.*), "balloncino". **15.** belted bias-ply ~ (*aut.*), pneumatico diagonale cinturato. **16.** bended edge ~ (as for mtc.) (*rubb. ind.*), pneumatico a tallone. **17.** bias belted ~ (*aut. - rubber ind.*), pneumatico (a struttura) diagonale cinturato. **18.** bias-ply ~ (*rubb. ind.*), pneumatico diagonale, pneumatico a tele diagonali. **19.** coupled ~ (*aut. ind.*), pneumatici gemellati, pneumatici accoppiati. **20.** cross-ply ~ (*aut. - rubb. mfg.*), pneumatico a tele incrociate. **21.** cross-ply tubeless ~ (*aut. - tire mfg.*), pneumatico a tele incrociate senza camera d'aria. **22.** electrically conductive ~ (*tire mfg.*), pneumatico elettricamente conduttivo. **23.** fabric ~ (of aut.) (*rubb. mfg.*), pneumatico con tele. **24.** flat ~ (*aut.*), pneumatico a terra, "gomma" a terra. **25.** 4-ply bias ~ (*aut. - tire mfg.*), pneumatico a 4 tele incrociate. **26.** grooved tread ~ (*tire mfg.*), pneumatico con battistrada a canale. **27.** high-pressure ~ (*tire mfg. - rubb. ind.*), pneumatico ad alta pressione. **28.** low-pressure ~ (*tire mfg. - rubb. ind.*), pneumatico a bassa pressione. **29.** medium-pressure ~ (*tire mfg.*), pneumatico a media pressione. **30.** nylon cord ~ (*aut. - tire mfg.*), pneumatico con tortiglia di nailon. **31.** off-the-road ~ (as for a milit. veh.), (*rubb. ind.*), pneumatico per (marcia) fuori strada. **32.** puncture-proof ~ (*aut.*), pneumatico antiforo. **33.** radial belted ~ (*aut. - rubb. ind.*), pneumatico (a struttura) radiale cinturato. 34. radial-ply ~ (*aut. - rubb. ind.*), pneumatico a struttura radiale. **35.** radial ~ (radial-ply tire) (*aut. - tire mfg.*), pneumatico radiale. **36.** shrunk-on ~ (of a railw. wheel) (*railw.*), cerchione montato a caldo. **37.** slick ~ (kind of tire having flat profile and tread not engraved: for racing only on dry track) (*aut. sport races - rubb. ind.*), pneumatico liscio per pista asciutta, "slick". **38.** smooth profile ~ (*tire mfg. - rubb. ind.*), pneumatico a profilo liscio. **39.** solid ~ (for ind. veh.), (*rubb. ind.*), gomma piena. **40.** streamline profile ~ (*tire mfg. - rubb. ind.*), pneumatico a profilo aerodinamico. **41.** studded ~ (*rubb. ind.*), pneumatico scolpito. **42.** tubeless ~ (*rubb. ind.*), pneumatico senza camera d'aria. **43.** white sidewall ~ (*aut. - rubb. ind.*), pneumatico con fascia bianca. **44.** whitewall ~ (*aut.*) (Am.), gomma con fascia bianca, pneumatico con fascia bianca.

tire (to) (an aut. wheel) (*aut.*), montare il pneumatico, montare la gomma. **2.** ~ (a veh. wheel with an iron band) (*railw.*), montare i cerchioni, cerchiare.

tired (as a motor car) (*aut.*), gommato.

tiro (tyro, a beginner) (*work.*), apprendista, tirocinante.

T-iron (T-shaped section) (*bldg.*), trave a T (in ferro).

tissue (woven fabric), tessuto. **2.** ~ paper (*paper mfg.*), carta velina. **3.** carbon ~ (*phot.*), carta al carbone.

tit (a small protrusion on a glass article) (*glass mfg.*), capezzolo. **2.** ~ drill (for counterboring holes: with a central protuberance for guiding the tool) (*t.*), punta guidata.

titanate (*chem.*), titanato.

titania (TiO_2) (*min. - refractory*), ossido di titanio.

titanic acid [($Ti(OH)_4$) ortho, ($TiO(OH)_2$) metal] (*chem.*), acido titanico (orto e meta).

titanic oxide (Am.), **titanium dioxide** (Brit.) $(TiO)_2$ (for painting) (*chem.*), bianco di titanio, biossido di titanio.

titanium (Ti - *chem.*), titanio. **2.** ~ white (*ind. chem.*), bianco di titanio.
titer (the strength of a solution) (*chem.*), titolo.
title (*gen.*), titolo. **2.** ~ (as of an article) (*edit.*), titolo. **3.** ~ (a subtitle) (*m. pict.*), didascalia. **4.** ~ block (of a drawing: table containing in a corner the name of the firm, draw. number, scale, date etc.) (*mech. draw.*), intitolazione. **5.** ~ page (first page, as of a book, with the title, name of the author and name of the publisher) (*edit.*), frontespizio. **6.** bastard ~ (half title) (*edit.*), falso frontespizio. **7.** half ~ (on the first page of a book) (*typ.*), occhietto, occhiello. **8.** sub-~ (*edit.*), sottotitolo.
titrant (*n.* - *chem.*), titolante.
titrate (to) (*chem.*), titolare.
titration (*chem.*), titolazione. **2.** potentiometric ~ (*chem.*), titolazione potenziometrica.
titre, *see* titer.
titrimeter (*chem. app.*), apparecchio per titolazioni. 2. potentiometric ~ (*chem. app.*), potenziometro per titolazioni.
titrimetric (*a.* - *chem.*), titrimetrico, per titolazioni. **2.** ~ analysis (*chem.*), analisi titrimetrica, analisi per titolazioni.
titrimetry (*chem.*), titrimetria, metodo di analisi per titolazioni.
titular head (of a firm) (*comm.*), titolare.
"tk" (tank) (*gen.*), serbatoio, vasca. **2.** ~ (truck) (*veh.*), *see* truck.
"tkof", *see* takeoff.
"tkr" (tanker) (*naut.*), nave cisterna.
"tkt", *see* ticket.
Tl (thallium) (*chem.*), Tl, tallio.
"tl" (thunderstorms, Beaufort letters) (*meteorol.*), temporali.
"tld" (tooled) (*mech.* - *w.*), lavorato di utensile.
"tlr" (trailer) (*veh.*), rimorchio.
Tm (thulium) (*chem.*), Tm, tullio.
"tmbr" (timber) (*wood* - *bldg.*), legname.
"TMH" (tons per man-hout) (*ind.* - *naut.* - *etc.*), tonnellate per ora per operaio.
"TML" (tetramethyl lead) (*chem.*), piombo tetrametile.
"tmp", *see* temperature.
"tm-process" (casting process in synthetic refractory material molds) (*found.*), procedimento di colata in forme refrattarie sintetiche.
"TMU" (time-measurement unit) (*time study*), unità di misura del tempo.
"TN", *see* thermo-nuclear.
"tn", *see* ton, town, train.
"TNB" [$C_6H_3(NO_2)_3$] (trinitrobenzene) (*chem.*), trinitrobenzene.
"tnd", *see* tinned.
T network (a star connection consisting of three branches) (*elect.*), rete di tre diramazioni collegate a stella.
"tnge", *see* tonnage.
"TNT" (trinitrotoluene) (*expl.*), trinitrotoluolo.
"TO", *see* technical order, turnover.
to (as raised to power) (*math.*), alla. **2.** five (raised) ~ the fifth (power) (*math.*), cinque alla quinta. **3.** five ~ the minus two (power) (*math.*), cinque alla meno due.
to-and-fro (movement: as of mech. piece) (*mech.*), vai e vieni. **2.** ~ movement (as of a mech. piece) (*mech.*), movimento di vai e vieni.
toast (to), torrefare, tostare.
toaster (*elect. app.*), tostapane. **2.** turnover ~ (*elect. app.*), tostapane rovesciabile.
"TOB" (take-off boost) (*aer.*), spinta al decollo.
tobin bronze (trademark) (*metall.* - *naut.*), tipo di bronzo allo stagno (costituito da circa 60% Cu, 39% Zn, 1% Sn) per usi navali.
"TOD" clock (Time Of Day clock) (*comp.*), orologio macchina.
toe (pivot) (*mech.*), perno. **2.** ~ (journal) (*mech.*), zona supportata (di albero). **3.** ~ (a projection from the periphery of a piece) (*mech.*), nasello, sporgenza. **4.** ~ (front part of a frog) (*railw.*), parte anteriore di un crociamento. **5.** ~ (of a switch blade) (*railw.*), punta. **6.** ~ (of a shoe) (*shoe mfg.*), puntale. **7.** ~ (of a weld, junction between the face of a weld and the base metal) (*welding*), linea d'attacco della superficie (del cordone) al metallo base. **8.** ~ (lower end of a dam) (*bldg.*), piede. **9.** ~ (extreme outer point of a wheel flange) (*railw.*), estremità del bordino. **10.** ~ bearing tooth (of gears) (*mech.*), dente con zona di contatto spostata alla estremità interna. **11.** ~ clip (of a bicycle) (*veh.*), fermapiede. **12.** ~ dog (*domestic t.*), piccolo morsetto da tavolo. **13.** ~ lasting (*rubb. shoe mfg.*), formatura del puntale. **14.** ~ wall (*road constr.*), muretto di contenimento (del terrapieno).
toeboard (border as fitted at the rim of working tables, platforms etc. in order to avoid dropping of tools etc.) (*ind.*), bordo di contenimento. **2.** ~ (sloping board in the front floor of an aut.) (*veh.*), pannello pedaliera.
toe-in (convergency of the front wheels of an aut.) (*mech.*), convergenza.
toenail (parenthesis) (*typ.*), parentesi. **2.** ~ (a driven nail) (*join.*), chiodo piantato.
toe-out (divergency of the front wheels of an aut.) (*mech.*), divergenza.
"TOFC" (trailer on flat car) (*transp.*), rimorchio su pianale.
toggle (toggle joint) (*mech.*), *see* toggle joint. **2.** ~ (*naut.*), cavigliotto, coccinello. **3.** ~ (handholding strap for passenger set in an aut. body) (*aut.*), maniglia. **4.** ~ bolt (*domestic impl.*), bullone con dado ad alette espansibili. **5.** ~ joint (*mech.*), giunto a ginocchiera. **6.** ~ lever (*mech.*), leva articolata. **7.** ~ press (*mach.*), pressa a ginocchiera. **8.** ~ riveter (*mach. t.*), ribaditrice a ginocchiera. **9.** ~ switch (*elect. app.*), interruttore a ginocchiera. **10.** ~ switch (*elect. device*), commutatore con leva

a scatto. **11.** gripping ~ (for a forging mach. die) (*mech.*), ginocchiera di chiusura.
"TOHP" (take off horsepower) (*mot.* - *aer.*), potenza al decollo.
toilet (water closet) (*bldg.*) (Am.), ritirata, latrina. **2.** ~ (bathroom) (*bldg.*) (Am.), stanza da bagno, "bagno".
tokamak (kind of nuclear fusion app. involving gaseous plasma) (*atom phys.*), tipo di apparecchiatura per fusione nucleare controllata.
token (as surety of one's right), contromarca. **2.** ~ (a particular group of characters having a special meaning) (*n.* - *comp.*), gruppo di caratteri esprimenti un concetto. **3.** metal ~ (as used for workers) (*work.*), medaglia per operai. **4.** ~ (a disk of metal used as a coin: as for a public telephone set) (*gen.*), gettone.
"TOL" (tolerance) (*mech. draw.*), tolleranza (di lavorazione).
tolerance (specifying the permissible inaccuracy of a machined piece) (*mech.*), tolleranza (di lavorazione). **2.** ~ limit (*mech.*), limite di tolleranza. **3.** ~ zone (*mech.*), campo di tolleranza. **4.** angularity ~ (*mech.*), tolleranza di angolarità. **5.** bilateral ~ (two-way tolerance) (*mech.*), tolleranza bilaterale. **6.** close ~ (as in mech. operations), tolleranza minima, tolleranza stretta. **7.** concentricity ~ (*mech.*), tolleranza di concentricità. **8.** cone ~ (*mech.*), tolleranza per coni. **9.** form ~ (*metrology* - *mech.*), tolleranza di forma, tolleranza degli errori di forma. **10.** high ~ limit (*mech.*), limite di tolleranza superiore. **11.** low ~ limit (*mech.*), limite di tolleranza inferiore. **12.** matching ~ (of splines: the permissible variation in actual space width or actual tooth thickness) (*mech.*), tolleranza del vano primitivo (o dello spessore primitivo), tolleranza di accoppiamento. **13.** minus ~ (difference between the minimum permissible size and nominal size) (*mech.*), scostamento negativo, scostamento inferiore. **14.** natural ~ (*quality control*), tolleranza naturale. **15.** one-way ~ (unilateral tolerance) (*mech.*), tolleranza unilaterale. **16.** parallelism ~ (*mech.*), tolleranza di parallelismo. **17.** plus ~ (difference between the maximum permissible size and the nominal size) (*mech.*), scostamento positivo, scostamento superiore. **18.** positional ~ (position tolerance) (*metrology* - *mech.*), tolleranza di posizione, tolleranza degli errori di posizione. **19.** roundness ~ (*mech.*), tolleranza di circolarità. **20.** squareness ~ (*mech.*), tolleranza di ortogonalità. **21.** straightness ~ (*mech.*), tolleranza di rettilineità. **22.** symmetry ~ (*mech.*), tolleranza di simmetria. **23.** two-way ~ (bilateral tolerance) (*mech.*), tolleranza bilaterale. **24.** unilateral ~ (one-way tolerance) (*mech.*), tolleranza unilaterale.
"tolerance" (to) (to put the tolerances, on a draw.) (*mech. draw.*), indicare le tolleranze.
toll (as of road, bridge etc.), pedaggio. **2.** ~ call (*teleph.*), chiamata interurbana. **3.** ~ line (*teleph.*), linea interurbana. **4.** automatic ~ control (as of a speedway) (*comm.* - *adm.*), riscossione automatica.
toluene ($C_6H_5.CH_3$) (*chem.*), toluene, toluolo.
toluidin, toluidine ($CH_3C_6H_4NH_2$) (*chem.*), toluidina.
toluol [$C_6H_5(CH_3)$] (toluene) (*chem.*), toluolo, toluene, metilbenzene.
"TOLZONE" (tolerance zone) (*mech. draw.*), campo di tolleranza.
tombac, tomback, tombak (copper zinc alloy used in the making of low-priced jewelry) (*metall.*), tombacco, similoro, orpello.
tombstone (*arch.*), lapide funeraria, pietra tombale.
tommy (tommy bar, as for box spanners or capstan screws) (*mech.*), spina. **2.** ~ bar (as for turning a nut by a box wrench) (*mech. t.*), spina. **3.** ~ gun (*firearm*), fucile mitragliatore, pistola mitragliatrice, mitra. **4.** ~ hole (for receiving a tommy bar) (*mech.*), foro per spina. **5.** ~ system (*adm.* - *work.*), *see* truck system.
tompion, *see* tampion.
ton (metric ton) (*t* - *meas.*), tonnellata. **2.** ~ (100 cu ft volume) (*naut.*), tonnellata di stazza. **3.** ~ of refrigeration (the extraction of 288,000 BTU per day) (*therm.*), estrazione di 288.000 BTU al giorno. **4.** displacement ~ (35 cu ft sea water weight) (*naut.*), tonnellata di dislocamento. **5.** freight ~ (40 cu ft volume) (*naut.*), tonnellata d'ingombro. **6.** long ~ (gross ton) (*meas.*), tonnellata (1016,0471 kg). **7.** measurement ~ (40 cu ft volume) (*naut.*), tonnellata d'ingombro. **8.** metric ~ (M.T., equal to 1,000 kilograms or 2,204.6 lbs) (*meas.*), tonnellata metrica. **9.** register ~ (100 cu ft) (*naut.*), tonnellata di stazza, tonnellata di registro, tonnellata di volume. **10.** shipper's ~ (*meas.*), *see* long ton. **11.** shipping ~ (*meas.*), *see* long ton. **12.** short ~ (*meas.*), tonnellata (907,1853 kg).
tonality, tonalità.
tone (*acous.*), tono. **2.** ~ (*paint.* - *art.*), tonalità, tono. **3.** ~ (of a color) (*colors*), tono, grado d'intensità. **4.** ~ arm (for carrying a pickup) (*electroacous.*), braccio del rivelatore acustico. **5.** ~ control (*radio*), controllo del tono, comando del tono. **6.** ~ dialing, *see at dialing* pushbutton dialing. **7.** combined ~ (*acous.*), tono composto. **8.** dial ~ (*teleph.*), segnale di centrale. **9.** dissuasion ~ (an acoustic signal meaning that the wanted number is not accessible: as it is out of service) (*teleph.*), segnale di dissuasione. **10.** engaged ~ (busy tone) (*teleph.*), segnale di occupato. **11.** open-contact ~ (*teleph.*), segnale di libero. **12.** pure ~ (*acous.*), tono puro. **13.** ringing ~ (call signal) (*teleph.*), segnale di chiamata, segnale di connessione stabilita. **14.** simple ~ (*acous.*), tono semplice.
tone (to) (to change normal silver print into colored) (*phot.*), virare.
toner (organic pigment used as a coloring agent a for

paints, varnishes etc.), (*paint.*), pigmento organico. **2.** ~ (for coloring silver bromide pictures) (*phot.*), viraggio.

tongs (*forge t.*), tenaglia da forgia. **2.** ~ (*hoisting app.*), tenaglia. **3.** ~ for blocks (hoisting device) (*impl.*), tenaglia per (sollevamento) blocchi. **4.** ~ hold (*forging*), *see* bar hold. **5.** ~ holder (*t.*), gambo per tenaglie. **6.** adjustable pipe ~ (*pip. t.*), tenaglia regolabile per tubi. **7.** blacksmith's ~ (*t.*), tenaglia da fabbro, tenaglia per forgiatore. **8.** box ~ (*hoisting app.*), tenaglia (di sollevamento) per casse. **9.** chain ~ (for large pipes) (*pip. t.*), stringitubo a catena. **10.** common fire ~ (*household impl.*), molle. **11.** crucible ~ (*found. t.*), tenaglia per crogiolo. **12.** fire ~ (*household impl.*), molle. **13.** forging ~ (*t.*), tenaglia per forgia. **14.** fuse ~ (*elect. t.*), pinze per fusibili. **15.** girder ~ (*hoisting app.*), tenaglia (di sollevamento) per travi. **16.** hammer ~ (*forging t.*), tenaglia da fucinatore. **17.** hoisting ~ (*impl.*), tenaglia per sollevamento. **18.** pick ~ (*heat-treat. t.*), tenaglia per trattamenti a caldo. **19.** pipe ~ (*t.*), tenaglia da tubista. **20.** rail ~ (*railw. constr. t.*), tenaglia da rotaie. **21.** sack ~ (*hoisting app.*), tenaglia (di sollevamento) per sacchi. **22.** toggle lever ~ (*hoisting app.*), tenaglia a leva articolata. **23.** welder's ~ (*t.*), tenaglia da saldatore.

tongue (*mech.*), linguetta, aletta, flangia. **2.** ~ (of a switch) (*railw.*), ago. **3.** ~ (strip of land projecting into the water) (*phys. geogr.*), lingua. **4.** ~ (pole of a vehicle) (*veh.*), timone. **5.** ~ (piece of wood used for tensioning the blade of a frame saw) (*t.*), nottola. **6.** ~ and groove joint (*carp.*), giunzione a maschio e femmina, giunto a linguetta e scanalatura. **7.** ~ depressor (*med. instr.*), abbassatore della lingua. **8.** ~ joint (the tongue of one piece fits in a cavity of the other) (*mech.*), giunzione a linguetta. **9.** ~ plane (*t.*), scorniciatore, incorsatoio. **10.** curved ~ (of a switch) (*railw.*), ago curvo. **11.** heel of ~ (of a switch) (*railw.*), calcio (o tallone) dell'ago. **12.** point of ~ (of a switch) (*railw.*), punta dell'ago. **13.** straight ~ (of a switch) (*railw.*), ago dritto. **14.** switch ~ (*railw.*), ago da scambio.

tongue (to) (*carp.*), incastrare a linguetta.

tonguing (*carp.*), incastro a linguetta.

toning (*phot.*), viraggio.

ton-kilometer (transportation unit) (*meas.*), tonnellata-chilometro.

ton-mile (transp. unit) (*transp. - meas.*), tonnellata-miglio.

tonnage (*gen.*), tonnellaggio. **2.** ~ (duty) (*naut.*), tassa per tonnellata. **3.** ~ (cubic content of a ship) (*naut.*), stazza, tonnellaggio. **4.** ~ admeasurement (*naut.*), stazzatura. **5.** ~ certificate (*naut.*), certificato di stazza. **6.** ~ deck (*naut.*), ponte di stazza. **7.** ~ measurer (*naut. constr.*), stazzatore. **8.** dead-weight ~ (*naut.*), *see* dead-weight capacity. **9.** gross ~ (*naut.*), stazza lorda, tonnellate di stazza lorda, T.S.L., t.s.l. **10.** net ~ (*naut.*), stazza netta, tonnellate di stazza netta. **11.** register ~ (*naut.*), stazza netta. **12.** total ~ (*naut.*), tonnellaggio complessivo. **13.** underdeck ~ (a ship tonnage less the volume above the tonnage deck) (*naut.*), stazza sotto ponte, stazza sotto (il) ponte (di stazza).

tonneau (the rear seating compart) (*aut.*), parte posteriore dell'abitacolo. **2.** ~ lamp (fitted on the back of the front seat) (*aut.*), luce sullo schienale del sedile anteriore. **3.** ~ side panel (presswork) (*aut. body constr.*), fiancata posteriore. **4.** ~ windshield (fitted to the back of the front seat) (*aut.*), divisorio in vetro nell'abitacolo, divisorio all'altezza degli schienali dei sedili anteriori.

tonometer (*acous. meas. instr.*), tonometro. **2.** ~ (for blood pressure meas.) (*med. instr.*), sfigmomanometro. **3.** ~ (for vapor pressure meas.) (*instr.*), tonometro, dispositivo per misurare la tensione di vapore.

tonometry (study of the methods for meas. vapor pressures) (*phys. chem.*), tonometria.

tool (*mech. impl.*), utensile. **2.** ~ (*gen. impl.*), arnese. **3.** ~ (*tools collectively*), utensileria. **4.** ~ apron, *see* apron 7 ~. **5.** ~ bits (*t.*), placchette (di riporto) per utensili. **6.** ~ board (for tools arrangement) (*shop*), tabelliera portautensili. **7.** ~ carrier (of mach. t.), portautensili. **8.** ~ case (*t.*), cassetta attrezzi. **9.** ~ crib (*mech. shop organ.*), dispensa utensili. **10.** ~ engineering (ind. production organization and equipment) (*ind.*), studio e pianificazione di tutto l'occorrente per l'effettuazione della produzione. **11.** ~ grinder (*mach. t.*), affilatrice per utensili. **12.** ~ grinding (or sharpening) (*mach. t. operation*), affilatura dell'utensile. **13.** ~ hole (locating hole, in sheet metal working) (*mech.*), foro di riferimento per l'attrezzatura. **14.** ~ kit (*aut.*), borsa degli arnesi. **15.** ~ post (tool holder: as of a lathe) (*mach. t. - mech.*), portautensile. **16.** ~ roll (*aut.*), borsa degli arnesi, "trousse" degli arnesi. **17.** ~ shank (*t.*), gambo dell'utensile. **18.** ~ steel (*metall.*), acciaio per utensili. **19.** agriculture hand ~ (*agric. t.*), arnese agricolo di impiego manuale. **20.** blanking ~ (*t.*), ferro per tranciare. **21.** box ~ (lathe tool formed by a cutter and a back rest) (*t.*), utensile con appoggio posteriore. **22.** calking ~ (*t.*), cianfrino. **23.** circular forming ~ (*t.*), utensile sagomato circolare. **24.** clamped-tip cutting ~ (*t.*), utensile con placchetta a fissaggio meccanico, utensile con placchetta fissata meccanicamente. **25.** cranked turning ~ (*t.*), utensile per tornire con gambo piegato. **26.** cutoff ~ (as for a lathe) (*t.*), utensile per tagliare, utensile per troncare. **27.** diamond-impregnated ~ (*t.*), utensile diamantato. **28.** dovetail form ~ (as for a lathe) (*t.*), utensile per sagomare a coda di rondine. **29.** dressing ~ (for grinding wheels) (*mech. t.*), utensile ravvivatore. **30.** dull ~ (*t.*), utensile non affilato. **31.** external screw cutting ~ (*lathe t.*), utensile per filettare esterno. **32.** finishing ~ (*lathe t.*), utensile per finitura. **33.**

form ~, *see* forming tool. **34.** forming ~ (*t.*), utensile sagomato, utensile per sagomare. **35.** four-way ~ block (of mach.), portautensili a quattro stazioni, torretta portautensili quadra. **36.** gap profile ~ (*t.*), utensile sagomato con intaglio. **37.** gardening hand ~ (*garden t.*), arnese da giardinaggio. **38.** general-purpose ~ (*t.*), utensile (o attrezzo) generico. **39.** heading ~ (*t.*), punzone di ricalcatura. **40.** heading ~ (of a forging machine) (*forging mach.*), punzone ricalcatore. **41.** heavy-duty turning ~ (*lathe t.*), utensile per tornitura pesante. **42.** inside turning ~ (*lathe t.*), utensile da interni. **43.** knee ~ (tool holder knee shaped) (*t.*), utensile con gambo angolato (anziché diritto). **44.** knife ~ (*t.*), utensile a coltello. **45.** knurling ~ (*t.*), utensile per zigrinare. **46.** lathe cutting ~ (*mech. t.*), utensile da tornio. **47.** left-cut ~ (as for a lathe) (*t.*), utensile a taglio sinistro. **48.** left-hand facing ~ (as for a lathe) (*t.*), utensile per sfacciare sinistro. **49.** left-hand turning ~ (for a lathe) (*t.*), utensile per tornire sinistro. **50.** light turning and facing ~ (*lathe t.*), utensile leggero per tornitura e spianatura. **51.** loose ~ (handled by a forgeman and used during forging operations together with fixed dies for shaping the work) (*forging*), attrezzo a mano. **52.** machine ~ (*mach. t.*), macchina utensile. **53.** negative rake ~ (*t.*), utensile a spoglia negativa. **54.** parting-off ~ (as for a lathe) (*t.*), utensile per troncare. **55.** parting ~ (*t.*), utensile troncatore, utensile per troncare. **56.** plumber's long curved caulking ~ (*t.*), presella lunga e ricurva da idraulico. **57.** plumber's straight caulking ~ (*t.*), presella dritta da idraulico. **58.** power-driven hand tools (*mech. impl.*), utensili elettrici (o pneumatici) portatili. **59.** profile ~ (forming tool) (*t.*), utensile profilatore, profilatore. **60.** punch ~ (of a forging machine) (*forging mach.*), punzone per forare. **61.** radius turning ~ (*t.*), utensile per tornitura sferica (o per raccordi, o a raggio). **62.** recessing ~ (*lathe t.*), utensile per esecuzione di gole interne. **63.** right-cut ~ (as for a lathe) (*t.*), utensile a taglio destro. **64.** right-hand facing ~ (as for a lathe) (*t.*), utensile per sfacciare destro. **65.** right-hand turning ~ (for a lathe) (*t.*), utensile per tornire destro. **66.** riveter's ~ (*t.*), utensile da chiodatore. **67.** roughing ~ (*t.*), utensile sgrossatore, utensile per sgrossare. **68.** round-nose turning ~ (for a lathe) (*t.*), utensile per tornire a punta rotonda. **69.** round shank chamfering ~ (*t.*), utensile per smussare con gambo tondo. **70.** screw-cutting ~ (*t.*), utensile per filettare. **71.** selfacting lift of the ~ (as on mach. t.), sollevamento automatico dell'utensile. **72.** short-run tools (tools used for short duration operations) (*mech. - etc.*), utensili (od attrezzi) per cicli brevi. **73.** shoulder turning ~ (*t.*), utensile per tornire sotto spalla. **74.** slotting ~ (*t.*), utensile stozzatore. **75.** special tools (*mech. - etc.*), attrezzatura (od utensileria) specifica. **76.** straight ~ (*t.*), utensile prismatico. **77.** the ~ becomes blunt (or dull) (*mach. t. operations*), l'utensile perde il filo. **78.** thread forming ~ (*t.*), utensile per filettare. **79.** threading ~ (as used on a lathe), utensile per filettare. **80.** throwaway ~ (tool with ungrindable bits) (*t.*), utensile con placchetta non riaffilabile. **81.** tip carbide ~ (*t.*), utensile a placchetta di carburi (riportata). **82.** undercutting ~ (*t.*), utensile per scarichi.

tool (to) (*ind.*), organizzare ed attrezzare una produzione di serie.

toolbar (found on the rear of the tractor for carrying various impl.) (*agric. tractor*), barra (o incastellatura) porta attrezzi.

toolbox (*gen.*), cassetta portautensili. **2.** ~ (as on a lathe) (*mach. t. mech.*), portautensili.

tool-dresser (as a diamond dresser for dressing grinding wheels) (*mech. t.*), ravvivamole.

toolhead (*mach. t. mech.*), testa portautensili.

toolholder (of mach. t.), portautensili. **2.** ~ (of a forging machine) (*forging mach.*), porta-punzoni.

toolkit (set of tools for upkeeping and operating: as a mach., a comp. etc.) (*gen.*), borsa degli arnesi di corredo.

tooling (mech. operation by tools) (*mech.*), lavorazione con utensili. **2.** ~ (equipment required for a given operation) (*ind.*), attrezzamento. **3.** ~ (ornamental work made in wood, ivory, metal etc.) (*mfg.*), lavoro artigianale di intaglio. **4.** ~ hole, *see* tool hole. **5.** ~ layout (*mech.*), disposizione degli utensili. **6.** general-purpose ~ (fixtures, jigs, dies etc.) (*mecch. work*), attrezzatura generica. **7.** special-purpose ~ (fixtures, jigs, dies etc.) (*mech. work*), attrezzatura specifica.

toolmaker (*work.*), (operaio) attrezzista, utensilista.

toolmaker's button (jig for drilling) (*mech.*), maschera di foratura.

toolplate (cutter holder) (*mach. t. - mech.*), portautensili.

toolroom (*shop department*), (reparto) utensileria. **2.** ~ (where tools are stored and distributed to the workers) (*shop organ.*), dispensa utensili. **3.** ~ internal grinding machine (*mach. t.*), rettificatrice per interni da utensileria (o da attrezzista). **4.** ~ lathe (precision lathe) (*mach. t.*), tornio di precisione.

toolslide (as in a shaper) (*mach. t.*), slitta per l'utensile.

toolstock, *see* tool post.

tooth (*mech.*), dente, dente di ingranaggio. **2.** ~ (of a file) (*t.*), tagliente, dente. **3.** ~ (of an armature, between two slots) (*electromech.*), dente. **4.** ~ (surface roughness: as of paper, steel etc.) (*ind. technol.*), grana. **5.** ~ chisel (*mas. t.*), gradina. **6.** ~ contour (*mech.*), profilo del dente. **7.** ~ depth (of a gear) (*mech.*), altezza del dente. **8.** ~ end elevation (*mech.*), profilo di estremità del dente. **9.** ~ face (length of a gear tooth) (*mech.*), lunghezza (dente). **10.** ~ fillet (of a gear tooth) (*mech.*), raccordo (di) fondo dente. **11.** ~ flank (of a gear tooth) (*mech.*), fianco dedendum. **12.** ~ form (of a gear) (*mech.*), forma del dente. **13.** ~ lockwasher (*mech.*), rondella di sicurezza dentata. **14.** ~ outline (of a gear) (*mech.*), profilo del dente. **15.** ~ profile (of a gear tooth) (*mech.*), profilo del dente. **16.** ~ space (of a gear) (*mech.*), vano interdentale, vano fra i denti. **17.** ~ spacing (of a gear) (*mech.*), passo di dentatura. **18.** ~ surface (of a gear) (*mech.*), superficie del fianco del dente. **19.** ~ thickness (of a gear) (*mech.*), spessore del dente. **20.** briar [or parrot] ~ (crosscut saw tooth) (*carp.*), dente a gola. **21.** burnishing ~ (of a broach) (*mech. t.*), dente calibratore. **22.** champion ~ (of a wood saw) (*carp.*), dente per sega a taglio incrociato. **23.** chordal ~ thickness (*mech.*), spessore cordale del dente. **24.** circular ~ thickness (*mech.*), spessore del dente misurato sulla primitiva. **25.** continuous ~ formation (of a saw blade) (*carp.*), dentatura continua. **26.** cut ~ (of a gear) (*mech.*), dente tagliato. **27.** depth of ~ (of a gear) (*mech.*), altezza del dente. **28.** double helical ~ (of a gear) (*mech.*), dente a freccia. **29.** elongated ~ (of special hobbers) (*t.*), dente allungato. **30.** gullet ~ (of a saw blade) (*carp.*), dente a becco. **31.** herringbone ~ (of a gear) (*mech.*), dente a freccia. **32.** interrupted ~ formation (of a saw blade) (*carp.*), dentatura a denti spezzati. **33.** M ~ (of a saw blade) (*carp.*), dente a M. **34.** old woman's ~ (cutting iron of a router plane) (*carp. t.*), ferro. **35.** overcut ~ (primary tooth, one of the first series of teeth cut across a file) (*t.*), tagliente inferiore, dente inferiore. **36.** parrot ~ (of a saw blade) (*carp.*), dente a gola. **37.** primary ~ (overcut tooth, of a file) (*t.*), tagliente inferiore, dente inferiore. **38.** roughing teeth (of a broach) (*t.*), denti sgrossatori. **39.** rough ~ (of a gear) (*mech.*), dente grezzo. **40.** round-topped ~ (of a gear) (*mech.*), dente a sommità arrotondata. **41.** secondary ~ (up-cut tooth, of a file) (*t.*), tagliente superiore, dente superiore. **42.** stub ~ (of a gear) (*mech.*), dente ribassato. **43.** up-cut ~ (secondary tooth, one of the second series of teeth cut across a file) (*t.*), tagliente superiore, dente superiore.

tooth (to) (*mech. - etc.*), dentare.

toothed (*a. - mech.*), dentato, a denti. **2.** ~ gearing (*mech.*), trasmissione ad ingranaggi. **3.** ~ wheel (*mech.*), ruota dentata.

toothing (of a gear) (*mech.*), dentatura. **2.** ~ plane (*carp.*), pialla con ferro a denti.

top (the highest point) (*gen.*), cima, sommità, limite superiore. **2.** ~ (lid, covering), coperchio, copertura. **3.** ~ (of the roof) (*bldg.*), colmo. **4.** ~ (as of an aut.), tetto, cielo. **5.** ~ (*naut.*), coffa. **6.** ~ (the first products in distillation) (*chem.*), prodotto di testa. **7.** ~ (combed silver) (*text. ind.*), nastro pettinato, pettinato. **8.** ~ (*a. - gen.*), superiore. **9.** ~ (pear shaped child toy) (*gen.*), trottola. **10.** ~, *see* topsail. **11.** ~ angle (angle increment: of a gear tooth) (*mech.*), angolo della sommità. **12.** ~ capping (the act of coating an old tire with a new tread) (*aut.*), ricostruzione del battistrada. **13.** ~ casting (*found.*), colata dall'alto. **14.** ~ clearance (of a gear) (*mech.*), gioco alla sommità, gioco di fondo dente. **15.** ~ dead center (top dead centre, "TDC": position of a piston) (*mech.*), punto morto superiore PMS. **16.** ~ decking (as of a bus) (*aut.*) (Am.), copertura del tetto. **17.** ~ die (*mech. technol.*), stampo superiore. **18.** ~ executive (*company management*), direttore generale. **19.** ~ frame (of folding aut. decking) (Am.), compasso della capote. **20.** ~ gear (of a gearbox) (*aut.*), velocità (o marcia) più elevata. **21.** ~ land (of a gear tooth) (*mech.*), superficie di troncatura. **22.** ~ light (*naut.*), fanale di gabbia. **23.** ~ management (of a company), direzione generale. **24.** ~ overhaul (reconditioning of the cylinders of an engine) (*mot.*), revisione completa. **25.** ~ rake (of a tool) (*mach. t.*), angolo di spoglia superiore. **26.** ~ secret (*milit.*), segretissimo. **27.** ~ side (face, of a gear tooth) (*mech.*), fianco addendum. **28.** ~ speed (*mech.*), velocità massima. **29.** ~ surface (of a wing) (*aer.*), dorso. **30.** ~ swage (*mech. technol.*), stampo superiore. **31.** ~ water (above oil or gas formations) (*min.*), acque sovrastanti i giacimenti di petrolio (o metano). **32.** cauliflower ~ (spongy top of a steel ingot) (*metall. defect*), testa a cavolfiore, testa rimontata. **33.** convertible ~ (folding top) (*aut.*), capote. **34.** dry ~ (*wool ind.*), pettinato secco. **35.** folding ~ (*aut.*), capote a mantice. **36.** fore ~ (*naut.*), coffa di trinchetto. **37.** hard ~ (movable top capable of being easily fitted, as in winter) (*aut.*), tettuccio rigido. **38.** lowered ~ (*aut.*), capote abbassata. **39.** main ~ (*naut.*), coffa di maestra. **40.** mizzen ~ (*naut.*), coffa di mezzana. **41.** oil ~ (*wool ind.*), pettinato in olio. **42.** prepared ~ (*wool ind.*), pettinato preparato. **43.** raised ~ (*aut.*), capote alzata. **44.** reversible ~ (of aut.), tetto apribile. **45.** rising ~ (*metall.*), *see* spongy top. **46.** spongy ~ (of an ingot) (*metall.*), sommità porosa. **47.** turret ~ (*streetcar or railw. obsolete coach constr.*), padiglione con lanternino, padiglione (o tetto fisso) parzialmente sopraelevato (per dar luogo ad aperture laterali di ventilazione).

top (to) (to remove the top) (*gen.*), togliere la sommità. **2.** ~ (to cut off the top of something: as a steel ingot) (*metall.*), spuntare. **3.** ~ (to remove the first products of distillation) (*chem. ind.*), predistillare, effettuare la distillazione dei prodotti più leggeri. **4.** ~ (to cover with a different dye) (*dyeing*), coprire con altra tinta. **5.** ~ (to cover with a top or to serve as a top) (*gen.*), coprire con coperchio, servire da copertura. **6.** ~ up (to fill up something: as a battery with distilled water) (*elect.*) (Brit.), rabboccare, riempire, aggiungere (acqua distillata), riempire (con acqua distillata). **7.** ~ up (to raise the end of a yard etc. higher than the other end) (*naut.*), imbroncare.

"top", **"topo"**, *see* topographic, topographical.

topaz (fluosilicate of aluminium) [$Al_2(OHF)_2SiO_4$] (*min.*), topazio. **2.** false ~ (yellow quartz) (SiO_2)

(*min.*), falso topazio. **3.** oriental ~ (yellow sapphire) (Al_2O_3) (*min.*), topazio orientale.
top-benching (*min.*), sbancamento in senso orizzontale.
topcap (the upper part of a shaft support) (*mech.*), cappello, parte superiore di un supporto.
topdressing (of the soil) (*agric.*), fertilizzazione a spandimento.
topgallant (above the junction line) (*a. - naut.*), sopra la linea di congiunzione. **2.** ~ bulwarks (quarter boards, boards arranged above the bulwarks) (*old naut.*), impavesata, bastingaggio.
topmaker (*text. ind.*), fabbricante di pettinati.
topmaking (sliver finishing) (*text. mfg.*), stiratura dei nastri.
topman (a sailor who stays up top) (*naut.*), gabbiere.
topmast (*naut.*), albero di gabbia, secondo tronco (dell'albero) a partire dal ponte. **2.** main ~ (*naut.*), albero di gabbia di maestra. **3.** mizzen ~ (*naut.*), albero di contromezzana.
"topog", *see* topographic, topographical, topography.
topographic (*top.*), topografico.
topographical (*top.*), topografico. **2.** ~ engineer (*top. pers.*), topografo.
topography, topografia.
topologic, topological (*math. - etc.*), topologico. **2.** ~ equivalent (*a. - math.*), equivalente topologico. **3.** ~ group (*math.*), gruppo topologico. **4.** ~ space (*math.*), spazio topologico. **5.** ~ transformation (*math.*), trasformazione topologica.
topology (part of geometry studying the properties of invariants) (*math.*), topologia.
topped crude (*refinery*), petrolio predistillato.
topping (*milk ind.*), schiumatura. **2.** ~ (as in gasoline distillation) (*ind. chem.*), predistillazione, prima distillazione. **3.** ~ (as of hemp) (*text. ind.*), cascami di pettinatura. **4.** ~ (mortar coat on walls and floors) (*mas.*), pastina. **5.** ~ (wearing surface, of a road) (*road constr.*), manto superficiale. **6.** ~ up (as a battery with distilled water) (*aut. - elect. - etc.*), rabbocco, rabboccatura, riempimento. **7.** ~ up (replenishment, as of an aerostat with gas) (*aer. - etc.*), gonfiamento.
toprope (*naut.*), cavobuono, ghindazzo.
topsail (*naut.*), vela di gabbia, seconda vela (in altezza a partire dal ponte). **2.** ~ schooner (*naut.*), goletta a vele quadre. **3.** lower fore-~ (*naut.*), basso parrocchetto. **4.** lower main ~ (*naut.*), gabbia bassa, gabbia fissa. **5.** lower main ~ yard (*naut.*), pennone di gabbia bassa. **6.** lower mizzen ~ (*naut.*), contromezzana bassa. **7.** upper main ~ (*naut.*), gabbia volante. **8.** upper mizzen ~ (*naut.*), contromezzana volante.
top-secret (*a. - milit.*), segretissimo.
topside (*naut.*), opera morta.
top slicing (mining method) (*min.*), coltivazione a tagli orizzontali discendenti.
"tor", "torp" (torpedo) (*navy*), siluro.
torch (small flashlight) (*elect. device*), torcia, lampada a torcia. **2.** ~ (gasoline vaporizing device: for heating or soldering) (*impl.*), lampada (a benzina), saldatoio svedese (a benzina). **3.** ~ (for welding or cutting) (*impl.*), cannello. **4.** ~ tip (for welding or cutting) (*impl.*), punta del cannello. **5.** cutting ~ (*impl.*), cannello da taglio. **6.** oxyacetylene welding ~ (*impl.*), cannello ossiacetilenico. **7.** oxyhydrogen (welding) ~ (*mech. impl.*), cannello ossidrico. **8.** spray ~ (spraying of molten metal) (*mech. impl.*), spruzzatore a caldo per metallizzazione. **9.** welding ~ (*mech. impl.*), cannello (per saldatura).
tore (*geom.*), toro.
toric (*a. - geom.*), torico.
torn (*gen.*), strappato. **2.** ~ surface (surface defect due to the removal as of tack-welded jigs) (*welding*), puntatura strappata.
tornado [(South Am.), or tropical cyclone (India), or hurricane (North Am.), or typhoon (Far East), or cyclone (Europe), or willy-willy (Australia)] (*meteorol.*), ciclone tropicale, uragano, tifone, ciclone.
toroid (*geom.*), toroide. **2.** ~ coil (*elect.*), bobina toroidale.
toroidal (*a. - geom.*), toroidale. **2.** ~ combustion chamber (*mot.*), camera di combustione toroidale.
torpedo (submarine mine) (*navy expl.*), torpedine, mina subacquea. **2.** ~ (steerable, self-propelling, submarine proiectile) (*navy expl.*), siluro. **3.** ~ (*railw. detonating sign.*), petardo. **4.** ~ (as for clearing a well) (*oil drilling*), carica esplosiva. **5.** ~ boat (*navy*), torpediniera, silurante. **6.** ~ boat destroyer (*navy*), cacciatorpediniere. **7.** ~ bomber (*air force*), aerosilurante. **8.** ~ compartment (*navy*), camera (di lancio) dei siluri. **9.** ~ director (*navy elics. device*), centralina di lancio. **10.** ~ factory (*ind.*), silurificio. **11.** ~ firing (*navy*), lancio del siluro. **12.** ~ firing range (*navy*), campo di lancio, siluripedio. **13.** ~ gunboat (*navy*), cannoniera silurante. **14.** ~ gyroscope (*navy expl.*), giroscopio del siluro. **15.** ~ net (*navy*), rete di protezione contro i siluri. **16.** ~ plane (air force plane) (*aer.*), aerosilurante. **17.** ~ room (*navy*), camera di lancio. **18.** ~ skin (*navy expl.*), armatura del siluro. **19.** ~ tube (*navy*), tubo di lancio, tubo lanciasiluri. **20.** ~ tube shutter (*navy*), portello del tubo lanciasiluri. **21.** acoustic ~ (homing torpedo guided by the sound of the target ship propellers) (*navy expl.*), siluro (autoguidato) acustico. **22.** active-acoustic ~ (torpedo generating sound signals and homing on the echo received from the target) (*navy expl.*), siluro con testa attiva. **23.** aerial ~ (*navy expl.*), siluro aereo, siluro (lanciato) da aereo. **24.** antisubmarine ~ (torpedo especially built for hitting submarines) (*navy expl.*), siluro antisom. **25.** antisurface ~ (*navy*), siluro antinave. **26.** antisurface vessel ~ (torpedo especially built for war against surface ships) (*navy expl.*), siluro an-

tinave. **27.** deck ~ tube (*navy*), lanciasiluri in coperta. **28.** electric ~ (*navy expl.*), siluro elettrico. **29.** heat ~ (torpedo propelled by a heat engine) (*navy expl.*), siluro termico. **30.** homing ~ (modern torpedo equipped with transmitter and receiver for homing it on to the target) (*navy expl.*), siluro autoguidato. **31.** magnetic ~ (mine with exploder sensitive to magnetic influence) (*navy expl.*), mina magnetica. **32.** passive-acoustic ~ (torpedo homing only on noise produced by the target) (*navy expl.*), siluro con testa passiva. **33.** spar ~ (old type of torpedo secured at the end of a spar projecting from the bow of a ship) (*navy expl.*), torpedine ad asta. **34.** submarine-launched antisubmarine ~ (*navy expl.*), siluro antisom da sommergibile. **35.** underwater ~ tube (*navy*), lanciasiluri subacqueo. **36.** whiskered ~ (submarine mine) (*navy expl.*), mina (con acciarino) ad urtanti. **37.** wire fed electrical ~ (experimental torpedo fed by a wire extending from the launching ship) (*navy expl.*), siluro filoalimentato. **38.** wire guided ~ (torpedo guided against the target by signals transmitted by wire from board) (*navy expl.*), siluro filoguidato.

torpedo (to) (to hit something with a torpedo) (*expl. - navy*), silurare. **2.** ~ (to explode a charge in the shaft of a well for eliminating obstructions) (*min.*), fare esplodere una carica in un pozzo.

torpedo-boat destroyer (*navy*), cacciatorpediniere.

torpedoing (*navy*), siluramento.

torpedoplane (*air force*), aerosilurante.

torque (moment of force) (*theor. mech.*), momento di una forza. **2.** ~ (turning force, rotation effort: as of a mot.) (*applied mech.*), coppia. **3.** ~ arm (as in aut. rear axles) (*aut. - railw. - etc.*), braccio di reazione. **4.** ~ converter (as of aut. fluid drive) (*mech.*), cambio idraulico, convertitore di coppia, variatore di coppia. **5.** ~ links (linkage used for preventing relative rotation between telescopic members) (*aer. - mech.*), compasso di torsione. **6.** ~ meter (elect. or opt. instr. for measuring torsion) (*mech. instr.*), torsiometro, misuratore di coppia. **7.** ~ pin (*mech.*), spina (soggetta a sforzo) di torsione. **8.** ~ spanner (*mech. t.*), chiave torsiometrica, chiave tarata. **9.** ~ stand (for engine test) (*mot. app.*), banco di prova (per misurare la coppia). **10.** ~ stress (*constr. theor.*), sollecitazione di torsione, sforzo torcente. **11.** ~ tube (*mech.*), tubo di torsione. **12.** ~ tube (as the one around the propeller shaft and joined with a crosstube which is around the rear drive shafts) (*obsolete aut. mech.*), "cristo", carter a croce della trasmissione. **13.** ~ wrench [torque spanner (Brit.)] (*mech. t.*) (Am.), chiave torsiometrica, chiave tarata. **14.** ~ wrench setting (driving torque, as for nuts) (*mech.*), coppia di serraggio, (valore della) coppia di serraggio. **15.** aligning ~ (of the tire contact forces) (*aut.*), coppia autoallineante, coppia di autoallineamento. **16.** deflecting ~ (of an instr.), coppia deviatrice. **17.** direct reading ~ wrench (*mech. t.*), chiave torsiometrica a lettura diretta. **18.** driving ~ (torque wrench setting, as for tightening nuts) (*mech.*), coppia di serraggio. **19.** hydraulic ~ converter (*mech.*), cambio idraulico, variatore di coppia idraulico. **20.** memory type ~ wrench (*mech. t.*), chiave torsiometrica a memoria. **21.** polyphase ~ converter (*mech.*), variatore (o convertitore) di coppia polifase. **22.** restoring ~ (of an instr.), coppia antagonista. **23.** restoring ~ (*theor. mech.*), coppia riequilibratrice. **24.** sensory type ~ wrench (*mech. t.*), chiave torsiometrica a scatto. **25.** starting ~ (*elect. mot.*), coppia d'avviamento. **26.** yawing ~ (as of car tires) (*aut.*), coppia d'imbardata.

torque (to) (to cause to turn about an axis: as for giving a new orientation to a spacecraft during its orbitation) (*astric. - mech.*), far girare, far variare l'orientamento.

torquemeter (for measuring torque) (*meas. instr.*), torsiometro, misuratore di coppia.

torquing (tightening, as of a screw) (*mech.*), serraggio.

torr (pressure unit equal to 1 mmHg) (*phys.*), tor.

torrefy (to) (*pharm.*), torrefare.

torrent (*geogr.*), torrente. **2.** ~ damming (*hydr. constr.*), briglie del torrente, imbrigliamento del torrente.

torsiograph (used for recording torsional vibrations) (*instr.*), torsiografo.

torsion (*constr. theor.*), torsione. **2.** ~ (second curvature) (*math.*), torsione. **3.** ~ balance (*instr.*), bilancia di torsione. **4.** ~ bar (*mech.*), barra di torsione. **5.** ~ bar suspension (*aut. - mtc.*), sospensione (o molleggio) a barra di torsione. **6.** ~ meter (*text. ind. app.*), torcimetro, torsiometro. **7.** ~ meter (for testing engines) (*mot.*) (Am.), *see* torque meter.

torsional (*a.*), di torsione. **2.** ~ elasticity (*constr. theor.*), elasticità di torsione. **3.** ~ stress (*constr. theor.*), sollecitazione di torsione. **4.** resistance to ~ stress (*constr. theor.*), resistenza alla sollecitazione di torsione.

tortoiseshell (*material*), tartaruga.

tortuous (as of a road), tortuoso.

torus (*arch.*), toro.

"TOS" (Tape Operating System) (*comp.*), sistema operativo a nastro.

toss (to) (as a ship by waves), sballottare. **2.** ~ (to agitate), agitare. **3.** ~ oars (*naut.*), alzare i remi.

total, totale. **2.** ~ eclipse (*astr.*), eclissi totale. **3.** ~ emissivity (as of a thermal radiator) (*phys.*), potere emissivo totale. **4.** ~ meter (total odometer) (*aut. instr.*), contachilometri totalizzatore. **5.** ~ pressure (static pressure + velocity pressure of a fluid) (*mech. of fluids*), pressione totale. **6.** ~ quantum number, *see* principal quantum number. **7.** gibberish ~ (*comp.*), totale non significativo. **8.** hash ~ (*comp.*), totale di controllo. **9.** proof ~ (*comp.*), totale di verifica.

total (to) (to destroy entirely) (*aut. crash - etc.*), distruggere completamente.
totalizator, totalisator (as in horse races) (*app.*), totalizzatore.
totalizer (totalizator), totalizzatore. **2.** ~ (*adding mach.*), addizionatrice.
"totally-enclosed" (as an elect. mach.) (*a. - elect.*), chiuso.
tote pan (*shop equip.*), raccoglitore a cassetta.
tote (to) (to transport) (*gen.*) (Am.) (coll.), trasportare.
tote-box (used for transp. or hauling materials and workpieces in a factory) (*shop equip.*), cestone di raccolta materiali, cassetta di raccolta materiali.
touch (manner of touching the key of a keyboard app.) (*tlcm. - mus. - etc.*), tocco. **2.** ~ (manner of touching a key of a tactile keyboard) (*elics.*), sfioramento. **3.** ~ (term used by plumbers for tallow) (*plumbers*), sego. **4.** ~ control (as of a teleprinter) (*tlcm.*), regolazione del tocco. **5.** ~ paper (paper for fireworks) (*paper ind. - expl.*), carta al nitrato di potassio.
touch (to) (a key for instance) (*gen.*), toccare. **2.** ~ (a port) (*naut.*), toccare, fare scalo.
touch-activated (as of a key of a tactile keyboard) (*a. - elics*), a sfioramento.
touch-controlled (as of a key of a tactile keyboard) (*a. - elics*), a sfioramento.
touchdown (said of an aircraft when landing) (*aer.*), contatto con il terreno, impatto.
touch-sensitive (as of a key of a tactile keyboard) (*a. - elics*), a sfioramento, comandabile a sfioramento.
touchstone (min. used for testing gold purity) (*jewelry*), pietra di paragone.
touch-up (*paint.*), ritocco, ritoccatura.
tough (*a. - gen.*), tenace. **2.** ~ pitch (refined copper) (*metall.*), rame affinato.
toughness (*metall.*), tenacità. **2.** ~ (*rubb. ind.*), tenacità, solidità. **3.** ~ value (*metall.*), valore di tenacità. **4.** notch ~ (*materials technol.*), tenacità all'intaglio. **5.** notch ~ value (*materials technol.*), valore di tenacità all'intaglio.
tour (shift of workers) (*factory*), turno (di lavoro). **2.** ~ (trip) (*gen.*), gita. **3.** works ~ (works trip) (*ind. - transp.*), gita aziendale.
tourbillion, tourbillon, *see* whirlwind.
tourer (touring car, open car) (*aut.*), torpedo.
touring (*a. - aut.*), da turismo. **2.** ~ car (a two doors and four places sedan: a low-price car) (*aut.*), berlina (a) due porte. **3.** ~ car (phaeton: a four door aut. having four places and a folding top) (*obsolete aut.*), torpedo, automobile aperta con mantice. **4.** air ~ (*aer.*), turismo aereo. **5.** grand ~ car (*aut.*), vettura gran turismo.
tourism, turismo.
tourist car (tourist coach with low-price sleeping accomodations) (*railw.*), carrozza cuccette. **2.** ~, tourist coach (*railw.*), carrozza di seconda classe.
tourist class (*naut. - aer.*), classe turistica.
touristic (tourist, touristical) (*gen.*), turistico.
tourmaline (*min.*), tormalina. **2.** ~ tongs (*opt. min. instr.*), pinzette alla tormalina.
tournament (*sport*), torneo.
tow (act of towing) (*naut.*), rimorchio. **2.** ~ (*text. ind.*), stoppa. **3.** ~ (towline), gomena, gomena da rimorchio. **4.** ~ (barge) (*naut.*), chiatta. **5.** ~ (tow rod) (*aer. - aut. - etc.*), barra di rimorchio. **6.** ~ car (*aut.*), *see* wrecker. **7.** ~ hook (as of aut.), gancio per rimorchio. **8.** glider ~ (*aer.*) (Am.), dispositivo per il rimorchio dell'aliante. **9.** to take a ~ (*naut.*), farsi rimorchiare. **10.** to take in ~ (*naut.*), rimorchiare.
tow (to), rimorchiare. **2.** ~ alongside (*naut.*), rimorchiare di fianco. **3.** ~ astern (*naut.*), rimorchiare di poppa.
towage (act or cost of towing) (*naut.*), rimorchio, rimorchiaggio.
tow-away zone (no-parking zone from which parked veh. are towed away) (*aut.*), zona di sosta vietata con prelievo coatto della vettura.
towbar (*aut. - veh. - etc.*), barra di rimorchio.
towboat (*naut.*), rimorchiatore.
towed, rimorchiato.
towelette (moistened towels, ready in small and sealed envelopes, for cleaning hands: as during long air travels etc.) (*gen.*), salvietta detergente.
toweling, towelling (fabric for marking towels) (*text. mfg.*), tela per asciugamani.
tower (as of a submarine) (*navy*), torretta. **2.** ~ (*bldg.*), torre. **3.** ~ (*chem.*), torre. **4.** ~ (of an antenna) (*radio*), pilone. **5.** ~ (that which tows) (*gen.*), rimorchiatore. **6.** ~, *see also* switch tower. **7.** ~ bolt (*bldg.*), catenaccio. **8.** bubble ~ (*chem. ind.*), torre a gorgogliamento. **9.** conning ~ (of a sub.) (*navy*), torretta (di comando). **10.** control ~ (*aer.*), torre di controllo. **11.** cooling ~ (*ind.*), torre di raffreddamento. **12.** packed ~ (*chem. ind.*), torre a riempimento. **13.** primary ~ (primary distillation tower) (*chem. ind.*), torre primaria. **14.** radio ~ (*radio*), torre (o pilone) antenna radio. **15.** television ~ (*telev.*), torre televisiva.
towing (act or cost of towing) (*naut.*), rimorchio, rimorchiaggio. **2.** ~ (*veh.*), traino, rimorchio. **3.** ~ bar (*veh.*), timone di traino. **4.** ~ basin (towing tank, tow tank: for measuring the hydrodynamic resistance of hulls against motion) (*hydrodynamics*), vasca idrodinamica. **5.** ~ eye (*aut. - etc.*), occhione di traino. **6.** ~ stabilizer (hydraulic damping device used for getting the trailer in line with the towing vehicle) (*veh.*), stabilizzatore per rimorchio.
towline (*naut.*), gomena da rimorchio.
town, città. **2.** ~ gas (*fuel*), gas (per uso domestico), gas di città, gas distillato dal carbon fossile. **3.** ~ hall (*arch.*), palazzo civico, municipio. **4.** ~ light (*aut.*), luci per (o da) città. **5.** ~ plan (*cart.*), *see* city plan. **6.** ~ planning, *see* city planning. **7.** ~ traveler (*comm.*), piazzista.
townhouse (*arch.*), municipio.

towpath (road running along a canal and used for towing boats) (*road*) (Brit.), strada alzaia.
towplane (for gliders) (*aer.*), aeroplano rimorchiatore.
towrope (*gen.*), cavo da rimorchio.
toy (*ind.*), giocattolo.
"TP" (true profile) (*mech. draw.*), profilo esatto. **2.** ~ (true position) (*mech. draw.*), posizione esatta. **3.** ~ (teleprinter) (*tlcm. app.*), telescrivente. **4.** ~ (teleprocessing) (*comp.*), teletrattamento. **5.** ~ (transaction processing) (*comp.*), trattamento transazionale.
"tp", *see* telephone.
"TPD" (tons per day) (*transp. - etc.*), tonnellate al giorno.
"TPF" (taper per foot) (*mech. meas.*), conicità per piede.
"TPH" (tons per hour) (*transp. - etc.*), tonnellate all'ora.
"TPI" (threads per inch: as of a screw) (*mech.*), numero di filetti per pollice. **2.** ~ (Tracks Per Inch) (*comp.*), numero di tracce (o piste) per pollice.
"tpr" (taper) (*mech.*), conico, conicità. **2.** ~ (teleprinter) (*mach.*), telescrivente.
"tpt", *see* transport.
"TR" (timer, as on an elect. circuit) (*elect.*), temporizzatore.
"T-R" (transmission-reception) (*radio*) trasmissione-ricezione.
"tr", *see* tare, trace, track, train, transport, travel, tread, truss.
trabacolo (trabascolo) (*naut.*), trabaccolo.
trabeated (*a. - arch.*), a trabeazione, ad architrave. **2.** ~ system (*arch.*), sistema architravato.
trabeation (of a constr.) (*arch.*), trabeazione.
"trac", *see* tractor.
trace (*chem.*), traccia. **2.** ~ (sign) (*gen.*), traccia. **3.** ~ (connecting rod) (*mech.*), biella, asta di accoppiamento. **4.** ~ (scan, on a cathode-ray tube screen) (*telev.*), traccia luminosa. **5.** ~ (of horse harness), tirella. **6.** ~ (list of a sequence of instructions executed by a program: step by step) (*comp.*), traccia. **7.** ~ element (element essential to life although infinitely small) (*chem. - biol.*), oligoelemento. **8.** ~ routine, *see* tracing routine.
trace (to) (*draw.*), lucidare. **2.** ~ (to follow the surface of a model with the tracer point on a copying mach. t.) (*mach. t.*), percorrere il profilo. **3.** ~ (as a design on an iron sheet) (*mech.*), tracciare. **4.** ~ (to execute a trace: as of a program (*comp.*), eseguire una traccia.
tracer (draftsman) (*draw. - pers.*), lucidista, lucidatore. **2.** ~ (as of a bullet) (*milit. expl.*), tracciante. **3.** ~ bullet (*expl.*), proiettile tracciante. **4.** ~ method (*atom phys.*), metodo (di analisi) dei tracciatori (radioattivi). **5.** ~ point (of a copying machine) (*mach. t.*), palpatore, tastatore, puntalino. **6.** radioactive ~ (*atom phys.*), tracciante radioattivo.
tracery (*arch.*), decorazione ornamentale.
trachyte (rock), trachite.
tracing (copy made on transfer paper) (*draw.*), lucido, copia riproducibile. **2.** ~ cloth (*draw.*), tela da lucidi, tela per disegni. **3.** ~ linen (*draw.*), tela da lucidi. **4.** ~ paper (*draw.*), carta da lucidi. **5.** ~ routine (trace program used for locating a malfunction in another program) (*comp.*), programma di tracciamento (o di analisi).
track (of a ball bearing) (*mech.*), pista. **2.** ~ (path for racing) (*sport*), pista. **3.** ~ (metal belt for tractors) (*mech.*), cingolo. **4.** ~ (a pair of parallel rails) (*railw.*), binario. **5.** ~ (width between wheels, of a veh.), carreggiata. **6.** ~ (mark left: as from a wheel, on a muddy surface), rotaia, orma, impronta. **7.** ~ (a pair of parallel rails: as for an overhead traveling crane), vie di corsa. **8.** ~ (of a conveyor for guiding the trolley) (*ind. transp.*), rotaia, via di corsa. **9.** ~ (the path of an airplane projected on the earth's surface) (*aer.*), rotta effettiva. **10.** ~ (tread: of a tire) (*aut.*), battistrada. **11.** ~ (of an obsolete torpedo) (*navy*), scia. **12.** ~ (of a magnetic tape) (*sound recording*), pista. **13.** ~ (as a circular concentric path of a disk where data are memorized, or one of the parallel paths along a magnetic tape where data are recorded) (*comp.*), traccia, pista. **14.** ~ (moving target trace on a radar screen) (*radar*), traccia. **15.** ~ (recording groove in a phonograph record) (*acous. reproduction*), solco. **16.** tracks (of a tractor) (*agric. mach. - etc.*), cingolatura. **17.** ~ angle (angle between the track and the meridian of the observer) (*air navig.*), angolo di rotta. **18.** ~ bushing (as of an agric. tractor), boccola di cingolo. **19.** ~ closed (*railw.*), via impedita. **20.** ~ following servo (a system for the correct positioning of a read/write head of a magnetic disk unit) (*comp.*), sistema di posizionamento della testina mediante servotraccia. **21.** ~ gauge (*railw. t.*), calibro di verifica dello scartamento. **22.** ~ guide (radio beacon system providing tracks for guiding aircrafts) (*radio navig.*), indicatore di rotta. **23.** ~ hubs (as of a tractor) (*mech.*), mozzi delle maglie del cingolo. **24.** ~ idlers (as of a tractor) (*mech.*), ruote portacingolo. **25.** ~ indicator (*radar*), indicatore di rotta. **26.** ~ instrument (providing alarm signals at road crossings) (*railw.*), apparecchio di segnalazione automatica del passaggio del treno. **27.** ~ lever (in centralized railw. signaling) (*railw.*), leva di itinerario. **28.** ~ link (of a tractor) (*mech.*), maglia di cingolo. **29.** ~ measuring device (*railw. impl.*), calibro universale per binari. **30.** ~ open (*railw.*), via libera. **31.** ~ pin (of a tractor) (*mech.*), perno di cingolo. **32.** ~ rod (of the steering system) (*aut.*), barra d'accoppiamento. **33.** ~ roller (of a tractor) (*mech.*), rullo portante (per trattrice a cingoli). **34.** ~ scale (*railw. device*), bilico (o peso) ferroviario, bilancia ferroviaria. **35.** ~ shoe (of a tractor) (*mech.*), pattino del cingolo. **36.** ~ spike (*railw.*), arpione da rotaie. **37.** address ~ (*comp.*), traccia di indirizzamento, traccia indirizzi. **38.** alternate

~ (alternative track) (*comp.*), traccia alternativa, traccia di riserva. **39.** blind ~ (dead-end track) (*railw.*), binario morto. **40.** cam ~ (*mech.*), profilo dell'eccentrico. **41.** clock ~ (originating clock pulses) (*comp.*), traccia di sincronizzazione. **42.** constant density and variable width sound ~ (sound-on-film recording system) (*m. pict.*), colonna sonora a densità costante e larghezza variabile. **43.** constant width and variable density sound ~ (sound-on-film recording system) (*m. pict.*), colonna sonora a larghezza costante e densità variabile. **44.** crawler ~ (as of a tractor) (*mech.*), cingolo. **45.** cycle ~ (part of a highway) (*road*), pista per ciclisti, ciclopista. **46.** data ~ (*comp.*), traccia dati. **47.** dead-end ~ (dead-end siding, blind track) (*railw.*), binario morto. **48.** dirt ~ (as for sprint car competitions) (*aut. sport*), pista fuori strada. **49.** door ~ (generally overhead) (*mas. - join. - etc.*), rotaietta per porte scorrevoli. **50.** double-edged ~ (in sound-on-film recording system) (*m. pict.*), colonna sonora doppia. **51.** double ~ (*railw.*), doppio binario. **52.** emergency ~ (*railw.*), binario di riserva. **53.** feed ~ (feed holes line: for feeding by sprocket) (*comp. - etc.*), traccia (o pista) di avanzamento. **54.** humping ~ (*railw.*), binario di smistamento della parigina (o sella di lancio). **55.** ladder ~ (main track connecting the successive tracks of a railw. yard) (*railw.*), binario di smistamento. **56.** lead ~ (yard track connected at both ends to the main track: passing track) (*railw.*), binario di sorpasso. **57.** magnetic ~ (of a disk or of a tape) (*comp.*), traccia (o pista) magnetica. **58.** passing ~ (parallel track connected at both ends to the main track: lead track) (*railw.*), binario di sorpasso. **59.** perimeter ~ (closed circuit taxi track) (*aer.*), pista perimetrica. **60.** punching ~ (as of a paper tape) (*comp.*), traccia (o pista) di perforazione. **61.** replacement ~ (as in magnetic disk) (*comp.*), traccia sostitutiva, traccia di riserva. **62.** road ~ (*aut. - sport*), circuito stradale. **63.** running ~ (through a railway yard) (*railw.*), binario di corsa. **64.** single-edged ~ (in sound-on-film recording system) (*m. pict.*), colonna sonora semplice. **65.** sleeper ~ (tie track) (*railw.*), binario armato con traversine. **66.** sound ~ (of a film) (*m. pict.*), colonna sonora. **67.** "squeeze ~ " (in sound-on-film recording system) (*m. pict.*), colonna sonora a larghezza variabile (e densità costante). **68.** taxi ~ (*aer.*), pista di rullaggio. **69.** test ~ (for motor vehicles) (*aut.*), pista di prova, pista sperimentale. **70.** undepressed ~ (track at the same level of floor or ground) (*railw.*), binario a livello del marciapiede, binario non incassato. **71.** variable density sound ~ (*m. pict.*), colonna sonora a densità variabile.

track (to) (as a plane by antiaircraft means) (*gen.*), puntare, seguire. **2.** ~ (to provide something with rails) (*railw.*), posare il binario. **3.** ~ (to span between a couple of wheels) (*mech.*), avere lo scartamento (di). **4.** ~ (to be aligned: as of a trailer) (*veh.*), rimanere allineato. **5.** ~ (*telev. - m. pict.*), carrellare. **6.** ~ in (*telev. - m. pict.*), carrellare in avanti. **7.** ~ out (*telev. - m. pict.*), carrellare all'indietro.

tracking (the following of a moving target) (*radar - etc.*), puntamento, inseguimento. **2.** ~ (depressions on a road caused by the wheels of the vehicles) (*road*), solchi lasciati dalle ruote. **3.** ~ control (for eliminating defects in slow playback on a "VTR") (*audiovisuals*) controllo di allineamento. **4.** ~ device (as of a missile, for automatic search of the target) (*control system*), dispositivo per ricerca automatica del bersaglio.

tracklayer (*railw. - mach.*), macchina posa-binari.

trackman (*railw. work.*), guardalinea.

trackwalker (*railw. work.*), guardalinea.

trackway (a metallic groove acting as a guide for a door or other movable fixtures) (*bldg. - join. - etc.*), rotaietta, guida di scorrimento.

traction (act of drawing) (*mech. - phys.*), trazione. **2.** ~ (adhesive friction: as of a wheel on the ground) (*mech. - phys.*), aderenza. **3.** ~ accumulator (for elect. veh.), accumulatore (o batteria) per trazione. **4.** ~ coefficient (*railw.*), coefficiente di aderenza. **5.** ~ engine (*veh.*), trattore. **6.** ~ engine (*railw.*), locomotiva da trazione. **7.** ~ motor (as of an elect. locomotive) (*railw.*), motore di trazione. **8.** ~ sand (for avoiding slippage between wheels and rails) (*railw.*), sabbia antislittamento. **9.** electric ~ (*railw.*), trazione elettrica. **10.** land ~ (*veh.*), trazione terrestre. **11.** steam ~ (*railw.*), trazione a vapore. **12.** third-rail ~ (special elect. traction system) (*elect. railw.*), trazione con terza toraia.

tractive (*a. - mech.*), di trazione. **2.** ~ force (*mech.*), forza di trazione. **3.** ~ power (as of a tractor) (*mech.*), sforzo di trazione. **4.** gross ~ effort (as on a train) (*railw.*), sforzo totale di trazione.

tractor (*agric. mach. - road mach.*), trattrice, trattore. **2.** ~ (a stub chassis with cab and without body: for semitrailers) (*aut.*), motrice per semirimorchi. **3.** ~ (as for transportation inside a factory) (*ind. transp. veh.*), trattore, carrello rimorchiatore. **4.** ~ (traction mechanism for feeding continuous stationery by sprocket system) (*comp.*), meccanismo di trascinamento. **5.** ~ airplane (*aer.*), aeroplano a elica traente (o trattiva). **6.** ~ and trailer (*aut.*), motrice e rimorchio. **7.** ~ (or truck) and semitrailer (*aut.*), motrice e semirimorchio. **8.** ~ propeller (*aer.*), elica traente (o trattiva). **9.** ~ semitrailer (tractor and semitrailer) (*aut.*), autoarticolato. **10.** ~ track links (*mech.*), maglie di cingoli per trattore. **11.** ~ truck (*aut.*), motrice per semirimorchio. **12.** agricultural ~ (*agric. mach.*), trattrice agricola, trattore agricolo. **13.** crawler ~ (track-laying tractor, track-type tractor) (*agric. mach.*), trattore a cingoli. **14.** farm ~ (*agric. mach.*) trattrice agricola, trattore agricolo. **15.** half-track ~ (*veh.*), trattore semicingolato. **16.** midget ~ (miniature tractor, very small tractor) (*veh.*), minitrattore. **17.** miniature ~ (*veh.*), minitrattore. **18.** pedestrian controlled ~ (*ind. transp. veh.*), carrello a mano (semovente con comandi riportati sul timone. **19.** pneumatic tired ~ (*self - propelled veh.*), trattore a ruote con pneumatici. **20.** row-crop ~ (*agric. mach.*), trattrice per coltivazioni allineate. **21.** track-laying ~ (*self-propelling veh.*), trattore a cingoli. **22.** track-type ~ (*self-propelling veh.*), trattore a cingoli. **23.** tricycle ~ (*agric. mach.*), trattrice a triciclo. **24.** wheeled steel tired ~ (*self-propelling veh.*), trattore a ruote di ferro. **25.** wheeled ~ (*agric. mach.*), trattore a ruote. **26.** wheel ~ (*veh.*), trattore a ruote.

trade (*comm.*), commercio, traffico (o scambio) commerciale. **2.** ~ (occupation in which a person works regularly) (*work - pers.*), mestiere, professione. **3.** ~ balance (*econ.*), bilancia commerciale. **4.** ~ discount (*adm.*), sconto commerciale. **5.** ~ gap (deficit of trade balance) (*econ.*), disavanzo della bilancia commerciale. **6.** ~ name (*comm. - ind.*), nome commerciale. **7.** ~ union (labor union) (*workers organ.*), sindacato dei lavoratori. **8.** ~ unionism (*trade union*), sindacalismo. **9.** ~ unionist (*trade union*), sindacalista. **10.** coasting ~ (*naut.*), piccolo cabotaggio. **11.** European Free Trade Association, "EFTA" (*comm.*), Associazione Europea del Libero Scambio. **12.** foreign ~ (*comm.*), commercio estero. **13.** foreign ~ (*naut.*), grande cabotaggio. **14.** home ~ (*comm.*), commercio interno. **15.** overland ~ (*comm.*), commercio via terra. **16.** oversea ~ (foreign trade) (*comm.*), commercio estero. **17.** publishing ~ (*comm. - typ.*), editoria. **18.** retail ~ (*comm.*), commercio al dettaglio. **19.** spot ~ (*comm.*), commercio locale. **20.** wholesale ~ (*comm.*), commercio all'ingrosso.

trade (to) (to deal) (*comm.*), commerciare. **2.** ~ (to trade in a used car in exchange for a new one) (*aut. - comm.*), dare indietro l'usato in parziale pagamento del nuovo, pagare in parte il nuovo con la consegna dell'usato.

trade-in (relating to used car given to a dealer as part payement of a new one) (*comm.*), acquisto con ritiro dell'usato.

trademark (*comm. - ind.*), marchio di fabbrica. **2.** ~ protection (*comm.*), modello depositato.

trader (merchant), commerciante. **2.** ~ (vessel) (*naut.*), nave mercantile. **3.** sole ~ (a person running business by himself) (*comm.*), commerciante in proprio.

trades (trade winds) (*meteor.*), alisei.

tradesman, negoziante. **2.** ~ (artisan) (*work.*), artigiano.

trading (trade) (*comm.*), commercio. **2.** ~ organization (*comm.*), organizzazione commerciale. **3.** ~ stamp (a coupon for obtaining publicity prizes) (*comm.*), buono-premio, buono-regalo. **4.** coastwise ~ (*naut.*), traffico mercantile nella navigazione costiera. **5.** home waters ~ (*naut.*), traffico mercantile nelle acque nazionali. **6.** inland waters ~ (*naut.*), traffico mercantile nella navigazione interna.

traffic (of veh.), traffico. **2.** ~ (*comm.*), traffico. **3.** ~ beam (of a headlight) (*aut.*), luce anabbagliante. **4.** ~ circle (rotary) (*road traff.*) (Am.), piazza a circolazione rotatoria. **5.** ~ condition (*road traff.*), condizioni di (o del) traffico. **6.** ~ congestion (*road traff.*), congestione del traffico. **7.** ~ control post (*road traff.*), comando (o posto di vigilanza) del traffico. **8.** ~ density (*road traff.*), densità del traffico. **9.** ~ director (a radar controller directing air traffic) (*radar - aer.*), direttore del traffico (aereo). **10.** ~ divider (a guardrail or a fence for dividing traffic) (*road*), spartitraffico. **11.** ~ flow (*traff.*), deflusso del traffico. **12.** ~ island, *see* median strip. **13.** ~ lane (road part for a traffic line: of approx. 10 feet in width) (*road traff.*), corsìa di traffico. **14.** ~ lights (at street intersections) (*road traff.*), semaforo. **15.** ~ line (as a white line used to define traffic lanes) (*road traff.*), linea spartitraffico. **16.** ~ manager (*railw.*), dirigente del movimento. **17.** ~ roundabout (*road traff.*) (Brit.), traffico a circolazione rotatoria. **18.** ~ stream (*road traff.*), corrente di traffico. **19.** air ~ (*aer.*), traffico aereo. **20.** bursty ~ (*comp.*), traffico intermittente, traffico a raffiche. **21.** cross ~ (*road traff.*), traffico trasversale. **22.** gyratory ~ (circulation of veh. around a central island) (*road traff.*), circolazione rotatoria. **23.** one-way ~ (*road traff.*), traffico a senso unico. **24.** originating ~ (*tlcm.*), traffico uscente. **25.** peak ~ (*road traff.*), traffico di punta. **26.** to direct ~ (*road traff.*), dirigere il traffico. **27.** trunk ~ (*teleph.*), traffico interurbano. **28.** two-way ~ (*road traff.*), traffico (o circolazione) nei due sensi. **29.** vehicular ~ (*road traff.*), traffico veicolare, circolazione dei veicoli. **30.** voice ~ (*tlcm.*), traffico vocale.

trafficator (movable direction indicator) (*obsolete aut. sign.*), segnalatore mobile di direzione, indicatore mobile a freccia. **2.** ~ arm (direction indicator) (*aut.*), freccia. **3.** ~ switch (*aut.*), commutatore per indicatore di direzione.

traffic-cop (a policeman assigned to control road traffic) (*traff. safety*) (Am. coll.), vigile addetto al traffico.

tragacanth (*pharm.*), gomma adragante.

T rail (for railw.) (*comm. - steel mfg.*), profilato per rotaie.

trail (trace), traccia. **2.** ~ (as of a rocket), scìa. **3.** ~ (of a fieldpiece: the part resting on the ground) (*ordnance*), coda. **4.** ~ (distance between the point of contact of an aut. front wheel with the ground and the intersection of the kingpin axis and the ground) (*aut.*), distanza tra il centro di appoggio del pneumatico ed il punto d'incontro col terreno dell'asse del perno del fuso a snodo. **5.** ~ bogie (of a locomotive) (*railw.*), carrello (portante) posteriore. **6.** ~ car (*railw*), vettura rimorchiata. **7.** ~

eye (of a fieldpiece carriage) (*ordnance*), occhione di traino. **8.** ~ hand spike (used for moving the trail of a fieldpiece) (*ordnance*), organo di manovra. **9.** ~ rope (of an aerostat) (*aer.*), cavo guida, cavo moderatore. **10.** ~ spade (of a fieldpiece) (*ordnance*), vomere. **11.** aerodynamic ~ (condensation trail left in the sky) (*aer.*), scia di condensa.

trail (to) (to pull, to tow a veh.) (*gen.*), tirare, rimorchiare.

trailer (that which trails) (*veh.*), motrice. **2.** ~ (that which is trailed) (*veh.*), rimorchio. **3.** ~ (film attached to the end of a reel and advertising a future presentation) (*m. pict.*), presentazione del prossimo film, "prossimamente". **4.** ~ (located at the end: as of a card, a label etc.) (*a. - comp.*), di coda, di fine. **5.** ~ (trailed by an automobile and used as a dwelling) (*sport veh.*), roulotte, rimorchio-abitazione per campeggio. **6.** ~ (of railcar) (*railw.*), vettura rimorchiata, rimorchio. **7.** ~ (streetcar vehicle not selfpropelled) (*veh.*), rimorchio tramviario. **8.** ~ (a two wheels veh. for transp. goods, baggages etc. to be hauled by a passenger aut.) (*veh.*), rimorchietto per autovettura. **9.** ~ builder (*aut. comm.*), costruttore di rimorchi. **10.** ~ card (*comp.*), scheda supplementare. **11.** ~ coach, *see* house trailer. **12.** ~ converter "dolly" (auxiliary axle for converting a semitrailer in two axle trailer) (*veh.*), assale ausiliario per (trasformare un) semirimorchio (in rimorchio). **13.** ~ truck (not motorized motorcar truck) (*railw.*), carrello portante. **14.** agricultural ~ (*veh. - agric.*), rimorchio agricolo. **15.** container ~ (*agric. veh.*), rimorchio a vasca. **16.** control ~ (with two driving compartments) (*railw.*), rimorchio pilota, rimorchio con (posti di) guida. **17.** control ~ with one driving compartment (*railw.*), rimorchio semipilota. **18.** dump ~ (*veh.*), rimorchio ribaltabile. **19.** flat-bed ~ (*agric. veh.*), rimorchio a pianale. **20.** full ~ (*veh.*), rimorchio. **21.** liquid ~ (tank trailer) (*veh.*), rimorchio-botte, rimorchio-cisterna. **22.** low-bed ~ (*veh.*), rimorchio ribassato. **23.** platform ~ (as for internal transp. in a factory) (*ind. transp.*), rimorchietto a piattina. **24.** pole ~ (*veh.*), rimorchio per trasporto tronchi. **25.** tank ~ (*veh.*), rimorchio cisterna. **26.** three-axle truck ~ (*veh.*), rimorchio a tre assi. **27.** truck full ~ (truck and full trailer) (*aut.*), autotreno. **28.** truck ~ (*veh.*), rimorchio per autoveicolo.

trailerable (as of a small boat that can be transported by a road trailer) (*a. - veh. - aut.*), rimorchiabile su strada.

trail-eye, *see* lunette 2 ~.

trailing (*a. - railw.*), relativo a ruote portanti non motrici. **2.** ~ (relating to the rear edge of an object: opposed to leading) (*a. - gen.*), terminale. **3.** ~ action, *see* caster action. **4.** ~ arm (as of a rear suspension) (*aut.*), braccio posteriore. **5.** ~ blanks (trailing spaces at the right side of the last character of a row) (*comp.*), spaziature di uscita (o terminali). **6.** ~ edge (of a wing) (*aer.*), bordo d'uscita. **7.** ~ horn, *see* trailing pole tip. **8.** ~ pole tip (of elect. mach.), corno polare d'uscita. **9.** ~ rib (as of a wing) (*aer.*), centina (del bordo) di uscita. **10.** ~ rope, fune da rimorchio. **11.** ~ sweep (of a propeller blade) (*aer.*) (Brit.), passo angolare negativo. **12.** ~ wheel (of a locomotive) (*railw.*), ruota portante posteriore.

train (*railw.*), treno. **2.** ~ (as of gears) (*mech.*), treno. **3.** ~ (swinging of the gun axis in a horizontal plane) (*artillery*), brandeggio. **4.** ~ (of a rolling mill) (*metall.*), treno. **5.** ~ (sequence, as in a pulse train) (*comp.*), sequenza, catena. **6.** ~ arrival (*railw.*), arrivo di un treno. **7.** ~ composition (*railw.*), composizione di un treno. **8.** ~ departure (*railw.*), partenza di un treno. **9.** ~ ferry (*naut. - railw.*), traghetto ferroviario. **10.** ~ line (*railw.*), *see* train pipe. **11.** ~ of rolls (*metall.*), treno di laminazione. **12.** ~ of waves (of moving waves) (*elect. - phys.*), treno di onde. **13.** ~ oil (fish oil, as whale oil) (*chem.*), olio di pesce. **14.** ~ pipe (of a train braking system) (*railw.*), condotta generale del freno. **15.** ~ stop (for an abrupt bracking of the train in emergency) (*railw.*), segnale di allarme. **16.** ~ traffic (*railw.*), movimento (dei treni). **17.** accomodation ~ (*railw.*), treno omnibus. **18.** armored ~ (*milit. - railw.*), treno blindato, treno armato. **19.** articulated ~ (*railw.*), treno articolato. **20.** cyclic ~ (cyclic gear train) (*mech.*), treno di ingranaggi cicloidali. **21.** electric ~ (*railw.*), elettrotreno. **22.** express ~ (*railw.*), treno espresso. **23.** extra-fare ~ (high-speed passenger train with extra fee) (*railw.*), rapido. **24.** fast ~ (*railw.*), treno espresso. **25.** freight ~ (*railw.*) (Am.), treno merci. **26.** goods ~ (*railw.*) (Brit.), treno merci. **27.** intermediate ~ (of a rolling mill) (*metall.*), treno preparatore. **28.** local ~ (*railw.*), teno locale. **29.** luxury ~ (*railw.*), treno di lusso. **30.** making-up of a ~ (*railw.*), formazione di un treno. **31.** mixed ~ (passenger and freight cars) (*railw.*), treno misto. **32.** multiple-unit ~ (electric train formed of several motor-coaches controlled from one driving position) (*elect. railw.*), treno formato da unità motrici a comando multiplo. **33.** non-stop ~ (*railw.*), (treno) rapido. **34.** passenger ~ (*railw.*), treno passeggeri. **35.** planetary bevel gear ~ (*aut. mech.*), rotismo (o ruotismo) planetario conico. **36.** rapid transit ~ (for a service similar to a subway) (*railw.*), treno per servizio veloce a frequenti fermate (tipo metropolitana). **37.** roughing ~ (rolling mill) (*metall. mach.*), treno sbozzatore. **38.** running through of a ~ (*railw.*), passaggio di un treno. **39.** slow ~ (*railw.*), treno omnibus. **40.** splitting up of a ~ (*railw.*), scomposizione del treno. **41.** stand tandem hot finishing ~ (*rolling mill*), treno finitore a caldo a gabbie in tandem. **42.** through ~ (*railw.*), (treno) rapido. **43.** to dispatch the ~ (*railw.*), dare la partenza al treno. **44.** to let the ~ run through (*railw.*), dare via libera al treno. **45.** troop ~ (*milit.*), tradotta. **46.** valve ~ (valve timing system) (*mot. mech.*), (meccanismo della) distribuzione. **47.** wave ~ (*phys.*), treno di onde. **48.** way ~ (*railw.*), treno locale.

train (to) (as troops) (*milit. - gen.*), addestrare. **2.** ~ (to point: as opt. instr.) (*gen.*), puntare. **3.** ~ (*ordnance*), brandeggiare. **4.** ~ (to travel by train) (*gen.*), viaggiare per ferrovia. **5.** ~ (to drag) (*gen.*), trascinare.

trained (as of a mechanician) (*work. - pers.*), addestrato.

trainee (*work.*), tirocinante, apprendista.

trainer (*navy*), puntatore in direzione. **2.** ~ (training aircraft) (*aer.*), apparecchio scuola. **3.** ~ (of men), allenatore, istruttore. **4.** ~ (simulating flight conditions: for pilots in training) (*aer. app.*), simulatore di addestramento. **5.** advanced ~ (training aircraft) (*aer.*), apparecchio scuola secondo periodo, addestratore secondo periodo.

training (instruction in an occupation) (*pers.*), addestramento, tirocinio, pratica. **2.** ~ (as of troops) (*milit.*), addestramento. **3.** ~ (aiming of guns) (*navy*), brandeggio. **4.** ~ of personnel (*ind. pers.*), formazione del personale. **5.** ~ school (*ind. work. organ.*), scuola professionale. **6.** ~ ship (*naut.*), nave scuola. **7.** ~ within industry (of personnel) (*ind. pers.*), formazione pratica sul lavoro. **8.** advanced ~ (*aer.*), addestramento secondo periodo. **9.** apprentice ~ (*ind. pers.*), formazione degli apprendisti. **10.** management ~ (*ind. pers.*), formazione dei dirigenti. **11.** part-time ~ (of personnel) (*ind. pers.*), formazione accelerata, formazione con orario (di istruzione) ridotto. **12.** supervisory ~ (*ind. pers.*), formazione dei capi. **13.** team ~ (*pers.*), addestramento di gruppo. **14.** vestibule ~ (vestibule school training) (*pers.*), addestramento in scuola aziendale. **15.** vocational ~ (*ind.*), formazione professionale.

trajectory (*gen.*), traiettoria. **2.** ~ band (reinforcing band carried over the upper surface, as of a balloon envelope) (*aer.*), banda di rinforzo superiore. **3.** ballistic ~ (as of a missile) (*rckt.*), traiettoria balistica.

tram (silk thread) (*text. ind.*), filo di seta. **2.** ~ (wagon for mine railw.) (*veh.*), carrello da miniera, vagonetto da miniera, vagoncino "Decauville". **3.** ~ (passenger car) (tramcar) (Brit.), vettura tranviaria, tram. **4.** ~ (short for tramway), *see* tramway. **5.** ~ (short for tramroad), *see* tramroad. **6.** ~ (short for trammel), *see* trammel. **7.** ~ crane (it runs on overhead rails) (*shop crane*), carroponte, gru a ponte. **8.** ~ on the wrong side (*road traff.*), tranvai contromano. **9.** ~ rail (overhead rail as for displacement of loads) (*shop transp.*), rotaia aerea. **10.** in ~ (correct position) (*mech.*), a posto. **11.** out of ~ (incorrect position) (*mech.*), fuori posto.

tram (to) (to adjust) (*mech.*), mettere a posto. **2.** ~ (to travel in a streetcar) (*transp.*) (Brit.), andare in tram. **3.** ~ (to run a system of trams) (*min. or ind. transp.*), far funzionare i trasporti mediante linee di vagonetti (o carrelli).

tramcar (streetcar) (*veh.*) (Brit.), tranvai, tram, vettura tranviaria. **2.** ~ motorcoach (*elect. veh.*) (Brit.), motrice tranviaria.

tramline, tranvia.

trammel (device for drawing ellipses) (*geom.*), ellissografo. **2.** ~ (a tool for the alignment or adjustment of mach. components) (*mech. t.*), attrezzo per allineamento o centraggio (o regolazione). **3.** ~ (beam compass) (*instr.*), compasso a verga.

tramming (*min. work*), vagonaggio.

tramp (*naut.*), carretta. **2.** "~" (violent oscillating motion of the front part of an aut. on its front wheels: kind of shimmy) (*aut. defect*), tipo di shimmy.

tramroad (*min.*) (Am.), linea di binari di ferro (o altro materiale) per vagonetti.

tramway (Brit.), tranvia. **2.** ~ (Am.), *see* tramroad. **3.** electric ~, tranvia elettrica. **4.** urban ~ (Brit.), tranvia cittadina, tranvia urbana.

tramwayman [(streetcar man) (Am.)] (*work.*) (Brit.), tranviere.

tranche (section, portion) (*gen.*), sezione, porzione, parte.

transact (to) (to negotiate, to perform) (*comm.*), transigere, concludere.

transaction (*comm.*), transazione. **2.** ~ (*financial operation*), operazione. **3.** ~ (as an exchange of information between comp. and operator and the related processing done by comp.) (*comp.*), transazione.

transactional (*a. - law - comm.*), transattivo. **2.** ~ (*comp.*), transazionale.

transactionally (*adv. - law - comm.*), in via transattiva.

transatlantic (as of a ship) (*a.*), transatlantico.

transaxle (transmission and front-wheel-drive) (*n. - aut. mech.*), trasmissione e trazione anteriore, complessivo costituito da cambio meccanico (di velocità) con differenziale e trazione anteriore.

transceiver (transmitter-receiver) (*radio*), ricetrasmettitore. **2.** ~ (as in a terminal for transmitting and receiving messages) (*n. - comp.*), trasmettitore-ricevitore. **3.** facsimile ~ (*tlcm.*), ricetrasmettitore di facsimile.

transcendental (as a curve) (*a. - geom.*), trascendente.

transconductance (*thermion.*) transconduttanza. **2.** ~ (as in a vacuum tube) (*thermion.*), conduttanza mutua. **3.** grid-plate ~ (*thermion.*), conduttanza mutua, pendenza.

transcontainer (container as for road-rail-ship transp.) (*transp.*), "transcontainer".

transcribe (to) (to record a program for a possible rebroadcasting) (*radio*), registrare. **2.** ~ (to copy: as from one memory position to another) (*comp.*), trascrivere.

transcriber (converter) (*elics. - etc.*), trascrittore.

transcription (electrical transcription, as on tapes or records used for broadcasting) (*radio - telev. - etc.*), registrazione. **2.** ~ (copy) (*comp.*), copia. **3.**

~ machine (*radio-sound reproduction app.*), fonoriproduttore.

transduce (to) (to convert one form of energy in another: as elect. in acoustic) (*electr. - acous. - elics.*), convertire.

transducer (a device converting a signal, as of acoustic form, into another signal as of electric form) (*n. - phys. - milit. - comp. - elics. - etc.*), trasduttore. **2.** capacitive ~ (*elics.*), trasduttore capacitivo. **3.** capacity-activated ~ (as of a switch that becomes "in" or "off" when touched by a finger) (*elics.*), trasduttore sensibile alle variazioni di capacità. **4.** ceramic ~ (as for torpedo homing head) (*und. acous. app. - etc.*), trasduttore ceramico. **5.** circular plate ~ (as for torpedo homing head) (*und. acous. app. - etc.*), trasduttore circolare. **6.** directional ~ (as for torpedo homing head) (*und. acous. app. - etc.*), trasduttore direttivo. **7.** electroacoustical ~ (*electroacous. app.*), trasduttore elettroacustico. **8.** electromechanical ~ (*electroacous. app.*), trasduttore elettromeccanico. **9.** electrostriction ~ (as a ceramic transducer: for homing heads) (*elics.*), trasduttore ad elettrostrizione (o elettrostrittivo). **10.** hull-mounted ~ (as for echosounder) (*und. acous. app. - etc.*), trasduttore montato a scafo. **11.** index ~ (sensing device for finding index hole, index slot etc.) (*comp.*), rilevatore di indici. **12.** linear ~ (*elics.*), trasduttore lineare. **13.** linear ~ (as for torpedo homing head) (*und. acous. - etc. app.*), trasduttore lineare. **14.** magnetic ~ (converts mech. energy into elect. energy) (*electromag.*), trasduttore magnetico. **15.** magnetostrictive ~ (as for torpedo homing head) (*und. acous. - etc. app.*), trasduttore magnetostrittivo. **16.** non-directional ~ (as for torpedo homing head) (*und. acous. - etc. app.*), trasduttore adirettivo. **17.** omnidirectional ~ (non-directional transducer) (*und. acous. - etc. app.*), trasduttore onnidirezionale. **18.** piezoelectric ~ (*und. acous. - etc. app.*), trasduttore piezoelettrico. **19.** position ~ (resolver, in N/C machines) (*n.c. mach. t.*), trasduttore di posizione. **20.** rectangular plate ~ (*und. acous. - etc. app.*), trasduttore rettangolare. **21.** ring ~, *see* toroidal transducer. **22.** spherical ~ (*und. acous. app.*), trasduttore sferico. **23.** symmetrical ~ (*electroacous. app.*), trasduttore simmetrico. **24.** toroidal ~ (*und. acous. app.*), trasduttore toroidale. **25.** variable-depth ~ (used in some sonars to set the transducer below the thermocline) (*und. acous. app.*), trasduttore a profondità variabile.

transductor (alternating current regulator) (*electromech.*), amplificatore a trasduttore magnetico.

transept (*arch.*), transetto.

"transf", *see* transfer, transformer.

transfer (of stocks, shares, money etc.) (*comm.*), trasferimento, storno. **2.** ~ (of heat) (*phys.*), trasmissione. **3.** ~ (a station where veh. are transferred to boats) (*railw.*), stazione di trasbordo. **4.** ~ (device to move a load to or from a conveyor) (*ind. transp.*), trasbordatore. **5.** ~ (as of images) (*opt.*), trasporto. **6.** ~ (as of property from one person to another) (*law*), trapasso. **7.** ~ (*draw.*), decalcomania. **8.** ~ (lithographic transfer) (*lith.*), trasporto (litografico). **9.** ~ (*off. - etc.*), ricalco. **10.** ~ (credit transfer) (*bank*), bonifico. **11.** ~ (change of traction system: as from a steam traction system into an electrical one) (*railw.*), cambio del tipo di trazione. **12.** ~ (a transfer as of data, of a block etc. into another position) (*comp.*), trasferimento. **13.** ~ (jump: instruction change) (*comp.*), salto. **14.** ~ case (distributing power to two driving axles: as to the rear axle and to the front-wheel drive) (*aut.*), scatola di rinvio. **15.** ~ function (*electromech.*), funzione di trasferimento. **16.** "~ machine" (*mach. t.*), "transfer", macchina a trasferta, macchina multipla. **17.** ~ paper (*draw.*), carta per copie riproducibili. **18.** ~ paper (*lith. paper*), carta da trasporto. **19.** ~ port (in a two stroke engine) (*mot.*), luce di travaso. **20.** ~ printing (decalcomania) (Am.) (*ceramics - etc.*) (Brit.), decalcomania. **21.** ~ pump (*mach.*), pompa da travaso. **22.** ~ table (for shifting coaches to a parallel track: as in a rolling stock constr. factory) (*railw. ind.*), carrello trasbordatore, trasbordatore. **23.** cable ~ (telegraphic credit transfer) (*bank*), bonifico telegrafico. **24.** double-buffered ~ (as of data) (*comp.*), trasferimento mediante doppia memoria tampone. **25.** dye ~ (color printing process) (*phot.*), procedimento di stampa a colori. **26.** parallel ~ (simultaneous transfer in memory: as of all the bits of a word) (*comp.*), trasferimento parallelo (o simultaneo). **27.** peripheral ~ (as a data transfer between peripheral units or a transfer between a peripheral unit and the "CPU") (*comp.*), trasferimento tra periferiche, o da unità centrale di elaborazione a unità periferiche. **28.** radiative ~ (as of heat) (*phys.*), trasmissione per irraggiamento. **29.** serial ~ (sequential transfer) (*comp.*), trasferimento seriale. **30.** suction ~ (vacuum transfer) (*paper mfg.*), presa automatica (a depressione). **31.** telegraphic ~ (cable transfer) (*bank*), bonifico telegrafico. **32.** 20-station ~ machine (*mach. t.*), macchina a trasferta a 20 stazioni. **33.** two-speed ~ case (essentially an auxiliary transmission providing a speed reduction within the case, for trucks) (*aut.*), riduttore. **34.** vacuum ~ (*paper mfg.*), *see* suction transfer. **35.** virtual storage transfers (*comp.*), trasferimenti di memoria virtuale.

transfer (to) (stocks, shares, money etc.) (*comm.*), trasferire, stornare. **2.** ~ (as by elect. transcription) (*electroacous. - m. pict.*), registrare. **3.** ~ (said of persons or things) (*gen.*), trasferire, cambiare di posto. **4.** ~ (passengers and luggage), trasbordare.

transferable (*comm.*), trasferibile.

transfluxor (*inf.*), tipo di cella magnetica, "transfluxor".

transform (transformed function) (*n. - math.*), trasformata. **2.** ~ (transformation, of a mathematic function) (*math.*), trasformazione. **3.** Fourier ~ (transformed function) (*math.*), trasformata di Fourier. **4.** Fourier ~ (Fourier transformation) (*math.*), trasformazione di Fourier. **5.** Laplace ~ (transformed function) (*math.*), trasformata di Laplace. **6.** Laplace ~ (Laplace transformation) (*math.*), trasformazione di Laplace.

transform (to) (*gen.*), trasformare. **2.** ~ (as to change the form of an array of data) (*comp.*), trasformare. **3.** ~ down (*elect.*), trasformare (la alta) in bassa tensione, abbassare la tensione. **4.** ~ up (*elect.*), trasformare (la bassa) in alta tensione, elevare la tensione.

transformation, trasformazione. **2.** ~ (as of a function) (*math.*), trasformazione. **3.** ~ range (*metall.*), intervallo critico, intervallo (termico) di trasformazione. **4.** ~ ratio (of a transformer) (*elect.*), rapporto di trasformazione. **5.** singular ~ (*math.*), trasformazione singolare. **6.** unitary ~ (*math.*), trasformazione unitaria. **7.** ~, *see also* transform.

transformer (*elect. mach.*), trasformatore. **2.** ~ bank (series of transformers grouped in line) (*elect.*), gruppo di trasformatori allineati. **3.** ~ kiosk (*elect.*), piccola cabina di trasformazione. **4.** ~ metadyne (*elect. mach.*), metatrasformatrice. **5.** ~ oil (*elect.*), olio per trasformatori. **6.** ~ room (in a building) (*elect. - bldg.*), cabina di trasformazione. **7.** air-cooled ~ (*elect. mach.*), trasformatore a raffreddamento in aria. **8.** air-core ~ (*elect. mach.*), trasformatore in aria con accoppiamento fisso. **9.** balanced-unbalanced ~ (for transforming the impedance switching from a symmetrical system to an asymmetrical one) (*telev.*) (Brit.), trasformatore bilanciato-non bilanciato, trasformatore simmetrico-asimmetrico. **10.** bell-ring ~ (*elect.*), trasformatore per suonerie, trasformatore da campanelli. **11.** booster ~ (*elect. mach.*), trasformatore survoltore. **12.** current ~ (*elect. meas. app.*), trasformatore di corrente, trasformatore amperometrico. **13.** earthing ~ (*elect. mach.*), trasformatore di messa a massa. **14.** E ~ (with the laminated iron core made in E shape) (*elect. mach.*), trasformatore con nucleo a forma di E. **15.** flameproof ~ (*elect. mach.*), trasformatore antideflagrante. **16.** frequency ~ (*elect. app.*), trasformatore di frequenza. **17.** hybrid ~ (hybrid coil: differential transformer consisting of three windings and four pairs of terminals) (*elect. mach.*), trasformatore ibrido, trasformatore differenziale, trasformatore di equilibrio. **18.** instrument ~ (*elect. meas. instr.*), trasformatore di misura. **19.** iron-core ~ (*elect. mach.*), trasformatore a nucleo magnetico. **20.** leak ~ (*elect.*), autotrasformatore a dispersione. **21.** mining ~ (*elect. mach.*), trasformatore per miniera. **22.** multiple-tap ~ (*electromech.*), trasformatore a prese intermedie. **23.** oil-cooled ~ (*elect. mach.*), trasformatore (a raffreddamento) in olio. **24.** oil-filled ~ (*elect. mach.*), trasformatore in bagno d'olio. **25.** oil-insulated ~ (*elect. mach.*), trasformatore ad isolamento (e raffreddamento) in olio. **26.** phase-changing ~ (*elect. mach.*), trasformatore a cambio di fase. **27.** phase ~ (*elect. mach.*), variatore di fase. **28.** radio ~ (*elect. mach.*), trasformatore per radio. **29.** rotary ~ (*electromech.*), *see* dynamotor. **30.** shell-type ~ (*elect. mach.*), trasformatore a mantello. **31.** step-down ~ (*elect. app.*), trasformatore abbassatore (di tensione). **32.** step up ~ (*elect. mach.*), trasformatore elevatore (di tensione). **33.** synchro control ~ (*elect. mach.*), sincrotrasformatore. **34.** tuned air-core ~ (*radio*), trasformatore in aria sintonizzato. **35.** variable coupling ~ (*radio*), trasformatore con accoppiamento variabile. **36.** voltage stabilizing ~ (*elect.*), trasformatore stabilizzatore di tensione. **37.** voltage ~ (*elect. meas. instr.*), trasformatore di tensione, trasformatore voltometrico (o voltmetrico).

transfusion (of blood) (*med.*), trasfusione.

transgression (spread of the sea on continental areas) (*geol.*), trasgressione, avanzamento degli oceani su regioni continentali.

transgressor (offender) (*law*), trasgressore.

transhipment (*naut.*), *see* transshipment.

transient (*a. - gen.*), transitorio. **2.** ~ (a temporary trouble: as a temporary oscillation of voltage or current in a circuit) (*n. - elect.*), transitorio. **3.** ~ condition (*elect. - radio*), regime transitorio. **4.** ~ current (as induced momentarily by a near electromagnetic discharge) (*elect.*), corrente transitoria. **5.** ~ error (soft error) (*comp.*), errore transitorio. **6.** ~ phenomenon (*gen.*), fenomeno transitorio. **7.** ~ state (as of a regulated quantity) (*elect. - mech. - etc.*), transitorio. **8.** ~ state (*comp.*), stato transitorio.

transilluminator (*med. instr.*), transilluminatore. **2.** mastoid ~ (*med. instr.*), transilluminatore mastoideo. **3.** ocular ~ (*med. instr.*), transilluminatore oculare.

transistor (*elics.*), transistore, transistor. **2.** ~ (transistorized radio) (*radio app.*), radio a transistor, "transistor". **3.** ~ ignition (as of an i.c. mot.) (*aut. - elect.*), accensione a transistori. **4.** alloy-junction ~ (fused junction transistor) (*elics.*), transistore con giunzione a lega. **5.** annular ~ (*elics.*), transistore anulare. **6.** avalanche ~ (avalanche effect transistor) (*elics.*), transistore a valanga. **7.** bidirectional ~ (*teleph. - elics.*), transistore bidirezionale. **8.** bipolar ~ (NPN transistor or PNP transistor) (*elics.*), transistore bipolare. **9.** charge-storage ~ (*elics.*), transistore a immagazzinamento di carica. **10.** chopper ~ (*elics.*), transistore interruttore. **11.** conductivity modulation ~ (*elics.*), transistore a modulazione di conduttività. **12.** diffused-base ~ (*elics.*), transistore a base diffusa. **13.** diffused junction ~ (*elics.*), transistore a giunzione diffusa. **14.** diffusion ~ (*elics.*), transistore a diffusione. **15.** drift ~ (*elics.*), transistore a campo interno, transistore a lega diffusa. **16.** dual-emitter ~ (*elics.*), transistore a due emettitori. **17.** epitaxial ~ (*elics.*), transistore epitassiale. **18.** field-effect ~, "FET" (*elics.*), transistore ad effetto di campo. **19.** germanium ~ (*elics.*), transistore al germanio. **20.** grown-junction ~ (*elics.*), transistore a giunzione coltivata. **21.** junction ~ (*elics.*), transistore a giunzione. **22.** junction field-effect ~, "JFET" (*elics.*), transistore a giunzione ad effetto di campo. **23.** meltback ~ (*elics.*), transistore a giunzione fusa solidificata. **24.** metal oxide seminconductor field effect ~, "MOSFET" (*elics.*), transistore ad effetto di campo a semiconduttore metallo/ossido. **25.** microalloy diffused ~, "MADT" (*elics.*), transistore a microlega diffusa. **26.** multichannel field-effect ~ (*elics.*), transistore multicanale ad effetto di campo. **27.** n-p-n ~ (negative-positive-negative transistor) (*elics.*), transistore n-p-n. **28.** planar ~ (*elics.*), transistore planare. **29.** p-n-p ~ (positive-negative-positive transistor) (*elics.*), transistore p-n-p. **30.** power ~ (*elics.*), transistore di potenza. **31.** silicon ~ (*elics.*), transistore al silicio. **32.** surface-barrier ~ (*elics.*), transistore a barriera superficiale. **33.** surface-charge ~ (*elics.*), transistore a carica superficiale. **34.** unijunction ~, "UJT" (*elics.*), transistore unigiunzione. **35.** unipolar ~ (*elics.*), transistore unipolare.

transistorise (to), **transistorize** (to) (to equip something with transistors) (*elics.*), dotare di transistori, transistorizzare.

transistorised, transistorized (as of a radio set containing transistors in place of valves) (*a. - radio*), transistorizzato, a transistori, a transistors.

transistorization (*elics.*), transistorizzazione.

transistor-transistor logic, "TTL" (*elics.*), logica a transistori e transistori, logica TTL.

transit (*road*), transito. **2.** ~ (*astr.*), passaggio. **3.** ~ (transit theodolite) (*top. instr.*), *see* transit compass. **4.** ~ compass (*top. instr.*), teodolite con cannocchiale capovolgibile. **5.** ~ instrument (*astr. instr.*), telescopio equatoriale, equatoriale. **6.** ~ time (as of a star across the meridian) (*astr.*), ora del passaggio. **7.** ~ time (employed by an electron to move from the cathode to the anode) (*thermion.*), tempo di transito. **8.** in ~ (as damages sustained in transit) (*transp.*), durante il trasporto. **9.** jig ~ (jig alignement instr.) (*aer. constr. - naut. constr.*), telescopio di officina. **10.** rapid ~ (local traffic carried out in or near cities by rapid means) (*traff. on rails*), servizio tipo metropolitana.

transition (passage, change) (*gen.*), passaggio. **2.** ~ (as between two sequences of a film) (*m. pict.*), passaggio. **3.** ~ (changing of connections of elect. railw. motors, first from series-parallel to series and then to series-shunt and viceversa) (*elect. railw.*), manovra per l'inserzione o la disinserzione (dei motori elettrici). **4.** ~ (*atom phys.*), transizione. **5.** ~ curve (between a straight road and a curve) (*civ. eng.*), curva di raccordo. **6.** ~ fit (with either a clearance or interference without exceeding tolerance limits) (*mech.*), accoppiamento incerto (con gioco od interferenza entro i limiti di tolleranza). **7.** ~ length (the length of a transition curve) (*civ. eng.*), lunghezza della curva di raccordo. **8.** ~ point (of boundary layer flow changing from laminar to turbulent) (*mech. of fluids*), punto di transizione. **9.** backward ~ (changing of motors connections when decelerating) (*elect. railw.*), manovra di disinserzione, manovra di rallentamento. **10.** forward ~ (changing of motors connections when accelerating) (*elect. railw.*), manovra per l'inserzione, manovra per l'avviamento. **11.** isomeric ~ (*atom phys.*), transizione isomerica. **12.** nil ductility ~, "NDT" in drop weight tests, temperature at which a full brittle fracture occurs) (*metall. - mech. technol.*), temperatura di massima fragilità.

transitional (*a. - comp.*), di transizione.

transitron (pentode operating as in a particular oscillating circuit) (*thermion.*), transitron, pentodo ad effetto di tempo di transito.

translate (to) (to turn from one language into another) (*gen.*), tradurre. **2.** ~ (to transfer) (*gen.*), trasferire. **3.** ~ (to change the place) (*theor. mech.*), traslare. **4.** ~ (to perform a conversion of code or of language) (*comp.*), convertire, tradurre.

translater, *see* translator.

translation (*mech.*), traslazione. **2.** ~ (sense given in another language) (*gen.*), traduzione. **3.** machine ~, *see* mechanical ~. **4.** mechanical ~ (machine translation: automatic translation by comp. of one language into another) (*comp.*), traduzione meccanica, traduzione automatica. **5.** motion of ~ (*theor. mech.*), moto di traslazione. **6.** simultaneous ~ (*conferences ~ etc.*), traduzione simultanea.

translator (*work.*), traduttore. **2.** ~ (program operating conversion from a source code of one language to the source code of another language) (*comp.*), traduttore. **3.** ~ (repeater: for amplifying signals) (*elics. - telev. - teleph.*), ripetitore (televisivo, telefonico ecc.).

transliterate (to) (to convert the single characters by a new code) (*comp.*), traslitterare.

translucent (*phys.*), translucido. **2.** ~ body (*opt.*), corpo translucido. **3.** ~ glass (*glass ind.*), vetro translucido.

translunar (*a. - astr.*), translunare. **2.** ~ flight (*astric.*), volo translunare.

transmembrane (existing from one side to the other of a membrane) (*a. - phys.*), "transmembranico", che avviene attraversando una membrana.

transmission (gearbox: consisting of change gear, propeller shaft to the live axle) (*aut.*) (Am.), trasmissione (dal motore alle ruote). **2.** ~ (as of signals) (*electrotel.*), trasmissione. **3.** ~ (*radio*), trasmissione. **4.** ~ control character (*comp.*), carattere di controllo inserito nella trasmissione. **5.** ~ efficiency (power received/power transmitted) (*radiant energy - radio waves - etc.*), rendimento della trasmissione. **6.** ~ electron microscopy (*opt.*), microscopìa elettronica diascopica. **7.** ~ level (*electrotel.*), livello di trasmissione. **8.** ~ loss (loss of energy which takes place during the transmission of acoustic or radio waves) (*acous. - radio*), perdita di trasmissione. **9.** ~ rope (*mech. impl.*), fune per trasmettere potenza. **10.** ~ shaft (change gear shaft carrying the sliding gears) (*mech. aut.*), albero secondario del cambio. **11.** ~ speed (*comp.*), velocità di trasmissione. **12.** all-round ~ (*radio*), trasmissione circolare. **13.** asynchronous ~ (between comp. and terminal) (*tlcm. - comp.*), trasmissione asincrona. **14.** automatic ~ (*aut.*) (Am.), trasmissione con cambio automatico, cambio automatico. **15.** belt ~ (*mech.*), rinvio a cinghia. **16.** color ~ (*telev.*), trasmissione a colori. **17.** data ~ (*comp.*), trasmissione dati. **18.** double-sideband ~ (*radio*), trasmissione a banda laterale doppia. **19.** duplex ~ (duplex operation) (*tlcm.*), trasmissione in duplex, funzionamento in duplex. **20.** end of ~, "EOT" (*comp.*), fine della trasmissione. **21.** gear ~ (*mech.*), rinvio ad ingranaggi. **22.** half-duplex ~ (not in both directions simultaneously) (*tlcm.*), trasmissione in semiduplex, funzionamento in semiduplex, funzionamento alternato. **23.** heat ~ (*therm.*), trasmissione del calore. **24.** heat ~ by contact (*therm.*), trasmissione del calore per contatto. **25.** heat ~ by convection (*therm.*), trasmissione del calore per convezione. **26.** heat ~ by radiation (*therm.*), trasmissione del calore per (ir)radiazione. **27.** manual ~ (in which speed ratios are selected and engaged by hand) (*aut.*), trasmissione con cambio meccanico (a mano). **28.** multiple-speed ~ (*mech. - mach. t. - aut. - etc.*), trasmissione meccanica con rapporti variabili di velocità. **29.** parallel ~ (simultaneous transmission: as of all the bits of a codified character) (*tlcm. - comp.*), trasmissione parallela, trasmissione simultanea. **30.** point-to-point ~ (as between two stations) (*tlcm.*), trasmissione da stazione a stazione. **31.** push-button ~ (*aut.*), cambio (comandato) a pulsante. **32.** selective ~ (change gear by which the speed of a veh. can be changed without changing the engine rpm) (*aut.*) (Am.), cambio di velocità. **33.** serial ~ (*tlcm. - comp.*), transmissione seriale. **34.** single-sideband ~ (*radio*), trasmissione a banda laterale unica. **35.** synchronous ~ (*tlcm. - comp.*), trasmissione sincrona. **36.** three-current ~ (*electrotel.*), trasmissione a tre varietà.

transmissivity (*phys.*), trasmissibilità.

transmissometer (kind of photometer for meas. visibility) (*aer. app.*), misuratore di visibilità.

transmit (to) (*gen.*), trasmettere. **2.** ~ (as elect., heat etc.) (*phys.*), trasmettere. **3.** ~ (*radio*), trasmettere. **4.** ~ (as motion, or a force) (*mech.*), trasmettere.

transmittal, *see* transmission.

transmittance, transmittancy (capacity of transmitting radiant energy) (*n. - phys.*), trasmittanza. **2.** ~ (transmission), *see* transmission.

transmitter (*gen.*), trasmettitore. **2.** ~ (*radio*), radioemittente, radiotrasmettitore. **3.** ~ (*teleph.*), (microfono) trasmettitore. **4.** ~ (*telegraphy*), manipolatore. **5.** ~ (as of oil pressure to the indicator) (*instr.*), trasmettitore. **6.** amplitude-modulation ~ (*eltn.*), trasmettitore a modulazione di ampiezza. **7.** frequency-modulation ~, "FM" (*radio - tlcm. - elics.*), trasmettitore a modulazione di frequenza. **8.** phase-modulation ~ (*eltn.*), trasmettitore a modulazione di fase. **9.** radiotelegraph ~ (*radio*), trasmettitore radiotelegrafico. **10.** spark ~ (*radio*), trasmettitore a scintilla. **11.** telegraph ~ (*telegraphy*), trasmettitore telegrafico. **12.** telephone ~ (*teleph.*), trasmettitore telefonico. **13.** visual ~ (video transmitter: picture signals and audio signals transmitter) (*telev.*), trasmettitore video. **14.** ~, *see also* microphone.

transmitter-distributor, "TD" (device reading, from punched paper tape, and translating in signals) (*teletypewriter device*), lettore-trasmettitore di nastro perforato.

transmitter-receiver, *see* transceiver.

transmitting (*gen.*), trasmittente. **2.** ~ antenna (*radio*), antenna di trasmissione. **3.** ~ set (*radio*), (apparecchio) radiotrasmittente, radiotrasmettitore.

transmutation (as of a nuclide) (*atom phys.*), trasmutazione.

transom (lintel) (*bldg.*), architrave. **2.** ~ (of a gun carriage) (*artillery*), traversa. **3.** ~ (crossbeam, as of a railw. car) (*railw.*), traversa. **4.** ~ (transom frame: framing fixed to the sternpost and supporting the projecting stern) (*shipbuild.*), arcaccia. **5.** ~ (transom bar, timber across the sternpost) (*shipbuild.*), barra d'arcaccia. **6.** ~ (of a bogie) (*railw.*), traversa. **7.** ~ (seat of a cabin, as with lockers underneath) (*naut.*), sedile. **8.** ~ frame (framing fixed to the sternpost and supporting the projecting stern) (*shipbuild.*), arcaccia. **9.** ~ plate (*naut.*), lamiera di arcaccia. **10.** ~ window (window hinged to a transom) (*bldg. - shipbldg.*), vasistas. **11.** main ~ (main cross member) (*railw. veh.*), traversa principale. **12.** swinging ~ (*railw. veh.*), traversa oscillante.

transonic (referring to speeds between 600 and 900 m.p.h.: between subsonic and supersonic speeds) (*a. - aer.*), transonico. **2.** ~ interceptor (*aer.*), (caccia) intercettatore transonico. **3.** ~ range (range of air speeds) (*aer.*), regime transonico.

"transp", *see* transparent, transportation.

transparency (*phys.*), trasparenza. **2.** ~ (a picture as on a glass plate used for projections) (*phot. - etc.*), diapositivo, diapositiva. **3.** color ~ (*phot. - photomech.*), diapositiva a colori.

transparent (*phys.*), trasparente. **2.** ~ plastic (*ind.*), materia plastica trasparente.

transpiration (flow of gas through porous substances due to the viscosity of the gas and approx. pro-

portional to the pressure difference) (*aer. - mech. of fluids*), traspirazione.
transplant (to) (*agric.*), trapiantare.
transplanter (*agric. work.*), trapiantatore.
transplutonium (radioact. element) (*chem. - radioact.*), transplutonio.
transpolar (as of a flight) (*a. - aer.*), transpolare.
transponder (radar beacon) (*radar*), radar a risposta. **2.** ~ (*und. acous. - etc. app.*), risponditore. **3.** ~ elongator (transponder which elongates the retransmitted pulse to simulate the physical dimension of the target) (*und. acous. app.*), risponditore con allungamento del segnale. **4.** decoy ~ (countermeasure) (*navy - milit.*), risponditore esca. **5.** underwater ~ (underwater equipment which retransmits, amplified, a received acoustic pulse in order to simulate a target) (*und. - acous. app.*), risponditore subacqueo.
transpondor, *see* transponder.
transport (*ind.*), trasporto. **2.** ~ (ship) (*navy*), nave trasporto truppe. **3.** ~ (airplane) (*aer.*), aereo di linea civile, aereo trasporto posta e passeggeri. **4.** ~ (a mechanism providing the motion of a magnetic tape) (*n. - electroacous. - comp.*), meccanismo di trasporto, meccanismo di trascinamento. **5.** ~ charges (*comm. transp.*), spese di trasporto. **6.** ~ department (as of a firm), servizio trasporti. **7.** ~ drum, fusto di lamiera (da trasporto). **8.** ~ number, *see* tranference number. **9.** ~ plate (as for sweet products) (*sweets ind. - etc.*), disco di trasporto. **10.** active ~ (of a chemical substance in a liquid, due to elect. or phys. reasons) (*electrochem. - phys. chem.*), trasporto attivo. **11.** air ~ (*transp.*), trasporto aereo, aerotrasporto. **12.** attack ~ (*navy*), trasporto truppe da sbarco. **13.** freight air ~ (airfreight) (*transp.*), aerotrasporto di merci, trasporto aereo di merci. **14.** municipal ~ (*transp.*), trasporti municipali. **15.** road ~ (*transp.*), trasporto su strada.
transport (to), trasportare.
transportable, trasportabile.
transportation (*ind.*), trasporto.
transporter (*n. - transp.*), trasportatore. **2.** ~ (for traversing loads as in a spare parts store) (*ind. mach.*), traslatore.
transpose (*math.*), matrice trasposta.
transpose (to) (as telegraph or telephone wires for avoiding disturbances) (*elect.*), incrociare, scambiare, permutare.
transposition (*math.*), trasposizione. **2.** ~ (*elect.*), permutazione. **3.** ~ (interchange of teleph. circuit wires at intervals in order to reduce crosstalk) (*teleph.*), trasposizione.
transrectification (by vacuum tube) (*thermion.*), raddrizzamento mediante valvola.
transship, tranship (to) (*naut.*), trasbordare.
transshipment, transhipment (*naut.*), trasbordo.
transude (to) (*phys.*), trasudare.
transuranian, *see* transuranic.
transuranic (said of elements) (*a. - chem.*), transuranico, di numero atomico superiore a quello dell'uranio (o superiore a 92). **2.** ~ element (*atom phys.*), elemento transuranico.
transverse, trasversale. **2.** ~ framing (strong type of constr.) (*shipbuild.*), costruzione a telai ravvicinati. **3.** ~ pressure angle (of helical gears, in the transverse plane) (*mech.*), angolo di pressione trasversale. **4.** ~ reinforcing rod (*reinf. concr.*), staffa. **5.** ~ test (bending test) (*theor. mech.*), prova a flessione. **6.** ~ test (in which the test piece longitudinal axis is perpendicular to the direction of rolling or working) (*metall. - forging*), prova sul traverso, prova di senso trasversale all'andamento delle fibre. **7.** ~ vibration (relating to the wave direction) (*phys.*), vibrazione trasversale.
trap (U bend: pipe section permanently full of water for obtaining a hydraulically sealed chamber, for drains, sewers etc.) (*plumbing - pip.*), sifone intercettatore. **2.** ~ (as for catching animals) (*device*), trappola. **3.** ~ (separating device) (*mot. - ind. - etc.*), separatore. **4.** ~ (traprock, igneous rock, used in road making) (*geol.*), roccia eruttiva. **5.** ~ (circuit used to suppress a particular signal) (*elics.*), circuito tampone. **6.** bell ~ (stench trap) (*hydr. bldg.*), pozzetto intercettatore a campana. **7.** float thermostatic steam ~ (*pip. device*), scaricatore termostatico di condensa a galleggiante. **8.** fuel ~ (in the fuel feeding line) (*mot.*), pozzetto separatore per carburante. **9.** ion ~ (magnetic field used for preventing negative ions from deteriorating the cathode-ray tube screen) (*elics.*), trappola ionica. **10.** mud ~ (*pip.*), pozzetto di raccolta fanghi. **11.** running ~ (through which waste liquids run but prevents the reflux of sewer gases) (*pip. - plumbing*), sifone (o pozzetto) a tenuta idraulica. **12.** safety fire ~ (as of a fireproof film magazine) (*m. pict. projector*), corridoio antincendio. **13.** steam ~ (Brit.), scaricatore di condensa. **14.** stench ~, *see* bell trap. **15.** U ~ (running trap: fitting) (*pip.*), sifone ad U. **16.** water ~ (*pip.*), scaricatore (o separatore) d'acqua. **17.** wave ~ (particular frequency suppressor: for improving reception) (*elics. - radio*), trappola d'onda, trappola antidisturbi.
trap (to) (to set traps: as for catching mice) (*gen.*), piazzare le trappole. **2.** ~ (to set hydraulic traps) (*pip.*), piazzare gli scaricatori (dei chiusini) a tenuta idraulica. **3.** ~ (to separate by traps: as water from compressed air), separare.
trapan, *see* trepan.
trapdoor (floor lifting door) (*bldg.*), botola. **2.** ~ (weather door, ventilating door) (*min.*), porta di ventilazione.
trapeze (for gymnasts), trapezio. **2.** ~ (*geom.*) (Brit.), *see* trapezium. **3.** ~ bar (of an airship: for the attachment of an aeroplane) (*aer.*), trapezio.
trapezium (a quadrilateral with no parallel sides) (*geom.*), trapezoide. **2.** ~ distortion (of frame) (*telev.*), *see* keystone distortion.
trapezoid (*n. - geom.*) (Am.), trapezio, trapezoide.

trapezoidal (*a. - gen.*), trapezoidale. **2.** ~ thread (*mech.*), filettatura trapezia.

trapped (separated, as condensed water) (*gen.*), separato. **2.** ~ fuel (the fuel in an engine or fuel system that is not in the tank) (*mot.*), combustibile in circolazione.

trapping (as of particles in a magnetic field) (*phys.*), intrappolamento.

traprock (*geol.*), *see* trap.

trash (*gen.*), immondizie, rifiuti.

trass (pozzolana) (*mas.*), "trass". **2.** ~ cement (*bldg.*), "trass-cemento".

travel (trip), viaggio. **2.** ~ (*mach. t. - mech.*), corsa. **3.** ~ shot (*m. pict.*), carrellata. **4.** ~ trailer (*aut.*), roulotte. **5.** angular ~ (*mech.*), escursione angolare. **6.** cross ~ (transverse traverse, cross traverse: as of a part of a mach. t.) (*mech.*), traslazione (o corsa, o spostamento) trasversale. **7.** free ~ (*mech.*), gioco (assiale). **8.** pedal ~ (*mech.*), corsa del pedale.

travel (to) (to journey) (*gen.*), viaggiare. **2.** ~ (*mech.*), percorrere, andare, compiere la corsa.

traveler, traveller (commercial traveler) (*comm.*), viaggiatore (di commercio). **2.** ~ (for cotton spinning) (*text. ind.*), anellino, cursore. **3.** traveler's check (banker's check) (*bank*), traveller's cheque, assegno turistico.

traveling, travelling (*mech.*), movimento. **2.** ~ carriage (*old transp. veh.*), diligenza, carrozza da viaggio, corriera. **3.** ~ expenses (*comm. - adm.*), spese di viaggio. **4.** ~ lift (as in a store for loading and unloading shelves) (*ind. mach.*), traslatore, elevatore-traslatore. **5.** ~ man (*comm.*), viaggiatore di commercio. **6.** ~ sidewalk (for transp. people for short distances) (*transp.*), marciapiede mobile. **7.** ~ staircase, traveling stairs (for persons) (*transp.*), scala mobile. **8.** crab ~ (in a crane bridge), movimento del carrello.

traveling-wave tube (*elics.*), valvola ad onde progressive, valvola a propagazione di onde.

traverse (of a moving part of a mach. t.) (*mech.*), traslazione (o corsa o movimento o spostamento) laterale (o trasversale). **2.** ~ (course of sailing ship) (*naut.*), navigazione a bordate. **3.** ~ (*arch.*), traversa. **4.** ~ (*road*), traversa, via trasversale. **5.** ~ (of a trench) (*milit.*), riparo (o parapetto) trasversale. **6.** ~ (of a gun) (*milit.*), brandeggio, spostamento in direzione. **7.** ~ (traverse survey) (*top.*), poligonale. **8.** ~ (*n. - top.*), *see* traverse survey. **9.** ~ arc (of a gun) (*milit.*), arco di tiro. **10.** ~ drill (for drilling slots) (*mach. t.*), macchina per scanalature. **11.** ~ feed (*mach. t.*), avanzamento trasversale. **12.** ~ motor (as of a mach. t.) (*mech.*), motore del movimento trasversale. **13.** ~ station (*top.*), vertice di poligonale. **14.** ~ survey (survey formed by a series of measured connected lines) (*top.*), poligonale. **15.** ~ wind (*naut.*), traversìa. **16.** automatic ~ (as of a part of a mach.) (*mech.*), traslazione automatica, corsa automatica. **17.** closed ~ (*top.*), poligonale chiusa. **18.** cross ~ (transverse, cross travel: as of a part of a mach. t.) (*mech.*), traslazione (o corsa, o spostamento) trasversale. **19.** hand ~ (as of a part of a mach. t.) (*mech.*), spostamento a mano, traslazione a mano. **20.** limited ~ (as of a gun) (*milit.*), brandeggio limitato. **21.** open ~ (*top.*), poligonale aperta. **22.** quick ~ (as of a moving part of a mach. t.) (*mech.*), traslazione rapida, spostamento rapido. **23.** rapid ~ (as of a moving part of a mach. t.) (*mech.*), traslazione rapida, spostamento rapido. **24.** reverse ~ (movement: as of a part of a mach. t.) (*mech.*), inversione della (corsa di) traslazione. **25.** transverse ~ (cross traverse, cross travel: as of a part of a mach. t.) (*mech.*), traslazione (o corsa o spostamento) normale a quello trasversale. **26.** vertical ~ (as of a part of a mach. t.) (*mech.*), traslazione verticale, spostamento verticale, corsa verticale. **27.** wide ~ (as of a gun) (*milit.*), ampio settore orizzontale (di tiro).

traverse (to) (to cross) (*gen.*), attraversare. **2.** ~ (to move laterally) (*gen.*), spostarsi lateralmente. **3.** ~ (*naut.*), mettere per lungo (o per chiglia). **4.** ~ a yard (*naut.*), traversare (o mettere per lungo) un pennone.

traverser (transfer table) (*railw. - ind.*), (carrello) trasbordatore.

traversing (of a tool) (*mach. t.*), spostamento laterale (o trasversale). **2.** ~ (*top.*), poligonazione. **3.** ~ gears (of a gun carriage) (*ordnance*), ingranaggi di brandeggio. **4.** ~ length [in roughness measurement, sampling length (Am.), of a machined surface] (*mech.*) (Brit.), lunghezza totale di misura, lunghezza di riferimento. **5.** ~ mandrel (*mach. t.*), mandrino con movimento assiale. **6.** ~ speed (*mach. t.*), velocità di traslazione, velocità di spostamento. **7.** ~ spindle (*mach. t.*), mandrino con movimento assiale. **8.** ~ table (transfer table) (*ind. railw.*), (carrello) trasbordatore.

travertine (*min.*), travertino.

trawl (dragnet for fishing) (*naut.*), strascico, sciabica. **2.** ~ (a fishing line, about a mile long, fixed at the ends and carrying many short lines with hooks) (*fishing*), palamite, palangrese, lenzara. **3.** ~ boards (*fishing*), *see* otter boards. **4.** otter ~ (*fishing*), rete a strascico con divergenti.

trawl (to) (to fish with a dragnet) (*naut.*), sciabicare, pescare con lo strascico.

trawler (fishing boat) (*naut.*), motopeschereccio a strascico. **2.** motor ~ (*naut.*), motopeschereccio a strascico. **3.** near water ~ (*fishing*), peschereccio costiero a strascico.

tray (*phot. impl.*), bacinella. **2.** ~ (low rim flat bottomed open container made of any material and used for containing or exhibiting any material) (*gen.*), vassoio. **3.** ~ (for loading loose items: as to be introduced in a hardening furnace) (*shop equip.*), raccoglitore, cassetta in lamiera a sponde basse, vassoio. **4.** ~ (as for sweet products) (*packing*), vassoio, barchetta. **5.** ash ~ (a receptacle for tobacco ashes) (*aut. - railw. - aer. - etc.*), por-

tacenere, posacenere. **6.** chip ~ (chip pan) (*mach. t. work.*), raccoglitrucioli, vassoio raccoglitrucioli. **7.** oil drip ~ (*aer. mot. impl.*), vassoio raccoglitore gocciolamento olio. **8.** temperature-controlled ~ (*phot. impl.*), bacinella a temperatura controllata.
"trbt", *see* turbulent.
"TRD" (traced) (*mech. draw.*), lucidato.
tread (mark left by a tread), orma. **2.** ~ (the distance between the points of contact with the ground of the wheels pertaining to the same axle) (*veh.*), carreggiata. **3.** ~ (of a tire) (*rubb. ind.*), battistrada. **4.** ~ (of an iron wheel) (*railw.*), cerchione. **5.** ~ (of a step) (*bldg.*), pedata. **6.** ~ (keel length) (*shipbuild.*), lunghezza della chiglia. **7.** ~ blocks (of a tire) (*aut. - rubb. ind.*), scolpiture del battistrada. **8.** ~ cuts (of a tire) (*rubb. ind.*), gole del battistrada. **9.** ~ gauge (for measuring the tread depth) (*aut. instr.*), sonda per battistrada. **10.** ~ of wheel (*railw.*), cerchione. **11.** engraved ~ (of a tire) (*rubb. ind.*), battistrada scolpito. **12.** grooved ~ (of a tire) (*rubb. ind.*), battistrada a canale. **13.** non slip ~ (*railw. - etc.*), *see* safety tread. **14.** recapped ~ (of a tire) (*aut.*) (Am.), battistrada ricostruito. **15.** safety ~ (of a step, rubber or metal covering for preventing the foot from slipping) (*railw. - etc.*), pedata di sicurezza, gradino con rivestimento antisdrucciolevole. **16.** smooth ~ (of a tire) (*rubb. ind.*), battistrada liscio.
treadle (foot-operated lever) (*mech. device*), pedale. **2.** ~ (a rod for controlling the heddles in a loom) (*text. mach.*), cálcola, leva per il comando dei licci..
treadmill (*old mach.*), mulino azionato dall'uomo mediante grande ruota a gradini.
treadplate (non-slip plate, as used for steps etc.: checkered plate etc.) (*veh. - etc.*), lamiera antisdrucciolevole (striata o bugnata).
treasurer (*finan. pers.*), tesoriere.
treasury (*finan.*), erario, tesoreria. **2.** ~ bills (*finan.*), buoni del tesoro. **3.** public ~ (*finan.*), fisco, pubblico erario.
treat (to) (*chem. - therm. - ind. - etc.*), trattare.
treatableness (response to treatment, of a steel) (*heat - treat.*), trattabilità, sensibilità al trattamento.
treatment (*gen.*), trattamento. **2.** ~ (in script writing) (*m. pict.*), scaletta, sviluppo della trama nei dettagli realizzativi. **3.** chromate ~ (to produce a protection skin on magnesium alloy components) (*metall.*), cromatazione. **4.** heat ~ (*heat-treat.*), trattamento termico. **5.** hot-air ~ (as in the rubb. ind. for desiccation vulcanizing etc.) (*ind.*), trattamento ad aria calda. **6.** solution ~ (*heat-treat.*), trattamento di solubilizzazione. **7.** stabilizing ~ (*heat. treat.*), trattamento di stabilizzazione. **8.** sub-zero ~ (below 0°C to promote the transformation of any retained austenite into martensite) (*heat-treat.*), trattamento sotto zero, sottoraffreddamento. **9.** thermic ~ (*heat-treat.*), trattamento termico.
treaty (*comm. - milit.*), trattato. **2.** ~ (private treaty) (*comm.*), accordo.
treble (triple) (*a. - gen.*), triplo. **2.** ~ (high range of audiofrequency) (*n. - electroacous.*), tono acuto.
tree (*wood*), albero. **2.** ~ (tree structure: as a tree-like structure for hierarchical representation of data) (*comp. - etc.*), albero. **3.** ~ diagram (*comp. - etc.*), diagramma ad albero. **4.** ~ structure (*comp.*), struttura ad albero. **5.** decision ~ (used in trouble shooting) (*comp.*), albero di decisione.
treenail, trenail (of a wooden ship) (*shipbuild.*), caviglia di legno.
trefoil (ornament) (*arch.*), trifoglio. **2.** ~ (*agric.*), trifoglio, erba medica. **3.** ~ (cluster of three parachutes) (*aer.*), trifoglio, grappolo di tre paracadute.
trega, treg (one million of millions: 10^{12}, trillion) (*meas.*), tera.
tregohm (1 million megohms) (*elect. meas.*), teraohm (10^{12} ohm).
trellis (*carp.*), traliccio, graticcio.
trelliswork (*constr. theor. - carp. - mech.*), traliccio.
trembler (*elect.*), ruttore. **2.** ~ (*mech.*), vibratore.
trembling hammer, *see* trembler 1 ~.
trench (ditch) (*gen.*), fossa. **2.** ~ (*mas.*), scavo a trincea, trincea. **3.** ~ (*milit.*), trincea. **4.** ~ bomb (hand grenade) (*milit. expl.*), bomba a mano. **5.** ~ coat (*text. ind.*), impermeabile foderato. **6.** ~ duct (as for pipes etc.) (*bldg.*), cunicolo. **7.** ~ gun (mortar) (*artillery*), lanciabombe, mortaio. **8.** ~ plow (*agric.*), aratro per solchi profondi.
trencher (of ditches) (*work.*), scavatore. **2.** ~ (*impl.*), tagliere di legno. **3.** ~ (trench excavator) (*earth - moving mach.*), scavatrincee, scavafossi.
trend (of an anchor) (*naut.*), collo (del fuso). **2.** ~ (tendency) (*gen.*), tendenza. **3.** ~ (general direction, as of a river) (*gen.*), andamento. **4.** ~ (*geol. - min.*), *see* strike 3 ~. **5.** ~ line (*stat.*), linea dell'andamento statistico. **6.** economic ~ (*econ.*), congiuntura.
trepan (*med. instr.*), trapano. **2.** ~ (for boring shafts) (*min. t.*), trivella.
trepan (to) (as on a lathe) (*mech.*), tornire scanalature anulari. **2.** ~ (by a cylinder saw) (*mech.*), tagliare (di testa) mediante sega cilindrica a corona.
trepanning (hollow punching) (*forging*), punzonatura cava. **2.** ~ (removal of a core from a piece of steel by machining with a tubular cutter) (*mech. operation*), foratura con utensile tubolare, foratura (con punta) a corona, foratura a nocciolo. **3.** ~ (defusing of an unexploded bomb) (*expl.*), disinnesco.
trespass (*law*), violazione. **2.** computer ~ (*inf.*), violazione (o intrusione) informatica.
T rest (as of a lathe) (*mach. t. - mech.*), sopporto a T.
trestle (horse) (*mas.*), capra. **2.** ~ (*mech. - carp.*), intelaiatura, traliccio. **3.** ~ bridge (a steel framework for sustaining a road or a railroad) (*railw. -*

roads), viadotto in ferro. **4.** ~ bridge (*bldg.*), ponte a traliccio. **5.** ~ table (*draw.*), tavolo da disegno su cavalletti. **6.** ~ with box (for silkworms) (*silk ind. impl.*), cavalletto con canniccio. **7.** metal ~ (trestlework), traliccio metallico.

trestletrees (timbers secured horizontally on the masthead and supporting the top etc.) (*naut.*), barre costiere, costiere.

trestlework (as a trestle sustaining a viaduct) (*steel structural work*), traliccio, travatura a traliccio.

"TRF" (tuned radio frequency) (*radio*), frequenza radio sintonizzata.

"trfr", *see* transfer.

triac (consisting of two SCR oriented in opposite directions) (*elics.*), triac, thyristor bidirezionale.

triad (trivalent element) (*n. - chem.*), elemento trivalente. **2.** ~ (a group of three units) (*gen.*), terna.

triadic (*a. - gen.*), triadico, a tre elementi. **2.** ~ (relating to the valence: trivalent) (*a. - chem.*), trivalente.

trial, prova, esperimento. **2.** ~ (*law*), processo. **3.** ~ and error (*n. - gen.*), sistema sperimentale, metodo per tentativi. **4.** ~ balance (a balance drawn up for checking the books before the end of an accounting period) (*adm.*), bilancio di verifica. **5.** ~ balloon (for testing wind speed) (*meteorol.*), pallone sonda anemometrico. **6.** ~ run, *see* experiment, test. **7.** ~ trip (*gen.*), viaggio di prova. **8.** acceptance ~ (*mech. - aer. - naut. - etc.*), prova di collaudo. **9.** basin ~ (as of a ship) (*naut.*), prova in bacino. **10.** dock ~ (*naut.*), prova in bacino. **11.** endurance ~ (as of a craft) (*gen.*), prova di durata. **12.** long distance ~ (*sport*), prova di durata. **13.** on ~ (*gen.*), in prova. **14.** post closing ~ balance (*adm.*), bilancio di verifica a chiusura avvenuta. **15.** range ~ (of a gun) (*milit.*), prova di tiro.

trial-and-error (*a. - gen.*), per tentativi. **2.** ~ method (*gen.*), metodo per tentativi.

triangle (*geom.*), triangolo. **2.** ~ (triangular instr. made of wood or plastic) (*draw. impl.*), squadra. **3.** ~ inequality (*math.*), disuguaglianza triangolare. **4.** ~ of forces (*constr. theor.*), triangolo delle forze. **5.** acute-angled ~ (*geom.*), triangolo acutangolo. **6.** equilateral ~ (*geom.*), triangolo equilatero. **7.** fundamental ~ (of a thread) (*mech.*), triangolo generatore. **8.** isosceles ~ (*geom.*), triangolo isoscele. **9.** obtuse-angled ~ (*geom.*), triangolo ottusangolo. **10.** plane ~ (*geom.*), triangolo piano. **11.** reaction ~ (of an aut. suspension) (*aut.*), triangolo di reazione. **12.** red warning ~ (red triangle) (*aut. - traff.*), triangolo (di pericolo). **13.** right-angled ~ (*geom.*), triangolo rettangolo. **14.** right ~ (*geom.*), triangolo rettangolo. **15.** scalene ~ (*geom.*), triangolo scaleno. **16.** spherical ~ (*geom.*), triangolo sferico.

triangular (*a.*), triangolare.

triangulation (*top.*), triangolazione. **2.** ~ net (*top.*), rete di triangolazione. **3.** ~ station (*top.*), vertice di triangolazione. **4.** aerial ~ (*air phot.*), triangolazione aerea. **5.** arc ~ (*top.*), triangolazione geodetica. **6.** 1st order ~ (*top.*), triangolazione di 1° ordine. **7.** 4th order ~ (*top.*), triangolazione di 4° ordine. **8.** 2nd order ~ (*top.*), triangolazione di 2° ordine. **9.** 3rd order ~ (*top.*), triangolazione di 3° ordine.

Triassic (*a. - geol.*), triassico.

triatomic (*chem. phys.*), triatomico. **2.** ~ (trivalent) (*chem.*), trivalente.

tribasic (*chem.*), tribasico.

triboelectricity (friction electricity) (*elect.*), triboelettricità.

tribology (the study of friction, wear and lubrication of surfaces in relative motion: as bearings, gears etc.) (*n. - mech.*), tribologia.

triboluminescence (produced by friction) (*phys.*), triboluminescenza.

tribometer (instr. for measuring sliding friction) (*instr.*), tribometro, misuratore di attrito radente.

tribunal (*law*), tribunale.

tribune (*arch.*), tribuna.

tributary (*river*), affluente. **2.** ~ station (secondary station) (*comp.*), stazione dipendente.

tricar (motor tricycle) (*veh.*), mototriciclo, triciclo a motore. **2.** ~ (*m. pict.*) (Brit.) (coll.), *see* trailer. **3.** delivery ~ (delivery tricycle for goods transp.) (*veh.*), motocarro.

trice (to) (to haul and secure with a rope, as a sail) (*naut.*), issare e legare.

trichloroethylene ($CHCl$: CCl_2) (solvent) (*chem. - ind. - mot.*), tricloroetilene, trielina.

trichromatic (*a. - print.*), tricromatico.

trichromatism (*print.*), tricromia.

trick (*gen.*), trucco. **2.** ~ photography (*phot.*), fotografia truccata. **3.** confidence ~ (*comm.*), truffa. **4.** optical ~ (*m. pict.*), trucco ottico. **5.** photographic ~ (*m. pict.*), trucco fotografico.

trickle (drip), gocciolamento. **2.** ~ charge (compensating charge, of a storage battery) (*elect.*), carica centellinare, carica di compensazione. **3.** ~ charger (of a storage battery) (*elect.*), dispositivo per la carica centellinare (o di compensazione).

triclinic (*a. - cristallography*), triclino. **2.** ~ system (crystallization) (*cristallography*), sistema triclino.

tricolor (*a. - gen.*), *see* three-color.

tricot (*text. ind.*), tessuto a maglia.

tricresyl phosphate (fuel additive to counteract the effects of lead deposits) (*gasoline mfg.*), tricresil fosfato, fosfato di tricresile.

tricycle (*veh.*), triciclo. **2.** ~ delivery van (three-wheeled delivery van) (*veh.*), motofurgone. **3.** ~ landing gear (*aer.*), carrello triciclo. **4.** delivery ~ (delivery tricar, for good transp.) (*veh.*), motocarro. **5.** motor ~ (*veh.*), triciclo a motore.

tridimensional (*a. - gen.*), tridimensionale, a tre dimensioni. **2.** ~ pantograph (*draw. app.*), pantografo tridimensionale.

tridymite (SiO_2) (*min.*), tridimite.

trier (examiner) (*work.*), saggiatore. **2.** ~ (refiner:

of metals, oils etc.) (*work.*), raffinatore, addetto alle operazioni di raffinatura. **3.** ~ (for sampling materials) (*impl.*), sonda (di prelievo) per campionatura.

"trig" (short for trigonometry) (*math.*), trigonometria. **2.** ~, *see also* trigonometric.

trig (to) (to prop) (*gen.*), puntellare. **2.** ~ (to stop a wheel with a wedge) (*veh.*), calzare, mettere una calzatoia.

trigatron (tube acting as a sparkgap, as used in radar modulators) (*thermion. - radar*), trigatron, valvola spinterometro (o generatrice di impulsi).

trigger (as of a firearm), grilletto. **2.** ~ (*mech.*), levetta di comando, levetta di scatto, levetta di sgancio. **3.** ~ (of a linotype machine) (*print.*), levetta. **4.** ~ action (*mech.*), movimento a scatto. **5.** ~ circuit (*elect.*), circuito di scatto, circuito di sgancio, circuito di scappamento. **6.** ~ pulse (a pulse as used in radar circuits for starting or cutting off an operation) (*elect. - radar*), impulso di scatto, impulso di sgancio. **7.** ~ pulse generator (*elect.*), generatore di impulsi di scatto (o di sgancio). **8.** ~ tube (*thermion. - telev.*), tubo di commutazione. **9.** ~ valve (of an air compressor: for regulating the pressure) (*mech.*), valvola regolazione pressione. **10.** release ~ (as of a phot. camera), pulsante di scatto, levetta di scatto. **11.** to squeeze the ~ (of a firearm) (*milit. - etc.*), premere il grilletto.

trigger (to) (to pull the trigger) (*firearm*), premere il grilletto. **2.** ~ (to release) (*mech. - etc.*), sganciare, far scattare. **3.** ~ (to initiate a continuative action) (*elics.*), innescare. **4.** ~ (to initiate) (*comp.*), iniziare.

triglyph (*arch.*), triglifo.

trigonometric (*math.*), trigonometrico. **2.** ~ point (*top.*), punto trigonometrico.

trigonometry (*math.*), trigonometria. **2.** plane ~ (*math.*), trigonometria piana. **3.** spherical ~ (*math.*), trigonometria sferica.

trihedron (*geom.*), triedro.

trijet (with three jet engines) (*a. - aer.*), a tre reattori.

tri-level (as a house) (*a. - bldg.*), a tre piani.

trillion [quintillion (Brit.) 10^{18}] (*math.*) (Am.), trilione.

trim (*gen.*), rifinitura. **2.** ~ (*arch.*), finiture interne in legno (di una casa). **3.** ~ (*aut.*), abbigliamento, materiali per arredamento interno della carrozzeria. **4.** ~ (verticality, as of an antenna) (*gen.*), verticalità dell'asse. **5.** ~ (attitude or position of a ship or aircraft with respect to the horizontal plane) (*naut. - aer.*), assetto. **6.** ~ (as in a motion picture film), taglio. **7.** ~ (of a car body) (*aut. constr.*), sellatura e finizione, abbigliamento. **8.** ~ (level flight with free controls) (*aer.*), assetto stabilizzato. **9.** ~ (as of an aerostat or airship; condition of static balance in pitch) (*aer.*), centraggio. **10.** ~ (position of the sail in respect to the boat direction) (*naut.*), angolazione della velatura rispetto alla rotta dell'imbarcazione. **11.** ~ shop (*aut. constr.*), reparti sellatura e finizione, reparto abbigliamento. **12.** ~ tab (*aer.*), correttore di assetto, aletta correttrice di assetto. **13.** heel ~ (phase displacement angle to be given to horizontal rudders for eliminating the torpedo heeling) (*torpedo mfg.*), scivertamento. **14.** internal ~ (*bldg.*), finiture interne. **15.** longitudinal ~ (of an aircraft) (*aer.*), assetto longitudinale. **16.** normal ~ (of an aircraft) (*aer.*), assetto di regime.

trim (to) (to settle the position by arranging cargo, ballast etc.) (*naut.*), assettare. **2.** ~ (to make neat), ripulire. **3.** ~ (to cut), rifilare, ritagliare. **4.** ~ (to adjust an aircraft's controls so as to obtain the desired level flight) (*aer.*), stabilizzare, "trimmare". **5.** ~ (to clean: a casting) (*found.*), sbavare, sterrare. **6.** ~ (*forging*), sbavare. **7.** ~ (to trim off, to cut the edges, as of pages) (*bookbinding*), rifilare. **8.** ~ (to cut the contour of a drawn part on a press) (*sheet metal w.*), rifilare, tranciare (il contorno). **9.** ~ sails (*naut.*), orientare le vele. **10.** ~ the flash (of a forging) (*forging*), sbavare.

trimaran (three-hull pleasure sailboat) (*naut.*), trimarano.

trimetrogon camera (horizon-to-horizon camera, an assembly of three cameras taking one vertical and two oblique phot. simultaneously) (*aer. phot.*), macchina triplice per aerofotografia planimetrica-prospettica (o verticale-panoramica).

trimmed (as an aut. or railw. body) (*a. - ind.*), finito, completato di finitura. **2.** ~ (trimmed off as the pages of a book) (*a. - bookbinding*), raffilato, rifilato. **3.** ~ (as a casting or forging) (*a. - found. - forging*), sbavato. **4.** ~ (as by a trim tab control) (*a. - aer.*), in assetto centrato. **5.** ~ size (dimensions of the item when trimmed) (*gen.*), dimensioni del (prodotto) finito.

trimmer (beam) (*bldg.*), trave principale che sopporta altra trave secondaria. **2.** ~ (trimming condenser) (*radio*), compensatore. **3.** ~ (a man stowing freight) (*naut.*), stivatore. **4.** ~ (*forging t.*), attrezzo a (o per) sbavare, attrezzo (o stampo) sbavatore. **5.** ~ (cutting device) (*phot. impl.*), taglierina. **6.** ~ (side trimmer) (*rolling mill*), rifilatrice.

trimming (trim) (*gen.*), rifinitura. **2.** ~ (ornamental fitting) (*gen.*), guarnizione. **3.** ~ (*text. ind.*), passamaneria. **4.** ~ (of a car body) (*aut. constr.*), sellatura e finizione, "abbigliamento". **5.** ~ (of a casting) (*found.*), sbavatura. **6.** ~ (*forging*), sbavatura. **7.** ~ (of a drawn part) (*sheet metal w.*), rifilatura, tranciatura del contorno. **8.** ~ (propping) (*min.*), puntellatura. **9.** ~ die (trimmer) (*forging t.*), attrezzo a (o per) sbavare. **10.** ~ die (for cutting the contour of a drawn part on a press) (*sheet metal w.*), stampo per rifilare, stampo rifilatore. **11.** ~ house (the finishing department of a factory building railway cars) (*railway shop*), reparto di finitura. **12.** ~ strip (strip of metal applied to the trailing edge of a control surface and adjustable only on the ground) (*aer.*), correttore di assetto (regolabile solo a terra). **13.** ~ tab (trim tab) (*aer.*), correttore di assetto, aletta correttrice di assetto. **14.** ~ tank (placed in the fore and aft part of a ship to adjust its balance) (*naut.*), serbatoi di equilibratura. **15.** hot ~ (*forging*), sbavatura a caldo.

trimotor (*a. - craft*), trimotore. **2.** ~ plane (*aer.*), trimotore.

trinitrotoluene (*expl.*), *see* trinitrotoluol.

trinitrotoluol [$(C_6H_2)(CH_3)(NO_2)_3$] (*expl.*), trinitrotoluolo, trinitrotoluene, tritolo.

triode (electron tube) (*thermion.*), triodo. **2.** ~ hexode (*thermion.*), triodo–esodo.

trio mill (three–high mill) (*rolling mill*), trio, gabbia a trio, gabbia a tre cilindri.

trioxide (*chem.*), triossido.

"trip", *see* triple.

trip (journey), viaggio. **2.** ~ (tour) (*gen.*), gita. **3.** ~ (act of releasing) (*mech.*), disinnesto (a scatto), rilascio. **4.** ~ (catch) (*mech.*), dente d'arresto. **5.** ~ (device used for automatic operations, as of a circuit breaker) (*elect.*), dispositivo per lo scatto automatico. **6.** ~ (tup) (*power hammer*), mazza (battente). **7.** ~ (Decauville cars convoy) (*min.*), treno di vagonetti o vagoncini. **8.** ~ hammer (*mach.*), maglio meccanico a leva. **9.** ~ lever (*mach.*), leva di disinnesto (a scatto). **10.** ~ master (elic. data relating to fuel consumption, operating range, average speed etc. displayed on the instr. panel) (*aut.*), elaboratore/visualizzatore dati viaggio. **11.** ~ meter (trip odometer) (*aut. instr.*), contachilometri parziale. **12.** earth leakage ~ (switch) (*elect.*), interruttore a scatto automatico per correnti di dispersione a terra. **13.** knockoff ~ (*mach.*), espulsore. **14.** round ~ (go and return trip) (*railw.*), viaggio di andata e ritorno. **15.** works ~ (works tour) (*ind. - transp.*), gita aziendale.

trip (to) (*mech.*), lasciar cadere, liberare. **2.** ~ (a compressed spring) (*mech.*), far scattare. **3.** ~ (as of a circuit breaker) (*elect.*), scattare. **4.** ~ the anchor (*naut.*), spedare l'àncora.

trip–free (*a. - electromech.*), a scatto libero. **2.** ~ circuit breaker (*elect. app.*), interruttore a scatto libero.

trip–hammer (*mach. t.*), maglietto a caduta.

triphase, *see* three–phase.

triphenylmethane [$CH(C_6H_5)_3$] (*chem.*), trifenilmetano. **2.** ~ dyes (*ind. chem.*), coloranti al trifenilmetano.

triphibian (fit for terrestrial, aerial or marine military operations) (*a. - milit.*), adatto per terra, mare e aria.

triplane (*aer.*), triplano.

triple (*a. - gen.*), triplo. **2.** ~ rocket (three stage rocket) (*astric.*), razzo a tre stadi. **3.** ~ screw (*mech.*), vite a tre principi.

triple–action press (*mach.*), pressa a triplice effetto.

triple–expansion engine (*thermod.*), macchina a triplice espansione.

triple–pole (*a. - elect.*), tripolare.

tripler (device triplicating the signal frequency) (*elics.*), triplicatore di frequenza.

triplet (combination of three) (*gen.*), combinazione di tre elementi. **2.** ~ (three–component spectrum line) (*phys.*), tripletto. **3.** ~ (system of three lenses) (*opt.*), sistema di tre lenti. **4.** ~ (group of three elliptic springs placed side by side and acting as one) (*railw.*), gruppo di tre doppie molle a balestra.

triplex (consisting of three parts) (*a. - gen.*), triplice, costituito da tre parti. **2.** ~ papers (boards) (*paper mfg.*), carte (o cartoni) triplex.

tripod (*phot. impl. - top. impl.*), cavalletto, treppiedi.

tripolar (*a. - gen.*), tripolare.

tripoli (*min.*), tripoli, farina fossile.

tripper (tripping device) (*mech. - elect.*), dispositivo di scatto. **2.** belt ~ (device for discharging the material from a conveyer belt) (*ind. transp. device*), dispositivo di scarico del nastro.

tripping (as of a circuit breaker) (*elect.*), scatto. **2.** ~ (as of a relay) (*elect.*), apertura, disinnesto. **3.** ~ coil (of a relay) (*elect.*), bobina di apertura, bobina di disinnesto. **4.** ~ relay (*elect.*), relè disgiuntore. **5.** ~ time (as of a circuit breaker) (*elect.*), tempo di scatto.

triptych (*art*), trittico.

trisaccharides ($C_{18}H_{32}O_{14}$) (*chem.*), trisaccaridi, esatriosi.

trisilicate (*chem.*), trisilicato.

tristate (relating to three states that a logic may assume) (*a. - elics.*), a tre stati.

trisulfide (*chem.*), trisolfuro.

tritium (hydrogen isotope) (^3H *or T - atom phys. - chem.*), trizio, idrogeno pesantissimo.

triton (instable nucleus of tritium) (*radioact.*), triton.

triturate (to) (*gen.*), triturare, polverizzare.

trivalent (*chem.*), trivalente.

trivariant (following the phase–rule) (*a. - phys. - chem.*), a tre gradi di libertà.

trivet (a knife for cutting loops in velvet fabrics or carpets manufacturing) (*text. mfg. t.*), lama per velluto (o per tappeti).

trivial (*a. - math.*), banale.

"trk", *see* track, truck, trunk.

"trm", **"trml"**, *see* terminal.

"trng", *see* turning.

"TRO" (toolroom order) (*mech.*), ordine di lavoro di utensileria.

trocar (*med. instr.*), trequarti.

troche (*pharm.*), pastiglia medicinale, compressa.

trochoid (curve) (*geom.*), trocoide.

trochometer (type of odometer) (*veh. - meas. instr.*), tipo di odometro.

trochotron (beam switching tube, a vacuum–type counter tube) (*thermion.*), trocotron, tubo elettronico usato come contatore decimale.

trolley (of a traveling crane) (*mech.*), carrello. **2.** ~ (of a conveyor) (*ind. transp.*), carrello. **3.** ~ (veh., of the cart type), carrello. **4.** ~ (overhead running carriage), carrello pensile. **5.** ~ (of elect. veh.), asta di presa, trolley. **6.** ~ (inspection veh.) (*railw.*), carrello (di ispezione binari). **7.** ~ bus (*elect. veh.*), filobus. **8.** ~ car (*elect. veh.*) (Am.), tram, vettura tranviaria. **9.** ~ coach (trolley bus) (*elect. veh.*), vettura filoviaria, filobus. **10.** ~ line (transp. by trolley cars) (*elect. veh.*), linea tranviaria. **11.** ~ locomotive (*elect. railw.*), locomotore alimentato da linea aerea. **12.** ~ pole (*elect. veh.*), asta di presa. **13.** ~ road, *see* trolley line. **14.** ~ shoe (*elect. veh.*), pattino di presa. **15.** ~ vehicle (*elect. veh.*), filoveicolo. **16.** ~ wheel (*elect. veh.*), ruota di presa. **17.** ~ wire (as of a streetcar), linea di contatto. **18.** crab ~ (of a bridge crane), carrello mobile. **19.** trackless ~ coach (trackless trolley) (*veh.*), *see* trolleybus. **20.** wheel ~ (current collector) (*elect. device*), asta di presa a rotella.

trolleybus (*elect. veh.*) (Brit.), filobus, vettura filoviaria.

trolly, *see* trolley.

trommel (*ore dressing*), vaglio rotativo, vaglio a tamburo.

troop carrier (transp. airplane) (*air force - milit.*), aereo trasporto truppe.

troops, truppe. **2.** covering ~ (*milit.*), truppe di copertura. **3.** sea-borne ~ (*milit.*), truppe trasportate via mare.

troopship (*navy*), nave per trasporto truppe.

trooptrain (*railw. - milit.*), tradotta.

troostite (*metall.*), troostite.

tropaeolin, tropeolin (*chem.*), trapeolina, eliantina (metilarancio).

trophy (cup) (*sport*), trofeo, coppa.

tropic (*geogr.*), tropico. **2.** ~ of cancer (*geogr.*), tropico del cancro. **3.** ~ of capricorn (*geogr.*), tropico del capricorno.

tropical (*a. - meteorol.*), tropicale. **2.** ~ conditions (as for operating an engine or elect. mach.) (*electromech. - etc.*), condizioni tropicali. **3.** ~ cyclone [or hurricane (North Am.), or typhoon (Far West), or cyclone (Europe), or willy-willy (Australia), or tornado (South Am.)] (*meteorol.*), ciclone tropicale, uragano, tifone, ciclone.

tropicalization (*elect. - etc.*), tropicalizzazione.

tropicalize (to) (to treat something with a moisture-resistant coating, as a winding) (*elect. - etc.*), tropicalizzare.

tropicalized (*a. - elect. - etc.*), tropicalizzato.

tropopause (*meteorol.*) tropopausa.

troposphere (the region of space extending from 1 to 1.0024 times the radius of the earth) (*space*), troposfera.

troptometer (for measuring angular distortion: as of a shaft under torque) (*mech. meas. instr.*), torsiometro.

trouble (perturbation), disturbo, sregolazione, anomalia, disfunzione. **2.** ~ (breakdown: as of a machine, car etc.) (*mech. - etc.*), inconveniente, guasto. **3.** ~ light (of gen. use) (*elect. impl.*), lampada portatile di ispezione. **4.** ~ shooting device (*elect. instr.*), apparecchio per la localizzazione dei guasti.

trouble-free (as the operation of a machine etc.) (*mech.*), senza inconvenienti, regolare, normale.

troubleproof (difficult to go out of order) (*a. - gen.*), protetto da guasti.

troubleshoot (*n. - mech. - elect. - comp. - etc.*), localizzazione ed eliminazione di guasto (o di errore).

troubleshoot (to) (*gen.*), localizzare (o individuare) guasti.

troubleshooter (*work.*), addetto alla localizzazione ed eliminazione guasti (o errori).

troubleshooting (*gen.*), localizzazione (od individuazione) guasti. **2.** ~ device (*elect. app.*), apparecchio per la localizzazione di guasti, cercaguasti.

trough (gutter) (*bldg.*), doccia. **2.** ~ (open receptacle), trogolo. **3.** ~ (of a wave) (*sea*), cavo (dell'onda). **4.** ~ (valley of low pressure) (*meteorol.*), saccatura. **5.** ~ (*ind. transp.*), *see* conveying trough. **6.** conveying ~ (*ind. transp.*), canale da trasporto, canale trasportatore. **7.** pushing ~ (conveyor) (*ind. transp.*), canale trasportatore a spinta. **8.** rocking ~ (conveyor) (*ind. transp.*), canale trasportatore oscillante.

trousering (fabric) (*text. ind.*), stoffa per calzoni.

trowel (*mas. impl.*), mestola, cazzuola. **2.** ~ (*plasterer's impl.*), frattazzo, fratazzo. **3.** ~ (*found. t.*), cazzuola. **4.** edging ~ (*builder's t.*), cazzuola per modanature. **5.** filling ~ (pointing trowel) (*mas. t.*), cazzuolino, cazzuola per giunti. **6.** garden ~ (*agric. impl.*), paletta da giardiniere. **7.** gauging ~ (*mas. t.*), cucchiaino. **8.** plastering ~ (*mas. impl.*), fratazzo, frattazzo.

trowel (to) off (*mas.*), lisciare con la cazzuola, lisciare con la mestola.

troy (referring to a system of weight for gold, silver, especially bullion) (*a. - meas.*), "troy". **2.** ~ ounce [1 ounce (oz. t.) = 20 pennyweights (1.09714 oz. av.)] (*bullion meas.*), oncia "troy", 31,1035 grammi. **3.** ~ pound [1 pound (lb. t.) = 12 ounces (0.82286 lb. av.)] (*bullion meas.*), libbra "troy", 373,2418 grammi. **4.** ~ weight (system of weight meas. based on a pound of 12 ounces and the ounce of 480 grains) (*meas. system*), sistema di pesatura "troy".

"TRPL" (terneplate) (*metall.*), lamiera piombata.

"TRS" (tough-rubber-sheathed, as a cable) (*elect.*), sottogomma.

"trs", *see* transfer, troops.

truce (*milit.*), tregua.

truck (*aut.*) (Am.), autocarro. **2.** ~ (open freight car) (*railw.*) (Brit.), pianale, carro merci aperto. **3.** ~ (of a railway car) (*railw.*), carrello. **4.** ~ (for shops, stores etc.), carrello (per trasporti interni). **5.** ~ (of an electric transformer) (*mech.*), carrello. **6.** ~ (heavy horse-drawn veh.), carro. **7.** ~ (wooden cap on the top of a masthead) (*naut.*), formaggetta, pomo, galletta. **8.** ~ (a short chassis, bodyless tractor truck used for hauling trailers) (*aut.*

transp.), motrice per semirimorchi. **9.** ~ and trailer (european means of transp. consisting of a driving veh. carrying goods on its own chassis and towing a 4- or 6-wheel trailer loaded with goods) (*aut. transp.*), autotreno. **10.** ~ centering device (as of an electric locomotive) (*railw.*), dispositivo di richiamo (del) carrello. **11.** ~ crane (*ind. aut. mach.*), carro gru. **12.** ~ driver (*work.*), camionista. **13.** ~ effect (stereoscopic effect) (*m. pict.*), effetto di carrello. **14.** ~ operator (as of elect. trucks for shop or store transp.) (*work.*), carrellista. **15.** ~ pool (*comm.*), gestione raggruppamento autocarri. **16.** ~ side (truck side frame) (*railw.*), fiancata del carrello. **17.** ~ system (wages paid in goods instead of money) (*adm.*), pagamento del salario in natura. **18.** ~ tractor (*aut.*), motrice per semirimorchio. **19.** ~ trailer (*veh.*), rimorchio. **20.** ~ wheel (*railw.*), ruota del carrello. **21.** agitating ~ (equipped with a rotating drum and used for transporting freshly mixed concrete) (*bldg. - veh.*), autobetoniera. **22.** arch bar ~ (*railw.*), *see* diamond arch bar truck. **23.** Bissell ~ (*railw.*), *see* pony truck. **24.** crane ~ (*ind. mach.*), autogru, gru automobile, gru montata su autocarro. **25.** diamond arch bar ~ (diamond truck, arch bar truck) (*railw.*), carrello "diamond". **26.** dolly ~ (*heavy transp. veh.*), carro matto. **27.** double ~ (double-page spread) (*adv.*), inserzione pubblicitaria occupante due pagine. **28.** electric ~ (for shop service) (*veh.*), carrello elettrico (per trasporti interni). **29.** elevating platform ~ (*ind. transp.*), carrello trasportatore con piattaforma sollevabile. **30.** fire ~ (*antifire veh.*), autopompa antincendi. **31.** fixed platform ~ (*ind. transp.*), carrello trasportatore a piattaforma fissa. **32.** fork ~ (for shop or store service) (*ind. veh.*), carrello a forca. **33.** four-way travel reach ~ (as a fork truck) (*veh.*), carrello (elevatore) a quattro direzioni di marcia. **34.** freight ~ (freight car truck or bogie) (*railw.*) (Am.), carrello per carri merci. **35.** fuel ~ (*aut.*), autocisterna per carburante. **36.** gasoline ~ (for transporting gasoline) (*aut.*), autocisterna per (trasporto) benzina. **37.** gasoline ~ (powered by a gasoline engine) (*aut.*), autocarro a benzina. **38.** halftrack ~ (*aut.*), autocarro semicingolato. **39.** hand elevating ~ (as for garages) (*ind. transp.*), carrello sollevatore a mano. **40.** hand pallet ~ (*ind. transp.*), carrello a mano per palette. **41.** hand ~ (as for shop) (*ind. transp.*), carrello a mano. **42.** highway trailer ~ (*aut.*), rimorchio stradale. **43.** industrial ~ (for shop or store service) (*ind. veh.*), carrello per trasporti interni. **44.** leading ~ (of a railw. car) (*railw.*) (Am.), carrello anteriore. **45.** lift ~ (*ind. veh.*), carrello sollevatore. **46.** logging ~ (bogie for logging freight cars) (*railw.*) (Am.), carrello per carri per trasporto tronchi. **47.** machine-shop ~ (*veh.*), autofficina. **48.** medium ~ (*aut.*), autocarro medio. **49.** motorcar ~ [railcar bogie (Brit.)] (*railw.*) (Am.), carrello di automotrice. **50.** off-highway ~ (*milit. - aut.*), autocarro per fuoristrada. **51.** panel stake ~ (*aut.*), autocarro a sponde alte. **52.** parrel ~ (drilled wooden ball) (*naut.*), bertoccio, paternostro. **53.** pedestrian-controlled high-lift platform ~ (*ind. transp.*), carrello elevatore a piattaforma ad alto sollevamento e guida a timone. **54.** pedestrian-controlled fixed platform ~ (*ind. transp.*), carrello a piattaforma fissa e guida a timone. **55.** pedestrian-controlled power pallet ~ (*ind. transp.*), carrello elevatore con guida a timone per palette. **56.** pilot ~ (of locomotive) (*railw.*) (Am.), carrello anteriore. **57.** platform ~ (for shop, stores etc.), piattina, carrello (per trasporti interni). **58.** pony ~ (two wheeled swivel truck, Bissel truck) (*railw.*), carrello ad asse Bissell, sterzo Bissell. **59.** power pallet ~ (fork truck) (*ind. transp.*), carrello elevatore per palette, carrello a forca. **60.** radial ~ (single-axle bogie) (*railw.*) (Am.), carrello ad un solo assale. **61.** railroad ~ (for transp. baggages: as in a railw. station) (*veh.*), carrello portabagagli. **62.** refrigerator ~ (*aut.*), autofrigorifero. **63.** rigid bolster ~ (the bolster of which is rigidly connected to the frame) (*railw.*), carrello con traversa rigida. **64.** sack ~ (two wheels hand truck) (*ind. transp.*), carrello a mano a due ruote per sacchi. **65.** side loading fork lift ~ (*ind. transp.*), carrello elevatore a forca laterale. **66.** six-wheel ~ (*railw.*) (Am.), carrello a tre assi. **67.** stake ~ (for ind. transp.), carrello a gabbia. **68.** steering ~ (as of a steam locomotive), sterzo. **69.** street watering ~ (motor sprinkler) (*aut.*), autoinnaffiatrice. **70.** swing bolster ~ (*railw.*), *see* swing motion truck. **71.** swing motion ~ (truck with the bolster and spring plank suspended on swing hangers so that they can swing laterally to the truck frame) (*railw.*), carrello con traversa oscillante. **72.** tank ~ (*aut.*), autocisterna. **73.** tethered ~ (industrial truck in which the power source is remote from the vehicle and connected by a flexible cable or hose) (*veh.*), carrello energizzato a distanza. **74.** to run a ~ service (*comm.*), esercire un servizio di autocarri. **75.** tractor ~ (*veh.*), motrice per semirimorchio. **76.** trailer ~ (as coach truck not equipped with motors) (*railw.*) (Am.), carrello portante. **77.** trailing ~ (rearmost truck, of railw. car) (*railw.*) (Am.), carrello posteriore. **78.** wagon ~ (*ind. transp. veh.*), piattina, carro piatto, carrello a piano basso per trasporti pesanti. **79.** warehouse ~, carrello per magazzino.

truck-drawn (*aut.*), autotrainato.

trucker (truck driver) (*work.*), camionista, autista di autocarri, conducente di autocarri. **2.** ~ (barterer) (*comm.*), trafficante.

trucking effect, *see* truck effect.

truck-mounted (as a compressor etc.) (*a. - ind. mach.*), autocarrato.

truckway (*road*), camionale.

true (*a. - gen.*), preciso, accurato. **2.** ~ (free from axial runout, true-running, said of a rotating part) (*a. - mech. - etc.*), con movimento su di un piano normale all'asse di rotazione. **3.** ~ (*n.* - *mech.*), centratura, allineamento. **4.** ~ (non adulterate) (*ind.* - *comm.*), puro, non adulterato. **5.** ~ (of a Boolean variable) (*a.* - *comp.* - *math.*), vero. **6.** ~ airspeed (*aer.*), velocità effettiva, velocità al suolo. **7.** ~ altitude (corrected for temperature) (*aer.*), quota corretta. **8.** ~ copy (*comm.*), copia conforme. **9.** ~ heading (*aer.*), rotta vera, rotta geografica. **10.** ~ involute (of a gear tooth) (*mech.*), evolvente reale. **11.** ~ north (referred to the earth's axis) (*geogr.* - *top.*), nord geografico.

true (to) (*mech.*), centrare, allineare. **2.** ~ (to dress a grinding wheel) (*mach. t.*), ripassare, ravvivare. **3.** ~ (to balance: as a propeller) (*mech.* - *gen.*), equilibrare. **4.** ~ (to level off) (*mech.*), livellare. **5.** ~ (to make square) (*mech.* - *etc.*), mettere in quadro. **6.** ~ (as an engine cylinder) (*mech.*), ripassare, rialesare. **7.** ~ a wheel (*mech.*), centrare una ruota. **8.** ~ up the cutter (*mach. t. operation*), centrare l'utensile.

trueing, truing (*mech.*), aggiustaggio. **2.** ~ attachment (*mach. t.*), dispositivo per centratura. **3.** ~ device (for grinding wheels) (*mach. t.*), ravvivatore. **4.** radius ~, *see* rounding off.

truer (for trueing grinding wheels) (*mach. impl.*), dispositivo per riequilibrare le mole.

trumpet (flared pipe) (*mech.*), tubo svasato, tubo a tromba. **2.** ~ (a guide funnel; as for yarn in a knitting machine) (*text. ind.*), imbuto.

trumpet (to) (to flare) (*mech.*), svasare.

trumpeting (act of flaring, as a pipe) (*mech.*), svasatura. **2.** ~ (carbon deposits as formed around a nozzle of a jet engine) (*mot.*), depositi carboniosi a forma di cratere.

truncate (to) (*gen.*), troncare. **2.** ~ (to omit decimals) (*math.* - *comp.*), troncare. **3.** ~ a crystal (to cut off as an edge by a plane) (*min.*), sfaccettare un cristallo.

truncated (*gen.*), mozzato, tronco, mozzo. **2.** ~ cone (or truncated pyramid) (*geom.*), tronco di cono (o di piramide).

truncation (*gen.*), troncamento, troncatura. **2.** ~ (of a crystal) (*min.*), sfaccettatura. **3.** ~ (omission of decimals or of a part of a string) (*math.* - *comp.*), troncamento. **4.** ~ error (*math.* - *comp.*), errore di troncamento.

trunk (of a tree), tronco. **2.** ~ (a box for a traveler), baule. **3.** ~ (baggage compartment, boot) (*aut.*), bagagliera. **4.** ~ (between two teleph. exchanges) (*teleph.*), circuito di collegamento (tra due centralini). **5.** ~ (column shaft) (*arch.*), fusto. **6.** ~ (large conduit) (*ind.*), condotto di rilevante sezione. **7.** ~ (of a centerboard) (*naut.*), cassa. **8.** ~ (between decks) (*naut.*), manica d'aria. **9.** ~ (bus, highway: a conductor receiving from various sources and transmitting to various destinations) (*comp.*), bus, linea (o canale) comune. **10.** ~ (conduit for carrying ventilation) (*ind.* - *shipbldg.* - *bldg.* - *min.*), condotto di ventilazione. **11.** ~ engine (*mot.*), motore a pistoni cavi. **12.** ~ exchange (*teleph.*), centrale interurbana. **13.** ~ lid (*aut.*), coperchio bagagliera. **14.** ~ line (of an airline company) (*aer.* - *transp.*), linea principale. **15.** ~ line (*teleph.*), linea principale. **16.** ~ of cables (*elect.*), complesso di cavi. **17.** ~ piston (*mot.*), pistone cavo. **18.** air ~ (*meteorol.*), tromba d'aria. **19.** drain ~ line (*bldg.*), collettore di fognatura. **20.** elephant ~ (large flexible chute for directing loose materials as concrete, coal etc.) (*ind.* - *bldg.* - *etc.*), condotto terminale flessibile. **21.** escape ~ (in a submarine: for emergency) (*navy*), uscita di sicurezza. **22.** expansion ~ (of a tanker: for permitting the increase of volume due to temperature variation) (*shipbuild.*), cassa di espansione. **23.** railroad ~ (*railw.*), complesso di binari. **24.** sewer ~ line (*bldg.*), collettore di fognatura. **25.** tree ~, tronco di albero. **26.** wardrobe ~ (for voyages), baule armadio.

trunnel, *see* treenail.

trunnion (*mech.*), perno di articolazione. **2.** ~ (of a cannon) (*ordnance*), orecchione. **3.** ~ band (of a cannon) (*ordnance*), anello portaorecchioni. **4.** ~ bearing (of a gun) (*ordnance*), orecchioniera. **5.** ~ cradle (trunnion bearing of a gun) (*ordnance*), orecchioniera. **6.** ~ jig (*mech.*), maschera oscillante, maschera girevole. **7.** ~ type fixture (*mech.*), attrezzo (di tipo) oscillante.

truss (bracket) (*arch.*), mensola, modiglione. **2.** ~ (*bldg.*), travatura reticolare. **3.** ~ (one of the rigid frameworks sustaining the roof) (*bldg.*), capriata. **4.** ~ (chain or iron band secured to a mast and to which the center of a yard is pivoted) (*naut.*), trozza. **5.** ~ beam (*constr. theor.*), trave composta. **6.** ~ bridge (*bldg.*), ponte a travi reticolari. **7.** ~ fuselage (*aer.*), fusoliera reticolare. **8.** arch ~ (*bldg.*), travatura ad arco. **9.** bowstring ~ (*bldg.*), travatura ad arco con tiranti verticali. **10.** bridge ~ (*bldg.*), travatura da ponte. **11.** crescent ~ (*bldg.*), travatura a travi paraboliche. **12.** howe ~ (*bldg.*), trave Howe. **13.** king-post ~ (*bldg.*), capriata semplice, capriata. **14.** king ~ (*bldg.*), *see* king-post truss. **15.** parallel ~ (*bldg.*), travatura a travi parallele. **16.** pratt ~ (*bldg.*), trave reticolare tipo Pratt. **17.** queen-post ~ (*bldg.*), capriata trapezoidale (con due tiranti e due ometti). **18.** Vierendeel ~ (as for bridge constr.) (*bldg.*), trave Vierendeel. **19.** Warren ~ (as for bridge constr.) (*bldg.*), trave (reticolare) Warren.

truss (to) (to support something by means of a truss) (*bldg.*), sostenere con travatura reticolare. **2.** ~ (a sail) (*naut.*), *see* to furl.

trussing (the members of a truss) (*bldg.*), aste. **2.** ~ (reinforcement by ties, struts etc.) (*bldg.*), rinforzo.

trust (*finan.* - *comm.*), consorzio monopolistico, cartello, "trust". **2.** ~ (the reliance on a person or on a thing) (*comm.*), fiducia. **3.** unit ~ (an organization of banks giving to a person the possibility of investing in shares regularly acquired and ad-

ministered by the unit trust) (Brit.) (*finan.*), fondo comune di investimento.
trust (to) (to rely upon someone or something) (*comm. - etc.*), avere fiducia di (od in).
trustee (*law*), amministratore fiduciario, curatore. **2.** ~ in bankruptcy (*adm.*), esecutore fallimentare, curatore del fallimento.
truth (accuracy of adjustment or position) (*mech.*), precisione di regolazione (o di posizione). **2.** ~ set (*math.*), insieme di valori di verità. **3.** ~ table, *see at* table. **4.** lateral ~ (of a wheel rim) (*mech.*), ortogonalità (o meno) del piano di rotazione rispetto all'asse. **5.** out of ~ (*mech.*), fuori posto. **6.** radial ~ (of a wheel rim) (*mech.*), eccentricità.
try (trial) (coll.), prova. **2.** ~ cock (used for ascertaining the liquid level: as in a boil. etc.) (*ind.*), rubinetto di assaggio del livello. **3.** ~ plane (*join. t.*), pialla per rifinire.
try (to) (to test), provare. **2.** ~ (to essai), tentare.
trying plane (long plane) (*join. t.*) (Brit.), piallone a rifinire.
tryout (*gen.*), prova.
trysail (*naut.*), vela di cappa. **2.** fore ~ (spencer) (*naut.*), vela di cappa di trinchetto. **3.** main ~ (spencer) (*naut.*), vela di cappa di maestra. **4.** mizzen ~ (*naut.*), vela di cappa di mezzana.
"TS" (tensile strenght) (*constr. theor.*), resistenza a trazione. **2.** ~ (tool steel) (*metall.*), acciaio per utensili. **3.** ~ (taper shank) (*mech. - t.*), codolo conico, gambo conico. **4.** ~ (temperature switch) (*elect.*), interruttore termico. **5.** ~ (two-stroke) (*a. - mot.*) (Brit.), a due tempi. **6.** ~ (transverse section: as of a drawing) (*draw.*), sezione trasversale. **7.** ~ (time-sharing) (*comp.*), ripartizione di tempo.
t-shaped (*a. - gen.*), a forma di T.
"TSI", **"tsi"** (tons per square inch) (*mech. - meas.*), tonnellate per pollice quadro.
T slot (of a table) (*mach. t.*), guida a T.
"TSN" (thermal severity number, as in testing of welds) (*technol.*), indice di rigorosità termica.
"TSP" (trisodium phosphate) (*chem.*), fosfato trisodico.
"tspt", *see* transport.
T square (*draw. impl.*), riga a T.
"TSS" (tensile shear strength, of adhesives) (*chem. technol.*), resistenza allo scorrimento per trazione. **2.** ~ (twin-screw ship) (*naut.*), nave con due eliche.
"tstr" (transistor) (*elics.*), transistore.
"TSU" (this side up: sign or sticker used on packages) (*transp.*), lato (da tenere in) alto.
tsunami, tsunamis (*sea*), onda anomala di maremoto.
"TT" (time taken: as on an operation schedule for indicating the actual time taken for an operation) (*mech.*), tempo impiegato. **2.** ~ (telegraphic transfer) (*bank - adm.*), bonificio telegrafico. **3.** ~ (teletypewriter) (*mach.*), telescrivente. **4.** ~, *see also* teletype, torpedo tube.
t-time (scheduled launching time as of a space veh.) (*astric.*), tempo t, tempo di lancio programmato.
"TTL" (through the lens: of light that arrives on the focal plane through the lens) (*phot.*), che passa effettivamente attraverso l'obiettivo. **2.** ~, *see* transistor-transistor logic.
"TTY" (TeleTYpe) (*comp.*), telescrivente.
"TU" (trade-union) (*work. organ.*), *see* trade-union.
tub (a low wooden vessel with circular bottom) (*agric. - obsolete impl.*), mastello. **2.** ~ (bathtub), vasca da bagno. **3.** ~ (underground tram) (*min.*), vagonetto da miniera. **4.** ~ (hoisting bucket for coal) (*min.*), secchione (per carbone). **5.** ~ washer (as in the rubb. ind.) (*mach.*), olandese.
tub (to) (to line) (*min. - pip.*), rivestire. **2.** ~ (to wash in a tub) (*ind.*), lavare in un tino.
tubbing (timber or metal lining for a shaft) (*min.*), rivestimento. **2.** ~ (watertight shaft lining made of a series of cast iron rings bolted together) (*min.*), rivestimento ad anelli, "tubbing", torre blindata.
tube (*pip.*), tubo. **2.** ~ (as of a tire) (*aut.*), camera d'aria. **3.** ~ (of a gun) (*milit.*), anima, tubo, fodera. **4.** ~ (as for tooth paste), tubetto. **5.** ~ (*thermion.*), valvola, tubo (termoionico). **6.** ~ (tunnel) (*railw.*), galleria di ferrovia sotterranea, galleria di metropolitana. **7.** ~ (picture tube), *broadly see* television. **8.** ~, *see* electron tube. **9.** ~, *see also* pipe, curl. **10.** ~ bender (*mech. impl.*), piegatubi. **11.** ~ bending machine (*mech. mach.*), curvatubi, macchina curvatubi, piegatrice per tubi. **12.** ~ brush (*t.*), scovolo. **13.** ~ bundle (of a multitubular boiler) (*boil.*), fascio tubiero. **14.** ~ cap (of a steam superheater: as of a steam locomotive), cuspide. **15.** ~ converter (*thermion.*), convertitrice a valvola. **16.** ~ expander (*t.*), allargatubi. **17.** ~ fishing tool (*min. t.*), pescatubi, ricuperatore per tubi. **18.** ~ holder (tube socket) (*elics.*), portavalvola. **19.** ~ noise (*thermion.*), rumore di valvola. **20.** ~ of force (*phys.*), tubo di forze. **21.** ~ plate (*boil.*), piastra tubiera. **22.** ~ railway (*railw.*), metropolitana, ferrovia sotterranea. **23.** ~ rolling (*pipe mfg.*), trafilatura del tubo. **24.** ~ saw, *see* tubular saw. **25.** ~ set (*radio*), radioricevitore a valvole (termoioniche). **26.** ~ sheet (*boil.*), piastra tubiera. **27.** ~ socket (*elics.*), zoccolo della valvola. **28.** ~ (test) stand (*chem. impl.*), porta provette. **29.** ~ transmitter (*radio*), radiotrasmittente a valvole (termoioniche). **30.** ~ wrench, *see* pipe wrench. **31.** absorption ~ (*chem. impl.*), tubo di assorbimento. **32.** acorn ~ (very small thermionic valve) (*thermion.*), valvola a ghianda. **33.** air ~ (of a tire) (*aut.*), camera d'aria. **34.** artesian well tubes (*pip.*), tubazioni per pozzi artesiani. **35.** ballast ~ (*thermion.*), *see* barretter. **36.** beam ~ (*thermion.*), valvola a fascio elettronico. **37.** binocular ~ (as of a microscope) (*opt.*), tubo con dispositivo bioculare. **38.** boob ~ (idiot box) (*telev.*) (coll.), apparecchio televisivo, televisione. **39.** brass ~ (for electric fittings), tigia. **40.** Braun ~

(cathode-ray oscillograph) (*phys.*), tubo di Braun, tubo a raggi catodici. **41.** bulged ~ (*mech. technol.*), tubo espanso. **42.** cast ~ (*pip.*), tubo fuso. **43.** cathode-ray ~ (*elics.*), tubo (o valvola) a raggi catodici. **44.** choke ~ (of a carburetor) (*mot.*), diffusore. **45.** color picture ~ (color kinescope) (*telev.*), cinescopio a colori. **46.** Crookes ~ (*phys.*), tubo di Crookes. **47.** dark-trace ~ (dark trace on a cathode tube bright face: photochromic tube) (*elics.*), tubo a traccia nera. **48.** direct-view storage ~, "DVST" (display storage tube) (*comp. - etc.*), tubo a memoria a visualizzazione diretta, tubo a persistenza di immagine. **49.** discharge ~, *see* vacuum tube. **50.** disk-seal ~ (*radar*), *see* lighthouse tube. **51.** display ~ (cathode-ray tube, visual display unit, "VDU") (*elics.*), tubo di visualizzazione. **52.** display storage ~, *see* direct-view storage ~. **53.** distance ~ (*mech.*), tubo distanziatore. **54.** electron ~ (*elics.*), tubo elettronico, valvola termoionica. **55.** electron-beam ~ (*thermion.*), tubo a fascio elettronico. **56.** emulsioning ~ (of a carburetor) (*mot. mech.*), pozzetto d'emulsione. **57.** fire ~ (*boil.*), tubo di fumo, tubo da fumo. **58.** fire ~ (of a boiler: of a stream locomotive) (*railw.*), tubo di fumo. **59.** fire ~ cleaning (of a boiler), pulizia dei tubi di fumo. **60.** flame ~ (as of a jet engine) (*mech.*), tubo di fiamma. **61.** flexible ~ (*mech. ind. - mot.*), tubo flessibile. **62.** flux ~ (*elect.*), tubo di flusso. **63.** full-wave rectifying ~ (*thermion.*), valvola raddrizzatrice biplacca. **64.** gas-discharge ~ (*thermion.*), tubo a gas. **65.** gas-filled ~ (*thermion.*), tubo a gas. **66.** gas ~ (*thermion.*), tubo a gas. **67.** geiger-müller ~, geiger ~ (*phys.*), tubo di Geiger-Müller. **68.** glass ~ (of a mine) (*navy expl.*), urtante di vetro. **69.** glow ~ (cold-cathode gas-filled diode) (*thermion.*), tubo a bagliori, tubo a gas. **70.** glow ~ (*illum.*), *see* glow lamp. **71.** graduated ~ (*chem. impl.*), provetta graduata. **72.** grid-glow ~ (*thermion.*), valvola a gas. **73.** half-wave rectifying ~ (*thermion.*), valvola raddrizzatrice monoplacca. **74.** hard-vacuum ~ (high-vacuum tube) (*thermion.*), valvola a vuoto spinto. **75.** high-vacuum ~ (hard-vacuum tube) (*thermion.*), valvola a vuoto spinto. **76.** inner ~ (of a tire) (*rubb. ind.*), camera d'aria. **77.** intake ~ (as of a pump), tubo aspirante, **78.** lighthouse ~ (electron tube, the shape of which is as a lighthouse) (*radar*), valvola (a) faro, tubo (a) faro. **79.** main choke ~ (of a carburetor), diffusore principale. **80.** mechanical tubes (tubes used for mech. engineering) (*pip. - mech.*), tubi per costruzioni meccaniche. **81.** mixer ~ (electron tube) (*thermion.*), valvola miscelatrice. **82.** modulated-velocity ~ (*thermion.*), valvola a modulazione di velocità. **83.** NIXIE ~, *see at* NIXIE. **84.** numerical indicator ~ (electron tube displaying numbers, instead of characters) (*elics. - meas. instr. - etc.*), tubo a visualizzazione numerica. **85.** oil return ~ (as of an engine) (*mech.*), tubazione ritorno olio. **86.** pencil ~ (used as amplifier in "UHF" radio frequency) (*elics.*), tubo a penna. **87.** photomultiplier ~ (multiplier phototube: used in stars photometry) (*elics. - astron.*), fotomoltiplicatore. **88.** pickup ~ (*telev.*), tubo di presa. **89.** picture ~ (kinescope, cathode-ray tube used for reproducing telev. pictures) (*telev.*), tubo a raggi catodici per televisione, tubo televisivo, tubo d'immagine, cinescopio. **90.** pile ~ (*comm. metall.*), tubo per pali. **91.** Pitot ~ (*aer. - phys. instr.*), tubo di Pitot. **92.** protective ~ (of a flexible shaft) (*mech.*), guaina (di albero flessibile). **93.** radio ~ (*elics.*), valvola termoionica. **94.** rectifying ~ (*thermion.*), valvola raddrizzatrice. **95.** remote cutoff ~ (variable mutual conductance valve) (*thermion.*) (Am.), valvola a pendenza variabile, valvola multi-mu. **96.** sand-cast ~ (*pip.*), tubo colato in sabbia. **97.** screen grid ~ (*thermion.*), valvola con griglia schermo. **98.** seamless ~ (*pip.*), tubo senza saldatura. **99.** section ~ (tube having a cross-section other than round) (*pip.*), tubo profilato. **100.** sheet iron ~ (*pip.*), tubo in lamiera (di ferro). **101.** silent ~ (for supporting long bar stock) (*mach. t.*), tubo acusticamente isolato, tubo di silenziamento. **102.** smoke ~ (of a stove), tubo da stufa. **103.** soft vacuum ~ (*thermion.*), valvola a vuoto scarso. **104.** solid-drawn ~ (*metall. - pip.*), tubo trafilato dal massello (o con sistema Mannesmann). **105.** speaking ~ (as naut.), portavoce a tubo. **106.** static-pressure ~ (of a pressure head) (*aer. instr.*), presa di pressione statica, tubo di pressione statica. **107.** stay ~ (*mech.*), tubo tirante, tubo tenditore. **108.** steam generating ~ (of a boil.), tubo evaporatore, tubo d'acqua, tubo bollitore. **109.** still ~ (*chem. impl.*), tubo (di storta) di distillazione. **110.** structural ~ (used in building structures) (*pip. - bldg.*), tubo per costruzioni metalliche. **111.** suction ~ (as of a pump) (*hydr.*), tubo aspirante. **112.** test ~ (*chem. impl.*), tubo d'assaggio, provetta. **113.** thermionic ~ (*thermion.*), valvola termoionica. **114.** Thiele ~ (*chem. impl.*), tubo a D, tubo di Thiele. **115.** to roll in the ~ end (as in a boiler tube plate) (*mech.*), mandrinare l'estremità di un tubo. **116.** torpedo ~ (*navy*), tubo lanciasiluri. **117.** tracheotomy ~ (*med. instr.*), cannula tracheale. **118.** trigger ~ (*thermion.*), tubo per comando e regolazione scatto. **119.** tungar ~ (gas tube used as a rectifier for battery charge) (*elect.*), tungar, diodo tungar. **120.** TV picture ~ (cathode-ray telev. tube) (*telev.*), cinescopio, tubo dell'immagine, tubo catodico del televisore. **121.** velocity-modulated ~ (velocity-modulated valve, in which the electron stream is modulated in velocity) (*thermion.*), tubo a modulazione di velocità, "klistron". **122.** viewing ~ (*telev.*), tubo a raggi catodici. **123.** water ~ (*boil.*), tubo d'acqua, tubo bollitore. **124.** waterwall ~ (*boil.*), tubo di (o dello) schermo (d'acqua). **125.** water well boring tubes (*pip.*), tubazioni per pozzi artesiani. **126.** welded ~ (*pip.*), tubo saldato. **127** xenon flash ~ (*elect.*), lampada allo xeno. **128**

zero bias operating ~ (*elics.*), valvola a polarizzazione nulla.
tubeless (as of special type tire without tube) (*a. - aut. - rubb. ind.*), senza camera d'aria. **2.** ~ tire (special type tire without tube) (*aut. - rubb. ind.*), pneumatico senza camera d'aria.
tuber (a mach. for coating metallic wires with plastic insulation) (*ind. mach.*), macchina per rivestire i fili.
tubing (*mech.*), tubo, tubazione. **2.** ~ (tubes) (*pip.*), tubazioni. **3.** ~ (lining, of a shaft) (*min.*), intubamento. **4.** ~ (high-quality pipe with threads and couplings) (*mech.*), tubo (d'acciaio) trafilato a manicotto per meccanica. **5.** ~ (length of tube) (*pip.*), spezzone di tubo. **6.** ~ (making of tubes) (*pip.*), fabbricazione di tubi. **7.** ~ (material for tubes) (*pip.*), materiale per tubisteria. **8.** ~ head (in well drilling) (*min.*), testa (ermetica) della tubazione. **9.** ~ machine (*rubb. ind. mach.*), trafila per tubi. **10.** ~ spider (in well drilling) (*min.*), clampa per tubazioni. **11.** oil well ~ (*min. ind.*), tubi per pozzi petroliferi. **12.** solid-drawn ~ (*pip. mfg.*), tubi trafilati dal massello (o con sistema Mannesmann).
tub-sizing (animal-sizing, sizing carried out by passing the paper sheets through a bath of gelatine) (*paper mfg.*), collatura alla gelatina, collatura alla colla animale, collatura in superficie. **2.** ~ machine (*paper mfg. mach.*), gelatinatrice, macchina per collatura alla gelatina.
tubular (*mech.*), tubolare. **2.** ~ boiler (*boil.*), caldaia a tubi di fumo. **3.** ~ discharge lamp (*illum.*), tubo luminescente, lampada tubolare a scarica. **4.** ~ girder (with webs) (*bldg.*), trave tubolare composta. **5.** ~ rivet (*mech.*), rivetto tubolare. **6.** ~ saw (crown saw) (*t.*), sega a corona. **7.** ~ shaft (*mech.*), albero tubolare.
tubulure (as of a retort), imboccatura tubolare.
tuck (fold, as in clothes) (*text.*), basta, piega.
tufa (*min.*), tufo vulcanico. **2.** calcareous ~ (*min.*), tufo calcareo.
tufaceous (*min.*), tufaceo.
tuff (*min.*), tufo.
"Tufftriding" (trade name of a liquid nitriding, low-temperature salt-bath nitriding process used to improve wear and fatigue properties of ferrous metals) (*heat-treat.*), nitrurazione morbida.
"tufnol" (laminated fabric block or sheet) (*mech. - etc.*), "tufnol", tela bachelizzata.
tuft (as of fiber) (*text. ind.*), fiocco.
tuft (to) (to pad) (*text. ind.*), imbottire.
tug (act of tugging) (*gen.*), trazione, atto di tirare. **2.** ~ (*naut.*), rimorchiatore. **3.** ~ (towingaircraft) (*aer.*), rimorchiatore, velivolo rimorchiatore. **4.** ~ (used for towing trucks inside a factory) (*veh.*), trattore da rimorchio.
tug (to) (*naut.*), rimorchiare.
tugboat (*naut.*), rimorchiatore.
tumble (random heap) (*gen.*), mucchio (alla rinfusa). **2.** ~ home (inward upward inclination of the upper sides of a ship or car, from the greatest breadth) (*aut. - shipbuild.*), campanatura.
tumble (to) (to rumble: as for removing burrs or polishing metal pieces by a tumbling barrel) (*mech.*), barilare. **2.** ~ dry (as by the centrifugal drier of a domestic washing mach.) (*domestic work*), centrifugare.
tumbled (rumbled) (*mech. technol.*), barilato, bottalato.
tumbler (drinking glass), bicchiere. **2.** ~ (revolving drum: shop mach.), barilatrice, bottale. **3.** ~ (*leather mfg.*), *see* paddle tumbler. **4.** ~ gear (speed-changing gear) (*mach. t.*), cambio di velocità. **5.** ~ gear (reversing gear) (*mach. t.*), invertitore.
tumbling (*technol. mech.*), barilatura, pulitura al tamburo, bottalatura. **2.** ~ (the continuous rotation of the airfoil around the pitching axis) (*aerodyn.*), rotazione di beccheggio. **3.** (rumbling: as painting method for small articles) (*paint.*), verniciatura a buratto, verniciatura a tamburo. **4.** ~ barrel (revolving drum: as for polishing small metal parts) (*workshop app.*), barilatrice, tamburo, bottale. **5.** ~ shaft (camshaft) (*mech.*), albero a camme. **6.** ~ shaft (lay shaft) (*mech.*), albero di rinvio, albero secondario. **7.** abrasive ~ (*mech. technol.*), barilatura abrasiva.
tun (large cask, as for wine) (*agric. impl.*), botte. **2.** ~ (fermenting vat used in the brewing or making of wine) (*agric. - ind.*), tino. **3.** ~ (chimney) (*bldg.*) (Brit.), camino. **4.** ~ wagon (*railw.*), *see* cask wagon.
tundish (in continuous casting, intermediate ladle) (*found. - metall.*), paniera, "tundish".
tune (*acous.*), tono. **2.** ~ up (as an engine) (*mot.*) (Am.), messa a punto. **3.** change ~ switch (as of a radio set: for charging the wave length) (*radio*), commutatore della lunghezza d'onda. **4.** out of ~ (*radio - etc.*), non sintonizzato, fuori sintonia. **5.** out of ~ (of music) (*acous.*), stonato.
tune (to) (to operate a radio connection: as with a radionavigation system) (*radio*), stabilire un contatto radio. **2.** ~ in (*radio - telev.*), sintonizzare, sintonizzarsi. **3.** ~ up (*mot.*), mettere a punto.
tuned (*a. - radio*), sintonizzato. **2.** ~ aerial (*radio - telev.*), antenna sintonizzata. **3.** ~ up (*mot.*), messo a punto.
tuner (*radio*), sintonizzatore. **2.** ~ (of musical instruments) (*work.*), accordatore. **3.** ~ (motor specialized worker) (*work.*), specialista nella messa a punto dei motori, motorista. **4.** color TV ~ (*elics.*), sintonizzatore di televisione a colori. **5.** multiple ~ (*radio*), sintonizzatore multiplo. **6.** slug ~ (acting by moving a magnetic core) (*elics.*), sintonizzatore a nucleo (mobile). **7.** stereo ~ (*elics. - radio*), sintonizzatore stereo. **8.** turret ~ (*telev.*), sintonizzatore a torretta. **9.** two-circuit ~ (*radio*), sintonizzatore a due circuiti.
tung oil (*paint.*), olio di legno della Cina, olio di tung.

tungsten (W - *chem.*), wolframio, tungsteno. **2.** ~ carbide (w c) (*metall.*), carburo di tungsteno. **3.** ~ lamp (*elect.*), lampada a tungsteno. **4.** ~ light (tungsten filament lamp light, as for phot.) (*illum. - phot.*), luce (a) tungsteno, luce di lampade al tungsteno. **5.** ~ ribbon lamp (*illum.*), lampada a nastro di tungsteno. **6.** ~ steel (*metall.*), acciaio al tungsteno.

tunk (thump, blow) (*mech. - etc.*), colpo.

tuning (*radio*), sintonia. **2.** ~ (of mot.), messa a punto. **3.** ~ band (*radio*), gamma di sintonia. **4.** ~ capacitor, *see* tuning condenser. **5.** ~ dial (*radio*), scala parlante. **6.** ~ eye (for better tuning) (*radio*), occhio magico. **7.** ~ fork (*acous. instr.*), diapason. **8.** ~ hammer (*mus. t.*), chiave da accordatore. **9.** ~ indicator (*radio*), indicatore di sintonia. **10.** ~ sharpness (*radio*), acutezza di sintonia. **11.** aerial ~ coil (*telev.*), bobina di sintonia d'antenna. **12.** flat ~ (*radio*), sintonia piatta. **13.** just ~ (*acous. - mus.*), accordo tonale. **14.** pushbutton ~ (as found in a radio set for aut.) (*radio*), sintonizzazione a pulsante.

"tuning-in" (*radio*) (Brit.), sintonia, sintonizzazione.

tunking (thumping: forcing by tunks) (*mech.*), forzamento mediante colpi. **2.** ~ fit (*mech.*) (Am.), accoppiamento stretto di spinta (o interferenza).

"tunk-under" (tendency to drop the nose of certain planes when flying near the critical Mach number) (*aer*),tendenza a picchiare.

tunnel (*min.*), galleria. **2.** ~ (*railw.*), galleria, tunnel. **3.** ~ (very big and important) (*railw.*), traforo. **4.** ~ diode (for amplifiers) (*elics.*), diodo tunnel. **5.** ~ effect (*phys. phenomenon*), effetto tunnel. **6.** ~ opening (*railw.*), sbocco della galleria. **7.** ~ stern (for shoal waters) (*naut.*), poppa con tunnel (per l'elica). **8.** ~ type furnace (*ind.*), forno a tunnel. **9.** ~ vault (barrel vault) (*arch.*), volta a botte. **10.** closed-jet wind ~ (*aerodyn. test app.*), galleria a vena chiusa. **11.** compressed-air wind ~ (*aerodyn. test app.*), galleria in pressione, galleria per elevati numeri di Reynolds. **12.** drive shaft ~ panel (*aut. body constr.*), tunnel dell'albero, tegolo copritrasmissione. **13.** dust ~ (for testing the running of an engine in dusty atmosphere) (*mot. testing equip.*), camera a polvere. **14.** free-flight wind ~ (a tunnel in which a model can be observed in free flight) (*aer.*), galleria del vento per volo libero, galleria del vento con modelli volanti. **15.** gust ~ (*aerodyn. testing app.*), galleria per lo studio delle raffiche. **16.** high-speed wind ~ (*aerodyn. testing app.*), galleria (del vento) per alte velocità. **17.** non-return-flow wind ~ (*aerodyn. test app.*), galleria a circuito aperto. **18.** open-jet wind ~ (*aerodyn. test app.*), galleria a vena aperta, galleria a vena libera. **19.** return-flow wind ~ (*aerodyn. test app.*), galleria a ritorno, gallerria a circuito chiuso. **20.** screw ~ (*naut.*), tunnel dell'elica. **21.** shaft ~ (*naut.*), galleria dell'albero (dell'elica), tunnel dell'elica. **22.** shield-driven ~ (*min.*), galleria con avanzamento a scudo. **23.** smoke ~ (for flow visualization) (*aerodyn. testing app.*), galleria del fumo, galleria del vento con immissione di fumo. **24.** spin ~ (vertical wind tunnel) (*aerodyn. testing app.*), galleria aerodinamica verticale. **25.** supersonic wind ~ (*aerodyn. testing app.*), galleria supersonica, galleria (del vento) per velocità supersoniche. **26.** traffic ~ (*road*), galleria stradale. **27.** transonic wind ~ (*aerodyn. testing app.*), galleria (del vento) per velocità transoniche. **28.** variable-density wind ~ (*aerodyn. testing app.*), galleria (del vento) ad aria compressa. **29.** vertical wind ~ (*aerodyn. test app.*), galleria verticale. **30.** water ~ (for testing models: tunnel in which the working fluid is water) (*aer.*), galleria idrodinamica. **31.** wind ~ (*aerodyn. test app.*), galleria del vento, galleria aerodinamica, tunnel aerodinamico.

tunnel (to) (*railw. - min.*), scavare una galleria.

tunneling (*road constr. - etc.*), attacco in galleria.

tup (as of a power hammer) (*mech.*), mazza battente. **2.** ~ (of a drop hammer) (*mach.*), mazza. **3.** ~ (as a cast iron mass for breaking castings) (*found.*), mazza, mazza battente. **4.** ~ (ram) (*wool ind.*), montone.

tup (to) (*mech. technol.*), battere con un maglio.

tuple (a set of ordered elements in a relational data base: as an n-tuple relation) (*n. - inf.*), tupla.

turbid (as of liquids), torbido.

turbidimeter (*chem. instr.*), turbidimetro.

turbidimetric (*chem.*), turbidimetrico.

turbidimetry (*chem.*), turbidimetria.

turbidity (of a liquid) (*phys. chem.*), torbidità.

turbine (rotary engine) (*mach.*), turbina. **2.** ~ blade (*mot.*), paletta di turbina. **3.** ~ disk (without blades) (*mot.*), disco di turbina. **4.** ~ engine (*mot.*), motore a turbina, turbina. **5.** ~ engine (turbine locomotive) (*railw.*), turbolocomotiva, locomotiva a turbina a gas. **6.** ~ entry duct (of a jet engine) (*aer. mot.*), condotto di ingresso della turbina. **7.** ~ generator (*elect. mach.*), turboalternatore. **8.** ~ nozzle blades (*mot.*), palette direttrici, palette fisse della turbina. **9.** ~ set (set of turbines) (*mach.*), gruppo di turbine. **10.** ~ set (turbogenerator set) (*elect. - mach.*), gruppo turbogeneratore. **11.** ~ shroud ring (of an axial-flow gas turbine) (*mot.*), anello esterno alla girante, anello periferico di tenuta (dei gas) della girante, nastro di bendaggio della turbina. **12.** ~ starter (*mot.*), avviatore a turbina. **13.** ~ steamship (*naut.*), turbonave (a vapore). **14.** ~ tanker (*naut.*), turbocisterna, T/C. **15.** ~ type unit heater (with the fan driven by a small turbine operated by the heating fluid) (*heating app.*), aerotermo a turbina, aerotermo (senza motore elettrico) con ventilatore mosso da una turbinetta (funzionante con lo stesso vapore destinato al riscaldamento). **16.** ~ wheel (of a gas turbine) (*mot.*), girante, disco della turbina. **17.** aerodynamic ~ (closed-cycle turbine) (*aer.*), turbina a ciclo chiuso. **18.** airscrew ~ engine (*aer. mot.*)

(Brit.), (motore a) turboelica. **19.** axial-flow ~ (*mach.*), turbina assiale. **20.** back-pressure ~ (*steam mach.*), turbina a contropressione, turbina a ricupero. **21.** bleeder ~ (steam turbine from which steam is drawn for thermal purposes) (*steam power plant*), turbina con presa di vapore. **22.** blow down ~ (operated by the exhaust gases of an i c engine) (*mot.*), turbina a gas di scarico. **23.** compressor ~ (as of a turbojet engine) (*mot.*), turbina di comando del compressore. **24.** exhaust steam ~ (*mach.*), turbina a bassa pressione, turbina a vapore di scarico. **25.** extraction ~ (*steam mach.*), turbina a presa di vapore intermedia, turbina a ricupero parziale. **26.** fan ~ (as of a gas turbine), turboventilatore. **27.** Francis ~ (*water mach.*), turbina Francis. **28.** high-speed steam ~ (*mach.*), turbina a vapore ad alta velocità. **29.** impulse ~ (*mach.*), turbina ad azione. **30.** inward-flow ~ (as of a jet engine with radial inward flow and axial outlet) (*aer. mot. - mach.*), turbina centripeta. **31.** Kaplan ~ (*water mach.*), turbina Kaplan. **32.** low-pressure ~ (*mach.*), turbina a bassa pressione. **33.** marine ~ (*naut. mach.*), turbina navale. **34.** mixed-flow (or American) ~ (*water mach.*), turbina americana. **35.** mixed-pressure ~ (*steam mach.*), turbina "a due vapori". **36.** multistage ~ (*mach.*), turbina multipla, turbina a vari stadi. **37.** pass-out ~ (*steam mach.*), *see* back-pressure turbine. **38.** Pelton wheel ~ (*hydr. mach.*), turbina Pelton. **39.** propeller ~ (*hydr. mach.*), turbina elicoidale. **40.** propeller ~ engine (*aer. mot.*), turboelica. **41.** propeller-type water ~ (*hydr. mach.*), turbina elicoidale. **42.** radial-flow ~ (*mach.*), turbina radiale. **43.** reaction ~ (*mach.*), turbina a reazione. **44.** reversing ~ (*naut.*), turbina di contromarcia. **45.** single-stage ~ (*mach. - mot.*), turbina ad uno stadio. **46.** steam ~ (*mach.*), turbina a vapore. **47.** two-stage ~ (*mach. - mot.*), turbina a due stadi. **48.** water ~ (*mach.*), turbina idraulica. **49.** wind ~ (wind propelled turbine) (*mach.*), motore eolico, aeromotore.

turbine-electric locomotive (*railw.*), locomotiva turboelettrica.

turbine-propeller engine (*aer. mot.*), motore turboelica, turboelica.

turbiner (a turbine propelled ship) (*naut.*), turbonave.

turboalternator (*elect. mach.*), turboalternatore.

turboblower (for compressed air supply in a factory) (*ind. mach.*), turbocompressore. **2.** ~ (as for a cupola furnace) (*ind. mach.*), turbosoffiante.

turbocar (*aut.*), auto con motore a turbina a gas, automobile a turbina.

turbocharged (as of an engine) (*a. - mot.*), *see* turbosupercharged.

turbocharger (*mot.*), *see* turbosupercharger.

turbocompressor (turbine-driven compressor) (*aer.*), turbocompressore.

turbocopter (a turbine engine helicopter) (*aer.*), elicottero a turbina.

turbo-diesel engine (*aut.*), motore turbo diesel.

turbodynamo (*elect. mach.*), turbogeneratore, turbodinamo.

turboelectric (*mech.*), turboelettrico. **2.** ~ propulsion (*mach.*), propulsione turboelettrica.

turbofan (turbine operated fan, that supplies air to a jet engine, for cooling and/or combustion) (*jet eng. mech.*), turbosoffiante, turboventola. **2.** ~ (jet engine provided with a turbofan) (*aer. mot.*), motore a reazione a due flussi distinti, turboreattore a turbosoffiante.

turbogenerator (*elect. mach.*), turbogeneratore. **2.** ~ set (*elect. mach.*), gruppo turbogeneratore.

turbojet (engine, plane etc.) (*a. - mot.*), a turbogetto. **2.** ~ (a turbojet plane) (*n. - aer.*), turboreattore, turbogetto. **3.** ~ engine (turbojet propelled by means of a gas turbine) (*aer. mot.*), turboreattore.

turboprop, turboprop engine, *see* turbo-propeller engine.

turbo-propeller engine (turboprop: jet engine with a turbine driven propeller) (*aer. mot.*), turboelica.

turboprop-jet engine, *see* turbo-propeller engine.

turbopump (*mach.*), turbopompa.

turboramjet engine (ramjet engine provided with a turbojet axially located) (*aer. mot.*), autoturboreattore.

turboshaft (gas turbine engine used to drive a given device, as a helicopter rotor etc.) (*eng.*), turboalbero.

turbosupercharge (to) (to equip an engine with an exhaust gas operated supercharger) (*mot.*), sovralimentare con turbocompressore a gas di scarico.

turbosupercharged (as of an engine equipped with an exhaust gas operated supercharger) (*a. - mot.*), sovralimentato con turbocompressore a gas di scarico.

turbosupercharger (operating by exhaust gases and improving the air pressure feeding the engine) (*aer. mot.*), turbocompressore a gas di scarico.

turbulence (*mech. of fluids*), turbolenza.

turbulent (*mech. of fluids*), turbolento. **2.** ~ flow (*mech. of fluids*), moto turbolento, flusso turbolento.

"turep" (turbine mean effective pressure, mean effective pressure portion added by an exhaust turbine) (*mot.*), pressione media effettiva dovuta alla turbina.

turf (peat) (*comb.*), torba.

Turing machine (hypothetical mach.) (*comp.*), macchina di Turing.

Turkey stone (*min.*), pietra per affilare.

turmaline, *see* tourmaline.

turmeric (coloring matter), curcuma. **2.** ~ paper (*chem.*), carta alla curcuma.

turn (of a road), svolta. **2.** ~ (bend, as of a mountain road) (*road - railw.*), tornante. **3.** ~ (revolution) (*mech.*), giro. **4.** ~ (of a rope) (*naut.*), collo, volta (di cavo). **5.** ~ (*aer. - naut.*), virata. **6.** ~ (a work shift) (Brit.), turno, turno di lavoro. **7.** ~ (watchmaker's lathe) (*mach.*), tornietto da orologiai. **8.** ~ (type placed bottom up) (*print.*), lettera rovesciata, carattere rovesciato, lettera capovolta, carattere capovolto. **9.** ~ (of an elect. coil or of a helical spring) (*elect. - mech.*), spira. **10.** ~ and bank indicator (*aer. instr.*), indicatore di virata e sbandamento. **11.** ~ bridge, *see* pivot bridge. **12.** ~ indicator (*aer. instr.*), indicatore di virata. **13.** ~ indicator (*aut.*) (Am.), indicatore di direzione, segnale di direzione. **14.** ~ meter (for measuring the angular speed of an aer.) (*aer. - meas. instr.*), girometro. **15.** ~ of a spring (*mech.*), spira di una molla. **16.** turns per inch "TPI" (*electromech.*), giri per pollice. **17.** ampere ~ (*elect.*), amperspira. **18.** climbing ~ (*aer.*), virata in cabrata. **19.** correct ~ (*aer.*), virata corretta. **20.** entrance ~ (of a ramp) (*road traff.*), svolta di accesso. **21.** exit ~ (of a ramp) (*road traff.*), svolta di uscita. **22.** final procedure ~ (during landing) (*aer.*), virata finale. **23.** flat ~ (aerobatics) (*aer.*), virata piatta. **24.** gentle ~ (*aer.*), virata ad ampio raggio. **25.** horizontal ~ (*aer.*), virata orizzontale. **26.** Immelman ~ (*aer.*), gran volta imperiale, virata imperiale. **27.** inside ~ (*aer. maneuver*), virata corretta. **28.** inverted ~ (aerobatics) (*aer.*), virata rovescia. **29.** no left ~ (*road traff. sign.*), divieto di svolta a sinistra. **30.** no right ~ (*road traff. sign.*), divieto di svolta a destra. **31.** no U ~ (*road traff. sign.*), divieto di inversione di marcia. **32.** one fourth ~ (as of a cock, screw etc.) (*mech. - etc.*), un quarto di giro. **33.** sharp ~ (*road traff.*), curva stretta. **34.** standard rate ~ (*aer.*), virata normale. **35.** S ~ (*navy*), virata ad S. **36.** vertical banked ~ (aerobatics) (*aer.*), virata diritta, virata stretta, virata verticale.

turn (to) (to rotate) (*mech.*), girare. **2.** ~ (T, study of motions) (*time study*), girare, ruotare. **3.** ~ (an arch) (*arch.*), girare (o costruire) un arco. **4.** ~ (to bend), piegare. **5.** ~ (to reverse the course), virare. **6.** ~ (to invert), voltare, invertire. **7.** ~ (to curve) (*veh.*), curvare. **8.** ~ (to operate a lathe) (*mech.*), tornire. **9.** ~ down (to dip; as a motorcar headlight) (*aut.*), attenuare, abbassare. **10.** ~ for landing (*aer.*), virare per l'atterraggio. **11.** ~ in (as a boat on board) (*naut.*), tirare a bordo. **12.** ~ into, convertire. **13.** ~ off (as the water) (*pip.*), chiudere. **14.** ~ off (the ignition) (*mot.*), fermare, togliere l'accensione, spegnere il motore. **15.** ~ on (to switch on power: as a videorecorder etc.) (*elect.*), accendere. **16.** ~ one fourth turn (as a screw etc.) (*mech. - etc.*), ruotare di un quarto di giro. **17.** ~ on the ignition (*aut.*), dare l'accensione, mettere l'accensione in posizione di marcia (del veicolo). **18.** ~ out (to expel) (*gen.*), cacciar fuori, espellere. **19.** ~ out (as a lifeboat from board) (*naut.*), dar fuori. **20.** ~ out (to produce) (*mfg.*), produrre. **21.** ~ over (*gen.*), rovesciare. **22.** ~ round (*naut.*), virare di bordo. **23.** ~ the crank (as of a mot.), girare la manovella. **24.** ~ the edge (as of a plate) (*mech.*), risvoltare l'orlo. **25.** diamond ~, "DT" (*mech. operation*), tornire con diamante.

turnabout (*naut.*), inversione di rotta.

turn and bank indicator (*aer. instr.*) (Brit.), virosbandometro, indicatore di virata e sbandamento.

"turn-and-slip indicator" (turn-and-bank indicator) (*aer. instr.*), indicatore di virata e sbandamento, virosbandometro.

turnaround (enlargement of a road) (*road*), piazzola(di manovra). **2.** ~ (time necessary for a round trip) (*ship - aer. - etc.*), tempo occorrente per il viaggio di andata-ritorno. **3.** ~ (overhauling) (*veh.*), revisione. **4.** ~ (preparation for the next launch) (*rckt.*), preparazione per un nuovo lancio, approntamento della piattaforma di lancio ed installazione del booster. **5.** ~, ~ time (time necessary for receiving, treating or repairing and returning an object) (*organ. - comm.*), tempo necessario per riavere l'oggetto (già trattato o riparato). **6.** ~ time (*tlcm.*), tempo di inversione. **7.** ~ time (data processing duration) (*comp.*), tempo di elaborazione.

turnbuckle (*mech. device*), tenditore a molinello, tenditore (a vite da un lato e girevole a tornichetto [o molinello] dall'altro).

turned (machined in a lathe) (*a. - mech.*), tornito. **2.** ~ sorts (types purposely turned face-downwards in order to print black marks for the later insertion of temporarily missing letters) (*typ.*), roveschi.

turner (*work.*), tornitore.

turnery (turner's shop) (*mech. ind.*), torneria, officina per tornitura.

turning (of road), svolta. **2.** ~ (as of a propeller) (*mech.*), in moto, ruotante. **3.** ~ (by lathe) (*mech.*), tornitura. **4.** ~ (parachutist manoeuver) (*aer.*), giravolta. **5.** ~ chisel (*join. t.*), scalpello da tornitore. **6.** ~ circle (*aut.*), diametro minimo di volta. **7.** ~ circle between kerbs (*aut.*), diametro minimo di volta tra i marciapiedi. **8.** ~ circle between walls (*aut.*), diametro minimo di volta tra le pareti. **9.** ~ into a marsh (turning into a swamp) (*geol.*), impaludamento. **10.** ~ point (*top.*), punto di riferimento per una nuova stazione dello strumento. **11.** ~ radius (as of an aut., mtc. etc.) (*mech.*), raggio minimo di volta, raggio (minimo) di sterzo, raggio di sterzata. **12.** ~ vane (as of a ventilating duct), elemento (o pannello) di raccordo d'angolo. **13.** bar and tube ~ machine (*mech.*), tornio per tubi e barre.

turnings (shavings: as in lathe operation) (*mech.*), trucioli, tornitura.

turnkey (said of a thing, or a plant, or a system, supplied ready to operate: as a new car) (*a. - comm.*), chiavi in mano. **2.** ~ contract (*gen.*), contratto chiavi in mano.

turnout (labor strike) (*ind.*), (Brit.) (colloquial), sciopero. **2.** ~ (out-put) (*ind.*), produzione. **3.** ~ (sidetrack) (*railw.*), raccordo. **4.** ~ (widened space in a highway) (*road traff.*), piazzuola. **5.** ~ (track and switch used for passing from one track to another) (*railw.*), deviatoio, scambio.

turnover (volume of business done or business cycle) (*comm.*), ciclo di affari, giro di affari, "fatturato". **2.** ~ (an upset), ribaltamento. **3.** ~ (of personnel) (*ind. - work. organ.*), avvicendamento, rotazione. **4.** ~ (of the work as on transfer lines) (*mach.*), ribaltamento. **5.** ~ (runover, the part of an article which continues overleaf) (*journ.*) (Am.), continuazione in altra pagina. **6.** ~ (movement of goods for replacing those that have been sold) (*comm. - ind.*), rotazione delle giacenze. **7.** ~ frequency (as of stock in a store) (*ind. - work. organ.*), indice di rotazione. **8.** ~ molding machine (*found.*), macchina per la formatura a piastra ribaltabile. **9.** ~ pattern plate (*found.*), placca modello rovesciabile. **10.** ~ percentage (*pers.*), tasso d'avvicendamento, tasso di rotazione. **11.** ~ unit (as of a press) (*sheet metal w. - etc.*), dispositivo di ribaltamento. **12.** labor ~ (*pers.*), avvicendamento della manodopera, rotazione della manodopera.

turnpike (turnpike road) (*road*), strada a pedaggio. **2.** ~ (highway) (*aut.*), autostrada (a pedaggio). **3.** ~ speed (*aut.*), velocità da autostrada.

turnplate, *see* turntable.

turnscrew (screwdriver) (*t.*), cacciavite.

turnsheet (turnplate) (*railw.*), piattaforma girevole.

turn-ratio, turns-ratio, (of a transformer windings) (*elect.*), rapporto spire.

turntable (*ind.*), piattaforma girevole. **2.** ~ (of a gramophone) (*acous.*), (piatto) giradischi, piatto portadischi. **3.** ~ (as of airship mooring) (*aer.*), piattaforma girevole. **4.** ~ (revolving platform supporting work in a working line) (*ind. impl.*), giostra. **5.** railway ~ (*railw.*), piattaforma (ferroviaria) girevole. **6.** single-line ~ (*railw.*), piattaforma girevole semplice (ad un solo binario). **7.** sunk ~ (*railw.*), piattaforma girevole incassata. **8.** swing ~ (*railw.*), piattaforma girevole a bilico. **9.** two-way ~ (*railw.*), piattaforma girevole a croce. **10.** ~, *see also* transcription machine.

turn-under (of the lower side portions of the body) (*aut. bodywork*), curvatura avvolgente con rientro nella parte bassa.

turnwrest, turnwrist (swivel plow) (*n. - agric. mach.*), aratro voltaorecchio.

turpentine (*chem.*), trementina. **2.** oil of ~ (spirits of turpentine) (*pharm. chem.*), essenza (od olio essenziale) di trementina. **3.** oil of ~ (wood turpentine) (*paint.*), acqua ragia.

turquoise (*min.*), turchese.

turret (*arch.*), torretta, piccola torre. **2.** ~ (toolholder) (*mach. t.*), torretta. **3.** ~ (*naut. - milit.*), torre (corazzata), torretta (corazzata). **4.** ~ (holding lenses) (*telev. camera - m. pict. camera*), torretta (portaobiettivi). **5.** ~ drill (*mach. t.*), trapano a revolver, trapano a torretta (portautensili). **6.** ~ slide tool (*t.*), utensile piazzato su slitta portautensili di tornio a torretta. **7.** ball ~ (*aer.*), torretta sferica. **8.** disappearing ~ (*milit.*), torretta eclissabile. **9.** high-speed ~ (*air force*), torretta per alta velocità. **10.** revolving ~ (*milit. - air force*), torretta girevole. **11.** revolving ~ (*mach. t.*), torretta rotante.

turtle (*railw.*) (Am.), *see* tie plate. **2.** ~ (turtle plate; box containing a special stereotype plate which may be attached to a rotary press cylinder for adding late news to a newspaper page) (*newspaper print.*), cassa curva speciale per facilitare l'aggiunta delle ultime notizie. **3.** ~ deck (*shipbuild.*), *see* turtleback.

turtleback (for guiding the traffic at a street intersection) (*road traff.*), spartitraffico. **2.** ~ (convex deck at the stern or bow) (*shipbuild.*), ponte insellato.

Tuscan (*a. - arch.*), toscano. **2.** ~ order (*arch.*), ordine toscano.

tutorial (technical instructions for assisting an operator: given by display or diskette etc.) (*comp.*), istruzioni di guida.

tuyere (for air blast: as in a forge, blast furnace etc.) (*ind.*), ugello. **2.** self-slagging ~ (*found.*), ugello autoscorificante. **3.** twin ~ (*found.*), ugello doppio.

tuyereman (*metall. work.*), addetto agli ugelli.

"TV" (*telev.*), TV, televisione. **2.** ~ picture tube (cathode-ray telev. tube) (*telev.*), cinescopio, tubo dell'immagine, tubo catodico del televisore. **3.** ~ (test voltage) (*elect.*), tensione di prova. **4.** ~, *see also* terminal velocity.

"tv" (tout-venant, through-and-through, as coal) (*min.*), a pezzatura mista, alla rinfusa.

"TVI" (television interference) (*telev. defect*), disturbo televisivo.

"tw" (*gen.*), torto, ritorto.

"TWA" (Two-Way Alternate) (*tlcm.*), bidirezionale alternato.

tweed (soft, woolen fabric), panno di lana tessuto in colori diversi, "tweed". **2.** harris ~ (handmade woolen fabric) (*text. ind.*), panno cardato di lana tessuto a mano in colori diversi, "harris tweed".

tweel (a counterweighted furnace door, opening vertically) (*glass mfg.*), "bandiera", portina a ghigliottina.

tween, *short for* between. **2.** ~ decks (*naut.*), corridoio, interponte.

tweeter (tweeter loudspeaker, designed to operate over a restricted high audio-frequency range) (*electroacous.*), altoparlante per toni molto alti, altoparlante per acuti.

tweezers (of a watchmaker) (*impl.*), pinzettine, pinzette.

T-weld (*mech. technol.*) (Brit.), saldatura a T, giunto saldato a T.

"twelve-gauge" (of a shotgun) (*a. - firearms*), di calibro dodici.

twelvemo (sheet of paper folded into twelve leaves) (*print.*), dodicesimo.

twenty-fourmo (24mo) (*book size*), ventiquattresimo.

twenty-twenty (20/20, of a visual acuity capable of distinguishing characters one-third inch in diameter at a distance of 20 feet, as a normal human eye) (*a. - opt.*), di acuità visiva normale, 10/10 di vista.

"TWI" (training of personnel within industry) (*ind. pers.*), formazione pratica sul lavoro.

twilight (*meteorol.*), crepuscolo. **2.** ~ band (twilight zone: particular zone on the edge of a radio beam) (*air navig.*), margine del radiosentiero.

twill (text. fabric) (*n. - text. ind.*), diagonale, tessuto diagonale. **2.** cross ~ (*text. ind.*), spigato. **3.** reversed ~ (*text. ind.*), saia alla rovescia.

twill (to) (*text. ind.*), tessere in diagonale.

twill-woven (woven diagonally; as of fabrics) (*a. - text. ind.*), tessuto diagonale, diagonale.

"TWIMC" (to whom it may concern) (*gen.*), a chi può interessare.

twin (*a.*), gemello. **2.** ~ contact (*elect.*), contatto duplice, contatto binato. **3.** ~ crystal (*min.*), geminato. **4.** ~ magneto (*mot.*), magnete gemello.

"twinclip" (locking element, as of a pin) (*mech.*), doppio fermo.

twin-cylinder (*a. - mot.*), a due cilindri, bicilindrico. **2.** ~ motor (*mot.*), motore bicilindrico.

twine (*rope mfg.*), spago. **2.** ~ spinner (*text. mach.*), macchina per spago.

twine (to) (to twist together) (*text. ind.*), ritorcere.

twin-engine (twin-engined) (*a. - aer.*), bimotore. **2.** ~ (with two cylinders) (*a. - mot.*), bicilindrico. **3.** ~ (with two rows of cylinders) (*a. - mot.*), con due file di cilindri.

"twinflat" (*elect.*) (Brit.), conduttore binato piatto, "piattina" binata.

"twin-jet" (*a. - aer.*), bireattore.

twinkle (to) (of astr. phenomenon), scintillare.

twin-lead (*n. - elect.*), piattina, conduttore isolato a due fili.

twin-motor (*a. - veh.*), bimotore. **2.** ~ plane (*aer.*), aeroplano bimotore, bimotore.

twinning (gemination, of crystals) (*min.*), geminazione.

twin-OHC (twin overhead camshaft) (*mot.*), doppio albero a camme in testa.

twin-rotor (*a. - aer. - mech.*), a due rotori. **2.** ~ helicopter (*aer.*), elicottero a due rotori.

twin-screw (*a. - naut.*), a due eliche. **2.** ~ motorship (*naut.*), motonave bielica (o a due eliche). **3.** ~ motor torpedo boat (*navy*), motoscafo silurante (o MAS) a doppia elica. **4.** ~ turbine steamship (*naut.*), turbonave bielica.

twin-six (*n. - mot.*), motore a dodici cilindri a V. **2.** ~ (*aut.*), (automobile con motore a) dodici cilindri a V.

twin-tail (*a. - aer.*), a doppia coda, a doppia deriva.

twin-wire (*gen.*), a due fili. **2.** ~ paper machine (*paper mfg. mach.*), macchina combinata.

twist (cord, thread etc.), corda, spago ecc. **2.** ~ (torsional stress) (*constr. theor.*), torsione. **3.** ~ (act of twisting yarn) (*text. ind.*), torcitura. **4.** ~ (as of yarn) (*text. ind.*), torsione. **5.** ~ (as of a wing) (*aer.*), svergolamento. **6.** ~ drill (a drill usually with two helical grooves) (*t.*), punta elicoidale, punta a elica. **7.** ~ grip control (as of a mtc.), comando a manopola. **8.** aerodynamic ~ (*aer.*), svergolamento aerodinamico. **9.** angle of ~ (*aer.*), angolo di svergolamento. **10.** geometrical ~ (*aer.*), svergolamento geometrico.

twist (to) (*gen.*), torcere. **2.** ~ (as a thread on a reel) (*gen.*), avvolgere. **3.** ~ (*aer.*), svergolare. **4.** ~ (to subject to torsion) (*mech. - constr.*), sottoporre a torsione. **5.** ~ (as to wind one strand round another) (*rope mfg.*), avvolgere. **6.** ~ (as yarns) (*text. ind.*), torcere, ritorcere. **7.** ~ together (*gen.*), attorcigliare, accordonare.

twisted (*a. - gen.*), torto. **2.** ~ (as of text. fibers) (*gen.*), ritorto. **3.** ~ gear wheel (screw wheel of meshing with another on a parallel axis) (*mech.*), ingranaggio elicoidale per assi paralleli. **4.** ~ pair (pair made of two insulated conductors) (*comm. elect.*), cordone (o cordoncino) elettrico.

"twisteel" (spiral shape corrugated iron rod for reinforced concrete) (*metall. - bldg.*), tondino spiralato.

twister (*text. mach.*), ritorcitoio. **2.** ~ (*text. work.*), ritorcitore.

twisteress (*text. work.*), ritorcitrice.

twisting (wrenching) (*mech.*), svergolamento. **2.** ~ (as of yarn) (*text. ind.*), torcitura. **3.** ~ (of two or more twisted yarns) (*text. ind.*), ritorcitura. **4.** ~ (operation by which forged crankshafts are made by torsional displacement of individual webs) (*forging*), svergolatura, torcitura (delle manovelle). **5.** ~ apparatus (for solidified silk filaments) (*text. app.*), apparecchio di ritorcitura. **6.** ~ frame (*text. mach.*), ritorcitoio, ritorcitrice. **7.** ~ machine (a twisting frame) (*text. mach.*), ritorcitoio. **8.** ~ machine (*silk mfg. mach.*), torcitrice, ritorcitrice. **9.** ~ moment (*constr. theor.*), momento torcente. **10.** ring ~ frame (as for fancy yarn) (*text. mach.*), torcitoio ad anelli.

two-color (*print. - etc.*), bicolore, a due colori. **2.** ~ press (*print. mach.*), macchina da stampa a due colori. **3.** ~ process (*print. process*), stampa a due colori, stampa duplex.

two-control (*a. - gen.*), a doppio comando. **2.** ~ airplane (without rudder control) (*n. - aer.*), aereo senza timone di direzione, aereo a due soli comandi (alettoni e timone di profondità).

two-cycle (*a. - mot.*), a due tempi. **2.** ~ (*n. - thermod.*), ciclo a due tempi.

two-decker (*a. - naut.*), a due ponti.

two-dimensional (*a. - geom. - gen.*), bidimensionale.

twofold (*a. - gen.*), doppio.

two-hinged arch (*bldg.*), arco a due cerniere.

two-jet (equipped with two jet engines) (*a. - aer.*), bireattore. **2.** ~ plane (two jet aircraft) (*aer.*), bireattore.

two-level coach (*railw.*), carrozza (o vettura) a due piani.

two-master (*n.* - *naut.*), due alberi, nave a due alberi.
two-phase (*a.* - *elect.*), bifase.
two-seater (*a.* - *veh.* - *aer.*), biposto. **2.** ~ (*aut.*), vettura a due posti.
two-sided test, *see* two-tailed test.
two-speed (*a.* - *mech.*), a due velocità. **2.** ~ supercharger (*mot.*), compressore a due velocità. **3.** ~ windshield wiper (*aut.*), tergicristallo a due velocità.
two-stage (as a turbine) (*a.* - *mach.*), bistadio, a due stadi.
two-tail test, *see* two-tailed test.
two-tailed test (*math.* - *stat.*), test bilaterale.
two-way (as of a valve) (*a.*-*mech.*), a due vie. **2.** ~ communications (by full-duplex or half-duplex system) (*tlcm.*), comunicazioni bidirezionali, comunicazioni in entrambi i sensi. **3.** ~ simultaneous communications, "TWS" (*tlcm.*), comunicazioni bidirezionali simultanee.
two-wheeled (*a.* - *gen.*), a due ruote.
two-wheeler (*veh.*), veicolo a due ruote. **2.** ~ (horse-cab) (*veh.*), tipo di calesse chiuso.
two-wire circuit (*elect.* - *teleph.* - *etc.*), circuito a due fili, circuito bifilare.
"twr", *see* tower.
t-wrench (with fixed or changeable socket) (*t.*), chiave a T.
"TWS" communications, *see* two-way simultaneous communications.
"TWX", *see* TeletypeWriter eXchange service.
"ty", *see* type.
tye (*naut.*), amante.
tying up (cording) (*text. mfg.*), imputaggio.
tympan (sheet of paper, placed between the impression cylinder and the paper to be printed) (*print. press*), foglio di maestra. **2.** ~ (tympanum) (*arch.*), timpano. **3.** ~ stone (of a blast furnace), timpano. **4.** ~, *see also* tympanum.
tympanum (*arch.*), timpano. **2.** ~ (telephone diaphragm), diaframma (microfonico).
"typ", *see* typewriter, typographer, typographical, typographic.
typamatic (as of a repeat action key) (*a.* - *inf.*), a ripetizione.
type (specific class, or kind) (*gen.*), tipo. **2.** ~ (model), modello. **3.** ~ (*typ.*), carattere tipografico. **4.** ~ bar (print bar holding a character) (*typewriting mach.*), asta del carattere. **5.** ~ corrector (error correcting paper) (*typewriting*), carta per correzioni dattilografiche. **6.** ~ cutter (*typ. work.*), intagliatore di stampi per caratteri tipografici. **7.** ~ gauge (graduated strip used for meas. the number of lines) (*typ. meas. instr.*), tipometro. **8.** ~ height (height-to-paper, standard height of type, 0.9186 in.) (*typ.*), altezza tipografica dei caratteri. **9.** ~ metal (*alloy*), lega per caratteri. **10.** ~ scale (type gauge, type measure) (*typ. meas. instr.*), tipometro. **11.** ~ size (*typ.*), corpo. **12.** ~ test (as of an aviation engine) (*mot.*), prova di omologazione. **13.** ~ test horse-power (as of an aviation engine) (*mot.*), potenza omologata. **14.** bastard ~ (a type the face of which has a size different from that of the body) (*typ.*), carattere bastardo. **15.** body ~ (book type, generally used in books) (*typ.*), carattere di testo. **16.** cast ~ (*typ.*), carattere di fusione, carattere fuso. **17.** condensed ~ (a type which is thin in proportion to its height) (*typ.*), carattere stretto, carattere allungato, carattere magro. **18.** current ~ (*comm.*), tipo corrente. **19.** display ~ (*typ.*), caratteri per titoli (di fantasia), caratteri per cartelloni. **20.** expanded ~ (extended type) (*typ.*), carattere allargato. **21.** extended ~ (expanded type) (*typ.*), carattere allargato. **22.** fancy ~ (*typ.*), carattere fantasia. **23.** foundry ~ (hand cast type) (*typ.*), carattere fuso a mano. **24.** motorized ~ (*mech.*), tipo motorizzato. **25.** movable ~ (*typ.*), carattere mobile. **26.** old face ~ (*typ.*), carattere antico. **27.** printing ~ (*typ.*), carattere da stampa. **28.** roman ~ (upright type) (*typ.*), carattere romano, carattere diritto. **29.** saleable ~ (*comm.*), tipo corrente. **30.** standard ~ (of normal width) (*typ.*), carattere standard. **31.** wood ~ (*typ.*), carattere di legno.
type (to) (to typewrite) (*off.*), dattilografare, dattiloscrivere.
typebar (of a typewriter) (*mech.*), martelletto, leva porta-carattere.
typecase (*typ.*), cassa dei caratteri.
typed (typewritten), dattilografato.
typeface (*typ.*), (tipo di) carattere.
typefounder (a producer of printing type for hand composition) (*obsolete type work.*), produttore di caratteri a mano.
typefoundry (*found.* - *typ.*), fonderia dei caratteri.
type-height (*typ.*) (Brit.), altezza tipografica.
type-high (*a.* - *typ.*), ad altezza tipografica.
typescript (*n.*), dattiloscritto.
typeset (to) (to compose: as by a keyboard typesetting mach.) (*typ.*), comporre.
typesetter (*typ.*), compositore tipografico. **2.** ~ (typesetting mach.) (*typ.*), compositrice tipografica.
typesetting (*typ.*) composizione, composizione tipografica. **2.** ~ computer (*typ.* - *comp*) elaboratore per composizione. **3.** electronic ~ (*typ.* - *comp*) composizione computerizzata. **4.** texts ~ by computer (*typ.* - *comp*) *see* word processing.
type-tested (as of an engine etc. officially approved) (*ind.*), omologato.
typewrite (to) (as a letter) (*off.*), scrivere (o battere) a macchina, dattilografare.
typewriter (*mach.*), macchina dattilografica, macchina per scrivere. **2.** ~ (*operator*), dattilografa, dattilografo. **3.** ~ ball (*typewriter mech.*), sfera portacaratteri, sfera di stampa. **4.** ~ desk (*off.* - *furniture*), tavolino per macchina da scrivere. **5.** automatic ~ (producing simultaneously a conventionally typed copy and a magnetic recording) (*comp.*), macchina per scrivere registratrice. **6.** electric ~ (*off. mach.*), macchina per scrivere

elettrica. **7.** interrogation ~ (keyboard terminal) (*comp.*), terminale scrivente per interrogazione. **8.** manual ~ (*off. mach.*), macchina per scrivere ordinaria. **9.** noiseless ~ (*off. mach.*), macchina per scrivere silenziosa. **10.** portable ~ (*off. mach.*), macchina per scrivere portatile.

typewriting (*n. - art*), dattilografia. **2.** ~, scrittura a macchina. **3.** ~ (typescript), dattiloscritto. **4.** ~, *see also* typing.

typhoon [(Far East typhoon, or tropical cyclone (India), or hurricane (North Am.), or cyclone (Europe), or willy-willy (Australia), or tornado (South Am.)] (*meteorol.*), tifone, ciclone tropicale, uragano, ciclone.

typical (*gen.*), tipico.

typing (act of typewriting) (*off.*), battitura. **2.** ~ error (*off.*), errore di battitura. **3.** ~ sphere (*typewriter mech.*), sfera di stampa, sfera portacaratteri.

typist, dattilografa, dattilografo.

typograph (type-setting machine, composing machine) (*typ.*), macchina compositrice.

typographer, tipografo.

typographic (*a.*), tipografico.

typographical (*a.*), tipografico.

typography (*art*), tipografia.

typometry (measurement of types) (*print.*), tipometria.

"typw", *see* typewriter.

tyre (Brit.), *see* tire (Am.).

tyro (tiro, a beginner) (*work.*), apprendista, tirocinante.

"TZM alloy" (titanium-zirconium-molybdenum alloy) (*metall.*), lega di titanio-zirconio-molibdeno.

U

U (uranium) (*chem. - radioact.*), U, uranio.
"UART" (Universal Asynchronous Receiver Transmitter) (*tlcm.*), dispositivo universale per ricezione e trasmissione asincrona.
"UAW" (United Auto Workers) (*aut.*) (Am.), sindacato lavoratori dell'automobile (od auto).
U-boat (submarine) (*navy*), sottomarino, sommergibile.
U-bolt (used for securing a lorry body to the chassis) (*aut.*) (Brit.), staffa (filettata) ad U (od a cavallotto).
"UC" (short for upper case) (*typ.*), cassa (per) lettere maiuscole, alta cassa. **2.** ~, *see also* undercarriage.
UC passenger brake (Universal Control car brake, graduated release brake) (*railw.*), freno moderabile, freno con distributore a scarica moderabile.
"UCS" diagram (uniform-chromaticity-scale diagram) (*opt.*), diagramma colorimetrico uniforme.
"U'CUT" (undercut) (*mech. draw.*), *see* undercut.
"UD", *see* upper deck.
"UDC" (universal decimal classification, for technical documents etc.) (*ind.*), CDU, classificazione decimale universale.
"U/die" (upper die) (*pressworking*), stampo superiore, punzone.
udometer (rain gauge) (*meteorol. instr.*), pluviometro, udometro.
udometric (*a. - meteorol.*), udometrico.
"UFO", "ufo" (unidentified flying object also known as flying saucer) (*aer. - astric.*), oggetto volante non identificato, "UFO".
ufology (the study of unidentified flying objects) (*aer. - astric.*), ricerche su oggetti volanti non identificati.
"ugt", *see* urgent.
"UHF", "uhf" (ultrahigh frequency) (*radio - telev.*), frequenza ultraalta.
"UHLL" (UltraHigh Level Language) (*comp.*), linguaggio ad altissimo livello.
"UHMWP" (ultrahigh-molecular-weight polyethylene) (*plastics*), polietilene ad elevatissimo peso molecolare.
U iron (channel iron) (*comm. - metall.*), ferro a U.
"ULA" (Uncommitted Logic Array) (*comp.*), insieme di elementi logici indirizzabili (o programmabili).
"ULSI" (Ultra Large-Scale Integration) (*comp.*), integrazione su scala ultra larga).
"UK" (United Kingdom = England, Scotland and North Ireland) (*geogr.*), Regno Unito.
Ulbricht sphere (*opt.*), sfera fotometrica, sfera di Ulbricht.
"ULCC" (Ultra-Large Crude Carrier: as a 200,000 tons crude oil tanker) (*n. - naut.*), superpetroliera.
ullage (outage: space not filled with liquid) (*liquids technol.*), liquido mancante al riempimento di un recipiente.
"ult", *see* ultimate.
ultimate (maximum) (*mech.*), massimo. **2.** ~ load (*aer.*), carico di robustezza. **3.** ~ tensile strength (*constr. theor.*), carico di rottura (alla trazione).
"ultra-accelerator" (as in rubber vulcanization) (*chem. ind.*), ultraccelerante.
ultra-atomic (relating to elementary particles smaller than atoms) (*a. - atom phys.*), subatomico.
ultracentrifuge (app. for producing centrifugal forces of 1000 to 1,000,000 times the force of gravity) (*mach.*), ultracentrifuga.
ultracondensed (as a type) (*a. - typ.*), strettissimo.
ultraexpanded (as a type much wider than the standard) (*a. - typ.*), larghissimo.
ultrafiche (ultramicrofiche: greatly reduced microfiche 1:100) (*n. - comp.*), minimicroscheda.
ultrafilter (used for colloidal solutions) (*chem. ind.*), ultrafiltro.
ultrafiltration (*colloids chem.*), ultrafiltrazione.
ultraforming (reforming process in which the catalyst can be regenerated without interrupting the process) (*chem. ind.*), "ultraforming", processo di "reforming" con catalizzatore rigenerabile senza interruzione del processo.
ultrahigh (as of temp., of frequency, of vacuum etc.) (*a. - gen.*), ultra-alto. **2.** ~ frequency, "UHF" (from 300 to 3000 megacycles) (*tlcm.*), frequenza ultra-alta.
ultrahigh frequency (UHF) (from 300 to 3000 megacycles) (*radio - telev.*), frequenza ultraelevata.
ultralight alloy (*metall.*), lega ultraleggera.
ultramarine (ultramarine blue) (*color*), ultramarino, azzurro.
ultramicrofiche, *see* ultrafiche.
ultramicrometer (*instr.*), ultramicrometro.
ultramicroscope (type of optic microscope with intense side light) (*opt. instr.*), ultramicroscopio.

ultramicrotome (used for obtaining sections of 200 nanometers thickness) (*n. - opt.*), ultramicrotomo.
ultraminiature (as of integrated circuits, of phot. cameras etc.) (*a. - gen.*), ultraminiaturizzato.
ultraminiaturization (subminiaturization) (*elics.*), ultraminiaturizzazione.
ultrapure (wholly free of foreign matter) (*metall.*), puro al cento per cento. **2.** ~ (*a. - chem.*), ultrapuro.
ultrarapid (*a. - gen.*), ultrarapido. **2.** ~ exposure (*m. pict.*), *see* slow-motion picture. **3.** ~ picture (*phot.*), fotografia ultrarapida.
ultrared (*a. - phys.*), infrarosso.
ultrasensitive (as a galvanometer) (*a. - gen.*), ultrasensibile.
ultrashort (wavelength between 10 and 1 m and frequency between 30 and 300 MHz) (*a. - elics. - radio - telev.*), ultracorto.
ultrasonic (*a.*), ultrasonico, supersonico. **2.** ~ (ultrasonic frequency) (*n. - phys.*), frequenza ultrasonica. **3.** ~ (*a.*), *see* supersonic. **4.** ~ cleaning (*ind.*), lavaggio ultrasonico. **5.** ~ inspection (*metall.*), controllo ultrasonico, controllo con ultrasuoni. **6.** ~ plastic welding (*plastics technol.*), saldatura a ultrasuoni delle materie plastiche.
ultrasonics (*acous.*), *see* supersonics.
ultrasonography (diagnostic technique: by ultrasonic waves) (*med.*), ultrasonografia.
ultrasound (above the frequencies of human hearing: over 20,000 cycles/sec; supersound) (*n. - acous.*), ultrasuono.
ultrathin (as of sections obtained by ultramicrotome) (*a. - opt.*), ultrasottile.
ultraviolet (*a. - phys.*), ultravioletto. **2.** ~ rays (*phys.*), raggi ultravioletti.
umber (earth color), terra d'ombra. **2.** burnt ~ (earth color), terra d'ombra bruciata. **3.** raw ~ (earth color), terra d'ombra naturale.
umbilical cord, umbilical (elect. and fluid lines connecting a spacecraft to an outside astronaut, or to the tower before launch) (*n. - astric. - rckt.*), cordone ombelicale.
umiack (umiak) (*naut.*), barca di pelli (esquimese).
umpire (*sport*), arbitro.
umpireship (*comm. - law*), arbitrato.
"UN" (unified thread form) (*mech. draw.*), (filettatura) unificata.
unacceptable (*a. - gen.*), inaccettabile.
unallocate (to) (to deallocate: as to take back a resource from a program, a job etc.) (*comp.*), deallocare, ritirare.
unalloyed (of metals) (*metall.*), non legato, non alligato.
unaltered (unchanged) (*gen.*), non modificato.
unannealed (*heat - treat.*), non rinvenuto.
unarmored (*milit.*), senza corazza. **2.** ~ (as of an elect. cable), non armato.
unary (consisting of a single entity or relating to an operation made on only one operand: a monadic operation) (*a. - math. - comp.*), unario, monadico.
unattended (not attended by personnel: as a lighthouse, a comp. operation etc.) (*a. - gen.*), automatico, senza sorveglianza (umana).
unaudited (*adm.*), non controllato, non verificato.
unbalance (*mech. - etc.*), mancanza di equilibrio, squilibrio. **2.** ~ (*comm.*), sbilancio.
unbalance (to), squilibrare.
unbalanced (*mech.*), non equilibrato, squilibrato, sbilanciato. **2.** ~ (*elect.*), squilibrato. **3.** ~ (*comm.*), in sbilancio.
unballast (to) (to unload ballast) (*naut.*), sbarcare la zavorra.
unbanked (not deposited in a bank) (*a. - finan.*), non depositato in banca. **2.** ~ (of a curve) (*a. - road. - railw.*), non sopraelevato, non rialzato.
unbar (to), aprire, sbullonare.
unbitt (to) (*naut.*), sbittare.
unbleached (as of wool) (*text. ind.*), non candeggiato. **2.** ~ (as of paper) (*a. - paper mfg. - etc.*), non imbianchita, non sbiancata.
unblend (to) (to unfasten something, as a sail) (*naut.*), sciogliere, disinserire, staccare.
unblocked (deblocked: of data individually available and previously structured in blocks) (*a. - comp. - etc.*), sbloccato.
unbolt (to), sbullonare.
unbreakable, infrangibile. **2.** ~ glass (*ind.*), vetro infrangibile.
unbuild (to), demolire.
unbundling (the separate pricing of items and services: in a shop, as of engineering products) (*n. - comm.*), suddivisione dei costi, prezzatura separata dei servizi e dei prodotti.
unburnt (not well burnt: as of fuel in combustion products of a furnace) (*a.*), incombusto.
"UNC" (coarse unified thread form) (*mech. draw.*), (filettatura) unificata grossa.
uncage (to) (to free, a gyroscope) (*aer. - instr.*), sbloccare.
uncharged (with no electric charge) (*a. - electrophysics*), senza carica.
unclutch (to) (*mech.*), disinnestare.
uncock (to) (a firearm), disarmare.
uncoil (to) (as a bobbin) (*gen.*), svolgere.
uncoiling (*gen.*), che dipana, che svolge. **2.** ~ reel (uncoiling spool) (*text. ind.*), rocchetto dipanatore.
uncompressible (*phys.*), incomprimibile.
unconditional (*a. - gen.*), incondizionato. **2.** ~ (not limited by conditions) (*a. - comp.*), incondizionato. **3.** ~ branch (unconditional jump) (*comp.*), salto incondizionato. **4.** ~ control transfer (unconditional jump) (*comp.*), salto incondizionato. **5.** ~ jump (*comp.*), salto incondizionato. **6.** ~ surrender (*milit.*), resa incondizionata.
uncooled (*a. - gen.*), senza raffreddamento. **2.** ~ combustion chamber (for solid-propellant rock-

ets) (*mot.* - *rckt.*), camera di combustione senza raffreddamento.
uncouple (to) (as a railroad car) (*gen.*), staccare, sganciare. **2.** ~ (*mech.* - *mach.*), disaccoppiare, staccare.
uncoupled (*mech.*), disaccoppiato, staccato.
uncover (to) (*gen.*), scoprire.
uncovered, scoperto.
unctuous (*a.* - *gen.*), untuoso.
undamped (as of oscillations) (*a.* -*elect.* - *phys.*), non smorzato, persistente. **2.** ~ waves (of constant amplitude) (*elics.*), onde persistenti.
undated (*a.* - *comm.*), senza data.
undecked (as a vessel) (*a.* - *naut.*), senza coperta.
under (*gen.*), sotto. **2.** ~ construction (*gen.*), in costruzione. **3.** ~ control (of a ship) (*naut.*), in governo. **4.** ~ licence (*comm.*), sotto licenza.
underbill (to) (*comm.*), sottofatturare.
underbody (*aut.*), sottoscocca. **2.** ~ (underwater part of a vessel) (*naut.*), carena.
underbridge (*railw.* - *road*) (Brit.), sottopassaggio.
underbuild (to) (to build underneath an existing structure) (*mas.*), sottomurare.
undercarriage (*aer.*), carrello (d'atterraggio). **2.** ~ (*aut.*), telaio. **3.** ~ fairing (*aer.*), carenatura del carrello (d'atterraggio). **4.** ~ strut (shock absorber strut) (*aer.*), gamba del carrello (d'atterraggio). **5.** fixed ~ (*aer.*), carrello fisso. **6.** non-retractable ~ (*aer.*), carrello (d'atterraggio) fisso. **7.** nose-wheel ~ (*aer.*) carrello anteriore (di un carrello triciclo). **8.** retractable ~ (*aer.*), carrello (d'atterraggio) rientrabile, carrello retrattile. **9.** ski ~ (*aer.*), carrello (d'atterraggio) a pattini. **10.** tricycle ~ (*aer.*), carrello a triciclo, carrello (d'atterraggio) a tre ruote. **11.** warning-device ~ (*aer.*), carrello (d'atterraggio) con dispositivo di avvertimento. **12.** ~, *see also* landing gear.
undercast (*min.*), sottopassaggio di ventilazione. **2.** ~ (layer of clouds) (*aer.*), strato di nubi sottostante.
undercoat (a coat of paint applied before the finishing coat) (*paint.*), sottosmalto. **2.** ~ (ground coat, priming) (*paint.*), mano di fondo.
undercoat (to) (to apply the first coat) (*paint.*), dare la mano di fondo. **2.** ~ (to apply the coat before the finishing coat) (*paint.*), applicare il sottosmalto. **3.** ~ (to apply a waterproof coat to a veh. undersurface) (*aut.*), dare l'impermeabilizzante al sottopavimento.
undercoating (waterproof coat given to the automobile undersurface) (*aut. mfg.*), mano di impermeabilizzante sotto al pavimento, mano di antirombo.
undercommittee (*gen.*), sottocomitato, sottocommissione.
underconsumption (equivalent of overproduction) (*econ.*), sottoconsumo.
undercool (to) (to cool less than necessary) (*therm.*), raffreddare insufficientemente. **2.** ~ (*phys.* - *chem.*), *see* to supercool.
undercroft (*bldg.*), stanza sotterranea a volta, cripta.
undercuring (*rubb. mfg.*), sottovulcanizzazione.
undercurrent (*sea*), corrente sottomarina. **2.** ~ (*elect.*), corrente più debole della (corrente) normale.
undercut (*gen.*), rientranza. **2.** ~ (as of a forging die or mold) (*mech.* - *found.*), controsformo, sottosquadro. **3.** ~ (of a screw, as at the end of the thread) (*mech.*), scarico. **4.** ~ tooth (of a gear) (*mech.*), dente indebolito alla base.
undercut (to) (*gen.*), tagliar via la parte sottostante. **2.** ~ (in selling) (*comm.*), offrire a prezzi inferiori.
undercutting (as of a gear tooth) (*mech.*), scarico. **2.** ~ (cutting, kirving) (*min.*), sottoescavazione, intaglio.
underdeveloped (as countries) (*econ.*), sottosviluppato.
underdraft (bending downwards of the rolled metal when leaving the rolls) (*metall.*), incurvamento verso il basso.
underdrain (underground drain) (*n.* - *hydr.*), galleria filtrante.
underdrive (reduction gear) (*mech.*), riduttore.
underdrive (to) (to drive from beneath) (*mech. etc.*), comandare dal basso. **2.** ~ (as a press from underfloor) (*mech.*), azionare dal basso, azionare dal sottopiano.
underemployment (*work.* - *ind.*), sottoccupazione.
underestimate (to) (*gen.*), sottovalutare.
underexcitation (*elect.*), sottoeccitazione.
underexpose (*phot.*), sottoesporre.
underexposed (*a.* - *phot.*), sottoesposto.
underexposure (*phot.*), sottoesposizione.
underfeed (to) (as a furnace), alimentare dal di sotto.
underfill (as of material some parts of which were incompletely filled during the rolling operation) (*a.* - *metall.*), mancante di materiale.
underfloor (*a.* - *mot.* - *etc.*), sottopavimento. **2.** ~ location (as of an engine in a bus or railcar) (*veh.*), installazione sottopavimento.
underflooring (placed below or inside the floor) (*a.* - *gen.*), sistemazione sotto pavimento. **2.** ~ engine (*railw.* - *aut.*), motore da piazzare sotto il pavimento, motore piatto, motore "a sogliola".
underflow (arithmetic underflow: a result too small to be represented by the disposable bit) (*comp.*), superamento (o traboccamento) negativo, superamento del limite inferiore consentito dal sistema.
underflushing (excessive dressing, excessive grinding) (*mech. technol.*), eccesso di molatura.
underframe (as of a railroad car) (*railw.*), telaio.
undergage (no-go gage) (*shop meas. instr.*), calibro non passa.
undergear (the chassis with the working parts and the running gear) (*aut.*), autotelaio.
undergo (to) (to be subjected) (*gen.*), subire. **2.** ~

repairs (as of an aut.) (*mech.*), andare in riparazione, subire riparazioni. **3.** ~ repairs (as of a ship) (*naut.*), andare in raddobbo.
undergraduate (a university student who has not yet obtained a degree) (*n. - university*), studente universitario.
underground (*a.*), sotterraneo. **2.** ~ (to place beneath the surface of the ground: as an electric cable) (*elect. - pip. - etc.*), interrare. **3.** ~ (space under surface) (*n. - bldg.*), spazio sotterraneo, spazio interrato. **4.** ~ (*n. - railw.*), ferrovia sotterranea. **5.** ~ (as of pipes) (*a.*), interrato. **6.** ~ (subterranean cavity or channel) (*n.*), cunicolo (o cavità) sotterraneo. **7.** ~ corrosion (as on cast parts) (*metall.*), corrosione per interramento. **8.** ~ passage (as in a factory), galleria (o cunicolo) di servizio. **9.** ~ shelter (*milit.*), ricovero sotterraneo.
underinflated (of aut. tire) (*a.*), gonfiato insufficientemente, poco gonfio, insufficientemente gonfio.
underinflation (tire defect) (*aut.*), insufficiente pressione di gonfiaggio.
underlay (of a vein) (*min.*) (Brit.), inclinazione. **2.** ~ (paper placed under a type for bringing it level for printing) (*typ.*), tacco, alzo.
underlay (to) (to place something below) (*gen.*), mettere sotto. **2.** ~ (to insert, as sheets of paper, under a printing plate or type in order to bring it to type height) (*typ.*), taccheggiare.
underlaying (operation of inserting sheets of paper beneath the printing plate in order to bring it to type height) (*typ.*), taccheggio.
underlie, *see* underlay.
underline (to) (*gen.*), sottolineare.
underload (*n. - gen.*), carico insufficiente.
underload (to) (*gen.*), caricare in modo insufficiente.
underloaded (as of ammunitions) (*milit.*), caricato insufficientemente. **2.** ~ (*a. - gen.*), non caricato a sufficienza.
underlying (lying under or beneath, as strata) (*gen.*), sottostante. **2.** ~ (fundamental, as principles) (*gen.*), fondamentale.
undermanned (shorthanded) (*a. - ind.- comm. - etc.*), con personale insufficiente.
undermasted (as a ship having masts smaller than required) (*a. - naut.*), con (o ad) alberatura bassa.
underpan (*mot.*), sottocoppa.
underpass (as of a road under a railw.) (*road traff. constr.*), sottopassaggio.
underpin (to) (to prop), puntellare. **2.** ~ (to place masonry under foundations as a support) (*bldg.*), sottomurare.
underpinning (masonry inserted under a wall already built) (*bldg.*), sottomurazione.
underpowered (*a. - mech.*), insufficientemente motorizzato.
underpower relay (*elect.impl.*), relé di carico minimo.
underproduction (*ind.*), produzione scarsa.
underpunch (a hole punched in a row from one to nine of a card) (*comp.*), perforazione in basso.
underquote (to) (*comm.*), offrire a prezzi inferiori.
underrate (to) (to undervalue) (*gen.*), sottovalutare. **2.** ~ (to give a too low price) (*comm.*), dare un prezzo troppo basso.
underream (to) (as a well) (*min.*), allargare (la canna di un pozzo) al di sotto della parte intubata.
underreamer (as for a well) (*min. t.*), allargatore, trivella per allargare (la canna di un pozzo) al di sotto della parte intubata.
underrun (production lower than the quantity ordered by customers) (*comm.*), insufficiente produzione, fabbricazione in difetto.
underrun (to) (to pass for examination: as an elect. wire) (*ind. inspection*), scorrere.
"under-scanning" (reduced amplitude scanning) (*telev.*), scansione ad ampiezza ridotta.
undersea (*a.*), sottomarino.
"underseeping" (as of water under a dam) (*bldg. constr.*), sottoinfiltrazione.
undersell (to) (*comm.*), vendere sotto costo, svendere.
underset (*sea*), corrente sottomarina.
undershoot (short landing) (*aer.*) atterraggio corto.
undershoot (to) (*aer.*), atterrare corto.
undershot (of water wheel) (*a. - hydr.*), (colpito) per di sotto. **2.** ~ water wheel (*hydr.*), ruota per di sotto.
undersign (to) (*off. - adm. - comm.*), firmare in calce, sottoscrivere.
undersize (*a. - gen.*), di misura inferiore al normale. **2.** ~ (*a. - mech.*), minorato. **3.** ~ (*n. - gen.*), misura inferiore alla normale. **4.** ~ (of a work-piece) (*n. - mech.*), minorazione. **5.** ~ (as a rolled section having dimensions smaller than standard) (*n. - metall. ind.*), sottomisura. **6.** ~ (material passing through a screen) (*n. - min.*), passante (*s.*), materiale passante.
undersized (*a.*), *see* undersize.
underslung (as of a motorcar frame suspended below axles) (*a. - aut.*), montato al di sotto degli assi. **2.** ~ spring (a spring suspended below the axles of a motorcar) (*aut.*), molla montata sotto gli assi.
understairs (*bldg.*), sottoscala.
understate (to) (as taxable income) (*finan.*), dichiarare di meno. **2.** ~ (to underestimate) (*gen.*), sottovalutare.
understeer (to) (to tend to turn less than the driver wants so as to form larger curves) (*aut. defect*), sottosterzare, tendere ad allargare in curva.
understeering (said of a car that tends to understeer when turning) (*a. - aut. defect*), sottosterzante. **2.** ~ (*n. - aut. defect*), sottosterzatura.
understructure (as of a roof) (*bldg.*), sottostruttura.
understudy (foreman assistant) (*shop pers.*), vice, sostituto.
undertake (to) (*gen.*), intraprendere.
undertaker (contractor) (*ind. - comm. - law*), imprenditore, appaltatore.

undertaking (work undertaken) (*comm. - ind.*), lavoro assunto, impegno assunto.
undertime (to) (the exposure) (*phot.*), sottoesporre.
undertone (*paint.*), sottotono.
undervoltage (voltage the value of which is under standard) (*elect.*), tensione eccessivamente bassa, tensione al di sotto del valore normale, tensione scarsa, sottotensione. **2.** ~ protection (automatic release) (*elect. device*), interruttore di minima tensione.
"underwashing" (scouring) (*geol.*), scalzamento, erosione sotterranea.
underwater (*a.*), sottacqua. **2.** ~ (underground water) (*n. - geol.*), acqua sotterranea.
underway (in motion) (*adv. - gen.*), (mentre) in moto, durante il moto.
underwood (of a forest) (*agric.*), sottobosco.
underwrite (to) (as to subscribe a document) (*comm. - law*), sottoscrivere. **2.** ~ (to insure) (*insurance*), assicurare, coprire con assicurazione.
underwriter (as the underwriter of a policy of insurance: the insurer) (*insurance*), assicuratore.
undeteriorating (*gen.*), indeteriorabile.
undeterminable, indeterminabile. **2.** statically ~ (*constr. theor.*), iperstatico.
undistilled (*a. - chem. ind.*), non distillato.
undistorted (without distortion: in sound reproduction (*a. - electroacous.*), senza distorsione, non distorto. **2.** ~ (*mech. - heat treat.*), esente da distorsione, indistorto.
undock (to) (a ship) (*naut.*), fare uscire dal bacino. **2.** ~ (to uncouple: as a spaceship from another one) (*astric.*), distaccare, disaccoppiare.
undrilled (*a. - mech.*), non forato.
undrinkable (as of water used for industry) (*a. - gen.*), non potabile. **2.** ~ water (*gen.*), acqua non potabile.
undulate (*a.*), ondulato.
undulate (to), ondulare.
undulated (*a.*), ondulato.
undulation (*phys.*), movimento ondulatorio.
undulatory (*a.*), ondulatorio.
unearthed (*a. - elect.*), non messo a terra, non collegato a terra.
"UNEF" (extra fine unified thread form) (*mech.*), (filettatura) unificata finissima.
unelastic (*a. - constr. theor.*), anelastico.
unemployed (*n. - a. - work.*), disoccupato.
unemployment, disoccupazione. **2.** ~ benefic (*work. assistance organ.*), sussidio di disoccupazione. **3.** hidden ~ (*pers.*), disoccupazione mascherata, disoccupazione occulta. **4.** seasonal ~ (*pers.*), disoccupazione stagionale. **5.** structural ~ (*pers.*), disoccupazione strutturale. **6.** technological ~ (*pers.*), disoccupazione tecnologica.
"UNESCO" (United Nations Educational Scientific and Cultural Organization) (*sc. - cultural organ.*), organizzazione educativa, scientifica e culturale delle nazioni unite.
uneven (*a.*), disuniforme, irregolare.
unevenness, disuniformità, irregolarità.
unexploded (*expl.*), inesploso.
unexposed (*a. - phot.*), non esposto. **2.** ~ film (*m. pict.*), film vergine.
"UNF" (fine unified thread form) (*mech. draw.*), (filettatura) unificata fine.
unfilled (empty) (*a. - gen.*), non riempito.
unfinished (*a.*), non finito. **2.** ~ products (*ind.*), semilavorati.
unfold (to), dispiegare, distendere.
unformatted (without any information or reference on the access) (*a. - comp.*), non formattato, non inizializzato. **2.** ~ disk (*comp.*), disco non formattato, disco non inizializzato. **3.** ~ display (a display without protected field) (*comp.*), visualizzazione non formattata.
unfreeze (to) (to thaw) (*phys.*), scongelare. **2.** ~ (to release: as funds from a bank) (*finan.*), scongelare.
unfurl (to) (to unfold and spread out, as a sail) (*naut.*), spiegare.
unfurnished (of furniture) (*a. - bldg.*), smobiliato. **2.** ~ apartment (*bldg.*), appartamento smobiliato.
ungear (to) (to put out of gear) (*mech.*), disingranare, disinserire.
unginned (as of cotton with the lint attached) (*a. - text. ind.*), non sgranato.
ungraded (not classified) (*metall. - etc.*), non classificato , di qualità incerta.
unguent (ointment) (*pharm. chem.*), unguento.
unguided (not guided) (*a. - gen.*), non guidato.
unhair (to) (to remove the hair from skins before tanning) (*leather ind.*), depilare.
unhairing (of skins before tanning) (*leather ind.*), depilazione.
unhook (to) (*naut. - etc.*), scocciare, sganciare.
uniaxial (as of a crystal) (*opt.*), monoassiale.
unidirectional (*gen.*), unidirezionale. **2.** ~ current (direct current) (*elect.*), corrente continua. **3.** ~ hydraulic motor (*mot.*), motore idraulico a un solo senso di flusso.
unification (*gen.*), unificazione. **2.** ~ (making into a unit) (*assembly - etc.*), assemblaggio saldato in un sol pezzo.
unified (*gen.*), unificato.
unifilar (*gen.*), unifilare.
uniform (as of motion) (*mech.*), uniforme. **2.** ~ diffuser (*illum.*), diffusore uniforme. **3.** ~ flow (steady flow) (*hydrodynamics*), corrente uniforme.
uniform (to) (*gen.*), uniformare.
uniformity, uniformità. **2.** ~ ratio (of illumination) (*illum.*), fattore di uniformità.
uniformly (*gen.*), uniformemente.
unify (to) (*gen.*), unificare.
unilateral (having a nominal diameter equal to one of the limits of tolerance) (*a. - mech.*), unilaterale. **2.** ~ (*a. - gen.*), unilaterale. **3.** ~ system (particular system of tolerances in one direction only)

(*mech. inspection*), sistema di tolleranze a foro base con tolleranze tutte nella stessa direzione.
unindexed (*comp. - etc.*), senza indici.
uninflammable (*a. - gen.*), ininfiammabile, non infiammabile.
unintentional (*a. - gen.*), involontario. **2.** ~ (preterintentional) (*law*), preterintenzionale.
union (*n. - pip. fitting*), raccordo, bocchettone. **2.** ~ (mixed fabric) (*n. - text. ind.*), tessuto misto. **3.** ~ (trade union) (*work.*), sindacato. **4.** ~ (*math.*), unione, somma logica. **5.** ~ elbow (*pip.*), raccordo a gomito, gomito. **6.** ~ officer (*work.*), dirigente sindacale. **7.** ~ station (*railw.*) (Am.), stazione impiegata congiuntamente da società ferroviarie diverse. **8.** ~ tee (*pip.*), raccordo a T. **9.** company ~ (formed by the employees of a single firm and dominated by the employer) (*work.*), sindacato padronale. **10.** gasket type ~ (*pip. fitting*), bocchettone con guarnizione. **11.** monetary ~ (*econ.*), unione monetaria. **12.** pipe ~ (*pip. fitting*), raccordo a tre pezzi (o bocchettone) per tubazioni. **13.** Universal Postal Union (*mail organ.*), Unione Postale Universale.
unionism (*labor union movement*), sindacalismo.
uniphase, *see* single-phase.
unipolar (as of app.) (*a. - elect.*), unipolare. **2.** ~ motor (direct current mach. used as in torpedo propulsion) (*elect. mach.*), motore omopolare.
unipotential (*a. - elect.*), equipotenziale.
uniprocessor (having only one processor available for programs execution) (*a. - comp.*), ad un solo processore.
uniquantic (*atom phys.*), monoquantico.
unit (*meas. - math.*), unità. **2.** ~ (a single thing considered as an undivided whole), complessivo, unità. **3.** ~ (set, as comprising an i.c. engine and generator) (*ind.*), gruppo. **4.** ~ (*milit.*), unità. **5.** ~ (Diesel engine passenger unit) (*railw.*), automotrice Diesel. **6.** ~ circle (a circle whose radius is taken as unity) (*math.*), cerchio unitario, cerchio con raggio unitario. **7.** ~ construction (by the separate constr. of large parts and a final assembling) (*shipbuild. - ind. - etc.*), costruzione a sottogruppi (o sezioni) prefabbricati. **8.** ~ cost (*comm. ind.*), costo unitario. **9.** ~ heater (*therm. app.*), aerotermo. **10.** ~ magnetic pole, *see* unit pole. **11.** ~ of heat (*therm.*), unità di misura del calore. **12.** ~ pole (a magnetic pole with a repulsion force of one dyne from another pole placed at a distance of 1 cm) (*elect. - magnetics*), unità polare campione. **13.** ~ solid angle, *see* steradian. **14.** ~ switch (fit for operating continuously and under load) (*elect. impl.*), interruttore per impiego continuo sotto carico. **15.** air-mileage ~ (*aer. meas. instr.*), strumento rilevatore delle miglia percorse in volo. **16.** arithmetic ~ (as in electronic computers) (*comp.*), unità aritmetica. **17.** arithmetic logic ~, "ALU" (for "CPU" arithmetic operations) (*comp.*), unità aritmetico-logica. **18.** astronomical ~ (average distance from the centre of the Sun to the centre of the Earth) (*astron. - space meas.*), unità astronomica. **19.** atomic mass ~ (a. m. u.) (*meas.*), unità di massa atomica. **20.** central processing ~, "CPU" (central processor unit) (*n. - comp.*), unità centrale di elaborazione, elaboratore centrale. **21.** control ~, instruction control ~ (the "CPU" part containing the instructions to be executed, the initialization of peripherals, transfers etc.) (*comp.*), unità di controllo. **22.** detached ~ (*milit.*), distaccamento. **23.** Mache ~ (unit of meas. of the radium emanation: as in the air) (*radioact.*), Mache. **24.** magnetic tape ~ (peripheral unit) (*comp.*), unità a nastro magnetico. **25.** peripheral ~ (storage devices: as tape or disk units etc. and output devices: as printers, card punchers etc.) (*comp.*), periferica, unità (o apparecchiatura) periferica. **26.** peripheral control ~ (peripheral controller) (*comp.*), controllore di periferica. **27.** pre-smelting ~ (*metall.*), impianto di prefusione. **28.** printing ~ (*comp.*), unità stampante. **29.** read/punch ~ (*comp.*), unità di lettura e perforazione. **30.** reproducing ~ (as of a dictaphone) (*elect. app.*), apparecchio riproduttore. **31.** run ~ (load module: to be loaded in memory and executed) (*comp.*), modulo di caricamento. **32.** strontium ~, "SU" (meas. of concentration of strontium 90) (*atom phys.*), unità di stronzio. **33.** tape ~ (*comp.*), unità a nastri magnetici. **34.** terminal control ~, "TCU" (in a multiterminal station: a line sharing adapter or an interface minicomputer for operating the terminal) (*comp.*), unità di gestione del terminale. **35.** topographic ~ (*milit.*), reparto topografico. **36.** ventilated ~ heater (connected to a source of ventilation air) (*therm. app.*), aerotermo collegato a un impianto fisso di ventilazione.
unitary (*gen.*), unitario. **2.** ~ matrix (*math.*), matrice unitaria.
unite (to), unire.
uniterm (for retrieval of an indexed document) (*n. - comp.*), descrittore (o segnalatore) univoco.
unitize (to) (to aggregate structural elements in order to obtain a functional whole: as a car body eliminating the chassis) (*mech. - etc.*), assemblare in un solo complesso strutturalmente funzionale. **2.** ~ (as to package bulk merchandise into single units destinated to the ultimate user) (*comm.*), suddividere in confezioni commerciali.
unitized (as of a cargo, a load etc., arranged in units capable of being handled) (*transp.*), suddiviso in singole unità, imballato in unità trasportabili (o di dimensioni unificate). **2.** ~ body, *see at body* ~ body.
unity (*gen.*), unità. **2.** ~ of command (*organ.*), unità di comando.
univalent (*chem.*), monovalente.
univariant (said as of a thermodynamic system having one degree of freedom) (*a. - phys. chem.*), monovariante.
universal, universale. **2.** ~ (as of mach.) (*elect. devices - etc.*), universale. **3.** ~ chuck (with jaws auto-

matically centering the workpiece) (*mach. t. impl.*), mandrino autocentrante. **4.** ~ compass (big compass) (*draw. - t.*), compasso in asta. **5.** ~ coupling, *see* universal joint. **6.** ~ four jaw chuck (*mach. t.*), autocentrante universale a quattro ganasce. **7.** ~ index head (*mach. t.*), testa a dividere universale. **8.** ~ joint (*mech.*), giunto cardanico, giunto universale. **9.** ~ joint spider (*mech.*), crociera del giunto cardanico (o universale). **10.** ~ mill (universal rolling mill), *see* universal rolling mill. **11.** ~ milling machine (*mach. t.*), fresatrice universale. **12.** ~ product code, "UPC" (a bar code marked on the outside of packages) (*elics. - comm.*), codice universale di prodotto. **13.** ~ tool grinder (*mach. t.*), affilatrice universale (per utensili).

universe (*astr.*), universo. **2.** expanding ~ (*astr.*), universo in espansione.

university, università.

univocal (*gen.*), univoco.

UNIX (Trademark of BELL lab. operative system: for multiprogramming, time sharing and servicing of many users etc.) (*comp.*), UNIX, sistema operativo UNIX.

"unk", "unkn", *see* unknown.

unknown (*a. - gen.*), incognito, sconosciuto. **2.** ~ quantity (*math.*), incognita. **3.** ~ variable (*phys.*), variabile incognita.

"unl", *see* unlimited.

unlade (to) (to unload, to discharge) (*naut.*), scaricare.

unladen (unloaded) (*a. - gen.*), scarico, scaricato.

unlawful (*law*), illegale.

unlay (to) (to untwist, as a rope) (*naut.*), disfare.

unleaded (relating to a gasoline not mixed with lead compounds) (*a. - fuel*), senza piombo, priva di piombo.

unlimited (*gen.*), illimitato.

unload (to) (*gen.*), scaricare. **2.** ~ (to relieve from the disk surface a read/write head) (*comp.*), togliere, rimuovere. **3.** ~ (to sell a great quantity of shares at a poor price) (*finan.*), svendere, disfarsi.

unloader (unloading machine) (*ind. mach.*), macchina scaricatrice. **2.** ~ (particular shunting valve in a refrigerating compressor) (*refrigerator mach.*), valvola di bipasso, valvola di by-pass.

unloading (as of goods), scaricamento, scarico.

unlock (to) (*mech. - etc.*), sbloccare.

unloose (to), allentare, sciogliere. **2.** ~ a screw (*mech.*), allentare una vite.

unmachinable (*mach.*), non lavorabile a macchina.

unmake (to) (to destroy) (*gen.*) distruggere.

unmanned (as a space rocket) (*aer. - astric. - etc.*), senza la guida dell'uomo a bordo, senza equipaggio. **2.** ~ (as a power station) (*elect. - etc.*), non presidiato, senza personale. **3.** ~ rocket (*rckt.*), missile (o razzo) senza equipaggio.

unmated (not mated) (*gen.*), non accoppiato.

unmatted (as of wool) (*text. mfg.*), non intrecciato.

unmerchantable (*comm.*), non commerciabile.

unmoor (to) (to release from anchorage) (*naut.*), disormeggiare, togliere gli ormeggi. **2.** ~ (to take in one anchor so that the vessel rides with a single anchor) (*naut.*), disafforcare.

unnotched (as of a specimen) (*material testing*), liscio, senza intaglio. **2.** ~ (*gen.*), senza tacche.

"unop", *see* unopened.

unopened (something not yet utilized; as a coal seam) (*a. - min.*), non sfruttato. **2.** ~ (as of books sold in old times) (*a. - books*), con le pagine ancora intonse.

unpack (to), disimballare. **2.** ~ (to separate and expand packed data) (*comp.*), disimpaccare.

unpeel (to) (to remove the peel) (*ind.*), sbucciare. **2.** ~ (to remove the rind) (*ind.*), scortecciare.

unpeeled (with the rind removed) (*ind.*), scortecciato.

unpicked (as of wool) (*a. - ind.*), non cernito.

unpiloted (*a. - missile - aer. etc.*), senza pilota (a bordo).

"unpinch" (inverse pinch, tubular pinch, pinch of a tubular plasma) (*atom phys.*), strizione inversa, strizione tubolare.

unplug (to) (to move a plug from the socket) (*elect.*), togliere (o sfilare) la spina. **2.** ~ (to move an obstruction as from a pipe) (*pip.*), stasare, liberare da ostruzioni, disintasare.

unprimed (pump) (*a. - hydr.*), non adescato. **2.** ~ (without prime, as a letter, *a*: unprimed, *a'*: primed) (*math.*), senza apice.

unprinted (unpublished) (*print.*), inedito.

unproductive (not productive) (*a. - ind. - etc.*), improduttivo.

unprofitable (nonpaying) (*comm.*), non redditizio.

unprotected (of data that may be erased by an operator through a keyboard) (*a. - comp.*), non protetto.

unpublished (unprinted) (*print.*), inedito.

unravel (to) (to disentangle, to solve) (*gen.*), districare, sciogliere, sbrogliare. **2.** ~ (to disengage the threads of a fabric), sfilacciare.

unrecoverable (*a. - gen.*), non recuperabile. **2.** ~ error (as due to a loss of data etc.) (*comp.*), errore non correggibile.

unreel (to), *see* unwind (to).

unreeve (to) (to withdraw, as a rope from a block) (*naut.*), sfilare, togliere.

unrefined (*a. - gen.*), grezzo.

unreliable (not reliable) (*gen.*), non affidabile.

unrepaired (not repaired) (*gen.*), non riparato.

unrivet (to) (*mech.*), schiodare.

"UNS" (special unified thread form) (*mech. draw.*), (filettatura) unificata speciale.

unsafe (*a. - gen.*), non sicuro, malsicuro, pericoloso.

unsaponifiable (*chem.*), insaponificabile.

unsaturated (*a. - chem.*) (Brit.), non saturo. **2.** ~ (of a diode, a transistor etc.) (*a. - elics.*), insaturo. **3.** ~ compound (as of organic chem.), composti non saturi.

unscrew (to) (*mech.*), svitare.
unseal (to), dissigillare.
unseam (to), scucire.
unseaworthy (*naut.*), non idoneo alla navigazione.
unserviceable (*gen.*), inservibile, fuori uso.
unshackle (to) (*naut.*), smanigliare.
unshielded (*gen.*), nudo, non protetto.
unship (to) (to unload) (*naut.*), sbarcare.
unshore (to) (*naut. - etc.*), spuntellare, togliere i puntelli.
unshoring (*naut. - etc.*), spuntellamento.
unshrink (to) (*mech.*), sbloccare.
unshrinkable (as of fabric) (*text. ind.*), irrestringibile.
unsinkability (*navy - naut.*), inaffondabilità.
unsinkable (*a. - naut.*), inaffondabile. **2.** ~ hull (*naut.*), scafo inaffondabile.
unskilled (not skilled) (*a.*), non specializzato. **2.** ~ (not requiring skill) (*a.*), non richiedente specializzazione (o abilità). **3.** ~ labor (*labor*), mano d'opera non specializzata, manovalanza. **4.** ~ work (*ind. - comm. - etc.*), lavoro non qualificato. **5.** ~ worker (*work.*), manovale.
unsold (*a. - comm.*), invenduto. **2.** ~ (copies as of a newspaper) (*n. - journ.*), copie rese, resa.
unsolder (to) (of soldered seam) (*mech.*), dissaldare.
unsprung (as the mechanical parts of a motorcar not over springs) (*a. - aut. - railw. - etc.*), non sospeso (elasticamente). **2.** ~ weight (*aut. - railw. - etc.*), peso non sospeso (elasticamente).
unstable (*gen.*), instabile. **2.** ~ (said of compounds) (*chem.*), instabile. **3.** ~ equilibrium (*phys.*), equilibrio instabile.
unsteadiness (of light) (*illum.*), instabilità.
unsteady (a defect of a film being projected) (*a. - m. pict.*), tremolante, instabile. **2.** (*illum.*), instabile.
unsteel (to) (*metall.*), addolcire.
untie (to) (as a knot) (*gen.*), sciogliere.
untrue (out-of-center) (*a. - mech.*), non centrato.
untuned (*a. - radio*), non sintonizzato.
unvoiced (voiceless) (*audiovisuals - etc.*), senza voce.
unweld (to) (of welded seams or spots) (*mech. technol.*), dissaldarsi.
unwelded (*mech. technol.*), dissaldato.
unwieldy (bulky: as of material) (*transp. - etc.*), voluminoso, ingombrante.
unwind (to) (a rope, a coil), svolgere. **2.** ~ (as the yarn from a bobbin) (*text. mfg.*), dipanare. **3.** ~ (to de-reel) (*elect. - etc.*), svolgere, "sbobinare". **4.** ~ (a sequence of instructions of a loop) (*comp.*), svolgere.
unwinder (de-reeling device, as of a typ. mach.) (*typ. - etc.*), "sbobinatore".
unwinding (de-reeling) (*elect. - etc.*), svolgimento, "sbobinatura".
"UOS" (unless otherwise specified) (*gen.*), se non altrimenti specificato.
up (upper) (*gen.*), superiore.
upcast (ventilating shaft) (*min.*), pozzo di ventilazione.
upcurved (*a. - gen.*), curvato verso l'alto.
upcut (to) (with the cutter moving upwards) (*mech.*), effettuare il taglio dal basso verso l'alto.
update (act of updating) (*n. - comp. - etc.*), aggiornamento. **2.** ~ (an update version) (*n. - gen.*), versione aggiornata. **3.** ~ program (*comp.*), programma di aggiornamento.
update (to) (to bring up to date) (*gen.*), aggiornare.
updating (as of a publication) (*gen.*), aggiornamento.
updraw (the process of continuously drawing glass of various cross section such as canes or tubing) (*glass mfg.*), tiraggio verticale.
upending (a forging operation by which the axial length of the work is shortened and the cross-section increased) (*forging*) (Brit.), *see* upsetting. **2.** ~ test (*forging test*) (Brit.), prova di fucinabilità.
"UPF" (unit power factor) (*elect.*), fattore di potenza uno.
upgrade (*railw. - road - etc.*), salita.
upgrade (to) (to improve the quality) (*ind. - comm.*), migliorare la qualità. **2.** ~ (to improve the performances: as of an expansion memory kit) (*comp.*), potenziare.
upgrading (promotion, as of personnel) (*ind.*) (Am.), promozione, passaggio di categoria.
upholster (to), imbottire, tappezzare.
upholsterer (*work.*), tappezziere, sellaio. **2.** ~ pincers (*t.*), tenaglie da tappezziere.
upholstering shop (*aut. or railw. body constr.*), officina sellatura, selleria, reparto tappezzieri.
upholstery, tappezzeria. **2.** ~ (as of an aut. body) (*aut.*), rivestimento interno. **3.** inside ~ (as of aut.), tappezzeria interna. **4.** leather ~ (as of a seat in aut. constr.), rivestimento in pelle. **5.** plaited ~ (as of an aut. seat upholstering), rivestimento a piegoni.
upkeep (maintenance, repair) (*ind.*) manutenzione.
upkeep (to) (to maintain something in a state of good repair) (*gen.*), effettuare una efficiente manutenzione.
upland (*geogr.*), altipiano. **2.** ~ cotton (a species of short-staple cotton) (*text.*), cotone "upland", cotone a fibra corta.
up-link (from the earth to a spacecraft) (*astric. - radio*), collegamento in salita, collegamento verso l'astronave.
up lock (device for locking the landing gear in up position) (*aer.*), dispositivo di bloccaggio del carrello in posizione retratta, blocco su.
uplocked (retracted, as said of a landing gear) (*aer.*), retratto.
upper (*gen.*), superiore, più alto. **2.** ~ case (*print. - comp.*), maiuscolo. **3.** ~ curtate (the zone of the three upper lines of a punch card) (*comp.*), porzione superiore, area fuori testo. **4.** ~ deck (*naut.*), ponte di coperta. **5.** ~ fore-topsail (*naut.*), parrocchetto volante. **6.** ~ hemispherical flux (*il-*

lum.), flusso emisferico superiore. **7.** ~ main topsail (*naut.*), gabbia volante. **8.** ~ mizzen topsail (*naut.*), (vela di) contromezzana volante.
uppercase, *see at letter* ~ letter.
uppers (of a shoe) (*shoe mfg.*), tomaia.
upperworks (superstructure: above the main deck) (*shipbuild.*), sovrastruttura. **2.** ~ (the ship's sides above the waterline) (*naut.*), opera morta.
"uprated" (as an engine) (*mot. - etc.*), maggiorato.
upright (perpendicular) (*n. - a. - gen.*), perpendicolare. **2.** ~ (standing element) (*n. - bldg.*), montante. **3.** ~ (as of a punch press) (*mech.*), fiancata, montante. **4.** ~ drill (*mach. t.*), trapano verticale. **5.** ~ drilling machine (*mach. t.*), trapano a colonna. **6.** ~ support (*carp.*), montante. **7.** spindle head ~ (*mach. t. - mech.*), montante della testa porta-mandrino.
uproar (*acous.*), strepito.
upset (increased in volume, as in the region of the weld in flash welding) (*a. - mech. technol.*), ricalcato. **2.** ~ (upsetting swage) (*smithing t.*), stampo per ricalcare. **3.** ~ (part that is upset) (*forging*), ricalcatura. **4.** ~ (thickened and shortened: as of a heated and hammered bar) (*a. - forging*), ricalcato. **5.** ~ (overturning) (*gen.*), capovolto, rovesciato. **6.** ~ (overturning) (*gen.*), capovolgimento, rovesciamento. **7.** ~ welding (*mech. technol.*), saldatura a ricalco, saldatura mediante ricalcatura. **8.** lopsided ~ (*forging*), ricalcatura debordante, ricalcatura asimmetrica.
upset (to) (as to thicken and shorten a bar by heating and hammering) (*forging*), ricalcare. **2.** ~ (to overturn), capovolgere, rovesciare.
upsetter (*forging mach.*), fucinatrice meccanica, ricalcatrice meccanica. **2.** electrical ~ (*forging mach.*), elettroricalcatrice, ricalcatrice elettrica. **3.** horizontal ~ (*forging mach.*), ricalcatrice (o fucinatrice) meccanica orizzontale.
upsetting (forging operation) (*metalworking*), ricalcatura. **2.** ~ allowance (in upset welding, allowance in stock length for the metal lost in upsetting) (*mech. technol.*), sovrametallo espulso per ricalcatura. **3.** ~ machine (for a forge shop) (*forging mach.*), ricalcatrice, fucinatrice meccanica. **4.** ~ test (*forging test*), prova di ricalcatura. **5.** electric ~ (heating material between two electrodes) (*mech. technol.*), ricalcatura elettrica. **6.** horizontal ~ machine (*forging mach.*), ricalcatrice (o fucinatrice) meccanica orizzontale. **7.** hydraulic ~ press (mach. tool for forge shop) (*forging mach.*), ricalcatrice idraulica. **8.** ingot ~ (*forging*), ricalcatura del massello. **9.** resistance ~ (electro-upsetting) (*mech. technol.*), ricalcatura per resistenza.
upshift (to) (to gear up) (*aut.*), innestare (o ingranare) la marcia superiore.
upside-down (*a. - gen.*), capovolto, rovesciato.
upstairs (colloquial) (*adv. - aer.*), ad alta quota. **2.** ~ (*adv. - bldg.*), di sopra. **3.** ~ (*a. - bldg.*), del (od al) piano di sopra, relativo al piano di sopra.
upstick (stock exchange) (*n. - finan.*), quotazione in rialzo.
upstream (as of a river) (*gen.*), a monte.
upstroke (as of a piston) (*mech.*), corsa ascendente, corsa verso l'alto.
upswing (market increase) (*comm.*), incremento di mercato.
uptake (*boil.*), condotto raccordante la cassa a fumo al fumaiolo. **2.** ~ (ventilation shaft: as of build.), condotto (di ventilazione).
uptime (period of time during which a mach. is working or is able to work) (*comp. - etc.*), tempo di disponibilità (incluso il tempo di utilizzo).
up-to-date (*a. - gen.*), aggiornato. **2.** ~ drawing (*draw.*), disegno aggiornato.
uptown (residential part of the town) (*town planning*), la zona residenziale.
uptrend (*comm.*), tendenza al rialzo.
upvalue (to) (to revalue: as a currency) (*finan.*), rivalutare.
upward (*a. - gen.*), diretto verso l'alto. **2.** ~ exhaust pipe (as in special type mtc.) (*mot.*), tubo di scarico rialzato.
upwash (upward flow of air due to an airfoil) (*aerodyn.*), flusso deflesso verso l'alto.
upwind (against the wind) (*adv. - gen.*), controvento. **2.** ~ (towards the wind: the side of a sailship towards the wind) (*navig.*), sopravvento.
urania (uranium oxide) (*radio - act.*), ossido di uranio.
uranine (*min.*), uranina.
uraninite (*min.*), uraninite, uranio piceo, blenda picea, pechblenda.
uranium (U - *chem.*), uranio. **2.** ~ dioxide (UO_2: used for ceramic glazes) (*ind. chem.*), biossido di uranio. **3.** ~ trioxide (UO_3: used for ceramics coloring) (*ind. chem.*), triossido di uranio. **4.** ~ 238 (radioactive isotope used as nuclear fuel) (*chem. - nuclear reactor*), uranio 238. **5.** depleted ~ (having a density 65% greater of lead and used as for counterweights etc.) (*metall.*), uranio esaurito. **6.** enriched ~ (artificially risen uranium, as for nuclear fuel) (*atom phys.*), uranio arricchito.
uranography (*astr.*), uranografia.
uranometry (*astr.*), uranometria.
uranyl ($U O_2$) (rad.) (*chem.*), uranile.
urban (of a town) (*a.*), urbano. **2.** ~ renewal (restoration program of old urban bldgs.) (*town*), risanamento urbano. **3.** ~ sprawl (the spreading of houses near a city) (*town*), espansione suburbana.
urbanism (*n. - town organ.*), urbanistica.
urbanologist (a person specialized in urban communities) (*n. - town*), esperto di urbanistica.
urbanology (science of community problems) (*n. - town*), urbanistica.
urethane [($NH_2\,CO\text{-}OC_2H_5$), urethan] (*chem.*), uretano. **2.** ~ foam (as for padding materials) (*chem. ind.*), spugna uretanica, espanso uretanico.
urethroscope (*med. instr.*), uretroscopio.
urethrotome (*med. instr.*), uretrotomo.

urge (to) (*comm.*), sollecitare. **2.** ~ (to excite, as a fire) (*comb.*), attivare.
urgency (*gen.*), urgenza.
urgent (*a. - gen.*), urgente.
urinal (*bldg.*), orinatoio. **2.** wall ~ (*bldg.*), orinatoio a muro.
urn (artistic vase), vaso ornamentale.
Ursa (*astr.*), orsa.
"US", "u/s" (undersize, as a machined work) (*mech.*), minorato, sotto misura.
usability (usableness) (*gen.*), usabilità, utilizzabilità, impiegabilità.
usable (*gen.*), usabile, utilizzabile, impiegabile.
"USAF" (United States Air Forces) (*aer.*), Forze Aeree degli Stati Uniti.
usage (customary use), consuetudine. **2.** ~ (act of using), *see* use.
"USART" (Universal Synchronous Asynchronous Receiver Transmitter) (*tlcm.*), dispositivo universale per ricezione e trasmissione sincrona ed asincrona.
"USASI" (United States of America Standards Institute) (*technol. - etc.*), Istituto di Normalizzazione Americano.
"USC" (under separate cover) (*off. - mail*), con plico a parte.
"USCG" (United States Coast Guard) (*navy*), Guardia Costiera degli Stati Uniti.
use, impiego, uso. **2.** ~ (blank: as partly formed in drop forging) (*forging*), sbozzato (*s.*) **3.** ~ rolls (reduceroll) (*forging mach.*), laminatoio sbozzatore (per fucinati).
use (to), impiegare, usare, adoperare. **2.** ~ up (*gen.*), consumare (completamente).
used (as a postage stamp) (*a. - philately - etc.*), usato.
useful (*a. - gen.*), utile. **2.** ~ load (*aer. - etc.*), carico utile.
user (as a person or firm, of a public service: gas, elect. etc.), utente. **2.** ~ (one that uses a comp. or its services) (*comp.*), utente, utilizzatore. **3.** ~ data (memorized data pertaining to an user) (*comp.*), dati dell'utente. **4.** ~ identification (of the user toward the mach.) (*comp.*), identificazione dell'utente (o utilizzatore). **5.** ~ program (*comp.*), programma utente. **6.** ~ program area (main memory area assigned to user programs) (*comp.*), area (di memoria) assegnata ai programmi dell'utente. **7.** ~ terminal (located in the user office) (*comp.*), terminale presso l'utente. **8.** end ~ (as an accounting department) (*comp.*), utente finale. **9.** end ~ (actual user of products or of services: a consumer) (*comm.*), consumatore effettivo.
"USGRDR" (U. S. Government Research and Development Reports) (*documentation*), bollettini ricerca e sviluppo del governo degli Stati Uniti.
usher (*work.*), usciere.
usher (to) (to introduce) (*gen.*), introdurre.
"USN" (United States Navy) (*navy*), Marina Militare degli Stati Uniti.
"USS" (United States Standard) (*technol.*), norma americana.
usufruct (*law*), usufrutto.
usufructuary (*law*), usufruttuario, beneficiario.
"USW" (ultra short wave) (*elect. - elics.*), onde ultracorte.
"UT" (universal time) (*navig.*), tempo universale.
utensil (*impl.*), utensile, arnese. **2.** ~ (as for the kitchen), utensile.
utilities (sewers, electricity, subway, gas, etc. systems of a town), servizi pubblici. **2.** ~ (public utilities, shares of public utility companies) (*finan.*), azioni od obbligazioni di società di pubblici servizi.
utility (*gen.*), utilità. **2.** ~ (*econ.*), utilità. **3.** ~ (public utility) (*adm.*), ente di servizio pubblico. **4.** ~ (as a special impl. for mach. t.) (*n. - mach. t. - etc.*), accessorio. **5.** ~ (service of a house: as elect., water, sewage etc.) (*n. - house*), servizio. **6.** ~ boiler (heating system boiler) (*boil. - bldg*), caldaia per riscaldamento. **7.** ~ passenger car (subcompact car) (*aut.*), utilitaria, macchina utilitaria, automobile utilitaria. **8.** ~ pole (for sustaining elect. or teleph. aerial lines) (*elect. - teleph. - etc.*), palo per linee aeree. **9.** ~ room (as for house heating, laundry etc.) (*bldg.*), locale per servizi generali. **10.** ~ van (*veh.*), furgoncino. **11.** ~ wagon (*aut.*), giardiniera. **12.** marginal ~ (*econ.*), utilità marginale. **13.** public ~ company (*finan.*), società di servizio pubblico, società che esercisce servizi di pubblica utilità. **14.** subjective ~ (final utility) (*econ.*), utilità soggettiva. **15.** total ~ (*econ.*), utilità totale, utilità assoluta.
utilization, utilizzazione. **2.** ~ factor (*illum.*), fattore di utilizzazione. **3.** thermal ~ factor (of neutrons in a reactor) (*atom phys.*), coefficiente di utilizzazione termica.
utilize (to), utilizzare.
"UTS" (ultimate tensile stress) (*constr. theor.*), carico di rottura.
"UV" (ultraviolet) (*opt.*), ultravioletto. **2.** ~ (undervoltage) (*elect.*), *see* undervoltage.
uviol glass (*phys.*), vetro trasparente ai raggi ultravioletti.
"UXB" (unexploded bomb) (*aer. expl.*), bomba inesplosa.

V

"V" (engine or notch type) (*gen.*), a V. **2.** ~ (pure air, Beaufort letter) (*meteorol.*), aria limpida. **3.** ~ (volt) (*elect. meas.*), V, volt. **4.** ~ (valve) (*pip.*), valvola. **5.** ~ (velocity) (*phys.*), velocità.

V (vanadium) (*chem.*), V, vanadio.

"v", *see* vacuum tube, van, vapor, variable, vector, velocity, ventilator, vent, vertical, viscosity, voltmeter, volume.

"V-1" (*rocket bomb*), V 1.

"V-2" (*rocket bomb*), V 2.

"VA", **"va"** (volt-ampere) (*elect. meas.*), VA, voltampere.

"VAB" (Voice Answer Back) (*comp.*), risposta vocale.

"vac" (vacuum) (*phys.*), vuoto, depressione.

vacancy (*phys. - elics. - etc.*), vacanza. **2.** ~ (a vacant post) (*pers.*), posto libero.

vacant (as of place not occupied) (*work.*), vacante.

vacation (granted to employees) (*ind.*), ferie. **2.** ~ (in educational institutes), vacanze. **3.** paid ~ (*pers. - work.*), ferie pagate. **4.** shutdown ~ (as during the summer shutdown of the factory) (*ind.*), ferie durante la chiusura. **5.** summer-time ~ (*ind.*), ferie estive.

vaccination (as for virus immunity) (*comp. - med.*), vaccinazione.

vaccine (as for virus immunity) (*comp. - med.*), vaccino.

vacua, plural of vacuum.

vacuometer (*phys. instr.*), vuotometro, vacuometro.

vacuum (*n. - phys.*), vuoto. **2.** ~ (degree of rarefaction) (*n. - phys.*), grado di vuoto. **3.** ~ (under vacuum state) (*a. - chem. - etc.*), sotto vuoto. **4.** ~ (operated by suction, as a brake) (*a. - mech.*), a depressione. **5.** ~ advance (advance automatically operated by vacuum) (*mot.*), anticipo (automatico) a depressione. **6.** ~ booster (boosting the pressure on the brake pedal by engine suction) (*aut.*), servofreno pneumatico a depressione. **7.** ~ bottle (thermos) (*domestic app.*), recipiente termoisolante, thermos. **8.** ~ brake (*railw.*), freno a depressione. **9.** ~ cleaner (*domestic app.*), aspirapolvere. **10.** ~ control (*phys. - pip. - hydr.*), comando a depressione. **11.** ~ distillation (*chem.*), distillazione sotto vuoto. **12.** ~ drier (*ind. device*), essiccatore sotto vuoto. **13.** ~ dust removing plant (*ind.*), impianto di aspirazione della polvere. **14.** ~ evaporation (*chem. ind.*), evaporazione sotto vuoto. **15.** ~ extractor (vacuum pump) (*mach.*), estrattore (o pompa) a vuoto. **16.** ~ filter (*ind.*), filtro a vuoto, filtro a depressione. **17.** ~ flask, *see* vacuum bottle. **18.** ~ gauge (*instr.*), vacuometro, vuotometro. **19.** ~ heating system (*therm.*), impianto di riscaldamento (a vapore) a ritorno di condensa a pressione inferiore all'atmosferica. **20.** ~ holder (for film holding) (*photomech.*), portapellicole pneumatico. **21.** ~ melting (*metall.*), fusione sotto vuoto. **22.** ~ meter (*phys. instr.*), vacuometro, vuotometro. **23.** ~ motor (as of old windshield wiper) (*aut.*), motorino a depressione. **24.** ~ operated (*mech.*), a depressione. **25.** ~ pan (*ind.*), evaporatore sotto vuoto. **26.** ~ printing frame (*photomech.*), pressa pneumatica. **27.** ~ pump (pulsometer) (*steam mach.*), pulsometro. **28.** ~ pump (*mach.*), pompa a vuoto. **29.** ~ sweeper, *see* vacuum cleaner. **30.** ~ system (as for cleaning) (*pip.*), impianto di aspirazione, impianto a depressione. **31.** ~ tank (*pip. - ind.*), serbatoio a depressione. **32.** ~ tube (as a Crookes tube) (*elect.*), tubo a gas rarefatto. **33.** ~ tube (electron tube) (*thermion.*), tubo elettronico a vuoto, valvola elettronica. **34.** ~ tube oscillator (*thermion.*), oscillatore a tubo elettronico. **35.** ~ tube rectifier (thermionic rectifier) (*thermion.*), raddrizzatore a tubo elettronico. **36.** ~ valve (*thermion.*), valvola termoionica. **37.** ~ vessel, *see* vacuum bottle. **38.** absolute ~ (*phys.*), vuoto assoluto. **39.** attainable ~ (as of a steam engine condenser), vuoto raggiungibile. **40.** high ~ (*phys.*), vuoto spinto. **41.** partial ~ (*phys.*), vuoto parziale.

"vacuum-melted" (as steel) (*a. - mech. technol.*), fuso sotto vuoto.

vacuum-packed (*a. - ind. proc.*), confezionato sotto vuoto.

vacuum-tube voltmeter (instrument) (*elect. - elics.*), voltmetro elettronico.

vadose of meteoric water (*a. - geol.*), vadoso.

"val", *see* value.

valance (short drapery attached to the edge, as of an awning) (*gen.*), balza, falpalà.

valence (*chem.*), valenza. **2.** ~ electron (it gives the atom its chemical characteristics) (*atom phys. - chem.*), elettrone di valenza. **3.** ~ shell (the most external electrons in an atom) (*phys. - chem.*),

strato esterno contenente gli elettroni di valenza. **4.** polar ~ (*chem.*), *see* electrovalence.
valency (*chem.*), valenza.
valerian (*pharm.*), valeriana. **2.** ~ oil (*pharm.*), essenza di valeriana.
valid (*a.* - *law* - *gen.*), valido.
validation (*psychol.* - *stat.*), validazione. **2.** ~ (control of correspondence of the input data to a standard) (*comp.*), convalida. **3.** program ~ (*comp.*), convalida del programma.
validity (as of a contract) (*law* - *gen.*), validità.
valley (*geogr.*), valle. **2.** ~ (reentering angle formed by two slopes of a roof) (*arch.*), compluvio. **3.** ~ (waterproof material fixed in the valley of a roof) (*bldg.*), conversa. **4.** river ~ (*geogr.*), valle fluviale. **5.** structural ~ (*geogr.*), valle tettonica. **6.** synclinal ~ (*geogr.*), valle in sinclinale.
valorization (*finan.* - *comm.*), valorizzazione.
valuation (*gen.*), valutazione. **2.** ~ (*comm.*), perizia, stima.
value (*comm.*), valore. **2.** ~ (constant value: as of fats) (*chem.*), indice, numero. **3.** ~ added tax, "VAT" (tax added after manufacturing and marketing process) (*comm.*), imposta sul valore aggiunto, IVA. **4.** ~ analysis (dept. of a large industry) (*ind.*), analisi (del) valore. **5.** ~ engineering (value analysis) (*ind.*), analisi del valore. **6.** acid ~ (*chem.*), tenore (o percentuale) di acidità. **7.** antiknock ~ (of a fuel) (*mot.* - *chem.*), potere antidetonante. **8.** available heating ~ (*phys.*), potere calorifico utile. **9.** book ~ (value indicated in the account books) (*adm.*), valore contabile. **10.** breakup ~ (value in liquidation) (*comm.*), valore di realizzo. **11.** calorific ~ (*phys.*), potere calorifico. **12.** determination of the heat ~ (*phys.*), determinazione del potere calorifico. **13.** effective ~ (of a periodic quantity) (*phys.* - *elect.*), valore efficace. **14.** face ~ (*comm.* - *law*), valore nominale. **15.** gross calorific ~ (*therm.*), potere calorifico superiore. **16.** half-width ~ (*phys.*), semilarghezza. **17.** heat ~ (*therm.*), (Brit.), potere calorifico. **18.** instantaneous ~ (of a variable quantity) (*phys.* - *theor. mech.*), valore istantaneo. **19.** mean square ~ (*math.*), valore quadratico medio. **20.** modal ~ (*stat.*), *see* mode. **21.** net calorific ~ (*therm.*), potere calorifico inferiore. **22.** nominal ~ (*finan.*), valore nominale. **23.** peak ~ (of a variable quantity) (*phys.* - *elect.* - *theor. mech.* - *etc.*), valore di cresta. **24.** place ~ (*math.*), valore di posizione. **25.** present ~ (as of money which will be paid at a future time) (*finan.*), valore attuale. **26.** root-mean-square ~ ("RMS" value) (*elect.*), valore efficace, radice quadrata dei valori medi al quadrato. **27.** surplus ~ (*finan.*), plusvalore. **28.** taxable ~ (*finan.*), valore imponibile, imponibile. **29.** thermal ~ (*thermod.*), potere calorifico.
value (to) (*comm.*), valutare, stimare.
valve (*mech.* - *pip.* - *etc.*), valvola. **2.** ~ (gate of a sluice) (*hydr.*), paratoia. **3.** ~ (electron tube) (Brit.) (*elics.*), valvola elettronica, tubo elettronico. **4.** valves (*pip.*), rubinetteria, valvolame. **5.** ~ core (of inner tube valve, of aut. tire) (*mech.*) (Am.), spillo della valvola, parte smontabile interna della valvola. **6.** ~ detector (*radio*), rivelatore a valvola. **7.** ~ diagram (of a steam engine), diagramma di distribuzione. **8.** ~ face (valve seat) (*mech.*), sede della valvola. **9.** ~ follower (tappet mech. linkage) (*mot. mech.*), rullino di punteria. **10.** ~ gear (of a steam engine) (*mech.*) distribuzione, meccanismo della distribuzione. **11.** ~ guide (*mech.*), guida valvola. **12.** ~ hood (of an airship envelope) (*aer.*), cappottatura della valvola. **13.** ~ insert (valve seat shrunk into the head of internal combustion engines) (*mech.*), sede (di) valvola riportata. **14.** ~ lift (of mach., of mot.), alzata della valvola. **15.** ~ lift diagram (as of an engine, a compressor etc.) (*mech.*), diagramma di alzata della valvola. **16.** ~ lifter (*mot. t.*), alzavalvole, leva sollevamento valvole. **17.** ~ line (of an airship envelope) (*aer.*), fune della valvola. **18.** ~ lock (*mech.*), arresto per valvola. **19.** ~ motion, *see* valve gear. **20.** ~ oscillator (*thermion.*), oscillatore a valvola. **21.** ~ pilot (on steam locomotives: for adjusting the quantity of steam feeding the cylinders) (*instr.*), indicatore di ammissione corretta. **22.** ~ refacer (*mach. t.*), rettificatrice per valvole. **23.** ~ rigging (rigging inside the envelope used for operating a valve) (*airship*), sartiame della valvola. **24.** ~ rocker (*mech.*), bilanciere per valvola. **25.** ~ rotator (as in aut. mot.) (*mech.*), dispositivo per la rotazione delle valvole. **26.** ~ seat (*mech.*), sede valvola. **27.** ~ seat insert (as of mot.) (*mech.*), (Am.), sede riportata di valvola. **28.** ~ spindle (*mot.*), stelo della valvola. **29.** ~ spindle (as of a gate valve) (*pip.*), albero della valvola. **30.** ~ spring (*mot.*), molla (di richiamo) della valvola. **31.** ~ stem (as of a gate valve) (*pip.*), albero della valvola. **32.** ~ stem (of mot.), stelo (o gambo) della valvola. **33.** ~ tappet (of mot.), punteria. **34.** ~ timing (of mot.), registrazione delle valvole. **35.** ~ with guide wings (as of a pump), valvola con guida ad alette. **36.** ~ with inserted seat (*mech.*), valvola a sede riportata. **37.** acorn ~ (*thermion.*), valvola a ghianda. **38.** adjustable, non compensated flow control ~ (*fluid power*), valvola regolatrice della portata senza compensazione. **39.** adjustable with bypass flow control ~ (*fluid power*), valvola regolatrice e con bypass. **40.** air hose ~ (as the push button type) (*pip.*), valvola (a pulsante) per tubo di gomma per aria compressa. **41.** air ~ (*pip.*), valvola di sfiato. **42.** altitude ~ (of an aero-engine carburetor) (*aer. mot.*), valvola del correttore di quota. **43.** amplifying ~ (*thermion.*), valvola amplificatrice. **44.** anti-G ~ (*aer.*), valvola anti-g. **45.** automatic cut-out ~ (of an aircraft hydraulic or pneumatic system: for short-circuiting one circuit to a reduced pressure) (*mech.* - *etc.*), valvola automatica di corto circuito. **46.** ball ~ (*pip.*), valvola a sfera. **47.** barostatic relief ~ (of a jet engine fuel system) (*aer. mot.*), valvola barostatica

limitatrice (o di scarico). **48.** bleed ~ (as of a turbo jet engine) (*mot.*), valvola di spillamento. **49.** butterfly ~ (as a damper in a pipe: of a stove, boil., furnace etc.), valvola a farfalla. **50.** check ~, pilot-operated to close (*fluid power*), valvola di non ritorno con pressione pilota che comanda la chiusura. **51.** check ~, pilot-operated to open (*fluid power*), valvola di non ritorno con pressione pilota che comanda l'apertura. **52.** check ~ (*pip.*), valvola di ritegno. **53.** clack ~ (*pip.*), valvola (di ritegno) a cerniera. **54.** clapper ~, *see* clack valve. **55.** Coale type (safety) ~ (of a steam locomotive) (*railw.*), valvola (di sicurezza) Coale. **56.** conical ~ (*pip.*), valvola a sede conica. **57.** converting ~ (*radio*), valvola convertitrice. **58.** crab-pot ~ (of an airship) (*aer.*), valvola a manica. **59.** cut off ~ (as of an aero-engine) (*mot.*), valvola d'arresto. **60.** damping ~ (as in a hydraulic system) (*pip. - etc.*), valvola di smorzamento. **61.** dead weight safety ~ (as for boil.) (*mech.*), valvola di sicurezza a peso. **62.** delivery ~ (of a pump) (*mech.*), valvola di mandata, valvola premente. **63.** detector ~ (*radio*), valvola rivelatrice. **64.** diaphragm ~ (*pip.*), valvola a diaframma flessibile, valvola a membrana. **65.** differential-control ~ (for regulating the power transmitted to two pipelines as of an aircraft hydraulic system) (*mech. - etc.*), regolatore differenziale, valvola differenziale. **66.** disk ~ (*pip.*), valvola a sede piana. **67.** double-acting ~ (*pip.*), valvola bidirezionale. **68.** double check ~ (*fluid power*), doppia valvola di non ritorno, valvola selettrice di circuito. **69.** double check ~ with cross bleed (reverse flow permitted) (*fluid power*), doppia valvola di non ritorno a doppio senso di flusso. **70.** double check ~ without cross bleed (one way flow) (*fluid power*), doppia valvola di non ritorno ad un solo senso di flusso. **71.** dull-emitter ~ (*radio*), valvola a consumo ridotto. **72.** dump ~ (for draining fuel of a stopping jet engine) (*mot.*), scarico rapido, valvola di spurgo. **73.** dump ~ (for emptying tanks in case of emergency: as on an aircraft) (*mech. aer.*), valvola di scarico rapido. **74.** emergency ~ (of an air brake) (*railw.*), segnale d'allarme. **75.** exhaust ~ (of mot.) valvola di scarico. **76.** expansion ~ (*fluids mech.*), valvola di riduzione. **77.** flap ~ (*mech.*), valvola a cerniera. **78.** flapper ~, *see* flap valve. **79.** Fleming ~, *see* diode. **80.** float ~ (as of hydr. devices), valvola a galleggiante. **81.** flooding ~ (*navy*), valvola di allagamento. **82.** flow control ~ (*pip.*), valvola regolatrice della portata. **83.** flow ~ (controlling the constance of the outflowing fluid pressure) (*pip. device*), valvola di riduzione. **84.** foot ~ (*pip.*), valvola di fondo. **85.** four-electrode ~ (*radio*), tetrodo. **86.** frost ~ (for draining the freezable water) (*pip.*), valvola di drenaggio antigelo. **87.** fuel injection ~ (injector, of a Diesel engine fuel system) (*mot.*), iniettore. **88.** full-power ~ (of a carburetor) (*mot.*), valvola di (o per) piena potenza. **89.** gate ~ (*pip.*), valvola a saracinesca, saracinesca. **90.** globe ~ (*pip.*), valvola a sede piana (ad asse di comando ortogonale al flusso). **91.** high-pressure ~ (*pip.*), valvola per alta pressione. **92.** idling control ~ (preventing the fuel pressure of a jet engine fuel system from dropping below a given value) (*aer. mot.*), valvola comando minimo. **93.** indirectly-heated ~ (*radio*), valvola a riscaldamento indiretto. **94.** infinite positioning ~ (*fluid power*), valvola (modulatrice) ad infinite posizioni, valvola regolabile a volontà. **95.** infinite position two-way ~ (*pip.*), valvola a due vie a posizione regolabile. **96.** intel ~ (*mot.*), valvola di ammissione, valvola di aspirazione. **97.** inner tube ~ (tire mfg.) (*rubb. ind.*), valvola della camera d'aria. **98.** inserted ~ seat (*mech.*), sede (della) valvola riportata. **99.** intake ~ (of mot.), valvola di aspirazione, valvola di ammissione. **100.** jamming of ~ (of mot.), incollamento di (una) valvola. **101.** Kingston ~ (flooding valve) (*naut.*), valvola di allagamento, valvola di mare, valvola Kingston. **102.** lever-operated ~ (*pip.*), valvola a leva. **103.** lever safety ~ (of boil.) (*mech.*), valvola di sicurezza a leva. **104.** lever weighted safety ~ (as for boil.) (*mech.*), valvola di sicurezza a leva contrappesata. **105.** light ~ (for flashing lamp system in sound-on-film recording) (*m. pict.*), complessivo relativo alla lampada a bagliore. **106.** low-pressure ~ (*pip.*), valvola per bassa pressione. **107.** magnetic ~ (for piping), valvola elettromagnetica. **108.** manoeuvering ~ (as of an airship: valve operated by hand) (*aer.*), valvola di manovra. **109.** manually-operated ~ (as a gate valve) (*pip.*), valvola comandata a mano, valvola a comando manuale. **110.** minimum burner pressure ~ (of a jet engine) (*aer. mot.*), *see* idling control valve. **111.** mitre ~ (*pip. fitting*),valvola inclinata (a 45°). **112.** mixing ~ (for adjusting water temperature: as of a shower) (*pip.*), valvola miscelatrice. **113.** mixture control ~ (as of a carburetor) (*aer. mot.*), valvola del correttore (di miscela). **114.** modulating ~ (*radio*), valvola modulatrice. **115.** modulating ~ (as of a disc braking system) (*aut.*), valvola limitatrice, valvola modulatrice. **116.** motor-operated ~ (*pip.*), valvola motorizzata. **117.** needle ~ (as of a carburetor) (*mech.*), valvola a spillo. **118.** non-return ~ (*pip.*) (Brit.), valvola di ritegno. **119.** non-return ~, *see also* check valve. **120.** normally closed two-way ~ (*pip.*), valvola a due vie normalmente chiusa. **121.** normally open two-way ~ (*pip.*), valvola a due vie normalmente aperta. **122.** oil control ~ (as of an oil cooler) (*aer. mot.*), valvola comando olio. **123.** oil pressure release ~ (of mot.), valvola limitatrice della pressione dell'olio. **124.**on-off ~ (*pip.*), valvola di intercettazione. **125.** pilot-operated ~ (*fluid power*), valvola azionata dalla valvola pilota. **126.** pilot ~ (*mech.*), valvola pilota. **127.** pin ~ (*mech.*), valvola a spillo. **128.** piston ~ (as a wind operated musical instr.) (*wind instr. - mech.*), valvola a pistone. **129.** plug ~ (*pip.*), valvola a maschio. **130.**

poppet ~ (lift valve) (*mot.*), valvola a sollevamento. **131.** power ~ (*radio*), valvola di potenza. **132.** pressure reducing ~ (as for steam) (*pip.*), valvola riduttrice della pressione. **133.** pressure reducing ~ (device for autogenous welding) (*shop equip.*), riduttore, valvola riduttrice della pressione. **134.** pressure relief ~ (*mech. mot.*), valvola limitatrice della pressione. **135.** prow ~ (of an airship) (*aer.*), valvolone, valvola di prua. **136.** pump compression ~ (*mech.*), valvola di compressione (o di mandata) della pompa. **137.** pump intake ~ (*mech.*), valvola di aspirazione della pompa. **138.** receiving ~ (*radio*), valvola ricevente. **139.** rectifying ~ (*radio*), valvola rettificatrice, valvola raddrizzatrice. **140.** reducing ~ (as for steam), valvola di riduzione. **141.** reduction ~ (as for steam) (*pip.*), valvola di riduzione. **142.** remote control ~ (*pip.*), valvola telecomandata. **143.** rotary ~ (of a steam engine) (*mech.*), cassetto rotativo. **144.** safety ~ (*boil. mech.*), valvola di sicurezza. **145.** screened ~ (*radio*), valvola schermata. **146.** sea ~ (*naut.*), valvola di presa d'acqua di mare. **147.** selector ~ (for ducting the flow of a fluid into a given circuit) (*hydr. or pneumatic system*), valvola selettrice, valvola distributrice. **148.** sequence ~ (automatic selector valve) (*hydr. or pneumatic system*), valvola di sequenza, distributore a sequenza, valvola distributrice a sequenza. **149.** shuttle ~ (automatic relief valve, as of a hydraulic system) (*aer. - etc.*), valvola pilota. **150.** single-acting ~ (*pip.*), valvola unidirezionale. **151.** sinking ~ (of a sub.) (*navy*), valvola di regolazione della profondità. **152.** slide ~ (as of a locomotive) (*steam mach.*), cassetto di distribuzione, valvola a cassetto. **153.** slide ~ (*pip.*), valvola a paratìa scorrevole, valvola a saracinesca. **154.** slide ~ gear (of a steam engine) (*mech.*), distribuzione a cassetto. **155.** sluice ~ (*hydr.*), paratoia, chiusa. **156.** sluice ~ (*shipbldg.*), porta stagna scorrevole. **157.** sluice ~ (gate valve) (*pip.*), valvola a saracinesca, saracinesca. **158.** snifter ~, snifting ~, sniffle ~ (as of an air chamber, an engine etc.) (*old mech. - pip.*), rubinetto di sfiato. **159.**snifting (or snifter) ~ (valve permitting the escape or inlet as of air to or from the atmosphere) (*steam eng.*), valvola atmosferica, valvola di sfogo. **160.** sodium-cooled ~ (*mot.*), valvola (raffreddata) al sodio. **161.** soft ~ (*radio*), valvola a vuoto scarso. **162.** solenoid ~ (*elect.*), elettrovalvola, valvola elettromagnetica. **163.** spear ~ (for high-pressure Pelton wheel) (*mech.*), otturatore a spina. **164.** spill ~ (of an injection carburetor) (*mech. - mot.*), valvola di disareazione, valvola di adescamento. **165.** spring-loaded safety ~ (as for compressed air) (*mech.*), valvola di sicurezza a molla. **166.** "Stellited" ~ (*mot.*), valvola stellitata. **167.** step ~ (as of a pump) (*mech.*), valvola a gradini. **168.** sticky ~ (as in an engine) (*mech.*), valvola incollata. **169.** stop ~ (*pip.*), valvola di arresto. **170.** suction ~ (foot valve: of a pump) (*pip.*), valvola di fondo. **171.** swing check ~ (clack valve) (*pip.*), valvola di ritegno a cerniera. **172.** thermal expansion ~ (*ind.*), valvola termostatica. **173.** thermionic ~ (*thermion.*), valvola termoionica. **174.** thermoelectronic ~ (*thermion.*), tubo termoelettronico. **175.** three-electrode ~ (*radio*), triodo. **176.** throttle ~ (of a carburetor) (*mot. mech.*), farfalla, valvola a farfalla. **177.** throttle ~ (of a jet engine fuel system) (*mot.*), valvola regolatrice del carburante. **178.** to grind the ~ (*mech.*), smerigliare la valvola. **179.** to reface a ~ (of mot.), smerigliare una valvola. **180.** transmitting ~ (*radio*), valvola trasmittente. **181.** trick ~ (special slide valve) (*steam eng.*), valvola a cassetto speciale. **182.** triple ~ (of a railw. air brake system) (*railw.*), valvola tripla. **183.** two-position, snap action with transition four-way ~ (*fluid power*), valvola a quattro vie e due posizioni con impulso momentaneo in posizione di transito. **184.** two-position two-way ~ (*pip.*), valvola a due vie a due posizioni. **185.** two-way ~ (*pip.*), valvola a due vie. **186.** variable mutual-conductance ~ (*thermion.*), valvola a pendenza variabile, valvola multi-mu. **187.** variable mu ~, *see* variable mutual-conductance valve. **188.** Y ~ (*pip.*), valvola inclinata.

valve (to) (tire mfg.) (*rubb. ind.*), applicare la valvola. **2.** ~ (to provide with a valve) (*gen.*), "valvolare", munire di valvola. **3.** ~ (to regulate the flow by a valve) (*gen.*), comandare (l'efflusso) mediante valvola.

valve-in-head (or overhead-valve) (*a. - mot.*), a valvole in testa.

valveless (*mot.*), avalve. **2.** ~ (*ind.*), senza valvola (o valvole).

vamp (of a shoe) (*shoe mfg.*), tomaia.

van (Am.), furgone, autofurgone, motofurgone. **2.** ~ (*railw.*) (Brit.), bagagliaio, carro chiuso. **3.** ~ (vanguard) (*milit.*), testa d'avanguardia. **4.** ~ (type of small mobile shop selling groceries and small articles) (*aut.*), tipo di spaccio mobile. **5.** ~ (vanguard) (*gen.*), avanguardia. **6.** ~ (multipurpose motor veh.: boxlike shape, having windows and side or rear door) (*n. - aut.*), furgone multiuso. **7.** ~ (ore dressing shovel) (*min.*), pala per trattare minerali. **8.** delivery ~ (*veh.*), furgone. **9.** light ~ (*veh.*), furgoncino. **10.** luggage ~ (*railw.*) (Brit.), bagagliaio. **11.** sea ~ (shipping container) (*sea transp.*), container marittimo. **12.** tricycle delivery ~ (three-wheeled delivery van) (*veh.*), motofurgone.

vanadate (*chem.*), vanadato.

vanadiate, *see* vanadate.

vanadinite [$Pb_5(VO_4)_3Cl$] (*min.*), vanadinite.

vanadium (*V-chem.*), vanadio. **2.** ~ steel (*metall.*), acciaio al vanadio.

van allen radiation belt (found in the outer atmosphere, about 55,000 km from the earth's surface) (*radio commun.*), fascia di Van Allen.

van de graaff generator (*elect.*), generatore elettrostatico per elevate tensioni.

vane (as of a turbine) (*mech.*), pala, paletta. **2.** ~ (of a windmill) (*mech.*), pala. **3.** ~ (*naut.*), mostravento. **4.** ~ (*meteorol. impl.*), banderuola. **5.** ~ (of an aer. bomb) (*milit.*), governale. **6.** ~ (target) (*top.*), punto di mira. **7.** ~ (sight) (*top.*), traguardo, mirino. **8.** ~ pump (as for hydraulic circuits) (*mach.*), pompa a palette. **9.** air–intake guide vanes (*aer. mot.*), alette della presa d'aria. **10.** backward inclined ~ (as of a blower) (*mech.*), pala curvata all'indietro. **11.** deflector ~ (stator blade of an axial compressor or a turbine) (*mech.*), paletta direttrice. **12.** guide ~ (of an axial compressor or a turbine) (*mech.*), paletta direttrice. **13.** impeller–intake guide vanes (rotating guide vanes, of a jet engine) (*aer. mot.*), pregirante, distributore rotante. **14.** inlet guide ~ (of a turbojet engine) (*mech.*), distributore. **15.** outlet guide ~ (*turbojet eng.*), diffusore. **16.** rotating guide vanes (*aer. mot.*), *see* impeller–intake guide vanes. **17.** stator ~ (*turbojet eng.*), paletta statore. **18.** straight radial ~ (as of a blower) (*mech.*), pala radiale diritta. **19.** toroidal–intake guide vanes (*aer. mot.*), alette toroidali della presa d'aria. **20.** variable inlet guide ~ (*turbojet eng.*), distributore a geometria variabile.

vang (*naut.*), ostino.

vanguard (*gen.*), avanguardia. **2.** ~ (*milit.*), testa d'avanguardia.

vanishing point (*perspective draw.*), punto di fuga.

vanner (ore dressing machine) (*min. mach.*), vaglio a scossa, tavola d'arricchimento a scossa. **2.** ~ (a driver of vans) (*n. - aut.*), conduttore di furgoni, "furgonista".

"vanning" (ore dressing by the use of a vanner and water) (*min.*), vagliatura a scosse con lavaggio.

V–antenna (*radio*), antenna a V.

vapor (*phys.*), vapore. **2.** ~ barrier (paint or layer of waterproof material on walls) (*bldg. - etc.*), materiale impermeabilizzante. **3.** ~ blasting (of machined metal surfaces) (*mech.*), sabbiatura a vapore. **4.** ~ heating system (steam heating system operating at a pressure very near to that of the atmosphere) (*therm.*), impianto di riscaldamento a vapore. **5.** ~ lock (formation of vapor in fuel pipes) (*mot.*), tampone di vapore, "bolla" di gas, "vapor lock" **6.** ~ pressure (in presence of the liquid at any given temperature at which vapor and liquid can be in equilibrium) (*phys.*), tensione di vapore. **7.** ~ tension (*phys.*), tensione di vapore. **8.** gasoline ~, vapori di benzina. **9.** water ~ (*meteorol.*), umidità atmosferica.

vaporimeter (*instr.*), vaporimetro.

vaporization (*phys.*), evaporazione, vaporizzazione. **2.** water ~ (as in a boil.), vaporizzazione dell'acqua.

vaporize (to) (*phys.*), vaporizzare.

vaporizer (atomizer), spruzzatore. **2.** ~ (injector: as for heavy oil engine) (*mech.*), iniettore. **3.** ~, *see* atomizer.

vaporizing (*phys.*), vaporizzazione. **2.** ~ engine (kerosene engine) (*mot.*), motore a petrolio. **3.** ~ oil (for engines) (*fuel*), petrolio.

vaporproof lamp (as in painting equipment) (*anti-deflagrating device*), lampada stagna (ai gas).

vapour, *see* vapor.

"VAR" (visual–aural range, very–high–frequency radio range with visual and aural indication of the track) (*radio navig.*), radiofaro audio–visivo.

"var" (reactive volt–ampere) (*elect. meas.*) (Brit.), var, unità di potenza reattiva. **2.** ~ hour (reactive volt–ampere hour = 3.600 joules) (*elect. meas.*), var–ora. **3.** ~, *see also* variable, variometer.

varactor (a semiconductor having a capacity which varies by the applied voltage: a varactor diode) (*elics.*), varactor, diodo varactor.

variable (*a. - gen.*), variabile. **2.** ~ (*n. - math.*), variabile. **3.** ~ (a memory area that may assume any one of a specific set of values) (*comp.*), variabile. **4.** ~ capacitor, *see* variable condenser. **5.** ~ condenser (*elect.*), condensatore (a capacità) variabile. **6.** ~ inductor (*elect. - elics.*), induttanza variabile. **7.** ~ pitch propeller (*aer.*), elica a passo variabile. **8.** binary ~ (having value 0 or 1) (*math. - comp.*), variabile binaria. **9.** boolean ~ (*math. - comp. - etc.*), variabile booleana, variabile logica. **10.** global ~ (accessible in any section of a program) (*comp.*), variabile globale. **11.** local ~ (pertains to one block only) (*comp.*), variabile locale. **12.** string ~ (relating to bit string or character string) (*comp.*), variabile di stringa.

variabile–length (*a. - gen.*), a (o di) lunghezza variabile. **2.** ~ block (*comp.*), blocco di lunghezza variabile.

variable–speed (*a. - gen.*), a velocità variabile. **2.** ~ axle driven generator (for lighting railw. coaches) (*electromech.*), generatrice d'asse a velocità variabile. **3.** ~ gears, *see* change gears. **4.** ~ motor (*electromech.*), motore a velocità variabile.

Variac (Trademark) (*elect. mach.*), autotrasformatore a variazione continua di rapporto, variac.

variance (*stat.*), varianza. **2.** ~ (difference: as of cost) (*comm. - etc.*), differenza. **3.** ~ (variation) (*adm. - etc.*), variazione.

variation (*gen.*), variazione. **2.** ~ (magnetic declination) (*geogr.*), declinazione magnetica. **3.** ~ (of a mach. or circuit frequency) (*elect.*), fluttuazione (della frequenza). **4.** ~ compass (*instr.*), bussola di declinazione, declinometro.

variator, *see* expansion joint.

varicap diode (variable–capacity diode, varactor type) (*elics.*), diodo varicap, diodo a capacità variabile.

variegated (of color), variegato. **2.** ~ copper (*min.*), rame variegato.

variety (*gen.*), varietà.

varifocal lens, *see* zoom lens.

variocoupler (*elics.*), accoppiatore variabile, "variocoupler".
variometer (variocoupler), *see* variocoupler. **2.** ~ (declinometer), *see* declinometer. **3.** ~ (rate-of-climb or descent indicator) (*aer. instr.*), variometro indicatore di salita e discesa.
varistor (a resistor whose resistance varies with the applied voltage) (*elect. - elics.*), varistore.
"varm", *see* varmeter.
varmeter (*elect. instr.*), varmetro, misuratore di potenza reattiva.
varnish (without pigments) (*paint.*), trasparente, vernice trasparente, lacca, vernice. **2.** ~ (with pigments) (*paint.*), pittura, vernice pigmentata, vernice. **3.** ~ thinner (*paint.*), diluente per vernici. **4.** copal ~, coppale. **5.** flatting ~ (a varnish having a high content of hard resin with the result that it can be rubbed down after application in order to obtain a smooth foundation for a finishing coat) (*paint.*), vernice "flatting", vernice a pulimento (o a lisciare), vernice trasparente di alta resistenza (e carteggiabile). **6.** flat ~ (varnish containing metallic soap and having a dull surface when dry) (*paint.*), vernice opaca. **7.** floor ~ (*paint.*), vernice per pavimenti. **8.** flowing ~ (bright varnish) (*paint.*), vernice brillante. **9.** insulating ~ (*elect.*), vernice isolante. **10.** oil ~ (resins diluted by linseed oil) (*chem.*), coppale, copale, olio di coppale. **11.** quick ~ (*paint.*), vernice rapida. **12.** spirit ~ (*paint.*), vernice a spirito. **13.** spraying ~ (*paint.*), vernice a spruzzo.
varnish (to) (to apply varnish without pigments) (*paint.*), verniciare (con prodotto trasparente).
varnished (covered with varnish without pigments) (*paint.*), verniciato (con prodotto trasparente).
varnisher (*paint. work.*), verniciatore.
vary (to), variare.
Vaseline (trademark) (petrolatum) (*pharm.*), vaselina, vasellina.
"VAT", *see* value added tax. **2.** ~, *see* voice activated typewriter.
vat (*ind.*), recipiente ampio. **2.** ~ (*agric. ind.*), tino. **3.** ~ (tank containing beater pulp in hand-made paper-making) (*paper mfg.*), tino, vasca. **4.** ~ dyeing (*text. ind.*), tintura al tino. **5.** ~ dyes (*text. chem.*), coloranti al tino. **6.** ~ paper (hand-made paper) (*paper mfg.*), carta a mano, carta al tino. **7.** bleaching ~ (as for wool) (*text. app.*), vasca per il candeggio. **8.** indigo dyeing ~ (*text. ind.*), vasca per tingere all'indaco. **9.** slaking ~ (for lime extinction) (*bldg.*), bagnolo. **10.** soaking ~ (*rubb. ind.*), vasca di macerazione.
vault (*arch.*), volta. **2.** ~ (burial chamber) (*arch.*), loculo. **3.** ~ (valuables safekeeping chamber: as of a bank) (*bldg.*), camera del tesoro. **4.** barrel ~ (*arch.*), volta a botte, volta a tutto centro. **5.** cloister ~ (*arch.*), volta a padiglione. **6.** compound ~ (*arch.*), volta composita. **7.** concrete ~ (*bldg.*), volta in calcestruzzo. **8.** conical ~ (*arch.*), volta conica. **9.** coved ~ (*arch.*) *see* cloister vault. **10.** cradle ~ (*arch.*), *see* barrel vault. **11.** cross ~ (*arch.*), volta a crociera. **12.** cylindrical intersecting ~ (*arch.*), volta a crociera. **13.** fantail ~ (*arch.*), volta a ventaglio. **14.** intersecting ~ (*arch.*), volta a crociera. **15.** Monier's ~ (*arch.*), volta Monier. **16.** rammed concrete ~ (*bldg.*), volta in calcestruzzo battuto. **17.** ribbed ~ (*arch.*), volta con nervature, volta con costoloni. **18.** sagging of the ~ (*bldg.*), abbassamento della volta. **19.** semicylindrical ~ (*arch.*), volta a botte, volta a tutto centro. **20.** simple ~ (*arch.*), volta semplice. **21.** spherical ~ (*arch.*), volta sferica. **22.** tunnel ~ (*arch.*), *see* barrel vault. **23.** underpitch ~ (Welsh vault) (*arch.*), volta lunettata. **24.** wagon ~ (*arch.*), *see* barrel vault. **25.** Welsh ~ (underpitch vault) (*arch.*), volta lunettata.
vaulting (*arch.*), costruzione a volta. **2.** cross ~ (*arch.*), volta a crociera. **3.** fan ~ (*arch.*), volta a ventaglio.
"VB" (valve box), *see* steam chest.
v-beam radar (for height measures) (*radar*), tipo di radar per misure di altezza.
"VCR" (Video Cassette Recorder) (*telev.*), videoregistratore a (o per) videocassette. **2.** digital effects ~ (as "PIP", mosaic effect, strobe vision, etc.) (*audiovisuals*), videoregistratore con effetti a tecnologia digitale.
V-cut (*gen.*), incisione a V.
"VD" (vapor density) (*phys.*), densità di vapore.
"VDS" (direct current volts) (*elect.*), tensione (di corrente) continua.
"VDC" (variable depth sonar) (*navy - und. acous.*), ecogoniometro a profondità variabile.
"VDT" (variable depth transducer) (*navy - und. acous.*), trasduttore a profondità variabile. **2.** ~ (Visual Display Terminal) (*comp.*), terminale video, terminale con visualizzazione.
"VDU", *see* visual display unit. **2.** alphanumeric ~ (visualizing only alphanumeric characters) (*comp.*), unità video per caratteri alfanumerici.
vector (*theor. mech.*), vettore. **2.** ~ (radius vector) (*math.*), raggio vettore. **3.** ~ (course direction) (*aer.*), direzione di rotta. **4.** ~ function (*theor. mech.*), funzione vettoriale. **5.** ~ product (vector cross product) (*math.*), prodotto vettoriale. **6.** ~ quantity (*theor. mech.*), grandezza vettoriale. **7.** ~ space (*math. - phys.*), spazio vettoriale.
vectorial (*a. - theor. mech.*), vettoriale.
vee (V-shaped) (*a. - gen.*), a V. **2.** ~ block (metal block having a vee-shaped groove in its surface for supporting as a circular shaft) (*shop impl.*), prismi a V. **3.** ~ bottomed (*naut.*), con carena a V. **4.** ~ engine, *see* V-type engine. **5.** ~ flight formation (*aer.*), formazione di volo a V. **6.** metallic ~ (for attaching a balloon flying cable) (*aer.*), "V" metallico.
veer (*n.*), cambiamento di direzione.
veer (to), cambiare direzione. **2.** ~ (to change course) (*naut.*), cambiare rotta (deviando dalla direzione del vento). **3.** ~ (to let out, as a rope)

(*naut.*), filare. **4.** ~ (of the wind: to shift in a clockwise direction) (*meteorol.*), girare da sinistra a destra. **5.** ~ and haul (to let out and haul alternately, as a rope) (*naut.*), tesare e filare (alternativamente). **6.** ~ away (to let out, as a rope) (*naut.*), filare. **7.** ~ out (to let out, as a rope) (*naut.*), filare.

veering (change of wind in a clock-wise direction) (*meteorol.*), vento destrogiro, vento girante verso destra.

vegetable (*a.*), vegetale. **2.** ~ row fibers, bambagia delle Indie, "kapok". **3.** ~ dye (*text. ind.*), tintura vegetale. **4.** ~ horsehair (for stuffing cushions) (*upholstering*), crine vegetale. **5.** ~ parchment (parchment paper) (*paper ind.*), pergamena vegetale. **6.** ~ rouge (Carthamous red), rosso di cartamo. **7.** ~ silk, seta vegetale. **8.** ~ tallow, sego vegetale. **9.** ~ wax, cera vegetale.

vegetal (*a.*), vegetale.

vehicle (*veh.*), veicolo. **2.** ~ (liquid medium, as in painting) (*ind.*), veicolo. **3.** ~ control response (*veh.*), risposta del veicolo al comando. **4.** ~ directional control axis system (*veh.*), sistema di assi di controllo direzionale del veicolo. **5.** ~ directional control stability (*veh.*), stabilità del controllo direzionale del veicolo. **6.** ~ disturbance response (*veh.*), risposta del veicolo alle perturbazioni. **7.** ~ motion variables (*veh.*), variabili del moto del veicolo. **8.** ~ response (as to controls) (*veh.*), risposta del veicolo. **9.** all-terrain ~ (capable of going anywhere, land, snow, sand or water: recreational vehicle) (*veh.*), fuoristrada anfibio universale. **10.** field service ~ (*aut.*), automezzo attrezzato per assistenza. **11.** forward control ~ (as a truck with the cab at the front end) (*aut.*), veicolo a cabina avanzata. **12.** full-track ~ (*veh.*), veicolo completamente cingolato, veicolo interamente su cingoli. **13.** ground-effect ~ (as the air-car or hovercraft) (*veh.*), veicolo a cuscino d'aria. **14.** maintenance ~ (*aut. service veh.*), carro attrezzi. **15.** motor ~ (*veh.*), autoveicolo. **16.** motor ~ tax (*aut.*), tassa di circolazione. **17.** off-road ~ (*veh. - aut.*), (veicolo per) fuori strada, fuori-strada. **18.** pace ~ (vehicle to be overtaken) (*aut.*), veicolo da sorpassare. **19.** passing ~ (overtaking vehicle) (*aut.*), veicolo sorpassante. **20.** recreational ~ (as a snowmobile, dune buggy, campers etc.) (*veh.*), veicolo ricreativo, veicolo impiegato per divertimento. **21.** street watering ~ (*aut.*), innaffiatrice stradale. **22.** track-laying ~ (*veh.*), veicolo cingolato. **23.** tractor and semitrailer articulated ~ (*aut.*), autoarticolato, motrice e semirimorchio.

v-eight (i. c. engine with two rows of four cylinders each, set in planes at an angle to each other) (*aut. mot.*), (motore ad) otto cilindri a V.

veil (*text. - phot.*), velo.

vein (*min.*), filone, vena. **2.** ~ (a wave in marble, wood etc.), venatura.

vein (to) (to striate artistically: as for imitating marble) (*bldg.*), marezzare, venare.

veined (as of marble) (*gen.*), venato, marezzato.

veining (mapping, on a casting) (*found. defect*), venatura.

veinstone (*min.*), ganga.

"vel", *see* velocity.

vellum, cartapecora (o pergamena fine).

velocimeter (for meas. speed: as of projectiles) (*instr.*), velocimetro.

velocipede car (for line inspection) (*railw. old veh.*), triciclo a pedali.

velocity (*gen.*), velocità. **2.** ~, *see also* speed. **3.** ~ head (*hydr.*), altezza cinetica. **4.** ~ of escape (seven miles/sec. for the earth) (*rckt.*), velocità di fuga. **5.** ~ of exhaust (of mot.), velocità di scarico. **6.** ~ of sound (*aer.*), velocità del suono. **7.** ~ potential (*phys. - hydrodynamics*), potenziale di velocità. **8.** ~ pressure (exerted by a moving fluid) (*mech. of fluids*), pressione dinamica. **9.** ~ ratio (*theor. mech.*), rapporto di trasmissione. **10.** ~ stage (as of a steam turbine) (*mach.*), salto di velocità. **11.** angular ~ (*theor. mech.*), velocità angolare. **12.** burnt ~ (as of a rocket velocity when the fuel combustion terminates) (*aer.*), velocità di fine combustione. **13.** departure ~ (as of a missile or space vehicle) (*rckt.*), velocità di distacco. **14.** effective exhaust ~ (of a jet engine) (*aer. mot.*), velocità efficace del getto (di scarico). **15.** escape ~ (for escaping gravity) (*astric.*), velocità di fuga. **16.** final ~ (*theor. mech.*), velocità finale. **17.** forward and rearward ~ (longitudinal velocity) (*veh.*), velocità longitudinale, velocità in avanti ed indietro. **18.** gust ~ (of wind) (*meteorol.*), velocità di raffica. **19.** initial ~ (*theor. mech.*), velocità iniziale. **20.** lateral ~ (rate of sideslip of an aircraft: component of the velocity in the direction of the lateral axis) (*aer.*), velocità laterale. **21.** limiting ~ (of an aircraft: steady velocity on a straight path at any given angle to the horizontal) (*aer.*), velocità limite. **22.** linear ~ (*theor. mech.*), velocità lineare. **23.** longitudinal ~ (of an aircraft: component of the velocity in the direction of the longitudinal axis) (*aer.*), velocità longitudinale. **24.** longitudinal ~ (forward and rearward velocity) (*veh.*), velocità longitudinale, velocità in avanti ed indietro. **25.** mass ~ (*atom. phys.*), velocità di massa. **26.** mean ~ (*theor. mech.*), velocità media. **27.** normal ~ (component of the velocity in the direction of the normal axis) (*aer.*), velocità normale. **28.** particle ~ (linear velocity assumed by an elementary volume of the medium) (*acous. - und. acous.*), velocità di particella. **29.** phase ~ (*phys.*), velocità di propagazione di un'onda. **30.** spin ~ (the angular velocity of the wheel about its spin axis) (*mech.*), velocità di rotazione. **31.** striking ~ (of a projectile: velocity at the point of fall) (*ordnance*), velocità di arrivo. **32.** terminal ~ (max. value of the limiting velocity) (*aer.*), velocità terminale, velocità limite assoluta. **33.** vertical ~ (bounce velocity, of the sprung mass) (*veh.*), velocità verticale. **34.** volume ~ (rate at which the medium as a whole moves across some reference boundaries) (*acous. - und. acous.*), velocità di volume. **35.** yaw ~ (the angular velocity about the Z axis, of a car) (*aut.*), velocità (angolare) d'imbardata.

velodrome (*bldg. - sport*), velodromo.

velours, velour (resembling velvet) (*a. - text. - etc.*), vellutato. **2.** ~ paper (*paper mfg.*), carta vellutata.

velvet (*a. - gen.*), vellutato. **2.** ~ (silk fabric, cotton fabric) (*n. - text.*), velluto. **3.** ~ calf (oil-dressed calf leather) (*leather ind.*), vitello scamosciato. **4.** ~ leather (oil-dressed leather) (*leather ind.*), scamosciato (*s.*), pelle scamosciata. **5.** ~ machine (*text. mach.*), macchina vellutatrice. **6.** ~ trap (as of a film magazine) (*phot.*), chiusura a bordi di velluto. **7.** cut ~ (*text.*), velluto a pelo. **8.** pile ~ (*text.*), velluto a riccio. **9.** uncut ~ (a velvet-like fabric with uncut warp threads) (*text.*), velluto non rasato.

velveteen (velvet made of cotton) (*text.*), velluto di cotone.

velveting (velvet-like painting) (*paint.*), vellutatura.

velvetlike (*a. - text. mfg.*), vellutato.

velvet-pile machine (*text. mach.*), vellutatrice.

vendee (*comm.*), acquirente, compratore.

vender (*comm.*), venditore.

vending machine (slot machine) (*comm.*), distributrice automatica (a moneta).

vendor (*comm.*), venditore. **2.** ~ (vending machine), macchina automatica (a moneta), distributrice automatica a moneta.

veneer (*join.*), impiallacciatura. **2.** ~ (one of the wood layers forming the plywood) (*plywood mfg.*), piallaccio. **3.** ~ cutting machine (*join. mach. t.*), sfogliatrice per impiallacciature. **4.** ~ planing machine (as for plywood sheets) (*join. mach. t.*), sfogliatrice in piano, tranciatrice. **5.** rotary-cut ~ (thin sheet of wood obtained with a veneer cutting mach.) (*join.*), sfogliato.

veneer (to) (*join.*), impiallacciare. **2.** ~ (wearing surface) (*road constr.*), manto superficiale.

veneered (*join.*), impiallacciato.

veneering (veneer) (*join.*), impiallacciatura. **2.** ~ (material) (*join.*), materiale per impiallacciature.

Venetian (*a. - gen.*), veneziano. **2.** ~ blind (*bldg.*), persiana alla veneziana. **3.** ~ carpet (an inexpensive carpet used for passages and stairs) (*household furnishing*), passatoia. **4.** ~ glass (*artistic glass mfg.*), vetro di Murano. **5.** ~ green (*color*), verde di Venezia. **6.** ~ red (*color*), rosso di Venezia.

V-engine (*mot.*), motore a V.

vent (*gen.*), apertura di sfogo, sfiato, sfiatatoio, sfogatoio, sfogo. **2.** ~ (opening, for ventilation) (*bldg.*), apertura per ventilazione. **3.** ~ (as in a breechblock) (*ordnance*), foro focone. **4.** ~ (hole made in a mold for the escape of gas or air) (*found.*), respiro, tirata d'aria, aria. **5.** ~ (of a parachute: opening in the center of the canopy) (*aer.*), foro apicale, sfiato di calotta. **6.** ~ (hole in the bottom of a case and through which the ignition of the propelling charge is obtained) (*expl.*), foro vampa. **7.** ~ cap (of a parachute canopy) (*aer.*), *see* vent patch. **8** ~ hem (of a parachute canopy) (*aer.*), bordo del foro apicale, bordo dello sfiato calotta. **9.** ~ line (vent pipe) (*pip.*), tubazione di sfiato. **10.** ~ patch (of a parachute canopy) (*aer.*), copertura dello sfiato calotta. **11.** ~ pipe (stack pipe, the highest part of a soil pipe) (*bldg. - pip.*), camino di sfiato. **12.** ~ pipe (connecting a sanitary fixture with the vent stack) (*pip.*), tubo di sfiato. **13.** ~ rod (vent wire) (*found.*), ago, spillone. **14.** ~ stack (for traps of sanitary fixture) (*bldg. - pip.*), canna di ventilazione. **15.** ~ valve (of a fuel system) (*mot.*), valvola di sfiato (o di disareazione). **16.** ~ wire (wire used to punch small holes in the mold to allow gas escape) (*found.*), ago, spillo, spillone. **17.** back ~ (aerating pipe) (*pip.*), sfiato. **18.** bleeder ~ (for air elimination, as from a hydr. brake system) (*mech.*), foro di spurgo dell'aria. **19.** core ~ (vent passage in a core) (*found.*), tirata d'aria (di anime), sfogo d'aria (di anime). **20.** tank ~ pipe (of an aero-engine fuel tank) (*aer. mot.*), tubo di sfiato del serbatoio.

vent (to) (to give passage) (*mech. phys.*), aprire una via d'uscita. **2.** ~ (to make a vent) (*found. - etc.*), aprire uno sfogo. **3.** ~ (to allow gas to escape) (*found.*), tirare le arie, praticare tirate (o passaggi) d'aria. **4.** ~ (to let air out, as from a brake system line) (*mech. - etc.*), disaerare.

venthole (in a mold, for the escape of air or gas) (*found.*), aria, respiro.

ventiduct (*bldg. - ventil.*), condotto dell'aria.

ventilate (to), ventilare.

ventilated (*bldg. - ventil.*), ventilato.

ventilating (*a. - gen.*), ventilante, di ventilazione. **2.** ~ fan (of an electrical mach.) (*app.*), ventilatore elettrico. **3.** ~ grille (as on an air duct outlet), griglia di ventilazione. **4.** ~ shaft (*min.*), pozzo di ventilazione.

ventilation (*ventil.*), ventilazione. **2.** ~ baffle (as of an induction mot.), cono di ventilazione. **3.** artificial ~ (*ventil.*), ventilazione artificiale. **4.** course ~ (*min.*), ventilazione in serie. **5.** forced ~ (*min. - ind. - etc.*), ventilazione forzata. **6.** mechanical ~ (as of a mine) (*min.*), ventilazione meccanica. **7.** natural ~ (*ventil.*), ventilazione naturale. **8.** plenum ~ (*min. - bldg.*), ventilazione in pressione. **9.** split ~ (ventilation by currents forming a portion of a divided main current) (*min.*), ventilazione in parallelo, ventilazione in derivazione, ventilazione secondaria. **10.** vacuum ~ (*min. - bldg.*), ventilazione in depressione, ventilazione in aspirazione.

ventilator (contrivance), ventilatore. **2.** ~ (engine compartment opening through which air is drawn for the engine: as in a Diesel locomotive) (*railw.*), apertura (di) entrata aria. **3.** unit ~ (*ventil. app.*), gruppo autonomo per ventilazione, ventilatore.

venting (of a mold) (*found.*), spillatura, esecuzione dei respiri (od arie).
ventometer (pendulum instr.) (*ordnance. - etc.*), anemometro a pendolo.
venture (risk, speculation) (*comm. - finan.*), iniziativa rischiosa, speculazione.
venture (to) (to risk in a business enterprise) (*finan. - comm.*), rischiare.
Venturi (Venturi tube) (*fluids meas. device*), tubo di Venturi. **2.** ~ (as of a carburetor) (*mot.*), diffusore. **3.** ~ meter (*fluids meas. device*), venturimetro. **4.** ~ tube (*fluids meas. device - aer. instr.*), tubo di Venturi.
venue (*law*), giurisdizione.
Venus (Phosphor) (*astr.*), Venere.
veranda, verandah (*arch.*), veranda.
verb (*grammar*), verbo. **2.** ~ (reserved word used as an order in a programming language: as READ, STOP etc.) (*comp.*), verbo.
verd antique (marble), verde antico.
verdict (as of jurists) (*law*), verdetto.
verdigris (*chem.*), verderame. **2.** crystallized (or distilled) ~ $[Cu(C_2H_3O_2)_2 \cdot H_2O]$ (*chem.*), acetato di rame neutro, verderame cristallizzato.
verditer (*chem.*), carbonato basico di rame. **2.** blue ~ $[(CO_3)_2Cu_3(OH)_2]$, azzurrite. **3.** green ~, malachite.
verge (edge, brim) (*gen.*), margine, orlo. **2.** ~ (of a watch balance) (*mech.*), asse del bilanciere. **3.** ~ (shaft: of a column) (*arch.*), fusto, stele. **4.** ~ (the unpaved area at the side of a carriage way) (*road*), banchina.
vergency (meas. of divergence or convergence of light rays: as from a lens) (*opt.*), misura della convergenza (o divergenza), "vergenza".
verglas (a coating of clear ice: as on a rock) (*meteor.*), vetrone, gelicidio.
verification (as of an instr.) (*gen.*), verifica.
verifier (mach. checking the correctness of the recording devices: as punchers, magnetic tapes etc.) (*comp. device*), verificatore.
verify (to), verificare. **2.** key ~ (as a card by a key punch verifier) (*comp.*), verificare la perforazione.
verisign (signature verifying app.) (*banks - etc.*), (Brit.), apparecchio di controllo delle firme.
vermeil (gilded silver) (*metall.*), vermeil.
vermiculite (bldg. material) (*refractory*), vermiculite.
vermilion (H_gS) (mercury sulphide) (*paint. ind.*), vermiglione. **2.** ~ (*color*), vermiglio. **3.** antimony ~ (antimony red) $(Sb_6S_6O_3)$ (*chem.*), vermiglione di antimonio, cinabro di antimonio.
vernal equinox (*astr.*), equinozio d'inverno.
vernier (*meas. device.*), nonio, verniero. **2.** ~ (vernier engine: auxiliary small rocket or gas nozzle used for the fine adjustment of the speed or orientation of a missile) (*astric.*), piccolo razzo di governo. **3.** ~ (as for fine adjustment of variable condensers) (*elics. - radio*), condensatore verniero. **4.** ~ caliper (or calipers) (*meas. instr.*), calibro a corsoio (con nonio). **5.** ~ compass (provided with a device for adjusting magnetic variations) (*surveyor compass*), bussola con correttore di declinazione magnetica. **6.** ~ gauge (*t.*), calibro con nonio. **7.** ~ scale (*meas. device*), scala del nonio.
Verona yellow (*paint.*), giallo di Verona.
"vers" (versed sine) (*math.*), $1 - \cos \alpha$.
versatile (*a. - gen.*), versatile.
versed sine (the function $1 - \cos \alpha$) (*math.*), $1 - \cos \alpha$.
"versine" (short for versed sine).
version (*gen.*), versione, variante.
verso (*print.*), verso.
"vert", *see* vertical.
vertex (*top. - geom.*), vertice. **2.** ~ (*astr.*), zenit. **3.** ~ (crown, of an arch) (*bldg.*), chiave.
vertical, verticale. **2.** ~ aerial photograph (*aer. phot.*), aerofotografia verticale, aerofotografia planimetrica. **3.** ~ angle (*astr.*), angolo verticale. **4.** ~ automatic tapping machine (*mach. t.*), maschiatrice verticale automatica. **5.** ~ bank (steep banking manoeuver in which the plane longitudinal axis gets close to the vertical one) (*aer.*), assetto in cui l'asse di rollìo assume una posizione pressoché verticale. **6.** ~ boiler (*boil.*), caldaia verticale. **7.** ~ boring machine (*mach. t.*), alesatrice verticale. **8.** ~ boring mill (*mach. t.*), tornio verticale, tornio a giostra. **9.** ~ engine (*mot.*), motore verticale. **10.** ~ fin (of the rudder unit) (*aer.*), piano fisso verticale. **11.** ~ keel, *see* keelson 1 ~, keel 1 ~. **12.** ~ limb (*top. instr.*), cerchio azimutale. **13.** ~ metal oxide semiconductor, "VMOS" (*elics.*), MOS verticale. **14.** ~ milling machine (*mach. t.*), fresatrice verticale. **15.** ~ panning (*m. pict.*), panoramica verticale. **16.** ~ renversement (the reversal of the direction of flight) (*acrobatics*), rovesciata in verticale. **17.** ~ rudder (*aer.*), timone di direzione. **18.** ~ saw (with reciprocating or circular motion) (*mach. t.*), sega verticale. **19.** ~ takeoff (*aer.*), decollo verticale. **20.** ~ takeoff jet aircraft (*aer.*), vertigetto, aviogetto a decollo verticale. **21.** ~ traverse (*mach. t.*), spostamento verticale. **22.** astronomical ~ (of a place) (*astr.*), verticale astronomica.
verticality, verticalness (perpendicularity) (*gen.*), perpendicolarità.
very-high frequency, "VHF" (from 30 to 300 megacycles) (*radio - telev.*), altissima frequenza.
very-low frequency, "VLF" (from 10 to 30 kilocycles) (*radio - telev.*), bassissima frequenza.
Very pistol (*naut. - etc.*), pistola Very.
"ves", *see* vessel, vestry.
vessel (*naut.*), nave. **2.** ~ (*aer.*), aeroplano. **3.** ~ (receptacle), vaso recipiente. **4.** ~ (of a storage battery), vaso. **5.** air ~ (of a torpedo) (*navy expl.*), serbatoio d'aria (compressa). **6.** communicating vessels (*hydr.*), vasi comunicanti. **7.** crystallization ~ (*chem. impl.*), cristallizzatore. **8.** Dewar ~ (*phys.*), vaso di Dewar, bottiglia di Dewar. **9.** full-

deck ~ (*naut.*), nave a struttura normale. **10.** glass ~, vaso di vetro. **11.** hydraulic air ~ (*hydr.*), vaso d'espansione, campana d'aria (per colpi d'ariete). **12.** latex ~ (*rubb. ind.*), vaso latticifero. **13.** ocean going ~ (*naut.*), nave oceanica. **14.** promenade-deck ~ (*naut.*), nave con ponte di passeggiata. **15.** raised-quarter-deck ~ (*naut.*), nave con sovrastrutture di poppa. **16.** sea-going sewage sludge ~ (*naut.*), nave d'alto mare per trasporto di fanghi. **17.** semi-submersible crane ~, *see at* semi-submersible. **18.** shade-deck ~ (*naut.*), nave con ponte tenda. **19.** shelter-deck ~ (*naut.*), nave con ponte di riparo. **20.** spar-deck ~ (*naut.*), nave con controcoperta. **21.** stainless steel reaction ~ (*ind. chem. impl.*), recipiente in acciaio inossidabile per reazioni chimiche. **22.** turret-deck ~ (*naut.*), nave a torre. **23.** well-deck (*naut.*), nave con coperta a pozzo.

vesta (match made of threads covered with wax) (*ind.*), cerino.

vestibule (*arch.*), vestibolo. **2.** ~ (as of a gastight carburizing furnace) (*mech. ind. furnace*), precamera. **3.** ~ (gangway between coaches) (*railw.*) (Am.), intercomunicante. **4.** ~ (closed platform at the end or center, as of a coach, with entrance doors) (*railw.*), vestibolo. **5.** ~ (of the ear) (*med.*), vestibolo. **6.** ~ car (*railw.*), carrozza intercomunicante. **7.** ~ door (as of a railw. coach) (*railw.*), porta d'accesso al vestibolo. **8.** ~ school (factory school for training new workers) (*pers. - ind.*), scuola aziendale. **9.** ~ train (*railw.*), treno con carrozze intercomunicanti. **10.** ~ training (*pers.*), addestramento in scuola aziendale.

vestry (*arch.*), sagrestia.

vet (to) (to inspect) (*quality*), verificare, controllare.

"VF" (voice frequency; 300-3400 c. p. s.) (*radio*), frequenza vocale, FV. **2.** ~ (vulcanized fiber) (*mech. draw.*), fibra vulcanizzata. **3.** ~, *see also* video frequency.

"VFO" (variable frequency oscillator) (*elics.*), oscillatore a frequenza variabile.

"VFR" (visual flight rules) (*aer.*) (Brit.), norme per il volo a vista.

"VG" (Voice Grade) (*tlcm.*), qualità della voce.

"VHF" (very-high frequency) (*radio - telev. - etc.*), altissima frequenza. **2.** ~ omni-range radio beacon (very-high-frequency omni-directional radio beacon, VOR) (*aer. - radio*), radiofaro omnidirezionale VHF.

"VHLL" (Very High Level Language) (*comp.*), linguaggio di altissimo livello.

"VHS" (video home system) (*audiovisuals standard*), VHS, sistema VHS. **2.** conventional ~ (*audiovisuals standard*), VHS convenzionale. **3.** HI-FI ~ (*audiovisuals standard*), VHS alta fedeltà. **4.** super ~ (*audiovisuals standard*), super VHS.

"VHSI" (Very High Scale Integration) (*comp.*), *see at* "VLSI".

"VI" (volume indicator) (*radio*), indicatore di volume. **2.** ~, *see also* viscosity index.

via (by means of) (*gen.*) (Brit.), per mezzo di.

viaduct (*railw. bldg.*), viadotto.

vial (*chem. - pharm. ind.*), fiala.

"vib" (vibration) (*mech.*), vibrazione.

vibrate (to) (*mech.*), vibrare.

vibrated (as concrete) (*bldg.*), vibrato.

vibratile (*a. - mech.*), vibratile.

vibrating (*a. - gen.*), vibrante. **2.** ~ (as of concrete) (*n. - bldg. - etc.*), vibratura. **3.** ~ bowl (for feeding rough pieces to the mach. t. or sweets to the packing mach.) (*ind.*), vibratore, alimentatore a vibrazione. **4.** ~ screen (as for ore dressing) (*min. - ind.*), vibrovaglio, vaglio vibratore, vaglio vibrante. **5.** ~ sieve (*ind.*), vibrovaglio, vaglio vibratore, vaglio vibrante.

vibration (*phys. - mech.*), vibrazione. **2.** ~ damper (device, as for crankshafts) (*mot.*), antivibratore, ammortizzatore di vibrazioni. **3.** ~ damper (vibration-dampening material) (*mach. - etc.*), materiale vibroassorbente. **4.** ~ limit controller (*app.*), limitatore di vibrazioni. **5.** ~ pickup (*app.*), vibrorivelatore, rivelatore di vibrazioni. **6.** cantilever ~ (of a beam fixed at one end) (*constr. theor. - mech.*), vibrazione di trave incastrata. **7.** damped ~ (*mech.*), vibrazione smorzata. **8.** elastic ~ (as of an engine supported by rubber pads) (*mech.*), vibrazione elastica. **9.** forced ~ (*mech.*), vibrazione forzata. **10.** free ~ (*mech.*), vibrazione libera. **11.** random ~ (when the oscillation is sustained but irregular both as to period and amplitude) (*mech.*), vibrazione (persistente) di frequenza ed ampiezza irregolari. **12.** self-excited ~ (*mech.*), vibrazione auto-eccitata. **13.** simple harmonic ~ (*mech.*), vibrazione sinusoidale, vibrazione semplice. **14.** sonic ~ (*electroacous.*), vibrazione sonora. **15.** torsional vibrations (*mech.*), vibrazioni torsionali. **16.** transient ~ (*mech.*), vibrazione transitoria. **17.** ultra-audible ~ (*acous.*), ultrasuono.

vibration-damping (vibration-dampening, as a flexible mounting) (*mach. - mot.*), antivibrante, che smorza le vibrazioni.

vibrationless (*mech.*), senza vibrazioni, esente da vibrazioni.

"vibration-proof" (*mech.*), resistente alle vibrazioni.

vibrator (*n. - found. - phys. - elect.*), vibratore.**2.** ~ for concrete (*bldg. app.*), vibratore per calcestruzzo. **3.** ~ inverter (*elics.*), invertitore a vibratore. **4.** electric ~ (for free flowing in bins, hoppers, chutes etc.) (*ind. device*), vibratore elettrico. **5.** high-frequency ~ (*med. app.*), vibratore ad alta frequenza.

vibratory (*a.*), vibratorio.

"vibroflotation" (compacting method as for sand) (*civ. eng.*), vibroflottazione.

vibrograph (*mech. app.*), vibrografo.

vibrometer (*mech. app.*), *see* vibrograph.

vibronic (referring to energetic states modified by vibrational energy) (*a. - atom phys.*), "vibronico", relativo a stati energetici modificati da energia vibratoria.
vibroscope (*app.*), vibroscopio.
vibro-tamper (*bldg. mech.*), vibrocostipatrice, costipatrice-vibratrice.
vic (V shaped formation) (*air force*) (Brit.), formazione a V.
vice (*t.*), morsa. **2.** ~ (winding stairway) (*mas.*), scala a chiocciola. **3.** ~ caps, *see* vice clamp. **4.** ~ clamp (brass or copper jaw fitted over the steel jaw of the vice to prevent damaging of the work) (*mech.*), mordace. **5.** bench ~ (*t.*), morsa da banco. **6.** blacksmith's ~ (*smithing*), morsa a coda, morsa a piede, morsa da fabbro. **7.** carpenter wooden ~ (*join. t.*), morsa (del banco) da falegname. **8.** hand ~ (*t.*), morsetto (a vite) a mano. **9.** instantaneous grip parallel ~ (*mech.*), morsa parallela a chiusura rapida. **10.** machine ~ (*mach. t.*), morsa da (macchina) utensile. **11.** parallel bench ~ (*t.*), morsa parallela (da banco). **12.** parallel-jawed ~ (*mech. t.*), morsa parallela. **13.** parallel ~ (*mech. t.*), morsa parallela. **14.** standing ~ (*t.*), morsa da banco. **15.** swivel ~ (*of mach. t.*), morsa orientabile (o girevole). **16.** woodworker ~ (*join. impl.*), morsa da falegname.
vice-chairman (*gen.*), vicepresidente.
vice-president (*gen.*), vicepresidente.
vicinal (*a. - gen.*), vicino, vicinale. **2.** ~ road (*road*), strada vicinale.
vickers hardness test (hardness meas. system) (*shop inspection*), prova di durezza vickers.
victor (*sport*), vincitore.
victualler, victualer (*milit.*), fornitore, approvvigionatore.
vicuña (*text.*), vigogna. **2.** ~ cloth (*text.*), tessuto di vigogna.
"vid" (video) (*telev.*), video.
video (television) (*n. - telev.*), video. **2.** ~ (*a. - telev.*), video, relativo all'immagine. **3.** ~ amplifier (*telev.*), videoamplificatore, amplificatore video. **4.** ~ buffer (a visualized section of "RAM") (*comp.*), memoria tampone visualizzata. **5.** ~ cassette, *see* videocassette. **6.** ~ disk, *see* videodisk, videodisc. **7.** ~ display unit, *see* visual display unit. **8.** ~ edit (of videotapes by "VCRs") (*audiovisuals*), videomontaggio. **9.** ~ frequency (*telev.*), video-frequenza. **10.** ~ player (*telev.*), videolettore, videoriproduttore. **11.** ~ recorder (*telev.*), videoregistratore. **12.** ~ recorder, *see* videotape recorder. **13.** ~ recording (*telev. - m. pict.*), filmato cinematografato dallo schermo televisivo. **14.** ~ recording, *see* video tape recording. **15.** ~ rectifier (*telev.*), video-raddrizzatore, raddrizzatore video. **16.** ~ signal (*telev.*), video-segnale, segnale video, segnale di immagine. **17.** ~ tape recording (*telev.*), video-registrazione su nastro. **18.** ~ transmitter, *see* visual transmitter. **19.** slow scan ~ (*tlcm.*), videolento. **20.** super ~ (*audiovisuals*), *see* S-video. **21.** inverse ~ (clear background and dark images) (*comp.*), video ad immagini scure su fondo chiaro.
videocamera (telecamera) (*elics. - telev.*), telecamera.
videocassette (a videotape record mounted in a cassette) (*telev. - etc.*), videocassetta. **2.** ~ player (app. not provided with recording circuits: apt to play magnetic videotapes) (*audiovisuals*), videolettore, videolettore di videocassette (preregistrate). **3.** ~ recorder, "VCR", (*telev. - etc.*), videoregistratore, videoregistratore per videocassette. **4.** compact ~ (*audiovisuals*), minivideocassetta. **5.** "VHS-C" ~ (*audiovisuals*), minivideocassetta VHS.
videoclip (relating to a videotape) (*oaudiovisuals*), spezzone di videonastro.
"video communication" (mutual exchange of images, voice and data: as by a "videomatic system") (*tlcm. - comp.*), videocomunicazione.
videoconference (teleconference actuated by TV) (*n. - telev.*), videoconferenza, tavola rotonda (o conferenza) televisiva in collegamento.
videodisk, videodisc (optical disk read by laser, it stores audiovisual signals to be played back by optical disk player on the home TV set) (*audiovisuals*), videodisco. **2.** ~ player (*elics. - telev. - audiovisuals*), lettore di videodischi. **3.** CED ~, VHD ~ (operating by electrocapacitive system: mech. reading) (*obsolete system*), videodisco CED, videodisco VHD. **4.** ~, *see also at disk* compact disk video.
video-frequency (*n. - telev.*) (Brit.), videofrequenza. **2.** ~ (*a. - telev.*), a videofrequenza.
video-game (to be played on home TV set) (*elics.*), videogioco.
videogenic (*telev.*), *see* telegenic.
"videomovie" (camcorder) (*elics. - telev.*), camcorder.
videophile (*audiovisuals amateur*), videoamatore.
videophone (telephone provided with video transmission) (*teleph. - telev.*), videotelefono, videofono.
videoprojector (a special telev. set which projects telev. images on a separate and wide screen: as in movies projection) (*telev.*), videoproiettore.
videotape (magnetic tape for recording video and audio signals) (*elics. - telev.*), videonastro. **2.** ~ recorder (video recorder: a magnetic tape recorder for video signals) (*elics. - telev.*), videoregistratore (a nastro), registratore per videonastro. **3.** ~ recording (telev. production recording by video tape) (*elics. - telev.*), videoregistrazione su nastro, registrazione su videonastro.
videotape (to) (*elics. - telev.*), registrare su videonastro, videoregistrare.
Videotex, Videotext (an interactive information network in which a computerized transmission of public utility data, on request, over teleph. lines is displayed on a visual display terminal: as of a per-

sonal comp.) (*teleph. service - comp.*), "Videotex", servizio informativo Videotel.
vidicon (*ind. telev. tube*), vidiconoscopio.
view (*draw.*), vista. **2.** ~ (scene, prospect) (*gen.*), vista. **3.** ~, *see* inspection. **4.** ~ finder (*phot.*), mirino. **5.** ~ in direction of arrow A (*draw.*), vista in direzione della freccia A. **6.** elevation ~ (*draw.*), vista verticale. **7.** front ~ (*draw.*), vista frontale. **8.** local ~ (*mech. draw.*), vista di un particolare. **9.** rear ~ (*draw. - etc.*), vista posteriore. **10.** scrap ~ (partial view) (*mech. draw.*), vista parziale. **11.** sectional ~ (*mech. draw.*), vista in sezione. **12.** side ~ (*draw.*), vista di fianco. **13.** top ~ (*draw.*), vista dall'alto.
viewdata, *see* Videotex, Videotext.
viewer (optical device: as for slides) (*phot.*), visore. **2.** ~ (for microfilm reading) (*opt. app. - comp.*), visore. **3.** ~ (a person who watches telev.) (*telev.*), telespettatore.
viewfinder (*phot.*), mirino. **2.** direct vision ~ (as on old cameras) (*phot. opt.*), mirino a traguardo. **3.** electronic ~ (as of a camcorder) (*audiovisuals*), mirino elettronico. **4.** waist-level ~ (*phot. opt.*), mirino a pozzetto.
"viewport" (comp.), *see* window.
vignette (illustration, picture) (*typ.*), vignetta.
vignetting (gradual reduction of the brightness of the image towards the edges and the corners of the picture) (*m. pict. - opt. - phot.*), vignettatura, riduzione della luminosità ai margini dell'immagine.
villa (*arch.*), villa.
village, paese.
"VIN" (Vehicle Identification Number) (*veh.*), numero di identificazione.
vinhatico (Persea indica, tree) (*wood*), Persea.
vintage (*n. - agric.*), vendemmia. **2.** ~ (old fashioned) (*a. - gen.*), fuori moda. **3.** ~ car (old model) (*aut.*), vettura d'epoca, veterana.
vinyl (CH_2CH-) (rad.) (*chem.*), vinile. **2.** ~ acetate ($CH_2=CH\text{-}COOCH_3$) (*chem.*), vinilacetato, acetato di vinile. **3.** ~ resin (*ind. chem.*), resina vinilica.
vinyon (copolymer of vinyl resins: for filters, nets, etc.) (*artificial text. fiber*), vinyon.
violate (to) (to infringe, as a patent) (*law - etc.*), violare.
violet (*color*), violetto. **2.** ~ ray (*opt.*), raggio violetto.
virgin (*a. - metall.*), di prima fusione. **2.** ~ (of a medium that has never received data or images) (*comp. - phot.*), vergine.
virtual (*a. - opt. - mech.*), virtuale. **2.** ~ displacement (*constr. theory*), spostamento virtuale. **3.** ~ image (*opt.*), immagine virtuale. **4.** ~ inertia (due to the influence of the surrounding air) (*aer.*), inerzia virtuale. **5.** ~ memory (*comp.*), *see at* memory. **6.** ~ storage (virtual memory) (*comp.*), *see at* memory. **7.** ~ storage interrupt, "VSI" (*comp.*), *see* page fault. **8.** ~ value (*elect.*), *see* root-mean-square value. **9.** ~ work (*theor. mech.*), lavoro virtuale.
virus (*med.*), virus. **2.** ~ protection (protects systems against viruses) (*comp.*), protezione da (infezione di) virus. **3.** computer ~ vaccine (*comp.*), vaccino del virus del computer. **4.** electronic ~ (virus that spreads automatically and infects all the system's computers electronically linked, so eliminating the comp. inhibitions and consequently causing the dump and/or cancellation of memory content) (*elics.*), virus elettronico.
visa (as on a document) (*gen.*), visto.
visa (to) (*gen.*), vistare.
"visc" (viscosity) (*phys.*), viscosità.
viscoelastic (as an elastomer) (*a. - technol.*), viscoelastico.
viscometer (*chem. and ind. instr.*), viscosimetro. **2.** ~ (plastometer) (*rubb. ind. instr. - etc.*), plastometro, viscosimetro. **3.** capillary ~ (*phys.instr.*), viscosimetro capillare. **4.** cup ~ (*phys. instr.*), viscosimetro a bicchiere. **5.** falling-weight ~ (*phys. instr.*), viscosimetro a peso a caduta libera. **6.** orifice ~ (as the Ford type) (*phys. instr.*), viscosimetro a orifizio. **7.** shearing disk ~ (*rubb. ind. instr.*), plastometro a scorrimento. **8.** sonic ~ (*phys. instr.*), viscosimetro sonico.
viscose (*a.*), viscoso. **2.** ~ (*n. - ind. chem.*), viscosa. **3.** ~ silk (artificial silk mfg.), seta di viscosa, viscosa.
viscosimeter (*chem. instr.*), *see* viscometer.
viscosity (*phys.*), viscosità. **2.** ~ (coefficient of viscosity) (*phys.*), coefficiente di viscosità. **3.** ~ index (as of an oil) (*lubrication*), indice di viscosità. **4.** ~ index improver (of a lubricant) (*chem.*), additivo per il miglioramento dell'indice di viscosità. **5.** ~ meter (*instr.*), viscosimetro. **6.** dielectric ~ (*elect.*), viscosità dielettrica. **7.** kinematic ~ (*mech. of fluids*), viscosità cinematica.
viscous (*phys.*), viscoso. **2.** ~ oil, olio viscoso.
vise (*mech. t.*), *see* vice.
visé (as on a document) (*gen.*), visto.
visé (to) (*gen.*), vistare.
visibility (*meteorol.*), visibilità. **2.** ground ~ (*aer. navig.*), visibilità al suolo. **3.** poor ~ (*meteorol.*), scarsa visibilità. **4.** zero ~ (visibility restricted to 165 feet in a horizontal direction) (*meteorol.*), visibilità 165 piedi (in direzione orizzontale). **5.** zero-zero ~ (zero visibility both in horizontal and vertical direction) (*meteorol.*), visibilità 165 piedi (in direzione verticale ed orizzontale).
visible (*a.*), visibile. **2.** ~ radiation (*phys.*), radiazione visibile. **3.** ~ region (of a radiation) (*phys.*), banda visibile.
vis inertiae (*theor. mech.*), forza d'inerzia.
vision (*opt.*), visione. **2.** binocular ~ (*opt.*), visione binoculare. **3.** color ~ (*opt.*), visione dei colori. **4.** mesopic ~ (*opt.*), visione mesopica. **5.** photopic ~ (*opt.*), visione fotopica. **6.** scotopic ~ (*opt.*), visione scotopica.
vision-frequency (*telev.*) (Brit.), video-frequenza.

visionproof glass (*bldg.*), vetro traslucido, vetro spulito, vetro trasparente alla luce ma non alla vista (ad es. vetro smerigliato, martellato ecc.).
visit (to) (*comm. - etc.*), visitare.
visiting card (*gen. - comm.*), biglietto da visita.
visor (external sun visor) (*aut.*), parasole esterno, visiera parasole esterna. **2.** padded ~ (internal sun visor) (*aut.*), parasole imbottito, visiera parasole imbottita.
visual (pertaining to sight) (*a. - opt.*), visivo. **2.** ~ (sketch of an advertising layout of a product) (*n. - comm.*), schizzo pubblicitario (o illustrativo). **3.** visuals (the picture images of a film as distinguished from the sound of the m. pict. itself) (*n. - m. pict.*), la fotografia (del film), le immagini. **4.** ~ acuity (*opt.*), acuità visiva. **5.** ~ angle (*opt.*), angolo visuale. **6.** ~ display unit, "VDU" (generally with keyboard) (*comp.*), unità video, unità di visualizzazione. **7.** ~ field (*opt.*), campo visivo. **8.** ~ field slide rule (*med. opt. app.*), regolo calcolatore dell'ampiezza visiva. **9.** ~ photometer (*opt. app.*), fotometro a confronto visivo, fotometro oggettivo. **10.** ~ photometry (*opt.*), fotometria a confronto visivo, fotometria oggettiva. **11.** ~ signaling (*milit.*), telegrafia ottica. **12.** ~ thermostat (*instr.*), termostato (con indicazione) a vista. **13.** ~ transmitter (picture transmitter) (*telev.*), trasmettitore video.
visual-aural radio range, *see* visual-aural range.
visual-aural range, "VAR" (*radio-navig.*), radiofaro audiovisivo.
visualize (to) (as by X-rays) (*gen.*), visualizzare, rendere visibile.
visualization (as by X-rays) (*gen.*), visualizzazione. **2.** flow ~ tunnel (as for aerodynamic tests) (*aerodyn.*), galleria con visualizzazione del flusso.
visualizer (*app.*), visualizzatore. **2.** dimension ~ (*app.*), visualizzatore della quota (o delle quote).
vis viva (kinetic energy) (*theor. mech.*), forza viva, energia cinetica.
vitamins (*pharm.*), vitamine.
vitascope (*m. pict. projector*), proiettore cinematografico.
vitreous (glassy) (*phys.*), vetroso. **2.** ~ china (hard-fired ceramic) (*ceramics*), porcellana dura. **3.** ~ electricity (*elect.*), elettricità positiva. **4.** ~ enameling plant (*ind.*), impianto per smaltatura vitrea.
vitrification (*ind.*), vetrificazione.
vitrified (*a. - ind.*), vetrificato. **2.** ~ bond (*mech. t.*), impasto vetrificato. **3.** ~ bond grinding wheel (*mech. t.*), mola con impasto vetrificato.
vitrify (to) (as grinding wheels) (*ind.*), vetrificare.
vitriol (*chem.*), vetriolo. **2.** blue ~ ($CuSO_4 \cdot 5\,H_2O$) (copper sulphate) (*chem.*), vetriolo azzurro (di rame). **3.** green ~ ($FeSO_4 \cdot 7\,H_2O$) (iron sulphate) (*chem.*), vetriolo verde (di ferro). **4.** oil of ~ ($H_2\,SO_4$) (sulphuric acid) (*chem.*), olio di vetriolo. **5.** white ~ ($Zn\,SO_4 \cdot 7\,H_2O$) (zinc sulphate) (*chem.*), vetriolo bianco (di zinco).
vitriol (to) (to pickle) (*metall.*), decapare.
vitrite (*comb.*), vitrite, carbone brillante.
vivianite (*min.*), vivianite.
vivid (live, bright) (*color*), vivo, intenso.
vizor, *see* visor.
"VLA" (very low altitude) (*aer.*), bassissima quota.
"VLBI" (Very Long Base-line Interferometry: relating to radiotelescopes located each other at great distances) (*radioastronomy*), interferometria a grande linea di base.
"VLF" (very low frequency) (*elect. - radio*), bassissima frequenza.
"VLR" (very long range) (*aer.*), grande autonomia.
"VLSI" (Very Large-Scale Integration: more than 10.000 gates per chip) (*elics.*), integrazione su scala molto larga. **2.** ~ circuit, *see at* circuit.
"VM" (*comp.*), *see* virtual memory.
"vm" (voltmeter) (*elect. instr.*), voltmetro.
"VMOS" (*elics.*), *see* vertical metal oxide semiconductor.
V notch (wood working) (*join.*), intaglio a V.
"VO" (verbal order) (*abbr.*), ordine verbale.
vocoder (electronic device for synthesizing and codifying voice) (*n. - voice inf. app.*), vocoder, codificatore di segnali fonici. **2.** cepstrum ~ (*voice inf. app.*), vocoder a cepstrum.
voder (used for reproducing a recognizable speech) (*elic. - acous.*), "voder".
VO engine, *see* vaporizing oil engine.
voice (*gen.*), voce. **2.** ~ (telecommunication by voice) (*n. - telecom.*), fonia. **3.** ~ activated typewriter, "VAT" (typewriting mach. capable of accepting a voice dictation) (*voice inf. - mach.*), macchina (per scrivere) che scrive sotto dettatura (o a comando vocale) **4.** ~ analog signal (*tlcm.*), segnale analogico vocale. **5.** ~ answer back unit (*comp.*), unità a risposta vocale. **6.** ~ board (*comp.*), scheda del parlato. **7.** ~ channel (*tlcm.*), canale fonico. **8.** ~ circuit (*tlcm.*), circuito vocale. **9.** ~ coil (audiofrequency currents coil) (*electroacous.*), bobina della fonia. **10.** ~ controlled (*comp.*), a comando vocale. **11.** ~ data entry (human voice input) (*comp.*), entrata di dati parlati. **12.** ~ data network, "VDN" (digital network) (*tlcm.*), rete fonìa dati, RFD. **13.** ~ digital synthesizer (*voice inf.*), sintetizzatore digitale della voce. **14.** ~ digitization (*elics.*), digitalizzazione di segnali vocali. **15.** ~ frequency (*comp.*), frequenza vocale. **16.** ~ input terminal (*comp.*), terminale ad ingresso vocale. **17.** ~ mail (memorization and transmission of a digitized voice signal) (*voice inf.*), posta vocale, audiomessaggeria. **18.** ~ pipe, *see* speaking tube. **19.** ~ recognition, *see* speech recognition. **20.** ~ recorder (black box device that records the pilot communications: cyclically repeated every thirty minutes) (*aer. crash*), registratore delle comunicazioni tra i piloti e dei piloti verso terra. **21.** ~ response unit (*comp.*), unità a risposta vocale. **22.** ~ transmission (*tlcm.*), trasmissione in fonia. **23.** ~ tube (or pipe) (*naut.*), *see*

speaking tube. **24.** limited-vocabulary ~ output device (*voice inf.*), apparecchiatura parlante a vocabolario limitato. **25.** low bit rate ~ signal (*tlcm.*), segnale voce a bassa velocità di trasmissione. **26.** text-to-voice synthesis system (unlimited vocabulary output device) (*voice inf.*), apparecchiatura parlante a vocabolario illimitato.

voice-actuated (as of a device operated by voice) (*a. - comp.*), messo in azione dalla voce (o vocalmente).

voiced (expressed by voice) (*a. - comp. - etc.*), parlato, vocalizzato.

voice-data terminal (terminal apt to transmit voice or data: by means of an adapter) (*comp.*), terminale voce-dati.

voice-over (the voice of a person not seen on the screen) (*n. - telev. - m. pict.*), voce fuori campo.

void (*a. - n. - gen.*), vuoto. **2.** ~ (in a casting) (*found.*), vuoto, mancanza di metallo. **3.** ~ (vacant: as of an office), vacante. **4.** ~ (lack of ink in a character: in optical character recognition) (*n. - comp. print*), vuoto. **5.** ~ (not having any legal force: as of a contract) (*a. - law - comm.*), nullo. **6.** ~ fraction (porosity, of a filter) (*app.*), tasso di permeabilità, porosità.

voids (spaces within a material not occupied by solid matter) (*civ. eng.*), vuoti.

voiturette (small two-seater aut.) (*aut.*), vetturetta biposto, piccola automobile a due posti, utilitaria biposto.

"vol", *see* volume.

volatile (*chem. phys.*), volatile. **2.** ~ (as of a memory that requires a continuous elect. input for avoiding erasure) (*comp.*), volatile. **3.** ~ memory, *see at* memory. **4.** ~ oil (*chem.*), olio essenziale, olio volatile.

volatility (*chem. phys. - comp.*), volatilità.

volatilization (*phys.*), volatilizzazione.

volatilize (to) (*chem. phys.*), volatilizzare.

volcanic (*geol.*), vulcanico.

volcanism (vulcanism) (*geol.*), vulcanismo.

volcano (*geol.*), vulcano. **2.** active ~ (*geol.*), vulcano attivo. **3.** dormant ~ (*geol.*), vulcano inattivo. **4.** extinct ~ (*geol.*), vulcano estinto. **5.** mud ~ (salse) (*geol.*), vulcano di fango.

volcanogenic (as a rock) (*a. - geophys.*), di origine vulcanica.

volcanologist (vulcanologist) (*geol.*), vulcanologo.

volcanology (*geol.*), vulcanologia.

volley (flight of bullets: as of a firearm), raffica. **2.** ~ (simultaneous firing of mines) (*min.*), volata. **3.** ~ (*tennis*), volata.

volplane (*n. - aer.*), volo planato, "vol plané", volo librato.

volplane (to) (*aer.*), planare, librarsi.

volt (*elect. meas.*), volt. **2.** ~ box (potential divider) (*elect.*), partitore di tensione. **3.** equivalent ~ (*elect.*), *see* electron volt.

Volta effect (*elect.*), effetto Volta.

voltage (*elect.*), tensione, voltaggio, potenziale. **2.** ~ between lines (line voltage, as of a three-phase system) (*elect.*), tensione concatenata. **3.** ~ booster (as a dynamo) (*elect. mach.*), survoltore. **4.** ~ circuit (a shunt circuit) (*elect.*), circuito shuntato. **5.** ~ divider (*elect.*), partitore di tensione. **6.** ~ drop (*elect.*), caduta di tensione. **7.** ~ of mains (*elect.*), tensione della rete. **8.** ~ regulator (*elect. app.*), regolatore di tensione. **9.** ~ rise (*elect.*), sopraelevazione di tensione. **10.** ~ to neutral (phase voltage, as of a three-phase system) (*elect.*), tensione di fase, tensione stellata. **11.** ~ transformer (*elect. meas. instr.*), trasformatore di tensione, trasformatore voltmetrico. **12.** active ~ (voltage in phase with the current) (*elect.*), tensione in fase (con la corrente). **13.** additional ~ (*elect.*), tensione addizionale, survoltaggio. **14.** anode ~ (*thermion.*), tensione anodica. **15.** bias ~ (*thermion.*), tensione di polarizzazione. **16.** block-out ~ (cutoff bias, of a cathode-ray tube) (*thermion.*), potenziale di interdizione. **17.** boosting ~ (*elect.*), tensione addizionale, survoltaggio. **18.** breakdown ~ (as of a cable) (*elect. test*), tensione di rottura, tensione di scarica disruptiva. **19.** charging ~ (*acc.*), tensione di carica. **20.** critical grid ~ (voltage value at which the flow of grid current is starting) (*thermion.*), tensione di innesco. **21.** cutoff ~ (*elics.*), potenziale d'interdizione. **22.** decomposition ~ (*electrochem.*), tensione di decomposizione. **23.** discharging ~ (*acc.*), tensione di scarica. **24.** electric ~ (*elect.*), tensione elettrica. **25.** equivalent disturbing ~ (as of a line) (*electrotel.*), tensione perturbatrice equivalente. **26.** excess ~ (*elect.*), sovratensione. **27.** extra high ~ (*elect.*), altissima tensione. **28.** filament ~ (*thermion.*), tensione di accensione. **29.** flash-over ~ (minimum voltage required for a permanent arc) (*elect.*), tensione di innesco, tensione disruptrice. **30.** grid polarization ~ (*thermion.*), tensione di polarizzazione di griglia. **31.** grid ~ (*thermion.*), tensione di griglia. **32.** heating ~ (*radio*), tensione di accensione. **33.** high ~ (*elect.*), alta tensione. **34.** impulse flashover ~ (*elics.*), tensione di scarica ad impulsi. **35.** initial ~ (as of a battery) (*elect.*), tensione iniziale. **36.** inverse ~ (as in a semiconductor) (*elics.*), tensione inversa. **37.** line ~ (voltage between the lines, as of a three-phase system) (*elect.*), tensione della linea. **38.** lumped ~ (*thermion.*), tensione composta. **39.** mains ~ (*elect.*), tensione della rete. **40.** neon ~ regulator (using a neon valve for obtaining a master voltage) (*elect.*), regolatore di tensione a neon. **41.** noise ~ (*radio*), tensione di rumore. **42.** no load ~ (*elect.*), tensione a vuoto. **43.** open-circuit ~ (no-load voltage, as between the terminals of a generator when delivering no current) (*elect.*), tensione a vuoto. **44.** phase ~ (voltage to neutral) (*elect.*), tensione di fase, tensione stellata. **45.** pickup ~ (as of a relay) (*elect.*), tensione di inizio di chiusura. **46.** picture ~ (*telev.*), tensione d'immagine. **47.** plate ~ (*thermion.*), tensione di placca, tensione anodica.

48. primary ~ (of a transformer) (*elect.*), tensione primaria. **49.** psophometric ~ (*electrotel.*), tensione psofometrica. **50.** rated ~ (*elect.*), tensione di esercizio, tensione nominale. **51.** ripple ~ (*radio*), tensione di ondulazione. **52.** rocking contact ~ regulator (*elect.*), regolatore di tensione a contatti oscillanti. **53.** saturation ~ (as of a photoelectric cell) (*elics.*), tensione di saturazione. **54.** saw-tooth ~ (*elect.*), tensione a dente di sega. **55.** secondary ~ (of a transformer) (*elect.*), tensione secondaria. **56.** star ~ (*elect.*), tensione stellata. **57.** terminal ~ (*elect.*), tensione ai morsetti. **58.** transversal ~ (as in a position of a two-wire circuit) (*electrotel.*), tensione trasversale. **59.** triggering ~ (*elect.*), tensione di scatto, tensione di sgancio. **60.** withstanding ~ (in circuits or app. test) (*elect.*), tensione di collaudo. **61.** working ~ (*elect.*), tensione di funzionamento. **62.** Y ~ (star voltage, voltage to neutral) (*elect.*), tensione stellata, tensione di fase.

voltaic (*a.*), voltaico, di Volta. **2.** ~ cell (*elect.*), pila voltaica. **3.** ~ couple (*elect.*), coppia voltaica. **4.** ~ pile (cell or battery) (*elect.*), pila voltaica.

voltameter (*elect. meas. instr.*), voltametro.

volt-ammeter (*elect. meas. instr.*), voltamperometro.

volt-ampere (of alternating current) (*n. - elect.*), voltampere, potenza apparente.

"voltamperermeter", *see* volt-ammeter.

"voltampermeter" (*elect. meas. instr.*), voltamperometro.

volt-box (*elect.*), partitore di tensione.

voltmeter (*elect. meas. instr.*), voltmetro, voltometro. **2.** analog ~ (*elect. instr.*), voltmetro analogico, voltmetro ad indice. **3.** digital ~ (*elect. instr.*), voltmetro a rappresentazione numerica, voltmetro digitale. **4.** electrostatic ~ (*elect. instr.*), voltmetro elettrostatico. **5.** peak ~ (meas. the max. value of an a. c.) (*elect. meas. instr.*), voltmetro di cresta.

volt-ohmmeter (combined instr.) (*elect. instr.*), voltohmmetro.

volt-ohm-milliammeter (*elect. instr.*), multimetro, analizzatore, "tester".

voltolize (to) (to submit something to electric discharge) (*elect. - ind.*), sottoporre a scariche elettriche.

volume (book), volume. **2.** ~ (space occupied), volume. **3.** ~ (*radio*), volume. **4.** ~ (including all the numbers as of magazine issued in one year) (*periodicals*), (raccolta dell') anno, annata. **5.** ~ (of an audio frequency wave) (*electroacous. circuit*), volume. **6.** ~ (phys. magnitude measured by units of volume "VU": loudness of a signal in accordance with human perception) (*tlcm.*), volume. **7.** ~ (an external memory: a magnetic tape reel, a disk pack, a magnetic drum etc.) (*comp.*), volume. **8.** ~ control (*radio*), regolatore di volume. **9.** ~ production (*ind.*), produzione in grande serie. **10.** ~ table of contents, "VTOC" (file index: a table that indicates name and location of every file residing in that volume) (*comp.*), tabella indice dei contenuti del volume. **11.** ~ unit (1 decibel corresponding to 1 milliwatt in a 500 ohm electroacoustic circuit) (*electroacous. unit*), unità di volume audio. **12.** automatic ~ control (*electroacous.*), regolatore automatico del volume. **13.** critical ~ (*atom phys.*), volume critico. **14.** cubic ~ (*meas.*), cubatura. **15.** increase of ~ (*phys.*), aumento di volume, dilatazione. **16.** sound ~ (as in sound film projector) (*electroacous.*), volume del suono. **17.** work ~ (as a disk pack used for a work file) (*comp.*), volume (o file) di lavoro.

volumenometer (*phys. meas. instr.*), volumenometro.

volumeter (*meas. instr.*), strumento per la misura diretta (o mediante immersione in liquido) dei volumi.

volumetric, volumetrico. **2.** ~ analysis (*chem.*), analisi volumetrica. **3.** ~ efficiency (*mot.*), rendimento volumetrico. **4.** ~ (*chem.*), matraccio graduato.

volute (*arch.*), voluta. **2.** ~ (as of a compressor casing) (*mach.*), coclea. **3.** ~ pump (with a spiral stator) (*hydr. mach.*), pompa centrifuga con statore a coclea. **4.** ~ spring (*mech.*), molla a spirale conica.

voog (*min.*), *see* vug.

"VOR" (Very-high frequency Omni-directional Radio beacon) (*aer. - radio*), radiofaro onnidirezionale VHF.

vortex (eddy) (*mech. of fluids*), vortice. **2.** ~ blading (as of a gas turbine), palettatura a vortice libero. **3.** ~ sheet (fluid layer with high vorticity) (*mech. of fluids*), strato vorticoso. **4.** ~ street (vortices arranged behind cylindrical bodies and forming two parallel rows) (*mech. of fluids*), nastro vorticoso, coppia di piani vorticosi. **5.** free ~ (*aerodyn.*), vortice libero. **6.** Karman ~ (*aerodyn.*), vortice di Karman. **7.** line ~ (vortex having the vorticity concentrated in a line) (*mech. of fluids*), vortice lineare. **8.** point ~ (section of a straight-line vortex) (*mech. of fluids*), punto a vortice, singolarità. **9.** trailing ~ (vortex downstream of a body surface) (*mech. of fluids*), vortice di uscita.

vortical motion (rotation motion: as in the layer situated between two streams running in opposite directions) (*fluids mech.*), moto vorticoso.

vorticity (*mech. of fluids*), vorticosità. **2.** absolute ~ (as of the atmosphere: relating to an absolute coordinate system) (*mech. of fluids*), rotazione riferita a coordinate spaziali.

vorticose (*a.*), vorticoso.

voucher (a document showing a payment made for obtaining services) (*tourism - etc.*), buono. **2.** ~ (receipt) (*comm. - etc.*), ricevuta.

voussoir (*arch.*), concio rastremato, concio per archi.

voyage, viaggio. **2.** ~ charter (voyage charter party) (*transp.*), contratto di noleggio a viaggio.

"VP" (vent pipe) (*bldg.*), tubo di sfiato. **2.** ~ (vapor pressure) (*phys.*), tensione di vapore. **3.** ~, *see also* variable pitch.

"VPN" (Vickers pyramid number) (*mech. technol.*), numero di durezza Vickers.

"VPP" (Value Payable by Post) (*finan.*), vaglia postale. **2.** ~ (Voltage Peak to Peak) (*elect.*), tensione picco-picco.

"VPS" (video program signal) (*audiovisuals*), segnale del videoprogramma.

"VR" (voltage regulator) (*elect.*), regolatore di tensione.

"VRAM" (video RAM) (*comp.*), memoria video ad accesso casuale.

"vrbl", *see* variable.

"VS" (Virtual Storage) (*comp.*), memoria virtuale.

"VSI" (Virtual Storage Interrupt: page fault) (*comp.*), mancanza di pagina.

"V/STOL" (vertical short takeoff or landing) (*aer.*), decollo ed atterraggio cortissimo.

"VSW" (very short wave) (*sea*), onde cortissime.

"VT" (vacuum tube) (*thermion.*), tubo elettronico. **2.** ~ fuze (proximity fuze) (*expl.*), spoletta di prossimità.

"VTO" (vertical take-off) (*n. - aer.*), decollo verticale. **2.** ~ (*a. - aer.*), a decollo verticale. **3.** ~ fighter (*aer.*), caccia a decollo verticale.

"VTOC", *see* volume table of contents.

"VTOL" (vertical take-off and landing) (*aer.*), decollo ed atterraggio verticali.

"VTR" (video tape recorder) (*telev. app.*), videoregistratore a nastro.

"VTV M", *see* vacuum tube voltmeter.

"VU" (Voice Unit) (*acous. meas. - teleph*), unità a voce.

vug, vugg, vugh (cavity in a rock lined with crystals) (*min.*), tipo di drusa, cavità rivestita di cristalli. **2.** ~ (pipe, of an ingot) (*metall. defect*), cono di ritiro.

vulcanite (*ind.*), tipo di gomma dura.

vulcanization (as of rubber), vulcanizzazione. **2.** accelerator (*chem. ind.*), accelerante della vulcanizzazione. **3.** ~ coefficient (*rubb. mfg.*), coefficiente di vulcanizzazione, quantità di zolfo combinato con cento parti di gomma. **4.** ~ heat (*rubb. mfg.*), calore di vulcanizzazione. **5.** molding ~ (*rubb. mfg.*), vulcanizzazione in stampo. **6.** open (or free) steam ~ (*rubb. mfg.*), vulcanizzazione in vapore libero. **7.** oxygen ~ (special cyclization) (*rubb. mfg.*), plastificazione termica con l'aggiunta di agente ossidante. **8.** premature ~ (*rubb. mfg.*), vulcanizzazione prematura. **9.** press ~ (*rubb. mfg.*), vulcanizzazione sotto pressa. **10.** steam ~ (*rubb. mfg.*), vulcanizzazione in vapore.

vulcanize (to) (as rubber) (*ind.*), vulcanizzare.

vulcanized (*ind.*), vulcanizzato. **2.** ~ asbestos (*ind.*), amianto vulcanizzato. **3.** ~ fiber (used as for packings and low-voltage insulation), fibra vulcanizzata. **4.** ~ rubber, gomma vulcanizzata.

vulcanizer (vulcanizing apparatus) (*rubb. mfg.*), apparecchio per la vulcanizzazione, vulcanizzatore.

vulcanizing (*a. - rubb. ind.*), vulcanizzante, di vulcanizzazione. **2.** ~ apparatus (*rubb. mfg.*), apparecchio di vulcanizzazione. **3.** ~ pan (*rubb. mfg.*), caldaia di vulcanizzazione. **4.** ~ unit (*rubb. mfg. app.*), vulcanizzatore.

vulnerable (*a. - milit.*), vulnerabile.

"V & V" (Verification and Validation) (*comp.*), verifica e convalida.

"VX", *see* videotext, videotex.

W

"W" (dew, Beaufort letter) (*meteorol.*), rugiada. **2.** ~ (wire) (*elect. - etc.*), filo. **3.** ~ (west, cardinal point) (*geogr.*), ovest. **4.** ~ (width) (*meas.*), larghezza.

W (Wolfram, Tungsten) (*chem.*), W, wolframio, tungsteno.

"w" (with) (*gen.*), con. **2.** ~ (watt) (*elect. meas.*), w, watt. **3.** ~ (wide) (*meas.*), largo. **4.** ~ (week, weeks) (*gen.*), settimana, settimane. **5.** ~, *see also* water, weight, wet, wind, wire, wood, work, wrong.

w (energy) (*symbol*), energia.

"WA" (with average) (*naut. insurance*), compresa avarìa.

wabble (to), *see* wobble (to).

"WAC" (world aeronautical chart) (*aer.*), carta aeronautica mondiale.

wad (as for shotgun cartridge) (*firearm*), borra, stoppaccio. **2.** ~ (hydrated oxide of manganese) (*min.*), idrossido di manganese. **3.** ~ (flash removed as from the inside of a forging) (*forging*), cartella, bava interna. **4.** ~ (of cotton) (*text. ind.*), ovatta.

wadding (of cotton) (*text. ind.*), ovatta. **2.** ~ (material for wads) (*expl. ind.*), feltro per borre (o stoppacci).

wade (to) (as a river with a veh.) (*milit. - veh.*), guadare.

wadi (wady, watercourse bed) (*geol. - geogr.*), uadi.

wading (*milit. - veh.*), guado. **2.** ~ test (for testing the watertightness of a veh.) (*veh.*), prova di guado. **3.** five feet ~ with a one foot wave (as for testing the watertightness of veh.) (*veh.*), guado di cinque piedi con onda di un piede.

wafer (thin slice, generally of silicon, cut in dice for chips production) (*elics.*), fetta. **2.** ~ capsule (*pharm.*), cachet.

wafer (to) (to cut, as silicon, into wafers) (*elics.*), tagliare in fette.

waffle (cake) (*food ind.*), cialda. **2.** ~ ingot (aluminium ingot having approx the thickness of 1/4 of an in and 3 sq in surface) (*metall.*), lingotto sottile di alluminio. **3.** ~ iron (elect. utensil for making waffles) (*kitchen electrodomestic impl.*), stampo per cialde.

wafter (of blower) (*mach.*), ventola.

wag (to) (to oscillate, to undulate: as a two wheels aut. trailer) (*gen.*), oscillare, ondeggiare, serpeggiare.

wage (of white collars, officers, managers etc.) (*adm.*), stipendio. **2.** ~ (of workers) (*adm.*), paga, salario. **3.** ~ (of white collars and workers) (*adm.*), retribuzione. **4.** ~ drift (*pers. - work.*), slittamento dei salari, slittamento salariale. **5.** ~ earner (*work.*), (il) salariato. **6.** ~ gap (*pers. - work.*), intervallo salariale. **7.** ~ level (*pers.*), livello retributivo. **8.** ~ pause (*trade - unions*), tregua salariale. **9.** ~ price spiral (*econ.*), spirale prezzi-salari. **10.** ~ range (*pers.*), categoria retributiva. **11.** ~ scale (*adm.*), tabella base delle paghe. **12.** ~ sheet (as of a work.) (*adm.*), foglio paga. **13.** ~ sliding scale (of workmen wages) (*ind. - adm.*), scala mobile. **14.** double time ~ (as for sunday work) (*adm. - pers. organ.*), paga doppia. **15.** minimum of ~ (of workers) (*econ.*), minimo di paga. **16.** nominal ~ (meas. in money and not by their purchasing power) (*econ.*), retribuzione nominale, retribuzione non riferita al suo potere di acquisto. **17.** nominal ~ (for clerks) (*econ.*), stipendio nominale. **18.** piece ~ (of worker) (*econ.*), salario a cottimo. **19.** premium system ~ (*econ.*), salario a premio. **20.** real ~ (meas. by their purchasing power) (*econ.*), retribuzione reale, retribuzione riferita al suo potere di acquisto. **21.** take-home ~ (net wage after deduction of taxes, insurance etc.) (*adm.*), salario netto, somma effettivamente intascata (dedotti gli oneri e i contributi).

wageworker (*ind.*), salariato.

wagon, waggon (*veh.*), carro. **2.** ~ (*railw.*), carro merci, vagone. **3.** ~ (*railw.*) (Brit.), *see also* car (Am.). **4.** ~ with brake cabin (*railw.*) (Brit.), carro con garitta del frenatore. **5.** ~ with radial bolster (for transporting very long loads) (*railw.*) (Brit.), carro con bilico. **6.** attaching of additional wagons (*railw.*) (Brit.), attacco di nuovi vagoni (merci). **7.** ballast ~ (*railw.*) (Brit.), carro per trasporto pietrisco. **8.** bogie ~ (*railw.*) (Brit.), carro a carrelli. **9.** bottom dump ~ (*veh.*) (Brit.), carro (autoscaricabile) a fondo apribile. **10.** breakdown ~ (*railw.*) (Brit.), carro di soccorso. **11.** buffer ~ (coupled to a car transporting a load exceeding in length that of the car itself) (*railw.*), carro scudo. **12.** carboy ~ (jar wagon) (*railw.*) (Brit.), carro a giare. **13.** cask ~ (as for transporting wine) (*railw.*) (Brit.), carro botte. **14.** covered goods ~ (freight car) (*railw.*), carro (merci) chiuso. **15.** covered ~ (covered van) (*railw.*) (Brit.), carro chiuso. **16.** crane ~ (*railw.*) (Brit.), carro gru. **17.** Decauville tilting ~ (*ind. min. veh.*), vagonetto ribaltabile Decauville. **18.** delivery ~ (*veh.*) (Am.), furgone consegna merci. **19.** flat ~ (*min. ind. veh.*), piattina, vagoncino a piattaforma. **20.** groupage ~ (*railw.*) (Brit.), carro di merci a collettame. **21.** high-sided ~ (*railw.*), carro merci alte sponde. **22.** hopper ~ (*railw.*) (Brit.), carro a tramoggia. **23.** jar ~ (*railw.*) (Brit.), *see* carboy wagon. **24.** low-sided ~ (*railw.*), carro merci a sponde basse, pianale a sponde basse. **25.** mineral ~ (*railw.*) (Brit.), carro trasporto minerali. **26.** open goods ~ (gondola car) (*railw.*), carro (merci) scoperto. **27.** ore ~ (*railw.*) (Brit.), carro trasporto minerali. **28.** platform ~ (*min. or ind. veh.*), piattina, vagoncino a piattaforma. **29.** refrigerator ~ (*railw.*) (Brit.), carro frigorifero. **30.** repair ~ (*railw.*) (Brit.), carro officina. **31.** shelved ~ (*light railw. veh.*), vagonetto a ripiani. **32.** shuttle-service ~ (*railw.*) (Brit.), carro navetta. **33.** snow-plow ~ (*railw.*) (Brit.), carro spazzaneve. **34.** station ~ (beach wagon) (*aut.*), giardinetta, giardiniera. **35.** tank ~ (*railw.*) (Brit.), vagone cisterna, carro cisterna. **36.** tipping ~ (*min. or ind. veh.*), vagonetto ribaltabile. **37.** tower ~ (motor truck fitted with an elevating platform used for repairing as streetcar wires) (*aut.*), autocarro a piattaforma sollevabile. **38.** tower ~ (fitted with an elevating platform used for repairing wires) (*elect. railw.*) (Brit.), carro a piattaforma sollevabile. **39.** well ~ (*railw.*) (Brit.), carro con piano di carico ribassato, carro a pozzo.

wagoner, conducente (di mestiere).

wagon-lit (*railw.*), vagone letto.

wain (*veh.*), carro.

wainscot (fine quality of oak) (Brit.), legno di quercia di prima qualità. **2.** ~ (wooden lining for interiors) (*bldg.*), rivestimento in legno. **3.** ~ (lower part of an interior wall showing a distinct finish) (*mas.*), zoccolatura decorativa di oltre 1 m di altezza.

wainscot (to) (*bldg.*), rivestire con pannelli in legno.

wainscoting, wainscotting (wainscot) (*bldg.*), rivestimento in legno. **2.** ~ (material for wainscot) (*ind.*), materiali per rivestimento in legno. **3.** ~ cap (*bldg. carp.*), bordo superiore della zoccolatura.

waist (of a car body) (*aut. constr.*), cintura. **2.** ~ (of a ship) (*naut.*), parte centrale del ponte (o della nave). **3.** ~ (*gen.*), cintura.

waistline (as of an aut. body) (*aut. constr.*), linea della cintura.

wait (to) (*comp. - etc.*), attendere.

waiter (of restaurants etc.) (*work.*), cameriere.

waiting (*gen.*), attesa. **2.** ~ line (in queuing theory and in ind. organ.) (*programming - comp. - etc.*), linea di attesa, coda. **3.** ~ list (*comp. - air travel - etc.*), lista di attesa. **4.** ~ loop (*comp.*), ciclo di attesa. **5.** ~ period (as for an employee) (*pers.*), periodo di aspettativa. **6.** ~ room (as in a railw. station), sala d'aspetto. **7.** ~ time (delay for a worker, caused by lack of material, of tools etc.) (*time study*), tempo di attesa. **8.** no ~ (*road traff. sign.*), sosta vietata.

"waiting-bay" (of a highway) (*road traff.*), *see* lay-by.

waitress (*work.*), cameriera.

waive (to) (to be unfit or incapable of receiving or accepting paint, weld etc.) (*gen.*), rifiutare.

waiver (*gen.*), rinunzia. **2.** ~ of notice (of meetings of the board) (*adm.*), rinunzia all'avviso di convocazione.

wake (*naut. - aer.*), scìa. **2.** ~ gain (increase of the ship's speed due to the wake push) (*naut.*), fattore di scìa.

wakeless (in the hope of being less detectable: of a torpedo) (*navy expl.*), privo di scìa, senza scìa.

wale (lengthwise series of stitches in a knitted fabric) (*text. ind.*), fila di maglie. **2.** ~ (a rib in a fabric) (*text.*), costa. **3.** ~ (horizontal member binding vertical elements) (*mas.*), elemento orizzontale di collegamento. **4.** ~ (shipbuilding) (*naut.*), corso di tavolame del fasciame.

walings (in trench poling) (*bldg.*), tavole orizzontali.

walk (to) (*gen.*), camminare, passeggiare.

walk-around oxygen bottle (walk-around oxygen unit: for emergency in high-altitude flights) (*aer.*), contenitore di ossigeno di emergenza.

walkie-lookie (portable set) (*telev.*), televisore portatile.

walkie-talkie, walky-talky (*radio app.*), ricetrasmettitore portatile.

walking (of a mech. device operated by a man while walking) (*a. - agric. mach.*), a mano. **2.** ~ (oscillating) (*mech.*), oscillante. **3.** ~ (traveling: as of a crane) (*mach.*), mobile. **4.** ~ beam (as of an oil derrick) (*min.*), bilanciere. **5.** ~ crane (sustained by one rail overhead and another one on the floor) (*transp.*), gru zoppa. **6.** ~ hearth (of a furnace) (*found.*), scuola oscillante. **7.** ~ mower (*agric. mach.*), falciatrice a mano.

walkout (labor strike) (*ind.*), (Am. coll.), sciopero.

walk-up (apartment or tenement without elevator) (*a. - bldg.*), senza ascensore.

walkway (passageway: as in mfg. plants), passaggio per pedoni.

wall (*bldg.*), muro. **2.** ~ (as of a boiler) (*mech.*), parete. **3.** ~ (massive wall) (*bldg.*), muraglia, muraglione. **4.** ~ (*min.*), parete. **5.** ~ baffle (a wall used to deflect gases or flames in a furnace structure) (*glass mfg.*), spartifiamma, spaccafiamma. **6.** ~ bearing (of a drive shaft) (*mech.*), supporto a muro. **7.** ~ bed (*furniture*), letto ribaltabile verticalmente (in apposita incassatura) nel muro. **8.** ~ box (support formed in a wall for carrying a timber end and for its ventilation) (*mas.*) (Brit.), scatola in ghisa per testata di trave in legno. **9.** ~ box (set in a wall for a through shaft) (*mech. - bldg.*), supporto a muro (di albero passante). **10.** ~ bracket (for drives) (*mech. - bldg.*), mensola a muro. **11.** ~ chase (*mas.*), traccia, incassatura (per tubazioni). **12.** ~ clamps (*mas.*), elementi di collegamento tra le due pareti di un doppio muro. **13.** ~ drive (*mech.*), (albero di) trasmissione a parete. **14.** ~ enclosure (*bldg.*), recinto in muratura. **15.** ~ fitting (*illum. app.*), braccio a muro, "applique". **16.** ~ frame, *see* wall box. **17.** ~ hook (*gen.*) (Brit.), gancio a muro, arpione. **18.** ~ outlet (*elect.*), presa a muro. **19.** ~ plate (iron plate fixed flat against the wall: as for mech. support) (*mech.*), piastra a muro (di attacco). **20.** ~ plate (one of the two horizontal wooden elements lying lengthwise on the wall and sustaining the roof trusses in the Am. way of bldg: in the Italian way the wooden trusses are lying directly on the walls) (*bldg.*), trave di appoggio (del tetto), trave di posa (del tetto). **21.** ~ spacers (*reinf. concr.*), distanziatori per casseforme. **22.** ~ surface outlet (*elect.*), presa esterna a muro. **23.** ~ ties (*mas.*), collegamenti murari. **24.** ~ with buttresses (*bldg.*), muro con contrafforti. **25.** ashlar ~ (*bldg. - arch.*), muro in pietra da taglio. **26.** bearing ~ (*bldg.*), muro portante. **27.** bin ~ (for retaining loose earth) (*civ. eng.*), muro a cassoni. **28.** boundary ~ (*bldg.*), muro di cinta. **29.** breast ~ (refractory wall between pillars of a pot furnace and in front of, or surrounding, the front of a pot) (*glass mfg.*), muretto refrattario, "baccalà". **30.** brick ~ (*bldg.*), muro in mattoni. **31.** concrete ~ (*bldg.*), muro in calcestruzzo. **32.** counterscarp ~ (*mas.*), muro di controscarpa. **33.** curtain ~, *see* nonbearing wall. **34.** cut stone ~ (*bldg.*), muro in pietra da taglio. **35.** decorating ~ (*arch.*), muro di rivestimento. **36.** door side ~ (*bldg.*), stipite di una porta. **37.** dressed stone ~ (*bldg.*), muro in pietra da taglio. **38.** dry ~ (*bldg.*), muro a secco. **39.** enclosure ~ (*bldg.*), muro di cinta. **40.** external ~ (*bldg.*), parete esterna. **41.** filler ~, *see* panel wall. **42.** fire ~ (*antifire mas. constr.*), muro tagliafuoco. **43.** foot ~ (as of an ore body) (*min. - geol.*), letto. **44.** foundation ~ (*bldg.*), muro di fondazione. **45.** hanging ~ (as of an ore body) (*min. - geol.*), tetto. **46.** header ~ (*mas.*), muratura di punta. **47.** hewn stone ~ (*arch.*), muro di pietra sbozzata. **48.** inside ~ (*bldg.*), parete interna. **49.** loose-laid ~ (*mas.*), muro a secco. **50.** main inside ~ (*bldg.*), muro di spina. **51.** main ~ (*bldg.*), muro maestro. **52.** nonbearing ~ (partition wall: not bearing any load) (*mas.*), muro non portante, muro divisorio. **53.** outside main ~ (*bldg.*), muro d'ambito. **54.** outside ~ (*bldg.*), parete esterna. **55.** panel ~ (built between the piers of a structure) (*mas.*), muro di chiusura (non portante). **56.** partition ~ (*bldg.*), muro di divisione, muro divisorio. **57.** party ~ (separating two properties) (*bldg. - law*), muro comune, muro di confine. **58.** protection ~ (*bldg.*), muro di rivestimento. **59.** retaining ~ (as of a road) (*mas.*), muro di sostegno. **60.** scarp ~ (*bldg.*), muro di scarpa. **61.** sheet-pile ~ (sheet piling) (*hydr. constr.*), palancolata. **62.** side ~ of staircase (*bldg.*), muro di gabbia di scala. **63.** staircase ~ (*bldg.*), muro di gabbia della scala. **64.** stair ~ (*bldg.*), muro di gabbia della scala. **65.** stone ~ (*mas.*), muro in pietrame. **66.** stretcher ~ (*mas.*), muratura di coltello. **67.** talus ~ (*mas.*), muro a scarpa. **68.** toe ~ (low retaining wall built at the foot of an earth slope) (*civ. eng.*), muro di sottoscarpa. **69.** tube ~ (furnace waterwall realized by water tubes) (*boil.*), schermo a tubi d'acqua. **70.** wing ~ (as of a bridge) (*arch.*), muro d'ala. **71.** worked stone ~ (*arch.*), muro di pietra lavorata.

wall (to) (to furnish with walls) (*bldg.*), erigere i muri. **2.** ~ (to enclose with a wall) (*bldg.*), chiudere con un muro. **3.** ~ in (as a bracket) (*bldg.*), fissare nel muro, murare.

wallboard (sheets: as of plastic for sheathing interior walls etc.) (*bldg.*), laminati per rivestimento.

walled (fixed to a wall) (*bldg.*), murato. **2.** ~ (enclosed with a wall) (*bldg.*), cintato con un muro.

wallower (antiquated form of pinion used in watches) (*mech.*), pignone a lanterna.

wallpaper (*bldg.*), carta da parati.

"wall-type" (as a switchboard etc.) (*a. - gen.*), da parete. **2.** ~ air conditioner (air conditioning) (*app.*), condizionatore da parete.

walnut (*wood*), noce.

wand, bacchetta. **2.** ~ (magnetic reader of bar code) (*comp.*), rilevatore magnetico, lettore magnetico.

wane (to) (to decline in intensity: as the power of battery) (*elect.*), esaurirsi.

Wankel engine (rotating piston engine) (*mot. - aut.*), motore Wankel, motore a pistone rotante.

want (to) (to lack), mancare.

wantage, mancanza.

wap (single turn in a wire coil) (*metall.*), spira.

war, guerra. **2.** ~ gas (*chem. milit.*), aggressivo chimico. **3.** ~ head (of a torpedo) (*navy*), testa carica. **4.** articles of ~ (*law*), codice penale militare.

ward (as of a hospital), padiglione. **2.** ~ (of a lock) (*mech.*), scontro, risalto circolare sulla piastra di battuta della chiave per permettere il funzionamento della sola chiave che ha corrispondenti intagli. **3.** ~ Leonard system (*electromech.*), gruppo Ward-Leonard.

warded lock (as of a door) (*mech.*), serratura con risalti circolari sulla piastra di battuta della chiave e corrispondenti agli intagli di questa.

wardrobe, guardaroba, armadio. **2.** ~ trunk (for voyages), baule armadio. **3.** built-in ~ (*bldg.*), armadio a muro.

wardroom (*navy*), quadrato (degli ufficiali).

ware (goods, manufactures) (*comm.*), merci, manufatti.

warehouse, magazzino. **2.** ~ bond (*warehouse organ.*), buono (o bolletta) di consegna (a magazzino). **3.** ~ book (*adm.*), registro di magazzino. **4.**

~ receipt (*warehouse organ.*), ricevuta di magazzino. **5.** bonded ~ (*comm.*), magazzino doganale, deposito franco. **6.** ex ~ (free from transp. charges up to warehouse) (*comm.*), franco magazzino. **7.** finished products ~ (*ind.*), magazzino prodotti finiti. **8.** high-bay ~ (*ind.*), magazzino a scaffalature verticali, magazzino in verticale. **9.** unfinished products ~ (*ind.*), magazzino semilavorati.

warehouse (to), immagazzinare, depositare in magazzino.

warehouseman (*work.*), magazziniere.

warehousing (*ind.*), immagazzinamento.

wares soft ~ (soft goods: textile fabrics in general) (*text. ind.*) (Am.), tessuti.

warfare (war) (*milit.*), guerra. **2.** ~ (military operations) (*milit.*), operazioni militari. **3.** biological ~ (*milit.*), guerra batteriologica.

"WARHD" (warhead, as of a torpedo) (*milit.*), testata, testa di guerra, testa per esplosivo.

warhead (the terminal part of a missile containing the explosive charge) (*milit.*), testata. **2.** ~ (the head of the torpedo containing the explosive and the exploder) (*navy expl.*), testa di guerra.

warm (*a. - therm.*), caldo. **2.** ~ bleach (rapid system of bleaching pulp) (*paper mfg.*), sbianchimento a caldo. **3.** ~ sector (body of warm air) (*meteorol.*), settore caldo.

warm (to) (*therm.*), scaldare, riscaldare. **2.** ~ up (as an engine) (*mot.*), riscaldare.

warmed (*gen.*), riscaldato, caldo. **2.** ~ up (as an engine) (*mot.*), caldo.

warming (*gen.*), riscaldamento. **2.** ~ (*electrodomestic app.*), termoforo elettrico. **3.** ~ up allowance (additional capacity of heating systems) (*therm.*), margine di potenzialità dell'impianto per portare l'ambiente in temperatura.

warn (to) (*comm. - law*), diffidare. **2.** ~ (*meteor.*), avvisare.

warning (*comm. - law*), diffida. **2.** ~ (*meteorol.*), avviso, avvertimento, segnalazione. **3.** ~ admonition, avvertimento. **4.** ~ flame (as of a gas heater) (*comb.*), semprevivo, spia, fiamma pilota. **5.** ~ light (*elect. - aut. - etc.*), spia luminosa. **6.** ~ notice (*pers.*), ammonizione. **7.** ~ sign (*road traff. - safety - etc.*), segnale di pericolo. **8.** ~ station (warning panel) (*elect. - etc.*), quadro di segnalazione, quadro spie. **9.** ~ system (any system used in a defence organisation to detect the presence of an enemy) (*milit.*), sistema di scoperta, sistema di allarme (o di avvertimento). **10.** brake ~ light (as a brake lining wear telltale) (*aut. instr.*), spia freni. **11.** cloud and collision ~ system (*aer. - radar*), sistema di segnalazione nuvole e collisioni. **12.** early ~ (warning system particularly studied to detect the enemy at great distances) (*milit.*), scoperta a distanza, scoperta preventiva. **13.** gale ~ (*navig. meteor.*), avviso di burrasca. **14.** low fuel ~ light (*aut. instr.*), spia (luminosa della) riserva carburante.

warp (weaving), ordito. **2.** ~ (of pneumatic tire) (*text. product for rubb. ind.*), tela, tele. **3.** ~ (rope) (*naut.*), tonneggio, cavo da tonneggio. **4.** ~ (alluvial soil formed by sediment) (*geol.*), deposito alluvionale, terreno alluvionale di sedimentazione. **5.** ~ beam (*text. ind.*), subbio dell'ordito. **6.** ~ beam, *see also* weavers' beam. **7.** ~ beaming (*text. ind.*), avvolgimento dell'ordito (sul subbio). **8.** ~ chain (*text. mfg.*), catena d'ordito. **9.** ~ eyes (*text.*), *see* heddle eyes. **10.** ~ spooling machine (*text. mach.*), cannettiera per ordito. **11.** ~ stop motion (of weaving mach.) (*text. mach.*), arresto (automatico) per rottura catena. **12.** ~ winding machine (*text. mach.*), filatoio per ordito. **13.** full ~ (*text. ind.*), catena piena. **14.** balf ~ (*text. ind.*), mezza catena.

warp (to) (weaving) (*text. ind.*), ordire. **2.** ~ (as a wing) (*aer.*), svergolare. **3.** ~ (*naut.*), tonneggiare, tonneggiarsi. **4.** ~ (to twist out of the plane) (*phys. - mech.*), storcersi, svergolarsi. **5.** ~ (to distort, as of wood) (*technol.*), svergolarsi, imbarcarsi. **6.** ~ with steam (as the wood) (*ind.*), curvare a vapore.

warpage (*mech.*), distorsione. **2.** ~ (as of a casting) (*found. - etc.*), svergolamento, deformazione.

warped (out of shape) (*mech.*), contorto. **2.** ~ (of wood), curvato. **3.** ~ casting (*found.*), getto svergolato.

warper (*text. work.*), orditore. **2.** ~, *see also* warping machine.

warping (a permanent bent out of a plane of symmetry or a turning out of shape: warpage) (*mech. defect*), svergolamento. **2.** ~ (as on long pieces after heat-treatment) (*metall.*), deformazione, svergolamento. **3.** ~ (of a wing) (*aer.*), svergolamento. **4.** ~ (*text. ind.*), orditura. **5.** ~ engine (*naut.*), macchina di tonneggio. **6.** ~ machine (*text. mach.*), orditoio. **7.** ~ mill (*text. ind. mach.*), orditoio. **8.** cone ~ machine (*text. mach.*), orditoio a coni. **9.** section ~ machine (*text. ind. mach.*), orditoio meccanico a sezioni.

warplane (*air force*), aeroplano militare.

warrant (receipt for goods in deposit) (Brit.) (*comm. - law*), ricevuta di magazzino. **2.** ~ of arrest (*law*), mandato di arresto. **3.** ~ of attorney (*law*), mandato di procura.

warrant (to) (to guarantee: as goods sold) (*comm.*), garantire.

warranted (as of goods) (*comm.*), garantito.

warranty (*law - comm.*), garanzia. **2.** ~ complaint (warranty claim) (*aut. - etc.*), segnalazione di anomalia in (periodo di) garanzia. **3.** ~ period (as of a car) (*comm.*), periodo di garanzia.

"warrtd", *see* warranted.

warship (*navy*), nave da guerra.

war-weary (said of a not reclaimable aircraft) (*air force*), aereo fuori uso ed irriparabile (per causa bellica).

wash (act of washing) (*gen.*), lavatura, lavaggio. **2.** ~ (water color) (*mas.*), tinta, tinteggiatura. **3.** ~ (*naut. - aer.*), scia. **4.** ~ (liquid blacking for a mold) (*found.*), tinta, nero liquido. **5.** washes (sand erosions during the pouring of the metal) (*found. defect*), erosioni di terra. **6.** ~ bottle (*chem. impl.*), spruzzetta. **7.** ~ drawing (*art - draw.*), disegno a tempera. **8.** ~ goods (washable fabrics) (*text.*), tessuti lavabili. **9.** ~ oil (oil used for washing gas) (*gas mfg.*), petrolio di lavaggio. **10.** ~ stand (wash basin) (*bldg. - etc.*), lavabo, lavandino. **11.** ~ water (*ind.*), acqua di lavaggio. **12.** circular ~ fountain (*ind. bldg. fixture*), lavabo circolare. **13.** sand ~ (*found.*), lavaggio di sabbia.

wash (to), lavare. **2.** ~ (to deposit a thin metal coat on something) (*ind.*), metallizzare. **3.** ~ a car (*aut.*), lavare una vettura. **4.** ~ away (*geol.*), dilavare. **5.** ~ out (to cancel a recording on a magnetic tape or wire to allow further recordings) (*electroacous.*), cancellare.

washability (as of a paint) (*gen.*), lavabilità.

washable (*a. - gen.*), lavabile.

washateria, washeteria (public laundry consisting of coin-operated washing mach.) (*n. - self-service*), lavanderia (con lavatrici) a gettone.

washbasin (*bldg. app.*), lavabo, lavandino.

washboard (*naut.*), battente di boccaporto. **2.** ~ (plank on top of a small boat side in which the rawlocks are cut) (*naut.*), falchetta. **3.** ~ (skirting board) (*bldg.*), zoccolo in legno, battiscopa. **4.** ~ (*household impl.*), asse per lavare (i panni). **5.** ~ (ripples, waves etc. on the surface of a glass article) (*glass mfg.*), ondulazioni.

washbowl, *see* washbasin.

washdown (as of a boat deck) (*gen.*), lavaggio. **2.** ~ pump (as for a boat deck) (*naut.*), pompa di lavaggio.

washed (*a.*), lavato. **2.** ~ clay, *see* malm.

washed-out (faint in hue) (*a. - phot.*), slavato.

washer (*washing mach.*), lavatrice. **2.** ~ (*mech.*), rondella, rosetta, ranella. **3.** ~ (for gases) (*chem. app.*), gorgogliatore di lavaggio. **4.** ~ (*min. mach.*), lavatrice. **5.** ~ (washing engine) (*paper mfg. mach.*), olandese lavatrice. **6.** ~ head (as a hexagonal screw head) (*mech.*), testa con spallamento. **7.** ~ lock (*mech.*), bloccaggio mediante rondella. **8.** air ~ (*ind. app.*), depuratore d'aria (a spruzzatura d'acqua). **9.** Belleville ~ (*mech.*), molla Belleville, molla a tazza. **10.** crinkle ~ (*mech.*), rosetta elastica ondulata. **11.** cupped ~ (cup washer) (*mech.*), rondella concava. **12.** C ~ (open washer) (*mech.*), rosetta aperta. **13.** dish ~ (dish-washing machine) (*elect. app.*), lavastoviglie. **14.** distance ~ (*mech.*), distanziatore. **15.** elastic ~ (*mech.*), rondella elastica, rosetta elastica, "grover". **16.** external tab ~ (*mech.*), rondella di sicurezza a linguetta esterna. **17.** felt ~ (*mech. - etc.*), rondella di feltro. **18.** internal tab ~ (*mech.*), rondella di sicurezza a linguetta interna. **19.** lock ~ (*mech.*), rondella elastica di sicurezza. **20.** open ~ (*mech.*), rondella aperta. **21.** "Palnut" lock ~ (*mech.*), tipo di dado di sicurezza a deformazione. **22.** plain ~ (*mech.*), rondella piana. **23.** rear window ~ (*aut.*), lavalunotto. **24.** roller ~ (*print. mach.*), lavarulli. **25.** round ~ (*mech.*), rondella circolare. **26.** screw ~ (*min. mach.*), lavatrice a coclea, lavatrice a spirale. **27.** shakeproof lock ~ (*mech.*), rondella elastica di sicurezza. **28.** slip ~ (*mech.*), rondella aperta. **29.** socket ~ (*mech.*), *see* cupped washer. **30.** spherical ~ (*mech.*), rondella a sede sferica. **31.** split ~ (*mech.*), rondella elastica, rondella spaccata, "grover". **32.** spring ~ (*mech.*), rondella elastica, rosetta elastica, "grover". **33.** square ~ (*mech.*), rondella quadrata. **34.** steam ~ (for cleaning steam) (*ind.*), depuratore di vapore. **35.** tilting pad thrust ~ (*mech.*), anello reggispinta a zoccoli oscillanti. **36.** tab ~ (*mech.*), rondella di fermo, rondella di sicurezza. **37.** toothed lock ~ (*mech.*), rondella di fermo a denti. **38.** thrust ~ (*mech.*), rondella di spinta. **39.** wave spring ~ (*mech.*), rondella elastica ondulata. **40.** windscreen ~ (*aut.*), *see* windshield washer. **41.** windshield ~ (*aut. impl.*), lavavetro, lavacristallo, dispositivo di lavaggio del parabrezza.

washery (*min.*), laveria. **2.** jig ~ (*min.*), laveria (con trattamento) all'idrovaglio.

washin (increase in the angle of incidence towards the tip of the wing resulting from a permanent warping of the wing) (*aer.*), svergolamento positivo.

washing, lavaggio. **2.** ~ (for purifying) (*ind.*), depurazione. **3.** ~ (erosion due to running water), erosione. **4.** ~ (*min.*), lavaggio. **5.** ~ (*phot.*), lavaggio. **6.** ~ boiler (*text. ind. app.*), caldaia per lavaggio. **7.** ~ cylinder (*text. ind. app.*), cilindro lavatore. **8.** ~ engine (*paper mfg. mach.*), *see* washer. **9.** ~ flask (*chem. impl.*), spruzzetta. **10.** ~ machine (for gravel) (*mas. mach.*), lavatrice. **11.** ~ machine (for the fabric piece) (*text. ind. app.*), apparecchiatura per la purga (o lavaggio). **12.** ~ machine (for clothes, linen etc.) (*household mach.*), lavatrice (per biancheria). **13.** ~ machine in full width (*text. ind. app.*), apparecchiatura per il lavaggio in largo. **14.** ~ mill (as for rubber mfg.) (*ind. mach.*), depuratore. **15.** ~ pan (*min.*), vaschetta di lavaggio. **16.** ~ soda ($Na_2CO_310H_2O$) (*chem.*), soda, soda per lavare. **17.** ~ tank (as for mech. parts) (*mech. - etc.*), vasca di lavaggio. **18.** immersion ~ (*ind.*), lavaggio ad immersione. **19.** live-line ~ (of insulators) (*elect.*), lavaggio sotto tensione. **20.** stone ~ machine (*bldg. - mach.*), lavatrice di pietrame.

"washmarking" (*metall. defect*), *see* rippled surface.

washout (of earth: as of a roadbed due to a flood) (*road*), dilavamento. **2.** ~ (decrease in the angle of incidence towards the tip of the wing resulting from a permanent warping of the wing) (*aer.*), svergolamento negativo. **3.** ~ (the cancelling of a recording on a magnetic tape or wire to allow further recordings) (*electroacous.*), cancellazione. **4.** ~ valve (*pip. - civ. eng.*), valvola di scarico. **5.** bottom ~ (of a steam locomotive) (*railw.*), portina di sciacquamento.

wash-primer (undercoat) (*paint.*), "wash-primer", prodotto protettivo di fondo.
washroom (as of a passenger car) (*railw. - etc.*), ritirata, wc.
washstand (for car washing) (*aut.*), posto di lavaggio. **2.** ~ (wash basin) (*bldg. - etc.*), lavabo, lavandino.
wash-up (as of the cylinders of a printing mach.) (*print. - etc.*), lavaggio. **2.** ~ (place for washing) (*bldg.*), lavatoio.
washwheel (of fabrics) (*text. ind.*), tamburo per lavaggio tessuti.
wastage, sciupìo, perdita.
waste (refuse), rifiuti. **2.** ~ (that which is lost without utilization), perdita. **3.** ~ (scrap) (*mech. ind.*), sfrido. **4.** ~ (act of wasting), rottamazione. **5.** ~ (*text. ind.*), cascame, cascami. **6.** ~ (remnants of cotton, wool etc. working: used for cleaning machinery, in workshops etc.), strofinacci di cascame. **7.** ~ (refuse ore) (*min.*), sterile. **8.** ~ (ruin, destruction) (*gen.*), rovine, macerie. **9.** ~ cleaning machine (*text. ind. mach.*), pulitrice per cascami, battitoio per cascami. **10.** ~ end (*text. ind.*), filetti. **11.** ~ filling (filling of cavities with waste) (*min.*), ripiena. **12.** ~ gate (a device that regulates the working pressure in a turbocharger by determinating the portion of exhaust gas that passes through the turbine wheel) (*aut. turbocharger*), valvola "waste gate", valvola di regolazione della pressione di sovralimentazione. **13.** ~ gate (of a full tank) (*pip.*), scarico di troppo pieno. **14.** ~ heat (as in ind. furnaces) (*therm.*), calore perduto. **15.** ~ paper (*paper mfg.*), cartaccia, carta straccia. **16.** ~ pipe (*pip.*), tubazione di scarico. **17.** ~ shaker (*text. ind. mach.*), battitoio per cascami. **18.** bowl ~ (as of wool) (*text. ind.*), cascame di fondo vasca. **19.** card ~ (*text. mfg.*), cascami di carda. **20.** comb ~ (*text. ind.*), cascami di pettinatura. **21.** cylinder ~ (in wool carding) (*text. ind.*), cascame dei tamburi. **22.** drawing ~ (*text. mfg.*), cascami di stiratoio. **23.** fire ~ (*metall.*), *see* heat waste. **24.** hard ~ (material discarded during the last processes of manufacturing) (*text. mfg.*), cascame di fine lavorazione. **25.** heat ~ (loss of material by scaling in a reheating process) (*metall.*), perdita al fuoco. **26.** oily ~ (*text. ind.*), cascame oliato. **27.** opener ~ (*text. ind.*), cascame dell'apritoio. **28.** radioactive ~ (as in atomic bomb plant) (*atom ind.*), rifiuti radioattivi. **29.** raising ~ (*text. ind.*), cascame di garzatura. **30.** reeler's ~ (*text. mfg.*), cascame di aspatura. **31.** reworked ~ (*text. ind.*), cascami rilavorati. **32.** roving ~ (*text. mfg.*), cascame di lucignoli. **33.** silk ~ (*text. ind.*), cascame di seta. **34.** soft ~ (material discarded during the initial stages of manufacture) (*text. mfg.*), cascame di inizio lavorazione. **35.** spinning ~ (*text. mfg.*), cascami di filatura. **36.** top ~ (*text. mfg.*), cascami di pettinato. **37.** twisted yarn ~ (*text. ind.*), cascame di filato ritorto. **38.** washing ~ (*text. ind.*), cascame di lavatura. **39.** weaver's ~ (*text. mfg.*), cascame di tessitura. **40.** weaving ~ (*text. ind.*), cascame di tessitura. **41.** winder's ~ (*text. mfg.*), cascami di incannatura. **42.** wool ~ (*wool ind.*), cascame di lana. **43.** yarn ~ (*text. ind.*), cascame di filati.
waste (to) (to devastate) (*gen.*), devastare. **2.** ~ (to spend carelessly: as money, property etc.) (*finan.*), sperperare. **3.** ~ (to wear away or out) (*gen.*), consumare. **4.** ~ (to be lost: as steam) (*ind.*), perdere. **5.** ~ (to allow something to be lost) (*ind.*), sprecare. **6.** ~ (to be discarded) (*ind.*), passare a rottame (o scarto o cascame o sfrido).
wastebasket (*off. impl.*), cestino (per la carta straccia).
"wastegate" (*aut. turbocharger*), *see* waste gate.
waste-heat boiler (*ind. proc.*), evaporatore a recupero di calore.
wastepaper (*ind.*), carta straccia. **2.** ~ basket (*off. impl.*), cestino (per la carta straccia).
waster (defective manufactured article) (*ind.*), prodotto difettoso.
wastewater (water previously used in an ind. process) (*ind.*), acqua di rifiuto.
waste-wax process (*found.*), processo (o sistema) a cera persa.
wasteyard (*ind. bldg.*), area destinata a scarico rifiuti.
watch (*timepiece*), orologio. **2.** ~ (turn of duty) (*naut. - etc.*), turno di guardia. **3.** ~ duty (*milit.*), servizio di guardia. **4.** ~ glass (*chem. impl.*), vetro da orologio. **5.** afternoon ~ (from 12 A.M. to 4 P.M.) (*naut.*), turno di guardia dalle 12 alle 16. **6.** first ~ (from 8 P.M. to midnight) (*naut.*), primo turno di guardia. **7.** forenoon ~ (from 8 A.M. to 12 A.M.) (*naut.*), turno di guardia dalle 8 alle 12. **8.** middle ~ (from midnight to 4 A.M.) (*naut.*), secondo turno di guardia. **9.** morning ~ (from 4 A.M. to 8 A.M.) (*naut.*), turno di guardia del mattino. **10.** port ~ (*naut.*), guardia di sinistra. **11.** starboard ~ (*naut.*), guardia di destra. **12.** stop ~ (*instr.*), cronometro.
watchcase, cassa dell'orologio.
watchdog timer (*comp. - etc.*), temporizzatore di sorveglianza (o di allarme).
watchmaker, orologiaio.
watchman (guard: as of a factory), sorvegliante. **2.** night ~ (*work.*), guardiano notturno.
watchword (*milit.*), parola d'ordine.
watchwork (wheelwork of a watch) (*mech.*), movimento di orologeria.
water (*n. - chem.*), acqua. **2.** ~ (*a.*), idrico. **3.** ~ back, *see* waterfront. **4.** ~ ballast (*naut. - etc.*), acqua di zavorra, zavorra liquida. **5.** ~ bath (*ind. chem. - etc.*), bagnomaria. **6.** ~ bed (*geol.*), falda freatica. **7.** ~ brush (for washing cars etc.) (*aut. - etc.*), idrospazzola. **8.** ~ clarification (*ind.*), decantazione dell'acqua. **9.** ~ closet (*bldg.*), latrina. **10.** ~ closet bowl (*bldg.*), vaso (di latrina). **11.** ~ column (as for meas. a pressure) (*meas.*), colonna d'acqua. **12.** ~ condensation (of steam), conden-

sa. **13.** ~ conditioner (*chem. app.*), addolcitore (o depuratore) di acqua. **14.** ~ conditioning (*ind.*), depurazione dell'acqua. **15.** ~ containing lime (*chem.*), acqua calcarea. **16.** ~ cooler (*ind.*), raffreddatore d'acqua. **17.** ~ crack (due to water hardening) (*metall. defect*), cricca da tempera in acqua. **18.** ~ drain (*bldg.*), scarico d'acqua. **19.** ~ engine (hydraulic engine) (*hydr.*), motore idraulico. **20.** ~ equivalent (thermal capacity) (*therm.*), equivalente in acqua, contenuto termico. **21.** ~ feeder, ~ feed (*pip.*), tubo dell'acqua, tubazione rifornimento acqua. **22.** ~ for general use (*ind.*), acqua industriale. **23.** ~ gas (*ind.*), gas d'acqua. **24.** ~ gauge (indicating the water level) (*instr.*), indicatore di livello dell'acqua. **25.** ~ gauge (w.g., water pressure indicated in water column height) (*phys. - etc.*), pressione in altezza di colonna d'acqua. **26.** ~ gauge (for meas. the air pressure in millimeters of water column in an air ventilating system) (*instr.*), manometro a colonna d'acqua. **27.** ~ glass (water gauge for boil.), livello. **28.** ~ glass, *see* soluble glass. **29.** ~ guide (of turbine) (*mech.*), *see* nozzle ring. **30.** ~ hammering (*hydr.*), colpo di ariete. **31.** ~ head (*hydr.*), battente d'acqua. **32.** ~ heater (*household app.*), scaldabagno. **33.** ~ jacket (as of mot.), camicia d'acqua. **34.** ~ level (level of a body of water), livello dell'acqua. **35.** ~ level (*mas. instr. - mech. instr.*), livella ad acqua. **36.** ~ level (*naut.*), *see* water line. **37.** ~ lime (*mas.*), calce idraulica. **38.** ~ line (*paper ind.*), linea di filigrana. **39.** ~ main (*pip.*), conduttura principale. **40.** ~ meter (*ind. instr.*), contatore per acqua. **41.** ~ mill (*ind.*), mulino ad acqua. **42.** ~ of constitution (*chem.*), acqua di costituzione. **43.** ~ of crystallization (*chem.*), acqua di cristallizzazione. **44.** ~ paint (water color) (*paint.*), pittura ad acqua, idropittura. **45.** ~ plane (seaplane) (*aer.*), idrovolante. **46.** ~ plane (*naut.*), piano di galleggiamento. **47.** ~ polo (*sport*), pallanuoto. **48.** ~ press, *see* hydraulic press. **49.** ~ pressure (*n. - hydr.*), pressione idraulica. **50.** ~ regulator (of a torpedo) (*navy expl.*), camere di equilibrio. **51.** ~ repellence (water repellency) (*technol.*), idrorepellenza. **52.** ~ scooping machine (*hydr.*), idrovora. **53.** ~ seal (as in a sink) (*pip.*), chiusura idraulica, tenuta idraulica. **54.** ~ softener (*chem. app.*), addolcitore (o depuratore) di acqua. **55.** ~ supply (*gen.*), rifornimenti idrici, approvvigionamento idrico. **56.** ~ surface (*hydr.*), superficie dell'acqua, pelo dell'acqua. **57.** ~ surface tension (*phys.*), tensione superficiale dell'acqua. **58.** ~ system (of distribution) (*pip.*), impianto idrico. **59.** ~ table (*geol.*), falda freatica. **60.** ~ table (*arch.*), marcapiano, cornicione marcapiano. **61.** ~ table (phreatic surface, groundwater surface) (*geol.*), superficie freatica. **62.** ~ tower (of a hydr. system), serbatoio piezometrico. **63.** ~ tower (*railw. - etc.*), torre serbatoio. **64.** ~ trap (*pip.*), sifone (o pozzetto) dell'acqua di scolo (o condensa). **65.** ~ tube (generating steam) (*n. - boil.*), tubo d'acqua. **66.** ~ turbine (*mach.*), turbina idraulica. **67.** ~ vapor (*meteorol.*), umidità atmosferica. **68.** ~ wheel (noria) (*hydr. device*), noria. **69.** ~ witching, rabdomanzia. **70.** acidulous ~ (mineral water) (*geol.*), acqua acidula. **71.** alkaline ~ (mineral water) (*geol.*), acqua alcalina. **72.** bacteriologically pure ~ (*med.*), acqua batteriologicamente pura. **73.** bilge ~ (*naut.*), acqua di sentina. **74.** brackish ~, acqua salmastra. **75.** carbonated ~ (soda water) (*drink water*), acqua di soda, acqua di seltz, acqua con anidride carbonica. **76.** chalybeate ~ (mineral water containing iron carbonate) (*geol.*), acqua ferrugginosa. **77.** chlorine ~ (*chem.*), varichina, acqua di cloro. **78.** contaminated ~ (*med.*), acqua inquinata. **79.** dead ~, acqua stagnante. **80.** dead ~ (as: near the rudder) (*naut.*), acqua morta. **81.** distilled ~ (*chem.*), acqua distillata. **82.** drinkable ~ (*gen.*), acqua potabile. **83.** drinking ~ (*gen.*), acqua potabile. **84.** dripping ~ (*gen.*), stillicidio. **85.** electric ~ heater (*electrodomestic app.*), scaldabagno elettrico. **86.** feed ~ (as of boil.), acqua di alimentazione. **87.** first ~ (*paper mfg.*), prima acqua. **88.** formaldehyde ~ solution (H–COH) (*chem.*), formalina. **89.** formation ~ (present with petroleum) (*min.*), acqua interstiziale. **90.** foul ~ (*civ. eng.*), acqua di rifiuto. **91.** freezing ~ (*ice mfg.*), acqua da congelare. **92.** ground ~ (*geol. - civ. constr.*), acqua freatica, acqua di falda freatica. **93.** hard ~ (*ind. chem.*), acqua dura. **94.** head ~ (as of a river) (*hydr.*), acqua a monte. **95.** heavy ~ (*atom phys.*), acqua pesante. **96.** light ~ (normal water) (*chem.*), acqua comune. **97.** lithia ~ (mineral water) (*geol.*), acqua litiosa. **98.** load ~ plane (*naut.*), piano di galleggiamento a pieno carico normale, piano di galleggiamento di progetto. **99.** low ~ (as of a river) (*hydr.*), magra. **100.** main ~ (as from an aqueduct), acqua della conduttura principale. **101.** mineral ~ (*pharm.*), acqua minerale. **102.** mixing ~ (as for concrete) (*bldg.*), acqua d'impasto. **103.** municipal ~ system (*pip.*), acquedotto cittadino. **104.** not circulating ~ (as in a plant, boil. etc.) (*hydr.*), acqua non circolante, acqua in ristagno. **105.** operating ~ (as of a centrifuge) (*mech.*), acqua di manovra. **106.** polluted ~ (*gen.*), acqua inquinata. **107.** pulp ~ (*sugar mfg.*), acqua di polpe. **108.** purified ~ (*ind. chem.*), acqua depurata. **109.** rain ~ (*meteorol.*), acqua piovana. **110.** running ~, acqua corrente. **111.** saline ~ (mineral water) (*geol.*), acqua salina. **112.** sea ~ (*sea*), acqua di mare. **113.** service ~ (water for ordinary uses in ind., undrinkable) (*factory water system*), acqua industriale. **114.** sewer ~, acqua di fogna. **115.** sheet of ~ (*geol.*), vena d'acqua. **116.** smooth ~ (*naut.*), acqua calma. **117.** soda ~ (*drinks*), acqua di soda. **118.** soft ~, acqua dolce. **119.** soluble in ~ (water-soluble) (*chem.*), solubile in acqua, idrosolubile. **120.** spring ~, acqua di sorgente. **121.** sulphur ~ (mineral water) (*geol.*), acqua solfurea. **122.** superheated ~ (as in heating plants) (*therm.*), acqua surriscaldata. **123.** surface waters (*geol.*), acque superficiali. **124.** tail ~ (as of a river) (*hdyr.*), acqua a valle. **125.** tap ~ (undistilled water) (*ind. - chem.*), acqua di rubinetto. **126.** territorial waters (*international law*), acque territoriali. **127.** underground waters (*geol.*), acque sotterranee. **128.** undrinkable ~ (*gen.*), acqua non potabile. **129.** washing ~ (*ind.*), acqua di lavaggio. **130.** waste ~ (*ind.*), acqua di rifiuto. **131.** well ~, acqua di pozzo.

water (to) (to sprinkle), innaffiare. **2.** ~ (to dilute) (*chem.*), diluire. **3.** ~ (a capital) (*finan.*), annacquare. **4.** ~ (to flood with water, as for lifting a vessel on the stock) (*shipbuild.*), allagare. **5.** ~ (to supply drinking water: to a ship) (*naut.*), rifornirsi d'acqua, rifornire d'acqua.

water-bearing (*geol.*), freatico. **2.** ~ stratum (*geol.*), falda freatica.

watercolor (*art of paint.*), acquerello. **2.** ~ (the color itself: dilutable in water) colore ad acquerello.

water-cool (to) (as a mot.) (*therm.*), raffreddare ad acqua.

water-cooled (*a. - mot. - etc.*), raffreddato ad acqua. **2.** ~ engine (*mot.*), motore raffreddato ad acqua. **3.**, ~ transformer (a transformer whose oil is cooled by water) (*electromech.*), trasformatore (in olio) raffreddato ad acqua.

watercourse (*geogr.*), corso d'acqua. **2.** ~ (*hydr.*), canale. **3.** ~ (*naut.*), ombrinale.

watercraft (vessel) (*naut.*), imbarcazione, natante.

waterfall (*geogr.*), cascata, cateratta, salto d'acqua.

waterfinder, rabdomante.

water-finished (said of paper by supercalendering while wet) (*a. - paper mfg.*), calandrata ad umido, lisciata ad umido.

waterflood (to) (for obtaining additional oil) (*oil well*), pompare acqua in un pozzo prossimo all'esaurimento.

waterfog (*antifire spraying*), nebulizzazione idrica.

waterfront (stove water heater) (*domestic device*), caldaia di cucina economica.

waterglass (*chem.*), vetro solubile, silicato di sodio (o di potassio).

watering (*agric.*), irrigazione. **2.** ~ (of a capital) (*finan.*), annacquamento. **3.** ~ pot (*impl.*), innaffiatoio.

water-jet (something driven by a jet of water: as of leisure boats) (*a. - naut.*), a idrogetto. **2.** ~ boat (*naut.*), idrogetto, barca a idrogetto.

waterleaf (not sized paper) (*paper mfg.*), carta non incollata, carta senza colla.

waterless (*a.*), arido, senza acqua.

waterline (on a ship outside) (*naut.*), linea di galleggiamento. **2.** ~ (water level in a boiler, or cistern, or tank etc.) (*boil. - etc.*), livello dell'acqua. **3.** deep ~ (of a ship) (*naut.*), linea di galleggiamento con carico massimo. **4.** light ~ (of a ship) (*naut.*), linea di galleggiamento a nave scarica, linea base di galleggiamento. **5.** load ~ (LWL, load line, load line mark) (*naut.*), linea di galleggiamento a pieno carico normale, linea di galleggiamento di progetto a nave carica. **6.** summer-load ~ (*naut.*), linea di galleggiamento a carico nella stagione estiva.

waterlog (to) (to saturate something with water: as ground) (*gen.*), saturarsi di acqua.

waterlogged (*a. - naut.*), non governabile (causa appesantimento dovuto all'aver imbarcato acqua). **2.** ~ (something saturated with water, as ground) (*bldg.*), saturo d'acqua.

waterman (*naut.*), barcaiolo.

watermark (in paper: by pressure), filigrana. **2.** impressed ~ (*paper mfg.*), filigrana a secco, filigrana a pressione.

waterpower (as for ind.) (*n. - mech.*), forza idrica, energia idraulica, carbone bianco. **2.** ~ (*a. - mech.*), ad energia idraulica. **3.** ~ plant (*hydr. - mech.*), centrale idraulica.

waterpressure (*a. - hydr.*), a pressione idraulica. **2.** ~ test (as of a pipe system) (*pip.*), prova idraulica a pressione.

waterproof (*a.*), impermeabile. **2.** ~ (as of cloth) (*a.*), impermeabile. **3.** ~ (*a. - ind.*), stagno (all'umidità). **4.** ~ (of elect. mach. or elect. app.) (*a. - elect.*), stagno. **5.** ~ (a raincoat) (*n. - clothing*), impermeabile. **6.** ~ cement (*bldg.*), cemento idrofugo. **7.** ~ paper (*paper mfg.*), carta impermeabile. **8.** ~ plastering (*mas.*), intonaco impermeabile, intonacatura impermeabile.

waterproof (to) (to be waterproof) (*gen.*), essere impermeabile. **2.** ~ (to make waterproof) (*gen.*), impermeabilizzare.

waterproofer (waterproofing material) (*n. - gen.*), impermeabilizzante. **2.** ~ (material added to reduce water adsorptivity and increase water tightness of concrete) (*bldg.*), additivo idrofugo, additivo idrorepellente.

waterproofing (material) (*n. - gen.*), impermeabilizzante. **2.** ~ (act of) (*n. - gen.*), impermeabilizzazione.

water-repellent (*a. - phys.*), idrorepellente.

waterscape (*sea view*), marina, panorama marino.

watershed (drainage area) (*geogr.*), bacino imbrifero.

waterskier (*sport*), sciatore d'acqua.

water-soluble (*a. - chem.*), solubile in acqua.

waterspout (*meteorol.*), tromba marina. **2.** ~ (*hydr.*), tubo (o foro) di uscita dell'acqua. **3.** ~ (for the discharge of rainwater) (*bldg.*), pluviale.

watertight (*a. - ind.*), a tenuta d'acqua, stagno.

watertube boiler (*boil.*), caldaia a tubi d'acqua.

waterwall (of pipes) (*boil.*), schermo (d'acqua), schermatura. **2.** ~ box (of boil.), cassetta di (una) schermatura. **3.** ~ header (*boil.*), collettore di (una) schermatura. **4.** ~ tube (*boil.*), tubo di (o dello) schermo. **5.** front ~ tube (*boil.*), tubo degli schermi frontali. **6.** rear ~ tubes (*boil.*), tubi di schermo dell'altare. **7.** side ~ boxes (*boil.*), cassette delle schermature laterali. **8.** side ~ header (*boil.*), collettore della schermatura laterale.

waterway (*shipbldg.*), trincarino. **2.** ~ (*naut.*), idrovia, corso d'acqua navigabile. **3.** ~ (*hydr.*), canale d'acqua. **4.** inland ~ (*naut.*), idrovia, corso d'acqua navigabile interno. **5.** inner ~ (*shipbldg.*), controtrincarino.

waterwheel (*hydr. wheel*), ruota idraulica. **2.** ~ (paddle wheel) (*obsolete naut.*), ruota a pale. **3.** ~ (turbine) (*mach.*), turbina idraulica. **4.** ~, *see also* breast wheel, overshot wheel.

waterwork (work made as protection against water action) (*hydr. - bldg.*), opera idraulica. **2.** ~ (device or mach. for utilizing water) (*hydr.*), impianto idraulico, impianto idrico.

waterworks (for water supply) (*hydr. system*), impianto idrico (di approvvigionamento, convogliamento e distribuzione).

waterworn (*a.*), consumato dall'acqua.

"WATS" (Wide Area Teleph. Service) (*teleph. comm.*), tipo di servizio telefonico forfetario.

watt (*W - elect. meas.*), watt. **2.** ~ current (in phase with the voltage: in alternate current) (*elect.*), corrente in fase, corrente wattata. **3.** apparent ~ (*elect.*), watt apparente. **4.** true ~ (*elect.*), watt reale.

wattage (*elect.*), potenza elettrica espressa in watt, wattaggio.

watt-hour (*wh - elect. meas.*), wattora. **2.** ~ meter (*elect. meter*), contatore elettrico, wattorametro.

wattless (*a. - elect.*), in quadratura, swattato. **2.** ~ component (*elect.*), componente reattiva. **3.** ~ current (*elect.*), corrente in quadratura. **4.** ~ volt-amperes (product of reactive current by voltage: in alternate current) (*elect.*), potenza reattiva.

wattmeter (*elect. meas. instr.*), wattometro, wattmetro. **2.** integrating ~, *see* watt-hour meter. **3.** ~, *see also* watt-hour meter.

Watt('s) governor, *see* simple governor.

wave (*radio*), onda. **2.** ~ (*sea*), onda. **3.** ~ (an optical effect due to uneven glass distribution, or to striae) (*glass mfg.*), marezzatura. **4.** ~ amplitude (*elect. - phys. - hydr.*), ampiezza dell'onda. **5.** ~ band (*radio*) (Brit.), gamma di lunghezze d'onda, gruppo di lunghezze d'onda. **6.** ~ changer (frequency changing device in a transmitting set) (*radio*) (Am.), commutatore di frequenza, commutatore di gamma. **7.** ~ crest (*sea*), cresta dell'onda. **8.** ~ distortion (due as to distance) (*phys.*), distorsione d'onda. **9.** ~ filter (*radio*), filtro d'onda. **10.** ~ form (as of an alternator voltage) (*elect.*), forma d'onda. **11.** ~ front (of a moving wave) (*elect. - phys.*), fronte d'onda. **12.** ~ function (*mech.*), funzione d'onda. **13.** ~ guide (*electromag.*), *see* waveguide. **14.** ~ guide resonator (*telev. - radio*), risonatore a guida d'onda. **15.** ~ height (*phys. - radio*), altezza dell'onda. **16.** ~ length (*phys. - radio*) (Am.), lunghezza d'onda. **17.** ~ iength constant (phase constant, phase-change coefficient, imaginary part of the wave propagation coefficient) (*radio*), costante di fase. **18.** ~ meter (wavemeter) (*elect. instr.*), ondametro. **19.** ~ resistance (of a ship) (*naut.*), resistenza di onda, resistenza d'onda. **20.** ~ shape (*elect.*), *see* wave form. **21.** ~ system (kind of progressive synchronization of traffic lights assuring better traffic at uniform speed) (*road traff.*), onda verde. **22.** ~ train (*phys. - radio*), treno di onde. **23.** ~ trap (*radio*), circuito antidisturbo. **24.** ~ velocity (phase velocity) (*radio*) (Brit.), velocità di fase. **25.** Alfvén ~ (propagating in a magnetized plasma) (*plasma phys.*), onda di Alfvén. **26.** answering ~ (*radio*), onda di risposta. **27.** average swell ~ (from 100 to 200 yards) (*sea*), onda morta media. **28.** average ~ (of sea wave) (*sea*), onda media. **29.** backward ~ (*elect. - elics.*), onda di ritorno. **30.** bend ~ guide (elbow wave guide) (*electromag.*), guida d'onda a gomito. **31.** bow ~ (*naut.*), onda di prora. **32.** calling ~ (*radio*), onda di chiamata. **33.** carrier ~ (*radio*), onda portante. **34.** circularly polarized ~ (*radio*), onda polarizzata circolarmente. **35.** cold ~ (*meteorol.*), ondata di freddo. **36.** continuous ~ (*radio*), onda persistente. **37.** continuous ~ radar (*radar*), radar ad onde persistenti. **38.** cylindrical ~ guide (*electromag.*), guida d'onda cilindrica. **39.** damped ~ (*radio*), onda smorzata. **40.** De Broglie ~ (*atom phys.*), onda di De Broglie, onda associata. **41.** deflagration ~ (combustion wave) (*plasma phys.*), onda di deflagrazione, onda di combustione. **42.** detonation ~ (*plasma phys.*), onda di denotazione. **43.** drift ~ (*plasma phys.*), onda di deriva. **44.** earthquake ~ (*geol.*), onda sismica. **45.** elbow ~ guide (*electromag.*), guida d'onda a gomito. **46.** electromagnetic ~ (*radio*), onda elettromagnetica. **47.** electron ~ (electronic plasma oscillation) (*plasma phys.*), onda elettronica, oscillazione di plasma elettronica. **48.** electron ~ length (*atom phys.*), lunghezza dell'onda associata all'elettrone. **49.** elliptically polarized ~ (*radio*), onda polarizzata elitticamente. **50.** flanged ~ guide (*electromag.*), guida d'onda flangiata. **51.** flexible ~ guide (*electromag.*), guida d'onda flessibile. **52.** ground-reflected ~ (that part of the ground wave that is reflected from the earth) (*radio*), onda riflessa dal suolo. **53.** ground ~ (radio wave propagating along the earth's surface) (*radio*), onda superficiale, onda di terra, onda diretta. **54.** heavy swell ~ (beyond 12 feet) (*sea*), onda morta alta. **55.** heavy ~ (sea wave) (*sea*), onda alta, ondata. **56.** "helicon" ~ (electromagnetic wave propagating in a solid-state plasma) (*plasma phys.*), onda "elicon". **57.** hyperfrequency ~ guide (*electromag.*), guida d'onda a iperfrequenza. **58.** internal ~ (wave propagating in the ocean body between regions of water of different density) (*oceanography*), onda interna. **59.** interrupted ~ (*radio*), onda interrotta. **60.** ion plasma ~ (ionic plasma oscillation) (*plasma phys.*), onda plasma ionica, oscillazione di plasma ionico. **61.** ion ~ (*plasma phys.*), onda ionica. **62.** Lamb waves (consisting of an infinite number of modes of vibration, as for the inspection of sheet metal) (*technol.*), onde Lamb. **63.** longitudinal ~ (*undulatory vibration*), onda longitudinale. **64.** long swell ~ (beyond 200 yards) (*sea*), onda morta lunga. **65.** long ~ (of sea wave) (*sea*), onda lunga. **66.** low swell ~ (from 0 to 6 feet) (*sea*), onda morta bassa. **67.** low ~ (of sea wave) (*sea*), onda bassa. **68.** magnetohydrodynamic ~ (magnetodynamic wave, hydromagnetic wave) (*plasma phys.*), onda magnetofluidodinamica, onda idromagnetica. **69.** magnetosonic ~ (*plasma phys.*), onda magnetosonica. **70.** moderate swell ~ (from 6 to 12 feet) (*sea*), onda morta moderata. **71.** moderate ~ (of sea wave) (*sea*), onda moderata. **72.** modulated ~ (*electroacous.*), onda modulata. **73.** moving ~ (*phys. - elect. - acous. - etc.*), onda migrante. **74.** open-ended ~ guide (*electromag.*), guida d'onda con estremità a tromba. **75.** plane ~ (*phys.*), onda piana. **76.** plasma ~ (longitudinal wave, electromagnetic wave propagating in a plasma) (*plasma phys.*), onda plasma, onda longitudinale. **77.** progressive ~ (*phys.*), onda progressiva. **78.** pseudosonic ~ (ion acoustic wave, ion sound wave, low frequency ion wave) (*plasma phys.*), onda pseudosonica, onda acustica ionica. **79.** radio ~ (*radio*), radioonda. **80.** rectangular ~ guide (*electromag.*), guida d'onda a sezione rettangolare. **81.** reference ~ (*tlcm.*), onda di riferimento. **82.** reflected ~ (as in sound propagation) (*phys.*), onda riflessa. **83.** round ~ guide (*electromag.*), guida d'onda a sezione circolare. **84.** saw-tooth ~ (*phys.*), onda a denti di sega. **85.** shock ~ (*atom phys.*), onda d'urto. **86.** shock ~ (as on a wing at supersonic speed) (*aer.*), onda d'urto. **87.** short swell ~ (from 0 to 100 yards) (*sea*), onda morta corta. **88.** short ~ (of sea wave) (*sea*), onda corta. **89.** signal ~ (*radio*), onda di segnale. **90.** sky ~ (*radio*) (Am.), onda indiretta. **91.** spacing ~ (*radio*), onda di riposo. **92.** spherical ~ (*phys.*), onda sferica. **93.** square ~ (wave form in which values change abruptly and periodically) (*phys.*), onda quadra, onda quadrata. **94.** standing ~ (stationary wave) (*phys.*), onda stazionaria. **95.** stationary ~ (*phys. - elect. - acous. - etc.*), onda stazionaria. **96.** stern ~ (*naut.*), onda di poppa. **97.** surface ~ (*hydr.*), onda superficiale. **98.** tidal ~ (tide wave), onda di marea. **99.** tidal ~ (seismic sea wave) (*geophys.*), onda anomala da maremoto. **100.** transverse ~ (*hydr.*), onda trasversale. **101.** traveling ~ (*phys.*), *see* progressive wave. **102.** traveling ~ (*hydr.*), onda vagante. **103.** twist ~ guide (*electromag.*), guida d'onda ritorta. **104.** ~, *see also* waves.

wave-change switch (*radio*) (Brit.), commutatore di gamma, commutatore di frequenza.

waveform (*phys.*), forma d'onda.

wavefront, *see* wave front.

waveguide (device compelling the electromagnetic wave propagation along a wanted direction: as a microwave waveguide) (*electromag.*), guida d'onda. **2.** field ~ (*electromag.*), guida d'onda di campo. **3.** optical ~ (optical fiber cable) (*opt. - tlcm.*), fibra ottica, guida di luce (a fibre), (cavo di) fibre ottiche.

wavelength (*elect. - radio - light*) (Brit.), lunghezza d'onda. **2.** ~ (of a machined surface secondary texture or waviness) (*mech.*), lunghezza d'onda (dell'ondulazione). **3.** ~ cutoff (maximum wavelength the instrument is adapted to register on a machined surface secondary texture or waviness) (*mech.*), limite di lunghezza d'onda. **4.** fundamental ~ (of an antenna) (*radio*) (Brit.), lunghezza d'onda fondamentale. **5.** lower ~ cutoff (minimum wavelength the instr. is adapted to register on a machined surface secondary texture or waviness) (*mech.*), limite di lunghezza d'onda inferiore. **6.** upper ~ cut-off (maximum wavelength the instr. is adapted to register on a machined surface secondary texture or waviness) (*mech.*), limite di lunghezza d'onda superiore. **7.** ~, *see also* wave length (Am.).

wavelet, *see* ripple.

wavemeter (cymometer: instr. for measuring frequency and wavelength of electromagnetic waves) (*radio meas. instr.*), ondametro, cimometro. **2.** heterodyne ~ (*radio*), misuratore di lunghezza d'onda a eterodina.

wave-off (refusing to give permission to land to an approaching plane) (*aircraft carrier*), ordine di ripetere la manovra di avvicinamento.

waves (plural of wave) (*gen.*), onde. **2.** centimetric radio ~ (from 0.1 to 0.01 m) (*radio*), radioonde centimetriche. **3.** continuous ~ (with modulation: modulated continuous waves) (*radio*), onde continue modulate. **4.** continuous ~ (cw: as for telegraphy, without modulation) (*radio*), onde persistenti, onde continue. **5.** decimetric radio ~ (from 1 to 0.1 m) (*radio*), radioonde decimetriche. **6.** elastic ~ (*theor. mech.*), onde elastiche. **7.** electric ~ (hertzian waves) (*radio*), onde herziane. **8.** extremely high frequency radio ~ (ehf: from 30,000 to 300,000 megacycles p. sec.; from 10 mm to 1 mm) (*radio*), radioonde a frequenza estremamente alta, onde millimetriche, EHF. **9.** high frequency radio ~ (hf: from 3 to 30 megacycles p. sec.; from 100 m to 10 m) (*radio*), radioonde ad alta frequenza, onde decametriche, HF. **10.** interrupted continuous ~ (*radio*), treni di onde persistenti. **11.** long ~ (*radio*), onde lunghe. **12.** low frequency radio ~ (lf: from 30 to 300 kilocycles p. sec.: from 10,000 m to 1000 m) (*radio*), radioonde a bassa frequenza, onde chilometriche, LF. **13.** medium frequency radio ~ (mf: from 300 to 3,000 kilocycles p. sec.; from 1000 m to 100 m) (*radio*), radioonde a media frequenza, onde ettometriche, MF. **14.** medium ~ (*radio*), onde medie. **15.** metric radio ~ (from 10 to 1 m) (*radio*), radioonde metriche. **16.** myriametric ~ (with wavelengths from 10 to 100 km) (*electromag.*), onde a bassissima frequenza, onde miriametriche. **17.** short ~ (*radio*), onde corte. **18.** space ~ (as electromagnetic waves) (*radio* - *etc.*), onde spaziali. **19.** superhigh frequency radio ~ (shf: from 3,000 to 30,000 megacycles p. sec., from 10 cm to 1 cm) (*radio*), radioonde a frequenza superalta, onde centimetriche, SHF. **20.** ultrahigh frequency radio ~ (uhf: from 300 to 3000 megacycles p. sec.; from 1 m to 0,1 m) (*radio*), radioonde a frequenza ultraalta, onde decimetriche, UHF. **21.** ultrashort ~ (*radio*), onde ultracorte. **22.** very high frequency radio ~ (vhf: from 30 to 300 megacycles p. sec.: from 10 m to 1 m) (*radio*), radioonde ad altissima frequenza, onde metriche, VHF. **23.** very low frequency radio ~ (vlf: below 30 kilocycles p. sec.; >10,000 m) (*radio*), radioonde a bassissima frequenza, onde miriametriche, VLF.

waveshape, *see* wave form.

waviness (as of wool fibers) (*wool ind.*), ondulazione. **2.** ~ (secondary texture, of a machined surface) (*mech. defect.*), ondulazione, difetto di ondulazione. **3.** ~ height (of a machined surface) (*mech.*), altezza dell'ondulazione. **4.** ~ width (of a machined surface) (*mech.*), spaziatura dell'ondulazione, lunghezza d'onda (dell'ondulazione).

waving (deep drawing defect) (*sheet metal w.*), ondulazione.

wax, cera. **2.** ~ (positive element in disk recording) (*music ind.*), focaccia di cera. **3.** ~ (sound-on-disk recording) (*m. pict.*), prima registrazione fonografica (o su disco). **4.** ~ cloth (*fabric*), *see* oilcloth. **5.** ~ match (vesta) (*ind.*), fiammifero di cera, cerino. **6.** ~ paper (*ind.*), carta paraffinata. **7.** ~ process (*found.*), procedimento alla cera, procedimento alla cera perduta. **8.** finishing ~, cera per lucidare. **9.** mineral ~, *see* ozocerite. **10.** paraffin ~ (of mineral origin) (*chem.*), cera paraffinica. **11.** sealing ~ (*off. - gen.*), ceralacca. **12.** ski ~ (*sport - chem. ind.*), sciolina. **13.** to dip in ~ (*packing*), immergere in paraffina, ricoprire di paraffina. **14.** yellow ~ (petroleum wax) (*chem.*), cera gialla minerale (derivata dal petrolio).

wax (to) (to treat with wax), incerare, dare la cera. **2.** ~ (to record) (*acous.*), registrare. **3.** ~ (to apply a protective coat of wax to something as to a new car being stored) (*aut. - etc.*), cerare.

waxing (protection with a coat of wax as a new car) (*aut. - etc.*), ceratura. **2.** ~ (beginning of crystallization of paraffin wax when chilling petroleum oil) (*chem.*), intorbidamento, inizio cristallizzazione della cera paraffinica.

way (road), strada, via. **2.** ~ (track on which a mechanical part travels) (*mech. - mach. t.*), guida di scorrimento. **3.** ~ (method, as of carrying out a given matter) (*gen.*), modo. **4.** ~ and structures (*railw.*), armamento e relativi impianti. **5.** ~ car (for freight transp. to and from way stations) (*railw.*), carro per trasporto a collettame. **6.** ~ out (means of escape) (*gen.*), via d'uscita. **7.** ~ station (*railw.*), stazione secondaria. **8.** ~ train (*railw.*), treno locale, treno omnibus. **9.** ~ van (way car) (*railw.*), *see* caboose. **10.** bridle ~ (bridle path, bridle track, bridle road) (*road*), mulattiera. **11.** fresh ~ (*naut.*), abbrivo. **12.** give ~ (*road traff. sign.*), obbligo di precedenza. **13.** milky ~ (*astr.*), via lattea. **14.** one ~ (*road traff.*), senso unico. **15.** permanent ~ (railroad and tracks) (*railw.*) (Brit.), sede ed armamento ferroviario. **16.** ~, *see also* ways.

waybill (*comm. - railw. freight transp.*), lettera di vettura. **2.** air ~ (*air transport*), lettera di vettura aerea.

wayleave (right of way) (*road traff.*), diritto al passaggio.

ways (structure on which a ship is built) (*shipbldg.*), scalo di costruzione. **2.** ~ (structure supporting a ship in launching) (*shipbldg.*), invasatura. **3.** ~ (of a mach. t. bed) (*mach. t.*), guide. **4.** bilge ~ (sliding ways) (*shipbldg.*), vasi. **5.** ground ~ (standing ways) (*shipbldg.*), corsìe di scorrimento dello scalo, scalo.

wayside (edge of a road) (*road*), orlo, margine. **2.** ~ stone (*road*), paracarro.

"WB" (warehouse book) (*ind. adm.*), libro di magazzino. **2.** ~ (water ballast, as of a ship) (*naut.*), zavorra d'acqua, acqua di zavorra. **3.** ~ (wet bulb of a hygrometric app.) (*instr.*), bulbo umido, bulbo bagnato. **4.** ~ (whaleboat, fishing ship) (*naut.*), baleniera. **5.** ~ (wheelbase) (*veh.*), passo. **6.** ~ (wide band) (*radio*), banda larga. **7.** ~ (work bench) (*shop. impl.*), banco di lavoro.

"WB", "W/B" (waybill) (*transp.*), lettera di vettura.

"wb" (magnetic flux unit, weber) (*meas.*), wb, weber.

"WBF" (wood block floor) (*bldg.*), pavimento a blocchetti di legno.

"WC" (water closet, toilet) (*bldg.*), WC, latrina. **2.** ~ (without charge) (*comm.*), gratuito, senza spesa.

"wc" (water column: pressure meas.) (*phys. - etc.*), colonna d'acqua.

"WCS" (Writable Control Storage) (*comp.*), memoria a controllo programmabile.

"WCT" (water-cooled tube) (*thermion.*), tubo (elettronico o valvola) raffreddato ad acqua.

"W/D" (wire diagram) (*elect.*), schema elettrico.

"wd" (wood), legno. **2.** ~, *see also* weed, wind, window, wound.

"wdg", *see* winding.

weak (as of a wall, a tie etc.) (*bldg. - mech.*), debole. **2.** ~ (of a picture) (*phot.*), debole. **3.** ~ bridge (*arch.*), ponte debole. **4.** ~ ignition (*mot.*), accensione debole. **5.** ~ mixture (*mot.*), miscela povera. **6.** ~ tie (of a parachute) (*aer.*), funicella di rottura.

weaken (to) (as a solution) (*gen.*), indebolire.

weakening (*gen.*), indebolimento.

weakhanded (shorthanded) (*a. - gen.*), con numero insufficiente di dipendenti.

wealth, ricchezza, ricchezze.

weaner (a lamb from 5 to 10 months old) (*wool ind.*), agnello di 5 ÷ 10 mesi.

weapon, arma. **2.** weapons carrier (truck carrying machine guns, mortars and crew) (*milit.*), autocarro equipaggiato. **3.** ~ pit (*milit.*), postazione. **4.** ~ system (an organized military system for defense and counterattack) (*milit.*), sistema difensivo. **5.** "ABC" weapons (Atomic, Biological and Chemical weapon) (*milit.*), armi nucleari, batteriologiche e chimiche. **6.** air-to-air ~ (as a missile designed to be launched from an airborne source and hit a target in the air) (*rckt. - milit.*), arma aria-aria. **7.** guided ~ (any missile guided to its target) (*milit. - rckt.*), missile guidato. **8.** surface-to-air ~ (as a missile designed to be launched from the ground and hit a target in the air) (*rckt. - milit.*), arma terra-aria. **9.** surface-to-surface ~ (as a missile designed to be launched from the ground and hit a target on the ground) (*milit. - rckt.*), arma terra-terra.

weaponry (*milit.*), armamento.

wear (*gen.*), consumo, usura, logorìo. **2.** ~ and tear, logoramento, logorio, consumo. **3.** ~ rate (*mech. technol.*), velocità di usura. **4.** ~ resistance (*mech.- etc.*), resistenza all'usura. **5.** abrasive ~ (as of engine components: wear due to abrasion) (*mech. - etc.*), usura dovuta ad abrasione. **6.** adhesive ~ (*mech. technol.*), usura da adesione. **7.** constant-rate ~ (*mech. technol.*), usura costante, usura stazionaria. **8.** corrosive ~ (as of engine components: wear due to corrosion) (*mech. - etc.*), usura dovuta a corrosione. **9.** fatigue ~ (*mech. technol.*), usura da fatica. **10.** increasing-rate ~ (*mech. technol.*), usura autoesaltante. **11.** mechanical ~ (*mech. technol.*), usura meccanica. **12.** mechano-chemical ~ (*mech. technol.*), usura meccanico-chimica. **13.** mechano-fluid ~ (*mech. technol.*), usura meccanico-fluida. **14.** mild ~ (*mech. technol.*), usura moderata. **15.** negligible ~ (as of watch gears) (*mech. technol.*), usura trascurabile. **16.** normal ~ (*mech. technol.*), usura normale. **17.** peening ~ (*mech. technol.*), usura da martellamento, erosione per urto, usura da erosione per urto. **18.** run-in ~ (*mech. technol.*), usura di assestamento. **19.** severe ~ (*mech. technol.*), usura severa, usura grave.

wear (to) (to waste by use) (*mech.*), logorare, consumare. **2.** ~ (to be wasted by use) (*mech.*), logorarsi, consumarsi. **3.** ~ (to carry, clothes) (*gen.*), indossare, portare. **4.** ~ (to go about by putting the stern to the wind) (*naut.*), virare mettendo la poppa al vento. **5.** ~ down (*mech.*), logorarsi. **6.** ~ out (*mech.*), logorarsi completamente, consumarsi.

wearability (*mech. - etc.*), logorabilità.

wearable (*mech. - etc.*), logorabile.

wearing (*a. - gen.*), soggetto ad usura. **2.** ~ (subjecting to wear), logorante. **3.** ~ (changing the course of a sailing boat so as to have the wind astern) (*sailboat*), manovra per mettere la poppa al vento. **4.** ~ apparel (clothing) (*gen.*), abbigliamento. **5.** ~ course (the topmost layer of a road) (*road constr.*), manto superficiale, manto d'usura. **6.** ~ depth (as of a railw. rail), entità del logoramento. **7.** ~ surface (*road constr.*), *see* wearing course.

wearproof (resistant to wear) (*gen.*), resistente all'usura.

weather, tempo. **2.** ~ (toward the wind opposite to lee) (*a. - naut.*), sopravento, al vento. **3.** ~ areas (*naut.*), aree scoperte, superfici (di nave) esposte (al vento). **4.** ~ balloon (for recording or transmitting atmospheric data) (*meteorol.*), pallone sonda. **5.** Weather Bureau (*meteorol.*) (Am.), istituto meteorologico. **6.** ~ conditions (*meteorol.*), condizioni atmosferiche. **7.** ~ cross (elect. leakage due to wet weather) (*elect. aerial lines*), perdita sulla linea dovuta all'umidità. **8.** ~ deck (*naut.*), ponte scoperto. **9.** ~ door (trap door, ventilating door) (*min.*), porta di ventilazione. **10.** ~ forecast (*meteorol.*), previsione del tempo. **11.** ~ helm (helm brought toward the weather side) (*naut.*), barra sopravento. **12.** ~ minimums (minimum conditions of visibility etc. for landing) (*aer.*), condizioni minime (per l'atterraggio). **13.** ~ officer (*milit. - aer.*), ufficiale meteorologo. **14.** ~ report (*meteorol.*), bollettino meteorologico. **15.** ~ service (*meteor.*), servizio meteorologico. **16.** ~ sheet (*naut.*), scotta di sopravento. **17.** ~ side (*naut.*), lato di sopravento. **18.** ~ station (*meteorol.*), osservatorio meteorologico. **19.** ~ strip (weather stripping, as for doors, windows etc.) (*aut. - railw. - bldg. - carp.*), guarnizione (o profilato) tenuta aria. **20.** ~ vane (*meteorol.*), *see* weathercock. **21.** bad ~ (*meteorol.*), maltempo. **22.** change in the ~ (*meteorol.*), cambiamento del tempo. **23.** fine ~ (*meteor.*), beltempo. **24.** instrument ~ (*meteor. air navig.*), condizioni (meteo) che impongono il volo strumentale, tempo da volo strumentale.

weather (to) (as a cape) (*naut.*), doppiare. **2.** ~ (to pass to the windward of) (*naut.*), portarsi sopravento. **3.** ~ (to expose to the air) (*ind.*), esporre all'aria. **4.** ~ (to sustain the action of atmospheric agents) (*gen.*), essere sottoposto all'azione degli agenti atmosferici. **5.** ~ (to season) (*ind.*), stagionare. **6.** ~ (to dry) (*ind.*), essiccare. **7.** ~ (to disaggregate) (*geol.*), disgregarsi, disaggregarsi.

weatherability (resistance to atmospheric influences) (*technol. - meteor.*), resistenza agli agenti atmosferici.

"weather-bitt" (to) (to give an extra turn to a cable around the bitt) (*naut.*), dare un doppio giro sulla bitta.

weatherboard (weather side) (*naut.*), lato di sopravento. **2.** ~ (protective plank on an opening for keeping out rain) (*naut.*), tavola di copertura.

weather-bound (*a. - naut.*), trattenuto (in porto) dal maltempo.

weathercock (*meteorol. and decorative instr.*), ventaruola.

weathercock (to) (to align with the direction of the wind, as of an airplane) (*aer.*), portarsi in direzione del vento.
weathered (seasoned) (*a. - ind.*), stagionato. **2.** ~ (*a. - arch.*), a spiovente, con acquatura. **3.** ~ (disaggregated) (*geol.*), disaggregato, disgregato.
weatherglass (*instr.*), barometro.
weathering (*paint. testing*), prova con agenti atmosferici artificiali. **2.** ~ (disaggregation) (*geol.*), disaggregazione, disgregazione, gliptogenesi. **3.** accelerated ~ (*paint. testing*), prova accelerata con agenti atmosferici artificiali.
weatherize (to) (to protect against winter low temp., winds etc.: as a house) (*bldg. - etc.*), rendere atto a resistere alle intemperie invernali.
weatherly (as of a ship) (*naut.*), resistente al cattivo tempo.
weatherometer (for testing the weather-resisting properties of a paint) (*paints testing app.*), "veterometro", apparecchio di prova accelerata con agenti atmosferici artificiali.
weatherproof (*a. - gen.*), resistente all'azione degli agenti atmosferici, resistente alle intemperie.
weatherstripping (as for windows etc.) (*aut. - etc.*), guarnizioni di tenuta, profilati di tenuta.
weathervane, *see* weathercock.
weave (woven fabric) (*text. ind.*), tessuto. **2.** ~ (pattern of weaving) (*text. ind.*), armatura. **3.** ~ (lateral motion on a screen of the projected image) (*m. pict.*), spostamento laterale (del quadro). **4.** paper ~ (of a graphic recorder: lateral motion of the chart during paper roll-up) (*instr.*), spostamento laterale della carta (durante il riavvolgimento). **5.** plain ~ (*text. ind.*), armatura semplice.
weave (to) (*text. ind.*), tessere.
weaveability (*text. ind.*), tessibilità.
weaver (*text. work.*), tessitore, tessitrice.
weavers' beam (for the warp) (*text. ind. app.*), subbio dell'ordito.
weaving (*text. ind.*), tessitura. **2.** ~ (*welding*), *see* weave beading. **3.** power loom ~ (*text. mfg.*), tessitura meccanica. **4.** wool ~ (*text. ind.*), tessitura della lana.
web (a disk connecting the rim and hub of certain wheels) (*mech.*), disco. **2.** ~ (cobweb) (*gen.*), ragnatela. **3.** ~ (of a crankshaft) (*mech.*), spalla, braccio (di manovella), "maschetta". **4.** ~ (of a twist drill) (*t.*), nocciolo. **5.** ~ (of rail) (*railw.*), anima, gambo. **6.** ~ (bit of a key) (*mech.*), ingegno. **7.** ~ (of an oar: part comprised between the blade and rowlock) (*naut.*), braccio, parte tra scalmo e pala. **8.** ~ (thin portion between the ribs) (*arch. - mech.*), cartella. **9.** ~ (fabric) (*text. ind.*), tessuto. **10.** ~ (text. sheet coming from the card) (*text. ind.*), velo. **11.** ~ (paper from the roll feeding a printing mach.) (*print.*), nastro di carta continua. **12.** ~ (sheet of paper coming from a paper machine in its full width) (*paper mfg.*), nastro di carta. **13.** ~ (network) (*radio - telev.*), rete. **14.** ~ calendered (*a. - paper mfg.*), (carta) calandrata in nastro. **15.** ~ glazing (glazing in an ordinary calender) (*paper mfg.*), calandratura in nastro. **16.** ~ press (web machine, in which the paper is fed from a continuous roll) (*print.*), macchina da stampa a bobina continua, macchina da stampa dal rotolo. **17.** ~ printing (*print.*), stampa dal rotolo, stampa dalla bobina. **18.** ~ saw (*t.*), *see* frame saw. **19.** ~ type ring gear (*mech.*), corona dentata a disco, corona dentata a centro pieno. **20.** ~ wheel (*mech. - veh.*), ruota a disco. **21.** card ~ (*text. ind.*), velo di carda, falda di carda. **22.** cloudy ~ (irregular sheet coming from the card) (*text. ind.*), velo di spessore irregolare. **23.** cotton ~ (*text. ind.*), tessuto di cotone. **24.** lift ~ (of a parachute) (*aer.*), cinghia di sospensione. **25.** silk ~ (*text. ind.*), tessuto di seta. **26.** wool ~ (*text. ind.*), tessuto di lana.
webbing (weaving) (*text.*), tessitura.
web-calendered (*a. - paper mfg.*), (carta) calandrata in nastro.
weber (unit of magnetic flux: 10^8 maxwells) (*elect. meas.*), weber.
webfoot (*sport*), *see* snowshoe.
webless (as a ring gear) (*mech.*), senza disco, a centro cavo.
wedge, cuneo. **2.** ~ (*mach.*), cuneo. **3.** ~ (in a journal box) (*railw.*), cuneo (di correzione). **4.** ~ (wedge-shaped conduct, as for air in a jet engine) (*gen.*), condotto cuneiforme. **5.** ~ (high-pressure region with the isobars taking the shape of a wedge) (*meteorol.*), cuneo (d'alta pressione). **6.** ~ (*arch.*), *see* voussoir. **7.** ~ bar (for material testing) (*constr. theor.*), barretta triangolare, barretta a cuneo. **8.** ~ clamp (for aer. constr. of wings, body etc.) (*mech. impl.*), blocchetti di imbastitura a cuneo. **9.** ~ (friction) wheel (*mech.*), ruota di frizione (con gola) a cuneo. **10.** ~ gage (*meas. instr.*), calibro sonda a cuneo. **11.** neutral ~ (neutral filter) (*opt.*), cono fotometrico. **12.** sliding ~ (as of locks) (*mech.*), chiavistello. **13.** wooden ~ (*carp.*), cuneo di legno.
wedge (to) (*gen.*), incuneare. **2.** ~ (*join.*), rinzeppare, fissare con zeppe.
wedge-shaped (*a. - mech. - carp.*), a cuneo. **2.** ~ head bolt (*mech.*), bullone con testa a cuneo.
wedging (securing by a wedge) (*gen.*), fissaggio mediante cuneo. **2.** ~ (wooden blocks) (*ind.*), zeppe (di legno) impiegate come cunei. **3.** foxtail ~ (*carp.*), giunto a tenone e mortisa con bietta (nel tenone).
weed (freshwater or marine plant) (*botanics*), alga.
weed (to) (to free from useless plants) (*agric.*), sarchiare.
weeder (*agric. impl.*), sarchiello. **2.** ~ (*agric. mach.*), sarchiatrice. **3.** ~ (*agric. work.*), sarchiatore.
weeding (*agric.*), sarchiatura. **2.** ~ machine (*agric. mach.*), sarchiatrice.
weedless (as a propeller whose blades are curved backward with respect to the direction of rotation)

(*a.* - *naut.*), antialga. **2.** ~ propeller (*naut.*), elica antialga.

week, settimana. **2.** five-day ~ (*work.*), settimana corta. **3.** 40-hour ~ (*work.*), settimana di 40 ore. **4.** man ~ (unit of meas. of work) (*work.*), settimana lavorativa. **5.** working ~ (Brit.), *see* work-week (Am.).

weekend (*work.* - *etc.*), fine settimana, week-end.

weekly (*a.*), settimanale. **2.** ~ (pubblication) (*n.*), settimanale.

weep (exudation of moisture) (*bldg.* - *etc.*), trasudamento. **2.** ~ (a leaking) (*gen.*), perdita. **3.** ~ hole (as in a retaining wall, for draining of accumulated water) (*civ. eng.*), foro di scarico.

weft (*text. ind.*), trama. **2.** ~ backed fabric (*text. mfg.*), tessuto a doppia faccia. **3.** ~ damping (*text. mfg.*), bagnatura della trama, inumidimento della trama. **4.** ~ feed (*text. mfg.*), alimentazione della trama. **5.** ~ insertion (*text. mfg.*), inserzione della trama. **6.** ~ moistening (*text. mfg.*), inumidimento della trama. **7.** ~ ring frame (*text. mach.*), filatoio continuo ad anelli per (filare la) trama. **8.** ~ stop (*weaving mach.*), rompitrama. **9.** ~ winder (*text. mach.*), cannettiera, incannatoio, spolettiera. **10.** ~ winding machine (*text. ind. mach.*), cannettiera, incannatoio, spolettiera.

"weft-feeler" (of a loom) (*text. mech.*), tastatore per trama, tastatrama.

weibullite (Pb Bi [S, Se]) (*min.*), weibullite.

weigh (to), pesare. **2.** ~ anchor (*naut.*), salpare.

weighbar (weighbar shaft, rock shaft) (*mech.*), albero oscillante.

weighbridge (*meas. app.*), pesa, pesatrice a ponte. **2.** public ~ (*meas. app.*), pesa pubblica, peso pubblico.

weigher (*work.*), addetto alla pesa. **2.** sacking ~ (*mach.*), insaccatrice pesatrice.

weighing (act of one who weighs), pesatura. **2.** ~ (lot weighed) (*ind.* - *comm.*), pesata. **3.** ~ bottle (*chem. impl.*), pesafiltri. **4.** ~ machine (*ind. mach.*), bilancia, peso, pesa, pesatrice. **5.** automatic ~ machine (*ind. mach.*), bilancia automatica.

weigh-out (horse racing) (*sport*), peso.

weighshaft (rockshaft) (*mach.*), albero oscillante.

weight, peso. **2.** ~ (unit of weight) (*meas. unit*), unità di peso, unità di massa. **3.** ~ (positional weight of a cipher in a number or in a string) (*comp.*), peso. **4.** ~ empty (*aer.* - *etc.*), peso a vuoto (d'impiego o di esercizio). **5.** ~ lifting (*sport*), sollevamento pesi. **6.** ~ limit (*road traff.*), limite di peso. **7.** ~ per horse-power (ratio between the dry weight of an engine and the maximum permissible horsepower) (*aer.* - *mot.*), peso per unità di potenza. **8.** ~ per pound thrust (ratio between the dry weight of an engine and the maximum permissible thrust) (*aer. mot.*), peso per unità di spinta. **9.** absolute dry ~ (of wool) (*text. ind.*), peso secco assoluto. **10.** adhesive ~ (of a locomotive) (*railw.*), peso aderente. **11.** all-up ~ (of an aircraft) (*aer.*), peso totale (a pieno carico). **12.** atomic ~ (*chem.*), peso atomico. **13.** balance ~ (*mech.*), contrappeso. **14.** basic ~ (weight of a standard ream) (*paper print.*), peso base, peso di una risma di formato standard. **15.** breaking ~ (of wool) (*text. ind.*), peso di rottura. **16.** constant ~ feeder scale (as of coal for a furnace), bilancia di alimentazione a peso costante. **17.** curb ~ (*aut.*) (Am.), *see* kerb weight (Brit.). **18.** dead ~, peso morto. **19.** dead ~ (*naut.*), peso proprio (della nave). **20.** dead ~ safety valve (*mech. device*), valvola di sicurezza a peso. **21.** design gross ~ (*aer.* - *aut.* - *etc.*), peso lordo secondo (il) progetto, peso lordo teorico. **22.** dischargeable ~ (as from an airship in an emergency) (*aer.* - *etc.*), peso scaricabile. **23.** disposable ~ (as of an airship: all weights other than fixed weights) (*aer.*), peso disponibile. **24.** distributed mass-balance ~ (*aer.*), massa di compensazione diffusa, peso (o massa) di bilanciamento statico distribuito. **25.** dry ~ (as of an engine), peso a secco, peso senza olio, benzina e liquido raffreddante. **26.** empty ~ (dead load) (*aer.* - *aut.* - *etc.*), peso a vuoto. **27.** fixed ~ (as of an airship: weight in flying order without fuel, oil, dischargeable weight or pay load) (*aer.*), peso fisso. **28.** gross ~ (*comm.*), peso lordo. **29.** jockey ~ (weight moving as on the lever of a testing machine) (*mech.*), peso mobile. **30.** mass-balance ~ (of a control surface) (*aer.*), massa di compensazione, peso (o massa) di bilanciamento statico. **31.** maximum ~ (as of an aircraft: as permitted by regulations) (*aer.* - *etc.*), peso massimo. **32.** molecular ~ (*chem.*), peso molecolare. **33.** net ~ (*comm.*), peso netto. **34.** own ~ (as of a beam) (*constr. theor.*), peso proprio. **35.** remote mass-balance ~ (connected by links to the control surface) (*aer.*), massa di compensazione a distanza, peso (o massa) di bilanciamento statico distanziato. **36.** set of weights (for scale), serie di pesi. **37.** specific ~ (the weight of a substance per unit volume) (*mech.*), peso specifico. **38.** sprung ~ (placed above springs) (*aut.* - *railw.* - *etc.*), peso sospeso (elasticamente). **39.** take-off ~ (*aer.* - *rckt.*), peso al decollo. **40.** tare ~ (*aer.*) (Brit.), peso a vuoto (di costruzione o di progetto). **41.** throwing the ~ (*sport*), getto del peso. **42.** total ~ (gross weight) (*gen.*), peso lordo. **43.** unsprung ~ (*aut.* - *railw.* - *etc.*), peso non sospeso (elasticamente).

weight (to) (to load) (*gen.*), caricare. **2.** ~ (to add sizing materials: as to the silk), caricare. **3.** ~ (to express the precision probability of an observed phoenomenon by a number) (*phys.* - *astr.*), valutare (numericamente) la precisione. **4.** ~ (*stat.*), assegnare fattori ponderali.

weighted (loaded) (*a.* - *gen.*), caricato. **2.** ~ average (*stat.*), *see* weighted mean. **3.** ~ mean (*stat.*), media ponderale, media pesata.

weighting (adding of sizing materials) (*text. mfg.*), carica. **2.** ~ (act of weighting) (*gen.*), pesatura. **3.** ~ allowance (for compensating the variation of the living cost) (*wages econ. problem*), scala mobile. **4.** ~ network (as in phonometry applications) (*elics.*), circuito di attenuazione.

weightless (*a. - astric.*), senza peso.

weightlessness (*astric.*), assenza di gravità, imponderabilità.

weightometer (continuously weighing automatic device) (*app.*), pesa automatica continua.

weir (dam) (*hydr.*), diga di ritenuta, sbarramento. **2.** ~ (device for measuring the quantity of flowing water) (*hydr. meas.*), (luce a) stramazzo. **3.** ~ basin (for reducing the effect of the water velocity) (*hydr. constr.*), bacino moderatore. **4.** ~ box (for meas. as irrigation water) (*hydr.*), cassone di misura. **5.** broad-crested ~ (*hydr. constr.*), stramazzo in parete spessa. **6.** rectangular ~ (*hydr. constr.*), stramazzo rettangolare. **7.** sharp-crested ~ (*hydr. constr.*), stramazzo in parete sottile. **8.** submerged ~ (*hydr.*), stramazzo rigurgitato. **9.** trapezoidal ~ (Cipolletti weir) (*hydr. constr.*), stramazzo Cipolletti, stramazzo trapezoidale. **10.** triangular ~ (V-notch weir) (*hydr. constr.*), stramazzo triangolare.

welch (to) (Brit.) (to welsh, Am.), *see* welsh (to).

weld (union of metals by welding) (*mech. technol.*), saldatura, giunzione saldata, giunto saldato. **2.** ~ (state of being welded) (*mech.*), saldato. **3.** ~ bead (*welding*), cordone di saldatura. **4.** ~ decay (intercrystalline corrosion developing in certain stainless steels) (*metall.*), corrosione intercristallina della saldatura. **5.** ~ face (*mech. technol.*), diritto della saldatura. **6.** ~ ingot (nugget) (*welding*), tacca. **7.** ~ line (surface indication of the weld plane in flash and upset welding) (*mech. technol.*), linea di saldatura. **8.** ~ metal (*mech. technol.*), metallo fuso (nella esecuzione della saldatura). **9.** ~ pool (puddle) (*mech. technol.*), bagno di fusione. **10.** ~ steel, *see* wrought steel. **11.** ~ time (time during which a welding current is applied in making a joint) (*mech. technol.*), tempo di saldatura. **12.** ~ timer (*mech. technol.*), temporizzatore per saldatura. **13.** arc ~ (*mech. technol.*), saldatura ad arco. **14.** axis of a ~ (perpendicular to the cross section and passing through the center of gravity) (*mech. technol.*), asse del cordone di saldatura. **15.** back ~ (*mech. technol.*), saldatura al rovescio, giunzione saldata al rovescio. **16.** bead ~ (*mech. technol.*), saldatura a cordone. **17.** butt ~ (*mech. technol.*), saldatura di testa, giunto saldato di testa. **18.** caulking ~ (*mech. technol.*), saldatura sigillante. **19.** cleft ~ (*mech. technol.*), saldatura previa bisellatura. **20.** cold ~ (adhesion of metals obtained only on contact, without heat or pressure, in the vacuum of outer space) (*astric.*), saldatura spaziale a freddo. **21.** cross wire ~ (*mech. technol.*), saldatura di fili (o barrette) incrociati (od a crociera). **22.** double-J groove ~ (*mech. technol.*), saldatura a doppio J. **23.** double-U groove ~ (*mech. technol.*), saldatura a doppio U. **24.** double-Vee groove ~ (*mech. technol.*), saldatura a doppio V. **25.** electric spot ~ (*mech. technol.*), saldatura elettrica a punti. **26.** fillet ~ (weld of approx. triangular cross section joining two surfaces at right angles to each other) (*mech. technol.*), cordone di angolo, saldatura d'angolo. **27.** flash ~ (*mech. technol.*), saldatura a scintillio. **28.** groove ~ (when the axis of the weld lies in an approx. horizontal plane and the face in an approx. vertical plane) (*mech. technol.*), cordone frontale. **29.** intermittent ~ (*mech. technol.*), saldatura a tratti, saldatura interrotta. **30.** jump ~ (*smithwork*), bollitura, saldatura a fuoco col martello. **31.** mash ~ (single spot-welding of many overlapping elements) (*mech. technol.*), saldatura a punti contemporanea di più elementi (sovrapposti). **32.** multiple-pass ~ (*mech. technol.*), saldatura a passate multiple. **33.** roll seam ~ (*mech. technol.*), saldatura continua a rulli. **34.** roll spot ~ (*mech. technol.*), saldatura a punti con rulli. **35.** single-bevel groove ~ (*mech. technol.*), saldatura a 1/2 V. **36.** signle-J groove ~ (*mech. technol.*), saldatura a J. **37.** single-U groove ~ (*mech. technol.*), saldatura ad U, giunto saldato ad U. **38.** single-Vee groove ~ (*mech. technol.*), saldatura a V, giunto saldato a V. **39.** square groove ~ (*mech. technol.*), saldatura a lembi retti (o ad I), giunto saldato a lembi retti (o ad I). **40.** stuck ~ (welding defect) (*mech. technol.*), incollatura. **41.** tack ~ (*mech. technol.*), puntatura, punto di saldatura. **42.** T ~ (*mech. technol.*) (Am.), saldatura a T, giunto saldato a T.

weld (to) (*mech. technol.*), saldare. **2.** to cold weld (to obtain adhesion of metals in the vacuum of outer space only on contact, without heat or pressure) (*astric.*), saldare a freddo nello spazio. **3.** cold-weld (to) (*metall. - elics.*), *see at* cold-weld (to).

weldability (*mech. technol.*), saldabilità.

weldable (*mech.*), saldabile.

welded (*a. - mech. technol.*), saldato.

welder (*work.*), saldatore. **2.** ~ (welding machine) (*mach.*), saldatrice. **3.** arc ~ (a.c. welder) (*elect. mach.*), saldatrice ad arco (a corrente alternata). **4.** butt ~ (*elect. mach.*), saldatrice elettrica di testa. **5.** dc ~ (*elect. mach.*), saldatrice (ad arco) a corrente continua. **6.** electric ~ (*work.*), saldatore elettrico. **7.** electric ~ (*elect. mach.*), saldatrice elettrica. **8.** flash ~ (*elect. mach.*), saldatrice elettrica a scintillio. **9.** gas ~ (*work.*), saldatore autogeno. **10.** inert-gas metal arc ~ (*elect. mach.*), saldatrice elettrica ad arco in atmosfera inerte. **11.** pedestal ~ (stationary welding machine) (*elect. mach. t.*), saldatrice fissa. **12.** portable spot ~ (*elect. mach.*), saldatrice elettrica a punti pensile. **13.** projection ~ (*elect. mach.*), saldatrice elettrica su risalti. **14.** rivet ~ (as Sciaky type riveter) (*elect. mach.*), saldatrice per ribaditura. **15.** rod automatic feel arc ~ (UNA type) (*elect. mach.*), saldatrice ad arco ad avanzamento automatico dell'elettrodo. **16.** roll seam ~ (*elect. mach.*), saldatrice continua a rulli. **17.** saw band ~ (*elect.

mach.), saldatrice (elettrica) per nastri da sega. **18.** seam ~ (*elect. mach.*), saldatrice elettrica continua. **19.** spot ~ (*elect. mach.*), puntatrice, saldatrice (elettrica) a punti. **20.** stationary spot ~ (*elect. mach.*), saldatrice elettrica a punti fissa. **21.** submerged arc ~ (*elect. mach.*), saldatrice elettrica ad arco sommerso.

welder's helmet (*work. impl.*), maschera per saldatore.

welding (joining by transforming into plastic or fluid state the surfaces to be united or [also without heat] by compressing or hammering) (*mech. technol.*), saldatura. **2.** ~ blowpipe (*welding app.*), cannello per saldatura autogena. **3.** ~ cycle (in resistance welding: the complete series of events for making a weld) (*mech. technol.*), ciclo di saldatura. **4.** ~ demand (absorbed KVA) (*mech. technol.*), assorbimento di saldatura. **5.** ~ electrode (*mech. technol.*), elettrodo per saldatura. **6.** ~ flux (*mech. technol.*), fondente per saldatura. **7.** ~ gun (*welding app.*), pinza per saldatura. **8.** ~ machine (*elect. mach. t.*), saldatrice. **9.** ~ positioner (*ind. app.*), posizionatore per saldature. **10.** ~ powder (flux) (*mech. technol.*), flusso in polvere (per saldatura), fondente in polvere (per saldatura). **11.** ~ pressure (pressure exerted on the parts being welded) (*mech. technol.*), pressione di saldatura, pressione sulle parti da saldare. **12.** ~ rod (*mech. technol.*), bacchetta, filo di apporto, bacchetta per saldatura. **13.** ~ screen (*welding impl.*), schermo per saldatura. **14.** ~ sequence (order of making the welds in a welding) (*mech. technol.*), sequenza di saldatura. **15.** ~ set (*mech. technol. app.*), saldatrice ad arco. **16.** ~ torch (*welding app.*), cannello per saldatura. **17.** ~ yoke (*welding app.*), pinza per saldatura. **18.** arc ~ (*mech. technol.*), saldatura ad arco. **19.** argon arc ~ (*mech. technol.*), saldatura ad (arco in atmosfera di) argo. **20.** atomic-hydrogen ~ (heat obtained by molecular dissociation) (*mech. technol.*), saldatura ad idrogeno atomico (o nascente). **21.** autogenous ~ (*mech. technol.*), saldatura autogena. **22.** autogenous ~ by fusion (*mech. technol.*), saldatura autogena per fusione. **23.** autogenous ~ by pressure (*mech. technol.*), saldatura autogena per pressione. **24.** automatic ~ (welding in which the equipment is such as to perform the entire welding operation without observation and adjustment of controls by the operator) (*mech. technol.*), saldatura automatica. **25.** backhand ~ (gas-welding technique in which the flame is directed opposite to the progress of welding) (*mech. technol.*), saldatura a destra, saldatura indietro. **26.** bare metal arc ~ (*mech. technol.*), saldatura ad arco con elettrodo metallico nudo. **27.** blacksmith ~ (*mech. technol.*), *see* forge welding. **28.** braze ~ (brazing in which the filler metal is not distributed in the joint by capillary attraction) (*mech. technol.*), saldobrasatura. **29.** butt seam ~ (*mech. technol.*), saldatura di testa continua, saldatura di testa a rulli. **30.** butt ~ (*mech. technol.*), saldatura di testa, saldatura a combaciamento. **31.** carbon-arc ~ (*mech. technol.*), saldatura ad arco con elettrodo di carbone. **32.** circular (or circumferential) seam ~ (*mech. technol.*), saldatura continua circolare. **33.** cold ~ (adhesion of metals obtained, in the vacuum of outer space, only on contact: without heat or pressure) (*astric.*), saldatura spaziale a freddo. **34.** cold-~ (*metall. - elics.*), *see at* cold-welding. **35.** continuous ~ (by elect.) (*mech. technol.*), saldatura continua. **36.** CO_2 ~ (CO_2-shielded arc welding) (*mech. technol.*), saldatura in CO_2. **37.** dielectric ~ (as with a high-frequency alternate electric field) (*mech. technol.*), saldatura dielettrica. **38.** diffusion ~ (solid state bonding obtained by high temperature and pressure) (*mech. technol.*), saldatura per diffusione. **39.** electrical sequence ~ (with several electrodes in simultaneous contact with the work which carry out a complete welding cycle) (*mech. technol.*), saldatura elettrica progressiva. **40.** electric ~ (*mech. technol.*), saldatura elettrica. **41.** electric ~ machine (*elect. mach.*), saldatrice elettrica. **42.** electron-beam ~ (*mech. technol.*), saldatura a fascio elettronico. **43.** electro-slag ~ (*mech. technol.*), saldatura ad elettroscoria. **44.** electron-beam ~ (outer space metals welding system) (*astric. technol.*), saldatura a fascio elettronico. **45.** electrostatic percussive ~ (by elect.) (*mech. technol.*), saldatura elettrostatica a percussione. **46.** explosive ~ (*mech. technol.*), saldatura ad esplosione. **47.** fillet ~ (*mech. technol.*), saldatura d'angolo. **48.** fire ~ (*mech. technol.*), saldatura per bollitura. **49.** firecracker ~ (*mech. - technol.*), saldatura ad arco con elettrodo disteso, saldatura stromenger. **50.** flash butt ~ (by applying a light initial pressure followed by arcing and then by heavy pressure) (*mech. technol.*), saldatura di testa a scintillio. **51.** flash ~ (resistance welding process wherein pressure is applied only after heating is substantially completed) (*mech. technol.*), saldatura (di testa) a scintillio. **52.** flux cored ~ wire (*mech. technol.*), filo elettrodo a flusso incorporato. **53.** forehand ~ (gas-welding technique in which the flame is directed toward the progress of welding) (*mech. technol.*), saldatura a sinistra, saldatura avanti. **54.** forge ~ (*mech. technol.*), saldatura per bollitura (alla forgia). **55.** friction ~ (in which the welding heat is obtained by friction) (*mech. technol.*), saldatura ad attrito. **56.** fusion ~ (*mech. technol.*), saldatura per fusione. **57.** gas ~ (a type of fusion welding) (*mech. technol.*), saldatura a gas. **58.** hammer ~ (type of forge welding) (*mech. technol.*), saldatura per bollitura al maglio. **59.** "heliarc" ~ (*mech. technol.*), saldatura (ad arco) in atmosfera di elio. **60.** high-frequency resistance ~ (*mech. technol.*), saldatura a resistenza ad alta frequenza. **61.** hot pressure ~ (*mech. technol.*), saldatura per pressione a caldo. **62.** hydromatic ~ (pressure-controlled welding, wherein electrode pressure is obtained by hydraulic automatic units) (*mech. technol.*), saldatura idro-automatica, saldatura a pressione controllata. **63.** inert-gas carbon-arc ~ (*mech. technol.*), saldatura ad arco in gas inerte con elettrodo di carbone. **64.** inert gas-shielded arc ~ (*mech. technol.*), saldatura (ad arco) con protezione di gas inerte. **65.** inertia ~ (a type of friction welding) (*mech. technol.*), saldatura ad inerzia o per grippaggio. **66.** intermittent ~ (welding in which continuity is broken by unwelded spaces) (*mech. technol.*), saldatura interrotta, saldatura a tratti. **67.** interrupted ~ (*mech. technol.*), *see* pulsation welding. **68.** lap seam ~ (*mech. technol.*), saldatura continua a sovrapposizione. **69.** lap ~ (as by elect.) (*mech. technol.*), saldatura a sovrapposizione. **70.** laser ~ (*mech. technol.*), saldatura con laser. **71.** line ~ (seam welding) (*mech. technol.*), saldatura continua, saldatura su tutta la lunghezza. **72.** machine ~ (*mech. technol.*), saldatura a macchina. **73.** manual ~ (*mech. technol.*), saldatura a mano. **74.** mash-seam ~ (many overlapped parts spotwelded by a single operation) (*welding technol.*), saldatura per punti di più parti sovrapposte. **75.** metal-arc ~ (*mech. technol.*), saldatura ad arco con elettrodo metallico. **76.** MIG ~ (metal inert gas welding) (*mech. technol.*), saldatura MIG, saldatura sotto gas inerte con elettrodo di metallo. **77.** multiple-impulse ~ (spot, projection or upset welds made by several current impulses) (*mech. technol.*), saldatura ad impulsi multipli. **78.** multiple-projection ~ (two of more projection welds made simultaneously) (*mech. technol.*), saldatura multipla su risalti. **79.** multiple-seam ~ (two or more seam welds made simultaneously) (*mech. technol.*), saldatura continua multipla. **80.** multiple-spot ~ (two or more spot welds made simultaneously) (*mech. technol.*), saldatura multipla a punti. **81.** nonpressure thermit ~ (*mech. technol.*), saldatura alluminotermica senza pressione. **82.** open-arc ~ (protected only by the content of the electrode wire) (*mech. technol.*), saldatura "open-arc". **83.** overhead ~ (*mech. technol.*), saldatura sopratesta (dal basso in alto). **84.** oxy-acetylene ~ (*mech. technol.*), saldatura ossiacetilenica. **85.** oxydrogen ~ (*mech. technol.*), saldatura ossidrica. **86.** oxygen-hydrogen ~ (*mech. technol.*), saldatura ossidrica. **87.** parallel projection ~ (multiple projection welds with electrodes forming a parallel circuit) (*mech. technol.*), saldatura su risalti parallela. **88.** parallel spot ~ (multiple spot welds made with electrodes forming a parallel circuit) (*mech. technol.*), saldatura a punti parallela. **89.** parallel seam ~ (multiple seam welds made with electrodes forming a parallel circuit) (*mech. technol.*), saldatura continua parallela. **90.** percussion ~ (*mech. technol.*), *see* percussive welding. **91.** percussive ~ (resistance welding process in which a high pressure is applied immediately after a rapid discharge of stored electrical energy) (*mech. technol.*), saldatura a percussione. **92.** pipe-into-plate ~ (as for heat exchangers) (*mech. technol.*), saldatura di piastre tubiere. **93.** plasma jet ~ (plasma flame welding, by plasma jet obtained through ionisation and dissociation of a gas) (*mech. technol.*), saldatura a plasma. **94.** poke ~, *see* push welding. **95.** pressure-controlled ~ (*mech. technol.*), *see* hydromatic welding. **96.** pressure sequence ~ (spot or projection welding process in which several electrodes go through a complete welding cycle progressively) (*mech. technol.*), saldatura progressiva a pressione. **97.** pressure thermit ~ (*mech. technol.*), saldatura alluminotermica a pressione. **98.** pressure ~ (group of welding processes in which the weld is obtained by pressure) (*mech. technol.*), saldatura a pressione. **99.** pulsating arc ~ (*mech. technol.*), saldatura ad arco pulsante. **100.** pulsation ~ (multiple impulse welding) (*mech. technol.*), saldatura a pulsazione. **101.** push ~ (spot welding process wherein pressure is applied manually to one electrode only) (*mech. technol.*), saldatura a spinta. **102.** radio frequency ~ (*mech. technol.*), saldatura a radiofrequenza. **103.** resistance butt ~ (in which pressure is applied before heating takes place) (*mech. technol.*), saldatura di testa a resistenza. **104.** resistance ~ (pressure welding process wherein heat is obtained from the resistance to the flow of an electric current) (*mech. technol.*), saldatura a resistenza. **105.** roll-spot ~ (separated spot welds made with circular electrodes) (*mech. technol.*), saldatura a punti con rulli. **106.** roll ~ (type of forge welding) (*mech. technol.*), saldatura per bollitura continua a rulli. **107.** semiautomatic arc ~ (*mech. technol.*), saldatura ad arco semiautomatica. **108.** series projection ~ (multiple projection welds with electrodes forming a series circuit) (*mech. technol.*), saldatura su risalti in serie. **109.** series seam ~ (multiple seam welds made with electrodes forming a series circuit) (*mech. technol.*), saldatura continua in serie. **110.** series spot ~ (multiple spot welds made with electrodes forming a series circuit) (*mech. technol.*), saldatura a punti in serie. **111.** short-arc ~ (of spheroidal graphite cast iron) (*mech. technol.*), saldatura "short-arc". **112.** Sigma ~ (shielded inert-gas metal arc welding) (*mech. technol.*), saldatura ad arco con elettrodo metallico sotto gas inerte. **113.** single impulse ~ (spot, projection or upset welds made by a single impulse of current) (*mech. technol.*), saldatura ad impulso singolo. **114.** spot ~ (resistance welding in which a short duration current is applied to portions of the metal surfaces to be joined) (*mech. technol.*), saldatura a punti. **115.** steam-shielded ~ (*mech. technol.*), saldatura con protezione di vapore d'acqua. **116.** stitch ~ (resistance welding: as by two rotating wheels with spaced spot welding points) (*mech.*), saldatura a resistenza a punti mediante rulli. **117.** stored-energy ~ (percussion welding) (*mech. technol.*), saldatura ad accumulatore. **118.** submerged arc ~

(by elect.) (*mech. technol.*), saldatura ad arco sommerso. **119.** tack ~ (*mech. technol.*), saldatura provvisoria, imbastitura. **120.** thermit ~ (*mech. technol.*), saldatura alluminotermica, saldatura alla termite. **121.** TIG ~ (tungsten inert gas welding) (*mech. technol.*), saldatura TIG, saldatura (ad arco) in atmosfera inerte con elettrodo di tungsteno. **122.** transverse seam ~ (at right angles to the throat depth of the welder) (*mech. technol.*), saldatura continua trasversale. **123.** twin-carbon arc ~ (*mech. technol.*), saldatura ad arco con due elettrodi di carbone. **124.** twin-spot ~ (*mech. technol.*), saldatura a doppio punto. **125.** ultrasonic plastic ~ (*plastics technol.*), saldatura a ultrasuoni delle materie plastiche. **126.** ultrasonic ~ (obtained through ultrasonic mechanical vibrations) (*mech. technol.*), saldatura ultrasonica, saldatura con ultrasuoni. **127.** ultra-speed ~ (electrical sequence welding) (*mech. technol.*), saldatura super-rapida. **128.** upset butt ~ (pressure applied before heating and maintained throughout the heating period) (*mech. technol.*), saldatura di testa per ricalcatura. **129.** upset ~ (pressure applied before heating, maintained during the heating period and followed by a higher pressure so as to obtain an upset joint) (*mech. technol.*), saldatura per ricalcatura.

weldless (*a. - mech.*), senza saldatura, non saldato.

weldment (process of welding) (*mech. technol.*), saldatura. **2.** ~ (unit formed by welded pieces) (*ind.*), (gruppo) saldato.

"weldnut" (inside threaded block welded in a sheet metal piece hole) (*mech.*), dado saldato.

weldor, welder (*work.*), saldatore.

weldtimer (*mech. technol. app.*), temporizzatore di saldatura.

welfare (condition of prosperity etc.) (*gen.*), benessere. **2.** ~ work (provisions made by the management as of a factory for improving the health and well-being of employees) (*pers. assistance organ.*), servizi sociali. **3.** ~ worker (*work. organ.*), assistente sociale, visitatrice.

well (for water, gasoline, gas etc.) (*min.*), pozzo. **2.** ~ (as of a cupola furnace) (*found.*), tino, crogiolo. **3.** ~ (*naut.*), ridotto delle pompe, sala delle pompe. **4.** ~ (spring of water) (*hydr. - min.*), sorgente di acqua. **5.** ~ (of staircase) (*arch.*), pozzo, "tromba". **6.** ~ (receptacle for the landing gear: in the wing or in the fuselage) (*aer.*), vano carrello. **7.** ~ borer (*min. mach.*), sonda, trivella. **8.** ~ drilling (*min.*), trivellazione, sondaggio. **9.** ~ hole (the shaft of a well) (*mas.*), canna di pozzo. **10.** ~ pit (the hole of a well) (*mas.*), canna di pozzo. **11.** ~ shaft (the hole or pit of a well) (*mas.*), canna di pozzo. **12.** ~ wagon (*railw.*) (Brit.), carro a pozzo, carro con piano di carico ribassato. **13.** absorbing ~ (for draining water) (*bldg.*), pozzo perdente. **14.** artesian ~ (*hydr.*), pozzo artesiano. **15.** artesian ~ tubes (*pip.*), tubazioni per pozzi artesiani. **16.** dewatering ~ (*civ. eng.*), pozzo di drenaggio. **17.** drain ~ (*mas. constr.*), pozzo disperdente (o di assorbimento). **18.** driven ~ (with a pipe reaching the water-bearing stratum) (*hydr.*), pozzo freatico. **19.** exploratory ~ (for finding oil) (*min.*), pozzo esplorativo. **20.** flowing ~ (oil well in which oil is forced out by natural gas) (*min.*), pozzo ad erogazione spontanea, pozzo eruttivo. **21.** gas ~ (well yielding gas) (*min.*), pozzo di gas. **22.** injection ~ (well into which is injected compressed air or water to increase the yield of near wells) (*oil well*), pozzo di iniezione. **23.** magnetic ~ (*plasma phys.*), pozzo magnetico. **24.** oil ~ tubing (*pip.*), tubi per pozzi petroliferi. **25.** overflow ~ (in die-casting, added to the casting for facilitating the escape of air or heating the die in the required area) (*found.*), pozzetto di lavaggio, pozzetto di tracimazione. **26.** periscope ~ (of sub.) (*navy*), pozzo (di rientro) del periscopio. **27.** producing ~ (*min.*), pozzo produttivo. **28.** relief ~ (for avoiding surface waterlogging) (*mas. - etc.*), pozzo di drenaggio. **29.** road drain ~ (*road*), tombino stradale. **30.** water ~ boring tubes (*pip.*), tubazioni per pozzi artesiani.

wellhole (as of a staircase) (*bldg.*), pozzo, "tromba". **2.** ~ (a well shaft), canna.

wellpoint, well point (a hollow point consisting of a perforated suction pipe driven into waterlogged soil for lowering the water table by pumping) (*n. - civ. eng.*), pozzo filtrante.

welsh (to) (Am.) (to welch, Brit.: to avoid a payment) (*comm. - adm.*), venir meno all'impegno preso, non pagare.

Welsh (sheep breed) (*wood ind.*), razza di pecora del Galles con lana di media lunghezza.

welt (terminal guard of a fender) (*veh.*) (Am.), paraspruzzi. **2.** ~ (reinforcement as of a stocking) (*gen.*), rinforzo. **3.** ~ (butt strap, as for steam boiler plates) (*mech.*), coprigiunto. **4.** ~ (cord or rib) (*cotton mfg.*) (Brit.), costa.

W-engine (*mot.*), motore a W con tre linee di cilindri.

west, ovest, ponente. **2.** northwest by ~ (a point that is 11°15' west of north-west) (*navig.*), una quarta (11°15') ad ovest di nord-ovest.

westbound (going west) (*naut. - etc.*), diretto all'ovest.

western (*m. pict.*), film "western".

westphal balance (for determining specific gravity) (*meas. instr.*), bilancia di Westphal.

"WET" (western european time) (*geogr.*), tempo dell'Europa occidentale.

wet, (*gen.*), bagnato, umido. **2.** ~ (*a. - chem. - metall. - etc.*), per via umida. **3.** ~ (*n.*), umidità. **4.** ~ drawn wire (*metall. ind.*), filo trafilato ad umido. **5.** ~ end (portion of a paper machine) (*paper mfg. mach.*), parte umida. **6.** ~ engine (engine with its oil, liquid coolant and trapped fuel) (*mot.*), motore rifornito. **7.** ~ foundation (*civ. eng.*), fondazione in acqua. **8.** ~ look (as of fabrics coated with urethane) (*text.*), aspetto lucido. **9.** ~ on wet (painting method by which further coats are applied before the previous coats have dried) (*paint.*), bagnato su bagnato. **10.** ~ paint! (warning posted from the painter), vernice fresca! **11.** ~ plate (collodion plate) (*phot.*), lastra al collodio. **12.** ~ return (in a steam heating plant with the condensation pipe below the boiler waterline) (*steam heating*), tubazione di ritorno allagata. **13.** ~ sanding (as in aut. paint.), pomiciatura a umido. **14.** ~ steam (*thermod.*), vapore umido. **15.** ~ sump (*mot.*), coppa serbatoio. **16.** ~ test (*chem. - etc.*), prova per via umida. **17.** ~ test (rain test) (*elect. - etc.*), prova sotto pioggia.

wet (to), bagnare.

wet-and-dry-bulb thermometer, *see* psychrometer.

wet-drawing (of wire) (*metall. ind.*), trafilatura ad umido. **2.** ~ machine (of wire) (*metall. ind. mach.*), trafilatrice ad umido.

wet-grind (to) (to grind a piece while wetting it by a coolant) (*mech.*), rettificare in presenza di liquido refrigerante.

wettability (*phys. - chem.*), bagnabilità, umettabilità.

wetted, bagnato. **2.** ~ surface (*shipbldg.*), superficie bagnata.

wetting agent, wetting-out agent (*phys. - acous. - ind.*), agente bagnante, umettante (*s.*).

"wf" (wrong font or fount) (*typ. defect*), carattere sbagliato, errore di composizione, refuso.

"WF" system (Work-Factor system, work measuring system) (*time study*), sistema W.F., sistema Work-Factor.

"WG", *see* wire gauge.

"wg" (wing) (*aer.*), ala. **2.** ~ (water gauge, water pressure expressed in inches of height) (*phys. - etc.*), pollici d'acqua, pressione in pollici d'acqua.

"wgt", *see* weight.

"WH", *see* watt-hour, water heater.

whale (*cetacean*), balena.

whaleboat (fishing motorboat) (*naut.*), baleniera.

whaler (*naut. - fishing*), baleniera.

whaling factory (*naut. - fishing*), nave fattoria.

wharf (quay) (*naut.*), banchina. **2.** ~ (landing stage) (*naut.*), pontile, imbarcadero. **3.** ~ boat (*naut.*), pontile galleggiante. **4.** discharging ~ (*naut.*), banchina di scarico, banchina. **5.** ex ~ (free from transp. charges up to wharf) (*naut. - comm.*), franco banchina. **6.** loading ~ (*naut.*), banchina di carico. **7.** unloading ~ (*naut.*), banchina di scarico.

wharfage (duty) (*naut.*), diritti di banchina.

wharve (whorl, whirl, pulley for the tape) (*text. mach.*), noce, puleggia a gola.

wheat (*agric.*), grano, frumento.

Wheatstone('s) bridge (*elect. meas. instr.*), ponte di Wheatstone.

wheel, ruota. **2.** ~ (gear) (*mech.*), ingranaggio, ruota dentata. **3.** ~ (grinding wheel) (*t.*), mola. **4.** ~ (aileron control wheel) (*aer.*), volantino (di comando). **5.** ~ (steersman) (*naut.*), timoniere. **6.** ~ and axle (hoisting device), carrucola. **7.** ~ arrangement (of a locomotive) (*railw.*), rodiggio. **8.** ~ balancing (*aut.*), equilibratura ruote. **9.** ~ balancing arbor (*mach. t. - mech.*), mandrino per equilibratura mole. **10.** ~ balancing stand (*mach. t. - mech.*), banco per equilibratura mole. **11.** ~ base (*aut.*), passo, interasse ruote, distanza fra gli assi delle ruote. **12.** ~ body (of a gear) (*mech.*), corpo dell'ingranaggio. **13.** ~ bore (*railw.*), *see* axle seat. **14.** ~ box (*aut.*), vano passaruote. **15.** ~ brace (*aut. impl.*), girabacchino. **16.** ~ center (flanged hub for supporting the grinding wheel: as in internal grinding) (*mach. t. - mech.*) (Am.), portamola. **17.** ~ chock (for gripping the wheel on the ground) (*aer.*), ceppo. **18.** ~ control (*aer.*), comando a volante. **19.** ~ cover (*veh.*), copriruota. **20.** ~ dressing roll (*mech. device*), rullo per ravvivatura mole. **21.** ~ fit (*railw.*), *see* wheel seat. **22.** ~ guard (*mach. t. - mech.*), riparo (della) mola. **23.** ~ head (*mach. t. - mech.*), testa portamola. **24.** ~ hubs cup (*aut.*), coppa per i mozzi delle ruote. **25.** ~ landing (*aer.*), atterraggio sulle ruote. **26.** ~ lathe (as for railw. veh.) (*mach. t.*), tornio per ruote. **27.** ~ molding machine (*found. mach.*), macchina per la formatura meccanica delle ruote. **28.** ~ pants (of a fixed landing gear) (*aer.*) (coll.), carenature delle ruote. **29.** ~ plane (*veh.*), piano della ruota. **30.** ~ press (machine for pressing wheels as on locomotive axles) (*railw. - mach.*), pressa per calettamento ruote. **31.** ~ printer (*comp.*), stampante a ruota. **32.** ~ puller (as in railw. constr.) (*mech.*), estrattore per ruote. **33.** ~ scraper (*road mach.*), scarificatore su ruote. **34.** ~ seat (wheel spindle nose: as in internal grinding) (*mach. t. - mech.*) (Brit.), sede di calettamento della mola. **35.** ~ seat (axle part in contact with the railw. wheel bore) (*railw.*), portata di calettamento. **36.** ~ set (axle with fitted wheels, assembled axle) (*railw.*), sala montata, asse montato. **37.** ~ slip indicator (*aut.*), indicatore slittamento ruota. **38.** ~ spat (one of the wheel pants of a fixed landing gear) (*aer.*) (coll.), carenatura della ruota. **39.** ~ spindle (as of internal grinder) (*mach. t. - mech.*), mandrino portamola. **40.** ~ spindle nose (wheel seat: as in internal grinding) (*mach. t. - mech.*) (Am.), estremità di calettamento della mola. **41.** ~ torque (*veh.*), coppia della ruota. **42.** ~ trolley (*elect. railw.*), asta di presa a rotella. **43.** ~ truing device (as in all kinds of grinding mach. or cutter sharpeners) (*mach. t. - mech.*), dispositivo di ravvivatura (della) mola, ravvivatore, ripassatore. **44.** ~ velocity (*veh. - etc.*), velocità della ruota. **45.** ~ wear compensating device (as in gear grinding mach.) (*mach. t. - mech.*), dispositivo di compensazione del consumo della mola. **46.** ~ well (landing gear receptacle) (*aer.*), vano carrello. **47.** ~ wobble (due to unbalance or backlash in the steering gear) (*aut.*), sfarfallamento delle ruote (anteriori). **48.** artillery ~ (*aut.*), ruota a disco finestrata, ruota a disco con feritoie. **49.** bearing ~

(of veh., truck etc.) (*veh.*), ruota portante. **50.** bevel ~ (*mech.*), ruota conica. **51.** blade ~ (as of a steam turbine) (*mech.*), ruota portapalette. **52.** bogie ~ base (horizontal distance between the centers of the first and last axles) (*railw.*), passo dei carrelli. **53.** brake ~ (of a hand brake) (*mech. - railw. - etc.*), volantino del freno (a mano). **54.** breast ~ (*hydr.*), ruota per di fianco. **55.** bull ~ (as of a derrick) (*min.*), tamburo di trivellazione. **56.** calf ~ (casing spool: as of a derrick) (*min.*), tamburo di elevazione. **57.** cast steel ~ (*railw.*), ruota in acciaio fuso. **58.** chain ~ (*mech.*), puleggia per catena. **59.** change ~ (as for the number of teeth: as of a gear cutting mach.) (*mach. t. - mech.*), ruota di cambio. **60.** cog ~ (*mech.*), ruota a denti. **61.** compressor rotor ~ (*turbojet eng.*), tamburo compressore. **62.** conical disk ~ (*aut.*), ruota a disco campanato conico. **63.** control ~ (feeding wheel, regulating wheel, in centerless grinding) (*mach. t. - mech.*), mola alimentatrice. **64.** crawler ~ (running on an endless track) (*tractor mech.*), ruota dentata inviluppata dal cingolo. **65.** cutter-index ~ (as of gear shaper) (*mech. t. - mech.*), ruota elicoidale divisoria sul coltello. **66.** cylinder-type grinding ~ (*t.*), mola ad anello. **67.** cylindrical friction ~ (*mech.*), ruota di frizione cilindrica. **68.** deep center steering ~ (for safety) (*aut.*) (Am.), volante a calice. **69.** disk ~ (as of aut.), ruota a disco. **70.** driving ~ (*mech. - aut.*), ruota motrice. **71.** easy-clean ~ (*aut.*), ruota fenestrata. **72.** escape ~ (*horology*), ruota di scappamento. **73.** faired ~ (*aer.*), ruota carenata. **74.** feathering paddle ~ (*naut.*), ruota a pale articolate. **75.** flanged ~ (*railw.*), ruota con bordino. **76.** flared-cup grinding ~ (*t.*), mola a tazza conica. **77.** flash ~ (for lifting water) (*hydr. mach.*), ruota a palette. **78.** fourth ~ (of a watch) (*horology*), ruota dei secondi. **79.** free ~ hub (as of a bicycle) (*mech.*), mozzo a ruota libera. **80.** friction ~ (*mech.*), ruota di frizione. **81.** front ~ (*aut.*), ruota anteriore. **82.** furrow ~ (as of a tractor), ruota di solco. **83.** gauge ~ (of a plow) (*agric. mech.*), ruota limitatrice della profondità di aratura, avantreno, ruotina anteriore. **84.** gear ~ (gearwheel) (*mech.*), ruota dentata. **85.** grinding ~ (*t.*), mola. **86.** grinding ~ (working wheel, in centerless grinding) (*mach. t. - mech.*), mola operatrice. **87.** grinding ~ dresser (as of a centerless grinding mach.) (*mach. t. - mech.*), ravvivatore, dispositivo di ravvivatura della mola. **88.** hand ~ (*mech.*), volantino. **89.** herringbone ~ (*mech.*), ruota con dentatura a cuspide, ruota con denti a spina di pesce. **90.** hour ~ (of a watch) (*horology*), ruota (della lancetta) delle ore. **91.** inward setting (or convergency) of the front wheels (toe in) (*aut.*), convergenza delle ruote. **92.** jockey ~ (*mech.*), puleggia tendicinghia. **93.** land ~ (as of a tractor), ruota da campo. **94.** leading ~ (as of power blade grader), ruota direttrice. **95.** leading ~ (of locomotive) (*railw.*), ruota anteriore. **96.** mill ~ (*hydr. mach.*), ruota (idraulica) di mulino. **97.** mirror scanning ~ (*telev.*), ruota (esploratrice) a specchi. **98.** mounted pencil ~ (grinding wheel to be mounted on a quill) (*mach. t. - mech.*), mola a gambo. **99.** nose ~ (of a landing gear) (*aer.*), ruota anteriore. **100.** overshot ~ (*hydr.*), ruota per di sopra. **101.** paddle ~ (*naut.*), ruota a pale. **102.** Pelton ~ (*hydr. - mach.*), turbina Pelton. **103.** pin ~ (as in a clock mech.) (*mech.*), ruota a piuoli, rocchetto a gabbia o a lanterna. **104.** plate ~ (car wheel) (*railw.*), ruota a disco. **105.** pneumatic tyred ~ (as for underground railways) (*railw. - etc.*), ruota con pneumatico. **106.** pressed steel disc ~ (*aut.*), ruota a disco in lamiera di acciaio stampato. **107.** ratchet ~ (*mech.*), ruota d'arresto a denti. **108.** raw hide ~ (toothed wheel used as for a hoisting app.) (*obsolete mech.*), ruota di cuoio indurito. **109.** regulating ~ (feeding wheel, control wheel in centerless grinding) (*mach. t. - mech.*), mola alimentatrice. **110.** rigid ~ base (horizontal distance between the centers of the first and last axles of a locomotive truck) (*railw.*), passo rigido. **111.** rolled mild steel disk ~ (*railw. - metall.*), ruota a disco laminata in acciaio dolce. **112.** "rudge" ~ (*aut.*), ruota a raggi. **113.** scape ~ (as of a watch), ruota dentata di scappamento. **114.** segmental ~ (*t.*), mola a settori. **115.** side covered ~ (*aer.*), ruota carenata. **116.** single-tire ~ (*aut.*), ruota ad un solo pneumatico. **117.** small ~ (*mech. - etc.*), rotellina. **118.** solid-type rubber ~ (*aut.*), ruota a gomma piena. **119.** solid ~ (of a railw. car) (*railw.*), ruota monoblocco. **120.** spare ~ (*aut.*), ruota di scorta. **121.** spoke ~ (of a steering wheel) (*naut.*), ruota a caviglie. **122.** spoke ~ (*mech.*), ruota a raggi. **123.** spring ~ (*veh.*), ruota elastica. **124.** sprocket ~ (*mech.*), ruota a denti (per catena articolata), ruota con denti di catena, rocchetto di catena. **125.** standard ~ set (*railw.*), asse montato normale, sala montata normale. **126.** steel-tired ~ (*railw.*), ruota con cerchione in acciaio. **127.** steering ~ (*aut.*), volante. **128.** steering ~ (*naut.*), ruota del timone. **129.** straight-cup grinding ~ (*t.*), mola a tazza cilindrica. **130.** tail ~ (*aer.*), ruotino di coda. **131.** tangent ~ (worm wheel) (*mech.*), ruota elicoidale. **132.** to true up a ~ (*mech.*), centrare una ruota. **133.** trailing ~ (of a locomotive) (*railw.*), ruota (portante) posteriore. **134.** truck ~ (*railw.*), ruota del carrello. **135.** truck ~ base (*railw.*), *see* bogie wheel base. **136.** twin-tire ~ (*truck*), ruota con pneumatici gemelli. **137.** undershot water ~ (*hydr.*), ruota idraulica per di sotto. **138.** ventilated disc ~ (*aut.*), ruota a disco aerata. **139.** vitrified bond grinding ~ (*mech. t.*), mola con impasto vetrificato. **140.** water ~ (*hydr. mach.*), ruota idraulica. **141.** water ~ (turbine) (*hydr. mach.*), turbina idraulica. **142.** wire ~ (motocar wheel with wire spokes) (*aut.*), ruota a raggi. **143.** wood spoke ~ (*veh.*), ruota a razze in legno. **144.** work index ~ (as of a gear shaper) (*mach. t. -*

mech.), ruota (elicoidale) divisoria sul pezzo. **145.** worm ~ (of a worm gear) (*mech.*), ruota a vite.

wheelbarrow (*bldg. impl.*), carriola.

wheelbase (wheel base) (*aut.*), passo, interasse.

wheelbox (supporting the wheel and the steering gear) (*naut.*), colonnina della ruota del timone.

wheelcorner (of a conveyor) (*ind. transp.*), curva con ruota, curva ottenuta mediante ruota.

wheelhead (as of a grinding mach.) (*mach. t. - mech.*), testa portamola.

wheelhouse (*navy*), plancia, ponte di comando. **2.** ~ (*naut.*), timoneria, ponte di comando. **3.** ~ (of aut. body) (*aut.*), passaruota, passaggio ruota.

wheelie (momentary balancing of a veh. on its rear wheel: manoeuver, as of a motorcycle) (*mtc. - etc.*), impennata sulla ruota posteriore.

"wheel-mounted" (*a. - mech. - gen.*), montato su ruote.

wheelspin (due to insufficient traction) (*railw. - aut.*), slittamento della ruota (o delle ruote).

wheelwork (gearing) (*mech.*), ruotismo.

wheelwright (*aut. work.*), riparatore di ruote.

whet (*comp. meas.*), *see* whetstone.

whet (to), affilare.

whetstone (*impl.*), pietra per affilare a umido. **2.** ~ (unit of meas. of a comp. throughput) (*comp. meas.*), misura della capacità produttiva, whet.

Whetstone (unit of meas.: consisting of the number of instructions/per sec. done by comp.) (*comp. - meas.*), misura della capacità produttiva.

whey (of milk), siero.

whim (mining hoisting machine) (*mach.*), apparecchio di sollevamento.

whimble (kind of brace) (*t.*), menaruola, girabacchino.

whin (winch) (*mach.*), verricello.

whip (*gen.*), frusta. **2.** ~ (flexibility) (*gen.*), flessibilità. **3.** ~ (*electromech. device*), molla (di ruttore), vibratore a molla. **4.** ~ (*naut.*), ghia. **5.** ~ (whipped cream) (*milk ind.*), panna montata. **6.** ~ gin (*naut.*), *see* gin block. **7.** ~ hoist (*naut.*), ghia. **8.** ~ roll (the roll which carries the warp threads) (*text. mach.*), cilindro dei fili di ordito. **9.** ~ stall (tail slide) (aerobatics) (*aer.*), campana, scivolata di coda. **10.** ~ test (as of a rubber hose) (*technol.*), prova di flessibilità. **11.** double ~ (*naut.*), ghia doppia. **12.** single ~ (*naut.*), ghia semplice.

whip (to) (to strike with a whip, as a horse) (*gen.*), frustare. **2.** ~ (to beat: as cream) (*milk ind.*), sbattere, montare. **3.** ~ (*fishing*), pescare. **4.** ~ (to vibrate, as a long spindle turning at high speed) (*mech.*), vibrare. **5.** ~ stall (*aer. aerobatics*), eseguire una campana.

whipcord (a worsted fabric) (*text.*), tipo di tessuto pettinato.

whipped (as a horse) (*gen.*), frustato. **2.** ~ (as cream) (*milk ind.*), sbattuto. **3.** ~ cream (*milk ind.*), panna montata.

whipping (vibration, as of a long spindle turning at high r.p.m.) (*mech.*), vibrazione.

whipsaw (*impl.*), sega a mano da tronchi.

whipstitching (*text. - etc.*), cucitura a sopraggitto.

whirl (of a wheel) (*mech.*), rotazione rapida. **2.** ~ (vortex, eddy) (*hydr. - aerodyn.*), vortice, mulinello, movimento turbinoso. **3.** ~, *see* wharve. **4.** ~ jet (as of a fuel oil burner) (*mech.*), getto vorticoso.

whirler (whirling table used as for coating phot. plates) (*phot.*), centrifuga, "tournette".

whirling (*a. - gen.*), vorticoso. **2.** ~ (dipping followed by centrifugal removal of excess paint) (*paint.*), verniciatura a centrifugazione. **3.** ~ arm (aerodynamic experimental app. carrying models or instr. at the end of an arm rotating in a horizontal plane) (*aer.*), mulinello, maneggio. **4.** ~ motion (*hydr.*), moto vorticoso.

whirlpool (*hydr.*), vortice, gorgo, mulinello. **2.** ~ basin (*hydr. constr.*), dissipatore.

whirlwind (*meteorol.*), vento vorticoso, turbine (d'aria).

whirly crane (*ind. mech.*), gru girevole (di 360°).

whiskers (bars at the bowsprit for spreading the jib guys) (*naut.*), pennoni di civada, picchi di civada. **2.** ~ (crystals of very high strength, as used for composite metal materials) (*technol.*), "whiskers", baffi.

whistle (*acous. device*), fischio. **2.** air ~ (*railw.*), fischio ad aria.

whistle (to), fischiare.

whistlers (abrupt noise due to lightning) (*radio noise*), scariche di carattere atmosferico.

white (*a.*), bianco. **2.** ~ after black (*telev. defect*), *see* black compression. **3.** ~ cedar (*wood*), cedro bianco. **4.** ~ coal (water power) (*ind.*), carbone bianco. **5.** ~ collar worker (*pers.*), impiegato. **6.** ~ damp (carbon monoxide gas) (*min. danger*), gas tossico delle miniere di carbone, monossido di carbonio. **7.** ~ gold (*metall.*), oro bianco. **8.** ~ heat (*metall. - therm.*), calor bianco. **9.** ~ iron (cast iron) (*found.*), ghisa bianca. **10.** ~ iron, *see* tinplate. **11.** ~ lead (*ind.*), biacca di piombo. **12.** ~ line (*road traff.*) (Brit.), *see* traffic line. **13.** ~ line (a line of space) (*typ.*), bianco. **14.** ~ liquor (*paper mfg.*), liscivia bianca. **15.** ~ metal (*metall.*), metallo bianco. **16.** ~ noise (*acous.*), rumore bianco. **17.** ~ room, *see* clean room. **18.** ~ rust (white deposit on zinc surface exposed to wetness) (*metall.*), ruggine bianca. **19.** ~ size (*paper mfg.*), colla bianca. **20.** ~ spirit (*paint.*), acqua ragia minerale. **21.** ~ waters (*paper mfg.*), acque di ricupero, acque bianche. **22.** Spanish ~ (whiting) (*min. - geol.*), bianchetto.

white (to) (to whiten) (*gen.*), imbiancare. **2.** ~ out (to enlarge the interlinear spacing) (*typ.*), allargare la spaziatura.

whitecap (*sea*), cresta (spumeggiante) dell'onda.

white-collar (*a. - pers.*), relativo agli impiegati di ufficio.

whiten (to), imbiancare.

whitening (act of whitening) (*n.*), imbiancatura. **2.**

~ (material used for whitening) (*n.*), bianco. **3.** ~ (*n. - phot.*), sbiancamento, sbianca. **4.** ~ in the grain (a defect which develops in varnished or polished porous woods and appears in the form of white streaks) (*paint. defect*), imbiancatura dei pori.

whitewall (a whitewall tire) (*rubb. ind. - aut.*), pneumatico con fascia bianca, gomma con fascia bianca.

whitewash (*n. - mas.*), bianco, bianco di calce.

whitewash (to) (to whiten) (*mas.*), imbiancare, dare il bianco. **2.** ~ (to be subjected to a formation of a white efflorescence as on the surface of a brick) (*brick mfg. defect*), "fiorire", macchiarsi di una efflorescenza esterna permanente bianchiccia.

whitewood (*wood*), legno bianco americano.

whiting (Spanish white) (*min. - geol.*), bianchetto.

whitworth splines (*mech.*), scanalature Whitworth. **2.** ~ thread (*mech.*), filettatura Whitworth.

whitworth('s) quick return (*mech. motion*), ritorno rapido Whitworth.

whizzer (hydroextractor) (*drying mach.*), essiccatore (o estrattore centrifugo).

"whl" (wheel) (*gen.*), ruota.

"whm" (watt-hour meter) (*elect. meas. instr.*), wattorametro, contatore elettrico.

whole (*a. - n. - gen.*), intero. **2.** ~ coal (an unopened coal seam) (*min.*) (Am. coll.), filone di carbone non sfruttato. **3.** ~ depth (as of a gear tooth) (*mech.*), altezza totale. **4.** ~ milk (*ind.*), latte intero. **5.** ~ number (*math.*), numero intero. **6.** ~ plate (*phot.*) (Brit.), lastra (o pellicola) di formato $6\,^1/_2 \times 8\,^1/_2$ pollici.

wholesale (*n. - comm.*), vendita all'ingrosso. **2.** ~ manufacture (*mfg.*), fabbricazione all'ingrosso.

wholesale (to) (*comm.*), vendere all'ingrosso.

wholesaler (*comm.*), grossista.

whorl (wharve: the flywheel of a spindle) (*text. mach.*), noce, puleggia a gola.

"WHP", "whp" (water horsepower) (*mech. power*), potenza di un impianto idroelettrico.

"whr" (watt-hour) (*elect. meas.*), wattora.

"whs", "whse" (warehouse) (*ind.*), magazzino.

"whsle", *see* wholesale.

"wht" (white) (*color*), bianco.

"WI" (wrought iron) (*metall.*), ferro saldato.

wick, stoppino. **2.** ~ (lubrication device) (*railw.*), guancialetto di lubrificazione. **3.** ~ oiling (*mech.*), lubrificazione a stoppino.

wicket (as a ticket office window), sportello. **2.** ~ (small door opening into a large one) (*carp.*), porta pedonale. **3.** ~ (small gate) (*bldg.*), cancelletto.

wide (*gen.*), largo, esteso. **2.** ~ traverse (as of a gun) (*milit.*), ampio settore orizzontale (di tiro).

wide-angle (of a lens) (*a. - phot. - opt.*), grandangolare. **2.** ~ lens (*phot. - opt.*), obiettivo grandangolare.

wideband (broadband: as of frequencies) (*a. - radio - etc.*), a larga banda.

widen (to) (as a hole), allargare.

widening (as of a hole) (*mech. technol.*), allargamento.

wide-screen (*a. - m. pict.*), a schermo panoramico.

widia (carbide aggregate) (*metall. - t.*), widia.

width, larghezza. **2.** ~ (as of a ball bearing) (*mech.*), larghezza. **3.** ~ (of a fabric piece) (*text. ind.*), altezza (della pezza). **4.** ~ (of splines, the circular width on the pitch circle) (*mech.*), vano misurato sulla primitiva. **5.** ~ across corners (of a hexagonal nut) (*mech.*), larghezza (misurata tra gli) spigoli. **6.** ~ across flats (of a hexagonal nut) (*mech.*), larghezza (misurata tra le) facce. **7.** ~ of cut (as in planing) (*mech. - join.*), larghezza del taglio. **8.** ~ of resonance (*radio*), larghezza di risonanza. **9.** cutting ~ (as in planing) (*mech. - join.*), larghezza del taglio.

"WIG" (wolfram-inert-gas) (*welding*), TIG, (saldatura sotto) gas inerte (con elettrodo di) tungsteno.

wigging (sheep head wool) (*wool ind.*), lana della testa.

wigwag (signaling by flag) (*milit. - navy*), segnalazione con bandiera. **2.** ~ signal (swinging disk indicating an approaching train at an unguarded level crossing) (*railw. - road*), segnale visivo effettuato con disco oscillante orizzontalmente.

wigwag (to) (*milit.*), segnalare con bandiera.

wild (not cultivated) (*agric.*), incolto. **2.** ~ gas (blast furnace gas from incomplete combustion) (*found.*), gas d'altoforno. **3.** ~ heat (of steel) (*metall.*), carica non calmata, carica effervescente. **4.** ~ shot (anomalous) (*artillery*), colpo anomalo. **5.** ~ steel (made from a wild heat) (*metall.*), acciaio non calmato, acciaio (colato allo stato) effervescente.

wildcat (exploratory well for oil) (*min.*), pozzo esplorativo. **2.** ~ (for a chain cable: as of an anchor) (*naut. - ind.*), puleggia a gola (del verricello) con impronte per catena calibrata.

wildcat (to) (to drill exploratory wells for oil) (*min.*), trivellare pozzi esplorativi.

willey (*text. mach.*), *see* willow.

willful (*a. - law*), doloso.

willow (*wood*), salice. **2.** ~ (*text. mach.*), apritoio, battitoio, lupo (apritore). **3.** carding ~ (*text. mach.*), lupo cardatore, battitoio cardatore. **4.** mixing ~ (*text. mach.*), battitoio mescolatore. **5.** oiling ~ (*text. mach.*), lupo oliatore, battitoio oliatore. **6.** waste silk ~ (*silk mfg.*), battitoio per cascami di seta. **7.** waste ~ (*text. mach.*), battitoio per cascami. **8.** wool ~ (*text. mach.*), apritoio per lana.

willow (to) (as wool) (*text. ind.*), battere col lupo (apritore).

willy-willy [~ (Australia), or tropical cyclone (India), or hurricane (North America), or typhoon (Far East), or cyclone (Europe), or tornado (South America)] (*meteorol.*), ciclone tropicale, uragano, tifone, ciclone.

Wilson chamber (*phys.*), camera di Wilson.

wimble (earth boring auger) (*min. impl.*), trivella. **2.** ~ (gimlet) (*carp. impl.*), succhiello. **3.** ~ (kind of brace) (*carp. impl.*), menaruola.

win (to) (to prepare for mining) (*min.*), preparare. **2.** ~ (*sport*), vincere. **3.** ~ (to mine) (*min.*), estrarre, scavare. **4.** ~ (as metal from ore) (*metall.*), separare.

winch (*naut.*), verricello. **2.** ~ (hoisting mach.) (*mech. ind. - bldg.*), verricello. **3.** ~ (crank: as of a mach.), manovella (a mano). **4.** ~ suspension (flying rigging of a kite balloon, rigging between the balloon and its flying cable) (*aer.*), sartiame di frenatura. **5.** anchor ~ (*naut. - hoisting app.*), salpa-àncora, verricello salpa-àncora. **6.** double-purchase ~ (*naut.*), verricello a doppio effetto. **7.** gypsy ~ (*hoisting impl.*), verricello a mano. **8.** hand-driven ~ pile driver (*bldg. app.*), battipalo con verricello a mano. **9.** piling ~ (winch pile driver) (*bldg app.*), verricello per battipalo. **10.** portable ~ (hoisting mach.) (*bldg. ind.*), verricello trasportabile. **11.** single-purchase ~ (*naut.*), verricello a semplice effetto. **12.** steam-driven ~ pile driver (*bldg. app.*), battipalo con verricello a vapore. **13.** steam ~ (*naut.*), verricello a vapore. **14.** trawl ~ (*naut.*), verricello salpareti, salpareti.

winch (to) (to hoist something with a winch) (*mech. - ind. - bldg.*), sollevare con verricello.

Winchester disk (Trademark IBM: for a magnetic disk unit sealed in a dustless container) (*comp.*), disco "Winchester".

wind (*meteorol.*), vento. **2.** ~ across (horizontal component of wind at right angle to the fore-and-aft line as of an aircraft carrier) (*aer. - naut.*), vento trasversale. **3.** ~ beam (*bldg.*), trave di controvento. **4.** ~ belt (of a cupola) (*found.*), camera del vento. **5.** ~ belt (trees placed in such a manner as to be a barrier to the wind) (*bldg. - agric.*), cintura di piante frangivento. **6.** ~ bill (accomodation bill) (*comm.*), cambiale di comodo. **7.** ~ box (as of a furnace) (*found.*), camera del vento. **8.** ~ box (of a cupola furnace) (*found.*), camera del vento. **9.** ~ brace (*bldg.*), controventatura. **10.** ~ chill (heat subtracted from a body by air movement) (*therm.*), perdita di calore per ventilazione. **11.** ~ cone (*meteorol. - aer.*), manica a vento. **12.** ~ conveyor, *see* pneumatic conveyor. **13.** ~ down (horizontal component of wind along the fore-and-aft line of an aircraft carrier) (*aer. - naut.*), vento longitudinale, vento frontale. **14.** ~ engine (*mot.*), motore a vento. **15.** ~ farm (zone where a group of elect. generators operated by wind turbines is installed) (*elect.*), centrale eolica. **16.** ~ gauge (app. used to determine the direction of wind) (*meteorol. instr. - artillery*), anemometro direzionale. **17.** ~ indicator (large weathercock) (*meteorol. instr. - aer.*), anemoscopio. **18.** ~ machine (used in theatres for reproducing the sound of wind) (*theater*), macchina del vento. **19.** ~ pressure (*meteorol. - bldg. - aer. - naut.*), spinta del vento. **20.** ~ resistance (aerodynamic resistance to the movement of a veh.) (*aut. - aer. - naut.*), resistenza dell'aria. **21.** ~ rose, rosa dei venti. **22.** ~ sail (for ventilating) (*naut.*), manica a vento. **23.** ~ scale (*meteorol.*), scala dei venti. **24.** ~ scoop (for ventilating) (*naut.*), manica a vento. **25.** ~ scoop (*railw.*), *see* ventilating jack. **26.** ~ shear (change of the wind speed with distance along an axis perpendicular to the wind direction) (*meteorol.*), gradiente trasversale (della) velocità (del) vento. **27.** ~ sleeve (*aer. - meteorol.*), manica a vento. **28.** ~ sock (*aer. - meteorol.*), manica a vento. **29.** ~ stop (on a door) (*aut.*), guarnizione (o profilato) tenuta aria, guarnizione (o profilato) antisibilo. **30.** ~ tee (landing T: weather vane) (*meteorol. - aer.*), mostravento. **31.** ~ tunnel (*aer.*), tunnel aerodinamico, galleria aerodinamica, galleria del vento. **32.** ~ vane (*meteorol. instr.*), banderuola. **33.** ~ vane (of a windmill) (*mot.*), pala. **34.** against the ~ (*gen.*), contro vento. **35.** anti-trade winds (*meteorol.*), controalisei. **36.** apparent ~ (wind resulting from the composition of true wind and the motion of a ship) (*naut.*), vento relativo. **37.** baffling ~ (wind changing from one direction to another) (*meteorol.*), vento leggero a direzione variabile. **38.** ballistic ~ (*ballistics*), vento balistico. **39.** before the ~ (*naut.*), col vento in poppa, col vento in fil di ruota. **40.** by the ~ (*naut.*), stretto di bolina. **41.** calm ~ (less than 1 m.p.h.) (*meteorol.*), vento calmo. **42.** close to the ~ (*naut.*), *see* close-hauled. **43.** contrary ~ (*aer. - naut.*), vento contrario. **44.** "dead" ~ (*naut.*), calma di vento, vento caduto, bonaccia. **45.** fair ~ (*naut.*), vento favorevole. **46.** force of the ~ (*meteor. - naut.*), intensità del vento. **47.** gust of ~ (*aer.*), colpo di vento, raffica. **48.** head ~ (*naut.*), vento di prua. **49.** high ~ (*meteorol.*), gran vento. **50.** katabatic ~ (due to the downward motion of cold air) (*meteorol.*), vento catabatico, vento discendente. **51.** magnetic ~ direction (*aer. - naut.*), direzione del vento bussola, angolo del vento bussola. **52.** on the ~ (*naut.*), *see* close-hauled. **53.** prevalent ~ (*meteorol.*), vento dominante. **54.** side ~ (*naut.*), vento di traverso. **55.** slack ~ (*naut.*), vento debole. **56.** solar ~ (*astrophys.*), vento solare. **57.** southwest ~ ("libeccio") (*meteorol.*), libeccio. **58.** squally ~ (*meteorol.*), vento a raffiche. **59.** steady ~ (*meteorol.*), vento costante. **60.** stellar ~ (wind consisting of plasma) (*astrophys.*), vento stellare. **61.** stern ~ (aft wind) (*naut.*), vento in poppa. **62.** storm ~ (*meteorol.*), vento di tempesta. **63.** stormy ~ (storm wind) (*meteorol.*), vento di tempesta. **64.** strong ~ (*meteorol.*), vento forte. **65.** tail ~ (*aer.*), vento di coda. **66.** thermal ~ (due to the temperature gradient) (*meteorol.*), vento termico. **67.** trade winds (*meteorol.*), alisei. **68.** true ~ (wind considered independently of the motion of the observer) (*naut.*), vento assoluto. **69.** with the ~ (*naut.*), *see* before the wind. **70.** with zero ~ (*meteorol. - naut.*), senza vento.

wind (to) (as an elect. coil) (*elect.*), avvolgere, bobinare. **2.** ~ (the yarn) (*text. ind.*), incannare, avvolgere. **3.** ~ off (to unwind) (*gen.*), svolgere. **4.** ~ together (*text. ind.*), avvolgere assieme, doppiare. **5.** ~ up (as a rope) (*ind.*), avvolgere. **6.** ~ up (as a watch), caricare. **7.** ~ up the shutter (as of a camera) (*phot.*), armare l'otturatore, caricare l'otturatore.

windage (air friction) (*elect. mach.*), resistenza di attrito dovuta all'aria. **2.** ~ (air disturbance), spostamento d'aria. **3.** ~ (*naut.*), superficie della nave esposta al vento, superficie esterna dell'opera morta. **4.** ~ (*aerodyn.*), risucchio (d'aria). **5.** ~ (deflection of a projectile due to wind) (*ballistics*), deriva. **6.** ~ (difference between the bore of the gun and the projectile diameter) (*firearm*), giuoco fra bocca e proietto. **7.** ~ losses (*aerodyn.*), perdite per resistenza aerodinamica.

windblast (*aer. - naut.*), colpo di vento. **2.** ~ (the damage due to high speed air friction on the ejected pilot) (*n. - aer.*), azione abrasiva causata dall'attrito dell'aria.

wind-borne, portato dal vento.

windbound (as a ship kept in the harbor by a contrary wind) (*naut.*), trattenuto in porto da vento contrario.

windbracing (*bldg.*), controventatura.

windbreak (as trees) (*agric.*), frangivento, per protezione dal vento.

windchill, windchill factor (still air temperature having the same cooling effect on the human flesh as a given mixed action of wind velocity and temperature) (*air conditioning*), fattore di sensibilità umana al freddo sia in aria stagnante che in presenza di corrente d'aria.

windcord (on a door) (*aut.*), *see* wind stop.

winder (*text. mach.*), incannatoio, rocchettiera. **2.** ~ (of spiral stairs) (*arch.*), gradino di scala a chiocciola. **3.** ~ (*elect. mach. - etc.*), bobinatrice, avvolgitrice. **4.** cross ~ (*text. mach.*), rocchettiera per rocche incrociate.

wind-force (on the wind scale) (*wind meas.*), forza del vento. **2.** ~ (wind pressure) (*aerodyn.*), pressione del vento.

windiness (*meteor.*), ventosità.

winding (coiled wire) (*elect.*), avvolgimento. **2.** ~ (the act of coiling) (*elect.*), bobinaggio. **3.** ~ (single round: as of an elect. coil) (*gen.*), spira. **4.** ~ (of a thread) (*text. ind.*), bobinatura, avvolgimento. **5.** ~ (of yarn: as with a winding frame) (*text. ind.*), incannatura. **6.** ~ (of a road) (*n.*), rampa, tornante. **7.** ~ (of a road) (*a.*), tortuoso. **8.** ~ (spring tightening: as of a watch) (*mech.*), caricamento. **9.** ~ (coiled cord) (*rope mfg. - text. ind.*), gomitolo. **10.** ~ (twisting) (*text. ind.*), ritorcitura. **11.** ~ (*mus.*), variazione melodica. **12.** ~ (as by a winch) (*ind. - naut. - etc.*), innalzamento mediante verricello. **13.** ~ drum (of a hoisting mach.) (*mech.*), tamburo di avvolgimento. **14.** ~ engine (hoisting app.) (*min.*), apparecchio di sollevamento. **15.** ~ factor (*elect.*), fattore di avvolgimento. **16.** ~ frame (as of silk) (*text. mach.*), spolatrice, incannatoio. **17.** ~ machine (*text. mach.*), roccatrice, spolatrice. **18.** ~ machine (for elect. windings) (*elect. - mach.*), bobinatrice. **19.** ~ ratio (of a transformer) (*elect.*), rapporto di trasformazione, rapporto spire. **20.** ~ stair (*bldg.*) (Brit.), scala in curva. **21.** ~ tackle (*naut.*), caliorna, calorna, grosso paranco. **22.** armature ~ (of elect. mach.), avvolgimento d'indotto. **23.** auxiliary ~ (*elect.*), avvolgimento ausiliario. **24.** bank ~ (*radio*), avvolgimento sfalsato a minima capacità. **25.** bar ~ (of an armature) (*elect.*), avvolgimento a barre. **26.** cage ~ (of induction mot.) (*elect.*), avvolgimento a gabbia. **27.** coil ~ (as of elect. mot.), avvolgimento a bobina. **28.** compensator ~ (as in a metadyne) (*elect.*), avvolgimento compensatore. **29.** compound ~ (*electromech.*), avvolgimento composto, avvolgimento compound. **30.** concentric ~ (*elect.*), avvolgimento a matasse concentriche. **31.** cop ~ machine (*text. - mach.*), spoliera. **32.** cross ~ (*elect.*), avvolgimento incrociato. **33.** cross ~ (*text. ind.*), incannatura a filo incrociato. **34.** damping ~ (*elect.*), avvolgimento smorzatore. **35.** differential ~ (*elect.*), avvolgimento differenziale. **36.** drum ~ (*elect.*), avvolgimento a tamburo. **37.** field ~ (*elect. mot.*), avvolgimento di campo. **38.** fractional-pitch ~ (*elect.*), avvolgimento a passo frazionario. **39.** high-tension ~ (*elect.*), avvolgimento di alta tensione. **40.** homopolar ~ (unipolar winding) (*elect.*), avvolgimento unipolare. **41.** lap ~ (*elect.*), avvolgimento embricato. **42.** layer ~ (as of a coil) (*elect.*), avvolgimento a strati. **43.** low-tension ~ (*elect.*), avvolgimento di bassa tensione. **44.** multiple parallel ~ (*elect.*), avvolgimento in parallelo multiplo. **45.** parallel ~ (*text. ind.*), incannatura parallela. **46.** pole-face ~ (on a pole of a generator or of a mot.) (*elect.*), avvolgimento di compensazione. **47.** primary ~ (of a transformer) (*elect.*), avvolgimento primario. **48.** pull-in ~ (of a magnetic switch as for a starter) (*elect. - mot.*), avvolgimento succhiante. **49.** ring ~ (*elect.*), avvolgimento ad anello. **50.** secondary ~ (of a transformer) (*elect.*), avvolgimento secondario. **51.** series-parallel ~ (multiplex wave) (*elect.*), avvolgimento in serie-parallelo. **52.** series ~ (simplex wave) (*elect.*), avvolgimento in serie. **53.** shunt ~ (*elect.*), avvolgimento in parallelo. **54.** simple parallel ~ (*elect.*), avvolgimento in parallelo semplice. **55.** squirrel-cage ~ (*elect. mot.*), avvolgimento a gabbia di scoiattolo. **56.** stabilizing ~ (as in a metadyne) (*elect.*), avvolgimento stabilizzatore. **57.** tertiary ~ (of a transformer) (*elect.*), avvolgimento terziario. **58.** two-wire ~ (*elect.*), avvolgimento bifilare. **59.** undulatory ~ (*elect.*), avvolgimento ondulato. **60.** variator ~ (as in a metadyne) (*elect.*), avvolgimento variatore. **61.** wave ~ (as of elect. mot.) (*elect.*), avvolgimento ondulato, avvolgimento a zig-zag.

windlass (any hoisting machine) (*ind.*), macchina (od app.) per sollevamento. **2.** ~ (the simplest type of hoisting mach.) (*mas. mach.*), burbera, verricello a mano. **3.** ~ (a hoisting mach. turning on a horizontal axis) (*naut.*), verricello, molinello, mulinello. **4.** ~ (as for raising an anchor) (*naut.*), verricello per salpare. **5.** anchor ~ (*naut.*), verricello salpa-àncora. **6.** clutch ~ (as for operating a scraper) (*mech.*), verricello a frizione. **7.** steam ~ (*naut.*), verricello a vapore.

windmill (*ind. mach.*), mulino a vento. **2.** ~ (a propeller designed to produce power when moving axially with regard to the air, as that mounted on an aircraft and driving a generator) (*aer.*), mulinello. **3.** ~ (for driving electrical generators) (*wind farm*), aeromotore, aerogeneratore.

windmilling (of a propeller) (*aer.*), autorotazione, funzionamento a mulinello.

window (opening in a wall for air and light) (*mas. - bldg. - arch.*), finestra. **2.** ~ (shutter, sash, framework etc.) (*bldg.*), finestra completa, infisso completo (di finestra), serramento completo (di finestra). **3.** ~ (of aut.), finestrino. **4.** ~ (interval of time for a particular task (*astric.*), intervallo di tempo per compiti programmati. **5.** ~ (zone of the external atmosphere to be crossed for reentry) (*astric.*), zona dell'atmosfera entro la quale deve avvenire il rientro. **6.** ~ (that part of a page [or of an item] showed on the video screen, that you want to magnify: as for introducing alterations) (*comp.*), finestra. **7.** ~ blind, *see* window shutter. **8.** ~ dresser (*work.*), vetrinista. **9.** ~ embrasure (*bldg.*), strombo di finestra. **10.** ~ envelope (*off.*), busta a finestra. **11.** ~ fastener (*railw. - etc.*), *see* sash lock. **12.** ~ frame (the frame receiving the casement) (*bldg.*), chiassile, infisso. **13.** ~ latch (*railw. - etc.*), *see* sash lock. **14.** ~ lift (*railw. - etc.*), *see* sash lift. **15.** ~ lintel (*bldg.*), architrave della finestra. **16.** ~ mirror (outside the window, for rear view) (*aut.*), specchietto retrovisore esterno al finestrino. **17.** ~ molding (*aut. body constr.*), modanatura di contorno del vano del finestrino. **18.** ~ opening (*aut. body constr.*), vano del finestrino. **19.** ~ operating mechanism (as of big and mechanized windows of a factory) (*mech.*), meccanismo apertura finestra. **20.** ~ post (*bldg.*), montante di finestra. **21.** ~ pull (handle) (*bldg.*), maniglia per finestra. **22.** ~ regulator (*aut.*), alzacristallo. **23.** ~ run (window channel) (*aut.*), canalino di guida per finestrino, guidacristallo. **24.** ~ run channel (as for a sliding glass) (of aut.) (Am.), canalino ad U per (scorrimento) cristallo (del finestrino). **25.** ~ screen (wire mesh against insects) (*bldg.*), rete antizanzara (installata) alla finestra. **26.** ~ shade, tendina (da finestra). **27.** ~ shutter (*bldg.*), scurino, imposta. **28.** ~ sill (*bldg.*), davanzale. **29.** ~ stay (*bldg.*), ferma battente. **30.** ~ trim (*bldg.*), modanature di decorazione di finestra. **31.** ~ winder (*aut.*), manovella alzacristalli. **32.** ~ with glass let down (as of aut.), luce (o finestrino) con vetro abbassabile. **33.** awning ~ (*carp.*), finestra a vasistas multiplo. **34.** blank ~ (*bldg.*), finestra finta. **35.** bottom hung ~ (*bldg.*), finestra a battente ruotante su cerniere inferiori a perno orizzontale. **36.** bow ~ (*arch.*), bovindo, balcone chiuso a vetrata. **37.** bull's-eye ~ (*bldg.*), finestra ad occhio di bue. **38.** casement ~ (*bldg.*), finestra a battenti. **39.** dormer ~ (*bldg.*), abbaino. **40.** double-hung ~ (whose top and bottom sashes move vertically) (*bldg.*), finestra a telai scorrevoli verticalmente. **41.** double ~ (with air space between two glasses for heat and sound insulation) (*bldg. - join.*), finestra a doppi vetri. **42.** drop ~ (*aut.*), luce (o finestrino) con vetro abbassabile. **43.** fixed ~ (as in the side panel of an aut. body) (*aut.*), cristallo fisso. **44.** heated rear ~ (*aut.*), lunotto termico. **45.** horizontal centre hung ~ (*bldg.*), finestra a bilico orizzontale. **46.** jalousie ~ (blind with slats heavily inclined toward the ground) (*join.*), persiana. **47.** lancet ~ (*arch.*), stretta finestra a sesto acuto. **48.** opera ~ (small window located on each rear side panel of a closed passenger car) (*aut.*), finestrino del fianchetto posteriore. **49.** power ~ (electrically operated door glass) (*aut.*), alzacristalli elettrico, cristallo comandato elettricamente. **50.** rear ~ (backlight, of a car) (*aut.*), lunotto, luce posteriore. **51.** rose ~ (*arch.*), rosone. **52.** show ~ (as of a store), vetrina. **53.** side hinged ~ (*bldg.*), finestra a battente (ruotante su cerniere laterali a perno verticale). **54.** sliding-folding ~ (*bldg.*), finestra a libro. **55.** sliding ~ (*bldg.*), finestra a scorrimento orizzontale, finestra scorrevole lateralmente. **56.** threefold ~ (triple window) (*arch.*), trifora. **57.** top hinged ~ (*bldg.*) (Brit.), finestra a battente ruotante su cerniere superiori a perno orizzontale. **58.** twofold ~ (*bldg. carp.*), finestra a due battenti. **59.** vent ~ (vent wing) (*aut.*), finestrino orientabile, deflettore, vetro orientabile. **60.** winding ~ (drop window as of an aut. door) (*aut.*), cristallo (o vetro) abbassabile.

window (to) (in a bldg. wall, in a body of a veh. etc.) (*bldg. - etc.*), praticare una finestra. **2.** ~ (to magnify the desired part on the video screen) (*comp.*), inquadrare in una finestra.

windowpane (glass) (*bldg.*), vetro di finestra.

windroad, *see* airway.

windscreen (*aut.*) (Brit.), *see* windshield (Am.).

windshield (as of aut.), parabrezza. **2.** ~ defrosting (*aut.*), sbrinamento parabrezza. **3.** ~ demisting (*aut.*), disappannamento parabrezza. **4.** ~ visor (swinging screen mounted inside a windshield) (*aut.*), visiera parasole. **5.** ~ washer (*aut. impl.*), lavacristallo, dispositivo di lavaggio del parabrezza, lavavetro. **6.** ~ wing (on american cars only) (*aut.*), aletta regolabile ai lati del parabrezza. **7.** ~ wiper (*aut. impl.*), tergicristallo. **8.** ~ wiper arm (*aut. impl.*), braccio del tergicristallo. **9.** ~ wiper blade (*aut. impl.*), spazzola (o racchetta) del tergicristallo. **10.** bowed ~ (*aut.*), parabrezza curvo. **11.** plastic ~ (as of an armor piercing shell) (*expl.*), tagliavento plastico, tagliavento di plastica. **12.**

single-speed ~ wiper (*aut.*), tergicristallo ad una sola velocità. **13.** two-speed ~ wiper (*aut.*), tergicristallo a due velocità.

windstorm (*meteorol.*), bufera di vento.

windsurf (sail plank for naut. sport) (*naut. sport*), tavola a vela.

windtight (*a.*), *see* airtight.

windup (settlement) (*gen.*), conclusione. **2.** ~ (having winding up around the longitudinal axis, as of a toy spring) (*a. - watch mech. - etc.*), a caricamento.

windward (*naut.*), sopravento.

windway (*min.*), galleria di ventilazione.

wind-wing (pivotable triangular glass panel in the front windows) (*aut.*), deflettore.

wine (*agric. ind.*), vino. **2.** ~ acid (tartaric acid) (*chem.*), acido tartarico. **3.** ~ cellar (*ind.*), cantina. **4.** ~ press (*agric. mach.*), torchio, pressa.

wineglass (stem glass for serving wine) (*glass mfg.*), (bicchiere a) calice da vino. **2.** ~ (symbol stencilled as on a packing case containing fragile material) (*transp.*), materiale fragile.

wing (*aer.*), semiala. **2.** ~ (of theater), quinta. **3.** ~ (of a palace) (*arch.*), ala. **4.** ~ (fender or mudguard) (*veh.*), parafango. **5.** ~ (of a door or window) (*bldg.*), battente. **6.** ~ (a protuberance acting as a stop for a moving part in order to avoid overturning) (*mech.*), arresto (o risalto) di fine corsa. **7.** ~ area (*aer.*), superficie alare. **8.** ~ bolt (*mech.*), vite con testa a galletto (o ad alette). **9.** ~ contour (*aer.*), profilo alare. **10.** ~ covering (*aer.*), rivestimento d'ala. **11.** ~ flap (*aer.*), ipersostentatore. **12.** ~ flutter (*aer.*), vibrazione aeroelastica alare, sbattimento alare. **13.** ~ gun (*air force*), mitragliatrice alare. **14.** ~ load (*aer.*), carico alare. **15.** ~ loading (ratio between the gross weight and gross area) (*aer.*), carico alare. **16.** ~ mirror (of a car) (*aut.*), specchietto retrovisore (esterno) sul parafango. **17.** ~ nut (*mech.*), dado ad alette, galletto. **18.** ~ over (aerobatics) (*aer.*), virata sghemba. **19.** ~ passage (*naut.*), corridoio (o passaggio) laterale. **20.** ~ rail (of a frog) (*railw.*), zampa di lepre, rotaia di risvolto. **21.** ~ resistance (*aer.*), resistenza di sostentazione. **22.** ~ rib (*aer.*), cèntina alare. **23.** ~ roll (on the rolling axis) (*aer. acrobatics*), mulinello, frullo orizzontale, "tonneau". **24.** ~ section (*aer.*), sezione alare. **25.** ~ skid (for protecting the tip of the wing) (*aer.*), pattino protettivo alare. **26.** ~ slot (*aer.*), fessura alare. **27.** ~ span (*aer.*), apertura alare. **28.** ~ spar (*aer.*), longherone. **29.** ~ station (as containing antisubmarine torpedos to be dropped) (*air force - navy*), alloggiamento alare. **30.** ~ thickness (*aer.*), spessore dell'ala. **31.** ~ tip (*aer.*), estremità dell'ala. **32.** ~ truss (*aer. constr.*), insieme dei collegamenti strutturali ala-fusoliera. **33.** ~ underside (*aer.*), ventre dell'ala, superficie inferiore dell'ala. **34.** ~ unit (*aer.*), cellula. **35.** ~ valve (winged check valve) (*mech. - pip.*), valvola di non ritorno con alette di guida. **36.** annular ~ (*aer.*), ala anulare. **37.** backswept wings (*aer.*), ali a freccia. **38.** biconvex ~ (*aer.*), ala biconvessa. **39.** cantilever ~ (*aer.*), ala a sbalzo. **40.** center ~ (*aer.*), tronco centrale. **41.** concavo-convex ~ (*aer.*), ala concavo-convessa. **42.** continuous ~ (*aer.*), ala in un sol pezzo. **43.** delta ~ (*aer.*), ala a delta. **44.** double-spar ~ (*aer.*), ala bilongherone. **45.** flying ~ (*aer.*), *see* tailless plane. **46.** folding ~ (*aer.*), ala ripiegabile. **47.** gross ~ area (area comprising the part covered by the fuselage) (*aer.*), superficie alare totale. **48.** gull ~ (*aer.*), ala a gabbiano. **49.** left-hand (or LH) outer ~ (*aer.*), semiala sinistra. **50.** lower ~ (of biplane) (*aer.*), ala inferiore. **51.** medium-thickness ~ (*aer.*), ala di medio spessore. **52.** multicellular ~ (*aer.*), ala multicellulare. **53.** net ~ area (equal to the gross wing area less the part covered by the fuselage) (*aer.*), superficie alare netta. **54.** net ~ loading (ratio between the gross weight and the net area) (*aer.*), carico alare netto. **55.** outer ~ (*aer.*), semiala. **56.** parasol ~ (above the pilot) (*aer.*), ala parasole. **57.** right-hand (or RH) outer ~ (*aer.*), semiala destra. **58.** semicantilever ~ (*aer.*), ala a semisbalzo. **59.** slotted ~ (*aer.*), ala a fessura. **60.** stressed skin ~ (*aer.*), ala a rivestimento resistente. **61.** supercritical ~ (wing apt to fly comfortably close to the speed of wing sound) (*aer.*), ala supercritica. **62.** symmetrical ~ (*aer.*), ala simmetrica. **63.** tapered sweptback ~ (*aer.*), ala a freccia rastremata. **64.** tapered ~ (*aer.*), ala rastremata. **65.** thick ~ (*aer.*), ala spessa. **66.** thin ~ (*aer.*), ala sottile. **67.** untapered sweptback ~ (*aer.*), ala a freccia a corda costante, ala a freccia non rastremata. **68.** upper ~ (of biplane) (*aer.*), ala superiore. **69.** variable-geometry wings (*aer.*), ali a geometria variabile. **70.** vent ~ (vent window) (*aut.*), finestrino orientabile, deflettore.

wingspread (*aer.*), apertura alare.

wing-tip flare (*aer.*), luce di estremità alare, luce alare.

wink (to) (to flash intermittently) (*gen.*), lampeggiare.

winking (*sign.*), lampeggiamento. **2.** ~ indicator (*instr.*), indicatore a intermittenza. **3.** ~ light (*sign.*), lampeggiatore.

winner (*sport*), vincitore.

winning (mining) (*min.*), scavo, abbattimento. **2.** ~ (*sport*), vincente. **3.** ~ post (*sport*), traguardo.

winnover (winnowing machine) (*agric. mech.*), decuscutatrice, decuscutatore.

winter (*meteor.*), inverno. **2.** ~ oil (as for a mot.) (*mech.*), olio invernale.

winter (to) (*gen.*), svernare.

winterization (as of an aut. or airplane engine for running at low temperature) (*aut. - aer. - mot. - etc.*), predisposizione per funzionamento a basse temperature.

winterize (to) (to prepare as an aut., airplane or engine for running at low temperature) (*aut. - aer. -*

mot. - etc.), predisporre per il funzionamento a basse temperature, "invernizzare".
winterized (*technol.*), resistente a basse temperature, "invernizzato".
winze (*min.*), pozzetto, pozzo di comunicazione (fra due diversi piani di coltivazione).
"WIP", *see* work in process.
wipe (blow) (*gen.*), colpo. **2.** ~ (act of rubbing) (*gen.*), sfregamento. **3.** ~ (a wiper or cam on a rotating or oscillating part) (*mech.*), camma, eccentrico, punteria. **4.** ~ break (wipe breaker, interrupter with wipers) (*elect.*), ruttore a contatto strisciante.
wipe (to) (to rub), strofinare. **2.** ~ (to make joints on lead piping) (*pip.*), eseguire e modellare giunzioni saldate (su tubazioni di piombo). **3.** ~ (as a recorded magnetic tape) (*electroacous.*), cancellare. **4.** ~ (to spread a layer of something on an object) (*gen.*), spalmare un sottile strato. **5.** ~ (to cancel: as a recorded magnetic tape) (*comp.*), cancellare. **6.** ~ dry (after the washing of the body and before painting) (*aut. constr. ind.*), effettuare l'(operazione di) asciugatura.
wiped (as of a recorded magnetic tape) (*a. - electroacous.*), cancellato.
wiper (eccentric) (*mech.*), eccentrico, elemento sporgente. **2.** ~ (brush: as of a telephone selector) (*electrotel.*), spazzola. **3.** ~ (as for cleaning the inside of a gun) (*t.*), scovolo. **4.** ~ (sliding contact: as of a rheostat) (*elect.*), contatto scorrevole, cursore. **5.** ~ (roundhouse loco cleaner) (*railw. work.*), operaio pulitore del deposito locomotive. **6.** ~ (device used for converting rotating to reciprocating motion) (*weaving*), eccentrico. **7.** ~, *short for* windshield wiper. **8.** ~ arm (*aut.*), braccio del tergicristallo. **9.** electric windscreen ~ (*aut.*), tergicristallo elettrico. **10.** headlight wipers (*aut.*), tergiproiettori, tergifari. **11.** rear window ~ (*aut.*), tergilunotto. **12.** self-parking wind-screen ~ (*aut.*), tergicristallo ad azzeramento automatico. **13.** single - speed windshield ~ (*aut.*), tergicristallo ad una sola velocità. **14.** two-speed windshield ~ (*aut.*), tergicristallo a due velocità. **15.** windshield ~ (*device for aut.*), tergicristallo.
wiping (*gen.*), strofinamento, strofinìo. **2.** ~ (as of a recorded magnetic tape) (*electroacous.*), cancellazione. **3.** ~ (*navy*), *see also* degaussing. **4.** ~ contact (*elect.*), contatto strisciante.
"WIR" (Working and Inspecting Robot: a submarine robot connected by umbilical cord to the operator) (*sub. work*), robot per ricognizione e lavoro sul fondo marino.
wire (*ind.*), filo (metallico). **2.** ~ (*elect.*), conduttore, filo. **3.** ~ (telegram) (coll.) (*tlcm.*), telegramma. **4.** ~ (of an aircraft structure) (*aer.*), tirante. **5.** ~ (of a paper machine) (*paper mfg.*), tela. **6.** ~ (in a matrix printer: needle) (*comp.*), ago. **7.** ~ bridge (*bldg.*), ponte sospeso. **8.** ~ brush (*impl.*), spazzola metallica. **9.** ~ clamp (*elect.*), serrafilo. **10.** ~ cloth (*ind.*), tela metallica. **11.** ~ coating (*elect.*), rivestimento del conduttore. **12.** ~ compensator (as of a suspended contact line for elect. railw.) (*railw.*), tenditore. **13.** ~ control (remote control; as of a rocket operated by elect. wire) (*elect.*), telecomando elettrico mediante cavo. **14.** ~ cutter (*t.*), tagliafili. **15.** ~ diagram (W/D) (*elect.*), schema elettrico. **16.** ~ drawer's plate (*metall. t.*), trafila, filiera. **17.** ~ drawing (*metall.*), trafilatura in fili. **18.** ~ gauge (size) (*mech.*), diametro di fili metallici. **19.** ~ gauze (as for a Bunsen burner) (*chem. impl.*), reticella. **20.** ~ gauze, rete metallica finissima. **21.** ~ glass (*ind.*), vetro armato, vetro retinato. **22.** ~ locking (as of nuts) (*mech.*), bloccaggio a filo, frenatura a filo. **23.** ~ mark (defect of paper) (*paper mfg.*), segno della tela. **24.** ~ mill (*mech. ind.*), trafileria. **25.** ~ netting (*ind.*), rete metallica. **26.** ~ recorder, *see* magnetic wire recorder. **27.** ~ rod (*metall. ind.*), vergella. **28.** ~ rod products (*metall. ind.*), derivati vergella. **29.** ~ rod rolls (*metall. ind.*), vergella in rotoli. **30.** ~ rope (*ind.*), fune metallica. **31.** ~ side (of a sheet of paper) (*paper mfg.*), lato tela. **32.** ~ sieve (*impl.*), setaccio a fili metallici. **33.** ~ straightener (*mach. t.*), raddrizzatrice per fili. **34.** ~ stretcher (for elect., teleph. etc. wires) (*app.*), tesafili. **35.** ~ wheel (*mtc. - aut.*), ruota a raggi di filo (d'acciaio). **36.** ~ wheel (for cleaning metal pieces) (*t.*), spazzola (metallica) circolare. **37.** aircraft ~ (*aer.*), filo (di acciaio) per aviazione. **38.** American ~ gauge, "AWG" (of wire diameters) (*mech.*), scala A.W.G., scala americana dei diametri dei fili metallici. **39.** annealed iron ~ (*ind. metall.*), filo di ferro ricotto. **40.** anti-drag ~ (*aer.*), controtirante. **41.** anti-lift ~ (*aer.*), tirante antiportanza. **42.** anti-rolling ~ (of an aerostat: wire used for preventing rolling of any part relative to the hull or envelope) (*aer.*), cavo antirollìo. **43.** arresting wires (for a carrier-based airplane) (*air force - navy*), cavi di appontaggio. **44.** asbestos covered ~ (*elect.*), filo rivestito di amianto. **45.** axial ~ (as along the axis of a rigid airship) (*aer.*), cavo assiale. **46.** barbed ~ (*ind.*), filo (di ferro) spinato. **47.** barbed ~ fence, reticolato. **48.** bead ~ (of a tire) (*aut.*), cerchietto. **49.** binding ~ (*bldg. ind.*), filo di ferro per legature. **50.** Birmingham ~ gauge, "BWG" (of wire diameters) (*mech.*), scala B.W.G., scala di Birmingham (dei diametri dei fili metallici). **51.** black annealed ~ (*metall. ind.*), filo ricotto nero. **52.** blue annealed ~ (*metall. ind.*), filo ricotto blu. **53.** bright annealed ~ (*metall. ind.*), filo ricotto lucido. **54.** Brown & Sharpe ~ gauge (B.&S.) (*mech.*), *see* American wire gauge. **55.** carrying ~ (as of elect. line), filo portante. **56.** catenary wires (as of an airship) (*aer. - etc.*), cavi a catenaria. **57.** chain ~ (for obtaining marks on laid paper) (*paper mfg.*), "filone", filo che genera la filigrana. **58.** circumferential gas bag wires (of an airship) (*aer.*), cavi circonferenziali del pallonetto. **59.** circumferential outer-cover wires (as of an airship) (*aer.*), cavi

circonferenziali esterni. **60.** coppered ~ (*metall. ind.*), filo ramato. **61.** cotton covered ~ (*elect.*), filo rivestito di cotone. **62.** cross ~ (as in a suspended contact line for elect. railw.) (*railw.*), tirante trasversale. **63.** detective ~ (of a car seal) (*railw.*), filo di sicurezza. **64.** drag ~ (of a wing: as in early biplanes) (*aer.*), tirante di resistenza. **65.** drag ~ (of an aerostat: wire connecting as a car to the hull for transmitting drag) (*aer.*), cavo di traino, cavo di trascinamento. **66.** earth ~ (*elect.*), conduttore di terra. **67.** earth ~ (in high-voltage aerial supply lines) (*elect.*), filo di guardia. **68.** electric ~ (*elect.*), conduttore elettrico. **69.** enameled ~ (*elect.*), filo smaltato. **70.** flux-cored welding ~ (*mech. technol.*), filo elettrodo a flusso incorporato. **71.** flying ~ (*aer.*), *see* lift wire. **72.** fuse ~ (*elect.*), filo fusibile, filo per valvole. **73.** galvanized iron ~ (*ind.*), filo di ferro zincato. **74.** glass covered ~ (*elect.*), filo rivestito di vetro. **75.** ground ~ (*radio - elect.*), filo di terra. **76.** hard-drawn copper ~ (*metall. ind.*), filo di rame crudo. **77.** hot ~ (*elect.*), filo sotto tensione. **78.** incidence ~, *see* stagger wire. **79.** inhaul ~ (as in mine-sweeping) (*navy*), cavo di ricupero. **80.** iron ~ (*ind.*), filo di ferro. **81.** lacquer drawn ~ (wet drawn wire) (*metall. ind.*), filo trafilato ad umido. **82.** landing ~ (*aer.*), *see* anti-lift wire. **83.** lead covered ~ (*elect.*), filo rivestito di piombo. **84.** lift ~ (*aer.*), tirante di portanza. **85.** litz ~ (*radio*), filo "litz", filo ad alta frequenza, conduttore costituito da treccia di filo sottile di rame a trefoli smaltati. **86.** locking ~ (as for locking a nut) (*mech.*), filo di bloccaggio, filo di frenatura. **87.** middle ~ (the neutral conductor of a three-wire system) (*elect.*), neutro, filo (o conduttore) del neutro. **88.** music ~ (piano wire) (*metall. ind.*), filo armonico. **89.** nylon and rayon covered ~ (*elect.*), filo rivestito di nailon e raion. **90.** neutral ~ (in a three-wire system) (*elect.*), neutro, filo (o conduttore) del neutro. **91.** open ~ (insulationless and single conductor, suspended above ground) (*elect.*), conduttore aereo. **92.** paper covered ~ (*elect.*), filo rivestito di carta. **93.** piano ~ (*mech.*), filo armonico. **94.** pilot ~ (of a distribution network) (*elect.*), conduttore pilota. **95.** platinum ~ (*chem. impl.*), filo di platino. **96.** plumb ~ (*mas. impl.*), filo a piombo. **97.** powder-filled ~ (in welding) (*mech. technol.*), filo a flusso incorporato. **98.** rivet ~ (*metall. ind.*), filo per chiodi, vergella per chiodi. **99.** rubber covered ~ (*elect.*), filo rivestito di gomma. **100.** 7/052 ~ (conductor consisting of 7 wires each having a 0.052 in diameter) (*elect.*), conduttore a 7 fili del diametro di 0.052 pollici. **101.** shear wires (as of an airship) (*aer. - etc.*), cavi (atti a resistere alle sollecitazioni di taglio della struttura). **102.** silicon-bronze ~ (*metall. ind.*), filo di bronzo al silicio. **103.** silk covered ~ (*elect.*), filo rivestito di seta. **104.** single ~ (*elect.*), conduttore unipolare. **105.** soap drawn ~ (*metall. ind.*), filo trafilato a secco. **106.** soft copper ~ (*metall. ind.*), filo di rame ricotto. **107.** stadia wires (stadia hairs: as in a theodolite) (*opt.*), fili distanziometrici. **108.** stay ~ (*mech. - constr.*), tirante. **109.** steel cored copper ~ (*elect.*), filo di rame con anima d'acciaio. **110.** steel cored ~ (light alloy wire with a steel core) (*elect.*), filo (in lega leggera) con anima d'acciaio. **111.** steel ~ rope (*ind.*), fune di acciaio. **112.** stitching ~ (*ind.*), filo metallico per cucitrici. **113.** streamline ~ (having a streamline cross section) (*aer.*), tirante lenticolare. **114.** Stubs ~ gauge (*mech. meas.*), *see* Birmingham wire gauge. **115.** tension ~ (as leading from an engine car to the envelope of an airship) (*aer.*), tirante. **116.** 10 sq mm area 1000 V, insulated copper ~ (*elect.*), filo di rame sezione 10 mm^2 isolato a 1000 V. **117.** tinned ~ (*metall. ind.*), filo stagnato. **118.** twin ~ (*elect.*), conduttore bipolare, conduttore binato. **119.** wet drawn ~ (*metall. ind.*), filo trafilato ad umido. **120.** white annealed ~ (bright annealed wire) (*metall. ind.*), filo ricotto lucido. **121.** Wollaston ~ (*elect.*), filo di Wollaston. **122.** yaw-guy wires (of an airship: leading from the bow to the ground) (*aer.*), cavi laterali di prua.

wire (to) (as to install elect. wiring in a bldg.) (*gen.*), installare i fili. **2.** ~ (to fit the wires, as to an elect. app.) (*elect.*), cablare. **3.** ~ (to send a telegram), telegrafare. **4.** ~ (to strengthen something with wire) (*mfg.*), rinforzare (o armare) con filo metallico.

wirebar (cast metal bar ready for making into wire) (*metall.*), barra da filo, barra per fili, lingotto da filo, "wirebar".

wired (reinforced by wires: as glass) (*a. - ind.*), retinato, armato con rete. **2.** ~ (as an elect. app.) (*elect.*), cablato. **3.** ~ (as of a device furnished with wires for elect. or teleph. connections) (*a. - elect. - teleph. - etc.*), provvisto dei cavetti di collegamento. **4.** ~ (electrically connected by a direct wire) (*a. - comp.*), connesso direttamente, allacciato direttamente. **5.** ~ hose (as the suction pipe of a fire engine) (*pip.*), tubo flessibile armato.

wired radio, wired wireless, wire radio (radio broadcasts distributed on the telephone line) (*radio - teleph.*), filodiffusione.

wiredraw (to) (*metall.*), trafilare in fili.

wiredrawer (*work.*), trafilatore. **2.** ~ (*mach.*), trafila.

wiredrawing (*metall. ind.*), trafilatura di fili. **2.** ~ machine (*metall. ind. mach.*), trafilatrice per fili. **3.** non-slip ~ machine (the drums of which are not permitted to slip) (*metall. ind. mach.*), trafilatrice non slittante, trafilatrice antislittante. **4.** slip ~ machine (the drums of which are rotating at speeds such as slip occurs) (*metall. ind. mach.*), trafilatrice slittante.

wireless (*radio*) (Brit.), radio. **2.** ~ (message) (*radio*), marconigramma. **3.** ~ compass (direction finder, radio compass) (*radio*), radiogoniometro. **4.** ~ control (*radio - mech.*), radiocomando. **5.** ~ operator (*aer. - naut.*), marconista. **6.** ~ telegra-

phy (*radio*), radiotelegrafia. **7.** ~ telephony (*radio*), radiotelefonia.
wireman (*elect. work.*), guardalinee.
wire-strain gauge (*meas. instr.*), estensimetro elettrico a filo.
wiretap (act of wiretapping telephone or telegraph wires) (*n. - police*), operazione di intercettazione. **2.** ~ (system for wiretapping) (*n. - police*), dispositivo di intercettazione.
wiretap (to) (to tap: as a telephone wire for the purpose of getting information) (*police*), intercettare, derivarsi (su di una linea telef. per es.) per ascoltare.
wirework (wire making factory) (*metall.*), trafileria.
wire-wrap (to) (to make tight turns of bare wire around an elect. terminal: for elect. contact and temporary connection) (*elect. patch*), avvolgere un tratto di filo nudo per un allacciamento provvisorio.
wire-wrap connection (solderless and temporary connection) (*elect. patch*), collegamento (effettuato) con un tratto di filo nudo avvolto.
wiring (system of wires: as for electric distribution) (*elect. - teleph. - etc.*), impianto, complesso delle linee. **2.** ~ (*sheet metal w.*), *see* curling. **3.** ~ diagram (*elect.*), schema (dei) collegamenti elettrici, schema elettrico, schema del circuito (elettrico). **4.** ~ harness (wires assembled and taped together for installation: as on a telephone exchange) (*elect.*), cablaggio, fascio dei conduttori. **5.** ~ junction block (*elect.*), scatola di connessione. **6.** bulkhead ~ (of an airship main transverse frame) (*aer.*), cavi di paratìa. **7.** chord ~ (of an airship main transverse frame) (*aer.*), cavi d'ordinata. **8.** gas-bag ~ (of a rigid airship) (*aer.*), cavi del pallonetto. **9.** mesh ~ (of a rigid airship) (*aer.*), cavi a rete. **10.** printed ~ (*elics.- etc.*), circuiti stampati. **11.** surface ~ (installation in which the conductors are attached to the surface of a wall) (*elect.*), impianto aereo (non incassato).
wishbone (control arm, of a suspension) (*aut.*), braccio trasversale, braccio oscillante trasversale.
witch of Agnesi, witch (*math.*), versiera di Agnesi, versiera.
with care (standard message stenciled on a fragile package) (*comm.*), fragile.
withdraw (to) (*gen.*), ritirare. **2.** ~ (to extract) (*gen.*), estrarre. **3.** ~ (as a contract) (*comm.*), disdire. **4.** ~ (to remove money: as from a bank) (*finan. - bank*), ritirare. **5.** ~ the clutch (*mech.*), disinnestare (o distaccare) la frizione, debraiare. **6.** ~ the pattern (*found.*), sformare, estrarre il modello.
withdrawal (*n. - milit.*), ritirata, ripiegamento. **2.** to cover a ~ (tactics) (*milit.*), coprire il ripiegamento.
withdrawing (*a. - mech.*), che distacca.
witherite ($BaCO_3$) (*min.*), witherite.
withhold (to) (to deduct: as from earned money) (*adm. - taxation*), trattenere sulle entrate.
withstand (to) (*phys.*), resistere. **2.** ~ 150° temperature (*phys.*), resistere alla temperatura di 150°.
witness, witnesser (*law*), testimonio. **2.** ~ mark (of mech. operation) (*mech.*), testimonio.
witness (to) (*law*), testimoniare.
witnessing (*law - etc.*), testimonianza.
"wk", *see* week, work, wreck.
"wkg", *see* working.
"wkr" (wrecker, special aid veh.) (*veh.*), carro attrezzi. **2.** ~ *see also* worker.
"wks" (workshop) (*ind.*), officina.
"WL" (water line) (*naut.*), linea di galleggiamento. **2.** ~, *see also* wavelength.
"wl" (wave length) (*radio*), lunghezza d'onda.
"wldr", *see* welder.
"WM" (white metal) (*mech. draw.*), metallo bianco. **2.** ~ (watermark) (*paper ind.*), filigrana. **3.** ~ (water meter) (*meas. instr.*), contatore per acqua.
"Wm", "wm" (wattmeter) (*elect.*), wattmetro.
"WMO" (World Meteorological Organization) (*meteorol.*), organizzazione mondiale meteorologica.
"WNA" (winter in North Atlantic) (*naut.*), INA, inverno nel Nord Atlantico.
"wnd", *see* wind.
wobble (of a disc) (*mech.*), rotazione fuori piano. **2.** ~ (as of aut. front wheel) (*aut.*), farfallamento, sfarfallamento. **3.** ~ (axial runout, lateral truth, lateral variation measured on the vertical face of a wheel rim flange) (*aut.*), errore di ortogonalità, piano (della ruota) non normale all'asse (di rotazione). **4.** ~, *see* fluctuation. **5.** ~ plate (swash plate: as of a pump) (*mech.*), rotore a disco oscillante. **6.** ~ plate pump (swash plate pump: as for fuel) (*aer. mech.*), pompa a disco oscillante. **7.** Chandler's ~ (a 14 months' elliptical oscillation of earth's axis) (*geophys.*), periodo di Chandler, migrazione dei poli terrestri.
wobble (to) (*gen.*), muoversi da un lato all'altro irregolarmente. **2.** ~ (as a wheel inclined on its rotation axis) (*mech.*), girare fuori piano. **3.** ~ (as of the front wheels of a car) (*aut.*), sfarfallare.
wobbler (of a rolling mill: grooved end projecting beyond the housing, resembling a three-lobed gear wheel and transmitting power to a roll) (*rolling mill*), trefolo, colletto. **2.** ~ wobbulator, *see* wobbulator.
wobbling (as a rotating disc having its plane inclined on its rotation axis) (*a. - mech.*), che gira fuori piano, che sfarfalla. **2.** ~ (as of the front wheels of a car) (*a. - aut. defect*), sfarfallante. **3.** ~ (periodical change of the frequency of an oscillator) (*n. - elics.*), vobulazione, variazione periodica della frequenza.
wobbulator (frequency variator for radio testing) (*elics. testing app.*), "vobulatore", generatore di segnali a frequenza variabile periodicamente.
Wöhler's curve (*mech. technol.*), curva di Wöhler, curva di fatica.
wolfram, *see* tungsten.

wolframite (FeMn)WO_4 (*min.*), wolframite.
wollastonite ($CaSiO_3$) (min.) (*refractory*), wollastonite.
wollaston wire (very thin wire: as in telescope cross hairs) (*opt.*), filo di Wollaston.
womp (increase of the luminosity due to the signal) (*telev. screen*), improvviso aumento di luminosità.
wonderstone (min.) (*refractory*), wonderstone.
"WOOD" (Write-Once Optical Disk) (*comp. - audiovisuals*), disco incidibile una sola volta, disco ottico non cancellabile.
wood, legno. **2.** ~ (forest), bosco. **3.** ~ (lumber), legno, legname. **4.** ~ alcohol (CH_3OH) (*chem.*), alcool di legno, alcool metilico. **5.** ~ alloy (a type of plywood subjected to strong resins) (*join.*), tipo di paniforte, tipo di compensato marino di alta resistenza. **6.** ~ bending machine (*carp. mach.*), curvatrice per legno. **7.** ~ block (as for road or shop paving) (*bldg.*), blocchetto di legno. **8.** ~ block (used for paving floors of a civil building room) (*carp. - bldg.*), elemento di legno per pavimentazione. **9.** ~-block flooring (of a civil building room) (*bldg.*), pavimento a palchetti, "parquet", pavimento in legno. **10.** ~ coal (charcoal), carbone di legna. **11.** ~ coal (lignite), lignite. **12.** ~ engraving (woodcut) (*art*), incisione del legno (in rilievo). **13.** ~ free paper (made without wood) (*paper mfg.*), carta senza (pasta di) legno. **14.** ~ lock (piece of wood fitted on the rudder between a gudgeon and a pintle) (*shipbuild.*), tacco del timone. **15.** ~ paneling (*bldg.*), rivestimento di legno. **16.** ~ pulp (*paper ind.*), pasta di legno, pastalegno. **17.** ~ pulp board (*paper mfg.*), cartone di pasta di legno. **18.** ~ screw (*carp.*), vite a legno. **19.** ~ seasoning (*carp.*), stagionatura del legno. **20.** ~ spirit (*chem.*), alcool di legno, alcool metilico. **21.** ~ tar (*chem.*), catrame di legno. **22.** ~ turner (*work.*), tornitore in legno. **23.** ~ turning (*join. - carp.*), tornitura del legno. **24.** ~ vinegar (CH_3COOH) (*chem.*), acido pirolegnoso, acido acetico grezzo. **25.** calamander ~ (*wood*), calamandra, legno calamandra. **26.** ground- ~ (mechanically obtained wood pulp) (*paper mfg.*), pasta meccanica di legno. **27.** hard ~, legno duro. **28.** kiln-dried ~ (in artificial seasoning) (*ind.*), legname stagionato artificialmente, legname essiccato all'essiccatoio. **29.** laminated ~ (made of parallel grain sheets) (*join. - shipbldg.*), laminato di legno. **30.** soft ~, legno dolce. **31.** speckled ~ (*join.*), legno venato (o marezzato).
woodcutter (*work.*), boscaiolo.
wooden (*a. - gen.*), di legno. **2.** ~ mallet (*impl.*), mazzuolo di legno. **3.** ~ maul (*impl.*), mazza di legno.
woodman (woodcutter) (*work.*), boscaiolo.
wood's alloy, wood's metal (an alloy of 50% bismuth with cadmium, tin etc.) (*metall.*), lega di Wood.
wood's light (filtered ultraviolet light) (*inspections*), luce di Wood, luce ultravioletta.
woodsman (*work.*), boscaiolo.
"woodwelding" (*join. - carp.*), incollaggio rapido del legno (mediante riscaldamento induttivo ad altissima frequenza).
wood-wool (fine shavings used as for packing) (*packing*), lana di legno, paglia di legno.
woodwork (*join. - carp.*), lavoro in legno.
woodworker (carpenter) (*work.*), falegname. **2.** ~ vice (*join. impl.*), morsa da falegname.
woodworking (*join.*), lavorazione del legno. **2.** ~ chisel (*join. t.*), scalpello da legno.
woodworm, tarlo.
woody (of a structure) (*a. - gen.*), legnoso. **2.** ~ (of paper containing mechanical wood pulp) (*a. - paper mfg.*), contenente (pasta di) legno.
woody, woodie (station wagon with wood paneled sides) (*n. - aut.*), giardinetta con fiancate in legno.
woof, *see* weft.
woofer (loud-speaker used for reproducing low-pitch sounds) (*electroacous.*), altoparlante per toni bassi.
wool, lana. **2.** ~ carding (*text. ind.*), cardatura della lana. **3.** ~ combing (*text. ind.*), pettinatura della lana. **4.** ~ dusting machine (*text. mach.*), battitoio per lana. **5.** ~ extract (wool extracted from cotton and wool rags) (*text. ind.*), lana meccanica, lana rigenerata (proveniente da stracci di tessuti misti sottoposti a carbonizzazione). **6.** ~ mill (woolen mill) (*text. ind.*), lanificio. **7.** ~ oil (*text. ind.*), olio per lane. **8.** ~ spinning (*text. ind.*), filatura della lana. **9.** ~ steeping apparatus (*wool ind. app.*), apparecchio per imbibire la lana. **10.** ~ top (*text. ind.*), nastro di lana pettinato. **11.** ~ waste (*text. ind.*), cascame di lana. **12.** ~ weaving (*text. ind.*), tessitura della lana. **13.** alpaca ~ (*text. ind.*), lana di alpaca. **14.** apparel ~ (*text. ind.*), lana per manufatti e abbigliamenti. **15.** apron ~ (sheep's belly wool) (*wool ind.*), lana del ventre e di parte del petto. **16.** Australian ~ (*text. ind.*), lana australiana. **17.** back ~ (wool off the back of the sheep) (*text. ind.*), lana del dorso. **18.** belly ~ (*text. ind.*), lana del ventre. **19.** Berlin ~ (*text. ind.*), lana di Berlino. **20.** black ~ (*text. ind.*), lana moretta. **21.** blue ~ (sheep's neck wool) (*text. ind.*), lana del collo. **22.** brashy ~ (*text. ind.*), lana dura. **23.** breech ~ (wool of the tail and rear legs of the sheep) (*text. ind.*), lana della coda e delle zampe posteriori. **24.** bright ~ (*text. ind.*), lana pulita. **25.** brittle ~ (*text. ind.*), lana fragile. **26.** broad ~ (*wool ind.*), lana ordinaria. **27.** brokes ~ (from the belly and the front legs of the sheep) (*wool ind.*), lana del ventre e delle zampe anteriori. **28.** brown ~ (*wool ind.*), lana bruna. **29.** buck ~ (*wool ind.*) (Am.), lana di montone. **30.** burry ~ (*text. ind.*), lana lappolosa. **31.** carbonizing ~ (*text. ind.*), lana da carbonizzo (o da carbonizzazione). **32.** carding ~ (*text. ind.*), lana da carda. **33.** carpet ~ (*text. ind.*), lana per tappeti. **34.** cased ~ (*text. ind.*), lana classificata. **35.** cast ~ (*text. ind.*), lana di scarto. **36.** choice ~ (*text. ind.*), lana di prima

scelta. **37.** classed ~ (*text. ind.*), lana classificata. **38.** clear ~ (*text. ind.*), lana senza impurità. **39.** combed ~ (*text. ind.*), lana pettinata. **40.** cotty ~ (*text. ind.*), lana intrecciata. **41.** crimpy ~ (*text. ind.*), lana ondulata, lana arricciata. **42.** crossbred ~ (from crossbred sheep) (*wool ind.*), lana incrociata. **43.** curly ~ (*wool ind.*), lana increspata, lana arricciata. **44.** damp ~ (*text. ind.*), lana umida. **45.** dead ~ (from dead sheep) (*wool ind.*), lana morticina, lana di pecora morta. **46.** defective ~ (*wool ind.*), lana difettosa. **47.** degreased ~ (*wool ind.*), lana sgrassata. **48.** delaine ~ (*wool ind.*), lana da pettine fine e lunga. **49.** dirty ~ (*wool ind.*), lana sporca. **50.** diseased ~ (*wool ind.*), lana malata. **51.** domestic ~ (*wool ind.*), lana di produzione locale. **52.** double-clip ~ (*wool ind.*), lana di seconda tosa. **53.** down ~ (of southern England) (*wool ind.*), lana inglese di media lunghezza. **54.** dried ~ (*wool ind.*), lana essiccata. **55.** extract ~, *see* wool extract. **56.** fallen ~ (dead wool) (*wool ind.*), lana morticina, lana di pecora morta. **57.** fine ~ (shoulders wool) (*wool ind.*), lana delle spalle. **58.** fleece-washed ~ (*wool ind.*), lana lavata sulla pecora stessa. **59.** fleece ~ (*wool ind.*), lana di tosa. **60.** forelegs ~ (*wool ind.*), lana delle zampe anteriori. **61.** free ~ (*wool ind.*), lana pulita. **62.** French combing ~ (*text. ind.*), lana francese per pettinatura. **63.** fullblood ~ (*wool ind.*), lana di montone merino (o di pari qualità). **64.** grease ~ (*wool ind.*), lana non sgrassata, lana sudicia, lana sucida. **65.** gritty ~ (*wool ind.*), lana sabbiosa. **66.** half-blood ~ (*wool ind.*), lana (di pecora) mezzosangue. **67.** hand-knitting ~ (*text. ind.*), lana per maglieria a mano. **68.** hand-washed ~ (*text. ind.*), lana lavata a mano. **69.** harsh ~ (*wool ind.*), lana ruvida. **70.** healthy ~ lana di animale sano. **71.** hind legs ~ (*wool ind.*), lana delle zampe posteriori. **72.** home ~ (*wool ind.*), lana indigena. **73.** hunger ~ (*wool ind.*), lana atrofica. **74.** kempy ~ (*wool ind.*), lana di qualità inferiore. **75.** lama ~ (Peruvian wool) (*wool ind.*), lana di lama. **76.** leg ~ (*wool ind.*), lana delle zampe. **77.** light ~ (*wool ind.*), lana leggera. **78.** loin and back ~ (*wool ind.*), lana dei lombi e del dorso. **79.** long-stapled ~ (*wool ind.*), lana a fibra lunga. **80.** loose ~ (*wool ind.*), lana non imballata. **81.** lower part of legs ~ (*wool ind.*), lana delle parti inferiori delle zampe. **82.** low ~ (U.S.A. wool: low fineness) (*wool ind.*), lana scadente, lana ordinaria. **83.** matted ~ (*wool ind.*), lana intrecciata. **84.** medium-stapled ~ (*text. ind.*), lana di lunghezza media. **85.** merino ~ (very fine wool) (*wool ind.*), lana merino. **86.** mineral ~ (from the blast furnace slag: for insulation) (*acous. - therm.*), lana di scoria. **87.** mountain (Scottish wool) (*wool ind.*), lana di Scozia. **88.** mushy ~ (*wool ind.*), lana scadente, lana ordinaria. **89.** muzzle ~ (of the sheep) (*wool ind.*), lana del muso. **90.** native ~ (*wool ind.*), lana indigena. **91.** neat ~ (*wool ind.*), lana pulita, lana dei fianchi e del dorso. **92.** neck ~ (*wool ind.*), lana del collo. **93.** New Zealand ~ (*wool ind.*), lana della Nuova Zelanda. **94.** noble combing ~ (*wool ind.*), lana da pettine a fibre lunghe. **95.** noily ~ (wool with waste) (*wool ind.*), lana che dà luogo a cascame. **96.** oil-dressed ~ (*wool ind.*), lana oliata, lana protetta da oliatura. **97.** open ~ (*wool ind.*), lana aperta. **98.** pelt ~ (*wool ind.*), lana corta tolta dalle pelli di pecore morte. **99.** pitchy ~ (*wool ind.*), lana attaccaticcia. **100.** plain ~ (*wool ind.*), lana non ondulata. **101.** plucked ~ (cut on dead sheep) (*wool ind.*), lana di pecora morta. **102.** poll ~ (from the head of the sheep) (*wool ind.*), lana della testa. **103.** pulled ~ (from a slaughtered sheep) (*wool ind.*), lana di concia. **104.** quarter-blood ~ (*wool ind.*), lana proveniente da pecore aventi un quarto di sangue merino (o da pecore di pari caratteristiche). **105.** ram ~ (*wool ind.*), lana di montone, lana ruvida e difettosa. **106.** raw ~ (*wool ind.*), lana grezza. **107.** remanufactured ~ (*text. mfg.*), lana rigenerata. **108.** re-used ~ (*wool ind.*), lana meccanica (o rigenerata). **109.** scoured ~ (*text. ind.*), lana lavata. **110.** second combing ~ (*wool ind.*), lana da pettine di seconda qualità. **111.** shaggy ~ (*wool ind.*), lana ispida (o villosa). **112.** slag ~ (from blast furnace slag: for insulation) (*acous. - therm.*), lana di scoria, cotone silicato. **113.** snow-white ~ (*wool ind.*), lana bianco-neve. **114.** South African ~ (*wool ind.*), lana sudafricana. **115.** spot ~ (*wool comm.*), lana pronta per la consegna sul posto. **116.** spring ~ (*wool ind.*), lana tosata in primavera. **117.** squeezed ~ (*wool ind.*), lana pressata. **118.** stained ~ (*wool ind.*), lana macchiata. **119.** steely ~ (*wool ind.*), lana con fibre contenenti sostanze minerali. **120.** strong supercombing ~ (*wool ind.*), lana fine e forte da pettine, lana da pettine di primissima scelta. **121.** strong ~ (*wool ind.*), lana resistente. **122.** supercloth ~ (*wool ind.*), lana fine da carda. **123.** super comeback ~ (*wool ind.*), lana incrociata tendente alla finezza delle lane merino. **124.** super crossbred ~ (*wool ind.*), lana incrociata finissima. **125.** super ~ (*wool ind.*), lana di qualità superiore. **126.** tail ~ (*wool ind.*), lana della coda. **127.** Tasmanian ~ (*wool ind.*), lana australiana della Tasmania. **128.** tender ~ (*wool ind.*), lana debole, lana non adatta per pettinatura. **129.** thigh ~ (*wool ind.*), lana delle cosce. **130.** three quarter blood ~ (*wool ind.*), lana (fine) proveniente dalle pecore con tre quarti di sangue merino (o di pari qualità). **131.** throat ~ (*wool ind.*), lana della gola. **132.** Tibet ~ (*wool ind.*), lana del Tibet. **133.** topknot ~ (wool of the forehead of the sheep) (*wool ind.*), lana della fronte. **134.** tub washed ~ (*wool ind.*), lana lavata in vasca. **135.** unmatted ~ (*text. ind.*), lana non intrecciata. **136.** unwashed ~ (*wool ind.*), lana non lavata. **137.** variegated ~ (*text. ind.*), lana striata di vari colori. **138.** very heavy burr ~ (over 16%) (*wool ind.*), lana con elevato contenuto di lappole (oltre il 16% del peso sudicio). **139.** very heavy seedy ~ (over 16%) (*wool ind.*), lana con elevato contenuto di semi (oltre il 16% del peso sudicio. **140.** virgin ~ (*text. ind.*), lana vergine. **141.** washed ~ (*wool ind.*), lana lavata. **142.** wasty ~ (*wool ind.*), lana contenente scarti, lana con molto cascame. **143.** waved ~ (*wool ind.*), lana ondulata. **144.** winter ~ (*wool ind.*), lana di tosa invernale. **145.** wiry ~ (*wool ind.*), lana poco elastica. **146.** woozy ~ (*wool ind.*), lana dolce, lana setosa. **147.** yearling ~ (*wool ind.*), lana (di agnello) di un anno, lana di prima tosa. **148.** yolk stained ~ (*wool ind.*), lana gialla, lana sudicia.

woold (to) (to wind a rope round a mast formed by two pieces) (*naut.*), trincare, fasciare.

woolding (rope or chain wound around the junction portion of a two-piece mast in order to strengthen it) (*naut.*), trinca, fune (o catena) per legatura (o per trincatura). **2.** ~ (art of winding a rope round a two-piece mast for strengthening it) (*naut.*), trincatura, legatura, fasciatura.

woolgrower (*wool ind.*), allevatore di pecore, produttore di lana.

woollen, woolen (*a. - wool ind.*), di lana, laniero. **2.** ~ goods (woolen goods, woollens, woolen) (*text. ind.*), lamiere. **3.** ~ industry (*text. ind.*), industria laniera. **4.** ~ mill (wool mill) (*text. ind.*), lanificio.

woollens, woolens (*wool ind.*), articoli di lana, lanerie.

woolshed (for sheep) (*wool ind.*), stazione di tosa.

word (something that is said, or written) (*talk - printed characters - etc.*), parola. **2.** ~ (computer word: a string of bits of a fixed length: 16 or 24 or 32 bits, considered as a unit of storage) (*comp.*), parola. **3.** ~ boundary (word location in a memory) (*comp.*), confine di parola. **4.** ~ length (the number of bits, bytes, digits etc. in one word) (*comp.*), lunghezza di (o della) parola. **5.** ~ processing (consisting of books preparation, editing etc. including typographic printing: as by laser printers, optical readers etc.) (*comp.*), elaborazione di testi, trattamento di testi. **6.** ~ time (minor cycle: time required for the transfer of one mach. word) (*comp.*), tempo (del trasferimento) di parola, ciclo minore. **7.** ~ wrap, ~ wrap around (in word processing: when a word length can't stay into the margins) (*comp.*), passaggio di parola (alla riga seguente). **8.** check ~ (*comp.*), parola di controllo. **9.** computer ~ (machine word: fixed number of bits, digits and bytes) (*comp.*), parola di calcolatore, parola (di) macchina. **10.** double ~ (unit having twice as many bits as are normally admitted in one word) (*comp.*), parola doppia, parola (di lunghezza) doppia. **11.** end of record ~ (*comp.*), parola di fine registrazione. **12.** index ~ (*comp.*), parola (di) indice. **13.** instruction ~ (*comp. - n.c. mach. t.*), parola d'istruzione. **14.** machine ~, *see* computer ~. **15.** reserved ~ (word pertaining to a programming language) (*comp.*), parola riservata. **16.** status ~ (word relating to a peripheral status) (*comp.*), parola di stato.

work (of a worker), lavoro. **2.** ~ (piece to be machined by mach. t.) (*mech.*), pezzo. **3.** ~ (product of force by displacement) (*theor. mech.*), lavoro. **4.** ~ (that which is produced), prodotto. **5.** ~ (employment), lavoro. **6.** ~ *see also* works. **7.** ~ arbor (*mach. t.*), mandrino portapezzo. **8.** ~ by the day (of work.), lavoro a economia, lavoro a giornata. **9.** ~ cost (*ind.*), costo del lavoro. **10.** ~ driving motor (of a mach. t.) (*mech.*), motore di comando (del movimento) del pezzo. **11.** ~ due to friction (*theor. mech.*), lavoro di attrito. **12.** ~ environment (*work.*), ambiente di lavoro. **13.** ~ force (as the manpower) (*pers. - ind.*), forza di lavoro. **14.** ~ function (the amount of energy needed by electrons to escape from a metal) (*atom phys. - thermion.*), lavoro di estrazione. **15.** ~ hardened (by cold working) (*a. - metall.*), incrudito. **16.** ~ hardening (*metall. - mech.*), incrudimento. **17.** ~ head (*mach. t.*), testa portapezzo. **18.** ~ holding fixture (*mach. t.*), attrezzo portapezzo. **19.** ~ in hand (*gen.*), lavoro in corso. **20.** ~ in process, "WIP" (work in any working stage it is, before becoming a finished product) (*ind. - etc.*), lavoro in corso, pezzo in corso di lavorazione. **21.** ~ in progress (work of a writer, or of an artist, approaching completion) (*gen.*), lavoro in via di completamento. **22.** ~ load (*ind.*), carico di lavoro. **23.** ~ order (*ind. - comm.*), commessa. **24.** ~ psychologist (industrial psychologist) (*psychol. - ind.*), psicologo d'azienda. **25.** ~ rest (of a lathe) (*mach. t.*), lunetta. **26.** ~ sampling (ratio-delay study) (*time study*), rilevamento tempi. **27.** ~ sheet, *see* worksheet. **28.** ~ shift (Am.) (as of workers), turno (di lavoro). **29.** ~ spindle (*mach. t.*), mandrino portapezzo. **30.** ~ station (as at a mach. t.) (*ind.*), posto di lavoro. **31.** ~ surface (*mech.*), superficie del pezzo. **32.** ~ ticket (job order: as in a mech. shop) (*factory work organ.*), bolla di lavorazione. **33.** bead ~ (*join.*), modanatura. **34.** cabinet ~ (*wood work*), ebanisteria. **35.** carvel ~ (*shipbuild.*), costruzione a labbro. **36.** compression ~ (as of mot.), lavoro di compressione. **37.** continuous ~ (of mach.), funzionamento continuo. **38.** day's ~ (amount of work done during one day) (*ind.*), lavoro di una giornata. **39.** day's ~ (observations carried out during 24 hours) (*naut.*), osservazioni eseguite in 24 ore. **40.** deformation ~ (*constr. theor.*), lavoro di deformazione. **41.** desk ~ (administrative work) (*gen.*), lavoro di ufficio. **42.** external ~ (as done by expansion) (*phys.*), lavoro esterno. **43.** indicated ~ (of an engine) (*theor. mech.*), lavoro indicato. **44.** intake ~ (as of mot.), lavoro d'aspirazione. **45.** internal ~ (as done in increasing the kinetic energy of the molecules, or by molecular forces) (*phys. - thermod.*), lavoro interno. **46.** job ~ (commercial work) (*typ. - etc.*), lavori per conto terzi. **47.** machine ~ (*ind.*), lavorazione a macchina. **48.** overtime ~ (of work.), lavoro straordinario. **49.** piece-rate ~ (piecework paid per unit of production) (*work organ.*), lavoro a cottimo per unità (prodotta), lavoro a cottimo a moneta. **50.** public works (works of public utility: as of a state or of a town) (*bldg. - elect. - hydr. - etc.*), lavori pubblici, opere di pubblica utilità, opere pubbliche. **51.** right to ~ (*trade-union*), diritto al lavoro. **52.** river works (*bldg.*), opere fluviali. **53.** semimachined ~ (*mech.*), semilavorato. **54.** short time ~ (*work. organ.*), lavoro ad orario ridotto. **55.** steel structural ~ (*ind.*), carpenteria in ferro. **56.** strain ~ (*constr. theor.*), lavoro di deformazione. **57.** team ~ (work performed by a team) (*work organ.*), lavoro a squadre. **58.** the ~ revolves (as on a lathe) (*mech.*), il pezzo gira. **59.** the ~ runs true (as on a lathe) (*mech.*), il pezzo (da lavorare) gira centrato. **60.** to true up the ~ (*mech.*), centrare il pezzo. **61.** welfare ~ (*pers. welfare organ.*), assistenza sociale, servizi sociali.

work (to), lavorare. **2.** ~ (to keep in motion: as a mach.) (*ind.*), far funzionare. **3.** ~ (a ship) (*naut.*), manovrare. **4.** ~ by the day, lavorare a giornata. **5.** ~ harden (by cold-working) (*metall. - mech.*) (Brit.), incrudire. **6.** ~ in depth (*min.*), lavorare in profondità. **7.** ~ on contract (*ind.*), lavorare a (o su) contratto. **8.** ~ out (to elaborate: as a plan) (*gen.*), elaborare. **9.** ~ out (to solve: as a problem) (*gen.*), risolvere. **10.** ~ out anew (*gen.*), rielaborare. **11.** ~ to figures (as written on a drawing) (*mech. - shop w.*), lavorare a disegno.

workability (*gen.*), lavorabilità.

work-and-turn (with all the pages of a signature imposed in one form) (*a. - typ.*), con bianca e volta sulla stessa forma.

workbench (*workshop impl.*), banco da lavoro.

workday (working day), giorno lavorativo, giornata lavorativa.

worked (*a. - gen.*), lavorato. **2.** ~ material (processed material not yet in a finished state) (*mech. - ind. - etc.*), semilavorato.

worker (*n.*), operaio. **2.** ~ (cylinder of a card) (*n. - text. mech.*), cilindro lavoratore. **3.** workers' representation (*ind. relations*), rappresentanza dei lavoratori. **4.** casual ~ (temporary worker, "temp") (*work.*), (operaio) avventizio. **5.** clerical ~ (clerk) (*work.*), impiegato amministrativo. **6.** dry ~ (working in the drying department) (*paper mfg. work.*), operaio stenditore. **7.** fellow ~ (*work.*), compagno di lavoro. **8.** lathe ~, operaio tornitore. **9.** manual ~ (blue collar) (*work.*), operaio. **10.** payment by results ~ (*work. organ.*), lavoratore a cottimo, cottimista. **11.** productive ~ (*ind.*), operaio produttivo. **12.** "reinforced concrete bars ~" (*mas. work.*), ferraiolo. **13.** semiskilled ~ (*work.*), operaio qualificato. **14.** sheet metal ~ (*work.*), battilastra. **15.** shift ~ (*work.*), turnista. **16.** shipyard ~ (*work.*), arsenalotto. **17.** social ~ (*ind.*), assistente sociale. **18.** unskilled ~ (*work.*), operaio comune, operaio non specializzato. **19.** welfare ~ (*pers. welfare organ.*), assistente sociale.

Work-Factor system (W.F., work measuring system) (*time study*), sistema Work-Factor.

workhead (as of a grinding mach.) (*mach. t.*), testa portapezzo.

workhouse (Am.), casa di correzione. **2.** ~ (a poorhouse) (*bldg.*) (Brit.), ospizio per i poveri.

working (in operation: as of a mach.) (*a. - mech.*), funzionante, in funzione. **2.** ~ (system of operating, operation) (*n. - mech.*), funzionamento. **3.** ~ (process of operating, shaping etc.) (*n.*), lavorazione. **4.** ~ (as of a furnace) (*metall. ind.*), marcia. **5.** ~ (work) (*n. - comp.*), lavoro. **6.** ~ angle (*t.*), angolo di lavoro. **7.** ~ area (as of a connecting rod bearing) (*mot. - mach.*), superficie di lavoro, superficie di appoggio. **8.** ~ capital (*finan.*), capitale liquido. **9.** ~ conditions (as of elect. mach.), condizioni di lavoro. **10.** ~ cost (*ind.*), spesa di mano d'opera (per un determinato prodotto), costo di lavorazione (o di trasformazione). **11.** ~ day (*ind.*), giornata lavorativa. **12.** ~ depth (of gear) (*mech.*), altezza attiva (del dente). **13.** ~ drawing (*draw.*), disegno costruttivo. **14.** ~ face (*min.*), sezione di scavo. **15.** ~ fluid (*mech.*), fluido operante. **16.** ~ gage (Am.), ~ gauge (Brit.) (of threads) (*mech.*), calibro di lavorazione. **17.** ~ in either direction (as of a railcar) (*railw.*), marcia bidirezionale. **18.** ~ load (max. stress a mach. or structure is planned to withstand) (*constr. theor.*), carico di lavoro massimo previsto. **19.** ~ load (work to be done in an interval of time) (*n. - mech. ind. - etc.*), carico di lavoro (riferito al tempo). **20.** ~ machine (*ind.*), macchina in funzione, macchina operante. **21.** ~ motion (*mach. t.*), movimento principale (o di lavoro). **22.** ~ notches (of a combinator as of elect. veh.), tacche di marcia. **23.** ~ out anew (*gen.*), rielaborazione. **24.** ~ paper (a proposition offered as a basis of discussion) (*ind. business*), proposta (non impegnativa) di base. **25.** ~ parts (as of an engine) (*mech.*), parti mobili. **26.** ~ pattern (obtained from the master pattern and used for the mold) (*found.*), modello di fonderia. **27.** ~ range (the range of surface temperature in which glass is formed into ware in a specific process) (*glass mfg.*), intervallo di lavorabilità. **28.** ~ sail (type of strong sail used in all weathers) (*naut.*), vela per tutti i tempi. **29.** ~ schedule (*ind.*), ciclo di lavorazione. **30.** ~ space, *see at* space. **31.** ~ speed (*mach. t.*), velocità di lavoro. **32.** ~ standard (*illum.*), campione (fotometrico) di lavoro. **33.** ~ storage (*comp.*), memoria di lavoro. **34.** ~ substance (as in a heating or refrigerating system) (*thermod. cycle*), fluido circolante. **35.** ~ torque (*mach.*), coppia di lavoro. **36.** ~ voltage (*elect.*), tensione di esercizio. **37.** cold ~ (*metall.*), lavorazione a freddo. **38.** hot ~ (*metall.*), lavorazione a caldo. **39.** hydraulic ~ (*mech.*), funzionamento idraulico. **40.** incentive ~ (*work. organ.*), lavoro con retribuzione ad incentivo, lavoro retribuito ad incentivo. **41.** intermittent ~ (as of mach.), funzionamento intermittente. **42.** in ~

conditions (as of a mach.), funzionante. **43.** short-time ~, short time (*factory organ.*), lavoro ad orario ridotto. **44.** synchronous ~ (*comp.*), elaborazione sincrona, modo (di funzionamento) sincrono.

workings (excavation) (*n. - min.*), scavi.

workman, lavoratore, operaio. **2.** set of workmen (*shop*), squadra di operai. **3.** skilled ~, operaio specializzato.

workmanlike (skillfull, well done) (*a. - gen.*), a regola d'arte. **2.** ~ manufacture (as of ind. products) (*gen.*), esecuzione a regola d'arte.

workmanship (quality of the execution: craftsmanship) (*gen.*), qualità di esecuzione.

workmen's welfare (as for ind. workers), servizi sociali.

workpiece (*mech. shop*), pezzo (in lavorazione o da lavorare).

"workrest" (as in a centerless grinding mach.) (*mach. t. - mech.*), appoggiapezzo, "coltello" per sostegno (o guida) del pezzo.

workroom (*ind.*), laboratorio.

works (factory) (*ind.*), fabbrica, stabilimento. **2.** ~ (structures, machinery etc. of a manufacturing plant) (*ind.*), impianti, installazioni. **3.** ~ engineer (*factory management*), capo ufficio impianti. **4.** ~ manager (usually the head of the factory) (*ind.*), direttore di stabilimento. **5.** avalanche baffle ~ (*civ. eng.*), rompivalanghe, muro rompivalanghe. **6.** coast defence ~ (*sea constr.*), opere di difesa costiera. **7.** dead ~ (*naut.*), opera morta. **8.** ex ~ (said of delivery) (*comm.*), franco stabilimento, franco fabbrica. **9.** metallurgical ~ (*ind.*), stabilimento metallurgico. **10.** quick ~ (*naut.*), opera viva. **11.** river ~ (*bldg.*), opere fluviali.

worksheet (a sheet containing data for guiding the worker to a correct execution of a piece of work) (*shop organ.*), foglio di lavoro, scheda di lavorazione. **2.** ~ (*comp.*), foglio di programmazione. **3.** electronic ~ program (*comp.*), programma a pagine elettroniche.

workshop (*mech.*), officina. **2.** ~ (for handiwork), laboratorio.

workstation (terminal provided with some peripheral units: as a color "VDU" etc.) (*comp.*), stazione di lavoro.

worktable (*mach. t.*), tavola portapezzo. **2.** ~ (for holding the working impl., tools and materials) (*mech.*), banco di lavoro. **3.** compound ~ (*mach. t.*), tavola (portapezzo) a spostamenti in direzioni diverse.

workweek (hours of work in a calendar week) (*work time*), ore di lavoro settimanali.

workwoman, operaia.

"WORM" (Write Once Read Many times) (*audiovisuals*), *see at* ~ disk.

worm (screw) (*mech.*), vite senza fine. **2.** ~ (Archimedean screw) (*ind.*), vite di Archimede, vite senza fine. **3.** ~ (conveyer) (*transp. device*), convogliatore a coclea. **4.** ~ (worm pipe or tube) (*pip.*), serpentino. **5.** ~ (thread of a screw) (*mech.*), filetto. **6.** ~ gear (worm wheel) (*mech.*), ruota elicoidale. **7.** ~ gear (worm wheel and worm) (*mech.*), gruppo vite-ruota, gruppo vite senza fine e ruota elicoidale. **8.** ~ gear hob (*t.*), creatore per ruote elicoidali. **9.** ~ gearing (*mech.*), trasmissione con vite motrice (o senza fine). **10.** ~ hob (*t.*), fresa a vite, creatore per viti senza fine. **11.** ~ holes (tubular cavities of a casting) (*found. defect*), tarlature, tarli. **12.** ~ letoff (of a loom) (*text. mech.*), regolatore (dell'ordito) a vite senza fine. **13.** ~ pipe (*pip.*), serpentino. **14.** ~ screw (*mech.*), vite senza fine. **15.** ~ wheel (*mech.*), ruota elicoidale. **16.** differential driving ~ (*aut.*), vite senza fine di comando del differenziale. **17.** hourglass ~ (Hindley screw, hourglass screw) (*mech.*), vite globoidale. **18.** left-hand ~ (*mech.*), vite senza fine sinistrorsa. **19.** right-hand ~ (*mech.*), vite senza fine destrorsa. **20.** self-braking ~ (as of a hoisting app.) (*mech.*), vite senza fine ad arresto automatico, vite senza fine autobloccante. **21.** steering ~ (of aut.), vite senza fine comando guida. **22.** tube and ~ (of a steering gear) (*aut.*), vite senza fine con tubo di comando.

worm (to) (to insert yarn between the strands of a rope before serving) (*naut.*), intregnare.

worm-eaten (of wood) (*a.*), tarlato. **2.** ~ wood, legno tarlato.

worming (insertion of yarn between the strands of a rope before serving) (*naut.*),intregnatura.

worm-wheel hob thread (*mech. t.*), filettatura del creatore per ingranaggi elicoidali.

worn (*a. - mech.*), usurato, consumato. **2.** ~ in (set, run in, as the surface of a cylinder) (*mech.*), assestato.

worn-out, inutilizzabile a causa del logorio (o dell'usura).

worsted (fabric woven from long staple wool) (*text. ind.*), pettinato, tessuto di lana pettinata. **2.** ~ count (*text. ind.*), titolo per lana pettinata. **3.** ~ mule (selfacting) (*text. mach.*), filatoio automatico per pettinato.

wort (malt to be fermented in beer) (*agric.*), mosto di birra.

worth (*comm.*), valore. **2.** ~ (estate, property) (*accounting*), patrimonio. **3.** net ~ (*adm. - finan.*), patrimonio netto.

worthwhile (*gen.*), conveniente. **2.** not ~ (*gen.*), non conveniente.

worthy (of thing, of person), valevole, meritevole.

Woulff bottle (Woulff bottle, Woulff jar) (*chem. app.*), bottiglia di Woulff.

wound (*med.*), ferita.

wound (past participle of to wind) (*gen.*), avvolto. **2.** ~ (tightened: as the spring of a camera shutter) (*phot.*), armato, caricato. **3.** helically ~ (*gen.*), avvolto ad elica.

wounded (*milit. - etc.*), ferito. **2.** ~ in action (*milit.*), ferito di guerra.

wove paper (with a fine wire gauze impression) (*paper mfg.*), carta telata.
woven (*a.*), intessuto. **2.** ~ wire belt conveyor (*app.*), convogliatore con nastro di rete metallica.
wow (oscillation in sound reproduction, due to speed variation of the driving system) (*m. pict. - electroacous.*), distorsione (o stonatura) dovuta a non uniforme velocità di marcia.
"WP" (waste pipe) (*pip. - bldg.*), tubazione di scarico. **2.** ~ (waterproof) (*gen.*), impermeabile. **3.** ~ (weatherproof) (*gen.*), resistente agli agenti atmosferici. **4.** ~ (white phosphorus) (*chem.*), fosforo bianco. **5.** ~ (working pressure) (*hydr. - etc.*), pressione di esercizio. **6.** ~ (Word Processing) (*comp.*), elaborazione di testi, trattamento di testi. **7.** ~, *see also* wastepaper.
W particle (elementary particle hypotetically able to generate the weak interaction) (*atom phys.*), particella W.
"wpc" (watts per candle) (*meas.*), watt per candela.
"WPM", "wpm" (words per minute) (*tlcm. - comp.*), parole al minuto.
"wpn" (weapon) (*milit.*), arma.
"wpp" (waterproof paper packing) (*packing*), imballo con carta impermeabile.
"WPS" (Word Processing System) (*comp.*), sistema di elaborazione testi, sistema trattamento testi.
"WQ" (water quenching) (*metall.*), tempra in acqua.
"WR" (wardrobe) (*naut. - etc.*), armadio, guardaroba. **2.** ~ (warehouse receipt) (*ind.*), ricevuta di magazzino. **3.** ~ (washroom) (*bldg.*), toeletta.
wrap (wrapping, wrapper) (*packing*), imballaggio, involucro. **2.** ~ (paper wrapping) (*packing*), incarto. **3.** ~ (a 4-page insert wrapped around leaves of a book) (*typ.*), incarto. **4.** bunch ~ (paper wrap type) (*packing*), incarto a bunch. **5.** fantail twist ~ (twist wrap, for candies) (*packing*), incarto a fiocco.
wrap (to) (*gen.*), fasciare, involtare. **2.** ~ around (*comp.*), *see* word ~ around. **3.** ~ in paper (*comm.*), incartare. **4.** ~ up (*gen.*), fasciare, avviluppare. **5.** ~ up (to smash an airplane) (*aer.*) (coll.), fracassare. **6.** bunch ~ (*packing*), incartare a "bunch" (od in catasta compatta).
wrapper (of a book) (*bookbinding*), sopracopertina. **2.** ~ (wrapping) (*packing*), involucro, imballaggio. **3.** ~ (bearing an address as on a subscribed magazine) (*journ.*), fascetta. **4.** shrink ~ (*packing*), involucro termoretrattile.
wrapping (that which is used for wrapping) (*paper mfg. - etc.*), imballo. **2.** ~ paper (*paper mfg.*), carta per pacchi, carta da imballo, carta per involgere. **3.** ~ test (as of parcel) (*packing*), prova di involgimento.
wreck (*naut.*), naufragio. **2.** ~ (broken remains of a veh. or ship) (*naut. - etc.*), relitto. **3.** ~ (act of wrecking), incidente. **4.** ~ (*bldg.*), macerie. **5.** ~ train (for clearing tracks) (*railw.*), treno di soccorso. **6.** automobile ~ (*aut.*), incidente automobilistico. **7.** tire ~ (*aut.*), scoppio (o rottura) di pneumatico (o di gomma).
wreckage (act of wrecking), incidente. **2.** ~ (remains of a wreck) (*gen.*), relitto, rottame. **3.** ~ (remains of a wreck) (*mas.*), macerie. **4.** ~ (remains of a wreck) (*naut. - aer.*), relitto. **5.** ~ (act of wrecking) (*bldg.*), crollo.
wrecker (*aut.*), carro attrezzi (con gru). **2.** ~ (vessel used for searching and salvaging wrecked ships) (*naut.*), nave attrezzata per ricuperi.
wrench (spanner in Brit.) (*t.*) (Am.), chiave (fissa). **2.** ~ (violent twisting), torsione violenta. **3.** ~ (*theor. mech.*), sistema di forze a cui si può ridurre qualsiasi numero di forze agenti su di un corpo e cioè una forza e due altre su di un piano ad essa perpendicolare. **4.** ~ flat (as obtained on a mech. component for the purpose of permitting the fitting of a nut and use of a wrench for its tightening) (*mech.*), spianatura per (l'impiego della) chiave. **5.** ~ opening (as for hexagonal nuts) (*t.*), apertura della chiave. **6.** adjustable-end ~ (*t.*), chiave registrabile. **7.** adjustable ~ (*t.*), chiave inglese. **8.** Allen ~ (*t.*), chiave per viti Allen (a cava esagonale), chiave per brugole, chiave per viti con esagono incassato. **9.** box-type ~ (12-point wrench) (*t.*), chiave a bussola poligonale, chiave a stella. **10.** box ~ (*t.*), chiave a tubo. **11.** chain pipe ~ (*t.*), chiave a catena per tubi. **12.** combination ~ (having at one side an open end and at the other side a socket end) (*t.*), chiave composta (aperta da un lato e ad anello) dall'altro. **13.** direct reading torque ~ (*t.*), chiave torsiometrica a lettura diretta. **14.** double-ended ~ (*t.*), chiave (fissa) doppia. **15.** double-head ~ (*t.*), chiave (fissa) doppia. **16.** elbowed ~ (*t.*) (Am.), chiave a pipa. **17.** fork ~ (*t.*), chiave a forcella. **18.** hexagon ring ~ (*t.*), chiave ad esagono chiuso. **19.** hook ~ (for ring nuts) (*t.*), chiave a dente. **20.** impact ~ (impact screwer) (*mech. t.*), avvitatrice ad impulsi. **21.** memory type torque ~ (*t.*), chiave torsiometrica a scatto. **22.** monkey ~ (*t.*), chiave a rollino, chiave inglese. **23.** open end ~ (common wrench) (*mech. t.*), chiave fissa doppia (a forchetta). **24.** pin ~ (with internal projecting pin) (*mech. t.*), chiave a dente. **25.** pipe ~ (*t.*), chiave da tubista, chiave stringitubi, chiave giratubi, giratubi, pappagallo. **26.** plug box ~ (*mot. t.*), chiave a tubo per candele. **27.** pneumatic ~ (*mech. app.*), avvitatrice pneumatica. **28.** sensory type torque ~ (*t.*), chiave torsiometrica a scatto. **29.** set screw ~ (Allen wrench) (*t.*), chiave esagona per brugole. **30.** socket ~ (*t.*), chiave a tubo. **31.** Stillson ~ (*pipe t.*), chiave stringitubi. **32.** tap ~ (*t.*), giramaschi. **33.** torque ~ (*t.*) (Am.), chiave torsiometrica, chiave tarata. **34.** 12-point ~ (*t.*), chiave poligonale, chiave ad anello con doppia impronta esagonale, chiave a stella (a dodici punte). **35.** universal socket ~ (*t.*), chiave snodata.
wring (to), spremere. **2.** ~ (as wet clothes), strizzare.

wringer (used for pressing out the liquid: as from a wet rag) (*app.*), strizzatoio.
wrinkle (*gen.*), grinza, ruga. **2.** ~ (in bending a hot steel pipe) (*pip.*), grinza. **3.** ~ finish (for cameras, instr. etc.) (*paint.*), verniciatura con vernice ad effetto raggrizzante.
wrinkle (to) (to crisp) (*gen.*), raggrinzare, increspare. **2.** ~ (*paint. defect*), raggrinzarsi, raggrinzirsi.
wrinkling (as of a film gelatine) (*gen.*), raggrinzimento. **2.** ~ (of a painted surface) (*paint.*), raggrinzatura, raggrinzimento.
wrist (*mech.*), *see* wrist pin.
wrist pin (of a piston) (*mot.*) (Am.), spinotto. **2.** ~ (of a radial aero-engine) (*mech.*) (Brit.), perno del piede di bielletta. **3.** ~ (Am.), *see also* gudgeon pin.
wristwatch (*domestic impl.*), orologio da polso.
writ (*law*), mandato giudiziario.
write (*gen.*), scrittura. **2.** ~ cycle (*comp.*), ciclo di scrittura. **3.** ~ enable ring (permit ring: a protection ring to be removed before writing) (*comp.*), anello di abilitazione alla scrittura. **4.** ~ permit ring, *see* ~ enable ring.
write (to), scrivere. **2.** ~ (to introduce information in the storage of a computer) (*comp.*), scrivere, registrare. **3.** ~ (to transfer stored information to the output store) (*comp.*), trasferire (alla memoria di uscita). **4.** ~ (to put data into a memory) (*comp.*), scrivere. **5.** ~ down (to depreciate) (*accounting*), svalutare. **6.** ~ off (to eliminate: as uncollectible accounts) (*adm.*), depennare, cancellare. **7.** ~ up (to increase an account by undue value) (*adm.*), rivalutare artificialmente.
writer (scribe), scrivano. **2.** ~ (*literate*), scrittore. **3.** ~ (writing program) (*comp.*), programma di scrittura, scrittore.
writing (*n.*), scritto, scrittura. **2.** ~ (*a.*), da (o per) scrivere. **3.** ~ (inscription) (*gen.*), scritta. **4.** ~ materials (*off.*), cancelleria. **5.** ~ paper (*paper mfg.*), carta per scrivere.
writing-while-read (*comp.*), scrittura e lettura simultanee.
"wrm", *see* wardroom.
"WRO" (war risks only) (*assurance*), solo rischi di guerra.
wrong (*gen.*), errato, sbagliato. **2.** ~ letter (wrong fount or font, misprint) (*typ.*), errore di composizione, refuso. **3.** ~ side (of cloth) (*text.*), rovescio.
wrought (*a.*), lavorato. **2.** ~ alloy (forging alloy, as aluminium alloy) (*metall.*), lega per lavorazione plastica. **3.** ~ iron (*metall.*), ferro saldato. **4.** ~ metal (*metalworking*), metallo battuto. **5.** ~ silver, argento lavorato. **6.** ~ steel (weld steel) (*metall.*), acciaio saldato.
"wrt", *see* wrought.
"WS" (wetted surface) (*gen.*), superficie bagnata. **2.** ~, *see also* water-soluble, water supply.
"WSHLD" (windshield) (*aut.*), parabrezza.
"WSI" (watt per square inch, as the power absorbed for deicing) (*elect. meas.*), watt per pollice quadrato. **2.** ~ (Wafer Scale Integration) (*comp.*), integrazione su scala di wafer.
"WT", **"W/T"** (wireless telegraphy) (*radio*), radiotelegrafia. **2.** ~ (watertight, as of elect. mach.) (*a. - elect.*), stagno all'acqua. **3.** ~ message (*radio*), radiotelegramma, marconigramma.
"wt" (weight) (*gen.*), peso.
"WTO" (Write To Operator) (*comp.*), messaggio per l'operatore.
"WTRZ" (to winterize) (*ind.*), predisporre per il funzionamento (e/o la permanenza) a basse temperature, "invernizzare".
wulfenite (yellow lead ore) ($PbMoO_4$) (*min.*), wulfenite.
"WV" (working voltage) (*elect.*), tensione di esercizio.
wye (double Y branch) (*pipe fitting - elect.*), raccordo (o diramazione) a Y, raccordo a stella. **2.** ~ (single Y branch: consisting of a straight way and a 45° deviation) (*pipe fitting*), diramazione a 45°, diramazione a Y.

X

"X" (hoarfrost, Beaufort letter) (*meteorol.*), brina. **2.** ~ (cross) (*gen.*), *see* cross. **3.** ~ (extra) (*gen.*), extra. **4.** ~ (reactance) (*elect. symbol*), reattanza. **5.** ~ arm (arm as of an X connection) (*gen.*), braccio di un X. **6.** ~ connection (cross connection) (*gen.*), collegamento a X. **7.** ~ HVY (extra heavy) (*gen.*), pesantissimo. **8.** ~ STR (extra strong) (*gen.*), robustissimo.

X (to) (to cancel or mark something with an X) (*gen.*), contrassegnare (o cancellare) mediante X.

xanthate, xanthogenate (*chem.*), xantato.

x-axis (*math.*), asse delle ascisse.

x-coordinate (*math.*), ascissa.

"xcvr" (transceiver) (*radio*), ricetrasmettitore.

Xe (Xenon) (Xe - *chem.*), Xe, xeno.

xebec (*naut.*), sciabecco.

xenate (salt of xenic acid) (*n. - chem.*), sale dell'acido xenico, xenato.

X-engine (engine whose cylinders in end view are disposed in accordance with the shape of X letter) (*mot.*), motore a X.

xenon (Xe - *chem.*), xeno.

xerogel (a gel in a nearly dry state) (*phys. chem.*), xerogelo, xerogel.

xerographic (relating to a Xerox copying mach.) (*a. - off. duplication*), xerografico. **2.** ~ printer (*off. duplication mach.*), stampante xerografica.

xerography (dry reproduction process) (*print.*), xerografia.

Xerox (Trademark: a Xerox copying mach.) (*n. - off. mach.*), copiatrice Xerox.

xerox (a copy made by a Xerographic copier) (*off. duplication*), fotocopia xerox, xerocopia.

xerox (to) (to make copies by a Xerographic copier) (*off. duplication*), fare copie xerox, fare fotocopie xerox, fare xerocopie.

"XF" (extra fine) (*gen.*), extra fine.

"xfmr" (transformer) (*elect.*), trasformatore.

"xg" (crossing), *see* crossing.

xi (xi particle of the baryon family) (*atom phys.*), particella xi.

"XN" (ex new) (*gen.*), da nuovo.

"XPL" (explosive) (*milit.*), esplosivo.

"XPM" (expanded metal) (*bldg.*), lamiera stirata.

X punch (eleven punch: in an 80 column card, a hole in the second row) (*comp.*), perforazione nella seconda riga, perforazione undici.

X ray (*phys. - radiology*), raggio X. **2.** ~ (photograph by X rays) (*med. - metall.*), radiografia, esame radiografico.

X-ray (*a. - phys. - radiology*), a (o di o per) raggi X. **2.** ~ apparatus for metal inspection (*metall.*), apparecchio per esame radiografico dei metalli. **3.** ~ astronomy (*astr.*), branca dell'astronomia che studia i raggi X emessi dai corpi celesti. **4.** ~ Coolidge tube (*radiology*), tubo di Coolidge per raggi X. **5.** ~ diffraction pattern (*phys. chem.*), tipo (di fotogramma) di diffrazione di raggi X. **6.** ~ gas tube (*radiology*), tubo a gas per raggi X. **7.** ~ metal tube (*radiology*), tubo metallico per raggi X. **8.** ~ photograph (*med. - metall.*), radiografia, esame radiografico. **9.** ~ spectrograph (*phys. instr.*), spettrografo a raggi X. **10.** ~ spectrometer (*min. instr.*), spettrometro a raggi X. **11.** ~ tube (*radiology*), lampada a vuoto per raggi X.

X-ray (to) (*phys. - med.*), esporre all'azione dei raggi X.

"Xs" (atmospherics) (*radio*), disturbi atmosferici, scariche.

"XSECT" (cross section) (*draw.*), sezione trasversale.

"xtal" (crystal) (*min.*), cristallo.

X-unity (10^{-11} cm) (*meas.*), unità X (10^{-11} cm).

xylene, *see* xylol.

xylidin, xylidine [$(CH_3)_2.C_6H_3.NH_2$] (*chem.*), xilidina.

xylography (*art*), xilografia.

xyloid (*a.*), xiloide. **2.** ~ lignite (*min.*), lignite xiloide.

xylol (xylene) [$C_6H_4(CH_3)_2$] (*ind. chem.*), xilolo.

xylometer (app. used for determining the specific gravity of wood) (*meas. app.*), xilometro.

xylose [$(C_5H_{10}O_5)$ wood sugar] (*chem.*), xilosio, zucchero di legno.

XY plotter (coordinate plotter) (*comp.*), tracciatore a coordinate.

Y

"Y" (*a. - gen.*), a forma di Y, a stella. **2.** ~ (Y track) (*railw.*), raccordo a Y, diramazione a Y. **3.** ~ (admittance) (*elect. symbol*), ammittanza, ammettenza. **4.** ~ connection (*elect.*), collegamento a stella. **5.** ~ point (of a three phase line) (*elect.*), punto neutro. **6.** ~ potential (*elect.*), tensione stellata.

Y (yttrium) (Y - *chem.*), Y, ittrio.

"y" (dry air, Beaufort letter) (*meteorol.*), aria secca. **2.** ~, *see also* yard, year.

yacht (*naut.*), panfilo, imbarcazione da diporto., **2.** ~ with auxiliary motor (referring to a sailing yacht) (*naut.*), panfilo con motore ausiliario. **3.** motor ~ (*naut.*), panfilo a motore. **4.** sailing ~ (*naut.*), panfilo a vela.

yachting (*naut. sport*), sport nautico.

yard (linear yard unit of length corresponding to 0.9144 m) (*yd - meas. unit*), iarda lineare. **2.** ~ (*naut.*), pennone. **3.** ~ (enclosure) (*gen.*), recinto. **4.** ~ (*railw.*), scalo (ferroviario), scalo (merci), area contenente un sistema (o fascio) di binari per smistamento, deposito ecc. **5.** ~ (enclosure as used for storing) (*ind. - etc.*), piazzale (di deposito). **6.** ~ (enclosure, with or without buildings, within which work is carried out) (*bldg. - road - etc.*), cantiere. **7.** ~ (unit of volume corresponding to a cubic yard) (*meas. t.*), iarda cubica. **8.** ~ donkey (yarder) (*wood ind.*), mezzo motorizzato per il trasporto dei tronchi abbattuti. **9.** ~ handling (of materials) (*transp.*), movimento (materiali) in piazzali di carico. **10.** ~ locomotive (*railw.*), locomotiva di manovra. **11.** ~ rope (used for bringing the yard up or down) (*naut.*), cavobuono. **12.** building ~ (*bldg.*), cantiere edile. **13.** classification ~ (*railw.*), stazione di smistamento. **14.** crossjack ~ (*naut.*), pennone di mezzana. **15.** cubic ~ (0.7646 cu m) (*cu yd - meas.*), jarda cubica. **16.** foreroyal ~ (*naut.*), pennone di controvelaccino. **17.** fore-topgallant ~ (*naut.*), pennone di velaccino. **18.** fore ~ (*naut.*), pennone di trinchetto. **19.** freight ~ (*railw.*) (Am.), scalo merci. **20.** gravity ~, *see* hump ~. **21.** head ~ (yard of a foremast) (*shipbuild.*), pennone dell'albero di trinchetto. **22.** hump ~ (gravity yard) (*railw.*), scalo ferroviario merci con parigina (o sella di lancio). **23.** ingot ~ (*metall. ind.*), parco lingotti. **24.** lower main topsail ~ (*naut.*), pennone di gabbia bassa. **25.** lower ~ (*naut.*), pennone maggiore, pennone basso. **26.** main royal ~ (*naut.*), pennone di controvelaccio. **27.** main topgallant ~ (*naut.*), pennone di velaccio. **28.** main topsail ~ (*naut.*), pennone di gabbia. **29.** main ~ (*naut.*), pennone di maestra. **30.** mizzen royal ~ (*naut.*), pennone di controbelvedere. **31.** mizzen topgallant ~ (*naut.*), pennone di belvedere. **32.** mizzen ~ (*naut.*), pennone di mezzana. **33.** navy ~ (*navy*), arsenale. **34.** refitting ~ (*naut.*), cantiere di raddobbo. **35.** road ~ (*road constr.*), cantiere stradale. **36.** ship ~ (*naut.*), cantiere navale. **37.** shunting ~ (*railw.*), scalo di smistamento. **38.** square ~ (0.8361 sq m) (*sq yd - meas.*), jarda quadrata. **39.** store ~ (*ind.*), piazzale da immagazzinaggio.

yardage (excavation volume measured in cubic yards) (*civil constr.*) (Brit.), cubaggio in yarde del materiale di sterro. **2.** ~ (*meas.*), misura lineare espressa in iarde.

yarder (an engine for hauling felled logs) (*wood ind.*), mezzo motorizzato per il trasporto dei tronchi abbattuti.

yardman (*railw. - min. - work.*), manovale.

yardstick (a stick having the length of a yard) (*meas. impl.*), asta (o stecca) di una iarda di lunghezza.

yarn (*text. ind.*), filato. **2.** ~ (thread of spun wool, flax etc.) (*text. ind.*), filo. **3.** ~ lever (for feeding the yarn in a knitting machine) (*text. ind.*), leva di alimentazione del filo. **4.** ~ reel (*text. tool*), aspo (per filato). **5.** ~ testing (*text. ind.*), prova dei filati. **6.** "barchant" ~ (*text. ind.*), filo per fustagni. **7.** bleached ~ (as of wool) (*text. ind.*), filato sbiancato, filato imbianchito. **8.** carded ~ (*text. ind.*), filato cardato. **9.** clean ~ (*text. ind.*), filato pulito. **10.** crochet ~ (*text. ind.*), filato per uncinetto. **11.** doubled ~ (*text. ind.*), filo ritorto a due capi. **12.** dry ~ (*text. ind.*), filato secco. **13.** dyed ~ (*text. ind.*), filato tinto. **14.** elastic ~ (*text. ind.*), filato elastico. **15.** even ~ (*text. ind.*), filato regolare. **16.** fancy ~ (*text. ind.*), filato fantasia. **17.** fingering ~ (*text. ind.*), filato per calze. **18.** firm ~ (*text. ind.*), filo forte. **19.** fluffy ~ (*text. ind.*), filo peloso. **20.** folded ~ (*text. ind.*), filato ritorto. **21.** gimp ~ (*text. ind.*), filo per merletto. **22.** homespun ~ (*text. ind.*), filato casalingo. **23.** hosiery ~ (*text. ind.*), filato per maglieria. **24.** knitting ~ (*text. ind.*), filato per maglieria. **25.** knop ~ (*text. ind.*), filato fantasia con ingrossamenti ad intervalli irregolari. **26.** luster ~ (*text.

ind.), filo lucente. **27.** melange ~ (of fibers of various colors) (*text. ind.*), filato (di colore) misto. **28.** mercerized ~ (*text. ind.*), filo mercerizzato. **29.** mixed ~ (*text. ind.*), filato misto. **30.** mock-worsted ~ (*text. ind.*), filato semipettinato. **31.** moist ~ (*text. ind.*), filato umido. **32.** nepped ~ (*text. ind.*), filo con grumelli (o bottoni). **33.** oily ~ (*text. ind.*), filato oliato. **34.** paper ~ (*text. ind.*), filo di carta. **35.** ply ~ (yarn of different color yarns) (*text. ind.*), filato fantasia. **36.** single ~ (*text. ind.*), filato ad un solo capo. **37.** soft ~ (*text. ind.*), filato soffice. **38.** spotted ~ (*text. ind.*), filo difettoso. **39.** twisted ~ (*text. ind.*), filato ritorto. **40.** uneven ~ (*text. ind.*), filato irregolare. **41.** warp ~ (*text. ind.*), filo di ordito. **42.** waste ~ (*text. ind.*), filo di cascame. **43.** weft ~ (*text. ind.*), filo di trama. **44.** wet-spun ~ (*text. ind.*), filato a umido. **45.** wheeling ~ (yarn of coarse grade) (*text. ind.*), filato grossolano. **46.** wood pulp ~ (*text. ind.*), filo di pasta di legno. **47.** woolen ~ (*wool ind.*), filato di lana. **48.** worsted ~ (*text. ind.*), filato pettinato.

yaw (the rotation of an airplane about its vertical axis) (*aer.*), imbardata. **2.** ~ (wild steering) (*naut.*), straorzata. **3.** ~ angle (*aer.*), angolo di imbardata. **4.** ~ damper (as of an aircraft, missile etc.) (*aer.*), dispositivo anti-imbardata. **5.** ~ meter (*aer. instr.*), indicatore d'imbardata. **6.** ~ velocity (the angular velocity about the axis, of a car) (*aut.*), velocità (angolare) d'imbardata. **7.** diverging ~ (with an increasing angle of yaw) (*aer.*), imbardata progressiva.

yaw (to) (*aer.*), imbardare. **2.** ~ (to steer abruptly) (*naut.*), straorzare.

yawing (*aer.*), imbardata, atto di imbardarsi. **2.** ~ (*naut.*), straorzata. **3.** ~ axis (of an aircraft) (*aer.*), asse verticale, asse normale. **4.** ~ moment (*aut. - etc.*), momento d'imbardata. **5.** ~ torque (as of car tires) (*aut.*), coppia d'imbardata.

yawl (tender oarboat belonging to the ship: for service from board to ground) (*naut.*), pram, barchino di servizio. **2.** ~ (sailboat with two masts) (*naut.*), iolla, yawl.

y-axis (*math.*), asse delle ordinate.

Yb (ytterbium) (Yb - *chem.*), Yb, itterbio.

Y box (provided with three resistance of equal value star connected so as to form the neutral point) (*elect.*), scatola (di resistenze) per neutro artificiale.

"Y/C" (in S-video standard) (*audiovisuals*), luminanza e crominanza.

y-coordinate (*math.*), ordinata.

"yd" (yard) (*meas.*), iarda, yarda.

year (*astr.*), anno. **2.** ~ ring (indicating the yearly growing amount of a tree) (*wood*), anello annuale. **3.** financial ~ (*finan. - adm. - etc.*), anno contabile. **4.** fiscal ~ (for private individuals or for a government) (*finan. - adm. - etc.*), anno fiscale, esercizio finanziario. **5.** fiscal ~ (*finan.*), anno fiscale. **6.** international geophysical ~ (*geophys.*), anno geofisico internazionale. **7.** light ~ (*astr. meas.*), anno luce.

yearbook (*comm.*), annuario.

yearly (annual) (*a.*), annuo.

yeast (*n. - fermentation ind.*), fermento, lievito.

"yel" (yellow) (*color*), giallo.

yellow, giallo. **2.** ~ copper ore ($CuFeS_2$) (*min.*), calcopirite. **3.** ~ lead ore (*min.*), wulfenite. **4.** ~ ocher (*color*), ocra gialla. **5.** ~ pages (of a telephone directory) (*teleph.*), pagine gialle. **6.** ~ pyrites (*min.*), calcopirite.

yellow (to) (*gen.*), ingiallire.

yellowing (*paint. defect*), ingiallimento.

yew (*wood*), tasso.

yield (quantity of a product yelded) (*ind. - agric. etc.*), resa. **2.** ~ (as the amount of oil delivered by a well) (*ind.*), resa. **3.** ~ (as of an investment) (*finan.*), rendita. **4.** ~ (as of taxes) (*finan.*), gettito. **5.** ~ (*wool ind.*), resa. **6.** ~ (amount of explosive force in an atomic explosion expressed in TNT) (*expl.*), resa. **7.** ~ (stretching capacity of a material subjected to tension at the yield strength or beyond) (*constr. theor.*), snervamento. **8.** ~ point (*constr. theor.*), limite di snervamento. **9.** ~ strength (*constr. theor.*), carico di snervamento. **10.** ~ stress (of a metal) (*constr. theor.*), sollecitazione di snervamento. **11.** ~ value (lowest pressure at which a plastic will flow and below which it behaves as an elastic body and above as a viscous liquid) (*plastics technol.*), punto di scorrimento. **12.** carbonizing ~ basis (*wool ind.*), resa base carbonizzato. **13.** chromatic ~ (*phot.*), resa cromatica. **14.** current ~ (calculated on the current price of the bond) (*finan.*), rendimento nominale. **15.** dry combed ~ basis (*wool ind.*), resa base pettine secco. **16.** estimated ~ (*wool ind.*), resa stimata. **17.** flat ~, *see* current ~. **18.** gas ~ (as of coal for gas production) (*comb.*), resa di gas. **19.** guaranteed ~ (*wool ind.*), resa garantita. **20.** income ~ (as of an investment) (*finan.*), rendita. **21.** net ~ (*adm. - finan.*), rendita netta. **22.** nuclear ~ (measured in megatons) (*milit. - atom phys.*), potenza esplosiva. **23.** oil combed ~ basis (*wool ind.*), resa base pettine in olio. **24.** washing ~ (*wool ind.*), resa base lavato. **25.** 0.2% ~ strength (*constr. theor.*), carico di snervamento convenzionale, carico (di snervamento) corrispondente ad una deformazione permanente dello 0,2%, limite di snervamento convenzionale.

yield (to), rendere, produrre, fruttare. **2.** ~ (to give way permanently under stresses beyond the elastic limit) (*constr. theor.*), snervarsi.

yielding (as of a beam) (*n. - constr. theor.*), cedimento. **2.** ~ (as of ground) (*a. - gen.*), cedevole. **3.** ~ (fruitful) (*gen.*), fruttifero. **4.** anelastic ~ (*constr. theor.*), cedimento anelastico.

"YIG" (Yttrium Iron Garnet: synthetic silicate of iron and yttrium) (*microwaves filter*), silicato di ferro-ittrio.

y-junction (*road traff.*), biforcazione stradale.

Y-level, Y level (*top.*), livella a cavaliere, livella a cannocchiale mobile.

yoke (lathe dog) (*mech.*), brida. **2.** ~ (clamp) (*mech.*), morsetto. **3.** ~ (as of a universal joint) (*mech.*), forcella. **4.** ~ (field frame) (*elect. mot.*), giogo, intelaiatura magnetica (comprendente i poli). **5.** ~ (slotted crosshead of a steam engine) (*mech.*), pattino. **6.** ~ (as in elect. transformer) (*electromech.*), giogo. **7.** ~ (dual control column) (*aer.*), barra di comando doppia. **8.** ~ , *see* rudder yoke. **9.** ~ (for oxen) (*agric. impl.*), giogo. **10.** ~ (coil disposed around the neck of a cathode tube) (*telev.*), giogo, bobina di deflessione magnetica. **11.** ~ , *see* control column. **12.** ~ pressure bolt (of a transformer) (*electromech.*), tirante pressagioghi. **13.** ~ pressure plate (core clamp: in a transformer) (*electromech.*), pressagioghi. **14.** ~ riveter (*t.*), chiodatrice pneumatica a giogo. **15.** rudder ~ (crosspiece of a boat rudderhead at the ends of which the steering lines are secured) (*naut.*), barra a bracci del timone, girotta del timone.

yolk (rough fat of wool) (*wool ind.*), grasso di lana, lanolina grezza. **2.** ~ (dried perspiration: in raw wool) (*wool ind.*), grasso naturale.

"YP" (yield point) (*metall.*), limite di snervamento.

yperite [$(C_2H_4Cl)_2S$] (mustard gas) (*chem.*) (Brit.), iprite, solfuro di etile biclorurato.

Y punch (twelve punch: in an 80 column card, a hole in the first row) (*comp.*), perforazione nella prima riga, perforazione dodici.

"yr" (year) (*time*), anno.

"YS" (yield strength) (*mech.* - *metall.*), *see* yield strength.

Yt (yttrium) (*chem.*), ittrio.

ytterbium (Yb - *chem.*), itterbio.

yttrium (Y - *chem.*), ittrio.

Y tube (*pip.*), diramazione ad Y.

Y-voltage (star connection voltage) (*elect.*), tensione stellata.

Z

"Z" (stainless steel) (*mech. draw.*), acciaio inossidabile. **2.** ~ (impedance) (*elect.*), impedenza.
"z" (haze, Beaufort letter) (*meteorol.*), foschia.
zaffer, zaffre, zaffree, zaffar (in smalt manufacturing, porcelain coloring etc.) (*ind. chem.*), zaffera, zaffra.
"zamak" ("mazak", alloy of zinc + aluminium + magnesium) (*metall.*), zama, lega zama.
zap (a sudden modification) (*comp.*), modifica improvvisa.
zap (to) (to modify suddenly: as a program) (*comp.*), modificare improvvisamente.
zap flap (particular split flap) (*aer. constr.*), aletta zap, ipersostentatore Alfano.
zax (sax) (*t.*), utensile per forare lastre di ardesia.
z-axis (*math.*), asse delle z.
Z correction (in air navigation, correction for errors due to gyro precession and Coriolis acceleration) (*aer.*), correzione Z.
"ZD" (zenith distance) (*astr.*), distanza zenitale.
zebra crossing (crosswalk marked by white stripes) (*street-road*), attraversamento pedonale, pedonale zebrato, strisce, zebrato.
"Zebra time" (mean time at the Greenwich meridian) (*geophys.*), ora media di Greenwich.
zebrawood (*wood*), legno rigato americano.
zed iron (*metall.*), ferro a zeta.
Zeeman effect (*phys.*), effetto Zeeman.
zee section (zed section) (*metall. ind.*), profilato a Z.
zenith, zenit. **2.** ~ distance (of a star) (*aer. - naut. - astr.*), distanza zenitale.
zenithal (*a. - aer. - naut. - etc.*), zenitale.
zeolite (*ind. chem.*), zeolite. **2.** silver ~ (*ind. chem.*), zeolite di argento.
zeppelin (*airship*), zeppelin.
zero (*n. - math.*), zero. **2.** ~ (*a. - gen.*), a zero. **3.** ~ access (immediate access to a memory: without waiting) (*comp.*), accesso istantaneo. **4.** ~ adjuster (zero setter: as of a pyrometer) (*instr.*), dispositivo di azzeramento, azzeratore. **5.** ~ adjustment (of an instrument) (*instr.*), azzeramento. **6.** ~ beat (state in which two frequencies are so adjusted as to produce beats first and then reduce to zero the beat frequency) (*radio*), battimento zero. **7.** ~ crossing (circuit transition point between positive and negative values, where tension is zero) (*elics. - comp.*), punto (di tensione) zero. **8.** ~ drift (variation of the zero in an instr.) (*mas.*), spostamento dello zero. **9.** ~ hour (*gen.*), ora zero. **10.** ~ level (*top.*), piano 0,00. **11.** ~ lift (*aer.*), portanza nulla. **12.** ~ method (*elect. meas.*), metodo di zero. **13.** ~ offset point (zero offset position, the point to which zero on the machine is shifted from absolute zero, in N/C machines) (*n.c.mach.t.*), punto zero spostato. **14.** ~ phase-sequency (*elect.*), sequenza di fase zero. **15.** ~ point (of a scale) (*meas.*), (lo) zero, punto indicante lo zero. **16.** ~ potential (*elect.*), potenziale di terra, potenziale nullo. **17.** ~ setting (as of a meter etc.) (*meas.*), azzeramento, messa a zero. **18.** ~ suppression (relating to nonsignificant zero) (*comp.*), soppressione degli zeri. **19.** ~-thrust pitch (of a propeller) (*aer.*), passo di spinta zero. **20.** ~ vector (*math.*), vettore nullo. **21.** absolute ~ (*therm.*), zero assoluto. **22.** absolute ~ point (point of absolute zero for all machine axes and at which counting is started, in numerically controlled machines) (*n.c.mach.t.*), punto zero assoluto. **23.** trailing zeros (redundant zeros added to the right side of a number to fix the position of the decimal point, in N/C machines) (*n.c.mach.t.*), zeri aggiunti.
zero (to) (to regulate an instr. to zero value) (*gen.*), azzerare. **2.** ~ (to concentrate artillery fire precisely on the target) (*milit.*), concentrare il tiro (sull'obbiettivo).
zero-beat reception (*radio*), sistema di ricezione in esatto sincronismo con l'onda ricevuta.
zero-fill (to), **zerofill** (to) (to zerofill, to zeroize: to write 0 in each memory location; thus cancelling any preceeding data) (*comp.*), riempire con zeri.
zeroize (to) (to set an instr. or a calculator to zero value, to zero) (*gen.*), azzerare. **2.** ~ (to zero-fill), *see* zero-fill (to).
zero-lift (*a. - aer.*), a (o di) portanza nulla. **2.** ~ angle (*aer.*), incidenza di portanza nulla. **3.** ~ line (*aer.*), asse di portanza nulla.
zero-point energy (*phys.*), energia residua allo zero assoluto.
"zero-setter" (zero-setting control) (*instr.*), azzeratore.
zeroth (*a. - math.*), di ordine zero.
zerovalent (*chem.*), zerovalente, con valenza zero.
zeunerite (hydrous copper uranium arsenate) (*min.*), zeunerite.
"ZF" (zero frequency) (*phys.*), frequenza zero.
Z-fold (fan fold: as of continuous stationery) (*comp.*), piegato a ventaglio.
zigzag (*n. - gen.*), tracciato (o movimento, ecc.) a zigzag. **2.** ~ (*n. - arch.*), fregio a zigzag. **3.** ~ (*a. - gen.*), a zigzag. **4.** ~ connection (as of a polyphase system) (*elect.*), collegamento a zigzag. **5.** ~ rule (*meas. impl.*), metro snodato in legno. **6.** ~ springs (as for seats) (*aut.*), molle a zigzag.

zinc (Zn - *chem.*), zinco. **2.** ~ anodes (for protection against galvanic corrosion) (*naut.*), zinchi anodici, zinchi. **3.** ~ blende (ZnS) (*min.*), blenda, sfalerite. **4.** ~ dimetyldithiocarbonate (*rubb. ind.*), dimetilditiocarbonato di zinco. **5.** ~ engraving (*typ.*), fotozincografia. **6.** ~ oxide (ZnO) (*chem.*), ossido di zinco. **7.** ~ oxide (ZnO) (*paint.*), bianco di zinco. **8.** ~ sheet (*ind.*), lamiera di zinco. **9.** ~ standard cell, *see* clark cell. **10.** ~ sulfide (ZnS) (*chem.*), solfuro di zinco. **11.** ~ white (*chem.*), bianco di zinco, ossido di zinco. **12.** sheet ~ (*ind.*), zinco in lamiere.

zinc (to) (*mech. technol. - electrochem.*), zincare.

zincate (salt of zinc) (*n. - chem.*), zincato.

zincify (to) (*mech. technol. - electromech.*), zincare.

zincing, zincking (*mech. technol. - electrochem.*), zincatura.

zincite (ZnO) (red zinc ore) (*min.*), zincite.

zincograph (*print.*), cliché per zincografia.

zincographer (*print. work.*), zincografo.

zincography (process), zincografia.

zinkenite ($PbSb_2S_4$) (*min.*), zinchenite.

zip (zip code) (*mail*), codice postale. **2.** *see* zipper.

zipper (slide fastener: as for dresses) (*clothing - etc.*), chiusura lampo. **2.** invisible ~ (*text. impl.*), chiusura lampo invisibile.

zircaloy (zirconium alloy, with high corrosion resistance and stability) (*metall.*), lega di zirconio.

zircon ($ZrO_2.SiO_2$) (*min.*), zircone.

zirconate (*n. - chem.*), zirconato.

zirconia (ZrO_2) (used as a refractory, pigment and opacifier) (*chem.*), ossido di zirconio, zirconia. **2.** ~ (opacifier) (*radiography*), ossido di zirconio, contrastina. **3.** fused and stabilized ~ (as for an air heater) (*refractory*), ossido di zirconio fuso e stabilizzato.

zirconium (Zr - *chem.*), zirconio.

Zn (zinc) (*chem.*), Zn, zinco.

Z-Nickel (nickel containing 4.5% Al) (*metall.*), nichel Z.

zocle (*arch.*), *see* socle.

Zodiac (*astr.*), zodiaco.

zone (*gen.*), zona. **2.** ~ (girdle) (*gen.*), fascia. **3.** ~ (*geogr. - geol.*), zona. **4.** ~ (the topmost position of a punch card where are located the three rows 0, 11, 12) (*comp.*), zona fuori testo. **5.** ~ melting (refining system by melting and subsequent recrystallization) (*metall.*), fusione per zone, metodo di affinazione di sostanze cristalline per fusione locale progressiva e successiva ricristallizzazione. **6.** ~ of contact (of a gear) (*mech.*), zona di contatto. **7.** ~ punch (a punch hole located in the topmost-zone of a punch card, containing the three rows: 0, 11, 12) (*comp.*), perforazione in alto, perforazione nella zona fuori testo. **8.** ~ television (*telev.*), televisione (con esplorazione dell'immagine) a zone. **9.** bi-signal ~ (equisignal zone) (*telev.*) (Brit.), zona equisegnale. **10.** blind ~ (shadow zone) (*und. acous.*), zona d'ombra. **11.** caustic ~ (zone in which, due to behaviour of sound in sea water, the acoustic rays present a focusing effect) (*und. acous.*), zona di focalizzazione. **12.** comfort ~ (as in air conditioning), zona di benessere. **13.** control ~ (*aer.*), zona di controllo. **14.** convergence ~ (zone of the sea in which acoustic energy is concentrated: due to acoustic refraction) (*und. acous.*), zona di convergenza. **15.** dead ~ (as of a microphone) (*electroacous.*), zona morta. **16.** equisignal ~ (*telev.*) (Am.), zona equisegnale. **17.** equisignal ~ (zone within which a signal system indicates that an airplane is on a track) (*aer. - radio aids*), zona equisegnale, zona a segnale di uguale intensità. **18.** heat-affected ~ (portion of base metal the microstructure or physical properties of which have been altered by the heat of welding or cutting) (*mech. technol.*), zona alterata dal calore. **19.** neutral ~ (as in ventilated rooms) (*ventil.*), zona neutra. **20.** postal delivery ~ (*mail organ.*) (Am.), quartiere postale. **21.** primary ~ (as of a gas turbine) (*mech.*), zona primaria. **22.** shadow ~ (volume of water not filled with sound at cause of acoustic ray refraction) (*und. acous.*), zona d'ombra.

zone (to) (*city planning*), zonizzare, suddividere in zone. **2.** ~ refine (to refine by zone melting) (*metall.*), affinare per zone.

"zone-hardened" (*a. - heat - treat.*), con tempra locale. **2.** ~ piece (*heat-treat.*), pezzo temprato localmente.

zoning (*city planning*), zonizzazione, suddivisione in zone. **2.** ~ (*mech. draw. - cart.*), reticolo.

zoom digital ~, "DZ" (as in a "VCR": makes enlargement of the selected part of an image) (*audiovisuals*), zoom elettronico.

zoom (to) (to climb for a while at an angle greater than the normal maximum) (*aer.*), salire in candela, salire in richiamata con un angolo di incidenza superiore al normale massimo (utilizzando l'energia cinetica accumulata). **2.** ~ (*telev. - m. pict. - phot. - etc.*), zumare. **3.** ~ (to magnify a comp. graphic on a video display) (*comp.*), zumare.

zooming (*aer.*), salita in candela, cabrata in richiamata. **2.** ~ (*telev. - m. pict. - phot. - etc.*), zumata. **3.** ~ speed (*audiovisuals - m. pict.*), velocità di zumata. **4.** power ~ (*audiovisuals - m. pict.*), zumata comandata elettricamente.

zoom lens (lens providing a varying view angle, while maintaining focus) (*m. pict.*), obiettivo zoom, obiettivo a distanza focale variabile. **2.** power ~ (as of a camcorder) (*opt.*), zoom elettrico.

zootechny (*agric.*), zootecnica.

Z pinch (longitudinal pinch) (*plasma phys.*), strizione longitudinale.

Zr (zirconium) (*chem.*), Zr, zirconio.

zwitter ion, zwitterion (*chem. phys.*), ione caricato positivamente e negativamente.

zymoscope (*app.*), zimoscopio.

zymurgy (chem. of fermentations) (*chem.*), enzimologia.

DIZIONARIO ITALIANO–INGLESE

ABBREVIAZIONI

a. .... aggettivo, aggettivale
acc. .... accumulatore
acous. .... acustica, acustico
acus. sub. .... acustica subacquea
aer. .... aeronautica, aeronautico
aer. milit. .... aviazione militare
aerodin. .... aerodinamica, aerodinamico
aerot. .... aerotecnica, aerotecnico
agric. .... agricoltura, agricolo
am. .... americano
amm. .... amministrativo, amministrazione
app. .... apparecchio, apparecchiatura, apparato
arch. .... architettura, architettonico
ass. .... assicurazione, assicurativo
astr., astron. ... astronomia, astronomico
astric. .... astronautica, astronautico
atm. .... atmosfera, atmosferico
atom. .... atomo, atomico
att. .... attrezzo, attrezzi, attrezzatura
aut. .... automobilistico, autoveicolo, automobile, autocarro
autom. .... automazione, automatizzazione
avv. .... avverbio
biochim. .... biochimica, biochimico
biol. .... biologia, biologico
c.a. .... cemento armato
calc. .... calcolatore, calcolatrice
cald. .... caldaia
carb. .... carburazione, carburatore, carburante
carp. .... carpenteria
carrozz. .... carrozzeria, carrozzatura, carrozziere
cart. .... cartografia, cartografico
chim. .... chimica, chimico
c.i., ci .... combustione interna
cinem. .... cinematografia, cinematografico
civ. .... civile
c.n. .... controllo numerico
comb. .... combustibile (*a.* o *s.*), combustione
comm. .... commercio, commerciale
comun. .... comunicazioni
costr. .... costruzione, relativo a costruzioni (*ed.* o *ind.*)
costr. nav. ...... costruzione navale

dis. .... disegno
disp. .... dispositivo
ecc., etc. .... eccetera
ecol. .... ecologia, ecologico
econ. .... economia, economico
ed. .... edilizia, edile
edit. .... editoria, editoriale
elab. .... elaboratore (o calcolatore) elettronico, elaborazione elettronica
elett. .... elettricità, elettrico
elettroacus. .... elettroacustica, elettroacustico
elettrochim. .... elettrochimica, elettrochimico
elettromag. .... elettromagnetismo, elettromagnetico
elettromecc. ... elettromeccanica, elettromeccanico
elettrotel. .... elettrotelefonia, elettrotelefonico
eltn. .... elettronica, elettronico
espl. .... esplosivo (*a.* o *s.*)
falegn. .... falegnameria
farm. .... farmacia, farmaceutico
ferr. .... ferrovia, ferroviario
finanz. .... finanza, finanziario
fis. .... fisica, fisico (*a.*)
fis. atom. .... fisica atomica
fond. .... fonderia
fot. .... fotografia, fotografico
fotogr. .... fotogrammetria, fotogrammetrico
fotomecc. ...... fotomeccanica, fotomeccanico
gen. .... generale, generico
geod. .... geodesia
geofis. .... geofisica, geofisico
geogr. .... geografia, geografico
geol. .... geologia, geologico
geom. .... geometria, geometrico
giorn. .... giornalismo, giornalistico
idr. .... idraulica, idraulico
illum. .... illuminazione
ind. .... industria, industriale
inf. .... informatica
ing. .... ingegneria
ingl. .... inglese
lav. .... lavoro, lavoratore
leg. .... legale
legn. .... legname, legno, ligneo

lit. .... litografia, litografico
m .... metro
macch. .... macchina, macchine
macch. calc. ... macchina calcolatrice, calcolatore
macch. ut. ...... macchina utensile
macch. ut. a c.n. .... macchina utensile a controllo numerico
mar. .... mare, marino, marittimo
mar. milit. ...... marina militare
mat. .... matematica, matematico
mecc. .... meccanica, meccanico
mecc. raz. ...... meccanica razionale
med. .... medicina, medico (*a.*)
metall. .... metallurgia, metallurgico, metallo
meteor., *meteorol.* ..... meteorologia, meteorologico
mft. .... manifattura
milit. .... militare
min. .... miniera, minerale, mineralogia, minerario
mis. .... misura, misurazione
missil. .... missilistica, missili, razzi
mot. .... motore (motore primo: a combustione interna, a reazione, turbina a gas), motore elettrico
mot. elett. ...... motore elettrico
mtc. .... motocicletta, motociclistico
mur. .... murario
mus. .... musica, musicale
n. .... numerico
nav. .... nautico, navale, marina mercantile
navig. .... navigazione (marittima o aerea)
off. .... officina
op. .... operaio
operaz. .... operazione
organ. .... organizzazione
organ. lav. ..... organizzazione del lavoro
organ. pers. ..... organizzazione del personale
ott. .... ottica, ottico
p. es., *per es.* ... per esempio
pers. .... personale
proc. .... processo
prod. .... produzione, produttivo
psicol. .... psicologia, psicologico
psicol. ind. ..... psicologia industriale, psicotecnica
pubbl. .... pubblicità
radioatt. .... radioattività, radioattivo
s. .... sostantivo
sc. .... scienza
sc. costr. .... scienza delle costruzioni
segn. .... segnale, segnali, segnalazione
sott. .... sottomarino (*s.*), sommergibile (*a.*)
stat. .... statistica, statistico
stat. psicol. ..... statistica psicologica
strad. .... strada, stradale
strum. .... strumento, strumentazione
sub. .... subacqueo (*a.*), sottomarino (*a.*)
superf. .... superficie, superficiale
tecnol. .... tecnologia, tecnologico
telecom. .... telecomunicazioni
telef. .... telefono, telefonia, telefonico
telev. .... televisione, televisivo
temp. .... temperatura
term. .... termica, termico
termod. .... termodinamica, termodinamico
termoion. ...... termoionica, termoionico
tess. .... tessile, tessili
tip. .... tipografia, tipografico
tlcm. .... telecomunicazioni
top. .... topografia, topografico
traff. strad. .... traffico stradale
trasp. .... trasporti
tratt. .... trattamento
tratt. term. ..... trattamento termico
tubaz. .... tubazioni, impianti di convogliamento a mezzo di tubazioni
uff. .... ufficio, relativo all'ufficio
ut. .... utensile
veic. .... veicolo
ventil. .... ventilazione, ventilatore
vn. .... verniciatura, vernici
“ ” .... sono contrassegnati con virgolette le abbreviazioni, i termini stranieri di uso corrente e qualche lemma di correttezza non confermata.

A

"A" (ampere) (*mis. elett.*), A, ampere.
Å (angstrom, 10^{-8} cm) (*unità di mis.*), Å, angstrom, angstrom unit.
"a" (*mat. - ecc.*), a. **2.** ~ (atto –, prefisso: 10^{-18}) (*mis.*), a, atto –. **3.** ~ al cubo (a^3) (*mat.*), a cubed. **4.** ~ alla meno due (a elevato alla meno due, a^{-2}) (*mat.*), a (raised) to the minus two. **5.** ~ al quadrato (a^2) (*mat.*), a squared.
àbaco (*arch.*), abacus. **2.** ~ (nomogramma) (*mat.*), alignment chart, nomogram. **3.** ~ (antico strumento da calcolo) (*strum. - mat.*), abacus.
abampere (equivalente alla corrente di 10 ampere) (*mis. elett.*), abampere, absolute ampere.
abassiale (fuori asse) (*a. - ott.*), abaxial.
abbagliamento (*ott.*), glare. **2.** ~ accecante (*illum.*), blinding glare. **3.** ~ diretto (*illum.*), direct glare. **4.** ~ insopportabile (*illum.*), discomfort glare.
abbagliante (*a. - ott.*), dazzling. **2.** luce ~ (fascio di profondità, di proiettore) (*aut.*), driving beam (ingl.), country beam, upper beam (am.).
abbagliare (*ott.*), to dazzle, to glare.
abbaino (*ed.*), dormer, dormer window.
abbandonare (una nave) (*nav.*), to abandon. **2.** ~ (p. es. un programma o una attività) (*elab. - ecc.*), to quit. **3.** ~ il posto di lavoro (*op.*), to jump. **4.** ~ il pozzo (smontare l'impianto di pompaggio) (*min.*), to pull the well.
abbandonato (di nave, da parte dell'equipaggio, o per rinunzia alla proprietà a favore degli assicuratori o creditori) (*a. - nav. - leg.*), abandoned.
abbandono (di nave od aeromobile) (*aer. - nav. - leg.*), abandonment.
abbassabile (di un finestrino per es.) (*aut. - ecc.*), lowerable, sinkable.
abbassamento (*gen.*), lowering. **2.** ~ (di una volta per es.) (*ed.*), sag, sagging. **3.** ~ (di corrente per es.) (*elett.*), fall. **4.** ~ (di livello per es.), sinking. **5.** ~ (cedimento di una superficie piana) (*costr. ed.*), subsidence. **6.** ~ (del livello in un lago artificiale per es.) (*idr.*), drawdown. **7.** ~ della volta (*ed.*), sagging of the vault. **8.** ~ del piano di scavo (*min.*), bating. **9.** ~ del tasto (di inserimento) delle maiuscole (*macch. per scrivere*), shift. **10.** ~ di un tasto (per es. di macchina per scrivere) (*elab. - macch. per scrivere*), key depression. **11.** ~ in chiave (di volta) (*ed.*), sagging at the crown.
abbassare (*gen.*), to lower. **2.** ~ (la volata di un cannone) (*milit.*), to depress. **3.** ~ (~ un tasto di macchina per scrivere) (*elab. - macch. per scrivere*), to depress. **4.** ~ il fattore di potenza (*elett.*), to lower the power factor. **5.** ~ (il carrello) (*aer.*), to drop. **6.** ~ il record (*sport*), to lower the record. **7.** ~ la luce (o l'intensità luminosa dei fari) (*aut.*), to dim the light. **8.** ~ la testata (asportare del metallo dalla testa del cilindro per aumentare il rapporto di compressione) (*aut.*), to mill the head, to mill (colloquiale). **9.** ~ la visibilità (*fis.*), to dim down. **10.** ~ una perpendicolare (*geom.*), to drop a perpendicular.
abbassarsi (*gen.*), to dip down, to sink. **2.** ~ (di barometro per es.) (*meteor.*), to fall. **3.** ~ seguendo una curva (del vertice della catenaria di un cavo, per variazione termica per es.), to sag.
abbassato (calato ecc.) (*gen.*), lowered. **2.** ~ (carrello) (*aer.*), lowered, let down.
abbassatore della lingua (*strum. med.*), tongue depressor. **2.** ~ di tensione (trasformatore riduttore di tensione) (*elett.*), step–down transformer.
abbasso (sottocoperta) (*a. - nav.*), below, below deck.
abbàttere (*aer. milit.*), to shoot down, to bring down. **2.** ~ (*mur.*), to demolish, to down. **3.** ~ (un albero per es.), to fell. **4.** ~ (imprimere alla nave un movimento di abbattuta) (*nav.*), to cast. **5.** ~ (un aereo) (*aer. milit.*), to down. **6.** ~ con barra (disgaggiare) (*min.*), to bar down. **7.** ~ i pilastri (*min.*), to rob.
abbattimento (*min.*), mining, winning. **2.** ~ (di albero), felling. **3.** ~ (demolizione) (*gen.*), demolition. **4.** ~ con acqua in pressione (*min.*), hydraulic blasting. **5.** ~ con esplosivo (*min.*), blasting. **6.** ~ dei pilastri (in ritirata, rimozione dei pilastri a scavo ultimato) (*min.*), pillar robbing. **7.** ~ del vapore (eliminazione del vapore in un reattore nucleare) (*ind. nucleare*), steam damp. **8.** ~ in carena (*nav.*), careening.
abbattuta (movimento angolare rispetto all'asse verticale) (*nav.*), turn (around the vertical axis). **2.** ~ (ostruzione) (*milit.*), abatis. **3.** ~ in carena (inclinazione di una imbarcazione su un fianco per pulizia o riparazione) (*nav.*), careening.
abbazìa (*ed.*), abbey.
abbiente (*econ.*), affluent. **2.** classe ~ (*econ.*), affluent class.
abbigliamento (*gen.*), clothing. **2.** ~ (finizione e sellatura della scocca) (*costr. carrozz. aut.*), trim-

ming, body trimming. **3.** reparto ~ delle carrozzerie (officina sellatura e finizione scocche) (*costr. carrozz. aut.*), body trim shop, body trimming shop.

abbinamento (accoppiamento, appaiamento) (*gen.*), pairing.

abbinare (appaiare, accoppiare) (*gen.*), to pair.

abbisciare (un cavo: disporlo in anse ravvicinate) (*nav.*), to coil. **2.** ~ (preparare una gomena sul ponte avvolta in ampie spire, prima di gettare l'àncora) (*nav.*), to range.

abbisciatura (preparazione di una gomena sul ponte prima di gettare l'àncora) (*nav.*), range.

abbittare (*nav.*), to bitt.

abbonacciare (*nav.*), to fall calm. **2.** ~ (detto del vento) (*meteorol. - nav.*), to decrease.

abbonamento (ad un giornale per es.), subscription. **2.** polizza d' ~ (*comm. - nav.*), open policy.

abbonarsi (*gen.*), to subscribe. **2.** ~ ad un giornale, to subscribe to a newspaper.

abbonato (*s. - telef. - ecc.*), subscriber. **2.** ~ chiamato (utente chiamato) (*tlcm.*), called subscriber, called user. **3.** apparecchio telefonico di ~ (*telef.*), subscriber's set, subset. **4.** contatore di ~ (*telef.*), subscriber's meter.

abbondanza (*gen.*), abundance. **2.** ~ isotopica (*fis. atom.*), isotopic abundance.

abbordare (accostare) (*nav.*), to board.

abbordo (collisione od urto tra due navi) (*nav.*), collision.

abbozzare (*dis.*), to sketch, to draft, to draught. **2.** ~ (fissare con una cima la catena dell'àncora per es.) (*nav.*), to stop. **3.** ~, *vedi anche* sbozzare.

abbozzatore (stampo abbozzatore) (*att. - fucinatura*), *vedi* sbozzatore.

abbozzatura, *vedi* sbozzatura.

abbòzzo (*dis.*), sketch. **2.** ~ (traccia, schema, di un impianto per es.) (*gen.*), outline. **3.** ~ cavo (fase intermedia del processo di fabbricazione di tubi in acciaio non saldati) (*metall.*), thick hollow cylinder.

abbreviare (diminuire) (*gen.*), to abbreviate.

abbrivo (*nav.*), fresh way. **2.** ~ in avanti (movimento per inerzia) (*nav.*), headway. **3.** ~ indietro (movimento per inerzia) (*nav.*), sternway.

abbuòno (*comm.*), allowance. **2.** ~ per calo di peso (*comm.*), draft. **3.** resi e abbuoni sugli acquisti (*amm.*), purchase returns and allowances. **4.** resi e abbuoni sulle vendite (*amm.*), sales returns and allowances.

aberrazione (*ott.*), aberration. **2.** ~ cromatica (*ott.*), chromatic aberration. **3.** ~ cromatica residua (in una lente corretta per aberrazione cromatica) (*ott.*), secondary spectrum. **4.** ~ della luce (*ott.*), light aberration. **5.** ~ sferica (*ott.*), spherical aberration.

aberrometro (*strum. ott.*), aberrometer, aberration meter.

aberroscopio (per osservare l'aberrazione dell'occhio) (*med. - ott.*), aberroscope.

abete (*legn.*), fir, spruce. **2.** ~ balsamea (*legn.*), balsam fir. **3.** ~ bianco (*legn.*), white spruce, silver fir. **4.** ~ rosso (*legn.*), red spruce, European spruce, Norway spruce.

abetèlla (*mur.*), circular section wooden pole.

abile (adatto, idoneo) (*gen.*), fit, suitable. **2.** ~ (idoneo, al servizio) (*milit.*), fit.

abilità (*psicol. - psicol. ind.*), ability. **2.** ~ (di un operaio per es.) (*gen.*), skill, ability, dexterity. **3.** ~ e conoscenza tecnica, know-how. **4.** modello di ~ professionale (*psicol. ind.*), occupational ability pattern, OAP.

abilitare (autorizzare) (*gen.*), to qualify. **2.** ~ (rendere adatto a svolgere una particolare attività) (*elab.*), to enable.

abilitazione (*lav.*), qualification.

abissale (*oceanografia*), abyssal.

abitabile (*gen.*), habitable. **2.** ~ (*ed.*), habitable.

abitabilità (*gen.*), habitableness. **2.** ~ (*ed.*), habitableness. **3.** ~ (*aer. - nav. - ecc.*), comfort.

abitàcolo (posto del pilota in aereo o auto da corsa con posto unico) (*aer. - sport aut.*), cockpit. **2.** ~ (spazio riservato ai passeggeri ed al pilota) (*aer.*), passenger compartment. **3.** ~ (di un'automobile) (*aut.*), interior compartment, passenger compartment. **4.** ~ eiettabile (di emergenza, pressurizzato) (*aer.*), ejection capsule. **5.** ossatura protettiva dell' ~ (*sport aut.*), roll cage.

abitante (*a. - gen.*), inhabitant. **2.** l' ~ della terra (il terrestre) (*astric.*), earthling.

abitare (*v. t. - gen.*), to inhabit, to occupy. **2.** ~ (*v. i. - ed. - ecc.*), to dwell.

abitato (luogo abitato) (*ed. - traff. strad.*), built-up area.

abitazione, dwelling. **2.** ~ (a carattere pretenzioso o residenziale) (*arch.*), residence. **3.** ~ antisismica (*ed.*), earthquake resisting house. **4.** ~ di campagna con fattoria (*ed. agric.*), farmhouse. **5.** ~ mobile (speciale tipo di roulotte maggiorata costituente vera e propria abitazione mobile) (*veic.*), mobile home. **6.** ~ modulare (tipo di casa prefabbricata) (*ed.*), modular housing unit (ingl.).

àbiti (vestiti) (*gen.*), clothes, clothing.

àbito (da uomo) (*ind. tess.*), suit. **2.** ~ (da donna) (*ind. tess.*), dress. **3.** ~ da lavoro (tuta di operaio per es.), overalls. **4.** abiti pronti (di poco prezzo) (*tess.*), slops.

ablazione (asportazione) (*gen.*), ablation. **2.** ~ (asportazione del rivestimento protettivo di un veicolo spaziale al rientro nell'atmosfera) (*astric.*), ablation.

abmho (unità elettromagnetica di conduttanza) (*elett.*), abmho.

abortire (fare ~, p. es. un programma) (*elab.*), to abort, to abandon.

abradere (consumare mediante attrito) (*fis.*), to abrade.

abrasione (*fis.*), abrasion. **2.** ~ (*geol.*), scoring. **3.** ~ superficiale (inizio di grippaggio dovuto a difetto di lubrificazione tra le superfici del pistone e della canna cilindro per es.) (*mecc.*), scoring. **4.** dispositivo per ~ (*ind. gomma*), abrader. **5.** prova di ~ (*tecnol.*), abrasion test. **6.** resistente all'~ (*materiale*), abrasionproof. **7.** resistenza all'~ (di una vernice per es.) (*tecnol.*), abrasion resistance.

abrasivo (*a. - s. - fis. - ind.*), abrasive. **2.** ~ (in barrette; da montarsi sulla smerigliatrice per es.) (*s. - mecc.*), stone. **3.** impasto liquido ~ (liquido abrasivo, miscela abrasiva di materiali insolubili in acqua) (*tecnol.*), abrasive slurry. **4.** potere ~ (*materiale*), abrasive power.

abrogare (una legge) (*leg.*), to abrogate.

abrogazione (*leg.*), abrogation.

"ABS" (acrilonitrile-butadiene-stirene) (*ind. chim. - ecc.*), ABS, acrylonitrile- butadiene-styrene. **2.** ~ (antilock braking system) (*aut.*), *vedi* sistema frenante antiblocco.

àbside (*arch.*), apse, apsis.

Ac (attinio) (*chim.*), actinium, Ac.

acacia (*legn.*), acacia. **2.** ~ (robinia) (*legn.*), locust. **3.** ~ australiana (*legn.*), Australian acacia, myall.

acantite (Ag_2S) (*min.*), acanthite.

acanto (ornamento di capitello corinzio) (*arch.*), acanthus.

accadèmia (*milit.*), academy. **2.** ~ navale (*mar. milit.*), naval academy.

accampamento (*gen.*), camping.

accampanato (di oggetto foggiato a forma di campana) (*a. - gen.*), bell-shaped. **2.** ~, *vedi* scampanato.

accampanatura (allargamento dell'imboccatura) (*mecc. - ecc.*), bell-mouthed.

accamparsi (*gen.*), to camp.

accantonamento (fondo, riserva) (*finanz. - amm.*), reserve. **2.** ~ (*milit.*), cantonment.

accantonare (*gen.*), to set aside. **2.** (fondi per es. per una determinata destinazione) (*finanz. - comm.*), to earmark, to set aside.

accantonato (messo da parte) (*a. - gen.*), laid-up.

accaparramento (*comm.*), corner.

accaparrare (*leg. - comm.*), to forestall, to corner.

accaparratore (*comm.*), buyer up.

accartocciamento (difetto della carta) (*mft. carta*), curl.

accatastabile (impilabile) (*trasp.*), stackable.

accatastamento (*gen.*), piling-up, stacking.

accatastare (*gen.*), to pile up, to stack.

accatastatore (impilatore, tipo di elevatore) (*macch. ind.*), stacker.

accavallare, *vedi* sovrapporre.

accecare (eseguire una svasatura conica di un foro con utensile a punta conica) (*mecc.*), to countersink.

accecato (di foro, svasato per l'alloggio della testa di una vite) (*mecc.*), countersunk.

accecatoio (punta a svasare o per svasature) (*ut. mecc.*), countersink. **2.** ~ conico a denti diritti (*ut. mecc.*), rose countersink. **3.** ~ con profilo spiraliforme (*ut. mecc.*), snail countersink.

accecatura (svasatura di un foro) (*mecc.*), countersink. **2.** ~ (operazione di svasatura dell'estremità di un foro) (*operaz. mecc.*), countersinking.

accelerante (della vulcanizzazione per es.) (*chim. ind.*), accelerator. **2.** ~ (della presa) (*ed.*), accelerator. **3.** ~ (p. es. nelle reazioni chimiche) (*ind. chim.*), accelerating agent.

accelerare (*gen.*), to accelerate, to hasten, to expedite. **2.** ~ (*mecc.*), to accelerate, to speed up. **3.** ~ (la produzione per es.) (*ind.*), to accelerate, to gear up. **4.** ~ (incrementare) (*chim. fis.*), to promote.

accelerata (*s. - aut.*), pick-up, acceleration.

accelerato (*a. - gen.*), accelerated. **2.** ~ (moto) (*a. - mecc.*), accelerated. **3.** ~ (treno omnibus, che si ferma a tutte le stazioni) (*s. - ferr.*), omnibus train.

acceleratore (*gen.*), accelerator. **2.** ~ (dispositivo per imprimere velocità alle particelle cariche) (*fis. atom.*), accelerator. **3.** ~ (sostanza accelerante la reazione) (*chim.*), accelerator, catalyst. **4.** ~ (usato per diminuire il tempo di sviluppo per es.) (*fot. - chim.*), accelerator. **5.** ~ a gradiente magnetico (AGM) (*fis. atom.*), magnetic gradient accelerator, MGA. **6.** ~ a pedale (*aut.*), foot accelerator. **7.** ~ di ioni (*fis. atom.*), ion accelerator. **8.** ~ lineare (*fis. atom.*), linear accelerator, "linac". **9.** ~ tandem (~ elettrostatico di ioni) (*fis. atom.*), tandem accelerator. **10.** premere l'~ (premere il pedale dell'acceleratore) (*aut.*), to step on the gas pedal.

accelerazione (*mecc. raz.*), acceleration. **2.** ~ (ripresa di un aut. per es.) (*aut.*), pickup. **3.** ~ (di un programma di produzione per es.) (*gen.*), speedup. **4.** ~ angolare (*mecc. raz.*), angular acceleration. **5.** ~ centripeta (*mecc. raz.*), centripetal acceleration. **6.** ~ d'avviamento (*mecc. raz.*), starting acceleration. **7.** ~ di Coriolis (riferito ad un proiettile a lunga portata, rispetto alla rotazione della Terra per es.) (*mecc. raz.*), Coriolis acceleration. **8.** ~ di gravità [g] (*fis.*), acceleration of gravity, gravitational acceleration. **9.** ~ media (*mecc. raz.*), average acceleration. **10.** ~ tangenziale (*mecc. raz.*), tangential acceleration. **11.** ~ uniforme (velocità uniformemente accelerata) (*mecc. raz.*), uniform acceleration.

accelerografo (*strum. aer. - ecc.*), accelerograph.

acceleròmetro (*strum. mecc. - nav. - aer. - aut. - ecc.*), accelerometer. **2.** ~ di impatto (*strum. aer.*), impact accelerometer. **3.** ~ statistico (strum. che registra le accelerazioni che superano un predeterminato valore) (*strum. aer.*), statistical accelerometer.

accèndere, to ignite, to light. **2.** ~ (la miscela in un cilindro di mot. a comb. int.) (*mot.*), to hit. **3.** ~ (una lampada elettrica), to light. **4.** ~ (chiudere l'interruttore di un apparecchio per alimentarlo: un videoregistratore per es.) (*elett.*), to turn on. **5.** ~ il fuoco (in un forno, in un focolaio ecc.), to light the fire, to light fire. **6.** ~ la luce (*elett.*), to switch on the light. **7.** ~ un retrorazzo (*astric.*), to retrofire. **8.** non accendersi (di un razzo per es.) (*gen.*), to fail to ignite.

accendersi (iniziare la combustione) (*comb.*), to ignite, to take fire, to begin to burn.
accendigas (per gas di città) (*att.*), gas lighter.
accendino, *vedi* accendisigari.
accendisigari, lighter. **2.** ~ a gas (*att.*), gas lighter. **3.** ~ elettrico (sul cruscotto di un aut. per es.) (*app. elett.*), electric lighter.
accenditoio (di forno a gas per es.), pilot burner.
accenditore (a torcia, per avviare la combustione in un mot. a reazione) (*mot.*), igniter. **2.** ~ (accendino), *vedi* accendisigari.
accensione (*mot.*), ignition. **2.** ~ (di fuoco per es.), lighting. **3.** ~ (di caldaia per es.) (*cald.*), starting. **4.** ~ (di un cubilotto per es.) (*fond.*), lighting up. **5.** ~ (di un reattore nucleare) (*fis. atom.*), startup. **6.** ~ (del mot. di un razzo) (*astric.*), burn, burning. **7.** ~ (di un forno per es.) (*comb.*), firing. **8.** ~ (p. es. di tubo catodico, di tubo a scarica di gas ecc.) (*eltn.*), firing. **9.** ~ (l'atto di accendere un detonatore) (*milit.*), initiation. **10.** ~ (immissione della alimentazione elettrica) (*elab.*), power up. **11.** ~ a batteria (di mot. per es.), battery ignition. **12.** ~ ad alta frequenza (di mot. a comb. int.) (*mot. - elett.*), high-frequency ignition. **13.** ~ ad alta tensione (*mot.*), high-tension ignition. **14.** ~ ad anticipo automatico (*mot.*), automatic advance ignition. **15.** ~ ad anticipo fisso (*mot.*), fixed advance ignition. **16.** ~ ad anticipo variabile (*mot.*), variable advance ignition. **17.** ~ ad incandescenza (*term.*), ignition by incandescence. **18.** ~ a magnete (*mot.*), magneto ignition. **19.** ~ anticipata (di un mot. per es.), advanced ignition. **20.** ~ (elettronica) a scarica induttiva (*mot. - eltn.*), breakerless ignition, inductive discharge ignition. **21.** ~ a scarica superficiale con detonazione (di mot. a comb. interna) (*mot.*), knocking surface ignition. **22.** ~ a scarica superficiale progressiva (di mot. a comb. interna) (*mot.*), runaway surface ignition. **23.** ~ a scarica superficiale senza detonazione (di mot. a comb. interna) (*mot.*), nonknocking surface ignition. **24.** ~ a scintilla (di mot. a comb. interna), spark ignition. **25.** ~ a spinterogeno (di un mot. per es.), coil ignition. **26.** ~ a superficie (accensione in un mot. a comb. interna dovuta ad eccessiva temperatura delle superfici della camera di comb.) (*mot.*), surface ignition. **27.** ~ a transistori (di un mot. a comb. interna) (*aut. - elett.*), transistor ignition. **28.** ~ a vena calda (di un mot. a reazione) (*mot.*), hot streak ignition. **29.** ~ debole (*mot.*), weak ignition. **30.** ~ difettosa (*mot.*), faulty ignition. **31.** ~ elettrica (*elett.*), electric ignition. **32.** ~ elettronica (*mot. - eltn.*), electronic ignition. **33.** ~ elettrostatica (di mot. a comb. interna) (*mot. elett.*), electrostatic ignition. **34.** ~ mancata (di una mina per es.) (*s. - espl. min.*), misfire. **35.** ~ per compressione (in un mot. diesel per es.) (*mot.*), compression ignition. **36.** ~ prematura (preaccensione a valvola di aspirazione aperta, a fase di compressione incompleta ecc.) (*mot.*), preignition. **37.** ~ ritardata (*mot.*), retarded ignition, late ignition. **38.** ~ spontanea (*chim. - fis.*), self-ignition. **39.** angolo di ~ (*mot.*), ignition angle, firing angle. **40.** anticipare l' ~ (in un mot.), to advance the spark. **41.** anticipo all' ~ (o dell'accensione del mot. per es.) (*elett. - mot.*), spark advance. **42.** anticipo di ~ per la massima potenza (*mot.*), best power spark advance, bpsa. **43.** chiave (o chiavetta) dell' ~ (*aut.*), ignition lock key. **44.** controllo dell' ~ (di mot. a doppia accensione per es.) (*mot.*), ignition check. **45.** coppia di ~ (coppia media necessaria per mantenere un mot. a comb. interna alla minima velocità di accensione) (*mot.*), firing torque. **46.** dare ~ irregolare (di mot. a comb. interna) (*mot.*), to misfire. **47.** dare l' ~ (mettere l'accensione in posizione di marcia del veicolo) (*aut. - ecc.*), to turn on the ignition. **48.** distributore dell' ~ (*mot.*), ignition distributor. **49.** doppio sistema di ~ (di mot. d'aviazione per es.), dual ignition system. **50.** funzionamento ad ~ tolta (di mot. a comb. interna) (*mot.*), run-on. **51.** impianto ~ a nafta (di cald. a lignite polverizzata per es.), ignition system by Diesel oil. **52.** inserire l' ~ (*mot.*), to turn on the ignition. **53.** interrompere l' ~ (*mot.*), to turn out the ignition. **54.** interruttore dell' ~ (*aut.*), ignition (lock) switch. **55.** mancata ~ (cilecca: di arma da fuoco) (*espl.*), misfire. **56.** messa in fase dell' ~ (*mot.*), ignition timing. **57.** potere di ~ (capacità di innescare un fuoco, una fiamma: detto di scintilla per es.) (*a. - gen.*), incendive power. **58.** punto di ~ (*fis.*), ignition point. **59.** ritardo di ~ (della carica di lancio di un proiettile) (*espl.*), hangfire. **60.** scintilla d' ~ (*mot.*), ignition spark. **61.** sistema d' ~ (*mot.*), ignition system. **62.** temperatura di ~ (di un carburante) (*chim.*), fire point.
accento (*tip.*), accent.
acceso (*a. - elett. - comb. - ecc.*), lit, lighted.
accessìbile (*a. - gen.*), accessible.
accessibilità (*gen.*), accessibility.
accèsso (*gen.*), approach, access, passageway. **2.** ~ (entrata) (*gen.*), entrance. **3.** ~ (di miniera per es.), adit. **4.** ~ (p. es. ad una stanza) (*gen.*), access. **5.** ~ all'elaboratore informatore (in un sistema videotel: ~ al punto dell'elaboratore che contiene le informazioni desiderate) (*elab.*), gateway. **6.** ~ all'incrocio (*traff. strad.*), intersection approach. **7.** ~ casuale (analogo all' ~ diretto, però senza ricerca sequenziale) (*elab.*), random access. **8.** ~ diretto (p. es. ad una voce di archivio) (*elab.*), direct access. **9.** ~ diretto in memoria (*elab.*), direct memory access. **10.** ~ non sistematico (~ casuale) (*macch. calc.*), random. **11.** ~ (in) parallelo (~ simultaneo) (*elab.*), parallel access, simultaneous access. **12.** ~ rapido (p. es. ad una memoria) (*elab.*), fast access. **13.** ~ sequenziale (soggetto ad una ricerca sequenziale; come su nastro magnetico, nastro di carta, o schede perforate) (*elab.*), sequential access. **14.** ~ sequenziale indicizzato (o con indici) (*elab.*), indexed sequential access. **15.** ~ sequenziale selettivo (*elab.*), skip sequential ac-

cess. **16.** ~ seriale (relativo alle memorie con sistema di ~ sequenziale) (*elab.*), serial access. **17.** metodo di ~ (p. es. alla memoria) (*elab.*), access method. **18.** metodo di ~ (di) base (*elab.*), basic access method. **19.** struttura d' ~ (dei ponti) (*costr.*), approach. **20.** tempo di ~ (tempo richiesto per estrarre un elemento dalla memoria) (*elab.*), access time.

accessòri (*s. - pl. - gen.*), accessories, fittings, equipment. **2.** ~ (*aer.*), accessories. **3.** ~ (di una cald. per es.) (*cald. - ecc.*), fittings. **4.** ~ per illuminazione (*elett. - comm.*), lighting fittings. **5.** ~ per impianti elettrici (*elett.*), electrical wiring equipment (ingl.). **6.** ~ per tubazioni (*tubaz.*), pipe fittings. **7.** ~ sussidiari (equipaggiamento sussidiario) (*gen.*), ancillary equipment, auxiliary equipment. **8.** fabbricante di ~ per auto (*aut.*), car subsidiary maker.

accessòrio (semplice), fitting. **2.** ~ (complesso, costituente di per se stesso un apparecchio), fixture. **3.** ~ (di macch. ut. per es.), attachment. **4.** ~ (di un mot. a comb. int.) (*mot.*), accessory. **5.** ~ (di un impianto per luce elettrica per es.) (*elett.*), fitting. **6.** ~ (accessorio specifico per macchina utensile per es.) (*macch. ut.*), utility. **7.** ~ destrorso (con rotazione destrorsa vista dal lato accoppiamento) (*mecc.*), right-hand (or clockwise) accessory. **8.** ~ di dotazione (strumento di corredo di una macchina) (*macch.*), attachment. **9.** ~ di finizione esterna (fregio riportato sulla carrozzeria) (*carrozz. aut.*), applique. **10.** ~ montato sulle trasmissioni flessibili per correggere le regolazioni (*mecc.*), cable adjuster. **11.** ~ per dentatura (di macch. ut. universale per es.) (*mecc.*), gear cutting attachment. **12.** ~ per tornitura conica (*mecc. - macch. ut.*), taper attachment, tapering equipment. **13.** ~, *vedi anche* accessori.

accetta (scure: attrezzo col manico parallelo al taglio della lama) (*carp. - pompieri*), ax, axe. **2.** ~ con un estremo terminante a bocca (con bocca a sezione rettangolare) (*ut.*), broad hatchet. **3.** ~ con un estremo terminante a penna (*ut.*), claw hatchet. **4.** ~ del boscaiolo (scure con manico lungo e parallelo al taglio della lama) (*ut.*), felling ax.

accettabile (prezzo per es.) (*comm.*), acceptable, reasonable.

accettare (*comm.*), to accept. **2.** ~ (passare positivamente un pezzo al collaudo) (*mecc.*), to accept. **3.** ~ (con il controllo di qualità) (*tecnol. mecc.*), to accept.

accettato (*gen.*), accepted. **2.** ~ (passato, dal controllo o collaudo) (*mecc.*), passed.

accettazione (di una fattura per es.), acceptance. **2.** ~ (di prodotti mecc., aer., nav. ecc.) (*comm.*), acceptance. **3.** ~ condizionata (*comm.*), conditional acceptance, qualified acceptance. **4.** ~ incondizionata (accettazione senza riserve) (*comm.*), clean acceptance, general acceptance. **5.** numero di ~ (nel controllo della qualità) (*tecnol. mecc.*), acceptance number.

accettore (di protoni per es.) (*fis. atom.*), acceptor. **2.** ~ (di un semiconduttore) (*eltn.*), acceptor. **3.** ~ di elettroni (*chim. fis.*), electron acceptor.

acciaiare (rivestire con deposito elettrolitico di ferro) (*elettrochim. - tip.*), to acierate, to steel.

acciaiatura (l'operazione di rivestire con uno strato di ferro) (*metall.*), acieration, acierage.

acciaierìa (*ind. metall.*), steel mill, steelworks, steel plant.

acciàio (*metall.*), steel. **2.** ~ ad alta resistenza (*metall.*), high tensile steel, HTS. **3.** ~ ad altissima velocità (*metall.*), super cutting steel. **4.** ~ ad alto tenore di carbonio (da 0,6 a 0,9%) (*metall.*), high-carbon steel. **5.** ~ ad alto tenore di legante (*metall.*), high-alloy steel. **6.** ~ a grano affinato (*metall.*), grain refined steel. **7.** ~ al carbonio (acciaio non legato) (*metall.*), carbon steel, iron alloy steel, ordinary steel. **8.** ~ al convertitore (*metall.*), converter steel. **9.** ~ al crogiolo (*metall.*), crucible steel, crucible cast steel. **10.** ~ al cromo molibdeno (*metall.*), chromemolybdenum steel. **11.** ~ al cromo vanadio (*metall.*), chrome-vanadium steel. **12.** ~ al forno elettrico (*metall.*), electric steel. **13.** ~ al manganese (*metall.*), manganese steel, Mang. S. **14.** ~ al nichel (*metall.*), nickel steel, Ni.S. **15.** ~ al nichel cromo (*metall.*), chrome-nickel steel. **16.** ~ al silicio (*metall.*), silicon steel. **17.** ~ al solo carbonio (*metall.*), carbon steel, plain carbon steel, straight carbon steel. **18.** ~ al titanio (*metall.*), titanium steel. **19.** ~ al tungsteno (*metall.*), tungsten steel. **20.** ~ al vanadio (*metall.*), vanadium steel. **21.** ~ al wolframio (*metall.*), wolfram steel. **22.** ~ allo 0,75% di C (*metall.*), die temper steel. **23.** ~ allo 0,875% di C (*metall.*), set temper steel. **24.** ~ all'1,0% di C (*metall.*), temper steel. **25.** ~ all'1,125% di C (*metall.*), spindle temper steel. **26.** ~ all'1,25% di C (*metall.*), tool temper steel. **27.** ~ all'1,4% di C (*metall.*), saw-file temper steel. **28.** ~ all'1,5% di C (*metall.*), razor temper steel. **29.** ~ antimagnetico (acciaio non magnetico) (*metall.*), nonmagnetic steel. **30.** ~ antinvecchiante (*metall.*), nonaging steel. **31.** ~ argento (*metall.*), silver steel, SS. **32.** ~ austenitico (*metall.*), austenitic steel. **33.** ~ automatico, *vedi* acciaio da taglio. **34.** ~ autotemprante (*metall.*), self-hardening steel, air-hardening steel. **35.** ~ basico (*metall.*), basic steel. **36.** ~ Bessemer (*metall.*), Bessemer steel. **37.** ~ bonificato (*metall.*), hardened and tempered steel. **38.** ~ bruciato (*metall.*) burnt steel. **39.** ~ calmato (*metall.*), killed steel. **40.** ~ calmato con (aggiunta di) alluminio (*metall.*), aluminium-killed steel. **41.** ~ calmato meccanicamente (*metall.*), capped steel, mechanically killed steel. **42.** ~ calorizzato (~ rivestito da una lega alluminio-ferro ottenuta immergendo l' ~ in un bagno di alluminio fuso) (*metall.*), calorized steel, aluminized steel. **43.** ~ cementato (*metall.*), casehardened steel. **44.** ~ centrifugato (*metall.*), centrifuged steel. **45.** ~ colato (acciaio fuso, acciaio in getti) (*metall.*), cast steel. **46.** ~

criogenico (per applicazioni a temperature molto basse) (*metall.*), cryogenic steel. **47.** ~ da cementazione (*metall.*), casehardening steel. **48.** ~ da costruzione (*ed. - metall.*), structural steel. **49.** ~ damascato (acciaio duro ed elastico con disegni sulla superficie) (*metall.*), damask steel, Damascus steel. **50.** ~ da taglio (acciaio automatico: facilmente lavorabile) (*metall.*), free-machining steel, free-cutting steel. **51.** ~ da utensili (*metall.*), tool steel. **52.** ~ dolce (od a basso tenore di carbonio: meno di 0,25%) (*metall.*), mild steel, soft steel, low-carbon steel, MS. **53.** ~ dolcissimo (acciaio omogeneo, ferro fuso, con meno di 0,1% di carbonio) (*metall.*), ingot iron. **54.** ~ duro (o durissimo) (*metall.*), hard steel. **55.** ~ duro in masselli (o lingotti) (*metall.*), hard ingot steel. **56.** ~ effervescente (acciaio non calmato: tipo di acciaio) (*metall.*), unkilled steel, effervescing steel, rimming (or rimmed) steel. **57.** ~ effervescente (acciaio in una carica effervescente) (*metall.*), wild steel. **58.** ~ eutettoide (*metall.*), eutectoid steel. **59.** ~ extra dolce (*metall.*), very soft steel. **60.** ~ extra rapido (*metall.*), super high speed steel, SHSS. **61.** ~ forgiato (acciaio fucinato) (*metall.*), forged steel. **62.** ~ fucinabile (*metall.*), forged steel. **63.** ~ fucinato (*metall.*), forged steel, FS. **64.** ~ fuso di buona qualità (*metall.*), best cast steel, BCS. **65.** ~ fuso in getti (acciaio colato) (*metall.*), cast steel, run steel, c.s. **66.** ~ fuso in lingotti (acciaio in lingotti) (*metall.*), ingot steel. **67.** ~ grafitico (*metall.*), graphitic steel. **68.** ~ grezzo (acciaio naturale) (*metall.*), raw steel. **69.** ~ harveizzato (*metall.*), harveyized steel. **70.** ~ in barre (*comm. metall.*), bar steel. **71.** ~ in lingotti (o masselli) (*metall.*), ingot steel. **72.** ~ inossidabile (*metall.*), stainless steel. **73.** ~ inossidabile (al cromo nichel) 18-8 (18% Cr + 8% Ni) (*metall.*), nickel-cromium stainless steel. **74.** ~ in profilati (profilati d'acciaio) (*metall. comm.*), structural steel. **75.** ~ invecchiato (*metall.*), aged steel. **76.** ~ ipereutettoide (*metall.*), hypereutectoid steel. **77.** ~ ipoeutettoide (*metall.*), hypoeutectoid steel. **78.** ~ laminato (*metall.*), rolled steel. **79.** ~ laminato a freddo (*metall.*), cold-rolled steel. **80.** ~ lavorabile ad alta velocità (lavorazione mecc.) (*metall.*), free-cutting steel. **81.** ~ legato (acciaio speciale) (*metall.*), alloy steel, compound steel. **82.** ~ legato di bassa qualità (acciaio poco legato) (*metall.*), low-alloy steel. **83.** ~ malleabile (acciaio per caldaie) (*metall.*), flange steel. **84.** ~ "maraging" (acciaio martensitico al nichel sino al 25%, di resistenza assai elevata ottenuta per invecchiamento) (*metall.*), maraging steel. **85.** ~ Martin (Siemens) (*metall.*), open-hearth steel. **86.** ~ (prodotto in forni) Martin a suola basica (*metall.*), basic open-hearth steel. **87.** ~ naturale (acciaio greggio) (*metall.*), raw steel. **88.** ~ nitrurato (*metall.*), nitrided steel. **89.** ~ non calmato (o effervescente: tipo di acciaio) (*metall.*), unkilled steel, effervescing steel, rimmed steel (ingl.), rimming steel (ingl.). **90.** ~ non calmato (acciaio effervescente: in una carica effervescente) (*metall.*), wild steel. **91.** ~ non fosforoso (*metall.*), nonphosphorized steel. **92.** ~ non magnetico (*metall.*), nonmagnetic steel. **93.** ~ normalizzato (*metall.*), normalized steel. **94.** ~ per assili (qualità di acciaio per assili fucinati per vagoni ferroviari) (*metall. - ferr.*), axle shaft quality steel. **95.** ~ per cemento armato (*metall.*), concrete steel. **96.** ~ per costruzioni civili (*metall. - ing. civ.*), structural steel. **97.** ~ per impronte (acciaio per stampi per pressogetti) (*fond. - metall.*), cavity steel. **98.** ~ per magneti (*metall.*), magnet steel. **99.** ~ per magneti permanenti (*metall.*), permanent magnet steel. **100.** ~ per molle (*metall.*), spring steel. **101.** ~ per scalpelli (scalpelli per roccia) (*metall.*), drill steel. **102.** ~ per tempra in aria (acciaio autotemprante) (*metall.*), air-hardening steel. **103.** ~ per utensili (*metall.*), tool steel, cutting steel. **104.** ~ placcato (*metall.*), clad steel. **105.** ~ (prodotto in forni) Bessemer a suola acida (*metall.*), acid Bessemer steel. **106.** ~ puddellato (*metall.*), puddled steel. **107.** ~ rapido (*metall.*), high-speed steel, HSS., red hard steel. **108.** ~ ricotto (*metall.*), annealed steel. **109.** ~ ricotto in bianco (*metall.*), bright steel. **110.** ~ ricotto nero (*metall.*), black steel. **111.** ~ rinvenuto (*metall.*), tempered steel. **112.** ~ saldabile (*metall.*), welding steel. **113.** ~ saldabile ad alta resistenza (*metall.*), high tensile welding steel, HTWS. **114.** ~ saldato (*metall.*), weld steel. **115.** ~ sbozzato al laminatoio (*metall.*), semifinished steel. **116.** ~ semicalmato (*metall.*), semikilled steel. **117.** ~ semiduro (acciaio a medio tenore di carbonio: da 0,25 a 0,60%) (*metall.*), medium steel. **118.** ~ semiduro per costruzioni meccaniche (0,25% C) (*metall.*), machine steel. **119.** ~ speciale (acciaio legato) (*metall.*), special steel, alloy steel. **120.** ~ stampato (*metall.*), pressed steel. **121.** ~ stampigliabile (su cui è possibile stampare numeri per es.) (*metall.*), hobbing steel. **122.** ~ temprabile (*metall.*), hardenable steel. **123.** ~ temprabile all'aria (*metall.*), air-hardening steel (ingl.). **124.** ~ temprato (*metall.*), hardened steel. **125.** ~ Thomas (*metall.*), Thomas steel. **126.** ~ vescicolare (acciaio ottenuto per cementazione del ferro saldato) (*metall.*), blister steel. **127.** blu ~ (*colore*), steel blue. **128.** fabbricazione dell'~ (*metall.*), steelmaking. **129.** getto in ~ (*fond.*), steel casting. **130.** lamiera di ~, sheet steel, Sh.S. **131.** lamierino di ~ (*elett.*), thin sheet-steel. **132.** lana d'~ (per lucidatura) (*ind.*), steel wool. **133.** profilati di ~, structural steel. **134.** rivestito in ~ (*a. - costr.*), steel-clad. **135.** struttura di ~ (*gen.*), steelwork.

acciarino (di una ruota) (*mecc.*), linchpin. **2.** ~ (dispositivo per l'innesco elettrico per es. dell'esplosivo della testa di un siluro) (*espl. mar. milit.*), exploder. **3.** ~ ad inerzia (acciarino a pendolo per siluro per es.) (*espl. - mar. milit.*), inertia exploder. **4.** ~ a pendolo, *vedi* acciarino ad inerzia.

accidentale (*gen.*), casual, accidental.
acciottolato (*a. - strad.*), paved with cobblestone. **2.** ~ (*s. - strad.*), cobblestone pavement. **3.** strada ad ~ (*strad.*), cobblestone road.
accisa (imposta) (*finanz.*), excise.
acclività (lato di un monte considerato in ascesa) (*top.*), acclivity.
acclùdere (*comm.*), to enclose. **2.** ~ (allegare, ad una lettera per es.) (*uff.*), to enclose, to attach.
accodamento (p. es. di auto in una autostrada o di programmi in un elab.) (*aut. - elab.*), queuing.
accodare (sistemare in coda) (*elab.*), to enqueue. **2.** ~ (accodarsi) (*gen.*), to queue.
accoglienza (del rappresentante di una ditta per es.) (*comm. - ecc.*), reception.
accollare (fissare l'ammontare delle tasse da pagare per es.) (*leg.*), to assess. **2.** ~ (un lavoro per es.) (*gen.*), to assign.
accollarsi (assumersi, i debiti per es.) (*finanz.*), to take over, to assume.
accollatario (*ed. - ind.*), contractor.
accoltellato (di mattoni) (*mur.*), edge course.
accomandante (*comm.*), limited partner.
accomandatario (*comm.*), general partner.
accomandita (società in accomandita) (*comm. - finanz.*), limited partnership.
accomodamento (dell'occhio alla distanza) (*ott.*), accommodation.
accomodare, *vedi* riparare.
acconto (pagamento di una parte del prezzo pieno) (*s. - comm. - amm.*), part payment. **2.** ~ (pagamento in acconto) (*comm.*), payment on account. **3.** ~ (di dividendi) (*finanz.*), advance, interim.
accoppiamento (collegamento) (*mecc.*), connection. **2.** ~ (di macchine) (*mecc.*), coupling. **3.** ~ (di organi di macchine mediante sistemi di tolleranza) (*mecc.*), fit. **4.** ~ (*ferr.*), coupling. **5.** ~ (di ingranaggi) (*mecc.*), mating. **6.** ~ (*elett. - eltn.*), coupling. **7.** ~ (di filettature) (*mecc.*), fit. **8.** ~ a cannocchiale (giunto a telescopio) (*mecc.*), telescope joint. **9.** ~ ad impedenza (~ di due circuiti a mezzo di una impedenza) (*eltn.*), impedance coupling, choke coupling. **10.** ~ a finestra (accoppiamento a fessura: nelle guide d'onda) (*radiotelef.*), slot coupling. **11.** ~ a flangia (*mecc.*), flange coupling. **12.** ~ a vite senza fine (vite senza fine e ruota elicoidale) (*mecc.*), screw gear, screw gearing. **13.** ~ bloccato (*mecc.*), drive fit, force fit. **14.** ~ bloccato a caldo (*mecc.*), hot-water fit, hot force fit. **15.** ~ bloccato alla pressa (*mecc.*), drive fit, DF. **16.** ~ bloccato alla pressa (leggero) (*mecc.*), medium drive fit (am.), light drive fit (ingl.). **17.** ~ bloccato alla pressa (extraleggero) (*mecc.*), extra light drive fit (ingl.). **18.** ~ bloccato a tenuta (di filettature) (*mecc.*), force tight fit. **19.** ~ bloccato forzato alla pressa (a caldo o sottozero) (*mecc.*), heavy drive fit, shrink fit (am.). **20.** ~ bloccato leggero (*mecc.*), light keying fit (ingl.). **21.** ~ bloccato medio (*mecc.*), medium keying fit (ingl.). **22.** ~ bloccato normale (*mecc.*), drive fit, DF. **23.** ~ bloccato serrato (*mecc.*), heavy keying fit (ingl.). **24.** ~ capacitivo (*radio - elett.*), capacity coupling, electrostatic coupling. **25.** ~ conico (*mecc.*), taper fit. **26.** ~ con interferenza (accoppiamento stabile) (*mecc.*), interference fit. **27.** ~ con stadio in controfase (accoppiamento in opposizione) (*elettroacus.*), push-pull coupling. **28.** ~ con trasformatore (*elettroacus.*), transformer coupling. **29.** ~ di bassa frequenza in controfase (*radio*), push-pull connection. **30.** ~ di collegamento (di un circuito) (*eltn.*), link coupling. **31.** ~ difettoso (*mecc. - carp. - ecc.*), mismatch. **32.** ~ diretto (*mecc. - radio - elett.*), direct coupling. **33.** ~ di scorrimento (*mecc.*), sliding fit. **34.** ~ di spinta (*mecc.*), push fit (ingl.), PF. **35.** ~ di spinta (o preciso) ancora montabile a mano (*mecc.*), snug fit (no allowance) (am.). **36.** ~ elettrostatico (*elett. - eltn.*), capacity coupling. **37.** ~ extra libero amplissimo (*mecc.*), extra slack running fit (ingl.). **38.** ~ fisso (accoppiamento con interferenza) (*mecc.*), interference fit. **39.** ~ forte (accoppiamento stretto, fra due circuiti oscillatori) (*eltn.*), tight coupling. **40.** ~ forzato leggero (*mecc.*), tight fit (am.). **41.** ~ idrodinamico (giunto idraulico) (*aut. - mecc.*), hydro-drive coupling, fluid drive, hydraulic coupling drive. **42.** ~ in cascata (*elett.*), cascade coupling. **43.** ~ incerto (accoppiamento con gioco od interferenza entro i limiti di tolleranza) (*mecc.*), transition fit. **44.** ~ indiretto (*mecc. - elett. - radio*), indirect coupling. **45.** ~ induttivo (*elett.*), inductive coupling. **46.** ~ in presa diretta (accoppiamento diretto) (*mecc.*), through coupling, direct coupling. **47.** ~ intervalvolare (*radio*), intervalve coupling. **48.** ~ lasco (~ incerto) (*eltn.*), loose coupling, weak coupling. **49.** ~ libero (per alberi rotanti) (*mecc.*), running fit (am.). **50.** ~ libero amplissimo (*mecc.*), loose fit (am.), slack running fit (ingl.). **51.** ~ libero greggio (*mecc.*), coarse clearance fit (ingl.). **52.** ~ libero largo (*mecc.*), normal running fit (ingl.), free fit (am.). **53.** ~ libero normale (*mecc.*), medium fit (am.), close running fit (ingl.). **54.** ~ magnetico (di un circuito) (*radio*), magnetic coupling. **55.** ~ mobile (accoppiamento libero, senza interferenza) (*mecc.*), clearance fit. **56.** ~ per dispersione (accoppiamento parassita: di un circuito) (*eltn.*), stray coupling. **57.** ~ per prove a terra (per impianti idraulici o pneumatici) (*aer.*), ground test coupling. **58.** ~ per resistenza-capacità (accoppiamento RC) (*radio*), resistance-capacity coupling, RC coupling. **59.** ~ preciso (*mecc.*), close fit. **60.** ~ preciso di scorrimento (*mecc.*), easy push fit (ingl.). **61.** ~ resistivo (*eltn.*), resistance coupling. **62.** ~ resistivo-capacitivo (accoppiamento RC) (*elett. - eltn.*), resistance-capacity coupling, RC coupling. **63.** ~ stabile (accoppiamento con interferenza) (*mecc.*), interference fit. **64.** ~ stretto (*mecc.*), close coupling. **65.** ~ stretto (accoppiamento forte, fra due circuiti oscillanti) (*radio*), tight coupling. **66.** ~ stretto di spinta (interferen-

za zero) (*mecc.*), tunking fit, wringing fit (am.). **67.** ~ sui fianchi (contatto sui fianchi, dei denti di uno scanalato per es.) (*mecc.*), side fit. **68.** ~ sulla superficie di troncatura (contatto sulla superficie di troncatura, dei denti di uno scanalato per es.) (*mecc.*), major diameter fit. **69.** coefficiente di ~ (*elett. - eltn.*), coupling coefficient. **70.** condensatore di ~ (*elett. - eltn.*), coupling condenser. **71.** fattore di ~ (*elett.*), coupling coefficient, coefficient of coupling. **72.** gancio di ~ (di trazione di veicoli ferr.) (*ferr.*), connector. **73.** lato ~ (di un mot. elett. per es.) (*mecc.*), driving end. **74.** lato opposto ~ (di un mot. elett. per es.) (*mecc.*), non-driving end. **75.** tipo di ~ per carri sganciabile in corsa (*ferr.*), slip coupling.

accoppiare (*elett. - mecc.*), to couple, to connect, to match.

accoppiarsi (di ingranaggi per es.) (*mecc.*), to mate.

accoppiato (*mecc.*), coupled, connected. **2.** ~ (di pezzo appositamente costruito per essere accoppiato esclusivamente con un altro) (*mecc. - carp.*), matched (am.). **3.** direttamente ~ (di un generatore ad un mot. per es.) (*a. - mecc.*), direct-coupled. **4.** motori accoppiati (*mot. - aer. - nav.*), coupled engines. **5.** non ~ (*gen.*), unmated, not mated.

accoppiatoio (giunto) (*mecc.*), coupling, union. **2.** ~ a flangia (giunto a flangia) (*mecc.*), flange union.

accoppiatore (*radio*), coupler. **2.** ~ (*mot. - aer. - nav.*), coupling gear. **3.** ~ (per il collegamento pneumatico, elettrico ecc., tra due veicoli) (*ferr. - ecc.*), coupler, connector. **4.** ~ acustico (interfaccia fra un normale ricevitore telefonico e un terminale di computer) (*elab.*), acoustic coupler. **5.** ~ automatico (*ferr. - ecc.*), automatic connector. **6.** ~ direzionale (usato nei sistemi a microonde) (*radar - ecc.*), directional coupler. **7.** ~ direzionale esponenziale (accoppiatore direzionale con fattore di accoppiamento esponenziale) (*radar - ecc.*), exponential directional coupler. **8.** ~ per tubi (di un freno ad aria per es.) (*ferr. - ecc.*), hose coupler. **9.** ~ per tubi (o manichette) di vapore (*ferr. - ecc.*), steam hose coupler.

accorciamento (*gen.*), shortening. **2.** ~ (nelle prove di compressione) (*prove materiali*), shortening.

accorciare (*gen.*), to shorten.

accorciato (*gen.*), shortened.

accordare (uno strumento musicale), to tune, to attune.

accordarsi (convenire, concordare) (*comm.*), to agree, to come to an agreement, to bargain.

accordatore (di strumento musicale) (*op.*), tuner.

accòrdo (*comm.*), agreement, composition, bargain. **2.** ~ (combinazione armonica di varie note) (*acus.*), accord, chord. **3.** ~ (*radio*), *vedi* sintonizzazione. **4.** ~ generale su tariffe e commercio (*comm.*), General Agreement on Tariffs and Trade, GATT. **5.** ~ internazionale (*comm. - ecc.*), international agreement. **6.** Accordo Monetario Europeo (AME) (*finanz.*), European Monetary Agreement, EMA. **7.** ~ scritto (*comm.*), written agreement. **8.** ~ tonale (*acus.*), just tuning. **9.** proposta di ~ (pacchetto di proposte) (*comm.*), package deal.

accostamento (atto di avvicinarsi) (*gen.*), approach. **2.** ~ rapido (*gen.*), rapid approach. **3.** fase di ~ (intervallo tra l'applicazione della pressione e l'applicazione della corrente di saldatura) (*saldatura a punti*), squeeze time. **4.** manovra di ~ (*nav.*), hauling, haulage.

accostare (avvicinare), to approach. **2.** ~ (*veic.*), to go alongside. **3.** ~ (cambiare direzione) (*nav. - aer.*), to haul. **4.** ~ a dritta (*nav. - aer.*), to haul to starboard. **5.** ~ a sinistra (*nav. - aer.*), to haul to port.

accostarsi (*nav.*), to come alongside.

accreditare (*comm.*), to credit.

accredito (credito) (*comm.*), credit. **2.** ~ (accreditamento) (*comm.*), crediting.

accrescimento (*gen.*), growth, accretion.

accumulare (*gen.*), to accumulate.

accumulatore (*gen.*), accumulator. **2.** ~ (batteria di accumulatori) (*elett.*), storage battery (ingl.), battery. **3.** ~ (*elett.*), storage cell (am.), secondary cell. **4.** ~ (idraulico ecc.) (*app.*), accumulator. **5.** ~ (di una calcolatrice) (*elab.*), accumulator. **6.** ~, *vedi anche* batteria. **7.** ~ alcalino (*elett.*), alkaline battery. **8.** ~ al ferro-nichel (*elett.*), nickel-iron battery, Edison accumulator. **9.** ~ a liquido immobilizzato (*elett.*), battery with unspillable electrolyte. **10.** ~ al nichel-cadmio (*elett.*), nickel-cadmium battery. **11.** ~ al piombo (*elett.*), lead-acid storage battery. **12.** ~ a molla (*idr.*), spring-loaded accumulator. **13.** ~ a scarica rapida (*elett.*), rapid-discharge battery. **14.** ~ con carica di gas (*idr.*), gas-charged accumulator. **15.** ~ con contrappeso (*idr.*), weighted accumulator. **16.** ~ da trazione (batteria per trazione) (*elett.*), tractor battery. **17.** ~ di combustibile (in un motore a reazione) (*turbina a gas*), fuel accumulator. **18.** ~ di vapore (*ind.*), steam accumulator. **19.** ~ Edison (accumulatore al ferro-nichel) (*elett.*), Edison accumulator. **20.** ~ idraulico (*macch. idr.*), hydraulic accumulator. **21.** ~ stazionario (*elett.*), stationary battery. **22.** batteria di accumulatori (*elett.*), storage battery (ingl.), battery. **23.** batteria stazionaria di accumulatori (*elett.*), stationary storage battery. **24.** capacità dell' ~ (*elett.*), capacity of the battery. **25.** elemento di ~ (*elett.*), battery cell. **26.** elemento doppio di ~ (*elett.*), battery double cell. **27.** griglia di ~ (*elett.*), battery grid. **28.** locale accumulatori (di un sommergibile), battery compartment. **29.** piastra di ~ (*elett.*), battery plate. **30.** vaso dell' ~ (*elett.*), accumulator vessel, accumulator jar, accumulator can. **31.** ~ (*elab.*), *vedi* registro ~.

accumulazione (*gen.*), accumulation. **2.** ~ di elementi portanti (accumulazione di elementi portanti particelle cariche) (*eltn.*), carrier storage. **3.**

anello di ~ (per particelle ad alto livello energetico) (*fis. atom.*), storage ring.
accumulo (raggruppamento di elettroni per es.) (*gen.*), bunching. **2.** ~ di neve (dovuto al vento per es.) (*meteor.*), drifting snow.
accurato, accurate.
accusa (atto di accusa) (*leg.*), prosecution, accusation. **2.** ~ (magistrato accusatore) (*leg.*), prosecutor. **3.** capo di ~ (capo di imputazione) (*leg.*), count.
accusare (*leg.*), to accuse, to charge. **2.** ~ ricevuta (di una lettera per es.) (*comm.*), to acknowledge receipt.
acellulare (*costr. aer.*), noncellular.
àcero (*legn.*), maple. **2.** ~ americano (acero bianco, acero negundo, negundo) (*legn.*), negundo, Acer negundo, box elder, ash-leaved maple. **3.** ~ australiano (*legn.*), blackwood, Australian blackwood. **4.** ~ campestre (acero comune, testucchio, oppio, loppo, loppio) (*legn.*), field maple. **5.** ~ di Norvegia (*legno*), Norway maple. **6.** ~ duro (*legn.*), rock maple. **7.** ~ giapponese (acero palmatum) (*legn.*), Japanese maple. **8.** ~ negundo (negundo, acero bianco) (*legn.*), box elder, ash-leaved, Acer negundo, negundo. **9.** ~ tenero (acero americano tenero) (*legn.*), soft maple.
acetaldeide (CH_3CHO) (*chim.*), acetaldehyde.
acetato (*chim.*), acetate. **2.** ~ basico di piombo (*chim.*), basic lead acetate. **3.** ~ butirrato di cellulosa (per industria plastica per es.) (*ind. chim.*), cellulose acetate butyrate. **4.** ~ di amile (CH_3CO_2–C_5H_{11}) (*chim.*), amyl acetate, banana oil. **5.** ~ di cellulosa (*chim.*), cellulose acetate. **6.** ~ di piombo [$(CH_3COO)_2Pb$] (*chim.*), lead acetate. **7.** ~ di polivinile (*ind. plastica - chim.*), polyvinyl acetate. **8.** ~ propionato di cellulosa (*ind. chim.*), cellulose acetate propionate.
acetico (*a. - chim.*), acetic.
acetificare (*chim.*), to acetify.
acetificazione (p. es. per fermentazione) (*chim.*), acetification, acetation.
acetilcellulosa (acetato di cellulosa) (*chim.*), acetylcellulose, cellulose acetate.
acetile (CH_3CO—) (*chim.*), acetyl.
acetilène (C_2H_2) (*chim.*), acetylene. **2.** ~ di produzione diretta (*ind.*), direct-generation acetylene. **3.** ~ disciolta (*ind.*), dissolved acetylene. **4.** becco ad ~ (*ind.*), acetylene burner. **5.** bombola di ~ (*ind.*), acetylene cylinder. **6.** serie dell'~ (*chim.*), acetylene series.
acetòmetro (*strum. chim.*), acetometer.
acetone (CH_3—CO—CH_3) (*chim.*), acetone.
acìclico (*a. - gen.*), acyclic. **2.** dinamo aciclica (*elett.*), homopolar dynamo, unipolar dynamo.
aciculare (di ghisa per es.) (*a. - metall.*), acicular.
acidatura, *vedi* mordenzatura.
àcidi alifatici (*chim.*), aliphatic acids. **2.** ~ deboli (*chim.*), weak acids. **3.** ~ forti (*chim.*), strong acids. **4.** ~ grassi (*chim.*), fatty acids.
acidificare (*chim. - ind.*), to acidify.
acidimetrìa (*chim.*), acidimetry.
acidìmetro (*strum. chim.*), acidimeter.
acidità (*chim.*), acidity. **2.** ~ inorganica (acidità minerale) (*chim.*), inorganic acidity. **3.** ~ minerale, *vedi* acidità inorganica. **4.** ~ organica (*chim.*), organic acidity. **5.** numero di ~ (mg di soda caustica necessari per neutralizzare gli acidi liberi presenti in un grammo di sostanza) (*chim.*), acid number, acid value. **6.** prova dell'~ (*chim.*), acid test.
àcido (*chim.*), acid. **2.** ~ acetico (CH_3COOH) (*chim.*), acetic acid. **3.** ~ acetico grezzo (*chim.*), wood vinegar. **4.** ~ alifatico (*chim.*), aliphatic acid. **5.** ~ ascorbico (vitamina C) (*farm.*), ascorbic acid. **6.** ~ benzoico (C_6H_5COOH) (*chim.*), benzoic acid. **7.** ~ borico (H_3BO_3) (*chim.*), boric acid. **8.** ~ cacodilico [$(CH_3)_2AsOOH$] (*chim.*), cacodylic acid. **9.** ~ canforico [$C_8H_{14}(CO_2H)_2$] (*chim.*), camphoric acid. **10.** ~ carbonico (*chim.*), carbonic acid. **11.** ~ cianidrico (acido prussico) (HCN) (*chim.*), hydrocyanic acid, prussic acid. **12.** ~ citrico ($C_6H_8O_7$) (*chim.*), citric acid. **13.** ~ cloridrico (HCl) (*chim.*), hydrochloric acid, marine acid. **14.** ~ clorosolfonico (HSO_3Cl) (*chim.*), chlorosulfonic acid. **15.** ~ concentrato (*chim.*), concentrated acid. **16.** ~ cromico (H_2CrO_4) (*chim.*), chromic acid. **17.** ~ debole (*chim.*), weak acid. **18.** ~ della batteria di accumulatori (di una batteria al piombo per es.) (*elettrochim.*), battery acid. **19.** ~ fenico (C_6H_5OH) (*chim.*), carbolic acid, phenol. **20.** ~ fluoridrico (HF) (*chim.*), hydrofluoric acid. **21.** ~ formico (HCO_2H) (*chim.*), formic acid. **22.** ~ forte (*chim.*), strong acid. **23.** ~ fulminico ($HCNO$) (*chim.*), fulminic acid. **24.** ~ idrocianico (HCN) (*chim.*), prussic acid, hydrocyanic acid. **25.** ~ iodidrico (*chim.*), hydriodic acid. **26.** ~ iposolforoso (*chim.*), *vedi* acido tiosolforico. **27.** ~ J (usato per ottenere azocoloranti) (*chim.*), J acid. **28.** ~ lattico (*chim.*), lactic acid. **29.** ~ metafosforico (HPO_3) (*chim.*), metaphosphoric acid. **30.** ~ molto (o poco) concentrato (*chim.*), highly (or lowly) concentrated acid. **31.** ~ muriatico (HCl) (*chim.*), muriatic acid. **32.** ~ nitrico (HNO_3) (*chim.*), nitric acid. **33.** ~ nucleico (acido nucleinico) (*biochim.*), nucleic acid. **34.** ~ oleico ($C_{18}H_{34}O_2$) (*chim.*), oleic acid. **35.** ~ ortofosforico (H_3PO_4) (*chim.*), orthophosphoric acid. **36.** ~ ossalico ($H_2C_2O_4$) (*chim.*), oxalic acid. **37.** ~ palmitico ($C_{16}H_{32}O_2$) (*chim.*), palmitic acid. **38.** ~ periodico (HIO_4) (*chim.*), periodic acid. **39.** ~ picrico [$C_6H_2(NO_2)_3OH$] (*chim.*), picric acid. **40.** ~ pirofosforico ($H_4P_2O_7$) (*chim.*), pyrophosphoric acid. **41.** ~ pirolegnoso (*chim.*), pyroligneous acid, wood vinegar. **42.** ~ pirosolforico ($H_2S_2O_7$) (*chim.*), pyrosulphuric acid. **43.** ~ platinocianidrico [$H_2Pt(CN)_4$] (*chim.*), platinocyanic acid. **44.** ~ prussico (HCN) (*chim.*), prussic acid. **45.** ~ quercitannico (*chim.*), quercitannin, quercitannic acid. **46.** ~ salicilico ($C_7H_6O_3$) (*chim.*), salicylic acid. **47.** ~ selenico (H_2SeO_4) (*chim.*), selenic acid. **48.** ~ selenioso (H_2SeO_3) (*chim.*), selenious acid.

49. ~ solforico (H_2SO_4) (*chim.*), sulphuric acid. **50.** ~ solforico fumante (*chim.*), fuming sulphuric acid, oleum. **51.** ~ solforoso (H_2SO_3) (*chim.*), sulphurous acid. **52.** ~ stearico ($C_{18}H_{36}O_2$) (*chim.*), stearic acid. **53.** ~ succinico [$COOH(CH_2)_2COOH$] (*chim.*), succinic acid. **54.** ~ sulfammico (NH_2SO_3H) (usato per la pulizia di metalli per es.) (*chim.*), sulphamic acid. **55.** ~ tannico (*chim.*), tannic acid, tannin. **56.** ~ tartarico ($C_4H_6O_6$) (*chim.*), tartaric acid, wine acid. **57.** ~ tiosolforico (*chim.*), thiosulphuric acid. **58.** ~ titanico [($Ti(OH)_4$) orto] [($TiO(OH)_2$) meta] (*chim.*), titanic acid. **59.** bagno d' ~ (nel processo di fotoincisione per es.) (*fotomecc.*), acid bath. **60.** prova in ~ (per rivelare i difetti superficiali del metallo mediante immersione in acido di un provino) (*metall.*), pickle test. **61.** resistenza agli acidi (di una vernice per es.) (*tecnol.*), acid resistance.

acidulare (*chim.*), to acidulate.

acilazione (*chim.*), acylation.

acile (radicale acido RCO –) (*chim.*), acyl.

aclastico (non rifrangente) (*a. - ott.*), aclastic.

acline (senza inclinazione, di un ago magnetico sull'equatore magnetico) (*a. - geofis.*), aclinic.

acme (punto culminante) (*gen.*), acme.

a còllo (di vela) (*nav.*), aback. **2.** tutto ~ (*nav.*), all aback.

acònito (*botanica*), aconite.

acqua, water. **2.** ~ acidula (acqua minerale) (*geol.*), acidulous water. **3.** ~ alcalina (acqua minerale) (*geol.*), alkaline water. **4.** ~ a monte (di un fiume per es.) (*idr.*), head water. **5.** ~ a valle (di un fiume per es.) (*idr.*), tail water. **6.** ~ batteriologicamente pura (*med.*), bacteriologically pure water. **7.** ~ calcarea (*chim.*), limewater. **8.** ~ calma (*nav.*), smooth water. **9.** ~ comune (*chim.*), light water. **10.** ~ corrente (*gen.*), running water. **11.** ~ da congelare (*mft. ghiaccio*), freezing water. **12.** ~ dei fondi di stiva (*nav.*), deep tank water. **13.** ~ della conduttura principale (*acquedotto*), main water. **14.** ~ del sottosuolo (*idr.*), ground water. **15.** ~ depurata (*chim.*), purified water. **16.** ~ di adescamento (*cald.*), primage. **17.** ~ di alimentazione (*cald.*), feedwater. **18.** ~ di calce (*chim.*), limewater. **19.** ~ di cloro (*chim.*), chlorine water, bleaching liquid. **20.** ~ di costituzione (*chim.*), water of constitution. **21.** ~ di cristallizzazione (*chim.*), water of crystallization. **22.** ~ di disgelo (*meteor. - idr.*), meltwater. **23.** ~ di fogna (*ed.*), sewer water. **24.** ~ di Javel (soluzione acquosa di ipoclorito di sodio) (*fot. - ind. chim.*), Javel water. **25.** ~ di lavaggio (*ind.*), washing water. **26.** ~ di manovra (di una centrifuga per es.) (*mecc.*), operating water. **27.** ~ di mare, sea water. **28.** ~ d'impasto (per il calcestruzzo per es.) (*ed.*), mixing water. **29.** ~ di piena (*idr.*), floodwater. **30.** ~ di pozzo, well water. **31.** ~ di polpe (*mft. zucchero*), pulp water. **32.** ~ di ricupero (acqua bianca) (*ind. carta*), backwater, white water. **33.** ~ di rifiuto (*ing. civ.*), foul water. **34.** ~ di rifiuto (*ind.*), waste water. **35.** ~ di rifiuto ammoniacale (*chim.*), spent ammonia liquor, ammonia waste. **36.** ~ di rubinetto (*ind. - chim.*), tap water, undistilled water. **37.** ~ di seltz (acqua con anidride carbonica disciolta sotto pressione: contenuta in sifoni) (*ind. alimentare*), soda water, carbonated water. **38.** ~ di sentina (*nav.*), bilge water. **39.** ~ di soda (acqua con anidride carbonica disciolta sotto pressione: contenuta in bottigliette sigillate) (*ind. alimentare*), soda water, carbonated water. **40.** ~ di sorgente, spring-water. **41.** ~ distillata (*chim.*), distilled water. **42.** ~ di zavorra (zavorra liquida) (*nav. - ecc.*), water ballast. **43.** ~ dolce (acqua non dura) (*chim.*), soft water. **44.** ~ dolce (*nav.*), fresh water, FW. **45.** ~ dura (*chim.*), hard water. **46.** ~ ferrugginosa (acqua minerale contenente carbonato di ferro) (*geol.*), chalybeate water. **47.** ~ freatica (acqua di falda freatica) (*geol. - ing. civ.*), groundwater. **48.** ~ industriale (*ind.*), water for general use, service water. **49.** ~ inquinata (acqua infetta) (*gen.*), polluted water, contaminated water. **50.** ~ interstiziale (presente nel petrolio grezzo) (*min.*), formation water. **51.** ~ libera (sufficiente per manovrare) (*nav.*), sea room. **52.** ~ litinica (acqua minerale), lithia water. **53.** ~ litiosa (acqua minerale) (*geol.*), lithia water. **54.** ~ madre (rimanente dopo la cristallizzazione) (*fis. - chim.*), mother liquor. **55.** ~ minerale, mineral water. **56.** ~ morta (*nav.*), dead water. **57.** ~ non potabile (*gen.*), undrinkable water. **58.** ~ ossigenata (H_2O_2) (*chim.*), hydrogen dioxide, hydrogen peroxide. **59.** ~ ossigenata di alta qualità (usata per razzi e mot. a reazione) (*aer. - chim.*), high-test hydrogen peroxide, HTP. **60.** ~ per la tenuta (acqua di tenuta, di un reattore nucleare) (*tubaz.*), seal water. **61.** ~ pesante (*chim. - fis. atom.*), heavy water. **62.** ~ piovana, rainwater. **63.** ~ potabile (*gen.*), drinking water, drinkable water. **64.** ~ potabile refrigerata (per operai, per es.) (*fabbrica*), chilled drinking water, CDW. **65.** ~ ragia, spirits of turpentine, oil of turpentine, turpentine. **66.** ~ ragia minerale (*ind. - chim.*), white spirit. **67.** ~ regia [$1\ HNO_3 + 3\ HCl$] (*chim.*), aqua regia, nitromuriatic acid. **68.** ~ salina (acqua minerale) (*geol.*), saline water. **69.** ~ salmastra, brackish water. **70.** ~ sottostante i giacimenti di petrolio (*min.*), edgewater. **71.** ~ stagnante, dead water. **72.** ~ sulfurea (acqua minerale) (*geol.*), sulphur water. **73.** ~ surriscaldata (*term.*), superheated water. **74.** acque territoriali (*nav.*), marine belt. **75.** addolcitore (o depuratore) d' ~ (per cald. per es.) (*app. ind.*), water conditioner, water softener. **76.** a fior d' ~ (*nav.*), awash. **77.** a tenuta d' ~ (*ind.*), watertight, stanch, staunch. **78.** battente d' ~ (*idr.*), waterhead. **79.** camicia d' ~ (*mot.*), water jacket. **80.** colonna d' ~ (mis. pressione) (*fis. - ecc.*), water column, w.c. **81.** conduttura d' ~, water main. **82.** contatore dell' ~ (*ind.*), water meter. **83.** corso d' ~ (*geogr.*), watercourse. **84.** corso d' ~ navigabile (*geogr.*), waterway. **85.** corso d' ~

navigabile interno (idrovia) (*geogr.*), inland waterway. **86.** d' ~ dolce (di pesci per es.) (*a.* - *gen.*), freshwater. **87.** decantazione dell' ~, water clarification. **88.** depurazione dell' ~ (*ind.*), water conditioning. **89.** fare ~ (difetto) (*nav.*), to leak. **90.** fare ~ (approvvigionarsi di acqua) (*nav.*), to water. **91.** gas d' ~ ($CO + H_2$) (*ind.*), water gas. **92.** infiltrazioni di ~ nella vettura (dovuta a sigillatura difettosa della carrozzeria sotto pioggia) (*aut.*), leakage of water into the car. **93.** livello dell' ~ (*idr.*), water level. **94.** pelo dell' ~ (*idr.*), surface. **95.** prima ~ (*mft. carta*), first water. **96.** quantità d' ~ occorrente per unità di superficie (necessaria per l'irrigazione) (*idr.* - *agric.*), duty of water. **97.** salto d' ~ (*idr.*), waterfall. **98.** senza ~, waterless. **99.** temprare in ~ (*tratt. term.*), to quench in water. **100.** tensione superficiale dell' ~ (*fis.*), water surface tension. **101.** vapore d' ~, steam. **102.** vaporizzazione dell' ~ (*cald.*), water vaporization. **103.** via d' ~ (*nav.*), leak. **104.** ~, *vedi anche* acque.

acquafòrte (*disegno*), etching. **2.** ~ (incisione mediante acido nitrico) (*incisione*), aqua fortis, aquafortis.

acquaio (di cucina, lavello) (*ed.*), sink, kitchen sink.

acquamarina (*min.*), aquamarine.

"acquanauta" (subacqueo che soggiorna sott'acqua per un lungo periodo: mediante ricoveri subacquei permanenti) (*studio del comportamento dell'uomo nell'ambiente marino*), aquanaut.

acquaplano (idroscivolante con motore) (*nav.*), hydroplane. **2.** ~ (senza mot.) (*sport*), aquaplane. **3.** sport dell' ~ (in piedi su di una tavola rimorchiata da motoscafo veloce) (*sport*), aquaplaning.

acquarello (*pittura*), *vedi* acquerello.

acquario, *vedi* aquario.

acquasantièra (*arch.*), stoup, font.

acquatura (di una strada), camber, slope from center to side. **2.** con ~ (*arch.*), weathered.

acquavite (distillato di vino) (*agric.*), aqua vitae. **2.** ~ (di patate, di grano ecc.) (*agric.*), aquavit, akvavit.

acquazzone (*meteor.*), cloudburst, shower.

acque luride (*ed.*), sewage, effluent. **2.** ~ di ricupero (acque bianche) (*mft. carta*), white waters, backwaters. **3.** ~ nere (*mft. carta*), black liquor, spent liquor. **4.** ~ profonde (*nav.*), deepwater. **5.** ~ sotterranee (*geol.*), underground waters. **6.** ~ superficiali (*geol.*), surface waters. **7.** ~ territoriali (*leg. internazionale*), territorial waters, territorial sea.

acquedotto (*idr.*), aqueduct. **2.** ~ cittadino (*tubaz. idr.*), municipal water system.

acquerellare (*arte*), to paint in water colors.

acquerèllo (*pittura*), aquarelle, watercolor.

acquirènte (*comm.*), buyer, purchaser, vendee.

acquisire (*gen.*), to acquire. **2.** ~ (scoprire un bersaglio, un sottomarino per es., per mezzo di un siluro acustico o di un sistema di localizzazione subacquea) (*mar. milit.*), to acquire.

acquisizione (*gen.*), procurement, acquirement. **2.** ~ (acquisto) (*comm.*), procurement, purchase. **3.** ~ (scoperta di un bersaglio per mezzo di un'arma o di un sistema di localizzazione) (*mar. milit.*), acquisition. **4.** ~ dati (*elab.*), data acquisition. **5.** ~ ed inseguimento (di un bersaglio) (*milit.* - *mar. milit.*), acquisition and tracking.

acquistare (*comm.*), to purchase, to buy. **2.** ~ a prezzi troppo elevati (acquistare caro) (*comm.*), to overpurchase.

acquistato (*a.* - *comm.*), bought, purchased. **2.** ~ all'esterno (di particolare o complessivo costruito fuori dello stabilimento produttore del veic. o della macch. o dell'impianto) (*ind.*), bought out.

acquisto (*comm.*), purchase. **2.** ~ a credito (acquisto a rate) (*comm.*), hire purchase. **3.** ~ con ritiro dell'usato (da scontare sul prezzo del nuovo) (*comm.* - *aut.*), trade-in. **4.** analisi degli acquisti ~ (in una grande industria) (*ind.*), purchasing analysis. **5.** fare un nuovo ~ (riordinare) (*comm.*), to reorder. **6.** incaricato degli acquisti ~ (*comm.*), purchasing agent. **7.** ordine d' ~ (*comm.*), purchase order. **8.** punto di ~ (*comm.*), point of purchase. **9.** resi e abbuoni sugli acquisti (*amm.*), purchase returns and allowances. **10.** responsabile acquisti (*org. ind.*), purchase officer, purchasing officer.

acquitrino, swamp, marsh, morass.

acquitrinoso (*agric.*), marshy.

acquoso (*chim.*), aqueous.

acridina ($C_{13}H_9N$, per coloranti artificiali) (*chim.*), acridine.

acrilato (*chim.*), acrylate.

acrìlico (*a.* - *chim.*), acrylic. **2.** resine acriliche (*chim.*), acrylic resins.

acrilonitrile-butadiene-stirene (*ind. chim.*), acrylonitrile-butadiene-styrene, ABS.

acro (*a.* - *mis.*), acre.

acrobatico (relativo ad acrobazia aer.) (*a.* - *aer.*), aerobatic.

acrobazìa (*aer.*), aerobatics, acrobatics. **2.** alta ~ (*aer.*), advanced aerobatics.

acromàtico (*a.* - *ott.*), achromatic. **2.** lente (o obiettivo) ~ (*ott.*), achromatic lens. **3.** prisma ~ (*ott.*), achromatic prism.

acromatismo (*ott.*), achromatism.

acromatizzare (*ott.* - *fot.*), to achromatize.

acromatizzazione (*ott.* - *fot.*), achromatization.

acronimo (voce fatta con le lettere iniziali di altre voci; come: "MOS" = Metal Oxide Semiconductor) (*gen.*), acronym.

acrotèrio (piedistallo) (*arch.*), acroter, acroterion, acroterium, akroter.

acuità (*ott.*), acuity. **2.** ~ visiva (*ott.*), visual acuity.

acumetro, *vedi* audiometro.

acuminato (*mecc.*), keen, sharp.

acùstica (*s.* - *sc. acus.*), acoustics. **2.** ~ (*a.* - *acus.*), acoustic, acoustical. **3.** ~ architettonica (*ed.* - *acus.*), architectural acoustics. **4.** ~ subacquea (scienza che studia la propagazione dei suoni nel mare) (*acus. sub.*), underwater acoustics. **5.** correzione ~ (*acus.*), acoustical correction. **6.** elongazione ~ istantanea (*acus.*), acoustic displacement. **7.** relativo all' ~ subacquea (*acus. sub.*), hydroacoustic. **8.** risonanza ~ (*acus.*), acoustic resonance.

acùstico (*a.*), acoustic, acoustical. **2.** ritorno ~ (*acus.*), acoustic feed-back. **3.** spostamento ~ (*acus.*), acoustic displacement.

acustoottica (interazione tra onde acustiche e luminose) (*s. - fis.*), acoustooptics.

acustoottico (*a. - fis.*), acoustooptical.

acutangolo (ad angolo acuto) (*a. - geom.*), acute-angled.

"acutanza" (di un'immagine) (*fot.*), acutance.

acutezza (*gen.*), sharpness. **2.** ~ di sintonia (*radio*), tuning sharpness.

acuto (*mecc.*), keen. **2.** ~ (di una punta), sharp. **3.** ~ (angolo) (*geom.*), acute. **4.** ~ (di un suono) (*acus.*), high-pitched.

"AD" (acqua dolce) (*nav.*), F, fresh water.

adattabile (*gen.*), adaptable.

adattabilità (*psicol. - psicol. ind.*), adaptability.

adattamento (*gen.*), accommodation. **2.** ~ (dell'occhio all'intensità luminosa per es.), (*ott. - ecc.*), adaptation. **3.** ~ (impedenze) con derivazioni di quarto d'onda (*telev.*), stub matching. **4.** ~ dello stampo (*tecnol. mecc.*), die spotting. **5.** ~ d'impedenza (*elett.*), impedance matching, stub matching. **6.** pezzo di ~, *vedi* adattatore.

adattare (*gen.*), to adapt, to accommodate. **2.** ~ (un'impedenza) (*radio*), to match. **3.** ~ (tele o piallacci) (*mft. pneumatici o compensato di legno*), to ply. **4.** ~ con precisione (aggiustare con precisione) (*mecc.*), to snug.

adattarsi (di un pneumatico alla superficie stradale per es.) (*fis.*), to conform.

adattativo (comando di macch. ut. per es.) (*macch. ut. a c. n.*), adaptive. **2.** comando ~ (sistema di comando che cambia automaticamente i parametri del sistema per migliorare il funzionamento di macch. a c. n.) (*macch. ut. a c. n.*), adaptive control. **3.** comando ~ limitato (regolazione limitata) (*macch. ut. a c. n.*), adaptive control constraint, ACC. **4.** comando ~ ottimale (regolazione ottimale) (*macch. ut. a c. n.*), adaptive control optimization, ACO.

adattato (*gen.*), adapted, made fit, fit. **2.** ~ (aggiustato) (*mecc.*), fitted.

adattatore (pezzo di connessione, dispositivo la cui interposizione consente la connessione) (*mecc.*), adapter. **2.** ~ (di semiconduttore) (*eltn.*), adaptor, un adapter. **3.** ~ a snodo (per guide d'onda per es.) (*radar - strum.*), swivel adapter. **4.** ~ di aggancio multiplo (di veicoli spaziali) (*astric.*), multiple docking adapter, MDA. **5.** ~ di gomma per oculare di mirino ("oculare" di gomma) (*fot.*), eyecup. **6.** ~ di terminale (*tlcm.*), terminal adapter, TA. **7.** ~ di (unità) periferica (*elab.*), peripheral adapter. **8.** ~ panoramico per ricevitore (di segnali radio) (*radio*), panoramic adapter.

adatto (*a. - gen.*), fit, proper, right.

adattòmetro (*strum. med. - ott.*), adaptometer.

addebitare (*comm.*), to charge, to debit.

addébito (*comm.*), debit.

addendo (*mot.*), addend.

addèndum (altezza del dente sopra la primitiva) (*mecc.*), addendum. **2.** ~ cordale (di un dente di ingranaggio) (*mecc.*), chordal addendum. **3.** ~ corretto (di ingranaggio) (*mecc.*), corrected addendum. **4.** ~ maggiorato (di ingranaggio) (*mecc.*), long addendum. **5.** ~ minorato (di ingranaggio) (*mecc.*), short addendum. **6.** angolo ~ (di dente di ruota dentata) (*mecc.*), addendum angle.

addensamento (sulla trama) (*mft. tess.*), beating up. **2.** ~ (ispessimento, di una vernice, di entità non necessariamente tale da renderla inservibile) (*vn.*), fattening. **3.** addensamenti a chiazze (*difetto vn.*), crawling. **4.** rapporto di ~ (rapporto tra difetto di massa e numero di massa) (*fis. atom.*), packing fraction.

addensante (sostanza addensante) (*s. - vn.*), thickening agent, puffing agent. **2.** ~ (sostanza aggiunta all'olio per aumentarne temporaneamente la viscosità) (*chim.*), oil pulp.

addensare (*gen.*), to thicken.

addensarsi (di una vernice per es.) (*chim. - ind.*), to thicken.

addensatore (per il processo di flottazione) (*macch. min.*), densifier, thickener. **2.** ~ (app. per togliere l'eccesso di acqua dalla pasta di legno) (*app. mft. carta*), decker, thickener. **3.** ~ (cavità di un clistron) (*eltn.*), buncher.

addestramento (*psicol. ind.*), training. **2.** ~ (di truppe per es.) (*milit. - aer.*), training, drill. **3.** ~ al combattimento (*milit.*), battle drill. **4.** ~ di gruppo (*pers.*), team training. **5.** ~ in scuola aziendale (*pers.*), vestibule training, vestibule school training. **6.** secondo periodo di ~ (*aer.*), advanced training.

addestrare (*gen. - milit.*), to train, to drill.

addestrato (*a. - gen.*), trained. **2.** ~ (meccanico per es.) (*lav. - pers.*), trained.

addetto (presso ambasciata), attaché. **2.** ~ ad indagini sull'opinione del pubblico (*comm. - ecc.*), pollster. **3.** ~ aeronautico, air attaché. **4.** ~ agli acquisti (*comm.*), purchasing agent. **5.** ~ agli ugelli (*op. metall.*), tuyereman. **6.** ~ ai trasporti (*op. min.*), bummer. **7.** ~ ai trattamenti termici (*op. metall.*), heat-treater. **8.** ~ al controllo della qualità (*tecnol. mecc.*), quality inspector. **9.** ~ al controllo finale (controllore finale) (*radar - aer.*), final controller. **10.** ~ al decapaggio (*op. metall.*), pickler, etcher. **11.** ~ al forno (infornatore, op. che regola la carica e sorveglia il fuoco) (*op. mft. vetro*), teaser. **12.** ~ alla cottura (*mft. carta*), cooker. **13.** ~ alla disincrostazione (mediante pulizia interna della caldaia) (*op.*), scaler. **14.** ~ alla distribuzione dei fioretti (*op. min.*), nipper. **15.** ~

alla frantumatrice (*op. min.*), stampman. **16.** ~ alla griglia (*op. min.*), grizzly man. **17.** ~ alla pesa (*op.*), weigher. **18.** ~ alla posa e manutenzione dei binari (*op. ferr.*), platelayer, trackman. **19.** ~ alla posa mine (*milit.*), miner. **20.** ~ alla sicurezza sul lavoro (*sicurezza lav.*), safety officer. **21.** ~ alla vendita di biglietti (*comm.*), ticket agent. **22.** ~ alla verifica fatture (*pers. amm.*), invoice checker. **23.** ~ alla vigilanza (controllore di sorveglianza) (*radar - aer.*), surveillance controller. **24.** ~ alle misurazioni (*top.*), tapeman. **25.** ~ alle scorie (*op. metall.*), cinderman. **26.** ~ alle siviere (*op. fond.*), ladleman. **27.** ~ all'essiccatore (*op. mft. carta*), dryworker, drierman. **28.** ~ alle vasche di tempera (*op. dei tratt. term.*), quencher. **29.** ~ al radar (*radar - aer.*), radar controller. **30.** ~ al rimettaggio (*op. tess.*), drawer-in. **31.** ~ al rottame (*op. metall.*), scrapman. **32.** ~ al trasportatore (*op.*), conveyorman. **33.** ~ (o conduttore) di locomotive (non viaggiante) (*op. ferr.*), hostler. **34.** ~ forni (*op.*), furnaceman, heater. **35.** ~ macchina (*op.*), machineman. **36.** ~ militare (*milit.*), military attaché. **37.** ~ stampa (di un'industria) (*pubbl.*), press officer.

additivo (*s. - chim.*), additive, addition agent. **2.** ~ eliminatore (sostanza additiva che elimina un componente non voluto) (*chim. fis.*), scavenger. **3.** ~ idrofugo (additivo idrorepellente, per ridurre la capacità di assorbimento di acqua da parte del calcestruzzo) (*ed.*), waterproofer. **4.** ~ per calcestruzzo (*costr.*), concrete additive. **5.** non ~ (*mat.*), nonadditive, non additive.

addizionale (*mecc.*), additional, supplementary. **2.** ~ (quantità di denaro aggiunta all'ammontare del premio per la copertura delle spese) (*ass.*), loading. **3.** aggiungere una ~ (*comm.*), *vedi* caricare.

addizionare (*mat.*), to add, to sum.

addizionato (*a. - gen. - mat.*), added.

addizionatore (parte di una macchina calcolatrice) (*macch. calc.*), adder. **2.** ~ totale (*elab.*), full adder.

addizionatrice (*macch. per uff.*), adding machine, totalizer, totalizator, adder.

addizione (*mat.*), addition. **2.** ~ in parallelo (particolare sistema di ~) (*elab.*), parallel addition.

addolcimento (del metallo per mezzo di trattamento a caldo) (*metall.*), softening.

addolcire (*chim. - metall.*), to soften. **2.** ~ (*metall.*), to unsteel. **3.** ~ (dolcificare acqua) (*ind.*), to sweeten.

addolcitore di acqua (per caldaie per es.) (*app. ind.*), water softener.

addoppiatrice (macchine per la manifattura delle funi), doubler.

addurre (alimentare) (*gen.*), to feed.

adduzione (alimentazione) (*gen.*), feeding, feed. **2.** ~ dell'olio (*macch.*), oil feed.

adeguare (alle necessità per es.) (*ind.*), to gear.

adeguarsi (alle circostanze per es.) (*ind.*), to gear.

adeguato (*gen.*), adequate. **2.** ~ (un prezzo) (*comm.*), reasonable.

adémpiere (soddisfare), to perform, to fulfill.

adenòtomo (*strum. med.*), adenotome.

aderènte (*a. - gen.*), adherent. **2.** ~ (*chim.*), sticking, adhesive.

aderènza (resistenza di attrito radente tra ruota motrice e rotaia per es.) (*mecc. - ferr. - veic.*), adhesion, adhesive force. **2.** ~ (presa, mordenza: di una ruota gommata sull'asfalto per es.) (*gen.*), grip. **3.** ~ (adesione fra materiali diversi: fra tondini e cemento nel cemento armato per es.) (*ing. civ.*), bond. **4.** ~ (*fond.*), rat, scab. **5.** coefficiente di ~ (*ferr.*), traction coefficient.

aderire (*gen.*), to adhere.

aderizzazione (preparazione alla intonacatura) (*ed.*), stabbing.

adescamento (di una pompa per es.) (*idr.*), priming. **2.** con ~ a freddo (di una lampada) (*illum.*), cold-start.

adescare (caricare: una pompa per es.) (*idr.*), to prime.

adescato (pompa per es.) (*idr.*), primed. **2.** non ~ (pompa) (*idr.*), unprimed.

adesione (forza di attrazione molecolare tra superfici di corpi in contatto) (*fis.*), adhesion. **2.** ~ (grado di attaccamento di una vernice al materiale su cui viene applicata) (*vn.*), adhesion. **3.** ~ capillare (nel processo di brasatura) (*mecc. fluidi*), capillary attraction. **4.** ~ della gomma alla tela (*mft. copertoni*), fabric-rubber bodying. **5.** prova di ~ (della gomma) (*prova ind.*), bodying test.

adesivante (*s. - ind. gomma*), tackifier.

adesivimetro (misura l'adesività) (*strum. mis.*), adhesivemeter.

adesività (proprietà di una vernice di opporsi al distacco dalla superficie sottostante) (*vn.*), adhesiveness.

adesivo (*a. - gen.*), adhesive. **2.** ~ (colloso, appiccicaticcio, detto di vernice) (*a. - gen.*), tacky. **3.** ~ (per ind. della gomma per es.) (*s. - gen.*), adhesive, cement. **4.** ~ ceramico (*tecnol.*), ceramic adhesive. **5.** ~ epossifenolico al silicone (*tecnol.*), epoxy-silicone-phenolic adhesive. **6.** ~ organico (*tecnol.*), organic adhesive. **7.** agitatore per ~ (*ind. gomma*), cement churn.

adiabàtica (*s. - fis.*), adiabatic line, adiabat, adiabatic. **2.** curva ~ (*termod.*), adiabatic curve. **3.** equazione della ~ (*termod.*), adiabatic equation.

adiabàtico (*a. - fis.*), adiabatic. **2.** procedimento ~ (*termod.*), adiabatic process. **3.** rendimento ~ (*termod.*), adiabatic efficiency.

adiacènte (*a. - gen.*), adjacent.

adiacenza (contiguità: per es. quella di due caratteri grafici) (*s. - elab. - ecc.*), adjacency.

adiatermanità (proprietà di un corpo che non lascia passare il calore) (*fis.*), adiathermancy.

adiatermano (opaco alle radiazioni colorifiche o infrarosse) (*a. - term.*), athermanous. **2.** ~, *vedi anche* atermano.

adimensionale (*a.* - *gen.*), nondimensional. **2.** ~ (un parametro per es.) (*mat.* - *ecc.*), dimensionless.
adione (ione assorbito da una superficie) (*fis. atom.*), adion.
adoperare (usare, impiegare) (*gen.*), to use.
adottare (*gen.*), to adopt.
adrone (particella elementare che agisce nell'interazione forte) (*fis. atom.*), hadron.
adsorbato (*chim.* - *fis.*), adsorbate.
adsorbente (*a.* - *s.* - *fis.*), adsorbent (*a.* - *n.*).
adsorbimento (*fis.*), adsorption. **2.** ~ chimico (*s.* - *chim.*), chemisorption, chemosorption.
adsorbire (*fis.*), to adsorb.
adugliare (cogliere a ruota, una cima per es.) (*nav.*), to coil.
adulterare (*gen.*), to adulterate.
adulterazione (*gen.*), adulteration. **2.** ~ (sofisticazione) (*gen.*), sophistication.
adunanza (*gen.*), meeting.
adunarsi (*milit.*), to fall in.
aerare (arricchire di aria: per es. un terreno, un aquario ecc.), to aerate. **2.** ~ (rinnovare l'aria in un locale per es.) (*ed. ind.*), to ventilate. **3.** "~" (spedire per via aerea) (*posta aerea*), to airmail. **4.** ~ (dare aria) (*ventilazione*), to air.
aerato (arricchito di aria: per es. un terreno, un acquario ecc.) (*a.*), aerated. **2.** ~ (ventilato, di locale per es.) (*a.* - *ed.* - *ind.*), ventilated. **3.** "~" (spedito per via aerea) (*a.* - *posta aerea*), airmailed.
aeratore (*app. ind.*), aerator.
aerazione (*gen.*), aerification. **2.** ~ (*ed.* - *ind.* - *chim.*), aeration. **3.** ~ forzata (ottenuta con mezzi meccanici) (*fognatura*), bio-aeration.
aèreo (di linea aerea di paranchi per es. o di aeromobile) (*a.* - *aer.* - *trasp.*), aerial. **2.** ~ (*s.* - *radio*), antenna. **3.** ~ (aeromobile) (*s.* - *aer.*), aircraft. **4.** ~ (aeroplano) (*a.* - *aer.*), airplane, plane (am.), aeroplane (ingl.). **5.** ~ ad ala a geometria variabile in volo (*aer.*), swing-wing air craft. **6.** ~ ad ala media (*aer.*), mid-wing airplane. **7.** ~ a fascio (*radio*), beam aerial. **8.** ~ anfibio (*aer.*), amphibian airplane. **9.** ~ a rotore basculante (convertiplano) (*aer.*), tilt rotor plane. **10.** ~ commerciale supersonico (per trasporto persone o merci) (*aer.*), supersonic transport. **11.** ~ da carico (aereo per trasporto merci) (*aer.*), freighter, cargo transport airplane (am.). **12.** ~ da combattimento (*aer.*), combat plane, battleplane. **13.** ~ da trasporto (*aer.*), transport plane. **14.** ~ di collegamento (*aer. milit.*), liaison aircraft. **15.** ~ di linea civile (*aer.*), air liner. **16.** ~ di tipo catapultabile (*aer.*), catapult airplane. **17.** ~ (di tipo) per la marina (*mar.* - *aer.* - *milit.*), naval aircraft. **18.** ~ filato (a bordo di aeroplano) (*radio*), trailing antenna. **19.** ~ in servizio di linea (*aer.*), liner. **20.** ~ munito di sci (*aer.*), ski-plane. **21.** ~ leggero per osservazione tattica (aereo leggero di tipo turistico) (*aer. milit.*), puddle jumper. **22.** ~ (o antenna) a gabbia (*radio*), cage aerial. **23.** ~ osservatore (*aer. milit.*), spotter aircraft. **24.** ~ passeggeri (*aer.*), passenger plane. **25.** ~ per bombardamento in picchiata (*aer.*), dive bomber. **26.** ~ per istruzione (aereo per addestramento) (*aer.*), training plane. **27.** ~ per trasporto merci (*aer.* - *comm.*), airfreighter. **28.** ~ per volo radente (*aer.*), hedgehopping plane. **29.** ~ prototipo (*aer.*), prototype airplane. **30.** ~ trasporto truppe (*aer. milit.* - *milit.*), troop carrier. **31.** per ~ (per via aerea) (*trasp.*), by air. **32.** ~, *vedi anche* aeroplano, apparecchio ed antenna. **33.** grande ~ stratosferico di linea (per trasporto passeggeri e merci) (*aer.*), stratocruiser.
aeriforme (*a.* - *fis.*), aeriform, gaseous. **2.** ~ (*s.* - *fis.*), aeriform (or gaseous) substance. **3.** meccanica degli ~ (*fis.*), pneumatics.
aerocartògrafo (app. per carte da fotografie prese dall'aereo), aerocartograph.
aerocisterna (velivolo dotato di grandi serbatoi di carburante per rifornire in volo altri velivoli) (*aer.*), air tanker.
"aerocondizionatore" (per refrigerazione o condizionamento d'aria), *vedi* condizionatore d'aria.
aerocooperazione (*milit.*), air co-operation.
aerodina (macchina volante più pesante dell'aria) (*aer.*), aerodyne.
aerodinàmica (*s.*), aerodynamics. **2.** di forma ~ (*aut.* - *aer.* - *ecc.*), streamlined. **3.** linea ~ (*aut.* - *aer.* - *ecc.*), streamline.
"aerodinamicista" (esperto in aerodinamica) (*aer.* - *pers.* - *ecc.*), aerodynamicist.
aerodinàmicità (*s.*), streamline.
aerodinàmico (*a.*), aerodynamic. **2.** ~ (carenato) (*a.* - *aerodin.*), streamline.
aeròdromo (*aer.*), airdrome (am.), aerodrome (ingl.). **2.** ~ alternativo (*aer.*), *vedi* aerodromo suppletivo. **3.** ~ di fortuna (*aer.*), *vedi* aerodromo supplementare. **4.** ~ galleggiante (in alto mare) (*aer.*), floating aerodrome. **5.** ~ normale (*aer.*), *vedi* aerodromo regolare. **6.** ~ regolare (*aer.*), regular aerodrome. **7.** ~ supplementare (*aer.*), supplementary aerodrome. **8.** ~ suppletivo (*aer.*), alternate aerodrome. **9.** aerofaro di ~ (*aer.*), aerodrome beacon. **10.** controllo di ~ (*aer.*), aerodrome control. **11.** movimento di ~ (*aer.*), aerodrome traffic. **12.** punto di riferimento dell'~ (*aer.*), aerodrome reference point.
aeroelasticità (*aer.*), aero-elasticity.
aeroelastico (*a.* - *aer.*), aero-elastic.
aeroembolismo (*aer.* - *med.*), aeroembolism.
aerofàro (*aer.*), air beacon, beacon. **2.** ~ di aerodromo (*aer.*), aerodrome beacon. **3.** ~ d'identificazione (*aer.*), identification beacon. **4.** ~ di pericolo (*aer.*), hazard beacon. **5.** ~ di rotta aerea (*aer.*), airway beacon.
aeròfono (*app. aer. milit.*), sound locator.
aerofotocamera (macchina per fotografie aeree, macchina per aerofotografie) (*macch. fot.*), aerocamera.
aerofotocartografia (*fot.* - *aer.*), aerophotocartography.
aerofotografia (*fot.* - *aer.*), aerophotography. **2.** ~

verticale (aerofotografia planimetrica) (*fot.* - *aer.*), vertical aerial photograph. **3.** macchina per ~ (*fot.*), aerocamera, aerial camera.
aerofotogramma (rilievo fot. aereo) (*fot.* - *aer.*), aerophotogram. **2.** ~ planimetrico (*fot.* - *aer.*), planimetric aerophotogram. **3.** ~ prospettico (*fot.* - *aer.*), perspective aerophotogram.
aerofotogrammetrìa (*fot.* - *aer.*), aerophotogrammetry.
aerofreno (freno aerodinamico: superficie mobile per diminuire la velocità di un aereo) (*aer.*), air brake.
aerogelo (solido molto poroso formato dalla sostituzione in un gel di un liquido con un gas) (*chim. fis.*), aerogel.
aerogeneratore (*stazione eolica*), *vedi* aeromotore.
aerogiro (rotodina) (*aer.*), rotorcraft, rotary-wing aircraft.
aerògrafo (*att.*), spray gun, airbrush, aerograph (ingl.).
aerolinea, *vedi* linea aerea.
aerolito (meteorite) (*geol.*), aerolite.
aerologìa (*aer.*), aerology.
aeromeccànica (*s.*), aeromechanics.
aerometro (*strum. mis. per peso specifico*), gravitometer, gravimeter. **2.** ~ di Nicholson (*strum. mis. fis.*), specific-gravity bulb.
aeromòbile (*aer.*), aircraft. **2.** ~ più leggero dell'aria (*aer.*), lighter-than-air craft. **3.** ~ più pesante dell'aria (aerodina) (*aer.*), heavier-than-air craft.
aeromodellismo (*aer.* - *sport*), model aeronautics.
aeromodellistica (*aer.*), model aircraft construction.
aeromodello (modello volante: piccolo aereo con motore o senza non atto al trasporto di persone) (*aer.* - *sport*), model aircraft. **2.** ~ ad ali battenti (*aer.* - *sport*), model flapper. **3.** ~ (a reazione) a razzo (*aer.* - *sport*), rocket-powered model. **4.** ~ canard (*aer.* - *sport*), canard model. **5.** ~ con ala parasole (*aer.* - *sport*), parasol wing model. **6.** ~ con motore ad elastico (*aer.* - *sport*), rubber-powered model. **7.** ~ controllato (*aer.* - *sport*), control-line model, C/L model. **8.** ~ da sala (*aer.* - *sport*), indoor flying model. **9.** ~ in scala (*aer.* - *sport*), flying scale model. **10.** ~ per volo libero (*aer.* - *sport*), free flight model. **11.** ~ radiocomandato (*aer.* - *sport*), radiocontrolled model, R/C model. **12.** ~ tuttala (*aer.* - *sport*), flying wing model. **13.** ~ veleggiatore (aeroveleggiatore) (*aer.* - *sport*), model sailplane.
aeromotore (motore eolico conduttore di generatore elettrico) (*stazione eolica*), windmill.
aeronàuta (*aer.*), aeronaut.
aeronàutica (*s.*), aeronautics. **2.** ~ militare (*aer. milit.*), air force. **3.** elenco prodotti qualificati per l'~ (*aer.*), Air Forces Qualified Products List, AFQPL.
aeronàutico (*a.* - *aer.*), aeronautical, aeronautic. **2.** ingegneria aeronautica (*aer.*), aeronautical engineering. **3.** responsabilità aeronautica (*aer.* - *leg.*), air liability.
aeronavale (una battaglia per es.) (*aer. milit.* - *mar. milit.*), aeronaval.
aeronave (*aer.*), airship. **2.** ~, *vedi anche* dirigibile.
aeronavigazione (*aer.*), air navigation. **2.** ~ a griglia (si riferisce ad una navigazione per cui l'angolo di rotta anziché ai meridiani e paralleli si riferisce ad un sistema a griglia) (*navig.*), grid navigation.
aeronomia (scienza che tratta la fisica e la chimica dell'atmosfera superiore) (*fis.* - *chim.*), aeronomy.
aeroplano (*aer.*), aeroplane (ingl.), airplane, plane. **2.** ~, *vedi anche* aereo, apparecchio, velivolo. **3.** ~ a comandi riuniti (*aer.*), combined control plane. **4.** ~ ad ala alta (*aer.*), high-wing airplane. **5.** ~ ad ala anulare (*aer.*), annular-wing aircraft. **6.** ~ ad ala bassa (*aer.*), low-wing airplane. **7.** ~ ad ala fissa (*aer.*), fixed-wing aircraft. **8.** ~ ad ala rotante (*aer.*), rotary-wing aircraft, rotating-wing aircraft, rotorcraft, rotor plane. **9.** ~ a decollo corto (*aer. milit.*), short takeoff aircraft. **10.** ~ a decollo verticale (*aer.*), vertical takeoff aircraft, VTOL aircraft. **11.** ~ ad elica propulsiva (*aer.*), pusher airplane. **12.** ~ ad elica trattiva (*aer.*), tractor plane. **13.** ~ ad energia atomica (*aer.*), atom-powered airplane. **14.** ~ a geometria variabile (~ che può variare l'angolo di freccia) (*aer.*), variable geometry air-craft. **15.** ~ a grande autonomia (*aer.*), long-range plane. **16.** ~ anfibio (*aer.*), amphibian. **17.** ~ anfibio a galleggianti (*aer.*), float amphibian. **18.** ~ anfibio a scafo (*aer.*), boat amphibian. **19.** ~ a pattini (*aer.*), airplane on skis. **20.** ~ appartenente ad una nave portaerei (*aer.*), carrier airplane. **21.** ~ a razzo (aeroplano con propulsione a razzo) (*aer.*), rocket plane. **22.** ~ a reazione (ad ossigeno atmosferico) (*aer.*), jet plane. **23.** ~ a reazione (ad ossigeno compreso nel combustibile) (*aer.*), rocket plane. **24.** ~ a struttura mista (parte in legno, parte in metallo) (*aer.*), composite aircraft. **25.** ~ attrezzato per la prova dei motori installati (*aer.*), flying test bed. **26.** ~ a turbogetto (*aer.*), turbojet plane. **27.** ~ (o nave) bersaglio radiocomandato (o teleguidato) (*aer.* - *nav.*), drone. **28.** ~ bimotore (*aer.*), twinmotor plane. **29.** ~ completo (ma privo di motore) (cellula) (*aer.*), airframe. **30.** ~ da bombardamento (*aer.*), bomber, bomber plane. **31.** ~ da bombardamento e trasporto (*aer.*), transport bomber. **32.** ~ da bombardamento leggero (*aer.*), light bomber. **33.** ~ da bombardamento pesante (*aer.*), heavy bomber (plane). **34.** ~ da caccia (*aer.*), pursuit plane, fighter plane. **35.** ~ da carico (aereo che carica merci) (*aer.*), cargo. **36.** ~ da corsa (*aer.*), racing plane. **37.** ~ da noleggio (*aer.* - *comm.*), taxiplane. **38.** ~ da passeggeri (*aer.*), passenger plane. **39.** ~ da ricognizione (*aer.*), scout plane. **40.** ~ da trasporto (*aer.*), cargo plane. **41.** ~ da trasporti pesanti (*aer.*), sky

truck. **42.** ~ di linea (*aer. - comm.*), air liner, airliner. **43.** ~ di linea per volo stratosferico (*aer.*), stratoliner. **44.** ~ di portaerei (*aer.*), carrier-based plane. **45.** ~ gigante trasporto passeggeri (*aer.*), sky liner, aerobus. **46.** ~ impiegato in azioni belliche di sorpresa (*aer. milit.*), raider. **47.** ~ militare (*aer.*), warplane. **48.** ~ monomotore (*aer.*), monomotor (or single-motor) plane. **49.** ~ multimotore (*aer.*), multiengined airplane. **50.** ~ parasole (parasole) (*aer.*), parasol. **51.** ~ per istruzione (pinguino) (*aer.*), penguin (plane). **52.** ~ per volo supersonico (aeroplano con velocità supersonica) (*aer.*), supersonic plane. **53.** ~ plurimotore (*aer.*), plurimotor plane. **54.** ~ postale (aeropostale) (*aer.*), mailplane, postal aircraft. **55.** ~ quadrimotore (*aer.*), quadrimotor plane. **56.** ~ rimorchiatore (per alianti) (*aer.*), towplane. **57.** ~ sanitario (*aer.*), ambulance aircraft. **58.** ~ senza coda (*aer.*), tailless plane. **59.** ~ senza elica (a reazione) (*aer.*), propellerless plane. **60.** ~ senza pilota (*aer.*), pilotless plane. **61.** ~ sperimentale (*aer.*), experimental plane. **62.** ~ terrestre (*aer.*), landplane. **63.** ~ trimotore (*aer.*), trimotor plane. **64.** ~ tuttala (*aer.*), flying wing. **65.** ~ ultrasonico (*aer.*), supersonic plane. **66.** effetto d'~ (errore di rilevamento radiogoniometrico causato dall'angolo dell'antenna filata o dalla parte orizzontale di un'antenna fissa) (*aer. - radio*), aeroplane effect. **67.** grande ~ passeggeri (*aer.*), aerobus, sky liner. **68.** impiego agricolo dell'~ (per seminagione o per uso chimico) (*agric.*), aerial farming.

aeropòrto (*aer.*), airport, aerodrome. **2.** ~ (campo di aviazione) (*aer.*), airfield. **3.** ~ galleggiante (*aer.*), seadrome. **4.** ~ per alianti (*aer.*), glideport. **5.** ~ per reattori (*aer.*), jetport. **6.** ~ satellite (*aer.*), satellite airport. **7.** comando dell'~ (*aer.*), airport command. **8.** ~ *vedi anche* aerostazione.

aeropostale (*aer.*), postal aircraft, mailplane.

aeroscalo (*aer.*), *vedi* aeroporto. **2.** ~ (per dirigibili), airship station. **3.** ~ galleggiante (*aer.*), floating aerodrome, seadrome.

aeroscivolante, *vedi* natante a cuscino d'aria.

aerosilurante, (*aer.*), torpedoplane, torpedo bomber.

aerosilurare (*mar. milit. - aer. milit.*), to hit by aerial torpedo.

aerosiluro, *vedi* siluro aereo.

aerosole (sistema colloidale in cui il mezzo di dispersione è un gas) (*chim.*), aerosol.

aerospaziale (*a. - aer. - astric.*), aerospace. **2.** industria ~ (di veicoli spaziali) (*s. - aer. - astric.*), aerospace.

aerospazio (spazio che circonda la terra, atmosfera compresa) (*aer. - astric.*), aerospace. **2.** ~ (spazio intorno all'aereo quando è in volo per permettergli manovre sicure e impossibilità di collisioni) (*nav. aer.*), airspace.

aerostàtica (*s. - fis.*), aerostatics. **2.** ~ (*s. - aer.*), aerostation.

aerostàtico (*a. - aer.*), aerostatic.

aeròstato (macchina volante più leggera dell'aria) (*aer.*), aerostat. **2.** ~ libero (*aer.*), free balloon. **3.** esercizio degli aerostati (*aer.*), aerostation.

aerostazione (stazione aeroportuale: luogo ove le linee aeree hanno termine; è provvista di aviorimesse, piazzali, uffici di direzione e stazione passeggeri) (*trasp. aer.*), terminal.

aerostière (*aer.*), balloonist.

aerotaxi (*aer.*), air taxi.

aerotècnica (*aer.*), technical aeronautics.

aerotèrmo (*app. term.*), unit heater. **2.** ~ a turbina (senza motore elettrico e con ventilatore mosso da una turbinetta funzionante con lo stesso vapore destinato al riscaldamento) (*app. term.*), turbine type unit heater. **3.** ~ a vapore (*app. term.*), steam unit heater. **4.** ~ collegato a un impianto fisso di ventilazione (*app. term.*), ventilated unit heater. **5.** ~ con motore elettrico (*app. termoelett.*), electroventilating unit heater.

aerotermodinamica (termodinamica dei gas) (*fis.*), aerothermodynamics.

aerotermometro (*strum.*), *vedi* teletermometro.

aerotraino (traino aereo) (*aer.*), aerotow.

aerotrasportatore (organizzatore di trasporti, società di aerotrasporto) (*aer.*), air carrier. **2.** ~ charter (*aer. comm.*), nonsked.

aerotrasporto (trasporto per via aerea) (*trasp.*), air transport. **2.** ~ di merci (trasporto merci per via aerea) (*trasp.*), freight air transport, airfreight.

aerotreno (a cuscino d'aria su monorotaia) (*trasp. ferr.*), aerotrain.

aeroveleggiatore (aeromodello veleggiatore) (*aer. - sport*), model sailplane.

afèlio (*astr.*), aphelion.

affacciato (di fronte) (*a. - gen.*), opposite, facing.

affare (*comm.*), business, deal. **2.** andamento degli affari (*comm. - ecc.*), trade cycle. **3.** concludere un ~ (*comm.*), to strike a bargain. **4.** uomo d'affari (*comm.*), businessman.

affaticamento (del metallo per es.) (*tecnol. - ecc.*), fatigue. **2.** ~ del materiale (fatica del materiale) (*tecnol.*), fatigue of material.

afferrare (*gen.*), to grasp. **2.** ~ mordere (di àncora per es.) (*nav.*), to bite.

affettatrice (di pane, prosciutto ecc.) (*macch. - comm.*), slicer.

affettività (*psicol.*), affectivity.

affetto (*psicol.*), affect.

affiancare (*nav.*), to go alongside.

affiancato (*milit. - nav.*), side by side, abreast.

affibbiare (una fibbia), to buckle.

affibbiato (*gen.*), buckled.

affidabile (sicuro) (*gen.*), reliable, dependable **2.** non ~ (*gen.*), unreliable, not reliable.

affidabilità (sicurezza funzionale) (*gen.*), reliability. **2.** grado di ~ (p. es. di un meccanismo elettrico

ecc., sistema o prodotto) (*prod. ind.*), reliability level.
affidamento (*gen.*), trust, dependability. **2.** di ~ (sicuro) (*a. - mecc. - ecc.*), reliable, dependable.
affidare (un lavoro per es.) (*gen.*), to give in charge. **2.** ~ temporaneamente (*leg.*), to bail.
affidavit (dichiarazione giurata) (*leg.*), affidavit.
affievolimento (evanescenza, fluttuazione) (*radio*), fading.
affievolirsi (*gen.*), to fade, to die out.
affilamole (utensile per affilare le mole per mezzo di diamante industriale) (*ut.*), diamond dresser.
affilare (operazione meccanica), to sharpen. **2.** ~ (per mezzo di apposita pietra: una lama per es.) (*mecc.*), to stone. **3.** ~ (ristabilire lo spazio originario tra i denti) (*manutenzione lame da sega*) to gum. **4.** ~ un utensile (*tecnol. mecc.*), to grind a tool.
affilatezza (di una lama), sharpness.
affilato (*mecc.*), sharp.
affilatore (di utensili, seghe ecc.) (*op. mecc.*), sharpener.
affilatrice (*macch. ut.*), sharpener, sharpening machine, grinder, grinding machine. **2.** ~ automatica per seghe a nastro (*macch. ut.*), automatic band saw sharpening machine. **3.** ~ automatica per seghe circolari (*macch. ut.*), automatic circular saw sharpening machine. **4.** ~ per brocce (*macch. ut.*), broach sharpening machine, broach grinder. **5.** ~ per creatori (*macch. ut.*), hob sharpening machine, hob grinder. **6.** ~ per frese (*macch. ut.*), cutter grinder. **7.** ~ per frese a lame riportate (*macch. ut.*), inserted-blade cutter grinding machine. **8.** ~ per lame (*macch. ut.*), blade sharpener. **9.** ~ per punte (per punte elicoidali) (*macch. ut.*), twist drill grinding machine, drill pointer, drill sharpener. **10.** ~ per seghe (*macch. ut.*), saw sharpening machine, scuffler, gummer (am.). **11.** ~ per seghe a nastro (*macch. ut.*), band saw sharpener. **12.** ~ per seghe circolari (*macch. ut.*), circular saw sharpener, circular saw grinding machine. **13.** ~ per spine dentate (*macch. ut.*), broach sharpening machine. **14.** ~ per utensili (*macch. ut.*), tool grinder, tool grinding machine. **15.** ~ per utensili da tornio (*macch. ut.*), lathe tool grinding machine. **16.** ~ universale (*macch. ut.*), universal sharpening machine. **17.** ~ universale per utensili (*macch. ut.*), universal tool grinder.
affilatura (*mecc.*), sharpening. **2.** ~ a croce (affilatura a diamante, dell'estremità di una punta da trapano per formare dei taglienti secondari) (*ut.*), splitting, notching. **3.** ~ con pietra (*mecc.*), stone grinding. **4.** ~ di stampi (*mecc.*), die sharpening. **5.** mancanza di ~ (*ut.*), dullness.
affiliata (società affiliata) (*finanz.*), subsidiary company, affiliated company.
affinaggio (*metall.*), *vedi* affinazione. **2.** ~ (processo mediante il quale si eliminano dal vetro fuso i gas non disciolti) (*mft. vetro*), refining, fining.
affinamento (della forma) (*nav. - ecc.*), streamlining. **2.** ~ aerodinamico (p. es. di una forma esterna di un aereo per diminuirne la resistenza aerodinamica) (*aer.*), cleanup.
affinare (*metall.*), to refine. **2.** ~ (dare forma aerodinamica) (*aerodin.*), to streamline. **3.** ~ per zone (mediante fusione per zone) (*metall.*), to zone refine.
affinato (di metallo per es.) (*metall.*), refined, R. **2.** ~ e temprato (*metall.*), refined and hardened, R&H.
affinazione (*metall. - fond.*), refining, converting, affinage. **2.** ~ del grano (o della grana) (*metall.*), grain refining. **3.** ~ su suola (*metall.*), open-hearth refining.
affinità (*gen.*), affinity, relationship. **2.** ~ (*chim.*), affinity.
affioramento (di giacimento per es.) (*geol. - min.*), outcrop. **2.** ~ (separazione di uno o più pigmenti durante l'essiccamento) (*difetto vn.*), floating.
affiorante (giacimento per es.) (*geol.*), outcropping.
affiorare (emergere: di un sommergibile) (*mar. milit.*), to surface. **2.** ~ (di un giacimento) (*geol. - min.*), to outcrop.
affissione (*pubbl.*), postering, billposting.
affisso (parte mobile di finestra) (*ed.*), sash. **2.** ~ (cartello) (*pubbl.*), placard, poster.
affittanza (*agric. - ecc.*), farm rent.
affittare (*comm.*), to lease, to rent.
affitto (*comm.*), lease, rent. **2.** canone di ~ (*comm.*), rental. **3.** in ~ (d'affitto) (*a. - comm.*), rental.
affluènte (fiume) (*geogr.*), confluent, tributary, bayou (am.).
affluire (*gen.*), to flow in.
afflusso (*gen. - idr. - ind.*), inflow, influx. **2.** ~ di capitali (*finanz.*), influx of capitals.
affollare (*gen.*), to crowd.
affollarsi (*gen.*), to crowd.
affondamento (*nav. - geol.*), sinking. **2.** ~ a carico di compressione (deformazione a carico di compressione, di un sedile) (*aut. - ecc.*), compression load deflection. **3.** ~ di pali (*ed.*), pile-driving.
affondare (*nav. - geol.*), to sink. **2.** ~ (colare a picco) (*mar. - milit.*), to send to the bottom. **3.** ~ (premere un modello nella terra di una forma allo scoperto per es., per ottenere l'impronta) (*fond.*), to bed in. **4.** far ~ per collisione (collisione e affondamento di una barca ad opera di un'altra barca) (*nav.*), to run down.
affondata (picchiata in candela, candela) (*aer.*), nose dive, terminal nose dive. **2.** ~ (*aer.*), *vedi* picchiata.
affondato (*gen.*), sunk, sunken. **2.** ~ (detto di una nave) (*nav.*), sunk, sunken.
affossatore (*macch. agric.*), ditching machine, ditcher.
affossatrice (scavatrice per fossi) (*macch. agric.*), ditching machine, ditcher.
affrancare (incollare i francobolli sulla posta) (*posta*), to frank.

affrancatrice (*macch. postale*), franking machine, postage meter.
affrancatura (francobollo apposto sulla posta) (*posta*), postage.
affrescare (*pittura*), to fresco.
affrescatore (*pittura*), frescoer.
affresco (fresco, pittura a fresco, forma di pittura fatta su un intonaco di calce ancora fresco) (*pittura*), fresco.
affrontare (una difficoltà per es.) (*gen.*), to face. **2.** ~ (un problema) (*gen.*), to deal with, to deal by.
affumicare (*gen.*), to smoke, to blacken.
affumicato (*gen.*), smoked.
affumicatura (*gen.*), smoking.
affustino (sottoaffusto) (*artiglieria*), lower carriage.
affusto (di cannone) (*artiglieria*), carriage, mount. **2.** ~ a doppia coda (*artiglieria*), split-trail gun carriage. **3.** ~ a scomparsa (*artiglieria*), disappearing carriage. **4.** ~ ferroviario (*ferr.*), railway mount. **5.** ~ (o cannone) per batteria a cavallo (*milit.*), galloper (gun) light fieldpiece.
afnio (Hf - *chim.*), hafnium. **2.** biossido di ~ (HfO_2) (*chim. - refrattari*), hafnia.
afocale (*a. - ott.*), afocal.
"afonizzare", *vedi* isolare acusticamente.
"afonizzazione", *vedi* isolamento acustico.
afotico (*a. - fis.*), aphotic.
agar-agar (*chim.*), agar-agar.
àgata (*min.*), agate.
agathis (conifera della Nuova Zelanda) (*albero - legn.*), kauri.
agave (*ind. tess.*), agave.
agènte (mezzo), agent. **2.** ~ (*comm.*), commission merchant, commission agent. **3.** ~ antidetonante (*mot.*), antiknock agent. **4.** ~ antimpolmonimento (o antispessimento) (*vn.*), antilivering agent, antithickening agent. **5.** ~ antisfiammatura (*vn.*), antiflooding agent. **6.** ~ chimico (*chim.*), chemical agent. **7.** ~ cremante (*ind. gomma*), creaming agent. **8.** ~ di attacco (*ind. chim.*), etchant. **9.** ~ di cambio (*comm. - finanz.*), stockbroker. **10.** ~ di distacco (del pezzo dallo stampo, nella lavorazione della plastica) (*tecnol.*), release. **11.** ~ disperdente (*chim.*), dispersing agent. **12.** ~ di zona (*comm.*), area dealer. **13.** ~ emulsificante (*ind. gomma*), emulsifying agent. **14.** ~ esclusivo (*comm.*), sole agent. **15.** ~ immobiliare (*comm.*), estate agent. **16.** ~ investigativo (*polizia*), detective. **17.** ~ linearizzante (agente che introdotto in piccola quantità durante la polimerizzazione obbliga le molecole a formare catene lineari impedendo la loro ramificazione e ciclizzazione), chain straightener. **18.** ~ marittimo (rappresentante a terra dell'armatore di una nave, che provvede al suo approvvigionamento, riparazione ecc.) (*nav.*), ship's husband. **19.** ~ marittimo (sovrintendente alla vendita del carico di una nave) (*comm. - nav.*), supercargo, ship's husband. **20.** ~ mercerizzante (sostanza che provoca la mercerizzazione) (*tess.*), mercerizing assistant. **21.** ~ modificante (del prodotto finale di una reazione chimica: p. es. la polimerizzazione nella manifattura della gomma) (*chim. ind.*), modifier. **22.** ~ ossidante (*chim.*), oxidizing agent. **23.** ~ per scurire la tinta (del cuoio per es.) (*chim.*), saddening agent. **24.** ~ per sfumatura (agente per "nuanzaggio", per il cuoio per es.) (*chim.*), shading agent, nuancing agent. **25.** ~ polimerizzante (per resine) (*chim.*), polymerizing agent, curative. **26.** ~ postale (ufficiale postale, viaggiante su treno per es.) (*pers. postale*), postal clerk (am.). **27.** ~ pubblicitario (*pubbl.*), advertising agent, advertising man. **28.** ~ riducente (deossidante) (*chim.*), reducer. **29.** ~ riducente (*metall.*), black flux. **30.** ~ ritardante della prevulcanizzazione (*chim. - ind. gomma*), antiscorcher. **31.** ~ schiumogeno (*chim.*), foaming agent. **32.** ~ scolorante (*ind. gomma*), discoloring agent. **33.** ~ stabilizzante (di una reazione nella manifattura della gomma) (*chim. ind.*), stabilizer, stopper. **34.** ~ tensioattivo (sostanza che riduce la tensione superficiale di un solvente) (*ind. chim.*), surface active agent, surfactant. **35.** ~ vulcanizzante (*chim. - ind. gomma*), vulcanizing agent, curative.
agènti di addizione (colloidi aggiunti ad un bagno galvanico per es.) (*elettrochim.*), addition agents. **2.** ~ tensio-attivi (che modificano la tensione superficiale dei liquidi) (*chim. - fis.*), surface-active agents. **3.** resistente agli ~ atmosferici (di prodotto verniciante per es.), weatherproof.
agenzìa (*comm.*), agency. **2.** ~ autorizzata di vendita (concessione) (*comm.*), dealership. **3.** ~ di collocamento (*org. comm. lavoro*), employement agency, job center. **4.** ~ di pubblicità (*comm.*), advertising agency. **5.** ~ immobiliare (~ per acquisti e vendite di proprietà immobiliari) (*comm.*), estate agency.
agevolazione (*comm.*), facility.
agganciamento (attacco, di veicoli ferroviari) (*ferr.*), coupling. **2.** ~ (in volo di due veicoli spaziali) (*astric.*), docking.
agganciare (*mecc.*), to hook. **2.** ~ (attaccare) (*veic. - ecc.*), to hitch, to couple. **3.** ~ (manovrare un veicolo spaziale per unirlo con un altro veicolo spaziale) (*astric.*), to dock.
aggancio (*ferr.*), coupler, drawbar. **2.** ~ (agganciamento di un altro veicolo spaziale) (*astric.*), docking. **3.** adattatore di ~ multiplo (per diversi tipi di veicolo spaziale) (*astric.*), multiple docking adapter, MDA.
aggettante (*arch.*), overhanging.
aggettare (*gen.*), to project. **2.** ~ (*arch. - ed.*), to overhang, to jut.
aggètto (sporgenza) (*arch.*), overhang. **2.** ~ (*mecc. - ed.*), overhang, jut. **3.** ~ (sporgenza laterale dell'ala di maggiore apertura di un biplano, rispetto a quella di minore apertura) (*aer.*), overhang. **4.** ~ (di pezzo fucinato o fuso) (*mecc.*), boss, lug.
agghiaccio (apparecchiatura di comando del timone) (*nav.*), steering gear, tiller gear. **2.** ~ compen-

sato (apparecchiatura che consente un momento torcente proporzionale all'angolo di deviazione del timone) (*nav.*), compensating gear. **3.** ~ idraulico (macchina idraulica del timone) (*nav.*), telemotor.
aggio (*comm.*), agio.
aggiornamento (*comm. - leg.*), adjournment. **2.** ~ (di una carta top. per es.) (*cart - ecc.*), revision. **3.** ~ (di un disegno) (*dis. mecc.*), revision. **4.** ~ (articoli aggiunti, ad uno statuto per es.) (*leg.*), amplification. **5.** ~ (di una pubblicazione) (*gen.*), updating. **6.** ~ (azione di aggiornare) (*s. - gen.*), update. **7.** ~ (programma aggiornato: nuova edizione o nuova variante: per es. di un programma) (*s. - elab.*), new release. **8.** ~ ritardato (*elab.*), delayed updating. **9.** corso di ~ (per piloti per es.) (*gen.*), refresher course, refresher.
aggiornare (completare, rivedere) (*gen.*), to update. **2.** ~ (di disegno meccanico, carta topografica ecc.) (*dis. mecc. - cart. - ecc.*), to revise. **3.** ~ (rinviare) (*comm. - leg.*), to adjourn. **4.** ~ (un registro di carico e scarico per es.) (*contabilità*), to post up.
aggiornato (moderno) (*a. - gen.*), up-to-date. **2.** ~ (rinviato) (*a. - comm. - leg.*), adjourned. **3.** ~ (di un disegno meccanico, carta topografica ecc.) (*dis. mecc. - cart. - ecc.*), revised.
aggiramento (elusione) (*leg. - ecc.*), evasion.
aggirare sull'ala (*milit.*), to outflank.
aggiratore (*telef.*), shunt switch.
aggiudicare (mediante sentenza per es.) (*leg.*), to award.
aggiudicatario (assegnatario, di una fornitura, appalto, in sede di gara) (*comm.*), highest bidder.
aggiudicazione (*leg.*), award.
aggiùngere (*gen.*), to add. **2.** ~ ghisa grezza (nella mft. acciaio) (*fond.*), to pig-back.
aggiunta (*gen.*), addition. **2.** ~ (per calcestruzzo per es.) (*costr. ed.*), admixture.
aggiuntivo (*a. - gen.*), additive. **2.** costante aggiuntiva (*top.*), additive constant. **3.** reazione aggiuntiva (*chim.*), additive reaction.
aggiustabile (*mecc.*), capable of being fitted, fittable.
aggiustaggio (*mecc.*), adjustment, fitting. **2.** ~ (della coda di un aereo alla fusoliera per es.) (*mecc.*), fix.
aggiustamento (di un oculare per es.) (*ott.*), adjustment.
aggiustare (un cuscinetto, un albero per es.) (*mecc.*), to adjust, to fit. **2.** ~ il tiro (apportare piccoli cambiamenti alla gittata e alla direzione: di un'arma) (*arma da fuoco*), to adjust.
aggiustato (*mecc.*), fitted, fit.
aggiustatore (*op. mecc.*), fitter. **2.** ~ di mandrini (per saldatrici di tubi) (*saldatrici di tubi*), stumper. **3.** ~ di modelli (*op. fond.*), pattern setter.
agglomeramento (di veicoli) (*traff. strad.*), bunching.
agglomerante (*a. - gen.*), agglomerative. **2.** ~ (*s. - ind.*), agglomerative base, binder. **3.** ~ (materiale legante, per sabbia) (*s. - fond.*), binding material, binder. **4.** ~ per anime (*fond.*), core binder. **5.** ad ~ resinoide (mola per es.) (*ut.*), resinoid-bonded.
agglomerare (*geol. - fis.*), to agglomerate. **2.** ~ (*mft. vetro*), to frit, to agglomerate. **3.** ~ (sabbia per fonderia per es.) (*fond.*), to bind.
agglomerarsi (di trucioli per es.) (*lav. macch. ut. - ecc.*), to agglomerate.
agglomerato (*s. - geol. - fis.*), agglomerate. **2.** ~ (brichetto) (*s. - fond.*), briquette. **3.** ~ (prodotto di sinterizzazione) (*metall.*), sinter. **4.** ~ di baracche (*urbanistica*), hutment, camp of huts.
agglomerazione (*geol. - fis.*), agglomeration. **2.** ~ (sinterizzazione) (*ind.*), sintering.
agglutinante (*ind.*), agglutinant, agglutinant base. **2.** ~ per mattonelle (*ind.*), briquette cement. **3.** materia ~ (*chim. ind.*), bonding agent, binder.
agglutinare (*ind.*), to agglutinate.
agglutinarsi (di carbone per es.) (*fis.*), to cake together.
aggomitolare (*gen. - ind. tess.*), to ball, to clew.
aggomitolatrice (*macch. tess.*), balling machine.
aggomitolatura (*ind. tess.*), balling.
aggottamento (*mur. - nav.*), bailing.
aggottare (*mur.*), to bail. **2.** ~ (sgottare: acqua da una barca per es.) (*nav.*), to bail.
aggraffare (*mecc.*), to fold, to seam.
aggraffatrice (*macch. ut.*), seamer, seam folding machine, folding brake. **2.** ~ per scatole di latta (aggraffa il coperchio all'orlo) (*macch. ut.*), double seamer.
aggraffatura (giunto di lamiere metalliche) (*mecc.*), folded seam. **2.** ~ (operazione di carpenteria mecc. per congiungere elementi di lamiera) (*lav. lamiere*), seaming, double hemming. **3.** ~ (di lamiere di metallo unite dalla speciale curvatura dei loro bordi: nella copertura del tetto per es. ecc.) (*ed. - scatolame - ecc.*), saddle joint. **4.** ~ (di cinghie di trasmissione) (*mecc.*), clinching. **5.** ~, *vedi anche* graffatura. **6.** ~ diritta (*mecc.*), projecting folded seam. **7.** ~ ribaltata (*mecc.*), flat folded seam.
aggravio (*comm. - finanz.*), burden.
aggregato (*geol.*), aggregate. **2.** ~ (di particelle colloidali tenute insieme da forze elettrostatiche di attrazione per es.) (*chim. fis.*), coacervate. **3.** ~ (insieme, classe, collezione, una serie di elementi matematici) (*s. - mat.*), set, manifold, collection. **4.** aggregati del calcestruzzo (inerti del calcestruzzo) (*costr. ed.*), concrete aggregates.
aggressività (*milit.*), aggressiveness.
aggressivo chimico (*chim. milit.*), war gas, chemical agent, agent. **2.** ~ chimico ad azione fugace (*chim. milit.*), nonpersistent agent. **3.** ~ chimico irritante (*chim. milit.*), irritating agent. **4.** ~ chimico letale (*chim. milit.*), lethal agent. **5.** ~ chimico persistente (*chim. milit.*), persistent agent.
aggrovigliamento (della lana) (*ind. tess.*), cotting, cot.
aggrovigliarsi (di una pellicola fuori del rullo per es.)

(*cinem.*), to jam. **2.** ~ (di un filo, una fune ecc.) (*gen.*), to tangle.
agguanta! (basta!) (*nav.*), avast!
agguantare (frenare o arrestare il movimento di un cavo o di un natante) (*nav.*), to hold, to catch. **2.** ~ (prendere) (*gen.*), to lay hold of, to lay hold on.
aghi (dello scambio o del deviatoio) (*ferr.*), points. **2.** ~ presi di calcio (*ferr.*), trailing points. **3.** ~ presi di punta (*ferr.*), facing points.
aghiforme (*a. - gen.*), acicular, needle-shaped. **2.** ~ (di struttura per es.) (*metall. - ecc.*), needlelike.
agio (intervallo tra due rotaie consecutive di un binario per es.) (*ferr. - ecc.*), joint gap. **2.** ~ (*mecc.*), *vedi anche* gioco.
agire (*mecc.*), to act, to operate.
agitare (un liquido), to agitate. **2.** ~ (particelle di un liquido) (*ind. chim.*), to stir, to toss.
agitatore (*app. chim. ind.*), stirrer, agitator. **2.** ~ (mescolatore: per mft. gomma) (*macch. ind.*), mixer. **3.** ~ (sbattitore: per mft. gomma), muddler, churn. **4.** ~ (mescolatore, di un bagno metallico) (*ut. metall.*), rabble. **5.** ~ (att. per mescolare la pasta di legno) (*mft. carta*), hog.
agitazione (*gen.*), agitation. **2.** ~ (del mare, prodotta dal vento) (*meteor.*), disturbance. **3.** ~ termica (delle molecole di un corpo) (*fis.*), thermal agitation. **4.** ~ termica (*termoion.*), thermal agitation.
"AGM" (acceleratore a gradiente magnetico) (*fis. atom.*), magnetic gradient accelerator, MGA.
agnèllo (*ind. lana*), lamb. **2.** ~ bianco latte (*ind. lana*), milk-lamb. **3.** ~ di 5-10 mesi (*ind. lana*), weaner. **4.** ~ di Persia (*ind. pellicce*), Persian lamb.
ago (*gen.*), needle. **2.** ~ (di un iniettore di motore diesel) (*mecc. - mot.*), needle. **3.** ~ (*strum. med.*), needle. **4.** ~ (spillo) (per praticare piccoli fori per la sfuggita dei gas dalle forme) (*fond.*), vent wire, vent rod, pricker. **5.** ~ (~ classificatore di macchina di classificazione delle schede perforate) (*s. - elab.*), needle. **6.** ~ (di una testina di stampante a matrice) (*elab.*), needle, wire. **7.** ~ chirurgico (*med.*), surgical needle. **8.** ~ curvo (di uno scambio) (*ferr.*), curved point. **9.** ~ curvo (*strum. med.*), curved needle. **10.** ~ da calza, knitting needle. **11.** ~ da cucito (*ut. domestico*), dressmaker's needle. **12.** ~ da rammendo, darning needle. **13.** ~ dello scambio (*ferr.*), switch points, points. **14.** ~ di ordinamento (per la cernita e classificazione delle schede perforate) (*elab.*), sorting needle. **15.** ~ diritto (*strum. med.*), straight needle. **16.** ~ indicatore (di uno strumento per es.) (*ind. - strum. - ecc.*), indicating pointer, indicating needle. **17.** ~ magnetico (*fis.*), magnetic needle. **18.** ~ magnetico della inclinazione (*mis. magnetismo terrestre*), inclinatorium, dipping needle. **19.** ~ metallico per pettinare (di stiratoio) (*ind. tess.*), faller. **20.** ~ per macchina da maglieria (*macch. tess.*), knitting needle. **21.** ~ per respiri (ago per sfoghi d'aria) (*fond.*), vent wire, pricker, vent rod. **22.** ~ tagliente (*strum. med.*), sharp needle. **23.** ~ tondo (*strum. med.*), round needle. **24.** calcio dell'~ (di uno scambio) (*ferr.*), point heel. **25.** curva dell'~ (curva dei consumi in funzione della pressione d'alimentazione a giri costanti, di un carburatore ad iniezione) (*mot.*), needle curve. **26.** lima ad ~ (*ut.*), needle file. **27.** punta dell'~ (di uno scambio) (*ferr.*), blade point, blade toe. **28.** tallone dell'~ (di uno scambio) (*ferr.*), blade heel, tongue heel. **29.** ~, *vedi anche* aghi.
agraffare, *vedi* aggraffare.
agraffatrice, *vedi* aggraffatrice.
agraffatura, *vedi* aggraffatura.
agraria (*sc.*), agriculture.
agrìcolo (*a. - agric.*), agricultural.
agricoltore (imprenditore agricolo) (*agric.*), farmer.
agricoltura (*agric.*), agriculture.
agrifòglio (*botanica*), holly.
agrimensore (geometra) (*lav.*), surveyor.
agrologìa (*agric.*), agrology.
agronomìa (*agric.*), agronomy.
agronomo (*agric.*), agronomist.
agugliòtto (di un timone) (*nav.*), pintle, rudder, hinge pin. **2.** ~ inferiore (agugliotto del calcagnolo, del timone) (*nav.*), heel pintle, bottom pintle.
aguzzare (*gen. - mecc.*), to sharpen.
aguzzo (*a. - gen. - mecc.*), keen, sharp.
aia (*agric.*), threshing floor.
"A.I.C.Q." (Associazione Italiana per il Controllo della Qualità) (*tecnol.*), Italian Quality Control Association.
"AIDA" (attenzione, interesse, desiderio, azione: 4 punti per misurare l'efficacia di un annuncio pubblicitario) (*pubbl.*), AIDA, attention, interest, desire, action.
"air terminal" (terminale aereo) (*aer. - trasp.*), air terminal.
aiuola (*ed. - ecc.*), flower bed. **2.** ~ centrale (spartitraffico, di un'autostrada) (*costr. strad.*), median strip.
aiutante (*gen.*), assistant, helper. **2.** ~ di campo (*milit.*), galloper, aide-de-camp (ingl.).
aiuto (*gen. - cinem.*), assistant. **2.** ~ (assistente) (*op.*), mate, helper. **3.** ~ economico (fondi elargiti per es.: all'imprenditore di una nuova miniera od al lancio di una impresa ecc.) (*min. - ind. - finanz.*), grubstake. **4.** ~ fonico (*cinem.*), assistant recordist. **5.** ~ operatore da presa (*cinem.*), assistant cameraman. **6.** ~ regista (*cinem.*), assistant director.
ala (semiala) (*aer.*), wing. **2.** ~ (di un fabbricato) (*arch.*), wing. **3.** ~ (di una trave in ferro a "T", a "L", a "U", a "H") (*metall.*), flange. **4.** ~ (gamba, fianco, lembo, di un'anticlinale o sinclinale) (*geol.*), limb. **5.** ~ (braccio di un semaforo: ferroviario per es.) (*app. segn.*), paddle. **6.** ~ a delta (*aer.*), delta wing. **7.** ~ a fessura (*aer.*), slotted wing. **8.** ~ a freccia (*aer.*), arrow wing, swept-wing. **9.** ~ a geometria variabile (di un velivolo supersonico per es.) (*aer.*), variable-geometry wing. **10.** ~ anulare (*aer.*), annular wing. **11.** ~ a

rivestimento resistente (*aer.*), stressed skin wing. **12.** ~ a sbalzo (*aer.*), cantilever wing. **13.** ~ a semisbalzo (*aer.*), semicantilever wing. **14.** ~ biconvessa (*aer.*), biconvex wing. **15.** ~ concavo-convessa (*aer.*), concavo-convex wing. **16.** ~ di medio spessore (*aer.*), medium-thickness wing. **17.** ~ inferiore (di biplano) (*aer.*), lower wing. **18.** ~ inferiore (di una trave in ferro) (*metall.*), botton flange. **19.** ~ in un sol pezzo (*aer.*), continuous wing. **20.** ~ multicellulare (*aer.*), multicellular wing. **21.** ~ parasole (sopra la testa del pilota) (*aer.*), parasol wing. **22.** ~ ripiegabile (*aer.*), folding wing. **23.** ~ simmetrica (*aer.*), symmetrical wing. **24.** ~ sottile (*aer.*), thin wing. **25.** ~ spessa (*aer.*), thick wing. **26.** ~ supercritica (~ atta a volare in modo efficace a velocità poco inferiore a quella del suono) (*aer.*), supercritical wing. **27.** ~ superiore (di un biplano) (*aer.*), upper wing. **28.** ad ~ a delta (*a. - aer.*), delta-winged. **29.** ad ~ a geometria variabile in volo (di aereo la cui superficie alare, alle alte velocità, si sposta verso l'asse della fusoliera) (*a.- aer.*), swing-wing. **30.** apertura d'~ (*aer.*), span. **31.** estremità dell'~ (*aer.*), wing tip. **32.** tendenza a mettere giù un'~ (specie alle alte velocità) (*difetto aer.*), roll-off. **33.** ~, *vedi anche* ali.

alabarda (vecchia arma), halberd.

alabastro (*min.*), alabaster.

alabbasso (manovra o cima per calare) (*nav.*), downhaul.

aladentro (fune per imbrogliare una vela) (*nav.*), inhaul.

alafuori (fune) (*nav.*), outhaul.

alaggio (*nav.*), haulage. **2.** ~ (di idrovolanti per es.) (*aer.*), beaching. **3.** carrello di ~ (per idrovolanti) (*aer.*), beaching gear. **4.** scalo di ~ (*costr. nav.*), slipway.

alambardata, *vedi* imbardata.

alambicco (*chim. - ind.*), alembic, still.

alare (*nav.*), to haul. **2.** ~ (per caminetto) (*s.*), firedog, andiron. **3.** ~ con forza (*nav.*), to rouse.

alba, dawn, break of day.

albèdo (*astr.*), albedo.

alberare (*nav.*), to step a mast.

alberatura (*nav.*), masts, masting.

alberetto (*nav.*), mast. **2.** ~ (tratto superiore di un albero) (*nav.*), pole. **3.** ~ di belvedere (*nav.*), mizzen-topgallant mast. **4.** ~ di controbelvedere (*nav.*), mizzen-royal mast. **5.** ~ di controvelaccino (*nav.*), foreroyal mast. **6.** ~ di controvelaccio (*nav.*), main-royal mast. **7.** ~ di dicontrovelaccio (alberetto del dicontra) (*nav.*), skysail mast. **8.** ~ di velaccino (*nav.*), fore-topgallant mast. **9.** ~ di velaccio (*nav.*), main-topgallant mast.

albèrgo (*ed.*), hotel. **2.** ~ in zona aeroportuale (in prossimità dell'aeroporto) (*ed.*), airtel. **3.** ~ per automobilisti (*ed.*), motel (am.).

alberi disassati (*mecc.*), offset shafts.

alberino (*mecc.*), spindle, shaft, stem. **2.** ~ del distributore (di mot.) (*mecc. - elett.*), distributor shaft. **3.** ~ di ormeggio (di un dirigibile) (*aer.*), mooring spindle. **4.** ~ principale (di carburatore per es.) (*mecc. mot.*), main shaft.

àlbero (pianta), tree. **2.** ~ (*mecc.*), shaft. **3.** ~ (per il montaggio di ut. da taglio, albero portafresa per es.) (*mecc.*), arbor. **4.** ~ (*nav.*), mast. **5.** ~ (struttura simile ad albero per una rappresentazione dei dati che ne indichi la loro connessione e successione) (*elab.*), tree. **6.** ~ a camme (*mecc.*), camshaft. **7.** ~ a camme ad eccentrici integrali (albero a camme con eccentrici in un sol pezzo con l'albero) (*mecc.*), integral camshaft. **8.** ~ a camme ad eccentrici riportati (albero di distribuzione ad eccentrici riportati) (*mecc.*), built-up camshaft. **9.** ~ a diaframma (per bloccaggio, di un ut. per es.) (*macch. ut.*), diaphragm arbor. **10.** ~ a gomiti (*mot.*), crankshaft. **11.** ~ a gomiti a quattro manovelle (di mot. per es.), four-throw crankshaft. **12.** ~ a gomiti con spalle a disco (albero a manovella con spalle a disco, di un motore diesel per es.) (*mot.*), disc-webbed crankshaft. **13.** ~ a gomiti scomponibile (*mot.*), built-up crankshaft. **14.** ~ a manovella (di un mot. stellare per es.) (*mot.*), crankshaft. **15.** ~ a poppavia (*nav.*), aftermast. **16.** ~ a profilo Whitworth (albero scanalato Whitworth) (*mecc.*), serrated shaft. **17.** ~ a traliccio (di una nave per es.), trellis mast. **18.** ~ ausiliario (falso asse, usato per trasmissione del movimento del mot. alle ruote motrici) (*ferr. elett.*), jack shaft. **19.** ~ base (*mecc.*), standard shaft. **20.** ~ cardanico (provvisto di giunti cardanici) (*mecc.*), cardan shaft. **21.** ~ cavo (per locomotive per es.) (*mecc.*), quill, hollow shaft. **22.** ~ comando accessori (di mot. per es.) (*mecc.*), accessory drive shaft. **23.** ~ comando ponte posteriore (albero di trasmissione al ponte posteriore) (*aut.*), rear axle propeller shaft. **24.** ~ composto (*nav.*), built-up mast. **25.** ~ con piastra di bloccaggio (*macch. ut.*), clamp plate arbor. **26.** ~ da carta (*mft. carta*), paper tree. **27.** ~ degli ingranaggi riduttori (di tornio per es.) (*mecc.*), back gear shaft. **28.** ~ del cambio di velocità (*aut.*), gear shaft. **29.** ~ del compressore (di un turboreattore per es.) (*mecc.*), compressor shaft. **30.** ~ della contropunta (di un tornio) (*macch. ut.*), tail spindle. **31.** ~ della gomma (*ind. gomma*), rubber plant. **32.** ~ della leva di comando sterzo (*mecc. - aut.*), steering gear shaft. **33.** ~ della turbina (*macch.*), turbine shaft. **34.** ~ delle camme in testa (*mot.*), overhead camshaft, o.h.c. **35.** ~ dell'elica (*nav.*), tail shaft. **36.** ~ del rotore (di mot. a reazione per es.) (*mecc.*), centre shaft. **37.** ~ di bompresso (*nav.*), bowsprit. **38.** ~ di carico (picco di carico: per prendere o abbassare il carico nella stiva della nave) (*nav.*), derrick. **39.** ~ di comando accessori (di un motore d'aviazione per es.) (*mecc.*), accessory drive shaft. **40.** ~ (di comando) dell'avanzamento (di una macch. ut.) (*mecc. - macch. ut.*), feed shaft. **41.** ~ di contromezzana (*nav.*), mizzen-topmast. **42.** ~ di controvelaccio (*nav.*), royal mast. **43.** ~ di distribuzione (*aut. - ecc.*), *vedi* albero a camme. **44.** ~ di gabbia (*nav.*), main-topmast. **45.** ~ di mezzana (*nav.*), mizzenmast. **46.** ~ di parrocchetto (*nav.*), fore-topmast. **47.** ~ di propulsione (*mecc.*), propeller shaft. **48.** ~ di prua (*nav.*), foremast. **49.** ~ di rinvio (*mecc.*), lay shaft, countershaft, intermediate shaft. **50.** ~ di torsione (*mecc.*), torque shaft. **51.** ~ di trasmissione (*aut.*), propeller shaft. **52.** ~ di trasmissione a parete (*mecc.*), wall drive. **53.** ~ di trasmissione tubolare (di aut. per es.), tubular propeller shaft. **54.** ~ di trasporto (di tornio) (*mecc.*), feed rod. **55.** ~ di trinchetto (*nav.*), foremast, fore. **56.** ~ espansibile (per bloccaggio, di un ut. per es.) (*macch. ut.*), expanding arbor. **57.** ~ maestro (*nav.*), mainmast. **58.** ~ maggiore (tronco maggiore) (*nav.*), lower mast. **59.** ~ motore (*mecc.*), driving shaft, output shaft. **60.** ~ motore principale (*mecc.*), main driving shaft. **61.** ~ normale (*tecnol. mecc.*), standard shaft. **62.** ~ oscillante (*mecc.*), rockshaft, rocking shaft, rocker shaft. **63.** ~ passante (*mecc.*), through-shaft. **64.** ~ per leva di comando sterzo (*aut.*), steering gear shaft. **65.** ~ pieno (*mecc.*), solid shaft. **66.** ~ portaelica (*aer.*), propeller shaft, airscrew shaft. **67.** ~ portaelica (di una nave) (*nav.*), tail shaft. **68.** ~ portafresa (di una fresatrice) (*mecc. - macch. ut.*), cutter arbor. **69.** ~ portafresa registrabile (*mecc.*), adjustable cutter arbor. **70.** ~ porta ingranaggi (*mecc.*), gear shaft. **71.** ~ porta rulli d'alimentazione (di una macch. per la lavorazione del legno) (*macch. ut.*), feed roller shaft. **72.** ~ primario (del cambio di velocità) (*aut.*), main shaft. **73.** ~ scanalato (*mecc.*), spline shaft. **74.** ~ secondario (del cambio) (*mecc. - aut.*), transmission shaft. **75.** ~ sincronizzatore (di un elicottero bimotore e birotore) (*aer.*), synchronizing shaft. **76.** ~ tubolare (*mecc.*), tubular shaft. **77.** attrezzatura dell'~ (*nav.*), mast rigging. **78.** cerchi d'~ (*nav.*), mast hoops. **79.** doppio ~ a camme in testa (*mot.*), twin -OHC, twin overhead camshaft. **80.** picco di ~ (*nav.*), peak. **81.** portata d'~ (zona supportata di un albero) (*mecc.*), journal. **82.** testa dell'~ (*nav.*), masthead. **83.** tunnel dell'~ di trasmissione (tegolo copritrasmissione) (stampaggio) (*costr. carrozz. aut.*), propeller shaft tunnel panel. **84.** zona supportata di un ~ (portata d'albero) (*mecc.*), journal. **85.** ~, *vedi anche* alberi.

albite (*min.*), albite.

albo (in una fabbrica per es., per l'affissione di ordini ecc.) (*ind. - ecc.*), bulletin board, notice board.

albumina (*chim.*), albumin. **2.** ~ (*fotomecc.*), albumin.

albuminato (*chim.*), albuminate.

albuminòidi (*chim.*), albuminoids.

albuminòmetro (*strum. med.*), albuminometer.

alburno (*legn.*), sapwood, alburn, sap.

alcale (*chim.*), alkali.

alcalescènza (*chim.*), alkalescency.

alcali (*chim.*), alkali.

alcali-cellulosa (cellulosa composta con alcali) (*chim. - ind. carta*), alkali cellulose.

alcalimetrìa (da titolazione) (*chim.*), alkalimetry.

alcalìmetro (*strum.*), alkalimeter.

alcalinità (*chim.*), alkalinity.

alcalinizzare (*chim.*), to alkalize, to alkalify.

alcalinizzazione (*chim.*), alkalinization.

alcalino (*a. - chim.*), alkaline. **2.** accumulatore ~ (*elett.*), alkaline accumulator (or battery).

alcalino-terroso (*a. - chim.*), alkaline-earth. **2.** metallo ~ (*chim.*), alkaline-earth metal.

alcalòide (*chim.*), alkaloid.

alchene (idrocarburo della serie etilenica) (*chim.*), alkene.

alchidico (*a. - chim.*), alkyd. **2.** alchidica corto olio (resina) (*vn.*), short oil alkyd. **3.** alchidica lungo olio (resina) (*vn.*), long oil alkyd. **4.** resina alchidica (vernici, smalti ecc.) (*chim.*), alkyd resin.

alchilazione (*chim.*), alkylation.

alchile (rad.) (*chim.*), alkyl.

alchilene (*chim.*), alkylene.

alclad (duralluminio placcato) (*metall.*), alclad.

àlcool (*gen.*), alcohol, spirit. **2.** ~ alifatico (*chim.*), aliphatic alcohol. **3.** ~ assoluto (*chim.*), absolute alcohol. **4.** ~ butilico (C_4H_9OH) (*chim.*), butyl alcohol. **5.** ~ denaturato (*chim.*), denatured alcohol. **6.** ~ denaturato con metanolo (*chim.*), methylated spirit. **7.** ~ di testa o di coda (prodotto iniziale o terminale della distillazione dei liquori per es.) (*ind. liquori*), feints. **8.** ~ etilico (C_2H_5OH) (*chim.*), ethyl alcohol. **9.** ~ metilico (CH_3OH) (*chim.*), methyl alcohol, wood alcohol. **10.** ~ pirolegnoso (*chim.*), pyroligneous alcohol, pyroligneous spirit. **11.** ~ polivinilico (*chim. - ind. plastica*), polyvinyl alcohol. **12.** rivelatore di ~ (ingerito) (su un'autovettura, per impedire al guidatore di avviare l'autovettura se non è sobrio) (*sicurezza aut.*), alcohol detection device.

alcoòlico (*a. - chim.*), alcoholic.

alcoolòmetro (*strum. chim.*), alcoholometer, alcoholmeter, alcoholimeter.

alcòva (*arch.*), alcove, recess.

aldèide (*chim.*), aldehyde. **2.** ~ formica (HCHO) (*chim.*), formic aldehyde, formaldehyde, methanal.

aldrey (lega di alluminio con 0,5% di magnesio), aldrey.

aleatorio (*a. - elab. - stat. - controllo della qualità*), random.

alerone (alettone) (*aer.*), aileron.

alesaggio (diametro interno) (*mecc.*), bore. **2.** ~ (su alesatrice) (*mecc.*), boring.

alesare (ripassare un foro con un alesatore) (*mecc.*), to reamer, to ream. **2.** ~ (su alesatrice) (*mecc.*), to bore. **3.** ~! (*dis. mecc.*), bore!, B. **4.** ~ al tornio (*mecc.*), to lathe-bore. **5.** ~ col diamante (*operaz. mecc.*), to diamond-bore, DB. **6.** ~ di precisione (*operaz. mecc.*), precision bore, pre bore. **7.** ~ in linea (alesare con la stessa operazione di macchina) (*mecc.*), to "line-bore". **8.** ~ la bancata (~ contemporaneamente i supporti di banco del basamento di un motore a c.i.) (*mecc.*), to "line-bore" the main bearings.

alesato (su alesatrice) (*lav. macch. ut.*), bored. **2.** ~ (a mano, con alesatoio) (*mecc.*), reamed.

alesatoio, *vedi* alesatore.

alesatore (*ut.*), reamer. **2.** ~ (*op.*), borer. **3.** ~ a codolo (*ut.*), stud reamer. **4.** ~ a lame registrabili (*ut.*), adjustable-blade reamer, adjustable reamer, expanding reamer. **5.** ~ a lame riportate (*ut.*), inserted-blade reamer. **6.** ~ a macchina (*ut.*), chucking reamer, machine reamer. **7.** ~ a manicotto (*ut.*), shell reamer. **8.** ~ a scanalature diritte (*ut.*), straight-fluted reamer. **9.** ~ cilindrico (*ut.*), straight reamer. **10.** ~ conico (*ut.*), taper reamer. **11.** ~ espansibile (*ut.*), expanding reamer. **12.** ~ fisso (*ut.*), solid reamer. **13.** ~ flottante (*ut.*), floating reamer. **14.** ~ frontale (per ottenere un fondo piatto in un foro cieco) (*ut. mecc.*), bottoming drill. **15.** ~ per fori cilindrici (*ut.*), straight reamer. **16.** ~ (di estremità) per sgrossatura (*ut. mecc.*), rose reamer. **17.** ~ sferico (*ut.*), ball reamer.

alesatrice (*macch. ut.*), boring machine. **2.** ~ ad una o più teste e mandrini (*macch. ut.*), single or multiple head and spindle boring machine. **3.** ~ ad un solo mandrino (alesatrice monomandrino) (*macch. ut.*), single-spindle boring machine. **4.** ~ a mandrini multipli (alesatrice plurimandrino) (*macch. ut.*), multispindle boring machine. **5.** ~ di precisione per cilindri (*macch. ut.*), cylinder precision boring machine. **6.** ~ finitrice di produzione (*macch. ut.*), production precision boring machine. **7.** ~ idraulica (*macch. ut.*), hydraulic boring machine. **8.** ~ orizzontale (*macch. ut.*), horizontal boring machine. **9.** ~ orizzontale ad alta velocità (per finitura fori) (*macch. ut.*), high-speed horizontal boring machine. **10.** ~ orizzontale a pialla (*macch. ut.*), planer type horizontal boring machine. **11.** ~ orizzontale a tavola (*macch. ut.*), table type horizontal boring machine. **12.** ~ orizzontale a tavola rotante (*macch. ut.*), revolving table horizontal boring machine. **13.** ~ orizzontale con tavola a pavimento (*macch. ut.*), floor table type horizontal boring machine. **14.** ~ ottica di grande precisione (per maschere) (*macch. ut.*), high-precision optical jig borer. **15.** ~ per cilindri (*macch. ut.*), cylinder boring machine. **16.** ~ per finitura fori (*macch. ut.*), precision boring machine, "borematic". **17.** ~ portatile (per blocco cilindri auto per es.) (*macch. ut.*), "boring bar". **18.** ~ tracciatrice (per attrezzature) (*macch. ut.*), jig borer. **19.** ~ universale orizzontale (*macch. ut.*), horizontal boring machine. **20.** ~ verticale (*macch. ut.*), vertical boring machine. **21.** ~ verticale a più mandrini (*macch. ut.*), multiplespindle vertical boring machine. **22.** ~ verticale a più mandrini per alesatura canne blocco cilindri (*macch. ut.*), cylinder block multiplespindle vertical boring machine. **23.** ~ verticale per attrezzature (o per maschere) (*macch. ut.*), jig borer, vertical boring machine (for jigs). **24.** barra ~ (*mecc. - macch. ut.*), boring bar. **25.** montante (del controsupporto) della barra ~ (di alesatrice orizzontale) (*mecc.*), boring stay upright. **26.** montante (di sostegno) della barra ~ (supporto di estremità: di alesatrice orizzontale) (*mecc.*), boring stay.

alesatura (con alesatore a mano) (*mecc.*), reaming. **2.** ~ (su alesatrice) (*mecc.*), boring. **3.** ~ dei cuscinetti di banco (o della bancata) (fatta con una stessa operazione sul basamento di un motore a c. i.) (*mecc.*), "line-boring" of main bearings. **4.** ~ della bancata (*operaz. mecc.*), "line boring" of main bearings. **5.** ~ di fori profondi (*operaz. mecc.*), deep-hole boring. **6.** ~ in linea (alesatura fatta con una stessa operazione, alesatura contemporanea, alesatura fatta con la stessa piazzatura del pezzo da alesare) (*mecc.*), "line-boring", in-line boring. **7.** ~ sferica (*operaz. mecc.*), spherical boring. **8.** ~ su tornio (*mecc.*), lathe-boring. **9.** trucioli di ~ (*mecc.*), borings.

aletta (linguetta) (*mecc.*), tongue. **2.** ~ (di fuso) (*mecc. tess.*), flyer. **3.** ~ (di raffreddamento: di cilindro di mot. a c. i. raffreddato ad aria, di radiatore ecc.) (*trasmissione term.*), fin. **4.** ~ (aletta Flettner) (*aer.*), tab. **5.** ~ antislittamento (per la stabilità laterale) (*aer.*), skid fin. **6.** ~ comandabile (in volo) (*aer.*), controlled tab. **7.** ~ compensatrice (*aer.*), balance tab. **8.** ~ compensatrice automatica (di un timone di profondità per es.) (*aer.*), auto tab. **9.** ~ compensatrice elastica (il cui spostamento è parzialmente determinato dal pilota) (*aer.*), spring tab. **10.** ~ correttrice di assetto (correttore di assetto) (*aer.*), trimming tab, trim tab. **11.** alette della presa d'aria (*mot. aer.*), air-intake guide vanes. **12.** ~ di compensazione (aletta Flettner) (*aer.*), tab. **13.** ~ (o risalto) di guida (protuberanza che serve come guida di una parte mobile per evitare il ribaltamento per es.) (*mecc.*), wing. **14.** ~ di raffreddamento (di cilindro di motore per es.) (*term. mecc.*), (cooling) fin, cooling rib. **15.** ~ direttrice (dell'aria sulla superficie esterna di un'ala) (*aer.*), fence. **16.** ~ di rollìo (chiglia di rollìo) (*nav.*), rolling chock, bilge keel, bilge piece. **17.** ~ Flettner (servocomando, servoaletta: riduce lo sforzo del pilota per il movimento delle superfici sotto controllo di un aereo) (*aer.*), Flettner control. **18.** ~ idrodinamica, piano idrodinamico (piano o ~ di una carena di uno scafo di imbarcazione veloce tendente a sollevare uno scafo in corsa) (*nav.*), hydrofoil. **19.** ~ idrodinamica (posta allo scafo di un idrovolante per facilitare il decollo e l'ammaraggio [pinna]), hydro-ski. **20.** ~ incernierata al bordo di uscita (*costr. aer.*), trailing-edge tab. **21.** ~ servocomando (servo aletta) (*aer.*), servo tab. **22.** ~ stabilizzatrice (*aer.*), fin. **23.** ~ zap (ipersostentatore Alfano) (*costr. aer.*), zap flap. **24.** ~, *vedi anche* alette.

alettare (un tubo per scopi termici per es.) (*term.*), to fin.
alettato (di una superficie trasmittente calore per es.) (*a. - term. - mecc.*), finned.
alettatura (di cilindro di mtc. per es.) (*mecc.*), finning.
alette (di raffreddamento) (*term.*), fins, gills. **2.** ~ raddrizzatrici (sistemate radialmente nella galleria del vento per raddrizzare la corrente d'aria) (*aer.*), fan straighteners. **3.** ~ toroidali della presa d'aria (*mot. aer.*), toroidal-intake guide vanes.
alettone (*aer.*), aileron, balancing flap. **2.** ~ (superficie di sezione aerodinamica regolabile montata su una vettura da corsa) (*aut.*), stabilizer. **3.** ~ a fessura (*aer.*), slotted aileron. **4.** ~ compensato (*aer.*), balanced aileron. **5.** ~ curvo (alettone con inclinazione iniziale) (*costr. aer.*), drooped aileron. **6.** ~ "Frise" (per aumentare la resistenza) (*aer.*), Frise aileron. **7.** ~ sostentatore (superficie di governo usata sia come ipersostentatore che come ~ (*aer.*), flaperon. **8.** compensatore dell' ~ (*aer.*), aileron tab.
alettone-freno (particolare superficie laterale di governo che può combinare il suo effetto di alettone con quello di freno aerodinamico) (*costr. aer.*), deceleron.
alfa, alpha. **2.** particella ~ (*fis.*), alpha particle.
alfabetico (*a. - tip. - ecc.*), alphabetic, alphabetical. **2.** mettere in ordine ~ (*gen.*), to alphabetize, to arrange alphabetically. **3.** ordine ~ (*gen.*), alphabetical arrangement.
alfabèto, alphabet. **2.** ~ a cinque unità (*telegrafia*), five-unit code, Baudot code (ingl.). **3.** ~ Morse (*telegrafia*), Morse code (of alphabet).
alfanumerico (che usa lettere e numeri) (*a. - elab. - ecc.*), alphameric, alphanumeric.
alfiere (*milit.*), standard-bearer.
alga (pianta subacquea) (*botanica*), weed. **2.** ~ marina (*botanica - mar.*), seaweed.
algamatolite (pietra dolce e compatta) (*min.*), algamatolite.
àlgebra (*mat.*), algebra. **2.** ~ delle classi (*mat.*), algebra of sets. **3.** ~ delle matrici (*mat.*), matrix algebra. **4.** ~ di Boole, o ~ Booleana (logica algebrica) (*mat. - elab.*), Boolean algebra. **5.** ~ lineare (*mat.*), linear algebra. **6.** ~ moderna (algebra astratta) (*mat.*), modern algebra, abstract algebra.
algèbrico (*a. - mat.*), algebraic.
algoritmico (*mat.*), algorithmic. **2.** linguaggio ~ (ALGOL) (*elab.*), algorithmic language, ALGOL.
algoritmo (*mat.*), algorithm, algorism. **2.** ~ di perequazione (nelle statistiche di picchi per es.) (*stat. - elab. voce*), smoothing algorithm.
algrafia (stampa planografica su lastra d'alluminio) (*litografia*), algraphy, aluminography.
ali (*aer.*), wings, main planes. **2.** ~ a delta (*aer.*), delta wings. **3.** ~ a freccia (*aer.*), backswept wings. **4.** ~ ripiegabili (di aeroplano di portaerei per es.) (*aer.*), folding wings.
aliante (*aer.*), glider, gliding machine. **2.** ~ libratore (*aer.*), glider. **3.** ~ rimorchiato (*aer.*), towed glider. **4.** ~ veleggiatore (*aer.*), sailplane. **5.** lancio di un ~ (*aer.*), tow-off of a glider.
alibattente (*aer.*), ornithopter.
alibi (*leg.*), alibi.
alidada (di strumento), alidade.
alienare (*gen.*), to alienate, to dispose.
alienazione (*leg.*), alienation.
alifàtico (*chim.*), aliphatic.
alighièro (gancio di accosto) (*nav.*), boat hook.
alimentare (con acqua una cald.) (*cald.*), to feed. **2.** ~ (con combustibile) (*cald.*), to stoke. **3.** ~ (con carburante) (*mot.*), to feed. **4.** ~ (con energia elettrica) (*elett. - eltn.*), to feed, to power. **5.** ~ (rifornire una rotativa per es. con fogli di carta) (*tip.*), to lay on. **6.** ~ con miscela povera (*mot.*), to starve. **7.** ~ dal di sotto (un focolare di caldaia per es.), to underfeed.
alimentato (*gen.*), fed. **2.** ~ da batteria incorporata (p. es.: rasoi, radio, ut. ecc.) (*elett.*), cordless. **3.** ~ dall'alto (da una tramoggia per es.) (*ind.*), overshot.
alimentatore (dispositivo di alimentazione di una macchina industriale) (*app. mecc.*), infeed, feeder. **2.** ~ (di combustibile) (*cald.*), stoker. **3.** ~ (da una sottostazione alla rete di distribuzione) (*elett.*), feeder. **4.** ~ (di macchina tessile per es.), feeder. **5.** ~ (materozza, per alimentare il metallo durante la solidificazione nella forma) (*fond.*), feedhead, feeder head. **6.** ~ (dispositivo che provvede alle necessità di tensione e corrente dei vari circuiti) (*elab.*), power supply. **7.** ~ a disco (alimentatore a tavola rotante) (*disp. macch. ut. - ecc.*), dial feed. **8.** ~ a mano (servito da apposito operaio) (*pressa da stampa*), layer-on. **9.** ~ a scosse (o a vibrazioni: per impianti di trasporto per es.), vibrator feeder. **10.** ~ automatico (*app.*), self-feeder. **11.** ~ automatico (di combustibile per focolare di caldaia per es.) (*cald.*), mechanical stoker, automatic stoker. **12.** ~ automatico (di pezzi da stampare alla pressa) (*macch.*), layer-on. **13.** ~ automatico a tramoggia (*macch.*), automatic hopper feeder. **14.** ~ automatico di documenti (*elab. - ecc.*), automatic document feeder. **15.** ~ del filamento (sorgente di energia che riscalda il catodo) (*valvola termoion.*), A power supply. **16.** ~ di antenna (*radio*), antenna feeder. **17.** ~ di placca (alimentatore anodico) (*valvola termoion.*), B power supply. **18.** ~ intermittente (meccanismo per alimentare in modo non continuo materiali solidi) (*ind.*), chop-type feeder. **19.** ~ per barre (~ di barre alle macchine ut.; p. es. filettatrici, rettifiche ecc.) (*app. macch. ut.*), shaft hopper. **20.** ~ pluriciclo a vari punti di lettura (relativo ad ~ che fa passare più volte la stessa scheda perforata sotto un lettore che legge ogni volta una sola linea) (*elab.*), multiread

feeding, multicycle feeding. **21.** ~ tubolare concentrico (*radio*), concentric tube feeder.

alimentazione (*gen.*), feeding, feed. **2.** ~ (di un circuito) (*elett. - radio*), input. **3.** ~ (movimento comandato del pezzo da lavorare sulla macch. ut.) (*mecc.*), feed. **4.** ~ (*radio - telev. - ecc.*), power supply. **5.** ~ (di combustibile per focolare di caldaia per es.), stoking. **6.** ~ (con trasportatore per es.) (*ind. min.*), feed. **7.** ~ a bocca libera (*ind. min.*), spout feed. **8.** ~ a coclea (*ind.*), screw feed. **9.** ~ a gravità (*mot.*), gravity feed. **10.** ~ a griglia (*ind. min.*), grizzly feed. **11.** ~ a nastro (*ind.*), belt feeding. **12.** ~ a piastra continua (*trasp. ind.*), apron feed. **13.** ~ a pompa (di un mot. per es.) (*mecc.*), pump feed. **14.** ~ (a presa) centrale (di un app.) (*radio - elett.*), center feed (ingl.). **15.** ~ a pressione (*mot.*), pressure feed. **16.** ~ a tamburo (*ind. min.*), drum feed. **17.** ~ a tappeto (metodo di alimentazione della carica per ottenere una uniforme distribuzione della stessa nel forno) (*mft. vetro*), blanket feed. **18.** ~ a tavola (rotante) (*trasp. ind.*), table feed. **19.** ~ a tazze (*trasp. ind.*), scoop feed, bucket feed. **20.** ~ a tazze rotanti (di minerali per es., ottenuta mediante una ruota di grande diametro portante recipienti bilanciati sulla circonferenza) (*trasp. ind. min.*), Ferris wheel feed. **21.** ~ a tramoggia vibrante (*macch. ut.*), vibratory hopper feed. **22.** ~ automatica (di fucile mitragliatore per es.) (*arma da fuoco*), magazine feed. **23.** ~ a visione diretta (di tubaz. di alimentazione per es. realizzate in materiale trasparente) (*mecc. - imp. ind.*), sight-feed. **24.** ~ ciclica (p. es. di documenti) (*elab.*), cyclic feeding. **25.** ~ del campo (*radio-elett.*), field input. **26.** ~ del combustibile (di un forno per es.) (*ind.*), firing. **27.** ~ del combustibile (di un motore) (*aut. - aer. - ecc.*), fuel supply. **28.** ~ delle schede (*elab.*), card feed. **29.** ~ di ritorno (dalle rotaie alla sottostazione) (*ferr. elett.*), return feed. **30.** ~ forzata (di acqua, carburante ecc.) (*mot. - ecc.*), pressure feed. **31.** ~ meccanica della griglia (*cald.*), mechanical stoking of the grate. **32.** ~ in parallelo (p. es. nelle macchine a schede perforate) (*elab.*), parallel feed, sideway feed. **33.** ~ principale (conduttori colleganti un generatore alle sbarre collettrici) (*elett.*), supply mains. **34.** ~ seriale (p. es. nelle macchine a schede perforate) (*elab.*), serial feed. **35.** ~ sotto pressione (sovralimentazione) (*mot.*), boost feeding, boost feed. **36.** ad ~ autonoma (*ind.*), self-powered. **37.** apparecchio di ~ (di cald. per es.), feeding device. **38.** avere ~ povera a regime elevato (*mot.*), to "starve" at high speed (am.). **39.** condotto di ~ (*tubaz.*), feeding line. **40.** dispositivo di ~ automatica dei documenti (*elab.*), automatic document feeder. **41.** nastro di ~ (*mft. carta - ecc.*), feeder band. **42.** piatto di ~ (di una colonna di distillazione per es.) (*chim. ind.*), feed plate. **43.** pompa di ~ (*mot.*), fuel pump. **44.** sistema di ~ a gravità (*mot.*), gravity fuel system. **45.** sportello di ~ (di una mitragliatrice per es.) (*milit. - ecc.*), feed opening.

alimenti (*leg.*), alimony.

aliquota (*gen.*), aliquot.

aliscafo (battello veloce la cui carena esce del tutto fuori dall'acqua, sostenuto da piani idrodinamici che restano immersi insieme ai loro puntoni di collegamento) (*s. - nav.*), hydroplane, hydrofoil. **2.** ~ ad ala immersa (*nav.*), submerged-foil hydrofoil. **3.** ~ ad ala semisommersa (*nav.*), surface-piercing hydrofoil.

alisciatoio (*ut.*), *vedi* alesatore.

alisei (venti) (*meteor.*), trade winds.

alite (silicato di calcio e alluminio) (*cemento Portland*), alite.

alizarina ($C_{14}H_8O_4$) (*chim.*), alizarin. **2.** nero di ~ (tintura) (*chim.*), alizarin black.

alla (elevato a: nell'elevazione a potenza) (*mat.*), to. **2.** cinque ~ meno due (cinque elevato alla meno due) (*mat.*), five (raised) to the minus two (power). **3.** cinque ~ quinta (cinque elevato alla quinta potenza) (*mat.*), five (raised) to the fifth (power).

alla cappa (di nave) (*nav.*), head to the wind.

allacciamento (*gen.*), connection. **2.** ~ (collegamento) (*elett. - ecc.*), connection. **3.** ~ (collega un fabbricato con le condutture principali dell'acqua o del gas) (*ed.*), service pipe. **4.** ~, *vedi anche* connessione.

allacciare (*gen.*), to lace. **2.** ~ (un conduttore elettrico per es.), to connect. **3.** ~ (una cintura di sicurezza per es.) (*aut. - aer. - ecc.*), to fasten.

allacciato (collegato, app. elett. ad una presa di corrente per es.) (*elett.*), connected.

allacciatura (*gen.*), lacing, lashing, binding. **2.** ~ (*elett.*), connection. **3.** ~ a catena per branda (gassa a serraglio e mezzo collo) (*nav.*), marling hitch.

alla deriva (*nav.*), adrift.

alla fonda (*nav.*), at anchor.

allagamento (*gen.*), flooding, inundation. **2.** valvola di ~ (valvola di mare, valvola Kingston) (*nav.*), Kingston valve, flooding valve.

allagare (*idr.*), to flood. **2.** ~ (*nav.*), to flood. **3.** ~ (*min.*), to flood.

allagarsi (*min. - ecc.*), to flood.

allagato (*gen.*), flooded. **2.** ~ (*idr. - gen.*), flooded. **3.** ~ (miniera per es.) (*min. - ecc.*), flooded.

allanite (minerale con 0,02% di uranio e 3,02% di torio) (*min. - radioatt.*), allanite.

alla pari (*comm.*), at par.

allargamento (*gen.*), widening. **2.** ~ (ampliamento) (*gen.*), extension, enlargement. **3.** ~ (di un foro per es.) (*tecnol. mecc.*), widening. **4.** ~ (di un tubo con mandrinatura) (*tecnol. mecc.*), expansion. **5.** ~ (di un tubo per es.) (*tubaz. - ecc.*), expansion. **6.** ~ (recesso, per viti a testa cilindrica) (*mecc.*), counterbore. **7.** ~ (operazione di fucinatura per aumentare mediante spina il diametro interno di un massello cavo per es.) (*fucinatura*), "becking".

8. ~ dell'estremità di un foro (*mecc.*), counterboring. **9.** prova di ~ (mediante maschio conico inserito in un foro di dato diametro praticato vicino al bordo di una lamiera) (*tecnol. mecc.*), drift test. **10.** prova di ~ (dell'estremità di un tubo) (*tubaz.*), expanding test.

allargare (*gen.*), to widen, to enlarge, to extend. **2.** ~ (detto di una cavità: di un pozzo per es.) (*min.*), to underream. **3.** ~ (un tubo di piombo per es., agendo dall'interno) (*mecc.*), to expand. **4.** ~ l'estremità di un foro (*mecc.*), to counterbore. **5.** ~ un foro (*gen.*), to enlarge (or to widen) a hole.

allargatore (per pozzi) (*ut. min.*), underreamer. **2.** ~ cilindrico (alesatore che allarga un tratto del foro) (*ut. mecc.*), counterbore.

allargatubi (*ut.*), tube expander, pipe opener.

allargatura, *vedi* allargamento.

alla rinfusa (*gen.*), pell-mell, pellmell, pêle-mêle. **2.** ~ (a pezzatura mista, "tout-venant", carbone) (*comb.*), through-and-through.

allarme (*gen.*), alarm. **2.** ~ aereo (*aer. milit. - milit.*), air alert. **3.** ~ contro i furti (*disp. sicurezza*), burglar alarm. **4.** complesso di ~ (*gen.*), alarm system, monitoring system. **5.** dare l' ~ , to alarm. **6.** dispositivo di ~ a circuito aperto (*disp. elett.*), open-circuit alarm system. **7.** dispositivo di ~ a circuito chiuso (*disp. elett.*), closed-circuit alarm system. **8.** falso ~ (*mar. milit.*), blind alarm. **9.** falso ~ (p. es. nei rilevamenti radar) (*eltn.*), false alarm. **10.** segnale di ~ (*gen.*), alarm signal. **11.** sistema di ~ tempestivo per missili balistici (*milit.*), ballistic missile early warning system, BMEWS.

allascare (*gen.*), to loosen. **2.** ~ (*nav.*), to loosen, to let go. **3.** ~ , *vedi anche* lascare.

allegare (ad una lettera per es.) (*comm. - uff.*), to enclose.

allegato (*s. - comm. - uff.*), enclosure. **2.** ~ (*a. - comm. - uff.*), enclosed.

alleggerimento (*gen.*), lightening. **2.** ~ (alleggiamento, allibo, di una nave) (*nav.*), lightening. **3.** fori di ~ (*mecc. - ecc.*), lightening holes.

alleggerire (*gen.*), to lighten.

alleggerito (di oggetto o sua parte cui è stato asportato del peso) (*a. - gen.*), lightened.

alleggiamento (*nav.*), *vedi* alleggerimento.

alleggio (foro nella carena di una imbarcazione) (*nav.*), *vedi* leggio.

allenamento (*sport*), training.

allenare (istruire) (*milit. - gen.*), to train, to coach.

allenatore (istruttore) (*sport*), trainer.

allentamento (*mecc.*), loosening. **2.** ~ (gioco) (*mecc.*), looseness.

allentare (*gen.*), to loosen, to slack (en). **2.** ~ (una fune per es.), to slack, to slacken. **3.** ~ (diminuire una tensione per es.) (*gen.*), to ease-off. **4.** ~ il freno (*mecc.*), to release the brake. **5.** ~ una vite (*mecc.*), to unloose a screw.

allentarsi (*mecc.*), to get loose, to become loose, to slack, to slacken.

allentato (di fune per es.) (*a. - gen.*), slack, loose. **2.** ~ (lasco) (*mecc.*), slack, loose. **3.** ~ (di freno per es.) (*mecc.*), released.

allerta (*s. - milit.*), alert.

allestimento (di una nave) (*nav.*), completing. **2.** ~ (di una lavorazione per es.) (*ind.*), equipment, equipping. **3.** ~ (di una spedizione per es.) (*trasp.*), preparation.

allestire, to make ready, to fit out, to prepare, to equip. **2.** ~ (*nav.*), to complete. **3.** ~ ("truccare", una vettura di serie per le corse per es.) (*aut.*), to set up.

allestito (pronto per l'uso) (*macch. - ecc.*), made ready, readied. **2.** ~ (*costr. nav.*), completed, fitted out.

allevamento (*gen.*), breeding. **2.** ~ della pecora (*ind. lana*), sheep breeding.

allevatore (*gen.*), breeder. **2.** ~ di pecore (produttore di lana) (*ind. lana*), woolgrower. **3.** ~ di pecore (australiano) (*ind. lana*), squatter.

allibare (alleggerire la nave sbarcando il carico) (*nav.*), to lighten the ship by unloading.

allibo (alleggerimento, alleggiamento: di una nave) (*nav.*), lightening.

allibratore (*sport*), bookmaker.

alliciamento (spostamento laterale della punta dei denti di una sega) (*mecc.*), set (of the teeth of a saw).

alliciare (una sega) (*falegn.*), to set (the teeth of a saw).

alliciatoio (stradaseghe) (*ut.*), saw set.

alliciatrice (stradatrice, per denti di sega) (*macch.*), saw-setting machine, setter.

alliciatura (operazione di alliciatura) (*mecc.*), saw setting, setting. **2.** ~ (dei denti di una sega) (*mft. seghe*), spring set.

allievo (*milit. - mar. milit.*), cadet.

alligante (elemento alligante) (*s. - metall.*), alloying element.

alligare (legare) (*metall.*), to alloy.

alligato (legato) (*metall.*), alloyed.

alligator (per la costruzione di pali di calcestruzzo) (*macch. ed.*), alligator.

alligazione (miscuglio di diverse qualità di una stessa sostanza) (*metall. - ecc.*), alligation.

allile (—C_3H_5) (rad.) (*chim.*), allyl.

allineamento (*gen. - mecc.*), alignment, alinement, lining. **2.** ~ (*top.*), alignment. **3.** ~ della linea d'assi (*nav.*), shafting alignment. **4.** allineamenti di carburi (*difetto metall.*), carbide stringers. **5.** ~ di controllo (per eliminare difetti nella riproduzione al rallentatore da videoregistratore per es.) (*audiovisivi*), tracking control. **6.** ~ difettoso (*mecc. - ecc.*), misalignment. **7.** cattivo ~ (*mecc.*), misalignment, misalinement. **8.** errore di ~ (*mecc.*), alignment error. **9.** mancato ~ dei lembi (mancata corrispondenza dei lembi, difetto di saldatura) (*tecnol. mecc.*), edge misalignment.

allineare (*mecc.*), to line up, to align, to aline. **2.** ~ (soldati per es.) (*milit.*), to dress. **3.** ~ (i vari stadi) (*radio*), to align. **4.** ~ (~ dati, punti, segni ecc.)

(*elab.* - *tip.*), to justify. **5.** ~ a destra (~ i margini di destra) (*elab.* - *tip.*), to right-justify. **6.** ~ (*tip.* - *elab.*), *vedi anche* giustificare.

allinearsi (contro la concorrenza) (*comm.*), to meet competition, to become competitive.

allineato (*a.* - *mecc.*), aligned, alined, lined up. **2.** ~ (in linea; p. es. di elementi disposti in linea retta) (*a.* - *gen.*), in-line. **3.** ~ (concorrenziale, prezzo per es.) (*comm.*), competitive. **4.** ~ a sinistra (*elab.* - *tip.*), left-justified. **5.** rimanere ~ (di rimorchio con la motrice per es.) (*autotreno*), to track.

allineatore (*strum. top.*), aligner, aliner. **2.** ~ (per cioccolatini per es.) (*imballaggio*), aligner.

allisciatoio, *vedi* alesatore, alesatoio.

allisciatura (stabilitura, strato di rifinitura, civilizzazione) (*mur.*), set, setting coat, skimming coat.

allocare (assegnare: porre una risorsa sotto un programma di controllo) (*elab.*), to allocate.

allocazione (*elab.*), allocation. **2.** ~ di archivio (o di file) (*elab.*), file allocation. **3.** ~ di memoria (p. es. di una data istruzione ecc.) (*elab.*), storage allocation, file allocation, file placement. **4.** ~ di memoria virtuale (*elab.*), virtual storage allocation. **5.** ~ di spazio primario (~ di una parte di spazio di una memoria ad accesso diretto) (*elab.*), primary space allocation. **6.** errata ~ (*gen.*), misallocation.

alloggiamento (*mecc.*), housing, slot. **2.** ~ (di una batteria: in una radio o in una cinepresa per es.) (*gen.*), chamber. **3.** ~ (di una lampada elettrica, di un utensile ecc.) (*mecc.* - *gen.*), socket. **4.** ~ (p. es. di una pellicola in una macch. fot.) (*fot.* - *cinem.*), chamber. **5.** ~ alare (contenente siluri antisommergibili) (*aer. milit.* - *mar. milit.*), wing station. **6.** ~ della dinamo (cavedio della dinamo, di una carrozza ferroviaria per passeggeri) (*ferr.*), generator apartment. **7.** ~ della sorgente luminosa (*faro*), lightroom. **8.** ~ del teleavviatore (*elett.*), solenoid starter housing. **9.** ~ per chiavette (*mecc.*), keyway, spline, slot. **10.** ~ per molla (*mecc.*), spring holder. **11.** fare un ~ per chiavetta (*mecc.*), to spline.

alloggiare (*gen.*), to lodge. **2.** ~ (*mecc.* - *carp.*), to house, to fit in slot. **3.** ~ (soldati in case private) (*milit.*), to billet.

allòggio (in un albergo per es.) (*gen.*), accommodation. **2.** ~ per l'equipaggio (*nav.*), accommodations of the crew.

alloisomeria (*chim. fis.*), alloisomerism.

allomòrfo (*a.* - *min.*), allomorph.

allontanare (*mecc.*), to move away, to spread apart.

allontanarsi (da qualche cosa) (*gen.*), to move away.

allotropìa (*chim.*), allotropy.

allotròpico (*chim.*), allotropic. **2.** modificazione allotropica (*chim.*), allotropic modification.

allòtropo (*chim.*), allotrope. **2.** allotropi del carbonio (*chim.*), carbon allotropes.

allumare (trattare un tessuto con allume) (*ind. tess.*), to alum. **2.** ~ (pelli per es.) (*ind. cuoio*), to alum.

allumatura (trattamento di un tessuto con allume) (*ind. tess.*), aluming. **2.** ~ (di pelli per es.) (*ind. cuoio* - *ecc.*), aluming.

allume (*s.* - *chim.*), alum. **2.** ~ di cromo [$KCr(SO_4)_2 12H_2O$, usato nella concia per es.](*ind. del cuoio*), chrome alum. **3.** ~ di rocca [$KAl(SO_4)_2 \cdot 11H_2O$, kalinite] (*min.* - *chim.*), kalinite.

allumina (Al_2O_3) (*chim.*), alumina. **2.** ~ fusa (*refrattario*), fused alumina.

alluminiare (rivestire con alluminio superfici di acciaio per es.) (*tecnol. mecc.*), to aluminize, to calorize.

alluminiatura, alluminatura (*tecnol.*), aluminizing, calorizing.

alluminio (Al - *chim.*), aluminium, aluminum, alum. **2.** ~ piuma (schiuma di alluminio) (*metall.*), foamed aluminium. **3.** bronzo d' ~ (4-11% Al + Cu) (*metall.*), aluminium bronze. **4.** eliminazione dell' ~ (dall'ottone o dal bronzo) (*metall.*), dealuminizing. **5.** prodotto di ~ sinterizzato (*metall.*), sintered aluminium product, SAP. **6.** schiuma di ~ (alluminio piuma, ottenuto con l'aggiunta di sostanze chimiche e del peso di circa $^1/_7$ dell'alluminio normale) (*metall.*), aluminium foam. **7.** stampa con fogli di ~ (algrafia) (*stampa*), algraphy, aluminography. **8.** tracciatura su fogli di ~ (*mecc.*), aluminium layout.

alluminite (websterite) (*min.*), aluminite, websterite.

alluminoso (*a.* - *chim.*), aluminous. **2.** cemento ~ (*ed.*), aluminous cement.

alluminotermìa (*metall. chim.*), aluminothermy.

allumite (alunite) [$K(AlO)_3(SO_4)_2 3H_2O$] (*min.*), alunite.

"allunaggio" (discesa di una astronave sulla superficie della luna) (*astric.*), mooning. **2.** ~ morbido (allunaggio soffice, di una capsula spaziale per es.) (*astric.*), soft mooning. **3.** veicolo per ~ (*astric.*), lunar landing research vehicle, LLRV.

"allunare" (posarsi sulla superficie lunare: con astronave) (*astric.*), to moon.

allunga (prolunga) (*mecc.* - *ecc.*), adapter.

allungàbile (*gen.*), extensible.

allungamento (*mecc.*), elongation. **2.** ~ (*fis.*), extension, elongation. **3.** ~ (di un profilo aerodinamico: rapporto tra il quadrato dell'apertura e la superficie) (*aer.*), aspect ratio. **4.** ~ (dovuto a trazione) (*sc. costr.* - *tecnol.*), stretch, elongation. **5.** ~ (di una fune per es.), stretching. **6.** ~ alla trazione (*sc. costr.*), stretch, elongation due to pulling stress. **7.** ~ a rottura (di materiali di gomma per es.) (*sc. costr.*), ultimate elongation. **8.** ~ dovuto ad umidità (*mft. carta*), damping stretch. **9.** ~ locale (di un provino sottoposto a prova di trazione) (*tecnol. mecc.*), local extension. **10.** ~ percentuale (prove materiali) (*sc. costr.*), percentage elongation.

allungare (*gen.*), to lengthen.

allungarsi (*gen.*), to lengthen. **2.** ~ (dilatarsi) (*fis.*), to expand.

allungato (*a. - gen.*), extended. **2.** ~ (di un carattere più stretto del normale) (*a. - tip.*), condensed.

allungatore (*gen.*), lengthener. **2.** ~ di linea (usato nelle guide d'onda) (*radar - ecc.*), line stretcher.

allunite (*min.*), *vedi* allumite.

alluvionale (*geol.*), alluvial.

alluvione (*geol.*), alluvion.

alnico (lega per magneti permanenti) (*metall.*), alnico.

alogenazione (*chim.*), halogenation.

alògeno (*chim.*), halogen.

alogenuro (*chim.*), halide.

aloide (*a. - min.*), haloid.

alone (*astr.*), halo. **2.** ~ (*ott. - fot.*), halo. **3.** effetto di ~ (*psicol.*), halo effect. **4.** formare ~ (*ott. - fot.*), to halo. **5.** formazione di ~ (*ott. - fot.*), halation.

alpaca (*ind. tess.*), alpaca.

alpacca (argentone, argentana: lega di rame, zinco, nichel) (*lega*), nickel silver, German silver.

alpaga (*mft. tess.*), extract wool.

alpax (silumina) (*lega*), alpax.

alpinismo (*sport*), mountain climbing, mountaineering.

alpinista (*sport*), mountain climber, mountaineer.

alt (arresto dell'esecuzione di un programma per es.) (*elab.*), halt. **2.** ~ ! (*traff. strad.*), stop!

alta fedeltà (corretta riproduzione del suono, Hi-Fi) (*radio - electroacus.*), hi-fi, high fidelity. **2.** appassionato di elettroacustica di ~ (*mus. hi-fi*), audiophile.

alta frequenza (*elett.*), high frequency.

ALTAI (analisi livellamento e tempificazione automatici integrati; tecnica di programmazione) (*ind.*), ALTAI.

altalena, seesaw.

alta marea (*mar.*), high tide.

alta montagna (*geogr.*), high mountain.

altare (di chiesa) (*arch.*), altar. **2.** ~ (di focolare) (*cald.*), bridge, fire bridge. **3.** ~ (di un forno a riverbero), bridge, fire bridge.

alta tensione (*elett.*), high voltage, high tension.

altazimut, altazimutale (*strum. astr.*), altazimuth.

alterare, to alter.

alterazione (variazione) (*gen.*), alteration, change. **2.** ~ (deteriorazione) (*gen.*), deterioration.

alternanza (*elett. - eltn.*), alternance. **2.** ~ (fatto che avviene alternativamente) (*gen.*), alternation.

alternare (*gen.*), to alternate. **2.** ~ (usare alternativamente) (*gen.*), to alternate.

alternativamente (*avv. - gen.*), alternately.

alternativo (di meccanismo) (*a. - mecc. - gen.*), reciprocating, alternative. **2.** ~ (tra due sole possibilità) (*a. - gen.*), binary. **3.** ~ (sostitutivo) (*a. - gen.*), alternate.

alternato (*a. - fis. - mat.*), alternate, alternating.

alternatore (*macch. elett.*), alternator, a.c. generator. **2.** ~ ad alta frequenza (*radio*), high-frequency alternator. **3.** ~ ad asse verticale (*macch. elett.*), vertical shaft alternator. **4.** ~ ad indotto rotante (*macch. elett.*), rotating armature type a.c. generator. **5.** ~ a ferro rotante (*macch. elett.*), induction alternator. **6.** ~ (con rotore) a poli salienti (*macch. elett.*), salient-pole alternator. **7.** ~ autoeccitato e compensato (*macch. elett.*), self-excited compensated alternator. **8.** ~ autoregolato (*macch. elett.*), self-regulating alternator. **9.** ~ d'asse (*ferr.*), axle-driven alternator. **10.** ~ eteropolare (*macch. elett.*), heteropolar alternator. **11.** ~ sincrono (*macch. elett.*), synchronous alternator. **12.** messa in parallelo di alternatori (*elett.*), connecting alternators in parallel (or in multiple), paralleling of alternators.

alterno (che avviene alternativamente: p. es. di un lavoro che viene effettuato un giorno sì ed uno no) (*a. - gen.*), alternate.

altezza (*gen.*), height. **2.** ~ (*astr.*), elevation. **3.** ~ (*geom.-geogr.*), altitude. **4.** ~ (spessore: di un dado per es.) (*mecc.*), thickness. **5.** ~ (di un suono) (*acus.*), pitch. **6.** ~ (della pezza del tessuto) (*ind. tess.*), width. **7.** ~ (di un triangolo per es.) (*geom.*), altitude. **8.** ~ attiva (del dente) (*mecc.*), working depth. **9.** ~ barometrica (*meteor.*), barometric height. **10.** ~ calcolata (*navig. aer.*), computed altitude. **11.** ~ cinetica (*mecc. fluidi*), dynamic head, velocity head, kinetic head. **12.** ~ dal suolo (altezza assoluta) (*aer.*), absolute altitude. **13.** ~ del bordo libero (tra il ponte e la linea d'acqua) (*nav.*), freeboard. **14.** ~ del dente (di un ingranaggio) (*mecc.*), tooth depth. **15.** ~ del filetto (di una vite) (*mecc.*), depth of thread. **16.** ~ della rugosità (altezza dei solchi, di una superficie lavorata) (*mecc.*), roughness height. **17.** ~ dello strumento (*top.*), instrument height. **18.** ~ del pavimento (dal piano del ferro) (*ferr.*), floor height. **19.** ~ del taglio (nell'operazione di piallatura per es.), cutting depth, depth of cut. **20.** ~ del triangolo generatore (della filettatura) (*mecc.*), height of sharp V thread. **21.** ~ di aspirazione (pescaggio, di una pompa per es.) (*idr.*), height of suction, suction lift. **22.** ~ di caduta (della mazza di un maglio per es.) (*macch.*), stroke down. **23.** ~ di caduta (*idr.*), height of fall. **24.** ~ di contatto (o di ingranamento) (di un dente di ingranaggio) (*mecc.*), working depth. **25.** ~ di interponte (*nav.*), deck height. **26.** ~ di mandata (di una pompa) (*idr.*), discharge head, delivery head. **27.** ~ (massima) di piallatura (*tecnol. mecc.*), planing depth. **28.** ~ di tiraggio (di un camino o gola) (*term.*), stack height. **29.** ~ di una trave (*ed.*), girder depth. **30.** ~ di uno strato di nubi (*meteor.*), ceiling. **31.** ~ di un portale (*ed.*), spandrel. **32.** ~ di volo (di una testina rispetto al disco) (*elab.*), flying height. **33.** ~ efficace (di un'antenna) (*radio*), effective height. **34.** ~ indicata (p. es. quella di un barometro altimetrico) (*navig. aer.*), indicated altitude. **35.** ~ irradiante (di un'antenna) (*radio*), radiation height. **36.** ~ libera (*traff. strad.*), head clearance. **37.** ~ manometrica (*idr.*), hydraulic pressure head. **38.** ~ massima ("plafond") (*aer.*), absolute ceiling. **39.** ~ massima libera (di un ponte per es.) (*traff. strad.*), clear height. **40.** ~ media in colonna di liquido (prevalenza media) (*idr.*), average head. **41.** ~ metacentrica (tra il metacentro e il centro di gravità) (*idrostatica*), metacentric height. **42.** ~ moderata (delle onde morte: da 2 a 4 m) (*mare*), moderate height. **43.** ~ nubi (*aer. - meteor.*), ceiling. **44.** ~ piezometrica (carico) (*idr.*), pressure head, static head. **45.** ~ stampo chiuso (di una pressa) (*tecnol. mecc.*), shut height. **46.** ~ sul piano del ferro (di una locomotiva per es.) (*ferr.*), clearance above rail level. **47.** ~ tipografica (dei caratteri) (*tip.*), type height, type-height (ingl.). **48.** ~ totale (di un dente di ingranaggio) (*mecc.*), full depth, whole depth. **49.** ~ utile del filetto (ricoprimento: zona di contatto dei fianchi del filetto di una vite) (*mecc.*), engagement depth of thread, depth of engagement of thread. **50.** abbassare l' ~ (di un suono) (*acus.*), to flat. **51.** ad ~ tipografica (*a. - tip.*), type-high. **52.** determinare l' ~ (di una stella per es.) (*astr. - top.*), to shoot. **53.** grande ~ (*aer.*), high altitude.

altigrafo (altimetro registratore) (*strum.*), altigraph.

altimetria (*top.*), altimetry.

altìmetro (*strum.*), altimeter, altitude meter. **2.** ~ acustico (misura l'altezza di un aereo rispetto al suolo misurando il tempo impiegato dall'onda di eco di ritorno) (*strum. aer.*), sonic altimeter. **3.** ~ aneroide (*strum. aer.*), aneroid altimeter, pressure altimeter. **4.** ~ assoluto (*strum.*), absolute altimeter. **5.** ~ barometrico (*strum. aer.*), barometric altimeter, graduated barometer. **6.** ~ elettrostatico (*strum.*), electrostatic altimeter. **7.** ~ fotoelettrico (per banchi di nubi) (*strum. meteor.*), ceilometer. **8.** ~ ottico (*strum.*), optical altimeter. **9.** ~ registratore (registratore di quota) (*strum. aer.*), recording altimeter, altitude recorder.

altipiano (*geogr.*), tableland, plateau, highland.

altitùdine (altezza sul livello del mare) (*top.*), elevation, altitude.

alto (*a. - gen.*), high. **2.** ~ (di suono per es.) (*acus.*), loud. **3.** ~ esplosivo (*espl.*), high explosive. **4.** alta fedeltà (Hi-Fi) (*radio - elettroacus.*), hi-fi, high fidelity. **5.** alta frequenza (*elett.*), high frequency. **6.** ~ mare (mare aperto) (*mare*), deep sea, open sea, high sea. **7.** alta marea (*mar.*), high tide. **8.** alta montagna (*geogr.*), high mountain. **9.** alta tensione (*elett.*), high voltage, high tension. **10.** dall' ~ verso il basso (un colpo per es.) (*gen.*), overhand, down from above. **11.** mantenere ~ (il prezzo di merci per es.) (*comm.*), to keep up.

altobollente (a elevato punto di ebollizione) (*fis. - chim.*), high-boiling.

altocùmulo (*meteor.*), altocumulus.

altoforno (per l'estrazione del ferro dal minerale) (*s. - metall.*), blast furnace.

altoparlante (*elettroacus.*), loudspeaker, speaker. **2.** ~ a compressione (*elettroacus.*), tweeter. **3.** ~ a condensatore (altoparlante elettrostatico) (*elettroacus.*), condenser loudspeaker. **4.** ~ a diaframma conico (*elettroacus.*), cone loudspeaker. **5.** ~ a diffusione lamellare (*elettroacus.*), metal plate loudspeaker. **6.** ~ a diffusori coassiali (con altoparlanti per toni alti e bassi disposti sullo stesso asse) (*elettroacus.*), coaxial speaker. **7.** ~ a labirinto (od a camera di compressione) (*elettroacus.*), labyrinth loudspeaker. **8.** ~ a pressione d'aria (*elettroacus.*), air-pressure loudspeaker. **9.** ~ a tromba (*elettroacus.*), horn loudspeaker. **10.** ~ campione (di precisione) (*elettroacus.*), master loudspeaker. **11.** ~ della base (*telev.*), background loudspeaker, playback loudspeaker (am.). **12.** ~ dinamico (a bobina mobile) (*elettroacus.*), dynamic loudspeaker, moving-coil loudspeaker, dynamic speaker. **13.** ~ elettrodinamico (*elettroacus.*), electrodynamic loudspeaker. **14.** ~ elettromagnetico (*elettroacus.*), magnetic loudspeaker. **15.** ~ elettrostatico (*elettroacus.*), electrostatic loudspeaker. **16.** ~ esponenziale (*elettroacus.*), exponential loudspeaker. **17.** ~ magnetodinamico (*elettroacus.*), moving coil loudspeaker. **18.** ~ per toni bassi (*elettroacus.*), woofer. **19.** ~ per toni molto alti (~ per acuti) (*elettroacus.*), tweeter. **20.** ~ piezoelettrico (*elettroacus.*), piezoelectric loudspeaker.

altoparlante-microfono (per citofoni per es.) (*elettroacus.*), speakerphone.

altopiano, *vedi* altipiano.

altorilièvo (*arch. - scultura*), alto-relievo, high relief.

altostrato (nube) (*meteor.*), alto stratus.

altura (collina per es.) (*geogr.*), height, elevation. **2.** ~ (alto mare, mare aperto) (*mare - nav.*), high sea, open sea, deep sea. **3.** d' ~ (d'alto mare) (*mare-ecc.*), deep-sea. **4.** pesca d' ~ (*pesca-nav.*), deep-sea fishing.

alturiero (d'altura, d'alto mare) (*a. - mare - nav.*), deep-sea.

alula (*aer.*), slat.

alumel (lega usata per termocoppie) (*metall.*), alumel.

alundum (refrattario, filtrante) (*chim.*), alundum.

alunite [$K(AlO)_3(SO_4)_2 3H_2O$] (*min.*), alunite.

alunogeno [($Al_2(SO_4)_3 \cdot 18H_2O$)] (*s. - min.*), alunogen, feather alum, hair salt.

alveare (*agric.*), beehive.

àlveo fluviale (*geol.*), river bed.

alveolo (*gen.*), pit. **2.** ~ (segno di vaiolatura) (*mecc. - difetto*), pit. **3.** ~ da corrosione (*metall.*), corrosion pit.

alzacristalli (*aut.*), window regulator. **2.** ~ elettrico (*aut.*), power window. **3.** ~ motorizzato (*aut.*), power window. **4.** complessivo del dispositivo ~ (di auto), door window regulator assembly (am.).

alzaia (alzana) (*nav.*), hauling line, warping line.

alzana (alzaia, fune usata per tirare dalla riva le barche contro corrente) (*nav.*), hauling line, warping line.

alzare (*gen.*), to lift. **2.** ~ (esercitando un notevole

sforzo), to heave. **3.** ~ (mediante cric, binda o martinetto) (*mecc.*), to jack, to jack up. **4.** ~ ed abbassare (il braccio di una gru) (*mecc.*), to luff. **5.** ~ i remi (*nav.*), to toss oars.
alzata (*dis.*), elevation. **2.** ~ (vista frontale) (*dis.*), front elevation. **3.** ~ (della valvola) (*mecc.*), lift. **4.** ~ (altezza dell'alzata, altezza del gradino) (*ed.*), rise. **5.** ~ (dislivello: dell'acqua per es.) (*idr. - ecc.*), rise. **6.** ~ della camma (o dell'eccentrico) (*mecc.*), cam lift. **7.** ~ (costruttiva) di un gradino (*ed.*), riser. **8.** per ~ di mani (votazione) (*finanz. - ecc.*), on a show of hands.
alzavàlvole (*att. mot.*), valve lifter.
alzo (di fucile) (*arma da fuoco*), rear sight, back sight. **2.** ~ (per un carattere) (*tip.*), *vedi* tacco. **3.** ~ abbattuto (ritto dell'alzo appoggiato: per tiro ravvicinato) (*arma da fuoco*), lowered sight. **4.** ~ anulare (*arma da fuoco*), annular sight. **5.** ~ a ritto regolabile (*arma da fuoco*), leaf sight with adjustable slide. **6.** ~ graduabile (*arma da fuoco*), leaf sight. **7.** dare l' ~ (*cannone*), to range.
amaca (*nav.*), hammock.
amàlgama (lega) (*metall.*), amalgam. **2.** metodo di estrazione mediante ~ (*min. - metall.*), amalgamation process.
amalgamare (*chim.*), to amalgamate.
amalgamazione (preparazione chimica dei minerali) (*min.*), amalgamation process.
amante (paranco formato da un cavo che ha una cima fissa e l'altra inserita in un bozzello semplice mobile) (*nav.*), runner.
amantiglio (manovra di sostegno di pennone o di picco) (*nav.*), lift.
"amaraggio", *vedi* ammarraggio.
amaranto (legno duro usato per mobilio) (*s. - legno*), purpleheart. **2.** ~ (*s. - a. - colore*), amaranth.
amarrare, *vedi* ammarrare.
amatòlo (nitrato d'ammonio e trinitrotoluene) (*espl.*), amatol.
amatore (*radio*), amateur.
ambientale (*a. - gen.*), environmental.
ambiènte (*ed.*), room. **2.** ~ (spazio, condizioni) (*gen.*), environment. **3.** ~ (psicologico) (*psicol.*), psychological environment. **4.** ~ di lavoro (*lav.*), work environment. **5.** rumore ~ (*acus.*), ambient noise.
ambiguità (*gen.*), ambiguity.
ambiplasma (fatto di materia ed antimateria) (*fis. atom.*), ambiplasma.
ambipolare (*fis.*), ambipolar.
àmbito (*gen.*), range.
amboina (legno simile al mogano con bella marezzatura) (*legno*), amboina wood.
ambone (di una chiesa) (*arch.*), ambo.
ambra (*min.*), amber. **2.** ~ grigia (usata in profumeria per es.) (*ind.*), ambergris. **3.** ~ nera (*min.*), jet.
ambulacro (passeggiata coperta) (*costr.*), ambulatory.
ambulante (venditore ambulante) (*s. - comm.*), peddler, pedlar. **2.** vendita ~ (*comm.*), peddling.
ambulanza (*aut. - med.*), ambulance. **2.** ~ someggiata (*milit.*), pack ambulance. **3.** centro ambulanze (*milit.*), ambulance station.
ambulatorio (*med.*), ambulatory clinic. **2.** ~ mobile (*med.*), hospital car.
"AME" (Accordo Monetario Europeo) (*finanz.*), EMA, European Monetary Agreement.
americio (numero atomico 95, elemento ottenuto artificialmente) (Am - *radioatt.*), americium.
amianto (*min.*), asbestos, amianthus, mountain flax. **2.** ~ in lamine flessibili (*min.*), mountain leather. **3.** ~ vulcanizzato (*ind.*), vulcanized asbestos. **4.** cartone di ~ (*ind.*), asbestos board. **5.** cemento ~ (*ed.*), asbestos cement.
amicrone (la più piccola particella visibile all'ultramicroscopio) (*ott. - chim. fis.*), amicron.
àmido $[(C_6H_{10}O_5)_n]$ (*chim.*), starch.
amigdalina (glucoside) $(C_{20}H_{27}NO_{11} + 3H_2O)$ (*chim.*), amygdalin.
amile (radicale) (*chim.*), amyl. **2.** acetato di ~ $(CH_3COOC_5H_{11})$ (*chim.*), amyl acetate.
amilène (C_5H_{10}) (*chim.*), amylene.
amìlico (*a. - chim.*), amylic. **2.** alcool ~ $(C_5H_{11}OH)$ (*chim.*), amyl alcohol.
amina (*chim.*), *vedi* ammina.
ammaccare (*gen.*), to bruise. **2.** ~ (*mecc.*), to dent.
ammaccatura (*mecc.*), dent. **2.** ~ (difetto: su un parafango di automobile per es.), dent. **3.** ~ (azione di "bollatura" di una lamiera per es.) (*aut.*), dinging. **4.** togliere le ammaccature (dai parafanghi di un'automobile per es.) (*mecc.*), to straighten out.
ammaccature ("bolli": sulla superficie di una lamiera: nella costruzione di carrozzerie automobilistiche, ferroviarie ecc.) (*mecc.*), dings, dents.
ammainare (*nav.*), to lower, to haul down. **2.** ~ (una bandiera) (*nav.*), to lower.
ammalato (*a. - gen.*), sick, ill.
ammanettare (*milit. - leg.*), to handcuff.
ammanigliare (fissare con maniglione una catena all'àncora per es.) (*nav.*), to bend.
ammaraggio (*aer.*), landing, alighting on water. **2.** ~ (impatto di ammaraggio, di una capsula spaziale) (*astric.*), splashdown. **3.** ~ forzato (ammaraggio di un velivolo terrestre) (*aer.*), ditching. **4.** ~ forzato (di idrovolante), forced landing.
ammaramento, *vedi* ammaraggio.
ammarare (*aer.*), to land, to alight on water. **2.** ~ con un apparecchio terrestre (*aer.*), to ditch.
ammarraggio (ormeggio) (*nav.*), mooring.
ammarrare (ormeggiare, ormeggiarsi) (*nav.*), to moor.
ammassamento (ammucchiamento) (*gen.*), heaping. **2.** ~ (irregolare ispessimento della pellicola di vernice a rapida essiccazione) (*difetto vn.*), piling.
ammassare (*gen.*), to amass, to heap.
ammassato (denso) (*fis.*), stiff. **2.** ~ (disposizione di materiale), stacked.

ammasso (pila ordinata di materiale), stack. **2.** ~ (copia dei dati contenuti nella memoria, può essere una copia stampata) (*elab.*), dump. **3.** ~ alla fine (stampaggio della memoria principale) (*elab.*), post mortem dump. **4.** ~ della memoria (stampaggio del totale contenuto della memoria) (*elab.*), memory dump, memory print, storage dump. **5.** ~ (o mucchio) di minerale (*min.*), shoot. **6.** ~ dinamico (eseguito mentre il programma è in esecuzione) (*elab.*), dynamic dump. **7.** ~ istantaneo (rapido stampaggio di una parte richiesta del contenuto della memoria principale) (*elab.*), snap shot dump. **8.** ~ programmato (stampa del contenuto della memoria) (*elab.*), programmed dump. **9.** ~ statico (stampaggio eseguito alla fine dell'elaborazione del programma) (*elab.*), static dump. **10.** ~ sterile (in una vena per es.) (*geol. - min.*), horse.

ammattonato (*ed.*), brick flooring.

ammazzatoio (*ed.*), slaughterhouse.

ammènda (*leg.*), amende.

ammendamento (sostanza fertilizzante) (*agric.*), amendment.

ammesso (ammissibile) (*mecc. - ecc.*), permissible.

ammettènza (*elett.*), admittance. **2.** ~ di entrata (*radio*), input admittance. **3.** ~ di uscita (*radio*), output admittance.

ammezzato (*arch.*), mezzanine, mezzanine floor, mezzanine story.

ammide (radicale —CONH) (*chim.*), amid, amide.

ammina (*chim.*), amine, amin.

ammìnico (*a. - chim.*), amino. **2.** composti amminici (*chim.*), amino compounds.

amministrare (*amm.*), to administer, to administrate, to manage.

amministrativo (*a. - amm.*), administrative.

amministratore (di una società) (*amm.*), administrator, manager. **2.** ~ (di patrimonio familiare) (*amm.*), steward. **3.** ~ delegato (responsabile delle attività: affari, amministrazione ed organizzazione di una società) (*pers. di una società*), managing director. **4.** ~ di beni rustici (*amm.*), land agent. **5.** ~ fiduciario (curatore) (*leg.*), trustee, fiduciary.

amministrazione (*amm.*), administration. **2.** ~ controllata (di una società) (*amm.*), receivership. **3.** ~ del personale (*amm.*), personnel management. **4.** consigliere di ~ (di una società) (*amm.*), member of the board of directors. **5.** consiglio di ~ (*ind. - amm.*), board of directors. **6.** presidente del consiglio di ~ (*amm.*), chairman of the board.

ammino (contenente il gruppo $-NH_2$) (*a. - chim.*), amino.

amminoacido (*chim.*), amino acid.

amminoplasto (resina sintetica) (*chim. ind.*), aminoplast.

ammiragliato (*nav.*), admiralty. **2.** carta dell'~ (*nav.*), admiralty chart.

ammiraglio (*mar. milit.*), admiral.

ammissìbile (*a. - gen.*), permissible, allowable.

ammissione (*mot.*), induction. **2.** ~ (di macchina a vapore) (*mecc.*), admission. **3.** ~ (a frequentare l'Università per es.) (*studi*), matriculation. **4.** esame di ~ (*Università*), matriculation examination. **5.** piena ~ (condizione di piena ~: con valvola di ~ posta alla massima apertura) (*mot. a vapore*), full gear. **6.** tubo di ~ (*mot.*), induction pipe.

ammobiliare (un appartamento per es.), to furnish.

ammodernare (modernizzare) (*gen.*), to modernise.

ammonale (*chim. - espl.*), ammonal.

ammonìaca (NH_3) (*chim.*), ammonia. **2.** ~ in soluzione acquosa (*chim.*), aqua ammoniae, ammonia water. **3.** ~ liquida (*refrigerazione - chim.*), liquid ammonia. **4.** procedimento all'~ (per ottenere copie riproducibili di disegni) (*dis.*), ammonia process, ozalid process. **5.** trattare con ~ (ammoniare, nell'industria della gomma per es.) (*chim. ind.*), to ammoniate.

ammoniacale (*chim.*), ammoniacal, ammoniac.

ammoniazione (*chim.*), ammoniation.

ammònico (*chim.*), ammonic, ammoniacal.

ammònio (NH_4) (rad.) (*chim.*), ammonium. **2.** carbonato di ~ $[(NH_4)_2CO_3]$ (*chim.*), ammonium carbonate. **3.** cloruro di ~ (NH_4Cl) (*chim.*), ammonium chloride, salammoniac. **4.** fosfato di ~ $[(NH_4)H_2PO_4]$ (*chim.*), ammonium phosphate. **5.** solfuro di ~ $[(NH_4)_2S]$ (*chim.*), ammonium sulfide.

ammonire (emettere decreto di ingiunzione) (*leg.*), to enjoin. **2.** ~ (un operaio con un avvertimento per es.), to admonish.

ammonizione (di un operaio con un avvertimento per es.), admonition, warning, reprimand, warning notice. **2.** ~ scritta (*pers.*), written reprimand.

ammonizzazione (*agric.*), ammonification, ammonization.

ammonolisi (decomposizione per mezzo di ammoniaca) (*chim.*), ammonolysis.

ammontare (*s. - comm.*), amount. **2.** ~ delle paghe, (o degli stipendi) (somma di denaro necessario per il pagamento delle paghe dei dipendenti) (*amm. - finanz.*), payroll. **3.** ~ lordo (*comm.*), gross amount. **4.** ~ netto (*comm.*), net amount.

ammorbidatrice (per fibre tessili) (*macch. ind. tess.*), softener.

ammorbidatura (*ind. tess.*), softening.

ammorbidire (un colore per es.) (*vn.*), to soften.

ammorsare (imparellare) (*costr. nav.*), to scarf.

ammorsatura (di un giunto) (*carp.*), scarf. **2.** ~ a legno (con zeppa) (*carp.*), scarf joint. **3.** ~ di baglio (parella di baglio) (*costr. nav.*), beam scarf. **4.** elementi di giunto ad ~ (*carp. - mecc.*), scarfs. **5.** fare un giunto (o congiungere) ad ~ (*carp.*), to scarf.

ammortamento (annuale diminuzione nella stima di macchinari, utensili ecc. di una fabbrica, deprezzamento) (*amm.*), depreciation. **2.** ~ (di impianti ecc.) (*amm.*), depreciation, amortization. **3.** fondo di ~ (*amm. - finanz.*), depreciation fund, sinking fund. **4.** piano di ~ (*amm.*), sinking plan. **5.** quota di ~ (*amm.*), depreciation allowance.

ammortizzare (*amm. - finanz.*), to amortize. **2.** ~ (il macchinario di uno stabilimento) (*amm. - finanz.*), to amortize, to pay for one's self. **4.** ~ elasticamente (*mecc.*), to cushion.

ammortizzatore (*mecc.*), shock absorber. **2.** ~ a cuscino d'aria (tipo di ammortizzatore pneumatico) (*mecc.*), air cushion. **3.** ~ a frizione (*mecc.*), friction shock absorber. **4.** ~ antishimmy (di ruota orientabile per es.) (*aer.*), shimmy damper. **5.** ~ della pala (del rotore di un elicottero) (*aer.*), blade damper. **6.** ~ dello sterzo (frenasterzo) (di motocicletta) (*mecc.*), steering damper (ingl.). **7.** ~ di vibrazioni (per albero a gomiti per es.) (*mecc.*), vibration damper. **8.** ~ idraulico (*mecc.*), hydraulic shock absorber, oleo gear. **9.** ~ oleodinamico (ammortizzatore oleopneumatico, di carrello di atterraggio per es.) (*aer.*), oleo gear. **10.** ~ oleopneumatico (tipo di ammortizzatore) (*mecc. - carrello di atterraggio*), oleo strut. **11.** ~ telecomandato (*mecc.*), remote-controlled shock absorber. **12.** ~ telescopico (*aut.*), telescopic damper. **13.** tampone ~ (*mecc.*), shock absorber pad.

ammortizzazione (*amm.*), *vedi* ammortamento. **2.** ~ (*fis. - elett.*), dampening, damping.

ammostatore (*app. ind.*), saccharifier.

ammucchiamento (ammassamento) (*gen.*), heaping.

ammucchiare (*gen.*), to heap, to pile, to heap up, to pile up.

ammuffito (*a. - gen.*), moldy, musty.

amo (*ut. per pesca.*), fishhook, hook.

amòrfo (*a. - fis.*), amorphous.

amovìbile (*a. - gen.*), removable.

amperaggio (*elett.*), amperage.

ampere (*mis. elett.*), ampere.

ampergiro (*elett.*), *vedi* amperspira.

amperometrico (*a. - elett.*), amperometric.

amperòmetro (*strum. elett.*), ammeter, amperometer, amperemeter, current meter, am. **2.** ~ a ferro mobile (*strum. elett.*), moving-iron meter. **3.** ~ con sospensione a nastro (*strum. elett.*), taut-band ammeter. **4.** ~ elettrodinamico (*strum. elett.*), electrodynamic ammeter. **5.** ~ indicatore di carica e scarica della batteria (*aut. - elett.*), battery indicator. **6.** ~ termico a filo caldo (*strum. elett.*), hot-wire ammeter. **7.** ~ termico a termocoppia (amperometro a filo caldo con misurazione della temperatura mediante termocoppia) (*strum. mis. elett.*), thermoelement.

amperora (*elett.*), ampere-hour. **2.** capacità in ~ (di un accumulatore) (*elett.*), ampere-hour capacity.

amperorametro (*strum. elett.*), ampere-hour meter, a.h.m.

amperspira (*elett.*), ampere turn, a.t.

ampex (videoregistrazione effettuata con apparecchiature della Ampex Corporation) (*audiovisivi*), ampex, ampex video tape recording.

ampiezza (di oscillazione) (*fis.*), amplitude. **2.** ~ (escursione: di un moto monovibratorio) (*mecc.*), excursion. **3.** ~ (*nav.*), roominess. **4.** ~ (di un ambiente) (*ed.*), roominess. **5.** ~ (di un'onda, di corrente alternata) (*elett.*), amplitude. **6.** ~ di sollecitazione (metà del valore della differenza algebrica tra le sollecitazioni massima e minima in un ciclo) (*prova di fatica*), stress amplitude. **7.** ~ massima (ampiezza tra due massimi, di una grandezza oscillante per es.) (*fis.*), peak-to-peak amplitude. **8.** correlazione di ~ (*elab. segn. - ecc.*), amplitude correlation. **9.** linearità di ~ (*fis.*), amplitude linearity. **10.** modulazione di ~ degli impulsi (*radio*), Pulse-Amplitude Modulation, PAM.

ampio (*ed.*), roomy.

ampliamento (allargamento) (*gen.*), enlargement. **2.** ~ (di uno stabilimento per es.) (*ed. - ecc.*), enlargement.

ampliare (uno stabilimento per es.) (*gen.*), to enlarge.

amplidina (tipo di generatore a corrente continua, metadinamo amplificatrice) (*elett.*), amplidyne.

amplidinamo, *vedi* amplidina.

amplificare (*fis.*), to amplify.

amplificatore (*elett. - eltn.*), amplifier. **2.** ~ a controreazione (*eltn.*), negative feedback amplifier. **3.** ~ ad accoppiamento catodico (*eltn.*), cathode-coupled amplifier. **4.** ~ a frequenza intermedia (*eltn.*), intermediate frequency amplifier, I.F. amplifier. **5.** ~ a impedenza (*eltn.*), choke amplifier. **6.** ~ a lancio (*elab.*), bootstrap amplifier. **7.** ~ a più stadi (*eltn.*), polystage amplifier. **8.** ~ a reazione (*eltn.*), feedback amplifier. **9.** ~ a resistenza (*eltn.*), resistance amplifier. **10.** ~ a ripetitore catodico (*eltn.*), cathode-follower amplifier. **11.** ~ a trasformatore (*eltn.*), transformer amplifier. **12.** ~ a valvola (*eltn.*), thermionic amplifier. **13.** ~ con accoppiamento a resistenza (*eltn.*), resistance-coupled amplifier, resistance amplifier. **14.** ~ con anodo a massa (*eltn.*), grounded anode amplifier. **15.** ~ con catodo a massa (*eltn.*), grounded cathode amplifier. **16.** ~ con griglia a massa (*eltn.*), grounded grid amplifier. **17.** ~ con impedenza (e capacità) (*eltn.*), impedance amplifier. **18.** ~ con resistenza (e capacità) (*eltn.*), resistance amplifier. **19.** ~ con stadio in controfase (*eltn.*), push-pull amplifier. **20.** ~ d'alto guadagno (*eltn.*), high-gain amplifier. **21.** ~ del tipo "cascode" (contenente due triodi collegati in cascode) (*eltn.*), cascode amplifier. **22.** ~ di alta frequenza (*eltn.*), high-frequency amplifier. **23.** ~ di bassa frequenza (microfonico) (*eltn.*), low-frequency amplifier. **24.** ~ di cellule fotoelettriche (*cinem. - elettroacus.*), photoelectric cell amplifier. **25.** ~ di classe A (*eltn.*), A amplifier. **26.** ~ di classe B (*eltn.*), B amplifier. **27.** ~ di deflessione (*eltn.*), deflection amplifier. **28.** ~ differenziale (*eltn.*), differential amplifier. **29.** ~ di impulsi (*eltn.*), pulse amplifier, PA. **30.** ~ di potenza (*eltn.*), power amplifier, PA., power tube. **31.** ~ di potenza di oscillatore campione (*eltn.*), master oscillator power amplifier, MOPA. **32.** ~ di potenza in controfase (*eltn.*), push-pull power amplifier, PPPA. **33.** ~ operazionale (*eltn.*), operational amplifier. **34.** ~ di radio frequenza (*eltn.*), radio-frequency amplifier. **35.** ~ di registrazione (*cinem. - elettroacus.*), recording amplifier (ingl.). **36.** ~ di sensibilità dell'esposimetro (*fot.*), exposimeter sensitivity booster. **37.** ~ d'uscita (*eltn.*), output amplifier. **38.** ~ elettronico (*eltn.*), electronic amplifying equipment. **39.** ~ in cascata (contenente due triodi collegati in cascata) (*eltn.*), cascade amplifier. **40.** ~ in opposizione (*eltn.*), push-pull amplifier. **41.** ~ lineare (*eltn.*), straight amplifier. **42.** ~ magnetico (*elett. - eltn.*), magnetic amplifier, amplistat. **43.** ~ maser (amplifica l'energia emessa da un altro maser) (*fis.*), maser amplifier. **44.** ~ microfonico (*eltn.*), microphone amplifier, speech amplifier. **45.** ~ modulato (~ per corrente continua che trasforma la corrente continua in un segnale in corrente alternata) (*eltn.*), chopper amplifier. **46.** ~ ottico (dispositivo ottico-elettronico) (*ott. eltn.*), optical amplifier. **47.** ~ parametrico (~ per alta frequenza) (*eltn.*), parametric amplifier. **48.** ~ per audiofrequenza (*eltn.*), audio-frequency amplifier. **49.** ~ per giradischi (*elettroacus.*), record-player amplifier. **50.** ~ per grammofono (*elettroacus.*), phonograph-type amplifier. **51.** ~ sfasatore (amplificatore con invertitore di fase per push-pull) (*elett. - eltn.*), paraphase amplifier. **52.** ~ telefonico (*telef.*), telephone repeater. **53.** ~ telefonico ad altoparlante (amplifica la voce per mezzo di un altoparlante) (*telef.*), telelecture.

amplificatrice (valvola amplificatrice) (*radio*), amplifier. **2.** metadinamo ~ (*macch. elett.*), amplifier metadyne, amplidyne.

amplificazione (*eltn.*), amplification, gain. **2.** ~ a stadi successivi (*eltn.*), cascade amplification. **3.** ~ della comunicazione telefonica mediante altoparlante (*telef.*), telelecture. **4.** ~ dell'audiofrequenza (*radio*), audio-frequency amplification. **5.** ~ della luce mediante emissione stimolata di radiazioni (laser) (*fis.*), light amplification by stimulated emission of radiations, laser. **6.** ~ delle microonde mediante emissione stimolata di radiazioni (maser) (*fis.*), microwave amplification by stimulated emission of radiations, maser. **7.** ~ delle radioonde (*radio*), radio-frequency amplification. **8.** ~ di corrente (*eltn.*), current amplification. **9.** ~ di microonde a reattanza variabile (*eltn.*), microwave amplification by variable reactance, mavar. **10.** ~ di potenza (*eltn.*), power amplification. **11.** ~ di tensione (*eltn.*), voltage amplification. **12.** ~ lineare (*eltn.*), linear amplification. **13.** ~ molecolare mediante emissione stimolata di radiazioni (maser) (*fis.*), microwave amplification by stimulated emission of radiation, maser. **14.** ~ totale (*eltn.*), over-all amplification, over-all gain. **15.** coefficiente di ~ (*eltn.*), amplification factor. **16.** comando automatico di ~ (*radio*), automatic gain control. **17.** stadio di ~ (*eltn.*), amplification stage.

ampolla (bulbo di vetro di una lampada a incandescenza per es.) (*costr. lampade elett.*), bulb.

anabatico (movimento verso l'alto, del vento per es.) (*a. - meteor.*), anabatic.

anabbagliante (*a. - aut.*), *vedi* antiabbagliante.

anaerobico (*a. - biol.*), anaerobic.

anaforesi (movimento verso l'anodo di particelle in sospensione in un liquido dovuto all'azione di un campo elettrico) (*chim. fis.*), anaphoresis.

anaglifo (stereoscopio) (*ott.*), anaglyph.

anagrafe (ufficio anagrafe) (*uff. - stat.*), registration office.

analcite [analcime, $NaAl(SiO_3)_2 H_2O$] (*min.*), analcite, analcime.

anàlisi (*chim. - mat. - ecc.*), analysis. **2.** ~ (esplorazione, scansione) (*telev.*), scanning. **3.** ~ al cannello ferruminatorio (*chim.*), blowpipe test. **4.** ~ a linee alternate (*telev.*), interlaced scanning. **5.** ~ a mezzo cromatografia (analisi cromatografica) (*chim.*), capillary analysis. **6.** ~ a piè di forno (di una colata) (*fond. - metall.*), ladle analysis. **7.** ~ armonica (*mat. - fis.*), harmonic analysis. **8.** ~ chimica (*chim.*), chemical analysis. **9.** ~ con laser (*tecnol. mecc.*), laser analysis. **10.** ~ cristallina (mediante radiologia) (*min.*), crystal analysis. **11.** ~ decisionale (*organ.*), decision analysis. **12.** ~ degli acquisti (in una grande industria per es.) (*ind.*), purchasing analysis. **13.** ~ degli investimenti (*finanz.*), investment analysis. **14.** ~ dei costi (*ind.*), cost finding, cost system. **15.** ~ dei fattori (*stat.*), factor analysis. **16.** ~ dei movimenti (*analisi dei tempi*), motion analysis. **17.** ~ dei sistemi (*organ.*), systems analysis. **18.** ~ del fabbisogno per categorie della manodopera occorrente (per categorie di specializzazione acquisita e tempi previsti per l'esecuzione di un dato lavoro) (*organ. lav.*), manning table. **19.** ~ del lavoro (*organ. lav.*), job analysis. **20.** ~ del lavoro con il metodo del campionamento (campionamento del lavoro) (*analisi tempi - stat.*), work sampling. **21.** ~ del processo (produttivo) (*ind.*), process analysis, production process analysis. **22.** ~ del pubblico (*comm. - pubbl.*), audience analysis. **23.** ~ del quadro (*telev.*), frame scanning. **24.** ~ del suono (*acus.*), sound analysis. **25.** ~ del valore (in una grande industria) (*ind.*), value analysis. **26.** ~ di colata (*metall.*), ladle analysis. **27.** ~ di mercato (*comm.*), market analysis. **28.** ~ di sistemi (una procedura per studiare un'attività, attuata con mezzi matematici, seguita da una precisazione dei requisiti e da uno studio di fattibilità) (*elab.*), systems analysis. **29.** ~ distruttiva (*tecnol. mecc.*), destructive analysis. **30.** ~ economica statistica (*comm.*), econometrics. **31.** ~ fattoriale (*stat. psicol.*), factorial analysis. **32.** ~ grammaticale/sintattica (~ di espressioni in linguaggio di programmazione sotto i punti di vista grammaticale e sintattico) (*allestimento di programmi per elab.*), parsing. **33.** ~ intercalata (*telev.*), interlaced scanning. **34.** ~ interlineata (intercalata, interlacciata, a linee alternate) (*telev.*), interlaced scanning. **35.** ~ matematica (*mat.*), mathematical analysis. **36.** ~ mediante attivazione (con bombardamento di raggi gamma per es.) (*fis. atom.*), activation analysis. **37.** ~ mediante oscillografo catodico (*telev.*), electronic scanning. **38.** ~ numerica (*mat.*), numerical analysis. **39.** ~ per fluorescenza (*chim.*), fluorochemical analysis. **40.** ~ per via secca (*proc. chim. ind.*), fire assay. **41.** ~ per via secca (*chim.*), dry-way analysis. **42.** ~ per via umida (*chim.*), wet-way analysis. **43.** ~ qualitativa (*chim.*), qualitative analysis. **44.** ~ quantitativa, ponderale o gravimetrica (*chim.*), quantitative analysis, gravimetric analysis. **45.** ~ semantica (è relativa al significato delle parole in un linguaggio) (*elab.*), semantic analysis. **46.** ~ sintattica (relativa all'esame delle relazioni mutue di parole in un linguaggio) (*elab.*), syntactical analysis. **47.** ~ spettrale (analisi dello spettro di frequenza nella banda di larghezza di 1Hz) (*acus. - elab. segn.*), spectrum analysis. **48.** ~ spettrale del rumore (*acus. - elab. segn.*), noise spectrum analysis. **49.** ~ spettrochimica (*fis. - chim.*), spectrochemical analysis. **50.** ~ spettroscopica (*chim.*), spectrum analysis. **51.** ~ strutturale matriciale (*mat. - sc. costr.*), matrix structural analysis. **52.** ~ tempi (osservazione ed analisi sistematica dei movimenti dell'operaio nella esecuzione di un determinato lavoro assieme con il saltuario rilievo dei tempi di attività e di pausa allo scopo di determinare il tempo rubrica) (*organ. lav.*), time-motion study. **53.** ~ titrimetrica (analisi per titolazione) (*chim.*), titrimetric analysis. **54.** ~ volumetrica (*chim.*), volumetric analysis.

analista (*chim.*), analyst. **2.** ~ (che opera mediante esami di laboratorio o mediante strumenti) (*lav. chim. - ecc.*), tester. **3.** ~ di sistemi (*organ. - elab.*), systems analyst. **4.** ~ tempi (*ind.*), time -study engineer.

analitico (*chim.*), analytical, analytic.

analizzare (*gen.*), to analyse. **2.** ~ (*chim.*), to analyse, to test. **3.** ~ (esplorare) (*elettroacus. - telev.*), to scan.

analizzato (*gen.*), analysed. **2.** ~ (esplorato) (*telev.*), scanned.

analizzatore (app. per la verifica di circuiti radio) (*strum. radio*), analyser. **2.** ~ (dispositivo di esplorazione o di scansione) (*app. telev.*), scanner. **3.** ~ (apparecchiatura di prova, complesso strumenti per verifica apparecchi radio) (*radio*), testmeter, test set, receiver tester (am.). **4.** ~ (di un polariscopio) (*ott.*), analyser. **5.** ~ (*pers. chim.*), analyst. **6.** ~ (di una calcolatrice) (*macch. calc.*), analyser. **7.** ~ (apparato per il riconoscimento di caratteri) (*elab.*), scanner. **8.** ~ a corona di lenti (*app. telev.*), lens drum scanner. **9.** ~ a fessura (nel riconoscimento dei caratteri) (*elab.*), slit scanner. **10.** ~ a ionizzazione di fiamma (rivelatore a ionizzazione di fiamma, per l'analisi dei gas di scarico per es.) (*app.*), flame ionization detector, FID. **11.** ~ a punto luminoso (lettore ottico a scansione, di caratteri per es.) (*elab.*), flying spot scanner. **12.** ~ continuo di gas (*strum. controllo comb.*), continuous gas analyser. **13.** ~ dei gas di scarico (*analisi comb.*), exhaust-gas analyser. **14.** ~ delle righe di assorbimento nello spettro infrarosso (*strum. fis.*), infrared absorption analyser. **15.** ~ delle righe di assorbimento nello spettro ultravioletto (*strum. fis.*), ultraviolet absorption analyser. **16.** ~ del suono (*strum. fis.*), sound spectrograph. **17.** ~ di armoniche (*strum. fis.*), harmonic analyser. **18.** ~ differenziale (*elab.*), differential analyser. **19.** ~ differenziale digitale (*elab.*), digital differential analyser, DDA. **20.** ~ di gas (*app. chim.*), gas analyser. **21.** ~ di gas a cella lunga (*app. chim.*), long-path gas analyser. **22.** ~ di immagini (app. ottico-elettronico che scompone le immagini mediante scansione) (*eltn. - ott. - elab.*), image dissector. **23.** ~ di gas a raggi infrarossi (*app. chim.*), infrared gas analyser. **24.** ~ di rete (simula un sistema di linee trasporto energia) (*studio teorico per mezzo elab.*), network analyser. **25.** ~ di stati logici (per l'osservazione contemporanea, su di uno schermo opportuno, di vari segnali logici) (*app. di prova elab.*), logic state analyser. **26.** ~ grammaticale/sintattico (~ della situazione grammaticale delle parole e loro relazione sintattica) (*compilazione programmi elab.*), parser. **27.** ~ d'onda (per l'analisi degli spettri di segnali complessi) (*strum.*), wave analyser. **28.** ~ in banda di ottava (usato per l'analisi del rumore) (*app. acus.*), octave-band analyser. **29.** ~ in terzo di ottava (usato per l'analisi del rumore) (*app. acus.*), third-octave analyser. **30.** ~ non dispersivo a infrarossi (per emissione di gas di scarico per es.) (*app.*), non dispersive infrared analyser, NDIR analyser. **31.** ~ per telecinema (*cinem. - telev.*), "telecine" scanner. **32.** disco ~ (*telev.*), scanning disk.

analogia (*gen.*), analogy.

analogico (*a. - elab.*), analogue. **2.** calcolo ~ (*macch. calc.*), analog computation. **3.** da ~ a digitale, *vedi* analogico-digitale. **4.** rappresentazione analogica (*elab. - ecc.*), analogue representation.

analogico-digitale (convertitore) (*eltn. - elab.*), analog-to-digital.

anàlogo (*a. - gen.*), analogous.

anamorfizzatore (obiettivo anamorfico per film panoramici) (*cinem.*), anamorphic lens.

anamorfosi (particolare distorsione ottenuta sull'immagine) (*ott.*), anamorphosis, anamorphoses.

anarmonico (non armonico) (*mecc. raz.*), anharmonic.

anastatico (processo di stampa) (*a. - tip. - ecc.*), anastatic.

anastigmàtico (*a. - ott.*), anastigmatic, anastigmat.
anatasio (biossido di titanio, pigmento bianco per vernici) (Ti O_2) (*min.*), anatase.
anca (di una nave) (*nav.*), quarter.
ancia (linguetta: di strumento elettrico, acustico ecc.), reed.
ancona (ornamento) (*arch.*), ancona.
àncora (*costr. nav.*), anchor. **2.** ~ (per la connessione dei poli di un magnete) (*elett.*), keeper. **3.** ~ (pezzo di ferro che si dispone aderente ai poli di un magnete permanente per rallentarne la smagnetizzazione) (*magnetismo*), armature. **4.** ~ a calumo corto (àncora a picco corto) (*nav.*), hove short anchor. **5.** ~ a cappello di fungo (àncora per ormeggi permanenti) (*nav.*), mushroom anchor. **6.** ~ ad una marra (*nav.*), one-armed anchor. **7.** ~ ammiragliato (*nav.*), stocked anchor. **8.** ~ a picco (*nav.*), anchor up and down, anchor apeak. **9.** ~ a picco corto (*nav.*), anchor at short stay, hove short anchor. **10.** ~ a picco lungo (*nav.*), anchor at long stay. **11.** ~ a tazza (*nav.*), mushroom anchor. **12.** ~ che ha lasciato (*nav.*), anchor aweight. **13.** ~ comune (*nav.*), common anchor. **14.** ~ da ghiaccio (per navigazioni artiche) (*nav.*), ice anchor. **15.** ~ da terra (*nav.*), shore anchor. **16.** ~ di aerostato (*aer.*), balloon anchor. **17.** ~ di corrente (*nav.*), stream anchor. **18.** ~ di guardia (*nav.*), bower anchor. **19.** ~ di imbarcazione (*nav.*), boat anchor. **20.** ~ di ormeggio (*nav.*), mooring anchor. **21.** ~ di pennello (*nav.*), back anchor. **22.** ~ di poppa (*nav.*), stern anchor. **23.** ~ di posta (*nav.*), bower anchor, bower. **24.** ~ di posta senza ceppi (*nav.*), self-stowing bower, stockless bower. **25.** ~ di relé polarizzato (*elettromecc.*), polarized-relay armature. **26.** ~ di riflusso (*nav.*), ebb anchor. **27.** ~ di rispetto (o di speranza) (*nav.*), sheet anchor. **28.** ~ di sopravento (*nav.*), weather anchor. **29.** ~ di sottovento (*nav.*), lee anchor. **30.** ~ di terra (*nav.*), shore anchor. **31.** ~ di tonneggio (*nav.*), kedge anchor. **32.** ~ flottante (àncora galleggiante) (*aer. - nav.*), drogue. **33.** ~ galleggiante (*nav.*), drogue, sea anchor, drag anchor. **34.** ~ impigliata (~ incattivata) (*nav.*), foul anchor. **35.** ~ incattivata, *vedi* ~ impigliata. **36.** ~ leggera da fiume (*nav.*), stream anchor. **37.** ~ marina di fortuna (fatta con pezzi di vela) (*nav.*), drag sail, drag sheet. **38.** ~ netta (*nav.*), clear anchor. **39.** ~ "patent" (*nav.*), patent anchor. **40.** ~ per boe d'ormeggio (ancoressa, àncora ad una marra) (*nav.*), one-armed anchor. **41.** ~ senza ceppi (*nav.*), stockless anchor, self-stowed anchor. **42.** ~ spedata (*nav.*), aweigh anchor, strip anchor. **43.** ~ tipo ammiragliato (*nav.*), stocked anchor, admiralty pattern anchor. **44.** appennellare l' ~ (*nav.*), to back the anchor. **45.** catena dell' ~ (*nav.*), anchor chain, anchor cable. **46.** catena dell' ~ di posta (*nav.*), bower chain. **47.** disimpegnare un' ~ (*nav.*), to clear an anchor. **48.** essere all' ~ (*nav.*), to ride at anchor. **49.** fuso dell' ~ (*nav.*), anchor shank. **50.** gettare l' ~ (*nav.*), to cast anchor. **51.** grande ~ di posta (*nav.*), best bower, first bower. **52.** gru d' ~ (*nav.*), anchor davit. **53.** l' ~ agguanta (*nav.*), the anchor holds (or bites). **54.** l' ~ ara (*nav.*), the anchor drags. **55.** l' ~ ha lasciato il fondo (*nav.*), the anchor is atrip. **56.** levare l' ~ (*nav.*), to weigh anchor. **57.** marre dell' ~ (*nav.*), anchor arms. **58.** mollare l' ~ (*nav.*), to let go the anchor. **59.** pattino d' ~ (*nav.*), anchor slipper. **60.** scarrocciare con l' ~ (con l'àncora mollata) (*nav.*), to club, to club down. **61.** scappamento ad ~ (di un orologio) (*mecc.*), anchor escapement. **62.** suola (o scarpa) dell' ~ (pezzo di legno montato per proteggere il fasciame dalla punta dell'àncora) (*nav.*), anchor shoe. **63.** tenuta dell' ~ (*nav.*), anchor-hold.
ancoraggio (fonda) (*nav.*), anchorage. **2.** ~ (manovra di ancoraggio) (*nav.*), anchoring. **3.** ~ (di cavi di sospensione per es.) (*costr.*), anchorage, abutment. **4.** ~ (di linea elettrica), anchorage. **5.** ~ (posto di fonda, posto di ormeggio) (*nav.*), berth. **6.** ~ navale (*nav.*), naval anchorage. **7.** ~ per palloni frenati (*aer.*), balloon bed. **8.** ~ reticolato (*nav.*), net protected anchorage. **9.** bullone di ~ (per fissare macch. ut. al basamento di calcestruzzo per es.) (*ind.*), anchor bolt. **10.** diritti di ~ (*comm. - nav.*), anchor dues. **11.** morsetto di ~ (di linea elettrica aerea) (*elett.*), anchor clamp.
ancorare (*gen.*), to anchor. **2.** ~ (*nav.*), to anchor. **3.** ~ il ferro (*c. a.*), to anchor the bars.
ancorarsi (*nav.*), to anchor.
ancoressa (ancora tipo ammiragliato, con una sola marra: per boe per es.) (*nav.*), one-armed anchor, buoy type single arm anchor.
ancoretta (di un relé) (*elett.*), armature.
ancoròtto (*nav.*), killick, killock, kedge anchor. **2.** ~ affondatore (di una mina) (*mar. milit.*), sinker.
andalusite (Al_2SiO_5) (*min.*), andalusite.
andamento (delle fibre) (*fucinatura - ecc.*), flow. **2.** ~ (tendenza generale) (*comm. - finanz.*), run.
andana (modo di ormeggiarsi perpendicolarmente alla banchina) (*nav.*), tier.
andare (*gen.*), to go. **2.** ~ a banchina (per caricare o scaricare) (*nav. - comm.*), to dock. **3.** ~ alla deriva (*navig.*), to drift. **4.** ~ a tre cilindri (difetto di mot. a quattro cilindri per es.) (*mot.*), to hit on three cylinders. **5.** ~ avanti (*navig.*), to go ahead. **6.** ~ a velocità eccessiva (*aut.*), to speed. **7.** ~ bene (di un pezzo aggiustato in un altro) (*mecc.*), to fit. **8.** ~ fuori passo (uscire dalla velocità di sincronismo, di una macch. elett.) (*elett.*), to fall out of step. **9.** ~ indietro (*navig.*), to go astern. **10.** ~ in libera uscita (*milit. - mar. milit.*), to secure. **11.** ~ in macchina (*tip. - giorn.*), to go to press. **12.** ~ in perdita di velocità (*aer.*), to stall. **13.** ~ in pezzi (*gen.*), to fall into pieces, to shatter. **14.** ~ in quota (*aer.*), to climb. **15.** ~ in raddobbo (di una nave per es.) (*nav.*), to undergo repairs. **16.** ~ in retromarcia (*aut.*), to go in reverse. **17.** ~ in riparazione (di una auto per es.) (*mecc.*), to undergo repairs. **18.** ~ in secco (incagliarsi) (*navig.*), to run aground, to strike. **19.** ~ in senso opposto (a quel-

lo precedente) (*macch.*), to go in reverse. **20.** ~ sottovento (*navig.*), to pay off. **21.** lasciarsi ~ lungo la corrente tenendosi sull'àncora (*navig.*), to club.

andato (*gen.*), gone. **2.** ~ in stampa (andato in macchina) (*tip. - giorn.*), gone to press.

andatura (passo) (*gen.*), pace. **2.** ~ (velocità) (*aut.*), speed.

andesite (*geol.*), andesite.

andira (*legn.*), partridge wood, Andira americana.

andiròba (legno e pianta tropicali del Sud America) (*legn.*), crab wood.

anecoico (senza eco, senza riverberazioni, riflessioni ecc.) (*a. - acus.*), anechoic, free-field. **2.** vasca anecoica (vasca acustica costruita in modo da rendere minima la riflessione dalle pareti, superficie e fondo) (*acus. sub.*), anechoic tank.

anelasticità (rigidità) (*gen.*), inelasticity.

anelastico (*a. - fis. - sc. costr.*), unelastic, anelastic. **2.** ~ (inelastico, non elastico) (*gen.*), nonelastic, inelastic.

anelèttrico (*fis.*), anelectric.

anellino (cursore: per filatura del cotone) (*ind. tess.*), traveler, traveller. **2.** ~ (piccolo anello) (*gen.*), annulet.

anèllo (*mecc.*), ring. **2.** ~ (*geom.*), ring. **3.** ~ (di catena) (*mecc.*), link. **4.** ~ (*nav.*), hank. **5.** ~ (gruppo ciclico di atomi) (*chim.*), ring. **6.** ~ (di mot. asincrono per es.) (*elett.*), slip ring. **7.** ~ (sede di rotolamento, gola, pista: di un cuscinetto a sfere) (*mecc.*), race (ingl.), raceway (am.), ring (am.). **8.** ~ (per filatoio continuo) (*ind. tess.*), ring. **9.** ~ ad E (anello di sicurezza ad E) (*mecc.*), E ring. **10.** ~ a doppio cono per tubo arrivo benzina (di carburatore per es.) (*mecc. mot.*), double cone ring for fuel feeding pipe. **11.** ~ a molla (di ritegno dello spinotto di un pistone di motore per es.) (*mecc.*), snap ring. **12.** ~ antighiaccio dell'elica (cui viene addotto liquido decongelante destinato alle pale dell'elica) (*aer.*), slinger ring. **13.** ~ a tornichetto (maglia a molinello) (*nav.*), swivel link. **14.** ~ a viti (mandrino a viti complanari e radiali) (*macch. ut.*), shell chuck. **15.** ~ collettore (di mot. elett.) (*elett.*), slip ring, collector, collector ring. **16.** ~ del collare (*mft. vetro*), neck ring. **17.** ~ di abilitazione alla scrittura (~ di protezione da rimuovere prima della scritturazione) (*elab.*), write enable ring, write permit ring. **18.** ~ di bloccaggio (*mecc.*), stop ring. **19.** ~ di cavo (canestrello) (*nav.*), grommet. **20.** ~ di centraggio (*mecc.*), centering ring, locating ring, centering collar. **21.** ~ di chiusura della catena antineve (*aut.*), monkey link. **22.** ~ di contatto (di mot. elettrico) (*elett.*), contact ring. **23.** ~ di contatto (per trasmettere impulsi elett. da un organo rotante ad uno strumento per es. attraverso spazzole) (*prove elett.*), slip ring. **24.** ~ di crescita annuale (di albero) (*legn.*), annual ring. **25.** ~ di distanza (*radar*), *vedi* cerchio di distanza. **26.** ~ di fissaggio (gancio, uncino di fissaggio) (*nav.*), becket. **27.** ~ di forzamento (messo in opera quando dilatato mediante riscaldamento e quindi contrattosi nel raffreddarsi) (*mecc. - armi da fuoco*), shrink ring. **28.** ~ di guarnizione (*mecc.*), packing ring. **29.** anelli di Newton (anelli concentrici) (*ott.*), Newton's rings. **30.** ~ di protezione (di isolatore per es.) (*elett.*), guard ring. **31.** ~ di ritegno (delle fasce elastiche di grandi pistoni) (*mecc.*), bull ring. **32.** ~ di sicurezza (anello elastico di arresto) (*mecc.*), snap ring. **33.** ~ di sicurezza, *vedi* anello (elastico) di sicurezza. **34.** ~ (elastico) di sicurezza per alberi (*mecc.*), external (retaining) ring. **35.** ~ di sollevamento (di un mot. per es.) (*mecc.*), lifting eyebolt. **36.** ~ di sospensione (delle funi di sospensione della navicella di un pallone) (*aer.*), hoop, load ring. **37.** ~ di sostegno e di separazione delle fasce elastiche (di un pistone) (*mot.*), bull ring. **38.** ~ di spinta (*mecc.*), thrust ring. **39.** ~ distanziatore (*mecc.*), spacer ring. **40.** ~ di strappamento (di un pallone) (*aer.*), rip link. **41.** ~ di tenuta (di pistoni di mot. a comb. interna per es.) (*mot.*), gas ring. **42.** ~ di tenuta (in gomma) (*mecc.*), grommet. **43.** ~ di tenuta per testa cilindro (tra la testa cilindro e la valvola a fodero di un motore a fodero) (*mot. aer.*), junk ring. **44.** ~ di tenuta toroidale ("O–ring" in meccanismi nei quali occorra una tenuta idraulica) (*mecc.*), O ring. **45.** ~ di trazione (a forma di U chiuso da un bullone trasversale) (*mecc. ind.*), shackle. **46.** ~ di unione (*mecc.*), coupling ring. **47.** ~ di verifica (anello di taratura delle macchine di trazione per le prove dei materiali) (*att. prova macch.*), proving ring. **48.** ~ elastico (di pistone) (*mot.*), piston ring, split ring. **49.** ~ (elastico) di sicurezza (*mecc.*), retaining ring, safety spring ring. **50.** ~ (elastico) di sicurezza per fori (*mecc.*), internal (retaining) ring. **51.** ~ elastico per interni (di filo: per ritegno dello spinotto di un motore per es.) (*mecc.*), snap ring. **52.** ~ elastico per stantuffo (di una locomotiva a vapore) (*mecc.*), piston ring. **53.** ~ esterno (di un cuscinetto a sfere per es.) (*mecc.*), outer ring, outer race. **54.** ~ esterno (di un cuscinetto a rulli conici) (*mecc.*), cup. **55.** ~ esterno alla girante (di turbina: anello periferico di tenuta dei gas) (*mot.*), turbine shround ring. **56.** ~ filettato (*mecc.*), screwed ring. **57.** ~ girevole (mulinello di catena per es.) (*mecc.*), swivel. **58.** ~ graduato (dei tempi di scoppio) (*espl.*), time ring. **59.** ~ interno (di un cuscinetto a sfere per es.) (*mecc.*), inner ring, inner race. **60.** ~ interno (di un cuscinetto a rulli conici) (*mecc.*), cone. **61.** ~ lubrificante (di un supporto con lubrificazione ad anelli) (*mecc.*), ring oiler. **62.** ~ lubrificatore (di un cuscinetto ad anelli) (*mecc.*), revolving oil dip ring. **63.** ~ metallico di rinforzo (generalmente fissato su stoffa) (*ind. - nav.*), grommet. **64.** ~ mobile (di una spoletta, per la regolazione del tempo di scoppio) (*espl.*), time ring. **65.** ~ mordente (anello di sicurezza montato su un albero senza la relativa sede cava) (*mecc.*), grip -ring. **66.** ~ naca (*aer.*), NACA. hood. **67.** ~ passaolio (di un'elica per es.) (*mecc.*), oil transfer ring. **68.** ~ per stantuffo (*mot.*), piston ring. **69.** ~ plastico di tenuta (in un otturatore di cannone per es.) (*artiglieria*), gascheck ring, gascheck pad. **70.** ~ portagancio (di una catena per es.) (*mecc.*), shackle. **71.** ~ portamiccia (di una spoletta) (*espl.*), time ring. **72.** ~ porta orecchioni (di un cannone) (*artiglieria*), trunnion band. **73.** ~ protettore (di tela o gomma per la protezione della camera d'aria) (*aut.*), bead (am.). **74.** ~ raggruppa scorie (uno degli anelli di argilla flottanti sul vetro fuso) (*ind. vetro*), gathering ring. **75.** ~ raschiaolio (*mot.*), scraper ring, oil ring, oil scraper ring, grooved piston ring, wiper ring. **76.** ~ raschiaolio con feritoie (di un pistone) (*mot.*), slotted oil scraper ring. **77.** circondare con un ~, to ring. **78.** sede di rotolamento dell'~ esterno (di un cuscinetto a sfere) (*mecc.*), outer ring (ball) race. **79.** sede di rotolamento dell'~ interno (di un cuscinetto a sfere) (*mecc.*), inner ring (ball) race.

anemobiagrafo (tipo di anemografo) (*strum. meteor.*), anemobiagraph.

anemògrafo (*strum. meteor.*), anemograph.

anemogramma (*meteor. - aer.*), anemogram.

anemòmetro (*strum.*), anemometer. **2.** ~ (*strum. aer.*), air-speed meter (or indicator). **3.** ~ (elettrico) a filo caldo (*strum.*), hot-wire anemometer. **4.** ~ a mano (aerometro, anemometro portatile) (*strum. aer.*), air meter. **5.** ~ a mulinello (*strum.*), revolving-vane anemometer. **6.** ~ a pendolo (*artiglieria*), ventometer. **7.** ~ contamiglia (strumento che registra la distanza per mezzo della velocità dell'aria) (*strum. aer.*), air log. **8.** ~ direzionale (*strum. meteor.*), wind gauge. **9.** ~ registratore (anemometro registrante pressione, velocità e direzione del vento) (*strum. meteorol.*), anemometrograph.

anemoscòpio (*strum. meteor.*), wind indicator, anemoscope.

anermeticità (mancanza di tenuta) (*mecc. - ecc.*), leakage.

anermetico (non ermetico, non stagno) (*gen.*), leaking.

aneròide (*a. - fis.*), aneroid. **2.** barometro ~ (*strum.*), aneroid barometer.

anestesìa (*med.*), anesthesia, anaesthesia. **2.** ~ locale (*med.*), local anesthesia.

anestètico (*s. - chim. farm.*), anaesthetic, anesthetic.

anfibio (*veic. - aer.*), amphibian.

anfìbolo (*min.*), amphibole.

anfipròstilo (*arch.*), amphiprostyle.

anfiteatro (*arch.*), amphitheater.

anfòtero (*a. - chim.*), amphoteric.

"angledozer" (apripista a lama angolabile) (*macch. movimento terra*), angledozer.

anglesite ($PbSO_4$) (*min.*), anglesite.

angolare (*a.*), angular. **2.** ~ (cantonale) (*s. - ind. metall.*), angle bar, angle iron, angle, L bar. **3.** ~ ad ali disuguali (profilato ad L a lati disuguali) (*ind. metall.*), unequal angle. **4.** ~ a lati uguali (profilato ad L a lati uguali) (*ind. metall.*), equal angle. **5.** ~ con bulbo (profilato ad L con bulbo) (*ind. metall.*), bulb angle. **6.** accelerazione ~ (*mecc. raz.*), angular acceleration.

angolarità (*mec.*), angularity.

angolazione (di presa) (*cinem.*), angle shot. **2.** ~ dal basso (*cinem.*), low shot. **3.** corretta ~ (di un microfono, angolo corrispondente al miglior orientamento funzionale) (*radio - acus.*), beam.

angoliera (*mobile*), corner cupboard.

angolini (per album, per fissare fotografie) (*fot.*), corner mounts.

àngolo (*geom.*), angle. **2.** ~ (*ed.*), corner. **3.** ~ acuto (*geom.*), acute angle, oblique angle. **4.** ~ addendum (di dente di ruota dentata) (*mecc.*), addendum angle. **5.** ~ adiacente (*geom.*), adjacent angle. **6.** ~ ad uncino (del tagliente di una fresa per es.) (*ut. mecc.*), hook angle. **7.** ~ al centro (delimitato da due raggi di un cerchio) (*geom.*), central angle. **8.** ~ assiale (tra i due assi ottici di un minerale) (*min.*), axial angle. **9.** ~ azimutale (*aer. - nav.*), azimuth angle. **10.** ~ base del dente (di un ingranaggio conico per es.) (*mecc.*), root angle. **11.** ~ complementare (*geom.*), complemental angle. **12.** ~ corrispondente alla fase (o arco) di accesso (di un ingranaggio) (*mecc. raz.*), angle of approach. **13.** ~ corrispondente alla fase (o arco) di recesso (di un ingranaggio) (*mecc. raz.*), angle of recess. **14.** ~ corrispondente all'arco di azione (di un ingranaggio) (*mecc. raz.*), angle of action. **15.** ~ critico (*aerodin.*), critical angle. **16.** ~ critico (*ott.*), critical angle. **17.** ~ dedendum (angolo del bassofondo) (*mecc.*), dedendum angle, root angle. **18.** ~ dedendum (di una ruota dentata conica) (*mecc.*), dedendum angle. **19.** ~ dei taglienti (di un utensile) (*ut.*), nose angle. **20.** ~ del bassofondo (del dente di un ingranaggio) (*mecc.*), dedendum angle. **21.** ~ del cono primitivo (di ingranaggi conici in genere) (*mecc.*), pitch angle. **22.** ~ del cono complementare (di un ingranaggio conico) (*mecc.*), back cone angle. **23.** ~ del filetto (rispetto all'asse della vite) (*mecc.*), angle of thread, thread angle. **24.** ~ del filetto (angolo tra i fianchi del filetto di una vite) (*mecc.*), included angle. **25.** ~ della base (angolo dedendum) (*mecc.*), dedendum angle, root angle. **26.** ~ della faccia esterna (di un ingranaggio conico) (*mecc.*), face angle. **27.** ~ della pala (di un'elica) (*mecc.*), blade angle, propeller blade angle. **28.** ~ della sommità (di un dente di ingranaggio) (*mecc.*), top angle, addendum angle. **29.** ~ della spirale (inclinazione della spirale) (di un ingranaggio a spirale) (*mecc.*), spiral angle. **30.** ~ dell'asse del perno del fuso a snodo delle ruote anteriori con la verticale (visto di fianco) (*aut.*), caster angle. **31.** ~ dell'asse del perno del fuso a snodo delle ruote anteriori con la verticale (visto di fronte) (*aut.*), kingpin angle. **32.** ~ dell'elica (di una vite) (*mecc.*), lead angle. **33.** ~ dell'elica (di una punta elicoidale) (*ut.*), rake angle, helix angle. **34.** ~ dell'elica sul cerchio esterno (di un ingranaggio) (*mecc.*), outside helix angle. **35.** ~ dello smusso tagliente (di un utensile) (*ut.*), corner angle. **36.** ~ del passo di un'elica (*aer. - nav. - ecc.*), angle of propeller pitch. **37.** ~ del profilo del tagliente laterale (di un ut. da tornio per es.) (*ut.*), side cutting-edge angle. **38.** ~ del profilo del tagliente secondario (di un ut. da tornio per es.) (*ut.*), end cutting-edge angle. **39.** ~ del tagliente trasversale (di una punta da trapano) (*ut.*), chisel angle. **40.** ~ delta-tre (della pala dell'elica di quota di un elicottero: angolo formato dalla perpendicolare all'asse della pala vista in pianta e dall'asse della cerniera di sbattimento) (*aer.*), delta -three angle. **41.** ~ del vento geografico (*aer. - nav.*), geographical wind direction. **42.** ~ d'entrata (di un fluido in una turbina per es.) (*mecc. fluidi*), inlet angle. **43.** ~ di accensione (*mot.*), ignition angle, firing angle. **44.** ~ di anticipo di fase (angolo di calaggio della corrente sul potenziale in un sistema trifase per es.) (*elett.*), angle of lead. **45.** ~ di apertura (di un'antenna a tromba di radar per es.) (*gen.*), flare angle. **46.** ~ di arrivo (*milit.*), angle of impact. **47.** ~ di assetto (*aer.*), angle of balance. **48.** ~ di assetto (di un'autovettura) (*veic.*), sideslip angle, attitude angle. **49.** ~ di attacco (di un siluro) (*espl. - mar. milit.*), firing angle. **50.** ~ di atterraggio (angolo tra la corda dell'ala e l'orizzontale) (*aer.*), landing angle. **51.** ~ di attrito (*mecc. raz.*), angle of friction. **52.** ~ di barra dell'alettone (angolo tra la corda della superficie di comando e la corda della superficie fissa) (*aer.*), aileron angle. **53.** ~ di barra dell'equilibratore (angolo formato dalla corda della superficie mobile e dalla corda della corrispondente superficie fissa) (*aer.*), elevator angle. **54.** ~ di barra dell'ipersostentatore (*aer.*), flap angle. **55.** ~ di beccheggio (*aer.*), angle of pitch. **56.** ~ di caduta (di un proiettile) (*artiglieria*), angle of fall. **57.** ~ di calaggio, *vedi* angolo di spostamento. **58.** ~ di calettamento (della coda, dell'ala ecc.) (*aerot.*), setting angle. **59.** ~ di calettamento (di un'ala: tra corda di riferimento ed asse di riferimento orizzontale) (*aer.*), rigging angle of incidence. **60.** ~ di campanatura dell'elica (*aer.*), propeller rake. **61.** ~ di 180° (*geom.*), straight angle. **62.** ~ di chiusura (angolo di camma, "dwell") (*mot. - elett.*), dwell angle, cam angle. **63.** ~ di circolazione (*radio*), angle of flow. **64.** ~ di coda (angolo di calettamento del piano fisso orizzontale) (*aer.*), tail -setting angle. **65.** ~ di conicità (formato dall'asse longitudinale della pala dell'elica di quota di un elicottero e dal piano comprendente la traiettoria dell'estremità della pala) (*aer.*), coning angle. **66.** ~ di convergenza (*milit.*), angle of convergence. **66.** ~ di convergenza (angolo fra il nord vero e il nord geografico) (*cart.*), angle of convergence. **67.** ~ di conversione (*astr.*), conversion angle. **68.** ~ di curvatura (*gen.*), bending angle. **69.** ~ di curvatura (tra due tangenti su di un infinitesimo arco di curva) (*geom.*), angle of contingence, angle of curvature. **70.** ~ di declinazione (*geofis.*), declination angle. **71.** ~ di declinazione magnetica (*geofis.*), angle of dip. **72.** ~ di depressione (nel puntamento di un cannone) (*artiglieria*), dip angle. **73.** ~ di depressione (angolo verticale negativo formato dal piano orizzontale e dal piano contenente l'asse dello strumento) (*top.*), angle of depression. **74.** ~ di deriva (*aer.*), drift angle, leeway. **75.** ~ di deriva (di un pneumatico) (*aut.*), slip angle. **76.** ~ di deviazione (angolo tra il raggio incidente e quello uscente da un prisma o lente) (*fis.*), angle of deviation. **77.** ~ di direzione (*top.*), bearing. **78.** ~ di direzione (tra l'asse longitudinale del veicolo e l'asse X del sistema di assi spaziale) (*veic.*), heading angle. **79.** ~ di direzione (direzione, di un cannone) (*artiglieria*), bearing. **80.** ~ di discesa (*aer.*), glide angle. **81.** ~ di elevazione (*top. - milit.*), angle of elevation, elevation. **82.** ~ di elica (di un ingranaggio elicoidale) (*mecc.*), helix angle. **83.** ~ di emergenza (di un raggio di luce) (*ott.*), angle of emergence. **84.** ~ di faglia (angolo formato da un piano di faglia con la verticale) (*geol.*), hade. **85.** ~ di fase (fase) (*astr.*), phase angle. **86.** ~ di fondo (di una ruota dentata conica formato dall'asse della ruota e dalla generatrice interna) (*mecc.*), root angle. **87.** ~ di freccia (di ali) (*aer.*), sweep, sweepback. **88.** ~ di fresatura (*macch. ut.*), milling angle. **89.** ~ di imbardata (*aer.*), yaw angle, angle of yaw. **91.** ~ di impatto (di un proiettile per es.) (*milit.*), impact angle, angle of impact. **92.** ~ di incidenza (*fis.*), angle of incidence. **93.** ~ di incidenza (angolo dell'asse del perno del fuso a snodo con la verticale) (*aut.*), caster angle. **94.** ~ di incidenza (incidenza di una superficie colpita dall'aria) (*aer.*), angle of attack, angle of incidence. **95.** ~ di incidenza (tra il pezzo e la superficie dell'utensile che scorre sul pezzo) (*tecnol. mecc.*), clearance angle. **96.** ~ di incidenza critico (di un piano a profilo aerodinamico, incidenza critica) (*aerodin.*), critical incidence, burble angle. **97.** ~ di incidenza effettiva (*tecnol. mecc.*), true clearance. **98.** ~ di incidenza indotto (*aer.*), induced angle of attack. **99.** ~ di inclinazione (l'angolo che una linea ascendente forma col piano orizzontale) (*gen.*), angle of elevation. **100.** ~ di inclinazione (con l'orizzontale o la verticale) (*gen.*), angle of inclination. **101.** ~ di inclinazione (dalla perpendicolare: dello sterzo di una motocicletta) (*veic.*), rake. **102.** ~ di inclinazione (di un tetto per es.) (*ed.*), angle of slope, inclination. **103.** ~ di inclinazione (rispetto alla verticale) (delle ruote anteriori di un'automobile: più ravvicinate alla base che non alla sommità), camber angle. **104.** ~ di inclinazione del fuso a snodo (angolo dell'asse del perno del fuso a snodo con la verticale, visto di fronte) (*aut.*), kingpin angle. **105.** ~ di inclinazione del retino (nella tricromia per es.) (*fotomecc.*), screen angle. **106.** ~ di inclinazione dell'elica (di ingranaggio) (*mecc.*), lead angle. **107.** ~

(di inclinazione) dell'elica (fra la tangente all'elica e la generatrice del cilindro su cui l'elica è tracciata: in una vite per es.) (*geom.*), helix angle. **108.** ~ di inclinazione delle ruote (rispetto all'asse orizzontale del veicolo) (*aut.*), obliquity of the wheels. **109.** ~ di inclinazione sul piano orizzontale (nel lancio dei siluri) (*mar. milit.*), heading angle. **110.** ~ di incrocio degli assi (angolo tra il coltello sbarbatore e gli assi delle ruote dentate) (*mecc.*), crossed axes angle. **111.** ~ di influsso (di una corrente d'aria) (*aer.*), downwash angle. **112.** ~ di invito (di sformo) (di un modello o di uno stampo per facilitarne la sformatura) (*fond. - metall.*), draft. **113.** ~ di lavoro (di un ut. da tornio per es.) (*ut.*), working angle. **114.** ~ di luminanza (per una superficie diffondente) (*ott. - illum.*), luminance angle. **115.** ~ di Mach (*aerodin.*), Mach angle. **116.** ~ di mira (di un'arma da fuoco) (*milit.*), angle of sighting. **117.** ~ di mura (angolo di una vela al quale è fissata la mura) (*nav.*), tack. **118.** ~ di natural declivio (angolo massimo tra la superficie di materiale sciolto ed il piano orizzontale) (*ing. civ.*), angle of repose, angle of rest. **119.** ~ di orientamento (*milit.*), base angle. **120.** ~ di osservazione (*milit.*), angle at the target, observation angle. **121.** ~ di parallasse (*ott.*), angle of parallax. **122.** ~ di penna (angolo alla penna del picco) (*nav.*), peak. **123.** ~ di perdita (di un dielettrico) (*elett.*), loss angle. **124.** ~ di picchiata (*aer.*), nose-dive angle. **125.** ~ di posizione (di un ut. da tornio per es.) (*ut.*), setting angle. **126.** ~ di precessione (di motrici a vapore) (*macch.*), angular advance, angle of advance. **127.** ~ di pressione (di due denti di un ingranaggio) (*mecc.*), angle of pressure, pressure angle, angle of obliquity. **128.** ~ di pressione assiale (di ingranaggi elicoidali, angolo nel piano assiale) (*mecc.*), axial pressure angle. **129.** ~ di pressione medio (di un ingranaggio conico per es.) (*mecc.*), mean pressure angle. **130.** ~ di pressione normale (di ingranaggi elicoidali, angolo nel piano normale) (*mecc.*), normal pressure angle. **131.** ~ di pressione trasversale (di ingranaggi elicoidali, nel piano trasversale) (*mecc.*), transverse pressure angle. **132.** ~ di profondità (di un tiro per es.) (*milit.*), angle of depth. **133.** ~ di proiezione (di un proiettile) (*artiglieria*), angle of departure. **134.** ~ di puntamento (per bombe) (*aer.*), dropping angle. **135.** ~ di puntamento (nel tiro di artiglieria) (*milit.*), sighting angle. **136.** ~ di rampa (angolo di salita) (*aer.*), angle of climb. **137.** ~ di registrazione (di un ut. da tornio) (*ut.*), entering angle. **138.** ~ di riflessione (*ott.*), angle of reflection. **139.** ~ di rifrazione (*ott.*), refraction angle, angle of refraction. **140.** ~ di rilevamento verticale (angolo di puntamento nei bombardamenti: tra la linea verticale e quella di mira) (*aer. milit.*), range angle. **141.** ~ di rimbalzo (*milit.*), angle of ricochet. **142.** ~ di ripresa (*fot.*), angular field of a shot. **143.** ~ di ritardo (di una valvola per es.) (*mecc.*), angle of lag. **144.** ~ di ritardo (differenza negativa di fase) (*fis.*), lag angle, angle of lag. **145.** ~ di rollìo (*aer.*), angle of roll. **146.** ~ di rotazione (*mecc.*), rotation angle. **147.** ~ di rotolamento (di ingranaggi) (*mecc.*), roll angle. **148.** ~ di rotta (alla) bussola (*aer.*), compass heading. **149.** ~ di rotta geografica (dal nord geografico) (*aer.*), true heading. **150.** ~ di rotta magnetica (dal nord magnetico) (*aer.*), magnetic heading. **151.** ~ di rotta vera (angolo di rotta geografica) (*aer.*), true heading. **152.** ~ di salita (*aer.*), angle of climb. **153.** ~ di sbandamento (inclinazione rispetto alla verticale) (*nav.*), tipping angle. **154.** ~ di sbandamento (di un idrovolante) (*aer.*), angle of heel. **155.** ~ di sbattimento (angolo tra il piano comprendente la traiettoria dell'estremità della pala dell'elica di quota di un elicottero ed il piano normale all'asse del mozzo) (*aer.*), flapping angle. **156.** ~ di scarico della faccia (di utensile da tornio per es.) (*tecnol. mecc.*), face relief angle. **157.** ~ di schermatura (di un accessorio per illuminazione) (*illum.*), cut-off angle. **158.** ~ di scìa (di un siluro) (*mar. milit.*), track angle. **159.** ~ di scivolata (angolo tra il piano di simmetria del velivolo e la direzione del moto dello stesso) (*aer.*), angle of sideslip. **160.** ~ di scorrimento (p. es. di un albero soggetto a torsione) (*mecc.*) helical angle. **161.** ~ di sfasamento (*elett. - mecc.*), phase angle. **162.** ~ di sformo (di invito) (di un modello o di uno stampo per facilitarne la sformatura) (*fond. - metall.*), draft. **163.** ~ di sicurezza (nel campo di tiro di una mitragliatrice) (*milit.*), angle of safety. **164.** ~ di sito (*milit.*), angle of site, angle of position. **165.** ~ di spalla (*milit.*), shoulder angle. **166.** ~ di spoglia (angolo tra la superficie dell'utensile sulla quale scorre il truciolo ed il piano perpendicolare alla superficie del pezzo e contenente l'asse di rotazione dell'utensile o del pezzo) (*tecnol. mecc.*), rake. **167.** ~ di spoglia (conicità data ad uno stampo per permettere ad un pezzo o ad un modello, con esso eseguito, di essere facilmente estratto) (*tecnol. mecc.*), draft (angle). **168.** ~ di spoglia anteriore (di utensile da taglio) (*tecnol. mecc.*), front rake. **169.** ~ di spoglia assiale (*tecnol. mecc.*), axial rake. **170.** ~ di spoglia assiale (del fianco secondario di un utensile da tornio per es.) (*tecnol. mecc.*), end -relief angle. **171.** ~ di spoglia del tagliente (di una punta elicoidale) (*tecnol. mecc.*), lip relief angle. **172.** ~ di spoglia effettivo (misurato nella direzione di scorrimento dei trucioli) (*tecnol. mecc.*), true rake. **173.** ~ di spoglia frontale (o superiore) (di un utensile da tornio, misurato in direzione longitudinale) (*tecnol. mecc.*), front rake, resultant rake. **174.** ~ di spoglia inferiore (di un utensile da tornio per es.) (*tecnol. mecc.*), relief angle, clearance angle, bottom-rake angle. **175.** ~ di spoglia (inferiore) del fianco principale (di un utensile da tornio) (*tecnol. mecc.*), side rake. **176.** ~ di spoglia inferiore secondario (di un utensile da tornio) (*tecnol. mecc.*), relief angle, clearance angle, bottom rake. **177.** ~ di spoglia positivo (*tecnol. mecc.*), positive rake. **178.** ~ di spoglia superiore (di un utensile da tornio) (*tecnol. mecc.*), top rake. **179.** ~ di spoglia superiore (del dente di una broccia) (*tecnol. mecc.*), hook angle, face angle. **180.** ~ di spostamento (o di calaggio, in una dinamo: tra piano teorico e reale della spazzola) (*elettromecc.*), lead. **181.** ~ di stallo (incidenza critica, incidenza di portanza massima) (*aer.*), stalling angle. **182.** ~ di sterzata (*aut.*), steering angle. **183.** ~ di sterzata Ackerman (angolo di sterzo cinematico, angolo la cui tangente è l'interasse ruote diviso per il raggio di volta) (*aut.*), Ackerman steer angle. **184.** ~ distintivo o (caratteristico) dell'utensile (*tecnol. mecc.*), tool angle. **185.** ~ di taglio (*tecnol. mecc.*), shear angle. **186.** ~ di svergolamento (*aer.*), angle of twist. **187.** ~ di taglio (o di lavoro) (*ut.*), cutting angle. **188.** ~ di tiro (*milit.*), angle of fire. **189.** ~ di tiro minimo (in elevazione) (*milit.*), minimum angle of quadrant elevation. **190.** ~ di torsione (*sc. costr.*), angle of torsion. **191.** ~ di traiettoria (angolo tra il vettore velocità di un veicolo e l'asse X del sistema di assi spaziale) (*veic.*), course angle. **192.** ~ di utilizzazione (massima ampiezza angolare del campo entro il quale un obiettivo produce immagini nette) (*fot.*), covering power. **193.** ~ d'uscita (di un fluido da una turbina) (*mecc.*), outlet angle. **194.** ~ esterno (*geom.*), external angle. **195.** ~ esterno (di fabbricato per es.) (*ed.*), cant. **196.** ~ formato dalle due direzioni del filo dell'ordito (attraverso cui passa la navetta) (*ind. tess.*), shed. **197.** ~ fra gli assi (di ingranaggi conici a denti diritti per es.) (*mecc.*), angle of shafts, axis angle. **198.** ~ fra i fianchi (di un ingranaggio) (*mecc.*), angle between the sides. **199.** ~ frontale (di un ingranaggio conico) (*mecc.*), front angle. **200.** ~ giro (*mat.*), round angle. **201.** ~ interno (*mat.*), interior angle. **202.** ~ limite (minimo angolo di incidenza per avere una riflessione totale) (*ott.*), critical angle. **203.** ~ minimo di impatto permettente la perforazione (*balistica*), biting angle. **204.** ~ minimo di natural declivio (*ing. civ.*), angle of slide. **205.** ~ morto (spazio che non può essere raggiunto dal fuoco di un forte per es.) (*milit.*), dead angle. **206.** ~ morto (zona in cui è impossibile dirigere il tiro: per es. di un'arma installata a bordo di un aereo o di una nave) (*milit.*), blind angle. **207.** ~ non retto (angolo acuto o ottuso) (*geom.*), oblique angle. **208.** ~ opposto a quello azimutale (*astr.*), back azimuth. **209.** ~ orario (di una stella) (*aer. - astr.*), hour angle. **210.** ~ ottimale (l'angolo di migliore rendimento di un microfono) (*radio*), beam. **211.** ~ ottuso (*geom.*), obtuse angle. **212.** ~ piano, plane angle. **213.** ~ piatto (angolo a 180°) (*geom.*), straight angle. **214.** ~ primitivo (di un ingranaggio conico) (*mecc.*), pitch angle. **215.** ~ retto (*geom.*), right angle. **216.** ~ rientrante (*milit.*), reentering angle. **217.** ~ sferico (*trigonometria*), spherical angle. **218.** ~ solido (*geom.*), solid angle. **219.** ~ solido di intersezione di due volte (*arch.*), groin. **220.** ~ (della) spirale sulla generatrice interna (di ingranaggi conici elicoidali) (*mecc.*), root line spiral angle. **221.** ~ supplementare (*geom.*), supplementary angle. **222.** ~ tagliato (p. es. in una scheda perforata, per il suo orientamento) (*elab.*), corner cut. **223.** ~ tra il nord geografico ed il nord magnetico (*navig. aer.*), grivation. **224.** ~ tra i taglienti (angolo di affilatura, di una punta da trapano) (*ut.*), point angle. **225.** ~ verticale (*astr.*), vertical angle. **226.** ~ visivo (*milit.*), visual angle. **227.** ~ visuale (*ott.*), visual angle. **228.** ad ~ retto (ortogonale) (*geom. - ecc.*), square. **229.** massimo ~ di sterzata (tutto sterzo) (*aut.*), steering lock, full steering lock. **230.** smussatura di un ~, *vedi* ~ tagliato. **231.** $^{1}/_{6400}$ di ~ giro (per dati di tiro) (*artiglieria*), mil.

angoloso (a spigoli vivi, sabbia per es.) (*mur.*), sharp.

angstrom (10^{-7} mm) (*mis.*), angstrom unit.

anguilla (trave posta tra un baglio ed il seguente nel senso longitudinale della nave) (*costr. nav.*), carling. **2.** ~ per ponti (*nav.*), deck girder.

anidride (*chim.*), anhydride. **2.** ~ carbonica (CO_2) (*chim.*), carbon dioxide. **3.** ~ carbonica solida (*ind. chim.*), dry ice. **4.** ~ nitrica (pentossido d'azoto) (*chim.*), nitric anhydride, nitrogen pentoxide. **5.** ~ silicica (silice) (SiO_2) (*chim.*), silica. **6.** ~ solforosa (SO_2) (*chim.*), sulphur dioxide.

anidrite ($CaSO_4$) (*min.*), anhydrite.

ànidro (*a. - chim.*), anhydrous.

anilide ($CH_3CONHC_6H_5$) (*chim.*), anilide, anilid.

anilina ($C_6H_5NH_2$) (*chim.*), aniline. **2.** punto di ~ (temperatura minima alla quale un olio combustibile può essere miscelato ad un uguale volume di anilina) (*chim.*), aniline point. **3.** sale d'~ (idrocloruro di anilina) (*chim.*), aniline salt, aniline hydrochloride. **4.** stampa all'~ (*tip.*), aniline printing.

ànima (*fond.*), core. **2.** ~ (di un cannone) (*milit.*), tube. **3.** ~ (di fune), core, heart. **4.** ~ (di rotaia) (*ferr.*), web. **5.** ~ (della bobina o rotolo) (*ind. carta*), core. **6.** ~ (per cartoni) (*mft. carta*), center, middle. **7.** ~ a foggia di fodera o camicia (*fond.*), jacket core. **8.** ~ a guscio (*fond.*), shell core. **9.** ~ a sezioni (*fond.*), segment core. **10.** ~ cotta (~ essiccata al forno) (*fond.*), baked core. **11.** ~ della rotaia (*ferr.*), rail web. **12.** ~ del tassello (o lista) (*fond.*), slab core. **13.** ~ del timone (*nav.*), rudderpost, rudderstock. **14.** ~ dimenticata (*difetto fond.*), omitted core. **15.** ~ di piombo di una pallottola blindata (*espl.*), slug. **16.** ~ essiccata al forno, *vedi* ~ cotta. **17.** ~ impastata con olio agglomerante (~ di sabbia tenuta legata con olio ed essiccata in forno) (*fond.*), oil core. **18.** ~ metallica (*fond.*), mandrel. **19.** ~ spostata (*fond.*), shifted core. **20.** ad ~ liscia (di arma da fuoco), smooth-bore. **21.** ad ~ rigata (di arma da fuoco), rifled-bore. **22.** agglomerante per anime (*fond.*), core binder. **23.** cassa d'~ (*fond.*), core box. **24.** essiccatoio per anime (*fond.*), core drier. **25.** formatura di anime (*fond.*), core molding. **26.** forno per essiccazione anime (*fond.*), core drying stove. **27.** lanterna per anime (*fond.*), core barrel. **28.** macchina per la formatura delle anime (*macch. per fond.*), core molding machine. **29.** portata d' ~ (*fond.*), core print. **30.** reparto anime (*fond.*), core shop. **31.** soffiatrice per anime (*macch. fond.*), core blower. **32.** sollevamento d' ~ (quando l'anima è spinta verso l'alto dal metallo liquido) (*difetto di fond.*), core raise. **33.** spostamenti di anime (*difetto di fond.*), core shifts. **34.** vassoio per anime (*fond.*), core plate.

animato (*a. - gen.*), animated. **2.** cartone ~ (disegno animato) (*cinem.*), animated cartoon.

animatore (disegnatore di cartoni animati) (*cinem.*), animator.

animazione (di cartoni) (*cinem.*), animation. **2.** ~ computerizzata (tecnica usata per produrre film animati con un calcolatore, usata anche per scopi di progettazione) (*cinem. - elab. - ecc.*), computer animation. **3.** ~ video (una ripresa di ~ su videonastro) (*audiovisivi*), video animation.

animista (*op. fond.*), core maker.

anione (*elettrochim.*), anion.

aniònico (*a. - elettrochim.*), anionic.

"ANIPLA" (Associazione Nazionale Italiana per l'Automazione) (*autom.*), Italian National Association for Automation.

anisotropìa (differenza delle proprietà di un corpo in differenti direzioni) (*fis.*), anisotropy, anisotropism, aelotropy.

anisòtropo (*fis.*), anisotropic. **2.** coma ~ (*ott. - telev.*), anisotropic coma. **3.** conduttività anisotropa (*elett.*), anisotropic conductivity.

annacquamento (di un capitale) (*finanz.*), watering.

annacquare (diluire con acqua) (*gen.*), to water. **2.** ~ (un capitale) (*finanz.*), to water.

annaffiare, *vedi* innaffiare.

annaffiatoio (*att.*), watering can.

annata (volume dell'anno, comprendente tutti i numeri di una rivista pubblicati in un anno) (*periodici*), volume.

annebbiamento (velo formantesi su pellicole di vernici brillanti attenuandone la lucentezza ed alterandone il colore) (*difetto vn.*), clouding, bloom.

annebbiarsi (velarsi) (*difetto vn.*), to bloom.

"annegamento" (di un carburatore, dovuto alla eccessiva chiusura dell'aria per es.) (*mot.*), flooding (am.).

annegare (di persona o animale), to drown. **2.** ~ (un carburatore per eccessiva chiusura dell'aria in avviamento per es.) (*mot.*), to flood (am.). **3.** ~ nel calcestruzzo (*mur.*), to bury in concrete, to let into the concrete.

annegato (di persona o animale defunti) (*a. - mar.*), drowned. **2.** ~ (di carburatore per eccessiva chiusura dell'aria in avviamento per es.) (*a. - mot.*), flooded (am.). **3.** ~ nel calcestruzzo (*mur.*), buried in concrete, let into the concrete. **4.** bullone ~ (*mecc.*), shrouded bolt.

annerimento (*gen.*), blackening. **2.** ~ dovuto all'uso (deposito nero nel bulbo di una lampada elettrica ad incaldescenza) (*elett.*), age coating. **3.** ~, *vedi* densità ottica.

annerire (*gen.*), to blacken.

annèsso (codicillo, condizione aggiuntiva) (*leg. - comm.*), annex. **2.** fabbricato ~ (*ed.*), outbuilding.

annettere (applicare) (*mecc. - ecc.*), to attach, to fit on.

annichilare (incontrarsi di particelle e antiparticelle) (*fis. atom.*), to annihilate.

annichilazione (unione di un elettrone a un positrone e loro trasformazione in raggi gamma) (*fis. atom.*), annihilation.

annidamento (inclusione: p. es. l'inclusione completa di un blocco di dati in un altro blocco di dati) (*elab.*), nesting.

annidare (incorporare una struttura entro un'altra: p. es. un blocco di dati entro un altro di livello più alto) (*elab.*), to nest.

annidato (p. es. di un lotto contenuto in un altro lotto) (*a. - elab.*), nested.

annientare (distruggere completamente) (*gen.*), to destroy, to annihilate.

anno (*astr.*), year. **2.** ~ contabile (esercizio finanziario, di privati, società e governi) (*finanz. - amm. - ecc.*), financial year. **3.** ~ fiscale (*finanz.*), fiscal year. **4.** Anno Geofisico Internazionale (*geofis.*), International Geophysical Year, IGY. **5.** ~ luce (*mis. astr.*), light year. **6.** miliardo di anni (unità di tempo corrispondente a 10^9 anni) (*geol.*), aeon.

annodare (*gen.*), to knot.

annodatore (*mft. tess.*), knotter.

annotare (registrare) (*gen.*), to book. **2.** ~ (prender nota) (*gen.*), to note.

annotazione (commento esplicativo: come su un diagramma di lavoro, ciclo operativo ecc.) (*gen. - elab.*), annotation. **2.** annotazioni relative al programma, *vedi* commento.

annuale (*a.*), annual.

annualità (*comm.*), annuity.

annuario (*comm.*), yearbook. **2.** ~ (una pubblicazione annuale) (*s. - edit.*), annual.

annullamento (*comm.*), cancellation.

annullare (*gen.*), to annul, to nullify. **2.** ~ (*elab.*), to cancel. **3.** ~ (stampare sul francobollo il timbro dell'ufficio postale) (*posta*), to frank. **4.** ~ (un documento per es.) (*comm.*), to annul, to cancel. **5.** ~ (un ordine) (*comm.*), to cancel.

annullatrice (postale) (*macch. - posta*), postmarking machine.

annunciare (*gen.*), to announce. **2.** ~ (*radio - telev.*), to announce.

annunciatore (annunziatore) (*radio - telev.*), announcer.

annuncio (pubblicitario) (*pubbl.*), advertisement. **2.** ~ economico (pubblicità suddivisa per categoria) (*pubbl.*), classified advertisement. **3.** ~ inserito più volte (*pubbl.*), run-in-again advertisement. **4.** ~ permanente (*pubbl.*), standing advertisement.

5. ~ soppresso (*pubbl.*), killed advertisement. **6.** colonna degli annunci economici (*pubbl.*), classified column.
annuo (*a.*), annual, yearly.
annuvolamento (*meteor.*), cloudiness.
annuvolarsi (*meteor.*), to cloud.
annuvolato (nuvoloso) (*meteor.*), cloudy.
anòdico (*a. - elett.*), anodic. **2.** batteria anodica (*elettrochim.*), anode battery. **3.** comportamento ~ (*radio*), anodic behaviour. **4.** curvatura della corrente anodica (*termoion.*), anode bend. **5.** effetto ~ (tensione anormale che si sviluppa nell'elettrolisi di sali fusi) (*elettrochim.*), anode effect. **6.** ossidazione anodica (*elettrochim. - metall.*), anodizing. **7.** rivestimento ~ (*elettrochim.*), anodic coating. **8.** sorgente di tensione anodica (*elettrochim.*), anode voltage supply. **9.** spazio ~ (*elettrochim.*), anolyte.
anodizzare (ossidare anodicamente) (*elettrochim. - metall.*), to anodize.
anodizzazione (trattamento anodico, per la formazione di uno strato protettivo sull'alluminio e le sue leghe) (*tecnol. mecc.*), anodizing.
ànodo (*elett.*), anode. **2.** ~ (di una valvola elettronica per es.) (*termoion.*), anode. **3.** ~ (placca positiva) (*elettrochim.*), positive plate. **4.** ~ acceleratore (*termoion.*), accelerating anode. **5.** ~ ausiliario (*termoion.*), keep-alive anode. **6.** ~ collettore (*telev.*), signal anode. **7.** ~ di accensione (*eltn.*), starting anode. **8.** ~ insolubile (*elettrochim.*), insoluble anode. **9.** ~ permanente (non consumabile; ~ non corrodibile: p. es. di carbone, alluminio ecc.) (*elettrochim.*), permanent anode. **10.** ~ solubile (*elettrochim.*), soluble anode. **11.** ~ spaccato (anodo tagliato, anodo diviso) (*termoion.*), split anode. **12.** morsetto dell'~ (*elett.*), anode clamp.
anolito (*elettrochim.*), anolyte.
anomalia (*gen.*), anomaly, irregularity. **2.** ~ (*geol.*), anomaly. **3.** ~ (*mecc.*), defect.
anomalo (*gen.*), anomalous.
anormale (*a. - gen.*), abnormal.
anormalità, abnormality.
anortite (CaO Al_2O_3 $2SiO_2$) (*min. - refrattario*), anorthite.
anossia (*med. - aer.*), anoxia.
ansa (di un fiume per es.) (*gen.*), loop. **2.** ~ di platino (*strum. med.*), platinum loop.
anta (di finestra per es.) (*ed.*), wing.
antagonista (molla per es.) (*mecc.*), counteracting.
antartico (*geogr.*), antarctic.
antedatare (*comm.*), to antedate, to foredate.
antefissa (*arch.*), antefix.
antemurale (*ed. - mar.*), sea wall.
antènna (*radio*), aerial, antenna. **2.** ~ (*nav.*), lateen yard. **3.** ~ a bobina (*radio*), coil antenna. **4.** ~ a campo rotante (antenna ad arganello) (*radio*), turnstile antenna. **5.** ~ a canna da pesca (*radio*), fishpole antenna. **6.** ~ a contrappeso (*radio*), counterpoise antenna. **7.** ~ a cortina (ad irradiazione longitudinale) (*radio*), end-fire antenna. **8.** ~ a cortina (ad irradiazione trasversale) (*radio*), broadside antenna. **9.** ~ ad alimentazione diretta (*telev.*), driven antenna, directly fed aerial. **10.** ~ ad arganello (antenna a campo rotante) (*radio*), turnstile aerial. **11.** ~ a dipoli incrociati orizzontali e sovrapposti (*telev.*), superturnstile radiating element (ingl.). **12.** ~ a dipoli sovrapposti (con assi paralleli) (*radio*), stacked-antenna. **13.** ~ a dipolo (dipolo, di lunghezza circa uguale ad una mezza lunghezza d'onda) (*radio - telev.*), dipole, half -wave dipole, dipole antenna. **14.** ~ a dipolo magnetico (~ ad un solo anello che emette onde elettromagnetiche) (*eltn. - radio*), magnetic dipole antenna. **15.** ~ a dipolo orizzontale (*radio*), zepp aerial, zepp antenna. **16.** ~ a dipolo ripiegato (*radio - telev.*), folded dipole. **17.** ~ a discese multiple (*radio*), multiple-tuned antenna. **18.** ~ a disco (*radio*), disc antenna. **19.** ~ a disco e cono (*radio*), discone antenna. **20.** ~ a disco parabolico (per ricevere programmi televisivi da satellite) (*telev.*), parabolic disc antenna. **21.** ~ ad L rovesciato (*radio*), inverted L antenna. **22.** ~ ad ombrello (*radio*), umbrella antenna. **23.** ~ ad onde (*radio*), wave antenna. **24.** ~ a doppio cono (antenna direzionale per microonde) (*radio*), biconical horn antenna. **25.** ~ a fascio (*radio*), beam antenna, antenna array, aerial array. **26.** ~ a fascio rotante (*radio*), rotary-beam antenna. **27.** ~ a fenditura (*radio*), metal antenna. **28.** ~ a fessura (~ per microonde) (*radar*), notch antenna, slot antenna. **29.** ~ a gabbia (*radio*), cage antenna. **30.** ~ a lisca (*radio*), fishbone aerial. **31.** ~ antiaffievolimento (*radio*), antifading antenna. **32.** ~ antidisturbo (*radio*), antistatic antenna. **33.** ~ antiparassita (piazzata così alta da essere fuori della zona di interferenza e opportunamente schermata) (*eltn. - radio*), noise-reducing antenna. **34.** ~ aperiodica (*radio*), aperiodic antenna. **35.** ~ aperta (antenna elettrostatica) (*radio*), open antenna, condenser antenna. **36.** ~ a pilone (*radio*), tower antenna. **37.** ~ a quarto d'onda (avente una lunghezza circa uguale ad $^1/_4$ della lunghezza d'onda) (*radio*), quarter-wave antenna. **38.** ~ armonica (*radio*), harmonic antenna (am.). **39.** ~ artificiale (*radio*), phantom aerial, dummy aerial, quiescent antenna. **40.** ~ a scatola (*radio*), box antenna. **41.** ~ a schermo (*radio*), screened antenna. **42.** ~ a sintonia multipla (*radio*), multiple-tuned antenna. **43.** ~ a spina di pesce (*radio*), fishbone antenna. **44.** ~ a stilo *vedi* monopolo. **45.** ~ a T (*radio*), T antenna. **46.** ~ a telaio (*radio*), loop antenna, frame antenna. **47.** ~ a telaio fisso (*radio*), fixed loop antenna. **48.** ~ a telaio profilato (*radio*), streamline loop antenna. **49.** ~ a telaio rotante (*radio*), rotable loop aerial. **50.** ~ a torre (*radio*), tower antenna. **51.** ~ a tromba (*radio*), conical horn antenna, horn antenna (ingl.). **52.** ~ a tromba biconica (*radio*), biconical horn antenna. **53.** ~ a V (*radio*), V-antenna. **54.** ~ a ventaglio (*radio*), fan

antenna. **55.** ~ a V rovesciata (*radio*), inverted-V antenna. **56.** ~ Beverage (antenna orizzontale) (*radio*), wave antenna. **57.** ~ celata (antenna interna, non sporgente dalla superficie del velivolo, in modo da eliminare la resistenza) (*aer. - radio*), suppressed antenna. **58.** ~ circolare (*radio*), circular antenna. **59.** ~ colineare (antenna a cortina a dipoli colineari, cioè con assi giacenti sulla stessa retta) (*radio*), stacked-array. **60.** ~ compensata (*radio*), balanced antenna. **61.** ~ comune (antenna centralizzata utilizzata da vari apparecchi riceventi) (*radio - telev.*), multicoupler. **62.** ~ conica (*radio*), cone antenna. **63.** ~ da parete (per servizio aut. con tubazioni per aria ed acqua) (*aut. - ecc.*), wall-type column. **64.** ~ del radiogoniometro (*radio*), radio compass (loop) antenna. **65.** ~ di alto guadagno (*radio*), high-gain antenna. **66.** ~ di bilanciamento (antenna di equilibramento) (*radio*), balancing aerial. **67.** ~ dielettrica (*radio*), dielectric antenna. **68.** ~ di equilibramento (antenna di bilanciamento) (*radio*), balancing antenna. **69.** ~ direttiva a dipoli Yagi (antenna Yagi) (*radio - telev.*), Yagi antenna. **70.** ~ direttiva a unità multiple (~ direzionale) (*radio*), Multiple Unit Steerable Antenna, MUSA. **71.** ~ direzionale (per la trasmissione in una sola direzione) (*radio*), directional aerial, directive antenna. **72.** ~ direzionale a fili scaglionati (*telev.*), echelon antenna. **73.** ~ direzionale parabolica (*radio ~ telev. - ecc.*), parabola. **74.** ~ di ricezione a diversità (antenna ricevente anti-fluttuazione) (*radio*), diversity aerial. **75.** ~ di trasmissione (*radio*), transmitting aerial, transmitting tower. **76.** ~ elettrostatica (*radio*), condenser antenna. **77.** ~ esterna (*radio*), aerial. **78.** ~ fittizia (*radio*), dummy antenna. **79.** ~ incorporata (posta nell'interno dell'involucro dell'apparecchio: p. es. di una radioricevente) (*telev. - radio*), built-in antenna. **80.** ~ in quarto d'onda (*radio*), quarter-wave antenna. **81.** ~ in semi-onda (*radio*), half-wave antenna. **82.** ~ interna (antenna celata, non sporgente dalla superficie del velivolo) (*aer. - radio*), suppressed antenna. **83.** ~ interna a V (costituita da due elementi estensibili disposti a forma di V) (*radio - telev.*), rabbit-ear antenna, rabbit ears. **84.** ~ marconiana (~ verticale, collegata alla terra) (*radio - telecom.*), Marconi antenna. **85.** ~ monopolo, *vedi* monopolo. **86.** ~ multipla guidata (antenna musa) (*radio*), multiple-unit steerable antenna. **87.** ~ musa (antenna multipla guidata) (*radio*), multiple-unit steerable antenna. **88.** ~ non sintonizzata (*radio*), untuned antenna. **89.** ~ onnidirezionale (*radio*), omnidirectional antenna. **90.** antenne ortogonali (*radar*), orthogonal antennas. **91.** ~ parabolica (*radio*), parabolic antenna. **92.** ~ parabolica con piastre direttrici parallele (costituita da riflettore parabolico delimitato da due piastre parallele) (*radio - telev.*), pillbox antenna. **93.** ~ per radioguida (*radio*), homing antenna. **94.** ~ periodica (*radio*), periodic antenna. **95.** ~ pilone fessurato (antenna a pilone radiante con elementi a fessura) (*radio*), pylon antenna. **96.** ~ ricevente antifluttuazione (antenna di ricezione a diversità) (*radio*), diversity antenna. **97.** ~ rientrante (*radio*), collapsible antenna. **98.** ~ risonante a dipolo (*radio*), resonant dipole antenna. **99.** ~ rombica (*radio*), diamond antenna, rhombic antenna. **100.** ~ ruotante (~ per radar che ruota in continuazione) (*radar*), spinner. **101.** ~ sintonizzata (*radio - telev.*), tuned antenna. **102.** ~ sintonizzata multipla (*radio*), multiple-tuned antenna. **103.** ~ trasmittente (*radio*), transmitting antenna, radiator. **104.** ~ unidirezionale (*radio*), unidirectional antenna. **105.** ~ unipolare, *vedi* monopolo. **106.** ~ Yagi (*telev. - radio*), Yagi antenna, end -fire array. **107.** altezza equivalente di ~ (*radio*), equivalent height of antenna. **108.** caratteristica polare d'~ (lobo d'antenna) (*radio - radar*), antenna pattern. **109.** commutatore di messa a terra dell'~ (*radio*), antenna earthing switch. **110.** conduttori di ~ (*radio*), air wires. **111.** difesa d'~ (*radio - radar*), antenna housing. **112.** filo d'alimentazione dell'~ (*radio*), antenna lead-in. **113.** isolatore d'~ (*radio*), antenna insulator. **114.** lobo d'~ (caratteristica polare d'antenna) (*radio - radar*), antenna pattern. **115.** pilone d'~ (castello d'antenna) (*radio - radar*), antenna tower. **116.** resistenza di ~ (*radio*), antenna resistance. **117.** stabilizzazione d'~ (*radio - radar*), antenna stabilization.

antennale (lato di inferitura, di una vela) (*nav.*), head.

anteprima (*cinem.*), preview.

anteriore (*a. - gen.*), front.

antiabbagliante (*gen.*), antiglare, antidazzling. **2.** ~ (specchio retrovisore) (*a. - aut.*), glare-proof. **3.** ~ (schermo per proteggere la visuale notturna del pilota contro i bagliori o fiamme dello scarico (*s. - aer.*), glare shield. **4.** antiabbaglianti (tipo di luci da usare negli incroci con altri veicoli) (*s. - aut.*), dimmers. **5.** dispositivo ~ (*aut.*), antidazzle device. **6.** luce ~ (di proiettore) (*aut.*), lower beam (am.), passing beam (ingl.), traffic beam.

antiacido (*a. - chim.*), antacid, antiacid.

antiacustico (che isola dal rumore) (*acus.*), deadening, sound-deadening. **2.** ~ (isolato dal rumore) (*acus.*), soundproof, sound deadened, deadened.

antiaèreo (*a. - milit.*), antiaircraft.

antiaffievolimento (antievanescenza, "antifading") (*radio*), antifading.

antiagglutinante (*a. - chim.*), anticaking.

antialga (detto di elica con pale curvate all'indietro rispetto al senso di rotazione) (*nav.*), weedless. **2.** elica ~ (*nav.*), weedless propeller.

antiallergico (*a. - farm.*), antiallergic.

antialo, antialone (*fot.*), antihalation, nonhalation.

antiappannante (di vetro per es.) (*ind.*), antifogging, nonfogging. **2.** ~ (di dispositivo per vetri di aut.) (*a. - aut. - gen.*), anti-mist, defogging. **3.** ~ (per il vetro del parabrezza per es.) (*s. - app. aut. -*

ecc.), demister. **4.** impianto ~ (*aut.* - *ecc.*), defogging system.
antiatomo (atomo composto di antiparticelle) (*fis. atom.*), antiatom.
antibarione (*fis. atom.*), antibaryon.
antibiotico (*s.* - *med.* - *farm.*), antibiotic, antibiotic substance. **2.** ~ (*a.* - *med.* - *farm.*), antibiotic.
antiblocco (*aut.*), *vedi* sistema antiblocco.
anticàmera (*arch.* - *ed.*), antechamber, anteroom.
anticarro (*a.* - *milit.*), antitank.
anticatalizzatore (catalizzatore negativo) (*chim.*), anticatalyst.
anticàtodo (*fis.* - *elett.* - *eltn.*), anticathode.
anticiclone (*meteor.*), anticyclone. **2.** ~ (zona di alta pressione) (*meteor.*), high-pressure area, high.
anticipare (danaro) (*comm.*), to advance. **2.** ~ l'accensione (*mot.*), to advance the spark.
antìcipo (dell'accensione) (*mot.*), spark advance, spark lead. **2.** ~ (del comando, sfasamento del comando, nella variazione ciclica del passo della pala di rotore di elicottero) (*aer.*), control advance. **3.** ~ (di danaro) (*comm.*), prepayment. **4.** ~ (al personale di uno stabilimento per es.) (*amm.*), advance pay. **5.** ~ allo scarico (*mot.*), opening of exhaust in advance. **6.** ~ a mano (*mot.*), manual advance. **7.** ~ automatico (all'accensione) (*mot.*), automatic spark advance. **8.** ~ automatico a depressione (anticipo dell'accensione comandato dalla aspirazione) (*mot.*), vacuum advance. **9.** ~ automatico centrifugo (*mot.*), centrifugal automatic advance. **10.** ~ di accensione per la massima potenza (*mot.*), best power spark advance, bpsa. **11.** ~ di fase (precedenza: in un circuito a corrente alternata) (*elett.*), lead. **12.** ~ minimo per coppia massima (*mot.*), minimum best torque spark advance, mbt. **13.** angolo di ~ (della corrente sulla tensione: in un sistema elettrico trifase per es.) (*elett.*), angle of lead. **14.** comando a mano dell' ~ (*mot.*), spark advance manual control. **15.** pagare in ~ (*comm.*), to prepay.
anticlinale (*s.* - *geol.*), anticline, anticlinal. **2.** ~ asimmetrica (*geol.*), asymmetric anticline. **3.** ~ a ventaglio (*geol.*), fan-shaped anticline. **4.** ~ coricata (*geol.*), recumbent anticline. **5.** ~ isoclinale (*geol.*), isoclinal anticline. **6.** ~ rovesciata (*geol.*), overturned anticline. **7.** ~ simmetrica (*geol.*), symmetric anticline. **8.** a struttura ~ (*a.* - *geol.*), anticlinal. **9.** cresta ~ (*geol.*), anticline crest.
anticlinario (serie di anticlinali e sinclinali) (*geol.*), anticlinorium.
anticlòro (*chim.*), antichlor.
anticoagulante (nell'ind. della gomma per es.) (*chim. ind.*), anticoagulant.
anticoincidenza (*fis. atom.* - *eltn.*), anticoincidence.
anticollisione (*a.* - *radar*), anticollision.
anticongelante (*a.* - *fis.*), antifreezing. **2.** ~ (per radiatore di aut. per es.) (*s.*), antifreeze.
anticonvenzionale (*gen.*), anticonventional, offbeat.
anticoppia (*aer.*), countertorque.
anticorodal (marchio di fabbrica di lega di alluminio, magnesio, silicio) (*metall.*), anticorodal.
anticorrosivo (*a.* - *chim.* - *ind.*), corrosion proofing. **2.** ~ (*chim.* - *ind.*), anticorrosive.
anticosecante (*mat.*), anticosecant.
anticoseno (*mat.*), anticosine.
anticotangente (*mat.*), anticotangent.
anticresi (*leg.*), antichresis.
anticrittogàmico (*chim.* - *agric.*), anticryptogamic, fungicide.
antidatare (*comm.*), to foredate.
antideflagrante (di dispositivo o apparecchio particolarmente studiato per evitare il pericolo dell'esplosione: di dispositivo elettrico o motore destinati ad un deposito di benzina per es.) (*a.* - *sicurezza*), explosion-proof, flameproof.
antidetonante (sostanza ~ : p. es. per benzina) (*s.* - *chim.* - *comb.* - *mot.*), knock suppressor, antiknock. **2.** ~ (*a.* - *chim. ind.* - *mot.*), antiknock. **3.** ~ (additivo della benzina) (*raffineria*), dope. **4.** potere ~ (della benzina), antiknock value.
antideuterone (*fis. atom.*), antideuteron.
antidisturbi (*radio*), antijamming.
antidoto (contro il veleno) (*med.*), antidote.
antidragante (*a.* - *nav.*), antisweep. **2.** mina ~ (*espl.* - *mar. milit.*), antisweep mine.
antidrogeno (antimateria dell'idrogeno) (*fis. atom.*), antihydrogen.
antidumping (*comm.*), antidumping.
antielettrone (*fis.*), *vedi* positrone.
antielettrostatico (per eliminare o ridurre l'elettricità statica) (*a.* - *elett.*), antistatic.
antielio (antimateria dell'elio) (*fis. atom.*), antihelium.
antievanescenza (antiaffievolimento, "antifading") (*a.* - *radio*), antifading.
"antifading" (*radio*), antifading.
antifeltrante (*ind.*), non-felting. **2.** (non feltrante) (*ind. tess.*), nonfelting.
antiferromagnetico (di una sostanza la cui suscettività è zero alla temperatura dello zero assoluto, aumenta inizialmente con la temperatura e poi diminuisce) (*fis.*), antiferromagnetic.
antifiamma (ignifugo per resistere alla fiamma e per ridurre la tendenza a bruciare) (*gen.*), flame-retardant.
antiforo (pneumatico) (*aut.*), self-sealing.
antifrizione (*mecc.*), antifriction. **2.** metallo ~ (*mecc.*), babbitt, babbitt metal, antifriction metal. **3.** rivestimento di metallo ~ centrifugato (*mecc.*), centrifugally cast babbitt lining.
antifungo (fungistatico: per proteggere avvolgimenti elettrici per es.) (*s.* - *elett.* - *ecc.*), fungicide. **2.** ~ (trattamento di una apparecchiatura elettrica per es.) (*a.* - *elett.* - *ecc.*), fungus-resistant, fungicidal.
antifurto (*a.* - *aut.*), antitheft.
antigàs (*milit.*), gasproof. **2.** maschera ~ (*milit.*), gas mask.

"antigelo" (anticongelante) (*s. - aut. - ecc.*), antifreeze.
antighiaccio (*aer.*), de-icer, anti-icer. **2.** ~ elettrico (*aer.*), electric de-icer. **3.** ~ meccanico (di gomma o metallo flessibile che a mezzo di aria compressa pulsante distacca le formazioni di ghiaccio; è applicato a protezione dei borsi di entrata ala e impennaggi) (*aer.*), mechanical de-icer. **4.** ~ pneumatico (*aer.*), de-icer boot.
antigravità, anti g (proteggente dai dannosi effetti dell'eccessiva gravità: come ad esempio la tuta degli astronauti) (*astric.*), antigravity.
antigrippaggio (*mot.*), antiscuff.
antincrostazione (antivegetativo, di pittura) (*a. - nav.*), antifouling.
antinfortunistica (*psicol. ind.*), safety, accident prevention.
antileptone (positrone per es.) (*fis. atom.*), antilepton.
antilogaritmo (*mat.*), antilogarithm.
antimagnètico (*a. - elett.*), antimagnetic.
antimare (contro gli echi di mare) (*a. - radar*), anticlutter.
antimateria (costituita da antiparticelle) (*fis. atom.*), antimatter.
antimeridiano (ante meridiem: ora) (*a. - tempo*), a.m.
antimissile (di un sistema) (*a. - milit.*), antimissile. **2.** ~ (*s. - milit.*), antimissile.
antimoniale (*a. - chim.*), antimonial. **2.** piombo ~ (piombo industriale usato per telai di batterie ecc.) (*metall.*), antimonial lead.
antimonico (*a. - chim.*), antimonic.
antimonile (– SbO) (*chim.*), antimonyl.
antimònio (Sb - *chim.*), antimony. **2.** croco d'~ (*chim.*), crocus of antimony.
antimonioso (*a. - chim.*), antimonious.
antimpolmonimento (*vn.*), antilivering. **2.** agente ~ (prodotto antimpolmonimento) (*vn.*), antilivering agent.
antincèndio (l'azione di lotta per estinguere il fuoco ed evitarne la propagazione) (*n. - antincendio*), fire fighting. **2.** applicazione delle norme ~ (*antincendio*), fire prevention. **3.** attrezzatura mobile ~ (*veic. antincendio*), fire apparatus.
antincrostante (per caldaie) (*s. - cald.*), antifouling agent, antifoulant.
antinebbia (sono ~ le luci rosse di un'automobile per es.) (*a. - sicurezza traff.*), fog-guard.
antineutrino (*fis. atom.*), antineutrino.
antineutrone (*fis. atom.*), antineutron.
antinfortunistica (prevenzione degli infortuni) (*lav. - ecc.*), safety, accident prevention.
antinodo (ventre, di un'onda) (*fis.*), antinode.
antinquinamento (*ecol.*), antipollution.
antinvecchiante (*ind. gomma*), "antiager", age resister.
antiorario (direzione di rotazione) (*a. - mecc. - ecc.*), counterclockwise, anticlockwise, ACW.
antiossidante (*chim.*), antioxidant, inhibitor.
antiossigeno (*s. - chim.*), antioxygen.
antiozonante (ingrediente di mescola usato per ritardare il deterioramento della gomma causato da ozono) (*s. - ind. gomma*), antiozonant.
antiparallasse (*ott.*), antiparallax.
antiparallela (*s. - geom.*), antiparallel.
antiparallelo (*fis. atom.*), antiparallel.
antiparticella (*fis. nucleare*), antiparticle.
antipelle (*vn.*), antiskinning. **2.** agente ~ (prodotto antipelle) (*vn.*), antiskinning agent.
antipiega (*a. - gen.*), anticrease. **2.** ~ (di un cavo per es.) (*elett. - ecc.*), kickless. **3.** finitura ~ (*tess.*), anticrease finish.
antiplastico (*a. - ind.*), antiplastic.
antipolarità (polarità opposta) (*elett.*), antipolarity.
antiprotone (*fis. atom.*), antiproton.
antiquark (antiparticella dei quark) (*fis. atom.*), antiquark.
antiquatezza (obsolescenza) (*gen.*), obsolescence.
antiquato (di una macchina per es.) (*a. - macch. - ecc.*), obsolete. **2.** ~ (fuori moda) (*a. - gen.*), rinky-dink.
antiriflessione (trattato con antiriflettente: lente) (*a. - ott.*), coated.
antiriflesso (di trattamento antiriflettente dato ad una superficie per es.) (*ott.*), antireflection, antiflare.
antiriflettènte (di lente fot.) (*ott.*), blooming, reflection preventing coat. **2.** applicare l'~ (rivestire obiettivi fotografici con materiale antiriflettente) (*ott.*), to coat, to bloom (ingl.). **3.** trattamento ~ (mano di azzurrante per es. sulla lente per migliorarne le caratteristiche ottiche) (*ott.*), blooming.
antirisonanza (*elett.*), antiresonance.
antirollìo (*nav. - aer.*), antirolling.
antirombo (protettivo bituminoso) (*aut.*), bituminous paint. **2.** ~ asfaltico (tipo di isolante acustico) (*aut.*), asphaltic sound deadener. **3.** tasto ~ (*app. elettroacus.*), rumble knob.
antironzìo (*elett.*), hum-bucking.
antirùggine (vernice per es.) (*s. - ind. chim.*), rust preventer. **2.** ~ all'ossido di ferro (*vn.*), metallic paint, red iron oxide paint. **3.** ~ per macchine (per proteggere le parti lavorate di macchina: di una macch. ut. nuova giacente a magazzino per es.), slush. **4.** ~ rossa all'ossido di ferro (*vn.*), iron red. **5.** sostanze ~ (*chim.*), rust inhibitors.
antirumore (materiale o provvedimenti per ridurre il rumore) (*a. - acus.*), antinoise.
antiscartino (foglio inserito tra pagine stampate di fresco per impedire controstampe) (*tip.*), offset sheet (am.), set-off sheet (ingl.), slip sheet, set-off page.
antischeggia (di granate per es.) (*milit.*), splinterproof.
antischiuma (*a. - chim.*), antifoaming, antifrothing.
antiscoppio (*gen.*), explosion-proof.
antiscottante (*ind. gomma*), antiscorch, antiscorching.

antiscricchiolìo (per carrozzerie di automobile per es.) (*mecc.*), antisqueak.
antisdrucciolévole (*gen.*), antislip. **2.** ~ (di battistrada di pneumatico per es.) (*aut.*), nonskid, antiskid.
antisecante (*mat.*), antisecant.
antisedimentante (*a. - vn.*), antisettling. **2.** ~ (agente di antisedimentazione, agente di sospensione, per una vernice per es.) (*s. - chim.*), antisettling agent, suspending agent.
antiseno (*mat.*), antisine.
antisèttico (*a. - s. - med. - ind.*), antiseptic.
antisfiammante (agente antisfiammante) (*s. - vn.*), antiflooding agent.
antisfiammatura (antisfiammante) (*a. - vn.*), antiflooding. **2.** agente ~ (antisfiammante) (*vn.*), antiflooding agent.
antisìsmico (*a. - ed.*), aseismatic, earthquake -proof. **2.** costruzione antisismica (*ed.*), aseismatic construction.
antiskid (*aut.*), *vedi* sistema frenante antiblocco.
antislittamento (*aut. - ecc.*), nonskid. **2.** impianto (frenante) ~ (sistema di frenatura) (*aut.*), antiskid system, skid braking system, antiskid braking system. **3.** pneumatico antislittamento (*s. - ind. gomma*), nonskid.
antislittante (di pneumatico per es.) (*a. - aut. - ecc.*), nonskid, antiskid.
antisoffio (di porta di rifugio antiaereo per es.) (*a.*), antiblow.
antisom (antisommergibile) (*mar. milit.*), antisubmarine.
antisommergìbile (*a. - nav.*), antisubmarine. **2.** guerra antisommergibili (*milit.*), antisubmarine warfare, asw.
antispruzzo (*a. - gen.*), antisplash.
antitamponamento (sistema di costruzione antitamponamento per vetture ferroviarie) (*ferr.*), antitelescoping.
antitangente (*mat.*), antitangent.
antitopo (impianto elettrico per es.) (*a. - nav. - ecc.*), ratproof.
antitrepidativo (antivibrante) (*macch. - ecc.*), vibration–dampening.
antiuomo (p. es. di mine, bombe ecc.) (*a. - milit.*), antipersonnel.
antiurto (di un orologio per es.) (*mecc.*), shock–resistant, shockproof.
antivalenza (OR esclusivo) (*elab.*), exclusive OR, either–or.
antivegetativo (antincrostazione, di pittura) (*a. - nav.*), antifouling.
antivibrante (supporto flessibile per es.) (*macch. - mot.*), vibration–damping.
antivibrite (materiale isolante contro le vibrazioni) (*macch. - ecc.*), vibration–dampening material, vibration–damper.
antracène ($C_{14}H_{10}$) (*chim.*), anthracene.
antrachinone ($C_{14}H_8O_2$) (*chim.*), anthraquinone.
antracite (carbone), hard coal, anthracite, stone coal, glance coal. **2.** ~ (carbone a fiamma corta) (*comb.*), blind coal.
antracosi (*med. - ind.*), anthracosis.
antropometria (*med. - ecc.*), anthropometry.
antropometrico (*med. - ecc.*), anthropometric. **2.** manichino ~ (usato per definire le caratteristiche dei sedili di un'autovettura per es.) (*aut. - ecc.*), anthropometric manikin.
antropòmetro (*strum. med.*), anthropometer.
anulare (*a. - gen.*), annular.
anzianità (*gen.*), seniority. **2.** premio di ~ (*pers.*), seniority bonus. **3.** scatto di ~ (dello stipendio di un impiegato per es.) (*retribuzione pers.*), increase according to seniority.
anziano (*s. - lav. - pers.*), senior.
aparallelismo (non parallelismo) (*mecc.*), nonparallelism.
a paro (a comenti appaiati, tipo di fasciame) (*a. - costr. nav.*), carvel–built.
apatite (fluofosfato e/o clorofosfato di Ca) (*min.*), apatite.
ape (*agric.*), bee.
aperiodicità (*gen.*), aperiodicity.
aperiòdico (*a. - fis. - mat.*), aperiodic. **2.** ~ (*strum. mis. elett.*), deadbeat, aperiodic.
apèrto, open. **2.** ~ (detto di un rubinetto per es.) (*a. - gen.*), on. **3.** ~ (disinserito, di un interruttore elettrico) (*a. - elett.*), off. **4.** ~ (tipo di macch. elett., app. elett., mot. elett.) (*a. - elett.*), open. **5.** ~ (non incrociato, detto di cinghie di trasmissione) (*mecc.*), open. **6.** ~ (di cotone per es.) (*ind. tess.*), open. **7.** ~ (di una città) (*a. - milit.*), open. **8.** ~ (*a. mat.*), open. **9.** ~-chiuso (rubinetto) (*tubaz.*), on–off.
apertura (foro) (*mecc.*), port. **2.** ~ (passaggio), aperture, opening. **3.** ~ (azione di ~, di valvola per es.) (*mecc.*), opening. **4.** ~ (interruzione, di un circuito per es.) (*elett. - ecc.*), cutoff. **5.** ~ (disinnesto, di un relé per es.) (*elett.*), tripping. **6.** ~ (di diaframma) (*fot.*), aperture. **7.** ~ (di un obiettivo fotografico per es.) (*fot.*), aperture. **8.** ~ (di credito) (*comm.*), opening. **9.** ~ (esploratrice del disco per televisore, oppure fessura per passaggio luce in strumento ottico) (*telev. - ott.*), slit. **10.** ~ (di un paracadute) (*aer.*), development. **11.** ~ (delle ganasce di una morsa per es.) (*ut.*), mouth. **12.** ~ alare (apertura d'ali) (*aer.*), span, spread, wing span. **13.** ~ angolare (di un obiettivo per es.) (*ott. - fot.*), view angle. **14.** ~ anticipata dello scarico (per ridurre la contropressione) (*macch. a vapore*), prerelease. **15.** ~ automatica (di un gancio, di un fine corsa, di un dente di ritegno ecc.) (*elett. - mecc.*), automatic release. **16.** ~ che consente l'introduzione di una mano (portello di visita) (*gen.*), handhole. **17.** ~ del fascio (*radio*), beam angle. **18.** ~ della chiave (per dadi esagonali per es.) (*ut.*), wrench opening. **19.** ~ dell'obiettivo (*ott. - fot.*), lens opening. **20.** ~ dello scarico (*mot.*), exhaust opening. **21.** ~ di carico (di un carro a tramoggia coperto) (*ferr.*), hatch. **22.** ~ di

credito (*finanz. - comm.*), opening of credit. **23.** ~ di porta (*ed.*), doorway. **24.** ~ di riscaldo (in un forno per vetro) (*mft. vetro*), glory hole. **25.** ~ di sfogo (sfogatoio) (*gen.*), vent. **26.** ~ di sfogo (per gas: in un altoforno) (*metall.*), offtake. **27.** ~ (di) entrata aria (in una locomotiva con motore diesel) (*ferr.*), ventilator. **28.** ~ in dissolvenza (*cinem.*), dissolve-in. **29.** ~ massima tra i piani di lavoro (di una pressa per lo stampaggio di materie plastiche) (*macch.*), maximum daylight opening between platen. **30.** ~ numerica (*ott.*), numerical aperture, NA. **31.** ~ per la ventilazione (in un tetto per es.) (*ed.*), ventilation opening. **32.** ~ per rimuovere la scoria (*fond.*), floss hole. **33.** ~ relativa (dell'obiettivo: rapporto tra il diametro del diaframma e la lunghezza focale: rapporto focale) (*ott. fot.*), relative aperture, f-number, f-stop. **34.** ~ spia (*gen.*), inspection port. **35.** ad ~ automatica (interruttore) (*elett.*), self-opening. **36.** anello di ~ (regola l'apertura del diaframma, anello del diaframma) (*fot.*), aperture ring. **37.** bobina di ~ (bobina di disinnesto, di un relé) (*elett.*), tripping coil. **38.** inizio ~ (valvola di) aspirazione a... (*mot.*), inlet opens..., inlet valve opens... **39.** inizio ~ (valvola di) scarico a... (*mot.*), exhaust opens..., exhaust valve opens... . **40.** tempo di ~ (di un paracadute) (*aer.*), opening time. **41.** valore di ~ (*ott. fot.*), *vedi* ~ relativa.

a picco (*nav.*), apeak.

àpice (*gen.*), apex, tip. **2.** ~ (di un paracadute) (*aer.*), apex. **3.** ~ (segno applicato ad una lettera, *a'* per es.) (*mat.*), prime. **4.** applicare l' ~ (mettere l'apice, ad una lettera per es.) (*mat.*), to prime. **5.** con ~ (lettera, *a'* per es.) (*mat.*), primed. **6.** senza ~ (lettera, *a* per es.) (*mat.*), unprimed.

apirolio (olio incombustibile) (*elett. - ind. chim.*), fireproof oil.

aplanarità (di una superficie per es.) (*mecc. - ecc.*), non-flatness.

aplanàtico (di lente corretta per aberrazione sferica per es.) (*a. - ott.*), aplanatic.

aplanatismo (qualità di un sistema diottrico privo di aberrazione sferica) (*ott.*), aplanatism.

aplite (*geol.*), aplite.

apocromàtico (senza aberrazione sferica e cromatica) (*a. - ott.*), apochromatic.

apogeo (di un satellite artificiale per es.) (*astric. - astr.*), apogee.

aposelene, apoluna (il punto più lontano dalla Luna di un'orbita lunare) (*astric.*), apolune.

apostilb (unità di brillanza uguale a 0,0001 lambert) (*unità di mis.*), "apostilb", asb.

apostolo (trave in legno intagliato, anticamente a prua di una nave) (*nav.*), knighthead.

apostrofo (*tip.*), apostrophe.

apotèma (*geom.*), apothem.

appaiamento (accoppiamento, abbinamento) (*gen.*), pairing.

appaiare (*gen.*), to pair, to match.

appallottolare (*gen.*), to pelletize.

appaltare (dare in appalto, dei lavori pubblici per es.) (*comm.*), to give out by contract.

appaltatore (*comm. - leg.*), undertaker, bidder, contractor. **2.** ~ pubblicitario (*pubbl.*), advertising contractor, advertisement contractor.

appalto (*comm. - leg.*), contract, bid, undertaking contract. **2.** accettazione dell'offerta di ~ (*comm. - leg.*), acceptance of bid. **3.** avviso di ~ (inserzione di appalto) (*ind. leg. - ed. leg.*), advertisement for bids. **4.** concorso di ~ (*comm.*), ask for bid. **5.** dare in ~ (concedere su contratto, lavori, ricerche ecc.) (*comm.*), to farm out. **6.** fare offerta di ~ (*ind. - ed.*), to make a bid, to tender. **7.** inserzione di ~, advertisement for bid. **8.** prendere in ~ (*comm.*), to take by contract.

appannamento (delle finestre per es.) (*gen.*), steaming up, fogging.

appannarsi (di vetro per es.), to steam up, to fog, to mist.

appannato (non lucido: di una superficie verniciata per es.), mat. **2.** ~ (di un vetro trasparente coperto da vapor d'acqua condensato per es.), breathed, steamed up.

appannatura (di un vetro trasparente coperto da vapor d'acqua condensato) (*fis.*), breath, steam. **2.** ~ (non lucido: di superficie verniciata per es.), mat.

apparato (*mecc.*), apparatus, contrivance. **2.** ~ centrale (app. usato per ottenere una stabilita sequenza di operazioni nei comandi, segnali ecc.) (*app. ferr.*), interlock, interlocking. **3.** ~ centrale a relé (*app. ferr.*), all-relay interlocking. **4.** ~ centrale automatico (*app. ferr.*), automatic interlocking. **5.** ~ centrale con comando di estremità (o di entrata-uscita) (*app. ferr.*), entrance-exit interlocking. **6.** ~ centrale elettrico di segnalazione (*impianto segn. ferr.*), electric signal box. **7.** ~ motore (gruppo motopropulsore) (*aer.*), power plant. **8.** ~ motore ausiliario (per i servizi ausiliari, di un velivolo per es.) (*aer. - ecc.*), auxiliary power plant. **9.** ~ motore principale (*nav.*), main propelling machinery.

apparecchi (*gen.*), apparatus. **2.** ~ ausiliari (di un motore per es.) (*mecc.*), auxiliary equipment. **3.** ~ igienico-sanitari (*app. ed.*), sanitary fittings, sanitary fitments. **4.** ~ per provare terre e sabbia di fonderia (*strum. fond.*), foundry sand testing instruments. **5.** ~ per riscaldamento a induzione (*app. elett. per metalli*), induction heating equipment.

apparecchiare (approntare, allestire) (*mecc. - ecc.*), to make ready, to fit out, to set.

apparecchiatura (finissaggio) (*ind. tess.*), finishing. **2.** ~ (*elett. - radio*), equipment. **3.** ~ (disposizione dei mattoni di un muro per es.) (*mur.*), bond. **4.** ~ a forche per prendere mattoni (*att. trasp.*), brick fork. **5.** ~ a schede perforate (*elab.*), punched-card equipment. **6.** ~ attiva e passiva di acustica subacquea (*mar. milit.*), sound gear. **7.** ~ di controllo di precisione (di una calcolatrice) (*elab.*), analytical control equipment. **8.** ~ di entrata, *vedi* periferica di entrata. **9.** ~ di lancio (di missili o veicoli spaziali per es.) (*missil.*), launching equipment. **10.** ~ di misurazione dei dati e loro trasmissione a distanza (a mezzo radio: di velocità, temperatura, pressione ecc.) (*strum. eltn.*), telemeter. **11.** ~ di riflessione (*illum.*), luminaire. **12.** ~ di tabulazione (*elab.*), tabulating equipment. **13.** ~ di trasporto e posizionamento automatico (di una calcolatrice per es.) (*autom.*), automatic handling equipment. **14.** ~ di uscita, *vedi* periferica di uscita. **15.** ~ elettrica (di un locomotore elett. per es.) (*elett. - ferr. - ecc.*), electrical equipment. **16.** ~ elettrica di comando (*elett.*), switchgear. **17.** apparecchiature elettriche per l'agricoltura (*agric. - elett.*), electro-farming equipment. **18.** ~ parlante a vocabolario illimitato (*elab. voce*), text-to-voice synthesis system. **19.** ~ parlante a vocabolario limitato (*elab. voce*), limited-vocabulary voice output device. **20.** ~ per dare elasticità ai tessuti di cotone mediante successivi stiramenti (*ind. tess.*), stenter. **21.** ~ periferica (*elab.*), off-line equipment, peripheral equipment. **22.** ~ per il lavaggio in largo (*app. ind. tess.*), washing machine in full width. **23.** ~ per illuminazione (riflettore, schermo ed accessori) (*illum.*), luminaire. **24.** ~ per la prova di scoppio (della carta) (*macch. di prova - mft. carta*), mullen tester. **25.** ~ per la purga (o lavaggio) (della pezza greggia) (*app. ind. tess.*), washing machine. **26.** ~ radio (*radio*), radio set. **27.** ~ specifica (di sollevamento, di lavorazioni meccaniche agricole, di pesca, di trasporto, di radioamatore ecc.) (*gen.*), rig.

apparecchio (*strum.*), apparatus, instrument. **2.** ~ (di illuminazione per es.), fitting. **3.** ~ (qualsiasi, sia elettrico che idraulico, occorrente al completamento di una stanza per es.), fixture. **4.** ~ (costituito da un intero complesso elettronico o elettrico: radio, televisione ecc.) (*elett. - eltn. - alta frequenza*), set. **5.** ~ (aeromobile), aircraft. **6.** ~ (aeroplano), (air)plane. **7.** ~ (disposizione dei mattoni di un muro per es.) (*mur.*), bond. **8.** ~ a galena (*radio*), crystal set. **9.** ~ a induzione per fucinatura (*app. elett. per metall.*), forging induction heater. **10.** ~ a induzione per riscaldo barre (o billette) da fucinare (*app. elett. per metall.*), forging induction heater. **11.** ~ a induzione per trattamento termico (*app. elett. per metall.*), heat-treating induction heater. **12.** ~ a parallele per l'equilibratura delle eliche (*att. mecc.*), propeller balancing stand. **13.** ~ a pipetta per la misura della dissociazione (*app. mis. chim.*), dissociation pipette assembly. **14.** ~ a riverbero (*app. fis.*), reverberator. **15.** ~ bordatore (strisce di gomma poste ai lati della macchina continua, usate per formare il bordo frastagliato ai fogli di carta) (*mft. carta*), deckle straps. **16.** ~ compensatore (per pressione cilindri in una locomotiva a vapore) (*ferr.*), compensating device. **17.** ~ da caccia (*aer.*), fighter, pursuit plane, chasing plane, chaser. **18.** ~ da combattimento (caccia) (*aer.*), fighter. **19.** ~ da presa (*cinem.*), motion picture camera, movie camera (am.). **20.** ~ da presa per disegni animati (*cinem.*), cartoon camera. **21.** ~ da soccorso (*aer.*), rescue aircraft. **22.** ~ di alimentazione (di cald. per es.), feeding device. **23.** ~ di ascolto (*app. acus. milit.*), listening apparatus. **24.** ~ di condizionamento (*app.*), air-conditioner. **25.** ~ di condizionatura (per l'umidità della seta) (*app. tess.*), testing oven. **26.** ~ di controllo per ingranaggi (*strum. mecc.*), gear checker. **27.** ~ di conversione dell'immagine in energia elettrica (*telev.*), pickup. **28.** ~ di estrazione Soxhlet (impiegato nell'estrazione di grassi a mezzo di solvente volatile) (*app. chim.*), Soxhlet apparatus. **29.** ~ di governo (meccanismo di direzione) (*nav. - aut.*), steering gear. **30.** ~ di illuminazione a saliscendi (lume a sospensione regolabile) (*illum.*), rise and fall pendant. **31.** ~ di intercettazione (*app. acus milit.*), listening apparatus. **32.** ~ di Kipp (*app. chim.*), Kipp gas generator. **33.** ~ di linea per volo stratosferico (*aer.*), "stratoliner". **34.** ~ di misura (o contatore elettrico) a induzione (*strum. elett.*), induction meter. **35.** ~ di Orsat (analizzatore per gas) (*app. chim.*), Orsat apparatus. **36.** ~ di prova (o di analisi) (*elett. - mecc. - chim.*), tester. **37.** ~ di registrazione del suono (*app. elettroacus.*), sound recorder. **38.** ~ di ritorcitura (per filamenti di seta) (*app. tess.*), twisting apparatus. **39.** ~ di segnalazione, signaling apparatus. **40.** ~ di sollevamento (*ind.*), hoisting apparatus, lifting apparatus. **41.** ~ di sollevamento (*min.*), winding engine. **42.** ~ di sollevamento ad aria compressa (*ind.*), pneumatic lifting device. **43.** ~ di stagionatura (o condizionatura) (della lana per es.) (*ind. lana*), testing oven. **44.** ~ di vulcanizzazione (*ind. gomma*), curing apparatus, vulcanizer, vulcanizing apparatus. **45.** ~ elettrico per la distillazione dell'acqua (*app. chim.*), electric water still. **46.** ~ fotografico per microfotografie (o fotografie fatte al microscopio) (*fot. - microscopio*), microcamera. **47.** ~ fototelegrafico (*elettrotel.*), picture telegraphy apparatus. **48.** ~ fumogeno (*milit.*), smoke apparatus. **49.** ~ in derivazione [telefonica] (in casa, apparecchi telefonici supplementari, in una o più stanze, collegati alla linea principale) (*telef.*), extension. **50.** ~ in funzione (*cinem.*), live set. **51.** ~ inglese (disposizione tipo inglese dei mattoni di un muro) (*mur.*), English bond. **52.** ~ inseribile (unità inseribile, apparecchio a spina) (*elett.*), plug-in unit. **53.** ~ interplanetario (*astric.*), spaceship. **54.** ~ lampeggiatore (*aer.*), blinking apparatus, signal flood light. **55.** ~ lancia arpione (cannoncino per il lancio dell'arpione) (*pesca*), harpoon gun. **56.** ~ monomotore (*aer.*), single-engined aircraft. **57.** ~ multigamma (*radio*), all-wave set. **58.** ~ osservatore (*aer.*), spotter plane. **59.** ~ osservatorio (velivolo osservatorio) (*aer. milit.*), air observation post aircraft,

AOP. aircraft. **60.** ~ ottico per prove di durezza (*app. per prove*), optical hardness tester. **61.** ~ per alta frequenza (*strum. med.*), high-frequency apparatus. **62.** ~ per analisi elettrolitica (*app. chim.*), electrolytic analysis apparatus. **63.** ~ per avvitare prigionieri (*mecc.*), stud setter. **64.** ~ per calamitare (*app. elett.*), magnetizing device. **65.** ~ per condizionamento dell'aria (*app. ind. e civile*), air conditioner. **66.** ~ per controllo profili (*strum. mis.*), profile testing instrument. **67.** ~ per diatermia (*strum. med.*), diathermic apparatus. **68.** ~ per elettrocoagulazione (*strum. med.*), electrocoagulator. **69.** ~ per esame radiografico dei metalli (*strum. metall.*), X-ray apparatus for metal inspection. **70.** ~ per filatura (nella manifattura della seta artificiale) (*app. tess.*), spinning apparatus. **71.** ~ per fonotelegrafia simultanea (*app. telef.*), phonophore, phonopore. **72.** ~ per gunite (usato per spruzzare calcestruzzo finemente diviso mediante aria compressa) (*macch.*), cement gun. **73.** ~ periferico, *vedi* periferica. **74.** ~ per il controllo della distanza tra i denti (apparecchio per il controllo del passo di un ingranaggio) (*app. mecc.*), tooth spacing tester. **75.** ~ per il controllo (della regolarità) di superfici piane (*strum. mis.*), surface tester. **76.** ~ per il controllo del peso (*app. mis.*), checkweigher. **77.** ~ per illuminazione (*illum. - ind.*), lighting fitting, lighting apparatus. **78.** ~ per il taglio longitudinale (taglierina longitudinale) (*macch. mft. carta*), slitting machine. **79.** ~ per imbibire la lana (*app. ind. lana*), wool steeping apparatus. **80.** ~ per la concentrazione (concentratore) (*ind.*), concentrator. **81.** ~ per la determinazione del coefficiente di attrito (*app.*), friction meter, friction coefficient meter. **82.** ~ per la distillazione frazionata (*chim. - ind.*), fractional distillation apparatus, French column. **83.** ~ per la localizzazione dei guasti (*elettroacus.*), trouble shooting device. **84.** ~ per la localizzazione di oggetti sommersi (ecogoniometro, per la ricerca dei sommergibili per es.) (*strum. mar.*), sonar, asdic (ingl.). **85.** ~ per la misura della resilienza (*strum.*), resiliometer. **86.** ~ per la misurazione della distanza (nella navigazione con radar) (*aer. - radar*), distance-measuring equipment, DME. **87.** ~ per l'analisi del carbonio (*metall.*), carbon content analysing apparatus. **88.** ~ per la prova dell'umidità (misuratore dell'umidità) (*strum. ind.*), moisture meter. **89.** ~ per la registrazione del suono con sistema magnetico (*strum. elettroacus.*), magnetic recorder. **90.** ~ per la televisione (*radio - telev.*), televisor, television set. **91.** ~ per la tintura in matasse (*ind. tess.*), hank dyeing apparatus. **92.** ~ per liquefazione (dei gas) (*app. ind.*), liquefier. **93.** ~ per metabolismo basale (*app. med.*), metabolimeter. **94.** ~ per microfilm (*fot.*), microfilming camera. **95.** ~ per misurare il passo (degli ingranaggi a dentatura diritta ed elicoidale) (*strum. mis.*), pitch measuring instrument. **96.** ~ per misurare la resistenza alla abrasione (*strum. mis.*), abrasiometer. **97.** ~ per proiezioni microscopiche (*strum. ott.*), projecting microscope. **98.** ~ per prova continua (*app. per prove*), continuous tester. **99.** ~ per rifinire i bordi (per rifinire o rifilare bordi) (*gen.*), edger. **100.** ~ per riproduzione fotostatica (per riproduzione rapida di documenti per es.) (*fot.*), photostat. **101.** ~ per riscaldamento a induzione (forno a induzione) (*app. elett. per metall.*), induction heater. **102.** ~ per spogliare (o tornire) esternamente (*macch. ut.*), relieving device. **103.** ~ per tingere (*app. tess.*), dyeing apparatus, jig, jigger. **104.** ~ per tintura in pettinato (*app. tess.*), tops dyeing apparatus. **105.** ~ per titolazioni (*app. chim.*), titrimeter. **106.** ~ per tracciare il profilo del dente (*app. mecc.*), odontograph. **107.** ~ per trasporto merci (*aer.*), freighter. **108.** ~ portatile di controllo della radioattività (*strum. radioatt.*), monitor. **109.** ~ portatile per incisione dischi (*app. elett.*), portable (disk) recorder. **110.** ~ prova bobine (per verificare se sono in corto circuito) (*app. elett.*), growler. **111.** ~ radio (*radio*), radio set, wireless (ingl.). **112.** ~ radio alimentato a pile (o ad accumulatori) (*radio*), battery-driven set. **113.** ~ radiografico (*strum. med.*), radiographic apparatus. **114.** ~ radiolocalizzatore (*radio*), radar set. **115.** ~ radio multigamma (*radio*), all-wave set. **116.** ~ radiotelefonico (trasmittente e ricevente) portatile (*radio - telef.*), walkie-talkie, walky -talky. **117.** ~ radioterapeutico (*strum. med.*), radiotherapeutic apparatus. **118.** ~ radiotrasmittente (*radio*), radio transmitter. **119.** ~ ricevente (radio o televisivo) (*radio - telev.*), set, receiving set. **120.** ~ ricevente per tutte le lunghezze d'onda (*radio*), all-wave receiver. **121.** ~ riproduttore (di dittafono per es.) (*app. elett.*), reproducing unit. **122.** ~ rivelatore a distanza di temporali (*radio - milit.*), sferics. **123.** ~ scuola (*aer.*), trainer, training aircraft. **124.** ~ scuola secondo periodo (addestratore secondo periodo) (*aer.*), advanced trainer. **125.** ~ smagnetizzante (o smagnetizzatore) (*app. off. mecc.*), demagnetizing apparatus. **126.** ~ sperimentale (*aer.*), research aircraft. **127.** ~ supersonico (*aer.*), supersonic aircraft. **128.** ~ telefonico (*telef.*), telephone apparatus, telephone set, telephone. **129.** ~ telefonico a batteria centrale (*telef.*), common battery telephone set. **130.** ~ telefonico a batteria locale (*telef.*), local battery telephone set. **131.** ~ telefonico automatico (*telef.*), automatic telephone. **132.** ~ telefonico di abbonato (*telef.*), subscriber's set, subset. **133.** ~ telefonico in parallelo (o in derivazione) (*telef.*), extension telephone. **134.** ~ telegrafico, telegraph set. **135.** ~ televisore (*telev.*), television set, televisor. **136.** ~ tenditore (*ind. tess.*), stenter. **137.** ~ trasmittente (emettitore) (*elettrotel.*), sender. **138.** ~ tuttala (*aer.*), flying wing. **139.** ~ umettatore (a spruzzo) (*app. mft. carta*), spray damper. **140.** ~ umidificatore (*app.*), humidifier. **141.** ~ universale per controllo ingranaggi (*strum. mecc.*), uni-

versal gear checker. **142.** rimanere all' ~ (*telef.*), to hang on.
apparente (*gen.*), apparent.
appartamento (*ed.*), apartment (am.), flat (ingl.). **2.** ~ (per una famiglia) (*ed.*), living unit. **3.** ~ ammobiliato, furnished apartment. **4.** ~ d'affitto (*ed.*), apartment to let. **5.** ~ d'affitto (di tipo popolare) (*ed.*), tenement. **6.** ~ di proprietà in un condominio (*ed.*), condominium. **7.** ~ vuoto (senza mobilia) (*ed.*), unfurnished apartment.
appassimento (fase che precede l'essiccamento e durante la quale evapora la maggior parte dei solventi) (*vn.*), flash period.
appellarsi (*leg.*), to appeal.
appèllo (*leg.*), appeal. **2.** fare l' ~ (*milit.*), to call the roll.
appendere (sospendere) (*gen.*), to hang up, to suspend.
appendice (*gen.*), appendix. **2.** ~ (di un libro) (*tip.*), appendix. **3.** ~ (di un albero portaelica di un mot. stellare) (*mot. aer.*), tailpiece. **4.** ~ di gonfiamento (di un aerostato per es.) (*aer.*), appendix.
appennellare (l'àncora per es.) (*nav.*), to cockbill.
appennellata (di àncora, spedata, che ha lasciato il fondo) (*a. - nav.*), atrip.
appezzamento (di terreno) (*top.*), plot, lot. **2.** ~ di terreno fabbricativo (*ed.*), building lot. **3.** piccolo ~ di terreno (*top.*), plat.
appiattimento (*gen.*), flattening. **2.** ~ (*fucinatura*), flattening. **3.** ~ (di un pneumatico sotto carico) (*aut.*), deflection. **4.** ~ (di una curva caratteristica per es.) (*tecnol.* - *ecc.*), flattening out. **5.** ~ (schiacciamento, sotto una pressa, di materiale) (*tecnol. mecc.*), squeezing.
appiattire (*gen.*), to flatten.
appiccicarsi (*vn. - ecc.*), to tack.
appiccicosità (di resine, vernici ecc.) (*fis.*), tackiness. **2.** ~ (della terra di formatura che aderisce al modello per es.) (*fond.*), stickiness. **3.** ~ successiva (mancato raggiungimento dello stato di fuori polvere) (*difetto vn.*), after tack.
appiccicoso (*vn. - ecc.*), tacky.
appiglio (*gen.*), grip, hold.
applicabile (*gen.*), applicable.
applicabilità (utilizzabilità, idoneità) (*gen.*), usefulness, serviceableness. **2.** ~ (impiegabilità, di un processo) (*tecnol.*), suitability, suitableness.
applicare (*gen.*), to apply. **2.** ~ la valvola (manifattura pneumatici) (*ind. gomma*), to valve. **3.** ~ tensione (*elett.*), to apply voltage. **4.** ~ uno strato copiativo (~ uno strato di nerofumo) (*fabb. carta - stampa - ecc.*), to carbonize.
applicato (*mecc.*), applied. **2.** ~ (tensione) (*elett.*), impressed, applied.
applicazione (*gen.*), application. **2.** ~ (*mat.*), mapping. **3.** ~ *vedi anche* applicazioni.
applicazioni (*ind.*), appliances. **2.** ~ dell'energia atomica a beneficio dell'umanità (*fis. atom.*), humanitarian applications of atomic energy. **3.** ~ elettriche (*elett.*), electrical appliances. **4.** ~ industriali (di un processo o trattamento) (*ind.*), industrial applications. **5.** ~ industriali dell'energia nucleare (*fis. atom. - ind.*), industrial applications of nuclear energy.
"applique" (braccio a muro, apparecchio di illuminazione da parete) (*illum.*), wall lamp.
appoggiabraccia (*veic. - ecc.*), armrest.
appoggiaferro (del ferro elett.) (*app. domestico*), iron stand.
appoggianuca (di un sedile di carrozza ferroviaria per es.) (*accessorio sedile ferr. - ecc.*), head roll.
appòggiapezzo ("coltello" per sostegno pezzi o di guida, di una rettificatrice senza centri per es.) (*mecc. macch. ut.*), workrest.
appoggiapiedi (sbarra posta sotto il sedile) (*accessorio sedile ferr. - ecc.*), foot rest, footrest.
appoggiare (di una trave) (*ed.*), to rest. **2.** ~ (di arco per es.) (*ed.*), to abut. **3.** ~ (a seguito di inclinazione: di un palo ad un muro per es.), to lean.
appoggiarsi (a seguito di inclinazione), to lean. **2.** ~, *vedi anche* appoggiare.
appoggiatesta (di un sedile di carrozza ferroviaria per es.) (*ferr. - ecc.*), head rest, headrest.
appoggiato (di trave per es.) (*sc. costr.*), resting.
appòggio (*sc. costr.*), bearing. **2.** ~ (supporto) (*gen.*), support. **3.** ~ (di un aereo all'atterraggio) (*aer.*), *vedi* impatto. **4.** ~ aereo (*milit. - aer. milit.*), air support. **5.** ~ a piastra (*costr. ed.*), plate bearing. **6.** ~ a rulli (sistema a rulli: di sostegno di un ponte per permettergli la dilatazione termica) (*ed.*), roller rest. **7.** ~ della balestra (*aut. - mecc.*), spring seat. **8.** ~ di un ponte (*arch.*), bearing of a bridge. **9.** ~ fisso (*sc. costr.*), fixed bearing. **10.** ~ scorrevole (*sc. costr.*), sliding bearing. **11.** piano di ~ (del calibro della messa a punto dell'utensile su una dentatrice per es.) (*macch. ut. - mecc.*), face. **12.** pressione di ~ (*mecc.*), bearing pressure.
appoppamento (*aer.*), tail-heaviness. **2.** ~ ("cabrata", abbassamento della poppa di un'imbarcazione marciante ad alta velocità) (*nav. - aut.*), squat. **3.** ~ ("cabrata", atto) (*nav. - aut.*), squatting.
appopparsi ("cabrare") (*nav. - aut.*), to squat.
appoppato (*nav.*), stern-heavy, down by the stern. **2.** ~ (detto di un aer.) (*aer.*), tail-heavy.
apporto (materiale di apporto, nella saldatura) (*tecnol. mecc.*), weld material.
apprendimento (*scuola*), learning. **2.** ~ assistito da calcolatore (*elab. didattico*), computer aided learning, CAL. **3.** ~ della macchina (per mezzo di intelligenza artificiale) (*elab. - inf.*) machine learning.
apprendissaggio (tirocinio, apprendistato) (*lav.*), apprenticeship.
apprendista (*op.*), apprentice, threshold worker. **2.** ~ tipografo (*op.*), printer's devil.
apprendistato (di un operaio) (*ind. - pers. - ecc.*), apprenticeship.
apprettare (dare l'appretto) (*ind. tess. - chim.*), to dress, to size.
apprettatrice (*macch. tess.*), sizing machine.

apprettatura (operazione di dare l'appretto) (*ind. tess.*), sizing, dressing.
apprètto (*ind. tess.*), dressing, size. **2.** ~ murale (*vn.*), priming plaster. **3.** dare l' ~ (*ind. tess.*), to size.
apprezzamento (incremento del valore commerciale di un prodotto) (*comm.*), appreciation.
apprezzare (*comm.*), to appraise.
approdare (*nav.*), to land, to make port.
appròdo (*nav.*), landing.
approfondire (*gen.*), to deepen.
approntamento (preparazione per l'uso) (*mecc. - ecc.*), setup.
approntare (*gen.*), to make ready, to ready. **2.** ~ (preparare per l'uso) (*mecc. - ecc.*), to set up.
approntato (*gen.*), readied, made ready. **2.** ~ (pronto per l'uso) (*a. - mecc. - ecc.*), set up.
appropriato (*a. - gen.*), proper. **2.** ~ (adatto) (*gen.*), appropriate, fit.
appropriazione (*leg.*), appropriation. **2.** ~ (*inf.*), stealing. **3.** ~ fraudolenta (*leg.*), fraudulent conversion. **4.** ~ indebita (*leg.*), embezzlement.
approssimativo (approssimato) (*gen.*), approximate, approx.
approssimato (*a. - gen.*), approximate.
approssimazione (*gen.*), approximation. **2.** metodo delle approssimazioni successive (tecnica delle approssimazioni successive) (*elab. - ecc.*), put and take technique.
approvare (dare benestare, vistare) (*documenti - ecc.*), to approve, to O.K. (am.).
approvato (ufficialmente accettato: per es. di un disegno) (*gen.*), approved, appd., O.K., OK (am.).
approvazione (*gen.*), approval.
approvvigionamento (acquisto materiali), procurement.
approvvigionare (acquistare materiali), to procure.
approvvigionato (*a. - gen.*), purchased, procured. **2.** ~ fuori casa, *vedi* acquistato all'esterno.
appruamento (*aer.*), nose-heaviness.
appruato (*a. - aer.*), nose-heavy. **2.** ~ (*nav.*), down by the bow, bow-heavy, down by the head.
appuntalapis (*dis.*), pencil sharpener.
appuntamento (di corpi spaziali per es.) (*astric.*), rendez-vous. **2.** ~ orbitale lunare (rendez-vous orbitale lunare) (*astric.*), lunar orbital rendez -vous, LOR. **3.** ~ orbitale terrestre (rendez-vous orbitale terrestre) (*astric.*), earth orbital rendez -vous, EOR.
appuntare mediante saldatura (per tenere temporaneamente uniti elementi o pezzi di un complessivo) (*mecc.*), to tack-weld.
appuntato (*milit.*), lance corporal.
appuntire (*gen.*), to point, to sharpen.
appuntito (a punta, aguzzo) (*gen.*), pointed, sharpened.
appunto (promemoria) (*comm. - ecc.*), memorandum, note.
apriballe (manifattura del cotone) (*macch. tess.*), bale-breaker.
apribile (*a. - gen.*), openable.
apribocca (*strum. med.*), mouth opener, gag.
apriceppi (cilindretto per freni ruote) (*aut.*), (wheel) cylinder.
aprilettere (tagliacarte) (*ut. uff.*), paper knife.
apripista (*disp. macch. strad.*), bulldozer. **2.** ~ a lama angolabile (apripista a lama regolabile, apripista angolabile) (*disp. macch. strad.*), angling type bulldozer, Angledozer (trademark). **3.** ~ angolabile a cavo (*disp. macch. strad.*), cable-operated Angledozer. **4.** ~ angolabile idraulico (*disp. macch. strad.*), hydraulic Angledozer, hydraulically-operated Angledozer.
apripòrta (*ed. - autobus - ferr. - ecc.*), door opener. **2.** ~ (azionato da un bottone) (*att. falegn. - mecc. - elett. - ecc.*), door opener. **3.** ~ elettrico (*ed.*), automatic electric door opener.
aprire, to open. **2.** ~ (disinserire) (*elett.*), to switch off. **3.** (operare una connessione logica, come ~ un canale, o un archivio ecc.) (*elab.*), to open. **4.** ~ il fuoco (*milit.*), to open fire. **5.** ~ il quadro (*aut.*), to turn on the ignition. **6.** ~ in dissolvenza (*cinem.*), to fade in. **7.** ~ la farfalla (del carburatore) (*mot.*), to open the throttle. **8.** ~ una falla (*nav.*), to spring a leak. **9.** ~ una feritoia (*mecc.*), to make a slot. **10.** ~ un circuito (*elett.*), to open a circuit.
aprirsi (*gen.*), to open. **2.** ~ (di un paracadute) (*aer.*), to open, to blossom. **3.** ~ a ventaglio (di truppa) (*milit.*), to fan out. **4.** ~ di una falla (fare acqua) (*nav.*), to bilge.
apriscatole (*ut.*), can opener, tin opener.
apritoio (*macch. tess.*), preparer, opener. **2.** ~ (battitoio, lupo apritore) (*macch. tess.*), willow. **3.** ~ (porcospino, tamburo a denti) (*macch. tess.*), porcupine. **4.** ~ a tamburo (*macch. tess.*), cylinder opener. **5.** ~ a vasi (*macch. tess.*), can preparer, can opener. **6.** ~ meccanico (*macch. tess.*), opener, opening machine. **7.** ~ meccanico con battitoio (*macch. tess.*), beater opener. **8.** ~ per lana (*macch. tess.*), wool willow. **9.** ~ piccolo con tamburo a denti (*macch. tess.*), porcupine opener. **10.** ~ verticale (*macch. tess.*), vertical opener.
apritura (del cotone per es.) (*ind. tess.*), opening.
"APT" (utensile programmato automaticamente) (*macch. ut. - autom.*), APT, automatically programmed tool.
aquario (recipiente contenente collezioni di animali o piante acquatiche), aquarium. **2.** Aquario (segno dello Zodiaco) (*astr.*), Aquarius.
aquilone (*aer.*), kite.
ara (100 m^2) (*mis.*), are.
arabesco (ornamento) (*arch.*), arabesque. **2.** ~ (ornamento su oggetto metallico), arabesque, guilloche. **3.** tipo di ~ decorativo (su stoffe di cotone per es.) (*tess.*), diaper.
aràchide (*agric.*), peanut. **2.** olio di ~ (*ind.*), peanut oil.
aragonite ($CaCO_3$) (*min.*), aragonite.
Araldite (nome commerciale di una plastica di resi-

na epossidica usata per stampi, adesivi, isolanti ecc.) (*tecnol. mecc. - elett. - ecc.*), Araldite.
arancio (*agric.*), orange.
arancione (*colore*), orange color.
arare (*agric.*), to plow, to plough, to furrow. **2.** ~ (di àncora) (*nav.*), to drag.
aratro (*agric.*), plow (am.), plough (ingl.), subsoiler. **2.** ~ a dischi (*agric.*), disk plow. **3.** ~ a doppio uso (destro e sinistro: voltaorecchio) (*agric.*), two-way plow. **4.** ~ assolcatore (*agric.*), lister. **5.** ~ a trampolo (aratrino) (*macch. agric.*), walking plow. **6.** ~ bivomere (*agric.*), two-bottom plow, two-furrow plow. **7.** ~ da (o per) trattore (o da trattrice) (*macch. agric.*), tractor plow, sulky plow. **8.** ~ da scasso (*agric.*), trench plow. **9.** ~ da vigneto (*macch. agric.*), vineyard plow. **10.** ~ monovomere (*agric.*), one-bottom plow, single-bottom plow. **11.** ~ multiplo per trattrici (*macch. agric.*), gang plow. **12.** ~ polivomere (*agric.*), gang plow, multiple-bottom plow. **13.** ~ portato (*agric.*), direct-connected plow. **14.** ~ talpa (aratro ripuntatore) (*macch. agric.*), subsoil plow. **15.** ~ trivomere (*agric.*), three-bottom plow, three-furrow plow. **16.** ~ voltaorecchio (*macch. agric.*), swivel plow, two-way plow.
aratura (*agric.*), plowing (am.), ploughing (ingl.).
arazzo (*mft. tess.*), tapestry.
arbitrale (*leg.*), arbitral.
arbitrario (*a. - mot.*), arbitrary. **2.** costante arbitraria (*mat.*), arbitrary, arbitrary constant.
arbitrato (*comm.*), arbitration. **2.** regolamento di conciliazione ed ~ (*leg.*), rules of conciliation and arbitration.
àrbitro (*gen.*), arbitrator. **2.** ~ (*sport*), referee, umpire.
arbusto (*legno - ecc.*), shrub.
arcareccio (*ed.*), purlin, purline.
arcata (*arch.*), arcade. **2.** ~ cieca (arcata finta) (*arch.*), blind arcade.
archeologia (*sc.*), archaeology, archeology.
archetto (asta di presa ad arco per veicoli elettrici) (*elett.*), bow (ingl.). **2.** ~ (del pantografo) (*ferr.*), sliding bow.
archipèndolo (*att. mur. - att. top.*), plumb rule.
archipènzolo, *vedi* archipendolo.
architetto (*arch.*), architect. **2.** ~ navale (*costr. nav.*), naval architect.
architettònico (*a. - arch.*), architectural, architectonic.
architettura (*arch.*), architecture. **2.** (il modo di collegare fra loro varie diverse unità allo scopo di ottenere il richiesto servizio) (*s. - elab.*), architecture. **3.** ~ di rete di sistemi (*elab.*), system network architecture, SNA. **4.** ~ navale (*costr. nav.*), naval architecture. **5.** ~ razionale (*arch.*), rational architecture.
architrave (*ed.*), lintel, summer, breastsummer, breastplate, transom. **2.** ~ (di una trabeazione) (*arch.*), epistylium, epistyle. **3.** ~ comprensiva dei piedritti di sostegno del caminetto (*arch.*), mantelpiece. **4.** ~ del caminetto (*arch.*), mantel. **5.** ~ della finestra (*ed.*), window lintel. **6.** ~ della porta (*ed.*), door lintel. **7.** ~ in cemento armato (*ed.*), reinforced-concrete lintel.
archiviare (*gen. - elab. - uff.*), to archive, to file. **2.** ~ (memorizzare dati) (*elab.*), to store.
archiviato (*uff.*), filed.
archiviazione (*uff.*), filing.
archivio (raccolta di documenti tenuti in un dato ordine per facile ricerca) (*uff.*), file. **2.** ~ (di documenti pubblici e privati) (*costr.*), archives. **3.** ~ (per pratiche, documenti, disegni ecc.) (*ed.*), filing room. **4.** ~ (disposizione ordinata ad accesso diretto o sequenziale di registrazioni o dati) (*elab.*), file. **5.** ~ (o file) ad accesso casuale (*elab.*), random file. **6.** ~ aggiornamenti, file aggiornamenti (*elab.*), amendment file. **7.** ~ attivo, file attivo (~ di frequente uso) (*elab.*), active file. **8.** ~ dati finanziari (*finanz. - elab.*), financial file. **9.** ~ di chiavi di identificazione (di registrazioni) (*elab.*), tag file. **10.** ~ (o file) di lavoro (*elab.*), work file. **11.** ~ di movimenti, file di transazioni (p. es. un ~ di uno scambio di informazioni fra elab. ed operatore) (*elab.*), detail file, transaction file. **12.** ~ (o file) di visualizzazione (*elab.*), display file. **13.** ~ etichettato (*elab.*), labeled file. **14.** ~ in comune (*elab.*), shared file. **15.** ~ indirizzi [file di indirizzi] (*elab.*), address file. **16.** ~ invertito [file invertito] (*elab.*), inverted file. **17.** ~ modifiche, o ~ aggiornamenti (*elab.*), amendment-file, changes file, changes record. **18.** ~ originale, *vedi* ~ principale. **19.** ~ principale (con dati permanenti) (*elab.*) master file. **20.** ~ sequenziale (p. es. quello con registrazione su nastro magnetico) (*elab.*), sequential file. **21.** ~ sequenziale indicizzato, file sequenziale con indice (*elab.*), indexed sequential file. **22.** ~ su disco, file su disco magnetico (*elab.*), disk file. **23.** ~ (o file) temporaneo (~ provvisorio: ad es. in una unità periferica) (*elab.*), temporary file. **24.** accesso all'~ (*elab.*), file access. **25.** accesso collettivo all'~ (od al file: nella multiprogrammazione) (*elab.*), file sharing. **26.** aggiornamento di ~, *vedi* manutenzione di ~. **27.** di ~ (di copie di disegni per es. o di dotazioni ecc.) (*gen.*), archival. **28.** elaborazione di ~ (*elab.*), file processing. **29.** fine dell'~ (*segnale di elab.*), end of file, EOF. **30.** identificazione di ~ (*elab.*), file identification. **31.** manutenzione di ~ (aggiornamento di ~) (*elab.*) file maintenance. **32.** nome di ~ (*elab.*), file name. **33.** protezione di ~ (contro accidentali cancellazioni o sovrascritturazioni) (*elab.*), file protection. **34.** sistema operativo dell'~ (*elab.*), file system. **35.** struttura (logica) dell'~ [o del file] (*elab.*), file layout. **36.** tabella di identificazione e localizzazione dell'~ (*elab.*), file map.
archivista (*pers.*), file clerk. **2.** ~ (responsabile della conservazione dei documenti e registrazioni) (*gen.*), registrar.
archivòlto (*arch.*), archivolt.

arcipèlago (*geogr.*), archipelago.

arco (*arch.*), arch. **2.** ~ (*geom.*), arc. **3.** ~ (*elett.*), arc. **4.** ~ a bugne (*arch.*), rusticated ashlar arch, rustication arch. **5.** ~ a campana (*arch.*), bell arch. **6.** ~ a conci (*arch.* - *costr.*), ashlar masonry arch. **7.** ~ acuto (*arch.*), pointed arch, ogive, peak arch. **8.** ~ a due cerniere (*sc. costr.*), double-articulation arch, double-hinged arch, two-hinged arch. **9.** ~ a mercurio (*elett.*), mercury arc. **10.** ~ (a specchio) parabolico (*cinem.*), mirror arc. **11.** ~ a traliccio (*costr.*), trussed arch, braced arch. **12.** ~ a tre centri (*arch.*), three-centered arch. **13.** ~ a tre cerniere (*sc. costr.*), triple-articulation arch, triple-hinge arch, three-hinge arch, segment arch hinged at abutment and center. **14.** ~ a tutto sesto (arco a pieno centro) (*arch.*), Roman arch, round arch. **15.** ~ "azimut" (*astr.*), azimuth circle. **16.** ~ bugnato (*arch.*), rusticated ashlar arch, rustication arch. **17.** ~ cantante (*elett.*), singing arc. **18.** ~ capote (centina di autocarro per sostegno del tendone) (*aut.*), bow. **19.** ~ cilindrico (di spessore molto superiore alla luce) (*arch.*), barrel arch. **20.** ~ di accesso (di dente di ingranaggio) (*mecc.*), arc of approach. **21.** ~ di allontanamento (arco di recesso, di ingranaggi) (*mecc.*), arc of recess. **22.** ~ di avvicinamento (arco di accesso, di ingranaggi) (*mecc.*), arc of access. **23.** ~ di azione (di dente di ingranaggio) (*mecc.*), arc of action, length of engagement. **24.** ~ di contatto (di due ingranaggi in presa per es.) (*mecc.*), arc of contact. **25.** ~ di mattoni sagomati (*arch.*), gauged arch. **26.** ~ d'ingranamento (di ingranaggi) (*mecc.*), overlap. **27.** ~ di recesso (di dente d'ingranaggio) (*mecc.*), arc of recess. **28.** ~ di ritorno (arco inverso) (*elett.*), arc-back. **29.** ~ di scarico (*costr.*), discharging arch, safety arch, relieving arch. **30.** ~ di tiro (di un cannone) (*milit.*), traverse arc. **31.** ~ dritto (*arch.*), flat arch. **32.** ~ elettrico (*elett.*), electric arc. **33.** ~ ellittico (*arch.*), elliptical arch. **34.** ~ frontale (*arch.*), face arch. **35.** ~ gotico rialzato (*arch.*), lancet arch. **36.** ~ in calcestruzzo (*ed.*), concrete arch. **37.** ~ in mattoni (*ed.*), brick arch. **38.** ~ inverso (arco di ritorno) (*elett.*), arc -back. **39.** ~ ogivale (*arch.*), ogee arch. **40.** ~ passaggio ruota (arco passa ruota) (*costr. carrozz. aut.*), wheelhouse panel, rear wheelhouse panel. **41.** ~ piano (*arch.*), flat arch, straight arch, jack arch. **42.** ~ piano di mattoni (*mur.*), Dutch arch. **43.** ~ policentrico (*arch.*), mixed arch. **44.** ~ rampante (*arch.*), rampant arch. **45.** ~ rampante spingente (od a sperone) (*arch.*), flying buttress, arc-boutant. **46.** ~ reticolare (*costr.*), trussed arch. **47.** ~ ribassato (*costr.*), longitudinal arch, surbased arch, depressed arch. **48.** ~ rovescio (~ invertito: nelle fondazioni per es.) (*costr. civ.*), invert, inverted arch. **49.** ~ secante (*mat.*), arc secant. **50.** ~ senza cerniere (*sc. costr.*), non -articulated arch, non-hinged arch. **51.** ~ voltaico (*elett.*), electric arc, voltaic arc. **52.** ad ~ (*arch.*), arched. **53.** bordo graduato di un ~ (di uno strumento per es.) (*mecc.*), limb. **54.** che non mantiene innescato l'~ (*elett.*), nonarcing, nonarcking. **55.** deflettore dell'~ (*elett.*), arc deflector. **56.** formarsi dell'~ (*elett.*), to arc. **57.** incavallatura dell'~ (*ed.*), arch truss. **58.** innesco dell'~ (*elett.* - *ecc.*), spark starting. **59.** reni dell'~ (*ed.*), springers, reins, skewbacks. **60.** schermo dell'~ (*elett.*), arc shield. **61.** spalletta di imposta dell'~ (*ed.*), skewback. **62.** tensione dell' ~ (*elett.*), arc voltage.

arcobaleno (*meteor.*), rainbow.

arcocosecante (*mat.*), arc cosecant.

arcocoseno (arcos) (*mat.*), arc cosine.

arcocotangente (*mat.*), arc cotangent.

arcogetto (propulsore a getto attivato da un arco elettrico) (*mot. aer.*), arc-jet engine. **2.** ~ (o propulsore) magnetofluodinamico (*mot. aer.*), magnetohydrodynamic arc-jet.

arcoseno (arcsen) (*mat.*), arc sine.

arcotangente (arctg, arctag) (*mat.*), arc tangent.

arcuato (ad arco) (*gen.*), arched, arcuate.

ardèsia (*min.*), slate. **2.** lastre di ~ (*ed.*), slating. **3.** lavoro (di copertura) con ~ (*ed.*), slating. **4.** ricoprire di ~ (un tetto per es.) (*ed.*), to slate.

àrea (*gen.*), area. **2.** ~ (campo: parte di memoria destinata a fissare particolari dati) (*elab.*), area. **3.** ~ (di memoria) assegnata ai programmi dell'utente (parte della memoria principale) (*elab.*), user program area. **4.** ~ battuta dal vento (*meteor.* - *milit.*), wind-swept area. **5.** ~ bianca, *vedi* ~ libera. **6.** ~ compensazione bussola (*aer.*), compass base. **7.** ~ comune (~ di memoria che può essere usata per più di un programma) (*elab.*), common area. **8.** ~ contaminata (~ nella quale la quantità di radiazioni è eccessiva per il corpo umano) (*fis. atom.* - *med.*), radiation area. **9.** ~ contenente un sistema (o fascio) di binari (per smistamento, deposito ecc.) (*ferr.*), yard. **10.** ~ d'avvicinamento (*aer.*), approach area. **11.** ~ dei momenti (*sc. costr.*), moment area. **12.** ~ (del) disco (inscritta nel circolo tracciato dall'estremità delle pale dell'elica o rotore) (*aer.*), disk area. **13.** ~ depressa (area sottosviluppata) (*econ.*), depressed area, underdeveloped area. **14.** ~ di alta pressione (anticiclone) (*meteor.*), high-pressure area, high. **15.** ~ di atterraggio eliportuale (piccola area di atterraggio e di decollo per elicotteri) (*aer.*), helipad. **16.** ~ di controllo (*aer.*), control area. **17.** ~ di ingresso (zona della memoria di ingresso dei dati) (*elab.*), input block. **18.** ~ di lavoro (*elab.*), work area. **19.** ~ di manovra (di un aerodromo) (*aer.*), manoeuvering area. **20.** ~ di memorizzazioni di programmi (porzione di ~ interna riservata ai programmi) (*elab.*), program memory. **21.** ~ di migrazione (*fis. atom.*), migration area. **22.** ~ di movimento (di un aerodromo) (*aer.*), movement area. **23.** ~ di protezione (*elab.*), save area. **24.** ~ di raggruppamento (*elab.*), grouping area, realm. **25.** ~ di ricerche e salvataggi (*aer.*), search -and-rescue area. **26.** ~ di scoppio (*milit.*), blast area. **27.** ~ di stazionamento (di un aeroporto per es.) (*aer.*), hardstand, apron, hardstanding. **28.** ~ di sviluppo industriale (~ di richiamo di industrie, affari ecc.) (*ind. - econ.*), development area. **29.** ~ di udibilità (area compresa tra le curve della massima tollerabile e della minima percettibile intensità sonore) (*acus.*), audibility sensation area, range of audibility. **30.** ~ di uscita (blocco di uscita) (*elab.*), output area. **31.** ~ di visualizzazione (*elab.*), display area. **32.** ~ elementare (di immagine) (*telev.*), picture element (ingl.), pictorial element. **33.** ~ esploratrice (area analizzatrice) (*telev.*), scanning spot. **34.** ~ fabbricata (area urbana) (*ed.*), built-up area. **35.** ~ fortificata (*milit.*), fortified area. **36.** ~ libera (~ che deve essere tenuta libera da caratteri, simboli ecc.) (*elab.*), clear area. **37.** aree martensitiche (*metall.*), martensitic spots. **38.** ~ non prioritaria (parte della memoria centrale che alloggia il programma a minor priorità) (*elab.*), background area. **39.** ~ per parcheggio (per automobili), parking lot. **40.** ~ prioritaria (regione della memoria centrale che contiene i lavori di massima priorità) (*elab.*), foreground area. **41.** ~ protetta (area defilata) (*milit.*), dead space. **42.** ~ scoperta (superficie esposta agli agenti atmosferici) (*nav.*), weather area. **43.** ~ sottosviluppata (area depressa) (*econ.*), depressed area, underdeveloped area.

areare, *vedi* aerare.

areazione, *vedi* aerazione.

arèna (di un anfiteatro) (*arch.*), arena.

arenamento (*nav.*), grounding, running aground.

arenare (*nav.*), to beach, to strand, to ground.

arenaria (*min.*), sandstone. **2.** ~ argillosa (*min.*), sandstone. **3.** ~ calcarea (*mur.*), chalky sandstone.

arenarsi (*nav.*), to strand.

arenato (*nav.*), aground, ashore, beached, stranded.

areografo, *vedi* aerografo.

areometro (densimetro) (*strum.*), densimeter. **2.** ~ (per misurare la concentrazione di bagni di concia, densimetro per bagni di concia) (*strum.*), barkometer.

àrgano (*ind.*), winch. **2.** ~ (*nav.*), capstan, winch. **3.** ~ (di fortuna), gin. **4.** ~ trasportabile (*ed.*), portable winch. **5.** aspa d'~ (manovella d'argano) (*nav.*), capstan bar. **6.** mastra dell'~ (*nav.*), capstan partner. **7.** testa d'~ (*nav.*), drumhead.

argentana, *vedi* argentone.

argentare (*ind.*), to silver-plate.

argentato (*ind.*), silver-plated.

argentatura (*ind.*), silver-plating, silvering. **2.** ~ (sul retro di uno specchio) (*mft. specchi*), backing.

argenterìa, silverware.

argentière (*op.*), silversmith.

argentifero (*metall.*), argentiferous.

argentite (Ag_2S) (*min.*), argentite.

argènto (Ag - *chim.*), silver. **2.** ~ colloidale (*chim. - eltn.*), colloidal silver. **3.** ~ dorato, silver gilt. **4.** ~ lavorato, wrought silver. **5.** bacchetta di nitrato d'~ (*chim. farm.*), lunar caustic. **6.** bromuro d'~ (AgBr) (*chim.*), silver bromide. **7.** cloruro d'~ (AgCl) (*chim.*), silver chloride. **8.** lega d'~ a 925/1000, sterling silver (ingl.). **9.** lega d'~ a 500/1000 (*lega*), sterling silver (am.). **10.** nitrato d'~ ($AgNO_3$) (*chim.*), silver nitrate. **11.** saldare ad ~ (*tecnol. mecc.*), to silver-solder.

argentometro (per misurare la concentrazione di soluzioni di nitrato d'argento) (*strum. chim. - fot.*), argentometer.

argentone (alpacca, argentana: lega di rame, zinco, nichel) (*metall.*), nickel silver, German silver.

argilla (*min.*), clay, argil. **2.** ~ (*chim.*), silicate of alumina. **3.** ~ bianca (argilla da vasaio) (*ceramica*), argil. **4.** ~ da ceramista (per rivestire forme per es.) (*fond.*), ball clay. **5.** ~ da formatore (terra grassa) (*fond.*), loam. **6.** ~ da mattoni (*min.*), brick earth. **7.** ~ flint (*refrattario*), flint clay. **8.** ~ liquida (*fond.*), slip. **9.** ~ per ceramiche (*min.*), potter's earth, potter's clay. **10.** ~ plastica (*ed.*), foul clay, plastic clay, pure clay, strong clay. **11.** ~ refrattaria (terra refrattaria: per suole di forni per es.) (*fond. - metall. - ind.*), refractory clay, fireclay. **12.** ~ schistosa (*refrattario*), shale clay. **13.** ~ smettica (terra da follare) (*ind. tess.*), fuller's earth.

argilloscisto (*geol.*), clay slate, argillaceous slate.

argilloso (*a. - min. - geol.*), argillaceous, clayey, clayish.

arginare (*idr.*), to embank, to bank. **2.** ~ (una corrente, una piena) (*idr.*), to stem.

arginatura (*costr. ind.*), embankment, dam. **2.** ~ a scogliera (*costr. idr. o mar.*), rockfill dam.

àrgine (*idr. - ed.*), embankment, bank, dike, dyke, levee. **2.** ~ di piena (~ che consente di allagare una zona per contenere la piena di un fiume per es.) (*idr.*), flood dam. **3.** ~ in terra tracimabile (*costr. idr.*), earth overflow dike. **4.** costruire un ~ (*idr. - ed.*), to bank up, to embank.

argo, argon (Ar - *chim.*), argon.

argomento (*gen.*), subject, argument. **2.** ~ (parametro o variabile indipendente, o elenco) (*elab. - mat.*), argument. **3.** ~ (di un numero complesso) (*mat.*), argument.

aria, air. **2.** ~ aperta (*gen.*), open air. **3.** ~ comburente (*comb.*), combustion air, air for combustion. **4.** ~ compressa (*ind.*), compressed air. **5.** ~ condizionata, conditioned air. **6.** ~ d'avviamento (*mot.*), starting air. **7.** ~ di emergenza (aria compressa usata per un impianto idraulico o pneumatico in caso di avaria della normale fonte di forza motrice) (*aer. - ecc.*), emergency air. **8.** ~ di lavaggio (di un cilindro) (*mot.*), scavenging air. **9.** ~ di lavaggio (del cannone) (*milit.*), airblast. **10.** ~ di ricupero (*ventil.*), return air. **11.** ~ ferma (aria calma) (*gen.*), still air. **12.** ~ limpida (*meteor.*), pure air, "V". **13.** ~ liquida (*fis.*), liquid air. **14.** ~ miscelata con gas esplosivo (miscela tonante di aria e grisou per es.) (*min.*), firedamp. **15.** ~ normale

(760 mmHg a 0°C) (*aerologia*), standard air. **16.** ~ primaria (per la combustione) (*comb.*), primary air. **17.** ~ pura (*condizionamento - ecc.*), fresh air. **18.** ~ satura (*fis.*), saturated air. **19.** ~ secca (*fis.*), dry air. **20.** ~ secca (*meteor.*), dry air, "y". **21.** ~ secondaria (per la combustione) (*comb.*), secondary air. **22.** ~ tipo, *vedi* atmosfera tipo. **23.** ~ tipo internazionale (*aer.*), *vedi* atmosfera tipo internazionale. **24.** ~ tranquilla (*aer.*), calm air. **25.** ~ umida (*meteor.*), wet air, e. **26.** ~ viziata (*gen.*), vitiated air, foul air. **27.** ~ viziata da eccesso di CO_2 (*min.*), blackdamp, chokedamp. **28.** ad ~ calda (*a. - gen.*), hot-air. **29.** aspiratore d' ~ (*ed. - ecc.*), air-exhauster (ingl.). **30.** a tenuta di ~ (*a. - gen.*), airproof. **31.** bocca di ingresso dell' ~ (in un ventilatore per es.), air inlet. **32.** bocca di uscita dell' ~ (da un ventilatore per es.), air outlet. **33.** bolla d' ~ (*gen.*), air bubble, air bell. **34.** bolle d' ~ (forellini, difetti della carta) (*mft. carta*), bee stings. **35.** camera d' ~ (pneumatico) (*aut.*), tube, air tube, inner tube. **36.** cintura d' ~ (di forno di fusione per es.) (*metall.*), air belt. **37.** condizionamento dell' ~ (per uffici per es.), air conditioning. **38.** corpo della presa d' ~ (di una turbina a gas per es.) (*mot. aer.*), air-intake casing. **39.** corrente d' ~, air current, draft. **40.** corrente d' ~ ascendente (*aer.*), rising air current. **41.** densità dell' ~ (*meteor.*), air density. **42.** difetto (o insufficienza) d' ~ (nella combustione per es.) (*comb.*), deficiency of air. **43.** dotare d' ~ condizionata, to air-condition. **44.** eccessiva chiusura dell' ~ (in un carburatore per es.), overchoking. **45.** eccesso d' ~ (*comb.*), excess of air. **46.** entrata ~ pura (*ed.*), fresh air inlet, FAI. **47.** entrata dell' ~ (in un altoforno, in un convertitore Bessemer per es.) (*metall.*), blast inlet. **48.** equipaggiare con un impianto di ~ condizionata (*ind.*), to air-condition. **49.** filtro dell' ~ (*mot.*), air cleaner. **50.** immettere ~ nelle casse (dei sottomarini) (*mar. milit.*), to blow tanks. **51.** impianto ad ~ compressa (*ind.*), pneumatic system. **52.** impugnatura di immissione dell' ~ (di un trapano per es.) (*mecc.*), air control grip. **53.** insufficienza d' ~ (*comb.*), deficiency of air. **54.** lavatore d' ~ (per impianti di aerazione), air washer. **55.** mal d' ~ (malattia delle altitudini) (*aer. - med.*), altitude sickness. **56.** manica d' ~ (*nav.*), air hose. **57.** permanere in ~ (*aer.*), to remain in air. **58.** preriscaldamento dell' ~ (*comb.*), air preheating. **59.** presa d' ~ (*mot.*), air intake, air inlet. **60.** presa d' ~ dinamica (*mot.*), ramming (air) intake, air scoop. **61.** ricambio d' ~ (*ventil.*), air change. **62.** riparo ~ (ripari in plexiglas per es., sui finestrini delle automobili) (*aut.*), air shield. **63.** sacca d' ~ (in una tubazione per es.), air pocket. **64.** sacche di ~ (cavità in un pezzo fuso dovute ad aria imprigionata nella forma durante l'operazione di colata) (*difetto di fond.*), air locks. **65.** sostenuto dall' ~ (*aer.*), airborne. **66.** spostamento d' ~, windage. **67.** spurgare ~ da una tubazione (*tubaz.*), to purge air from a pipe. **68.** vuoto d' ~ (*aer.*), air hole, air pit.

aria-aria (missile) (*aer. milit.*), air-to-air.

aria-terra (missile) (*aer. milit.*), air-to-ground.

arido (terreno) (*a. - agric.*), arid, dry. **2.** ~ (sostanza solida incoerente) (*s. - gen.*), dry, dry commodity. **3.** unità di capacità per aridi (*unità di mis.*), dry measure.

arıète (*astr.*), ram. **2.** ~ (montone) (*ind. lana*), ram. **3.** ~ (antica macch. da guerra) (*milit.*), ram, battering-ram. **4.** ~ idraulico (per l'innalzamento dell'acqua) (*macch. idr.*), hydraulic ram. **5.** colpo di ~ (*idr.*), water hammer, water hammering.

Ariete (costellazione, segno dello Zodiaco) (*astr.*), Aries. **2.** primo punto di ~ (*astr.*), first of Aries.

arile (radicale) (*chim.*), aryl.

aritmètica (*s. - mat.*), arithmetic. **2.** ~ binaria (*mat.*), binary arithmetic. **3.** ~ in virgola fissa (*elab.*), fixed point arithmetic. **4.** ~ in virgola mobile (*elab.*), floating point arithmetic. **5.** ~ modulare (*mat.*), modular arithmetic.

aritmetico (*a.*), arithmetical. **2.** progressione aritmetica (*mat.*), arithmetical progression.

arma, arm, weapon. **2.** ~ aerea (*milit.*), air force. **3.** ~ aria-aria (*missil. - milit.*), air-to-air weapon. **4.** ~ a ripetizione (*arma da fuoco*), repeater, repeating arm, repeating firearm. **5.** ~ atomica (*milit.*), atomic weapon. **6.** ~ automatica Browning (*arma da fuoco*), browning. **7.** ~ brandeggiabile (come su di un velivolo) (*aer. milit. - milit.*), flexible gunnery. **8.** ~ da fuoco, firearm. **9.** armi nucleari, batteriologiche e chimiche (*milit.*), ABC weapons, Atomic, Biological and Chemical weapons. **10.** ~ portata al fianco (pistole, spade ecc.) (*milit.*), side arm. **11.** ~ pesante (*milit.*), heavy weapon. **12.** armi portatili (*milit.*), small arms. **13.** ~ terra-aria (*missil. - milit.*), surface-to-air weapon. **14.** ~ terra-terra (*missil. - milit.*), surface-to-surface weapon. **15.** caricare un' ~ da fuoco, to load, to shot. **16.** quarta ~ (arma aerea) (*milit.*), fourth arm. **17.** scaricare un' ~ da fuoco (sparare), to shoot. **18.** scaricare un' ~ da fuoco (togliere i proiettili o la carica), to unload.

armadietto (mobile di officina o di ufficio), locker. **2.** ~ (per strumenti tecnici o medici), cabinet. **3.** ~ (armadietto, anche su ruote, per utensili in officina) (*attr. ind.*), taboret, tabouret. **4.** ~ da spogliatoio (per operai) (*ind.*), clothes locker. **5.** ~ per utensili (*att. off.*), tool cabinet, tool locker.

armadio (*gen.*), locker. **2.** ~ (per vestiti) (mobilio di casa), clothes closet. **3.** ~ (contenente apparecchi elettrici) (*elett.*), box. **4.** ~ a muro (*ed.*), built-in wardrobe. **5.** ~ degli interruttori e fusibili generali (di un impianto industriale per es.) (*app. elett.*), cutout box. **6.** ~ delle apparecchiature di comando (*elett.*), control box. **7.** ~ guardaroba (*nav. - ecc.*), wardrobe, WR.

armaiòlo (*op. armi da fuoco*), armorer, gunsmith.

armamento (*milit.*), armament, weaponry. **2.** ~ (equipaggiamento di una nave) (*nav.*), apparel. **3.**

~ (equipaggiamento militare: di un aeroplano), armament. **4.** ~ (*ferr.*), superstructure. **5.** ~ (legni che armano una galleria per es.) (*min.*), timbering. **6.** ~ a quadri completi (*min.*), square setting. **7.** ~ leggero per scartamento ridotto (*min. - ind. - ecc.*), light railway equipment. **8.** ~ secondario (antisiluranti) (*mar. milit.*), secondary armament. **9.** dispositivo di ~ (di un siluro) (*mar. milit.*), arming device. **10.** in ~ (*nav.*), in commission. **11.** industria degli armamenti (*ind.*), armament industry. **12.** posa dell'~ (*ferr.*), laying of the superstructure.

armare (con ferro il cemento) (*c.a.*), to reinforce. **2.** ~ (un argano) (*nav.*), to man. **3.** ~ (una nave) (*nav.*), to equip, to fit out, to man. **4.** ~ (costruire le casseforme) (*c.a.*), to set up the forms (or molds). **5.** ~ (costruire l'armatura di sostegno) (*c.a.*), to erect the falsework. **6.** ~ (un'arma da fuoco), to cock. **7.** ~ (rinforzare) (*gen.*), to arm. **8.** ~ (un esercito per es.) (*milit. - ecc.*), to arm. **9.** ~ (mettere il dispositivo d'accensione della carica in posizione di esplosione) (*siluri - ecc.*), to arm. **10.** ~ a mano (un'arma da fuoco) (*milit.*), to cock by hand. **11.** ~ di remi (una barca per es.) (*nav.*), to lay on oars.

armarsi (*milit. - ecc.*), to arm.

armata (*milit.*), army.

armato (con armatura di ferro) (*c.a.*), reinforced. **2.** ~ (*a. - siluri*), armed. **3.** ~ (di un cavo per es.) (*a. - elett.*), armored. **4.** ~ (caricato: p. es. la molla di un otturatore fotografico) (*macch. fot.*), wound. **5.** ~ (pronto a scattare: p. es. il cane di un'arma da fuoco, o l'otturatore di una macchina fotografica) (*a. - armi da fuoco - fot.*), cocked. **6.** ~ in due sensi (di trave in cemento armato per es.), doubly reinforced.

armatore (possessore di navi), shipowner.

armatura (di un cavo) (*elett.*), armor. **2.** ~ (di macchina elettrica) (*elett.*), armature. **3.** ~ (di condensatore variabile) (*elett. - eltn.*), plate. **4.** ~ (ferro) (*fond.*), gagger. **5.** ~ (lanterna) (*fond.*), spider. **6.** ~ (dell'anima) (*fond.*), arbor, stalk. **7.** ~ (in ferro) (*c. a.*), reinforcement. **8.** ~ (intreccio di tessitura) (*mft. tess.*), weave. **9.** ~ (casseforme) (*c. a.*), molds, forms. **10.** ~ (intelaiatura di sostegno della cassaforma) (*c. a.*), falsework. **11.** ~ a gancio (*fond.*), hook gagger. **12.** ~ a spirale (in ferro) (*c. a.*), spiral reinforcement. **13.** ~ dell'arco (*ed.*), arch centering, arch falsework. **14.** ~ del siluro (*espl. mar. milit.*), torpedo skin. **15.** ~ diagonale (in ferro) (*c. a.*), diagonal reinforcement. **16.** ~ di sostegno (di un canniccio di una soffittatura) (*ed.*), brandering. **17.** ~ doppia (in ferro) (*c. a.*), double reinforcement. **18.** ~ in acciaio (per galleria) (*min.*), steel tunnel support. **19.** ~ in legno (*costr.*), cribbing. **20.** ~ longitudinale (in ferro) (*c. a.*), longitudinal reinforcement. **21.** ~ mobile (parte ruotante di un condensatore variabile) (*elett. - eltn.*), rotor plate. **22.** ~ semplice (intelaiatura in legno di sostegno) (*ed.*), simple falsework. **23.** ~ semplice (*ind. tess.*), plain weave, taffeta weave. **24.** ~ trasversale (in ferro) (*c. a.*), transverse reinforcement. **25.** a doppia ~ (in ferro) (*c. a.*), doubly reinforced. **26.** ferri dell'~ (*c. a.*), reinforcement bars, reinforcement rods.

armco (*metall.*), Armco iron.

armerìa (*arch. milit.*), armory.

armiere (addetto alla manutenzione, riparazione, montaggio in opera delle armi di bordo) (*air force - navy - milit.*), armorer.

armònica (*radio*), harmonic. **2.** ~ (di una quantità periodica) (*mat. - fis. - acus.*), harmonic. **3.** ~ (concertina: piccolo strumento a fiato) (*mus.*), harmonica. **4.** analisi ~ (*mat. - fis.*), harmonic analysis. **5.** distorsione di ~ (di ampiezza) (*elett.*), harmonic distortion. **6.** eccitazione ~ (*radio*), harmonic excitation. **7.** frequenza ~ (*elett.*), harmonic frequency. **8.** funzione ~ (*mat.*), harmonic function. **9.** generatore di armoniche (*radio*), harmonic generator. **10.** interferenza di ~ (*radio*), harmonic interference. **11.** potenza di ~ (*radio*), harmonic energy. **12.** quarta ~ (*fis.*), fourth harmonic. **13.** soppressore di ~ (*radio*), harmonic suppressor.

armonico (*fis. - ecc.*), harmonic.

arnese (*gen.*), implement. **2.** ~ (*ut. mecc.*), tool. **3.** ~ agricolo (*ut. agric.*), agriculture hand tool. **4.** ~ da giardinaggio (*ut. giardino*), gardening hand tool. **5.** borsa degli arnesi (*aut. - ecc.*), tool kit.

arnia (*agric.*), hive.

aromàtico (*chim.*), aromatic.

arpionatura (delle rotaie) (*ferr.*), spiking.

arpione (per fissaggio rotaia) (*ferr.*), spike. **2.** ~ (nottolino) (*mecc.*), pawl. **3.** ~ (gancio da muro) (*gen.*), wall hook. **4.** ~ (grosso chiodo a becco) (*mur.*), spike, "L" spike. **5.** ~ (per maneggiare i tronchi da sfibrare) (*att. mft. carta*), gaff. **6.** ~ (chiodo per fissare la base della rotaia alla traversina) (*ferr.*), hookheaded spike. **7.** ~ a becco (*ferr.*), clamping spike. **8.** ~ con testa a becco (sporgente da un lato) (*ferr.*), dog spike. **9.** ~ da cavo (per pozzi petroliferi) (*min.*), rope spear. **10.** ~ da ghiaccio (*att.*), ice hook. **11.** ~ da rotaia (*ferr.*), rail spike. **12.** ~ d'arresto (*mecc.*), ratchet pawl. **13.** ~ lungo (per maneggiare i tronchi sui fiumi) (*att.*), pickaroon, picaroon. **14.** ~ per recupero (per pozzi petroliferi) (*ut.*), spear. **15.** ~ piatto per ferrovie (*ferr.*), doghead plain railway spike.

arpionismo (*mecc.*), ratchet gear.

arpone, *vedi* arpione.

arredamento (*ed.*), furnishings. **2.** ~ dei servizi di casa (utensili da cucina), housefurnishings. **3.** ~ e finiture interne (sellatura e finizione della carrozzeria) (*costr. aut.*), trim.

arredare (una casa per es.) (*ed.*), to furnish.

arredatore (*cinem.*), set dresser.

arrestare (fermare) (*gen.*), to stop. **2.** ~ (un motore, una macchina per es.) (*mot. - macch.*), to stop. **3.** ~ (disinserire, una macchina per es.) (*macch. -

elett.), to stop, to cut off, to switch off. **4.** ~ (spegnere, un altoforno) (*metall.*), to damp down. **5.** ~ (mettere fuori servizio) (*mot. - macch.*), to put out of operation.

arrestarsi (fermarsi) (*macch. - mot.*), to stop. **2.** ~ (fermarsi, di veicolo) (*veic.*), to stop. **3.** ~ (per sovraccarico) (*mot.*), to stall.

arresti (*milit.*), arrest. **2.** ~ di rigore (*milit.*), closed arrest. **3.** ~ semplici (*milit.*), open arrest. **4.** porre agli ~ (*milit.*), to place under arrest.

arrèsto (*mecc.*), stop, catch, standstill. **2.** ~ (di funzionamento), stopping. **3.** ~ (mediante chiusura della mandata carburante) (*mot.*), cutoff. **4.** ~ (di un altoforno mediante chiusura della tubiera), damping down. **5.** ~ (blocco, di un motore, in caso di emergenza per es.) (*mot.*), shutdown. **6.** ~ a scatto (p. es. del comando del diaframma) (*fot.*), click stop, clickstop. **7.** ~ automatico (*elab.*), automatic stop. **8.** ~ automatico (di una macchina per es.) (*mecc.*), automatic stop. **9.** ~ automatico per elevata temperatura dell'acqua e bassa pressione dell'olio (di un motore a combustione interna) (*mot.*), high water temperature and low oil pressure automatic shutdown. **10.** ~ automatico per la rottura del filo (guardatrama) (*macch. tess.*), warp stop motion. **11.** ~ codificato (*macch. calc.*), coded stop. **12.** ~ definitivo (~ dovuto a errore di programma non recuperabile) (*elab.*), dead halt, drop-dead halt. **13.** ~ del ciclo (o della iterazione) (*elab.*), loop stop. **14.** ~ della combustione (in un motore a getto) (*aer.*), blowout, flameout. **15.** ~ del passo minimo (di elica a passo variabile) (*aer.*), fine pitch stop. **16.** ~ di emergenza (blocco di emergenza: per l'arresto automatico di un motore in caso di bassa pressione dell'olio per es.) (*mot.*), emergency stop. **17.** ~ di fine corsa (*mecc.*), limit stop. **18.** ~ di sicurezza (*mecc.*), safety catch. **19.** ~ di sicurezza (dispositivo d'arresto) (*app. sollevamento*), grip. **20.** ~ geneva (arresto a Croce di Malta) (*orologeria*), geneva stop, maltese cross movement. **21.** ~ indietreggio (di un autocarro) (*aut.*), reverse stop. **22.** ~ indietreggio (arresto anti-indietreggio, per impedire l'inversione del moto di un trasportatore carico sotto l'azione della gravità) (*trasp. ind.*), "antibackup". **23.** ~ inferiore della tavola (*macch. ut.*), table lower limit stop. **24.** ~ meccanico (*mecc.*), positive stop, mechanical stop. **25.** ~ nel funzionamento (di una macchina per es.) (*gen.*), failure in service. **26.** ~ non programmato ("hang-up", in un programma, causato da errata codificazione per es.) (*elab.*), hang-up. **27.** ~ (o risalto) di guida (o di fermo) (*mecc.*), wing. **28.** ~ per gli spostamenti laterali (*macch. ut.*), side stop. **29.** ~ per posizione retratta od abbassata (di un carrello retrattile) (*aer.*), up-and-down lock. **30.** ~ per valvola (*mecc.*), valve lock. **31.** ~ programmato (*elab.*), programmed stop, programmed halt. **32.** ~ regolabile (in una macchina utènsile) (*mecc.*), adjustable stop. **33.** ~ scuotimento (fine corsa delle oscillazioni, limitatore dello scuotimento, delle sospensioni) (*aut.*), rebound stop. **34.** bagno di ~ (dello sviluppo per es.) (*fot.*), short-stop bath, short-stop, stop bath. **35.** cuneo d'~ (*app. sollevamento*), grip wedge. **36.** dente d'~ (*app. sollevamento*), grip pawl. **37.** dispositivo di ~ a cuneo (*app. sollevamento*), wedge grip gear. **38.** dispositivo di ~ all'appontaggio (sul ponte di una portaerei) (*nav.*), arrester gear. **39.** dispositivo di ~ a pendolo (*app. sollevamento*), pendulum grip gear. **40.** dotare di ~ (o di fermo) (*mecc.*), to clasp. **41.** eccentrico d'~ (*app. sollevamento*), grip eccentric. **42.** ganascia d'~ (*app. sollevamento*), grip cheek. **43.** punto di ~ (arresto programmato per controllo, nell'elaborazione dati o traffico di veicoli) (*traff. strad. - elab.*), check point. **44.** rotella d'~ (*app. sollevamento*), grip roller. **45.** rubinetto di ~ (*tubaz.*), stopcock, cutoff cock. **46.** valvola di ~ (del carburante al motore) (*mot.*), cutoff valve.

arretramento (*gen.*), backing, moving backward. **2.** ~ dei muri perimetrali (con l'altezza: in un grattacielo per es. per permettere buona illuminazione e ventilazione delle strade) (*arch.*), setback.

arretrare (*gen.*), to back, to move backward.

arretrati (dei pagamenti) (*finanz. - amm.*), arrears.

arretrato (*a. - gen.*), back.

arriare, *vedi* ammainare.

arricchimento (dei minerali) (*min.*), ore beneficiation, concentration. **2.** ~ (percentuale isotopica di uranio 235 artificialmente aumentata nel combustibile nucleare) (*fis. atom.*), enrichment. **3.** forte ~ (del 90% o più) (*fis. atom.*), high enrichment. **4.** leggero ~ (dall'1 al 2%) (*fis. atom.*), slight enrichment. **5.** medio ~ (dal 10 al 20%) (*fis. atom.*), moderate enrichment.

arricchire (*min.*), to beneficiate, to concentrate. **2.** ~ (la miscela) (*mot.*), to enrich.

arricchito (uranio per es.) (*a. - fis. atom.*), enriched.

arricchitore (dispositivo di arricchimento, di un carburatore) (*mot. - aut.*), rich mixture control. **2.** ~ (getto di arricchimento, di un carburatore) (*mot.*), enrichment jet.

arricciare (*gen.*), to curl.

arricciatura (*metall.*), curling. **2.** ~ (*lav. lamiera*), curling. **3.** ~ (nella filatura) (*tess.*), snarl. **4.** ~ (increspatura: della fibra) (*ind. lana*), curliness. **5.** ~ (prima mano di intonaco grezzo) (*mur.*), arriccio. **6.** ~ (della carta) (*mft. carta - ecc.*), cockle.

arriccio, arricciato (prima mano di intonaco grezzo) (*mur.*), arriccio.

arridare (mettere in tensione) (*nav.*), to set up.

arridatoio (*nav.*), screw coupling.

arringa (perorazione) (*leg.*), pleading.

arriva (sui pennoni più alti) (*avv. - nav.*), aloft.

arrivare (*gen.*), to arrive. **2.** ~ (nella stazione per es.) (*gen.*), to arrive. **3.** ~ (di lettere per es.) (*posta - ind. - trasp.*), to come in.

arrivo (*gen.*), arrival. **2.** ~ (ora in cui un velicolo tocca terra) (*aer.*), arrival time. **3.** ~ di un treno (*ferr.*), train arrival. **4.** bolletta d'~ (documento compilato per merce che entra in uno stabilimento per es.) (*comm. - ind.*), (goods) receival note. **5.** ora di ~ (*ferr.*), time of arrival. **6.** punto di ~ (di un proiettile per es.), point of impact.

arrostimento (torrefazione: di un minerale per es.) (*ind.*), roasting. **2.** ~ in cumuli (*min.*), heap roasting. **3.** ~ in forno (*metall.*), blast roasting.

arrostire (un minerale per es.) (*ind.*), to roast.

arrostitore (forno per minerali per es.) (*ind.*), roaster. **2.** ~ istantaneo (*min.*), flash roaster.

arrotare (un coltello, per es.), to sharpen. **2.** ~ (un utensile), to grind.

arrotatrice (*macch. ut.*), grinder. **2.** ~ per pavimenti (di legno) (*macch. portatile*), planing machine. **3.** ~ per punte da trapano (*macch. ut.*), drill grinder. **4.** ~ per sega (*macch. ut.*), saw gummer.

arrotino (*op.*), knife grinder.

arrotolare, to roll, to roll up, to furl. **2.** ~ strettamente (un film sulla sua bobina per es.) (*gen.*), to cinch.

arrotolatura (*gen.*), rolling.

arrotondamento (*mat. - elab.*), rounding, rounding off. **2.** ~ (operazione meccanica sullo spigolo di un pezzo) (*mecc.*), rounding off. **3.** raggio di ~ dello spigolo (di un cuscinetto a sfere per es.) (*mecc.*), corner radius.

arrotondare (tralasciare alcuni decimali ed incrementare il decimale finale di 1) (*mat. - elab.*), to round off, to round. **2.** ~ (lo spigolo di un pezzo) (*mecc.*), to round off. **3.** ~ (*comm.*), to make round. **4.** ~ (un numero per es.) (*mat.*), to round off. **5.** ~ ai 5 millesimi di pollice (*mis.*), to round off to the nearest .005″. **6.** ~ al decimo di mm (*dis. - ecc.*), to round off to the nearest 1/10 of a mm. **7.** ~ la punta (*mecc.*), to nose. **8.** ~ un orlo (*carp. - falegn.*), to round off an edge.

arrotondato (*gen.*), rounded.

arrotondatura (di mole) (*macch. ut. - mecc.*), rounding off.

arruffatura (di filo per es.), snarl.

arrugginimento (*metall.*), rusting.

arrugginire, to rust, to become rusty.

arrugginirsi, *vedi* arrugginire.

arrugginito, rusted.

arruolamento (*milit.*), enlistment.

arruolare (*milit.*), to list, to enlist.

arruolarsi (*milit.*), to sign on.

arsenale (artiglieria, munizioni), arsenal. **2.** ~ (*mar. milit.*), navy yard.

arsenalotto (*lav.*), shipyard worker.

arseniato (*chim.*), arsenate.

arsenicale (*a. - chim.*), arsenical.

arsènico (As - *chim.*), arsenic. **2.** trisolfuro d'~ (As_2S_3) (*chim. min.*), arsenic trisulphide, orpiment.

arsenioso (*a. - chim.*), arsenious.

arsenito (*chim.*), arsenite.

arseniuro (*chim.*), arsenide. **2.** ~ di gallio (materiale semiconduttore) (*chim.*), gallium arsenide.

arsenopirite (Fe As S) (*min.*), arsenopyrite.

arsina (AsH_3) (*chim.*), arsine.

arte (*gen.*), art. **2.** ~ di lavorare i gioielli (*gen.*), jewelling (ingl.), jeweling (am.). **3.** arti grafiche (*tip.*), graphic arts. **4.** ~ manuale (*gen.*), handicraft. **5.** ~ marinaresca (arte della navigazione) (*navig.*), seamanship. **6.** ~ mineraria (*min.*), mining. **7.** ~ muraria, masonry. **8.** ~ pop (*arte*), pop, pop art. **9.** belle arti, fine arts.

artefice (addetto al fuoco) (*op. costr. nav.*), artificer.

arteria (*gen.*), artery.

artesiano (*idr.*), artesian.

artico (*meteor. - geogr.*), arctic.

articolare (*mecc. - ecc.*), to articulate.

articolato (*a. - gen.*), articulated.

articolazione (*gen.*), articulation. **2.** ~ (*mecc.*), articulated joint, knuckle. **3.** ~ (intelligibilità) (*acus.*), articulation. **4.** ~ a forcella (giunto articolato consistente in una forcella forata tra le cui pareti è sistemata una barra con foro attraversato da un perno che entra nei fori della forcella) (*mecc.*), knuckle joint.

articoli di lana (lanerie) (*ind. lana*), woollens, woolens. **2.** ~ di vetro (*ind. vetro*), glassware. **3.** ~ (o oggetti) inventariati (*ind. - amm.*), scheduled items. **4.** ~ di rame (*metall.*), copperware. **5.** ~ per regalo (*comm.*), giftware. **6.** ~ programmati (di lavori da compiere) (*amm. - ind.*), scheduled items. **7.** ~ vari (*comm.*), sundries.

articolo (*ind.*), article. **2.** ~ (di un contratto per es.) (*comm. - leg.*), article. **3.** ~ (di un giornale per es.) (*giorn.*), article. **4.** ~ (voce: in una enumerazione od elenco o distinta) (*gen.*), item. **5.** ~ di fondo (*giorn.*), leading article, leader. **6.** ~ di mezzo (*giorn.*), middle article. **7.** ~ invenduto (*comm.*), shelf warmer, unsold article. **8.** ~ pubblicitario (*giorn.*), advertising article. **9.** ~, *vedi anche* articoli.

artiere (*milit.*), pioneer.

artificiale, artificial, imitation. **2.** ~ (sintetico), synthetic.

artificière (*artiglieria*), gun artificer. **2.** ~ (specialista nella preparazione di proiettili, spolette ecc.) (*milit.*), artificer.

artifizio (piccola invenzione) (*gen.*), artifice.

artigianale (*mft.*), handicraft.

artigianato (*mft.*), handicraft.

artigiano (*op.*), craftsman, artisan, handicraftsman.

artigliere (*milit.*), gunner.

artiglierìa (*milit.*), artillery, ordnance, gunnery, cannonry, "arty". **2.** ~ anticarro (*milit.*), antitank artillery. **3.** ~ autotrainata (*milit.*), mechanized artillery, truck-drawn artillery. **4.** ~ campale (*milit.*), field artillery. **5.** ~ contraerea (*milit.*), antiaircraft artillery, air defence artillery, ADA. **6.** ~ corazzata (*milit.*), armored artillery. **7.** ~ costiera (*milit.*), coast artillery. **8.** ~ da campagna (*milit.*), field artillery. **9.** ~ da fortezza (*milit.*), siege artillery. **10.** ~ da montagna (*milit.*), mountain artillery. **11.** ~ da posizione (*milit.*), fixed artillery. **12.** ~ d'armata (*milit.*), army artillery. **13.** ~ di corpo d'armata (*milit.*), corps artillery. **14.** ~ di medio calibro (*milit.*), siege artillery. **15.** ~ divisionale (*milit.*), divisional artillery. **16.** ~ ippotrainata (*milit.*), horse-drawn artillery. **17.** ~ leggera (*milit.*), light artillery. **18.** ~ pesante (*milit.*), heavy artillery. **19.** ~ pesante campale (*milit.*), heavy field artillery. **20.** ~ protetta (*milit.*), shield ordnance. **21.** ~ semovente (*milit.*), self-propelled artillery. **22.** ~ someggiata (*milit.*), pack artillery. **23.** ~ su carri (*milit.*), railway artillery. **24.** deposito centrale di ~ (*milit.*), ordnance depot for artillery. **25.** officina mobile di ~ (*milit.*), ordnance field workshop for artillery. **26.** preparazione d'~ (*milit.*), artillery preparation. **27.** servizio ~ e motorizzazione (*milit.*), ordnance. **28.** unità di ~ (*milit.*), artillery units, arty units.

artiglio (graffa) (*gen.*), claw.

artista (*gen.*), artist. **2.** ~ tecnico (di pubblicità ecc.) (*pubbl.*), technical artist.

artistico (getto per es.) (*gen.*), artistic.

arto (*med.* - *ecc.*), limb.

arveizzare (indurire superficialmente mediante carburazione a caldo con gas) (*metall.*), to harveyize.

asbèsto (silicato ferromagnesiaco) (*min.*), asbestos, mountain flax.

asbestòsi (malattia dovuta ad inalazione di particelle di asbesto) (*med.*), asbestosis.

ascendente (*a.* - *gen.*), ascending, rising. **2.** in senso ~ (dal basso verso l'alto, metodo di scavo) (*min.*), up-over.

ascéndere, to ascend, to climb, to mount.

ascensione (di pallone) (*aer.*), ascent, climb. **3.** ~ del pallone (*aer.*), balloon ascent. **4.** ~ retta (di una stella) (*astr.*), right ascension, RA.

ascensore (per persone) (*imp. ed.*), elevator (am.), lift (ingl.). **2.** ~ per cose (*macch. ind.*), elevator, lift. **3.** pozzo dell'~ (*ed.*), elevator shaft. **4.** senza ~ (appartamento) (*ed.*), walk-up.

ascesa (*gen.*), ascent.

ascèsso (*med.*), abscess, gathering.

ascia (lama normale al manico), adz. **2.** ~ da carpentiere (con testa piatta e manico normale al taglio della lama) (*ut.*), carpenter's adz. **3.** ~ del bottaio (*ut.*), cooper's adz. **4.** ~ del carpentiere navale (att. con testa a sprone e con il manico normale al taglio della lama) (*carp.*), adz, adze, ship carpenter's adz with spear head. **5.** maestro d'~ (carpentiere) (*nav.* - *mar. milit.*), carpenter.

asciare (legno) (*carp.*), to adz, to adze.

ascissa (*mat.*), abscissa, x-coordinate.

asciugacapelli (*app. elettrodomestico*), hair drier.

asciugamano, towel.

asciugare (*gen.*), to dry.

asciugato (*a.* - *gen.*), dried. **2.** ~ alla macchina (*a.* - *mft. carta*), machine-dried, cylinder-dried.

asciugatoio (per lana per es.) (*att. ind.*), drier, dryer. **2.** ~ a tamburo rotante (per lana per es.) (*macch. tess.*), revolving drier. **3.** ~, *vedi anche* essiccatoio.

asciugatore a lama (di gomma o di cuoio: per vetri per es.) (*att.*), squeegee. **2.** ~ a rullo (*strum. fot. e tip.*), squeegee roller.

asciutto (*a.* - *gen.*), dry. **2.** ~ al tatto (detto di una vernice) (*a.* - *vn.*), touch dry. **3.** ~ maneggiabile (detto di una vernice) (*a.* - *vn.*), dry to handle.

ascoltare (telefono, radio per es.), to listen in.

ascoltatore (di radio per es.) (*persona*) listener. **2.** ~ (apparecchio per individuare la provenienza dei suoni) (*acus.*), sound locator.

ascolto (*radio* - *acus.*), listening. **2.** ~ biauricolare (*acus.*), binaured hearing. **3.** prova di ~ (*tlcm.*), listening test.

asepsi (*med.*), asepsis.

asfaltare (*strad.* - *ed.*), to asphalt.

asfaltato (*strad.* - *ed.*), asphalted.

asfaltatore (*op.*), asphalter.

asfaltatrice (*mach. costr. strad.*), asphalting machine, asphalt-surfacing machine, tar-finisher.

asfaltatura (copertura in asfalto di una strada per es.) (*mur.* - *strad.*), asphalt covering.

asfaltene (*chim.*), asphaltene. **2.** ~ (asfalto duro, asfalto puro insolubile nel petrolio) (*ind. chim.*), asphaltene.

asfaltico (*a.* - *chim.*), asphaltic. **2.** legante ~ (per malta) (*ed.*), asphaltic binder. **3.** roccia asfaltica (*geol.*), asphalt rock, asphalt stone.

asfalto (*min.*), asphalt, asphaltum. **2.** ~ (*ed.* - *strad.*), asphalt, asph. **3.** ~ artificiale (*strad.*), artificial asphalt. **4.** ~ colato (per strade) (*strad.*), asphalt applied by melting. **5.** ~ compresso (per strade) (*strad.*), compressed asphalt. **6.** ~ di petrolio (*ind. petrolio*), oil asphalt, petroleum asphalt. **7.** ~ duro (asfaltene: asfalto puro insolubile nel petrolio) (*ind. chim.*), asphaltene. **8.** ~ in mattonelle (per strade) (*strad.*), asphalt tiles. **9.** ~ in polvere (per strade per es.) (*strad.*), asphalt powder. **10.** mastice d'~ (*strad.* - *ed.*), asphalt mastic. **11.** vernice all'~ (fatta con asfalto e cera) (*per incisioni tip.*), etching ground.

asfericità (*geofisica*), asphericity.

asferico (*gen.*), nonspherical. **2.** ~ (*a.* - *ott.*), aspheric.

asfissìa (*med.*), asphyxia.

asimmetrìa (*gen.*), asymmetry, dissymmetry, skewness. **2.** ~ (nei diagrammi di frequenza) (*stat.*), skewness.

asimmètrico (*a.* - *geom.* - *dis.*), asymmetric, nonsymmetrical.

asìncrona (macchina asincrona) (*macch. elett.*), asynchronous machine.

asincronismo (*cinem.* - *ecc.*), asynchronism.

asìncrono (*a.* - *fis.* - *elett.* - *eltn.*), nonsynchronous, asynchronous. **2.** ~ (p. es. di un'operazione o trasmissione che ha un modo di esecuzione non dipendente dal temporizzatore) (*a.* - *elab.*), asynchronous. **3.** alternatore ~ (*macch. elett.*), asyn-

chronous alternator. **4.** motore ~ (*mot. elett.*), asynchronous motor, induction motor.
asindetico (con omissione di congiunzioni) (*a. - elab.*), asyndetic.
asintòtico (*geom.*), asymptotic.
asìntoto (*geom.*), asymptote.
asìsmico (di una regione per es.) (*a. - geol.*), aseismic. **2.** ~, *vedi anche* antisismico.
asma (*med.*), asthma.
asola (foro allungato, ovale, ellittico ecc. nella lamiera, sfinestratura) (*lav. lamiere*), slot.
aspatoio (*macch. tess.*), reeling frame. **2.** ~ meccanico (*macch. tess.*), power reel.
aspatura (*ind. tess.*), reeling.
asperità (prominenza del fondo stradale) (*strad.*), upward projecting bump.
aspettativa (temporanea sospensione del rapporto di lavoro di un dipendente) (*lav. - pers.*), temporary retirement.
aspètto (*gen.*), aspect, appearance. **2.** ~ brillante (della lana) (*ind. tess.*), brightness. **3.** ~ cordonato (dove i segni del pennello sono evidenti) (*difetto vn.*), ropey finish. **4.** ~ economico (*comm.*), economic aspect. **5.** ~ povero (*ind. gomma*), poor appearance. **6.** ~ ricco (*ind. gomma*), rich appearance.
aspirante (con effetto aspirante) (*a.*), suction. **2.** ~ (tubo aspirante: di pompa per es.), intake tube, suction tube.
aspirapólvere (*app. elettrodomestico*), vacuum cleaner.
aspirare, to suck, to intake.
aspiratore (*app. ind.*), exhaust fan, exhauster, aspirator. **2.** ~ (*strum. med.*), aspirator. **3.** ~ a pale (*ind.*), vane aspirator. **4.** ~ centrifugo (*ind.*), centrifugal aspirator.
aspirazione (*gen.*), suction, intake. **2.** ~ (ammissione: di motori a combustione interna), induction. **3.** ~ (di una pompa per es.), suction. **4.** ~ della polvere (di pulitrice per es.), dust suction. **5.** altezza di ~ (di pompa per es.), suction head. **6.** corsa di ~ (*mot.*), induction stroke, suction stroke, intake stroke. **7.** fase di ~ (*mot.*), induction stroke. **8.** lavoro di ~ (*mot.*), intake work.
aspo (dispositivo per ind. tessile), reel, swift. **2.** ~ (per muovere le pelli in una vasca) (*ind. cuoio*), paddle wheel.
asportabile (amovibile, smontabile) (*mecc. - ecc.*), removable.
asportare (*gen.*), to remove. **2.** ~ con fiamma (*ind.*), to burn out. **3.** ~ di macchina, lo strato superficiale (per semilavorati metallici, barre, tondi ecc.) (*tecnol. mecc.*), to scalp.
asportazione (*gen.*), removal. **2.** ~ con scalpello (*tecnol.*), chisel chipping.
assaggiatore (di bevande per es.) (*comm.*), taster.
assaggio (*gen.*), assay. **2.** ~ (di un minerale o di una lega) (*geol. - chim.*), assay. **2.** ~ (scavo preliminare) (*min.*), sink.
assale (*mecc.*), axle. **2.** ~ anteriore (*veic.*), front axle. **3.** ~ ausiliario (per trasformare un semirimorchio in rimorchio) (*veic.*), trailer converter "dolly". **4.** ~ di acciaio (*mecc.*), steel axle. **5.** ~ di carrello (*ferr.*), bogie axle. **6.** ~ fisso (*mecc.*), axletree. **7.** ~ pieno (*mecc.*), solid axle. **8.** ~ portante (*veic.*), bearing axle. **9.** ~ portante molleggiato (di veicolo) (*mecc.*), sprung axle. **10.** ~ portante rigido (di veicolo) (*mecc.*), unsprung axle. **11.** ~ posteriore (*veic.*), rear axle. **12.** ~ tubolare (*mecc.*), tubular axle. **13.** fuso dell'~ (*mecc.*), axle spindle.
assalto (*milit.*), assault. **2.** ~ principale (*milit.*), main assault. **3.** mezzi d'~ (*milit.*), assault units. **4.** truppe d'~ (*milit.*), assault troops.
asse (*teorico*), axis. **2.** ~ (*dis.*), center line, CL, L. **3.** ~ (*ott.*), ax, axis. **4.** ~ (assile, sala sciolta) (*ferr.*), axle. **5.** ~ (di un paracadute) (*aer.*), axis. **6.** ~ (perno, albero, fusto attorno a cui ruota un cabestano) (*nav.*), spindle. **7.** ~ (*falegn.*), plank, board. **8.** ~ (di un aeroplano) (*aer.*), axis. **9.** ~ (di ponte di barche), chess. **10.** ~ (di ruote) (*mecc.*), axle, pivot. **11.** ~ (di una strada per es.) (*dis.*), center line. **12.** ~ accoppiato (di una locomotiva) (*ferr.*), coupled axle. **13.** ~ a gomito (di locomotiva a vapore per es.) (*ferr.*), crank axle, eccentric crank. **14.** ~ anteriore (sala anteriore di una locomotiva) (*ferr.*), leading axle. **15.** ~ Bissell (sterzo, carrello da un asse) (*ferr.*), Bissell truck, pony truck. **16.** ~ corpo (asse dell'aeromobile) (*aer.*), body axis. **17.** ~ dei collegamenti (*milit.*), main signals artery. **18.** ~ del bilanciere (di un orologio) (*mecc.*), verge. **19.** ~ del cilindro (di un rullo da stampa) (*tip.*), roller stock. **20.** ~ del cordone di saldatura (perpendicolare alla sezione trasversale e passante attraverso il centro di gravità) (*saldatura*), axis of a weld. **21.** ~ delle ascisse (*mat.*), axis of abscissas, axis of X, x–axis. **22.** ~ delle ordinate (*mat.*), axis of ordinates, axis of Y, y–axis. **23.** ~ delle punte (tra le punte: per es. in un tornio) (*mecc. - macch. ut.*), center axis. **24.** ~ delle z (*mat.*), z–axis. **25.** ~ del timone (dritto del timone) (*nav.*), rudderstock. **26.** ~ di beccheggio (*aer. - astric. - razzo*), pitch axis. **27.** ~ di cerniera (*aer.*), hinge axis. **28.** ~ di collimazione (di un telescopio) (*astr.*), line of sight. **29.** ~ di deriva (asse del vento trasversale di un aereo) (*aer.*), crosswind axis. **30.** ~ di figura (di un giroscopio per es.) (*mecc.*), axis of spin. **31.** ~ di galleggiamento (*idr.*), axis of buoyancy. **32.** ~ di portanza (di un aereo, perpendicolare alla direzione del vento relativo) (*aer.*), lift axis. **33.** ~ di portanza nulla (di una superficie colpita dall'aria) (*aer.*), zero–lift line. **34.** ~ di resistenza (di un aereo, parallelo alla direzione del vento relativo) (*aer.*), drag axis. **35.** ~ di riferimento (asse di fede) (*strum. - ecc.*), fiducial axis. **36.** ~ di rivoluzione (*astr.*), axis of revolution. **37.** ~ di rollìo (*veic.*), roll axis. **38.** ~ di rotazione (*mecc.*), axis of rotation. **39.** ~ di rotazione (della ruota) (*aut. - ecc.*), spin axis. **40.** ~ di

simmetria (*geom.*), axis of symmetry. **41.** ~ elastica (di trampolino) (*sport*), springboard. **42.** ~ elastico (*aer.*), elastic axis. **43.** ~ equatoriale (*geod.*), equatorial axis. **44.** ~ focale (*ott.*), major axis. **45.** ~ focale (di una conica) (*geom.*), transverse axis. **46.** ~ intermedio (tra l'asse portaelica ed il motore) (*nav.*), intermediate shaft. **47.** ~ laterale (asse trasversale di un aeroplano) (*aer.*), lateral axis. **48.** ~ longitudinale (*gen.*), longitudinal axis. **49.** ~ longitudinale (asse di rollìo: di un aeroplano per es.) (*aer.*), longitudinal axis, rolling axis. **50.** ~ magnetico (*elett.*), magnetic axis. **51.** ~ montato (sala montata) (*ferr.*), wheel set. **52.** ~ montato normale (sala montata normale) (*ferr.*), standard wheel set. **53.** ~ montato per locomotive (sala montata per locomotive) (*ferr.*), locomotive wheel set. **54.** ~ motore (trasmettente il moto alle ruote su di esso montate) (*veic.*), live axle, driving axle. **55.** ~ motore non portante (che non sostiene il peso del veicolo) (*veic.*), floating axle. **56.** ~ neutro (*sc. costr.*), neutral axis, n.a. **57.** ~ non portante (*aut.*), full–floating axle. **58.** ~ normale (di un aeroplano) (*aer.*), vertical axis, yawing axis. **59.** ~ (o mezzeria) del profilo (del dente di ingranaggio) (*mecc.*), profile middle line. **60.** ~ ottico (*ott.*), optical axis. **61.** ~ ottico (di cristallo) (*min.*), optical axis. **62.** ~ ottico (di un obiettivo) (*ott.*), axis of a lens. **63.** ~ per lavare (i panni) (*att. domestico*), washboard. **64.** ~ porta elica (albero portaelica) (*nav.*), tail shaft. **65.** ~ portante (che scarica il peso del veicolo, su ruote portanti ma non motrici) (*veic.*), dead axle. **66.** ~ principale (p. es. ~ principale di inerzia) (*mecc. raz. - sc. costr.*) principal axis. **67.** ~ principale (di un aeroplano), zero–lift axis. **68.** ~ semiportante (avente l'estremità esterna supportata dalla ruota che forma con esso un gruppo rigido in modo che asse e scatola sopportano ciascuno parte del carico) (*aut.*), three–quarter–floating axle. **69.** ~ senza collarini (*ferr.*), muley axle. **70.** ~ stretta (*carp. - falegn.*), narrow board, batten. **71.** ~ trasversale (asse di beccheggio: di un aeroplano) (*aer.*), lateral axis, pitching axis. **72.** ~ tubolare (*ferr.*), tubular axle. **73.** ~ vento (di un aeroplano: avente la direzione fissata da quella del vento relativo) (*aer.*), wind axis. **74.** ~ vento trasversale (asse di deriva di un aeroplano) (*aer.*), crosswind axis. **75.** ~ verticale (*gen.*), vertical axis. **76.** ad ~ verticale (coll'asse perpendicolare alla base) (*a. - geom. - mecc.*), with vertical axis. **77.** ad assi concentrici (di un motore di aereo per es. ad eliche controrotanti) (*mecc.*), coaxial. **78.** alternatore d'~ (*ferr.*), axle–driven alternator. **79.** carico per ~ (*ferr. - ecc.*), axle load. **80.** falso ~ (albero ausiliario, per trasmettere il moto dai motori elettrici alle ruote motrici) (*ferr. elett.*), jack shaft. **81.** linea d'~ (collegante l'elica al motore) (*nav.*), shafting. **82.** zona supportata di un ~ girevole (portata di un asse) (*mecc.*), journal.

assèdio (*milit.*), siege.

assegnare, to assign, to allocate, to allot. **2.** ~ (ripartire) (*gen.*), to allot, to mete out. **3.** ~ (una persona ad un lavoro), to detail, to assign. **4.** ~ (il valore di una variabile p. es.) (*elab.*), to assign. **5.** ~ fattori ponderali (*stat.*), to weight. **6.** ~ la quota (ad aeroplani che sono in attesa del turno di atterraggio) (*aer.*), to stack. **7.** ~, *vedi anche* allocare.

assegnatario (*gen.*), assignee.

assegnato, assigned, allocated.

assegnazione (*gen.*), assignment, allocation, allotment. **2.** ~ (assegnamento: l'attribuzione di un valore ad una variabile o l'allocazione di una risorsa) (*elab.*), assignment. **3.** ~ delle cariche direttive (in una fabbrica) (*organ.*), staffing. **4.** ~ di risorsa (*elab.*), resource allocation. **5.** ~ (*elab.*), *vedi anche* allocazione.

assegno (*comm.*), cheque (ingl.), check (am.). **2.** ~ all'ordine (*finanz.*), check to order. **3.** ~ al portatore (*finanz.*), check to bearer. **4.** ~ bancario (*banca - finanz.*), bank cheque (ingl.), bank check (am.). **5.** ~ circolare (*finanz.*), banker's check, banker's draft, cashier's check. **6.** ~ di quiescenza (pensione: in particolare di dipendenti statali) (*amm. - pers.*), retirement allowance. **7.** assegni familiari (*retribuzione pers.*), family allowance. **8.** ~ in bianco (*finanz. - comm.*), blank check, blank. **9.** ~ (andato) in prescrizione (presentato per il pagamento alla banca troppo tardi) (*banca*), stale cheque. **10.** ~ non sbarrato (*finanz.*), open check (ingl.). **11.** ~ sbarrato (*finanz.*), crossed check. **12.** ~ turistico (*banca*), traveller's check. **13.** contro ~ (pagamento alla consegna) (*tipo di spedizione comm.*), cash on delivery, C.O.D., c.o.d. **14.** libretto degli assegni (*finanz.*), checkbook.

assemblaggio (montaggio: di automobile, aeroplano, per es.) (*ind.*), assembling. **2.** ~ (traduzione automatica da codice simbolico in linguaggio macchina) (*elab.*), assembly. **3.** ~ condizionale (*elab.*), conditional assembly. **4.** ~ di caratteri (*elab.*), character assembly. **5.** ~ finale (completamento dell'aereo previa messa in bolla) (*costr. aer.*), rigging. **6.** ~ meccanizzato (montaggio meccanizzato) (*mecc.*), mechanized assembly. **7.** ~ scocche (assemblaggio carrozzerie) (*costr. carrozz. aut.*), body building. **8.** lista di ~ (stampato molto utile per la procedura di ~) (*elab.*), assembly list. **9.** unità di ~ (dispositivo automatico) (*elab.*), assembly unit.

assemblato (*ind.*), assembled. **2.** ~ (o unito) a sovrapposizione (*a. - mecc.*), clinched.

assemblatore (programma che traduce, dal proprio codice, le istruzioni in altro codice di linguaggio macchina) (*elab.*), assembler. **2.** ~/dissassemblatore (di) pacchetti (*elab.*), packet assembler/disassembler, PAD. **3.** programma ~ (*elab.*), assembly program.

assemblatrice (macchina per montaggio) (*macch. ut.*), assembly machine.

assemblèa (di una società per es.) (*amm.*), meeting.

2. ~ annuale generale (*amm.*), annual general meeting. **3.** ~ ordinaria (p. es. degli azionisti di una società) (*amm.*), statutary meeting.
assènte (*a.*), absent. **2.** ~ (persona assente) (*s.*), absentee. **3.** ~ con permesso (*milit.*), absent with leave, AWL.
assenteismo (*gen.*), absenteism. **2.** ~ per falsa malattia (pretesto per premere sulla direzione dello stabilimento) (*azione op.*), sick-out.
assenza (*gen. - milit.*), absence. **2.** ~ abusiva (*milit. - ecc.*), absence without leave. **3.** ~ per finta malattia (~ dal lavoro col pretesto di una falsa malattia) (*pers.*), sick-out.
asservimento (collegamento tra due elementi di un meccanismo) (*mecc.*), follow-up link. **2.** ~ (collegamento con azione combinata) (*elett. - mecc.*), interlocking. **3.** ~ (dispositivo meccanico collegato ad altro tramite elettromeccanismo, elettronica ecc.) (*elett. - eltn. - mecc.*), slave.
asservire (rendere interdipendenti, effettuare collegamenti che rendono interdipendenti) (*mecc. - elett.*), to interlock. **2.** ~ (rendere una unità direttamente responsabile di un'altra unità) (*elab. - ecc.*), to slave.
asservito (interdipendente) (*a. - mecc. - elett.*), interlocked, slave.
assestamento (delle fasce elastiche nel cilindro per es.) (*mecc.*), bedding. **2.** ~ (colpo di assestamento mediante il quale viene data, sulla pressa, la forma definitiva ad un elemento in lamiera) (*tecnol. mecc.*), restrike, restriking. **3.** ~ (operazione mediante la quale vengono corrette deformazioni del fucinato dopo la sbavatura) (*fucinatura*), restriking, coining. **4.** ~ del terreno (*ed.*), ground settling. **5.** piano di ~ (*geol.*), bed plane. **6.** quoziente di ~ (modulo di reazione del terreno) (*ing. civ. - ed.*), subgrade modulus.
assestare (di fasce elastiche nel cilindro per es.) (*mecc.*), to set, to bed. **2.** ~ (*nav.*), to trim. **3.** ~ (un pezzo in lamiera per es. mediante un secondo colpo sotto la pressa) (*tecnol. mecc.*), to restrike. **4.** ~ (portare un fucinato a misura dopo la sbavatura) (*fucinatura*), to coin, to restrike. **5.** ~ il pezzo (sulla macchina utènsile) (*mecc.*), to set the work.
assestarsi (*ed.*), to set, to settle. **2.** ~ (rodarsi, di una macchina ecc.) (*mecc.*), to break in. **3.** ~ (delle fasce elastiche per es.) (*macch.*), to set.
assettamento (abbassamento della superficie superiore del calcestruzzo fresco quando viene tolta la forma) (*ing. civ.*), slump. **2.** prova di ~ (per misurare la consistenza del calcestruzzo fresco) (*ing. civ.*), slump test.
assettare (*nav.*), to trim.
assètto (di un aereo, di una nave) (*aer. - nav.*), trim, attitude. **2.** ~ del missile (consistente negli angoli di beccheggio, imbardata, rollio) (*armi*), missile attitude. **3.** ~ di guida (assetto del conducente in un'automobile) (*aut.*), driving position. **4.** ~ di regime (*aer.*), normal trim. **5.** ~ di volo (*aer.*), attitude of flight. **6.** ~ longitudinale (*aer.*), longitudinal trim. **7.** ~ relativo al suolo (*aer.*), attitude relative to ground. **8.** ~ stabilizzato (volo orizzontale a comandi liberi) (*aer.*), trim. **9.** angolo di ~ (di una autovettura) (*veic.*), sideslip angle, attitude angle. **10.** correttore di ~ (*aer.*), trim tab, trimming tab. **11.** in ~ centrato (*aer.*), trimmed. **12** tenere l'~ (di sottomarino per es.) (*mar. milit.*), to keep trim.
assiale, axial. **2.** gioco ~ (*mecc.*), end float.
assicèlla (*gen.*), batten. **2.** ~ (*ed.*), lath. **3.** ~ (striscia) (*carp.*), strip. **4.** ~ di copertura (di tetti in legno) (*ed.*), shingle. **5.** ~ di rivestimento esterno (od interno) di pareti in legno (di case) (*carp. ed.*), clapboard (am.).
assi coordinati (*mat.*), axes of coordinates.
assicurare (*gen.*), to assure. **2.** ~ (coprire con assicurazione, mediante società assicuratrice) (*ass.*), to insure. **3.** ~ (fissare) (*mecc. - carp. - ecc.*), to secure.
assicurata (lettera assicurata) (*posta*), fully insured registered letter, money letter.
assicurato (una persona che ha stipulato un contratto di assicurazione) (*s. - ass.*), assured, insured.
assicuratore (*ass. - finanz.*), underwriter, insurer, assurer.
assicurazione (*comm.*), insurance. **2.** ~ a termine (valida solo per un periodo specificato) (*ass.*), term insurance. **3.** ~ contro gli incendi (assicurazione antincendio) (*ass. - comm.*), fire insurance. **4.** ~ contro gli infortuni, accident insurance. **5.** ~ contro i rischi di guerra, war risk insurance. **6.** ~ contro i rischi di responsabilità civile (*aut. - leg.*), public liability insurance. **7.** ~ contro la disoccupazione (di operai) (*ass. sociali*), unemployment insurance. **8.** ~ contro terzi (*ass.*), third-party insurance. **9.** ~ infortuni (*ass. sociali*), industrial injuries insurance. **10.** ~ invalidità (*ass. sociali*), disability insurance. **11.** ~ limitata ai danni effettivi (tipo di ~ automobilistica che risarcisce l'infortunato solo per i danni effettivi indipendentemente da chi è responsabile) (*ass.*), no-fault insurance. **12.** ~ malattie (per lavoratori) (*ass. sociali*), sickness insurance. **13.** ~ marittima (*ass. - nav.*), marine insurance. **14.** ~ obbligatoria per la vecchiaia (*ass. sociali*), compulsory old age insurance. **15.** assicurazioni sociali (per lavoratori) (*ass. sociali*), social insurance. **16.** ~ sulla vita (*comm.*), life insurance. **17.** ~ sul mezzo di trasporto aeronavale (per danni a una nave o aereo) (*comm. - ass.*), hull insurance. **18.** agente di ~ (*comm.*), insurance broker. **19.** costo, nolo ed ~ (*comm. nav.*), cost, freight and insurance, CFI. **20.** premio di ~, insurance premium.
assiemare (montare le parti componenti una carrozzeria, un gruppo ecc.) (*mecc.*), to assemble. **2.** ~ (sovrapporre i piallacci per es. che compongono il compensato cospargendoli di colla prima di pressare il tutto) (*mft. compensato*), to lay up.
assiematura (montaggio) (*gen.*), assembly.

assième (complesso) (*s. - gen.*), assembly. **2.** ~ (serie), set.
assile (sala) (*ferr.*), axle. **2.** ~ (sala non montata, sala sciolta) (*ferr.*), axle without wheels. **3.** ~ (*ferr.*), *vedi anche* sala, asse. **4.** ~ di ruota motrice (sala motrice montata) (*ferr.*), driving axle. **5.** acciaio per assili (qualità di acciaio per assili fucinati per vagoni ferroviari) (*metall. - ferr.*), axle shaft quality steel.
assimilazione (processo di assorbimento seguito da trasformazione) (*fisiologia*), absorption.
assioma (*mat.*), axiom.
assiòmetro (indicatore di posizione del timone) (*nav.*), telltale, rudder telltale.
assistaèreo (*aer.*), homing beacon.
assistente (universitario), assistant. **2.** ~ (di officina per es.) (*ind.*), assistant foreman. **3.** ~ di volo (steward o hostess) (*pers. aer.*), flight attendant. **4.** ~ sociale (*ind.*), social worker. **5.** ~ sociale che si interessa di casi particolari (*lav.*), caseworker. **6.** ~ turistica (accompagnatrice) (*aut. - ecc.*), hostess.
assistènza (*comm.*), service. **2.** ~ alla navigazione (aiuti alla navigazione) (*radio*), navigational aids. **3.** ~ alla radionavigazione (*aer. - radio*), radionavigational aids. **4.** ~ all'avvicinamento ed all'atterraggio (*aer.*), approach-and-landing aids, approach aids. **5.** ~ al ritorno (alla base, ad una nave portaerei od aerodromo) (*aer.*), homing aids. **6.** ~ a terra di veicoli aerospaziali (*aer. - astric.*), aerospace ground assistance. **7.** ~ clienti (*aut. - ecc.*), after-sales service. **8.** ~ di avvertimento (*aer.*), warning aids. **9.** ~ nel periodo di garanzia (assistenza di garanzia al cliente) (*comm. - aut.*), after-sales service. **10.** ~ per il rilevamento (per determinare la posizione geografica di un aer.) (*aer.*), fixing aids. **11.** ~ sociale individuale (servizio sociale individuale) (*lav.*), casework. **12.** ~ visuale (per navigazione aerea) (*aer.*), visual aids. **13.** installazioni di ~ al suolo (*aer. - aer. milit.*), ground support equipment.
assistito (di volo per es.) (*a. - gen.*), assisted. **2.** ~ da calcolatore (p. es. progetto, istruzioni, didattica, fabbricazione ecc.) (*elab.*), computer aided.
assito (*mur.*), planking. **2.** ~ (staccionata, steccato, riparo di tavole) (*carp.*), stockade. **3.** ~ del tetto (*ed.*), roof boarding.
asso (*sport*), ace.
associativo (*a. - mat. - elab. - ecc.*), associative.
associazione (*comm.*), association. **2.** ~ (sindacale per es.) (*ind. - lav.*), combination. **3.** ~ (società in nome collettivo) (*leg. - comm.*), partnership. **4.** ~ (d'idee) (*psicol.*), association. **5.** ~ americana di statistica (*stat.*), American Statistical Association, ASA. **6.** ~ americana tecnici meccanici (*mecc.*), American Society of Mechanical Engineers, ASME. **7.** ~ americana per le prove dei materiali (*tecnol. mecc.*), American Society for Testing Materials, ASTM. **8.** ~ armatori (*comm. - nav.*), shipowner's club. **9.** ~ di varie società in un ente unico (*leg. - comm.*), incorporation. **10.** Associazione Europea del Libero Scambio (*comm.*), European Free Trade Association, EFTA. **11.** ~ ferroviaria americana (*ferr.*), American Railway Association, ARA. **12.** ~ industriali (organizzazione dei proprietari di industrie) (*ind. - organ.*), employer's association. **13.** ~ in partecipazione (*finanz. - amm.*), joint venture. **14.** ~ lavoratori, trade-union. **15.** ~ nazionale per l'unificazione (*tecnol.*), National Standard Association, NSA (am.). **16.** ~ senza scopi di lucro (*leg.*), non-profit association. **17.** ~ tecnica industria carta e pasta di legno (*mft. carta*), Technical Association of the Pulp and Paper Industry, TAPPI.
Associazione Europea di Libero Scambio (EFTA) (*econ. - comm.*), European Free Trade Association, EFTA.
assolcatrice-seminatrice (*macch. agric.*), lister-planter.
assoluto (*a. - gen.*), absolute. **2.** ~ (di temperatura per es.), absolute, abs. **3.** ~ (puro) (di un'essenza per es.) (*profumeria*), absolute. **4.** alcool ~ (*chim.*), absolute alcohol. **5.** grandezza assoluta (*astr.*), absolute magnitude. **6.** indirizzo ~ (*macch. calc.*), absolute address, specific address. **7.** luminosità assoluta (*elab.*), absolute luminosity. **8.** parallasse assoluta (*astr.*), absolute parallax. **9.** pressione assoluta (*fis.*), absolute pressure. **10.** primo ~ (in una gara) (*sport*), first overall. **11.** punto zero ~ (punto di zero assoluto, per tutti gli assi della macchina, dal quale si inizia il conteggio, nelle macchine a comando numerico) (*macch. ut. a c. n.*), absolute zero point. **12.** scala assoluta (*term.*), absolute scale. **13.** sistema ~ (sistema di coordinate nel quale tutte le coordinate sono misurate da un punto d'origine fisso) (*mat.*), absolute system. **14.** sistema (di misurazioni) ~ (sistema di unità fisiche, come il sistema cgs per es.) (*mis.*), absolute system. **15.** umidità assoluta (*meteor.*), absolute humidity. **16.** unità assoluta (*fis.*), absolute unit. **17.** unità elettrostatica assoluta (*mis. fis.*), absolute electrostatic unit, abstatunit. **18.** valore ~ (*mat.*), absolute value. **19.** vuoto ~ (*fis.*), absolute vacuum. **20.** zero ~ (*fis. - chim.*), absolute zero.
assoluzione (*leg.*), acquittal.
assòlvere (*leg.*), to acquit.
assonometrìa (*geom. descrittiva*), axonometry. **2.** ~ a sistema isometrico (*dis.*), isometric drawing. **3.** ~ ortogonale isometrica (tipo di proiezione assonometrica rapida) (*dis.*), isometric projection.
assonomètrico (*a. - geom. descrittiva*), axonometric.
assorbanza (di un materiale: capacità di assorbire le radiazioni) (*fis.*), absorbance, absorbancy.
assorbènte (*gen.*), absorbent. **2.** ~ acustico (*arch.*), deadening, soundproofing. **3.** ~ metallico (sostanza usata per togliere le ultime tracce di gas nella fabbricazione di una valvola termoionica) (*radio*), getter.

assorbimento (di acqua per es.) (*fis.*), absorption. **2.** ~ (*fis. atom. - acus.*), absorption. **3.** ~ (*radio*), absorption. **4.** ~ (di gas per es.) (*chim.*), absorption, occlusion. **5.** ~ (durante il quale l'assorbente subisce un cambiamento fisico e chimico) (*fisiologia*), absorption. **6.** ~ (assunzione di possesso e dirigenza: per es. di un'altra società) (*s. - organ. - econ. - ecc.*), take-over. **7.** ~ atmosferico (dovuto alla ionizzazione dell'atmosfera) (*radio*), atmospheric absorption. **8.** ~ del suolo (*radio*), ground absorption. **9.** ~ di energia elettrica (*elett.*), electrical input. **10.** ~ di risonanza (*fis. atom.*), resonance absorption. **11.** ~ d'olio (presa d'olio: quantità d'olio richiesta per fissare i pigmenti) (*vn.*), oil absorption. **12.** ~ selettivo (*fis.*), selective absorption. **13.** banda di ~ (allo spettroscopio) (*fis.*), absorption band. **14.** coefficiente di ~ (*chim.*), absorption coefficient. **15.** fattore di ~ (rapporto tra il flusso luminoso o radiante assorbito e il flusso incidente) (*fis.*), absorptance, absorption factor. **16.** limite di ~ (di raggi X per es.) (*fis.*), absorption edge. **17.** misuratore di ~ (di gas nei liquidi) (*strum. fis.*), absorptiometer. **18.** perdita per ~ (*acus.*), absorption loss. **19.** riga di ~ (allo spettroscopio) (*fis.*), absorption line. **20.** spettro di ~ (*ott. - fis.*), absorption spectrum. **21.** tubo di ~ (*chim.*), absorption tube.

assorbire (*gen.*), to absorb. **2.** ~ (un liquido per es.) (*fis.*), to soak. **3.** ~ (trattenere un gas per es.) (*chim.*), to occlude. **4.** ~ la spinta (*mecc.*), to take up the thrust.

assorbito (di potenza, energia ecc.) (*mecc. - ecc.*), absorbed.

assorbitore (*fis. atom.*), absorber. **2.** ~ di gas (~ metallico per rimuovere le ultime tracce di gas in un tubo a vuoto) (*chim. fis.*), getter. **3.** ~ di HCl (*app. ind. chim.*), HCl absorber. **4.** ~ di neutroni (in un reattore nucleare) (*fis. atom.*), neutrons absorber.

assortimento, assortment.

assortire (separare) (*gen.*), to classify, to grade.

assortitore (*app.*), grader. **2.** ~ centrifugo (*macch. mft. carta*), centrifugal screen. **3.** ~ piano (per pasta di legno) (*macch. mft. carta*), flat screen.

assortitura (della lana) (*ind. tess.*), grading, classification.

assottigliamento (stiramento: del nastro di carda) (*ind. tessile*), drafting.

assottigliare (*mecc. - ecc.*), to thin, to make thin.

assottigliatrice (macch. per assottigliare pelli) (*ind. cuoio*), splitter.

assùmere (dare lavoro a) (*pers.*), ro employ, to hire.

assumersi (accollarsi, i debiti di qualcuno per es.) (*finanz. - ecc.*), to take upon oneself, to assume.

assunzione (di operai per es.), engagement, hiring. **2.** accettare l' ~ (da parte dell'assumendo) (*pers.*), to sign on. **3.** intervista d' ~ (*pers.*), employment interview. **4.** modulo di ~ (per op.), labor engagement sheet.

asta (di legno) (*gen.*), staff. **2.** ~ (*comm.*), auction. **3.** ~ (*mecc.*), rod. **4.** ~ (*nav.*), boom. **5.** ~ (di un timone) (*nav.*), stock. **6.** ~ (tubolare o massiccia della trivella) (*pozzo di petrolio*), drill pipe, drill rod. **7.** ~ articolata (*mecc.*), trace. **8.** ~ a scosse (*macch. tess.*), shaker pin. **9.** ~ a snodo (nella perforazione di pozzi) (*min.*), jar. **10.** ~ comando pistone pompa (di carburatore) (*mecc. - mot.*), pump piston rod. **11.** ~ compensata (*mecc. - aer.*), compensation bar. **12.** ~ dei fiocchi, ~ dei controfiocchi (*costr. nav.*), jibboom. **13.** ~ del cambio (*aut.*), gear selector rod (ingl.). **14.** ~ della bandiera (*nav.*), flagstaff. **15.** ~ della punteria (*mot. a c. i.*), tappet rod, tappet stem, valve push rod, pushrod, push rod. **16.** ~ del livello dell'olio (indicatore di livello [dell'olio] a immersione), (oil) dipstick. **17.** ~ del parafulmine (*elett.*), lightning rod. **18.** ~ del respingente (*ferr.*), buffer stem. **19.** ~ di accoppiamento delle manovelle di due alberi (*mecc.*), drag link. **20.** ~ di collegamento (*mecc.*), connecting rod, pitmans. **21.** ~ di collegamento dei dispositivi di trazione (*ferr.*), drawrod. **22.** ~ di comando (*mecc. - macch. - ecc.*), control (*mot.*), rod. **23.** ~ di comando della pompa di accelerazione (di un carburatore) (*mecc. - mot.*), accelerator pump control rod. **24.** ~ di controfiocco (*nav.*), flying jib boom. **25.** ~ di controllo (*fond.*), gauge stick. **26.** ~ di fiocco (*nav.*), jibboom. **27.** ~ di guida (*mecc.*), slide bar. **28.** ~ di misurazione (di un serbatoio) (*gen.*), measuring stick. **29.** ~ di perforazione (*min.*), drill rod, boring rod. **30.** ~ di pompaggio (di una pompa per pozzi) (*mecc. min.*), sucker rod. **31.** ~ di posta (*nav.*), lower boom, swinging boom. **32.** ~ di presa (di tram, filobus) (*veic. elett.*), trolley, trolley pole. **33.** ~ di presa a pantografo (*ferr. - elett.*), pantograph collector. **34.** ~ di presa a rotella (di tram, filobus ecc.) (*elett.*), wheel trolley. **35.** ~ di ritegno (per evitare le oscillazioni di una brida per es.) (*mecc.*), check rod. **36.** ~ di spinta (per punterie) (*mot.*), push rod. **37.** ~ di stantuffo (*mecc.*), piston rod. **38.** ~ di trazione (*ferr.*), drawbar, drawlink. **39.** ~ idrometrica, *vedi* idrometro. **40.** ~ liscia (di torre di trivellazione per es.) (*min.*), polished rod. **41.** ~ micrometrica per interni (*ut.*), inside micrometer caliper. **42.** ~ (o tirante) per comando frizione (*mecc.*), clutch control rod. **43.** ~ regolatrice del rinculo (che agisce sul freno idraulico) (*cannone*), throttling bar. **44.** ~ simulata (*comm.*), mock auction. **45.** ~ spianata (per impedire la rotazione della punteria) (*mecc.*), flattened rod. **46.** ~ sposta cinghia (*mecc.*), belt stick. **47.** ~ tampone (di una siviera) (*metall. - found.*), stopper rod. **48.** mettere all' ~ (*comm.*), to call for tenders. **49.** mezz' ~ (detto della bandiera) (*nav.*), half-mast. **50.** salto con l' ~ (*sport*), pole vaulting, pole vault. **51.** testa di ~ liscia (di torre di trivellazione per es.) (*min.*), polished rod head. **52.** vendita all' ~ (*comm.*), auction sale. **53.** ~, *vedi anche* aste.

astabile (non stabile: p. es. di un circuito o di un multivibratore) (*a. - eltn.*) astable.

astaticità (*fis.*), astatism.

astàtico (*a. - fis.*), astatic. **2.** apparecchio ~ (*strum. fis.*), astatic apparatus.
astatizzare (rendere astatico) (*fis.*), to astatize.
astatizzazione (*fis.*), astatization.
astato (elemento radioattivo N 85, peso atomico 210) (At - *chim.*), astatine, alabamine.
aste (di una travatura reticolare) (*ed.*), trussing.
astenosfera (*geofis.*), asthenosphere.
asteriscare (segnare con asterisco) (*tip. - ecc.*), to asterisk, to star.
asterisco (*tip.*), asterisk. **2.** gruppo di tre asterischi ($*_*$*) (*tip.*), asterism.
asterismo (costellazione) (*astr.*), asterism. **2.** ~ (piccolo gruppo di stelle) (*astr.*), asterism. **3.** ~ (proprietà dei cristalli) (*min.*), asterism.
asteròide (*astr.*), asteroid.
asticèlle di estrazione (per l'estrazione dei modelli dalle forme) (*fond.*), lifting irons.
asticina (di supporto del filamento di lampada ad incandescenza (*elett.*), stem.
astigmàtico (*a. - ott.*), astigmatic.
astigmatismo (*ott.*), astigmatism.
àstilo (*arch.*), astylar.
astina (asta di pompaggio, di una pompa per pozzo) (*mecc. min.*), sucker rod. **2.** ~ (di vetro che porta gli elementi di sostegno del filamento) (*costr. lampade elett.*), stem.
astràgalo (*arch.*), astragal.
astrobussola (*strum. aer.*), astrocompass.
astrochimica (*astric. - chim.*), astrochemistry.
astrodinamica (*astric. - mecc.*), astrodynamics.
astrofisica, astrophysics.
astrofotografia (*astr. - fot.*), astrophotography.
astrofotometro (*strum. astr.*), astrophotometer.
astrogeologia (*astron. - geol.*), astrogeology.
astrolabio (balestriglia: antico strumento per misurare altitudini) (*nav.*), astrolabe, cross--staff.
astronauta (navigatore spaziale) (*astric.*), astronaut, spaceman. **2.** ~ lunare (*astric.*), lunarnaut. **3.** donna ~ (*pers. - astric.*), space-woman.
astronàutica (*nav. interplanetaria*), astronautics. **2.** elettronica applicata all'~ (astroelettronica) (*astric. - eltn.*), astrionics, electronics applied to astronautics.
astronave (*astric.*), space ship, spaceship, spacecraft, ship. **2.** ~ con propulsione a fotoni (*astric.*), photon-propelled spaceship. **3.** ~ lunare (*astric.*), moon ship, moonship.
astronomìa (*astr.*), astronomy. **2.** ~ ad uso della navigazione astronomica (*nav. - aer.*), nautical astronomy.
astronòmico (*a. - astr.*), astronomical, astronomic. **2.** osservazione astronomica (*astr.*), astronomical observation.
astrònomo (*scienziato*), astronomer.
astrospettroscopio (*strum. astr.*), astrospectroscope.
astucciare (di dolci, per es.) (*imballaggio*), to carton, to case, to box.
astuccio (*gen.*), case, casing, sheath. **2.** ~ (dell'asse portaelica) (*nav.*), stern tube, tail shaft liner. **3.** ~ per obiettivo (*fot.*), lens case.
"AT" (alta tensione) (*elett.*), HT.
"at" (*fis.*), *vedi* atmosfera tecnica (o metrica).
atermano (opaco alle radiazioni termiche) (*term.*), athermanous.
"atermico" (senza calore) (*term.*), heatless.
atlante (*geogr.*), atlas.
"atm" (atmosfera fisica) (*fis.*), *vedi* atmosfera fisica. **2.** ~ (atmosferico) (*a. - fis. - ecc.*), atmospheric.
atmosfèra (*gen.*), atmosphere. **2.** ~ (*mis. di pressione*), atmosphere. **3.** ~ fisica, atm = 1,0333 kg per cm^2 = 760 mmHg a 0°C (*fis.*), atmosphere (14.7 lbs per sq in). **4.** ~ inerte (*chim.*), inert atmosphere. **5.** ~ regolata (atmosfera controllata: di un forno) (*term.*), controlled atmosphere. **6.** ~ tecnica, metrica, "at" (1 kg per cm^2 = 735,5 mmHg a 0°C) (*ind.*), metric atmosphere. **7.** ~ tipo internazionale (aria tipo internazionale, 15°C–760 mmHg al livello del mare, gradiente termico di 6,5°C per km dal livello del mare alla quota di 11 km, temperatura costante di −56,5°C oltre gli 11 km) (*aer.*), international standard atmosphere.
atmosfèrico, atmospheric. **2.** corrosione atmosferica (corrosione dovuta ai gas che compongono l'atmosfera) (*metall.*), atmospheric corrosion.
"atodite" (autoreattore) (*mot. aer.*), athodyd.
atollo (*geogr.*), atoll.
atomica (*abbr.*), *vedi* bomba atomica.
atomicità (*mat.*), atomicity.
atòmico (*fis. - chim.*), atomic, atomical. **2.** ad energia atomica (che impiega l'energia atomica come fonte di energia) (*applicazioni ind. della fis. atom.*), atomic-powered. **3.** armamenti atomici (*fis. atom.*), atomic armaments. **4.** controllo ~ (*fis. atom.*), atomic control. **5.** elemento con numero ~ dispari (*chim.*), perissad. **6.** energia atomica (*fis. atom.*), atomic power, atomic energy. **7.** nave ad energia atomica (*applicazioni ind. della fis. atom.*), atomic-powered ship. **8.** numero ~ (*fis. atom.*), atomic number, at. no. **9.** peso ~ (*chim.*), atomic weight. **10.** pila atomica (*fis. atom.*), atomic pile. **11.** ricerche atomiche (*fis. atom.*), atomic research. **12.** risposta atomica (si riferisce a sistema di difesa in grado di sopravvivere ad attacco atomico e di rispondere con armi atomiche) (*a. - guerra atomica*), second-strike system. **13.** scienziato ~ (*fis. atom.*), atomic scientist. **14.** sottomarino ~ (*mar. milit.- applicazione della fis. atom.*), atomic-powered submarine. **15.** volume ~ (*chim.*), atomic volume.
atomizzare (polverizzare, nebulizzare) (*ind. - fis.*), to atomize.
atomizzatore (*strum. med.*), atomizer.
atomizzazione (polverizzazione) (*fis.*), atomization.
àtomo (*fis. - chim.*), atom. **2.** ~ fissile (*fis. atom.*), fissionable atom. **3.** ~ ionizzato (con meno elettroni che protoni nel nucleo) (*fis. atom.*), stripped

atom. **4.** ~ non spezzabile (*fis.* - *chim.*), infrangible atom. **5.** ~ pilota (*fis. atom.*), tracing atom, pilot atom. **6.** contenente un ~ di idrogeno (*chim.*), monohydrogen. **7.** frantumatore dell'~ (*fis. atom.*), atom smasher. **8.** grammo ~ (*chim.*), gram atom. **9.** massa dell'~ (*fis. atom.*), atomic mass. **10.** modello di ~ (*fis. chim.*), atomic model. **11.** numero di atomi in una molecola (*fis. chim.*), atomicity. **12.** parte integrante di un ~ (*fis. atom.*), subatom. **13.** schema della struttura dell'~ (*fis. atom.*), atomic model.

atomo-grammo, *vedi* grammo atomo.

atrio (*arch.*), atrium. **2.** ~ (di grande albergo per es.) (*arch.*), hall. **3.** ~ (portico, di una stazione ferroviaria per es.) (*ed.*), lobby (am.).

atrofìa (delle fibre della lana) (*ind. lana*), stunting.

atropina ($C_{17}H_{23}NO_3$) (alcaloide) (*chim.*), atropin, atropine.

attaccapanni (*mobile*), cloak stand. **2.** ~ (da muro) (*ed.*), clothes-hook.

attaccare (*chim.*), to attack, to dissolve. **2.** ~ (con adesivo) (*fis.*), to attach. **3.** ~ (*milit.*), to attack. **4.** ~ a volo radente (fare fuoco, p. es. con mitragliatrice, da bassa quota) (*aer. milit.*), to strafe. **5.** ~ chimicamente (come per es. nella zincotipia e nella metallografia), to etch. **6.** ~ con acidi (per esame della struttura dei metalli) (*metall.*), to etch. **7.** ~ in profondità (*tip.*), to deep-etch.

attaccarsi (aderire) (*gen.*), to stick.

attacchi, per (l'applicazione del) sidecar (o carrozzino, su un telaio di mtc.) (*mecc.*), sidecar lugs.

attacchino (*op. pubbl.*), billposter, billsticker.

attacco (*metall.* - *chim.*), etching. **2.** ~ (realizzato inserendo o fissando qualcosa) (*gen.*), attachment. **3.** ~ (di una lente: a baionetta oppure a vite) (*fot.*), mount. **4.** ~ (di un piano di coda all'aeroplano per es.) (*costr. aer.*), connection. **5.** ~ (di carri ferroviari) (*ferr.*), coupling. **6.** ~ ("jack") (*telef.*), jack. **7.** ~ (*ind. gomma*), bodying. **8.** ~ (*milit.*), attack. **9.** ~ (conduttore sporgente dalla parete di una guida d'onda per l'allacciamento ad un circuito esterno) (*radio*), probe. **10.** ~ (p. es. per fissare il flash alla macchina fotografica) (*fot.*), socket. **11.** ~ a baionetta (*mecc.*), bayonet connection. **12.** ~ a baionetta (di una lente supplementare su una macchina fotografica) (*fot.* - *elett.* - *ecc.*), bayonet mount. **13.** ~ a baionetta (di lampade elettriche, o tubi elettronici) (*elett.* - *eltn.*), bayonet coupling. **14.** ~ acido (*metall.*), deep etch test. **15.** ~ acido macrografico (attacco acido primario, dell'acciaio per es.) (*laboratorio prove metall.*), macro etch test. **16.** ~ a croce (del sartiame di un pallone) (*aer.*), cross-over attachment. **17.** ~ ad U (*mecc.*), channel connection. **18.** ~ a due spine articolato (nelle costruzioni aeronautiche per es.) (*mecc.*), two-pin link connection. **19.** ~ ad uncino a spina unica (nelle costruzioni aeronautiche per es.) (*mecc.*), single-pin claw fix (ingl.). **20.** ~ aereo (*aer. milit.*), air strike, air attack. **21.** ~ a vite (tra un treppiedi e la macchina fotografica) (*fot.*), bush. **22.** ~ a vite (di lampada elettrica per es.) (*elett.* - *mecc.*), screw coupling. **23.** ~ avvolgente (*milit.*), enveloping attack. **24.** ~ chimico elettrolitico (*metall.* - *elettrochim.*), electrolytic etching. **25.** ~ con contatto elettrico per il flash (su di una macchina fotografica) (*fot.*), hot shoe, flash terminal. **26.** ~ con cortine fumogene (*milit.*), cloud attack. **27.** ~ con irrorazione aerochimica (*milit.*), spray attack. **28.** ~ con spina (cordone con spina, di elettrodomestici per es.) (*att. elett.*), attachment plug. **29.** ~ d'alimentazione (*elett.*), feed ear. **30.** ~ d'ancoraggio (di linea elettrica), anchor ear. **31.** ~ del cavo (*elett.*), cable socket. **32.** ~ di colata (*fond.*), gate (am.), ingate. **33.** ~ di colata a corno (*fond.*), horn gate. **34.** ~ di colata a cuneo (attacco di colata a zeppa) (*fond.*), wedge gate. **35.** ~ di colata ad anello (*fond.*), ring gate. **36.** ~ di colata a grappolo (*fond.*), cluster gate. **37.** ~ di colata a pettine (*fond.*), comb gate. **38.** ~ di colata a piatto (attacco di colata a coltello) (*fond.*), flat gate. **39.** ~ di colata a pioggia (*fond.*), pencil gate, pop gate. **40.** ~ di colata a ventaglio (*fond.*), fan-shaped ingate. **41.** ~ di colata a zeppa (attacco di colata a cuneo) (*fond.*), wedge gate. **42.** ~ di colata con fermascorie (*fond.*), skim gate. **43.** ~ di colata con filtro (attacco di colata con fermascorie) (*fond.*), skim gate. **44.** ~ di colata multiplo (*fond.*), branch gate, multiple gate. **45.** ~ di colata tangenziale (*fond.*), tangent gate, spin gate, centrifugal gate. **46.** ~ di sfondamento (*milit.*), breakout. **47.** ~ di traino (di veic.), draught connector. **48.** ~ di un tubo (*tubaz.*), pipe connection. **49.** ~ frontale (*milit.*), frontal attack. **50.** ~ Golia, ~ Goliath (di lampada elettrica) (*elett.*), base and socket mogul screw coupling. **51.** ~ in marcia (giunzione durante il funzionamento, di una bobina di carta, in una macchina da stampa) (*tip.*), flying splice. **52.** ~ per cavi (*elett.*), cable coupling. **53.** ~ per moschettone (per fune di vincolo di un paracadute) (*aer.*), strong point. **54.** ~ sul fianco (*milit.*), flank attack. **55.** bordo d'~ della calotta di un paracadute (*aer.*), skirt. **56.** durata dell'~ acido (*fotomecc.* - *chim.*), bite. **57.** portalampade con ~ a baionetta (*elett.*), bayonet socket, bayonet coupling socket. **58.** punto di ~ (punto nel quale il sartiame di un pallone è collegato al cavo di frenatura) (*aer.* - *ecc.*), point of attachment. **59.** settore d'~ (*tattica*), front of attack. **60.** zoccolo con ~ a baionetta (di lampada elettrica per es.) (*mecc.*), bayonet base, bayonet coupling base.

atteggiamento (*psicol.*), attitude.

attemperazione (variazione della temperatura) (*cald.*), desuperheating.

attendente (soldato) (*milit.*), batman.

attendere (*elab.* - *ecc.*), to wait. **2.** ~ (attizzare il fuoco) (*cald.* - *forno* - *ecc.*), to stoke.

attendibile (sicuro) (*a.-gen.*), sure, reliable.

attendibilità (*stat. psicol.*), reliability.

attènti (*milit.*), attention! **2.** ~ al treno! (*traff. strad.*), look out for locomotive!

attenuare (*elett. - fis. - ecc.*), to attenuate. **2.** ~ (la luce dei fari di un'automobile per es.) (*aut.*), to turn down, to dim.

attenuarsi (di suono o di immagine per es.) (*radio - telev.*), to fade.

attenuatore (dispositivo di attenuazione dell'ampiezza di un'onda di corrente alternata) (*elett.*), attenuator. **2.** ~ (segnale di attenuazione) (*eltn.*), pad.

attenuazione (diminuzione di intensità o quantità, per es. del suono, corrente, tensione, onda di propagazione ecc.) (*fis.*), attenuation. **2.** ~ (*telef. - elett.*), attenuation. **3.** ~ (diminuzione graduale dell'intensità di campo col variare della distanza della sorgente emittente) (*radio*), absorption, attenuation. **4.** ~ (rapporto tra un valore massimo e quello che procede in direzione opposta: in oscillazioni armoniche smorzate) (*mat.*), damping. **5.** ~ (smorzamento di suono per es.) (*acus.*), damping. **6.** ~ di inserzione (in decibel) (*radio*), insertion loss. **7.** ~ di riflessione (*radio*), reflection loss. **8.** ~ di trasmissione, *vedi* perdita di trasmissione. **9.** ~ (o perdita) in decibel (~ dell'intensità del segnale) (*comun. - acus.*), decibel loss. **10.** ~ nulla (*tlcm.*), zero loss. **11.** ~ per pioggia (*radio*), rainfall attenuation. **12.** ~ per variazioni di frequenza (in un sistema di registrazione del suono l'efficienza diminuisce con le variazioni di frequenza) (*elettroacus.*), roll-off. **13.** campo di ~ (*radio - elett.*), attenuation range. **14.** coefficiente di ~ (*acus. - ecc.*), attenuation coefficient. **15.** compensatore di ~ (*telef.*), attenuation compensator. **16.** eguagliatore di ~ (*radio - elett.*), attenuation equalizer. **17.** fattore di ~ (diminuzione graduale dell'ampiezza di una corrente alternata) (*elett.*), attenuation constant.

attenzione (*psicol.*), attention. **2.** ~ (segnale di avvertimento) (*ferr. - traff. strad.*), caution. **3.** ~ visiva (*psicotecnica*), visual attention. **4.** alla cortese ~ del Sig... (in una lettera) (*uff.*), attention Mr...

attenzione! (avvertimento di pericolo), caution! **2.** ~ alle eliche! (*aer. - nav.*), keep clear of propellers.

atterraggio (*aer.*), landing. **2.** ~ ad arresto completo (*aer.*), full stop landing, FSL. **3.** ~ a discesa guidata (*aer. - radar*), *vedi* atterraggio guidato dal suolo. **4.** ~ a elica ferma (*aer.*), dead stick landing. **5.** ~ a piatto (o spanciato) (*aer.*), pancake landing, pancaking. **6.** ~ cieco (*aer.*), blind landing. **7.** ~ con deriva (*aer.*), sideslip landing. **8.** ~ con scivolata d'ala (*aer.*), sideslip landing. **9.** ~ di coda (*aer.*), tail landing. **10.** ~ forzato (*aer.*), forced landing. **11.** ~ guidato dal suolo (mediante radar primario, radar di precisione e collegamento radio) (*aer. - radar*), ground-control landing, ground-controlled landing, GCL. **12.** ~ in direzione del vento (*aer.*), downwind landing. **13.** ~ lungo (mancato atterraggio entro l'area prestabilita) (*aer.*), overshoot. **14.** ~ morbido (di una capsula spaziale al ritorno sulla terra per es.) (*aer. - astric.*), soft landing. **15.** ~ radioguidato (*aer.*), *vedi* atterraggio strumentale. **16.** ~ soffice (di missile sulla luna per non sollevare polvere meteorica per es.) (*astric. - missil.*), soft landing. **17.** ~ spanciato (*aer.*), pancake landing, pancaking. **18.** ~ strumentale (atterraggio radioguidato) (*aer.*), instrument landing, blind landing. **19.** ~ sulle ruote (*aer.*), wheels landing. **20.** ~ su tre punti (*aer.*), three-point landing. **21.** ~ su una ruota (*aer.*), lopsided landing. **22.** area di ~ (di un aerodromo) (*aer.*), landing ground, landing area. **23.** campo di ~ (*aer.*), landing ground. **24.** carrello di ~ (*aer.*), landing gear. **25.** carrello di ~ prodiero (*aer.*), nose landing gear. **26.** compiere un ~ morbido (di astronave su un pianeta per es.: atterraggio non distruttivo) (*astric.*), to soft-land. **27.** condizioni minime di ~ (visibilità ecc.) (*aer.*), weather minimums. **28.** decollo ed ~ orizzontali (*aer.*), horizontal take-off and landing, HTOL. **29.** decollo ed ~ verticali (*aer.*), vertical take-off and landing, VTOL. **30.** peso di ~ (peso al momento dell'atterraggio, di un aer.) (*aer.*), landing weight, LW. **31.** pista d'~ (*aer.*), runway. **32.** procedura di ~ (altezza ed altre disposizioni prescritte da osservare in avvicinamento per atterraggio) (*aer.*), pattern, landing procedure. **33.** retta di ~ (distanza percorsa da un velivolo prima dell'atterraggio e dopo la richiamata) (*aer.*), float. **34.** ordine di ripetere la manovra di ~ (dato ad un aereo dal ponte di una portaerei) (*aer.*), wave-off. **35.** sistema di ~ ognitempo (*nav. aer.*), all-weather landing system, all-weather system, AWLS. **36.** sistema di ~ strumentale (*aer.*), instrument landing system, ILS.

atterramento (*aer.*), *vedi* atterraggio.

atterrare (*aer.*), to land. **2.** ~ con urto (*aer.*), to crash. **3.** ~ corto (*aer.*), to undershoot. **4.** ~ in emergenza con conseguenti gravi danni (*aer.*), to crash-land. **5.** ~ lungo (*aer.*), to overshoot. **6.** ~ spanciato (atterrare "a piatto") (*aer.*), to pancake. **7.** ~ sul ventre (senza carrello) (*emergenza aer.*), to belly in.

attesa (per l'atterraggio) (*aer. - navig.*), holding procedure, waiting for landing. **2.** fila di ~ (*elab.*), *vedi* coda. **3.** linea di ~ (nella teoria delle code) (*ricerca operativa - programmazione*), waiting line. **4.** tempo di ~ (tempo perduto a causa della mancanza del materiale, di utensili ecc.) (*analisi tempi*), waiting time.

attestamento (*mecc.*), abutting.

attestare (*mecc. - ecc.*), to abut.

attestarsi (*mecc. - ecc.*), to abut.

attestato (certificato) (*s. - gen.*), certificate.

attestatura (*mecc. - carp. - ed.*), abutment, abutting end. **2.** giunzione con ~ (*carp. - mecc.*), abutting joint.

atti (*comm. - amm.*), records. **2.** ~ (di una riunione o congresso) (*amm. - ecc.*), proceedings. **3.** ~ di

proprietà (documentazione comprovante la proprietà) (*leg. - amm.*), title deeds.
àttico (*arch.*), attic. **2.** ~ (appartamento sull'attico) (*ed.*), attic story.
attimo (*gen.*), moment.
attinicità (*fis. - chim. - fot.*), actinism, actinicity.
attìnico (*fot.*), actinic.
attinio (elemento radioattivo N 89, peso atomico 227) (Ac - *chim.*), actinium.
attinoelettricità (fotoconduttività) (*elett.*), actinoelectricity.
attinometria (misurazione di radiazioni) (*fis.*), actinometry.
attinòmetro (*strum. fis. e fot.*), actinometer.
àttinon (emanazione radioattiva dell'attinio) (An - *chim.*), actinon.
attirare (*gen.*), to attract.
attitudine (*psicol. - psicol. ind.*), aptitude. **2.** ~ meccanica (*psicol. ind.*), mechanical aptitude. **3.** ~ motoria (*psicol.*), motor ability.
attivare (*chim.*), to activate. **2.** ~ (iniziare un'attività: p. es. l'esecuzione di un programma) (*elab.*), to activate. **3.** ~ (un tubo a vuoto, un elaboratore, ecc.) (*eltn.*), to activate.
attivato (*a. - chim.*), activated.
attivatori (delle reazioni) (*chim.*), activators. **2.** ~ (sostanze attivanti della superficie) (*chim.*), surface-active agents.
attivazione (*chim. - fis. atom.*), activation. **2.** ~ della mina (*nav. - milit.*), mine actuation. **3.** energia di ~ (*chim.*), activation energy.
attività (il contrario di passività in un bilancio: eccedenza attiva) (*amm.*), profit. **2.** ~ (*fis. atom.*), activity. **3.** ~ (l'esecuzione delle operazioni sulle informazioni, da e verso una memoria) (*elab.*), activity. **4.** ~ (p. es. di un catalizzatore) (*chim.*), activity. **5.** ~ culturale (*gen.*), educational activity. **6.** ~ extraveicolare (movimento dell'astronauta nel libero spazio esterno alla astronave) (*astric.*), extravehicular activity. **7.** ~ fissa (beni immobili, macchinari ed impianti costituenti il patrimonio [o capitale fisso] di uno stabilimento) (*contabilità ind.*), fixed assets, permanent assets. **8.** ~ massima (ottenibile: massima ~ del reattore; reattore saturo) (*fis. atom.*), saturated activity. **9.** ~ non tangibili (come p. es. brevetti ecc.) (*contabilità*), intangible assets. **10.** ~ redazionale (*giorn. - ecc.*), editing. **11.** ~ solare (*astr.*), solar activity. **12.** diagramma di ~ multipla (di un operaio) (*analisi tempi*), multi-activity chart. **13.** genere di ~ (*comm. - ecc.*), line of business. **14.** in ~ (in uso; p. es. di un elaboratore quando viene impiegato) (*elab. - eltn.*), active. **15.** settore di ~ (campo di attività) (*comm. - ecc.*), business field, line of business. **16.** tasso di ~ (rapporto o percentuale di ~; p. es. in un archivio) (*elab.*), activity ratio.
attivo (*gen.*), active. **2.** ~ (*chim.*), activated. **3.** ~ (produttivo) (*a. - comm. - amm.*), active. **4.** ~ (di tempo: nell'analisi dei tempi) (*a. - organ. lav. di fabbrica*), productive. **5.** ~ (di combustibile atomico) (*a. - fis. atom.*), live. **6.** carbone ~ (*chim.*), activated carbon. **7.** in ~ (essere in nero; cioè significa disporre di danaro in una banca) (*amm. - finanz.*), in the black. **8.** materia attiva (di accumulatore per es.) (*chim. - elett.*), active material. **9.** saldo ~ (*contabilità*), credit balance.
attizzare (il fuoco: in un focolare) (*comb.*), to clean (the fire), to shake down (the furnace), to kindle, to poker, to stoke, to stir.
attizzatoio (per forgia) (*att.*), hook poker. **2.** ~ (per forno) (*att.*), poker.
atto (*s. - gen.*), act. **2.** ~ (*s. - leg.*), deed. **3.** ~ (*a. - gen.*), fit. **4.** ~, *vedi anche* atti. **5.** ~ a sommergersi (*a. - gen.*), submersible. **6.** ~ costitutivo (fondazione: ~ con il quale viene fondata una società) (*leg.*), memorandum of association, establishment. **7.** ~ di concordato (*leg.*), deed of arrangement. **8.** ~ di costituzione (di una società) (*comm. - leg.*), articles of association. **9.** ~ (o transazione) legale (accordo legale su di una proprietà o un pagamento) (*leg.*), settlement. **10.** ~ non autorizzato (*gen.*), unauthorized act. **11.** dare ~ (*gen.*), to acknowledge formally.
atto (prefisso per indicare il $(10^{-18})^{mo}$ sottomultiplo di una unità di misura) (*mis.*), atto.
attondatura (operazione per dar sezione circolare ad un fucinato tra due stampi cavi) (*fucinatura*), swaging.
attorcigliamento (di filo o fune) (*gen.*), kink.
attorcigliare (*gen.*), to kink.
attorcigliarsi (un filo od una fune su se stesso) (*gen.*), to kink.
attore (*cinem.*), actor. **2.** ~ (iniziatore di un'azione giudiziaria) (*leg.*), plantiff.
attorno (*avv.*), around.
attraccare (ormeggiarsi a banchina) (*nav.*), to dock.
attrarre (con un elettromagnete per es.) (*gen.*), to attract. **2.** ~ (eccitarsi, di relè) (*elett.*), to pick up, to pull in. **3.** ~ (di un magnete per es.) (*elettromecc.*), to draw.
attraversamento (*strad. - ecc.*), crossover. **2.** ~ di una via d'acqua (ad opera di una ferrovia, strada ecc.) (*trasp.*), culvert. **3.** ~ pedonale (pedonale zebrato) (*traff. strad.*), pedestrian crossing, zebra crossing. **4.** ~ pedonale aereo (*traff. strad.*), elevated pedestrian crossing, overhead pedestrian crossing. **5.** ~ stradale (*traff. strad.*), road crossing, crossing.
attraversare (*gen.*), to cross, to traverse. **2.** ~ (o coprire) con un arco (od una campata) (*ed.*), to span.
attrazione (*fis.*), attraction. **2.** ~ (eccitazione, di un relè) (*elett.*), pickup. **3.** ~ capillare (infiltrazione capillare) (*saldatura*), capillary attraction. **4.** ~ gravitazionale (*fis. - spazio*), gravitational pull. **5.** corrente di ~ (corrente di eccitazione, di un relè) (*elett.*), pickup current.
attrezzamento (impianti, mezzi di produzione) (*ind.*), equipment. **2.** ~ (macchinari, attrezzatura ed utensileria necessari per una data produzione

per es.) (*ind.*), tooling. **3.** ~ (macchinario, impianti ed apposita attrezzatura per un particolare lavoro) (*ind.*), plant.

attrezzare (una torre di trivellazione per es.) (*min.*), to rig. **2.** ~ (una lavorazione in serie: con maschere, attrezzature per macchina utensile, per montaggio ecc.) (*mecc.*), to tool, to provide with fixtures. **3.** ~ (una officina meccanica: con fabbricati, macchinario, utensili, arredamento ecc.) (*ind.*), to equip.

attrezzato (*gen.*), equipped. **2.** completamente ~ (di nave a vela) (*a. - nav.*), ataunt.

attrezzatore (*op. costr. nav.*), rigger.

attrezzatura (*ind.*), fixture, jig. **2.** ~ (per supportare un pezzo per la lavorazione o montaggio) (*mecc.*), fixture. **3.** ~ (di una torre di trivellazione per es.) (*min.*), rig. **4.** ~ dell'albero (*nav.*), mast fitting. **5.** ~ di lavorazione (maschera per guidare l'utensile) (*mecc.*), jig. **6.** ~ di montaggio finale (*ind. aut.*), final assembly fixture. **7.** ~ di officina (attrezzamento), *vedi* attrezzamento. **8.** ~ di una barca (*nav.*), boat equipment. **9.** ~ in affitto (*att. - comm.*), rental equipment. **10.** ~ (ed utensileria) generica (*att. mecc. - ecc.*), general-purpose tooling. **11.** ~ (ed utensileria) specifica (*att. mecc. - ecc.*), special tools, special equipment, special -purpose tooling. **12.** ~ per industrie alimentari (*att. ind.*), catering equipment. **13.** ~ per la rettifica delle sedi valvole (*mecc. - mot.*), valve seat grinding fixture. **14.** ~ per montaggio sottogruppi (*ind.*), sub-assembly fixture. **15.** ~ per movimento terra (*att. ing. civ.*), earth-moving equipment. **16.** ~ per spegnere la calce (di tipo rotativo per es.) (*app. ed.*), slaker, lime slaker. **17.** ~ specifica (per la revisione di un motore per es.) (*att. aut. - mecc. - ecc.*), special equipment, special tools.

attrezzi agricoli (*agric.*), farm implements.

attrezzista (*op. mecc.*), toolmaker. **2.** ~ (di) montaggio stampi (per stoffe stampate) (*op. tess.*), jackman.

attrezzo, implement. **2.** ~ (*mecc.*), fixture, jig die. **3.** ~ a mano (usato dal fucinatore assieme con gli stampi fissi, per formare il pezzo fucinato) (*att. per fucinatura*), loose tool. **4.** ~ cacciaribattini (*att. mecc.*), rivet booster. **5.** ~ da calafato (*att. nav.*), caulking tool. **6.** ~ di guida (guida: nella piallatura) (*carp.*), shooting board. **7.** ~ di sbavatura (*fucinatura*), trimmer, trimming die, clipping tool. **8.** ~ di tipo oscillante (*mecc.*), trunnion type fixture. **9.** ~ generico (o utensile per la riparazione di un motore per es.) (*att. mecc.*), general-purpose tool. **10.** ~ operatore (*per trattore agric.*), implement. **11.** ~ operatore agricolo trainato (*per trattore agric.*), trailing-type farm implement. **12.** ~ operatore portato (*per trattore agric.*), mounted implement. **13.** ~ per alesatura (*mecc.*), boring fixture. **14.** ~ per fresatura (*mecc.*), milling fixture. **15.** ~ per graffatura (*mecc.*), clinching jig. **16.** ~ per piegatrice (*lav. lamiera*), bending block, "buck". **17.** ~ per raddrizzare (*att. per tubaz.*), straightening tool, dresser. **18.** ~ per sbarbatura (per la radice di una paletta di turbina per es.) (*mecc.*), shaving fixture. **19.** ~ per sbavare (*att. per fucinatura*), trimmer, trimming die. **20.** ~ per scanalature (*ut. - fond.*), flute. **21.** ~ per smerigliatura (*mecc.*), honing fixture. **22.** ~ per tracciare (*att. mecc.*), scribing tool. **23.** ~ per trasporto fusti (di carrello elevatore per es.) (*trasp. - ind.*), drum carrier. **24.** ~ portapezzo (*macch. ut.*), work holding fixture. **25.** ~ sbavatore (*fucinatura*), trimmer, trimming die.

attributo (caratteristica di qualità, nel controllo statistico della qualità) (*stat. - tecnol. mecc.*), attribute. **2.** ~ (che contiene una caratteristica: p. es. di una variabile) (*elab.*), attribute.

attribuzione, *vedi* assegnazione.

attrice (*cinem.*), actress.

attrito (*mecc.*), friction. **2.** ~ (di ruota su terreno o su rotaia) (*mecc. raz.*), traction. **3.** ~ cinetico (*mecc.*), kinetic friction. **4.** ~ dell'armatura (o dell'involucro di un siluro al suo movimento nell'acqua) (*idromecc.*), skin friction. **5.** ~ di primo distacco (*mecc. raz.*), static friction, starting friction. **6.** ~ di superficie (*aer.*), skin friction. **7.** ~ interno (*chim. - fis.*), internal friction. **8.** ~ meccanico interno (che è necessario vincere per mantenere il movimento: in una macchina per es.) (*mecc. raz.*), force of friction. **9.** ~ molecolare interno (*fis.*), internal molecular friction. **10.** ~ radente (*mecc. raz.*), sliding friction. **11.** ~ secco (senza lubrificazione) (*mecc.*), dry friction. **12.** ~ volvente (*mecc. raz.*), rolling friction. **13.** coefficiente di ~ (*mecc. raz.*), coefficient of friction. **14.** di ~ (*a. - mecc.*), frictional. **15.** lavoro di ~ (*mecc. raz.*), work of friction. **16.** perdita per ~ (*mecc.*), friction loss. **17.** privo di ~ (*mecc. raz.*), smooth, frictionless.

attualità (giornale cinematografico, cinegiornale) (*cinem.*), newsreel.

attuare (realizzare) (*gen.*), to carry out, to realize, to accomplish.

attuatore (azionatore, dispositivo elettromecc. usato per un comando a distanza per es.) (*aer. - mecc.*), actuator. **2.** ~ (dispositivo che trasforma segnali elettrici in azioni meccaniche) (*inf.*), actuator. **3.** ~ (attivatore, comando) (*elab.*), effector.

attuazione (realizzazione) (*gen.*), carrying out, realization, accomplishment.

attutire, to deaden. **2.** ~ un urto, to deaden a blow.

audibilità (*acus.*), audibility. **2.** campo di ~ (*acus.*), audibility range.

audio (relativo alla ricezione e trasmissione del suono o delle onde sonore) (*a. - telev. - elett.*), audio. **2.** programma ~ (*audiovisivi*), sound program. **3.** togliere l' ~ (*elettroacus.*), to mute. **4.** unità di risposta ~ (*elab.*), audio response unit, ARU.

audiofrequènza (*radio*), audio-frequency.

audiogramma (*acus.*), audiogram.

audiolinguistico (relativo al laboratorio linguistico) (*a. - studio della lingua*), audiolingual.
audiomessaggeria, *vedi* posta vocale.
audiometrico (*a. - acust.*), audiometric.
audiòmetro (*strum. med. e fis.*), audiometer.
àudion (marchio di fabbrica: trìodo) (*radio*), triode.
audiovisivo (di programma di informazione: per mezzo della televisione, cinema ecc.) (*a. - telev.*), audiovisual. **2.** ausilio di audiovisivi (*istruzioni - ecc.*), audio-visual aids.
auditore (*leg.*), auditor.
auditòrio (*radio*), studio.
auditòrium, auditorio (di un teatro per es.) (*arch.*), auditorium.
audizione (*radio*), audition. **2.** sottoporre ad una ~ (*radio*), to audition.
augendo (il secondo addendo di un'operazione di somma) (*s. - mat. - elab.*), augendo.
augite (*min.*), augite.
àula (scolastica) (*scuola - ed.*), school-room, classroom. **2.** ~ per riunioni (aula per convegni) (*arch. - ed.*), assembly room.
aumentare (*gen.*), to increase, to enhance, to heighten, to improve. **2.** ~ (la temperatura di un ambiente) (*gen.*), to raise. **3.** ~ (una pressione, una forza per es.) (*fis.*), to boost. **4.** ~ i giri (*mot.*), to rev, to step up the number of revolutions. **5.** ~ il prezzo (*comm.*), to raise the price. **6.** ~ la concentrazione di una soluzione (*chim.*), to strengthen a solution.
aumentato (elevato, temperatura o prezzo per es.) (*a. - term. - comm. - ecc.*), raised.
aumento, increase. **2.** ~ (di prezzi) (*comm.*), rise. **3.** ~ (di produzione) (*ind.*), speed-up. **4.** ~ automatico del volume (in un amplificatore elettronico di suoni) (*radio - ecc.*), automatic volume expansion, AVE. **5.** ~ dei costi (dovuto agli stipendi per es.) (*econ.*), cost-push. **6.** ~ di merito (di salari per es.) (*pers.*), merit increase, merit increment. **7.** ~ di rendimento (aumento della produzione oraria senza corrispettivo aumento di paga) (*organ. op.*), speedup. **8.** ~ di stipendio (*pers.*), increase in salary, rise (colloquiale ingl.). **9.** ~ graduale e progressivo (*gen.*), escalation.
aureo (d'oro) (*metall.*), gold, golden.
aurèola (alone: di un arco elettrico per es.) (*illum.*), aureole. **2.** ~ ionica (*telev.*), ion spot.
auricolare (*elettroacus.*), earphone. **2.** ~ (per un solo orecchio, sostenuto sulla testa da un archetto) (*s. - elettroacus.*), headphone. **3.** ~ (tipo di ~ che si introduce nell'orecchio) (*s. - elettroacus.*), earphone.
aurìfero (di un deposito) (*geol.*), auriferous.
aurora (boreale o australe) (*meteor.*), aurora, polar lights. **2.** ~ australe (*meteor.*), aurora australis. **3.** ~ boreale (*meteor.*), aurora borealis.
ausformare (temprare l'acciaio a una temperatura inferiore a quella di ricristallizzazione dell'austenite, ma superiore a Ms, far seguire una forte deformazione e indi un raffreddamento finale a temperatura ambiente: migliora la duttilità e la resistenza a fatica) (*tratt. term.*), to ausform.
ausiliario (*gen.*), auxiliary, ancillary (ingl.), accessory. **2.** ~ (di un razzo che conferisce spinta addizionale ad un veicolo spaziale) (*a. - astric.*), posigrade. **3.** attrezzatura ausiliaria (servizi) (*gen.*), ancillary equipment. **4.** libri ausiliari (*contabilità*), subsidiary books, subsidiary ledgers.
auspicio (*gen.*), auspice, patronage, guidance. **2.** sotto gli auspici (*gen.*), under the auspices.
"austempering" (bonifica isotermica, tempra bainitica isotermica, bonifica intermedia) (*tratt. term.*), austempering.
austenite (*metall.*), austenite.
austenitico (di un acciaio avente le caratteristiche dell'austenite) (*metall.*), austenitic. **2.** ~ (contenente austenite) (*metall.*), austenitic.
austenitizzare (rendere austenitico) (*metall.*), to austenitize.
autarchia (*ind. - comm.*), autarchy.
autarchico (*a. - ind. - comm.*), autarchic, autarchical.
autenticare (*comm. - leg.*), to certify.
autenticato (legalizzato) (*leg.*), authenticated, attested.
autenticazione (legalizzazione, di documenti) (*leg.*), authentication, attestation.
autenticità (genuinità) (*gen.*), authenticity, genuineness.
autèntico (legalizzato) (un documento per es.) (*a. - leg.*), certified.
autista, driver. **2.** ~ di autocarri (conducente di autocarri, camionista) (*op.*), truck driver, trucker.
auto (automobile, autovettura) (*aut.*), motor car, car. **2.** ~ con motore a turbina a gas (automobile a turbina) (*aut.*), turbocar. **3.** ~ da pattugliamento (della polizia per es.) (*aut. polizia*), scout car. **4.** ~ sportiva (*aut.*), sports car.
autoaccensione (di carburante: dovuta per es. alla temperatura di compressione nei motori diesel) (*mot.*), autoignition, self-ignition. **2.** ~ (continuazione del funzionamento del motore una volta tolta l'accensione; fenomeno di autocombustione in motori a benzina) (*mot.*), dieseling.
autoaccessorio (accessorio per autoveicoli) (*aut.*), motor vehicle accessory.
autoadattante (p. es. riferito ad un programma) (*elab.*), self-organizing.
autoadescante (di una pompa per es.) (*idr.*), self-priming.
autoadesivo (nastro p. es.) (*a. - fis. - chim.*), self-adhesive. **2.** ~ (per es. un'etichetta o nastro con una superficie adesiva che necessita solo di una leggera pressione per ottenerne l'adesione) (*gen.*), pressure-sensitive.
autoaffilante (*ut. - ecc.*), self-sharpening.
autoaffondamento (*mar. milit.*), self-sinking, scuttling.
autoaffondare (una nave per es.) (*nav.*), to scuttle.

autoalimentazione (*gen.*), autofeed. **2.** processo con ~ (che ha un possibile funzionamento indipendente dal controllo esterno: un processo autoregolato, come l'alimentazione del liquido propellente in un razzo) (*razzo*), bootstrap process.
autoallineamento (di cuscinetto per es.) (*mecc.*), self-aligning.
autoambulanza (*aut.*), ambulance.
autoarticolato (complesso articolato costituito da trattore e semirimorchio) (*aut.*), artic, articulated lorry.
autoassorbimento (di radiazioni per es.) (*radioatt. - ecc.*), self-absorption.
autobetoniera (betoniera semovente) (*macch. ed.*), truck mixer.
autoblinda (*aut. milit.*), armored car.
autoblindo semicingolato (*veic. milit.*), half-track armored truck.
autobloccante (a bloccaggio automatico) (*mecc. - ecc.*), self-locking.
autobotte (*aut.*), tank truck.
àutobus (*aut.*), motor-bus, bus, motor-coach. **2.** ~ a due piani (*veic. - aut.*), double-deck motor bus. **3.** ~ a porta (d'accesso) centrale (*aut.*), central-entrance bus. **4.** ~ a tetto apribile (*aut.*), all-weather bus. **5.** ~ con imperiale (*aut.*), double-deck bus. **6.** ~ elettrico (ad accumulatori) (*trasp.*), trolleyless electric bus. **7.** ~ interurbano (*trasp. aut.*), interurban bus. **8.** ~ panoramico da gran turismo (*aut.*), sightseeing bus, panoramic touring bus, touring bus. **9.** ~ per gite turistiche (*aut. - comm.*), excursion bus. **10.** ~ su rotaia (provvisto di ruote flangiate e ruote con pneumatici: impiegabile su rotaia e su strada) (*autobus - ferr.*), autorail. **11.** servizio di ~ (servizio pubblico), bus service.
autocaravan (casa mobile costruita sul telaio di un autocarro) (*aut.*), motor home.
autocarro (*aut.*), truck (am.), lorry (ingl.). **2.** ~ a benzina (*aut.*), gasoline truck. **3.** ~ a cassone ribaltabile (*aut.*), dumper, tipper, tipping lorry (ingl.). **4.** ~ a piattaforma sollevabile (per riparazioni di linee elett. tramviarie per es.) (*aut.*), tower wagon. **5.** ~ articolato, *vedi* autoarticolato. **6.** ~ a sponde alte (*aut.*), panel stake truck. **7.** ~ a tramoggia per calcestruzzo (*veic. - mur.*), gondola. **8.** ~ con betoniera mescolatrice (*veic. - ed.*), mixer truck. **9.** ~ con equipaggiamento sonoro (*cinem. - aut.*), sound truck. **10.** ~ di piccola portata (con capacità di carico inferiore ad 1 t) (*veic.*), "minitruck". **11.** ~ equipaggiato (per trasporto cannoni, mortai ed equipaggio) (*veic. milit.*), weapons carrier. **12.** ~ leggero ricavato da un telaio per autovettura (camioncino) (*aut.*), packup truck. **13.** ~ medio (*aut.*), medium truck. **14.** ~ per fuoristrada (*aut. milit.*), offroad truck. **15.** esercire un servizio di autocarri (*comm.*), to run a truck line (am.). **16.** gestione raggruppamento autocarri (*comm.*), truck pool.
autocatalisi (*fis. chim.*), autocatalysis, self-catalysis.
autocatalitico (*a. - fis. chim.*), autocatalytic.
autocatalizzare (*fis. chim.*), auto-catalyze.
autocentrante (mandrino: di macch. ut.) (*s. - mecc.*), self-centering chuck, chuck. **2.** ~ (di un mandrino) (*a. - mecc.*), self-centering. **3.** ~ a tre griffe (di macch. ut.) (*mecc.*), three-jaw chuck. **4.** ~ universale a quattro ganasce (*macch. ut.*), universal four jaw chuck.
autocicatrizzante (di serbatoio carburante per es.) (*aer. - ecc.*), self-sealing.
autocinema (*cinem.*), *vedi* cineparco.
autocistèrna (autobotte) (*aut.*), tank truck, tanker. **2.** ~ per combustibile (*aut.*), fuel truck. **3.** ~ per (trasporto) benzina (*aut.*), gasoline truck.
autoclave (*med.*), autoclave. **2.** ~ (per la stabilizzazione della pressione in impianti industriali e domestici) (*app.*), surge tank.
autocollimatore (*strum. ott.*), autocollimator.
autocollimazione (*ott.*), autocollimation.
autocolonna (colonna di autoveicoli) (*milit. - ecc.*), motor column.
autocombustione (quale causa di incendio per es.), spontaneous ignition.
autocompensato (*mecc. - ecc.*), self-balanced.
autocompensazione (compensazione automatica) (*mecc. - ecc.*), self-balance.
autoconsumo (di un contatore elettrico) (*elett.*), loss.
autocontatore (elettronico: di impulsi elettronici) (*strum. fis. atom.*), autocounter.
autoconteggio (di impulsi elettronici) (*fis. atom.*), autocount.
autocontrollo (*gen.*), self-control. **2.** ~ (durante il ciclo di produzione) (*controllo qualità*), self-control. **3.** ad ~ (*a. - elab. - ecc.*), self-checking.
autocorrelazione (correlazione tra una forma d'onda e una versione sfasata della stessa) (*elab. segn.*), auto-correlation.
autocorrezione (*gen.*), selfcorrection.
autocorrièra (*aut.*), line bus.
autocromia (processo per fot. a colori) (*fot.*), autochromy.
autoctono (*geol.*), autochthonous.
autodiffusione (*radioatt. - fis. atom.*), self-scattering.
autodina (*radio*), autodyne.
autodistruttivo (*milit. - aer. milit.*), self-destructive.
autodistruzione (distruzione deliberata: di un congegno segreto da guerra per es.) (*milit.*), destruct, destruction.
autòdromo (*sport aut.*), motordrome, autodrome.
autoeccitato (*elett.*), self-energized.
autoeccitatrice (*macch. elett.*), self-exciter.
autoeccitazione (*elett.*), self-excitation.
autoelettromotrice (elettromotrice autonoma, automotrice diesel-elettrica per es.) (*veic. ferr.*), electric motorcar.

autoelettronico (*fis.*), autoelectronic.
autoemoteca (autoveicolo attrezzato per la raccolta e conservazione del sangue) (*aut. - med.*), bloodmobile.
autofertilizzante (autofissilizzante, autogeneratore, di un reattore nucleare con titolo di conversione superiore a 1) (*a. - fis. atom.*), breeder.
autofertilizzazione (processo di produzione di materiale fissile) (*reattore nucleare*), breeding.
autofilettante (vite) (*mecc.*), self-threading, thread -forming. **2.** ~ (vite autofilettante) (*mecc.*), self -tapping screw.
autofinanziamento (*finanz. - ind.*), self-financing.
autofficina (*veic.*), machine-shop truck, motor car repair shop.
"autofocus" (a messa a fuoco automatica: di macchina fotografica che automaticamente mette a fuoco il soggetto) (*a. - fot.*), "autofocus".
autofrettaggio (procedimento per cui si sottopone una bocca da fuoco a pressione superiore a quella di esercizio per deformare permanentemente gli strati interni dell'acciaio) (*metall.*), autofrettage.
autofrigorifero (*veic.*), refrigerator truck.
autofunzione (soluzione di equazione differenziale che soddisfa condizioni specifiche) (*mat.*), eigenfunction.
autofurgone (*aut.*), van, utility coach. **2.** ~ refrigerato (*veic.*), reefer (van).
autògeno (*a.*), autogenous. **2.** saldatura autogena (*proc. mecc.*), autogenous welding.
autogestione (gestione di un'industria condotta dagli stessi dipendenti) (*amm.*), autogestion.
autogiro (aeroplano) (*aer.*), autogiro, autogyro.
autogoverno (autopilotaggio, di aeroplani) (*aer.*), automatic control.
autografia (processo litografico), autography.
autògrafo (*gen.*), autograph.
autogru (*veic. ind.*), crane truck.
autoguida (testa autoguidante dotata di comandi elettronici che agiscono sui timoni del siluro) (*espl. mar. milit.*), homing system. **2.** ~ (*mecc. - aer.*), self-drive. **3.** ~ passiva (*navig. aer.*), passive homing. **4.** ~ su rotta di collisione (p. es. di un missile su bersaglio mobile) (*milit.*), collision course homing. **5.** entrare in ~ (di un missile, un siluro ecc.) (*aer. - mar. milit.*), to home.
autoguidarsi (p. es. a mezzo delle radiazioni emesse dal bersaglio) (*missil. - ecc.*), to home.
autoguidato a infrarossi (di missile guidato da raggi infrarossi per es.) (*milit.*), heatseeker.
autoindotto (*a. - elett.*), self-induced.
autoindurente (materia plastica per es.) (*a. - ind. chim.*), self-hardening.
autoinduttanza (*elett.*), self-inductance.
autoinduttivo (*elett.*), self-inductive.
autoinduzione (*elett.*), self-induction.
autoinnaffiatrice (*aut.*), motor sprinkler, street watering truck.
autolesione (di op.), self-injury.
autolettiga (*veic. - med.*), ambulance.
autolibreria (furgoncino carrozzato a libreria) (*veic. - comm.*), bookmobile.
autolinea (*trasp. - ecc.*), motor line.
autolubrificante (*mecc.*), self-lubricating.
autolubrificato (di cuscinetto per es.) (*mecc.*), self -lubricating.
autolubrificazione (*mecc.*), self-lubrication.
autoluminescenza (prodotta da sostanze radioattive) (*fis.*), autoluminescence.
automa (robot) (*elab. - eltn. - mecc.*), automaton.
automatica (teoria e tecnica della automazione) (*s. - elab.*), automation.
automàtico (*a.*), automatic. **2.** ~ (di una macch. per es.), self-acting. **3.** ~ (bottone per vestiti) (*s.*), snap fastener. **4.** ~ (di un ciclo per es.: contrario di manuale) (*macch. ut. - ecc.*), automatic, auto, AUTO. **5.** ~ (che agisce senza la sorveglianza di personale: p. es. un faro, ecc.) (*a. - gen.*), unattended. **6.** ~ (automatizzato: inteso nel senso più generale, di un qualcosa che opera almeno parzialmente da sé) (*a. - gen.*), automated, automatized. **7.** a caricamento ~ (*mecc.*), self-loading. **8.** a registrazione automatica (detto di apparecchio elettroacustico per es.), self-recording. **9.** cambio ~ (cambia automaticamente le marce secondo le condizioni d'impiego) (*aut.*), automatic transmission. **10.** comando ~ (*elett. - mecc.*), automatic control.
automatismo (*elettromecc. - ecc.*), automatism.
automatizzare (*ind.*), to automate, to automatize.
automatizzato (dotato di intelligenza artificiale) (*autom.*), smart.
automazione, automatizzazione (*elab. - ind.*), automation, automatization. **2.** ~ (applicazione di dispositivi automatici che assicurano la corretta lavorazione di una macchina, il funzionamento di un sistema, un processo ecc. senza intervento umano) (*elab. - ind.*), automation. **3.** ~ a ciclo chiuso (sistema di controllo automatico per mantenere la produzione ad un livello predeterminato) (*elab. - ind.*), closed loop automation. **4.** ~ del lavoro di ufficio (*organ. - elab.*), office automation. **5.** ~ industriale (*elab. - ind.*), industrial automation.
automezzo (*aut.*), motor vehicle. **2.** ~ attrezzato per assistenza (stradale) (*aut.*), field service vehicle.
automòbile, automobile, car, motorcar. **2.** ~ ad accumulatori (automobile elettrica) (*aut.*), storage battery car. **3.** ~ aerodinamica (*aut.*), streamline car. **4.** ~ a guida interna (*aut.*), sedan, saloon. **5.** ~ aperta (torpedo) (*aut.*), open car, phaeton. **6.** ~ a quattro posti (per es.) (*aut.*), four seater (car). **7.** ~ a trazione anteriore (*aut.*), front-wheel drive automobile. **8.** ~ a trazione sulle quattro ruote (*aut.*), four-wheel drive automobile. **9.** ~ a tre posti (di cui uno posteriore agli altri due) (*aut.*), cloverleaf car. **10.** ~ a turbina (*aut.*), turbine car, turbine-powered automobile. **11.** ~ a turbina a gas (*aut.*), gas turbine car. **12.** ~ a vapore (autovettura a vapore, vettura a vapore) (*aut.*), steam -driven car, steam car. **13.** ~ cabriolet (*aut.*), *vedi*

cabriolet. **14.** ~ con effetto suolo (vettura da corsa con effetto aerodinamico di aspirazione che aumenta l'aderenza al suolo) (*sport aut.*), wing car. **15.** ~ (con motore) a dodici cilindri a V (*aut.*), twinsix. **16.** ~ da corsa (*aut.*), racing car. **17.** ~ decapotabile (*aut.*), drophead car. **18.** ~ di dimensioni medie (secondo il concetto europeo: inferiori alla media americana) (*aut.*), compact. **19.** ~ di lusso (*aut.*), luxury car. **20.** ~ di media cilindrata (*aut.*), medium cylinder capacity car, medium c. c. car. **21.** ~ di serie (*aut.*), production -model car, stock car. **22.** ~ elettrica (autovettura elettrica) (*aut.*), electric car, storage-battery motorcar. **23.** ~ fuori serie (*aut.*), special-body car. **24.** ~ per la polizia (equipaggiata con radiotelefono) (*aut.*), squad car, cruiser. **25.** ~ tipo militare, military car. **26.** ~ "truccata" (autovettura "truccata" per aumentarne velocità e accelerazione) (*aut.*), "hot rod", funny car. **27.** ~ utilitaria (*aut.*), economical car. **28.** piccola ~ a due posti (*aut.*), voiturette. **29.** salone dell'~ (*aut.*), motor show.

Automobile Club (*aut.*), automobile club.

automobilismo, motoring, automobilism.

automobilista (*aut.*), motorist.

automobilistico (relativo all'automobile o a veicoli automoventi) (*a. - aut.*), automotive.

automoltiplicante (reazione a catena) (*a. - fis. atom.*), self-multiplying.

automorfismo (*mat.*), automorphism.

automorfo (funzione) (*a. - mat.*), automorph.

automotrice (veicolo ferroviario per trasporto persone provvisto di motori per la traslazione autonoma) (*ferr.*), motor car (am.), railcar (ingl.), bee -liner. **2.** ~ articolata (*ferr.*), articulated railcar. **3.** ~ articolata a due casse (*ferr.*), twin-articulated railcar. **4.** ~ con cassa a struttura tubolare (*ferr.*), integral tubolar railcar. **5.** ~ diesel (*macch. ferr.*), diesel railcar. **6.** ~ diesel-elettrica (*ferr.*), diesel -electric motor car (am.), diesel-electric railcar.

autonoleggio (*aut.*), car hire.

autonomìa (*gen.*), autonomy. **2.** ~ (distanza) (*aer. - aut.*), range, operating range, cruising radius. **3.** ~ (a velocità di crociera) (*aer.*), cruising range. **4.** ~ (di tempo: senza rifornimento di combustibile) (*aut. - aer.*), endurance. **5.** ~ al regime di crociera (autonomia a velocità di crociera, di una nave per es.) (*nav.*), range at economic speed. **6.** ~ a potenza massima di crociera economica (autonomia a potenza massima con miscela povera) (*aer.*), range at maximum weak mixture power. **7.** ~ di durata (durata del volo) (*aer.*), endurance. **8.** ~ di funzionamento (di un motore con il carburante contenuto nel serbatoio di normale dotazione) (*mot. - ecc.*), autonomy of operation. **9.** ~ di massima economia (*aer.*), most economical range. **10.** ~ finanziaria (*finanz.*), financial autonomy. **11.** ~ giuridica (*leg.*), juridical autonomy. **12.** ~ organica (*gen.*), functional autonomy. **13.** ~ pratica di durata (limite di sicurezza di durata) (*aer.*), prudent limit of endurance. **14.** grande ~ (*aer.*), very long range, VLR. **15.** limite di ~ (*aer.*), limit of endurance.

autònomo (indipendente) (*a. - gen.*), autonomous. **2.** ~ (comprensivo dell'occorrente per il pronto impiego) (*gen.*), self-contained, packaged.

autoossidazione (ossidazione a temperatura normale) (*chim.*), autoxidation.

auto-ostello (motel) (*aut.*), motel.

autoparco (*aut.*), automobile park, parking lot.

"autopaster" (incollatrice automatica, su una macchina da stampa, per il cambio automatico del rotolo di carta) (*disp. per stampa*), "autopaster".

autopilòta (giropilota) (*aer.*), autopilot, automatic pilot.

autopilotaggio (autogoverno, di aeroplani) (*aer.*), automatic control.

autopolarizzazione (polarizzazione automatica di griglia in una valvola elettronica) (*eltn.*), self-bias.

autopompa antincèndi (*veic.*), fire truck.

autoportante (*tecnol.*), self-supporting, self-bearing.

autoprogrammazione (*tecnol. - ecc.*), self-programming.

AUTOPROMT (programmazione automatica delle macchine utensili) (*macch. ut.*), Automatic Programming of Machine Tools, AUTOPROMT.

autopropulso (*a. - gen.*), automotive.

autoprotettore a riserva di ossigeno (antincendi), oxygen respirator. **2.** ~ per minatore (tipo di maschera antigas ossido di carbonio) (*sicurezza*), miner's self-rescuer.

autopsia (*med. - leg.*), autopsy.

autopubblica (*aut.*), taxicab, taxi.

autopulimento (di una candela) (*mot.*), self-cleaning.

autopulitore (del filtro dell'olio nel motore, per es.) (*a. - mecc.*), self-cleaning.

autoradio (ricevitore per automobili) (*radio*), car radio set (ingl.), automobile radio receiver (am.).

autoradiografia (impronta fotografica ottenuta mediante le radiazioni emanate da una sostanza radioattiva) (*med.*), autoradiograph.

autore (scrittore) (*gen.*), writer.

autoreattore (reattore senza elementi ruotanti, la compressione avviene per la forma dell'effusore, in funzione della velocità dell'aer.: statoreattore) (*mot. aer.*), ramjet engine, ramjet. **2.** ~ a risonanza (autoreattore il cui funzionamento è basato sul fenomeno di risonanza che si verifica quando il periodo delle vibrazioni libere della colonna di gas internamente al mot. è uguale al periodo del ciclo di accensione) (*aer.*), resojet engine.

autoregolato (a regolazione automatica) (*mecc. - ecc.*), self-adjusting. **2.** ~ (alternatore) (*macch. elett.*), self-regulated, self-regulating.

autoregolatore (autoregolatrice: di una pompa per alimentazione benzina di un'aut. o aer. per es.) (*a. - mecc.*), self-regulating.

autoregolazione (regolazione automatica) (*mecc.*),

automatic adjustment, automatic control. **2.** ~ (regolazione automatica) (*macch. elett.*), automatic regulation. **3.** ~ della frequenza (*radio*), automatic frequency control.
autoribaltabile (autocarro con cassone ribaltabile) (*aut.*), dump truck.
autoricottura (*metall.*), self-annealing.
autorimessa (garage) (*aut.*), garage. **2.** ~ (*aut. - ed.*), *vedi anche* garage. **3.** ~ a torre (autosilo) (*aut.*), tower garage.
autoripresa (*cinem.*), self-filming.
autorità (*gen.*), authority.
autorivelatore (*radio*), autocoherer, autodetector.
autorizzare, to authorize.
autorizzazione (*gen.*), authorization. **2.** ~ (data per es. dalla torre di controllo ad un velivolo) (*aer.*), clearance. **3.** ~ (benestare, approvazione) (*gen.*), sanction. **4.** ~ ad entrare in porto (pratica per entrare nel porto) (*nav.*), clearance. **5.** ~ al volo (data dalla torre di controllo di un aeroporto) (*aer.*), flight clearance. **6.** ~ del traffico aereo (*aer.*), air-traffic clearance. **7.** ~ di acquisto (*comm.*), procurement authorization, PA. **8.** ~ di volo nel traffico aereo (*navig. aer.*), air-traffic clearance. **9.** rifiuto di ~ all'atterraggio (ad un aereo) (*aer.*), waveoff.
autorotazione (del rotore di un autogiro) (*aer.*), autorotation. **2.** ~ (di un'elica) (*aer.*), windmilling.
autoroulotte, autocaravan (abitazione mobile costruita su di un telaio di autocarro) (*aut.*), motor home.
autoscala (*veic. antincendi - ecc.*), ladder truck.
autoscàrica (scarica in circuito aperto) (*cella elettrolitica*), local action, self discharge.
autoscatto (*fot.*), automatic release.
autoschermo (autoschermatura) (*fis. atom.*), self-shielding.
autoscuola (scuola guida) (*aut.*), driving school.
autosigillante (*mecc. - ecc.*), self-sealing.
autosilo (autorimessa a torre) (*aut.*), tower garage.
autosincronizzante (*a. - elab.*), self-clocking.
autosincronizzato (a sincronizzazione automatica) (*elett. - ecc.*), self-synchronizing, self-synchronized.
autosincronizzatore (*elett.*), self-synchronizer, selsyn.
autosnodato (autobus articolato) (*aut.*), articulated bus.
autostabilità (di un aereo) (*aer.*), autostability.
autostazione (stazione di servizio) (*aut.*), service station.
autostivante (per carichi alla rinfusa) (*a. - nav.*), self-trimming.
autostrada (*strad.*), superhighway, autostrada, speedway autoroute, clearway, motorway (ingl.). **2.** ~ (a pedaggio) (*aut.*), turnpike, superhighway. **3.** ~ (a doppio traffico) con aiuola spartitraffico (*strad.*), median strip speedway.
autotelaio (*aut.*), chassis. **2.** ~ (di una roulotte) (*veic.*), undergear. **3.** ~ cabinato (di un autocarro) (*aut.*), chassis-cab.
autotelefono (espressione impropria per: radiomobile di conversazione installata su autovettura) *vedi* radiomobile.
autotemprante (*a. - metall.*), self-hardening.
autotipia (fotoincisione col processo al carbone) (*tip.*), autotypy.
autotipo (foto al carbone) (*fot.*), autotype.
autotrainato (*aut.*), truck-drawn.
autotrasformatore (*elett.*), autotransformer. **2.** ~ a dispersione (*elett.*), leak transformer. **3.** ~ a variazione continua di rapporto (variac) (*elett.*), variac. **4.** ~ di avviamento (*app. - elett.*), starting auto-transformer, autotransformer starter. **5.** ~ variabile (*macch. elett.*), variable auto-transformer.
autotraspòrto (*comm.*), motor transport. **2.** ~ merci (*comm.*), freight motor transport. **3.** ~ passeggeri (*comm.*), passenger motor transport.
autotrèno (*aut.*), truck and full trailer. **2.** ~ (costituito da un veicolo trainante che trasporta merci e da un rimorchio a 4 o 6 ruote carico di merci) (*aut. trasp.*), truck and full trailer.
autoturboreattore (autoreattore che porta internamente e assialmente un turboreattore che serve anche per il lancio) (*mot. aer.*), turboramjet engine.
autovalore (valore di un parametro di un'autofunzione) (*mat.*), eigenvalue.
autoveìcolo (*aut.*), motor vehicle, automotive vehicle. **2.** ~ articolato (motrice e semirimorchio) (*aut.*), tractor and semitrailer. **3.** ~ sperimentale in fibre di carbonio (con scocca in fibra di carbonio) (*aut.*), Experimental Composite Vehicle, ECV.
autoventilato (*elett. - ecc.*), self-ventilated.
autoventilazione (*elett. - ecc.*), self-ventilation.
autoverifica (*tlcm.*), self-test.
autovettore (*mat.*), eigenvector, characteristic vector.
autovettura (*aut.*), motorcar, car, automobile. **2.** ~ a turbina (automobile a turbina a gas) (*aut.*), turbine car, gas-turbine car. **3.** ~ con guida a destra (*aut.*), right-hander, right-hand-drive car. **4.** ~ elettrica (automobile elettrica) (*aut.*), electric car. **5.** ~, *vedi anche* automobile.
autovirante (*fot.*), self-toning.
autunite (fosfato idrato di uranio e calcio) (*min. - radioatt.*), autunite.
AV (presa in videofrequenza) (*audiovisivi*), AV, AV socket.
avallante (persona che dà la garanzia) (*comm.*), guarantee.
avallare (*comm.*), to guarantee, to guaranty.
avallo (*comm.*), guaranty, guarantee.
avalve (*mot.*), valveless.
avambecco (rostro: di pila di ponte) (*costr. ed.*), forestarling.
avampòrto (*nav.*), outer-harbour, outer harbor.
avamposto (*milit.*), outpost.

avancòrpo (*aut.*), forepart.
avancrogiòlo (di forno per fonderia) (*fond.*), forehearth.
avanguardia (*gen.*), van, vanguard. **2.** ~ (*milit.*), advanced guard. **3.** di ~ (progetto per es.) (*tecnol.*), advanced.
avanscalo (*costr. nav.*), foreslip.
avanscoperta (*milit.*), strategical advance.
avanti (*gen.*), ahead. **2.** ~ (parte [di nave] a prua della sezione maestra) (*s. - nav.*), forebody. **3.** ~ adagio (movimento di nave) (*nav.*), slow speed ahead. **4.** ~ a mezza forza (movimento di nave) (*nav.*), half-speed ahead. **5.** ~ a tutta forza (movimento di nave) (*navig.*), full-speed ahead. **6.** ~ diritto! (*nav.*), dead ahead!, straight ahead! **7.** in ~ (di tempo o di spazio) (*avv. - gen.*), onward. **8.** vai ~! (*navig. - ecc.*), go-ahead. **9.** vai ~ con l'interrogazione ciclica! (*elab.*), go-ahead polling.
avantrèno (*veic.*), forecarriage. **2.** ~ (di un affusto di cannone) (*milit.*), limber.
avanvòmere (di un aratro) (*agric.*), jointer. **2.** ~ (ut. a disco fissato alla bure dell'aratro) (*disp. agric.*), coulter (ingl.), colter (am.). **3.** ~ a lama larga (di un aratro) (*agric.*), skimmer.
avanzamento (*gen.*), advancement. **2.** ~ (dei pezzi in ciclo di lavorazione) (*off. mecc.*), progress. **3.** ~ (fronte d'avanzamento, per ricerche minerarie) (*min.*), development end. **4.** ~ (movimento comandato dell'utensile contro il pezzo) (*macch. ut.*), feed. **5.** ~ (traslazione in avanti: di una vite per es.) (*mecc.*), advance. **6.** ~ (movimento orizzontale di traslazione del carrello) (*macch. per scrivere - telescrivente*), shift. **7.** ~ (progressione orizzontale nello scavo di gallerie) (*min.*), drive. **8.** ~ a cremagliera (di una tavola per es.) (*macch. ut.*), rack feed. **9.** ~ ad immersione (avanzamento a tuffo) (*mecc. - macch. ut.*), plunge feed. **10.** ~ a mano (*macch. ut.*), hand feed. **11.** ~ a scatti (di una slitta per es., dovuto a discontinuità del velo di lubrificante per es.) (*macch. ut.*), stick-slip. **12.** ~ a tuffo (della mola per es.) (*mecc. - macch. ut.*), plunge feed. **13.** ~ automatico (*macch. ut.*), automatic feed. **14.** ~ a variazione infinita (*mecc. - macch. ut.*), infinitely variable feed. **15.** ~ ciclico (scavo ciclico di galleria) (*min.*), rhythmic drive. **16.** ~ continuo (*mecc. - macch. ut.*), continuous feed. **17.** ~ del film (*cinem.*), film movement. **18.** ~ della tavola (*mecc. - macch. ut.*), table feed. **19.** ~ della torretta (di un tornio) (*mecc. - macch. ut.*), turret feed. **20.** ~ del mandrino (di alesatrice o trapano per es.) (*mecc. - macch. ut.*), spindle feed. **21.** ~ di riga (carattere che comanda a una stampante o ad un visualizzatore di avanzare alla prossima linea) (*elab.*), line feed, LF. **22.** ~ per giro (percorso realizzato sulla rotta per ogni giro dell'elica) (*aer. - nav.*), effective pitch. **23.** ~ (del portautensili) per spianare (*macch. ut.*), facing feed. **24.** ~ in profondità (avanzamento normale all'asse di rotazione del pezzo) (*mecc. - macch. ut.*), infeed. **25.** ~ laterale (in una limatrice per es.) (*mecc. - macch. ut.*), cross feed. **26.** ~ lento a mano (*mecc. - macch. ut.*), slow hand feed. **27.** ~ lento (o di precisione) a mano (*mecc. - macch. ut.*), fine hand feed. **28.** ~ longitudinale (*mecc. - macch. ut.*), longitudinal feed. **29.** ~ massimo (*mecc. - macch. ut.*), coarse feed. **30.** ~ micrometrico regolato a mano (*mecc.*), micrometric hand feed. **31.** ~ per la sfacciatura (*mecc. - macch. ut.*), facing feed. **32.** ~ progressivo (*mecc. - macch. ut.*), incremental feed. **33.** ~ trasversale (*macch. ut.*), cross feed, transverse feed. **34.** ad ~ automatico (di un utensile: per es. di una mola per rettifica per interni) (*a. - mecc. - macch. ut.*), autofeed. **35.** disinnesto dell'~ trasversale (*mecc. - macch. ut.*), cross-feed release. **36.** movimento di ~ (di ut. su macch. ut. per es.) (*mecc.*), feed motion. **37.** settore (o campo) dell'~ trasversale (*mecc. - macch. ut.*), cross-feed range. **38.** vite di ~ (*macch. ut.*), feeding screw.
avanzare (*gen.*), to advance. **2.** ~ (*milit.*), to advance. **3.** ~ a scatti (od a intermittenza) (*gen.*), to inch, to jog. **4.** ~ con movimento di precessione ("precedere") (*mecc.*), to precess. **5.** ~ trasversalmente (*macch. ut.*), to cross-feed. **6.** far ~ (mandare avanti: carta perforata, nastro magnetico ecc.) (*elab. - ecc.*), to advance. **7.** far ~ a tuffo (o ad immersione) (l'utensile) (*macch. ut.*), to plunge -feed.
avanzata (*milit.*), advance. **2.** ~ a scaglioni (*milit.*), advance by echelon.
avanzato (anticipato) (*a. - gen.*), advanced.
avanzo (eccedenza) (*contabilità*), surplus.
avarìa (*mecc.*), failure, breakdown. **2.** ~ (danno alla nave o al carico) (*nav. - comm.*), average. **3.** ~ generale (avarìa grossa) (*nav.*), general average. **4.** ~ particolare (*nav.*), particular average. **5.** compromesso d'~ (chirografo d'avaria) (*nav.*), average agreement. **6.** franco d'~ (*nav.*), free of all average, FAA. **7.** liquidatore di ~ (*nav. - leg.*), average adjuster. **8.** tempo medio tra le avarie (per definire l'affidabilità di apparecchi o componenti) (*eltn. - ecc.*), mean time between failures.
avena (*agric.*), oat.
avere (credito) (*s. - contabilità*), credit.
aviatore (*aer.*), airman, flier, flyer, aviator.
aviatòrio (*a. - aer.*), aerial.
aviatrice (*aer.*), airwoman, aviator.
aviazione (*aer.*), aviation. **2.** ~ civile (*aer.*), civil aviation. **3.** ~ commerciale (*aer.*), commercial aviation. **4.** ~ da addestramento (*aer.*), training aviation. **5.** ~ da bombardamento (*aer. milit.*), bombing aviation. **6.** ~ da caccia (*aer.*), pursuit aviation. **7.** ~ da diporto (*aer.*), air touring. **8.** ~ da ricognizione (aviazione da osservazione) (*aer. - milit.*), reconnaissance aviation. **9.** ~ interplanetaria, *vedi* astronautica. **10.** ~ militare (*aer.*), air force. **11.** campo di ~ (*aer.*), airfield. **12.** motore di ~ (*aer.*), aero-engine, aviation engine.
aviere (*aer. milit.*), airman.
aviogetto (*aer.*), jet aircraft. **2.** ~ gigante ("jumbo

jet") (*aer.*), jumbo jet. **3.** ~ supersonico (*aer.*), superjet.
aviolinea (linea aerea) (*aer.*), air line, airline.
aviomotore, *vedi* motore d'aviazione.
avionica (scienza e tecnologia che si occupano di apparecchiature di bordo) (*aer. - eltn.*), avionics.
aviorazzo (*aer.*), rocket aircraft.
aviorimessa (*aer.*), hangar, airdock.
aviotrasportato (di una divisione militare per es.) (*a. - aer.*), airborne.
avoirdupois (*mis.*), avoirdupois.
avòrio, ivory.
avvallamento (*gen.*), depression. **2.** ~ (*top.*), depression.
avvampare (*gen.*), to blaze.
avvelenamento (*med.*), poisoning. **2.** ~ (di un reattore) (*fis. atom.*), (reactor) poisoning. **3.** ~ da xeno (in un reattore nucleare) (*fis. atom.*), xenon poisoning.
avvelenare (*chim. - ecc.*), to poison.
avventizio (precario, lavoratore temporaneo) (*pers.*), temporary worker, "temp", casual worker.
avventurina (*mft. vetro*), *vedi* venturina.
avvertimento (segnale) (*gen.*), warning. **2.** assistenza di ~ (*navig. aer.*), warning aids.
avvertire (avvisare) (*gen.*), to inform, to advise.
avvenzione (trasferimento nell'atmosfera con moto orizzontale) (*meteor.*), advection. **2.** convogliare per ~ (convogliare orizzontalmente [caldo o umidità] per mezzo del movimento di masse di aria) (*meteorol.*), to advect.
avviamento (*mot.*), start, starting. **2.** ~ (di produzione) (*ind.*), preproduction. **3.** ~ (lavoro di preparazione, di una forma) (*tip.*), make-ready. **4.** ~ (clientela di una ditta) (*comm.*), goodwill, good will. **5.** ~ a cartuccia (di motore aer. per es.) (*mot.*), combustion starting, cartridge starting. **6.** ~ a combustibile liquido (di un mot. aer.) (*mot.*), liquid fuel starting. **7.** ~ ad aria compressa (*mot.*), compressed-air starting. **8.** ~ a freddo (*mot.*), cold start. **9.** ~ a mano di emergenza (di un mot. a c. i. per es.) (*mot.*), emergency hand starting. **10.** ~ a pedale (*mtc.*), kick start (ingl.). **11.** ~ automatico (*mecc.*), self-starting. **12.** ~ del motore da fermo (*mot.*), starting up from rest. **13.** ~ elettrico (di mot. a scoppio), electric starting. **14.** ~ elettrico ad inerzia (di mot. di aer.) (*aer.*), electric inertia starting. **15.** ~ elettrico diretto (di mot. di aer.) (*aer.*), direct electric starting. **16.** ~ idraulico (di un mot. a c. i., mediante un sistema a pignone e cremagliera azionato da olio in pressione) (*mot.*), hydraulic starting. **17.** ~ in corto circuito (di un motore elettr.) (*elett.*), across-line start. **18.** ~ in volo (di un mot.) (*aer.*), airstart. **19.** ~ stella-triangolo (di un mot. a induzione trifase) (*elett.*), star-delta starting. **20.** ad ~ ad aria (di un motore d'aviazione per es.) (*mot.*), air-starting. **21.** aria d' ~ (*mot.*), starting air. **22.** autotrasformatore di ~ (*app. elett.*), autotransformer starter, starting autotransformer. **23.** batteria di ~ (*elett. - mot.*), starter battery. **24.** magnetino di ~ (*mot. aer.*), hand starting magneto. **25.** mancato ~ (*elett. - ecc.*), failure to start. **26.** manovella d' ~ (*mot.*), starting handle. **27.** motorino di ~ (*mot.*), starter. **28.** reostato di ~ (resistenza di avviamento) (*app. elett.*), rheostatic starter.
avviare (*mecc.*), to start, to set going. **2.** ~ a pieno carico (un motore per es.) (*ind.*), to start at full load. **3.** ~ (avviarsi, cominciare a dare dei colpi: di mot. a comb. int.) (*mot.*), to kick over. **4.** ~ a vuoto (un motore per es.) (*ind.*), to start without load. **5.** ~ con la manovella (*mot.*), to crank.
avviarsi (*mot.*), to start. **2.** ~ (completamente, portarsi a regime di funzionamento) (*mot.*), to pick up. **3.** ~ (cominciare a dare dei colpi, cominciare ad accendersi: di mot. a comb. int.) (*mot.*), to kick over.
avviatore (*app. elett.*), starter, contactor starter. **2.** ~ a cartuccia (*mot.*), cartridge starter. **3.** ~ a combustione interna (di un mot. di aer. per es.) (*mot.*), internal-combustion starter. **4.** ~ ad aria compressa (di un mot. a comb. int.) (*mot.*), air starter. **5.** ~ ad impulso (dispositivo mecc. per dare impulsi al magnete allo scopo di facilitare l'avviamento) (*mot.*), impulse starter. **6.** ~ ad inerzia (*mot.*), inertia starter. **7.** ~ a mano (dispositivo di avviamento a mano) (*mecc.*), hand starter, manual starter. **8.** ~ a scatto (*mot.*), impulse starter. **9.** ~ a stella-triangolo (*disp. elett.*), star-delta starter, star-mesh starter. **10.** ~ a turbina (di un mot. a reazione per es.) (*mot.*), turbo starter. **11.** ~ automatico (per mot. elett.), automatic starter. **12.** ~ automatico (dispositivo per l'avviamento di un mot. a comb. int.) (*mot.*), self-starter. **13.** ~ con raffreddamento ad olio (per mot. elett.), oil-cooled starter. **14.** ~ con resistenza costituita da un liquido (per mot. elett.), liquid starter. **15.** ~ di motore (*mot.*), engine starter. **16.** ~ diretto (*disp. elett.*), direct starter. **17.** ~ di terra (per l'avviamento al suolo dei motori di un aereo) (*mot. aer.*), ground starter. **18.** ~ elettrico (*mot.*), electric starter. **19.** ~ elettrico ad inerzia (*mot.*), electric inertia starter. **20.** ~ elettrico ed a mano (di motore aeronautico od auto da corsa per es.) (*mot.*), hand and electric starter. **21.** ~ magnetico protetto contro i sovraccarichi e gli abbassamenti di tensione (*elett.*), magnetic starter with overload and undervoltage protection. **22.** ~ (della scarica elettronica) per lampada fluorescente (*elett.*), fluorescent lamp starter.
avvicendamento (*gen.*), alternation. **2.** ~ (rotazione, del personale) (*pers.*), turnover. **3.** ~ della manodopera (rotazione della manodopera) (*pers.*), labor turnover. **4.** tasso d' ~ (tasso di rotazione, del personale) (*pers.*), turnover percentage.
avvicinamento (atto di avvicinarsi) (*gen.*), approach. **2.** ~ (*aer.*), approach. **3.** ~ (*milit.*), approach. **4.** ~ (larghezza della base del carattere tipografico) (*tip.*), set size. **5.** ~ con oscillografo

panoramico (avvicinamento con radar topografico, avvicinamento con indicatore di posizione in proiezione) (*aer. - radar*), plan position approach, PPI. approach. **6.** ~ di precisione (mediante radar di precisione) (*aer. - radar*), precision approach, PAR. approach. **7.** ~ diretto (*aer.*), straight-in approach. **8.** ~ finale (fase finale di avvicinamento) (*aer.*), final approach. **9.** ~ guidato dal suolo (atterraggio a discesa guidata) (*aer. - radar*), ground-controlled approach, GCA. **10.** ~ iniziale (*aer.*), initial approach. **11.** ~ radiocomandato (*navig. aer.*), beam approach. **12.** ~ strumentale (mediante strumentazione di bordo e mezzi visivi) (*navig. aer.*), instrumental approach. **13.** ~ strumentale assistito da terra (mediante assistenza da terra con radioaiuti) (*nav. - aer.*), blind approach. **14.** assistenza all'~ (*aer.*), approach aids. **15.** faro di ~ (proiettore di avvicinamento) (*aer.*), approach light. **16.** fase finale di ~ (avvicinamento finale) (*aer.*), final approach. **17.** proiettore di ~ (faro di avvicinamento) (*aer.*), approach light. **18.** quota di ~ finale (*aer.*), final approach altitude. **19.** radiofaro di ~ (*aer. - radio*), approach beacon. **20.** ricevitore di ~ (*radio - aer.*), approach receiver. **21.** sistema di ~ guidato dal suolo (sistema di atterraggio a discesa parlata: mediante radar primario, radar di precisione e collegamento radio) (*aer. - radar*), ground-controlled approach system, GCA. **22.** sistema normale di ~ a fascio (sistema di radionavigazione) (*aer. - radio*), standard beam approach system, SBA. **23.** velocità di ~ (di un veic. spaziale per es.) (*astric.*), closing rate, approach speed.

avvicinare, avvicinarsi (*gen.*), to approach.

avviluppare (*gen.*), to wrap up, to infold.

avviluppatrice (*macch. imballaggio*), twist wrapping machine.

avvisanodi (di una macchina per maglieria) (*tess.*), knot detector.

avvisare (*meteor. - ecc.*), to warn.

avvisatore acustico (*aut.*), warning horn, hooter. **2.** ~ (acustico) a suoni alternati (*aut. - ecc.*), high-and-low tone horn. **3.** ~ acustico elettrico ("clacson") (*aut.*), electric horn, motor horn. **4.** ~ a lampi di luce (lampeggio fari) (*aut.*), head-lamp signaler. **5.** ~ a suono basso (*aut. - ecc.*), deep tone horn. **6.** ~ di minima distanza dal suolo (*strum. aer.*), terrain-clearance indicator. **7.** ~ d'incendio (~ di fumo) (*app. antincendio*), fire alarm, smoke detector. **8.** ~ di stallo (*app. aer.*), stall-warning indicator. **9.** ~ elettrico ("clacson") (*aut.*), electric horn. **10.** ~ elettrico di passaggio all'arresto (segnalazioni ferr.) (*congegno elett.*), electric controller of passage to stop. **11.** ~ per pallonetto (di un aerostato: per indicare quando viene raggiunta una determinata pressione) (*aer.*), gas-bag alarm. **12.** ~ pneumatico (tromba pneumatica) (*ferr.*), pneuphonic horn. **13.** avvisatori (acustici) accordati (tromba a doppio suono accordato) (*aut.*), tuned horns.

avviso (*comm.*), notice, advice. **2.** ~ (avvertimento, segnalazione) (*meteor.*), warning. **3.** ~ di appalto (inserzione di appalto) (*ind. - ed. - ecc.*), advertisement for bids. **4.** ~ di pagamento (*comm.*), notice of payment, advice of payment. **5.** ~ di pronto (parola o simbolo che l'elaboratore scrive sul terminale quando è disponibile) (*elab.*), prompt. **6.** ~ di (avvenuto) ricevimento (ricevuta di ritorno) (*gen. - leg.*), acknowledgement. **7.** ~ di spedizione (*trasp. - comm.*), shipping notice, notice of dispatch. **8.** ~ di uragano (*meteor.*) hurricane warning. **9.** ~ scorta (*mar. milit.*), escort vessel.

avvistare (*nav.*), to sight.

avvitamento (*mecc.*), screwing down, screwing. **2.** ~ (vite) (*acrobazia aer.*), spin. **3.** ~ (rapida rotazione) (*missile*) spinning. **4.** lunghezza di ~ (di una filettatura) (*mecc.*), length of engagement.

avvitaprigionièri ("padreterno") (*mecc.*), stud driver, stud box.

avvitare (*mecc.*), to screw, to screw down. **2.** ~ (*aer.*), to spin, to corkscrew. **3.** ~ a fondo (per es. un dado, una vite) (*mecc.*), to screw tight, to tighten. **4.** ~ con cacciavite (*mecc.*), to screwdrive.

avvitato (*mecc.*), screwed, SCR.

avvitatrice (giraviti, azionata elettricamente o pneumaticamente) (*ut.*), screwer. **2.** ~ a impulsi (*ut. mecc.*), impact wrench, impact screwdriver. **3.** ~ pneumatica (*ut.*), pneumatic screwer, pneumatic screwdriver.

avvitatura (avvitamento) (*mecc.*), screwing.

avvocato, barrister (ingl.), solicitor (ingl.), lawyer (am.), attorney at law (am.). **2.** ~ difensore (*leg.*), defense attorney.

avvòlgere (una fune su un tamburo per es.), to wind up, to wind. **2.** ~ (il filo su di una bobina elettrica per es.), to wind up, to wind. **3.** ~ (una fune in rotoli per es.), to coil. **4.** ~ (bobinare, carta) (*mft. carta - ecc.*), to reel. **5.** ~ a fascia (dolci per es.) (*imballaggio*), to band-wrap. **6.** ~ a spire incrociate (*mft. filati*), to crosswind. **7.** ~ assieme (doppiare) (*ind. tess.*), to wind together. **8.** ~ cavi (*mft. funi*), to cable. **9.** ~ il filo (ritorcere) (*ind. tess.*), to twist the yarn. **10.** ~ in tela juta (*ind.*), to burlap. **11.** ~ un filo (dare volta stretta con un filo nudo attorno ad un terminale elettrico per una temporanea connessione) (*elett.*), to wire-wrap.

avvolgìbile (leggero, di elementi di canna: esclusivamente per riparare la finestra dal sole, senza cassonetto) (*ed.*), roller shade, roller blind. **2.** ~ (pesante, che scorre su guide di ferro e si avvolge nel cassonetto sopra alla finestra: tapparella) (*ed.*), roller shutter.

avvolgimento (*elett.*), winding. **2.** ~ (rotazione intorno ad un asse longitudinale) (*gen.*), windup. **3.** ~ (di stoffa) (*ind. tess.*), taking up. **4.** ~ (di una pellicola sulla bobina) (*cinem.*), take-up. **5.** ~ a barre (nell'indotto di una macch. elett.), (*elett.*), bar winding. **6.** ~ a bobina (di app. elett. per es.), coil winding. **7.** ~ ad anello (*macch. elett.*), ring winding. **8.** ~ a gabbia (di mot. a induzione) (*elett.*), cage winding. **9.** ~ a gabbia di scoiattolo (*mot. elett.*), squirrel-cage winding. **10.** ~ a matasse concentriche (*elett.*), concentric winding. **11.** ~ a passo frazionario (*elett.*), fractional-pitch winding. **12.** ~ a stella (*elett.*), star winding. **13.** ~ a strati (p. es. in una bobina) (*elett.*), layer winding. **14.** ~ a tamburo (*elett.*), drum winding, barrel winding. **15.** ~ ausiliario (*elett.*), auxiliary winding. **16.** ~ bifilare (*elett.*), two-wire winding. **17.** ~ composto (avvolgimento compound) (*elettromecc.*), compound winding. **18.** ~ (del tessuto) sotto tensione (su un cilindro) (*ind. tess.*), crabbing. **19.** ~ di alta tensione (*elett.*), high-tension winding. **20.** ~ di bassa tensione (*elett.*), low-tension winding. **21.** ~ di campo (*elett.*), field winding. **22.** ~ di compensazione (su di un polo di motore o generatore) (*elett.*), pole-face winding, compensating winding. **23.** ~ differenziale (*elett.*), differential winding. **24.** ~ di porta o di sblocco (usato in un amplificatore magnetico agisce come interruttore) (*eltn.*), gate winding. **25.** ~ di statore (*mot. a corrente continua*), field winding. **26.** ~ embricato (*elett.*), lap winding. **27.** ~ incrociato (*elett.*), cross winding. **28.** ~ in parallelo (*elett.*), shunt winding. **29.** ~ in parallelo (avvolgimento embricato) (*macch. elett.*), lap winding. **30.** ~ in parallelo multiplo (*elett.*), multiple parallel winding. **31.** ~ in parallelo semplice (*elett.*), simple parallel winding. **32.** ~ in serie (*elett.*), series winding, simplex wave winding. **33.** ~ in serie-parallelo (*elett.*), series-parallel winding, multiplex wave winding. **34.** ~ in tela juta (*ind.*), burlapping. **35.** ~ ondulato (*elett.*), undulatory winding, wave winding. **36.** ~ primario (di un trasformatore) (*elett.*), primary winding. **37.** ~ secondario (di un trasformatore) (*elett.*), secondary winding. **38.** ~ sfalsato a minima capacità (*radio*), bank winding. **39.** ~ smorzatore (*elett.*), damping winding. **40.** ~ stabilizzatore (*elett.*), stabilizing winding. **41.** ~ succhiante (di un teleruttore per un mot. elett.) (*elett. - mot.*), pull-in winding. **42.** ~ (sul subbio) dell'ordito (*ind. tess.*), warp beaming. **43.** ~ terziario (di un trasformatore) (*elett.*), tertiary winding. **44.** ~ unipolare (*elett.*), homopolar winding. **45.** ~ variatore (*elett.*), variator winding. **46.** con ~ in parallelo (*elettromecc.*), shunt-wound. **47.** fare un ~ sovradimensionato (*elett.*), to overwind. **48.** meccanismo di ~ (di macch. tessile), taking-up motion. **49.** prova di ~ (di un filo metallico per es.) (*tecnol. mecc.*), winding test.

avvolgitore, avvolgitrice (*ind. tess.*), lap machine. **2.** ~ (della lana) (*ind. tess.*), beamer. **3.** ~ (attrezzo per avvolgere una pellicola sulla bobina) (*att. cinem.*), take-up. **4.** ~ (dispositivo di avvolgimento) (*mecc.*), coiler. **5.** ~ (incartatrice) (*macch. imballaggio*), wrapping machine. **6.** ~ di nastri (dispositivo di avvolgimento nastri) (*elab. - elettroacus.*) tape winder. **7.** ~ per indotti (*macch. ut.*), armature winding machine.

avvòlto (*a. - gen.*), wound. **2.** ~ a spirale (*gen.*), helically wound.

azeotròpico (*chim.*), azeotropic. **2.** miscuglio ~ (di liquidi che distillano senza separarsi) (*chim.*), azeotropic mixture. **3.** trascinatore ~ (*chim.*), azeotropic entrainer.

azeotropismo (*fis. - chim.*), azeotropism.

aziènda (*comm.*), concern. **2.** ~ a (preponderante) partecipazione statale (*finanz. - ind.*), state-controlled enterprise. **3.** ~ che impiega nella sua produzione complessivi acquistati da fornitori esterni (*ind. eltn.*), Original Equipment Manufacturer, OEM. **4.** ~ di stato (azienda statale) (*ind.*), state corporation, state-owned enterprise. **5.** ~ municipalizzata (*ind.*), municipal enterprise.

aziendale (mensa per es.) (*ind.*), pertaining to the factory. **2.** giornale ~ (*ind.*), house journal. **3.** scuola ~ (*pers. - ind.*), corporation school.

azimùt (*astr.*), azimuth. **2.** ~ magnetico (*astr. - ecc.*), magnetic azimuth. **3.** arco ~ (*astr.*), azimuth circle.

azimutale (*a. - astr.*), azimuthal. **2.** angolo ~ (*aer. - nav.*), azimuth angle. **3.** bussola ~ (ecclimetro) (*strum.*), azimuth compass. **4.** cerchio ~ (di un teodolite) (*ott.*), azimuth circle.

azina (*chim.*), azine, azin.

azionamento (comando, di una macchina per es.) (*mecc. - ecc.*), drive, operation. **2.** ~ (di un interruttore per es.) (*mecc. - ecc.*), control, operation. **3.** ~ ad intermittenza (difetto di un motore elettrico per es.) (*mot.*), jogging.

azionare (far funzionare) (*mecc.*), to operate. **2.** ~ (mettere in azione i freni per es.) (*aut. - ecc.*), to pull, to set on. **3.** ~ (a mano) la manovella di avviamento (*mot.*), to crank (by hand). **4.** ~ dal basso (azionare dal sottopiano, una pressa per es.) (*mecc.*), to underdrive. **5.** ~ un laser (*fis.*), to lase.

azionariato (*finanz.*), shareholding. **2.** ~ operaio (*pers. - finanz.*), employee shareholding.

azionato (*mecc.*), operated. **2.** ~ a mano (*gen.*), hand-operated. **3.** ~ da un solo uomo (una gru per es.) (*mecc.*), one-man.

azionatore (dispositivo elettromecc. usato per un comando a distanza per es.) (*elettroidr. - mecc. - ecc.*), actuator.

azione (*gen.*), action. **2.** ~ (di una molla per es.) (*mecc.*), action. **3.** ~ (combattimento) (*milit.*), action. **4.** ~ (sullo schermo) (*cinem.*), action. **5.** ~ (della cinepresa) (*cinem.*), motion. **6.** ~ (*finanz.*), share (ingl.), stock (am.). **7.** ~ chimica (*chim.*), chemical action. **8.** ~ deterrente (*milit.*), deterrence. **9.** ~ difensiva (*milit.*), defensive action. **10.** ~ di fiancheggiamento (*milit.*), flanking action. **11.** ~ di fuoco (*milit.*), fire action. **12.** ~ dilaniatrice (di un espl. per es.), splitting action. **13.** ~ dimostrativa (*gen.*), demonstrative action. **14.** ~ di temporeggiamento (*milit.*), delaying action. **15.** ~ elettrolitica (*chim.*), electrolytic action. **16.** ~ frenante (di un'elica di aeroplano) (*aer.*), braking effect. **17.** ~ indiretta (indirizzamento indiretto) (*elab.* - *ecc.*), indirection. **18.** ~ legale (*leg.*), legal action. **19.** ~ navale (*mar. milit.*), fleet action, naval action. **20.** ~ offensiva (*milit.*), offensive action. **21.** ~ ordinaria (*finanz.* - *amm.*), ordinary share (ingl.), common stock (am.). **22.** ~ privilegiata redimibile (*finanz.* - *amm.*), redeamable preference share. **23.** ~ reciproca (influenza reciproca) (*gen.*), interaction. **24.** ~ retroattiva (di una legge) (*leg.*), retroaction. **25.** ~ ritardatrice (*milit.*), delaying action. **26.** ~ tuffante (*gen.*), plunge action. **27.** ad ~ differita (di uno scatto o relé) (*a.* - *elett.*), delayed-action, time-limit (ingl.). **28.** ad ~ diretta (senza meccanismi interposti) (*mecc.*), direct-acting. **29.** arco di ~ (di ingranaggio) (*mecc.*), length of engagement. **30.** di ~ positiva (di comando per es.) (*a.* - *mecc.*), positive. **31.** entrare in ~ (*milit.*), to go into action. **32.** entrata in ~ (*gen.*), entry into action. **33.** linea di ~ (di ingranaggio) (*mecc.*), line of action, pressure line. **34.** messa in ~ (*gen.*), actuation. **35.** piano di ~ (di ingranaggio) (*mecc.*), plane of action. **36.** raggio d'~ (*gen.*), radius of action. **37.** settore d'~ (*tattica*), battle sector.

azionista (*finanz.*), shareholder (ingl.), stockholder (am.). **2.** ~ di maggioranza (*finanz.* - *amm.*), major shareholder. **3.** ~ ordinario (persona che possiede azioni ordinarie) (*finanz. amm.*), ordinary shareholder.

azo (prefisso che si riferisce al gruppo —N=N—) (*chim.*), azo.

azocoloranti (*chim.* - *ind.*), azodyes.

azocomposti (R-N=N-R') (*chim.*), azo-compounds.

azoico (*geol.*), azoic.

azotare (*chim.*), to azotize.

azotato (*chim.*), nitrogenous, azotic.

azotidrato di piombo (azoturo di piombo) (Pb N_6) (*espl.*), lead azide.

azòto (N - *chim.*), nitrogen, azote. **2.** ~ ammoniacale (per fertilizzanti agricoli: (NH_3) oppure (NH_4) (*chim. ind.*), ammonia nitrogen. **3.** biossido d'~ (NO_2) (*chim.*), nitrogen dioxide, nitrogen peroxide. **4.** derivato alifatico dell'~ ($CH_3N=NCH_3$) (*chim.*), azomethane. **5.** derivato ciclico dell'~ (*chim.*), azole. **6.** fissazione dell'~ (*chim.*), nitrogen fixation. **7.** ossido d'~ (NO) (*chim.*), nitric oxide. **8.** protossido d'~ [(N_2O) ossidulo d'azoto, gas esilarante] (*chim.*), nitrous oxide, laughing gas. **9.** senza ~ (*chim.*), nonnitrogenous.

azotometro (*app. chim.*), azotometer.

azoturo (*chim.*), azide. **2.** ~ di piombo (azotidrato di piombo) (PbN_6) (*espl.*), lead azide.

azzeramento (messa a zero) (*mis.*), zero setting. **2.** ~ automatico (*strum.*), automatic zero set, AZS. **3.** ad ~ automatico (di tergicristallo per es.) (*aut.*), self-parking. **4.** metodo di ~ (metodo di misurazione nel quale la variabile viene confrontata con una quantità nota dello stesso genere ed il suo valore viene determinato dall'azzeramento dell'indicatore) (*strum.*), null method, zero method. **5.** rivelatore di ~ (*elett.* - *eltn.*), null detector.

azzerare ~ (portare uno strumento o un calcolatore al valore zero) (*gen.*), to zeroize, to zero.

azzeratore (*strum.*), zero-setting control, zero-setter, zero adjuster. **2.** ~ contachilometri parziale (*aut.* - *strum.*), speedometer trip control.

azzurraggio (aggiunta di colore azzurro alla vernice bianca per togliere tracce di giallo) (*vn.*), blueing.

azzurrare (*mft. zucchero*), to blue.

azzurrite [$(CuCO_3)_2.Cu(OH)_2$] (*min.*), azurite.

azzurro (*colore*), sky-blue.

B

"B" (induzione magnetica, densità del flusso magnetico) (*elett.*), B, magnetic flux density.
B (boro) (*chim.*), B, boron.
babbit (metallo babbit, metallo antifrizione) (*mecc.*), babbitt, Babbitt metal.
babordo (fianco sinistro) (*nav.*), port side, larboard.
"baccalà" (muretto refrattario di un forno a padelle tale da circondare la parte anteriore della padella) (*mft. vetro*), breast wall.
bacchetta (*gen.*), stick, rod. **2.** ~ (di macchina filatrice) (*ind. tess.*), faller. **3.** ~ da rabdomante, divining rod, dowsing rod. **4.** ~ di apporto (per saldatura) (*tecnol. mecc.*), filler rod, welding rod. **5.** ~ d'invergatura (*mft. tess.*), lease bar, lease rod. **6.** ~ di vetro (*att. chim.*), glass rod. **7.** ~ per saldatura (*tecnol. mecc.*), welding rod, filler rod.
bacheca (*gen.*), notice board.
bachelite (*ind. chim.*), bakelite.
bachelizzare (*ind. chim.*), to bakelize.
bachelizzato (*a. - ind. chim.*), bakelized. **2.** tela bachelizzata (*ind. tess.*), bakelized cloth.
bachicoltore (*ind. seta*), silkgrower.
baciare, a ~ (massima altezza di sollevamento di un paranco) (*nav.*), chock- ablock.
bacillo (*med.*), bacillus.
bacinèlla (*gen.*), tray. **2.** ~ (*fot.*), dish, tray. **3.** ~ (*strum. med.*), basin. **4.** ~ a temperatura controllata (*att. fot.*), temperature-controlled tray. **5.** ~ di colata (in una forma) (*fond.*), basin, pouring basin. **6.** ~ di raccolta spurgo (*macch. - ecc.*), drain tray.
bacinetto di infornaggio (piccolo bacino, di un forno per vetro, nel quale viene alimentata la carica) (*forno per vetro*), dog-house.
bacino (*idr. - min.*), basin. **2.** ~ (*nav.*), dock. **3.** ~ (di un forno per vetro) (*forno per vetro*), tank. **4.** ~ a fondita quotidiana (bacino di fusione periodica il cui contenuto viene usato ogni giorno) (*forno per vetro*), day tank. **5.** ~ carbonifero (*geol.*), coalfield, coal bed. **6.** ~ continuo (forno per vetro nel quale il livello viene mantenuto costante da un'alimentazione continua della carica) (*forno per vetro*), continuous tank. **7.** ~ d'acqua (specchio d'acqua, naturale o artificiale, più piccolo di un vero lago) (*idr.*), pond. **8.** ~ di accumulo (lago artificiale) (*costr. idr. - ind.*), reservoir. **9.** ~ di acqua salmastra, a riscaldamento solare (di solito usata o come fonte di calore o per alimentare turbine) (*term. - ind. elett.*), solar pond. **10.** ~ di alimentazione (mattone cavo usato come alimentatore nella colata di piccoli lingotti) (*metall.*), dozzle. **11.** ~ di allestimento (*costr. nav.*), fitting basin. **12.** ~ di carenaggio (*nav.*), dry dock, graving dock. **13.** ~ di carenaggio protetto (contro gli aerei) (*mar. milit.*), pen. **14.** ~ di colata (*fond.*), sprue basin, sprue pot. **15.** ~ di costruzione navale (*nav.*), shipbuilding dock. **16.** ~ di decantazione (delle acque) (*idr.*), clarification bed. **17.** ~ di espansione o scolmatore (per ridurre la punta della piena di un fiume) (*costr. idr.*), retarding basin. **18.** ~ di marea (*nav.*), tidal dock, tidal basin. **19.** ~ di pompaggio (*min.*), sump. **20.** ~ di raccolta (di acqua) (*idr.*), *vedi* bacino idrografico. **21.** ~ di raccolta (impurità) (*fond.*), catch basin. **22.** ~ di raddobbo (*nav.*), graving dock, dry dock. **23.** ~ di ravvenamento (per arricchire la falda freatica) (*geol. - idr.*), replenishment basin, recharge basin. **24.** ~ di ripulsa (*nav.*), flushing basin, flushing dock. **25.** ~ di riserva di acqua pompata (riserva ottenuta mediante pompaggio: in una centrale idroelettrica) (*costr. idr. - elett.*), pumped storage. **26.** ~ di smagnetizzazione (*mar. milit.*), degaussing basin, degaussing dock. **27.** ~ equilibratore (bacino tampone) (*idr.*), equalizing basin. **28.** ~ fluviale (*nav.*), river basin. **29.** ~ fusorio (costruito con blocchi di materiale refrattario per il contenimento del vetro fuso) (*forno per vetro*), tank. **30.** ~ galleggiante (di carenaggio) (*nav.*), floating dock. **31.** ~ galleggiante a elementi per base avanzata (*mar. milit.*), advance base sectional dry dock. **32.** ~ (galleggiante) a sezioni (*nav.*), sectional pontoon dock. **33.** ~ idrico (*geogr.*), watershed. **34.** ~ idrografico (*geogr.*), basin, hydrographic basin, gathering ground. **35.** ~ imbrifero (*geogr.*), *vedi* bacino idrografico. **36.** ~ moderatore (per ridurre l'effetto della velocità dell'acqua) (*idr.*), weir basin. **37.** ~ scolmatore, *vedi* ~ di espansione. **38.** ~ sghiaiatore (*costr. idr.*), scouring basin. **39.** diritti di ~ (*nav. - comm.*), dockage. **40.** forno a ~ (*forno per vetro*), tank furnace. **41.** prova in ~ (*nav.*), dock trial.
baco da seta (*ind.*), silkworm.
badèrna (guarnizione: di premistoppa per es.) (*nav.*), packing.
badilante (spalatore) (*lav.*), navvy.

badile (pala) (*att.*), shovel.
baffi ("whiskers", cristalli di resistenza assai elevata usati per materiali compositi) (*tecnol.*), whiskers.
bafìa (legno duro rosso di una pianta africana) (*legn.*), barwood, camwood.
"baffle" (schermo acustico per altoparlanti) (*radio - acus.*), baffle (am.).
baffo (bava, sugli spigoli di un pezzo fucinato) (*difetto fucinatura*), burr. **2.** ~ di gatto (di un rivelatore a cristallo per es.) (*eltn.*), cat whisker, catwhisker.
bagagliaio (carro chiuso) (*ferr.*), baggage car, van, luggage car, luggage van. **2.** ~ (di aeroplano per es.) (*aer.*), baggage compartment, cargo compartment, luggage compartment. **3.** ~ con servizio postale (*ferr.*), passenger - train car. **4.** ~ posteriore (baule) (*aut.*), trunk, boot (ingl.).
bagaglièra (baule) (*aut.*), trunk (am.), boot (ingl.), baggage compartment. **2.** ~ (di una carrozza ferr. per es.) (*ferr. - ecc.*), baggage rack, luggage rack, parcel rack.
bagaglio, luggage, baggage. **2.** ~ a mano (bagaglio leggero portato a bordo dell'aereo direttamente dal passeggero) (*aer.*), carryon. **3.** ~ di cognizioni (*gen.*), background. **4.** ~ tecnico (cognizioni tecniche) (*gen.*), technical background.
bagassa (*ind. zucchero*), bagasse.
baglietto (*costr. nav.*), half-beam.
baglio (travatura trasversale) (*costr. nav.*), beam. **2.** ~ a bulbo (*costr. nav.*), bulb beam. **3.** ~ a cassa (*costr. nav.*), box beam. **4.** ~ del ponte (*costr. nav.*), deck beam. **5.** ~ di boccaporto (*costr. nav.*), hatch beam. **6.** ~ di coperta (*costr. nav.*), deck beam. **7.** ~ di corridoio (*costr. nav.*), orlop beam. **8.** ~ di stiva (*nav.*), hold beam. **9.** ~ fasciato (*costr. nav.*), deck beam. **10.** ~ frontale (*costr. nav.*), breast beam. **11.** ~ maestro (*costr. nav.*), midship beam. **12.** ~ mobile (*costr. nav.*), shifting beam. **13.** bolzone del ~ (*costr. nav.*), round of beam. **14.** bracciuolo di ~ (per unire il baglio al fianco della nave) (*costr. nav.*), knee plate. **15.** distanza tra i bagli (*costr. nav.*), beam spacing. **16.** ordine di bagli (*costr. nav.*), tier of beams. **17.** serretta di ~ (sottodormiente, di una nave in legno) (*costr. nav.*), clamp, beam clamp.
bagliore (luminescenza) (*gen.*), glow, gleam.
bagnabilità (*fis.*), wettability.
bagnamento (della trama) (*mft. tess.*), damping. **2.** ~ (aggiunta di acqua al carbone quando raggiunge il carbonile) (*comb.*), tempering. **3.** ~, *vedi anche* bagnatura.
bagnapólvere (per camera a fuoco di locomotiva a vapore) (*ferr.*), spraying cock.
bagnare (con acqua per es.), to wet, to dampen. **2.** ~ (per tempra) (*metall.*), to quench.
bagnasciuga (*nav.*), boot-topping.
bagnato, wet, wetted. **2.** ~ su ~ (metodo di verniciatura con applicazione di successive mani prima dell'essiccamento delle precedenti) (*vn.*), wet on wet. **3.** superficie bagnata (*nav.*), wetted surface.
bagnatura (della lana per es.) (*mft. tess.*), steeping.
bagno (*gen.*), bath. **2.** ~ (metallo fuso in un forno) (*fond.*), bath. **3.** ~ (*fot.*), bath. **4.** ~ (di immersione: per colorare, rivestire ecc. per es.) (*tintoria - ecc.*), dip, dipping. **5.** ~ (soluzione nella quale gli articoli possono essere immersi: per es. per rivestimento, pulitura, mordenzatura, ecc.) (*proc. ind.*), dip. **6.** ~ colorante (*tintoria - ind. tess.*), dyebath. **7.** ~ cromogeno (nel trattamento di fotografie a colori) (*fot.*), color developer. **8.** ~ d'acido (nel processo di fotoincisione per es.) (*fot. - tip.*), acid bath. **9.** ~ d'annerimento (*fot.*), blackening bath. **10.** ~ d'arresto (dello sviluppo per es.) (*fot.*), short-stop bath, short-stop, stop bath. **11.** ~ di colore (tintura) (*ind. chim. - tintoria*), dye, color (am.), colour (ingl.). **12.** ~ di decapaggio (*metall.*), pickle, pickling bath. **13.** ~ di fissaggio (fissatore) (*chim. - fot.*), fixing bath. **14.** ~ di fusione (*saldatura*), weld pool, puddle. **15.** ~ di imbianchimento o di sbianca (*fot.*), bleach bath, bleaching bath. **16.** ~ di indebolimento (per negative) (*fot.*), reducer. **17.** ~ di inversione (*fot.*), reversing bath. **18.** ~ di macerazione (*mft. cuoio*), bate. **19.** ~ di olio (*mecc.*), oil bath. **20.** ~ di picklaggio (*mft. cuoio*), pickle. **21.** ~ di piombo (*ind. metall.*), lead bath. **22.** ~ di placcatura (processo mecc.) (*ind.*), plating bath. **23.** ~ di rinverdimento (per le pelli secche nel processo di concia) (*ind. cuoio*), soak. **24.** ~ di sale per alte temperature (*metall.*), high-heat salt bath. **25.** ~ di tempra (*metall.*), quenching bath, hardening bath. **26.** ~ galvanico (*elettrochim.*), electrolytic bath, galvanic bath, plating bath. **27.** ~ induritore (*fot.*), hardening bath. **28.** ~ iposolfito (bagno riduttore) (*ind. cuoio*), hypo bath. **29.** ~ per mordenzatura opaca (*proc. ind.*), matte dip. **30.** ~ rallentatore (*fot.*), restraining bath. **31.** lubrificazione a ~ d'olio (*mecc.*), oil bath lubrication. **32.** stanza da ~ ("bagno") (*ed.*), bath- room, toilet (am.).
bagnolo (vasca per estinzione della calce) (*costr. ed.*), slaking vat.
bagnomarìa (*ind. - chim. - ecc.*), water bath.
bagnosabbia (per riscaldamento in procedimenti chim. per es.), sandbath.
bagolaro (*legn.*), hackberry.
baia (*geogr.*), bay, bight.
bainite (*metall.*), bainite.
bainitico (*metall.*), bainitic.
baionetta (sistema di montaggio: di zoccolo di lampada elettrica per es.) (*mecc.*), bayonet. **2.** ~ (arma) (*milit.*), bayonet.
bakelite (*ind. chim.*), *vedi* bachelite.
bakelizzare (*ind. chim.*), *vedi* bachelizzare.
bakelizzato (*ind. chim.*), *vedi* bachelizzato.
bàlata (resina), balata.
balaustrata (di scala, di balcone per es.) (*arch.*), balustrade, balusters. **2.** ~ (parapetto) (*mur.*), breastwork. **3.** elemento di ~ (*arch.*), banister, baluster.
balaustrino (elemento di balaustrata) (*arch.*), balu-

ster, banister. **2.** ~ (*dis.*), bow compass, spring bow compass. **3.** ~ a punte fisse (*strum. dis.*), spring-bow dividers. **4.** ~ con portamina (*strum. dis.*), bow pencil. **5.** ~ con tiralinee (*strum. dis.*), bow pen.

balaustro (elemento di balaustrata) (*arch.*), baluster, banister.

balbettìo (*gen.*), babble.

balconata (*arch.*), balcony.

balconcino (*ed.*), small balcony.

balcone (*arch.*), balcony. **2.** ~ chiuso a vetrata (*arch.*), oriel, bay window.

balena (cetaceo), whale. **2.** branco di balene (*mar.*), gam.

balenièra (imbarcazione attrezzata per la pesca delle balene) (*nav.*), whaling boat, whaler.

balèstra (*mecc.*), half-elliptic spring, leaf spring. **2.** ~ (*tip.*), *vedi* vantaggio. **3.** ~ a foglia unica (*aut.*), single-leaf spring. **4.** ~ cantilever (molla cantilever) (*aut.*), cantilever-type spring. **5.** ~ posteriore (*aut.*), rear leaf spring. **6.** ~ semiellittica (*aut.*), semi-elliptic spring. **7.** ~ semiellittica più molla semicantilever (*aut.*), three-quarter-elliptic spring. **8.** ~ trasversale (*aut.*), transverse spring. **9.** appoggio della ~ (*mecc.*), leaf spring seat. **10.** foglia di ~ (*mecc.*), spring leaf. **11.** molla a ~ (*aut. - ferr.*), leaf spring, laminated spring. **12.** staffa per molla a ~ (per fissare le foglie di una molla a balestra) (*mecc.*), rebound clip.

balestriglia (astrolabio: vecchio strumento per prendere altitudini) (*nav.*), cross-staff.

balia (di dirigibile per es.) (*aer.*), nurse balloon.

balipèdio (campo di tiro, poligono di tiro) (*milit.*), firing ground, proving ground.

balistica (*s.*), ballistics, gunnery. **2.** ~ interna (*balistica*), interior ballistics. **3.** densità ~ (dell'aria) (*balistica*), ballistic density.

balistico (*a. - gen.*), ballistic.

balistite (*espl.*), ballistite.

balla (di lana per es.) (*ind. tess.*), bale. **2.** ~ (di cotone) cilindrica (di circa 113 kg) (*ind. tess.*), round bale. **3.** ~ (ingl.), del peso di 240 libbre (*ind. lana*), pack (ingl.). **4.** ~ difettosa (*ind. tess.*), faulty bale. **5.** ~ di materiale compresso (o balla compressa) (di cotone per es.) (*ind. tess.*), pressed bale, compressed bale, dumped bale. **6.** ~ rifatta (*ind. lana*), repacked bale.

ballare (il muoversi disordinato di una nave durante una tempesta per rullìo e beccheggio) (*nav.*), to reel.

bàllast (massicciata ferroviaria) (*ferr.*), ballast. **2.** ~ incassato (*ferr.*), boxed-in ballast.

ballatoio (*ed.*), gallery. **2.** ~ di palcoscenico (*ed.*), flies (ingl.).

ballerino (tamburo per filigranatura, tamburo ballerino) (*mft. carta*), dandy roll. **2.** spizzicatura del ~ (difetto della carta) (*mft. carta*), dandy mark.

ballo (serie di salti di quota dovuti a disturbi atmosferici) (*s. - navig. aer.*), bumpness.

balloncino (pneumatico a pressione bassa e grande sezione) (*aut. - ecc.*), balloon tire, doughnut tire.

ballone (di filo) (*tess.*), balloon.

balsa (legno di balsa) (*nav. - ecc.*), balsa, balsa wood.

balsamo (*chim.*), balsam. **2.** ~ del Canadà (*ott.*), Canada balsam.

balun (unità di bilanciamento, per adattamento di impedenza) (*radio*), balun, balancing unit.

balza (decorativa: di una tenda) (*ind. tess. - ecc.*), valance, vallance.

balzare fuori (fare una sortita) (*milit.*), to sally forth.

bambagia (*tess.*), raw cotton.

bambù (*legn.*), bamboo.

banak (legno dell'America centrale) (*legn.*), banak.

banale (con tutte le variabili uguali a zero) (*a. - mat.*), trivial.

banana (spina unipolare) (*elett.*), banana plug. **2.** ~, *vedi* spinotto ~.

bananiera (nave bananiera) (*nav.*), banana boat.

banca (*finanz.*), bank. **2.** ~ (del sangue o plasma) (*med.*), bank. **3.** ~ centrale (~ dello stato) (*banca*), central bank. **4.** ~ (di) dati (*elab.*), data bank. **5.** Banca Europea degli Investimenti (BEI) (*finanz.*), European Investment Bank, EIB. **6.** ~ per azioni (con più azionisti) (*finanz.*), joint-stock bank. **7.** cassa e banche (in un bilancio) (*contabilità*), cash and due from banks. **8.** depositare in ~ (*finanz.*), to bank.

bancabile (*a. - finanz.*), bankable.

bancabilità (*finanz.*), bankability.

bancale (banco) (*macch. ut. - mecc.*), bed. **2.** ~ (pallet: piattaforma di sostegno di un carico trasportabile) (*trasp.*), *vedi* paletta. **3.** ~ del tornio (*macch. ut.*), lathe bed. **4.** ~ (o piano) di tracciatura ("plateau") (*att. mecc.*), scribing table.

bancario (impiegato bancario) (*s. - lav. - pers.*), bank clerk. **2.** operazioni bancarie effettuate a distanza (*inf. bancaria*), telebanking. **3.** prestito ~ (*finanz.*), bank loan. **4.** servizio ~ (*banca*), banking. **5.** servizio ~ a domicilio (*banca telematica*), home banking.

bancarotta (*comm.*), bankruptcy.

bancata (supporti di banco di un motore) (*mot.*), main bearings. **2.** alesatura della ~ (*operaz. mecc.*), line boring of main bearings.

banchière (*finanz.*), banker.

banchina (*nav.*), wharf, quay, dock, shipside. **2.** ~ (*ferr.*), platform. **3.** ~ (striscia di terreno a lato della strada) (*strad.*), roadside. **4.** ~ (berma: di strada od argine per es.), berm, berme. **5.** ~ (striscia di sicurezza, margine non pavimentato di una strada) (*strad.*), roadside. **6.** ~ (per fermate di emergenza su una autostrada per es.) (*traff. strad.*), hard shoulder. **7.** ~ di carico (*nav.*), loading wharf, loading dock. **8.** ~ di carico e spedizione (*nav.*), loading and shipping dock. **9.** ~ di scarico (*nav.*), unloading wharf, discharging wharf. **10.** ~ portastampi (portastampi, blocco portastampi) (*macch. ut.*), sow block, die shoe. **11.**

diritti di ~ (*nav.*), wharfage, quayage. **12.** franco ~ (FAS) (*comm.*), free alongside ship, FAS, fas.
banchisa ("pack") (*geol.*), ice pack, pack.
banco (*gen. - carp. - mecc.*), bench. **2.** ~ (secca) (*mar.*), bank. **3.** ~ (*min.*), seam. **4.** ~ (quadro a banco, contenente strumenti ecc.) (*elett.*), desk. **5.** ~ (di pesci) (*mare*), bank. **6.** ~ (~ ove sono installate boccole, spine, lampade spia, ecc. per eseguire connessioni) (*elett. - eltn. - elab. - ecc.*), bank. **7.** ~ a fusi (filatoio) (*macch. tess.*), fly frame, spindle frame, spinning frame, speeder. **8.** ~ a fusi in finissimo (filatura del cotone) (*macch. tess.*), jack frame. **9.** ~ a fusi in grosso (*macch. tess.*), slubbing frame. **10.** ~ a rulli (banco prova a rulli, per collaudo di automobili in officina anziché con prove su strada) (*aut.*), roller stand, roller test bench. **11.** ~ a tirare (*macch. tess.*), drawing frame. **12.** ~ da falegname (*falegn.*), joiner's stand, joiner's bench, carpenter's bench. **13.** ~ da formatore (*fond.*), molder bench. **14.** ~ da lavoro (*off.*), workbench, worktable. **15.** ~ del pettine (*ind. tess.*), hackling bench. **16.** ~ di collaudo (di mot. per es.), test stand, test bench, test bed. **17.** ~ di comando (quadro di comando a banco, banco di manovra) (*elett.*), control desk. **18.** ~ di controllo (*ind.*), inspection table. **19.** ~ di controllo (di un supermercato o grande magazzino) (*organ. comm.*), checkout stand. **20.** ~ di distribuzione (quadro di distribuzione a banco) (*elett.*), distributing desk. **21.** ~ di ghiaccio (*geol. - navig.*), ice pack. **22.** ~ di lavoro (*tip.*), bank, bench. **23.** ~ di lavoro (*att. off.*), cabinet bench. **24.** ~ di manovra (*ferr. - ecc.*), control board, control desk, control stand. **25.** ~ di manovra di apparato centrale (*ferr.*), interlock board. **26.** ~ di manovra di apparato centrale elettrico (*ferr.*), electrical interlock board. **27.** ~ dinamometrico a rulli (per prove di autotelai) (*aut.*), (chassis) dynamometer. **28.** ~ di nebbia (*meteor.*), fog bank. **29.** ~ (di) prova (*mot. - macch. - elett.*), test bed. **30.** ~ di sabbia (*mar. - geol.*), sandbank. **31.** ~ di scogli (nel mare) (*geogr. - navig.*), reef. **32.** ~ di stiro a barrette (stiratoio a barrette di pettini) (*macch. tess.*), gill box. **33.** ~ di taratura (*gen.*), calibrating table. **34.** ~ di tiratura a barrette (*macch. tess.*), gill box. **35.** ~ di torcitura del lucignolo (*ind. tess.*), jack roving frame. **36.** ~ micrometrico (*app. mis.*), measuring machine. **37.** ~ non sfruttato (filone non sfruttato di una miniera) (*min.*), unopened seam. **38.** ~ ottico (formato da guide regolabili dotate di supporti mobili per lo spostamento sulle stesse di lenti ecc.) (*app. ott. mis.*), optical bench, optical comparator. **39.** ~ per collaudo (di pezzi lavorati in officina), inspection bench. **40.** ~ per equilibratura mole (*macch. ut.*), wheel balancing stand. **41.** ~ per imballatore (postazione di imballaggio) (*trasp. - ind.*), packing bench. **42.** ~ per lucignolo (o per stoppino) (*ind. tess.*), roving frame, roving machine, billy. **43.** ~ per prove d'urto (dispositivo di lancio pneumatico per prove distruttive) (*aut.*), crash-tester. **44.** ~ per rematori (*nav.*), bank, thwart. **45.** ~ per revisione motori (*off.*), engine overhaul bench. **46.** ~ per stoppino (o per lucignolo) (*ind. tess.*), roving frame, roving machine, billy. **47.** ~ per vogatori (di una imbarcazione per es.) (*nav.*), bank, thwart. **48.** ~ prova apparecchi elettrici (*app. elett.*), electrical equipment test stand. **49.** ~ prova candele (*app. elett.*), sparking plug test stand. **50.** ~ prova motori (*mecc.*), engine test stand, engine test-bed. **51.** ~ tipografico (*tip.*), imposing table.
"BANCOMAT", *vedi* cassa automatica prelievi.
banconòta (*finanz.*), banknote.
banda (gamma di frequenze o di lunghezze d'onda) (*radio*), band. **2.** ~ (gruppo di tracce di registrazione su tamburo, disco, ecc.) (*elab.*), band. **3.** ~ (lamiera) (*metall.*), plate. **4.** bande (linee su una barra dovute a segregazioni, difetti meccanici ecc.) (*difetto metall.*), bands. **5.** ~ allargata (di onde corte) (*radio*), bandspread. **6.** ~ amatori (di frequenze: per comunicare tra loro) (*radio*), amateur band. **7.** ~ decarburata (striscia di metallo contenente una minore quantità di carbonio rispetto al materiale che la circonda) (*metall.*), ghost, ghost line. **8.** ~ destinata ad uso privato (gruppo di frequenze destinate ad uso privato) (*radio*), citizen band. **9.** ~ di assorbimento (di spettroscopio) (*fis.*), absorption band. **10.** ~ di base (~ fondamentale di frequenze, usata in tutte le trasmissioni) (*radio - ecc.*), base band. **11.** bande di deformazione (linee di deformazione, dovute a deformazione a freddo) (*difetto metall.*), deformation bands, deformation lines. **12.** ~ di ferrite (banda decarburata, banda di segregazione, sulla superficie del metallo e contenente di solito solfuri, fosfuri ecc.) (*difetto metall.*), ferrite ghost. **13.** ~ di fosfuri (segregazione di fosfuri) (*difetto metall.*), phosphide streak. **14.** ~ di frequenza del parlato (*telef. - eltn. - elab.*), speech bandwidth. **15.** ~ di frequenze (*radio*), frequency band. **16.** ~ di guardia, spazio di protezione (per evitare interferenze fra due canali adiacenti) (*radio*), guard band. **17.** bande di Neumann (linee attraverso la struttura ferritica dell'acciaio, dovute ad urto o lavorazione a freddo) (*difetto metall.*), Neumann bands. **18.** ~ di ottava (ottava, intervallo di frequenze in cui il rapporto tra limite superiore ed inferiore è $f_2/f_1 = 2$) (*acus.*), octave band. **19.** bande di scorrimento (dovute allo scorrimento dei cristalli in seguito a deformazione) (*difetto metall.*), slip bands, slip lines. **20.** ~ fonica (~ del parlato) (*inf. - telecom.*), voice band. **21.** ~ in terzo di ottava (banda di frequenze il rapporto tra limite superiore ed inferiore della quale è $f_2/f_1 = {}^1/_3$) (*acus.*), third octave band. **22.** ~ larga (*eltn. - radio - ecc.*), broadband. **23.** ~ larga (di frequenze) (*acus. - ecc.*), wide band. **24.** ~ laterale (*radio*), side band, sideband (ingl.). **25.** ~ laterale di frequenze (*radio*), side frequency band. **26.** ~ laterale residua (*tlcm.*), vestigial sideband, VSB. **27.** ~ laterale soppressa (*radio co-*

mun.), suppressed sideband. **28.** ~ laterale trasmessa (*radio comun.*), transmitted sideband. **29.** ~ nera (lamiera nera) (*metall.*), black plate. **30.** ~ passante (in un radiocircuito per es.) (*eltn.*), passband. **31.** ~ passante del filtro (*eltn.*), filter passband. **32.** ~ perforata, *vedi* nastro perforato. **33.** ~ stagnata (*metall.*), white latten, latten. **34.** ~ stretta (di frequenze) (*acus. - radio*), narrow band. **35.** ~ visibile (di una radiazione) (*fis.*), visible region. **36.** a ~ laterale (*a. - radio*), side-band. **37.** a bande di segregazione (stratificato, detto di struttura metallica contenente segregazioni di lega, dopo deformazione plastica) (*metall. - fucinatura*), banded. **38.** a ~ stretta (relativa alle frequenze) (*eltn.*), narrow-band. **39.** a larga ~ (di frequenze) (*eltn.*), wideband. **40.** larghezza di ~ (*eltn.*), bandwidth. **41.** livello di ~ (di radiazioni acustiche) (*acus.*), band level. **42.** occupazione della ~ (carico della banda di frequenza) (*radio*), band loading.

bandeggiamento (stratificazione, tipo di segregazione) (*difetto metall.*), banding.

bandèlla (sbarra) (*elett.*), bus bar. **2.** ~ (*metall.*), strap, strap iron, hoop-iron. **3.** ~ di fine corsa dello scuotimento (tampone a forma di staffa per fine corsa dello scuotimento, delle sospensioni per es.) (*aut.*), rebound strap.

banderuòla (*strum. meteor.*), wind vane, vane, weathercock.

bandièra (*milit.*), colors. **2.** ~ (*gen. - nav.*), flag, banner. **3.** ~ (estremità di piastra di accumulatore per il passaggio della corrente) (*elett.*), lug. **4.** ~ (paraluce) (*fot.*), hood. **5.** "~" (portina a ghigliottina, di un forno) (*mft. vetro*), tweel. **6.** "~" (portina in materiale refrattario contrappesata, usata in un piccolo forno) (*mft. vetro*), shear-cake. **7.** ~ a mano (per segnali) (*mar. milit.*), hand flag. **8.** ~ (abbassata) a mezz'asta (*milit.*), flag at half mast, at the dip. **9.** ~ da segnalazione a mano (*milit.*), wigwag flag. **10.** ~ da segnalazioni (*nav.*), signal flag. **11.** ~ dell'ammiraglio (*nav.*), admiral flag. **12.** ~ (rossa) denotante esplosivi (*nav.*), powder flag. **13.** ~ di bompresso (*nav.*), jack. **14.** ~ di comodo (*nav.*), flag of convenience. **15.** ~ di partenza (*nav.*), blue peter. **16.** ~ di quarantena (bandiera gialla) (*nav.*), quarantene flag, yellow jack, sick flag. **17.** ~ di soccorso (*nav.*), distress flag. **18.** ~ gialla (bandiera di quarantena) (*nav.*), yellow jack, quarantene flag, sick flag. **19.** ~ mercantile (*nav.*), merchant flag. **20.** ~ nazionale (*nav.*), national flag. **21.** ~ postale (*nav.*), mail flag. **22.** ~ sociale (*nav.*), burgee. **23.** ammainare la ~ (*nav.*), to lower the flag, to break the flag. **24.** issare la ~, to hoist the flag. **25.** messa in ~ (di un'elica) (*aer.*), feathering. **26.** mettere in ~ (un'elica) (*aer.*), to feather. **27.** posizione in ~ (di un'elica a passo variabile) (*aer.*), feathered position. **28.** segnalazione con ~ (*milit. - mar. milit.*), wigwag.

bandire (una gara per concorso di appalto per es.) (*comm.*), to call, to call for. **2.** ~ una gara internazionale (emettere bando per gara internazionale) (*comm.*), to call (for) an international competitive bidding.

banditore (di asta) (*comm.*), auctioneer.

bando (*gen. - milit.*), ban. **2.** ~ (per una gara per es.) (*sport*), advertisement. **3.** ~ di gara (*comm.*), call for bids. **4.** ~ di regata (*nav.*), race advertisement.

bandoliera (*milit.*), bandoleer, bandolier.

bandone (lamina zincata) (*ind. - ed.*), galvanized iron sheet. **2.** ~ di lamiera ondulata (e zincata o meno) (*ind. - ed.*), corrugated iron, corrugated iron sheet.

bang sonico (rumore che si avverte quando un aereo supera il muro del suono) (*aer. - acus.*), sonic boom.

"baquet" (sedile a "baquet", di vecchie auto da corsa per es.) (*aut.*), bucket seat, "baquet".

bar (1 megadina per $cm^2 = 10^5$ Pa: unità di pressione, detta anche megabaria) (*fis.*), bar. **2.** ~ (locale ospitante il bar) (*ed.*), bar-room.

baracca, hut, shed, shack. **2.** ~ (costruzione temporanea usata da lavoratori o soldati) (*costr. - milit.*), barrack, barracks. **3.** ~ di cantiere (destinata a ufficio) (*ed.*), cabin (ingl.).

baraccamento (*milit. - ecc.*), hutmet.

baratto (*comm.*), barter.

baràttolo, tin, can, canister. **2.** ~ di vernice (lattina di vernice) (*contenitore vn.*), paintpot.

barbabiètola (*botanica*), beet (am.), beetroot (ingl.). **2.** ~ da zucchero (*ind. chim.*), sugarbeet.

barbacane (*ed.*), scarp wall.

barbaglio (di luce intensa riflessa) (*ott. - radar*), glint.

barbetta (cima) (*nav.*), painter. **2.** ~ (di barca: cima per eventuale rimorchio) (*nav.*), boat's painter. **3.** in ~ (detto di cannone in posizione tale da sparare al di sopra del parapetto) (*mar. milit.*), in barbette.

barca (*nav.*), boat. **2.** ~ a due remi (con un rematore a ciascun remo) (*nav.*), pair-oar boat. **3.** ~ a fondo piatto (*nav.*), dory. **4.** ~ a idrogetto (natante, da diporto per es., senza elica) (*nav.*), jet boat. **5.** ~ a motore (*nav.*), motorboat, autoboat. **6.** ~ a remi (*nav.*), rowboat, yawl, jolly boat, pulling boat. **7.** ~ a remi di servizio (pram appartenente alla nave; per servizio da bordo a terra di un natante da diporto per es.) (*nav.*), pram. **8.** ~ a vapore (*nav.*), steamboat. **9.** ~ a vela (*nav.*), sailboat. **10.** ~ a vela con chiglia fissa (*nav.*), keelboat. **11.** ~ a vela con motore ausiliario (da diporto) (*nav.*), motor sailer. **12.** ~ con fasciame a corsi sovrapposti (*nav.*), clinker boat. **13.** ~ da pesca (*nav.*), fishing boat. **14.** ~ da ponti (*ing. strad.*), pontoon, ponton. **15.** ~ dei viveri (*mar. milit.*), bumboat. **16.** ~ di pelli (eschimese) (*nav.*), umiack. **17.** ~ di salvataggio (*nav.*), lifeboat. **18.** ~ porta (*costr. idr.*), caisson, caisson gate. **19.** ~ (noleggiata) senza equipaggio (senza assicurazione ecc. - sistema di noleggio) (*comm. - nav.*),

bareboat. **20.** tipo di ~ a vela a due alberi e fondo piatto (*nav.*), sharpie, sharpy.
barcaiòlo (*nav.*), boatman, waterman.
barcarizzo (*nav.*), gangway, gangplank.
barchetta (del solcometro) (*nav.*), chip, ship. **2.** ~ (vassoio, per dolci) (*imballaggio*), tray.
barchino (*nav.*), dory. **2.** ~ di servizio (pram, piccola barca a remi e a motore fuoribordo appartenente a una barca grande) (*nav.*), pram.
barcobestia (nave goletta a tre alberi) (*nav.*), barkentine.
bardare (un cavallo coi finimenti), to harness.
bardiglio (marmo) (*min.*), bardiglio.
barèlla (*gen.*), litter, stretcher.
barenare (*mecc.*), to bore.
barenatrice (*macch. ut.*), *vedi* alesatrice.
bareno (barra alesatrice, mandrino per alesare) (*mecc.*), boring bar.
baria (1 dina per cm^2 = 0,001 millibar = 0,1 Pa; misura di pressione) (*fis.*), barye.
baricentrico (*a. - mecc.*), barycentric.
baricèntro (*teor. mecc.*), center of gravity, barycenter. **2.** ~ (della distribuzione di cariche elettriche per es.) (*fis.*), centroid. **3.** ~ di figura piana (*mat.*), centroid.
barilare (togliere bavature o lucidare pezzi metallici con la barilatrice) (*operaz. mecc.*), to tumble, to rumble.
barilato (bottalato) (*tecnol. mecc.*), tumbled.
barilatrice (per la lucidatura di pezzi metallici) (*macch. ut.*), tumbling barrell, rumble, rumbler.
barilatura (*operaz. mecc.*), tumbling, rumbl- ing. **2.** ~ abrasiva (*tecnol. mecc.*), abrasive tumbling.
barile (*gen.*), barrel, cask, keg. **2.** ~ (per liquidi vari di 31,5 galloni S.U. = litri 119,2275) (*mis.*), barrel. **3.** barili al giorno (misura della produzione di petrolio) (*min. - mis. petrolio*), barrels per day, BD. **4.** ~ barilatore (tamburo girevole per barilatura) (*mecc. - macch. ut.*), barrel. **5.** ~ di petrolio (42 galloni S.U. = litri 158,97) (*mis.*), oil barrel. **6.** barili per giorno solare (barili per giorno calendariale; misura di produzione petrolio) (*min. - mis. petrolio*), barrels per calendar day, BCD.
barilla (ceneri di alghe ricche di sali alcalini) (*chim. - comm.*), barilla.
barilòtto (di un bersaglio) (*milit.*), bull's eye. **2.** ~ dell'acqua (botte dell'acqua) (*nav. a vela*), water barrico. **3.** ~ d'osservazione (*mar. milit.*), observation tank.
bario (Ba- *chim*), barium.
barione (particella di massa maggiore di un protone) (*fis. atom.*), baryon.
barionico (*fis. atom.*), baryonic. **2.** numero ~ (*fis. atom.*), baryon number.
barisfera (nucleo centrale terrestre) (*geofis.*), core, barisphere.
barite (BaO) (*chim.*), baryta.
baritina ($BaSO_4$) (*min.*), barite, barytes, heavy spar.
barn (b- unità di misura delle sezioni atomiche; vale $10^{-24} cm^2$) (*fis. atom.*), barn.
baròcco (stile) (*arch.*), baroque.
barociclonòmetro (*meteor.*), barocyclonometer.
baroclino (*meteor.*), baroclinic.
barògrafo (*strum.*), recording barometer, barograph. **2.** ~ (altimetro registratore, registratore di quota) (*strum. aer.*), altitude recorder, recording altimeter.
barogramma (*aer. - nav. - meteor.*), baro- gram.
baromètrico (*a. - fis.*), barometric, barometrical.
baròmetro (*strum.*), barometer, weather- glass. **2.** ~ aneroide (*strum.*), aneroid barometer, holosteric barometer. **3.** ~ a sifone (*strum.*), siphon barometer. **4.** ~ d'altezza (*strum.*), barometric altimeter. **5.** ~ di tipo marino (*strum. nav.*), marine barometer. **6.** ~ olosterico (barometro aneroide) (*strum.*), holosteric barometer, aneroid barometer. **7.** il ~ si abbassa (o sale) (*meteor.*), the barometer is falling (or rising).
baroscòpio (*strum.*), baroscope.
baròstato (del sistema di alimentazione di un motore a getto per es.) (*aer. - mot.*), barostat.
barotermògrafo (*strum.*), barothermograph.
barotermoigrografo (*strum. meteorol.*), barothermohygrograph.
barra (*mecc. - ind.*), bar, rod. **2.** ~ (di chiave a tubo per es.) (*mecc.*), tommy, tommy bar. **3.** ~ (*ind. metall.*) bar. **4.** ~ (banco di limo alla foce di un fiume od all'entrata di un porto) (*nav. - geol.*), bar. **5.** ~ (~ obliqua, segno diagonale: /) (*s. - tip.*), slash, slash mark. **6.** ~ (contenente combustibile nucleare o materiale fertile) (*s. - reattore nucleare*), rod. **7.** ~ (elemento apportatore della informazione nel codice a barre) (*elab.*), bar. **8.** ~ (del timone) (*nav.*), tiller, helm. **9.** ~ (per abbattere frammenti rocciosi parzialmente rimossi) (*min.*), bar. **10.** ~ (candela, barra di alimentazione, di un tornio) (*macch. ut.*), feed rod. **11.** ~ (nella colata continua) (*fond.*), strand. **12.** ~ (dispositivo porta attrezzi) (*trattore agric.*), toolbar. **13.** ~ a bracci (girotta, del timone di un'imbarcazione) (*nav.*), yoke. **14.** ~ a canalino (*ind. metall.*), hollow half-round bar. **15.** ~ (governale) ad asta (cloche) (*aer.*), control stick, stick. **16.** ~ alesatrice (di alesatrice orizzontale per es.) (*mecc. - macch. ut.*), boring bar. **17.** ~ antibeccheggio (di una sospensione) (*aut.*), anti - pitch bar. **18.** ~ antirollìo (di una sospensione) (*aut.*), anti-roll bar. **19.** ~ (governale) a volante (*aer.*), control column. **20.** ~ campione (unità di misura) (*mis.*), length bar. **21.** ~ cavafascioni (per ruote di bicicletta), tire bar. **22.** ~ cementata (*metall.*), blister bar, cemented bar, converted bar. **23.** ~ collettrice, *vedi* sbarra collettrice. **24.** ~ combustibile (di un reattore nucleare) (*fis. atom.*), fuel rod. **25.** ~ d'accoppiamento (dello sterzo) (*aut.*), tie rod, track rod. **26.** ~ da filo (barra per filo) (*ind. metall.*), wirebar. **27.** ~ (o spezzone) da fucinare (*fucinatura*), stock. **28.** ~ del timone (*nav.*), rudder tiller, tiller. **29.** ~ di accoppiamento (per accoppiare i veicoli ferroviari) (*mecc. - ferr.*), shackle

bar. **30.** barre diagonali (di una macch. da stampa) (*tip.*), diagonal bars. **31.** ~ di comando doppio (*aer.*), yoke. **32.** ~ di compensazione (per una regolazione grossolana del reattore) (*reattore nucleare*), shim rod. **33.** ~ di controllo (per una regolazione accurata del reattore) (*reattore nucleare*), power control rod, control rod. **34.** ~ di distribuzione (di armatura in ferro per cemento armato), repartition bar (or rod). **35.** ~ di ferro esagonale (*metall.*), hexagonal bar iron. **36.** ~ di guida (di un tornio automatico) (*mecc. - macch. ut.*), pilot bar. **37.** ~ di profilato (di ferro) (*ind. metall.*), section bar. **38.** ~ di rimorchio (*aut. - veic. - ecc.*), towbar, towrod. **39.** ~ di ripartizione (*c. a.*), repartition bar (or rod). **40.** ~ di rotazione della trivella (di perforatrice) (*min.*), rifle bar. **41.** ~ di sicurezza (per l'arresto d'emergenza di un reattore) (*fis. atom.*), scram rod. **42.** ~ di sicurezza ("roll bar", dietro il sedile del pilota per proteggerlo in caso di ribaltamento) (*sport aut.*), roll bar. **43.** ~ distributrice del carico (di un trasportatore per es.) (*trasp. ind.*), load bar. **44.** ~ di torsione (*mecc.*), torsion bar. **45.** ~ di traino (o di trazione) (di un trattore per es.) (*mecc.*), drawbar. **46.** ~ di trazione (tirante, di una pinza portautensile) (*macch. ut.*), drawrod. **47.** ~ di trazione orientabile (di trattore agric. per es.) (*mecc.*), swinging drawbar. **48.** ~ falciante (*macch. agric.*), cutter bar. **49.** ~ gonfiata (difetto della metallurgia delle polveri dovuto a pressione interna nella barra) (*difetto metall.*), puffed bar. **50.** ~ in rotoli (*ind. metall.*), coiled bar. **51.** ~ longitudinale comando barrage sterzo (*aut.*), steering rod (ingl.), drag link (am.). **52.** ~ mezzotonda (mezzotondo) (*ind. metall.*), half-round bar. **53.** ~ ottagonale (*ind. metall.*), octagonal bar. **54.** ~ ovale (*ind. metall.*), oval bar. **55.** ~ per arpioni (*ind. metall.*), spike bar. **56.** ~ piatta (piatto, largo piatto) (*ind. metall.*), flat, flat bar, metal rolled bar. **57.** ~ piatta a spigoli arrotondati (piatto a spigoli arrotondati) (*ind. metall.*), round-edged flat bar. **58.** ~ piatta a spigoli vivi (piatto a spigoli vivi) (*ind. metall.*), sharp-edged flat bar. **59.** ~ piatta con nervatura (*ind. metall.*), ribbed flat bar. **60.** ~ portante (di armatura in ferro per cemento armato), tension bar, tension rod. **61.** ~ quadra (*ind. metall.*), square bar. **62.** ~ sopravvento! (poggia tutto!) (*nav.*), hard aweather! **63.** ~ sotto! (*nav.*), helm down! **64.** ~ sottovento! (orza tutto!) (*nav.*), hard alee, helm down! **65.** ~ spaziatrice continua (*macch. per scrivere*), repeat space bar. **66.** ~ stabilizzatrice (della sospensione di un autocarro per es.) (*aut.*), stabilizer bar. **67.** ~ tonda per cemento armato (*ed.*), concrete bar. **68.** ~ volante (in impianto di galvanostegia) (*elett. - chim.*), flight bar. **69.** angolo di ~ del timone (*aer. - naut.*), rudder angle. **70.** cambiare la direzione della ~ (spostare la barra) (*nav.*), to shift the helm. **71.** dar di ~ sottovento (*nav.*), to ease, to put the helm alee. **72.** gancio d'attacco della ~ di trazione (di un trattore per es.) (*mecc.*), drawbar hitch. **73.** potenza alla ~ di trazione (di un trattore per es.) (*mecc.*), drawbar horsepower. **74.** raddrizzatrice di barre (o di alberi) (*macch. ut.*), bar straightening machine. **75.** sforzo di trazione alla ~ (di un trattore per es.) (*mecc.*), drawbar pull (ingl.).

"barrage" (passaggio sommerso tra la parte fusoria e quella di affinaggio di un forno a bacino) (*mft. vetro*), throat. **2.** ~ a gradino (*mft. vetro*), submerged throat. **3** ~ a livello (*mft. vetro*), straight throat.

barramina (asta di acciaio per forare) (*ut. min.*), steel (ingl.).

barrature (difetti di stampa dovuti ad irregolare contatto del rullo inchiostratore) (*tip.*), roller streaks.

barre laterali (di un telaio) (*mecc. tess.*), side rods.

barretta (*gen.*), bar. **2.** ~ (provetta, per prova materiali) (*tecnol. mecc.*), test bar. **3.** ~ a pettine (di uno stiratoio) (*ind. tess.*), faller. **4.** ~ di prova normale (per prove resistenza materiali) (*sc. costr.*), base standard test bar. **5.** ~ triangolare (barretta a cuneo: per prova dei materiali) (*sc. costr.*), wedge bar. **6.** ~, *vedi anche* provetta.

barricata (*milit.*), barricade.

barrièra (*gen.*), barrier. **2.** ~ (a bilico: a protezione di un passaggio a livello per es., sbarra) (*ferr. - strad.*), gate. **3.** ~, ~ di arresto (*aer.*), barrier. **4.** ~ anticarro (*milit.*), tank barrier. **5.** ~ corallina (~ costruita dal corallo) (*geol. - mar.*), barrier reef. **6.** ~ del suono (muro del suono) (*aerodin.*), sound barrier. **7.** ~ di Gamow (barriera di potenziale nella disintegrazione radioattiva) (*fis. atom.*), Gamow barrier. **8.** ~ di sicurezza (guardavia, sicurvia, "guardrail", ai lati di un'autostrada) (*strad.*), guardrail. **9.** ~ di sicurezza (rete di sicurezza, usata per arrestare un velivolo non fermato dai dispositivi di arresto sul ponte di una portaerei) (*aer.*), safety barrier. **10.** ~ fissa (nelle prove di collisione effettuate da una fabbrica di automobili per es.) (*prova distruttiva aut.*), fixed barrier. **11.** ~ mobile (*prova collisione aut.*), moving barrier. **12.** ~ tariffaria (*comm.*), tariff wall. **13.** ~ termica (muro del calore: limita la velocità di missili e aerei) (*aerodin.*), thermal barrier, heat barrier. **14.** ~ transonica (muro del suono) (*aerodin.*), transonic barrier.

barròccio (veicolo a due ruote) (*veic.*), dray.

barròtto (di griglia di caldaia) (*cald.*), fire bar, arch bar.

basaltico (*min.*), basaltic.

basalto (*min.*), basalt.

basamento (*arch.*), base, basement. **2.** ~ (di una pressa per es.) (*mecc.*), bed, bedplate. **3.** ~ (blocco cilindri, monoblocco di un motore a c. i. contenente i cilindri e i supporti di banco dell'albero a gomiti) (*mot.*), block, cylinder block, engine block. **4.** ~ (incastellatura dell'albero a manovella, di motore termico) (*mot.*), crankcase. **5.** ~ (telaio di base, per motore o gruppo elettrogeno per es.) (*mecc.*), base. **6.** ~ a tunnel (basamento per albero a manovelle con spalle a disco) (*mot.*), tunnel crankcase. **7.** ~ comune (base unica, intelaiatura di base unica, per un gruppo elettrogeno per es.) (*mot. - elett.*), single base. **8.** ~ della macchina (di macch. utensile per es.) (*mecc.*), machine bed.

basato (*a. - gen.*), based.

bàscula, bascule, basculla (*ind. - comm.*), platform scale, platform balance.

base (*mecc.*), base. **2.** ~ (*ed.*), bed. **3.** ~ (fondazione) (*geod. - top.*), sill. **4.** ~ (*arch.*), base, basement. **5.** ~ (*chim.*), base. **6.** ~ (percorso di nota lunghezza usato per il rilievo delle velocità suolo di un aeromobile) (*aer.*), speed course. **7.** ~ (*geom. - mat.*), base. **8.** ~ (suola di rotaia) (*ferr.*), flange. **9.** ~ (base topografica) (*top.*), base line, base. **10.** ~ (*milit.*), base. **11.** ~ (insieme di vettori) (*mat.*), basis. **12.** ~ (di logaritmi) (*mat.*), radix. **13.** ~ (di una colonna per es.) (*arch.*), footing. **14.** ~ (in un sistema numerico) (*mat.*), base. **15.** ~ aerea (*aer. milit.*), air base. **16.** ~ comune (base unica, per il motore termico e generatore di un gruppo elettrogeno per es.) (*mecc.*), common bedplate. **17.** ~ dati distribuita (*elab.*), distributed data base. **18.** ~ dei tempi (sequenza di impulsi sincroni) (*elab. - radar - telev.*), time base. **19.** ~ dei tempi del quadro (*telev.*), frame time base. **20.** ~ di appoggio per sbavatura (*fond.*), clipping base. **21.** ~ di collegamento (adattatore dei componenti) (*elab.*), attachment base. **22.** ~ di dati (gruppo di scelti dati utili per ricerca e rapido reperimento) (*elab.*), data base. **23.** ~ di operazioni (*milit.*), base of operation. **24.** ~ di presa aerea (*fotogr.*), air base. **25.** ~ di sommergibili (*mar. milit.*), sub-base. **26.** ~ di triangolazione (*top.*), base of triangulation. **27.** ~ geodetica (o topografica, di una triangolazione per es.) (*geod. - top.*), base line, base. **28.** ~ navale (*mar. milit.*), naval base. **29.** ~ o radice (di un sistema numerico: nel sistema decimale è =10; in quello binario è =2) (*s. - mat. - elab.*), radix. **30.** ~ per stampi (*tecnol.*), die seat. **31.** ~ stereoscopica (*ott.*), stereo base. **32.** ~ strumentale (di un restitutore, linea collegante i centri ottici degli obiettivi di proiettori adiacenti) (*fotogr.*), base line. **33** ~ topografica (di triangolazione) (*top.*), base line. **34.** ~ unica (telaio di base unica per un motore ed alternatore per es. formanti un gruppo elettrogeno) (*mot. elett.*), common bedplate. **35.** a ~ fissa (*elab.*), fixed radix. **36.** cilindro di ~ (di un ingranaggio) (*mecc.*), base cylinder. **37.** circolo di ~ (di un ingranaggio) (*mecc.*), base circle. **38.** con ~ fissa (come nella notazione digitale) (*elab.*), fixed-base. **39.** con ~ otto (un sistema numerico a base otto per es.) (*calc.*), octal. **40.** con ~ su portaerei (di un aereo) (*aer. milit.*), carrier-based. **41.** cono di ~ (di un ingranaggio) (*mecc.*), base cone. **42.** diametro del cerchio ~ (di un ingranaggio) (*mecc.*), base diameter. **43.** di ~ (costituente la ~) (*a. - elab. - ecc.*), basic. **44.** dinamite a ~ inerte (*espl.*), inert base dynamite. **45.** fondazione di ~ (*macch.*), bedplate, soleplate. **46.** indicatore di ritorno alla ~ (*aer. - radar*), homing indicator. **47.** rete di sviluppo di ~ (in un sistema di triangolazioni) (*geol. - op.*), base net. **48.** ritornare alla ~ (di un aereo alla sua portaerei per es.) (*aer. - ecc.*), to home. **49.** ritorno alla ~ (*aer. - radar*), homing. **50.** scambio delle basi (scambio di atomi nella zeolite per l'addolcimento dell'acqua) (*geol. - chim.*), base exchange. **51.** strato inferiore di ~ (*vn.*), couch.

baseball (palla a basi) (*sport*), baseball.

basetta (morsettiera, di una macchina elettrica per es.) (*elett.*), terminal board. **2.** ~ connessioni (morsettiera a striscia) (*elett.*), terminal strip. **3.** ~ derivazioni (basetta di derivazione) (*elett.*), branch strip. **4.** ~ di giunzione (*elett.*), junction block.

basicità (*chim.*), basicity. **2.** rapporto di ~ (*metall.*), proportional basicity.

BASIC (tipo di linguaggio standardizzato di programmazione) (*elab.*), BASIC, Beginners' All -purpose Symbolic Instruction Code.

bàsico (*chim.*), basic. **2.** procedimento ~ (*metall. - chim.*), basic process. **3.** rendere ~ (*chim.*), to basify.

basìlica (*arch.*), basilica.

basolo (massello o spezzone di pietra squadrata per pavimentazione) (*strad.*), paving stone.

basso (*gen.*), low. **2.** ~ (di un suono) (*acus.*), low, bass. **3.** ~ (di stipendio) (*a. - ind.*), low, lean. **4.** ~ (di un mercato) (*comm.*), flat. **5.** ~ (di un tessuto) (*a. - tess.*), narrow. **6.** bassa frequenza (*elett.*), low frequency, LF. **7.** bassa marea (marea delle quadrature) (*mar.*), neap tide. **8.** ~ parrocchetto (*nav.*), lower fore-topsail. **9.** bassa pressione (*gen.*), low pressure, l. p. **10.** bassa tensione (*elett.*), low tension. **11.** a bassa frequenza (*a. - elett.*), low-frequency, LF. **12.** a bassa tensione (*a. - elett.*), low-tension. **13.** dall'alto verso il ~ (un colpo, per es.) (*gen.*), overhand, down from above.

"bassofondente" (a basso punto di fusione) (*chim.*), low-melting.

bassofondo (*nav.*), shoal, shallow, flat. **2.** ~ (*mecc.*), shallow recess, shallow cavity. **3.** ~ (del dente di ruota dentata) (*mecc.*), bottom land.

bassofuoco (forno catalano) (*metall.*), Catalan furnace.

bassopiano (*geogr.*), low land.

bassorilièvo (*scultura*), basso-relievo, bassorilievo, bas-relief.

basta (piega) (*tess.*), tuck.

basta! (agguanta!) (*nav.*), avast. **2.** ~ virare! (l'argano) (*nav.*), avast heaving.

bastardo (carattere, non compreso nel sistema a punti) (*tip.*), bastard.

bastimento (*nav.*), ship, boat. **2.** ~ a vapore (*nav.*), steamer, steamship, S.S., S/S. **3.** ~ mercantile (*comm. nav.*), merchant ship. **4.** ~, *vedi anche* nave.

bastingaggio (impavesata o parapetto del ponte di coperta) (*nav.*), topgallant bulwarks.
bastione (*arch. - ed.*), bastion, rampart, bulwark. **2.** ~ (di una fortezza) (*milit.*), bastion.
bastoncino (organo della retina) (*ott. - med.*), rod. **2.** ~ (per la manifattura dei fiammiferi di legno), splint.
bastone, stick. **2.** ~ (carattere sprovvisto di tratti terminali e di chiaroscuri) (*tip.*), sans-serif, sanserif, Gothic, grotesque. **3.** ~ verticale di colata (modello di colata) (*fond.*), gate stick.
batacchio (battente, di suoneria di orologio) (*mecc.*), striker.
bateia (recipiente per separare l'oro) (*min.*), pan.
batimetrìa (*geofis.*), bathymetry.
batimetro (*strum. geofis.*), bathometer.
batiscafo (app. semovente per osservazione del fondo del mare), bathyscaph.
batisfèra (apparato statico per osservazione del fondo del mare), bathysphere.
batista (*tessuto*), lawn. **2.** ~ (cambrì: tessuto fine di lino) (*ind. tess.*), cambric.
batitermografo (strumento che registra la temperatura dell'acqua in funzione della profondità) (*strum. mar.*) bathythermograph.
batitermogramma (grafico delle temperature in funzione della profondità ottenuto con un batitermografo) (*mar. milit. - acus. sub.*), bathythermogram.
batolite (*geol.*), batholith.
batometro, *vedi* batimetro.
battaglia (*milit.*), battle. **2.** finta ~ (*milit.*), sham fight.
battaglio (di una campana) (*strum.*), clapper.
battagliòla (*nav.*), guardrail, rail.
battaglione (*milit.*), battalion, Bn. **2.** ~ artieri (*milit.*), pioneer battalion, pioneer Bn.
battèllo (*nav.*), boat. **2.** ~ (a fondo piatto per trasporto passeggeri e merci sui fiumi ecc.) (*nav.*), barge. **3.** ~ ad ali portanti, *vedi* aliscafo. **4.** ~ ad ali portanti immerse, *vedi* aliscafo ad ala immersa. **5.** ~ ad ali portanti semisommerse, *vedi* aliscafo ad ala semisommersa. **6.** ~ (o barchetta) a fondo piatto (*nav.*), dory. **7.** ~ antincendio (*nav.*), fireboat. **8.** ~ a ruote (antico battello fluviale) (*nav.*), side-wheel riverboat. **9.** ~ da pesca (*nav.*), fishing boat. **10.** ~ da traghetto (*nav.*), ferryboat, ferry. **11.** ~ di gomma (*nav.*), rubber boat. **12.** ~ di salvataggio (*nav.*), life boat. **13.** ~ di tela (*nav.*), canvas boat. **14.** ~ draga (imbarcazione per lavori idr.), dredger. **15.** ~ faro (*nav.*), lightship. **16.** ~ fluviale (*nav.*), river boat, canal boat. **17.** ~ gru (*nav.*), crane ship. **18.** ~ insommergibile (*nav.*), unsinkable boat. **19.** ~ per la pesca delle aringhe (*nav.*), buss, herring fishing boat. **20.** ~ pieghevole (di tela gommata) (*nav.*), faltboat. **21.** ~ pilota (*nav.*), pilot boat. **22.** ~ pneumatico (gonfiabile) (*nav.*), rubber boat inflatable type. **23.** ~ postale (*nav.*), packet boat. **24.** ~ sottomarino (*nav.*), submarine.
battello-porta (*costr. idr.*), caisson, caisson gate.
battènte (*idr.*), head. **2.** ~ (di porta) (*ed.*), swing-door. **3.** ~ (altezza di colonna liquida, pressione idrostatica) (*mis. idr.*), hydrostatic head. **4.** ~ (cassa battente, di un telaio) (*mft. tess.*), batten, sley, beater. **5.** ~ d'acqua (*idr.*), water head. **6.** ~ di boccaporto (*nav.*), washboard. **7.** ~ di telaio (cassa battente) (*macch. tess.*), batten, sley, beater. **8.** a ~ ruotante su cardini laterali a perno verticale (di una porta per es.) (*a. - ed.*), side hung, SH. **9.** a ~ ruotante su cerniere superiori a perno orizzontale (di una finestra) (*a. - ed.*), top hung, TH.
battentino (materiale tessile per tappezzeria per es.) (*tess.*), trimming ribbon. **2.** ~ a una cimosa (*tess.*), single-selvedged trimming ribbon.
bàttere (*gen.*), to beat, to strike, to knock. **2.** ~ (colpire), to beat. **3.** ~ (*ind. tess.*), to beat. **4.** ~ (rapida successione di rumori: di un martello pneumatico per es.) (*mecc.*), to rattle. **5.** ~ (col tiro) (*milit.*), to sweep. **6.** ~ (di valvola per es.) (*tubaz.*), to chatter. **7.** ~ (trebbiare) (*agric.*), to thresh. **8.** ~ (digitare: schiacciare un tasto della tastiera) (*elab. - macch. per scrivere - ecc.*), to keystroke. **9.** ~ (~ a macchina, digitare) (*elab. - macch. per scrivere*), to stroke. **10.** ~ bandiera (*mar. milit.*), to fly... flag. **11.** ~ col lupo (la lana) (*ind. tess.*), to willow. **12.** ~ con pestello piatto (*mur. - strad.*), to thwack. **13.** ~ con un maglio (*tecnol. mecc.*), to tup. **14.** ~ il lino (*ind. tess.*), to swingle the flax. **15.** ~ in testa (di un mot.), to knock, to spark ping. **16.** ~ le quote del terreno (*top.*), to survey elevations. **17.** ~ ripetutamente (*gen.*), to batter. **18.** ~ un record (*sport*), to beat a record.
batteria (di accumulatori) (*elett.*), battery, storage battery (ingl.), accumulator (am.), accumulator battery (ingl.). **2.** ~ (gruppo o serie di app. uguali) (*gen.*), bank. **3.** ~ (di torni, di forni ecc.) (*off.*), gang. **4.** ~ (*milit.*), battery. **5.** ~ (ponte intermedio) (*nav.*), middle deck. **6.** ~ (raggruppamento di test) (*psicol.*), battery. **7.** ~ (gruppo di partenti, in una corsa aut. per es.) (*sport*), heat. **8.** ~ (di storte) (*ind. chim.*), stack. **9.** ~ a combustibile (batteria di celle a combustibile) (*elett.*), fuel cell battery. **10.** ~ ad acqua di mare (pila ad acqua di mare e AgCl; fornisce una elevata corrente per breve tempo, per siluri) (*elett.*), sea water battery. **11.** ~ a fotogiunzione (la irradiazione radioattiva su di un fosforo viene convertita in luce e questa in energia elettrica mediante una giunzione al silicio) (*fis. atom.*), photojunction battery. **12.** ~ all'argento-zinco (*elett.*), silver-zinc battery. **13.** ~ a mercurio (*elett.*), mercury battery. **14.** ~ anodica (*termoion.*), plate battery, B battery. **15.** ~ a secco (*elett.*), dry battery. **16.** ~ centrale (*telef.*), central battery. **17.** ~ comune (batteria centrale) (*elett.*), common battery. **18.** ~ contraerea (*milit.*), antiaircraft battery. **19.** ~ costiera (*milit.*), coast battery. **20.** ~ da campagna (*milit.*), field

battery. **21.** ~ d'accensione (batteria di filamento) (*termoion.*), A battery, A-battery (ingl.). **22.** ~ del filamento (*tubo termoion.*), filament battery. **23.** ~ del potenziale di griglia (batteria del circuito di griglia di una valvola elettronica) (*termoion.*), C power supply. **24.** ~ depolarizzata ad aria (*elett.*), air cell battery. **25.** ~ di accumulatori (*elett.*), battery, storage battery (ingl.), accumulator (am.), accumulator battery (ingl.), storage cell. **26.** ~ di accumulatori a liquido immobilizzato (*elett.*), unspillable electrolyte battery. **27.** ~ di accumulatori al nichel-cadmio (batteria alcalina) (*elett.*), nickel-cadmium battery. **28.** ~ di accumulatori al piombo (*elett.*), lead-acid type battery, lead battery, lead (plate) battery. **29.** ~ di accumulatori a scarica rapida (*elett.*), battery suitable for rapid discharge. **30.** ~ di artiglieria (*milit.*), artillery battery. **31.** ~ di avviamento (*elett. - mot.*), starter battery. **32.** ~ di carbonizzazione (*ind. tess.*), carbonizing plant. **33.** ~ di celle a combustibile (batteria a combustibile) (*elett.*), fuel cell battery. **34.** ~ di condensatori (più condensatori connessi elettricamente) (*elett.*), capacitor bank. **35.** ~ di griglia (*termoion.*), grid battery, C battery. **36.** ~ di grosso calibro (torre di grosso calibro: di una nave da guerra) (*mar. milit.*), main battery. **37.** ~ di perforazione (insieme delle aste di perforazione) (*trivellazione pozzi*), drill stem. **38.** ~ di pile depolarizzate ad aria (*elett.*), air battery, air depolarized battery. **39.** ~ di placca (batteria anodica) (*termoion.*), plate battery, B battery. **40.** ~ di reattivi attitudinali generali (*pers. - psicol. ind.*), general aptitude test battery, GATB. **41.** ~ di rubinetti (*tubaz.*), tap system. **42.** ~ eliminatoria (eliminatoria, di una corsa per es.) (*sport*), elimination heat. **43.** ~ faradica (*strum. med.*), faradic battery. **44.** ~ galvanica (*strum. med.*), galvanic battery. **45.** ~ locale (*telef.*), local battery. **46.** ~ per illuminazione (*strum. med.*), illuminating battery. **47.** ~ nucleare a pila termica (mediante isotopi radioattivi) (*fis. atom.*), thermoelectric nuclear battery. **48.** ~ per rivelatore a cristallo (*radio - elett.*), booster battery. **49.** ~ per trazione (accumulatore da trazione) (*elett.*), traction battery. **50.** ~ portatile (*elett.*), portable battery. **51.** ~ primaria (pila per es. di AgCl con acqua di mare usata per il lancio di siluri) (*elett. - mar. milit.*), primary battery. **52.** ~ secondaria (batteria ricaricabile usata per le esercitazioni di lancio di siluri elettrici, generalmente ad AgZn) (*mar. milit.*), secondary battery. **53.** ~ solare (montata su un satellite artificiale per es.) (*elett.*), solar battery, solar panel. **54.** ~ stazionaria tipo Planté (*elett.*), Planté battery. **55.** ~ tampone (collegata ad una linea per livellarne la tensione) (*elett.*), buffer battery (ingl.), floating battery (am.). **56.** ~ trasportabile (*elett.*), portable battery. **57.** ~ tubolare di perforazione (*min.*), drill pipe equipment. **58.** a ~ (alimentato da ~ incorporata: come utensili, rasoi, radio, ecc.) (*eltn. - elett.*), cordless, battery operated. **59.** apparecchio per la carica delle batterie (*elett.*), battery charger. **60.** apparecchio per ricarica automatica di batterie (*elett.*), automatic battery charger. **61.** capacità della ~ (*elett.*), battery capacity. **62.** elemento di ~ di accumulatori (*elett.*), battery cell, storage cell, secondary cell. **63.** fuoco di ~ (*artiglieria*), battery fire. **64.** griglia di una ~ (di accumulatori) (costr. dell'accumulatore) (*elett.*), battery grid. **65.** pacco ~ (accumulatore ricaricabile: di una telecamera portatile per es.) (*elett.*), battery pack. **66.** piastra di una ~ (di accumulatori) (costr. dell'accumulatore) (*elett.*), battery plate. **67.** primo riempimento della ~ (per mezzo di una soluzione di acido solforico) (*elett.*), battery filling. **68.** rabbocco della ~ (di un'automobile per es.) (con acqua distillata) (*elett.*), battery filling. **69.** trazione a ~ di accumulatori (*veic. elett.*), battery traction. **70.** vaso contenitore della ~ di accumulatori (costruzione dell'accumulatore) (*elett.*), battery box. **71.** veicolo a ~ di accumulatori (*veic. elett.*), battery vehicle. **72.** ~ (*elett.*), *vedi anche* accumulatore.

battericida (*med.*), bactericide.

batterio (*med.*), bacterium.

batteriologia (*med.*), bacteriology.

batteriologico (*med.*), bacteriologic.

batteriologo (*med.*), bacteriologist.

batticalcagno (guarnizione della soglia di una porta di aut.) (*costr. carrozz. aut.*), sill board, kick plate, scuffplate.

batticoffa (rinforzo di tela delle vele per evitare il logorio dovuto a sbattimento) (*nav.*), top lining.

battilastra (*op.*), panel beater, sheet metal worker, flattener. **2.** ~ di carenatura (esecutore di carenature in lamiera) (*op. aer.*), bootman.

battiloro, arte del ~ (per ottenere oro in foglia) (*metall.*), goldblating.

battimazza (aiutante di fabbro per es.) (*lav. - fucinatura*), striker.

battimento (di quantità oscillante) (*fis. - elettroacus. - ecc.*), beat. **2.** ~ (di macch. tess.), striking. **3.** ~ zero (*radio*), zero beat.

battipalo (*macch.*), pile driver, pile engine, impacter. **2.** ~ a mano (*att.*), handrammer, ringing engine. **3.** ~ a vapore (*macch.*), steam pile driver. **4.** ~ con verricello a mano (*app. ed.*), hand-driven winch pile driver. **5.** ~ con verricello a vapore (*app. ed.*), steam-driven winch pile driver. **6.** ~ installato su pontone (*costr. idr.*), pontoon pile driver (am.). **7.** mazza battente di ~ (*mecc. - ed.*), pile hammer.

battiporta (finecorsa per porta: in gomma dura, fissato al pavimento o al battiscopa; evita che la porta batta contro il muro) (*ed.*), base knob.

battirame (calderaio, ramaio) (*lav.*), coppersmith.

battiscopa (elemento protettivo e di finitura posto alla base dei muri di una stanza, a contatto con il pavimento) (*ed.*), baseboard, mopboard, skirting board.

battistèro (*arch.*), baptistery, baptistry.

battistrada (di un pneumatico) (*aut.*), tread, track. **2.** ~ a canale (di un pneumatico) (*ind. gomma*), grooved tread. **3.** ~ applicato (di un pneumatico ricostruito) (*aut.*), cap. **4.** ~ liscio (di un pneumatico) (*ind. gomma*), smooth tread. **5.** ~ ricostruito (di pneumatico) (*aut.*), recapped tread (am.). **6.** ~ scolpito (di un pneumatico) (*ind. gomma*), engraved tread. **7.** applicare un nuovo ~ (ricostruire un pneumatico) (*aut.*), to cap, to top-cap, to retread. **8.** locomotiva ~ (*ferr.*), pilot engine. **9.** ricostruire il ~ (di un pneumatico di aut.), to retread. **10.** risalti del ~ (di un pneumatico) (*aut. - ind. gomma*), tread blocks. **11.** sonda per ~ (per misurare la profondità) (*strum. aut.*), tread gauge.

bàttito (palpito o pulsazione normale di motore per es.), pant. **2.** ~ (rapida successione di suoni acuti, rumore anormale di motore per es.) (*mecc.*), rattle. **3.** ~ (di biella, di punteria ecc., dovuto all'usura di cuscinetti per es.) (*mot. - ecc.*), knock, knocking. **4.** ~ dello stantuffo (scampanamento) (*mot.*), piston slap (ingl.). **5.** ~ diesel (rumore tipico dei motori diesel) (*mot.*), diesel knock. **6.** ~ in testa (~ per detonazione dovuta alla precombustione del carburante, difetto nei motori a comb. interna) (*mot.*), combustion shock. **7.** ~ in testa (di motore troppo anticipato) (*mot.*), spark knock, knocking, spark ping, ping, pinging. **8.** battiti in testa intermittenti (dovuti a preaccensione) (*mot.*), wild ping. **9.** indicatore di ~ in testa (strumento registratore dei battiti in testa) (*mot. a benzina*), bouncing-pin indicator.

battitoio (apritoio, lupo apritore) (*macch. tess.*), willow. **2.** ~ (per scotolare lino, canapa ecc.) (*macch. tess.*), scutcher, beater. **3.** ~ (battitoia) (blocco di legno usato dagli stampatori per portare allo stesso piano i caratteri, battendovi sopra con un mazzuolo) (*ut. tip.*), planer. **4.** ~ a lama (per lino) (*app. tess.*), blade beater. **5.** ~ cardatore (*macch. tess.*), carding willow. **6.** ~ ingrassatore (*macch. tess.*), oiling willow. **7.** ~ mescolatore (*macch. tess.*), mixing willow. **8.** ~ per bozzoli (*mft. della seta*), cocoon beating machine. **9.** ~ per cascami (*macch. tess.*), waste willow. **10.** ~ per cascami di seta (*mft. della seta*), waste silk willow. **11.** ~ per stracci (*macch. tess.*), rag-beating machine.

battitore, battitrice (di macchina tessile), beater. **2.** ~ (macchina di finissaggio per tessuto di lana) (*macch. tess.*), beating machine. **3.** ~ per stracci (*ind. tess.*), rag shaker.

battitura (di un rinterro per es.) (*mur.*), tamping, ramming. **2.** ~ (ombreggiatura per indicare superfici curve per mezzo di puntini più o meno marcati) (*dis. - arti grafiche*), stippling. **3.** ~ (scoria di fucinatura) (*fucinatura*), forge scale. **4.** ~ (azione di abbassare un tasto di una tastiera) (*elab. - macch. per scrivere*), keystroking. **5.** ~ (sulla tastiera di macchina per scrivere) (*uff.*), typing. **6.** errore di ~ (su macchina per scrivere) (*uff.*), typing error.

battola (per costipare la sabbia nelle forme) (*ut. fond.*), rammer.

battura (scanalatura della chiglia per l'alloggiamento del torello) (*costr. nav.*), rabbet. **2.** ~ (scanalatura per l'alloggiamento di una tavola) (*costr. nav.*), rabbet.

battuta (di una porta per es.) (*ed.*), rabbet. **2.** ~ (elemento o bordo sopraelevato su una superficie) (*mecc. - carp.*), ledge. **3.** ~ (*top.*), sight. **4.** ~ (parte in contatto quando una valvola per es. è chiusa) (*mecc.*), beat. **5.** ~ (digitazione: atto di schiacciare un tasto della tastiera) (*s. - elab. - macch. per scrivere - ecc.*), keystroke, stroke. **6.** ~ a passo aperto (metodo per separare i fili durante la tessitura) (*ind. tess.*), open shedding. **7.** ~ della trama (*ind. tess.*), beating up. **8.** ~ di un tasto (di una macchina per scrivere per es.) (*dattilografia - ecc.*), keystroke. **9.** ~ pubblicitaria ("slogan") (*pubbl.*), slogan. **10.** ~ terminale in un foro (allargamento cilindrico dell'estremità di un foro, con risega piana) (*mecc.*), counterboring.

battuto (digitato, p. es. un dato inserito mediante tastiera) (*a. - elab. - macch. per scrivere*), keyed. **2.** ~ (pavimentazione in terra battuta (*s. - strad. - ecc.*), tamped earth floor.

baud (unità di velocità di trasmissione generalmente corrispondente ad un bit per secondo) (*unità di mis. dell'informazione*), baud.

baule, trunk, box (ingl.). **2.** ~ armadio (per viaggi), wardrobe trunk.

Baumé, grado Baumé (unità di densità dei liquidi) (*unità di mis. chim.*), degree Baumé, degree Bé.

bauxite (complesso di vari ossidi e silicati, con prevalenza di $Al_2O_3.2H_2O$) (*min.*), bauxite.

bava (*mecc. - fond.*), burr, fin. **2.** ~ (del tagliente di un ut.) (*mecc.*), featheredge. **3.** ~ (di vento) (*meteor.*), slight breeze. **4.** ~ (filo di seta) (*ind. tess.*), silk filament. **5.** ~ (sporgenza metallica formata dall'acciaio fuso che sfugge di tra la lingottiera e la piastra di fondo) (*metall.*), flash. **6.** ~ (sottile sporgenza sulla superficie di un lingotto dovuta ad incrinatura della lingottiera) (*metall.*), fin. **7.** ~ (bavatura, sul bordo di un pezzo lavorato di macchina) (*mecc. - metall.*), rag, fraze. **8.** ~ inferiore (di un lingotto) (*metall.*), bottom flash. **9.** cordone di ~ (*fucinatura*), flash land. **10.** linea di ~ (*fucinatura*), flash line, parting line. **11.** residuo di ~ (*fucinatura*), residual flash. **12.** ~ (*elab.*), *vedi* sfilacciatura.

bavatura (*fond.*), burr, fin. **2.** ~ (sfrido: nello stampaggio a caldo) (*fucinatura*), flash, tag. **3.** linea di ~ (traccia di bavatura, testimonio di fucinatura), flashline. **4.** togliere la ~ (attorno a fori alesati) (*mecc.*), to spud.

bavetta (specificamente: elemento, o riparo, interstante tra pedana e scocca: nelle automobili di vecchio tipo) (*costr. carrozz. aut.*), board. **2.** ~ laterale del fondo (*costr. carrozz. aut.*), floor side sill.

bavicella (brezza leggera che increspa la superficie

dell'acqua durante una calma) (*nav. - meteor.*), cat's-paw.
bazzana (pelle usata per pulitura ecc.) (*nav. - ecc.*), wash leather. **2.** ~ (pelle di pecora conciata e non ancora tinta) (*ind. cuoio*), basil.
Bé (Baumé) (*mis. chim.*), Bé, Baumé.
beccheggiare (*nav.*), to pitch.
beccheggio (*nav.*), pitching, pitch. **2.** velocità di ~ (*veic.*), pitch velocity.
becco (a gas), burner. **2.** ~ (unghia, di un'àncora) (*nav.*), bill, pea, peak. **3.** ~ a farfalla (per illuminazione a gas per es.) (*app. comb.*), batwing burner. **4.** ~ Bunsen (*chim.*), Bunsen burner. **5.** ~ di civetta (*arch.*), bird's beak ornament. **6.** ~ di colata (di un forno rovesciabile per es.) (*fond.*), spout.
beccuccio (di un recipiente: per travaso) (*gen.*), spout.
becquerel (Bq, unità di attività di un radionuclide) (*fis. atom.*), becquerel, Bq.
bedano (pedano) (*ut. falegn.*), mortise chisel.
"behaviorismo" (comportamentismo, psicologia del comportamento) (*psicol.*), behaviorism.
"BEI" (Banca Europea degli Investimenti) (*finanz.*), European Investment Bank, EIB.
bel (1 bel = 10 decibel) (*fis. - mis. acus.*), bel, b.
belite (*nel cemento Portland*), belite.
belladònna (*botanica - farm.*), deadly nightshade.
bèlle arti, fine arts.
beltempo (*meteor.*), fine weather.
belvedere (*arch.*), belvedere, look-out. **2.** ~ (*nav.*), mizzen-topgallant sail. **3.** ~ (piattaforma belvedere, all'estremità di una carrozza ferroviaria) (*ferr.*), observation end.
bema (*arch.*), bema.
bemòlle (di suono) (*mus.*), flat.
benda (nastro in tela olona per es. avvolto attorno ad una fune) (*nav.*), parceling. **2.** ~ (bendaggio) (*med.*), bandage. **3.** ~ di terzarolo (pezzo di tela olona usato per rinforzare i fori per i matafioni) (*nav.*), reef band.
bendatura (nastro di tela avvolto attorno ad una fune per proteggerla) (*nav.*), parceling, parcelling.
bendaggio (benda) (*med.*), bandage.
bendare (*med.*), to dress. **2.** ~ (*gen.*), to band. **3.** ~ (una fune) (*nav.*), to parcel.
beneficiario (*finanz.*), payee, beneficiary.
beneficio d'inventario (*leg.*), benefit of inventory.
benessere (*ed. - ecc.*), comfort. **2.** ~ economico (*econ.*), affluence, economic welfare. **3.** economia del ~ (*econ.*), welfare economics. **4.** società del ~ (*econ.*), affluent society.
benestare (*comm.*), consent. **2.** ~ (approvazione) (*gen.*), approval, sanction. **3.** ~ bancario (*finanz. - comm.*), bank clearance.
bèni (*finanz. - leg.*), estate, possessions. **2.** ~ di consumo (*econ.*), consumables, consumers' goods. **3.** ~ di consumo durevoli (*econ.*), consumers' durables, durable consumers' goods. **4.** ~ economici (*comm. - ind.*), economic goods. **5.** ~ patrimoniali, *vedi* attività fissa. **6.** ~ strumentali (beni indiretti che producono altri beni come materiali grezzi, utensili, arredamento ecc.) (*ind.*), producer goods, capital goods.
bènna (*att. macch. ind.*), bucket. **2.** ~ a gabbia (per gru per es.) (*att. macch. ind.*), skeleton bucket. **3.** ~ a polipo, *vedi* ~ a quattro valve. **4.** ~ a quattro valve (benna a quattro spicchi) (*att. macch. ind.*), orange-peel bucket. **5.** ~ a rovesciamento automatico (benna rovesciabile automaticamente) (*att. macch. ind.*), self-dumping bucket. **6.** ~ automatica (*att. macch. ind.*), automatic bucket. **7.** ~ automatica (per scavi), automatic bucket. **8.** ~ automatica a valve da scavo (*att. macch. ind.*), clamshell automatic bucket for excavating. **9.** ~ a valve (benna mordente) (*att. macch. ind.*), clamshell bucket, grapple bucket, grab, grab bucket. **10.** ~ da scavo (*att. macch. ind.*), excavating bucket. **11.** ~ da trasporto (*att. macch. ind.*), conveying bucket. **12.** ~ di estrazione (per trasportare uomini, minerali e attrezzi) (*min.*), kibble (ingl.). **13.** ~ mordente (*att. macch. ind.*), *vedi* benna a valve. **14.** ~ strisciante (ruspa) (*att. macch. ind.*), scraper. **15.** mascelle della ~ (di gru), grab jaws.
benservito (espressione di apprezzamento rilasciato ad un impiegato che ha lasciato il lavoro) (*pers.*), testimonial.
bentonite (*min.*), bentonite. **2.** ~ (materia agglutinante) (*fond.*), bentonite. **3.** ~ potassica (*ind. chim.*), K bentonite.
bentos (benthos, fondo marino), benthos.
bentoscopio (tipo di batisfera per l'osservazione della vita nelle profondità marine) (*app. scientifico*), benthoscope.
benzaldeide (C_6H_5 CHO) (*chim.*), benzaldehyde.
benzène (C_6H_6) (*chim.*), benzene.
benzidina [-ndz-] ($NH_2C_6H_4C_6H_4NH_2$) (*chim. dei coloranti*), benzidine.
benzilcellulosa (*materie plastiche*), benzyl cellulose.
benzile ($C_6H_5CH_2$—) (radicale) (*chim.*), benzyl.
benzina (*chim. - comb.*), gasoline (am.), gas (am.), petrol (ingl.). **2.** ~ avio (*comb.*), aviation gasoline (am.), aviation petrol (ingl.). **3.** ~ bilanciata (*comb.*), balanced gasoline. **4.** ~ con antidetonante (benzina indetonante) (per mot.), antiknock gasoline. **5.** ~ di alta qualità (*comb.*), high-test gasoline. **6.** ~ etilizzata (*mot.*), leaded gasoline. **7.** ~ naturale (*raffineria di petrolio*), wild gas, wild gasoline. **8.** ~ non etilizzata (benzina senza piombo) (*aut.*), lead-free petrol (ingl.), lead-free gasoline (am.). **9.** ~ normale (*aut.*), regular fuel, regular gasoline, normal grade gasoline. **10.** ~ speciale a 102 ottani (*aut.*), super-premium gasoline. **11.** ~ super (benzina ad alto numero di ottani, 96,8-98,8) (*aut.*), premium grade fuel. **12.** fare rifornimento di ~ (*aer. - aut. - ecc.*), to gas. **13.** latta di ~ (*aut.*), gasoline can (am.), petrol can (ingl.). **14.** vapore di ~ (*fis.*), gasoline vapor (am.), petrol vapour (ingl.).
benzinaio, benzinaro (addetto ai distributori della

benzina) (*lav.* - *aut.*), filling station attendant, pump jockey (colloquiale).

benzoato (*chim.*), benzoate.

benzofenone ($C_6H_5COC_6H_5$) (*chim. dei coloranti*), benzophenone.

benzofurano (cumarone) (*chim.*), coumarone, cumarone, benzofuran.

benzoile ($—C_6H_5CO$) (radicale) (*chim.*), benzoyl.

benzoino (*chim.*), benzoin.

benzòlo (C_6H_6) (*chim.*), benzol.

berberi (crespino, arbusto dalla cui corteccia si ricava una bella tintura gialla) (*ind. cuoio*), barberry.

berchelio (elemento radioatt.) (Bk - *chim.* - *radioatt.*), berkelium.

berillio (Be - *chim.*), beryllium.

berillo [$Be_3Al_2(SiO_3)_6$] (*min.*), beryl.

berlina (guida interna) (*aut.*), sedan, saloon (ingl.). **2.** ~ con divisorio (in corrispondenza dello schienale dei sedili anteriori) (*aut.*), sedan limousine.

bèrma (ripiano intermedio sulla scarpata di un argine), berm, berme.

bersagliare (bombardare) (*milit.*), to shell.

bersaglio (*gen.*), target. **2.** ~ (sostanza sottoposta a bombardamento) (*radioatt.*), target. **3.** ~ mobile (*milit.* - *radar* - *ecc.*), moving target. **4.** ~ radiocomandato (*milit.* - *radio*), radio-controlled target. **5.** ~ rimorchiato (*nav.*), towed target. **6.** ~ rotante (*milit.*), swinging target. **7.** aeroplano o nave ~ radiocomandato (*aer.* - *nav.*), drone target. **8.** classificazione del ~ (processo di identificazione di bersagli sonar o radar per mezzo di tecniche speciali) (*radar* - *acus. sub.*), target classification. **9.** diritto al ~ (*arma da fuoco*), point -blank. **10.** falso ~ (tipo di contromisura) (*mar. milit.* - *aer. milit.* - *milit.*), decoy. **11.** indirizzabile su ~ (p. es. di una testata puntata su di un ~) (*missile* - *ecc.*), targetable. **12.** rumore prodotto dal ~ (*acus. sub.* - *ecc.*), target noise.

bèrta (battipalo) (*macch.*), pile driver, pile engine, ram engine, ram, rammer. **2.** ~ (maglio) (*macch. fucinatura*), drop hammer. **3.** ~ (battipalo) a mano, handrammer. **4.** ~ a tavola (maglio a tavola) (*macch. fucinatura*), board drop hammer. **5.** ~ per demolizioni (sfera di acciaio che urtando demolisce le vecchie costruzioni) (*macch. edil.*), wrecker's ball. **6.** ~ per piantare palafitte (*costr.*), pile driving hammer. **7.** ~ per stampare (*macch. fucinatura*), drop forging hammer, drop stamping hammer. **8.** ~ spezza-ghisa (*fond.*), drop ball.

bertòccio (paternostro: costituito da pallottole di legno forate infilate in una cima) (*nav.*), parrel truck.

Bèssemer (processo Bessemer) (*metall.*), Bessemer process.

bestiame (*agric.*), cattle. **2.** carro ~ (*ferr.*), cattle car (am.), cattle wagon (ingl.). **3.** sottopassaggio per ~ (*ferr.*), cattle pass. **4.** treno ~ (*trasp. ferr.*), cattle train.

beta (β) (*fis.* - *metall.* - *mat.* - *ecc.*), beta.

beta-cellulosa (*mft. carta*), betacellulose.

betatrone (acceleratore a induzione di elettroni) (*fis. atom.*), betatron.

beton (*materiale costr.*), concrete, "beton". **2.** ~, *vedi anche* cemento.

betonaggio (*ed.*), concrete mixing. **2.** centrale di ~ (*ed.*), concrete mixing equipment.

betoniera (macchina per mescolare cemento, sabbia e acqua) (*macch. ed.*), temperer, concrete mixer, cement mixer, mixer. **2.** ~ a tamburo inclinabile (o rovesciabile) (*macch. ed.*), tilting concrete mixer. **3.** ~ con tamburo ad asse fisso (*macch. ed.*), non-tilting concrete mixer. **4.** ~ per calcestruzzo (impastatrice di calcestruzzo) (*macch. ed.*), concrete mixer. **5.** ~ semovente (autobetoniera) (*macch. ed.*), truck mixer. **6.** ~ (semovente) per pavimentazione stradale (*macch. strad.*), paver.

betta (*nav.*), barge. **2.** ~ a vapore (pirobetta) (*nav.*), steam barge.

bettolina (*nav.*), lighter.

betulla (*legn.*), birch tree. **2.** ~ americana (*legn.*), North American birch, yellow birch.

béuta, *vedi* bévuta.

BEV (10^9eV, un miliardo di eV (*mis. energia*), BeV, billion electron volt.

bevatrone (cosmotrone, tipo di sincrotrone) (*fis. atom.*), bevatron, cosmotron.

beverino (*ed.*), *vedi* fontanella a spillo.

bévuta (*att. chim.*), flask. **2.** ~ di aspirazione (*att. chim.*), suction flask. **3.** ~ per filtrare (alla pompa) (*att. chim.*), filter flask.

biacca (bianco di piombo) (*vn.*), white lead, ceruse. **2.** ~ di piombo (miscela di vari sali di piombo) (*vn.*), white lead, ceruse. **3.** ~ di zinco (*vn.*), zinc oxide.

bianca (prima pagina di un foglio) (*s.* - *tip.*), odd page.

biancherìa (*tess.*), linen. **2.** ~ per la casa (*manufatti tess. casalinghi*), white goods.

bianchetto (*min.* - *geol.*), whiting, Spanish white. **2.** ~ (fioritura, trasudamento sulla superficie del cuoio) (*ind. cuoio*), spew, spue, bloom.

bianchi (*tip.*), whiting-out material.

bianco (*a.*), white. **2.** ~ (*s.* - *mur.*), white-wash. **3.** ~ (spazio bianco corrispondente a una linea, linea di spazi) (*tip.*), white line. **4.** ~ alla base (di un carattere) (*tip.*), beard. **5.** ~ di calce (*mur.*), white-wash. **6.** ~ di piombo (biacca di piombo) [$(PbCO_3.Pb(OH)_2$] (per vernice), white lead, ceruse. **7.** ~ di titanio (biossido di titanio) (TiO_2) (per vernice) (*chim.*), titanium white, titanic oxide (am.), titanium oxide (ingl.). **8.** ~ di zinco (ZnO) (per vernice) (*colori*), zinc oxide, chinese white. **9.** ~ fisso (bianco di barite, solfato artificiale di bario) (*mft. carta* - *ecc.*), blanc fixe. **10.** ~ tipografico, *vedi* carattere bianco di spaziatura. **11.** assegno in ~ (*comm.*), blank check. **12.** con bianca e volta sulla stessa forma (*a.* - *tip.*), work-and-turn. **13.** dare il ~ (*mur.*), to whitewash. **14.** firma in ~ (*leg.*), blank signature. **15.** grado di ~ (della carta, sul foglio di pasta di legno) (*mft. carta*), brightness.

16. in ~ (di un assegno, documento ecc.) (*a. - comm.*), blank. **17.** in ~ e nero (*fot. - telev. - ecc.*), monochrome. **18.** ~, *vedi anche* bianchi.
biasse (cristallo) (*a. - ott.*), biaxial.
biassico, *vedi* biasse.
biatomico (*chim.*), diatomic, biatomic.
biauricolare (relativo all'ascolto mediante ambedue gli orecchi, come i suoni stereofonici) (*a. - acus.*), binaural, biaural.
bibàsico (*chim.*), dibasic, bibasic.
bibita (*ind.*), drink.
bibliografia (*edit.*), references, bibliography.
biblioteca (locale per custodire e consultare libri) (*ed.*), library. **2.** ~ (*inf.*), *vedi* libreria. **3.** ~ di procedure parziali (*elab.*), subroutine library.
bibliotecario (*pers.*), librarian.
biblocco (blocco cilindri in due pezzi) (*mot.*), two -piece cylinder block.
bicarbonato (*chim.*), bicarbonate. **2.** ~ di potassio ($KHCO_3$) (*chim.*), potassium bicarbonate. **3.** ~ di sodio ($NaHCO_3$) (*chim.*), sodium bicarbonate, baking soda.
bicchière (*gen.*), glass. **2.** ~ (*att. chim.*), beaker. **3.** ~ (allargatura di estremità di tronchi di tubo) (*tubaz.*), socket, bell. **4.** ~ (di filtro benzina per es.) (*mot.*), bowl. **5.** ~ (sbozzato tubolare, sbozzato cavo) (*metall.*), piped billet. **6.** ~ a calice (*att. med.*), conical glass. **7.** ~ (a calice) per sedimentazione (*att. med.*), sedimentation glass, conical glass. **8.** ~ e flangia (alle estremità di un tubo) (*tubaz.*), bell and flange, B & F. **9.** ~ per vetrocemento (*illum. ed.*), glass block. **10.** a ~ (detto di un tipo di tubaz.) (*a. - tubaz. - ed.*), spigot and socket, S & S. **11.** doppia estremità a ~ (di un tubo) (*tubaz.*), bell and bell, B & B. **12.** estremità a ~ (di un tubo) (*tubaz.*), bell end, BE. **13.** giunto a ~ (di tubaz.), spigot-and-socket joint.
bicchierino (vaschetta, pozzetto: di filtro di benzina per es.) (*mot.*), bowl.
bicicletta, bicycle, bike. **2.** ~ a due posti, tandem. **3.** ~ a motore (*veic.*), motorbicycle, moped. **4.** ~ a pedali (*veic.*), pedal cycle, bicycle. **5.** ~ a ruota libera, freewheel bicycle. **6.** ~ ergometrica (per misurare e registrare il lavoro dei muscoli ecc.) (*strum. med.*), ergometric bicycle.
bicloruro (*chim.*), bichloride. **2.** ~ di mercurio ($HgCl_2$) (*chim.*), mercury chloride, mercuric chloride.
bicolore (a due colori) (*a. - tip. - ecc.*), two-color.
bicomando (velivolo per es.) (*a. - aer.*), two-control, dual-control.
bicòncavo (di lente per es.), biconcave.
biconico (a doppio cono) (*gen.*), biconic, biconical.
biconvèsso (*a. - ott.*), (di lente per es.), biconvex.
bicòppia (*telef.*), quad.
bicornia (piccola incudine) (*att.*), bickern, beak-iron.
bicromato (*chim.*), bichromate. **2.** ~ di potassio ($K_2Cr_2O_7$) (*chim.*), potassium bichromate.
bicromia (stampa a due colori, stampa duplex) (*tip.*), two-color print.
bicron (un bilionesimo di metro) (*unità di mis. - $\mu\mu$*), bicron.
bidè (apparecchio sanitario per stanza da bagno) (*ed.*), bidet.
bidimensionale (*gen. - geom.*), bidimensional, two-dimensional.
bidirezionale (*gen.*), bidirectional. **2.** ~ (di linea omnibus fra apparati elettronici per es.) (*a. - eltn.*), bidirectional, both way. **3.** ~ alternato (di comunicazione) (*tlcm.*), two-way alternate, TWA.
bidìodo (*termoion.*), duplex diode.
bidone (recipiente) (*ind.*), can, drum. **2.** ~ (semilavorato in barre piatte) (*metall.*), sheet bar.
bidonville (capanne alla periferia di una città) (*aggregato urbano*), bidonville.
bièlla (*mecc.*), connecting rod. **2.** ~ accoppiata (di una locomotiva a vapore) (*ferr.*), side rod. **3.** ~ a forcella (*mecc.*), forked connecting rod. **4.** ~ articolata (*mecc.*), trace. **5.** ~ di accoppiamento delle manovelle di due alberi (*mecc.*), drag link. **6.** ~ di collegamento (delle ruote motrici di una locomotiva) (*ferr.*), coupling rod. **7.** ~ di settore (di una locomotiva a vapore) (*ferr.*), sector connecting rod. **8.** ~ laterale (*mecc.*), side beam. **9.** ~ madre (di un mot. stellare) (*mot.*), master rod, master connecting-rod. **10.** occhio di ~ (*mecc.*), connecting rod small end. **11.** testa di ~ (*mecc.*), big end of the connecting rod.
biellетta (di un motore stellare) (*mot.*), articulated (connecting) rod, link rod. **2.** ~ di sospensione (dei ceppi) del freno (*ferr.*), brake hanger.
biellismo (*mecc.*), linkwork, linkage. **2.** ~ (complessivo bielle) (*mot.*), connecting rod assembly.
bietola (*agric. - ind. zucchero*), beet.
bietta (*mecc.*), *vedi* chiavetta.
bifase (*elett.*), biphase, two-phase, diphase.
biffa (*top.*), sighting stake.
bifilare (a due fili o capi) (*a.*), bifilar. **2.** ~ (*elett.*), double-wire.
bifocale (*ott.*), bifocal.
biforcare (biforcarsi) (*gen.*) to fork, to bifurcate.
biforcarsi (biforcare) (*gen.*), to fork, to bifurcate.
biforcato (a forcella) (*a. - gen.*), forked.
biforcazione, bifurcation, fork. **2.** ~ (*ferr.*), branching off, bifurcation. **3.** ~ (di una strada) (*strad.*), Y junction, fork.
biga (attrezzo di sollevamento a due alberi convergenti) (*nav.*), shears.
bigattièra (*ind. seta*), silkworm house.
biglie (per granitoio) (*lit.*), marbles.
bigliettería (ferr. per es.), ticket office, booking office (ingl.).
biglietto (appunto), note. **2.** ~ (per es. ferroviario), ticket. **3.** ~ da visita (*gen. - comm.*), visiting card. **4.** ~ di andata (*comm. - ferr. - ecc.*), single ticket. **5.** ~ di andata e ritorno (*ferr. - ecc.*), return ticket, round-trip ticket. **6.** ~ di banca (*finanz.*), bank note.

bigo (picco di carico, albero di carico) (*nav.*), boom, boom of a derrick.
bigòtta (bozzello scanalato con fori, senza pulegge) (*nav.*), deadeye.
biiezione (applicazione biiettiva) (*mat.*), bijection.
Bilancia (settimo segno dello Zodiaco) (*astr.*), Libra.
bilancia (*strum.*), scale, balance. **2.** ~ a contrappeso (~ con pendolo in posizione verticale = peso zero; se orizzontale = massima portata) (*app. di pesatura*), pendulum scale. **3.** ~ a due piatti asimmetrici (*app. di mis.*), counter scale. **4.** ~ aerodinamica (*aerot.*), aerodynamic balance, wind-tunnel balance. **5.** ~ a molla (*strum.*), spring balance. **6.** ~ a sei componenti (*aer.*), six-component balance. **7.** ~ a sospensione inferiore (con i piatti sopra al giogo) (*app. mis.*), trip scale. **8.** ~ a tre componenti (per prove aerodinamiche) (*aer.*), three-component balance. **9.** ~ automatica (per carbone per es.) (*ind.*), automatic weighing machine. **10.** ~ commerciale (*comm.*), balance of trade, trade balance. **11.** ~ commerciale passiva (*finanz. - comm.*), adverse trade balance. **12.** ~ con antropometro (*strum. med.*), physician scale with measuring rod. **13.** ~ d'assaggio (*strum.*), assay balance. **14.** ~ dei pagamenti (*comm. - finanz.*), balance of payments. **15.** ~ di alimentazione a peso costante (per es. per il combustibile occorrente ad una caldaia) (*ind.*), constant weight feeder scale. **16.** ~ di precisione (*strum.*), precision balance. **17.** di precisione (microbilancia) (*strum. chim.*), microbalance. **18.** ~ di precisione per filati (*ind. tess.*), precision yarn scale. **19.** ~ di rollìo (bilancia per modelli rotanti) (*aer.*), rolling balance. **20.** ~ di torsione (*strum.*), torsion balance. **21.** ~ di Westphal (per determinare il peso specifico) (*strum. mis.*), Westphal balance. **22.** ~ elettrodinamica (bilancia di Kelvin per es.) (*strum. elett.*), current balance. **23.** ~ idrostatica (*fis.*), hydrostatic balance, specific-gravity balance. **24.** ~ Kelvin (*strum. elett.*), Kelvin balance. **25.** ~ per analisi quantitative (*att. chim.*), analytical balance. **26.** ~ per modelli rotanti (bilancia di rollìo) (*aer.*), rolling balance. **27.** ~ pesa bambini (*strum. med.*), baby scale. **28.** disavanzo della ~ commerciale (*econ.*), deficit of trade balance, trade gap. **29.** piatto della ~, scale pan.
bilanciamento, (p. es.: della intensità sonora, di due altoparlanti in un sistema stereofonico) (*acus. - eltn.*), balance. **2.** ~ dei colori (p. es. per lo schermo di un televisore a colori) (*telev.*), color balance. **3.** unità di ~ (simmetrizzatore: adattatore tra un circuito simmetrico ed uno asimmetrico (*eltn.*), balun. **4.** ~, *vedi anche* equilibratura.
bilanciare (*gen.*), to balance.
bilanciato (*mecc.*), balanced. **2.** non ~ (*gen.*), unbalanced, imbalanced. **3.** superficie bilanciata (di alettone di ala per es.) (*aer.*), balanced surface.
bilanciatore (equilibratore) (*gen.*), balancer.
bilanciatrice (*macch. ut.*), balancing machine, balancer.
bilancière (*mecc.*), equalizer, compensator. **2.** ~ (pressa a mano) (*macch.*), fly press. **3.** ~ (di un mot. per es.) (*mecc.*), rocking lever, rocker arm, rocker lever. **4.** ~ (della sospensione di un locomotore elettrico per es.) (*ferr.*), equalizer. **5.** ~ (di un orologio per es.) (*mecc.*), balance, swing wheel. **6.** ~ (pressa a vite per coniare) (*macch. ut.*), mill. **7.** ~ (di apparecchio di perforazione per es.) (*mecc. min.*), walking beam. **8.** ~ a mano (*macch. ut.*), friction press. **9.** ~ compensato (di un orologio), compensation balance. **10.** ~ meccanico (*mecc.*), rocker arm. **11.** ~ per freni (per freni indipendenti) (*aut.*), brake equalizer. **12.** ~ per valvola (*mecc.*), valve rocker. **13.** asse del ~ (di un orologio), verge. **14.** molla del ~ (di orologio), hairspring, balance spring.
bilancino (per) compensazione molle (*aut.*), spring equalizing rocker arm.
bilancio (*amm.*), balance sheet, b.s. **2.** ~ (statale), budget. **3.** ~ consolidato (bilancio di più società considerate come una sola) (*amm.*), consolidated balance. **4.** ~ di controllo (del dare e dell'avere sul libro mastro) (*amm. - comm.*), trial balance. **5.** ~ di verifica (bilancio di controllo) (*amm.*), trial balance. **6.** ~ di verifica a chiusura avvenuta (*amm.*), post closing trial balance. **7.** ~ energetico (p. es. in un sistema: differenza fra l'energia assorbita e quella ceduta) (*fis.*), energy balance. **8.** ~ energetico (del corpo umano) (*med.*), energy balance. **9.** ~ preventivo (dell'esercizio in corso) (*amm.*), operating budget. **10.** ~ preventivo (di uno stabilimento per es.) (*amm.*), budget. **11.** ~ preventivo delle vendite (*comm.*), sales budget estimate. **12.** ~ preventivo investimenti (~ per un anno p. es.) (*amm. - finanz.*), capital budget. **13.** ~ termico (*term.*), heat balance. **14.** chiudere un ~ (*amm.*), to balance the books. **15.** esecutore di bilanci preventivi (esecutore di budget) (*finanz. - amm.*), budgeteer. **16.** fare il ~ (*amm. - comm.*), to strike a balance, to take off a balance. **17.** fare il ~ (statale), to budget. **18.** relazione annuale del ~ (relazione di bilancio, di una ditta) (*amm.*), annual report, company report.
bilaterale (*gen.*), bilateral.
biliardo (mille bilioni, 10^{15}) (*mat.*), one thousand billions (ingl.), one thousand trillions (am.), quadrillion (am.).
bìlico (*mecc.*), bascule. **2.** ~ (o peso) ferroviario (bilancia inserita su di un binario per la pesa dei carri) (*ferr.*), track scale. **3.** pesa a ~ (*mecc.*), platform scale. **4.** ponte a ~ (*costr. ed.*), bascule bridge.
bilineare (*mat.*), bilinear.
bilione (Italia, Inghilterra, Germania = un milione di milioni = 10^{12}) (*mat.*), trillion (Am.), billion (ingl.).
bilirubinometro (*strum. med.*), bilirubinometer.
billetta (semilavorato di sezione generalmente quadra) (*ind. metall.*), billet. **2.** ~ quadra (*ind. me-*

tall.), square billet. **3.** ~ rettangolare (*ind. metall.*), flat billet.

"bilian" (pregiato legno del Borneo antitermiti) (*legn.*), bilian.

bimetàllico (*a.*), bimetallic.

bimetallismo (sistema monetario) (*econ.*), bimetallism.

bimetallo (lamina bimetallica) (*s. - metall.*), bimetal, bimetallic strip.

bimotore (*s. - aer.*), twinmotor plane. **2.** ~ (*a. - mot.*), twinmotor. **3.** ~ (a due motori) (*a. - aer.*), twin-engine.

binare (doppiare) (*ind. tess.*), to double.

binario (*s. - ferr.*), railroad, railway, track, line. **2.** ~ (*a. - chim.*), binary. **3.** ~ (sistema mediante il quale ogni numero può essere rappresentato da soli due simboli) (*a. - macch. calc.*), binary. **4.** ~ armato con traversine (*ferr.*), sleeper track, tie track. **5.** ~ del magazzino merci (all'interno del magazzino) (*ferr.*), house track. **6.** ~ di collegamento (tra due binari paralleli) (*ferr.*), crossover. **7.** ~ di corsa (in una stazione ferroviaria) (*ferr.*), running track, high iron, through track. **8.** ~ di raccordo (*ferr.*), siding, sidetrack, connecting line, feeder line. **9.** ~ di riserva (*ferr.*), emergency track. **10.** ~ di scambio (*ferr.*) switch rail. **11.** ~ di smistamento (in una stazione di smistamento per es.) (*ferr.*), classification track. **12.** ~ di smistamento (sui varii successivi binari del piazzale) (*ferr.*), ladder track. **13.** ~ di smistamento della parigina (o sella di lancio) (*ferr.*), humping track. **14.** ~ di sorpasso (con entrambe le estremità collegate col binario di corsa) (*ferr.*), lead track, passing track. **15.** ~ di sosta (*ferr.*), sidetrack. **16.** ~ insabbiato (*ferr.*), sand siding, sanded siding. **17.** ~ morto (*ferr.*), dead-end siding, dead-end track, blind track. **18.** ~ non incassato (*ferr.*), undepressed track. **19.** ~ principale (binario di corsa) (*ferr.*), main line, main track, through track, high iron. **20.** ~ tipo "Decauville" (a scartamento ridotto) (*min. - ed.*), narrow-gauge track. **21.** a doppio ~ (*a. - ferr.*), double-track. **22.** ad un solo ~ (*a. - ferr.*), single-track, one-track. **23.** asse del ~ (*ferr.*), center line of track. **24.** complesso di binari (*ferr.*), railroad trunk. **25.** costruzione di un ~ (*ferr.*), track laying. **26.** doppio ~ (*ferr.*), double track, double line. **27.** forma binaria (*a. - elab.*), binary pattern. **28.** in codice ~ (sistema decimale per es., codificato in binario) (*elab.*), binary coded. **29.** inghiaiare il ~ (*ferr.*), to ballast the line. **30.** inserzione di un tratto di ~ in un altro senza scambi (utilizzazione della sede stradale di un ~ anche per un altro ~ senza impiego di scambi) (*ferr. - linee tranviarie urbane*), gantlet. **31.** numero ~ (*elab. - macch. ut. a c. n.*), binary number. **32.** posare il ~ (*ferr.*), to track. **33.** rumore ~ (rumore caotico o pseudocaotico generato da segnali binari) (*acus. - elab. segnali*), binary noise. **34.** tronco di ~ (*ferr.*), railroad section, rail section.

binatrice (*macch. tess.*), doubler. **2.** ~ per avvolgimento su rocche incrociate (*macch. tess.*), cross winder doubler.

binatura (doppiatura) (*ind. tess.*), doubling.

binda (*att. mecc.*), jack, lifting jack. **2.** ~ a cremagliera (*att. mecc.*), ratchet jack, rack and lever jack. **3.** ~ a dentiera (*att. mecc.*), *vedi* binda a cremagliera. **4.** ~ strappapuntelli (*ut. min.*), pole jack.

bineutrone (*fis. nucleare*), bineutron.

binitrocellulosa (cotone-collodio) (*chim.*), binitrocellulose, collodion cotton.

binòcolo (*ott.*), binocular, field glass. **2.** ~ a raggi infrarossi (*ott. - milit.*), infrared binocular. **3.** ~ da teatro (*strum. ott.*), opera glass. **4.** ~ prismatico (*strum. ott.*), prism binocular.

binoculare (*ott.*), binocular.

binomiale (*a. - mat.*), binomial.

binomio (*mat.*), binomial.

binormale (*mat.*), binormal.

bioastronautica (*astric.*), bioastronautics.

biòccolo (di cotone per es.) (*ind. tess.*), lump.

biochìmica (*s.*), biochemistry.

biodegradabile (suscettibile di essere ridotto in prodotti innocui: un inquinante) (*ecol.*), biodegradable.

bioelettricità (*biol. elett.*), bioelectricity.

bioelettronica (elettronica applicata alla medicina) (*eltn. - med.*), bioelectronics.

biofisica (*fis.*), biophysics.

biogas (miscela di CO_2 e metano prodotto dalla decomposizione di materiale organico) (*chim.*), biogas.

biologia (*biol.*), bioscience. **2.** ~ extraterrestre (*biol. - astric.*), astrobiology, exobiology.

biologico (*biol. - fis. nucleare*), biological, biologic.

bioluminescenza (*fis.*), bioluminescence.

biomedicina (sopravvivenza dell'uomo in ambienti anormali e inospitali per l'uomo) (*med. - astric.*), biomedicine.

bionica (scienza che studia l'applicazione di sistemi biologici per la soluzione di problemi tecnici) (*sc.*), bionics.

bioritmo (viene turbato da un volo verso est o verso ovest di più di sei ore di durata) (*vita lavorativa normale - med.*), biorithm.

biosatellite (satellite artificiale con esseri umani, animali o vegetali) (*astric.*), biosatellite.

biosensore (elemento sensibile applicato al corpo di un astronauta per es. per trasmettere informazioni mediche) (*astric. - med.*), biosensor.

biosfera (parte della sfera terrestre dove la vita è possibile) (*gen.*), biosphere. **2.** parte della ~ inquinata dall'uomo (*ecol.*), noosphere.

biòssido (*chim.*), dioxide. **2.** ~ d'azoto (NO_2) (*chim.*), nitrogen dioxide, nitrogen peroxide. **3.** ~ di manganese (pirolusite) (*chim.*), black oxide of manganese. **4.** ~ di silicio (SiO_2: p. es. per la costruzione di MOS ecc.) (*tecnol. eltn.*), silicon dioxide.

biostrumento (strum. registratore applicato al corpo per trasmettere dati fisiologici) (*strum. - astric.*), bioinstrument.

biotite (mica) (*min.*), biotite.

bip (segnale elettroacustico) (*elab. - eltn.*), beep. **2.** emettitore di segnale ~ (*aer. - radio*), beeper.

bipack (doppio film ciascuno con sensibilità ad un colore diverso) (*fot. a colori*), bipack.

bipassare (*gen.*), to bypass.

"bipasso" ("by-pass", derivazione) (*tubaz.*), by-pass.

biplano (*aer.*), biplane.

bipolare (*elett.*), bipolar.

biposto (*veic.*), two-seater, bi-place.

biprisma (di Fresnel) (*ott.*), biprism, Fresnel biprism.

biquinario (sistema a base mista) (*inf.*), biquinary.

biradicale (*a. - chim.*), biradical.

bireattore (a due reattori, con due motori a getto) (*a. - aer.*), two-jet. **2.** ~ (velivolo a due motori a getto) (*s. - aer.*), two-jet plane, two-jet aircraft.

birifrangenza, birifrazione (*ott.*), birefringence, double refraction, birefraction.

birra (*ind. chim.*), beer. **2.** fabbrica di ~ (*ind.*), brewery. **3.** partita di ~ (birra prodotta da una fabbrica) (*ind. chim.*), gyle.

bisbiglio (interferenza) (*radio*), monkey chatter (ingl.).

biscaglina, biscaglino (*nav.*), Jacob's ladder.

biscottino (*aut.*), link, shackle. **2.** ~ di gomma (*aut.*), rubber shackle. **3.** ~ esterno (*aut.*), outside link. **4.** ~ interno (*aut.*), inside link. **5.** supporto del ~ (elemento di collegamento tra telaio e biscottino della balestra) (*aut.*), dumb iron.

biscotto (porcellana dopo la prima cottura e prima della vetrinatura) (*ceramica*), biscuit. **2.** ~ (residuo di colata, nella pressofusione) (*fond.*), slug, biscuit. **3.** ~ (*alimentare*), biscuit, cracker.

biscuit (*mft. ceramica*), bisque.

bisellare (smussare una lamiera) (*metall.*), to chamfer, to scarf.

bisellato (smussato) (*mecc.*), chamfered, CHAM.

bisellatura (smussatura) (*mecc. - carp.*), chamfering.

bisèllo (*mecc.*), chamfer.

bisettrice (*geom.*), bisector, bisecting line. **2.** ~ (*ott.*), bisectrix.

bisfenoide (cristallo) (*min.*), bisphenoid.

bisilicato (*chim.*), bisilicate.

bismuto (Bi - *chim.*), bismuth.

bisolfato (*chim.*), disulphate, disulfate, bisulphate, bisulfate.

bisolfito (*chim.*), bisulphite.

bisolfuro (*chim.*), bisulphide, disulphide, bisulfide. **2.** ~ di tetrametiltiourame (nella vulcanizzazione della gomma) (*chim. - ind.*), tetramethylthiuram disulphide.

Bissel (asse Bissel, sterzo Bissel, carrello ad un asse) (*ferr.*), Bissel truck, pony truck.

bisso (seta marina) (*tess.*), byssus.

bistabile (componente elettronico con due stati stabili) (*eltn.*), bistable.

bistadio (a due stadi) (*a. - macch.*), two-stage.

bisturi (*strum. med.*), bistoury, scalpel. **2.** ~ elettrico (*strum. med.*), electric bistoury.

bit (cifra binaria, costituente l'unità di informazione) (*elab.*), bit, binary digit. **2.** ~ al secondo (velocità sia di trasmissione che di registrazione in ~ per secondo) (*elab.*), bits per second, b.p.s., "BPS". **3.** ~ di arresto (il ~ che segue immediatamente il carattere) (*elab.*), stop bit. **4.** ~ di controllo (*elab.*), check bit. **5.** ~ di informazione (*elab.*), information bit. **6.** ~ di inizio (il ~ che precede il carattere) (*elab.*), start bit, start element. **7.** ~ di parità (*elab.*), parity bit, parity check, redundancy check bit. **8.** ~ di segno (il primo ~) (*elab.*), sign bit. **9.** ~ di separazione (*elab.*), fence bit. **10.** ~ di sincronizzazione (*elab.*), synchronization bit. **11.** ~ di zona (*elab.*), zone bit. **12.** ~ in partenza, *vedi* ~ di inizio. **13.** ~ meno significativo (~ posto alla estrema posizione destra) (*elab.*), least significant bit, LSB. **14.** ~ per pollice (densità di registrazione) (*elab.*), bits per inch, BPI. **15.** ~ più significativo (il ~ più a sinistra di un numero) (*elab.*), most significant bit. **16.** configurazione di ~ (sequenza di ~) (*elab.*), bit pattern. **17.** gruppo di bit (sequenza di bit, di solito più corta di una parola, "byte") (*elab.*), byte. **18.** gruppo di 8 bit (*macch. calc.*), 8-bit byte. **19.** posizione di ~ (*elab.*), bit location. **20.** sequenza di ~, *vedi* configurazione di ~. **21.** seriale di ~ (trasmissione sequenziale di bit: su di un solo canale) (*elab.*), bit serial.

bitangente (toccante due punti) (*a. - mat.*), bitangential, bitangent. **2.** curva ~ (*mat.*), bitangential curve.

bitta (*nav.*), bitt, bollard. **2.** ~ di ormeggio (*nav.*), mooring bitt, bollard. **3.** ~ di ormeggio (su una banchina) (*nav.*), fast. **4.** ~ di rimorchio (*nav.*), towing bitt. **5.** prove alla ~ (prove agli ormeggi: di una motobarca) (*nav.*), bollard tests. **6.** trazione alla ~ (trazione agli ormeggi: di una motobarca in sede di prova dell'apparato motore) (*nav.*), bollard pull. **7.** volta di ~ (volta di cima attorno alla bitta) (*nav.*), bitter.

bittone (bitta) (*nav.*), bitt. **2.** ~ della scotta di gabbia (*nav.*), topsail sheet bitt.

bitumare (*strad. - mur.*), to bituminize.

bitumatrice (*macch. costr. strad.*), bitumen sprinkler.

bitumatura (*strad. - mur.*), bituminization.

bitume (*ed. - ecc.*), bitumen, "bitn". **2.** ~ asfaltico (per pavimentazione stradale) (*ind. petrolio*), petroleum tar. **3.** ~ caricato (bitume fillerizzato) (*costr. strad.*), filled bitumen. **4.** ~ diluito (*costr. strad.*), cut-back bitumen. **5.** ~ fillerizzato (*costr. strad.*), filled bitumen. **6.** ~ flussato (bitume la cui viscosità è stata ridotta da un diluente non volatile) (*costr. strad.*), fluxed bitumen. **7.** ~ naturale (*geol.*), asphaltite. **8.** ~ ossidato (bitume soffiato,

con aria ad elevata temperatura) (*costr. strad.*), blown bitumen. **9.** ~ puro (*costr. strad.*), asphalt cement.
bituminoso, bituminous. **2.** carbone ~ (*comb.*), soft coal.
bivalènte (*chim.*), bivalent, dyad.
bivalenza (*chim.*), bivalence.
bivariante (*a. - chim. - termod.*), bivariant.
bivio (crociamento di rotaie) (*ferr.*), frog. **2.** ~ (di una linea di contatto per tranvia elettrica per es.), aerial frog. **3.** ~ della strada (*strad.*), road fork.
bivomere (aratro) (*a. - macch. agric.*), two-share.
"BL" (batteria locale) (*telef.*), LB, local battery.
"blackout" (silenzio radio, interruzione della trasmissione radio da una capsula spaziale che entra nell'atmosfera) (*astric. - radio*), blackout. **2.** ~ (estesa interruzione della fornitura dell'energia elettrica) (*elett.*), blackout.
blefaròstato (*strum. med.*), blepharostat.
blènda (ZnS) (sfalerite) (*min.*), zinc blende. **2.** ~ picea (*min.*), pitchblende.
blindaggio (*milit.*), armor plating.
blindamento (*gen.*), armor plating.
blindare (*gen.*), to armor plate.
blindato (corazzato) (*a. - milit. - ecc.*), armor-plated. **2.** furgone ~ (*veic. milit.*), armored utility vehicle, "AUV".
blindatura (*milit.*), armor plating. **2.** ~ (*gen.*), armor plating. **3.** ~ (di un'elica di legno) (*aer.*), metal edging. **4.** ~ (di un modello o di una cassa d'anima) (*fond.*), facing.
blindosbarra (sistema di alimentazione a bassa tensione per forti correnti, fabbricato in elementi componibili: per alimentazione di macchine utènsili in officina per es.) (*elett. - ind.*), busway, bus duct.
"blister" (tipo di acciaio) (*metall.*), blister. **2.** confezione ~, *vedi* confezione a vescica. **3.** rame ~ (*metall.*), blister copper.
bloccaggio (*mecc.*), locking, clamping. **2.** ~ (raggruppamento di due o più registrazioni in un unico blocco) (*elab.*), blocking. **3.** ~ (dei segnali ferroviari) (*ferr.*), blocking. **4.** ~ (*radar*), blocking (ingl.). **5.** ~ (bollitura, processo di agitazione del bagno di vetro mediante immersione di un blocco di legno o di altra sorgente di bolle) (*mft. vetro*), blocking. **6.** ~ (inceppamento, di una pressa per es., a causa di stampi scentrati) (*tecnol. mecc.*), jamming, jam up. **7.** ~ a filo (frenatura con filo: di dadi per es.) (*mecc.*), wire locking. **8.** ~ della slitta (bloccaggio del carrello) (*macch. ut.*), slide (or saddle) clamp. **9.** ~ della tavola (di un trapano per es.) (*mecc. - macch. ut.*), table clamping. **10.** ~ del mandrino (*mecc. - macch. ut.*), spindle clamp. **11.** ~ elettronico (p. es. di un dispositivo, interruttore, ecc.) (*eltn.*), electronic locking. **12.** ~ e sbloccaggio (elettrico) simultaneo porte (*aut.*), centralized door locking and unlocking. **13.** ~ idraulico (in un impianto idraulico o pneumatico) (*aer. - ecc.*), hydraulic lock. **14.** ~ mediante rondella (*mecc.*), washer lock. **15.** ~ sicurezza per retrazione carrello (dispositivo di sicurezza contro l'involontario ritiro del carrello) (*aer.*), retraction lock. **16.** ~ slitta di avanzamento mandrini (*macch. ut.*), spindle feed slide clamp. **17.** fattore di ~ (*elab.*), blocking factor. **18.** gancetto di ~ (fermo di finestra) (*disp.*), holdback. **19.** ghiera di ~ filettata (*mecc.*), ring nut, threaded locking ring. **20.** interruttore di ~ del carrello (di atterraggio) (*aer.*), landing gear lock switch, down lock switch. **21.** interruttore di ~ del carrello in posizione retratta (*aer.*), landing gear up lock switch.
bloccare (i freni per es.) (*mecc.*), to jam. **2.** ~ (una ruota per es.) (*mecc.*), to lock. **3.** ~ (ostruire, una tubazione per es.) (*gen.*), to block, to obstruct. **4.** ~ (*milit.*), to blockade. **5.** ~ (staffare) (*ut. - carp.*), to clamp. **6.** ~ (p. es. il pagamento presso una banca, fermare) (*banca*), to stop. **7.** ~ (rendere inattiva una parte di un elaboratore p. es.) (*eltn.*), to lock. **8.** ~ al traffico (*traff. strad.*), to close to traffic. **9.** ~ con chiavetta (*mecc.*), to lock with cotter, to cotter. **10.** ~ con filo (un dado per es.) (*mecc.*), to wire-lock. **11.** ~ i comandi (*aer.*), to lock the controls. **12.** ~ nel mandrino (mettere nel mandrino) (*lav. macch. ut.*), to chuck. **13.** ~, *vedi anche* bloccarsi.
bloccarsi (di freni, di movimento mecc. per es.) (*mecc.*), to jam, to stick, to jam up.
bloccasterzo (antifurto sul piantone di guida) (*aut.*), steering lock.
bloccato (*mecc.*), locked. **2.** ~ (serrato) (*mecc.*), clamped, gripped. **3.** ~ (difetto meccanico), jammed. **4.** ~ (ostruito, di una tubazione per es.) (*gen.*), blocked, obstructed. **5.** ~ dai ghiacci (*a. - nav.*), icebound. **6.** ~ in posizione (nella posizione voluta) (*mecc.*), locked in place.
blocchetto (*gen.*), block. **2.** ~ (*costr. strad.*), cube, block. **3.** blocchetti di imbastitura a cuneo (usati per es. nella costruzione delle ali degli aerei) (*att. mecc.*), wedge clamp. **4.** ~ di legno (per pavimenti per es.) (*ed.*), wood block. **5.** ~ (di legno) per cartavetrare (elemento di legno con cartavetrata aderente ad una superficie piana) (*ut. per vn.*), sand block. **6.** ~ di misurazione (*tecnol. mecc.*), size block. **7.** ~ di riferimento (per la verifica di un apparecchio ad ultrasuoni usato per l'esame di saldature per es.) (*tecnol. mecc.*), reference block. **8.** ~ di riscontro (calibro a blocchetto) (*ut. mecc.*), gauge block, slip gauge. **9.** ~ distanziatore (per isolamento, in un trasformatore per es.) (*elett. - mecc.*), spacing block. **10.** ~ Johansson (*mecc.*), Johansson block. **11.** ~ o bicchiere di vetro (da inserire nella muratura per lasciare passare luce attraverso pannelli montati nelle pareti o nei pavimenti) (*costr. civ.*), glass block. **12.** ~ piano parallelo (blocchetto di riscontro) (*ut. mecc.*), gauge block, slip gauge (ingl.).
blocchiera (*macch. ed.*), blockmaking machine.
blòcco (di pietra, di legno ecc.) (*gen.*), block. **2.** ~ (di cemento) (*ed.*), block. **3.** ~ (del comando: di un

alettone per es.) (*mecc.*), lock. **4.** ~ (arresto, di un mot.) (*mot.*), shutdown. **5.** ~ (successione di unità di informazioni registrate e considerate come unità singola) (*elab.*), block. **6.** ~ (*milit.*), blockade. **7.** ~ (traffico ferr.), locking. **8.** ~ (disabilitazione, p. es. di un terminale a collegarsi con un elab. senza autorizzazione) (*elab.*), lockout. **9.** ~ a porte aperte (del moto del veicolo, dispositivo automatico di sicurezza sulle porte) (*veic.*), automatic door interlock. **10.** ~ assoluto (*ferr.*), absolute block. **11.** ~ a V (prisma a V; ~ di acciaio rettangolare con una scanalatura centrale a forma di V) (*ut. mecc.*), V block. **12.** ~ cilindri (monoblocco, basamento di un motore a comb. interna contenente i cilindri ed i supporti dell'albero a gomiti) (*mot.*), block, cylinder block, engine block. **13.** ~ con segnali normalmente a via impedita (*ferr.*), block system with track normally closed. **14.** ~ da ricalco (*cancelleria*), copying set. **15.** ~ da tavolo (*uff.*), table memorandum block. **16.** ~ degli scambi (*ferr.*), points locking. **17.** ~ del carrello (tasto di ~ carrello) (*macch. per scrivere - ecc.*), shift lock. **18.** ~ della tastiera (per evitare interferenze) (*elab.*), keyboard lockout. **19.** ~ di approccio (*traff. ferr.*), approach locking. **20.** ~ di case (*ed.*), block. **21.** ~ di fondazione (di macchinario), foundation block. **22.** blocchi di gesso (per muri interni non portanti) (*costr. ed.*), gypsum blocks. **23.** ~ di ghiaccio (*mft. del ghiaccio*), ice block. **24.** ~ di ingresso (zona della memoria per ingresso dati) (*elab.*), input block. **25.** ~ di lunghezza variabile (*elab.*), variable-length block. **26.** ~ di piastre (gruppo di piastre di accumulatore) (*elett.*), block of plates. **27.** ~ d'uscita (di un calcolatore elettronico) (*elab.*), output block. **28.** ~ di vetro (bicchiere per vetrocemento) (*mur.*), glass block. **29.** ~ elettrico automatico (*ferr.*), automatic electric block system. **30.** ~ fondente (blocco refrattario usato a contatto del vetro durante la fusione) (*mft. vetro*), flux block. **31.** ~ greggio (*gen.*), raw block. **32.** ~ in pietra (di fondazione) (*costr.*), bedstone. **33.** ~ meccanico (dispositivo di blocco) (*mecc.*), lock. **34.** ~ notes (*mft. carta*), pad. **35.** ~ per appunti (*ind. carta*), scratch pad. **36.** ~ per la raffilatura (att. per legatore di libri), plow. **37.** ~ permissivo (*ferr.*), permissive block. **38.** ~ portastampi (blocco fra il basamento di una pressa e la superficie inferiore dello stampo) (*macch. fucinatura*), sow block, die shoe. **39.** ~ stampo (*ut. fucinatura*), die block. **40.** ~ stradale (*milit.*), road block. **41.** ~ telefonico (*telef.*), telephone block system. **42.** caricamento del ~ (caricamento di un ~ nella memoria) (*elab.*), block loading. **43.** consenso di ~ (*ferr.*), block consent. **44.** dispositivo di ~ elettrico (*elettromecc.*), electric lock. **45.** gestione del ~ (*elab.*), block handling. **46.** in ~ (di merce per es.) (*gen.*), enbloc. **47.** lunghezza del ~ (il numero di registrazioni, parole o caratteri costituenti il ~) (*elab.*), block length. **48.** marcatura del ~ (particolare indicazione di fine del ~ p. es.) (*elab.*), block mark. **49.** ordinamento a blocchi (*elab.*), batch sort, block sort. **50.** posto di ~ (*traff. strad.*), road block. **51.** rompere il ~ (*milit. - mar. milit.*), to run the blockade. **52.** selezione a ~, *vedi* ordinamento a blocchi. **53.** sezione di ~ (*ferr.*), block. **54.** sistema di ~ (*ferr.*), block system. **55.** sistema di ~ azionato a mano (*ferr.*), manual block system. **56.** strumenti di ~ (*ind. - ferr.*), block apparatus. **57.** struttura del ~ (*elab.*), block structure. **58.** trasferimento per blocchi (*elab.*), block transfer.

blondin (teleferica ad una sola fune portante e traente fra due torri a limitata distanza) (*sistema di trasp.*), taut-line cableway.

blooming (laminatoio per lingotti) (*metall.*), blooming mill.

blu (colore), blue. **2.** ~ acciaio, steel blue. **3.** ~ aviazione (ultramarino) (*colore*), air force blue. **4.** ~ cobalto (colore), cobalt blue, oxide blue. **5.** ~ di Prussia ($Fe_4[Fe(CN)_6]_3).xH_2O$: (per tintoria per es.), Prussian blue. **6.** ~ marino (colore), navy blue.

blumo (semilavorato a sezione quadra ottenuto per laminazione dei lingotti) (*metall.*), bloom. **2.** ~ rettangolare (bramma) (*ind. metall.*), thick slab, flat bloom.

bòa (*nav.*), buoy. **2.** ~ ad asta (*nav.*), spar buoy. **3.** ~ a fischio (*nav.*), whistling buoy. **4.** ~ a mare (vista dalla parte del mare: la prima boa del canale di entrata al porto) (*nav.*), sea buoy. **5.** ~ a traliccio (*nav.*), lattice buoy. **6.** ~ cilindrica (*nav.*), can buoy. **7.** ~ con campana (*nav.*), bell buoy. **8.** ~ d'àncora (*nav.*), anchor buoy. **9.** ~ di ormeggio (*nav.*), mooring buoy, dolphin. **10.** ~ di passaggio navigabile (*nav.*), fairway buoy. **11.** ~ dipinta a scacchi (*nav.*), chequered buoy. **12.** ~ di segnalazione (per la sicurezza della navigazione) (*nav.*), marker buoy, dan buoy. **13.** ~ di segnalazione di un cavo sottomarino (*nav.*), cable buoy. **14.** ~ di segnalazione per alti fondali (*mar. milit.*), deep dan buoy. **15.** ~ di tonneggio (*nav.*), warping buoy. **16.** ~ luminosa (*nav.*), light buoy. **17.** ~ per (o di) segnalazione acustica (*nav.*), gong buoy. **18.** ~ satellite (boa sonora passiva usata insieme ad una boa attiva) (*mar. milit. - acus. sub.*), satellite buoy. **19.** ~ (di) segnalazione ostacolo (*nav.*), obstruction buoy. **20.** ~ sonora (boa con segnalazione acustica, boa da nebbia) (*nav.*), fog buoy. **21.** ~ sonora (boa acustica: app. antisommergibili paracadutato e dotato di un idrofono che trasmette al velivolo mediante un radiotrasmettitore automatico i segnali acustici rilevati sottacqua) (*mar. milit. - acus. sub.*), sonobuoy. **22.** ~ sonora attiva (dotata anche di trasmettitore acustico e che può emettere segnali e ricevere i loro echi da ostacoli subacquei: usata per localizzare sottomarini) (*mar. milit. - acus. sub.*), active sonobuoy. **23.** ~ sonora ripetitrice (boa satellite) (*mar. milit. - acus. sott.*), satellite buoy. **24.** disporre una ~ (*nav.*), to buoy.

25. sistema (di segnalazioni a mezzo) di boe (*naut.*), buoyage.

bobina (*elett.*), coil, bobbin. **2.** ~ (filato avvolto su un fuso) (*tess.*), cop. **3.** ~ (spola vuota) (*ind. tess.*), spool, reel, bobbin. **4.** ~ (di mot. a scoppio) (*elett.*), spark coil. **5.** ~ (rullino, caricatore, con avvolta la pellicola) (*cinem.*), film roll, cartridge. **6.** ~ (di pellicola cinematografica) (*cinem.*), reel, film-roll. **7.** ~ (di nastro magnetico per es. per il magnetofono) (*elettroacus.*), reel. **8.** ~ (rotolo, di carta per es.) (*mft. carta - ecc.*), reel, roll. **9.** ~ (rotolo) (*macch. tip.*), reel. **10.** ~ a bottiglia (della lana) (*ind. tess.*), bottle bobbin. **11.** ~ (o spola) a doppia flangia (*ind. tess.*), double-flanged spool. **12.** ~ (o spola) ad una flangia (*ind. tess.*), single -flanged spool. **13.** ~ A.F. (alta frequenza) a nucleo magnetico (*radio*), iron-core HF coil. **14.** ~ a fondo di paniere (*radio*), basket-wound coil (am.). **15.** ~ a forma di aspo (*ind. tess.*), reel-like bobbin. **16.** ~ alta tensione (di un trasformatore) (*elettromecc.*), high-voltage coil. **17.** ~ amperometrica (di contatore elettrico) (*elett.*), current coil. **18.** ~ a nido d'api (*radio*), honeycomb coil. **19.** ~ antironzio (*radio*), hum neutralizing coil. **20.** ~ aperta (di tipo commerciale) (*elettroacus. - elab.*), open reel. **21.** ~ a più strati (*radio*), multilayer coil. **22.** ~ a superficie convessa (della lana) (*ind. tess.*), convex bobbin. **23.** ~ a traliccio (*elett.*), gabion. **24.** ~ avvolgitrice (ad es. di registratore) (*elettroacus.*), take-up reel. **25.** ~ cercatrice (*magnetismo - elett.*), search coil. **26.** ~ cilindrica (*ind. tess.*), straight bobbin. **27.** ~ conica (*app. ind.*), cone, conical bobbin. **28.** ~ con resistore (di un sistema di accensione) (*elett. - mot. - aut.*), ballasted coil. **29.** ~ d'arresto (bobina limitatrice) (*radio*), choke, choke coil (ingl.). **30.** ~ della fonìa (bobina delle correnti a frequenza audio) (*elettroacus.*), voice coil. **31.** ~ della pellicola (*fot. - cinem.*), film reel. **32.** ~ del vibratore (bobina di avviamento) (*mot. aer.*), booster coil. **33.** ~ di accensione (di un motore a comb. interna) (*elett.*), ignition coil. **34.** ~ di apertura (bobina di disinnesto, di un relé) (*elett.*), tripping coil. **35.** ~ di arresto (*radio*), choke coil, choking coil. **36.** ~ di arresto di antenna (*radio*), antenna choke. **37.** ~ di arresto per radiofrequenza (*radio*), radio-frequency choke. **38.** ~ di avviamento (*mot. aer.*), booster coil. **39.** ~ di avvolgimento (*ind. tess.*), winding-on bobbin. **40.** ~ di bassa tensione (di trasformatore) (*elettromecc.*), low-voltage coil. **41.** ~ di campo (avvolgimento di eccitazione) (*elett.*), excitation coil. **42.** ~ di campo (di una dinamo) (*elett.*), field coil. **43.** ~ di campo (*radio*), field coil. **44.** ~ di carico (*radio*), loading coil. **45.** ~ di compensazione (*radio - elett.*), compensating coil, bucking coil. **46.** ~ di deflessione (elettromagnetica: di un tubo a raggi catodici) (*telev.*), deflecting coil. **47.** ~ di esplorazione (per misurare l'intensità di un campo magnetico per mezzo di un galvanometro balistico) (*strum. di mis.*), flip coil. **48.** ~ di focalizzazione (*telev.*), focusing coil. **49.** ~ di induttanza (*radio*), inductance coil. **50.** ~ di induzione (*elett.*), induction coil. **51.** ~ (o spola) di lamiera (*ind. tess.*), sheet metal spool. **52.** ~ di legno (*ind. tess.*), wooden bobbin. **53.** ~ di Pupin (*telef.*), Pupin coil. **54.** ~ di reattanza (*elett. - radio*), reactance coil, kicking coil. **55.** ~ di reazione (*eltn.*), tickler coil, feedback coil, reaction coil. **56.** ~ di sintonia (*radio*), tuning coil, syntonizing coil. **57.** ~ di sintonia d'antenna (*telev.*), aerial tuning coil. **58.** ~ di soppressione d'arco (bobina di Peterson: per apparecchiature ad alta tensione) (*elett.*), Peterson coil. **59.** ~ di spianamento (livellatore, stabilizzatore di tensione per es.) (*elett.*), smoothing choke, smoothing coil. **60.** ~ di terra (*elett.*), grounding coil. **61.** ~ esploratrice (per mis. elett.), exploring coil. **62.** ~ esploratrice (spira di sondaggio) (*fis. dei plasmi*), pickup loop, pickup coil. **63.** ~ extrapiatta (*elett.*), slab coil. **64.** ~ intercambiabile (*elett. - radio*), plug-in coil. **65.** ~ per nastro di lana cardato (*ind. tess.*), jack spool. **66.** ~ per trama (*ind. tess.*), weft bobbin. **67.** ~ piatta (*radio - elett.*), pancake coil. **68.** ~ piena (*ind. tess.*), full bobbin. **69.** ~ prefabbricata (montata già avvolta sulla macchina elettrica) (*elettromecc.*), formed coil. **70.** ~ regolazione immagine (*telev.*), frame coil, frame control coil. **71.** ~ (o spola) senza flangia (*ind. tess.*), flangeless spool. **72.** ~ svolgitrice (p. es. di registratore) (*elettroacus.*), payoff reel. **73.** ~ svolgitrice (rocchetto svolgitore) (*cinem.*), delivery reel. **74.** ~ termica (*elettrotel.*), heat coil. **75.** ~ toroidale (*elett.*), toroid coil. **76.** ~ voltmetrica (di un wattmetro), potential coil, potential winding. **77.** a ~ campo (per es. di statore, di mot. elett. mobile) (*a. - elett.*), moving-coil. **78.** da ~ a bobina (trasferimento del nastro c.s. in un registratore a nastro per es.) (*a. - elettroacus. - ecc.*), reel -to-reel. **79.** formare la ~ (*ind. tess.*), to build the bobbin. **80.** levata delle bobine (*ind. tess.*), doffing. **81.** porta-~ stellare (di una rotativa per es.) (*macch. tip.*), star reel.

bobinaggio (*elett.*), winding. **2.** ~ di campo (per es. di statore, di mot. elett. a corrente continua) (*elett.*), field winding.

bobinare (*elett.*), to wind up, to wind. **2.** ~ (avvolgere, carta per es.) (*mft. carta - ecc.*), to reel. **3.** ~ (avvolgere intorno a una bobina: filo, film ecc.) (*elett. - fot. - ecc.*), to spool.

bobinatoio (*macch. tess.*), winding frame.

bobinatrice (per bobine elettriche) (*macch. - elett.*), winding machine, coil winder. **2.** ~ (*macch. tess.*), winding frame. **3.** ~ (*mft. carta - ecc.*), reeler, reeling machine. **4.** ~ automatica (*macch. - elett.*), automatic coil winder.

bocca (di altoforno), throat. **2.** ~ (*idr.*), orifice. **3.** ~ (di un focolare di caldaia per es.) (*cald.*), stokehole. **4.** ~ (porta, di caricamento di un forno per es.) (*metall.*), door. **5.** ~ (*arma da fuoco*), mouth. **6.** ~ d'acqua (*strad. - ind.*), hydrant. **7.** ~ da fuoco (*artiglieria*), gun. **8.** ~ da incendio (*strad. - ind.*), fire hydrant. **9.** ~ di caricamento (di un forno per es.) (*fond. - ecc.*), charging door, mouth. **10.** ~ di colata (*fond.*), sprue hole. **11.** ~ di entrata (di una pompa per es.) (*mecc. - ind.*), inlet. **12.** ~ di entrata dell'aria (di un ventilatore per es.), air inlet. **13.** ~ di rancio (passaggio per cavi o cime) (*nav.*), chock. **14.** effettiva potenza delle bocche da fuoco (di una nave da guerra) (*mar. milit.*), metal. **15.** sezione di una ~ di scarico (*idr.*), draft.

boccaglio (*idr.*), nozzle. **2.** ~ (tubo di efflusso) (di una tubaz.), nosepiece. **3.** ~ a spina Pelton (per turbina idraulica Pelton) (*macch. idr.*), needle nozzle.

boccale graduato (*ut. per mis. liquidi*), measuring cup.

boccame (metallo solidificato nei canali ed attacchi di colata, materozze e montanti) (*fond.*), gating and risers.

boccaportèlla (portellino) (*nav.*), scuttle, manhole.

boccapòrto (portello) (*nav.*), hatchway, hatch. **2.** ~ (piccolo) (*nav.*), scuttle. **3.** ~ del carbonile (*nav.*), coaling hatchway. **4.** ~ delle caldaie (*nav.*), boiler hatchway. **5.** ~ delle macchine (*nav.*), engine hatchway. **6.** ~ principale (*nav.*), main hatch. **7.** battente di ~ (*nav.*), washboard. **8.** cappa di ~ (*nav.*), hatchway house. **9.** chiudere il ~ (*nav.*), to batten down, to hatch. **10.** portello di ~ (*nav.*), hatch.

boccascena (*teatro*), proscenium.

bocchello (di una macchina per pressofusione) (*fond.*), gate.

bocchetta (di serratura) (*mecc.*), selvage. **2.** ~ (dell'àncora) (*orologio*), pallet. **3.** ~ di alimentazione (di un cannone per es.) (*milit. - ecc.*), feed opening. **4.** ~ per spinotto (foro corrispondente ad un contatto per spina; negli apparecchi elettrici) (*elett.*), hub.

bocchettone (per congiunzione tubi) (*tubaz.*), pipe union, union. **2.** ~ (di trafila per mft. gomma per es.) (*mecc.*), die. **3.** ~ con guarnizione (per congiunzione tubi) (*tubaz.*), gasket type union. **4.** ~ di riempimento (di serbatoio di olio o benzina) (*aut. - ecc.*), filler.

bocchino (di uno strumento musicale per es.) (*strum.*), mouthpiece.

bocciarda (martello) (*ut. - mur.*), bushhammer. **2.** ~ (rullo) (*ut. - ed.*), roughing roller, bush roller.

bocciardare (*mur.*), to bushhammer.

bocciardatura (*mur.*), bushhammering.

bocciatura (scontro di veic.), collision.

bocciuolo (camma) (*mecc.*), cam.

bòccola (*mecc.*), bushing, bush, ferrule. **2.** ~ (di veic. ferr.) (*ferr.*), axle box, journal box. **3.** ~ (ghiera, virola) (*mecc.*), ferrule. **4.** ~ avvolta (bussola avvolta, bussola rullata) (*mecc.*), wrapped bush, rolled bush. **5.** ~ (avvolta) a giunto piano (bussola avvolta a giunto piano) (*mecc.*), butt-joint bush, butt-joint bushing. **6.** ~ (avvolta) a giunzione aggraffata (bussola avvolta a giunzione aggraffata) (*mecc.*), clinch-joint bush, joint bushing. **7.** ~ con colletto (bussola con colletto) (*mecc.*), collared bush, collared bushing. **8.** ~ di appoggio (*mecc.*), rest bushing. **9.** ~ di guida (per lo stampaggio per es.) (*tecnol. mecc.*), pilot boss. **10.** ~ di piede di biella (boccola spinotto, bussola di piede di biella) (*mot.*), small end bush, small end bushing. **11.** ~ flangiata (bussola flangiata) (*mecc.*), flanged bush, flanged bushing. **12.** ~ flottante (boccola folle) (di motore) (*mecc.*), floating bush. **13.** ~ isolante (*accessorio elett.*), grommet. **14.** ~ massiccia (*mecc.*), solid bush, solid bushing. **15.** ~ per biscottino (*aut.*), shackle bush. **16.** ~ per fermafilo di comando (di un carburatore) (*mot. - mecc.*), bushing for control fastener. **17.** ~ per spina, *vedi* bocchetta per spinotto. **18.** ~ spaccata (*mecc.*), split bush. **19.** ~ surriscaldata (boccola che scalda) (*ferr.*), hot box. **20.** mettere una ~ (imboccolare) (*mecc.*), to bush.

boccone (quartiere, quarto di mattone) (*mur.*), quarter bat.

boetta (di segnalazione, boa di segnalazione) (*nav. - mar. milit. - pesca*), dan buoy. **2.** ~ di segnalazione con asta (*mar. milit. - nav.*), stave dan buoy. **3.** ~ di segnalazione con catarifrangente (*mar. milit.*), pellet dan buoy.

boiacca (malta liquida) (*mur.*), grout, farry, liquid mortar. **2.** ~ (malta liquida di cemento) (*mur.*), cement grout.

boicottaggio (*lav. - ecc.*), boycott.

"boiler" (scaldacqua) (*app. riscaldamento*), boiler.

bolide (*astrofis.*), bolide.

bolina (cavo) (*nav.*), bowline. **2.** andare di ~ (*nav.*), to sail close to the wind. **3.** coccinello di ~ (*nav.*), bowline toggle. **4.** patta di ~ (corta cima collegante una bolina all'orlo della vela) (*nav.*), bowline bridle. **5.** stretto di ~ (*a. - nav.*), on a bowline, close-hauled.

bolla (di gas per es.) (*fis.*), bubble. **2.** ~ (difetto di un getto) (*fond.*), blister. **3.** ~ (di entrata, di consegna ecc.) (*amm.*), note. **4.** ~ (sull'acciaio) (*difetto di laminazione*), blister. **5.** ~ (difetto della carta) (*mft. carta*), blister. **6.** ~ (in una pellicola per es.) (*difetto fot.*), blister. **7.** ~ (di una livella a spirito per es.) (*strum.*), bubble. **8.** ~ d'aria (*gen.*), air bubble, air bell. **9.** ~ d'aria (*fond.*), gas pocket. **10.** bolle d'aria (bolle di forma irregolare nel vetro) (*mft. vetro*), air bells. **11.** ~ di accompagnamento (di merci spedite per es.) (*trasp.*), freight bill. **12.** ~ di consegna (documento di accompagnamento di una spedizione di merce) (*comm.*), delivery note, docket (ingl.). **13.** ~ di lavorazione (*off.*), work ticket. **14.** ~ di quarantena (disposizione di trattenimento del materiale) (*ind.*), material hold disposition, MHD. **15.** ~ di spedizione (*comm.*), shipping note, S N, S/N. **16.** ~ magnetica (microcilindro di materiale magnetico rappresentante un bit di informazione) (*elab.*), magnetic bubble. **17.** formazione di bolle gassose (nelle tubazioni di alimentazione di un motore per es.)

(*mot.*), vapor lock. **18.** messa in ~ (regolazione e montaggio delle parti componenti un velivolo) (*aer.*), rigging.

bolletta (bolla: di consegna, di spedizione ecc.) (*trasp. - comm.*), note. **2.** ~ di accompagnamento (*comm.*), consignment note. **3.** ~ di trasporto aereo (nota di consegna aerea) (*aer. - comm.*), air waybill, air consignement note.

bollettino (pubblicazione periodica) (*stampa*), bulletin. **2.** ~ di collaudo (di una macch. elett. per es.) (*prove mecc.*), test certificate. **3.** ~ meteorologico (*meteor.*), weather report.

bolli (ammaccature) (sulla superficie di una lamiera di ferro: nella costruzione di carrozzerie automobilistiche, ferroviarie ecc.) (*mecc.*), dings.

bollicina (*gen.*), bubble.

bollicine (difetto della pellicola di vernice, temporaneo o permanente) (*vn.*), bubbling. **2.** ~ (o piccoli rigonfiamenti) superficiali (in un getto) (*fond.*), pimpling. **3.** formazione di ~ (vescicamento, su una superficie verniciata) (*difetto vn.*), blistering.

bollimento (stato di ebollizione dell'azoto liquido per es. quando evapora) (*fis.*), boiloff.

bollino (marca) (*gen.*), stamp.

bollire (*fis.*), to boil. **2.** ~ (divenire lattiginosa, di una batteria sotto carica) (*elett.*), to milk, to gas, to froth, to become milky, to bubble. **3.** ~ (saldare a fuoco mediante martellatura) (*fabbro ferraio*), to forge weld.

bollitore (recipiente per far bollire liquidi ecc.) (*gen.*), kettle, boiler. **2.** ~ (lisciviatore, per stracci) (*app. ind. carta*), boiler, (rag) boiler. **3.** ~ a tubi di circolazione (*app. mft. carta*), "vomiting" boiler. **4.** ~ elettrico (*app. elettrodomestico*), electric kettle. **5.** ~ per stracci (lisciviatore per stracci) (*app. mft. carta*), rag boiler.

bollitura (saldatura a fuoco mediante martellatura) (*tecnol. mecc.*), forge welding, blacksmith welding.

bollo (*comm.*), stamp. **2.** ~ (*finanz.*), stamp tax. **3.** ~ di circolazione (*aut.*), license tag. **4.** ~ premio (*pubbl. - comm.*), trading stamp, gift stamp. **5.** marca da ~ (*comm.*), revenue stamp, stamp tax. **6.** ~, *vedi anche* bolli.

bolo (terra bolare) (*min.*), bole, bolus.

bolòmetro (dispositivo che misura lievi riscaldamenti dovuti ad assorbimento di energia raggiante) (*strum. astron.*), bolometer.

bolzone (sagoma a schiena d'asino del baglio) (*costr. nav.*), round of beam.

bòma (asta di sostegno inferiore della randa) (*nav.*), boom. **2.** ~ Bentinck (boma di vela quadra di trinchetto) (*nav.*), Bentinck boom. **3.** ~ per traversare l'àncora (*nav.*), fish boom. **4.** ~ "spinnaker" (stuzza) (*nav.*), spinnaker boom.

bomba (*espl.*), bomb. **2.** ~ (*mft. gelati*), bombe. **3.** ~ (al cobalto: per il trattamento del cancro) (*app. med.*), bomb. **4.** ~ (piccolo ordigno esplosivo da lanciarsi a mano o con fucile) (*milit.*), grenade. **5.** ~ ad azione ritardata (a scoppio ritardato) (*espl. - milit.*), delayed-action bomb. **6.** ~ a direzione e gittata radiocomandate (*espl. - milit.*), razon bomb. **7.** ~ a direzione radiocomandata (*espl. - milit.*), azon bomb. **8.** ~ ad orologeria (*espl.*), time bomb. **9.** ~ aerea a razzo (*espl. - aer. - milit.*), rocket bomb. **10.** ~ aerea a testa televisiva (*espl. - aer. - milit.*), roc. **11.** ~ a fissione (*fis. atom. - espl.*), fission bomb. **12.** ~ a fusione (bomba all'idrogeno per es.) (*fis. atom. - espl.*), fusion bomb. **13.** ~ a gas (ad azione tossica) (*milit. - chim.*), chemical bomb. **14.** ~ a getto (giroguidata) (*aer. - milit.*), robot bomb. **15.** ~ al cobalto (*espl.*), C-bomb. **16.** ~ alla termite (bomba incendiaria), thermite bomb. **17.** ~ all'idrogeno (*bomba atom.*), hydrogen bomb. **18.** ~ a mano (piccola ~ lanciata a mano) (*milit.*), hand grenade. **19.** ~ a neutroni (tipo di ~ nucleare) (*arma milit.*), neutron bomb. **20.** ~ antisommergibile (*mar. milit.*), depth charge, hedgehog. **21.** ~ atomica (*espl.*), atomic bomb, A-bomb. **22.** ~ (atomica) all'idrogeno (bomba H) (*espl.*), H-bomb. **23.** ~ calorimetrica (per la misura del potere calorifico) (*app. mis. term.*) bomb calorimeter. **24.** ~ calorimetrica ad ossigeno (*app. mis. termod.*), oxigen bomb calorimeter. **25.** ~ da aereo (*aer. milit.*), aerial bomb, drop bomb. **26.** ~ di profondità (bomba antisommergibile) (*espl. - mar. milit.*), depth charge. **27.** ~ dirompente (bomba a frammentazione prestabilita) (*milit.*), fragmentation bomb. **28.** ~ fumogena (*milit.*), smoke bomb. **29** ~ illuminante (per fotografie aeree notturne per es.) (*aer. milit.*), flash bomb. **30.** ~ incendiaria (*aer. milit.*), fire bomb. **31.** ~ incendiaria (*espl.*), incendiary bomb. **32.** ~ incendiaria a dispersione di agente (*aer. milit.*), scatter bomb. **33.** ~ incendiaria al magnesio (*aer. milit.*), magnesium bomb. **34.** ~ inesplosa (*espl. - aer.*), unexploded bomb, UXB. **35.** ~ paracadutata (*espl. - aer. milit.*), parabomb. **36.** ~ per fucile (piccola ~ lanciata per mezzo di fucile) (*milit.*), rifle grenade. **37.** ~ perforante (*espl.*), armor-piercing bomb. **38.** ~ planante (*arma milit.*), glide bomb. **39.** ~ per salve (con involucro di carta) (*espl. - milit.*), maroon. **40.** ~ pulita (bomba atomica senza, o con poca, radioattività) (*espl. atom.*), clean bomb. **41.** ~ sottomarina (*espl.*), submarine bomb. **42.** ~ termonucleare (~ a fusione, ~ all'idrogeno, ~ H) (*fis. atom. - milit.*), thermonuclear bomb, fusion bomb, H bomb. **43.** ~ volante (con spinta) a (reazione ottenuta mediante) razzo (come la V2) (*espl.*), rocket bomb. **44.** a prova di ~ (*ed.*), bombproof, shellproof. **45.** vano bombe (*aer.*), bomb bay.

bombardamento (*aer.*), bombing. **2.** ~ (*milit.*), bombardment. **3.** ~ (del nucleo dell'atomo) (*fis.*), bombardment. **4.** ~ a casaccio (*milit.*), bombing at random. **5.** ~ a tappeto (o di saturazione) (*milit.*), area bombing. **6.** ~ catodico (in un tubo per raggi X) (*eltn.*), cathodic bombardment. **7.** ~ da alta quota (*aer. milit.*), high altitude bombing. **8.** ~ da bassa quota (*aer. milit.*), low-level bombing, skip bombing. **9.** ~ in picchiata (*aer.*), dive bombing. **10.** ~ in quota (*aer.*), level bombing.

bombardare (*aer.*), to bomb. **2.** ~ (con artiglieria) (*milit.*), to shell, to bombard. **3.** ~ (i nuclei degli atomi per es.) (*fis.*), to bombard. **4.** ~ in picchiata (*aer. milit.*), to dive-bomb.

bombardière (*aer.*), bomber. **2.** ~ a delta (bombardiere con ali a delta) (*aer. milit.*), delta bomber. **3.** ~ a medio raggio (*aer. milit.*), medium bomber. **4.** ~ atomico (aereo equipaggiato con bomba atomica o con armi nucleari) (*aer. milit.*), a-bomber. **5.** ~ a tuffo (in picchiata) (*aer.*), dive bomber. **6.** ~ di assalto (*aer. milit.*), attack bomber. **7.** ~ in picchiata (*aer.*), dive bomber. **8.** ~ invisibile (non individuabile dal radar) (*aer. milit.*), stealth bomber. **9.** ~ medio (*aer. milit.*), patrol bomber. **10.** falso ~ (sagoma di bombardiere) (*aer. milit.*), dummy bomber.

bombare (*mecc. - ecc.*), to convex, to crown.

bombarsi (di una lamiera per es.) (*tecnol.*), to bulge, to swell.

bombato (convesso) (*gen.*), convex, crowned.

bombatura (di puleggia) (*mecc.*), swell, crowning. **2.** ~ (*costr. strad.*), camber.

bombé (bombatura, riduzione progressiva dello spessore del dente verso l'estremità) (*mecc.*), crowning.

bombola (per gas compresso per es.) (*app. ind.*), cylinder, bottle, bomb. **2.** ~ di gas aggressivo (*milit.*), chemical cylinder (am.). **3.** ~ per gas, gas bottle, gas cylinder. **4.** ~ per nebulizzazione (per distruggere insetti) (*ind. chim.*), aerosol bomb. **5.** porta-bombole (*ind.*), cylinder holder.

bomprèsso (albero di bompresso) (*nav.*), bowsprit. **2.** ~ fisso (*nav.*), standing bowsprit. **3.** ~ mobile (bompresso accorciabile mediante scorrimento entrobordo) (*nav.*), reefing bowsprit, running bowsprit.

bonaccia (del mare), dead calm, lull. **2.** essere in ~ (*mar.*), to be becalmed. **3.** in ~ (*a. - nav.*), becalmed.

bonderizzare (fosfatare) (*tecnol. mecc.*), to bonderize.

bonderizzato (fosfatizzato) (*metall.*), bonderized.

bonderizzazione (procedimento di fosfatazione del ferro) (*tecnol. mecc.*), bonderizing.

bonifica (*agric.*), land reclamation. **2.** ~ (tempra seguita da rinvenimento) (*tratt. term.*), hardening and tempering. **3.** ~ chimica (degassificazione) (*milit.*), degassing. **4.** ~ intermedia (bonifica isotermica, tempra bainitica isotermica) (*tratt. term.*), austempering. **5.** ~ isotermica, *vedi* bonifica intermedia.

bonificabile (acciaio) (*tratt. term.*), capable of being hardened and tempered.

bonificare (*agric.*), to reclaim. **2.** ~ (degassificare) (*milit.*), to degass. **3.** ~ (*tratt. term.*), to harden and temper.

bonificato (*a. - tratt. term.*), hardened and tempered. **2.** ~ (*a. - agric.*), reclaimed. **3.** ~ (degassificato) (*a. - milit.*), degassed.

bonìfico (*comm.*), allowance, discount. **2.** ~ (trasferimento di credito) (*comm. - banca*), credit transfer, transfer. **3.** ~ telegrafico (trasferimento telegrafico di danaro) (*comm. - banca*), cable transfer, telegraphic credit transfer, telegraphic transfer.

bonus-malus (tipo di assicurazione automobilistica) (*ass. aut.*), no-claims bonus.

booleano (di Boole, che si riferisce all'algebra logica di Boole) (*a. - mat. - elab.*), boolean.

boom economico (*comm. - ind. - finanz.*), boom.

bora (vento) (*geofis.*), bora.

borace ($Na_2B_4O_710H_2O$) (*chim.*), borax. **2.** ~ grezzo (*min.*), tincal.

boracite (*min.*), boracite.

Boral, boralio (nome commerciale di materiale usato per schermare neutroni) (*fis. atom.*), Boral.

borani (combustibili per razzi) (*chim.*), boranes.

borasso (corda di fibra di cocco) (*nav.*), coir rope.

borato (*chim.*), borate.

bòrchia (risalto: per es. anulare su un pezzo fuso per un collegamento a vite) (*mecc.*), boss. **2.** ~ (finitura montata alla maniglia alzacristalli per es.) (*aut.*), escutcheon plate (am.). **3.** ~ (chiodo da tappezziere) (*mobili*), upholsterer's nail.

bordame (linea di scotta, orlo inferiore di una vela) (*nav.*), foot. **2.** benda di ~ (*nav.*), *vedi* rinforzo di bordame. **3.** gratile di ~ (ralinga di bordame) (*nav.*), footrope. **4.** rinforzo di ~ (benda di bordame: di una vela) (*nav.*), footband.

bordare (fare il bordo: di una ruota per es.), to rim. **2.** ~ (alla bordatrice per es.), (*operaz. mecc.*), to bead. **3** ~ (un pezzo imbutito di lamiera per es.) (*lav. lamiera*), to flange. **4.** ~ le vele (spiegarle al vento) (*nav.*), to flatten in sails. **5.** ~ verso il basso (*tecnol. mecc.*), to flange down. **6.** ~ verso l'alto (*tecnol. mecc.*), to flange up.

bordata (ciascuno dei tratti di un percorso a zig-zag compiuti da una barca nel bordeggiare) (*navig.*), beat. **2.** ~ (lunghezza di un tratto di percorso a zig-zag compiuto da una barca nel bordeggiare) (*navig.*), board, stretch. **3.** ~ (di cannoni) (*mar. milit.*), broadside.

bordato (di lamiera per es.) (*tecnol.*), flanged.

bordatore (*lav.*), flanger. **2.** ~ (*op. - ind. vetro*), flayer, flanger.

bordatrice (*macch. ut.*), flanging machine, beading machine, curling machine, flanging press.

bordatura (orlo) (*gen.*), rim, border, flange. **2.** ~ (*lav. lamiera*), flanging. **3.** ~ (modanatura) (*decorazione*), swage. **4.** ~ (nervatura di rinforzo) (*mecc.*), beading. **5.** ~ (molatura dei bordi di una lastra di vetro) (*mft. vetro*), edging. **6.** ~ a rulli (*lav. lamiera*), roller flanging. **7.** ~ pesante (accumulo di vn. sul bordo) (*difetto vn.*), thick edge, fat edge.

bordeggiare (*nav.*), to tack.

bordereau, borderò (*gen.*), bordereau.
bordino (*mecc.*), flat band. **2.** ~ (di ruota ferroviaria) (*ferr.*), wheel flange, flange. **3.** ~ (modanatura) (*arch.*), molding. **4.** ~ reggispinta (cuscinetto di spinta) (*mecc.*), thrust collar.
bordione (*ind. metall.*), *vedi* vergella.
bordo (orlo) (*gen.*), edge. **2.** ~ (*mecc.*), rim. **3.** ~ (di una lamiera per es. da saldare con altra) (*tecnol. mecc.*), edge. **4.** ~ (orlo: di un recipiente o di una cavità) (*gen.*), lip. **5.** ~ (di marciapiede) (*strad.*), kerb, kerbstone. **6.** ~ (*nav.*), board. **7.** ~ (di strada) (*strad.*), shoulder. **8.** ~ anteriore (~ che in un processo normale avanza per primo; come nelle schede perforate, documenti ecc.) (*elab.*), leading edge. **9.** ~ bianco inferiore (di una pagina) (*tip.*), foot line. **10.** bordi bruciati (difetti di laminazione a caldo, dovuti a surriscaldamento) (*difetto metall.*), burnt edges. **11.** ~ d'attacco (di pala d'elica) (*aer.*), leading edge. **12.** ~ d'attacco (bordo di entrata: di un'ala per es.) (*aer.*), leading edge. **13.** ~ del foro apicale (bordo dello sfiato calotta, di un paracadute) (*aer.*), vent hem. **14.** ~ della ruota, wheel rim. **15.** ~ di contenimento (per evitare la caduta di utensili ecc.) (*banco da lav.*), toeboard. **16.** ~ di entrata (p. es. di una scheda perforata) (*elab.*), leading edge. **17.** ~ di guida, o di riferimento (~ di allineamento, p. es. per schede perforate, nastri di carta, documenti, ecc.) (*elab.*), guide edge, reference edge. **18.** ~ di tenuta (superficie di tenuta: di un recipiente per es.) (*mecc. - ind. - ecc.*), sealing surface. **19.** ~ d'uscita (di un'ala) (*aer.*), trailing edge. **20.** ~ d'uscita (di pala d'elica per es.) (*aer.*), trailing edge. **21.** bordi frastagliati (di una lamiera) (*difetto di laminazione*), burst edges. **22.** ~ graduato (di un arco) (*strum.*), limb. **23.** ~ grigio (grigiore, difetto della banda stagnata dovuto ad insufficiente spessore dello strato di stagno) (*difetto metall.*), grey top. **24.** ~ inferiore (p. es. di schede perforate) (*elab.*), bottom edge. **25.** ~ libero (di una nave) (*nav.*), freeboard. **26.** ~ posteriore (opposto al ~ anteriore, come nelle schede perforate, documenti ecc.) (*elab.*), trailing edge. **27.** ~ rinforzato (di articolo di vetro) (*mft. vetro*), bead. **28.** ~ superiore della zoccolatura (*carp. - ed.*), wainscoting cap. **29.** ~ terminale (p. es. di schede perforate, documenti ecc.) (*elab.*), trailing edge. **30.** a ~ (*nav. - aer.*), aboard, inboard, on shipboard. **31.** con ~ di metallo (*a. - gen.*), metaledged. **32.** da ~ a ~ (*comm. - nav. - trasp.*), free in, free out, FIO. **33.** di ~, a ~ (posto su o nell'interno del mobile) (*aer. - nav. - razzo - missile - ecc.*), inboard. **34.** fuori ~ (*nav. - aer.*), outboard. **35.** preparazione dei bordi (per saldatura) (*tecnol. mecc.*), edge preparation. **36.** risvoltare il ~ (di una lamiera per es.) (*mecc.*), to turn the edge. **37.** virare di ~ (*nav.*), to wear, to veer, to tack, to aboutship, to about-ship. **38.** virata di ~ (*nav.*), tacking.
bòrico (*chim.*), boric.
bornèolo ($C_{10}H_{17}OH$) (*chim.*), borneol.
bornite (Cu_5FeS_4) (*min.*), bornite.
bòro (B - *chim.*), boron.
borosilicato (*chim.*), borosilicate.
borra (per cartuccia da caccia) (*arma da fuoco*), wad. **2.** ~ (della lana) (*ind. lana*), dropping.
borraccia (*milit. - ecc.*), canteen.
borraggio (riempimento in materiale inerte di foro da mina) (*min.*), stemming (ingl.).
borsa (*comm. - finanz.*), stock exchange, stock market, bourse. **2.** ~ (mercato monetario) (*finanz. - comm.*), money market. **3.** ~ (da ufficio: per documenti ecc.), brief case, briefcase, brief bag, portfolio. **4.** ~ (per ut.) (*aut. - ecc.*), roll, kit. **5.** ~ (custodia di una macch. fot.) (*fot.*), case. **6.** ~ da viaggio per aereo (di passeggero) (*aer.*), flight bag. **7.** ~ dei titoli (azionari) (*comm. - finanz.*), stock exchange. **8.** ~ della lana (*comm. lana*), wool exchange. **9.** ~ di studio (*scuola*), scholarship. **10.** ~ merci (*finanz. - comm.*), commodity exchange. **11.** ~ non autorizzata (mercato non ufficiale della Borsa di Parigi) (*comm.*), coulisse. **12.** ~ per tabacco (in resina polivinilica per es.), tobacco pouch. **13.** ~ utensili (*aut. - ecc.*), tool kit.
bort (diamante difettoso per usi industriali) (*min.*), bort.
borurazione (processo di diffusione di boruri per ottenere una elevata durezza alla superficie di vari metalli) (*tecnol. mecc.*), boriding.
boscaiòlo (*op.*), woodman, woodsman, woodcutter.
bòsco, wood. **2.** ~ (per bachi) (*ind. seta*), spinning hut.
bosone (*fis. atom.*), boson.
bòsso (*legn.*), box. **2.** ~ del Capo (*legn.*), East London boxwood.
bossolificio (*ind. milit.*), cartridge case plant.
bòssolo (*espl.*), powder case. **2.** ~ di cartuccia (per arma da fuoco), cartridge case. **3.** ~ di proiettile (*milit.*), hull, shell case.
bòtola (*s. - ed.*), trapdoor, manhead. **2.** ~ (tombino) (*strad.*), manhole cover. **3.** ~ (*nav.*), swing door. **4.** ~ (apertura a pavimento chiusa con coperchio) (*ed.*), scuttle. **5.** ~ stradale (*mur. - strad.*), manhole.
bottaio (*op.*), cooper.
bottalare (trattare pelli al bottale) (*ind. cuoio*), to drum, to paddle.
bottalatura (barilatura) (*tecnol. mecc.*), tumbling. **2.** ~ (*mft. cuoio*), drumming, paddling.
bottale (tamburo, per il trattamento delle pelli) (*ind. cuoio*), drum, drum-tumbler, paddle tumbler. **2.** concia al ~ (*ind. cuoio*), drum tannage.
bottazzo (per proteggere il bordo libero nelle manovre di accosto) (*nav.*), fender bar.
botte, cask, barrel, butt. **2.** ~ (*tecnol. mecc.*), *vedi* barilatrice. **3.** ~ da purga (*ind. cuoio*), bating drum. **4.** ~ per vino (*att. agric.*), wine cask, tun. **5.** ~ rimorchio (*aut.*), tank trailer.
bottega (negozio), shop. **2.** ~ (officina artigianale) (*ed.*), shop.

botteghino (di teatro), box office.
botticella (carrozza a cavalli a quattro ruote chiusa con cocchiere esterno) (*trasp.*), clarence.
bottiglia, bottle. **2.** ~ di lavaggio per gas (*att. chim.*), gas washing bottle. **3.** ~ di Leida (*elett.*), Leyden jar. **4.** ~ magnetica (configurazione di linee del campo magnetico) (*fis.*), magnetic bottle. **5.** collo di ~ (strettoia: in una produzione a catena per es.) (*ind.*), bottleneck.
bottino (*ed.*), cesspool. **2.** ~ (*milit.*), plunder.
bottone (pulsante) (*elett.*), button. **2.** ~ (di manovella) (*mecc.*), pin. **3.** ~ (per il movimento di strumenti ottici per es.) (*ott.*), knob. **4.** ~ (di filato) (*mft. tess.*), knop. **5.** ~ (pastiglia, pasticca, formato nel metallo durante la fucinatura dalla barra per es.) (*difetto metall.*), pastille. **6.** ~ automatico (per vestiti ecc.) (*gen.*), snap fastener. **7.** ~ di manovella (*mot.*), crankpin, **8.** ~ di regolazione (per regolare uno strumento) (*strum.*), setting knob. **9.** ~ per i grossi movimenti del piatto (di microscopio per es.) (*ott.*), stage coarse adjustment knob. **10.** ~ per movimento micrometrico del piatto (di microscopio per es.) (*ott.*), stage fine adjustment knob.
"bouclé" (tessuto), *vedi* tessuto a maglia.
boulevard (largo viale con ampi controviali) (*strad.*), broad avenue, boulevard.
bovindo (balcone chiuso a vetrata) (*arch.*), bow window, bay window, oriel.
"Bowden" (cavo flessibile) (*mecc.*), Bowden cable.
"box" (posto macchina individuale e chiudibile) (*aut.*), lockup.
"boxes" (locali per assistenza e rifornimento, prospicienti la pista, destinati alle case concorrenti nelle corse) (*aut. - sport*), pits.
bòzza (di stampa) (*tip.*), proof, proof sheet. **2.** ~ (di un contratto, lettera ecc.) (*uff.*), draft. **3.** ~ (appiglio per trattenere manovre, cavi ecc.) (*nav.*), stopper. **4.** ~ (per controventare) (*nav.*), guy, rope. **5.** ~ corretta (*tip.*), clean proof. **6.** ~ di capitolato (per un concorso di appalto per es.) (*comm.*), tentative specification. **7.** ~ di cliché (*tip.*), block pull. **8.** ~ di composizione (ancóra nel vantaggio, bozza in colonna) (*tip.*), galley proof. **9.** ~ di macchina (ultima bozza, bozza finale pronta per la stampa) (*tip.*), press proof. **10.** ~ di proposta (sondaggio per una norma di unificazione per es.) (*gen.*), draft proposal. **11.** ~ finale pronta per la stampa (*tip.*), press proof. **12.** ~ fotografabile per rotocalco (*tip.*), repro, repro proof. **13.** ~ impaginata (*tip.*), page proof. **14.** ~ in colonna (di stampa) (*tip.*), galley proof, flat proof. **15.** bozze progressive (bozze con colori singoli e sovrapposti) (*stampa a colori*), progressive proofs. **16.** correggere le bozze (*tip.*), to proofread, to proof-correct, to correct proofs. **17.** nodo di ~ (*nav.*), stopper knot. **18.** seconda ~ (bozza corretta) (*tip.*), revise.
bozzellaio (*nav.*), blockmaker.
bozzèllo (*nav.*), block. **2.** ~ a braccio (bozzello con braccio) (*nav.*), brace block. **3.** ~ a coda (*nav.*), tail block. **4.** ~ ad una o più pulegge (*nav.*), gin block. **5.** ~ a molinello (*nav.*), swivel block. **6.** ~ apribile (*nav.*), snatch block. **7.** ~ a quattro occhi (*nav.*), four-sheave block. **8.** ~ a vergine (*nav.*), sister block. **9.** ~ a violino (*nav.*), fiddle block. **10.** ~ a violino con anello anteriore ribaltabile (*nav.*), fiddle block with upset front shackle. **11.** ~ con stroppo in ferro (*nav.*), iron-strapped block. **12.** ~ da fune (*app. sollevamento*), rope block. **13.** ~ di caliorna (*nav.*), purchase block. **14.** ~ di capone (*nav.*), cat block. **15.** ~ di ghinda (*nav.*), top block. **16.** ~ d'imbroglio (*nav.*), brail block. **17.** ~ di mura (*nav.*), tack block. **18.** ~ doppio (*nav.*), double block, double-sheave block. **19.** ~ doppio a gancio girevole (*nav.*), double-sheave block with loose swivel hook. **20.** ~ fisso (di paranco) (*app. sollevamento - nav.*), standing block, fixed block. **21.** ~ mobile (di un paranco) (*att. sollevamento*), running block. **22.** ~ semplice (*nav.*), single block, single-sheave block. **23.** ~ semplice ad anello anteriore e stroppo (*nav.*), single-sheave block with front shackle and strap (or strop or becket). **24.** ~ semplice ad anello laterale ribaltabile (*nav.*), single-sheave block with upset side shackle.
bozzettista (*lav.*), artist. **2.** ~ pubblicitario (*pubbl.*), advertising artist.
bozzetto (*dis.*), sketch. **2.** ~ (disegno di massima) (*dis.*), general layout. **3.** ~ (schizzo illustrativo di un avviso pubblicitario) (*s. - comm.*), visual. **4.** ~ pubblicitario (*pubbl.*), advertising drawing, advertising design.
bòzzima (*ind. tess.*), size.
bozzimare (*ind. tess.*), to size.
bòzzolo (del baco da seta), cocoon.
Bq (Becquerel) (*fis. atom.*), *vedi* Becquerel.
braca (imbraca, braga, imbraga per abbracciare carichi da sollevare) (*att.*), strap, sling. **2.** ~ a ganci (braca con ganci alle estremità usata per il sollevamento di barili per es.) (*nav. - ecc.*), can hook, crampon.
bracciale (fascia di identificazione, di un servizio per es.) (*gen.*), arm band.
bracciante (*lav.*), labourer. **2.** ~ (operaio agricolo) (*op. agric.*), farm hand.
bracciare (orientare i pennoni) (*nav.*), to brace. **2.** ~ a collo (*nav.*), to brace aback. **3.** ~ di punta (*nav.*), to brace up. **4.** ~ i pennoni ad angolo retto (*nav.*), to square the yards. **5.** ~ per virare di bordo (*nav.*), to brace about, to brace around.
braccio (*gen.*), arm. **2.** ~ (di trapano radiale per es.) (*mecc.*), arm. **3.** ~ (sporgente di una apparecchiatura di sollevamento: per sorreggere o guidare il carico) (*app. ind.*), boom. **4.** ~ (del riproduttore di grammofono), arm. **5.** ~ (*mis. nav.*), fathom. **6.** ~ (marra, di un'àncora) (*nav.*), arm. **7.** ~ (di un remo: parte tra lo scalmo e la pala) (*nav.*), web. **8.** ~ (manovra per orientare i pennoni) (*nav.*), brace. **9.** ~ (di una saldatrice a resistenza per es.) (*saldatrice*), arm, horn. **10.** ~ a muro ("applique")

(*app. illum.*), wall fitting. **11.** ~ a terra (distanza orizzontale vista di fronte tra il punto d'intersezione dell'asse del perno del fuso con il terreno ed il punto di contatto centrale del pneumatico) (*aut.*), offset, kingpin offset. **12.** ~ a terra d'incidenza (braccio a terra longitudinale) (*aut.*), caster offset. **13.** ~ comando sterzo (*aut.*), steering drop arm. **14.** ~ del parasale (*ferr.*), horn (ingl.). **15.** ~ del pennone di maestra (cima del pennone maestro) (*nav.*), main brace. **16.** ~ del rivelatore acustico (*elettroacus.*), tone arm. **17.** ~ di accesso [o portatestina] (~ per posizionamento della testina di lettura/scrittura) (*elab.*), access arm, seek arm, disk access arm. **18.** ~ di aggraffamento (di apparecchio cinematografico senza croce di Malta) (*mecc. cinem.*), claw. **19.** ~ di lettura/scrittura, *vedi* ~ di accesso. **20.** ~ di leva (*mecc.*), lever arm. **21.** ~ (di leva) di una forza (*mecc. raz.*), lever arm of a force. **22.** ~ di manovella (*mecc.*), crank arm, crank throw, crank web. **23.** ~ di poligonazione (di una linea di contatto sospesa per ferrovia elettrica), steady brace of polygon. **24.** ~ di rinforzo (sprone) (*carp.*), spur. **25.** ~ di supporto (per sostenere un modello nella galleria del vento) (*aer.*), sting. **26.** ~ longitudinale (braccio oscillante longitudinale, di una sospensione) (*aut.*), longitudinal arm. **27.** ~ mobile (di una gru) (*app. sollevamento*), jib, adjustable jib. **28.** ~ mobile (di un sestante), index bar. **29.** ~ (motore) di azionamento (*mecc.*), actuating arm. **30.** ~ oscillante (leva oscillante di una sospensione) (*aut.*), wishbone. **31.** ~ portante (*mecc.*), supporting arm. **32.** ~ snodato (*mecc.*), articulated arm. **33.** ~ trasversale (braccio oscillante trasversale, di una sospensione) (*aut.*), control arm.

bracciuolo (bracciolo, di un baglio) (*costr. nav.*), knee, beam knee. **2.** ~ (appoggia-braccia: di sedile) (*aut. - ferr. - ecc.*), arm rest. **3.** ~ del controdritto di poppa (o della controruota interna di poppa) (*costr. nav.*), sternson. **4.** ~ metallico (*costr. nav.*), knee plate.

brace (carbone acceso) (*comb.*), embers, live coal, glowing fire.

brachistocrona (curva della caduta più rapida di una particella in un campo gravitazionale omogeneo) (*geofis.*), brachistochrone.

bracière (*gen.*), brazier.

bracotto (penzolo) (*nav.*), pendant. **2.** bracotti del timone (*nav.*), rudder pendants. **3.** ~ di ostino (*nav.*), vang pendant. **4.** ~ di scotta (*nav.*), sheet pendant.

bradisismo (*geol.*), bradyseism.

braga, *vedi* braca. **2.** ~ (diramazione, pezzo commerciale da raccordare con le tubazioni dell'impianto) (*tubaz.*), branch.

"brainstorming" (ricerca della soluzione di un problema specifico mediante idee sorte da una riunione di un gruppo di specialisti) (*conferenza tecnol.*), brainstorming.

bramma (blumo di sezione rettangolare) (*metall.*), thick slab, flat bloom.

"branare" (scampanare, scuotere il modello) (*fond.*), to rap.

"branatura" (vibrazione provocata a mano o meccanicamente per separare la forma dal modello prima dell'estrazione dello stesso) (*fond.*), rapping.

branca (attrezzo per abbrancare e tenere stretti oggetti) (*gen.*), claw.

brancarella (*nav.*), cringle. **2.** ~ della patta di bolina (*nav.*), bowline cringle.

branda, cot, folding bed.

brandeggiabile (di arma o telecamera per es. che può ruotare anche intorno ad un asse verticale) (*milit. - telev. - ecc.*), flexible.

brandeggio (di cannoni) (*mar. milit.*), training. **2.** ~ limitato (p. es. di una bocca da fuoco) (*milit.*), limited traverse. **3.** campo di ~ (di un cannone per es.) (*mar. milit.*), arc of training.

brasabile (*tecnol. mecc.*), solderable.

brasare (saldare a forte) (*tecnol. mecc.*), to hard-solder, to braze.

brasatura (brasatura capillare, procedimento di saldatura con fusione del solo metallo di apporto; l'unione avviene essenzialmente per il fenomeno di infiltrazione capillare) (*tecnol. mecc.*), brazing. **2.** ~ ad arco (*tecnol. mecc.*), arc-brazing. **3.** ~ ad (o per) immersione (*tecnol. mecc.*), dip brazing. **4.** ~ a gas (*tecnol. mecc.*), gas brazing. **5.** ~ a induzione (*tecnol.*), induction brazing. **6.** ~ al cannello (*tecnol. mecc.*), gas brazing, torch brazing. **7.** ~ all'arco con due elettrodi di carbone (*tecnol. mecc.*), twin-carbon arc brazing. **8.** ~ all'arco elettrico (*tecnol. mecc.*), arc brazing. **9.** ~ a resistenza (processo di brasatura elettrica nel quale il calore viene ottenuto mediante il passaggio di una corrente elettrica) (*tecnol. mecc.*), resistance brazing. **10.** ~ centrifuga (*tecnol. mecc.*), centrifugal brazing. **11.** ~ elettrica (*tecnol. mecc.*), electric brazing. **12.** ~ in forno (*tecnol. mecc.*), furnace brazing. **13.** ~ (in forno) in atmosfera di idrogeno (*tecnol mecc.*), hydrogen brazing. **14.** ~ per diffusione (*tecnol. metall.*), diffusion brazing.

brasiletto (legno, colorante rosso, legno rosso del Brasile) (*legn.*), brazilwood, braziletto.

breccia (*strad. - mur.*), crushed stone, metal. **2.** ~ (in un muro) (*mur.*), breach. **3.** ~ (*geol.*), breccia. **4.** ~ (varco) (*milit.*), gap. **5.** ~ di faglia (*min. geol.*), fault breccia.

brecciame (*strad.*), road metal. **2.** ~ di scorta (per manutenzione) (*strad.*), road metal stockpile.

brecciato (*a. - min.*), brecciated.

breccioso (*a. - min.*), brecciated.

bretèlla (*ind. gomma - abbigliamento*), suspender. **2.** ~ (di irrobustimento di una parte di macchina per es.) (*mecc.*), brace. **3.** bretelle (imbracatura: di un paracadute) (*aer.*), harness. **4.** bretelle (per staffe) (*fond.*), bails.

brève (*a. - gen.*), short. **2.** ~ distanza (*gen.*), short

distance, close range. **3.** ~ intervallo (di tempo) (*gen.*), span.
brevettàbile (*leg. - ind.*), patentable.
brevettabilità (*leg. - ind.*), patentability.
brevettare (*leg. - ind.*), to patent.
brevettato (*leg. - ind.*), patented.
brevetto (*leg. - ind.*), patent. **2.** ~ (di pilota per es.), licence. **3.** ~ sul disegno del modello (per la protezione delle caratteristiche di disegno di un prodotto industriale) (*leg.*), design patent. **4.** chiedere un ~ (*leg. - ind.*), to apply for a patent. **5.** descrizione di un ~ (*leg. - ind.*), patent specifications. **6.** esclusività di un ~ (*leg. - ind.*), patent right. **7.** fare le pratiche per ottenere un ~ (*leg. - ind.*), to apply for a patent. **8.** mantenere in vigore un ~ (*leg.*), to keep a patent in force. **9.** rivendicazioni di un ~, patent claims. **10.** ufficio brevetti centrale (*leg.*), patent office.
brezza di ghiacciaio (*meteor.*), glacier breeze. **2.** ~ di mare (*meteor.*), sea breeze. **3.** ~ di montagna (*meteor.*), mountain breeze. **4.** ~ di terra (*meteor.*), land breeze. **5.** ~ di valle (*meteor.*), valley breeze. **6.** ~ leggera (gradi Beaufort: forza 2, 6 ÷ 11 km/h) (*meteor.*), light breeze. **7.** ~ tesa (gradi Beaufort: forza 3, 12 ÷ 19 km/h) (*meteor.*), gentle breeze.
bricchetta (*comb. - ecc.*), *vedi* bricchetto.
bricchettare (formare mattonelle) (*comb. - ecc.*), to briquette, to briquet.
bricchettatura (formazione di mattonelle) (*comb. - ecc.*), briquetting.
bricchettazione (*comb. - ecc.*), *vedi* bricchettatura.
bricchetto (brichetto, mattonella, usata per fusione o come comb.: di polvere metall. oppure di carbone) (*fond. - comb.*), briquette. **2.** ~ desolforante (*fond.*), desulphurizing briquette.
bricco (*att. domestico*), jug.
briccola (gruppo di pali da ormeggio: in laguna per es.) (*nav. - navig.*), dolphin.
"bricole", *vedi* briccola.
brida (*mecc.*), clamp, yoke. **2.** ~ (di un tornio per es.) (*mecc. - macch. ut.*), driving dog, dog. **3.** ~ e menabrida per tornio (*mecc.*), lathe carrier.
brigantino (*nav.*), brig. **2.** ~ (goletta) (*nav.*), brigantine (am.), hermaphrodite brig (ingl.). **3.** ~ a palo (*nav.*), bark, barque.
briglia (*mecc.*), bridle. **2.** ~ (finimento: di cavallo), bridle. **3.** ~ (tirante o vento del bompresso) (*nav.*), bobstay. **4.** ~ (brida, di un tornio) (*mecc.*), carrier, driving dog, driver, dog.
brillamento (di mine) (*espl. min.*), blasting, shooting, firing. **2.** ~ solare (*astr.*), solar flare.
brillantare (con la pulitrice: operazione mecc.), to buff, to polish. **2.** ~ (*operaz. falegn.*), to furbish, to polish.
brillantatura (con la pulitrice) (*operaz. mecc.*), buffing, polishing. **2.** ~ (*operaz. falegn.*), polishing, furbishing.
brillante (detto di vernice per es.) (*a.*), glossy.
brillantezza (*vn.*), gloss, lustre. **2.** ~ (lucentezza, della seta per es.) (*gen.*), gloss.
brillanza (luminosità: intensità di flusso luminoso) (*ill. - fis.*), brilliance. **2.** ~ (di una lampada) (*illum.*), brilliancy.
brillare (luccicare, splendere) (*gen.*), to shine, to glitter. **2.** ~ una mina (in una cava per es.) (*espl.*), to blow a mine, to detonate a mine.
brillatoio (per riso) (*macch. ind.*), polisher.
brillatore (di mine) (*lav. - min.*), blaster.
brillatura (del riso) (*ind.*), polishing.
brillìo (alla luce, di una superficie di acciaio sezionata per es.) (*metall. - ecc.*), glitter.
brina (brina di condensazione) (*meteor.*), hoarfrost. **2.** ~ da nebbia (o da nubi) (*meteor.*), rime. **3.** punto di ~ (punto di rugiada, sotto 0°C) (*meteor.*), hoarfrost point.
brocca (contenitore di terracotta o vetro) (*att. domestico*), pitcher.
broccatèllo (*tessuto*), brocatel, brocatelle.
broccato (*tessuto*), brocade, diaper.
bròccia (*ut.*), broach. **2.** ~ cava (per brocciatura esterna, broccia cava cilindrica a dentatura interna) (*ut.*), pot broach. **3.** ~ di spinta (*ut. mecc.*), push broach. **4.** ~ di trazione (*ut. mecc.*), pull broach. **5.** ~ per alberi scanalati (*ut.*), splined shaft broach. **6.** ~ per sedi di chiavetta (*ut.*), keyway broach. **7.** ~ piatta (per superfici esterne) (*ut.*), slab broach.
brocciare (*mecc.*), to broach. **2.** ~! (*dis. mecc.*), broach, B. **3.** ~ a spinta (*mecc.*), to push-broach. **4.** ~ a trazione (*mecc.*), to pull-broach.
brocciatrice (*macch. ut.*), broaching machine. **2.** ~ per esterni (o per superfici esterne) (*macch. ut.*), surface broaching machine. **3.** ~ per scanalature (*macch. ut.*), spline broaching machine. **4.** ~, *vedi anche* spinatrice.
brocciatura (*mecc.*), broaching. **2.** ~ allo stato dolce (prima della tempra) (*mecc.*), soft broaching. **3.** ~, *vedi anche* spinatura.
brogliaccio (*contabilità - ecc.*), daybook.
"brokeraggio" (mediazione) (*comm.*), brokerage.
bromato (*chim.*), bromate.
bròmo (Br - *chim.*), bromine.
bromocresolo (*chim.*), bromocresol, bromcresol. **2.** verde di ~ (*chim.*), bromcresol green. **3.** violetto di ~ (*chim.*), bromocresol purple.
bromofenolo (*chim.*), bromophenol, bromphenol. **2.** blu di ~ (*chim.*), bromphenol blue, bromophenol blue.
bromografo (*fot.*), contact printer.
bromotimolo (*chim.*), bromthymol, bromothymol.
bromuro (*chim.*), bromide. **2.** ~ d'argento (Ag Br) (*chim.*), silver bromide. **3.** ~ di etile (*chim.*), ethyl bromide. **4.** carta al ~ (*fot.*), bromide paper. **5.** copia al ~ (*fot.*), bromide print.
broncoscòpio (*strum. med.*), bronchoscope.
bronzare (*vn. - elettrochim.*), to bronze.
bronzatura (riflesso metallico conferito con pitture in tinta piena a base di determinati pigmenti) (*vn.*), bronzing. **2.** ~ (deposizione di un velo di bronzo

metallico per via galvanica) (*elettrochim.*), bronzing.

bronzina (propriamente detta costituita da due semigusci di bronzo staccabili, senza metallo antifrizione) (*mecc.*), bushing, bush, brass. **2.** ~ (guscio di ottone o bronzo di un cuscinetto) (*mecc.*), bearing brass. **3.** ~ (impropriamente detta in luogo di cuscinetto: di biella di motore per es.) (*mecc.*), bearing.

bronzo (lega di rame e stagno) (*metall.*), bronze, brz, br. **2.** ~ alfa (5% circa di stagno) (*metall.*), alpha bronze. **3.** ~ al manganese (*metall.*), manganese bronze, Mang. B. **4.** ~ al rame (ottone contenente 93% di rame e 7% di zinco, per detonatori, ecc.) (*metall. - milit.*), gilding metal. **5.** ~ al silicio (*metall.*), silicon bronze. **6.** ~ antiacido (*metall.*), antacid bronze. **7.** ~ da campane (*metall.*), bell metal. **8.** ~ d'alluminio (*metall.*), aluminium bronze, AL.B. **9.** ~ duro (bronzo da cannoni) (*metall.*), gun metal. **10.** ~ fosforoso (*metall.*), phosphor bronze, phos. B., PB. **11.** ~ navale (con 92% Cu: sostitutivo dell'acciaio, per es. nei cannoni) (*metall.*), steel bronze. **12.** ~ silicioso (*metall.*), silicon bronze.

brossura (*tip.*), booklet. **2.** ~ (libro od opuscolo con copertina leggera) (*stampa*), brochure. **3.** in ~ (non rilegato, libro) (*tip.*), softbound, in paper.

bruciare (*gen.*), to burn. **2.** ~ ("strinare", bruciare superficialmente: la peluria esterna per es.) (*ind. tess.*), to singe, to gas. **3.** ~ (una caldaia rimasta senza acqua, l'avvolgimento di un motore elettrico ecc.) (*ind.*), to burn. **4.** ~ (uranio, idrogeno ecc. a seguito di fissione o fusione nucleare) (*fis. atom.*), to burn. **5.** ~ combustibile (*ind.*), to burn. **6.** ~ senza fiamma (covare sotto la cenere) (*comb.*), to smolder, to smoulder.

bruciarsi (fondersi, saltare, di valvole per es.) (*elett.*), to blow out.

bruciato (*a. - gen.*), burnt, burned, burnt-over, burned-over. **2.** ~ (di un app. elett.), burnt-out. **3.** ~ (*mecc. - metall.*), burnt. **4.** ~ (di un fotogramma per un eccesso di esposizione) (*fot.*), burnt-out. **5.** ~ (di valvola per es.) (*a. - elett.*), blown.

bruciatore (*att. per comb.*), burner. **2.** ~ (di motore a turbogetto) (*mot.*), burner. **3.** ~ (cannello) (*att.*), torch. **4.** ~ (di un forno a gasolio per es.) (*att. per comb.*), gun burner. **5.** ~ a ciclone (per polvere di carbone) (*att. per comb.*), cyclone burner. **6.** ~ a combustibili liquidi e gassosi (*att. per comb.*), conversion burner. **7.** ~ ad ugello (*att. per comb.*), nozzle burner. **8.** ~ a ricircolazione (bruciatore di un mot. a getto nel quale parte del combustibile viene ricircolata invece di essere ammessa nella camera di comb.) (*mot. aer.*), spill burner. **9.** ~ con premiscelatore (~ per combustibile gassoso nel quale l'aria è premiscelata al gas prima di raggiungere la fiamma) (*app. comb.*), premix gas burner. **10.** ~ di gas (*att. per comb.*), gas burner. **11.** ~ duplex (di un mot. a getto: bruciatore con due entrate per il comb. e un solo foro di uscita) (*mot. aer.*), duplex burner. **12.** ~ per nafta (*att. per comb.*), oil burner. **13.** ~ per soffieria (*att. chim.*), blast burner. **14.** porta ~ (*mecc.*), burner holder.

bruciatura (*gen.*), burning. **2.** ~ (di un circuito) (*elett.*), burnout. **3.** ~ (di materiale: con inizio di fusione ed ossidazione) (*mecc. - metall.*), burning. **4.** ~ (gasatura) (*ind. tess.*), gassing. **5.** ~ (*difetto di fucinatura*), burning. **6.** ~ (difetto della camera di combustione di un motore a getto) (*mot. aer.*), burnout. **7.** ~ (di valvola o di filamento di lampada per es.) (*elett.*), burnout.

brugola (vite con testa ad esagono incassato, vite Allen) (*mecc.*), socket head screw.

brulichio (difetto di pellicola dovuto alla grana) (*cinem.*), swarming.

brulòtto (*mar. milit.*), fire ship.

bruma (*meteor.*), mist, m.

brunire (rendere lucido un metallo per es., col brunitoio) (*ind.*), to burnish. **2.** ~ (un metallo mediante calore e trattamento chimico), to blue. **3.** ~ ! (*dis. mecc.*), burnish, BU.

brunito (di metallo per es., col brunitoio) (*mecc.*), burnished. **2.** ~ (di metallo mediante calore e trattamento chimico), blued. **3.** ~ in olio (*tecnol.*), oil blacked.

brunitoio (strumento per lucidare o levigare) (*ut. mecc.*), polishing iron, burnisher. **2.** ~ (*ut. gioielleria*), burnisher. **3.** ~ a denti (per la rilegatura di libri) (*ut.*), tooth burnisher. **4.** ~ per ingranaggi (*mecc.*), gear burnisher. **5.** ~ piatto (per la rilegatura di libri) (*ut.*), flat burnisher.

brunitura (di metallo per es. col brunitoio) (*mecc.*), burnishing. **2.** ~ (di metallo mediante calore e trattamento chimico), blueing. **3.** ~ ad impulsi (*tecnol. mecc.*), impact burnishing.

bruno (marrone) (*s. - colore*), brown.

bruschino (spazzola per lavare) (*ut. domestico*), scrub brush.

brusco (improvviso e rapido) (*gen.*), sudden.

"brushless" (senza spazzole, sistema di eccitazione elettronica) (*macch. elett.*), brushless.

brusio (*gen.*), babble.

buca (*strad.*), hole. **2.** ~ per (piantare un) palo (*mur.*), posthole. **3.** ~ pontaia (buca lasciata nella muratura per l'appoggio orizzontale dei ponteggi) (*mur.*), putlog hole.

bucare (perforare) (*gen.*), to hole, to pierce, to perforate.

buccia (di un frutto) (*gen.*), peel, rind. **2.** ~ (cartoccio: di cereali ecc.) (*gen.*), husk. **3.** ~ d'arancia (nella verniciatura a spruzzo) (*vn.*), orange peel.

bucherellato (punteggiato) (*a. - tecnol.*), punctured.

"buckling" (parametro caratteristico di un reattore nucleare) (*fis. atom.*), buckling. **2.** ~ fisico (*fis. atom.*), material buckling. **3.** ~ geometrico (condiziona l'afflusso dei neutroni termici) (*fis. atom.*), geometrical buckling.

buco (*gen.*), hole. **2.** ~ del gatto (*nav.*), lubber's hole. **3.** ~ nero (stella implosa e ridotta ad un piccolo diametro e ad una enorme gravità) (*astron.*), black hole.

"budget" (bilancio preventivo) (*amm. - finanz.*), budget. **2.** ~ (bilancio preventivo dell'esercizio in corso) (*s. - amm.*), operating budget. **3.** ~ dell'esercizio finanziario (bilancio preventivo di una società) (*finanz. - amm.*), financial budget. **4.** esecutore di ~ (esecutore di bilanci preventivi) (*amm.*), budgeteer.

"budgetario" (riferentesi al bilancio preventivo) (*amm.*), budgetary. **2.** controllo ~ (*amm.*), budgetary control.

bufèra (di neve o di pioggia) (*meteor.*), tempest. **2.** ~ di vento (*meteor.*), wind storm.

"buffer" (circuito separatore, stadio separatore, circuito elettronico usato per separare due circuiti radio per es.) (*eltn.*), buffer. **2.** ~ stocks (scorte cuscinetto) (*econ.*), buffer stocks. **3.** gestione dinamica del ~ (*elab.*), dynamic buffering. **4.** gestione statica del ~ (*elab.*), static buffering. **5.** ~, *vedi anche* memoria di transito.

"bufferizzare" (mettere in memoria temporanea di transito) (*elab.*), to buffer.

"bufferizzazione" (memorizzazione temporanea a tampone o di transito) (*s. - elab.*), buffering. **2.** ~ di scambio (*elab.*), exchange buffering.

"buffet" (ristorante: di stazione ferroviaria o di teatro) (*arch.*), buffet.

bugliòlo (*nav.*), bucket, bail.

bugna (pietra bugnata) (*ed.*), rusticated ashlar. **2.** ~ (angolo di vela rinforzato) (*nav.*), clew, clue. **3.** ~ a secco (nella saldatura a punti o continua per es.) (*tecnol. mecc.*), indentation.

bugnare (*arch.*), to rusticate.

bugnato (*arch.*), rustication.

bulbo (di termometro per es.), bulb. **2.** ~ (ampolla di vetro di lampada o valvola termoionica), *vedi* ampolla. **3.** ~ oculare (*med.*), eyeball.

bulinare (incidere figure per es. su metalli) (*metall. - ecc.*), to chase, to engrave. **2.** ~ (punzonare, un pezzo per es. come contrassegno) (*mecc.*), to punch.

bulinatura (incisione del metallo) (*metall. - ecc.*), chasing, engraving.

bulino (*ut.*), burin, graver. **2.** ~ (punzone per centri) (*ut.*), center punch. **3.** ~ a passo fisso (punzone a passo fisso) (*ut.*), spacing punch. **4.** ~ da centri a campana (per alberi per es.) (*ut.*), bell center punch.

"bulldozer" (apripista) (*macch. movimento terra*), bulldozer.

bulletta (*falegn. - carp.*), tack, tingle (ingl.). **2.** ~ (chiodo per suole o per tappezzeria) (*mft. scarpe - tappezzieri*), hobnail. **3.** ~ per tacchi (*mft. scarpe*), heel tack.

bullonare (*mecc.*), to bolt.

bullone (vite con dado) (*mecc.*), bolt, bolt with nut. **2.** ~ a chiavetta (*mecc.*), cotter bolt. **3.** ~ ad occhio (golfare) (*mecc.*), eyebolt, lifting bolt. **4.** ~ ad occhio con anello (*mecc.*), ring bolt. **5.** ~ ad U (*mecc.*), U bolt. **6.** ~ a forcella (*mecc. - ferr.*), jaw bolt. **7.** ~ a gancio per tetti (*costr.*), roofing hook bolt. **8.** ~ a legno (*carp.*), carriage bolt. **9.** ~ annegato (*mecc.*), shrouded bolt. **10.** ~ a staffa (*mecc.*), lug bolt, strap bolt. **11.** ~ a testa bombata (*mecc.*), cup-headed bolt. **12.** ~ a testa cilindrica (*mecc.*), cheese bolt. **13.** ~ a testa conica (*mecc.*), cone-headed bolt. **14.** ~ a testa quadra (*carp.*), square-headed bolt. **15.** ~ a testa quadrata (*mecc.*), square-headed bolt. **16.** ~ a testa tonda (*mecc.*), round-headed bolt. **17.** ~ a testa tronco-conica (*mecc.*), pan bolt. **18.** ~ commerciale (di uso comune in varie misure e con testa esagonale) (*mecc.*), machine bolt. **19.** ~ con dado (*mecc.*), bolt and nut. **20.** ~ con dado triangolare dentato (*carp.*), fang bolt. **21.** ~ con fessura per chiavetta (*mecc.*), key bolt. **22.** ~ con testa a cuneo (*mecc.*), wedge-shape head bolt. **23.** ~ con testa a T (*mecc.*), T-headed bolt. **24.** ~ con testa fresata (*mecc.*), countersunk bolt. **25.** ~ da fondazione (per fondazione a gambo spaccato e divaricato) (*mecc. - mur.*), anchor bolt. **26.** ~ di ancoraggio (per fissare macch. ut. al basamento di calcestruzzo per es.) (*ind.*), anchor bolt (or rod). **27.** ~ di bloccaggio (*mecc.*), locking bolt. **28.** ~ di fondazione (di macchina), anchor bolt, plate bolt. **29.** ~ di sentina (di una nave in legno) (*costr. nav.*), bilge bolt. **30.** ~ di serraggio testa dello sterzo (di una motocicletta per es.) (*mecc.*), pinch bolt. **31.** ~ d'unione (di albero a manovella di motore stellare) (*mot.*), "maneton" bolt. **32.** ~ esplosivo (per eiezione paracadute, separazione stadi ecc.) (*aer. - astric.*), explosive bolt. **33.** ~ passante (*mecc. - ecc.*), through bolt. **34.** ~ passante (da fuori a dentro) (*costr. nav.*), in-and-out bolt. **35.** ~ per giunto a ganasce (*mecc.*), fishbolt. **36.** ~ (di dotazione) per il fissaggio del pezzo (che deve essere lavorato di macchina) (*accessorio di macch. ut.*), dogbolt. **37.** ~ senza dado (*mecc.*), tap screw. **38.** carico di un ~ (*sc. costr.*), bolt load. **39.** dado (del ~) (*mecc.*), nut. **40.** gambo del ~ (*mecc.*), body, shank. **41.** tagliabulloni (*ut.*), bolt cropper (ingl.). **42.** testa del ~ (*mecc.*), bolt head. **43.** testa esagonale del ~ (*mecc.*), hexagonal bolthead.

bullonerìa (*mecc.*), bolts and nuts. **2.** ~ commerciale (*mecc.*), commercial bolts and nuts. **3.** filettatrice per ~ (*macch. ut.*), bolt threading machine. **4.** macchina per ~ ricalcata a freddo (*macch. ut.*), cold heading machine. **5.** macchina per ~ rullata (*macch. ut.*), thread rolling machine.

"bum" (scoppio sonico) (*aer. - acus.*), sonic boom.

buna (gomma sintetica tedesca) (*ind. chim.*), buna. **2.** ~ N (copolimero di butadiene e nitrile acrilico) (*chim. ind.*), buna N. **3.** ~ S (copolimero di butadiene e stirene) (*chim. ind.*), buna S, Government Rubber and Styrene, GR-S.

"bungalow" (casa ad un piano con veranda) (*ed.*), bungalow.

bunker (casamatta) (*milit.*), bunker. **2.** ~ (carbonile) (*nav.*), bunker.

bunkeraggio (operazione di caricamento, di carbone o olio combustibile sulla nave per rifornimento) (*nav.*), bunkerage, bunkering.

Bunsen (becco Bunsen) (*comb.*), Bunsen burner, Bunsen's burner.

buòno (di qualità di merce per es.) (*a. - gen.*), good. **2.** ~ (di prelievo, di requisizione ecc.) (*s. - amm.*), note. **3.** ~ (accettato dal collaudo) (*a. - mecc.*), passed. **4.** ~ (documento che stabilisce il diritto ad ottenere merci o servizi senza esborso) (*s. - comm. - turismo - ecc.*), voucher. **5.** ~ del tesoro (*finanz.*), treasury bill, exchequer bond. **6.** ~ (o bolletta) di consegna (a magazzino) (*organ. magazzino*), warehouse bond. **7.** ~ omaggio (buono per uno sconto) (*pubbl. - comm.*), redemption coupon. **8.** ~ regalo (da cambiarsi in negozio con un oggetto che abbia il valore del ~) (*comm.*), gift voucher. **9.** buona (perfetta, prima scelta, detto di carta senza difetti) (*mft. carta*), good.

buono-premio (buono-regalo unito alla merce per pubblicità) (*comm.*), trading stamp, trading-stamp.

buono-regalo (buono-premio unito alla merce per pubblicità) (*comm.*), trading stamp, trading-stamp.

burattatura (*tecnol. mecc.*), tumbling. **2.** ~ della farina (*ind.*), flour dressing.

buratto (*macch. off.*), tumbling barrel, tumbler. **2.** ~ (setaccio: per mulino da grano) (*att. ind.*), sifter, bolter, scalper. **3.** ~ centrifugo per farina (*macch. ind.*), centrifugal flour sifter. **4.** ~ piano a stacci multipli (*macch. ind.*), plansifter (ingl.).

bùrbera (*macch. ed.*), windlass.

bure (di aratro) (*agric.*), beam.

buretta (*chim.*), burette, buret.

burnitoio (*mecc.*), *vedi* brunitoio.

burocrazia (*amm. - ecc.*), bureaucracy.

burotica (automazione del lavoro di ufficio, informatica applicata ai lavori di ufficio) (*elab. - uff.*), office automation.

burrasca (*meteor.*), storm. **2.** ~ (vento, gradi Beaufort: forza 8, 62 ÷ 74 km/h) (*meteor.*), gale. **3.** ~ forte (gradi Beaufort: forza 9, 75 ÷ 88 km/h) (*meteor.*), strong gale. **4.** avviso di ~ (*meteor. - nav.*), gale warning.

burro (*ind. - alimentare*), butter.

burrone (*geol.*), gorge, ravine.

"burster" (attrezzo costituito da martinetti idraulici per la frantumazione della roccia) (*att. min.*), burster.

bus (canale di trasferimento dei dati; conduttore che riceve i dati da varie sorgenti e li trasmette a vari destinatari) (*elab.*), bus, highway, trunk. **2.** ~ degli indirizzi (*elab.*), address bus. **3.** ~ dei dati (*elab.*), data bus. **4.** ~ di controllo (*elab.*), control bus. **5.** ~ seriale (sistema di collegamento per cui la trasmissione di dati avviene carattere per carattere) (*elab.*), serial bus. **6.** organizzato con un singolo ~ (detto di un elaboratore che ha un solo ~) (*elab.*), bus-organized.

bussare (picchiare) (*gen.*), to knock.

bussetto (*ut. per calzolaio*), sleeker, sleeking stick.

bùssola (*mecc.*), bush, sleeve. **2.** ~ (di mandrino di rettificatrice per interni) (*mecc.*), bush. **3.** ~ (di una maschera di foratura per es.: per guidare l'ut.) (*mecc.*), bush. **4.** ~ (*strum. nav.*), compass. **5.** ~ a cavaliere del teodolite (*strum. ott.*), striding compass. **6.** ~ a distanza (*strum.*), distance reading compass. **7.** ~ (avvolta) a giunto piano (boccola avvolta a giunto piano) (*mecc.*), butt-joint bush, butt-joint bushing. **8.** ~ (avvolta) a giunzione aggraffata (boccola avvolta a giunzione aggraffata) (*mecc.*), clinch-joint bush, clinch-joint bushing. **9.** ~ a induzione (*strum. aer.*), inductor compass, induction compass. **10.** ~ a induzione terrestre (*strum. per nav. aerea*), flux gate compass. **11.** ~ a liquido (*strum.*), liquid compass. **12.** ~ aperiodica (*strum.*), aperiodic compass. **13.** ~ a sfere (permettente uno scorrimento assiale) (*mecc.*), ball bushing. **14.** ~ a sfere aperta (*mecc.*), open ball bushing. **15.** ~ a sfere registrabile (*mecc.*), adjustable ball bushing. **16.** ~ avvolta (bussola rullata) (*mecc.*), wrapped bush, rolled bush. **17.** ~ azimutale (*strum.*), azimuth compass. **18.** ~ campione (*strum. nav.*), standard compass. **19.** ~ con colletto (boccola con colletto) (*mecc.*), collared bush, collared bushing. **20.** ~ con lente incorporata (*strum. nav.*), lensatic compass. **21.** ~ con registrazione di rotta (*strum. nav.*), recording compass. **22.** ~ dei seni (*strum. elett.*), sine galvanometer. **23.** ~ delle tangenti (*strum. elett.*), tangent compass, tangent galvanometer. **24.** ~ di chiusura (per tenere la barra, su un tornio per es.) (*macch. ut.*), collet. **25.** ~ di declinazione (*strum.*), declinometer, variation compass. **26.** ~ di emergenza (*strum. aer.*), stand-by compass. **27.** ~ di governo (*nav.*), steering compass. **28.** ~ d'inclinazione (*strum. magnetico*), inclinometer, dip compass, dip circle. **29.** ~ di piede di biella (boccola di piede di biella, boccola spinotto) (*mecc.*), small end bush, small end bushing. **30.** ~ di rotta (bussola di governo) (*strum. nav.*), steering compass. **31.** ~ flangiata (boccola flangiata) (*mecc.*), flanged bush, flanged bushing. **32.** ~ giromagnetica (*strum. aer.*), gyro-magnetic compass. **33.** ~ giroscopica (*strum. nav. - aer.*), gyrocompass, gyro. **34.** ~ giroscopica madre (*strum. aer. - nav.*), master gyrocompass. **35.** ~ magnetica (*strum.*), magnetic compass. **36.** ~ magnetica campione (bussola magnetica usata per la taratura delle bussole dei velivoli) (*strum. aer.*), master compass. **37.** ~ (magnetica) nautica (su sospensione cardanica) (*nav.*), mariner's compass. **38.** ~ per (maschera di) foratura (*mecc.*), drill bush. **39.** ~ per miniere (*strum. min.*), dial (ingl.). **40.** ~ per rilevamento (*nav.*), bearing compass. **41.** ~ porta anelli (di motore asincrono per es.) (*elettromecc.*), collector ring hub, ring sleeve. **42.** ~ prismatica (*strum.*), prismatic compass. **43.** ~ ripetitrice (*nav.*), repeater, telltale compass. **44.** ~ rullata (bussola avvolta) (*mecc.*), rolled bush, wrapped bush. **45.** ~ solare (*strum. aer.*), solar compass. **46.** ~ solare (da usare in prossimità dei poli magnetici) (*strum. nav.*), astrocompass. **47.** ~ topografica (*top.*), surveyor's compass. **48.** ~ topografica con cannocchiale (*strum. ott.*), transit declinometer. **49.** ago della ~ (*strum. nav.*), compass needle. **50.** base per giri di ~ (piattaforma con punti quadrantali; attrezzatura per l'esecuzione dei giri di bussola) (*aer.*), swinging base. **51.** compensare la ~ (*strum.*), to compensate the compass. **52.** compensatore della ~ (*nav.*), compass corrector, compass adjuster. **53.** compensazione della ~ (*nav. - aer.*), compass compensation. **54.** cuffia della ~ (*nav.*), compass bowl. **55.** deviazione della ~ (*aer. - nav.*), compass error. **56.** fare i giri di ~ (individuare le deviazioni di una bussola magnetica installata a bordo di una nave o di un aereo) (*nav. - aer.*), to swing. **57.** inclinazione magnetica dell'ago della ~ (*aer. - nav.*), dip of compass needle. **58.** metallo per bussole (*metall. - mecc.*), bush metal. **59.** rilevamento alla ~ (riferito all'ago della ~) (*nav. - aer.*), compass bearing. **60.** rosa della ~ (*nav.*), compass card, compass rose.

bussolòtto (piccolo recipiente generalmente di latta) (*gen.*), can, tin.

busta (per lettera) (*uff.*), envelope. **2.** ~ a finestra (*uff.*), window envelope. **3.** ~ paga (*amm. - pers.*), pay packet, pay envelope.

bustina (piccola busta) (*gen.*), small envelope.

butadiène (C_4H_6) (*chim.*), butadiene.

butano (C_4H_{10}) (*chim.*), butane.

butanòlo, *vedi* alcool butilico.

butile (C_4H_9-) (rad.) (*chim.*), butyl.

butilène (C_4H_8) (*chim.*), butylene.

butirrometro (lattodensimetro) (*strum.*), butyrometer.

buttafuòri (mensola-sostegno a sbalzo) (*nav.*), outrigger.

buttaròla (martello piano) (*ut. fabbro*), set hammer (ingl.).

butterato (cosparso di alveoli, vaiolato) (*a. - med. - metall.*), pitted.

butteratura (vaiolatura) (*metall.*), pitting.

butteruola (controribattino, stampo per ribadire chiodi) (*tecnol. mecc.*), rivet set, snap.

"by-pass" (bipasso, derivazione) (*tubaz. - ecc.*), bypass.

"byte" (gruppo di 8 bit) (*elab.*), byte. **2.** ~ di riempimento (elementi di riempimento per garantire alimentazione o sincronizzazione) (*elab.*), slack bytes. **3.** ~ inattivo (gruppo di bit inattivi) (*elab.*), idle byte. **4.** mezzo ~ (cioè quattro bit consecutivi) (*elab.*), nibble. **5.** 1024 ~ al secondo (unità di velocità per il trasferimento dei dati) (*elab.*), kilobyte/second.

C

"C" (Celsius, centigrado) (*mis. fis.*), Celsius degree, C. **2.** ~ (coulomb) (*mis. elett.*), coulomb, C.

C (carbonio) (*chim.*), carbon, C.

"c" (centi–, prefisso: 10^{-2}) (*mis.*), centi–, c.

Ca (calcio) (*chim.*), calcium, Ca.

cabestano (*nav. - ecc.*), capstan.

cabina (*elett.*), cabin. **2.** ~ (*ind. - aut. - ferr.*), cab. **3.** ~ (passeggeri) (*nav.*), cabin, stateroom. **4.** ~ (telefonica), (telephone) booth. **5.** ~ (di una funivia) (*veic. per trasp. passeggeri*), telpher. **6.** ~ comando segnali (*ferr.*), signal box. **7.** ~ dell'ascensore (*ed.*), elevator car. **8.** ~ del macchinista (di una locomotiva per es.) (*ferr.*), engine cab, driver's cab (ingl.). **9.** ~ di blocco (*ferr.*), switch tower. **10.** ~ di comando (di un locomotore elett. per es.) (*ferr.*), engineer's cab. **11.** ~ di controllo registrazione (*cinem.*), monitoring booth. **12.** ~ di funivia (*trasp.*), telpher. **13.** ~ di guida (di una locomotiva per es.) (*ferr.*), operating cab. **14.** ~ di lusso (*nav.*), saloon. **15.** ~ di manovra (di una gru, di un veicolo per es.), driver's cab. **16.** ~ di navigazione (*aer.*), navigator compartment. **17.** ~ di navigazione (*nav.*), carthouse. **18.** ~ di poppa (*nav.*), after cabin. **19.** ~ di proiezione (*cinem.*), projection booth. **20.** ~ (o studio) di registrazione (del suono) (*cinem.*), recording room. **21.** ~ di segnalamento (*ferr.*), signal box. **22.** ~ di sgrassaggio (macchina o vasca per sgrassare) (*ind.*), degreaser. **23.** ~ di smistamento e segnalazione (*ferr.*), interlocking tower. **24.** ~ di trasformazione (in un edificio) (*elett. - ed.*), transformer room. **25.** ~ di verniciatura a spruzzo (cabina di spruzzatura) (*vn.*), spray booth. **26.** ~ fonica (cabina di controllo del suono) (*cinem.*), monitor room. **27.** ~ passeggeri (*aer.*), passenger compartment. **28.** ~ piloti (*aer.*), cockpit, pilot compartment. **29.** ~ pressurizzata (di un aereo, mantenuta a pressione normale mentre l'aereo è in quota) (*aer.*), pressure cabin, pressurized cabin. **30.** ~ radiotelegrafisti (*aer.*), radio compartment. **31.** ~ spaziale (*astric.*), space cabin, space capsule. **32.** ~ spaziale con equipaggio (*astric.*), manned space capsule. **33.** ~ spaziale per volo orbitale (*astric.*), orbital capsule, orbital space capsule. **34.** ~ spaziale per volo orbitale con equipaggio (*astric.*), manned orbital capsule. **35.** ~ spaziale per volo orbitale senza equipaggio (*astric.*), unmanned orbital capsule. **36.** ~ spaziale senza equipaggio (*astric.*), unmanned space capsule. **37.** ~ spaziosa (*nav.*), saloon (am.). **38.** ~ (o banco) sperimentale (*ind.*), experimental station. **39.** ~ telefonica (*telef.*), call box (ingl.). **40.** ~ telefonica a gettoni (telefono pubblico) (*telef.*), pay station. **41.** autoveicolo con ~ sopra al motore (cabina spostata tutta in avanti come nella massima parte degli autocarri moderni) (*aut.*), cab–over, cab–over–engine. **42.** luce ~ (*aut.*), cab light.

cabinato (cabinato a motore) (*s. - diporto nav.*), motor cruiser, cabin cruiser, cruiser.

cablaggio (di un centralino telefonico per es.) (*elett.*), wiring harness. **2.** ~ (cavi premontati da installarsi su un velivolo) (*aer. - elett.*), harness. **3.** ~ di accensione (*mot.*), ignition harness. **4.** ~ preassemblato (di una macchina utensile, un'auto ecc.) (*elett.*), harness.

cablare (un apparecchio elettrico per es.) (*elett.*), to wire. **2.** ~, *vedi* cablografare.

cablato (di un apparecchio elettrico) (*elett.*), wired. **2.** ~ (realizzato mediante circuiti permanenti, non cambiabili dalla programmazione per es.) (*elab.*), hardwired.

cablografare (telegrafare per mezzo di cavi sottomarini) (*telegr.*), to cable.

cablogramma (*telegr.*), cablegram, cable. **2.** inviare un ~, *vedi* cablografare.

cabotaggio (*nav.*), cabotage, coasting cruise, coasting trade. **2.** grande ~ (*nav.*), foreign trade. **3.** piccolo ~ (*nav.*), coasting trade.

cabrare (*aer.*), to pull up, to nose up. **2.** " ~ " (appopparsi) (*nav. - aut.*), to squat.

cabrata (*aer.*), pull–up. **2.** " ~ " (appoppamento) (*nav. - aut.*), squatting. **3.** ~ in richiamata (*aer.*), zooming.

cabriolet (con copertura a mantice, coupé con tetto apribile) (*aut.*), cabriolet, convertibile coupé.

caccia (*mar. milit.*), chaser. **2.** ~ (apparecchio da combattimento) (*aer.*), fighter. **3.** ~ (*sport*), hunting. **4.** ~ a reazione (*aer.*), jet fighter. **5.** ~ a turboelica (*aer.*), turboproop fighter. **6.** ~ di scorta (ad aerei da bombardamento per es.) (*aer. milit.*), escort fighter. **7.** ~ intercettore (*aer.*), interceptor fighter, interceptor, fighter–interceptor. **8.** ~ notturno (*aer. milit.*), night fighter. **9.** ~ ognitempo (*aer. milit.*), all–weather fighter. **10.** ~ sommergibili (*mar. milit.*), submarine chaser.

cacciabombardière (*aer. milit.*), fighter bomber, attack plane.
cacciabufali (para-animali, protezione posta sul davanti della locomotiva) (*ferr.*), cowcatcher.
cacciabulloni (tipo di attrezzo per togliere bulloni dai fori) (*ut. mecc.*), driftbolt.
cacciachiodi (per togliere chiodi infissi) (*ut. carp.*), ripping bar.
cacciaconi (estrattore di coni) (*ut. mecc.*), cotters extractor.
caccia-mine (tipo speciale di dragamine attrezzato con sonar capace di rivelare e individuare mine) (*nav.*), mine hunter.
caccia-navette (*macch. tess.*), shuttle driver.
cacciapietre (disp. posto davanti alla locomotiva per togliere ostacoli dalla linea) (*ferr.*), cowcatcher (am.), pilot.
cacciare (inseguire) (*milit. - mar. milit.*), to chase. **2.** ~ fuori (espellere) (*gen.*), to turn out.
cacciata (*ed.*), flushing. **2.** dispositivo di ~ (*ed.*), flusher, flushing system. **3.** valvola della ~ (*app. sanitari*), flushometer.
cacciatorpedinière (*mar. milit.*), torpedo-boat destroyer, T. B. D., destroyer. **2.** ~ di scorta (*mar. milit.*), escort destroyer.
cacciavite (*ut.*), screwdriver. **2.** ~ a cricchetto (cacciavite a nottolino) (*ut. a mano*), ratchet screwdriver. **3.** ~ a pressione (*ut.*), spiral ratchet screwdriver. **4.** ~ a squadra (per impieghi particolari) (*ut.*), offset screwdriver. **5.** ~ torsiometrico (dotato di mezzo per misurare la coppia di serraggio) (*ut.*), torque screwdriver.
cachet (*ind. farm.*), wafer capsule.
cacodile [— As $(CH_3)_2$] (radicale arsenicale) (*chim.*), cacodyl. **2.** ossido di ~ ($[As(CH_3)_2]_2O$) (*chim.*), cacodyl oxide.
cadenino (*finizione interni aut.*), lining strip, garnish strip.
cadente (*s. - idr.*), head. **2.** ~ piezometrica (*idr.*), pressure head.
cadènza (*telegrafia*), cadence. **2.** ~ (*telev.*), timing. **3.** ~ (di impulsi) (*radio*), recurrence frequency. **4.** ~ di baud (velocità di trasmissione di dati) (*elab.*), baud rate. **5.** ~ di temporizzazione (frequenza di trasmissione di bit per es.) (*elab.*), clock rate. **6.** traccia di ~ (*macch. ut. a c. n.*), clock track.
cadenzare (dare un andamento lento e regolare) (*gen.*), to pace.
cadere (*gen.*), to fall, to drop. **2.** ~ (diseccitarsi, di un relè) (*elett.*), to drop out. **3.** ~ in vite (*aer.*), to enter into a spin, to fall into a spin. **4.** lasciar ~ (un peso per es.) (*mecc.*), to drop, to trip.
cadmiare (*ind.*), to cadmium plate.
cadmiato (*ind.*), cadmium plated.
cadmiatura (*ind.*), cadmium plating.
cadmio (Cd - *chim.*), cadmium.
caducèo (verga di Mercurio) (*ornamento arch.*), caduceus.
caduta (*gen.*), fall. **2.** ~ (*aer.*), fall, crash, drop. **3.** ~ (del numero di giri all'applicazione del carico su un motore dotato di regolatore di giri) (*mot.*), droop, drooping. **4.** ~ (del numero di giri di un motore, o della tensione di una macchina elettrica) (*mot. - elett.*), drooping, droop. **5.** ~ (della tensione di una macch. elett. con carico crescente) (*elett.*), drooping, droop. **6.** ~ (diseccitazione, di un relè) (*elett.*), drop-out. **7.** ~ (di particelle radioattive dopo una esplosione di bomba atomica) (*ceneri radioattive*), fallout. **8.** ~ (in senso elettrico) (*macch. calc.*), drop. **9.** ~ (lato verticale o quasi di una vela quadra) (*nav.*), leech. **10.** ~ (calo, delle vendite) (*comm.*), slump. **11.** ~ catodica (in un tubo a raggi X per es.) (*termoion.*), cathode drop of potential. **12.** ~ del grave (*fis.*), falling of the body. **13.** ~ delle quotazioni (*finanz.*), drop in value. **14.** ~ di potenziale (*elett.*), potential drop, fall of potential. **15.** ~ di pressione (di vapore, in una caldaia per es.) (*gen.*), pressure drop. **16.** ~ di temperatura (*term.*), drop in temperature. **17.** ~ di tensione (*elett.*), voltage drop, drop. **18.** ~ di tensione in una resistenza (dovuta alla perdita di energia in calore) (*elett.*), ir drop, IR drop. **19.** ~ di tensione sulla linea (*elett.*), line drop. **20.** ~ di terra (difetto in un getto dovuto a parti della forma superiore che si staccano e cadono sull'inferiore) (*fond.*), drop. **21.** ~ in cm^3 (*operazione macch. calc.*), D. C. dump. **22.** ~ libera (di satellite artificiale o veicolo spaziale non comandato) (*astric.*), free fall. **23.** ~ poppiera (di una vela di randa) (*nav.*), leech (am.), after leech (ingl.). **24.** ~ prodiera (di una vela di randa) (*nav.*), forward leech (ingl.), luff (am.). **25.** ~ ritardata (di un paracadute) (*aer.*), delayed drop. **26.** ~ termica (*term.*), heat drop. **27.** ~ vertiginosa (dei prezzi per es.) (*finanz. - ecc.*), nose dive.
caffeina ($C_8H_{10}N_4O_2$) (alcaloide) (*farm.*), caffeine.
caffettièra elettrica (per fare l'"espresso") (*app. elettrodomestico*), electric percolator.
caglio (*ind.*), rennet.
"cagna" (per la piegatura delle rotaie) (*ferr.*), jim -crow.
cainite ($KCl.MgSO_4.3H_2O$) (*min.*), kainit, kainite.
cal (piccola caloria, caloria grammo) (*unità di mis.*), cal, small calorie.
cala (piccola baia) (*mar.*), cove, creek.
calabrosa (brina da nebbia: crosta di ghiaccio bianco) (*meteor.*), rime, rime frost.
calafataggio (*nav.*), calking, caulking.
calafatare (*nav.*), to calk, to caulk.
calafato (*op.*), calker, caulker. **2.** attrezzo da ~ (*att. nav.*), caulking tool. **3.** mazzuolo da ~ (*ut. nav.*), caulking mallet.
calamaio (*uff.*), ink-stand, ink well. **2.** ~ (di una macch. tip.) (*macch. tip.*), ink fountain, ink duct. **3.** ~ (in una macch. offset) (*lit.*), ink fountain. **4.** rullo del (di una macch. tip.) (*macch. tip.*), duct roller.
calamandra (legno calamandra) (*legno*), calamander.

calamina [$(ZnOH)_2SiO_3$] (*min.*), calamine, hemimorphite.
calamita (*fis.*), magnet.
calanca (piccola baia) (*mar.*), cove, creek.
calandra (piegatrice per lamiere) (*macch. ut.*), *vedi* piegatrice. **2.** ~ (*macch. tess.*), calender, rotary press. **3.** ~ (satina, satinatrice, liscia) (*macch. ind. carta*), calender, rolling press, supercalender. **4.** ~ (*aut.*), *vedi* cuffia radiatore. **5.** ~ a cilindri riscaldati (*ind. gomma, carta e tess.*), roller hot-press. **6.** ~ a tre rulli (*macch. tess.*), three-roller calender. **7.** ~ a vapore (*macch. tess.*), rotary steam press. **8.** ~ meccanica (*mft. carta*), machine calender. **9.** ~ per fogli (*macch. ind. carta*), sheet calender. **10.** ~ per goffrare (*macch. mft. carta*), embossing calender. **11.** ~ (per gommatura) a frizione (*macch. ind. gomma*), friction calender. **12.** rapporto di velocità dei cilindri della ~ (per gommatura e frizione) (*ind. gomma*), calender friction rate.
calandrare (*ind. carta - ind. tess.*), to calender. **2.** ~ (pressare per ottenere fogli e per mezzo di calandra, macch. per gomma elastica) (*ind. gomma*), to sheet. **3.** ~ (una lamiera) (*mecc.*), *vedi* piegare oppure spianare. **4.** gommare e ~ (*ind. gomma*), to calender-coat, to sheet.
calandrato (*ind. carta - ind. tess.*), calendered. **2.** ~ a caldo (*a. - mft. carta*), hot-rolled. **3.** ~ ad umido (lisciato ad umido) (*a. - mft. carta*), water-finished.
calandratura (*ind. gomma e tess.*), calendering. **2.** ~ (*ind. carta*), calendering, glazing. **3.** ~ (spianatura alla macchina a rulli, di lamiere) (*metall.*), roller leveling. **4** ~ in nastro (*mft. carta*), web glazing.
calandrino (falsa squadra) (*ut. mur.*), bevel, bevel square.
calapranzi (piccolo montacarichi per vivande) (*antico app. di sollevamento*), dumbwaiter, lift.
calare, to lower. **2.** ~ (discendere), to sink. **3.** ~ un albero (*costr. nav.*), to house a mast. **4.** ~ un carico (*ind.*), to lower a load.
calastra (morsa: sostegno per imbarcazioni di salvataggio) (*nav.*), boat chocks.
calastrèllo (*ed.*), cross stiffening bracket.
calata (*nav.*), wharf. **2.** ~ (dal soffitto: per presa luce) (*elett.*), pendant, droplight. **3.** ~ (di antenna) (*radio*), leadin.
calato (abbassato) (*gen.*), lowered.
calatura (fase nel processo di fusione del vetro dopo la quale il vetro appare privo di pulighe) (*mft. vetro*), finish.
calaverna (galaverna) (*meteor.*), *vedi* brina.
calavivande (montavivande, calapranzi) (*ed.*), dumbwaiter, service lift.
calcabaderne (*att. nav.*), packing stick.
calcagnòlo (di chiglia) (*nav.*), heel, skeg. **2.** ~ del timone (*nav.*), rudder heel.
calcàre (roccia) (*s.*), limestone. **2.** ~ (per processo metallurgico) (*metall.*), flux lime, limestone. **3.** ~ fondente ("a castina") (*metall.*), flux.
calcàre (un proiettile nella canna di un cannone) (*v. - artiglieria*), to ram.
calcàreo (*min.*), calcareous.
"calcarizzazione superficiale" (del carbone) (*sicurezza min.*), rock-dusting.
calcastoppa (cataraffio) (*ut. nav.*), horsing iron, caulking iron, horse iron.
calcatoio (di un cannone) (*artiglieria*), charger, rammer.
calce (*mur.*), lime. **2.** ~ aerea (*mur.*), common lime, air-hardening lime. **3.** ~ di carburo di calcio (*ed.*), carbide lime. **4.** ~ idraulica (*mur. - ed.*), hydraulic lime, water lime, lean lime. **5.** ~ in polvere (*mur.*), lime powder. **6.** ~ in zolle (*mur.*), lime in clods. **7.** ~ marnosa (*mur.*), marl lime. **8.** ~ sodata (composto assorbitore di umidità), soda lime. **9.** ~ spenta (*mur.*), hydrated lime, slaked lime, lime paste. **10.** ~ viva (*mur.*), lime, quicklime, caustic lime, burnt lime. **11.** acqua di ~ (*mur.*), limewater. **12.** bianco di ~ (*mur.*), whitewash. **13.** cloruro di ~ (per mft. carta per es.) (*ind. chim.*), bleaching powder. **14.** latte di ~ (*mur.*), lime milk. **15.** malta di ~ (*mur.*), lime mortar. **16.** pietra da ~ (*mur.*), limestone. **17.** purga dalla ~ (di pelli prima della concia per es.) (*ind. cuoio*), deliming. **18.** purgare dalla ~ (pelli prima della concia per es.) (*ind. cuoio*), to delime. **19.** reparto ~ (reparto preparazione pelli per la concia) (*ind. cuoio*), beamhouse. **20.** spegnere la ~ (*mur.*), to slake lime.
calcedònio (*min.*), chalcedony.
calcestruzzo (*mur.*), concrete, plain concrete. **2.** ~ (non armato: senza ferri) (*mur.*), plain concrete. **3.** ~ a base di calce idraulica (calcestruzzo di calce) (*ed.*), lime concrete. **4.** ~ aerato (materiale leggero ed isolante acustico) (*mur.*), aerated concrete. **5.** ~ a vista (come finitura di muri interni od esterni) (*mur.*), architectural concrete. **6.** ~ battuto (*mur.*), tamped concrete, rammed concrete. **7.** ~ bituminoso (*mur.*), tar concrete. **8.** ~ cellulare (*mur.*), aerated concrete. **9.** ~ con inerti grossi (*mur.*), coarse-mixed concrete. **10.** ~ di calce (*mur.*), lime concrete. **11.** ~ di massa (usato per dighe ecc.) (*mur.*), mass concrete. **12.** ~ di pomice (*mur.*), pumice concrete. **13.** ~ di scorie (*mur.*), slag concrete, cinder concrete. **14.** ~ di scorie di coke (*mur.*), breeze concrete. **15.** ~ esuberante d'acqua (*mur.*), wet concrete. **16.** ~ fresco (*mur.*), green-mixed concrete. **17.** ~ gelato (appena gettato) (*mur.*), frozen concrete. **18.** ~ gettato in opera (*mur.*), in-situ concrete. **19.** ~ grasso (*mur.*), rich concrete. **20.** ~ leggero (*mur.*), light concrete. **21.** ~ magro (*mur.*), poor concrete. **22.** ~ non armato (*mur.*), unreinforced concrete, bulk concrete, mass concrete. **23.** ~ per iniezioni (da applicare sotto pressione) (*mur.*), grouting concrete. **24.** ~ pesante (fatto con frammenti di acciaio invece che di pietra e usato per contrappesi ecc.) (*mur.*), heavy concrete. **25.** ~ pompato (*mur.*), pumped concrete. **26.** ~ poroso, *vedi* ~

aerato. **27.** ~ poroso senza additivi fini (*mur.*), no-fines concrete. **28.** ~ povero d'acqua (*mur.*), dry concrete. **29.** ~ precompresso (*mur.*), prestressed concrete. **30.** ~ preparato (calcestruzzo pronto per la gettata) (*mur.*), ready-mixed concrete. **31.** ~ "secco" (avente lo stesso grado di umidità della terra) (*mur.*), dry-packed concrete. **32.** ~ vibrato (sottoposto a processo vibratorio per aumentarne la compattezza e resistenza) (*mur.*), vibrated concrete. **33.** additivo per ~ (*mur.*), concrete additive. **34.** aggregati del ~ (inerti del calcestruzzo) (*mur.*), concrete aggregate. **35.** getto di ~ (*mur.*), concrete casting. **36.** riempimento con ~ (*mur.*), concrete filling. **37.** ritiro del ~ durante la presa (*mur.*), contraction of the concrete during setting. **38.** rivestito con ~ (*a. - mur.*), concrete-lined.

calciatore (*sport*), football player, footballer.

calcimetro (per misurare il % di $CaCO_3$ nel calcare o nella marna) (*app. chim.*), calcimeter.

calcina (malta di calce) (*mur.*), lime mortar.

calcinacci (*mur.*), masonry debris.

calcinaio (fossa di stagionatura della malta di calce aerea) (*ed. - mur.*), lime pit. **2.** ~ (*ind. cuoio*), lime pit.

calcinare (*chim.*), to calcine, to ignite. **2.** ~ (per togliere i peli dalla pelle) (*ind. cuoio*), to lime. **3.** ~ (*mft. vetro*), to calcine, to frit.

calcinato (*a. - chim.*), calcined. **2.** residuo ~ (residuo della operazione della calcinazione) (*chim.*), calx.

calcinazione (*chim.*), calcining, calcination. **2.** ~ (*metall. - pietra*), burning.

calcio (Ca - *chim.*), calcium. **2.** ~ (p. es. di fucile) (*armi da fuoco*), gunstock, shoulder stock. **3.** ~ (di ago di deviatoio) (*ferr.*), heel. **4.** ~ (gioco del calcio) (*sport*), football. **5.** ~ dello scambio (*ferr.*), heel of points. **6.** arseniato di ~ $[Ca_3(AsO_4)_2]$ (*chim.*), calcium arsenate. **7.** carbonato di ~ ($CaCO_3$) (*chim.*), calcium carbonate. **8.** carburo di ~ (CaC_2) (*chim.*), calcium carbide. **9.** cloruro di ~ ($CaCl_2$) (*chim.*), calcium chloride. **10.** fosfato di ~ $[Ca_3(PO_4)_2]$ (chim.), calcium phosphate. **11.** idrossido di ~ ($Ca(OH)_2$, calce spenta) (*chim. ed.*), calcium hydroxide. **12.** ipoclorito di ~ $[Ca(OCl)_2]$ (*chim.*), calcium hypochlorite. **13.** nitrato di ~ $[Ca(NO_3)_2]$ (*chim.*), calcium nitrate. **14.** ossido di ~ (CaO) (*chim.*), calcium oxide. **15.** siliciuro di ~ (*chim.*), calcium silicide. **16.** solfato di ~ (gesso) ($CaSO_4$) (*chim.*), calcium sulphate.

calciocianàmide ($CaCN_2$) (*chim.*), calcium cyanamide. **2.** ~ (*fertilizzante*), calcium cyanamide, cyanamide, lime nitrogen, nitrolime.

calciòlo (piastra metallica alla base del calcio di un fucile) (*arma da fuoco*), heelplate.

calcite ($CaCO_3$) (*min.*), calcite.

calco (di gesso su una superficie di metallo per es.) (*tecnol. mecc.*), cast. **2.** ~ pellicolare (replica, riproduzione pellicolare della superficie, per l'esecuzione di analisi al microscopio elettronico) (*metall.*), replica.

calcografia (*ind.*), chalcography, copper-plate printing.

calcografo (*tip.*), chalcographer, copperplate engraver.

càlcola (leva per il comando dei licci in un telaio) (*macch. tess.*), treadle.

calcolare, to calculate. **2.** ~ (*mat. - elab.*), to compute. **3.** ~ (*contabilità*), to reckon. **4.** ~ numericamente (*mat.*), to evaluate.

calcolatore (calcolatore elettronico: elaboratore) (*elab.*), computer. **2.** ~ (calcolatrice da ufficio o da tavolo) (*macch. calc.*), calculator, calculating machine. **3.** ~ (persona che esegue calcoli per ufficio tecnico di industria meccanica, per problemi di matematica, fisica ecc.) (*s. - pers.*), calculator. **4.** ~ ad accesso multiplo (*elab.*), multiple-access computer, MAC. **5.** ~ a fluido (opera solo per mezzo di aria ed elementi di logica fluidica) (*fis.*), fluid computer. **6.** ~ amatoriale. **7.** ~ analogico (*elab.*), analogue computer. **8.** ~ a schede perforate (*calc.*), calculating punch. **9.** ~ asincrono (*elab.*), asynchronous computer. **10.** ~ a stato solido (costituito principalmente da elementi di circuito elettronico a stato solido, cioè semiconduttori) (*eltn.*), solid-state computer. **11.** ~ con stampante (*elab.*), printing calculator. **12.** ~ della terza generazione (*elab.*), third generation computer. **13.** ~ di mira (*elab. milit.*), gunsight computer. **14.** ~ di rotta (riceve informazioni dall'assistenza a terra) (*elab. per aer.*), course-line computer. **15.** ~ di tiro contraereo (goniotacometro) (*strum. milit.*), predictor. **16.** ~ di volo (*aer. - elab.*), flight computer. **17.** ~ elettronico (calcolatore digitale) (*elab.*), electronic computer. **18.** ~ elettronico a schede perforate (*elab.*), punched card electronic computer. **19.** ~ ibrido (a sistemi analogico e digitale combinati) (*elab.*), hybrid computer. **20.** ~ non dedicato, *vedi* elaboratore di impiego universale. **21.** ~ numerico (calcolatore digitale) (*elab.*), digital computer. **22.** ~ parallelo (formato da due o più unità interdipendenti) (*macch. calc.*), parallel computer. **23.** ~ per operazioni matematiche complesse (*elab.*), thinking-machine. **24.** ~ personale (~ poco costoso: per usi commerciali o industriali limitati) (*elab.*), personal computer. **25.** ~ sincrono (*elab.*), synchronous computer. **26.** eseguire con ~ (*elab.*), to computerize. **27.** eseguito (o controllato) da ~ (*elab.*), computerized. **28.** fabbricazione con ausilio di ~ (*ind.*), computer-aided manufacture, CAM. **29.** linguaggio di ~ (*elab.*), computer language. **30.** progettazione con ausilio di ~ (*progettazione*), computer-aided design, CAD.

calcolatrice, ~ elettromeccanica (*macch. calc. uff. obsoleta*), electric accounting machine, EAM. **2.** ~ elettronica a schede perforate (legge la scheda perforata, esegue operazioni matematiche e scrive il risultato sulla scheda) (*app. eltn.*), electronic calculating punch. **3.** ~, *vedi* calcolatore.

calcolazione (calcolo) (*gen.*), calculation. **2.** ~ (operazione numerica, manuale o assistita da calcolatore: calcolo) (*a. - mat. - elab.*), computing.

càlcolo, calculating, calculus, reckoning. **2.** ~ (*med.*), calculus. **3.** ~ analogico (*macch. calc.*), analog computation. **4.** ~ combinatorio (*mat.*), combinatorial analysis, combinatorics. **5.** ~ della spinta delle terre (*sc. costr.*), calculation of earth thrust. **6.** ~ delle differenze finite (*mat.*), calculus of finite differences. **7.** ~ delle probabilità (*mat.*), calculus of probability. **8.** ~ delle variazioni (*mat.*), calculus of variations. **9.** ~ differenziale (*analisi mat.*), differential calculus. **10.** ~ di una trave (*sc. costr.*), girder calculation. **11.** ~ infinitesimale (calcolo differenziale e calcolo integrale) (*mat.*), infinitesimal calculus. **12.** ~ integrale (*analisi mat.*), integral calculus. **13.** ~ matriciale, *vedi* algebra delle matrici. **14.** ~ operazionale (calcolo operatorio funzionale: per es. su equazioni differenziali) (*mat.*), operational calculus. **15.** ~ statico (*sc. costr.*), static calculation, statical calculation. **16.** applicazioni di ~ computerizzato (*elab.*) computer application. **17.** centro di ~ (raggruppamento di due o più calcolatori) (*elab.*), computer center. **18.** da ~ (*a. - gen.*), calculating. **19.** macchina da ~ (*macch.*), calculating machine.

calcopirite ($CuFeS_2$) (*min.*), chalcopyrite, copper pyrite, yellow pyrite, yellow copper ore.

calcosina (Cu_2S) (*min.*), chalcocite, chalcosine.

calda (singola operazione di riscaldamento: di pezzi in forno, di un pezzo alla fucina ecc.) (*metall.*), heat. **2.** ~ (periodo di fucinatura alla fine del quale si rende necessario un ulteriore riscaldamento del pezzo) (*fucinatura*), heat.

caldaia (per produzione di vapore), boiler. **2.** ~ (grande recipiente per riscaldamento di liquidi) (*ind. chim.*), kier. **3.** ~ a circolazione (*cald.*), circulation boiler. **4.** ~ a doppia fronte (*cald.*), double-ended boiler. **5.** ~ a due corpi cilindrici (*cald.*), two-drum boiler. **6.** ~ a focolare esterno (anteriore o sottostante) (*cald.*), externally fired boiler. **7.** ~ a focolare interno (*cald.*), internally fired boiler. **8.** ~ a gas (*cald.*), gas-fired boiler. **9.** ~ a mercurio (*cald.*), mercury boiler. **10.** ~ a nafta (*cald.*), oil-fired boiler. **11.** ~ anteriore (per riscaldamento d'acqua; di una cucina economica o di una stufa per es.), front water. **12.** ~ a rapida vaporizzazione (*cald.*), flash boiler, flasher. **13.** ~ a ritorno di fiamma (caldaia scozzese) (*cald.*), Scotch boiler, marine boiler. **14.** ~ a tubi d'acqua (*cald.*), water-tube boiler. **15.** ~ a tubi d'acqua inclinati (*cald.*), water-tube boiler with inclined tubes. **16.** ~ a tubi d'acqua orizzontali (*cald.*), water-tube boiler with horizontal tubes. **17.** ~ a tubi di fumo (di locomotiva per es.) (*cald.*), fire-tube boiler, tubular boiler, smoke-tube boiler. **18.** ~ a tubi diritti (*cald.*), straight-tube boiler. **19.** ~ a tubi incrociati (*cald.*), cross-tube boiler. **20.** ~ a tubi smontabili (*cald.*), boiler with removable nest of tubes. **21.** ~ a tubi sommersi (*cald.*), submerged-tube boiler. **22.** ~ ausiliaria (*cald.*), donkey boiler. **23.** ~ a vapore (*cald.*), steam boiler. **24.** ~ cilindrica (*cald.*), shell boiler. **25.** ~ cilindrica monofronte (*cald.*), single-ended Scotch boiler. **26.** ~ con focolare a tubi d'acqua (~ con pareti del focolare costituite da tubi d'acqua) (*cald.*), radiant-type boiler. **27.** ~ con testate componibili [di ~ a fasci tubieri] (*cald.*), sectional header boiler. **28.** ~ Cornovaglia (*cald.*), Cornish boiler. **29.** ~ da locomotiva (*cald.*), locomotive boiler. **30.** ~ dell'alambicco (*app. chim.*), cucurbit. **31.** ~ di cucina economica (*accessorio domestico*), waterfront. **32.** ~ di rifondita (*app. mft. zucchero*), melter. **33.** ~ di vulcanizzazione (*mft. gomma*), vulcanizing pan. **34.** ~ elettrica (*cald.*), electric boiler, electric steam boiler. **35.** ~ fissa (*cald.*), stationary boiler. **36.** ~ in ghisa ad elementi smontabili (per riscaldamento a termosifone per es.), sectional type cast iron boiler. **37.** ~ marina (*cald.*), marine boiler. **38.** ~ mobile (*cald.*), movable boiler. **39.** ~ montata sul posto (con muratura in mattoni per es.) (*cald.*), sectional boiler. **40.** ~ multitubolare (*cald.*), multitubular boiler. **41.** ~ nucleare (reattore raffreddato con acqua bollente o pressurizzata) (*fis. atom. - ind.*), nuclear boiler. **42.** ~ orizzontale (*cald.*), horizontal boiler. **43.** ~ (o combustore) per il riscaldamento intermedio (di turbina a gas) (*app. term.*), reheating chamber. **44.** ~ per lavaggio (*app. ind. tess.*), washing boiler. **45.** ~ per riscaldamento (*cald. - ed.*), utility boiler. **46.** ~ per riscaldamento ad acqua calda (impianto per riscaldamento), hot-water heating boiler. **47.** ~ posteriore (per riscaldamento d'acqua: di una cucina economica o di una stufa per es.), back water. **48.** ~ tubolare (*cald.*), multitubular boiler. **49.** ~ verticale (*cald.*), vertical boiler. **50.** additivo (dell'acqua) per la ~ (contro la formazione di incrostazioni per es.) (*cald.*), boiler compound. **51.** corpo della ~ (*mecc.*), boiler shell. **52.** fabbrica di caldaie (*ind. cald.*), boiler works, boiler factory. **53.** officina riparazione caldaie (*ind.*), boiler shop. **54.** sala caldaie (*nav.*), stokehold. **55.** tenere la ~ sotto pressione (*cald.*), to keep the boiler under pressure.

caldaista (conduttore di caldaie a vapore) (*cald. - op.*), boilerman.

calderaio (esecutore di recipienti in rame, ottone ecc.) (*op.*), coppersmith. **2.** ~ (stagnino) (*op.*), tinker.

calderina (caldaia ausiliaria) (*naut.*), donkey boiler.

caldo (*a. gen.*), hot. **2.** ~ (un mot.) (*mot.*), warmed up. **3.** molto ~ (di metallo o bagno a temperatura più alta di quella media di colata) (*a. - fond.*), hot. **4.** resistente a ~ (resistente al calore, che mantiene le caratteristiche meccaniche ad elevate temperature) (*a. - metall. - ecc.*), heat-resisting.

calefazione (*term.*), calefaction.

caleidoscopio (giocattolo ottico) (*ott.*), kaleidoscope.

calendario (*gen.*), calendar.

calèsse (*veic.*), gig.

calettamento (a freddo mediante chiavetta) (*mecc.*), keying. **2.** ~ a caldo (*mecc.*), shrinking-on. **3.** ~ a coda di rondine (*mecc.*), dovetailing. **4.** ~ a mortisa (*mecc.*), mortising **5.** ~ con chiavetta (inchiavettamento) (*mecc.*), keying.

calettare (a freddo mediante chiavetta) (*mecc.*), to key. **2.** ~ a caldo (un cerchione su ruota ferroviaria per es.) (*mecc.*), to shrink on. **3.** ~ con chiavetta a cuneo (*mecc.*), to key by wedge. **4.** ~ su albero scanalato (*mecc.*), to spline.

calettato (a freddo mediante chiavetta) (*a. - mecc.*), keyed. **2.** ~ a caldo (*mecc.*), shrunk-on. **3.** ~ sullo scanalato dell'albero (montato sullo scanalato dell'albero) (*mecc.*), splined to the shaft.

calibrare (misurare con calibro) (*mecc.*), to gauge. **2.** ~ (ridurre alle dimensioni volute un fucinato) (*fucinatura*), to size, to coin.

calibrato (misurato con calibro) (*mis. - mecc.*), gauged.

calibratore (operaio che controlla le dimensioni dei pezzi) (*lav.*), gager, gauger. **2.** dente ~ (di una broccia) (*ut.*), burnishing tooth. **3.** disco ~ (per determinare la dimensione di dolci per es.) (*ind. dolciaria - ecc.*), sizing disc. **4.** rullo ~ (*ind. imballaggio - ecc.*), sizing roller.

calibratura (*mecc.*), gauging. **2.** ~ (*fucinatura*), coining, sizing. **3.** curve di ~ (curve di potenza in quota) (*mot. aer.*), power at altitude curves.

càlibro (*ut. - mecc.*), gauge, caliper, gage. **2.** ~ (di una qualsiasi arma da fuoco o dell'interno di un corpo cilindrico), caliber, bore. **3.** ~ (da vetrai, per misurare lo spessore del vetro) (*ut. ind. vetro*), range. **4.** ~ a corsoio (con vite di registro) (*strum. mis.*), sliding gauge, sliding caliper, caliper rule. **5.** ~ a corsoio con nonio (*strum. mis.*), vernier slide gauge. **6.** ~ ad anello (*ut. - mecc.*), ring gauge. **7.** ~ ad anello filettato (per la misura di viti maschie) (*ut. mis. mecc.*), thread ring gauge. **8.** ~ a forcella (calibro a forchetta) (*ut. - mecc.*), snap gauge. **9.** ~ a forchetta registrabile (o regolabile) (*strum. mis.*), Wickman gauge, adjustable snap gauge. **10.** ~ a rulli per filetti (*ut. - mecc.*), roller thread gauge. **11.** ~ a spessori (*ut. - mecc.*), feeler gauge. **12.** ~ a tacche per fili (*ut.*), notch wire gauge. **13.** a tampone (*ut. - mecc.*), plug gauge, inside caliper gauge. **14.** ~ a tampone per fori filettati (*ut. mis. mecc.*), thread plug gauge. **15.** ~ a vite (*ut. - mecc.*), screw gauge. **16.** ~ campione (*ut. - mecc.*), master gauge, reference gauge. **17.** ~ con nonio (*strum. mis.*), vernier gauge. **18.** ~ differenziale (*ut. - mecc.*), difference gauge, limit gauge. **19.** ~ di lavorazione (*ut. - mecc.*), working gauge. **20.** ~ di messa a punto (*ut. - mecc.*), setting gauge, set up gauge. **21.** ~ di misura dell'allicciamento (di una sega) (*ut. - mecc.*), set gauge. **22.** ~ di profondità (*ut. - mecc.*), depth gauge. **23.** ~ di profondità a corsoio (*ut. - mecc.*), depth slide gauge. **24.** ~ di riscontro (calibro campione) (*ut. - mecc.*), reference gauge, master gauge. **25.** ~ di spessore (*ut. - mecc.*), thickness gauge. **26.** ~ di verifica dello scartamento (*ut. - ferr.*), track gauge. **27.** ~ elettrico (comparatore elettrico) (*strum. elett. di mis. mecc.*), electric gauge. **28.** ~ fisso (per controllare misure fisse) (*strum. di mis. mecc.*), caliper gauge. **29.** ~ in asta (*strum. di mis.*), caliper square. **30.** ~ in lamiera (*ut. - mecc.*), plate gauge. **31.** ~ micrometrico (*strum. di mis.*), micrometer caliper. **32.** ~ micrometrico per interni (*ut. - mecc.*), inside micrometer gauge. **33.** ~ non passa (*ut. - mecc.*), not-go gauge, undergage. **34.** ~ ottico (*strum. mis.*), optical gauge. **35.** ~ passa (*ut. - mecc.*), go gauge. **36.** ~ passa/non passa (*ut. mis. mecc.*), go-no-go gauge. **37.** ~ per cerchioni (o per assili) (*ut. ferr.*), diameter testing gauge. **38.** ~ per (verifica) conicità (*ut.- mecc.*), taper gauge. **39.** ~ per esterni (*ut. - mecc.*), outside caliper. **40.** ~ per filettature (*ut. - mecc.*), thread gauge. **41.** ~ per fili metallici (*ut. - mecc.*), wire gauge. **42.** ~ per fori (*ut. - mecc.*), hole gauge. **43.** ~ per interni (*ut. - mecc.*), inside caliper. **44.** ~ per lamiere (calibro per spessori) (*ut. - mecc.*), thickness gauge, sheet gauge. **45.** ~ per misurare lo spessore dei materiali in funzione dell'assorbimento dei raggi beta (*strum. mis.*), beta gauge. **46.** ~ per punte (da tornio per es.) (*ut. - mecc.*), center gauge. **47.** ~ per raggi di curvatura (*strum. di mis. mecc.*), radius gage. **48.** ~ per superfici curve (concave e convesse) (*strum. di mis.*), fillet gauge. **49.** ~ per (orientare) utensili filettatori (*ut. - mecc.*), center gauge. **50.** ~ per viti (*ut. - mecc.*), screw gauge. **51.** ~ piatto (*ut. - mecc.*), flat gauge. **52.** ~ pneumatico (per determinare dimensioni ed ovalità: tipo "Solex" per es.) (*strum. - mecc.*), pneumatic gauge. **53.** ~ registrazione coltello (di dentatrice strozzatrice per es.) (*ut. - mecc.*), cutter setting gauge. **54.** ~ sagomato (sagoma, mascherina) (*ut. - mecc.*), template. **55.** ~ sonda a cuneo (*strum. di mis.*), wedge gauge. **56.** ~ universale per binari (*ut. - ferr.*), track measuring device. **57.** batteria di grosso ~ (torre di grosso calibro: di una nave da guerra) (*mar. milit.*), large-caliber battery. **58.** di ~ dodici (di un fucile da caccia) (*a. - armi da fuoco*), twelve-gauge. **59.** di grosso ~ (*a. - milit.*), large-caliber. **60.** di medio ~ (di un cannone) (*a. - milit.*), medium-caliber. **61.** di piccolo ~ (di un cannone) (*milit.*), small-caliber. **62.** misurare col ~ (*mecc.*), to gauge **63.** verifica mediante ~ (*mecc.*), gauging.

calice (*gen.*), goblet. **2.** volante a ~ (*aut.*), deep center steering wheel.

calicò (cotonina) (*tess.*), calico.

californio (elemento radioattivo, numero atomico 98) (Cf - *chim. - radioatt.*), californium.

caligine (*meteor.*), *vedi* foschia.

caliginoso (aria) (*meteor. - ecc.*), hazy.

calinite (*min.*), kalinite.

caliòrna (paranco) (*nav.*), winding tackle.

calma (*mar.*), calm. **2.** ~ (gradi Beaufort: forza 0, vento inferiore ad 1 km/h) (*meteor.*), calm. **3.** ~ piatta (bonaccia) (*mare*), complete calm. **4.** calme equatoriali (*nav. - meteor.*), doldrums. **5.** zona delle calme equatoriali (*nav. - meteor.*), doldrums.

calmante (per un bagno di acciaio) (*s.* - metall.), calming agent, killing agent.

calmare (*gen.*), to calm. **2.** ~ (acciaio) (*metall.*), to kill.

calmato (acciaio) (*metall. - ecc.*), killed. **2.** ~ (o stabilizzato) con alluminio (*metall.*), aluminium - stabilized.

calme (*nav.*), calms.

calmo (di mare, vento ecc.) (*a. - gen.*), calm.

calo (*comm.*), shrinkage. **2.** ~ (nel trasporto del petrolio per es.) (*ind.*), outage. **3.** ~ (caduta, delle vendite) (*comm.*), slump. **4.** ~ di fusione (perdita al fuoco) (*fond.*), melting loss, loss in melting. **5.** ~ di peso (*comm.*), shrinkage, loss in weight. **6.** ~ di qualità (*comm.*), falling-off in quality.

calomelano (Hg_2Cl_2) (*chim.*), calomel, protochloride of mercury, mercurous chloride. **2.** ~ (*min.*), horn mercury.

calor bianco (stato di riscaldamento del ferro) (*metall.*), white heat.

calore, heat. **2.** ~ di ablazione (*termod. - astric.*), heat of ablation. **3.** ~ di adsorbimento (sviluppato quando una sostanza viene adsorbita) (*termod.*), heat of adsorption. **4.** ~ di combinazione (*chim. - fis.*), heat of combination. **5.** ~ di combustione (*chim.*), heat of combustion. **6.** ~ di condensazione (*chim. - fis.*), heat condensation. **7.** ~ di decadimento (in un reattore nucleare) (*fis. atom.*), decay heat. **8.** ~ di decomposizione (*chim. - fis.*), decomposition heat. **9.** ~ differenziale (differenza tra la temperatura del gas contenuto in un aerostato e quella dell'aria circostante) (*aer.*), superheat. **10.** ~ di formazione (*chim. - fis.*), formation heat. **11.** ~ di fusione (calore di liquefazione) (*fis.*), heat of fusion, melting heat. **12.** ~ di reazione (*chim.*), heat of reaction. **13.** ~ di solidificazione (*chim. -fis.*), solidification heat. **14.** ~ di sublimazione (*fis.*), heat of sublimation. **15.** ~ di surriscaldamento (del vapore) (*termod.*), superheat. **16.** ~ di vaporizzazione (*term.*), heat of vaporization. **17.** ~ di vulcanizzazione (*mft. gomma*), vulcanization heat. **18.** ~ latente (*chim. - fis.*), latent heat. **19.** ~ latente di vaporizzazione (*chim. - fis.*), latent heat of vaporization. **20.** ~ molecolare (*chim. - fis.*), molecular heat. **21.** ~ perduto (al camino, per irraggiamento, per convezione ecc.), (*term.*), waste heat. **22.** ~ residuo (*fis. atom.*), afterheat. **23.** ~ specifico (*fis.*), specific heat, sp. ht. **24.** ~ totale (somma del calore sensibile e latente) (*term.*), total heat. **25.** ~ utile (*term.*), useful heat. **26.** buon conduttore del ~ (*term.*), good heat conductor. **27.** che non trasmette ~ radiante (*term.*), athermanous. **28.** colpo di ~ (agli operai addetti ai forni per es., per l'eccessiva temperatura) (*med. ind.*), heatstroke. **29.** quantità di ~ radiante assorbita da un corpo (nell'unità di tempo) (*termod.*), absorptivity. **30.** scambiatore di ~ (*app. term.*), heat exchanger. **31.** scambiatore di ~ a piastre (*app. term.*), plate-type heat exchanger.

calorescenza (incandescenza ottenuta per mezzo di raggi infrarossi) (*fis.*), calorescence.

caloria (*unità term.*), calorie, calory. **2.** grande ~, Cal (chilocaloria = 1000 piccole calorie = kcal) (*unità term.*), large calorie, kilogram calorie, kcal, kilocalorie, Cal, BTU 3.968. **3.** piccola ~, cal (*unità term.*), small calorie, gram calorie, cal, BTU 3.968×10^{-3}.

calorifero (impianto centralizzato di riscaldamento dei locali) (*term. - ed.*), central heating plant.

calorifico (*a. - term.*), calorific. **2.** potere ~ (del carbone per es.) (*term.*), calorific value, calorific power.

calorimetria (*term.*), calorimetry.

calorimètrico (*a. - fis.*), calorimetric.

calorimetro (*strum.*), calorimeter. **2.** ~ ad acqua (*fis.*), water calorimeter. **3.** ~ a flusso continuo (*fis.*), flow calorimeter. **4.** ~ a ghiaccio (*fis.*), ice calorimeter.

calorizzare (trattare l'acciaio in un mezzo dal quale possa assorbire alluminio per ottenere una superficie resistente all'ossidazione e corrosione) (*tratt. term.*), to calorize.

calorizzato (*a. - tratt. term.*), calorized.

calorizzazione (cementazione all'alluminio) (*tratt. term.*), calorizing.

calòrna, *vedi* caliorna.

calor rosso (stato di riscaldamento del ferro) (*metall.*), red heat. **2.** al ~ (stato di riscaldamento del ferro) (*a. - metall.*), red-hot.

caloscia (galoscia, soprascarpa impermeabile) (*ind. gomma.*), galosh, galoshe.

calòtta (*mecc.*), cap. **2.** ~ (coperchio: di strumento misuratore per es.) (*gen.*), cover. **3.** ~ (di paracadute) (*aer.*), canopy. **4.** ~ (vetro in eccesso, in origine a contatto con il dispositivo di soffiatura e che occorre separare dall'articolo di vetro) (*mft. vetro*), moil (ingl). **5.** ~ (*arch.*), calotte. **6.** ~ coprimorsetti (di un mot. a induzione per es.) (*elettromecc.*), terminal board guard. **7.** ~ del distributore (di un motore) (*elett.*), distributor cap. **8.** ~ di ghiaccio (delle terre polari) (*geol.*), ice sheet. **9.** ~ di protezione (coperchio) (*gen. - mecc.*), cover. **10.** ~ esterna (*mecc.*), outer cap. **11.** diametro ~ distesa (di un paracadute) (*aer.*), flat diameter. **12.** diametro massimo ~ spiegata (di un paracadute) (*aer.*), maximun inflated diameter.

calottina (calottino estrattore, montato sulla custodia del paracadute per assicurare che il fascio funicolare si spieghi prima della calotta) (*aer.*), retarder parachute.

calùggine (di kapok per es.) (*ind. tess.*), down.

calutrone (ciclotrone elettromagnetico fondato sul

principio dello spettrografo di massa: serve per la separazione degli isotopi) (*fis. atom.*), calutron.
calza (*ind. tess.*), stocking. **2.** ~ (di conduttore elettrico) (*elett.*), braiding. **3.** ~ a forma (*ind. tess.*), fashioned stocking. **4.** ~ di massa (di un cavo) (*elett.*), earth braid. **5.** ~ tubolare (*ind. tess.*), tubular stocking. **6.** lavorazione delle calze (*ind. tess.*), stocking knitting. **7.** telaio per calze (*macch. tess.*), stocking loom, stocking frame, stocking machine.
calzare (mettere una calzatoia: fermare una ruota con un cuneo) (*veic.*), to trig.
calzatoia (*mecc. - veic.*), chock, chuck. **2.** ~ (per fermare le ruote di un affusto di cannone) (*artiglieria*), hurter. **3.** ~ (zeppa: cuneo posto sotto una ruota di un veicolo) (*veic.*), scotch.
calzatura (*ind. cuoio*), footwear.
calzaturiere (fabbricante di calzature) (*ind.*), footwearmaker.
cambiadischi (automatico) (*app. elettroacus.*), record changer.
cambiale (tratta) (*finanz. - comm.*), bill of exchange, B/E, b.e., draft, bill. **2.** ~ (pagherò) (*finanz. - comm.*), promissory note, note of hand, bill. **3.** ~ a breve scadenza (p. es. da pagarsi a 30 giorni o meno) (*banca - comm. - ecc.*), short bill. **4.** ~ a 60 giorni (*banca - comm.*), bill of exchange payable in 60 days, sixty. **5.** ~ a termine (cioè da pagarsi ad una data prefissata) (*banca - comm. - ecc.*), time bill. **6.** ~ a vista (*finanz. - comm.*), sight bill. **7.** ~ di comodo (*comm.*), accomodation bill, accomodation draft, windbill, kite. **8.** ~ di favore (*finanz. - comm.*), kite. **9.** domiciliare una ~ (*comm.*), to domicile a bill (of exchange). **10.** richiamare una ~ (*comm.*), to retire a bill (of exchange).
cambiamento (*gen.*), change. **2.** ~ automatico della navetta (*mft. tess.*), automatic shuttle changing. **3.** ~ da una posizione ad un'altra (*gen.*), changeover **4.** ~ (della struttura) alla superficie (*metall.*), surface converting. **5.** ~ del tempo (*meteor.*), change in the weather. **6.** ~ di stato (dallo stato solido allo stato liquido per es.) (*chim.-fis.*), change of state
cambia–obiettivi (*app. ott. - fot.*), lens–changer.
cambiare (sostituire), to replace. **2.** ~ (la marcia) (*aut.*), to shift, to shift gears **3.** ~ (*gen.*), to change. **4.** ~ (convertire un assegno in danaro) (*banca*), to cash.
cambiaspole (*macch. tess.*), cops changer.
cambiavalute (*finanz.*), money changer.
cambio (*finanz.*), exchange. **2.** ~ (di velocità) (*aut.*), change gear, speed gear, gearbox (ingl.), transmission (am.). **3.** ~ (di macchina utènsile per es.) (*mecc.*), change gear, speed gear. **4.** ~ a "cloche" (*aut.*), floor change gear (or speed gear). **5.** ~ a " cloche" (comando a " cloche" del cambio) (*aut.*), floor–type gearshift. **6.** ~ ad ingranaggi sempre in presa (di una scatola d'ingranaggi di motocicletta per es.) (*mecc. mtc.*), constant mesh gearbox. **7.** ~ a frizione (*mecc.*), friction drive, friction gear. **8.** ~ a leva (cambio a mano sul piantone di guida o a " cloche") (*aut.*), stick shift. **9.** ~ alla pari (*comm. - finanz.*), exchange at par. **10.** ~ a pedale (di una mtc.), foot lever gearshift. **11.** ~ a preselettore (*mecc.*), preselecting gearbox, preselecting change gear, selective transmission. **12.** ~ (comandato) a pulsante (*aut.*), push–button transmission. **13.** ~ a settori (o a gradini: di macchina utènsile per es.) (*mecc.*), gate change, gate change gear. **14.** ~ automatico (cambia le marce automaticamente in funzione della coppia resistente e del numero dei giri) (*aut.*), automatic transmission, "idiot box". **15.** ~ con ruota (di frizione) a cuneo (*mecc.*), wedge friction gear, wedge friction drive. **16.** ~ d'avanzamento (o di alimentazione: di una alesatrice per es.) (*macch. ut.*), feed variator, feed change (ingl.). **17.** ~ degli elementi di combustibile (di un reattore nucleare) (*fis. atom.*), refuelling. **18.** ~ dell'olio (di motore per es.) (*aut. - mot.*), oil change. **19.** ~ di marcia (atto od operazione di cambiare la marcia) (*aut.*), shifting. **20.** ~ di marcia verso le marce inferiori (passaggio a marcia inferiore, cambio verso il basso) (*aut.*), down shifting. **21.** ~ di marcia verso le marce superiori (passaggio a marcia superiore, cambio verso l'alto) (*aut.*), up shifting. **22.** ~ di velocità (ottenuto mediante il passaggio della catena da un rocchetto ad altro di diverso diametro) (*bicicletta*), derailleur. **23.** ~ idraulico (variatore di coppia) (*aut.*), hydraulic torque converter. **24.** ~ idraulico a selezione (*aut.*), fluid drive gearshift transmission. **25.** ~ idraulico automatico (*aut.*), fluid drive automatic transmission. **26.** ~ idrodinamico (*mecc.*), *vedi* cambio idraulico. **27.** ~ in folle (*aut.*), gear in neutral. **28.** ~ marcia (inversione marcia: di una locomotiva a vapore) (*ferr.*), power reverse gear. **29.** ~ Norton (scatola Norton) (*macch. ut.*), quick–change gear. **30.** ~ sincronizzato (*aut.*), synchromesh gear. **31.** ~ sopra alla pari (*comm. - finanz.*), exchange in favor of. **32.** ~ sotto alla pari (*comm. - finanz.*), exchange against. **33.** ~ sul volante (leva del cambio sul piantone di guida) (*aut.*), gearshift attached to the steering column. **34.** agente di ~ (*comm. - finanz.*), stockbroker. **35.** albero secondario del ~ di velocità (portante gli ingranaggi scorrevoli) (*aut.*), transmission shaft. **36.** corso del ~ (quotazione del cambio, di valuta straniera per es.) (*finanz.*), rate of exchange. **37.** leva del ~ (di velocità) (*aut.*), gear lever. **38.** selettore del ~ (di velocità) (*aut.*), gearshift. **39.** senza ~ (ad una sola marcia) (*a. - mtc.*), single–gear.
cambretta (chiodo a semicerchio con due punte: per tappezzieri per es.), staple. **2.** ~ per doghe (*carp.*), stave staple.
cambrì (batista: tela fine di lino) (*ind. tess.*), cambric.
cambriano (*geol.*), Cambrian.
cambusa (cucina) (*nav.*), galley, caboose. **2.** ~ (magazzino provviste di una nave) (*nav.*), storeroom.

camcorder (telecamera portatile con videoregistratore a videocassetta incorporata) (*eltn. - telev.*), camcorder. **2.** ~ ad alta definizione (*eltn. - telev.*), high band camcorder. **3.** ~ compatto (per videocassette compatte: in uso per es. nei tipi S-VHS-C) (*audiovisivi*), compact camcorder. **4.** ~ super VHS, ~ S-VHS (*audiovisivi*), S-VHS camcorder.

càmera (*mecc. - ecc.*), chamber. **2.** ~ (di piombo per lavorazione dell'acido solforico) (*ind. chim.*), chamber. **3.** ~ a bossolo (spazio destinato all'alloggiamento del bossolo nell'arma) (*armi da fuoco*), cartridge chamber. **4.** ~ a freddo (cella refrigerata, per prove avviamento motori a combustione interna per es.) (*att. per prove*), cold room. **5.** ~ a fumo (cassa a fumo, di una locomotiva per es.) (*cald.*), smokebox. **6.** ~ anecoica (*acus.*), anechoic chamber, free-field room. **7.** ~ a polvere (*espl.*), powder chamber. **8.** ~ a scintilla (tipo di camera di Wilson) (*strum. per fis. atom.*), spark chamber. **9.** ~ a scintilla (per ricerche mediche) (*fis. atom.*), scintillation camera. **10.** ~ a scintilla a proiezione (~ nella quale le particelle si muovono in direzione perpendicolare al campo elettrico) (*fis. atom.*), projection spark chamber. **11.** ~ a scintilla per campionatura (*fis. atom.*), sampling spark chamber. **12.** ~ blindata (di una banca) (*finanz. - ed.*), strong room. **13.** ~ chiara (per facilitare l'operazione di disegnare dal vero) (*ott. - dis.*), camera lucida. **14.** ~ climatica (*att. per prove*), climatic chamber. **15.** ~ climatizzata (per studio biologico di fattori ambientali su organismi viventi) (*app. biol.*), biotron. **16.** ~ criogenica (che fornisce temperature fino a −200 °C) (*app.*), cryogenic chamber. **17.** ~ d'affitto (*comm.*), lodgings. **18.** ~ da letto (*ed.*), bedroom, chamber. **19.** ~ da presa (*telev.*), electron camera. **20.** ~ d'aria (di un pneumatico) (*ind. gomma*), inner tube, air tube. **21.** ~ d'aria (camera di compensazione, palloncino, di un dirigibile) (*aer.*), ballonet. **22.** ~ d'aria (di un pallone per il gioco del calcio per es.) (*sport*), bladder. **23.** ~ d'aria (p. es. fra due pareti per proteggere dai rumori, dall'umidità o dal calore) (*costr. ed.*), air space. **24.** ~ (di lancio) dei siluri (*mar. milit.*), torpedo compartment, torpedo room. **25.** ~ del dispositivo motore (di un siluro) (*mar. milit.*), engine room. **26.** ~ delle valvole (*macch. a vapore*), pot. **27.** ~ del tesoro (di una banca), vault. **28.** ~ del vento (di un cubilotto) (*fond.*), wind box. **29.** ~ di bombardamento (*radioatt.*), target chamber. **30.** ~ di calma (di un sistema di ventilazione per es.), plenum chamber. **31.** ~ di caricamento (di un cannone), loading chamber. **32.** ~ di combustione (di motore a combustione interna o turbogetto) (*mot.*), combustion chamber. **33.** ~ di combustione (di forno) (*cald.*), firebox, furnace. **34.** ~ di combustione a flusso diretto (di un motore a reazione) (*mot. aer.*), straight-flow combustion chamber. **35.** ~ di combustione a flusso indiretto (di un motore a reazione) (*mot. aer.*), return-flow combustion chamber. **36.** ~ di combustione anulare (di turbina a gas) (*mot.*), annular combustion chamber. **37.** ~ di combustione a presa diretta (di un motore a reazione) (*mot. aer.*), straight-flow combustion chamber. **38.** ~ di combustione a toroide (di un motore diesel a iniezione diretta) (*mot.*), toroidal combustion chamber, mexican-hat-type combustion space. **39.** ~ di combustione a turbolenza (*mot.*), swirl-type combustion chamber. **40.** ~ di combustione con relativi iniettori o bruciatori (di turbina a gas o motore a reazione) (*mecc.*), combustor. **41.** ~ di combustione senza raffreddamento (di un razzo a propellente solido per es.) (*mot. - missil.*), uncooled combustion chamber. **42.** ~ di commercio (*comm.*), chamber of commerce. **43.** ~ di compensazione (di un dirigibile) (*aer.*), ballonet. **44.** ~ di decompressione (dalla maggiore pressione sott'acqua alla pressione atmosferica o da questa a pressioni più basse) (*app. med.*), decompression chamber. **45.** ~ di depolverizzazione (per permettere ai gas di depositare le particelle solide) (*app. ind.*), dust chamber. **46.** ~ di depurazione (*mft. carta*), screen room (am.). **47.** ~ di distribuzione del vapore (di macchina vapore), steam chest, steam box. **48.** ~ di emulsione (*carb.*), emulsion chamber. **49.** ~ di equilibrio (di un siluro) (*espl. mar. milit.*), water regulator. **50.** ~ di equilibrio (tra l'aria esterna ed il cassone pneumatico) (*costr. idr.*), air lock, airlock (ingl.). **51.** ~ di essiccamento per filati (*ind. tess.*), yarn drying loft. **52.** ~ di essiccazione (*ind.*), drying chamber, drying oven, kiln. **53.** ~ (dei regolatori) di immersione (di un siluro) (*mar. milit.*), immersion chamber. **54.** ~ di ionizzazione (*radiologia*), ionization chamber. **55.** ~ di ionizzazione (strumento di misurazione delle radiazioni) (*fis. atom.*), ion chamber, counting tube. **56.** ~ di miscelazione (di un cannello da taglio per es.) (*tecnol. mecc.*), mixing chamber. **57.** ~ di precombustione (precamera: di un motore diesel) (*mot.*), precombustion chamber. **58.** ~ di preriscaldo (*mot.*), hostspot chamber. **59.** ~ di regolazione (dell'immersione: di un siluro) (*mar. milit.*), balance chamber. **60.** ~ di ricupero (camera di rigenerazione, di un forno) (*metall.*), chequerwork, checkers. **61.** ~ di riscaldo (di forno per es.), heating chamber. **62.** ~ di vaporizzazione (per filati) (*ind. tess.*), steaming chamber. **63.** ~ di Wilson (*fis. atom.*), Wilson cloud chamber, fog chamber, expansion chamber, cloud chamber. **64.** ~ ecoica (*acus.*), echo chamber. **65.** ~ fredda (per prove di avviamento di motore a comb. interna) (*mot. - ecc.*), cold room. **66.** ~ in pressione (alimentata dalla presa d'aria dinamica) (*aer.*), plenum chamber. **67.** ~ in pressione (*ventilazione*), plenum chamber. **68.** ~ lunare (per esperimenti astronautici) (*astric.*), moon room. **69.** ~ macchine (sala macchine) (*off.*), engine room. **70.** ~ oscura (*fot.*), dark room. **71.** ~ oscura (*ott.*), obscure chamber. **72.** ~ per prove in quota (camera alta quota) (*prove aer.*), altitude chamber. **73.** ~ risonante (di un risuonatore per echi artificiali) (*radar*), ringing chamber. **74.** ~ siluri (*mar. milit.*), torpedo compartment. **75.** a ~ (di scoppio) posteriore (di una granata per es.) (*a. - espl.*), rear burster. **76.** processo delle camere di piombo (per H_2SO_4) (*ind. chim.*), lead-chamber process. **77.** senza ~ d'aria (di un diffuso tipo di pneumatico) (*a. - aut. - ind. gomma*), tubeless.

Camera di Commercio (*comm.*), Chamber of Commerce. **2.** ~ Internazionale (*comm.*), International Chamber of Commerce.

Camera di Industria e Commercio (*ind. - comm.*), Chamber of Industry and Commerce.

"cameraman" (operatore) (*telev.*), cameraman.

cameretta (camerino) (*ed.*), small room, closet.

camerièra (di ristorante ecc.) (*op.*), waitress.

cameriere (di ristorante ecc.) (*op.*), waiter.

camerino (spogliatoio: di teatro per es.) (*arch.*), dressing room.

camice (di un impiegato di laboratorio chimico per es.) (*lav.*), overall.

camicia (o canna smontabile, di cilindro) (*mot.*), liner, cylinder liner. **2.** ~ (fodero, canna: di un cannone) (*artiglieria*), jacket. **3.** ~ d'acqua (di un cilindro per es.) (*mot.*), water jacket. **4.** ~ di raffreddamento (*mecc. - ind.*), cooling jacket. **5.** ~ (di raffreddamento) a ghiaccio (*chim. ecc.*), ice-packed jacket. **6.** ~ di vapore (in macchina a vapore per es.), steam jacket. **7.** ~ presa in fondita (canna cilindro in acciaio sistemata nella forma di colata del basamento in alluminio) (*mot.*), liner. **8.** ~ riportata (canna riportata, di cilindro (*mot.*), pressed-in liner.

caminetto (focolare) (*ed.*), fireplace.

camino (*ed.*), stack. **2.** ~ (fumaiolo: di una locomotiva) (*ferr.*), chimney (ingl.). **3.** ~ (di cassone pneumatico) (*costr. idr.*), shaft. **4.** ~ (di un vulcano) (*geol.*), chimney. **5.** ~ di salita (passaggio verticale per portarsi sopra l'involucro di un dirigibile) (*aer.*), climbing shaft. **6.** ~ di sfiato (parte terminale di un tubo di sfiato di app. sanitari) (*ed. - tubaz.*), vent stack. **7.** gola di ~ (*ed.*), chimney flue, stack. **8.** perdita al ~ (di bilancio termico) (*term.*), chimney loss.

camion, *vedi* autocarro.

camionale (*strad.*), truckway.

camioncino (*aut.*), pickup truck. **2.** ~ a pianale basso (autocarro per collettame) (*aut.*), pickup.

camionista (autista di autocarri, conducente di autocarri) (*op.*), truck driver, trucker.

camma (*mecc.*), cam, cam wheel. **2.** ~ (*mecc.*), *vedi anche* eccentrico. **3.** ~ ad accelerazione costante (*mot. - mecc.*), constant-acceleration cam, continuously accelerating cam. **4.** ~ ad angolo arrotondato (*mecc.*), broad-nose cam. **5.** ~ ad angolo vivo (*mecc.*), sharp-nose cam. **6.** ~ a profilo armonico (*mot. - mecc.*), harmonic cam, harmonic profile cam. **7.** ~ con profilo spiraliforme (*mecc.*), snail cam. **8.** ~ del getto di arricchimento (di un carburatore) (*mecc.*), enriching cam. **9.** ~ della distribuzione (*mot.*), rocker cam. **10.** ~ di decompressione (*mecc.*), relief cam. **11.** ~ frontale (camma laterale) (*mecc.*), face cam. **12.** ~ per tangenti (*mot. - mecc.*), tangential cam. **13.** alzata della ~ (*mecc.*), cam lift. **14.** angolo (o lobo) della ~ (*mecc.*), cam lobe. **15.** profilo della ~ (*mecc.*), cam profile. **16.** rampa della ~ (*mecc.*), cam incline.

camminare (passeggiare) (*gen.*), to walk.

cammino (percorso) (*gen.*), path, course, way. **2.** ~ critico (percorso critico, "critical path"; metodo di programmazione) (*programmazione*), critical path. **3.** ~ di ronda (*ed. milit.*), banquette. **4.** ~ medio libero (fatto da particelle senza collisione) (*fis. atom.*), mean free path.

camolatura (cavità di corrosione) (*metall. - difetto vn.*), pitting.

campagna (*agric.*), country. **2.** ~ (di un forno) (*metall.*), life. **3.** ~ (lavoro stagionale: di uno zuccherificio per es.) (*ind. - ecc.*), campaign. **4.** ~ (durata della lavorazione di un forno o di altro organo fusorio) (*mft. vetro*), campaign. **5.** ~ (*milit.*), campaign. **6.** ~ pubblicitaria (*pubbl.*), advertising campaign.

campana (di campanile per es.), bell. **2.** ~ (di un gasometro) (*ind.*), gas container, tank. **3.** ~ (di un altoforno) (*metall.*), bell and hopper, cone. **4.** ~ (acrobazia) (*aer.*), whip stall. **5.** ~ da palombaro (*nav.*), diving bell. **6.** ~ d'aria, *vedi* campana pneumatica. **7.** ~ (o richiamo sonoro) del telegrafo di macchina (*nav.*), engine bell. **8.** ~ di dragaggio (dispositivo che produce rumore per il dragaggio di mine acustiche) (*mar. milit.*), hammer box. **9.** ~ di gorgogliamento (*ind. chim.*), dubble cap. **10.** ~ pneumatica (contenente aria sotto pressione e acqua: per togliere il colpo di ariete nelle tubazioni per es.) (*tubaz.*), pressure accumulator. **11.** ~ subacquea (per costr. sott'acqua), diving bell. **12.** ~ tubolare (*strum. music.*), tubular bell. **13.** eseguire una ~ (*aer. - acrobazie*), to whip stall. **14.** fusione di campane (*fond.*), bell founding.

campanaccio (*att. per bestiame*), cowbell.

campanato (a forma di campana) (*a. - gen.*), bell -shaped.

campanatura (di una pala d'elica: deviazione angolare del luogo dei baricentri delle sezioni della pala rispetto al piano di rotazione) (*aer.*), blade tilt. **2.** ~ (inclinazione dei fianchi verso l'interno con l'altezza: di nave od autovettura) (*aut. - costr. nav.*), tumble home. **3.** ~ (angolo fra il piano della ruota e la verticale rispetto al piano di terra) (*s. - mecc. aut.*), camber angle, camber. **4.** ~ di cedevolezza (campanatura di flessione) (*veic.*), compliance camber, deflection camber. **5.** ~ di rollio (camber di rollio) (*veic.*), roll camber. **6.** forza di ~ (forza inclinazione ruota, forza laterale quando l'angolo di assetto è zero) (*aut.*), camber force, camber thrust. **7.** rigidezza di ~ (rigidezza di camber) (*veic.*), camber rate, camber stiffness, camber thrust rate.

campanèllo (*strum.*), bell. **2.** ~ alla porta (*gen.*), doorbell. **3.** suono di ~ (*acus.*), ringing.

campanile (*arch.*), bell tower, belfry, campanile. **2.** ~ a torre (torre campanaria) (*arch.*), bell tower. **3.** ~ a vela (formato da due pilastri che s'innalzano sopra il tetto e sormontati da un arco al quale è appesa la campana) (*arch.*), bell gable. **4.** ~ staccato (*arch.*), separate belfry.

campata (*ed. - mecc.*), bay, span. **2.** ~ centrale (*ed. - mecc.*), central bay. **3.** ~ estrema (*ed. - mecc.*), end bay. **4.** ~ longitudinale (di una costruzione) (*costr. mecc.*), longitudinal bay.

campeggiatore (*turismo*), camper.

campeggio (*sport*), camping. **2.** ~ (legno di campeggio) (*tintoria*), logwood. **3.** area di ~ (di una roulotte) (*veic.*), site.

campionamento (collezione di fossili o minerali) (*min.*), collecting. **2.** ~ (*stat. - controllo qualità*), sampling. **3.** ~ di accettazione (*controllo qualità*), acceptance sampling. **4.** ~ doppio (*stat. - controllo qualità*), double sampling. **5.** ~ multiplo (*stat. - controllo qualità*), multiple sampling. **6.** ~ semplice (*stat. - controllo qualità*), single sampling. **7.** ~ sequenziale (*stat. - controllo qualità*), sequential sampling. **8.** collaudo per ~ (*controllo qualità*), sampling inspection. **9.** piano di ~ (*stat. - controllo qualità*), sampling plan.

campionare (*gen.*), to sample.

campionario (*comm.*), samples, collection of samples.

campionato (*sport*), championship. **2.** ~ mondiale conduttori (*sport aut.*), world championship of drivers. **3.** ~ mondiale marche (*aut. - sport*), world manufacturers' championship. **4.** ~ prototipi (*aut. - sport*), prototype championship.

campionatura (*ind.*), sampling. **2.** ~ rappresentativa (*stat.*), representative sampling. **3.** teoria della ~ (*elab. segn.*), sampling theorem.

campione (*gen.*), sample, specimen, scantling. **2.** ~ (*comm.*), sample, specimen. **3.** ~ (*sport*), ace. **4.** ~ (modello o esemplare da imitare o copiare) (*gen.*), pattern. **5.** ~ (*stat.*), sample. **6.** ~ casualizzato (*stat. - controllo qualità*), random sample. **7.** ~ di graniglia (*tecnol. mecc.*), shot sample. **8.** ~ di intensità luminosa (*fis. illum.*), luminous standard. **9.** ~ di misura (*mis.*), standard. **10.** ~ di verniciatura (*vn.*), brushout. **11.** ~ fotometrico (*fis. illum.*), photometric standard. **12.** ~ fotometrico di lavoro (per ind.) (*fis. illum.*), working photometric standard. **13.** ~ per contratti con consegne a termine (*comm.*), future standard. **14.** ~ per l'irraggiamento (in un reattore nucleare per es.) (*fis. atom.*), irradiation sample. **15.** ~ senza valore (*poste - comm.*), sample post, samples only. **16.** ~ stratificato (*stat. - controllo qualità*), stratified sample. **17.** ~ tipo (*gen.*), standard sample. **18.** grandezza del ~ (dimensione del campione) (*stat. - controllo qualità*), sample size.

campo (*elett. - fis. - elab. - agric.*), field. **2.** ~ (*milit.*), camp. **3.** ~ coercitivo (~ usato per annullare l'induzione magnetica) (*elettromag.*), coercive force. **4.** ~ da gioco (di calcio per es.) (*sport*), playing field. **5.** ~ (o zona) degli indirizzi (*elab.*), address field. **6.** ~ del tiro a segno (poligono) (*sport - milit.*), rifle range. **7.** ~ destinazione (quella parte del messaggio che contiene il codice di destinazione) (*elab.*), destination field. **8.** ~ di analisi (*telev.*), scanning field. **9.** ~ di azione (p. es.: del braccio di una gru, di una antenna portamicrofono, giraffa) (*trasp. - telev. - ecc.*), range, reach. **10.** ~ di battaglia (*milit.*), battleground. **11.** ~ di concentramento (*milit.*), concentration camp. **12.** ~ di dispersione (*elett.*), stray field. **13.** ~ di errore (*elab. - ecc.*), error range. **14.** ~ di fortuna (*aer.*), emergency landing ground. **15.** ~ di forza (*fis.*), field of force. **16.** ~ di inserimento (area non protetta di una unità video dove è possibile modificare i dati) (*elab.*), input field. **17.** ~ di mine (*milit.*), mine field. **18.** ~ di misura (di uno strumento), measuring range. **19.** ~ di onda (*radio*), wave band. **20.** ~ di radiazione (~ elettromagnetico creato da una antenna trasmittente) (*eltn. - radio - telev.*), radiation field. **21.** ~ di regolazione (*elett. - ecc.*), setting range. **22.** ~ di sollecitazione (differenza algebrica tra le sollecitazioni massima e minima in un ciclo) (*prove di fatica*), stress range. **23.** ~ di tiro (di un cannone per es.) (*milit.*), field of fire. **24.** ~ di tiro (poligono, balipedio) (*milit.*), firing ground, target range. **25.** ~ di variabili (*mat.*), region. **26.** ~ di variazione (scala di valori fra il minimo ed il massimo dell'attributo di una variabile) (*stat.*), range. **27.** ~ di verifica (*elab. - ecc.*), check field. **28.** ~ di visibilità (*aer. - nav.*), range of visibility. **29.** ~ di visualizzazione (una particolare area dello schermo dell'unità video) (*elab.*), display field. **30.** ~ di volo a vela (*aer.*), soaring site. **31.** ~ di volo sperimentale (per provare nuovi aerei) (*aer.*), proving ground. **32.** ~ elettrico ipercritico (fortissimo ~ elettrico) (*fis. atom.*), overcritical electric field. **33.** ~ elettrico (*elett.*), electric field. **34.** ~ elettromagnetico (*elett.*), elettromagnetic field. **35.** ~ elettrostatico (*elettr.*), electrostatic field. **36.** ~ libero (~ di onde sonore non interrotto da ostacoli) (*acus.*), free field. **37.** ~ lungo (C. L.) (*cinem.*), distance shot, long shot. **38.** ~ magnetico (*elett.*), magnetic field. **39.** ~ magnetico poloidale (campo magnetico meridiano, in una configurazione chiusa) (*fis.*), poloidal magnetic field. **40.** ~ magnetico rotante (*elett.*), rotating magnetic field. **41.** ~ magnetico terrestre (*geofis.*), terrestrial magnetic field. **42.** ~ magnetico toroidale (in una configurazione chiusa) (*fis.*), toroidal magnetic field. **43.** ~ magnetico trasversale (*elettromecc.*), cross -magnetizing field. **44.** ~ medio (C. M.) (*cinem.*), medium-long shot. **45.** ~ minato (*milit.*), mine field. **46.** ~ protetto (area di una unità video dove non è possibile modificare i dati) (*elab.*), protected field. **47.** ~ rotante (*elett.*), rotating field. **48.** ~ sinusoidale (*mecc. - elett.*), sinusoidal field. **49.** ~ solenoidale (*elett.*), solenoidal field. **50.** ~ trincerato (*milit.*), fortified position. **51.** ~ uniforme (*elett. - mecc. razionale*), uniform field. **52.** ~ uniforme (d'immagine) (campo piano) (*telev.*), flat field. **53.** ~ visivo (*ott.*), field of view. **54.** a ~ fisso (di un tipo di archiviazione dati per es.) (*elab.*), fixed-field. **55.** a campi liberi (di memoria senza preassegnazione di campo) (*elab.*), free-field. **56.** ad effetto di ~ (*elett. - eltn.*), field-effect. **57.** avvolgimento di ~ (*elett.*), filed winding. **58.** correttore di ~ (per regolare il campo del mirino a quello di un obiettivo grandangolare per es.) (*fot.*), field adapter. **59.** in ~ (dentro il ~ di ripresa di una macchina fotografica, una telecamera ecc.) (*fot. - telev. - cinem.*), on-camera. **60.** indicatore (o delimitatore) di ~ (*elab.*), field indicator. **61.** lunghezza di ~ (di caratteri, di bit ecc.) (*elab.*), field length. **62.** magnete di ~ (*disp. elett.*), field magnet.

camuffato (di vettura prototipo in prova su strada per es.) (*a. - gen.*), disguised.

"CAN" (abbreviazione di: cancellare; parola d'ordine di molti linguaggi) (*elab.*) CAN.

canale (*idr. - geogr.*), channel, race, watercourse. **2.** ~ (*idr. - ed.*), channel, conduct. **3.** ~ (navigabile) (*nav.*), canal, ship canal. **4.** ~ (di un idroscalo) (*aer.*), channel. **5.** ~ (di cilindro di laminatoio per es.) (*metall.*), pass, groove. **6.** ~ (banda comprendente frequenze sufficienti per una unica stazione emittente) (*telev. - radio*), channel. **7.** ~ (di un carattere) (*tip.*), groove. **8.** ~ (parte dell'alimentatore che porta il vetro dal forno al foro di uscita e nella quale viene regolata la temperatura) (*forno per vetro*), channel. **9.** ~ (parte del bacino che conduce alla macchina) (*forno per vetro*), canal. **10.** ~ (via di informazioni o area di memorizzazione) (*elab.*), channel. **11.** ~ (zona di nastro magnetico lungo la quale l'informazione viene registrata) (*elettroacus.*), channel. **12.** ~ (passaggio fra banchi di sabbia o scogli) (*navig.*), gat. **13.** ~ analogico (usato per la trasmissione del parlato) (*elab. - eltn.*), analogue channel. **14.** ~ aperto (fosso eseguito per ricevere acque di drenaggio per es.) (*ing. civ.*), ditch. **15.** ~ artificiale (per acque) (*idr.*) raceline. **16.** ~ biologico (di un reattore nucleare) (*fis. atom.*), biological hole. **17.** ~ circolare (anello secondario di un forno ad induzione: parte occupata dal metallo e formante il secondario del trasformatore del forno) (*metall.*), ring hearth. **18.** ~ comune, *vedi* bus. **19.** ~ d'acqua (per alimentazione di macchina idraulica) (*idr.*), race. **20.** ~ da trasporto (canale trasportatore) (*trasp. ind.*), conveying trough. **21.** ~ delle scorie (*fond.*), slag notch. **22.** ~ dell'olio (*mecc.*), oilhole. **23.** ~ del parlato (~ a grande ampiezza di banda per permettere una trasmissione corretta delle parole) (*elab. - tlcm.*) speech channel. **24.** ~ di alimentazione (~ di alimentazione della colata con plastica fluida) (*ind. plastica*), runner. **25.** ~ di ammaraggio (canale di ammaramento) (*aer.*), alighting channel. **26.** ~ di chiusa (*idr.*), sluice. **27.** ~ di circolazione (canale di flottamento, di un idroscalo) (*aer.*), taxi channel. **28.** ~ di colata (*fond.*), gate (ingl.), downgate (am.), runner, pouring channel. **29.** ~ di colata (di un altoforno) (*metall.*), iron runner. **30.** ~ di colata diretta (*fond.*), drop gate. **31.** ~ di colata per lingotti (*fond.*), pig sow. **32.** ~ di colata secondario (*fond.*), spray. **33.** ~ di convogliamento (condotta d'acqua) (*idr.*), race. **34.** ~ di crominanza (*telev.*), chrominance channel. **35.** ~ di distribuzione (via comm. seguita dalle merci dal produttore al consumatore) (*comm.*), distribution channel. **36.** ~ di esplosione (tappo di diatrema, lava solidificata in una gola di vulcano) (*geol.*), neck. **37.** ~ di flottaggio (canale di circolazione) (*aer.*), taxi channel. **38.** ~ di gronda (*ed.*), gutter. **39.** ~ di informazione (*elab.*), information channel. **40.** ~ di interfaccia periferica (*elab.*), peripheral interface channel. **41.** ~ di irradiazione (per esperienze su di un reattore nucleare) (*fis. atom.*), beam hole, glory hole. **42.** ~ di irrigazione (*agric. - idr.*), irrigation canal, float. **43.** ~ di lettura/scrittura (*elab.*), read/write channel. **44.** ~ di presa (*idr.*), supply channel. **45.** ~ di ritorno (*elab. - tlcm.*), backward channel. **46.** ~ di scarico (di una turbina idraulica) (*idr.*), tail race (ingl.), tailrace (am.). **47.** ~ di scolo acqua (*ed.*), gutter. **48.** ~ di sfogo (di aria da una forma) (*fond.*), offtake. **49.** ~ di sfogo bavatura (nello stampaggio con maglio mecc.) (*metall.*), flash gutter. **50.** ~ di sicurezza (*mar. milit.*), swept channel. **51.** ~ di ventilazione (di macchina elettrica per es.), cooling duct, ventilating duct. **52.** ~ duplex (*telecom. - elab.*) duplex channel. **53.** ~ filoniano (*geol.*), lode channel. **54.** ~ finitore (di cilindro di laminatoio per es.) (*metall.*), finishing groove. **55.** ~ fonico (*tlcm.*), voice channel. **56.** ~ idrodinamico (per prove su modelli di galleggianti) (*aer.*), water channel for hydrodynamic testing. **57.** ~ navigabile (*mare - nav.*), seaway, shipway, inland waterway, ship canal. **58.** ~ omnibus (canale a festoni) (*macch. calc.*), bus. **59.** ~ per l'ammaraggio strumentale (*aer.*), instrument alighting channel. **60.** ~ sbozzatore (di cilindro di laminatoio per es.) (*metall.*), roughing groove. **61.** ~ secondario (~ supervisore) (*elab.*), secondary channel. **62.** ~ selettore (per la linea di accesso all'elaboratore) (*elab.*), selector channel. **63.** ~ sfioratore (per lo scarico di troppo pieno della diga) (*idr.*), spillway, bye-wash. **64.** ~ sonoro (zona di mare nella quale l'energia acus. trasmessa è concentrata a causa di effetti di rifrazione) (*acus. sub.*), sound channel. **65.** ~ trasmissione dati, *vedi* ~ di informazione. **66.** ~ trasportatore a spinta (*trasp. ind.*), pushing trough. **67.** ~ trasportatore oscillante (*trasp. ind.*), rocking trough. **68.** ~ verticale di colata (*fond.*), down sprue, down runner. **69.** a due canali (in un siste-

ma sonoro stereofonico per es.) (*elettroacus.*), dual-channel. **70.** insieme dei canali di colata e montanti (*fond.*), gating.
canaletta (per cavi per es.) (*elett.*), raceway.
canaletto (di scarico) (*costr. strad.*), grip, offlet.
canalino (di scorrimento del vetro del finestrino) (*aut.*), window run channel, glass run.
canalizzare (*costr. idr.*), to canalize. **2.** ~ (suddividere: p. es. una trasmissione in banda larga) (*comun.*), to channel, to channelize.
canalizzazione (*costr. idr.*), canalization. **2.** ~ (per cavi luce, forza motrice, telefoni ecc.), duct, raceway. **3.** ~ aerea per (passaggio) condutture e cavi elettrici (in uno stabilimento per es.) (*ed.*), overhead duct for pipes and electric cables. **4.** ~ metallica (per distribuzione secondaria della forza nelle fabbriche) (*elett.*), metal raceway. **5.** sistema a ~ unica (di fognatura, per acque nere e bianche) (*ing. civ.*), combined system. **6.** zona di ~ sonora (zona di convergenza, zona dell'oceano in cui l'energia acustica è concentrata a causa della rifrazione acustica) (*acus. sub.*), sound channel.
"canàola" (tenditore a vite per catena) (*ed.*), screw coupling.
cànapa (*materiale tess.*), hemp. **2.** ~ di Manila (*fibra tess.*), abaca. **3.** ~ sisal (*materiale tess.*), sisal hemp. **4.** fibra di ~ sciolta (*materiale tess.*), oakum. **5.** bagasse di ~ di Manila (*fibra tess.*), linaga. **6.** olio di ~ (*ind.*), hemp oil. **7.** pettine per ~ (*macch. tess.*), hemp hackle.
cànapo (fune), hemp rope, rope. **2.** ~ (cavo torticcio, gherlino) (*nav.*), cable-laid rope.
canard (tipo di aeroplano a propulsione con timone ecc. situati anteriormente alle ali) (*aer.*), canard.
Canarium (albero tropicale asiatico e africano) (*botanica*), Canarium. **2.** ~ africano (*legno*), African Canarium. **3.** ~ indiano (*legno*), Indian Canarium.
cancellabile (come p. es. la memoria) (*a. - elab.*), erasable.
cancellabilità (*s. - gen.*), erasability. **2.** ~ della memoria (*elab.*), erasability of storage.
cancellare (*dis.*), to erase, to rub out. **2.** ~ (annullare) (*gen.*), to cancel. **3.** ~ (un nastro magnetico inciso) (*elettroacus.*), to wipe, to wash out. **4.** ~ (~ dalla memoria) (*elab.*), to erase, to scratch. **5.** ~ (crediti inesigibili) (*amm.*), to write off. **6.** ~ (eliminare dati registrati) (*elab. - ecc.*), to delete. **7.** ~ (procedura di cancellazione di vecchie registrazioni fuori uso di un archivio) (*elab.*), to purge. **8.** ~ (rendere non visibile: p. es. una scritta od un'immagine dallo schermo) (*elab. - telev. - video - ecc.*), to blank. **9.** ~ (ripulire: una memoria, lo schermo di un visualizzatore ecc.) (*elab.*), to clear.
cancellata (*s. - ed.*), rail fence, railing fence. **2.** ~ fra altare e coro (*arch.*), cancelli.
cancellato (di un nastro magnetico inciso, per es.) (*a. - elettroacus.*), wiped.
cancellatore (testina di cancellazione: di un magnetofono) (*app. - elettroacus.*), erasing head.
cancellatura (di uno scritto per es.) (*uff.*), erasure.
cancellazione (*gen.*), cancel, cancellation. **2.** ~ (mascheramento, soppressione del fascio) (*telev.*), blackout (am.), blanking (ingl.). **3.** ~ (ripulitura) (*elab.*), clearing. **4.** ~ (di un nastro magnetico inciso) (*elettroacus.*), wiping, washout. **5.** ~ per sovrapposizione (l'operazione di rendere illeggibili linee di stampa mediante sovraimpressione di lettere: p. es. di X) (*tip. - elab. - ecc.*), printed blackout. **6.** impulso di ~ (impulso di soppressione) (*telev.*), blanking pulse (ingl.), blackout pulse (am.). **7.** livello di ~ (livello di soppressione) (*telev.*), blanking level (ingl.), blackout level (am.). **8.** segnale di ~ (segnale di soppressione) (*telev.*), blanking signal (ingl.), blackout signal (am.).
cancellerìa (articoli per ufficio) (*comm.*), stationery.
cancelliere (di un tribunale) (*leg.*), clerk.
Cancellière dello Scacchiere (Ministro delle Finanze), Chancellor of the Exchequer (ingl.).
cancelletto (vicino ad un cancello grande oppure facente parte di esso) (*ed.*), wicket.
cancèllo (*ed.*), gate. **2.** ~ (posizione sul prolungamento dell'asse di una pista al di sopra della quale un velivolo deve passare nel momento assegnato dalla torre di controllo) (*aer.*), gate. **3.** ~ a ghigliottina (apribile con movimento verticale) (*ed.*), lift gate.
candeggiare (sbiancare) (*tess.*), to bleach.
candeggiato (lana per es.) (*ind. tess.*), bleached. **2.** non ~ (lana per es.) (*ind. tess.*), unbleached.
candeggina (bianchetto, soluzione imbiancante, soluzione candeggiante) (*ind. tess. - ecc.*), chlorine water, bleaching solution.
candeggio (imbianchimento) (*ind. tess.*), bleaching. **2.** ~ all'aperto (*ind. tess.*), grass bleaching. **3.** ~ "su prato" (candeggio all'aperto) (*ind. tess.*), grass bleaching.
candela (unità d'intensità luminosa) (*mis. illum. - fis.*), candle, cd. **2.** ~ (per illuminazione), candle. **3.** ~ (per motore), sparking plug, spark plug. **4.** ~ (barra di alimentazione, di un tornio) (*mecc.*), feed rod. **5.** ~ (per avviamento di una turbina a gas) (*disp. elett.*), igniter plug. **6.** ~ (acrobazia) (*aer.*), "chandelle". **7.** ~ (tubo estruso, "paraison", "parison", usata nella soffiatura delle materie plastiche) (*tecnol.*), parison, paraison. **8.** ~ ad alta frequenza (*mot. - eltn.*), high frequency spark plug, H. F. spark plug. **9.** ~ a incandescenza (per avviamento motori diesel), glow plug (am.), heater plug. **10.** ~ a scarica superficiale (con elettrodo di massa multiplo per es.) (*mot. - elett.*), surface discharge spark plug. **11.** ~ calda (*mot.*), hot plug. **12.** ~ decimale (*fotometria*), decimal candle, pyr. **13.** ~ di espulsione (del pezzo da uno stampo) (*lav. lamiera*), knockout bar, k/o bar. **14.** ~ di riscaldamento (per avviamento di motore diesel) (*mot.*), heater plug. **15.** ~ di riscaldamento ad elemento protetto (per avviamento di motore diesel) (*mot.*), sheathed element heater plug. **16.** ~ di riscalda-

mento a spirale non protetta (per avviamento di motore diesel) (*mot.*), open coil heater plug. **17.** ~ di sego (*illum.*), tallow candle. **18.** ~ filtrante (*ind. chim.*), filter candle. **19.** ~ fredda (*mot.*), cold plug. **20.** ~ fumogena (*milit. - aer. - mar. milit.*), smoke candle. **21.** ~ Hefner (unità d'intensità luminosa, circa 0,90 del valore della candela) (*mis. illum.*), Hefner candle. **22.** ~ internazionale (*mis. illum.*), international candle. **23.** ~ nuova (unità d'intensità luminosa) (*mis. illum.*), new candle, candela. **24.** ~ ora (unità di energia luminosa) (*mis.*), candle hour. **25.** ~ schermata (*mot.*), screened spark plug. **26.** ~ stearica (per illuminazione), tallow candle. **27.** espulsione a ~ (del pezzo da uno stampo) (*lav. lamiera*), bar knockout, bar k/o. **28.** puntina di ~ (*mot.*), spark plug electrode. **29.** salita in ~ (acrobazia) (*aer.*), chandelle, zoom. **30.** sede di ~ (riportata) (*mot.*), sparking plug adapter.

candeletta (ad incandescenza, per avviamento di motori diesel) (*mot.*), glow plug.

candelière (*nav.*), stanchion. **2.** ~ a forca (forcaccio, forcola per il supporto di un albero o boma) (*nav.*), crutch. **3.** ~ di murata (*nav.*), bulwarks stanchion. **4.** ~ di tenda (supporto di tenda) (*nav.*), awning stanchion.

candidato (ad un impiego o incarico) (*pers.*), applicant. **2.** ~ ad un posto (*lav. - pers.*), job applicant.

candidatura (ad un posto) (*lav. - pers.*), candidacy, candidature.

cane (p. es. di un'arma da fuoco) (*mecch.*), firing hammer, hammer, cock. **2.** ~ (per plateau) (*mecc. macch. ut.*), faceplate jaw. **3.** ~ da guerra (cane portamessaggi) (*milit.*), message dog. **4.** ~ in posizione di sicurezza (in un'arma da fuoco), half cock.

canestrèllo (radancia od occhiello di metallo o di altro materiale) (*nav.*), grommet.

cànfora ($C_{10}H_{16}O$) (*chim.*), camphor.

canforato (un sale di acido canforico per es.) (*s. - chim.*), camphorate. **2.** ~ (*a. - chim.*), camphorated. **3.** olio ~ (*chim. - farm.*), camphorated oil.

canforico (*chim.*), camphoric. **2.** acido ~ [$C_8H_{14}(CO_2H)_2$] (*chim.*), camphoric acid.

canforo (legno) (*legn.*), camphor wood. **2.** ~ (pianta) (*legno*), camphor tree.

cangiante (di tessuto misto con seta e colorato con colori diversi per es.) (*gen.*), shot effect.

"canguro" (velivolo trasportante altro velivolo più piccolo, per il lancio di questo in volo) (*aer.*), piggyback aircraft, composite aircraft. **2.** ~ (trasporto ferroviario di semirimorchi) (*trasp. ferr.*), piggyback.

canister, canistro (bidoncino per benzina) (*gen.*), can.

canna (di arma da fuoco) (*artiglieria*), barrel, tube. **2.** ~ (di vetro) (*mft. vetro*), cane. **3.** ~ (di legno), cane. **4.** ~ (di un organo per es.) (*mus.*), flue pipe. **5.** ~ cilindro (*mot.*), cylinder barrel, cylinder liner. **6.** ~ da pesca (*sport*), fishing rod. **7.** ~ da soffio (ferro da soffio, tubo da soffiatore) (*ut. mft. vetro*), blowpipe, blowtube, blowiron. **8.** ~ da zucchero (*ind.*), sugar cane. **9.** ~ di ricambio (di una mitragliatrice per es.) (*milit.*), spare barrel. **10.** ~ di ventilazione (*ed. tubaz.*), vent stack. **11.** ~ fumaria (*ed.*), flue. **12.** ~ presa in fondita (camicia presa in fondita, canna cilindro in acciaio sistemata nella forma di colata del basamento di alluminio) (*mot.*), cast-in liner. **13.** ~ riportata (camicia riportata, di cilindro) (*mot.*), pressed-in liner. **14.** a ~ liscia (di arma da fuoco), smoothbore. **15.** a ~ rigata (di arma da fuoco), rifled.

"cannella" (rullo, di una macchina offset) (*macch. lit.*), rider.

cannellato (velluto cannellato) (*s. - ind. tess.*), ribbed velvet.

cannèllo (per saldatura o taglio) (*att.*), torch, blowpipe. **2.** ~ (di una colonna) (*arch.*), cabling. **3.** ~ (di penna: materiale per industria tessile), quill. **4.** ~ (incendivo: per bossolo od otturatore) (*tecnol. milit.*), primer. **5.** ~ a frizione (*tecnol. milit.*), friction primer. **6.** ~ a percussione (*tecnol. milit.*), percussion primer. **7.** ~ da taglio (*ut.*), cutting torch, cutting blowpipe. **8.** ~ ferruminatorio (*attr. chim.*), blowpipe. **9.** ~ fulminante (*espl.*), igniter. **10.** ~ fulminante a strappo (*espl.*), pull igniter. **11.** ~ ossiacetilenico (*ut.*), oxyacetylene torch, oxyacetylene blowpipe. **12.** ~ ossidrico (*ut.*), oxyhydrogen torch, oxyhydrogen blowpipe. **13.** ~ per saldatura (*app. saldatura*), welding torch, welding blowpipe. **14.** ~ per saldature con gas a bassa pressione ("chalumeau": per aria e gas) (*att. mecc.*), patent blowpipe. **15.** punta del ~ (per saldatura o taglio) (*att.*), torch tip. **16.** tempra al ~ (*metall.*), *vedi* flammatura, tempra alla fiamma.

cannetta (*ind. tess.*), pirn.

cannettièra (*macch. tess.*), pirn winding machine. **2.** ~ per ordito (*macch. tess.*), warp spooling machine. **3.** ~ per trama (incannatoio) (*macch. tess.*), weft winder.

"cannibalizzare" (smontare parti da macchine ecc. in deposito per usarle su altre) (*aer. - ecc.*), to cannibalize.

canniccio (per controsoffitti) (*costr. ed.*), lath, lathing.

cannocchiale (propriamente detto) (*strum. ott.*), spyglass. **2.** ~ (binocolo) (*strum. ott.*), binocular. **3.** ~ (da marina) (*ott.*), telescope. **4.** ~ (di un teodolite per es.) (*strum. top.*), telescope. **5.** ~ ad immagine rovesciata (*ott.*), inverting telescope. **6.** ~ cercatore (*astr.*), finder. **7.** ~ con effetto stereoscopico (*strum. ott.*), telestereoscope. **8.** ~ di puntamento, *vedi anche* mirino ottico. **9.** ~ di puntamento per fucili (*att. milit.*), riflescope. **10.** ~ distanziometrico (telescopio con fili distanziometrici) (*strum. top.*), stadia. **11.** ~ galileiano (*ott. - astron.*), galileian telescope. **12.** ~ panoramico (*strum. ott.*), panoramic sight. **13.** ~ panoramico iposcopico (*strum. artiglieria*), panoramic sight.

14. ~ prismatico (*strum. ott.*), prism binocular. 15. ~ spezzato (*strum. ott.*), broken transit. 16. ~ telemetrico (*strum. ott.*), range finder telescope. 17. ~ terrestre (ad immagine raddrizzata) (*ott.*), terrestrial telescope.

cannonata (*milit.*), gun shot.

cannone (*artiglieria*), gun, cannon. **2.** ~ ad avancarica (*artiglieria*), muzzle-loading gun. **3.** ~ antiaereo (*artiglieria*), antiaircraft gun. **4.** ~ antiaereo radarcomandato (cannone automatico da 75 mm per es.) (*artiglieria*), skysweeper. **5.** ~ anticarro (*artiglieria*), antitank gun. **6.** ~ a retrocarica (*artiglieria*), breech-loading gun. **7.** ~ a tiro rapido (*artiglieria*), quick-fire gun, rapid fire gun. **8.** ~ atomico (*artiglieria atom.*), atomic cannon. **9.** ~ cerchiato (*artiglieria*), built-up gun. **10.** ~ da campagna (*artiglieria*), field gun. **11.** ~ da sbarco (*mar. milit.*), landing gun. **12.** ~ elettronico (*termoion.*), electron gun. **13.** ~ innevatore, *vedi* innevatore artificiale. **14.** ~ lanciasagole (*nav.*), line-throwing gun, lyle gun. **15.** ~ poppiero (*mar. milit.*), after gun. **16.** ~ rigato (*artiglieria*), rifled cannon. **17.** ~ semiautomatico (*artiglieria*), semiautomatic gun. **18.** ~ semovente (*artiglieria*), gun on self-propelled mounting.

cannoneggiamento (*milit.*), cannonading.

cannoneggiare (*milit.*), to shell, to cannonade.

cannonièra (*mar. milit.*), gunboat. **2.** ~ (apertura nel muro di una fortezza per sparare col cannone) (*milit.*), embrasure. **3.** ~ diretta (*milit.*), direct embrasure. **4.** ~ obliqua (*milit.*), oblique embrasure. **5.** ~ silurante (*mar. milit.*), torpedo gunboat.

cannotto (tubo metallico) (*mecc.*), tube, sleeve. **2.** ~ della contropunta (*macch. ut.*), tailstock sleeve.

cannuccia (*gen.*), small cane. **2.** ~ di paglia (per bibite) (*ind.*), straw.

cànnula tracheale (*strum. med.*), tracheotomy tube.

canòa (*nav.*), canoe.

cànone (annualità) (*comm.*), fee, rent, fixed annual payment.

canonica (*arch.*), church house.

canonico (relativo alla forma più semplice: per es. di una espressione) (*a. - mat. - fis. - ecc.*), canonical.

canòtto (*nav.*), canoe, shell, boat. **2.** ~ ausiliario (*nav.*), tender. **3.** ~ di gomma (tipo gonfiabile) (*nav. - aer.*), rubber boat. **4.** ~ di tela (*att. nav.*), canvas boat. **5.** tipo di ~ pneumatico di salvataggio da lanciare con paracadute (*aer. - nav.*), parachute boat.

canovaccio (tessuto, per rilegature per es.), (*ind. tess.*), canvas.

cantiere (*ed.*), building yard. **2.** ~ (luogo dove si riuniscono e si preparano i materiali per la costruzione di case, strade ecc.) (*ed. - strad. - ecc.*), yard. **3.** ~ (*nav. mercantile*), shipyard. **4.** ~ (*nav. milit.*), navy yard (am.) dockyard (ingl.). **5.** ~ (scavo di abbattimento e rimozione del minerale) (*min.*), stope. **6.** ~ ad avanzamento frontale (*min.*), breast stope. **7.** ~ a giorno (cava aperta) (*min.*), open stope. **8.** ~ a gradino a rovescio (*min.*), overhand stope. **9.** ~ a tagli inclinati (*min.*), rill stope. **10.** ~ di costruzione (*gen.*), erecting yard. **11.** ~ di raddobbo (*nav.*), refitting yard. **12.** ~ nautico (*yachts*), boat yard. **13.** ~ petrolifero (*min.*), oil yard. **14.** ~ riempito (*min.*), filled stope. **15.** ~ stradale (*costr. strad.*), road yard. **16.** in ~ (in costruzione) (*ed. - nav. - ecc.*), on the stocks. **17.** magazzini di ~ navale (*nav.*), dockyard (am.).

cantina (*ind.*), wine cellar.

cantinato (*ed.*), cellar, underground floor. **2.** ~, *vedi anche* scantinato.

canto (formato dall'intersezione di due muri per es.) (*gen.*), corner. **2.** ~ (spigolo, di uno scafo per es.) (*nav.*), chine. **3.** ~ della carena (curvatura della carena) (*costr. nav.*), bilge.

cantonale (*ind. metall.*), angle. **2.** ~ di ferro (*mur.*), angle iron. **3.** ~ d'unione (di travatura metallica) (*ed. - ind.*), connecting angle, joint angle.

cantonata (angolo, di un edificio ad un incrocio stradale per es.) (*ed. - strad.*), corner.

cantoniera (casa cantoniera, casello ferroviario) (*ferr.*), trackman lodge, level crossing gatekeeper's lodge.

cantonière (*op. ferr.*), trackman.

canutiglia (per ricamare), tinsel.

caolinite ($2SiO_2.Al_2O_3.2H_2O$) (refrattario) (*min.*), kaolinite.

caolino [$(HAlSiO_4)_2.H_2O$] (*min.*), kaolin. **2.** ~ (silicato idrato di alluminio usato per ceramiche) (*ind. ceramica*), china clay, porcelain clay.

capacimetro (*strum. elett.*), capacity meter, faradmeter.

capacità (*psicol. - psicol. ind.*), skill. **2.** ~ (di un serbatoio), capacity. **3.** ~ (*ed.*), capacity. **4.** ~ (di una pila o di un accumulatore) (*elett.*), capacity. **5.** ~ (di un condensatore) (*elett.*), capacitance, capacity. **6.** ~ (giuridica) (*leg.*), competence. **7.** ~ (lo stato di essere capace di fare qualcosa) (*lav. - elab. - ecc.*), capability. **8.** ~ a colmo (portata a colmo, di una ruspa per es.) (*trasp. materiali sciolti*), heaped capacity. **9.** ~ anodo-catodo (*radio*), plate-cathode capacitance. **10.** ~ a raso (portata a raso, di una ruspa per es.) (*trasp. materiali sciolti*), struck capacity. **11.** ~ complessiva di anodo (*termoion.*), plate capacitance. **12.** ~ complessiva di catodo (*termoion.*), cathode capacitance. **13.** ~ complessiva di griglia (*termoion.*), grid capacitance. **14.** ~ creativa (*dis. ind. - ecc.*), creativity. **15.** ~ decisionale (*direzione*), decision making ability. **16.** ~ del circuito (numero di canali che possono essere serviti contemporaneamente) (*telef. - elab. - eltn.*), circuit capacity. **17.** ~ della batteria di accumulatori (*elett.*), capacity of the storage battery. **18.** ~ dell'accumulatore (*elett.*), capacity of the battery. **19.** ~ di carico (*aut.*), carrying capacity. **20.** ~ di comando (*psicol.*), leadership. **21.** ~ di memoria (potenzialità delle memorie) (*elab.*), storage capacity. **22.** ~ dinamica (*elett.*), dynamic capacity. **23.** ~ diretta (*radio*), direct capacity. **24.**

~ direzionale (*direzione*), managerial ability. **25.** ~ di riporto di uniforme spessore (capacità di formare depositi di uniforme spessore su superfici irregolari e nelle cavità) (*elettrochim. - vn.*), throwing power. **26.** ~ di rottura (di un circuito) (*elett.*), rupturing capacity. **27.** ~ di scambio (di ioni per es.) (*chim. - fis.*), exchange capacity. **28.** ~ (di transito) di una strada (*strad.*), road capacity. **29.** ~ di un canale (massimo numero di bits trasmissibile nell'unità di tempo) (*elab.*), channel capacity. **30.** ~ elettrostatica (*elett.*), electrostatic capacitance, distributed capacity (or capacitance). **31.** ~ griglia-anodo (*termoion.*), grid-plate capacitance. **32.** ~ griglia-catodo (*termoion.*), grid-cathode capacitance. **33.** ~ intellettuale (di un impiegato per es.) (*gen.*), intelligence. **34.** ~ interelettrodica (*termoion.*), interelectrode capacitance. **35.** ~ organizzativa (*organ.*), ability to organize. **36.** ~ parassita (*eltn.*), stray capacity. **37.** ~ produttiva (*ind. - gen.*), productive capacity. **38.** ~ produttiva (quantità di lavoro eseguito calcolato per unità di tempo) (*elab.*), throughput. **39.** ~ propria (*elett. - radio*), self-capacity. **40.** ~ statica (*elett.*), static capacity. **41.** ~ termica (*fis.*), thermal capacity, heat capacity.

capacitanza (resistenza capacitiva) (*elett.*), capacitance.

capacitivo (*a. - elett. - eltn.*), capacitive, condensive.

capacitore (condensatore) (*elett.*), capacitor.

capanna (*gen.*), hut.

capannone (*ed.*), shed. **2.** ~ (grande fabbricato senza muri divisori) (*costr. civ.*), loft building.

caparra (*comm.*), earnest. **2.** ~ in denaro (*comm.*), earnest money.

capezzolo (piccola protuberanza su oggetti di vetro) (*mft. vetro*), tit.

capillare, capillary.

capillarità (*fis.*), capillarity.

capitale (*comm.*), capital. **2.** ~ (fondi) (*finanz. - amm.*), principal. **3.** ~ (*contabilità*), assets. **4.** ~ azionario (capitale sociale: di una società per azioni) (*amm. - finanz.*), share capital, capital stock, stock. **5.** ~ azionario (~ convertito in azioni ordinarie di una nuova società) (*finanz.*), risk capital, venture capital, equity capital. **6.** ~ azionario (la parte del ~ di una società che appartiene agli azionisti ordinari) (*finanz. - banca*), equity capital, venture capital. **7.** capitali bloccati (capitali non convertibili in denaro senza pesanti perdite) (*finanz. - amm.*), frozen assets. **8.** ~ circolante (*contabilità*), liquid assets, current assets. **9.** ~ circolante (*finanz.*), circulating capital. **10.** ~ di prestito (*finanz. - amm.*), loan capital. **11.** ~ emesso (*amm. - finanz.*), issued capital. **12.** ~ fisso (p. es. fabbricati, macchinari ecc.) (*amm. ind.*), capital assets, fixed assets. **13.** ~ liquido (*contabilità*), cash assets. **14.** ~ nominale (*amm. - finanz.*), authorized capital, nominal capital. **15.** ~ non emesso (~ senza azioni) (*finanz.*), unissued capital. **16.** ~ obbligazionario (*finanz. - banca*), debenture capital. **17.** ~ sociale (capitale azionario, di una società per azioni) (*finanz.*), stock, stock capital, share capital, joint stock. **18.** ~ sottoscritto (*finanz.*), subscribed capital, outstanding stock (am.). **19.** ~ versato (capitale interamente versato) (*amm. - finanz.*), paid up capital. **20.** afflusso di capitali (*finanz.*), influx of capitals. **21.** con forte incidenza del costo del ~ (rispetto a quello della mano d'opera) (*a. - finanz. - amm. - ind.*), capital-intensive. **22.** fuga di capitali (*finanz.*), capital outflow, capital flight. **23.** investimento di ~ (p. es. in uno stabilimento) (*amm. - finanz.*), capital investment. **24.** mercato dei capitali (*finanz.*), capital market. **25.** rimunerazione del ~ investito (*finanz.*), return on investment, ROI, return on capital.

capitalizzare (*finanz.*), to capitalize.

capitalizzazione (*contabilità*), capitalization. **2.** ~ delle riserve (*contabilità*), capitalization of reserves.

capitaneria di porto (*nav.*), harbor master office.

capitano (di una nave), captain. **2.** ~ (*milit.*), captain. **3.** ~ (comandante di una nave da guerra, di un panfilo, di un aereo) (*mar. milit. - yacht - aer.*), skipper. **4.** ~ di fregata (*mar. milit.*), commander. **5.** ~ di porto (*nav.*), harbor master. **6.** ~ di vascello (*mar. milit.*), captain.

capitèllo (*arch.*), capital. **2.** ~ (decorazione su una pagina o sulla copertina di un libro) (*legatoria*), headband. **3.** ~ d'angolo (su una colonna d'angolo) (*arch.*), angle capital. **4.** ~ di imposta (nell'architettura gotica) (*arch.*), chaptrel.

capitolare (*milit.*), to capitulate.

capitolato (descrizione del lavoro da farsi) (*ind. - ed. - ecc.*), specifications. **2.** ~ generale d'oneri (per una fornitura) (*comm.*), general conditions. **3.** ~ MIL (*tecnol.*), Military Specifications, MIL. **4.** bozza di ~ (per un concorso di appalto per es.) (*comm.*), tentative specifications.

capitolo (*di un libro*), chapter. **2.** ~ (di una chiesa, luogo dove si raduna il Capitolo) (*ed.*), chapter. **3.** ~ di spesa (*amm.*), expense item.

capo (*gen.*), master. **2.** ~ (*geogr.*), cape. **3.** ~ (sottufficiale) (*nav.*), chief petty officer (CPO.). **4.** ~ (di una fune per es.) (*nav. - ecc.*), end. **5.** ~ commessa (*comm. - organ. ind.*), prime contractor. **6.** ~ controllo (capo collaudo) (*mecc.*), chief inspector. **7.** ~ dei servizi amministrativi (*milit.*), adjutant general. **8.** ~ della carrozzeria (*ind. aut.*), chief body engineer. **9.** ~ della linea (o del reparto, relativo ad un gruppo di macchine utènsili dello stesso tipo) (*gerarchia off.*), section foreman. **10.** ~ del movimento treni (*ferr.*), train dispatcher. **11.** ~ del personale (di uno stabilimento) (*ind.*), personnel manager, supervisor. **12.** ~ di accusa (capo di imputazione) (*leg.*), count. **13.** ~ di banda (frisata) (*nav.*), rail. **14.** ~ diretto (di uno o più impiegati per es.) (*organ. pers. fabbrica*), line foreman. **15.** ~ di Stato Maggiore dell'Esercito (*milit.*), Chief of the Army Staff. **16.** ~ di Stato Maggiore Generale (*milit.*), Chief of the General Staff. **17.** ~ di vestiario (*gen.*), garment. **18.** ~ meccanico, master mechanic. **19.** ~ officina (*op. mecc.*), shop (or chief) foreman. **20.** ~ operatore (*cinem.*), first cameramen. **21.** ~ reparto (*pers. officina*), department foreman. **22.** ~ reparto stampaggio a caldo (stampaggio a caldo a fucinatura) (*gerarchia di fabbrica*), hammersmith. **23.** ~ servizio antinfortunistico (*pers. stabilimento*), safety director, safety manager. **24.** ~ servizio impianti (*pers. stabilimento*), works engineer. **25.** ~ servizio magazzini (di uno stabilimento) (*ind.*), store manager. **26.** ~ servizio manutenzione (*pers. stabilimento*), maintenance engineer. **27.** ~ servizio (o direttore) acquisti (di stabilimento), purchasing manager. **28.** ~ servizio (o direttore), amministrativo (di stabilimento), administration manager. **29.** ~ stazione (*ferr.*), stationmaster. **30.** ~ (o direttore) tecnico stampi (di una fabbrica) (*ind. mecc.*), chief die and toool engineer. **31.** ~ treno (*ferr.*), chief conductor. **32.** ~ ufficio (*ind.*), office manager. **33.** ~ ufficio contabilità (*pers. amm.*), chief accountant. **34.** ~ (ufficio) lavori (*ed.*), planning chief. **35.** ~ ufficio metodi (*pers. off.*), methods engineer. **36.** ai capi di (un circuito per es.) (*elett.*), across.

capocarro (*milit.*), tank commander.

capocollaudatore (su strada) (*lav. - aut.*), chief test driver.

capocontabile (*pers. - contabilità*), chief accountant.

capocòrda (accessorio di rame saldato alla estremità del filo) (*elett.*), cable terminal, lead-in wire, wire terminal. **2.** ~ (per fune di acciaio) (*nav.*), socket. **3.** ~ ad anello (*elett.*), eyelet terminal. **4.** ~ a forcella (tipo di terminale elettrico) (*elett. - eltn.*), spade lug, spade terminal. **5.** ~ a linguetta (di app. elett.) (*elett.*), tag (shape) terminal. **6.** ~ a spina (*elett.*), plug terminal. **7.** ~ a tubetto (*elett.*), tubular terminal.

capoelettricista (*op.*), electricians foreman.

capogruppo (*lav. - pers.*), chargeman.

capòk (capoc, kapok) (*ind. tess.*), capoc.

capolavoro (*gen.*), masterpiece.

capolìnea (di autobus o tramvia), terminus. **2.** ~ (punto dal quale il traffico parte o al quale fa capo) (*ferr.*), railhead. **3.** ~ fresatrici (*off. mecc.*), milling section foreman.

capomacchina (di una macchina continua) (*op. mft. carta*), machine tender.

capomastro (*costr. ed.*), master mason.

caponare (*nav.*), to cat.

capone (paranco per manovra dell'àncora) (*nav.*), cat.

capofficina, capoofficina (*pers. - ind. mecc.*), shop foreman.

capopezzo (*milit.*), gun commander. **2.** ~ (*mar. milit.*), gun captain.

capoposto (*milit.*), commander of the guard.

caporale (*milit.*), corporal. **2.** ~ maggiore (*milit.*), lance sergeant.

caporeparto (*imp.*), department foreman. **2.** ~ (di officina meccanica), shop foreman's assistant. **3.** ~ fresatrici (*gerarchia off.*), milling section foreman.

caposala di filatura (*op. tess.*), spinning master.

caposaldo (*top.*), datum point. **2.** ~ (*milit.*), strong point. **3.** segnale ~ (di una serie di boe da segnalazione) (*mar. milit.*), datum dan buoy.

caposervizio (*ind.*), manager.

caposezione (*lav.*), department chief.

caposquadra (*imp.*), chargeman, chargehand (ingl.).

capostazione (*ferr.*), stationmaster.

"capote" (di un'auto) (*aut.*), top. **2.** ~ (mantice, che può essere ribaltato a soffietto, di un'auto o imbarcazione a motore) (*s. - veic.*), soft-top, folding top. **3.** ~ abbassata (*aut.*), lowered top. **4.** ~ alzata (*aut.*), raised top. **5.** ~ in tela (*aut.*), canvas hood. **6.** ~ rigida (tettuccio mobile che può essere facilmente montato nella stagione invernale per es.) (*aut.*), hard top. **7.** compasso per ~ (*aut.*), rule joint, top frame.

capotecnico (*funzionario tecnico*), chief of engineers, C of ENGRS.

capotelaio (*lav.*), loom master.

capotreccia (*elett. - ecc.*), plait terminal.

capotrèno (*ferr.*), chief conductor, skipper.

capottamento (capottata) (*aer.*), ground loop, ground looping.

capottare (capotare, capovolgersi) (*veic.*), to overturn, to capsize. **2.** ~ (per un atterraggio sbagliato) (*aer.*), to nose over, to nose up.

capottata (capottamento) (*aer.*), ground loop, ground looping.

capoturno (*pers. telef. - ecc.*), shift supervisor.

capovèrso (inizio linea) (*tip.*), beginning of a line. **2.** ~ (inizio di un periodo caratterizzato da rientranza della riga) (*tip.*), indention. **3.** con ~ non rientrato (sistema di battitura a macchina: di una lettera per es.) (*a. - uff.*), block. **4.** passaggio a ~ (inizio di un nuovo periodo) (*tip.*), indention.

capovolgere (rovesciare) (*gen.*), to upset, to overturn.

capovolgersi (*gen.*), to overturn, to capsize.

capovolgimento (rovesciamento) (*gen.*), upset, overturning. **2.** ~ (*veic. - ecc.*), overturning. **3.** ~ (scuffa) (*nav.*), capsizing.

capovolto (rovesciato) (*a. - gen.*), upset, overturned, upside-down.

cappa (copertura esterna) (*gen.*), cope. **2.** ~ (di boccaporto) (*nav.*), companion. **3.** ~ (di forgia) (*ind.*), chimney. **4.** ~ (per aspirazione fumi) (*chim.*), hood. **5.** ~ (di isolatore) (*elett.*), cap. **6.** ~ (andatura per affrontare maltempo) (*navig.*), laying to. **7.** ~ (a tiraggio forzato) (*chim.*), fume chamber. **8.** ~ (di laboratorio chimico per es.) (*chim. - ecc.*), fume hood. **9.** ~ del gas (di un dirigibile rigido) (*aer.*), gas hood. **10.** ~ della mastra

d'albero (*nav.*), mast coat. **11.** ~ di camino (*ed.*), hood. **12.** ~ di gas (sopra le riserve naturali di petrolio liquido) (*min.*), gas-cap. **13.** essere alla ~ (*navig.*), to lie to, to lay to. **14.** mettersi alla ~ (*navig.*), to ride out a gale.
cappèlla (*arch.*), chapel.
cappellaccio (zona affiorante di un giacimento) (*min.*), outcrop.
cappelletto (della valvola) (*veic.*), cap.
cappèllo (*mecc.*), cap keep. **2.** ~ (parte superiore della pressa) (*mecc.*), crosshead, cross-head. **3.** ~ (per testa di biella) (*mecc.*), cap. **4.** ~ (di carda) (*ind. tess.*), flat. **5.** ~ (cappellaccio: zona affiorante di giacimento) (*min.*), outcrop. **6.** ~ (zona affiorante ossidata di giacimento) (*min. -geol.*), gossan, iron hat. **7.** ~ (di un quadro di gallerie) (*min.*), tie piece. **8.** ~ (cuffia, dell'olandese) (*macch. mft. carta*), cover. **9.** ~ (alla sommità di un palo per impedirne lo sfaldamento durante l'infissione) (*ed.*), bonnet. **10.** ~ (elemento trasversale di un quadro di armatura: supporta il tetto) (*min.*), tie. **11.** ~ di banco (*mot. - mecc.*), main bearing cap. **12.** ~ d'incerato (sudovest) (*att. marinaro*), sou'wester. **13.** ~ di sicurezza (di una mina per es.) (*espl.*), safety, cover. **14.** ~ esterno (del tubo lanciasiluri) (*mar. milit.*), muzzle door. **15.** spazzare il ~ (*ind. tess.*), to strip the flat.
cappellòtto (*gen.*), cap. **2.** ~ di griglia (*radio*), grid cap. **3.** ~ filettato (di un rubinetto per es.) (*mecc.*), cap nut.
cappio (di una fune), loop. **2.** ~ di liccio (*ind. tess.*), heddle eye.
cappottare (un gruppo motore per es.) (*macch.*), to enclose, to cowl.
cappottato (detto di gruppo elettrogeno per es.) (*a. - mot. - elett.*), enclosed. **2.** interamente ~ (detto di gruppo elettrogeno per es.) (*mot. - elett.*), totally enclosed.
cappottatura (*mecc.*), cowling. **2.** ~ (di motore radiale) (*aer.*), cowling. **3.** ~ (del cruscotto) (*aut.*), cowl. **4.** ~ aerodinamica (*aer. - ecc.*), streamline cowling. **5.** ~ dell'albero portarotore (di un elicottero per es.) (*mecc.*), rotor shaft cowling. **6.** ~ della valvola (di un involucro di dirigibile) (*aer.*), valve hood. **7.** ~ in lamiera di acciaio (di un motore industriale per es.) (*mot.*), sheet steel canopy. **8.** ~ stagna (di motore di aereo) (*mot. aer.*), sealed cowling.
cappuccio (*gen.*), cap. **2.** ~ copripalo (*elett. - ecc.*), pole hood. **3.** ~ per valvola (capezzolo) (*mft. gomma*), nipple. **4.** ~ tagliavento (di un proiettile perforante) (*milit.*), ballistic cap.
capra (cavalletto) (*mur. - strad. - ecc.*), trestle, horse. **2.** ~ (treppiedi per alzare pesi) (*app.*), gin. **3.** ~ (animale) (*ind. lana*), goat. **4.** ~ (cavalletto a tre pali convergenti: per alzare sul posto oggetti pesanti) (*att. di sollevamento*), A-frame. **5.** ~ d'Angora (*ind. lana*), Angora goat. **6.** ~ tibetana (*ind. lana*), Tibetan goat.
capriata (*ed.*), truss, king-post truss. **2.** ~ a due monaci (o a due ometti) (*ed.*), queen truss, queen -post truss. **3.** ~ principale (di un tetto) (*ed.*), main couple. **4.** ~ semplice (ad un ometto) (*ed.*), king -post truss, king truss. **5.** catena di ~ (*ed.*), tie beam. **6.** ~, *vedi anche* incavallatura.
caprilico (octilico) (*chim.*), caprylic, octoic.
caprùggine (di doga di botte) (*falegn.*), croze.
càpsula (*espl.*), cap, percussion cap, primer. **2.** ~ (*att. chim.*), capsule, evaporating dish. **3.** ~ (per denti) (*odontoiatria*), crown. **4.** ~ (elemento di copertura sigillante, metallico o di plastica delle estremità superiori del sughero e del collo della bottiglia) (*imbottigliamento vini ecc.*), capsule. **5.** ~ barometrica (sensibile alle variazioni di pressione: per carburatori di motore aeronautico per es.) (*aer. - ecc.*), sylphon bellows. **6.** ~ del correttore di quota (*mot. aer.*), mixture control capsule. **7.** ~ del dispositivo per la correzione della miscela in funzione delle variazioni della contropressione allo scarico (*mot. aer.*), exhaust back pressure capsule. **8.** ~ del regolatore della pressione di alimentazione (*mot. aer.*), boost control capsule. **9.** ~ di rame (*ut. chim.*), copper dish. **10.** ~ microfonica (elemento trasmittente di un ricevitore telefonico) (*telef.*), telephone transmitter. **11.** ~ spaziale (*astric.*), space capsule.
capsulismo (compressore a ~: per motori) (*mecc. - aut.*), positive displacement blower.
captare (un'onda radio, un segnale per es.) (*radio - ecc.*), to pick up.
captazione (di un segnale per es.) (*radio - ecc.*), picking up. **2.** ~ delle polveri (depolverazione) (*ind.*), dust collection.
capur (pianta che produce la canfora malese) (*legn.*), kapur.
carabina (*arma da fuoco*), rifle, carbine.
carabottino (graticolato, in legno usato per la copertura di un boccaporto per es.) (*nav.*), grating. **2.** ~ di boccaporto (*nav.*), hatch grating.
caratista (di una nave) (*nav.*), partowner.
carato (di oro, di diamante per es.), carat.
caràttere (*psicol.*), character. **2.** ~ (tipografico) (*tip.*), type, sort. **3.** ~ (tipo di ~) (*tip.*), typeface. **4.** ~ (lettera alfabetica) (*tip.*), letter. **5.** ~ (simbolo grafico: p. es. una lettera, un numero, una serie consecutiva di bit ecc.) (*elab.*), character. **6.** ~ (rappresentato da bit o impulsi) (*elab.*), character. **7.** ~ (stile: gotico, italico, romano ecc.) (*tip.*), character. **8.** caratteri alfanumerici (*elab.*), alphanumeric characters. **9.** ~ allargato (*tip.*), expanded type, extended type. **10.** ~ allungato (*tip.*), *vedi* carattere stretto. **11.** caratteri a mano (*dis.*), lettering. **12.** ~ a matrice (di matrice costituita di punti o di segmenti di retta) (*elab.*), matrix character. **13.** ~ antico (*tip.*), old face type. **14.** ~ bastardo (*tip.*), bastard type. **15.** caratteri bastone (*tip.*), block letters (am.). **16.** ~ bianco di spaziatura (bianco tipografico) (*elab.*), blank character. **17.** ~ ciclico di controllo (*elab.*), cyclic check character. **18.** ~ comune (*tip.*), body type. **19.** ~ di

(comando) avanzamento modulo [o pagina] (in una unità stampante) (*elab.*), form feed character. **20.** ~ di cambiamento di codice (*elab.*), escape character. **21.** ~ di cambio (di) codice (indica un cambio di codice) (*elab.*), escape character. **22.** ~ di cancellazione (*elab.*), erase character, cancel character, deletion character. **23.** ~ di comando dispositivo (*elab.*), device control character. **24.** ~ di controllo (inizia, modifica o ferma l'operazione di controllo dell'elaboratore) (*elab.*), control character, check character. **25.** ~ di controllo della trasmissione (*elab.*), transmission control character. **26.** ~ di controllo di formato o di impaginazione (*elab.*), print control character. **27.** ~ (di controllo) di errore (~ che indica la presenza di un errore nei dati trasmessi) (*elab.*), error character, error control character. **28.** ~ difettoso (dovuto all'uso) (*tip.*), battered letter. **29.** ~ di formato, *vedi* ~ (di controllo) di formato. **30.** ~ (di controllo) di formato (per strutturare informazioni stampate o visualizzate) (*elab.*), format effector, layout character. **31.** ~ di fusione (carattere fuso) (*tip.*), cast type. **32.** ~ di identificazione (*elab.*), identification character. **33.** ~ di impaginazione, *vedi* ~ (di controllo) di formato. **34.** ~ di legno (*tip.*), wood type. **35.** ~ di non esecuzione, *vedi* ~ di omissione. **36.** ~ di omissione (o di non esecuzione) (*elab.*), ignore character. **37.** ~ di permutazione [lettere/cifre] (~ che agisce sull'app. ricevente per passare da lettere a numeri e viceversa) (*telescrivente*), shift character. **38.** ~ di ricevuto (*elab.*), acknowledgement character. **39.** ~ di riempimento (*elab.*), fill character. **40.** ~ di risposta negativa (*elab.*), negative acknowledgement character, NAK character. **41.** ~ di sospensione (~ trasmesso ripetitivamente quando il canale è libero da messaggi) (*elab.*), idle character. **42.** ~ di tabulazione (~ che controlla il formato e che non viene stampato) (*elab.*), tabulation character. **43.** ~ di testo (*tip.*), book type, body type. **44.** ~ fantasia (*tip.*), fancy type. **45.** caratteri fusi a mano (*tip.*), foundry type. **46.** ~ gotico (*tip.*), black letter, Gothic letter, Old English letter. **47.** ~ grafico (caratteri particolari che servono a comporre disegni) (*elab.*), graphic character. **48.** ~ illegale (~ proibito) (*elab.*), illegal character. **49.** ~ inclinato (in un disegno per es.) (*dis. mecc. - ecc.*), sloping letter. **50.** ~ in grassetto (*tip.*), boldface, bold face. **51.** ~ italico (*tip.*), italic, italics, italic type. **52.** ~ largo (di larghezza superiore alla normale) (*tip.*), expanded type. **53.** ~ mobile (*tip.*), movable type. **54.** ~ non numerico (*elab.*), nonnumeric character. **55.** ~ nullo (~ riempitivo costituito da una successione di zeri) (*elab.*), null character, NUL. **56.** ~ numerico (*elab.*) numeric character. **57.** ~ ornamentale (*tip.*), job type, ornamental type. **58.** caratteri per secondo (*elab.*), characters per second, CPS, cps, CHPS. **59.** ~ per titoli (di fantasia, carattere per cartelloni) (*tip.*), display type. **60.** ~ più significativo (~ posto nella posizione più a sinistra in un numero) (*elab.*), most significant character, most significant digit. **61.** ~ ridondante (~ non necessario per l'informazione ma utile per rivelare malfunzioni) (*elab.*), redundant character. **62.** ~ romano (carattere diritto, non corsivo) (*tip.*), roman, Roman type, upright type. **63.** ~ sbagliato (errore di composizione, refuso) (*tip.*), wrong font. **64.** ~ speciale (che rappresenta un segno convenzionale: come +, −, =, %, $ ecc.) (*elab.*), special character. **65.** ~ stampabile (*elab.*), printable character. **66.** ~ standard (di grandezza normale) (*tip.*), standard type. **67.** ~ stretto (carattere allungato, carattere magro) (*tip.*), condensed type. **68.** ~ zero riempitivo, *vedi* ~ nullo. **69.** assortimento di caratteri per la lettura ottica (caratteri facilmente leggibili sia da un operatore uomo che da un lettore ottico) (*elab.*), optical type font. **70.** asta del ~ (barretta che porta il ~ ad una estremità) (*macch. stampatrice - macch. per scrivere*), type bar. **71.** delimitazione del ~ (rettangolo [teorico] di inviluppo del ~) (*elab.*), character boundary. **72.** densità di caratteri (numero di caratteri per pollice) (*elab.*), character density. **73.** fonditore di caratteri (*tip.*), type founder. **74.** insieme di caratteri (*elab.*), character array, character set. **75.** lettura ottica di caratteri (*elab. - stampa*), optical character recognition. **76.** riconoscimento di caratteri (p. es. con lettore ottico) (*elab.*), character recognition. **77.** riconoscimento (o lettura automatica) di caratteri ad inchiostro magnetico (*elab.*), magnetic-ink character recognition, MICR. **78.** riconoscimento di caratteri mediante lettore ottico (lettura ottica di caratteri) (*elab. - stampa*), optical character recognition. **79.** serie di caratteri (*tip.*), fount, font.

caratterìstica (*gen.*), feature. **2.** ~ (di logaritmo) (*mat.*), characteristic. **3.** ~ (di una griglia, di un condensatore per es.) (*termoion.*), characteristic. **4.** ~ (di un aereo per es.), performance. **5.** ~ a molti lobi (caratteristica polare a molti lobi: di un'antenna) (*radio*), multi-lobe pattern. **6.** ~ anodica (*termoion.*), plate characteristic. **7.** ~ di direttività (di un radiogoniometro per es.) (*radar - radio*), directional characteristic. **8.** ~ di emissione (*radio*), emission characteristic. **9.** ~ di griglia (*radio*), grid characteristic. **10.** ~ di radiazione (lobo di radiazione: di un'antenna) (*radio*), radiation pattern. **11.** ~ polare (caratteristica, diagramma, lobo) (*radio - radar*), polar pattern. **12.** curva ~ (di una macchina), characteristic curve **13.** ~, *vedi anche* caratteristiche.

caratteristiche (composizione chimica e proprietà meccaniche: di un materiale) (*metall.*), specifications. **2.** ~ (prestazioni) (*mot. - aer. - ecc.*), performance. **3.** ~ di funzionamento (*tecnol. mecc. - mot.*), operating features. **4.** ~ d'impiego (di una macchina per es.), duty. **5.** ~ e norme di funzionamento (*elab.*), specifications. **6.** ~ principali (di un motore per es.) (*mot. - ecc.*), leading particulars. **7.** ~ tecniche (*gen.*), technical particulars.

caratura (di diamanti industriali) (*ut. - ind.*), carat weight.
caravan (costruita sul telaio di una automobile o di un autoveicolo industriale) (*aut.*), caravan.
caravella (antica imbarcazione usata da C. Colombo per il primo viaggio dall'Europa all'America) (*nav.*), caravel, carvel, caravelle.
carbammide [$CO(NH_2)_2$] (*chim.*), carbamide, urea.
carbinòlo (CH_3OH) (*chim.*), carbinol, methyl alcohol.
carbocementare (*tratt. term.*), to carburize.
carbocementazione (cementazione carburante) (*tratt. term.*), carburizing. **2.** ~ a gas (cementazione a gas, carburazione a gas) (*tratt. term.*), gas carburizing.
carboidrato (idrato di carbonio) (*chim.*), carbohydrate.
carbolina, *vedi* carbolineum.
carbolìneum (per la conservazione del legno), carbolineum.
carbonado (diamante nero del Brasile, per usi industriali) (*min.*), carbonado, black diamond, carbon diamond, bort.
carbonaia (*comb.*), charcoal pile.
carbonare (far carbone, rifornirsi di carbone) (*nav.*), to bunker, to coal, to recoal.
carbonatazione (*ind.*), carbonation, carbonatization.
carbonato (*chim.*), carbonate. **2.** ~ basico di rame (azzurrite: $CuCO_3.Cu(OH)_2$) (*chim.*), blue verditer. **3.** ~ di ammonio [$(NH_4)_2CO_3$] (*chim.*), ammonium carbonate. **4.** ~ di calcio ($CaCO_3$) (*chim.*), calcium carbonate. **5.** ~ di potassio (K_2CO_3) (*chim.*), potassium carbonate, potash. **6.** ~ di sodio (Na_2CO_3) (*chim.*), sodium carbonate. **7.** ~ di sodio (*chim. - comm.*), soda ash.
carbonchio (*med. agric.*), anthrax.
carboncino (*dis.*), charcoal.
carbone (*min.*), coal. **2.** ~ (per elettrodi) (*illum. - elett. - ecc.*), carbon. **3.** ~ (elemento di una pila voltaica) (*elettrochim.*), carbon. **4.** ~ acceso, living coal. **5.** ~ a fiamma (per arco elettrico) (*illum. elett.*), flame carbon. **6.** ~ a fiamma corta (antracite) (*comb.*), blind coal, steam coal. **7.** ~ agglutinante (*comb.*), caking coal, close burning coal. **8.** ~ a lunga fiamma (~ "fiammante") (*comb.*), cannel coal, cannel, jet coal, "free-burning coal", " long-flaming coal". **9.** ~ a miccia (per arco elettrico) (*illum. elett.*), cored carbon. **10.** ~ animale (decolorante) (*ind.*), bone black, animal charcoal, char. **11.** ~ a pezzatura mista ("tout venant") (*comb.*), through-and-through coal. **12.** ~ attivo (*chim.*), actived carbon, activated charcoal. **13.** ~ bianco (*elett.*), white coal. **14** ~ bituminoso (*comb.*), soft coal, bituminous coal. **15.** ~ bituminoso duro (*comb.*), splint coal. **16.** ~ coke (*ind.*), coke coal. **17.** ~ collante (*comb.*), caking coal, close burning coal. **18.** ~ da coke (*ind.*), by-products coal. **19.** ~ da gas (*chim. ind.*), gas coal. **20.** ~ da spolvero (per la finizione delle forme) (*fond.*), sea coal. **21.** ~ di grossa pezzatura (*comb.*), lump coal. **22.** ~ di legna (*comb.*), charcoal, small coal, wood coal. **23.** ~ di ossa (nero animale) (*chim. ind.*), bone black. **24.** ~ di pezzatura media (*comb.*), cob coal, cobbles. **25.** ~ di pezzatura minuta (*comb.*), small coal, small-sized coal. **26.** ~ di pezzatura noce (*comb.*), nut coal, chestnut coal. **27.** ~ di prima qualità (~ scelto di prima qualità, senza fumo) (*comb.*), admiralty coal. **28.** ~ di storta (*chim. ind.*), retort graphite. **29.** ~ dolce (di legna), charcoal, char. **30.** ~ duro (*comb.*), hard coal, bastard coal. **31.** ~ essiccato all'aria (*comb.*), air-dried coal. **32.** ~ "fiammante" (*comb.*), *vedi* carbone a lunga fiamma. **33.** ~ fossile (*comb.*), pit coal, pit-coal. **34.** ~ grasso (*comb.*), rich coal, fat coal. **35.** ~ magro (*comb.*), hard coal, lean coal, noncaking coal, dry burning coal, free ash coal. **36.** ~ omogeneo (per arco elettrico) (*illum. elett.*), solid carbon. **37.** ~ polverizzato (*comb.*), fluid coal, pulverized coal, powdered coal. **38.** ~ schistoso (*comb. - min.*), shale coal, slaty coal, slate coal, foliated coal. **39.** a ~ (di caldaia per es.), coal-burning. **40.** apertura per lo scarico del ~ (in un impianto industriale, una tramoggia ecc.) (*ed. ind.*), coalhole. **41.** campione di ~ (*ind.*), coal sample. **42.** carta al ~ (*fot.*), carbon tissue. **43.** carta ~ (*uff.*), carbon paper. **44.** chiatta (o maona) per ~ (*nav.*), coal lighter. **45.** combustione del ~ (*comb.*), coal burning. **46.** copia ~ (copia ottenuta mediante carta carbone) (*uff.*), carbon copy. **47.** deposito di ~ (*ind.*), coal storage. **48.** elevatore per ~ (*min.*), coal lift. **49.** far ~ (rifornirsi di ~, "carbonare") (*nav.*), to coal. **50.** fare la cernita del ~ (*min.*), to size coal, to classify coal. **51.** fibra di ~ (per costruire parti di carrozzeria automobilistica per es.) (*ind. chim.*), carbon fibre. **52.** filone di ~ (*min.*), coal seam (ingl). **53.** frantoio per ~ (mulino per carbone) (*ind.*), coal crusher. **54.** ganga del ~ (*min.*), coal gangue. **55.** giacimento di ~ (*min.*), seam of coal. **56.** miniera di ~ (*min.*), coal mine. **57.** miscela acquosa di ~ (70% di ~ e 30% di acqua) (*comb.*), coal-water. **58.** mucchio di ~ (*ind.*), coal dump. **59.** mulino per ~ (frantoio per carbone) (*ind.*), coal crusher, coal mill. **60.** polverino di ~ (*ind. - min.*), coal dust. **61.** polverino di ~ dolce (*fond.*), charcoal blacking. **62.** processo al ~ (*fot.*), carbon process. **63.** senza ~ (*gen.*), carbonless. **64.** stiva da ~ (*nav.*), coal hold. **65.** tritino di ~ (*comb.*), pea coal.
carbonico (*a. - chim.*), carbonic.
carbonièra (nave) (*s. - nav.*), collier, coal barge.
carbonìfero (*a. - geol.*), carboniferous.
carbonile (*ind.*), coal bunker, coal bin, bunker. **2.** ~ (*nav.*), bunker. **3.** ~ (=C=O) (radicale chetonico) (*chim.*), carbonyl.
carbònio (C - *chim.*), carbon. **2.** ~ combinato (*metall.*), combined carbon. **3.** ~ di rinvenimento (di forma nodulare: nel ferro malleabile per es.) (*metall.*), temper carbon. **4.** ~ grafitico (*metall.*), gra-

phitic carbon. **5.** ~ 14 (isotopo di carbonio radioattivo pesante) (C^{14} - *chim.* - *radioatt.*), carbon 14. **6.** ~ totale (nella ghisa, carbonio combinato e carbonio grafitico) (*metall.*), total carbon. **7.** acciaio al ~ (*metall.*), carbon steel. **8.** apparecchio per l'analisi del ~ (*metall.*), carbon content analysis apparatus. **9.** ossido di ~ (CO) (*chim.*), carbon monoxide. **10.** % di ~ (contenuto nell'acciaio) (*metall.*), temper. **11.** solfuro di ~ (CS_2) (*chim.*), carbon disulphide. **12.** tetracloruro di ~ (CCl_4) (*chim.*), carbon tetrachloride.

carbonissaggio, *vedi* carbonizzazione.

carbonitrurazione (cementazione carbonitrurante) (*tratt. term.*), carbonitriding.

carbonizzare (*gen.*), to char, to carbonize. **2.** ~ (la lana per es.) (*mft. tess.*), to carbonize. **3.** ~ un palo (superficialmente, per la parte infissa nel terreno onde ritardarne il deperimento) (*mur.*), to char a pole.

carbonizzazione (*gen.*), carbonization. **2.** ~ (*ind. tess.*), carbonization process. **3.** ~ per via secca (di lana per es.) (*ind. tess.*), carbonization by dry process. **4.** ~ per via umida (di lana per es.) (*ind. tess.*), carbonization by wet process. **5.** ~ superficiale (trattamento del legno) (*mur.*), superficial charring. **6.** apparecchio per la ~ (per via umida) (*ind. tess.*), carbonizing apparatus. **7.** bagno di ~ (per la lana) (*ind. tess.*), carbonizing bath. **8.** forno di ~ (per via secca) (*ind. tess.*), carbonizing stove.

carborundum (abrasivo) (*tecnol. mecc.*), carborundum. **2.** ~ (per resistenze elett. per es.) (*ind. chim.*), silundum.

carbossilazione (*chim.*), carboxylation.

carbossile (radicale) (— COOH) (*chim.*), carboxyl.

carburante (*mot.*), fuel. **2.** ~ ad alto numero di ottano (*chim.* - *mot.*), high octane fuel. **3.** ~ antidetonante (per motori a benzina) (*mot.*), antiknock fuel. **4.** ~ etilizzato (carburante con piombotetraetile) (*mot.*), leaded fuel. **5.** ~ non etilizzato (carburante senza piombotetraetile) (*mot.*), unleaded fuel. **6.** ~ per turboreattori (*comb.*), aviation turbine fuel. **7.** spia riserva ~ (*strum. aut.*), low fuel warning light. **8.** sportello di carico del ~ (*aut.*), petrol filler box lid.

carburare (*mot.*), to carburet, to carburize. **2.** ~ (combinare con carbonio) (*chim.*), to carburize, to carburet. **3.** ~ (un acciaio per es.) (*tratt. term.*), to carburize.

carburatore (*mot.*), carburetor, carburettor. **2.** ~ ad aspirazione (*mot.*), suction-type carburetor. **3.** ~ ad iniezione (*mot. aer.*), injection carburetor, bulk-injection carburetor. **4.** ~ a doppio corpo (*aut.*), twin carburetor. **5.** ~ a galleggiante (*mot.*), float-type carburetor. **6.** ~ a getti aspirati (*mot.*), suction-type carburetor. **7.** ~ a getto (*mecc.* - *mot.*), spray carburetor. **8.** ~ a vaschetta (*mot.*), float-type carburetor. **9.** ~ doppio (*mot.*), twin carburetor. **10.** ~ invertito (*mot.*), down-draft carburetor. **11.** ~ orizzontale (*mot.* - *mecc.*), horizontal carburetor. **12.** brinatura (o brinamento) del ~ (ostruzione dovuta al ghiaccio che si forma sull'entrata dell'aria nel ~) (*difetto di mot. a c. i. aut. ed aer.*), carburetor icing. **13.** chiudere (o strozzare) l'aria al ~ (*mot.*), to choke. **14.** coperchio del ~ (*mot.* - *mecc.*), carburetor cover. **15.** corpo del ~ (*mot.* - *mecc.*), carburetor body. **16.** doppio ~ (*mot.*), twin carburetor. **17.** guarnizione per coperchio ~ (*mot.* - *mecc.*), carburetor cover gasket. **18.** vaschetta del ~ (*mot.* - *mecc.*), carburetor float chamber.

carburazione (*mot.*), carburation, carburetion. **2.** ~ (cementazione carburante, carbocementazione) (*tratt. term.*), carburizing. **3.** ~ a gas (cementazione carburante a gas, carbocementazione a gas) (*tratt. term.*), gas carburizing. **4.** ~ magra (miscela povera) (*mot.*), weak mixture. **5.** ~ ricca (miscela ricca) (*mot.*), rich mixture. **6.** ciclo termico di ~ senza atmosfera carburante (*tratt. term.*), blank carburizing.

carburo (*chim.*), carbide. **2.** carburi allineati (*metall.*), arranged carbides, carbide stringers. **3.** ~ di calcio (CaC_2) (*chim.*), calcium carbide. **4.** ~ di ferro (*metall.* - *chim.*), iron carbide. **5.** ~ di silicio (SiC) (*chim.*), silicon carbide. **6.** ~ di silicio (carborundum: abrasivo) (*tecnol. mecc.*), carborundum. **7.** ~ di silicio (per resistenze elettriche per es.) (*ind. chim.*), silundum. **8.** ~ di tungsteno (*chim.* - *metall.*), tungsten carbide. **9.** carburi ledeburitici (*metall.*), ledeburitic carbides. **10.** lampada a ~ (*att. illum.*), carbide lamp.

carcara (forno di riscaldo di una padella) (*forno per vetro*), pot arch.

carcassa (di turbina per es.) (*mecc.*), casing. **2.** ~ (di motore elettrico per es.) (*elett.*), frame, yoke. **3.** ~ (di pneumatico) (*aut.*), carcass. **4.** ~ (di motore a reazione) (*mecc.*), casing. **5.** ~ (intelaiatura, ossatura, parte metallica di un forno per il supporto del refrattario) (*metall.*), casing, shell. **6.** ~ del compressore (di motore a reazione per es.) (*mecc.*), compressor casing. **7.** ~ del diffusore (di motore a reazione) (*mecc.*), diffuser casing. **8.** ~ (o chiocciola) della girante (di un ventilatore centrifugo) (*mecc.*), fanhouse. **9.** ~ della turbina (*macch.*), turbine casing. **10.** ~ esterna (della camera di combustione di un motore a reazione per es.) (*mecc.*), outer casing.

carcinotron (tubo elettronico ad onda inversa) (*termoion.*), carcinotron.

carda (*macch. tess.*), carding machine, card, carding engine, carder. **2.** ~ a cappelli girevoli (*macch. tess.*), revolving flat card. **3.** ~ doppia (*macch. tess.*), double card. **4.** ~ doppia con avantreno (o primo tamburo) (*macch. tess.*), double card with breast roller. **5.** ~ filatrice (*macch. tess.*), spinning card. **6.** ~ finitrice (*macch. tess.*), finisher card. **7.** ~ in fino (*macch. tess.*), condenser card, finisher card. **8.** ~ in grosso (carda di rottura) (*macch. tess. lana*), first breaker, breaker card, scribbler. **9.** ~ per lana pettinata a due capi (*macch. tess.*), double worsted card. **10.** cascame di ~ (*ind. tess.*), card waste, card strip. **11.** complesso di tre carde (*ind. tess.*), three card set. **12.** dente di ~ (dente di guarnizione, punta di carda) (*ind. tess.*), card wire. **13.** falda di ~ (*ind. tess.*), card web. **14.** guarnizione della ~ (*ind. tess.*), card clothing. **15.** lana di ~ (*ind. tess.*), carding wool. **16.** mola per ~ (*macch.*), card grinder. **17.** molatura di (denti di) ~ (*mecc.*), card grinding. **18.** nastro uscente dalla ~ (*ind. tess.*), carded sliver. **19.** punta di ~ (*ind. tess.*), card wire.

cardànico (*mecc.*), cardanic. **2.** giunto ~ (*mecc.*), Cardan joint, universal joint.

cardano (giunto cardanico) (*mecc.*), Cardan joint, universal joint.

cardare (*operaz. tess.*), to card, to tease.

cardatore (*op. tess.*), carder. **2.** ~ in grosso (*op. tess.*), scribbler. **3.** volante ~ (*ind. tess.*), carding beater.

cardatrice (*macch. tess.*), *vedi* carda.

cardatura (*ind. tess.*), carding. **2.** ~ della lana (*ind. tess.*), wool carding. **3.** ~ in grosso (*ind. tess.*), scribbling.

carderia (locale carde) (*ind. tess.*), cardroom.

cardinale (*mat. - geogr.*), cardinal. **2.** numero ~ (*mat.*), cardinal number. **3.** punti cardinali (di una bussola per es.) (*geogr.*), cardinal points.

càrdine (*mecc.*), pintle. **2.** ~ (di un cancello per es.) (*ed.*), pintle, hinge pivot, pivot.

cardiografo (*app. med.*), cardiograph.

cardiogramma (*med.*), cardiogram.

cardioide (*mat.*), cardioid. **2.** condensatore ~ (per illuminazione di preparato microscopico) (*ott.*), cardioid condenser. **3.** diagramma a ~ (*radio - ecc.*), cardioid diagram.

carèna (parte sommersa di una nave) (*nav.*), bottom, underbody. **2.** ~ (di un dirigibile rigido) (*aer.*), hull. **3.** ~ idrodinamica (carena tipo idroplano, tale da determinare portanza idrodinamica) (*nav.*), planing bottom. **4.** ~ sporca (o incrostata) (di nave) (*nav.*), foul bottom. **5.** ~ stellata (di uno scafo) (*nav.*), flared bottom. **6.** a più di una ~ (multiscafo, di catamarano per es.) (*nav.*), multihull. **7.** con ~ a V (*nav.*), V-bottomed.

carenaggio (*nav.*), careening, careenage.

carenare (*nav.*), to careen. **2.** ~ (dare forma aerodinamica per aumentare la penetrazione) (*aer.*), to streamline, to fair.

carenatura (per diminuire le resistenze passive) (*nav. - aer.*), fairing. **2.** ~ del carrello (d'atterraggio) (*aer.*), undercarriage fairing. **3.** ~ dell'albero (di un elicottero per es.) (*aer.*), rotor shaft cowling (ingl.). **4.** ~ della ruota (di un carrello di atterraggio fisso per es.) (*costr. aer.*), spat. **5.** ~ del mozzo (di un'elica) (*aer.*), nose cap. **6.** ~ di raccordo (nella giunzione di due superfici, tra ala e fusoliera per es.) (*costr. aer.*), fillet. **7.** ~ interna di scarico (*turboreattore*), exhaust inner fairing.

carenza (mancanza, deficienza) (*gen.*), lack, shortage.

cariàtide (*arch.*), caryatid.

cariato (*a. - geol. - min.*), pitted.

càrica (*gen.*), charge. **2.** ~ (quantità di metallo contemporaneamente fuso nel forno) (*fond.*), heat. **3.** ~ (*espl.*), charge. **4.** ~ (grado di un funzionario o di un impiegato di una azienda), task, position. **5.** ~ (riempitivo: nella manifattura della gomma) (*ind. gomma*), filler. **6.** ~ (aggiunta di materiale collante) (*mft. tess.*), weighting. **7.** ~ (sostanza inerte aggiunta ad una vernice per aumentarne il corpo ecc.) (*vn.*), extender. **8.** ~ (operazione di carica dell'impasto, con pigmenti minerali per es.) (*mft. carta*), loading. **9.** ~ (sostanza aggiunta alla carta) (*mft. carta*), filler. **10.** ~ ("cilindrata", materiale trattato in una operazione nel raffinatore) (*mft. carta*), furnish. **11.** ~ (miscela di materiale grezzo e di vetro di scarto per produzione vetro in un forno) (*mft. vetro*), batch. **12.** ~ (induttiva di una linea) (*telef.*), loading. **13.** ~ a corrente costante (di un accumulatore per es.) (*elett.*), constant current charge. **14.** ~ a tensione costante (di un accumulatore) (*elett.*), constant voltage charge. **15.** ~ che esplode prematuramente (*espl. milit.*), premature. **16.** ~ dell'ionegrammo (*mis. chim. - elett.*), farady. **17.** ~ del minerale e del fondente (di alto forno per es.), charge of ore and flux. **18.** ~ di accensione [o di infiammazione] (serve per accendere la ~ principale) (*espl.*), igniter, ignitor, igniter charge. **19.** ~ di compensazione (carica centellinare, lenta e continua, di una batteria) (*elett.*), compensating charge, trickle charge. **20.** ~ di conservazione (per un accumulatore) (*elett.*), equalizing charge. **21.** ~ di "cullet" (*mft. vetro*), raw cullet charge. **22.** ~ di esercitazione (*milit.*), practice charge. **23.** ~ di lancio (cartoccio: di un cannone) (*artiglieria*), propelling charge, powder charge. **24.** ~ di lancio (di siluro per es.) (*espl. mar. milit.*), impulse charge. **25.** ~ di minerale (di altoforno per es.), ore charge, post. **26.** ~ di nero (nella manifattura della gomma) (*ind. gomma*), black filler. **27.** ~ di profondità (*mar. milit.*), depth charge, ash can (colloquiale am.). **28.** ~ di scoppio (*espl.*), blasting charge. **29.** ~ di un'arma da fuoco (*espl.*), charge. **30.** ~ elettrica (*elett.*), electric charge. **31.** ~ esplosiva (*espl.*), blasting charge. **32.** ~ esplosiva (per pulire un pozzo petrolifero per es.) (*min. - espl.*), torpedo. **33.** ~ indotta (*elett.*), bound charge. **34.** ~ inerte (nella manifattura della gomma) (*ind. gomma*), diluent filler, inert filler. **35.** ~ (elettrica) ionica (*fis. atom.*), ionic charge. **36.** ~ non calmata (carica effervescente) (di acciaio) (*metall.*), wild heat. **37.** ~ ridotta (*espl.*), reduced charge. **38.** ~ senza " cullet " (*mft. vetro*), raw batch. **39.** ~ solida (di un forno) (*fond.*), cold charge. **40.** ~ spaziale (in un tubo elettronico per es.) (*elett.*), space charge. **41.** ~ specifica (di una particella: carica/massa) (*elett.*), specific charge. **42.** ~ statica da neve (elettricità dovuta al passaggio dell'aereo attraverso la neve, disturbi atmosferici da neve) (*elett. - radio*), snow static. **43.** ~ stratificata (nella camera di combustione di un motore a c. interna) (*mot.*), stratified charge. **44.** a ~ automatica (di orologio per es.) (*a. - mecc.*), self-winding. **45.** amperaggio di ~ (*elett.*), charging rate. **46.** assegnazione delle cariche direttive (in una ditta) (*organ.*), staffing. **47.** dispositivo ad accoppiamento di ~ (dispositivo a circolazione di ~ in un semiconduttore) (*elab.*), charge coupled device, CCD. **48.** entità di ~ (amperaggio di carica) (*elett.*), charging rate. **49.** potenziale di ~ (*elett.*), charging potential. **50.** prima ~ di metallo (di un cubilotto) (*fond.*), bed charge. **51.** rimanere in ~ (coprire una carica, in un ufficio) (*pers.*), to serve. **52.** tenere la ~ (di un orologio per es.) (*mecc.*), to keep winding.

caricabbasso (*nav.*), tripping line.

caricaboline (cavi per manovra vele) (*nav.*), leech lines.

caricabugne (cima per issare vele) (*nav.*), clew garnet, clew line.

caricafieno (*macch. agric.*), hay loader.

caricamento (di cartucce, batterie ecc.), charging. **2.** ~ (di un vagone per es.), loading. **3.** ~ (di una pompa per es.), priming. **4.** ~ con pala (di minerale per es.) (*gen.*), shoveling. **5.** ~ dall'alto (di un forno) (*fond.*), top charging. **6.** ~ di una macchina fotografica (con rullo per es.) (*fot.*), camera loading. **7.** ~ di un programma (introduzione di un programma nella memoria centrale) (*elab.*), program loading. **8.** ~ ed esecuzione (di un programma) (*elab.*), load-and-go. **9.** ~ laterale (di un forno) (*fond.*), door charging. **10.** ~ (o scarico) verticale (su e da una nave) (*trasp. nav.*), lift on, (lift off). **11.** a ~ automatico (di strumento o apparecchio a molla) (*mecc.*), self-winding. **12.** a ~ automatico (*orologio*), self-winding.

caricamezzo (cima fissata al gratile di scotta di una vela ed usata per imbrogliare la stessa) (*nav.*), buntline.

caricare (del materiale su veicoli per es.), to load, to charge, to freight. **2.** ~ (di combustibile la griglia di una cald. per es.), to stoke. **3.** ~ (una nave per es.) (*nav.*), to lade. **4.** ~ (carbone nella stiva di una nave), to fill. **5.** ~ (un proiettile) (*espl.*), to fill, to charge. **6.** ~ (un fucile) (*milit.*), to charge. **7.** ~ (con forte intensità di corrente per breve durata, una batteria) (*elett.*), to boost. **8.** ~ (una macchina fotografica per es.) (*fot.*), to load, to thread. **9.** ~ (un orologio per es.), to wind up. **10.** ~ (un forno per es.) (*metall. - fond.*), to charge. **11.** ~ (introdurre dati: per es. in memoria) (*elab.*), to load. **12.** ~ (mettere sotto carico elettrico, p. es. un transistore, un trasformatore ecc.) (*eltn. - elett. - elab.*), to load. **13.** ~ (portare la testina di lettura/scrittura a corretta distanza dal disco) (*elab.*), to load. **14.** ~ (un costo, un prezzo) (*comm.*), to load. **15.** ~ l'otturatore (*fot.*), to wind up the shutter. **16.** ~ materiale collante (alla seta per es.) (*ind. tess.*), to weight. **17.** ~ sul treno (*trasp.*), to entrain. **18.** ~ (truppe) su autocarri (*milit.*), to embus. **19.** ~ un accumulatore (*elett.*), to charge a battery. **20.** ~ una pompa (per adescarla) (*idr.*), to prime a pump. **21.** ~ un'arma da fuoco, to load.

caricato (di accumulatore) (*elett.*), charged. **2.** ~ (di un autocarro) (*gen.*), loaded. **3.** ~ (di un proiettile) (*espl.*), filled, charged. **4.** ~ (di un'arma da fuoco) (*milit.*), live. **5.** ~ (di una macchina fotografica) (*fot.*), loaded. **6.** ~ (di un orologio), wound up. **7.** ~ (di un otturatore di macchina fotografica per es.), wound up. **8.** ~ (di un bastimento per es.) (*nav.*), laden. **9.** ~ alla rinfusa, loaded in bulk, laden in bulk. **10.** ~ insufficientemente (di munizioni per es.) (*milit.*), underloaded.

caricatore (di arma da fuoco), magazine. **2.** ~ (*op.*), loader. **3.** ~ (cassetta di caricamento) (di film) (*cinem.*), magazine, film holder. **4.** ~ (dispositivo per alimentare gli spezzoni in una pressa per fucinare) (*macch.*), magazine. **5.** ~ (servente al pezzo: di un cannone per es.) (*milit.*), loader. **6.** ~ (contenitore per pellicole o lastre) (*fot.*), cassette. **7.** ~ (per nastri magnetici, schede perforate, nastri di carta ecc.) (*s. - elab.*), magazine. **8.** ~ (programma di caricamento per caricare in memoria altri programmi) (*elab.*), loader. **9.** ~ a piastra (*arma da fuoco*), plate charger. **10.** ~ di miscela (caricatrice di miscela) (*mft. vetro*), batch charger. **11.** ~ di uscita (contenitore di accumulazione posto all'uscita della macchina) (*elab.*), output magazine. **12.** ~ di utensili (*macch. ut. a c. n.*), tool magazine.

caricatrice (*macch.*), loader, loading machine.

càrico (*s.*), load, charge. **2.** ~ (di una molla) (*a. - mecc.*), load. **3.** ~ (di un proiettile) (*a. - milit.*), live. **4.** ~ (di un cannone pronto a sparare per es.) (*a. - milit.*), live. **5.** ~ (di merci), load, freight. **6.** ~ (di merci) (*s. - nav.*), cargo, bulk. **7.** ~ (*s. - elett.*), load. **8.** ~ (pressione) (*idr.*), head. **9.** ~ (altezza piezometrica) (*s. - idr.*), static head. **10.** ~ (assorbito da una macchina che sta lavorando, da un circuito ecc.) (*elett. - ecc.*), load. **11.** ~ accidentale (*sc. costr.*), incidental load, live load. **12.** ~ aerodinamico (su un'ala per es.) (*aerodin.*), air load. **13.** ~ alare (*aer.*), wing loading, wing load. **14.** ~ alla rinfusa (~ eseguito in modo grossolano e senza preventiva sistemazione in contenitori o imballaggi) (*trasp.*), bulk cargo. **15.** ~ all'entrata del circuito (~ all'ingresso di un circuito logico) (*elab.*), fan in. **16.** ~ al limite di elasticità (*sc. costr.*), load at elastic limit. **17.** ~ amovibile (costituito dal carburante, olio, equipaggio e carico pagante per un velivolo civile o dal carburante, olio ed armamento per un velivolo militare) (*aer.*), disposable load. **18.** ~ applicato (parte del carico totale ammesso, effettivamente applicato dopo la costruzione) (*sc. delle costr.*), imposed load. **19.** ~ assiale (*mecc.*), axial load. **20.** ~ base assiale (di un cuscinetto) (*mecc.*), basis thrust rating, BTR. **21.** ~ base radiale (di un cuscinetto) (*mecc.*), basic radial rating, BRR. **22.** ~ capacitivo (~ la cui corrente anticipa sulla tensione) (*elett. - eltn.*), capacitive load, capacity load, leading load. **23.** ~ centrato (*sc. costr.*), centered load. **24.** ~ completo (di autocarro, vagone ferroviario ecc.) (*comm. - trasp.*), carload. **25.** ~ completo (*nav.*), full cargo. **26.** ~ concentrato (*sc. costr.*), single load, concentrated load (ingl.). **27.** ~ continuo (di un cavo sottomarino) (*elettrotel.*), continuous loading. **28.** ~ crescente (*elett.*), increasing load. **29.** ~ d'apertura (rapporto tra il peso totale e l'apertura alare) (*aer.*), span loading. **30.** ~ decentrato (*sc. costr.*), off-center load. **31.** ~ della neve (su di un tetto) (*ed.*), load due to snow. **32.** ~ della prova di rottura (*sc. costr.*), breaking test load. **33.** ~ di atterraggio (~ sulle ali all'atterraggio) (*aer.*), landing load. **34.** ~ di avviamento (di un contatore) (*elett.*), starting watts. **35.** ~ di avviamento (carico di spunto: di un motore asincromo per es.) (*elett.*), starting load. **36.** ~ di collaudo (o di prova) (*sc. costr.*), test load. **37.** ~ di compressione (di un ammortizzatore) (*aut.*), compression load, bump load. **38.** ~ di coperta (*nav.*), deck cargo, deck load. **39.** ~ di flessione (*sc. costr.*), flexion load. **40.** ~ di lavoro (massimo previsto nel calcolo di una struttura) (*sc. costr.*), working load. **41.** ~ di lavoro (di un reparto per es.) (*ind.*), work load. **42.** ~ di linea (*elett. - elab.*), line load. **43.** ~ dinamico (*sc. costr.*), dynamic load. **44.** ~ dinamico (carico superficiale, su un'ala di aeroplano) (*aer.*), surface load. **45.** ~ di estensione (di un ammortizzatore) (*aut.*), extension load. **46.** ~ di potenza (carico per cavallo: di un aeroplano) (*aer.*), power loading. **47.** ~ di prova (*aer.*), proof load. **48.** ~ di punta (*sc. costr.*), combined bending and compressive stress. **49.** ~ diretto (*sc. costr.*), direct-acting load. **50.** ~ di robustezza (*aer.*), ultimate load. **51.** ~ di rottura (*sc. costr.*), ultimate tensile stress (UTS.), ultimate strength, ultimate tensile strength. **52.** ~ di rottura allo strappo (di funi, cavi ecc.) (*collaudo ind.*), actual breaking load. **53.** ~ di rottura teorico (di funi, cavi ecc.) (*collaudo ind.*), aggregate breaking load. **54.** ~ di rovesciamento (di gru a braccio), tilting load. **55.** ~ di sicurezza (*sc. costr.*), safe load, maximum safety load. **56.** ~ di snervamento (*sc. costr.*), yield point, yeld strength. **57.** ~ di snervamento che produce un allungamento dello 0,1% (*sc. costr.*), 0.1% yield strength. **58.** ~ di snervamento convenzionale (carico di snervamento corrispondente ad una deformazione permanente dello 0,2%, limite di snervamento convenzionale) (*sc. costr.*), 0.2% yield strength. **59.** ~ di torsione, (*sc. costr.*), torsion load. **60.** ~ di traffico (di un ponte per es.), live load. **61.** ~ di un bullone (*sc. costr.*), bolt load. **62.** ~ dovuto alla neve (su un tetto per es.) (*ed.*), snow load. **63.** ~ dovuto al vento (su un ponte per es.) (*ed.*), wind load. **64.** ~ eccentrico (*sc. costr.*), eccentric load. **65.** ~ (elettrico) nominale (carico normale di un circuito per es.) (*elett.*), rated input. **66.** ~ (elettrico) nominale (di una apparecchiatura elettrica) (*elett.*), rated load, rated burden, rated capacity. **67.** ~ equilibrato (di un sistema polifase per es.) (*elett.*), balanced load. **68.** ~ fisso (*sc. costr.*), steady load, dead load, fixed load. **69.** ~ forza motrice (energia consumata da motori elettrici) (*elett.*), motor load. **70.** ~ frigorigeno (quantità di calore che deve essere rimosso nell'unità di tempo: p. es. da un fabbricato), (*ind. freddo*), cooling load. **71.** ~ gettato a mare (per salvare una nave in pericolo) (*nav. - comm.*), jetsam. **72.** ~ indiretto (*sc. costr.*), indirect loading. **73.** ~ induttivo (*elett.*), inductive load. **74.** ~ in uscita (~ di circuiti all'uscita) (*elab.*), fan out. **75.** ~ isolato (*sc. costr.*), single load, concentrated load. **76.** ~ limite (carico massimo previsto per un velivolo o parte qualsiasi dello stesso) (*aer.*), limit load. **77.** ~ luce (usato per lampade elettriche) (*elett. - illum.*), lighting load. **78.** ~ macchine (tempo di lavoro che impegna ogni singola macchina utènsile per l'esecuzione di una commessa) (*off. mecc.*), machine load. **79.** ~ massimo (*elett. - mecc.*), peak load. **80.** ~ massimo ammissibile (di un motore asincrono per es.) (*elett.*), maximum permissible load. **81.** ~ massimo ammissibile per ruota (*veic.*), maximum permissible wheel load. **82.** ~ massimo consentito (su un aeroplano per es.) (*leg. aer.*), maximum permissible load. **83.** ~ massimo di resistenza alla compressione (massima compressione senza rottura: marmo, cemento, pietra per es.) (*sc. costr.*), crushing strength. **84.** ~ medio (carico elettrico di un impianto rappresentato dalla media dei valori in un certo periodo di tempo) (*elett.*), demand. **85.** ~ misto (*nav.*), mixed cargo. **86.** ~ mobile (di un ponte) (*sc. costr.*), live load, mobile load, movable load, moving load. **87.** ~ momentaneo (*elett.*), momentary load. **88.** ~ morto (di una struttura per es.) (*gen.*), dead load. **89.** ~ ohmico (*elett.*), noninductive load, nonreactive load. **90.** ~ pagante (*comm.*), paying freight. **91.** ~ pagante (nel transito su un ponte per es.), paying load. **92.** ~ pagante (*aer.*), payload. **93.** ~ per cavallo (carico di potenza: di un aeroplano) (*aer.*), power loading. **94.** ~ permanente (*sc. costr.*), permanent load. **95.** ~ pulsante (dovuto ad una pompa a pistone per es.) (*pressione di fluidi*), swinging load. **96.** ~ ripartito (*sc. costr.*), distributed load. **97.** ~ ripartito su tutta la trave (*sc. costr.*), load distributed over the whole length of the beam. **98.** ~ rovescio (*aer.*), inverted load. **99.** ~ sostenibile dal pavimento (carico uniformemente distribuito per il quale è stato calcolato il pavimento) (*sc. costr.*), floor load. **100.** ~ sotto il limite elastico (carico inferiore al limite elastico) (*sc. costr.*), less than elastic limit load. **101.** ~ statico (*sc. costr.*), static load. **102.** ~ statico con appiattimento totale (*prova della gomma*), static load when completely deflected. **103.** ~ sulla pala (di un'elica o rotore) (*aer.*), blade loading. **104.** ~ sull'ingranaggio (*mecc.*), gear loading. **105.** ~ superficiale (su un'ala per es., carico per unità di superficie in specifiche condizioni aerodinamiche) (*aer.*), surface loading. **106.** ~ teorico (~ massimo per il quale la struttura è stata calcolata) (*ed. - ecc.*), design load. **107.** ~ totale (*aer.*), full load. **108.** ~ totale (*idr.*), head, total head. **109.** ~ totale installato (carico nominale complessivo gravante sulla linea di distribuzione) (*elett.*), connected load. **110.** ~ uniforme (*sc. costr.*), uniform load. **111.** ~ uniformemente distribuito (*sc. costr.*), uniformly distributed load. **112.** ~ unitario (resistenza dei materiali) (*sc. costr.*), unit load, strength. **113.** ~ unitario sul disco (rapporto tra la spinta dell'elica o rotore e la superficie del disco) (*aer.*), disk loading. **114.** ~ utile (*aut.*), carrying capacity, capacity. **115.** ~ utile (combustibile, olio, apparecchio radio, strumenti e carte di bordo, passeggeri ed equipaggio) (*aer.*), useful load. **116.** ~ utile (di veicolo spaziale, di strumenti o personale per es.) (*astric.*), payload. **117.** ~ utile (persone e veicoli su di un solaio per es.) (*sc. costr.*), live load, movable load. **118.** ~ utile (passeggeri e merci) (*comm.*), payload. **119.** ~ variabile (*sc. costr.*), variable load. **120.** ~ variabile (*elett.*), changing load. **121.** apertura di ~ (di un forno per es.) (*ind.*), charging hole. **122.** apertura di ~ (di un carro a tramoggia coperto) (*ferr.*), hatch. **123.** a pieno ~ (caricato completamente: di nave, veicolo ecc.) (*nav. - aut. - veic. - ecc.*), fully laden. **124.** coefficiente di ~ di manovra (*aer.*), maneuver load factor. **125.** diagramma di ~ (*studi dei tempi*), load chart. **126.** funzionare sotto ~ (*macch. - mot.*), to run loaded. **127.** imbarcazione da ~ (*nav.*), cargo boat. **128.** maneggio del ~ (maneggio delle merci) (*nav.*), cargo handling. **129.** mettere sotto ~ (o scarico, un carro merci) (*ferr.*), to spot. **130.** motore sotto ~ (*mot.*), motor under load. **131.** nave da ~ (*nav.*), cargo ship. **132.** perdita di ~ (*idr. - ecc.*), loss of pressure, loss of head, head loss. **133.** perdita di ~ (di una molla per es., dovuta ad assestamento viscoso) (*mecc.*), load loss (am.), relaxation of resistance (ingl.). **134.** persona a ~ (*pers. - ecc.*), dependent (*s.*). **135.** piano di ~ (piano di caricamento, di un forno per es.) (*gen.*), charging floor. **136.** pieno ~ (di un motore per es.) full load. **137.** prendere in consegna il ~ (*comm.*), to take the load on charge. **138.** relativo ad un ~ aggiuntivo (inserito su di un vettore spaziale) (*a. - astric.*), piggyback, pickaback, pig-a -back. **139.** resistenza di ~ (resistore di carico) (*elett.*), load resistor. **140.** responsabile del ~ (membro dell'equipaggio responsabile del ~) (*pers. aer.*), loadmaster. **141.** senza ~ (*elett. - sc. costr. - ecc.*), loadless. **142.** sotto ~ (*elett.*), on load. **143.** togliere il ~ (da una molla per es.) (*mecc.*), to relieve (a spring). **144.** trasferimento di ~ (da uno dei pneumatici anteriori o posteriori all'altro, dovuto a effetto di accelerazione ecc. per es.) (*dinamica dei veic.*), load transfer. **145.** variazione del ~ (di una macchina elettrica per es.) (*elett. - mot.*), load variation.

carillon (*app. acus. - mecc.*), chime, music box. **2.** ~ elettrico (*app. acus. elett.*), electric chime.

carlinga, *vedi* navicella motore e/o abitacolo.

carminio (colore), carmine.

carnallite ($KCl.MgCl_2.6H_2O$) (*min.*), carnallite.

carne (*ind. alimentare*), meat. **2.** ~ congelata (*ind. alimentare*), chilled meat. **3.** ~ in scatola (*ind. alimentare*), canned meat.

carnotite (minerale di uranio) (*min.*), carnotite.

caro (*comm.*), expensive.

carota (campione cilindrico di minerale trivellato) (*min.*), core. **2.** ~ (chiodo, ghisa solidificata nel foro di colata di un cubilotto) (*fond.*), plug. **3.** estrattore per ~ (*min.*), core lifter.

carotaggio (estrazione di campioni durante le operazioni di trivellazione) (*s. - min. - perforazione pozzi*), core boring, coring.

carotare (estrarre carote dal terreno come campionatura) (*min. - pozzi di petrolio - ecc.*), to core.

carotiera (apparato per estrarre carote come campionatura geologica) (*s. - min.*), corer. **2.** ~ a gravità (*app. min.*), gravity corer. **3.** ~ a pistone (*app. min.*), piston corer.

carotiere (tubo per sondaggi) (*att. min.*), core barrel.

carovana (carroabitazione) (*veic.*), caravan.

carovita (indennità concessa ad operai per es.) (*amm.*), cost of living bonus.

caroviveri (*amm.*), *vedi* carovita.

carpenterìa, carpentry. **2.** ~ in ferro (*ed. - ind.*), steel structural work.

carpentière (*op.*), carpenter. **2.** ~ (maestro d'ascia) (*nav. - mar. milit.*), carpenter. **3.** punta da ~ (punta da carpenteria) (*ut.*) carpenter drill.

càrpino (*legn.*), hornbeam.

carradore (*lav.*), wheelwright, cartwright.

carreggiamento (perturbazione della crosta terrestre che comporta uno scorrimento di un frammento della stessa su altro frammento) (*geol.*), overthrust.

carreggiata (distanza fra i punti di appoggio delle ruote di uno stesso assale sul terreno) (*veic.*), track, tread, gauge. **2.** ~ (orma profonda di una ruota sulla strada) (*strad.*), rut. **3.** ~ (zona del pavimento stradale percorso da veicoli) (*strad.*), roadway, carriageway. **4.** ~ di veicolo a cingoli (*veic.*), track-gauge.

carreggio (trasporto di minerale nelle gallerie) (*min.*), haulage.

carrellare (*telev. - cinem.*), to track, to dolly. **2.** ~ all'indietro (*telev. - cinem.*), to track out, to dolly out. **3.** ~ in avanti (*telev. - cinem.*), to track in, to dolly in.

carrellata (ripresa ad inseguimento, presa mobile) (*cinem.*), tracking shot, trucking shot, travel shot.

carrellato (di gruppo elettrogeno per es.), trailer-mounted.

carrellino (carrello basso per lavorare sotto le automobili) (*att. off. riparazioni*), coaster. **2.** ~ a due ruote e due appoggi fissi (*att. ind.*), semilive skid.

carrellista (operaio addetto ai carrelli per trasporti di officina o magazzino), truck operator. **2.** ~ (addetto a condurre carrelli elevatori) (*op.*), lift truck operator.

carrèllo (di miniera) (*min.*), car. **2.** ~ (*ind.*), trolley, truck, trailer. **3.** ~ (di gru mobile) (*mecc.*), trolley. **4.** ~ (di una macch. ut.) (*mecc.*), carriage, saddle. **5.** ~ (di un trasformatore elettrico) (*elettromecc.*), truck. **6.** ~ (per trasporto materiali) (*ind. - ed.*), dolly. **7.** ~ (di un trasportatore) (*trasp. ind.*), trolley. **8.** ~ (piattaforma con ruote) (*att. per cinem. - telev.*), dolly. **9.** ~ (di veicolo ferroviario) (*ferr.*), bogie (ingl.), (railway) truck (am.). **10.** ~ (di un cannone) (*veic.*), limber. **11.** ~ (slitta: di un tornio) (*macch. ut.*), saddle. **12.** ~ (di supporto del paranco) (*carroponte*), buggy (am.). **13.** ~ (di ispezione binari: veicolo leggero a scartamento normale impiegato per ispezioni o piccole riparazioni sui binari dal personale addetto) (*ferr.*), trolley. **14.** ~ (di macchina per scrivere) (*mecc.*), carriage. **15.** ~ a biciclo (carrello di atterraggio) (*aer.*), bicycle gear. **16.** ~ ad un asse (asse Bissel, sterzo) (*ferr.*), pony truck, Bissel truck. **17.** ~ ad un solo asse mobile (*ferr.*), radial truck (am.), single-axle bogie (ingl.). **18.** ~ a forca (per officina o magazzino) (*veic. - ind.*), fork truck. **19.** ~ a gabbia (*trasp. ind.*), stake truck. **20.** ~ a mano (per officina) (*trasp. ind.*), handtruck, pushcart. **21.** ~ a mano (a due ruote) per sacchi (*trasp. ind.*), sack truck. **22.** ~ a mano per palette (*trasp. ind.*), hand pallet truck. **23.** ~ a motore per golf (caddie motorizzato per trasportare due persone e l'equipaggiamento) (*veic. motorizzato*), golf cart. **24.** ~ anteriore (di vagone) (*ferr.*), leading truck, pilot truck (am.), leading bogie (ingl.). **25.** ~ a piattaforma fissa e guida a timone (*trasp. ind.*), pedestrian-controlled fixed platform truck. **26.** ~ a piattaforma sollevabile (accatastatore) (*veic. magazzino*), stacker. **27.** ~ a portale (carrello di sollevamento del carico entro carreggiata) (*trasp. ind.*), straddle carrier. **28.** ~ a quattro direzioni di marcia (carrello elevatore a forche per es.) (*veic.*), four-way travel reach truck. **29.** ~ a tre assi (*ferr.*), six-wheel truck (am.), six-wheel bogie (ingl.). **30.** ~ a triciclo (carrello d'atterraggio a tre ruote) (*aer.*), nose-wheel landing gear, tricycle undercarriage. **31.** ~ automatico (p. es. di una macchina per scrivere elettrica alimentata con carta continua) (*elab. - ecc.*), automatic carriage. **32.** ~ con comando a timone (*veic. trasp. ind.*), pedestrian controlled tractor. **33.** ~ con parasale (*ferr.*), pedestal truck (am.). **34.** ~ contrappesato (*min.*), counterweight trolley. **35.** ~ controllato da nastro (~ di una stampante per es.) (*elab.*), tape-controlled carriage. **36.** ~ da miniera (*veic.*), car, tram (am.), corf (ingl.). **37.** ~ di alaggio (per portare in secco idrovolanti) (*aer.*), beaching gear. **38.** ~ "diamond" (*ferr.*), diamond arch bar truck. **39.** ~ di atterraggio (*aer.*), undercarriage, landing gear. **40.** ~, di atterraggio, a cingoli (*aer.*), caterpillar track gear. **41.** ~, di atterraggio, a pattini (*aer.*), ski undercarriage. **42.** ~ di atterraggio a ruote orientabili (*aer.*), castering landing gear. **43.** ~ di atterraggio con dispositivo di avvertimento (*aer.*), warning-device undercarriage. **44.** ~ di atterraggio con ruota in coda (*aer.*), tailwheel landing gear. **45.** ~ di atterraggio con ski (*aer.*), ski landing gear. **46.** ~ di atterraggio fisso (non retrattile) (*aer.*), fixed landing gear, nonretractable landing gear. **47.** ~ di atterraggio retrattile (*aer.*), retractable landing gear, retractable undercarriage. **48.** ~ di automotrice (*ferr.*), rail car bogie (ingl.), motorcar truck (am.). **49.** ~ di emergenza per galleggiamento (applicato ad aeroplano terrestre per ammaraggio e galleggiamento) (*aer.*), flotation gear. **50.** ~ di guida (di un locomotore elettrico per es.) (*ferr.*), guiding bogie. **51.** ~ di lancio, (*aer.*), launching carriage. **52.** ~ di manovra (dispositivo per spostare lateralmente velivoli) (*aer.*), side-tracking skate. **53.** ~ di servizio (a mano: per lavori sulla linea) (*ferr.*), handcar (am.). **54.** ~ di servizio (a mano o a motore a benzina, usato per il trasporto degli operai) (*ferr.*), go-devil. **55.** ~ di spinta (azionato da cavo) (*min.*), barney. **56.** ~ di teleferica (*trasp.*), telpher carrier. **57.** ~ elettrico per trasporti interni (nell'officina) (*veic.*), electric truck for shop service. **58.** ~ elevatore (*trasp. ind.*), lift truck. **59.** ~ elevatore a forche (per trasporto di materiale di officina, di magazzino ecc.) (*trasp. ind.*), fork lift truck. **60.** ~ elevatore a forca laterale (*trasp. ind.*), side loading fork lift truck. **61.** ~ elevatore a piattaforma ad alto sollevamento e guida a timone (*trasp. ind.*), pedestrian-controlled high-lift platform truck. **62.** ~ elevatore con guida a timone per palette (*trasp. ind.*), pedestrian-controlled pallet truck. **63.** ~ fisso (*aer.*), fixed undercarriage. **64.** ~ leggero per trasporti (*ind.*), buggy. **65.** ~ mobile (di gru a ponte), mobile trolley. **66.** ~ monoasse (*ferr.*), single-axle bogie (ingl.). **67.** ~ motore (~ con motori inseriti strutturalmente nel ~) (*ferr. elett.*), motor-bogie (ingl.). **68.** ~ per carri merci (*ferr.*), freight truck (am.). **69.** ~ per carri per trasporto tronchi (*ferr.*), logging truck (am.). **70.** ~ per magazzino, warehouse truck. **71.** ~ per montacarichi (*min.*), hutch. **72.** ~ per sollevamento del carico entro carreggiata (carrello a portale) (*trasp. ind.*), straddle carrier. **73.** ~ per telecamera (*att. telev.*), camera dolly. **74.** ~ per trasporti interni (officina e magazzino) (*ind. - ecc.*), truck. **75.** ~ per verifica binario (*ferr.*), inspection car. **76.** ~ portabagagli (*ferr.*), railroad truck, baggage cart. **77.** ~ portante (senza motori) (*ferr. elett.*), trailer truck (am.). **78.** ~ portante posteriore (di una locomotiva) (*ferr.*), trail bogie, trailing bogie (ingl.), trailing truck (am.). **79.** ~ (di atterraggio) rientrabile (carrello retrattile) (*aer.*), retractable undercarriage. **80.** ~ semovente per smistare carri merci (*ferr. - ind.*), car puller. **81.** ~ senza sponde (*ind. - ecc.*), (per trasporti interni di officina e magazzino), platform truck. **82.** ~ serrabanda (di una fucinatrice) (*macch.*), bar grip slide. **83.** ~ sollevatore a mano (per autorimessa) (*trasp. ind.*), hand elevating truck. **84.** ~ trasbordatore (*ferr.*), transfer table, traversing table. **85.** ~ trasportatore con piattaforma sollevabile (*trasp. ind.*), elevating platform truck. **86.** ~ trasportatore a piattaforma fissa (*trasp. ind.*), fixed platform truck. **87.** bloccaggio del ~ abbassato (carrello di atterraggio) (*aer.*), down lock. **88.** chiavetta fissa ~ (di macchina per scrivere) (*mecc.*), carriage lock key. **89.** interruttore di bloccaggio del ~ in posizione retratta (*aer.*), landing gear up lock switch. **90.** leva libera ~ (di macchina per scrivere) (*mecc.*), carriage release lever. **91.** ritorno di ~ (ritorno a margine) (*tip. - elab.*), carriage return, CR. **92.** ruota orientabile di ~ (*mecc.*), caster, castor.

carrellone trasbordatore (*ferr. - ind.*), transfer table, traversing table.

carretta (*nav.*), tramp.

carretto (*veic.*), cart. **2.** ~ a mano (*veic.*), pushcart, handcart.

carriera (*pers. - ecc.*), career. **2.** possibilità di ~ (*organ. pers.*), promotional possibilities.

carriòla (*att. ed.*), wheelbarrow. **2.** ~ motorizzata (a triciclo con ruota singola sterzabile posteriore, per il trasporto di calcestruzzo per es.) (*att. ed.*), power barrow.

carrista (*milit.*), tankman.

carro (del tipo a cavalli), cart, waggon, truck (am.). **2.** ~ (ferroviario) (*ferr.*), car (am.), wagon (ingl.). **3.** ~ (del tipo pesante), truck (am.). **4.** ~ (di macchina filatrice) (*ind. tess.*), carriage. **5.** ~ a bilico (pianale dotato di traverse girevoli usate per sistemare carichi di grande lunghezza su due carri successivi) (*ferr.*), wagon with radial bolster, car with radial bolster. **6.** ~ a carrelli (*ferr.*), truck car (am.), bogie wagon (ingl.). **7.** ~ a fondo apribile (*ferr.*), drop bottom car. **8.** ~ a fuoco (per i cantieri stradali) (*veic. costr. strad.*), melting furnace car. **9.** ~ a giare (*ferr.*), carboy car, jar car. **10.** ~ alloggio personale (*ferr.*), boarding car. **11.** ~ aperto (vagone merci aperto) (*ferr.*), gondola car (am.), truck (ingl.). **12.** ~ aperto a scarico centrale e laterale (*ferr.*), multi-service car. **13.** ~ aperto a sponde (*ferr.*), open-top car. **14.** ~ a piattaforma elevabile (per riparazioni dei fili di contatto della linea) (*ferr.*), tower wagon (ingl.). **15.** ~ a pozzo (carro con piano di carico ribassato) (*ferr.*), well wagon (ingl.). **16.** ~ appoggio (per personale dislocato lungo la linea) (*ferr.*), dingy, dinghy, dingey. **17.** ~ armato (*milit.*), tank. **18.** ~ armato a doppia torretta (*milit.*), twin-turreted tank, Mae West (colloquiale am.). **19.** ~ armato leggero (*milit.*), tankette. **20.** ~ a scarico laterale (*ferr.*), side dump car. **21.** ~ a sponde alte (*ferr.*), high side gondola car. **22.** ~ a sponde basse (*ferr.*), low side gondola car. **23.** ~ a tramoggia (~ ferroviario per trasporto di materiali sciolti) (*ferr.*), hopper car. **24.** ~ a tramoggia coperto (per trasporto di cemento per es.) (*ferr.*), covered hopper car. **25.** ~ attrezzi (con gru) (*aut.*), breakdown crane (ingl.), wrecker (am.). **26.** ~ attrezzi (*veic. per servizio assistenza aut.*), maintenance vehicle. **27.** ~ (autoscaricabile) a fondo apribile (*veic.*), bottom dump wagon (ingl.). **28.** ~ bestiame (*ferr.*), cattle car, cattle wagon (ingl.), stock car. **29.** ~ botte (per trasporto vino) (*ferr.*), cask wagon (ingl.). **30.** ~ chiuso (vagone merci chiuso) (*ferr.*), boxcar (am.), box wagon (ingl.), box car (ingl.). **31.** ~ cisterna (*ferr.*), tank car, tanker. **32.** ~ cisterna a più serbatoi (*ferr.*), multi-unit tank car, compartment tank car. **33.** ~ con bilico (*ferr.*), *vedi* carro a bilico. **34.** ~ con comando freno manuale (carro dal quale può essere azionato il freno) (*ferr.*), brake van (ingl.). **35.** ~ con garitta del frenatore (*ferr.*), wagon with brake cabin (ingl.). **36.** ~ con piano di carico ribassato (carro a pozzo) (*ferr.*), well wagon (ingl.). **37.** ~ del servizio riscaldamento e luce (per fornire elettricità e riscaldamento al treno) (*ferr.*), power car. **38.** ~ di merci a collettame (*ferr.*), groupage wagon (ingl.). **39.** ~ di servizio (per il personale viaggiante di un treno merci) (*ferr.*), carboose (am.). **40.** ~ di soccorso (*ferr.*), wrecking car (am.), breakdown car (ingl.). **41.** ~ di trasbordo (*ferr.*), transship wagon (ingl.). **42.** ~ ferroviario di servizio (*ferr.*), railway service car. **43.** ~ frigorifero (vagone refrigerato) (*ferr.*), freezer, refrigerator car. **44.** ~ gru (*macch. - aut. - ind.*), tractor crane, truck crane. **45.** ~ gru (*ferr.*), derrick car, crane car. **46.** ~ matto (*veic. trasp. pesanti*), dolly truck. **47.** ~ merci (*ferr.*), freight car (am.), goods wagon (ingl.). **48.** ~ merci ad alte sponde (*ferr.*), high-sided wagon (ingl.), high side gondola car. **49.** ~ merci aperto (con sponde alte) (*ferr.*), truck (ingl.), open goods wagon (ingl.), gondola car (am.). **50.** ~ merci aperto (pianale senza sponde o con sponde basse) (*ferr.*), platform car (am.), flatcar (am.). **51.** ~ merci a sponde basse (*ferr.*), low-sided wagon. **52.** ~ merci a sponde con pavimento continuo (non apribile) (*ferr.*), solid bottom gondola car. **53.** ~ merci chiuso (*ferr.*), boxcar (am.), box wagon (ingl.), covered goods wagon (ingl.). **54.** ~ merci con riscaldamento (*ferr.*), heater car. **55.** ~ merci scoperto (*ferr.*), gondola car (am.), open goods wagon (ingl.). **56.** ~ naspo (antincendi), fire hose cart. **57.** ~ naspo rimorchiabile (antincendi), fire hose trailer. **58.** ~ navetta (*ferr.*), shuttle-service wagon (ingl.). **59.** ~ officina (*ferr.*), workshop car (am.), repair wagon (ingl.). **60.** ~ per canna da zucchero (*ferr.*), cane car. **61.** ~ per carbone (*ferr.*), coal car. **62.** ~ per casse mobili (carro merci per "containers") (*ferr.*), container car. **63.** ~ per coke (*ferr.*), coke car. **64.** ~ per irrorazione (chimica antierba della via) (*ferr.*), spraying car. **65.** ~ per pollame (*ferr.*), poultry car. **66.** ~ per servizio pesante (*veic.*), bogie (ingl.). **67.** ~ per trasporto a collettame (per trasporto merci verso e da varie stazioni sulla linea) (*ferr.*), way car. **68.** ~

(ferroviario) per trasporto automobili (attrezzato per il trasporto di automobili su due piani) (*ferr.*), rack car. **69.** ~ per trasporto billette (*ferr.*), billet car. **70.** ~ per trasporto cavalli (*ferr.*), horse car. **71.** ~ per (trasp.) cemento (*ferr.*), cement car. **72.** ~ per trasporto di "ballast" (*ferr.*), ballast car. **73.** ~ per trasporto di parti di automobili (*ferr.*), automobile parts car. **74.** ~ per trasporto di pesce (*ferr.*), fish car. **75.** ~ per trasporto frutta (*ferr.*), fruit car. **76.** ~ per trasporto ghiaccio (*ferr.*), ice car. **77.** ~ per trasporto latte (*ferr.*), milk car. **78.** ~ per trasporto minerali (*ferr.*), mineral wagon (ingl.), ore wagon (ingl.), ore car. **79.** ~ per trasporto mobilio (*ferr.*), furniture car. **80.** ~ per trasporto pietrisco (*ferr.*), ballast wagon (ingl.). **81.** ~ per trasporto tronchi (*ferr.*), logging car. **82.** ~ piatto (carro a pozzo per trasporti pesanti) (*trasp. ind.*), well wagon. **83.** ~-ponte (*gru*), overhead traveling crane, bridge crane. **84.** ~ postale (vagone postale) (*ferr.*), mail car (am.), mail van (ingl.), railway mail car. **85.** ~ privato (carro di proprietà privata) (*ferr.*), private car, private line car. **86.** ~ raccogliballe (*veic.*), bale bogie. **87.** ~ rovesciabile (carro ribaltabile) (*ferr.*), dumping wagon, tilting-body car, dump (colloquiale am.). **88.** ~ scoperto (senza tetto) (*ferr.*), *vedi* carro aperto. **89.** ~ scudo (agganciato ad un carro che trasporta un carico di lunghezza superiore a quella del carro stesso) (*ferr.*), buffer wagon. **90.** ~ spazzaneve (*ferr.*), snowplow wagon (ingl.). **91.** ~ speciale a pianale ribassato (per trasporti speciali di materiali ingombranti e pesanti) (*ferr.*), well wagon. **92.** ~ speciale per il trasporto di elio (*ferr.*), helium car. **93.** ~ su carrelli (per trasporto merci) (*ferr.*), bogie wagon. **94.** ~ su cuscinetti a rulli (*ferr.*), roller freight car. **95.** ~ termicamente isolato (per trasporto merci) (*ferr.*), insulated car.

carro-abitazione (carrozzone, "carovana") (*veic.*), caravan.

carro-attrezzi (*aut.*), wrecker.

carrocellulare (*aut. polizia*), patrol wagon.

carroponte (*gru*), overhead traveling crane, bridge crane, tram crane. **2.** ~ con paranco azionato a mano (*gru*), bridge crane with hand-operated hoist. **3.** ~ girevole (*macch. ind.*), rotary bridge crane.

carro-sagoma (*ferr.*), clearance car.

carro-scorta ("tender") (*ferr.*), tender.

carrozza (ferroviaria: per passeggeri) (*ferr.*), coach, passenger car (am.), carriage (ingl.). **2.** ~ (a cavalli, per passeggeri) (*veic.*), carriage. **3.** ~ a carrelli (*ferr.*), bogie coach. **4.** ~ a compartimenti (*ferr.*), compartment-type coach. **5.** ~ a due piani (vettura a due piani) (*ferr.*), two-level coach. **6.** ~ articolata (*ferr.*), articulated car. **7.** ~ belvedere (carrozza panoramica) (*ferr.*), dome car. **8.** ~ chiusa ("botticella") (*veic. ippotrainato*), brougham. **9.** ~ con posto di ristoro (*ferr.*), buffet car. **10.** ~ controllo linea (carrozza munita di apparecchiatura di registrazione sullo stato del binario) (*ferr.*), track recording coach. **11.** ~ con vestiboli ed intercomunicanti (*ferr.*), vestibule car. **12.** ~ cuccette (tipo di vagone letto economico) (*ferr.*), tourist car, tourist coach. **13.** ~ dinamometrica (carro dinamometrico) (*ferr.*), dynamometer car. **14.** ~ diretta (*ferr.*), through coach. **15.** ~ istruzione personale (*ferr.*), instruction car. **16.** ~ letto (*ferr.*), sleeping car (am.), sleeping carriage (ingl.). **17.** ~ letto (per il personale viaggiante) (*ferr.*), dormitory car. **18.** ~ mista (a due classi) (*ferr.*), combination car. **19.** ~ mista passeggeri-bagagliaio (*ferr.*), combine. **20.** ~ per fumatori (*ferr.*), smoking car. **21.** ~ postale senza smistamento della posta durante il trasporto (*ferr.*), postal storage car. **22.** ~ privata (*ferr.*), private car. **23.** ~ ristorante (*ferr.*), diner (am.), dining car (am.), dining coach (ingl.). **24.** ~ salone (*ferr.*), saloon (ingl.), saloon carriage (ingl.), parlor car (am.). **25.** ~ sganciabile in corsa (*ferr.*), slip coach. **26.** ~ viaggiatori (*ferr.*), coach, passenger car (am.), carriage (ingl.).

carrozzabile (*a. - strad.*), practicable.

carrozza-cinema (*veic.*), motion-picture car.

carrozzato (*aut.*), bodied.

carrozzatura (automobilistica, ferroviaria, ecc.) (*ind.*), bodywork, coachwork (ingl.).

carrozzeria (di aut. per es.), body, bodywork, coachwork (ingl.). **2.** ~ (officina riparazione carrozzerie, di un concessionario per es.) (*aut.*), body shop. **3.** ~ bicolore (*aut.*), two-tone colour body. **4.** ~ da corsa (*aut.*), racing body. **5.** ~ decapotabile (*aut.*), drophead body. **6.** ~ e telaio separati (costruzione a telaio e ~ separati) (*aut.*), chassis-body-construction. **7.** ~ fuori serie (*aut.*), custom-built body. **8.** ~ "in bianco" (scocca lastrata e non verniciata) (*costr. carrozz. aut.*), body in white. **9.** ~ in plastica (*aut.*), plastic body. **10.** ~ in (tutto) acciaio (*aut.*), all-steel body. **11.** ~ monoscocca (~ a struttura portante) (*aut.*), *vedi* carrozzeria portante. **12.** ~ portante (~ a struttura portante, scocca in un solo pezzo, scocca monolitica) (*aut.*), monocoque body. **13.** ~ speciale (di una auto) (*aut.*), custom built body. **14.** abbigliamento della ~ (finizione e sellatura della scocca) (*costr. carrozz. aut.*), body trimming. **15.** fiancata della ~ (*costr. carrozz. aut.*), body side. **16.** lavoro di ~ (riparazione) (*aut.*), bodywork. **17.** pannello dorsale della ~ (*costr. carrozz. aut.*), body rear lower panel. **18.** "pelle" della ~ (superficie esterna della scocca) (*costr. carrozz. aut.*), body surface. **19.** reparto abbigliamento delle carrozzerie (sellatura e finizione scocche) (*costr. carrozz. aut.*), body trim shop, body trimming shop. **20.** telaio perimetrale con ~ fissata con bulloni (*aut.*), perimeter frame with bolted on body.

carrozzière (*ind. aut.*), coachbuilder (ingl.), body -maker. **2.** ~ battilastra (riparatore di carrozzerie) (*op.*), panel beater, sheet metal worker.

carrozzino (della motocicletta), sidecar.

carrozzone (carro-abitazione, "carovana") (*veic.*), caravan.
carrubo (*legn.*), carob tree, bean tree.
carrùcola (*att.*), pulley, sheave. **2.** ~ delle centiguide (di una macchina continua) (*macch. ind. carta*), deckle pulley. **3.** ~ per catena (*costr.*), chain pulley.
carsismo (fenomeni carsici) (*geol.*), karst phenomenon.
carta (*ind. - gen.*), paper. **2.** ~ (topografica o navale) (*geogr. - cart.*), chart, map. **3.** ~ a bordi forati (p. es. per moduli continui) (*mft. carta*), edge punched stationery. **4.** ~ abrasiva (*mecc. - carp. - ecc.*), abrasive paper, rubbing paper. **5.** ~ a colore naturale (*mft. carta*), natural colored paper. **6.** ~ a coordinate semilogaritmiche (*dis.*), arithlog paper. **7.** ~ a curve di livello (piano a curve di livello) (*top. - cart.*), contour map. **8.** ~ ad annerimento diretto (*fot.*), printing-out paper. **9.** ~ aeronautica (*aer.*), aeronautical chart, airway map. **10.** ~ aeronautica lossodromica (*aer. - milit.*), loxodromic airway map. **11.** ~ aeronautica mondiale (*aer.*), world aeronautical chart. **12.** ~ aeronautica ortodromica (*aer. - milit.*), orthodromic airway map. **13.** ~ al bromuro (carta a sviluppo, carta ad immagine latente) (*fot.*), bromide paper. **14.** ~ albuminata al bicromato (*fotomecc.*), albumen paper. **15.** ~ al carbone (*fot.*), carbon tissue. **16.** ~ al cloruro d'argento (*fot.*), chloride paper. **17.** ~ a livello costante (carta isobarica, preparata per una data quota) (*meteor.*), constant level chart. **18.** ~ alla curcuma (*chim.*), turmeric paper. **19.** ~ alla fenolftaleina (*chim.*), phenolphtalein paper. **20.** ~ all'ammoniaca (*dis. - tip.*), *vedi* carta ozalid. **21.** ~ alluminata (*carta*), aluminium paper. **22.** ~ alluminizzata (carta foderata con un sottile foglio di metallo incollato) (*mft. carta*), metallic paper. **23.** ~ al nitrato di potassio (per fuochi artificiali) (*ind. carta - espl.*), touch paper. **24.** ~ al pigmento (*tip.*), pigment paper. **25.** al rosso Congo (*chim.*), Congo paper. **26.** ~ al solfito (*mft. carta*), sulphite paper. **27.** ~ al tino (carta a mano) (*mft. carta*), vat paper. **28.** ~ al tornasole (*chim.*), litmus paper, lacmus paper. **29.** ~ a macchina (carta continua) (*mft. carta*), machine paper. **30.** ~ a mano (*mft. carta*), handmade paper. **31.** ~ antitarme (*mft. carta*), mothproof paper. **32.** ~ a pressione costante (carta indicante le quote dei punti con pressione costante) (*meteor.*), constant pressure chart, contour chart. **33.** ~ ardesia (per uso scolastico) (*mft. carta*), slate paper. **34.** ~ arsenicale (*mft. carta*), arsenical paper. **35.** ~ asciugata all'aria (*mft. carta*), air-dried paper. **36.** ~ assorbente (carta asciugante) (*uff.*), blotting paper, absorbent paper. **37.** ~ autoadesiva (*mft. carta*), pressure-sensitive paper, autoadhesive paper, pressure sensitive adhesive paper. **38.** ~ autoadesiva a caldo (*ind. carta*), heat pressure-sensitive paper. **39.** ~ autocopiante, ~ autoricalcante (per copie senza interposizione di ~ carbone) (*ind. carta*), impact paper, impact chemical paper, carbonless copying paper, action paper. **40.** ~ automobilistica (*geogr. - turismo*), motoring map, road map. **41.** ~ autopositiva (usata per la riproduzione di disegni ecc.) (*dis. - ecc.*), autopositive paper. **42.** ~ autoricalcante, *vedi* ~ autocopiante. **43.** ~ autovirante (*fot.*), self-toning paper. **44.** ~ baritata (*fot. - tip.*), baryta paper. **45.** ~ batimetrica (carta del fondo marino) (*cart.*), bathymetric chart. **46.** ~ bibbia (carta sottile) (*mft. carta*), Bible paper. **47.** ~ bollata (*comm. leg.*), stamped paper. **48.** ~ Braille (*mft. carta*), Braille paper. **49.** ~ bruna di corda (fatta con vecchie corde) (*mft. carta*), rope brown. **50.** ~ calandrata in fogli (*mft. carta*), sheet-calendered paper. **51.** ~ calandrata in nastro (*mft. carta*), web-calendered paper. **52.** ~ carbone (*uff.*), carbon paper. **53.** ~ catramata (per l'impermeabilizzazione di terrazzi, tetti ecc.) (*ind. carta - ed.*), asphalt paper, tar paper. **54.** ~ cerata, waxed paper. **55.** ~ cercapoli (*elett.*), pole -finding paper, polarity paper. **56.** ~ cianografica (*dis.*), blueprint paper. **57.** ~ condizionata (*mft. carta*), stabilized paper. **58.** ~ con rinforzo (interno) (*mft. carta*), reinforced paper. **59.** ~ continua (carta a macchina) (*mft. carta*), machine paper. **60.** ~ con vergatura a pressione (*mft. carta*), repp paper. **61.** ~ crespata (*mft. carta*), crepe paper. **62.** ~ da bollo (*comm. - leg.*), *vedi* carta bollata. **63.** ~ da disegno, drawing paper. **64.** ~ da etichette (*mft. carta*), tag paper. **65.** ~ da filtro (*chim.*), filter paper. **66.** ~ da giornale (*tip.*), newsprint. **67.** ~ da imballaggio (*comm.*), packing paper, wrapping paper. **68.** ~ da lettere (*uff.*), letter paper. **69.** ~ da lucidi (*dis.*), tracing paper. **70.** ~ da lucidi per particolari (*dis. mecc.*), detail paper. **71.** ~ da lutto (carta abbrunata) (*tip.*), black-bordered paper, mourning paper. **72.** ~ da minuta (per note ecc.) (*uff.*), scrap paper. **73.** ~ da musica (*mft. carta*), music paper. **74.** ~ da pacchi (carta da imballo, carta per involgere) (*mft. carta*), wrapping paper. **75.** ~ da parati (per copertura pareti interne) (*ed.*), wallpaper, hangings. **76.** ~ da patinare (*mft. carta*), coating paper, backing paper. **77.** ~ da registri (*mft. carta*), account book paper. **78.** ~ da scrivere (*mft. carta*), writing paper. **79.** ~ da scrivere leggera (vergatina, usata con carta carbone per ottenere più copie) (*mft. carta*), manifold paper. **80.** carte da stampa (carte per edizioni) (*mft. carta*), printings, printing papers. **81.** ~ da stampa per libri (carta per edizioni) (*mft. carta*), book paper. **82.** ~ da trasporto (per litografia per es.) (*tip.*), transfer paper. **83.** ~ da sviluppo (*fot.*), deleveloping-out paper. **84.** ~ dei venti (*nav.*), wind chart. **85.** ~ del cielo (*astr.*), astrographic chart. **86.** ~ dell'ammiragliato (*nav.*), admiralty chart. **87.** ~ delle previsioni bariche (*meteor.*), prebaric chart. **88.** ~ di amianto (*carta*), asbestos paper. **89.** ~ di controllo (*controllo qualità stat.*), tally sheet, tally chart. **90.** ~ di credito (~ rilasciata da una banca e che permette al possessore di

acquistare merci o servizi senza pagare direttamente) (*comm. - ecc.*), credit card, bankcard. **91.** ~ di lino (carta per scrivere della migliore qualità) (*mft. carta*), linen paper. **92.** ~ di riso (*mft. carta*), rice paper. **93.** ~ di rivestimento (applicata al muro prima della tappezzeria) (*mft. carta - ed.*), lining paper. **94.** ~ di rivestimento (usata per scatole per es.) (*mft. carta*), pasting. **95.** ~ di stracci (*mft. carta*), rag paper. **96.** ~ di torba (*mft. carta*), peat paper. **97.** ~ dura (*mft. carta*), hard paper. **98.** ~ elettrosensibile (diviene scura al passaggio della corrente elettrica) (*ind. - elett. - ecc.*), electrosensitive paper. **99.** ~ eliografica (*dis.*), heliographic paper. **100.** ~ eliografica positiva (*mft. carta*), black line paper. **101.** ~ fantasia (*mft. carta*), fancy paper. **102.** ~ fenicata (*farm.*), carbolic paper. **103.** ~ fisica (*cart.*), physical map. **104.** ~ fosforescente (*mft. carta*), luminous paper. **105.** ~ generale aeronautica (*aer. - milit.*), general airway map. **106.** ~ geografica (*geogr.*), map. **107.** ~ giapponese (*mft. carta*), Japanese paper. **108.** ~ glacé (*mft. carta*), flint paper. **109.** ~ goffrata (*mft. carta*), embossed paper. **110.** ~ gommata (*mft. carta*), adhesive paper, gummed paper. **111.** ~ greggia (carta cruda) (*mft. carta*), raw paper, base paper, body paper. **112.** ~ idrografica (*geogr.*), hydrographic chart. **113.** ~ igroscopica (*mft. carta*), hygroscopic paper. **114.** ~ impermeabile, waterproof paper. **115.** ~ impermeabile all'aria (*mft. carta*), airproof paper. **116.** ~ impregnata (carta imbevuta) (*mft. carta - elett. - ecc.*), impregnated paper. **117.** ~ incombustibile (*mft. carta*), fireproof paper. **118.** ~ india (carta sottile e opaca per stampa) (*mft. carta*), India paper. **119.** ~ in rilievo (carta rilievografica piana, per turismo per es.) (*cart.*), relief map. **120.** ~ in rilievo (carta tridimensionale, plastico) (*cart.*), relief map. **121.** ~ intestata (di carta da lettere col nome di una ditta per es.) (*uff. comm.*), letterhead. **122.** ~ isobarica (*meteor.*), isobaric chart. **123.** carte isolanti (*mft. carta*), insulating papers. **124.** ~ itineraria (*cart.*), rout map. **125.** ~ iuta (*mft. carta*), jute paper, Manilla wrapping paper. **126.** ~ kraft (usata come dielettrico) (*mft. carta - elett.*), kraft paper, kraft. **127.** ~ lacerata (scarto di fabbricazione, fogliacci, cascame di carta) (*mft. carta*), broke. **128.** ~ lenta (ad impressionarsi) (*fot.*), gaslight paper, slow contact paper. **129.** ~ lisciata a pietra (carta rasata) (*mft. carta*), flint. **130.** ~ lucida (~ patinata) (*ind. carta*), enamel paper. **131.** ~ lucida (*dis.*), tracing paper. **132.** ~ lucidata a spazzola (*mft. carta*), brush enamel paper. **133.** ~ madreperlacea (carta iridescente) (*mft. carta*), mother-of-pearl paper, iridescent paper. **134.** ~ Manilla (*mft. carta*), Manilla paper. **135.** ~ marmorizzata con pettine (per copertine di libri) (*mft. carta*), Dutch marble paper. **136.** carte marmorizzate (carte marezzate) (*mft. carta*), marble papers. **137.** ~ martellata (*mft. carta*), hammer finish paper. **138.** ~ metallizzata (~ foderata di alluminio per avvolgere ecc.) (*mft. carta*), metallic paper, metallic foil paper. **139.** ~ meteorologica (*meteor.*), weather chart. **140.** ~ meteorologica delle previsioni lungo la rotta (*aer. - meteor.*), composite chart. **141.** ~ millimetrata (*dis.*), graph paper. **142.** ~ millimetrata (per profili) (*ing. civ.*), profile paper. **143.** ~ moneta (carta per biglietti di banca, carta per banconote) (*mft. carta*), banknote paper, currency paper, safety paper. **144.** ~ moneta (*finanz.*), paper money. **145.** ~ moschicida, fly paper, flypaper. **146.** ~ nautica (*nav.*), pilot chart. **147.** ~ nautica di Mercatore (con la proiezione di Mercatore) (*nav.*), plain chart. **148.** ~ nera (per prodotti fotografici) (*mft. carta - fot.*), black paper. **149.** ~ non incollata (carta senza colla) (*mft. carta*), unsized paper, waterleaf. **150.** ~ oleata (*mft. carta*), oilpaper, oiled paper. **151.** ~ ondulata (cartone ondulato) usata per imballi protettivi (*mft. carta*), corrugated paper. **152.** ~ originale di campagna (*top. - cart.*), manuscript map. **153.** ~ ozalid (carta all'ammoniaca, per copie riproducibili) (*tip. - dis.*), ozalid paper. **154.** ~ paglia (per droghieri e macellai) (*mft. carta*), straw paper. **155.** ~ paraffinata (*ind. carta*), paraffin paper, wax paper. **156.** ~ patinata (carta a gesso usata per libri per es.) (*mft. carta*), coated paper, art paper. **157.** ~ patinata da ambo i lati (carta "doppio patinata") (*mft. carta*), double coated paper. **158.** ~ patinata opaca (*mft. carta*), mat art paper. **159.** ~ per affissi (*mft. carta - tip.*), poster paper. **160.** carte per agrumi (carte per frutta) (*mft. carta*), fruit papers, orange wrappers. **161.** ~ per assegni (carta-valori) (*mft. carta*), bill paper, cheque paper (ingl.). **162.** ~ per avvolgere frutta (*mft. carta*), fruit paper. **163.** ~ per bozze (carta per prove di stampa) (*mft. carta - tip.*), proof paper. **164.** ~ per burro (*mft. carta*), butter paper. **165.** ~ per buste (*mft. carta*), envelope paper. **166.** ~ per calcografia (carta per stampa da matrice incavata) (*mft. carta - tip.*), intaglio paper, copperplate printing paper. **167.** ~ per campionari (*mft. carta*), sampling paper. **168.** ~ per carte geografiche (*mft. carta*), map paper, plan paper, chart paper. **169.** ~ per cavi (per isolamento) (*mft. carta*), cable paper. **170.** ~ per conserve (*mft. carta*), preservative paper. **171.** ~ per contabilità (*mft. carta*), ledger paper. **172.** ~ per copertine (*mft. carta*), cover paper. **173.** ~ per copialettere (carta copiativa) (*mft. carta*), copying paper. **174.** ~ per copie multiple (*mft. carta*), manifold, copy paper. **175.** ~ per copie riproducibili (*dis.*), transfer paper. **176.** ~ per correzioni dattilografiche (tipo speciale di ~ usata per correggere errori dattilografici) (*macch. per scrivere*), type corrector. **177.** ~ per dattilografia (carta per macchina da scrivere) (*mft. carta*), typewriting paper. **178.** ~ per diagrammi di registrazione (per strum. mis.), diagram paper. **179.** ~ per drogheria (*mft. carta*), grocery paper. **180.** ~ per duplicatori (carta per ciclostile) (*mft. carta*), duplicating paper, cyclostyle paper. **181.** ~ per fori da mina (*mft. carta*), blasting paper. **182.** ~ per fotografie (*fot.*), *vedi* carta sensibile. **183.** ~ pergamena (carta pergamenata, pergamena vegetale) (*mft. carta*), parchment paper, pergamyn. **184.** ~ per la navigazione aerea (*aer.*), air map. **185.** ~ per la protezione degli spigoli (delle scatole per es.) (*mft. carta*), edge stay paper. **186.** ~ per l'avvicinamento e l'atterraggio strumentale (*aer.*), instrument approach and landing chart, IALC. **187.** ~ per legatoria (*mft. carta*), bookbinding paper. **188.** ~ per l'imballo delle risme (*mft. carta*), mill wrapper, ream wrapper, sealing paper. **189.** ~ per litografia (*mft. carta - lit.*), lithographic paper, litho. **190.** ~ per macchina per scrivere (*mft. carta*), typewriting paper. **191.** ~ per macelleria (*mft. carta*), butcher's Manilla paper. **192.** ~ per mascheratura (nella verniciatura a spruzzo), masking paper. **193.** ~ per matrici (carta per stereotipia) (*stereotipia*), matrix paper. **194.** ~ per modelli (usata dai sarti) (*mft. carta*), pattern paper. **195.** ~ per offset (*lit.*), offset paper. **196.** ~ per pacchi (*comm.*), wrapping paper. **197.** ~ per pavimenti (carta da interporre fra pavimento e moquette) (*mft. carta*), carpet felt. **198.** ~ per pile elettriche (*mft. carta - elett.*), battery paper. **199.** ~ per posta aerea (*mft. carta*), airmail paper. **200.** ~ per profili altimetrici (*ing. civile*), profile paper. **201.** ~ per riproduzioni in bianco-nero (*fot.*), black and white paper. **202.** ~ per rivestimenti isolanti (*elett.*), sheating paper. **203.** ~ per rotocalco (*tip.*), gravure paper, photogravure printing paper. **204.** ~ per sacchi (*mft. carta*), bag paper. **205.** ~ per sigarette (*mft. carta*), cigarette paper. **206.** ~ per stampa tipografica (*mft. carta*), letterpress paper. **207.** ~ per titoli (*mft. carta*), security paper, safety paper. **208.** ~ per valori (carta moneta, difficilmente imitabile) (*mft. carta*), safety paper. **209.** ~ per volo notturno (*navig. - aer.*), night flying chart. **210.** ~ pesta (*mft. carta*), papier-mâché, carton pierre. **211.** carte piane (carte stese, carte non in rotoli) (*mft. carta*), flats. **212.** ~ planimetrica (*cart.*), planimetric map. **213.** ~ porcellanata (*mft. carta*), porcelain paper. **214.** ~ protocollo (*comm. - amm.*), foolscap. **215.** ~ psicrometrica con le zone di benessere (dell'aria condizionata per es.) comfort chart. **216.** ~ quadrettata (per grafici) (*mecc. - ecc.*), graph paper, plotting paper. **217.** ~ quadrettata (*uff.*), grid sheet, squared paper. **218.** ~ rasata (carta lucida, carta smaltata) (*mft. carta*), bright enamel paper. **219.** ~ reattiva (*chim.*), test paper. **220.** ~ retinata (*mft. carta*), wove paper. **221.** ~ rigata (*uff.*), ruled paper. **222.** ~ rilievografica (per turismo per es.) (*cart.*), relief map. **223.** ~ ruvida (carta con grana grossa) (*mft. carta*), rough paper. **224.** ~ sensibile (*fot.*), photographic paper, sensitized paper, sensitive paper. **225.** ~ senza pasta di legno (*mft. carta*), wood -free paper. **226.** ~ sinottica del tempo (indicante le condizioni atmosferiche prevalenti ad una data ora su una vasta zona) (*meteor.*), synoptic weather chart. **227.** ~ smerigliata (*off.*), emery paper, sand paper. **228.** ~ straccia (*ind.*), wastepaper, waste paper. **229.** ~ stradale (*cart.*), road map. **230.** ~ sugherata (*mft. carta*), cork paper. **231.** ~ svedese per filtri (*mft. carta*), Swedish filter paper. **232.** ~ tela (carta telata) (*off.*), linen paper, wove paper. **233.** ~ tela grossa (*mft. carta*), canvas note paper. **234.** ~ termica (per stampante termica) (*elab.*), thermographic paper. **235.** ~ termocollante (*mft. carta*), thermosealing paper. **236.** ~ tipo antico (*mft. carta*), antique. **237.** ~ topografica (*top.*), topographic map, profile map. **238.** ~ tracciabile con punta metallica (*mecc.*), metallic paper. **239.** ~ traslucida (pelle d'aglio) (*mft. carta*), onionskin paper. **240.** ~ tridimensionale (carta in rilievo, plastico) (*top. - cart.*), relief map. **241.** carte triplex (cartoni triplex) (*mft. carta*), triplex papers. **242.** ~ uso a mano (imitazione della carta a mano) (*mft. carta*), moldmade paper. **243.** ~ uso pizzo (per ornamento nelle scatole per es.) (*mft. carta*), lace paper. **244.** ~ velina, tissue paper. **245.** ~ vellutata (carta rasata, tipo di carta da parati trattata con materiale adesivo e successiva applicazione di minuti fiocchi di lana per es.) (*mft. carta*), flock paper, velour paper. **246.** ~ verde (modulo verde, foglio verde, assicurazione aut. per paesi stranieri) (*aut.*), green card. **247.** ~ vergata (*mft. carta*), laid paper. **248.** ~ vetrata (*off.*), glass paper, sand paper. **249.** albero da ~ (*mft. carta*), paper tree. **250.** imitazione ~ patinata (*mft. carta*), imitation art paper. **251.** lettura della ~ (interpretazione della carta) (*cart.*), map reading. **252.** nastro di ~ (*mft. carta*), web. **253.** nastro di ~ (striscia di carta di un registratore) (*strum.*), chart. **254.** nastro di ~ gommata, sealing tape. **255.** paglietta di ~ (trucioli di carta, usati per imballaggio) (*mft. carta*), paper wool. **256.** quadrettatura della ~ (reticolo o reticolato della carta) (*cart.*), map grid. **257.** scala della ~ (*top. - cart.*), map scale.

cartaccia (carta straccia) (*mft. carta*), wastepaper.

cartaio (*mft. carta*), papermaker.

càrtamo (falso zafferano) (per tintoria), safflower.

cartapècora (o pergamena fine), vellum.

cartapesta (*ind.*), papier-mâché.

cartavetrare (*vn. - falegn. - ecc.*), to glass-paper.

carteggiare (levigare, pomiciare) (*vn.*), to sand, to sandpaper, to rub.

carteggiato (levigato, pomiciato) (*vn.*), sanded, rubbed.

carteggiatrice (smerigliatrice) (*macch. lav. legno*), sander, sanding machine, sandpapering machine.

carteggiatura (*carp.*), sanding. **2.** ~ (levigatura con abrasivo, di superfici stuccate per es.: per carrozzeria aut.) (*vn. aut.*), sanding. **3.** ~ (o scartatura o pomiciatura) a secco (*vn. aut.*), dry sanding, dry rubbing. **4.** ~ localizzata (di carrozzeria) (*vn. aut.*), spot sanding.

cartèlla (per contenere ed archiviare pratiche) (*accessorio uff.*), folder. **2.** ~ (bava asportata dall'interno di un fucinato, ossia non dai bordi esterni) (*fucinatura*), wad. **3.** ~ (sfrido di lamiera ottenuto dalla tranciatura del contorno di un pezzo imbutito per es.) (*lav. lamiera*), binder. **4.** ~ (rimane permanentemente sulla scrivania: contiene fogli bianchi e ci si può appoggiare sopra per scrivere) (*accessorio uff.*), desk pad. **5.** ~ azionaria (*finanz.*), share certificate. **6.** ~ (o scheda) del personale dirigente (*direz. gen.*), staff card. **7.** ~ documentazione pubblicitaria (*pubbl.*), portfolio.

cartellino, tag, label, card. **2.** ~ (cartolina: per segnare all'orologio controllo l'ora di entrata e d'uscita dei dipendenti) (*ind.*), timecard. **3.** ~ del ciclo di lavorazione (organizzazione d'officina) (*ind.*), operation sheet, operation line-up sheet. **4.** ~ (distintivo) dei materiali (di magazzino per es.), bin tag. **5.** ~ indicante prelievo (di una lettera per es. da una pratica) (*uff.*), out guide. **6.** ~ orologio (da timbrarsi all'entrata ed all'uscita per mezzo dell'orologio marcatempo) (*app. per dipendenti*), clock card. **7.** ~ segnaposto (in una riunione, pranzo, scompartimento ferroviario ecc.) (*gen.*), place card. **8.** ~ segnaprezzo (*comm.*), price tag.

cartèllo (unione di più imprenditori della stessa branca industriale) (*comm.*), cartel. **2.** ~ (insegna: di un negozio per es.) (*comm.*), sign. **3.** ~ (di segnalazione), warning. **4.** ~ (generico, di avvertimento), poster, bill, placard. **5.** ~ (affisso) (*pubbl.*), placard, poster. **6.** ~ indicatore (*traff. strad.*), road sign, traffic sign, guide post. **7.** ~ indicatore di direzione (disegno della mano coll'indice puntato) (*gen.*), finger post. **8.** installatore ed esecutore di cartelli pubblicitari (*pubbl.*), adman.

cartellone (cartello pubblicitario) (*comm.*), placard, poster, billposter.

cartellonista (*dis.*), posterist, commercial artist.

carter (dell'olio) (*mot.*), (oil) sump, (oil) pan. **2.** ~ della distribuzione (di una motocicletta per es.) (*mecc.*), timing case.

cartesiano (*mat.*), cartesian.

cartièra (*ind.*), paper factory, paper mill. **2.** ~ per carte fini (*mft. carta*), fine mill, fine paper mill.

cartina (per prove chimiche per es.) (*chim.*), paper, test paper. **2.** ~ al tornasole (cartina indicatrice di pH) (*chim.*), litmus paper, lacmus paper. **3.** ~ amido-iodurata (*chim.*), iodide-starch test paper.

cartòccio (*ornamento arch.*), cartouche. **2.** ~ (nell'ordine ionico) (*arch.*), roll. **3.** ~ (carica di lancio: di un cannone) (*artiglieria*), powder charge. **4.** ~ (cilindro metallico contenente l'elemento detonante e le cariche secondarie) (*espl.*), blasting cap.

cartografia (rilievo topografico) (*cart.*), cartography, mapping, map making.

cartografico (*geogr.*), cartographic.

cartografo (compilatore di carte geografiche o topografiche) (*tecnico cart.*), cartographer, map maker.

cartolaio (*comm.*), stationer.

cartolina (illustrata), postcard. **2.** ~ (cartellino: per segnare sull'orologio controllo l'ora d'entrata e d'uscita dei dipendenti) (*ind.*), timecard. **3.** ~ postale (per sola corrispondenza), postal card.

cartonaggi (*mft. carta*), cardboard articles.

cartonamento (inscatolamento [in scatole di cartone]) (*imballaggio*), cartoning.

cartonare (mettere in cartoni) (*imballaggio*), to carton.

cartonato (*a. - legatoria*), bound in paper boards. **2.** ~ (di prodotto confezionato in cartoni) (*ind. - ecc.*), cartoned.

cartoncino (*mft. carta*), card. **2.** ~ "bristol" (*mft. carta*), Bristol board. **3.** ~ di protezione (per avvolgere sapone ecc.) (*imballaggio*), stiffener. **4.** ~ glacé (*mft. carta*), flint board. **5.** ~ cartoncini Jacquard (*mft. carta - ind. tess.*), Jacquard cards. **6.** ~ per carte da gioco (*mft. carta*), playing card board. **7.** ~ per cartoline postali (da $3 \times 5^1/_2$ pollici) (*mft. carta*), postcard board. **8.** ~ per schede (*mft. carta*), index board.

cartone (*gen.*), board, cardboard, paperboard, carton, millboard. **2.** ~ (per macchina Jacquard) (*ind. tess.*), pattern card, Jacquard card. **3.** ~ accoppiato (cartone incollato) (*mft. carta*), pasteboard. **4.** ~ a due strati (tipo di cartone) (*mft. carta*), duplex. **5.** ~ alla forma (cartone al tino per acquerelli) (*mft. carta*), "pasteless board". **6.** ~ (o disegno) animato (*cinem.*), animated cartoon. **7.** ~ (o disegno) animato sonoro (*cinem.*), sound cartoon. **8.** ~ avorio (cartone patinato sulle due superfici) (*mft. carta*), ivory board. **9.** ~ catramato (cartone di stracci impregnato di asfalto: per impermeabilizzare tetti, terrazzi ecc.) (*ed.*), asphaltic felt, rag felt, "building paper". **10.** ~ di alta resistenza (per contenitori da trasporto) (*mft. carta*), jute board. **11.** ~ di amianto (*ind.*), asbestos board. **12.** ~ di fibra (*mft. carta*), fibreboard. **13.** ~ di fibra compresso (*mft. carta*), hardboard. **14.** ~ di pasta di legno (*mft. carta*), wood pulp board, pulpboard. **15.** ~ fibra (cartone molto forte, simile alla fibra vulcanizzata, per valigeria per es.) (*ind.*), pressboard. **16.** ~ fibra isolante (usato come dielettrico) (*elett.*), pressboard. **17.** ~ incollato (cartone accoppiato) (*ind.*), pasteboard. **18.** ~ ondulato (*mft. carta*), corrugated board. **19.** ~ per bachicoltura (*mft. carta - ind. seta*), silkworm-egg paper. **20.** cartoni per coperture (*ed.*), roofing boards. **21.** ~ per copialettere (*mft. carta*), copying board. **22.** ~ per flani (usato in tipografia) (*mft. carta*), matrix board. **23.** cartoni per macchine Jacquard (*ind. tess.*), Jacquard cards. **24.** ~ per montaggio (di fotografie) (*mft. carta*), mounting board. **25.** ~ per pannelli (*mft. carta*), panel board. **26.** ~ per scatole (cartone per cartonaggio) (*mft. carta*), box board. **27.** ~ pesante (*mft. carta*), mat board. **28.** ~ pesto (*mft. carta*), papermake, papier-mâché. **29.** ~ presspan (tipo di cartone isolante) (*mft. carta - elett.*), kind of hardboard. **30.** ~ similcuoio fatto a macchina (*mft.

carta), mechanical leatherboard. **31.** ~ (uso) cuoio (*mft. carta*), artificial leather, leatherboard. **32.** scatola di ~ (cartone) (*imballaggio*), cardboard box, carton.

"cartonfeltro" (*mur. - ind.*), "feltpaper".

cartonista (disegnatore di cartoni animati) (*cinem.*), animator, cartoonist.

cartuccia (per arma da fuoco), cartridge. **2.** ~ a pallottola (*espl.*), ball cartridge. **3.** ~ (a pallottola) tracciante (*milit.*), tracer cartridge. **4.** ~ a salve (*milit.*), dummy cartridge, blank cartridge. **5.** ~ da caccia (*espl.*), shotgun cartridge. **6.** ~ da esercitazioni (*milit.*), drill cartridge. **7.** ~ (per) dati (contenitore di memoria di massa) (*elab.*), data cartridge. **8.** ~ del filtro (del filtro dell'olio per es.) (*mecc.*), filter cartridge. **9.** ~ di emergenza (*arma da fuoco*), emergency cartridge. **10.** ~ (di contenimento) di memoria di massa (contenitore di dischi flessibili, o di dischi rigidi, di nastri ecc.) (*elab.*), cartridge. **11.** ~ di nastro [magnetico] (usata come memoria di massa) (*elab.*), tape cartridge. **12.** ~ di prova (cartuccia speciale con carica di polvere più forte di quella normale) (*prove armi da fuoco*), proof load. **13.** ~ disco (elemento costituito da disco magnetico in un contenitore di plastica, pronto per essere montato in una unità a dischi magnetici) (*elab.*), disk cartridge. **14.** ~ piezoelettrica (per fonorivelatore) (*elettroacus.*), crystal cartridge. **15.** ~ (per avviamento di un mot. a c. i.) (*mot.*), cartridge. **16.** ~ portacampione (piccolo involucro contenente il campione radioattivo, che viene spinto pneumaticamente o idraulicamente nel reattore nucleare o in laboratorio) (*fis. atom.*), rabbit. **17.** bossolo di ~ (*arma da fuoco*), cartridge case.

cartuccièra (*milit.*), cartridge belt.

casa (*ed.*), house. **2.** ~ a quartieri (da affitto) (*ed.*), lodginghouse. **3.** ~ cantoniera (*ed. - ferr.*), trackman lodge **4.** ~ colonica (*ed.*), farmhouse. **5.** ~ commerciale (ditta) (*ind. - comm.*), firm, house. **6.** ~ da affitto (*comm.*), house for rent. **7.** ~ di campagna (*ed.*), cottage, cot. **8.** ~ editrice (*stampa*), publishers. **9.** ~ estiva (*ed.*), summer house. **10.** ~ fatta di tronchi d'albero squadrati (*costr.*), blockhouse. **11.** ~ madre (impresa madre, di una attività industriale) (*comm.*), parent company. **12.** ~ modesta ad un piano con seminterrato (casetta col piano terreno parzialmente sotto il livello del suolo) (*ed.*), bi-level, raised ranch. **13.** ~ operaia (*ed.*), workmen house. **14.** ~ popolare (*ed.*), cheap (or low-rent) building, workhouse (ingl.). **15.** ~ popolare da affitto (*ed. - comm.*), tenement (house). **16.** ~ prefabbricata (*ed.*), prefabricated house. **17.** ~ rurale (*ed.*), farmhouse. **18.** ~ signorile (*ed.*), mansion. **19.** ~ (o serra) solare (provvista di grandi vetrate che trattengono il calore irraggiato dal sole: tipo di serra senza riscaldamento artificiale o condizionamento) (*ed.*), solar house. **20.** governo ed economia della ~ (*gen.*), housekeeping.

casaccio, a casaccio (*gen.*), at random.

casamatta (*milit.*), casemate, bunker, blockhouse. **2.** ~ di cemento armato (*ed. milit.*), pillbox.

cascame (*ind. tess.*), waste. **2.** ~ (nell'industria della gomma), scrap. **3.** ~ dei cilindri (nella cardatura) (*ind. tess.*), cylinder waste. **4.** ~ dei lucignoli (*ind. tess.*), roving waste. **5.** ~ dei semi di cotone (*ind. tess.*), linter. **6.** ~ dei tamburi (nella cardatura) (*ind. tess.*), cylinder waste. **7.** ~ dell'apritoio (*ind. tess.*), opener waste. **8.** ~ di annaspatura (*ind. tess.*), reeler's waste. **9.** ~ di carda (*ind. tess.*), card waste, card strip. **10.** ~ di cotone (usato per materassi per es.) (*tess.*), cotton waste, batt, bat. **11.** ~ di filati (*ind. tess.*), yarn waste. **12.** ~ di filatoio ad anelli (*ind. tess.*), ring waste. **13.** ~ di filato ritorto (*ind. tess.*), twisted yarn waste. **14.** ~ di filatura (*ind. tess.*), spinning waste. **15.** ~ di fine lavorazione (*ind. tess.*), hard waste. **16.** ~ di follatura (*ind. tess.*), milling flocks. **17.** ~ di fondo vasca (di lana per es.) (*ind. tess.*), bowl waste. **18.** ~ di garzatura (*ind. tess.*), raising waste. **19.** ~ di imbozzimatura (*ind. tess.*), slasher. **20.** ~ di incannatura (cascame di roccatura) (*ind. tess.*), winding waste, spooler. **21.** ~ di inizio lavorazione (*ind. tess.*), soft waste, wool waste. **22.** ~ di lana (*ind. tess.*), wool waste. **23.** ~ di lavatura (*ind. tess.*), washing waste. **24.** ~ di pettinatura (pettinaccia) (*ind. tess.*), top waste, noil, combing waste. **25.** ~ di roccatura (cascame di incannatura) (*ind. tess.*), winding waste, spooler. **26.** ~ di seta (*ind. tess.*), silk waste. **27.** ~ di stiratoio (*ind. tess.*), drawing waste. **28.** ~ di telaio (*ind. tess.*), loom waste. **29.** ~ di tessitura (*ind. tess.*), weaving waste. **30.** ~ di trattura (*ind. tess.*), knub. **31.** ~ lappoloso di pettinatura (*ind. tess.*), burry noil. **32.** ~ oliato (*ind. tess.*), oily waste. **33.** ~ pulito di pettinatura (*ind. tess.*), clear noil. **34.** ~ rilavorato (*ind. tess.*), reworked waste. **35.** cascami volanti (*ind. tess.*), flying flocks.

cascata (*geogr.*), waterfall. **2.** ~ (collegamento elettrico), cascade. **3.** collegamento in ~ (*eltn.-elett.*), cascade connection. **4.** piccola ~ (*idr.*), cascade.

cascina (*agric.*), dairy farm.

casco (di pilota) (*aer.*), helmet. **2.** ~ d' ascolto (usato dal pilota per es.) (*aer. - radio*), headset. **3.** ~ coloniale (*gen.*), sun helmet. **4.** ~ integrale (per piloti di corse automobilistiche ecc.) (*aut. - mtc.*), crash helmet.

cascode (tipo particolare di amplificatore a due triodi in cascata con amplificazione analoga a un pentodo, ma meno rumoroso) (*eltn.*), cascode.

caseggiato (*ed.*), block.

caseificio (*agric.*), dairy.

caseina (*chim.*), casein. **2.** colla alla ~ (*ind. chim.*), casein glue, casein cement.

casella (ripostiglio per schede perforate, nastri ecc.), (*s. - elab.*) bin, pocket.

casellante (cantoniere) (*lav. ferr.*), trackman, level crossing gatekeeper.

casèlla postale (*comm.*), post office box, P. O. Box, POB.
casellario (*uff.*), filing cabinet.
casèllo (ferroviario) (*ed. ferr.*), trackman lodge, level crossing gatekeeper's lodge.
casèrma (*milit.*), barracks.
"cash flow" (flusso di cassa: entrata netta di una società presa come misura del suo valore) (*amm.*), cash flow.
casière (*op.*), porter.
caso (*gen.*), chance. **2.** ~ di forza maggiore (*comm. - leg.*), act of God. **3.** ~ eccezionale (*gen.*), exceptional case. **4.** a ~ (casuale) (*stat. - controllo qualità*), random.
casòtto di navigazione (*nav.*), pilothouse, wheelhouse.
cassa (di un trasformatore o interruttore) (*elett.*), tank. **2.** ~ (parte fissa di turbina o distributore, di compressore ecc.) (*mecc.*), stator. **3.** ~ (di una deriva) (*nav.*), trunk. **4.** ~ (imballaggio), case, chest, box (am.). **5.** ~ (denaro), cash. **6.** ~ (tipografica: contenente i caratteri) (*tip.*), case. **7.** ~ (di un bozzello) (*nav.*), shell. **8.** ~ (di un vagone ribaltabile) (*veic. ferr.*), box. **9.** ~ (di una vettura, automotrice ecc.) (*ferr.*), body. **10.** ~ a divisione orizzontale (corpo a divisione orizzontale, di una pompa centrifuga per es.) (*macch.*), horizontal split case. **11.** ~ a fumo (camera a fumo, di locomotiva) (*cald.*), smokebox. **12.** ~ (o custodia) antiurto (di uno strumento) (*imballaggio*), shockproof case. **13.** ~ automatica prelievi, "BANCOMAT" (distributore di ~ computerizzato) (*banca*) ATM, Automatic Teller Machine. **14.** ~ battente (di un telaio) (*ind. tess.*), sley. **15.** ~ continua (di una banca) (*finanz.*), night safe. **16.** ~ da imballo per esportazione (per un motore per es.) (*imballaggio*), export boxing. **17.** ~ da munizioni (*milit.*), ammunition chest. **18.** ~ d'anima (*fond.*), core box, corebox. **19.** ~ d'aria (per mantenere costante il flusso) (*idr.*), air chamber. **20.** ~ dei caratteri (cassa tipografica) (*tip.*), typecase, letter case. **21.** ~ del fuso (*mecc. tess.*), spindle box. **22.** ~ del gavone (*nav.*), peak tank. **23.** ~ dell'orologio (*mecc.*), watchcase. **24.** ~ di compenso (di sott.) (*mar. milit.*), diving tank. **25.** ~ di cottura (per vivande), cooker. **26.** ~ d'imballaggio (*trasp.*), packing case. **27.** ~ di miscela (cassetta di miscela nella macchina continua) (*mft. carta*), mixing box, mixing chest. **28.** ~ di rapida immersione (di un sottomarino) (*mar. milit.*), crash diving tank. **29.** ~ di risonanza (*acus.*), resonance box. **30.** ~ di risparmio (*banca*), savings bank. **31.** ~ di sgocciolamento (*mft. carta*), drainer, draining tank. **32.** ~ e banche (in un bilancio) (*contabilità*), cash and due from banks. **33.** ~ ingranaggi (di un locomotore elettrico per es.) (*ferr.*), gearcase. **34.** ~ integrazione (ricorso a fondi di soccorso per lavoratori nella evenienza di mancanza di lavoro) (*amm. - pers.*), fall-back pay, lay-off pay. **35.** ~ lettere maiuscole (alta cassa) (*tip.*), upper case, u.c. **36.** ~ lettere minuscole (bassa cassa) (*tip.*), lower case, l.c. **37.** ~ malattia (per impiegati) (*organ. pers.*), sickness fund. **38.** ~ mobile (per vagone ferroviario) (*trasp. ferr.*), container. **39.** ~ ondulata (di un trasformatore ad olio) (*elettromecc.*), corrugated tank. **40.** ~ per zavorra d'acqua (*nav.*), ballast tank. **41.** ~ portabatteria (fissata al telaio delle vetture) (*ferr.*), battery box. **42.** ~ sabbiera (*ferr.*), sandbox. **43.** ~ tipografica (cassa dei caratteri) (*tip.*), letter board, type case. **44.** alta ~ (cassa maiuscole) (*tip.*), upper case, u.c. **45.** bassa ~ (cassa per lettere minuscole (*tip.*), lower case, l.c. **46.** credito di ~ (credito netto) (*comm.*), clean credit, cash credit, CC. **47.** flusso di ~ scontato ("discounted cash flow", metodo per valutare gli investimenti) (*finanz.*), discounted cash flow, DCF. **48.** fondo ~ (somma di denaro dedicata alle piccole spese) (*amm.*), float. **49.** piccola ~ (*amm. - ind.*), petty cash. **50.** preventivo di ~ (*amm.*), cash budget. **51.** previsioni di ~ (*amm.*), cash forecast. **52.** sconto ~ (*amm.*), cash discount.
cassaforma (*c. a.*), form, formwork. **2.** ~ di fondazione (*ed.*), footing form. **3.** ~ di plinto di pilastro (*c. a.*), form (or mold) for base of pillar. **4.** ~, *vedi anche* casseforme.
cassafòrte (per banca, ufficio), safe.
cassamisura (della terra da fonderia) (*mur.*), sand measure box.
cassapanca (mobile) (*falegn.*), chest.
cassazione (*leg.*), cassation. **2.** corte di ~ (*leg.*), Court of Cassation.
casseforme (armature per ricevere calcestruzzo erette sul posto) (*ed.*), formworks.
casseretto (cassero di poppa, sovrastruttura a poppa di una antica nave del 16° sec.) (*nav.*), poop deck, poop quarter-deck.
càssero (di una nave) (*nav.*), quarter-deck. **2.** ~ (*costr. idr.*), caisson, box caisson. **3.** ~ di poppa (casseretto) (*nav.*), poop deck, poop quarter-deck. **4.** ~ rialzato (mezzo cassero) (*nav.*), raised quarter-deck.
cassetta (*gen.*), box. **2.** ~ (chassis, telaio portalastre) (*fot.*), cassette. **3.** ~ (contenente una bobina di nastro magnetico) (*elettroacus.*), cartridge. **4.** ~ a decadi (serie regolabile di resistori per es. per la scelta di qualsiasi valore decadale) (*elett.*), decade box. **5.** ~ attrezzi (*ut.*), tool kit, tool case. **6.** ~ d'aghi oscillante (di telaio Jacquard) (*ind. tess.*), swing needle box. **7.** ~ della platina (di una olandese) (*macch. mft. carta*), bedplate box. **8.** ~ delle idee (cassetta consigli tecnici, in uno stabilimento) (*ind.*), suggestion box. **9.** ~ di cacciata (vaschetta di cacciata) (*impianti sanitari*), flushing cistern, FC, flushing tank, flush tank. **10.** ~ di commutazione (*elett.*), change-over box, switching box, jack box. **11.** ~ (di contenimento) dell'interruttore (*elett.*), switch box. **12.** ~ di derivazione (cassetta incassata in una parete lungo una traccia per fili ed usata per l'inserzione degli stessi nel tubo sotto traccia) (*elett.*), pull box. **13.** ~ di estremità

(muffola terminale) (di un cavo) (*elett.*), sealing box. **14.** ~ di giunzione (*app. elett.*), connection box. **15.** ~ di nastro (usata come volume di memoria) (*elab.*) tape cartridge, digital cassette. **16.** ~ di raccolta materiale (*arredamento off.*), box, tote-box (colloquial). **17.** ~ di resistenze (cassetta di resistori) (*elett.*), resistance box. **18.** ~ di resistori (cassetta di resistenze) (*elett.*), resistance box. **19.** ~ di sicurezza (*banca*), safe-deposit box, safety-deposit box. **20.** ~ oculistica (*att. med.*), oculistic bag, eye instrument case. **21.** ~ per cacciata (per w.c. per es.) (*app. sanitaria*), flushing tank, flush tank, flushing cistern, FC. **22.** ~ per le lettere (cassetta per impostazione) (*poste*), mailbox **23.** ~ per navette (di un telaio) (*macch. tess.*), shuttle box. **24.** ~ per tubazioni (gola) (*mur.*), chase. **25.** ~ portanaspi (*antincendi*), fire hose box. **26.** ~ portautensili (*gen.*), tool box. **27.** ~ postale (*comm.*), post office box, POB. **28.** ~ pronto soccorso (*att. med.*), first aid kit. **29.** registratore a nastro a ~ (*elettroacus.*), cassette tape recorder.

cassettino (scomparto, della cassa tipografica) (*tip.*), cell, box.

cassetto (di un mobile) (*uff.*), drawer. **2.** ~ (ripostiglio, di un cruscotto di automobile, cassetto portaguanti) (*aut.*), glove box. **3.** ~ carte (nautiche) (*nav.*), chart locker. **4.** ~ del registratore di cassa (~ che contiene il denaro) (*amm. - comm.*), till. **5.** ~ di distribuzione (di macchina a vapore) (*macch.*), slide valve, distributing valve. **6.** ~ rotativo (di macchina a vapore), rotary valve. **7.** camera del ~ (di macchina a vapore) (*macch.*), steam chest. **8.** distribuzione a ~ (di macchina a vapore) (*macch.*), slide valve gear.

cassettone (mobile) (*falegn.*), chest of drawers, dresser. **2.** ~ (compartimento di un soffitto) (*arch.*), lacunar, caisson. **3.** "~" (carro merci con sponde alte) (*ferr.*), gondola car (am.). **4.** soffitto a cassettoni (*arch.*), lacunar ceiling, lacunar.

cassière (di una banca per es.) (*amm.*), cashier.

cassina (siviera a mano, tazza di colata, tazzina, sivierina) (*fond.*), hand ladle.

cassiterite (SnO_2) (*min.*), cassiterite, tinstone.

cassone (a tenuta idraulica) (*gen.*), tank, caisson. **2.** ~ (per immagazzinamento materiali sciolti), bin. **3.** ~ (di autocarro) (*costr. aut.*), body. **4.** ~ (per lavori idraulici) (*costr. idr.*), caisson. **5.** ~ a sponde alte (di un autocarro) (*aut.*), stake body. **6.** ~ autoallagabile (*mar. milit.*), automatic inboard venting tank. **7.** ~ con ritti (o montanti) (*aut.*), stake body. **8.** ~ d'acqua per zavorra (di una nave per es.) (*nav.*), water ballast tank. **9.** ~ dei trucioli (*macch. ut.*), chip pan. **10.** ~ di emersione (di un sott. per es.) (*mar. milit.*), buoyancy tank. **11.** ~ di misura (per misurare l'acqua per irrigazione per es.) (*idr.*), weir box. **12.** ~ di rapida immersione ("rapida": di un sottomarino) (*mar. milit.*), crash -diving tank. **13.** ~ di scarico (*trasp. ind.*), dump box. **14.** ~ per fondazioni pneumatiche (*idr. - ed.*), pneumatic caisson. **15.** ~ per il trasporto di combustibile (per un reattore nucleare) (*fis. atom.*), fuel shipping cask. **16.** ~ per misurare la sabbia (*mur.*), sand measure box. **17.** ~ per ricupero (di navi sommerse per es.), caisson, camel. **18.** ~ per trasporto materiali (*trasp. ind.*), skip box. **19.** ~ per zavorra (*nav.*), ballast tank, deep tank, water ballast. **20.** ~ ribaltabile (di autocarro per es.) (*aut.*), dump body. **21.** ~ ribaltabile mediante sollevatore idraulico (di autocarro per es.) (*aut.*), dump body with hydraulic hoist.

cassonetto (*artiglieria*), caisson. **2.** ~ (sistemato al disopra della finestra per l'alloggiamento dell'avvolgibile) (*ed.*), box. **3.** ~ dell'avvolgibile (*ed.*), roller shutter box.

castagna (scontro, di un argano) (*nav.*), pawl.

castagno (*legn.*), chestnut.

castagnola (galloccia) (*nav.*), cleat.

castelletto (*arch.*), castlet. **2.** ~ (*min.*), headframe. **3.** ~ (limite di credito autorizzato da una banca) (*finanz.*), credit line, credit limit, authorized overdraft. **4.** ~ di trazione elasticizzato (di un carro ferroviario dotato di longherone centrale mobile longitudinalmente con corsa ammortizzata) (*ferr.*), cushion underframe (am.).

castèllo (*arch.*), castle. **2.** ~ (maniero) (*arch.*), manor house. **3.** ~ di antenna (pilone di antenna) (*radio - radar*), antenna tower. **4.** ~ di prua (*nav.*), forecastle. **5.** ~ di sostegno sui galleggianti (di idrovolante) (*aer.*), float undercarriage. **6.** ~ motore (supporto del motore) (*aer.*), engine mounting, engine mount.

"castina" (calcare fondente) (*fond.*), flux.

castone (per gioie), collet.

casuale (fortuito, accidentale) (*gen.*), casual. **2.** ~ (a caso) (*controllo qualità*), random. **3.** ~ (stocastico casuale) (*a. - stat.*) stochastic. **4.** collaudo ~ (controllo casuale, collaudo di pezzi scelti a caso, nel controllo della qualità) (*tecnol. mecc.*), random inspection. **5.** memoria ad accesso ~ (*elab.*), random access memory, RAM.

casualizzare (*stat. - ecc.*), to randomize.

casualizzazione (processo di ~) (*s. - stat. - elab.*), randomization.

catacaustica (caustica per riflessione) (*ott.*), catacaustic.

catacomba (*archeologia*), catacomb.

catadiottrico (riflettente e rifrangente) (*a. - ott.*), catadioptric, catadioptrical.

catadiottro (apparato che riflette le radiazioni incidenti in direzione parallela a quella di provenienza) (*s. - ott.*), retroreflector. **2.** (segnale realizzato con materiale catadiottrico) (*ott. - traff. strad.*), reflector, reflex reflector. **3.** catadiottri (lungo le strade per es.) (*segnali aut.*), cat's eyes. **4.** ~ stradale (catarifrangenti ai lati della strada: sui paracarri per es.) (*att. strad.*), delineator.

cataforesi (*fis.*), cataphoresis.

catàlisi (*chim.*), catalysis. **2.** ~ eterogenea (in siste-

mi solido/fluido) (*fis. chim.*), heterogeneous catalysis.
catalitico (*a. - chim.*), catalytic.
catalizzare (sottoporre a catalisi) (*chim.*), to catalyze.
catalizzatore (*chim.*), catalyst. **2.** ~ alla spugna di platino (*chim.*), platinum sponge catalyst. **3.** ~ d'accensione (del postbruciatore di un reattore) (*mecc. di mot. aer.*), igniter catalyst. **4.** ~ negativo (inibitore di reazione: sostanza che arresta o impedisce una reazione chimica) (*chim.*), inhibitor, anticatalyst.
catalogare (*uff.*), to catalogue.
catàlogo (*comm.*), catalogue, price list. **2.** ~ (lista) (*gen.*), list. **3.** ~ (listino prezzi) (*comm.*), price list. **4.** ~ (contiene gli indici di archivio e di ubicazione dati) (*elab.*), catalogue. **5.** ~ a fogli sciolti (*pubbl. - ecc.*), sheaf catalogue, loose-leaf catalogue. **6.** ~ generale (*comm.*), master catalogue. **7.** ~ illustrato (*comm.*), illustrated catalogue. **8.** ~ parti di ricambio (*mecc.*), spare parts list.
catamarano (barca a due scafi) (*nav.*), catamaran. **2.** imponente ~ a scafi parzialmente sommergibili, equipaggiato con due colossali gru motorizzate (capaci di sollevare 10.000 tonn. ciascuna per montare in mare impianti di trivellazione) (*nav. - estrazione petrolio in mare*), semi-submersible crane vessel, SSCV.
catapulta (per il lancio di aereo da bordo di una nave per es.) (*aer.*), catapult. **2.** ~ al suolo (per il lancio di un velivolo) (*aer.*), ground catapult. **3.** ~ di (o per) portaerei (per il lancio di un velivolo) (*aer.*), deck catapult.
catapultare (*aer. - nav.*), to catapult, to launch.
cataraffio (calcastoppa) (*ut. nav.*), horsing iron, caulking iron.
cataratta (*idr.*), *vedi* cateratta.
catarinfrangènte, *vedi* catadiottro. **2.** ~ (assieme di catadiottri) (*segnaletica notturna*), reflex reflector.
catarometro (analizzatore di gas per mezzo della conduttività termica nei gas) (*strum. chim.*), katharometer.
catasta (*ind. - mur.*), pile. **2.** ~ (per sostenere il cielo di una miniera) (*min.*), chock. **3.** ~ (*elab.*), *vedi* pila.
catastale (*a. - top. - leg.*), cadastral.
catasto (*top. - leg.*), cadastre, cadaster. **2.** iscrizione al ~ terreni (*catasto - leg.*), land registration.
catàstrofe (*gen.*), catastrophe. **2.** ~ ecologica (*ecol.*), ecocatastrophe.
catatermòmetro (*strum.*), katathermometer.
catecù (estratto colorante), catechu.
categorìa (*uff.*), category. **2.** ~ (di operai per es.: specializzati ecc.) (*op.*), grade. **3.** ~ (salariale per es.) (*pers. - ecc.*), range. **4.** ~ (in una corsa automobilistica) (*aut.*), class. **5.** ~ retributiva (*pers.*), wage range. **6.** ~ sport (in una corsa aut.) (*aut.*), sport class. 7. passaggio di ~ (promozione di personale) (*pers.*), upgrading (am.). **8.** passare ad una ~ inferiore (di un capo che abbia gravemente demeritato) (*pers.*), to downgrade.
categorico (*gen.*), categorical, categoric. **2.** numero ~ (numero di disegno, di un particolare) (*dis.*), part number, drawing number.
catena (*gen.*), chain. **2.** ~ (di stazioni radio) (*radio*), chain. **3.** ~ (da geometra) (*strum. mis. top.*), chain. **4.** ~ (*ed.*), tie rod. **5.** ~ (di ordito) (*tess.*), chain. **6.** ~ (*chim.*), chain. **7.** ~ (tirante per aumentare la stabilità di un muro) (*ed.*), anchor. **8.** ~ (una serie di operazioni o dati collegati fra loro) (*elab.*), chain. **9.** ~ ad anelli (catena comune, catena da pozzo: con ogni anello disposto su di un piano ortogonale rispetto a quello degli anelli precedente e seguente) (*catena*), jack chain. **10.** ~ a ganci (*mecc.*), hook link chain. **11.** ~ a maglia rinforzata (o con traversino) (*mecc.*), stud link chain, stud chain. **12.** ~ a maglie girate (~ leggera con maglie a forma di 8 le cui orecchie sono ruotate di 90 gradi) (*ind.*), jack chain. **13.** ~ a margherita (sistema di collegamento tra unità periferiche ed unità centrale) (*elab.*), daisy chain. **14.** ~ antisdrucciolevole (catena da neve) (*aut.*), skid chain. **15.** ~ a perni (per ruote a denti) (*mecc.*), pintle chain. **16.** ~ aperta (*chim.*), open chain. **17.** ~ articolata (*mecc.*), flat link chain, sprocket chain. **18.** ~ a rulli (*mecc.*), roller chain. **19.** ~ cinematica (*mecc.*), kinematic chain. **20.** ~ cinematica dal motore alle ruote motrici (*mecc. aut.*), power train. **21.** ~ da barile (per il sollevamento di barili) (*app. sollevamento*), barrel chain. **22.** ~ da imbracatura (*app. sollevamento*), sling chain. **23.** catene da neve (*aut.*), snow chains. **24.** ~ da topografo (20,1168 m) (*strum. mis.*), surveyor's chain. **25.** ~ da trasmissione (*mecc.*), block chain. **26.** ~ del frenello (*nav.*), tiller chain. **27.** ~ dell'àncora di tonneggio (*nav.*), sheet anchor chain. **28.** ~ dentata (~ senza fine per movimento tronchi) (*segheria*), jack chain. **29.** ~ di àncora (*nav.*), anchor chain. **30.** ~ di capriata (*ed.*), tie beam. **31.** ~ di comando (di un paranco) (*mecc.*), fall. **32.** ~ di convogliamento (sistemata sotto il pavimento di un magazzino per es., per il movimento di carrelli) (*trasp. ind. - magazzino - ecc.*), conveyor chain. **33.** ~ di isolatori (serie di isolatori di sospensione) (*elett.*), string insulator, insulator chain. **34.** ~ di manovra (di un paranco) (*mecc.*), fall. **35.** ~ di Markov (*stat.*), Markoff chain, Markov chain. **36.** ~ di messa a terra (per eventuale elettricità statica: nel trasporto di esplosivi per es.) (*trasp. aut.*), drag chain. **37.** ~ di misura di 100 piedi (30,48 m) (*strum. top.*), engineer's chain. **38.** ~ di misura di 66 piedi (20,1168 m) (*strum. top.*), surveyor's chain. **39.** ~ di montaggio (catena che trascina complessivi che vengono completati di parti semplici o gruppi durante il suo movimento) (*procedimento ind.*), conveyer. **40.** ~ di montagne (*geogr.*), mountain range, mountain chain. **41.** ~ di negozi (*comm.*), string of shops, string of stores. **42.** ~ di ordito (*mft. tess.*), warp chain. **43.** ~ di ormeggio (*nav.*),

mooring chain. **44.** ~ di registrazione (*elettroacus.*), recording channel (ingl.). **45.** ~ di sicurezza (collegante cassa e carrello di veicolo ferroviario) (*ferr.*), safety chain. **46.** ~ di tramogge (*trasp. ind.*), hopper chain. **47.** ~ di trasmissione (tra due ruote di catena: per es. per la distribuzione di un motore) (*mecc.*), gearing chain. **48.** ~ esplosiva (~ di elementi esplosivi mirata ad una più facile esplosione della carica principale) (*espl. - milit.*), explosive train. **49.** ~ Galle (*mecc.*), Gall's chain, pitch chain, ladder chain. **50.** ~ laterale (di atomi) (*chim.*), side chain. **51.** ~ lineare (*chim.*), linear chain. **52.** ~ per accoppiamento carri (*ferr.*), drag chain. **53.** ~ per imbracatura (per sollevamento materiali) (*ind.*), sling chain. **54.** ~ piena (*ind. tess.*), full warp. **55.** ~ rinforzata (di un'àncora per es.) (*nav.*), stud chain. **56.** ~ silenziosa (*mecc.*), silent chain. **57.** a ~ aperta (*a. - chim.*), open-chain, open. **58.** lasciar filare la ~ (di un'àncora) (*nav.*), to slip the cable. **59.** lunghezza di ~ (*unità di mis. nav.*), shackle of chain. **60.** mezza ~ (*ind. tess.*), half warp. **61.** paranco a ~ (*att.*), chain block. **62.** puleggia per ~ (*mecc.*), chain sheave. **63.** rompi ~ (di macchina tessile), warp stop, warp stop motion. **64.** tesa di ~ (*unità di mis. nav.*), shackle of chain. **65.** trasmissione a ~ (*mecc.*), chain drive.

catenaccio (di serratura di porta) (*ed.*), bolt. **2.** ~ (chiavistello di chiusura di una porta) (*ed.*), sliding bar, bolt, sliding (or locking) bolt. **3.** ~ (di porta di carro merci ferr. per es.) (*ferr.*), locking bar, door bolt. **4.** ~ (elemento scorrevole della chiusura che impegna una bocchetta) (*mecc.*), latch.

catenaria (*geom.*), catenary curve, catenary.

catenella (*gen.*), chain. **2.** ~ a rosario (*mecc.*), bead chain. **3.** ~ di messa a terra, *vedi* catena di messa a terra.

catenoide (*mat.*), catenoid.

cateratta (*geogr.*), waterfall. **2.** ~ (artificiale) (*idr.*), sluice.

catetère (*strum. med.*), catheter. **2.** ~ di gomma elastica (*strum. med.*), elastic rubber catheter. **3.** ~ metallico (*strum. med.*), metal catheter.

catèto (*geom.*), cathetus.

catetòmetro (*strum. fis.*), cathetometer.

"catforming" (processo di "reforming" a catalizzatore rigenerabile con interruzione del processo) (*ind. chim.*), catforming.

catinèlla, washbasin.

catino (*gen.*), basin, bowl.

catione (*chim. - fis.*), cation.

catiònico (*chim. - fis.*), cationic.

càtodo (*elett.*), cathode. **2.** ~ (di valvola termoionica) (*termoion.*), cathode. **3.** ~ a riscaldamento diretto (*termoion.*), directly-heated cathode. **4.** ~ a riscaldamento indiretto (*termoion.*), indirectly-heated cathode. **5.** ~ caldo (*termoion.*), hot cathode. **6.** ~ freddo (*termoion.*), cold cathode. **7.** ~ liquido (di mercurio in un tubo raddrizzatore per es.) (*eltn.*), pool cathode. **8.** ~ virtuale (*radio*), virtual cathode. **9.** a ~ caldo (*a. - termoion.*), hot -cathode. **10.** falso ~ (*elettrochim.*), dummy cathode.

catodoluminescenza (prodotta dal bombardamento di una sostanza con raggi catodici) (*chim. - fis.*), cathodoluminescence.

catolita (*elettrochim.*), catholyte.

catottrica (scienza della luce riflessa) (*ott.*), catoptrics.

catottrico (riflettente) (*a. - ott.*), catoptric, catoptrical.

catramare (*strad.*), to tar.

catramato (*ed. - ind.*), tarred.

catramatrice (*macch. strad.*), tar sprinkler.

catramatura, tarring.

catrame (*chim.*), tar. **2.** ~ derivato dal carbon fossile (*chim.*), coal tar. **3.** ~ di gas (*ind.*), gas tar. **4.** ~ di legna (*chim.*), wood tar. **5.** ~ di torba (*chim. ind.*), peat tar. **6.** ~ grezzo (catrame non sottoposto a distillazione o ad altri trattamenti) (*chim. ind.*), crude tar. **7.** ~ per pavimentazioni stradali (*costr. strad.*), road tar. **8.** emulsione di ~ (*materiale costr. strad.*), tar emulsion. **9.** olio di ~ (*chim. ind.*), coal tar oil. **10.** olio leggero di ~ (*chim. ind.*), coal tar light oil. **11.** olio medio di ~ (*chim. ind.*), coal tar middle oil. **12.** olio pesante di ~ (*chim. ind.*), coal tar heavy oil.

catramoso (*gen.*), tarry.

cattedrale (*arch.*), cathedral.

cattura (di un nucleo atomico ad opera di una particella elementare) (*fis. atom.*), capture. **2.** ~ (di un neutrone da parte del nucleo p. es.) (*fis. atom.*), capture. **3.** ~ di elettrone (*fis. atom.*), electron capture. **4.** ~ di risonanza (assorbimento, per es. di neutroni, in condizioni di risonanza) (*fis. atom.*), resonance capture. **5.** ~ K (reazione nucleare che avviene mediante cattura di un elettrone dello strato K) (*fis. atom.*), K capture. **6.** ~ parassita (~ non desiderata di un neutrone per es.) (*fis. atom.*), parasitic capture, parasitic absorption. **7.** mandato di ~ (*leg.*), capias.

catturare (elettroni) (*fis.*), to catch.

caucciù $(C_5H_8)_n$ (*chim.*), rubber, India rubber, caoutchouc. **2.** ~ (nastro di gomma usato nelle macchine offset) (*lit.*), blanket. **3.** ~ minerale (elaterite) (*min.*), mineral caoutchouc, elaterite. **4.** cilindro ~ (di una macchina offset) (*lit.*), blanket cylinder. **5.** olio di ~ (olio di gomma, ottenuto mediante distillazione secca della gomma) (*ind. chim.*), caoutchouc oil, rubber oil.

caulicolo (voluta nei capitelli corinzi) (*arch.*), cauliculus.

càusa (motivo di un guasto per es.) (*gen.*), cause, reason. **2.** ~ (*leg.*), suit. **3.** ~ (processo) (*leg.*), lawsuit. **4.** ~ probabile (di un guasto) (*macch. - ecc.*), probable cause. **5.** honoris ~ (*laurea - ecc.*), honoris causa, h.c.

causare (determinare) (*gen.*), to cause.

caustica (curva caustica) (*s. - ott.*), caustic, caustic curve.

causticità (*chim.*), causticity.
càustico (*a.* - *chim.*), caustic.
caustificazione (*chim. ind.*), causticization, causticizing.
cautèrio (*strum. med.*), cautery. **2.** elettrodo per ~ (*strum. med.*), cautery electrode.
cauzionare (*finanz.*), to guarantee. **2.** ~ (mediante obbligazione) (*finanz.*), to bond.
cauzione (*comm.* - *leg.*), security, guaranty.
"CAV" (controllo automatico del volume) (*radio*), AVC, automatic volume control.
cava (di marmo, sabbia, pietra ecc.) (*min.*), quarry. **2.** ~ (scanalatura: di un rotore per es.) (*elettromecc.*), slot. **3.** ~ (miniera a cielo aperto) (*min.*), opencut. **4.** ~ a cielo aperto (per materiali da costruzione) (*min.*), surface quarry. **5.** ~ a T (*mecc.*), tee slot. **6.** ~ di prestito (*ed.*), borrow pit, borrow (am.). **7.** ~ di rena (*mur.*), sand quarry. **8.** scavare da una ~, to quarry.
cavachiodi (*ut.*), nail puller. **2.** forcella del ~ (*ut.*), claw
cavafascioni (leva per pneumatici) (*att. aut.*), crowbar tire lever.
cavalcavia (*strad.*), overbridge, overpass.
cavalière (di una bilancia di precisione) (*corredo di mis.*), rider. **2.** ~ (ponticello a spina) (*elett.*), cordless plug.
cavalletto (per officina) (*mecc.*), stand. **2.** ~ (*fot.*), tripod, stand. **3.** ~ (capra) (*mur.*), trestle, horse. **4.** ~ (per segare la legna da ardere) (*carp.*), sawhorse. **5.** ~ (da gru) (*ind.*), gantry. **6.** ~ (sulla ruota posteriore di una motocicletta) (*att. mtc.*), stand. **7.** ~ (da lattoniere) (*att. costr. mecc.*), horse. **8.** ~ (per sostenere un quadro per es.) (*gen.*), easel. **9.** ~ (sostegno a T usato nelle cartiere per carta a mano) (*att. mft. carta*), horse. **10.** ~ (da conceria) (*ind. cuoio*), beam. **11.** ~ a morsa (*att. lav. legno*), drawhorse. **12.** ~ a tre pali convergenti (tipo di valido e semplice mezzo volante usato per sollevare un carico sul posto) (*att.*), A-frame. **13.** ~ con canniccio (per bachi da seta) (*att. ind. seta*), trestle with box. **14.** ~ di montaggio (di linea montaggio motore per es.) (*mecc.*), erecting stand. **15.** ~ di sostegno centrale (al centro di un telaio di motocicletta per es.), central stand. **16.** ~ girevole (attrezzo per officina), turning stand, tilting stand. **17.** ~ (o sella) per allargature (*att. fucinatura*), becking stand. **18.** ~ per revisione motori (*att.* - *mot.*), engine overhaul stand. **19.** ~ per segare (*carp.*), sawbuck, sawhorse. **20.** addetto al ~ (*op. ind. cuoio*), beamster. **21.** lavorare al ~ (pelli) (*ind. cuoio*), to beam.
cavalli (sviluppati al freno) (*mecc.*), brake horsepower, BHP. **2.** ~ DIN (potenza DIN del motore di un'autovettura, potenza misurata con filtro aria, impianto di scarico, ventilatore e dinamo montati sul motore e funzionanti) (*mot.*), DIN rating, DIN hp. **3.** ~ di spinta (*aer.*), thrust horsepower, thp. **4.** ~ indicati (*mot.*), indicated horsepower, IHP. **5.** ~ SAE (potenza SAE, del motore di un'autovettura, potenza misurata senza ventilatore, dinamo od alternatore, filtro aria e con impianto di scarico speciale) (*mot.*), SAE rating.
cavallino (pompa a vapore per alimentazione cald.) (*cald.*), donkey pump.
cavallo, horse. **2.** ~ anno (*mis.*), horsepower-year. **3.** ~ da tiro (per trasporti), draft horse. **4.** ~ elettrico (metrico ed inglese = 0,736 kW) (*mis.*), electric horsepower. **5.** ~ di Frisia (ostacolo in filo spinato avvolto intorno a pali in croce) (*milit.*), hedgehog. **6.** ~ ora (*mis.*), horsepower-hour. **7.** ~ vapore inglese, HP (HP = 550 f p s = W 745,7 = 1,0139 CV) (*mis.*), horsepower, HP. **8.** ~ vapore (metrico), CV (CV = 75 kgm/s = W 735,5 = HP 0,9863) (*mis.*), metric horsepower. **9.** a ~ di (*gen.*), astride of. **10.** ferro di ~, horseshoe. **11.** ~, *vedi anche* cavalli.
cavallone (*mar.*), roller.
cavallo-ora (CV/ora, CV/h) (*unità di mis.*), metric horsepower-hour.
cavallotto (bullone ad U, per balestre ecc.) (*veic.* - *ecc.*), U bolt.
"cavare" (spillare, dei liquidi) (*gen.*), to tap, to draw off.
cava-righe (butta-giù-righe, interlinea alta per il trasporto delle righe dal compositoio al vantaggio) (*ut. tip.*), setting rule.
"cavata" (spillatura, del metallo fuso) (*fond.*), tap, tapping.
cavatore (per scavi a giorno) (*lav. min.*), quarryman, pitman.
cavatrice (*macch. ut.*), *vedi* mortasatrice.
cavaturàccioli, corkscrew.
cavedone (argine che attraversa per intero un corso d'acqua) (*costr. idr.*), river dam.
caverna (*geol.*), cavern.
cavetto (*arch.*), cavetto. **2.** ~ gommato (cavetto sottogomma) (*elett.*), rubber-sheathed cable, rubber-coated cable. **3.** ~ per applicazioni elettrodomestiche (*elett.*), cable for electrical domestic appliances. **4.** ~ per quadri di distribuzione (*elett.*), switchboard cable. **5.** ~ sottogomma (*elett.*), rubber-coated cable, rubber-sheathed cable. **6.** ~ sottogomma a due conduttori (*elett.*), two-strand rubbercoated cable.
cavezza (per cavallo) (*finimento*), halter.
cavicchio (*mur.*), wooden pin. **2.** ~ (per fare buchi nel terreno, per semi per es.) (*att. agric.*), dibber, dibbler.
caviglia (grossa vite per il fissaggio delle rotaie alle traverse) (*ferr.*), screw spike, sleeper screw. **2.** ~ (cavicchio usato per fissare insieme due pezzi di legno) (*carp.* - *nav.*), wooden dowel (or pin or peg), treenail, trenail. **3.** ~ (per dar volta) (*nav.*), belaying pin. **4.** ~ (in legno o ferro, per impiombatura di funi) (*ut.*), fid. **5.** ~ (della ruota del timone) (*nav.*), rung. **6.** ~ (in ferro) per impiombare (*att. nav.*), marlinespike.
caviglièra (*nav.*), belaying pin rack. **2.** ~ (pazienza: di barca a vela) (*nav.*), fife rail.

caviglione (barra di legno o ferro da infilare nel foro di una bitta per es.) (*nav.*), norman.
cavigliotto (coccinello) (*nav.*), toggle.
cavità (in una superficie), recess, cavity, hollow. **2.** ~ antigrinza (*stampo lamiere*), rabbit ear. **3.** ~ a V (formatasi durante la laminazione a caldo) (*difetto laminazione*), fish tail. **4.** ~ capillare (difetto di saldatura) (*tecnol. mecc.*), capillary pipe. **5.** ~ contenenti materie carboniose (in un getto) (*found.*), blacking holes. **6.** ~ da incollamento (cavità risultante quando un foglio di lamiera viene staccato da un altro) (*difetto metall.*), sticker hole. **7.** ~ da sbavature (dovuta alla sbavatura di un pezzo) (*difetto fucinatura*), dressout. **8.** ~ di ritiro (*fond.*), shrinkage cavity, shrink hole, internal shrinkage. **9.** ~ di ritiro (cono di risucchio, in un lingotto di acciaio per es. dovuta a contrazione non uniforme durante la solidificazione) (*metall.*), pipe, piping. **10.** ~ di sfogo bavatura (nello stampaggio con maglio meccanico per es.) (*fucinatura*), flash hole. **11.** ~ interdendritiche (*difetto metall.*), interdendritic cavities. **12.** ~ nere (cavità superficiali contenenti sostanze carboniose) (*difetto metall.*), blacking holes. **13.** ~ per accoppiamento a finestra (in guide d'onda) (*radio - radar*), slot-coupled cavity. **14.** ~ prodotta da sfogliatura di ossido (*metall.*), scale pit. **15.** ~ risonante (cavità metallica risonante) (*radio - radar*), echo box. **16.** ~ tra i cordoni di bava (per il passaggio della bava) (*fucinatura*), flash gap. **17.** ~ tubolare (dovuta a gas racchiuso) (*difetto saldatura*), pipe. **18.** formarsi di ~ di ritiro (risucchiare) (*fond.*), to pipe.
cavitazione (dell'elica) (*nav.*), cavitation. **2.** ~ (nella pulitura ultrasonica) (*ind. mecc.*), cavitation. **3.** rumore dovuto alla ~ (rumore di cavitazione) (*acus. sub.*), cavitation noise.
cavo (incavato) (*a.*), hollow. **2.** ~ (*s. - elett.*), cable. **3.** ~ (fune), cable, rope. **4.** ~ (cima) (*nav.*), rope, line. **5.** ~ (di traino) (*nav. - aut. - ecc.*), towrope, towline. **6.** ~ (dell'onda) (*s. - mar.*), trough. **7.** cavi a catenaria (di un dirigibile per es.) (*aer. - ecc.*), catenary wires. **8.** ~ ad alta frequenza (*eltn.*), high-frequency cable. **9.** ~ a nastro (costi tuito da un assieme di fili isolati di rame disposti a fianco a fianco a formare un nastro avviluppato in materiale isolante) (*elett. - ecc.*), flat cable, ribbon cable. **10.** ~ antirollio (di un aerostato) (*aer.*), anti-rolling wire. **11.** cavi a rete (di un dirigibile rigido) (*aer.*), mesh wiring. **12.** ~ armato (*elett. - ecc.*), armored cable. **13.** ~ armato con nastro di acciaio (*elett. - telef. - ecc.*), steel-tape armored cable. **14.** ~ (di) arretramento (lanciato da un aerostato per frenare o per ormeggiare o per alleggerire) (*aer.*), dragrope. **15.** ~ assiale (lungo l'asse di un dirigibile rigido per es.) (*costr. aer.*), axial wire. **16.** ~ a trefoli (*ind.*), stranded cable. **17.** ~ bicoppia (*elett.*), quadded cable. **18.** cavi circonferenziali del pallonetto (di un dirigibile) (*aer.*), circumferential gas bag wires. **19.** cavi circonferenziali esterni (di un dirigibile) (*aer.*), circumferential outer-cover wires. **20.** ~ coassiale (*elett.*), coaxial cable, concentric cable (ingl.). **21.** ~ con conduttori a trefoli (o a treccia) (*elett.*), stranded cable. **22.** ~ con isolamento in gomma (*elett.*), rubber-insulated cable. **23.** ~ con isolamento in tessuto verniciato (*elett.*), varnished-cloth-insulated cable. **24.** ~ con isolamento minerale (*elett.*), mineral-insulated cable. **25.** ~ con isolamento termoplastico (*elett.*), thermoplastic insulated cable. **26.** ~ d'acciaio (*costr. mecc.*), steel cable. **27.** ~ d'accoppiamento (tronchetto di accoppiameto (*ferr. elett.*), jumper. **28.** ~ dell'àncora di rispetto (*nav.*), sheet anchor cable. **29.** ~ di alluminio armato di acciaio (*elett.*), aluminium cable steel reinforced, acsr. **30.** ~ di amaraggio (*nav.*), mooring rope, fast. **31.** cavi di appontaggio (di una portaerei per l'arresto dei velivoli durante l'appontaggio) (*aer. - mar. milit.*), arresting wires. **32.** ~ di arresto scuotimento (cavo limitatore della ampiezza delle oscillazioni, di sospensioni per es.) (*aut.*), rebound cable. **33.** ~ di atterraggio (di un dirigibile) (*aer.*), landing cable. **34.** ~ di comando bowden (*aer. - mecc. - ecc.*), bowden control cable. **35.** ~ di dragaggio (apparecchio a sciabica, rastrello) (*mar. milit.*), sweep. **36.** ~ di erba (*nav.*), grass line. **37.** ~ di frenaggio (di un aerostato) (*aer.*), balloon flying cable. **38.** ~ di frenatura (di un aerostato) (*aer.*), *vedi* cavo di frenaggio. **39.** ~ di manilla, Manila rope. **40.** ~ di manovra centrale (usato per manovrare un pallone) (*aer.*), centre -point pennant. **41.** ~ di massa a bassa resistenza (*elett.*), dead ground. **42.** cavi di ordinata (di un dirigibile) (*aer.*), chord wiring. **43.** ~ di ormeggio (*nav.*), mooring rope, fast, mooring line. **44.** ~ di ormeggio dell'anca (*nav.*), quarter fast. **45.** cavi di pallonetto (di un dirigibile rigido) (*aer.*), gas-bag wiring. **46.** cavi di paratia (di un'ordinata di dirigibile) (*aer.*), bulkhead wiring. **47.** ~ di ricupero (nel dragaggio di mine) (*mar. milit.*), inhaul wire. **48.** ~ di ritegno (*nav.*), guy. **49.** ~ distanziatore (per mantenere la giusta distanza tra gli elementi del fascio funicolare di un pallone) (*aer.*), jackstay. **50.** ~ di sollevamento (*ind. - min. - nav.*), hoist cable. **51.** ~ di strappo (di una incastellatura) (*min.*), jerk line. **52.** ~ di strappo (*nav.*), snag line. **53.** cavi di taglio di un dirigibile per es.) (*aer. - ecc.*), shear wires. **54.** ~ di tenuta (di un aerostato) (*aer.*), *vedi* cavo di frenaggio. **55.** ~ di tonneggio (*nav.*), warp, warp rope. **56.** ~ di trascinamento (per alleggerimento, frenatura e ormeggio di un aerostato) (*aer.*), dragrope. **57.** ~ diversore (*mar. milit.*), diverter cable. **58.** ~ di vincolo collettivo (*aer.*), *vedi* cavo statico. **59.** ~ elastico (cavo elastico di frenata dell'atterraggio sul ponte di volo, della portaerei) (*aer. milit. - mar. milit.*), bungee. **60.** ~ elastico ammortizzatore (corda o nastro elastico ammortizzatore di atterraggio per piccoli aerei) (*aer.*), shock cord. **61.** ~ elastico di lancio (cavo di gomma usato per il lancio degli

alianti) (*aer.*), elastic launching cable, shock cord. **62.** ~ elettrico (*elett.*), electric cable. **63.** ~ elettrico armato (*elett.*), armor (or armored) electric cable. **64.** ~ elettrico di riserva (*elett.*), stand-by cable. **65.** ~ elettrico sottopiombo (*elett.*), lead-covered electric cable, lead-sheathed electric cable. **66.** ~ flessibile (cordoncino di apparecchio elettrico portatile) (*elett.*), trailing cable. **67.** ~ flessibile Bowden ("bowden") (*mecc.*), Bowden cable. **68.** ~ isolato con carta (*elett.*), paper insulated cable. **69.** ~ isolato con carta impregnata (*elett.*), impregnated paper insulated cable. **70.** ~ isolato con polietilene (*elett.*), polyethylene insulated cable. **71.** ~ iso lato in olio (isolato con olio fluido) (*elett.*), oil-filled cable. **72.** ~ moderatore (cavo guida) (di aerostato) (*aer.*), trail rope. **73.** ~ multipolare a sezione circolare (*elett.*), circular multicore cable. **74.** ~ per alta frequenza (*eltn.*), high-frequency cable. **75.** ~ per alta tensione (*elett.*), hightension cable. **76.** ~ per bilanciare (o guidare) carichi sospesi (*sollevamento - ecc.*), standing rope, guy. **77.** ~ per forza motrice (*elett.*), power cable. **78.** ~ per impianti di bordo (*elett.*), ship wiring cable. **79.** ~ per impianti di segnalazione ferroviaria (*elett. - ferr.*), railway signaling cable. **80.** ~ per miniere (*elett.*), mining cable. **81.** ~ per saldatura (dalla saldatrice all'elettrodo) (*elett.*), welding cable. **82.** ~ piano (merlino [nav.]) (*mft. funi*), plain-laid rope. **83.** ~ piano con anima (*mft. funi.*), shroud -laid rope. **84.** ~ pilota (di un pallone) (*aer.*), guide rope. **85.** ~ portante (di un ponte sospeso per es.) (*ed.*), carrying cable. **86.** cavi portanti (sartiame, di un pallone) (*aer*), rigging. **87.** ~ principale di ormeggio (di un dirigibile) (*aer.*), main mooring wire. **88.** ~ schermato (*elett.*), screened cable. **89.** ~ sotterraneo (*elett.*), underground cable. **90.** ~ sotto alluminio (*elett.*), aluminium-sheathed cable. **91.** ~ sotto amianto (*elett.*), cable. **92.** ~ sottogomma (cavetto gommato) (*elett.*), rubber-sheathed cable. **93.** ~ sottomarino (*elett.*), submarine cable. **94.** ~ sottopiombo (*elett.*), lead sheathed cable, lead-covered cable. **95.** ~ sotto pressione di gas (*elett.*), gas pressure cable. **96.** ~ sotto treccia (cavo con calza metallica) (*elett.*), braiding-covered cable. **97.** ~ statico (cavo per funi di vincolo: cavo in acciaio sistemato lungo la fusoliera e sul quale scorrono le funi di vincolo dei paracadute) (*aer.*), static cable. **98.** ~ telefonico, telephone cable. **99.** ~ telefonico a 50 coppie (*telef.*), 50 pair telephone cable. **100.** ~ telegrafico sottomarino (*tlcm.*), submarine telegraph cable. **101.** ~ torticcio (*nav.*), cable-laid rope, hawser-laid rope. **102.** ~ tripolare a sezione circolare (*elett.*), circular three-core cable. **103.** ~ tripolare d'alimentazione (di una linea elett.) (*elett.*), three-core supply cable. **104.** ~ unipolare (*elett.*), single-core cable. **105.** a due cavi (dotato di due cavi in luogo di uno) (*funivia - ecc.*), bicable. **106.** attacco del ~ (*elett.*), cable socket. **107.** complesso di cavi (*elett.*), trunk of cables. **108.** filare un ~ (*nav.*), to pay out a rope. **109.** recipiente per (la prova di isolamento elettrico di) cavi (telegrafici) (*ind.*) cable tank. **110.** terminale di ~ (*elett.*), cable terminal.

cavobuono (ghindazzo) (*nav.*), toprope.

cazzuòla (*att.*), trowel. **2.** ~ per canali di colata (*fond.*), gate knife. **3.** ~ per modanature (*att. ed.*), edging trowel. **4.** lisciare con la ~ (*mur.*), to trowel off.

cazzuolino (cazzuola per giunti) (*ut. mur.*), filling trowel, pointing trowel.

Cb (columbio, niobio) (*chim.*), columbium, Cb.

"CCI" (Camera di Commercio Internazionale) (*comm.*), ICC, International Chamber of Commerce.

CD (*elab.*), *vedi* disco ottico "compact".

Cd (cadmio) (*chim.*), cadmium, Cd.

"cd" candela (*mis. illum.*), candle, international system candle, cd.

CD-A (*audio Hi-Fi*), *vedi* disco (audio) CD-A.

CD-ROM (*elab. - inf.*), *vedi* disco ottico CD-ROM.

"CDU" (classificazione decimale universale) (*documentazione*), UDC, universal decimal classification.

CD-V (*audiovisivi*), *vedi* videodisco CD-V.

ceca, *vedi* accecatura.

cecità (*ott.*), blindness. **2.** ~ per il rosso (protanopia, forma di daltonismo) (*ott. - med.*), red blindness, protanopia. **3.** ~ per il verde (deuteranopia, forma di daltonismo) (*ott. - med.*), green blindness, deuteranopia.

cedente (organo cedente di una coppia: camme e punteria per es.) (*s. - mecc.*), cam follower.

cedere (*gen.*), to cede, to yield.

cedevole (di terreno per es.) (*gen.*), yielding.

cedevolezza (*mecc.*), compliance.

cediglia (segno sotto la c: ç) (*tip.*), cedilla.

cedimento (*ed.*), settling, settlement. **2.** ~ (avvallamento: del fondo di una strada per es.) (*costr.*), sag. **3.** ~ (di terra, difetto di un pezzo fuso dovuto a spostamento di terra nella forma) (*fond.*), crush. **4.** ~ (di una trave per es.) (*sc. costr.*), yielding. **5.** ~ anelastico (*sc. costr.*), anelastic yielding. **6.** ~ della forma (*fond.*), push-up. **7.** ~ di roccia (scoppio) (*min.*), rock burst. **8.** ~ elastico (*sc. costr.*), give, elasticity. **9.** ~ in forno (incurvamento in forno) (*difetto*), oven sag. **10.** ~ permanente (a compressione: del cuscino d'un sedile) (*aut. - ecc.*), compression set. **11.** ~ sotto carico (della gomma) (*tecnol. - ind. gomma*), stress decay, stress relaxation. **12.** ~ superficiale (*min.*), draw.

cèdola (tagliando) (*comm.*), coupon. **2.** ~ di riscossione del dividendo (di azioni per es.) (*finanz.*), dividend warrant.

cedro (*legn.*), cedar. **2.** ~ bianco (*legn.*), white cedar.

"CEE" (Comunità Economica Europea, Mercato Comune Europeo) (*econ.*), ECM, European Common Market, EEC, European Economic Community.

ceiba (pianta tropicale americana che produce capok) (*ind. tess.*), ceiba.
celerimensura (tacheometria) (*top.*), tachymetry.
celerimetrico (tacheometrico) (*a.* - *top.*), tachymetric. **2.** rilievo ~ (*top.*), tachymetric survey.
celerità (*gen.*), quickness, speed, celerity.
celeste (*a.* - *astr.*), celestial. **2.** corpo ~ (*astr.*), celestial body. **3.** latitudine ~ (*astr.*), celestial latitude. **4.** longitudine ~ (*astr.*), celestial longitude.
celestina ($SrSO_4$) (*min.*), celestine, celestite.
celite (costituente del cemento Portland) (*chim.*), celite.
cèlla (vaso contenente elettrolito ed elettrodi per produzione di corrente, o per elettrolisi) (*elettrochim.*), cell. **2.** ~ (di un tempio classico) (*arch.*), naos. **3.** ~ (di un nido d'ape) (*mecc.*), cell. **4.** ~ ad ossidazione in aria (produzione di elettricità ottenuta mediante ossidazione di un metallo in aria pressurizzata) (*elettrochim.*), air battery. **5.** ~ binaria (*elab.*), binary cell. **6.** ~ del reticolo (*fis. atom.*), lattice cell, lattice unit. **7.** ~ di flottazione (*min.*), flotation cell. **8.** ~ di Kerr (cellula di Kerr) (*elett.* - *ott.*), kerr cell. **9.** ~ di memoria (elemento singolo di memoria: memorizza un bit) (*elab.*), memory cell. **10.** ~ elettrolitica (*elettrochim.*), electrolytic cell. **11.** ~ elettrolitica di Hooker (elettrolizzatore di Hooker, per il cloruro di sodio) (*chim. ind.*), hooker cell. **12.** ~ frigorifera (*ind.*), cold-storage room, refrigerating room, freezer. **13.** ~ magnetica (~ di memoria di un sistema magnetico) (*elab.*), magnetic cell. **14.** ~ prova motori (di aviazione per es.) (*off.*), engine test room. **15.** ~ refrigerante (cella frigorifera) (*ind. freddo*), cooler, refrigerated room (or box). **16.** ~ solare (pila fotovoltaica o fotoelettronica: ~ che converte l'energia della radiazione solare in energia elettrica) (*astric.* - *elett.*), photovoltaic cell. **17.** ~, *vedi anche* cellula.
cellofan (*ind. chim.*), cellophane.
cellofanatrice (macchina cellofanatrice) (*macch. per imballaggio*), cellophaner, cellophaning machine.
Cellosolve (nome depositato per un etere etilico del glicole etilenico: usato come solvente per vernici) (*chim. ind.*), Cellosolve.
cèllula (*biol.*), cell. **2.** ~ (l'intera ala con la sua ossatura) (*costr. aer.*), cell. **3.** ~ al selenio (*disp. elett.*), selenium cell. **4.** ~ di filtro (*radio*), filter section. **5.** ~ fotoconduttiva (*eltn.*), photoconductive cell. **6.** ~ fotoelettrica (*elett.* - *fis.*), photoelectric cell, PEC., electric eye phototube. **7.** ~ fotoelettrica che comanda automaticamente il diaframma (*fot.*), electric eye. **8.** ~ fotoemittente (*elett.*), photoemissive cell. **9.** ~ fotolitica (*elett.*), photolytic cell. **10.** ~ fotoresistente (*elett.*), photoresistant cell. **11.** ~ (o cella) all'ossido di rame (*elett.*), copper oxyde cell. **12.** ~ ultrasonora (*fis.*), supersonic cell.
cellulare (*a.*), cellular. **2.** (carcere) ~ (prigione) (*s.* - *ed.*), prison with segregation.
cellulòide (*chim.*), celluloid. **2.** ~ (*ind. fot.*), celluloid.
cellulosa [$(C_6H_{10}O_5)_n$] (*chim.*), cellulose. **2.** ~ chimica (pasta chimica di legno) (*mft. carta*), chemical wood pulp. **3.** ~ colloidale (*ind. chim.*), colloidal cellulose. **4.** ~ idrata (*mft. carta*), hydrated cellulose. **5.** ~ pura (*ind. chim.*), true cellulose. **6.** acetato di ~ (*chim.*), cellulose acetate. **7.** acetato propionato di ~ (*ind. chim.*), cellulose acetate propionate, CAP. **8.** ovatta di ~ (*mft. carta*), cellucotton.
cellulosio (cellulosa) (*mft. carta*), cellulose.
celostato (*strum. astr.*), coelostat.
celotex (*materiale da costr.*), Celotex.
Celsius (C, centigrado) (*mis. fis.*), Celsius degree, C.
cembro (cirmolo) (*legno*), Swiss pine, Swiss stone pine.
cementabilità (*tratt. term.* - *metall.*), case-hardenability, capability of being casehardened.
cementante (*a.* - *tratt. term.* - *metall.*), casehardening, carburizing. **2.** ~ (*s.* - *metall.*), carburizing agent.
cementare (*mur.*), to cement. **2.** ~ (parzialmente, per ottenere indurimento superficiale) (*tratt. term.*), to caseharden. **3.** ~ (totalmente, per ottenere acciaio) (*metall.*), to cement. **4.** ~ (carburare) (*tratt. term.*), to carburize, to caseharden.
cementato (*a.* - *tratt. term.*), casehardened, C.H., C'HRD. **2.** ~ (mediante cementazione carburante) (*a.* - *tratt. term.*), carburized, casehardened.
cementazione (parziale, per ottenere indurimento superficiale) (*tratt. term.*), casehardening. **2.** ~ (totale, per ottenere acciaio) (*metall.*), cementation. **3.** ~ (processo di consolidamento del terreno mediante iniezioni di cemento) (*costr.*), grouting. **4.** ~ carburante (carburazione, carbocementazione) (*tratt. term.*), carburizing, casehardening. **5.** ~ carburante a gas (carburazione a gas, carbocementazione a gas) (*tratt. term.*), gas carburizing. **6.** ~ carburante (in cassetta) con cementanti solidi (*tratt. term.*), pack-hardening. **7.** ~ in cassetta (trattamento mediante cementante solido a base di carbone) (*tratt. term.*), pack hardening, box hardening. **8.** ~ liquida (cementazione morbida, cementazione in bagno di sale) (*tratt. term.*), liquid carburizing. **9.** ~ nitrica (nitrurazione) (*tratt. term.*), nitriding, ammonia hardening. **10.** acciaio da ~ (*metall.*), casehardening steel. **11.** materiale da ~, hardening. **12.** polvere da ~ (*tratt. term.*), cement.
cementerìa (*ind.*), cement factory.
cementificio (cementeria) (*ind.*), cement factory.
cementista (*op.*), cement layer.
cementite (Fe_3C) (carburo di ferro) (*metall.*), cementite. **2.** ~ sferoidale (*metall.*), spheroidized cementite.
cemento (*mur.*), cement, cem. **2.** ~ (di una mola per es.) (*ut.*), bond, cement. **3.** ~ a lenta presa (*mur.*), slow-setting cement, slow cement. **4.** ~ alluminoso (fuso) (*mur.*), aluminous cement. **5.** ~

amianto (*ed.*), asbestos cement. **6.** ~ a presa rapida (*mur.*), quick-setting cement, quick cement. **7.** ~ armato (*ed.*), reinforced concrete, ferro concrete, RC, steel concrete. **8.** ~ dentario (*med.*), dental cement. **9.** ~ di altoforno (cemento di scoria) (*mur.*), slag cement. **10.** ~ di scoria (cemento di altoforno) (*ind.*), slag cement. **11.** ~ ferrico (*materiale mur.*), iron-ore cement. **12.** ~ fresco (*ed.*), green cement. **13.** ~ gelificato (miscelato con bentonite) (*mur.*), gel cement. **14.** ~ idraulico (*mur.*), hydraulic cement. **15.** ~ metallurgico (*mur.*), blast furnace cement. **16.** ~ per diamanti (mastice per diamanti, per fissare il diamante all'utensile) (*ut.*), diamond cement. **17.** ~ plastico (*mur.* - *mecc.*), plastic cement. **18.** ~ "Portland" (*mur.*), Portland cement, "PC". **19.** ~ pozzolanico (*mur.*), pozzuolana cement. **20.** ~ refrattario (che ha qualità refrattarie dopo la presa, per forni) (*fond.*), refractory cement. **21.** ~ romano (calce viva altamente idraulica fatta calcinando septaria o usando pozzolana) (*mur.*), Roman cement. **22.** ~ trass (*ed.*), trass cement. **23.** acqua d'impasto del ~ (*mur.*), cement mixing water. **24.** aggiunta di colore per ~ (*mur.*), coloring for cement. **25.** impasto del ~ (*mur.*), mixing of cement. **26.** intonaco di ~ (*ed.*), cement plastering. **27.** pittura per ~ (*vn.*), cement paint. **28.** struttura in ~ armato (*ed.*), reinforced-concrete structure.

cenciata (azione di passare un cencio su di un oggetto: per pulirlo per es.) (*gen.*), wipe (with a cloth).

cenerario (di un focolare) (*ed. civ.* - *ed. ind.*), ashpit, ashpan. **2.** ~ amovibile (di focolare) (*ed. ind.*), ashpan.

cénere (*gen.*), ash. **2.** ~ di carbone in polvere (*comb.*), pulverized fuel ash. **3.** ~ di pirite (*chim.*), purple ore. **4.** ~ radioattiva (particelle radioattive, dovute a esplosione di bomba atomica) (*fis. atom.*), radioactive particles. **5.** ~ vulcanica (*geol.*), volcanic ashes. **6.** contenuto in ~ (tenore di ceneri, di un carbone per es.) (*chim.*), ash content.

cenerino (cenere volatile) (*comb.*), fly ash.

cenotafio (*arch.*), cenotaph.

cenozoico (*geol.*), Cenozoic.

censimento (sociale ecc.), census.

censura (di un film per es.) (*leg.*), censorship. **2.** ~ pubblicitaria (*pubbl.*), advertising censorship.

cent (1/100 di dollaro) (*denaro*), cent.

centesimale (*gen.*), centesimal.

centi- (prefisso: 10^{-2}) (*mis.*), centi-.

centibar (unità di misura usata per la pressione atmosferica: centesimo di bar) (*unità di mis.*), centibar.

centìgrado (°C) (*a.* - *mis. temp.*), centigrade. **2.** grado ~ [°C = 5/9 (°F − 32)] (*mis. temp.*), centigrade degree.

centigrammo (10^{-2} g) (cg) (*mis.*), centigram, centigramme.

centiguide (guide in gomma ai lati della continua) (*macch. mft. carta*), deckle straps, deckles, deckels, dekles. **2.** carrucola delle ~ (di una macchina continua) (*macch. ind. carta*), deckle pulley.

centilaggio (scala di misurazione di parametri psicologici per es.) (*stat.*), percentile rank method.

centile (*stat.*), centile, percentile.

centìlitro (cl) (*mis.*), centiliter.

centìmetro (cm) (0,3937 in) (*mis.*), centimeter. **2.** ~ cubo (cm^3) (0,061023 cu in) (*mis.*), cubic centimeter. **3.** ~ quadrato (cm^2) (0,155 sq in) (*mis.*), square centimeter.

cèntina (di un arco per es.) (*ed.*), centering, centre (ingl.). **2.** ~ (per il supporto del copertone di un autocarro) (*aut.*), hoop. **3.** ~ (di un veicolo ferroviario: per il supporto del tetto) (*ferr.*), carline. **4.** ~ (intelaiatura di legno per la costruzione di un arco murario) (*mur.*), coom, coomb. **5.** ~ (*costr. nav.*), rib. **6.** ~ alare (*aer.*), wing rib. **7.** ~ a ventaglio (*arch.*), fantail. **8.** ~ (del bordo) di uscita (di un'ala) (*aer.*), trailing rib. **9.** ~ di costruzione e sostegno (dell'arco) (temporanea e dimensionalmente approssimativa) (*mur.*), jack lagging. **10.** ~ d'incastro (*costr. aer.*), root rib. **11.** ~ di un'apertura (corrente anguilla) (*costr. nav.*), carling. **12.** ~ resistente anche a compressione (*aer.*), compression rib. **13.** falsa ~ (centina del bordo di attacco) (*aer.*), false rib.

centinatura (grado di curvatura di un elemento o di una superficie) (*costr. mecc.*), camber. **2.** ~ (o curvatura trasversale) dell'ordinata (*costr. nav.*), frame set. **3.** ~ (incurvamento, di un laminato) (*difetto metall.*), bow. **4.** ~ esterna di ordinata (di un aerostato) (*aer.*), outer ridge-girder. **5.** ~ interna di ordinata (di un dirigibile) (*aer.*), inner ridge-girder.

centipoise (un centesimo di poise) (*unità di viscosità*), centipoise.

centistoke (unità di misura della viscosità cinematica) (*unità di viscosità*), centistoke.

centraggio (*operaz. mecc.*), centering. **2.** ~ (gradino per es., ricavato su un pezzo metallico per scopi di accoppiamento centrato con altro pezzo: in una serie di stampi per es.) (*mecc.*), spigot.

centrale (*a.* - *gen.*), central. **2.** ~ (*telef.*), exchange. **3.** ~ a commutazione di circuito (*tlcm.*), circuit switched exchange. **4.** ~ automatica urbana principale (*telef.*), main local automatic exchange. **5.** ~ delle pompe (*ind.*), pumping station. **6.** ~ di betonaggio (*ed.*), concrete mixing equipment. **7.** ~ di riserva (*elett.*), auxiliary power station. **8.** ~ di tiro (*mar. milit.*), fire control room. **9.** ~ di tiro (punteria) (per dirigere il fuoco: di una nave da guerra per es.) (*mar. milit.*), director. **10.** ~ di transito internazionale (*tlcm.*), international transit exchange. **11.** ~ elettrica (*elett.*), central station (am.), power plant (am.), powerhouse (am.), generating-station (ingl.), supply-station (ingl.). **12.** ~ elettrica a vapore (*elett.*), steam generating -station (ingl.). **13.** ~ elettronica (*tlcm.*), electronic exchange. **14.** ~ elettronucleare (~ nucleotermoelettrica) (*elett.* - *fis. atom.*), nuclear-powered electric generating station, nuclear power plant, nuclear-powered generating station, NUKE. **15.** ~ eolica (costituita da generatori elettrici azionati da aeromotori) (*centrale elett.*) wind farm. **16.** ~ idraulica (*ind. idr.*), waterpower plant. **17.** ~ idroelettrica (*elett.*), hydroelectric power plant (am.), hydroelectric generating station (ingl.). **18.** ~ interurbana (*telef.*), trunk exhange. **19.** ~ telefonica (*telef.*), telephone exchange, central office. **20.** ~ termica (per riscaldamento) (*term.*), heating plant, thermal station. **21.** ~ termica a vapore (*elett.*), steam heating plant. **22.** ~ termoelettrica (*elett.*), thermoelectric power plant. **23.** ~ termoelettrica ad energia nucleare, *vedi* ~ (elettrica) termonucleare. **24.** ~ termoelettrica a vapore (*elett.*), steam power plant. **25.** ~ (elettrica) termonucleare (*ind. elett.*), nuclear power station, nuclear power plant. **26.** ~ urbana (*telef.*), local exchange. **27.** favorevole alle centrali nucleari (favorevole all'impiego di energia nucleare per la produzione di energia elettrica) (*opinione individuale o politica*), pronuclear. **28.** riscaldamento ~ (*ed. - term.*), central heating.

centralina (scatola con prese di moto, per il comando di accessori per es.) (*mecc.*), gearcase, accessory gearcase.

centralinista (*telef.*), operator.

centralino (telefonico) (*telef.*), telephone exchange. **2.** ~ a selezione automatica (*telef.*), dial exchange. **3.** ~ automatico privato (*telef.*), private automatic exchange, PAX. **4.** ~ automatico privato derivato (*telef.*), private automatic branch exchange, PABX. **5.** ~ manuale privato (*telef.*), private manual exchange, PMX. **6.** ~ manuale privato derivato (*telef.*), private manual branch exchange, PMBX. **7.** ~ privato (*telef.*), private exchange. **8.** ~ privato derivato (*telef.*), private branch exchange, PBX.

centralizzato (di comando per es.) (*a. - mecc. - ecc.*), centralized.

centramento (di un aeromobile per es.) (*aer.*), trim.

centrare (*mecc.*), to true, to center. **2.** ~ (un pezzo da forare) (*mecc.*), to spot-drill. **3.** ~ (*la mira*) (*ott.*), to center, to sight. **4.** ~ (traguardare) (*top.*), to sight. **5.** ~ (gli stampi) (*fucinatura*), to match. **6.** ~ l'utensile (*macch. ut.*), to true up the cutter. **7.** ~ una ruota (*mecc.*), to true up a wheel, to center a wheel.

centrato (*a. - mecc.*), true. **2.** ~ (di stampo) (*fucinatura*), matched. **3.** non ~ (*a. - mecc.*), untrue.

centratore (attrezzo per determinare il centro dell'estremità di una barra cilindrica) (*att. mecc.*), center square.

centratrice-intestatrice (*macch. ut.*), centering and facing machine, centering and milling machine.

centratura (*mecc.*), truing. **2.** ~ (di un pezzo da forare) (*mecc.*), spot-drilling. **3.** ~ (degli stampi) (*fucinatura*), matching. **4.** ~ della stampa (*imballaggio - ecc.*), print centering. **5.** dispositivo di ~ (in una macchina per comporre) (*tip.*), quadder. **6.** errore di ~ (difettosa centratura, disallineamento di stampi per es.) (*tecnol. mecc.*), maladjustment, mismatching.

centrìfuga (*s. - macch.*), centrifuge, centrifugal, centrifugal machine. **2.** ~ (idroestrattore) (*app. ind. domestico*), centrifugal drier. **3.** ~ ("tournette", tavola rotante usata per il trattamento di lastre fotografiche) (*fot.*), whirler. **4.** ~ per il ricupero dell'olio (dai trucioli per es.) (*macch.*), centrifugal oil separator. **5.** forza ~ (*mecc. raz.*), centrifugal force.

centrifugare (*gen.*), to centrifuge, to centrifugate. **2.** ~ (nel cestello della macchina lavabiancheria domestica) (*lavoro domestico*), to tumble dry.

centrifugato (*a. - fis. - ind.*), centrifuged, separated by centrifugation. **2.** ~ (tubo per es.) (*s. - fond.*), centrifuged casting, "centricast".

centrifugatore (anello che centrifuga olio su di un cuscinetto per es.) (*mecc.*), slinger.

centrifugazione (*ind.*), centrifugation. **2.** fusione per ~ (*fond.*), centrifugal casting. **3.** separazione per ~ (di liquidi non miscibili per es.) (*agric. - ind.*), centrifugal separation.

centrìfugo (*a. - mecc. raz.*), centrifugal. **2.** compressore ~ (*macch.*), centrifugal blower. **3.** filtro ~ (per separare la morchia dall'olio lubrificante) (*mot.*), centrifugal filter. **4.** regolatore ~ (*mecc.*), centrifugal governor.

centrino (di riferimento) (*top.*), (reference) mark.

centrìpeto (*a. - mecc. raz.*), centripetal. **2.** forza centripeta (*mecc. raz.*), centripetal force.

cèntro (*geom.*), center (am.), centre (ingl.). **2.** ~ (puntinatura: cavità conica puntinata sul pezzo per guidare la punta del trapano) (*mecc.*), dimple. **3.** ~ (gruppo di nervi) (*med.*), center. **4.** ~ (parte centrale dello scafo (*nav.*), square body. **5.** ~ (di un'area cittadina) (*urbanistica*), center. **6.** ~ (di un bersaglio) (*milit.*) (Am.), middle of target, MOT. **7.** ~ barometrico (zona di pressione determinante) (*meteor.*), center of action. **8.** ~ commerciale (di una città) (*urbanistica*), downtown. **9.** ~ commerciale (area pedonale coperta, o non coperta, riservata ai negozi ed ai pedoni) (*comm. - urbanistica*), shopping mall, mall, shopping center. **10.** ~ commerciale con parcheggio (~ con un'area coperta pedonale per i clienti che visitano i negozi ed un ampio parcheggio per le loro auto) (*comm. - urbanistica*), one-stop shopping center. **11.** ~ coordinamento salvataggi (*aer.*), rescue, coordination center. **12.** ~ del ciclone (*meteor.*), eye of the storm. **13.** ~ delle pressioni massime (*sc. costr.*), center of maximum pressure. **14.** ~ di assistenza (*aut. - ecc.*), service center. **15.** ~ di avviso (per ricerche e salvataggi) (*aer.*), alerting center. **16.** ~ di azione atmosferica (*meteor.*), center of action. **17.** ~ di calcolo (raggruppamento di due o più elaboratori) (*elab.*), computer center. **18.** ~ di carena (centro di spinta) (*nav. - aer.*), center of buoyancy. **19.** ~ di commutazione (per regolazione automatica o semiautomatica del traffico) (*elab. - comun.*), switching center. **20.** ~ di commutazione automatica dei messaggi (*elab.*), automatic message switching center. **21.** ~ di contatto del pneumatico (prove e studi sui pneumatici (*aut.*), center of tire contact. **22.** ~ di costo (di un'officina, un reparto, un gruppo di macchine, una macchina ecc.) (*amm.*), cost center. **23.** ~ di flessione (*aer.*), *vedi* centro di taglio. **24.** ~ di galleggiamento (*nav.*), center of buoyancy. **25.** ~ di gravità (*fis.*), center of gravity, c.g. **26.** ~ di lavorazione (macchina per la produzione automatica di pezzi singoli o di lotti) (*macch. ut.*), machining center. **27.** ~ di massa (centro d'inerzia) (*mecc. raz.*), center of mass, center of inertia. **28.** ~ d'inerzia, *vedi* centro di massa. **29.** ~ di portanza (di un'ala) (*aerodin.*), center of lift. **30.** ~ di pressione (*ind.*), pression center. **31.** ~ di produzione (*ind.*), production center. **32.** ~ di radio- (o tele-) diffusione (*radio - telev.*), broadcaster. **33.** ~ di rollìo (*aut.*), roll center. **34.** ~ di rotazione (*sc. costr.*), center of rotation. **35.** ~ di sicurezza (centro di coordinamento ricerche e salvataggi) (*aer.*), safety center. **36.** ~ di simmetria (di un cristallo) (*min.*), center of symmetry. **37.** ~ di smistamento e distribuzione delle merci (*trasp.*), entrepot. **38.** ~ di spinta (centro di carena, centro di gravità del fluido spostato) (*aer. - nav.*), center of buoyancy. **39.** ~ di taglio (punto nel quale la sollecitazione di taglio produce solo flessione e non torsione) (*sc. costr.*), shear center, flexural center. **40.** ~ di velatura (di una sola vela oppure di un complesso di vele) (*nav.*), center of effort. **41.** "~ di vista" (punto di fuga) (*dis.*), vanishing point. **42.** ~ elaborazione elettronica dati (*elab.*), electronic data processing center. **43.** ~ ferroviario (*ferr.*), rail center. **44.** ~ guida (di una particella, centro attorno al quale una particella carica si muove in un plasma posto in un campo magnetico) (*fis.*), center of gyration. **45.** ~ informazioni di volo (*aer.*), flight-information center. **46.** ~ istantaneo di rotazione (di ingranaggio) (*mecc.*), rolling point. **47.** ~ istantaneo di rotazione (nel caso di un carico sospeso in un veicolo: è situato nel piano verticale trasversale passante attraverso una coppia di centri di ruota ed attorno al quale la ruota si sposta relativamente alla massa sospesa) (*veic.*), swing center. **48.** ~ istantaneo di rotazione (*mecc. razionale*), instantaneous center of rotation. **49.** ~ metrologico (per collaudi e misure speciali) (*ind. mecc.*), metrology department. **50.** ~ ottico (di una lente) (*ott.*), optical center. **51.** ~ residenziale (gruppo di fabbricati signorili provvisti di campi da gioco, piscine ecc. di uso comune) (*arch. - ed.*), cluster. **52.** ~ sanitario (*med.*), health center. **53.** ~ spaziale (per lancio di missili, satelliti artificiali, astronavi ecc.) (*astric.*), spaceport. **54.** ~ stella (di un sistema trifase) (*elett.*), star point. **55.** ~ storico (generalmente la parte centrale e più antica di una città) (*urbanistica*), inner city.

centrobarico (che possiede un centro di gravità) (*a. - mecc. razionale*), centrobaric.

ceppo (di freno) (*mecc.*), block (for brake), shoe. **2.** ~ (*carp.*), stub. **3.** ~ (di un'àncora) (*nav.*), stock. **4.** ~ (di legno da ardere), billet. **5.** ~ (di legno non sfibrato) (*mft. carta*), nubbin. **6.** ~ (per tenere la ruota sul terreno) (*aer.*), wheel chock. **7.** ~ dell'àncora (*nav.*), anchor stock. **8.** ~ senza ceppi (di un'àncora) (*a. - nav.*), stockless, self-stowing. **9.** sopporto del ~ (o della ganascia) del freno (*mecc.*), brake block.

cepstrum (trasformata di Fourier applicata al parlato) (*s. - elab. voce*), cepstrum.

cera (*gen.*), wax. **2.** ~ d'api (*agric.*), beeswax. **3.** ~ da scarpe, blacking. **4.** ~ di sparto (*mft. carta*), esparto wax. **5.** ~ gialla minerale (derivata dal petrolio) (*ind.*), yellow wax. **6.** ~ microcristallina (estratta dal petrolio: per carta da imballo per es.) (*chim. - imballaggi*), microcrystalline wax. **7.** ~ minerale, *vedi* ozocerite. **8.** ~ paraffinica (di origine minerale) (*chim.*), paraffin wax. **9.** ~ per lucidare (*falegn.*), finishing wax.

ceralacca (*chim. - ecc.*), sealing wax.

ceràmica (*s. - ind.*), ceramic. **2.** ~ delle polveri (o dei metalli) (sinterizzazione) (*chim. - metall.*), sintering.

ceramico (*a. - ceramica*), ceramic. **2.** isolante ~ (*elett.*), ceramic insulator.

ceramista (*ceramica - op.*), ceramist.

cerare (applicare uno strato protettivo di cera, su un'automobile nuova per es.) (*aut. - ecc.*), to wax.

cerargirite (AgCl) (cherargirite, cloruro di argento monometrico) (*min.*), cerargyrite.

ceratura (applicazione di uno strato protettivo di cera, su un'automobile nuova per es.) (*aut. - ecc.*), waxing.

cerbottana (*arma primitiva*), blowtube, blowgun.

cercafughe (per fughe di gas di un dirigibile per es.) (*strum. aer.*), leak finder.

cercaguasti (apparecchio per la ricerca dei guasti) (*app. elett. - ecc.*), troubleshooting device, fault locator, fault locating system, faultfinder, fault localizer. **2.** ~ (*lav. telef.*), faultsman.

cercamine (apparecchio cercamine) (*app. - mar. milit.*), mine sweeper, mine detector.

cercapersone (apparecchietto portatile che, quando attivato da radiosegnale, emette suoni bip per chiamare la persona che lo porta) (*eltn.*), beeper.

cercapòli (*app. elett.*), pole indicator. **2.** carta ~ (*elett.*), pole-finding paper.

cercare (*gen.*), to seek, to look for, to search. **2.** ~ una stazione (su di un apparecchio radio ricevente) (*radio*), to dial a station.

cercasole (dispositivo fotoelettrico montato su un veicolo spaziale per es.) (*navig. astric.*), sunseeker.

cercatore (di un telescopio) (*ott.*), checker. **2.** ~ a baffo di gatto (*radio*), cat whisker detector.

cerchiare (montare i cerchioni) (*ferr.*), to tire.

cerchiatura (di un cannone) (*artiglieria*), hoop. **2.** ~ (di botte, di ruota per es.), hooping. **3.** ~ di rinforzo (di condotta forzata per es.) (*mecc.*), reinforcement ring.

cerchietto (di un pneumatico) (*aut.*), bead wire.

cerchio (*geom.*), circle. **2.** ~ (di un cannone) (*milit.*), hoop. **3.** ~ (cerchione) (di ruota di motocicletta per es.) (*mecc.*), rim. **4.** ~ (di botte) (*falegn.*), hoop. **5.** ~ (indicante le distanze su uno schermo radar) (*radar*), ring. **6.** ~ a canale (di ruota d'autocarro), grooved rim. **7.** ~ azimutale (*astr.*), azimuth circle. **8.** ~ (o arco di cerchio) verticale graduato (*strum. top.*), vertical limb. **9.** ~ circoscritto (*geom.*), circumscribed circle. **10.** cerchi d'albero (*nav.*), mast hoops. **11.** ~ di barile (*falegn.*), barrel hoop. **12.** ~ di base (di un ingranaggio) (*mecc.*), base circle. **13.** ~ di confusione (chiazza circolare luminosa formata dall'immagine fuori fuoco) (*ott. - fot.*), circle of confusion. **14.** ~ di distanza (*mat.*), distance circle. **15.** cerchi di distanza (*radar*), range rings, calibration rings. **16.** ~ di fondo (di un ingranaggio) (*mecc.*), root circle, root line, dedendum circle. **17.** ~ di Mohr (per la determinazione delle tensioni) (*sc. costr.*), Mohr's circle. **18.** ~ di testa (di una camma) (*mot. - mecc.*), nose circle. **19.** ~ di troncatura (di un ingranaggio) (*mecc.*), addendum circle. **20.** ~ diviso (di ruota d'autocarro) (*aut.*), longitudinally split rim. **21.** ~ esterno (cerchio di troncatura, di ingranaggio) (*mecc.*), addendum circle, outside circle. **22.** ~ generatore (di curve elicoidali) (*mat.*), rolling circle. **23.** ~ generatore (di ingranaggio) (*mecc.*), generating rolling circle. **24.** ~ inscritto (*geom.*), inscribed circle. **25.** ~ interno (cerchio di fondo) (di ingranaggio) (*mecc.*), root circle, root line, dendendum circle. **26.** ~ massimo (*geod. - mat.*), great circle. **27.** ~ orizzontale di sterzo (sull'assale anteriore di carrozza a cavalli per es.), bolster plate. **28.** ~ osculatore (*mat.*), osculating circle, circle of curvature. **29.** ~ primitivo (di un ingranaggio) (*mecc.*), pitch circle. **30.** ~ primitivo (di una camma) (*mot. - mecc.*), base circle. **31.** ~ zenitale (di strumento topografico) (*ott.*), vertical circle.

cerchione (di ruota di carri ferroviari) (*costr. ferr.*), tire, tread. **2.** ~ di automezzo (*aut. - mtc. - aer.*), rim, tire rim.

ceresina (*chim.*), ceresine, ceresin.

cerino (fiammifero di cera) (*ind.*), wax match, vesta.

cèrio (Ce - *chim.*), cerium.

cerite (*min.*), cerite.

cermete (prodotto metalloceramico ottenuto mediante la sinterizzazione di polveri di carburi refrattari, per es., con un metallo base) (*s. - metall. delle polveri*), cermet, ceramal.

cèrnere (*gen.*), to class, to grade, to pick.

cernièra (*mecc.*), hinge. **2.** ~ (*sc. costr.*), hinge. **3.** ~ a cardine ed occhio (per cancelli per es.: il cardine fissato al montante e l'occhio fissato al cancello) (*falegn.*), hook-and-eye hinge. **4.** ~ a cardine fisso (come nelle porte) (*carp. - ecc.*), fast-joint hinge. **5.** ~ ad H (cerniera piana per infissi ad elementi diritti) (*accessorio mecc. per falegn.*), H hinge. **6.** ~ a perno sfilabile (*accessorio mecc. per falegn.*), loose-pin butt (hinge). **7.** ~ a spina (cerniera a spillo) (*mecc.*), pin hinge. **8.** ~ celata (nella carrozzeria automobilistica) (*mecc.*), concealed hinge, invisible hinge. **9.** ~ che permette il ribaltamento dell'infisso di 180° (di porte, persiane ecc.) (*mecc. per falegn.*), parliament hinge. **10.** ~ cilindrica (cerniera a va e vieni normalmente usata per porte (*falegn.*), butt hinge. **11.** ~ cilindrica a patte (cerniera da sportelli per es.) (*falegn.*), strap hinge. **12.** ~ comune ad IL per finestre in legno (rappresentata da un elemento verticale [per l'infisso] cernierato su di un altro elemento ad L [per il battente della finestra]) (*att. falegn.*), H and L hinge. **13.** ~ continua (tuttacerniera, usata sui portelli esterni degli aerei per es.) (*mecc.*), continuous hinge. **14.** ~ di flappeggio (per la variazione dell'angolo zenitale di una pala di rotore di elicottero) (*aer.*), flapping hinge. **15.** ~ di messa in bandiera (della pala di rotore di elicottero: per permettere la variazione dell'angolo della pala) (*aer.*), feathering hinge. **16.** ~ di ritardo (di una pala di rotore di elicottero: per lo spostamento angolare azimutale della pala) (*aer.*), drag hinge. **17.** ~ per infissi (cerniera con cardine fissato all'intelaiatura e femmina alla porta, cerniera con femmina sfilabile assialmente) (*att. falegn.*), loose-joint butt (hinge). **18.** a ~ (incernierato) (*mecc. - ecc.*), hinged.

cernierato (*a. - gen.*), hinged.

cèrnita (*gen.*), grading, sorting. **2.** ~ (*min.*), classification. **3.** ~ (della lana) (*ind. lana*), sorting. **4.** ~ (di minerale in cantiere per es.) (*min.*), sorting. **5.** fare la ~ (suddividere per qualità ecc.) (*gen.*), to grade.

cernito (*a. - gen.*), classified, graded, picked. **2.** non ~ (di lana per es.) (*ind.*), unpicked.

cernitrice (*macch. min. - ecc.*), grading machine. **2.** ~ a gravità (*macch. min. - ecc.*), gravity grading machine.

cerone (di un attore) (*cinem.*), grease paint.

cèrro (*legn.*), bitter oak.

certificare (*comm. - leg.*), to certify.

certificato (*uff.*), certificate. **2.** ~ della Camera di Commercio (*comm.*), certificate of the Chamber of Commerce. **3.** ~ di analisi (*chim. - comm.*), analysis certificate. **4.** ~ di classe (*aer.*), classification certificate. **5.** ~ di classificazione (di una nave, emesso dal Registro Navale) (*nav.*), certificate of classification. **6.** ~ di costruzione (*leg.*), builder's certificate. **7.** ~ di immatricolazione (*aer. - leg.*), registration certificate. **8.** ~ di importazione (*comm.*), import certificate. **9.** ~ di navigabilità (*aer.*), airworthiness certificate. **10.** ~ di navigabilità (*nav.*), seaworthiness certificate. **11.** ~ di origine (*comm.*), certificate of origin. **12.** ~ di proprietà (di azioni) (*finanz.*), stock certificate (am.). **13.** ~ di registro della nave (*nav.*), ship's certificate of registry. **14.** ~ di sorveglianza (del registro navale) (*nav.*), certificate of survey. **15.** ~ di stazza (*nav.*), tonnage certificate, measure brief. **16.** ~ doganale (*comm.*), customs certificate. **17.** ~ penale (*leg.*), penal record certificate.

cerussa (biacca) (*vn.*), white lead.

cerussite ($PbCO_3$) (*min.*), cerussite.

cervello elettronico (calcolatore elettronico che esegue automaticamente qualche funzione del cervello umano) (*elab.*), brain, electronic brain.

cervo volante (*aer.*), kite.

cesellare (*gen.*), to engrave.

cesello (*ut.*), chisel.

cèsio (Cs - *chim.*), caesium, cesium. **2.** ~ 137 (isotopo radioattivo) (*chim.*), cesium 137.

cesoia (*macch. ut.*), shear, shears, shearing machine. **2.** ~ (per dragare mine ancorate) (*mar. milit.*), cutter. **3.** ~ a collo d'oca (*macch. ut.*), crank shears. **4.** ~ a ghigliottina (*macch. ut.*), squaring shears, guillotine shears. **5.** ~ a leva (azionata a mano) (*macch. ut. a mano*), lever shears. **6.** ~ a mano (*macch. ut.*), hand levershearing machine. **7.** ~ a mano ("bove") (*app. mecc.*), hand lever shears. **8.** ~ (a rulli multipli) per taglio di strisce (di lamiera) (*macch. ut.*), slitting machine. **9.** ~ a rulli per tubi (*app. mecc.*), rotary shears for tubes. **10.** ~ circolare (*macch. ut.*), rotary shears. **11.** ~ da banco (*macch. ut.*), bench shears, stock shears, block shears. **12.** ~ elettrica da banco (*att. off.*), electric bench shears. **13.** ~ esplosiva (per dragare mine ancorate) (*mar. milit.*), explosive cutter. **14.** ~ lineare per lamiera (*macch. ut.*), sheet metal squaring shears. **15.** ~ meccanica (*macch. ut.*), power shears. **16.** ~ meccanica (per dragare mine ancorate) (*mar. milit.*), static cutter, mechanical cutter. **17.** ~ parallela (*macch. ut.*), parallel shears. **18.** ~ per angolari (*macch. ut.*), angle shear. **19.** ~ per rottami (cesoia per sfridi) (*macch. ind. mecc.*), scrap cutter. **20.** ~ per tagli complessi (*ut.*), scroll shear. **21.** ~ taglia rottami (*macch. ut.*), scrap shears. **22.** ~ troncabillette (troncabillette) (*macch.*), billet shear. **23.** ~, *vedi anche* cesoie.

cesoiamento (taglio con cesoia) (*tecnol. mecc.*), shearing. **2.** ~ (scorrimento di strati adiacenti paralleli) (*difetto metall.*), shear. **3.** incurvatura da ~ (difetto della lamiera dovuto a cesoiamento difettoso) (*metall.*), shear bow.

cesoiatrice circolare (cesoia per taglio dischi) (*macch. ut.*), rotary shears.

cesoie (*strum. med.*), shears. **2.** ~ a mano (per tagliare lamierino) (*ut.*), snips. **3.** ~ da costotomia (*strum. med.*), rib shears. **4.** ~ da giardino (*ut. giardino*), garden shears. **5.** ~ ricurve (*ut.*), bent snips.

cessare (*gen.*), to cease.

cessato pericolo (*gen.*), all clear.

cessazione (*gen.*), discontinuance. **2.** ~ (di una operazione) (*elab.*), termination.

cessione (*leg.*), assignment. **2.** ~ di proprietà (*comm.*), conveyance. **3.** ~ documentata (*comm.*), certified transfer.

cèsso (*ed.*), latrine.

cesta (per trasporto merce leggera), basket. **2.** ~ di lana (*ind. lana*), wool skep.

cestino (per la carta straccia), wastebasket, wastepaper basket. **2.** ~ portagarze (*app. med.*), sterile container.

cesto (cesta) (*gen.*), basket. **2.** ~ del pallone (*aer.*), balloon basket.

cestone (in ferro per raccolta e trasporto di materiali) (*ind. mecc.*), box, tote-box (colloquiale).

cetano ($C_{16}H_{34}$) (*chim.*), cetane. **2.** numero di ~ (indice dell'attitudine di un combustibile all'impiego per motore diesel) (*mot. chim.*), cetane number, cetane rating.

cetene ($C_{16}H_{32}$) (*chim.*), cetene.

"cfr" (confronta, vedi) (*gen.*), see.

"cg" (centigrammo) (*mis. di peso*), cg.

"CGS" (centimetro-grammo-secondo) (*sistema di mis.*), CGS, centimeter-gram-second.

"chalet" (casetta in montagna) (*ed.*), chalet.

"chalumeau" (cannello per saldature con gas ed aria a bassa pressione) (*att. mecc.*), patent blowpipe.

"chamotte" (*ind. ceramica*), chamotte.

"charmonium" (coppia di quark ed antiquark) (*fis. atom.*), charmonium.

"chassis" (autotelaio) (*aut.*), chassis. **2.** ~ (porta lastre) (*fot.*), cassette, dark slide.

cheddite (*espl.*), cheddite.

chemioluminescenza (luminescenza, prodotta da azione chimica) (*fis. - chim.*), chemiluminescence.

chemosfera (*spazio*), chemosphere.

"cheque" (assegno) (*finanz.*), cheque (ingl.), check (am.).

cheratina (componente la fibra della lana) (*biochim.*), keratin.

chetene (C_2H_2O) (*chim.*), ketene.

chetone (*chim.*), ketone.

chetonico (*a. - ind. chim.*), ketonic. **2.** solvente ~ (*ind. chim.*), ketonic solvent.

chiamante (p. es. un abbonato, un segnale ecc.) (*a. - tlcm.*), calling. **2.** terminale ~ (*tlcm.*), calling terminal.

chiamare (*gen.*), to call. **2.** ~ (al telefono componendo il numero) (*telef.*), to dial. **3.** ~ (p. es. per attivare una procedura) (*elab.*), to invoke. **4.** ~ (richiamare un sottoprogramma per es.) (*elab.*), to call.

chiamata (telefonica), call. **2.** ~ (istruzione che comanda l'esecuzione di un sottoprogramma) (*elab.*), call. **3.** ~ (segnale di chiamata) (*radio - telef.*), call signal. **4.** ~ (l'atto di effettuare una ~) (*s. - tlcm.*), calling. **5.** ~ allo sbocco (abbassamento di livello vicino alla cresta di uno stramazzo) (*idr.*), drawdown. **6.** ~ automatica (fatta da una unità di controllo o da una stazione) (*elab. - telef.*) automatic calling, autocall. **7.** ~ da singolo a singolo (*tlcm.*), one-to-one call. **8.** ~ degli appuntamenti (*radio*), routine call. **9.** ~ di controllo (chiamata di servizio) (*telef.*), service call. **10.** ~ entrante (*tlcm.*), incoming call. **11.** ~ esterna (*telef. - elab.*), external call. **12.** ~ interna (*telef. - elab.*), internal call. **13.** ~ interurbana (telefonata interurbana) (*telef.*), long distance, long-distance call, toll call. **14.** ~ nidificata (*elab.*), nested call. **15.** ~ selettiva (p. es. nelle trasmissioni telex) (*telecom.*), selective calling. **16.** ~ urbana (*telef.*), local call. **17.** effettuazione di una ~ (*s. - tlcm.*), calling. **18.** numero di ~ (*elab.*), call-number. **19.** quadro di registrazione delle chiamate (*telef.*), call locator.

chiamato (*a. - gen.*), called.

chiarificare (un liquido per es.), to clarify.

chiarificatore del suono (*elettroacus.*), sound clarifier.

chiarificazione (*fis.*), clarification. **2.** ~ dell'acqua (*fis.*), water clarification.

chiarimento (schiarimento) (sul significato di una frase in una lettera per es.) (*uff.*), clarification.

chiarire (spiegare) (*gen.*), to make clear, to clarify, to explain.

chiaro (contrario di neretto: tipo di carattere) (*a. - tip.*), lightface, light. **2.** in ~ (*tip.*), lightface.

chiassile (telaio di finestre) (*ed.*), window frame.

chiastolite (*min.*), chiastolite, macle.

chiatta (*nav.*), lighter, barge. **2.** ~ carboniera (*nav.*), coal barge. **3.** ~ motorizzata (*nav.*), seamobile.

chiattaiuolo (*nav.*), lighterman.

chiavarda (di fondazione: per fissare la macchina al basamento di cemento) (*ed. - mecc.*), foundation bolt. **2.** ~ (bullone da fondazione per fori ciechi) (*mecc. - ed.*), rag bolt, jag bolt. **3.** ~ a becco (*mecc. - ed.*), lug bolt, hook bolt. **4.** ~ ad uncino (*ferr.*), hook bolt. **5.** ~ da rotaia (*ferr.*), track bolt. **6.** ~ della ganascia (*ferr.*), fishbolt.

chiave (*ut.*), wrench (am.), spanner (ingl.). **2.** ~ (*telef.*), key. **3.** ~ (di serratura) (*ed.*), key. **4.** ~ (di un arco o di una volta) (*arch.*), crown. **5.** ~ (di un fucile da caccia) (*arma da fuoco*), top lever. **6.** ~ (del cifrario) (*milit. - ecc.*), key. **7.** ~ (leggenda, dei numeri di riferimento in uno schema ecc. per es.) (*gen.*), key. **8.** ~ (insieme di caratteri atti a identificare inequivocabilmente una registrazione di dati) (*elab.*), key. **9.** ~ a barra esagonale (chiave per viti a testa esagonale incassata, chiave per brugole) (*ut.*), setscrew wrench, Allen wrench. **10.** ~ a bussola (tipo di chiave a tubo, a testa incassata) (*ut. mecc.*), socket wrench. **11.** ~ a bussola poligonale (chiave a stella) (*ut.*), socket box wrench. **12.** ~ a catena (per tubista) (*ut. - tubaz.*), chain pipe wrench. **13.** ~ a cricchetto (chiave a nottolino) (*ut.*), ratchet wrench. **14.** ~ a cricco (*ut.*), ratchet spanner. **15.** ~ a dente, *vedi* chiave a settore. **16.** ~ ad S (*ut.*), S wrench. **17.** ~ a forcella (*ut.*), fork wrench (am.), face wrench (am.), fork spanner (ingl.), face spanner (ingl.). **18.** ~ a forcella con due naselli cilindrici (normali al piano della chiave) (*ut. mecc.*), face spanner, prong key, prong spanner. **19.** ~ a menaruola (*ut. mecc.*), brace wrench. **20.** ~ a pipa (*ut.*), elbowed wrench (am.). **21.** ~ a rollino (chiave inglese) (*ut.*), monkey wrench, adjustable wrench, adjustable spanner (ingl.). **22.** ~ a settore con nasello cilindrico (chiave per ghiere, chiave a dente) (*ut. mecc.*), pin wrench. **23.** ~ a stella (chiave fissa a collare) (*ut.*), box wrench. **24.** ~ a T (fissa con bussola) (*ut.*), t-wrench. **25.** ~ a tubo (*ut.*), socket wrench (am.), socket spanner (ingl.). **26.** ~ a tubo per candele (*ut. - mot.*), plug socket wrench. **27.** ~ ausiliaria (*elab.*), auxiliary key. **28.** ~ composta (con estremi di tipo diverso: ad anello da un lato e aperta dall'altro) (*ut.*), combination wrench. **29.** ~ da accordatore (*ut. - musica*), tuning hammer. **30.** ~ d'albero (*nav.*), fid. **31.** ~ da tubista (*ut.*), pipe wrench (am.), pipe spanner (ingl.). **32.** ~ di ordinamento (~ che indica la sequenza) (*elab.*), sort key. **33.** ~ di protezione (~ che permette l'accesso solo alla parte di memoria relativa al programma da elaborare) (*protezione memoria elab.*), protection key. **34.** ~ di ricerca (*elab.*), search key. **35.** ~ (o valore di identificazione) di una registrazione di archivio (*elab.*), record key. **36.** ~ di volta (*ed.*), keystone. **37.** ~ doppia (fissa) (*ut.*), double ended wrench (am.), double head wrench (am.), double ended spanner (ingl.), double head spanner (ingl.). **38.** ~ esagona per brugole (chiave maschia per vite con testa ad esagono cavo) (*ut.*), setscrew wrench, Allen wrench. **39.** ~ esagona chiusa (*ut.*), hexagon ring wrench. **40.** ~ fissa a collare (chiave a stella) (*ut. mecc.*), box wrench. **41.** ~ fissa da tubista (a denti di sega, "coccodrillo") (*ut.*), alligator wrench. **42.** ~ fissa doppia (a forchetta) (*ut. mecc.*), open end wrench. **43.** ~ inglese (*ut.*), adjustable wrench (am.), monkey wrench (am.), adjustable spanner (ingl.), monkey spanner (ingl.). **44.** ~ madre (per serrature), skeleton key, master key. **45.** ~ maestra (di serratura), master key, skeleton key. **46.** ~ per astine (di una pompa per pozzo) (*mecc.*), sucker rod wrench. **47.** ~ per ghiere (chiave a dente), *vedi* chiave a settore con nasello. **48.** ~ per graduare spolette (*ut. milit.*), fuse wrench. **49.** ~ per registrazione punterie (*ut. - mot.*), tappet wrench. **50.** ~ per viti Allen (chiave per viti a cava esagonale) (*mecc.*), Allen wrench. **51.** ~ poligonale (chiave ad anello con doppia impronta esagonale, chiave a stella a dodici punte) (*ut.*), box wrench. **52.** ~ registrabile (*ut.*), adjustable-end wrench. **53.** ~ snodata (*ut.*), universal socket wrench. **54.** ~ Stillson (chiave stringitubi) (*ut.*), Stillson wrench. **55.** ~ stringitubo (*ut.*), Stillson wrench (am.), pipe wrench (am.), Stillson spanner (ingl.), pipe spanner (ingl.). **56.** ~ torsiometrica (chiave tarata) (*ut.*), torque wrench (am.), torque spanner (ingl.). **57.** ~ torsiometrica a lettura diretta (*ut.*), direct reading torque wrench. **58.** ~ torsiometrica a scatto (*ut.*), sensory type torque wrench. **59.** abbassamento in ~ (di volta) (*ed.*), sagging at the crown. **60.** apertura di ~ (per dadi esagonali per es.) (*ut.*), wrench opening. **61.** chiudere a ~, to lock, to lock with a key, to key. **62.** pietra di ~ (*arch.*), keystone. **63.** uomo ~ (uomo che occupa un posto chiave: in un'industria per es.) (*ind.*), keyman.

chiavetta (*mecc.*), key, spline. **2.** ~ concava (*mecc.*), saddle key. **3.** ~ con nasetto (*mecc.*), gib-headed key, gib-head key. **4.** ~ incassata (*mecc.*), sunk key. **5.** ~ per calettamento con mobilità in senso longitudinale (*mecc.*), feather key. **6.** ~ piana (*mecc.*), flat key. **7.** ~ rotonda (*mecc.*), pin key, round key. **8.** ~ spaccata (*mecc.*), split key. **9.** ~ tangenziale (*mecc.*), tangential key. **10.** ~ trasversale (*mecc.*), cotter. **11.** alloggiamento per ~ (*mecc.*), spline, keyway. **12.** fare un alloggiamento per ~ (*mecc.*), to spline. **13.** montare una ~ (*mecc.*), to spline. **14.** sede per ~ (in un pezzo meccanico) (*mecc.*), key seat, keyslot.

chiàvica (*strad.*), transverse road drain.

chiavi in mano (detto di oggetto, abitazione, sistema ecc., venduto pronto per l'impiego: p. es. un'automobile) (*a. - comm.*), turnkey.

chiavistèllo (di porta per es.) (*ed.*), bolt, door bolt. **2.** ~ (parte della serratura che opera per mezzo della chiave) (*mecc.*), lock bolt. **3.** ~ (congegno elettronico di circuiti integrati che mantiene lo stato di conduzione o di non conduzione fino a che non intervenga un opportuno impulso) (*eltn. - elab.*), latch. **4.** ~ a saliscendi (di porta per es.) (*ed.*), thumb latch. **5.** ~ a scatto (di una chiusura) (*mecc. per falegn.*), spring bolt. **6.** ~ comandato da maniglia (*mecc.*), bullet catch, bullet latch. **7.** ~ di sicurezza (di una porta) (*falegn. - ed.*), safety bolt. **8.** ~ semplice (senza molla di scatto) (*mecc. per falegn.*), dead bolt.

chiazzatura (sviluppo di piccole aree di colore diverso su una superficie verniciata) (*vn.*), spotting.

chièsa (*arch.*), church. **2.** ~ di monastero (*arch.*), minster.

chiesuòla (custodia della bussola) (*nav.*), binnacle.

chiglia (*costr. nav.*), keel. **2.** ~ (di una nave di legno) (*costr. nav.*), keel line. **3.** ~ (trave di chiglia: di una nave di acciaio) (*costr. nav.*), bar keel. **4.** ~ (trave di chiglia, di dirigibile) (*costr. aer.*), keel. **5.** ~ a lamieroni laterali (*costr. nav.*), side-bar keel. **6.** ~ a pinna (*costr. nav.*), fin keel. **7.** ~ di barra (non scatolata, di una nave di ferro) (*costr. nav.*), bar keel. **8.** ~ maestra (*costr. nav.*), main keel. **9.** ~ massiccia (chiglia di barra, non scatolata, di una nave in ferro) (*costr. nav.*), bar keel. **10.** ~ piatta (chiglia in lamiera grossa) (*costr. nav.*), plate keel. **11.** falsa ~ (sotto la chiglia principale) (*costr. nav.*), false keel. **12.** impostare perpendicolarmente alla linea della ~ (*costr. nav.*), to horn. **13.** per ~ (longitudinalmente allo scafo) (*nav.*), fore and aft. **14.** rotto in ~ (*a. - nav.*), brockenbacked. **15.** senza ~ (*nav.*), keelless. **16.** trave di ~ (di un dirigibile) (*aer.*), keel.

chilo, *vedi* kilo.

chiloampere (*mis. elett.*), kiloampere.

chilobar (1000 bar) (*unità di pressione*), kilobar.

chilocaloria (grande caloria, kcal = 1000 cal.) (*unità di mis.*), kilogram calorie, kg-cal, great calorie.

chilociclo (*radio*), kilocycle. **2.** chilocicli al secondo (*radio*), kilocycles per second, kc/s.

chilogràmmetro (kgm; 1 kgm = 7,233 ft lbs) (*mis.*), kilogrammeter. **2.** ~ per secondo (mks) (*unità di energia*), meter-kilogram-second.

chilogrammo (kg; 1 kg = 2,2046 lbs avoirdupois) (*mis.*), kilogram. **2.** ~ per centimetro quadrato (1 kg/cm^2 = 14,233 lbs per sq in) (*mis. di pressione*), kilogram per sq centimeter.

chilolùmen (*mis. illum.*), kilolumen.

chilometraggio (misurato in miglia), mileage.

chilometri per gallone (consumo: di un automobile, motocicletta ecc. per es.), kilometers per gallon. **2.** ~ per (o all') ora (*velocità*), kilometers per hour.

chilomètro (km; 1 km = 0,6214 statute mile = 0,5369 nautical mile) (*mis.*), kilometer, kilometre. **2.** ~ quadrato (km^2; 1 km^2 = 0,3861 statute sq mi) (*mis.*), square kilometer.

chilovar (kvar, chilovolt-ampere reattivi) (*mis. elett.*), kilovar, kvar.

chilovoltampere (kVA) (*elett.*), kilovolt-ampere. **2.** ~ reattivo (*mis. elett.*), reactive kilovolt-ampere, rkva.

chilowatt (*mis. elett.*), kilowatt.

chilowattmetro (*strum. elett.*), kilowatt-hour meter.

chilowattora (*mis. elett.*), kilowatt-hour.

chilowattorametro (contatore elettrico) (*strum.*), kilowatt-hour meter.

chìmica (*s.*), chemistry. **2.** ~ agraria (*chim.*), agricultural chemistry. **3.** ~ analitica (*chim.*), analytical chemistry. **4.** ~ applicata (*chim.*), applied chemistry. **5.** ~ applicata alla utilizzazione industriale di prodotti vegetali e agricoli (*chim.*), chemurgy. **6.** ~ delle sostanze radioattive (*chim.*), radiochemistry. **7.** ~ fotografica (*chim.*), photographic chemistry. **8.** ~ generale (*chim.*), theoretical chemistry, general chemistry. **9.** ~ industriale (*chim. ind.*), industrial chemistry. **10.** ~ inorganica (*chim.*), inorganic chemistry. **11.** ~ metallurgica (*chim.*), metallurgical chemistry. **12.** ~ nucleare (*fis. atom.*), nuclear chemistry. **13.** ~ organica (*chim.*), organic chemistry.

chimica-fisica (*chim. fis.*), physical chemistry.

chimicamente puro (*chim.*), chemically pure, c. p.

chimico (*a.*), chemical. **2.** ~ (professionista) (*s.*), chemist. **3.** stabilimento ~ (*ind.*), chemical plant.

chimico-nucleare (riferentesi ad una reazione chim. causata da una radiazione nucleare) (*a. - chim. - fis. atom.*), chemonuclear.

chimògrafo (*app. fis.*), kymograph.

china (*top.*), slope, declivity, incline. **2.** ~ ripida, steep slope (or incline or declivity). **3.** corteccia di ~ (*chim. farm.*), Cinchona bark Peruvian bark.

chinina ($C_{20}H_{24}N_2O_2$) (alcaloide) (*chim.*), quinine.

chinolina (C_9H_7N) (*chim.*), quinoline, chinoline, chinolin. **2.** coloranti alla ~ (*chim.*), quinoline dyes.

chinone (parabenzochinone) ($C_6H_4O_2$) (*chim.*), quinone, p-quinone, p-benzoquinone.
chintz (cinz, tessuto di cotone stampato a colori vivaci) (*tess.*), chintz.
chiòcciola (coclea, camera a spirale a sezione decrescente: di una pompa centrifuga, compressore, o turbina idraulica per es.), scroll, volute. **2.** ~ della vite madre (di un tornio) (*mecc.*), lead (screw) nut. **3.** mezza ~ (semichiocciola, semidado filettato da accoppiare su di una vite maschio) (*mecc.*), half nut, splitnut, split nut.
chiodaia (*dama*) (per teste di bulloni ecc.) (*att. da fabbro*), swage block.
chiodare (caldaie, serbatoi per es.) (*mecc.*), to rivet. **2.** ~ a caldo (lamiere per es.) (*mecc.*), to rivet hot. **3.** ~ a freddo (*tecnol. mecc.*), to cold-rivet. **4.** ~ a sovrapposizione (i bordi sovrapposti delle lamiere) (*mecc.*), to lap-rivet. **5.** ~ con martello pneumatico (*mecc.*), to gunrivet.
chiodato (con rivetti) (*tecnol. mecc.*), riveted.
chiodatore (*op. mecc.*), riveter.
chiodatrice (rivettatrice) (*carp. - macch. ut.*), riveting machine, riveter. **2.** ~ fissa (*macch. ut.*), bull riveter. **3.** ~ idraulica (*macch.*), hydraulic riveter. **4.** ~ pneumatica a giogo (*ut.*), yoke riveter.
chiodatura (giunto chiodato) (*mecc.*), riveted joint. **2.** ~ (operazione di ~) (*mecc.*), riveting. **3.** ~ a caldo (*mecc.*), hot riveting. **4.** ~ a catena (*mecc.*), chain riveting. **5.** ~ a chiodi affacciati (*mecc.*), chain riveting. **6.** ~ a doppio coprigiunto (*mecc.*), butt joint with double butt strap. **7.** ~ a freddo (*mecc.*), cold riveting. **8.** ~ a sovrapposizione (*mecc.*), lap riveting. **9.** ~ a zig-zag (*mecc.*), zigzag riveting. **10.** ~ di testa a coprigiunto (*mecc.*), butt joint with single butt strap. **11.** ~ doppia (*mecc.*), double riveting. **12.** ~ doppia a sovrapposizione a chiodi affacciati (*tecnol. mecc.*), double-riveted lap joint chain riveting. **13.** ~ doppia a sovrapposizione con chiodi alterni (*tecnol. mecc.*), double-riveted lap joint staggered riveting. **14.** ~ semplice (*mecc.*), single riveting. **15.** ~ semplice a coprigiunto (*mecc.*), single-riveted butt joint. **16.** ~ semplice a sovrapposizione (*mecc.*), single-riveted lap joint. **17.** ~ tripla (*mecc.*), triple riveting. **18.** spessore della ~ (spessore totale della zona di sovrapposizione delle lamiere tenute ferme dai chiodi) (*mecc.*), grip.
chiodetto (*carp.*), spring.
chiodièra (dama o chiodaia, per teste bulloni ecc.) (*att. da fabbro*), swage block.
chiodino (*gen.*), small nail.
chiodo (punta) (*falegn.*), nail. **2.** ~ (per chiodature cald., serbatoi per es.) (*mecc.*), rivet. **3.** ~ (chiodo da formatore) (*fond.*), chaplet. **4.** ~ (applicato al battistrada di un pneumatico per aumentarne l'aderenza) (*aut.*), spike. **5.** ~ (carota: ghisa che rimane nel foro di colata di un cubilotto e che ostruisce l'uscita del metallo) (*fond.*), plug. **6.** ~ a base rettangolare e testa tonda (*fond.*), stud. **7.** ~ a doppia punta (a forcella) (*carp.*), staple. **8.** ~ a forcella (cambretta) (*carp. - falegn.*), staple. **9.** ~ a gambo (chiodo da formatore) (*fond.*), stem chaplet. **10.** ~ a testa bombata (borchia, da tappezziere), gimp nail. **11.** ~ a testa conica (*falegn. - mecc.*), steeple-head rivet, casing nail. **12.** ~ a testa emisferica (*mecc.*), snaphead rivet. **13.** ~ a testa piana (*mecc.*), flathead rivet. **14.** ~ a testa piana incassata (*mecc.*), flush-head rivet. **15.** ~ a testa speronata (chiodo a sezione quadra con testa dotata di due sporgenze a punta che affondano nel legno) (*carp. - ed.*), clasp nail. **16.** ~ a testa svasata (chiodo a testa da incasso) (*mecc.*), flush rivet. **17.** ~ a testa svasata con calotta (*mecc.*), round-top countersunk rivet. **18.** ~ a testa svasata piana (chiodo a testa piana da incasso) (*mecc.*), flathead countersunk rivet, flat-countersunk -head rivet, flush-head rivet. **19.** ~ a testa tonda (*mecc.*), buttonhead rivet, cuphead rivet, roundhead rivet. **20.** ~ a testa tonda larga (*mecc.*), mushroom-head rivet. **21.** ~ a testa tonda stretta (*mecc.*), button rivet, buttonhead rivet. **22.** ~ a testa troncoconica (*mecc.*), panhead rivet, conehead rivet. **23.** ~ comune (punta Parigi) (*carp. - falegn.*), common wire nail. **24.** ~ da carpentiere (*att. - carp.*), lath nail. **25.** ~ da formatore (*fond.*), chaplet. **26.** ~ da scarpe (da montagna) (*mft. scarpe*), hobnail. **27.** ~ da tappezziere (sellerina) (*mecc.*), gimp nail. **28.** ~ di collegamento (tirante: tra due lamiere sottoposte a pressione) (*mecc.*), stay bolt. **29.** ~ di garofano (*chim. farm.*), clove. **30.** chiodi di imbastitura (chiodi provvisori per tenere a posto i pezzi) (*mecc.*), tack rivets. **31.** ~ di rinforzo (*fond.*), sprig. **32.** ~ (per ferratura) di cavallo, horseshoe nail. **33.** ~ per (fissare) lamiere di piombo (a un tetto) (*ed.*), lead nail. **34.** ~ per legno (punta) (*falegn.*), nail. **35.** ~ per metalli (*costr. mecc.*), rivet. **36.** ~ senza testa (*falegn.*), headless nail. **37.** ~ tubolare (*mecc.*), tubular rivet. **38.** gambo del ~ (*mecc.*), rivet shank. **39.** grosso ~ a becco (arpione), spike, "L" spike.
chiòsco (*ed.*), kiosk.
chiòstro (*arch.*), cloister.
chirografo di avaria (compromesso di avaria) (*leg. - nav.*), average.
chirurgìa (*med.*), surgery. **2.** ~ esplorativa (*med.*), exploratory surgery. **3.** ~ plastica (*med.*), plastic surgery, skin grafting.
chirurgo (*med.*), surgeon.
chitina (*biochim.*), chitin.
chiùdere, to close. **2.** ~ (ostruire) (*gen.*), to occlude, to obstruct. **3.** ~ (tappare) (*mecc. - tubaz.*), to plug. **4.** ~ (in una morsa) (*mecc.*), to grip. **5.** ~ (un circuito) (*elett.*), to close, to make. **6.** ~ (vapore ecc.) (*ind.*), to shut off. **7.** ~ (l'acqua per es.) (*tubaz.*), to turn off. **8.** ~ a chiave, to lock by a key, to key, to lock. **9.** ~ al traffico (*traff. strad.*), to close to traffic. **10.** ~ a scatto (una porta per es.) (*gen.*), to snap. **11.** ~ bruscamente "il gas" (decelerare bruscamente) (*aer. - mot.*), to chop. **12.** ~ con lucchetto (*gen.*), to padlock. **13.** ~ con un

muro (*ed.*), to wall. **14.** ~ il motore in corto circuito (*elett.*), to short-circuit the motor. **15.** ~ in dissolvenza (*cinem.*), to fade out. **16.** ~ l'aria (ad un carburatore) (*mot.*), to choke. **17.** ~ (o chiudersi) a scatto (*mecc.*), to snap shut. **18.** ~ una porta, to shut a door. **19.** ~ un rubinetto (*tubaz.*), to close a cock, to shut off.

chiùdersi, to close.

chiudiporta (dispositivo per chiudere gradualmente e così evitare lo sbattere della porta) (*app. ed.*), door check.

chiusa (*idr.*), lock, sluice. **2.** ~ a serranda (*idr.*), sluice gate, sluice valve. **3.** ~ di canale (*idr.*), canal lock. **4.** ~ di irrigazione (*idr.*), irrigation lock (or sluice). **5.** ~ di navigazione (*idr.*), navigation lock. **6.** ~ funzionante per mezzo della marea (*idr.*), tide lock. **7.** testa di una ~ (*idr.*), sluice head.

chiusino (pozzetto a tenuta idraulica per scoli, fogne ecc.) (*tubaz. - ed.*), trap. **2.** ~ stradale (*stad.*), street box drain cover. **3.** ~ stradale (per passo d'uomo, di accesso ai collettori di fognatura, servizi telefonici, elettrici ecc.) (*strad.*), street manhole cover. **4.** ~, *vedi anche* tombino.

chiuso (*a.*), closed. **2.** ~ (con chiave), locked. **3.** ~ (un rubinetto per es.) (*a. - gen.*), off. **4.** ~ (circuito elettrico) (*a. - elett.*), on. **5.** ~ ermeticamente, hermetically sealed. **6.** ~ per sciopero (*a. - stabilimento ind.*), struck. **7.** completamente ~ (detto di macch. elett.) (*elett.*), totally-enclosed, TE.

chiuso-aperto (rubinetto) (*tubaz.*), off-on. **2.** ~ (circuito elett.) (*elett.*), on-off.

chiusura (operazione di chiudere o stato di avvenuta ~) (*gen.*), lockup. **2.** ~ (della valvola per es.) (*tubaz.*), closing. **3.** ~ (bloccaggio) (*mecc.*), gripping. **4.** ~ (temporanea di una fabbrica) (*ind.*), shutdown. **5.** ~ (di stampi per macchine a iniezione per es.) (*ind. plastica*), clamping. **6.** ~ (recinto di), enclosure, fence. **7.** ~ (di un circuito elett.) (*elett.*), make. **8.** ~ (*mat.*), closure. **9.** ~ a bordi di velluto (della cassetta portapellicola) (*fot.*), velvet trap. **10.** ~ a ginocchiera (*ut. carrozz. aut.*), toggle-action clamp. **11.** ~ a ginocchiera con base orientabile o a fissaggio laterale (*ut. carrozz. aut.*), swivel or side mount toggle-action clamp. **12.** ~ a ginocchiera con impugnatura orizzontale (*ut. carrozz. aut.*), horizontal handle toggle-action clamp. **13.** ~ a ginocchiera con impugnatura verticale (*ut. carrozz. aut.*), vertical handle toggle-action clamp. **14.** ~ a scatto (chiusura a scatto per cui il chiavistello può essere aperto mediante maniglia o chiave) (*serratura di porta*), deadlatch. **15.** ~ a scatto con comando a mano (si apre spingendo con la mano invece che con la chiave) (*uscio - porta*), push bolt. **16.** ~ automatica (di una macchina per es.), self-locking. **17.** ~ dei conti (*contabilità*), closing of accounts. **18.** ~ dell'ammissione (di una macchina a vapore) (*mecc.*), cutoff. **19.** ~ dell'aria (al carburatore: per avviamento del motore) (*aut.*), choking (am.). **20.** ~ di canale (non permette il trasferimento di dati dalla memoria centrale ad una periferica) (*elab.*), channel closing. **21.** ~ di non ritorno (valvola a senso unico) (*tubaz.*), baffle gate. **22.** ~ ermetica (*gen.*), hermetic seal. **23.** ~ idraulica (tenuta idraulica, in un acquaio per es.: contro gli odori ecc.) (*tubaz.*), water seal. **24.** ~ in dissolvenza (*cinem.*), fadeout, dissolve-out. **25.** ~ lampo (per ~ vestiti, borse ecc.) (*vestiario ecc.*), slide fastener, zipper. **26.** ~ lampo invisibile (*ind. tess.*), invisible zipper. **27.** ~ scorrevole (*mecc.*), sliding shutter. **28.** dispositivo di ~ (dello stampo di una macchina stampatrice) (*ind. plastica*), clamp. **29.** eccessiva ~ dell'aria (al carburatore: per avviamento motore) (*aut.*), overchoking. **30.** fine ~ (valvola di) aspirazione a.... (*mot.*), inlet closes..., inlet valve closes.... **31.** fine ~ (valvola di) scarico a.... (*mot.*), exhaust closes..., exhaust valve closes.... **32.** forza di ~ (di stampi) (*ind. plastica*), clamp force, clamping force. **33.** incroci di ~ (a sovrapposizione) (*imballaggio*), sealing overlaps. **34.** linea di ~ (giunzione tra porte ecc. e la carrozzeria) (*aut.*), shutline. **35.** potere di ~ (di un teleruttore) (*elett.*), making capacity.

"chopper" (interruttore rotante per interrompere la corrente o la luce per brevi intervalli) (*elett.*), chopper. **2.** amplificatore ~ (amplificatore a corrente continua nel quale il segnale di entrata a corrente continua è trasformato in segnale a corrente alternata da un sistema "chopper") (*eltn.*), chopper amplifier.

chromel (lega resistente agli agenti chimici ed al calore, di puro nichel-cromo; 80% Ni - 20% Cr) (*lega*), chromel.

ciabatta (elementi piani d'acciaio da montare sui cingoli di un trattore agricolo per non rovinare la strada asfaltata per es.) (*mecc. agric.*), road pad, shoe. **2.** ~ (valvola di gomma a ciabatta) (*mecc.*), flapper.

ciac (per segnare l'inizio di una scena) (*cinem.*), slate, clapstick (ingl.), clapper boards.

cialda (*ind. biscotti*), waffle. **2.** stampo per cialde (*ut. elettrodomestico*), waffle iron.

ciambella (a forma di ~, camera toroidale: di un sincrotrone per es.) (*fis. atom.*), doughnut.

cianammide ($H_2N - CN$) (*chim.*), cyanamide.

cianato (*chim.*), cyanate.

"cianciolo" (rete di aggiramento) (*pesca*), seine-net (ingl.), seine (am.).

cianfrinare (presellare) (*mecc.*), to caulk.

cianfrinatrice (intorno all'imboccatura di un tubo bollitore per es.) (*macch. ut.*), beader.

cianfrinatura (presellatura) (*mecc.*), calking.

cianfrino (presello) (*mecc. - ut.*), calking iron, calking tool, fullering tool. **2.** ~, *vedi anche* presello.

cianite ($Al_2O_3.SiO_2$) (refrattario) (*min.*), kyanite, cyanite, disthene.

cianoacrilato (usato nell'industria degli adesivi) (*chim.*), cyanoacrylate.

cianògeno $(CN)_2$ (gas velenoso) (*chim.*), cyanogen.

cianografìa (riproduzione cianografica di un disegno) (*dis.*), print. **2.** ~ bianca (eliografia) (*dis.*), white print. **3** ~ blu (*dis.*), blueprint, cyanotype.

cianurazione (di acciai per es.) (*tratt. term.*), cyaniding, cyanide hardening.

cianuro (*chim.*), cyanide. **2.** ~ di potassio (KCN) (*chim.*), potassium cyanide. **3.** ~ di sodio (NaCN) (*chim.*), sodium cyanide.

ciàppola (bulino) (*ut. per cesellatura*), burin.

cibernetica (*autom.*), cybernetics. **2.** applicazione pratica della ~ (controllo automatico mediante un calcolatore elettronico) (*elab.*), cybernation.

cibernetico (uno studioso di cibernetica) (*s. - autom.*), cyberneticist, cybernetician. **2.** ~ (*a. - autom.*), cybernetic.

cibo genuino (senza conservanti e/o additivi) (*comm.*), natural food.

cicala (*elett.*), *vedi* cicalino. **2.** ~ (maniglione di ancora) (*nav.*), anchor shackle, anchor ring.

cicalino (vibratore a cicala) (*elett.*), buzzer.

cicatrice (*med.*), cicatrix. **2.** ~ (difetto del legno) (*falegn.*), catface.

cicchetto (carburante liquido immesso nei cilindri per facilitare l'avviamento a freddo) (*mot.*), priming, primer.

cicero (riga tipografica) (*tip.*), pica.

ciclico (*a. - gen.*), cyclic. **2.** curva ciclica sforzo-deformazione (*metall.*), cyclic strain-stress curve. **3.** permutazione ciclica (*mat.*), cyclic permutation.

ciclismo (*sport*), cycling.

ciclista, cyclist.

ciclizzare (gli idrocarburi di una benzina per es.) (*ind. chim.*), to cyclize.

ciclizzazione (processo chimico usato per benzine) (*ind. chim.*), cyclization.

ciclo (*ind. - termod.*), cycle. **2.**~ (bicicletta), bicycle. **3.** ~ (di sollecitazioni, nelle prove a fatica) (*tecnol. mecc.*), cycle. **4.** ~ ad autoripristino (*elab.*), self-resetting loop. **5.** ~ a due tempi (di mot.), two-stroke cycle. **6.** ~ aperto (di una turbina a gas per es.), open cycle. **7.** ~ a quattro tempi (di mot.), four-stroke cycle. **8.** ~ a recupero di calore (di macchine a vapore che impiegano vapore proveniente da calore di recupero) (*macch. a vapore*), regenerative cycle **9.** ~ a tempo (*ind.*), time cycle. **10.** ~ automatico (nelle macch. ut. automatiche dotate di comandi meccanici per riportare pezzo ed utensili nella posizione iniziale) (*mecc. - macch. ut.*), automatic cycle. **11.** ~ chiuso (di una turbina a gas per es.), closed cycle. **12.** ~ chiuso (~ nel quale un complesso di istruzioni viene eseguito ripetitivamente (*elab.*), loop. **13.** ~ contabile (*amm.*), accounting cycle. **14.** ~ di affari (*comm.*), turnover. **15.** ~ di attesa (*elab.*), waiting loop. **16.** ~ di avviamento (di un motore a reazione per es.), starting cycle. **17.** ~ di Carnot (*termod.*), Carnot cycle. **18.** ~ di controllo (*elab.*), control cycle. **19.** ~ di duplicazione (*elab. - ecc.*), copying cycle. **20.** ~ di esecuzione (p. es. di una istruzione di calcolo) (*elab.*) execution cycle. **21.** ~ diesel (*termod.*), Diesel cycle. **22.** ~ di isteresi (*elett.*), hysteresis loop. **23.** ~ di lavorazione (*organ. lav. ind.*), operation schedule, working schedule. **24.** ~ di memoria (sequenza di eventi richiesti da una operazione di lettura o scrittura in una memoria centrale) (*elab.*) storage cycle, memory cycle. **25.** ~ di saldatura (nella saldatura a resistenza: serie completa delle operazioni svolte per l'esecuzione di un giunto saldato) (*tecnol. mecc.*), welding cycle. **26.** ~ di scrittura (*elab.*), write cycle. **27.** ~ di sosta (in una produzione ciclica) (*ind.*), off cycle. **28.** ~ di trasformazione (delle materie prime in articoli di vetro) (*mft. vetro*), journey. **29.** ~ di verifica a circuito chiuso (*elab.*), loop test, loopback test. **30.** ~ di visualizzazione (*elab.*), display cycle. **31.** ~ indiretto (p. es. quello di utilizzazione del calore di un reattore) (*fis. atom.*), indirect cycle. **32.** ~ iterativo (*elab.*), *vedi* ~ chiuso. **33.** ~ macchina (tempo o serie di eventi richiesti per la ripetizione di una intera serie di operazioni) (*elab.*), machine cycle. **34.** ~ minore, *vedi* tempo di parola. **35.** ~ operativo (*ind.*), operating cycle. **36.** ~ otto (*termod.*), otto cycle. **37.** ~ produttivo (di una pressa per es., periodo durante il quale viene lavorato un dato numero di pezzi) (*ind.*), production run. **38.** ~ reversible (*termod.*), reversible cycle. **39.** ~ semichiuso (di una turbina a gas), semi-closed cycle. **40.** ~ Stirling (riferentesi ad un motore stirling) (*termod.*), stirling cycle. **41.** ~ termico di carburazione senza atmosfera carburante (*tratt. term.*), black carburizing. **42.** a ~ automatico (*a. - gen.*), automatic -cycle. **43.** a ~ chiuso (di una turbina a gas) (*macch.*), closed-cycle. **44.** illustrazione (o disegno, o diagramma) del ~ di lavorazione (*ind.*), flowsheet. **45.** rimessa a zero del ~ (contatore dei cicli) (*macch. calc.*), cycle reset. **46.** rimettere in ~ (nella manifattura gomma per es.) (*ind.*), to recycle. **47.** scorrimento di ~ (*elab.*), cycle shift.

cicloesano (C_6H_{12}) (solvente) (*chim. ind.*), cyclohexane.

cicloesanòlo ($C_6H_{11}.OH$) (*chim. ind.*), cyclohexanol.

cicloesanone (C_6H_{10} O) (solvente) (*chim. ind.*), cyclohexanone.

ciclogiro (velivolo con rotori comandati meccanicamente e rotanti attorno ad assi orizzontali) (*aer.*), cyclogyro, cyclogiro.

"ciclògrafo" (*strum. elett.*), cyclograph.

cicloidale (*a. - mecc.*), cycloidal. **2.** dentatura ~ (di ingranaggio) (*mecc.*), cycloidal teeth.

ciclòide (*geom.*), cycloid.

ciclomotore, *vedi* bicicletta a motore.

ciclone [ciclone tropicale (India), oppure uragano (Nord America), oppure tifone (Estremo Oriente), oppure ciclone (Europa)] (*meteor.*), tropical cyclone (India), hurricane (North America), typhoon (Far East), cyclone (Italy), willy-willy (Australia), tornado (South America). **2.** ~ (per la separazione di sostanze trascinate dall'aria) (*app. - ind.*), cyclone, centrifugal dust separator, eddy chamber. **3.** ~ subtropicale (*meteor.*), neutercane.

ciclopista (pista per ciclisti, di una strada di grande comunicazione per es.) (*strad.*), cycle track.

ciclorama (prospettiva panoramica su quadro cilindrico) (*ott.*), cyclorama.

ciclostile, *vedi* ciclostilo.

ciclostilio (*arch.*), cyclostyle.

ciclostilo (poligrafo, duplicatore) (*macch. uff.*), cyclostyle.

ciclotrone (*app. di fis. atom.*), cyclotron. **2.** ~ a modulazione di frequenza (*fis. atom.*), f. m. cyclotron.

"cicogna" (piccolo aeroplano da ricognizione) (*aer.*), grasshopper.

cicuta (*botanica*), hemlock.

cieco (chiuso ad una estremità) (*a. - mecc. - gen.*), blind.

cièlo (*meteor.*), sky. **2.** ~ (di un pistone) (*mot.*), crown. **3.** ~ (*aut.*), ceiling. **4.** ~ (di una galleria) (*min.*), roof, crown. **5.** ~ (di una carrozza ferroviaria, superficie inferiore del tetto) (*ferr.*), ceiling. **6.** ~ (di una storta di gas) (*ind. gas*), arch. **7.** ~ a pecorelle (*meteor.*), mackerel sky. **8.** ~ coperto (*meteor.*), overcast, o. **9.** ~ del serbatoio (*cisterna*), tank top. **10.** ~ nuvoloso (*meteor.*), overcast sky. **11.** ~ sereno (*meteor.*), clear sky, blue sky, b. **12.** ~ sereno (*navig. aer.*), ceiling unlimited. **13.** a ~ aperto (a giorno) (*a. - min.*), opencast.

cifra, cipher, figure, number, digit. **2.** ~ binaria (bit) (*mat. - elab.*), binary digit, bit. **3.** ~ binaria più significativa (*elab.*), most significant bit, MSB. **4.** cifre binarie equivalenti, *vedi* equivalente binario. **5.** ~ decimale (da 0 a 9) (*elab. - mat.*), decimal digit. **6.** ~ decimale codificata binaria (*elab.*), binary coded decimal digit. **7.** ~ di controllo (*elab. - ecc.*), check digit. **8.** ~ meno significativa (*elab.*), least significant digit, LSD. **9.** ~ ottale (in un sistema di numeri a base 8) (*elab.*) octal digit. **10.** ~ più significativa (la ~ più a sinistra di un numero) (*elab.*), most significant digit, MSD. **11.** ~ tonda (*comm.*), round figure. **12.** inversione alternata di ~ (*tlcm.*), alternate digit inversion. **13.** in ~ tonda (*comm.*) in round numbers. **14.** velocità di ~ (*tlcm.*), digit rate.

cifrare (crittografare un messaggio) (*milit. - ecc.*), to cipher, to encipher.

cifrario (codice cifrato, libro per cifrare o decifrare un testo cifrato) (*milit. - elab.*), cipher, cipher book.

"CII" (Commissione Internazionale di Illuminazione) (*illum.*), ICI, International Commission on Illumination.

cilecca (mancata accensione) (*espl.*), misfire.

cilìegio (legname da costruzione) (*falegn.*), cherry.

cilindraia (per la triturazione di minerali) (*macch. min.*), crushing rolls.

cilindrare (*strad.*), to roll. **2.** ~ (stoffa, carta ecc.) (*ind.*), to calender.

cilindrata (*mot.*), displacement, piston displacement, swept volume.

cilindrato (*a. - strad.*), rolled.

cilindratura (*strad.*), rolling. **2.** ~ (calandratura: di stoffa per es.) (*ind.*), calendering. **3.** ~ stradale (*strad.*), road rolling.

cilindretto (rullino, per misurare mozzi scanalati) (*mecc.*), pin. **2.** ~ (cilindro, contenente il pompante di una pompa d'iniezione) (*mot. diesel*), barrel. **3.** ~ apriceppi (cilindro del freno) (*aut.*), wheel cylinder. **4.** punto di contatto del ~ (intersezione del profilo del dente di uno scanalato con il cerchio primitivo) (*mecc.*), pin contact joint.

cilindri a V (*mot.*), vee cylinder block. **2.** ~ in linea (*mot.*), cylinders in line. **3.** ~ per rotocalco (*tip.*), gravure rollers. **4.** ~ retinati (*tip.*), screen rollers. **5.** ~ sgrossatori (treno sgrossatore: di laminatoio) (*metall.*), roughing rolls. **6.** ~ spremitori (*macch. ind. lana*), squeeze rollers. **7.** a due ~ (bicilindro) (*a. - mot.*), twin-cylinder. **8.** a due ~ accoppiati (di macchina a vapore per es.) (*a. - macch.*), tandem-cylinder. **9.** a più ~ (*a. - mot.*), multicylinder. **10.** blocco ~ (mot.), cylinder block. **11.** con due file di ~ (*mot.*), twin-engine. **12.** quattro ~ (motore di auto), four. **13.** sei ~ (motore di auto), six.

cilindricità (*mecc.*), cilindricity; roundness.

cilìndrico (*a. - gen.*), cylindrical. **2.** ~ (detto di albero, mozzo ecc.) (*a. - mecc.*), parallel.

cilindro (*geom. - mot.*), cylinder. **2.** ~ (di un laminatoio) (*metall.*), roll. **3.** ~ (di macchina per manifattura carta) (*ind. carta*), roller. **4.** ~ (cilindretto contenente il pompante di una pompa d'iniezione) (*mot. diesel*), barrel. **5.** ~ (~ ipotetico formato dalle tracce di uguale raggio appartenenti ad un lotto di dischi) (*elab.*), cylinder. **6.** ~ a coltelli (*mft. carta*), knife drum. **7.** ~ ad asta passante (cilindro a doppia asta, di un comando idraulico, per es., con un pistone singolo e asta sporgente da entrambe le estremità) (*idr. - ecc.*), double-end-rod cylinder, double rod cylinder. **8.** ~ ad asta semplice (di un sistema idraulico, per es.) (*idr. - ecc.*), single-end-rod cylinder. **9.** ~ a denti (*macch. tess.*), spiked roller. **10.** ~ a doppio effetto (*di mot.*), double-acting cylinder. **11.** ~ allargatore con nervature a spirale (*ind. gomma*), corrugated spiral spreader roll. **12.** ~ a passo di pellegrino (*laminatoio*), pilgrim roll. **13.** ~ asciugafeltro (*mft. carta*), felt drying cylinder, felt drier. **14.** ~ a semplice effetto (*mot.*), single-acting cylinder. **15.** ~ ausiliario (servocilindro) (*idr.*), slave cylinder. **16.** ~ avvolgitore (di una cardatrice) (*macch. tess.*), licker-in, taker-in. **17.** ~ campione per il controllo del passo dell'elica (nel controllo ingranaggi) (*mecc.*), master cylinder for checking lead. **18.** ~ caucciù (di una macchina offset) (*lit.*), blanket cylinder. **19.** ~ composito (cilindro a gradini) (*mecc.*), stepped cylinder. **20.** ~ con freno non regolabile ad entrambe le estremità (di un comando idraulico, per es.) (*idr. - ecc.*), fixed cushion advance and retract cylinder. **21.** ~ del freno (o del ricuperatore: di un cannone) (*milit.*), recoil cylinder. **22.** ~ delle ruote (cilindretto apriceppi) (*aut.*), wheel cylinder. **23.** ~ di alimentazione (*laminatoio*), freed roll. **24.** ~ di avvolgimento della stoffa (*ind. tess.*), cloth roller. **25.** ~ di estrazione a scatto (del pezzo imbutito per es.) (*lav. lamiere*), kicker cylinder. **26.** ~ di flessione (*laminatoio*), bending roll. **27.** ~ di lavoro (*laminatoio*), work roll. **28.** ~ di olandese (*macch. mft. carta*), beater roll. **29.** ~ di presa (*laminatoio*), pinch roll. **30.** ~ di rotolamento (di ingranaggio) (*mecc.*), rolling cylinder. **31.** ~ di stampa (di rotativa) (*macch. tip.*), impression cylinder. **32.** ~ di stantuffo senza asta (cilindro nel quale l'elemento mobile ha la stessa sezione dell'asta) (*mecc.*), plunger cylinder. **33.** ~ di supporto (*laminatoio*), support roll. **34.** ~ essiccatore (tamburo essiccatore, seccatore: per asciugare la carta) (*mft. carta*), drying cylinder. **35.** ~ finitore (di laminatoio) (*metall.*), finishing roll. **36.** ~ frenato nella corsa di andata e ritorno (di un comando idraulico) (*idr. - ecc.*), cushion advance and retract cylinder. **37.** ~ freno-ricuperatore (di un cannone) (*artiglieria*), recoil-counterrecoil cylinder. **38.** ~ garzatore (cilindro rotante dotato di denti metallici) (*macch. tess.*), gig. **39.** ~ graduato (*att. chim.*), graduated cylinder. **40.** ~ idraulico (di un comando idraulico) (*idr.*), hydraulic cylinder. **41.** ~ idropneumatico (per comandi per es.) (*macch.*), air-hydraulic cylinder. **42.** ~ inferiore (di laminatoio) (*metall.*), lower roll, bottom roll. **43.** ~ lavatore (tamburo lavatore: nell'olandese) (*macch. mft. carta*), drum washer. **44.** ~ lavoratore (di una carda) (*ind. tess.*), worker. **45.** ~ liscio (*mecc.*), smooth roll. **46.** ~ maestro (o principale, pompa idraulica di freni per es.) (*mecc.*), master cylinder. **47.** ~ non frenato (di un sistema idraulico, per es.) (*idr. - ecc.*), non-cushion cylinder. **48.** ~ ovalizzato (*mecc.*), ovalized cylinder, out of round cylinder. **49.** ~ per lamiere (di laminatoio) (*metall.*), sheet roll. **50.** ~ per stampa (*ind. gomma*), printing roll. **51.** ~ pneumatico (di un sistema di comando per es.) (*mecc. dei fluidi*), pneumatic cylinder. **52.** ~ primitivo (di ingranaggio cilindrico) (*mecc.*), pitch cylinder. **53.** ~ pulitore (di carda o macchina pettinatrice) (*ind. tess.*), clearer. **54.** ~ rigato (difetto di un motore) (*mecc.*), scored cylinder. **55.** ~ scanalato (*mecc.*), grooved (or fluted) roll. **56.** ~ scaricatore (o spogliatore) (di una carda) (*ind. tess.*), doffer, stripper. **57.** ~ spogliatore (di carda) (*ind. tess.*), doffer, stripper. **58.** ~ superiore (di laminatoio) (*metall.*), top roll, upper roll. **59.** canna del ~ (*mot.*), cylinder barrel, cylinder liner, liner. **60.** lunghezza del ~ (*laminatoio*), roll face width. **61.** mantello del ~ (*mot.*), cylinder skirt. **62.** primo ~ (di una cardatrice) (*macch. tess.*), breast. **63.** rettifica di un ~ (*mecc.*), grinding of a cylinder. **64.** rettificatrice per cilindri (o per blocco cilindri) (*macch. ut.*), cylinder grinder. **65.** segno di ~ (su un pezzo laminato, dovuto a un difetto sulla superficie del cilindro) (*difetto metall.*), roll mark. **66.** testa ~ (*mot.*), cylinder head. **67.** ~, *vedi anche* cilindri.

cima (di montagna) (*geogr.*), crest, brow, top, summit. **2.** ~ (fune) (*nav.*), rope, cable, fast, line. **3.** ~ (merlino, commando, cordicella di diametro circa 5 mm) (*nav.*), spun yarn. **4.** ~ del frenello (*nav.*), tiller rope. **5.** ~ dell'àncora (*nav.*), anchor line, anchor cable. **6.** ~ delle manovre correnti (per alare, stringere il vento ecc.) (*nav. a vela*), running rope. **7.** ~ di ormeggio (*nav.*), mooring line, fast. **8.** ~ di ormeggio di prua (prodese) (*nav.*), bow fast. **9.** ~ di parapetto (o corrimano) (*nav.*), manrope. **10.** ~ di salvataggio (*nav.*), life line. **11.** ~ di sollevamento del timone (per diminuire la sollecitazione sugli agugliotti) (*nav.*), rudder breeching rope.

cimasa (*arch.*), cyma, cymatium. **2.** ~ (*ed.*), coping. **3.** ~ di un muro (*ed.*), coping of a wall.

cimatrice (*macch. tess.*), cutting machine (ingl.).

cimatura (della lana per es.) (*ind. tess.*), cutting (ingl.).

cimetta di allacciamento (*nav.*), lacing, lacing line. **2.** ~ per legature piane (*nav.*), roundline.

ciminièra (di stabilimento industriale), smokestack, chimney.

cimòmetro (ondametro) (*strum. elett.*), wavemeter, ondometer.

cimosa (orlo di un tessuto) (*ind. tess.*), selvage, selvedge, listing. **2.** ~ (lisiera) (*ind. seta*), leizure, selvedge (ingl.).

cinabro (HgS), cinnabar. **2.** ~ di antimonio ($Sb_6S_6O_3$) (*chim.*), antimony vermilion, antimony red.

cineamatore (*cinem.*), film-amateur.

cineangiocardiografia (nuovo metodo diagnostico) (*s. - med.*), cineangiocardiography.

cinecamera (macchina da presa) (*cinem.*), motion-picture camera, cinecamera. **2.** ~ a specchio rotante (per alta velocità) (*cinem.*), rotating mirror cinecamera. **3.** ~ rapida (ad alta velocità, da 300 a 400 fotogrammi al secondo, per lavori di ricerca) (*cinem.*), high-speed cinecamera.

cinegiornale (giornale cinematografico: attualità) (*cinem.*), news-reel.

cinemascope (sistema di proiezione su grande schermo) (*cinem.*), cinemascope.

cinemàtica (*s. - mecc. applicata*), kinematics.

cinemàtico (*a. - mecc.*), kinematic.

cinematismo (*mecc. applicata*), kinematic motion. **2.** ~ per movimenti rettilinei (*mecc. applicata*), straight-line motion.

cinematografia (arte) (*cinem.*), cinematography (am.), the cinema (ingl.). **2.** ~ a colori (*cinem.*), color cinematography.

cinematogràfico (*a. - cinem.*), motionpicture, cinematograph. **2.** spettacolo ~ (*cinem.*), motion picture, movie.

cinematògrafo (sala per cinematografo) (*ed.*), motion-picture theater (am.), cinematograph (ingl.), cinema (ingl.); cinema theater.

cinepresa, *vedi* cinecamera. **2.** ~ con possibilità di aumento dei fotogrammi nell'unità di tempo (così da consentire proiezioni al rallentatore) (*cinem.*), slow-motion camera. **3.** ~ con registrazione sonora (*cinem.*), sound camera.

cinerama (procedimento di presa e proiezione contemporanea con varie macchine: su schermo curvo) (*cimem.*), cyclorama.

cinerario, *vedi* cenerario.

cinescòpio (tubo a raggi catodici per televisione, tubo televisivo) (*telev.*), picture tube, kinescope, television tube. **2.** ~ ad angoli appiattiti (di tubo catodico TV) (*telev.*), flat-square cathode tube. **3.** ~ a colori (*telev.*), color picture tube.

"cinesino", *vedi* cono giallo-arancio ai bordi della pista.

cinetèca (*cinem.*), film library.

cinetècnica (tecnica cinematografica) (*cinem.*), motion-picture technique.

cinètica (*mecc. raz.*), kinetics. **2.** ~ chimica, chemiocinetica (branca della chimica fisica che studia il meccanismo delle reazioni chimiche) (*chim. - fis.*), reaction kinetics.

cinètico (*a. - mecc. raz.*), kinetic.

cinghia (*mecc. - ind.*), belt. **2.** ~ a bandoliera (cintura di sicurezza a bandoliera) (*aut.*), shoulder belt, diagonal belt, upper torso safety belt. **3.** ~ ad anello (*mecc. - ind.*), endless belt. **4.** ~ addominale (cintura di sicurezza addominale) (*aut.*), lap belt. **5.** ~ a denti (cinghia dentata) (*mecc.*), toothed belt, cogged belt, positive drive belt. **6.** ~ aperta (cinghia non incrociata) (*mecc.*), open belt. **7.** ~ articolata (*mecc.*), link belt. **8.** ~ a segmenti articolati (di cuoio o di metallo: usata come cinghia o anche come trasportatore) (*att. mecc.*), chain belt. **9.** ~ collegante pulegge con assi ad angolo retto (*mecc.*), quarter belt. **10.** ~ del fucile (*arma da fuoco*), rifle sling. **11.** ~ dentata (~ di trasmissione con faccia interna dentata, per impedire slittamenti) (*macch.*), timing belt, positive drive belt. **12.** ~ di cuoio (*mecc.*), leather belt. **13.** ~ di gomma a denti (cinghia trapezoidale a dentatura interna) (*mecc. - aut.*), cogged rubber belt. **14.** ~ di pelo di cammello (*mecc. - ind.*), camel hair belt. **15.** ~ di sospensione (di un paracadute) (*aer.*), lift web. **16.** ~ di trasmissione (*mecc.*), driving belt. **17.** ~ incrociata (*mecc.*), crossed belt. **18.** ~ nervata (formata da V giuntate lateralmente, con parte superiore piana) (*mecc.*), ribbed belt. **19.** ~ trapezoidale (*mecc.*), "V" belt. **20.** comandato a ~ (*a. - mecc.*), belt-driven. **21.** cucire una ~ (*mecc.*), to lace a belt. **22.** guida ~ (spostacinghia, per pulegge) (*mecc.*), belt shifter. **23.** montare una ~ su una puleggia (*mecc.*), to put a belt on a pulley. **24.** sposta ~ (da una puleggia ad un'altra) (*mecc.*), belt shifter. **25.** tensione della ~ (*mecc.*), belt tension. **26.** togliere una ~ dalla puleggia (*mecc.*), to throw a belt off the pulley. **27.** ~, *vedi anche* cinghie e cinghietta.

cinghie (*ind.*), belting. **2.** materiale per ~ (*ind.*), belting.

cinghietta (*gen.*), belt. **2.** ~ a tracolla (di cuoio: per es. per portare una macchina fotografica) (*gen.*), neck strap.

cingolato (*a. - veic.*), tracked.

cingolatura (di un trattore) (*macch. agric. - ecc.*), tracks.

cìngolo (di trattrice agricola per es.) (*mecc.*), track, crawler track. **2.** ~ a catena (*mecc.*), chain track. **3.** boccola di ~ (di trattrice agric. per es.) (*mecc.*), track bushing. **4.** ciabatta di ~ (di trattrice agric. per es.) (*mecc.*), track shoe. **5.** maglia di ~ (di trattrice agric. per es.) (*mecc.*), track link.

cinta (linea di delimitazione di un territorio per es.), boundary. **2.** ~ (corso di fasciame di una nave) (*nav.*), gunwale. **3.** ~ (di una fortezza) (*milit.*), body, enceinte. **4.** ~ (recinzione), fence. **5.** ~ daziaria (*comm.*), customs barrier. **6.** muro di ~ (*ed.*), boundary wall, enclosure wall.

cintare (*ed.*), to enclose, to fence. **2.** ~ (con muro) (*ed.*), to wall.

cintato (con muro) (*ed.*), walled.

cintura (di una carrozzeria) (*costr. aut.*), waist. **2.** ~ (per rinforzare un pneumatico: situata subito sotto al battistrada) (*mft. gomma - aut.*), breaker, belt. **3.** ~ a bandoliera (~ di sicurezza a bandoliera) (*aut.*), diagonal belt, shoulder belt, upper torso safety belt. **4.** ~ a bretelle (*sicurezza aut.*), harness belt. **5.** ~ addominale (~ di sicurezza addominale) (*aut.*), lap belt. **6.** ~ (di sicurezza) a rullino (~ di sicurezza automatica) (*sicurezza aut.*), inertia reel seat belt. **7.** ~ a tre punti (cintura di sicurezza ancorata in tre punti diversi) (*sicurezza - aut.*), three point belt. **8.** ~ (di sicurezza) automatica, *vedi* ~ (di sicurezza) a rullino. **9.** ~ di centramento (di un proiettile) (*espl.*), rotating band. **10.** ~ di forzamento (di un proiettile) (*espl.*), band, driving band. **11.** ~ di salvataggio (*nav.*), safety belt. **12.** ~ di sicurezza (*aer.*), safety belt, seat belt. **13.** ~ di sicurezza (per piloti di aerei militari, per astronauti ecc.) (*aer. milit. - astric.*), harness. **14.** ~ di sicurezza (applicata al sedile, di una automobile) (*aut.*), seat belt, belt. **15.** ~ di sicurezza a bandoliera (*aut.*), upper torso safety belt, diagonal safety belt, shoulder safety belt. **16.** ~ di sicurezza a fascia (*sicurezza aut.*), lap belt. **17.** ~ protettiva in carena (compartimento stagno esterno all'opera viva sotto la linea di galleggiamento) (*antisiluro - mar. milit.*), blister.

cinturato (pneumatico ~: a struttura radiale o diagonale) (*aut. - ind. gomma*), belted tire.

cinturino (di un orologio) (*orologeria*), strap.

ciondolare (*mecc.*), to dangle, to hang loose.

ciottolato, *vedi* acciottolato.

ciòttolo (di fiume) (*mur.*), pebble, cobblestone.

"CIPM" (Comitato Internazionale Pesi e Misure) (*mis.*), ICWM, International Committee on Weights and Measures.

cipolla (filtro sull'aspirante di una pompa) (*tubaz.*), rose.
cipollatura (difetto del legname), shake.
cipollino (marmo) (*min.*), cipolin.
cippo confinario (pietra confinaria, termine) (*top.*), boundary mark, boundary stone, boundary monument.
ciprèsso (*legn.*), cypress.
circa (*gen.* - *ecc.*), approximately, approx.
circo (*geol.*), cirque.
circolare (forma per es.) (*a.* - *geom.*), circular. **2.** ~ (*v.*), to circulate. **3.** ~ (*s.* - *amm.*), circular. **4.** ~ pubblicitaria (*pubbl.*), advertising circular.
circolarità (rotondità) (*mecc.* - *ecc.*), roundness. **2.** errore di ~ (acircolarità, difetto) (*mecc.*), out-of-round.
circolazione (*gen.*), circulation, circulating. **2.** ~ (di valuta) (*comm.*), currency. **3.** ~ (*idr.*), circulation. **4.** ~ (dell'olio in un motore per es.) (*mot.*), circulation. **5.** ~ continua (*tubaz.*), recirculating system. **6.** ~ dei veicoli (*traff. strad.*), vehicular traffic. **7.** ~ dell'acqua (in una caldaia per es.), water circulation. **8.** ~ in senso unico (*traff. strad.*), one-way traffic. **9.** ~ nei due sensi (*traff. strad.*), two-way traffic. **10.** ~ rotatoria (circolazione dei veicoli intorno a un'isola centrale) (*traff. strad.*), round about, rotary traffic. **11.** ~ stradale (*traff. strad.*), road circulation. **12.** a ~ forzata (del fluido per es. in un sistema di riscaldamento) (*ind.*), forced-circulation. **13.** pompa di ~ (*mecc.* - *ind.*), circulation pump.
cìrcolo (*geom.*), circle. **2.** ~ generatore (di curve cicloidali) (*mat.*), rolling circle. **3.** ~ polare (*geogr.*), polar circle. **4.** ~ polare antartico (66° 33′ S) (*geogr.*), antarctic circle. **5.** ~ polare artico (66° 33′ N) (*geogr.*), artic circle. **6.** ~ primitivo (di un ingranaggio) (*mecc.*), pitch circle, PC., pitch rolling circle. **7.** ~ verticale (*astr.*), vertical circle. **8.** quadratura del ~ (*mat.*), quadrature of the circle.
circondare (*gen.*), to surround, to encompass, to encircle. **2.** ~ con un anello, to ring.
circonferènza (*geom.*), circumference, periphery. **2.** ~ di base (di un ingranaggio) (*mecc.*), base circle. **3.** ~ di fondo (di un ingranaggio) (*mecc.*), root circle, dedendum circle, root line. **4.** ~ di troncatura (circonferenza esterna, di un ingranaggio) (*mecc.*), addendum circle. **5.** ~ equatoriale (*geod.*), equatorial circumference. **6.** ~ esterna massima (di un ingranaggio conico) (*mecc.*), crown. **7.** ~ primitiva (di ingranaggio) (*mecc. raz.*), pitch circle, pitch line.
circonvallazione (*strad.*), ring road, by pass road. **2.** superstrada di ~ (raccordo anulare intorno ad una grande città) (*strad.*), belt highway.
circoscritto (*geom.*), circumscribed.
circoscrìvere, to circumscribe.
circoscrizione (territorio) (*gen.*), area, district.
circostanza (*gen.*), circumstance.
circostanziato (relazione per es.) (*gen.*), circumstantiated, detailed.
circuitazione (alare per es.) (*aer.*), circulation. **2.** ~ (relativa ad una curva chiusa) (*fis.* - *mat.*), circulation.
circuiteria (il complesso dei componenti dei circuiti elettrici) (*elett.*), circuitry.
circuiti accoppiati (*radio*), coupled circuits.
circuitistica, *vedi* circuiteria.
circùito (*elett.*), circuit. **2.** ~ (*sport*), circuit, course, race track. **3.** ~ accettore (per la ricezione di alcune frequenze) (*radio*), acceptor circuit. **4.** ~ accoppiato (*radio*), coupled circuit. **5.** ~ a coincidenza (porta di coincidenza) (*eltn.* - *elab.*), coincidence circuit. **6.** ~ a commutazione (*elett.*), switching circuit. **7.** ~ a costanti concentrate (*elett.* - *radio*), lumped circuit, lumped-constant circuit. **8.** ~ a costanti distribuite (*elett.* - *radio*), distributed circuit, distributed-constant circuit. **9.** ~ ad alta tensione (*elett.*), high-tension circuit. **10.** ~ a due conduttori (*elett.* - *telef.* - *ecc.*), two-wire circuit. **11.** ~ allo stato solido (circuito elettronico formato da componenti in stato solido, come transitori, diodi ecc. e non valvole) (*eltn.*), solid-state circuit. **12.** ~ AND-OR (*eltn.* - *elab.*), AND-OR circuit. **13.** ~ anodico (*termoion.*), anode circuit, plate circuit. **14.** ~ anodico sintonizzato (*radio*), tuned plate circuit. **15.** ~ antidisturbo (*radio*), wave trap. **16.** ~ aperto (*elett.*), open circuit. **17.** ~ a ponte (strumento) (*mis.* - *elett.*), bridge circuit. **18.** ~ a quattro conduttori (due per il canale di andata e due per il canale di ritorno) (*elab.*), four-wire circuit. **19.** ~ a relè polarizzato (*elett.*), polarity directional relay circuit. **20.** ~ a spine (per collegamenti telefonici per es.) (*elett.*), cord circuit. **21.** ~ autoelevatore (*eltn.*), bootstrap circuit. **22.** ~ bang-bang (sistema di relè ad alta velocità) (*eltn.*), bang-bang circuit. **23.** ~ bifilare (~ a due fili), (*elett.* - *telef.* - *ecc.*), two-wire circuit. **24.** ~ bipolare (*eltn.*), bipolar circuit. **25.** ~ bipolare integrato (*eltn.*), bipolar integrated circuit. **26.** ~ bistabile (~ flip-flop) (*eltn.*), bistable circuit. **27.** ~ chiuso (di una corsa) (*sport*), closed circuit. **28.** ~ combinatorio (tipo di ~ sequenziale) (*elab.*), combinational circuit. **29.** ~ compressore (per diminuire le variazioni dell'ampiezza dei segnali in un sistema di trasmissione) (*elettrotel.*), compressor. **30.** ~ del motore (*mot. elett.*), motor circuit. **31.** ~ demoltiplicatore (*radioatt.*), scaling circuit. **32.** ~ derivato (*elett.*), derived circuit, shunt. **33.** ~ derivato (dell'impianto elettrico di un velivolo: per trasmettere energia da un circuito principale ad uno o più apparecchi utilizzatori) (*aer.* - *elett.*), subcircuit. **34.** ~ di accoppiamento induttivo (mutua induzione) (*radio*), inductive coupler. **35.** ~ di alimentazione (*elett.*), feeding circuit. **36.** ~ di antenna (*radio*), antenna circuit. **37.** ~ di arresto (*radio*), wave trap. **38.** ~ di asservimento (*elett.*), interlocking circuit. **39.** ~ di attenuazione (in applicazioni fonometriche per es.) (*eltn.*), weighting network. **40.** ~ di attesa (percorso che un velivolo deve seguire secondo le istru-

zioni delle torri di controllo in attesa dell'autorizzazione all'atterraggio) (*traffico aer.*), air stack. **41.** ~ di autoallineamento (*radio*), autoaligning circuit. **42.** ~ di autoeccitazione (nelle segnalazioni ferroviarie) (*elett.*), self-excited circuit. **43.** ~ di binario (per segnalazioni ferroviarie) (*elett.*), track circuit (ingl.). **44.** ~ di binario a corrente alternata (per segnalazioni ferroviarie) (*elett.*), alternating current track circuit (ingl.). **45.** circuiti di comando (*elab.*), control circuits. **46.** ~ di comando (*elett.*), control circuit. **47.** ~ di consenso (nelle segnalazioni ferroviarie) (*elett.*), cooperating circuit. **48.** ~ di controllo (opposto al circuito principale in un apparecchio o sistema elettrico per es.) (*elett.*), monitoring circuit. **49.** ~ di controreazione (*radio*), negative feedback circuit. **50.** ~ di distribuzione (*elett.*), distributing circuit. **51.** ~ di equivalenza (porta logica di equivalenza) (*elab.*), equivalence gate, equivalence element. **52.** ~ di erogazione (*elett.*), output circuit. **53.** ~ di giunzione (*tlcm.*), junction circuit. **54.** ~ di griglia (*radio*), grid circuit. **55.** ~ di innesco (o di eccitazione) (*eltn.*), keep-alive circuit. **56.** ~ di inversione, ~ NOT (*eltn.*), NOT circuit. **57.** ~ di liberazione (nelle segnalazioni ferr.) (*elett.*), releasing circuit. **58.** ~ di misura Aron (inserzione di Aron) (*elett.*), Aron measuring circuit. **59.** ~ di occupazione (nelle segnalazioni ferroviarie) (*elett.*), occupation circuit. **60.** ~ di pedale (per segnalazioni ferroviarie) (*elett.*), pedal circuit. **61.** ~ dipendente (circuito di asservimento) (*elett.*), interlocking circuit. **62.** ~ di placca (circuito anodico) (*radio*), plate circuit. **63.** ~ di relè (circuito-relè) (*elett.*), relay circuit. **64.** ~ di retroazione (*eltn. - elab.*), feedback circuit. **65.** ~ di ricerca (*eltn.*), hunting circuit. **66.** ~ di ritardo (a ritardo di tempo) (*eltn. - elab.*), delay circuit, time-delay circuit. **67.** ~ di ritorno (rotaie ecc.) (*ferr. elett.*), return circuit. **68.** ~ di sequenza (circuito che stabilisce la sequenza di due o più fasi di un circuito) (*fluidodinamica*), sequence circuit. **69.** ~ disinserito (*elett.*), dead circuit. **70.** ~ di smorzamento (*fis. atom.*), quenching circuit. **71.** ~ di somma logica, *vedi* ~ OR. **72.** ~ di taglio (circuito tosatore, circuito limitatore di ampiezza) (*telev.*), clipping circuit. **73.** ~ di terra (alcuni impianti telegrafici per es.) (*elett.*), ground circuit. **74.** ~ elettrico (*elett.*), electric circuit. **75.** ~ elettrico ad anello (*elett.*), loop. **76.** ~ elettromagnetico (*elett.*), magnetic circuit. **77.** ~ equivalente (un circuito semplice avente le stesse caratteristiche elettriche di uno più complicato) (*elett. - eltn.*), equivalent circuit. **78.** ~ filtro (*radio*), filter circuit (ingl.). **79.** ~ idraulico (di un impianto di aer. per es.) (*aer.- ecc.*), hydraulic circuit. **80.** ~ induttivo (*elett.*), inductive circuit. **81.** ~ in risonanza (*radio*), resonating circuit, resonant circuit. **82.** ~ in simultanea (*elettrotel.*), superimposed telegraphic circuit. **83.** ~ integrato (~ a stato solido) (*eltn.*), integrated circuit, integrated semiconductor, IC. **84.** ~ integrato fuori serie (~ particolare non standardizzato) (*eltn.*), custom integrated circuit. **85.** ~ integrato lineare (*eltn.*), linear integrated circuit. **86.** ~ integrato monolitico (*eltn.*), monolitic integrated circuit. **87.** ~ integrato MOS (realizzato mediante il procedimento MOS) (*eltn.*), metal oxide semiconductor integrated circuit, MOS circuit. **88.** ~ integrato su larga scala, ~ LSI (~ ricavato su unica piastrina e contenente da 100 a circa 10000 elementi) (*eltn.*), large -scale integrated circuit, LSI circuit. **89.** ~ integrato su larghissima scala, ~ VLSI (con oltre 10000 elementi su di una sola piastrina) (*eltn.*), very large-scale integrated circuit, VLSI circuit. **90.** ~ intermedio (*radio*), intermediate circuit. **91.** ~ interurbano (*telef.*), trunk circuit (ingl.), toll line, toll circuit (am.). **92.** ~ limitatore (circuito tosatore) (*telev. - radio*), slicer. **93.** ~ livellatore (modifica una corrente ciclica pulsante in continua livellata) (*elett. - eltn.*), clamping circuit. **94.** ~ logico (circuito in cui i segnali vengono elaborati numericamente) (*eltn.*), logic circuit. **95.** ~ logico AND (*elab.*), AND gate, AND circuit. **96.** ~ logico a matrice programmabile (*elab.*), PLA, Programmable Logic Array. **97.** ~ logico a relè (sistema logico a relè) (*eltn.*), relay logic circuit. **98.** ~ LSI (*eltn.*), LSI circuit, Large-Scale Integrated circuit. **99.** ~ magnetico (*fis.*), magnetic circuit. **100.** ~ multistabile (con molte condizioni operative stabili) (*eltn.*), multistable circuit. **101.** ~ noleggiato (~ affittato) (*tlcm. - comm.*), leased circuit. **102.** ~ non induttivo (*elett.*), noninductive circuit. **103.** ~ oscillante (*radio*), oscillatory circuit (am.), resonant circuit (ingl.). **104.** ~ OR (elemento logico dell'algebra booleana) (*elab.*), OR gate, "OR" circuit. **105.** ~ pilota (circuito usato per comandare un circuito principale) (*potenza fluida*), pilot circuit. **106.** ~ pneumatico (di un impianto di aer. per es.) (*aer. - ecc.*), pneumatic circuit. **107.** ~ porta (circuito che dà un segnale di uscita che dipende da qualche funzione dei suoi segnali di entrata presenti o passati) (*eltn. - elab.*), gate. **108.** ~ potenziometrico (di un pirometro per es.) (*elett.*), potentiometer measuring circuit. **109.** ~ principale (dell'impianto elettrico di un velivolo per es.) (*elett.*), main circuit. **110.** ~ radiante (*radio*), radiating circuit. **111.** ~ reale (*telef.*), side circuit (ingl.). **112.** ~ reattivo (*radio*), reactive circuit. **113.** ~ reiettore (*radio*), rejector circuit. **114.** ~ RI (circuito resistenza-induttanza) (*elett.*), RI circuit, resistor and inductor circuit. **115.** ~ RIC (circuito resistenza-induttanza-capacità) (*elett.*), RIC circuit, resistor inductor and capacitor circuit. **116.** ~ risonante (*radio*), resonator. **117.** ~ risonante in parallelo (*radio*), parallel resonant circuit. **118.** ~ risonante (in serie) (*radio*), resonant circuit. **119.** ~ secondario (dell'impianto elett. di un velivolo, per trasmettere energia da un circuito principale ad uno o più apparecchi utilizzatori) (*aer.*), sub-circuit. **120.** ~ separatore (stadio separatore, "buffer", circuito elettronico usato per separare due circuiti radio per es.) (*eltn.*), buffer. **121.** ~ shuntato (*elett.*), shunt circuit. **122.** ~ sintonizzato (*radio*), tuned circuit. **123.** ~ sintonizzato in parallelo (*radio*), parallel tuned circuit. **124.** ~ sotto tensione (circuito attivo) (*elett.*), hot circuit, live circuit. **125.** ~ soppressore (per rendere oscuro per es. lo schermo di un radar) (*eltn.*), killer circuit. **126.** ~ soppressore di rumore (*eltn.*), noise killer circuit. **127.** ~ stabilizzatore (*elett.*), *vedi* circuito livellatore. **128.** ~ stampato (*eltn.*), printed circuit, printed wiring. **129.** ~ stradale (*sport aut.*), road track. **130.** ~ stampato mediante attacco chimico (ottenuto prima stampando il ~ su pannello isolante rivestito di rame e quindi distruggendo chimicamente il rame non ricoperto da stampa) (*eltn.*) etched circuit. **131.** ~ tampone, (circuito trappola, per sopprimere un particolare segnale per es.) (*radio*), trap. **132.** ~ tampone (circuito di trasferimento risuonante in parallelo) (*eltn.*), tank circuit. **133.** ~ tosatore (circuito di taglio, circuito limitatore di ampiezza) (*telef.*), clipping circuit. **134.** ~ tra due centrali (o sottocentrali) telefoniche (*telef.*), trunk. **135.** ~ unifilare (*elett.*), single-wire circuit. **136.** ~ virtuale (*tlcm.*), phantom circuit. **137.** avviamento in corto ~ (di un motore elettrico per es.) (*elett.*), across-line start. **138.** chiudere il ~ (*elett.*), to close the circuit. **139.** corto ~ (*elett.*), short circuit. **140.** in corto ~ (*elett.*), short-circuited, across -line. **141.** interrompere il ~ (*elett.*), to break the circuit. **142.** ~, *vedi anche* circuiti. **143.** sullo stesso ~ (di altri componenti sistemati sullo stesso ~ stampato) (*a. - eltn. - elab.*), onboard. **144.** sullo stesso ~ integrato (*a. - eltn. - elab.*), on-chip.

circumnavigazione (*nav.*), circumnavigation.

circumplanetario (*a. - astron. - astric.*), circumplanetary.

circumpolare (di stella per es.) (*astric. - geogr.*), circumpolar.

circumsolare (*a. - astron. - astric.*), circumsolar.

circumterrestre (*a. - astron. - astric.*), circumterrestrial.

cirmolo (cembro) (*legn.*), Swiss pine, Swiss stone pine.

cirro (*meteor.*), cirrus. **2.** ~ cumulo (*meteor.*), cirro-cumulus. **3.** ~ strato (*meteor.*), cirro-stratus.

cislunare (dal lato visibile della luna, ossia tra terra e luna) (*a. - astr.*), cislunar.

cissòide (*mat.*), cissoid.

cistèrna (*ed. - ind.*), tank, reservoir, cistern. **2.** ~ per zavorra d'acqua (cassa per zavorra d'acqua) (*nav.*), ballast tank. **3.** nave ~ (*nav.*), tanker. **4.** stiva ~ (*nav.*), deep tank, DT. **5.** vagone ~ (*ferr.*), tank car.

cistoscòpio (*strum. med.*), cystoscope. **2.** ~ da bambini (*strum. med.*), infant cystoscope. **3.** ~ da cateterismo (*strum. med.*), catheterization cystoscope. **4.** ~ diagnostico (*strum. med.*), diagnostic cystoscope. **5.** ~ operativo (*strum. med.*), operating cystoscope.

cisto-uretroscòpio (*strum. med.*), cystourethroscope.

citare (chiamare in giudizio) (*leg.*), to cite, to sue.

citazione (*leg.*), citation, summons. **2.** ~ in giudizio (*leg.*), subpoena.

citofono (sistema di comunicazione a due vie mediante altoparlante e microfono) (*s. - telecom. in abitazioni*), intercommunication system.

citrato ($C_6H_5O_7^{---}$) (radicale) (*chim.*), citrate.

città, town, city. **2.** ~ aperta (*milit.*), open city, open town. **3.** ~ -giardino (*urbanistica*), garden city. **4.** ~ satellite (piccola ~ indipendente vicino ad una grande ~) (*urbanistica*), satellite.

cittadella (fortezza) (*ed. milit.*), citadel.

cittadinanza (*leg.*), citizenship.

ciuffo (pennacchio) (*gen.*), bunch.

ciurma (equipaggio) (*nav.*), crew.

civile (*a. - gen.*), civil.

"civilizzazione" (allisciatura, stabilitura, secondo strato, strato di rifinitura: di intonaco) (*mur.*), white coat, set, setting coat, skimming coat.

clacson (avvisatore acustico elettrico) (*aut.*), electric horn.

clamore (rumore confuso) (*acus.*), racket.

clampa (*min.*), clamp. **2.** ~ per tubi (*min.*), casing clamp.

clarano (*chim. - geol.*), clarain.

clarite, *vedi* clarano.

classatore (assortitore, tipo di vaglio per pasta meccanica di legno) (*app. mft. carta*), sorter.

classe (*gen.*), class. **2.** ~ (di una nave, assegnata dal Registro Navale) (*costr. nav.*), class. **3.** ~ (del 1960 per es.) (*milit.*), class. **4.** ~ (insieme, aggregato, collezione, una serie di elementi matematici) (*mat.*), aggregate, set, manifold, collection, class. **5.** ~ abbiente (*econ.*), affluent class. **6.** ~ di equivalenza (*mat.*), equivalence class. **7.** ~ di equivalenza laterale (*mat.*), coset. **8.** ~ di isolamento (dell'avvolgimento di una macchina elettrica per es.) (*elett.*), insulation class. **9.** ~ di precisione (*strum.*), accuracy rating. **10.** ~ turistica (*nav.*), tourist class. **11.** limiti della ~ (*controllo qualità - stat.*), class limits. **12.** seconda ~ (*nav.*), cabin-class.

classifica (della lana) (*ind. tess.*), classing. **2.** ~ (esito di una gara) (*sport*), result. **3.** ~ (posizione in classifica, dei piloti nelle corse per es.) (*aut. - sport*), standing. **4.** ~ assoluta (di una corsa) (*aut. - sport*), general classification, overall placing. **5.** ~ dei pezzami (*comm. tess.*), pieces picking. **6.** decadimento della ~ (di una nave) (*nav.*), forfeiture of class.

classificare (*gen.*), to classify. **2.** ~ (secondo la fibra; lana, cotone per es.) (*ind. tess.*), to class, to staple. **3.** ~ (una nave) (*nav.*), to class. **4.** ~ (assegnare una qualifica di riservatezza a materiale e documenti militari o diplomatici) (*milit.*), to classify. **5.** ~ (secondo i meriti per es.) (*pers.*), to rank.

classificatore (*macch. min.*), classifier, classificator. **2.** ~ (di merci) (*op. ind.*), classer. **3.** ~ (di sabbia in una fonderia per es.) (*macch.*), classifier box. **4.** ~ a tavola rotante (*macch. min.*), rotary picking table. **5.** ~ a vagli (*mur. - strad.*), screen plant. **6.** ~ della lana (*op. laniero*), stapler. **7.** ~ idraulico (*app. min.*), hydraulic classifier.

classificazione (cernita) (*gen.*), grading. **2.** ~ (*uff.*), classification. **3.** ~ (*nav.*), classification. **4.** ~ (del cotone) (*ind. tess.*), classification. **5.** ~ (~ di canale: p. es. canale a banda larga, canale audio ecc.) (*elab.*), grade. **6.** ~ decimale (sistema di catalogazione di norme, documenti tecnici ecc.) (*documentazione - tecnol.*), decimal classification, DC. **7.** ~ decimale universale (per documenti tecnici ecc.) (*documentazione*), universal decimal classification, UDC. **8.** ~ del bersaglio (processo di identificazione di bersagli sonar o radar per mezzo di tecniche particolari) (*radar - acus. sub.*), target classification. **9.** ~ del lavoro (*organ. lav.*), job classification. **10.** ~ (o separazione) per gravità (utilizzando il peso specifico) (*min.*), gravity classification. **11.** ~ sistematica delle rocce (*sc. min.*), petrography. **12.** certificato di ~ (di una nave, emesso dal Registro Navale) (*nav.*), certificate of classification. **13.** registro di ~ (*nav.*), classification register.

clastico (*a. - geol.*), clastic.

claudetite (As_2O_3) (triossido di arsenico) (*min.*), claudetite.

clàusola (*leg. - comm.*), clause, article. **2.** ~ (in linguaggio COBOL) (*elab.*), clause. **3.** ~ delle penalità (da inserire in un contratto) (*comm. - leg.*), penalty clause. **4.** ~ di esclusione (p. es. in una polizza di assicurazione) (*amm. - comm.*), exclusion clause. **5.** clausole d'ingaggio (in un contratto fra capitano e marinai) (*leg. - comm. - nav.*), ship's articles. **6.** ~ revisione prezzi (aggiornamento prezzi proporzionale alla variazione dei costi) (*amm. - comm.*), escalation clause. **7.** ~ risolutiva (~ contrattuale che lascia ad una delle parti la possibilità di rescindere il contratto) (*leg. - comm.*), escape clause.

"clearing" (compensazione) (*finanz. - comm.*), clearing.

clepsidra, clessidra (*strum. mis.*), hourglass. **2.** ~ idrica (*strum.*), clepsydra, waterclock.

clic, click (breve rumore metallico di uno scatto) (*acus.*), click.

cliché (lastra metallica con caratteri in rilievo) (*tip.*), plate, cliché. **2.** ~ (montato su zoccolo in legno) (*tip.*), block. **3.** ~ a mezzatinta (*tip.*), *vedi* cliché a retino. **4.** ~ a retino (cliché retinato, cliché a mezza tinta) (*tip.*), halftone block. **5.** ~ a tratto (per stampa in bianco e nero senza gradazione di tono) (*tip.*), line block. **6.** ~ con parti a tratto e parti a retino (*tip.*), combination plate, combined line and tone block. **7.** ~ fresato (*tip.*), routed plate. **8.** ~ in materia plastica (*tip.*), plastic block. **9.** ~ non montato (*tip.*), unmounted block. **10.** ~ tipografico (*tip.*), relief plate.

clidonògrafo (*strum. elett. fot.*), klydonograph.

clìente (*comm. - leg.*), customer, client. **2.** adattare alle necessità del ~ (*elab. - ecc.*), to customize. **3.** partitario clienti (*contabilità*), sales ledger.

clientèla (*comm.*), customers. **2.** rapporti con la ~ (*comm.*), customer relations.

clima (*meteor.*), climate. **2.** ~ continentale (*meteor.*), continental climate. **3.** ~ temperato (*meteor.*), temperate climate. **4.** ~ tropicale (*meteor.*), tropical climate.

climatico (*a. - meteor. - ecc.*), climatic. **2.** camera climatica (*app. per prove*), climatic chamber. **3.** prova climatica (di un'apparecchiatura elettrica, strumento, motore a combustione interna ecc.) (*prova*), climatic test.

climatizzare (dotare di aria condizionata) (*ed.*), to air-condition.

climatologia (*meteor.*), climatology.

clìnica (ospedale) (*med.*), clinic.

clinico (*a. - med.*), clinical, clinic.

clinker (laterizio) (*ed.*), clinker.

clinografo (per misurare la deviazione dei fori di sondaggio dalla verticale) (*strum. min.*), clinograph.

clinòmetro (per misurare angoli di elevazione) (*strum.*), clinometer. **2.** ~ ad acqua (*strum. top. - geol.*), water-tube clinometer. **3.** ~ a sferetta (*strum. top. - geol.*), bead clinometer. **4.** ~ pendolare (*strum. top. - geol.*), pendulum clinometer.

clipper (veliero veloce) (*nav.*), clipper.

niscé (*tip.*), *vedi* cliché.

clistron (tubo elettronico) (*termoion.*), klystron. **2.** ~ a riflessione (*termoion.*), reflex klystron.

clivaggio (sfaldatura) (*geol.*), cleavage. **2.** ~ ("clivo", fratture superficiali dovute a raffreddamento locale) (*difetto mft. vetro*), crizzling. **3.** ~ a piani paralleli (*geol.*), shearing. **4.** piano di ~ (piano di sfaldatura) (*geol.*), cleavage plane.

"clivo" (fratture superficiali dovute a raffreddamento locale) (*difetto mft. vetro*), crizzling.

cloaca (*ed.*), cloaca.

cloche (leva di comando di un aeroplano) (*aer.*), control stick.

cloràlio (CCl_3CHO) (*chim.*), chloral.

clorammina (*chim.*), chloramine.

clorare (l'acqua per es.) (*chim. - ecc.*), to chlorinate.

clorato (*chim.*), chlorate. **2.** ~ di potassio ($KClO_3$) (*chim.*), potassium chlorate. **3.** ~ di sodio ($NaClO_3$) (*chim.*), sodium chlorate.

clorazione (per sterilizzare l'acqua) (*chim. ind.*), chlorination.

cloridrina (*chim.*), chlorohydrin.

clorite (*min.*), chlorite.

clorito ($-ClO_2$) (radicale) (*chim.*), chlorite.

clòro (Cl - *chim.*), chlorine. **2.** acqua di ~ (*chim.*), chlorine water.

clorobenzolo (*chim.*), chlorobenzene.

clorofenolo (*chim.*), chlorophenol, chlorphenol.

clorofòrmio ($CHCl_3$) (*chim.*), chloroform.
cloroprene (elastomero) (*ind. chim.*), chloroprene.
clorurare (*reazione chim.*), to chlorinate.
clorurazione (nella manifattura della gomma per es.) (*chim. ind.*), chlorination.
cloruro (*chim.*), chloride. **2.** ~ d'ammonio (NH_4Cl) (*chim.*), ammonium chloride, salt ammoniac. **3.** ~ d'argento ($AgCl$) (*chim.*), silver chloride. **4.** ~ di calcio ($CaCl_2$), calcium chloride. **5.** ~ di etile (C_2H_5Cl) (*med. - chim.*), ethyl chloride. **6.** ~ di metile (CH_3Cl) (*chim.*), methyl chloride. **7.** ~ di platino (*chim. fot.*), platinochloride. **8.** ~ di polivinile (vipla, per rivestimento di cavi elettrici per es.) (*chim. - elett.*), polyvinyl chloride. **9.** ~ di sodio ($NaCl$) (*chim.*), sodium chloride, salt. **10.** soluzione di ~ di calcio (soluzione sbiancante) (*chim. - mft. carta - ecc.*), bleaching liquor.
clotoide (spirale di Cornu) (*geom. - strade*), Cornu spiral.
"C/N", "CN" (comando numerico) (*macch. ut.*), N/C, NC, numerical control.
coacervato (*chim.*), coacervate.
coadiuvare (collaborare) (*gen.*), to cooperate, to co-operate.
coagulare (*fis.*), to coagulate. **2.** ~ (passare allo stadio gelatinoso: di un liquido colloidale) (*chim. dei colloidi*), to gel.
coagulato (di sostanze non colloidali) (*fis.*), coagulate, coagulum. **2.** ~ (di liquido colloidale) (*chim.*), gel. **3.** ~ (gelatinoso) (*chim.*), gel.
coagulazione (*fis.*), coagulation. **2.** ~ (di smalti, vernici ecc.) (*vn.*), livering. **3.** ~ frazionata (nell'industria della gomma) (*chim. ind.*), fractional coagulation.
coàgulo (nell'industria della gomma) (*chim. ind.*), coagulum.
coalescenza (*fis.*), coalescence.
coamministratore (*amm.*), joint manager.
coassiale (*mecc.*), coaxial.
coassialità (di un elemento rotante) (*mecc.*), concentricity. **2.** errore di ~ (misurato sulla circonferenza di un disco rotante per es.) (*mecc.*), radial run-out.
cobaltina, cobaltite ($CoAsS$) (*min.*), cobaltine, cobaltite.
cobalto (Co - *chim.*), cobalt.
COBOL (tipo di linguaggio standardizzato di programmazione ad alto livello) (*elab.*), COBOL, COmmon Business-Oriented Language.
cocca (occhiello, piega accidentale che non permette il corretto scorrimento di un cavo) (*nav.*), kink.
cocchiume (foro, di un barile) (*ind.*), bunghole.
coccinello (per fissare funi per es.) (*nav.*), toggle. **2.** ~ di bolina (*nav.*), bowline toggle.
còcco (*materia tess.*), coco.
coccodrillo (morsetto a coccodrillo) (*att. elett.*), alligator clip. **2.** ~ (chiave fissa da tubisti a denti di sega) (*tubaz.*), alligator wrench.
cocheria (*ind.*), *vedi* cokeria.
cocitore (cuocitore, addetto alla cottura) (*ind. carta - ecc.*), cooker.
còclea (*mecc.*), Archimedean screw. **2.** ~ (chiocciola, camera a spirale a sezione decrescente: di pompa centrifuga, compressore o turbina idraulica per es.), scroll, volute. **3.** ~ (elemento rotante elicoidale di un trasportatore a vite di Archimede) (*trasp.*), auger. **4.** ~ per alimentazione controllata (permette un volume costante di alimentazione di materiale sciolto) (*app. - ind.*), metering screw. **5.** alimentatore a ~ (*att. ind.*), screw feeder.
coconizzare (rivestire con involucro plastico protettivo un motore per es.) (*protezione - imballaggio*), to cocoon.
coconizzato (rivestito con involucro plastico protettivo: un motore per es.) (*protezione - imballaggio*), cocooned.
coconizzazione (rivestimento con involucro plastico protettivo: di motore per es.) (*protezione - imballaggio - applicazione dell'involucro*), cocooning.
coda (*gen.*), tail. **2.** ~ (di una antenna) (*radio*), down-lead. **3.** ~ (*aer.*), tail. **4.** ~ (o linguetta iniziale, esca, tratto protettivo iniziale: di una pellicola) (*fot.*), leader. **5.** ~ (di una cometa) (*astr.*), tail. **6.** ~ (nastro di plastica all'inizio e alla fine del nastro magnetico di una bobina) (*elettroacus.*), leader tape. **7.** ~ (fila di attesa costituita da programmi, messaggi, dati ecc.) (*elab.*), queue. **8.** ~ di ingresso/uscita (*elab.*), input/output queue. **9.** ~ di pesce (cavità a V all'estremità di un pezzo durante la laminazione a caldo) (*difetto metall.*), fishtail. **10.** ~ di porco (a forma di spirale) (*elett. - ecc.*), pigtail. **11.** ~ di topo (taccone a coda di topo: difetto in un getto) (*fond.*), rattail scab. **12.** ~ mozza (coda tronca) (*carrozz. aut.*), cut off tail. **13.** a ~ di rondine (*a. - falegn. - mecc.*), dovetail. **14.** a ~ di topo (forma di una lima per es.) (*gen.*), rat's-tail, rat-tail (ingl.), rattail (am.). **15.** a doppia ~ (a doppia deriva) (*a. - aer.*), twin-tail. **16.** fanale di ~ (*di veic. - ecc.*), taillight. **17.** incastro (o giunto o calettatura) a ~ di rondine (*falegn. - mecc.*), dovetailing, dovetail joint. **18.** intacco di ~ (segno di coda, intaccatura di coda; sulla superficie di un pezzo laminato, dovuto all'impronta causata sui cilindri dalle estremità fredde della barra) (*metall.*), tail mark. **19.** scivolata di ~ (*aer.*), tail slide. **20.** teoria delle code (tipica del calcolo delle probabilità) (*programmazione - ricerca operativa*), queuing theory. **21.** trave di ~ (*aer.*), tail boom.
codeina ($C_{18}H_{21}NO_3H_2O$) (alcaloide) (*chim.*), codeine.
codetta (cima di poppa di una imbarcazione all'ormeggio) (*nav.*), sternfast.
còdice (*leg. - ecc.*), code. **2.** ~ (dei significati in ordine alfabetico) (*prontuario telegrafico*), code book. **3.** ~ (gruppo di regole per rappresentare l'informazione) (*elab.*), code. **4.** ~ a barre (~ standard internazionale consistente in barre nere diversamente spaziate: ~ universale di prodotto)

(*elab.* - *comm.*), bar code. **5.** ~ ad eccesso di tre (*elab.*), excess-three code. **6.** ~ alfanumerico (consistente in numeri e lettere) (*elab.*), alphanumeric code, alphameric code. **7.** ~ alfanumerico binario decimale (codice a 8 bit) (*elab.*), extended binary-coded decimal interchange code, EBCDIC. **8.** ~ a ridondanza (che usa più caratteri del necessario) (*elab.*), redundant code. **9.** ~ assoluto (*elab.*), absolute code, direct code. **10.** ~ autocorrettore (codice di rilevazione di errore) (*elab.*), error detecting code, self-checking code. **11.** ~ Baudot (tipo di ~ per telescrivente) (*eltn.*), Baudot code. **12.** ~ binario (*elab.*), binary code. **13.** ~ binario riflesso (~ Gray) (*elab.*), reflected binary code, reflective code, Gray code. **14.** ~ biquinario (*elab.*), biquinary code. **15.** ~ cifrato (*telegrafia*), figure code. **16.** ~ civile (*leg.*), civil code. **17.** ~ concatenato (*elab.*), chain code. **18.** ~ decimale (*elab.*), decimal code. **19.** ~ decimale codificato in binario (*elab.*), binary coded decimal code, BCD code. **20.** ~ dei segnali (*milit.* - *mar. milit.*), signal book. **21.** ~ del dizionario (elencazione rappresentativa delle parole inglesi e loro rispettivo ~) (*elab.*), dictionary code. **22.** ~ della navigazione (regolamento della circolazione dei natanti) (*nav.* - *leg.*), rule of the road. **23.** ~ della strada (regolamentazione della circolazione stradale) (*strad.* - *leg.*), rule of the road. **24.** ~ del peso (in un ~ a barre) (*elab.*), weight code. **25.** ~ di accesso (*elab.*), access code. **26.** ~ di accesso dell'operatore (relativo alla identificazione dell'operatore) (*elab.*), operator access code. **27.** ~ di autocontrollo (*elab.*), self checking code. **28.** ~ di autocorrezione, *vedi* ~ di correzione errore. **29.** ~ di banda perforata, *vedi* ~ di nastro perforato. **30.** ~ di carattere (*elab.*), character code. **31.** ~ di comando canale, *vedi* parola di comando canale. **32.** ~ di combinazioni proibite (*elab.*), forbidden combination code. **33.** ~ di condizione (p. es. condizione di errore) (*elab.*), condition code. **34.** ~ di correzione errore (*elab.*), error correction code. **35.** ~ di destinazione (contiene elementi di indirizzo per un messaggio) (*elab.*), destination code. **36.** ~ di funzione (*elab.*), function code. **37.** ~ di gruppo (~ di ricerca sistematica errori) (*elab.*), group code. **38.** ~ di identificazione personale (p. es. sulle carte di credito) (*elab.* - *banca*), personal identification code. **39.** ~ di livello uno (*elab.*), one-level code. **40.** ~ di macchina (*elab.*), computer code. **41.** ~ di minima distanza (~ binario avente una distanza minima fra i segnali) (*elab.*), minimum distance code. **42.** ~ di nastro perforato (per perforare i fori di un nastro) (*elab.*), paper tape code. **43.** ~ di operazione (~ operativo) (*elab.*), operation code. **44.** ~ di perforazione della scheda (*elab.*), card code. **45.** ~ di reperimento (p. es. di una specifica informazione che trovasi nella memoria) (*elab.*), retrieval code. **46.** ~ di sicurezza (~ segreto) (*elab.*), security code, privacy code. **47.** ~ di stato di un canale, *vedi* parola di stato di un canale. **48.** ~ due su cinque (sistema di codificazione di cifre decimali) (*elab.*), two-out-of-five code. **49.** ~ eccesso tre (*elab.*), excess-three code. **50.** ~ genetico (*biol.*), genetic code. **51.** ~ Gray, *vedi* ~ binario riflesso. **52.** ~ Hollerith (~ per schede perforate; rappresenta dati alfanumerici) (*elab.*), Hollerith code. **53.** ~ indirizzo canale (*elab.*), channel address word, CAW. **54.** ~ in linguaggio macchina, *vedi* ~ macchina. **55.** ~ internazionale (per mezzo di bandiere) (*navig.*), international code. **56.** ~ interpretativo (linguaggio interpretativo, linguaggio di programmazione) (*elab.*), pseudocode. **57.** ~ macchina (~ scritto in linguaggio binario di macchina) (*elab.*), machine code. **58.** ~ marittimo (*nav.* - *leg.*), navigation law, navigation act. **59.** ~ mnemonico (~ i cui simboli assomigliano alle parole di origine) (*elab.*), mnemonic code. **60.** ~ non stampare (combinazione codificata di caratteri che significa: non stampare) (*elab.*), nonprint code, nonprinting code. **61.** ~ oggetto (~ macchina) (*elab.*), object code. **62.** ~ operativo (di un calcolatore) (*elab.*), operation code, instruction code. **63.** ~ ottimale (molto efficiente) (*elab.*), optimum code. **64.** ~ penale (*leg.*), criminal code, penal code. **65.** ~ penale militare (*leg.*), articles of war. **66.** ~ per nastro perforato (*macch. calc.* - *elab. dati*), punched-tape code. **67.** ~ personale di identificazione (tessera in plastica contenente una particolare registrazione magnetica di identificazione) (*elab.* - *eltn.* - *ecc.*), personal identification code, PIC. **68.** ~ (di avviamento) postale (*posta*), postcode, postal code. **69.** ~ quinario (*elab.*), quinary code. **70.** ~ rientrante (~ riutilizzabile) (*elab.*), pure code, reentrant code, reusable code. **71.** ~ rilocabile (~ nel quale tutti i riferimenti di rilocazione sono individualmente marcati) (*elab.*), relocatable code. **72.** ~ riutilizzabile, *vedi* ~ rientrante. **73.** ~ sorgente (*elab.*), source code. **74.** ~ standard americano per l'interscambio di informazioni (*inf.*), american standard code for information interchange, ASCII. **75.** ~ stradale (*traff. strad.*), rule of the road, road traffic code, road traffic act. **76.** ~ telegrafico (*telecom.*), telegraph code. **77.** ~ universale di prodotto (~ a barre sull'esterno del contenitore) (*elab.* - *comm.*), universal product code, UPC. **78.** elemento di ~ (*elab.*), code element. **79.** foro di ~ (nelle schede o nastri perforati) (*elab.*), code hole. **80.** formatore di segnali in ~ (*tlcm.*), coder. **81.** in ~ (codificato) (*elab.*), coded. **82.** linea di ~ (*elab.*), coding line. **83.** luce a ~ (*ott.*), character light, code light. **84.** programma in ~ (programma codificato) (*elab.*), coded program.

codifica (l'atto di stesura di un programma in un linguaggio accettato) (*elab.*), coding, encoding. **2.** ~ ad accesso minimo (ad accesso in tempo minimo), *vedi* ~ in tempi ottimali. **3.** ~ aggiunta dall'utente (particolari istruzioni aggiunte dall'utente) (*elab.*), own coding. **4.** ~ alfabetica (fatta mediante un codice che usa solo lettere alfabetiche e speciali caratteri) (*elab.*), alphabetic coding. **5.** ~ assoluta (~ in linguaggio macchina) (*elab.*), absolute coding. **6.** ~ binaria (*elab.*), binary coding. **7.** ~ binaria per colonne (~ incolonnata) (*elab.*), column binary code, Chinese binary coding. **8.** ~ binaria per righe (tipo di ~ binaria sulle schede perforate: riga per riga) (*elab.*), binary row coding. **9.** ~ fuori linea (istruzione immagazzinata in memoria in posizione diversa rispetto alle altre istruzioni) (*elab.*), out-of-line coding. **10.** ~ in linguaggio macchina (*elab.*), absolute coding. **11.** ~ in tempi ottimali (ad accesso minimo) (*elab.*), minimum delay coding, minimum access coding, minimum-latency coding. **12.** ~ lineare, o sequenziale (~ che ha un andamento lineare senza rami derivati) (*elab.*), straight-line coding. **13.** ~ numerica (fatta con un codice che usa solo numeri) (*elab.*), numeric coding. **14.** ~ simbolica (scritta in linguaggio assemblatore) (*elab.*), symbolic coding. **15.** modello di ~ (tipo di ~ adottato per le barre e gli spazi che formano un codice a barre) (*elab.*), encodation.

codificare (scrivere in codice) (*gen.*), to codify. **2.** ~ (*elab.* - *ecc.*), to code. **3.** ~ (tradurre un programma in linguaggio macch.) (*elab.*), to encode. **4.** ~ (mettere in codice: un messaggio per es.) (*milit.*), to encode, to encrypt. **5.** ~ automaticamente in codice macchina (trasferire da un codice simbolico ad un codice macch. automaticamente) (*elab.*), to autocode.

codificato (in codice) (*elab.*), coded.

codificatore (*elab.* - *ecc.*), coder, encoder. **2.** ~ (app. elettronico per inviare i segnali di identificazione in codice) (*aer.*), coder. **3.** ~ a spazzole (~ che legge i fori di schede o nastri mediante dispositivi di contatto a spazzola) (*eltn.*), brush encoder. **4.** ~ automatico in codice macchina (*elab.*), autocoder. **5.** ~ di segnali fonici (*inf.*), *vedi* "vocoder". **6.** ~ ibrido (nel quale la connessione tra entrata analogica ed uscita logica viene ottenuta sia con spazzole che con sensori magnetici senza contatti) (*eltn.*), hybrid encoder. **7.** ~ magnetico (nel quale la connessione tra entrata analogica ed uscita logica viene ottenuta mediante sensori magnetici senza contatti) (*eltn.*), magnetic encoder.

codificazione (*gen.*), coding.

códolo (di lima, di coltello ecc.) (*mecc.*), tang. **2.** ~ (estremità di barra adatta alla presa della tenaglia da fucinatore) (*fucinatura*), bar hold, tongs hold. **3.** ~ (per il fissaggio dello stampo superiore alla pressa) (*lav. lamiere*), spigot.

codulo, *vedi* codolo.

coefficiènte (*gen.*), coefficient. **2.** ~ di accoppiamento (*radio*), coupling coefficient. **3.** ~ di affidabilità (o di fidabilità) (*controllo qualità*), reliability coefficient. **4.** ~ di amplificazione (*eltn.*), amplification factor, μ factor. **5.** ~ di assorbimento (*chim.*), absorption coefficient. **6.** ~ di assorbimento (potere assorbente) (*fis.*), absorptance. **7.** ~ di assorbimento (*illum.*), absorption factor. **8.** ~ di assorbimento (*fis. atom.*), absorption coefficient. **9.** ~ di assorbimento massico (*fis. atom.*), mass absorption coefficient. **10.** ~ di attenuazione (*acus.* - *ecc.*), attenuation coefficient. **11.** ~ di attività (*fis.*), activity coefficient. **12.** ~ di attrito (*mecc. raz.*), friction coefficient, friction factor. **13.** ~ di carica (di un accumulatore) (*elett.*), charging coefficient. **14.** ~ di carico (percentuale di utilizzazione di linea aerea per es.) (*aer.*), load factor. **15.** di carico (~ di robustezza) (*aer.*), ultimate load factor. **16.** ~ di compressibilità (*fis.*), coefficient of compressibility. **17.** ~ di contrazione (che avviene quando un liquido passa attraverso un orificio circolare) (*idr.*), coefficient of contraction, sizing factor. **18.** ~ di conversione (rapporto di trasformazione, atomi di plutonio prodotti da ciascuna fissione di uranio 235) (*fis. atom.*), conversion ratio. **19.** ~ di diffusione (*fis. chim.*), coefficient of diffusion. **20.** ~ di dilatazione (termica) (*fis.*), coefficient of expansion. **21.** ~ di dislocamento (*nav.*), coefficient of displacement. **22.** ~ di dispersione (*ott.*), scattering coefficient. **23.** ~ di dispersione (di flusso magnetico) (*elett.*), coefficient of leakage. **24.** ~ di efficacia della pala (esprimente il grado di assorbimento di potenza da parte di una pala d'elica) (*aer.*), blade activity factor. **25.** ~ di efficienza luminosa (di una sorgente) (*illum.*), luminous efficiency. **26.** ~ di efflusso (*idr.*), coefficient of discharge. **27.** ~ di equivalenza (fattore per il quale la quantità di alluminio per es. contenuta in una lega viene moltiplicata per convertirla in una quantità equivalente di zinco) (*metall.*), equivalence factor. **28.** ~ di estinzione (misura dell'assorbimento di luce da parte di una soluzione) (*chim. fis.*), extinction coefficient. **29.** ~ di filtro (*fot.*), filter factor. **30.** ~ di finezza (*aerodin.*), fineness ratio, lift-drag ratio. **31.** ~ di finezza longitudinale di carena (*costr. nav.*), prismatic coefficient of fineness of displacement. **32.** ~ di finezza totale di carena (*nav.*), block coefficient. **33.** ~ di fissione veloce (*fis. atom.*), fast fission factor. **34.** ~ di forza laterale (*veic.*), lateral coefficient, lateral force coefficient. **35.** ~ di merito (coefficiente di efficienza) (*aerot.*), lift drag coefficient. **36.** ~ di modulazione (*termoion.*), modulation factor. **37.** ~ di momento (*aerodin.*), moment coefficient. **38.** ~ di Poisson (rapporto di deformazione trasversale) (*sc. costr.*), Poisson's ratio. **39.** ~ di portanza (*aerodin.*), lift coefficient. **40.** ~ di qualità dinamica (di materiale per costr. aer. per es.) (*sc. costr.*), dynamic quality grade. **41.** ~ di radiazione (*radio*), radiation resistance. **42.** ~ di rendimento (*termod.*), modulus of efficiency. **43.** ~ di resistenza (*aerodin.*), drag coefficient. **44.** ~ di ricezione di polarizzazione (*telev.*), polarization receiving factor. **45.** ~ di riflessione (*fis.*), reflection factor. **46.** ~ di riflessione (*illum.*), reflection coefficient. **47.** ~ di riflessione (acustica) (*acus.*), acoustic reflection factor (or coefficient). **48.** ~ di rigidezza (del legno per es.) (*sc. costr.*), stiffness coefficient. **49.** ~ di risonanza (*radio*), resonance factor. **50.** ~ di robustezza (*aer.*), ultimate load factor, "reserve factor". **51.** ~ di selettività (*radio*), selectivity factor. **52.** ~ di sicurezza (*sc. costr.*), factor of safety. **53.** ~ di slittamento (indice di slittamento) (*aut.*), skid number. **54.** ~ di smorzamento (della stabilità di un aeromobile) (*aer.*), damping factor. **55.** ~ di smorzamento (rapporto tra il decremento logaritmico ed il periodo di una oscillazione armonica smorzata) (*fis.*), decay coefficient. **56.** ~ di sottofondo (di una strada per es.) (*ing. civ.*), subgrade modulus. **57.** ~ di spinta (*mot. a propulsione*), thrust coefficient. **58.** ~ di utilizzazione (*illum.*), coefficient of utilization. **59.** ~ di utilizzazione (rapporto tra le aree del ciclo ideale ed effettivo) (*mot.*), diagram factor. **60.** ~ di utilizzazione termica (dei neutroni in un reattore) (*fis. atom.*), thermal utilization factor. **61.** ~ di variazione (*stat.*), coefficient of variation, coefficient of variability. **62.** ~ di velocità (velocità reale diviso velocità teorica) (*fluidi*), coefficient of velocity. **63** ~ di viscosità (*fis.*), viscosity, coefficient of viscosity. **64.** ~ di viscosità cinematica (*fis.*), coefficient of kinematic viscosity. **65.** ~ di visibilità (di una radiazione monocromatica) (*illum.*), luminosity factor. **66.** ~ di visibilità relativa (fattore di visibilità relativa: di una radiazione monocromatica) (*illum.*), relative luminosity factor. **67.** ~ di vulcanizzazione (quantità di zolfo combinata con 100 parti di gomma) (*mft. gomma*), vulcanization coefficient. **68.** ~ lineare di assorbimento (*fis. atom.*), linear absorption coefficient. **69.** ~ (o grado) di sicurezza (*sc. costr.*), safety factor, factor of safety. **70.** ~ prismatico (*costr. nav.*), *vedi* coefficiente di finezza longitudinale di carena. **71.** a basso ~ di dilatazione (*a. - metall.*), low expansion.

coercimetro (misura l'intensità del campo magnetico) (*strum. elettromag.*), coercimeter.

coercitivo (*a. - gen.*), coercitive, coercive.

coercizione (costrizione) (*leg.*), coercion.

coerente (che ha la qualità di mantenersi unito assieme, come avviene per es. per i granelli della sabbia bagnata) (*a. - materiale*), coherent. **2.** ~ (luce) (*a. - ott.*), coherent. **3.** ~ (di treni d'onde per es. ecc.) (*a. - fis.*), coherent.

coesimetro (per terra da fonderia per es.) (*app. fond.*), cohesion meter.

coesione (*fis.*), cohesion. **2.** ~ a secco (di terra da fonderia) (*fond.*), dry strength. **3.** ~ a verde (di terra da fonderia) (*fond.*), green strength. **4.** senza ~ (incoerente: di suolo per es.) (*geol.*), cohesionless.

coesore (*radio*), coherer.

coestrusione (estrusione di un metallo con strato o strati intermedi di altri metalli per evitare il contatto del metallo principale con la filiera ecc.) (*tecnol. mecc.*), coextrusion.

còfano (di automobile), hood (am.), bonnet (ingl.). **2.** ~ (del motore) (*aer.*), cowling. **3.** ~ di boccaporto (cappa di boccaporto) (*nav.*), hatchway companion. **4.** ~ silenziatore (di una macchina per es.) (*ind.*), sound-reducing case. **5.** (elemento) stampato di ~ (stampaggio industriale) (*costr. carrozz. aut.*), bonnet panel (ingl.), hood panel (am.). **6.** ferma ~ (*aut.*), bonnet fastener, hood fastener.

còffa (sorta di terrazzo all'estremità superiore del tronco maggiore di ciascun albero) (*nav.*), top. **2.** ~ del colombiere (piattaforma sull'albero maestro) (*nav.*), roundtop. **3.** ~ di maestra (*nav.*), maintop. **4.** ~ di mezzana (*nav.*), mizzen top. **5.** ~ di trinchetto (*nav.*), fore top.

cogestione (*ind.*), joint management.

cogliere (spiccare, frutta per es.) (*gen.*), to pick.

cognizioni (bagaglio di cognizioni) (*gen.*), background.

"coherer" (coesore) (*radio*), coherer.

coibènte (*a. - term. - elett. - acus.*), insulating, nonconducting. **2.** materiale ~ (*a. - term. - elett. - acus.*), nonconducting material, insulating material.

coibenza, coibentazione, coibentatura (isolamento (*term.*), insulation. **2.** ~ di aria (strato di aria, intorno ad un tubo per es., per ridurre le perdite di calore) (*ind. term.*), air casing.

coincidenza (*gen.*), coincidence.

coincidere (*gen.*), to coincide.

coke (carbone) (*comb.*), coke. **2.** ~ da (alto) forno (*metall.*), furnace coke. **3.** ~ da fonderia (*fond.*), foundry coke. **4.** ~ di esercizio (coke di fusione, cariche successive di coke: in un cubilotto) (*fond.*), alternate coke charge. **5.** ~ di fusione (*fond.*), *vedi* coke di esercizio. **6.** ~ di gas (*comb.*), gas coke. **7.** ~ di pece (*ind. chim.*), pitch coke. **8.** ~ di pece esaurito (per trattamento termico in cassetta) (*chim. - tratt. term.*), spent pitch coke. **9.** ~ di petrolio (residuo solido della distillazione usato in metallurgia ecc.) (*comb.*), petroleum coke. **10.** ~ di pezzatura ovo (coke di pezzatura di 2 ÷ 3 pollici) (*comb.*), egg coke. **11.** ~ di riscaldo (dote, primo strato di coke in un cubilotto) (*fond.*), coke bed, bed coke. **12.** ~ di storta (*ind.*), gas coke. **13.** ~ metallurgico (*ind.*), metallurgical coke. **14.** ~ per uso domestico (*comb.*), domestic coke. **15.** forno da ~ (per cokeria) (*ind.*), coking oven. **16.** minuto di ~ (*comb.*), pea coke. **17.** polverino di ~ (*comb.*), coke dust, powdered coke. **18.** scorie di ~ (usate per la fabbricazione del calcestruzzo) (*ed.*), coke breeze.

cokerìa (*ind. chim.*), cokery (ingl.), coke plant, coke-oven.

cokificante (*a. - ind. chim.*), coking.

cokificare (*ind. chim.*), to coke.

cokizzazione (cokificazione, distillazione del carbone) (*ind. chim.*), coking. **2.** ~ fluida (effettuata su oli minerali pesanti) (*ind. chim.*), fluid coking.

colabile (*a. - fond.*), castable.

colabilità (della ghisa per es.) (*fond.*), castability. **2.** prova di ~ (della ghisa per es.) (*fond.*), castability test.
colaggio (colata, per ottenere articoli di vetro) (*mft. vetro*), casting.
colame (metallo solidificato rimasto nel canale di colata) (*fond.*), gating, gate. **2.** togliere il ~ (*fond.*), to degate.
colare (*fond.*), to pour, to cast, to run. **2.** ~ (acciaio fuso nella forma) (*fond. acciaio*), to pour, to teem. **3.** ~ a picco (andare a picco) (*nav.*), to go to the bottom. **4.** ~ a picco (mandare a picco, fare affondare) (*mar. milit.*), to send to the bottom. **5.** ~ in verde (*fond.*), to cast green. **6.** ~ la ghisa in pani (*fond.*), to pig. **7.** ~ orizzontale (*fond.*), to cast horizontally.
colata (versamento del metallo fuso nelle forme) (*fond.*), casting, pouring. **2.** ~ (spillatura dal forno nella siviera) (*metall.*), tapping. **3.** ~ (quantità di metallo uscente dal forno) (*fond.*), cast, tap. **4.** ~ (colaggio, per ottenere articoli di vetro) (*mft. vetro*), casting. **5.** ~ (gocciolatura al momento dell'applicazione: difetto di verniciatura dovuto ad eccesso di vernice) (*vn.*), run. **6.** ~ a caduta (*fond.*), drop casting. **7.** ~ a contropressione (*fond.*), counter-pressure casting. **8.** ~ a corno (*found.*), horn casting. **9.** ~ a guscio (*fond.*), shell casting. **10.** ~ a pettine (*fond.*), comb-gate casting. **11.** ~ a rovesciamento (*fond.*), slush casting. **12.** ~ a sorgente (colata dal fondo) (*fond.*), bottom casting, end pouring, bottom pouring. **13.** ~ a sorgente (*acciaieria*), uphill teeming. **14.** ~ centrifuga (*fond.*), centrifugal casting. **15.** ~ continua (*fond.*), continuous casting. **16.** ~ dall'alto (colata diretta) (*fond.*), drop casting. **17.** ~ di fango (da un vulcano per es.) (*geol.*), mudflow. **18.** ~ di lava (*geol.*), lava flow. **19.** ~ diretta (*fond.*), drop casting. **20.** ~ e fucinatura (processo combinato di colata e fucinatura) (*tecnol. mecc.*), squeeze -casting. **21.** ~ in conchiglia (o in forma permanente) (*fond.*), die-casting, permanent mold casting. **22.** ~ in conchiglia a bassa pressione (*fond.*), low-pressure die-casting. **23.** ~ in conchiglia a depressione (*fond.*), vacuum die-casting (ingl.). **24.** ~ in conchiglia a gravità (*fond.*), gravity die-casting (ingl.), permanent-mold casting (am.). **25.** ~ in forma di un metallo con successivo suo svuotamento (ottenendosi così un getto sottile) (*fond.*), slush casting. **26.** ~ in gesso (*fond.*), plaster casting. **27.** ~ in guscio (colata in forme a guscio) (*fond.*), shell casting. **28.** ~ interrotta (difetto di fonderia: mancata unione di parti di un getto dovuta ad interruzione nell'operazione di colata) (*fond.*), interrupted pour. **29.** ~ in verde (*fond.*), green casting. **30.** ~ orizzontale (*fond.*), horizontal casting. **31.** ~ per scorrimento (di materie plastiche per es.) (*ind. chim.*), flow casting. **32.** ~ risalente (*fond.*), *vedi* colata a sorgente. **33.** ~ sotto pressione (*fond.*), diecasting (ingl.), diecasting (am.). **34.** applicazione delle colate (*fond.*), gating. **35.** attacco di ~ (*fond.*), ingate, gate (am.). **36.** attacco di ~ a corno (*fond.*), horn gate. **37.** attacco di ~ a cuneo (*fond.*), wedge gate. **38.** attacco di ~ ad anello (*fond.*), ring gate. **39.** attacco di ~ a grappolo (*fond.*), cluster gate. **40.** attacco di ~ a pettine (*fond.*), comb gate. **41.** attacco di ~ a piatto (attacco di colata a coltello) (*fond.*), flat gate. **42.** attacco di ~ a pioggia (*fond.*), pencil gate, pop-gate. **43.** attacco di ~ a zeppa (attacco di colata a cuneo) (*fond.*), wedge gate, pop-gate. **44.** attacco di ~ con filtro (attacco di colata con fermascorie) (*fond.*), skim gate. **45.** attacco di ~ multiplo (*fond.*), branch gate, multiple gate. **46.** attacco di ~ tangenziale (*fond.*), tangent gate, spin gate, centrifugal gate. **47.** bacinella di ~ (bacino di colata, in una forma) (*fond.*), pouring basin. **48.** bocchello di ~ (di una siviera) (*fond.*), teeming nozzle, pouring nozzle. **49.** canale di ~ (*fond.*), runner, runner gate, pouring spout. **50.** discesa di ~ (canale verticale di colata) (*fond.*), down runner. **51.** foro di ~ (*fond.*), gate. **52.** impianto di ~ continua a doppia linea (*fond.*), double-strand continuous casting plant. **53.** mettere le colate (*fond.*), to gate. **54.** residuo di ~ (biscotto: nella pressofusione) (*fond.*), slug. **55.** secchia di ~ (siviera) (*fond.*), ladle.
colatitudine (*geogr.*), colatitude.
colato (*a. - fond.*), poured, cast.
colatoio (canale o foro di colata) (*fond.*), sprue, gate.
colatura (insaccamento di vernice dovuto ad eccessiva applicazione di vernice) (*difetto vn.*), sagging. **2.** ~ (festonatura, particolare tipo di colatura presentante l'aspetto di cortine o festoni) (*difetto vn.*), curtaining. **3.** ~ (difetto di vernice), *vedi anche* colata. **4.** ~ colature a goccia (*difetto vn.*), tears.
colcotàr (ossido di ferro) (Fe_2O_3) (*chim. ind.*), colcothar.
còlla (gelatina animale) (*chim.*), glue. **2.** ~ (di farina ed acqua e simili), paste. **3.** ~ (usata per riempire i pori nella superficie della carta, gesso ecc. prima della colorazione), size. **4.** ~ a caldo, hot glue. **5.** ~ acida (*ind. chim.*), acid size. **6.** ~ alla caseina (*ind.*), casein glue, casein cement, "coldwater glue". **7.** ~ basica (*ind. chim.*), basic size. **8.** ~ bianca (*mft. carta - ecc.*), white size, resin milk. **9.** ~ da marina (*nav.*), marine glue. **10.** ~ d'amido (*chim.*), starch paste. **11.** ~ da modellisti (*carp.*), patternmaker's glue. **12.** ~ da panno (*ind. tess.*), cloth paste. **13.** ~ di ossa (*ind. chim.*), bone glue. **14.** ~ di pesce (ittiocolla) (*ind.*), fish glue, isinglass. **15.** ~ di resina (*ind. chim.*), rosin size, sizing. **16.** ~ di sangue (*ind.*), blood glue. **17.** ~ forte (*falegn.*), glue. **18.** ~ liquida, liquid glue. **19.** alla ~ (di cartoni per es.) (*a. - mft. carta*), pasted. **20.** a mezza ~ (*a. - mft. carta*), halfpasted. **21.** dare la ~ (*ind.*), to size. **22.** latte di ~ (*legatoria - ecc.*), size milk. **23.** tutta ~ (*a. - mft. carta*), hardsized.

collaborare (coadiuvare) (*gen.*), to cooperate, to co-operate.
collaborativo (*a. - organ.*), cooperative.
collaboratore (*gen.*), cooperator. **2.** ~ esterno (uno che scrive per un giornale per es.) (*pubbl. - giorn.*), free lance.
collaborazione (*gen.*), cooperation.
collage (*arte*), collage.
collaggio (incollatura della carta, riempimento dei pori superficiali) (*mft. carta - ecc.*), *vedi* collatura. **2.** ~ (espressione artistica) (*arte*), collage.
collante (adesivo, per la giunzione di metalli, ceramiche ecc.) (*tecnol. mecc. - ecc.*), adhesive, bonding agent.
collare (*gen.*), collar. **2.** ~ (per fissare tubazioni), collar. **3.** ~ (collarino, di un asse) (*ferr.*), collar. **4.** ~ di fermo (*mecc.*), stop collar.
collarino (parte di un capitello classico) (*arch.*), gorgerin, necking. **2.** ~ (di colonna dorica o jonica) (*arch.*), collar. **3.** ~ (nella parte inferiore di capitello dorico) (*arch.*), annulet. **4.** ~ dell'assile (*ferr.*), axle collar.
collarsi (di carbone per es.) (*fis.*), to cake together.
collasso (*med.*), collapse. **2.** ~ gravitazionale (implosione intorno ad un comune centro di gravità) (*astrofisica*), gravitational collapse.
collaterale (*gen.*), collateral.
collatura (del lino) (*mft. tess.*), dressing. **2.** ~ (della carta, per il riempimento dei pori superficiali) (*mft. carta*), sizing. **3.** ~ alla gelatina (collatura alla colla animale, collatura in superficie) (*mft. carta*), tub-sizing, animal-sizing. **4.** ~ in pasta (*mft. carta*), engine-sizing.
collaudare (provare) (*gen.*), to test, to try. **2.** ~ (controllare: pezzi lavorati in officina per es.) (*organ. interna di fabbrica*), to inspect.
collaudatore (chi controlla la corrispondenza al grado di lavorazione richiesto, alla qualità, alla completezza ecc.) (*op.*), checker. **2.** ~ (di automobili) (*op.*), test driver. **3.** ~ ("controllo": di pezzi lavorati in officina per es.) (*op.*), inspector. **4.** ~ di calibri (*op. mecc.*), gauge inspector. **5.** ~ di messa a punto dell'auto nuova in officina (*op. aut.*), rollerman. **6.** ~ su strada (o su pista) (*ind. aut.*), test driver on road.
collàudo (prova) (*gen.*), testing. **2.** ~ (di un motore) (*ind.*), test. **3.** ~ (di una macchina, di una caldaia ecc.) (*mecc. - ind.*), general test and inspection. **4.** ~ (di merci), approval. **5.** ~ (controllo di pezzi lavorati in officina per es.) (*organ. interna di fabbrica*), inspection. **6.** ~ (di una casa per es.) (*ed.*), general inspection. **7.** ~, *vedi anche* controllo. **8.** ~ al 100%, (controllo al 100%, collaudo di tutti i pezzi di un lotto) (*controllo qualità*), screening inspection, 100% detailled inspection. **9.** ~ arrivi (collaudo ricevimenti, collaudo di parti provenienti dall'esterno) (*ind. mecc.*), incoming parts inspection. **10.** ~ casuale (verifica casuale, nel controllo della qualità) (*tecnol. mecc.*), random inspection. **11.** ~ con raggi gamma (γ) (di pezzi lavorati) (*tecnol. mecc.*), gamma-ray inspection. **12.** ~ con ultrasuoni (di billette per es.) (*tecnol. mecc.*), ultrasonic inspection. **13.** ~ definitivo (o finale) (*mecc.*), final inspection. **14.** ~ di accettazione (di motore, nave, aereo ecc.) (*ind.*), acceptance test. **15.** ~ di qualità (*prod. ind.*), quality control. **16.** ~ di sistemi (*elab.*), system test. **17.** ~ finale (prova finale, "provetta") (*mot. aviazione - ecc.*), final test. **18.** ~ in volo (di un aeromobile) (*aer.*), acceptance flight test. **19.** ~ normale (controllo normale) (*controllo qualità*), normal inspection. **20.** ~ per campionamento (*controllo qualità*), sampling inspection. **21.** ~ produzione principale (*mecc.*), production inspection. **22.** ~ ricezione (*ind. mecc.*), *vedi* collaudo arrivi. **23.** ~ ridotto (controllo ridotto) (*controllo qualità*), reduced control. **24.** ~ rinforzato (controllo rinforzato) (*controllo qualità*), tightened control. **25.** ~ visivo (*mecc.*), visual inspection. **26.** bollettino di ~ (di una macchina elettrica per es.) (*prove*), test certificate. **27.** capo ~ (*op. mecc.*), chief inspector. **28.** stampigliatura di ~ (indicante che il pezzo è stato collaudato ed approvato) (*ind.*), check mark. **29.** verbale di ~ (*mecc.*), inspection report.
collazionare (confrontare) (*gen.*), to collate. **2.** ~ (riunire per confronto vari lotti di dati in un unico lotto) (*elab.*), to collate.
collazione (confronto) (*s. - gen. - ecc.*), collation.
collegamenti (*milit.*), signals.
collegamento (*gen.*), connection. **2.** ~ (*mecc.*), connection, linkage. **3.** ~ (di un circuito) (*elett.*), connection. **4.** ~ (tecnico o commerciale fra due ditte per es.) (*comm.*), liaison. **5.** ~ (tra dati per es.) (*s. - elab.*), binding. **6.** ~ (l'azione di collegare le singole parti di un programma: p. es. per mezzo di riferimenti, di indirizzi, e di un programma di allacciamento) (*elab.*), linking. **7.** ~ (~ che unisce le singole parti di un programma) (*elab.*), link, linkage. **8.** ~ (via di trasferimento dei dati: p. es. un cavo coassiale) (*elab.*), link. **9.** ~ (p. es. fra due postazioni lontane) (*telecom.*), communication link. **10.** ~ a doppio triangolo (*elett.*), double-delta connection. **11.** ~ a incastro (~ con o senza azione di saldatura o colla: a coda di rondine per es.) (*falegn. - carp. - mecc.*), lock joint. **12.** collegamenti a margherita (modo di collegare le unità periferiche alla centrale) (*elab.*), daisy chain. **13.** ~ a massa (collegamento a terra, messa a massa, messa a terra) (*elett.*), grounding, earthing. **14.** ~ a massa (collegamento elettrico di parti metalliche di un aereo per es.) (*aer. - elett.*), electrical bonding, bonding. **15.** ~ articolato (*mecc.*), linkwork, linkage. **16.** ~ a selezione (*tlcm.*), dial-up connection. **17.** ~ a stella (in un trasformatore per es.) (*elett.*), Y connection. **18.** ~ a stella (di un impianto polifase) (*elett.*), star connection. **19.** ~ a stella con neutro a massa (o a terra) (*elett.*), star connection with earthed center point. **20.** ~ a terra (*elett.*), earth connection. **21.** ~ a terra (per eli-

minare cariche elettrostatiche) (*aer.*), static ground. **22.** ~ a triangolo (*elett.*), delta connection, mesh connection. **23.** ~ a zig-zag (di un impianto polifase) (*elett.*), zig-zag connection. **24.** ~ (effettuato) con tratto di filo nudo avvolto (~ senza saldatura, per collegamenti provvisori) (*elett.*), wire-wrap connection. **25.** ~ controfase (*elett. - radio*), push-pull connection. **26.** ~ dati, *vedi* ~ informazioni. **27.** ~ del parafango (*carrozz. aut.*), fender baffle. **28.** collegamenti elettrici (in un quadro elettrico per es.) (*elett.*), electrical connections. **29.** ~ elettrico di rotaie (*elett. - ferr.*), rail bond. **30.** ~ equipotenziale (collegamento a massa, delle parti metalliche di un aereo per es.) (*elett.*), bonding, electrical bonding. **31.** ~ in cascata (*radio - elett.*), cascade connection. **32.** ~ informazioni (~ dati) (*elab.*), communications link, data link. **33.** ~ in parallelo (collegamento in derivazione) (*elett. - radio*), parallel connection. **34.** ~ in salita (~ verso l'astronave) (*astric. - radio*), up link. **35.** ~ in serie (*elett. - radio*), series connection. **36.** ~ orizzontale (di intelaiatura per es.) (*mecc. - carp.*), horizontal brace. **37.** ~ passante (conduttore che collega elettricamente due circuiti attraverso una parete (*elett.*), feed-through. **38.** ~ poligonale (di un impianto polifase) (*elett.*), mesh connection. **39.** ~ radiofonico (*radiotelefonia*), radio link. **40.** ~ serie-parallelo (*elett.*), series-parallel connection. **41.** ~ statico a terra (*aer. - elett.*), static ground. **42.** ~ telefonico (*telef.*), telephonic connection. **43.** ~ verso terra (collegamento all'ingiù, da una nave spaziale verso terra) (*radio*), down-link. **44.** ~ verticale (di intelaiatura per es.) (*mecc. - carp.*), vertical brace. **45.** formazione del ~ (*tlcm.*), call setup. **46.** linea di ~ (tra due separate linee di convogliamento di energia elettrica) (*elett.*), tie. **47.** per collegamenti fra grandi centri urbani (relativo a treni, autobus, ecc.) (*a. - trasp.*), intercity. **48.** provvisto dei cavetti di ~ (p. es. di un apparecchio fornito di cavetti per il ~ elettrico alla rete) (*a. - elett. - eltn. - telef. - ecc.*), wired. **49.** redattore di collegamenti (*elab.*), *vedi* collegatore. **50.** richiesta di ~ (per es. a un terminale) (*elab.*), login, log-in, log in, logon, log-on, log on. **51.** richiesta di uscita dal ~ (richiesta di scollegarsi; p. es. da un terminale) (*elab.*), logoff, log-off, logout, log-out. **52.** stazione di ~ (*milit.*), signals station. **53.** ufficio di ~ (*comm.*), liaison office.

collegare, to join, to connect. **2.** ~ (*mecc.*), to link, to connect. **3.** ~ (un circuito) (*elett.*), to connect, to tap. **4.** ~ (connettere: p. es. una unità periferica) (*elab.*), to attach. **5.** ~ (collegarsi; p. es. mediante una spina ad una presa di un sistema) (*eltn. - elab. - ecc.*), to plug into. **6.** ~ (connettere dati) (*elab.*), to bind. **7.** ~ a doppino (di circuito elettrico) (*telef. - ecc.*), to loop. **8.** ~ a massa (mettere a massa, mettere a terra) (*elett.*), to ground, to earth. **9.** ~ a massa (mettere a massa: collegare elettricamente le parti metalliche di un aereo per es.) (*aer.- elett.*), to bond. **10.** ~ assieme (accoppiare due apparecchi elettrici su di un solo circuito per es.) (*elett.*), to couple. **11.** ~ con fili metallici (*elett.*), to hardwire. **12.** ~ con prolunga (collegare dispositivi elettrici con una prolunga) (*elett. - telef.- ecc.*), to patch. **13.** ~ con trattino (unire con lineetta due parole) (*ortografia*), to hyphen, to hyphenate. **14.** ~ in cascata (*elett.*), to cascade, to connect in cascade. **15.** ~ in derivazione (derivare) (*elett.*), to shunt. **16.** ~ mediante interfaccia, *vedi* interfacciare. **17.** ~ mediante perno (imperniare) (*mecc.*), to journal. **18.** ~ mediante spine (o caviglie) di posizionamento e fissaggio (*falegn.*), to dowel.

collegato (*gen.*), connected. **2.** ~ a stella (*a. - elett.*), star-connected. **3.** ~ direttamente (allacciato elettricamente con un collegamento diretto) (*a. - elett.*), wired.

collegatore (programma di collegamento, redattore di collegamenti) (*elab.*), linker, linking program, linkage editor.

collegio (dei sindaci per es.) (*leg. - finanz.*), board, committee. **2.** ~ sindacale (*finanz.*), board of auditors.

collettame (colli vari raccolti da uno o più spedizionieri) (*trasp.*), general mixed cargo.

collettivo (*a. - gen.*), collective.

colletto (di una capsula per es.) (*mecc.*), neck.

collettore (*mot.*), manifold. **2.** ~ (recipiente cui fanno capo varie tubazioni) (*tubaz.*), header, manifold. **3.** ~ (a lamelle: di una macch. elett.), commutator. **4.** ~ (di galleria del vento a vena aperta) (*aer.*), drum. **5.** ~ (*cald.*), header. **6.** ~ (terminale di uscita di un transitore) (*eltn.*), collector. **7.** ~ a concentrazione (*energia solare*), focusing collector. **8.** ~ ad anello (anello collettore) (*elettromecc.*), slip ring. **9.** ~ a pettine (*elett.*), comb collector. **10.** ~ a spirale (o a voluta: diffusore di macch. a girante unica) (*macch.*), volute header. **11.** ~ d'ammissione (collettore di alimentazione) (*mot.*), induction manifold. **12.** ~ dei fanghi (*cald.*), mud drum. **13.** ~ del combustibile (*tubaz. per macch.*), fuel manifold. **14.** ~ della dinamo (*elett.*), commutator. **15.** ~ dell'aria calda antighiaccio (motore a turbogetto), hot air anti-icing manifold. **16.** ~ del surriscaldatore (di una caldaia), superheater collector. **17.** ~ del vento (di un forno per es.) (*metall.*), wind box. **18.** ~ di alimentazione (di una turbina per es.) (*tubaz. per macch.*), feed manifold. **19.** ~ di fognatura (*ed.*), drain trunk line, sewer trunk line. **20.** ~ di scarico (*mot.*), exhaust manifold. **21.** ~ di scarico ad anello (di motore stellare per es.) (*mot.*), exhaust ring. **22.** ~ di scarico raffreddato ad acqua (di un motore marino per es.) (*mot.*), watercooled exhaust manifold. **23.** ~ piano (*energia solare*), flatplate collector. **24.** lamella del ~ (di una macchina elettrica) (*elettromecc.*), commutator bar, commutator segment.

collettrice (*a. - gen.*), collecting. **2.** sbarra ~ (sbarra

omnibus) (*elett.*), bus-bar. **3.** sbarra ~ di emergenza (*elett.*), reserve bus-bar, hospital bus-bar.
collezionare (raccogliere: fossili o minerali per es.) (*gen.*), to collect.
collezione (campionamento di fossili o minerali per es.) (*gen.*), collection. **2.** ~ (insieme, aggregato, classe, una serie di elementi matematici) (*mat.*), aggregation, collection.
collìdere (scontrarsi) (*gen.*), to collide, to shock. **2.** ~ (*nav.*), to collide.
collimare (*top.*), to collimate, to center, to point.
collimatore (strumento con obiettivo e reticolo usato per collimare un teodolite per es.) (*strum. ott. - top.*), collimator. **2.** ~ (stella artificiale: strumento da laboratorio con lente e foro nel fuoco principale, usato per produrre un fascio di raggi paralleli) (*strum. ott.*), collimator. **3.** ~ (di telemetro per es.) (*strum.*), telescope sight.
collimazione (*top.*), collimation.
collina (*geogr.*), hill. **2.** ~ artificiale (di rifiuti accumulati per es.) (*gen.*), mound.
collineazione (*s. - mat.*), collineation.
collisionale (p. es. di un plasma nel quale il moto delle particelle è comandato da collisioni) (*fis.*), collisional.
collisione (*gen.*), collision, impact. **2.** ~ (cozzo fra due navi) (*nav.*), collision. **3.** ~ (*fis. atom.*), collision. **4.** ~ anelastica, *vedi* urto anelastico. **5.** a prova di ~ (di un'autovettura per es.) (*aut.*), crashproof. **6.** senza collisioni (di un plasma nel quale le collisioni hanno scarso effetto sulla traiettoria di una particella per es.) (*fis.*), collisionless, collisionfree.
còllo (di un albero) (*mecc.*), neck. **2.** ~ (pacco, cassa ecc.) (*trasp. - comm.*), package. **3.** ~ (del fuso di un'àncora) (*nav.*), trend. **4.** ~ (volta di cavo) (*nav.*), turn. **5.** ~ (di un cilindro di laminatoio) (*metall.*), neck. **6.** ~ (nodo) (*nav.*), hitch. **7.** ~ del cannone elettronico (*eltn.*), gun neck. **8.** ~ d'oca (di tubazione per es.), gooseneck. **9.** a ~ (di vela) (*nav.*), aback. **10.** doppio ~ (nodo parlato) (*nav.*), clove hitch, builder's knot.
collocamento (*gen.*), placing. **2.** ~ (impiego) (*lav.*), employment. **3.** ~ (di merci) (*comm.*), sale, disposal. **4.** ~ (di una persona al lavoro) (*organ. lav.*), placement. **5.** agenzia di ~ (*lav.*), employment agency. **6.** elenco del ~ negli scaffali (elenco della disposizione negli scaffali, di libri) (*biblioteche*), shelf catalogue, shelf list. **7.** ufficio di ~ (*lav.*), employment bureau.
collocare (investire) (*finanz.*), to invest. **2.** ~ (merci: vendere) (*comm.*), to sell.
collòdio (*chim.*), collodion. **2.** cotone ~ (*espl. - vn.*), collodion cotton. **3.** lastra al ~ (*fot.*), wet plate. **4.** negativo al ~ (*fotomecc.*), collodion negative.
collodione (*chim.*), collodion.
colloidale (*chim.*), colloidal.
collòidi (*chim.*), colloids.**2.** colloide anfotero (*chim.*), ampholytoid, amphoteric colloid. **3.** ~ liofobi (*chim.*), lyophobic colloids, suspensoids. **4.** ~ protettori (*ind. chim. gomma*), protective colloids.
colloquio (conversazione) (*comm. - ecc.*), conversation, talk. **2.** ~ (intervista) (*pers.*), interview.
colloso (adesivo, appiccicaticcio: detto di vernice per es.) (*a. - gen.*), tacky.
collotipia (*processo tip.*), photogelatin process, collotype.
colmare (riempire) (*movimento terra - ecc.*), to fill up.
colmata (riempimento) (*ed. - strad.*), fill. **2.** ~ (*geol.*), filling up by alluvion.
colmo (della strada) (*s. - strad.*), crown. **2.** ~ (pieno) (*a. - gen.*), full. **3.** ~ (di un tetto di vagone merci) (*ferr.*), ridge. **4.** ~ (comignolo, copertura della linea di colmo costituita da lamiera sagomata o tegole di forma speciale) (*ed.*), ridgecap, saddle board. **5.** ~ del tetto (linea di colmo) (*s. - ed.*), ridge of the roof. **6.** (elemento di) ~ (*ed.*), ridge cap.
colofònia (resina), colophony, rosin.
cologaritmo (*mat.*), cologarithm.
colombario (*ed.*), columbarium.
colombiere (parte terminale alta del tronco principale dell'albero a partire dalla intelaiatura della coffa) (*nav.*), masthead.
colongitudine (*geogr.*), colongitude.
colonia (montana o marittima, che ospita i figli dei dipendenti per es.) (*pers. - ecc.*), camp. **2.** ~ estiva (per i figli dei dipendenti per es.) (*pers. - ecc.*), summer camp. **3.** ~ montana (per i figli dei dipendenti per es.) (*pers.*), mountain camp.
colonna (*arch.*), column. **2.** ~ (*contabilità*), column. **3.** ~ (di un determinante) (*mat.*), column. **4.** ~ (di macchina utènsile), pillar, column, upright. **5.** ~ (montante, dell'incastellatura di una pressa per es.) (*macch.*), column. **6.** ~ (di veicoli per es.) (*milit.*), column. **7.** ~ (di una vela) (*nav.*), *vedi* caduta. **8.** ~ (*ind. chim.*), column. **9.** ~ (disposizione verticale di caratteri o simboli su di una scheda per es.) (*elab.*), column. **10.** ~ a riempimento (*ind. chim.*), filled-type column. **11.** ~ cava (*ed. - ind.*), hollow column. **12.** ~ d'acqua (*idr.*), column of water. **13.** ~ degli annunci economici (*giorn. - pubbl.*), classified column. **14.** colonne dei vasi (puntoni lignei supportanti una nave durante il varo) (*costr. nav.*), poppets. **15.** colonne del dare e dell'avere (*finanz. - amm.*), credit column and debit column. **16.** ~ dello sterzo (*aut.*), steering column. **17.** ~ di colata (*fond.*), sprue. **18.** ~ di distillazione (*ind. chim.*), stripping column. **19.** ~ di distillazione (*chim.*), *vedi anche* deflemmatore. **20.** ~ di frazionamento (*att. chim.*), fractionating column, fractionating tube, still head. **21.** ~ di guida (nello stampaggio della lamiera per es.) (*tecnol. mecc.*), pilot pin. **22.** ~ di guida del periscopio (di un sottomarino) (*mar. milit.*), periscope standard. **23.** ~ di mercurio (di termometro per es.), mercury column. **24.** ~ di schede (pila di schede perfo-

rate) (*elab.*), card column. **25.** ~ d'ormeggio (briccola) (*nav.*), dolphin. **26.** ~ in ferro (*ed. - ind.*), iron column, iron stanchion. **27.** ~ montante (nella distribuzione di elettricità, gas, acqua ecc.) (*tubaz. - elett.*), riser. **28.** ~ montante (collettrice) della fognatura nera (*ed.*), soil stack. **29.** ~ per lampione (*strad.*), lamp post. **30.** ~ piena (*ed. - ind.*), solid column. **31.** ~ positiva (dall'anodo allo spazio oscuro di Faraday) (*scarica elett.*), positive column. **32.** ~ rostrata (*arch.*), rostral column. **33.** ~ scanalata (*arch.*), fluted column. **34.** ~ scarichi acque nere (*ed.*), soil pipe. **35.** ~ sonora (di un film) (*cinem.*), sound track, sound image. **36.** ~ sonora a larghezza variabile (sistema di registrazione di film sonoro) (*cinem.*), variable width sound track, "squeeze track". **37.** ~ sonora a registrazione trasversale (sistema di registrazione di film sonoro) (*cinem.*), variable width sound track, "squeeze track". **38.** ~ sonora doppia (sistema di registrazione di film sonoro) (*cinem.*), double -edged track. **39.** ~ sonora semplice (sistema di registrazione di film sonoro) (*cinem.*), single-edged track. **40.** ~ termica (parte della pila atomica) (*fis. atom.*), thermal column. **41.** fusto (di ~) (*arch.*), shaft, verge. **42.** millimetro ~ (costo della inserzione) (*pubbl.*), column millimeter. **43.** senza ~ (o pilastri) (*a. - arch.*), astylar. **44.** stele (di ~) (*arch.*), shaft, verge. **45.** su di una ~ (di un articolo per es.) (*giorn.*), single-columned.

colonnare (struttura) (*a. - metall. - min.*), columnar.

colonnato (*arch.*), colonnade. **2.** ~ coperto (*arch.*), portico.

colonnello (*milit.*), colonel. **2.** tenente ~ (*milit.*), lieutenant colonel.

colonnetta (prigioniero) (*mecc.*), stud bolt, stud. **2.** ~ di ringhiera (di scala per es.) (*ed.*), rail post.

colonnina della ruota del timone (*nav.*), wheelbox.

colonnino (*tip.*), half stick. **2.** colonnino (di un cubilotto) (*fond.*), leg. **3.** ~ di balaustrata (*ed.*), baluster, banister. **4.** ~ di parapetto (o ringhiera) (*ed.*), rail post.

colorante (materia colorante, sostanza colorante) (*s. - ind. chim.*), dye, color (am.), dyestuff. **2.** ~ (che dà colore) (*a.*), coloring. **3.** ~ acido (*ind. chim.*), acid dye. **4.** ~ al tino (*chim. tess.*), vat dye. **5.** ~ al trifenilmetano (*chim. ind.*), triphenylmethane dye. **6.** ~ a mordente (colorante fenolico) (*ind. chim.*), mordant dye. **7.** ~ basico (*ind. chim.*), basic dye. **8.** ~ diretto (senza mordenti) (*ind. tess.*), direct dye. **9.** ~ sostantivo (*ind. tess.*), substantive dye. **10.** ~ sostantivo per cotone (quale la benzidina per es.) (*ind. tess.*), direct cotton dye. **11.** ~ sviluppato (su fibra) (*ind. tess.*), developing dye.

colorare (*gen.*), to color, to colour.

colorato, colored. **2.** ~ in pasta (*a. - mft. carta*), pulp-colored. **3.** ~ in superficie (*mft. carta*), calender-colored, surface-colored.

colorazione (atto di dare il colore), coloring. **2.** ~ a mezzo di pigmenti (della gomma per es.) (*ind.*), pigmentation. **3.** ~ della fiamma (*chim.*), coloring of flame. **4.** ~ dominante (in una fotografia a colori con filtrazione errata per es.) (*fot.*), tinge. **5.** ~ in pasta (*mft. carta*), pulp coloring. **6.** ~ rossastra (*gen.*), blushing.

colore (*fis. - illum.*), color (am.), colour (ingl.). **2.** ~ (usato in microscopia), stain. **3.** ~ (in polvere) a calce (*mur.*), color for limewash. **4.** ~ (pronto per l'uso) a calce (*mur.*), color wash. **5.** ~ acqua (*colore*), acqua. **6.** ~ ad acquerello (*diluibile in acqua*), watercolor. **7.** ~ all'indantrene (*chim. ind.*), indanthrene dye. **8.** ~ (pronto per l'uso) a olio (*vn.*), oil paint. **9.** ~ (pronto per l'uso) a tempera (*mur.*), water color, tempera. **10.** ~ (in polvere) a tempera (*mur.*), color for water, color paint, color for tempera paint. **11.** ~ blu-verde (*fot. a colori*), cyan. **12.** ~ complementare (*fis.*), complement, complementary color, minus color. **13.** ~ d'interferenza (*fis.*), interference color. **14.** ~ di rinvenimento (*metall.*), temper color. **15.** ~ fondamentale (*fis.*), primary color. **16.** ~ indelebile (*ind.*), indelible color. **17.** ~ in polvere (*mur.*), dry color. **18.** ~ macinato ad olio (*vn.*), ground oil paint. **19.** ~ magenta (colore rosso-viola) (*colore*), magenta. **20.** ~ non naturale (non corrispondente alla realtà) (*fot.*), off-color. **21.** ~ pastello (colore di tonalità chiara) (*colore*), tint. **22.** ~ puro (*ott.*), pure color, full color. **23.** ~ resistente (colore che non smonta) (*pittura*), fadeless color. **24.** ~ secondario (colore ottenuto mediante miscela di due colori primari in quantità equivalenti) (*ott.*), secondary color. **25.** ~ solido (*pittura*), fast color. **26.** ~ sopra vetrino (decorazione sopra vetrino) (*mft. ceramica*), overglaze color. **27.** ~ sotto vetrino (decorazione sotto vetrino) (*mft. ceramica*), underglaze color. **28.** bagno di ~ (*ind. tess.*), dye. **29.** con colori non naturali (con colori anomali) (*fot.*), off-color. **30.** di ~ naturale (del cuoio prima della coloritura e lucidatura) (*a. - ind. cuoio*), russet. **31.** equazione dei colori (*ott.*), color equation. **32.** gradazione di ~ (*gen.*), color shade. **33.** gruppo di colori dal blu al verde (*fot.*), cyan. **34.** indice di resa dei colori (*ott.*), color rendering index. **35.** macchie di ~ (difetti della carta) (*mft. carta*), dye spots. **36.** qualità del ~ (cromaticità) (*ott.*), chroma, chromaticity, colorimetric quality, color quality. **37.** regolatore automatico del ~ (*telev. a colori*), automatic chroma control, ACC. **38.** solido dei colori (*ott.*), color solid. **39.** stimolo dei colori (*ott.*), color stimulus. **40.** temperatura del ~ (di una sorgente luminosa, temperatura del corpo nero avente lo stesso colore della sorgente) (*ott.*), color temperature. **41.** trasmettere a colori (*telev.*), to colorcast. **42.** visione dei colori (*ott.*), color vision.

colorificio (*ind.*), dye works.

colorimetria (*ott.*), colorimetry.

colorimetrico (*a. - ott.*), colorimetric.

colorìmetro (*strum. ott. - ecc.*), colorimeter. **2.** ~ a confronto diretto (*ott.*), comparator.

colorire (*gen.*), to color.
coloritura a calce (atto di dare la coloritura) (*mur.*), color wash painting. **2.** ~ a calce (già applicata) (*mur.*), color wash paint. **3.** ~ a colla (o a tempera) (atto di dare la tinteggiatura) (*mur.*), water color painting, distemper. **4.** ~ a colla (o a tempera) (già applicata) (*mur.*), water color paint, distemper. **5.** ~ a spruzzo (del nastro di carta) (*mft. carta*), spray dyeing.
colpire (*gen.*), to strike, to hit. **2.** ~ (con un proiettile) (*arma da fuoco*), to shoot.
"colpitts" (schema) (*radio*), Colpitts circuit.
colpo (*gen.*), blow. **2.** ~ (*arma da fuoco*), shot, round. **3.** ~ (che spinge la spola del telaio) (*mecc. tess.*), pick. **4.** ~ con proiettile (*milit.*), live round. **5.** ~ corto (di tiro di artiglieria) (*milit.*), short shot, short. **6.** ~ d'acqua (movimento di una forte massa di acqua in una caldaia dovuto ad improvvisa variazione dell'assorbimento di vapore) (*cald.*), priming. **7.** ~ d'ariete (*idr.*), water hammering, water hammer. **8.** ~ di avvertimento (*milit.*), warning shot. **9.** ~ di calore (*med.*), heatstroke. **10.** ~ di corrente (*elett.*), rush of current. **11.** ~ di maglio (fucinatura) (*mecc.*), hammer blow. **12.** ~ di mano (*milit.*), "coup de main". **13.** ~ di mare (forte ondata che colpisce una nave) (*nav.*), sea. **14.** ~ di martello (*mecc.*), hammer blow. **15.** ~ di mazza (*mecc.*), sledge hammer blow. **16.** ~ di pompa (*mecc.*), pump shot. **17.** ~ di pressa (nell'operazione di imbutitura) (*tecnol. mecc.*), press blow, draw. **18.** ~ di rimbalzo (*arma da fuoco*), ricocheting shot. **19.** ~ di tasto (disturbo in un impianto ricevente) (*elettrotel.*), key click. **20.** ~ di vento (*meteor.*), blow. **21.** ~ di vento (*nav. aer.*), gust, squall, windblast. **22.** ~ in bianco (senza proiettile) (*milit.*), blank round. **23.** ~ indietro (di un motore a c. i. che talvolta dà un colpo indietro quando viene avviato) (*mot.*), kickback. **24.** ~ schiacciato (schiacciata, "smash") (*tennis*), smash. **25.** ~ secco (*gen.*), sharp blow. **26.** ~ senza rimbalzo (o ritorno) (*fis.*), dead-beat. **27.** ~ violento, dash. **28.** dare un ~ (far girare per un istante una macch. per fare assumere la voluta posizione ad una sua parte mobile) (*mecc.*), to jog. **29.** doppio ~ di frizione (sistema del cambio di marcia con doppio colpo di frizione) (*aut.*), double-clutch. **30.** perdere colpi (di motore per es.) (*mecc.*), to miss.
coltellaccino (vela) (*nav.*), upper studding sail.
coltellaccio (vela addizionale) (*nav.*), studding sail. **2.** ~ di basso parrocchetto (scopamare) (*nav.*), lower studding sail. **3.** ~ di controvelaccino (*nav.*), foreroyal studding sail. **4.** ~ di controvelaccio (*nav.*), main royal studding sail. **5.** ~ di gabbia (*nav.*), main topmast studding sail. **6.** ~ di parrocchetto (*nav.*), fore topmast studding sail. **7.** ~ di velaccino (*nav.*), fore topgallant studding sail. **8.** ~ di velaccio (*nav.*), main topgallant studding sail. **9.** scotta di ~ (*nav.*), deck sheet.
coltelleria (*ind. o comm. di coltelli*), cutlery.
coltèllo (*att.*), knife. **2.** ~ (*per macch. ut.*), cutter, blade. **3.** ~ (di aratro) (*agric.*), jointer. **4.** ~ (fulcro per strumento di precisione ecc.) (*mecc.*), knife-edge. **5.** ~ (di macchina per maglieria) (*ind. tess.*), knife. **6.** ~ (lama, di una olandese) (*ind. carta*), bar. **7.** ~ (lama mobile di un sezionatore a coltello per es.) (*elett.*), blade. **8.** ~ a molla (a scatto) (*att.*), clasp knife. **9.** ~ a petto (tipo di pialla) (*ut. da falegn.*), spokeshave, drawknife. **10.** ~ apritore (di macchina per maglieria) (*ind. tess.*), opening knife. **11.** ~ a serramanico (*ut.*), clasp knife. **12.** ~ circolare (di dentatrice) (*ut.*), dished cutter (ingl.). **13.** ~ da amputazione (*strum. med.*), amputation knife. **14.** ~ da caccia (*att.*), hunting knife. **15.** ~ del raffinatore (*att. ind. gomma*), stripping knife. **16.** ~ (o lama) di prelevamento (preleva la più bassa scheda da un alimentatore) (*elab.*), picker knife. **17.** ~ normalizzato per lamatura (*ut.*), standard facing cutter. **18.** ~ per dentatrice stozzatrice con sommità del dente sporgente (per generare maggior scarico di sbarbatura) (*ut.*), high-point (or protuberance) shaper cutter. **19.** ~ per dentatrice stozzatrice per ingranaggi da sbarbare (*ut.*), preshaving shaper cutter. **20.** ~ per finitura (*ut. mecc.*), finishing cutter. **21.** ~ per il taglio di ruote elicoidali (di dentatrice a creatore) (*ut.*), helical gear shaper cutter. **22.** ~ per mastice (*ut. da decoratore*), putty knife. **23.** ~ per portautensile multiplo (*ut.*), box tool blade. **24.** ~ per scarnare (*ind. cuoio*), slate knife, slater. **25.** ~ sbarbatore (per ingranaggi) (*ut. mecc.*), shaving cutter. **26.** ~ tagliapastone (*ind. dolciaria*), candy rope cutting knife. **27.** ~ tascabile con lama a scatto (*ut. tascabile*), flick-knife. **28.** ~ tipo Fellows (di una dentatrice) (*mecc.*), shaper cutter. **29.** lima a ~ (*ut.*), knife file. **30.** porre di ~ (*imballaggio - ecc.*), to stand on edge.
coltivabile (*agric.*), cultivable.
coltivare (*agric.*), to cultivate. **2.** ~ (sfruttare, una miniera) (*min. - ind.*), to operate. **3.** ~ con erpice a dischi (*agric.*), to disk.
coltivato (sfruttato) (*min.*), operated.
coltivatore (*macch. agric.*), cultivator. **2.** ~ a denti (*att. agric.*), tines cultivator. **3.** ~ a denti elastici (*att. agric.*), spring-tooth cultivator. **4.** ~ a dischi (*att. agric.*), disk cultivator. **5.** ~ a lame rotanti (*att. agric.*), rotary cultivator. **6.** ~ a mano (*macch. agric.*), walking cultivator. **7.** ~ a slitta (*att. agric.*), sled cultivator. **8.** ~ a vomeri (*att. agric.*), shears cultivator. **9.** ~ con seggiolino (*att. agric.*), riding cultivator, sulky cultivator. **10.** ~ diretto (contadino) (*agric.*), cultivator. **11.** ~ per campi (*att. agric.*), field cultivator. **12.** ~ per frutteti (*att. agric.*), orchard cultivator. **13.** ~ per giardini (*att. agric.*), garden cultivator. **14.** ~ per vigneti (*att. agric.*), vineyard cultivator.
coltivazione (*agric.*), cultivation. **2.** ~ (abbattimento ed estrazione del minerale) (*min.*), stoping. **3.** ~ (sfruttamento) (*min.*), exploitation. **4.** ~ a camere e pilastri (*min.*), room and pillar stoping. **5.** ~ a cielo aperto (*min.*), open-pit mining, opencut mi-

ning, open-cast mining, surface mining. **6.** ~ a gradini diritti (*min.*), breast stoping. **7.** ~ a gradini rovesci (*min.*), sawtooth stoping. **8.** ~ a gradini rovesci con ripiena (*min.*), filled flat-back stoping. **9.** ~ a lunghi tagli (*min.*), longwall stoping. **10.** ~ a magazzino (*min.*), back stoping, shrinkage stoping. **11.** ~ a pilastri (*min.*), stooping. **12.** ~ a ripiena (*min.*), back-fill stoping, cut and fill stoping. **13.** ~ a sottolivello (o per franamento) (*min.*), sublevel caving. **14.** ~ a trance (orizzontali) con franamento del tetto (*min.*), topslicing stoping. **15.** ~ con (uso di) sbadacchi (*min.*), stull stoping. **16.** ~ di depositi alluvionali fluviali (*min.*), river mining. **17.** ~ idraulica (usata p. es. per il cloruro di sodio; mediante immissione sotterranea di acqua e pompaggio della soluzione per il successivo trattamento in superficie) (*min.*), hydraulic mining, slurry mining. **18.** ~ in sotterraneo (*min.*), sub-level stoping. **19.** ~ meccanizzata (*min.*), machine mining. **20.** ~ per fette (~ mineraria per strati orizzontali) (*min.*), slicing method exploitation. **21.** ~ per franamento (*min.*), caving. **22.** ~ per franamento a blocchi (metodo di lavorazione min.) (*min.*), block caving. **23.** ~ traversobanco (*min.*), crosscut stoping. **24.** fronte di ~ (*min.*), stope face. **25.** massiccio di ~ (minerale tra i livelli) (*min.*), back. **26.** ~ (di minerali), *vedi anche* estrazione di minerali.

coltre (*geol.*), sheet. **2.** ~ di carreggiamento (*geol.*), overthrust sheet.

coltro (*agric.*), colter (am.). **2.** ~ a disco (*agric.*), disc colter. **3.** ~ ordinario (*agric.*), knife colter.

coltura (coltivazione) (*agric.*), cultivation, culture.

columbio (niobio) (Cb - *chim.*), columbium, niobium.

colza (*botanica*), colza. **2.** olio di ~ (*ind.*), colza oil, rape oil.

còma (*ott.*), coma.

comandabile (che può essere comandato: di un apparecchio, un motore ecc.) (*mecc. - elett.*), that can be operated. **2.** ~ da entrambe le estremità (di automotrice ferroviaria che può essere pilotata in entrambe le direzioni) (*ferr.*), double-ender.

comandante (*milit.*), commander. **2.** ~ (di imbarcazione da diporto o da guerra o di aereo) (*nav. - aer.*), skipper. **3.** ~ in seconda (*mar. milit.*), second-in-command.

comandare (un dipendente per es.), to command. **2.** ~ (*mecc.*), to control, to operate, to actuate. **3.** ~ a distanza (*mecc. - elett. - radio*), to remote-control. **4.** ~ a mezzo di relè (*elett.*), to relay. **5.** ~ dal basso (azionare dal basso, da sottopavimento per es.) (*mecc. - ecc.*), to underdrive.

comandatario (persona a cui è stato affidato un incarico) (*comm. - ecc.*), committee, entrustee.

comandato (*mecc.*), controlled, operated, actuated. **2.** ~ a distanza (*mecc. - elett.*), remote-controlled. **3.** ~ a distanza a mezzo radio (*radio*), radio-controlled. **4.** a sfioramento (*eltn.*), *vedi a.* sfioramento.

comando (*gen. - milit.*), command. **2.** ~ (*mecc.*), control. **3.** ~ (meccanico: trasmissione del moto dall'organo motore a quello condotto per es.) (*mecc.*), drive. **4.** ~ (guida, di persone per es.) (*pers.*), leadership. **5.** ~ (segnale elettronico che fa funzionare un congegno: in un computer per es.) (*eltn.*), command. **6.** ~ (o trasmissione) ad angolo (*mecc. - mtc.*), bevel drive. **7.** ~ adattativo (sistema di comando che cambia automaticamente i parametri del sistema per migliorare il funzionamento di macchine a comando numerico) (*macch. ut. a c. n.*), adaptive control. **8.** ~ adattativo limitato (regolazione limitata) (*macch. ut. a c. n.*), adaptive control constraint, ACC. **9.** ~ adattativo ottimale (regolazione ottimale) (*macch. ut. a c. n.*), adaptive control optimization, ACO. **10.** ~ a depressione (*comando pneumatico*), vacuum control, "released pressure control". **11.** ~ a distanza (telecomando) (*elett. - radio - ecc.*), remote control, remote drive. **12.** ~ a gruppi (*macch.*), group drive. **13.** ~ a mano (*mecc.*), hand control. **14.** ~ a mano dell'anticipo (*mot.*), spark advance manual control. **15.** ~ a manopola (di una motocicletta per es.) (*mecc.*), twist grip control. **16.** ~ a mezzo filo (filoguida per es.) (*elett.*), wire control. **17.** ~ a motore invertibile (*elett.*), reversing motor control. **18.** ~ a nastro (perforato, di macch. utènsile ecc.) (*macch.*), tape control. **19.** ~ a posizionamento continuo (comando numerico) (*macch. ut.*), continuous-path control. **20.** ~ a posizione mantenuta (comando idraulico per es.) (*idr. - ecc.*), detent control. **21.** ~ a pressione compensata (comando idraulico) (*idr.*), compensated pressure control. **22.** ~ a programma memorizzato (*tlcm. - ecc.*), stored program control. **23.** ~ a pulsante (di macch. utènsile per es.) (*elett.*), push button control. **24.** ~ arresti del tabulatore (di macch. per scrivere) (*mecc.*), tabulator stops ruler. **25.** ~ a settore (del cambio) (*mecc. mtc.*), positive control. **26.** ~ a solenoide (*elett.*), solenoid control. **27.** ~ a solenoide o a pressione (pilota) (*elett. - idr.*), solenoid or pilot pressure control. **28.** ~ assistito da servocomando (*aer.*), power-assisted control. **29.** ~ a stato solido (comando elettronico a stato solido, opposto a quello a tubi elettronici) (*eltn.*), solid-state control (system). **30.** ~ a tempo (*mecc.*), time control. **31.** ~ ausiliario (che elimina l'azione del comando ordinario) (*mecc.*), overrunning control, override control. **32.** ~ ausiliario (servocomando) (*aer.*), servo control. **33.** ~ automatico (di veicoli), automatic control. **34.** ~ automatico d'amplificazione (controllo automatico di guadagno, CAG) (*radio*), automatic gain control. **35.** ~ automatico della frequenza, automatic frequency control, a. f. c. **36.** ~ automatico della velocità (*di locomotiva elett.*), automatic speed control. **37.** ~ automatico di selettività (*radio*), selectivity automatic control. **38.** ~ automatico per porte (apriporte automatico, in carrozze ferroviarie, autobus ecc.) (*app.*), automatic door operator. **39.** ~ a vite elicoidale (coppia elicoidale) (*mecc.*), worm drive. **40.** ~ a volante (*aer.*), wheel control. **41.** ~ azionato a solenoide (*mecc. elett.*), solenoid-operated control. **42.** ~ barometrico (regolatore barometrico della pressione del combustibile di un motore a turbogetto) (*mecc.*), barometric pressure control. **43.** ~ centralizzato (*mecc.* - *ecc.*), central control system. **44.** ~ ciclico del passo (comando variazione periodica del passo, delle pale del rotore di elicottero) (*aer.*), cyclic pitch control, azimuthal control. **45.** ~ collettivo del passo (comando variazione collettiva del passo, delle pale del rotore di elicottero) (*aer.*), collective pitch control. **46.** ~ compressore (di un compressore a due velocità) (*mot. aer.*), supercharger control. **47.** ~ con pressione pilota (comando idraulico) (*idr.*), pilot pressure control. **48.** ~ con pressione pilota differenziale (comando idraulico) (*idr.*), pilot pressure differential control. **49.** ~ con pressione pilota e centraggio a molle (comando idraulico) (*idr.*), pilot pressure spring centered control. **50.** ~ con programma numerico a nastro (di una alesatrice orizzontale per es.) (*macch. ut.*), digital tape program control. **51.** ~ con riduzione (*nav.* - *ecc.*), back geared control. **52.** ~ continuo (*macch. ut. a c. n.* - *mecc.*), continuous-path control. **53.** ~ continuo di contornatura (comando continuo della posizione in più assi) (*macch. ut. a c. n.*), contour control system. **54.** ~ da tavolo (*elab.*), *vedi* "mouse". **55.** ~ dedicato (~ particolare, o privato) (*elab.*), dedicated control. **56.** comandi degli organi di governo (di un aereo) (*aer.*), flight controls. **57.** ~ del gas (*mot. aer.*), throttle control. **58.** ~ della messa a fuoco (*ott.*), focusing control. **59.** ~ della presa d'aria (*aut.*), air inlet control. **60.** ~ (servo comando) della pressione d'alimentazione (*mot. aer.*), boost control. **61.** comandi del motore (*aer.*), engine controls. **62.** ~ del sistema antiblocco (~ di un sistema elettronico agente sulle quattro ruote individualmente allo scopo di evitare lo slittamento di una o più di esse quando vengono frenate) (*aut.*), anti-block-system control, ABS control. **63.** ~ del taglio lungo un solo asse (in macch. a controllo numerico) (*lav. macch. ut.*), straight-cut control system, "control only along a single axis". **64.** ~ del velivolo ("cloche") (*aer.*), stick. **65.** ~ destrogiro (di un accessorio) (*mecc.* - *aer.*), right-hand drive. **66.** ~ di apertura cofano (leva liberacofano) (*carrozz. aut.*), bonnet release (ingl.), hood release (am.). **67.** ~ di avviamento a distanza (*macch. ind.*), remote starting control. **68.** ~ di emergenza del timone (paranco di emergenza: quando il controllo meccanico del timone è fuori uso) (*nav.*), rudder tackle. **69.** ~ digitale a contatore (*macch. ut. a c. n.* - *ecc.*), digital control with counters, incremental digital control. **70.** ~ di programma automatico (per produzioni ripetute) (*macch. ut.*), automatic programme control unit. **71.** ~ diretto (*mecc.*), direct control. **72.** ~ di rimessa a zero (*strum.*), zero set control. **73.** ~ (o controllo) di sintonia (elemento sintonizzante di un apparecchio radioricevente) (*radio*), station selector. **74.** comandi di volo (meccanismi attivati dal pilota per l'azionamento delle superfici di governo) (*aer.*), flying controls. **75.** ~ elastico (giunto parastrappi) (*mecc.*), spring drive. **76.** ~ elettrico del blocco dello scambio (*ferr.*), route locking. **77.** ~ giri elica (*aer.*), propeller speed control. **78.** ~ idraulico (*mecc.*), hydraulic drive. **79.** ~ indiretto (di locomotiva elettrica) (*elett.*), indirect control. **80.** ~ irreversibile (comando di volo la superficie di governo del quale non può essere azionata dalla sola forza esercitata dall'aria pur essendo liberamente azionabile dal pilota) (*aer.*), irreversible control. **81.** ~ lavorazione adattativo (*mecc. macch. ut.*), adaptive processing control, APC. **82.** ~ meccanico (fra un motore e una macchina) (*mecc.*), drive. **83.** ~ mediante leva (nelle segnalazioni ferroviarie), lever control. **84.** ~ multiplo (di una locomotiva elettrica) (*elett.*), multiple control. **85.** ~ multiplo (*ferr.*), multiple operation. **86.** ~ particolare, *vedi* ~ dedicato. **87.** ~ pensile (quadro di comando pensile, di una macch. utènsile per es.) (*elettromecc.*), pendant control. **88.** ~ per il lancio delle bombe di profondità (o antisom) (*mar. milit.*), depth charge release control. **89.** ~ punto a punto (~ numerico) (*macch. ut.*), point-to-point control. **90.** ~ rapporto aria-carburante (del sistema di alimentazione di un motore a turbogetto), air-fuel ratio control. **91.** ~ senza autocorrezione (*elettromecc.*), open loop. **92.** ~ sequenziale (dà all'elaboratore una sequenza di ordini) (*elab.*), sequential control. **93.** ~ serie-parallelo (di locomotiva elettrica per es.) (*elett.*), series-parallel control. **94.** ~ servo-comandato (*aer.*), power-operated control. **95.** ~ sia a solenoide che a pressione pilota (comando elettroidraulico) (*idr.*), solenoid and pilot pressure control. **96.** ~ singolo (di una macchina per es.), single drive. **97.** ~ sosta (operazione di macch. utènsile), dwell control. **98.** ~ sterzo (*aut.*), steering gear. **99.** ~ sterzo ad eccentrico (*aut.*), cam steering gear. **100.** ~ strategico dell'aria (*aer. milit.*), strategic air command (am.), SAC. **101.** Comando Supremo delle Forze Armate (*milit.*), general headquarters. **102.** ~ tavola a mezzo manovella (di macch. utènsile per es.), crank table control. **103.** ~ variazione collettiva del passo (delle pale del rotore di elicottero) (*aer.*), collective pitch control. **104.** ~ variazione periodica del passo (delle pale del rotore di elicottero) (*aer.*), cyclic pitch control, azimuthal control. **105.** ~ vettoriale (sistema di guida di veicoli spaziali mediante la spinta di razzi vernieri montati cardanicamente sul veicolo) (*astric.* - *razzi*), vector steering. **106.** a ~ a distanza (telecomandato) (*a.* - *elett.* - *radio* - *ecc.*), remote-control. **107.** a ~ vocale (*elab.*), voice controlled. **108.** a doppio ~ (bicomando) (di aereo per es.), dual-control. **109.** asta di ~ dell'indicatore di direzione (*aut.*), indicator stalk, direction indicator stalk. **110.** capacità di ~ (*psicol.*), leadership. **111.** di ~ (di un motore per es.) (*a. - mecc.*), driving. **112.** doppio ~ (*aer.*), dual control. **113.** essere al ~ (essere in testa, in una corsa) (*sport*), to be in the lead. **114.** leva ~ ("cloche") (*aer.*), control stick. **115.** modulo di ~ (di un veicolo spaziale) (*astric.*), command module, control module. **116.** prendere il ~ (di una gara) (*sport*), to take the lead. **117.** relè di ~ (*elett.*), control relay. **118.** risposta ai comandi (di un'automobile per es.) (*veic.*), control response. **119.** scatola ~ spinta (del sistema di alimentazione di un motore a turbogetto) (*mecc.*), control box. **120.** sistema di ~ del profilo (*macch. ut. a c. n.*), contour control system, CCS. **121.** superficie di ~ (*aer.*), control surface. **122.** tenere il ~ (*nav. - aer. - ecc.*), to hold command. **123.** unità di ~ (organo che riceve istruzioni e le distribuisce agli altri organi) (*macch. calc. - macch. ut. a c. n.*), director, controller, control unit.

combaciamento (di stampi per es.) (*mecc.*), mating, matching. **2.** ~ imperfetto (di stampi per es.) (*mecc.*), mismating, mismatching.

combaciante (*gen.*), mating, matching.

combaciare (di stampi per es.) (*mecc.*), to mate, to match. **2.** ~ imperfettamente (di stampi per es.) (*mecc.*), to mismate, to mismatch.

combattimento (*milit.*), combat, fight. **2.** ~ corpo a corpo (*milit.*), hand-to-hand combat. **3.** addestramento al ~ (*milit.*), battle drill. **4.** formazione di ~ (*milit.*), battle formation.

combinabile (*chim.*), combinable.

combinare (*gen.*), to combine. **2.** ~ (*elab.*), *vedi* fondere.

combinato (*a. - chim. - ecc.*), combined, bound. **2.** (*audiovisivi*), *vedi* complessivo TV/VCR.

combinatore (*app. elett.*), controller. **2.** ~ (commutatore sequenziale) (*app. telef.*), sequence switch. **3.** ~ automatico (opera premendo bottoni numerati che agiscono su di una memoria) (*app. telef.*), automatic dial. **4.** ~ azionato da servomotore (di locomotiva elettrica) (*elett.*), servomotor operated controller. **5.** ~ di marcia (di tranvai) (*elett.*), controller. **6.** manovella del ~ (di una locomotiva elettrica) (*elett.*), controller handle. **7.** pettine del ~ (di tranvai) (*elett.*), contact piece. **8.** spina di contatto del ~ (di tranvai) (*elett.*), contact finger.

combinatorio (*a. - mat.*), combinatorial, combinational.

combinazione (di una serratura di cassaforte per es.), combination. **2.** ~ (di volo) (*aer.*), suit. **3.** ~ anti-G (tuta antigravità, combinazione pressurizzata atta a contrastare gli effetti della gravità sul corpo) (*aer.*), G suit, anti-G suit, anti gravity suit. **4.** ~ di ingranaggi (*mecc.*), play of gears. **5.** ~ di tre elementi (*gen.*), triplet. **6.** ~ di volo (*aer.*), flight suit. **7.** ~ lineare (*mat.*), linear combination. **8.** ~ lineare di orbite atomiche (*chim. - fis.*), linear combination of atomic orbitals, LCAO. **9.** ~ spaziale (tuta spaziale) (*astric.*), space suit.

comburente (*s. - comb.*), supporter of combustion. **2.** ~ (*s. - a. - comb.*), comburent, comburant.

combustìbile (*s.*), fuel. **2.** ~ (*a.*), combustible. **3.** ~ (per un motore a comb. interna) (*mot.*), fuel. **4.** ~ a basso potere calorifico (*term.*), low-grade fuel. **5.** ~ ad alto potere calorifico (*term.*), high-grade fuel. **6.** ~ aromatico (per motore a getto) (*aer.*), aromatic fuel. **7.** ~ arricchito (*fis. atom.*), enriched fuel. **8.** ~ gassoso (*comb.*), gaseous fuel. **9.** ~ impoverito (di un reattore nucleare) (*fis. atom.*), depleted fuel. **10.** ~ in circolazione (in un motore) (*mot.*), trapped fuel. **11.** ~ liquido (*comb.*), liquid fuel. **12.** ~ nucleare (materiale fissile usato nei reattori nucleari) (*fis. atom.*), nuclear fuel, fission fuel. **13.** ~ nucleare a base nitrurica (*fis. atom.*), nitride nuclear fuel. **14.** ~ nucleare cermet (~ miscelato con ceramica e metallo) (*fis. atom.*), cermet nuclear fuel. **15.** ~ nucleare fluidizzato (~ nucleare reso fluido) (*fis. atom.*), fluidized nuclear fuel. **16.** ~ per aviogetti (*mot. aer.*), jet fuel. **17.** ~ per turboreattori (*mot. aer.*), aviation turbine fuel. **18.** ~ sintetico (liquido o gassoso derivato da combustibili fossili o catramosi oppure per fermentazione da cereali) (*ind. chim.*), synfuel. **19.** ~ solido (*comb.*), solid fuel. **20.** a doppio ~ (che va a nafta e a gas per es.) (*mot.*), dual-fuel. **21.** edificio di stoccaggio del ~ (per un reattore nucleare) (*fis. atom.*), fuel storage building. **22.** elemento di ~ (per un reattore nucleare) (*fis. atom.*), fuel element. **23.** griglia di stoccaggio del ~ (per un reattore nucleare) (*fis. atom.*), fuel storage rack. **24.** lamina di ~ (sandwich di uranio) (*fis. atom.*), fuel plate. **25.** pastiglia di ~ (per un reattore nucleare) (*fis. - atom.*), fuel pellet. **26.** perdita di ~ dal serbatoio (*aut. - ecc.*), leakage of fuel from the tank. **27.** rifornirsi di ~ (*nav. - aer. - ecc.*), to fuel, to refuel. **28.** ritrattamento del ~ (per un reattore nucleare) (*fis. atom.*), fuel reprocessing. **29.** spessore dello strato di ~ (sulla griglia della caldaia per es.) (*comb.*), thickness (or depth) of the fuel layer.

combustibilità (*comb.*), combustibility.

combustione (*gen.*), combustion, burning. **2.** ~ a carica stratificata (della miscela nella camera di ~ di un motore a ~ interna) (*mot.*), stratified charge combustion. **3.** ~ a corrente d'aria naturale (in un forno per es.), natural draft combustion. **4.** ~ anormale (in un motore a ~ interna) (*mot.*), abnormal combustion. **5.** ~ a sigaretta (modo di bruciare di propellenti solidi per razzi; ~ ad una sola estremità) (*comb. in endoreattori*), cigarette burning. **6.** ~ catalitica (~ confinata in prossimità della superficie dell'oggetto scaldato; p. es. un crogiuolo) (*comb.*), surface combustion. **7.** ~ completa (*term.*), perfect combustion. **8.** ~ di superficie, *vedi* ~ catalitica. **9.** ~ frazionata (*chim.*), fractional combustion. **10.** ~ incompleta (*term.*), incomplete combustion. **11.** ~ instabile (di un razzo, per es.) (*astric.*), chugging, chuffing. **12.** ~

interna (*mot.*), internal combustion. **13.** ~ invertita (di caldaia, forno), inverted combustion. **14.** ~ lenta (*term.*), slow combustion. **15.** ~ normale (in un motore a ~ interna) (*mot.*), normal combustion. **16.** ~ pulsante (*comb.*), pulsating combustion. **17.** ~ rapida (*comb.*), brisk combustion, lively combustion. **18.** ~ residua (~ nell'ugello di un endoreattore quando viene chiuso il flusso del propellente) (*razzo*), afterflaming. **19.** ~ rovesciata (di caldaia, forno), reversed combustion. **20.** ~ spontanea (*fis.* - *ind.*), spontaneous combustion. **21.** ~ vivace (*term.*), rapid combustion, brisk combustion, lively combustion. **22.** a ~ esterna (di un motore per es.), external-combustion. **23.** a ~ lenta (di legno trattato per resistere al fuoco per es.) (*antincendio*), slow-burning. **24.** arresto della ~ (di un motore a turbina a gas per es.) (*mot.*), flameout, burnout. **25.** calore di ~ (*term.*), heat of combustion. **26.** camera di ~ (di caldaia, forno), firebox. **27.** camera di ~ (di motore), combustion chamber. **28.** cattiva ~ (*mot.*), uneven combustion. **29.** complesso dell'apparecchiatura di ~ (di motore a turbogetto per es.) (*mecc.* - *term.*), combustion unit. **30.** controllo della ~ (di una caldaia), combustion control. **31.** fine della ~ di uno stadio (quando si stacca uno stadio del razzo dopo aver terminato il suo compito) (*missil.*), burnout. **32.** gas della ~ (di forno per es.), flue gas. **33.** motore a ~ a pressione costante (*mot.*), constant-pressure combustion engine. **34.** motore a ~ a volume costante (*mot.*), constant-volume combustion engine. **35.** prodotti della ~ (di forno per es.), products of combustion. **36.** residui della ~ (di forno per es.), combustion residual products. **37.** ritardo di ~ (*mot.*), combustion lag. **38.** tempo di ~ del propellente (*razzo*), burning time. **39.** testa della camera di ~ (di un motore a turbogetto per es.) (*mecc.*), combustion chamber head. **40.** velocità di ~ (*mot.*), combustion velocity. **41.** velocità di fine ~ (di un razzo alla fine della ~ del propellente) (*missil.*), burnt velocity.

combustore (camera di combustione, di un motore a getto per es.) (*mot.*), heater. **2.** ~ intermedio (camera di combustione situata tra gli stadi della turbina di un motore a getto) (*aer.* - *mot.*), interheater.

comento (giunto tra due file di tavole) (*costr. nav.*), seam.

cometa (*astr.*), comet.

come viene ("tout-venant") (*s.* - *min.*), run of mine.

comìgnolo (*ed.*), chimney cap.

comitato, committee. **2.** ~ consultivo (di una società per es.) (*amm.*), advisory board, advisory council. **3.** ~ direzionale (*organ.*), managing committee. **4.** ~ revisione materiale (comitato per esaminare ed eventualmente recuperare scarti di lavorazione) (*milit.* - *ferr.* - *collaudo aer. milit.*), material review board. **5.** ~ ricerche sui combustibili (CFR) (*chim.* - *mot.*), Cooperative Fuel Research committee, CFR.

commando (cimetta, merlino) (*nav.*), spun yarn. **2.** ~ (unità militare o paramilitare) (*unità di attacco*), commando.

commentatore (*radio*), commentator.

commento (*gen.*), comment. **2.** ~ (annotazione che spiega vari passi di un programma) (*elab.*), comment. **3.** ~ musicale (ad un dialogo per es.) (*cinem.*), musical background, background, scoring.

commerciàbile (*comm.*), marketable, merchantable. **2.** non ~ (di lana per es.) (*comm.*), unmerchantable, unmarketable.

commerciale, commercial. **2.** centro ~ (posto di mercato) (*comm.*), commercial center, emporium. **3.** informazioni commerciali (*comm.*), credit report, business report, credit status information. **4.** relativo allo scambio ~ (*comm.*), mercantile.

commercialista (*amm.*), chartered accountant.

commerciante (*comm.*), merchant, trader. **2.** ~ (venditore) (*comm.*), dealer. **3.** ~ all'ingrosso (*comm.*), wholesale dealer. **4.** ~ al minuto (*comm.*), retailer. **5.** ~ in proprio (persona che conduce personalmente la propria attività) (*comm.*), sole trader.

commerciare (*comm.*), to trade, to deal.

commèrcio, trade, trading, commerce. **2.** ~ al dettaglio (*comm.*), retail trade. **3.** ~ all'ingrosso (*comm.*), wholesale trade. **4.** ~ estero (*comm.*), foreign trade, oversea trade. **5.** ~ interno (nazionale) (*comm.*), inland commerce, home trade. **6.** ~ locale (*comm.*), spot trade. **7.** ~ mediante navi straniere (*comm. nav.*), passive commerce. **8.** essere in ~ (*comm.*), to be in business. **9.** viaggiatore di ~, commercial traveler, traveling salesman.

commessa (*ind.* - *comm.*), production order, work order. **2.** ~ (di negozio) (*s.* - *lav. comm.*), saleswoman, shop assistant, shopgirl. **3.** ~ pilota (*ind. comm.*), pilot order. **4.** apertura della ~ (ed emissione del ruolino di marcia) (*organ. dei lavori di fabbrica*), dispatching. **5.** capo ~ (*comm.* - *organ. ind.*), prime contractor. **6.** costruito su ~ (fabbricato su commessa) (*ind.*), made on order, custom-made. **7.** far slittare una ~ (ritardare una ~) (*organ. dei lavori di fabbrica*), to hold temporarily an order. **8.** fonderia per lavorazione a ~ (su ordinazione) (*fond.*), jobbing foundry. **9.** numero della ~ (*organ. lav.*), work order number, charge order number.

commesso (di negozio per vendita a dettaglio) (*comm.*), salesman, shop assistant, clerk. **2.** ~ viaggiatore (*impiegato comm.*), commercial traveler.

commessura (*tecnol.*), *vedi* commettitura

commestibile (prodotto alimentare) (*s.* - *ind.*), foodstuff.

commettere (riunire e torcere insieme i legnuoli per ottenere una corda) (*mft. corde*), to lay.

commettitrice (macchina per commettitura) (*macch. per funi*), laying machine.

commettitura (*mft. corde*), *vedi* cordatura. **2.** ~ (interstizio: nell'unione tra due parti per es.) (*gen.*), commissure. **3.** ~ (giunzione: tra due mattoni adiacenti per es.) (*mur.*), joint.

commissariato (servizio di rifornimento) (*milit.*), commissariat.

commissario (persona incaricata di uno speciale compito) (*polizia - sport*), commissary. **2.** ~ di bordo (di una nave passeggeri) (*nav. - aer.*), purser.

commissionario (*comm.*), selling agent.

commissione (gruppo di persone) (*comm.*), commission, committee. **2.** ~ (incarico da assolvere per conto di terzi) (*comm. - ecc.*), mission. **3.** ~ di collaudo (*ind. - milit. - ecc.*), acceptance commission. **4.** ~ interna (C. I., formata da dipendenti di uno stabilimento per trattare con la direzione) (*organ. pers.*), shop committee. **5.** ~ mista (di dipendenti e rappresentanti della direzione di una fabbrica) (*organ. pers.*), joint committee, grievance committee (am.). **6.** ~ paritetica (per la soluzione di vertenze sindacali per es.) (*organ. op.*), joint committee. **7.** ~ permanente (*comm.*), standing committee. **8.** al netto di ~ (senza gravami, senza spese di ~) (*comm.*), no-load. **9.** capo della ~ interna (di una fabbrica per es.) (*organ. sindacale*), convenor, convener, shop committee chairman. **10.** membro della ~ interna (*organ. pers.*), shop deputy, shop steward.

committènte (compratore) (*comm.*), purchaser.

commodoro (ufficiale superiore di grado) corrispondente a capitano di vascello) (*nav.*), commodore, COM, comm.

commozione cerebrale (*med.*), concussion of the brain.

commutabile (*elett. - ecc.*), commutable, changeable over.

commutabilità (*mat.*), commutativity.

commutare (*elett.*), to change over, to commutate, to commute. **2.** ~ (*mat.*), to commute. **3.** ~ la luce abbagliante con quella anabbagliante (nei proiettori o fari della vettura) (*aut.*), to dim lights.

commutativo (*mat. - ecc.*), commutative.

commutato (*elett.*), changed over. **2.** ~ (a linea commutata: di dati trasmessi mediante linee di telefoni pubblici in una rete di elaboratori) (*a. - elab. - telef.*), dial-up.

commutatore (collettore: di una dinamo) (*elett.*), commutator. **2.** ~ (*mecc. - tubaz.*), commutator. **3.** ~ (apparecchio per deviare un circuito), commutator, change-over switch. **4.** ~ (*mat.*), commutator. **5.** ~ (selettore a contatti multipli: per cambiare collegamenti tra due o più circuiti) (*s. - elett. - elab.*), switch. **6.** ~ a coltello (*elett.*), double -throw knife switch. **7.** ~ antenna-terra (per collegare l'antenna a terra durante i temporali) (*radio*), lightning switch, antenna switch. **8.** ~ anticapacitivo (*radio*), anti-capacity switch. **9.** ~ a pedale per luce anabbagliante (*aut.*), foot dimmer switch. **10.** ~ con leva a scatto (nelle varie posizioni di equilibrio) (*app. eltn.*), toggle switch. **11.** ~ della lunghezza d'onda (di una radio) (*radio*), change tune switch (am.). **12.** ~ delle luci (di fanale di motocicletta) (*elett.*), dimmer switch. **13.** ~ deviatore (a due serie di contatti) (*app. elett.*), double-throw switch, three-way switch. **14.** ~ di antenna (per collegare l'antenna a terra durante i temporali) (*radio*), lightning switch, antenna switch. **15.** ~ di emergenza (*elett.*), emergency switch. **16.** ~ di entrata (su un piccolo trasformatore) (*elett.*), tap changer. **17.** ~ di inversione (*disp. elett.*), rheotrope. **18.** ~ di polarità (*app. elett.*), pole change switch. **19.** ~ d'onda (*radio*), wave change switch, band switch. **20.** ~ elettronico (*radio*), electronic switch, electronic switch system, electronic switching system. **21.** ~ luci anabbaglianti (*aut.*), anti-dazzle switch, dimmer switch, dip switch. **22.** ~ per il passaggio dalla colonna sonora al disco (di apparecchio per la ripresa sonora) (*cinem. - fonografo*), film-disk change-over. **23.** lanterna del ~ (*elett.*), commutator spider. **24.** passo polare del ~ (*elett.*), commutator pitch.

commutatorista (addetto alla manutenzione dei commutatori, di una centrale telefonica per es.) (*lav.*), switchman.

commutatrice (usata per convertire una corrente alternata in corrente continua o viceversa) (*macch. elett.*), commutating machine, commutator machine. **2.** ~ (convertitore rotante) (*macch. elett.*), rotary converter.

commutazione (*gen.*), commutation. **2.** ~ (di varie linee) (*telef.*), switching. **3.** ~ (*elett.*), switchover, changeover. **4.** ~ dei messaggi (*elab.*), message switching. **5.** ~ di linea, o di circuito (*comun. - eltn. - elab.*), line switching, circuit switching. **6.** ~ optoelettronica (*eltn. - ott.*), optoelectronic switching. **7.** campo di ~ (*elett.*), commutating field. **8.** cassetta di ~ (*elett.*), jack box. **9.** centro di ~ (per traffico interurbano in teleselezione) (*telef.*), control switching point. **10.** circuito a ~ (*elett.*), swiching circuit. **11.** informazioni di ~ (*macch. ut. a c. n.*), switching commands. **12.** polo di ~ (di una macchina elettrica), commutating pole.

comodità, comfort.

compagnìa (*milit.*), company. **2.** ~ comando (*milit.*), headquarters company. **3.** ~ del Lloyd (*nav.*), Lloyd's. **4.** ~ di navigazione (*nav. - comm.*), shipping company. **5.** ~, *vedi anche* società.

compagno (*gen.*), fellow. **2.** ~ di lavoro (*op.*), mate, fellow worker.

comparabile (paragonabile, confrontabile) (*gen.*), comparable.

comparatore (*app. mis.*), comparator **2.** ~ (minimetro a orologio) (*ut. mecc.*), dial gauge. **3.** ~ (*strum. chim.*), comparator. **4.** ~ (*strum. fot.*), comparator. **5.** ~ (dispositivo per confrontare due gruppi di dati) (*elab.*), comparator. **6.** ~ a quadrante (minimetro a orologio) (*strum. mis.*), dial gauge. **7.** ~ con supporto (per misure dimensionali di meccanica) (*ut. mis. in off. mecc.*), test indicator. **8.** ~ di fase (*elett. - eltn.*), phase comparator. **9.** ~ di impedenza (*elett. - eltn.*), impedance comparator. **10.** ~ di tensione sulle fasi (*elett.*), phase voltage difference indicator. **11.** ~ elettrico (*elett.*), electric gauge. **12.** ~ elettronico (*strum. mis.*), electronic gauge. **13.** ~ micrometrico (*strum. mis.*), micrometer-comparator. **14.** ~ orizzontale (*strum. mis.*), horizontal comparator. **15.** ~ pneumatico (*strum. mis.*), air gauge. **16.** ~ pneumatico per esterni (*strum. mis.*), air external comparator. **17.** ~ pneumatico per interni (*strum. mis.*), air internal comparator.

comparazione (confronto di due o più dati) (*elab.*) comparison.

"comparimetro" (minimetro, "orologio", comparatore) (*strum.*), dial gauge.

comparire (*gen.*), to appear. **2.** ~ all'orizzonte (*nav.*), to have in sight.

comparsa (*cinem.*), extra.

compartecipazione agli utili (*comm.*), profit sharing.

compartimentazione (*costr. nav.*), compartmenting.

compartimento (*gen.*), compartment. **2.** ~ (di un dirigibile) (*aer.*), gas cell. **3.** ~ amovibile (di un veic. spaziale, compartimento del motore per es.) (*astric.*), pod. **4.** ~ per meccanismo di governo (di una nave) (*nav.*), steering gear compartment. **5.** compartimenti stagni dell'opera morta (riserva di galleggiabilità) (*nav.*), reserve buoyancy. **6.** ~ stagno (*costr. nav.*), cofferdam, watertight compartment.

comparto (*gen.*), hutch, compartment. **2.** ~ di raccolta (compartimento inferiore di un crivello) (*lav. min.*), hutch.

"compassiera" (scatola di compassi) (*dis.*), set of drawing instruments, drawing set.

compasso (*mecc. - dis.*), compass, caliper. **2.** ~ a becco (per tracciatore) (*att. mecc.*), hermaphrodite caliper. **3.** ~ a matita (*strum. da dis.*), pencil compass. **4.** ~ a molla (*ut.*), spring calipers. **5.** ~ a punta amovibile (*strum. dis.*), combination compass. **6.** ~ a punte fisse (*dis.*), dividers. **7.** ~ a tre punte (*strum. dis.*), triangular compass. **8.** ~ a verga (*strum. dis. top.*), beam compass, trammel. **9.** ~ ballerino per interni (*strum. mis. mecc.*), transfer caliper, inside caliper. **10.** ~ con impugnatura a pistola (*ut. mis.*), pistol grip caliper. **11.** ~ con indicatore a quadrante (*ut. mis.*), dial caliper gauge. **12.** ~ da ellissi (*strum. dis.*), ellipse compass. **13.** ~ da tracciatore (*att. mecc.*), caliper. **14.** ~ di riduzione (*strum. dis.*), proportional compass, proportional dividers. **15.** ~ di spessore (*ut.*), outside caliper. **16.** ~ di torsione (organo usato per impedire la rotazione relativa tra elementi telescopici) (*mecc. - aer.*), torque links. **17.** ~ doppio (per mis. spessori ed interni, per tracciatore) (*att. mecc.*), double caliper. **18.** ~ in asta (grande compasso) (*ut. - mecc.*), beam divider, universal compass. **19.** ~ per capote (*mecc. aut.*), rule joint. **20.** ~ per curve a grande raggio (*strum. dis.*), radial bar. **21.** ~ per esterni (per tracciatore) (*att. mecc.*), outside caliper. **22.** ~ per interni (per tracciatore) (*att. mecc.*), inside caliper. **23.** ~ per interni ed esterni (*strum. mis.*), double caliper. **24.** scatola di compassi (*dis.*), set of drawing instruments.

compatibile (atto ad essere mischiato: di due liquidi per es.) (*a. - chim. fis.*), compatible. **2.** ~ (direttamente collegabile: detto di una unità che può essere collegata direttamente ad un'altra) (*a. - eltn. - elett. - elab.*), plug-compatible, plug-to-plug compatible. **3.** ~ (p. es. di uno di due diversi sistemi quando può accettare i dati dell'altro senza conversione) (*a. - elab.*), compatible.

compatibilità (attitudine di due o più liquidi a venire mischiate senza inconvenienti) (*chim. fis.*), compatibility. **2.** ~ (accettazione di dati senza conversione da due, o più, differenti sistemi) (*elab.*), compatibility. **3.** ~ dell'apparecchiatura (~ con i dati elaborati da un'altra apparecchiatura) (*elab.*), equipment compatibility.

compattabile (p. es. un terreno) (*a. - gen.*), compactible.

compattare (comprimere assieme: sfridi metallici per es.) (*gen.*), to compact. **2.** ~ (p. es. una gettata di calcestruzzo) (*costr. ed.*), to compact.

compattazione (l'atto di comprimere in blocchi materiale di scarto o rottame sciolto) (*ind.*), compaction. **2.** ~ (sistema per ridurre lo spazio occupato dai dati da immagazzinare) (*elab.*), compaction. **3.** ~ in blocchi (di materiali sciolti di scarto) (*ind.*), baling, compaction in blocks.

compattezza (*gen.*), compactedness.

compatto (*a. - gen.*), compact, solid, stiff, close. **2.** ~ (terreno) (*ing. civ.*), compact, packed.

compendio (riassunto) (*gen.*), compendium, abridgment, abstract. **2.** ~ statistico (*stat.*), abstract of statistics.

compenetrazione (telescopica di una vettura nella precedente; in disastri dovuti a tamponamento) (*ferr.*), telescoping. **2.** anti~ (per evitare effetti telescopici nel tamponamento di veic. ferr.) (*sicurezza ferr.*), anti-telescoping.

compensare (*mecc.*), to compensate. **2.** ~ (una perdita di fluido per es. con l'immissione di altro fluido) (*gen.*), to compensate. **3.** ~ (correggere, misure geodetiche per es.) (*top. - geod. - ecc.*), to adjust. **4.** ~ (equilibrare mediante controreazione per es.) (*radio*), to bias out. **5.** ~ la deriva mediante il timone di direzione (*aer. - navig.*), to crab. **6.** ~ le variazioni di lunghezza da temperatura (*linea elett.*), to sag.

compensato (*a. - mecc.*), compensated. **2.** ~ (*s. - legn.*), plywood. **3.** ~ (di mot. elett. o strum.) (*a. - elett.*), compensated. **4.** ~ (corretto: di misure geodetiche) (*a. - top. - geod. - ecc.*), adjusted. **5.**

~ placcato con alluminio (compensato di legno placcato con alluminio) (*costr. aer.*), plymetal.

compensatore (*elett. - fot. - mecc. - fis.*), compensator. **2.** ~ (aletta compensatrice: parte posteriore cernierata di un organo di governo: di un alettone per es.) (*aer.*), tab. **3.** ~ (*radio*), trimmer. **4.** ~ (macch. sincrona o asincrona per migliorare il fattore di potenza) (*macch. elett.*), phase advancer, compensator. **5.** ~ (parte di superficie di governo destinata a ridurre il momento di cerniera) (*aer.*), balance. **6.** ~ (per bilanciare un circuito: un condensatore per es.) (*eltn.*), balancer. **7.** ~ a becco (*aer.*), horn balance. **8.** ~ ad U (dilatatore ad U a doppia curvatura) (*tubaz.*), double offset expansion U bend. **9.** ~ a mano (*aer.*), hand tab. **10.** ~ automatico (del timone di quota per es.) (*aer.*), autotab. **11.** ~ chimico (p. es. acido borico nell'acqua di raffreddamento di un reattore per assorbire neutroni) (*fis. atom.*), chemical shim. **12.** ~ della bussola (*nav. - aer.*), compass corrector. **13.** ~ di antenna (*radio*), antenna trimmer. **14.** ~ di attenuazione (*telef.*), attenuation compensator. **15.** ~ schermato (*aer.*), shrouded balance.

compensatrice (resistenza) (*elett.*), balancing resistance.

compensazione, compensation. **2.** ~ (*comm.*), clearing. **3.** ~ (di una bussola) (*aer. - nav.*), compensation. **4.** ~ (di misure geodetiche e topografiche per es.) (*top. - geod. - ecc.*), adjustment. **5.** ~ della bussola (*nav.*), compass correction. **6.** ~ di debito (*leg.*), setoff. **7.** ~ ottica (dello spostamento del film) (*cinem.*), optical compensation. **8.** avvolgimento di ~ (*elett.*), compensating winding. **9.** bobina di ~ (*elett.*), compensating coil. **10.** memoria di ~ (*elab.*), buffer storage, buffer store. **11.** stanza di ~ (*comm. - finanz.*), clearinghouse. **12.** tensione di ~ (*elett.*), balancing voltage.

compenso (*comm.*), reward.

cómpera (*comm.*), purchase.

comperare (*comm.*), to purchase, to buy.

compere (acquisti al dettaglio) (*comm. familiare*), shopping.

competente (*gen.*), competent.

competènza (*gen.*), competence. **2.** ~ (tecnica per es.: abilità o conoscenza) (*gen.*), expertise.

competitività (*comm.*), competitiveness.

competitivo (concorrenziale, allineato: un prezzo ecc.) (*comm.*), competitive.

competizione (*comm.*), competition.

cómpiere (*gen.*), to perform, to accomplish.

compilare (un documento) (*comm. - uff.*), to fill out. **2.** ~ una carta geografica (o topografica) (*cart.*), to map. **3.** ~ un modulo (riempire un modulo) (*gen.*), to fill in a form.

compilatore (programma che converte un linguaggio di alto livello in un linguaggio macchina) (*elab.*), compiler, program compiler. **2.** ~ incrociato (~ di un elaboratore che traduce programmi per un altro) (*elab.*), cross compiler.

compimento (*gen.*), completion.

cómpito, task, duty, assignment. **2.** ~ (assieme di attività da eseguirsi dall'unità centrale di elaborazione) (*s. - elab.*), task. **3.** ~ principale (di una stazione o di un sistema) (*elab.*), primary function. **4.** a più compiti simultanei (nella multiprogrammazione per es.) (*a. - elab.*), multitask. **5.** capacità di esecuzione simultanea di (due o più) compiti (*elab.*), multitasking.

complanare (*geom.*), coplanar. **2.** non complanari (non sullo stesso piano) (*mecc.*), not in the same plane.

complementare (*a. - mat.*), complementary. **2.** ~ (p. es. di transistori con opposta conduttività: pnp e npn) (*a. - eltn.*), complementary.

complementazione booleana (*mat. - elab.*), boolean complementation.

complemento (di un angolo) (*geom.*), complement. **2.** ~ a dieci (*mat.*), tens complement. **3.** ~ a due (*elab. - mat.*), two's complement. **4.** ~ ad uno (*mat. - elab.*) one's complement. **5.** ~ a nove (*mat. - elab.*), nine's complement, complement on nine.

complessivo (*mecc.*), unit, assembly. **2.** ~ (disegno complessivo) (*dis.*), assembly drawing. **3.** ~ televisore/videoregistratore (*audiovisivi*), TV/VCR combo.

complèsso (*a. - mat. - gen.*), complex. **2.** ~ (assieme, gruppo) (*s. - gen.*), assembly, unit. **3.** ~ (serie definita di elementi) (*s. -gen.*), set. **4.** ~ (bielle) a pattino (*mot. aer.*), slipper-type assembly. **5.** ~ di elementi affiancati (*mot. - aer.*), side-by-side assembly. **6.** ~ critico (di un reattore nucleare) (*fis. atom.*), critical assembly. **7.** ~ dei componenti fisici costituenti l'impianto (*elab. - veic. - ecc.*), hardware. **8.** ~ di alberi per difendere dal vento (*ed. - agric.*), wind belt. **9.** ~ di binari (*ferr.*), railroad trunk. **10.** ~ di cavi (*elett.*), trunk of cables. **11.** ~ di cime e di cavi impiegati a bordo (*nav.*), netting. **12.** complessi di regolazione automatica (di una calcolatrice) (*macch. calc. - ecc.*), automatic control system. **13.** ~ di ricezione (o trasmissione) (*radio*), hook up. **14.** ~ di strumenti di prova (per prove elettriche per es.), testing set. **15.** ~ fili accensione (*mot.*), ignition harness. **16.** ~ multinazionale (di grande società nazionale con stabilimenti ed altre attività all'estero) (*finanz.*), multinational. **17.** ~ ottico (*ott.*), optical train. **18.** ~ sonorizzante costituito dalla lampada a bagliore (*elettroacus. cinem.*), light valve. **19.** ~ sonoro da presa (complesso per la registrazione su colonna sonora) (*cinem.*), sound-on-film recording equipment, sound equipment. **20.** ~ subcritico (*fis. atom.*), subcritical assembly.

completamento (ultimazione, finitura) (*gen.*), completion, finishing. **2.** lavori interni di ~ (per esempio porte, battiscopa ecc.) (*ed.*), inside finish.

completare (*gen.*), to complete, to finish. **2.** ~ (un circuito) (*elett.*), to make.

completo (*a. - gen.*), complete. **2.** carico ~ (*nav.*), full cargo. **3.** carico ~ (di vagone ferrov., autocarro ecc.) (*comm. - trasp.*), carload.

complicato (detto di getto per es.) (*a. - fond. - ecc.*), intricate.
compluvio (linea di incontro delle due falde di un tetto) (*arch.*), valley.
componènte (di un vettore) (*mecc. raz.*), component. **2.** ~ (uno dei costituenti) (*chim. - ecc.*), component. **3.** ~ (*gen.*), constituent. **4.** ~ addizionale (~ aggiuntivo che migliora le caratteristiche di un apparecchio o di un sistema) (*n. - elab. - ecc.*), add-on. **5.** ~ attiva (*elett.*), active component, in-phase component, power component, "wattful component". **6.** componenti base di programmazione (*elab.*), basic software. **7.** componenti di programmazione (opposto a "hardware": si riferisce a programmi, istruzioni, documentazioni ecc. associati ad un sistema di elaborazione) (*elab.*) software. **8.** ~ elettronico (*eltn.*), electronic component. **9.** ~ fluidico (*fluidodinamica*), fluidic component. **10.** ~ orizzontale dello scorrimento (di una faglia) (*geol.*), heave. **11.** ~ reattiva (o swattata) (*elett.*), reactive component, wattless component. **12.** ~ verticale della velocità in aria tipo (di un aeroplano nelle prove per la determinazione delle caratteristiche) (*aer.*), rate of climb. **13.** a più componenti (*a. - chim. fis.*), multicomponent. **14.** di ~ inserito (o da inserire fisicamente) su di un altro ~ (detto p. es. di una memoria EPROM da applicare sul dorso di un microprocessore) (*a. - elab.*), piggyback component.
componibile (modulare: riferito ad una serie di complessivi che possono essere facilmente montati assieme: mobili per ufficio, cucine ecc. per es.) (*a. - tecnol. arredamento*), modular, sectional.
componibilità, *vedi* modularità.
componimento (di una vertenza) (*lav. - leg.*), settlement.
comporre (*gen.*), to compound. **2.** ~ (mediante una compositrice a tastiera per es.) (*tip.*), to typeset, to compose. **3.** ~ (una controversia per es.) (*leg. - comm.*), to adjust. **4.** ~ con tastiera (*tip.*), to keyboard. **5.** ~ varie forze in una risultante (*mecc. raz.*), to compound several component forces into a single resultant force.
comportamentismo ("behaviorismo", psicologia del comportamento) (*psicol.*), behaviorism.
comportamento (*psicol.*), behavior, demeanor. **2.** ~ professionale (*pers. - ecc.*), professional demeanor. **3.** ~ su strada (comportamento stabile ed equilibrato su strada) (*aut.*), roadability. **4.** modello di ~ (*ricerca operativa*), behavioral model.
compòsito (stile) (*arch.*), composite. **2.** ~ (materiale composito, formato da fibre di un materiale in una matrice di altro materiale) (*s. - tecnol.*), composite (*s.*), composite material.
compositoio (*att. tipografico*), composing stick, setting stick.
compositore (tipografico) (*op. tip.*), typesetter, compositor. **2.** ~ a mano (*op. tip.*), hand compositor.
compositrice (*macch. tip.*), composing machine, casting machine. **2.** ~ (a piombo fuso, tipo Monotype o Linotype) (*macch. tip. obsoleta*), typesetting machine. **3.** ~ fotografica (fotocompositrice) (*fotomecc. - macch.*), photocomposing machine.
composizione (di un treno per es.) (*gen.*), composition, make-up. **2.** ~ (operazione) (*tip.*), composition, setting. **3.** ~ (prodotto del lavoro di composizione) (*tip.*), matter. **4.** ~ (~ tipografica) (*tip.*), typesetting, composition. **5.** ~ a macchina (*tip.*), mechanical composition. **6.** ~ a mano (*tip.*), hand composition, hand-setting. **7.** ~ chimica (*chim.*), chemical composition. **8.** ~ computerizzata (*tip. - elab.*), electronic typesetting. **9.** ~ computerizzata di testi (*elab. - tip.*), *vedi* elaborazione di testi. **10.** ~ corrente (*tip.*), plain matter. **11.** ~ da conservare (*tip.*), standing matter. **12.** ~ delle forze (*mecc. raz.*), composition of forces. **13.** ~ di linee intere (composizione con linotype) (*tip.*), linecasting, slugcasting. **14.** ~ in piede (composizione da conservare) (*tip.*), standing matter. **15.** ~ non interlineata (composizione sterlineata) (*tip.*), solid matter. **16.** ~ non più usabile (composizione da scomporre) (*tip.*), dead matter. **17.** ~ percentuale in peso (di una roccia: quantità di minerale contenuto in una roccia espressa percentualmente in peso) (*geol.*), mode. **18.** ~ pronta (*tip.*), pickup. **19.** ~ sterlineata (composizione senza interlinee) (*tip.*), solid matter. **20.** ~ tipografica computerizzata (*elab. - tip.*), computer output typesetting. **21.** ~ viva (composizione non ancora utilizzata) (*tip.*), live matter. **22.** elaboratore per ~ (per ~ tipografica) (*tip. - elab.*), typesetting computer. **23.** tenere la ~ in piedi (*tip.*), to keep matter standing.
composti alifatici (*chim.*), fatty compounds. **2.** ~ azoici (*chim.*), azo compounds. **3.** ~ diazoici (*chim.*), diazo compounds. **4.** ~ non saturi (*chim. organica*), unsaturated compounds.
composto (*s. - gen.*), compound, composition, compost. **2.** ~ (composto chimico) (*chim.*), compound. **3.** ~ (*a. - gen.*), compound, composite. **4.** ~ (di elementi staccati) (*a. - mecc.*), built-up. **5.** ~ (di un carattere) (*a. - tip.*), set up. **6.** ~ a mano (*tip.*), hand-set. **7.** ~ Chatterton (miscela isolante composta di resina, catrame e guttaperca usata per cavi subacquei) (*elett.*), Chatterton's compound. **8.** ~ per (la tenuta di) superfici meccanicamente lavorate (ermetico) (*mot. mecc.*), jointing compound. **9.** ~ smerigliatore (materiale per levigare) (*tecnol. mecc.*), lapping compound. **10.** ~, *vedi anche* composti.
"compound" (*a. - elett. - term. - mot.*), compound. **2.** ~ (*s. - chim. - ind. gomma - materie plastiche*), compound.
compratore (*comm.*), purchaser, buyer, vendee.
compra-véndita (diretta) (*comm.*), marketing.
comprendere (includere, nel conto per es.) (*comm. - ecc.*), include.
compreso (*comm.*), included. **2.** non ~ (*comm.*), not included.

comprèssa (pastiglia medicinale) (*farm.*), tablet, troche.

compressibilità (*fis.*), compressibility.

compressione (*s. - termod.*), compression. **2.** ~ (*s. - sc. costr.*), compression, pressure. **3.** ~ (di una sospensione di automobile) (*mecc.*), compression, bump. **4.** ~ (dei dati per aumentare la capacità di archiviazione) (*elab.*), compression. **5.** ~ successiva in differenti stadi (di un gas per es.) (*fis.*), multistage compression. **6.** di ~ (forza per es.) (*a.*), compressive. **7.** grado di ~ (*mot.*), compression ratio. **8.** lavoro di ~ (*mot.*), compression work. **9.** prova alla ~ (*tecnol. mecc.*), compression test. **10.** rapporto (volumetrico) di ~ (*mot.*), compression ratio. **11.** resistenza alla sollecitazione di ~ (*sc. costr.*), resistance to compressive stress, compressive strength. **12.** sollecitazione di ~ (sc. *costr.*), compressive stress.

compresso (di gas per es.) (*a. - fis.*), compressed. **2.** ~ allo stato fluido (acciaio per es.) (*metall.*), fluid-compressed.

compressore (*macch. ind.*), compressor **2.** ~ (per alimentazione di mot. a scoppio) (*mot.*), supercharger. **3.** ~ (condensatore: di nastro di carda) (*ind. tess.*), condenser. **4.** ~ a capsulismo (*sovralimentazione mot.*), positive displacement blower. **5.** ~ a doppio ingresso (di un mot. a getto per es.) (*mot. aer.*), double-entry compressor. **6.** ~ a due rulli (tandem) (*compressore strad.*), tandem roller. **7.** ~ a due stadi (*macc. ind.*), two-stage compressor. **8.** ~ a due velocità (*mot. aer.*), two-speed supercharger. **9.** ~ ad un ingresso (di un mot. a getto per es.) (*mot. aer.*), single -entry compressor. **10.** ~ a flusso assiale (di un mot. a getto per es.) (*mot. aer.*), axial-flow compressor. **11.** ~ a flusso radiale (di un mot. a getto per es.) (*mot. aer.*), radial-flow compressor. **12.** ~ a lobi (compressore Root) (*mot. aer. - ecc.*), positive displacement compressor. **13.** ~ alternativo (a stantuffo) (*macch. ind.*), reciprocating compressor. **14.** ~ a palette (di mot. aer. a pistoni per es.) (*aer. mot. - ecc.*), vane supercharger. **15.** ~ a più stadi (di un mot. a getto per es.) (*mot. aer.*), multistage compressor. **16.** ~ a più stadi (di mot. aer. a pistoni per es.) (*aer. mot. - ecc.*), multistage supercharger. **17.** ~ a più velocità (di mot. aer. a pistoni per es.) (*aer. mot. - ecc.*), multispeed supercharger. **18.** ~ a rotore eccentrico (*macch. ind.*), rotary blower (or compressor). **19.** ~ assiale (di una turbina a gas) (*mecc.*), axial compressor. **20.** ~ a stantuffo (*macch. ind.*), reciprocating compressor. **21.** ~ a stantuffo (di mot. aer. a pistoni per es.) (*aer. mot. - ecc.*), piston supercharger. **22.** ~ a uno stadio (*macch. ind.*), single-stage compressor. **23.** ~ azionato dai gas di scarico (*aer.*), exhaust-driven supercharger. **24.** ~ centrifugo (*macch. ind. - mot.*), centrifugal blower, centrifugal compressor, rotary blower. **25.** ~ comandato da ingranaggi (di mot.), gear-driven supercharger. **26.** ~ comandato da turbina (*mot. a getto*), turbofan. **27.** ~ d'aria (*macch. ind.*), air compressor. **28.** ~ d'aria portatile (per gonfiaggio pneumatici di aut. per es.), portable air compressor set. **29.** ~ di cabina (per mantenere la pressione atmosferica in quota) (*aer.*), cabin supercharger. **30.** ~ (o soffiante) elevatore di pressione (*macch. ind.*), booster compressor. **31.** ~ monostadio (compressore ad uno stadio) (*macch.*), single-stage compressor. **32.** ~ per ammoniaca (*ind. del freddo*), ammonia compressor. **33.** ~ per anidride solforosa (*ind. del freddo*), sulphur dioxide compressor. **34.** ~ per frigorifero (*ind.*), refrigeration compressor. **35.** ~ per sabbiatura (*app. mecc. - fond.*), sand blower. **36.** ~ pluristadio (compressore a più stadi) (*macch.*), multistage compressor. **37.** ~ Root (compressore a lobi) (*mot. aer. - ecc.*), Roots supercharger. **38.** ~ rotativo (con palette scorrevoli in un rotore non concentrico alla cassa) (*mecc. - ind.*), sliding-vane compressor. **39.** ~ stradale (*macch.*), road roller. **40.** ~ stradale a vapore (*macch.*), steamroller. **41.** ~ unistadio (compressore ad uno stadio) (*macch.*), single-stage compressor. **42.** ~ volumetrico (compressore a capsulismo, a lobi ecc.) (*macch.*), positive displacement blower. **43.** carcassa del ~ (di un mot. a getto per es.) (*mot. aer.*), compressor casing. **44.** condotti di mandata del ~ (di un mot. a getto per es.) (*mot. aer.*), compressor delivery ducts. **45.** fornire di ~ (un mot. per es.), to supercharge. **46.** tamburo del ~ (sul quale sono montate le palette di un compressore assiale di mot. a getto per es.) (*mot. aer.*), compressor drum. **47.** turbina di comando del ~ (di un motore a turboelica) (*aer.*), compressor turbine. **48.** turbo ~ (*macch. ind.*), multistage centrifugal blower.

comprìmere (*fis.*), to compress. **2.** ~ in una massa compatta (*fis.*), to consolidate **3.** ~ una molla (*mecc.*), to compress a spring.

comprimibile (compressibile) (*fis.*), compressible.

comprimibilità (compressibilità) (*fis.*), compressibility.

compromesso (*comm.*), compromise.

comproprietà, co-ownership.

comptometrista (*uff.*), comptometrist.

computare (*contabilità*), to reckon.

"computer", *vedi* calcolatore, elaboratore.

computerizzabile (*a. - elab.*), computerizable, processible.

computerizzare (organizzare la gestione di una azienda per es. per mezzo di elaboratori elettronici) (*elab. - comm. - ind.*), to computerize.

computerizzato (p. es. di azienda con contabilità e produzione gestite da elaboratori) (*a. - elab.*), computerized. **2.** gestione computerizzata della produzione (*elab. - ind.*), computerized production control.

computerizzazione (della gestione di una azienda per es.) (*s. - elab.*), computerization.

computista (*uff.*), reckoner, calculator.

computisteria (*contabilità*), book-keeping.

computo (*gen.*), computation, calculation. **2.** ~ (metrico) a stima (*costr. mur.*), estimate, approximate calculation.
comsat (satellite artificiale per comunicazioni intercontinentali) (*astric.* - *tlcm.*), comsat.
comunale (municipale) (*amm.*), municipal.
comune (frequente, abituale, di tipo usuale, mediocre, a buon mercato) (*a.*), common. **2.** ~ (municipio) (*s.* - *arch.*), town hall. **3.** in ~ (posseduto assieme: una proprietà immobiliare per es.) (*a.* - *comm.* - *ecc.*), mutual.
comunicante (*fis.* - *ecc.*), communicating.
comunicare (*gen.*), to communicate, to inform. **2.** ~ via radio (*tlcm.*), to radio. **3.** impossibilità di ~ (fra due abbonati a causa di interferenze per es.) (*telef.*), lockout.
comunicato (*pubbl.*), news release. **2.** ~ stampa (*stampa*), press release.
comunicazione (*gen.*), communication. **2.** ~ (informazione) (*gen.*), notice. **3.** ~ aria–suolo (da un velivolo a stazioni radio al suolo) (*navig. aer.*), air-ground communication. **4.** ~ binaria sincrona (*elab.*), binary synchronous communication, BSC. **5.** ~ di binari ferroviari (binario di collegamento fra due binari paralleli) (*ferr.*), crossover. **6.** ~ difettosa [o disturbata, non chiara] (*n.* - *telecom.*), miscommunication. **7.** ~ di massa (che serve ad un grande numero di individui) (*radio* - *telev.* - *ecc.*), mass communication. **8.** ~ in conferenza (per dare la possibilità di parlare tra vari interlocutori contemporaneamente) (*telef.*), conference call. **9.** ~ interurbana (*telef.*), long–distance communication. **10.** ~ suolo–aria (da stazioni radio terrestri a velivoli) (*navig. aer.*), ground–to–air communication. **11.** ~ telefonica collettiva (*radio telef.*), conference call. **12.** dare la ~ (*telef.*), to put through. **13.** ottenere la ~ (l'utente ottiene la comunicazione) (*telef.*), to be put through. **14.** strada di grande ~ (*strad.*), highway. **15.** ~, *vedi anche* comunicazioni.
comunicazioni (mezzi per comunicare: p. es. telefono, radio, televisione ecc.) (*s.* - *reti telecom.*), communications. **2.** ~ bidirezionali (~ in entrambi i sensi con sistemi duplex oppure semiduplex) (*tlcm.*), two–way communications. **3.** ~ bidirezionali simultanee (*tlcm.*), two–way simultaneous communications, TWS. **4.** ~ ferroviarie (*ferr.*), railway communications. **5.** ~ fra sistemi (il legame delle ~ tra due sistemi di elaborazione interallacciati) (*elab.*), intersystem communications. **6.** ~ in entrambi i sensi (~ bidirezionali con sistemi duplex totale o semiduplex) (*tlcm.*), two-way communications. **7.** ~ via satellite (*telecom.*), SATCOM, satellite communications.
comunità (*gen.*), community.
Comunità Economica Europea (*comm.*), European Economic Community, EEC.
Comunità Europea del Carbone e dell'Acciaio (CECA) (*finanz.*), European Coal and Steel Community, ECSC.
conca (*gen.*), basin. **2.** ~ di navigazione (vasca di contenimento del natante, limitata dalle chiuse a valle ed a monte: nel canale di Panama per es.) (*navig. su canali*), chamber.
"concasseur" (frantoio per pietrame) (*macch.*), stone breaker, stone crusher. **2.** ~ a cingoli (frantoio per pietrame) (*macch. ind.*), track stone crusher.
concatenamento (*gen.*), linkage. **2.** ~ (nella triangolazione aerea) (*fotogr.*), bridging. **3.** ~ (sistema che collega le registrazioni l'una l'altra) (*elab.*), chaining.
concatenare (p. es. collegare in sequenza gruppi di dati) (*elab.*), to concatenate.
concatenato (*a.*), linked. **2.** flusso ~ (di una bobina per es.) (*elett.*), linkage. **3.** tensione concatenata (*elett.*), line voltage, voltage between lines.
concatenazione (caratteristica del sistema UNIX che permette di operare una catena di programmi con un solo controllo) (*elab.*), pipeline.
concavità (*geom.*), concavity.
còncavo (*a.* - *gen.*), concave. **2.** ~ su entrambe le facce (biconcavo: di una lente per es.) (*ott.*), concave–concave.
concavo–convesso (*ott.*), concave–convex.
concèdere, to grant. **2.** ~ una licenza (*comm.*), to grant a licence. **3.** ~ un brevetto (*leg.*), to grant a patent.
concentramento (di truppe) (*milit.*), concentration.
concentrare (*gen.*), to concentrate. **2.** ~ il fuoco (*milit.*), to concentrate fire.
concentrarsi (raccogliersi, adunarsi) (*milit.* - *ecc.*), to concentrate, to gather.
concentrato (*s.* - *gen.*), concentrate. **2.** ~ (di soluzione) (*a.* - *chim.*), concentrated.
concentratore (apparecchio per la concentrazione) (*ind.*), concentrator, thickener. **2.** ~ dati (unità di trasmissione e ricezione in un sistema dati provenienti da vari canali: selettore di memoria di transito ecc.) (*elab.*), concentrator. **3.** ~ idraulico (per minerali) (*app. min.*), buddle. **4.** ~ oscillante (*min.*), rocker. **5.** ~ tronco conico (per industria della gomma) (*app.*), swirling bowl concentrator.
concentrazione (*gen.*), concentration. **2.** ~ (*chim.*), concentration, strength. **3.** ~ (dei minerali) (*min.*), concentration. **4.** ~ (nell'industria della gomma), concentration. **5.** ~ dello zolfo (nell'industria della gomma) (*ind. chim.*), sulphur concentration. **6.** ~ di massa ("mascon", sulla superficie della luna per es.) (*astric.*), mascon, mass concentration. **7.** ~ equivalente (*chim. fis.*), equivalent concentration. **8.** ~ idrogenionica (*chim.*), hydrogenion concentration. **9.** ~ massima consentita di radioattività (*salute umana* - *med.*) radiactivity concentration guide. **10.** ~ massima permessa (*chim.* - *ecc.*), maximum permissible concentration, MPC. **11.** ~ molare (molarità) (*elettrochim.*), molar concentration. **12.** ~ relativa (*elettrochim.*), relative concentration. **13.** aumentare la ~ della soluzione (*chim.* - *fis.*), to strengthen the solution. **14.** diluire la ~ della so-

luzione (*chim.* - *fis.*), to dilute the solution. **15.** impianto di ~ (*min.*), concentration plant.
concentricità (*mecc.* - *ecc.*), concentricity. **2.** controllo della ~ (verifica della concentricità) (*mecc.* - *ecc.*), concentricity check.
concèntrico, concentric. **2.** ~ (*a.* - *mat.* - *fis.*), homocentric, homocentrical.
concerìa (*ind. del cuoio*), tannery. **2.** ~ all'allume (*ind. cuoio*), tawery.
concernente (riguardante, relativo) (*gen.*), concerning.
concèrnere (*gen.*), to concern, to relate, to pertain.
concessionario (*comm.*), concessionaire, agent, dealer (am.). **2.** ~ di brevetto (*comm.*), patentee. **3.** ~ di licenza (*comm.*), licensee. **4.** ~ esclusivo (*comm.*), sole concessionaire, sole agent. **5.** ~ principale (*comm.*), main dealer (am.).
concessione (*comm.* - *ind.*), concession. **2.** ~ (per una miniera per es.) (*min.*), concession. **3.** ~ di diritti esclusivi di commercio (*comm. leg.*), octroi. **4.** ~ esclusiva (*comm.*), exclusive dealership. **5.** concessioni (o benefici) supplementari (a dipendenti) (*pers.* - *lav.*), fringe benefits. **6.** ~ petrolifera (*min.*), oil concession.
concètto, concept.
conchiglia (di un mollusco), shell. **2.** ~ (forma metallica) (*fond.*), chill, iron mold, permanent mold. **3.** fondere in ~ (*fond.*), to chill.
conchigliato (in conchiglia, raffreddato bruscamente alla superficie, temprato) (*fond.*), chilled.
concia (*ind.*), tanning. **2.** ~ al bottale (*ind. cuoio*), drum tannage. **3.** ~ al cromo (*ind.*), chrome tanning. **4.** ~ all'allume (*ind.*), tawing. **5.** ~ all'olio (scamosciatura) (*ind.*), oil tanning. **6.** ~ allo zolfo (*ind. cuoio*), sulphur tanning, sulphur tannage. **7.** ~ al tannino (concia vegetale) (*ind.*), vegetable tanning. **8.** ~ al tannino di quercia (*ind.*), oak tanning. **9.** ~ americana (eseguita con una miscela di quercia e tsuga) (*ind. cuoio*), union tannage, American tannage. **10.** ~ grassa (concia all'olio, scamosciatura) (*ind. cuoio*), oil tanning, oil tannage. **11.** ~ in fossa (*ind. cuoio*), pit tanning, pit tannage. **12.** ~ in sacco (*ind. cuoio*), bag tannage. **13.** ~ minerale (*ind. cuoio*), mineral tannage, mineral tanning. **14.** ~ mista (*ind. cuoio*), mixed tannage, mixed tanning. **15.** ~ vegetale (concia al tannino) (*ind. cuoio*), vegetable tanning. **16.** impianto di ~ (*ind. cuoio*), tanyard.
conciante (*a.* - *ind. cuoio*), tanning. **2.** liquore ~ (*ind. cuoio*), ooze, tan liquor. **3.** non ~ (*a.* - *ind. cuoio*), nontanning, non-tan.
conciàre (il cuoio) (*ind.*), to tan.
"conciatetti" (*lav.*), tiler, roofer.
conciato (*a.* - *ind. cuoio*), tanned.
conciatore (*op.*), tanner. **2.** ~ in bianco (conciatore all'allume) (*lav. ind. cuoio*), tawer, alum tanner.
conciliare (comporre, una vertenza per es.) (*lav.* - *leg.*), to settle.
conciliazione (*comm.* - *leg.*), conciliation, settlement.
concimaia (*costr. agric.*), dung pit, manure pit.
concimare (rendere fertile la terra) (*agric.*), to manure, to fatten.
concimatrice (spandiconcime) (*macch. agric.*), spreader.
concimazione (*agric.*), fertilization, manuring.
concime (*agric.*), fertilizer, manure, dung.
concio (*arch.*), ashlar, hewn stone. **2.** ~ comune (di arco) (*arch.*), voussoir, quoin. **3.** ~ d'angolo (*arch.*), quoin. **4.** ~ di chiave (*arch.*), keystone. **5.** ~ di spigolo (*arch.*), quoin. **6.** ~ rastremato (*arch.*), voussoir, quoin.
conclùdere (*gen.*), to conclude. **2.** ~ (venire ad un accomodamento: transigere) (*leg.* - *comm.*), to transact.
conclusione (di un affare per es.) (*gen.*), conclusion.
concluso (un affare) (*comm.*), concluded.
concòide (*s.* - *mat.*), conchoid. **2.** ~ (di minerale per es.) (*a.*), conchoidal.
concordabile (*gen.*), suitable to be agreed upon.
concordanza (*gen.*), agreement, accordance.
concordare (convenire, accordarsi) (*comm.*), to agree (upon).
concordato (*comm.*), composition.
concorrènte (*comm.*), competitor **2.** ~ (operante simultaneamente o in coincidenza, con altri programmi per es.) (*a.* - *elab.*), concurrent.
concorrènza (competizione commerciale) (*comm.*), competition, concurrency, concurrence. **2.** ~ (coincidenza di diversi programmi sviluppati dallo stesso elaboratore nello stesso tempo) (*elab.*), concurrency, concurrence. **3.** ~ (condizione per la quale vari programmi sono sviluppati dallo stesso elaboratore nello stesso tempo) (*elab.*), concurrency. **4.** ~ pubblicitaria (*pubbl.*), advertising competition. **5.** ~ sleale (*comm.*), unfair competition. **6.** ~ spietata (*comm.*), cut-throat competition. **7.** fino alla ~ di (*comm. finanz.*), to the extent of.
concorrenziale (di prezzo che sostiene la concorrenza, prezzo allineato) (*comm.*), competitive. **2.** non ~ (*comm.*), noncompetitive.
concorso (*sport*), contest. **2.** ~ (a premi) tra i consumatori (*pubbl.* - *comm.*), consumer contest. **3.** ~ d'appalto (*comm.*), request for bids, call for bids. **4.** ~ pubblicitario (*pubbl.*), advertising contest.
concrèto (*a.* - *gen.*), concrete.
concrezione (di carbonato di calcio depositato per es.) (*geol.*), concretion. **2.** ~ piritica (*geol.*), pyritic concretion.
condanna (*leg.*), sentence, judgement. **2.** ~ in contumacia (*leg.*), judgement by default.
condènsa (*chim.* - *fis.*), condensate. **2.** ~ (di vapore) (*termod.*), condensate. **3.** ~ (allarme di presenza di ~ visualizzato sul mirino elettronico di un camcorder per es.) (*audiovisivi*), dew. **4.** pozzetto di raccolta ~ (*tubaz.*), water trap. **5.** scarico della ~ (sistema di spurgo delle tubazioni di vapore per

es.) (*tubaz.*), condensate drainage system. **6.** sifone di raccolta ~ (*tubaz.*), water trap.

condensare (rendere più denso) (*fis.*), to condense. **2.** ~ (sottoporre a condensazione: vapore per es.) (*fis.*), to condense. **3.** ~ (ridurre lo spazio di memoria) (*elab.*), *vedi* impaccare.

condensato (*a. - gen.*), condensed. **2.** ~ (p. es. di istruzioni compresse in grande quantità su di una scheda perforata) (*a. - elab.*), condensed.

condensatore (*att. chim.*), condenser. **2.** ~ (*elett.*), condenser (am.), capacitor (ingl.). **3.** ~ (di un microscopio) (*ott.*), condenser. **4.** ~ (di macchina frigorifera) (*app. term.*), condenser. **5.** ~ (per lana) (*macch. tess.*), condenser. **6.** ~ (*impianto a vapore*), steam condenser. **7.** ~ (dispositivo per condensare vapori) (*app. term.*), refrigeratory. **8.** ~ a capacità fissa (condensatore fisso) (*elett.*), fixed condenser. **9.** ~ (a capacità) variabile (*elett.*), variable condenser. **10.** ~ a carta (*elett.*), paper condenser, paper-type condenser. **11.** ~ ad aria (*eltn.*), air condenser. **12.** ~ a decadi (*eltn.*), decade capacitor. **13.** ~ ad evaporazione (condensatore a pioggia) (*term. - cald.*), evaporative condenser. **14.** ~ a getto (*term.*), jet condenser. **15.** ~ a giunzione (tipo di ~ usato nei circuiti integrati) (*eltn.*), junction capacitor. **16.** ~ antidisturbi radio (condensatore antiradiodisturbi) (*radio*), radio suppressor capacitor. **17.** ~ antiscintilla (*elett.*), spark suppressor. **18.** ~ a riflusso (*app. ind. chim.*), reflux, reflux condenser. **19.** ~ a superficie (*term.*), surface condenser. **20.** ~ ausiliario (di un condensatore di macchina a vapore), auxiliary condenser. **21.** ~ a variazione lineare (*eltn.*), straight-line condenser, straight-line capacitance. **22.** ~ a variazione lineare di frequenza (*eltn.*), straight-line frequency condenser. **23.** ~ a verniero (*eltn.*), vernier condenser. **24.** ~ controcorrente (*cald.*), counter-current condenser. **25.** ~ di arresto (*radio*), blocking condenser, stopping condenser. **26.** ~ di blocco (*radio - telegrafo*), blocking capacitor (ingl.), stopping condenser (am.). **27.** ~ di concentramento (*eltn.*), shortening condenser. **28.** ~ di entrata (*elett.*), inlet capacitor, feed-through capacitor. **29.** ~ differenziale (*radio*), differential condenser. **30.** ~ di fuga (*radio - ecc.*), by-pass condenser. **31.** ~ di griglia (*termoion.*), grid capacitor, grid condenser. **32.** ~ di rifasamento (*elett.*), power factor correction condenser, phase advancing con-denser. **33.** ~ di sfasamento (*elett.*), phase shifter capacitor. **34.** ~ di sintonia (*radio*), tuning condenser. **35.** ~ di vapore (*app. term.*), steam condenser. **36.** ~ elettrolitico (*elett.*), electrolytic condenser. **37.** ~ fisso (*eltn.*), fixed condenser. **38.** ~ in aria (*eltn.*), air condenser. **39.** ~ incapsulato (un ~ a mica, incapsulato in involucro per es.) (*elett. - eltn.*), molded capacitor. **40.** ~ Liebig (*att. chim.*), Liebig condenser. **41.** ~ miniaturizzato (*eltn.*), chip capacitor. **42.** ~ multiplo (*eltn. - elett.*), subdivided capacitor, gang capacitor, multi-section capacitor. **43.** ~ omocentrico (di microscopio) (*strum. med.*), homocentric condenser. **44.** ~ passante (*elett.*), lead through capacitor. **45.** ~ raffreddato ad aria (condensatore di vapore per es.) (*app. ind.*), air-cooled condenser. **46.** ~ regolabile (*elettroacus.*), adjustable condenser. **47.** ~ riduttore (padding: in serie con un condensatore variabile per ridurre la capacità) (*eltn.*), padding capacitor, padding condenser. **48.** ~ rotante (motore sincrono sovraeccitato) (*elettromecc.*), syncronous condenser. **49.** ~ schermato (*elett.*), shielded condenser. **50.** ~ variabile (*eltn.*), variable condenser. **51.** condensatori (variabili) accoppiati (*eltn.*), gang condensers. **52.** ~ verniero (per la regolazione di precisione di condensatori variabili) (*eltn. - radio*), vernier.

condensazione (*fis.*), condensation, condensing. **2.** ~ nell'ambito molecolare (*chim. fis.*), endocondensation. **3.** scìa di ~ (di un aereo) (*aer.*), condensation trail, vapor trail, visible trail.

condirettore (*amm.*), joint director.

condiviso (di logica per es.) (*a. - elab.*), shared.

condizionale (*a. - gen.*), conditional.

condizionamento (dell'aria, grano o minerale), conditioning. **2.** ~ a regolazione automatica (*aria condizionata*), automatic air conditioning. **3.** ~ a regolazione automatica ad aria compressa (*aria condizionata*), automatic pneumatic-control air conditioning. **4.** ~ a regolazione elettrica automatica (*aria condizionata*), automatic electric-control air conditioning. **5.** ~ del grano (*agric.*), wheat conditioning. **6.** ~ dell'aria (*ed. - ind.*), air conditioning. **7.** apparecchio di ~ (*aria condizionata*), air-conditioner. **8.** gruppo di ~ (*condizionamento*), air conditioning unit. **9.** regolazione del ~ (*aria condizionata*), air conditioning control. **10.** regolazione manuale del ~ (*condizionamento aria*), manual control air conditioning.

condizionare (il minerale nel processo di flottazione) (*min.*), to condition.

condizionato (*a. - gen.*) conditional, conditioned. **2.** ~ (condizionale) (*a. - elab.*), conditional. **3.** ~ (di ambiente soggetto a condizionamento per es.) (*a. - aria condizionata*), air conditioned. **4.** ~ (soggetto ad una condizione) (*a. - gen.*), conditioned.

condizionatore (per il processo di flottazione) (*macch. min.*), conditioner. **2.** ~ autonomo (dell'aria) (*ed. -ind.*), self-contained air conditioner, self-contained cooling unit. **3.** ~ da grano (*app. agric.*), wheat conditioner. **4.** ~ da parete (*app.*), wall-type air-conditioner. **5.** ~ da soffitto (condizionamento dell'aria) (*app. ed.*), ceiling type air-conditioner. **6.** ~ dell'aria (*ed. ind.*), air-conditioner.

condizionatura (del cotone per es.) (*ind. tess.*), conditioning.

condizione (*comm.*), condition, term. **2.** ~ (clausola) (*leg.*), proviso. **3.** ~ di anello vorticoso (di un rotore: quando il flusso assiale dell'aria attraverso il disco ha direzione opposta al flusso dell'aria esterna al disco ed alla spinta del rotore) (*aer.*), vortex-ring state. **4.** ~ di eccezione (p. es. per un errore di parità, o per mancanza di carta in una stampante ecc.) (*elab.*), exception condition. **5.** ~ di freno a mulinello (di un rotore: quando la spinta del rotore ha la stessa direzione del flusso dell'aria interno ed esterno al disco) (*aer.*), windmill-brake state. **6.** ~ di regime (regime, di un'autovettura) (*veic.*), steady state. **7.** ~ normale propulsiva dell'elica (quando la spinta ha direzione opposta al flusso assiale interno ed esterno al disco) (*aer.*), normal propeller state. **8.** ~ uno (*elab.*), *vedi* stato uno. **9.** ~ zero (*elab.*), *vedi* stato zero. **10.** a ~ che (purché) (*gen.*), provided that.

condizioni (*comm.*), terms, conditions. **2.** ~ ambientali (temperatura e altitudine di esercizio di un motore per es.) (*meteor. - ecc.*), environmental conditions. **3.** ~ atmosferiche (*meteor.*), weather conditions. **4.** ~ di collaudo (*gen.*), test conditions. **5.** ~ di pagamento (*comm.*), terms of payment, conditions of payment. **6.** ~ di vendita (*comm.*), terms of sale, conditions of sale. **7.** ~ minime (di atterraggio, visibilità ecc.) (*aer.*), weather minimums.

condominio (*ed. - leg.*), joint ownership. **2.** ~ (edificio contenente molti appartamenti di vari proprietari) (*ed.*), condominium.

condotta (*s. - idr.*), water pipe. **2.** ~, *vedi anche* conduzione. **3.** ~ (di un forno) (*metall. - fond.*), operation. **4.** ~ del fuoco (regolazione del tiro, direzione del tiro) (*milit.*), fire control. **5.** ~ del gas (tubazione che corre lungo l'intera lunghezza di un dirigibile e comprende le diramazioni) (*aer.*), gas main. **6.** ~ forzata (che porta acqua alla turbina) (*ind. idr.*), penstock. **7.** ~ generale (del freno Westinghouse) (*ferr.*), brake pipe. **8.** ~ municipale (di acqua, gas ecc.), city piping system.

condotto (*s. - ind.*), duct, conduit. **2.** ~ (guidato: di aut. per es.) (*a.*), driven. **3.** ~ (di caldaia: per fumo) (*s.*), flue. **4.** ~ (*tubaz.*), pipeline. **5.** ~ aria per controllo strato limite (*aer.*), BLC (boundary layer control) air ducting. **6.** ~ con accoppiamento diretto (comandato direttamente dalla presa di moto per es.) (*a. - mecc.*), direct-driven. **7.** ~ con boccaporto terminale (*nav.*), hatch box. **8.** ~ del fumo (di caldaia a vapore), flue. **9.** ~ del fumo (di un forno per es.) (*comb.*), flue pipe. **10.** ~ dell'aria (per ventilazione per es.) (*ed. - ventil.*), air duct, ventiduct, air passage. **11.** ~ dell'olio (condotto di mandata dell'olio, in un motore a combustione interna) (*mot.*), oil gallery. **12.** ~ di aerazione (sfiato, canna di ventilazione) (*tubaz. - ed.*), local vent (Ingl.). **13.** ~ di alimentazione (*tubaz.*), feeding line. **14.** ~ (di aria calda) antighiaccio (*aer.*), d duct, D duct. **15.** ~ di passaggio dei cavi (*elett.*), cable duct. **16.** ~ di rilevante sezione (per ventilazione per es.) (*ind. - min.*), trunk. **17.** ~ di ritorno (di caldaia per es.), return flue. **18.** ~ di ventilazione (*ind. - ed. - min.*), trunk. **19.** ~ di ventilazione (per la ventilazione di stanze o di cabine) (*ed. - nav.*), air duct. **20.** ~ inclinato (scivolo: per carbone, cenere ecc.), shoot. **21.** ~ in secca (di una nave) (*nav.*), driven ashore. **22.** ~ per acque luride (*ed.*), sewer. **23.** ~ rivolto verso il basso (*gen.*), downtake. **24.** ~ terminale flessibile (tubo inclinato e flessibile per dirigere in loco materiali sciolti come calcestruzzo, carbone ecc.) (*ind. - ed. - min.*), elephant trunk. **25.** ~, *vedi anche* condotta.

conducènte (*di veic.*), driver. **2.** ~ (di autoveicolo), driver. **3.** ~ (di tranvai o locomotiva), motorman.

conducibilità (di calore, di elettricità ecc.) (*fis.*), conductivity. **2.** ~ (misura di conduttanza) (*elett.*), conductivity. **3.** ~, *vedi anche* conduttività.

condurre (calore, elettricità ecc.) (*fis.*), to conduct. **2.** ~ (un veicolo per es.), to drive.

conduttanza (*elett.*), conductance. **2.** ~ anodica (corrente anodica divisa per il potenziale anodico) (*termoion.*), anode conductance. **3.** ~ di dispersione (*elett.*), leakage conductance. **4.** ~ mutua (pendenza) (*termoion.*), mutual conductance, slope, slope conductance, grid-plate transconductance. **5.** misuratore della ~ (*strum. di mis.*), mhometer.

conduttività (quantità di calore trasmesso per unità di tempo da una unità di superficie ad altra unità di superficie di un materiale per unità di spessore e con differenza unitaria di temperatura tra le superfici) (*term.*), conductivity. **2.** ~ (conducibilità) (*elett. - acus.*), conductivity. **3.** ~ equivalente (*elettrochim.*), equivalent conductivity. **4.** ~ molare (*elettrochim.*), molar conductance, molar conductivity, molecular conductivity. **5.** ~ termica (*fis.*), thermal conductivity, heat conductivity.

conduttivo (*a. - elett.*), conductive.

conduttore (di elettricità, calore ecc.) (*s. - fis.*), conductor. **2.** ~ (filo) (*elett.*), wire, lead. **3.** ~ (di forni, di cald. per es.) (*op.*), operator. **4.** ~ (locatario, di un appartamento per es.) (*comm. - ed.*), lessee, tenant. **5.** ~ (di un mezzo pubblico: di un treno, tram ecc.) (*trasp.*), conductor. **6.** ~ aereo (~ unifilare nudo, sospeso sul piano di campagna) (*elett.*), open wire. **7.** ~ a 7 fili del diametro di 0,052 pollici (*elett.*), 7/052 cable. **8.** ~ a treccia (*elett.*), plaited cable, braided cable. **9.** ~ binato piatto ("piattina" binata) (*elett.*), twinflat (ingl.). **10.** ~ bipolare (conduttore binato) (*elett.*), twin wire. **11.** ~ centrale neutro (*elett.*), middle neutral wire. **12.** ~ cordato (*elett.*), cable conductor. **13.** ~ di alluminio con anima di acciaio (filo di alluminio con anima di acciaio) (*elett.*), steel-cored aluminium conductor. **14.** ~ di elettricità (elettroconduttore) (*a. - elett.*), elettroconductive. **15.** ~ di furgoni ("furgonista") (*aut.*), vanner. **16.** ~ di immagini a fibre ottiche (fascio di fibre ottiche: per uso medico per es.) (*ott.*), fiber optics. **17.** ~ di luce (fibra ottica, guida di luce costituita da un fascio di fibre) (*ott.*), fiber optics. **18.** ~ (pilota) di motoslitta (*sport*), snowmobiler, snowmobilist. **19.** ~ di terra (*elett.*), earth wire, ground wire. **20.** ~ elettrico (*elett.*), electric wire. **21.** ~ isolato (*elett.*), insulated wire, lead. **22.** ~ (isolato) interno (di cavo elettrico), core. **23.** ~ passante (~ che collega due circuiti elettrici situati ai lati opposti di un pannello o di una parete) (*elett.*), feedthrough. **24.** ~ pilota (di una rete di distribuzione) (*elett.*), pilot wire. **25.** ~ televisivo (*pers. telev.*), anchorman. **26.** ~ sotto tensione (filo energizzato) (*elett.*), live wire. **27.** ~ unipolare (*elett.*), single wire. **28.** corredo di conduttori (di uno strumento per es.) (*elett.*), set of leads. **29.** fascio dei conduttori (dell'impianto di bordo di un'autoveicolo per es.) (*elett.*), wiring harness (am.). **30.** rivestimento del ~ (*elett.*), wire coating. **31.** traversa di sostegno dei conduttori di alta tensione (*elettromecc.*), cross bar support for high-voltage conductors.

conduttura (tubazione o condotto sotterraneo per convogliare: acqua, gas, cavi elettrici telefonici ecc.) (*tubaz.*), duct. **2.** ~ ad anello (*tubaz. - elett.*), ring main. **3.** ~ dell'acqua (di una città) (*tubaz.*), water main. **4.** ~ interrata (*tubaz.*), duct. **5.** ~ municipale del gas (per la distribuzione in una città) (*tubaz.*), gas main. **6.** ~ principale (*tubaz. - elett.*), main. **7.** ~ principale dell'acqua potabile (di una città per es.) (*tubaz.*), water main.

conduzione (di automobile per es.), drive, driving. **2.** ~ (trasmissione del calore da una parte di un corpo ad un'altra parte dello stesso corpo, o da un corpo ad un altro in contatto con il primo) (*term.*), conduction. **3.** ~ (*elett.*), conduction. **4.** ~ (di una azienda per es.) (*ind.*), management.

confederato (*gen.*), confederate.

conferenza (*gen.*), conference. **2.** ~ illustrata da disegni (*scuola - pers. - ecc.*), chalk talk, chalk-talk. **3.** ~ stampa (*pubbl.*), press conference. **4.** comunicazioni in ~ (tavola rotonda con ospiti distanti tra loro) (*radio - telev.*), conference communications.

conferire (impartire) (*gen.*), to confer, to grant, to bestow.

conferma (*gen.*), confirmation.

confermare (*gen.*), to confirm.

confermato (*gen.*), confirmed.

confezionare (imballare) (*trasp.*), to package. **2.** ~ (lavorare, cucire, un vestito per es.) (*gen.*), to confection. **3.** ~ in plastica termoretrattile (p. es. di un libro nuovo o di un gruppo di oggetti nuovi mediante plastica fatta aderire col calore) (*imballaggio*), to shrink-wrap. **4.** ~ in scatole di cartone (cartonare, mettere la merce entro cartoni) (*imballaggio*), to carton. **5.** ~ in vasi di vetro (caffè per es.) (*ind. - comm.*), to glass.

confezionato (*gen.*), packed. **2.** ~ (di abiti immessi sul mercato in grandi serie per es.) (*comm. tess.*), ready-for-wear, ready-to-wear, off-the-peg, off-the rack. **3.** ~ sottovuoto (*tratt. ind.*), vacuum-packed.

confezionatrice (*macch.*), packaging machine.

confezione (composizione farmaceutica) (*farm.*), confection. **2.** ~ (fase di lavorazione di un pneumatico prima della vulcanizzazione) (*ind. gomma.*), assembly. **3.** ~ (lavorazione, di abiti per es.) (*gen.*), confection, manufacture. **4.** ~ (vestito che viene venduto già fatto) (*abbigliamento*), ready-to-wear. **5.** ~ a vescica (usata per pastiglie nei prodotti farmaceutici per es.) (*imballaggio*), blister pack. **6.** ~ con tessuto diagonale (di un paracadute) (*aer.*), bias construction.

conficcare (p. es. un chiodo) (*carp.*), to drive.

confidenziale (riservato, personale: lettera per es.) (*documenti*), confidential.

configurazione (strutturazione, conformazione) (*gen.*), configuration. **2.** ~ (disposizione fisica: di dati, di locazioni di memoria ecc.) (*elab.*), pattern. **3.** ~ a cuspide (configurazione cuspidale, delle linee del campo magnetico) (*fis.*), cusp configuration. **4.** ~ chiusa (delle linee del campo che si chiudono su se stesse entro la regione del plasma) (*fis. plasma*), closed configuration. **5.** ~ (necessaria) per raggiungere l'obiettivo (lo scopo prefisso dal programma per es.) (*elab.*), target configuration.

confinamento (*gen.*), confinement, restraint. **2.** ~ di un plasma (*fis.*), plasma confinement, plasma containement. **3.** ~ inerziale (delle particelle di plasma, da forze inerziali) (*fis.*), inertial confinement. **4.** ~ magnetico (del plasma, dal campo magnetico) (*fis.*), magnetic confinement.

confine, boundary. **2.** ~ (di un terreno) (*agric. - leg.*), abuttal. **3.** linea di ~ (*top. - ecc.*), boundary line. **4.** muro di ~ (*leg. - ed.*), party wall.

confisca (da parte dello Stato) (*leg.*), confiscation, forfeit.

confiscare (*amm. - leg.*), to confiscate.

conflitto (*gen.*), conflict. **2.** ~ di competenza (*leg.*) role conflict.

confluènza (*geogr.*), confluence.

conformarsi (soddisfare: alle esigenze per es.) (*gen.*), to meet, to comply (with).

conformazione (strutturazione, configurazione) (*gen.*), configuration.

conforme (che corrisponde, che concorda) (*a. - gen.*), complying (with). **2.** ~ (a) (che ha forma simile a) (*a. - gen.*), conformable (to), conforming (to). **3.** essere ~ con (*gen.*), to comply with.

conformità (l'esser in accordo) (*gen.*), compliance. **2.** ~ (l'esser simile per forma) (*gen.*), conformity. **3.** in ~ con (*gen.*), in compliance with.

confortevolezza (*gen.*), comfort.

conforto (confortevolezza) (*gen.*), comfort.

confrontabile (paragonabile, comparabile) (*gen.*), comparable. **2.** rendere ~ (modificare allo scopo di adeguare ad uno standard comune) (*gen.*), to equate.

confrontare (*gen.*), to compare. **2.** ~ con un campione (*gen.*), to compare with a standard.

confronto (*gen.*), comparison. **2.** ~ logico (*elab.*), logical comparison.

congedo (*milit.*), certificate of service.

congegno (*mecc.*), device, mechanism, contrivance, apparatus. **2.** ~ di elevazione (congegno di punteria in elevazione: di un cannone per es.) (*mecc.*), elevating gear. **3.** ~ di mira (di un cannone) (*milit.*), sighting gear, gun sight. **4.** ~ di sicurezza (*mecc.*), safety device. **5.** ~ di sparo (di arma da fuoco) (*mecc.*), firing device. **6.** ~ per cifrare e decifrare (*dispositivo milit.*), cipher disk.

congelamento (*fis.*), freezing, congelation. **2.** ~ agli ugelli (grave difetto di carburazione) (*aut. - aer.*), evaporative ice. **3.** metodo di ~ (*min.*), freezing process. **4.** punto di ~ (*fis. - chim. - ind.*), freezing point.

congelare (*fis.*), to freeze, to congeal. **2.** ~ (prodotti alimentari) (*refrigerazione*), to freeze.

congelato (un credito per es.) (*a. - finanz.*), frozen. **2.** credito ~ (*comm.*), frozen credit.

congelatore (app. usato per mantenere una temperatura inferiore a quella di congelamento: cibi, gelati ecc.) (*ind. alimentari*), freezer. **2.** ~ (reparto separato per surgelare contenuto nel frigorifero domestico) (*app. elettrodomestico*), freezer. **3.** ~ continuo (*ind. gelati*), continuous freezer. **4.** ~ discontinuo (*ind. gelati*), batch freezer. **5.** ~ domestico (freezer: con scomparto per congelamento rapido a -24° C ed il rimanente dell'ambiente a -18° C) (*att. domestico*), freezer, home freezer.

congelazione (di prodotti alimentari) (*refrigerazione*), freezing. **2.** ~ rapida (*refrigerazione*), quick-freezing, sharp-freezing. **3.** ~ superficiale (di prodotti alimentari) (*ind. freddo*), case hardening.

congestione (*traff. strad.*), congestion, jam. **2.** ~ (*med.*), congestion. **3.** ~ del traffico (*traff. strad.*), traffic congestion.

congiungere (*geom.*), to join. **2.** ~ (travi, binari ecc.), to splice. **3.** ~ ad ammorsatura (*carp.*), to scarf. **4.** ~ a dente (*tecnol. - carp.*), to scarf. **5.** ~ a mortisa (*mecc. - carp. - falegn.*), to mortise. **6.** ~ assialmente (a sovrapposizione: travi di legno per es.) (*carp.*), to lap. **7.** ~ mediante incastro (*carp.*), to cog. **8.** ~ mediante tenone (*carp.*), to tenon.

congiuntamente (*gen.*), jointly.

congiuntiva (*med.*), conjunctiva.

congiuntivite (*med.*), conjunctivitis.

congiunto (*a. - gen.*), joint. **2.** responsabilità congiunta (per condurre un'azienda) (*leg.*), joint liability.

congiuntura (tendenza economica) (*econ.*), economic trend. **2.** ~ (recessione) (*econ.*), recession.

congiunzione (*astr.*), conjunction.

conglobamento (di due importi per es.) (*amm. - ecc.*), incorporation.

conglomerato (*s. - geol.*), conglomerate. **2.** ~ (impasto di materiali per formare il calcestruzzo) (*ed.*), mix. **3.** ~ centrifugato (*ed.*), spun concrete. **4.** ~ normale (di calcestruzzo) (*ed.*), standard mix.

congresso (*gen.*), congress.

congruente (*geom.*), congruent.

congruènza (*mat.*), congruence.

conguaglio (*amm. - comm.*), balance, compensation.

coniare (monete per es.) (*metall.*), to coin, to mint.

coniatore (di monete) (*lav.*), minter.

coniatrice (pressa per coniare, pressa per assestare) (*macch. lavorazione mecc.*), sizing press, coining press.

coniatura (stampaggio di monete) (*metall.*), coinage, minting. **2.** ~ (*tecnol. mecc.*), coining.

cònica (sezione conica, sezione piana di un cono circolare) (*s. - geom.*), conic section, conic.

conicità (*gen.*), taper. **2.** ~ (*mecc.*), taper, taper ratio. **3.** ~ di sformatura (di modello, di stampo, di forma onde facilitare l'estrazione del pezzo stampato o fuso) (*mecc. - fond.*), draft, draught. **4.** ~ Morse (*mecc.*), Morse taper. **5.** ~ per piede (*mis. mecc.*), taper per foot, TPF.

cònico (*a.*), conical, cone-shaped.

conifera (*botanica*), conifer.

conimetro (strumento per misurare il contenuto di polvere nell'aria) (*app. min.*), konimeter.

cònio (operazione) (*tecnol. mecc.*), coinage. **2.** ~ (stampo per coniare) (*att. mecc.*), coining die. **3.** ~ per monete (*att.*), minting die.

coniugato (*mat.*), conjugate. **2.** complesso ~ (*mat.*), complex conjugate. **3.** diametri coniugati (di una conica) (*mat.*), conjugate diameters.

coniugazione di carica (*fis. mat.*), charge conjugation.

connessione (*elett.*), connection, connexion. **2.** ~ (*mecc. - carp.*), link, joint, juncture, junction. **3.** ~ a coda di rondine (*falegn. - mecc.*), dovetail joint. **4.** ~ a mortasa (*carp. - falegn.*), mortising. **5.** ~ bullonata (*costr. metall.*), bolted link. **6.** ~ elettrica del binario (*ferr.*), rail bond (ingl.). **7.** ~ elettrica longitudinale del binario, longitudinal rail bond (ingl.). **8.** ~ elettrica trasversale del binario, cross rail bond (ingl.). **9.** ~ equipotenziale (di avvolgimenti di campo in serie: di generatori funzionanti in parallelo) (*elett.*), equipotential connection. **10.** ~ in cascata (*elett.*), cascade connection. **11.** scatola di ~ (*elett.*), wiring junction box.

connèsso (*mecc. - carp.*), jointed.

connèttere (*carp. - falegn. - mecc.*), to joint. **2.** ~ (*elett.*), to connect.

connettore (elemento distaccabile che fissa meccanicamente e collega elettricamente vari circuiti fra loro) (*eltn.*), connector. **2.** ~ a molla (per connessioni terminali) (*att. elett.*), spring clip. **3.** ~ a spina (per spinotto), *vedi* presa "jack". **4.** ~ per cavi (giunto per cavi) (*elett. - aut.*), cable connector. **5.** ~ per luci rimorchio (giunto [elettrico] per luci rimorchio) (*aut. elett.*), trailer light connector. **6.** ~ sul bordo (p. es. in schede a circuiti stampati) (*eltn. - elab.*), edge connector.

còno (*geom.*), cone. **2.** ~ (di un bossolo di cartuccia) (*espl.*), shoulder. **3.** ~ a vento (*aer. - meteor.*), *vedi* manica a vento. **4.** coni contrapposti (di un cambio di velocità continuo mediante cinghia) (*mecc.- aut.*), alternate cones. **5.** ~ dell'ogiva (*missil.*), nose cone. **6.** ~ di forzamento (della canna di un cannone) (*milit.*), forcing cone. **7.** ~ di fuga (cono di perdita, spazio conico nel quale le particelle non sono riflesse dallo specchio magnetico) (*fis.*), escape cone. **8.** ~ di Mach (onda di Mach, conoide di Mach) (*aerodin.*), mach cone. **9.** ~ di ormeggio (di un dirigibile) (*aer.*), mooring cone. **10.** ~ di ritiro (*metall. - fond.*), pipe. **11.** ~ di rotolamento [o primitivo] (*ingranaggi conici*), pitch cone. **12.** ~ di scarico (di un motore a reazione) (*mecc.*), exhaust cone, exhaust nozzle. **13.** ~ di vampa (di un cannone) (*milit.*), bursting cone. **14.** ~ di ventilazione (di un motore a induzione) (*mot. elett.*), ventilation baffle. **15.** ~ eruttivo di cenere vulcanica (*geol.*), ash cone. **16.** ~ fotometrico (filtro) (*ott.*), neutral wedge. **17.** ~ giallo-arancio ai bordi della pista ("cinesino", segnale che delimita il bordo di una pista) (*aer.*), boundary marker. **18.** ~ incrementatore di spinta (sul condotto di scarico) (*mot. a getto*), augmentor, augmenter. **19.** ~ interno (di motore a reazione per es.) (*mecc.*), inner cone. **20.** ~ modello per colate (*fond.*), runner stick. **21.** ~ modello per montanti (*fond.*), riser pin. **22.** ~ pirometrico (cono di Seger) (*term.*), pyrometric cone, seger cone. **23.** ~ primitivo (di ingranaggio conico) (*mecc.*), pitch cone. **24.** ~ secondario (difetto in lingotti alti, cono di ritiro secondario) (*metall.*), secondary pipe. **25.** ~ terminale (di missile o mezzo spaziale) (*missil.*), terminal cone, tail cone. **26.** ~ Yarno (con conicità di 0,6 pollici per piede di diametro) (*mecc.*), Yarno taper. **27.** angolo del ~ primitivo (di ingranaggi conici) (*mecc.*), pitch angle. **28.** tronco di ~ (*geom.*), frustum of cone, truncated cone.

conoide (*mat.*), conoid. **2.** ~ di deiezione (*geol.*), alluvial fan, alluvial cone.

conoìdico (*geom.*), conoidal.

conopuleggia (di una macchina utènsile per es.) (*mecc.*), cone pulley.

conquista (*gen.*), conquest. **2.** ~ dello spazio (*astric.*), conquest of space.

consecutivo (*gen.*), consecutive.

consegna (*comm.*), delivery, consignment, consignement. **2.** ~ (per soldati) (*milit.*), arrest in quarters. **3.** ~ a domicilio (merci) (*comm.*), home delivery. **4.** ~ a mano (di una lettera per es.) (*gen.*), delivery by hand. **5.** ~ a termine (*comm.*), forward delivery. **6.** ~ dal produttore al dettagliante (*comm.*), drop shipment. **7.** ~ desiderata (*comm.*), wanted delivery. **8.** ~ in conto deposito (di prodotti industriali finiti per es.) (*comm.*), on consignement. **9.** bolla di ~ (documento di accompagnamento di una spedizione di merce) (*comm.*), delivery note, docket (ingl.). **10.** ordine di ~ (data di consegna) (*comm.*), delivery order. **11.** termine di ~ (*comm.*), date of delivery. **12.** termini di ~ (tempo effettivo intercorrente dalla data dell'ordine a quella della consegna) (*comm.*), lead time.

consegnare (*comm.*), to deliver. **2.** ~ a mano (una lettera per es.) (*gen.*), to deliver by hand.

consegnatario (*comm.*), consignee, bailee.

consegnato (*comm.*), delivered, dd., d/d.

conseguente (*gen.*), consequent.

conseguenza (risultato) (*gen.*), consequence.

conseguire (raggiungere) (*gen.*), to attain, to reach.

conservare, to conserve. **2.** ~ (preservare da deterioramenti), to preserve. **3.** ~ (il calore) (*gen.*), to retain. **4.** ~ (trattenere i dati per ulteriore uso) (*elab.*), to hold.

conservatore (serbatoio di livello dell'olio di trasformatori) (*elettromecc.*), reservoir, conservator. **2.** ~ dell'olio (di un trasformatore) (*elettromecc.*), oil conservator.

conservatorismo (*econ.*), conservatorism.

conservazione (*gen.*), conservation, preservation. **2.** ~ della carica (*principio elett.*), conservation of charge. **3.** ~ della massa (*fis.*), conservation of mass, conservation of matter. **4.** ~ della quantità di moto (*mecc. raz.*), conservation of momentum. **5.** ~ della quantità di moto angolare (*mecc. raz.*), conservation of angular momentum. **6.** ~ dell'energia (*fis.*), conservation of energy.

considerare (*gen.*), to consider.

considerazione (*gen.*), consideration. **2.** essere preso in ~ (*gen.*), to receive attention, to be taken into consideration.

consigliare (*gen.*), to advise.

consigliere di amministrazione (di una società) (*amm.*), member of the board of directors.

consiglio (*gen.*), suggestion. **2.** ~ di amministrazione (*comm.*), board of directors. **3.** consigli tecnici (*ind.*), technical suggestions. **4.** cassetta consigli tecnici (cassetta delle idee) (*ind.*), suggestion box.

consistènza, consistency, consistence.

consociata, consociato (di società per es.) (*a. - comm.*), joint partner.

consocio (consociato) (*finanz.*), copartner.

console, consolle (*mobile*), console, console table. **2.** ~ video (*elab.*), display console. **3.** tastiera di ~ (macchina per scrivere i messaggi da spedire e stampare quelli ricevuti) (*elab.*), console typewriter.

consolidamento (*geol.*), consolidation. **2.** ~ (*mur.*), reinforcement, strengthening. **3.** ~ (di una sponda di fiume per es.), strengthening. **4.** ~ (del terreno) (*ing. civ.*), consolidation.

consolidare (irrigidire) (*mecc.*), to stiffen. **2.** ~ (rinforzare) (*mecc. - carp.*), to strengthen.

consolidato (rinforzato) (*ed. - carp. - ecc.*), strengthened. **2.** ~ (prestito) (*a. - finanz.*), consolidated. **3.** prestito ~ (*s. - finanz.*), consol, consolidated loan, consols.

consorella (società affiliata) (*comm.*), associated company, affiliated company, sister company.

consòrzio (*comm.*), consortium, union, association. **2.** ~ (associazione) (*comm.*), association. **3.** ~ (gruppo di persone che hanno un interesse in comune) (*comm. - ind. - ecc.*), combine. **4.** ~ industriale (*ind.*), industrial combine. **5.** ~ monopolistico (cartello, "trust") (*comm.*), trust.

Consorzio Europeo Carbone e Acciaio (CECA) (*fi-*

nanz.), European Coal and Steel Community, ECSC.
consuetùdine (*gen.*), custom.
consulènte (tecnico, legale ecc.), consultant. **2.** ~ (collaboratore esterno) (*pubbl. - giorn.*), free lance. **3.** ~ aziendale (*comm. - ind.*), management consultant. **4.** ~ pubblicitario (*pubbl.*), advertising consultant. **5.** ~ tecnico (*gen.*), consulting engineer.
consulènza (*gen.*), advice. **2.** ~ legale (*leg.*), legal advice.
consultare (*gen.*), to consult.
consultivo (*gen.*), advisory, consultative.
consumare (*gen.*), to consume.
consumarsi (*mecc.*), to wear out. **2.** ~ (usurarsi, di un utensìle) (*mecc.*), to dull, to wear.
consumato (*mecc.*), worn out. **2.** ~ (usurato) (*a. - mecc.*), worn. **3.** ~ (di utensile per es.) (*a. - gen. - mecc.*), dull. **4.** ~ dall'acqua (di macchina idraulica per es.), waterworn.
consumatore (*comm.*), consumer. **2.** preferenza del ~ (*comm.*), consumer preference. **3.** ricerca sul comportamento del ~ (*comm.*), consumer behavior research.
consumo (di combustibile per es.) (*ind.*), consumption. **2.** ~ (usura), wear. **3.** ~ (di munizioni per es.) (*milit.*), expenditure. **4.** ~ di carburante (*mot.*), fuel consumption. **5.** ~ di combustibile (nucleare, di un reattore) (*fis. atom.*), burnup. **6.** ~ di olio (*mecc.*), oil consumption. **7.** ~ specifico (*mot.*), specific consumption. **8.** ~ specifico di carburante al freno (*mot.*), brake specific fuel consumption, bsfc. **9.** ~ specifico indicato di aria (*mot.*), indicated specific air consumption, isac. **10.** ~ specifico indicato di carburante (*mot.*), indicated specific fuel consumption, isfc. **11.** beni di ~ (*econ.*), consumables, consumers' goods. **12.** beni di ~ durevoli (*econ.*), consumers' durables, durable consumers' goods. **13.** entità di ~ (o logoramento) di una rotaia (*ferr.*), wearing depth of a rail. **14.** imposta di ~ (*finanz.*), consumption tax. **15.** innovatori dei consumi (consumatori sperimentali di nuovi prodotti) (*comm.*), consumer innovators. **16.** materiali di ~ (*ind.*), expendable materials. **17.** non soggetto a ~ (*gen.*), nonconsumable.
consuntivista (*amm. - ind.*), actual cost accountant.
consuntivo (*contabilità ind.*), job card cost account. **2.** fattura a ~ (*contabilità - comm.*), job card invoice.
consunzione (*med.*), decline.
contabattute (*mecc. tess.*), picks counter.
contàbile (impiegato), bookkeeper. **2.** ~ (ragioniere) (*amm.*), accountant. **3.** capo ~ (responsabile di tutte le funzioni contabili, determinazione costi, bilanci preventivi ecc.) (*amm.*), controller. **4.** ciclo ~ (*amm.*), accounting cycle.
contabilità (*amm.*), accountancy, accounting. **2.** ~ acquisti (servizio contabilità acquisti, di una ditta) (*contabilità*), purchase accounts department. **3.** ~ a ricalco (*contabilità*), manifold paper bookkeeping. **4.** ~ a schede di mastro (*contabilità*), main ledger accounting. **5.** ~ costi produzione (*amm. ind.*), production cost accounting. **6.** ~ dei costi (divisa) per commessa (*contabilità*), job order cost accounting. **7.** ~ (di) beni patrimoniali (*contabilità - amm.*), property accounting. **8.** ~ di gestione (p. es. di una società) (*amm. - finanz.*), management accounting. **9.** ~ di magazzino (*contabilità*), stocks accounting. **10.** ~ finanziaria (*contabilità*), financial accounting. **11.** ~ generale (*amm.*), general accounting, general accounts. **12.** ~ industriale (*contabilità*), cost accounting. **13.** ~ personale (*amm.*), payroll accounting. **14.** carta per ~ (*mft. carta*), ledger paper. **15.** con ~ propria (una società di un gruppo per es.) (*finanz.*), self-accounting. **16.** reparto ~ (del servizio) acquisti (di una ditta) (*contabilità*), purchase accounts department. **17.** ufficio ~ (di uno stabilimento per es.) (*amm.*), accounting department.
contabilizzare (*amm.*), to reckon.
contabilizzazione (*amm.*), entry, entering in the books.
contabilmente (*avv. - amm.*), accountably.
contachilòmetri (*aut.*), odometer. **2.** ~ parzializzatore (*strum. aut.*), trip odometer. **3.** ~ totalizzatore (*strum. aut.*), total kilometers odometer.
contacolpi (di un maglio per es.) (*app.*), stroke counter, blow counter.
contacopie (*macch. uff.*), sheet-counter.
contacorse (contatore di corse, di una pressa per es.) (*app.*), stroke counter.
contadino (lavoratore agricolo) (*lav.*), countryman.
contafiletti (calibro) (*ut.*), screw-pitch gauge.
contafili (della tela, microscopio per contare i fili della tela) (*strum. tess.*), linen prover.
contafilm (misura la lunghezza della pellicola esposta) (*cinem.*), exposed film counter.
contafogli (*macch. tip.*), sheet-counter.
contafotogrammi (*cinem.*), frame counter.
contagiri (*strum.*), revolution indicator, speed indicator, revolution counter. **2.** ~ motore (*strum. mot.*), engine speed indicator.
contagocce (bottiglietta) (*chim. - farm.*), dropping bottle.
container (cassa mobile, contenente la merce) (*trasp.*), container. **2.** ~ marittimo (per spedizioni via mare) (*trasp. mar.*), sea container, sea van. **3.** nave ~ (per trasporto container) (*trasp. - nav.*), containership.
containerizzazione (*trasp.*), containerization.
contalitri (*strum.*), liter-counter.
contametri (indica in metri e/o in piedi la lunghezza di pellicola esposta) (*cinem.*), footage indicator, exposure counter.
contamiglia (*strum. aut.*), odometer. **2.** ~ parziale (*strum. aut.*), trip odometer. **3.** ~ totalizzatore (*strum. aut.*), total mileage odometer.
contaminato (inquinato) (*gen.*), contaminated, pol-

luted. 2. ~ (infetto: da sostanza radioattiva) (*a. - radioatt.*), contaminated.

contaminazione (*gen.*), contamination. 2. ~ radioattiva (*fis. atom.*), radioactive contamination. 3. misuratore di ~ (*strum. radioatt.*), contamination meter. 4. verifica della ~ individuale (dovuta a radioattività) (*med. - fis. atom.*), personnel monitoring.

contante (moneta in metallo e banconote) (*comm.*), cash-in-hand.

contanti (denaro effettivo) (*s. - comm.*), cash.

contaore (per trattori agricoli, circuiti elettrici ecc.) (*strum.*), hour counter, hour meter, lapsed time meter.

contapezzi (*app.*), work counter. 2. ~ prodotti (contatore di produzione) (*app.*), production counter.

contapiedi (misuratore della pellicola esposta) (*cinem.*), footage indicator.

conta-polvere (per determinare il numero delle particelle di polvere per unità di volume dell'aria) (*app. mis.*), dust counter.

contapose (indica il numero di fotogrammi esposti) (*macch. fot.*), exposure counter.

contare (enumerare) (*gen.*), to count. 2. ~ (*contabilità*), to reckon.

contasecondi (*orologio*), stop watch.

contatempo (con segnale acustico) (*app.*), timer.

contatore (per misurare fluidi, elettricità ecc.) (*app. ind. e domestico*), meter. 2. ~ (*fis.*), counter. 3. ~ (registro; ~ di programma per es.) (*elab.*), counter. 4. ~ a cristallo (*fis. atom.*), cristal counter. 5. ~ a disco (per fluidi) (*strum. mis.*), disk meter. 6. ~ a induzione (*stum. elett.*), induction meter. 7. ~ a liquido (per gas) (*strum. mis.*), wet meter. 8. ~ a moneta (*strum. mis.*), prepayment meter, slot meter. 9. ~ a moneta a tariffa differenziata (*strum. mis.*), step-rate prepayment meter. 10. ~ a preselezione (contatore d'impulsi preregolabile, in una macchina utènsile a controllo numerico per es.) (*strum. eltn.*), preset counter. 11. ~ Aron (*strum. mis. elett.*), Aron meter. 12. ~ a scintillazione (*fis. atom.*), scintillation counter. 13. ~ a secco (di gas) (*strum. mis.*), dry meter. 14. ~ a turbina (~ di fluidi) (*strum. mis. idr.*), vortex cage meter. 15. ~ bidirezionale (*elab.*), forward-backward counter. 16. ~ binario (*elab.*) binary counter. 17. ~ con indicatore di massimo (*strum. elett.*), maximum demand meter. 18. ~ con registratore di massimo (*strum. elett.*), maximum demand recorder. 19. ~ del carico medio (*strum. mis.*), demand meter. 20. ~ di energia apparente (voltamperorametro) (*strum. mis.*), voltamperehourmeter. 21. ~ di gas (*strum. mis.*), gas meter. 22. ~ di gas a liquido (*strum. mis.*), wet gas meter. 23. ~ di gas a secco (*strum. mis.*), dry gas meter. 24. ~ di Geiger e Müller (*fis. atom.*), Geiger-Müller counter. 25. ~ di particelle ionizzate (*fis. atom.*), counter. 26. ~ di particelle radioattive (simile al ~ Geiger, o ~ a scintillamento: strumento misuratore di radioattività) (*strum. fis. atom. - med.*), radiation counter. 27. ~ di produzione (contapezzi prodotti) (*app.*), production counter. 28. ~ di programmi (~ di istruzione o di sequenza: indica l'indirizzo di memoria della prossima istruzione da eseguire) (*elab.*), current address register, instruction counter, program counter. 29. ~ elettrico (*strum. mis.*), electric meter, electricity meter. 30. ~ ore di funzionamento (contatore di un trattore, motore ecc.) (*strum. mis.*), hour recording meter, lapsed time meter. 31. ~ oscillante (*strum. elett.*), oscillating meter. 32. ~ per acqua (*strum. mis.*), water meter. 33. ~ per acqua calda (*strum. mis.*), hot water meter. 34. ~ proporzionale (*fis. atom.*), proportional counter. 35. ~ reversibile (~ bidirezionale) (*elab.*), reversible counter, forward-backward counter. 36. ~ telefonico (apparecchio che conteggia le chiamate) (*telef.*), call-counting meter. 37. ~ trifase per carichi equilibrati (*app. elett.*), balanced-load three-phase meter.

contatto (p. es. di un circuito) (*elett. - eltn.*), contact. 2. ~ (portata, di denti di ingranaggio) (*mecc.*), bearing, contact. 3. ~ (blocchetto di contatto) (*elettromecc.*), contact block. 4. ~ all'estremità esterna (portata all'estremità esterna, dei denti di un ingranaggio) (*mecc.*), heel bearing. 5. ~ all'estremità interna (portata all'estremità interna, dei denti di un ingranaggio) (*mecc.*), toe bearing. 6. ~ alto (portata alta, dei denti di un ingranaggio) (*mecc.*), high bearing. 7. ~ a martello (*elett.*), hammer contact. 8. ~ a molla (per interruttore a coltello) (*elettromecc.*), contact clip. 9. ~ ampio (portata ampia, dei denti di un ingranaggio) (*mecc.*), wide bearing. 10. ~ a piazzola (usato nei montaggi di transistori) (*eltn.*), bump contact. 11. ~ asciutto (come quello degli interruttori a coltello, o sezionatori) (*elett.*), dry contact. 12. ~ a (con la) terra (*elett.*), contact to earth. 13. ~ a sequenza comandata (*elett.*), sequence controlled contact. 14. ~ ausiliario (*elett.*), auxiliary contact. 15. ~ basso (portata bassa, dei denti di un ingranaggio) (*mecc.*), low bearing. 16. ~ centrale leggermente in punta (contatto centrale leggermente verso l'estremità interna del dente di un ingranaggio) (*mecc.*), central toe bearing. 17. ~ col terreno (impatto) (*aer.*), touchdown. 18. ~ corto (portata corta, dei denti di un ingranaggio) (*mecc.*), short bearing. 19. contatti del ruttore (puntine dello spinterogeno) (*aut.*), distributor points. 20. ~ di fondo (denti di ingranaggi) (*mecc.*), bottom bearing. 21. ~ d'ingranamento (*mecc.*), overlap. 22. ~ duplice (contatto binato) (*elett.*), twin contact. 23. ~ fra testina e disco (è causa di perdita di dati) (*difetto elab.*), head-disk interference, HDI. 24. ~ ideale sotto pieno carico (dei denti di un ingranaggio) (*mecc.*), desired bearing under full load. 25. ~ in apertura (di un interruttore) (*elett.*), break contact. 26. ~ incrociato (portata incrociata, dei denti di un ingranaggio) (*mecc.*), cross bearing. 27. ~ instabile (*elett.*), unsteady contact. **28.** ~ lungo (portata lunga, dei denti di un ingranaggio) (*mecc.*), long bearing. **29.** ~ marcato ai bordi longitudinali (dei denti di un ingranaggio) (*mecc.*), bridged lengthwise bearing. **30.** ~ marcato ai bordi trasversali (portata marcata ai bordi trasversali, dei denti di un ingranaggio) (*mecc.*), bridged profile bearing. **31.** ~ normalmente aperto (*elett.*), normal open contact, normally open contact, NO. contact. **32.** ~ normalmente chiuso (*elett.*), normal closed contact, normally closed contact, NC. contact. **33.** ~ per flash (per montare il flash sulla macchina) (*elett. fot.*), flash terminal. **34.** ~ rompiarco (di un interruttore) (*elett.*), break jaw, arching contact. **35.** ~ rotativo (*elett.*), revolving contact. **36.** ~ sbieco (portata sbieca, dei denti di un ingranaggio) (*mecc.*), bias bearing. **37.** ~ sbieco in dentro (portata sbieca in dentro, dei denti di un ingranaggio) (*mecc.*), bias in bearing. **38.** ~ sbieco in fuori (portata sbieca in fuori, dei denti di un ingranaggio) (*mecc.*), bias out bearing. **39.** ~ scorrevole (*elett.*), sliding contact. **40.** ~ scorrevole (di reostato per es.) (*elett.*), wiper, shoe. **41.** ~ sottile (portata sottile, dei denti di un ingranaggio) (*mecc.*), narrow bearing. **42.** ~ strisciante a cursore (*elett.*), sliding contact, wiping contact. **43.** ~ verso terra (*elett.*), contact to earth. **44.** ~ zoppo (contatto sfalsato, portata zoppa, portata sfalsata, dei denti di un ingranaggio) (*mecc.*), lame bearing. **45.** anello di ~ (di motore ad induzione) (*elett.*), slip ring. **46.** durata del ~ (di denti di ingranaggio per es.) (*mecc. - ecc.*), period of contact. **47.** fare un buon ~ (*elett.*), to seal. **48.** ionizzazione per ~ (degli atomi di un gas a contatto della superficie di un metallo) (*fis.*), contact ionization. **49.** lieve ~ (collisione leggera fra macchine in corsa) (*corse aut.*), shunt. **50.** linea aerea di ~ (per locomotori elettrici, filobus ecc.) (*elett.*), aerial contact wire. **51.** linea di ~ (di ingranaggi) (*mecc.*), contact line. **52.** linea di ~ a doppio filo (sospeso) (*ferr. elett.*), twin contact wire. **53.** mantenere il ~ (*gen.*), to keep touch. **54.** metodo di ~ (per la fabbricazione dell'H_2SO_4) (*chim. ind.*), contact process. **55.** profondità di ~ (di dente d'ingranaggio) (*mecc.*), contact depth. **56.** puntine di ~ (di un ruttore) (*elett.*), contact points. **57.** rilevatore di impronte di ~ (pittura per rilevare le impronte di contatto, dei denti di ingranaggio per es.) (*mecc.*), marking compound. **58.** saldatura da ~ (difetto di dente di ingranaggio rivelato da rigature per es.) (*mecc.*), contact welding. **59.** spina di ~ (*elett.*), connecting plug.

contattore (*elettromecc.*), contactor, contact maker. **2.** ~ elettropneumatico (in un locomotore elettrico per es.) (*ferr.*), electropneumatic contactor.

conteggiare (registrare) (*gen.*), to tally.

conteggio (*uff.*), computation, calculation. **2.** ~ (di impulsi) (*radioatt.*), count. **3.** ~ alla rovescia (per il lancio di un missile) (*astric. - ecc.*), countdown. **4.** ~ dei cicli (computazione dei cicli) (*elab.*), cycle count. **5.** arresto del ~ (alla rovescia) (*astric.*), hold.

conteinerizzare (spedire mediante container) (*trasp.*), to containerize.

conteinerizzato (*trasp.*), containerized.

conteinerizzazione (*trasp.*), containerization.

contemporaneità (simultaneità) (*gen.*), contemporaneity, contemporaneousness.

contemporaneo (simultaneo) (*gen.*), contemporary, simultaneous.

contenimento (azione di ~ ; p. es. della radioattività per mezzo chiusure a tenuta di gas onde evitare danni) (*fis. atom.*), containment.

contenitore (di una batteria di accumulatori, contenente le piastre) (*elett.*), container. **2.** ~ (di un razzo per es.), *vedi* involucro. **3.** ~ del reattore (*fis. atom.*), reactor vessel. **4.** ~ paracadutabile (per lanciare materiali dall'aereo a mezzo di paracadute) (*aer. milit. - ecc.*), paracrate. **5.** ~ per acidi svuotabile mediante aria compressa (*ind. chim.*), acid egg, blowcase. **6.** ~ schermato (~ per materiale radioattivo) (*fis. atom.*), pig. **7.** cestello ~ (~ meccanico per circuiti stampati, cartellini ecc.) (*elab.*), rack.

contenuto (ciò che è contenuto in un recipiente), contents, content. **2.** ~ (volume di contenimento di un recipiente), content. **3.** ~ di informazioni (~ informativo) (*elab.*), information content. **4.** ~ in carbonio (*metall.*), carbon content. **5.** ~ in carbonio (dell'acciaio) (*metall.*), carbon content, temper. **6.** ~ salino (*chim.*), salinity. **7.** ~ solido di gomma (*ind. gomma*), dry rubber content. **8.** ~ termico (*term.*), heat content, enthalpy.

contesa (evento che si verifica quando due o più unità tentano di trasmettere nello stesso tempo) (*s. - elab.*), contention.

contestabilità (*leg.*), disputability, questionableness, questionability.

contestare (*leg.*), to contest, to question, to dispute.

contestazione (controversia) (*comm.*), contest.

contesto (*s. - stampa - elab.*), context. **2.** ~ (parti di un passaggio: costitutive di un discorso) (*redazione all'elab.*), context. **3.** cambiamento di ~ (*elab.*), context switching.

conti (*amm. - ecc.*), accounts. **2.** ~ attivi (*contabilità*), accounts receivable. **3.** ~ degli accantonamenti (*contabilità - amm.*), reserve accounts. **4.** ~ dei crediti e dei debiti (*contabilità*), receivable and payable accounts. **5.** ~ dei profitti e perdite (*contabilità*), profit and loss accounts. **6.** ~ passivi (*contabilità*), accounts payable. **7.** ~ sospesi (conti provvisori, in un bilancio) (*contabilità*), suspense accounts. **8.** fare i ~ (in contabilità per es.) (*amm.*), to reckon. **9.** far quadrare i ~, far tornare i ~ (*amm.*), to equalize accounts. **10.** piano dei ~ (*amm.*), card of accounts. **11.** ~, *vedi anche* conto.

contiguità (*elab.*), *vedi* adiacenza.

contiguo, adjacent, contiguous, adjoining.

continente (*geogr.*), continent, mainland.
contingènte (di truppa) (*milit.*), contingent.
contingenza, coefficiente di ~ (rapporto tra l'effetto dinamico del peso trasportato e quello risultante in un volo normale piano) (*aer.*), dynamic factor.
continua (macchina continua) (*macch. ind. carta*), paper machine. **2.** a variazione ~ (di una velocità per es.) (*macch.*), stepless variable. **3.** fossa della ~ (nelle grosse macchine per la carta) (*mft. carta*), sheet pit. **4.** trave ~ (*sc. costr.*), continuous beam, continuous girder.
continuativo (continuo) (*mat. - ecc.*), continuous.
continuazione (*gen.*), continuation. **2.** ~ da altra pagina (*giorn.*), turnover (am.).
continuità (di un circuito) (*elett. - radio*), continuity. **2.** ~ (di un giacimento per es.) (*min.*), continuity.
continuo (*a. - gen.*), continuous. **2.** ~ (senza gradini, di un cambio di velocità per es.) (*macch. - mot.*), stepless. **3.** ~, *vedi anche* continua.
conto (somma di danaro dovuta ad un professionista per es.), account. **2.** ~ (somma di danaro dovuta per vendita di merci), bill (am.). **3.** ~ aperto (presuppone un pagamento posticipato) (*comm.*), open account. **4.** ~ bloccato (non spendibile) (*amm. - finanz.*), blocked account. **5.** ~ cassa (*amm.*), cash account. **6.** ~ corrente (c/c) (*finanz.*), account current, A/C, a/c. **7.** ~ corrente postale (*risparmio*), post office account. **8.** ~ del dare (debito contratto da parte del cliente verso il negoziante) (*comm.*), charge account. **9.** ~ delle entrate e delle uscite (*amm.*), income and expediture account. **10.** ~ di accantonamento (parte di profitti accantonata per uno specifico uso: propositi di investimento per es.) (*amm. - finanz.*), appropriation account. **11.** ~ (di) deposito (*finanz. - banca*), deposit account. **12.** ~ estinto (*finanz.*), dead account. **13.** ~ lavorazione (*ind.*), account of manufacture. **14.** ~ nominale (*amm.*), nominal account. **15.** ~ numerato (*amm. - banca*), numbered account. **16.** ~ patrimoniale (*amm.*), real account. **17.** ~ profitti e perdite (*amm.*), operating statement, profit and loss account. **18.** ~ scoperto (*finanz.*), no funds, NF. **19.** aprire un ~ (*finanz.*), to open an account. **20.** avere il ~ scoperto (avere ritirato denaro in eccesso rispetto a quello depositato) (*banca*), to overdraw. **21.** estratto ~ (relativo al ~ di un cliente) (*amm. - finanz.*), bank statement. **22.** numero di ~ (di un cliente) (*amm. - elab.*), account number. **23.** per ~ di (*gen.*), on behalf of. **24.** posizione di un ~ (*amm.*), account status. **25.** ~, *vedi anche* conti.
contornare (una figura per es.) (*fot. - stampa*), to cut out.
contornato (di contorno) (*a. - stampa*), cutout.
contornire (*dis.*), to draft. **2.** ~ (*mecc.*), to blank.
contornitore (stampo contornitore, per tranciare lo sviluppo) (*ut. lav. lamiera*), blanking die.
contornitrice (ad asportazione di truciolo per lavorazione leghe leggere per es.) (*macch. ut.*), router, routing machine.
contornitura (tranciatura dello sviluppo del pezzo di lamiera da imbutire) (*tecnol. mecc.*), blanking. **2.** ~ (ad asportazione di truciolo) (*ind. mecc. - legn.*), routing. **3.** ~ (operazione a posizionamento continuo con comando simultaneo in più di un asse) (*macch. ut. a c. n.*), contouring. **4.** ~ a gradinata (su macchine a controllo numerico per es.) (*lav. macch. ut.*), staircase contouring. **5.** ~ di sbavatura (contorno di sbavatura) (*metall.*), clipping edge. **6.** comando continuo di ~ (comando continuo della posizione in più assi) (*macch. ut. a c. n.*), contour control system.
contorno (*gen.*), outline. **2.** ~ (*arch. - mecc.*), profile. **3.** ~ ad attenuazione costante (luogo dei punti in cui un trasduttore sviluppa un segnale di intensità costante) (*acus. sub. - ecc.*), constant loss contour. **4.** tracciare il ~ (o il profilo) (*gen.*), to outline.
contòrto (*mecc.*), warped.
contrabbando (*leg. - comm.*), smuggling.
contraccolpo (*gen. - mecc.*), recoil, kick. **2.** ~ (di arma da fuoco per es.), recoil, kick. **3.** ~ (*mot.*), counterstroke. **4.** dare contraccolpi (di un motore a combustione interna) (*mot.*), to kick back. **5.** senza ~ (senza rinculo) (*a. - fis.*), deadbeat.
contraènte (*comm. - ed. - ind.*), contractor.
contraffare (*comm.*), to counterfeit.
contraffatto (falsato), counterfeit, false, counterfeited.
contraffazione (*comm.*), counterfeitness.
contraffisso (di capriata) (*ed.*), strut.
contraffòrte (*costr. ed.*), buttress, counterfort.
contrago (di deviatoio) (*ferr.*), stock rail.
contràlbero (*mecc.*), countershaft.
contrappesare (*mecc.*), to counterweigh.
contrappesato (albero a gomiti per es.) (*mot.*), counterweighed, balanced. **2.** leva contrappesata (di valvola di sicurezza di caldaia per es.) (*mecc.*), counterweighed lever.
contrappeso (*mecc.*), balance weight, counterweight, counterpoise, counterbalance. **2.** ~ di bilanciamento (di una pompa da miniera per es.) (*mecc.*), regenerator. **3.** ~ per telaio finestre (*ed.*), sash weight. **4.** ~ scorrevole (di una gru) (*macch. ind.*), adjustable balance weight. **5.** ~ sferico (per il gancio di una gru per es.) (*macch.*), balance ball. **6.** carrello ~ (*min.*), barney, counterweight trolley.
contrapposto (opposto: di cilindri per es.) (*a. - mot.*), opposed.
contrarsi (*fis.*), to shrink. **2.** ~ (di vene per es.) (*min.*), to pinch.
contrassegnare, to countermark, to mark. **2.** ~ con una x (*gen.*), to x. **3.** ~ con un cartellino (merci in magazzino per es.), to tag, to label.
contrassegno, mark, marking. **2.** ~ (particolare gruppo di caratteri che ha uno speciale significato) (*s. - elab.*), token. **3.** ~ di pescaggio (marca di pe-

scaggio) (*nav.*), draught mark. **4.** ~ di registrazione (marcatura di registrazione) (*elab.*), record mark. **5.** ~ di sincronismo (*cinem.*), synchrony mark.
contrastare (impedire) (*traff. strad.*), to hold up. **2.** ~ (appoggiare con forza) (*mecc.*), to buck.
contrastina (ossido di zirconio, per analisi radiografiche) (*fis.*), zirconia.
contrasto (di immagini) (*telev. - fot.*), contrast. **2.** ~ (forza, intensità di una negativa) (*fot.*), intensity. **3.** a forte ~ (di un negativo per es.) (*fot.*), hard. **4.** di tonalità chiara e poco ~ (*a. - fot.*), high-key. **5.** di tonalità scura e poco ~ (*a. - fot.*), low-key. **6.** aumentare il ~ dell'immagine (*telev. - ecc.*), to sharpen a picture. **7.** con poco ~ (*fot.*), soft. **8.** tonalità di ~ (*ott.*), contrast hue.
contrattaccare (*milit.*), to counterattack.
contrattacco (*milit.*), counterattack.
contrattare (*comm.*), to negotiate, to bargain.
contrattatore (dell'ufficio acquisti di uno stabilimento per es.) (*comm.*), negotiator.
contrattazione (di un prezzo con la controparte) (*comm.*), negotiation. **2.** ~ (sindacale) (*sindacati*), bargaining.
contratto (*comm. - leg.*), contract. **2.** ~ a programma (*leg.*), schedule contract. **3.** ~ (affitto o prestito) a vita (*comm.*), lease on life. **4.** ~ a (materiali) pronti (*comm.*), spot contract. **5.** ~ aziendale (~ sulle retribuzioni ecc. raggiunto per una singola società) (*sindacati*), company agreement. **6.** ~ capestro (*comm.*), tying contract. **7.** ~ chiavi in mano (l'oggetto del ~ deve essere pronto, senza necessità di ulteriori interventi) (*comm. - ecc.*), turnkey contract. **8.** ~ collettivo di lavoro (~ sulle retribuzioni ecc. raggiunto per tutte le industrie ecc.) (*sindacati*), blanket agreement, collective agreement. **9.** ~ commutativo (*leg.*), commutative contract. **10.** ~ d'affitti e prestiti (*leg. internazionale*), lend-lease contract. **11.** ~ d'affitto (locazione) (*comm.*), location. **12.** ~ di fornitura (*comm.*), supply contract. **13.** ~ di fornitura (il cui prezzo viene stabilito aggiungendo al costo una determinata percentuale dello stesso come utile) (*comm.*), cost-plus contract. **14.** ~ di lavoro (concordato tra la direzione di uno stabilimento ed i suoi dipendenti) (*amm. - pers.*), labour agreement. **15.** ~ di lavoro (tra ditta e singolo dipendente) (*amm. - pers.*), contract of employment. **16.** ~ di noleggio (*comm. nav.*), charter party, CP. **17.** ~ di noleggio a tempo (*trasp.*), time charter party, time charter. **18.** ~ di noleggio a viaggio (*trasp.*), voyage charter party, voyage charter. **19.** ~ di vendita (*comm.*), agreement for sale. **20.** ~ invalidabile (*leg. - comm.*), voidable contract. **21.** concludere un ~ (*comm.*), to enter into a contract. **22.** fare un ~ (*comm.*), to make a contract.
contrattuale (*comm.*), contractual.
contravvenire (*leg.*), to contravene, to infringe.
contravvenzione (infrazione) (*leg.*), infringement, contravention, transgression. **2.** ~ (multa) (*leg. - ecc.*), fine.
contrazione (*gen.*), contraction. **2.** ~ (ritiro) (*gen.*), shrink, shrinkage. **3.** ~ (dei prezzi per es.) (*comm.*), shrinkage. **4.** ~ (della vena di un liquido per es.) (*idr.*), contraction. **5.** ~ (*min.*), contraction, nip. **6.** ~ di un condotto (*tubaz. - mecc. dei fluidi*), Venturi. **7.** ~ relativistica delle lunghezze (teoria relativistica della contrazione dimensionale di ogni corpo che si muove) (*fis. einsteiniana*), fitzgerald contraction. **8.** fattore di ~ (di volume, rapporto tra il volume della polvere da stampaggio sciolta ed il volume del pezzo stampato finito) (*ind. plastica*), bulk factor.
contribuente (*leg. - finanz.*), taxpayer.
contributi (somme che i dipendenti devono versare all'Istituto di Previdenza Sociale) (*amm. pers. di fabbrica*), compulsory charges, contribution. **2.** ~ sindacali (*pers.*), trade union dues. **3.** ~ sociali (*amm. pers. di fabbrica*), social charges. **4.** ~ volontari (per assicurazione, pagati dal personale quando è disoccupato) (*organ. assistenza lav.*), voluntary charges.
controaereo (*a. - milit.*), antiaircraft.
controago (rotaia fissa contro la quale si sposta l'ago dello scambio) (*ferr.*), stock rail.
controbelvedere (vela) (*nav.*), mizzenroyal.
controbilanciare, to counterbalance.
controbracciare (*nav.*), to counterbrace.
controcampo (ripresa a controcampo) (*cinem.*), reverse shot.
controcarèna (*costr. nav.*), bulge, blister. **2.** ~ (struttura costruita esternamente allo scafo per protezione contro siluri, mine ecc.) (*mar. milit.*), bulge.
controcatena (di una capriata in legno) (*ed.*), straining beam.
controchiavetta (*mecc.*), fox wedge.
controchiglia (di nave in legno) (*costr. nav.*), false keel. **2.** ~ (corrente di fondo, dello scafo di un idrovolante) (*aer.*), keelson.
controcòno (di frizione a cono) (*mecc.*), female friction cone.
contro-contromisura (*mar. milit. - milit.*), counter - countermeasure.
controcorrènte (*ind. - idr.*), countercurrent. **2.** frenatura a ~ (*mot. elett.*), reverse current braking.
controcurva (*strad. - ferr.*), counterturn.
controdado (*mecc.*), lock nut, jam nut, check nut, set nut. **2.** ~ esagonale (*mecc.*), hexagon lock nut.
controdiagonali (*costr. civ.*), counterbraces. **2.** ~ (per contrastare forze aventi direzioni opposte alla portanza) (*aer.*), landing wires, anti-lift wires.
controdritto di poppa (controruota interna di poppa) (*costr. nav.*), inner sternpost, inner post.
controelettromotrice (forza) (*elett.*), counter electromotive, back electromotive.
controfasciame (*costr. nav.*), backing.
controfase (opposizione di fase) (*elett.*), push-pull. **2.** amplificazione in ~ (*elett. - radio*), push-pull

amplification. **3.** modulatore in ~ (*radio*), push-pull modulator. **4.** oscillatore (con valvole) in ~ (*radio*), push-pull oscillator.

controferro (per pialla da falegnami) (*att.*), cap iron, chip cap. **2.** ~ (per contrastare i chiodi nell'operazione di ribattitura) (*ut. mecc.*), bucking bar.

controffensiva (*milit.*), counteroffensive.

controfferta (*comm. - ecc.*), counteroffer.

controfigura (*cinem.*), double. **2.** fare la ~ (*cinem.*), to double.

controfinèstra (*ed.*), auxiliary (window) sash. **2.** ~ esterna (*ed.*), storm sash.

controfiòcco (vela) (*nav.*), flying jib.

controfirma (firma d'un documento già firmato da altri per confermarne l'autenticità) (*uff.*), countersign, countersignature.

controflangia (*mecc. - tubaz.*), counterflange.

controganasce (di piombo, di una morsa) (*mecc.*), vice caps.

controimbutitura (*lav. lamiera*), reverse drawing.

controlanda (pesante piastra usata per tenere le lande contro la murata) (*nav.*), preventer plate.

controllare (verificare) (*gen. - mecc.*), to check. **2.** ~ (collaudare) (*mecc.*), to inspect. **3.** ~ (verificare) (*contabilità - amm.*), to audit. **4.** ~ con micrometro (*mecc.*), to mike. **5.** ~ (per mezzo di una porta logica per es.) (*eltn.*), to gate. **6.** ~ durante l'esecuzione (~ la qualità; p. es. di una trasmissione durante la sua effettuazione) (*radio - telev. - elab.*), to monitor. **7.** ~ mediante valvola (il flusso del fluido in una tubazione per es.) (*tubaz. - ecc.*), to gate. **8.** ~ (o comandare) a mezzo di relè (*elett.*), to relay.

controllato (verificato, di disegno per es.) (*a. - mecc. - ecc.*), checked, ckd. **2.** ~ (collaudato) (*a. - mecc.*), inspected. **3.** ~ (verificato) (*contabilità - amm.*), audited. **4.** ~ (di società controllata o posseduta da altra società) (*a. finanz. - ind.*), captive. **5.** ~ (comandato) (*a. - gen.*), controlled. **6.** non ~ (non verificato) (*contabilità - amm.*), unaudited.

controller (combinatore di marcia per tram per es.) (*elett.*), controller. **2.** ~ a tamburo (contattore per comandare manualmente veicoli elettrici) (*elettromecc.*), drum controller.

contròllo (*gen.*), check, control. **2.** ~ (verifica, esame di un veicolo spaziale per es.) (*gen.*), checkout. **3.** ~ (*mecc.*), check, checkover. **4.** ~ (collaudo: di parti di motore per es.) (*off.*), inspection. **5.** ~ (visita: del carico di una nave) (*gen.*), search. **6.** ~ (del traffico aereo) (*aer.*), control. **7.** ~ (sistema di rivelazione guasti per es.) (*elett.*), monitoring. **8.** ~ (comando) (*elab.*), control. **9.** ~ (verifica: di dati per es.) (*elab.*), audit. **10.** ~ a eco (verifica mediante ritorno di segnali alla stazione trasmittente e relativo confronto con quelli trasmessi) (*elab.*), read-back check, echo check, loop checking, echoplex. **11.** ~ amministrativo (*amm.*), audit. **12.** ~ a quarzo (~ di frequenza a mezzo cristallo di quarzo) (*eltn.*), crystal control. **13.** ~ a ridondanza ciclica (*elab.*), Cyclic Redundancy Check, CRC. **14.** ~ aritmetico (*elab.*), arithmetic check. **15.** ~ arrivi (collaudo accettazione arrivi, controllo ricevimenti: controllo di parti provenienti dall'esterno) (*ind. mecc.*), incoming parts inspection, receiving inspection. **16.** controlli a terra (del motore per es.) (*aer.*), ground checks. **17.** ~ automatico (degli errori per es.) (*elab.*), automatic check. **18.** ~ a vista (per accertarsi della identità assoluta di due schede perforate, mediante loro sovrapposizione e controllo visivo attraverso i fori corrispondenti) (*elab. - ecc.*), sight check. **19.** ~ budgetario (*amm.*), budgetary control. **20.** ~ casuale (collaudo casuale: di pezzi scelti a caso nel controllo della qualità) (*tecnol. mecc.*), random inspection. **21.** ~ centralizzato (comando centralizzato) (*mecc. - ecc.*), central control system. **22.** ~ ciclico di ridondanza (*elab.*), Cyclic Redundancy Check, CRC. **23.** ~ con piombo (di stampi per fucinatura) (*tecnol. mecc.*), test lead inspection. **24.** ~ da bordo (di un satellite che si autocomanda) (*missil.*), on board control. **25.** ~ da terra (di un satellite per es.) (*missil.*), ground control. **26.** ~ degli ingranaggi (*mecc.*), gear check. **27.** ~ dei bassi (~ delle basse frequenze) (*acus. - eltn.*), bass control. **28.** ~ dei costi (*amm.*), cost control. **29.** ~ della combustione (di una cald.), combustion control. **30.** ~ della concentricità (verifica della concentricità) (*mecc. - ecc.*), concentricity check. **31.** ~ della conicità (*mecc.*), taper check. **32.** ~ della qualità (*tecnol. - gen.*), quality control. **33.** ~ della luminosità (*telev.*), brightness control (ingl.). **34.** ~ dell'angolo dell'elica (di un ingranaggio) (*mecc.*), helix angle check. **35.** ~ (automatico) dell'assetto a gradiente di gravità (*aer. - astric.*), gravity-gradient attitude control. **36.** ~ del lavoro (*ed.*), work check. **37.** ~ dell'eccentricità (*mecc.*), eccentricity check. **38.** ~ delle conversazioni (*telef. milit.*), "overhearing". **39.** ~ delle dimensioni del dente (di ingranaggio) (*mecc.*), tooth size check. **40.** ~ delle ipotesi (*stat.*), hypothesis test. **41.** ~ dell'entità di bombatura (sui denti di un ingranaggio) (*mecc.*), amount of crown check. **42.** ~ delle perpendicolarità (dei giunti di una muratura in mattoni durante la costruzione) (*ed.*), keeping perpends. **43.** ~ dell'ortogonalità del piano del disco rispetto all'asse di rotazione (*mecc.*), wobble check. **44.** ~ del materiale (*amm.*), material check. **45.** ~ del parallelismo dei denti diritti di ingranaggi cilindrici (*mecc.*), parallelism of spur gear teeth check. **46.** ~ del passo (di un ingranaggio) (*mecc.*), tooth spacing check. **47.** ~ del titolo della miscela del minimo (*mot. - aer.*), slow running mixture strength check. **48.** ~ di accesso (*elab.*), access control. **49.** ~ di affidabilità (fatto sui circuiti) (*elab.*), confidence check. **50.** ~ di area (*traffico aer.*), area control. **51.** ~ di avvicinamento (*aer.*), approach control. **52.** ~ di blocco (su di un gruppo di dati considerati come singola unità) (*elab.*), block check. **53.** ~ di disparità (quando l'espressione in codice binario ha un numero dispari di "1") (*elab.*), odd parity check. **54.** ~ di fabbricazione (collaudo di fabbricazione) (*controllo qualità*), shop inspection. **55.** ~ di fase (*eltn.*), phase control. **56.** ~ di forza (*veic.*), force control. **57.** ~ di funzionamento (dell'elab.) (*elab.*), proving. **58.** ~ di maggioranza (*finanz.*), majority control. **59.** ~ dimensionale (*mecc.*), dimensional check. **60.** ~ dinamico (ottenuto mentre viene effettuata l'elaborazione) (*elab.*), dynamic control. **61.** ~ di parità, ~ pari-dispari (*elab.*), parity check. **62.** ~ di parità longitudinale (~ di bit in un messaggio: per evitare trasmissioni di errori) (*elab.*), longitudinal parity check, horizontal parity check. **63.** ~ di parità pari (quando l'espressione in codice binario ha un numero pari di "1") (*elab.*), even parity check. **64.** ~ di posizione (*veic.*), position control. **65.** ~ di posizione dello scambio (nelle segnalazioni ferr.) (*mecc. - elett.*), point control. **66.** ~ di processo (nella gestione dell'automazione industriale per es.) (*elab.*), process control. **67.** ~ di programma (tra l'elaboratore e le unità periferiche per es.) (*elab.*), program check, program control. **68.** ~ direzionale del veicolo (*veic.*), vehicle directional control. **69.** ~ di ridondanza longitudinale (tipo di ~ per gli errori fatti nei blocchi) (*elab.*), longitudinal redundancy check, LRC. **70.** ~ di selezione (verifica, automatica, della correttezza della selezione effettuata) (*elab.*), selection check. **71.** ~ di sequenza (*elab.*), sequence check, sequence checking. **72.** ~ di sistema (*elab.*), system check. **73.** ~ di somma (*elab.*), summation check. **74.** ~ elettronico del formato (in una stampante) (*elab.*), electronic format control. **75.** ~ esterno (revisione esterna, eseguita da revisori dei conti professionisti) (*amm.*), independent audit. **76.** ~ fatture (*amm.*), invoice control. **77.** ~ finanziario (*finanz. - amm.*), financial control. **78.** ~ fisso (*veic.*), fixed control. **79.** ~ gammagrafico (collaudo con raggi γ) (*tecnol. mecc.*), gamma-ray inspection. **80.** ~ indiretto (p. es. per le unità periferiche) (*elab.*), indirect control. **81.** ~ informativo (*traffico aer.*), informative control. **82.** ~ interno (revisione interna, effettuata da dipendenti della ditta) (*amm.*), internal audit. **83.** ~ libero (*veic.*), free control. **84.** ~ macchina (~ fisico dell'elaboratore) (*elab.*), machine check, hardware check. **85.** ~ manuale (*gen.*), manual control. **86.** ~ matematico (p. es. verifica aritmetica, di una sequenza di operazioni) (*elab.*), mathematical check. **87.** ~ mediante trasmissione di ritorno (*macch. calc.*), echo testing, echo checking. **88.** ~ numerico (sistema di ~ automatico di macchine utensili o processi industriali per mezzo di nastri o schede perforate) (*org. ind.*), numerical control. **89.** ~ numerico computerizzato (*elab.*), CNC, computerized numerical control. **90.** ~ pari-dispari (o di parità) (*elab.*), odd-even check, parity check. **91.** ~ per assorbimento (di un reattore: mediante assorbimento di neutroni) (*fis. atom.*), absorption control. **92.** ~ per attributi (*controllo qualità*), control by attributes. **93.** ~ per campionamento (collaudo per campionamento) (*controllo qualità*), sampling inspection. **94.** ~ per doppia esecuzione (*operaz. macch. calc.*), duplication check. **95.** ~ permanente di posizione dello scambio (nelle segnalazioni ferroviarie) (*elett. - mecc.*), permanent point control. **96.** ~ per variabili (*controllo qualità*), control by variables. **97.** controlli prima del volo (~ prevolo) (*aer.*), preflight checks. **98.** ~ programmato (~ previsto nelle stesse istruzioni) (*elab.*), programmed check. **99.** ~ qualitativo (*ind.*), quality control. **100.** ~ radar (del traffico aereo) (*aer. - radar*), radar control. **101.** ~ radiografico (per rilevare difetti ed inclusioni) (*metall.*), radiographic inspection. **102.** ~ radiologico (controllo del pericolo radioattivo) (*med. - fis. atom.*), radiological survey, health monitoring. **103.** ~ ricevimenti (*ind. mecc.*), *vedi* controllo arrivi. **104.** controlli saltuari (*organ. stabilimento*), spot checks. **105.** ~ senza preavviso (con convocazione del responsabile del difetto) (*controllo qualità*), call-in inspection. **106.** ~ statico (*elab.*), static check. **107.** ~ statistico della qualità (CSQ) (*tecnol. mecc.*), statistical quality control, SQC. **108.** ~ totale della qualità (applicato in tutti i reparti di una fabbrica) (*controllo qualità*), total quality control, total SQC. **109.** ~ traffico aereo (*aer.*), air traffic control. **110.** ~ ultrasonico (controllo con ultrasuoni) (*metall.*), ultrasonic inspection. **111.** a ~ ciclico automatico del diametro (di una rettificatrice per interni per es.) (*a. - macch. ut.*), gage-matic. **112.** addetto al ~ della qualità (*tecnol. mecc.*), quality inspector. **113.** banco di ~ (di un supermercato o grande magazzino) (*comm.*), checkout stand. **114.** blocco di ~ (area di memoria riservata al ~) (*elab.*), control block. **115.** campo di ~ (*elab.*), control field. **116.** carattere di ~ (*elab.*), control character. **117.** carattere di ~ (o comando) di dispositivo (*elab.*), device control character. **118.** carta di ~ (*controllo qualità*), tally sheet, tally chart. **119.** circuito di ~ (opposto al circuito principale in un apparecchio o sistema elettrico per es.) (*elett.*), monitoring circuit. **120.** dati di ~ (*elab.*), control data. **121.** diagramma di ~ (*controllo qualità*), control chart. **122.** dispositivo di ~ (governo, controllore) (*elab.*), controller. **123.** dispositivo di ~ video (governo video) (*elab.*), display controller. **124.** doppio ~ (~ effettuato mediante due sistemi) (*elab.*), twin check. **125.** elaboratore di ~ (unità di verifica di sistemi fisici mediante sensori) (*elab.*), control computer. **126.** fuori ~ (detto di un procedimento di lavoro) (*controllo qualità - ecc.*), out of control. **127.** intervallo di ~ (*elab.*), control interval. **128.** pannello di ~ (tipo di pannello di ~ a spinotti e prese generalmente situato in console) (*elab. - ecc.*), control panel. **129.** posto di ~ (*sport*), control station. **130.** programma di ~ (*elab.*), control program. **131.** quadro di ~ (in uno studio televisivo per controllo della trasmissione di un programma) (*telev.*), control board. **132.** registrazione di ~ (*elab.*), control record. **133.** rottura di ~ (*elab.*), control break. **134.** scheda di ~ (scheda perforata particolare) (*elab.*), control card. **135.** somma di ~ (*elab.*), control total. **136.** stazione di ~ (*elab.*), control station. **137.** stretto ~ (*gen.*), close control. **138.** torre di ~ (per il traffico aereo) (*aer.*), control tower. **139.** trasferimento di ~ incondizionato (*macch. calc.*), unconditional transfer of control. **140.** unità di ~ (la parte dell'unità centrale di elaborazione contenente le istruzioni da eseguirsi, la inizializzazione dei trasferimenti delle periferiche ecc.) (*elab.*), control unit, instructions control unit. **141.** unità (di) ~ video (*elab.*), display control unit. **142.** variazione di ~ (*elab.*), change of control.

controllore (dei biglietti) (*ferr.*), ticket inspector. **2.** ~ (*elab.*), *vedi* dispositivo di controllo. **3.** ~ di periferica (governo di periferica) (*elab.*), peripheral controller. **4.** ~ di pista (direttore di pista) (*aer.*), runway controller. **5.** ~ di sorveglianza (addetto alla vigilanza) (*radar - aer.*), surveillance controller. **6.** ~ di volo (dirigente responsabile del traffico aereo di un aeroporto) (*aer.*), air-traffic controller. **7.** ~ finale (addetto al controllo finale) (*aer. - radar*), final controller. **8.** ~ radar (radarista) (*radar*), radar controller.

controluce (illuminazione: p. es. in cinematografia), back lighting. **2.** ~ (illuminazione del soggetto dal dietro) (*s. - fot.*), backlight. **3.** ~ (*a. - fot.*), back-lighted.

contromanòvra (*gen.*), countermaneuver.

contromarca (*gen.*), token.

contromarcia (*milit.*), countermarch.

contromarciapiede (all'estremità esterna di un pennone) (*nav.*), Flemish horse.

contromezzana (vela) (*nav.*), mizzen topsail. **2.** ~ bassa (*nav.*), lower mizzen topsail. **3.** ~ volante (*nav.*), upper mizzen topsail.

contromina (*mar. milit.*), countermine. **2.** ~ (galleria sotterranea fatta per incontrare la mina nemica) (*milit.*), countermine.

controminare (*milit.*), to countermine.

contromisura (apparecchio usato per deviare un'arma o rendere inefficace un sistema di localizzazione ed altre attività operative del nemico) (*marina milit. - aer. milit. - milit.*), countermeasure. **2.** ~ (falso bersaglio) (*mar. milit. - aer. milit. - milit.*), decoy.

contromisurare (sviare, distrarre dalla rotta prevista, un siluro, un missile ecc. mediante l'emissione di sofisticati segnali) (*mar. milit. - milit.*), to decoy.

contromolla (molla antagonista) (*mecc.*), return spring, counter spring.

contronaca (*aer.*), shoulder cowl.

controogiva (di un'elica) (*aer.*), spinner fairing.

controordinata (ordinata rovescia) (*costr. nav.*), reverse frame.

contropalo (di un palo telefonico) (*carp.*), strut.

contropendènza (*strad.*), counterslope. **2.** ~ (*ferr.*), reverse gradient.

contropezza (*costr. mecc. - nav.*), *vedi* coprigiunto.

contropresèlla (*ut. di fabbro*), bottom fuller.

contropressione (di un fluido per es.) (*mecc. dei fluidi*), back pressure, counterpressure. **2.** ~ allo scarico (*di mot.*), exhaust back pressure.

controproposta (*gen.*), counterproposal.

controprova (*s. - gen.*), contratest. **2.** ~ (verifica incrociata) (*elab.*), crosscheck.

contropunta (complessivo scorrevole per tornio per es.) (*macch. ut.*), tailstock, footstock. **2.** ~ (albero a punta conica del complessivo scorrevole per macch. ut.) (*mecc.*), center. **3.** ~ fissa (di un tornio per es.) (*mecc. - macch. ut.*), dead center. **4.** ~ girevole (di un tornio) (*mecc. - macch. ut.*), ball bearing center, live center.

controranda (vela) (*nav.*), gaff-topsail.

contrordine (*milit.*), counterorder. **2.** sino a ~ (pubblicare sino a contrordine per es.) (*gen.*), till forbid.

controreazione (retroazione negativa) (*elab.*), negative feedback, degeneration, reverse feedback. **2.** amplificatore a ~ (*eltn.*), negative feedback amplifier. **3.** circuito di ~ (*eltn.*), negative feedback circuit.

controribattino (butteruola) (*tecnol. mecc.*), rivet cap, rivet set.

controrotaia (lungo la rotaia principale in corrispondenza dei crociamenti per es.) (*ferr.*), edge rail, guardrail.

controruota di prua (*costr. nav.*), apron.

controscarpa (*ed.*), counterscarp. **2.** muro di ~ (*ed.*), counterscarp wall.

controsformo (controspoglia, sottosquadro: di una forma, stampo o modello) (*fond. - metall.*), back draft.

controsoffitto (per isolamento acustico per es.) (*ed.*), false ceiling.

controspinta (*mecc.*), counterthrust.

controspionaggio (*milit.*), counterespionage.

controspoglia (controsformo, sottosquadro: di uno stampo o di un modello) (*fond. - metall.*), back draft.

controstallìa (*nav. - comm.*), demurrage. **2.** giorni di ~ (*nav. - comm.*), demurrage days.

controstampa (difetto dovuto ad inchiostro fresco che lascia segni di stampa sulle pagine adiacenti) (*tip.*), setoff (ingl.), offset (am.).

controstampo (per chiodatura per es.) (*att.*), dolly. **2.** ~ per chiodature con rondella (su lavorazioni del cuoio), (*ut.*), riveting knob.

controsterzare (con veicoli sovrasterzanti per es.) (*aut.*), to countersteer.

controsterzatura (controsterzo, con veicoli sovrasterzanti per es.) (*aut.*), countersteering.

controsterzo (controsterzatura, di una autovettura sovrasterzante per es.) (*aut.*), countersteering.

controtipo (*cinem.*), duplicate.

controtirante (*aer.*), anti-drag wire.
controtorretta (*mar. milit.*), upper conning tower.
controtrincarino (*costr. nav.*), inner waterway.
controvapore (*macch. a vapore*), reverse steam.
controvelaccino (vela) (*nav.*), foreroyal.
controvelaccio (vela) (*nav.*), main royal.
controventamento (operazione) (*ed.*), windbracing, bracing.
controventare (*gen.*), to brace.
controventato (*ed.*), braced.
controventatura (elementi diagonali di irrobustimento di una struttura) (*ed. - ind. - nav. - ecc.*), windbracing, wind brace, bracing. **2.** ~ a croce di Sant'Andrea (*ed.*), cross bracing.
controvènto (contro la direzione del vento), against the wind, upwind. **2.** ~ (*nav. - aer.*), head to wind. **3.** ~ (elemento diagonale di irrobustimento di una struttura) (*ed.*), brace. **4.** controventi della torre di sondaggio (controventi della torre di trivellazione) (*min.*), derrick braces.
controvèrsia (vertenza, disputa) (*gen.*), dispute.
contusione (*med.*), bruise, contusion.
convalescenza (*med.*), convalescence.
convalida (di una sentenza per es.) (*leg. - ecc.*), confirmation. **2.** ~ (operazione di verifica della corrispondenza dei dati in entrata rispetto ad un predeterminato standard) (*elab.*), validation. **3.** ~ del programma (*elab.*), program validation.
convegno (riunione di persone, durante una esposizione per es.) (*ind. - ecc.*), convention, symposium.
conveniènte (*gen.*), convenient, suitable. **2.** non ~ (*gen.*), inconvenient, unsuitable.
convenienza (*gen.*), convenience. **2.** ~ (di un prezzo) (*comm.*), cheapness.
convenire (concordare, accordarsi) (*comm.*), to agree.
convènto (*arch.*), convent, monastery, cloister.
convenuto (*s. - leg.*), defendant. **2.** ~ (*a. - gen.*), agreed.
convenzionale (*a. - gen. - elab.*), conventional. **2.** ~ (detto di armi, bombe ecc., che non impiegano sostanze nucleari) (*a. - milit.*), conventional.
convenzione (*comm.*), agreement. **2.** ~ (*leg.*), convention. **3.** ~ internazionale (accordo internazionale) (*comm. - ecc.*), international agreement.
convergènte (*a. - gen.*), convergent.
convergènza, convergency. **2.** ~ (perturbazione di assetto, decrescente senza oscillazioni) (*aer.*), subsidence. **3.** ~ (angolo fra le tangenti a due meridiani) (*geogr.*), convergency. **4.** ~ delle ruote anteriori (*aut.*), toe-in. **5.** zona di ~ (zona di mare nella quale l'energia acustica trasmessa è concentrata a causa di effetti di rifrazione) (*acus. sub.*), convergence zone.
convèrgere, to converge.
convèrsa (di un tetto) (*ed.*), flashing.
conversazionale (riferito a dialoghi scritti fra terminali) (*a. - elab.*), conversational. **2.** in modo ~ (*elab.*), conversationally. **3.** modo ~ (funzionamento a dialogo, modo interattivo) (*elab.*), conversational mode.
conversazione (colloquio) (*comm. - ecc.*), conversation.
conversione (*elett. - mat.*), conversion. **2.** ~ (reazione chim.) (*chim.*), conversion. **3.** ~ (dei titoli) (*finanz.*), conversion. **4.** ~ (del titolo) (*mft. tess.*), conversion. **5.** ~ (di corrente continua in corrente alternata) (*elett.*), inversion, conversion of dc into ac. **6.** ~ (~ dati da una forma ad un'altra) (*mat. - elab.*), conversion. **7.** ~ da decimale in binario (*elab.*), decimal to binary conversion. **8.** ~ da nastro a nastro (*elab.*), tape-to-tape conversion. **9.** ~ del binario in decimale (*mat. - elab.*), binary to decimal conversion. **10.** ~ dell'immagine in energia elettrica (*telev.*), pickup. **11.** ~ di archivio [o di file] (~ di dati da un supporto, o/e codice, ad un altro supporto, o/e codice) (*elab.*), file conversion. **12.** ~ di codici (~ da una rappresentazione codificata ad un'altra) (*elab.*), code conversion. **13.** ~ di frequenza (*radio*), frequency conversion. **14.** ~ di supporto (~ di dati fra due diversi supporti di registrazione: da una memoria a schede perforate a quella a disco magnetico per es.) (*elab.*), media conversion. **15.** ~ interna (reazione nucleare che determina un riassestamento interno del nucleo atomico) (*fis. atom.*), internal conversion. **16.** ~ magnetofluidodinamica (delle particelle del raggio del plasma) (*fis.*), magnetohydrodynamic conversion, MHD conversion. **17.** ~ serie-parallelo (*elab.*), serial-parallel conversion. **18.** angolo di ~ (*astr.*), conversion angle. **19.** codice di ~ (p. es. da binario a decimale) (*elab.*) conversion code. **20.** coefficiente di ~ (rapporto di trasformazione, atomi di plutonio prodotti per ogni scissione di un atomo di uranio 235) (*fis. atom.*), conversion ratio.
convertibile (*a. - gen.*), convertible.
convertibilità (*gen.*), convertibility. **2.** ~ della valuta (*finanz.*), currency convertibility.
convertiplano (aereo che si trasforma in volo da elicottero ad aeroplano veloce ad ala fissa) (*aer.*), convertiplane, convertoplane.
convertire (*elett. - mat.*), to convert, to turn into. **2.** ~ (~ dati da una rappresentazione codificata ad un'altra: tradurre un linguaggio in un altro) (*elab.*), to convert, to translate. **3.** ~ (trasformare una forma di energia in un'altra: p. es. da elettrica ad acustica) (*elett. - acus. - eltn.*), to transduce. **4.** ~ da analogico a digitale (*elab.*), to digitize, to digitalize. **5.** ~ nel sistema metrico (*mis.*), to metricize, to metricate (ingl.).
convertitore (*macch. elett.*), converter, convertor. **2.** ~ (unità che cambia la rappresentazione dei dati: p. es. da analogica a digitale, da nastro a scheda ecc.) (*elab.*), converter. **3.** ~ analogico-digitale (*elab.*), ADC, Analog to Digital Converter. **4.** ~ analogico-numerico (di un calcolatore) (*elab.*), analog-to-digital converter. **5.** ~ Bessemer (*metall.*), Bessemer converter, Bessemer. **6.** ~ catali-

tico (sistemato nella marmitta, disinquina i gas di scarico delle automobili) (*ecol.*), catalytic converter. **7.** ~ da nastro a scheda (*elab.*), tape-to-card converter. **8.** ~ di corrente continua in corrente continua survoltata (*macc. elett.*), multivator. **9.** ~ di fase (*macch. elett.*), phase converter. **10.** ~ di frequenza (complesso statico o dinamico per trasferire energia elettrica da un circuito ad una data frequenza ad un altro a frequenza diversa) (*elett. - eltn.*), frequency converter. **11.** ~ digitale/analogico (*elab.*), digital to analog converter, DAC. **12.** ~ di immagine (apparecchio per raccogliere e trasmettere immagini) (*telev.*), pickup. **13.** ~ di immagini (rende possibile la trasmissione di immagini su linee telefoniche per es.) (*eltn. - telef. - ecc.*), scan converter. **14.** ~ numerico-analogico, *vedi* ~ digitale-analogico. **15.** ~ in cascata (*macch. elett.*), motor converter, cascade converter. **16.** ~ trifase (*elett.*), three-phase converter. **17.** trattare al ~ Bessmer (*mft. acciaio*), to bessemerize.

convertitrice (rotante) (*macch. elett.*), converter. **2.** ~ a valvole (*radio*), tube converter. **3.** ~ sincrona (macchina elettrica che converte corrente alternata in corrente continua o viceversa) (*elettromecc.*), synchronous converter.

convessità (*gen.*), convexity.

convèsso (*a. - gen.*), convex.

convettivo (*a. - term.*), convective.

convettore (elemento a tubi alettati con entrate ed uscite del fluido riscaldante, per trasmissione di calore per convezione) (*app. term.*), convector.

convezione (passaggio di calore da un punto ad un altro del fluido che circonda l'oggetto riscaldante) (*term.*), convection. **2.** ~ (trasferimento di calore con moto verticale nell'atmosfera) (*meteor.*), convection. **3.** corrente elettrica di ~ (*elett.*), convection current.

convocare (un'assemblea per es.) (*comm. - finanz.*), to call, to convene.

convocazione (*gen.*), convocation, summons.

convogliamento (*ind.*), conveyance.

convogliare (*ind.*), to convey. **2.** ~ (a mezzo di tubazioni) (*tubaz.*), to pipe. **3.** ~ (immagini mediante prismi per es.) (*ott.*), to convey.

convogliatore (*ind.*), conveyor. **2.** ~ (a catena, a cinghia, a vite senza fine ecc.) (*ind. - agric. - ecc.*), creeper. **3.** ~ ad alette (~ a raschietti) (*app. ind.*), drag conveyor. **4.** ~ a catena con traversini (spinge il carico su dislivelli mediante i traversini) (*mecc.*), push-bar conveyor. **5.** ~ a circuito chiuso (di getti per es.) (*trasp. - ind.*), loop conveyor. **6.** ~ a coclea (*ind.*), spiral conveyor, screw conveyor, auger conveyor, worm. **7.** ~ ad alimentazione controllata (che controlla la quantità trasportata) (*ind.*), apron feeder. **8.** ~ a nastro (*ind.*), belt conveyor. **9.** ~ a piastre (*ind.*), slat conveyor, apron conveyor (ingl.). **10.** ~ a raschiamento (~ a raschietti) (*app. ind.*), scraper conveyor, flight conveyor, drag conveyor. **11.** ~ a scosse (*ind. trasp.*), reciprocating conveyor. **12.** ~ con nastro di tessuto metallico (*ind.*), woven wire belt conveyor. **13.** ~ (a nastro) di sbavatura (*app. fond.*), snagging belt. **14.** ~ immerso girevole (*app. ind.*), dip and spin conveyor. **15.** ~ pacchi (*nastro trasportatore per pacchi*), package conveyor. **16.** ~, *vedi anche* trasportatore.

convòglio (*mar. milit.*), convoy. **2.** ~ di vagoncini (in una miniera di carbone) (*min.*), journey.

convoluzione (*mat.*), convolution. **2.** procedimento integrale di ~ (*mat.*), convolution integral process.

cooperativa (società) (*comm.*), cooperative society.

coordinamento (*gen.*), coordination. **2.** ~ (delle parti da montare sullo chassis per es.) (*prod. ind.*), marshalling.

coordinare (*gen.*), to coordinate.

coordinata (*mat.*), co-ordinate, coordinate. **2.** ~ astronomica (*astr.*), celestial coordinate. **3.** coordinate cartesiane (*mat.*), Cartesian coordinates. **4.** ~ Cartesiana ad angoli retti (una delle due coordinate cartesiane) (*mat.*), rectangular coordinate. **5.** coordinate cartesiane oblique (*mat.*), oblique coordinates. **6.** coordinate cilindriche (coordinate semipolari) (*geom. analitica*), cylindrical coordinates. **7.** ~ cromatica (*ott.*), chromaticity coordinate. **8.** coordinate equatoriali (di una stella) (*aer. - nav.*), equatorial coordinates. **9.** coordinate geografiche (latitudine e longitudine) (*geogr.*), geographic coordinates. **10.** coordinate piane (*mat. - top. - ecc.*), plane coordinates. **11.** coordinate polari (*mat. - top. - ecc.*), polar coordinates. **12.** coordinate rettangolari (*mat. - top. - ecc.*), rectangular coordinates. **13.** coordinate sferiche (*mat. - top. - navig. - ecc.*), spherical coordinates, space polar coordinates. **14.** ~ verticale (in un sistema tridimensionale, coordinata z) (*mat.*), z coordinate. **15.** origine delle coordinate (*mat.*), origin of coordinates. **16.** rettificare a coordinate (*mecc. macch. ut.*), to jig-grind. **17.** tavola per rettificare a coordinate (*mecc. macch. ut.*), jig grinding table.

coordinatografo (per la registrazione di punti mediante le loro coordinate) (*app. - top.*), coordinatograph.

coordinazione (*gen.*), coordination. **2.** ~ verticale (*organ.*), vertical coordination. **3.** reattivo di ~ complessa (*psicol. ind.*), complex coordination test.

copale, *vedi* coppale.

copèrchio (*gen.*), cover, lid. **2.** ~ (*mecc.*), cover, cap. **3.** ~ (calotta: di un motore asincrono per es.) (*elett.*), cover. **4.** ~ (di una staffa) (*fond.*), cope, lift. **5.** ~ (protezione di un obiettivo) (*fot.*), cap. **6.** ~ abitacolo armi (di un caccia per es.) (*aer. milit.*), gun cover. **7.** ~ anteriore (di un motore stellare per es.) (*mot.*), front cover. **8.** ~ a vite (*mecc.*), screw cap. **9.** ~ bagagliera, pannello coperchio baule (*costruz. carrozz. aut.*), trunk lid panel. **10.** ~ bagagliera (*aut.*), trunk lid. **11.** ~ cilindrico (per la protezione di uno sfibratore) (*macch. mft. carta*), high hat. **12.** ~ di botola di accesso (*ed. - strad.*), manhole cover. **13.** ~ lato distribuzione (di una motocicletta per es.) (*mecc.*), timing side cover. **14.** apribile sul ~ (di una lattina di birra per es.: tirando un anello si produce un foro sul coperchio) (*gen.*), pop-top.

copèrta (*nav.*), deck. **2.** ~ (tavolato di coperta) (*costr. nav.*), deck planking. **3.** ~ (di lana) (*ind. tess.*), blanket. **4.** ~ (da viaggio: "plaid") (*ind. tess.*), plaid. **5.** ~ (per cavallo) (*ind. tess.*), rug. **6.** ~ a pozzo (ponte a pozzo) (*nav.*), well deck. **7.** ~ con tende (*naut.*), awning deck. **8.** ~ di prua (*nav.*), foredeck. **9.** ~ fasciata (di una nave da guerra per es.) (*mar. milit.*), plated deck. **10.** ~ rasa (*nav.*), flush deck. **11.** carico di ~ (*nav.*), deck cargo, deck load. **12.** cubia di ~ (*nav.*), deck hawsehole. **13.** mozzo di ~ (*nav.*), deck boy. **14.** occhio di ~ (vetro inserito in un ponte di legno) (*nav.*), deck light. **15.** sopra ~ (*nav.*), on deck.

copertina (di un libro per es.) (*tip.*), cover. **2.** ~ di un muro (*ed.*), coping of a wall. **3.** ~ monolucida (usata per opuscoli per es.) (*mft. carta*), pressing. **4.** ~ protettiva (di un libro rilegato) (*tip. - legatoria*), jacket. **5.** prima di ~ (pagina) (*pubbl.*), front cover. **6.** quarta di ~ (pagina) (*pubbl.*), back cover. **7.** retro ~ (di un libro per es.) (*tip. - legatoria*), back cover. **8.** seconda di ~ (pagina) (*pubbl.*), inside cover. **9.** terza di ~ (pagina) (*pubbl.*), inside back cover.

copèrto (*a. - gen.*), covered. **2.** ~ (di cielo) (*meteor.*), overcast. **3.** ~ di tavole (*carp.*), boarded.

copertone (copertura di pneumatico di auto per es.) (*ind. gomma*), tire. **2.** ~ con relativa camera d'aria (di auto per es.) (*ind. gomma*), tire. **3.** ~ con talloni a flangia (di auto) (*ind. gomma*), clincher, clincher tire. **4.** ~ impermeabile (per coprire) (*ind. tess.*), tarpaulin. **5.** ~ liscio (col battistrada consumato: di auto per es.) (*ind. gomma*), smooth tire. **6.** ~ ricostruito (rifatto il battistrada per es.) (*ind. gomma*), retread. **7.** ~ senza camera d'aria (di auto per es.) (*ind. gomma*), tubeless tire. **8.** ~, *vedi anche* copertura.

copertura (*gen.*), covering. **2.** ~ (materiali da copertura, di un tetto) (*ed.*), roofing. **3.** ~ (materiale sterile ricoprente il minerale) (*min.*), burden. **4.** ~ (copertone di pneumatico di aut. per es.) (*ind. gomma*), tire, shoe. **5.** ~ aerea (protezione dell'aeronautica contro il nemico) (*milit.*), air cover. **6.** ~ a manto impermeabile (*ed.*), waterproof roofing. **7.** ~ (impermeabilizzata) a strati multipli (con feltro ed asfalto per es.) (*costr. ed.*), built-up roof. **8.** ~ con battistrada scolpito profondamente (per marcia fuoristrada: per aut. milit. o trattori agric.) (*ind. gomma*), grip tire. **9.** ~ con lamiere di ferro, iron sheeting. **10.** ~ con tegole (di un tetto) (*ed.*), tile covering. **11.** ~ della pallinatura (*tecnol. mecc.*), shot-peening coverage. **12.** ~ della zona prospiciente un ingresso (*arch.*), porch. **13.** ~ dello sfiato calotta (di un paracadute) (*aer.*), vent patch. **14.** ~ di ardesia (di un tetto) (*ed.*), slate covering, slating. **15.** ~ di cemento armato (*ed.*), reinforced-concrete ceiling, ferroconcrete ceiling. **16.** ~ di tela, canvas covering. **17.** ~ di trasmissione (*difetto di comun.*), *vedi* interferenza di ~. **18.** ~ di un tetto (*ed.*), roof covering, roofing. **19.** ~ in cemento armato con pannelli curvi (per grandi ambienti) (*mur.*), shell roof. **20.** ~ in fibrocemento (*ed.*), asbestos lumber roofing, asbestos cement roofing. **21.** ~ in mattoni di un solaio (*ed.*), brick ceiling. **22.** ~ scolpita (per marcia fuori strada) (*ind. gomma*), studded tire. **23.** materiali da ~ (*ed.*), roofing. **24.** senza ~ (aperto) (*ed. - nav. - ecc.*), open.

còpia, copy. **2.** ~ (originale da copiare con fresatrice a copiare) (*macch. specifica*), master. **3.** ~ (di oggetto), copy. **4.** ~ (di fotografia) (*fot.*), print. **5.** ~ (di un film) (*cinem.*), print, copy. **6.** ~ (riproduzione fotomeccanica) (*tip.*), print. **7.** ~ a contatto (*fot. - ecc.*), contact print. **8.** ~ al bromuro (*fot.*), bromide print. **9.** ~ campione (prima copia, proiettata per l'approvazione finale di un film) (*cinem.*), answer print. **10.** ~ carbone (~ ottenuta mediante carta carbone) (*uff.*), carbon copy, carbon. **11.** ~ cianografica (*dis.*), blueprint. **12.** ~ con carta-carbone (*uff.*), carbon copy. **13.** ~ conforme (*comm.*), true copy. **14.** ~ del contenuto della memoria (*elab.*), *vedi* ammasso. **15.** ~ di omaggio (di un libro ecc.) (*comm.*), complimentary copy. **16.** ~ di riserva (*elab. - ecc.*), backup copy. **17.** ~ di salvataggio del contenuto di memoria (*elab.*), *vedi a* memoria. **18.** ~ fotostatica (stampa ottenuta per mezzo di apparecchio fotostatico) (*fot.*), photostat. **19.** ~ in chiaro a stampa (*elab.*), *vedi* ~ su carta. **20.** ~ lucida (o smaltata) (*fot.*), glossy print. **21.** ~ non permanente (*elab.*), transient copy. **22.** ~ per noleggio (di film) (*cinem.*), release print. **23.** ~ positiva (di una pellicola) (*cinem.*), print. **24.** ~ rapida (*cinem.*), rush print. **25.** copie rese (copie invendute di un giornale per es.) (*giorn.*), unsold (*s.*). **26.** ~ riproducibile (su carta trasparente) (*dis.*), tracing. **27.** ~ seppia (*fot.*), sepia print, brown print. **28.** ~ smaltata (*fot.*), glossy print. **29.** ~ sonora (pellicola comprendente la colonna sonora) (*cinem.*), composite print. **30.** ~ stampata (*elab.*), hard copy, readable printed copy. **31.** ~ su carta (~ stampata su carta, anziché visualizzata sull'unità video) (*elab.*), hard copy, copy, HC. **32.** copie stampate in più (*tip.*), overrun, overs. **33.** ~ stampata per contatto (*fot. - fotomecc.*), contact print. **34.** ~ su carta bicromatata (*fot.*), gum-bichromate print. **35.** ~ tipo (modello di campione) (*gen.*), master pattern.

copialèttere (*uff.*), letter press.

copiare, to copy.

copiatrice (*macch. uff.*), copier. **2.** ~ Xerox (*macch. uff.*), Xerox, xerographic copier.

copiatura (riproduzione, mediante fresatrice a copiare per es.) (*mecc.*), copying. **2.** ~ idraulica (ri-

produzione idraulica, di una fresatrice a copiare per es.) (*mecc.*), hydrocopying.
copiglia (*mecc.*), split pin.
copigliare (incopigliare) (*mecc.*), to splitpin.
copilota (comandante in seconda, primo ufficiale di bordo) (*aer.*), first officer.
copione (*cinem.*), script, screen play.
copista (*impiegato*), copyist.
coplanare (*geom.*), coplanar.
copolimerizzazione (*chim.*), copolymerization, heteropolymerization.
copolìmero (*chim.*), copolymer. **2.** ~ a blocchi (copolimero sequenzato) (*chim.*), block copolymer. **3.** ~ ad innesto (*chim.*), graft copolymer.
coppa (*gen.*), cup. **2.** ~ (dell'olio) (*mot.*), (oil) pan, (oil) sump. **3.** ~ coprivolano (*mot.*), flywheel housing (am.), flywheel casing (ingl.). **4.** ~ del filtro dell'aria (*mot.*), air cleaner bowl. **5.** ~ dell'olio (del basamento del motore) (*mot.*), oil sump, oil pan. **6.** ~ del motore (*mot.*), crankcase sump. **7.** ~ Ford (viscosimetro) (*strum. di mis.*), Ford cup. **8.** ~ girante (coppa messa in palio per più di una volta) (*sport*), challenge cup. **9.** ~ per mozzo ruota (*aut.*), wheel hub cap. **10.** ~ serbatoio (coppa dell'olio) (*mot.*), wet sump. **11.** ~, *vedi anche* coppe.
coppaia (di un tornio) (*mecc.*), bell chuck, catboard chuck.
coppale (resina), copal. **2.** ~ (copale, olio di coppale) (*vn. - falegn.*), copal varnish, oil varnish, varnish.
còppe (argille di contatto tra vena e letto o tetto) (*min. - geol.*), gouge.
coppèlla (per raffinare oro o argento) (*metall.*), cupel, test. **2.** ~ di sughero per tubazioni (isolamento termico di tubazioni) (*term.*), cork pipe covering, cork pipe insulator.
coppellare (*metall.*), to cupel.
coppellazione (*metall.*), cupellation. **2.** sottoporre a ~ (oro o argento per es.) (*metall.*), to test.
coppetta (supporto, per alloggiare i diamanti durante il loro taglio) (*app.*), dop, dopp.
coppia (costituita da due vettori paralleli di uguale forza ma aventi direzioni opposte) (*mecc. raz.*), couple. **2.** ~ (forza che imprime rotazione: ~ sviluppata da un motore per es.) (*mecc. applicata*), torque. **3.** ~ (telefonica), pair. **4.** ~ (*mat.*), dyad. **5.** ~ (~ cinematica: rappresentata per es. da un pistone col suo cilindro) (*mecc. applicata*), pair, kinematic pair. **6.** ~ antagonista (di uno strumento), restoring torque. **7.** ~ autoallineante (coppia di autoallineamento) (*aut.*), aligning torque. **8.** ~ cinematica elementare (*cinematica*), lower pair. **9.** ~ cinematica elicoidale (*cinematica*), twisting pair. **10.** ~ cinematica prismatica (*cinematica*), sliding pair. **11.** ~ cinematica rotoidale (*cinematica*), turning pair. **12.** ~ cinematica superiore (nella quale il contatto avviene lungo linee o in punti) (*cinematica*), higher pair. **13.** ~ conica (ingranaggio conico) (*mecc.*), bevel gear pair. **14.** ~ conica (del differenziale) (*aut.*), crown wheel and pinion. **15.** ~ della ruota (*veic.*), wheel torque. **16.** ~ deviatrice (di uno strum.), deflecting torque. **17.** ~ di avviamento (momento di avviamento) (*macch. elett.*), starting torque. **18.** ~ di lavoro (*macch.*), working torque. **19.** ~ direttrice (di uno strum.), controlling couple. **20.** ~ di ruote (dentate) solidali (di diverso diametro) (*mecc.*), step gear. **21.** ~ di serraggio (valore della coppia di serraggio, per dadi per es.) (*mecc.*), torque wrench setting, driving torque. **22.** ~ di smorzamento (in uno strumento per es.) (*elett. - mecc.*), damping couple. **23.** ~ di spunto (*macch. elett.*), static torque. **24.** ~ di stallo (coppia resistente massima di un mot. elett. per es.) (*mot.*), stall torque. **25.** ~ di stallo (*aer.*), stalling torque. **26.** ~ di stereogrammi (*ott.*), stereo-pair. **27.** ~ elicoidale (comando a vite elicoidale) (*mecc.*), worm drive. **28.** ~ frenante (*mecc.*), braking torque. **29.** ~ frenante (in un mot. elett. per es.) (*elett.*), braking couple. **30.** ~ massima di accelerazione (da fermo alla velocità nominale) (*aut.*), pull-in torque. **31.** ~ motrice (di un mot.) (*mot.*), torque. **32.** ~ resistente massima (coppia di stallo, di un mot. elett. per es.) (*mot.*), stall torque. **33.** ~ riequilibratrice (*mecc. raz.*), restoring torque. **34.** ~ rovesciante (*aerot.*), tilting couple. **35.** ~ stabilizzatrice (*nav.*), righting couple. **36.** ~ termoelettrica (o termocoppia) (*strum. mis. elett.*), thermoelectric couple, thermoelectric pair. **37.** ~ voltaica (*elett.*), galvanic couple, voltaic couple. **38.** banco di prova (per la determinazione) della ~ (di un mot. per es.), torque stand. **39.** con una ~ di ruote motrici (di una locomotiva) (*a. - mecc.*), single-driver. **40.** misuratore di ~ (di un mot. per es.) (*mecc.*), torque meter. **41.** momento della ~ (*mecc. raz.*), moment of the couple, torque. **42.** sottoporre ad una ~ (imprimere un movimento torcente) (*mecc.*), to torque. **43.** variatore di ~ (cambio idraulico per es.) (*mecc. - aut.*), torque convertor, torque converter.
coppiglia (*mecc.*), split pin.
coppigliare (incoppigliare) (*mecc.*), to splitpin.
coppo (tegola curva, tegola a canale) (*ed.*), imbrex, bent tile.
copra (polpa secca della noce di cocco) (*ind.*), copra.
coprecipitazione (*chim.*), coprecipitation.
"coprenza" (potere coprente) (*vn.*), hiding power.
copricanna (di carabina), hand guard.
copricatena (di una bicicletta) (*veic. - ecc.*), chain cover.
coprifiamma (di una mitragliatrice per es.) (*milit.*), flash eliminator. **2.** ~ (parafiamma, dispositivo applicato al tubo di scarico di un motore d'aviazione a scopo di occultamento) (*mot. aer. - ecc.*), flame damper.
coprifuoco (*milit.*), curfew.
coprigiunto (*mecc.*), butt strap, lap plate. **2.** ~ (per rotaia) (*ferr.*), joint fishing. **3.** ~ (di giunto di dilatazione per es.) (*ed.*), joint covering. **4.** chiodatura a ~ (*mecc.*), strap joint, butt joint.

coprimorsetti (di un contatore elett. per es.) (*elett.*), terminal cover.
coprimozzo (copriruota) (*aut.*), hub-cap.
coprioggetto (per esami al microscopio) (*ott.*), slide.
coprirazzi (di una ruota) (*veic. - macch.*), spoke cover.
coprire (*gen.*), to cover. **2.** ~ (pavimentare o rivestire) di assi (*carp.*), to plank. **3.** ~ (soffocare il fuoco) (*comb.*), to bank. **4.** ~ con cimasa (o copertina) (*arch.*), to cope. **5.** ~ con coperchio (o con qualcosa che serva da copertura) (*gen.*), to top. **6.** ~ con una rete (telefonica, ferroviaria, ecc.) (*telecom. - ferr.*), to network. **7.** ~ con uno strato di gelatina (*fot.*), to gelatinize. **8.** ~ un ripiegamento (*tattica milit.*), to cover a withdrawal.
copriruòta (*veic.*), wheel cover. **2.** ~ (coprimozzo) (*aut.*), hub cap.
coprisedile (di automobile) (*aut.*), seat cover.
coprisèlla (di motocicletta per es.), saddle cover.
"copriunghie" (contropezza, coprigiunto) (*nav. - mecc.*), butt strap.
coprivolano (cuffia coprivolano) (*mot.*), flywheel housing.
"copyright" (proprietà letteraria, diritto di riproduzione) (*tip.*), copyright.
corallo, coral.
corazza (*milit.*), armor, armour. **2.** senza ~ (*milit.*), unarmoured.
corazzare (*milit. - elett.*), to armor, to ironclad.
corazzata (nave da battaglia) (*mar. milit.*), battleship.
corazzato (blindato) (*milit.*), armored. **2.** ~ (di cavo elettr. per es.), armored. **3.** ~ (blindato) (*a. - milit.*), armor-plated. **4.** ~ (*a. - costr. nav. - ecc.*), armor-plated, ironclad.
corazzatura (*costr. nav. - elett.*), armor-plating.
còrda, cord, string. **2.** ~ (*geom.*), chord. **3.** ~ (di un'ala) (*aerot.*), chord. **4.** ~ (inclusione nel vetro avente proprietà ottiche ecc. diverse da quelle del vetro circostante) (*mft. vetro*), cord, stria. **5.** ~ (di strumento musicale) (*musica*), string. **6.** ~ (di apertura) della nottola (o del saliscendi) (*chiavistello*), latchstring. **7.** ~ di carta (treccia di carta) (*ind.*), paper cord. **8.** ~ di rame (*elett. ind.*), copper plait. **9.** ~ di sospensione (della navicella di un aerostato) (*aer.*), suspension line. **10.** ~ di strappo (cavo di spiegamento per lo sganciamento del paracadute pilota che fa uscire il paracadute principale) (*paracadute*), rip cord. **11.** ~ elastica ammortizzatrice (cavo o nastro elastico ammortizzatore, per piccoli aer.) (*aer.*), shock cord. **12.** ~ media (di un'ala) (*aerot.*), mean chord. **13.** ~ media geometrica (di un profilo aerodinamico) (*aerot.*), standard mean chord. **14.** ~ per legature (corda per eseguire bozze, pezzo di catena o di cavo per rinforzare qualcosa) (*nav. - sollevamento ecc.*), standing rope. **15.** ~ portante (una linea elettrica aerea) (*elett.*), messenger cable. **16.** linea di ~ (di un profilo aerodinamico) (*aerot.*), chord line.
cordaio (*op.*), ropemaker.
cordale (*a. - mecc.*), chordal. **2.** addendum ~ (di un dente di ingranaggio) (*mecc.*), chordal addendum. **3.** spessore ~ (di un dente di ingranaggio) (*mecc.*), chordal thickness.
cordame (*nav. - gen.*), cordage, ropes. **2.** ~ cucito (*mft. funi*), sewn cordage. **3.** macchina per intrecciare ~ (*mft. funi*), rope plaiting machine.
cordatura (dei trefoli, per la formazione di cavi) (*mft. cavi elett.*), stranding. **2.** ~ (avvolgitura dei trefoli) (*mft. corde*), lay.
cordellina (provetta di vetro presa dal bagno di fusione con asta di ferro) (*mft. vetro*), rod proof.
corderia (fabbrica di corde) (*ind.*), rope factory, ropery.
cordetta (di fuso) (*ind. tess.*), "banding".
cordicèlla, string.
cordierite [(Mg Fe)$_2$Al$_4$Si$_5$O$_{18}$] (*refrattario - min.*), cordierite, iolite.
cordite (*espl.*), cordite.
còrdolo (di marciapiede) (*strad.*), curb (am.), kerb (ingl.), curbstone (am.), kerbstone (ingl.). **3.** ~ (*saldatura*), *vedi* cordone.
cordonata (cordone o cordolo del marciapiede) (*strad.*), curb (am.), kerb (ingl.), curbstone (am.), kerbstone (ingl.).
cordonatrice (*macch. mft. carta*), creasing machine.
cordonatura (finitura di superficie verniciata che presenta pronunciate striature di pennello per difettosa distensione della vernice) (*difetto vn.*), brush mark, ropey finish, ropy finish, ribbness. **2.** ~ (*mft. carta*), creasing.
cordoncino (elettrico) (*elett.*), lamp cord, flexible cord. **2.** ~ (posto trasversalmente al dorso del libro) (*rilegatura*), band. **3.** ~ a due conduttori (*elett.*), two-strand (electric) cord, twin flexible cord. **4.** ~ binato piatto (piattina) (*elett.*), twin-flat.
cordone (della saldatura) (*mecc.*), bead, seam, weld. **2.** ~ (conduttore flessibile: fra apparecchio e ricevitore per es.) (*telev.*), cord. **3.** ~ (cavo flessibile: di apparecchio elettrico portatile, facente capo ad una spina per es.) (*elett. - telef.*), flexible cord, trailing cable. **4.** ~ (o cordolo: del marciapiede) (*costr. strad.*), curb (am.), kerb (ingl.), curbstone (am.), kerbstone (ingl.). **5.** ~ (riga di laminazione, su un laminato) (*difetto di laminazione*), overfill. **6.** ~ al rovescio (passata al rovescio) (*saldatura*), back bead, backing run. **7.** ~ a passata larga (cordone a passata con moto pendolare) (*saldatura*), weave bead. **8.** ~ a passata stretta (cordone lineare) (*saldatura*), string bead. **9.** ~ con spina (conduttore flessibile munito di spina per collegamenti elettrici) (*elett.*), attachment plug. **10.** ~ della saldatura a ottone (o a forte) (*mecc.*), brazing seam. **11.** ~ della saldatura a stagno (*mecc.*), soldering seam. **12.** ~ di angolo (cordone di sezione circa triangolare per l'unione di due superfici ad angolo retto) (*saldatura*), fillet weld. **13.** ~ di bava (di uno stampo per fucinatura) (*fucinatura*), land, flash land. **14.** ~ di saldatura (*saldatura*), weld

bead. **15.** ~ di stoppa (usato per calafatare) (*nav.*), pledget. **16.** ~ (a cordoncino) elettrico (*comm. elett.*), twisted pair. **17.** ~ frontale (avente l'asse giacente in un piano orizzontale e la superficie esterna in un piano circa verticale) (*saldatura*), groove weld. **18.** ~ ombelicale (complesso di cavi elettrici e tubazioni che collegano l'astronave alla torre prima del lancio oppure che collegano gli astronauti con l'astronave quando si trovano all'esterno di essa nello spazio) (*razzo - astric.*), umbilical cord, umbilical. **19.** deposizione dei cordoni (di saldatura) (*saldatura*), beading.

coreggiato (correggiato: attrezzo agricolo per battere a mano cereali per es.) (*att. agric.*), flail.

coriaceo (*a. - gen.*), leathery.

coriandolo (residuo della punzonatura delle schede perforate) (*elab.*), chad, chip. **2.** vaschetta dei coriandoli (prodotti dalle perforazioni) (*elab.*), chad box, chip box.

coricato (adagiato in piano) (*gen.*), flatwise.

corindone (Al_2O_3) (*min.*), corundum.

corinzio (stile) (*arch.*), Corinthian.

corista (diapason) (*strum. mus.*), tuning fork, diapason.

"cornetta" (ricevitore telefonico) (*telef.*), handset.

cornice (di un quadro per es.) (*gen.*), frame. **2.** ~ (*arch.*), cornice. **3.** ~ (di piedistallo di colonna) (*arch.*), surbase. **4.** ~ (di uno strumento per es.) (*strum.*), bezel. **5.** ~ (di metallo, per fari per es.) (*aut.*), rim, bezel. **6.** ~ (di un parabrezza) (*aut.*), molding. **7.** ~ (di una coffa) (*nav.*), rim. **8.** ~ (elemento di rifinitura di un finestrino di automobile per es.) (*costr. carrozz. aut.*), capping. **9.** ~ (telaio rettangolare in legno per la fabbricazione della carta a mano) (*app. mft. carta*), deckle. **10.** ~ orizzontale esterna (di una casa: marcapiano) (*arch.*), stringcourse, water table.

cornicione (struttura terminale sporgente di edificio) (*arch.*), cornice. **2.** ~ (modanatura sporgente: sopra una porta o una finestra) (*arch.*), label. **3.** ~ di gronda (parte di tetto che sporge oltre la parete di facciata) (*costr. ed.*), eaves. **4.** ~ marcapiano (*arch.*), *vedi* marcapiano.

"cornièra", *vedi* angolare.

corniolo (*legn.*), cornel.

còrno (*gen.*), horn. **2.** ~ (di un'incudine) (*mecc.*), beak, beakiron. **3.** ~ (piccola incudine con un solo corno) (*ut. per lattoniere*), beakiron. **4.** ~ artificiale (galalite) (*chim.*), galalith. **5.** ~ polare (di macch. elett.) (*elettromecc.*), pole horn, pole tip. **6.** ~ polare d'entrata (di macch. elett.) (*elettromecc.*), leading pole tip. **7.** ~ polare d'uscita (di macch. elett.) (*elettromecc.*), trailing pole tip.

còro (di una chiesa per es.) (*arch.*), choir.

corografia (*geogr.*), chorography.

corollario (*mat.*), corollary.

corona (*gen.*), crown. **2.** ~ (effetto corona) (*elett.*), corona. **3.** ~ (area circoscrivente l'impronta della saldatura a punti) (*tecnol.*), corona. **4.** ~ (di volano o puleggia) (*mecc.*), rim. **5.** ~ (punta a ~) (*ut. min.*), core bit. **6.** ~ (tetto di una miniera) (*min.*), back. **7.** ~ (anello di fissaggio delle funi di sospensione della navicella e della rete di un pallone) (*aer.*), hoop, load ring. **8.** ~ (anello metallico di ritegno della guarnizione di un pistone di macchina a vapore) (*macch.*), junk ring. **9.** ~ (stampo a ~, per formare prodotti dolciari per es.) (*ut.*), crown mold. **10.** corone (dei cilindri della macchina offset) (*macch. lit.*), bearers. **11.** ~ a spirale (di autocentrante) (*mecc. - macch. ut.*), scroll. **12.** ~ conica (~ dentata conica) (*mecc.*), ring bevel gear. **13.** ~ conica a dentatura elicoidale (per ingranaggio) (*mecc.*), spiral bevel ring gear. **14.** ~ dentata (*mecc.*), crown gear, crown wheel, ring gear. **15.** ~ dentata a dentatura interna (*mecc.*), internal gear. **16.** ~ dentata a disco (~ dentata a centro pieno) (*mecc.*), web type ring gear. **17.** ~ dentata conica (*mecc.*), ring bevel gear. **18.** ~ dentata del volano (*mecc. - mot.*), flywheel ring gear, flywheel annulus gear. **19.** ~ dentata per avviamento (sul volano) (*mot.*), starting ring gear. **20.** ~ di forzamento (di un proiettile) (*artiglieria*), driving band. **21.** ~ di palette del compressore (di compressore assiale) (*macch.*), compressor blades row. **22.** ~ di palette direttrici della turbina (*mecc.*), turbine guide blades. **23.** ~ di palette fisse intermedie (tra i due stadi) (*mecc.*), interstage stator blades. **24.** ~ di perforazione a diamanti (*ut. min.*), diamond-drill bit crown. **25.** ~ girevole per mitragliatrice (a bordo di un aereo) (*arma da fuoco*), machine gun mounting ring. **26.** ingranaggio a ~ conica (*mecc.*), ring bevel gear. **27.** tappo a ~ (per bottiglie) (*ind.*), crown cap.

coronamento (bordo superiore della poppa) (*nav.*), taffrail, taffarel, tafferel.

coronella (argine ausiliario di forma circolare) (*costr. idr.*), emergency ring bank.

corpo (di pompa di alimentazione benzina o di filtro dell'olio di motore per es. ecc.), body, casing. **2.** ~ (cassa di una turbina, di un compressore ecc.) (*mecc.*), cating, stator. **3.** ~ (di una caldaia) (*cald.*), shell. **4.** ~ (consistenza, di una vernice) (*vn.*), body. **5.** ~ (*tip.*), body size, point size. **6.** ~ $4^1/_2$ (*tip.*), $4^1/_2$-point. **7.** ~ 5 (*tip.*), 5-point. **8.** ~ $5^1/_2$ (*tip.*), $5^1/_2$-point. **9.** ~ 6 (*tip.*), 6-point. **10.** ~ 7 (*tip.*), 7-point. **11.** ~ 8 (*tip.*), 8-point. **12.** ~ 9 (*tip.*), 9-point. **13.** ~ 10 (*tip.*), 10-point. **14.** ~ 11 (*tip.*), 11-point. **15.** ~ 12 (*tip.*), 12-point. **16.** ~ 14 (*tip.*), 14-point. **17.** ~ 16 (*tip.*), 16-point. **18.** ~ 18 (*tip.*), 18-point. **19.** ~ celeste (*astr.*), heavenly body, celestial body. **20.** ~ cilindrico (di caldaia), drum, shell. **21.** ~ compagno (l'ultimo stadio di un razzo di lancio, che a sua volta orbita e segue il satellite lanciato) (*astric.*), companion body. **22.** ~ d'armata (*milit.*), army corps. **23.** ~ del bozzello (guscio del paranco) (*app. di sollevamento*), shell. **24.** ~ del carattere (forza del corpo) (*tip.*), body. **25.** ~ del filtro (*mecc. - mot.*), filter casing. **26.** ~ della caldaia (*cald.*), boiler shell. **27.** ~ della pompa (*mecc.*), pump casing. **28.** ~ dell'ingranaggio (*mecc.*), wheel body. **29.** ~ di evaporazione (*app. mft. zucchero*), evaporation body. **30.** ~ di guardia (*milit.*), guardroom. **31.** ~ di spedizione (*milit.*), expeditionary force. **32.** corpi estranei (*gen.*), foreign matters. **33.** corpi estranei vegetali (semi, lappole ecc. nella lana) (*ind. lana*), moits. **34.** ~ gobbo (*mat.*), *vedi* ~ sghembo. **35.** ~ grigio (radiatore non selettivo) (*fis. radiazioni*), gray body. **36.** ~ morto (blocco di calcestruzzo al quale à saldamente fissata con catena la boa di ormeggio di una barca) (*nav.*), sinker. **37.** ~ morto (blocco di cemento sepolto nel terreno, per il fissaggio di un tirante [o vento]) (*ed.*), anchor log. **38.** ~ nero (ricettore integrale) (*fis. radiazioni*), blackbody, ideal radiator. **39.** ~ non commutativo (*mat.*), *vedi* ~ sghembo. **40.** ~ principale (di un motore a reazione per es.) (*mecc.*), main casing. **41.** ~ sghembo (~ non commutativo, ~ gobbo, non commutativo nelle operazioni di moltiplicazione) (*mat.*), skew field. **42.** falso ~ (apparente buona consistenza di una vernice) (*vn.*), false body. **43.** forza del ~ (di un carattere tipografico) (*tip.*), point size.

corpuscolo (*chim. - fis.*), corpuscle, particle.

corrasione (*geol.*), corrasion.

corredare (*gen.*), to equip, to fit out.

corrèdo (dotazione: di accessori per es.), equipment. **2.** ~ (di attrezzi) (*gen.*), kit. **3.** ~ (*milit.*), kit. **4.** ~ ausiliario (*gen.*), ancillary equipment. **5.** ~ di obiettivi (di una macchina fotografica) (*fot.*), set of lenses. **6.** ~ (o borsa) degli attrezzi di volo (*mot. aer.*), flight tool kit. **7.** sacco per ~ (*milit.*), kit bag.

corrèggere (*gen.*), to correct, to rectify. **2.** ~ provvisoriamente, ~ temporaneamente (~ in modo grossolano e temporaneo un programma ecc.) (*elab.*), to patch.

correggiato (strumento agricolo per battere a mano: cereali per es.) (*att. agric.*), flail.

correggibile (p. es. un errore) (*a. - elab. - ecc.*), correctable.

correlatore (strumento che individua segnali deboli in un rumore di fondo per es.) (*eltn. - ecc.*), correlator.

correlazione (*stat.*), correlation. **2.** ~ di ampiezza (*elab. segn. - ecc.*), amplitude correlation. **3.** ~ di fase (*elab. segn. - ecc.*), phase correlation. **4.** ~ incrociata (correlazione tra due forme d'onda non identiche) (*elab. - segn.*), cross correlation. **5.** funzione di ~ (funzione ottenuta trattando una quantità o forma d'onda) (*elab. segnali*), correlation function.

corrènte (*elett.*), current. **2.** ~ (*idr.*), stream, flow. **3.** ~ (*costr. nav.*), stringer, plate. **4.** ~ (centina, anguilla) (*costr. nav.*), carling. **5.** ~ (di legno) (*ed.*), stringer. **6.** ~ (di spinta) (*turbogetto*), backwash. **7.** ~ (attualmente in corso) (*a. - gen.*), current. **8.** ~ aerodinamica (moto uniforme di un fluido passante attorno ad un profilo aerodinamico) (*mecc. dei fluidi*), streamline motion. **9.** ~ a getto (di aria) (*meteor.*), jet stream. **10.** ~ allo scollamento (corrente allo spunto, assorbita dal motorino elettrico di avviamento di un motore a c. i.) (*mot.*), breakaway current. **11.** ~ alternata (*elett.*), alternate current, alternating current, AC. **12.** ~ anodica (*termoion.*), anode current. **13.** ~ anodica di cresta (*termoion.*), anode peak current. **14.** ~ ascendente di aria calda (*meteor.*), thermal. **15.** ~ attiva (in fase con la tensione) (*elett.*), active current. **16.** ~ a vuoto (*elett.*), no-load current, exciting current. **17.** ~ bifase (*elett.*), diphase current, two-phase current. **18.** ~ bifase a fasi concatenate (*elett.*), interlinked two-phase current. **19.** ~ catodica (*valvola eltn.*), cathode current. **20.** ~ continua (*elett.*), direct current, unidirectional current, DC. **21.** ~ d'accensione (o di filamento) (*termoion.*), filament current, heating current. **22.** ~ d'antenna (*radio*), antenna current. **23.** ~ d'aria (moto relativo) (*aer.*), air stream. **24.** ~ d'aria (tiraggio di camino, caldaia ecc.), draft, draught. **25.** ~ d'aria (*aerodin.*), airflow. **26.** ~ d'aria ascendente (*aer. meteor.*), rising air. **27.** ~ d'aria discendente (*aer. - meteor.*), downdraught, downdraft. **28.** ~ (d'aria) forzata (*aerazione*), forced draught, forced draft. **29.** ~ d'aria prodotta dall'elica (*aer.*), slipstream. **30.** ~ d'avviamento (*mot. elett.*), starting current. **31.** ~ del golfo (*geogr.*), Gulf Stream. **32.** ~ della rete (*elett.*), network current. **33.** ~ derivata (*elett.*), derived current. **34.** ~ di attrazione (corrente di eccitazione, di un relè) (*elett.*), pick-up current. **35.** ~ di carica (dell'accumulatore) (*elett.*), charing current. **36.** ~ di compensazione (*elett.*), equalizing current. **37.** ~ di conduzione (*elett.*), conduction current. **38.** ~ di convezione (*macch. elettrostatiche*), convection current. **39.** ~ di cresta (*elett.*), peak current. **40.** ~ di dispersione (~ dispersa) (*telef. - ecc.*), sneak current, leakage current. **41.** ~ di eccitazione (di una dinamo per es.) (*elett.*), exciting current, field current. **42.** ~ di emissione catodica, emission current. **43.** ~ di fusoliera (lungherone continuo di una fusoliera) (*costr. aer.*), longeron. **44.** ~ di griglia (*termoion. - elett.*), grid current. **45.** ~ di guasto (*elett.*), fault current. **46.** ~ di innesco (~ di accensione di un tubo elettronico per es.) (*eltn. - elett.*), firing current. **47.** ~ di interruzione (*elett.*), cutoff current. **48.** ~ di ionizzazione (*elett.*), ionization current. **49.** ~ di ionizzazione (prodotta in un gas ionizzato da un campo elettrico) (*fis. atom.*), ionization current. **50.** ~ di linea (*elett.*), line current. **51.** ~ di mantenimento (p. es. per mantenere una memoria volatile con tensione di circa 1,5 V) (*eltn.*), holding current. **52.** ~ di marcia a vuoto (*mot. elett.*), no-load current. **53.** ~ di marea (*mare*), tidal stream. **54.** ~ di placca (corrente anodica) (*termoion.*), plate current. **55.** ~ di punta di entrata (*elett.*), inrush current. **56.** ~ di regime (*elett.*), working current. **57.** ~ di rete (*elett.*), network current. **58.** ~ di ritorno (*elett.*), return current. **59.** ~ di scatto (di apparecchio elettrico) (*elett.*), releasing current. **60.** ~ di spostamento (corrente ideale in un dielettrico in regime di variazione di tensione nel circuito) (*elett.*), dielectric current, displacement current. **61.** ~ di stiva (*costr. nav.*), hold stringer, bilge keelson. **62.** ~ di terra (di ritorno: dovuta al neutro a terra per es.) (*elett.*), earth current. **63.** ~ di traffico (*traff. strad.*), traffic stream. **64.** ~ di trascinamento (assorbita da un mot. elett. di avviamento di un mot. a c. i.) (*mot. - elett.*), running current, cranking current. **65.** ~ efficace (di corrente alternata) (*elett.*), effective current. **66.** ~ elettrica (*elett.*), electric current. **67.** ~ elettronica (*eltn.*), electronic current. **68.** ~ fotoelettronica (*fis. - eltn.*), photocurrent. **69.** ~ galvanica (*elett.*), galvanic current. **70.** ~ immagine (corrente virtuale, indotta in un conduttore da una colonna di plasma che si sposta) (*fis.*), image current. **71.** ~ in anticipo (~ in anticipo sulla tensione) (*c.a. - elett.*), leading current. **72.** ~ indotta (*elett.*), induced current. **73.** ~ in fase (con la tensione: corrente wattata) (*elett.*), active current (ingl.), watt current. **74.** ~ in quadratura (*elett.*), wattless current, reactive current. **75.** ~ in ritardo (*elett.*), lagging current. **76.** ~ intermittente (*elett.*), intermittent current. **77.** ~ inversa di griglia (*termoion.*), reverse grid current. **78.** ~ ionica (*termoion.*), ionic current. **79.** ~ ionica (formata da ioni positivi prodotti da ionizzazione di gas, in un tubo elettronico) (*termoion.*), gas current (ingl.). **80.** ~ ionica (*fis. atom.*), ion current. **81.** ~ laminare (*mecc. fluidi*), laminar flow. **82.** ~ longitudinale (dell'ossatura di un dirigibile) (*aer.*), longitudinal. **83.** ~ marina (*mare*), ocean current (am.). **84.** ~ mese, c.m. (*comm.*), instant, the present month. **85.** ~ nera (proveniente da una cellula fotoelettrica eccitata da forza elettromotrice in luogo della luce) (*fotoelettronica*), dark current. **86.** ~ neutrale (interazione debole fra leptoni ed adroni) (*fis. atom.*), neutral current. **87.** ~ nominale (di un motore ecc.) (*elett.*), rated current. **88.** ~ (od oscillazione) parassita (*radio*), parasitic. **89.** ~ (o perdita) verso terra (*elett.*), current loss to earth. **90.** ~ orizzontale in legno (*carp.*), stringer. **91.** ~ oscillante (*elett.*), oscillating current. **92.** ~ parassita (corrente di Foucault) (*elett.*), eddy current. **93.** ~ periodica (*elett.*), periodic current. **94.** ~ permanente di placca (*termoion.*), anode rest current. **95.** ~ perturbatrice equivalente (di una linea) (*telef.*), equivalent disturbing current. **96.** ~ portante (modulata dai segnali da trasmettere) (*radio*), carrier current. **97.** ~ provocata dall'elica (*nav.*), backwash. **98.** ~ pulsante (raddrizzata) (*radio*), pulsating current. **99.** ~ raddrizzata (*elett.*), rectified current. **100.** ~ reattiva (corrente swattata) (*elett.*), reactive current. **101.** ~ residua (in una cella elettrolitica) (*elettrochim.*), residual current. **102.** ~ sinusoidale (*c.a. - elett.*) (*elett.*), simple harmonic current. **103.** ~ sottomarina (*mare*), undercurrent, underset. **104.** ~ subsonica (*aerodin.*), subsonic flow. **105.** ~ swattata (*elett.*), wattless current, reactive current. **106.** ~ termoelettrica (*elett.*), thermocurrent. **107.** ~ termoionica (*termoion.*), thermionic current. **108.** ~ transitoria (indotta momentaneamente da una scarica elettromagnetica) (*elett.*), transient current. **109.** ~ uniforme (*idrodinamica*), uniform flow. **110.** ~ verso il basso (deflessione della corrente, corrente d'aria diretta verso il basso da un profilo aerodinamico) (*aerot.*), down-wash. **111.** ~ vorticosa (*mecc. fluidi*), eddy current. **112.** a contro ~ (di turbina a gas per es.) (*a. - mecc.*), contraflow. **113.** colpo di ~ (*elett.*), surge, rush of current. **114.** extra ~ (*elett.*), extra current. **115.** limitatore di ~ (*app. elett.*), current-limiting reactor. **116.** linea di ~ (*mecc. dei fluidi*), streamline, line of flow. **117.** presa di ~ (*elett.*), current tap, socket tap. **118.** riduttore di ~ (per inserzione di strumenti di misura) (*elett.*), instrument current transformer. **119.** secondo ~ (*idr. - ind.*), downstream. **120.** togliere la ~ (*elett.*), to turn off the power. **121.** ~, *vedi anche* correnti.

corrènti di Foucault (*elett.*), eddy currents. **2.** ~ parassite (*elett.*), eddy currents. **3.** ~ vaganti (correnti dalla rotaia alla terra e viceversa per es.) (*elett.*), stray currents. **4.** ~ vaganti (*radio*), strays. **5.** a ~ incrociate (di turbina a gas per es.) (*a. - mecc.*), crossflow. **6.** a ~ parassite (*a. - elett.*), eddy-current.

correntino (rinforzo longitudinale di un'ala per es.) (*aer.*), stringer.

correntista (*finanz.*), holder of on account. **2.** ~ postale (*posta*), holder of a postal cheque account.

correntometro (per la misura della velocità di correnti marine) (*strum.*), current meter.

còrrere (*gen.*), to run. **2.** ~ (*sport*), to race. **3.** ~ nella scia (guidare nella scia di un'auto che precede) (*sport aut.*), to slipstream.

correttamente (*gen.*), correctly.

correttezza (p. es. di un programma privo di errori) (*gen. - elab.*), correctness.

correttivo (di correzione) (*a. - gen.*), corrective. **2.** ~ (elemento che viene aggiunto alla ghisa liquida per modificarne le caratteristiche fisico-chimiche) (*s. - fond.*), inoculant. **3.** ~ (del suolo) (*s. - agric.*), amendment.

corrètto (la miscela in funzione della quota per es.) (*mot. aer.*), corrected. **2.** ~ (di errore matematico per es.) (*gen.*), corrected, adjusted.

correttore (apparecchio per misurare errori di strumenti) (*ind. - laboratorio - ecc.*), calibrator. **2.** ~ altimetrico (correttore di quota) (*mot. aer.*), altitude mixture control. **3.** ~ automatico di miscela (*mot. aer.*), automatic mixture control. **4.** ~ dell'altimetro (*app. aer.*), altimeter calibrator. **5.** ~ dell'anemometro (*app. aer.*), airspeed indicator calibrator. **6.** ~ di assetto (*aer.*), trim tab, trimming tab. **7.** ~ di bozze (*tip.*), proofreader, corrector of the press, corrector, reader. **8.** ~ di campo (per regolare il campo del mirino a quello di un obiettivo: grandangolare per es.) (*fot.*), field adapter. **9.** ~ di miscela (*mot. aer.*), mixture control. **10.** ~ di quota (nel carburatore: per correggere la miscela in funzione della quota) (*mot. aer.*), altitude mixture control, mixture control. **11.** ~ di timbro (in un proiettore per film sonori) (*elettroacus.*), attenuator.

correzione (*gen.*), correction. **2.** ~ (operazione consistente nell'aggiunta di alcuni elementi alla ghisa liquida per modificarne le caratteristiche) (*fond.*), inoculation. **3.** ~ (della potenza di un mot. a c. i. con la quota per es.) (*mot.*), correction. **4.** correzioni (aggiunte finali al bagno di acciaio liquido nel forno o nella siviera per regolare la composizione) (*metall.*), finishings. **5.** ~ acustica (*acus.*), acoustic correction. **6.** ~ a metà percorso (di un veicolo spaziale per ès.) (*astric. - ecc.*), midcourse correction. **7.** ~ della potenza (riduzione della potenza di un mot. a c.i. con la quota per es.) (*mot.*), derating. **8.** correzioni dell'autore (*giorn.*), author's alterations. **9.** ~ di bozze (*tip.*), proofreading. **10.** ~ polare (*astr.*), q-correction. **11.** ~ posticcia (~ provvisoria effettuata per sopperire ad un programma errato) (*elab.*) patch. **12.** ~ provvisoria (*elab.*), *vedi* ~ posticcia. **13.** ~ quadrantale (*navig. aerea*), quadrantal correction. **14.** ~ Z (nella navigazione aerea, correzione per errori dovuti alla precessione del giroscopio ed all'accelerazione di Coriolis) (*aer.*), Z correction.

corridoio (*arch. - ed.*), corridor, passage. **2.** ~ (interponte) (*nav.*), between-decks, between decks, 'tween decks. **3.** ~ (di una carrozza ferr.) (*ferr.*), corridor. **4.** ~ (*traffico aer.*), corridor, air lane **5.** ~ antincendio (di tamburo o scatola parafuoco) (*proiettore cinem.*), safety fire trap. **6.** ~ centrale (di una carrozza ferr.) (*ferr.*), central passageway. **7.** ~ del film (canale di scorrimento) (*cinem.*), film track. **8.** ~ di traffico (corsìa, di circa m 3,30) (*traff. strad.*), traffic lane. **9.** ~ laterale (di una carrozza ferr.) (*ferr.*), side corridor.

corridore (*sport*), racer.

corriera (autocorriera, autobus per servizio pubblico) (*veic. - trasp.*), motor coach, bus.

corriere (*posta*), mail, post. **2.** ~ (trasportatore) (*trasp. - veic.*), carrier.

corrimano (*ed. - ind.*), handrail, ledger board. **2.** ~ (della ringhiera di una scala per es.) (*ed.*), banister handrail. **3.** ~ (mancorrente, su un autobus per es., per la sicurezza dei passeggeri in piedi) (*veic.*), handrail.

corrispondènte (*comm.*), correspondent.

corrispondènza (lettere) (*comm.*), correspondence. **2.** ~ (*mat.*), correspondence. **3.** ~ (l'operazione di individuazione di gruppi, o singoli elementi, identici) (*elab.*), match. **4.** evadere la ~ (*uff.*), to clear off correspondence. **5.** firmare la ~ (*uff.*), to sign the mail. **6.** ordine per ~ (*comm.*), mail order. **7.** principio di ~ (principio di spettroscopia riferentesi alle teorie elettromagnetiche e dei quanti) (*fis. atom.*), correspondence principle.

corrispondere (*gen.*), to correspond. **2.** ~ esattamente (*gen.*), to register.

corródere (*chim.*), to corrode.

corrosione (*chim.*), corrosion. **2.** ~ a chiazze (su un pezzo fuso per es.) (*metall.*), dispersed corrosion. **3.** ~ atmosferica (corrosione dovuta alla atmosfera, dovuta ai gas che formano l'atmosfera) (*metall.*), atmospheric corrosion. **4.** ~ da bollicine (dovuta a bollicine di gas che aderiscono al metallo) (*metall.*), impingement corrosion. **5.** ~ da correnti vaganti (*elettrochim. - metall.*), stray current corrosion. **6.** ~ da idrogeno (nelle caldaie per es.) (*metall.*), hydrogen corrosion. **7.** ~ di calettamento (o di tormento) (detta anche "tabacco": tra le superfici in contatto di un accoppiamento preciso) (*mecc.*), fretting corrosion. **8.** ~ elettrolitica (corrosione di contatto, corrosione galvanica, corrosione da forza elettromotrice al contatto di due metalli differenti) (*chim. fis.*), electrolytic corrosion. **9.** ~ grafitica (della ghisa grigia nella quale la grafite superficiale facilita l'entrata di agenti di corrosione) (*metall.*), graphitic corrosion. **10.** ~ intercristallina (corrosione intergranulare) (*metall.*), intercrystalline corrosion. **11.** ~ intercristallina della saldatura (negli acciai inossidabili) (*metall.*), weld decay. **12.** ~ interstiziale (corrosione in zona morta, in un giunto non saldato di due superfici metalliche) (*metall.*), crevice corrosion. **13.** ~ per erosione (dell'ottone per es.) (*metall.*), erosion-corrosion. **14.** ~ per interramento (di un pezzo fuso per es.) (*metall.*), underground corrosion. **15.** ~ per sfogliatura (tipo di ~ consistente nel progressivo staccarsi di sottili scaglie di materiale) (*metall.*) exfoliation corrosion. **16.** ~ profonda (vaiolatura da corrosione) (*metall.*), pit corrosion, deep corrosion. **17.** ~ secca (corrosione a secco, quando si riscalda il metallo all'aria per es.) (*metall.*), dry corrosion. **18.** ~ sottopelle (*metall.*), undermining pitting. **19.** che impedisce la ~ (*chim. ind.*), corrosion-proofing.

corrosività (*tecnol. - chim.*), corrosivity,

corrosivo (*chim.*), corrosive.

corroso (*chim.*), corroded. **2.** ~ da ozono (di un elemento in gomma, il tergitore del tergicristallo per es.) (*aut. - ecc.*), ozone-eaten.

corsa (movimento di entità definita di utènsile o tavola di macchina utènsile per es.) (*mecc. macch. ut.*), stroke, travel. **2.** ~ (movimento di traslazione o spostamento trasversale di utènsile o tavola di macchina utènsile per es.) (*mecc. - macch. ut.*), traverse. **3.** ~ (di pistone) (*mot.*), stroke. **4.** ~ (*sport*), race, racing, run. **5.** ~ ad ostacoli (*sport*), hurdle race. **6.** ~ ascendente (corsa verso l'alto: di pistone ecc.) (*macch.*), upstroke. **7.** ~ a staffetta (staffetta) (*sport*), relay race. **8.** ~ automatica (traslazione automatica) (della tavola di macch. ut. per es.) (*mecc.*), automatic traverse, power traverse. **9.** ~ avanti (di stantuffo) (*mecc.*), forward stroke. **10.** ~ a vuoto (*mecc.*), idle stroke. **11.** ~ di aspirazione (*mot.*), intake stroke, suction stroke. **12.** ~ di atterraggio (*aer.*), landing run. **13.** ~ di compressione (*mot.*), compression stroke. **14.** ~ di decollo (*aer.*), take-off run. **15.** ~ di discesa (di pistone per es.) (*mecc.*), downstroke. **16.** ~ (o fase) di espansione (di motore a quattro tempi), power stroke, expansion stroke. **17.** ~ di lavoro (fase di espansione, fase utile: di un motore a pistoni) (*mot.*), power stroke. **18.** ~ di mortasatura (*mecc. - macch. ut.*), mortising stroke. **19.** ~ di prova (di una locomotiva per es.) (*ferr.*), test run. **20.** ~ di resistenza (*sport*), reliability run. **21.** ~ di ritorno (di stantuffo) (*mecc.*), backward stroke. **22.** ~ di ritorno del carrello (*macch. ut.*), return stroke of carriage. **23.** ~ di salita (di un pistone) (*mecc.*), upstroke. **24.** ~ (o fase) di scarico (di pistone) (*mot. a quattro tempi*), exhaust stroke. **25.** ~ di scarico ed aspirazione (*mot. a due tempi*), exhaust-suction stroke. **26.** ~ discendente (di un pistone) (*mot.*), downstroke. **27.** ~ di sollevamento (*gru*), path of lift. **28.** ~ in salita (*aut. - sport.*), hill climb. **29.** ~ longitudinale (di un utensìle per es.) (*mecc.*), lengthwise travel. **30.** ~ massima (di allontanamento da un punto fisso di riferimento: di un punzone di pressa idraulica per es.) (*mecc.*), runout. **31.** ~ motociclistica fuori strada (*sport mtc.*) motocross. **32.** ~ perduta (di apparecchio di sollevamento per es.) (*mecc.*), slip. **33.** ~ rapida (di un tornio) (*macch. ut.*), rapid traverse. **34.** ~ senza fermata (*sport*), nonstop run. **35.** ~ simulata (corsa a secco, di un siluro per es.) (*mar. milit.*), dry, run. **36.** ~ su pista (*sport*), track racing. **37.** ~ su strada (*sport*), road race. **38.** ~ utile del carrello, (*macch. ut.*), working stroke of carriage (or saddle). **39.** ~ verso la camera di combustione (corsa di allontanamento dall'albero a gomito: di un pistone di mot. a c. i.) (*mot.*), instroke. **40.** ~ verso l'albero a gomito (di un pistone di mot. a c. i.) (*mot.*), outstroke. **41.** ~ verticale (traslazione verticale, spostamento verticale: di una slitta di macch. ut. per es.) (*mecc.*), vertical traverse. **42.** da ~ (di carrozzeria di automobile per es.) (*a.*), racing. **43.** fine ~ (arresto di fine corsa: della tavola di una macch. ut. per es.) (*mecc.*), limit stop. **44.** fine della ~ (di un pistone per es.) (*mecc.*), end of stroke. **45.** mezzo da ~ (*aer. - aut. - nav. - ecc.*), racer. **46.** organizzare una ~ (*sport*), to organize a race. **47.** registrazione della ~ dello slittone (*mecc. - macch. ut.*), adjusting for length of stroke of ram. **48.** vie di ~ (di un carroponte per es.), runway, track.

corse (di cavalli per es.) (*sport*), racing. **2.** ~ al minuto (di un pistone per es.) (*mecc. - ecc.*), strokes per minute, spm.

corsia (parte della carreggiata di una strada) (*traffico strad.*), lane. **2.** ~, *vedi anche* corsie. **3.** ~ di accelerazione (corsia di immissione) (*autostrada*), acceleration lane. **4.** ~ di decelerazione (corsia di uscita) (*autostrada*), deceleration lane. **5.** ~ di sorpasso (*traff. strad.*), passing lane. **6.** ~ di traffico (*traff. strad.*), traffic lane.

corsie (elementi sui quali scorrono i vasi durante il varo) (*costr. nav.*), ground ways, standing ways. **2.** ~ di scorrimento dello scalo (scalo) (*costr. nav.*), ground ways. **3.** a più ~ (*strad.*), multilane. **4.** carreggiata a tre ~ (*traff. strad.*), three-lane carriageway.

corsivo (carattere corsivo, carattere tipografico italico) (*s. - tip.*), italic. **2.** ~ inglese (stile tipografico che imita la scrittura a mano) (*tip.*), script.

corso (elemento longitudinale del fasciame) (*nav.*), strake. **2.** ~ (di studi), course. **3.** ~ all'inglese (disposizione dei mattoni, in un muro, a file alterne di testa e per lungo) (*mur.*), English bond. **4.** ~ d'acqua (*geogr. - idr.*), watercourse. **5.** ~ d'acqua navigabile (*nav.*), waterway. **6.** ~ d'acqua navigabile interno (*geogr.*), inland waterway. **7.** ~ dei cambi (*finanz.*), course of exchange. **8.** ~ di cinta (*costr. nav.*), sheer strake, sheer. **9.** ~ di fasciame (di una nave) (*costr. nav.*), strake. **10.** ~ di mattoni (*arch. - ed.*), course, course of bricks. **11.** ~ di rivestimento (*nav.*), skin strake. **12.** ~ di tavolame del fasciame (costr. nav.) (*nav.*), wale. **13.** ~ di tre teste (in un muro di mattoni) (*mur.*), english cross bond. **14.** costruzione a corsi sfalsati (di un muro di mattoni) (*mur.*), racking.

corsoio (di uno strumento o macchina) (*mecc.*), slider.

corte (cortile) (*ed.*), court. **2.** ~ (*leg.*), court. **3.** ~ di appello (*leg.*), Court of Appeal. **4.** ~ d'assise (*leg.*), Court of Assize. **5.** ~ di cassazione (*leg.*), Court of Cassation. **6.** ~ interna quadrata (*ed.*), quadrangle. **7.** ~ marziale (*milit. leg.*), court-martial.

corteccia (di un albero per es.) (*ind. legno*), bark, rind. **2.** ~ di china (*farm.*), china bark.

cortile (*ed.*), court, courtyard. **2.** ~ coperto (*ed.*), covered court. **3.** ~ interno (cortile interno di un grande edificio) (*arch. - costr.*), air well.

cortina, curtain, screen. **2.** ~ di fumo (*mar. milit.*), smoke screen. **3.** ~ di idrofoni (*acus. sub.*), hydrophone array.

cortisone (deidrocorticosterone) (*farm.*), cortisone.

corto (*a. - gen.*), short. **2.** ~ circuito (*elett.*), short circuit. **3.** colpo ~ (nei tiri di artiglieria) (*milit.*), short shot, short. **4.** mare ~ (*mare*), short sea.

cortocircuitare (*elett.*), to short-circuit, "to short" (am.).

cortocircuitazione ("by-pass") (*tubaz. - ecc.*), bypass.

cortocircuito (*elett.*), short circuit.

cortometraggio (*cinem.*), short film, short.

corvetta (*nav.*), corvette.

còsa (*gen.*), thing.

cosecante (*mat.*), cosecant.

coseno (*mat.*), cosine. **2.** ~ iperbolico (*mat.*), hyperbolic cosine.

cosfi (*elett.*), power factor.

cosfìmetro (*elett.*), power-factor meter, power-factor indicator, phase meter indicator.
"coslettizzazione" (procedimento per rendere inossidabili metalli ferrosi) (*metall.*), "coslettising".
cosmic (più segreto del segretissimo) (*a.- sicurezza milit.*), cosmic.
cosmico (appartenente all'universo) (*astr.*), cosmic.
cosmo (*astr. - astric.*), cosmos.
cosmogonia (scienza dell'origine dell'Universo) cosmogony.
cosmografia (*geofis. - astr.*), cosmography.
cosmologia (*astr.*), cosmology.
cosmonauta (astronauta) (*astric.*), cosmonaut, astronaut, spaceman. **2.** ~ (la cosmonauta, cosmonauta di sesso femminile) (*astric.*), cosmonette.
cosmonautica (astronautica) (*astric.*), cosmonautics, astronautics.
cosmotrone (*fis. atom.*), cosmotron.
cosolvente (*chim.*), cosolvent.
cospargere (*gen.*), to strew.
cospicuo (*a. - gen.*), conspicuous.
còsta (*geogr.*), coast, shore. **2.** ~ (di tessuto) (*mft. tess.*), cord, rib, wale. **3.** ~ (ordinata) (*costr. nav.*), frame. **4.** ~ a picco (*mare*), bold shore. **5.** ~ (o testa o faccia) del dente (di ingranaggio) (*mecc.*), tooth face. **6.** ~ deviata (ordinata deviata) (*costr. nav.*), cant frame.
costantana (40% nichel e 60% rame) (*lega*), constantan.
costante (*a. - s. - gen.*), constant. **2.** ~ (di uno strumento di misura) (*gen.*), constant. **3.** ~ arbitraria (*mat.*), arbitrary, arbitrary constant. **4.** ~ dei gas (*chim. fis.*), gas constant. **5.** ~ della gravitazione universale (6670×10^{-8} nelle unità cgs) (*fis.*), constant of gravitation. **6.** ~ del reticolo (*fis. atom.*), lattice constant. **7.** ~ di archivio (*elab.*), file constant. **8.** ~ dielettrica (*elett.*), dielectric constant. **9.** ~ di equilibrio (*chim. fis.*), equilibrium constant. **10.** ~ di Faraday (*elettrochim.*), Faraday's constant. **11.** ~ di fase (nella propagazione delle onde) (*radio*), phase constant. **12.** ~ di Hall (*elett.*), Hall coefficient. **13** ~ di irradiazione solare (1,94 grammi calorie per cm^2 per minuto: ai limiti dell'atmosfera) (*astr.*), solar constant. **14.** ~ di Rydberg (numero dell'onda relativa allo spettro atomico dell'elemento) (*fis. - chim.*), Rydberg unit, Rydberg constant. **15.** ~ di tempo (di un circuito, di un condensatore ecc.) (*elett.*), time constant. **16.** ~ elastica (indica il comportamento del materiale) (*sc. costr.*), elastic constant. **17.** ~ figurativa o simbolica (in linguaggio COBOL) (*elab.*), figurative constant. **18.** ~ gravitazionale (*fis.*), gravitational constant. **19.** ~ intera (senza virgola decimale) (*elab.*), integer constant. **20.** ~ oscillatoria (*radio*), oscillation constant. **21.** ~ radioattiva (*fis. atom.*), decay constant. **22.** area delle costanti (parte della memoria) (*elab.*), constant area. **23.** mantenere ~ (una quantità, per es.) (*fis. - chim.*), to conserve, to keep constant.

costare (*comm.*), to cost.
costeggiare (*nav.*), to coast, to skirt.
costeggio (*s. - nav.*), coasting.
costellazione (*astr.*), constellation.
costièro (*geogr.*), coastal.
costipamento (del terreno per es.), tamping, compaction, solidification. **2.** ~ in profondità (del terreno) (*ing. civ.*), deep compaction. **3.** palificazione di ~ (*ed.*), consolidation piling, foundation piling.
costipare (il terreno per es.), to tamp.
costipato (terreno) (*ing. civ.*), tamped.
costipatore (*macch. strad.*), compactor, soil compactor, tamper.
costipatrice-vibratrice (*macch. ed.*), vibrotamper.
costipazione (consolidamento, di terreno) (*ing. civ.*), tamping.
costituire (una società) (*comm.*), to found, to constitute.
costituzione (di una società) (*leg.*), incorporation. **2.** ~ (composizione) (*chim. fis.*), constitution. **3.** attestato di avvenuta ~ (*leg. - comm.*), certificate of incorporation.
còsto (*comm.*), cost, price. **2.** ~ assicurazione e trasporto (*comm.*), cost insurance and freight, CIF. **3.** ~, assicurazione, nolo e spese di cambio (*comm. nav.*), cost insurance freight and exchange, CIFE. **4.** ~ consuntivo (*ind.*), job card cost. **5.** ~ della mano d'opera (o del lavoro) (*amm.*), labor cost, labour cost. **6.** ~ della vita (*econ.*), cost of living. **7.** ~ del materiale e della mano d'opera (spese generali escluse) (*ind.*), prime cost. **8.** ~ del materiale e mano d'opera diretta (*comm.*), flat cost. **9.** ~ del trasporto (*comm. - trasp.*), haulage. **10.** costi di distribuzione (*comm.*), distribution costs. **11.** ~ di esercizio (*amm.*), operating cost, running cost. **12.** ~ di fabbricazione (*amm.*), manufacturing cost. **13.** ~ di manutenzione (*ind. - ecc.*), maintenance cost. **14.** ~ d'impianto e d'esercizio (per la produzione di un dato pezzo per es.) (*ind.*), capital and running cost. **15.** ~ di produzione (escluse le spese generali) (*ind.*), prime cost. **16.** ~ di produzione (incluse le spese generali) (*ind.*), production cost. **17.** ~ diretto (materiale e mano d'opera diretta) (*amm. di stabilimento ind.*), direct cost, direct charge. **18.** ~ di trasformazione (differenza fra il costo del prodotto e il prezzo del materiale usato per confezionarlo) (*amm.*), conversion cost. **19.** ~ e assicurazione (*comm.*), cost and insurance, CI. **20.** ~ e nolo (*comm.*), cost and freight, CAF. **21.** ~ globale, *vedi* ~ totale. **22.** ~ indiretto (spese generali) (*amm. di stabilimento ind.*), indirect cost, indirect charge. **23.** ~ marginale (*econ.*), marginal cost. **24.** ~ medio (*comm.*), average cost. **25.** ~ preventivo (*ind.*), estimated cost. **26.** ~ preventivo di riferimento (*amm.*), standard cost. **27.** ~ standard (costo preventivo di riferimento) (*amm.*), standard cost. **28.** ~ totale (~ globale comprensivo del materiale, mano d'opera e della relativa quota di costi fissi e variabili)

(*amm. - comm.*), full cost. **29.** ~ unitario (*comm. ind.*), unit cost. **30.** ~ variabile (varia in funzione dei quantitativi prodotti) (*comm.*), variable cost. **31.** analisi del ~ (*amm.*), cost finding. **32.** analisi (dei) costi (studio dei singoli elementi costituenti il costo) (*amm.*), cost analysis. **33.** controllo dei costi (*amm.*), cost control. **34.** determinazione del ~ (*comm.*), costing. **35.** distribuzione dei costi (p. es. in un prodotto ind.) (*amm.*), cost allocation. **36.** maggior ~ (sovraccosto) (*comm.*), surcharge. **37.** maggiorazione sul ~ (percentuale aggiunta al prezzo effettivo) (*comm.*), cost-plus. **38.** valutazione del rapporto ~ /ricavo (*amm. - ind. - econ.*), cost-benefit valuation.

còstola (*gen.*), rib. **2.** ~ (di nave in ferro) (*costr. nav.*), frame, rib. **3.** ~ (di nave in legno) (*costr. nav.*), timber, rib. **4.** ~ (di profilato) (*mecc.*), web.

costolatura (nervatura, di una piastra per es.) (*mecc.*), ribbing.

costolone (nervatura delle volte ogivali per es.) (*arch.*), rib. **2.** ~ (o nervatura) (sulla intersezione di due volte) (*arch. gotica*), groin rib.

costoso (caro) (*comm.*), expensive, dear, costly.

costrizione (costringimento) (*gen.*), constraint, compulsion.

costruire (*gen.*), to make, to construct. **2.** ~ (con macchinario e con lavoro organizzato) (*ind.*), to manufacture. **3.** ~ (una casa per es.) (*ed.*), to build, to erect. **4.** ~ (un arco) (*arch.*), to turn. **5.** ~ con materiale scadente (*ed.*), to jerry-build. **6.** ~ in fabbrica (non acquistare dall'esterno, fare all'interno, costruire all'interno, "fare in casa") (*ind.*), to make in. **7.** ~ in muratura (*mur.*), to mason. **8.** ~ la forma (*fond.*), to mold. **9.** ~ una diga (*idr.*), to dam. **10.** ~ un muro (*ed.*), to wall.

costruito (*gen.*), built. **2.** ~ (o adatto) per la navigazione interna (*nav.*), canal-built.

costruttivo (*gen.*), constructive.

costruttore (*gen.*), constructor. **2.** ~ di navi (o navale) (*nav.*), shipbuilder. **3.** ~ di rimorchi (*comm. - aut.*), trailer builder. **4.** ~ edile (*ed.*), builder. **5.** ~ stradale (*strad.*), road builder, roadmaker.

costruzione (*gen.*), construction. **2.** ~ (*ed.*), building, erection. **3.** ~ (fabbricazione) (*ind.*), manufacture, fabrication. **4.** ~ acusticamente isolata (*ed.*), acoustic construction. **5.** ~ a griglia (di un paracadute: disposizione degli spicchi in modo che i fili del tessuto formino un angolo di 45° col bordo periferico) (*aer.*), bias construction. **6.** ~ a labbro (*nav. - ed.*), carvel work. **7.** ~ alla economica (*ed.*), jerry-building. **8.** ~ antisismica (*ed.*), antiseismic construction. **9.** ~ a sottogruppi (o sezioni) prefabbricati (*costr. nav. - ind. - ecc.*), unit construction. **10.** ~ a telaio e carrozzeria separati (*costr. aut.*), chassis and body construction. **11.** ~ a volta (*arch.*), vaulting. **12.** ~ con tessuto parallelo (di un paracadute) (*aer.*), block construction. **13.** ~ del tavolato del ponte (*nav.*), deck planking. **14.** ~ di case lungo le vie principali di comunicazione (*ed.*), ribbon building (ingl.). **15.** ~ di ponti (*arch.*), bridgebuilding. **16.** ~ di un binario (*ferr.*), track construction. **17.** ~ fluviale (*idr.*), river construction. **18.** ~ geodetica (metodo di costruzione di strutture ad elementi curvi) (*aer.*), geodetic construction. **19.** ~ in ferro (*ed.*), steel framed building. **20.** ~ in legno (*carp. - ed.*), timbering. **21.** ~ interamente metallica (di un aereo per es.) (*aer. - ecc.*), all-metal construction. **22.** ~ male eseguita (non fidabile) (*gen.*), malconstruction. **23.** ~ modulare (*ind. - ed. - ecc.*), modular construction. **24.** ~ navale (*nav.*), shipbuilding. **25.** ~ per la Marina militare (*mar. milit.*), naval construction. **26.** ~ senza piano regolatore (*urbanistica*), haphazard building. **27.** ~ stradale (atto di costruire strade) (*strad.*), road making, road building. **28.** costruzioni stradali (scienza delle costruzioni delle strade) (*strad.*), road making, road construction. **29.** in ~ (*gen.*), under construction. **30.** in ~ (in cantiere) (*ed. - nav. - ecc.*), on the stocks. **31.** piano di ~ (*nav.*), body plan. **32.** sistema longitudinale di ~ (*costr. nav.*), longitudinal building system. **33.** sistema misto di ~ (*costr. nav.*), composite building system.

costumista (*cinem.*), designer.

cotangènte (*mat.*), cotangent. **2.** ~ iperbolica (*mat.*), hyperbolic cotangent.

cote (pietra per affilare) (*ut.*), hone.

cotone (*tess.*), cotton. **2.** ~ a corta fibra (*ind. tess.*), short staple cotton. **3.** ~ a lunga fibra (*ind. tess.*), long staple cotton. **4.** ~ cardato (*ind. tess.*), carded cotton. **5.** ~ collodio (*chim.*), collodion cotton. **6.** ~ da rammendo (cucirino), darning cotton. **7.** ~ disponibile sul posto (nelle zone di produzione o sui mercati) (*comm. - ind. tess.*), spot cotton. **8.** ~ fulminante (*espl.*), nitrocotton, guncotton. **9.** ~ idrofilo (*med.*), absorbent cotton, sanitary cotton, surgical cotton. **10.** ~ immaturo (*ind. tess.*), dead cotton, green cotton. **11.** ~ mercerizzato (*ind. tess.*), mercerized cotton. **12.** ~ non sgranato (*ind. tess.*), seed cotton. **13.** ~ silicato (lana di scoria, proveniente dalla scoria d'alto forno: usato come isolante), mineral wool, slag wool. **14.** ~ "upland" (specie di cotone a fibra corta) (*tess.*), "upland" cotton. **15.** cascame di ~ (usato per strofinacci per es.) (*tess.*), cotton waste. **16.** filo ritorto di ~ (*tess.*), cotton twist. **17.** olio di ~ (*ind.*), cotton seed oil. **18.** pergamena di ~ (*mft. carta*), cotton parchment.

cotonificio (*ind.*), cotton mill.

cotonina (tessuto di cotone stampato a colori) (*ind. tess.*), calico (am.).

cotonizzare (*ind. tess.*), to cottonize.

cotonizzazione (*mf. tess.*), cottonization.

cottimista (lavoratore a cottimo) (*op.*), pieceworker, payment by results worker.

còttimo (sistema di paga di operaio) (*ind.*), piecework, taskwork. **2.** pezzo eseguito a ~ (o a prezzo fisso) (*ind.*), job. **3.** prezzo di ~ (*ind.*), piecework price. **4.** taglio dei cottimi (*studio tempi*), rate cutting. **5.** tariffa di ~ (prezzo pagato per ciascun pezzo prodotto) (*organ. lav.*), piece rate.

còtto (di mattone per es.), baked. **2.** ~ (di argilla, cemento ecc.), baked, burnt. **3.** poco ~ (di argilla, cemento ecc.) (*ind.*), insufficiently baked (or burnt).

cottura (di mattoni per es.) (*ind.*), bake, baking. **2.** ~ (di ceramiche) (*ind.*), firing, baking. **3.** ~ (del lino per es.) (*ind. tess.*), scalding. **4.** ~ (nella manifattura del sapone, per la completa saponificazione) (*mft. sapone*), boiling for strength. **5.** addetto alla ~ (*mft. carta*), cooker. **6.** cassetta di ~ (per pezzi delicati) (*ceramica*), sagger. **7.** seconda ~ (del vetrino) (*ceramica*), glost fire. **8.** tempo di ~ (*vn. - ecc.*), stoving time.

coulisse (*falegn.*), coulisse.

coulomb (*mis. elett.*), coulomb. **2.** ~ assoluto (equivalente a 10 coulomb) (*mis. elett.*), abcoulomb, absolute coulomb.

coulombiano (*elett.*), coulombic.

coulombmeter (voltametro) (*strum. elett.*), coulombmeter, voltameter.

coupé (carrozzeria) (*aut.*), coupé. **2.** ~ (4 posti, 2 porte) (*aut.*), sport coupé. **3.** ~ da gran turismo (~ con motore potente per guida sportiva) (*aut.*), muscle car.

coupon (tagliando, cedola) (*gen.*), coupon.

covalente (*chim. - fis.*), covalent.

covalènza (*chim.*), covalence.

covariante (*mat.*), covariant.

covarianza (*stat.*), covariance.

covariazione (una variazione che coincide con un'altra variazione) (*gen. - stat.*), covariation.

covolume (*chim. fis.*), covolume.

covone (*agric.*), sheaf.

cowper (ricuperatore di calore per alto forno) (*metall.*), Cowper regenerator, Cowper stove.

cozzo, clash.

"CPM" (metodo del percorso critico) (*organ. ind.*), critical path method, CPM.

cracking (piroscissione) (*chim.*), cracking.

crackizzare (sottoporre a piroscissione o a cracking) (*ind. chim.*), to crack.

crackizzato (proveniente da cracking; p. es. benzina, ecc.) (*a. - ind. chim.*), cracked.

craquelures (rete di sottili e minute screpolature) (*difetto di vn. o ceramica*), crackles.

cratère (di vulcano) (*geol.*), crater. **2.** ~ (di arco voltaico) (*elett.*), crater. **3.** ~ (*saldatura*), crater. **4.** ~ di granata (*espl.*), shell crater. **5.** ~ lunare (*astr.*), lunar crater. **6.** ~ sulla sede stradale (dovuto a bombardamento) (*milit.*), road crater. **7.** cricca del ~ (*saldatura*), crater crack.

craterizzazione (formazione di crateri) (*gen.*), cratering.

cravatta (*carp. - ed. - mecc.*), tie.

crawl (nuoto) (*sport*), crawl.

creativo (*a. - gen.*), creative. **2.** capacità creativa (*dis. ind. - ecc.*), creativity. **3.** reparto ~ (*pubbl.*), creative department.

creatore (fresa a modulo, fresa a vite) (*ut.*), hob. **2.** ~ (per alberi) a calettamento conico (*ut.*), taper spline hob. **3.** ~ a codolo per ruote elicoidali (*ut. mecc.*), shank type worm gear hob. **4.** ~ a due princìpi (*ut.*), double hob, double-thread hob. **5.** ~ ad un principio (*ut. mecc.*), single-thread hob, single hob. **6.** ~ a finire (di dentatrice a creatore) (*ut. mecc.*), finishing hob. **7.** ~ a foro (di calettamento) conico (*ut. mecc.*), taper hole hob. **8.** ~ a più princìpi (*ut. mecc.*), multiple-thread hob. **9.** ~ a posizione (assiale) invariabile (*ut. mecc.*), single-position hob. **10.** ~ con foro cilindrico (*ut.*), straight-hole hob. **11.** ~ con protuberanze (per ottenere scarichi al fondo dei denti delle ruote) (*ut.*), protuberance hob. **12.** ~ per alberi scanalati (*ut.*), spline shaft hob. **13.** ~ per alberi scanalati a profilo non rettificato (*ut.*), unground spline shaft hob. **14.** ~ per alberi scanalati a profilo rettificato (*ut.*), ground spline shaft hob. **15.** ~ per dentatura a sommità smussata (creatore "semi-topping") (*ut.*), semi-topping hob. **16.** ~ per denti ribassati (*ut.*), stub tooth hob. **17.** ~ per fresatura alberi quadri (*ut. mecc.*), square shaft hob. **18.** ~ per fresatura a V (*ut. mecc.*), serration hob. **19.** ~ per ingranaggi (*ut.*), gear hob. **20.** ~ per ingranaggi a denti non rettificati (*ut.*), unground gear hob. **21.** ~ per ingranaggi (a denti) rettificati (*ut.*), ground gear hob. **22.** ~ per ingranaggi cilindrici (*ut. mecc.*), spur gear hob. **23.** ~ per ingranaggi con dentatura a freccia (*ut. mecc.*), herringbone gear hob. **24.** ~ per ingranaggi da sbarbare (*ut. mecc.*), preshaving hob. **25.** ~ per ingranaggi elicoidali (*ut.*), helical hob, worm gear hob. **26.** ~ per ingranaggi normali (*ut. mecc.*), standard gear hob. **27.** ~ per ingranaggi ribassati (*ut. mecc.*), stub tooth gear hob. **28.** ~ per (innesti a) denti di sega (*ut.*), serration hob. **29.** ~ per moduli piccoli (di dentatrice a creatore) (*mecc.*), fine pitch gear hob. **30.** ~ per rocchetti a denti per catene (*ut.*), chain sprocket hob. **31.** ~ per ruote a vite (*ut.*), worm gear hob. **32.** ~ per ruote da catena a rulli (*ut. mecc.*), roller chain sprocket hob. **33.** ~ per ruote da catene silenziose (*ut. mecc.*), silent chain sprocket hob. **34.** ~ per ruote da rettificare (di macch. a creatore) (*ut. mecc.*), pre-grinding hob. **35.** ~ per ruote da sbarbare (di macch. a creatore) (*ut. mecc.*), pre-shaving hob. **36.** ~ per ruote di catena (*ut. mecc.*), chain sprocket hob. **37.** ~ per ruote elicoidali (*ut. mecc.*), helical gear hob. **38.** ~ per sbozzare (di una dentatrice a creatore) (*ut. mecc.*), roughing hob. **39.** ~ per smussatura di ingranaggi (*ut. mecc.*), gear chamfering hob. **40.** ~ rettificato (*ut.*), ground hob. **41.** ~ Sellers (*ut. mecc.*), sellers hob. **42.** lavorare con ~ (lavorare con fresa a vite) (*mecc.*), to hob. **43.** lavorato con ~ (*a. - mecc.*), hobbed.

credènza ("buffet") (*mobile*), buffet, cupboard. **2.** ~ a muro (*mobilio - ed.*), built-in cupboard.

credenziali (*diplomazia*), letters of credence.

crédito (*finanz.*), credit. **2.** ~ bancario (*finanz.*

comm.), bank credit. **3.** ~ congelato (*finanz.*), frozen credit. **4.** ~ immobilizzato (*finanz.*), dead loan. **5.** ~ inesigibile (*amm.*), irrecoverable debt. **6.** ~ irrevocabile (*finanz. comm.*), irrevocable credit. **7.** ~ netto (credito di cassa) (*comm.*), clean credit, cash credit, CC. **8.** ~ rotativo (*finanz.*), revolving credit. **9.** apertura di ~ (*finanz.*), opening of credit. **10.** cessione dei crediti (ad istituti finanziari, "factoring") (*finanz.*), "factoring". **11.** fare ~ (fornire merce a ~) (*comm.*), to credit. **12.** lettera di ~ (*comm.*), letter of credit. **13.** restrizione del ~ (stretta creditizia, da parte di una banca per es.) (*finanz.*), credit squeeze.

creditore (*comm.*), creditor. **2.** ~ che fa fare il protesto (*leg.*), protester. **3.** ~ chirografario (da pagarsi solo dopo i creditori privilegiati, p. es. di mutui ipotecari) (*leg. - amm.*), unsecured creditor. **4.** ~ ipotecario (*amm.*), mortgagee.

crema (*gen.*), cream. **2.** ~ antivampa (*milit. - ecc.*), barrier cream.

cremaglièra (*mecc.*), rack. **2.** ~, *vedi anche* dentiera. **3.** ~ campione (accessorio per rettificatrice di ingranaggi) (*mecc. - macch. ut.*), master rack. **4.** ~ divisoria (accessorio per rettificatrice di ingranaggi) (*mecc. - macch. ut.*), indexing rack. **5.** ferrovia a ~ (ferrovia a dentiera) (*ferr.*), rack railway. **6.** martinetto a ~ (*att. di sollevamento*), rack-and-pinion jack. **7.** meccanismo a ~ (*mecc.*), rackwork. **8.** rotaia a ~ (di ferr.), rack rail.

cremante (agente cremante) (*s. - ind. gomma*), creaming agent.

cremare (*ind. gomma*), to cream.

crematura (*ind. gomma*), creaming.

cremisi (*colore*), crimson.

cremòmetro, *vedi* lattoscopio.

cremonese (tipo di chiusura per finestre) (*carp.*), cremone bolt.

cremoniano (*sc. costr.*), force diagram, reciprocal diagram, stress diagram.

cremore di tartaro ($C_4H_5KO_6$) (*chim.*), cream of tartar, potassium bitartrate.

creolina (*chim. ind.*), creolin.

creosolo [($C_8H_{10}O_2$) monometilguaiacolo] (*chim.*), creosol, creasol.

creosoto (*chim. farm.*), creosote.

crèpa (sulla superficie di un muro) (*ed.*), crack, chink. **2.** ~ (incrinatura, in un getto per es.) (*fond. - ecc.*), crack. **3.** crepe a caldo (incrinature a caldo, in un getto) (*fond.*), hot tears.

crepaccio (*geol.*), crevasse.

crepitare (rumore di un fonorivelatore difettoso per es.) (*elettroacus.*), to chatter.

crepitìo (delle spazzole in un motore elettrico per es.) (*acus.*), chattering. **2.** ~ (*disturbo radio - elett.*), motorboating.

crepuscolare (*meteor.*), crepuscular, twilight.

crepuscolo (*meteor. - astr.*), twilight.

crescente (in aumento) (*gen.*), increasing.

créscere (*gen.*), to grow. **2.** ~ (aumentare), to rise, to increase.

créscita (delle piante per es.) (*botanica*), growth.

cresòlo (metilfenolo) [$C_6H_4(CH_3)OH$] (*chim.*), cresol. **2.** rosso di ~ (*chim.*), cresol red.

crespatura (della carta) (*ind. carta*), crepe, crêpe, crinkling.

crespino (berberi: arbusto la cui corteccia viene usata per ottenere una bella tintura gialla) (*ind. cuoio*), barberry. **2.** succo di ~ (*ind. cuoio*), barberry juice.

crespo di China (*tessuto*), crepe de Chine.

cresta (*elett.*), crest, peak. **2.** ~ (del filetto di una vite) (*mecc.*), crest, tip. **3.** ~ (di montagna) (*geogr.*), crest, ridge. **4.** ~ (cima di onda che rompe) (*mare*), whitecap, white horse, white crest. **5.** ~ del nero (punto di massimo percorso del segnale immagine nella direzione del nero) (*telev.*), black peak. **6.** fattore di ~ (*elett.*), crest factor, peak factor. **7.** valore di ~ (*elett.*), crest value, peak value.

creta (roccia) (*litologia*), chalk.

cretàceo (*geol.*), Cretaceous.

cretacico (*geol.*), Cretaceous, Cretacic.

cretonne (*tessuto*), cretonne.

cretto (*mur.*), fissure, crack, flaw.

cric (o martinetto: per automobile) (*aut.*), jack, car jack (ingl.), crick. **2.** ~ a parallelogramma articolato (già in uso per sollevamento aut.) (*ut. aut.*), scissor jack.

cricca (*metall.*), crack. **2.** cricche agli spigoli (di un laminato) (*difetto metall.*), burst edges. **3.** cricche a rete (cricche di rettifica, dovute per es. a una mola troppo dura) (*metall.*), alligator cracks. **4.** ~ da decapaggio (*tecnol. mecc.*), pickling crack. **5.** ~ da fucinatura (*tecnol. mecc.*), forging crack. **6.** cricche da fiocco (*metall.*), shatter crack. **7.** ~ da flessione ripetuta (*difetto di materiali plastici*), flex-crack. **8.** ~ da lavorazione (di macchina) (*mecc. - macch. ut.*), machining crack. **9.** ~ da raffreddamento (*tecnol. mecc. - fond.*), cooling crack. **10.** cricche da sforzo (incrinature dovute a sollecitazione) (*difetto fond.*), stress cracks. **11.** ~ da tempera in acqua (*difetto metall.*), water crack. **12.** ~ da tensioni interne (in un metallo: dovuta a incrudimento di lavorazione) (*metall.*), season crack. **13.** ~ del cratere (*saldatura*), crater crack. **14.** ~ di fondo (di un lingotto) (*metall.*), basal crack. **15.** cricche di laminazione a caldo (dovute a cricche nei cilindri) (*difetto laminazione*), chill cracks, fire cracks. **16.** ~ di placcatura (*tecnol. mecc.*), plating crack. **17.** ~ di pressatura (cricca di scorrimento, nella metallurgia delle polveri) (*metall.*), pressing crack. **18.** ~ di ritiro (*metall. - fond.*), shrinkage crack. **19.** ~ di ritiro per solidificazione (~ che si sviluppa prima che la fusione sia completamente raffreddata) (*fond.*), hot crack. **20.** ~ di scorrimento (*metall.*), slip crack. **21.** cricche di solidificazione (incrinature a caldo) (*difetto di fond.*), hot tears. **22.** ~ di sospensione (in un lingotto quando è sospeso nella lingottiera) (*metall.*), hanger crack. **23.** ~ di tempra (*metall.*), quenching crack. **24.** ~ trasversale (di un lingotto, dovuta ad impedimento alla libera contrazione durante il raffreddamento) (*metall.*), pull.

criccabilità (*metall.*), crackability. **2.** prova di ~ a caldo (di saldature) (*tecnol. mecc.*), hot short cracking test.

criccarsi (*metall.*), to crack.

criccatura (*mecc. - metall.*), cracking. **2.** inizio di ~ (*metall. - mecc.*), incipient crack.

cricco, *vedi* martinetto o cric.

crinale (cresta, spartiacque, sommità di una catena di montagne) (*geogr.*), ridge.

crine, horsehair. **2.** ~ (*materiale tess.*), curled hair. **3.** ~ vegetale (per imbottitura cuscini), vegetable horsehair. **4.** cinghia di ~ (*ind.*), hair belt. **5.** feltro di ~ (*ind. tess. - ecc.*), hair felt. **6.** tessuto di ~ (*ind. tess.*), haircloth.

criochimica (chimica operante a basse temperature) (*chim.*), cryochemistry.

crioelettronica (per ottenere superconduttività per es.) (*eltn.*), cryoelectronics.

criogenìa (scienza delle basse temperature) (*termod.*), cryogenics.

criogenico (*ind. freddo*), cryogenic. **2.** acciaio ~ (per applicazioni a temperature molto basse) (*metall.*), cryogenic steel. **3.** camera criogenica (che fornisce temperature fino a −200°C) (*app.*), cryogenic chamber.

crioidrato (*chim.*), cryohydrate.

criolite (Na_3AlF_6) (*min.*), cryolite, ice spar. **2.** ~ (*chim.*), sodium fluoaluminate.

criopompa (tipo di pompa a vuoto criogenica) (*macch. per fluidi*), cryopump.

crioscopia (studio sull'abbassamento del punto di solidificazione di una soluzione) (*fis.*), cryoscopy.

crioscopico (*a. - fis.*), cryoscopic.

criosfera (zone perennemente invase dai ghiacci) (*geofis.*), cryosphere.

criostato (mantiene una temperatura bassa e costante) (*strum. term.*), cryostat.

criotrone ~ (apparecchio che opera in condizioni criogeniche) (*elab.*), cryotron.

cripta (*arch.*), crypt.

cripto (cripton, elemento, numero atomico 36, peso atomico 83,80) (Kr - *chim.*), krypton.

criptòmero (*geol.*), cryptomere.

crisàlide (di baco da seta per es.), pupa, chrysalis.

crisi economica (recessione economica; si riferisce ad una nazione) (*econ. - comm. - finanz.*), economic depression, recession.

crisoberillo ($BeO.Al_2O_3$) (*min.*), chrysoberyl. **2.** ~ opalescente (*min.*), cymophane.

crisolite (olivina) (*min.*), chrysolite.

crisotilo [$Mg_6Si_4O_{10}(OH)_6H_2O$] (varietà di serpentino) (*min.*), chrysotile.

cristalleria (*ind.*), crystal work.

cristalliera (*mobile*), glass case.

cristallino (*a. - fis.*), crystalline.

cristalliti (forme minerali molto piccole) (*min.*), crystallites.

cristallizzare (*fis. - min.*), to crystallize. **2.** ~ (lo zucchero per es.) (*ind.*), to granulate.

cristallizzatore (*att. chim.*), crystallization vessel. **2.** ~ (apparecchio per facilitare la cristallizzazione) (*chim. - fis.*), crystallizer.

cristallizzazione (*fis. - min.*), crystallization. **2.** ~ frazionata (*chim. - fis.*), fractional crystallization. **3.** acqua di ~ (*chim.*), water of crystallization. **4.** nucleo (o centro) di ~ (*chim. - fis.*), crystallizer.

cristallo (*fis. - min.*), crystal. **2.** ~ (lastra di vetro piana), plate glass. **3.** ~ (vetro incolore, molto trasparente, usato per vasellame o oggetti artistici) (*mft. vetro*), crystal glass. **4.** ~ (di un parabrezza) (*aut.*), glass. **5.** ~ abbassabile (di porta di aut.) (*aut.*), drop window, winding window. **6.** ~ blindato (*aut. - ecc.*), armored glass (ingl.), bulletproof glass (am.). **7.** cristalli colonnari (in un lingotto per es.) (*metall.*), columnar crystals. **8.** ~ comandato elettricamente (di un'automobile per es.) (*aut.*), power window. **9.** cristalli di conchigliatura (strato sottile di piccoli cristalli formati dal rapido raffreddamento del metallo fuso al contatto con la superficie fredda della lingottiera) (*metall.*), chill crystals. **10.** ~ di quarzo (*eltn.*), quartz crystal. **11.** ~ di rocca (*min.*), rock crystal. **12.** ~ embrionale (cristallo incompleto, cristallo il cui sviluppo è stato arrestato, a causa di cristallizzazione troppo rapida) (*metall.*), skeleton crystal. **13.** cristalli equiassici (in un lingotto per es.) (*metall.*), equiaxed crystals. **14.** ~ fisso (nella fiancata di una scocca di aut. per es.) (*aut.*), fixed window. **15.** ~ fluorescente (sotto l'azione delle radiazioni) (*fis. atom.*), phosphor. **16.** ~ liquido (*chim. fis. - eltn.*), liquid crystal. **17.** ~ misto (non puro) (*cristallografia*), mixed crystal. **18.** ~ molato (lastra di vetro piana di forte spessore, laminata, molata e lucidata) (*ind. vetro*), plate glass. **19.** ~ molato (agli orli) (*ind. vetraria*), beveled plate glass. **20.** ~ orientabile (deflettore) (*aut.*), butterfly window, wind-wing. **21.** ~ oscillante (*app. radiologico*), oscillating crystal. **22.** ~ piezoelettrico (~ di quarzo) (*eltn.*), piezoelectric crystal. **23.** ~ piroelettrico (con effetti elettrici quando si scalda o si raffredda: quarzo per es.) (*min.*), pyroelectric crystal. **24.** ~ rotante (per app. radiologico), rotating crystal. **25.** mezzo ~ (*ind. vetraria*), medium thick plate glass. **26.** rivelatore a ~ (*radio*), crystal detector.

cristallografia (*scienza*), crystallography.

cristallografico (*min.*), crystallographic.

cristallogramma (*chim. - fis.*), crystallogram.

cristallòide (*chim. - fis.*), crystalloid.

cristalloluminescenza (*min. - fis.*), crystalloluminescence.

cristal-violetto (*chim. - colore*), crystal violet.

"cristo" (carter a croce della trasmissione: in uso sulle costruzioni automobilistiche realizzate circa dal 1915 al 1925) (*vecchia mecc. aut.*), torque tube.

cristobalite (*refrattario*), cristobalite.

critèrio (*gen.*), criterion. **2.** ~ di rigidezza (relazione tra la rigidezza ed altre proprietà di una struttura che, quando soddisfatta, è sufficiente a prevenire vibrazioni aeroelastiche o altro tipo di instabilità o perdita di comando) (*aer.*), stiffness criterion.
crìtico (*a. - fis. - ott.*), critical. **2.** ~ (di una massa di combustibile nucleare capace di mantenere una reazione a catena) (*a. - fis. atom.*), critical. **3.** ~ cinematografico (*giorn.*), film critic. **4.** ~ istantaneo (capace di mantenere una reazione a catena senza alcun aiuto) (*fis. atom.*), prompt critical. **5.** ~ letterario (*giorn.*), reviewer. **6.** cammino ~ (percorso critico, "critical path"; metodo di programmazione) (*programmazione*), critical path.
crittografia, criptografia (scrittura in cifre per trasmettere documenti su linee pubbliche a mezzo elab.) (*banca - milit. - ecc.*), cryptography.
crivellato (vagliato) (*a. - ind.*), screened, riddled. **2.** ~ (grigliato, carbone crivellato) (*s. - comb.*), riddled coal.
crivellatore (*op. min.*), jigger.
crivellatura (setacciatura, vagliatura) (*ind.*), screening, sifting, riddling. **2.** ~ (*min.*), jigging.
crivèllo (*att.*), sieve, screen. **2.** ~ (*app. min.*), jig, jigger. **3.** ~ (buratto: per farina), scalper. **4.** ~ (vaglio) (*mur.*), screen, sieve. **5.** ~ (vaglio: usato per vagliare il carbone in una miniera) (*app. min.*), riddle. **6.** ~ (setaccio) (*ut. fond.*), riddle. **7.** ~ idraulico a piano fisso (*app. min.*), harz jig. **8.** ~ idraulico a piano mobile (per separare minerali per densità) (*app. min.*), Hancock jig. **9.** ~ oscillante (separatore a gravità di minerale da sterile) (*app. min.*), jig. **10.** ~ per bozzoli (*att. ind. seta*), cocoon sieve.
croce (*gen.*), cross. **2.** ~ del sud (*astr.*), Southern Cross. **3.** ~ di irrigidimento (di intelaiatura) (*ed. - mecc.*), bracing cross. **4.** ~ di Malta (di proiettore cinematografico), Maltese cross. **5.** ~ di Sant'Andrea (di intelaiatura) (*ed. - ind.*), bracing cross. **6.** ~ rossa (*med. milit.*), Red Cross. **7.** affilatura a ~ (metodo di affilatura di una punta da trapano per formare taglienti secondari sulla punta) (*ut.*), notching, splitting. **8.** incisione a ~ (per provare superfici verniciate) (*vn.*), crosshatching.
crocetta (*nav.*), crosstree. **2.** ~ di maestra (barra di maestra) (*nav.*), main crosstree. **3.** ~ di mezzana (barra di mezzana) (*nav.*), mizzen crosstree.
crocevìa (incrocio stradale) (*traff. strad.*), road crossing. **2.** ~ a circolazione rotatoria (*traffico strad.*), rotary intersection.
"crochet" (gancio) (*fond.*), gagger.
crociamento (di rotaie) (*ferr.*), frog.
crocicchio (*strad.*), road crossing. **2.** ~ di volata (per regolare la linea di mira) (*arma da fuoco*), muzzle disk.
crocidolite (amianto azzurro) (*min.*), crocidolite, blue asbestos.
crocièra (*s. - nav.*), cruise, cruising. **2.** ~ (di crociera) (*a. - aer.*), cruising. **3.** ~ (*arch.*), cross vault. **4.** ~ (per giunto cardanico per es.) (*mecc.*), spider, cross journal, cross. **5.** ~ del giunto cardanico (*mecc.*), universal joint spider (or cross). **6.** ~ economica (*aer.*), economical cruising, weak-mixture cruising. **7.** potenza di ~ (*aer.*), cruising power. **8.** velocità di ~ (*aer.*), cruising speed.
crociforme (*gen.*), crosswise.
croco (*botanica*), crocus. **2.** ~ d'antimonio (*chim.*), crocus of antimony.
crocoìte ($PbCrO_4$) (*min.*), crocoite, crocoisite. **2.** ~ (piombo rosso, cromato basico di piombo) (*chim.*), chrome red. **3.** ~ (giallo di cromo, cromato neutro di piombo) (*chim.*), chrome yellow.
crogiòlo (*att. chim.*), crucible. **2.** ~ (*att. fond.*), crucible, melting pot. **3.** ~ (padella, di un forno per vetro) (*forno per vetro*), pot. **4.** ~ chiuso (di un forno a crogioli) (*forno per vetro*), closed pot. **5.** ~ di attesa (di un forno, per il metallo liquido) (*metall.*), foyer. **6.** ~ di grafite (*fond.*), plumbago crucible. **7.** ~ metallico (*fond.*), pot, metal crucible. **8.** ~ per filtrazione (*att. chim.*), filter crucible. **9.** ~ per termite (o alluminotermia) (*att. saldatura*), thermit crucible. **10.** ~ scoperto (*forno per vetro*), open pot. **11.** acciaio al ~ (*metall.*), crucible steel.
crogiuolo, *vedi* crogiolo.
crollare (*gen.*), to collapse.
cròllo (*gen.*), breakdown. **2.** ~ (*ed.*), collapse. **3.** ~ (di una galleria) (*min.*), thrust.
cròma (di un colore), chroma.
cromare (*ind.*), to chromium-plate, to chromium coat.
cromatazione (tratt. protettivo di particolari in lega di magnesio) (*metall.*), chromate treatment. **2.** ~ (impregnazione diffusa di cromo) (*metall.*), "chromatizing".
cromatica (scienza dei colori) (*s. - ott.*), chromatics.
cromaticità (qualità del colore) (*ott.*), chroma, chromaticity, colorimetric quality, color quality.
cromàtico (*a.*), chromatic.
cromatismo (*ott.*), chromatism.
cromatizzazione (cromatazione) (*vn. - tecnol. mecc.*), chromate treatment.
cromato (*a. - ind.*), chromium plated. **2.** ~ (CrO_4-) (rad.) (*chim.*), chromate.
cromatografia (*s. - chim.*), chromatography, chromatographic analysis. **2.** ~ a strato sottile (*ind. chim.*), thin-layer chromatography. **3.** ~ in fase gassosa (*ind. chim.*), gas chromatography. **4.** ~ su carta (*chim.*), paper chromatography. **5.** ~ su foglio sottile (*chim.*), thin layer chromatography.
cromatogramma (grafico ottenuto da analisi cromatografica) (*chim. - ecc.*), chromatogram. **2.** ~ su carta (*chim.*), papergram.
cromatura (*ind.*), chromium plating. **2.** ~ dura (*ind.*), hard chromium plating.
cromico (*chim.*), chromic.
crominanza (qualità del colore) (*telev. a colori*), chrominance.
cromite ($FeO \cdot Cr_2O_3$) (*min.*), chromite, chrome iron, chrome iron ore.

cromizzare (*tratt. term.*), to chromize.
cromizzazione (cementazione dell'acciaio in un mezzo dal quale possa assorbire cromo per ottenere superfici resistenti all'ossidazione a caldo e corrosione) (*tratt. term.*), chromizing.
cròmo (Cr - *chim.*), chromium, chrome. **2.** ~ puro (*ind. chim.*), straight chromium. **3.** allume di ~ [KCr $(SO_4)_2 \cdot 12H_2O$, usato nella concia, per es.] (*ind. del cuoio*), chrome alum. **4.** spinello di ~ (minerale) (*refrattario*), chrome spinel. **5.** verde di ~ (pigmento) (*ind. vetro - ecc.*), chrome green.
cromodinamica (teoria che suppone differenze di colore fra quarks) (*fis. atom.*), chromodynamics.
cromoforo (*chim.*), chromophore.
cromofotografia (fotografia a colori) (*fot.*), color photography.
cromogeno (*chim.*), chromogen.
cromolitografìa, chromolithograph.
cromoscopio (per misurare la tonalità ed intensità dei colori) (*strum. ott.*), chromoscope.
cromosfèra (*astr.*), chromosphere.
cromotipia (*tip.*), chromotype.
cronaca (trasmissione diretta immediata di un avvenimento) (*radio - telev.*), commentary.
cronista (*giorn.*), reporter. **2.** ~ (addetto alla trasmissione del notiziario quotidiano: radiocronista o telecronista) (*radio - telev.*), commentator.
cronobiologia (relativa ai ritmi biologici) (*biol.*), chronobiology.
cronògrafo (*strum.*), chronograph.
cronoisoterma (linea di ugual temperatura) (*meteor.*), chronoisothermal line.
cronometraggio (analisi dei tempi) (*organ. lav.*), time-study.
cronometrare (misurare tempi di un qualsiasi evento; p. es. una corsa ecc.) (*gen. - sport*), to clock, to time.
cronometrato (velocità per es.) (*gen.*), timed.
cronometrista (*sport*), timer. **2.** ~ (rilevatore di tempi di lavorazione, analista) (*impiegato ind.*), timekeeper.
cronòmetro (*orologio*), stop watch, chronometer. **2.** ~ a scatto (*strum. mis.*), stop watch. **3.** ~ marino (*strum. mis.*), marine chronometer, box chronometer.
cronorelè (relè a tempo) (*app. elett.*), time relay.
cronoscopio (per misurare brevi intervalli di tempo) (*strum. eltn.*), chronoscope.
cronotecnica (analisi tempi) (*ind.*), time study.
cronotecnico (analista tempi, tecnico dei tempi di lavoro) (*organ. lav.*), time-motion study engineer.
cronotopo (spazio-tempo, spazio a quattro dimensioni) (*teoria della relatività*), space-time continuum.
crookesite [$(Cu, Tl, Ag)_2$ Se] (*min.*), crookesite.
"crossbar" (organo di commutazione telefonica automatica) (*telef.*), crossbar. **2.** ~ (tipo di collegamento circuitale di canali a più vie) (*elab.*), crossbar.
cròsta (della Terra) (*geol.*), crust. **2.** ~ (che si forma nei secchi o siviere di colata) (*fond.*), scull, skull. **3.** ~ (di un getto) (*fond.*), skin. **4.** ~ (di un pezzo fucinato) (*fucinatura*), scale. **5.** ~ (pelle divisa) (*ind. cuoio*), split. **6.** ~ da pelletteria (*ind. cuoio*), bag split. **7.** ~ scamosciata (*ind. cuoio*), velvet split. **8.** ~ verniciata (*ind. cuoio*), enamelled split.
crostone (strato di suolo compatto faticoso a scavarsi) (*agric.*), hardpan. **2.** ~ (doppia pelle formata al fondo di un lingotto) (*metall.*), plaster.
crudezza dell'acqua (*chim.*), hardness of water.
crudo (non cotto) (*gen.*), raw, crude.
crumiro (non partecipante a sciopero) (*lav.*), strikebreaker, scab.
cruna (di un ago) (*ind. tess.*), eye.
crusca (*agric.*), bran. **2.** macerante alla ~ (*ind. cuoio*), bran drench. **3.** purgare alla ~ (*ind. cuoio*), to bran.
cruscòtto (*aut.*), dashboard, instrument board. **2.** ~ (quadro strumenti) (*aer.*), instrument panel. **3.** ~ imbottito (*aut.*), padded instrument panel. **4.** pedana (piano pedali, pannello pedaliera, pannello inclinato nella parte anteriore del pavimento) (*aut.*), toeboard. **5.** plancia del ~ (*aut.*), dash panel.
"cs" (centistoke, unità di viscosità cinematica) (*mis.*), centistoke, cs.
cubaggio (cubatura) (*trasp. - nav.*), cubage, volume. **2.** ~ marittimo (cubatura di spedizione) (*trasp. - nav.*), shipping volume.
cubare (*ed.*), to find the volume, to find the cubic content.
cubatura (*ed. - ind.*), cubic volume. **2.** ~ (metodo per stimare il costo di un fabbricato ed.) (*ed.*), cubing (ingl.). **3.** ~ di spedizione (*nav. - comm.*), shipping cubage.
cubìa di ormeggio (*nav.*), mooring pipe, mooring hawsepipe. **2.** ~ di poppa (*nav.*), stern pipe, stern hawsepipe. **3.** condotto di ~ (per la catena dell'àncora) (*nav.*), hawsepipe. **4.** portello di ~ (*nav.*), hawse flap.
cùbica (curva di utilizzazione cubica) (*mot.*), propeller curve, cubic curve. **2.** ~ (di terzo grado: equazione per es.) (*mat.*), cubic.
cùbico (*geom.*), cubic.
cubilòtto (*fond. metall.*), cupola furnace, cupola. **2.** ~ ad aria soffiata equilibrato (*fond. metall.*), balanced blast cupola. **3.** ~ a vento caldo (*fond.*), hot-blast cupola. **4.** ~ con tino quadrato (*fond. metall.*), cupola with square shaft.
cubo (*mat. - geom.*), cube. **2.** al ~ (*mat.*), cubed.
cuboflash (per fotografia a luce artificiale) (*fot.*), flashcube.
cuccetta (*nav. - ferr.*), berth. **2.** ~ a castello (per marinai per es.) (*nav.*), bunk, bunk bed.
cucchiaia (per scavatrice meccanica per es.) (*ed.*), shovel, dipper, grab. **2.** ~ (di una ruota Pelton) (*macch. idr.*), bucket. **3.** ~ ribaltabile (di una scavatrice) (*macch. per movimento terra*), tilting shovel.

cucchiaino (*ut. mur.*), gauging trowel. **2.** ~ per formatori (*ut. per formatore*), spoon shovel.

cucchiaino-esca (con amo) (*pesca*), spoon hook.

cucchiaio (di una draga per es.) (*att. - nav.*), bucket, shovel. **2.** ~ (cucchiarozzo, per lisciare superfici concave) (*ut. fond.*), pipe. **3.** ~ da caffè (*mis. med.*), teaspoonful. **4.** ~ da tavola (*mis. med.*), tablespoonful. **5.** ~ tagliente (*strum. med.*), sharp spoon. **6.** un ~ (la quantità di un cucchiaio) (*mis. - med.*), cochlease, coch, a spoonful.

cucchiaione (*fond. - ecc.*), ladle. **2.** ~ per piombo (*ut. per idraulico*), lead ladle.

cucchiarozzo (cucchiaio, per lisciare superfici concave) (*ut. fond.*), pipe.

cucina (*ed.*), kitchen. **2.** ~ (*nav.*), galley. **3.** ~ (*macch.*), stove. **4.** ~ (con forno) (apparecchio per cucinare alimentato a gas, elettricità, carbone ecc. provvisto di forno o forni) (*app. domestico*), range. **5.** ~ da campo (*milit.*), cooking tent. **6.** ~ economica (*app. domestico*), range. **7.** ~ elettrica (*app. elettrodomestico*), electric range.

cucire, to sew. **2.** ~ (una cinghia) (*mecc.*), to lace. **3.** ~ (fogli di carta con cucitrice) (*uff. - ecc.*), to staple. **4.** macchina per ~ (*macch.*), sewing machine.

cucirini (*mft. filati*), sewing threads.

cucito (*a. - tess.*), sewed, sewn. **2.** ~ (*a. - costr. nav.*), clinker-built.

cucitrice (di fogli di carta) (*ut. uff.*), stapler. **2.** ~ (per unire le segnature formanti un libro) (*macch. legatoria*), stitcher. **3.** ~ a filo metallico (*macch. legatoria*), wire stitcher. **4.** ~ a refe (di libri) (*legatoria*), book-sewer, book-sewing machine. **5.** ~ meccanica (azionata da aria compressa per es. per legare fogli di materia dura e spessa) (*macch.*), stapling machine.

cucitura (azione del cucire), sewing. **2.** ~ (linea di cucitura), seam. **3.** ~ (aggraffatura: di cinghie) (*mecc.*), lacing. **4.** ~ (a lacciuoli: di cinghie) (*mecc.*), leather lacing. **5.** ~ (per fogli di libro, con refe o filo metallico) (*legatoria*), stitch. **6.** ~ (di fogli di carta) (*uff.*), stapling. **7.** ~ (giunzione mediante ~) (*tess. - rilegatura tip. - ind. gomma - ecc.*), stitching. **8.** ~ a filo di refe (*legatoria*), thread stitch. **9.** ~ a punto metallico (*legatoria*), wire stitch. **10.** ~ a refe (di libri) (*legatoria*), booksewing. **11.** ~ sopraggitto (*tess. - ecc.*), whip-stitching. **12.** ~ in piega (*legatoria*), saddle stitch. **13.** ~ in piega a punto metallico (*legatoria*), saddle wire stitch. **14.** ~ laterale (*legatoria*), side stitch. **15.** ~ laterale a filo di refe (*legatoria*), side thread stitch. **16.** ~ laterale a punto metallico (*legatoria*), side wire stitch.

cuffia (specie di cappottatura) (*mecc.*), casing, shroud, cowling. **2.** ~ (radiotelegrafia) (*app.*), headset, headphone. **3.** ~ (elemento sospeso nel bacino, proteggente parte della superficie ed usato come apertura di prelievo) (*forno per vetro*), boot. **4.** ~ (protezione del trasduttore di un impianto sonar) (*acus. sub.*), dome. **5.** ~ afonica (cuffia silenziatrice, applicata temporaneamente alla macchina da presa per riduzione dei disturbi) (*cinem. - telev.*), blimp. **6.** ~ coprivolano (scatola coprivolano) (*mot.*), flywheel housing. **7.** ~ (o rivestimento) del cono di scarico (di un motore a reazione) (*mecc.*), exhaust cone lagging. **8.** ~ di protezione (o riparo) (di macchina) (*mecc.*), guard. **9.** ~ di protezione (di cavi che vengono dal terreno) (*ferr. - elett.*), bootleg. **10.** ~ (del) radiatore (*aut.*), radiator cowling, radiator grill. **11.** ~ stereofonica (*elettroacus.*), stereophone. **12.** ~ telefonica (*telef.*), headphone, headset.

"cuggione" (spina, per staffe) (*fond.*), pin.

culatta (di arma da fuoco), breech. **2.** taglio di ~ (*artiglieria*), breech face.

culla (per l'installazione di un motore a reazione sul banco prova per es.) (*mot.*), cradle. **2.** ~ (di un cannone) (*artiglieria*), cradle. **3.** ~ di lancio (di catapulta per aereo) (*aer. - mar. milit.*), starting cradle.

"cullet" (rottame di vetro) (*mft. vetro*), cullet. **2.** carica di ~ (*mft. vetro*), cullet charge.

culmine (vertice, cima) (*gen.*), summit, apex.

culturale (servizio per dipendenti di una azienda per es.) (*gen.*), educational.

cumarone (benzofurano) (*chim.*), coumarone, cumarone, benzofuran.

cumulativo (comprensivo) (*gen.*), cumulative.

cùmulo (di materiale) (*ind.*), heap. **2.** ~ (nube) (*meteor.*), cumulus.

cumulo-nembo (*meteor.*), cumulonimbus.

cùneo (*mecc. raz.*), wedge. **2.** ~ (che fissa il ferro della pialla) (*carp.*), apron. **3.** ~ (di alta pressione: isobare formanti un cuneo) (*meteor.*), wedge. **4.** ~ (di correzione, in una boccola) (*ferr.*), wedge. **5.** ~ (per spaccare la legna) (*ut.*), riving knife, froe. **6.** ~ (per una ruota del carrello) (*aer.*), wheel chock. **7.** ~ d'arresto (*app. sollevamento*), grip wedge. **8.** ~ in legno (*carp.*), wooden wedge. **9.** ~ strisciante (*ferr.*), skate. **10.** a ~ (*a. - mecc. - carp.*), wedge-shaped.

cunetta (a schiena d'asino, trasversale alla strada) (*strad.*), hump bridge. **2.** ~ della scarpa (al lato della strada) (*strad.*), gutter, side-ditch.

cunìcolo (non praticabile, per tubazione ecc. per es.) (*ed.*), trench duct. **2.** ~ (praticabile: di stabilimento per es., per passaggio di tubazione, cavi elettrici ecc.), underground passage. **3.** ~ del ventilatore (*min.*), fan drift (ingl.). **4.** ~ di comunicazione (*min.*), staple pit.

"cunit" (100 piedi cubi) (*mis. - legno - mft. carta*), cunit.

cuòcere (*ind.*), to bake. **2.** ~ (argilla, cemento ecc.) (*ind. ed.*), to bake, to burn. **3.** ~ mattoni (*ind.*), to bake bricks.

cuocitore (cocitore, addetto alla cottura) (*ind. carta - ecc.*), cooker. **2.** ~ sotto vuoto (*app. ind. dolciaria*), vacuum cooker.

cuoiàceo (*a. - gen.*), leathery.

cuòio (*ind.*), leather. **2.** ~ artificiale, imitation leather. **3.** ~ (conciato) al tannino (*cuoio*), oak leather. **4.** ~ conciato greggio (*ind. cuoio*), crust leather. **5.** ~ riconciato (cuoio conciato prima con composti minerali e poi vegetali) (*ind. - cuoio*), retan. **6.** ~ verniciato (*ind.*), patent leather.

cuòre (*metall.*), heart, core. **2.** ~ (attrezzo del formatore) (*att. fond.*), heart. **3.** ~ (di crociamento) (*ferr.*), frog. **4.** ~ (parte centrale di una massa) (*gen.*), core. **5.** ~ composto (*ferr.*), built-up frog with base plate. **6.** ~ del tronco (*legn.*), heartwood, duramen. **7.** ~ di incrocio delle linee di contatto (di una rete di elettrificazione) (*elett. - ferr.*), frog. **8.** ~ duro (in una barra metallica per es.) (*metall.*), hard centre. **9.** punta matematica del ~ (*ferr.*), theoretical point of frog. **10.** punta materiale del ~ (*ferr.*), actual point of frog.

cupé (coupé) (*aut.*), coupé.

cuplometro (*mot.*), torque meter, torque dynamometer.

cupo (scuro, di colore) (*ott.*), deep, dark.

cùpola (grande) (*arch.*), cupola. **2.** ~ (piccola) (*arch.*), dome. **3.** ~ (duomo) (*geol.*), dome. **4.** ~ a sesto ribassato (*arch.*), flat dome. **5.** ~ corazzata (di carro armato per es.) (*milit. - mar. milit.*), armored hood. **6.** ~ di concentrazione (lente elettronica: nel tubo per raggi X) (*costr. app. med. radiologici*), concentrating cup. **7.** ~ di ricetrasmissione (*radar*), *vedi* radomo. **8.** ~ per rilevamenti astronomici (cupola trasparente installata nella parte alta dell'apparecchio) (*nav. aer.*), astrodome. **9.** ~ protettiva per radar (copertura a prova di intemperie per radar) (*radar*), radar dome. **10.** ~ terminante a guglia (*arch.*), imperial.

cuprallumìnio (*metall.*), copper-aluminium alloy, cupraluminium.

cuprite (Cu_2O) (*min.*), cuprite.

cuprolega (*metall.*), copper alloy.

cupronichel (per refrigeranti per es.) (*metall.*), cupronickel.

cupropiombo (*lega*), cuprolead.

cuprosilicio (*metall.*), silicon copper.

curare (*med.*), to dress.

curatèla (funzione del curatore) (*leg.*), receivership.

curatore (amministratore fiduciario) (*leg.*), receiver, committee, trustee. **2.** ~ di fallimento (*finanz.*), bankruptcy trustee, accountant in bankruptcy, trustee in bankruptcy.

cùrcuma (*colorante*), turmeric.

curetta (*ut. min.*), *vedi* raspetta.

"curiaggio" (entità della radioattività in curie, forza radioattiva espressa in curie) (*radioatt.*), curiage.

curie (unità di misura di intensità radioattiva) (*mis. fis. chim.*), curie. **2.** punto di Curie (*elett.*), Curie temperature, Curie point.

curieterapìa (radioterapia) (*radioatt. med.*), curietherapy.

curio (elemento, numero atom. 96) (Cm - *chim.*), curium.

curriculum (*pers.*), curriculum. **2.** ~ vitae (sintetica descrizione delle attività individuali svolte e delle mansioni ed incarichi avuti) (*pers.*), curriculum vitae, record.

curro (mallo di ferro usato per spostare macchine pesanti ecc. sul pavimento) (*att. di off.*), roller.

cursore (*mecc.*), slider, cursor. **2.** ~ (contatto scorrevole, di un reostato per es.) (*elett.*), wiper. **3.** ~ (punto luminoso lampeggiante, controllabile manualmente sullo schermo video: indica p. es. il punto dove il carattere verrà inserito) (*elab.*), cursor.

curtosi (*stat.*), kurtosis.

curva (caratteristica di motore) (*grafico*), curve. **2.** ~ (per tubazioni), elbow, bend. **3.** ~ (di strada), curve. **4.** ~ (inferiore a 180°, nel cambio di direzione di un trasportatore) (*trasp. ind.*), corner. **5.** ~ a campana (*stat.*), bell-shaped curve. **6.** ~ a 180° (tourniquet) (*costr. strad.*), chicane. **7.** ~ ad S isoaustenitica o di Bain (indicante la velocità di trasformazione dell'austenite) (*metall.*), time-temperature transformation curve, TTT curve. **8.** ~ a 90° (*gen.*), quarter bend. **9.** ~ a 90° con riduzione (*tubaz.*), 90° reducing elbow. **10.** ~ autocatalitica (*stat.*), auto-catalytic curve. **11.** ~ balistica (*mecc. raz.*), ballistic curve. **12.** ~ batimetrica (su una carta nautica) (*geogr. - mare*), fathom line, fathom curve. **13.** ~ caratteristica (*mecc. - ecc.*), characteristic curve. **14.** ~ carichi-deformazioni (*sc. costr.*), stress-strain curve. **15.** ~ catenaria (*geom.*), common catenary. **16.** ~ chiusa (*geom.*), closed curve. **17.** ~ cieca (*strad.*), blind curve (am.). **18.** ~ con ruota (curva ottenuta mediante ruota, di un trasportatore) (*trasp. ind.*), wheel corner. **19.** ~ delle probabilità, *vedi* ~ di Gauss. **20.** ~ di carica (di accumulatore) (*elett.*), charging curve. **21.** ~ di cedimento (curva delle deformazioni in funzione delle sollecitazioni) (*sc. costr.*), stress-strain curve. **22.** ~ di correlazione tra due variabili (*mat.*), correlogram. **23.** ~ di distribuzione (*stat.*), distribution curve. **24.** ~ di distribuzione statistica (curva statistica di frequenza) (*stat.*), statistical graph. **25.** ~ di elasticità (di un'ala per es.) (*sc. costr.*), elastic curve. **26.** ~ di espansione (*mot.*), expansion curve. **27.** ~ di fatica (curva del numero dei cicli producenti rottura in funzione della sollecitazione) (*tecnol. mecc.*), stress number curve, S/N curve. **28.** ~ di frequenza (*stat.*), frequency curve. **29.** ~ di Gauss (curva degli errori, curva delle probabilità) (*stat.*), Gaussian curve, probability curve. **30.** ~ di livello (linea su una mappa che rappresenta i punti di un territorio aventi la stessa altezza sul livello del mare) (*top. cart.*), contour line, contour. **31.** ~ di livello ausiliaria (*top. - cart.*), supplementary contour. **32.** ~ di livello direttrice (*top. - cart.*), index contour. **33.** ~ di livello intermedia (*top. - cart.*), intermediate contour. **34.** ~ di magnetizzazione (*elett.*), magnetization curve (ingl.). **35.** ~ di potenza (*mot.*), power curve. **36.** ~ di potenza in quota (*mot. aer.*), power at altitude curve. **37.** ~ di (quasi) 180° (*strad.*), hairpin. **38.** ~ di raccordo (tra una strada diritta e una curva) (*ing. civ.*), transition curve. **39.** ~ di risonanza (*fis.*), resonance curve. **40.** ~ (caratteristica) di saturazione (in un campo magnetico per es.) (*elett.*), saturation curve. **41.** ~ di solidificazione (di una soluzione: ferro–carbonio per es.) (*chim. - fis.*), liquidus curve, liquidus. **42.** ~ di solubilità (*chim. - fis.*), solubility curve. **43.** ~ di taratura (di uno strumento), calibration curve. **44.** ~ di transito (curva di raccordo, curva di transizione, collegante un rettilineo ad un arco circolare) (*costr. strad. e ferr.*), easement curve. **45.** ~ di trasformazione con raffreddamento continuo (nella saldatura) (*metall.*), continuous cooling transformation curve, C–C–T curve. **46.** ~ di uguale rilevamento (*navig. aerea*), curve of equal bearing. **47.** ~ di utilizzazione cubica (*mot.*), propeller curve, cubic curve. **48.** ~ doppia (stretta) a 180° (per tubaz.), (close) return bend. **49.** ~ elastica (*sc. costr. - mecc.*), elastica, elastic curve. **50.** ~ esponenziale (*mat.*), exponential curve. **51.** ~ evolvente (di ingranaggio) (*mecc.*), rolling curve. **52.** ~ fotometrica (curva di ripartizione dell'intensità luminosa) (*mis. illum.*), photometric curve. **53.** ~ generatrice (cerchio di base: di ingranaggio) (*mecc.*), generating rolling curve. **54.** ~ isofota (*ott. - illum.*), isophot curve, isophote curve. **55.** ~ isometrica (*termod.*), isometric line. **56.** ~ operativa (*controllo qualità*), operating curve. **57.** ~ pericolosa (*strad.*), dangerous curve. **58.** ~ piana (*geom.*), plane curve. **59.** ~ policentrica (*ferr.*), compound curve. **60.** ~ quadratica (*mat. - ecc.*), square–law curve. **61.** ~ sigmoidale (*mat. stat.*), sigmoid curve. **62.** ~ sollecitazione/cicli (curva [o diagramma] delle sollecitazioni in funzione dei cicli, in prove di fatica) (*sc. costr.*), S/N curve. **63.** ~ sopraelevata (*strad.*), banked curve. **64.** ~ statistica di frequenza (curva di distribuzione statistica) (*stat.*), statistical graph. **65.** ~ stretta (*traff. strad.*), sharp curve. **66.** ~ unente parti con uguale spessore geologico (curva isopaca) (*geol.*), isopachous curve. **67.** ~ verticale (sul profilo longitudinale di una strada per ottenere una variazione di livelletta) (*costr. strad.*), vertical curve. **68.** contro ~ (*ferr. - strad.*), reverse curve. **69.** forza laterale in ~ (forza laterale quando l'angolo di inclinazione è zero) (*veic.*), cornering force. **70.** lunghezza della ~ di raccordo (*ing. civ. - ferr.*), transition length. **71.** marcia in ~ (*aut.*), cornering. **72.** rettifica di una ~ (*strad.*), rectification of a curve. **73.** rigidezza in ~ (rigidezza alla forza trasversale, derivata negativa della forza laterale rispetto all'angolo di deriva) (*veic.*), cornering power, cornering stiffness, cornering rate. **74.** stridio in ~ (di pneumatici) (*aut.*), cornering squeal. **75.** velocità limite in ~ (di un'autovettura, velocità massima alla quale un'autovettura non sbanda in curva) (*aut.*), cornering power.

curvare (piegare) (*mecc. - ind.*), to bend, to curve, to camber. **2.** ~ (di veic.), to turn. **3.** ~ (prendere una curva) (*aut.*), to take a curve. **4.** ~ (una molla per prova a flessione per es.) (*mecc.*), to scrag. **5.** ~ a vapore (il legno per es.) (*ind.*), to warp by steam. **6.** ~ con derapata controllata (prendere una curva con slittamento controllato, o al limite di slittamento) (*corse aut.*), to hang out the rear.

curvarsi (*gen.*), to bend. **2.** ~ (ingobbarsi: difetto delle lamiere per es.) (*tecnol.*), to bulge. **3.** ~ verso il basso (*gen.*), to sag.

curvato (*gen.*), bent. **2.** ~ infuori (*gen.*), procurved. **3.** ~ verso l'alto (*gen.*), upcurved.

curvatrice (piegatrice: per legno, tubi ecc.) (*macch.*), bender, bending machine. **2.** ~ ad ingranaggi (per tubaz.) (*macch.*), geared bender. **3.** ~ per legno (*macch. carp.*), wood bending machine. **4.** ~ per tubi (curvatubi) (*macch.*), pipe bending machine.

curvatubi (curvatrice per tubi) (*macch.*), pipe bending machine.

curvatura, curving, curve, camber, bend, bending, curvature, deflection. **2.** ~ (inarcamento, di un profilo aerodinamico) (*aer.*), camber. **3.** ~ (di un muro per es.) (*arch.*), sweep. **4.** ~ (inarcamento, curvatura verso l'alto del ponte o delle linee della nave vista di fianco) (*nav.*), sheer. **5.** ~ a caduta (formatura di un articolo di vetro senza l'uso di pressione) (*mft. vetro*), "dropping". **6.** ~ dell'asse longitudinale (di un dirigibile) (*aer.*), hog. **7.** ~ gaussiana (*geom.*), Gaussian curvature, Gauss curvature. **8.** raggio di ~ (*geom.*), bending radius.

curvilìneo (*a.*), curvilinear. **2.** ~ (*strum. dis.*), curve.

curvimetro (strumento per misurare linee curve, su una mappa per es.) (*strum.*), map measurer, opisometer, curvometer.

cuscinetto (costituito da due semigusci metallici foderati internamente da metallo antifrizione) (*mecc.*), bearing. **2.** ~ (per filiera) (*ut.*), die. **3.** ~ (per timbri) (*uff.*), pad. **4.** ~ a due file di sfere (*mecc.*), double–row ball bearing. **5.** ~ a guscio (*mecc.*), shell bearing. **6.** ~ a guscio sottile (*mecc. aut.*), thin–walled bearing. **7.** ~ a manicotto (*mecc.*), sleeve bearing. **8.** ~ anteriore (di un turboreattore per es.) (*mecc.*), front bearing. **9.** ~ anteriore frizione (cuscinetto albero presa diretta) (*aut.*), clutch pilot bearing. **10.** ~ antifrizione (*mecc.*), antifriction bearing. **11.** ~ a rotolamento (con sfere o rulli) (*mecc.*), rolling bearing (ingl.), antifriction bearing (am.). **12.** ~ a rulli (*mecc.*), roller bearing. **13.** ~ a rulli a botte (*mecc.*), barrel roller bearing. **14.** ~ a rulli cilindrici (*mecc.*), straight roller bearing. **15.** ~ a rulli conici (*mecc.*), taper roller bearing. **16.** ~ a rullini (o ad aghi) (*mecc.*), needle bearing. **17.** ~ a sfere (*mecc.*), ball bearing. **18.** ~ a sfere radiali con scorrimento assiale (~ che permette al perno di muoversi assialmente) (*mecc.*), ball bushing. **19.** ~ assiale (cuscinetto di spinta a sfere) (*mecc.*), axial bearing. **20.** ~ a strisciamento. (*mecc.*), plain bearing. **21.** ~ a strisciamento a lubrificante aria (*mecc.*), air bearing, air lubricated bearing. **22.** ~ a strisciamento a lubrificante gassoso (*mecc.*), gas bearing, gas lubricated bearing. **23.** ~ a supporto ritto (*mecc.*), pedestal bearing. **24.** ~ autolubrificante (*mecc.*), oilless bearing. **25.** ~ con scanalature a spirale (tipo di cuscinetto di spinta) (*mecc.*), spiral groove bearing. **26.** ~ della boccola (parte del supporto che appoggia sul perno e che ruota su di esso) (*mecc. - ferr.*), friction bearing. **27.** ~ di banco (*mot.*), main bearing, crankshaft bearing. **28.** ~ di biella (*mot.*), big end bearing. **29.** ~ di gomma (tampone antivibrante) (per il supporto di un motore d'aviazione per es.) (*mecc. - mot.*), pad, cushioning pad. **30.** ~ di imposta (di un arco per es.) (*ed.*), skewback. **31.** ~ di legno santo (~ di lignum vitae, sistemato attorno all'albero dell'elica dove esso attraversa lo scafo e viene in contatto col mare) (*obsoleta tecnol. nav.*), hardwood bearing. **32.** ~ di sala motrice (di un carrello motore) (*ferr.*), driving box. **33.** ~ di spinta (cuscinetto reggispinta) (*mecc.*), thrust bearing. **34.** ~ di spinta a zoccoli oscillanti (*mecc.*), pivoted shoe thrust bearing, tilting pad thrust bearing. **35.** ~ di spinta con spallamento (per sostenere una pressione assiale mediante colletti di spinta ricavati sull'albero) (*mecc.*), collar bearing. **36.** ~ distacco frizione (*aut.*), clutch release bearing. **37.** ~ fisso di biella madre (di motore stellare) (*mecc. - mot. - aer.*), fixed big end bearing. **38.** ~ flangiato (*mecc.*), flanged bearing. **39.** ~ flottante di biella madre (di motore stellare) (*mecc. - mot. - aer.*), floating big end bearing. **40.** ~ idrostatico assiale anulare a recessi multipli (*mecc.*), annular multi-recess hydrostatic thrust bearing. **41.** ~ in resina rinforzato con fibra organica (*mecc.*), molded-fabric bearing. **42.** ~ intermedio (*mecc.*), intermediate bearing. **43.** ~ lubrificato ad acqua (per uso marino) (*mecc. - nav.*), water-lubricated bearing. **44.** ~ oscillante (cuscinetto a sfere con pista esterna sferica) (*mecc.*), self-aligning bearing. **45.** ~ oscillante auto-orientabile (*mecc.*), pivoted self-adjusting bearing. **46.** ~ oscillante per autoallineamento (*mecc.*), self-aligning bearing. **47.** ~ per spinte oblique (cuscinetto a sfere) (*mecc.*), angular bearing. **48.** ~ pneumatico (cuscinetto a strisciamento a lubrificante aria) (*mecc.*), air bearing. **49.** ~ polimetallico (*mecc.*), polymetal bearing. **50.** ~ portante (*mecc.*), journal bearing. **51.** ~ posteriore (di un motore per es.) (*mecc.*), rear bearing. **52.** ~ radente (*mecc.*), sliding bearing. **53.** ~ radiale (portante) (*mecc.*), radial bearing. **54.** ~ reggispinta (*mecc.*), thrust bearing, collar bearing. **55.** ~ reggispinta di estremità (supporta l'estremità inferiore di un albero verticale) (*mecc.*), step bearing. **56.** ~ reggispinta incorporato nel monoblocco (*mecc. mot.*), thrust bearing embodied in the engine block. **57.** ~ reggispinta turbina (di un turboreattore per es.) (*mecc.*), turbine thrust bearing. **58.** ~ superiore (*mecc.*), upper bearing. **59.** guscio di ~ (*mecc.*), bearing shell. **60.** il ~ scalda (*difetto mecc.*), the bearing runs hot. **61.** pista (o sede di rotolamento) di ~ a rulli cilindrici (*mecc.*), straight roller bearing race. **62.** pista (o sede di rotolamento) di ~ a rulli conici (*mecc.*), taper roller bearing race. **63.** ricolare il metallo (bianco) ad un ~ (*mecc.*), to remetal a bearing. **64.** riscaldamento di un ~ (*mecc.*), overheating of a bearing. **65.** sede di ~ (*mecc.*), bearing housing.

cuscino (*gen.*), cushion, pillow, bolster. **2.** ~ (di appoggio) (*mecc.*), pillow. **3.** ~ (di appoggio di trave per es. per la distribuzione del carico) (*ed.*), template. **4.** ~ ammortizzatore (*mecc.*), pad, fender. **5.** ~ appoggiaginocchia (di una motocicletta), knee-grip. **6.** ~ d'aria (per veicoli a ~ d'aria, per testine di dischi magnetici ecc.) (*fluidodinamica*), air cushion. **7.** ~ d'aria (pallone autogonfiabile all'atto della collisione, per la sicurezza dei passeggeri di autovetture) (*aut.*), air bag, inflatable bag. **8.** cuscini d'aria (per spostare attrezzature pesanti nelle officine, per es.) (*trasp. ind.*), air pads. **9.** ~ d'incappellaggio (di un albero) (*nav.*), bolster. **10.** ~ di sedile (*aut.*), seat cushion. **11.** ~ di spinta (*mecc.*), thrust pad. **12.** ~ pneumatico (*mecc. - fis. - idr.*), air cushion. **13.** a ~ d'aria (di macch. a cuscino d'aria funzionante sull'acqua o sulla terraferma) (*a. - di veic. a cuscino d'aria*), air-cushion. **14.** natante a ~ d'aria (Hovercraft per percorsi marini o lacuali) (*nav.*), hydroskimmer. **15.** ripostiglio cuscini (di una carrozza letti) (*ferr.*), pillow box.

cùspide (di una locomotiva a vapore), tube cap. **2.** ~ (*arch.*), spire, tip. **3.** ~ (*mat.*), cusp.

custode (di uffici per es.) (*personale*), janitor.

custòdia (alloggiamento: di cuscinetto a sfere per es.) (*mecc.*), housing, hsg. **2.** ~ (di strumento per es.), case, sheath. **3.** ~ (di un paracadute) (*aer.*), pack, pack cover. **4.** ~ a petali (custodia di tela per paracadute) (*aer.*), petal cap. **5.** ~ carte (nautiche) (*nav.*), chart box. **6.** ~ del paracadute (*aer.*), parachute bucket. **7.** ~ di antenna radar (*radar*), radome. **8.** ~ esterna (di un paracadute) (*aer.*), outer pack. **9.** ~ (fusa) del respingente (*ferr.*), buffer casting. **10.** ~ interna (di un paracadute), inner pack. **11.** ~ metallica (di un paracadute) (*aer.*), metal pack, parachute tray. **12.** ~ per respingenti (*ferr.*), buffer case.

custodito (passaggio a livello) (*ferr.*), guarded.

cutter (*nav.*), cutter. **2.** ~ da diporto (*nav.*), cutter yacht.

"cut-wire" (graniglia metallica di acciaio ricavata da filo, cilindretti di filo di acciaio) (*tecnol. mecc.*), cut-wire.

"CV" (cavallo, cavallo vapore) (*unità di mis.*), 0,9863 Hp.

"CV/h" (CV/ora, cavallo-ora) (*unità di mis.*), 0,9863 HP-hour.

D

D (deuterio, idrogeno pesante) (*chim. - fis. atom.*), D, deuterium.

"d" (deci-, prefisso per 0,1 volte) (*mis.*), d, deci-.

da (deca-, dieci volte) (*mis.*), da, deca-.

dacite (*geol.*), dacite.

dado (*mecc.*), nut, screw nut. **2.** ~ (di un piedistallo) (*arch.*), dado, die. **3.** ~ a colletto (*mecc.*), flange nut, collar nut. **4.** ~ a corona (per copiglia) (*mecc.*), castellated nut, castle nut, slotted nut. **5.** ~ ad alette (galletto) (*mecc.*), wing nut, thumb nut. **6.** ~ ad intagli (per copiglia) (*mecc.*), castellated nut. **7.** ~ a doppio esagono (dado per chiave a stella, dado per chiave ad anello con doppia impronta esagonale) (*mecc.*), 12-point nut. **8.** ~ a galletto (*mecc.*), wing nut. **9.** ~ a testa tonda forata diametralmente (*mecc.*), capstan nut. **10.** ~ autobloccante (dado a bloccaggio automatico) (*mecc.*), self-locking nut, locknut, stopnut. **11.** ~ autobloccante ad espansione (*mecc.*), elastic stopnut. **12.** ~ cieco (*mecc.*), cap nut, box nut. **13.** ~ con calotta (con foro filettato cieco) (*mecc.*), grommet nut. **14.** ~ (o vite) da serrarsi a mano (dado [o vite] a galletto o a testa zigrinata) (*mecc.*), hand screw. **15.** ~ di bloccaggio (*mecc.*), check nut, stop nut. **16.** ~ di raccordo per tubo arrivo benzina (di carb.) (*mecc. - mot.*), fuel feeding pipe nut. **17.** ~ di sicurezza automatico (causa l'azione della fibra posta all'interno) (*mecc.*), elastic stop nut. **18.** ~ di sicurezza "palnutter" ("palnutter") (*mecc.*), "palnut" lock washer, "palnut". **19.** ~ esagonale (*mecc.*), hexagon nut. **20.** ~ per bullone serraggio testa sterzo (di motocicletta per es.) (*mecc.*), pinch bolt nut. **21.** ~ quadro (*mecc.*), square nut. **22.** ~ saldato (in corrispondenza di un foro in un elemento di lamiera per es.) (*mecc.*), welded nut, "weldnut". **23.** ~ sinistro fissaggio ruota (*aut.*), left side wheel nut. **24.** ~ spaccato (*mecc.*), split nut, clasp nut. **25.** ~ su sfere (con sfere interposte nel filetto, tra il dado e la vite) (*mecc.*), ball nut. **26.** ~ zigrinato (*mecc.*), knurled nut. **27.** incoppigliare un ~ (*mecc.*), to split-pin a nut.

dagherrotipia (*fot.*), daguerreotypy.

dagherrotipo (*fot.*), daguerreotype.

daino (pelle di daino) (*aut. - ecc.*), deer, deerskin, buckskin.

dalton (unità di massa per atomi; di $1,6603 \times 10^{-24}$g) (*fis.*), dalton.

daltonico (affetto da daltonismo) (*ott. - med.*), daltonic.

daltonismo (*med. ott.*), daltonism, color blindness.

dama (muro refrattario formante la parte anteriore del crogiuolo di un alto forno) (*metall.*), dam.

damascare (damaschinare, intarsiare su metallo) (*arte ornamentale*), to damascene, to damasken. **2.** ~ (ornare a damasco) (*ind. tess.*), to damask.

damascatura, damaschinatura (intarsio ornamentale su metallo) (*metall.*), damascening, damaskening.

damasco (*tessuto*), damask.

damigiana (*recipiente per vino*), demijohn. **2.** ~ da acidi (*recipiente per ind. chim.*), carboy.

dammar (resina naturale) (*ind. vn.*), dammar.

"daN" (decanewton) (*mis.*), daN, decanewton.

danaro, *vedi* denaro.

danneggiamento (*gen.*), damage.

danneggiare (rovinare) (*gen.*), to damage. **2.** ~ (rendere meno efficace), to impair. **3.** ~ (una macchina per es.), to damage. **4.** ~ (l'estetica: la verniciatura per es.), to blemish.

danneggiato (*gen.*), damaged.

danno (*gen.*), damage, injury. **2.** danni civili (*leg.*), civil damages. **3.** danni liquidati (*ass.*), stipulated damages. **4.** dichiarare i danni (*leg.*), to lay damages. **5.** perizia dei danni (*leg.*), damages survey, damages appraisal. **6.** risarcimento danni (*leg.*), indemnity for damages.

dannoso (*a. - gen.*), harmful.

darcy (mis. della permeabilità dovuta a porosità) (*unità di mis.*), darcy.

dardo (fascio, raggio) (*gen.*), beam.

dare (*gen.*), to give. **2.** ~ (colonna od ammontare del debito p. es. in un estratto conto ecc.) (*s. - amm.*), debit. **3.** ~ accensioni irregolari (di motore a combustione interna) (*comb.*), to misfire. **4.** ~ fondo all'àncora (*nav.*), to drop anchor, to let go the anchor. **5.** ~ gas (dare una brusca accelerata) (*mot.*), to give the gun. **6.** ~ il nero (*fond.*), to black. **7.** ~ il velo (nella esecuzione dell'intonaco) (*mur.*), to skim. **8.** ~ in secco (*nav.*), to run ashore. **9.** ~ in subappalto (*ind.*), to subcontract, to job. **10.** ~ istruzioni precise (*gen.*), to brief. **11.** ~ manetta (accelerare il motore) (*aer.*), to open the throttle, to gun. **12.** ~ ritorni di fiamma (*mot.*), to backfire.

13. ~ un voto (in una assemblea per es.) (*finanz. - ecc.*), to cast a vote, to give a vote. **14.** ~ volta (a un cavo per es. su di una caviglia) (*gen. - nav.*), to belay, to pass. **15.** ~ volta (girare l'estremità di una fune attorno ad un palo di ancoraggio) (*nav. - ecc.*), to snub.

dàrsena (*nav.*), basin, dock, wet basin, wet dock. **2.** ~ (di marea) (*nav.*), tidal dock.

darsonvalizzazione (marconiterapia: terapia con corrente ad alta frequenza) (*elett. - med.*), D'Arsonvalism.

data (tempo) (*s.*), date. **2.** ~ del timbro postale (*comm.*), date as postmark. **3.** ~ di cancellazione (dopo la quale i dati verranno cancellati per immagazzinarne altri) (*elab.*), purge date. **4.** ~ di emissione (*gen.*), date of issue. **5.** ~ di entrata in vigore (di un decreto per es.) (*leg.*), effective date. **6.** ~ di messa in onda (~ programmata per diffusioni radio, TV ecc.) (*telev. - radio*), airdate. **7.** ~ di scadenza (*comm. - ecc.*), due date. **8.** ~ ultima (data limite) (*comm.*), ultimate date, deadline. **9.** dalla ~ di ricevimento dell'ordine (*comm.*), from date order is received. **10.** senza ~ (di documento) (*uff.*), undated.

datagramma (sistema di trasmissione di dati) (*elab.*), datagram.

datario (strumento per marcare date) (*att. - uff.*), dater, date stamp.

datare (*gen.*), to date. **2.** ~ mediante il carbonio 14 (*archeologia - ecc.*), to carbondate.

datazione (*gen.*), dating. **2.** ~ (indicazione o accertamento di una data) (*sc. - storia - ecc.*), dating. **3.** ~ mediante carbonio 14 (*radioatt.*), radiocarbon dating. **4.** ~ radiometrica (~ basata sulla disintegrazione di elementi radioattivi) (*radioatt.*), radiometric dating.

dati (*gen.*), data. **2.** ~ (di un problema per es.), data. **3.** ~ analogici (*elab.*), analog data. **4.** ~ campionati (~ collezionati per controllo) (*stat. - elab.*), sampled data. **5.** ~ complessivi (*stat.*), integrated data. **6.** ~ concatenati (serie di ~ in una sequenza a catena) (*elab.*), catena. **7.** ~ da trasmettere (*elab.*), sending data. **8.** ~ dell'utente (~ memorizzati relativi ad un utente specifico) (*elab.*), user data. **9.** ~ del punto di controllo (insieme dei ~ rilevati al punto di controllo) (*elab.*), checkpoint data set. **10.** ~ di funzionamento (*tecnol. mecc. - mot.*), operating data. **11.** ~ di ingresso (*elab.*), input data. **12.** ~ dimensionali (da inserire su nastro per una macchina utènsile) (*macch. ut. a c. n.*), dimensional information. **13.** ~ di origine (~ ancora da elaborare) (*elab.*), raw data. **14.** ~ di prova (particolari ~ studiati per provare un sistema, una macchina ecc.) (*elab. - ecc.*), test data. **15.** ~ di targa (dati nominali di una macchina elettrica per es.) (*macch. elett.*), rating. **16.** ~ di tiro (*milit.*), firing data. **17.** ~ di transazione [o di movimento] (p. es. i ~ riferentisi a operazioni gestionali o commerciali) (*elab.*), transaction data. **18.** ~ gestionali (*inf.*), management data. **19.** ~ numerici (~ digitali) (*elab.*), digital data, numeric data. **20.** ~ principali (~ più importanti) (*elab.*), master data. **21.** ~ qualitativi (*stat.*), qualitative data. **22.** ~ quantitativi (*stat.*), quantitative data. **23.** ~ sorgente (*elab.*), source data. **24.** ~ tecnici (*elab. - ecc.*), engineering data. **25.** ~ tecnologici (informazioni tecnologiche, mediante controllo numerico) (*macch. ut. - ecc.*), process information. **26.** ~ visualizzati (in contrapposizione con ~ stampati) (*elab.*), soft copy. **27.** bus [dei] ~ (*elab.*), data bus, data highway. **28.** campo ~ (*elab.*), data field. **29.** caricare (o introdurre) ~ mediante tastiera (*elab.*), to key. **30.** centro elaborazione ~ (incluso l'unità centrale e le unità periferiche, il personale e l'ufficio) (*elab.*), data processing center. **31.** complesso di elaborazione automatica ~ (incluso equipaggiamenti, programmi, macchine contabili ecc.) (*elab.*), automatic data processing system. **32.** concatenamento (di) ~ (*elab.*), data chaining. **33.** conversione (di) ~ (*elab.*), data conversion. **34.** convertitore (di) ~ (unità per cambiare i ~ da una forma ad un'altra: per es. da decimale a binaria) (*elab.*), data converter, converter. **35.** definizione ~ (*elab.*), data definition. **36.** dizionario ~ (*elab.*), data dictionary. **37.** elaborazione ~ (ogni operazione o manipolazione sui ~) (*elab. - macch. calc.*), data processing. **38.** elaborazione automatica (di) ~ (*elab. - ecc.*), automatic data processing, datamation. **39.** elaborazione centralizzata ~ (*elab.*), centralized data processing. **40.** flusso (di) ~ (*elab.*), data flow. **41.** formato dei ~ (modo di rappresentazione dei ~ su di un foglio stampato ecc.) (*elab.*), data format. **42.** gestione ~ (*elab.*), data management. **43.** gruppo (di) ~ (insieme [di] ~ correlati e processabili) (*elab.*), data record. **44.** insieme (ordinato) di ~ (gruppo di ~ tra loro correlati) (*elab.*), data set, DS. **45.** nome di un tipo di ~ (*elab.*), data name. **46.** preparazione ~ in linguaggio macchina (traduzione dei ~ in forma leggibile dalla macchina) (*elab.*), data origination. **47.** raccolta ~ (*elab.*), data collection. **48.** raccolta di ~ di stabilimento [o fabbrica] (*elab. - ecc.*), factory data collection. **49.** registratore (automatico) di ~ (*elab.*), data logger. **50.** registrazione (di) ~ (*elab.*), data recording. **51.** ricerca di ~ (*elab.*), data retrieval. **52.** sezione ~ (una delle quattro parti costituenti un programma COBOL) (*elab.*), data division. **53.** stampante di ~ (*elab. - ecc.*), data printer. **54.** supporto ~ (tipo di materiale usato per registrarvi i ~; per es. nastri magnetici, dischi ecc.) (*elab.*), data medium. **55.** terminale per (elaborazione di) lotti di ~ (*elab.*), batch data terminal. **56.** unità (di) ~ (gruppo di caratteri correlati considerati come una unità) (*elab.*), data unit. **57.** trattamento dei ~ (*macch. calc.*), data handling.

dato (*gen.*), datum. **2.** tipo di ~ (singola unità di informazione) (*elab. - ecc.*), data item, datum. **3.** ~, *vedi anche* dati.

datore di lavoro (*lav.*), employer.

dattilògrafa (*impiegata*), typist.
dattilografare (*uff.*), to typewrite, to type.
dattilografato, typed.
dattilografia (*s. - uff.*), typewriting.
dattilògrafo (*impiegato*), typist, typewriter. **2.** ~ che scrive direttamente da dittafono (*pers. d'uff.*), audiotypist.
dattiloscritto (*s. - macc. per scrivere*), typescript, typewriting, typewritten paper.
dattiloscrivere (dattilografare, scrivere a macchina) (*uff.*), to type, to typewrite.
davanzale (di finestra) (*ed.*), window sill. **2.** ~ interno (di finestra) (*ed.*), internal sill.
dazio (*comm.*), duty. **2.** ~ di consumo (*comm.*), excise. **3.** ~ d'importazione (*comm.*), import duty. **4.** ~ discriminatorio (imposto su merci particolari) (*comm.*), discriminating duty. **5.** ~ doganale (*comm.*), custom duty. **6.** ~ escluso (*comm.*), duty unpaid. **7.** esente da ~ (*comm.*), duty-free. **8.** restituzione di ~ (*comm.*), drawback.
"dbm" (decibel riferito ad un milliwatt) (*mis.*), dbm.
deaerazione (di un liquido per es.) (*fis.*), deaeration.
deallocare (ritirare una risorsa da un programma per es., al quale era stata assegnata) (*elab.*), to deallocate, to unallocate.
deallocazione (*elab.*), deallocation.
"debiteuse" (blocco di argilla con fessura usato per la produzione continua di lastre di vetro) (*mft. vetro*), "debiteuse".
dèbito (*finanz. - comm.*), debt. **2.** ~ non garantito (*amm.*), deadweight debt. **3.** ~ pubblico (*finanz.*), national debt.
debitore (*finanz. - comm.*), debtor. **2.** ~ ipotecario (*amm.*), mortgager, mortgagor.
débole (di colore, luce per es.) (*a. - gen.*), faint, dull. **2.** ~ (*fot.*), thin, weak. **3.** ~ (di muro, di tirante per es.) (*ed. - mecc.*), weak.
debraiare (*mecc. - aut.*), to declutch, to disconnect the clutch, to disengage the clutch.
"debye" (unità del momento elettrico corrispondente a 10^{-18} statcoulomb-centimetro) (*unità di mis.*), debye, debye unit.
deca- (da) (*unità di mis.*), deca-, da.
decade (*gen.*), decade. **2.** ~ (rapporto 10/1, in una progressione geometrica) (*mat.*), decade. **3.** ~ (intervallo tra le serie di bobine di una cassetta di resistenze) (*elett.*), decade. **4.** resistenza a decadi (*eltn.*), decade resistor.
decadenza (*leg.*), expiration.
decadere (*fis. - radioatt.*), to disintegrate. **2.** ~ (perdere un diritto per es., col trascorrere del tempo) (*leg.*), to expire.
decadimento della classifica (di una nave) (*nav.*), forfeiture of class. **2.** ~ nucleare (*fis. atom.*), nuclear decay.
decaèdro (*geom.*), decahedron, decaedron.
decàgono (*geom.*), decagon.
decagrammo (*dag - mis.*), decagram, decagramme.
decalaggio (delle pale dell'elica) (*aer.*), out-of-pitch.
decalaminare (disincrostare, disossidare) (*metall. - fucinatura*), to descale.
decalaminazione (*metall.*), descaling. **2.** ~ alla fiamma (disincrostazione alla fiamma) (*vn. - metall.*), flame-cleaning.
decalcomanìa (*ceramica - vn.*), decalcomania (am.), transfer printing (ingl.).
decalescènza (*metall.*), decalescence.
decàlitro (*dal - mis.*), decaliter, decalitre.
decametrico (relativo ad unità di misura di dieci metri) (*a. - mis.*), decametric.
decàmetro (*dam - mis.*), decameter, decametre.
decanewton (daN) (*mis.*), decanewton, daN.
decantare (un liquido) (*agric. - ind.*), to decant.
decantatore (*app. ind.*), decanter. **2.** ~ (serbatoio usato per il ricupero della pasta di legno dalle acque bianche per es.) (*mft. cart. - ecc.*), settling tank.
decantazione (*fis.*), decantation. **2.** ~ dell'acqua (*fis.*), water decantation.
decapaggio (lavaggio con acido solforico diluito: di fucinati per es.) (*tecnol. metall.*), pickling. **2.** ~ continuo (*metall.*), continuous pickling. **3.** ~ elettrochimico (pulitura elettrochimica) (*elettrochim.*), electrochemical pickling. **4.** ~ elettrolitico (*elett.*), electrolytic pickling. **5.** addetto al ~ (*op. metall.*), pickler. **6.** fragilità da ~ (dovuta ad eccessiva permanenza nel bagno acido) (*metall.*), acid embrittlement, acid brittleness. **7.** macchia da ~ (*metall.*), pickle stain.
decapante (*s. - metall.*), pickling agent.
decapare (*metall. - ecc.*), to pickle.
decapato (*tecnol. metall.*), pickled.
decapottabile (tetto apribile) (*a. - aut.*), convertible. **2.** ~ (veicolo o natante) (*s. - aut. - barca*), soft-top.
decarbossilazione (*reazione chim. organica*), decarboxylation.
decarburare (rimuovere il carbonio per es. dalla ghisa) (*metall.*), to decarbonize.
decarburazione (*metall.*), decarburization, decarburizing, decarbonization, decarburation, decarbonizing.
decarburizzato (*a. - metall.*), decarbonized.
decastero (unità di volume uguale a 10 m^3) (*mis.*), decastere.
decàstilo (*arch.*), decastyle.
decatire (*ind. tess.*), *vedi* decatizzare.
decatissaggio (*ind. tess.*), decatizing. **2.** ~ a secco (*ind. tess.*), dry-steam decatizing. **3.** ~ a umido (*ind. tess.*), hot-water decatizing.
decatizzare (delucidare) (*ind. tess.*), to decatize.
decatizzatrice (*macch. tess.*), decatizer. **2.** ~ a secco (*macch. tess.*), dry-steam decatizer, dry-steam machine.
"Decauville", *vedi* binario tipo "Decauville" e vagonetto ribaltabile tipo "Decauville".
decca (sistema di radionavigazione iperbolica) (*aer. - nav.*), DECCA.
decelerare (*mot.*), to throttle down, to decelerate.

decelerazione (*mecc.*), deceleration. **2.** ~ media (*mecc.*), average deceleration.
decelerografo (frenografo, registratore dei tempi di frenatura) (*app. aut.*), decelerograph.
decelerometro (*strum. di mis.*), decelerometer.
decelostato (dispositivo usato per ridurre la pressione nel cilindro del freno quando inizia lo slittamento delle ruote) (*ferr.*), deceleration equipment.
decentralizzazione (decentramento) (*gen.*), decentralization.
decentramento (*gen.*), decentralization.
decentrare (*gen.*), to decentralize.
decerare (asportare lo strato protettivo, da una autovettura per es.) (*aut.*), to dewax.
deceratura (asportazione della cera protettiva, da una autovettura per es.) (*aut.*), dewaxing.
decespugliatore (*app. agric.*), bush-cutter.
deci- ($^1/_{10}$) (*unità di mis.*), deci-.
decibel (*unità mis. elettroacus.*), decibel, DB., db.
decibelmetro (misuratore di decibel) (*strum. elettroacus.*), decibel meter.
decidere (*gen.*), to decide.
decifrare (convertire in forma leggibile) (*gen.*), to decipher.
decigrammo (dg) (*mis.*), decigram, decigramme.
decilaggio (scala di misura dei parametri psicologici) (*stat. psicol.*), decile rank method.
decile (uno dei valori di un attributo che separa la frequenza in dieci gruppi di uguale valore) (*stat.*), decile.
decilitro (dl) (*mis.*), decilitre (ingl.), deciliter (am.).
decimale (*mat.*), decimal. **2.** ~ codificato binario (*mat. - elab.*), binary coded decimal, "BCD". **3.** ~ impaccato (per ridurre spazio) (*elab.*), packed decimal. **4.** ~ periodico (*mat.*), circulating decimal. **5.** ~ ricorrente (*mat.*), repeating decimal. **6.** cifra ~ (*elab.*), decimal digit. **7.** notazione ~ codificata in binario (*elab.*), binary coded decimal notation. **8.** punto (o virgola), ~ assunto (o presunto o virtuale) (*elab.*), assumed decimal point. **9.** sistema ~ (*mis. - mat.*), decimal system. **10.** sistema ~ in codice binario (*elab.*), binary coded decimal system.
decimalizzare (passare dal sistema inglese a quello decimale) (*mis.*), to decimalize.
decimalizzazione (della sterlina per es., passaggio al sistema decimale) (*mis.*), decimalization.
decìmetro (dm) (*mis.*), decimeter, decimetre.
decimo (*s. - mat.*), tenth. **2.** cinque decimi di pollice (0,5 pollici) (*mis.*), .5 inches, 0.5 inches.
decineper ($^1/_{10}$ di neper) (*mis. elettroacus.*), decineper.
decisionale (*gen.*), decisional. **2.** analisi ~ (*organ.*), decision analysis. **3.** capacità ~ (*direzione*), decision making ability. **4.** potere ~ (*organ.*), decision making power.
decisione (*gen.*), decision. **2.** ~ lineare (basata su equazioni lineari) (*ricerca operativa*), linear decision. **3.** albero di ~ (usato nella ricerca dei guasti) (*elab.*), decision tree. **4.** formazione della ~ (*organ.*), decision making. **5.** teoria delle decisioni (*organ.*), decision theory.
decisivo (un fattore per es.) (*gen.*), decisive.
declassamento (di motori, di materiali elettrici ecc.) (*mot. - macch. - ecc.*), derating.
declassare (p. es. la classe di mercato di un prodotto se viene commercializzato con difetti) (*comm. - ecc.*), to downgrade. **2.** ~ (un apparecchio elettrico per es., per obsolescenza, usura ecc.) (*tecnol.*), to derate.
declassato (di un motore per es., la cui potenza è diminuita per l'età ecc.) (*a. - mot. - mecch. - ecc.*), derated.
declinare (un invito per es.) (*gen.*), to decline, to refuse.
declinazione (*aer. - astr.*), declination. **2.** ~ magnetica (*geofis.*), magnetic declination, variation. **3.** ~ nord (declinazione positiva) (*astr.*), northing. **4.** ~ sud (declinazione negativa) (*astr.*), southing.
declinòmetro (bussola di declinazione) (*strum.*), declinometer.
declivio (*geol.*), declivity, slope, decline. **2.** angolo di natural ~ (tra la superficie del materiale sciolto ed il piano orizzontale) (*ing. civ.*), angle of repose, angle of slide, angle of rest.
decodifica (l'inverso di codifica) (*elab. - ecc.*), decoding, code translation.
decodificabile (*elab.*), decodable.
decodificabilità (*elab.*), decodability.
decodificare (*elab. - ecc.*), to decode.
decodificatore (app. per convertire una espressione in codice in un'altra forma, più comprensibile) (*elab. - ecc.*), decoder **2.** ~ di impulsi (*eltn. - comun.*), pulse decoder. **3.** ~ di operazione (*elab.*), operation decoder.
decollare (*aer.*), to takeoff. **2.** ~ urgentemente a tutto gas (*aer. milit.*), to scramble.
decòllo (*aer.*), takeoff. **2.** ~ (partenza, di un veicolo spaziale con equipaggio) (*astric. - razzo*), lift-off. **3.** ~ assistito da propulsore a reazione [ausiliario] (*aer.*), jet assisted takeoff, JATO. **4.** ~ con razzi (*aer.*), rocket assisted takeoff, RATO. **5.** ~ con razzo ausiliario (decollo assistito) (*aer.*), jet assisted takeoff (am.) rocket assisted takeoff (ingl.). **6.** ~ con vento trasversale (*aer.*), crosswind takeoff. **7.** ~ ed atterraggio corti (*aer.*), short takeoff and landing, STOL. **8.** ~ ed atterraggio orizzontali (*aer.*), horizontal takeoff and landing, HTOL. **9.** ~ ed atterraggio verticali (*aer.*), vertical takeoff and landing, VTOL. **10.** ~ verticale (*aer.*), vertical takeoff, lift-off. **11.** distanza minima occorrente per il ~ (*aer.*), takeoff distance, takeoff run. **12.** ora di ~ (*trasp. aer.*), takeoff time. **13.** percorso di ~ (*aer.*), takeoff run. **14.** potenza di ~ (*aer.*), takeoff power. **15.** pressione di alimentazione di ~ (*aer.*), takeoff boost, TOB. **16.** riferimento di ~ abortito (segnale sulla pista che non consente il decollo in corrispondenza di quel riferimento se non viene raggiunta una determinata velocità) (*aer.*),

maximum except takeoff, METO. **17.** tempo di ~ (tempo necessario al decollo) (*aer.*), takeoff time. **18.** velocità di ~ (*aer.*), takeoff speed.

decolorante (*gen.*), decolorant.

decolorare (*gen.*), to decolorize, to decolour, to decolor.

decolorato (*gen.*), decolorized. **2.** ~ (detto di vetro esposto a fiamma riducente) (*a. - mft. vetro*), smoked.

decolorazione (*chim. ind.*), decolorization.

decolorimetro (apparecchio per la prova della resistenza dei pigmenti agli agenti atmosferici) (*app. vn.*), fadometer.

decomponibile (*gen.*), decomposable.

decomporre (*gen.*), to decompose.

decomposizione (*gen.*), decomposition. **2.** doppia ~ (*chim.*), double decomposition.

decompressione (*fis.*), decompression.

decongelare (*gen.*), to thaw.

decontaminare (*fis. atom.*), to decontaminate.

decontaminazione (*fis. atom.*), decontamination.

decontrovelaccio (*nav.*), skysail.

decorare (*ed.*), to decorate. **2.** ~ a stucco (*ed.*), to stucco. **3.** ~ con modanature (*arch.*), to mold.

decorato (*a. - arch.*), decorated. **2.** ~ (con mosaico a scacchiera) (*a. - arch.*), tessellated.

decoratore (*op. ed.*), decorator. **2.** ~ (con carta da parati) (*op.*), paperhanger.

decorazione (guarnizione, ornamento) (*gen.*), garnish, ornament. **2.** ~ ornamentale (di finestrone gotico per es.) (*arch.*), tracery.

decorrere (trascorrere, di tempo) (*gen.*), to elapse, to go by. **2.** a ~ da (a partire da, di termine di consegna per es.) (*comm. - ecc.*), reckoning from, beginning from.

decorso (corso) (*gen.*), course.

decremento (*radio*), decrement. **2.** ~ lineare (*radio*), lineal decrement. **3.** ~ logaritmico (*mat.*), logarithmic decrement. **4.** ~ (di una quantità variabile nel tempo) (*fis.*), decrement.

decrèmetro (apparecchio per misurare lo smorzamento di oscillazioni elettriche) (*strum. - radio - elett.*), decremeter.

decrescènte (*a. - gen.*), decreasing.

decreto (*leg.*), decree. **2.** ~ legge (*leg.*), decree law.

decuscutatrice (decuscutatore) (*macch. agric.*), winnower, winnowing machine.

dedèndum (di dente di ingranaggio) (*mecc.*), dedendum.

dedicarsi (prestarsi) (*gen.*), to lend oneself.

dedicato (riservato ad una particolare funzione o ad un particolare cliente; per es. riferito ad una linea) (*a. - elab.*), dedicated, specific. **2.** non ~, *vedi* di impiego universale.

dedurre (*gen.*), to deduct. **2.** ~ dalle entrate (trattenere sulle entrate un importo: delle tasse per es.) (*amm.*), to withhold.

deduttivo (metodo) (*mat.*), deductive.

deduzione (*comm.*), deduction.

deemulsionabilità (*chim.*), demulsibility. **2.** indice di ~ (all'insufflamento di vapore, di olio lubrificante) (*chim.*), (steam) emulsion number. **3.** prova di ~ con (insufflamento) di vapore (*chim.*), steam emulsion test, steam demulsibility test.

deenergizzare (togliere tensione, staccare) (*elett.*), to clear.

deenfasi (sistema per ridurre i disturbi: opposto di preenfasi) (*eltn.*), deemphasis.

defalcare (*contabilità*), to deduct.

defecazione (chiarificazione delle soluzioni zuccherine colorate) (*chim.*), clarification, defecation.

deferrizzazione (delle acque per es.) (*chim.*), deferrization.

deficiènza (*gen.*), deficiency, shortage. **2.** ~ di saturazione (dell'aria per es.), saturation deficiency.

dèficit (*finanz.*), shortage, deficit. **2.** ~ della bilancia commerciale (quando le esportazioni sono state minori delle importazioni) (*econ. nazionale*), trade deficit, trade gap.

deficitario (*finanz.*), showing a deficit, falling short.

defilamento (*milit.*), defilade.

defilare (*milit.*), to defilade.

definire (determinare) (*gen.*), to define, to determine, to fix.

definitivo (di prezzo non soggetto a revisione o modifica) (*a. - comm.*), firm.

definito (determinato, stabilito) (*gen.*), defined, fixed, determined.

definizione (*gen.*), definition. **2.** ~ (dettaglio dell'immagine) (*telev. - ecc.*), definition. **3.** ~ orizzontale (risoluzione orizzontale: numero di linee di scansione di una telecamera, televisore ecc.) (*audiosivi*), horizontal resolution, horizontal definition. **4.** a bassa ~ (avente un basso numero di linee di scansione) (*telev. - ott.*), low-definition. **5.** alta ~ (di una immagine) (*telev. - tlcm.*), high resolution.

deflagrare (*espl.*), to deflagrate, to squib.

deflagratore (*espl.*), deflagrator, squib.

deflagrazione (*espl.*), deflagration, squib.

deflazione (*finanz. - econ.*), deflation, disinflation. **2.** ~ (*geol.*), deflation.

deflemmatore (*att. chim.*), dephlegmator.

deflessione (elettromagnetica: in un tubo a raggi catodici, variazione dell'incidenza sullo schermo mediante campo magnetico) (*telev.*), deflection **2.** ~ (moto verso il basso della corrente fluida dovuto al profilo aerodinamico) (*aer.*), downwash. **3.** ~ magnetica (deviazione di un raggio elettronico dovuta a un campo magnetico) (*eltn.*), magnetic deflection. **4.** amplificatore di ~ (*radio*), deflection amplifier. **5.** bobina di ~ (elettromagnetica: di un tubo a raggi catodici) (*telev.*), deflector coil. **6.** placche di ~ (di un tubo a raggi catodici) (*telev.*), deflector plates.

deflettore (*mecc.*), baffle, baffle plate. **2.** ~ (per il raffreddamento dei cilindri di un motore stellare per es.) (*aer.*), baffle. **3.** ~ (in un focolare di caldaia per locomotiva per es.), deflector. **4.** ~ (ipersostentatore: parte mobile di ala per aumentare la portanza) (*aerot.*), flap. **5.** ~ (vetro orientabile, "voletto") (*aut.*), butterfly window, vent wing. **6.** ~ (di un'olandese) (*macch. mft. carta*), baffle plate, deflector plate. **7.** ~ (orizzontale dell'aria su automobile da corsa: per migliorare la stabilità) (*aut.*), spoiler. **8.** ~ (o deviatore del getto di spinta) (*razzi*), jetavator. **9.** ~ di picchiata (*aer.*), dive brake. **10.** ~ di richiamata (*aer.*), recovery flap. **11.** sistema di deflettori (le palette ordinatamente disposte del diffusore di un compressore per es.) (*mecc.*), cascade, blades cascade.

defluire (*idr.*), to flow.

deflusso (di marea) (*mare*), ebb. **2.** ~ (lo scorrere in giù, di un liquido) (*gen.*), downflow, defluxion. **3.** ~ dall'incrocio (*traff. strad.*), intersection exit.

defocalizzazione (*fis.*), defocusing.

deformare (variazione della forma dovuta alla azione di una forza su di un corpo) (*sc. costr. - mecc.*), to deform. **2.** ~ (*sc. costr.*), to strain. **3.** ~ (distorcere: di legn.) (*carp.*), to warp. **4.** ~ permanentemente (*mecc.*), to buckle.

deformarsi (*mecc.*), to warp, to buckle. **2.** ~ per ritorno elastico (di una barra) (*sc. costr.*), to spring out of shape.

deformazione (dei materiali) (*tecnol.*), deformation. **2.** ~ (dovuta a riscaldamento o azione esterna) (*gen.*), distortion. **3.** ~ (dovuta a sollecitazione esterna) (*sc. costr.*), strain. **4.** ~ da pressoflessione e taglio (difetto) (*lav. lamiera*), shear buckling. **5.** ~ di compressione (*mecc.*), buckling. **6.** ~ di taglio (angolo di scorrimento) (*sc. costr.*), shear strain, shearing strain. **7.** deformazioni dovute a tensioni interne (*fond.*), casting strains. **8.** ~ elastica (*sc. costr.*), elastic deformation, elastic strain. **9.** ~ elettrostatica (*elett.*), electrostatic strain. **10.** ~ permanente (di un corpo soggetto a sollecitazione che supera il limite elastico) (*sc. costr.*), permanent set, elastic failure set. **11.** ~ plastica, *vedi* deformazione permanente. **12.** ~ trapezoidale (*telev.*), keystoning, keystone distortion, trapezium distortion. **13.** bande di ~ (linee di deformazione, dovute a deformazione a freddo) (*difetto metall.*), deformation bands, deformation lines. **14.** lavoro di ~ (dei materiali) (*tecnol.*), deformation work. **15.** recupero della ~ elastica (*sc. costr.*), elastic resilience.

defosforante (*s. - metall.*), dephosphorizing agent.

defosforare (*metall.*), to dephosphorize.

defosforazione (*metall.*), dephosphorization.

degalvanizzare (togliere lo strato di metallo depositato elettroliticamente) (*galvanostegia*), to strip.

degalvanizzazione (eliminazione dello strato di metallo depositato elettroliticamente) (*galvanostegia*), stripping.

degassamento (eliminazione dei gas da liquidi o solidi) (*fis.*), degassing. **2.** ~ (di tubi a vuoto) (*fis.*), outgassing, degassing. **3.** ~ (bonifica chimica) (*milit.*), degassing. **4.** ~ (per evitare porosità in una fusione) (*fond.*), degassing.

degassare (rimuovere gas p. es. da un liquido o da un tubo elettronico) (*fis. - ind.*), to degas, to outgas.

degenerazione (*fis. atom.*), degeneracy.

degenere (p. es. di un semiconduttore drogato, di un gas ecc.) (*a. - eltn. - fis.*), degenerate.

degradabile (un detergente per es.) (*chim.*), degradable.

degradare (*geol.*), to degrade. **2.** ~ (*milit.*), to degrade.

degradazione (*gen.*), degradation. **2.** ~ (di equazione) (*mat.*), depression. **3.** ~ (*milit.*), degradation. **4.** ~ (ad es. condizione di parziale deterioramento della memoria o di unità periferiche) (*elab.*), degradation. **5.** ~ dell'energia (*termodin.*), degradation of energy. **6.** stato di ~ ancora accettabile (di dispositivo con uno o più elementi guasti, ma ancora utilmente in funzione) (*elab.*), graceful degradation.

deidratatore, *vedi* disidratatore.

deidratazione, *vedi* disidratazione.

deidrogenare (*chim.*), to dehydrogenate.

deidrogenazione (*chim.*), dehydrogenation. **2.** ~ (riscaldamento di un fucinato per es. dopo il decapaggio per eliminare fragilità da idrogeno) (*metall. - tratt. term.*), hydrogen embrittlement relief.

deionizzare (*chim. - fis. - ind.*), to deionize (am.).

deionizzatore (*app. ind.*), deionizer (am.).

deionizzazione (*termoion.*), deionization.

delanare (slanare, togliere la lana) (*ind. lana*), to fellmonger, to dewool.

dèlega (lettera di delega p. es.) (*comm.*), delegation. **2.** ~ (mandato, autorizzazione ad operare a favore di qualcuno) (*leg.*), mandate.

delegare (*comm.*), to delegate.

delegato (*leg.*), deputy.

delfinamento (movimento ondulatorio di idrovolante o di natante) (*aer. - nav.*), porpoising.

delfinare (di un sottomarino) (*nav.*), to pump. **2.** ~ (movimento ondulatorio di idrovolante o di natante) (*aer. - nav.*), to porpoise.

delibera (deliberazione) (*leg. - amm.*), resolution, decision. **2.** ~ (definizione tecnica del prototipo e sua approvazione per la costruzione in serie) (*ind. - mot. - mecc. - aut. - ecc.*), release, approval (of a prototype). **3.** ~ alla costruzione (*ind.*), release for manufacture. **4.** ~ di spesa (*amm.*), disbursement approval.

deliberare (decidere) (*leg. - amm.*), to resolve, to decide. **2.** ~ per la costruzione (*ind.*), to release for manufacture.

deliberazione (decisione, di una assemblea generale per es.) (*finanz.*), resolution. **2.** ~ ordinaria (di una assemblea generale per es.) (*finanz.*), ordinary resolution. **3.** ~ straordinaria (di una assemblea generale per es.) (*finanz.*), extraordinary resolution.

delicato (*gen.*), delicate. **2.** ~ (di un lavoro richiedente una particolare abilità tecnica di esecuzione) (*lav. particolarmente difficile*), delicate.

delignificato (di fibre tessili alla cellulosa per es.), delignified.
delignificazione (di fibre tessili alla cellulosa per es.), delignification.
delimitare, to delimit.
delimitato, delimited.
delimitatore (separatore, carattere o simbolo di interpunzione, che indica la fine o il principio; p. es. di una stringa di caratteri) (*elab.*), delimiter, separator.
delimitazione (*geol.* - *ecc.*), boundary.
delineare, to delineate.
deliquescènte (*chim.* - *fis.*), deliquescent.
deliquescènza (*chim.* - *fis.*), deliquescence.
dèlta (di fiume) (*geogr.*), delta. **2.** ~ a ventaglio (*geogr.*), fan delta. **3.** ali a ~ (*aer.*), delta wings. **4.** ferro ~ (*metall.*), delta iron **5.** metallo ~ (*metall.*), delta metal. **6.** raggi ~ (*fis.*), delta rays.
deltaplano (per lanciarsi nel vuoto da un dirupo) (*sport aer.*), hang glider. **2.** tipo di ~ rimorchiato (da automobile o motoscafo) (*sport aer.*), parakite.
delucidare (decatizzare) (*ind. tess.*), to decatize.
delucidazione (decatissaggio) (*ind. tess.*), decatizing.
demagnetizzare (*elett.* - *mecc.*), to demagnetize. **2.** ~, *vedi anche* smagnetizzare.
demagnetizzatore (*app. elett.* - *mecc.*), demagnetizer.
demagnetizzazione (*elett.* - *mecc.*), demagnetization. **2.** ~, *vedi anche* smagnetizzazione.
demaniale (*leg.*), domanial.
demanio (*leg.*), domain.
demineralizzazione (di acqua per caldaia per es.) (*chim.*), demineralizing.
demodificatore (elemento che riporta al valore originario una istruzione) (*elab.*), demodifier.
demodulare (*radio*), to demodulate.
demodulatore (*radio*), demodulator. **2.** ~ acustico (rivelatore acustico) (*radio* - *acus.*), acoustic detector.
demodulazione (rivelazione, di radioonda modulata per es.) (*radio* - *eltn.*), demodulation, detection. **2.** ~ della portante (*eltn.*), carrier demodulation.
demolire (*ed.*), to demolish, to unbuild, to pull down. **2.** ~ (smantellare e passare a rottame: una nave per es.) (*ind. metall.*), to scrap. **3.** ~ (superare un record) (*sport*), to break. **4.** ~ uno yacht (*nav.*), to break up a yacht.
demolizione (*ed.*), demolition.
demoltiplicare (ridurre) (*mecc.*), to reduce, to gear down.
demoltiplicato (*mecc.*), reduced, geared down.
demoltiplicatore di velocità (*mecc.*), reduction gear. **2.** ~ elettronico di impulsi (*fis. atom.*), electronic demultiplier of pulses, scaler.
demoltiplicazione di frequenza (*radio*), frequency division. **2.** ~ di velocità (*mecc.*), speed reduction. **3.** dispositivo di ~ (del movimento di una parte di strumento ottico per es.) (*mecc.*), slow-motion device.
demulsionabilità (*chim.*), demulsibility. **2.** indice di ~ (all'insufflamento di vapore per es.; di olio lubrificante) (*chim.*), (steam) emulsion number.
demulsionare (*chim.*), to demulsify.
demultiplare (*tlcm.*), to demultiplex.
demultiplatore (*tlcm.*), demultiplexer.
denaro, danaro (moneta) (*finanz.*), money. **2.** ~ (unità di misura di finezza della seta, raion e nailon) (*tess.*), denier. **3.** ~ a basso tasso di interesse (*finanz.*), cheap money. **4.** ~ ad alto tasso di interesse (*finanz.*), dear money. **5.** ~ infruttifero (*finanz.*), idle money. **6.** ~ liquido, *vedi* contanti.
denaturante (*chim.*), denaturant.
denaturare (*chim.*), to denature.
dendrite (struttura di cristallo) (*metall.* - *min.*), dendrite.
dendritico (*a.* - *metall.*), dendritic.
denitrificare (*chim.*), to denitrate.
denitrurazione (*biochim.*), denitrifying.
denominare (dare un nome distintivo) (*gen.*), to name.
denominatore (*mat.*), denominator. **2.** minimo comun ~ (m.c.d.) (*mat.*), lowest common denominator.
denominazione (*gen.*), denomination.
densìmetro (per elettrolito di accumulatori per es.) (*strum.*), densimeter, hydrometer. **2.** ~ per acqua marina (*strum. mis.*), salinometer. **3.** ~ per aeriformi (*strum. mis.*), aerometer. **4.** ~ per liquidi (per misurare il peso specifico dei liquidi) (*strum. fis.*), plummet. **5.** ~ per soluzioni saline (*strum. chim.*), salinometer.
densità (*fis.*), density. **2.** ~ (*ott.*), density. **3.** ~ (della pasta di legno) (*mft. carta*), consistency. **4.** ~ balistica (dell'aria) (*balistica*), balistic density. **5.** ~ dei bit (~ di registrazione) (*elab.*), bit density. **6.** ~ di corrente (*elett.*), current density. **7.** ~ di energia (quantità per unità di volume) (*fis.*), energy density. **8.** ~ di energia cinetica acustica (energia cinetica acustica istantanea per unità di volume) (*acus.*), kinetic energy density of sound. **9.** ~ di energia acustica totale (energia acustica totale istantanea per unità di volume) (*acus.*), density of the total energy of sound. **10.** ~ di flusso (*elett.*), flux density. **11.** ~ di impaccamento (quantità di dati, o bit ecc., registrati per unità di lunghezza, od area, del mezzo memorizzante) (*elab.*), packing density. **12.** ~ di memorizzazione (quantità di caratteri per unità di lunghezza, od area, di un mezzo memorizzante) (*elab.*), storage density. **13.** ~ di rallentamento (riferito alla perdita di energia dei neutroni) (*fis. atom.*), slowing-down density. **14.** ~ di registrazione (quantità di bit registrati per unità di lunghezza o di area del mezzo memorizzante) (*elab.*), recording density. **15.** ~ di traffico (*ferr.*), density of traffic. **16.** ~ di vapore (*fis.*), vapor density, VD. **17.** ~ luminosa (*illum.*), light density. **18.** ~ magnetica (*elett.*), magnetic densi-

ty. **19.** ~ relativa (rapporto tra la ~ di una sostanza e la ~ dell'acqua a 4° C) (*mecc.*), specific gravity. **20.** ~ superficiale (quantità per unità di superficie) (*mis. fis.*), surface density. **21.** ad altissima ~ (di materia costituita da soli neutroni per es.: nella teoria cosmogonica del big bang) (*astrofis.*), superdense. **22.** gamma di ~ (*fotomecc.*), density range.

densità-ottica (annerimento: di una pellicola fotografica negativa o positiva) (*mis. ott.*), density.

densitòmetro (strumento di misura dell'annerimento delle lastre fotografiche esposte e sviluppate) (*strum. fot.*), densitometer.

dènso (*fis.*), dense, thick. **2.** olio ~ (per macchine per es.), thick oil.

dentare (*mecc. - ecc.*), to tooth. **2.** ~ (un ingranaggio) (*lav. macch. ut.*), to cut (a gear). **3.** ~ a denti di sega (*mecc.*), to serrate.

dentato (a denti) (*a. - mecc.*), serrated, toothed.

dentatrice (*macch. ut.*), gear cutting machine, gear cutter. **2.** ~ (stozzatrice a coltello) (*macch. ut.*), gear shaper. **3.** ~ a coltello lineare (*macch. ut.*), gear planer. **4.** ~ a coltello tipo Fellows (*macch. ut.*), all purpose gear shaper. **5.** ~ a creatore (dentatrice con fresa a vite: orizzontale o verticale) (*macch. ut.*), gear hobbing machine, gear hobber, hobber. **6.** ~ a pialla (*macch. ut.*), gear planer. **7.** ~ conica (*macch. ut.*), bevel gear cutting machine. **8.** ~ idraulica a creatore (*macch. ut.*), hydraulic hobbing machine. **9.** ~ per ingranaggi conici (dentatrice conica) (*macch. ut.*), bevel gear cutting machine. **10.** ~ per ingranaggi conici a denti diritti (*macch. ut.*), straight bevel gear cutting machine. **11.** ~ per ingranaggi conici spiroidali (*macch. ut.*), spiral bevel gear cutting machine. **12.** ~ per ingranaggi ipoidi (*macch. ut.*), hypoid gear cutting machine. **13.** ~ per sgrossatura corone ipoidi (*macch. ut.*), hypoid gear rougher. **14.** ~ per sgrossatura ingranaggi conici a denti diritti (*macch. ut.*), straight bevel gear rougher. **15.** ~ stozzatrice (*macch. ut.*), gear shaper.

dentatura (complesso dei denti, di un ingranaggio) (*mecc.*), toothing. **2.** ~ (operazione di taglio dei denti, di un ingranaggio) (*mecc.*), gear cutting. **3.** ~ a catena (tipica dentatura per ingranaggi di trasmissione a catena) (*mecc.*), sprocket toothing. **4.** ~ a creatore (operazione di dentatura mediante creatore) (*mecc.*), hobbing **5.** ~ a denti di sega (*mecc.*), serration. **6.** ~ a denti spezzati (di lama di sega) (*carp.*), interrupted tooth formation. **7.** ~ ad evolvente (*mecc.*), involute toothing. **8.** ~ bombata a creatore (di un ingranaggio) (*mecc.*), crown hobbing. **9.** ~ cicloidale (*mecc.*), cycloidal toothing. **10.** ~ con denti a freccia (*mecc.*), herringbone toothing. **11.** ~ continua (di lama di sega) (*carp.*), continuous tooth formation. **12.** ~ diritta (di ingranaggio) (*mecc.*), straight toothing. **13.** ~ interna (*mecc.*), internal toothing. **14.** ~ ipoide (*mecc.*), hypoid toothing. **15.** ~ per catena (*mecc.*), sprocket toothing. **16.** ~ ribassata (*mecc.*), stub toothing. **17.** a ~ elicoidale (di ingranaggio) (*a. - mecc.*), helical-toothed. **18.** dispositivo di ~ per cremagliere (di una macch. ut. universale) (*mecc. - macch. ut.*), rack cutting attachment. **19.** dispositivo per ~ di ingranaggi (di una macch. ut. universale) (*mecc. - macch. ut.*), gear cutting attachment.

dènte (*mecc.*), tooth. **2.** ~ (di chiavistello di serratura, dente su cui agisce la chiave) (*mecc.*), talon. **3.** ~ (di ingranaggio) (*mecc.*), tooth. **4.** ~ (di un rotore, fra due scanalature) (*macch. elett.*), tooth. **5.** ~ (di serratura, di macchina tessile ecc.) (*mecc.*), dent. **6.** ~ (di un tridente per es.) (*agric.*), tine. **7.** ~ a becco (di lama di sega) (*carp.*), gullet tooth. **8.** ~ a evolvente (di un ingranaggio) (*mecc.*), involute tooth. **9.** ~ a forma di dente di sega (di un cricchetto per es.) (*mecc.*), ratchet tooth. **10.** ~ a freccia (di un ingranaggio) (*mecc.*), double helical tooth, herringbone tooth. **11.** ~ a gola (di lama di sega) (*carp.*), briar (or parrot) tooth. **12.** ~ allungato (di un ingranaggio) (*mecc.*), elongated tooth. **13.** ~ a M (lama di sega) (*carp.*), M tooth. **14.** ~ a profilo cicloidale (di ingranaggio) (*mecc.*), cycloidal tooth (ingl.). **15.** ~ a profilo semicircolare (*mecc.*), knuckle tooth. **16.** ~ a sommità arrotondata (*mecc.*), round-topped tooth. **17.** ~ calibratore (di una broccia) (*ut. mecc.*), burnishing tooth. **18.** ~ con profilo ad evolvente (*mecc.*), involute tooth. **19.** ~ con zona di contatto spostata all'estremità interna (di ingranaggio) (*mecc.*), toe bearing tooth. **20.** ~ dell'innesto conduttore (fra motorino di avviamento e motore) (*mecc. - aut.*), driving dog. **21.** ~ di arresto (*mecc.*), detent, pawl, click, catch. **22.** ~ di arresto (di ruota per es.) (*mecc.*), pawl, trip. **23.** ~ di arresto (*app. sollevamento*), grip pawl. **24.** ~ di arresto del cane (chiavistello di bloccaggio del meccanismo di sparo, di un fucile per es.) (*mecc.*), sear. **25.** denti di cane (ostriche di carena) (*nav.*), barnacles. **26.** ~ di carda (*ind. tess.*), card wire. **27.** ~ di cremagliera (*mecc.*), rack tooth. **28.** ~ di dentatura a catena (o per catena) (*mecc.*), sprocket. **29.** ~ di entrata (per tenere la porta a posto ed evitare scricchiolii) (*aut.*), striker (am.), door wedge. **30.** ~ di guarnizione (di carda) (*ind. tess.*), card wire. **31.** ~ di innesto (*mecc.*), clutch claw, clutch jaw, clutch dog. **32.** ~ di legno (usato, un tempo, in ruote con denti riportati) (*carp.*), cog. **33.** ~ di pettine (*macch. tess.*), dent. **34.** ~ di sega (*ut. - ecc.*), saw tooth. **35.** ~ di una giunzione (per evitare il mutuo scorrimento delle superfici da congiungere) (*carp. - ed.*), joggle. **36.** ~ finitore (di una broccia) (*ut.*), finishing tooth. **37.** ~ grezzo (di un ingranaggio) (*mecc.*), rough tooth. **38.** ~ indebolito alla base (di un ingranaggio) (*mecc. - carp.*), undercut tooth. **39.** ~ lavorato (di ingranaggio) (*mecc.*), cut tooth. **40.** ~ per sega a taglio incrociato (*mecc.*), champion tooth. **41.** ~ ribassato (di ingranaggio) (*mecc.*), stub tooth. **42.** ~ riportato (*mecc.*), inserted tooth. **43.** ~ sporgente (da una ruota per es.) (*mecc.*), wiper. **44.** a ~ di sega, saw -tooth, serrated. **45.** a denti frontali (*a. - mecc.*), contrate. **46.** altezza del ~ (di un ingranaggio) (*mecc.*), depth of tooth. **47.** altezza del ~ sopra la primitiva (*mecc.*), addendum. **48.** denti sgrossatori (di una broccia) (*ut.*), roughing teeth. **49.** fianco del ~ (di ingranaggio) (*mecc.*), tooth flank. **50.** forma a ~ di sega (*mecc.*), serration. **51.** ingranaggio a denti frontali (*mecc.*), contrate wheel. **52.** lunghezza del ~ (di ingranaggio) (*mecc.*), face. **53.** passo dei denti (di ingranaggio) (*mecc.*), pitch of teeth. **54.** profilo del ~ (di ingranaggio) (*mecc.*), tooth outline, tooth profile.

"dentella" (pane a dentelli, di alluminio fuso) (*metall.*), notched bar.

dentellare (fare delle tacche) (*mecc. - carp.*), to notch, to indent. **2.** macchina per ~ (*macch. ind. cuoio*), scalloping machine.

dentellato (di volantino per es.) (*mecc.*), notched, indented. **2.** ~ (a dentelli) (*a. - arch.*), denticulate. **3.** ~ sul bordo (*elab.*), *vedi* a intaccature marginali. **4.** ~ sull'orlo con curve concave (*arch.*), engrailed.

dentellatrice (att. per sarto), pinking machine.

dentellatura (*mecc. - carp.*), indent, indentation. **2.** ~ (*arch.*), denticulation. **3.** ~ (smerlatura, serie di curve decorative agli orli di un tessuto per es.) (*tess. - ecc.*), scalloping. **4.** ~ a "V" (*mecc. - carp.*), notch.

dentèllo (decorativo) (*arch. - falegn.*), dentil. **2.** ~ (scanalatura tagliente sul dente di un utensile sbarbatore) (*ut. mecc.*), serration. **3.** ~ (ricamo), dentelle. **4.** a dentelli (di una modanatura per es.) (*a. - arch.*), denticulate.

dentièra (nella costruzione delle macchine utènsili per es.) (*mecc.*), rack. **2.** ~ (*med.*), plate, dental plate. **3.** ~ in plastica (*med.*), plastic dental plate. **4.** ferrovia a ~ (*ferr.*), rack railway. **5.** fresa per dentiere (*ut.*), rack milling cutter. **6.** ~, *vedi anche* cremagliera.

dentista (*med.*), dentist. **2.** fresetta per ~ (*att. med.*), dental burr. **3.** trapano da ~ (*macch. med.*), dental engine.

dentistico (*a. - med.*), dental.

denuncia (di un contratto) (*comm.*), denunciation.

denunciare (un contratto) (*comm.*), to denounce.

deodorante (*s. - ind. chim.*), deodorizer, deodorant.

deodorare (*chim.*), to deodorize.

deodorazione (*ind. chim.*), deodorization.

deodorizzante, *vedi* deodorante.

deodorizzatore (*chim.*), deodorizer, deodorant.

"deossidare", *vedi* disossidare.

deozonizzatore (*chim.*), deozonizer.

deparaffinare (*chim. ind.*), to dewax.

deparaffinazione (*chim. ind.*), dewaxing.

depennare (cancellare un credito non recuperabile per es.) (*comm.*), to write off.

depennatura (cancellatura) (*uff. - ecc.*), cancelling, cancellation.

deperìbile (di materiale), perishable.

deperire (di materiali), to deteriorate, to perish.

depilare (*ind. cuoio*), to dehair, to pull, to depilate.

depilatorio (sostanza depilatoria, liquido per staccare la lana dalle pelli) (*ind. lana - ind. pelli*), depilatory.

depilazione (*ind. cuoio*), depilation, depilating, dehairing. **2.** ~ con calce (*ind. cuoio*), liming, depilation.

depliant (per pubblicità per es.) (*tip. - ecc.*), folder.

depolarizzante (*elettrochim.*), depolarizer.

depolarizzare (*ott. - elettrochim.*), to depolarize.

depolarizzatore (*elettrochim.*), depolarizer.

depolarizzazione (*ott. - elettrochim.*), depolarization.

depolimerizzazione (operazione inversa della polimerizzazione) (*chim.*), depolymerization.

depolverare (asportare le polveri) (*ind.*), to dust, to free from dust.

depolveratore (depolverizzatore, separatore delle polveri) (*app.*), dust exhaust. **2.** ~ (aspirapolvere) (*app.*), vacuum cleaner.

depolverazione (captazione delle polveri) (*ind.*), dust collection, dust exhaustion.

depolverizzatore (separatore delle polveri) (*app.*), dust exhaust, dust remover.

deporre (*leg.*), to depose. **2.** ~ (del materiale per es.), to lay down.

deportanza (portanza negativa) (*aerodin.*), negative lift.

depòrto (*finanz.*), backwardation.

depositante (*finanz.*), depositor.

depositare (immagazzinare) (*ind.*), to store. **2.** ~ (un nome ecc.) (*comm.*), to file. **3.** ~ (sedimentare: di un liquido) (*chim. - ind.*), to sediment. **4.** ~ (p. es. denaro in una banca) (*finanz. - amm.*), to deposit. **5.** ~ denaro in banca (*finanz.*), to bank money, to lodge money in a bank. **6.** ~ incrostazioni (di un liquido in una tubazione per es.), to foul. **7.** ~ in magazzino (materiali per es.), to store, to warehouse.

depositario (*comm. - leg.*), bailee.

depositarsi (*chim. - ecc.*), to deposit, to settle.

depòsito (di materiali, di merci), store, deposit, depot. **2.** ~ (sedimento di un liquido) (*fis.*), deposit. **3.** ~ (*ferr.*), yard. **4.** ~ (caparra) (deposito di denaro o di titoli cedibili) (*comm.*), cover, deposit. **5.** ~ (*milit.*), depot. **6.** ~ (parco materiali) (*ind.*), storeyard. **7.** ~ (massa di terra scavata in eccedenza) (*movimento terre*), spoil bank. **8.** ~ (di una sentenza) (*leg.*), deposit. **9.** ~ all'aperto (*gen.*), open storage. **10.** ~ alluvionale (terreno alluvionale di sedimentazione) (*geol.*), drift, warp. **11.** ~ a risparmio (*finanz.*), savings deposit. **12.** ~ a vista (deposito libero) (*finanz.*), demand deposit. **13.** ~ bagagli (di una stazione ferr. per es.) (*ferr. - ecc.*), left-luggage office. **14.** ~ cauzionale (somma depositata per garantire un impegno assunto) (*amm.*), security deposit, bailment. **15.** ~ di carbone (*ind.*), coal bin. **16.** ~ di nafta (di sott. per es.), oil fuel stowage. **17.** ~ in cassa (*contabilità*), assets. **18.** ~ in cassetta di sicurezza (*banca*), safe-deposit box, safety-deposit box. **19.** ~ legnami (*ind. legn.*), timberyard. **20.** ~ (locomotive) circolare (rotonda) (*ferr.*), roundhouse (am.). **21.** ~ materiale (parco di deposito) (*ind.*), storage yard. **22.** ~ merci (*comm. - ind.*), stockyard. **23.** ~ metallico in sabbie (*geol.*), placer. **24.** ~ munizioni (santabarbara) (*milit. - mar. milit.*), magazine. **25.** formarsi di depositi carboniosi (*mot.*), to coke. **26.** formazione di depositi carboniosi (*mot.*), coking. **27.** in conto ~ (*comm.*), on consignment. **28.** piazzale di ~ (parco di deposito, deposito materiale) (*ind.*), storing yard.

deposizione (*leg.*), deposition. **2.** ~ di cordoni a passate larghe (o con moto pendolare) (*saldatura*), wave beading. **3.** ~ di cordoni a passate strette (o lineari) (*saldatura*), string beading. **4.** ~ metallica sotto vuoto (rivestimento di una superficie mediante ~ di metallo vaporizzato) (*proc. mecc.*), vacuum plating.

depressione (avvallamento), depression, hollow. **2.** ~ (riguardante la pressione atmosferica) (*meteor.*), depression, low. **3.** ~ (nella superficie terrestre) (*geol.*), sink. **4.** ~ di aspirazione (di una pompa) (*macch.*), suction pressure. **5.** ~ secondaria (*meteor.*), secondary depression. **6.** ~ superficiale (difetto superficiale di un pezzo di plastica stampato) (*tecnol.*), sink mark. **7.** a ~ (*mecc.*), vacuum-operated, vacuum. **8.** comando a ~ (comando pneumatico) (*fluidica*), released pressure control. **9.** comando della ~ (*tubaz. - fluidica*), vacuum control. **10.** in ~ (di un mercato per es.) (*comm.*), off.

depressore a diffusione (*app. fis.*), diffusion air pump.

depressurizzare (un velivolo) (*aer.*), to depressurize.

depressurizzazione (di un aereo per es.) (*aer.*), depressurization.

deprezzamento (*comm.*), depreciation.

deprezzare (svalutare) (*amm.*), to disrate.

deprezzato (di valuta, per inflazione per es.) (*finanz.*), cheap.

deprimòmetro (vuotometro) (*strum.*), vacuometer.

depside (composto di idrocarburi aromatici) (*chim.*), depside.

depurare (*gen.*), to purify. **2.** ~ (filtrare: l'olio del motore per es.), to clean. **3.** ~ (l'acqua per una caldaia per es.) (*chim. - ind.*), to soften, to condition.

depuratore (*mecc.*), cleaner. **2.** ~ (filtro) (*mft. carta - ecc.*), strainer. **3.** ~ (per gas) (*app. ind.*), scrubber. **4.** ~ (*mft. gomma*), "washing mill". **5.** ~ (di una locomotiva a vapore) (*ferr.*), strainer. **6.** ~ ad acqua (per gas) (*app. chim.*), washer. **7.** ~ a scosse (*mft. carta*), oscillating strainer. **8.** ~ centrifugo (*mft. carta - ecc.*), centrifugal strainer, centrifugal separator. **9.** ~ cilindrico rotativo (*app.*), drum strainer. **10.** ~ d'acqua (*app. chim. - fis.*), water conditioner, water softener. **11.** ~ d'aria a spruzzatura d'acqua (*ind.*), air washer. **12.** ~ dell'aria (per filtrazione, lavaggio o con sistema elettrostatico) (*ind.*), air cleaner. **13.** ~ di vapore (*ind.*), steam washer. **14.** ~ d'olio (*mecc.*), oil cleaner. **15.** ~ elicoidale (separatore elicoidale) (*macch. mft. carta*), worm knotter.

depurazione (*gen.*), purification. **2.** ~ (*ind.*), washing. **3.** ~ (*chim.*), depuration. **4.** ~ del gas (di alto forno per es.) (*ind.*), gas purification. **5.** ~ dell'acqua (*ind.*), water conditioning, water softening. **6.** ~ dell'acqua d'alimentazione (di caldaia per es.), feed water softening. **7.** ~ per via umida (*ind.*), wet purification.

deragliamento (*ferr.*), derailment.

deragliare (*ferr.*), to derail.

deragliato (sviato) (*ferr.*), derailed.

deramare (*metall.*), to decopperize, to strip the copper-plating.

deramatura (*metall.*), decopperizing (am.).

derapaggio, *vedi* derapata.

derapare (*aer.*), to skid.

derapata (movimento laterale verso l'esterno durante una virata) (*aer.*), skidding. **2.** ~ (imbardata, deviazione accidentale di un velivolo durante il rullaggio o il decollo) (*aer.*), swing. **3.** ~ (di un'automobile) (*aut.*), four wheel drift, power slide. **4.** ~ controllata (in curva) (*corse aut.*), hang out of the rear. **5.** curvare con ~ controllata (prendere una curva con slittamento controllato o al limite di slittamento) (*corse aut.*), to hang out the rear.

derattizzazione (di una nave, una fabbrica ecc. per es.), deratization.

deriva (scarroccio, di natante, dovuto al vento e/o alle correnti marine) (*nav.*), drift, driftage, leeway. **2.** ~ (piano stabilizzatore verticale) (*aer.*), fin. **3.** ~ (effetto della deriva: sulle fotografie aeree) (*fot. aer.*), crab. **4.** ~ (nel comando numerico) (*macch. ut. a c. n.*), drift. **5.** ~ (deriva di un proiettile dovuta al vento) (*balistica*), windage. **6.** ~ (deviazione dalla traiettoria di volo di un aeromobile, dovuta al vento) (*aer.*), flight path deviation. **7.** ~ (lenta variazione, nel corso di tempi molto lunghi, delle caratteristiche di lavoro di un apparecchio; dovuta per es. a varie componenti come invecchiamento, temperatura, umidità ecc.) (*elett. - eltn. - mecc.*), creep. **8.** ~ a coltello (*nav.*), dagger board. **9.** ~ di fase (sfasamento) (*eltn.*), phase drift. **10.** ~ mobile (*nav.*), sliding keel, centerboard, C. B., drop keel. **11.** ala di ~ (piastra di deriva) (*nav.*), leeboard. **12.** alla ~ (*nav.*), adrift. **13.** andare in ~ (*nav.*), to drift. **14.** angolo di ~ (*aer.*), leeway. **15.** angolo di ~ (*nav. - aer.*), drift angle. **16.** chiglia di ~ (*costr. nav.*), fin keel. **17.** correzione di ~ (*aer.*), correction for drift. **18.** pennone di ~ (dritto di deriva) (*aer.*), fin post. **19.** piastra della ~ (*nav.*), centerboard.

derivare (a causa di vento laterale) (*aer.*), to drift. **2.** ~ (collegare in derivazione) (*elett. - radio*), to shunt. **3.** ~ (fare la derivata) (*mat.*), to differen-

tiate. **4.** ~ in parallelo (collegare in parallelo) (*elett.*), to shunt.
derivata (*s. - mat.*), derivative. **2.** ~ di stabilità (esprimente la variazione delle forze e dei momenti su un velivolo dovuta a perturbazione) (*aer.*), stability derivative. **3.** ~ parziale (*mat.*), partial derivative.
derivato (*s. - chim.*), derivative. **2.** ~ (*a. - elett.*), shunted. **3.** ~ in parallelo (collegato in parallelo) (*elett.*), shunted.
derivazione (*elett.*), shunt. **2.** ~ (*ferr.*), shunt, branching off. **3.** ~ (di un condotto) (*idr.*), offtake. **4.** ~ (*mat.*), derivation. **5.** ~ a T (connessione a T tra la linea principale e un conduttore derivato) (*elett. - tubaz.*), tee joint. **6.** ~ in parallelo (shunt), (*elett.*), shunt. **7.** ~ magnetica (*elett.*), magnetic shunt. **8.** basetta di ~ (*elett.*), branch strip. **9.** punto di ~ (nodo) (*elett.*), branch point.
derivòmetro (*strum. aer.*), drift meter, drift sight. **2.** ~ (*strum. nav.*), drift indicator.
dermòide (finta pelle) (*ind.*), leatherette.
derrate alimentari, foodstuff.
descagliatura (disincrostazione, decalaminazione dell'acciaio) (*metall.*), descaling.
descorificare (togliere le scorie) (*fond. - metall.*), to remove the slag.
descorificazione (asportazione delle scorie) (*metall. - fond.*), removing of the slag.
descrittivo (*gen.*), descriptive.
descrittore (parola che serve per la ricerca dei dati e loro classificazione) (*elab.*), descriptor.
descrittore univoco (descrittore costituito da un solo termine) (*elab.*), uniterm.
descrivere (*gen.*), to describe. **2.** ~ (tracciare, una curva per es.) (*dis. - ecc.*), to describe.
descrizione (*gen.*), description. **2.** ~ del lavoro (*organ. lav.*), job description. **3.** ~ dettagliata ed approfondita del tipo di lavoro (*lav. ind.*), job specification. **4.** ~ e rivendicazioni (di un brevetto) (*leg.*), specification. **5.** ~ particolareggiata (*gen.*), specification.
desensibilizzare, to desensitize.
desensibilizzatore (*fot.*), desensitizer.
desensibilizzazione (*fot.*), desensitization.
deserto (*geol.*), desert.
designare (*gen.*), to designate, to appoint. **2.** ~ (incaricare di un compito) (*pers.*), to nominate.
designazione (mediante nomi per es.) (*gen.*), denomination, designation.
desolforante (agente desolforante) (*s. - fond. - metall.*), desulphurizer.
desolforare (ghisa per es.) (*fond.*), to desulphurize.
desolforazione (nella manifattura della gomma) (*chim. ind.*), desulphurization. **2.** ~ (della ghisa per es.) (*fond.*), desulphurization.
desorbimento, desorzione (processo inverso all'assorbimento) (*fis. - ind.*), desorption.
destagionalizzato (di un dato statistico corretto per variazioni stagionali) (*stat.*), seasonly adjusted.
destinare, to appoint, to assign.
destinatario (*comm.*), addressee, consignee. **2.** ~ (p. es.: di un testo, di assistenza, di un programma ecc.) (*s. - elab.*), target.
destinazione, destination. **2.** con ~ per (di una nave per es.), bound for.
destituire (un impiegato) (*pers.*), to dismiss, to remove.
destituzione (licenziamento di un impiegato) (*pers.*), dismissal.
dèstra (*s.*), right. **2.** ~ (destro) (*a. - gen.*), right-hand. **3.** a ~ (*avv. di moto*), to the right. **4.** a ~ (*avv. di luogo*), on the right. **5.** tenere la ~ (*traff. strad.*), to keep to the right.
destrana (destrano, nelle soluzioni zuccherine ecc.) (*chim.*), dextran, dextrane, fermentation gum.
destrezza (abilità, di un operaio per es.) (*ind.*), skill. **2.** reattivo di ~ (*psicol. ind.*), dexterity test.
destrina $[(C_6H_{10}O_5)n]$ (*chim.*), dextrine, dextrin, starch gum.
dèstro (destrorso) (di ingranaggio per es.) (*a. - mecc.*), right-hand. r.h. **2.** ~ visto dalla parte anteriore del motore (detto del senso di rotazione) (*mot.*), clockwise viewed from front of engine. **3.** lato ~ (di un'autovettura per es.) (*veic.*), offside, right side.
destrogiro (*a. - ott.*), dextrorotatory, positive.
destròrso (di ingranaggio per es.) (*a. - mecc.*), right-hand, r.h.
destròsio $(C_6H_{12}O_6)$ (*chim.*), dextrose, glucose.
"detector" (*radio*), detector. **2.** ~ a cristallo (*radio*), crystal detector. **3.** ~ di griglia (*elett. - radio*), grid detector. **4.** ~ magnetico (*radio*), magnetic detector. **5.** ~, *vedi anche* detettore e rivelatore.
detentore (*comm.*), holder.
detergènte (*s. - a. - chim.*), detergent. **2.** ~ non ionico (*chim. - ind.*), nonionic detergent.
detergenza (proprietà detergente: di un additivo di olio lubrificante) (*chim. - mot.*), detergency.
deterioramento (*gen.*), deterioration.
deteriorare (*gen.*), to deteriorate.
deteriorato (di fibra di cotone esposta alle intemperie per es.) (*a. - ind. tess.*), perished. **2.** ~ (un tessuto, una vernice, un commestibile per es.) (*a. - gen.*), deteriorated.
determinàbile (*a. - gen.*), determinable, definable. **2.** staticamente ~ (*sc. costr.*), statically determinable, statically definable.
determinante (*mat.*), determinant. **2.** ~ (facilitante) (*a. - gen.*), promoting.
determinare (*gen.*), to determine. **2.** ~ (l'altezza di una stella per es.) (*astr. - top.*), to shoot. **3.** ~ i tempi (di lavorazione: in officina per es.), to time. **4.** ~ la pressione sull'appoggio (*sc. costr.*), to determine the pressure on the support.
determinato (definito, stabilito) (*gen.*), determined, fixed, definite.
determinazione, determination. **2.** ~ (di un punto) (*top.*), locating. **3.** ~ calorimetrica (*chim. - fis.*), calorimetric test. **4.** ~ dei costi (di prod. per es.) (*amm.*), costing. **5.** ~ dei tempi (di lav. per es.)

(*off.*), timing. **6.** ~ della posizione (*aer.*), reckoning. **7.** ~ del potere calorifico (*term.*), heating value determination. **8.** ~ del prezzo (valorizzazione) (*amm.*), pricing. **9.** ~ del punto stimato (stima della posizione: senza osservazioni astronomiche) (*nav.*), dead reckoning.

determinismo (*econ.*), determinism.

deterrente (*milit.*), deterrent.

deterrenza (*milit.*), deterrence.

detersivo (*chim.*), cleansing agent, detergent. **2.** ~ (per lana) (*ind. tess.*), scour. **3.** ~ a schiuma (*ind. chim.*), emulsion cleaner.

detettore (rivelatore) (*radio*), detector. **2.** ~ magnetico (rivelatore magnetico) (*radio*), magnetic detector. **3.** ~, *vedi anche* "detector") e rivelatore.

detezione (*radio*), detection, demodulation (ingl.).

detonante (innesco) (*s. - espl.*), primer.

detonare (*mot.*), to detonate.

detonatore (di esplosivo), detonator, exploder. **2.** ~ (petardo: app. segnalatore ferr.) (*espl.*), detonator. **3.** ~ (di una carica esplosiva) (*espl. - milit.*), initiator. **4.** ~ ad accensione elettrica (*app. espl.*), electric detonator. **5.** ~ meccanico (a percussione) (*milit.*), percussion detonator. **6.** ~ secondario (*espl.*), booster charge.

detonazione (*espl.*), blast, detonation. **2.** ~ (fenomeno di detonazione) (*mot.*), detonation. **3.** rumore caratteristico del fenomeno di ~ (*mot.*), knocking, knock (am.).

detonòmetro (indicatore dell'intensità della detonazione) (*strum. - mot.*), detonation meter. **2.** ~ (per prova di carburanti per motore a combustione interna) (*strum. mis. ind. petrolio*), knockmeter. **3.** ~ ad asta saltellante (*strum. - mot.*), bouncing-pin detonation meter.

detrarre (sottrarre) (*gen.*), to deduct.

detrimento (*gen.*), detriment.

detriti (*gen.*), deposits. **2.** ~ (*geol.*), detritus, debris. **3.** ~ (di materiali edili per es.), rubble. **4.** ~ alluvionali (*geol.*), alluvium.

detritico (composto di rocce disintegrate) (*a. - geol.*), detrital.

dettagliante (commerciante al minuto) (*comm.*), retailer.

dettagliare (elencare voce per voce gli elementi costitutivi di un costo per es.) (*amm. - ecc.*), to detail, to itemize.

dettagliato (nei singoli elementi componenti) (*comm. - ecc.*), detailed, itemized.

dettaglio (definizione dell'immagine) (*telev.*), definition. **2.** ~ (particolare, di disegno per es.), detail. **3.** ~ in grandezza naturale (*dis.*), full-size detail. **4.** disegno di ~ (*dis.*), detail drawing. **5.** vendere al ~ (*comm.*), to retail, to sell retail. **6.** vendita al ~ (*comm.*), retail.

dettare (*uff.*), to dictate.

dettatura (*uff.*), dictating.

deturpazione (di paesaggio per es.) (*urbanistica*), uglification.

deumidificare (*ind.*), to dehumidify.

deumidificato (vento del forno per es.) (*ind. - ecc.*), dehumidified.

deumidificatore (*app. ind.*), dehumidifier.

deumidificazione (processo di eliminazione del vapore d'acqua dall'aria per es.) (*condizionamento dell'aria*), dehumidification.

deuteranopia (cecità per il verde, forma di daltonismo) (*ott. - med.*), deuteranopia, green blindness.

deuterare (introdurre deuterio in un composto) (*fis.*), to deuterate.

deutèride (composto di deuterio) (*chim.*), deuteride.

deutèrio (idrogeno pesante) (D) (*chim. - fis. atom.*), deuterium, heavy hydrogen. **2.** ossido di ~ (D_2O) (*chim.*), deuterium oxide.

deuterone (*fis. atom.*), *vedi* deutone.

deutone (*fis. atom.*), deuteron.

devastare (*milit.*), to overrun, to ravage, to lay waste, to devastate.

devetrificare (*ind.*), to devitrify.

devetrificazione (*ind.*), devitrification.

deviare (*gen.*), to deviate. **2.** ~ (da un percorso per es.), to deviate, to sheer. **3.** ~ (di un fiume per es.), to divert. **4.** ~ dalla rotta (*nav. - aer.*), to yaw. **5.** ~ sottovento (*nav.*), to fall off. **6.** far ~ (da un percorso per es.), to deviate, to sheer.

deviatoio (scambio) (*ferr.*), switch points (ingl.). **2.** ~ inglese doppio (*ferr.*), double slip points (or switch). **3.** ~ inglese semplice (*ferr.*), single slip points (or switch).

deviatore (*app. elett.*), switch. **2.** ~ (*op. ferr.*), pointsman (ingl.), switchman, shunter (am.). **3.** ~ (addetto all'avvolgimento del tondo in un laminatoio) (*op. metall.*), shortstop. **4.** ~ del getto (deviatore di spinta, superficie di governo per cambiare la direzione della spinta) (*aer. - mot. - ecc.*), jetavator.

deviazione (*gen.*), deviation. **2.** ~ (di un utensile) (*mecc.*), run. **3.** ~ (*mecc. - fis.*), deflection. **4.** ~ (mediante scambio) (*ferr.*), shunting, switching. **5.** ~ (scostamento, da una regola per es.) (*gen.*), departure. **6.** " ~ " (getto incompleto, getto mancato) (*difetto di fond.*), misrun. **7.** ~ (del sole dall'eclittica) (*astr.*), excursion. **8.** ~ (*mat.*), inequality. **9.** ~ brusca (mantenendo l'asse parallelo: in una tubazione per es.), offset. **10.** ~ dalla rotta (di una nave) (*nav.*), deviation from course. **11.** ~ della bussola (*aer. - nav.*), compass deviation. **12.** ~ del quadro (*telev.*), frame deflection. **13.** ~ media (*stat.*), average deviation. **14.** ~ quadrantale della bussola (dovuta alla componente orizzontale del magnetismo terrestre) (*aer. - nav.*), compass quadrantal deviation. **15.** ~ stradale (*traff. strad.*), diversion. **16.** ~ stradale (permanente, per evitare ostruzioni) (*strad.*), loop road.

devoltore (macchina devoltrice) (*macch. elett.*), negative booster.

devoniano (*a. - geol.*), Devonian.

devonico (devoniano) (*geol.*), Devonian.

devulcanizzazione (*ind. gomma*), devulcanization.

2. ~ in vapore libero (*ind. gomma*), live steam devulcanization.

Dewar, vaso di ~ (bottiglia di Dewar) (*fis.*), Dewar vessel.

dezincatura (dell'ottone, dovuta alla corrosione) (*metall.*), dezincification.

di (di un certo materiale, di acciaio per es.) (*gen.*), of.

diabase (*min.*), diabase.

diabatico (inverso di adiabatico) (*a. - termod.*), diabatic.

diaclasi (*geol.*), diaclase.

diadico (*a. - mat. - elab.*), dyadic.

diàfano (*ott.*), diaphanous.

diafanometro (misuratore di trasparenza) (*strum.*), diaphanometer.

diafonìa (in circuiti di telecomunicazione ed interazione tra segnali audio e video in TV) (*difetto di telef. o telev.*), crosstalk. **2.** ~ lontana (telediafonia) (*telef.*), far-end crosstalk. **3.** ~ vicina (paradiafonia) (*telef.*), near-end crosstalk. **4.** attenuazione di ~ (*telef.*), crosstalk attenuation.

diafonometro (*telef.*), crosstalk meter.

diaframma (*mecc.*), diaphragm, baffle plate. **2.** ~ (*ott. - fot.*), diaphragm. **3.** ~ (apertura dell'obiettivo) (*fot.*), stop. **4.** ~ (paratia) (*aer.*), bulkhead. **5.** ~ (*ind. - fis.*), baffle, diaphragm. **6.** ~ (di microfono telef.), diaphragm, tympanum. **7.** ~ (rivelatore meccanico: per dischi di grammofono) (*acus.*), mechanical pickup. **8.** ~ (in una galleria: divisione eretta per indirizzare l'aria verso i posti di lavoro), (*min.*), brattice. **9.** ~ (per misurare la portata per es.) (*app. idr.*), orifice meter. **10.** ~ ad iride (sotto il piatto di un microscopio) (*ott.*), iris diaphragm. **11.** ~ anticollisione (per evitare l'infilarsi di una vettura nell'altra in caso di tamponamento) (*ferr.*), anti-collision bulkhead. **12.** diaframmi antirollìo (sistemati nella sentina, oppure all'interno di serbatoi da trasporto liquidi per diminuirne il movimento e le sue conseguenze) (*costr. nav. - serbatoi ind. trasp. liquidi*), wash, plates, antislosh baffles. **13.** ~ d'angolo (di un condotto di ventilazione), turning vane. **14.** ~ di apertura (p. es. di un obiettivo) (*ott.*) aperture stop. **15.** ~ di campo (*ott.*), field stop. **16.** ~ di misura (installato sul tubo di efflusso) (*strum. idr. mis.*), orifice meter. **17.** ~ elettrodinamico (*acus.*), electrodynamic pickup. **18.** ~ elettrolitico (di cellula elettrolitica) (*disp. elettrochim.*), electrolytic diaphragm. **19.** ~ fonorivelatore (*acus.*), pickup. **20.** ~ frangiflutti (*trasp. liquidi*), antisloshing baffle. **21.** ~ idrometrico (luce in parete sottile per la mis. di fluidi) (*idr. - tubaz.*), thin-plate orifice. **22.** ~ isolante (tra le fasi in un trasformatore) (*elettromecc.*), insulating diaphragm. **23.** ~ (o membrana) semipermeabile (*chim. fis.*), semipermeable diaphragm, semipermeable partition. **24.** ~ per la posa delle alte luci (*fotomecc.*), high-light stop. **25.** ~ per mezzitoni (*fotomecc.*), shadow stop. **26.** ~ piezoelettrico (*acus.*), piezoelectric pickup. **27.** ~ separatore (elemento poroso fra le piastre) (*acc.*), separating diaphragm. **28.** ~ variabile (*fot.*), compensator. **29.** apertura di ~ (apertura del ~ di un obiettivo) (*fot.*), lens opening, lens aperture, lens stop.

diaframmare (*fot.*), to diaphragm, to stop, to stop down.

diaframmatura (*ott.*), diaphragm opening.

diagenesi (*geol.*), diagenesis.

diàgnosi (*gen. - med.*), diagnosis. **2.** ~ (la individuazione e locazione di errori) (*s. - elab.*), diagnosis.

diagnostica (*s. - med. - elab.*), diagnostic. **2.** ~ dell'errore (*elab.*), error diagnostic.

diagnostico (*a. - med. - elab.*), diagnostic.

diagonale (*a. - gen.*), diagonal, bias. **2.** ~ (*geom.*), diagonal. **3.** ~ (elemento congiungente gli angoli opposti: in una travatura per es.) (*carp. - ed. - ecc.*), brace. **4.** ~ (di un tessuto) (*a. - ind. tess.*), twill, twill-woven. **5.** ~ principale (*mat.*), principal diagonal. **6.** ~, *vedi anche* diagonali.

diagonali (di aereo), lift wires. **2.** ~ della torre di sondaggio (diagonali della torre di trivellazione) (*min.*), derrick braces.

diagonalizzare (*mat.*), to diagonalize.

diagonalmente (*avv. - gen.*), catercorner.

diagramma (*gen.*), diagram, graph, curve, figure. **2.** ~ a blocchi (di un circuito, sistema ecc.) (*schema - grafico*), block diagram. **3.** ~ a colonna (rappresenta con la sua altezza un valore numerico) (*stat. - ecc.*), bar chart, bar graph. **4.** ~ a coordinate aritmetiche (*dis.*), arithmetic chart, arithmetic graph. **5.** ~ acustico di individuazione (*acus. sott. - mar. milit.*), acoustic signature. **6.** ~ ad albero (*elab. - ecc.*), tree diagram. **7.** ~ a nube di punti (*stat.*), scatter diagram. **8.** ~ a settori (inscritti in un cerchio) (*rappresentazione percentuale*), pie chart. **9.** ~ a tappeto (diagramma contenente due famiglie di curve, usato per la sua capacità di presentare in modo compatto una quantità elevata di dati) (*prove - ecc.*), carpet plot. **10.** ~ colorimetrico uniforme (*ott.*), uniform-chromaticity-scale diagram, UCS diagram. **11.** ~ cremoniano (*sc. costr.*), stress diagram. **12.** ~ cromatico (triangolo dei colori) (*ott.*), chromaticity diagram. **13.** ~ degli spostamenti (che mostra i movimenti di un operaio che sorveglia più lavorazioni) (*studio dei tempi*), man process chart, MPC. **14.** ~ dei campi di variazione (*stat.*), range diagram. **15.** ~ dei momenti (dei momenti flettenti di una trave per es.) (*sc. costr.*), moment diagram, moment curve. **16.** ~ (del ciclo) di lavorazione (*ind.*), flow diagram. **17.** ~ del ciclo indicato (*mot.*), indicator card (or diagram). **18.** ~ della distribuzione (di un motore), timing diagram. **19.** ~ della programmazione nel tempo (di un prodotto di nuova progettazione per es.) (*ind.*), time chart. **20.** ~ delle precipitazioni medie in un anno (*carta meteor.*), hyetograph. **21.** ~ delle sollecitazioni (*sc. costr.*), stress diagram. **22.** ~ del traffico stradale (*strad.*), traffic diagram. **23.** ~ di alzata della valvola (di motore per es.), valve lift diagram. **24.** ~ di alzata di area massima (di una camma) (*mot.*), largest lift and time-area integral. **25.** ~ di attività multipla (di un operaio) (*studio dei tempi*), multi-activity chart. **26.** ~ di carico (*elett.*), load curve (ingl.). **27.** ~ di carico (*studio dei tempi*), load chart. **28.** ~ di controllo (*controllo qualità*), control chart. **29.** ~ di direzionalità (di antenna) (*radio*), directional pattern, directivity pattern. **30.** ~ di distribuzione (di macchina a vapore), distribution diagram, valve diagram. **31.** ~ di esecuzione (grafico di lavoro relativo ad alcune operazioni dell'elaboratore per es.) (*elab.*), run diagram. **32.** diagrammi di Eulero (cerchi di Eulero) (*mat.*), Euler diagram, Euler's diagram. **33.** ~ di flusso (~ di lavoro, reogramma) (*organ lav.*), flowchart, flow chart. **34.** ~ di lavoro (diagramma a blocchi delle operazioni, reogramma) (*macch. ut. a c. n. - macch. calc. automatica*), flow chart, flow diagram. **35.** ~ di livello (curva ipsografica) (*geod.*), hypsogram. **36.** ~ di produzione (indicante per es. la quantità di petrolio prodotta da un pozzo) (*grafico*), production curve. **37.** ~ di prova (di un mot. per es.) (*mecc. - ecc.*), test chart. **38.** ~ di radiazione (lobo di radiazione, caratteristica di radiazione, di un'antenna) (*radio*), radiation pattern. **39.** ~ di radiazione diretta (di un'antenna) (*radar - radio*), free-space pattern. **40.** ~ di solidificazione (*metall.*), solidification diagram. **41.** ~ di stato (*metall.*), equilibrium diagram, phase diagram. **42.** ~ di stato ferro-carbonio (*metall.*), iron-carbon equilibrium diagram. **43.** ~ di Venn (*mat.*), Venn diagram. **44.** ~ entropico (*termod.*), entropy diagram. **45.** ~ funzionale (o di funzione) (*elab.*), function chart. **46.** ~ grafico (della pressione, temperatura ecc.) (*fis. - ind.*), chart. **47.** ~ reciproco (diagramma cremoniano, di travature reticolari) (*sc. costr.*), reciprocal diagram, force diagram. **48.** ~ schematico (*gen.*), elementary diagram, schematic diagram. **49.** ~ schematico del flusso (dei materiali in una fabbrica per un tipo di lavorazione: schema del movimento dei materiali grezzi e pezzi lavorati) (*ind.*), flow chart. **50.** ~ spettrale (indicante la dipendenza di una funzione dalla frequenza nella banda di larghezza di 1 Hz) (*acus. - tlcm. - elab.*), spectrum diagram. **51.** ~ spettrale del rumore (*acus. - tlcm. - elab.*), noise spectrum diagram. **52.** ~ TTT (curva a S, diagramma tempo-temperatura-trasformazione, indicante la velocità di trasformazione dell'austenite) (*metall.*), TTT curve, time-temperature transformation curve. **53.** ~ vettoriale (*radio - elett.*), vector diagram.

diagrammatore (registratore grafico, per tracciare grafici) (*strum.*), plotter. **2.** ~ (tracciatore di diagrammi, plotter grafico) (*app. di elab.*), graph plotter. **3.** ~ a tamburo (*app. di elab.*), drum plotter. **4.** ~ a tavola piana (per disegnare diagrammi su di una superficie piana) (*app. elab.*), flatbed plotter. **5.** ~ elettrostatico (tracciatore) (*app. di elab.*), electrostatic plotter.

diàlisi (*chim.*), dialysis.

dializzare (*chim.*), to dialyze.

dializzatore (*att. chim.*), dialyzer.

dialogite (rodocrosite) (*min.*), dialogite.

diàlogo (di un film sonoro per es.) (*cinem.*), dialogue. **2.** ~ (modo conversazionale fra un operatore ed un elaboratore) (*elab.*), dialogue. **3.** funzionamento a ~, *vedi* modo conversazionale. **4.** operazione di scrittura a ~ (*elab.*), conversational write operation.

diamagnètico (*fis. - elett.*), diamagnetic.

diamagnetismo (*fis. - elett.*), diamagnetism.

diamante (*min.*), diamond. **2.** ~ (dell'àncora) (*nav.*), crown. **3.** ~ difettoso (*pietre preziose*), spotted stone. **4.** ~ di trivellazione (*min.*), carbon diamond, carbon. **5.** ~ industriale (*min.*), bort. **6.** ~ meteorico (*min.*), meteoric diamond. **7.** diamanti per uso industriale (*ut.*), diamonds for industrial purposes. **8.** ~ tagliavetro (*att.*), pencil diamond. **9.** detriti e frammenti di ~ (per industria), diamond rubbish. **10.** mastice per diamanti (cemento per diamanti, per fissare i diamanti all'utensile) (*ut.*), diamond cement. **11.** penetratore con punta di ~ (*att. mis. durezza*), diamond indentor, diamond indenter. **12.** rivestimento esterno (bugnato) a punta di ~ (*arch.*), diamondwork. **13.** scaglie di ~, diamond cleavage.

diamantifero (*geol.*), diamondiferous, diamantiferous.

diametrale (*a.*), diametral, diametrical, diametric. **2.** ~ (*a. - mat.*), diametral, diametrical.

diàmetro (*mat. - mecc. - ecc.*), diameter, diam., dia, di. **2.** ~ (unità di misura della capacità di ingrandimento di un sistema ottico: ingrandimento 20 per es. = 20 diametri) (*mis. ott.*), diameter. **3.** ~ attivo (diametro di forma, di una ruota dentata) (*mecc.*), form diameter. **4.** ~ base (diametro del cerchio base, di un ingranaggio) (*mecc.*), base diameter. **5.** ~ Birmingham (dei fili metallici) (*dis. mecc.*), Birmingham gauge, B.G. **6.** ~ di fondo (di ingranaggio) (*mecc.*), root diameter. **7.** ~ di forma (diametro della estremità interna dell'evolvente, di una ruota dentata) (*mecc.*), form diameter, "TIF diameter". **8.** ~ di nocciolo (di una vite) (*mecc.*), minor diameter, core diameter. **9.** ~ esterno (di cuscinetto a sfere per es.) (*mecc.*), outside diameter, O/D, major diameter. **10.** ~ esterno (di un ingranaggio) (*mecc.*), outside diameter. **11.** ~ interno (*mecc.*), inside diameter, bore. **12.** ~ interno (della filettatura) (*mecc.*), minor diameter. **13.** ~ interno (di un cuscinetto a sfere per es.) (*mecc.*), inside diameter, I/D, i.d., minor diameter. **14.** ~ interno (di ingranaggio) (*mecc.*), root diameter. **15.** ~ massimo (del pezzo) lavorabile (doppio della distanza tra l'asse di tornitura ed il bancale) (*mecc.- macch. ind.*), swing. **16.** ~ medio (di una filettatura) (*mecc.*), pitch diameter, effective diameter. **17.** ~ minimo di volta (*aut.*), turning circle. **18.** ~ minimo di volta tra le pareti (*aut.*), turning circle between walls. **19.** ~ minimo di volta tra i marciapiedi (*aut.*), turning circle between kerbs. **20.** ~ nominale (diametro esterno della vite) (*mecc.*), major diameter. **21.** ~ primitivo (o di contatto) (*mecc.*), pitch diameter, p.d., pitch circle diameter, PCD. **22.** ~ primitivo di rotolamento (di ingranaggio) (*mecc.*), rolling pitch diameter. **23.** riduzione di ~ (di un tubo durante la trafilatura a caldo o a freddo) (*mft. tubaz.*), sink.

diammina (*chim.*), diamine. **2.** ~ (*ind. colori*), diamine dye.

diàpason (strumento relativo all'acustica), tuning fork, diapason.

diapositiva (fotografia trasparente da proiettare, eseguita su pellicola o lastra) (*fot.*), slide, transparency. **2.** ~ (pellicola diapositiva) (*fot.*), film -slide. **3.** ~ a colori (*fot.*), color slide, color transparency.

diapositivo (*fot.* - *ecc.*), *vedi* diapositiva.

diaria (trasferta, indennità di trasferta) (*lav.* - *pers.*), daily allowance.

diario (*gen.*), diary, daybook.

diascopia (proiezione di diapositive) (*ott.* - *fot.*), slide projection, diapositive projection.

diascopio (proiettore per diapositive) (*fot.*), slide projector, diascope.

diasporo ($HAlO_2$) (refrattario) (*min.*), diaspore.

diaspro (*min.*), jasper.

diastasi (amilasi, enzima) (*biochim.*), diastase, amylase.

diàstilo (*arch.*), diastyle.

diastrofismo (*geol.*), diastrophism.

diatermanità (*fis.*), diathermacy, diathermancy.

diatermàno (detto di corpo che lascia passare liberamente le radiazioni di calore) (*fis.*), diathermic, diathermanous.

diatermìa (marconiterapia) (*med.* - *elett.*), diathermy.

diatèrmico (*med.*), diathermic.

diatomèa (*botanica*), diatom.

diatomite (*min.*), diatomite.

diatrema (*geol.*), diatreme.

diavolo (veicolo usato per il trasporto dei crogioli) (*mft. vetro*), pot wagon.

diazina (*chim.*), diazine.

diazo composti (*chim.*), diazo compounds.

diazonio (*chim.*), diazonium.

diazotazione (*chim.*), diazotization.

diazotipia (processo usato per l'ottenimento di figure a colori) (*fot.*), diazotype.

dibattito (*gen.*), panel discussion.

dibit (doppio bit) (*tlcm.*), dibit.

diboscamento (*agric.*), deforestation. **2.** ~ della giungla (*ind. gomma* - *agric.*), clearing of the jungle.

dicco (filone eruttivo) (*geol.*), dike, dyke.

dichiarare (*gen.*), to state. **2.** ~ di meno (dell'imponibile) (*finanz.*), to understate. **3.** ~ i danni (*leg.*), to lay damages.

dichiarazione (*gen.*), statement. **2.** ~ (alla stampa) (*stampa* - *giorn.*), handout. **3.** ~ (istruzione in codice sorgente che identifica una risorsa da usarsi nel corso dell'elaborazione) (*elab.*), declaration. **4.** ~ di bordo (*nav.*), ship's report. **5.** ~ di entrata (presentazione del manifesto alla dogana) (*nav.*), entry. **6.** ~ doganale (*comm.*), customs entry, customs declaration (am.). **7.** ~ falsa (*leg.* - *comm.* - *ecc.*), misrepresentation. **8.** ~ giurata (*leg.*), *vedi* affidavit.

diciottèsimo (*tip.*), decimo octavo.

dicitura (*gen.*), reading, legend.

diclorodifeniltricloroetano (D.D.T., insetticida) (*chim. ind.*), dichlorodiphenyltrichloroethane.

diclorodifluorometano ($C\ Cl_2F_2$: gas di facile liquefazione usato nei circuiti refrigeranti) (*chim.* - *ind. freddo*), dichlorodifluoromethane.

dicloroetilene (dicloretilene, dielina) (*chim.*), dichloroethylene.

dicontrovellaccio (*nav.*), skysail.

dicotomia (la divisione di una classe di fenomeni in due classi, classificabili logicamente) (*stat.*), dichotomy. **2.** ~ doppia (*stat.*), double dichotomy.

dicroismo (*ott.*- *fis.*), dichroism. **2.** ~ circolare (trasformazione di una polarizzazione da piana a ellittica) (*ott.*), circular dichroism.

dicromatismo (*ott.* - *fis.*), dichromatism.

didascalìa (*cinem.*), subtitle, title, caption. **2.** ~ a scorrimento verticale continuo (*telev.* - *cinem.* - *ecc.*), creeper title. **3.** ~ a tamburo (di film) (*cinem.*), running caption.

didimio (*chim.*), didym, didymium.

dièdro (*geom.*), dihedral. **2.** ~ (angolo tra due piani, di una carrozzeria per es.) (*aut.*), dihedral. **3.** ~ alare (*aer.*), wing dihedral. **4.** ~ longitudinale (*costr. aer.*), sweepback.

dielèttrico (*elett.*), dielectric. **2.** rigidità dielettrica (*elett.*), dielectric (or disruptive or electric) rigidity, dielectric strenght. **3.** riscaldamento ~ (*metall.*), dielectric heating.

dielina (*chim.*), *vedi* dicloroetilene.

dieresi (*tip.*), diaeresis.

diesel (*termod.* - *mot.*), diesel. **2.** ~ leggero (motore) (*aut.* - *ferrov.* - *nav.*), light-weight diesel engine. **3.** ciclo ~ (*termod.*), diesel cycle. **4.** motore ~ (*mot.*), diesel engine.

dieselelettrico (*veic.* - *nav.*), diesel-electric.

dieselidraulico (*veic.*), diesel-hydraulic.

dieselizzare (dotare di motori diesel, adottare motori diesel) (*veic.*), to dieselize.

dieselizzato (dotato di motore diesel) (*veic.*), dieselized.

dieselizzazione (adozione di motore diesel) (*veic.*), dieselization.

dièsis (di suono) (*musica*), sharp.

dietiletere, *vedi* etere etilico.

diètro (*nav.*), aft. **2.** ~ front (*manovra aer.*), hammerhead stall.

difenilammina (*chim.*), diphenylamine.

difenil (rad. - C_6H5) (*chim.*), diphenyl.

difensore (avvocato difensore) (*leg.*), defence attorney.

difesa (*milit.*), defense (am.), defence (ingl.). **2.** ~ (*leg.*), plea, defense. **3.** ~ antiaerea (artiglieria contraerea) (*aer. milit. - milit.*), flak. **4.** difese anticarro o antisbarco (ostacolo costituito da profilati sporgenti da blocchi di cemento collegati da filo di ferro spinato) (*milit.*), hedgehog. **5.** ~ antiparacadutisti (*milit.*), anti-parachute defense. **6.** ~ antisbarco (*milit.*), anti-landing defense. **7.** ~ attiva (*milit.*), active defense. **8.** ~ contraerei (*milit.*), antiaircraft defense. **9.** ~ costiera (*milit.*), coast defense. **10.** ~ degli interessi del consumatore (*comm.*), consumerism. **11.** ~ passiva (*milit.*), passive defense. **12.** opere di ~ (*milit.*), defenses.

difètto (*gen.*), fault, defect. **2.** ~ (di materiale o di lavorazione) (*ind. - comm.*), defect. **3.** ~ (visibile, apparente: di verniciatura per es.), blemish. **4.** ~ (mancanza in qualcosa di essenziale: può essere visibile o no), defect. **5.** ~ (di continuità o coesione: per es. in un vetro), flaw. **6.** ~ critico (difetto che pregiudica la sicurezza di coloro che usano il prodotto) (*controllo qualità*), critical defect. **7.** difetti di fonderia (*fond.*), defects in castings. **8.** difetti di funzionamento (di un motore), running defects. **9.** ~ di imbianchimento (di verniciatura alla nitro: causato generalmente dalla eccessiva umidità atmosferica) (*vn.*), bloom. **10.** ~ di massa (correzione di massa: di un isotopo, differenza fra il numero di massa e il peso atomico) (*fis. atom.*), mass defect. **11.** ~ di taglio (*metall.*), shearing defect. **12.** ~ occulto (*prod. ind.*), latent defect. **13.** ~ principale (difetto che pregiudica la funzione del prodotto) (*controllo qualità*), major defect. **14.** ~ secondario (*controllo qualità*), minor defect. **15.** ~ sottopelle (di un lingotto per es.) (*metall.*), subsurface defect. **16.** piccolo ~ (*gen.*), slight fault. **17.** senza ~ (*gen.*), free from fault, faultless.

difettoso (*a. - gen.*), defective, faulty. **2.** ~ (un getto per es.) (*fond.*), defective. **3.** percentuale di pezzi difettosi (in un lotto per es.) (*a. - controllo stat. di qualità*), percentage (or percent) defective.

differènza (*gen.*), difference. **2.** ~ (*s. - mat.*), difference, residual. **3.** ~ (variazione del valore di una funzione ottenuta aggiungendo 1 all'argomento) (*mat.*), difference. **4.** ~ (di costo; p. es.) (*comm. - ecc.*), variance. **5.** ~ angolare (*gen.*), angular difference. **6.** ~ di fase (sfasatura: di quantità periodica) (*fis. - elett. - mat. - ecc.*), phase difference, phase displacement. **7.** ~ di latitudine (*top.*), difference in latitude. **8.** ~ di longitudine (*top.*), difference in longitude. **9.** ~ di potenziale (*elett.*), potential difference, p.d. **10.** ~ di tensione (*elett.*), potential difference. **11.** ~ fra diametro esterno e diametro primitivo (di ingranaggio conico a denti diritti per es.) (*mecc.*), diameter increment. **12.** ~ prima (*mat.*), first difference.

differenziabile (*gen. - stat.*), differentiable.

differenziabilità (*stat.*), differentiability. **2.** ~ stocastica (*stat.*), stochastic differentiability.

differenziale (*a. - gen.*), differential. **2.** ~ (*s. - mecc.*), differential gear, differential. **3.** ~ (di una dentatrice a creatore: gruppo per lavorazioni elicoidali) (*mecc. - macch. ut.*), differential, differential gear. **4.** ~ autobloccante (*aut.*), self-locking differential. **5.** ~ di riconoscimento (rapporto di percezione, valore minimo, epresso in decibel, del rapporto segnale/rumore necessario per estrarre il segnale dal rumore) (*acus. sub.*), recognition differential, detection threshold. **6.** calcolo ~ (*mat.*), differential calculus. **7.** dispositivo di bloccaggio ~ (*aut.*), differential locking device. **8.** gruppo del ~ (*aut.*), differential unit. **9.** supporto (o scatola) del ~ (di un autoveicolo) (*mecc.*), differential carrier.

differenziare (*gen. - stat.*), to differentiate.

differenziarsi (*gen. - stat.*), to differentiate.

differenziatore (*app.*), differentiator. **2.** ~ (*app. eltn.*), differentiator.

differenziazione (*gen.*), differentiation.

differire (posporre) (*gen.*), to defer.

differito (posposto) (*gen.*), deferred.

difficile (*gen.*), difficult.

difficoltà (*gen.*), difficulty. **2.** ~ imprevista (ostacolo imprevisto) (*gen.*), snag.

diffida (*comm. - leg.*), warning.

diffidare (*comm. - leg.*), to warn.

diffondente (la luce) (*ott. - illum.*), diffusing.

diffòndere (*gen.*), to diffuse. **2.** ~ a mezzo radio (*radio*), to broadcast. **3.** ~ a mezzo televisione (*telev.*), to telecast.

diffrattografo, diffractograph. **2.** ~ elettronico per ricerche microstrutturali (*strum. ott.*), electronic diffractograph for microstructure research.

diffrattometro (*strum. ott.*), diffractometer.

diffrazione (*radio - ott.*), diffraction. **2.** ~ dei raggi di elettroni (*fis. atom.*), electron diffraction. **3.** ~ di elettroni lenti (*fis.*), low energy electron diffraction, LEED. **4.** fotogramma di ~ ai raggi X (*fis.*), X-ray diffraction pattern. **5.** macchie di ~ (fenomeno dovuto alla interferenza di raggi diffratti da cristalli di grande dimensione) (*difetto*), diffraction mottling.

diffusibilità (*gen.*), diffusibility.

diffusione (*fis.*), diffusion. **2.** ~ ("scattering") (*fis. atom.*), scattering. **3.** ~ (variazione della diffusione trasversale delle sollecitazioni in una struttura) (*aer. - ecc.*), diffusion. **4.** ~ (di luce) (*illum.*), diffusion. **5.** ~ (procedimento per eseguire una giunzione p n [o interfaccia tra silicio tipo P e tipo N] in un semiconduttore, mediante drogaggio) (*eltn.*), diffusion. **6.** ~ all'indietro (*radioatt.*), back-scattering. **7.** ~ della luce (*ott.*), light scattering. **8.** ~ del suono (*acus.- acus. sub.*), sound scattering. **9.** ~ di drenaggio (diffusione di Bohm, di particelle di plasma in un campo magnetico) (*fis.*), drain diffusion, Bohm diffusion. **10.** ~ di risonanza (~ di neutroni) (*fis. atom.*), resonance diffusion. **11.** ~

isotropa (*fis. atom.*), isotropic scattering. **12.** ~ molecolare (*fis. atom.*), diffusion. **13.** ~ nucleare (dispersione di particelle dovuta a collisioni) (*fis. atom.*), nuclear scattering. **14.** ~ per riflessione (della luce) (*illum. - fis.*), diffusion by reflection. **15.** ~ reticolare (*cristallografia*), lattice scattering. **16.** ~ riflessa (di elettroni) (*eltn.*), "back-diffusion". **17.** ~ sotto vuoto (drogaggio di semiconduttore in ambiente a vuoto spinto) (*eltn.*), vacuum diffusion. **18.** coefficiente di ~ di volume (*acus. sub.*), volume-scattering coefficient. **19.** costante di ~ (*fis.*), diffusion constant. **20.** pompa a ~ (*macch.*), diffusion pump. **21.** saldatura a ~ (giunzione a diffusione, incollaggio a diffusione, di metalli, applicando calore e pressione per un periodo di tempo) (*tecnol. mecc.*), diffusion bonding.

diffusività (*fis.*), diffusivity. **2.** ~ termica (quantità di calore passante attraverso l'unità di area per l'unità di tempo divisa per il prodotto del calore specifico, densità e gradiente termico) (*term.*), diffusivity, thermal diffusivity.

diffuso (*a. - gen.*), diffused.

diffusore (*att. illum. elett.*), diffuser, diffusor. **2.** ~ (cono diffusore: di un carb.) (*mecc. - mot.*), choke, choke tube, Venturi. **3.** ~ (di pompa, di turbina per es.) (*mecc.*), diffuser. **4.** ~ (tubo conico per trasformare l'energia cinetica in pressione) (*mecc. fuidi*), diffuser. **5.** ~ (*app. chim. ind.*), diffuser. **6.** ~ (*acus.*), scatterer. **7.** ~ (di uscita dell'aria in un tunnel del vento per es.) (*fluidodinamica*), exit cone. **8.** ~ (di un turboreattore per es.) (*mot.*), outlet guide vane. **9.** ~ a globo (*illum. elett.*), light globe. **10.** ~ a vortice (paletta per creare turbolenza nell'aria che entra nella camera di combustione di una turbina a gas) (*mot.*), swirl vane. **11.** ~ dello scappamento (*locomotiva ferr.*), petticoat pipe. **12.** ~ ottico (*fot.*), diffusion filter. **13.** ~ principale (di carb.) (*mecc.*), main choke tube. **14.** ~ regolabile (di turbina per es.) (*mecc.*), adjustable diffuser. **15.** ~ uniforme (*illum.*), uniform diffuser. **16.** strato ~ (strato dispersore) (*acus. sub. - ecc.*), scattering layer.

difosgene (*chim. - milit.*), diphosgene.

di fronte (affacciato) (*gen.*), opposite, facing.

diga (*idr.*), dam. **2.** ~ a contrafforti (*costr. idr.*), buttress dam. **3.** ~ ad arco (*costr. idr.*), arch dam. **4.** ~ ad arco a gravità (*costr. idr.*), arch-gravity dam. **5.** ~ a gravità (*costr. idr.*), gravity dam. **6.** ~ artificiale (di terra) (*costr. idr.*), artificial dyke. **7.** ~ di muratura (*costr. idr.*), masonry dam. **8.** ~ di ritenuta (*costr. idr.*), retaining dam. **9.** ~ di sbarramento per mulino (*costr. idr.*), milldam. **10.** ~ in terra (*costr. idr.*), earth dam. **11.** ~ marittima (frangiflutti: di un porto) (*costr. mar.*), breakwater. **12.** ~ mobile (*costr. idr.*), movable dam. **13.** ~ tracimabile (diga tracimante) (*costr. idr.*), overflow dam, drowned dam.

digest (selezione di articoli ecc.) (*stampa*), digest.

digestore (estrattore) (*app. chim. ind.*), digester.

digitale (*farm.*), digitalis. **2.** ~ (numerico) (*a. - calc.*), digital. **3.** non ~, *vedi* non numerico. **4.** rilevamento ~ di valori (misurazione digitale) (*macch. ut. a c. n.*), digital measurement.

digitalina ($C_{35}H_{56}O_{14}$) (glucoside) (*chim.*), digitalin.

digitalizzare (convertire una data quantità fisica in numeri) (*macch. calc.*), to digitize.

digitalizzatore (convertitore analogico-digitale, quantizzatore) (*s. - elab.*), digitizer.

digitare, *vedi* battere.

digitato, *vedi* battuto.

digradare (*gen.*), to decline, to slope down.

dilatàbile (*a. - gen.*), expansible. **2.** non ~ (*mecc.*), nonexpanding.

dilatabilità (*fis. - mecc.*), expansibility, dilatability.

dilatare (*fis. - mecc.*), to expand.

dilatarsi (di gas per es.) (*fis.*), to expand.

dilatatore a "Ω" (fatto di tubo piegato) (*tubaz.*), Ω expansion bend, horseshoe expansion bend. **2.** ~ ad "U" (fatto di tubo piegato) (*tubaz.*), "U" expansion bend. **3.** ~ a grinze (*tubaz.*), corrugated pipe expansion joint. **4.** ~ a premistoppa (giunto di dilatazione) (*tubaz.*), sliding socket joint with stuffing box, stuffing box expansion joint. **5.** ~ di tubo piegato (ansa di dilatazione) (*tubaz.*), expansion loop. **6.** ~ tracheale (*strum. med.*), tracheal dilators.

dilatazione (*fis. - mecc.*), expansion, dilatation. **2.** ~ del tempo (rallentamento del tempo per un veicolo spaziale per es. che si muove ad una velocità prossima a quella della luce) (*fis. - astric.*), time dilation, time dilatation. **3.** ~ termica (*term.*), thermal expansion. **4.** a basso coefficiente di ~ (*a. - metall.*), low-expansion. **5.** coefficiente di ~ termica (*fis.*), coefficient of thermal expansion. **6.** curva di ~ (dilatatore a tubo curvato) (*tubaz.*), expansion bend. **7.** giunto di ~ (di rotaia, fabbricato ecc.) (*mecc. - ed.*), expansion joint. **8.** intervallo per la ~ (*mecc. - ed.*), expansion allowance. **9.** spazio per la ~ (*mecc. - ed.*), expansion allowance.

dilatometria (*fis.*), dilatometry.

dilatometrico (misura per es.) (*gen.*), dilatometric.

dilatòmetro (*fis.*), dilatometer.

dilavamento (*idr. - geol.*), scouring, washout.

dilavare (*geol.*), to wash away.

dilazionare (prorogare) (*comm.*), to delay, to extend.

dilazione (proroga) (*comm.*), extension, delay.

dilettante (*sport*), amateur.

diligènza (carrozza da viaggio, corriera) (*antico veic.*), traveling carriage.

diluente (*chim.*), diluent. **2.** ~ (solvente) (*vn.*), thinner, reducer (am.).

diluibile (*chim.*), dilutable.

diluire (*chim.*), to dilute, to water. **2.** ~ (una vernice per es.: diminuire la viscosità aggiungendo solvente) (*vn.*), to dilute, to let down, to thin out. **3.** ~ la concentrazione della soluzione (*chim.*), to dilute the solution.

diluito (di vernice) (*vn.*), thinned. **2.** diluita a freddo (di una vernice a lacca per es.) (*vn.*), cold-cut.
diluizione (operazione di ~) (*chim.*), dilution, thinning. **2.** ~ (stato: della vernice per es.) (*vn.*), thinness. **3.** ~ molare (o equivalente) (*elettrochim.*), equivalent dilution, molar dilution. **4.** ad alta ~ (di vernice contenente alta percentuale di olio essiccativo per es.) (*vn. - ecc.*), long-oil. **5.** fattore di ~ (dei gas di scarico per es.) (*aut. - ecc.*), dilution factor. **6.** tasso di ~ (*vn.*), thinning ratio.
diluviale (diluvium, diluvio-glaciale) (*s. - geol.*), diluvial period.
diluvio-glaciale (diluvium, diluviale) (*s. - geol.*), diluvial period.
dima (*att. mecc.*), template.
dimensionale (*a. - fis.*), dimensional.
dimensionamento in scala (del modello stereoscopico per es.) (*fot.*), scaling.
dimensione (*mis.*), dimension. **2.** ~ (grandezza), size. **3.** ~ (di pietre, legnami ecc.) (*ed. - carp.*), scantling. **4.** ~ (quota) (*dis. mecc.*), dimension, dim. **5.** ~ (dei profilati che costituiscono la struttura della nave) (*costr. nav.*), scantling. **6.** ~ (*mat.*), dimension. **7.** ~ base (dimensione di riferimento delle tolleranze e giochi od interferenze) (*mecc.*), basic size. **8.** ~ critica (*fis. atom.*), critical size. **9.** ~ del campione (*stat. - ecc.*), sample size. **10.** ~ della immagine (*telev.*), projection size. **11.** ~ delle maglie (grandezza delle maglie) (*ind.*), mesh. **12.** dimensioni di ingombro (*gen.*), over-all dimensions, outline dimensions. **13.** dimensioni di ingombro in ordine di marcia (di una locomotiva per es.) (*ferr.*), overall moving dimensions. **14.** ~ estrapolata (*sc. costr.* - ecc.), extrapolated size. **15.** ~ intermedia (alla quale un filo viene sottoposto a trattamento termico prima della trafilatura finale) (*ind. metall.*), base size, common draw size. **16.** ~ limite (sagoma limite di un veicolo) (*gen.*), clearance size (am.). **17.** ~ modulare (dimensione che è un multiplo di un modulo) (*ed.*), modular dimension. **18.** nominale (di un pezzo) (*mecc.*), nominal size, basic size, design size. **19.** dimensioni principali (di uno scafo) (*costr. nav.*), moulded dimensions. **20.** ~ reale (di un modello per es.) (*gen.*), actual size, measured size. **21.** dimensioni ricorrenti (dimensioni usuali di una billetta, un fucinato ecc.) (*metall.*), ruling section. **22.** dimensioni unificate (o normali) (*tecnol.*), standard sizes. **23.** a tre dimensioni, tridimensional. **24.** numero indice della ~ del grano (*metall.*), grain size number. **25.** quarta ~ (teoria della relatività) (*mat.*), fourth dimension.
dìmero (risultante dalla condensazione di due molecole) (*chim.*), dimer.
dimetilammina $[(CH_3)_2NH]$ (*chim.*), dimethylamine.
dimetilbenzene (xilolo, xilene) (*chim.*), dimethylbenzene, xylene.
dimetilditiocarbonato di zinco (*ind. gomma*), zinc dimethyldithiocarbonate.
dimetilidrazina ($C_2H_8N_2$: comb.) (*chim.*), dimethylhydrazine.
dimetilsolfossido $[(CH_3)_2 SO]$ (usato come solvente in industria) (*chim.*), dimethylsulfoxide, "DMSO".
dimèttersi (di impiegati, operai ecc.), to resign. **2.** ~ (dal servizio) (*milit.*), to retire.
dimezzare (*gen.*), to cut into half, to halve.
diminuire (*gen.*), to decrease, to diminish. **2.** ~ (della profondità dell'acqua) (*nav.*), to shoal. **3.** ~ (di vento) (*meteor.- nav.*), to drop. **4.** ~ (prendere due punti in uno per diminuire la dimensione di una calza per es.) (*lav. a maglia*), to narrow. **5.** ~ (ridurre: il suono, la luminosità dello schermo per es. ecc.) (*radio. - telev. - ott.*), to take down. **6.** ~ (i giri dell'elica) (*aer.*), to down. **7.** ~ d'intensità (scomparire gradualmente, affievolirsi: di suono o immagine per es.) (*radio. - telev.*), to fade out. **8.** ~ il prezzo (*comm.*), to reduce the price.
diminuzione (*gen.*), decrease diminution. **2.** ~ (*comm.*), abatement. **3.** ~ di sezione (in un tubo per es.) (*tubaz.*), reduction of cross section. **4.** ~ quantitativa (*gen.*), falloff.
dimissionario (*s. - gen.*), resigner.
dimissioni (di op. per es.), resignation.
dimostrare (*gen.*), to prove, to demonstrate.
dimostratore (persona che ha il compito di presentare un prodotto al pubblico) (*lav. - comm.*), demonstrator.
dimostrazione (prova) (*gen.*), demonstration. **2.** ~ (*mat.*), proof.
DIN (Deutsche Industrie Norm: unificazione adottata in Germania), DIN. **2.** sistema ~ (per indicare la sensibilità dei materiali fotografici) (*fot.*), DIN system.
dina (unità di forza che dà una accelerazione di 1 cm/sec^2 ad un grammo massa) (*mis. mecc.*), dyne.
dinàmetro (*strum. ott.*), dynameter.
dinàmica (*s.*), dynamics. **2.** ~ di gruppo (*psicol.*), group dynamics. **3.** ~ motivazionale (*psicol.*), motivations dynamics.
dinamicamente (*mecc.*), dynamically.
dinàmico (*a.*), dynamic, dynamical.
dinamite (*espl.*), dynamite. **2.** ~ a base inerte (*espl.*), inert base dynamite.
dìnamo (*elett.*), dynamo, generator. **2.** ~ aciclica, *vedi* dinamo unipolare. **3.** ~ ad anello (*macch. elett.*), ring winding dynamo. **4.** ~ ad autoeccitazione (*macch. elett.*), self-exciting dynamo. **5.** ~ ad eccitazione separata (o indipendente) (*macch. elett.*), separately excited dynamo. **6.** ~ a tamburo (*macch. elett.*), drum winding dynamo. **7.** ~ compensatrice (*macch. elett.*), balancing dynamo. **8.** ~ compound (o ad eccitazione composta) (*macch. elett.*), compound-wound dynamo. **9.** ~ d'asse (*ferr.*), axle-driven generator. **10.** ~ di eccitazione (*macch. elett.*), exciting dynamo. **11.** ~ eccitata in derivazione (o parallelo) (*macch. elett.*), shunt-wound dynamo, shunt dynamo. **12.** ~ eccitata in serie (*macch. elett.*), series-wound dyna-

mo. **13.** ~ per carica batterie (accessorio elettrico di un motore a combustione interna) (*elett.*), battery charging generator. **14.** ~ tachimetrica (*elettr.*), speedometer dynamo. **15.** ~ unipolare (*macch. elett.*), homopolar dynamo.
dinamoelèttrico (*elettromecc.*), dynamoelectric.
dinamometamorfismo (metamorfismo di dislocazione) (*geol.*), dynamic metamorphism.
dinamometrìa (*mecc.*), dynamometry.
dinamomètrico (*a. - mecc.*), dynamometric, dynamometrical.
dinamòmetro (*strum.*), dynamometer. **2.** ~ ad assorbimento (*strum.*), absorption dynamometer. **3.** ~ di torsione (strumento elettrico o ottico per misurare la torsione) (*strum. mecc.*), torque meter, torquemeter.
dinamotore (trasformatore rotante) (*macch. elett.*), dynamotor.
"dinette" (complesso sedili-tavolo trasformabili in letto, di una imbarcazione o roulotte) (*nav. - veic.*), dinette.
dineutrone (*fis. nucl.*), dineutron.
dinghy (imbarcazione a vela) (*nav.*), dinghy dingey.
dinodo (elettrodo d'emissione secondaria) (*eltn.*), dynode.
diodo (tubo a vuoto), diode. **2.** ~ a barriera (di Schottky) (*eltn.*), Schottky diode, hot carrier diode. **3.** ~ a barriera superficiale (*eltn.*), surface barrier diode. **4.** ~ a cristallo (diodo rivelatore) (*radio*), crystal diode. **5.** ~ ad emissione luminosa (*eltn.*), light emitting diode, LED. **6.** ~ a gas (*radio*), gaseous diode. **7.** ~ a giunzione (*eltn.*), junction diode. **8.** ~ antidisturbo (*telev.*), interference inverter. **9.** ~ a raggi infrarossi (*eltn.*), infrared (emitting) diode. **10.** ~ a semiconduttore al germanio (~ a bassa tensione di conduzione: 0,3 V) (*eltn.*), germanium semiconductor diode. **11.** ~ a tempo di transito (*eltn.*), IMPATT diode. **12.** ~ a vapori di mercurio (*eltn.*), mercury-vapor diode. **13.** ~ a vuoto elevato (*radio*), high-vacuum diode. **14.** ~ BARRITT (*eltn.*), BARRITT diode, BARRier Injection and Transit Time microwave. **15.** ~ controllato (*eltn.*), controlled diode. **16.** ~ di Zener (usato come preciso riferimento per tensione costante) (*eltn.*), Zener diode. **17.** ~ IMPATT (*eltn.*), IMPATT diode, IMPact Avalanche and Transit Time diode. **18.** ~ indicatore ad emissione luminosa (LED indicatore) (*eltn.*), indicator LED. **19.** ~ mesa (ottenuto mediante mordenzatura) (*eltn. obsoleta*), mesa diode. **20.** ~ raddrizzatore (*radio*), rectifier diode. **21.** ~ rilevatore (*radio*), detector diode. **22.** ~ TRAPATT (*eltn.*), TRAPATT diode, TRApped Plasma Avalanche Transit Time diode. **23.** ~ tunnel (per amplificatori) (*eltn.*), tunnel diode. **24.** ~ varactor (*eltn.*), varactor diode. **25.** ~ varicap (diodo a capacità variabile) (*eltn.*), varicap diode, variable-capacity diode. **26.** ~ Zener al silicio (*eltn.*), silicium-Zener diode, SZ. **27.** doppio ~ (bidiodo) (*eltn*), duplex diode.
diorama (rappresentazione scenica per cui una immagine è vista in particolari condizioni di illuminazione su schermo trasparente) (*ott.*), diorama.
diorite (roccia), diorite.
diossina (idrocarburo tossico) (*chim.*), dioxin.
diòttra (*top. - arma da fuoco*), diopter.
diottrìa (*ott.*), diopter.
diòttrico (*a. - ott.*), dioptric, dioptrical.
dipanare (*ind. tess.*), to unwind, to reel off.
dipartimento (*mar. milit.*), district.
dipendente (*a. - s. - gen.*), dependent. **2.** dipendenti in organico (organico dei dipendenti, di una fabbrica per es.) (*pers. ind.*), work force (am.), manpower. **3.** variabile ~ (*mat.*), dependent variable.
dipendenza (*mat. - ecc.*), dependence. **2.** ~ (*s. - elab.*), dependency. **3.** ~ lineare (p. es. di un vettore) (*mat.*), linear dependence.
dipendere (da qualcosa) (*gen.*), to depend.
dipingere (pitturare) (*arte*), to paint.
diplexer (sistema di trasmissioni contemporanee sulla stessa antenna) (*telev. - ecc.*), diplexer.
diplice (simultanea, diplex: si usa per es. in telegrafia, radio ecc.) (*a. - comun.*), diplex.
diploma di studio (*certificato di studio*), diploma, certificate.
diplomato (un insegnante per es.) (*pers.*), certified.
diploscòpio (*strum. med. ott.*), diploscope.
dipolare (*elett.*), dipolar. **2.** momento ~ (*elett. - fis.*), dipole moment.
dìpolo (*elett. - fis.*), dipole. **2.** ~ (antenna a dipolo) (*telev. - radio*), dipole, doublet. **3.** ~ con adattamento a delta (*radio - telev.*), delta matched doublet. **4.** ~ ripiegato (*telev.*), folded dipole.
dìptero (*arch.*), dipteral, dipteros.
diramarsi (~ in rami secondari) (*gen.*), to rebranch.
diramazione, branch, ramification. **2.** ~ (*ferr.*), branching off, bifurcation. **3.** ~ (ramo, di un circuito) (*elett.*), leg, branch. **4.** ~ (*elab.*), *vedi* salto. **5.** ~ a 45° (raccordo per tubazioni) (*tubaz.*), 45 wye branch. **6.** ~ a Y (raccordo) (*tubaz.*), Y branch, wye branch. **7.** ~ d'aspirazione (di un impianto di aspirazione trucioli per es.) (*mecc.*), suction branch.
direttissimo (treno direttissimo) (*ferr.*), express train.
direttiva (*s.*), directive.
direttività (di un'antenna per es.) (*radio*), directivity, directiveness. **2.** ~ orizzontale (direttività sul piano orizzontale, di un trasduttore od antenna) (*acus. - radio*), horizontal directivity. **3.** ~ verticale (direttività sul piano verticale, di un trasduttore od antenna) (*acus. - radio*), vertical directivity. **4.** fattore di ~ (di un idrofono per es.) (*acus. sub. - ecc.*), directivity factor. **5.** indice di ~ (misura delle caratteristiche direzionali di un trasduttore di solito espressa in decibel) (*acus. sub. - ecc.*), directivity index.
direttivo (che dirige) (*gen.*), leading, managing. **2.** ~ (che si riferisce alla direzione) (*gen.*), managerial.
dirètto (*a. - gen.*), direct. **2.** ~ (detto di trasporto),

through. **3.** ~ (treno) (*ferr.*), express (train). **4.** ~ all'est (*a.* - *nav.* - *ecc.*), eastbound. **5.** ~ verso il basso (*a.* - *gen.*), downward. **6.** ~ verso l'alto (*a.* - *gen.*), upward.

direttore, director, manager. **2.** "~" (antenna passiva posta anteriormente ad un'antenna attiva) (*telev.*), director. **3.** ~ (di uno stabilimento per es.) (*ind.*), director. **4.** ~ acquisti (di una fabbrica) (*ind.*), purchase manager. **5.** ~ amministrativo (*complesso ind.*), administration director. **6.** ~ artistico (*cinem.*), art supervisor. **7.** ~ commerciale (*ind.*), sales manager. **8.** ~ dei lavori (*ed.*), clerk of works. **9.** ~ della propaganda (direttore della pubblicità: di uno stabilimento per es.) (*comm.*), advertising manager, publicity manager. **10.** ~ (o capo servizio) del personale (di uno stabilimento) (*ind.*), personnel manager. **11.** ~ di albergo, hotel manager. **12.** ~ di azienda (di uno stabilimento), factory manager, factory director. **13.** ~ di divisione (di varie fabbriche) (*complesso ind.*), department manager. **14.** ~ di fabbricazione (*ind.*), manufacturing director. **15.** ~ di fonderia (*fond.*), foundry manager. **16.** ~ di macchina (capomacchinista) (*nav.*), chief engineer. **17.** ~ di mercatistica (responsabile delle analisi e ricerche di mercato) (*comm.*), marketing manager. **18.** ~ di pista (*traff. aer.*), runway controller. **19.** ~ di produzione (*cinem.*), production manager. **20.** ~ di produzione (*ind.*), production manager. **21.** ~ di stabilimento (*ind.*), factory manager, works manager. **22.** ~ generale (*ind.*), general director, chief executive, general manager, top manager. **23.** ~ tecnico (di uno stabilimento) (*ind.*), technical manager. **24.** ~ vendite (direttore commerciale, di uno stabilimento) (*comm.*), sales manager. **25.** ~ vendite estero (in grande ind.) (*comm.*), export sales manager.

direttorio (tabella o lista di indirizzi; indirizzario) (*elab.*), directory.

direttrice (*geom.*), directrix.

direzionale (*a.* - *radio*), directional. **2.** funzione ~ (*organ.*), management function.

direzione (di uno stabilimento per es.) (*ind.*), direction, management, board of management. **2.** ~ (guida) (*veic.*), steerage. **3.** ~ (del vento per es.), direction. **4.** ~ (del filone o della vena) (*geol.*), strike. **5.** ~ (angolo di direzione di un cannone) (*artiglieria*), bearing. **6.** ~ apparente (di una stella) (*astr.*), apparent direction. **7.** ~ collegiale (*organ. direzionale*), multiple management. **8.** ~ commerciale (di stabilimento per es.), sales management. **9.** ~ dei lavori (*ed.* - *ind.*), supervision of construction. **10.** ~ del controllo della qualità (*organ. lav.*), quality management. **11.** ~ della fibra (*ind. carta*), grain direction. **12.** ~ della navigazione aerea e spaziale (*astric.*), nautical aeronautics and space administration, NASA. **13.** ~ della vena (*min.*), vein run. **14.** ~ del nord indicata dalla bussola (*aer.* - *nav.*), magnetic meridian, compass meridian. **15.** ~ del personale (di uno stabilimento per es.), personnel management. **16.** ~ del vento bussola (angolo del vento bussola) (*aer.* - *nav.*), magnetic wind direction. **17.** ~ del vento geografico (angolo del vento geografico) (*aer.* - *nav.*), geographical wind direction. **18.** ~ di macchina (*mft. carta*), long direction, machine direction. **19.** ~ di portanza nulla (*aer.*), no-lift direction. **20.** ~ di ritorno (*tlcm.*), backward direction. **21.** ~ opposta (parte della procedura di atterraggio nella quale il velivolo vola in direzione opposta a quella dell'avvicinamento finale) (*aer.*), reciprocal leg. **22.** ~ per eccezioni (*organ.*), management by exceptions. **23.** ~ per intuizione (opposta alla direzione scientifica) (*organ.*), management by intuition. **24.** ~ per obiettivi (*organ.*), management by objectives. **25.** ~ per proiezione (che studia le future tendenze) (*organ.*), management by projection. **26.** ~ responsabile della qualità (il controllo della qualità sulla produzione nella organizzazione di stabilimenti, officine ecc.) (*organ. lav.*), quality management. **27.** ~ scientifica (*organ.*), scientific management. **28.** ~ superiore (di una società), top management. **29.** ~ trasversale (~ perpendicolare a quella del movimento del foglio in macchina) (*macch. per scrivere* - *ecc.*), cross direction. **30.** cambiamento di ~ (*nav.*), veer. **31.** cambiare ~ (*nav.*), to veer. **32.** prendere una ~ obliqua (mettersi di sbieco) (*gen.*), to skew.

dirigènte (funzionario con mansioni direttive e quindi di provata fiducia, il cui grado nell'azienda industriale cui appartiene è indipendente dalla qualifica di dirigente) (*pers. di stabilimento ind.*), executive. **2.** ~ amministrativo (di una grande azienda), administration executive. **3.** ~ anziano (*organ. direzione*), senior executive. **4.** ~ commerciale (*pers. comm.*), sales executive. **5.** ~ del movimento (*pers. ferr.*), traffic manager. **6.** ~ sindacale (*lav.*), union officer. **7.** formazione dei dirigenti (*pers.*), executive coaching.

dirìgere (le officine di uno stabilimento per es.), to manage, to run. **2.** ~ il paracadute (verso la direzione in cui si desidera scendere) (*aer.*), to slip. **3.** ~ il traffico (*traff. strad.*), to direct traffic.

dirìgersi (*gen.*), to go (towards). **2.** ~ automaticamente verso... (di siluro o missile per es.), to home on.

dirigìbile (aeronave) (*aer.*), airship, ship, dirigible. **2.** ~ floscio (*aer.*), nonrigid airship. **3.** ~ Parseval (tipo di dirigibile non rigido) (*aer.*), Parseval, parseval airship. **4.** ~ rigido (*aer.*), rigid airship. **5.** ~ semirigido (*aer.*), semirigid airship.

diritti (tributi, tasse) (*finanz.*), dues. **2.** ~ di ancoraggio (*comm. nav.*), anchorage dues. **3.** ~ di autore (*leg.*), copyright. **4.** ~ di bacino (*comm. nav.*), dockage. **5.** ~ di banchina (*comm. nav.*), wharfage, dockage, quayage, quay dues. **6.** ~ di canale (*comm.*), canal tolls. **7.** ~ di dazio (*comm.*), duties. **8.** ~ di immagazzinaggio (~ per il periodo di deposito della merce) (*comm.*), demurrage. **9.** ~ di licenza ("redevance") pagata al proprietario di un brevetto) (*leg.*), royalties. **10.** ~ di ormeggio (importo pagato per ormeggiare una imbarcazione in porto) (*nav. - comm.*), keelage. **11.** ~ di privativa industriale (*leg.*), patent rights. **12.** ~ doganali (*comm.*), custom duties. **13.** ~ portuali (*nav.*), harbor dues.

diritto (*s. - leg.*), right. **2.** ~ (legge) (*s. - leg.*), law. **3.** ~ (in linea retta) (*a. - fis.*), straight, straight away. **4.** ~ (opposto al rovescio: di stoffa per es.) (*tess.*), right side, face. **5.** ~ aeronautico (*leg. - aer.*), air law. **6.** ~ al lavoro (*sindacati*), right to work. **7.** ~ al passaggio (*traff. strad.*), wayleave, right of way. **8.** ~ astronautico (*astric. - leg.*), space law. **9.** ~ civile (*leg.*), civil law. **10.** ~ della saldatura (*tecnol. mecc.*), weld face. **11.** ~ di appello (*leg.*), right of appeal. **12.** ~ di opzione (per l'acquisto di azioni) (*finanz.*), right of option, stock right, stock option. **13.** ~ di passaggio (su di un terreno su cui deve essere costruita una strada pubblica per es., servitù di passaggio) (*leg.*), right-of-way. **14.** ~ di perquisizione (*leg. - nav.*), right of search. **15.** ~ marittimo (*leg. - nav.*), maritime law. **16.** avente ~ (*leg. - ecc.*), entitled. **17.** avere ~ (*leg.*), to be entitled.

dirompente (*a. - espl.*), disruptive.

dirottamento (di mezzi di trasporto) (*pirateria*), hijacking. **2.** ~ aereo (*pirateria aer. - terrorismo aer.*), skyjacking, aerial hijacking.

dirottare un aereo (prendere possesso con la forza di un aereo in volo) (*aer.*), to skyjack.

dirottatore (di velivoli di linea) (*aer.*), hijacker, skyjacker.

diruttore (intercettore: parte mobile di un'ala che può essere sollevata al disopra della superficie superiore dell'ala) (*aer.*), spoiler.

disaccàridi (esabiosi) ($C_{12}H_{22}O_{11}$) (*chim.*), disaccharides.

disaccoppiamento (*radio*), de-coupling (ingl.).

disaccoppiare (disgiungere) (*mecc. - macch.*), to uncouple, to decouple.

disaccoppiato (*mecc.*), uncoupled.

disaerare (togliere l'aria) (*chim. - ecc.*), to deaerate, to remove the air. **2.** ~ (l'impianto di frenatura per es.) (*aut. - ecc.*), to vent.

disaeratore (per acqua di alimentazione di caldaie per es.) (*app. per impianto term.*), deaerator.

disaerazione (di fluidi) (*ind. chim.*), deaeration.

disaggregarsi (disgregarsi) (*geol.*), to disaggregate, to weather.

disaggregato (disgregato) (*geol.*), disaggregated, weathered.

disaggregazione (*chim. - ecc.*), disaggregation.

disagio (*gen.*), discomfort. **2.** ~ di lavoro (*pers.*), job discomfort.

disalberare (*nav.*), to dismast, to demast.

disallineamento (errore di centratura, imperfetta centratura, di stampi per es.) (*tecnol. mecc.*), maladjustment. **2.** ~ (inclinazione) (*mecc.*), cocking. **3.** ~ (direzione obliqua dei caratteri, o dei fori, di una linea) (*s. - difetto elab. - ecc.*), skew.

disallineato (fuori allineamento) (*mecc. - ecc.*), misaligned, out of alignment.

disappannare (togliere l'appannamento di un parabrezza per es.) (*aut. ecc.*), to defog.

disapprettante (sostanza scollante) (*s. - ind. tess.*), desizing agent.

disapprettare (togliere l'appretto) (*ind. tess.*), to desize.

disargentaggio (del piombo) (*metall.*), desilverization.

disarmare (l'armatura) (*c.a.*), to dismantle the falsework. **2.** ~ (le casseforme) (*c.a.*), to remove forms, to remove molds. **3.** ~ (un'arma da fuoco), to uncock. **4.** ~ un ponteggio (*ed.*), to take down the scaffolding (or the timberwork).

disarmato (di un bastimento) (*nav.*), laid up, out of commission.

disarmo (di armatura) (*c.a.*), falsework dismantling. **2.** ~ (di casseforme) (*c.a.*), forms (or molds) dismantling. **3.** ~ (*politica internazionale*), disarmament.

disassamento (*mecc.*), misalignment, out-of-alignment.

disassato (*a. - mecc.*), misaligned.

disassemblaggio (di un pacchetto per es.) (*tlcm.*), disassembly.

disastro, disaster, crash. **2.** ~ aereo (*aer.*), air crash. **3.** ~ automobilistico (*aut.*), automobile crash.

disattivare (una bomba per es.) (*espl.*), to deactivate. **2.** ~ (immobilizzare un giroscopio) (*aer.*), to cage.

disattivato (di un dispositivo, equipaggiamento ecc. messo a riposo) (*elab. - ecc.*), off-line.

disattivazione (di una mina per es.) deactivation. **2.** ~ (messa a riposo di un sistema di telecomunicazioni) (*elab. - gen.*), quiescing. **3.** periodo di ~ (di una mina) (*nav.*), dead period.

disavanzo (*finanz.*), deficit. **2.** ~ della bilancia commerciale (*econ.*), deficit of trade balance, trade gap.

disboscamento (*agric.*), *vedi* diboscamento.

disbrigo (*gen.*), dispatch, clearing off.

discàrica (mucchio di sterile all'aperto) (*min.*), dump.

discendente (parte di una curva caratteristica per es.) (*mecc. - ecc.*), descending.

discéndere, to descend. **2.** ~ con manovra di avvitamento (*aer.*), to spin. **3.** ~ planando (*aer.*), to let down.

discenderìa (pozzo senza argano di passaggio persone) (*min.*), manway. **2.** ~ inclinata (*min.*), slope.

discesa (*ferr.*), down-grade. **2.** ~ (*strad.*), descent. **3.** ~ (di aereo) (*radio*), lead-in, down-lead. **4.** ~ (di barometro per es.) (*meteor.*), fall. **5.** ~ (con paracadute per es.) (*aer.*), descent. **6.** ~ (graduale riduzione di quota per prepararsi all'atterraggio) (*navig. aer.*), letdown. **7.** ~ a spirale (di un aereo) (*aer.*), spiral descent. **8.** ~ del carico (*gru*), descent of the load. **9.** ~ di antenna (cavo di collegamento fra l'antenna e le apparecchiature trasmittenti o riceventi) (*radio*), feeder. **10.** ~ di avvicinamento (~ dalla quota di crociera a quella di avvicinamento all'atterraggio) (*navig. aer.*), penetration. **11.** ~ ripida (*strad.*), steep descent. **12.** andare in ~ in folle (*aut.*), to coast. **13.** corsa di ~ (di stantuffo) (*mecc.*), down stroke. **14.** fare una ~ (con l'aut. per es.) (*strad.*), downhill, sloping.

dischetto (*gen.*), small disk. **2.** ~ (da coniare) (*lav. lamiera*), planchet. **3.** ~ (*elab.*), *vedi* disco flessibile.

disciògliere (*chim.*), to dissolve.

disciplina (*lav. - ecc.*), discipline.

disciplinare (*a. - gen.*), disciplinary. **2.** sospensione ~ (*pers.*), disciplinary layoff.

disco (*gen.*), disk, disc. **2.** ~ (segnale) (*ferr.*), disk signal. **3.** ~ (di una ruota ferroviaria) (*ferr.*), plate. **4.** ~ (di una frizione a dischi) (*mecc.*), plate. **5.** ~ (da grammofono), record. **6.** ~ abrasivo (*ut.*), sanding disk. **7.** ~ a incisione laterale (per musica stereo per es., incise entrambe le parti del solco) (*elettroacus.*), lateral disk. **8.** ~ a lunga durata, ELLEPI (~ "long-playing" a 33 $^1/_2$ giri, registra per circa 30 minuti) (*disco grammofonico*), long -playing record, LP. **9.** ~ analizzatore (*telev.*), scanning disk. **10.** ~ analizzatore a lenti (di correzione) (*telev.*), lens disk. **11.** ~ audio CD-A (~ "compact" audio digitale letto mediante laser, diametro 12 cm, 74 minuti di audio) (*audio Hi -Fi*), compact disk audio, CD-A. **12.** ~ battuto (area inscritta nel circolo tracciato dalla estremità di pale d'elica e di rotore) (*aer.*), disk area. **13.** ~ "CD single" (~ audio digitale, letto da laser, diametro 7 cm, durata audio 20 minuti) (*audio Hi-Fi*), compact disk single, CD single. **14.** ~ che taglia per fusione (provocata) da attrito (*ut.*), fusing disk. **15.** ~ combinatore (*telef.*), dial. **16.** ~ "compact", *vedi* ~ ottico "compact". **17.** ~ condotto (di frizione a dischi) (*mecc. - aut.*), driven plate, pressure plate. **18.** ~ conduttore (di frizione a dischi) (*mecc.*), driving plate. **19.** ~ della frizione (*mecc.*), clutch plate, clutch disk. **20.** ~ dell'elica (*aer.*), propeller disk. **21.** ~ del rotore (area del cerchio spazzato delle pale del rotore di un elicottero) (*aer.*), rotor disk. **22.** ~ dentato (*mecc.*), toothed disk. **23.** ~ diagnostico (~ magnetico che contiene i programmi diagnostici) (*elab.*), diagnostic disk. **24.** ~ di feltro per pulitrice (usato con adesivi ed abrasivi) (*att. mecc.*), polishing wheel. **25.** ~ di lavoro (in uso per le operazioni quotidiane, ~ di servizio) (*elab.*), work disk. **26.** ~ di lenti (per l'analisi meccanica dell'immagine) (*telev.*), lens disk (ingl.). **27.** ~ di Nipkow (per l'analisi meccanica dell'immagine) (*telev.*), Nipkow disk (ingl.). **28.** ~ di scansione (*telev.*), scanning disk. **29.** ~ divisore (*macch. ut.*), index plate, indexing plate. **30.** ~ di sicurezza (disco sfondabile) (*cald. - ecc.*), blowout disk. **31.** ~ di trasporto (per prodotti dolciari) (*ind. dolciaria - ecc.*), transport plate. **32.** ~ (magnetico) fisso (non sostituibile) (*elab.*), fixed disk. **33.** ~ flessibile (~ in plastica rivestito di uno strato di ossido magnetico; di ∅ 7,8″) (*s. - elab.*), floppy disk, diskette, flexible disk. **34.** ~ flessibile (di grammofono), flexible record. **35.** ~ fonografico (*acus.*), phonorecord. **36.** ~ girevole portafiltri colorati (per proiettore da palcoscenico) (*illum.*), rainbow wheel. **37.** ~ graduato per la registrazione (della profondità di taglio di un ingranaggio per es.) (*mecc. - macch. ut.*), setting dial. **38.** ~ inclinato rotante (rotore a disco inclinato, disco con piano non ortogonale all'asse di rotazione: di una pompa con rotore a disco inclinato per es.) (*mecc.*), wobble plate. **39.** ~ in panno (per pulitrice) (*app. mecc.*), cloth wheel. **40.** ~ magnetico (~ rigido) (*elab.*), magnetic disk, hard disk. **41.** ~ magnetico flessibile (di plastica: usato per immagazzinare dati sul suo rivestimento magnetico) (*elab.*), floppy disk. **42.** ~ manovella (manovella a disco: di un albero a gomiti) (*mot.*), disk crank. **43.** ~ menabrida (disco menabriglia, disco di trascinamento: di un tornio per es.) (*mecc. - macch. ut.*), carrier, driving plate. **44.** ~ microsolco (da grammofono), microgroove record, microgroove. **45.** ~ non formattato (~ non inizializzato) (*elab.*), unformatted disk. **46.** ~ ottico CD-ROM (~ "compact" a sola lettura mediante laser, diametro 12 cm, 600 megabyte) (*elab. - inf.*), compact disk ROM, CD -ROM. **47.** ~ ottico, OD (a lettura laser, memorizza dati informatici oppure segnali audiovisivi) (*elab. - audiovisivi*), optical disk, OD. **48.** ~ ottico "compact", CD (memorizzato e letto mediante raggio laser) (*elab. - audiovisivi*) compact disk, CD. **49.** ~ ottico con memoria a sola lettura (*eltn. - inf.*), compact disk-read only memory, CD -ROM. **50.** ~ ottico video (memorizza immagini analogiche in movimento e suono digitale) (*eltn. - inf.*), compact-disk video, CD-video. **51.** ~ paraolio (*mot.*), oil splash guard disk. **52.** ~ per pulitrice (*att. per macch. ut.*), buffer, buffing wheel. **53.** ~ per un numero elevato di divisioni (di una macchina utènsile universale) (*mecc.*), high-number indexing attachment. **54.** ~ portaganasce (del freno di motocicletta per es.) (*mecc.*), anchor plate. **55.** ~ portamola (*mecc. - macch. ut.*), grinding wheel center. **56.** ~ portapezzo (di un tornio) (*macch. ut.*), faceplate. **57.** ~ ralla relativo al carrello (*ferr.*), truck center plate. **58.** ~ ralla relativo alla cassa (*ferr.*), body center plate. **59.** ~ rigido (*grammofono*), hard record. **60.** ~ rigido (~ magnetico) (*elab.*), hard disk, magnetic disk. **61.** ~ sostitutivo (~ di riserva) (*elab.*), backup disk. **62.** ~ spurio di Airy (centrica, figura di diffrazione) (*ott.*), antipoint-diffraction pattern. **63.** ~ stroboscopico (*fis.*), stroboscopic disk, strobic disk. **64.** ~ turbina (ruota senza palette, di turbina a gas per es.) (*mecc.*), turbine disk. **65.** ~ volante (UFO) (*aer.*), flying disk, flying saucer (am.). **66.** ~ Winchester (marchio depositato IBM: si riferisce ad unità a ~ magnetico racchiusa insieme alle testine in un contenitore stagno alla polvere) (*elab.*),

Winchester disk. **67.** area (del) ~ (inscritta nel circolo tracciato dalla estremità della pala dell'elica o rotore) (*aer.*), disk area. **68.** dispositivo di rotazione del ~ (meccanismo del movimento del ~ magnetico) (*elab.*), disk drive. **69.** duplicazione (dati) da ~ a dischetto (da ~ rigido a dischetto, o floppy disk) (*elab.*), disk to diskette copy. **70.** ernia del ~ (dovuta per es. ad un sedile mal progettato) (*med. - aut. - ecc.*), slipped disk. **71.** freno a ~ (*aut.*), disk brake. **72.** indice dei dischi, direttorio dei dischi (*elab.*), disk directory. **73.** lettore di dischi (*audiovisivi*), disk player. **74.** leva ferma ~ (*elab.*), disk locking lever. **75.** pacco (o pila) di dischi (*elab.*), disk pack. **76.** senza ~ (a centro cavo, di una corona dentata) (*mecc.*), webless. **77.** settore del ~ (settore angolare di un ~ rigido) (*elab.*), disk sector. **78.** sistema operativo [per unità] a ~ (*elab.*), Disk Operating System, DOS, disk operating system. **79.** unità a ~ (unità periferica per memorizzare dati su ~ rigido, comprese meccanica ed elettronica) (*elab.*), disk unit.

discografico (*elettroacus. - ecc.*), record (*a.*).

discontinuo (distillazione) (*chim. - ecc.*), batch, discontinuous.

discordante (*geol.*), discordant.

discordanza (di strati) (*geol.*), discordance.

discorso (*gen.*), speech, address. **2.** ~ di apertura (di un congresso per es.) (*gen.*), opening speech. **3.** ~ di chiusura (*gen.*), closing speech. **4.** ~ d'inaugurazione (*gen.*), inaugural lecture, inaugural address, inaugural (*s.*).

discoteca (*elettroacus.*), record library. **2.** ~ (piccolo locale notturno) (*ed.*), discotheque.

discretizzazione (*mat.*), discretization.

discreto (non continuo, discontinuo) (*mat.*), discrete. **2.** ~ (detto di un codice a barre per es., i cui caratteri siano chiaramente distinguibili dagli altri caratteri) (*a. - elab.*), discrete. **3.** ~ (individualmente distinto: come una locazione in memoria ecc.) (*a. - elab. - fis. - acus. - ecc.*), discrete. **4.** indirizzamento ~ (di una parola per ciascuna istruzione) (*elab.*), discrete addressing.

discriminante (*mat.*), discriminant.

discriminatore (*elett. - radio*), discriminator.

discriminazione (*psicol. - ecc.*), discrimination.

discussione (*gen.*), discussion.

disdire (una commissione, un incarico) (*comm.*), to withdraw. **2.** ~ (un contratto) (*comm.*), to cancel.

diseccitare (*elett.*), to de-energize.

diseccitarsi (cadere, di un relè) (*elett.*), to drop out.

diseccitato (*elett.*), de-energized.

diseccitazione (*elett.*), de-energizing. **2.** ~ (caduta, di un relè) (*elett.*), drop-out. **3.** tensione di ~ (di un relè) (*elettr.*), drop-out voltage.

disegnare (*dis.*), to draw. **2.** ~ a matita (*dis.*), to draw in pencil. **3.** ~ con gesso (disegnare a gesso) (*dis.*), to chalk. **4.** ~ in grandezza naturale (*dis.*), to draw to full size. **5.** ~ in scala (*dis.*), to draw to scale. **6.** ~ una mappa (*geogr.*), to map.

disegnato (*dis.*), drawn. DRN. **2.** ~ con gesso (disegnato a gesso) (*a. - dis.*), chalked.

disegnatore (*dis.*), draftsman, draughtsman. **2.** ~ di carte geografiche (cartografo) (*dis. geogr.*), map maker. **3.** ~ di disegni animati (animatore) (*cinem.*), animator. **4.** ~ particolarista (*dis.*), detailing draftsman. **5.** ~ (progettista) di stampi (*dis. mecc.*), die draftsman. **6.** ~ pubblicitario (*pubbl.*), advertising artist.

disegno (*dis.*), drawing, DRG., drg. **2.** ~ aggiornato (*dis.*), up-to-date drawing. **3.** ~ a mano libera (*dis.*), free hand drawing. **4.** ~ animato (*cinem.*), animated drawing, animated cartoon. **5.** ~ assistito da calcolatore (*elab.*), computer aided design, CAD. **6.** ~ a tempera (*arte - dis.*), wash drawing. **7.** ~ complessivo (*dis. mecc.*), assembly drawing. **8.** ~ costruttivo (*dis.*), working drawing. **9.** ~ di analisi (o di scansione) (*telev.*), scanning pattern. **10.** ~ (o figure) di attacco (*metall.*), etching figures. **11.** ~ di dettaglio (*dis.*), detail drawing. **12.** ~ di ingombro (*dis.*), overall dimensions drawing, space layout. **13.** ~ di macchine (*dis.*), machine drawing. **14.** ~ di massima (*dis.*), general layout. **15.** ~ di montaggio (*dis.*), erection drawing. **16.** ~ di un complessivo smontato (*dis.*), exploded drawing. **17.** ~ di un particolare (*dis.*), detail drawing. **18.** ~ industriale (che tiene presente l'aspetto dei prodotti ottenuti industrialmente) (*ind.*), styling. **19.** ~ in scala (*dis.*), scale drawing. **20.** ~ mediante calcolatore, *vedi* grafica [ottenuta] all'elaboratore. **21.** ~ pubblicitario (*pubbl.*), advertising drawing. **22.** ~ quotato (*dis.*), dimensioned drawing. **23.** ~ schematico (*dis.*), diagrammatic drawing, sketch. **24.** puntina da ~ (*dis.*), drawing pin. **25.** tavolo da ~ (*att. dis.*), drawing desk.

diselizzare, *vedi* dieselizzare.

disfare (un'armatura per es.) (*ed.*), to take down. **2.** ~ (un tessuto per es.) (*ind. tess.*), to ravel, to unravel. **3.** ~ le balle (nell'industria della lana), to run off the bales.

disfarsi (~ di, smaltire) (*gen.*), to dispose of, to get rid of.

disfunzione (anomalia di funzionamento) (*gen.*), trouble, failure.

disgaggiare (abbattere con barra) (*min.*), to bar down.

disgaggio (abbattimento di rocce pericolanti in cantiere) (*min.*), barring.

disgelamento (di ala di aereo per es.) (*aer. - ecc.*), defrosting.

disgelare (*fis.*), to thaw. **2.** ~ (togliere l'incrostazione di ghiaccio da un'ala di aereo per es.), to defrost.

disgèlo (*fis.*), thaw. **2.** ~ (di un lago per es.) (*meteor.*), ice-out.

disgiunto (*gen.*), disjoined. **2.** firma disgiunta (*leg. - banca*), disjoined signature.

disgiuntore (interruttore ad apertura automatica)

(*app. elett.*), circuit breaker, contact breaker, disjunctor.
disgregare (*fis.*), to disgregate.
disgregarsi (*gen.*), to disgregate, to disintegrate. **2.** ~ (disaggregarsi) (*geol.*), to disaggregate, to weather.
disgregato (disaggregato) (*geol.*), disaggregated, weathered.
disgregazione (disaggregazione, gliptogenesi) (*geol.*), disaggregation, weathering. **2.** indice di ~ (della terra nella forma) (*fond.*), shatter index.
disguido (*comm.*), miscarriage.
disidratante (*a. - chim.*), dehydrating. **2.** ~ (disidratatore) (*s. - chim.*), dehydrator.
disidratare (*chim.*), to dehydrate. **2.** ~ (~ minerali per es.) (*min. - ecc.*), to dewater.
disidratato (*a. - chim.*), dehydrated.
disidratatore (*chim. ind.*), dehydrator. **2.** ~ (arricchimento min.) (*macch. min.*), dewaterer.
disidratazione (*chim.*), dehydration. **2.** ~ (~, eliminazione dell'acqua, nella manifattura della gomma per es.) (*ind.*), dewatering.
disimballare (merci per es.), to unpack.
disimbozzimare (togliere l'imbozzimatura) (*ind. tess.*), to desize.
disimpaccare (separare gli uni dagli altri i dati di un pacchetto) (*elab.*), to unpack.
disimpegnare (sganciare, sbloccare) (*mecc. - ecc.*), to release, to disengage. **2.** ~ un'àncora (*naut.*), to clean an anchor.
disimpegno (dispositivo di disimpegno, sblocco) (*mecc. - ecc.*), release.
disincagliare, disincagliarsi (*nav.*), to get afloat.
disincrostante (sostanza) (*s. - cald.*), scales remover.
disincrostare (una caldaia per es.), to descale.
disincrostato (pulito dalle scorie) (*fucinatura*), descaled.
disincrostatrice (*app. ind.*), descaling machine.
disincrostazione (togliere l'incrostazione di una caldaia per es.) (*cald.*), scaling, descaling. **2.** ~ (asportazione delle scorie da un fucinato mediante decapaggio) (*fucinatura*), descaling. **3.** ~ dei depositi carboniosi (*mot.*), decarbonizing.
disindustrializzazione (*politica economica*), deindustrialization.
disinfestante (insetticida, antiparassitario) (*chim. ind.*), insecticide.
disinfestare (*gen.*), to disinfest. **2.** ~ da microfoni spia e prese di ascolto (piazzati su impianti telefonici o autonomi) (*milit. - polizia*), to debug.
disinfestazione (*gen.*), disinfestation. **2.** ~ (eliminazione degli insetti: da una nave per es.) (*gen.*), disinsectization.
disinfettante (*s. - med.*), disinfectant.
disinfettare (*med.*), to disinfect.
disinfezione (*med.*), disinfection.
disingranare (disinserire ingranaggi in presa) (*mecc.*), to ungear, to throw out of mesh.
disinnescare (*espl.*), to defuse, to defuze.
disinnesco (*espl.*), defusing. **2.** frequenza di ~ (*radio*), quench frequency.
disinnestabile (*mecc. - ecc.*), disengageable, releasable.
disinnestare (azione meccanica preordinata) (*mecc.*), to disengage. **2.** ~ la frizione (di automobile per es.), to declutch, to disengage the clutch.
disinnestarsi (difetto: di una marcia del cambio di automobile per es.) (*mecc.*), to slip out of gear.
disinnestato (*a. - mecc.*), disengaged, off.
disinnèsto (*mecc.*), disengagement, release, knock-off. **2.** ~ (a scatto) (*mecc.*), trip. **3.** ~ (apertura, di un relè per es.) (*elett.*), tripping. **4.** ~ a scatto (di macchina per maglieria) (*ind. tess.*), knock-off action. **5.** ~ del carrello (di macch. da scrivere) (*mecc.*), carriage release. **6.** ~ della frizione (di automobile per es.) (*mecc.*), clutch disengagement. **7.** ~ dell'avanzamento (*macch. ut.*), feed release. **8.** ~ del limitatore (della pressione di alimentazione) (*mot. aer.*), boost control override. **9.** bobina di ~ (bobina di apertura, di un relè) (*elett.*), tripping coil.
disinquinare (*ecol.*), to depollute.
disinseribile (*elett.*), disconnectable.
disinserire (*elett. - mecc.*), to disconnect.
disinserito (*a. - gen.*), disconnected, inconnected. **2.** ~ (aperto, di interruttore elettrico per es.) (*elett.*), off, out.
disinserzione (distacco, del carico da un generatore per es.) (*elett. - ecc.*), disconnection, cut.
disinstallàbile (*mecc.*), demountable.
disintegrare (*fis.*), to disintegrate.
disintegrarsi (di satellite artificiale per es. al rientro nell'atmosfera) (*astric. - ecc.*), to disintegrate. **2.** ~ (di materiale radioattivo) (*chim.*), to decay.
disintegratore (macchina per macinare e polverizzare) (*macch. mft. carta - ecc.*), disintegrator. **2.** ~ (per terre da fonderia) (*fond.*), disintegrator.
disintegrazione (di materiale radioattivo) (*fis. atom.*), decay, disintegration. **2.** ~ (del nucleo di un atomo) prodotta da energia radiante (*fis. atm.*), photodisintegration. **3.** ~ (*gen.*), disintegration, breakup. **4.** ~ (*astric.*), disintegration. **5.** ~ a catena (*fis. atom.*), series disintegration. **6.** ~ beta (~ radioattiva beta) (*fis. atom.*), beta decay. **7.** ~ con emissione di raggi gamma (emissione gamma) (*fis. atom.*), gamma decay, gamma emission. **8.** ~ radioattiva (*fis. atom.*), radioactive decay. **9.** catena di ~ radioattiva (*fis. atom.*), radioactive series, radioactive chain. **10.** probabilità di ~ (*fis. atom.*), decay probability.
disintonizzare (*radio*), to detune.
disintonizzazione (*radio*), detuning.
disintossicare (*gen.*), to detoxicate.
disinvestimento (ritiro dei capitali da un investimento) (*finanz. - amm.*), disinvestment.
dislivèllo (tra due punti) (*top.*), difference in height.
dislocamento (*nav.*), displacement. **2.** ~ a nave scarica (*nav.*), light displacement. **3.** ~ a pieno carico

normale (dislocamento di progetto) (*nav.*), load displacement. **4.** ~ leggero (*nav.*), light draught displacement. **5.** resistenza di ~ (*nav.*), resistance of the hull.
dislocare (*costr. nav.*), to displace.
dislocazione (*geol.*), dislocation. **2.** ~ (*fis.*), dislocation. **3.** ~ (p. es. lo spiazzamento di un indirizzo) (*elab.*), displacement, offset. **4.** ~ ad elica (*fis.*), screw dislocation. **5.** ~ a spigolo (*fis.*), edge dislocation. **6.** accavallamento delle dislocazioni (*fis.*), climbing of dislocations.
dismutazione (reazione chim.) (*chim.*), dismutation.
disoccupato (di operaio o impiegato), unemployed.
disoccupazione (di operaio o impiegato), unemployment. **2.** ~ mascherata (disoccupazione occulta) (*pers.*), hidden unemployment. **3.** ~ stagionale (*pers.*), seasonal unemployment. **4.** ~ strutturale (*pers.*), structural unemployment. **5.** ~ tecnologica (*pers.*), technological unemployment.
disoliare (separare l'olio, dall'aria compressa per es.) (*tubaz. - ecc.*), to separate the oil.
disoliatura (sgrassatura: della lana per es.) (*ind. tess.*), backwashing.
disórdine (*gen.*), disorder. **2.** in ~ (*gen.*), out-of -order.
disorganizzare (*gen.*), to disorganize.
disorganizzazione (*gen.*), disorganization.
disormeggiare (*nav.*), to unmoor.
disossidante (*s. - chim. - metall.*), deoxidizer.
disossidare (*chim. - metall.*), to deoxidate.
disossidato (*chim. - metall.*), deoxidated.
disossidazione (*chim. - metall.*), deoxidation, deoxidization.
disotto (sotto) (*avv.*), underneath, below. **2.** ~ (parte inferiore) (*s. - gen.*), underside. **3.** ~ (ai piani inferiori) (*ed.*), downstairs.
disotturare (togliere l'otturazione di un tubo per es., liberare da ostruzioni, disintasare), to clear, to unplug.
disotturazione (*ed. - tubaz.*), clearing the stoppages. **2.** ~ (o stasamento o pulizia) dello scambiatore di calore (*term.*), heat exchanger rodding out. **3.** foro per ~ (*ed. - tubaz.*), rodding eye, RE, access eye.
dìspari (*mat.*), odd.
dispensa (*ed.*), pantry, larder. **2.** ~ (*nav.*), pantry.
dispensario (*med.*), dispensary.
disperdente (agente disperdente, di additivo di olio lubrificante per es.) (*s. - chim. - ecc.*), dispersant.
disperdenza (conduttanza di dispersione) (*mis. elett. - telef.*), leakage conductance.
dispèrdere (*fis.*), to disperse, to scatter.
dispèrdersi (*gen.*), to disperse. **2.** ~ (di una corrente per es.) (*elett.*), to leak, to tail off.
dispersione (*elett.*), leak, leakage. **2.** ~ (*fis.*), dispersion, scattering. **3.** ~ (*ott.*), dispersion. **4.** ~ (*stat.*), scatter. **5.** ~ (dei dati ottenuti durante prove) (*stat. - tecnol.*), scattering. **6.** ~ (del tiro) (*artiglieria*), dispersion. **7.** ~ (*vn.*), dispersion. **8.** ~ anomala (*fis.*), anomalous dispersion. **9.** ~ del calore (*term.*), loss of heat. **10.** ~ del suono (dispersione di raggi sonori) (*acus. - acus. sub.*), sound scattering. **11.** ~ magnetica (*elett.*), magnetic leakage. **12.** ~ normale (*fis.*), normal dispersion. **13.** ~ rotatoria (*fis.*), rotary dispersion. **14.** ~ statistica (*fis. atom.*), straggling. **15.** conduttanza di ~ (*elett.*), leakage conductance. **16.** corrente di ~ (*elett.*), leakage current. **17.** indurimento per ~ (rinforzamento per dispersione, di leghe metalliche; dispersione in una matrice metallica di una fase non metallica, metallica o mista) (*metall.*), dispersion strengthening. **18.** mezzo di ~ (industria della gomma per es.) (*chim. fis.*), dispersing medium. **19.** rivelatore di ~ (a massa) (*app. elett.*), leakage indicator. **20.** via di ~ (percorso di dispersione) (*elett.*), leakage path.
dispersivo (*a. - fis.*), dispersive.
disperso (*fis. chim.*), dispersed.
dispersoide (sostanza colloidale dispersa) (*fis. chim.*), dispersoid.
dispersore (piastra di terra, elettrodo di terra) (*elett.*), ground plate, earth plate. **2.** strato ~ (strato diffusore) (*acus. sub. - ecc.*), scattering layer.
displuviale (spartiacque, linea di vetta, tra due bacini imbriferi) (*geogr.*), mountain ridge.
displuvio (diedro saliente di un tetto) (*arch.*), hip. **2.** linea di ~ (linea di spartiacque: di un tetto) (*arch.*), ridge.
disponibile (*a. - gen.*), available, disposable.
disponibilità (*a. gen.*), availability. **2.** ~ (p. es. di un elaboratore non utilizzato in altro lavoro) (*elab. - ecc.*), availability. **3.** ~ di piazzale (disponibilità sul piazzale, di carbone per es.) (*min.*), stockpile. **4.** ~ finanziaria (*comm.*), assets.
disporre (sistemare), to arrange, to range. **2.** ~ (avere disponibilità di una cosa), to have (something) available. **3.** ~ i ferri (di un'armatura per cemento armato) (*c.a.*), to place the bars. **4.** ~ in sequenza (ordinare in sequenza) (*elab.*), to arrange in sequence. **5.** ~ in tabella (dati o particolari) (*gen.*), to tabulate. **6.** ~ secondo gradualità [o gradazione] (di forma, colore ecc.) (*gen.*), to grade.
dispositivo (*mecc.*), device, contrivance. **2.** ~ (*elett.*), device. **3.** ~ (per l'atterraggio di aerei, per sterzaggio di automobili ecc.) (*mecc.*), gear. **4.** ~ a bilico (*ind.*), tipping device. **5.** ~ a copiare (*macch. ut.*), profiling attachment. **6.** ~ ad accoppiamento di carica (tipo di memoria a semiconduttore) (*eltn.*), Charge Coupled Device, CCD. **7.** ~ a doppio gancio (per sollevamento materiali) (*ind.*), crampons. **8.** ~ a manovra combinata (*disp. mecc. e elett.*), interlock. **9.** ~ anti-accavallamento (di vetture ferroviarie in caso di tamponamento) (*ferr.*), anti-climber. **10.** ~ anti-compenetrazione (usato per impedire l'infilarsi di una vettura nell'altra in caso di tamponamento) (*ferr.*), anti-telescoping device. **11.** ~ antidisturbi radio (*radio - ecc.*), radio interference suppressor. **12.** ~

antieco (per ridurre gli echi indesiderati) (*radar*), anticlutter. **13.** ~ antighiaccio (contro la formazione di ghiaccio sulle superfici esterne dell'aereo) (*aer.*), anti-icer, de-icer, de-icing device. **14.** ~ antighiaccio pneumatico (*aer.*), de-icer boot, boot, pneumatic de-icer. **15.** ~ anti-imbardata (di un aereo, missile ecc. per es.) (*aer.*), yaw damper. **16.** ~ antiluce (per impedire il passaggio della luce) (*fot.*), light lock. **17.** ~ antinduttivo (*telef.*), anti-inductive device. **18.** ~ anti-smog (applicato al motore allo scopo di ottenere emissioni dallo scarico non inquinanti) (*aut.*), antismog device, anti-pollution device. **19.** ~ a pedale (per l'azionamento di un congegno di sicurezza per es.) (*mecc.*), kicker. **20.** ~ arresto indietreggio (*aut.*), backstop, hill holder, reverse stop. **21.** ~ a sagomare (di un tornio per es.) (*disp. macch. ut.*), forming attachment. **22.** ~ a scandagli (di una mina) (*espl. nav.*), plummet device. **23** ~ a stozzare (di una macchina utènsile universale) (*mecc.*), slotting attachment. **24.** dispositivi automatici di misura (*strum. mis.*), automatic gauging equipment. **25.** dispositivi automatici di verifica (di una calcolatrice per es.) (*autom.*), automatic inspection devices. **26.** ~ automatico per il controllo del rendimento (*radio*), automatic performance monitor. **27.** ~ bloccaggio differenziale (*aut.*), differential locking device. **28.** ~ bloccaggio lampada (*elett.*), lamplock. **29.** ~ che provoca la rotazione (*mecc.*), rotator. **30.** ~ comando timone (agghiaccio) (*nav.*), steering gear. **31.** ~ di accelerazione (per imprimere elevate velocità a particelle cariche) (*fis. atom.*), accelerator. **32.** ~ di alaggio (o per tirare in secco: per idrovolanti) (*aer. - nav.*), beaching gear. **33.** ~ di alimentazione automatica (di una calcolatrice per es.) (*autom.*), automatic feeding device. **34.** ~ di ancoraggio (per il cavo di un ponte sospeso) (*costr. ponti*), anchor. **35.** ~ di arresto (arresto di sicurezza) (*macch.*), safety stop, safety catch. **36.** ~ di arresto a cuneo (*app. sollevamento*), wedge grip gear. **37.** ~ di arresto a pendolo (*app. sollevamento*), pendulum grip gear. **38.** ~ di arresto automatico (disp. elett. per segnalazioni ferr.) (*elettromecc.*), automatic stop device. **39.** ~ di arresto dell'indietreggio (*aut.*), hill holder, reverse stop, no-back device. **40.** ~ di arresto di emergenza (di un motore per es.) (*mot. - ecc.*), safety shutdown device. **41.** ~ di autodistruzione (per la distruzione in volo di un'arma: per motivi di sicurezza per es.) (*milit.*), destructor. **42.** ~ di avviamento a freddo (*aut.*), choke. **43.** ~ di azzeramento (azzeratore, di un pirometro per es.) (*strum.*), zero setter, zero adjuster. **44.** ~ di basso livello dell'acqua (*cald.*), water low-level alarm. **45.** ~ di bloccaggio (per giroscopio) (*strum.*), caging device. **46.** ~ di blocco (*elettromag.*), interlock. **47.** ~ di brandeggio (di un cannone) (*mar. milit.*), training gear. **48** ~ (o procedura) di casualizzazione (sistema per ricercare gli indirizzi richiesti ecc.) (*elab.*) randomizer. **49.** ~ di comando (*elett.*), control device. **50.** ~ di comando della dissolvenza (*cinem. - telev.*), fader. **51.** ~ di compensazione del consumo della mola (in una rettificatrice per ingranaggi) (*mecc. - macch. ut.*), wheel wear compensating device. **52.** ~ di correzione (di una macchina calcolatrice), effacer. **53.** ~ di decompressione (per facilitare l'avviamento di un motore freddo a combustione interna) (*mot.*), decompression device. **54.** ~ di demoltiplicazione (del movimento di una parte di strumento ottico per es.) (*mecc.*), slow-motion device. **55.** ~ di dentatura per cremagliere (di una macchina utènsile universale) (*mecc.*), rack cutting attachment. **56.** ~ di divisione per cremagliere (di una macchina utènsile universale) (*mecc.*), rack indexing attachment. **57.** ~ di esplorazione (analizzatore) (*app. telev.*), scanner. **58.** ~ di esplorazione a raggi catodici (*telev.*), cathode-ray tube scanner. **59.** ~ di espulsione (*mecc.*), pushing-out device. **60.** ~ di estrazione (di una pressa: per impedire che il metallo punzonato aderisca al punzone durante il sollevamento dello stesso) (*macch.*), stripper. **61.** ~ (o meccanismo) di estrazione (per estrarre i vassoi contenitori da un forno per es.) (*tecnol. mecc.*), pull-out mechanism. **62.** ~ di fermo del finestrino (*ferr. - ecc.*), sash lock, sash holder, sash fastener. **63.** ~ di fiamma pilota (per assicurare la continuità della combustione) (*mot. a getto*), flameholder. **64.** ~ (o meccanismo) di inclinazione (*mecc.*), tilting device. **65.** ~ di interruzione (per interrompere un flusso o una alimentazione) (*fluidica - arma da fuoco ecc.*), cutoff. **66.** ~ di lampada a bagliore (*cinem.*), light valve device. **67.** ~ di lancio (di un razzo) (*milit.*), launcher. **68.** ~ di lancio (di siluro) (*espl. mar. milit.*), firing gear. **69.** ~ (automatico) di lavaggio del parabrezza (in corsa) (*att. aut.*), windshield washer. **70.** ~ di lettura di codici stampati (*app.*), reader. **71.** ~ di lettura/scrittura (*elab.*), data recording device. **72.** ~ di memorizzazione (p. es. una unità periferica) (*elab.*), storage device. **73.** ~ di messa a fuoco del microscopio (*ott.*), microscope focusing adjustment. **74.** ~ di messa a massa (*elett.*), earthing device. **75.** ~ di ostruzione contro i siluri (*mar. milit.*), antitorpedo defence. **76.** ~ di piazzamento (meccanismo di posizionamento, posizionatore) (*mecc.*), setting device, set-over mechanism. **77.** ~ di presa (a spina) (*elett.*), plugging device. **78.** ~ di protezione (da sovraccarico per es.) (*elett. - ecc.*), protective device. **79.** ~ di ravvivatura della mola (ravvivatore) (*mecc. - macch. ut.*), wheel truing device. **80.** ~ di recupero (recuperatore: di un cannone) (*mecc.*), recuperator. **81.** ~ di regolazione del tempo (di scatto: di teleruttore, avviatore ecc.) (*mecc.*), time lag device, time limit attachment (ingl.). **82.** ~ di regolazione del tiro (*mar. milit.*), fire control apparatus. **83.** dispositivi di regolazione per macchine automatiche (*autom.*), automatic machine controls. **84.** ~ (o bottone) di resettaggio (di un interruttore elettrico) (*mecc.*), restarting interlock. **85.** ~ di riarmo, ~ di resettaggio (per riportare, un contatto per es., alla posizione precedente) (*elett.* - *eltn.*), resetting device, reset. **86.** ~ di ribaltamento (del pezzo) (*mecc.* - *macch. ut.*), "flip-over" mechanism. **87.** ~ di ribaltamento (del pezzo stampato da una pressa per es.) (*lav. lamiere* - *ecc.*), turnover unit. **88.** ~ di richiamo del carrello (di un locomotore elettrico per es.) (*ferr.*), truck centering device. **89.** ~ di riduzione (per telaio di macchina fotografica per es.), adapter. **90.** ~ (o pompetta) di riempimento (di penna stilografica per es.), filler. **91.** ~ di riscaldamento (di catodo di valvola termoionica per es.), heater. **92.** ~ di risposta audio, *vedi* unità a risposta audio. **93.** ~ di salto (caratteristica della macchina che permette una o più omissioni: p. es. di fori in una scheda perforata, o di caratteri in uno stampato ecc.) (*elab.*), skip. **94.** ~ di scatto (*mecc.*), releaser. **95.** ~ di segnalazione (per la sicurezza del motore per l'alta temperatura dell'acqua, la bassa pressione dell'olio ecc.) (*mot.*), engine alarm system. **96.** ~ di selezione delle marce (di cambio di automobile per es.) (*mecc.*), gearshift. **97.** ~ di sformatura (*fond.*), stripping device. **98.** ~ di sgancio (di un interruttore elettrico per es.) (*mecc.*), release. **99.** ~ di sicurezza (*mecc.* - *ind.* - *ecc.*), safety device, safety gear, safety appliance. **100.** ~ di sicurezza (di un'arma da fuoco per es.) safety catch, safety. **101.** ~ di sicurezza (contro l'involontario ritiro del carrello) (*aer.*), retraction lock. **102.** ~ di sicurezza antiesplosione accidentale (*sicurezza armi atomiche*) Permissive Action Link, PAL. **103.** ~ di sicurezza di tipo passivo (che fornisce automaticamente protezione all'atto dell'incidente: cintura di sicurezza p. es.) (*sicurezza aut.*), passive restraint. **104.** ~ di sincronizzazione (*cinem.*), interlock. **105.** ~ di sollevamento del periscopio (di sottomarino) (*mecc.*), periscope lifting gear. **106.** ~ di spillatura (di un forno) (*fond.*), pouring device. **107.** ~ di spinta (consistente in qualche cosa che spinge) (*mecc.*), pusher. **108.** ~ di spostamento (~ di deflessione) (*radio* - *telecom.*), sweep device. **109.** ~ di sterzo (di automobile per es.), steering gear. **110.** ~ di tenuta (tenuta, guarnizione ecc.) (*tubaz.* - *ecc.*), seal. **111.** ~ di trazione (di carro ferroviario), draw gear. **112.** ~ di uomo morto (di un veicolo: di locomotiva per es.) (*mecc.* - *elett.* - *ecc.*), deadman control. **113.** ~ di uomo morto a leva (manovella di arresto automatico: di un locomotore elettrico per es.) (*mecc.* - *elett.* - *ecc.*), dead-man's-handle. **114.** ~ elastico di arresto (cavi tesi sul ponte della portaerei ed usati per agganciarvi e frenare gli aerei al loro appontaggio) (*mar. milit.* - *portaerei*), arresting gear. **115.** ~ elettronico (*eltn.*), electron device, electronic device. **116.** ~ elettronico per produrre particolari effetti musicali (*musica eltn.*), fuzz tone, fuzz box. **117.** ~ (per) interlinea(tura) (di una macchina per scrivere) (*mecc.*), line spacer. **118.** ~ lanciasagole (*nav.*), linethrowing gun. **119.** ~ (o piattaforma) orientabile per fresatura (di una macchina utènsile universale) (*mecc.*), swinging milling attachment. **120.** ~ per carica centellinare (di batteria) (*elett.*), trickle charger. **121.** ~ per centratura (*macch. ut.*), truing attachment. **122.** ~ per dentatura di ingranaggi (di una macchina utènsile universale) (*mecc.*), gear cutting attachment. **123.** ~ per determinare l'intensità della nebbia artificiale (*app. milit.*), smoke indicator. **124.** ~ per dissolvenze (*cinem.*), dissolving shutter. **125.** ~ per evitare l'accensione spontanea (oppure il funzionamento del motore ad accensione tolta) (*mot.*), anti-dieseling device. **126.** ~ per il rimorchio dell'aliante (*aer.*), glider tow (am.). **127.** ~ per la raccolta (in moto) di sacchi postali (*ferr.*), mail catcher. **128.** ~ per la ripresa (o eliminazione) del gioco (*mecc.*), take-up. **129.** ~ per la rotazione delle valvole (di motore automobilistico per es.) (*mecc.*), valve rotator. **130.** ~ (automatico) per l'arresto (dell'avanzamento per es.) (*mecc.* - *macch. ut.*), throw-off. **131.** ~ per la verniciatura a spruzzo (*app. per vn.*), paint spraying apparatus. **132.** ~ per lo scatto automatico (di un interruttore) (*elett.*), trip. **133.** ~ (o testa) per media velocità (di una macchina utènsile universale) (*mecc.*), semihigh speed attachment. **134.** ~ per piantare gli arpioni (o per avvitare le caviglie) (*app. ferr.*), spike gun. **135.** ~ per predisporre (per regolare a dovere particolari apparecchiature: un siluro prima del lancio per es.) (*app. specifica*), presetter. **136.** ~ per ricerca automatica del bersaglio (di un missile per es.) (*elett.*), tracking device. **137.** ~ per sagomare (di un tornio per es.) (*macch. ut.*), forming attachment. **138.** ~ per stozzare (di una macchina universale) (*mecc.*), slotting attachment. **139.** ~ per tagliare i cavi di ormeggio delle mine (sminamento) (*mar. milit.*), paravane. **140.** ~ per tenonatura (*macch. ut. legn.*), tenoning attachment. **141.** ~ per togliere lo scintillamento (*elett.*), spark arrester. **142.** ~ per tornitura conica (*macch. ut.*), taper turning device, set-over. **143.** ~ per trasporto mattoni (di carrello elevatore per es.) (*veic. trasp. ind.*), brick carrier fork. **144.** ~ scarta-prodotto (*ind. imballaggio*), product rejection device. **145.** ~ spostatore (*mecc.*), shifter. **146.** ~ timbrascontrino (per macchina pesatrice per es.), ticket printing machine. **147.** ~ (o testa) universale con comando indipendente (di una macchina utènsile universale) (*mecc.*), motor-driven universal attachment. **148.** ~ (o testa) universale per alta velocità (di una macchina utènsile universale) (*mecc.*), high-speed universal attachment.

disposizione (*gen.*), arrangement, disposal, disposition. **2.** ~ a tipo inglese (o incrociato) (di mattoni o pietre) (*mur.*), English bond. **3.** ~ degli utensili (*mecc.*), tooling layout. **4.** ~ delle finestre e delle porte (*arch.*), fenestration. **5.** ~ delle operazioni in ciclo (organizzazione dell'officina) (*ind. mecc.* - *ecc.*), operation line-up. **6.** ~ di legge (*leg.*), provision. **7.** ~ relativa (dei componenti di un apparecchio per es.) (*fis. - ecc.*), geometry. **8.** ~ sistematica di dati ("format") (*elab. dati*), format. **9.** a ~ di (*gen.*), at the disposal of. **10.** elenco della ~ negli scaffali (elenco del collocamento negli scaffali, di libri) (*biblioteche*), shelf catalogue, shelf list.

dispròsio (Dy - *chim.*), dysprosium.

disruptivo (*a. - elett.*), disruptive.

disrupzione (*elett. - ecc.*), disruption.

dissabbiatore (fermasabbia, separatore di sabbia, collettore di sabbia) (*costr. idr.*), sand trap, sand collector.

dissalare (l'acqua del mare) (*ind. - nav. - ecc.*), to desalt.

dissalatore (impianto di dissalazione) (*ind. chim. - ecc.*), desalination plant, desalting kit, sweetener.

dissalazione (dell'acqua di mare) (*ind. chim. - ecc.*), desalination, desalting, sweeting. **2.** impianto di ~ (dissalatore) (*ind. chim. - ecc.*), desalination plant.

dissaldare (di saldatura a stagno) (*mecc.*), to unsolder.

dissaldarsi (di saldatura per fusione su ferro: a punti per es.) (*difetto tecnol.*), to unweld.

dissaldato (di saldatura effettuata per fusione su elementi di ferro per es.) (*difetto tecnol.*), unwelded. **2.** ~ (di saldatura effettuata a stagno: su ottone, rame ecc.) (*difetto tecnol.*), unsoldered.

disseminare (*gen.*), to strew.

dissestato (di piano stradale il cui manto presenta numerose rotture e buche) (*a.- strad.*), raveled, ravelled.

dissettore (analizzatore di immagini) (*app. telev.*), dissector (ingl.), image dissector.

dissigillare (*gen.*), to unseal.

dissimmètrico (*gen.*), dissymmetrical, dissymmetric.

dissimmetrizzatore (*elett.*), dissymmetrizer.

dissipare (energia per es.) (*gen.*), to dissipate.

dissipatore (di energia per es.) (*gen.*), dissipator. **2.** ~ (bacino) (*costr. idr.*), whirlpool basin. **3.** ~ di calore, *vedi* pozzo di calore.

dissipazione (*term.*), dissipation. **2.** ~ anodica (*termoion.*), anode dissipation, plate dissipation. **3.** ~ di placca (*termoion.*), anode dissipation, plate dissipation.

dissociarsi (*chim.*), to dissociate.

dissociazione (*chim.*), dissociation, cleavage. **2.** ~ (di grandi aziende) (*finanz.*), deglomeration. **3.** ~ elettrolitica (*chim.*), electrolytic dissociation. **4.** ~ termica (*chim.*), thermal dissociation.

dissodamento (*agric.*), tillage.

dissodare (*agric.*), to till.

dissolvènza (*cinem.*), dissolve, fade. **2.** ~ in apertura (*cinem.*), dissolve-in, fade-in. **3.** ~ in chiusura (*cinem.*), dissolve-out, fade-out. **4.** ~ incrociata (di immagini o suoni) (*cinem. - radio - telev.*), lap dissolve, cross-fade. **5.** ~ sonora (in un film sonoro) (*elettroacus.*), sound fading. **6.** eseguire una ~ (di una immagine televisiva, cinematografica ecc.) (*cinem. - telev. - ott.*), to dissolve.

dissonante (*acus.*), dissonant.

dissonanza (*acus.*), dissonance, dissonancy.

distaccàbile (*gen.*), detachable.

distaccamento (*milit.*), detachment, detached unit. **2.** ~ di vigili del fuoco (corpo di vigili del fuoco) (*squadra antincendio*), fire brigade.

distaccare (*gen.*), to detach. **2.** ~ (disaccoppiare un'astronave da un'altra per es.) (*astric.*), to undock. **3.** ~ la frizione (di automobile per es.), to disengage the clutch, to declutch.

distaccarsi (*gen.*), to disjoin. **2.** ~ (o raggrinzarsi della gelatina) (*fot. - cinem.*), to frill.

distacco (*gen.*), breakaway. **2.** ~ (*mecc.- fis.*), disjunction. **3.** ~ (decollo) (*aer.*), take-off. **4.** ~ (della gelatina: difetto dello strato sensibile di una pellicola) (*fot. - cinem.*), frilling. **5.** ~ (di un vagone) (*ferr.*), detachment. **6.** ~ dei filetti (di aria dalla carrozzeria di una automobile per es.) (*aerodin.*), breakaway of flow. **7.** ~ della corrente (di aria da un'ala) (*aerodin.*), flow breakdown. **8.** ~ della grana (difetto della pelle) (*ind. cuoio*), blistering. **9.** ~ della vena fluida (dalla superficie colpita dell'aria) (*aerodin.*), stall. **10.** agente di ~ (del pezzo di plastica dallo stampo) (*tecnol.*), release, release agent. **11.** punto di ~ (della vena) (*mecc. dei fuidi*), separation point.

distaffaggio (scassettatura) (*fond.*), shakeout, knocking out, stripping.

distaffare (scassettare un getto) (*fond.*), to shake out, to knock out, to strip.

distaffatore (*lav. - fond.*), knockout man.

distaffatrice (*fond.*), shakeout equipment.

distaffatura (scassettatura) (*fond.*), shakeout, knocking out, stripping.

distante (lontano: nello spazio, nel tempo ecc.) (*a. - gen.*), remote, distant, far.

distanza (*gen.*), distance. **2.** ~ (tra due centri) (*mecc.*), centre distance, spread. **3.** ~ (di una traversina dalla successiva per es.) (*ferr.*), pitch. **4.** ~ (tra le ali di un biplano) (*aer.*), gap. **5.** ~ (tra le puntine di una candela) (*mot.*), gap. **6.** ~ (portata, di un radar per es.) (*radar - ecc.*), range. **7.** ~ (dal veicolo che precede) (*traff. strad.*), headway. **8.** ~ al suolo (~ fra due punti al suolo) (*navig. aer.*), ground distance. **9.** ~ angolare (di un satellite [o di un pianeta] dal proprio astro) (*astr.*), elongation. **10.** ~ di acquisizione (portata di un siluro acustico o di un sistema di localizzazione) (*milit. - acus. sub.*), acquisition range. **11.** ~ diagonale ("passo" diagonale: nella chiodatura a zigzag) (*mecc.*), diagonal pitch. **12.** ~ di arresto (spazio di frenatura) (*aut.*), stop distance. **13.** ~ di arresto (distanza percorsa da un velivolo durante la fase di arresto su una portaerei) (*aer.*), pull-out distance. **14.** ~ di Hamming (*elab.*), signal distance, Hamming distance. **15.** ~ di montaggio (di una ruota dentata su una rodatrice per es.) (*macch. ut.*), mounting distance. **16.** ~ di scoperta (portata, di un radar per es.) (*mar. milit.*), detection range. **17.** ~ di sicurezza dalla costa (*nav.*), offing. **18.**

~ di sorpasso (richiesta per il sorpasso) (*aut.*), passing distance. **19.** ~ distruttiva (o esplosiva) (*elett.*), spark gap. **20.** ~ di trasporto (di un carico) (*trasp.*), haul (ingl.). **21.** ~ di visibilità (visibilità) (*aer. - nav.*), range of visibility. **22.** ~ focale (*ott.*), focal length. **23.** ~ focale posteriore (*ott.*), back focal length. **24.** ~ frontale (distanza di lavoro: di microscopio per es.) (*ott.*), working distance. **25.** ~ futura (prevista del bersaglio mobile al momento dello scoppio del proiettile controaereo) (*artiglieria*), advance range. **26.** ~ (lossodromica) in miglia marine (*geogr. - nav.*), nautical distance. **27.** ~ interpupillare (*ott. - stereoscopia*), interocular distance. **28.** ~ iperfocale (*fot.*), hyperfocal distance. **29.** ~ laminare (distanza di massima probabilità di acquisizione, misurata lungo l'asse di un siluro acus.) (*mar. milit. - acus. sub.*), laminar distance. **30.** ~ massima raggiunta (a velocità utile, da un getto di aria di un aerotermo per es.) (*riscaldamento e ventilazione*), throw. **31.** ~ minima da terra (di un veicolo dalla strada) (*aut. - ecc.*), freeboard, ground clearance, road clearance. **32.** ~ per il traverso (*nav.*), distance on beam. **33.** ~ polare (di una stella) (*astr.*), polar distance. **34.** ~ principale (*fotogr.*), principal distance. **35.** ~ tra gli appoggi (*ed. - sc. costr.*), distance between supports, supporting distance span between supports. **36.** ~ tra i bracci (*saldatrice*), horn spacing, platen spacing. **37.** ~ tra i livelli (~ in verticale fra due livelli qualsiasi di lavoro) (*min.*), lift. **38.** ~ tra i perni delle ralle (interperno, dei carrelli) (*ferr.*), pivot pitch. **39.** ~ tra le travi (*ed.*), distance between girders. **40.** ~ visiva (*ott.*), optical range. **41.** ~ zenitale (di una stella) (*aer. - astr.*), zenith distance. **42.** a ~ (di strumento di comando per es.) (*elett. - mecc. - ecc.*), remote. **43.** a ~ di sicurezza dalla costa (*nav.*), offing. **44.** a grande ~ (di linea di comunicazione per es.) (*a. - trasp. - navig. - comun.*), long-line. **45.** comandato a ~ (*mecc. - ecc.*), remote-controlled. **46.** comandato a ~ a mezzo radio (di aereo per es.) (*radio - mecc.*), radio-controlled. **47.** comando a ~ (*elettromecc.*), remote control. **48.** indicatore a ~ (*strum.*), remote indicator. **49.** massima ~ di trasporto senza sovrapprezzo (della terra) (*ing. civ.*), free haul (ingl.). **50.** misura della ~ (telemetria) (*artiglieria - ecc.*), ranging. **51.** selettore di distanze (*radar*), range change switch. **52.** stima delle distanze (*milit. - ecc.*), range estimation.

distanziale (*mecc. - gen.*), spacer. **2.** ~ a barra (o cilindrico) (*mecc.*), spacing bar. **3.** ~ anello ~ (*mecc.*), distance ring.

distanziamento (*gen.*), spacing. **2.** ~ (spazio tra aerei durante il volo) (*aer.*), separation. **3.** ~ laterale (*aer.*), lateral separation. **4.** ~ longitudinale (*aer.*), longitudinal separation. **5.** ~ verticale (*aer.*), vertical separation.

distanziare (*mecc.*), to space.

distanziato (*a. - mecc.*), spaced.

distanziatore, *vedi* distanziale.

distanziòmetro (*top.*), diastimeter. **2.** ~ (apparecchio radar) (*aer. milit.*), distance-measuring equipment.

distendere (spiegare, la carta per es.) (*gen.*), to spread, to unfold. **2.** distendersi (di elemento sotto carico per es.) (*gen.*), to stretch. **3.** resistenza a distendersi (resistenza alla pennellatura dovuta all'attrito interno della vernice) (*vn.*), pull.

distendibilità (di una vernice su una superficie) (*vn.*), spreading capacity.

distendimento (del tessuto) (*ind. tess.*), tentering, spreading.

distenditrice (macchina distenditrice) (*macch. tess.*), tentering machine.

distensione (ricottura di distensione: riscaldamento di un acciaio ad una data temperatura e permanenza a tale temperatura, seguita da lento raffreddamento, per ridurre le tensioni interne) (*tratt. term.*), stress relieving. **2.** ~ (proprietà di distendersi per la quale una vernice umida scorre in modo da eliminare segni di pennello, bucce d'arancia ecc.) (*vn.*), flow. **3.** ~ per vibrazione (trattamento di distensione a mezzo di vibrazioni) (*tecnol. mecc.*), vibratory stress relieving. **4.** temperatura di ~ (temperatura di eliminazione delle tensioni interne) (*tratt. term.*), relieving temperature. **5.** trattamento di ~ per vibrazione (eliminazione delle tensioni interne mediante vibrazione) (*metall.*), vibratory stress relieving.

disterrare (sterrare, togliere la terra da un getto appena distaffato) (*fond.*), to flog.

distillare (*chim. - fis.*), to distill. **2.** ~ (separare: benzina da petrolio per es.) (*raffineria*), to strip.

distillato (*a. - chim. ind.*), distilled. **2.** ~ (prodotto della distillazione) (*s. - ind. chim.*), distillate. **3.** ~ leggero di petrolio (*ind. chim. - ecc.*), light petroleum distillate, LPD. **4.** non ~ (*a. - chim. ind.*), undistilled.

distillatore (*app. ind.*), still, distiller. **2.** ~ a colonna (*chim. - ind. chim.*), column still. **3.** ~ solare (*energia solare*), solar still. **4.** ~ tubolare (distillatore a tubi) (*app. ind. chim.*), pipe still.

distillazione (*ind.*), distillation. **2.** ~ a secco (di sostanze solide) (*ind. chim.*), destructive distillation, dry distillation. **3.** ~ continua (*ind. chim.*), continuous distillation. **4.** ~ discontinua (processo nel quale la carica da distillare viene alimentata ad intervalli nel distillatore) (*ind. chim.*), batch distillation. **5.** ~ frazionata (*chim. ind.*), fractional distillation. **6.** ~ in corrente di vapore (*ind. chim.*), steam distillation. **7.** ~ molecolare (*chim.*), molecular distillation. **8.** ~ nel vuoto (*ind. chim.*), vacuum distillation. **9.** colonna di ~ (*ind. chim.*), fractionating column, fractionating tube, stripping column. **10.** prima ~ (*ind. chim.*), topping. **11.** prima frazione di ~ (*chim. ind.*), top. **12.** prodotto di ~ (*ind.*), distillate. **13.** sottoporre a ~ frazionata (*chim. ind.*), to fractionate.

distillerìa (*ind.*), distillery.

dìstilo (*arch.*), distyle.

distinta (*s. - amm.*), schedule. **2.** ~ (di materiale per es.) (*s. - uff.*), list. **3.** ~ base (dei materiali occorrenti per la costruzione di un determinato tipo di prodotto) (*organ. della prod. ind.*), bill of materials. **4.** ~ di compra (o di vendita) (*comm.*), contract note. **5.** ~ materiali (distinta base) (*organ. della prod. ind.*), bill of materials.

distorsiòmetro (*strum. radio*), distortion-meter (ingl.).

distorsione (*mecc.*), distortion. **2.** ~ (*radio*), distortion. **3.** ~ (dovuta ad aberrazione sferica per es. ecc.) (*ott.*), distortion. **4.** ~ (stonatura, dovuta a variazione della velocità di riproduzione del sonoro) (*cinem. - elettroacus.*), wow. **5.** ~ a barilotto (*ott. - fot.*), barrel distortion. **6.** ~ a cuscinetto (*ott. - fot.*), cushion distortion. **7.** ~ acustica (discordanza tra i suoni trasmessi e ricevuti) (*difetto acus.*), acoustic distortion. **8.** ~ del quadro (*difetto telev.*), frame distortion. **9.** ~ del suono (in registrazione o in riproduzione: dovuta a vibrazione nel sistema meccanico, a variazione di velocità ecc.) (*difetto - eltn. - elettroacus.*), flutter. **10.** ~ di ampiezza (distorsione di prima specie) (*elettrotel.*), amplitude distortion. **11.** ~ di apertura (*telev.*), aperture distortion. **12.** ~ di armonica (in ampiezza) (*elett.*), harmonic distortion. **13.** ~ cromatica (*ott.*), chromatic distortion. **14.** ~ di fase (modificazione dell'onda) (*elettrotel. - elett. - eltn. - fis. - ecc.*), phase distortion. **15.** ~ di prima specie (distorsione di ampiezza) (*elettrotel.*), amplitude distortion. **16.** ~ di seconda specie (distorsione di fase) (*elettrotel.*), phase distortion. **17.** ~ di terza specie (*elettrotel.*), harmonic distortion. **18.** ~ d'onda (*elett.*), wave distortion. **19.** ~ lineare (*elettroacus.*), linear distortion. **20.** ~ massima (la massima ~ raggiunta in un certo periodo di tempo) (*audiovisivi - ecc.*), peak distortion. **21.** ~ non lineare (*elettroacus.*), non-linear distortion. **22.** ~ trapezoidale (del quadro) (*difetto telev.*), keystoning, keystone distortion, trapezium distortion. **23.** percentuale di ~ (in un trasduttore, rapporto fra la componente armonica dell'uscita distorta e la fondamentale sinosuidale di entrata) (*elett. - eltn.*), percent distortion. **24.** senza ~ (non distorto, nella riproduzione del suono) (*acus. - elett.*), undistorted.

distòrto (di suono ecc.) (*acus. - ecc.*), distorted. **2.** ~ (*a. - mat.*), biased.

distrarre (dalla rotta prevista, contromisurare, sviare, un siluro, radar ecc., generando dei segnali) (*mar. milit. - milit.*), to decoy.

distretto (divisione di territorio) (*amm. milit.*), district. **2.** ~ militare (*milit.*), mobilization and recruiting center.

distribuire, to distribute, to deal out, to dispense. **2.** ~ (suddividere, ripartire) (*gen.*), to part, to share. **3.** ~ (l'elaborazione, l'intelligenza ecc.) (*elab.*), to disperse. **4.** ~ a mezzo di tubazioni (*ind.*), to convey by means of pipes, to pipe. **5.** ~ uniformemente (p. es. ripartire l'onere della tassazione sulle proprietà) (*econ. - finanz.*), to equalize.

distribuito (ripartito) (*gen.*), distributed, apportioned, allotted.

distributivo (*mat.*), distributive.

distributore (*gen.*), distributor. **2.** ~ (palette distributrici: di una turbina) (*mecc.*), nozzle blades, stationary blades, guide blades. **3.** ~ (statore: gruppo palette distributrici di una turbina a gas) (*mecc.*), nozzle ring, stator. **4.** ~ (del sistema di accensione di motore) (*elett.*), distributor. **5.** ~ (valvola distributrice, della pressione) (*tubaz. - fluidica*), distributor. **6.** ~ (incaricato da un fabbricante per la distribuzione dei suoi prodotti) (*pers. comm.*), distributor. **7.** ~ (contenitore di lamette da barba per es.) (*gen.*), dispenser. **8.** ~ (~ d'accensione) (*mot. aut.*), distributor, ignition distributor. **9.** ~ (assegnatore delle priorità fra l'elaboratore e le sue unità di entrata/uscita) (*elab.*), dispatcher, scheduler. **10.** ~ a due pressioni (valvola distributrice a due pressioni) (*tubaz. - fluidica*), two-pressure distributor. **11.** ~ automatico (per francobolli, sigarette ecc. per es.) (*disp. di vendita automatico*), dispenser. **12.** ~ automatico di giornali (*giorn.*), newspaper slot-machine, automatic newspaper seller. **13.** ~ del flusso (nel sistema di alimentazione di un motore a reazione) (*mot.*), flow distributor. **14.** ~ di banconote (vedi: cassa automatica prelievi) (*banca*), cash dispenser. **15.** ~ di benzina (di stazione di rifornimento) (*aut.*), gasoline pump (am.), petrol pump (ingl.). **16.** ~ di chiamate (*telef.*), allotter. **17.** ~ di coppia (*aut.*), power divider. **18.** ~ di istruzioni (distributore di ordini, di informazioni, in una macchina a controllo numerico per es.) (*macch. calc. - eltn.*), order distributor. **19.** ~ (automatico) di monete (*gen.*), coin dispenser. **20.** ~ principale (dei prodotti di una ditta) (*comm.*), main distributor. **21.** ~ regolabile (di turbina per es.) (*mecc.*), adjustable guide blade. **22.** calotta del ~ (*elett. - aut.*), distributor cap. **23.** carboncino calotta ~ (*elett. - aut.*), distributor contact carbon. **24.** corpo del ~ (*elett. - aut.*), distributor casing.

distributrice automatica (*macch. comm.*), vending machine.

distribuzione (camme, punterie ecc.) (di un motore per es.) (*mecc.*), timing system. **2.** ~ (di locomotiva a vapore per es.) (*mecc.*), valve gear. **3.** ~ (disposizione degli ambienti) (*costr. ed.*), distribution. **4.** ~ (di energia elettrica: complesso degli impianti di trasporto) (*elett.*), distribution. **5.** ~ (consegna suddivisa) (*gen.*), distribution. **6.** ~ (di films) (*comm.*), distribution. **7.** ~ (ripartizione della priorità in una coda di richieste) (*elab.*), dispatching. **8.** ~ a cassetto (di macchina a vapore) (*mecc.*), slide valve gear. **9.** ~ a glifo (in una locomotiva) (*ferr.*), link motion. **10.** ~ asimmetrica (*stat.*), skew distribution. **11.** ~ a Y (a tre vie) (*raccordo per tubaz.*), 45° Y branch. **12.** ~ bifase a cinque conduttori (*elett.*), five-wire system. **13.** ~ binominale (*stat.*), binomial distribution. **14.** ~ casuale (casualizzazione) (*stat.* - *elab.*), randomizing. **15.** ~ chi-quadro (*stat.*), chi-square distribution. **16.** ~ con cavi in cunicoli (*elett.*), solid system cables distribution. **17.** ~ dei dividendi (da una compagnia ai suoi azionisti) (*finanz.*), capital gains distribution. **18.** ~ delle paghe (al personale dipendente) (*retribuzione pers.*), payoff. **19.** ~ delle risorse (*ricerca operativa*), resource allocation. **20.** ~ del reddito (*econ.*), income distribution. **21.** ~ del trasferimento di carico laterale sul pneumatico (*veic.*), lateral tire load transfer distribution. **22.** ~ di frequenza (*stat.* - *controllo qualità*), frequency distribution. **24.** ~ di Student (~ per una prova nella ~ probabilistica) (*stat.*), Student's distribution, t distribution. **25.** ~ di Poisson (*stat.*), Poisson distribution. **26.** ~ di Weibull (*stat.*), Weibull distribution. **27.** ~ ipergeometrica (*stat.*), hypergeometric distribution. **28.** ~ maxwelliana (*stat.* - *fis. atom.*), maxwellian distribution, maxwell distribution, maxwell-boltzmann distribution. **29.** ~ normale (*stat.*), normal distribution. **30.** ~ probabilistica (*stat.*), probability distribution. **31.** ~ t, *vedi* ~ di Student. **32.** ~ proporzionale (*ind.*), proration. **33.** albero della ~ (*mot.*), camshaft. **34.** cassetto della ~ (di macch. a vapore) (*mecc.*), slide valve. **35.** catena della ~ (*mot.*), timing chain. **36.** costi di ~ (*comm.*), distribution costs, marketing costs. **37.** impianto automatico di ~ (impianto erogatore dell'ossigeno funzionante automaticamente a bordo in funzione della quota) (*aer.*), demand system. **38.** ingranaggi della ~ (*mot.* - *mecc.*), timing gears. **39.** meccanismo della ~ (sistema comando valvole) (*mecc. aut.*), valve train. **40.** messa in fase della ~ (*mot.*), valve timing. **41.** pannello di ~ (*elett.*), distribution panel, feeder panel, distribution board. **42.** pignone della ~ (*mot.*), timing pinion. **43.** priorità di ~ (*elab.*), dispatching priority. **44.** sbarra di ~ (*elett.*), feeder bus-bar.

districare (sciogliere, sbrogliare) (*gen.*), to unravel. **2.** ~ (un problema per es.) (*gen.*), to solve.

distrùggere (*gen.*), to destroy. **2.** ~ completamente (l'automobile in un incidente) (*aut.* - *ecc.*), to total. **3.** ~ con bombe atomiche (*milit.*), to nuke.

distruttivo (di una prova di saldatura per es.) (*a.* - *tecnol. mecc.*), destructive. **2.** non ~ (p. es. di un esame che non provoca la distruzione del materiale esaminato: p. es. ai raggi X ecc.) (*a.* - *fis.* - *collaudo*), nondestructive. **3.** prova distruttiva (*tecnol. mecc.*), destructive test.

distruzione (*gen.*), destruction. **2.** ~ (neutralizzazione, di mine o cariche espl.) (*milit.*), disposal. **3.** apparecchio per la ~ di documenti (per scopi di sicurezza per es.) (*app. di uff.*), paper shredder.

disturbare (*gen.*), to disturb. **2.** ~ (intenzionalmente una emissione con l'invio di segnali di interferenza) (*radio*), to jam.

disturbo (inconveniente) (*mecc.*), trouble. **2.** ~ (di ricezione) (*radio*), noise. **3.** ~ (intenzionale) (*radio*), jamming. **4.** ~ ad impulsi (usato contro i radar, siluri e spolette di prossimità) (*radar* - *acus. sub.*), spot jamming. **5.** disturbi (di ricezione) all'altoparlante (*radio*), microphonics. **6.** disturbi atmosferici (*radio*), atmospheric disturbances, atmospherics, static, Xs. **7.** disturbi di carattere atmosferico dovuti ai fulmini (*disturbo radio*), whistlers. **8.** ~ di circuito (*elett.* - *eltn.*), circuit transient. **9.** ~ di linea (*telef.*), circuit noise. **10.** ~ (o rumore) di sfrigolìo (*radio-elettroacus.*), sizzle. **11.** ~ dovuto ad effetto granulare (*difetto radio-telev. ecc.*), shot noise, noise due to shot effect. **12.** ~ dovuto a più diafonie simultanee (*telef.*), bubble. **13.** ~ granulare (effetto granulare) (*telev.*), shot effect. **14.** disturbi locali (*radio*), radio static, static strays. **15.** ~ momentaneo (ad es. in una linea di comunicazione) (*elett.* - *comun.*), hit. **16.** grave ~ nella radioricezione dovuto a neve, pioggia, tempesta di sabbia ecc. (sperimentato a velocità di volo superiore a 160 km/h) (*radio* - *aer.*), snow static. **17.** limitatore automatico di ~ (*radio*), automatic noise limiter. **18.** senza disturbi (di ricezione radio) (*radio*), noise-free.

disuguaglianza (*mat.* - *ecc.*), inequality. **2.** ~ triangolare (*mat.*), triangle inequality.

disuniforme (irregolare, non uniforme) (*gen.*), uneven, irregular.

disuniformità (irregolarità) (*gen.*), unevenness.

disutilità (*gen.*), disutility.

ditale (*att. per cucire*), thimble.

ditata (impronta, sulla lente di una macch. fot. per es.) (*lente sporca*), fingerprint.

ditta (casa commerciale) (*ind.* - *comm.*), firm, concern. **2.** grande ~ (grande complesso industriale), corporation.

dittàfono (*app. elett.*), dictaphone.

dittògrafo (*strum.*), dictograph.

divano (*mobilio*), settee. **2.** ~ letto (*mobilio*), davenport, bed settee.

divaricamento (angolo fra la corda dell'ala superiore e quella dell'ala inferiore) (*aer.*), decalage.

divaricatore (*strum. med.*), retractor. **2.** ~ automatico (*strum. med.*), self-retaining retractor.

divario (*gen.*), difference, gap. **2.** ~ tecnologico (*tecnol.* - *ecc.*), technological gap.

diventare (*gen.*), to become, to get.

divergènte (*a.* - *ott.*), divergent. **2.** ~ (di dragamine) (*s.* - *mar. milit.*), diverter. **3.** divergenti (fissati lateralmente ad una rete a strascico per tenerne aperta la bocca) (*s.* - *pesca*), otter boards. **4.** ~ per dragaggio (*mar. milit.* - *nav.*), kite.

divergènza (*gen.*), divergence, divergency. **2.** ~ (di ruote anteriori di automobile per es.) (*mecc.*), toe-out. **3.** ~ (perturbazione di stabilità che aumenta senza oscillazione) (*aer.*), divergence. **4.** ~ (riduzione dell'intensità acus. dovuta ad un aumento dell'area in cui una data energia acus. è distribuita) (*acus. sub.*), spreading. **5.** ~ aeroelastica (instabilità aeroelastica che si verifica quando l'entità della variazione delle forze o coppie aerodinamiche supera l'entità delle forze o coppie stabilizzatrici) (*aer.*), aero-elastic divergence. **6.** ~ laterale (*aer.*), lateral divergence. **7.** ~ longitudinale (*aer.*), longitudinal divergence. **8.** esponente di ~ (*acus. sub.*), spreading exponent. **9.** perdita per ~ (*acus. sub.*), spreading loss.

divergere (*gen.*), to diverge.

divèrsi (articoli misti di difficile singola valutazione o classificazione) (*comm. - gen.*), sundries.

diversificazione (di prodotti per es.) (*ind.*), diversification.

diversione (*milit.*), diversion.

diversità (ad es. di frequenza) (*elett. - tlcm.*), diversity.

diversivo (canale per la deviazione di parte della piena) (*costr. idr.*), diversion channel.

divertore (dispositivo per deviare le particelle di un plasma) (*fis.*), diverter.

dividèndo (*mat. - comm.*), dividend. **2.** ~ (*finanz.*), dividend. **3.** accantonamento per dividendi dichiarati (in un bilancio) (*contabilità*), provision for dividend declared. **4.** acconto ~ (*finanz.*), interim dividend.

dividère (*mat. - mecc.*), to divide. **2.** ~ (separare) (*chim.*), to split. **3.** ~ (spaccare, le pelli in strati) (*ind. cuoio*), to split. **4.** ~ in parti (spartire) (*gen.*), to parcel, to divide.

divieto (*gen.*), prohibition. **2.** ~ d'inversione di marcia (*segnale traff. strad.*), no U turn. **3.** ~ di parcheggio (*traff. strad.*), parking prohibited, no parking. **4.** ~ di sorpasso (*segnale traff. strad.*), no passing, no overtaking. **5.** ~ di svolta a destra (*segnale traff. strad.*), no right turn. **6.** ~ di svolta a sinistra (*segnale traff. strad.*), no left turn. **7.** ~ di transito (*segn. traff. strad.*), no entry.

divisa (*finanz.*), currency.

divisibile (*gen.*), divisible.

divisibilità (*mat.*), divisibility.

divisione (*mat.*), division. **2.** ~ (*macch. ut.*), indexing. **3.** ~ (*milit.*), division. **4.** ~ ambiente (una delle quattro sezioni di un programma COBOL) (*elab.*), environment division. **5.** ~ angolare (in una fresatrice per es.) (*mecc.*), angular indexing. **6.** ~ composta (*mecc. - macch. ut.*), compound indexing. **7.** ~ del tempo (lavoro contemporaneo su diversi programmi, "time-sharing", multiprogrammazione) (*elab.*), time-sharing. **8.** ~ di colonna (in una scheda perforata) (*elab.*), column split. **9.** ~ differenziale (*mecc. macch. ut.*), differential indexing. **10.** ~ di polinomi col metodo di Ruffini (*mat.*), synthetic division. **11.** ~ in due metà (*gen.*), halving. **12.** ~ procedurale (di programma COBOL) (*elab.*), procedure division. **13.** errore di ~ (degli scanalati, massima differenza tra vano perfetto e vano effettivo) (*mecc.*), index error. **14.** muro (interno) di ~ (*mur.*), partition.

diviso (*a. - gen.*), divided. **2.** ~ in sezioni (o parti, settori ecc.) (*gen.*), sectional.

divisore (*mat.*), divisor. **2.** ~ (testa a dividere) (*macch. ut.*), index head, dividing head, indexing head. **3.** ~ (testa a dividere: per ingranaggi da tagliare per es.) (*app. per dentatrice ecc.*), dividing engine, dividing machine. **4.** ~ di frequenza (*eltn.*), frequency divider. **5.** ~ di tensione (partitore di tensione) (*elett.*), voltage divider, potential divider. **6.** ~ orizzontale (testa a dividere orizzontale) (*macch. ut.*), index table, horizontal indexing head. **7.** ~ ottico (testa a dividere con sistema ott.) (*mecc. - macch. ut.*), optical dividing head. **8.** ~ per cremagliere (dispositivo di divisione per cremagliere) (*macch. ut.*), rack indexing attachment. **9.** ~ universale (testa a dividere universale) (*macch. ut.*), universal indexing head, universal dividing head. **10.** massimo comun ~ (*mat.*), greatest common divisor.

divisòrio (elemento che separa) (*s. - gen.*), partition. **2.** ~ (parete divisoria) (*macch. carta*), midfeather. **3.** ~ (parete divisoria) (*mur.*), partition. **4.** ~ in vetro nell'abitacolo (divisorio all'altezza degli schienali dei sedili anteriori) (*aut.*), tonneau windshield. **5.** ~ longitudinale (*gen.*), midfeather. **6.** ~ per sedili (bracciolo di legno o di metallo) (*ferr. - aer. - ecc.*), seat division.

divorzio (*leg. - ecc.*), divorce. **2.** ~ della ferrite (difetto dell'acciaio) (*metall.*), ferrite divorce.

dizionario (*gen.*), dictionary. **2.** ~ (lista di parole inglesi, o simboli, allineate con la loro rappresentazione in codice in forma leggibile dalla macchina) (*elab.*), dictionary. **3.** ~ a codice invertito (*elab.*), reverse code dictionary. **4.** ~ automatico (*elab.*), automatic dictionary.

dizione (di film sonoro) (*cinem.*), diction.

doccia (canale di gronda, grondaia) (*ed.*), gutter, trough. **2.** ~ (*app. sanitario*), shower, shower bath, douche. **3.** ~ a V (*ed.*), arris gutter. **4.** ~ di colata (di un cubilotto) (*fond.*), pouring spout. **5.** ~ meccanica (per separare il minerale dalla terra) (*app. min.*), log washer.

doccione (tubo) (*ed.*), gargoyle.

docente (laureato che ha ottenuto la libera docenza universitaria), doctor. **2.** ~ (professore titolare di cattedra universitaria), professor.

dock (zona di porto mercantile banchinata ed attrezzata per carico e scarico) (*nav.*), dock.

documentalista (addetto alla raccolta, segnalazione e distribuzione della documentazione interessante i vari servizi di una ditta) (*ind. - ecc.*), documentalist.

documentare (*gen.*), to document.

documentario (*cinem.*), documentary film, documentary. **2.** ~ (attualità, cinegiornale) (*cinem.*), newsreel.

documentazione (*gen.*), record, memorial. **2.** ~ (*uff.*), documentation. **3.** ~ (tecnico-scientifica, destinata all'aggiornamento tecnico dei vari servizi di una ditta per es.) (*ind.*), documentation. **4.** ~ (una collezione di istruzioni memorizzate per facilitare le operazioni di programmazione ecc.) (*elab.*), documentation. **5.** centro di ~ (tecnico-

scientifica per es.) (*ind.* - *ecc.*), documentation center.
documento (*gen.*), document. **2.** ~ contro accettazione (*comm.*), document against acceptance, D/A. **3.** ~ contro pagamento (*comm.*), document against payment, DP. **4.** documenti di bordo (*leg.* - *comm.* - *nav.*), ship's papers. **5.** ~ in codice macchina (dati scritti in codice macchina) (*elab.*), machine script. **6.** ~ rappresentativo (polizza di carico ecc.) (*comm.*), document of title. **7.** ~ sorgente (~ di origine contenente i dati di base in forma ancora non leggibile dall'elaboratore) (*elab.*), source document, original document.
dodecaèdro (*geom.*), dodecahedron.
dodecàgono (*geom.*), dodecagon.
dodecàstilo (*arch.*), dodecastyle.
dodicesimo (foglio di carta piegato in dodici pagine) (*tip.*), twelvemo, duodecimo.
doga (di botte per es.), stave. **2.** cambretta per doghe (*carp.*), stave staple. **3.** serie di doghe (*carp.*), shook.
dogana (fabbricato della dogana) (*ed.*), customhouse, c.h. **2.** ~ (ufficio doganale) (*comm.*), customhouse. **3.** ~ (diritti doganali) (*comm.*), customs, custom duties. **4.** funzionario di ~ (o doganale), custom officer.
doganale, dichiarazione ~ (*comm.*), bill of entry. **2.** magazzino ~ (*comm.*), bonded warehouse. **3.** ritorsione ~ (*comm.*), countervailing duty. **4.** unione ~ (*comm.*), customs union.
doganiere (*finanz.*), customs officer.
dolce (*chim.*), soft. **2.** ~ (*metall.*), soft, mild. **3.** ~ (di negativo per es.) (*fot.*), soft. **4.** ~ (di clima) (*meteor.*), mild. **5.** rendere ~ (*chim.* - *metall.*), to soften. **6.** saldato a ~ (*tecnol. mecc.*), soft-soldered. **7.** saldatura a ~ (*tecnol. mecc.*), soft-soldering.
dolcificare (acqua) (*ind.*), to sweeten.
dolerite (*min.*), dolerite.
dolina (*geol.*), dolina, doline, sink.
dòllaro (*finanz.*), dollar. **2.** ~ (unità convenzionale di misura della reattività di un reattore nucleare; corrisponde alla reattività di un reattore immediatamente critico) (*fis. atom.*), dollar.
dòlo (*leg.*), fraud.
dolomite (*min.*), dolomite. **2.** ~ stabilizzata (*fond.* - *elett.*), stabilized dolomite.
doloso (*a.* - *leg.*), fraudulent, willful.
domanda (*gen.*), application. **2.** ~ (*econ.* - *comm.*), demand. **3.** domande di impiego (*pubbl.*), situations wanted. **4.** ~ di indennizzo (rivolta a una compagnia di assicurazione) (*ass.*), insurance claim. **5.** ~ di mercato (*comm.*), market demand. **6.** ~ di partecipazione a gara (*comm.*), application to bid. **7.** ~ ed offerta (*econ.*), supply and demand. **8.** ~ elastica (~ che presenta notevoli variazioni) (*comm.*), elastic demand. **9.** ~ e risposta (messaggio di ~ e relativa risposta) (*elab.*), message pair. **10.** ~ massima (*comm.*), peak demand. **11.** aumento della ~ (*comm.*), demand-pull.
domare (soffocare, un pozzo incendiato per es.) (*min.*), to kill.
domicilio (*gen.*), domicile. **2.** ~ legale (di una ditta) (*leg.*), registered office. **3.** venditore a ~ (*comm.*), door-to-door salesman.
dominante (di vento) (*meteor.*), prevalent.
dominato (*gen.*), controlled.
dominio (area, gruppo di valori ecc. nella o nel quale è confinata una variabile) (*mat.*), domain. **2.** ~ di integrità (*mat.*), integral domain.
donatore (*chim. atom.*), donor. **2.** ~ di protoni (*chim. atom.*), donor of protons. **3.** ~ di sangue (*med.*), blood donor.
donazione (*relazioni ind.*), donation.
dono (*gen.*), gift. **2.** ~ pubblicitario (*pubbl.*), advertising gift.
dopoborsa (*borsa - finanz.*), street market.
doppiaggio (sostituzione di una colonna sonora con altra, per es. in lingua straniera) (*cinem.* - *audiovisivi*), dubbing.
doppiare (avvolgere assieme) (*ind. tess.*), to wind together. **2.** ~ (un capo per es.) (*nav.*), to double, to weather. **3.** ~ (il parlato di un film sonoro: generalmente in lingua straniera) (*cinem.*), to dub (am.).
doppiato (di film sonoro: generalmente in lingua straniera) (*cinem.*), dubbed.
doppiatore (*cinem.*), dubber.
doppiatura (binatura) (*ind. tess.*), doubling.
doppietta (fucile a due canne) (*arma*), double-barrel, double-barreled gun. **2.** ~ (*fis.*), *vedi* dipolo.
doppietto (due linee o frequenze spettrali molto vicine) (*fis.*), doublet. **2.** ~ (due bit contigui) (*elab.*), doublet. **3.** ~ (due particelle similari elementari come neutrone e protone) (*fis. atom.*), doublet.
doppino (di una fune per es.) (*nav.*), bight. **2.** ~ (coppia di fili) (*tlcm.*), pair.
doppio, double, dual, duplex. **2.** ~ comando (*aer.*), dual control. **3.** ~ diodo (*termoion.*), double diode. **4.** ~ fondo (*gen.*), false bottom, double bottom. **5.** ~ fondo (di un sott.) (*nav.*), ballast tank. **6.** ~ fondo cellulare (*costr. nav.*), cellular double bottom. **7.** a ~ effetto (*mecc.*), double-acting.
doppiopunto (due punti) (*tip.*), colon.
doppler (effetto doppler) (*radio - radar - acus.*), doppler effect. **2.** ~ alto (effetto doppler che causa un aumento della frequenza ricevuta) (*acus.* - *radar*), up doppler effect, up doppler. **3.** ~ basso (effetto doppler che causa una diminuzione nella frequenza ricevuta) (*acus.* - *radar*), down doppler effect, down doppler. **4.** radar ~ (per misurare la velocità) (*radar*), doppler radar. **5.** spostamento ~ (nelle linee dello spettro della luce di un corpo celeste, dovuto all'effetto doppler) (*fis.* - *astron.*), doppler shift.
dopplerimetro (strum. per misurare l'effetto doppler) (*acus.* - *radar*), dopplerimeter.
dorare (*ind.*), to gold-plate, to gild.
dorato (*ind.*), gold-plated, gilded.
doratore (*op.*), gilder.

doratura (*tecnol.*), gold-plating, gilt, gilding. **2.** ~ con amalgama (a caldo) (*tecnol.*), amalgam gilding.
dorico (stile) (*arch.*), Doric.
dormiènte (*ed.*), ground beam, sleeper, shelf. **2.** ~ (*costr. nav.*), shelf-piece, shelf.
dormitòrio (*ed.*), dormitory.
dorso (di una pala d'elica) (*aer.*), back, suction face. **2.** ~ (di un'ala) (*aer.*), top surface. **3.** ~ (di un libro) (*legatoria*), back, spine. **4.** ~ (magazzino intercambiabile, contenente film: realizzato per alcuni modelli di fotocamere reflex) (*fot.*), back cover, film back magazine, film back. **5.** ~ intercambiabile (in alcuni tipi di macchina reflex) (*fot.*), interchangeable film back magazine, interchangeable back cover, interchangeable film back. **6.** ~ piatto (di un libro) (*legatoria*), flap back. **7.** ~ rigido (di un libro) (*legatoria*), tight back.
dosaggio (*chim.*), proportion of ingredients. **2.** ~ (del carb.) (*motore*), metering.
dosare (*farm. - ind.*), to proportion. **2.** ~ (la carburazione del motore) (*mot.*), to meter. **3.** ~ (il materiale, per la malta per es.) (*ing. civ. - mur.*), to batch.
dosatore (impianto di dosatura, per il calcestruzzo per es.) (*macch.*), batching plant.
dosatura (dei raggi X) (*med. radiologia*), dosage. **2.** ~ (del carb.) (*mot.*), metering. **3.** ~ (della quantità di materiale da mescolare: per la preparazione della malta per es.) (*ing. civ. - mur.*), batching. **4.** ~ della miscela (titolo della miscela) (*mot.*), mixture strength. **5.** foro di ~ (di una miscela per es.) (*ind. - ecc.*), metering orifice. **6.** incaricato della ~ (di materiali per malta per es.) (*op. mur.*), batcher.
dòse (*med.*), dose. **2.** ~ (quantità di radiazioni ricevute) (*fis. atom.*), dose. **3.** ~ letale (*fis. atom. - med.*), lethal dose. **4.** ~ massima consentita (massima esposizione consentita alle radiazioni) (*fis. atom. - med.*), tolerance dose, protective action guide, permissible dose. **5.** intensità di ~ (~ per unità di tempo) (*fis. atom. - med.*), dose rate.
dosìmetro (intensimetro, per misurare radiazioni) (*fis. atom. - radioatt.*), dosimeter. **2.** ~ (quantimetro: per misurare la quantità di raggi X) (*strum. fis.*), quantimeter. **3.** ~ a lastrina (*fis. atom.*), film badge. **4.** ~ a matita (*radioatt. - fis. atom.*), pencil dosimeter.
dosso (schiena d'asino, "cunetta") (*traff. strad.*), cat's back.
dotare (di accessori per es.) (*ind.*), to equip. **2.** ~ di calcolatori (*macch. calc.*), to computerize.
dotazione (corredo), outfit, equipment. **2.** ~ (di accessori per es.) (*ind.*), equipment. **3.** ~ di stampi (di formatura) (*att. macch. ut.*), shaping dies. **4.** dare in ~ (*gen.*), to issue. **5.** di ~ (*comm.*), on issue.
dote (coke di riscaldo, coke di avviamento del cubilotto) (*fond.*), coke bed, bed coke.
dottore (medico) (*med.*), doctor. **2.** ~ in farmacia, pharmacist. **3.** ~ in fisica, physicist. **4.** ~ in ingegneria (*ing.*), licensed engineer. **5.** ~ in legge (*leg.*), lawyer.
dovere (del denaro) (*comm.*), to owe.
dovuto (*gen.*), due.
dozzina (*comm.*), dozen.
"dracken" (pallone osservatorio, aerostato militare) (*aer.*), kite type balloon.
draga (*macch. ed.*), dredge, dredging machine, dredger. **2.** ~ (*costr. idr.*), dragboat, dredging machine. **3.** ~ (*min.*), drag. **4.** ~ (rete a strascico) (*nav.*), trawl. **5.** ~ (a nodo scorsoio per es. per afferrare ed estrarre oggetti giacenti sul fondale del mare) (*att. nav.*), grab. **6.** ~ a benna (*idr. - nav.*), grab dredge. **7.** ~ a catena di tazze (*macch. ind.*), bucket-ladder dredge. **8.** ~ ad aspirazione (*costr. idr.*), suction dredge. **9.** ~ a secchie (*costr. idr.*), bucket dredge. **10.** ~ a secco (*macch. ed.*), dry dredge. **11.** ~ a vapore (*nav. - macch. movimento terra*), steam dredger. **12.** ~ con tramogge (*macch. costr. ed.*), hopper dredger. **13.** ~ di caricamento (*min.*), loader. **14.** ~ galleggiante (per porti) (*costr. idr.*), floating dredge. **15.** ~ succhiante (*macch. ind.*), hydraulic dredge.
dragaggio (fluviale o marittimo), dredging. **2.** ~ (di mine) (*mar. milit.*), sweep, sweeping. **3.** ~ (sul fondo del mare per es.) (*lav. portuali*), dredging. **4.** ~ acustico (*mar. milit.*), acoustic sweeping. **5.** ~ di bonifica (dragaggio di sgombro) (*mar. milit.*), clearance sweep. **6.** ~ esplorativo (di mine) (*mar. milit.*), search sweep. **7.** ~ magnetico (dragaggio di mine magnetiche) (*mar. milit.*), magnetic mine sweeping. **8.** apparecchiatura di ~ (*mar. milit.*), sweeping gear, sweep. **9.** apparecchiatura di ~ ad anello (per mine magnetiche) (*mar. milit.*), loop sweep. **10.** apparecchiatura di ~ a sciabica (*mar. milit.*), A-sweep. **11.** apparecchiatura per ~ magnetico (*mar. milit.*), magnetic sweep. **12.** centro della sciabica di ~ (*mar. milit.*), cod of sweep. **13.** divergenti per ~ (*mar. milit. - nav.*), kite. **14.** impianto di ~ (fluviale o marittimo), dredging plant.
dragamine (*mar. milit.*), minesweeper. **2.** ~ costiero (MSC) (*mar. milit.*), coastal minesweeper, MSC. **3.** ~ oceanico (MSO) (*mar. milit.*), oceanic minesweeper, MSO. **4.** ~ portuale (MSI) (*mar. milit.*), inshore minesweeper, MSI.
dragare (*ing. civ.*), to dredge. **2.** ~ (mine) (*mar. milit.*), to sweep.
draglia (*nav.*), stay. **2.** ~ dei fiocchi (*nav.*), jibstay.
"dragline" (escavatore a benna strisciante) (*macch.*), dragline.
drago (aerostato militare) (*aer.*), kite balloon.
dragster (veicolo da corsa usato solo per gare di accelerazione) (*sport - aut.*), dragster.
dramma (*cinem.*), drama. **2.** ~ fluida [(3,696 cm^3 (am.), 3,551 cm^3 (ingl.)] (*mis.*), fluidram, fluid dram.
drappo (drappeggio: prodotto tessile usato per scopi ornamentali) (*ind. tess.*), drapery.
"drawback" (restituzione di dazio, rimborso fiscale) (*comm.*), drawback.

"dreadnought" (tipo di corazzata) (*mar. milit.*), dreadnought.

drenaggio (*idr. - agric.*), drainage.

drenare (*idr. - agric.*), to drain. **2.** ~ (un forno) (*mft. vetro*), to tap.

dritta (destra) (*gen.*), right hand. **2.** ~ (*nav.*), starboard. **3.** di ~ (di tribordo) (*a. - nav.*), starboard.

dritto (diritto, in linea retta) (*a. - gen.*), straight. **2.** ~ (destro) (*a. - gen.*), right-hand. **3.** ~ dell'elica (*costr. nav.*), propeller post. **4.** ~ del timone (asse del timone, anima del timone) (*nav.*), rudderpost, rudderstock. **5.** ~ di deriva (*costr. aer.*), fin post. **6.** ~ di poppa (elemento di costr. dello scafo che va dalla chiglia al ponte) (*nav.*), stern, sternpost. **7.** ~ di prua (*nav.*), stem.

drizza (manovra di sostegno di pennone o di picco) (*nav.*), tye, tie. **2.** ~ (manovra per alzare vele, pennoni o picchi) (*nav.*), halyard, halliard.

droga (agente drogante consistente in impurità aggiunte ad un semiconduttore per alterarne la conduttività) (*eltn.*), dopant, dope, impurity.

drogare (un semiconduttore) (*eltn.*), to dope.

drogaggio (l'atto di aggiungere una droga ad un semiconduttore) (*eltn.*), doping.

dròghe (spezie: merci coloniali alimentari) (*comm.*), groceries.

droghière (*comm.*), grocer.

drosometro (per misurare la quantità di rugiada che si deposita) (*strum. meteor.*), drosometer.

drusa (gruppo di cristalli impiantati su una base comune) (*min.*), druse.

duale (*a. - mat.*), dual.

dueàlberi (*s. - nav.*), two-master.

duglia (giri di gomena raccolti in tondo) (*nav.*), fake, coil of rope.

dumping (esportazione sottocosto) (*comm.*), dumping.

duna (*geogr.*), dune.

"dune buggy" (veicolo a motore con pneumatici sovradimensionati, per spiagge sabbiose) (*veic.*), dune buggy.

duo (treno duo) (*laminatoio*), two-high mill.

duòmo (*arch.*), cathedral. **2.** ~ (di una locomotiva per es.) (*ferr.*), dome, steam dome. **3.** ~ (sommità a cupola di rocce eruttive) (*geol.*), dome. **4.** ~ (sul cielo di un serbatoio) (*serbatoio*), tank dome. **5.** scala dei duomi (*ferr.*), dome ladder.

duopolio (condizione di mercato con due soli produttori delle stesse merci) (*comm.*), duopoly.

duplex (collegamento telefonico) (*telef.*), two-party line system, party connection for two subscribers. **2.** ~ a doppio canale (*telecom.*), double-channel duplex. **3.** ~ d'antenna (*radio*), antenna duplexing. **4.** ~ integrale, ~ totale (a bidirezionalità simultanea) (*elab. - telecom.*), full duplex. **5.** a ~, con sistema ~ (che permette telecomunicazioni simultanee in opposte direzioni) (*a. - tlcm.*), duplex.

duplicare (riprodurre) (*gen.*), to duplicate, to replicate. **2.** ~ (fare copia) (*elab.*), to copy.

duplicato (*a. - gen.*), duplicated, duplicate. **2.** ~ (*a. - s. - uff.*), duplicate.

duplicatore (*radio*), doubler. **2.** ~ (per fare copie: di lettere per es.) (*app. uff.*), duplicator. **3.** ~ di dattiloscritti (o disegni) (*macch.*), duplicator. **4.** ~ di frequenza (*radio*), frequency doubler. **5.** ~ di schede (riproduttore di schede) (*elab.*), card reproducer, card copier. **6.** ~ di tensione (*radio*), voltage doubler. **7.** ~ litografico (*att. lit.*), multilith. **8.** ~ tipografico (per lettere) (*att. tip.*), multigraph.

dura (durra) (*agric.*), durra, Indian millet.

dural (duralluminio) (*metall.*), dural, duralumin.

duralluminio (*metall.*), duralumin, dural.

durame (massello, cuore del legno, parte più dura e compatta di un tronco) (*falegn.*), duramen, heartwood.

durare (*gen.*), to last. **2.** ~ 5 volte di più di (*gen.*), to outlast by 5 to 1.

durata (tempo impiegato) (*gen.*), duration, durableness. **2.** ~ (di un motore per es.), life. **3.** ~ (autonomia di durata) (*aer.*), endurance. **4.** ~ (durabilità) (*vn.*), durability. **5.** ~ a fatica (numero di cicli sopportati in una data condizione di prova) (*prove a fatica*), fatigue life. **6.** ~ alla flessione (di un pneumatico per es.) (*ind. gomma*), flex life. **7.** ~ allo stato liquido (di resine liquide per es., in un recipiente) (*chim. fis.*), liquid life. **8.** ~ a magazzino (tempo di passivazione, di resine, adesivi ecc.) (*ind. chim.*), shelf life, pot life. **9.** ~ del ciclo di scatto (*cinem.*), feeding time. **10.** ~ del contatto (di denti di ingranaggio per es.) (*mecc.*), period of contact. **11.** ~ della coda sonora (*acus.*), reverberation time, reverberation period. **12.** ~ delle piastre (di un accumulatore per es.) (*elett.*), plates life. **13.** ~ di una generazione (di neutroni) (*fis. atom.*), generation time. **14.** ~ di una operazione (*gen.*), time required for an operation. **15.** ~ in vaso aperto (periodo di utilizzazione di resine per es.) (*chim. ind.*), open pot life. **16.** ~ media (di una macchina per es.) (*gen.*), average life. **17.** prova di ~ (di un motore al banco) (*mot.*), endurance test.

durévole (*gen.*), durable.

durezza (*fis. - metall. - tecnol. mecc.*), hardness. **2.** ~ (dell'acqua) (*chim.*), hardness. **3.** ~ (di materiali) (*ind.*), hardness. **4.** ~ (di una negativa per es.) (*fot.*), hardness. **5.** ~ a caldo (dell'acciaio rapido per mot. per es.) (*metall.*), red hardness. **6.** ~ Brinell (*tecnol. mecc.*), Brinell hardness. **7.** ~ di cementazione (durezza superficiale dovuta alla cementazione) (*metall.*), case hardness. **8.** ~ di penetrazione (di raggi X) (*fis.*), hardness. **9.** ~ di una radiazione (*radiologia med.*), hardness of radiation. **10.** ~ Knoop (dei metalli per es.) (*mis. di durezza*), Knoop hardness. **11.** ~ permanente (di acqua) (*chim.*), permanent hardness. **12.** ~ Rockwell (*tecnol. mecc.*), Rockwell hardness. **13.** ~ Rockwell (con penetratore a cono di diamante) (*tecnol. mecc.*), (cone) Rockwell hardness, R_c. **14.** ~ Rockwell (con penetratore a sfera di acciaio) (*tecnol. mecc.*), (ball) Rockwell hardness, R_b. **15.** ~ sclerometrica (di minerale per es.), sclerometric hardness, scratch hardness. **16.** ~ secondaria (durezza determinantesi durante il rinvenimento di alcuni acciai temprati in precedenza) (*tratt. term.*), secondary hardening. **17.** ~ temporanea (di acqua) (*chim.*), temporary hardness. **18.** ~ totale (di acqua) (*chim.*), total hardness. **19.** ~ Vickers (*tecnol. mecc.*), Vickers hardness. **20.** gradi internazionali ~ gomma (*ind. gomma*), international rubber hardness degrees. **21.** numero di ~ (*tecnol. mecc.*), hardness number. **22.** numero di ~ Brinell (*tecnol. mecc.*), Brinell hardness number, BHN. **23.** numero di ~ con piramide di diamante (*mecc.*), diamond hardness number, DHN. **24.** numero di ~ Vickers (con piramide di diamante) (*tecnol. mecc.*), Vickers pyramid number, VPN.

duro (*a. - fis.*), hard. **2.** ~ (dell'acqua) (*chim.*), hard. **3.** ~ (di suono) (*acus.*), hard. **4.** ~ al calor rosso (di acciaio rapido per es.) (*metall.*), red-hard.

duròmetro (*strum.*), hardometer, durometer.

dùttile (*metall.*), ductile.

duttilità (*metall.*), ductility.

dynatron, *vedi* oscillatore dinatron.

E

"E" (potenziale) (*elett.*), E, Potential difference. **2.** ~ (estate) (*nav.*), S, summer.
ebanista (*lav.*), cabinet-maker.
ebanisteria (*lav. legno*), cabinet work.
ebanite (*mft. gomma*), hard rubber, ebonite.
"ebanizzare" (conferire l'apparenza dell'ebano) (*ind.*), to ebonize.
"ebanizzato" (*a. - ind.*), ebonized.
èbano (*legn.*), ebony.
ebollizione (*fis.*), ebullition, boiling. **2.** ~ (di una batteria) (*elettrochim.*), gassing. **3.** ~ (ribollimento dell'acciaio fuso liquido, nel forno) (*metall.*), boil. **4.** basso punto di ~ (*fis.*), low boiling point. **5.** punto di ~ (*fis.*), boiling point, b.p. **6.** punto di ~ finale (*fis.*), end boiling point. **7.** punto iniziale di ~ (*fis.*), initial boiling point, IBP. **8.** temperatura di ~ (*fis.*), boiling temperature.
ebulliòmetro (ebullioscopio) (*strum. chim.*), ebullioscope.
ebullioscopia (*chim.*), ebullioscopy.
ebullioscopio (*strum. chim.*), ebullioscope.
"EC" (etilcellulosa) (*materia plastica*), EC, ethylcellulose.
eccedente (*gen.*), exceeding.
eccedènza (*contabilità*), surplus. **2.** ~ (*gen.*), excess. **3.** ~ attiva (saldo attivo) (*contabilità*), credit balance. **4.** ~ attiva (rateo attivo, in un bilancio per es.) (*contabilità*), accrued income. **5.** ~ passiva (saldo passivo) (*contabilità*), debit balance. **6.** ~ passiva (rateo passivo, in un bilancio per es.) (*contabilità*), accrued liability.
eccentricità (*mecc.*), eccentricity, radial runout. **2.** ~ (alzata: di una camma) (*mecc.*), throw. **3.** ~ del bordo (di una ruota per es.) (*mecc.*), radial truth. **4.** grado di ~ (*mecc.*), degree of eccentricity.
eccèntrico (*a. - geom.*), eccentric. **2.** ~ (*s. - mecc.*), cam, eccentric. **3.** ~ (per spostare i licci su un telaio meccanico) (*macch. tess.*), tappet. **4.** ~ (*mecc.*), *vedi anche* camma. **5.** ~ d'arresto (*app. sollevamento*), grip eccentric. **6.** scatola degli eccentrici (di una macchina tessile per es.) (*mecc.*), cam box.
eccèsso (*gen.*), excess. **2.** ~ d'aria (*comb.*), excess of air. **3.** ~ di calore (*term.*), excess of heat. **4.** ~ di fumo (vernice persa per eccesso di aria o di pressione) (*difetto vn.*), overspray. **5.** in ~ (~ di) (*gen.*), excess of.
eccezionale (eccellente) (*a. - gen.*), outstanding.
eccezionalmente (in via eccezionale) (*gen.*), exceptionally.
eccezione (*gen.*), exception. **2.** segnalazione (scritta) delle eccezioni (*elab.*), exception reporting. **3.** sistema del principio di ~ (*elab.*), exception principle system. **4.** sollevare eccezioni (*leg.*), to raise pleas.
eccipiente (sostanza inerte) (*chim. - farm.*), excipient.
eccitare (*elett.*), to excite, to energize.
eccitarsi (di relè per es.) (*elett.*), to be energized, to be excited.
eccitato (di relè per es.) (*elett. - ecc.*), energized. **2.** ~ (per es. di un atomo che ha un'alta energia cinetica) (*a. - fis. atom.*), hot.
eccitatore (*elett.*), exciter.
eccitatrice (dinamo) (*elett.*), exciter. **2.** dinamo ~ (*elett.*), exciting dynamo.
eccitazione (*elett.*), excitation. **2.** ~ (attrazione, di un relè) (*elett.*), pickup. **3.** ~ (di un atomo, un elettrone, una molecola per es.) (*fis. atom.*), excitation. **4.** ~ ad impulso (*radio*), impulse excitation, shock excitation. **5.** ~ composta (*radio*), compound excitation. **6.** ~ differenziale (ottenuta da due avvolgimenti) (*elett.*), differential excitation. **7.** ~ di griglia (*radio*), grid excitation. **8.** ~ in derivazione (*mot. elett.*), shunt excitation. **9.** ~ indipendente (*mot. elett.*), separate excitation. **10.** ~ in serie (*mot. elett.*), series excitation. **11.** ~ per collisione (di particelle; p. es. in un gas) (*fis. atom.*), collision excitation. **12.** ~ termica (aumento di energia interna per collisione di particelle) (*fis. atom.*), thermal excitation. **13.** ad ~ composta (*mot. elett.*), compound-wound, compound. **14.** ad ~ separata (di un generatore elettrico per es.) (*elettromecc.*), separately excited. **15.** corrente di ~ (corrente di attrazione, di un relè) (*elett.*), pick-up current. **16.** energia di ~ (*fis. atom.*), excitation energy. **17.** livello di ~ (*fis. atom.*), excitation level. **18.** motore (a corrente continua) ad ~ composta (*mot. elett.*), compound motor.
eccitone (in un cristallo semiconduttore: una coppia elettrone-lacuna) (*fis. atom.*), exciton.
eccitonica (studio del comportamento degli eccitoni nei dielettrici e semiconduttori (*fis. atom.*), excitonics.

eccitron (tipo di raddrizzatore a vapori di mercurio) (*elett.*), excitron.
ecclimetro (clinometro, per la misura di angoli di elevazione) (*strum. top.*), clinometer.
echino (ovolo) (*arch.*), echinus, thumb.
eclissi (*astr.*), eclipse. **2.** ~ anulare (*astr.*), annular eclipse. **3.** ~ lunare (*astr.*), lunar eclipse. **4.** ~ parziale (*astr.*), partial eclipse. **5.** ~ solare (*astr.*), solar eclipse. **6.** ~ totale (*astr.*), total eclipse.
eclìttica (*astr.*), ecliptic.
èco (*acus. - radio - radar*), echo. **2.** ~ (doppia immagine) (*telev.*), ghost, ghost image. **3.** echi (*acus. - radio - radar*), echoes. **4.** ~ (visualizzazione della informazione che è stata battuta, ritrasmissione [dell'informazione ricevuta] al punto di partenza) (*elab.*), echo. **5.** ~ del mare (*radar*), sea echo. **6.** echi di disturbo (*radar*), clutter. **7.** ~ di terra (*radar*), terrain echo, ground return. **8.** echi indesiderabili (*radar*), undesirable echoes, clutter. **9.** ~ lunga (*radio - radar*), elongated echo. **10.** echi multipli (echi ripetuti) (*acus. - radio*), multiple echoes. **11.** ~ parassita (~ o interferenze indesiderate sullo schermo radar) (*radar*), clutter. **12.** echi ritardati (*acus. - radio*), delayed echoes. **13.** ~ telefonica (*telef.*), telephone echo. **14.** contro gli echi indesiderabili (*a. - radar*), anticlutter. **15.** falsa ~ (*radar*), false echo. **16.** sezione d' ~ (superficie d' ~ : quella parte dell'area di un bersaglio [costituito da un oggetto in volo per es.] che riflette al radar le onde elettromagnetiche) (*radar.*), radar cross section, echo area, RCS. **17.** soppressore d' ~ (*app. elettroacus.*), echo-suppressor. **18.** superficie d' ~ (*radar*), *vedi* sezione d' ~. **19.** verifica mediante ~ (controllo della precisione di trasmissione di un segnale facendolo ritornare alla sorgente) (*elab. - macch. ut. a c.n.*), echo testing, echo checking.
ecocardiografia (esame cardiografico eseguito mediante la riflessione di onde ultrasonore) (*med.*), echocardiography.
ecocidio (distruzione ecologica: conseguente al passaggio di azioni belliche infestanti per es.) (*ecol.*), ecocide.
ecogoniometria (tecnica di misurazione delle distanze mediante echi acustici) (*acus. - nav.*), echo sounding, echoranging.
ecogoniòmetro (*strum. acus.*), echo-detection goniometer. **2.** ~ (apparecchio per la localizzazione di oggetti sommersi) (*acus. sub.*), asdic (ingl.), sonar (am.). **3.** ~ ad effetto ombra (usato per localizzare piccoli oggetti sul fondo del mare) (*mar. milit. - acus. sub.*), shadowgraph. **4.** ~ a profondità variabile (il cui trasduttore può essere abbassato nell'acqua per sistemarlo al disotto della linea di brusca variazione del gradiente termico) (*mar. milit. - acus. sub.*), variable-depth sonar. **5.** ~ cacciamine (ecogoniometro cercamine) (*strum. acus. sub.*), minehunting sonar. **6.** ~ passivo (per misurare distanze) (*strum. acus. sub.*), passive sonar. **7.** equazione dell' ~ (equazione del sonar, equazione che permette di calcolare la distanza di acquisizione di un ecogoniometro) (*acus. sub.*), sonar equation.
ecografia (esame eseguito mediante onde ultrasonore rilevate su schermo video) (*med.*), echography.
ecolocalizzare (*radar - ecosonda*), to echolocate.
ecologia (studio delle relazioni reciproche tra gli organismi ed il loro ambiente: scienza antinquinamento) (*sc.*), ecology. **2.** effetto delle radiazioni sulla ~ (derivante da materiali radioattivi) (*ecol. nucleare*), radioecology.
ecologico-geografico (*a. - ecol. - geogr.*), ecogeographic.
ecologo (esperto di ecologia) (*pers.*), ecologist, environmentalist.
ecòmetro (*strum. aut.*), fuel, economy gauge. **2.** (ecoscandaglio) (*strum. mar. milit.*), echo-sounding gear. **3.** ~ (per misurare gli intervalli fra i suoni diretti e i loro echi) (*strum. acus.*), echometer.
econometria (statistica economica) (*comm.*), econometrics.
econometrico (relativo all'applicazione della statistica e della matematica alle teorie economiche) (*econ.*), econometric. **2.** modello ~ (*econ.*), econometric model.
econometro (*strum. aut.*), fuel economy gauge.
economìa (*gen.*), economy, saving. **2.** ~ (*scienza*), economics. **3.** ~ del benessere (*econ.*), welfare economics. **4.** ~ pianificata (*econ.*), planned economy. **5.** ~ sommersa (*econ.*), black economy.
economicità (convenienza economica, di un processo) (*tecnol.*), economy.
econòmico (*a. - gen.*), economic, economical. **2.** ~ (*a. - comm.*), economy. **3.** miracolo ~ (*econ.*), economic miracle.
economista (studioso di scienze economiche) (*pers.*), economist.
economizzare (*comm.*), to save, to economize.
economizzatore (*disp. mecc. - term. - ecc.*), economizer.
economo (amministratore) (*lav.*), economist.
ecoscandaglio (ecometro, scandaglio acustico) (*strum. nav.*), echo sounder, echo-sounding gear.
ecosfera (zona dell'universo ove la vita è possibile) (*gen.*), ecosphere.
ecosistema (unità ecologica) (*ecol.*), ecosystem, biogeocoenosis.
ecosonda (scandaglio acustico, ecometro, ecoscandaglio) (*app. nav.*), echo sounder, echo-sounding gear.
ECU (scudo, moneta europea) (*finanz.*), Eurocurrency, European Currency Unit.
edicola (chiosco) (*ed.*), kiosk. **2.** ~ (piccolo tempio) (*arch.*), aedicula.
edificare (*ed.*), to build.
edificio (*arch.*), building, edifice. **2.** ~ adibito a portineria (*ed.*), gatehouse, keeper's lodge. **3.** ~ a tenuta (del reattore: fabbricato di contenimento)

(*fis. atom.*), containment building. **4.** ~ con tetto a shed (*ed.*), sawtooth roof building.
edile (*a. - ed.*), building.
edilizia (*s. - ed.*), building.
edilizio (*a. - ed.*), building.
editore (*stampa*), publisher.
editoria (*comm. - tip.*), publishing trade.
editoriale (articolo di fondo) (*giorn.*), editorial, leader, leading article.
edizione (di opere e giornali) (*tip.*), edition. **2.** ~ (numero di copie stampate nella stessa tiratura) (*elab. - tip.*), edition. **3.** ~ di lusso (*tip.*), de luxe edition. **4.** curare l' ~ (*elab.*), *vedi* redigere. **5.** segretaria di ~ (*cinem.*), continuity girl.
eduzione (estrazione di acqua dalle miniere) (*min.*), pumping.
effemeride (*astr.*), ephemeris. **2.** effemeridi astronomiche (*astr.*), astronomical ephemerides.
effervescènte (*fis.*), effervescent, sparkling.
effervescènza (*fis.*), effervescence, effervescency, sparkling.
effettivo (*a. - gen.*), actual. **2.** effettivi (dipendenti, organico, forza: di un'industria) (*ind.*), manpower.
effètto (*gen.*), effect. **2.** ~ (*comm. - finanz.*), bill, note of hand, promissory note. **3.** ~ (impressione provocata su chi guarda; azione provocata da un manifesto per es.) (*pubbl. - ecc.*), impact. **4.** ~ a fior di ghiaccio (*difetto vn.*), frosting. **5.** ~ antipicchiante (di una sospensione, per ridurre la picchiata quando si frena) (*aut.*), anti-dive effect. **6.** ~ aspirante (*mot. - pompa*), sucking effect (or action). **7.** ~ Barkhausen (salto di Barkhausen, in materiali ferromagnetici; la magnetizzazione non cambia quando cambia il campo magnetico) (*elett.*), Barkhausen effect. **8.** ~ camino (impulso che fa salire i gas caldi in un condotto verticale) (*term.*), stack effect. **9.** ~ capacitivo della mano (*radio*), hand capacity effect. **10.** ~ (comico) ottenuto mediante il rallentamento della macchina da ripresa (effetto Chaplin) (*cinem.*), stop motion effect, time-lapse motion picture effect. **11.** ~ corona (tipo di scarica luminescente) (*elett.*), corona effect. **12.** ~ cuscinetto (distorsione a cuscinetto) (*difetto telev.*), pincushion distortion. **13.** ~ della carica spaziale (in una valvola termoionica per es.) (*eltn.*), space-charge effect. **14.** ~ del suolo (di elicotteri: effetto che permette una rapida ascesa iniziale, dovuto alla compressione dell'aria operante tra rotore e suolo) (*aer.*), ground effect. **15.** ~ del suolo per il decollo e l'atterraggio (*aer.*), ground effect for take-off and landing, GETOL. **16.** ~ di carrello (carrellata) (*cinem.*), tracking (or travel) shot effect. **17.** ~ di Coriolis (accelerazione che provoca uno spostamento dell'orizzonte apparente) (*astr. - navigazione*), Coriolis effect. **18.** ~ di fluttuazione casuale (*termoion.*), flicker effect. **19.** ~ di girorilassamento (*fis. dei plasmi*), gyrorelaxation effect. **20.** ~ di massa (determinante una variazione delle proprietà dalla superficie verso l'interno di un pezzo sottoposto a trattamento termico) (*metall.*), mass effect. **21.** ~ dinamico (effetto di presa dinamica, compressione risultante dalla presa dinamica dell'aria) (*aer.*), ram effect. **22.** ~ di notte (errore di rilevamento dovuto alla polarizzazione delle onde ricevute) (*radio*), polarization error. **23.** ~ di prossimità (variazione nella distribuzione della corrente alternata in un conduttore dovuta alla vicinanza di altro corpo conduttore) (*elett.*), proximity effect. **24.** ~ di scabrosità (*mecc. dei fluidi*), roughness effect. **25.** ~ di scala (*aerodin.*), scale effect. **26.** ~ di strizione (contrazione radiale di una colonna di plasma) (*fis. atom.*), pinch effect. **27.** ~ di tremolio (sfarfallio) (*radio*), flicker effect. **28.** ~ doppler (*acus. - radar*), doppler effect. **29.** ~ elettromeccanico (~ fra due conduttori strettamente vicini, percorsi da corrente) (*elettromag.*), motor effect. **30.** ~ elettronico (o Edison) (*elett.*), Edison effect. **31.** ~ fotoelettromagnetico (di un semiconduttore illuminato e posto in un campo magnetico) (*eltn.*), photoelectromagnetic effect. **32.** ~ fotoelettrico (*fis.*), photoelectric effect. **33.** ~ frenante (*mecc.*), braking effect. **34.** ~ giroscopico (*mecc.*), gyroscopic effect. **35.** ~ granulare (rumore di fondo in un amplificatore) (*termoion.*), shot effect. **36.** ~ Hall (*elett.*), Hall effect. **37.** ~ indurente (*ind. gomma*), hardening effect. **38.** ~ Josephson (di superconduzione su superconduttori alla opportuna temperatura) (*fis. atom.*), Josephson effect. **39.** ~ Joule (*elett. term.*), Joule effect. **40.** ~ Kelvin (*elett.*), Kelvin effect. **41.** ~ Kerr (rotazione del piano di polarizzazione della luce) (*ott. - elett.*), Kerr effect. **42.** ~ Langmuir (ionizzazione spontanea di un atomo durante l'assorbimento da una superficie metallica) (*fis. atom.*), Langmuir effect. **43.** ~ Larsen (reazione) (*radio*), Larsen effect. **44.** ~ locale (disturbo dovuto alla contemporanea ricezione dei suoni provenienti dalla fonte e dal ricevitore) (*difetto tlcm.*), sidetone. **45.** ~ Lussemburgo (*radio*), Luxemburg effect. **46.** ~ magnetostrittivo, *vedi* magnetostrizione. **47.** ~ Magnus (di una corrente di aria su un cilindro rotante verticalmente) (*fis.*), Magnus effect. **48.** ~ meccanotermico (*fis.*), mechanocaloric effect. **49.** ~ microfonico (variazione nell'emissione di una valvola dovuta a vibrazione meccanica della struttura dell'elettrodo) (*radio*), microphonic effect, microphony. **50.** ~ miraggio (eccezionale rifrazione delle radioonde dovuta a particolari condizioni atmosferiche) (*comun.*), mirage effect. **51.** effetti musicali (*elab.*), musical effects. **52.** ~ neve (*telev. radar*), snow. **53.** ~ notte (su segnali) (*radio*), night effect. **54.** ~ ovonico (passaggio da non conduttore a semiconduttore di particolari tipi di vetro se sottoposti a particolari tensioni elettriche) (*elett. - eltn.*), ovonic effect. **55.** ~ pelle (fenomeno dell'alta frequenza) (*elett.*), skin effect. **56.** ~ Peltier (*elett.*), Peltier effect. **57.** effetti personali (contenuti nella valigia di un viaggiatore per es.)

(*ass.*), personal effects. **58.** ~ piezoelettrico (*fis. - elett.*), piezoelectric effect. **59.** ~ raggrinzante (*vn.*), wrinkle finish. **60.** ~ scaldante (*term.*), heating effect. **61.** ~ schermante (*fis.*), screening effect, shielding effect. **62.** ~ Seebeck (effetto termoelettrico) (*elett.*), Seebeck effect. **63.** ~ serra (sulla temperatura della superficie terrestre) (*meteor.*), greenhouse effect. **64.** ~ successivo (*gen.*), aftereffect. **65.** ~ Thomson (*elett. - term.*), Thomson effect. **66.** ~ tunnel (*fenomeno fis.*), tunnel effect. **67.** ~ valanga (moltiplicazione cumulativa di lacune ed elettroni in un semiconduttore sottoposto a forte campo elettrico) (*eltn.*), avalanche effect. **68.** ~ valvolare (fenomeno in alcuni metalli, i quali, quando immersi in una soluzione elettrolitica, permettono alla corrente di passare solo in una direzione a causa della formazione di ossido alla superficie) (*metall.*), valve effect. **69.** ~ Volta (*elett.*), Volta effect. **70.** ~ Zeeman (*fis.*), Zeeman effect. **71.** ~ Zener (di un semiconduttore) (*eltn.*), Zener effect. **72.** ad ~ di suolo (a cuscino d'aria) (*aer. - ecc.*), ground-effect. **73.** a doppio ~ (detto di pressa per es.) (*a. - mecc.*), double-acting. **74.** a semplice ~ (detto di pressa per es.) (*a. - mecc.*), single-acting. **75.** avere ~ (essere in vigore) (*leg.*), to be effective. **76.** scarica che dà luogo all'~ corona (alone di luce attorno al conduttore che scarica) (*elett.*), corona discharge.

effettuabile (eseguibile, realizzabile) (*gen.*), feasible, capable of being carried out.

efficace (*a. - gen.*), effective. **2.** valore ~ (*elett.*), effective value.

efficacemente, efficiently, effectively.

efficacia (*gen.*), effectiveness, efficacy.

efficiènte (*gen.*), efficient. **2.** ~ (idoneo al servizio) (*gen.*), serviceable.

efficiènza, efficiency. **2.** ~ aerodinamica (di un profilo aerodinamico) (*aer.*), efficiency, efficiency lift factor. **3.** periodo di ~, o durata di ~ (periodo di tempo durante il quale l'elaboratore è rimasto affidabilmente in servizio) (*elab.*), effective time. **4.** ~ luminosa (rendimento luminoso o luce: di una lampada) (*fis. - illum.*), efficiency.

efflorescènza (*chim. - fis.*), efflorescence. **2.** ~ (su di un muro di mattoni) (*mur.*), bloom, blooming. **3.** ~ (biancastra, che appare su di una superficie di cemento fresco) (*ed.*), laitance. **4.** ~ (*ind. gomma*), blooming. **5.** presentare ~ (un muro per es.) (*mur.*), to bloom.

effluènte (*a. - gen.*), outflowing. **2.** ~ (liquame) (*s. - gen.*), effluent. **3.** ~ (liquido di rifiuto, acqua o liquame, uscente da un impianto di trattamento per es.) (*s. - ed.*), effluent (n.).

effluire (di un liquido per es.) (*gen.*), to flow out, to run out.

efflusso (*fis.*), outflow. **2.** ~ (di liquidi, di gas per es.), efflux, outflow, flow, discharge. **3.** ~ costante (*idr. - fis.*), steady flow, steady efflux, steady outflow, steady discharge. **4.** coefficiente di ~ (*idr.*), discharge coefficient, coefficient of discharge, coefficient of efflux.

effluvio (in un gas) (*elett.*), glow discharge. **2.** ~ (scarica dovuta a ionizzazione) (*elett.*), effluve.

effusiometro (per misurare la densità dei gas) (*app. fis.*), effusiometer.

effusione (*fis.*), effusion.

effusivo (*a. - geol.*), effusive.

effusore (di entrata nella galleria del vento) (*aerodin.*), entrance cone. **2.** ~ a sezione variabile (per variare la velocità del getto di un reattore) (*mot. aer.*), variable-area propelling nozzle.

eguaglianza (*mat.*), equality.

eguale (*a. - gen.*), equal.

egualizzatore (di macch. tessile), evener.

einsteinio, einstenio (elemento radioattivo, numero atomico 99) (Es - *chim. - radioattivo*), einsteinium.

eiettare (*fis. - idr.*) to eject, to spout.

eiettore (*mecc.*), ejector. **2.** ~ di aria (per togliere aria da un condensatore di vapore) (*app. per impianto utilizzazione vapore*), air ejector.

elaborabile (*elab.*), processable. **2.** ~ da macchina (atto ad essere eseguito da un elaboratore) (*elab.*), machine processable, machine processible.

elaborare (un progetto per es.) (*gen.*), to work out. **2.** ~ (*elab.*), to process.

elaboratore (calcolatore elettronico per elaborazione programmata e memorizzazione dati) (*elab.*), computer. **2.** ~ a byte (calcolatore che opera soltanto con byte) (*elab.*), byte machine, byte processor. **3.** ~ analogico (calcolatore analogico) (*elab.*), analogue computer. **4.** ~ a programma cablato (le cui istruzioni di elaborazione vengono predisposte effettuando opportune connessioni su di un particolare pannello estraibile) (*elab.*), wired-program computer. **5.** ~ a programma memorizzato (che ha le istruzioni memorizzate in modo permanente) (*elab.*), stored-program computer. **6.** ~ a stato solido (calcolatore senza valvole termoioniche, a semiconduttori) (*elab.*), solid state computer. **7.** ~ ausiliario, *vedi* ~ satellite. **8.** ~ bufferizzato (~ a memoria di transito) (*elab.*), buffer computer, buffered computer. **9.** ~ centrale, *vedi* unità centrale di elaborazione. **10.** ~ (di tipo) commerciale (calcolatore adatto alla gestione commerciale) (*elab.*), commercial computer. **11.** ~ (di) dati (*elab.*), data processor. **12.** ~ dati programmato, programmed data processor, PDP. **13.** ~ di impiego universale (calcolatore non dedicato) (*elab.*), general-purpose computer. **14.** ~ di liste (~ di dati in strutture concatenate) (*elab.*), list processor, LISP. **15.** ~ di programma oggetto (*elab.*), object computer. **16.** ~ di riserva (come in un sistema duplex) (*elab.*), standby computer. **17.** ~ di visualizzazione (calcolatore fornito di archivio di visualizzazione) (*elab.*), display processor. **18.** ~ duplex (costituito da due elaboratori di cui uno di riserva all'altro) (*elab.*), duplex computer. **19.** ~ elettronico, *vedi* elaboratore. **20.** ~ frontale ausiliario (minielaboratore che interfaccia un altro calcolatore) (*elab.*), front-end computer. **21.** ~ gestionale (*elab.*), business computer. **22.** ~ incorporato (~ particolare incorporato in una macchina [fotografica per es.] per controllarne il funzionamento) (*elab.*), embedded system computer. **23.** ~ incrementale (calcolatore differenziale) (*elab.*), incremental computer. **24.** ~ in decimale (*elab.*), decimal computer. **25.** ~ industriale (per macchina utensile, per controllo di processo industriale ecc.) (*elab. - ind.*), sensor-based computer. **26.** ~ orientato al carattere (~ orientato verso caratteri piuttosto che alle parole) (*elab.*), character oriented computer. **27.** ~ ottico (*elab.*), optical computer. **28.** ~ parallelo simultaneo, *vedi* multiprocessore. **29.** ~ per controllo di processo, o di produzione (~ che provvede al controllo continuo di un processo industriale) (*elab. - ind.*), process control computer. **30.** ~ per controllo di volo (*aer. - elab.*), flight-path computer. **31.** ~ per prenotazioni (*elab. - trasp. - ecc.*), booking computer. **32.** ~ polivalente, *vedi* ~ universale. **33.** ~ principale (od ospite) (*elab.*), host processor. **34.** ~ satellite, o ausiliario (elabora lavori ausiliari sotto il controllo dell'elaboratore principale) (*elab.*), satellite computer. **35.** ~ scientifico (*elab.*), scientific computer. **36.** ~ scolastico (*elab. - scuola*), educational computer.**37.** ~ simultaneo (è costituito da unità "hardware" separate e simultaneamente in funzione, ciascuna delle quali elabora una parte del programma) (*elab.*), simultaneous computer. **38.** ~ specializzato (progettato per risolvere particolari problemi) (*elab.*), special-purpose computer. **39.** ~ universale (*elab.*), all-purpose computer. **40.** limitato dalla velocità dell' ~ (quando il tempo di elaborazione eccede il tempo di scritturazione) (*elab.*), computer-bound.

elaborazione (di dati) (*elab.*), processing. **2.** ~ (calcolazione di numeri) (*macch. calc. - elab.*), computing. **3.** ~ a bassa priorità (~ non prioritaria) (*elab.*), background processing, backgrounding. **4.** ~ a dialogo, *vedi* ~ interattiva. **5.** ~ a distanza (in sistemi cui si accede a mezzo di terminali tra loro molto distanti) (*elab.*), remote processing. **6.** ~ a lotti (*elab.*), batch processing. **7.** ~ a richiesta (o immediata) (*elab.*), demand processing. **8.** ~ asincrona (~ non dipendente dal temporizzatore) (*elab.*), asynchronous processing. **9.** ~ automatica di dati sorgente (*elab.*), source data automation. **10.** ~ contemporanea (o concorrente), *vedi* multiprogrammazione. **11.** ~ automatica dei dati (*calc.*), datamation. **12.** ~ di controllo rete (*elab.*), network processing. **13.** ~ dati integrata (*elab.*), integrated data processing, IDP. **14.** ~ di informazioni [o di dati] (*elab.*), information processing. **15.** ~ di lavori raggruppati in catasta (di schede per es. ecc.) (*elab.*), stacked job processing. **16.** ~ di testi (consiste nella preparazione e redazione di libri sino alla stampa tipografica: per es. a mezzo di lettori ottici, di fotocompositrici, stampanti laser ecc.) (*elab.*), word processing, WP. **17.** ~ elettronica (di) dati (*elab.*), electronic data processing, EDP. **18.** ~ esterna dei dati (per una macchina utènsile a controllo numerico per es.) (*elab. dati - eltn.*), external data processing. **19.** ~ fuori linea (*elab.*), off-line processing. **20.** ~ in linea (*elab.*), on-line processing. **21.** ~ integrata dei dati (*elab.*), integrated data processing. **22.** ~ in tempo reale (*macch. calc.*), real time processing. **23.** ~ interattiva (tipo di ~ conversazionale che permette l'intervento diretto dell'operatore) (*elab.*), interactive processing. **24.** ~ interna dei dati (per una macchina utènsile a controllo numerico per es.) (*elab. dati - eltn.*), internal data processing. **25.** ~ non prioritaria (*elab.*), background processing. **26.** ~ parallela (a multiprocessore; sistema di ~ di due o più programmi simultaneamente) (*elab.*), parallel processing. **27.** ~ prioritaria (*elab.*), foreground processing, priority processing. **28.** ~ ripartita [o distribuita] (decentramento di lavoro fra elaboratori gerarchicamente connessi) (*elab.*), distributed processing. **29.** ~ sequenziale di lavori accatastati, *vedi* ~ di lavori raggruppati in catasta. **30.** ~ seriale (*elab.*), serial processing. **31.** ~ simultanea (processo in parallelo: vari programmi eseguiti contemporaneamente: multielaborazione) (*elab.*), multiprocessing. **32.** ~ sincrona (*elab.*), synchronous working. **33.** a ~ aperta [al cliente] (un centro di calcolo in cui è possibile far elaborare direttamente problemi propri) (*elab.*), open shop. **34.** servizio (pubblico di) ~ dati (p. es. per abbonati e per mezzo del telefono) (*elab.*), computer utility. **35.** sottoponibile ad ~ , *vedi* computerizzabile.

elasticità (*sc. costr. - tecnol.*), elasticity. **2.** ~ allo sforzo di taglio (*sc. costr.*), elasticity to the shear stress. **3.** ~ allo sforzo di torsione (*sc. costr.*), elasticity to the torsion stress. **4.** ~ di torsione (*sc. costr.*), torsional elasticity. **5.** ~ susseguente (elasticità residua: di gomma per es.) (*fis.*), elastic after-effect. **6.** limite di ~ (*sc. costr.*), elastic limit, limit of elasticity. **7.** limite di ~ convenzionale (sollecitazione che può essere applicata senza determinare una deformazione permanente che superi un limite predeterminato) (*tecnol. mecc. - ecc.*), proof stress. **8.** modulo di ~ (*sc. costr.*), modulus of elasticity.

elàstico (*a. - s. - gen.*), elastic. **2.** ~ (*a. - sc. costr.*), elastic, resilient. **3.** deformazione elastica (*sc. costr.*), elastic deformation. **4.** limite ~ (*sc. costr.*), elastic limit. **5.** linea elastica (*sc. costr.*), elastic curve.

elastomerico (*a. - chim.*), elastomeric.

elastomero (prodotto analogo al caucciù) (*chim.*), elastomer.

elastoplastico (tra plastica e gomma) (*a. - fis.*), elastoplastic.

elaterite (caucciù minerale) (*min.*), elaterite, elastic bitumen, mineral caoutchouc.

elce (leccio) (*legn.*), holm oak.

elèktron (lega di magnesio) (*metall.*), elektron, electron.
elementare (*gen. - mat. - chim.*), elementary.
elemento (*mecc.*), element, part, component. **2.** ~ (di un test) (*psicol.*), item. **3.** ~ (di forma cilindrica: di un filtro) (*ind.*), cartridge. **4.** ~ (*chim.*), element. **5.** ~ (di accumulatore o pila secondaria: per es. di una batteria che produce corrente mediante reazione chimica reversibile) (*elettrochim.*), cell. **6.** ~ (di radiatore, di accumulatore) (*aut. - elett.*), cell. **7.** ~ (un insieme; p. es. di caratteri considerati una singola unità) (*elab.*), item. **8.** ~ al piombo (elemento Planté costituito da piastre di piombo, positive e negative) (*batteria acc.*), lead plate acid cell. **9.** ~ bagnante (*chim. fis.*), spreading agent, wetting agent. **10.** ~ bivalente (*chim.*), bivalent element, dyad. **11.** ~ completo (subcomplessivo) (*radio*), stage. **12.** ~ con numero atomico pari (*chim.*), artiad. **13.** ~ del filtro (dell'olio per es.) (*mecc.*), filter cartridge. **14.** ~ di accumulatore al ferronichel (elemento di batteria Edison, elemento di pila secondaria Edison) (*elettrochim.*), Edison cell. **15.** ~ di accumulatore ad acido (elemento Planté, elemento di pila secondaria Planté) (*elettrochim.*), acid cell. **16.** ~ di accumulatori (*elett.*), battery cell. **17.** ~ di batteria a secco (elemento di pila primaria) (*elettrochim.*), primary cell. **18.** ~ di fibra ottica (fibra ottica singola) (*ott.*), optical fiber. **19.** ~ di convogliatore a piastre (*app. trasp.*), flight. **20.** ~ di fissaggio (*mecc. - carp.*), fastener, fastening. **21.** ~ di identificazione (elemento o simbolo o frase identificante un particolare) (*gen.*), descriptor. **22.** ~ di legno per pavimentazione (*carp. - ed.*), wood block. **23.** ~ (tassello o linguetta) di riferimento (*mecc.*), locating strip. **24.** ~ di rinforzo (*mecc.*), stiffener. **25.** ~ drogante (agente drogante) (*eltn.*), dopant. **26.** ~ doppio (di accumulatore) (*elett.*), double cell. **27.** ~ filtrante (per l'aria per es.) (*mot.*), filter element. **28.** ~ filtrante a secco (*mot.*), dry-type filter element. **29.** ~ filtrante a umido (per filtro d'aria) (*mot.*), wet-type filter element. **30.** ~ filtrante in carta (*analisi chim.*), thimble. **31.** ~ filtrante umido (*mot.*), wet-type filter element. **32.** ~ fissato sul posto (apparecchiatura fissa) (*s. - gen.*), fixture. **33.** ~ fusibile (di un circuito) (*elett.*), fuse link. **34.** ~ isolante (*elett.*), insulating piece. **35.** ~ Leclanché (*elettrochim.*), Leclanché cell. **36.** ~ logico (*elab.*), logical element. **37.** ~ miniaturizzato (*eltn.*), microelement. **38.** ~ normale di attrezzatura (*ind. mecc.*), jig standard part. **39.** ~ portante (*arch. - carp.*), bearer, supporting member. **40.** ~ raddrizzante (l'ossido di rame per es. in un raddrizzatore di corrente alternata) (*elett.*), barrier cell, barrier-layer cell. **41.** ~ riscaldante (*term.*), heating element. **42.** ~ smontabile (*mecc.*), detachable part. **43.** ~ strutturale di irrigidimento (*carp. - ecc.*), brace. **44.** ~ staccato di antenna (non collegato ai rimanenti elementi) (*radio - telev.*), parasitic antenna. **45.** ~ termosensibile (*strum.*), temperature-sensing element. **46.** ~ transuranico (*chim.*), transuranic element. **47.** ~ trivalente (*chim.*), triad. **48.** sistema periodico degli elementi (*chim.*), periodic system.
elencare (*uff.*), to list.
elènco (*uff.*), list. **2.** ~ dei fari (*nav. - geogr.*), light list. **3.** ~ dei mancanti (nota dei pezzi mancanti, in una consegna per es.) (*comm. - amm.*), shortage note. **4.** ~ dei particolari (*gen.*), parts list. **5.** ~ nominativo (annuario) (*gen.*), directory. **6.** ~ per la spunta (o per il riscontro, per controllare il materiale fornito per es.) (*ind.*), check list. **7.** ~ telefonico, telephone directory.
elettrauto, *vedi* elettricista di autoveicoli.
elettrete (dielettrico permanentemente polarizzato; come quello usato per la costruzione di microfoni, auricolari, trasduttori ecc.) (*s. - elett.*), electret.
elettricamente (*elett.*), electrically.
elettricista (*op.*), electrician. **2.** ~ (fornitore di materiale elettrico) (*comm.*), electrical outfitter. **3.** ~ di autoveicoli (*op. - elett.*), motor vehicle electrician. **4.** ~ impiantista (*lav.*), installing electrician. **5.** ~ riparatore (*lav.*), maintenance electrician.
elettricità (*elett.*), electricity. **2.** ~ atmosferica (*fis.*), atmospheric electricity. **3.** ~ di contatto (*elett.*), contact electricity. **4.** ~ dinamica (*elett.*), dynamical electricity. **5.** ~ di strofinio (*elett.*), frictional electricity, statical electricity. **6.** ~ negativa (*elett.*), negative electricity. **7.** ~ positiva (*elett.*), positive electricity. **8.** ~ statica (*elett.*), statical electricity. **9.** ~ (statica) da strofinamento (*elett.*), frictional electricity.
elèttrico (*a. - elett.*), electric, electrical.
elettrificare (ferrovia per es.) (*elett.*), to electrify.
elettrificazione (di ferrovia per es.) (*elett.*), electrification.
elettrizzare (caricare con elettricità statica) (*elett.*), to electrify.
elettrizzazione (mediante carica di elettricità statica) (*elett.*), electrification.
elettro (lega naturale di oro e argento) (*min.*), electrum.
elettroacùstica (*s. - elett. - acus.*), electroacoustics.
elettroacùstico (*a. - elett. - acus.*), electroacoustic.
elettroanàlisi (*elettrochim.*), electroanalysis.
elettrobiologia (*biol.*), electrobiology.
elettrobus (*veic.*), electrobus, electric traction bus.
elettrocalamita (*elett.*), electromagnet. **2.** ~ di scatto (*elett.*), releasing magnet.
elettrocardiografo (*app. elett. - med.*), electrocardiograph.
elettrocardiogramma (*med. - elett.*), electrocardiogram.
elettrocauterio (per mezzo di alta frequenza) (*strum. med.*), electrocautery.
elettrochìmica (*s. - chim. fis.*), electrochemistry.
elettrochimico (*a.*), electrochemical. **2.** ~ (*s. - op.*), electrochemist. **3.** serie elettrochimica (dei metalli)

(*chim.*), electromotive series, electrochemical series, electropotential series.
elettrochimografo (*strum. med.*), electrokymograph.
elettrocinètica (*elett.*), electrokinetics.
elettrocoagulazione (*med. - elett.*), electrocoagulation.
elettrocomandato (*elett.*), electrically controlled.
elettrodepositare (elettroplaccare) (*elettrochim.*), to electrodeposit.
elettrodeposizione (*elettrochim. - metall.*), electroplating, electrodeposition. **2.** ~ iniziale (formazione iniziale di un deposito elettrolitico) (*chim. - elett.*), striking.
elettrodiagnostica (*s. - med.*), electrodiagnostics.
elettrodiagnòstico (*a. - elett. - med.*), electrodiagnostic.
elettrodialisi (dialisi accelerata da una contemporanea elettrolisi) (*elettrochim.*), electrodialysis.
elettrodializzatore (*app. fis.*), electrodialyzer.
elettrodinàmica (*s. - elett.*), electrodynamics.
elettrodinàmico (*a. - elett.*), electrodynamic.
elettrodinamòmetro (*strum.*), electrodynamometer.
elèttrodo (*elett. - radio*), electrode. **2.** ~ (per saldatura elettrica, per elettrolisi ecc.), (*ind.*), electrode. **3.** ~ acceleratore (in un tubo a raggi catodici: normalmente positivo ed avente la funzione di accelerare la velocità assiale del fascio elettronico) (*eltn.*), accelerator. **4.** ~ a flusso incorporato (per saldatura) (*tecnol. mecc.*), cored electrode. **5.** ~ al calomelano (*elettrochim.*), calomel electrode. **6.** ~ al chinidrone (*elettrochim.*), quinhydrone-electrode. **7.** ~ all'idrogeno (elettrodo di platino in corrente di idrogeno) (*mis. elettrochim.*), hydrogen electrode. **8.** ~ a morsa (*tecnol. mecc.*), welding die. **9.** ~ a punta (*strum. med.*), point electrode. **10.** ~ a rullo (di saldatrice elettrica a rulli), roll electrode. **11.** ~ a sfera per scintillazioni (*strum. med.*), sparking ball. **12.** ~ attivo (per precipitatori di polvere) (*elett. - ind.*), active electrode. **13.** ~ ausiliario (elettrodo di paragone) (*elettrochim.*), reference electrode. **14.** ~ ausiliario (elettrodo di eccitazione) (*eltn.*), keep-alive electrode. **15.** ~ a vetro (elettrodo a membrana di vetro per determinare il pH di una soluzione sconosciuta) (*chim. fis.*), glass electrode. **16.** ~ centrale (di una candela di accensione) (*elett. - mot.*), central electrode. **17.** ~ collettore (*eltn.*), collector. **18.** ~ con anima (per saldatura) (*elettr.*), cored electrode. **19.** ~ continuo (per forni elettrici) (*elett. ind.*), continuous electrode. **20.** ~ della candela (puntina della candela) (*mot.*), spark plug electrode. **21.** ~ di accensione (*illum.*), starting electrode. **22.** ~ di controllo (*termoion.*), control electrode. **23.** ~ di controllo (in un tubo a raggi catodici) (*eltn.*), modulator electrode. **24.** ~ di finitura (per elettroerosione) (*elett. - mecc.*), finishing electrode. **25.** ~ di innesco (anodo di accensione) (*radio*), starting anode. **26.** ~ di massa (di una candela) (*mot. - elett.*), earth electrode. **27.** ~ focalizzatore (*eltn.*), focusing electrode. **28.** ~ indifferente (*elettrochim.*), passive electrode. **29.** ~ infusibile (per saldatura) (*tecnol. mecc.*), non-consumable electrode. **30.** ~ invertitore (*eltn.*), inverter. **31.** ~ ionizzabile (*elettrochim.*), ionizable electrode. **32.** ~ normale a idrogeno (*elettrochim.*), normal hydrogen electrode. **33.** ~ normale al calomelano (*elettrochim.*), standard calomel electrode. **34.** ~ nudo (*elett.*), bare electrode. **35.** ~ passivo (o collettore: per precipitatori di polveri) (*elett. - ind.*), passive electrode, collecting electrode. **36.** ~ per cauterio (*strum. med.*), cautery electrode. **37.** ~ per saldatura (*tecnol. mecc.*), welding electrode. **38.** ~ repulsore (elettrodo reflex di un klystron) (*eltn.*), repeller. **39.** ~ regolatore (per regolare il passaggio di corrente tra due altri elettrodi) (*elett.*), control electrode. **40.** ~ rivestito (per saldatura) (*elett.*), coated electrode. **41.** a più elettrodi (di una valvola termoionica per es.) (*a. - eltn.*), multielectrode. **42.** filo ~ a flusso incorporato (per saldatura) (*tecnol. mecc.*), flux cored welding wire.
elettrodomestici (lavatrici, frigoriferi, cucine ecc.) (*casalinghi*), white goods.
elettrodotto (*elett.*), long-distance line.
elettroerosione (a scintilla o ad arco: p. es. usata per eseguire fori, incisioni su materiali duri oppure per taglio di materiali metallici) (*tecnol. mecc.*), electron discharge machining, electrical discharge machining, EDM, electric spark machining, electrospark machining, spark discharge machining.
elettroerosivo (*mecc.*), spark-erosive.
elettrofiltro (filtro elettrostatico, per gas, aria pulverulenta ecc.) (*app. ind.*), precipitator, electrical precipitator, electrostatic precipitator.
elettroforèsi (*elettrochim.*), electrophoresis. **2.** ~ (dielettrolisi) (*elett. - med.*), electrophoresis.
elettroforetico (*elettrochim.*), electrophoretic. **2.** verniciatura elettroforetica (*vn.*), electrophoretic painting.
elettroformare (~ per elettrodeposizione) (*elettrochim.*), to electroform.
elettroformatura (di pezzi meccanici, come filiere, stampi ecc., mediante elettrodeposizione di un metallo su di una forma) (*elettrochim.*), electroforming.
elettròforo (*strum. fis.*), electrophorus.
elettrogasdinamica (conversione diretta in energia elettrica dall'energia cinetica di un gas combusto) (*prod. energia elett.*), electrogasdynamics.
elettroglottografo (registratore di segnali della glottide) (*app. elab. voce*), electroglottograph.
elettrografia (*copiatura elettrostatica*), electrography.
elettrògrafo (*app. elett.*), electrograph.
elettroinstallatore (*lav. - elett.*), electrician.
elettròlisi (*elettrochim. - ind.*), electrolysis.
elettròlita, *vedi* elettrolito.
elettrolìtico (*a. - elettrochim. - ind.*), electrolytic. **2.**

batteria di celle elettrolitiche per la produzione dell'alluminio (per elettrolisi) (*metall.*), potline.

elettròlito (*elettrochim. - ind.*), electrolyte. **2.** ~ (conduttore di seconda classe) (*elettrochim.*), electrolyte. **3.** ~ anfotero (avente proprietà sia acide che basiche) (*chim.*), ampholyte, amphoteric electrolyte.

elettrolizzare (sottoporre ad elettrolisi) (*elettrochim.*), to electrolyze.

elettrolizzatore (*app. elettrochim.*), electrolyzer.

elettrolizzazione (*elettrochim.*), electrolyzation.

elettroluminescente (di una lampada, di uno schermo ecc. che presenta il fenomeno della elettroluminescenza) (*a. - fis.*), electroluminescent.

elettroluminescenza (prodotta da scarica ad alta frequenza in un gas o per l'applicazione di un campo elettrico a fosfòri) (*fis.*), electroluminescence.

elettromagnète (*elett.*), electromagnet, magnet. **2.** ~ a mantello (*elett.*), ironclad electromagnet. **3.** ~ delle leve (in segnalazioni ferr.), (*mecc. - elett.*), lever electromagnet. **4.** ~ di campo (*elett.*), field magnet. **5.** ~ di sollevamento (di una gru per es.) (*elett.*), lifting magnet. **6.** ~ di sollevamento a poli indeformabili (di una gru per es.) (*elett.*), lifting magnet with fixed poles. **7.** ~ di statore (*elett.*), field magnet.

elettromagnètico (*a. - elett.*), electromagnetic.

elettromagnetismo (*elett.*), electromagnetism.

elettromeccànica (*s. - sc. elettromecc.*), electromechanics.

elettromeccanico (*a. - elettromecc.*), electromechanical.

elettrometallurgìa (*elett. - metall.*), electrometallurgy.

elettromero (di sostanze che differiscono solo per la diversa distribuzione degli elettroni nei loro atomi) (*chim.*), electromer.

elettròmetro (*strum. elett.*), electrometer. **2.** ~ a bilancia (*strum. elett.*), balance electrometer. **3.** ~ capillare (*strum. elett.*), capillary electrometer.

elettromotore (*a. - elett.*), electromotive.

elettromotrice (carrozza passeggeri con motore elettrico) (*ferr. elett.*), electric motor car (am.). **2.** ~ ad accumulatori (*ferr.*), storage battery motor car (am.).

elettronave (nave a propulsori termoelettrici) (*nav.*), ship termoelectrically propelled.

elettrone (*fis.*), electron. **2.** ~ (negatrone) (*fis.*), negatron. **3.** ~ dello strato k (*fis. atom.*), k electron. **4.** ~ di fuga (elettrone di plasma sottoposto a forti accelerazioni (*fis.*), runaway electron. **5.** ~ di legame (*chim. fis.*), bonding electron. **6.** ~ di rimbalzo (elettrone messo in movimento da una collisione) (*fis. atom.*), recoil electron. **7.** ~ di valenza (*fis. atom.*), valence electron. **8.** ~ emesso termoionicamente (*termoion.*), thermoelectron. **9.** ~ libero (*fis. atom.*), free electron. **10.** ~ orbitante (intorno al nucleo) (*fis. atom.*), orbital electron. **11.** ~ planetario (*fis. atom.*), planetary electron. **12.** ~ positivo (positone) (*fis. atom.*), positron. **13.** ~ rotante (*fis. atom.*), spinning electron. **14.** ~ secondario (di una emissione secondaria) (*fis. atom.*), secondary electron. **15.** ~ volt (unità di energia) (*mis.*), electron volt, ev.

elettronegativo (*elett.*), electronegative.

elettronica (*sc.*), electronics. **2.** ~ aerospaziale (~ applicata all'astronautica) (*astric. - eltn.*), astrionics, aerospace electronics. **3.** ~ dei circuiti integrati (*eltn.*), integrated electronics, integrated circuits electronics. **4.** ~ quantistica (*fis.*), quantum electronics.

elettrònico (*a. - elett.*), electronic. **2.** camera elettronica (macchina da presa televisiva) (*telev.*), electron camera. **3.** componente ~ (*eltn.*), electronic component. **4.** esplorazione elettronica (dell'immagine) (*telev.*), electronic scanning. **5.** moltiplicatore ~ (*termoion.*), electron multiplier.

elettroosmòsi (*s. - fis.*), electroosmosis.

elettroòttica (*s. - fis.*), electrooptics.

elettropneumàtico (*a. - elettromecc.*), electropneumatic.

elettropompa (*macch. elett. - idr.*), motor-driven pump, motor pump. **2.** ~ sommersa (pompa elettrica che opera immersa nel liquido da pompare) (*elettromecc. - idr.*), canned motor pump.

elettropositivo (*a. - fis.*), electropositive.

elettroscòpio (*strum. elett.*), electroscope. **2.** ~ a fibra di quarzo (*strum. di mis. ionizzazione*), Lauritsen electroscope. **3.** ~ a foglie (d'oro o d'alluminio) (*strum. elett.*), (gold or aluminium)-leaf electroscope. **4.** ~ condensatore (*strum. elett.*), condensing electroscope, condenser electroscope.

elettrosmerigliatrice (*macch. ut.*), electric grinder.

elettrostàtica (*s. - elett.*), electrostatics.

elettrostàtico (*a. - elett.*), electrostatic.

elettrostrittivo (di materiale soggetto a elettrostrizione: usato nei trasduttori per es.) (*a. - elett. - elettroacus.*), electrostrictive.

elettrostrizione (*elett.*), electrostriction.

elettrotassìa (*elett. - med.*), electrotaxis.

elettrotècnica (*sc.*), electrotechnics, electrical technology.

elettrotècnico (*op.*), electrotechnician. **2.** ~ (*a. - elett.*), electrotechnic, electrotechnical.

elettroterapèutica (*s. - med.*), electrotherapeutics.

elettroterapìa (*med. - elett.*), electrotherapeutics, electrotherapy.

elettrotèrmico (p. es. di stampatrice, di propulsione spaziale ecc.) (*a. - fis.*), electrothermal, electrothermic.

elettrotipìa (galvanoplastica) (*stampa*), electrotypy.

elettròtipo (*stampa*), electrotype.

elettrotrèno (*ferr.*), electric train.

elettrotropismo (galvanotropismo) (*biol.*), electrotropism.

elettrovalenza (*chim. fis.*), electrovalence, polar valence.

elettrovalvola (valvola elettromagnetica) (*elett.*), solenoid valve.

elettroventilatore (*app. elett.*), electric fan. **2.** ~

(ventilatore del riscaldamento, di una vettura) (*aut.*), heater fan.

elevare (innalzare) (*gen.*), to heighten. **2.** ~ (la potenza di un motore, di un piano una casa per es.), to raise. **3.** ~ al cubo (*mat.*), to cube. **4.** ~ alla decima potenza (*mat.*), to raise to the tenth power. **5.** ~ al quadrato (*mat.*), to square. **6.** ~ a potenza (*mat.*), to raise, to power. **7.** ~ la temperatura (*term.*), to increase the temperature.

elevato (a una potenza per es.) (*a. - mat.*), raised.

elevatore (*ind.*), elevator. **2.** ~ (di pressione, tensione ecc.) (*macch.*), booster. **3.** ~ a cassette (*macch. ind.*), tray elevator. **4.** ~ a cassoni ribaltabili (*macch. trasp. ind.*), skip hoist. **5.** ~ a catena (*ind.*), chain elevator. **6.** ~ ad aria compressa (*ind.*), compressed-air elevator, pneumatic lifting device. **7.** ~ ad astine di pompaggio (di una pompa per pozzo) (*macch.*), sucker rod elevator. **8.** ~ a griglia (*macch. min.*), grizzly elevator. **9.** ~ a nastro (*ind.*), belt elevator, endless elevator. **10.** ~ a sospensione (*att. min.*), skin hoist, skip elevator. **11.** ~ a tazze (*ind.*), bucket elevator. **12.** ~ di munizioni (*mar. milit.*), ammunition hoist. **13.** ~ di tensione (trasformatore) (*macch. elett.*), step-up transformer. **14.** ~ per aste e tubi di perforazione (*macch. ind. min.*), casing elevator. **15.** ~ per fusti (montafusti) (*trasp. ind.*), barrel elevator. **16.** ~ pneumatico (*ind.*), pneumatic elevator.

elevazione (*dis.*), elevation. **2.** ~ (angolo di elevazione) (*artiglieria*), elevation, angle of elevation. **3.** ~ a potenza (*mat.*), involution.

elevone (di un velivolo tutt'ala: piano mobile con funzioni di equilibratore e di alettone) (*aer.*), elevon.

elezione (di membri di una società commerciale per es.) (*comm. - amm.*), nomination. **2.** elezioni segrete (per la commissione interna di uno stabilimento per es.) (*ind. - ecc.*), secret ballot.

eliantina (tropeolina, metilarancio) (*chim.*), tropaeolin, tropeolin.

elibus (elicottero da trasporto) (*aer.*), helicopter bus.

èlica (*aer.*), propeller, screw propeller, airscrew (ingl.) **2.** ~ (*nav.*), propeller, screw, screw propeller. **3.** ~ (*geom.*), helix, spiral. **4.** ~ a conchiglia (*nav.*), concha screw. **5.** ~ a due pale (*aer.*), two-bladed propeller. **6.** ~ aerea (*aer.*), propeller, screw propeller, airscrew (ingl.). **7.** ~ a giri costanti (*aer.*), constant speed propeller. **8.** ~ antialga (con pale curvate all'indietro relativamente al senso di rotazione) (*nav.*), weedless propeller. **9.** ~ a pale formanti corpo unico col mozzo (*nav.*), solid propeller. **10.** ~ a pale riportate (o smontabili) (*nav.*), built-up propeller. **11.** ~ a passo fisso (o costante) (*aer.*), fixed-pitch propeller. **12.** ~ a passo regolabile a terra (il cui passo può essere regolato quando non in moto) (*aer.*), adjustable -pitch propeller (ingl.). **13.** ~ a passo reversibile (elica frenante) (*aer.*), reversible-pitch propeller. **14.** ~ a passo variabile (*aer. - nav.*), variable-pitch propeller, controllable-pitch propeller. **15.** ~ (a passo variabile) a comando automatico del passo (*aer.*), automatic controlled propeller. **16.** ~ a passo variabile e reversibile (*nav.*), feathering screw. **17.** ~ bipala (*aer.*), two-bladed propeller. **18.** ~ cavitante (elica che causa cavitazione nell'acqua) (*mar. milit. - acus. sub.*), cavitating propeller. **19.** ~ demoltiplicata (*aer.*), geared propeller. **20.** ~ destrorsa (*aer.*), right-hand propeller. **21.** ~ di aereo (*aer.*), airscrew (ingl.). **22.** ~ di coda (di un elicottero per es.) (*aer.*), tail rotor. **23.** ~ di prova (mulinello: per la prova al banco dei motori d'aviazione), test propeller, test fan, club (am.). **24.** ~ di quota (rotore principale, di un elicottero) (*aer.*), lifting rotor, main rotor. **25.** ~ di rispetto (*nav.*), spare propeller. **26.** ~ ferma (*aer.*), dead stick. **27.** ~ frenante (*aer.*), braking propeller. **28.** ~ funzionante a reazione (*aer.*), jet propeller. **29.** ~ idromatica (*aer.*), hydromatic propeller. **30.** ~ in legno (*aer.*), wooden-blade propeller. **31.** ~ intubata (*aer. - nav.*), ducted propeller. **32.** ~ marina (*nav.*), marine screw propeller. **33.** ~ metallica (*aer.*), metal-blade propeller. **34.** ~ non cavitante (elica che non causa cavitazione nell'acqua) (*mar. milit. - acus. sub.*), cavitation-free propeller. **35.** ~ portante (*aer.*), lifting propeller. **36.** ~ propulsiva (elica spingente, situata posteriormente al motore) (*aer.*), pusher propeller. **37.** ~ sinistrorsa (*aer.*), left-hand propeller. **38.** ~ trattiva (*aer.*), tractor propeller. **39.** ~ tripala (*aer.*), three-bladed propeller. **40.** a due eliche (*a. - nav.*), twin-screw. **41.** ad una sola ~ (*a. - nav.*), single-screw. **42.** canto dell'~ (rumore armonico dovuto a vibrazioni dei bordi dell'elica durante il movimento nell'acqua) (*mar. milit. - acus. sub.*), propeller singing, propeller song. **43.** cavitazione dell'~ (*aer.*), propeller cavitation. **44.** comando di variazione del passo dell'~ di quota (di un elicottero) (*aer. - mecc.*), main rotor pitch change control. **45.** comando giri ~ (*aer.*), propeller speed control. **46.** coppia dell'~ (*aer.*), propeller torque. **47.** coppia di ~ (coassiali) controrotanti (*aer.*), dual-rotation propeller. **48.** dritto dell'~ (*nav.*), propeller post. **49.** freno dell'~ (di un elicottero per es.) (*mecc.*), rotor brake. **50.** mantello per ~ (*nav.*), propeller nozzle. **51.** mozzo dell'~ (*aer.*), propeller hub. **52.** mozzo dell'~ (*nav.*), boss of screw. **53.** pala dell'~ (*nav.*), screw blade. **54.** passo dell'~ (*aer.*), propeller pitch. **55.** passo dell'~ (*nav.*), screw pitch. **56.** pozzo dell'~ (*nav.*), propeller aperture. **57.** regolatore (dell'~) a giri costanti (*aer.*), constant speed unit, constant speed governor. **58.** rendimento dell'~ (*dinamica dei fluidi*), propeller efficiency. **59.** riduttore a ingranaggi dell'~ (di motore di aereo per es.), propeller reduction gear. **60.** senza ~ (*aer.*), propellerless. **61.** spinta dell'~ (*nav.*), screw thrust. **62.** tunnel dell'~ (*nav.*), screw (or screw propeller) tunnel. **63.** vortice dell'~ (movimento rotatorio prodotto da un'elica su un fluido) (*aer. - nav.*), race rotation. **64.** ~, *vedi anche* eliche.

elica-pesce (elichetta, di un solcometro a elica) (*nav.*), fly.
èliche controrotanti (rotanti l'una in senso contrario all'altra) (*aer.*), contra-rotating propellers, contraprop. **2.** ~ in tandem (*aer.*), tandem propellers. **3.** a due ~ (*a. - nav.*), twin-screw.
elichetta (elica-pesce di un solcometro a elica) (*nav.*), fly. **2.** ~ anticoppia (in coda ad un elicottero per es.) (*aer. - elicottero*), antitorque rotor.
"elicità" (movimento di una particella attorno ad un asse parallelo alla direzione del moto) (*fis. atom.*), helicity.
elicogiro (*aer.*), helicogyre.
elicoidale (*a. - mecc.*), helical. **2.** ~ (*a. - geom.*), helicoidal.
elicòide (*geom.*), helicoid. **2.** ~ obliquo (*geom.*), oblique helicoid. **3.** ~ retto (*geom.*), right helicoid. **4.** ~ sviluppabile (*geom.*), developable helicoid.
elicoplano (rotodina con rotore ad elica propulsiva comandata da motore) (*aer.*), gyroplane.
elicòttero (*aer.*), helicopter, hoverplane (ingl.). **2.** ~ a due rotori (*aer.*), twin-rotor helicopter. **3.** ~ armato (per proteggere le truppe trasportate) (*aer. milit.*), gunship. **4.** ~ a statoreattori (*aer.*), ram -jet helicopter. **5.** ~ a turbina (*aer.*), turbocopter. **6.** ~ con verricello di sollevamento (elicottero provvisto di mezzo di sollevamento azionato da bordo) (*aer.*), flying crane.
eliminare (*gen.*), to eliminate. **2.** ~ le perdite (o le fughe: di un liquido da un barile per es.) (*gen.*), to stop leaks. **3.** ~ le scorie (scrostare), al maglio (*fucinatura*), to shingle.
eliminatore di disturbi (per apparecchi riceventi) (*radio*), noise limiter.
eliminatoria (di una corsa per es.) (*sport*), elimination heat.
eliminazione (*gen.*), elimination. **2.** ~ dell'alluminio (dall'ottone e dal bronzo) (*metall.*), dealuminizing. **3.** ~ delle scorie (scrostatura al maglio) (*fucinatura*), shingling. **4.** ~ di errore (correzione di errore) (*elab.*), error recovery. **5.** ~ localizzata delle tensioni interne (distensione, ricottura di distensione) (*tratt. term.*), local stress relieving.
elinvar (lega di ferro [52%], nichel [36%], cromo [12%] usata per molle di bilancieri, ad elasticità invariabile) (*lega*), elinvar.
elio (He - *chim.*), helium. **2.** ~ 4 (isotopo di elio) (*chim.*), helium 4.
eliocèntrico (*astr.*), heliocentric.
eliografia (*fotoincisione*), heliograph.
eliògrafo (*strum.*), heliograph.
elioincisione (*fotoincisione*), heliogravure.
eliòmetro (*strum. astr.*), heliometer.
elioscòpio (*strum. astr.*), helioscope.
eliostato (*strum.*), heliostat.
elioterapia (*med.*), heliotherapy.
eliotipìa (*processo fot.*), heliotypy.
eliotròpio (colorante rosso-viola) (*ind. tess.*), heliotrope.
elipòrto (piazzale o terrazza per l'atterraggio di elicotteri) (*aer.*), heliport (am.).
elitrasportare (trasportare per mezzo di elicotteri: truppa per es.) (*aer. - aer. milit.*), to helilift.
elitrasportato (trasportato per mezzo di elicottero) (*a. - aer. - gen.*), heliborne. **2.** ~ (detto di particolari reparti di truppe destinati ad essere trasportati sul posto di combattimento da elicotteri) (*a. - milit. - aer. milit.*), airmobile.
"ELLEPI", *vedi* disco a lunga durata.
ellisse (*geom.*), ellipse. **2.** ~ d'inerzia (*sc. costr.*), inertia ellipse, ellipse of gyration.
ellissògrafo (apparecchio per disegnare ellissi) (*geom.*), trammel, elliptical compass, ellipsograph.
ellissòide (*geom.*), ellipsoid. **2.** ~ (*geod.*), spheroid. **3.** ~ d'inerzia (*sc. costr.*), inertia ellipsoid, ellipsoid of gyration. **4.** ~ di riferimento (*geod.*), reference spheroid. **5.** ~ di rotazione (*geom.*), ellipsoid of rotation.
ellissoìdico (*a. - geom.*), ellipsoidal.
ellitticità (*geom. - ecc.*), ellipticity.
ellìttico (*geom.*), elliptical, elliptic.
elmetto (*min.*), helmet. **2.** ~ (*milit.*), helmet. **3.** ~ d'acciaio (*milit.*), steel helmet. **4.** ~ di protezione (casco protettivo) (*sicurezza op. min. - fond. - metall. - ecc.*), skullguard, helmet, safety hat, hard hat, tin hat.
elmo (di palombaro) (*nav.*), diving helmet.
elongazione (*astr.*), elongation.
élsa (di una spada) (*milit.*), hilt.
eluènte (liquido per analisi cromatografiche) (*chim.*), eluent.
eluire (*chim.*), to elute.
eluito (di colloide) (*chim.*), eluted.
eluizione, *vedi* eluzione.
elusione (aggiramento) (*leg. - ecc.*), elusion.
eluvio (*geol.*), eluvium.
eluzione (nelle analisi cromatografiche) (*chim.*), elution.
elveziano (*geol.*), Helvetian.
elvite (*min.*), helvite.
elzeviro (stile tipografico) (*tip.*), Elzevir.
emanazione (del radio) (*chim.*), radon, radium emanation, emanation.
emanometro (misuratore di emanazione; misura la percentuale di emanazione nell'atmosfera) (*strum. mis. radioattività*), emanometer.
emateina ($C_{16}H_{12}O_6$, usata per tintura) (*ind. cuoio*), hematein, haematein, hematin, haematin.
ematite (Fe_2O_3) (*min.*), hematite, haematite.
embargo (proibizione ufficiale di partenza di una nave) (*leg. - nav.*), embargo, fermo. **2.** ~ (proibizione ufficiale di esportazione di determinate merci) (*leg. - trasp.*), embargo.
embricato (*ed. - ecc.*), imbricate, imbricated.
embricatura (*arte - ecc.*), imbrication.
émbrice (*mur.*), plain roofing tile.
emendamento (*leg.*), amendment.
emergente (raggio di luce per es.) (*ott.*), emerging.

emergènza (*gen.*), emergency. **2.** espediente di ~ (*gen.*), lash-up.
emèrgere (*gen.*), to emerge. **2.** ~ (affiorare: di un sottomarino) (*mar. milit.*), to surface.
emersione (*gen.*), emersion. **2.** cassa di ~ (di sottomarino) (*mar. milit.*), buoyancy tank.
emètico (*chim. - med.*), emetic.
emettenza (radianza) (*fis.*), emittance. **2.** ~ energetica (di una sorgente radiante) (*fis.*), radiant emittance. **3.** ~ luminosa (*illum.*), luminous emittance.
eméttere (*fis.*), to emit. **2.** ~ (*amm.*), to issue. **3.** ~ (per es. fiamme, vapore ecc.) (*gen.*), to shoot. **4.** ~ luce laser (*fis.*), to lase.
emettitore (apparecchio trasmittente) (*elettrotel.*), sender. **2.** ~ (una giunzione di transistore) (*eltn.*), emitter. **3.** ~ automatico (*elettrotel.*), automatic sender. **4.** ~ di impulsi (generatore di impulsi temporali) (*eltn. - elab.*), emitter, pulses emitter. **5.** ~ di segnali acuti (~ elettronico) (*acus.*) (ingl.), bleeper.
emicellulosa (*chim.*), hemicellulose.
emiciclo (*arch.*), hemicycle.
emiedrìa (*min.*), hemiedry.
emigrante (*lav.*), emigrant.
emisfèra (*geom.*), hemisphere.
emisfèro (*geogr.*), hemisphere.
emissario (fiume che esce da un lago) (*geogr.*), outlet river.
emissione (*fis.*), emission. **2.** ~ (*comm.*), issue. **3.** ~ (di segnali per es.) (*telef.*), sending. **4.** ~ azionaria (*finanz.*), share issue, stock issue. **5.** ~ dallo scarico (*aut.*), exhaust emission. **6.** ~ di azioni (*finanz.*), share issue, stock issue. **7.** ~ di campo (~ di elettroni sotto l'azione di un forte campo elettrico sotto vuoto) (*eltn.*), field emission. **8.** ~ di corrente (*telef.*), impulse of current. **9.** ~ di fumo (dallo scarico) (*aut.*), smoke emission. **10.** ~ direttiva (*radio*), beam emission. **11.** ~ elettronica (*eltn.*), electron emission. **12.** ~ evaporativa (dallo scarico) (*aut.*), evaporative emission. **13.** ~ fiduciaria (di moneta) (*econ.*), fiduciary issue. **14.** ~ gamma (disintegrazione con ~ di raggi gamma) (*fis. atom.*), gamma emission. **15.** ~ nulla (*elettrotel.*), zero current impulse. **16.** ~ obbligazionaria (*finanz.*), bond issue. **17.** ~ secondaria (di elettroni, da una superficie bombardata da elettroni primari) (*radio*), secondary emission. **18.** ~ spuria (~ accidentale: di un trasmettitore per es.) (*eltn.*), extraneous emission. **19.** ~ termoionica (*eltn.*), thermionic emission. **20.** data di ~ (*gen.*), date of issue.
emitropia (nei cristalli) (*min.*), hemitropy.
emoglobìmetro (*strum. med.*), haemoglobinometer, haemoglobin meter.
emoglobina (*biochim. - med.*), hemoglobin, haemoglobin.
emolliènte (*a. - ind. tess.*), softening, emollient. **2.** ~ (agente che conferisce morbidezza) (*mft. gomma*), emollient.
emolumenti (competenze) (*leg.*), perquisites.
emorragìa (*med.*), haemorrhage, hemorrhage.
emostatico (*med.*), hemostatic.
empirico (*gen.*), empiric, empirical.
empòrio, emporium.
emulare (per mezzo di emulatore) (*elab.*), to emulate.
emulatore (programma od apparato che permette ad un elaboratore di usare un programma scritto per un altro) (*elab.*), emulator.
emulazione (l'applicazione di un emulatore) (*elab.*), emulation.
emulsificante (emulsionante) (*s. - fis. - chim.*), emulsifier, emulsifying agent.
emulsionàbile (*chim. - fis.*), emulsifiable, emulsible.
emulsionabilità (*chim. - fis.*), emulsifiability, emulsibility.
emulsionante (*s. - chim. - fis.*), emulsifying agent. **2.** ~ (una sostanza, per es. carbonato sodico, aggiunta ai detergenti sintetici) (*chim. ind.*), builder.
emulsionare (*fis.*), to emulsify.
emulsionatore (di un carburatore per es.) (*mecc. - mot.*), diffuser.
emulsione (*fis.*), emulsion. **2.** ~ (*fot.*), emulsion. **3.** ~ a grana fine (di una pellicola) (*fot.*), fine-grained emulsion. **4.** ~ bituminosa (*materiale costr. strad.*), bitumen emulsion. **5.** ~ di catrame (*materiale costr. strad.*), tar emulsion. **6.** prova di rottura di ~ (*chim. fis.*), demulsibility test. **7.** rompere l'~ (*chim. fis.*), to demulsify. **8.** rottura di ~ (*chim. fis.*), demulsibility.
emulsivo (emulsionante, emulsificante) (*fis. - chim.*), emulsifying, emulsive.
emulsoide (*fis.*), emulsoid.
enantiomòrfo (*chim. - ott.*), enantiomorphous, enantiomorphic.
enantiotropia (*chim. - fis.*), enantiotropy.
encarpo (motivo ornamentale in forma di ghirlanda di fiori o frutti per decorare colonne, archi ecc.) (*arch.*), encarpus.
encausto (*a. - vn. - arte*), encaustic.
encomiare (*milit.*), to commend, to praise.
encomio (*milit.*), commendation.
endoautoreattore (autoreattore portato alla velocità operativa da un endoreattore, che successivamente viene alimentato dall'autoreattore) (*mot. aer.*), ramrocket, rocket ramjet.
endodina (*radio*), self-heterodyne.
endògeno (*gen.*), endogenous.
endomorfismo (*geol. - mat.*), endomorphism.
endoradiosonda (apparecchio microelettronico per acquisire dati interni al corpo umano) (*eltn. med.*), endoradiosonde.
endoreattore (motore a reazione che non utilizza l'ossigeno atmosferico, p. es. un razzo) (*mot. aer.*), rocket. **2.** ~ verniero (consiste in un piccolo razzo di spinta per gli aggiustamenti definitivi del mezzo spaziale in orbita o di un missile) (*astric. - missile*), vernier rocket, vernier engine.

endoscòpio (*strum. med.*), endoscope. **2.** ~ (strumento per l'esame dei fori in costruzioni meccaniche) (*collaudo costr. mecc.*), endoscope. **3.** ~ per fori circolari (*strum.*), borescope. **4.** ~ uterino (*strum. med.*), uterine endoscope.
endosmòmetro (*chim. - fis.*), endosmometer.
endosmòsi (*chim. - fis.*), endosmosis. **2.** ~ elettrica (*chim. - fis.*), electric endosmosis.
endostatoreattore, *vedi* endoautoreattore.
endotèrmico (*chim.*), endothermic.
"ENEA" (Agenzia Europea per l'Energia Nucleare) (*fis. atom.*), european nuclear energy agency, ENEA.
energetica (*sc.*), energetics.
energetico (*a. - gen.*), energetic.
energia (*fis.*), energy. **2.** ~ atomica (*fis. atom.*), atomic energy. **3.** ~ chimica (*fis. chim.*), chemical energy. **4.** ~ cinetica (*mecc. raz.*), kinetic energy, vis viva. **5.** ~ di attivazione (*chim.*), activation energy. **6.** ~ di eccitazione (*fis. atom.*), excitation energy. **7.** ~ di fissione (*fis. atom.*), fission energy. **8.** ~ di ionizzazione (*fis. atom.*), ionization energy. **9.** ~ di legame (*chim. - fis.*), bond energy, binding energy. **10.** ~ di legame nucleare (~ occorrente per la fissione del nucleo nelle sue parti costituenti) (*fis. atom.*), nuclear binding energy. **11.** ~ di separazione (*fis. atom.*), *vedi* ~ di legame nucleare. **12.** ~ dissipata per attrito (potenza assorbita dall'attrito) (*macch.*), friction horsepower, FHP. **13.** ~ di urto (o di impatto) (energia cinetica sviluppata all'impatto) (*mecc. raz.*), striking energy. **14.** ~ elettrica (*elett.*), electric energy. **15.** ~ idraulica (*idr.*), water power. **16.** ~ idroelettrica in surplus (*elett.*), dump power. **17.** ~ immessa (*elett. - mecc.*), input. **18.** ~ interna (*fis.*), internal energy. **19.** ~ libera (*termod.*), free energy. **20.** ~ luminosa (*fis.*), luminous energy. **21.** ~ meccanica (*mecc.*), mechanical energy. **22.** ~ nucleare (energia atomica) (*fis.*), nuclear energy, atomic energy, nuclear power. **23.** ~ perduta (*fis.*), wasted energy. **24.** ~ potenziale (*fis.*), potential energy. **25.** ~ prodotta (da una macchina per es.) (*mecc.*), output. **26.** ~ radiante (*fis.*), radiant energy. **27.** ~ residua allo zero assoluto (*fis.*), zero-point energy. **28.** ~ sonora (*acus.*), sound energy. **29.** ~ superficiale (*fis.*), surface energy. **30.** ad alta ~ (di particelle accelerate da un acceleratore per es.) (*a. - fis. atom.*), high-energy. **31.** ad assorbimento di ~ (riferentesi per es. alla forma del volante di sterzo: a calice per es.) (*sicurezza aut.*), energy-absorbing. **32.** ad ~ nucleare (di una nave per es.) (*a. - aer. - nav. - ecc.*), nuclear-powered. **33.** ad ~ solare (di una nave spaziale) (*a. - astric.*), sun-powered. **34.** con grande produzione di ~ (in una reazione) (*chim.*), high-energy. **35.** contro l' ~ nucleare (di movimento di opinione pubblica contro la costruzione di centrali nucleari) (*a. - politica*), antinuclear, antinuke. **36.** fonti di ~ (*econ.*), energy sources. **37.** livello di ~ nello strato L (*fis. atom.*), L level. **38.** perdita di ~, energy loss, waste of energy. **39.** quantum di ~ (*fis.*), quantum of energy.
energico (di agente chimico) (*a. - gen.*), energetic.
enfasi (alterazione intenzionale del rapporto fra le ampiezze delle alte e basse frequenze in modo da ridurre i disturbi mediante enfatizzazione della immissione e deenfatizzazione all'uscita) (*s. - eltn.*), emphasis.
ennè (*tintura*), henna.
enocianina (*enologia*), oenocyanine.
enologia (*agric.*), oenology.
entalpìa (*termod.*), enthalpy, heat content.
èntasi (di una colonna) (*arch.*), entasis.
ente (società, istituzione) (*gen.*), institution. **2.** ~ di assistenza sociale (istituto di previdenza sociale) (*organ. assistenza lav.*), social security agency. **3.** ~ di diritto pubblico (*leg.*), public corporation established by law. **4.** ~ di servizio pubblico (*amm.*), utility, public utility. **5.** ~ giuridico (ente morale) (*finanz. - comm.*), corporate body. **6.** ~ locale (ente governativo locale) (*amm.*), local government unit. **7.** Ente Progetti Ricerche Spaziali (*astric.*), Advanced Research Projects Agency, ARPA (am.).
entità (*gen.*), entity.
entrare (*leg.*), to enter. **2.** ~ in autoguida (di missile, siluro ecc. che si autodirige verso il bersaglio) (*aer. - mar. milit.*), to home. **3.** ~ in azione (*milit.*), to go into action. **4.** ~ in porto (*nav.*), to put in. **5.** ~ in vigore (riferito ad una legge per es.) (*leg.*), to effect.
entrata (di miniera) (*min.*), adit. **2.** ~ (porta di ~) (*ed.*), entrance. **3.** ~ (*amm.*), receipt. **4.** ~ (immissione dati per es.) (*elab.*), entry. **5.** ~ aria pura (*min.*), fresh air inlet, FAI. **6.** ~ del pozzo (*min.*), shaft top. **7.** ~ di dati (*elab.*), input. **8.** ~ di dati parlati (~ per mezzo della voce umana) (*elab.*), voice data entry. **9.** ~ differita, *vedi* inserimento differito. **10.** ~ /uscita (*elab.*), input/output, I/O.
entrobordo (il contrario di fuoribordo; detto di motore per es.) (*a. - aer. - nav.*), inboard. **2.** ~ (motore entrobordo) (*nav. - mot.*), inboard engine.
entrofuoribordo (gruppo propulsore per motoscafi per es.) (*nav.*), inboard-outboard unit.
entropìa (*termod.*), entropy.
entropico (*termod.*), referring to entropy.
entroterra (*geogr.*), midland, inland.
enumerazione (*gen.*), enumeration.
enunciato (di un problema per es.) (*s. - mat.*), statement.
enzima (*biochim.*), enzyme, enzym.
eocène (*geol.*), Eocene.
eogiurassico (lias) (*geol.*), Lias.
eosina (*colorante*), eosin, eosine.
epicèntro (*sismologia*), epicenter, epicentre.
epicicloìde (*geom.*), epicycloid.
epidemia (*med.*), epidemic.
epidèmico (*a. - med.*), epidemic.
epidiascòpio (per proiettare immagini di oggetti sia trasparenti che opachi) (*strum. ott.*), epidiascope.

epigenètico (*geol.*), epigenetic.
episcòpio (per proiettare immagini di oggetti opachi) (*strum. ott.*), episcope.
epistilio (*arch.*), epistyle.
epitaffio (iscrizione) (*gen.*), inscription.
"epitassia" (*cristallografia*), epitaxy.
"epitassiale" (*cristallografia*), epitaxial.
epitrocoide (*geom.*), epitrochoid.
època (*geol.*), epoch.
epossidazione (*chim.*), epoxidation.
eptano (*chim.*), heptane.
eptodo (*termoion.*), heptode (ingl.).
epuratore, *vedi* depuratore.
equalizzare (portare ad un normale livello) (*econ. - finanz.*), to equalize. **2.** ~ (correggere il livello di un segnale elettronico o la sua frequenza) (*eltn. - telecom.*), to equalize.
equalizzatore (circuito di equalizzazione) (*eltn.*), equalizer.
equalizzazione (eliminazione delle distorsioni per es.) (*eltn. - tlcm.*), equalization. **2.** ~ (compensazione) (*telecom.*), compensation. **3.** fondo di ~ (fondo di stabilizzazione) (*econ. - finanz.*), equalization fund, stabilization fund.
equatore (*geogr.*), equator. **2.** ~ celeste (*astr.*), celestial equator. **3.** ~ magnetico (*geofis.*), magnetic equator. **4.** ~ termico (*meteor.*), thermal equator.
equatoriale (*a. - geogr.*), equatorial. **2.** ~ (telescopio) (*s. - strum. astr.*), equatorial.
equazione (*mat.*), equation. **2.** ~ algebrica (*mat.*), algebraic equation. **3.** ~ caratteristica (*mat.*), characteristic equation. **4.** ~ dei colori (*ott.*), color equation. **5.** ~ del capitale netto (*amm.*), proprietorship equation. **6.** equazioni della cinetica dei neutroni (*fis. atom.*), neutron kinetic equations. **7.** ~ della luce (tempo impiegato dalla luce per giungere sulla terra da un qualsiasi corpo celeste) (*astr.*), equation of light. **8.** ~ del tempo (differenza tra tempo medio ed apparente) (*astr.*), equation of time. **9.** ~ di Einstein ($E=Mc^2$ in cui E è l'energia in erg, M è la massa in grammi e c è la velocità della luce in cm/sec) (*fis.*), mass-energy equation, Einstein equation. **10.** ~ differenziale (*mat.*), differential equation. **11.** ~ di moto (*mecc. raz.*), equation of motion. **12.** ~ di primo grado (*mat.*), first degree equation, linear equation. **13.** ~ di secondo grado (*mat.*), quadratic equation. **14.** ~ di stato (*chim. - fis.*), equation of state. **15.** ~ in coordinate polari (*mat.*), polar equation. **16.** ~ parametrica (*mat.*), parametric equation. **17.** ~ personale (errore sistematico dovuto alle qualità personali dell'osservatore) (*osservazioni scientifiche*), personal equation. **18.** ~ personale assoluta (errore riferito ad un valore normale assunto come reale) (*osservazioni scientifiche*), absolute personal equation. **19.** ~ personale relativa (errore riferito a valori ottenuti da diversi osservatori) (*osservazioni scientifiche*), relative personal equation. **20.** sistema di equazioni (*mat.*), consistent equations.
equiangolarità (*mecc. - geom.*), equiangularity.
equiàngolo (*geom.*), equiangular.
equidistante (*a. - geom.*), equidistant.
equidistanza (*gen.*), equidistance, equal distance.
equidistanziato (*a. - mecc. - ecc.*), equally spaced.
equilàtero (*geom.*), equilateral.
equilibramento, *vedi* equilibratura.
equilibrare (*mecc.*), to balance, to equilibrate, to true. **2.** ~ (compensare, mediante controreazione per es.) (*radio*), to bias out. **3.** ~ longitudinalmente (regolare l'assetto longitudinale) (*aer.*), to trim.
equilibrato (*fis. - mecc.*), balanced. **2.** ~ (*elett.*), balanced. **3.** sistema trifase ~ (*elett.*), balanced three-phase system.
equilibratore (*elett.*), equalizer. **2.** ~ (*mecc.*), equalizer. **3.** ~ (bilanciatore) (*gen.*), balancer. **4.** ~ (timone di profondità, timone di quota) (*aer.*), elevator. **5.** ~ (*artiglieria - aer. - ecc.*), equilibrator. **6.** ~ di spinta (di turbina per es.) (*mecc.*), thrust equalizer.
equilibratrice (macchina per equilibratura di elementi rotanti: volani, trasmissioni, ruote ecc.) (*macch.*), balancing machine, balancer. **2.** ~ dinamica (macchina per l'equilibratura dinamica) (*macch.*), dynamic balancing machine.
equilibratura (*mecc.*), balancing. **2.** ~ (equilibramento, bilanciamento, dei comandi di un aeroplano per es.) (*aerot.*), balancing. **3.** ~ (*telef.*), balance. **4.** ~ aerodinamica (di un'elica) (*aer.*), aerodynamic balance. **5.** ~ dinamica (*mecc.*), dynamic balancing. **6.** ~ statica (*mecc.*), static balancing. **7.** macchina per l' ~ dinamica (*macch.*), dynamic balancing machine.
equilibrio (*mecc.*), balance. **2.** ~ (*fis.*), balance, equilibrium. **3.** ~ (*aer.*), equilibrium. **4.** ~ aerodinamico (di un'elica) (*aer.*), aerodynamic balance. **5.** ~ elettrico (della corrente) (*elett.*), electric balance. **6.** ~ indifferente (*fis.*), neutral equilibrium. **7.** ~ instabile (*fis.*), unstable equilibrium. **8.** ~ metastabile (*fis. - ecc.*), metastable equilibrium. **9.** ~ stabile (*fis.*), stable equilibrium. **10.** ~ statico (*mecc.*), static balance. **11.** ~ termodinamico (*fis.*), thermodynamic equilibrium. **12.** ~ termodinamico locale (ETL, di un plasma) (*fis.*), local thermodynamic equilibrium, LTE. **13.** fuori ~ (*mecc. - ecc.*), off-balance.
equinòzio (*astr.*), equinox. **2.** ~ di autunno (23 settembre) (*astr.*), autumnal equinox. **3.** ~ di primavera (21 marzo) (*astr.*), vernal equinox.
equipaggiamento (*gen.*), equipment, outfit. **2.** ~ a combinatore (di locomotore per es.) (*elett.*), controller equipment. **3.** ~ a contattori (di locomotore per es.) (*elett.*), contactor equipment. **4.** ~ antincendi, antifire equipment. **5.** ~ elettrico di trazione (di locomotore per es.) (*elett.*), electric traction equipment.
equipaggiare (*gen.*), to equip, to outfit. **2.** ~ (attrezzare) (*nav. - mecc. - ecc.*), to rig.

equipaggiato (*gen.*), equipped. **2.** ~ (con equipaggio) (*nav. - astric. - ecc.*), manned.
equipaggio (*nav. - aer.*), crew. **2.** ~ di due persone (*nav. - ecc.*), a crew of two. **3.** ~ mobile (di un contatore elettrico per es.) (*elettromecc.*), rotor, rotating element, moving element. **4.** alloggio dell' ~ (*nav.*), crew quarters. **5.** con ~ umano (di un satellite artificiale o nave spaziale) (*astric.*), manned. **6.** membro dell' ~ (*nav.*), hand. **7.** senza ~ (di un missile spaziale per es.) (*aer. - astric. - ecc.*), unmanned.
equipotenziale (*mecc. - fis.*), equipotential. **2.** ~ (*elett.*), unipotential.
equisegnale (*a. - radio*), equisignal.
equitazione (*sport*), horsemanship.
equivalènte (*a. - gen.*), equivalent. **2.** ~ (*s. - mat. - geom.*), equivalent. **3.** ~ (peso equivalente) (*chim.*), equivalent, equivalent weight, combining weight, reacting weight. **4.** ~ chimico (*chim.*), chemical equivalent. **5.** ~ elettrico (*chim. - elett.*), electric equivalent. **6.** ~ elettrochimico (*elettrochim.*), electrochemical equivalent. **7.** ~ grammo (*chim. - fis.*), gram equivalent. **8.** ~ in piombo (spessore di piombo necessario per ottenere una riduzione di radiazione uguale a quella provocata dal materiale in esame) (*fis. atom.*), lead equivalent. **9.** ~ meccanico del calore (*term.*), mechanical equivalent of heat. **10.** ~ roentgen biologico (rem, valore di qualsiasi radiazione ionizzante che causa ai tessuti umani un danno pari a quello causato dalla dose di un roentgen di raggi X o gamma) (*fis. - med.*), rem, roentgen equivalent man. **11.** ~ roentgen fisico (rep, valore di qualsiasi radiazione ionizzante che sviluppa nei tessuti umani la stessa quantità di energia sviluppata dalla dose di un roentgen di raggi X o gamma) (*fis. - med.*), rep, rep unit, equivalent roentgen physical. **12.** ~ topologico (*a. - mat.*), topological equivalent. **13.** cifre binarie equivalenti (*elab.*), equivalent binary digits. **14.** circuito ~ (*elett. - eltn.*), equivalent circuit.
equivalènza (*gen.*), equivalence. **2.** principio di ~ (*fis.*), principle of equivalence. **3.** relazione di ~ (*mat.*), equivalence relation.
èra (*geol.*), era.
erario (*comm.*), treasury.
èrba (*botanica*), grass. **2.** ~ medica (*agric.*), purple medic (ingl.).
erbicida (*ind. chim. - agric.*), herbicide.
èrbio (Er - *chim.*), erbium.
erède legale (*leg.*), legal heir, heir-at-law. **2.** ~ presunto (*leg.*), heir presumptive.
eredità (*leg.*), inheritance. **2.** ~ (fenomeno per il quale caratteristiche preesistenti in una lega permangono dopo successive rifusioni) (*fond. - metall.*), heredity.
ereditato (relativo a qualcosa proveniente da una precedente operazione: p. es. un errore) (*a. - elab.*), inherited.
erezione (costruzione) (*ed.*), erection, raising, construction.
èrg (unità cgs di lavoro) (*mis.*), erg.
ergòmetro (*strum. mecc.*), ergometer.
ergonomia (adattamento del lavoro all'uomo) (*psic. ind.*), ergonomics.
ergonomista (uno specializzato in ergonomia) (*pers.*), ergonomist.
èrica (scopa) (*botanica*), heath, heather.
erìgere (un edificio per es.), to erect, to set up.
eriometro (apparecchio per la misura del diametro delle fibre) (*app. tess.*), eriometer.
ermeticità (tenuta) (*mecc.*), tightness.
ermètico (*a.*), airtight, hermetic. **2.** ~ (a tenuta di gas, stagno: di macchina o apparecchiatura elettrica), gasproof. **3.** ~ (*s. - mecc.*), sealing compound.
èrnia (*med.*), rupture, hernia. **2.** ~ del disco (dovuta per es. ad un sedile mal progettato) (*med. - aut. - ecc.*), slipped disk.
erodere (*geol.*), to score, to erode. **2.** ~ (per asportazione) (*gen.*), to fret.
erogare (di sorgente, di pozzo, di pompa) (*idr.*), to deliver.
erogato (potenza per es.) (*mot. - ecc.*), delivered.
erogazione (produzione nell'unità di tempo) (*ind.*), output. **2.** ~ (di una pompa per es.), delivery. **3.** ~ di energia (prodotta da una batteria per es.), output. **4.** ~ di energia elettrica (*elett.*), electrical output. **5.** circuito di ~ (*elett.*), output circuit.
erosione (*gen.*), erosion. **2.** ~ (dovuta al passaggio dell'acqua), erosion, washing. **3.** ~ a scintilla (elettroerosione) (*mecc. - elett.*), spark erosion. **4.** erosioni di terra (durante la colata del metallo) (*difetto fond.*), washes. **5.** ~ per urto (usura da erosione per urto) (*mecc.*), peening wear. **6.** ~ superficiale (*elett. - eltn. - tecnol.*), *vedi* polverizzazione ionica.
eroso (*mecc. - ecc.*), eroded.
erpicare (*agric.*), to harrow.
érpice (*macch. agric.*), harrow, spike-tooth harrow. **2.** ~ a catena (*macch. agric.*), chain harrow. **3.** ~ a coltelli (*macch. agric.*), knife harrow. **4.** ~ a denti fissi (*macch. agric.*), pegtooth harrow. **5.** ~ a denti flessibili (*macch. agric.*), spring-tooth harrow. **6.** ~ a dischi (*macch. agric.*), disk harrow. **7.** ~ a lame (*macch. agric.*), blade harrow. **8.** ~ da semina (*macch. agric.*), seed harrow. **9.** ~ diagonale (*macch. agric.*), diamond harrow. **10.** ~ frangizolle (*macch. agric.*), pulverizer, pulverizer harrow.
errata-corrige (*tip.*), errata.
erratico (*a. - geol.*), erratic. **2.** masso ~ (*geol.*), erratic, erratic mass (or boulder).
errato (*gen.*), wrong.
errore (*gen.*), error, mistake. **2.** ~ (~ o difetto) (*elab.*), bug. **3.** ~ accidentale (la cui entità può essere ridotta aumentando il numero delle osservazioni) (*mat. - mis. top. - ecc.*), accidental error. **4.** ~ casuale (*stat.*), random error. **5.** ~ cumulativo

(di scanalati, effetto cumulativo degli errori dello scanalato sull'accoppiamento dei due elementi) (*mecc.*), effective error. **6.** ~ di accelerazione (errore di rilevamento causato dall'effetto della componente verticale del campo magnetico terrestre sull'elemento magnetico quando il centro di gravità dello stesso viene spostato dalla normale posizione) (*aer. - nav. - strum.*), acceleration error. **7.** ~ di allineamento (*mecc.*), alignment error. **8.** ~ di ambiguità (dovuto ad un difetto di sincronizzazione in una rappresentazione digitale visualizzata per es.) (*elab.*), ambiguity error. **9.** ~ di battitura (*elab. - macch. per scrivere*), keystroking error. **10.** ~ di campionatura (*stat. - controllo qualità*), sampling error. **11.** ~ di centraggio (o di centratura) (*mecc.*), radial runout. **12.** ~ di centratura (misurato alla periferia di un disco rotante) (*mecc.*), radial runout. **13.** ~ di centratura (di un cerchione di ruota di automobile) (*veic.*), radial truth. **14.** ~ di chiusura (di una poligonale) (*mis. top.*), error of closure. **15.** ~ di cilindricità (ovalizzazione, difetto di un pezzo lavorato con macchina rotativa) (*mecc.*), out-of-round. **16.** ~ di circolarità (difetto, di un pezzo lavorato) (*mecc.*), out-of-round. **17.** ~ di composizione (refuso) (*difetto tip.*), wrong fount, w.f., pie, pi. **18.** ~ di dimensionamento delle periferiche (quando l'elaboratore è in condizione di eccedenza di capacità) (*elab.*), boundary error. **19.** ~ di disuniformità (errore di ondulazione, errore macrogeometrico, di una superficie lavorata e dovuto a flessioni del pezzo, vibrazioni ecc.) (*mecc.*), secondary texture (ingl.). **20.** ~ di divisione (degli scanalati, massima differenza tra vano perfetto e vano effettivo) (*mecc.*), index error. **21.** ~ di macchina (*elab.*), machine error. **22.** ~ di normalità (fuori ortogonalità del piano di un disco rispetto al suo asse di rotazione) (*mecc.*), obliquity. **23.** ~ di parallelismo (*mecc.*), parallelism error. **24.** ~ di posizione (nel rilievo della velocità di un velivolo, dovuto alla posizione del pitometro) (*aer.*), position error. **25.** ~ di risoluzione (*elab.*), resolution error. **26.** ~ di rugosità (errore microgeometrico, di una superficie lavorata e dovuto all'azione dell'utensile) (*mecc.*), primary texture (ingl.). **27.** ~ di sequenza (dovuto ad un non ordinato susseguirsi di disposizioni: per es. di schede perforate ecc.) (*elab.*), sequence error. **28.** ~ di stampa (*tip.*), printer's error, erratum. **29.** ~ di troncamento (*mat. - elab.*), truncation error. **30.** ~ dovuto a dimensione (quando lo spazio sul registro è troppo corto per contenere l'intero numero p. es.) (*elab.*), size error. **31.** ~ dovuto all'ingavonamento (possibile errore della bussola causato dall'inclinazione della nave) (*nav.*), heeling error. **32.** ~ evidenziato da programma (rilevabile con l'esecuzione di un particolare programma) (*elab.*), program-sensitive fault, program-sensitive error. **33.** ~ materiale (o di copiatura) (*uff.*), clerical error. **34.** ~ medio (*mat.*), mean error. **35.** ~ non correggibile (per es. dovuto a una perdita di dati ecc.) (*elab.*), unrecoverable error. **36.** ~ periodico (errore che si ripete a intervalli lungo la filettatura per es.) (*mecc.*), periodic error. **37.** ~ preesistente [o di origine] (*elab.*), inherited error. **38.** ~ probabile (*stat.*), probable error. **39.** ~ progressivo (nel passo dei filetti successivi, rispetto al valore nominale) (*mecc.*), progressive error. **40.** ~ propagato (~ propagato attraverso susseguenti operazioni) (*elab.*), propagated error. **41.** errori quadrantali (errori di direzione causati dall'azione della struttura del velivolo su radiosegnali in arrivo) (*aer. - radio*), quadrantal errors. **42.** ~ quadratico medio (*mat.*), mean square error. **43.** ~ sistematico (*mat. - mis. top. - ecc.*), systematic error. **44.** ~ strumentale (*mis. top. - ecc.*), instrumental error. **45.** ~ tipo (scarto tipo) (*controllo qualità*), standard error. **46.** ~ transitorio (*elab.*), transient error. **47.** procedura di recupero dell'~ (*elab.*), error recovery procedure, ERP. **48.** salvo ~ ed omissione (S.E.&O.) (*contabilità*), errors and omissions excepted (E.&O.E.). **49.** controllo e correzione di errori (p. es. nella gestione di dati su disco ottico) (*elab.*), error checking and correction, "ECC". **50.** correzione di ~ (eliminazione di ~) (*elab.*), troubleshoot. **51.** esente da errori (controllato e trovato senza errori: p. es. un programma) (*elab.*), clean. **52.** istruzione di ricerca e correzione errori (*elab.*), debugging statement. **53.** localizzazione e correzione di ~ (*elab.*), troubleshoot. **54.** raffica di errori (*elab.*), error burst. **55.** ricerca ed eliminazione di errori (in un programma) (*elab.*), debugging, error detection and correction. **56.** ricercare ed eliminare errori (*elab.*), to debug. **57.** ripulitura dagli errori residui (*elab.*), cleanup. **58.** tasso di ~ (ogni 100000 bit trasmessi) (*elab.*), error rate. **59.** tendenza ad ~ sistematico (tendenza a deviare in una determinata direzione) (*stat.*), bias.

eruzione (*geofis.*), eruption. **2.** ~ (di gas da un pozzo per es.) (*min.*), blowout. **3.** ~ (in un lingotto durante l'operazione di colata: sfuggita di metallo fuso prima che sia ultimata la solidificazione e dopo la rottura della superficie solidificata) (*metall.*), bleeding. **4.** ~ di gas (*min.*), gas blowout.

erziano (*a. - elett.*), hertzian.

esabiòsi (*chim.*), *vedi* disaccaridi.

esadecimale (relativo ad un sistema numerico con base 16) (*a. - mat. - elab.*), sexadecimal, hexadecimal, hex. **2.** sistema di numerazione ~ (numerazione a base 16) (*mat.*), hexadecimal number system.

esagonale (*a. - gen.*), hexagonal. **2.** barra ~ (*ind. metall.*), hexagonal bar.

esàgono (*geom.*), hexagon.

esalare (un odore per es.), to exhale.

esalazione, exhalation, fume. **2.** esalazioni nocive (fumi dovuti a reazioni chimiche, condensazioni di vapori ecc.) (*chim. - ind.*), fumes.

esalina ($C_6H_{11}OH$) (solvente) (*chim. ind.*), cyclohexanol.
esaltazione (di oscillazioni per es.) (*fis.*), intensification, exaltation.
esame, examination. **2.** ~ agli ultrasuoni (per stabilire i difetti interni di un lingotto o di una saldatura per es.) (*tecnol. mecc.*), ultrasonic test. **3.** ~ attitudinale (~ da condurre prima di una eventuale assunzione) (*organ. pers.*), employment test. **4.** ~ con penetrante fluorescente (controllo con penetrante fluorescente, di pezzi metallici) (*tecnol. mecc.*), inspection by a fluorescent penetrant. **5.** ~ dei difetti (di un tessuto) (*ind. tess.*), perching. **6.** ~ della superficie di frattura (per es. con microscopio) (*metall. - ecc.*), fracture zone examination. **7.** ~ di ammissione (*Università*), matriculation examination. **8.** ~ granulometrico (prova di setacciatura) (*ind.*), screen analysis. **9.** ~ magnetoscopico (eseguito inducendo un campo magnetico nel pezzo e mettendo lo stesso in contatto con particelle magnetiche sospese in un liquido in modo che queste si accumulino nelle incrinature) (*tecnol. mecc.*), inspection by magnetic particles. **10.** ~ psicotecnico (per piloti aeronautici) (*med.*), psychotechnological fitness test. **11.** ~ radiografico periodico (del personale di uno stabilimento) (*med. - pers.*), periodical mass radiography.
esametiltetrammina ($C_6H_{12}N_4$: urotropina) (*mft. gomma - farm.*), hexamethylenetetramine.
esaminare (*gen.*), to examine. **2.** ~ a fondo (*gen.*), to scrutinize. **3.** ~ per verificare le condizioni (delle candele per es. dopo un dato numero di ore di funzionamento) (*mot. - ecc.*), to examine for condition.
esamotore (*a. - aer.*), six-engine.
esano (C_6H_{14}) (idrocarburo) (*chim.*), hexane.
esàstilo (detto di una chiesa) (*arch.*), hexastyle.
esatomico (*fis. - chim.*), hexatomic.
esatriòsi (*chim.*), *vedi* trisaccaridi.
esattezza (*gen.*), accuracy, exactness, precision, exactitude.
esatto (*a. - gen.*), exact, accurate, correct. **2.** scienza esatta, exact science.
esattore (di tasse per es.) (*lav.*), collector.
esauriènte (di una prova per es.) exhaustive, comprehensive.
esaurimento (*contabilità*), depletion. **2.** ~ (del combustibile per es.), exhaustion. **3.** ~ (di una cellula fotoelettrica per es.) (*elett.*), exhaustion. **4.** ~ (consumo, del combustibile di un reattore nucleare) (*fis. atom.*), depletion, burn-up. **5.** ~ dei neutri (rapida diminuzione della densità delle particelle neutre in un plasma) (*fis.*), neutral particles burnout.
esaurire (*gen.*), to exhaust. **2.** ~ (restare senza: carburante per es.) (*aut. - aer. - ecc.*), to exhaust, to run out of. **3.** ~ (un giacimento per es.) (*min.*), to bottom.
esaurito (*a. - gen.*), exhausted. **2.** ~ (di prodotto per es.) (*a. - comm.*), out of stock. **3.** ~ (un teatro per es. che non ha più posti disponibili) (*a. - comm.*), sold out. **4.** ~ (di combustibile di un reattore nucleare per es.) (*a. - gen.*), spent. **5.** ~ (quando tutta la merce di scorta è stata venduta) (*a. - comm.*), out-of-stock.
esàusto ("a terra": di una batteria per es.) (*a.*), run -down.
esavalente (*chim.*), hexavalent.
esazione (di tasse per es.) (*finanz.*), collection.
esborso (*comm.*), disbursement.
esca (*espl.*), fuse. **2.** ~ (*pesca*), bait. **3.** ~, *vedi anche* linguetta iniziale.
"escalation" (aumento di entità) (*gen.*), escalation.
escavatore (*macch.*), excavator, digger. **2.** ~ a badilone (escavatore a cucchiaia) (*macch.*), power shovel. **3.** ~ a benna strisciante ("dragline", escavatore a benna trainata) (*macch.*), dragline, dragline excavator. **4.** ~ a benna trainata (escavatore a benna strisciante, escavatore "dragline", "dragline") (*macch.*), dragline, dragline excavator. **5.** ~ a cucchiaia (escavatore a badilone) (*macch.*), power shovel, pan shovel, shovel excavator, shovel. **6.** ~ a cucchiaia (azionato da motore) a benzina (*macch.*), gasoline shovel. **7.** ~ a cucchiaia rovescia (*macch.*), backhoe, drag shovel. **8.** ~ a cucchiaia spingente (escavatore a cucchiaia diritta) (*macch.*), face shovel. **9.** ~ a noria (*macch.*), bucket dredge. **10.** ~ a pala (escavatore a cucchiaia) (*macch.*), power shovel. **11.** ~ a vapore a cucchiaia (*macch.*), steam shovel. **12.** ~ meccanico a cucchiaia (macchina per scavare la terra) (*macch.*), power shovel.
escavatorista (*lav.*), shoveler, shovelman, excavator driver.
escavatrice, *vedi* escavatore.
escavazione (*min.*), mining. **2.** ~ a getto d'acqua (scavo a getto d'acqua) (*min.*), digging by jet of high pressure water.
escludendo (*gen.*), excluding.
esclùdere (disinserire un motore elettrico per es.) (*elett.*), to cut out.
esclusività (*comm.*), exclusivity.
esclusivo (*a. - gen.*), exclusive. **2.** rappresentante ~ (*comm.*), sole agent, exclusive agent. **3.** rappresentanza esclusiva (*comm.*), sole agency, exclusive agency.
escursione (ampiezza di una oscillazione) (*fis.*), amplitude. **2.** ~ (di variabili) (*stat. - controllo qualità*), range. **3.** (posizione di) ~ massima (di una sospensione) (*aut.*), full bump position.
escussione (di un teste) (*leg.*), interrogation, examination.
esecutivo (*a. - gen.*), executive.
esecutore fallimentare (curatore del fallimento) (*amm. - leg.*), trustee in bankruptcy.
esecutore testamentario (*leg.*), executor.
esecuzione, execution. **2.** ~ (di un prodotto industriale per es.) (*gen.*), manufacture. **3.** ~ (elaborazione di un programma per es.) (*elab.*), execution. **4.** ~ della ripresa (*cinem.*), taking. **5.** ~ di

bozze (*tip.*), proving. **6.** ~ di gole al tornio (*tecnol. mecc.*), groove turning. **7.** ~ di intagli (sui bordi di una lamiera per es.) (*mecc.*), notching. **8.** ~ di operazioni preparatorie (~ di operazioni di servizio interne dell'elaboratore, del tutto indipendenti dalla ~ del programma) (*elab.*), housekeeping operation. **9.** ~ di prova (p. es. di un programma) (*elab. - ecc.*), test run. **10.** ~ sincrona (*elab.*), synchronous execution, synchronous working. **11.** possibilità di ~ (*gen.*), feasibility. **12.** qualità di ~ (*gen.*), craftsmanship, workmanship. **13.** una singola e completa ~ (~ di un programma per es.) (*s. - elab. - ecc.*), run.
esèdra (*arch.*), exedra.
eseguibile (effettuabile, realizzabile) (*gen.*), feasible.
eseguibilità (effettuabilità, realizzabilità) (*gen.*), feasibleness.
eseguire (un lavoro per es.) (*gen.*), to carry out. **2.** ~ (*leg.*), to execute. **3.** ~ (*musica*), to perform. **4.** ~ (p. es. un programma di un elaboratore) (*elab.*), to execute. **5.** ~ a regola d'arte, to perform. **6.** ~ con calcolatore (*elab.*), to computerize. **7.** ~ la gran volta (acrobazia) (*aer.*), to loop. **8.** ~ la manutenzione (*mot. - mecc.*), to service. **9.** ~ scorrettamente (eseguire male) (*gen.*), to misperform. **10.** ~ una battuta terminale in un foro (allargare l'estremità superiore di un foro) (*mecc.*), to counterbore. **11.** ~ una bozza (tirare una bozza) (*tip.*), to take a proof. **12.** ~ una operazione orizzontalmente (sommare numeri [disposti] trasversalmente: a scopo di controllo) (*mat. - elab.*), to crossfoot.
esempio (*gen.*), example, instance. **2.** per ~ (per es.) (*gen.*), for example, f.e., for instance, f.i.
esemplare (di una motocicletta per es.), model. **2.** ~ (di un libro per es.), exemplar.
esentare (*gen.*), to exempt.
esentasse (*econ.*), free of tax.
esènte (*a. - gen.*), free (from).
esenzione (*gen.*), exemption. **2.** ~ fiscale (*tasse*), tax exemption.
esercente (*comm.*), shopkeeper.
esercire (un servizio di autocarri per es.) (*comm.*), to run, to operate.
esercitare (una professione per es.), to practice.
esercitazione (*gen.*), practising, practicing. **2.** ~ (*milit.*), practice, drill. **3.** ~ (di tiro) al bersaglio (*milit.*), target practice. **4.** ~ in ordine chiuso (*milit.*), close order drill. **5.** ~ in ordine sparso (*milit.*), extended order drill.
esèrcito (*milit.*), army.
esercizio (*gen.*), exercise. **2.** ~ (di un servizio di trasporti, linea aerea ecc.) (*gen.*), operation. **3.** ~ (di una professione) (*gen.*), practice. **4.** ~ (*amm. - comm.*), financial year, fiscal year. **5.** ~ (pratica), practice, drill. **6.** ~ ai pezzi (*milit.*), gun drill. **7.** ~ degli aerostati (*aer.*), aerostation. **8.** ~ ferroviario (*ferr.*), railroading. **9.** ~ finanziario (periodo di tempo fra due consecutivi bilanci) (*amm.*), accounting period. **10.** essere fuori ~ (*gen.*), to be out of practice. **11.** essere in ~ (*gen.*), to be in practice. **12.** ricavo di ~ (in un bilancio) (*contabilità*), operating income.
esibire (presentare, produrre) (*gen.*), to exhibit.
esigènza (necessità), requirement.
esìgere (*finanz.*), to collect. **2.** ~ (pretendere) (*gen.*), to exact, to require.
esigìbile (di una fattura per es.) (*comm.*), receivable.
esilità (*gen.*), exility, slenderness.
esistènza di magazzino (materiale in magazzino) (*amm.*), stock on hand.
esistere (*gen.*), to exist.
èsito (*gen.*), outcome, result.
èsodo (fuga, di capitali) (*finanz.*), outflow, exodus.
esòdo (tubo con sei elettrodi) (*antica radio - eltn.*), hexode.
esofagoscòpio (*strum. med.*), oesophagoscope.
esoftalmòmetro (*strum. med.*), exophthalmometer.
esogeno (*fis.*), exogenous.
esomorfismo (*geol.*), exomorphism.
esonerare (da impegni per es.) (*gen.*), to exempt.
esonero (da un incarico per es.) (*lav. - ecc.*), dismissal.
esòsi (monosaccaridi) (*chim.*), hexoses.
esosfera (regione oltre l'atmosfera terrestre, che ha inizio tra i 600 e i 900 km d'altezza) (*spazio*), exosphere, geocorona.
esosferico (*a. - spazio*), exospheric.
esosmòsi (*fis.*), exosmosis.
esotèrmico (*a. - chim.*), exothermic.
espàndere (*fis.*), to expand.
espansibile (un gas) (*fis.*), expansible, expanding.
espansione (*fis.*), expansion. **2.** ~ (processo di espansione, del poliuretano per es.) (*ind. chim.*), foaming. **3.** ~ polare (di motore elettrico per es.) (*elett.*), pole piece, pole shoe. **4.** ~ suburbana (l'espandersi di fabbricati in prossimità delle città) (*città*), urban sprawl. **5.** procedimento di ~ (per gomma per es.) (*ind. chim.*), foaming process. **6.** serpentino di ~ (di una macchina frigorifera) (*macch.*), expansion coil.
espanso (*gen.*), expanded. **2.** ~ (*s. - imballaggio - ecc.*), expanded plastic, foamed plastic. **3.** ~ (materiale plastico o gomma per es.) (*a. - ind. chim.*), foamed, cellular. **4.** ~ (particolare espanso) (*s. - ind. chim.*), foamed part. **5.** ~ a cellula chiusa (tipo di plastico cellulare) (*ind. chim.*), closed cell foam. **6.** ~ isotattico (schiuma isotattica) (*ind. chim.*), syndiotactic foam. **7.** ~ nello stampo (gomma per es.) (*ind. chim.*), foamed in the mold. **8.** ~ polisterenico (polistirene espanso) (*ind. chim.*), foam polystyrene, polystyrene foam. **9.** ~ uretanico (spugna uretanica, usata per imbottiture per es.) (*ind. chim.*), urethane foam. **10.** ~ uretanico rigido (*ind. chim.*), rigid urethane foam.
espansore (per bloccare particolari meccanici per es.) (*mecc. - ecc.*), expander. **2.** ~ (polmone silenziatore supplementare, di un impianto di scarico per es.) (*ind. - ecc.*), expansion box. **3.** ~ (riporta alla forma originaria i segnali compressi: per mi-

gliorare il rapporto segnale/disturbo) (*eltn. - elettroacus.*), expandor. **4.** ~ (tipo di trasduttore che amplifica il segnale di uscita) (*eltn.*), expander. **5.** ~ di banda (*tlcm.*), bandspreader.
espediènte (*gen.*), expedient. **2.** ~ (ripiego) (*gen.*), makeshift.
espèllere (*fis.*), to expel, to eject.
esperiènze (su prototipi per es.) (*ind.*), experiments, trials. **2.** reparto ~ (di stabilimento meccanico per es.) (*ind.*), experimental department.
esperimento, experiment, trial.
espèrto, expert. **2.** ~ aeronautico (*aer.*), air-wise technician. **3.** ~ in acustica (specialista in questioni attinenti al suono) (*acus.*), acoustician. **4.** ~ in idrodinamica (*idrodinamica*), hydrodynamicist. **5.** ~ in idrografia (*tecnico*), hydrographer.
esplicito (funzione per es.) (*mat.*), explicit.
esplòdere (*espl.*), to explode, to burst, to blow up. **2.** ~ (rappresentare le varie parti di un complessivo separatamente e nella reciproca posizione nella quale vengono montate) (*dis.*), to explode. **3.** far ~ (causare l'esplosione di una carica detonante) (*milit. - espl.*), to set off.
esploditore (detonatore) (*espl. - min.*), detonator, exploder.
esplorare (*gen.*), to explore. **2.** ~ (*milit. - mar. milit.*), to scout. **3.** ~ (analizzare) (*elettroacus. - telev.*), to scan. **4.** ~ (dal punto di vista minerario) (*min.*), to prospect.
esploratore (*mar. milit.*), scout cruiser. **2.** ~ (pattugliatore) (*milit.*), scout.
esplorazione (*mecc.*), exploration. **2.** ~ (*telev.*), scanning. **3.** ~ (*telev.*), *vedi anche* scansione ed analisi. **4.** ~ (*milit.*), reconnaissance. **5.** ~ con fascio mobile (*telev.*), flying spot scanning. **6.** ~ dello spazio (*astric.*), space exploration. **7.** ~ elettronica (*telev.*), electronic scanning. **8.** ~ meccanica (*telev.*), mechanical scanning. **9.** ~ petrolifera (*min.*), petroleum exploration. **10.** ~ ravvicinata (*tattica*), close reconnaissance. **11.** ~ sistematica del cielo (*astr.*), sweep.
esplosimetro (strumento analizzatore di gas) (*min. - petroliera - imbarcazione a benzina*), explosimeter.
esplosione (*espl.*), explosion, blast, burst. **2.** ~ atomica (*applicazione milit. dell'energia atom.*), atomic explosion. **3.** ~ (cosmogonica) iniziale (*cosmogonia*), big bang. **4.** ~ nel basamento (difetto di un motore diesel) (*mot.*), crankcase explosion. **5.** stampaggio ad ~ (stampaggio esplosivo, della lamiera) (*tecnol. mecc.*), explosive forming.
esplosivo (*espl.*), explosive. **2.** ~ a combustione lenta (esplosivo propellente) (*espl.*), low explosive. **3.** ~ al clorato (~ al clorato di potassio) (*espl.*), chlorate explosive. **4.** ~ all'ossigeno liquido (*espl.*), liquid oxygen explosive. **5.** ~ al plastico, plastico (*espl.*), high-explosive plastic, plastic explosive. **6.** ~ D (formato principalmente da picrato d'ammonio) (*espl.*), explosive D. **7.** ~ da innesco (*espl.*), primary explosive. **8.** ~ di lancio (*espl.*), propellent explosive, propellant. **9.** ~ gassoso (*espl.*), gaseous explosive. **10.** ~ liquido (*espl.*), liquid explosive. **11.** ~ solido (*espl.*), solid explosive. **12.** alto ~ (*espl.*), high explosive. **13.** basso ~ (*espl.*), low explosive.
esplòso (*espl.*), exploded. **2.** disegno ~ (di una macchina per es.: raffigura le singole parti separate, ubicate nella loro giusta posizione di montaggio) (*dis. mecc.*), exploded view.
esponènte (*mat.*), exponent, index. **2.** ~ di acidità (pH) (*chim.*), pH-value.
esponenziale (*mat.*), exponential. **2.** curva ~ (*mat.*), exponential curve. **3.** funzione ~ (*mat.*), exponential function. **4.** serie ~ (*mat.*), exponential series.
esporre (*comm.*), to exhibit. **2.** ~ (*fot.*), to expose. **3.** ~ (alle radiazioni) (*fis.*), to illuminate. **4.** ~ all'aria aperta (od agli agenti atmosferici) (*gen.*), to weather.
esportare (*comm.*), to export. **2.** ~ sottocosto (*comm.*), to dump.
esportatore (*comm.*), exporter.
esportazione (*comm.*), export. **2.** ~ sottocosto ("dumping") (*comm.*), dumping. **3.** cassa da imballo per ~ (per un motore per es.) (*imballaggio*), export boxing.
esposìmetro (*strum. fot.*), exposure meter. **2.** ~ a cellula fotoconduttrice (alimentato a batteria) (*strum. fot. - eltn.*), photoconductive meter. **3.** ~ ad elemento fotovoltaico (*strum. fot. - eltn.*), photovoltaic meter. **4.** ~ ad estinzione (*strum. fot.*), extinction meter. **5.** ~ a pellicola da occhiello (da indossare nell'occhiello della giacca) (*app. mis. radioatt.*), film badge.
espositore (*comm.*), exhibitor.
esposizione (*comm.*), display, show, exhibition. **2.** ~ (della facciata di una casa: riferita ai punti cardinali: N, S, NO ecc.) (*arch.*), exposure. **3.** ~ automatica (*fot.*), "auto-exposure". **4.** ~ multipla (possibilità data da alcune macchine fotografiche raffinate) (*fot.*), multiple exposure. **5.** ~, sviluppo, fissaggio e stampa (*fot.*), processing. **6.** Esposizione Universale (*comm. - ecc.*), Universal Exhibition. **7.** ~ viaggiante (mostra itinerante) (*comm.*), traveling exhibition. **8.** (la) minima ~ che consenta un inizio di immagine (*fot.*), threshold exposure. **9.** massima ~ permessa (alle radiazioni, per ragioni di sicurezza) (*med. - fis. atom. - ecc.*), maximum possible exposure, MPE. **10.** tempo di ~ (*fot.*), exposure.
esposto (*gen.*), exposed. **2.** ~ (impressionato) (*fot.*), exposed. **3.** ~ (*comm.*), exhibited, displayed. **4.** non ~ (di pellicola o film vergine) (*fot. - cinem.*), raw.
espressione (*mat.*), expression. **2.** ~ (successione logica di operandi e di operazioni) (*elab.*), expression. **3.** ~ non modificabile, "literal" (una stringa di caratteri che rimane immutata; in un linguaggio di programmazione per es.) (*elab.*), literal. **4.** ~ radicale (*mat.*), radical, radical expression.

esprèsso (treno) (*ferr.*), express. **2.** ~ (lettera) (*corrispondenza*), special delivery letter.
esprimere (una opinione per es.) (*gen.*), to express. **2.** ~ quantitativamente (*gen.*), to quantify, to express the quantity.
espromissione (*leg.*), expromission.
espropriare (*leg.*), to expropriate.
espropriazione (*leg.*), expropriation. **2.** ~ per pubblica utilità (~ imposta da una legale autorità: p. es. per realizzare un servizio pubblico) (*leg.*), compulsory purchase.
espulsione (*gen.*), expulsion, ejection. **2.** ~ (del pezzo dalla pressa per es.) (*lav. lamiera*), knockout, K/O. **3.** ~ a candele (del pezzo da uno stampo) (*lav. lamiera*), bar knockout, bar K/O. **4.** candela di ~ (di uno stampo) (*lav. lamiera*), knockout bar, K/O bar.
espulsore (*att. mecc.*), expeller, knockout. **2.** ~ (attrezzo per espellere il pezzo dalla pressa) (*macch. lav. lamiera*), kickoff, knockout. **3.** ~ (di arma da fuoco), ejector.
essènza (*chim.*), essence. **2.** ~ di carvi (*ind. dei liquori*), caraway oil. **3.** ~ di garofano (*ind.*), clove oil.
essiccabilità (*vn.*), drying capability.
essiccamento (*ind.*), *vedi* essiccazione.
essiccante (*s. - ind. chim.*), drying agent, drier.
essiccare (*ind.*), to desiccate, to dry. **2.** ~ (stagionare: legname per es.) (*ind.*), to desiccate, to dry. **3.** ~ al forno (*ind.*), to kiln-dry. **4.** ~ rapidamente (per es. mediante aria calda) (*ind. chim. - agric.*), to flash-dry.
essiccativo, drier, siccative.
essiccato (*gen.*), dried. **2.** ~ al tatto (fuori polvere, di una vernice) (*vn.*), tack free, touch dry. **3.** ~ artificialmente (*a. - legn.*), kiln-dried. **4.** ~ in superficie (detto di una vernice) (*a. - vn. - ecc.*), surface dry.
essiccatoio (*app. ind.*), drier. **2.** ~ (per materiale tessile) (*ind. tess.*), drying chamber. **3.** ~ (*ceramica*), greenhouse, hothouse. **4.** ~ (forno per essiccazione del legname) (*ind. di legno*), dry kiln. **5.** ~ a griglia (per la lana per es.) (*app. ind. lana*), lattice drier. **6.** ~ a raggi infrarossi (*app. ind.*), infrared drying apparatus. **7.** ~ per anime (*fond.*), core drier. **8.** ~ per carte patinate (*mft. carta*), "festoon drier". **9.** ~ per legname (*ind.*), dry kiln. **10.** ~ per stereotipi (*tip.*), roaster. **11.** ~ rotante (*ind.*), rotary drier. **12.** ~, *vedi anche* essiccatore.
essiccatore (*app. ind.*), drier. **2.** ~ (*att. chim.*), desiccator. **3.** ~ (per zucchero cristallizzato e centrifugato) (*app. mft. zucchero*), granulator. **4.** ~, *vedi anche* essiccatoio. **5.** ~ ad aria calda (per lana per es.) (*app. ind.*), hot-air drier. **6.** ~ a vuoto (*app. ind.*), vacuum drier. **7.** ~ a vuoto (*att. chim.*), vacuum desiccator. **8.** ~ di vapore (*app. term.*), steam drier. **9.** ~ rotativo (per terra da fonderia per es.) (*app. ind.*), rotary drier.
essiccazione (*ind.*), drying, drying process, desiccation, exsiccation. **2.** ~ al forno (*ind.*), oven drying. **3.** ~ all'aria (di una vernice per es.) (*gen.*), air drying. **4.** ~ forzata (essiccamento in camera calda: non superiore ai 150° F) (*vn.*), forced drying. **5.** ~ superficiale (di una vernice per es.) (*vn. - ecc.*), surface drying. **6.** ad ~ spinta (*a. - ind.*), high-dried.
essudazione (di materiali di plastica) (*ind. plastica*), bleed.
èst (*geogr.*), east.
estèndere (*gen.*), to extend.
estensigrafo (estensimetro registratore) (*strum. - tecnol. mecc.*), extensograph.
estensìmetro (strumento per la misurazione delle deformazioni: p. es. in una struttura sotto carico) (*s. - strum. - mecc. - ott. - elett.*), strainmeter, extensometer, strain gage. **2.** ~ (per la misura di piccole deformazioni) (*strum. mis.*), deformeter. **3.** ~ a filo vibrante (*strum. - sc. costr.*), vibrating-wire straingage. **4.** ~ annegato (per misurare deformazioni interne) (*strum.*), embedded strain gage. **5.** ~ a resistenza elettrica (*strum. - sc. costr.*), electrical resistance strain gage. **6.** ~ elettrico a filo (*strum. mis.*), wire-strain gage.
estensione (*gen.*), extension, extent. **2.** ~ (di una sospensione, spostamento relativo tra massa sospesa e non sospesa quando la distanza tra le masse aumenta rispetto alla condizione statica) (*aut.*), rebound. **3.** ~ (*mat.*), extension. **4.** ~ (gamma di numeri o bit rappresentabili per es.) (*elab. - ecc.*), range. **5.** ~ (incremento fisico di spazio di una memoria di massa: per es. mediante una nuova periferica) (*elab.*), extent.
èstere (etere composto) (*chim.*), ester. **2.** ~ acetico ($CH_3COOC_2H_5$) (*chim.*), acetic ester. **3.** esteri solforici degli alcooli superiori (*chim.*), sulfated fatty alcohols.
esterificazione (reazione chim.) (*chim.*), esterification.
estèrno (*a. - gen.*), outside, external, exterior. **2.** ~ (alla catena) (*a. - chim.*), exocyclic. **3.** ~ (~ con luce diurna: all'aperto, senza luce artificiale) (*s. - fot.*), outdoor. **4.** esterni (riprese esterne) (*cinem.*), exterior shot.
èstero (*a. - gen.*), foreign. **2.** all'~ (*avv. - gen.*), abroad. **3.** commercio ~ (*comm.*), foreign trade.
esteso (di grande ampiezza) (*gen.*), wide. **2.** ~ (disteso: di ammortizzatore) (*aut.*), extended.
estimo (*econ.*), estimate.
estìnguere (un incendio per es.) to extinguish, to quench. **2.** ~ (un debito per es.) (*finanz.*), to redeem, to pay. **3.** ~ (un fuoco: coprendolo per mezzo di schiuma per es.) (*antincendio*), to blanket.
estintore (*app. antincendio*), extinguisher, fire extinguisher. **2.** ~ ad anidride carbonica (*app. antincendio*), carbon dioxide extinguisher. **3.** ~ a liquido (*app. antincendio*), liquid extinguisher. **4.** ~ al tetracloruro di carbonio (*app. antincendio*), carbon tetrachloride extinguisher. **5.** ~ a polvere (*app. antincendio*), powder extinguisher. **6.** ~ a

schiuma (per incendi di combustibili liquidi per es.) (*app. antincendio*), foam extinguisher. **7.** ~ chimico (*app. antincendio*), chemical fire extinguisher. **8.** ~ idrico (*app. antincendio*), water extinguisher.

estinzione (*gen.*), extinction. **2.** ~ (della calce) (*ed.*), slaking. **3.** ~ della luce (assorbimento della luce da parte dell'atmosfera) (*astrofisica*), extinction of light. **4.** ~ magnetica (di un arco) (*elett.*), magnetic blowout.

estirpatore (*macch. agric.*), grubber.

estivo (*gen.*), summer. **2.** argine ~ (*costr. idr.*), summer embankment. **3.** bordo libero ~ (*nav.*), summer freeboard.

estradòsso (*arch.*), extrados. **2.** ~ (di una pala d'elica) (*aer.*), suction face.

estraìbile (*a. - chim. - mecc.*), extractable, extractible.

estraneo (*chim. - ecc.*), foreign.

estrapolare (*mat.*), to extrapolate.

estrapolato (*mat.*), extrapolated. **2.** dimensione estrapolata (dimensione fittizia, di un reattore nucleare) (*fis. atom.*), extrapolated size.

estrapolazione (*mat.*), extrapolation. **2.** lunghezza di ~ (*fis. atom.*), extrapolation distance.

estrarre (*mecc.*), to extract. **2.** ~ (da una miniera) (*min.*), to mine, to win. **3.** ~ (per distillazione per es.), to extract, to draw off. **4.** ~ (una radice per es.) (*mat.*), to extract. **5.** ~ (sformare, un modello dalla forma) (*fond.*), to draw. **6.** ~ (separare) (*gen.*), to abstract. **7.** ~ (il contenuto dei bit; p. es. mediante lettura selettiva per mezzo di una maschera) (*elab.*), to extract. **8.** ~ (per es. schede da un archivio) (*elab. - ecc.*), to pull. **9.** ~ (tirar fuori, senza forzare, un oggetto da un alloggiamento per es.) (*gen.*), to take out. **10.** ~ da una cava (di marmo per es.) (*min.*), to quarry. **11.** ~ l'acqua in eccesso (dalla pasta) (*ind. carta*), to slush. **12.** ~ le sostanze volatili (*ind.*), to devolatilize.

estraterrestre (*a. - astric.*), extraterrestrial (ingl.).

estratti (*chim.*), extracts. **2.** ~ coloranti (da legno) (*chim. ind.*), dyewood extracts. **3.** ~ medicinali (*chim. farm.*), medicinal extracts. **4.** ~ tannici (*chim. ind.*), tannic extracts.

estratto (*gen.*), extract. **2.** ~ (di un documento legale) (*leg.*), docket. **3.** ~ automatico (riassunto automatico, sommario; per es. di un documento) (*elab.*), auto-abstract, automatic abstract. **4.** ~ conto (*comm.*), statement of account. **5.** ~, *vedi anche* estratti.

estrattore (*mecc.*), extractor, puller. **2.** ~ (*att. chim.*), extractor, stripper. **3.** ~ (*app. ind. tess.*), extractor. **4.** ~ (per estrarre il pezzo dal punzone di una pressa per es.) (*macch. ut.*), stripper. **5.** ~ (per togliere il pezzo dalla forma) (*att. fond.*), ejector, knockout. **6.** ~ (espulsore) (*att. mecc.*), expeller, knockout. **7.** ~ (di arma da fuoco) (*mecc.*), extractor. **8.** ~ (utensìle meccanico per estrarre gli oggetti dalla forma) (*ut. mft. vetro*), takeout. **9.** ~ (testina di estrazione: per smontare qualche particolare complicato di un complesso meccanico) (*att. mecc.*), drivehead. **10.** ~ a pinza (apparecchio per afferrare ed estrarre punte rotte: da un foro) (*mecc. - min.*), grab. **11.** ~ a scatto (attrezzo per estrarre il pezzo di lamiera lavorato dalla pressa) (*lav. lamiera*), kicker. **12.** ~ centrifugo (*macch.*), centrifuge, centrifugal separator, extractor. **13.** ~ di pali (*ed.*), pile extractor. **14.** ~, o pompa, a vuoto (*macch.*), vacuum extractor, vacuum pump. **15.** ~ per chiodi (*ut.*), rip, ripper, ripping bar. **16.** ~ per mozzi (*mecc.*), hub puller. **17.** ~ per ruote (nelle costruzioni ferroviarie per es.) (*mecc.*), wheel puller. **18.** ~, *vedi anche* espulsore.

estrazione (*chim. - ind.*), extraction. **2.** ~ (di modelli dalle forme per es.) (*gen.*), drawing, lifting. **3.** ~ (spiegamento, della calotta di un paracadute dalla custodia per es.) (*gen.*), deployment. **4.** ~ a mezzo di pozzo (*min.*), shaft hauling. **5.** ~ con immissione di aria compressa (di petrolio per es.) (*min.*), air lift. **6.** ~ con immissione di gas compresso (di petrolio per es.) (*min.*), gas lift. **7.** ~ con secchie (di minerale dal pozzo) (*min.*), bailing. **8.** ~ dei modelli (dalle forme) (*fond.*), drawing of patterns, lifting of patterns. **9.** ~ del segnale (estrazione di uno o più parametri connessi al segnale) (*elab. segn.*), signal extraction. **10.** ~ del segnale (dal rumore in cui è inserito) (*elab. segn.*), signal recovery. **11.** ~ di minerali (*min.*), mining. **12.** ~ di radice (*mat.*), evolution. **13.** diritti di ~ del petrolio (*min. - leg.*), oil rights. **14.** metodo di ~ (*min.*), mining method.

estremale (calcolo di curva di variazione) (*s. - a. - mat.*), extremal.

estremità (*gen.*), extremity, end. **2.** ~ (di un pezzo) (*mecc.*), end. **3.** ~ (di ala) (*aer.*), tip. **4.** ~ (difettosa che viene asportata dal lingotto) (*metall.*), crop. **5.** ~ (di un convogliatore a nastro per es.) (*macch. ind.*), terminal. **6.** ~ a calotta (di una vite) (*mecc.*), round point. **7.** ~ a corona tagliente (di una vite) (*mecc.*), cup point. **8.** ~ a nocciolo sporgente (di una vite) (*mecc.*), full dog point. **9.** ~ a nocciolo sporgente corto (di una vite) (*mecc.*), half dog point. **10.** ~ anteriore (*gen.*), nose, front end. **11.** ~ a punta (di una vite) (*mecc.*), cone point. **12.** ~ arrotondata (testa tonda di una fresa frontale per es.) (*ut.*), ball nose. **13.** ~ della trave (*ed.*), beam end. **14.** ~ incastrata (di una trave) (*costr.*), fixed end. **15.** ~ libera (di un motore, per l'accoppiamento alla macchina operatrice) (*mot.*), free end. **16.** ~ piana (di una vite) (*mecc.*), flat point. **17.** ~ piana smussata (di una vite) (*mecc.*), chamfer point. **18.** ~ superiore (di un pezzo per es.) (*mecc.*), top end. **19.** sdoppiatura all' ~ (apertura dell'estremità, difetto di un pezzo laminato dovuto alla qualità del materiale) (*metall.*), split end.

estremo (*a. - gen.*), extreme. **2.** estremi (di una proporzione) (*mat.*), extremes.

estrùdere (metalli, gomma ecc.) (*ind.*), to extrude.

estruditore (*macch.*), *vedi* estrusore.

estrusione (*metall.*), extrusion. **2.** ~ a freddo (*tecnol. mecc.*), cold extrusion. **3.** ~ continua (*tecnol. mecc.*), continuous extrusion process. **4.** ~ diretta (estrusione in avanti) (*tecnol. mecc.*), forward extrusion, Hooker extrusion. **5.** ~ idrostatica (processo di estrusione a freddo) (*tecnol. mecc.*), hydrostatic extrusion. **6.** ~ in avanti (estrusione diretta) (*tecnol. mecc.*), forward extrusion, Hooker extrusion. **7.** ~ indiretta (estrusione inversa) (*tecnol. mecc.*), backward extrusion, impact extrusion.

estruso (*a. - ind. tess. artificiali - metall.*), extruded, extd. **2.** ~ (pezzo estruso) (*metall.*), extrusion.

estrusore (trafila, macchina per estrudere) (*macch. lav. metallo e gomma*), extruder. **2.** ~ a vite (macchina per estrudere materie plastiche per es.) (*macch.*), screw extruder. **3.** ~ a vite (vitone, elemento a spirale per forzare il materiale attraverso una filiera per es.) (*att.*), auger.

estuario (*geogr.*), estuary.

età (*gen.*), age. **2.** ~ rilevata con il radio (basata sul numero di atomi di radio) (*fis. atom. - geol.*), radium age. **3.** ~ rilevata dalla disintegrazione uranio/piombo (*fis. atom. - geol.*), ore–lead age.

etano (C_2H_6) (*chim.*), ethane.

etanòlo (C_2H_5OH) (*chim.*), ethanol.

ètere (*fis.*), ether. **2.** ~ acetico, *vedi* estere acetico. **3.** ~ cosmico (*fis.*), cosmic ether. **4.** ~ etilico (dietiletere) (*chim.*), diethyl ether, ethyl ether, ether.

eterificazione (reazione chimica) (*chim.*), etherification.

Eternit (nome brevettato di un particolare impasto di amianto e cemento impiegato nella costruzione di materiali per l'edilizia e l'idraulica) (*ed. - idr.*), asbestos cement material. **2.** copertura in eternit (*ed.*), asbestos cement roofing. **3.** lastre di eternit (*ed.*), asbestos cement sheets. **4.** tubi di eternit (*ed.*), asbestos cement pipes.

eteroatomo (in un composto eterociclico) (*fis. atom.*), heteroatom.

eterocromàtico (*a.*), heterochromatic.

eterodina (*app. radioricevente*), heterodyne. **2.** misuratore di lunghezza d'onda a ~ (*radio*), heterodyne wavemeter. **3.** principio dell'~ (*radio*), heterodyne principle. **4.** ricezione ad ~ (*radio*), heterodyne reception, beat reception.

eterodinaggio (*radio*), heterodyning.

eterogeneità (di metalli per es.) (*gen.*), heterogeneity.

eterogèneo (*a. - gen.*), heterogeneous. **2.** ~ (detto per es. di un complesso di elaborazione che utilizza unità di tipo diverso o di diverso costruttore) (*a. - macch. - elab.*), heterogeneous. **3.** ~ (polifasico: relativo a fasi solido–liquido, solido–liquido –vapore ecc.) (*a. - chim. fis.*), heterogeneous.

eterogiunzione (fra due materiali semiconduttori eterogenei) (*eltn.*), heterojunction.

eteropolare (*chim.*), heteropolar.

eterostatico (connessione eterostatica: di un elettrometro per es.) (*a. - elett.*), heterostatic.

etichetta (*comm.*), label. **2.** ~ (elemento identificatore; insieme di caratteri per identificare una registrazione) (*s. - elab.*), label, tag. **3.** ~ alternativa (nome alternativo, pseudonimo) (*elab.*), alias. **4.** ~ di nastro [magnetico] (*elab. - eltn.*), tape label. **5.** ~ locata all'inizio del nastro (~ di identificazione costituita da una particolare registrazione locata all'inizio del nastro) (*elab.*), leader label. **6.** ~ terminale, o di coda (di un nastro magnetico) (*elab.*), trailer label.

etichettare (contrassegnare a mano con cartellino oppure applicare etichette mediante macchina etichettatrice) (*ind. - agric. - ecc.*), to label. **2.** ~ (rendere identificabile) (*elab.*), to label.

etichettato (contrassegnato, con cartellino) (*gen.*), labeled.

etichettatrice (*macch.*), labelling machine.

etilammina (*chim.*), ethylamine, ethylamin.

etilazione (*chim.*), ethylation.

etilcellulosa (EC) (*materia plastica*), ethyl cellulose, EC.

etile ($-C_2H_5$) (radicale) (*chim.*), ethyl.

etilène (C_2H_4) (*chim.*), ethylene.

etilizzare (mettere del piombo nella benzina) (*mot. - aut.*), to lead.

etilizzato (di benzina) (*mot. - aut.*), leaded.

"ETL" (equilibrio termodinamico locale, di un plasma) (*fis.*), local thermodynamic equilibrium, LTE.

etrusco (carattere grassetto a bastone) (*tip.*), sans-serif, grotesque.

èttaro (10000 m^2) (ha) (*mis.*), hectare.

etto- (h, prefisso: 10^2) (*mis.*), hecto-, h.

ettogrammo (3,527 oz avoirdupois) (hg) (*mis.*), hectogram.

ettòlitro (100 litri = cu ft 3,53 = 26,4 galloni americani, oppure 21,99 galloni inglesi) (*mis.*), hectolitre.

ettòmetro (hm) (*mis.*), hectometer.

eucalipto (*legno*), eucalyptus.

euclideo (*geom. - astr.*), Euclidean, Euclidian.

eudiometria (analisi e misura volumetrica di gas) (*chim.*), eudiometry.

eudiòmetro (*att. chim.*), eudiometer.

eufòtide (*min.*), *vedi* gabbro.

eupateoscòpio (*strum. mis. term.*), eupatheoscope.

"EURATOM" (Comunità Europea per l'Energia Atomica) (*fis. atom.*), EURATOM, European Atomic Energy Community.

euristica (scienza della ricerca empirica, per avvicinarsi alla soluzione di un problema mediante tentativi) (*s. - mat. - elab.*), heuristic.

euristico (relativo al metodo di ricerca euristica) (*a. - mat. - elab.*), heuristic. **2.** metodo ~ (*elab. - ecc.*), heuristic procedure.

euroassegno (*finanz.*), Eurocheque, Eurocheck.

eurodollaro (*finanz.*), Eurodollar.

euròpio (Eu - *chim.*), europium.

eurovisione (televisione europea) (*telev.*), Eurovision.

eutèttico (*a. - s. - metall.*), eutectic. **2.** formazione dell' ~ (*metall.*), eutexia. **3.** lega eutettica (*metall.*), eutectic alloy.
eutettòide (*s. - metall.*), eutectoid. **2.** relativo all' ~ (*a. - metall.*), eutectoid.
evacuazione (di gas di scarico per es.) (*mot.*), scavenging.
evadere (completare, un ordine per es.) (*comm.*), to fill, to complete. **2.** ~ (evitare di pagare le tasse) (*finanz.*), to evade.
evanescènza (affievolimento nel volume delle radioaudizioni) (*radio*), fading, swinging. **2.** ~ per assorbimento (*radio*), absorption fading.
evaporante (*fis.*), evaporating.
evaporare (*fis.*), to evaporate.
evaporatore (*ind.*), evaporator. **2.** ~ (di macchina frigorifera per es.) (*ind.*), evaporator. **3.** ~ (per refrigerazione e condizionamento d'aria) (*ed. - app.*), cooler. **4.** ~ (camera destinata alla formazione del ghiaccio) (*frigorifero domestico*), refrigeratory. **5.** ~ a recupero di calore (per produzione di vapore utilizzando calore di recupero) (*app. term.*), waste-heat boiler. **6.** ~ con alettatura a spaziatura differenziata (per impianti di condizionamento) (*app. ed.*), double fin spacing cooler. **7.** ~ sotto vuoto (*ind.*), vacuum pan.
evaporazione (*fis.*), vaporisation, evaporation. **2.** ~ istantanea (*fis.*), flash evaporation. **3.** ~ rapida (di solventi, appassimento) (*vn.*), flash-off. **4.** ~ sotto pressione (*ind. chim.*), pressure evaporation. **5.** ~ sotto vuoto (*ind. chim.*), vacuum evaporation. **6.** tempo di ~ (del solvente, tempo di appassimento) (*vn.*), flash time.
evaporimetro (misura la capacità di evaporazione dell'acqua nell'aria) (*app. fis.*), evaporimeter, evaporometer, atmometer.
evasione (atto di sottrarsi ad un obbligo per es.) (*leg.*), evasion. **2.** ~ fiscale (*finanz.*), tax evasion.
evasivo (una risposta per es.) (*gen.*), evasive.
evaso (un ordine per es.) (*comm. - ind.*), carried out, complete.
evento (*gen.*), event. **2.** ~ (*elab. - ecc.*), event, occurrence. **3.** ~ che causa l'interruzione (predisposta nel programma per es.) (*elab.*), interrupt event. **4.** condotto dall' ~ (guidato dall' ~) (*elab.*), event-driven. **5.** ~ critico (*ricerca operativa*), critical event.
evidènte (*gen.*), apparent, obvious, evident, manifest.
evitare (*gen.*), to avoid.
evoluta (sviluppata) (*geom.*), evolute.
evolutivo (a struttura aperta, di un sistema tecnico per es.) (*a. - elab.*), open-ended.
evoluzione (*gen.*), evolution. **2.** ~ (manovra) (*aer. - nav.*), maneuver. **3.** ~ in aria (*aer.*), maneuver in the air.
evolvènte (*geom.*), involute. **2.** ~ (del profilo di un dente di ingranaggio per es.) (*mecc.*), involute. **3.** ~ reale (di dente di ingranaggio) (*mecc.*), true involute.
"excitron" (tipo di raddrizzatore a vapori di mercurio) (*elett.*), excitron.
ex-diritti (diritti di opzione scaduti per es.) (*finanz.*), ex-rights.
exequatur (*leg.*), order of enforcement, exequatur.
èxtra (*gen.*), extra. **2.** ~ (super, di qualità superiore) (*comm.*), extra. **3.** ~ a richiesta (opzionale a pagamento, per l'applicazione di un particolare non di stretta serie: per es. un cambio automatico o una finizione in pelle vera ecc.) (*aut. - comm.*), optional extra. **4.** ~ fine (finissimo: filettatura) (*mecc.*), extra fine, EF.
extracorrènte (*elett.*), extra current. **2.** ~ di chiusura (valore eccezionale che si verifica quando un interruttore viene chiuso) (*elett.*), making current.
extradolce (acciaio) (*metall.*), extramild.
extragalattico (*a. - astr.*), extragalactic.
extranucleare (al di fuori dei nuclei) (*fis. atom.*), extranuclear.
extraprezzo (sovrapprezzo, supplemento di prezzo) (*comm.*), extraprice, overcharge.
extraveicolare (al di fuori del veicolo spaziale) (*a. - astric.*), extravehicular.

F

F (fluoro) (*chim.*), F, fluorine.
"F" (forza) (*mecc.*), F, force.
"f" (femto-, prefisso: 10^{-15}) (*mis.*), f, femto-. **2.** ~ (distanza focale) (*ott.*), focal length, f.
fabbisogno (*gen.*), requirement.
fàbbrica (*ind.*), plant, works, factory, manufactory, mill. **2.** ~ di automobili (*ind.*), automobile plant. **3.** ~ di gru (*ind.*), crane manufacturing works. **4.** ~ di mattoni (*ind.*), brickyard, brick factory. **5.** marchio di ~ (*comm.*), trade-mark. **6.** modello di ~ (*comm. - ind.*), registered pattern. **7.** nuovo di ~ (*comm. - ind.*), brand-new.
fabbricabile (terreno) (*ed.*), building.
fabbricante (*ind.*), manufacturer, maker. **2.** ~ di accessori per auto (*ind. aut.*), car subsidiary maker. **3.** ~ di candele (*mft. candele stearichе*), chandler. **4.** ~ di pettinati (*ind. tess.*), topmaker.
fabbricare, to fabricate, to manufacture, to construct, to build.
fabbricato (*s. - ed.*), building. **2.** ~ ad uso di abitazione (*ed.*), habitation building. **3.** ~ annesso (*ed.*), outbuilding. **4.** ~ a più piani (*ed.*), high-rise, high-riser. **5.** ~ a rotonda (per riparazione locomotive) (*ed.*), roundhouse (am.). **6.** ~ con ascensore (*ed.*), elevator building. **7.** ~ con ossatura in ferro (costruzione in ferro) (*ed.*), steel-framed building. **8.** ~ (costituito da un complesso) di appartamenti (*ed.*), apartment building, apartment house. **9.** ~ di contenimento (~ che racchiude il reattore nucleare) (*fis. atom.*), containment building. **10.** ~ (o parte del ~) di una fattoria adibito ad uso di abitazione (*ed.*), farmhouse. **11.** fabbricati ed attrezzature (immobili ed attrezzature, in un bilancio per es.) (*amm.*), premises and equipment. **12.** ~ per uso industriale (*ed.*), factory building. **13.** ~ uffici (*ed.*), office building. **14.** piccolo ~ annesso (*ed.*), penthouse.
fabbricazione (*ind.*), make, making, manufacture, fabrication. **2.** ~ all'ingrosso (*mft.*), wholesale manufacture. **3.** ~ con ausilio di calcolatore (*ind.*), computer-aided manufacturing, CAM. **4.** ~ delle corde e delle funi (*mft. cordame*), rope making. **5.** ~ di ceramiche (*ceramica*), potting. **6.** eccedenza di ~ (*mft. carta - ecc.*), overplus, overmake, overrun, surplus. **7.** insufficiente ~ (fabbricazione in difetto) (*comm.*), underrun. **8.** licenza di ~ (*comm.*), manufacturing license.
fabbro (*op.*), smith. **2.** ~ (forgiatore) (*op.*), forgeman, forger.
faccettare, *vedi* sfaccettare.
facchinaggio (*comm.*), porterage. **2.** spese di ~ (*comm.*), porterage.
facchino (*op.*), porter. **2.** ~ aeroportuale (portabagagli aeroportuale) (*op.*), skycap.
faccia (*gen.*), face. **2.** ~ (di un dado o della testa di un bullone) (*mecc.*), pane. **3.** ~ (di un dente di ingranaggio) (*mecc.*), face. **4.** ~ (petto, di un utensile da tornio per es.) (*ut.*), face. **5.** ~ (ventre, di una pala d'elica) (*aer.*), face, pressure face. **6.** ~ anteriore (*gen.*), front face. **7.** ~ a vista (di un concio) (*ed.*), quarry face. **8.** ~ di pressione (ventre, di una pala d'elica) (*aer.*), pressure face. **9.** ~ polare (superficie polare) (di macchina elettrica) (*elettromecc.*), pole face. **10.** ~ principale (di scheda perforata) (*elab.*), card face. **11.** a ~ convessa (*a. - arch.*), pulvinated.
facciata (*arch.*), front, façade, face. **2.** ~ posteriore (*arch.*), back-front. **3.** ~ principale (*arch.*), frontispiece.
facies (*min. - geol.*), facies.
facile (non difficile) (*gen.*), easy.
facilità (*gen.*), facility, ease.
facilitare (rendere più facile) (*gen.*), to facilitate, to ease.
facilitazione (agevolazione) (*gen.*), facility, facilitation. **2.** facilitazioni (*econ.*), inducements. **3.** facilitazioni fiscali e creditizie (*econ.*), tax and credit inducements.
fàcola (*astr.*), facula.
facoltà (*gen.*), faculty. **2.** ~ creativa (in progetti industriali) (*pers.*), creative faculty.
facoltativo (a richiesta) (*comm.*), optional.
facsimile (riproduzione, copia di: documento, immagine ecc.) (*s. - copia bidimensionale*), facsimile. **2.** ~ (sistema di teletrasmissione di documenti, immagini ecc.) (*tlcm.*), facsimile, FAX, fax. **3.** ~ (apparecchio per ricevere e trasmettere facsimili) (*tlcm.*), facsimile unit.
factice (fatturato: caucciù artificiale) (*mft. gomma - olio*), factice.
"factoring" (cessione dei crediti ad istituti finanziari) (*finanz.*), factoring. **2.** (cessione dei crediti ricavabili da un'attività) (*finanz.*), factoring.
fading (affievolimento, evanescenza) (*radio*), fading. **2.** ~ (diminuzione del coefficiente di attrito

dovuta ad aumento della temperatura dei freni) (*aut.*), fading.
faenza (ceramica di Faenza, terracotta vetrificata) (*ceramica*), faïence.
faggio (*legno*), beech.
faglia (*geol.*), fault. **2.** ~ (linea di faglia) (di una cava) (*min.*), fault. **3.** ~ a gradinata (*geol.*), step fault. **4.** ~ con scivolamento in direzione (*geol.*), strike-slip fault. **5.** ~ di carreggiamento (*geol.*), thrust fault, overthrust fault, overthrust. **6.** ~ diretta (faglia normale) (*geol.*), normal fault. **7.** ~ inclinata (*geol.*), inclined fault, oblique fault. **8.** ~ inversa (*geol.*), reverse fault. **9.** ~ longitudinale (faglia parallela, faglia in direzione, faglia conforme) (*geol.*), strike fault. **10.** ~ normale (faglia diretta) (*geol.*), normal fault. **11.** ~ obliqua (faglia inclinata) (*geol.*), oblique fault. **12.** ~ verticale (*geol.*), vertical fault. **13.** piano di ~ (*geol.*), fault plane.
fagliazione (*geol.*), faulting. **2.** ~ incrociata (*geol.*), cross faulting.
Fahrenheit (*mis. term.*), Fahrenheit. **2.** grado ~ (°F = 5/9°C) (*mis. di temperatura*), Fahrenheit degree. **3.** temperatura ~ (= 9/5°C + 32), Fahrenheit temperature.
falca (battente di boccaporto) (*nav.*), washboard.
falcato (a forma di falce) (*gen.*), crescent-shaped.
falce (da fieno) (*agric.*), scythe. **2.** ~ (piccola) (*agric.*), sickle.
falcetto (*att. agric.*), sickle.
falchetta (orlo superiore dei fianchi delle imbarcazioni nel quale sono scavate le scalmiere o fissati gli scalmi) (*nav.*), wash-board.
falciare (*agric.*), to mow.
falciata (movimento completo della falce) (*s. - agric.*), swath.
falciatore (*lav. agric.*), mower.
falciatrice (*macch. agric.*), mower, mowing machine. **2.** ~ a mano (*macch. agric.*), walking mower.
falciatura (*agric.*), mowing.
falciola (falcetto) (*ut. agric.*), sickle.
falcone (*att. sollevamento*), derrick. **2.** ~ semovente cingolato (*app. da sollevamento*), boom cat.
falda (*geol.*), stratum. **2.** ~ (di un tetto) (*ed.*), pitch. **3.** ~ (d'ovatta) (*ind. tess.*), lap. **4.** ~ acquea (*geol.*), water bed. **5.** ~ di carda (*tess.*), card web. **6.** ~ di ricoprimento (nappa di ricoprimento) (*geol.*), overthrust mass. **7.** ~ entrante (*ind. tess.*), fed lap. **8.** ~ freatica (*geol.*), phreatic surface, water-bearing strata, water table. **9.** ~ impermeabile (*geol.*), impermeable stratum. **10.** ~ uscente (*ind. tess.*), delivered lap. **11.** a ~ molto inclinata (di un tetto) (*a. - ed.*), overpitched. **12.** rullo avvolgitore della ~ (*ind. tess.*), lap roller. **13.** ~, *vedi anche* falde.
faldale (conversa per camino: lamiera di protezione posta tra il camino e il tetto) (*ed.*), chimney weathering.
falde (*geol.*), strata. **2.** a due ~ (di un tetto per es.) (*arch.*), double-pitch.
falegname (*op.*), joiner. **2.** ~ (per lavori edili - ind.) (*op.*), carpenter. **3.** banco da ~ (*att.*), joiner's bench. **4.** morsa da ~ (*att. carp.*), carpenter's vice.
falegnamerìa, joinery, joinery work, planing mill.
falla (*nav.*), leak. **2.** ~ di griglia (*radio*), grid leak. **3.** formazione di una ~ (*nav.*), springing of a leak.
fallimento (*comm.*), failure, bankruptcy, crash. **2.** situazione di ~ (bilancio di fallimento, di una società) (*finanz.*), statement of affairs.
fallire (*comm.*), to fail.
fallito (*a. - comm.*), bankrupt.
"fallout" (ceneri radioattive) (*fis. nucleare*), fallout.
falò (per segnalare la posizione a terra) (*aer.*), beacon fire.
falsificare (*gen.*), to counterfeit. **2.** ~ (imitare per compiere un falso: per es. una firma) (*comm. - leg.*), to forge.
falsificazione (contraffazione) (*gen.*), falsification, counterfeiting.
falso (finto) (*a. - gen.*), dummy. **2.** ~ (un francobollo per es.) (*s. - arte - ecc.*), fake. **3.** ~ (valore logico negativo di una variabile logica) (*algebra Booleana*), false. **4.** falsa candela (*mot.*), dummy (sparking) plug. **5.** falsa centina (*aer.*), false rib. **6.** falsa immagine (in uno strumento ottico) (*ott.*), ghost. **7.** ~ neutrone (neutrone da instabilità) (*fis. atom.*), false neutron, instability neutron. **8.** ~ scopo (*artiglieria*), auxiliary aiming point.
famiglia (raggruppamento di valori matematici, curve ecc.) (*mat.*), aggregate, assemblage. **2.** ~ del torio (*fis. atom.*), thorium series.
familiare (giardiniera o giardinetta: vettura a tre o a cinque porte con molti posti e grande spazio per il bagaglio) (*s. - aut.*), station wagon.
fanale (*nav.*), light. **2.** ~ (lampada a olio, a candela ecc.), lamp. **3.** ~ (faro, proiettore) (*aut.*), headlight. **4.** ~ (lanterna), lantern. **5.** ~ a bagliori (*segn.*), flashing light. **6.** ~ a luce fissa (*segn.*), fixed light. **7.** ~ a mensola (*strad.*), wall bracket lamp. **8.** ~ antinebbia (*aut.*), foglight, fog light. **9.** ~ da bicicletta, bicycle lamp. **10.** ~ d'ala (*aer.*), side light (am.), navigation light (ingl.). **11.** ~ d'albero (*nav.*), mast light. **12.** ~ di allineamento (*nav.*), leading light. **13.** ~ di coda (*veic.*), tail lamp, tail-light. **14.** ~ di fonda (*nav.*), anchor light, riding light. **15.** ~ di gabbia (*nav.*), top light. **16.** ~ di marea (*nav.*), tidal light. **17.** ~ di navigazione (*nav.*), navigation light. **18.** ~ di poppa (fanale di coronamento) (*nav.*), poop lantern, stern light. **19.** ~ di prora (*nav.*), bow light. **20.** fanali che delimitano il passaggio (*nav.*), gate lights. **21.** ~ di posizione (*nav.*), position light, side light. **22.** ~ di testa dell'albero (*nav.*), masthead light. **23.** ~ di testa di molo (*nav.*), pierhead light. **24.** fanali di via (verde, bianco e rosso) (*aer. - nav.*), navigation lights. **25.** fanali di via (rosso e verde: laterali) (*nav.*), side lights. **26.** ~ fendinebbia (*aut.*), foglight, fog light. **27.** ~ posteriore (*nav.*), rear light. **28.** fanali regolamentari (*nav.*), regulation lights.

29. ~ su colonna (*strad.*), post lamp. **30.** ~, *vedi anche* fanalino.

fanalino di coda (*aer.*), tail lamp. **2.** ~ di targa (*aut.*), number plate lamp. **3.** ~ rosso posteriore (di un veicolo) (*aut.* - *mtc.* - *ecc.*), rear stop lamp, rear red lamp.

fanghi (*cald.*), mud, sediment, sludge. **2.** ~ (residuo di distillazione) (*ind. chim.*), slop. **3.** collettore dei ~ (*cald.*), mud drum. **4.** scaricare i ~ (*cald.*), to draw off the mud, to purge. **5.** ~, *vedi anche* fango.

fanghiglia (sul letto di un fiume) (*gen.*), ooze. **2.** ~ (*min.*), slurry.

fango (*gen.*), mud. **2.** ~, *vedi anche* fanghi. **3.** ~ anodico (*elettrochim.*), anode mud, anode slime. **4.** ~ attivo (*fognatura*), activated sludge. **5.** ~ elettrolitico (*elettrochim.*), electrolytic slime, electrolytic mud. **6.** otturare con ~ (introdurre fango artificiale in un pozzo di petrolio per prevenire l'uscita di gas durante la trivellazione) (*min.*), to mud. **7.** pompa per ~ (nella trivellazione di pozzi di petrolio) (*min.*), mud pump. **8.** pressione del ~ (nella trivellazione di pozzi di petrolio) (*min.*), mud pressure.

fangoso (*gen.*), muddy.

fànotron (*termoion.*), phanotron.

fantasìa (di tessuto per es.) (*a.*), fancy.

fante (soldato di fanteria) (*milit.*), infantryman.

fanteria (*milit.*), infantry.

"FAO" (Organizzazione per l'Agricoltura e l'Alimentazione) (*agric.*), FAO, Food and Agricultural Organisation.

farad (*mis. elett.*), farad, far. **2.** ~ assoluto (equivalente a 10^9 farad) (*mis. elett.*), abfarad, absolute farad.

faraday (carica dell'ionegrammo) (*mis. elettrochim.*), faraday.

faràdico (*a.* - *elett.*), faradic.

faradizzare (*med.*), to faradize.

faradizzazione (applicazione di elettricità mediante correnti indotte a scopo curativo) (*med.*), faradization.

fare (*gen.*), to make. **2.** ~ (contatto) (*elett.*), to make. **3.** ~ acqua (di una nave), to leak. **4.** ~ cilecca (*difetto di arma da fuoco*), to snap, to misfire. **5.** ~ esplodere (fare scoppiare) (*gen.*), to explode. **6.** ~ filetti (dipingere esili righe ornamentali [o filetti] col pennello) (*vn.*), to strip. **7.** ~ forcella (eseguire un tiro lungo ed uno corto rispetto ad un dato bersaglio) (*artiglieria*), to bracket, to straddle. **8.** ~ fuoco (sparare: con un fucile per es.) (*milit.*), to fire. **9.** ~ il bilancio (*amm.* - *comm.*), to strike a balance, to take off a balance. **10.** ~ il carico (di una nave) (*nav.*), to load. **11.** ~ il pieno (di benzina nel serbatoio di aerei, automobili ecc.) (*aer.* - *aut.*), to fill up. **12.** ~ il punto (determinare la posizione geografica di una nave per es.) (*navig. aer. e nav.*), to fix the position. **13.** ~ la prova (*mat.*), to prove, to verify. **14.** ~ la spola (per trasporti) (*aer.* - *nav.* - *ecc.*), to shuttle. **15.** ~ le valigie (prepararsi per la partenza) (*gen.*), to pack up. **16.** ~ (o completare) un circuito (*elett.*), to loop. **17.** ~ (o predisporre) i cicli di lavorazione (*ind.*), to route. **18.** ~ rotta su (*nav.*), to head for. **19.** ~ sacco (di una vela) (*nav.*), to bag. **20.** ~ saltare (una mina per es.) (*espl. mar. milit.*), to spring. **21.** ~ una apertura (*gen.*), to gap. **22.** ~ un'offerta (quotare) (*comm.*), to quote. **23.** ~ una scaramuccia (*milit.*), to skirmish. **24.** ~ un incastro (*carp.*), to rabbet. **25.** ~ un tenone (*carp.*), to tenon. **26.** ~ uscire dal bacino (una nave) (*nav.*), to undock.

farfalla (valvola a farfalla: di carburatore) (*mecc.* - *mot.*), throttle valve, throttle. **2.** ~ di baco da seta, silk moth. **3.** aprire la ~ (del carburatore) (*mot.*), to open the throttle.

farfallamento (di valvole di motore a combustione interna) (*mecc.* - *mot.*), dancing, surging, floating. **2.** ~ (di ruote anteriori di automobile) (*aut.*), wobble.

farina (di grano) (*agric.*), flour. **2.** ~ di lava di silice (pietra perla) (*min.*), perlite. **3.** ~ fossile (per gomma, filtrazione di liquidi ecc.) (*geol.*), fossil flour, keiselguhr, kieselgur, fossil meal (ingl.), diatomite. **4.** ~ integrale (*agric.*), meal. **5.** ~ silicea (*min.*), silica flour.

faringoscòpio (*strum. med.*), pharyngoscope.

farmacèutica (*sc. farm.*), pharmaceutics.

farmacèutico (*a.* - *farm.*), pharmaceutical. **2.** prodotto ~ (*farm.*), pharmaceutical product.

farmacìa (*sc.*), pharmacy. **2.** ~ (negozio), pharmacy. **3.** dottore in ~, pharmacist.

farmacista, pharmacist.

farmacopèa, pharmacopoeia.

faro (*mar.*), lighthouse. **2.** ~ (proiettore) (*aut.*), head lamp, headlight. **3.** ~ (segnale di navigazione) (*nav.*), beacon. **4.** ~ (aerofaro) (*aer.*), beacon. **5.** ~ a bagliori (*mare*), flashing light lighthouse. **6.** ~ a chiusura ermetica (proiettore a lampada "sealed beam") (*illum. aut.*), sealed beam light. **7.** ~ a gabbia (o traliccio) (*mare*), steel tower lighthouse. **8.** ~ a scomparsa (proiettore a scomparsa, di un'autovettura) (*aut.*), retractable headlight. **9.** ~ (o proiettore) alare di atterraggio (*aer.*), wing landing light. **10.** ~ a luce fissa (*mare*), fixed light lighthouse. **11.** ~ (o proiettore) battistrada (*aut.*), spotlight. **12.** ~ d'aeroporto (*aer.*), airport beacon. **13.** ~ di atterraggio (*aer.*), landing light, landing beacon. **14.** ~ di pista di rullaggio (*illum. aer.*), taxi light. **15.** ~ di rotta (*aer.*), airway beacon. **16.** ~ galleggiante (*nav.*), floating lighthouse, lightship. **17.** ~ girevole (per navigazione aerea) (*aer.*), rotating beacon. **18.** ~ rotante (proiettore rotante, di un'autovettura) (*aut.*), pivotable headlight. **19.** lampada da ~ (*elett.*), lighthouse lamp. **20.** radio ~ (*nav.* - *aer.*), radio beacon. **21.** radio ~ direzionale (*radio* - *aer.*), radio range beacon.

farro (*agric.*), spelt.

"FAS" (franco sotto bordo) (*comm.*), FAS, free alongside ship.
fasare (mettere in fase, un motore) (*mot.*), to time.
fasato (in fase) (*mot. - ecc.*), timed. **2.** ~ (equilibrato) (*elett.*), balanced.
fasatura (messa in fase, della distribuzione) (*aut. - mot.*), timing.
fascetta (*mecc.*), clamp, clip. **2.** ~ (per il fissaggio di manicotti in gomma telata) (*mecc.*), hose clamp. **3.** ~ (con l'indirizzo: di giornale inviato in abbonamento) (*giorn.*), wrapper. **4.** ~ a vite per manichetta di gomma (fascetta stringitubo) (*mecc. - ecc.*), hose clamp. **5.** ~ della balestra (*mecc. aut.*), spring clip. **6.** ~ gommata (di un rullo fotografico per es.) (*fot. - ecc.*), sticker.
fascettatrice (macchina per applicare fascette) (*macch. - legatoria libri*), banding machine.
fascia (*arch.*), fascia. **2.** ~ (*mecc. ind.*), band. **3.** ~ (staffa intermedia) (*fond.*), cheek. **4.** ~ (larghezza, di una puleggia) (*mecc.*), face. **5.** ~ (modanatura orizzontale di pietra, mattoni ecc. corrente lungo una parete) (*arch.*), belt. **6.** ~ di massimo ascolto (periodo del giorno durante il quale il numero degli spettatori alla televisione raggiunge i valori massimi; per es. dalle 19 alle 23) (*telecom.*), prime time. **7.** ~ di Van Allen (nell'atmosfera esterna, a circa 55 000 km) (*comun. radio*), Van Allen radiation belt. **8.** ~ elastica (segmento: di motore) (*mecc.*), piston ring. **9.** ~ elastica di tenuta (della compressione) (*mot.*), compression ring. **10.** ~ elastica raschiaolio (*mecc.*), scraper ring, oil control ring. **11.** ~ frontale (sopra il parabrezza di vecchie automobili) (*carrozz. aut.*), fascia board (am.). **12.** ~ mobile d'ispezione (di dinamo per automobile per es.) (*mecc.*), inspection cover band. **13.** di ~ (detto di un mattone posto con il lato maggiore parallelo alla superficie del muro) (*a. - mur.*), out-bond.
fasciame (*costr. nav.*), plating, skin. **2.** ~ (di una nave in legno) (*costr. nav.*), planking. **3.** ~ a doppio ricoprimento (di nave metallica) (*costr. nav.*), in-and-out plating, raised-and-sunk plating. **4.** ~ a paro (fasciame a comenti appaiati) (*costr. nav.*), caravel planking, carvel-built planking. **5.** ~ a paro con contropezza interna (di nave in ferro) (*costr. nav.*), flush plating. **6.** ~ della carena (fasciame dell'opera viva, di una nave in legno) (*costr. nav.*), bottom planking. **7.** ~ dell'opera morta (di una nave in legno) (*costr. nav.*), topside planking. **8.** ~ esterno (dello scafo di una nave in metallo) (*nav.*), shell, plating. **9.** ~ in lamiera (di una chiglia per es.) (*costr. nav.*), plating. **10.** ~ interno (di una nave in legno) (*costr. nav.*), ceiling. **11.** ~ metallico (*costr. nav.*), plating. **12.** a doppio ~ (di una barca) (*a. - costr. nav.*), double-skin. **13.** a ~ sovrapposto (con ~ a semplice accavallamento) (*costr. nav.*), clinker-built, lapstraked, lapstreaked. **14.** corso di tavole (o di lamiere) del ~ (*costr. nav.*), strake. **15.** doppio ~ (della carena di una nave) (*costr. nav.*), double-planking.
fasciare (*gen.*), to bind. **2.** ~ (*costr. nav.*), to plate, to plank. **3.** ~ (involtare) (*gen.*), to wrap. **4.** ~ (avviluppare) (*gen.*), to infold, to wrap up. **5.** ~ (un cavo con isolante per es.) (*elett.*), to lap. **6.** ~ con lamiera (*costr. nav.*), to plate. **7.** ~ con legname (*costr. nav.*), to plank. **8.** ~ con nastro isolante (*elett.*), to tape.
fasciato (*a. - costr. nav.*), plated, planked. **2.** ~ internamente (*costr. nav.*), lined.
fasciatrice (nastratrice, per imballaggi per es.) (*macch.*), taping machine.
fasciatura (*gen.*), binding. **2.** ~ (di una fune) (*nav.*), serving. **3.** ~ (applicazione di un nuovo battistrada, sostituzione del battistrada, di un pneumatico) (*aut.*), top-capping. **4.** ~ (di cavi elettrici con isolante per es.) (*elett.*), lapping. **5.** ~ con mussolina (per isolamento di tubo) (*tubaz.*), muslin binding. **6.** ~ di protezione (di un cavo per impedirne il logoramento) (*nav.*), keckling. **7.** ~ di protezione (delle manovre dormienti per es.) (*nav.*), baggywrinkle, bagywrinkle. **8.** ~ metallica (d'estremità) (*cavi - funi*), ferrule.
fascicolo (opuscolo) (*comm. - ecc.*), brochure, pamphlet. **2.** ~ (di una pubblicazione periodica) (*tip.*), fascicle, fascicule.
fascina (di frasche per accendere il fuoco) (*comb.*), faggot, fagot, bundle of wood, brushwood, kindling wood. **2.** ~ (per argini per es.) (*costr. idr.*), fascine.
fascinata (per proteggere gli argini dall'erosione) (*idr.*), mattress.
fascio (*radio*), beam. **2.** ~ (di linee rette o piani) (*geom.*), sheaf. **3.** ~ (di luce, di un proiettore per es.) (*aut.*), beam. **4.** ~ abbagliante (luce piena di un proiettore) (*aut.*), driving beam (ingl.), country beam, upper beam (am.). **5.** ~ anabbagliante (luce anabbagliante) (*aut.*), lower beam (am.), passing beam (ingl.), traffic beam, anti-dazzle beam. **6.** ~ antiabbagliante (*aut.*), *vedi* fascio anabbagliante. **7.** ~ a ventaglio (*radio*), fan beam. **8.** ~ catodico (in un tubo di raggi X) (*eltn.*), cathode beam. **9.** ~ collaterale (*botanica*), collateral bundle. **10.** ~ (o pennello) di elettroni (provenienti da un elettrodo di un tubo elettronico) (*tubo elettronico*), beam, stream of electrons. **11.** ~ di incrocio (*aut.*), *vedi* fascio anabbagliante. **12.** ~ di linee di forza (tubo di linee di forza) (*fis. - elett.*), tube of force. **13.** ~ di luce (*ott.*), light beam. **14.** ~ di profondità (luce abbagliante, luce piena: di un proiettore) (*aut.*), driving beam (ingl.), country beam, upper beam (am.). **15.** ~ di rigenerazione (*autom.*), holding beam. **16.** ~ di scambi (*ferr.*), group of points. **17.** ~ di verifica (radiosegnale direzionale per controllare la posizione prima di atterrare) (*radio - aer.*), check beam. **18.** ~ elettronico (pennello elettronico: in un tubo elettronico p. es.) (*s. - eltn.*), electron beam. **19.** ~ funicolare (di un paracadute) (*aer.*), shroud lines, rigging lines. **20.** ~ localizzatore (radionavigazione) (*aer.*), localizer beam. **21.** ~ luminoso (*fis. -

illum.), luminous beam. **22.** ~ luminoso di registrazione (*elettroacus.*), spot. **23.** ~ per la traiettoria di discesa (radionavigazione) (*aer.*), glide path beam. **24.** ~ preformato (lobo, ottenuto combinando elettricamente l'uscita di diversi trasduttori elementari) (*acus. sub.*), preformed beam. **25.** ~ sottile di raggi (*ott. - geom.*), pencil of rays. **26.** ~ tubiero (*cald.*), tube nest, tube bundle. **27.** a ~ elettronico (*a. - eltn.*), electron-beam. **28.** formazione dei fasci (formazione dei lobi) (*acus. sub. - radar*), beam-forming. **29.** formazione di fasci (di barre di ferro per es., per il trasporto) (*ind.*), bundling. **30.** soppressione del ~ (mascheramento, cancellazione) (*telev.*), blackout (am.), blanking (ingl.). **31.** tecnica della formazione dei fasci (usata per la trasmissione e ricezione dei fasci mediante manipolazione di parametri elettronici in un trasduttore) (*acus. sub. - radar*), beam-forming technique.

fase (*elett. - fis. - astr. - fis. chim. - elab.*), phase. **2.** ~ (del ciclo di un motore a scoppio) (*mot.*), stroke. **3.** ~ (di un sistema polifase) (*elett.*), phase, leg. **4.** ~ del programma (~ di elaborazione) (*s. - elab.*), program step. **5.** ~ di aspirazione (*mot.*), inlet stroke, induction stroke. **6.** ~ di compressione (*mot.*), compression stroke. **7.** ~ di esecuzione (p. es. di un programma) (*elab.*), execution phase. **8.** ~ di espansione (*mot.*), expansion stroke, explosion stroke. **9.** ~ di forza viva (movimento per inerzia, prima dell'applicazione dei freni e ad alimentazione motori tolta) (*ferr. - elett.*), coasting (ingl.). **10.** ~ di lavoro caricabile (porzione di lavoro che costituisce un modulo di caricamento) (*elab. - ecc.*) job step. **11.** ~ di movimento (fase di scatto) (*cinem.*), moving period. **12.** ~ (o intervallo) di oscurazione (nella proiezione di un film) (*cinem.*), obscuring period. **13.** ~ di scarico (di un motore), exhaust stroke. **14.** ~ di scatto (fase di movimento: di un proiettore) (*cinem.*), feed stroke, moving period. **15.** ~ dispersa (*fis. - chim.*), dispersed phase, dispersoid. **16.** ~ sigma (costituente fragile ed amagnetico che si forma a volte in alcuni acciai sottoposti a trattamento termico) (*metall.*), sigma phase. **17.** concordanza di ~ (*elett.*), phase coincidence. **18.** correlazione di ~ (*elab. segn. - ecc.*), phase correlation. **19.** costante di ~ (parte immaginaria del coefficiente di propagazione) (*radio*), phase constant, phase-change coefficient. **20.** discordanza di ~ (*elett.*), phase difference. **21.** fuori ~ (di accensione di motore per es.) (*a. - mot.*), faulty timed. **22.** indicatore di ~ (*strum. elett.*), phase indicator. **23.** in ~ (in sincronizzazione per es.) (*elett. - eltn. - fis. - ecc.*), in phase. **24.** lampadina di ~ (indicatrice di parallelo) (*elett.*), phase lamp. **25.** messa in ~ (*mot.*), timing. **26.** messa in ~ dell'accensione (*mot.*), ignition timing. **27.** messa in ~ del motore (*mot.*), engine timing. **28.** mettere in ~ (un motore), to time. **29.** modulazione di ~ (*radio*), phase modulation. **30.** rimettere in ~ (un motore per es.), to retime (am.). **31.** scambiare le fasi (*elett.*), to exchange the phases. **32.** variatore di ~ (sfasatore) (*app. elett.*), phase shifter, phase adjuster.

fasitron (modulatore di fase) (*valvola termoion.*), phasitron.

fasòmetro (cosfimetro) (*strum.*), phasemeter, phase indicator.

fasotrone (tipo particolare di ciclotrone) (*macch. - fis. atom.*), phasotron.

"fastback" (unica ininterrotta linea dal tetto al paraurti posteriore) (*stile carrozz. aut.*), fastback.

fastigio (*arch.*), gable.

fatica (fenomeno dovuto a sollecitazioni variabili che può causare rottura nei metalli) (*mecc.*), fatigue. **2.** ~ da corrosione (rottura che avviene prima del limite di snervamento a causa di leggera corrosione chimica combinata con sollecitazioni ripetute) (*mecc. - metall.*), corrosion fatigue. **3.** ~ da sfregamento (fatica da contatto) (*metall.*), fretting fatigue. **4.** durata a ~ (numero di cicli sopportati in una data condizione di prova) (*prove a fatica*), fatigue life. **5.** limite di ~ (*metall.*), fatigue limit. **6.** limite di ~ a flessione (*mecc.*), bending fatigue limit. **7.** macchina per prove di ~ (macchina prove materiali) (*sc. costr.*), fatigue-testing machine. **8.** maggiorazione per ~ (del tempo standard) (*studio dei tempi*), fatigue allowance. **9.** resistenza a ~ (massima sollecitazione che può essere sopportata senza frattura per un dato numero di cicli) (*prove a fatica*), fatigue strength, endurance strength.

faticoso (*gen.*), fatiguing.

fatiscènza (*mur.*), disintegration.

fattibilità (*gen.*), feasibility.

fattore (*mat.*), factor. **2.** ~ (agente agrario) (*agric.*), land agent (ingl.), bailiff. **3.** ~ cielo (*illum.*), sky factor. **4.** ~ determinante (*gen.*), payoff. **5.** ~ di ampiezza (o di cresta) (*elett.*), crest factor, peak factor. **6.** ~ di amplificazione (*elett.*), amplification factor. **7.** ~ di arricchimento (*fis. atom.*), enrichment factor. **8.** ~ di assorbimento (rapporto tra il flusso luminoso o radiante assorbito e il flusso incidente) (*fis.*), absorption factor, absorptance. **9.** ~ di avvolgimento (*elett.*), winding factor. **10.** ~ di carico (*telev.*), weighting factor. **11.** ~ di carico (di un impianto elettrico, rapporto tra il carico medio e massimo in un certo intervallo di tempo) (*elett.*), load factor. **12.** ~ di contrazione (di volume, rapporto tra il volume della polvere da stampaggio sciolta ed il volume del pezzo stampato finito) (*ind. plastica*), bulk factor. **13.** ~ di conversione (per es. tra centimetri e pollici) (*mis.*), conversion factor. **14.** ~ di cresta (*elett.*), crest factor, peak factor. **15.** ~ di deduzione di spinta (usato per il calcolo della velocità delle navi: tiene conto dell'aumento di resistenza dovuto all'elica installata e moventesi con la nave) (*nav.*), thrust-deduction coefficient. **16.** ~ di disturbo (caratteristica negativa dell'apparecchio rispetto al risultato del similare apparecchio teorico) (*elettroa-*

cus.), noise factor. **17.** ~ di forma (*elett.*), form factor. **18.** ~ di incrostazione (*cald. - tubaz.*), fouling factor. **19.** ~ di inserzione (*radio*), insertion loss factor. **20.** ~ di integrazione (*mat.*), integrating factor. **21.** ~ di merito (fattore di qualità) (*elett. - radio*), Q–factor. **22.** ~ di moltiplicazione (*gen.*), multiplying factor. **23.** ~ di moltiplicazione (di neutroni in una pila atomica) (*fis. atom.*), reproduction factor, multiplication constant, multiplication factor. **24.** ~ di perdita (*radio*), loss factor. **25.** ~ di perdita di calore per ventilazione (*term.*), wind-chill index. **26.** ~ di posa (*fot.*), exposure factor. **27.** ~ di potenza (*elett.*), power factor. **28.** ~ di potenza compreso tra 1 e 0,8 in ritardo (*elett.*), power factor between unity and 0.8 lag. **29.** ~ di potenza in anticipo (*elett.*), leading power factor. **30.** ~ di potenza in quota (rapporto tra la potenza in quota e quella sviluppata al livello del mare) (*mot. aer.*), height power factor. **31.** ~ di potenza in ritardo (*elett.*), lagging power factor. **32.** ~ di purezza colorimetrica (*ott.*), colorimetric purity. **33.** ~ di qualità (*elett. - radio*), *vedi* fattore di merito. **34.** ~ di richiamo (*pubbl.*), attention factor. **35.** ~ di robustezza del materiale (*tecnol. mecc.*), material efficiency factor. **36.** ~ di scala (*dis.*), scale factor. **37.** ~ di schermaggio (di un cavo per es.) (*elett.*), screening factor. **38.** ~ di scìa (*nav.*), wake gain. **39.** ~ di sensibilità umana al freddo in presenza di corrente d'aria (temperatura in aria calma che ha, sul corpo umano, lo stesso effetto raffreddante di quello di una azione combinata di una data velocità dell'aria ad una data temperatura) (*condizionamento d'aria*), windchill factor, windchill. **40.** ~ di simultaneità (somma di tutta l'energia richiesta diviso l'effettiva energia erogata) (*energia elett.*), diversity factor. **41.** ~ di traslazione (per facilitare la lettura di settori registrati su disco magnetico) (*elab.*), skew factor. **42.** ~ di uniformità (*illum.*), uniformity factor. **43.** ~ di utilizzazione (di un impianto di illuminazione) (*stat.*), utilization factor. **44.** ~ di utilizzazione del locale (*stat.*), room utilization factor. **45.** ~ (o coefficiente) di dispersione (di un motore a induzione) (*elett.*), circle coefficient (ingl.). **46.** ~ umano (*pers.*), human factor. **47.** massimo ~ comune (*mat.*), highest common factor, HCF. **48.** migliorare il ~ di potenza (*elett.*), to raise the power factor. **49.** scomponibile in fattori (*a. - mat.*), factorable. **50.** scomposizione in fattori (*mat.*), factorization. **51.** scomposto in fattori (*mat.*), factorized.

fattoria (*ed.*), farm, ranch (ingl.). **2.** ~ (fabbricati e relative aree di servizio) (*ed. - agric.*), farmstead. **3.** ~ collettiva (*agric.*), collective farm.

fattoriale (*mat.*), factorial.

fattorino (*uff.*), messenger.

fattorizzazione (~ di una espressione matematica) (*mat.*), factoring.

fatto su misura (*a. - gen.*), tailor-made, made-to-measure.

fattura (*comm.*), invoice, bill. **2.** ~ consolare (*esportazione beni*), consular invoice. **3.** ~ pro forma (*comm.*), pro-forma invoice. **4.** controllo fatture (*amm.*), invoice control.

fatturare (*comm.*), to invoice, to bill.

fatturato (*a. - comm.*), invoiced. **2.** ~ (*s. - amm.*), proceeds of sales. **3.** ~ (ciclo di affari, giro di affari) (*comm.*), turnover. **4.** ~ (*mft. gomma*), factice, substitute. **5.** ~ bianco (*ind. gomma*), white substitute. **6.** ~ bruno (*ind. gomma*), brown substitute. **7.** ~ caricato (*ind. gomma*), loaded factice. **8.** ~ leggero (*ind. gomma*), floating substitute.

fatturatrice (macchina per la compilazione delle fatture) (*macch. amm.*), billing machine, biller.

fatturista (*lav. - pers.*), biller, invoice clerk.

fatturazione (*comm.*), invoicing, billing.

favore (impressione positiva per un articolo per es. da parte del pubblico) (*comm.*), favor, favorable. **2.** in ~ (di poppa: p. es. detto del vento o del mare quando si muovono nella stessa direzione della rotta della nave) (*navig.*), following.

favorévole (*gen.*), favorable. **2.** ~ (di vento) (*a. - nav.*), large, free. **3.** ~ (p. es.: il vento) (*a. - gen.*), fair.

fayalite (2 FeO.SiO_2) (*min. - refrattario*), fayalite.

fazzoletto (piastra di connessione di intelaiatura metallica per es.) (*mecc.*), gusset, gusset plate, connection plate.

febbre (*med.*), fever. **2.** ~ dei fonditori (*ind. - med.*), casting fever.

fèccia (*chim. ind. - ecc.*), dreg.

fècola (*chim.*), fecula. **2.** ~ di patate (*ind. agric.*), potato flour.

"FECOM" (Fondo Europeo di Cooperazione Monetaria) (*finanz.*), european monetary co-operation fund, EMCF.

fecondazione (fertilizzazione) (*fis. nucleare*), fertilization.

fedeltà (precisione nella riproduzione del suono di un apparecchio ricevente) (*elettroacus.*), fidelity. **2.** ad alta ~ (*a. - elettroacus.*), high-fidelity, hi-fi. **3.** alta ~ (*elettroacus.*), high fidelity, Hi-Fi.

feeder, *vedi* discesa d'antenna.

feldspàtico (*geol.*), feldspathic.

feldspato (*min.*), feldspar.

felpa (*mft. tess.*), plush.

felpare (un tessuto per es.) (*ind. tess.*), to nap.

felpato (tessuto) (*a. - ind. tess.*), napped. **2.** ~ (tessuto) (*s. - ind. tess.*), nap.

felpatrice (*macch. tess.*), napper, napping machine.

felpatura (di un tessuto) (*ind. tess.*), napping.

felsite (minerale di quarzo e di feldspato) (*min.*), felsite.

feltrabilità (*tess.*), felting property.

feltrare (*ind. tess.*), to felt.

feltrato (lana per es.) (*tess.*), felted.

feltratrice (*macch.*), felting machine.

feltratura (*ind. tess.*), felting.

feltro (*ind. tess.*), felt. **2.** ~ (di una continua: usato per il trasporto del nastro di carta e per asportare l'umidità dallo stesso) (*mft. carta*), felt, blanket. **3.** ~ (per resine rinforzate con fibra di vetro per es.) (*ind. plastiche*), mat. **4.** ~ bitumato (*ed.*), tarred felt. **5.** ~ conciato (*mft. carta*), tanned felt. **6.** ~ d'amianto (*ind. tess.*), asbestos felt. **7.** ~ di crine (per isolamento termico di vagoni passeggeri per es.) (*ferr. - ecc.*), hair felt. **8.** ~ di tessuto misto (*mft. carta*), union felt. **9.** ~ di tessuto misto per (macchina da) cartoni (*mft. carta*), union board felt. **10.** ~ di tessuto ritorto (*mft. carta*), twisted felt. **11.** ~ essiccatore (feltro per cilindri essiccatori) (*mft. carta*), drying felt, dry felt. **12.** ~ impregnato (*mft. carta*), impregnated felt. **13.** ~ inferiore (*mft. carta*), bottom felt. **14.** ~ introduttore (*mft. carta*), starting felt. **15.** ~ lucidatore (*mft. carta*), glazing felt. **16.** ~ lungo (*mft. carta*), long felt. **17.** ~ marcatore (*mft. carta*), marking felt. **18.** ~ montante (*mft. carta*), reverse press felt. **19.** ~ per borre (o stoppacci) (*ind. espl.*), wadding. **20.** ~ per carta da giornali (*mft. carta*), news felt. **21.** ~ per cartiera (*tessuto*), paper felt. **22.** ~ per cartoni (*mft. carta*), board felt. **23.** ~ per presa automatica (*mft. carta*), suction transfer felt, vacuum transfer felt, pick-up felt. **24.** ~ per pressa (*mft. carta*), press felt. **25.** ~ piano (*mft. carta*), wet felt. **26.** ~ piano ordinario (*mft. carta*), ordinary wet felt. **27.** ~ superiore (*mft. carta*), top felt. **28.** ~ trasportatore (*mft. carta*), conveyor felt. **29.** ~ umido (*mft. carta*), wet felt. **30.** ~ umido ordinario (*mft. carta*), ordinary wet felt. **31.** ~ vergato (feltro millerighe) (*mft. carta*), ribbed felt. **32.** lato ~ (della carta) (*mft. carta*), felt side. **33.** piano dei feltri (tavola dei feltri) (*mft. carta*), felt board. **34.** primo ~ umido (*mft. carta*), wet first press felt. **35.** riga longitudinale del ~ (freccia di direzione del feltro) (*mft. carta*), felt direction mark. **36.** segno del ~ (difetto della carta) (*mft. carta*), felt mark, blanket mark.

feluca (*nav.*), felucca.

fémmina (*mecc.*), female.

femminèlle del timone (*nav. - aer.*), gudgeons, rudder gudgeons.

femto- (f, prefisso: 10^{-15}) (*mis.*), femto-, f.

fenacetina [$C_6H_4(NH.CH_3CO)O.C_2H_5$] (*farm.*), phenacetine, phenacetin.

fenantrène ($C_{14}H_{10}$) (*chim.*), phenanthrene.

fenati (*chim.*), phenates.

fèndere (*gen.*), to splinter.

fèndinebbia (proiettore) (*aut.*), fog light.

fenditura (fessura) (*gen. - cinem. - ott.*), slit. **2.** ~ centrale (difetto in particolari rullati o trafilati) (*metall.*), split centre.

fenilammina (*chim.*), *vedi* anilina.

fenile (C_6H_5-) (rad.) (*chim.*), phenyl.

fenilendiammina [$C_6H_4(NH_2)_2$] (*chim.*), phenylenediamine.

fenilidrazina (C_6H_5-NH-NH_2) (*chim.*), phenylhydrazine.

fenolftaleina (*chim.*), phenolphthalein.

fenòlico (*a. - chim.*), phenolic.

fenòlo (C_6H_5OH) (*chim.*), phenol.

fenòmeni (*fis. - chim. - astr. - mecc.*), phenomena.

fenòmeno (*fis. - chim. - astr. - mecc.*), phenomenon. **2.** ~ degli occhi rossi in foto col "flash" (~ comune nelle foto a colori di persone fotografate con "flash" quando il loro sguardo è diretto sull'obiettivo) (*fot.*), red-eye picture. **3.** ~ meteorologico (*meteor.*), meteor. **4.** ~ transitorio (*gen.*), transient phenomenon.

fenomenologia (*gen.*), phenomenology.

fenoplasto (resina fenolica sintetica) (*s. - chim. ind.*), phenoplast.

fergusonite (bragite) (*min.*), fergusonite.

fèrie (di operai, di impiegati), holidays, vacations. **2.** ~ annuali (*op. - pers.*), annual leave. **3.** ~ collettive (ferie durante la chiusura estiva) (*ind. - pers. - op.*), shutdown vacations. **4.** ~ estive (dei dipendenti di uno stabilimento per es.), summertime vacations. **5.** ~ retribuite (di operai, di impiegati), holidays with pay, paid vacations.

ferimento (*milit. - med.*), injury.

ferire (*milit. - ecc.*), to injure.

ferita (*med.*), wound.

ferito (*milit. - ecc.*), wounded. **2.** ~ di guerra (*milit.*), wounded in action.

feritoia (*mecc.*), slit. **2.** ~ (una delle feritoie del cofano per il passaggio dell'aria per es.) (*mot.*), louver. **3.** ~ (di osservazione) (*milit.*), loophole. **4.** ~ (spazio fra due merli) (*arch.*), crenel. **5.** feritoie di ventilazione (serie di fessure orizzontali delimitate da liste metalliche o di legno disposte a persiana per passaggio d'aria) (*ind. - costr. - ecc.*), abat-vent.

fermabattente (di una finestra) (*ed.*), window stay.

fermacarte (*uff.*), paperweight.

fermacòfano (*aut.*), bonnet fastener (ingl.), hood fastener (am.).

fermafuliggine (separatore di fuliggine) (*comb. - app.*), soot catcher, soot arrester.

fermaglio (per carte, lettere, documenti ecc.) (*uff.*), clip. **2.** ~ a molla (*gen.*), spring clip. **3.** ~ automatico (*ind.*), self-locking fastener. **4.** ~ per documenti (*att. da uff.*), paper clip.

fermapiède (per pedale di bicicletta), toe clip.

fermapòrta (*ed.*), door stop.

fermare (fissare), to fasten, to fix. **2.** ~ (un corpo mobile) (*fis. - mecc.*), to stop, to arrest, to halt. **3.** ~ (una emorragia) (*med.*), to suppress. **4.** ~ (spegnere, arrestare) (*mot.*), to cut, to turn off. **5.** ~ (~ l'immagine sullo schermo) (*audiovisivi*), to freeze). **6.** ~ le macchine (*nav.*), to stop engines.

fermarsi (di mobile) (*fis.*), to stop. **2.** ~ (di un motore per es.) (*mecc.*), to stop, to stall.

fermasabbia (dissabbiatore, separatore di sabbia, collettore di sabbia) (*costr. idr.*), sand trap.

fermascorie (filtro, per impedire l'entrata delle scorie nella forma) (*fond.*), skimmer.

fermata (*s. - gen.*), stop, halt.

fermato (di corpo in movimento), stopped, halted. **2.** ~ (fissato), fastened, fixed. **3.** ~ da una bolla d'aria (nel tubo alimentazione benzina per es.) (*mot.*), air-bound.

fermentare (*chim.*), to ferment.

fermentazione (*chim.*), fermentation. **2.** ~ acetica (*chim. biol.*), acetic fermentation. **3.** ~ alcoolica (*chim.*), alcoholic fermentation. **4.** ~ anaerobica (*ind. zucchero*), anaerobic fermentation. **5.** ~ lattica (*chim.*), lactic fermentation. **6.** vasca di ~ (*ind. birra*), gyle.

fermento (*chim. biol.*), ferment. **2.** ~ (*chim. ind.*), leaven.

fermezza (di un prezzo per es.) (*comm.*), firmness, maintenance.

fermi (unità di lunghezza uguale a 10^{-13} cm) (*mis.*), fermi.

fermio (elemento chimico artificiale) (Fm - *chim. - radioatt.*), fermium.

fermioni (particelle elementari che seguono la statistica di Fermi) (*fis. atom.*), fermions.

fermo (di corpo mobile) (*a.*), standstill. **2.** ~ (*s. - mecc.*), retainer, lock, clamp, catch, detent. **3.** ~ (di mercato per es.) (*a. - comm.*), sluggish, slugging. **4.** ~ che non consente il movimento in senso opposto (particolare tipo di fermo) (*mecc.*), backstop. **5.** (dispositivo di) ~ del finestrino (*ferr. - ecc.*), sash lock, sash fastener, sash holder. **6.** ~ della catena (dell'àncora) (*nav.*), chain stopper. **7.** ~ posta (*posta*), general delivery, poste restante. **8.** ~ stazione (detto di un pacco per es., spedito a mezzo corriere per ritiro presso il deposito dello stesso corriere nella località di destinazione) (*trasp.*), hold for collection. **9.** filo di ~ (attraverso fori corrispondenti del dado o del bullone) (*mecc.*), lockwire.

ferraglia (*gen.*), scrap iron.

ferraiòlo (operaio che sistema i ferri dell'armatura nelle forme) (*ed. - c.a.*), rodman, reinforced-concrete bars worker.

ferramenta (*ind.*), hardware. **2.** ~ (*comm. - metall.*), ironmongery (ingl.).

ferrare (un cavallo), to shoe.

ferratura (di una porta per es., applicazione delle ferramenta) (*ed. - carp.*), fitting of iron fittings. **2.** ~ (della scocca) (*aut.*), hinged panels fitting.

fèrri (*c.a.*), bars, rods. **2.** ~ di ripartizione (*c.a.*), transverse reinforcement.

ferricianuro (*chim.*), ferricyanide. **2.** ~ di potassio [$K_3Fe(CN)_6$] (*chim.*), potassium ferricyanide.

ferricloruro (cloruro di ferro) (*chim.*), ferric chloride.

fèrrico (*chim.*), ferric.

ferrièra (*ind.*), ironworks. **2.** reparto di ~ con produzione di blumi sgrossati al laminatoio (*ind. metall.*), bloomery.

ferrimagnetismo (comportamento magnetico dei materiali ferritici) (*magnetismo*), ferrimagnetism.

ferrite (*metall.*), ferrite. **2.** divorzio della ~ (difetto dell'acciaio) (*metall.*), ferrite divorce.

ferritico (*metall. - chim.*), ferritic.

ferritizzazione (trasformazione in ferrite) (*metall.*), ferritization.

fèrro (Fe - *chim.*), iron. **2.** ~ (*metall.*), iron. **3.** ~ a bulbo (*metall.*), bulb iron. **4.** ~ a C (*metall.*), C-iron, channel iron, channel beam, channel bar. **5.** ~ a I (*metall.*), I-iron, I-bar. **6.** ~ a L (*metall.*), L-iron. **7.** ~ alfa (*metall.*), alpha iron. **8.** ~ a magnetizzazione permanente (~ non autosmagnetizzante) (*metall.*), hard iron. **9.** ~ angolare, angle iron, angle bar. **10.** ~ a pacchetto (*metall.*), fagot iron. **11.** ~ a T (*metall.*), T-iron, T-bar. **12.** ~ a T a bulbo (*metall.*), bulb-tee iron. **13.** ~ a U (*metall.*), U-iron, channel bar, channel beam, channel iron. **14.** ~ a Z (*metall.*), Z-iron, Z-bar. **15.** ~ Bessemer (*metall.*), Bessemer iron. **16.** ~ commerciale (*metall.*), commercial iron. **17.** ~ da costruzioni (in profili adatti alle strutture edili) (*metall.*), structural iron, structural steel. **18.** ~ da stiro (*app. domestico*), flatiron, iron. **19.** ~ da stiro con regolazione automatica (*app. elettrodomestico*), automatic iron. **20.** ~ da stiro elettrico (*app. elettrodomestico*), electric iron. **21.** ~ da stiro (elettrico) a proiezione di vapore (*app. domestico*), steam jet electric iron. **22.** ~ (da stiro) senza il cordone di alimentazione (ferro scaldato sul poggiaferro) (*app. domestico*), cordless electric iron. **23.** ~ delta (*metall.*), delta iron. **24.** ~ di armatura (soggetto a sollecitazione, del cemento armato) (*ed.*), reinforcing rod, stress bar. **25.** ~ di cavallo, horseshoe, shoe. **26.** ~ di qualità (*metall.*), special iron, refined iron. **27.** ~ dolce (*metall.*), soft iron, ductile iron. **28.** ~ elettrico (da stiro) (*strum.*), electric iron. **29.** ~ elettrolitico (*metall.*), electrolytic iron. **30.** ~ esagonale (*metall.*), hexagonal bar iron. **31.** ~ fragile (*metall.*), short iron. **32.** ~ fragile a caldo (*metall.*), red-short iron. **33.** ~ fucinato (*metall.*), forged iron. **34.** ~ fuso (*metall.*), ingot iron. **35.** ~ gamma (*metall.*), gamma iron. **36.** ~ in barre (*metall.*), bar iron. **37.** ~ laminato (*metall.*), rolled iron. **38.** ~ malleabile (*metall.*), malleable iron. **39.** ~ manganese (lega) (*metall.*), ferromanganese. **40.** ~ Martin (*metall.*), open -hearth iron. **41.** ~ meteorico (*metall. - astr.*), meteoric iron. **42.** ~ mezzo tondo (*metall.*), half -round iron. **43.** ~ molibdeno (lega) (*metall.*), ferromolybdenum. **44.** ~ nichel (lega) (*metall.*), ferronickel. **45.** ~ omogeneo (*metall.*), mild steel, soft steel. **46.** ~ per calafatare (*ut. nav.*), calking iron, caulking iron. **47.** ~ per cemento armato (~ nervato o corrugato per aumentarne l'aderenza col cemento) (*metall. - ed.*), deformed bar. **48.** ~ per lisciare a caldo (attrezzo per pavimentazione stradale), hot flat iron. **49.** ~ per tranciare (*ut.*), blanking tool. **50.** ~ piatto (*metall.*), strap iron, flat bar, flat bar iron. **51.** (~) piatto a bulbo (barra piatta a bulbo) (*ind. metall.*), flat bulb (iron) bar. **52.** ~ portante (di armatura per cemento armato), supporting reinforcement. **53.** ~ profilato (*metall.*), section iron. **54.** ~ puddellato (*metall.*), puddled iron. **55.** ~ quadro (barra quadra) (*me-

tall.), square bar iron. **56.** ~ saldato (*metall.*), wrought iron, w.i., malleable iron (ingl.). **57.** ~ (da puddellaggio) saldato a pacchetto (*metall.*), shear steel. **58.** ~ saturo (*elettromagnetismo*), saturated iron. **59.** ~ silicio (lega) (*metall.*), ferrosilicon. **60.** ~ speculare (*metall.*), spiegel iron, spiegeleisen. **61.** ~ spugnoso (*metall.*), sponge iron. **62.** ~ Thomas (*metall.*), Thomas iron. **63.** ~ tondo (*metall.*), rod iron. **64.** ~ trafilato (*metall.*), drawn iron. **65.** ~ tungsteno (lega) (*metall.*), ferrotungsten. **66.** ~ vanadio (lega) (*metall.*), ferrovanadium. **67.** ~ zincato (*ind.*), galvanized iron. **68.** articoli di ~ (*comm.*), ironware. **69.** filo di ~ (*metall. - ind.*), iron wire. **70.** getto di ~ malleabile (*fond.*), mitis casting. **71.** lamiera di ~ (*metall.*), iron sheet, iron plate. **72.** lamiera di ~ striata (*metall.*), chequered iron plate, checkered iron plate. **73.** laminato di ~ (*metall.*), rolled iron. **74.** lavoro in ~ (*ind.*), ironwork. **75.** minerale di ~ (*min.*), iron ore. **76.** nastro di ~ (*metall.*), strap iron. **77.** profilato di ~ a spigoli arrotondati (*metall.*), section iron with round corners. **78.** profilato di ~ a spigoli vivi (*metall.*), section iron with sharp corners. **79.** reggetta di ~ (*metall.*), hoop iron, band iron. **80.** rottami di ~ (*metall.*), scrap iron. **81.** ~, *vedi anche* ferri.

ferroalluminio (lega) (*metall.*), ferroaluminum.

ferrocianuro (*chim.*), ferrocyanide. **2.** ~ di potassio [$K_4Fe(CN)_6$] (*chim.*), potassium ferrocyanide.

ferrocròmo (lega) (*metall.*), ferrochrome, ferrochromium.

"ferroelettricità" (isteresi dielettrica) (*elett.*), ferroelectricity.

ferrolega (*metall.*), ferro alloy, iron alloy.

ferromagnetico (*a. - elett.*), ferromagnetic.

ferromagnetismo (*fis.*), ferromagnetism.

ferromanganese (*lega*), ferromanganese.

ferroselènio (*metall.*), ferroselenium.

ferrosilicio (*metall.*), ferrosilicon.

ferroso (*a. - metall. - chim.*), ferrous. **2.** non ~ (*metall.*), nonferrous.

ferrotipìa (*fot.*), ferrotype.

ferrotìpo (*fot.*), ferrotype.

ferrotitanio (*metall.*), ferrotitanium.

ferrotungstèno (*metall.*), ferrotungsten.

ferrovanadio (*metall.*), ferrovanadium.

ferrovìa (*ferr.*), railway (ingl.), railroad (am.). **2.** ~ a cremagliera (ferrovia a dentiera) (*ferr.*), rack railway. **3.** ~ ad aderenza (*ferr.*), adhesion railway. **4.** ~ a doppio binario (*ferr.*), double-line railway, double-track railway. **5.** ~ a levitazione magnetica (~ superveloce, senza ruote, che può superare i 400 km orari) (*ferr.*), magnetic levitation railway, maglev railway. **6.** ~ a livello del suolo (*ferr.*), surface railway. **7.** ~ a monorotaia (materiale rotabile di treno aereo sospeso o imposto alla trave, come "Alweg" p. es.) (*ferr.*), single rail train (am.), monorailroad, monorailway. **8.** ~ a più binari (*ferr.*), multiple line railway. **9.** ~ a scartamento normale (*ferr.*), standard-gauge railway. **10.** ~ a scartamento ridotto (*ferr.*), narrow -gauge railroad (am.), light railway (ingl.). **11.** ~ a un binario (*ferr.*), single-line railway, single-track railway. **12.** ~ a vapore (*ferr.*), steam railway. **13.** ~ di diramazione (*ferr.*), branch line, branch. **14.** ~ e canale (*trasp.*), rail and canal, R and C. **15.** ~ ed oceano (*trasp.*), rail and ocean, R and O. **16.** ~ e lago (*trasp.*), rail and lake, R and L. **17.** ~ elettrica (*ferr.*), electric railway. **18.** ~ elettrificata (*ferr.*), electrified railway. **19.** ~ elevata (*ferr.*), overhead railway. **20.** ~ e mare (*trasp.*), rail and ocean, R and O. **21.** ~ funicolare (cavo a rotaia) (*ferr.*), funicular railway. **22.** ~ interurbana (*ferr.*), interurban railway. **23.** ~ privata (*ferr.*), private railway (ingl.), industrial railroad (am.). **24.** ~ secondaria (*ferr.*), secondary railway. **25.** ~ sopraelevata (*ferr.*), elevated railway, elevated railroad. **26.** ~ sotterranea (*ferr.*), underground railway, tube railway. **27.** ~ statale (*ferr.*), state railway. **28.** ~ suburbana (*ferr.*), suburban railway. **29.** ~ tipo "Decauville" (*ind. mur. - min.*), narrow gage light railway equipment. **30.** per ~ (*trasp. ferr.*), by rail. **31.** tracciato della ~ (*ferr.*), railway route.

ferroviario (*a. - ferr.*), railroad, railway. **2.** regolamento ~ (*ferr.*), railway regulation. **3.** servizio ~ (servizio pubblico), railway service. **4.** tariffe ferroviarie (*comm.*), railroad rates.

ferrovière (personale viaggiante o di stazione) (*ferr.*), railway man.

ferruginoso (*gen.*), ferruginous.

ferryboat (*ferr. nav.*), ferryboat.

fertile (*agric.*), fertile.

fertilità (*agric.*), fertility.

fertilizzante (*chim. agric.*), fertilizer.

fertilizzare (concimare) (*agric.*), fertilize.

fertilizzazione (*agric.*), fertilization, enrichment. **2.** ~ a spandimento (*agric.*), top-dressing.

fertirrigazione (*agric.*), fertilizing irrigation.

fèrzo (striscia di tela da vele o da tende) (*nav.*), cloth.

fessura (*ed.*), crack, fissure, cleft. **2.** ~ (*mecc. - mur.*), fissure, cleft. **3.** ~ (in un'ala per migliorare le condizioni del flusso) (*aer.*), slot. **4.** ~ (di passaggio di un fluido), leak. **5.** ~ (fenditura) (*gen. - cinem. - ott.*), slit. **6.** ~ (stretta apertura per la immissione di scheda a circuiti integrati sostituibile) (*s. - elab.*), slot. **7.** ~ alare (*aer.*), wing slot. **8.** ~ di espansione (per l'introduzione di schede, o piastre, di espansione) (*elab.*) expansion slot. **9.** ~ indice (~ sul perno di un pacco di dischi) (*elab.*), index slot.

fessurato (*gen.*), fissured, rimate.

fessurazione (in una barra di acciaio) (*mecc.*), flaw. **2.** ~ radiale (di legname) (*legno*), starshake.

fèsta (giorno non lavorativo), holiday.

festonatura (colatura) (*difetto vn.*), curtaining.

festone (ornamento) (*arch.*), festoon.

fetta (*gen. - ind. zucchero*), slice, chip. **2.** ~ (lamina sottile, generalmente di silicio: può venire tagliata subito in piastrine oppure su di essa possono essere fotolitografati microcircuiti ed essa venire successivamente tagliata in singole unità, o chips) (*eltn.*), wafer.

fettuccia (fetta di barbabietola) (*ind. zucchero*), chip, slice. **2.** fettucce esaurite (*ind. zucchero*), bagasse.

fettucciatrice (trinciatrice per bietole) (*ind. zucchero - macch.*), slicing machine, slicer.

fiàccola (per saldare a stagno per es.) (*ut.*), blowlamp, blowtorch. **2.** ~ a benzina (*ut. per saldatura*), blowtorch. **3.** ~ ad olio (per illuminazione o segnalazione) (*illum.*), cresset. **4.** saldatoio a ~ (per saldature a stagno) (*ut.*), blowlamp soldering iron.

fiala (*ind. - chim. - farm.*), vial, phial.

fiamma (*comb.*), flame. **2.** ~ (*nav.*), long pennon, long pennant. **3.** ~ a diffusione (lunga fiamma luminosa ad irradiazione costante sulla sua lunghezza; la diffusione avviene tra gli strati adiacenti di aria e gas) (*comb.*), diffusion flame. **4.** ~ corta (ossidante) (*mft. vetro*), sharp fire. **5.** ~ fredda (prodotta da idrocarburi a 200-400°C a pressioni leggermente superiori all'atmosferica, la combustione è incompleta, il colore è blu) (*comb.*), cool flame. **6.** ~ neutra (di un cannello da taglio per es., con fiamma né ossidante né riducente) (*tecnol. mecc.*), neutral flame. **7.** ~ ossiacetilenica (*tecnol. mecc.*), oxyacetylene flame. **8.** ~ ossidante (*chim.*), oxidizing flame. **9.** ~ ossidrica (*tecnol. mecc.*), oxyhydrogen flame. **10.** ~ riducente (*chim.*), reducing flame, RF. **11.** ~ riducente (*mft. vetro*), soft fire. **12.** ~ sensibile (fiamma di gas che cambia di forma quando colpita da onde sonore) (*comb.*), sensitive flame. **13.** in fiamme (*incendio*), aflame. **14.** ritorno di ~ (*mot.*), back-fire. **15.** ritorno di ~ (in un cannello da taglio o da saldatura) (*tecnol. mecc.*), back-fire. **16.** tagliare con la ~ (metallo) (*mecc.*), to flame-cut. **17.** tagliare con la ~! (*dis. mecc.*), flame-cut, F.C. **18.** tempo di propagazione della ~ (in un cilindro) (*mot.*), combustion lag.

fiammata (*gen.*), flash.

fiammeggiamento (sfiammatura) (*difetto vn.*), flashing.

fiammeggiante (*gen.*), flaming.

fiammìfero, match. **2.** ~ amorfo, *vedi* ~ di sicurezza. **3.** ~ antivento (*ind. fiammiferi*), fusee. **4.** ~ a strofinamento (*ind.*), friction match. **5.** ~ chimico (vecchio tipo di fiammifero) (*ind.*), chemical match. **6.** ~ di cera (cerino) (*ind.*), wax match, vesta. **7.** ~ di sicurezza (fiammifero amorfo, fiammifero svedese) (*ind. fiammiferi*), parlor match. **8.** stelo del ~ (*ind. fiammiferi*), matchstick.

fiancata (della scocca) (*costr. carrozz. aut.*), body side. **2.** ~ (della cassa di un veicolo ferroviario) (*ferr.*), side frame, body side. **3.** ~ (montante: di una pressa per es.) (*mecc.*), upright. **4.** ~ (*nav.*), broadside. **5.** ~ (di una scala di legno) (*ed.*), bridgeboard. **6.** ~ del carrello (*ferr.*), truck side. **7.** ~ del parafango (*costr. aut.*), fender apron. **8.** ~ di sostegno (di una pressa ad eccentrico per es.) (*macch.*), leg. **9.** (elemento) stampato di ~ (stampaggio lamiera) (*costr. carrozz. aut.*), body side panel.

fianchetto interno (*costr. carrozz. aut.*), inside valance panel.

fianco (*gen.*), side, flank. **2.** ~ (di un dente di ingranaggio) (*mecc.*), side. **3.** ~ (del filetto di una vite) (*mecc.*), flank. **4.** ~ (del profilo di una camma) (*mot. - mecc.*), ramp, flank. **5.** ~ (di un utensile da tornio per es.) (*ut.*), flank. **6.** ~ (gamba, ala, lembo, di una anticlinale o sinclinale) (*geol.*), limb. **7.** ~ (della cassa di un veicolo ferroviario) (*ferr.*), side frame. **8.** ~ addendum (di un dente di ingranaggio) (*mecc.*), top side, face. **9.** ~ a ~ (*gen.*), side-to-side. **10.** ~ attivo (fianco conduttore, fianco in tiro, del dente di ruota dentata) (*mecc.*), drive side, driving side. **11.** ~ condotto (fianco trascinato, di dente di ingranaggio) (*mecc.*), coast side. **12.** ~ conduttore (fianco in tiro, fianco attivo, di dente di ingranaggio) (*mecc.*), driving side, drive side. **13.** ~ dedendum (di un dente di ingranaggio) (*mecc.*), bottom side, flank. **14.** ~ della copertura (fianco del pneumatico) (manifattura dei pneumatici) (*ind. gomma*), tire sidewall. **15.** ~ destro (*nav.*), starboard side. **16.** ~ di contatto (lato in contatto di una filettatura) (*mecc.*), flank, contacting face. **17.** ~ in tiro (fianco attivo, fianco conduttore, di dente di ruota dentata) (*mecc.*), drive side, driving side. **18.** ~ sinistro (*nav.*), port side, larboard. **19.** ~ trascinato (fianco condotto del dente di ingranaggio) (*mecc.*), coast side. **20.** a ~ di (*gen.*), alongside. **21.** illuminato di ~ (*fot.*), side-lighted. **22.** illuminazione di ~ (*fot.*), side -lighting.

fiasco, flask.

fibbia (*gen.*), buckle.

fibra (tessile), fiber (am.), fibre (ingl.), staple. **2.** ~ (materiale per guarnizioni) (*mecc. - ind.*), vulcanized fiber, fiber, fibre. **3.** ~ (in metalli, minerali) (*ind.*), fibre. **4.** ~ artificiale, ~ chimica (tecnofibra), *vedi* fibre sintetiche. **5.** fibre artificiali per imbottitura (di cuscini, materassi ecc.) (*fibra artificiale*), fiberfill. **6.** ~ di canapa sciolta (per calafataggio per es.), oakum. **7.** ~ di carbone (per costruire parti della carrozzeria di automobili per es.) (*materia plastica*), carbon fibre. **8.** ~ di cellulosa (*ind. chim. - ind. tess.*), cellulose fiber. **9.** ~ di cocco (*ind. tess.*), coir. **10.** ~ di foglia (*ind. tess.*), leaf fiber. **11.** ~ di ginestra (*ind. tess.*), broom fiber. **12.** ~ di media finezza (di lana per es.) (*ind. tess.*), medium-fine fiber. **13.** ~ di quarzo (*strum.*), quartz fiber. **14.** ~ diritta (*ind. tess.*), straight fiber. **15.** ~ di seme (cotone per es.) (*ind. tess.*), seed fiber. **16.** ~ di seta (*ind. tess.*), silk fiber. **17.** ~ di stelo (lino per es.) (*ind. tess.*), stalk fiber. **18.** ~ di vetro (vetro in fibre) (*ind.*), fiber glass. **19.** ~ elastica (fibra nervosa: di lana) (*ind. tess.*), elastic fiber. **20.** ~ flessibile (*ind. tess.*), flexible fiber. **21.** ~ floscia (*ind. tess.*), flaccid fiber. **22.** ~ lucida (*ind. tess.*), lustrous fiber. **23.** ~ minerale (*ind. tess.*), mineral fiber. **24.** ~ morbida (fibra soffice) (*ind. tess.*), soft fiber. **25.** ~ neutra (p. es. in una trave inflessa: la fibra che separa la regione compressa da quella tesa) (*sc. costr.*), neutral fiber. **26.** ~ olona (per tessuti resistenti all'acqua marina) (*nav.*), olona. **27.** ~ ottica (cavo costituito da singole fibre ottiche che trasmettono luce, immagini ed informazioni) (*ott. - tlcm.*), fiber optics, optical waveguide, light guide. **28.** ~ ottica singola (elemento di fibre sintetiche costituito da una sola ~ di vetro, del diametro di un capello per es.) (*ott. - tlcm.*), optical fiber. **29.** ~ ruvida (*ind. tess.*), rough fiber. **30.** ~ tessile (*ind. tess.*), textile fiber. **31.** ~ tessile artificiale (di nailon) (*ind. chim.*), nylon. **32.** ~ tessile artificiale (di raion) (*ind. chim.*), rayon fiber. **33.** ~ trasversale (della carta per es.) (*mft. carta - ecc.*), cross-grain fiber. **34.** ~ uniforme (*ind. tess.*), uniform fiber. **35.** ~ vulcanizzata (*ind.*), vulcanized fiber, hard fiber. **36.** a (o di) fibre ottiche (riferito ad un cavo per es.) (*a. - ott. - tlcm.*), fiber-optic. **37.** andamento delle fibre (*metall.*), flow of fibers, flow lines. **38.** andamento delle fibre (del legno) (*legno*), grain. **39.** cartone di ~ (*mft. carta*), fibreboard. **40.** fibre ottiche (trasmettono luce, immagini ed informazioni) (*ott. - tlcm.*), fibre optics, optical waveguide, light guide. **41.** fibre sintetiche (fibre artificiali, tecnofibre) (*tess. - chim.*), synthetic fibers, man-made fibers. **42.** qualità (o tipo) della ~ naturale (*ind. tess.*), staple.

fibrilla (elemento fibroso) (*chim.*), fibril.

fibrillare (*a. - chim.*), fibrillar.

fibrina (*proteina*), fibrin.

fibrocemento (eternit per es.) (*ed.*), asbestos cement.

fibroina (principale sostanza della seta greggia) (*biochim.*), fibroin.

fibroscopio (strumento di ispezione medica) (*strum. med.*), fiberscope.

fibroso (*gen.*), fibrous.

fidejussione (*comm. - finanz.*), fidejussion.

fido (credito commerciale) (*comm. - finanz.*), credit.

fiducia (affidamento su persona o cosa) (*comm.*), trust. **2.** avere ~ (*comm. - ecc.*), to trust. **3.** limite di ~ (*stat.*), confidence limit.

fiele del vetro (scorie, solfati fusi galleggianti sul vetro nel bacino) (*mft. vetro*), salt water, gall.

fienile (*ed.*), hayloft.

fièno (*agric.*), hay.

fiera (esposizione) (*comm.*), fair. **2.** ~ campionaria (rassegna espositiva di beni prodotti da vari fabbricanti) (*comm.*), trade fair, sample fair.

figura (*gen.*), figure. **2.** ~ geometrica (*geom.*), geometrical figure. **3.** ~ intera (*cinem.*), full shot. **4.** ~ piana (*geom.*), plane figure. **5.** ~ solida (*geom.*), solid figure.

figurinista (stilista) (*artista creatore e disegnatore di nuovi modelli di carrozz. di aut.*), body design stylist.

fila (*gen.*), row, file. **2.** ~ (di posti in un teatro per es.), row. **3.** ~ di chiodi (in una chiodatura per es.) (*mecc.*), row of rivets. **4.** ~ di lampade (luci di ribalta per es.) (*illum.*), batten (ingl.). **5.** mettere in ~ (*gen.*), to line up.

filabile (*ind. tess.*), fit for spinning.

filaccia (*mft. tess.*), bass, bast. **2.** ~ (di lino) (*mft. tess.*), lint. **3.** ~ (di lino e canapa) (*mft. tess.*), harl. **4.** nodo di ~ (*nav.*), rope-yarn knot.

filaggio (filatura) (difetto di proiezione) (*cinem.*), ghost.

filamento (*ind. tess.*), filament. **2.** ~ (di lampada ad incandescenza per es.) (*illum. elett.*), filament. **3.** ~ (di tubo elettronico) (*termoion.*), filament. **4.** ~ (di vetro) (*ind.*), glass silk. **5.** ~ anabbagliante (di lampade di proiettori) (*aut.*), dipping filament. **6.** ~ a zig-zag (di una lampadina) (*illum.*), bunch filament. **7.** ~ toriato (*termoion.*), thoriated filament. **8.** formazione di filamenti (durante la verniciatura a spruzzo) (*difetto vn.*), cobwebbing. **9.** sinterizzazione del ~ (consolidamento del filamento di una lampada per es.: ottenuto mediante il riscaldamento provocato dal passaggio di corrente, nel vuoto) (*elett.*), filament sintering.

filanda (stabilimento di filatura) (*ind. tess.*), spinning mill.

filare (*ind. tess.*), to spin. **2.** ~ (mollare) (*nav.*), to ease away. **3.** ~ (un cavo) (*nav.*), to ease off, to pay out. **4.** ~ (svolgere, un filo per es.) (*ind.*), to pay off, to unwind.

filato (*ind. tess.*), yarn. **2.** ~ ad un solo capo (*ind. tess.*), single yarn. **3.** ~ a più colori (*ind. tess.*), variegated yarn. **4.** ~ a secco (*ind. tess.*), dry-spun. **5.** ~ a umido (*ind. tess.*), wet-spun. **6.** ~ cardato (*ind. tess.*), carded yarn. **7.** ~ casalingo (*ind. tess.*), homespun yarn. **8.** (~) cucirino (*ind. tess.*), sewing thread. **9.** ~ di colore misto (*ind. tess.*), mélange yarn. **10.** ~ di lana (*ind. lana*), woolen yarn. **11.** ~ di lino (*ind. tess.*), line. **12.** ~ di raion (*ind. tess.*), staple fibre. **13.** ~ elastico (*ind. tess.*), elastic yarn. **14.** ~ fantasia (*ind. tess.*), fancy yarn. **15.** ~ fantasia con ingrossamento ad intervalli irregolari (*ind. tess.*), knop yarn. **16.** ~ grossolano (*ind. tess.*), coarse yarn. **17.** ~ imbianchito (o sbiancato) (di lana per es.) (*ind. tess.*), bleached yarn. **18.** ~ irregolare (*ind. tess.*), uneven yarn. **19.** ~ medio (di mezza catena) (*ind. tess.*), "mule twist". **20.** ~ metallico (per tessuti, lamé per es.) (*ind. tess.*), lamé. **21.** ~ misto (*ind. tess.*), mixed yarn. **22.** ~ oliato (*ind. tess.*), oily yarn. **23.** ~ per calze (*ind. tess.*), fingering. **24.** ~ per maglieria (*ind. tess.*), knitting yarn, hosiery yarn. **25.** ~ per uncinetto (*ind. tess.*), crochet yarn. **26.** ~ pettinato (*ind. tess.*), worsted yarn. **27.** ~ pulito (*ind. tess.*), clean yarn. **28.** ~ regolare (*ind. tess.*), even yarn. **29.** ~ ritorto (refe) (*ind. tess.*), thread, folded yarn, twisted yarn. **30.** ~ secco (*ind. tess.*), dry yarn. **31.** ~ semi-pettinato (*ind. tess.*), mock

-worsted yarn. **32.** ~ soffice (*ind. tess.*), soft yarn. **33.** ~ tinto (*ind. tess.*), dyed yarn. **34.** ~ umido (*ind. tess.*), moist yarn.

filatoio (*macch. tess.*), spinning machine, spinning frame, spinner. **2.** ~ (aspatoio) (per bozzoli) (*macch. tess.*), reeling apparatus. **3.** ~ a campana (*macch. tess.*), cap spinning frame. **4.** ~ ad anelli (*macch. tess.*), ring spinning machine, ring spinner, ring frame. **5.** ~ a doppia torsione (*ind. tess.*), double twist spinning frame. **6.** ~ a secco, dry spinning frame. **7.** ~ a umido (*macch. tess.*), wet spinning frame. **8.** ~ automatico (*macch. tess.*), self-actor. **9.** ~ automatico a movimento differenziale (*macch. tess.*), differential self-actor. **10.** ~ automatico intermittente (*macch. tess.*), self -acting mule, self-acting spinning machine. **11.** ~ automatico per pettinato (*macch. tess.*), worsted mule. **12.** ~ con fusi viaggianti (*macch. tess.*), spinning machine with traveling spindles. **13.** ~ continuo (*macch. tess.*), continuous spinning machine. **14.** ~ continuo ad anelli (*macch. tess.*), continuous ring frame. **15.** ~ continuo ad anelli per (filare la) trama (*macch. tess.*), weft ring frame. **16.** ~ intermittente (*macch. tess.*), mule. **17.** ~ intermittente a secco (*macch. tess.*), dry mule. **18.** ~ per ordito (*macch. tess.*), warp spinning machine.

filatore (*op. tess.*), spinner.

filatrice (o aspatrice) automatica (per bozzoli) (*macch. tess.*), automatic reeling apparatus. **2.** ~, *vedi anche* filatoio.

filatura (*ind. tess.*), spinning. **2.** "~" ("filaggio": difetto di pellicola) (*cinem.*), ghost. **3.** ~ ad anello (*ind. tess.*), ring spinning. **4.** ~ a mano (*ind. tess.*), hand spinning. **5.** ~ con filatoio intermittente (*ind. tess.*), mule spinning. **6.** ~ del bozzolo (della seta) (*ind. tess.*), silk reeling. **7.** ~ della lana (*ind. tess.*), wool spinning. **8.** ~ dell'amianto (*ind. tess.*), asbestos spinning. **9.** ~ del lino (o del cotone) (*ind. tess.*), flax (or cotton) spinning. **10.** ~ del vetro (*ind. tess.*), glass spinning. **11.** ~ per estrusione (p. es. di vetro, nylon ecc.) (*tess.*), melt spinning. **12.** manicotto di ~ (*ind. tess.*), spinning cot.

file (*elab.*), *vedi* archivio.

fileggiare (sbattere, di vele) (*nav.*), to shiver.

filettaggio (operazione di esecuzione della filettatura) (*tecnol. mecc.*), screw-cutting.

filettare (*mecc.*), to thread. **2.** ~ alla rullatrice (filettare con rulli) (*mecc.*), to roll. **3.** ~ col pettine (o con l'ugnetto) (*mecc.*), to thread with a chaser, to chase. **4.** ~ con patrona (o con pettine) (*mecc.*), to chase.

filettato (*mecc.*), threaded.

filettatrice (*macch. ut.*), threader, thread cutting machine, threading machine. **2.** ~ automatica (*macch. ut.*), automatic threading machine, automatic threader. **3.** ~ per bulloneria (*macch. ut.*), bolt threading machine. **4.** ~ per dadi (maschiatrice) (*macch. ut.*), nut tapping machine, nut threading machine. **5.** ~ sviluppante a coltello rotativo (*macch. ut.*), thread generator.

filettatura (*mecc.*), screw thread, thread. **2.** ~ (tracciamento delle linee di contorno di una tabella per es.) (*tip.*), ruling. **3.** ~ a dente di sega (*mecc.*), buttress (screw) thread, trapezoidal thread. **4.** ~ ad un principio (*mecc.*), single-start screw thread. **5.** ~ alla rullatrice (filettatura con rulli) (*mecc.*), rolling. **6.** ~ a più princìpi (*mecc.*), multi-start screw thread. **7.** ~ a profilo triangolare (*mecc.*), triangular screw thread. **8.** ~ Associazione Britannica (*mecc.*), British Association screw thread, B.A. screw thread. **9.** ~ a tre princìpi (*mecc.*), triple-start screw thread. **10.** ~ completa (con filetto completo, non smussato) (*mecc.*), complete thread. **11.** ~ conica (*mecc.*), tapered thread. **12.** ~ conica American Standard per tubi per l'aeronautica (*aer.*), Aeronautical National Taper Pipe Thread, ANPT. **13.** ~ decimale (*mecc.*), metric thread. **14.** ~ del creatore per ingranaggi elicoidali (*mecc.*), worm-wheel hob thread. **15.** ~ destrorsa (o destra) (*mecc.*), right-hand screw thread. **16.** ~ di una vite (*mecc.*), screw thread. **17.** ~ doppia (*mecc.*), double screw thread. **18.** ~ esterna (vite) (*mecc.*), bolt thread, external thread. **19.** ~ extra fine American Standard (*mecc.*), American Standard extra-fine thread. **20.** ~ extra fine per parti non unificate (*mecc.*), extra-fine thread not in unified part, NEF. **21.** ~ femmina (filettatura interna) (*mecc.*), female thread. **22.** ~ fine American Standard (*mecc.*), American Standard fine thread. **23.** ~ fine normale britannica (*mecc.*), British Standard fine thread, BSF. thread. **24.** ~ fine per parti non unificate (*mecc.*), fine thread not in unified part, NF. **25.** ~ gas (o passo gas) (*mecc.*), pipe thread, gas thread. **26.** ~ gas normale britannica (*mecc.*), British Standard pipe thread, BSP. thread. **27.** ~ grossa American Standard (*mecc.*), American Standard coarse thread. **28.** ~ grossa per parti non unificate (*mecc.*), coarse thread not in unified part, NC. **29.** ~ incompleta (filettatura smussata, parte di filettatura con creste e solchi incompleti all'estremità della parte filettata) (*mecc.*), washout thread, vanish thread. **30.** ~ incompleta in cresta (filettatura smussata in cresta) (*mecc.*), incomplete thread. **31.** ~ interna (madrevite) (*mecc.*), internal thread, nut thread. **32.** ~ metrica (*mecc.*), metric screw thread. **33.** ~ multipla, *vedi* filettatura a più princìpi. **34.** ~ rullata (*mecc.*), rolled thread. **35.** ~ semplice (*mecc.*), single screw thread. **36.** ~ sinistra (o sinistrorsa) (*mecc.*), left handed thread, left screw thread. **37.** ~ tonda (*mecc.*), round screw thread. **38.** ~ trapezia (*mecc.*), acme thread, acme screw thread. **39.** ~ triangolare a 60° (*mecc.*), V thread, vee thread. **40.** ~ tripla, *vedi* filettatura a tre princìpi. **41.** ~ unificata finissima (*mecc.*), extra fine unified thread form, UNEF. **42.** ~ Whitworth (*mecc.*), Whitworth thread. **43.** ~ Whitworth normale britannica (*mecc.*), British Standard Whitworth thread, BSW. thread. **44.** classe della ~ (*mecc.*), class of thread. **45.** fare una ~ (*mecc.*), to cut a thread. **46.** fare una ~ al tornio (con pettine) (*mecc.*), to chase. **47.** strappare la ~ di una vite (*mecc.*), to strip the thread of a screw.

filetto (di una vite) (*mecc.*), thread, screw thread. **2.** ~ (*vn.*), stripe. **3.** ~ (*ind. tess.*), waste end. **4.** ~ (sottile lama di piombo od ottone) (*att. tip.*), rule. **5.** ~ a dente di sega (*mecc.*), buttress thread. **6.** ~ asimmetrico (per viti) (*mecc.*), asymmetric thread. **7.** ~ chiaro (*att. tip.*), fine face rule. **8.** ~ chiaroscuro (*att. tip.*), shaded rule. **9.** ~ di ottone (*att. tip.*), brass rule. **10.** ~ di separazione (*att. tip.*), "down rule". **11.** ~ doppio chiaro (*att. tip.*), double fine rule. **12.** ~ fine (*mecc.*), fine thread. **13.** ~ fluido (*mecc. dei fluidi*), thread. **14.** ~ ondeggiato (filetto ondulato) (*att. tip.*), wave rule. **15.** ~ passo gas (*mecc.*), gas pipe thread. **16.** ~ perforante (*att. tip.*), perforating rule. **17.** ~ punteggiato (*att. tip.*), dotted rule. **18.** ~ riportato ("Heli-Coil") (*mecch.*), "heli-coil". **19.** ~ quadro (*mecc.*), square thread. **20.** ~ tondo (*mecc.*), round thread. **21.** ~ tra due colonne (*tip.*), column rule. **22.** ~ triangolare (*mecc.*), triangular thread, V thread. **23.** ~ utile (filetto in presa) (*mecc.*), engaging thread. **24.** altezza del ~ (di una vite) (*mecc.*), depth of thread. **25.** diametro misurato all'esterno del ~ (*mecc.*), diameter of screw. **26.** diametro misurato all'interno del ~ (*mecc.*), diameter at bottom of thread. **27.** larghezza del ~ (*mecc.*), width of thread. **28.** profondità del ~ (*mecc.*), depth of thread. **29.** ~, *vedi anche* filettatura.

filiale (*comm.*), branch house, branch office.

filièra (per filettare) (*ut. mecc.*), threader, die chaser. **2.** ~ (nella manifattura della seta artificiale) (*ind. tess.*), nozzle, spinneret(te). **3.** ~ (trafila) (*ut.*), die drawplate, die plate. **4.** ~ a paletta (per filettare a mano) (*ut. mecc.*), die plate. **5.** ~ aperta (*ut. mecc.*), split-type die. **6.** ~ a pettini automatica (per filettare su tornio a torretta) (*ut. mecc. - macch. ut.*), self-opening die head. **7.** ~ a pettini circolari (per filettare al tornio) (*ut. mecc. - macch. ut.*), circular-chasers die head. **8.** ~ a pettini tangenziali (per filettare al tornio) (*ut. mecc. - macch. ut.*), tangential-chasers die head. **9.** ~ apribile (per eseguire automaticamente filettature maschie; p. es. su di un tornio a torretta) (*ut. mecc.*), opening die. **10.** ~ a scatto automatico (*ut. mecc.*), self-opening die. **11.** ~ chiusa (*ut. mecc.*), solid die. **12.** ~ per (filettare) bulloni (*ut. mecc.*), bolt die. **13.** ~ per tubi (*ut. mecc.*), pipe die. **14.** ~ tonda (cuscinetto, per filettare a mano) (*ut. mecc.*), circular die. **15.** ~ tonda aperta (per filettare a mano) (*ut. mecc.*), adjustable circular die. **16.** ~ tonda chiusa (per filettare a mano) (*ut. mecc.*), nonadjustable circular die.

filiforme (*gen.*), filiform.

filigrana (di carta moneta per es.), watermark. **2.** ~ (*gioielleria*), filigree. **3.** ~ a secco (filigrana a pressione) (*mft. carta*), impressed watermark.

"filler" (riempitivo, polvere minerale aggiunta al catrame ecc.) (*costr. strad.*), filler.

film (*pellicola cinem.*), film. **2.** ~ al rallentatore (*cinem.*), slow-motion film, "ultrarapid exposure". **3.** ~ a lungo metraggio (*cinem.*), feature film, multiple reel film. **4.** ~ a passo ridotto (*cinem.*), sub-standard film. **5.** ~ a passo ridotto da 16 mm (*cinem.*), sixteen-millimeter film. **6.** ~ a perforazione centrale (*cinem.*), central perforated film. **7.** ~ a puntate (film a episodi) (*cinem.*), serial film. **8.** ~ a soggetto (*cinem.*), feature film. **9.** ~ commerciale (*cinem.*), commercial film. **10.** ~ commerciale dimostrativo (*cinem.*), industrial film. **11.** ~ con didascalie (*cinem.*), filmstrip. **12.** ~ della colonna sonora (*cinem.*), sound track film. **13.** ~ della ripresa ottica (*cinem.*), picture film. **14.** ~ didattico (film istruttivo) (*cinem.*), instructional film. **15.** ~ di dilettante (*cinem.*), amateur film. **16.** ~ educativo (*cinem.*), educational film. **17.** ~ (o nastro) in poliestere Mylar (*cinem. - elab.*), Mylar. **18.** ~ in rilievo (*cinem.*), three-dimensional film. **19.** ~ muto (*cinem.*), silent film, silent. **20.** ~ negativo vergine (*cinem.*), negative film stock (ingl.). **21.** ~ pancromatico (*fot.*), panchromatic film. **22.** ~ positivo non ancora esposto (vergine) (*cinem.*), positive film stock. **23.** ~ pubblicitario (*cinem.*), advertising film. **24.** ~ sonoro (*cinem.*), sound film, sound picture, sound-on-film, talking motion picture. **25.** ~ sonoro a colori (*cinem.*), color sound film. **26.** ~ stereoscopico (*cinem.*), stereoscopic film. **27.** ~ vergine (*cinem.*), unexposed film. **28.** ~ "Western" (*cinem.*), Western. **29.** girare un ~ (*cinem.*), to shoot a motion picture. **30.** scatola per ~ (*cinem.*), film can, film container, film box. **31.** stampa del ~ sonoro (*cinem.*), sound-on-film printing.

filmare (girare un film) (*cinem.*), to film.

filmpak (pellicola a pacco, pacco di pellicola) (*fot.*), film pack.

filo (metallico), wire. **2.** ~ (di una lama: taglio), edge, cutting edge, lip. **3.** ~ (di fibra tessile) (*ind. tess.*), thread, yarn. **4.** ~ (manifattura seta artificiale) (*ind. tess.*), filament. **5.** ~ a guaina di rame (*elett.*), copper-clad steel conductor, steel-cored copper conductor. **6.** ~ alta tensione (*elett.*), high -tension wire. **7.** ~ a piombo (*ed.*), plumb line. **8.** ~ armonico (*mecc.*), piano wire, music wire. **9.** ~ con grumelli (o bottoni) (*ind. tess.*), nepped yarn. **10.** ~ copperweld (~ di acciaio ramato: rivestito con circa 0,4 mm di spessore di rame) (*trasp. energia elett.*), copperweld. **11.** ~ (connettore) a spirale (spiralina) (*elett.*), pigtail. **12.** ~ cucirino (*mft. filati*), sewing thread. **13.** ~ da campanelli (*elett.*), bell wire. **14.** ~ da lattice (*ind. gomma.*), latex thread. **15.** ~ da taglio (filo metallico, teso tra due manici, per tagliare l'argilla) (*ceramica*), sling. **16.** ~ della trama (*ind. tess.*), weft thread. **17.** ~ del neutro (*elett.*), middle conductor, middle wire. **18.** ~ di acciaio per aviazione (*aer.*), aircraft wire. **19.** ~ di alluminio con anima di acciaio (conduttore di alluminio con anima di acciaio) (*elett.*), steel-cored aluminium conductor. **20.** ~ di apporto (per saldatura autogena) (*mecc.*), welding rod. **21.** ~ di bloccaggio (di un dado per es.) (*mecc.*), locking wire. **22.** ~ di bronzo silicioso (*ind.*), silicon bronze wire. **23.** ~ di carta (*ind. tess.*), paper yarn. **24.** ~ di cascame (*tess.*), waste yarn. **25.** ~ di chiusura della custodia (di un paracadute) (*aer.*), static pin. **26.** ~ di contatto (di linea aerea) (*elett.*), aerial contact wire. **27.** ~ di ferro (*metall.*), iron wire. **28.** ~ di ferro per imballaggio (*ind. metall.*), baling wire. **29.** ~ di ferro per legature (per armature di cemento armato) (*ed.*), binding wire. **30.** ~ di ferro ricotto (*metall. ind.*), malleable iron wire. **31.** ~ di ferro zincato (*metall.*), galvanized iron wire. **32.** ~ difettoso (*ind. tess.*), spotted yarn. **33.** ~ di guardia (*elett.*), guard wire. **34.** ~ di Litz (*radio*), Litz wire. **35.** ~ di metallo (*ind.*), wire. **36.** ~ di ordito (*ind. tess.*), warp yarn. **37.** ~ di pasta di legno (*ind. tess.*), wood pulp yarn. **38.** ~ di platino (*att. chim.*), platinum wire. **39.** ~ di prolunga (con due spine) (*telef. - elett.*), patch cord, patching cord. **40.** ~ di ragno (di un reticolo per es.) (*ott.*), spider line, cobweb. **41.** ~ di rame crudo stirato (*ind. - metall.*), hard-drawn copper wire. **42.** ~ di rame ricotto (*metall. - ind.*), soft copper wire. **43.** ~ di rame sezione 10 mm^2 isolato 1000 V (*elett.*), 10 sq mm 1000 V insulated copper wire. **44.** ~ di Scozia (~ prodotto con cotone a fibra lunga di ottima qualità) (*tess.*), lisle, lisle thread. **45.** ~ di seta (bava) (*ind. tess.*), silk filament. **46.** ~ di sicurezza (dei piombi di carri ferroviari) (*ferr.*), detective wire. **47.** fili distanziometrici (p. es. in un teodolite) (*ott.*), stadia wires, stadia hairs. **48.** ~ di terra (*elett.*), ground wire, earth wire. **49.** ~ di terra (per mettere a terra macchine, apparecchi, parafulmini ecc.) (*elett.*), grounding conductor. **50.** ~ di trama (*ind. tess.*), weft yarn. **51.** ~ di Wollaston (filo metallico molto sottile: per reticolo di telescopio) (*ott.*), Wollaston wire. **52.** ~ elasticizzante (filo di gomma per tessuti elasticizzati) (*tess.*), rubber thread. **53.** ~ elettrodo a flusso incorporato (per saldatura) (*tecnol. mecc.*), flux cored welding wire. **54.** ~ elicoidale (per il taglio di marmo per es.) (*min.*), helicoidal saw, wire saw. **55.** ~ forte (*ind. tess.*), firm yarn. **56.** ~ fusibile (filo per valvole, filo per fusibili) (*elett.*), fuse wire. **57.** ~ (in lega leggera) con anima d'acciaio (*elett.*), steel-cored wire. **58.** ~ in rame con anima d'acciaio (*elett.*), steel-cored copper wire. **59.** ~ intrecciato (*ind.*), braided wire. **60.** ~ lucente (*ind. tess.*), luster yarn. **61.** ~ magnetico (per registrazione) (*elettroacus. - elab.*), magnetic wire. **62.** ~ mercerizzato (*ind. tess.*), mercerized yarn. **63.** ~ metallico per cucitrici (di documenti in ufficio, di tele da imballaggio ecc.) (*ind.*), stitching wire. **64.** ~ peloso (*tess.*), fluffy yarn. **65.** ~ per chiodi (trafilato tondo che viene tagliato per chiodi) (*metall.*), nailrod. **66.** ~ per fustagni (*mft. tess.*), "barchant" yarn. **67.** ~ per imbastitura (*tess. - cucito*), basting. **68.** ~ per merletto (*ind. tess.*), gimp yarn. **69.** ~ per strumenti musicali (filo armonico), music wire. **70.** ~ portante (di linea elettrica per es.) (*ind.*), carrying wire. **71.** ~ ramato (*ind. metall.*), coppered wire. **72.** ~ ricotto blu (*ind. metall.*), blue annealed wire. **73.** ~ ricotto lucido (*ind. metall.*), white annealed wire, bright annealed wire. **74.** ~ ricotto nero (*ind. metall.*), black annealed wire. **75.** ~ ritorto a due capi (*ind. tess.*), doubled yarn. **76.** ~ rivestito di amianto (*elett.*), asbestos covered wire. **77.** ~ rivestito di carta (*elett.*), paper covered wire. **78.** ~ rivestito di cotone (*elett.*), cotton covered wire. **79.** ~ rivestito di gomma (*elett.*), rubber covered wire. **80.** ~ rivestito di nailon e raion (*elett.*), nylon and rayon covered wire. **81.** ~ rivestito di piombo (*elett.*), lead covered wire. **82.** ~ rivestito di seta (*elett.*), silk covered wire. **83.** ~ rivestito di vetro (*elett.*), glass covered wire. **84.** ~ semplice (filo non doppio) (*ind. tess.*), single thread, single. **85.** ~ smaltato (*elett.*), enameled wire. **86.** ~ sotto tensione (*elett.*), hot wire. **87.** ~ spinato (*agric. - ed. - milit.*), barbed wire, barbwire. **88.** ~ stagnato (*ind. metall.*), tinned wire. **89.** ~ tagliente irregolare (di utensile da taglio) (*mecc.*), featheredge. **90.** ~ trafilato ad umido (*ind. metall.*), lacquer drawn wire, wet drawn wire. **91.** ~ trafilato a secco (*ind. metall.*), soap drawn wire. **92.** a due fili (*a. - gen.*), twin-wire. **93.** a più fili (di un filato) (*tess.*), multifilament. **94.** bloccaggio a ~ (frenatura a filo, di dadi per es.) (*mecc.*), wirelocking. **95.** bloccare con ~ (un dado per es.) (*mecc.*), to wirelock. **96.** cartoncino a stella per ~ cucirino (*mft. filati*), star shaped card spool. **97.** tagliare con ~ (l'argilla allo stato plastico) (*ceramica*), to sling.

filobùs (*veic.*), trolley bus.

"filocarro" (veicolo elettrico a trolley per trasporto merci) (*veic. elett.*), trolley truck, trolley lorry.

filodiffusione (ricezione su normali apparecchi radio di programmi trasmessi per mezzo della rete telefonica) (*radio - telef.*), wire radio, wired radio, wired wireless.

filone (*min.*), vein, seam, lode. **2.** ~ (di carta vergata) (*mft. carta*), chain mark. **3.** ~ (filo usato per ottenere le linee parallele e distanziate della carta vergata, filo che genera la filigrana) (*mft. carta*), chain wire. **4.** ~ a gradini (*min.*), lob. **5.** ~ a vene parallele (*min.*), lode. **6.** ~ eruttivo (dicco) (*min.*), dike. **7.** ~ eruttivo anulare (dicco anulare) (*geol.*), ring dike. **8.** ~ non sfruttato (*min.*), unopened seam. **9.** ~ principale (di una zona) (*min.*), mother lode. **10.** ~ tabulare (*geol. - min.*), reef. **11.** ~ tabulare inclinato (*geol. - min.*), saddle reef. **12.** affioramento superficiale di un ~ (*geol. - min.*), outcrop.

filone-strato (dicco-strato, "sill") (*geol.*), sill.

"filotelevisione" (sistema di trasmissione di programmi televisivi mediante linee telefoniche) (*telev. - telef.*), phonevision.

filovìa (linea elettrica aerea di alimentazione di filobus per es.), trolley wire. **2.** ~ (linea di filobus) (*mezzo di trasp.*), trolley-bus line. **3.** ~ (teleferica), *vedi* funivia.

filtràbile (*gen.*), filterable, filtrable.

filtrante (*a. - gen.*), filtering, straining.

filtrare (*ind.*), to filter, to strain. **2.** ~ (per es. attraverso ad una sostanza porosa) (*fis.*), to percolate. **3.** ~ con filtro-pressa (*chim. ind.*), to filter-press.

filtrato (*s. - chim.*), filtrate.

filtrazione (*ind.*), filtering, filtration. **2.** ~ (percolazione) (di liquidi per es.), percolation. **3.** ~ (impianto di ~) (*ind.*), filtering plant. **4.** ~ (*elett. - elab.*), filtering. **5.** ~ dell'aria (nel condizionamento dell'aria), air filtering. **6.** ~ intermittente (processo purificazione fognature) (*fognatura*), intermittent filtration.

filtro (*ind. - ecc.*), filter, strainer. **2.** ~ (*elett.*), filter. **3.** ~ (*att. chim.*), filter. **4.** ~ (*telef.*), filter. **5.** ~ (attrezzo per macchina fotografica, di vari colori ed intensità) (*fot.*), screen. **6.** ~ (tipo di programma per separare dati, segnali ecc.) (*elab.*), filter. **7.** ~ a cartuccia (*aut. - mot.*), cartridge filter. **8.** ~ a cristallo, *vedi* filtro piezoelettrico. **9.** ~ adattato (filtro in cui il valore dell'impedenza è adattato allo stadio di entrata e/oppure uscita del circuito) (*eltn.*), matched filter. **10.** ~ a grana fine (filtro a porosità fine) (*ind.*), close-packed filter. **11.** ~ a mosaico tricromo (costituito da microelementi colorati nei tre colori fondamentali) (*fot.*), mosaic screen. **12.** ~ anti radiodisturbi (filtro antidisturbi radio) (*radio*), suppressor, radio interference suppressor. **13.** ~ a pettine (*eltn.*), comb filter. **14.** ~ a portata totale (per olio lubrificante) (*mot.*), full-flow filter. **15.** ~ a pressione (*ind.*), pressure filter. **16.** ~ arrestobanda (*radio*), band stop filter, band-rejection filter. **17.** ~ a sabbia (di acqua per es.) (*ind.*), sand filter. **18.** ~ assorbitore (*ott. - illum.*), absorbing filter. **19.** ~ autopulitore (di olio lubrificante) (*mot.*), automatically-cleaning filter, "Autoklean" filter. **20.** ~ a vuoto (filtro a depressione) (*ind.*), vacuum filter. **21.** ~ centrifugo (*mot.*), centrifugal filter. **22.** ~ colorato, ~ di colore (stampaggio fotografico a colori), color filter, color screen. **23.** ~ d'ampiezza (*telev.*), amplitude filter. **24.** ~ del carburante (*mot.*), fuel filter. **25.** ~ del carburante a bassa pressione (nel sistema di alimentazione di un motore a reazione) (*mot.*), low-pressure fuel filter. **26.** ~ del carburante ad alta pressione (nel sistema di alimentazione di un motore a reazione) (*mot.*), high-pressure fuel filter. **27.** ~ della benzina (di motore per es.) petrol filter (ingl.), gas filter (am.). **28.** ~ dell'aria (*mot. - mecc.*), air cleaner, air filter. **29.** ~ dell'aria a bagno d'olio (di motore di automobile per es.), oil bath air cleaner. **30.** ~ dell'aria a colonna (per un motore di trattore per es.) (*mot.*), pipe -type air cleaner. **31.** ~ dell'aria di massima efficienza (filtro dell'aria con carico pesante, filtro dell'aria per ambienti polverosi) (*mot.*), heavy duty air cleaner. **32.** ~ dell'olio (*macch. - mot.*), oil filter. **33.** ~ dell'olio di ricupero (*mot.*), scavenge oil filter. **34.** ~ di banda (*radio*), band filter, band pass filter (am.). **35.** ~ di frequenza (*elett. - radio*), frequency filter, frequency-discriminating filter, "electric wave filter". **36.** ~ di luce (*fot.*), color screen, light filter, absorption screen. **37.** ~ di modo (particolare ~ per guida d'onda) (*radio*), mode filter. **38.** ~ di onda (*radio*), wave filter. **39.** ~ di onda ("cutoff", filtro usato in apparecchio di misura della rugosità di superfici) (*app. mis.*), cutoff. **40.** ~ di spianamento (*radio*), "ripple filter". **41.** ~ di tela (*fond. - ecc.*), bag filter. **42.** ~ direzionale (filtro elettrico) (*radiocomunicazioni*), directional filter. **43.** ~ elettrostatico (elettrofiltro: p. es. per separare le polveri in sospensione, in un aeriforme, per mezzo di un campo elettrico) (*ind.*), electrostatic precipitator. **44.** ~ eliminatore di banda (*radio - elett.*), rejector, stop filter. **45.** ~ grigio (filtro non selettivo) (*illum.*), neutral filter. **46.** ~ in derivazione (filtro in bipasso: per olio lubrificante) (*mot.*), by-pass filter. **47.** ~ magnetico (per l'olio del motore per es.) (*mot. - ecc.*), magnet filter. **48.** ~ meccanico (per regolare le variazioni di velocità) (*cinem.*), mechanical filter. **49.** ~ neutro (filtro grigio) (*fot.*), neutral (density) filter. **50.** ~ olio sull'aspirazione (*mot.*), suction oil filter. **51.** ~ ottico (filtro assorbitore) (*ott. - illum.*), *vedi* filtro di luce. **52.** ~ ottico (per macchina fotografica) (*ott. - fot.*) shade glass. **53.** ~ passa-alto (*radio*), high -pass filter. **54.** ~ passa-banda (*radio*), band-pass filter. **55.** ~ passa basso (*radio - telef.*), low-pass filter. **56.** ~ per effetto di nebbia (*fot.*), fog filter. **57.** ~ pieghettato (ad elemento filtrante pieghettato) (*chim. - ecc.*), folded filter. **58.** ~ piezoelettrico (*radio*), crystal filter. **59.** ~ polarizzatore (*fot.*), polarizing filter. **60.** ~ preliminare (prefiltro) (*app. ind. - mecc. - ecc.*), prefilter. **61.** ~ rigeneratore (del sistema di lubrificazione di un motore diesel) (*mot.*), oil purifier. **62.** ~ sulla mandata (di olio o carburante) (*mot.*), pressure filter. **63.** ~ TI (contro l'interferenza terrestre: migliora la recezione da satellite) (*audiovisivi*), TI filter. **64.** cartuccia del ~ (dell'olio per es.) (*mecc.*), filter cartridge.

filtro-prèssa (*app. ind.*), filter press.

filugèllo, *vedi* baco da seta.

filzuolo (matassina) (*ind. tess.*), lea.

finale (*a. - gen.*), final, terminal. **2.** ~ (di una corsa per es.) (*sport*), final.

finalino (ornamento nell'ultima pagina di un libro od alla fine di un capitolo) (*tip.*), tailpiece.

finalista (*sport*), finalist.

finanza (*finanz.*), finance. **2.** ~ locale (*finanz.*), local finance.

finanziamento (*finanz.*), financing. **2.** ~ a breve termine (*finanz.*), short-term financing.

finanziare (*comm.*), to finance.

finanziario (*a.*), financial.

finanziatore (una persona o ente che sostiene finanziariamente: una società per es.) (*finanz. - ecc.*), financier. **2.** ~ (una persona che sostiene con il suo danaro un'attività: p. es. una attività sportiva) (*finanz. - ecc.*), sponsor.

finanzière (*finanz.*), financier.

fine (*gen.*), end. **2.** ~ (di un nastro per es.) (*macch. ut. a c.n. - ecc.*), trailing end. **3.** ~ (sistemazione finale) (*gen.*), windup. **4.** ~ corsa (arresto) (*mecc.*), stop. **5.** ~ corsa (arresto automatico) (*elett.*), limit switch. **6.** ~ corsa del timone (*nav.*), rudder stop. **7.** ~ del blocco di trasmissione (indicata dall'apposito carattere di controllo) (*elab.*), end of transmission block, ETB. **8.** ~ della combustione di uno stadio (quando si stacca uno stadio del razzo dopo aver terminato il suo còmpito) (*mot.*), burnout. **9.** ~ della corsa (*mecc.*), end of stroke. **10.** ~ del nastro (indicata dall'apposito segnale sul nastro) (*elab.*), end of tape, EOT. **11.** ~ del supporto (indicata dall'apposito carattere di controllo) (*elab.*), end of medium, EM. **12.** ~ del testo (carattere di controllo che segue la ~ di un testo) (*elab.*), end of text, ETX. **13.** ~ (dell') indirizzo (*elab.*), end of address. **14.** ~ (del) messaggio (*elab.*), end of message, EOM. **15.** senza ~ (*gen.*), endless.

finemente (*gen.*), finely.

finèstra (*ed.*), window. **2.** ~ (completa di intelaiatura e serramento) (*ed.*), window, bay. **3.** ~ (quadruccio di proiettore cinematografico), film trap. **4.** ~ (quella porzione di immagine, visualizzata sullo schermo, che si vuole ingrandire: per es. per introdurre modifiche ecc.) (*elab.*), window. **5.** ~ a battente ruotante su cerniere inferiori a perno orizzontale (*ed.*), bottom hinged window. **6.** ~ a battente ruotante su cerniere laterali a perno verticale (*ed.*), side hinged window, casement window. **7.** ~ a battente ruotante su cerniere superiori a perno orizzontale (*ed.*), top hinged window. **8.** ~ a battenti (*ed.*), casement window. **9.** ~ a bilico orizzontale (*ed.*), bascule window (pivoted halfway). **10.** ~ a cerniere sui montanti verticali (*ed.*), casement window. **11.** ~ ad occhio di bue (occhio di bue) (*ed.*), bull's-eye window. **12.** ~ a doppi vetri interspaziati da aria (*ed. - falegn.*), double window. **13.** ~ a ghigliottina (contrappesata) (movibile in senso verticale) (*falegn.*), sash window. **14.** ~ a libro (*ed.*), sliding-folding window. **15.** ~ a loggia sporgente (*arch.*), bow window. **16.** ~ a lunetta (sopra una porta o finestra) (*ed.*), fanlight. **17.** ~ a rosone (*arch.*), marigold window, rose window (ingl.). **18.** ~ a scorrimento orizzontale (finestra scorrevole lateralmente) (*ed.*), sliding window. **19.** ~ a telai scorrevoli verticalmente (*ed.*), double-hung sash window. **20.** ~ a vasistas (vasistas) hopper frame window, bottom hinged window. **21.** ~ a vasistas multiplo (*carp.*), awning window. **22.** ~ con saliscendi contrappesata (*falegn.*), double-hung sash. **23.** ~ costituita da una rosta apribile a vasistas (*falegn. - carp.*), hopper frame fanlight window. **24.** ~ da abbaino (*ed.*), dormer window, luthern. **25.** ~ di forma circolare (*arch.*), roundel. **26.** ~ finta (*ed.*), blank window. **27.** ~ ovale o circolare (occhio di bue) (*ed.*), oeil-de-boeuf window. **28.** ~ panoramica (*arch.*), picture window. **29.** ~ sonora (di proiettore di film sonoro) (*elettroacus.*), sound-gate (ingl.). **30.** ~ sporgente (*arch.*), jutting window. **31.** fare una ~ (amplificare sullo schermo video quella certa parte che si desideri ingrandire) (*elab.*), to window. **32.** fra due finestre (di spazio per es. intercorrente tra le due aperture) (*a. - ed.*), interfenestral. **33.** inquadrare una ~ (amplificare sullo schermo video quella certa parte che si desideri ingrandire) (*elab.*), to window. **34.** praticare una ~ (p. es. in una parte di un fabbricato, in una scocca di un veicolo ecc.) (*ed. - ecc.*), to window. **35.** meccanismo apertura finestre (di finestroni industriali telecomandati) (*ind.*), window operating mechanism.

finestrino (*aut.*), window. **2.** ~ (di proiezione) (*cinem.*), film trap. **3.** ~ a doppi vetri con disidratazione intermedia (celle prova motore silenziate per es.) (*mot.*), dehydrated double window. **4.** ~ (*aer.*), porthole. **5.** ~ con vetro abbassabile (*aut.*), drop window. **6.** ~ del fianchetto posteriore (piccolo ~ situato sui due fianchetti posteriori di una berlina) (*aut.*), opera window. **7.** ~ posteriore (*aut.*), rear window. **8.** fermo del ~ (*ferr. - ecc.*), sash lock, sash fastener, sash holder.

finezza (della fibra nell'industria tessile per es.), fineness. **2.** ~ (qualità: di lana per es.) (*gen.*), grade. **3.** ~ (*aer.*), *vedi* efficienza. **4.** ~ aerodinamica (di un aeroplano per es.) (*aer.*), aerodynamic refinement. **5.** ~ d'esplorazione (o di scansione) (*telev.*), fineness of scanning. **6.** coefficiente di ~ totale di carena (*nav.*), block coefficient, displacement fineness ratio. **7.** modulo di ~ (indice della composizione granulometrica) (*materiale ed.*), fineness modulus.

fini (minerale minuto) (*min.*), fines.

finimenti (per cavalli), harness.

finire (*gen.*), to finish, to end. **2.** ~ (*lav. mecc.*), to finish. **3.** ~ (completare) (*gen.*), to complete, to round out. **4.** ~ a tampone (*vn.*), to French-polish.

finissaggio (di un tessuto per es.) (*ind. tess.*), finish. **2.** ~ a caldo (*ind. tess.*), Schreiner finish.

finissimo (extra fine, filettatura) (*mecc.*), extra fine, EF.

finito (*gen.*), finished. **2.** ~ (*mat.*), finite. **3.** ~ di stampare (*tip.*), off. **4.** non ~ (*gen.*), unfinished. **5.** particolare ~ (*mecc. - ind.*), finished part.

finitore (*a. - gen.*), finisher. **2.** maschio ~ (*mecc.*), bottoming tap (am.), finishing tap (ingl.), plug tap (ingl.), sizer tap.

finitrice (*macch.*), finishing machine. **2.** ~ stradale (*macch. strad.*), road finishing machine.

finitura (*mecc. - ind.*), finishing, finish. **2.** ~ (del lino per es.) (*ind. tess.*), dressing. **3.** ~ (interna di una casa) (*arch.*), inside finish. **4.** ~ (di un getto, comprendente sterratura, sbavatura e sabbiatura) (*fond.*), dressing-off, trimming, fettling. **5.** ~ (mano di finitura) (*vn.*), final coat. **6.** ~ (della superficie verniciata) (*vn.*), finish. **7.** ~ a buccia d'arancio (*vn.*), orange peel. **8.** ~ a rilievo (ottenuta lavorando la pellicola di vernice mentre è allo stato plastico oppure incorporandovi adatto materiale) (*vn.*), textured finish. **9.** ~ a specchio (lappatura) (*operaz. mecc.*), lapping. **10.** ~ a tampone (*vn.*), French-polishing. **11.** ~ craquelé (*vn.*), crackle finish. **12.** ~ liscia (di una superficie per es.) (*mft.*), smooth finish. **13.** ~ lucida (finitura di tornitura) (*mecc. - macch. ut.*), turned finish. **14.** ~ martellata (*vn.*), hammer finish. **15.** ~ opaca (finitura matte) (*mft. carta*), mat finish, dull finish. **16.** ~ policroma (*vn.*), polychromatic finish. **17.** ~ satinata (della canna di un cilindro per es.) (*mecc.*), satin finish. **18.** ~ speculare (*mecc.*), mirror finish. **19.** stato di non ~ (*gen.*), roughness.

finizione (di una carrozzeria) (*aut.*), finishing. **2.** ~ di un disegno (titolo, leggende, istruzioni, note ecc.) (*dis. mecc.*), layout.

fino (puro) (*metall.*), fine. **2.** ~, *vedi anche* fini.

finto (falso) (*a. - gen.*), dummy.

fiòcco (vela) (*nav.*), jib. **2.** ~ (difetto dell'acciaio) (*metall.*), flake, snow-flake. **3.** ~ (*mft. tess.*), flock. **4.** ~ (di fibre per es.) (*ind. tess.*), tuft. **5.** ~ (di lana per es.), staple, floccus, flock. **6.** ~ (in un precipitato) (*chim.*), floc, flock. **7.** ~ anormale (di fibre di lana) (*ind. lana*), abnormal staple. **8.** ~ aperto (di fibre di lana) (*ind. lana*), open staple. **9.** ~ arrotondato (di fibre di lana) (*ind. lana*), rounded staple. **10.** ~ ben caratterizzato (di fibre di lana) (*ind. lana*), well marked staple. **11.** ~ ben congiunto (di fibre di lana) (*ind. lana*), well bound staple. **12.** ~ di grafite (segregazione di grafite) (*fond.*), kish. **13.** ~ di lunghezza disuguale (di fibre di lana) (*ind. lana*), irregular depth staple. **14.** ~ di lunghezza uniforme (di fibre di lana) (*ind. lana*), regular depth staple. **15.** ~ di neve (*meteor.*), snowflake. **16.** ~ diritto (di fibre di lana) (*ind. lana*), upright staple. **17.** ~ facilmente separabile (di fibre di lana) (*ind. lana*), loose staple. **18.** ~ feltrato (di fibre di lana) (*ind. lana*), boardy staple. **19.** ~ irregolare (di fibre di lana) (*ind. lana*), irregular staple. **20.** ~ liscio (di fibre di lana) (*ind. lana*), smooth staple. **21.** ~ molto arricciato (di fibre di lana) (*ind. lana*), highly curled staple. **22.** ~ nodoso (di fibre di lana) (*ind. lana*), knotty staple. **23.** ~ pallone (*nav.*), balloon jib. **24.** ~ stopposo (di fibre di lana) (*ind. lana*), tow-like staple. **25.** ~ sucido (*ind. lana*), taglock. **26.** mura di ~ (manovra per fissare un fiocco) (*nav.*), jib tack. **27.** straglio di ~ (*nav.*), jib stay.

fiòcina (*att. da pesca*), fishing spear, gig.

fiocinare (*pesca*), to gig.

fiòrdo (*geogr.*), fiord, fjord.

fiore (*agric. - ecc.*), flower. **2.** ~ (grana, lato pelo del cuoio) (*ind. cuoio*), grain. **3.** ~ compatto (grana compatta) (*ind. cuoio*), close grain. **4.** ~ cruciforme (nell'architettura gotica) (*arch.*), finial. **5.** ~ fino (grana fine) (*ind. cuoio*), fine grain. **6.** ~ fragile (grana fragile) (*ind. cuoio*), brittle grain. **7.** a ~ ordinario (pellame) (*ind. cuoio*), coarse-grained. **8.** togliere il ~ (sfiorare, le pelli) (*ind. cuoio*), to degrain.

fioretto (asta isolante per aprire e chiudere manualmente sezionatori di alta tensione) (*ut. elett.*), switch hook. **2.** ~ (barra di acciaio per l'esecuzione di fori da mina) (*ut. min.*), steel (ingl.), drilling bit (am.), sinker drill, rock drill. **3.** ~ con punta a stella (per pietra per es.) (*ut. mur.*), star drill. **4.** ~ forato (per il passaggio di aria od acqua sotto pressione, allo scopo di asportare la polvere dal foro che viene praticato) (*ut. min.*), hollow drill.

fiori di zolfo (*chim.*), flowers of sulphur.

fioritura (bianchetto, trasudamento sulla superficie del cuoio) (*ind. cuoio*), spew, spue, bloom. **2.** ~ di vernice, *vedi* sfiammatura.

firma (*gen.*), signature. **2.** firme abbinate (*leg.*), joint signatures. **3.** ~ depositata (*leg.*), signature on file. **4.** ~ disgiunta (*leg. - banca*), disjoined signature. **5.** ~ in bianco (*leg.*), blank signature. **6.** ~ singola (*leg.*), separate signature.

firmamento (*astr.*), firmament.

firmare (*gen.*), to sign. **2.** ~ in calce (*gen.*), to undersign. **3.** ~ la corrispondenza (*uff.*), to sign the mail. **4.** ~ un contratto di vendita (*comm.*), to sign a sale contract.

firmatario (*gen.*), signer. **2.** ~ (in una società anonima) (*amm.*), signatory.

firmato (*gen.*), signed. **2.** ~ per accettazione (*gen.*), signed (for acceptance).

"firmware", *vedi* microprogrammazione.

firn (neve granulosa) (*meteor.*), névé, firn, firn snow.

fiscale (*leg.*), fiscal. **2.** ~ (*a. - finanz.*), tax, taxation. **3.** esercizio ~ (*tasse*), tax year. **4.** evasione ~ (*tasse*), tax evasion. **5.** sgravio ~ (*tasse*), tax relief.

fischiare (di locomotiva per es.), to whistle. **2.** ~ (per mandare ordini tramite il telefono a tubo) (*nav.*), to pipe. **3.** ~ (difetto indesiderato di un apparecchio radio o telefonico) (*radio - telef.*), to sing.

fischietto (*segn.*), whistle.

fischio (di locomotiva per es.), whistle. **2.** ~ ad aria (*ferr.*), air whistle. **3.** ~ per la marcia indietro (*ferr.*), back-up whistle.

fisco (pubblico erario) (*finanz.*), public treasury. **2.** ~ (tasse, imposte) (*finanz.*), taxes. **3.** ~ (*econ.*) Internal Revenue Service (am.), Inland Revenue (ingl.).

fisica (*s. - sc.*), physics. **2.** ~ dello stato solido (*fis.*), solid state physics. **3.** ~ elettronica (scienza che studia il moto delle particelle elettricamente caricate nei materiali o nel vuoto) (*eltn. - fis.*), electronic physics. **4.** ~ matematica (*fis.*), mathematical physics. **5.** ~ nucleare (fisica atomica) (*fis. atom.*), nuclear physics, nucleonics. **6.** ~ radiologica (stu-

dio fisico della radioattività dal punto di vista del pericolo radiologico e delle misure protettive contro di esso) (*fis. atom. - med.*), health physics. **7.** dottore in ~, physicist.
fisiologìa (*biol.*), physiology.
fisionomia (*psicol.*), physiognomy.
fissaggio (dispositivo di fissaggio) (*mecc.*), fastener, clamp. **2.** ~ (atto di fissare) (*mecc.*), fixing, clamping, fastening. **3.** ~ (dell'ammoniaca per es.) (*chim.*), fixing. **4.** ~ dei vetri (*ed.*), glazing. **5.** ~ della tavola (*macch. ut.*), table clamp. **6.** ~ dello stampo (chiavetta dello stampo) (*mecc.*), die lock. **7.** ~ mediante cuneo (*gen.*), wedging. **8.** ~ mediante spine (o caviglie) (*carp.*), doweling. **9.** bagno di ~ (*fot.*), fixing bath. **10.** dispositivo di ~ (per trattenere in posizione un oggetto) (*att. mecc.*), keeper.
fissare (*gen.*), to fix, to secure, to fasten. **2.** ~ (*carp.*), to fix. **3.** ~ (mediante spillo, spina, coppiglia, cavicchio ecc.), to pin. **4.** ~ (*mecc.*), to fasten, to secure. **5.** ~ (l'ammoniaca nell'acqua per es.) (*chim.*), to fix. **6.** ~ (una negativa od una positiva) (*fot.*), to fix. **7.** ~ (rendere stabili in memoria, per studio, i dati rilevati di un fenomeno transitorio per es.) (*elab.*), to staticize. **8.** ~ con grani (*mecc.*), to dowel, to joggle. **9.** ~ con prigionieri (*mecc.*), to stud. **10.** ~ con vite (*mecc. - falegn.*), to fasten with screw, to screw up. **11.** ~ il premio (*ass.*), to rate. **12.** ~ in posizione corretta (*mecc.*), to secure in position. **13.** ~ (l'albero) nella scassa (*nav.*), to step.
fissativo (di colori) (*pittura*), fixative.
fissato (*mecc. - carp.*), fixed, secured, fastened. **2.** ~ (*chim.*), fixed. **3.** ~ (di una negativa o di una positiva per es.) (*fot.*), fixed. **4.** ~ con dado (mediante l'apposizione del dado) (*mecc.*), nutted. **5.** ~ con fascetta (di tubo di gomma telata raccordante il radiatore al blocco cilindri per es.) (*a. - mecc.*), strapped. **6.** ~ mediante spine (o caviglie) (*carp.*), doweled.
fissatore (*chim.*), fixer, fixing agent. **2.** ~ (bagno di fissaggio) (*chim. fot.*), fixing bath.
fissazione (*chim.*), fixation. **2.** ~ dell'azoto (*chim.*), nitrogen fixation.
fissile (uranio o plutonio per es.) (*fis. atom.*), fissionable, fissile.
fissionabilità (*fis. atom.*), fissionability.
fissionare (*fis. atom.*), to fission.
fissione (*fis. atom.*), fission. **2.** ~ indotta (*fis. atom.*), induced fission. **3.** ~ nucleare (*fis. atom.*), nuclear fission. **4.** ~ spontanea (*fis. atom.*), spontaneous fission. **5.** ~ veloce (*fis. atom.*), fast fission. **6.** energia di ~ (*fis. atom.*), fission energy. **7.** frammenti di ~ (*fis. atom.*), fission fragments. **8.** prodotti della ~ (*fis. atom.*), fission products. **9.** soglia di ~ (*fis. atom.*), fission threshold. **10.** suscettibile di ~ (*fis. atom.*), fissionable.
fisso (*a. - gen.*), fixed, immovable, stationary. **2.** ~ (di una installazione di motore) (*a. - ind.*), stationary. **3.** ~ (di stella) (*astr.*), fixed. **4.** ~ (*a. - contabilità - finanz.*), fixed. **5.** ~ non regolabile (*mecc. - elett.*), fixed. **6.** prezzo ~ (*comm.*), fixed price.
fitta (ammaccatura in un parafango automobilistico per es.) (*mecc.*), dent.
fittile (modellato con argilla) (*a. - ceramica*), fictile.
fittizio (*gen.*), fictitious. **2.** ~ (*a. - elab. - ecc.*), dummy. **3.** scala fittizia (per prova strumenti per es.) (*elett. - ecc.*), arbitrary scale.
fitto (folto, un bosco per es.) (*gen.*), dense.
fiume (*geogr.*), river.
flabèlli (elementi della cappottatura di un motore stellare per es., per la regolazione del passaggio dell'aria di raffreddamento) (*aer.*), gills.
flacone (*gen.*), bottle.
flambatura, *vedi* flammatura.
flammare (temprare alla fiamma) (*tratt. term.*), to flame-harden.
flammatura (tempra alla fiamma) (*tratt. term.*), flame-hardening.
flan (*stereotipia*), *vedi* flano.
flanèlla (tessuto di lana) (*ind. tess.*), flannel.
flangia (*tubaz. - mecc.*), flange. **2.** ~ (parte di un fucinato avente un diametro maggiore di quello delle parti adiacenti ed una lunghezza di entità inferiore a quella del diametro) (*fucinatura*), collar. **3.** ~ cieca (*tubaz.*), blind flange. **4.** ~ con collare per saldatura al tubo (*tubaz.*), welding neck flange. **5.** ~ con foro calibrato (flangia modulatrice) (*tubaz. idr.*), orifice plate. **6.** ~ di accoppiamento (di una linea d'asse per es.) (*nav. - ecc.*), coupling flange. **7.** ~ di estremità (all'estremo di un albero: per accoppiamento per es.) (*mecc.*), boss. **8.** ~ filettata (flangia per tubi filettata internamente) (*tubaz.*), companion flange. **9.** ~ mobile (ad anello) (*tubaz.*), loose flange. **10.** accoppiamento a ~ (*mecc.*), flange coupling. **11.** giunto a ~ (*tubaz.*), flange joint.
flangiare (*mecc. - tubaz.*), to flange.
flangiato (*mecc. - tubaz.*), flanged. **2.** ~ (detto di generatore elettrico per es. accoppiato ad un motore a combustione interna) (*a. - mecc. - mot.*), flange-mounted.
flangiatura (*mecc.*), flanging. **2.** prova di ~ (prova di slabbratura, di un tubo metallico) (*tecnol. - metall.*), flanging test.
flano (tipo di cartapesta con impronta negativa della composizione tipografica) (*tip.*), matrix. **2.** ~ (foglio di carta a più strati usato per fare forme) (*stereotipia*), flong.
flap-alettone, *vedi* alettone sostentatore. **2.** ~ (*aer.*), *vedi* ipersostentatore.
flap-alettone (superficie di governo usata sia come ipersostentatore che come alettone) (*aer.*), flaperon.
flappeggiare (avere il flappeggio, avere il battimento: della pala del rotore di un elicottero) (*aer.*), to flap.
flash (lampeggiatore elettronico) (*fot.*), photoflash unit.

flegma (flemma, residuo della distillazione dell'alcool) (*chim.*), phlegma.

flessìbile (*a. - gen.*), flexible. **2.** ~ (albero flessibile) (*s. - mecc.*), flexible shaft. **3.** tubo ~ (*mecc. - ind. - mot.*), hose, flexible pipe. **4.** tubo ~ metallico (*mecc. - mot.*), flexible metallic sheating.

flessibilità (*fis.*), flexibility. **2.** ~ (*mecc.*), spring rate, flexibility. **3.** ~ (capacità di una pellicola di vernice asciutta di adattarsi ai movimenti della sua superficie di supporto senza screpolarsi) (*vn.*), flexibility. **4.** ~ (di un elemento bimetallico in funzione della temperatura per es.) (*fis.*), flexibility. **5.** ~ a bassa temperatura (*ind. gomma*), low temperature flexibility. **6.** ~ a freddo (*ind. gomma*), cold flexibility. **7.** ~ di impiego (possibilità di utilizzare un lotto di dati o una registrazione in più sistemi operativi) (*s. - elab.*), portability.

flessìmetro (*strum.*), deflectometer.

"flessiometro" (per provare carta per es.) (*strum. mis.*), stiffness tester.

flessione (*mecc. - sc. costr.*), bending, flexion, flexure. **2.** ~ (deviazione dalla linea retta) (*mecc.*), deflection. **3.** ~ ammissibile di una molla (*mecc.*), permissible flexure of a spring. **4.** ~ laterale causata da compressione assiale (*sc. costr.*), lateral flexure produced by axial compression. **5.** freccia di ~ (di una barretta sottoposta a prova di flessione) (*sc. costr.*), deflection. **6.** prova a ~ (prove sui materiali) (*sc. costr.*), bending test, flexural test, beam test. **7.** punto di inversione della ~ (*sc. costr.*), contraflexure. **8.** resistenza alla sollecitazione di ~ (*sc. costr.*), resistance to bending stress. **9.** sollecitazione di ~ (*sc. costr.*), bending stress, stress of flexure. **10.** vibrazioni di ~ (*mecc.*), flexural vibrations.

flèsso (*a. - gen.*), flexed. **2.** ~ (punto di flesso) (*mat.*), inflection, point of inflection, inflexion point.

flessometro (per saggiare la flessibilità dei materiali elastici) (*materiali elastici*), flexometer.

flessura (piega monoclinale) (*geol.*), flexure.

flettere (piegare) (*gen.*), to bend.

flettersi (*gen.*), to bend.

flint (vetro) (*ott.*), flint glass.

flip-flop (multivibratore bistabile) (*eltn.*), flip-flop. **2.** ~ (circuito flip-flop, dispositivo di comando per aprire o chiudere circuiti logici) (*macch. calc.*), flip-flop, toggle, trigger.

"flipper" (attrezzo di divertimento) (*att. elett.*), pinball machine.

flocculare (*chim.*), to flocculate.

flocculato (*chim.*), flocculate.

flocculatore (*app. chim.*), flocculator.

flocculazione (formazione di fiocchi: di un precipitato) (*chim.*), flocculation.

floscio (dirigibile per es.) (*aer. - ecc.*), nonrigid.

flòtta (naviglio da guerra, il complesso delle navi da guerra appartenenti ad una stessa nazione) (*mar. milit.*), navy, fleet. **2.** ~ (un gruppo di navi mercantili o di aerei di linea appartenenti alla stessa società) (*navig.*), fleet. **3.** ~ mercantile (il complesso delle navi mercantili appartenenti ad una nazione oppure ad una società privata) (*nav.*), navy.

flottamento (di un idrovolante) (*aer.*), taxying, plowing.

flottante (*mecc.*), floating.

flottare (di idrovolante) (*aer.*), to taxi. **2.** ~ su microcuscino d'aria intercorrente fra testina e disco (sostenersi su di uno straterello di aria, di circa 50 microinch di spessore formatosi tra testina e superficie del disco) (*elab.*), to fly.

flottazione (sistema di separazione del minerale), flotation. **2.** ~ differenziale (*min.*), selective flotation, differential flotation, preferential flotation. **3.** ~ mediante schiuma (*min.*), froth flotation. **4.** cella di ~ (*min.*), flotation cell (or machine).

flottiglia (*nav.*), flotilla.

"flou" (sfocatura) (*difetto fot.*), blurring.

fluidezza (*fis.*), flowingness.

fluidica (disciplina delle applicazioni della fluidodinamica) (*sc.*), fluidics.

fluidico (*a. - fluidica*), fluidic. **2.** componente ~ (*fluidica*), fluidic component.

fluidificare (*gen.*), to fluidize, to fluidify.

fluidìmetro (misuratore di fluidità) (*strum. mis.*), fluidimeter.

fluidità (*fis.*), fluidity. **2.** ~ (scorrevolezza, del metallo fuso per es.) (*fond. - ecc.*), flowability. **3.** ~ (liquidità, di un terreno) (*analisi dei terreni*), liquidity. **4.** indice di ~ (misura della consistenza di un terreno) (*analisi dei terreni*), liquidity index. **5.** limite di ~ (limite di liquidità, contenuto d'acqua di un terreno) (*analisi dei terreni*), liquid limit.

fluidizzazione (processo a letto fluido, processo di fluidizzazione) (*ind. chim. - ecc.*), fluid-bed process, fluidized bed process.

flùido (*fis.*), fluid. **2.** ~ circolante (in sistemi di riscaldamento o di raffreddamento) (*ciclo term.*), working fluid, heat transfering fluid. **3.** ~ da taglio [liquido (o olio) da taglio] (*macch. ut.*), cutting fluid. **4.** ~ newtoniano (fluido semplice) (*reologia*), newtonian fluid. **5.** ~ non newtoniano (fluido composto) (*reologia*), non-newtonian fluid. **6.** ~ operante, *vedi* fluido circolante. **7.** ~ (o olio) per comandi idraulici (*mecc.*), hydraulic fluid. **8.** ~ perfetto (~ ideale senza viscosità) (*mecc. teorica dei fluidi*), inviscid fluid. **9.** ~ protettivo (anticorrosivo, per pezzi meccanici) (*chim. ind.*), inhibitor.

fluidodinamica (*mecc. dei fluidi*), fluid mechanics.

fluocerina (*min.*), fluocerite.

fluorescènte (*fis.*), fluorescent. **2.** materiale ~ (fosfòro: materiale che diviene ~ quando eccitato da una scarica elettrica in atmosfera rarefatta: sullo schermo dei tubi catodici per TV per es.) (*eltn. - elett. - fis.*), phosphor, phosphore.

fluorescènza (*fis.*), fluorescence. **2.** ~ (emissione di luce a seguito di scarica silenziosa: in un tubo elet-

tronico per es.) (*elett.*), glow. **3.** lampada (o tubo) a ~ (*illum.*), fluorescent lamp.
fluorescina (*chim.*), fluorescein.
fluorina (Ca F_2) (*min.*), fluorite, fluor.
fluorite (CaF_2) (spato fluore) (*min.*), fluorspar, fluorite.
fluòro (F - *chim.*), fluorine. **2.** ~ ed ossigeno ("flox", fluoro ed ossigeno liquido, per razzi) (*astric.*), flox, fluorine and liquid oxygen.
fluorocarburo (composto chimicamente inerte usato per lubrificanti e plastiche per es.) (*chim.*), fluorocarbon.
fluoroelastomero (*ind. chim.*), fluoroelastomer.
fluorometria (*fis.*), fluorometry.
fluorometro (misuratore di fluorescenza) (*app. - fis.*), fluorometer.
fluoroscopio (schermo fluorescente usato in radioscopia) (*med. - ind.*), fluoroscope.
fluorurare (*chim.*), to fluoridize, to fluoridate.
fluoruratore (*op. ind. tess.*), fluoridizer.
fluorurazione (*chim.*), fluoridation, fluoridization.
fluoruro (F–) (rad.) (*chim.*), fluoride.
fluosilicato (silicato di fluoro) (*chim.*), fluosilicate, silicofluoride.
fluotornitura, *vedi* repussaggio.
flussante (olio flussante, olio di catrame derivante dalla distillazione del petrolio) (*costr. strad. - min.*), flux oil, flux.
flussare (mescolare con olio flussante) (*asfalto - costr. strad.*), to flux.
flussato (di bitume) (*costr. strad.*), fluxed.
flusso (*idr.*), flow. **2.** ~ (di un vettore) (*elett.*), flux. **3.** "~" (fondente per saldatura) (*tecnol. mecc.*), flux. **4.** ~ (*mare*), flood tide. **5.** ~ (movimento del materiale grezzo, semilavorato e finito lungo i vari posti di lavoro di una officina) (*ind.*), flow. **6.** ~ (passaggio sequenziale di operazioni) (*elab.*), flow. **7.** ~ (p. es. di dati) (*elab.*), stream. **8.** ~ assiale (*macch. - ecc.*), axial flow. **9.** ~ continuo (di aria, acqua, gas, luce ecc.) (*fis.*), stream. **10.** ~ deflesso verso l'alto (da un profilo aerodinamico) (*aerodin.*), upwash. **11.** ~ del calore (*termod.*), heat flow. **12.** ~ dell'elica (*aer.*), propeller race. **13.** ~ di dispersione (elettromagnetico, magnetico ecc.) (*elett.*), leakage flux. **14.** ~ di induzione magnetica (*elett.*), magnetic flux. **15.** ~ di informazioni (*elab.*), information flow. **16.** ~ di radiazioni (*fis. atom.*), dose rate. **17.** ~ disperso (*elett.*), stray flux. **18.** ~ elettrico (*elett.*), electric flux. **19.** ~ elettronico (*eltn.*), electron flow. **20.** ~ emisferico superiore (*illum.*), upper hemispherical flux. **21.** ~ energetico (*fis. - illum.*), radiating flux, radiant flux. **22.** ~ in polvere (per saldatura, fondente in polvere per saldatura) (*tecnol. mecc.*), welding powder. **23.** ~ lettore (o di lettura: di proiettore di film sonoro) (*cinem.*), scanning light flux. **24.** ~ luminoso (*illum.*), light flux, luminous flux. **25.** ~ luminoso totale (o sferico) (*fis. - illum.*), total luminous flux. **26.** ~ magnetico (*elett.*), magnetic flux. **27.** ~ neutronico (*fis. atom.*), neutron flux. **28.** ~ turbolento (moto turbolento) (*idr.*), eddy flow. **29.** a ~ diretto (di una valvola) (*macch. - tubaz.*), straightway. **30.** a ~ radiale (*a. - turbina*), radial-flow. **31.** densità del ~ (*elett.*), flux density. **32.** inversione di ~ (*idr.*), backflow. **33.** linea di ~ (*idr.*), line of flow. **34.** linee di ~ (*fis.*), flux lines.
flussometro (per misura di fluidi) (*strum. ind.*), flowmeter, rotameter. **2.** ~ (per misura del flusso magnetico) (*strum. elett.*), fluxmeter. **3.** ~ elettronico (rivelatore statico per lo studio del campo magnetico terrestre) (*strum. navig.*), flux gate.
flutter (sbattimento, vibrazione aeroelastica, autovibrazione) (*aer.*), flutter.
flutto (maroso, cavallone) (*mare*), billow.
fluttuante (oscillante) (*gen.*), fluctuating, oscillating. **2.** ~ (oscillante: numero di giri) (*mot.*), surging.
fluttuare (oscillare, di prezzi per es.) (*gen.*), to fluctuate.
fluttuazione (*fis. - eltn.*), fluctuation. **2.** ~ (oscillazione, del numero di giri o della pressione di alimentazione) (*mot. aer.*), surging. **3.** ~ (dell'intensità delle onde ricevute) (*radio*), fading. **4.** ~ (oscillazione, dei prezzi per es.) (*comm.*), swing. **5.** ~ (pompaggio: oscillazione della pressione di mandata di un compressore quando varia l'assorbimento) (*mot.*), surging. **6.** ~ (degli echi su uno schermo radar) (*radar*), bounce. **7.** ~ (della frequenza di una macchina o di un circuito) (*elett. - elettromecc.*), variation. **8.** ~ della luminosità (dell'immagine) (*telev.*), flutter. **9.** ~ del suono (disturbo nella riproduzione del suono) (*acus.*), hunting. **10.** ~ di frequenza (*radio*), swinging.
fluviale (*geogr.*), fluvial. **2.** alveo ~ (*geogr.*), river bed.
"fluviòmetro", *vedi* flussometro.
flying bridge (posto di comando elevato: su di una barca da diporto che ha due postazioni di comando) (*nav.*), flying bridge.
"FMI" (Fondo Monetario Internazionale) (*finanz.*), IMF, International Monetary Fund.
focaccia di cera (elemento positivo nella registrazione dei dischi) (*ind. music.*), wax.
focale (*a. - ott.*), focal. **2.** ~ equivalente (*ott. - fot.*), equivalent focal. **3.** ~ tarata (*ott. - fot.*), calibrated focal. **4.** distanza ~ (*ott.*), focal length, focal distance.
focalizzare (mettere a fuoco) (*ott.*), to focalize, to focus.
focalizzatore (di fascio elettronico: per ottenere un raggio parallelo di elettroni per es.) (*fis. atom.*), collimator.
focalizzazione (messa a fuoco del pennello in un tubo a raggi catodici per es.) (*telev. - eltn.*), focusing. **2.** ~ magnetica (*ott. eltn.*), magnetic focusing. **3.** bobina di ~ (*telev.*), focusing coil.
foce (di un fiume) (*geogr.*), mouth.
focolaio (*forno - cald. - comb.*), *vedi* focolare.
focolare (di caldaia o forno industriale), furnace. **2.**

~ (tubo focolare: di caldaia Cornovaglia), flue. **3.** ~ (di stufa), hearth. **4.** ~ (di caminetto) (*ed.*), fireplace. **5.** ~ a carbone (di caldaia per es.), coal furnace. **6.** ~ a combustibile liquido (di caldaia per es.), liquid fuel furnace. **7.** ~ a gas d'altoforno (*ind.*), blast furnace, gas furnace. **8.** ~ a lignite polverizzata (di caldaia per es.), pulverized lignite spraying furnace. **9.** ~ a polverizzato (di caldaia per es.), pulverized coal spraying furnace. **10.** ~ a tiraggio forzato (di caldaia per es.), forced draft furnace. **11.** ~ della caldaia (*cald.*), boiler furnace. **12.** ~ ondulato (di caldaia Cornovaglia) (*cald.*), corrugated flue. **13.** ~ tubolare (di caldaia Cornovaglia per es.) (*cald.*), flue. **14.** a ~ interno (*a. - cald.*), internally-fired. **15.** rivestimento del ~ (*mur.*), furnace lining. **16.** rivestire il ~ con muratura refrattaria (*cald.*), to line the furnace with firebricks.

focometria (misurazione della lunghezza focale) (*ott.*), focimetry, focometry.

focòmetro (strumento per misurare la lunghezza focale) (*strum. ott. med.*), focimeter, focometer.

fòdera (*gen.*), lining. **2.** ~ (*ind. tess.*), lining. **3.** ~ (*nav.*), sheathing. **4.** ~ (anima, tubo) (*artiglieria*), bore, tube.

foderame (*ind. tess.*), lining. **2.** ~ per tasche (*ind. tess.*), pocketing.

foderare (*gen.*), to line. **2.** ~ (ricoprire) (una stanza con tappezzeria per es.), to coat.

foderato (rivestito internamente) (*gen.*), lined.

foderine (per sedili di automobile per es.), seat covers.

fòdero (di baionetta per es.) (*milit.*), scabbard. **2.** ~ (camicia, canna: di un cannone) (*artiglieria*), jacket. **3.** ~ (di motore a fodero) (*mot.*), sleeve.

foggiabile (plasmabile) (*gen.*), plastic, formable.

foggiabilità (lavorabilità, plasticità di un pezzo metallico) (*fucinatura - ecc.*), plasticity, formability.

foggiare (formare) (*gen.*), to form. **2.** ~ (formare, deformare plasticamente) (*metall. - tecnol.*), to form. **3.** ~ a freddo (formare a freddo) (*tecnol. mecc.*), to cold-work, to cold-form.

foggiato (formato) (*a. - gen.*), formed.

foggiatrice (*macch.*), forming machine. **2.** ~ meccanica (per lamiere, per lavori di bordatura per es.) (*macch. lav. lamiera*), power former.

foggiatura, *vedi* formatura. **2.** ~ con tampone di gomma (stampaggio con tampone di gomma, su una pressa) (*lavoraz. lamiera*), rubber forming.

fòglia (di molla a balestra) (*mecc.*), leaf. **2.** ~ (ornamento) (*arch.*), foil. **3.** ~ ("sheet", gomma in fogli) (*ind. gomma*), sheet. **4.** ~ calandrata (foglietta calandrata) (*ind. gomma*), calendered sheet. **5.** ~ di molla (*mecc.*), spring leaf. **6.** ~ d'oro (per doratura a foglia) (*metall. - falegn.*), gold leaf. **7.** ~ maestra (di molla o balestra) (*mecc.*), main leaf. **8.** a ~ unica (di balestra per autoveicolo per es.) (*a. - aut.*), single-leaf. **9.** balestra a ~ unica (*aut.*), single-leaf spring.

fogliame (ornamento) (*arch.*), foliage.

fogliazione (*geol.*), foliation.

foglietta (*ind. gomma*), skim coat. **2.** ~ calandrata (foglia calandrata) (*ind. gomma*), calendered sheet.

foglietto (di carta) (*gen.*), slip (of paper), paper (sheet).

fòglio (sottile) (*gen.*), sheet. **2.** ~ (di materiale qualsiasi), plate. **3.** ~ antiscartino (foglio inserito tra pagine stampate di fresco per impedire controstampe) (*tip.*), offset sheet (am.), set-off sheet (ingl.), slip sheet, set-off page. **4.** ~ continuo piegato a ventaglio (lungo nastro di carta piegato a ventaglio) (*elab. - ecc.*), fan fold. **5.** ~ da disegno (*dis.*), drawing sheet. **6.** ~ di carta carbone (*dattilografia*), carbon, sheet of carbon paper. **7.** ~ di lamiera di ferro (*ind. metall.*), iron sheet. **8.** ~ di lamiera ondulata (*ind. - ed.*), corrugated sheet. **9.** ~ di latta (latta bianca, latta stagnata) (*ind. metall.*), tinplate. **10.** ~ di lavoro (scheda di lavorazione: contiene informazioni all'operaio per la corretta esecuzione del lavoro) (*organ. off.*), worksheet. **11.** ~ di maestra (*stampa*), tympan. **12.** ~ di programmazione (*elab.*), worksheet. **13.** ~ elettronico (tabellone visualizzato con caselle contenenti parole o numeri o formule matematiche: quelle che interessano vengono elettronicamente utilizzate dall'utente per ottenere il risultato) (*autom. uff.*), spreadsheet. **14.** ~ (di) istruzioni (scheda di lavorazione per es. per un operaio) (*organ. lav.*), instruction card, job sheet. **15.** ~ istruzioni sul funzionamento (per l'uso di una macchina) (*gen.*), operation sheet. **16.** fogli mancanti (*tip.*), shorts. **17.** ~ per impiallacciatura (*falegn.*), scaleboard. **18.** ~ plastico (usato per riproduzioni fotomeccaniche) (*fotomecc.*), plastic sheet. **19.** ~ sottilissimo (*gen.*), scaleboard. **20.** ~ ufficiale (*giorn.*), official newspaper. **21.** ~ verde (modulo verde, carta verde, assicurazione auto per paesi stranieri) (*aut.*), green card. **22.** a fogli mobili (di un sistema per fissare fogli per es. in un libro, partitario, notes ecc.) (*uff. - ecc.*), loose-leaf. **23.** gruppetto di fogli intercalati con carta carbone (per ottenere più copie da una singola battuta o scritturazione) (*macchina per scrivere - ecc.*), fanfold. **24.** primo e ultimo ~ di pacchi (danneggiato nel trasporto) (*mft. carta*), cassie paper.

fogna (bianca) (*ed.*), drain. **2.** ~ (nera) (*ed.*), sewer. **3.** ~ a sezione rettangolare (*costr. ed.*), box drain. **4.** scarico di ~ (*mur.*), sinkhole.

fognatura (nera) (*ed.*), sewage, sewerage. **2.** ~ della rete pluviale (*ed.*), storm sewer, storm drain. **3.** canale di ~ (fogna) (*ed.*), sewer. **4.** collettore di ~ (*ed.*), sewer trunk line. **5.** rete di ~ (*strad.*), drainage system. **6.** sistema di ~ di una città (*ed.*), city sewer system, city sewerage.

fognòlo (*mur. - ed.*), culvert.

folio (rettangolo di carta piegato una volta, a formare quattro facciate) (*ind. carta antica - tip.*), folio.

follante (*tess.*), fulling agent.

follare (stoffa per es.) (*ind. tess.*), to full.
follatura (di un tessuto) (*ind. tess.*), fulling, milling.
folle (di puleggia per es.) (*mecc.*), idle. **2.** ~ (posizione degli ingranaggi) (*macch.*), neutral. **3.** ~ (posizione della leva del cambio) (*aut.*), neutral. **4.** girare in ~ (*mecc.*), to idle. **5.** in ~ (*aut.*), in neutral.
follone (*ind. tess.*), fuller.
folto (fitto, un bosco per es.) (*gen.*), dense.
fon (unità di misura della intensità della sensazione sonora) (*acus.*), phon.
"fon" (asciugacapelli) (*elettrodomestico*), hair drier.
fonda (ancoraggio) (*nav.*), anchorage. **2.** ~ essere alla fonda (*nav.*), to ride at anchor.
fondale (*mare*), depth. **2.** andamento del ~ (*mare*), depth contour.
fondamenta (*ed.*), foundation, footing. **2.** tracciamento delle ~ (*ed.*), foundation marking out. **3.** ~, *vedi anche* fondazioni.
fondamentale (*gen.*), fundamental, basic.
fondare (erigere le fondazioni) (*ed.*), to base, to found.
fondazione (*ed.*), foundation, groundwork. **2.** ~ (allargamento inferiore di parete ecc. per distribuire il carico) (*ed.*), footing. **3.** ~ (base) (*ed.*), sill. **4.** ~ (parte interrata delle fondamenta) (*ed.*), mudsill. **5.** ~ (organizzazione per la promozione delle attività di ricerca e culturali) (*sc. - ecc.*), foundation. **6.** ~ a griglia (*ed.*), grid-type foundation. **7.** ~ a lamelle (di un motore per es.) (*ed.*), laminated bed. **8.** ~ antivibrante (per un maglio per es.) (*ed.*), antivibration foundation. **9.** ~ a scogliera (fondazione subacquea in pietrame alla rinfusa) (*costr. idr.*), riprap (am.). **10.** ~ di un pilastro (*ed.*), foundation of a pillar. **11.** ~ elastica (per maglio per es.) (*ed.*), elastic foundation. **12.** ~ in acqua (*ing. civ.*), wet foundation. **13.** ~ in calcestruzzo (*ed.*), concrete foundation. **14.** ~ (subacquea) in pietrame (ottenuta gettando pietre sciolte alla rinfusa) (*costr. idr.*), riprap. **15.** bulloni di ~ (di macchina), foundation bolts. **16.** piastra di ~ (*ed.*), foundation slab. **17.** platea di ~ (piattaforma di cemento destinata a ripartire il carico sovrastante su di un terreno di limitata resistenza) (*costr. ed.*), mat. **18.** plinto di ~ (*ed.*), foundation plinth.
fondazioni (*ed.*), foundations, substructure. **2.** ~ sommerse (*ed. - opere idr.*), submersed foundations.
fondello (di proiettile o bossolo) (*milit.*), bottom. **2.** ~ dell'impugnatura (*arma da fuoco*), handle base.
fondènte (sostanza per facilitare la fusione) (*fond. - mft. vetro - ecc.*), flux. **2.** ~ (sostanza da applicare per saldare) (*tecnol. mecc.*), flux. **3.** ~ per saldatura (*tecnol. mecc.*), welding flux.
fòndere (*fis.*), to melt, to fuse, to smelt. **2.** ~ (metallo in un forno fusorio) (*fond.*), to melt, to smelt. **3.** ~ ("saltare": di un fusibile di valvola elettrica per es.) (*elett.*), to blow, to blow out, "to fuse". **4.** ~ (inserire in modo opportuno un lotto di dati in un altro lotto, come un archivio in un altro, allo scopo di avere un unico ordinato archivio) (*elab.*), to merge. **5.** ~ i cuscinetti (impropriamente "le bronzine") (*mot.*), to burn out the bearings. **6.** ~ in conchiglia (*fond.*), to chill. **7.** ~ in forma (un metallo) (*fond.*), to cast, to mold. **8.** ~ in pani (*fond.*), to ingot. **9.** ~ nella qualità bianca (ghisa) (*fond.*), to cast white. **10.** ~ sotto pressione (*fond.*), to die-cast.
fonderìa (*fond.*), foundry, casting house. **2.** ~ di caratteri (*fond. - tip.*), typefoundry. **3.** ~ di ghisa (*metall.*), iron foundry. **4.** ~ per lavorazione a commessa (per conto terzi) (*fond.*), job-shop foundry. **5.** ~ specializzata (*fond.*), special foundry.
fondersi (*gen.*), to melt.
fondi (nella verniciatura di automobile per es.) (*vn.*), priming. **2.** ~ aperti (fondi d'investimento) (*finanz.*), open end funds. **3.** ~ chiusi (fondi d'investimento) (*finanz.*), closed end funds. **4.** ~ (comuni) d'investimento (*finanz.*), investment trust. **5.** ~ di sviluppo (fondi d'investimento) (*finanz.*), growth funds. **6.** ~ neri (*amm. - finanz. - ecc.*), slush fund. **7.** ~ obbligazionari (*finanz.*), bond funds. **8.** applicare i ~ (dare le mani di fondo) (*vn.*), to prime.
fondina (per pistola) (*milit.*), holster.
"fondita" (presa in fondita, sistemazione nella forma prima della colata, di canne di acciaio per un basamento di alluminio per es.) (*fond.*), molding in place. **2.** preso in ~ (incorporato nella fusione ovvero sistemato nella forma, prima della colata) (*fond.*), molded in place, cast-in.
fonditore (*op.*), melter, smelter, founder, foundryman, ladler. **2.** ~ di caratteri (*op. tip.*), type founder.
fonditrice (per caratteri) (*macch. tip.*), caster. **2.** ~ (parte della Monotype e della Linotype) (*tip.*), typefoundry. **3.** ~ per caratteri cubitali (macchina tipo Ludlow) (*macch. tip.*), slug caster.
fondo (radice: di un dente di ingranaggio) (*mecc.*), root, bottom land. **2.** ~ (mano di fondo) (*vn.*), primer, priming. **3.** ~ (di corpo cilindrico di caldaia) (*cald.*), end plate. **4.** ~ (di recipiente per es.), bottom. **5.** ~ (staffa inferiore) (*fond.*), drag. **6.** ~ (di un foro trivellato) (*min.*), toe. **7.** ~ (per la verniciatura del legno), filler. **8.** ~ (*mar.*), ground, bottom. **9.** ~ (*finanz.*), fund. **10.** ~, *vedi anche* fondi. **11.** ~ anteriore pavimento (*costr. aut.*), floor pan front. **12.** ~ apribile (di un cubilotto) (*fond.*), drop bottom. **13.** ~ comune di investimento (*finanz.*), investment trust, unit trust (ingl.). **14.** ~ del pozzo (*min.*), shaft bottom. **15.** ~ di accantonamento, o di riserva (riserva accantonata per rinnovo fabbricati, macchinario ecc.) (*amm. - ind.*), provision account. **16.** ~ di ammortamento (*amm. - finanz.*), depreciation fund, sinking fund, reserve for depreciation. **17.** ~ di cassa (*comm.*), cash on hand, fund. **18.** ~ di cassa per spese minute (*comm.*), petty cash. **19.** ~ di de-

prezzamento (*finanz.*), depreciation fund. **20.** ~ di equalizzazione, ~ di stabilizzazione (*finanz. - econ.*), equalization fund, equalization account. **21.** ~ di garanzia (*finanz.*), trust fund, guarantee fund. **22.** ~ di previdenza (*finanz. - sociale - pers.*), contingency fund. **23.** ~ di riserva (*finanz.*), reserve fund. **24.** ~ fangoso (del mare per es.), muddy bottom. **25.** ~ imposte ed altre spese (in un bilancio) (*contabilità*), accrued taxes and other expenses. **26.** ~ marino (benthos, bentos) (*mar.*), benthos. **27.** ~ mobile (di un tubo lanciasiluri) (*mar. milit.*), breech door. **28.** ~ pensioni per la vecchiaia (*finanz. - sociale - pers.*), old age pension fund. **29.** ~ per investimenti (*finanz.*), investment fund. **30.** ~ per l'assistenza ai disoccupati (*finanz. - sociale - pers.*), unenployment fund. **31.** ~ pietroso (del mare per es.), stony bottom. **32.** ~ ricco di (fosfati di) zinco, mano di fondo ricca di (fosfati di) zinco (*vn. - aut.*), zinc-rich primer. **33.** ~ ricoperto di alghe (del mare per es.), weedy bottom. **34.** ~ sabbioso (del mare per es.), sandy bottom. **35.** ~ scocca (sottoscocca) (*costr. aut.*), floor pan. **36.** ~ stradale (*strad.*), roadbed. **37.** ~ svalutazione crediti (in un bilancio) (*contabilità*), reserve for possible losses on loans. **38.** ~ tenitore (fondo che tiene bene l'àncora) (*nav.*), holding ground. **39.** ~ vincolato (con impegno a non ritirarlo prima della data di scadenza) (*finanz.*), time fund. **40.** a ~ piatto (*nav.*), flat-bottomed. **41.** doppio ~, double bottom, false bottom. **42.** doppio ~ cellulare (*costr. nav.*), cellular double bottom. **43.** il toccare il ~ (*nav.*), grounding, to ground. **44.** mano di ~ (prima mano) (*vn.*), priming, primer. **44.** mettere il ~ (*carp. - mecc.*), to bottom. **45.** passata di ~ (nella saldatura) (*tecnol. mecc.*), root run. **46.** provvisto di ~ (di contenitore per es.) (*gen.*), bottomed. **47.** riflessione dal ~ (o del fondo) (*acus. sub.*), bottom reflection. **48.** senza ~ (*gen.*), bottomless. **49.** ~, *vedi anche* fondi.

fondovalle (parte più depressa dell'intera vallata) (*geol.*), (valley) sole.

fonèma (*s. - elab. voce*), phoneme.

fonetica (*acus.*), phonetics.

fonètico (*a. - acus.*), phonetic.

fonia (telecomunicazione per mezzo della voce) (*s. - tlcm.*), voice.

fònico (*a. - acus.*), phonic. **2.** ~ (tecnico del suono) (*s. - cinem.*), sound monitor-man.

fonoassorbente (materiale isolante acustico) (*s. - acus.*), acoustic insulation, deadening.

fonògrafo (grammofono) (*strum. acus.*), phonograph, gramophone, talking machine. **2.** ~ (per incisione su o riproduzione da un cilindro, quale inventato da Edison) (*antico strum. acus.*), phonograph. **3.** ~ per incisioni di profondità (*strum. acus.*), hill-and-dale phonograph. **4.** ~ per incisioni di superficie (grammofono) (*strum. acus.*), lateral-type phonograph.

fonogramma (*telef.*), phonogram. **2.** "~" (registrazione sulla colonna sonora: di un film) (*cinem.*), sound record.

fonoincisore (*app. elettroacus.*), recording head, sound recording device. **2.** ~ (punta per incisione) (*elettroacus.*), recording cutter.

fonolite (*roccia*), phonolite.

fonologia (scienza che studia i suoni vocali o fonemi) (*s. - elab. voce*), phonology.

fonometrìa (*fis.*), phonometry.

fonòmetro (*strum. acus.*), sound-level meter, phonometer, noise meter. **2.** ~ automatico (*strum. acus.*), objective noise meter. **3.** ~ soggettivo (mis. per confronto con un suono di riferimento) (*strum. mis. acus.*), subjective noise meter.

fonone (quanto di energia di onde elastiche quantizzate) (*fis. - acus.*), phonon.

fonoriproduttore (apparato per la riproduzione del suono: per es. da nastri magnetici, piste di cinema sonoro ecc.) (*s. - elettroacus.*), reproducer, transcription machine, playback machine.

fonorivelatore (pickup, di un radiogrammofono per es.) (*elettroacus.*), pickup. **2.** ~ a bobina mobile, *vedi* testina elettrodinamica. **3.** cartuccia di ~ (di un grammofono) (*elettroacus.*), cartridge.

fonospettroscopia (spettroscopia acustica) (*acus.*), acoustic spectroscopy.

fonotelèmetro (*strum. milit.*), phonotelemeter.

fonovaligia (*elettroacus.*), portable gramophone.

fontana (*ed. - idr.*), fountain.

fontanèlla a spillo (beverino: in stazioni ferroviarie, in stabilimenti industriali ecc.) (*ed.*), drinking fountain.

fontanière (*op.*), plumber.

fonte (vena d'acqua) (*geol.*), fount, font. **2.** ~ (polizza: una serie di caratteri tipografici di uguali dimensioni e stile: in una stampante a tamburo per es.) (*elab.*), font. **3.** ~ battesimale (*arch.*), font. **4.** fonti di energia (*econ.*), energy sources.

"footcandle" (lumen per piede quadrato) (*mis. illum.*), footcandle.

foraggio (*agric.*), forage. **2.** ~ immagazzinato nei silos (*agric.*), ensilage, silage.

forare (*mecc. - falegn.*), to drill. **2.** ~ (un pneumatico) (*aut. - ecc.*), to puncture. **3.** ~ (i fogli prima della cucitura) (*rilegatura*), to stab. **4.** ~ al tornio (*operaz. mecc.*), to bore out on the lathe. **5.** ~ al trapano (*operaz. mecc.*), to drill. **6.** ~ al trapano! (*dis. mecc.*), drill, D. **7.** ~ con utensile cavo (o tubolare, costituito da una corona circolare di estremità) (*mecc.*), to core-drill. **8.** ~ sottomisura (in modo che rimanga metallo sufficiente per l'alesatura) (*mecc.*), to subdrill. **9.** ~ una rotaia (*ferr.*), to drill a rail.

forato (al trapano) (*lav. macch. ut.*), drilled.

foratoio (fustella) (*ut.*), hollow punch.

foratrice (perforatrice) (*macch.*), punching machine, perforating machine.

foratura (*mecc.*), drilling. **2.** ~ (di pneumatico) (*aut.*), puncture. **3.** ~ con ultrasuoni (~ di materiali duri e fragili mediante vibrazioni ultrasonore) (*ut. mecc. - gioielleria - ecc.*), ultrasonic drill. **4.** ~ con utensile a corona (o tubolare) (*mecc.*), core -drilling, trepanning. **5.** ~ delle rotaie (*ferr.*), drilling of the rails. **6.** ~ obliqua (*mecc.*), angular drilling. **7.** maschera per ~ (*att. mecc.*), drilling jig.

foratura–slabbratura (foratura senza sfrido, di una lamiera) (*lav. lamiera*), piercing.

fòrbici (*ut.*), scissors, shears. **2.** ~ (*strum. med.*), scissors. **3.** ~ con lame a denti di sega (*ut. tess.*), pinking shears. **4.** ~ con taglienti curvi (*ut.*), curved blade snips. **5.** ~ da decoratore (*ut.*), paper hanger's shears. **6.** ~ da giardino (*ut. giardino*), garden shears. **7.** ~ da lamiera (*ut.*), shears. **8.** ~ da lattoniere (*ut.*), tinman's shears, tinman's snips. **9.** ~ da potatore (forbici da giardino) (*ut. agric.*), pruning shears. **10.** ~ da sarto (*att.*), tailor's shears. **11.** tagliare con le ~ (*gen.*), to scissor.

forca (tridente) (*att. agric.*), fork, prong. **2.** ~ (forcaccio, candeliere a forca per un boma per es.) (*nav.*), crutch. **3.** ~ (di un carrello elevatore) (*macch. ind.*), fork. **4.** forche girevoli per carico laterale (*veic. - fabbrica*), swing loading fork, swing side loader. **5.** ~ per gru (simile a quella di un carrello elevatore e fissata ad una gru a ponte per es.) (*macch. ind.*), crane fork.

forcaccio (candeliere a forca) (*nav.*), crutch.

forcèlla (*mecc.*), fork. **2.** ~ (di boma o di picco) (*nav.*), jaw. **3.** ~ (di una bicicletta, motocicletta ecc.) (*mecc.*), fork. **4.** ~ (costituita da un tiro lungo ed uno corto) (*artiglieria - mar. milit.*), bracket, ladder (am.). **5.** ~ (di un giunto a snodo) (*mecc. - ecc.*), fork, yoke. **6.** ~ ad U con perno passante (cavallotto) (*mecc.*), clevis. **7.** ~ a molleggio telescopico (di motocicletta per es.) (*mecc.*), telescopic fork. **8.** ~ anteriore (*mtc.*), front fork. **9.** ~ (anteriore) a biscottini (*mtc.*), girder fork. **10.** ~ (anteriore) a parallelogramma (*mtc.*), parallel rules fork. **11.** ~ del cambio (di cambio di automobile) (*mecc.*), shifting fork, gearshift fork. **12.** ~ elastica (di una motocicletta) (*mecc.*), spring fork. **13.** ~ oscillante (di sospensione anteriore di motocicletta) (*mecc.*), swinging fork. **14.** ~ spostacinghia (guidacinghia) (*mecc.*), shifter fork. **15.** fare ~ (*artiglieria*), to bracket.

forchetta (*mecc. - ecc.*), *vedi* forcella.

forchettone (di una sivierina) (*fond.*), fork, forked shank.

fòrcipe (*strum. med.*), obstetrical forceps.

forcone (*att. agric.*), pitchfork.

forèsta (*agric.*), forest.

forestièro, foreigner.

foretto (gattuccio) (*ut. - falegn.*), compass saw, keyhole saw.

forfait (somma a forfait) (*comm. - finanz.*), lump sum.

forfettario (a forfait) (*comm. - finanz.*), in the lump, by bulk.

fòrgia, *vedi* fucina.

forgiare (*fucinatura*), *vedi* fucinare.

forgiatrice (*macch.*), *vedi* fucinatrice.

forgiatura (*fucinatura*), *vedi* fucinatura.

forma (di una carrozzeria per es.), form, shape. **2.** ~ (*fond.*), mold, mould, matrix. **3.** ~ (*mat.*), form. **4.** ~ (di una fonditrice per caratteri) (*tip.*), casting box. **5.** ~ (tipografica: insieme dei caratteri posti nel telaio e pronti per la tiratura) (*tip.*), form, forme. **6.** ~ (a mano) (telaio usato per la fabbricazione a mano della carta) (*mft. carta*), mold. **7.** ~ adatta a velocità supersoniche (di ala per es.) (*aer.*), supersonic shape. **8.** ~ ad elementi sovrapposti (*fond.*), stacked mold. **9.** ~ ad evolvente (di un dente di ingranaggio) (*mecc.*), involute form. **10.** ~ aerodinamica (*aerodin.*), streamline. **11.** ~ a guscio (ottenuta con terra legata con resine sintetiche pressata a caldo) (*fond.*), shell mold, shell. **12.** ~ da scarpe (utensile per calzolaio), shoe tree. **13.** ~ del dente (di un ingranaggio) (*mecc.*), tooth form. **14.** ~ dello scafo (*nav.*), shape of hull. **15.** ~ in due pezzi cernierati (*fond.*), book mold. **16.** ~ in gesso (ottenuta colando il gesso sul modello) (*fond.*), plaster mold. **17.** ~ in terra (*fond.*), loam mold. **18.** ~ in verde (*fond.*), green-sand mold. **19.** ~ metallica per pressofusione (stampo per pressofusione) (*fond.*), metal mold. **20.** ~ multipla (*fond.*), multiple mold. **21.** ~ normale per acciaieria (*fond.*), standard steelworks mold. **22.** ~ permanente (*fond.*), long-life mold. **23.** ~ per saldatura alluminotermica (*att. saldatura*), thermit mold. **24.** ~ per stampaggio con canale caldo (*ind. plastici*), hot-runner mold. **25.** ~ per tornio a lastra (o da imbutire) (*att. mecc.*), breakdown block. **26.** ~ per vetro soffiato (*mft. vetro*), blowing mold. **27.** ~ semipermanente (forma permanente con anime in sabbia) (*fond.*), semipermanent mold. **28.** ~ tipografica (*tip.*), form, forme. **29.** a ~ di C (*gen.*), C-shaped. **30.** a ~ di S (*gen.*), S-shaped. **31.** a ~ di T (*gen.*), T-shaped. **32.** cedimento della ~ (*fond.*), push-up. **33.** dare ~ convessa (bombare) (*gen.*), to crown. **34.** di ~ aerodinamica (*aerodin.*), streamlined, streamline. **35.** essere fuori ~ (essere fuori esercizio) (*gen.*), to be out of practice. **36.** finezza della ~ (*nav.*), form fineness. **37.** resistenza di ~ (*aerodin.*), form drag.

formàbile (che si può fondere mediante staffa) (*a. - fond.*), moldable, mouldable.

formaggetta, formaggella (mattone cilindrico per il supporto di crogiuoli) (*fond.*), stool. **2.** ~ (ringrosso terminale di fucinato cilindrico ottenuto ricalcando uno spezzone di billetta) (*fucinatura*), cheese. **3.** ~ (borchia, risalto, aggetto di fusione sul pezzo per es. per consentire il fissaggio in loco di un bullone ecc.) (*fond. - mecc. - ecc.*), boss.

formaldèide (CH_2O) (*chim.*), formaldehyde.

formale (regolare) (di un ordine per es.) (*gen.*), formal.

formalina (*chim.*), Formalin, formalin.

formalità (*gen.*), formality.

formare (*fond.*), to mould, to mold. **2.** ~ (mettere in forma) (*ind. cuoio*), to crimp. **3.** ~ (le piastre di una batteria di accumulatori per es.) (*elettrochim.*), to form. **4.** ~ dei reggimenti (*milit.*), to regiment. **5.** ~ il numero (sul quadrante di un apparecchio telefonico), to dial the number. **6.** ~ un pacchetto (*metall.*), to pile. **7.** macchina per ~ (formatrice) (*macch. fond.*), molding machine.

"format" (disposizione sistematica di dati) (*elab. dati*), format.

formato (dimensioni) (*gen.*), size. **2.** ~ (*fot.*), size. **3.** ~ (disposizione fisica dei dati in una pagina stampata) (*elab.*), format. **4.** ~ commerciale (*comm.*), commercial size. **5.** ~ del foglio da disegno (*dis.*), drawing sheet size. **6.** ~ dell'immagine (*telev.*), picture ratio. **7.** ~ di carattere (*elab.*), character format. **8.** ~ di visualizzazione (*elab.*), display format. **9.** ~ standard (di un libro) (*tip. - legatoria*), basic size, standard size. **10.** a ~ libero (*elab.*), formatless. **11.** particolari a ~ (*gen.*), size items. **12.** realizzare in ~ ridotto (*ind.*), to downsize.

formatore (*op. - fond.*), molder.

formatrice (*fond.*), molding machine, molder, moulder. **2.** ~ (macchina per mattoni) (*mft. mattoni*), squeezer. **3.** ~ a compressione (*macch. fond.*), squeezer. **4.** ~ ad estrazione modello (formatrice e sformatrice) (*fond.*), pattern-draw molding machine. **5.** ~ a pettine (macchina per formare a pettine) (*macch. fond.*), stripping plate molding machine. **6.** ~ a scossa (*macch. fond.*), jolter, jolt molding machine. **7.** ~ a scossa a candele (formatrice a scossa con sformatura a candele) (*macch. fond.*), jolt pin-lift molding machine. **8.** ~ a scossa con sformatura a candele (*macch. fond.*), jolt pin-lift molding machine. **9.** ~ a scossa con sformatura per ribaltamento (*macch. fond.*), jolt rollover pattern-draw machine. **10.** ~ a scossa e pressione (*macch. fond.*), jolt squeeze molding machine. **11.** ~ a scossa e pressione con sformatura a candele (*macch. fond.*), jolt squeeze pin-lift molding machine. **12.** ~ da banco (*macch. fond.*), bench molder. **13.** ~ e sformatrice (*macch. fond.*), pattern-draw molding machine. **14.** ~ e sformatrice ribaltabile (*macch. fond.*), rollover pattern-draw molding machine. **15.** ~ idraulica (*macch. fond.*), hydraulic molding machine. **16.** ~ per staffe (*macch. fond.*), flask molding machine. **17.** ~ ribaltabile (*macch. fond.*), turnover molding machine. **18.** (macchina) ~ per fonderia (*macch. fond.*), foundry molding machine.

formattato (con i dati disposti in un formato) (*elab.*), formatted. **2.** ~ (inizializzato: con dati identificabili ed indirizzabili) (*elab.*), formatted. **3.** non ~ (non inizializzato; senza alcuna informazione o riferimento relativo all'accesso) (*elab.*), unformatted.

formattazione (sistemazione dei dati in un formato o loro inizializzazione secondo una data predisposizione) (*elab.*), formatting. **2.** a ~ magnetica (a inizializzazione magnetica della divisione in settori di un disco flessibile) (*elab.*), soft-sectored. **3.** a ~ meccanica (a inizializzazione meccanica della divisione in settori di un disco flessibile) (*elab.*), hard-sectored.

formatura (*fond.*), molding, moulding. **2.** ~ (stampaggio, profilatura: lavorazione lamiera) (*tecnol. mecc.*), forming. **3.** ~ (*mft. vetro*), forming. **4.** ~ a caldo (*tecnol. mecc.*), hot forming. **5.** ~ ad esplosione (stampaggio di lamiera mediante esplosivo) (*tecnol. mecc.*), explosive forming. **6.** ~ ad urto (formatura ad alto esplosivo: di lamiera) (*tecnol. mecc.*), shock-forming. **7.** ~ a guscio (con forme ottenute con terra legata con resine sintetiche pressata a caldo) (*fond.*), shell molding. **8.** ~ al banco (*fond.*), bench molding. **9.** ~ allo scoperto (*fond.*), open sand molding. **10.** ~ a macchina (*fond.*), machine molding. **11.** ~ a mano (*fond.*), hand molding. **12.** ~ a motta (formatura in formella senza staffa) (*fond.*), boxless molding. **13.** ~ a placca modello (*fond.*), pattern plate molding, match plate molding. **14.** ~ a sagoma (formatura a bandiera) (*fond.*), template molding, "sweep molding", "sweeping". **15.** ~ a scossa (*fond.*), jolt molding. **16.** ~ a secco (*fond.*), dry molding, dry -sand molding. **17.** ~ a stampo negativo (di fogli di plastica) (*tecnol.*), cavity forming. **18.** ~ a stampo negativo e punzone (per fogli di plastica) (*tecnol.*), cavity-assist forming. **19.** ~ a stampo positivo con pre-assestamento (di fogli di plastica) (*tecnol.*), drape forming. **20.** ~ a umido (di mattoni) (*mur.*), slop molding. **21.** ~ a verde (*fond.*), green sand molding. **22.** ~ con esplosivi (*tecnol. mecc.*), explosive forming. **23.** ~ con piastra modello (*fond.*), match plate molding. **24.** ~ con tampone di gomma (stampaggio con tampone di gomma, su una pressa) (*lav. lamiera*), rubber forming. **25.** ~ del puntale (*mft. scarpe gomma*), toe lasting. **26.** ~ elettrochimica (*tecnol.*), electrochemical forming, ECF. **27.** ~ elettrolitica (di pezzi meccanici mediante elettrodeposizione di un metallo su un modello) (*tecnol.*), electroforming. **28.** ~ in "chamotte" (*fond.*), "chamotte" molding. **29.** ~ in fossa (*fond.*), pit molding, floor molding. **30.** ~ in staffa (*fond.*), molding in flask, closed molding. **31.** ~ in terra (*fond.*), sand molding. **32.** ~ in terra grassa (e mattoni) (*fond.*), loam molding. **33.** ~ magnetica (mediante un forte campo magnetico che spinge la lamiera contro lo stampo) (*tecnol. electromecc.*), magnetic forming. **34.** ~ meccanica (*fond.*), machine molding. **35.** ~ perduta (*fond.*), temporary molding. **36.** ~ per iniezione (*materie plastiche*), injection molding. **37.** ~ per soffiatura (di oggetti di plastica) (*tecnol. ind.*), blow molding. **38.** ~ senza modello (*fond.*), free molding. **39.** ~ sottovuoto (togliendo l'aria tra il foglio di plastica caldo e lo stampo, termoformatura a depressione) (*tecnol.*), vacuum forming. **40.** reparto ~ (*fond.*), molding shop.

formazione (di un treno per es.) (*gen. - ferr.*), make -up. **2.** ~ (disposizione delle singole unità) (*aer. -

mar. milit.), formation. **3.** ~ (gruppo di aerei militari) (*aer.*), flight. **4.** ~ (di accumulatore) (*elett.*), forming process. **5.** ~ (di cellula fotoelettrica per es.) (*elett.*), formation. **6.** ~ (serie di strati aventi caratteristiche comuni) (*geol.*), formation. **7.** ~ (del personale) (*pers.*), formation, coaching, training. **8.** ~ accelerata (formazione con orario [di istruzione] ridotto) (*pers. ind.*), part-time training. **9.** ~ a V (*aer. milit.*), V-shaped formation, vic (ingl.). **10.** ~ dei dirigenti (*pers.*), executive coaching. **11.** ~ della volta (formazione del ponte) (*fond.*), scaffolding, bridging. **12.** ~ del passo (*mft. tess.*), shedding. **13.** ~ del ponte (formazione della volta, in un altoforno) (*metall.*), scaffolding, bridging. **14.** ~ di bolle gassose (nelle tubazioni di alimentazione di un motore per es.) (*mot.*), vapor lock. **15.** ~ di depositi carboniosi (*mot.*), coking. **16.** ~ di fori a punta di spillo (*difetto vn.*), pinholing. **17.** ~ di "gel" (gelatine ecc.) (*chim. - fis.*), gelation, gelling. **18.** ~ di ghiaccio (sulla superficie di un'ala di aereo per es.) (*fis.*), icing. **19.** ~ di humus (*geol. - agric.*), humification. **20.** ~ di ingobbature (o rigonfiamenti o protuberanze, difetto di imbutitura) (*lav. lamiera*), buckling. **21.** ~ di mattonelle (di polvere di carbone per es.) (*ind.*), briquetting. **22.** ~ di nucleo (di olio caldo nella matrice di un radiatore dell'olio) (*mot. aer.*), "coring". **23.** ~ di orecchie (difetto di imbutitura profonda) (*lav. lamiera*), earing. **24.** ~ di polvere (su un pavimento di calcestruzzo per es.) (*ing. civ.*), dusting. **25.** ~ di scoria (scorificazione) (*fond.*), slagging. **26.** ~ di scoria (su acciaio nella fucinatura e nello stampaggio a caldo) (*metall.*), scaling. **27.** ~ di volo (*aer. milit.*), flying formation. **28.** ~ di volo a V (*aer.*), vee flight formation. **29.** ~ di volta (formazione di ponte, in un forno) (*metall.*), hang, scaffolding, bridging. **30.** ~ in linea di rilevamento (*mar. milit.*), echelon. **31.** ~ serrata (*milit.*), close formation. **32.** ~ temporalesca (*meteor.*), thundercloud formation.

formella (piastrella, per pavimenti ecc.) (*ed. - arch.*), tile.

formula (*chim.-ind.*), formula. **2.** ~ (per corse automobilistiche) (*aut. - sport*), formula. **3.** ~ bruta (*chim.*), empirical formula. **4.** ~ di chiusura (saluti di chiusura di una lettera) (*uff.*), complimentary close. **5.** ~ di costituzione (*chim.*), constitutional formula. **6.** ~ di massa (*fis. atom.*), mass formula. **7.** ~ di struttura (*chim.*), structural formula. **8.** ~ grafica (*chim.*), graphical formula. **9.** ~ matematica (*mat.*), mathematical formula. **10.** ~ molecolare (*chim.*), molecular formula. **11.** ~ risolutiva di equazioni di secondo grado (ad una sola incognita) (*mat.*), quadratic formula.

formulare (pronunciare, una sentenza) (*leg.*), to pronounce.

formulario (libro contenente formule) (*tip. - ecc.*), formulary.

fornace (fabbrica di mattoni), brickyard, brick factory. **2.** ~ (forno per mattoni) (*ind.*), brickkiln. **3.** ~ (forno per calce) (*ind.*), limekiln. **4.** ~ a fuoco continuo (fornace Hoffmann, per mattoni) (*mft. mattoni*), continuous kiln.

fornata (partita di pezzi trattati contemporaneamente nel forno) (*fucinatura - ecc.*), furnace batch.

fornèllo (*app. domestico*), hot plate. **2.** ~ (pozzo verticale o inclinato scavato verso l'alto) (*min.*), raise, rise, riser. **3.** ~ a gas (*app. domestico*), gas hot plate. **4.** ~ con griglia (*att. da cucina*), brazier. **5.** ~ di gettito (pozzo interno tra due livelli per la caduta del minerale o dello sterile), chute, pass, shoot. **6.** ~ elettrico (*app. elettrodomestico*), electric hot plate. **7.** ~ elettrico a piastra radiante (*app. elettrodomestico*), radiant boiling plate (ingl.). **8.** ~ elettrico a resistenza scoperta (*app. elettrodomestico*), open-type boiling plate (ingl.). **9.** ~ per stagnini (*att. idr.*), soldering pot. **10.** ~ (portatile) da idraulico (usato per saldature ecc.) (*att.*), plumber's furnace.

fornire (*gen.*), to supply. **2.** ~ (*comm.*), to supply. **3.** ~ di ... (*gen.*), to equip with.

fornista (addetto ai forni) (*op.*), furnaceman.

fornitore (*comm.*), supplier. **2.** ~ navale (*nav.*), ship chandler. **3.** partitario fornitori (*contabilità*), creditors ledger, purchase ledger, accounts payable ledger.

fornitura (*gen.*), supply. **2.** ~ (consegna del materiale ordinato) (*comm.*), supply, consignment. **3.** ~ (ordinazione di materiale) (*comm.*), supply order. **4.** forniture di ufficio (scrivanie, armadi, penne, carta, matite ecc.) (*uff.*), office supplies, office appliances.

forno (*ind. metall.*), furnace. **2.** ~ (*ind. ed.*), kiln. **3.** ~ (per produzione gas, industria alimentare ecc.), oven. **4.** ~ (per vasellame per es.), stove. **5.** ~ a bacino (*forno per vetro*), tank furnace, tank. **6.** ~ a bruciatore in testa (*forno per vetro*), end-fired furnace. **7.** ~ a canale (per il riscaldamento di pezzi da fucinare per es.) (*metall.*), slot furnace, channel type furnace. **8.** ~ a carrello (forno a suola carrellata) (*metall.*), bogie hearth furnace, truck-hearth furnace. **9.** ~ a ciclo chiuso (*ind.*), closed-cycle furnace. **10.** ~ a crogioli (forno a padelle) (*forno per vetro*), pot furnace. **11.** ~ a crogiolo (*fond.*), crucible melting furnace. **12.** ~ a crogiolo estraibile (*fond.*), lift-out furnace. **13.** ~ a crogiolo metallico (per leghe leggere per es.) (*fond.*), pot furnace. **14.** ~ ad arco (*fond. - app. ind. elettroterm.*), arc furnace. **15.** ~ ad arco ed a resistenza (*app. ind. elettroterm.*), arc and resistance furnace. **16.** ~ ad aria non soffiata (a tiraggio naturale) (*fond.*), air furnace. **17.** ~ ad atmosfera controllata (*app. ind.*), controlled atmosphere furnace. **18.** ~ a fiamma diretta (*forno per vetro*), direct-fired furnace. **19.** ~ a galleria (*app. ind.*), *vedi* forno a tunnel. **20.** ~ a gas (*ind. metall.*), gas furnace, gas-fired furnace. **21.** ~ a induzione (*app. ind. elettroterm.*), induction furnace. **22.** ~ a induzione ad alta frequenza (*app. ind. elettro-*

term.), high-frequency induction furnace. **23.** ~ a induzione per barre (*metall.*), bar-type induction heater. **24.** ~ a induzione per fucinatura (apparecchio a induzione per riscaldo barre [o billette] da fucinare) (*app. elettroterm.*), forging induction heater. **25.** ~ a lampade (per cottura o per essiccazione vernici per es.) (*forno*), lamp furnace. **26.** ~ a letto fluido (per trattamenti termici per es.) (*metall.*), fluid-bed furnace. **27.** ~ a manica, *vedi* cubilotto. **28.** ~ a microonde (ad alta frequenza) (*disp. domestico*), microwave oven. **29.** ~ a muffola (*app. ind.*), muffle furnace. **30.** ~ a nastro metallico (*metall.*), mesh-belt furnace. **31.** ~ a padelle (forno a crogioli) (*forno per vetro*), pot furnace. **32.** ~ a passo di pellegrino (forno a suola oscillante) (*metall.*), walking-beam furnace. **33.** ~ a pozzo (*forno ind.*), shaft kiln. **34.** ~ a pozzo (per trattamento termico) (*metall.*), pit furnace. **35.** ~ a raggi infrarossi (riscalda i cibi mediante raggi infrarossi) (*app. domestico*), radiation oven. **36.** ~ a recupero (*app. ind.*), regenerative furnace. **37.** ~ a riverbero (*metall.*), reverberatory furnace. **38.** ~ a riverbero con suola girevole (forno Pernot) (*tratt. all'acciaio*), Pernot furnace. **39.** ~ a spingitoio (*forno ind.*), pusher furnace. **40.** ~ a storta (*app. ind.*), retort furnace. **41.** ~ a suola carrellata (forno "a carrello") (*metall.*), truck-hearth furnace. **42.** ~ a suola girevole (ad asse verticale) (*ind. metall.*), rotary table oven. **43.** ~ a suola mobile (*ind. metall.*), movable hearth furnace. **44.** ~ a suola oscillante (forno a passo di pellegrino) (*metall.*), walking-beam furnace. **45.** ~ a tino (*metall.*), shaft furnace, upright furnace. **46.** ~ a tiraggio rovesciato (*app. ind.*), counterflow furnace. **47.** ~ a tunnel (*app. ind.*), tunnel type furnace. **48.** ~ catalano (basso fuoco, forno contese, forno bergamasco: per la produzione di ferro saldato) (*metall.*), Catalan furnace. **49.** ~ cilindrico girevole (*ind. ed.*), tubular revolving kiln. **50.** ~ condizionatore (usato per rendere uniforme la temperatura del vetro nei crogioli aperti prima della colata) (*ind. vetro*), soaking pit. **51.** ~ con suola a scossa (*fond.*), shaker hearth furnace. **52.** ~ continuo (*app. ind.*), continuous furnace. **53.** ~ continuo (con suola continua) (*ind. mecc. o ed.*), continuous kiln. **54.** ~ da calce (*ind. ed.*), lime kiln. **55.** ~ da cemento (*ind. ed.*), cement kiln. **56.** ~ da mattoni (*ind. ed.*), brickkiln. **57.** ~ da tazzaggio (dal quale il metallo fuso viene prelevato con sivierine e colato nelle forme) (*fond.*), bale-out furnace. **58.** ~ da vetro (*ind. vetro*), glass furnace. **59.** ~ di attesa (per mantenere il metallo fuso a temperatura costante) (*metall.*), holding furnace. **60.** ~ di calcinazione (*min.*), roasting furnace, calcining furnace. **61.** ~ di calcinazione (per industria vetraria) (*mft. vetro*), ash furnace. **62.** ~ di carburazione (*tratt. term. - ind. mecc.*), carburizing furnace, casehardening furnace. **63.** ~ di cementazione (*tratt. term. - ind. mecc.*), casehardening furnace, carburizing furnace. **64.** ~ dielettrico (*app. ind. elett. term.*), dielectric furnace. **65.** ~ di essiccazione (per prodotti di argilla) (*app. ind.*), drying oven. **66.** ~ di essiccazione (per la porcellana) (*forno per ceramica*), cockle. **67.** ~ di fusione (*metall. - fond.*), smelting furnace. **68.** ~ di puddellaggio (*metall.*), puddling furnace. **69.** ~ di ricottura (*tratt. term.*), annealing furnace. **70.** ~ di ricottura (per manifattura vetri), lehr, leer, lear. **71.** ~ di riduzione (*metall.*), reducing furnace. **72.** ~ di rinvenimento (*tratt. term.*), drawing furnace, tempering furnace. **73.** ~ di riscaldo (*metall.*), reheating furnace. **74.** ~ di riscaldo (per riscaldare e rendere plastico il vetro in lavorazione) (*ind. vetro*), glory hole, blowing furnace. **75.** ~ di riscaldo per trafilatura (*metall.*), drawing furnace. **76.** ~ di tempra (*tratt. term.*), hardening furnace (ingl.). **77.** ~ di torrefazione (*min.*), roasting furnace, calcining furnace. **78.** ~ elettrico (*ind. - metall. - fond.*), electric furnace. **79.** ~ elettrico (*app. domestico*), electric oven. **80.** ~ elettrico a crogiolo (*metall.*), electric crucible furnace. **81.** ~ elettrico ad arco (*metall.*), electric arc furnace. **82.** ~ elettrico ad arco diretto (*metall.*), direct-arc furnace, direct-arc electric furnace. **83.** ~ elettrico ad arco indiretto (*metall.*), indirect-arc furnace, indirect-arc electric furnace. **84.** ~ elettrico a induzione (a frequenza ind. 50 ÷ 60Hz) (*metall.*), electric induction furnace. **85.** ~ elettrico a induzione a bassa frequenza (*metall.*), low-frequency electric induction furnace. **86.** ~ elettrico a induzione ad alta frequenza (*metall.*), high-frequency electric induction furnace. **87.** ~ elettrico a muffola (*app. ind.*), electric muffle furnace. **88.** ~ elettrico a resistenza (*metall. - ind. - ecc.*), electric resistance furnace. **89.** ~ elettrico di affinazione (*metall.*), electric refining furnace. **90.** ~ elettrico di attesa (per mantenere il metallo fuso a temperatura costante) (*metall.*), electric holding furnace. **91.** ~ elettrico ribaltabile (*app. ind.*), electric tilting furnace. **92.** ~ fusorio (*metall. - fond.*), smelting furnace. **93.** ~ Heroult (forno elettrico ad arco per la produzione dell'acciaio) (*metall.*), Heroult. **94.** ~ intermittente (per mattoni per es.) (*fornace*), periodic kiln. **95.** ~ Martin (*metall.*), open hearth furnace. **96.** ~ orizzontale (continuo, come il forno da cemento, oppure a suola mobile) (*forno*), horizontal kiln. **97.** ~ oscillante (*metall.*), rocking furnace. **98.** ~ oscillante a induzione (*metall.*), induction rocking furnace. **99.** ~ per anime (*fond.*), core oven. **100.** ~ per arrostimento del minerale di piombo (*metall.*), slag furnace. **101.** ~ per calcinare (*min.*), calciner. **102.** ~ per la cottura del vetrino (*ind. ceramiche*), glaze kiln. **103.** ~ per smaltatura (*smalteria*), enamel kiln. **104.** ~ rotante (per cemento per es.) (*ind. ed.*), rotary kiln. **105.** ~ rotativo (*metall.*), rotary furnace. **106.** ~ rotativo (a suola girevole) (per ind.), rotary hearth furnace. **107.** ~ rovesciabile (*fond.*), tilting furnace. **108.** ~ solare (ottenuto con i raggi del sole concentrandoli per mezzo di specchi o lenti) (*sperimentale*), solar furnace. **109.** ~ termoventilato (~ con aria calda che, per mezzo di un ventilatore, circola intorno al materiale mentre viene riscaldato) (*forno domestico*), convection oven. **110.** addetto al ~ (*op. metall.*), heater. **111.** addetto al ~ (infornatore, operaio che regola la carica e sorveglia il fuoco) (*op. mft. vetro*), teaser. **112.** bocca del ~ (*forno ind.*), kilneye, kilnhole. **113.** da ~ (resistente al calore del ~ : come certi contenitori in vetro per es.) (*a. - att. domestico*), ovenproof. **114.** processo con ~ a riverbero (*metall.*), open-hearth process. **115.** relativo al processo con ~ a riverbero (o con ~ Martin) (*metall.*), open-hearth. **116.** reparto forni (*ind.*), furnace department. **117.** trattare al ~ (*vn.*), to bake.

foro (*gen.*), hole. **2.** ~ (*leg.*), tribunal, court. **3.** ~ a punta di spillo (forellino, piccolo alveolo) (*difetto vn.*), pinhole. **4.** ~ base (*tecnol. mecc.*), standard hole. **5.** ~ cieco (*mecc.*), dead hole. **6.** ~ cilindrico (*mecc.*), parallel hole. **7.** ~ conico (*mecc.*), taper hole. **8.** ~ da centri (per punte di tornio) (*mecc.*), center, centre. **9.** ~ da mina (*min.*), blasthole, shot hole. **10.** fori del disco combinatore (di un apparecchio telefonico) (*telef.*), finger holes. **11.** ~ della chiave (d'albero) (*nav.*), fid hole. **12.** ~ del minimo (di un carburatore) (*mecc. mot.*), slow-running hole. **13.** ~ di aiuto (*min.*), easer hole. **14.** ~ di alleggerimento (praticato in una parte strutturale senza diminuire la resistenza) (*costr. aer. - astric. - ecc.*), lightening hole. **15.** ~ (o luce) di ammissione (*mot.*), inlet port. **16.** ~ di arresto (eseguito all'estremo punto raggiunto da una cricca, per fermare la progressione) (*mecc.*), crack arrester. **17.** ~ di colata (*fond.*), sprue, pour. **18.** ~ di colata (di altoforno per es.) (*metall.*), taphole, tapping hole. **19.** ~ di controllo (~ su di una scheda perforata: indica il tipo di dati in essa contenuti) (*elab.*), control punch, control hole. **20.** ~ di pulizia (di una caldaia) (*cald.*), sludge hole. **21.** ~ di riferimento (*mecc.*), locating hole, datum hole. **22.** ~ di scarico (di un motore per es.) (*mecc.*), exhaust port. **23.** ~ di scarico (per lo scarico di acqua piovana da una terrazza per es.) (*ed.*), scupper, weep hole. **24.** ~ di scoronamento (fatto sul tetto di una galleria) (*min.*), back hole. **25.** ~ di sfiato (*mecc.*), vent. **26.** ~ di soglia (nella parte inferiore di una galleria) (*min.*), down hole. **27.** ~ di spia, peephole, inspection hole. **28.** ~ di spillatura (foro di colata) (*metall.*), taphole, tapping hole. **29.** ~ di spillo (*vn.*), pinhole. **30.** ~ di spurgo dell'aria (da un impianto idraulico) (*mecc.*), bleeder, vent. **31.** ~ di trascinamento (perforazione di una pellicola cinematografica, carta in rulli ecc. per provocarne l'avanzamento) (*cinem. - stampante elab. - ecc.*), sprocket hole, feed hole. **32.** ~ di trivellazione (*min.*), borehole. **33.** ~ di uscita (orifizio) (*fis. - idr.*), outlet discharging orifice, spout. **34.** ~ di uscita (foro di colata) (*fond.*), taphole. **35.** ~ di uscita delle scorie fuse (di un altoforno) (*metall.*), cinder tap. **36.** ~ (o tubo) d'uscita dell'acqua (*idr. - ed.*), waterspout. **37.** ~ di visita (foro di ispezione) (*mecc.*), inspection hole. **38.** ~ flangiato (*mecc.*), flanged hole. **39.** ~ incompleto (foro ancora da rendere passante ed il cui residuo solido viene espulso con un martello per es.) (*tecnol.*), knockout. **40.** ~ in corona (foro da mina nella parte alta della galleria) (*min.*), breast hole. **41.** ~ in cuore (foro da mina eseguito nella parte centrale di una galleria) (*min.*), cut hole. **42.** ~ indice (in un disco flessibile: che indica il punto di accesso alle tracce) (*elab.*), index hole. **43.** ~ intestato (~ poco profondo generalmente di piccolo diametro per impedire lo slittamento dell'utensile nella foratura definitiva) (*mecc.*), collared hole. **44.** ~ in soletta (*min.*), stope hole. **45.** ~ passante (per bulloni per es.) (*mecc.*), through hole, clearance hole. **46.** ~ per chiodo (nella lamiera da rivettare) (*mecc.*), rivet hole. **47.** ~ per disotturazione (foro di pulizia) (*ed. - tubaz.*), rodding eye, R E, access eye, cleaning eye, C E. **48.** ~ per l'agitatore (di un forno) (*metall.*), rabbling hole. **49.** ~ per la maschiatura (*mecc.*), tapping hole. **50.** fori per l'aria primaria (fori primari: della camera di combustione di un motore a getto) (*mot. aer.*), primary holes. **51.** fori per l'aria secondaria (fori secondari: della camera di combustione di un motore a getto) (*mot. aer.*), secondary holes. **52.** fori per l'aria terziaria (fori terziari: della camera di combustione di un motore a getto per diminuire la temperatura dei gas) (*mot. aer.*), tertiary holes. **53.** ~ per la scoria (*fond.*), slag hole. **54.** ~ per l'attizzatura (di un forno) (*metall.*), poker hole. **55.** ~ per perno (in una travatura reticolare) (*ed.*), pinhole. **56.** ~ per punzone (di una incudine, per punzonatura) (*att. fabbro*), spud hole (ingl.). **57.** ~ per remo di poppa (*nav.*), sculler hole. **58.** ~ per scaricare le scorie (da un cubilotto) (*fond.*), breast hole. **59.** ~ piano (*min.*), flat hole. **60.** ~ punzonato (*mecc.*), punched hole. **61.** ~ quadro (dell'incudine) (*mecc.*), hardy hole. **62.** ~ stenopeico (sostituisce l'obiettivo in alcune particolari macchine fotografiche) (*fot.*), pinhole. **63.** ~ sulla pelle (di un lingotto) (*metall.*), skin hole. **64.** ~ trapanato (*mecc.*), drilled hole. **65.** ~ vampa (foro sul fondo di un bossolo attraverso il quale viene ottenuta l'accensione della carica di lancio) (*espl.*), vent.

forra (letto profondo di un torrente) (*geol.*), gulch.

forsterite ($2\,MgO.SiO_2$) (refrattario) (*min.*), forsterite.

fòrte (*a. - gen.*), strong. **2.** ~ (di suono per es.) (*acus.*), loud. **3.** ~ (di vento, di corrente per es.), high, stiff. **4.** ~ (*s. - milit.*), fort.

fortezza (*ed.*), fort, fortress, stronghold. **2.** ~ volante (aereo da bombardamento bene armato e corazzato) (*aer. milit.*), battlewagon.

fortificare (una posizione) (*milit.*), to secure.

fortificazione (*milit.*), fortification.

fortino (casamatta) (*milit.*), blockhouse.

FORTRAN (linguaggio di programmazione) (*elab.*), FORTRAN, FORmula TRANslation.
fortuito (*a. - gen.*), fortuitous.
fortuna, di fortuna (*nav.*), jury. **2.** albero di ~ (*nav.*), jury mast. **3.** timone di ~ (*nav.*), jury rudder.
fortunale (*meteor.*), storm.
fòrza (*mecc.*), force. **2.** ~ (intensità: di una negativa) (*fot.*), intensity. **3.** ~ (violenza: dell'acqua) (*nav. - mar.*), stress. **4.** ~ (dipendenti, organico, effettivi; persone disponibili di un'industria) (*ind.*), manpower. **5.** ~ (*milit.*), strength. **6.** ~ aerodinamica (*aerodin.*), aerodynamic force. **7.** ~ applicata (*mecc.*), applied force. **8.** ~ ascensionale (di un aerostato) (*aer.*), buoyancy, lift (ingl.). **9.** ~ ascensionale dinamica (di un aerostato) (*aer.*), dynamic lift, dynamic upward force. **10.** ~ ascensionale disponibile (o residua) (di un aerostato: forza ascensionale totale meno i pesi fissi) (*aer.*), disposable lift, residual lift. **11.** ~ ascensionale falsa (di un aerostato, dovuta alla differenza di temperatura tra gas e aria) (*aer.*), false lift. **12.** ~ ascensionale netta (di un aerostato: forza ascensionale totale meno la forza ascensionale residua e pesi fissi) (*aer.*), net lift. **13.** ~ ascensionale specifica (di un gas: in un aerostato per es.) (*aer.*), specific lifting force, specific lift (ingl.). **14.** ~ ascensionale statica (*aer.*), static lift, buoyancy. **15.** ~ ascensionale totale (di un aerostato) (*aer.*), gross lift. **16.** ~ centrifuga (*mecc. raz.*), centrifugal force. **17.** forze centrifughe e centripete (*fis.*), central forces. **18.** ~ centripeta (*mecc. raz.*), centripetal force. **19.** ~ coercitiva (*mecc. raz.*), coercive force. **20.** ~ contrapposta di bilanciamento (*mecc. raz.*), counterbalance. **21.** forze complanari (*teor. mecc.*), coplanar forces. **22.** forze contrarie (*mecc. raz.*), opposite forces. **23.** ~ controelettromotrice (*elett.*), counter electromotive force, countervoltage, CEMF, cemf. **24.** ~ dei dipendenti (organico dei dipendenti) (*pers. ind.*), labor force. **25.** ~ del mare (stato del mare) (*nav.*), sea state. **26.** ~ del vento (classificazione dell'intensità) (*meteor.*), wind-force. **27.** ~ di adesione (grado di attacco) (*mft. gomma*), adhesive strength, bond strength. **28.** ~ di chiusura (o bloccaggio momentaneo di una barra in una fucinatrice orizzontale) (*mecc.*), gripping power. **29.** ~ di chiusura (di stampi) (*ind. plastica*), clamp force, clamping force. **30.** ~ di coesione (*fis.*), cohesive force. **31.** ~ di deriva (componente lungo l'asse trasversale dell'aereo della forza del vento) (*aer.*), cross-wind force. **32.** ~ di gravità (*fis.*), force of gravity. **33.** ~ di lavoro (persone disponibili per il lavoro, in un complesso industriale) (*lav. - pers.*), manpower, work force. **34.** ~ di Lorentz (*elettromag.*), Lorentz force. **35.** ~ di Majorana (*fis. atom.*), Majorana force. **36.** ~ d'inerzia (*fis.*), inertial force. **37.** ~ di scatto (per scaricare un'arma da fuoco) (*arma da fuoco*), pull off. **38.** ~ di taglio (una delle due opposte forze che danno luogo al taglio) (*sc. costr.*), shearing force. **39.** forze di scambio (tra un protone ed un neutrone per es.) (*fis. atom.*), exchange forces. **40.** forze di terra (*milit.*), land forces. **41.** ~ di trazione (*mecc.*), tractive force. **42.** ~ elettromotrice (*elett.*), electromotive force, EMF., pressure. **43.** ~ elettromotrice di contatto (*elett.*), contact electromotive force. **44.** ~ elettromotrice termoelettrica (di un metallo) (*fis.*), thermoelectric power. **45.** ~ elettromotrice termoelettrica (*termoelett.*), thermoelectromotive force. **46.** ~ esplosiva (in una esplosione atomica) (*espl.*), yield. **47.** ~ frenante (*mecc.*), braking power. **48.** ~ idrica (energia idraulica, carbone bianco) (*elett.*), waterpower. **49.** ~ inclinazione ruota (forza laterale con angolo di deriva zero) (*aut.*), camber force. **50.** ~ ionica (*chim.*), ionic strength. **51.** ~ laterale (componente della forza risultante lungo l'asse laterale di un aereo) (*aer.*), lateral force. **52.** ~ laterale (componente esercitata sul pneumatico dalla strada) (*aut.*), lateral force. **53.** ~ laterale in curva (forza laterale quando l'angolo di inclinazione è zero) (*veic.*), cornering force. **54.** ~ magnetica (intensità del campo magnetico) (*elettromag.*), magnetic force. **55.** ~ magnetomotrice (f.m.m.) (*elett.*), magnetomotive force, MMF. **56.** ~ motrice (acqua, vento, elettricità ecc.) (*fis.*), motive power. **57.** ~ motrice idraulica (*fis.*), water power, hydraulic power. **58.** ~ normale (forza normale di un aereo) (*aer.*), normal force. **59.** ~ normale (esercitata dalla strada sul pneumatico) (*veic.*), normal force. **60.** ~ nucleare (*fis. atom.*), nuclear force. **61.** ~ portante (portanza) (*aerot.*), lift. **62.** ~ portante (di valvola elettromagnetica del motorino di avviamento per es.) (*elettromecc.*), hold-in force. **63.** ~ propulsiva (componente in direzione longitudinale della forza risultante agente sul pneumatico) (*veic.*), tractive force. **64.** ~ riequilibratrice (*mecc. raz.*), restoring force. **65.** ~ risultante (risultante) (*mecc. raz.*), resultant force. **66.** ~ sostentatrice dinamica (di dirigibile per es.) (*aer.*), dynamic lift. **67.** ~ succhiante (dell'interruttore elettromagnetico del motorino di avviamento per es.) (*elettromecc.*), pull-in force. **68.** ~ tangenziale (*mecc. raz.*), tangential force. **69.** ~ totale (dell'equipaggio di una nave) (*nav. - mar. milit.*), complement. **70.** ~ viva (energia cinetica) (*mecc.*), kinetic energy, living force, vis viva. **71.** a tutta ~ (*naut.*), full-speed. **72.** braccio di una ~ (*mecc. raz.*), lever arm of a force. **73.** carico ~ motrice (relativa ai soli motori elettrici: esclusi forni, saldatrici ecc.) (*elett.*), motor load. **74.** centro della ~ ascensionale totale (centro di gravità dell'aria spostata dal gas di un aerostato) (*aer.*), center of gross lift. **75.** comporre varie forze in una risultante (*mecc. raz.*), to compound several component forces into a single resultant force. **76.** composizione delle forze (*mecc. raz.*), composition of forces. **77.** linea di ~ (di campo magnetico) (*elett.*), line of force. **78.** mettere in ~ (*mecc. - ed.*), to put under stress. **79.** po-

ligono delle forze (*mecc. raz.*), polygon of forces. **80.** punto di applicazione della ~ ascensionale totale (centro di gravità dell'aria spostata dal gas di un aerostato) (*aer.*), center of gross lift. **81.** punto di applicazione di una ~ (*mecc. raz.*), point at which the force acts, origin of a force. **82.** scomporre una ~ nelle sue componenti (*mecc. raz.*), to resolve a force into its components. **83.** tubo di ~ (*elett.*), tube of force.

forzamento (tra tubo e cerchiatura di bocca da fuoco per es.) (*mecc.*), shrinking, shrinkage. **2.** ~ (rigonfiamento, prominenza: difetto di un getto dovuto a cedimento della forma sotto la pressione del metallo fuso) (*fond.*), swell. **3.** cintura di ~ (corona di forzamento, anello di forzamento: di un proiettile) (*artiglieria*), driving band.

forzare (*mecc.*), to force. **2.** ~ (un elaboratore per es. per mezzo di un intervento manuale) (*elab.*), to force.

forzato (*a. - gen.*), forced. **2.** ~ (di cerchiatura sul tubo di bocca da fuoco per es.) (*mecc.*), shrunk. **3.** prestito ~ (prestito forzoso) (*finanz.*), forced loan.

forzatura (*fond.*), *vedi* forzamento.

forzoso (corso di una moneta per es. imposto per obbligo o per legge) (*finanz.*), forced. **2.** prestito ~ (prestito forzato) (*finanz.*), forced loan.

foschìa (*meteor.*), haze, z.

fosfatare (fosfatizzare, realizzare uno strato protettivo su superficie metallica) (*metall.*), to phosphatize.

fosfatazione (superficie fosfatata) (*mecc.*), phosphate, phosphate coat. **2.** ~ (trattamento anticorrosione di un metallo) (*mecc.*), phosphating.

fosfatico (*chim.*), phosphatic.

fosfato (*chim.*), phosphate. **2.** ~ trisodico (*ind. chim.*), trisodium phosfate.

fosfina (PH_3) (*chim.*), phosphin, phosphine.

fosfito (*chim.*), phosphite.

fosforescènte (*fis.*), phosphorescent. **2.** sostanza ~ (materiale fosforescente o fluorescente) (*fis.*), phosphor, phosphore.

fosforescènza (*fis.*), phosphorescence.

fosfòri (i punti di fosfòro di cui è coperta la superficie interna dello schermo di un tubo a raggi catodici, che divengono fluorescenti quando sono colpiti da un fascio di elettroni) (*eltn. - telev. - ecc.*), phosphors. **2.** a doppio strato di ~ (su schermo di tubi a raggi catodici per es.) (*elab. - telev.*), double-layer phosphor, double-layer phosphore.

fosfòrico (*chim.*), phosphoric.

fosforilazione (processo di esterificazione) (*chim.*), phosphorylation.

fosforite (*min.*), phosphorite.

fòsforo (P - *chim.*), phosphorus. **2.** (sostanza che diviene fluorescente quando eccitata da una scarica elettrica in atmosfera rarefatta: generalmente usata nei tubi fluorescenti e nello schermo di tubi a raggi catodici per TV ecc.) (*eltn. - elett. - fis.*), phosphor, phosphore. **3.** ~ bianco (*chim.*), white phosphorus. **4.** ~ comune (*chim.*), ordinary phosphorus. **5.** ~ giallo (*chim.*), yellow phosphorus. **6.** ~ rosso (*chim.*), red phosphorus, amorphous phosphorus. **7.** ~ 32 (isotopo del P con numero di massa 32: radiofosforo) (*fis. atom.*), phosphorus 32.

fosforoso (*a. - chim.*), phosphorous.

fosfuro (*chim.*), phosphide.

fosgène ($CO\ Cl_2$) (*chim. - milit.*), phosgene.

fòssa (*gen.*), ditch, trench. **2.** ~ (canale, fosso), fosse, foss. **3.** ~ (di autorimessa) (*aut.*), pit. **4.** ~ (spazio sotto la continua) (*macch. mft. carta*), pit. **5.** ~ biologica (*ed.*), cesspool. **6.** ~ (biologica) a dispersione (*ed.*), leaching cesspool. **7.** ~ del volano (di impianto di macchina fissa per es.) (*mur.*), flywheel pit. **8.** ~ (di alloggiamento) del reattore (*fis. atom.*), reactor cavity. **9.** ~ di colata (*fond.*), pit, casting pit. **10.** ~ di colata per lingotti (*fond.*), pig. **11.** ~ di permanenza (*metall.*), soaking pit. **12.** fosse (in letto di sabbia) per la colata dei lingotti (*fond.*), pig bed. **13.** ~ percolatrice (per purificazione acqua) (*idr.*), percolating bed. **14.** ~ percolatrice (*fognatura*), leaching trench. **15.** ~ settica (*ed.*), septic tank.

fossato (*ed.*), moat. **2.** ~ (*mur.*), ditch.

fossetta (fossetto, ai lati della strada per far scorrere l'acqua) (*strad.*), channel. **3.** ~ di drenaggio (laterale alla strada) (*costr. strad.*), small ditch, gutter (ingl.), ditch.

fòssile (*a. - s. - geol.*), fossil. **2.** impronta di un ~ (*geol.*), mold of a fossil.

fossilizzare (*geol.*), to fossilize.

fossilizzazione (*min. - geol.*), fossilization.

fòsso (fossa, canale), ditch, fosse, foss. **2.** ~ anticarro (*milit.*), antitank ditch. **3.** ~ di scolo (*ing. civ.*), drainage ditch.

fot (unità C.G.S. di illuminazione = 1 lumen per cm^2) (*mis. illum.*), phot.

fotoacustico (*a. - fis.*), photoacoustic.

fotocalcografìa (*fotomecc.*), photogravure.

fotocamera (*fot.*), *vedi* macchina fotografica. **2.** ~ a fermo immagine per video fotografia (immagine elettronica da visualizzare sul televisore domestico) (*fot. - audiovisivi*), still camera. **3.** ~ a laser (~ per riprese notturne) (*fot.*), laser camera. **4.** ~ di Baker–Nunn (per rilevamento di satelliti terrestri) (*astric.*), Baker–Nunn camera.

fotocartografo (restitutore per fotogrammetria) (*app. fotogr.*), plotting instrument.

fotocatàlisi (*chim. fis.*), photocatalysis.

fotocàtodo (*elett. - telev.*), photocathode, photosensitive cathode.

fotocèllula (*fis. - elett.*), photoelectric cell. **2.** ~ (per esposimetria) (*fot.*), cell. **3.** ~ al cesio (*fis. - elett.*), caesium cell.

fotochìmica (*s. - chim. - fot.*), photochemistry.

fotochìmico (*a. - chim. - fot.*), photochemical.

fotocollografìa (fototipia, procedimento di stampa a matrice piana) (*fotomecc.*), phototypy.

fotocompositrice (*fotomecc.*), phototypesetter, phototypesetting machine.
fotocomposizione (*fotomecc.*), photocomposition.
fotoconduttività (*elett.*), photoconductivity.
fotoconduttore (*fis.*), photoconductor.
fotocopia (copia fotografica) (*fot.*), photocopy. **2.** fare fotocopie (*fot. - ecc.*), to photocopy.
fotocopiare (fare fotocopie) (*fot. - ecc.*), to photocopy.
fotocopiatrice (fotoriproduttrice) (*macch. uff.*), photocopying machine.
fotocromìa (*fot.*), photochromy.
fotocromico (che cambia colore quando esposto alla luce, il vetro per es.) (*ott.*), photochromic.
fotocromismo (*ott.*), photochromism.
fotocrònaca (*stampa - fot.*), pictorial. **2.** ~ (fotoreportage) (*fot. - giorn.*), photoreportage.
fotocronista ("fotoreporter") (*fot. - giorn.*), photoreporter, press-photographer.
fotocronografia (*fis.*), photochronography.
fotocronògrafo (per registrare piccoli intervalli di tempo) (*strum. fis.*), photochronograph.
fotodecomposizione (*chim. - fis.*), photodecomposition.
fotodiodo (semiconduttore diodo che lascia passare una corrente proporzionale alla quantità di luce incidente) (*s. - eltn.*), photodiode. **2.** ~ planare (diodo sensibile alla luce, costituito da un fotocatodo ed un anodo e prodotto con processo planare) (*eltn.*), planar photodiode.
fotodisintegrazione (*fis. atom.*), photodisintegration.
fotodissociazione (*chim.*), photodissociation.
fotodosimetria (*mis. fis. atom.*), photodosimetry.
fotoelasticità (*sc. costr. - ott.*), photoelasticity.
fotoelastico (*sc. costr.*), photoelastic.
fotoelèttrica (proiettore fotoelettrico) (*app. nav. - aer. - milit.*), searchlight. **2.** ~ su autocarro (per girare un film) (*s. - illum.*), light truck. **3.** cellula ~ (*elett. - fis.*), photoelectric cell.
fotoelèttrico (*a. - elett.*), photoelectric. **2.** cellula fotoelettrica (*elett. - fis.*), photoelectric cell.
fotoelettrone (*chim. - fis. atom.*), photoelectron.
fotoelettronica (*fis.*), photoelectronics.
fotoemissione (*fis.*), photoemission.
fotoemissivo (che emette elettroni se esposto alla luce) (*a. - fis.*), photoemissive.
fotofissione (*fis. atom.*), photofission.
fotofono (dispositivo azionato per mezzo del suono e della luce) (*app. didattico*), photophone.
fotofonopuntatore (*milit. - mar. milit.*), photoacoustic director.
fotoforèsi (*chim. fis.*), photophoresis.
fotogènico (adatto per essere fotografato) (*a. - fot. cinem.*), photogenic.
fotogoniometro (*strum. top.*), photogoniometer.
fotografare (*fot.*), to photograph.
fotografìa (*arte fot.*), photography. **2.** ~ (riproduzione) (*fot.*), photograph, picture. **3.** ~ a colori (*arte fot.*), color photography. **4.** ~ aerea (~ ripresa dall'aereo) (*fot. - aer.*), aerial photography. **5.** ~ aerea obliqua (*fot. aer.*), oblique aerial photograph. **6.** ~ aerea panoramica (*fot. aer.*), high oblique photograph. **7.** ~ aerea semipanoramica (*fot. aer.*), low oblique photograph. **8.** ~ aerea verticale (*fot. aer.*), vertical photograph. **9.** ~ al lampo ("di magnesio") (*fot.*), flashlight photograph. **10.** ~ all'infrarosso (*fot.*), infrared photograph. **11.** ~ dell'orizzonte (*fot. aer.*), horizon photograph. **12.** ~ di attualità (*fot. - giorn.*), topical picture. **13.** ~ in bianco e nero (*arte fot.*), black-and-white photography. **14.** ~ istantanea (*fot.*), snapshot. **15.** ~ microscopica (*fot.*), microphotograph. **16.** ~ murale (fotografia di grandi dimensioni) (*fot.*), photomural. **17.** ~ pubblicitaria (*pubbl.*), still. **18.** ~ rapida (per lavoro di ricerca) (*arte fot.*), high-speed photography. **19.** ~ ravvicinata (primo piano) (*fot.*), close-up photograph. **20.** ~ "schlieren" (per esaminare la formazione di onde d'urto ed il comportamento dello strato limite) (*arte fot. - aerodin.*), schlieren photography. **21.** ~ stereoscopica (*fot.*), photostereograph, stereograph. **22.** ~ terrestre ad asse orizzontale (*fot.*), horizontal photograph, ground photograph. **23.** ~ truccata (*arte fot.*), trick photography. **24.** mosaico di fotografie aeree (*fot. - aer.*), aerial mosaic. **25.** prendere una ~ (scattare una fotografia) (*fot.*), to shoot a picture.
fotogràfico (*a. - fot.*), photographic.
fotògrafo (*fot.*), photographer, cameraman.
fotogramma (*fis.*), photogram. **2.** ~ (*cinem.*), photogram, picture. **3.** ~ (immagine separata) (*cinem.*), frame. **4.** avanzamento ~ per ~ (*audiovisivi*), frame advance, still advance. **5.** fotogrammi al secondo (velocità di passaggio del film) (*cinem.*), frames/second.
fotogrammetrìa (*fotogr.*), photogrammetry. **2.** ~ aerea (*fotogr.*), aerial photogrammetry. **3.** ~ terrestre (*fotogr.*), ground photogrammetry.
fotogrammetrico (*fotogr.*), photogrammetric.
fotoincidere (da una fotografia a una lastra) (*tip.*), to print down.
fotoincisione (in rilievo) (*tip.*), photoengraving.
fotointerpretazione (interpretazione di fotografie aeree) (*milit.*), aerial photograph interpretation.
fotointerprete (interprete di fotografie aeree) (*milit.*), aerial photograph interpreter.
fotoionizzazione (*fis.*), photo-ionization.
fotoisomerizzazione (*s. - chim. fis.*), photoisomerization.
fotolisi (scissione operata dalla luce: reazione chimica) (*chim.*), photolysis.
fotolito (fotolitografia) (*tip.*), photolithograph.
fotolitografare (*lit.*), to photolithograph.
fotolitografìa (copia) (*lit.*), photolithograph, lithographic picture. **2.** ~ (processo) (*lit.*), photolithography. **3.** ~ (procedimento per ottenere circuiti stampati e sistemi microelettronici mediante attacco chimico di zone non precedentemente protette con processo fotografico) (*eltn.*), photoli-

thography. **4.** ~ alla gomma (procedimento di inversione alla gomma) (*lit.*), gum reversal process.

fotoluminescènza (dovuta alla esposizione alla luce) (*fis.*), photoluminescence.

fotomacrografia (*metall. - chim.*), photomacrography.

fotomeccanica (processi usati per ottenere matrici generalmente metalliche per moltiplicare la stampa di copie) (*fotomecc.*), process, photomechanical process.

fotomeccànico (*a.*), photomechanical (process).

fotometrìa (*s. - fis. illum.*), photometry. **2.** ~ a confronto visivo (fotometria oggettiva) (*ott.*), visual photometry.

fotomètrico (*a. - fis. illum.*), photometric.

fotòmetro (*strum. mis. illum.*), photometer. **2.** ~ a macchia di olio (*strum. mis. illum.*), grease-spot photometer. **3.** ~ a polarizzazione (*strum. mis. illum.*), polarization photometer. **4.** ~ a sfarfallamento (*strum. mis. illum.*), flicker photometer. **5.** ~ cromatico (*strum. ott. med.*), chromatic photometer. **6.** ~ oggettivo (fotometro a confronto visivo) (*app. ott.*), visual photometer. **7.** ~ tipo Foerster (*strum. ott. med.*), Foerster's photometer.

fotomitragliatrice (per fotografare l'effetto del tiro sul bersaglio) (*macch. fot. - milit.*), gun camera.

fotomoltiplicatore (particolare tubo elettronico usato per le fotografie stellari) (*eltn. astr.*), photomultiplier tube, photomultiplier (ingl.).

fotomontaggio (*fot.*), photomontage, montage photograph.

fotone (quanto di luce) (*fis. atom.*), photon.

fotoneutrone (neutrone liberato da fotodisintegrazione) (*fis. atom.*), photoneutron.

fotopiano (*top.*), photomap.

fotopolarimetro (*s. - strum. ott.*), photopolarimeter.

fotopolimero (materia plastica sensibile alla luce) (*fis. - ind. tip.*), photopolymer.

fotoprotone (si origina dal nucleo nella fotodisintegrazione) (*s. - fis. atom.*), photoproton.

"fotoreporter" (fotocronista) (*fot. - giorn.*), photoreporter.

fotoriproduttrice, *vedi* fotocopiatrice.

fotoscissione (*fis. atom.*), photofission.

fotosensìbile (*a. - fot.*), photosensitive, light-sensitive.

fotosensibilità (sensibilità alla luce) (*fis.*), photosensitivity.

fotoservizio (*fot. - giorn.*), photoreportage.

fotosfèra (*astr.*), photosphere.

fotosintesi (funzione clorofilliana) (*chim. biol.*), photosynthesis.

fotostabile (insensibile alla energia radiante) (*a. - chim. - ecc.*), photostable.

fotostòffa (tessuto decorato con procedimento fotografico) (*ind. tess.*), photographic fabric.

fototècnico (*a. - fot.*), phototechnic.

fototelegrafìa (*telegr. - ott.*), phototelegraphy.

fototeodolite (*strum. top.*), phototheodolite.

fototipìa (*proc. tip.*), photogelatin printing.

fotòtipo (*fotomecc.*), phototype.

fototiristore (*eltn.*), photothyristor.

fototopografia (*top.*), phototopography.

fototransistore (*eltn.*), phototransistor.

fototropìa (*chim. fis.*), phototropism.

fototropico (che si colora quando è esposto alla luce) (*chim. fis.*), phototropic.

fotovaristore (varistore sensibile alla luce) (*s. - eltn.*), photovaristor.

fotovoltaico (*a. - elett. - fis.*), photovoltaic.

fotozincografia (*tip.*), photozincography.

foulard (*tess.*), foulard.

fracassare (*gen.*), to smash. **2.** ~ (un aeroplano) (*aer.*), to wrap up (colloquiale).

fracassarsi (*gen.*), to crash.

fracassato (*gen.*), smashed.

fractocumulo (*meteor.*), fractocumulus.

fractostrato (nuberotta) (*meteor.*), fractostratus.

fràdicio (bagnato) (*gen.*), wet. **2.** ~ (marcio) (*gen.*), rotten. **3.** ~ (inzuppato) (*gen.*), soaked, soggy.

fràgile, brittle, fragile, breakable. **2.** ~ (*metall.*), brittle. **3.** ~ (indicazione su imballaggi per es.) (*comm.*), handle with care!, fragile! **4.** ~ a caldo (*metall.*), red-short, hot-short. **5.** ~ a freddo (*metall.*), cold-short.

fragilità (*fis.*), brittleness. **2.** ~ a bassa temperatura (o a freddo) (*metall.*), cold-shortness. **3.** ~ a caldo (*metall.*), red-shortness, hot-shortness. **4.** ~ a freddo (*metall.*), cold-shortness. **5.** ~ al blu (di ferro e acciaio fra 200° e 400°C) (*metall.*), blue brittleness. **6.** ~ all'intaglio (*tecnol. mecc.*), notch brittleness. **7.** ~ al rosso (fragilità a caldo) (*metall.*), red-shortness, hot-shortness. **8.** ~ caustica (dell'acciaio dolce per es., dovuta alla corrosione in soluzione alcalina) (*metall.*), caustic embrittlement. **9.** ~ da azoto (dovuta a contenuto di azoto dello 0,010%) (*metall.*), nitrogen embrittlement. **10.** ~ da decapaggio (dovuta ad eccessivo decapaggio dell'acciaio in bagno acido) (*metall.*), acid embrittlement, acid brittleness. **11.** ~ da grafite (dovuta alla presenza di grafite intergranulare) (*metall.*), graphitic embrittlement. **12.** ~ da idrogeno (dell'acciaio, dovuta all'assorbimento di idrogeno durante il decapaggio) (*metall.*), hydrogen embrittlement. **13.** ~ da invecchiamento (*metall.*), strain-age embrittlement. **14.** ~ da ossigeno (o da ossido, quando il contenuto di ossido di ferro supera un certo limite) (*metall.*), oxygen embrittlement. **15.** ~ di (o al) rinvenimento (tipo di fragilità che si manifesta in alcuni acciai dopo il rinvenimento se sottoposti a prova di resilienza) (*metall.*), temper brittleness. **16.** ~ di (o da) decapaggio (*metall.*), acid brittleness. **17.** ~ per ingrossamento del grano (*metall.*), "Stead's" brittleness. **18.** campo di ~ di rinvenimento (*metall.*), temper brittleness range.

"framatura", *vedi* flammatura.

frammentazione (cristallina, struttura difettosa dei

grani dovuta a lavorazione per es.) (*difetto metall.*), fragmentation.
frammento (*gen.*), fragment, shatter, shred. **2.** ~ (scheggia) (*gen.*), splint, splinter, split. **3.** ~ (di pietra), spall. **4.** ~ di fissione (*fis. atom.*), fission fragment.
frana (*geol.*), landslide. **2.** ~ (smottamento del terreno), landslip.
franamento (di argine), slip. **2.** ~ (di casa per es.) (*ed.*), cave-in, collapse. **3.** ~ (di parete, in un pozzo di petrolio per es.) (*min.*), caving, caving in. **4.** ~ (caduta di terra dalla staffa superiore) (*fond.*), drop. **5.** ~ (crollo, di parti superficiali della forma per es.) (*fond.*), spall-off.
franare (di casa per es.) (*ed.*), to cave in, to collapse. **2.** ~ (*min.*), to cave, to cave in.
franato (*ed.*), collapsed.
"franatura", *vedi* franamento.
franchigia (*comm.*), immunity, franchise. **2.** in ~ doganale (*comm.*), duty-free. **3.** in ~ postale (*comm.*), post-free.
francio (elemento chimico del gruppo dei metalli alcalini) (Fr - *chim.*), francium.
franco (*comm.*), free. **2.** ~ (margine di spazio tra il contorno del veicolo di maggior ingombro che passa sulla linea e le strutture fisse lungo il binario) (*s. - ferr.*), clearance. **3.** ~ (esente da; per es. da spese di trasporto e di consegna come in: ~ magazzino ecc.) (*comm.*), ex-. **4.** ~ a bordo (*comm. nav.*), free on board, FOB. **5.** ~ autocarro (*comm. - trasp.*), free on truck, FOT. **6.** ~ avaria particolare (*trasp. nav.*), free of particular average, FPA. **7.** ~ banchina (senza spese di trasporto sino alla banchina) (*nav. - comm.*), ex-dock, ex-wharf, ex-quay. **8.** ~ banchina nave (~ sottobordo) (*comm. - nav.*), free alongside ship, FAS. **9.** ~ carbonile (*trasp. - comm.*), free into bunker, FIB. **10.** ~ d'avarie (*nav.*), free of all average, FAA. **11.** ~ di dazio (dazio compreso) (*comm.*), duty-free, duty paid. **12.** ~ di porto (*comm.*), carriage-free. **13.** ~ fabbrica (*comm.*), free at works, f.a.w., ex-works. **14.** ~ lungo bordo (*comm.*), free alongside ship, FAS. **15.** ~ magazzino (esente da spese di trasporto fino al magazzino) (*comm.*), ex-warehouse. **16.** ~ sottobordo (*comm. nav.*), free overboard, free overside, ex-ship. **17.** ~ spese postali (*posta*), free of postage. **18.** ~ stabilimento (franco fabbrica) (detto di consegna) (*comm.*), free at works, f.a.w., ex-works. **19.** ~ stazione ferroviaria (franco vagone) (*trasp. - comm.*), free on rail, FOR. **20.** ~ vagone (*comm. ferr.*), free on rail, FOR.
francobollo (*posta*), stamp, postage stamp.
frangènte (*mar.*), breaker.
frangia (*ott.*), fringe. **2.** ~ (di immagine a colori) (*fot.*), bleeding. **3.** ~ (di tappezzeria per es.) (*ind. tess.*), fringe. **4.** ~ di diffrazione (*ott.*), diffraction fringe. **5.** ~ di interferenza (*ott.*), interference fringe. **6.** ~ moiré (*metall.*), moiré fringe.
frangiare (*gen.*), to fringe.
frangiato (di tessuto per es.), fringed.
frangiatrice (per carta) (*macch.*), fringing machine.
frangiatura (*gen.*), fringing.
frangibile (*gen.*), breakable.
frangibilità (fragilità) (*gen.*), brittleness.
frangicorrente (di pilone di ponte esposto all'azione della corrente) (*costr. idr.*), cutwater.
frangiflutti (frangionde) (*costr. mar.*), breakwater. **2.** ~ (per modificare una esistente corrente o l'effetto della marea per es.) (*opera idr.*), jetty.
frangigrumi (*fond.*), lump breaker.
frangionde (frangiflutti) (*costr. mar.*), breakwater.
frangitutto (molino a martelli) (*macch. agric.*), hammer mill.
frangivento (per protezione dal vento: costituita da alberi per es.) (*agric.*), windbreak.
frangizolle (*macch. agric.*), float, clod smasher, drag, planker. **2.** ~ a dischi (per rompere le zolle dopo l'aratura: attrezzo trainato) (*macch. agric.*), disc harrow.
frantoio (per roccia, semi oleosi ecc.) (*macch. ind.*), crusher. **2.** ~ (*macch. tess.*), softening machine. **3.** ~ (a macine di pietra: per olive per es.) (*macch. agric.*), mill. **4.** ~, *vedi anche* frantumatore. **5.** ~ a cono (*macch. min.*), cone crusher. **6.** ~ ad anelli (per pietre per es.) (*macch.*), ring-roll mill. **7.** ~ a martelli (*macch. ind.*), hammer crusher. **8.** ~ a mascelle (*macch. min.*), jaw crusher. **9.** ~ a pestelli, *vedi* frantumatrice a mazze battenti. **10.** ~ a rulli (orizzontali) (*macch. ind.*), crushing rolls. **11.** ~ battitoio (per la lana per es.) (*ind. tess.*), crusher. **12.** ~ da pietra (frantumatrice di pietrame) (*macch.*), stone crusher, stone mill. **13.** ~ per carbone (*macch.*), coal breaker. **14.** ~ per olive ecc. (*macch. agric.*), oil mill. **15.** ~ per panelli (o pani, di mangime) (*att. agric.*), cake mill. **16.** ~ per pietrame a cingoli ("concasseur") (*macch. strad.*), stone track crusher. **17.** ~ (o frantumatrice) per trucioli d'acciaio (*macch. ind.*), steel chip crusher.
frantumare (*gen.*), to crumble, to crush. **2.** ~ (*ind. - ecc.*), to crumble, to crush.
frantumato (di pietra per es.) (*mur.*), crushed.
frantumatore (*macch. ind.*), breaker, crusher. **2.** ~ (di pietre: "concasseur") (*macch.*), stone crusher. **3.** ~, *vedi anche* frantoio. **4.** ~ a mascelle (*macch. ind.*), jaw breaker, jaw crusher. **5.** ~ a rulli (orizzontali) (*macch.*), crushing rolls. **6.** ~ meccanico (frantoio per pietre ecc.) (*macch. ed. - strad. - ind.*), crusher. **7.** ~, *vedi anche* frantoio.
frantumatrice a mazze battenti (o a pestelli per minerale) (*macch. min.*), stamp mill, stamping mill.
frantumazione (*gen.*), crushing. **2.** ~ (delle lappole carbonizzate nel trattamento della lana) (*ind. tess.*), crushing. **3.** ~ con mazza (di minerale per es.) (*min.*), sledging.
frase aperta (*mat.*), open sentence.
fràssino (*legn.*), ash.
frastagliarsi (del tagliente di un utensile per es.) (*mecc.*), to rag.
frastagliato (di un orlo) (*ut.*), ragged.

frastagliatura (tacche, dentelli, sul filo di un utensile) (*ut.*), ragging.
frastuono (rumore forte) (*acus.*), din, loud noise.
frattazzare (fratazzare, piallettare, talocciare: gli intonaci) (*mur.*), to float.
frattazzatura, fratazzatura (finitura dell'intonaco mediante fratazzo) (*costr. civ.*), float finish. **2.** ~ con sabbia (lisciatura dell'intonaco eseguita a mezzo frattazzo e sabbia) (*ed.*), sand finish.
frattazzo (fratazzo) (*att. mur.*), plastering trowel, darby. **2.** ~ (attrezzo per pulire il ponte ecc.) (*nav.*), hog.
frattografia (fotografia della frattura) (*metallografia*), fractograph.
frattura (*gen.*), fracture. **2.** ~ a coppa (di un pezzo meccanico di organo funzionante) (*metall. - mecc.*), cup and cone fracture, cupping. **3.** ~ ad angolo (frattura a fischietto, a circa 45° rispetto all'asse del provino) (*metall.*), angular fracture. **4.** ~ a grano fine (*metall.*), fine-grained fracture. **5.** ~ a grano grosso (*metall.*), coarse-grained fracture. **6.** ~ a raggiera (frattura a stella, frattura a rosetta) (*metall.*), star fracture, rosette fracture. **7.** ~ a semicoppa (*metall.*), half-cup fracture. **8.** ~ colonnare (di un pezzo) (*metall.*), columnar fracture. **9.** ~ concoide (*min.*), conchoidal fracture. **10.** ~ cristallina (*metall.*), crystalline fracture. **11.** ~ da cesoia (a circa 45° rispetto all'asse della barra) (*metall.*), shear fracture. **12.** ~ fibrosa (*metall.*), fibrous fracture. **13.** ~ fragile (frattura per distacco, rottura fragile, rottura per distacco, non preceduta da deformazione) (*metall.*), brittle fracture. **14.** ~ granulare (*metall.*), granular fracture. **15.** ~ intercristallina (*metall.*), intercrystalline fracture. **16.** ~ irregolare (di un provino per es.) (*metall.*), ragged fracture. **17.** ~ legnosa (dovuta alla presenza di scorie e manifestantesi dopo rullatura o fucinatura) (*metall.*), woody fracture. **18.** ~ per fatica (*metall.*), fatigue fracture. **19.** ~ sericea (*metall.*), silky fracture. **20.** ~ squamosa (negli acciai rapidi) (*metall.*), fish-scale fracture. **21.** prova di ~ su barretta intagliata (*tecnol. mecc.*), nicked fracture test. **22.** temperatura di arresto della propagazione della ~ fragile (nelle prove a caduta di peso, temperatura alla quale la propagazione della rottura fragile si arresta) (*metall. - tecnol. mecc.*), crack arrest temperature, CAT.
fratturare (*gen.*), to fracture.
fratturazione (~ di rocce: naturale o artificiale) (*s. - geol. - pozzi petrolio*), shear, fracturing.
frazionamento (*chim.*), fractionation. **2.** ~ (*gen.*), fractionization. **3.** ~ (di terreni in lotti) (*urbanistica*), plotting. **4.** ~ azionario (*finanz.*), stock split.
frazionare (terreni in lotti per es.) (*urbanistica*), to plot.
frazionario (numero) (*mat.*), fractional.
frazionato (*chim.*), fractional. **2.** distillazione frazionata (*ind. chim.*), fractional distillation.
frazionatore (*app. ind. chim.*), fractionator.
frazione (*mat.*), fraction. **2.** ~ (da distillazione di olii per es.) (*ind. chim.*), fraction, cut. **3.** ~ continua, *vedi* decimale ricorrente. **4.** ~ di secondo (*gen.*), split second. **5.** ~ leggera (di olii combustibili per es.) (*ind. chim.*), light fraction. **6.** ~ molare (*fis. atom.*), mole fraction. **7.** ~ propria (*mat.*), proper fraction. **8.** ~ semplice (*mat.*), simple fraction.
freàtico (*a. - geol.*), water-bearing, phreatic. **2.** falda freatica (*geol.*), waterbearing stratum, water bed.
freccia (di cartello indicatore) (*traff. strad.*), arrow. **2.** ~ (tra corda e curva) (*geom.*), camber. **3.** ~ (di un arco) (*arch.*), height, rise. **4.** ~ (di un ponte per es.) (*ed.*), rise. **5.** ~ (freccia della curva per es. di una trave) (*ed. - mecc.*), camber. **6.** ~ (all'estremità di una linea di quota per es.) (*dis. mecc.*), crowfoot. **7.** "~" (*aut.*), *vedi* indicatore di direzione. **8.** ~ (*nav.*), *vedi* controranda. **9.** ~ (o deformazione elastica) a carico normale (di una molla) (*ferr. - ecc.*), set. **10.** ~ apparente (di una linea elettrica per es.) (*sc. costr.*), sag. **11.** ~ di flessione (di una barretta sottoposta a prova di flessione) (*tecnol. mecc.*), deflection. **12.** ~ d'inflessione (*sc. costr.*), deflection. **13.** ~ (o monta) di un arco (*arch.*), rise of an arch, height of an arch. **14.** ~ massima della mediana (di una sezione di ala per es.) (*sc. costr.*), maximum mean camber. **15.** ~ negativa (di ali) (*aer.*), sweepforward. **16.** ~ normale (di una linea elettrica), dip. **17.** ~ positiva (di ali) (*aer.*), sweepback. **18.** a ~ (di ali) (*a. - aer.*), swept.
freddo (*term.*), cold. **2.** a catodo ~ (*a. - termoion.*), cold-cathode. **3.** lavorazione a ~ (*metall.*), cold working. **4.** ondata di ~ (*meteor.*), cold wave.
freezer, *vedi* congelatore domestico.
fregata (*nav.*), frigate.
fregio (di colonna, di muro ecc.) (*arch.*), frieze. **2.** ~ (ornamento di metallo cromato sulla carrozzeria di un automezzo) (*aut.*), molding. **3.** ~ (decorazione sul margine di un foglio stampato per es.) (*tip.*), border. **4.** ~ a foglie di alloro (*arch.*), laurel. **5.** ~ a lancia (fregio a freccia) (*carrozz. aut. - ferr.*), sweep spear (colloquiale am.). **6.** ~ del batticalcagno (profilato di finizione sulla soglia del vano porta) (*aut.*), sill moulding. **7.** ~ sottoporta (*aut.*), body side sill molding.
frenaggio, cavo di ~ (di un pallone) (*aer.*), (balloon) flying cable. **2.** ~, *vedi* frenatura.
frenare (*mecc. - aut.*), to brake. **2.** ~ elettricamente (un motore elettrico invertendo il senso di rotazione) (*elett.*), to plug.
frenasterzo (ammortizzatore dello sterzo, di motocicletta) (*mecc.*), steering damper (ingl.).
frenata (*veic.*), braking. **2.** spazio di ~ (distanza percorsa da un velivolo durante la fase d'arresto su una portaerei) (*aer.*), pull-out distance. **3.** spazio di ~ (distanza di arresto) (*aut.*), stop distance.
frenato (*gen.*), braked.

frenatore (*op. - ferr.*), brakesman (ingl.), brakeman (am.).

frenatura (*mecc. - aut.*), braking. **2.** ~ (di un dado mediante filo per es.) (*mecc.*), locking. **3.** ~ a controcorrente (*mot. elett.*), reverse current braking. **4.** ~ a ricupero (di un locomotore elettrico per es.) (*elettromecc.*), regenerative braking. **5.** ~ dinamica, *vedi* ~ elettrica. **6.** ~ elettrica (di un veicolo elettrico, i motori del quale vengono convertiti in generatori esercitando così una forza ritardatrice) (*veic. - elett.*), dynamic braking. **7.** ~ elettrica in controcorrente (*elett.*), electric plugging. **8.** ~ elettromagnetica (di un veicolo elettrico per es.) (*elettromecc.*), electromagnetic braking. **9.** ~ reostatica (di un veicolo elettrico per es.) (*elettromecc.*), rheostatic braking. **10.** distanza di ~ (distanza di arresto) (*aut.*), stop distance. **11.** orbita di ~ (di una capsula spaziale) (*astric.*), braking orbit. **12.** sistema di ~ (*mecc.*), braking system.

frenèllo (*nav.*), rudder rope.

freno (*mecc. - aut.*), brake. **2.** ~ a ceppi (esterni alla ruota oppure costituiti da ganasce interne al tamburo) (*mecc. dei freni*), block brake, shoe brake. **3.** ~ a ceppi avvolgenti e svolgenti (*aut.*), leading-and-trailing shoe brake. **4.** ~ a ceppi multipli (di freno a tamburo: di un escavatore per es.) (*veic.*), multiple shoe brake. **5.** ~ a comando elettromagnetico (di un apparecchio di sollevamento per es.) (*elett.*), magnetic brake. **6.** ~ a controvapore (*ferr.*), counterpressure steam brake. **7.** ~ a correnti di Foucault (*elett.*), eddy current drag brake. **8.** ~ ad aria compressa (*aut. - ferr.*), air brake. **9.** ~ ad attrito (~ dinamometro ad attrito) (*mecc.*), friction brake. **10.** ~ a depressione (*aut. - mecc.*), vacuum brake, suction brake. **11.** ~ ad inerzia (del rimorchio di un autocarro) (*aut.*), overrun brake, overrunning brake. **12.** ~ a disco (mediante pinza agente su entrambe le facce del disco) (*aut.*), disc brake. **13.** ~ a doppia ganascia avvolgente (*aut.*), two leading shoe brake. **14.** ~ a due ceppi (per ruota) (*ferr.*), clasp brake. **15.** ~ ad aria compressa (con pistoni, cilindri e serbatoio) (*ferr.*), air brake. **16.** ~ aerodinamico (aerofreno: superficie per diminuire la velocità di un aereo) (*aer.*), air brake. **17.** ~ a espansione (*mecc. - aut.*), expanding brake. **18.** ~ a frizione conica (*mecc.*), cone brake. **19.** ~ a ganasce (*mecc.*), shoe brake. **20.** ~ al cerchio (di bicicletta) (*mecc.*), rim brake. **21.** ~ a mano (*aut. - ecc.*), hand brake, parking brake. **22.** ~ a mano (di soccorso o stazionamento) (*aut.*), emergency brake. **23.** ~ a mano collegato meccanicamente solo con le ruote posteriori (*aut.*), hand brake linked mechanically to rear brakes only. **24.** ~ a nastro (*mecc.*), band brake, ribbon brake, strap brake. **25.** ~ anteriore (*aut.*), front brake. **26.** ~ antiblocco (*aut.*), *vedi* sistema antiblocco. **27.** ~ a pedale (*aut.*), foot brake, service brake. **28.** ~ a repulsione (per rimorchi leggeri a due ruote per trasporto barche ecc.: da agganciarsi alla vettura) (*aut.*), overrun brake. **29.** ~ a scarpa (*ferr.*), wagon brake, tire brake, block brake. **30.** ~ a tamburo (*aut.*), drum brake. **31.** ~ a tre ceppi (*aut.*), three-shoe brake. **32.** ~ a tre ceppi avvolgenti (*aut.*), three-leading shoe brake. **33.** ~ automatico (sistema Westinghouse per es.) (*ferr. - ecc.*), automatic brake. **34.** ~ automatico di stazione (di funicolare per es.), self-acting station brake. **35.** ~ con distributore a scarica moderabile (freno universale per treno passeggeri) (*ferr.*), graduated release brake, Universal Control car brake, UC passenger brake. **36.** ~ continuo (*ferr.*), continuous brake. **37.** ~ contropedale (di bicicletta per es.) (*mecc.*), coaster brake. **38.** ~ del carrello (*aer.*), undercarriage brake. **39.** ~ di emergenza (in caso) di distacco (freno di sicurezza che entra automaticamente in azione in caso di distacco del rimorchio per es.) (*veic.*), breakaway braking device. **40.** ~ differenziale (*mecc.*), differential brake. **41.** ~ dinamometrico idraulico (per prova motori) (*costr. mot.*), water brake. **42.** ~ di parcheggio (*aer. - ecc.*), parking brake. **43.** ~ di picchiata (deflettore di picchiata) (*aer.*), dive flap. **44.** ~ di rallentamento (usato nelle selle di lancio) (*ferr.*), retarder brake. **45.** ~ di sicurezza (arresto di sicurezza) (*app. sollevamento*), gripping device. **46.** ~ di sicurezza (*mecc.*), emergency brake. **47.** ~ di sosta (freno di stazionamento, freno di parcheggio) (*aut.*), parking brake, emergency brake. **48.** ~ di stazionamento (freno di parcheggio) (*aut.*), parking brake. **49.** ~ elettrico a pattini (di locomotore elettrico) (*ferr.*), electromagnetic rail brake. **50.** ~ elettromagnetico (*mot. elett. - elettromecc.*), electromagnetic brake, eddy current brake, magnetic brake. **51.** ~ esterno (operante all'esterno del tamburo per es.) (*mecc.*), external brake. **52.** ~ idraulico (*aut. - mecc.*), hydraulic brake. **53.** ~ (idraulico) del rinculo (*cannone*), pump brake. **54.** ~ idraulico (dinamometro) (*mot.*), hydraulic brake. **55.** ~ magnetico (*elettromecc.*), solenoid brake. **56.** ~ moderabile (freno con distributore a scarica moderabile) (*ferr.*), graduated release brake, Universal Control car brake, UC passenger brake, straight air brake. **57.** ~ moderabile (sistema Westinghouse) (*ferr.*), straight air brake. **58.** ~ motore (*autocarri*), exhaust brake. **59.** ~ Prony (~ dinamometrico) (*mot.*), Prony brake. **60.** ~ sul binario (per controllare la velocità dei carri sulla sella di lanciamento per es.) (*ferr.*), retarder. **61.** ~ sulla trasmissione (*aut.*), brake on the driveshaft, driveshaft brake. **62.** ~ sulle quattro ruote (*aut.*), four-wheel brake. **63.** freni sulle rotaie (*ferr.*), track brakes. **64.** ~ sul rinculo (*cannone*), muzzle brake. **65.** ~ universale per treno passeggeri (freno con distributore a scarica moderabile) (*ferr.*), graduated release brake, Universal Control car brake, UC passenger brake. **66.** bloccare i freni (*aut.*), to jam the brakes. **67.** carro con ~ (*ferr.*), brake van (ingl.). **68.** ceppo (portaceppo) del ~ (*mecc. - ferr.*), brake block. **69.** ceppo del ~ (parte che si usura quando è in contatto con la parte mobile) (*ferr.*), brake shoe. **70.** comando del ~ ad aria compressa (nella cabina di manovra della locomotiva, a fianco del macchinista) (*ferr.*), engineer's brake valve. **71.** ganascia del ~ (*mecc. - aut.*), brake shoe. **72.** guarnizione del ~ (di un'automobile per es.) (*mecc.*), brake lining. **73.** leva del ~ (*mecc.*), brake lever. **74.** liquido (per) freni (di ~ idraulico) (*aut.*), brake fluid. **75.** potenza al ~ (*mot.*), brake horsepower, BHP. **76.** prova al ~ (*mot.*), brake test. **77.** prova dei freni (*mecc. - aut.*), braking test. **78.** rubinetto di comando del ~ (rubinetto del macchinista) (*ferr.*), brake valve. **79.** spia (consumo) freni (*strum. aut.*), brake warning light. **80.** timoneria del ~ (leve, tiranti ecc. colleganti il pistone nel cilindro del freno con i ceppi) (*ferr.*), foundation brake gear. **81.** tirante del ~ (*mecc.*), brake pull rod. **82.** tubo flessibile (per accoppiamento) del ~ (ad aria compressa tra due vetture) (*ferr. - aut.*), brake hose pipe. **83.** volantino del ~ a mano (*ferr. - ecc.*), brake wheel, hand brake wheel. **84.** zoccolo del ~ (*mecc.*), brake shoe.

frenografo (decelerografo, registratore dei tempi di frenatura) (*app. - aut.*), decelerograph.

frenometro (strumento per la misurazione dell'efficienza dei freni) (*strum. mis. aut.*), brake meter.

freno-motore (*mot. - aut.*), exhaust brake.

Freon (nome commerciale indicante una serie di composti di fluoro usati nelle macchine frigorifere) (*chim. - term.*), Freon. **2.** ~ 12 (diclorodifluorometano, frigene) (C Cl_2F_2) (*chim.*), Freon 12.

frequènza (*elett.*), frequency. **2.** ~ (cicli per secondo) (*elett. - fis.*), cycles per second. **3.** ~ ciclotronica (frequenza naturale di girazione, di una particella carica in un campo magnetico) (*fis. atom.*), cyclotron frequency, gyromagnetic frequency. **4.** ~ da 300 a 3000 megacicli (*telev. - radio*), ultra high frequency, UHF. **5.** ~ dei punti (*telev. a colori*), dot frequency. **6.** ~ dei treni d'onda (*radio*), group frequency. **7.** ~ della rete (*elett.*), mains frequency. **8.** ~ delle scintille (*elett.*), spark frequency. **9.** ~ dell'impulso di temporizzazione (~ di clock) (*elab.*), clock frequency. **10.** ~ di battimento (*radio*), beat frequency. **11.** ~ di beccheggio (*aer. - nav.*), pitching frequency. **12.** ~ di campionamento (*stat. - ecc.*), sampling rate. **13.** ~ di disinnesco (di taglio) (*radio*), quench frequency. **14.** ~ di figura (frequenza di esplorazione) (*telev.*), field frequency. **15.** ~ di fusione (di immagini) (*ott. - cinem.*), fusion frequency. **16.** ~ di immagine (*telev.*), frame frequency. **17.** ~ di lavoro (*radio - elett.*), operating frequency. **18.** ~ di manipolazione (*tlcm.*), keying frequency. **19.** ~ di presa (*cinem.*), taking frequency. **20.** ~ di quadro (*telev.*), frame frequency (ingl.). **21.** ~ di riga (*telev.*), line frequency. **22.** ~ di risonanza (*radio*), resonance frequency. **23.** ~ di scansione (*eltn.*), sweep frequency. **24.** ~ di sfarfallamento (*cinem. - telev.*), flicker frequency (ingl.). **25.** ~ di taglio (frequenza limite) (*telef.*), cut-off frequency. **26.** ~ fondamentale (*elett.*), fundamental frequency. **27.** ~ industriale (50 o 60 periodi) (*elett.*), industrial frequency. **28.** ~ intermedia (*radio*), intermediate frequency, I.F. **29.** ~ modulata (*radio*), modulated frequency. **30.** ~ musicale (acustica) (*radio*), musical frequency. **31.** ~ normalizzata (scala di frequenze nella quale la frequenza è tracciata in rapporto ad una frequenza di riferimento) (*fis.*), normalized frequency. **32.** ~ portante (*radio*), carrier frequency. **33.** ~ propria (*fis.*), eigenfrequency, own frequency. **34.** ~ supersonica (*fis.*), supersonic frequency, SSF. **35.** ~ tipo (50 o 60 periodi al secondo) (*elett.*), standard frequency. **36.** ~ udibile (audio-frequenza, frequenza acustica) (*radio*), audiofrequency. **37.** ~ ultra-alta (da 300 a 3000 megacicli) (*tlcm.*), ultrahigh frequency. **38.** ~ ultrasonica (*fis.*), ultrasonic frequency, ultrasonic. **39.** ~ vocale (300 ÷ 3000 periodi al sec.) (*elab. - acus.*), voice frequency. **40.** a bassa ~ (*a. - radio - telev.*), low-frequency. **41.** ad alta ~ (*a. - radio - telev.*), high-frequency, HF. **42.** a ~ udibile (*a. - radio*), audio-frequency. **43.** a divisione di ~ (*eltn.*), frequency-division. **44.** alta ~ (*elett.*), high frequency. **45.** a media ~ (*a. - radio - telev.*), medium frequency. **46.** bassa ~ (*elett.*), low frequency. **47.** bassissima ~ (da 10 a 30 chilocicli) (*radio - telev.*), very low frequency, VLF. **48.** capacità soggettiva di riconoscimento della ~ (capacità di confronto dell'orecchio umano delle frequenze di suoni diversi) (*acus.*), subjective pitch. **49.** distribuzione delle frequenze (*dati stat.*), frequency distribution. **50.** divisione di ~ (*eltn.*), frequency division. **51.** media ~ (MF, m.f.: da 300 a 3000 chilocicli) (*radio - telev.*), medium frequency. **52.** moltiplicatore di ~ (*elett.*), frequency multiplier. **53.** spostamento (o slittamento) di ~ (*telecom.*), frequency shift. **54.** ufficio controllo ~ (*radio*), frequency control board. **55.** variatore di ~ (*macch. elett.*), frequency changer.

frequenzimetro, frequenziòmetro (misuratore di frequenze di corrente alternata) (*strum. elett.*), frequency meter, freq. m. **2.** ~ (ondametro) (*radiofrequenze - ecc.*), wavemeter, ondameter, frequency meter. **3.** ~ a lamelle vibranti (*strum. elett.*), vibrating-reed frequency meter. **4.** ~ digitale (*strum. eltn.*), frequency counter. **5.** ~ registratore (*elett.*), ondograph.

frèsa (*ut.*), milling cutter, cutter, mill, miller. **2.** ~ (*macch.*), milling machine. **3.** ~ (*macch. ut.*), *vedi anche* fresatrice. **4.** ~ a bicchiere (*ut.*), hollow mill. **5.** ~ a candela (a due scanalature) con estremità arrotondata (*ut.*), ball end two-fluted mill. **6.** ~ a codolo (*ut.*), end mill. **7.** ~ a creatore (*ut.*), hob, hobbing cutter. **8.** ~ ad angolo (*ut.*), angle cutter, angular cutter. **9.** ~ ad angolo biconica (*ut.*), double unequal-angle cutter. **10.** ~ ad angolo simmetrica (*ut.*), double equal-angle cutter. **11.** ~ a denti fissati meccanicamente e riaffilabili (*ut.*), grindable inserted blade cutter. **12.** ~ a denti radiali (*ut.*), radial milling cutter. **13.** ~ a denti riportati (*ut.*), inserted teeth milling cutter. **14.** ~ a disco (*ut.*), disk–type milling cutter. **15.** ~ a disco a due tagli con lame riportate (*ut.*), inserted blade straddle mill. **16.** ~ a disco per taglio ingranaggi (*ut.*), disk–type gear cutter. **17.** ~ ad un taglio (*ut.*), plain milling cutter. **18.** ~ a finire (*ut.*), finishing cutter. **19.** ~ a lame riportate (*ut.*), inserted–blade milling cutter. **20.** ~ a lima (*ut.*), burr. **21.** ~ a modulo (*ut.*), gear cutter, wheel cutter. **22.** ~ a placchette non riaffilabili (*ut.*), throw –away cutter. **23.** ~ a profilo (*ut.*), profile milling cutter, forming cutter (ingl.). **24.** ~ a profilo costante (fresa a profilo invariabile) (*ut.*), backed –off (milling) cutter. **25.** ~ a profilo curvo, o raggiato (*ut. mecc.*), radius cutter. **26.** ~ a profilo invariabile (*ut.*), backed–off (milling) cutter. **27.** ~ a sgrossare (*ut.*), roughing cutter. **28.** ~ a spianare (*ut.*), facing cutter, face mill, face (milling) cutter. **29.** ~ a spirale rapida (*ut.*), fast spiral mill. **30.** ~ a svasare (fresa per svasature) (*ut.*), countersink cutter. **31.** ~ a tre tagli (*ut.*), side mill, side cutter. **32.** ~ a vite (creatore) (*ut.*), hob. **33.** ~ a vite (*ut.*), *vedi anche* creatore. **34.** ~ concava (*ut.*), concave cutter. **35.** ~ conica (*ut.*), coned milling cutter, angular mill. **36.** ~ convessa (*ut.*), convex cutter. **37.** ~ di testa (*ut.*), end milling cutter. **38.** ~ elicoidale per ingranaggi (*ut.*), hob, hobbing cutter. **39.** ~ frontale a due tagli (*ut.*), end mill, face milling cutter. **40.** ~ frontale con gambo (fresa a codolo) (*ut.*), end mill, shank cutter, shank end mill. **41.** ~ multipla (treno di frese, gruppo di frese) (*ut.*), straddle mill. **42.** ~, o creatore a vite senza fine (*ut.*), worm hob. **43.** ~ per cave (fresa a disco per scanalature) (*ut.*), slot cutter. **44.** ~ per dentiere (*ut.*), rack milling cutter. **45.** ~ per filettare viti senza fine (*ut.*), worm thread (milling) cutter. **46.** ~ per finitura (*ut.*), finishing cutter. **47.** ~ per ingranaggi ad evolvente (*ut.*), involute gear cutter. **48.** ~ (a disco) per ruota a denti (da catena) (*ut.*), sprocket cutter. **49.** ~ per scanalati (fresa per alberi scanalati) (*ut.*), spline milling cutter. **50.** ~ per scanalature (*ut.*), slot (milling) cutter. **51.** ~ per scanalature Woodruff (per linguette) (*ut.*), Woodruff keyseat cutter. **52.** ~ per sgrossare (*ut.*), roughing cutter. **53.** ~ per spianare (*ut.*), facing cutter, face mill, face (milling) cutter, slab mill, slab milling cutter. **54.** ~ per taglio metalli (tipo di ~ a disco) (*ut. mecc.*), metal–slitting saw. **55.** frese per spianare accoppiate (frese cilindriche) (*ut.*), interlocked slab mill. **56.** ~ per svasare (fresa per svasature) (*ut.*), countersink cutter. **57.** ~ sagomata (*ut.*), form cutter, profile cutter.

fresare (*mecc.*), to mill. **2.** ~ ! (*dis. mecc.*), mill, M.

fresato (*mecc.*), milled.

fresatore (*op.*), milling machine operator.

fresatrice (fresa) (*macch. ut. - eltn.*), milling machine, miller. **2.** ~ (*macch. - legatoria*), routing machine. **3.** ~ a comando elettronico (*macch. ut.*), electronically–controlled milling machine. **4.** ~ a controllo numerico (*macch. ut. - elab.*), numerical control milling machine. **5.** ~ a copiare (*macch. ut.*), profile–copying machine, profiling machine. **6.** ~ a pantografo (fresatrice a copiare) (*macch. ut.*), copy milling machine. **7.** ~ a pialla (*macch. ut.*), planomiller, slabber, planer–type milling machine, planomilling machine. **8.** ~ a pialla a due montanti (*macch. ut.*), bridge planer–type milling machine. **9.** ~ automatica (*macch. ut.*), self–acting milling machine. **10.** ~ orizzontale (*macch. ut.*), horizontal milling machine. **11.** ~ orizzontale a pialla a una o più teste (*macch. ut.*), planer–type single or multiple head milling machine. **12.** ~ orizzontale semplice (*macch. ut.*), plain milling machine. **13.** ~ per alberi scanalati (*macch. ut.*), splining machine. **14.** ~ per dorsi di brossure (*macch. legatoria*), brochure routing machine. **15.** ~ per eccentrici (fresatrice per superfici curve) (*macch. ut.*), cam milling machine. **16.** ~ per filetti (*macch. ut.*), thread miller. **17.** ~ per ingranaggi (*macch. ut.*), gear cutting machine. **18.** ~ per pannelli di rivestimento resistente (per fusoliere di aereo per es.) (*macch. ut.*), skin–milling machine. **19.** ~ per scanalature (*macch. ut.*), spline milling machine. **20.** ~ per scanalature (o incastri) per chiavette (*macch. ut.*), cotter mill. **21.** ~ per stampi (*macch. ut.*), diesinking machine. **22.** ~ per viti senza fine (*macch. ut.*), worm milling machine. **23.** ~–pialla, fresa pialla (*macch. ut.*), rotary planer. **24.** ~ semplice (*macch. ut.*), plain milling machine. **25.** ~–trapanatrice a mano (per lavori di orologeria) (*macch. ut.*), hand–operated milling and drilling machine. **26.** ~ universale (*macch. ut.*), universal milling machine, universal miller. **27.** ~ universale con mandrino orientabile su braccio (*macch. ut.*), ram type milling machine. **28.** ~ universale con tavola girevole (*macch. ut.*), rotary milling machine. **29.** ~ universale per modelli (*macch. ut.*), universal pattern miller. **30.** ~ verticale (*macch. ut.*), vertical miller, vertical milling machine.

fresatura (*mecc.*), milling. **2.** ~ a creatore (*mecc.*), hobbing. **3.** ~ angolare (*mecc.*), angular milling. **4.** ~ a profilo (*mecc.*), profiling. **5.** ~ a spianare (*lav. macch. ut.*), face milling. **6.** ~ chimica (asportazione di metallo mediante soluzione chimica) (*chim. - mecc.*), chemical milling. **7.** ~ concorde (fresatura anticonvenzionale) (*operaz. mecc.*), climb milling. **8.** ~ con fresa a tre tagli (fresatura ad angolo retto rispetto all'asse della fresa) (*mecc.*), side milling. **9.** ~ con gruppo di frese (*mecc.*), gang milling. **10.** ~ con ossitaglio (fresatura alla fiamma) (*tecnol. mecc.*), flame milling. **11.** ~ (a copiare) con tastatore (*ind. mecc.*), tracer milling. **12.** ~ convenzionale (fresatura discorde) (*mecc. - macch. ut.*), up milling, conventional milling. **13.** ~ di pannelli per rivestimento resistente (per fusoliere di aereo per es.) (*operaz. mecc.*), skin–milling. **14.** ~ discorde (*mecc.*), up milling. **15.** ~ di superfici sferiche (*macch. ut. - mecc.*), spherical milling. **16.** ~ elicoidale (dentatura di ingranaggi elicoidali) (*lav. mecc.*), helical milling. **17.** ~ locale (*mecc. - macch. ut.*), spot -milling. **18.** ~ multipla (~ simultanea di più pezzi posti affiancati) (*ind. mecc.*), abreast milling. **19.** ~ parallela (all'asse della paletta della turbina) (*mecc.*), sweep milling. **20.** ~ periferica (fresatura con fresa cilindrica) (*macch. ut. - mecc.*), slab milling, peripheral milling. **21.** ~ simultanea con due frese sullo stesso mandrino (fresatura multipla) (*mecc.*), straddle milling. **22.** ~ trasversale (all'asse di una paletta di turbina, fresatura pendolare) (*mecc.*), pendulum milling.

fresco (*a. - term.*), cool. **2.** ~ (*pittura*), *vedi* affresco. **3.** ~ (che non ha ancora fatto presa; per es. di calcestruzzo non sufficientemente indurito) (*a. - costr. ed.*), green.

fresetta per dentista (*app. med.*), dental burr.

Fresnel, lente di ~ (*ott.*), Fresnel lens.

frettare (pulire con una frettazza) (*nav.*), to hog.

friàbile (*a. - gen.*), friable, crumbly. **2.** ~ (di carbone per es.) (*fis.*), short. **3.** ~ (detto di pietra o suolo) (*fis.*), crumbly. **4.** ~ (di neve) (*sport*), crisp, friable.

friabilità (delle anime dopo la colata) (*fond.*), collapsibility.

friggìo (disturbo nella riproduzione del suono) (*radio - acus.*), frying.

"frigidaire", *vedi* frigorifero.

frigidàrium (stanza a bassa temperatura) (*arch.*), frigidarium.

frigorìa (*mis. term.*), refrigeration unit, unit of refrigeration.

frigorìfero (*a.*), frigorific. **2.** ~ (domestico o industriale) (*s.*), refrigerator. **3.** ~ (elettrico) a condensatore (*app. term.*), condensing unit refrigerator. **4.** ~ ad assorbimento (*macch. termod.*), absorption system refrigerator. **5.** ~ (elettrico) ad assorbimento (*app. term.*), absorption refrigerator. **6.** ~ (con compressore) azionato da motore a combustione interna (*macch. term.*), mechanical refrigerator. **7.** ~ (con compressore) azionato da motore elettrico (*macch. term.*), electric refrigerator. **8.** ~ (senza compressore) azionato mediante riscaldatore a gas (*macch. term.*), gas refrigerator. **9.** ~ domestico (*macch. term.*), home refrigerator. **10.** ~ elettrico (*app. domestico*), electric home refrigerator. **11.** carro ~ (*ferr.*), refrigerator car, freezer. **12.** cella frigorifera (*term.*), refrigerator, freezer. **13.** macchina frigorifera (*macch. term.*), refrigerating engine, refrigerating machine. **14.** magazzino ~ (*ind.*), cold store. **15.** miscela frigorifera (*term.*), freezing mixture, refrigerating mixture.

frisata (*nav.*), *vedi* capo di banda.

fritta (*mft. vetro*), frit. **2.** preparazione della ~ (*mft. ceramica - mft. vetro*), fritting.

frizionatura (gommatura a frizione, di un tessuto) (*ind. gomma*), friction, frictioning. **2.** ~ a due passaggi (*ind. gomma*), two-pass friction. **3.** ~ ad un passaggio (*ind. gomma*), single-pass friction.

frizione (di automobile per es.) (*mecc.*), friction clutch, clutch. **2.** ~ a cono (*mecc.*), cone clutch. **3.** ~ a dischi (*mecc.*), plate type clutch. **4.** ~ a dischi a pacco libero (di una fucinatrice per es.) (*mecc.*), floating plates clutch. **5.** ~ a dischi multipli (*mecc.*), multiple-disk clutch. **6.** ~ a secco (di aut. per es.) (*mecc.*), dry clutch, dry-disk clutch. **7.** ~ centrifuga (*mecc.*), centrifugal clutch. **8.** ~ che slitta (di aut. per es.) (*mecc.*), slipping clutch. **9.** ~ che strappa (di aut. per es.) (*mecc.*), rough clutch. **10.** ~ di avviamento (di trattore agricolo per es.), starting clutch. **11.** ~ di sorpasso (innesto di sorpasso, di un motore elettrico di avviamento) (*mot. - elett.*), overrunning clutch. **12.** ~ di sterzo (di un trattore cingolato per es.) (*mecc.*), steering clutch. **13.** ~ idraulica (*mecc.*), hydraulic clutch. **14.** ~ magnetica (*mecc. - elett.*), magnetic clutch. **15.** ~ monodisco (di aut. per es.) (*mecc.*), single-plate clutch. **16.** ~ pneumatica (di una pressa per es.) (*mecc.*), air friction clutch. **17.** ~ sul volano (di pressa per es.) (*mecc.*), flywheel clutch. **18.** ammortizzatore a ~ (*mecc.*), friction (disc) shock absorber. **19.** coperchio della ~ (di aut. per es.) (*mecc.*), clutch housing pan. **20.** disco della ~ (di aut.) (*mecc.*), clutch disk, clutch plate. **21.** disinnestare la ~ (di aut. per es.) (*mecc.*), to disengage the clutch, to declutch. **22.** distaccare la ~ (di aut. per es.) (*mecc.*), to disengage the clutch, to declutch. **23.** forcella (di comando) della ~ (di aut.) (*mecc.*), clutch fork. **24.** innestare la ~ (di aut. per es.) (*mecc.*), to engage the clutch. **25.** leva di innesto della ~ (leva di comando della frizione) (di una macchina utènsile per es.) (*mecc.*), clutch control lever. **26.** leva (o pedale) della ~ (*aut. - ecc.*), clutch. **27.** lucidatura per ~ (*mft. carta*), friction glazing. **28.** molla di spinta della ~ (*mecc.*), clutch pressure spring. **29.** pedale della ~ (di aut. per es.) (*mecc.*), clutch pedal. **30.** riguarnire il disco della ~ (*mecc.*), to reface the clutch disk (am.), to reline the clutch plate. **31.** ruota di ~ (*mecc.*), friction wheel. **32.** sostituire gli spessori al disco della ~ (*mecc.*), to reface the clutch disk (am.), to reline the clutch plate. **33.** trasmissione a ~ (*mecc.*), friction drive, friction gear.

frode (*leg.*), fraud.

frontale (*a. - gen.*), frontal.

frontalmente (*gen.*), frontally.

fronte (*gen.*), front. **2.** ~ (lato principale) (*gen.*), face. **3.** ~ (della briglia del cavallo), front. **4.** ~ (*milit.*), front. **5.** ~ (fronte di avanzamento, fronte di abbattimento: in una galleria) (*min.*), breast, face. **6.** ~ (linea fra due differenti masse d'aria) (*meteor.*), front. **7.** ~ caldo (*meteor.*), warm front. **8.** ~ dell'arco (*arch.*), face of arch. **9.** ~ d'onda (*elett. - fis.*), wave front. **10.** ~ d'urto (di un'onda d'urto) (*aerodin.*), front Mach. **11.** ~ freddo (*meteor.*), cold front. **12.** di ~ (affacciato, in faccia) (*gen.*), opposite, facing in opposed position. **13.** far ~ a (un debito) (*comm.*), to meet. **14.** verso il ~ di scavo (*min.*), inby, inbye.

frontespizio (di un libro per es., pagina con titolo, nome dell'autore e dell'editore) (*edit.*), title page, first page, frontispiece. **2.** falso ~ (titolo abbreviato che precede la pagina di frontespizio) (*edit.*), bastard title, half title.

frontièra (*geogr.*), frontier, border, boundary. **2.** reso ~ (*comm. - trasp.*), delivered at frontier.

frontogenesi (sviluppo od intensificazione di un fronte) (*meteor.*), frontogenesis.

frontolisi (scomparsa o forte indebolimento di un fronte) (*meteor.*), frontolysis.

frontone (*arch.*), gable, frontal.

frottatoio (*macch. tess.*), rubber.

frullatore (frullino elettrico per cucina o bar) (*app. per uso domestico*), electric blender (am.), mixer (ingl.). **2.** ~ (per schiuma di lattice) (*macch. ind. chim.*), beater.

frullino, mezzo ~ (*acrobazia aer.*), half-roll.

frullo (*att. tess.*), twirling stick. **2.** ~ orizzontale (acrobazia) (*aer.*), roll, aileron roll.

frumento (grano) (*agric.*), wheat.

fruscìo (caratteristico brusìo di fondo che accompagna la riproduzione di suoni) (*radio - grammofono*), ground noise. **2.** ~ della punta (nella riproduzione del suono) (*grammofono*), needle noise.

frusta (*gen.*), whip.

frustagno, *vedi* fustagno.

frustare (un cavallo per es.) (*gen.*), to whip.

frustrazione (*psicol.*), frustration.

frutta (*agric.*), fruit.

fruttare (*finanz.*), to yield.

frutticoltura (*agric.*), fruit growing.

fruttifero (*gen.*), fruitful, yielding.

"FTC" (fusione termonucleare controllata) (*fis. atom.*), controlled thermonuclear fusion, CTF.

fuchsina (fucsina, fuxina, colorante artificiale) (*chim.*), fuchsin, fuchsine.

fucile (a palla e a canna rigata) (*arma da fuoco milit.*), rifle. **2.** ~ ad aria compressa (*arma*), air rifle. **3.** ~ a retrocarica (*arma da fuoco*), breech-loader. **4.** ~ a tre canne ("drilling") (*arma da fuoco*), triple-barreled gun. **5.** ~ automatico (*arma da fuoco*), automatic rifle. **6.** ~ da caccia (a canna liscia, generalmente a due canne) (*arma da fuoco*), shotgun. **7.** ~ mitragliatore (*arma da fuoco*), submachine gun, tommy gun, magazine rifle. **8.** ~ perforatore (*att. min.*), stoper, jackhammer, drill stope. **9.** canna del ~ (*mecc.*), gun barrel.

fuciliere (soldato) (*milit.*), rifleman.

fucina (*app. per fabbri*), forge. **2.** ~ (reparto di importante stabilimento metallurgico) (*ind.*), forge shop. **3.** ~ (officina di fabbro ferraio), smithy. **4.** ~ con aria insufflata dal basso (*app. per fabbri*), bottom-blast forge. **5.** ~ fissa ad un fuoco (*att. per fabbro*), single-fire fixed forge. **6.** ~ per rame (*lav. metall.*), copper mill.

fucinabile (*fucinatura*), forgeable.

fucinabilità (lavorabilità a caldo) (*metall.*), forgeability.

fucinare (*metall.*), to forge. **2.** ~ alla pressa (*fucinatura*), to press-forge. **3.** ~ a stampo (stampare, con maglio o pressa) (*fucinatura*), to drop-forge. **4.** ~ entro stampi (o preselle) (*fabbro*), to swage.

fucinati (pezzi fucinati) (*metall.*), forgings.

fucinato (*a. - metall.*), forged, F. **2.** ~ (pezzo fucinato) (*s. - metall.*), forging. **3.** ~ a stampo (al maglio od alla pressa) (*a. - fucinatura*), drop-forged. **4.** ~ a stampo (pezzo fucinato, al maglio od alla pressa) (*s. - fucinatura*), drop-forging. **5.** ~ ottenuto con processo di estrusione (estruso per fucinatura) (*metall.*), extruded forging. **6.** ~ ottenuto meccanicamente (*metall.*), power forging. **7.** ferro ~ (*metall.*), forged iron. **8.** pezzo ~ (*metall.*), forging.

fucinatore (*op.*), forger, forgeman, hammersmith.

fucinatrice (*macch. metall.*), forging machine, forger. **2.** ~ a frizione pneumatica (*macch.*), air -clutch forging machine. **3.** ~ a rulli (sbozzatrice a rulli) (*macch. metall.*), forging roll, "reduceroll", "use rolls". **4.** ~ automatica (*macch.*), automatic forger. **5.** ~ meccanica (*macch. metall.*), upsetting machine, upsetter. **6.** ~ meccanica orizzontale (*macch. metall.*), horizontal upsetting machine. **7.** ~ orizzontale (*macch. metall.*), horizontal -type forging machine, bulldozer.

fucinatura (fucinatura libera), forging. **2.** ~ ad alta energia (*tecnol. mecc.*), high-energy forging, high-energy-rate forging, HERF. **3.** ~ a freddo (stampaggio a freddo) (*tecnol. mecc.*), cold forging. **4.** ~ (con riscaldamento) a induzione (*fucinatura*), induction forging. **5.** ~ (a stampo) alla pressa (stampaggio alla pressa) (*fucinatura*), press forging. **6.** ~ al maglio (*fucinatura*), hammer forging. **7.** ~ a stampo (*fucinatura*), drop forging. **8.** ~ a stampo chiuso (fucinatura a stampi combacianti) (*fucinatura*), closed-die forging. **9.** ~ cava (di un tubo, di un anello ecc.) (*fucinatura*), hollow forging. **10.** ~ con attrezzi a mano (*fucinatura*), loose tool forging. **11.** ~ di precisione (*fucinatura*), precision forging. **12.** ~ libera (fucinatura a stampo aperto) (*fucinatura*), open-die forging. **13.** ~ per resistenza elettrica (*fucinatura*), (electric) resistance forging. **14.** ~ senza bava (in stampi completamente chiusi) (*fucinatura*), flashless forging. **15.** colata e ~ (processo combinato di colata e fucinatura) (*tecnol. mecc.*), squeeze-casting. **16.** macchina per la ~ e la laminazione (*macch.*), forging and rolling machine. **17.** pressa per ~ a stampo (*macch.*), die forging press. **18.** prova di ~ (*fucinatura*), upending test. **19.** scoria di ~ (battitura) (*fucinatura*), forge scale. **20.** stiramento di ~ (dovuto alla fucinatura ed al successivo raffreddamento) (*difetto*), forging strain.

fucsina (anilina rossa) (*chim.*), fuchsin, fuchsine.

fuga (perdita: di gas per es.) (*ind.*), escape, leak. **2.** ~ (imballata: di un motore) (*mot.*), racing. **3.** ~ del metallo dalla forma (difetto di fonderia, fuga durante e dopo la colata) (*fond.*), runout. **4.** ~ di capitali (*finanz.*), capital outflow, capital flight. **5.** elettrone di ~ (elettrone di plasma sottoposto a forti accelerazioni) (*fis.*), runaway electron.

fugacità (termodinamica dei gas) (*chim. fis.*), fugacity.

fulcro (*fis. - mecc. raz.*), fulcrum. **2.** ~ di una bilancia (*mecc.*), scale fulcrum.

fulìggine (di camino), soot. **2.** ~ (nero fumo) (*ind.*), soot.

fuligginoso (*comb.*), sooty.

fulmicotone (*espl.*), nitrocotton, guncotton.

fulminante (innesco: di una cartuccia) (*espl.*), primer, percussion cap, cap.

fulminato (colpito dal fulmine) (*a. - elett.*), struck by lightning, thunderstruck. **2.** ~ (di apparecchio elettrico per es.) (*a. - elett.*), burnt out. **3.** ~ di mercurio (*s. - espl.*), fulminate of mercury.

fùlmine (*meteor.*), thunderbolt, lightning. **2.** ~ ramificato (*meteor.*), forked lightning. **3.** ~ sferico (fulmine globulare) (*meteor.*), ball lightning, globular lightning. **4.** scarica del ~ (*geofis.*), lightning discharge.

fumaiòlo (canna) (*imp. riscaldamento - ed. civ. - ferr. - ecc.*), smokestack. **2.** ~ (di macchina) (*ind.*), chimney, funnel, smokestack. **3.** ~ (di una nave) (*nav.*), funnel.

fumana (vapori) (*gen.*), vapors, fumes.

fumante (p. es. detto di acido nitrico concentrato ecc.) (*a. - chim.*), fuming.

fumare (di fumaiolo, di incendio ecc.) (*gen.*), to smoke. **2.** ~ (emettere fumi o esalazioni nocive: acido solforico concentrato per es.) (*chim. - ind.*), to fume.

fumarola (emanazione di gas sul fianco di un vulcano) (*geol.*), fumarole.

fumi (prodotti gassosi della combustione) (*comb.*), flue gas. **2.** ~ pulverulenti (costituiti da particelle solide disperse nell'atmosfera) (*fis. - ind.*), particulates. **3.** ~, *vedi anche* esalazioni.

fumiganti (disinfettanti o disinfestanti a mezzo di vapori e fumi) (*chim. ind.*), fumigants.

fumigatore (*app. med.*), fumigator.

fumigazione (esposizione a fumi) (*disinfestazione*), fumigation.

fumista (*lav.*), stove fitter, stove setter.

fumo (*comb.*), smoke. **2.** ~ (nella verniciatura a spruzzo) (*ind.*), fumes. **3.** emettere ~, to smoke. **4.** limite del ~ (di un motore diesel) (*mot.*), smoke limit. **5.** senza ~ (di polvere pirica per es.) (*gen.*), smokeless. **6.** sottoporre all'azione del ~, to smoke.

fumògeno, smoke producer. **2.** cortina fumogena (*milit.*), smoke screen.

fumosità (di un motore diesel per es.) (*mot.*), grade of smoke.

fune (*cavo*), cable. **2.** ~ (*ind. - ed. - nav.*), rope, cable. **3.** ~ (in opera), line. **4.** ~ ad avvolgimento crociato (fune incrociata: con fili avvolti in senso opposto ai trefoli) (*mft. funi*), ordinary lay rope. **5.** ~ ad avvolgimento parallelo (fune parallela, fune Lang, fune Albert: con i fili avvolti nello stesso verso dei trefoli) (*app. trasp. - ecc.*), Lang lay rope. **6.** ~ Albert (*app. trasp. - ecc.*), *vedi* fune ad avvolgimento parallelo. **7.** ~ a spirale (fune spiroidale: formata da uno o più strati di fili tondi avvolti attorno ad un filo centrale) (*mft. funi*), spiral rope. **8.** ~ a trefoli, stranded rope. **9.** ~ a trefoli piatti (o non girevoli) (*app. trasp. - ecc.*), flattened strand rope. **10.** ~ bilanciata (*ind. funi*), neutral rope. **11.** ~ chiusa (a superficie esterna liscia e continua) (*app. trasp. - ecc.*), full-lock coil rope, full-locked coil rope. **12.** ~ da imbracatura (*app. sollevamento*), sling rope. **13.** ~ della valvola (di un involucro di dirigibile) (*aer.*), valve line. **14.** ~ di acciaio, steel wire rope. **15.** ~ di acciaio chiusa (*ind.*), steel-clad rope. **16.** ~ di canapa, hemp rope. **17.** ~ di colmo (*nav.*), ridgerope. **18.** ~ di fuoriuscita (di un paracadute) (*aer.*), lazy leg. **19.** ~ di Manila, Manila rope. **20.** ~ di ormeggio (*nav.*), painter, mooring rope. **21.** ~ di rimorchio, tow line. **22.** ~ di rinvio (fissata alla parte posteriore del carrello per il ritorno a vuoto dello stesso) (*min.*), tail rope. **23.** ~ di sicurezza (di funicolare per es.), safety cable. **24.** ~ di strappamento (attrezzo di emergenza per aerostato) (*aer.*), rip cord. **25.** ~ di trazione (di teleferica per es.) (*mecc.*), pull rope, traction rope, hauling cable. **26.** ~ di vincolo (fune con una estremità fissata al paracadute e l'altra al velivolo) (*aer.*), static line. **27.** ~ elicoidale a fili incrociati (*fabbr. funi*), spirally wound cable with cross lay. **28.** ~ incrociata (*app. trasp. - ecc.*), *vedi* fune ad avvolgimento crociato. **29.** ~ intrecciata (*fabbricazione funi*), braided rope, plaited rope. **30.** ~ Lang (*app. trasp. - ecc.*), *vedi* fune ad avvolgimento parallelo. **31.** ~ metallica (*fabbricazione funi*), wire rope. **32.** ~ metallica a filo grosso (*app. trasp. - ecc.*), coarse-wire rope. **33.** ~ metallica a filo sottile (*app. trasp. - ecc.*), fine-wire rope. **34.** ~ metallica chiusa (a superficie esterna liscia e continua) (*app. trasp. - ecc.*), locked-wire rope, locked-coil wire rope. **35.** ~ parallela (*app. trasp. - ecc.*), *vedi* fune ad avvolgimento parallelo. **36.** ~ per imbracatura (per alzare materiali) (*app. sollevamento*), sling rope. **37.** ~ per trasmettere potenza (*att. mecc.*), transmission rope. **38.** ~ piatta (formata da più funi a trefoli accostate e legate trasversalmente) (*min. - app. trasp.*), flat rope. **39.** ~ portante (di teleferica per es.) (*mecc.*), carrying cable. **40.** ~ ritorta (*fabbricazione funi*), twisted rope. **41.** ~ semichiusa (*app. trasp. - ecc.*), half-lock coil rope, half-locked coil rope. **42.** ~ Simplex (tipo di fune chiusa senza anima) (*mft. funi*), Simplex rope. **43.** ~ traente (di teleferica per es.) (*mecc.*), running cable. **44.** anello di ~ (*nav.*), grommet. **45.** rigidezza della ~ (di funicolare per es.), stiffness of the cable, resistance to bending of the cable. **46.** trasmissione a ~ (*mecc.*), rope drive.

fungicida (di trattamento su di un impianto elettrico

per es.) (*a. - biol.*), antifungal. **2.** ~, *vedi* antifungo.

fungiforme (a fungo) (*gen.*), mushroom.

fungistatico (che inibisce lo sviluppo di funghi), *vedi* antifungo.

fungo (di una valvola per es.) (*mecc.*), head. **2.** ~ (di una trave in cemento armato od in ferro per es.) (*ed.*), head. **3.** ~ (di rotaia) (*ferr.*), head. **4.** ~ atomico (originato da esplosione atomica) (*espl. atom.*), radioactive mushroom.

funicella di rottura (di un paracadute, rotta intenzionalmente durante lo spiegamento affinché questo avvenga secondo un modo predeterminato) (*aer.*), weak tie.

funicolare (cavo e rotaia) (*mezzo di trasp.*), funicular, funicular railway, cable railway. **2.** ~ a va e vieni (*mezzo di trasp.*), to-and-fro funicular, funicular working in two directions. **3.** ferrovia ~ (*ferr.*), funicular railway, funicular. **4.** monorotaia ~ (funicolare che corre su rotaia aerea) (*mezzo di trasp.*), monorailway, telpher railway, telpher line.

funivia (per passeggeri con cabine sospese ad un cavo) (*mezzo di trasp.*), passenger ropeway, cableway. **2.** ~ a va e vieni (*trasp.*), to-and-fro cableway. **3.** ~ continua ad agganciamento automatico (*trasp.*), continuous ropeway with automatic catching.

funtore (elemento logico) (*s. - elab.*), functor.

funzionale (*gen.*), functional.

funzionalità (*gen.*), functionality.

funzionamento (di motore di macchine per es.), running, working, operation. **2.** ~ ad otto tempi (difetto di motore di motocicletta dovuto ad imperfetta carburazione) (*mot.*), eight stroking. **3.** ~ al minimo (*mot.*), idling. **4.** ~ a quattro tempi (*mot.*), four stroking. **5.** ~ a terra (o al suolo) (*mot. aer.*), ground running. **6.** ~ automatico (nell'uso di un videoregistratore per es.) (*audiovisivi*), auto operation. **7.** ~ a vuoto (di macchina o motore) (*mecc.*), idling. **8.** ~ con inclinazione fino a 45° (di un motore a combustione interna per es.) (*mot.*), inclined operation up to 45°. **9.** ~ continuo (di macchina per es.), continuous working. **10.** ~ discontinuo (di veicoli del servizio pubblico comunale per es.) (*veic.*), start-stop operation. **11.** ~ idraulico (*mecc.*), hydraulic working. **12.** ~ in parallelo (di alternatori per es.) (*elett.*), parallel operation. **13.** ~ in parallelo (ad es. di un nuovo sistema che opera in contemporaneità con quello primitivo) (*elab. - ecc.*), parallel running. **14.** ~ intermittente (di macchina per es.), intermittent working. **15.** ~ irregolare (di un motore a benzina quando la miscela è ricca) (*mot.*), galloping. **16.** ~ non uniforme (o fluttuante) (di motore di motocicletta per es.) (*mot.*), hunting. **17.** ~ passo passo (*elab.*), single-step operation, single-shot operation. **18.** ~ per autoaccensione (di un motore a combustione interna che continua a dare colpi nonostante sia stata tolta l'accensione) (*mot.*), after-running. **19.** ~ ripetitivo (*calc.*), playback method. **20.** ~ scorrevole (di macchine) (*mecc.*), smooth running. **21.** ~ silenzioso (di una macchina per es.) (*mecc.*), noiseless running. **22.** ~ sotto sorveglianza (di un operatore) (*macch. - elab. - ecc.*), attended operation. **23.** a ~ ridotto (di un elaboratore che lavori parzialmente) (*elab.*), crippled mode. **24.** tensione di ~ (*elett.*), working voltage, operating potential.

funzionante (di macchina, di impianto per es.), working, operating. **2.** ~ (in condizioni di poter regolarmente funzionare: di macchina, di impianto ecc.), in working conditions. **3.** ~ (in attività: di macchina, apparecchio ecc., o anche di stabilimento industriale) (*ind. - ecc.*), on line. **4.** ~ a nafta (*forno*), oil-firing.

funzionare (*mecc.*), to operate, to run. **2.** ~ irregolarmente (di un motore che perde colpi per es. ecc.) (*aer. - nav. - mecc. - ecc.*), to skip. **3.** ~ male (o in modo irregolare) (*gen.*), to malfunction. **4.** ~ sotto carico (di motore per es.), to run loaded. **5.** far ~ (*mecc.*), to operate. **6.** in grado di ~ (di sistema in condizione di operare) (*elab.*), operable.

funzionario, officer. **2.** ~ (di una ditta) (*pers. - organ.*), representative (*n.*). **3.** ~ tecnico municipale (*manutenzione cittadina*), municipal engineer.

funzione (*gen.*), function. **2.** ~ (*mat.*), function. **3.** ~ (*elab.*), function. **4.** ~ AND (~ E) (*elab.*), AND function. **5.** ~ armonica (*mat.*), harmonic function. **6.** ~ della densità di probabilità (curva delle probabilità) (*mat. - stat.*), probability density function. **7.** ~ di distribuzione (*stat.*), distribution function. **8.** ~ di Lagrange (potenziale cinetico) (*mecc. raz.*), kinetic potential. **9.** ~ direzionale (*organ.*), management function. **10.** ~ di segno contrario (*mat.*), odd function. **11.** ~ d'onda (meccanica quantistica) (*mecc.*), wave function. **12.** ~ esponenziale (*mat.*), exponential function. **13.** ~ inversa (*mat.*), inverse function. **14.** ~ inversa (funzione NOT) (*macch. calc.*), NOT-function. **15.** ~ iperbolica (*mat.*), hyperbolic function. **16.** ~ monotona (*mat.*), monotonic function. **17.** ~ operativa (*elab.*), *vedi* primitiva. **18.** ~ OR (*macch. calc.*), OR function. **19.** ~ periodica (*mat.*), periodic function. **20.** ~ sommatoria (*mat.*), summative function. **21.** ~ vettoriale (*sc. costr.*), vector function. **22.** in ~ (*mecc.*), working, on. **23.** in ~ di (*gen.*), as a function of. **24.** non in ~ (a riposo; non operante: p. es. un elaboratore) (*elett. - eltn.*), quiescent.

fuochista (*op. ferr. - cald.*), stoker, fireman.

fuòco (combustione), fire. **2.** ~ (di una ellisse) (*geom.*), focus. **3.** ~ (*fot. - ott.*), focus. **4.** ~ (*milit.*), fire. **5.** ~ (di un obiettivo, una lente) (*ott. - fot.*), focal point, principal focus. **6.** ~ aerodinamico (di una sezione d'ala) (*aer.*), aerodynamic center. **7.** ~ convergente (*milit.*), converging fire. **8.** ~ d'accompagnamento (*milit.*), covering fire. **9.** ~ di artificio, firework. **10.** ~ di batteria (*artiglieria*), battery fire. **11.** ~ di Bengala (*fuochi ar-*

tificiali), Bengal fire. **12.** ~ di neutralizzazione (*milit.*), neutralizing fire. **13.** ~ di Sant'Elmo (*meteor.*), St. Elmo's fire, jack-o'-lantern. **14.** ~ di sbarramento (*artiglieria*), barrage. **15.** ~ di spianamento (*milit.*), destructive fire. **16.** ~ fisso (*fot.*), fixed focus, f.f. **17.** ~ incrociato (*milit.*), cross fire. **18.** ~ posteriore (secondo fuoco) (*ott.*), back focus. **19.** a ~ (di una lente) (*a. - ott.*), in focus. **20.** accendere il ~ (in caldaia per es.), to light the fire. **21.** a ~ fisso (di un obiettivo) (*a. - fot.*), fixed-focus. **22.** a messa a ~ automatica (*fot.*), *vedi* "autofocus". **23.** aprire il ~ (*milit.*), to open fire. **24.** arma da ~, firearm. **25.** conservazione del ~ (a regime minimo, durante la notte o il fine-settimana) (*comb. - metall.*), banking. **26.** dare ~ a (incendiare) (*gen.*), to set on fire. **27.** dispositivo di messa a ~ (di macchina fotografica per es.) (*ott.*), focusing device. **28.** effettiva potenza delle bocche da ~ di una nave (*mar. milit.*), metal. **29.** messa a ~ (*telev. - eltn. - ott. - fot.*), focusing. **30.** messa a ~ automatica (di una telecamera o di una macchina fotografica) (*audiovisivi - fot.*), auto focus, auto focusing. **31.** messa a ~ elettromagnetica (*telev. - eltn.*), electromagnetic focusing. **32.** messa a ~ manuale (*audiovisivi - fot.*), manual focus, auto focusing. **33.** mettere a ~ (*ott. - fot.*), to focus, to focalize. **34.** perdita al ~ (*chim.*), ignition loss. **35.** prendere ~ (di un fusto di benzina per es.) (*gen.*), to catch fire. **36.** regolazione della messa a ~ (*ott. - eltn.*), focus control. **37.** vigile del ~ (*op.*), fireman.

fuòri (*gen.*), out. **2.** ~ casa (acquistato all'esterno, particolare non costruito in fabbrica) (*a. - ind.*), bought out. **3.** ~ centro (*a. - gen.*), out-of-center. **4.** ~ del raggio d'azione (fuori portata) (*gen.*), out-of-range. **5.** ~ fasciame (*a. - nav.*), over the shell plating, over the planking. **6.** ~ fase (sfasato) (*a. - elett.*), out-of-phase. **7.** ~ ossatura (*a. - nav.*), over the frames. **8.** ~ piombo (*a. - costr.*), out-of-plumb. **9.** ~ portata (fuori del raggio d'azione) (*gen.*), out-of-range. **10.** ~ quadro (di film) (*cinem.*), out-of-frame. **11.** ~ servizio (di linea elettrica, idrica, di nave ecc.), out of commission. **12.** ~ tutto (lunghezza totale) (*a. - nav.*), overall. **13.** ~ uso (inservibile) (*gen.*), unserviceable. **14.** larghezza ~ ossatura e dentro fasciame (di una nave) (*nav.*), molded breadth. **15.** larghezza massima ~ fasciame (di una nave) (*nav.*), breadth extreme. **16.** lunghezza ~ tutto (*nav. - ecc.*), overall length.

fuoribordo (motore da applicare esternamente: ad una barca) (*nav.*), outboard motor.

fuori-elenco (di numero telefonico non inserito nell'elenco telefonico) (*telef.*), ex-directory.

fuoriscalmo (barca) (*s. - nav.*), outrigger.

fuoriserie (modello fuoriserie) (*s. - gen.*), custom-built model. **2.** carrozzeria ~ (*aut.*), custom-built body.

fuoristrada (per fuori strada: di veicolo che può marciare su strade agricole o in assenza di strade) (*a. - veic.*), multipurpose. **2.** ~ (veicolo fuoristrada) (*s. - veic. - aut.*), multipurpose motor vehicle. **3.** ~ anfibio universale (veicolo che può marciare ovunque, su terra, neve, sabbia od acqua) (*veic.*), all-terrain vehicle. **4.** ~ da competizione (*aut. sport.*), sprint car.

furano (prodotto usato nella fabbricazione del nylon p. es.) (*chim.*), furan.

furfurolo ($C_5H_4O_2$) (aldeide furanica) (*chim.*), furfural, furfuraldehyde.

furgoncino (*veic. - aut.*), light van.

furgone (*aut.*), van (ingl.), delivery van (ingl.). **2.** ~ blindato (*veic. milit.*), armored utility vehicle, AUV. **3.** ~ multiuso (veicolo con finestre e porte laterali o posteriori) (*aut.*), van. **4.** ~ per consegna merci (*veic.*), delivery wagon (am.). **5.** ~ per mobilia (*veic.*), pantechnicon (ingl.).

"furlong" (201,17 m) (*mis.*), furlong.

furto (*leg.*), theft.

fuscello (bastoncino) (*legno*), splint.

fusèllo (di un assale) (*mecc.*), spindle, journal. **2.** ~ dell'assale (di veicolo), axletree spindle. **3.** ~ (fusello non facente parte di un unico assale: ~ della ruota anteriore di una automobile per es.) (*veic.*), stub axle. **4.** ~ (*mecc.*), *vedi anche* fuso.

fusìbile (*a. - fond.*), meltable. **2.** ~ (di valvole elettriche) (*s. - elett.*), fuse. **3.** ~ ad azione lenta (*elett.*), slow-blow fuse. **4.** ~ ad espulsione (*disp. elett.*), expulsion fuse. **5.** ~ a grande potenza di rottura (*elett.*), high breaking capacity fuse. **6.** ~ a liquido (*elett.*), liquid type fuse. **7.** ~ a patrona (*elett.*), strip fuse, fusing strip. **8.** ~ a tappo (*elett.*), cartridge fuse. **9.** ~ con allarme (*elett.*), alarm fuse. **10.** ~ di massima (corrente) (*elett.*), overflow fuse. **11.** ~ in aria (~ non protetto da cartuccia) (*elett.*), open fuse, open-fuse cutout. **12.** ~ in tubo di vetro (*elett.*), tubular glass fuse. **13.** ~ ritardato (*elett.*), delayed fuse. **14.** elemento ~ (di tappo per valvola per es.) (*elett.*), link. **15.** lega ~ (*metall.*), fusible alloy. **16.** metallo ~ (*metall.*), fusible metal. **17.** ~ del nocciolo (di reattore nucleare) (*fis. atom.*) meltdown. **18.** tappo ~ (di valvola elett.) (*elett.*), plug fuse, fuseplug.

fusibilità (*fis. - fond.*), fusibility.

fusiforme (*a. - gen.*), fusiform, spindle, spindle-shaped.

fusione (del metallo) (*fond.*), founding, smelting, fusion. **2.** ~ (di materiali non metallici), melting. **3.** ~ (getto, pezzo ottenuto di fusione) (*fond.*), casting. **4.** ~ (*autom.*), merge. **5.** ~ (unione di nuclei atomici per ottenere nuclei più pesanti) (*fis. atom.*), fusion. **6.** ~ (specifica quantità di vetro ottenuta in una operazione) (*mft. vetro*), melt. **7.** ~ (di un fusibile) (*elett.*), blowout. **8.** ~ (di due società) (*comm. - finanz.*), merger, fusion. **9.** ~ a bombardamento elettronico (di un metallo, columbio per es.) (*metall.*), electron beam melting. **10.** ~ a cera persa (*fond.*), lost-wax casting. **11.** ~ a cera perduta (*fond. ind.*), investment casting. **12.** ~ ad arco con elettrodo annegato (*metall.*), consumable electrode arc melting. **13.** ~ ad arco con elettrodo permanente (*metall.*), permanent electrode arc melting, non-consumable electrode arc melting. **14.** ~ ad arco sotto vuoto (*metall.*), vacuum arc melting. **15.** ~ (nucleare) a freddo (ipotetica ~ nucleare ottenuta per assorbimento di atomi di deuterio in un metallo) (*fis. atom.*), cold-water fusion. **16.** ~ a guscio (in forma di terra legata con resine fenoliche) (*fond.*), shell casting. **17.** ~ (nucleare) a temperatura ambiente (una ~ a freddo p. es.) (*fis. atom.*), room-temperature fusion. **18.** ~ deformata (getto svergolato) (*fond.*), warped casting. **19.** ~ del nocciolo (di reattore nucleare) (*fis. atom.*), meltdown. **20.** ~ di campane (*fond.*), bell founding. **21.** ~ difettosa (getto mancato) (*fond.*), misrun casting. **22.** ~ di precisione (*fond.*), precision casting. **23.** ~ eutettica (*metall.*), eutectic melting. **24.** ~ in acciaio (pezzo fuso in acciaio) (*fond.*), steel casting. **25.** ~ incompleta (incollatura) (*saldatura*), incomplete fusion. **26.** ~ in conchiglia (*fond.*), chill casting. **27.** ~ in forma aperta (*fond.*), casting in open. **28.** ~ in ghisa (pezzo fuso in ghisa) (*fond.*), iron casting. **29.** ~ in (stato di) levitazione, *vedi* ~ levitante. **30.** ~ in staffe (*fond.*), casting in flasks. **31.** ~ in verde (*fond.*), green casting. **32.** ~ levitante (senza contatti meccanici; sospesa per mezzo di un campo magnetico) (*fis. plasma*), levitation melting. **33.** ~ nucleare (*fis. atom.*), nuclear fusion. **34.** ~ parziale prima del punto di fusione (*metall.*), premelting. **35.** ~ per centrifugazione (*fond.*), centrifugal casting. **36.** ~ per gradi (*fond.*), step melting. **37.** ~ per zone (metodo di affinazione di sostanze cristalline per fusione locale progressiva e successiva ricristallizzazione) (*metall.*), zone melting. **38.** ~ piezonucleare (*fis. atom.*), *vedi* ~ a freddo. **39.** ~ rigata (fusione con venature) (*fond.*), streaked casting. **40.** ~ scartata alla prova a pressione (getto scartato alla prova idraulica) (*fond.*), leaker. **41.** ~ sotto pressione (*fond.*), die casting (am.), die casting (ingl.). **42.** ~ sotto vuoto (*metall.*), vacuum melting. **43.** ~ sotto vuoto ad induzione (*metall.*), vacuum induction melting. **44.** ~ svergolata (getto svergolato) (*fond.*), warped casting. **45.** ~ termonucleare controllata (FTC) (*fis. atom.*), controlled thermonuclear fusion, CTF. **46.** a basso punto di ~ (bassofondente) (*chim.*), low-melting. **47.** bacino di ~ (*mft. vetro*), melter. **48.** calo di ~ (*fond.*), melting loss, loss in melting. **49.** cera per ~ (*fond.*), casting wax. **50.** crosta di ~ (*fond.*), casting skin. **51.** di ~ (*a. - fond.*), as cast, AC. **52.** di ~ difficile (*fis.*), infusible. **53.** di prima ~ (*a. - metall.*), virgin, primary. **54.** frequenza di ~ (di immagini) (*ott.*), fusion frequency. **55.** incorporamento nella ~ (presa in fondita, di canne cilindro di ghisa in un basamento di alluminio per es.) (*fond.*), molding in place. **56.** incorporato nella ~ (preso in fondita, di canne cilindro di ghisa in un basamento di alluminio per es.) (*fond.*), molded in place, cast-in. **57.** letto di ~ (*fond.*), bedding. **58.** mancanza di ~ (*difetto saldatura*), lack of fusion. **59.** modello (di) ~ (*fond.*), pattern. **60.** punto di ~ (*fis.*), melting point. **61.** tensioni interne di ~ (*fond.*), casting strains.

fuso (*a. - fond.*), melted, molten. **2.** ~ (fusello di assale) (*s. - mecc.*), spindle, journal. **3.** ~ (di un telaio) (*mecc. tess.*), spindle. **4.** ~ (di un'àncora) (*nav.*), shank. **5.** ~ (*geom.*), lune. **6.** ~ (di un orologio) (*orologeria*), fusee. **7.** ~ (di un cuscinetto) (*a. - difetto mecc.*), burnt out. **8.** ~ (asse fissato direttamente al telaio del veicolo e che alla estremità libera porta una sola ruota) (*mecc. veicoli*), stub axle. **9.** ~ a misura (fuso a disegno) (*a. - fond.*), cast-to-size. **10.** ~ a snodo (~ portante di una ruota sterzante e con l'altra estremità fissata al perno verticale di articolazione) (*mecc. aut.*), stub axle. **11.** ~ di ritorcitura (*ind. tess.*), doubling spindle. **12.** ~ in guscio (*fond.*), shell-cast. **13.** ~ orario (*geogr.*), time zone. **14.** ~ sferico (*geom.*), spherical lune. **15.** ~ sotto vuoto (di acciaio) (*fond. - mecc.*), vacuum-melted. **16.** pezzo ~ (*fond. - mecc.*), casting. **17.** tornietto per fusi (*macch. ut. - orologeria*), fusee lathe.

fusolièra (*aer.*), fuselage. **2.** ~ a guscio (fusoliera a struttura a guscio, fusoliera [a struttura] monoguscio) (*aer.*), monocoque fuselage. **3.** ~ in tubi d'acciaio (*aer.*), steel tube fuselage. **4.** ~ reticolare (*aer.*), truss fuselage. **5.** estremità anteriore della ~ (*aer.*), nose.

fustagno (*ind. tess.*), fustian.

fustèlla (*ut.*), dinking die (am.), hollow punch, socket punch.

fustellatura (l'operazione di tagliare mediante fustella anche materiali non metallici) (*ind. - ecc.*), dinking, die cutting.

fusto (tronco) (*legn.*), stock. **2.** ~ (di un remo) (*nav.*), loom. **3.** ~ (o scapo: di una colonna) (*arch.*), shaft, trunk, fust, scape. **4.** ~ (di lamiera: per benzina, nafta, olio per es.) (*ind.*), drum, transport drum. **5.** ~ (in legno: per vino, liquori ecc.) (*ind.*), barrel, keg, cask. **6.** ~ rastremato (di colonna) (*arch.*), diminished shaft.

futuro (*gen.*), future. **2.** ~ (nel tiro contro bersagli mobili) (*a. - artiglieria*), predicted. **3.** determinazione dei dati futuri (nel tiro contro bersagli mobili) (*artiglieria*), prediction. **4.** punto ~ (nel tiro contro bersagli mobili) (*artiglieria*), predicted target position. **5.** sito ~ (nel tiro contro bersagli mobili) (*artiglieria*), predicted target elevation. **6.** tiro nel punto ~ (contro bersagli mobili) (*artiglieria*), predicted firing.

fuxina (fucsina, colorante artificiale) (*chim.*), fuchsin, fuchsine.

G

"G" (giga–, prefisso: 10^9) (*mis.*), G, giga–.
g (accelerazione di gravità) (*fis.*), g, acceleration of gravity.
g ~ (misura di peso) (*mis.*), gram.
gabardina (*tess.*), gabardine.
gabbia (*gen.*), cage. **2.** ~ (coffa) (*nav.*), crow's-nest, top. **3.** ~ (di cuscinetto a sfere o a rulli) (*mecc.*), cage, retainer. **4.** ~ (di ascensore), cage. **5.** ~ (*elett.*), cage. **6.** ~ (da imballaggio) (*trasp.*), crate. **7.** ~ (di una carrucola) (*app. sollevamento*), casing, block. **8.** ~ (incastellatura dei cilindri di un laminatoio) (*metall.*), holsters, housings. **9.** ~ a cilindri equilibrati (di un laminatoio) (*metall.*), balanced stand. **10.** ~ a duo (di un laminatoio) (*metall.*), two-high stand. **11.** ~ a pignoni (contenente i pignoni di un laminatoio) (*metall.*), pinion housing, spindle housing. **12.** ~ a trio (di un laminatoio) (*metall.*), three-high stand. **13.** ~ bassa (gabbia fissa, vela) (*nav.*), lower main topsail. **14.** ~ da miniera (*min.*), skip, skip hoist, skip elevator. **15.** ~ dell' ascensore (*imp. per ed.*), elevator casing. **16.** ~ di Faraday (*elett.*), Faraday cage. **17.** ~ di scoiattolo (di motore elettrico) (*elett.*), squirrel cage. **18.** ~ di spremitura (di pressa a gabbia, per l'estrazione di olii vegetali per es.) (*app.*), pressing cage. **19.** ~ fissa (gabbia bassa) (*nav.*), lower main topsail. **20.** ~ per minatori (apparato elevatore per pozzi che alloggia i minatori) (*min.*), man cage. **21.** ~ rifinitrice dei bordi (*laminatoio*), edging stand. **22.** ~ sgrossatrice (di un laminatoio) (*metall.*), roughing stand. **23.** ~ volante (vela) (*nav.*), upper main topsail. **24.** antenna a ~ (*radio*), cage antenna. **25.** avvolgimento a ~ (*elettromecc.*), cage winding.
gabbione (per contenimento di terre, formazione di argini per es.) (*mur. - costr. idr.*), gabion.
gabbro (*roccia*), gabbro. **2.** ~ iperstene (*min.*), hypersthene gabbro.
gabinetto (toeletta) (*ed.*), lavatory, toilet.
gadolinio (Gd - *chim.*), gadolinium.
gadolinite (*min.*), gadolinite.
gaffa (mezzo marinaio, gancio d'accosto) (*att. nav.*), boat hook.
gal (unità di accelerazione = 1 cm/ sec^2: usata in sismologia e geodesia) (*mis.*), gal.
galalite (corno artificiale) (*chim.*), Galalith.
galassia (*astr.*), galaxy.
galàttico (*a. - astr.*), galactic.
galattòsio ($C_6H_{12}O_6$) (monosaccaride) (*chim.*), galactose.
galaverna (brina da nebbia o da nubi, simbolo internazionale v) (*meteor.*), rime. **2.** (calaverna) (*meteor.*), *vedi* brina.
galbano (*resina*), galbanum.
galèna (PbS) (*min.*), galena. **2.** radio a ~ (apparecchio radio ricevente) (*radio*), crystal set.
galèra (galea) (*antica mar. milit.*), galley.
galla, a galla (*nav.*), afloat.
galleggiabilità (*nav.*), buoyancy.
galleggiamento (*gen.*), flotage, floatage, flotation, floatation. **2.** centro di ~ (*nav.*), center of buoyancy. **3.** dispositivo di ~ (applicato ad un velivolo terrestre) (*aer.*), flotation gear. **4.** linea di ~ (*nav.*), water line, waterline. **5.** linea di ~ a pieno carico normale (*nav.*), load water line. **6.** lunghezza al ~ (*nav.*), length on the waterline, length on the water. **7.** riserva di ~ (riserva di galleggiabilità, compartimenti stagni dell'opera morta di nave o di idrovolante) (*nav. - aer.*), reserve buoyancy. **8.** spinta di ~ (*nav.*), buoyancy.
galleggiante (a galla) (*a. - nav. - idr.*), afloat, floating. **2.** ~ (di carburatore) (*mecc. mot.*), float. **3.** ~ (di idrovolante) (*aer.*), float. **4.** ~ centrale unico (di idrovolante) (*aer.*), single float. **5.** ~ della lenza (*pesca*), top water plug. **6.** ~ divergente (usato dagli spazzamine) (*mar. milit.*), oropesa float (ingl.). **7.** ~ laterale (di idrovolante) (*aer.*), side float. **8.** ~ stabilizzatore di estremità d'ala (di idrovolante) (*aer.*), wing-tip stabilizing float. **9.** complesso dei galleggianti di ammaraggio (montati sull'idrovolante) (*aer.*), landing gear. **10.** regolatore a ~ (per applicazioni industriali), ball cock.
galleggiare (*gen.*), to float.
galleria (*ferr.*), tunnel. **2.** ~ (*min.*), tunnel gallery. **3.** ~ (di teatro) (*arch.*), gallery **4.** ~ (di esposizione per es.) (*arch.*), gallery. **5.** ~ (passeggiata coperta fiancheggiata da negozi) (*costr. civ.*), shopping mall, gallery. **6.** ~ (passaggio sotterraneo), subway. **7.** ~ a circuito aperto (*prove aerodin.*), nonreturn-flow wind tunnel. **8.** ~ ad aria compressa (*prove aerodin.*), compressed-air wind tunnel. **9.** ~ aerodinamica verticale (*aer.*), spin tunnel. **10.** ~ a ritorno (galleria a circuito chiuso) (*prove aerodin.*), return-flow wind tunnel. **11.** ~ a vena aperta (galleria a vena libera) (*prove aerodin.*), open-

jet wind tunnel. **12.** ~ a vena chiusa (*prove aerodin.*), closed-jet wind tunnel. **13.** ~ con visualizzazione del flusso (per prove aerodinamiche) (*aerodin.*), flow visualization tunnel. **14.** ~ del fumo (galleria del vento con immissione di fumo) (*aerodin.*), smoke tunnel. **15.** ~ dell'albero (tunnel dell'asse dell'elica) (*nav.*), shaft tunnel, shaft passage. **16.** ~ del vento (galleria aerodinamica) (*aer.*), wind tunnel. **17.** ~ del vento per modelli volanti (*prove aerodin.*), free-flight wind tunnel. **18.** ~ di accesso (*min.*), adit, side drift. **19.** ~ di accesso principale (*min.*), gangway. **20.** ~ di ferrovia sotterranea (*ferr.*), tube. **21.** ~ di livello (*min.*), drift. **22.** ~ di livello a ventilazione forzata (*min.*), fan drift. **23.** ~ di metropolitana (*ferr.*), tube. **24.** ~ di primo avanzamento (effettuata all'interno della sezione della galleria definitiva) (*min.*), pioneer tunnel, pioneer bore. **25.** ~ di quadri (pinacoteca) (*arch.* - *arte*), picture gallery. **26.** ~ di servizio (di uno stabilimento per es.) (*ind.*), underground passage. **27.** ~ di ventilazione (*min.*), windway, airway. **28.** ~ filtrante (impiegata negli impianti di approvvigionamento idrico per la raccolta dell'acqua) (*impianti idr.*), infiltration gallery, underdrain. **29.** ~ idrodinamica (per prove di modelli) (*nav.*), water tunnel. **30.** ~ in direzione entrobanco (*min.*), reef drive. **31.** ~ in direzione lungobanco (*min.*), drive. **32.** ~ in pendenza (*min.*), slant. **33.** ~ in pressione (*prove aerodin.*), compressed-air wind tunnel. **34.** ~ per lo studio delle raffiche (*app. di prova aer.*), gust tunnel. **35.** ~ principale (*min.*), gangway. **36.** ~ supersonica (*prove aerodin.*), supersonic wind tunnel. **37.** ~ traversobanco (perpendicolare alla vena) (*min.*), crosscut. **38.** ~ verticale (*prove aerodin.*), vertical wind tunnel. **39.** sbocco della ~ (*ferr.*), tunnel opening. **40.** scavare una ~ (*ferr.* - *min.*), to tunnel.

galletto (dado ad alette) (*mecc.*), wing nut.

gallio (Ga - *chim.*), gallium.

gallòccia (castagnola, tacchetto) (*nav.*), cleat. **2.** ~ d'albero (castagnola d'albero) (*nav.*), mast cleat.

gallone (*gal.* - *mis.*), gallon. **2.** ~ (am.) (l 3,785) (*mis.*), United States gallon. **3.** ~ (ingl.) (l 4,54596) (*mis.*), imperial gallon.

gallotannico (*chim.*), gallotannic. **2.** acido ~ (tannino) (*chim.* - *ind. cuoio*), gallotannic acid, tannin.

galoppare (di un motore a comb. interna) (*difetto di mot.*), to gallop.

galoppino (guidacinghia) (*mecc.*), guide pulley. **2.** ~ (per tendere una cinghia) (*mecc.*), tightening pulley. **3.** ~ (guidacinghia regolabile) (*mecc.*), mule pulley.

galoppo (funzionamento irregolare) (*mot.*), galloping.

galvànico (*elett.*), galvanic.

galvanizzare, *vedi* trattare con galvenostegia. **2.** ~ (*elett. med.*), to galvanize.

galvanizzazione (*elett. med.*), galvanization.

galvano (copia di matrice, di rame per es., ottenuta galvanicamente) (*tip.* - *ind.*), galvanograph.

galvanocautèrio (*strum. med.*), electric cautery.

galvanomètrico (*a.* - *fis.*), galvanometric.

galvanòmetro (*strum. elett.*), galvanometer. **2.** ~ a bobina mobile (*strum. elett.*), moving-coil galvanometer. **3.** ~ a corda (od a filo teso) (*strum. elett.*), string galvanometer. **4.** ~ ad ago mobile (*strum. elett.*), needle galvanometer. **5.** ~ a specchio (*strum. elett.*), mirror galvanometer. **6.** ~ astatico (*strum. elett.*), astatic galvanometer. **7.** ~ a vibrazione (*strum. elett.*), vibration galvanometer. **8.** ~ a vibrazione ad ago (*strum. elett.*), vibrating needle galvanometer. **9.** ~ balistico (*strum. elett.*), ballistic galvanometer. **10.** ~ di d'Arsonval (*strum. mis. elett.*), d'Arsonval galvanometer. **11.** ~ differenziale (*strum. elett.*), differential galvanometer.

galvanoplàstica (*s.* - *elettrochim.* - *metall.*), electroplating.

galvanoplastico (*a.* - *elettrochim.*), galvanoplastic, galvanoplastical.

galvanoscòpio (*strum. elett.*), galvanoscope, rheoscope.

galvanostegìa (*elettrochim.*), electroplating. **2.** trattare con ~ (*ind.*), to electroplate.

galvanotecnica (*elettrochim.*), the science of electroforming and electroplating.

galvanotipia (*elettrochim.* - *tip.*), electrotyping.

gamba (di un tavolo per es.), leg. **2.** ~ (di un quadro di galleria) (*min.*), post. **3.** ~ ammortizzatrice (di un carrello d'atterraggio per es.) (*aer.*), shock strut. **4.** ~ ammortizzatrice oleodinamica (di carrello di atterraggio) (*aer.*), oleo strut. **5.** ~ del carrello (d'atterraggio) (*aer.*), undercarriage leg, undercarriage strut. **6.** "~" sottovento (parte del procedimento di atterraggio nella quale il velivolo vola in direzione opposta a quella dell'avvicinamento finale) (*aer.*), reciprocal leg.

gambo (*mecc.*), shank, stem. **2.** ~ (di rotaia) (*ferr.*), web. **3.** ~ (di un prigioniero) (*mecc.*), stud, stud bolt. **4.** ~ a sfera (*mecc.*), ball-headed shank. **5.** ~ conico (*mecc.*), tapered shank. **6.** ~ del bullone (*mecc.*), bolt body, bolt shank. **7.** ~ del chiodo (o rivetto) (*mecc.*), rivet shank. **8.** ~ della valvola (*mecc.*), valve stem. **9.** ~ dell'utensile (*ut.*), tool shank.

gamma (*gen.*), range. **2.** ~ (di frequenze per es.) (*radio*), range. **3.** ~ (fattore γ di contrasto di un'immagine) (*fot.*), gamma. **4.** ~ (unità di intensità magnetica $= 1 \times 10^{-5}$ oersted) (*unità magnetica*), gamma. **5.** ~ delle audiofrequenze (gamma musicale, gamma di frequenze udibili) (*acus.* - *radio*), audio-range, audible frequencies range, audiofrequency range. **6.** ~ di lunghezze d'onda (*radio*), wave band. **7.** ~ di sintonia (*radio*), tuning band.

gammagrafia (ricerca di difetti interni mediante raggi gamma) (*metall.*), gamma-ray radiograph, gammagraph.

gammascopio (*app. radioatt.*), gammascope.

ganasce (mascelle: di frantoio per pietre) (*mecc.*), jaws. **2.** ~ addizionali (per morsa) (*ut.*), false jaws.

ganascia (*mecc.*), jaw, shoe. **2.** ~ (di morsa) (*mecc.*), jaw, cheek. **3.** ~ (di freno a espansione) (*mecc.*), brake shoe. **4.** ~ (per rotaia) (*ferr.*), fish-plate, fishing plate, splice bar. **5.** ~ avvolgente (del freno) (*aut.*), leading shoe. **6.** ~ d'arresto (*app. sollevamento*), grip cheek. **7.** ~ del contatto (contatto a molla), contact clip. **8.** ~ piana (per rotaia) (*ferr.*), flat fish-plate, splice bar. **9.** ~ svolgente (del freno) (*aut.*), trailing shoe. **10.** vite di comando delle ganasce (dell'autocentrante di un tornio per es.) (*mecc. - macch. ut.*), draw-in bolt.

gancetto a vite (con gambo filettato) (*uso domestico - falegn. - ecc.*), screw hook.

gancio (*mecc.*), hook. **2.** ~ ("crochet", armatura: elemento metall. per tenere un'anima in posizione per es.) (*fond.*), gagger. **3.** ~ (di trazione, di una locomotiva per es.) (*ferr.*), coupler. **4.** ~ ad occhiello (*app. sollevamento*), eye hook. **5.** ~ ad S (*mecc. - ecc.*), S hook. **6.** ~ a griffa (*gru*), claw hook. **7.** ~ a molinello (*mecc.*), swivel hook. **8.** ~ a molla (*mecc.*), snap hook, spring hook. **9.** ~ a perno (*mecc.*), swivel hook. **10.** ~ a repulsione centrale (gancio tipo Shaffenberg: di una locomotiva) (*ferr.*), centre buffer coupler. **11.** ~ a scocco (*nav.*), slip hook. **12.** ~ a spostamento laterale (*ferr.*), drawhook with side play. **13.** ~ a testa girevole (*disp. di sollevamento*), swivel hook, hoisting hook. **14.** ~ attaccapanni (su un'automobile per es.) (*aut. - ecc.*), clothes hanger hook. **15.** ~ automatico (gancio tipo Shaffenberg per attacco carrozze ferroviarie) (*ferr.*), automatic coupler. **16.** (~) cavastoppa (utensile usato per pulire comenti per es.) (*ut. nav.*), ravehook. **17.** ~ con gambo filettato (gancio filettato con dado) (*carp. - mecc. - ecc.*), bolt hook, hook bolt. **18.** ~ con impugnatura (*mecc.*), hook with handle. **19.** ~ con occhiello piatto (*mecc.*), hook with flat eye. **20.** ~ d'accosto (gaffa, mezzo marinaio,) (*nav.*), boathook. **21.** ~ da muro (arpione) (*gen.*), wall hook. **22.** ~ da vele (*nav.*), sail hook. **23.** ~ (del commutatore) del telefono (*app. telef.*), switch hook. **24.** ~ di appontaggio (posto sotto la coda di un aereo per l'aggancio al cavo di appontaggio sulla portaerei) (*nav.*), arrester hook. **25.** ~ di riserva (di una locomotiva per es.) (*ferr.*), spare hook. **26.** ~ di rimorchio (perno del dispositivo di aggancio) (*aut.*), pintle. **27.** ~ di sicurezza (per unire una locomotiva a vapore al tender) (*ferr.*), safety hook. **28.** ~ di sicurezza (*app. sollevamento*), safety hook. **29.** ~ di traino anteriore (di un trattore agricolo per es.), front pull hook. **30.** ~ di traino snodato (*veic.*), full-floating hitch. **31.** ~ di trazione (di una locomotiva per es.) (*ferr.*), drawhook, tow hook. **32.** ~ doppio (*app. per sollevamento*) sister hook. **33.** ~ doppio (usato nelle gru) (*ind.*), ram's-horn. **34.** ~ doppio (*nav.*), clasp hook. **35.** ~ girevole (gancio a perno, gancio a molinello) (*mecc.*), swivel hook. **36.** ~ girevole con molla (*mecc.*), swivel spring hook. **37.** ~ Liverpool (*mecc.*), Liverpool hook. **38.** ~ oscillante (*mecc.*), floating hook. **39.** ~ (per catena) di sollevamento (*att. sollevamento*), sling hook. **40.** ~ per lamiere (*mecc.*), plate clamp. **41.** ~ per rimorchio (*aut.*), tow hook. **42.** ~ rigido (*veic.*), rigid hitch. **43.** apertura (o larghezza) del ~ (*mecc.*), hook mouth, hook jaw. **44.** chiave a ~ (*ut.*), hook spanner (ingl.), hook wrench (am.).

ganga (*min.*), gangue. **2.** ~ del carbone (*min.*), coal gangue.

ganistro (materiale refrattario: per rivestimento della suola di un forno per es.) (*min.*), ganister.

gara (*sport*), contest. **2.** ~ (concorso per forniture) (*comm.*), tender, competitive bidding. **3.** ~ di accelerazione (con macchine speciali, con dragster) (*sport aut.*), drag race, drag. **4.** ~ di fondo (gara su lungo percorso) (*aut. - ecc.*), long distance race. **5.** ~ su strada (~ condotta su strade aperte al traffico) (*aut. - mtc.*), racing. **6.** bando di ~ (invito a gara) (*comm.*), invitation for bids.

garage (autorimessa) (*aut.*), garage. **2.** ~ individuale (box chiudibile) (*aut.*), lockup.

garagista (*lav.*), garageman, garagist.

garante (avallante) (*leg. - comm.*), warrantor, guarantor (ingl.).

garantire (*comm.*), to guarantee, to warrant.

garantito (di merci per es.) (*a. - comm.*), warranted, guaranteed.

garanzìa (*comm. - leg.*), guarantee, warranty. **2.** ~ (pegno) (*leg.*), lien. **3.** ~ assicurativa (protezione contro danni, perdite ecc.) (*finanz. - ass.*), indemnity. **4.** assistenza di ~ (assistenza nel periodo di garanzia) (*comm. - aut. - ecc.*), after-sales service in warranty period. **5.** periodo di ~ (di un'auto per es.) (*comm.*), warranty period.

garbo (sagoma) (*costr. nav.*), template, templet.

garguglia, gargolla, "gargouille" (doccione di gronda) (*arch.*), gargoyle.

garitta (di sorveglianza per es.), sentry box. **2.** ~ del frenatore (*ferr.*), brakesman cabin, brake cabin. **3.** ~ (o camera) di salvataggio (di un sottomarino) (*mar. milit.*), escape chamber.

garnettare (*ind. tess.*), to garnett.

garnettatrice ("garnett", sfilacciatrice) (*ind. tess.*), garnetter, garnetting machine.

garnettatore (*op. tess.*), garnetter.

garnettatura (riduzione a fibre tessili di materiali di scarto) (*ind. tess.*), garnetting.

garnierite (*min.*), garnierite.

garza (*tess.*), gauze. **2.** ~ grezza (*tess.*), cheesecloth.

garzare (*ind. tess.*), to raise, to teasel.

garzato (*a. - ind. tess.*), raised.

garzatrice (a cardi naturali) (*macch. tess.*), teaseling machine, raising machine. **2.** ~ a due tamburi (a cardi naturali) (*macch. tess.*), double-cylinder teaseling machine.

garzatura (per produrre una peluria sul tessuto) (*ind. tess.*), raising.

garzone (*gen. - op.*), boy. **2.** ~ (di fabbro) (*op.*), striker.

gas (*fis.*), gas. **2.** ~ combusti (*cald.*), burnt gas. **3.** ~ combusti (*mot.*), exhaust gas. **4.** ~ combustibile (*ind.*), combustible gas. **5.** ~ d'acqua (*comb.*), water gas. **6.** ~ d'acqua arricchito (*comb.*), carbureted water gas. **7.** ~ d'acqua (puro) (*comb.*), blue water gas (ingl.), blue gas. **8.** ~ d'alto forno (*ind.*), blast-furnace gas. **9.** ~ d'aria (*comb.*), air gas. **10.** ~ della combustione (*comb.*), flue gas. **11.** ~ di città (*comb.*), town gas. **12.** ~ di cokeria (*comb. ind.*), coke-oven gas. **13.** ~ di fogna (*chim.*), sewer gas. **14.** ~ di generatore (*comb.*), producer gas. **15.** ~ di scarico (di un mot. a c.i. o a getto) (*mot.*), exhaust gas, blast. **16.** ~ di sintesi (miscela di idrogeno ed ossido di carbonio, usata per sintesi chimiche: p. es. per quella dell'ammoniaca) (*ind. chim.*), syngas. **17.** ~ esilarante (N_2O) (protossido d'azoto, ossidulo d'azoto) (*chim.*), laughing gas, nitrous oxide. **18.** ~ illuminante (*ind.*), illuminating gas, coal gas. **19.** ~ in bombole (*comb.*), bottled gas. **20.** ~ inerte (azoto e anidride carbonica per es.) (*chim.*), inert gas. **21.** ~ lacrimogeno (*chim. milit.*), lachrymator, tear gas. **22.** ~ libero (~ non disciolto) (*mecc. fluidi*), free gas. **23.** ~ liquido (~ liquefatto: p. es. metano, ossigeno, ammoniaca ecc.) (*fis. - ind.*), liquefied gas, liquid gas. **24.** ~ liquido di petrolio (miscela composta da $^2/_3$ di butano e $^1/_3$ di propano) (*comb.*), liquid petroleum gas, LPG. **25.** ~ misto (*comb.*), semiwater gas. **26.** ~ naturale liquido [o liquefatto] (costituito principalmente da metano) (*comb. - ind. chim.*), liquefied natural gas, LNG. **27.** ~ perfetto (*fis. - chim.*), perfect gas. **28.** ~ permanente (difficile a liquefarsi) (*fis.*), permanent gas. **29.** ~ per uso domestico (gas illuminante) (*comb.*), town gas. **30.** ~ povero (~ d'aria, o di generatore; combustibile gassoso per motori a c.i. prodotto per mezzo di gasogeno) (*comb.*), gasogene, gazogene, air gas. **31.** ~ prodotto artificialmente (distillando il carbone per es., nelle grandi città) (*comb.*), manufactured gas. **32.** ~ raro (gas nobile) (*chim.*), rare gas, noble gas. **33.** ~ starnutatori (*chim. milit.*), starnutators. **34.** ~ tossico (*milit.*), poison gas. **35.** ~ tossico delle miniere di carbone (monossido di carbonio) (*min.*), white damp. **36.** a riempimento di ~ (contenente gas; di certi tubi elettronici per es.) (*a. - eltn.*), gas-filled. **37.** ~ vescicatore (*chim. milit.*), vesicant, blister gas. **38.** a tutto ~ (di un mot.) (*mtc.*), flat-out (colloquiale). **39.** becco a ~ (per illuminazione, attrezzo chimico), gas burner, gaslight. **40.** bolla di ~ (*fis.*), gas bubble. **41.** cappa del ~ (di un dirigibile rigido) (*aer.*), gas hood. **42.** carburazione a ~ (cementazione carburante a gas, carbocementazione a gas) (*tratt. term.*), gas carburizing. **43.** eruzione di ~ (*min.*), gas blowout. **44.** filettatura (passo) ~ (*tubaz.*), gas thread. **45.** iniezione di ~ dall'esterno (con lo scopo di pressurizzare le sacche di petrolio grezzo) (*min.*), gas-cap injection. **46.** forno a ~ (*ind.*), gas oven, gas furnace. **47.** luce a ~ (*illum.*), gaslight. **48.** miscela di ~ d'acqua e ~ povero (*comb.*), semi-water gas. **49.** motore a ~ (*mot.*), gas engine. **50.** officina (di produzione) del ~ (*ind.*), gasworks, gas producer plant (ingl.). **51.** recipiente per raccolta ~ (*att. chim.*), receiver. **52.** sviluppo di ~ (*chim.*), generation of gas. **53.** trattamento con ~ (per fare assorbire gas dal metallo) (*metall.*), gassing. **54.** tubazione del ~ (*tubaz.*), gas pipeline.

gasaggio (di un bagno liquido) (*metall. - fond.*), gassing.

gasare (*ind. tess.*), to gas, to singe. **2.** ~ (un liquido) (*fis.*), to aerate, to charge with gas. **3.** ~ (trattare con gas, far assorbire un gas da un pezzo metallico) (*metall.*), to gas. **4.** ~ (sottoporre all'azione di gas) (*chim. - ind.*), to gas.

gasato (*fis.*), gassed, charged with gas. **2.** ~ (*ind. tess.*), gassed, singed.

gasatura (*gen.*), gassing. **2.** ~ (*ind. tess.*), singeing.

gasbeton (conglomerato spugnoso) (*materiale costr.*), gas concrete, porous concrete.

gas-cromatografia (cromatografia in fase gassosa) (*ind. chim.*), gaschromatography.

gasdinamica (dinamica dei fluidi gassosi e dei plasmi) (*fis.*), gasdynamics.

gasdinamico (*a. - fis.*), gasdynamic.

gasdotto (*tubaz.*), gas pipeline.

gasificare (convertire il gas) (*chim. - fis.*), to gasify.

gasificazione (*chim. ind.*), gasification.

gasista (*op.*), gas fitter.

gasògeno (*app. ind.*), producer, gas generator, gas producer. **2.** ~ (apparato in cui brucia legna o carbone per produrre gas combustibile) (*app. ind.*), gasogene, gazogene. **3.** ~ invertito (*app. ind.*), inverted producer. **4.** mettere in funzione il ~ (*ind.*), to start the producer.

gasòlio (*comb.*), gas oil, Diesel oil, solar oil, Diesel fuel.

gasòmetro (*ind.*), gasholder, gasometer. **2.** ~ a campana (*ind. gas*), bell-shaped gasometer. **3.** ~ a secco (*ind. gas*), dry gasometer. **4.** ~ a umido (*ind. gas*), wet gasometer.

gassa (occhio di cima o cavo) (*nav.*), eye. **2.** ~ a serraglio (nodo d'anguilla) (*nav.*), timber hitch. **3.** ~ d'amante (nodo) (*nav.*), bowline knot. **4.** ~ d'amante doppia (*nav.*), bowline knot on a bight. **5.** ~ d'amante scorsoia (nodo) (*nav.*), running bowline knot. **6.** ~ rotonda (gassa a legatura in croce) (*nav.*), half crown.

gassoso (*fis.*), gaseous.

gastroscòpio (*strum. med.*), gastroscope.

"GATT" (accordo generale tariffario per le dogane ed il commercio) (*comm.*), GATT, General Agreement on Tariffs and Trade.

gàttice (*leg.*), white poplar.

gattuccio (*ut. carp.*), turning saw, compass saw, keyhole saw.

gauss (unità elettromagnetica), gauss.
gaussiano (di Gauss) (*mat. - ecc.*), Gaussian. **2.** curvatura gaussiana (*geom.*), Gaussian curvature, Gauss curvature.
gaussmetro (strum. misuratore di induzione magnetica, in unità gauss) (*strum. elett.*), gaussmeter.
gavetta (*milit.*), messtin. **2.** ~ (per marinai) (*mar. milit.*), kid.
gavitèllo (*nav.*), buoy. **2.** ~ a campana (*nav.*), bell buoy. **3.** ~ antidragante (*mar. milit.*), explosive float.
gavone di poppa (*nav.*), afterpeak. **2.** ~ di prua (*nav.*), forepeak. **3.** cassa del ~ (*nav.*), peak tank. **4.** paratia del ~ (*nav.*), peak bulkhead.
gazzetta (*giorn.*), gazette.
Geiger, contatore di ~ (*strum. radioatt.*), Geiger counter.
geiser (fonte calda) (*geol.*), geyser.
gel (sistema colloidale semisolido) (*chim. - fis.*), gel. **2.** ~ di una soluzione alcoolica (*chim.*), alcogel.
gelare (di acqua per es.), to freeze, to ice, to frost.
gelata (raffreddamento del metallo nel forno sino a solidificazione) (*metall.*), freezing. **2.** ~ (della superficie di un lago per es.) (*meteor.*), freeze-up. **3.** ~ secca (terreno ghiacciato senza brina) (*meteor.*), dry freeze.
gelatina (*chim.*), gelatine. **2.** ~ (di pellicola o lastra fotografica) (*fot.*), gelatine. **3.** ~ (esplosiva) (*espl.*), nitrogelatine, blasting gelatine. **4.** ~ cristallizzata (*fot.*), frosted gelatine.
gelatinatrice (macchina per collatura alla gelatina) (*macch. mft. carta*), tub-sizing machine.
gelatinizzazione (deterioramento di una vernice) (*difetto vn.*), gelling.
gelatinoso (*a. - gen.*), gelatinous.
gelato (*a. - fis.*), frozen. **2.** ~ (*s. - commestibile*), ice cream.
gelatura (superficie del vetro simile al ghiaccio e dovuta ad un raffreddamento troppo rapido) (*mft. vetro*), chilling.
gelicidio (vetrone: rivestimento di ghiaccio trasparente originato dal contatto di pioggia o vapore sottoraffreddati con oggetti freddi) (*meteor.*), glaze (am.), glazed frost (ingl.).
gelificare (coagulare, passare allo stato gelatinoso) (*chim.*), to gel.
gelificazione (di liquidi colloidali) (*chim.*), gelling. **2.** tempo di ~ (di liquidi colloidali) (*chim.*), gel time.
gelignite (dinamite gelificata) (*espl.*), gelignite.
gelivo (*a. - fis.*), freezable. **2.** non ~ (*mur.*), frost-proof.
gèlo (gel) (*fis. - chim.*), gel. **2.** ~ (effetto dell'abbassamento di temperatura), freezing, frost. **3.** ~ di silice (*chim.*), silica gel.
gelosìe (persiane: interne o esterne alla finestra) (*ed.*), shutters.
gèlso (*legn.*), mulberry.
gemèllo (*a.*), twin.
gemere (del calcestruzzo: formarsi di un sottile strato di acqua sulla superficie del materiale appena mescolato) (*mur.*), to bleed.
geminato (*a. - gen.*), geminate. **2.** ~ (cristallo geminato) (*s. - min.*), twin crystal. **3.** cristallo ~ (*min.*), geminate crystal, twin crystal.
geminazione (di cristalli) (*min.*), twinning, gemination.
gèmma (*min.*), gem.
generale (*a. - gen.*), general. **2.** ~ d'armata (*milit.*), general. **3.** ~ di brigata (*milit.*), brigadier, brigadier general. **4.** ~ di corpo d'armata (*milit.*), lieutenant general. **5.** ~ di divisione (*milit.*), major general. **6.** spese generali (*comm.*), overhead expenses.
generalità (*gen.*), generality.
generare (*gen.*), to generate. **2.** ~ (produrre un nuovo programma mediante un programma generatore) (*elab.*), to generate. **3.** ~ impulsi rettangolari (*elett.*), to gate.
generato (profilo di un dente) (*mecc.*), generated.
generatore (*macch. elett.*), generator. **2.** ~ (programma che dà origine ad un nuovo programma particolare) (*elab.*), generator. **3.** ~ a ferro rotante (macch. ad indotto fisso) (*macch. elett.*), inductor generator. **4.** ~ a scintilla (*radio*), spark generator. **5.** ~ bistabile (generatore di oscillazioni rilassate la cui stabilità viene variata da un rapido impulso) (*radio - telev.*), bistable multivibrator, flip and flop generator (ingl.). **6.** ~ di acetilene (*app. ind.*), acetylene generator. **7.** ~ di armonica (*radio*), harmonic generator. **8.** ~ di audiofrequenza (~ di basse, medie o alte audiofrequenze) (*per prove acus.*), tone generator. **9.** ~ di caratteri (*elab.*), character generator. **10.** ~ di corrente alternata e continua (*macch. elett.*), double-current generator. **11.** ~ di elettricità statica (*macch. elett.*), dynamostatic machine. **12.** ~ di frequenza a valvole (termoioniche) (*eltn. - radio*), tube generator. **13.** ~ di frequenza tipo (*strum. radio*), standard frequency generator. **14.** ~ di impulsi di scatto (circuito generatore di impulsi di scatto) (*elett.*), trigger pulse generator trigger pulse circuit. **15.** ~ (di impulsi) di temporizzazione (~ di clock) (*elab.*), clock generator. **16.** ~ di luce solare (per controllo di colori) (*app. illum.*), daylight generator. **17.** ~ di oscillazioni rilassate (*radio - telev.*), relaxation oscillation generator. **18.** ~ di programmi (programma che permette ad un elaboratore di scrivere automaticamente un nuovo programma) (*elab.*), program generator. **19.** ~ di radiofrequenza (*macch. elett.*), oscillator. **20.** ~ di rumore (dispositivo generatore di rumore, usato nel dragaggio acustico di mine per es.) (*mar.*), noisemaker. **21.** ~ di segnali campione (*per centrale telef.*), master signal generator, standard - signal generator. **22.** ~ di segnali di sincronismo (*app. elett. - telev.*), synchronizing signal generator. **23.** ~ di segnali di spazzolamento (*telev.*), sweep generator, sweep oscillator. **24.** ~ di tensione base (di griglia) (*eltn.*), bias generator. **25.** ~ di vapore

(*cald.*), steam generator. **26.** ~ elettrico eolico (azionato dal vento) (*macch. elett.*), aerogenerator. **27.** ~ elettrico magnetofluodinamico (*elett.*), magnetohydrodynamic generator. **28.** ~ endotermico (*ind.*), endothermic generator. **29.** ~ omopolare (*elettromecc.*), homopolar generator. **30.** ~ per cerchi di distanza (*radar*), calibration unit. **31.** ~ per corrente alternata e continua (*macch. elett.*), double current generator. **32.** ~ sincrono trifase (alternatore trifase) (*macch. elett.*), three-phase synchronous generator. **33.** ~ solare (~ elettrico a mezzo di celle solari; p. es. è usato per l'alimentazione elettrica dei satelliti) (*elett. - astric.*), solar generator. **34.** ~ stellare ("stellarator", dispositivo per riprodurre la fusione nucleare controllata) (*fis. atom.*), stellarator.

generatrice (*mat. - geom.*), generatrix, generating line. **2.** ~ (dinamo) (*macch. elett.*), generator. **3.** ~ d'asse a velocità variabile (per illuminazione vagoni ferroviari) (*macch. elett.*), variable-speed axle-driven generator. **4.** ~ polimorfa (*macch. elett.*), multiple-current generator. **5.** ~ unipolare (*macch. elett.*), homopolar generator.

generazione (*geom.*), generation. **2.** ~ (classificazione storica di tecniche di progettazione e programmazione, conseguenti alla evoluzione nella fabbricazione dei circuiti elettronici, usate nella costruzione degli elaboratori che perciò vengono classificati: di prima, seconda, terza generazione ecc.) (*elab.*), generation. **3.** ~ di impulsi rettangolari (*elett.*), gating. **4.** ~ di sistema (la creazione di un sistema operativo utilizzando in modo intelligente le caratteristiche dell'elaboratore) (*elab.*), system generation. **5.** ~ di testi (elaborazione, redazione di ~) (*elab.*), text editing. **6.** durata di ~ (di neutroni) (*fis. atom.*), generation time.

genere (specie) (*gen.*), kind.

generico (*a. - gen.*), general, generic.

geniere (del Corpo del Genio) (*milit.*), engineer.

Genio (*milit.*), Engineer Corps, Corps of Engineers, CE. **2.** ~ Aeronautico (*aer. milit.*), Aviation Engineer Force, AEF. **3.** ~ Collegamenti (*milit.*), Signal Corps. **4.** ~ Navale (Navalgenio) (*mar. milit.*), Engineer Corps.

genuinità (autenticità) (*gen.*), genuineness.

genuino (vero, autentico) (*gen.*), genuine.

geochimica (*geol. - chim.*), geochemistry.

geode (*geol.*), geode.

geodesìa, geodesy.

geodeta (*tecnico geod.*), geodesist.

geodetico (*a. - mat. - costr. aer.*), geodetic, geodetical. **2.** costruzione geodetica (*aer.*), geodetic construction.

geodinàmica (*geol.*), geodynamics.

geoelettrico (*geol.*), geoelectric.

geofìsica, geophysics.

geofisico (*geofis.*), geophysical.

geofono (per l'ascolto di rumori sotterranei) (*app. fis. - milit.*), geophone.

geografia, geography.

geogràfico, geographical, geographic.

geòide (*geogr. - top.*), geoid.

geologìa (*geol.*), geology. **2.** ~ (studio della materia solida di un corpo celeste) (*astr.*), geology. **3.** ~ economica (*geol.*), economical geology. **4.** ~ mineraria (*geol.*), mining geology. **5.** ~ paleontologica (*geol.*), paleontologic geology. **6.** ~ storica (*geol.*), hystorical geology. **7.** ~ stratigrafica (stratigrafia) (*geol.*), stratigraphic geology. **8.** ~ strutturale (geologia tettonica) (*geol.*), geotectonic geology, structural geology. **9.** ~ tettonica (*geol.*), *vedi* geologia strutturale.

geològico (*a. - geol.*), geological.

geologo (*geol.*), geologist.

geomagnetico (*a. - magnetismo*), geomagnetic.

geomeccanica (*geol.*), geomechanics.

geòmetra (topografo) (*top.*), surveyor.

geometrìa (*geom.*), geometry. **2.** ~ algebrica (*geom.*), algebraic geometry. **3.** ~ analitica (*geom. - mat.*), analytic geometry. **4.** ~ dello sterzo (*aut.*), steering geometry. **5.** ~ descrittiva (*geom.*), descriptive geometry. **6.** ~ euclidea (geometria generale) (*geom.*), Euclidean geometry. **7.** ~ generale (geometria euclidea) (*geom.*), Euclidean geometry. **8.** ~ iperbolica (*geom.*), hyperbolic geometry. **9.** ~ piana (*geom.*), plane geometry. **10.** ~ proiettiva (*geom.*), projective geometry. **11.** ~ riemanniana (*geom.*), Riemannian geometry. **12.** ~ solida (*geom.*), solid geometry.

geomètrico (*a. - gen.*), geometrical, geometric. **2.** progressione geometrica (*mat.*), geometric progression.

geomorfologia (*geol.*), geomorphology.

geopressurizzato (p. es. di un deposito naturale di metano) (*a. - min.*), geopressurized.

geoscopìa (*geol. - geogr.*), geoscopy.

geosinclinale (*geol.*), geosyncline.

geostazionario (di satellite artificiale per es. che viaggia alla stessa velocità di rotazione della terra) (*a. - astric.*), geostationary.

"geostrofico" (riguardante la forza causata dalla rotazione della Terra) (*a. - meteor.*), geostrophic. **2.** velocità geostrofica del vento (*meteor.*), geostrophic wind speed.

geotecnica (*geol.*), geotechnics.

geotèrmico (*a. - geol.*), geothermal. **2.** gradiente ~ (*geol.*), geothermal gradient.

geotermometro (*strum. geofis.*), geothermometer.

gerarchia (*milit. - organ. pers. fabbrica - ecc.*), hierarchy. **2.** ~ (organizzazione di dati in ordine di precedenza, o di funzione, o di controllo ecc.: può essere rappresentata da una struttura a forma di albero genealogico) (*elab.*), hierarchy.

gerarchico (*pers. - ecc.*), hierarchical. **2.** linea gerarchica (*organ. - pers.*), hierarchical line.

gerènte (di un'impresa) (*comm. - amm.*), business manager, manager.

gerenza (*comm. amm.*), business management.

gergo degli informatici (dialetto dei tecnici della informazione) (*elab.*), computerese.

gerla (*att.*), pannier.
gèrlo (cima per serrare le vele) (*nav.*), gasket.
germanio (Ge - *chim.*), germanium.
gèrme (cristallino: elemento iniziale di cristallizzazione) (*fis.*), nucleus. **2.** ~ (*biol.*), germ.
germicida (*chim. - med.*), germicide.
germinazione (formazione di nuclei cristallini) (*metall.*), nucleation. **2.** ~ (formazione di granuli, nelle vernici) (*vn.*), seeding.
gessetto (per scrivere), chalk.
gèsso (Ca SO_4) (*chim.*), calcium sulphate. **2.** ~ (~ cotto: Ca SO_4 1/2 H_2O, pietra da gesso calcinata e disidratata) (*mur.*), plaster of Paris. **3.** ~ (ingessatura, per curare fratture) (*med.*), cast plaster. **4.** ~ cellulare (*ed.*), aerated gypsum. **5.** ~ cristallizzato (*min.*), selenite. **6.** ~ da costruzione (*ed.*), calcined gypsum. **7.** ~ da modello (*ed.*), molding plaster. **8.** ~ da pavimentazioni (*ed.*), floor gypsum. **9.** ~ da stucchi (~ di Parigi miscelato con colla: p. es. viene utilizzato per lisciare l'intonaco delle superfici dei muri da verniciare) (*costr. civ.*), gesso. **10.** pietra da ~ ($CaSO_4$. $2H_2O$) (*min.*), gypsum. **11.** ~ idrato, *vedi* pietra da ~.
gessoso (*gen.*), chalky, cretaceous.
gestione (*amm.*), management, administration. **2.** ~ (p. es. di un lavoro, di una risorsa, una memoria ecc.) (*elab.*), management. **3.** ~ aziendale con compartecipazione dei dipendenti (*organ. fabbrica*), multiple management. **4.** ~ (della) base dati (*tlcm.*), database management. **5.** ~ dei materiali (gestione delle scorte) (*ind.*), stock management. **6.** ~ della elaborazione (*elab.*), processing management. **7.** ~ della memoria (*elab.*), storage management. **8.** ~ delle risorse (*elab.*), resource management. **9.** ~ delle scorte (*ind.*), stock management. **10.** ~ di memoria dinamica (*elab.*), dynamic memory management. **11.** ~ dinamica del "buffer" (*elab.*), dynamic buffering. **12.** ~ finanziaria (*amm. - finanz.*), financial management. **13.** ~ statica del "buffer" (*elab.*), static buffering. **14.** simulazione di ~ (esercitazione che utilizza un modello di situazione di fabbrica) (*pers. - direzione*), business game.
gestire (un'azienda) (*comm.*), to administrate. **2.** ~ (esercire, una linea di autobus per es.) (*comm.*), to operate.
gestore (*ind. - ecc.*), administrator. **2.** ~ (programma operativo: p. es. di una unità periferica) (*elab.*), handler. **3.** ente ~ di un servizio di pubblica utilità (*elett. - radio - telev. - ferr. - ecc.*), common carrier.
gettare (*gen.*), to throw. **2.** ~ (una trave in cemento armato per es.) (*mur.*), to cast. **3.** ~ (*fond.*), to cast. **4.** ~ (cemento: nelle casseforme per es.) (*ed.*), to pour. **5.** ~ a mare (*nav.*), to heave overboard. **6.** ~ a rottame, to scrap. **7.** ~ a sterile (*min.*), to back. **8.** ~ il gavitello (prima di lasciar andare l'àncora) (*nav.*), to stream the buoy. **9.** ~ in forma di terra (*fond.*), to sand-cast. **10.** ~ in mare il carico (allo scopo di alleggerire la nave in pericolo) (*nav.*), to jettison. **11.** ~ l'àncora (*nav.*), to cast anchor, to let go the anchor.
gettata (colata: di calcestruzzo) (*ed.*), casting. **2.** ~ (*costr. mar.*), jetty. **3.** ~ (di cemento: in forme predisposte per es.) (*ed.*), pour.
gettato (*a. - fond.*), cast. **2.** ~ (*a. - c. a.*), cast. **3.** ~ (lanciato) (*a. - gen.*), thrown.
gèttito (di tasse per es.) (*finanz.*), yield. **2.** ~ fiscale (entrate pervenute a seguito della tassazione) (*finanza di stato*), revenue.
gètto (*fond.*), casting. **2.** ~ (di carburatore) (*mot.*), jet. **3.** ~ (*in c. a.*), casting. **4.** ~ (*idr.*), jet. **5.** ~ (di un liquido) (*fis. - idr.*), spout. **6.** ~ (qualsiasi cosa gettata in forma) (*gen.*), molding, moulding. **7.** ~ (di motore a reazione) (*mot.*), jet. **8.** ~ a nido d'ape (*fond.*), honey-combed casting. **9.** ~ a ventaglio (spruzzo a ventaglio) (*vn.*), fan. **10.** ~ cavo (getto con cavità interna) (*fond.*), hollow casting. **11.** ~ centrifugato (*fond.*), centrifugal casting. **12.** ~ compensatore (di carburatore: per le accelerazioni improvvise) (*mot.*), accelerating jet. **13.** ~ compensatore (di carburatore) (*aut.*), auxiliary jet. **14.** ~ con intercapedine (*fond.*), jacketed casting. **15.** ~ convergente (del postbruciatore di un reattore per es.) (*mecc. aer.*), convergent nozzle. **16.** ~ coricato (*fond.*), horizontal casting. **17.** ~ d'acciaio (*fond.*), steel casting. **18.** ~ (d'acqua) taglianastro (*mft. carta*), spray cutter. **19.** ~ d'arricchimento (di carburatore) (*mot.*), enrichment jet. **20.** ~ d'avviamento (di carburatore) (*mot.*), starting jet. **21.** ~ deformato (*fond.*), warped casting. **22.** ~ dell'economizzatore (di un carburatore) (*mot.*), economizer jet. **23.** ~ del minimo (getto della marcia lenta, di carburatore) (*mot.*), slow running jet. **24.** ~ di acciaio fuso (*fond.*), steel casting. **25.** ~ di acqua (*idr.*), bolt of water. **26.** ~ di calcestruzzo (*mur.*), concrete casting. **27.** ~ di ghisa malleabile (*fond.*), malleable iron casting, mitis casting. **28.** ~ di miscela normale (di un carburatore ad iniezione) (*mot.*), normal mixture jet. **29.** ~ di miscela povera (di carburatore a iniezione) (*mot.*), weak mixture jet. **30.** ~ di (o per) piena potenza (di carburatore) (*mot.*), full-power jet. **31.** ~ di plasma (*tecnol. fis. - plasma*), plasma spray. **32.** ~ di potenza (di carburatore) (*mot.*), power jet. **33.** ~ (eseguito) in fossa (*fond.*), pit casting. **34.** ~ fuso sotto pressione (*fond.*), die casting. **35.** ~ improvviso (di acqua per es.) (*idr.*), flush. **36.** ~ in acciaio (*fond.*), steel casting. **37.** ~ incompleto (dovuto a fuga di metallo dalla forma durante o subito dopo l'operazione di colata) (*fond.*), runout, run-out. **38.** ~ in conchiglia (*fond.*), chill casting, chilled casting. **39.** ~ in forma di argilla (*fond.*), loam casting. **40.** ~ in forma di terra (*fond.*), sand casting. **41.** ~ in forma di terra verde (*fond.*), green sand casting. **42.** ~ in forma scoperta (*fond.*), open-sand casting. **43.** ~ in ghisa sferoidale (*fond.*), spheroidal graphite casting. **44.** ~ in staffa (*fond.*), box casting, flask casting. **45.** ~ male riuscito (*fond.*), spoiled casting. **46.** ~ (o

flusso) d'olio da taglio (sull'utensile e sul pezzo in lavoro) (*lav. macch. ut.*), oil bath. **47.** ~ (o fusione) con nervatura (*fond.*), ribbed casting. **48.** ~ poroso (*fond.*), porous casting. **49.** ~ principale (di carburatore) (*mot.*), main jet. **50.** ~ regolato da ago conico (di un carburatore) (*mot.*), needle jet. **51.** ~ sano (*fond.*), sound casting. **52.** ~ soffiato (*fond.*), blown casting, honeycomb casting, casting containing blowholes. **53.** ~ spostato (getto sdetto, getto difettoso dovuto a spostamento della forma) (*fond.*), shifted casting. **54.** ~ spugnoso (difettoso) (*fond.*), honeycomb casting. **55.** ~ vetrificato (con superficie di aspetto vetroso dovuto a fusione della sabbia alla superficie della forma o dell'anima) (*fond.*), fusion casting. **56.** deviatore del ~ (deviatore di spinta, superficie di governo per cambiare la direzione della spinta) (*tecnica dei razzi*), jetavator.

gettone (*telef. - ecc.*), coin, token.

gettoniera (cassetta raccolta gettoni) (*telef. - ecc.*), coin box.

gettosostentazione (*aer.*), " jet-lift".

geyser (*geol.*), geyser.

gherlino (grosso cavo) (*nav.*), hawser. **2.** ~ da rimorchio (*nav.*), towing hawser.

gherone (rinforzo cucito nei punti delle vele soggetti a maggior logorio) (*nav.*), goring, goring cloth.

ghia (insieme di un cavo e di una carrucola per alzare pesi leggeri) (*nav.*), whip.

ghiacciaia (in muratura), icehouse. **2.** ~ (portatile), icebox.

ghiacciaio (*geol.*), glacier.

ghiacciare (*ind.*), to ice.

ghiacciato (*gen.*), iced. **2.** ~ (di vetro con disegni a rilievo per diffondere la luce) (*a. - mft. vetro*), frosted.

ghiaccio (*s. - fis.*), ice. **2.** ~ asciutto (CO_2 solida) (*ind. chim.*), dry ice. **3.** ~ bianco (che si forma sulle ali per es.) (*aer.*), rime. **4.** ~ con inclusione di aria (*mft. del ghiaccio*), mottled ice. **5.** ~ di pioggia (ghiaccio vitreo, formantesi per es. sulle superfici alari di un aereo al contatto con la pioggia) (*meteor. - aer.*), glazed frost. **6.** ~ granito (formantesi sulla superficie di un aereo in volo fra le nubi) (*meteor.*), rime ice. **7.** ~ secco (CO_2 solida) (*chim. ind.*), dry ice. **8.** ~ vitreo (formantesi sull'ala di un aereo) (*meteor. - aer.*), glazed frost, rain ice, glaze ice. **9.** carico da ~ (p. es. su di una ala di aereo) (*meteor. - aer.*), ice load. **10.** carro per trasporto ~ (*ferr.*), ice car. **11.** contenitore del ~ (di un carro frigorifero) (*ferr.*), ice bunker. **12.** depositarsi di ~ (sulle ali di un aeroplano per es. per condensarsi dell'umidità atmosferica) (*meteor. - aer.*), to frost. **13.** deposito (o incrostazioni) di ~ (sulle ali di un aeroplano per es.), frost. **14.** effetto a fior di ~ (aspetto cristallino presentato da alcune vn. durante l'essiccazione) (*difetto vn.*), frosting. **15.** eliminare le formazioni di ~ (rimuovere il ~ depositatosi p. es. su: ali, pale di eliche ecc.) (*aer.*), to de-ice. **16.** eliminazione delle formazioni di ~ (*aer. - ecc.*), de-icing. **17.** fabbrica di ~ (*ind.*), ice plant. **18.** fabbricazione di ~ (*ind.*), ice making. **19.** formazione di ~ (su ali di aereo per es.) (*aer. - ecc.*), ice formation. **20.** libero da ~, libero dai ghiacci (come p. es. un porto) (*nav. - ecc.*), ice-free. **21.** liquido per impedire le formazioni di ~ (sul parabrezza di un aeroplano per es.) (*chim. ind.*), anti-icer fluid. **22.** mettere in ~ (*term.*), to ice. **23.** punto fisso del ~ (temperatura di equilibrio tra ghiaccio ed acqua) (*fis.*), ice point. **24.** ricoprirsi di ~ (*fis.*), to ice. **25.** vetro ~ (ottenuto su oggetti di vetro soffiato) (*mft. vetro*), crackled glass.

ghiacciòli, ice needles.

ghiaia (*mur.*), pebble gravel. **2.** ~ di pomice (per calcestruzzo) (*costr. ed.*), coarse pumice aggregate. **3.** ~ grossa (per calcestruzzo) (*costr. ed.*), coarse gravel. **4.** ~ sabbiosa (*ed.*), all-in ballast. **5.** letto di ~ (*ferr.*), ballast.

ghiaietto (da $4 \div 12$ mm) (*ed.*), fine gravel (of $4 \div 12$ mm grain size). **2.** ~ (per calcestruzzo) (*costr. ed.*), fine gravel. **3.** strato di ~ sciolto (*strad.*), loose gravel stratum.

ghiaione (di montagna) (*geol. - geogr.*), scree, talus.

ghiaioso (*geol.*), gravelly.

ghianda (*gen.*), acorn. **2.** valvola a ~ (*termoion.*), acorn tube.

ghièra (*mecc.*), ring nut, metal ring. **2.** ~ (anello metallico all'estremità per es. del manico di legno di utensile) (*carp.*), ferrule. **3.** ~ di bloccaggio filettata (*mecc.*), ring nut, threaded locking ring. **4.** ~ di massa (di un condensatore per es.) (*elett.*), earth ring.

ghinda (di una vela) (*nav.*), hoist.

ghindare (issare al loro posto alberi od alberetti) (*nav.*), to sway. **2.** ~, *vedi anche* issare.

ghindazzo (cavo o cima per ghindare) (*nav.*), top-rope.

ghirlanda (*costr. nav.*), *vedi* gola.

ghisa (*fond.*), cast iron, CI. **2.** ~ acciaiosa (*fond.*), high-duty (or high-test) cast iron, semisteel. **3.** ~ aciculare (*fond.*), acicular cast iron, acicular iron. **4.** ~ a cuore bianco (*fond.*), whiteheart cast iron, European process iron. **5.** ~ a cuore nero (*fond.*), blackheart iron, American process iron. **6.** ~ affinata (*fond.*), refined pig iron. **7.** ~ a grafite nodulare (ghisa nodulare, ghisa sferoidale: contenente magnesio) (*fond.*), nodular cast iron. **8.** ~ al manganese (*fond.*), manganese cast iron. **9.** ~ austenitica (*fond.*), austenitic cast iron. **10.** ~ bianca (*fond.*), white cast iron, forge pig iron, forge pig, hard iron. **11.** ~ calda (ghisa da getti) (*fond.*), hot iron. **12.** ~ comune (ghisa grigia) (*fond.*), gray pig iron. **13.** ~ conchigliata (*fond.*), chilled iron. **14.** ~ da fonderia (*fond.*), foundry pig, foundry iron. **15.** ~ da getto (*fond.*), foundry iron, foundry pig. **16.** ~ da puddellaggio (*fond.*), forge pig iron. **17.** ~ di alta qualità (*fond.*), high-duty cast iron. **18.** ~ di altoforno (*fond.*), pig iron. **19.** ~ di cubilotto (*fond.*), cupola iron. **20.** ~ di forno elettrico (*fond.*), electric furnace iron. **21.** ~ di prima fusione (*fond.*), pig iron. **22.** ~ di seconda fusione (*fond.*), cast iron. **23.** ~ dolce (*fond.*), machinable cast iron. **24.** ~ dolce da fonderia (*fond.*), soft foundry pig iron. **25.** ~ ematite (*fond.*), hematite cast iron. **26.** ~ eutettica (*fond.*), eutectic cast iron. **27.** ~ ferritica (*fond.*), ferritic cast iron. **28.** ~ fosforosa (*fond.*), phosphoric pig iron, basic iron. **29.** ~ grafitica (*fond.*), graphitic cast iron. **30.** ~ grezza (*fond.*), pig iron. **31.** ~ grigia (ghisa comune) (*fond.*), gray iron. **32.** ~ grigia siliciosa (*fond.*), silvery iron. **33.** ~ grigio chiaro (*fond.*), light gray pig iron. **34.** ~ in grana (abrasivo costituito da grani di ~ dura temprata, usato per barilare) (*metall.*), steel emery. **35.** ~ in pani (o lingotti) (*fond.*), pig iron. **36.** ~ ipereutettica (*fond.*), hypereutectic cast iron. **37.** ~ ipereutettoide (a matrice ipereutettoide) (*fond.*), hypereutectoid cast iron. **38.** ~ ipoeutettica (*fond.*), hypoeutectic iron, hypoeutectic cast iron. **39.** ~ ipoeutettoide (*fond.*), hypoeutectoid cast iron. **40.** ~ legata (*fond.*), alloy cast iron. **41.** ~ malleabile (*fond.*), malleable cast iron, MCI, annealed cast iron, malleable iron, MI. **42.** ~ malleabile a cuore bianco (*fond.*), whiteheart malleable cast iron. **43.** ~ malleabile a cuore nero (*fond.*), blackheart malleable cast iron. **44.** ~ martensitica (*fond.*), martensitic cast iron. **45.** ~ meccanica (*fond.*), engineering cast iron. **46.** ~ nodulare (ghisa a grafite nodulare, ghisa sferoidale) (*fond.*), nodular cast iron, nodular iron. **47.** ~ per fusioni in conchiglia (*fond.*), chill foundry pig iron. **48.** ~ perlitica (*fond.*), pearlitic iron. **49.** ~ refrattaria (*fond.*), heat-resisting cast iron. **50.** ~ resistente ad elevata temperatura (*fond.*), heat-resisting cast iron, heat-resistant cast iron. **51.** ~ semifosforosa (ghisa mediofosforo) (*fond.*), medium phosphorus cast iron. **52.** ~ sferoidale (ghisa a grafite sferoidale, ghisa nodulare) (*fond.*), spheroidal graphite cast iron, nodular cast iron. **53.** ~ sintetica (ottenuta mediante ricarburazione di rottami di acciaio con eventuale aggiunta di leghe ferrose) (*fond.*), synthetic cast iron. **54.** ~ sorbitica (*fond.*), sorbitic cast iron. **55.** ~ speciale (ghisa legata) (*fond.*), special cast iron, alloy cast iron. **56.** ~ speculare (contenente sino al 20% di manganese) (*fond.*), spiegeleisen, spiegel, spiegel iron, mirror iron. **57.** ~ temprata (ghisa in conchiglia) (*fond.*), chilled iron. **58.** ~ trotata (*fond.*), mottled cast iron. **59.** getto di ~ (*fond.*), iron casting. **60.** in ~ (*a. - fond.*), cast-iron. **61.** produrre ~ a basso tenore di carbonio (*fond.*), to cast soft.

giacchio (rete di lancio) (*att. pesca*), casting net.

giacente (disponibile a magazzino, di merci per es.) (*ind. - comm.*), in stock.

giacènza (di materiali) (*gen.*), stock. **2.** ~ effettiva (di magazzino) (*ind. - comm.*), physical stock. **3.** ~ per livellare il mercato (della lana per es.) (*comm.*), buffer stock. **4.** indice di rotazione delle giacenze (*comm. - ind.*), turnover index. **5.** rotazione delle giacenze (rifornimento delle merci per rimpiazzare quelle che sono state vendute o utilizzate, in modo che per ogni articolo sia disponibile una quantità prefissata) (*comm. - ind.*), turnover.

giacere (*gen.*), to lie.

giacimento (*min.*), body, ore body, deposit. **2.** ~ (di petrolio grezzo o gas sito nel sottosuolo) (*geol. - min.*), reservoir. **3.** ~ alluvionale (*min. - geol.*), alluvial deposit, placer. **4.** ~ di carbone (*min.*), coal bed, coal seam. **5.** ~ di minerale (*min.*), ore body, body. **6.** ~ di sale (*min.*), saline. **7.** ~ irregolare (di minerali), run. **8.** ~ petrolifero (*min.*), oil field, oil pool. **9.** ~ petrolifero in mare aperto (*min.*), offshore oil field. **10.** ~ tubolare (di carbone,giacimentodiformatubolare)(*min.*),pipe, pipe vein.

giacinto (tipo di zircone) (*min.*), hyacinth.

giacitura (*gen.*), lying, lie.

giada (*min.*), jade.

giallo (*colore*), yellow. **2.** ~ di Verona (terra colorante), Verona yellow. **3.** ~ ocra (*colore*), oxide yellow. **4.** ~ zafferano (*colore*), crocus, saffron yellow.

gianetta (*macch. tess.*), spinning jenny.

giardinetta (giardiniera) (*aut.*), beach wagon, station wagon, station waggon. **2.** ~ con fiancate in legno (*aut.*), woody, woodie.

giardinetto (anca) (*nav.*), buttock, quarter.

giardiniera (*s. - aut.*), *vedi* giardinetta.

giardinière (*op.*), gardener.

giardino, garden. **2.** ~ all'italiana (*arch.*), formal garden, Italian garden. **3.** ~ d'inverno (*arch.*), winter garden. **4.** ~ pensile (*arch.*), roof garden.

giavellotto (*sport*), javelin.

gibbsite ($Al_2O_3.3H_2O$) (*min. - refrattario*), gibbsite.

gibèrna (per cartucce) (*milit.*), pouch, cartridge box, cartridge pouch.

"gicleur" (getto di carbone) (*mot.*), jet. **2.** ~, *vedi anche* getto.

giga- (G, prefisso: 10^9) (*mis.*), giga-, G.

gigabit (10^9 bit) (*eltn. - elab.*), gigabit.

gigahertz (10^9 hertz) (*frequenza*), gigacycle.

gigantografia (forte ingrandimento) (*fot.*), blowup.

gigawatt (10^9 watt) (*elett.*), gigawatt.

gilbert (unità C.G.S. di forza magnetomotrice) (*mis. elett.*), gilbert.

"gill-box" (stiratoio a barrette di pettini) (*macch. tess.*), gill box.

gincana (gymkhana) (*aut. - sport - ecc.*), gymkhana.

ginepro (*legn.*), juniper (ingl.).

ginèstra (pianta per industria tessile), broom. **2.** fibra di ~ (*ind. tess.*), broom fibre.

"ginnàsium" (palestra) (*ed.*), gymnasium.

ginnastica (*sport*), gymnastics.

ginnatura (sgranatura) (*mft. cotone*), ginning.

ginniera (*mft. cotone*), ginnery, ginning mill.

ginocchièra (*mecc.*), toggle. **2.** ~ di chiusura (degli stampi di una fucinatrice per es.) (*mecc.*), gripping toggle. **3.** giunto a ~ (*mecc.*), toggle joint.

ginocchio (*gen.*), knee. **2.** ~ (di una curva di potenza per es.) (*mecc.-ecc.*), bend, knee. **3.** ~ (parte curva dello scafo tra carena e fiancate) (*costr. nav.*), bilge.

giocattolo (*ind.*), toy.

giòco (*mecc.*), clearance. **2.** ~ (lasco tra un perno ed il foro per es.) (*mecc. - ecc.*), backlash, slack. **3.** ~ (attività ricreativa) (*sport*), play. **4.** ~ (libertà o misura della libertà concessa) (*mecc.*), play. **5.** ~ assiale (di albero, di un cuscinetto per es.) (*mecc.*), end float, end play. **6.** ~ circolare (o d'ingranamento) (*mecc.*), backlash. **7.** ~ del calcio (*sport*), football, soccer. **8.** ~ di colori (formantesi sulla superficie del metallo durante la fusione, specialmente dell'alluminio) (*fond.*), break. **9.** ~ di lavoro (lasco tra due ingranaggi adiacenti o due pezzi meccanici mobili adiacenti), (*mecc.*), backlash. **10.** ~ fra bocca e proietto (differenza tra la bocca del cannone e il diametro del proietto) (*arma da fuoco*), windage. **11.** ~ laterale (*mecc.*), side clearance. **12.** ~ minimo (prescritto per un accoppiamento) (*mecc.*), positive allowance. **13.** giochi olimpici (*sport*), Olympic games. **14.** ~ parallelo (di un ingranaggio conico) (*mecc.*), uniform clearance. **15.** ~ per dilatazione (termica) (*ed. - mecc.*), gap (or space) allowed for expansion. **16.** da ~ (*a. - gen.*), playing. **17.** eliminare il ~ (*mecc.*), to take up slack. **18.** teoria dei giochi (*mat.*), theory of games.

giogaia (pezzo di pelle pendente sotto il collo di un animale) (*ind. cuoio*), dewlap.

giogo (*mecc.*), beam. **2.** ~ (di macchina elettrica), yoke, frame. **3.** ~ (*att. agric.*), yoke. **4.** ~ (bobina di un tubo catodico per es.) (*telev.*), yoke. **5.** piastra pressagiochi (di un trasformatore) (*elettromecc.*), yoke pressure plate. **6.** tirante pressapacco gioghi (di un trasformatore) (*elettromecc.*), yoke pressure bolt.

gioielleria (arte orafa, arte di lavorare i gioielli) (*arte*), jeweling, jewelling. **2.** ~ (negozio) (*comm.*), jeweler's shop.

gioièlli (*gen.*), jewelry, jewellery.

giornalaio (*vendita giornali*), newsagent, news vendor.

giornale, newspaper, journal, news. **2.** ~ (*contabilità*), daybook, waste book (ingl.). **3.** ~ (registrazione giornaliera di messaggi, traffico e attività di un elaboratore) (*elab.*), log. **4.** ~ aziendale (*ind.*), house journal. **5.** ~ cinematografico (*cinem.*), newsreel. **6.** ~ (o registro giornaliero) della stazione (*radio*), station log. **7.** ~ di bordo (relativo al motore) (*mot. aer.*), engine log. **8.** ~ di bordo (*navig.*), deck log, logbook, log. **9.** ~ di macchina (*macch. nav.*), engine log, engine logbook. **10.** ~ di navigazione aerea (*aer.*), air log. **11.** ~ di piccolo formato (*giorn.*), tabloid newspaper (am.). **12.** giornali di resa (giornali nuovi da macero) (*mtf. carta*), overissue news. **13.** ~ illustrato di formato ridotto (di carattere popolare, "tabloid") (*giorn.*), tabloid. **14.** ~ indipendente (o senza colore politico) (*giorn.*), newspaper without tendency. **15.** ~ pubblicitario (*pubbl.*), advertisement paper. **16.** ~ rurale (*giorn.*), farm journal. **17.** ~ scandalistico (*giorn.*), gutter newspaper. **18.** ~ umoristico (*giorn.*), comic newspaper. **19.** tenere un ~ (tenere un registro di carico e scarico) (*contabilità*), to journalize, to keep a journal. **20.** testata del ~ (*giorn.*), newspaper heading.

giornaliero (durante il corso di un giorno) (*a. - gen.*), daily.

giornalista (corrispondente) (*giorn.*), pressman.

giornata, day. **2.** ~ di fuoco (*milit.*), day of fire. **3.** ~ di lavoro di un operaio (volume di lavoro medio sviluppato da un operaio in una giornata lavorativa) (*mis. del lavoro*), man-day. **4.** ~ lavorativa (*gen.*), working day, workday. **5.** retribuzione a ~ (retribuzione a economia) (*sistema paghe lavoratori*), day rate.

giorno, day. **2.** giorni di comporto (numero di giorni concessi, oltre la data della scadenza, ad un debitore per il pagamento del debito) (*comm.*), days of grace. **3.** ~ di controstallia (*nav. - comm.*), demurrage day. **4.** ~ di sei mesi (quando il sole non tramonta per circa sei mesi) (*geogr.*), perpetual day. **5.** ~ festivo ufficiale (*op. - pers.*), legal holiday. **6.** ~ lavorativo (*gen.*), workday. **7.** ~ luce (unità astronomica di lunghezza) (*astr.*), light-day. **8.** ~ siderale (*astr.*), sideral day. **9.** ~ solare (*astr.*), solar day. **10.** ~ solare medio (intervallo di tempo perfettamente costante) (*astr.*), mean solar day. **11.** ~ solare vero (intervallo di tempo non costante a causa dell'orbita ellittica della Terra) (*astr.*), apparent solar day. **12.** di ~ (durante il ~) (*gen.*), daytime.

giòstra (*app. girevole per divertimento*), merry-go-round. **2.** ~ (piattaforma girevole che sostiene l'oggetto da lavorare: in una linea di produzione) (*att. ind. mecc.*), turntable. **3.** ~ delle forme (*fond.*), molding loop, molding reel. **4.** ~ di colata (robusto supporto girevole che sostiene le staffe che si presentano alla colata in successione) (*fond.*), casting wheel. **5.** tornio a ~ (tornio verticale) (*macch. ut.*), boring mill. **6.** trasportatore a ~ (*trasp. ind.*), carrousel conveyor.

girabecchino, girabacchino (*ut. aut.*), brace, wheel brace. **2.** ~ (menarola) (*ut. carp.*), carpenter's brace (ingl.).

giradadi (*ut.*), nut runner.

giradischi (*app. acus.*), record player. **2.** ~ automatico a gettone (*app. elettroacus.*), juke-box.

giraffa (braccio portamicrofono per studi di ripresa) (*radio - telev. - cinema*), boom, microphone boom.

girafilièra (*ut. mecc.*), diestock.

giralingotti (*app. - laminazione - fucinatura*), ingot tipper, ingot tilter.

giramaschi (mandamaschi a mano) (*ut. mecc.*), tap wrench.

girante (di pompa per es.) (*mecc.*), impeller, rotor. **2.** ~ (di turbina per es.) (*mecc.*), rotor, "disk wheel".

3. ~ (di turbina ad acqua) (*mecc.*), runner. **4.** ~ (di una turbina a gas) (*mot.*), turbine wheel. **5.** ~ (di ventilatore) (*mecc.*), fan wheel. **6.** ~ (di un assegno) (*comm.*), endorser. **7.** ~ a flusso reversibile (di un compressore per es.) (*mecc.*), reverse flow impeller. **8.** ~ del compressore (di un compressore assiale di una turbina a gas) (*mecc.*), compressor rotor. **9.** ~ di comodo (di un assegno per es.) (*comm.*), accomodation endorser. **10.** ~ principale (gruppo turbina, compressore: di un motore a turbogetto) (*mot. aer.*), main rotor.

girare (ruotare) (*gen.*), to turn, to rotate. **2.** ~ (*mot.*), to run. **3.** ~ (di puleggia) (*mecc.*), to revolve, to turn. **4.** ~ (di un pezzo montato tra le punte di un tornio per es.) (*mecc.*), to turn. **5.** ~ (su di un cardine) (*mecc. - falegn.*), to swing. **6.** ~ (eseguir la girata) (*amm. - comm.*), to indorse, to endorse. **7.** ~ (prendere, riprendere, una scena) (*cinem.*), to take, to crank. **8.** ~ (girare sull'àncora, di nave ormeggiata a ruota) (*nav.*), to swing. **9.** ~ al minimo (o a marcia lenta) (*mot.*), to idle. **10.** ~ a marcia lenta (o al minimo) (*mot.*), to idle. **11.** ~ a vuoto (*macch. - mot.*), to idle. **12.** ~ centrato (di rotore per es.) (*mecc.*), to run true. **13.** ~ con manovella (*mot.*), to crank. **14.** ~ di nuovo (riprendere per la seconda volta un film o una scena) (*cinem.*), to retake. **15.** ~ in folle (*mecc.*), to idle. **16.** ~ la manovella (di avviamento di un'automobile per es.) (*mot.*), to turn the crank. **17.** ~ (o costruire) un arco (*arch.*), to turn an arch. **18.** ~ per inerzia (di un motore elettrico per es.) (*mot.*), to coast. **19.** ~ scentrato (di un rotore) (*mecc.*), to run untrue. **20.** ~ un assegno (per es.) (*comm.*), to endorse a check. **21.** ~ un film (*cinem.*), to film, to shoot a film, to crank. **22.** far ~ (il motore) (*mot.*), to run.

girasole (*agric.*), sunflower. **2.** ~ (opale girasole) (*min.*), girasol, girasole.

girata (di un assegno) (*comm.*), endorsement.

giratario (di un assegno) (*comm.*), endorsee.

giratorio (*a. - mecc.*), gyratory.

giratubi (chiave giratubi) (*ut.*), pipe wrench.

giraviti (avvitatrice) (*ut.*), screw driver.

giravolta (manovra di paracadutisti) (*aer.*), turning.

girazione (*mecc. - ecc.*), gyration.

girella (carrucola) (*mecc.*), pulley.

girévole (*a. - gen.*), revolving. **2.** ~ (di gru per es.) (*mecc.*), rotating, slewing.

giro (*mecc.*), turn. **2.** ~ (*mot.*), rev, revolution. **3.** ~ (di fune) (*nav.*), coil. **4.** ~ (spira: di incannatoio) (*ind. tess.*), convolution. **5.** giri (di motore per es.), (*mot.*), revolutions. **6.** giri al minuto (*mot.*), revolutions per minute, r.p.m. **7.** giri di bussola (taratura della bussola magnetica di un mobile, nave o aereo, ottenuta facendo assumere al mobile orientamenti predeterminati) (*nav. - aer.*), swinging ship, swinging. **8.** ~ di affari (*comm.*), turnover. **9.** ~ (o giri) di attesa (sul perimetro dell'aereoporto in attesa dell'autorizzazione all'atterraggio) (*aer.*), holding pattern. **10.** ~ di riscaldamento, o di ricognizione (un giro del circuito effettuato prima della gara per riscaldare il motore) (*gare aut.*), pace lap. **11.** giri per pollice (*elettromecc.*), turns per inch. **12.** ~ più veloce (*aut. - sport*), fastest lap. **13.** nave (o aereo) ai giri di bussola (per la taratura della bussola magnetica) (*aer. - nav.*), swinging ship. **14.** numero di giri (di mot. per es.) (*mot.*), number of revolutions. **15.** numero di giri al secondo (giri sec.) (*mecc.*), revolutions per second, r.p.s. **16.** regime di fuori giri (*mot. - aut.*), runaway speed rate. **17.** un quarto di ~ (di una vite per es.) (*mecc. - ecc.*), one fourth turn.

girobùssola (*strum. aer. - nav.*), gyroscopic compass, gyrocompass. **2.** ripetitore di ~ (*strum. navig.*), gyrorepeater.

girodano (per lana) (*macch. tess.*), willow.

girodina, *vedi* elicoplano.

giroguidato (di una bomba radiocomandata per es.) (*milit.*), steered by a gyroscopic device.

giromagnetico (l'elettrone nell'atomo per es.) (*a. - fis.*), gyromagnetic.

giròmetro (per misurare la velocità angolare di un aereo) (*aer. - strum. mis.*), turn meter.

girone (di un remo) (*nav.*), handle.

giroorizzonte (orizzonte artificiale) (*strum. aer.*), gyro horizon, artificial horizon.

giropilòta (pilota automatico) (*aer.*), gyropilot, autopilot, automatic pilot.

giroplano (*aer.*), *vedi* autogiro.

giroscòpico (*a. - mecc.*), gyroscopic. **2.** effetto ~ (*mecc.*), gyroscopic effect.

giroscòpio (*mecc.*), gyro, gyroscope. **2.** ~ del siluro (*mecc. - elettromecc.*), torpedo gyroscope. **3.** ~ direzionale (*strum. aer.*), directional gyro. **4.** ~ elettrico (il cui rotore è azionato elettricamente) (*strum. aer.*), electric gyro, electric gyroscope. **5.** ~ libero (il cui sistema cardanico è libero da vincoli) (*strum. aer.*), free gyro, free gyroscope.

girostabilizzatore (*aer. - nav.*), gyrostabilizer, gyrostat, gyroscopic stabilizer.

girostatico (di un girostato) (*a. - mecc.*), gyrostatic.

giròstato (*aer. - nav.*), *vedi* girostabilizzatore.

gita (*gen.*), trip, tour. **2.** ~ aziendale (*ind.*), works trip, works tour.

gittata (di un cannone) (*milit.*), range, throw. **2.** a lunga ~ (p. es. di bocca da fuoco) (*milit.*), long-range.

giubbotto antiproiettile (*milit.*), flak jacket, flak suit, flak vest.

giubbòtto di salvataggio (giacchetto di salvataggio) (*naut.*), life jacket, jacket life preserver. **2.** ~ (di sughero) (*nav.*), cork jacket.

giudice (*leg.*), judge. **2.** ~ fallimentare (*amm. - leg.*), referee in bankruptcy.

giudiziario (*leg.*), judicial.

giudizio (*gen.*), judgement. **2.** ~ arbitrale (*gen. - leg.*), award.

giunca (*nav.*), junk.

giungla (*foresta*), jungle.

giuntaggio (di film) (*cinem.*), splicing.

giuntare (*gen.*), to piece. **2.** ~ (una pellicola) (*cinem.*), to splice. **3.** ~ (le estremità dei nastri prima della stiratura) (*ind. lana*), to plank. **4.** ~ (le estremità del nastro di carta) (*mft. carta*), to splice.

giuntatrice (*macch. tess.*), piecing machine. **2.** ~ (per film) (*macch. cinem.*), splicer.

giunto (*mecc. - carp.*), joint. **2.** ~ (di accoppiamento) (*mecc.*), coupling. **3.** ~ (tra due file di tavole) (*costr. nav.*), seam. **4.** ~ (tra due tubi) (*tubaz.*), joint. **5.** ~ (tra due rotaie consecutive) (*ferr.*), joint. **6.** ~, *vedi anche* giunzione. **7.** ~ a baionetta (innesto a baionetta) (*mecc. - ecc.*), bayonet joint. **8.** ~ a becco (per travi da tetto) (*carp.*), bird's mouth joint. **9.** ~ a bicchiere (*tubaz.*), bell-and-spigot joint (am.), spigot joint. **10.** ~ a bicchiere sferico (*tubaz.*), flexible-joint. **11.** ~ a croce (o di Oldham) (*mecc.*), Oldham coupling. **12.** ~ ad ammorsatura (*carp.*), scarf joint. **13.** ~ ad angolo (di circa 90° tra due elementi saldati per es.) (*tecnol. mecc.*), corner joint. **14.** ~ ad angolo retto (*carp.*), corner joint. **15.** ~ ad incastro (*carp.*), bridle dap joint. **16.** ~ a dischi (*mecc.*), flange coupling. **17.** ~ a doppio rinforzo laterale (*carp. metall.*), cover plate joint, fish-plate joint. **18.** ~ a flangia per tubi una cui estremità entra in una cavità della flangia (*tubaz.*), bump joint. **19.** ~ a flange fisse (*tubaz.*), fixed flange joint. **20.** ~ a flange libere (*tubaz.*), loose flange joint. **21.** ~ a flangia (*tubaz.*), flange joint. **22.** ~ a flangia (di un albero per es.) (*mecc.*), flange coupling. **23.** ~ a ganasce (*mecc. - carp. - ferr.*), fish joint, splice. **24.** ~ a ginocchiera (*mecc.*), toggle joint. **25.** ~ a manicotto (a vite) (*tubaz.*), box coupling. **26.** ~ a manicotto (*mecc.*), box coupling. **27.** ~ a marronella (*lattoniere*), fell joint. **28.** ~ a mezza pialla o a mezzo legno (*falegn.*), end lap, end lap joint, half lap. **29.** ~ ammorsato e saldato (*mecc.*), scarfweld. **30.** ~ a paro (giunto a comenti appaiati) (*costr. nav.*), carvel joint, flush joint. **31.** ~ (sigillato) a piombo (*tubaz.*), lead joint. **32.** ~ a quartabuono (*falegn.*), *vedi* quartabuono. **33.** ~ a sfera (*mecc.*), ball-and-socket joint, ball joint. **34.** ~ a sovrapposizione (*mecc.*), lap joint. **35.** ~ a sovrapposizione rullata (effettuato a caldo sugli orli sovrapposti di lamiere adiacenti per es.) (*lav. metall.*), roll joint. **36.** ~ assiale (di travi, rotaie, funi ecc.), splice. **37.** ~ a stecca (*ferr.*), *vedi* giunto a ganasce. **38.** ~ a tenone e mortisa con bietta (*carp.*), foxtail wedging. **39.** ~ a vite (a maschio e femmina) (*mecc.*), screw joint. **40.** ~ brasato (*tecnol. mecc.*), braze, brazed joint. **41.** ~ bullonato (connessione bullonata) (*carp.*), bolted link. **42.** ~ caldo (di una termocoppia) (*strum.*), measuring junction. **43.** ~ cardanico (*mecc.*), universal joint. **44.** ~ chiodato (*mecc.*), riveted joint. **45.** ~ chiodato a taglio (*mecc.*), shear riveted joint. **46.** ~ d'angolo (*saldatura*), edge joint. **47.** ~ di dilatazione (*ed.*), expansion joint. **48.** ~ di dilatazione (fatto con tubo piegato) (*tubaz.*), expansion bend. **49.** ~ di dilatazione a premistoppa (*tubaz.*), gland expansion joint, stuffing box joint. **50.** ~ di dilatazione a soffietto (in un carburatore di aereo per es.) (*mecc.*), sylphon expansion joint. **51.** ~ di elementi perpendicolari tra loro (giunto a mezzo legno, giunto a quartabono) (*carp.*), miter, miter joint. **52.** ~ di Oldham (*mecc.*), Oldham coupling. **53.** ~ di riduzione (*tubaz.*), reducer. **54.** ~ di spalla ad incastro (lavorazione legno) (*carp.*), shouldered joint (ingl.). **55.** ~ di stratificazione (frattura in una roccia non seguìta da dislocazione) (*geol.*), joint. **56.** ~ di testa (*mecc.*), butt joint, butt. **57.** ~ elastico (per es. sull'albero di trasmissione di automobile) (*mecc.*), flexible coupling. **58.** ~ (elettrico) per luci rimorchio (accoppiatore per luci rimorchio) (*elett. - aut.*), trailer light connector. **59.** ~ elettromagnetico (fra un motore e una macchina) (*elettromecc.*), electromagnetic coupling. **60.** ~ flottante (*mecc.*), floating coupling. **61.** ~ freddo (di una termocoppia) (*strum.*), reference junction, cold junction. **62.** ~ freddo (ripresa, piega fredda, saldatura fredda: soluzione di continuità per mancata saldatura del metallo proveniente da diverse direzioni) (*fond.*), cold-shut, cold-lap. **63.** ~ idraulico (di trasmissione) (*mecc.*), hydraulic coupling, fluid flywheel (ingl.), fluid coupling. **64.** ~ idraulico (con tenuta ad acqua: per gas) (*tubaz.*), hydraulic joint. **65.** ~ inchiavettato (*mecc.*), cottered joint. **66.** ~ incollato a pressione (*carp.*), squeezed joint. **67.** ~ liscio (p. es. di un tubo per pozzo petrolifero) (*tubaz.*), flush-joint. **68.** ~ o superficie di separazione (tra due parti di una forma) (*fond.*), parting. **69.** ~ parastrappi (comando elastico) (*mecc.*), spring drive. **70.** giunti per prove a terra (accoppiamenti per prove a terra) (*aer.*), ground test couplings. **71.** ~ per tubi di diverso diametro (raccordo di passaggio da un diametro ad un altro maggiore) (*tubaz.*), increaser. **72.** ~ ritardatore (*mecc.*), delay coupling. **73.** ~ saldato (saldatura, ottenuto per fusione delle parti da saldare) (*mecc.*), weld. **74.** ~ saldato (a dolce od a forte) (*tecnol. mecc.*), soldered joint, S.J. **75.** ~ saldato ad U (saldatura ad U) (*tecnol. mecc.*), single-U groove weld. **76.** ~ saldato al cannello (*saldatura*), blown joint. **77.** ~ saldato a lembi retti (o ad I, saldatura a lembi retti, o ad I) (*tecnol. mecc.*), square groove weld. **78.** ~ saldato al rovescio (saldatura al rovescio) (*tecnol. mecc.*), back weld. **79.** ~ saldato a sovrapposizione (di due fogli di latta per es.), plumb joint. **80.** ~ saldato a V (saldatura a V) (*tecnol. mecc.*), single -Vee groove weld. **81.** ~ saldato di testa (*mecc.*), butt weld joint. **82.** ~ saldato mediante stagno fuso (*mecc.*), sweated joint. **83.** ~ scorrevole (*mecc.*), slip joint. **84.** ~ scorrevole (per evitare la trasmissione di dilatazioni e vibrazioni dalla tubazione di scarico di un motore d'aviazione per es.) (*mecc.*), slip joint. **85.** ~ Sellers a doppio cono (*mecc.*), cone coupling, Sellers coupling. **86.** ~ sferico (*mecc.*), ball joint, ball-and-socket joint. **87.** ~ sospeso (per rotaie) (*ferr.*), suspended joint.

88. ~ telescopico (*mecc.*), telescopic joint. **89.** ~ universale (*mecc.*), universal joint. **90.** a ~ allentato (lasco) (*mecc.*), loose-jointed. **91.** fare un ~ ad ammorsatura (*carp.*), to scarf. **92.** fare un ~ a ganasce (binari, travi ecc.) (*carp. - mecc.*), to splice. **93.** tipo di ~ per tubi non filettati (*tubaz.*), dresser coupling. **94.** ~, *vedi anche* giunzione.

giunzione (atto di congiungere), junction, jointing, connection. **2.** ~ (giunto) (*mecc. - carp. - ecc.*), joint. **3.** ~ (di cinghie) (*mecc.*), lacing. **4.** ~ (commettitura: tra due mattoni adiacenti per es.) (*mur.*), joint. **5.** ~ (*falegn. - mecc.*), *vedi anche* giunto. **6.** ~ accresciuta (nei semiconduttori) (*eltn.*), grown junction. **7.** ~ a cerniera (*falegn. - mecc.*), hinged joint. **8.** ~ a coda di rondine (*falegn. - mecc.*), dovetail joint. **9.** ~ a coda di rondine a mezza pialla (giunto con il vano a coda di rondine scavato per metà spessore) (*carp. - falegn.*), lap dovetail joint. **10.** ~ ad ammorsatura bullonata (di travi) (*carp.*), scarf joint. **11.** ~ ad angolo (a mezzo legno o a quartabono) (*carp.*), mitering. **12.** ~ a diffusione (saldatura a diffusione, incollaggio a diffusione, di metalli, applicando calore e pressione per un periodo di tempo) (*tecnol. mecc.*), diffusion bonding. **13.** ~ a diffusione (~ diffusa di semiconduttore: eseguita mediante drogaggio) (*eltn.*), diffused junction. **14.** ~ a linguetta (la linguetta di un pezzo entra nella cavità di un altro) (*mecc.*), tongue joint. **15.** ~ a maschio e femmina (giunto a linguetta e scanalatura) (*carp.*), tongue and groove joint, split joint. **16.** ~ a mezzo legno (*falegn.*), end lap. **17.** ~ (o saldatura) a pressione (p. es. nelle macchine a platina) (*tecnol. tip.*), press bonding. **18.** ~ a sovrapposizione (*nav. - ed. - ecc.*), shiplap, shiplapped joint. **19.** ~ con mastice metallico (*tecnol.*), rust joint. **20.** ~ di collettore (in un transistore p. es.) (*eltn.*), collector junction. **21.** ~ di sicurezza (*mecc.*), safety joint. **22.** ~ di tubi (*tubaz.*), pipe connection. **23.** cassetta di ~ (*app. elett.*), connection box. **24.** fare una ~ (*carp. - falegn. - mecc.*), to joint. **25.** fare una ~ ad ammorsatura (*carp.*), to scarf. **26.** fare una ~ ad incastro (o a mortisa) (*carp.*), to gain. **27.** linea di ~, seam. **28.** senza ~ (*ind.*), seamless. **29.** ~ tra semiconduttori (in genere tra materiali di tipo n e tipo p) (*eltn.*), semiconductor junction.

giuòco, *vedi* gioco.

giura (periodo giurassico) (*geol.*), Jura. **2.** ~ bianco (giura superiore, malm) (*geol.*), malm, White Jura.

giuramento (*leg.*), oath.

giurare (*leg.*), to swear.

giuràssico (*geol.*), Jurassic.

giurato (*leg.*), member of the jury.

giuria (*leg.*), jury.

giurisdizione (*leg.*), venue.

giurisprudenza (*leg.*), jurisprudence, law.

giurista (*leg.*), jurist.

giustezza (di una colonna per es.) (*tip.*), measure.

giustificare (mettere a giustezza, allineare spaziando opportunamente i caratteri) (*tip. - elab.*), to justify. **2.** ~ l'assenza (dal lavoro) (*op.*), to justify.

giustificativo (pezza giustificativa: ricevuta per es.) (*amm.*), voucher.

giustificazione (messa a giustezza, di una riga) (*tip.*), justification. **2.** cifra di ~ (*elab.*), justification digit.

giustizia (*leg.*), justice. **2.** ~ commutativa (*leg.*), commutative justice.

giusto (*a. - gen.*), right, correct.

glaciale (*geogr. - geol.*), glacial. **2.** periodo ~ (pleistocene) (*geol.*), Glacial period.

glaciologia (*geofis.*), glaciology.

glicèride (*chim.*), glyceride.

glicerina ($C_3H_8O_3$) (*chim.*), glycerol, glycerine.

glicerofosfato (*chim. farm.*), glycerophosphate.

gliceròlo (*chim.*), *vedi* glicerina.

glicina ($H_2N.CH_2.COOH$) (glicocolla, zucchero di colla, acido amminoacetico) (*chim.*), glycocoll, glycine, glycin.

glicocolla (glicina, acido amminoacetico, zucchero di colla) ($H_2N.CH_2.COOH$) (*chim.*), glycocoll.

glicòle (*chim.*), glycol. **2.** ~ etilenico ($CH_2OH.CH_2OH$) (*chim.*), ethylene glycol.

glifo (canaletto ornamentale) (*arch.*), glyph. **2.** ~ (di macchina a vapore) (*mecc.*), link block. **3.** ~ oscillante (*mecc.*), crank and slotted link. **4.** distribuzione a ~ (*macch. a vapore*), link motion.

gliptal (resina sintetica) (*ind. chim.*), glyptal.

gliptogenesi (degradazione) (*geol.*), weathering.

globale (di una variabile che appartiene a molti programmi, o ad un programma ed i suoi sottoprogrammi) (*a. - gen. - elab.*), global.

glòbo (*gen.*), globe. **2.** ~ celeste (*astr.*), celestial globe. **3.** ~ di fuoco (nube di fuoco a forma globulare prodotta da una esplosione nucleare, oppure da un fulmine globulare) (*espl. nucleare - meteor.*), fireball. **4.** ~ terrestre (mappamondo) (*astr.*), terrestrial globe.

globulare (sferoidale) (*metall.*), spheroidal, globular.

"GLP" (gas liquido di petrolio) (*comb. - aut.*), LPG, liquid petroleum gas.

glucinio, *vedi* berillio.

glucòsidi (*chim.*), glucosides.

glucòsio ($C_6H_{12}O_6$) (*chim.*), glucose.

gluone (particella ipotetica che interagisce fortemente con i quark) (*fis. atom.*), gluon.

glùtine (*chim.*), gluten.

glutinoso (*chim.*), glutenous.

gneiss (*roccia*), gneiss.

gobba (di lamiere per es.) (*metall.*), buckle, bulge.

gocart, *vedi* "kart ".

goccia (*fis.*), drop. **2.** gocce (ornamenti di trabeazione dorica) (*arch.*), guttae, drops. **3.** gocce (scabrosità superficiali di un lingotto dovute agli spruzzi prodotti dal getto di colata che colpisce il fondo della lingottiera) (*metall.*), splash. **4.** gocce (di vernice su un oggetto verniciato ad immersione) (*vn.*), blobs. **5.** ~ di fondente (al filo di platino per es.) (*chim.*), bead. **6.** gocce fredde (*fond.*), cold shots. **7.** gocce sparse (di metallo fuso in prossimità del giunto saldato) (*tecn. mecc.*), spatter. **8.** colature a ~ (*difetto vn.*), tears. **9.** oliatore a ~ (*mecc.*), drip-feed lubricator. **10.** processo a ~ (nel quale il vetro viene fornito alla formatrice sotto forma di piccoli quantitativi) (*mft. vetro*), gob process. **11.** una ~ d'acqua (*gen.*), a drop of water.

gocciolamento (di olio per es.: da un motore, un differenziale, un impianto ecc.) (*mecc. - tubaz. - ecc.*), dripping, dribble.

gocciolare (*gen.*), to drip.

gocciolatoio (di carrozzeria di automobile per es. e fabbricati edili), drip. **2.** ~ di pietra (*ed.*), dripstone.

gocciolina (goccia) (*difetto vetro*), tear.

godronare (zigrinare: operazione meccanica) (*mecc.*), to knurl.

godronato (zigrinato) (*a. - mecc.*), knurled.

godronatura (zigrinatura) (*s. - mecc.*), knurl. **2.** ~ (zigrinatura: operazione meccanica) (*mecc.*), knurling.

goethite, göthite ($Fe_2O_3.H_2O$) (*min. - refrattario*), goethite.

goffrare (stampare in rilievo) (*lav. cuoio - carta - ecc.*), to emboss.

goffrato (stampato in rilievo) (*cuoio - carta - ecc.*), embossed.

goffratrice (*cuoio - carta - ecc.*), embosser, embossing machine.

goffratura (stampaggio in rilievo) (*lav. cuoio - carta - ecc.*), embossing.

gola (*mecc.*), groove. **2.** ~ (scarico) (*mecc.*), relief. **3.** ~ (di una puleggia) (*mecc.*), race. **4.** ~ (di una vite) (*mecc.*), undercut. **5.** ~ (*carp.*), rabbet. **6.** ~ (condotto per i prodotti della combustione), flue. **7.** ~ (incassatura nel muro per tubazioni) (*mur.*), wall chase. **8.** ~ (angolo superiore prodiero, di una vela di straglio) (*nav.*), throat. **9.** ~ (di boma o di picco) (*nav.*), jaw. **10.** ~ (ghirlanda: piastra a V usata per il collegamento delle travi a prua od a poppa) (*costr. nav.*), hook, breasthook. **11.** ~ (*arch.*), cyma. **12.** ~ (stretta valle) (*geol.*), gorge. **13.** ~ (modanatura concava) (*arch.*), gorge. **14.** ~ (di una puleggia azionata da fune per es.) (*mecc.*), rope race. **15.** ~ (di un forno per es.) (*imp. ind.*), throat. **16.** ~ (diritta o rovescia) (*arch.*), cyma, ogee. **17.** ~ del bossolo (di presa per l'estrattore) (*arma da fuoco*), cannelure. **18.** ~ di camino (*ed.*), stack. **19.** ~ di coperta (ghirlanda di coperta) (*costr. nav.*), deck hook. **20.** ~ di poppa (ghirlanda di poppa) (*costr. nav.*), crutch. **21.** ~ di prua (ghirlanda di prua) (*costr. nav.*), breasthook. **22.** ~ diritta (*arch.*), cyma recta. **23.** ~ per rettifica (~ di scarico per rettifica) (*lav. mecc.*), grinding relief. **24.** ~ rovescia (*arch.*), cyma reversa.

golena (superficie piatta che può essere sommersa dal flusso dell'acqua) (*idr*), floodplain. **2.** ~ (di un fiume) (*geol.*), first bottom.

goletta (*nav.*), schooner, fore-and-aft schooner. **2.** ~ a tre alberi (*nav.*), three-masted schooner. **3.** ~ a vele quadre (*nav.*), topsail schooner.

golf (gioco) (*sport*), golf. **2.** ~ (*tess.*), pullover.

golfare (perno con testa ad anello) (*nav.*), eyebolt.

golfo (*geogr.*), gulf.

gòmena (*nav.*), rope, hawser, line. **2.** ~ da rimorchio (*nav.*), tow rope, towing hawser.

gómito (raccordo per tubazioni) (*tubaz.*), elbow. **2.** ~ (di albero a gomiti per es.) (*mecc.*), crank, throw. **3.** ~ a L (*tubaz.*), ell. **4.** a quattro gomiti (di albero a gomiti di motore per es.), four-throw.

gomìtolo (di filo per es.), clew, clue.

gomma (*ind. gomma*), rubber, India rubber, caoutchouc. **2.** ~ (polisaccaride) (*chim.*), gum. **3.** ~ (resina vegetale), gum. **4.** ~ (pneumatico di automobile), tyre, tire. **5.** ~ (per cancellare) (*att. dis.*), eraser, rubber. **6.** ~ (nella benzina, derivante da "cracking") (*chim. ind.*), gum (am.). **7.** ~ (*filatelia*), gum. **8.** ~ adragante (*farm.*), tragacanth. **9.** ~ arabica (*chim. - adesivo*), gum arabic, arabian gum. **10.** ~ a terra (*aut.*), flat tyre. **11.** ~ attuale (nella benzina) (*chim. ind.*), existent gum. **12.** ~ butilica (*ind. gomma*), butyl rubber. **13.** ~ clorurata (*mft. gomma*), chlorinated rubber. **14.** ~ da inchiostro (per macchina da scrivere per es.), ink eraser. **15.** ~ di foresta (*ind. gomma*), wild rubber. **16.** ~ d'India (*ind. gomma*), India rubber, indiarubber, I.R. **17.** ~ di piantagione (*ind. gomma*), plantation rubber. **18.** ~ elastica (caucciù) (*ind. gomma*), caoutchouc. **19.** ~ elastica (vulcanizzato elastico) (*ind. chim.*), soft rubber. **20.** ~ granulata meccanicamente (*ind. gomma*), comminuted rubber. **21.** ~ idroclorurata (*ind. chim.*), rubber hydrochloride. **22.** ~ in balle (*ind. gomma*), baled rubber. **23.** ~ in casse (*ind. gomma*), cased rubber. **24.** ~ indurita (*ind. gomma*), hardened caoutchouc. **25.** ~ in foglia (*ind. gomma*), sheet rubber, sheet. **26.** ~ lacca (*ind. chim.*), shellac. **27.** ~ lacca grezza (*resina*), lac. **28.** ~ masticata (*ind. gomma*), killed rubber, masticated rubber. **29.** ~-metallo ("metalgomma") (*tecnol.*), rubber-bonded metal, rubbermetal bond. **30.** ~ nitrilica (*ind. chim.*), nitrile rubber. **31.** ~ para (*ind. gomma*), para rubber. **32.** ~ per cancellare (*dis. - uff.*), kneaded eraser, kneaded rubber. **33.** ~ piena (*aut.*), solid tire. **34.** ~ piombifera (opaca ai raggi X: usata nella radiologia medica) (*ind. gomma*), opaque rubber. **35.** ~ ricostruita (pneumatico ricostruito) (*ind. gomma*), retreaded tire, retread. **36.** ~ rigenerata (*ind. gomma*), reclaimed rubber. **37.** "~ ϱc" (gomma avente la stessa impedenza acustica dell'acqua di mare) (*acus. sub.*), "ϱc rubber". **38.** ~ sintetica (*ind. gomma*), synthetic rubber. **39.** ~ (sintetica) al butadiene-stirene (*chim.*), styrene butadiene rubber, SBR. **40.** ~ spugnosa (*ind. gomma*), foam rubber, sponge rubber. **41.** ~ telata (gomma con tela inserita durante la calandratura) (*ind tess.*), friction. **42.** ~ vulcanizzata (*ind. gomma*), vulcanized rubber. **43.**

dare la ~ (a lastre litografiche) (*lit.*), to gum up. **44.** gradi internazionali durezza ~ (*ind. gomma*), international rubber hardness degrees, IRHD. **45.** pneumatico di ~ piena (*aut.*), solid tire. **46.** tampone (paracolpi) di ~ (*aut.*), rubber buffer. **47.** tipo di ~ per ricostruzione di pneumatici (*ind. gomma*), camelback.

gommapiuma (denominazione brevettata), *vedi* gomma-spugna.

gommare (la seta per es.) (*ind. tess.*), to rubberize. **2.** ~ (frizionare la tela mediante calandratura) (*lav. tess.*), to friction, to rubberize.

gommarésina (*ind. chim.*), gum resin.

gomma-spugna (*mft. gomma*), sponge rubber, Airfoam.

gommato (di un'automobile per es.) (*aut.*), tired.

gommatrice (per cartoni per scatole per es.) (*macch.*), gumming machine.

gommatura (applicazione di gomma adesiva) (*tip. - ecc.*), gumming. **2.** ~ (il complesso dei pneumatici, di una vettura per es.) (*aut.*), tyres (ingl.), tires (am.). **3.** ~ (*ind. tess.*), rubberizing. **4.** ~ (o frizionatura) (*ind. gomma*), frictioning, rubberizing.

gommoso (*gen.*), gummy.

góndola (di un gruppo motopropulsore) (*aer.*), nacelle. **2.** ~ motore (di un dirigibile) (*aer.*), power car.

gonfiabile (con aria per es.) (*gen.*), inflatable.

gonfiaggio (di una gomma di automobile per es.) (*aut.*), inflation. **2.** pressione di ~ (di un pneumatico per es.) (*aut.*), inflation, inflation pressure.

gonfiamento (di un aerostato con gas per es.) (*aer. - ecc.*), topping-up, gassing.

gonfiare (*fis.*), to inflate, to swell. **2.** ~ (spanciare: di vela, lamiera per es.), to belly. **3.** ~ (un aerostato per es.) (*aer.*), to gas (ingl.). **4.** ~ un pneumatico (*aut.*), to inflate a tire.

gonfiarsi (*fis.*), to swell.

gonfiato (un pneumatico per es.) (*aut. - ecc.*), inflated.

gonfiatura (di pallone) (*aer.*), gassing (ingl.), topping-up.

gonfio (di pneumatico) (*aut. - ecc.*), inflated. **2.** poco ~ (insufficientemente gonfio, di pneumatico) (*a.*), underinflated. **3.** troppo ~ (di pneumatico) (*aut. - ecc.*), overinflated.

goniometrìa (*geom. - mat.*), goniometry.

goniòmetro (rapportatore) (*strum. dis.*), protractor. **2.** ~ (*strum. mis.*), goniometer. **3.** ~ (a sospensione cardanica per misure azimutali marinare) (*nav.*), pelorus. **4.** ~ ad applicazione (per misurare angoli di cristalli per es.) (*strum. mis.*), contact goniometer. **5.** ~ a riflessione (per misurare angoli di cristalli per es.) (*strum. mis.*), reflecting goniometer. **6.** radio ~ (*radio - nav. - aer.*), direction finder, radio compass, radiogoniometer.

gonna di sostegno (in un reattore nucleare) (*ed. atom.*), support skirt.

gòra (*geogr.*), rivulet. **2.** ~ (canale d'acqua per impiego energetico), (*idr.*), lead, millrace.

gòrgia (gola d'incastro diritto per pali per es.) (*carp. - ed. - nav.*), joggle.

gorgo (*aerodin.*), eddy. **2.** ~ d'acqua (*idr.*), whirlpool.

gorgogliamento (lavaggio, di un gas) (*chim.*), scrubbing. **2.** ~ (di un bagno metallurgico) (*fond.*), bubbling through.

gorgogliatore di lavaggio (per gas) (*chim. tecnol.*), scrubber.

gòtico (*a. - arch.*), Gothic. **2.** arco ~ (*arch.*), Gothic arch.

gottazza (vuotazza) (*att. nav.*), bailer, bailing scoop.

governale (cloche) (*aer.*), stick. **2.** ~ (stabilizzatore aerodinamico, di una bomba) (*aer. milit.*), vane. **3.** ~ a scatola (per bombe aer. per es.) (*espl.*), box type fin. **4.** per bombe (*espl.*), bomb fin.

governare (manovrare) (*aer.*), to control. **2.** ~ (*nav.*), to steer. **3.** ~ (le caldaie per es.) (*comb.*), to stoke.

govèrno (di una nave) (*nav.*), steerage, steering. **2.** ~ (di un aeroplano) (*aer.*), control. **3.** ~ (dispositivo di controllo) (*elab.*), controller. **4.** in ~ (di una nave, di un aeroplano) (*nav. - aer.*), under control. **5.** superfici di ~ (*aer.*), control surfaces.

gradatamente (*gen.*), gradually, step by step.

gradazione (*gen.*), rating. **2.** ~ (di colori) (*fot.*), gradation, shade. **3.** ~ alcoolica (di una miscela per es.), proof, proof spirit, strength.

gradiènte (*fis.*), gradient. **2.** ~ atmosferico (termico, barometrico ecc.) (*meteor.*), lapse. **3.** ~ barometrico (*meteor. - aer.*), barometric gradient. **4.** ~ di durezza (variazione di durezza dal centro alla superficie di un getto) (*fond.*), hardness gradient. **5.** ~ di potenziale (*mat. - elett.*), gradient of potential (am.), potential gradient. **6.** ~ di pressione (*meteor.*), pressure gradient. **7.** ~ di salinità verticale (dell'acqua di mare, influente sulla velocità del suono) (*geofis. - acus. sub.*), salinity gradient, halocline. **8.** ~ geotermico (*geol.*), geothermal gradient. **9.** ~ termico (*meteor.*), thermal gradient, lapse rate (ingl.). **10.** ~ trasversale velocità vento (cambio della velocità del vento con la distanza lungo l'asse perpendicolare alla direzione del vento) (*meteor.*), wind shear. **11.** ~ verticale (andamento dei dati meteorologici con la variazione dell'altezza) (*meteor.*), vertical gradient, lapse rate (ingl.). **12.** ~ verticale adiabatico aria satura (gradiente termico dell'aria satura in condizioni adiabatiche) (*meteor.*), saturated adiabatic lapse rate (ingl.). **13.** ~ verticale adiabatico aria secca (gradiente termico dell'aria secca vicino alla superficie terrestre in condizioni adiabatiche) (*meteor.*), dry adiabatic lapse rate (ingl.). **14.** distanza del ~ di raffica (distanza orizzontale alla quale la velocità verticale della raffica cambia da zero alla massima velocità) (*aer. - meteor.*), gust gradient distance.

gradina (*ut. mur.*), tooth chisel.

gradinata (*ed.*), stairs, staircase. **2.** ~ (rampa) (*ed.*), flight of stairs. **3.** ~ (di teatro per es.) (*arch.*), balcony. **4.** ~ (di uno stadio sportivo per es.) (*arch.*), bleachers. **5.** contornatura a ~ (su macch. a controllo numerico) (*lav. macch. ut.*), staircase contouring. **6.** posto di ~ (in uno stadio sportivo per es.) (*sport*), bleachers.

gradinatura (metodo di abbattimento del minerale) (*min.*), benching.

gradino (di una scala) (*ed.*), step. **2.** ~ ("redan" di un galleggiante di idrovolante) (*aer.*), step. **3.** ~ (di una galleria per es.) (*min.*), bench. **4.** ~ a sbalzo (*ed.*), hanging step. **5.** ~ (con pedata) antisdrucciolevole (pedata di sicurezza, gradino ricoperto con gomma per es.) (*ferr. - ecc.*), safety tread. **6.** ~ d'angolo (di una scala) (*ed.*), angular step. **7.** ~ diritto (di una scala) (*ed.*), straight step. **8.** ~ di una resistenza (elettrica) (*elett.*), resistance step. **9.** ~ in pietra (*ed.*), stone step. **10.** ~ per scala a chiocciola (*arch.*), winder. **11.** a gradini (p. es. di uno scafo a fasciame a giunti sovrapposti) (*a. - carp.*), joggled. **12.** a ~ rovescio (coltivazione) (*a. - min.*), overhand. **13.** per gradini (passo a passo) (*gen.*), step-by-step.

grado (*milit.*), rank, grade. **2.** (posizione di un impiegato) (*ind.*), rank. **3.** ~ (temperatura) (*fis.*), degree. **4.** ~ (360ma parte di una circonferenza) (*mat.*), degree. **5.** gradi API (*chim.*), API degrees. **6.** ~ centesimale (un centesimo di un angolo retto) (*mat.*), grad. **7.** ~ di compressione (*mot.*), compression ratio. **8.** ~ di dispersione (*chim. fis.*), dispersity. **9.** ~ di dissociazione (*chim. fis.*), dissociation coefficient. **10.** ~ di eccentricità (*mecc.*), degree of eccentricity. **11.** ~ di libertà (*mecc. raz.*), degree of freedom. **12.** ~ di precisione (di una misurazione) (*gen.*), degree of accuracy. **13.** ~ di precisione (di pezzi lavorati) (*mecc.*), limit of accuracy. **14.** ~ di raffinazione (*mft. carta*), degree of beating. **15.** ~ di rigenerazione (di turbina a gas) (*mecc. - term.*), thermal ratio of heat exchanger. **16.** ~ di saturazione (*fis.*), degree of saturation. **17.** ~ di snellezza (di un'asta caricata di punta) (*sc. costr.*), slenderness ratio. **18.** ~ di vuoto (in un tubo a vuoto per es.) (*fis.*), vacuum degree. **19.** ~ elettrico (in una macchina elettrica: uguale al numero di gradi geometrici moltiplicato per il numero delle paia di poli, adoperato per definire la posizione relativa di parti dell'induttore e dell'indotto) (*elett.*), electrical degree. **20.** ~ Engler (misura di viscosità) (*mecc. fuidi*), Engler degree. **21.** ~ idrometrico (*aria - fis.*), humidity ratio. **22.** gradi Kelvin (gradi assoluti) (*term.*), Kelvin degrees. **23.** ~ saccarimetrico (*chim.*), polarization. **24.** ~ sensitometrico (ASA,DIN per es.) (grado di rapidità o di sensibilità) (*fot.*), speed. **25.** ~ termico (di una candela di mot. a combustione interna) (*elett. - mot.*), heat rating. **26.** a tre gradi di libertà (secondo la regola delle fasi) (*fis. - chim.*), trivariant.

graduale (*gen.*), gradual.

gradualmente (*gen.*), gradually.

graduare (*mecc.*), to graduate, to index, to scale.

graduato (di un cerchio micrometrico per es.) (*a. - mecc. - ott. - ecc.*), graduated.

graduatore (soldato addetto alla graduazione di spolette) (*artiglieria*), fuse setter.

graduatoria (*gen.*), classification list. **2.** ~ a punteggio (metodo di valutazione) (*organ.*), point scale.

graduazione (di uno strumento per es.), graduation.

grafema (*s. - elab. voce*), graphema.

graffa, clip. **2.** ~ (*tip.*), brace. **3.** ~ (artiglio) (*gen.*), claw. **4.** ~ per congiungere cinghie (di trasmissione) (*mecc.*), belt fastening claw, belt fastener, lacing.

graffatrice (per cinghie per es.) (*mecc.*), clincher, clinching machine. **2.** ~ per serbatoi (aggraffatrice per serbatoi) (*mecc.*), tank clinching machine.

graffatura (di cinghie per es.) (*mecc.*), clinching. **2.** ~, *vedi anche* aggraffatura.

graffiare (*gen.*), to scratch.

graffiatura (su un articolo di vetro, prodotta da corpo estraneo nel feltro della pulitrice) (*mft. vetro*), scratch.

graffietto (truschino) (*att. mecc.*), surface gauge. **2.** ~ da falegnami (*att. carp.*), marking gauge.

graffio (su di una pellicola per es.) (*gen.*), scratch.

graffito (*arte*), sgraffito, graffito, scratch work.

grafica (illustrazione ed intervento effettuati con mezzi grafici) (*calc.*), graphics. **2.** ~ [ottenuta] all'elaboratore (per es. disegni, schemi, carte ecc. sullo schermo di unità video ottenuti per mezzo dell'elab.) (*elab.*), computer graphics. **3.** ~ passiva (in cui l'operatore non può intervenire per alterarla) (*elab.*), passive graphics. **4.** ~ per punti (*elab.*), bit map.

graficamente, graphically.

gràfico (*a.*), graphic. **2.** ~ (*s.*), graph. **3.** ~ (curva ottenuta mediante dati registrati per es.) (*gen.*), profile, graph, curve. **4.** ~ (per es. un diagramma sullo schermo di una unità video) (*s. - elab.*), graphic. **5.** ~ degli utili (*amm.*), profit graph. **6.** ~ di Gantt (grafico di previsione e avanzamento) (*ind.*), Gantt chart, production graph. **7.** ~ di Howgozit (per la determinazione del punto di ugual tempo) (*aer.*), howgozit curve. **8.** con metodo ~, graphically. **9.** costruzione del ~ (" plotting ", messa in grafico) (*radar - ecc.*), plotting.

grafitare (olio minerale per es.) (*ind.*), to graphitize.

grafitato (*a.*) graphitized.

grafite (*chim.*), graphite. **2.** ~ colloidale (per lubrificazione) (*mot.*), colloidal graphite. **3.** ~ colloidale in sospensione acquosa (per il trattamento di parti di motore) (*chim. - mot.*), Aquadag. **4.** ~ di storta (*per ind.*), retort graphite. **5.** ~ di Widmanstätten (grafite anomala nella ghisa) (*fond. - metall.*), Widmanstätten graphite. **6.** ~ lamellare (*metall.*), graphite flake. **7.** ~ ventilata (*chim. ind.*), plumbago. **8.** crogiolo di ~ (*fond.*), plumbago crucible.

grafitico (carbonio per es.) (*a. - metall.*), graphitic. **2.** acciaio ~ (*metall.*), graphitic steel.

grafitizzare (trasformare carbonio amorfo in grafite) (*metall.*), to graphitize.

grafitizzazione (ricottura di grafitizzazione) (*tratt. term.*), graphitizing.

grafo (insieme di punti uniti mediante segmenti tracciato per lo studio di circuiti, reti ecc.) (*s. - mat. - eltn. - elab.*), graph.

grafòfono (*strum.*), *vedi* fonografo.

grafometro (*strum. - nav.*), pelorus.

graminare (togliere la carne dalle pelli gregge) (*ind. cuoio*), to scrape.

graminatura (graminaggio, asportazione della carne dalle pelli gregge) (*ind. cuoio*), scraping.

grammatura (peso specifico della carta secondo la qualità) (*mft. carta*), substance number, basis weight, basic weight. **2.** ~ iniettata (capacità d'iniezione in peso di una macchina per stampaggio ad iniezione) (*ind. plastica*), injection capacity.

grammo (*g - mis.*), gram (15.432 grs). **2.** ~ atomo (*chim.*), gram-atomic weight, gram atom. **3.** grammi per denaro (misura della resistenza di un filo per es.) (*tess.*), grams per denier, gpd.

grammo-equivalente (*chim.*), gram equivalent, gram equivalent weight.

grammòfono (fonografo) (*app. acus.*), gramophone, phonograph. **2.** ~, *vedi anche* fonografo.

grammo-ione (*elettrochim.*), gram ion.

grammomolècola (mole) (*chim.*), gram molecule, gram-molecular weight.

grammorad (unità di misura dell'ammontare di radiazioni assorbite da un corpo vivente: 1 ~ corrisponde a 100 erg di energia) (*fis. atom. - biol.*), gram-rad.

gràmola (macchina per rompere la parte legnosa del lino, canapa ecc.) (*ind. tess.*), *vedi* maciulla.

gramolare (lino, canapa ecc.) (*ind. tess.*), *vedi* maciullare.

grana (di un metallo), grain. **2.** ~ (di una mola per es.), grain. **3.** ~ (di una emulsione fotografica) (*fot.*), grain. **4.** ~ (della carta per es.) (*tecnol. ind.*), grain, tooth. **5.** ~ (fiore, lato pelo del cuoio) (*ind. cuoio*), grain. **6.** ~ (dimensioni delle particelle costituenti l'abrasivo) (*abrasivo - ecc.*), grain. **7.** ~ (granulosità; p. es. di un film) (*fot. - ecc.*), graininess. **8.** ~ compatta (fiore compatto) (*ind. cuoio*), close grain. **9.** ~ della graniglia, *vedi a grano* dimensione dei grani. **10.** ~ fine (di un abrasivo ecc.) (*fis.*), fine grain. **11.** ~ fine (fiore fino) (*ind. cuoio*), fine grain. **12.** ~ fragile (fiore fragile) (*ind. cuoio*), brittle grain. **13.** ~ grossa (di un abrasivo ecc.) (*fis.*), coarse grain. **14.** ~ impressa (*ind. cuoio*), pebble grain. **15.** ~ media (di un abrasivo ecc.) (*fis.*), medium grain. **16.** ~ molto fine (di un abrasivo ecc.) (*fis.*), very fine grain. **17.** ~ molto grossa (di un abrasivo ecc.) (*fis.*), very coarse grain. **18.** a ~ chiusa (a grana fitta, a struttura compatta, di ghisa per es.) (*fond.*), close-grained, dense. **19.** a ~ fine (*metall. - ecc.*), fine-grained. **20.** a ~ grossa (*metall. - ecc.*), coarse-grained. **21.** a ~ ruvida (pelle) (*ind. cuoio*), harsh-grained. **22.** distacco della ~ (difetto della pelle) (*ind. cuoio*), blistering. **23.** grossezza della ~ (*metall. - ecc.*), grain size. **24.** grossezza di ~ (di carta smerigliata per es.) (*ind.*), coarseness of grains. **25.** imprimere la ~ (granire, pelli) (*ind. cuoio*), to pebble. **26.** ingrossamento della ~ (*metall.*), grain growth. **27.** numero della ~ (di un abrasivo ecc.) (*mecc. - ecc.*), grain number. **28.** sollevare la ~ (granire, il cuoio) (*ind. cuoio*), to grain.

granaglie (minerale a media frantumazione) (*min.*), middlings.

granaio (*ed.*), granary.

granata (*espl.*), shell, grenade. **2.** ~ a pallette ("shrapnel") (*artiglieria*), shrapnel, shrapnel shell. **3.** ~ a percussione (*espl. - milit.*), percussion shell. **4.** ~ chimica (*espl. - milit.*), gas shell. **5.** ~ di demolizione (*espl.*), demolition bomb. **6.** ~ dirompente (*espl. milit.*), fragmentation shell. **7.** ~ fumogena (*espl. - milit.*), smoke shell. **8.** ~ incendiaria (*espl. - milit.*), incendiary shell. **9.** ~ perforante (*espl. - milit.*), armor piercing shell. **10.** cratere di ~ (*espl.*), shell crater.

granato (*min.*), garnet.

grandangolare (*a. - fot.*), wide-angle. **2.** ~ (obiettivo) (*s. - fot. - ott.*), wide-angle lens.

grande (*gen.*), great, wide. **2.** super ~ (incommensurabilmente ~) (*gen.*), galactic.

grande magazzino (grande negozio al dettaglio organizzato in dipartimenti separati) (*comm.*), department store. **2.** ~ con annesso supermercato (*comm.*), hypermarket. **3.** ~ con self-service (*comm.*), self-service store.

grandezza (dimensione), size. **2.** ~ (*astr. - mat.*), magnitude. **3.** ~ (*elett. - mat. - fis.*), quantity. **4.** ~ assoluta (*astr.*), absolute magnitude. **5.** ~ del lotto (*controllo qualità*), lot size. **6.** ~ effettiva (*dis.*), full size, actual size. **7.** ~ oscillante (*fis. - elett.*), oscillating quantity. **8.** ~ scalare (*fis. - mat.*), scalar quantity. **9.** ~ sinusoidale (*elett. - fis.*), sinusoidal quantity. **10.** ~ vettoriale (*mecc. raz.*), vector quantity. **11.** a ~ naturale (*gen.*), life-size, life sized.

grandinare (*meteor.*), to hail.

grandinata (*meteor.*), hailstorm.

gràndine (*meteor.*), hail, h. **2.** ~ nevosa (neve debole, neve granulosa e friabile) (*meteor.*), soft hail.

granellino (di polvere per es.) (*fis.*), mote.

graniglia silicea (per operazione meccanica di sabbiatura per es.) (*ind.*), grit. **2.** ~ metallica (materiale per operazione meccanica di granigliatura o di pallinatura) (*ind.*), shots.

granigliare (*tecnol. mecc.*), to shotblast.

granigliato (*tecnol. mecc.*), shotblasted.

granigliatrice (*macch. ind. mecc.*), shotblasting machine.

granigliatura (*tecnol. mecc.*), shotblast, shotblasting. **2.** ~ dolce (granigliatura con gusci frantumati di albicocche o prugne) (*mecc.*), prunus blasting.

granire (sollevare la grana, del cuoio) (*ind. cuoio*), to grain. **2.** ~ (dare la grana o la granitura desiderata ad una superficie) (*lit. - tess. - ecc.*), to grain. **3.** macchina per ~ (macchina per sollevare la grana) (*macch. ind. cuoio*), graining machine. **4.** rullo per ~ (*ind. cuoio*), grain roller.

granito (tipo di roccia) (*geol.*), granite. **2.** ~ artificiale (*ed.*), granolith, artificial granite.

granitoio (per irruvidire la superficie metallica) (*ut. per incisori*), mattoir.

granitura (sollevamento della grana, del cuoio) (*ind. cuoio*), graining. **2.** dare la ~ (dare la grana desiderata ad una superficie) (*lit. - tess. - ecc.*), to grain.

grano (frumento) (*agric.*), wheat. **2.** ~ (0,0648 g) (*mis.*), grain. **3.** ~ (perno di centraggio) (*mecc.*), dowel. **4.** ~ (grana) (*metall.*), grain. **5.** ~ (di pirite di ferro per es.), pea. **6.** ~ (a vite) di riferimento (o di guida) (vite senza testa con intaglio per cacciavite) (*mecc.*), grub screw. **7.** ~ deformato (*metall.*), deformed grain. **8.** ~ di arresto (*mecc.*), stop dowel. **9.** ~ di fissaggio (*mecc.*), security dowel. **10.** ~ di riferimento (*mecc.*), dowel. **11.** ~ di riferimento della staffa (*fond.*), flask pin. **12.** ~ duro (*agric.*), hard corn. **13.** ~ ferritico (*metall.*), ferritic grain. **14.** grani in vista (struttura grossolana con grani visibili, su una superficie metallica) (*difetto*), pebbles. **15.** ~ metrico (l ~ = 50 mg) (*mis. gioielleria*), metric grain. **16.** dimensione dei grani (p. es. della graniglia per sabbiatrice: grana) (*tecnol. mecc.*), grit size. **17.** dimensione del ~ austenitico (*metall.*), inherent grain size, austenite grain size, Mc Quaid grain size. **18.** fragilità per ingrossamento del ~ (*metall.*), " Stead's " brittleness. **19.** in grani (stato ed aspetto di un esplosivo, un prodotto chimico ecc.) (*fis.*), grain. **20.** numero indice della dimensione del ~ (*metall.*), grain size number.

granoblastico (avente una struttura cristalloblastica) (*a. - min.*), granoblastic.

granodiorite (roccia granulare) (*min.*), granodiorite.

granodizzazione (procedimento per proteggere superfici metalliche) (*tecnol.*), granodizing.

granofirico (struttura) (*min.*), granophyric.

granofiro (roccia) (*min.*), granophyre.

granogabbro (roccia plutonica) (*min.*), granogabbro.

granoturco (*agric.*), Indian corn, maize.

Gran Premio (*aut. - sport*), Grand Prix, GP.

granulare (di polvere pirica per es.) (*a. - fis.*), granulated.

granulare (ridurre in granuli) (*v. - gen.*), to granulate.

granulato (forma assunta dal materiale ~) (*a. - gen.*), granulate, granulated. **2.** ~ (materiale ridotto in grani) (*s. - min. - ecc.*), prill.

granulatore (per materiali plastici, di una macchina ad iniezione per es.) (*app.*), granulator.

granulatrice (*macch.*), granulator.

granulazione (*gen.*), granulation, granulating.

grànuli, granules. **2.** ~ di carbone (di microfono telefonico per es.) (*fis.*), carbon granules. **3.** formazione di ~ (germinazione, nelle vernici) (*vn.*), seeding.

grànulo (*gen.*), granule. **2.** ~ (pula, di plastica) (*ind. chim.*), bead.

granulometria (*fis.*), granulometry. **2.** ~ discontinua (miscela di inerti) (*ed.*), gap-grading.

granulosità (di materiale) (*fis.*), granulation. **2.** ~ (*fot.*), graininess.

gran vòlta (*aer.*), loop. **2.** ~ rovescia (*aer.*), inverted loop, outside loop.

grappa (per cinghie) (*mecc.*), lacing, belt fastener. **2.** ~ (per legare assieme i blocchi di pietra squadrati di una costruzione) (*ed. antica*), cramp. **3.** ~ (usata per fissare assieme due tavole) (*carp.*), dog. **4.** ~ di collegamento (p. es. per fissare i travetti alle pareti in una costruzione) (*ed.*), wall anchor. **5.** ~, *vedi anche* graffa.

grappino (*nav.*), creeper.

gràppolo (*gen.*), bunch, cluster. **2.** ~ (di paracadute) (*aer.*), cluster.

grassèllo (di calce) (*mur.*), lime putty.

grassezza (della fibra) (*ind. lana*), greasiness.

grasso (*s. - chim.*), fat. **2.** ~ (animale o vegetale) (*s.*), fat. **3.** ~ (minerale: per uso meccanico per es.) (*s.*), grease. **4.** ~ a base di magnesio (per cuscinetti di motore elettrico per es.) (*mecc.*), magnesium base grease. **5.** ~ animale (*chim.*), animal fat. **6.** ~ consistente (grasso lubrificante) (*chim.*), soap grease. **7.** ~ consistente sodico (*chim.*), soda soap grease, sodium soap grease. **8.** ~ di lana (lanolina) (*ind. lana*), lanolin(e). **9.** ~ fibroso (*lubrificanti*), fiber grease. **10.** ~ giallo (per fare il sapone) (*ind.*), yellow grease. **11.** ~ grafitato (*ind. chim. - mecc.*) graphite grease. **12.** ~ lubrificante (*mecc.*), lubricating grease. **13.** ~ minerale (*ind. petrolifera*), petroleum grease. **14.** ~ naturale (sudicio: nella lana grezza) (*ind. lana*), yolk. **15.** ~ per cuoio (patina di sego e olio per cuoio) (*ind.*), dubbing. **16.** ~ protettivo (per proteggere superfici di acciaio lavorato dall'ossidazione per es.) (*ind.*), slushing oil. **17.** ~ saponificabile (*ind. chim.*), saponifiable fat. **18.** grassi idrogenati (*chim.*), hydrogenated fats. **19.** resistente al ~ (non permeabile al grasso, di carta da pacchi per es.) (*imballaggio - ecc.*), greaseproof.

grata (griglia) (*gen.*), grate.

graticciata (per evitare movimenti di terra) (*mur. - agric.*), lagging.

graticcio, hurdle. **2.** ~ (*ind. tess.*), lattice. **3.** ~ (traliccio per chiusure o ripari) (*carp.*), lattice, trellis.

graticola (griglia) (*ut. cucina*), broiler, gridiron.

gratìfica (somma di denaro data come premio ad un dipendente), bonus, allowance. **2.** ~ discreziona-

le (ai dirigenti di una società alla fine dell'anno) (*pers.*), discretionary bonus.
gratile (ralinga: orlo di vela rinforzato con corda) (*nav.*), boltrope.
grattacièlo (*arch.*), skyscraper.
grattamento (rumore, di cambio ad ingranaggi per es.) (*mecc. - acus.*), grating.
grattare (sgranare, causare un rumore anormale di ingranaggi nel cambiare le marce, dovuto a contatto di ingranaggi ruotanti a velocità differenti) (*aut.*), to clash, to grate, to grind.
grattino (*att. dis.*), eraser.
grattugia (*ut.*), grater.
grattugiare (*gen.*), to grate.
gratùito (*comm.*), free.
gravare (di ipoteche per es.) (*finanz. - ecc.*), to burden, to charge, to encumber.
grave (inteso come soggetto alla forza di gravità) (*s. - fis. teor.*), gravity body.
gravimetria (*geofis.*), gravimetry.
gravimetrico (analisi per es.) (*chim. - fis.*), gravimetric.
gravimetro astatico (*strum. fis.*), astatized gravimeter. **2.** ~ non astatico (*strum. geofis.*), unastatized gravimeter. **3.** ~ per misure sottomarine (*strum. geofis.*), underwater gravimeter. **4.** ~, *vedi anche* aerometro.
gravina (piccone) (*att.*), pick, mattock.
gravisfera (sfera d'influenza di un corpo celeste in termini di azione gravitazionale) (*astr.*), gravisphere.
gravità (*fis.*), gravity. **2.** ~ assoluta (*geofis.*), absolute gravity. **3.** ~ relativa (*geofis.*), relative gravity. **4.** accelerazione di ~ (*mecc. raz.*), gravity acceleration. **5.** assenza di ~, *vedi* imponderabilità. **6.** centro di ~ (baricentro) (*fis.*), center of gravity, cg. **7.** diga a ~ (*costr. idr.*), gravity dam. **8.** volo con ~ zero (*astric.*), agravic flight.
gravitare (*fis. - ecc.*), to gravitate.
gravitazionale (*a. - astr. - fis.*), gravitational. **2.** attrazione ~ (*a. - fis.*), gravitational pull.
gravitazione (universale) (*fis.*), gravitation. **2.** costante di ~ universale (*astrofisica*), constant of gravitation. **3.** senza ~ (*fis. - astric.*), agravic, with no gravitation.
"gravitometro", *vedi* gravimetro.
gravitone (particella teorica: quanto di gravità) (*fis. atom.*), graviton.
gravosità (di una operazione per es.) (*gen.*), severity.
grazia (tratto terminale) (*tip.*), serif.
grèca (ornamento) (*arch.*), fret.
grecale (vento di nord-est) (*meteor.*), gregale.
gregge (di pecore) (*ind. lana*), flock.
greggio (non finito di lavorazione) (*a. - metall. - mecc.*), blank. **2.** ~ (pezzo greggio: di stampaggio a caldo o fucinatura per es.) (*s. - mecc.*), blank. **3.** ~, *vedi anche* grezzo. **4.** ~ di laminazione (*a. - metall.*), rough-rolled. **5.** ~ leggero (petrolio ~ con basso grado di densità) (*min. - ind. petrolio*), light crude. **6.** ~ pesante (petrolio con alto grado di densità) (*min. - ind. petrolio*), heavy crude. **7.** chiazza di ~ (o nafta) sul mare (sottile strato di ~ fluttuante sul mare) (*ecol.*), oil slick.
grembiale, grembiule (protezione da lavoro per vestiti) (*ind. tess.*), apron. **2.** ~ (piastra, del carrello di un tornio) (*macch. ut.*), apron.
grès (materiale per mattonelle ecc.) (*ed. - ceramica*), grès.
greto (di fiume), shore.
grezzo (*a. - gen.*), rough, raw, crude. **2.** ~ (non affinato) (*a. - metall.*), unrefined, coarse. **3.** ~, *vedi anche* greggio.
griffa (di un mandrino) (*mecc.*), jaw. **2.** ~ (di un meccanismo cinematografico) (*cinem.*), claw. **3.** ~ (giunzione per cinghie) (*mecc.*), belt fastener. **4.** ~ (grappette da applicare alle suole per salire su pali di legno: del telefono ecc.) (*att.*), climbing iron.
grigio (*colore*), grey, gray. **2.** ~ macchina (*colore*), engine grey. **3.** corpo ~ (*fis.*), gray body.
griglia (di focolaio di caldaia per es.), grate. **2.** ~ (per pavimentazione di passerelle, piattaforme, cunicoli ecc.) (*carp. in ferro*), grating (am.). **3.** ~ (di accumulatore al piombo) (*elett.*), grid. **4.** ~ (di uno scarico in fogna per es.) (*ed.*), gridiron. **5.** ~ (in bronzo per es., attorno ad uno sportello di una banca ecc.) (*ed.*), grille. **6.** ~ (*termoion.*), grid. **7.** ~ (vaglio a maglie larghe per minerale e carbone) (*min.*), grizzly. **8.** ~ (graticola) (*ut. cucina*), broiler, gridiron. **9.** ~ (di una memoria indirizzabile a coordinate) (*elab. - eltn.*), grid. **10.** ~ (fatta di linee parallele e perpendicolari fra loro; serve per il rilevamento ottico dei caratteri ecc.) (*elab.*), grid. **11.** ~ a catena (di un focolaio cald. per es.), chain grate. **12.** ~ a scossa (*fond.*), shakeout grate, shaking grate. **13.** ~ catodica (*termoion.*), cathodic grid. **14.** ~ con carica spaziale (*termoion.*), space charge grid. **15.** ~ da pavimento (per scolo acqua) (*ed.*), gully grating. **16.** ~ di arresto (o di soppressione) (*termoion.*), suppressor grid. **17.** griglie di aspirazione (per la classificazione degli stracci) (*mft. carta*), hurdle. **18.** ~ di compensazione (*termoion.*), compensating grid. **19.** ~ di controllo (*tubo elettronico*), control electrode. **20.** ~ di partenza (~ indicante la posizione di partenza di ciascuna auto in una gara automobilistica) (*corse aut. - sport*), grid. **21.** ~ di schermo (*termoion.*), screen grid. **22.** ~ di ventilazione (griglia allo sbocco d'un condotto d'aria di ventilazione) (*ventilazione*), ventilating grille, air grating, air-grating. **23.** ~ meccanica (*cald.*), stoker. **24.** ~ meccanica a catena (di una caldaia per es.), chain-grate stoker. **25.** ~ mobile (*di cald.*), moving grate. **26.** ~ parasassi (*per aut. fuoristrada*), apron. **27.** ~ radiatore (*aut.*), radiator grill. **28.** ~ rovesciabile (di caldaia per es.), tipping grate. **29.** ~ schermante (griglia schermo) (*termoion.*), screen grid. **30.** ~ schermo (*termoion.*), screen grid. **31.** addetto alla ~ (*op. min.*), grizzly man. **32.** alimentazione meccanica della ~ (di focolare di caldaia per es.), me-

chanical stoking of the grate. **33.** circuito di ~ (*eltn.*), grid circuit. **34.** condensatore di ~ (*eltn.*), grid condenser. **35.** corrente di ~ (*eltn.*), grid current. **36.** polarizzazione di ~ (*eltn.*), grid bias. **37.** potenziale base di ~ (durante un ciclo) (*eltn.*), grid bias. **38.** resistenza di ~ (*eltn.*), grid leak. **39.** raddrizzamento di ~ (*eltn.*), grid rectification.

griglia-pilota (griglia di comando) (*eltn.*), control grid.

grigliare (separare il minerale minuto) (*min.*), to riddle.

grigliato (crivellato, carbone per es.) (*a. - comb.*), screened. **2.** ~ (griglia di ventilazione che ricopre il locale caldaie di un piroscafo) (*s. - nav.*), fiddley opening. **3.** ~ (griglia di trattenimento: in una gora per es.) (*idr.*), hack.

grillare (ammanigliare, fissare la catena all'àncora) (*nav.*), to bend, to fasten.

grilletto (di arma da fuoco per es.) (*mecc.*), trigger.

grimaldèllo (utensìle per fabbri), picklock.

grinza (ruga, crespa) (*gen.*), wrinkle. **2.** grinze (onde, ondulazioni) (*difetto lav. lamiera*), puckering. **3.** a grinze (di una superficie lavorata) (*a. - mecc.*), wrinkle-finish. **4.** piegatura a grinze (o a fisarmonica) (*tubaz.*), wrinkle bending.

grinzatura (risultante da un contatto non uniforme del vetro nella forma prima della formatura) (*mft. vetro*), chill mark.

grippaggio, grippatura (*mecc.*), seizure, seizing. **2.** ~ del pistone (*mot.*), piston seizure. **3.** ~ per mancanza d'olio (di motore di motocicletta per es.) (*mecc.*), drying up seizure. **4.** tracce di ~ (trasferimento di materiale metallico da una superficie all'altra di un accoppiamento mobile) (*mecc.*), picking-up.

grippare (di motore di motocicletta per es.) (*mecc.*), to seize.

gripparsi (di movimento meccanico) (*mecc.*), to seize.

grippato (pistone per es.) (*mot. - mecc.*), seized.

grippia (cima per collegare un'àncora ad un gavitello) (*nav.*), buoy rope.

grisèlle (cavi sottili collegati alle sartie e formanti scale) (*nav.*), ratlines. **2.** mettere le ~ (*nav.*), to ratline.

grisou (gas delle miniere) (*min.*), firedamp. **2.** ~ combusto (*min.*), afterdamp.

grisumetro, grisoumetro (indicatore della percentuale di metano) (*strum. mis. min.*), firedamp detector.

gronda, *vedi* grondaia.

grondaia (canale di gronda, doccia) (*ed.*), gutter, eaves gutter. **2.** ~ (gocciolatoio, per involucro di aerostato) (*aer.*), drip flap. **3.** ~ (tratto di tetto a sbalzo) (*ed.*), eaves.

grondare (gocciolare) (*gen.*), to drip.

gròppa (del corpo di un animale) (*ind. cuoio*), rump.

groppo (violentissima raffica di vento di breve durata) (*meteor. - nav.*), squall, q. **2.** ~ lineare (*meteor.*), line squall, KQ.

gròssa (dodici dozzine) (*s. - mis.*), gross.

grossezza (grandezza, dimensione) (*gen.*), size.

grossista (commerciante all'ingrosso) (*comm.*), wholesaler, wholesale dealer.

gròsso (spesso: di forte spessore), thick. **2.** ~ (stato di agitazione del mare) (*a. - mar.*), rough. **3.** ~ (detto di minerale frantumato proveniente dalla miniera) (*a. - min.*), coarse.

grossolano (di superficie lavorata, di sistemi di tolleranze, di accoppiamenti ecc.) (*a. - mecc.*), coarse.

gròtta (*geol.*), grotto.

grottesco (stile di una decorazione) (*arch.*), grotesque. **2.** ~ (carattere tipografico grottesco) (*tip.*), grotesque.

grover (rondella elastica) (*mecc.*), spring washer, split washer.

groviglio (*gen.*), tangle.

gru (*macch. ind.*), crane. **2.** ~ (per calare le imbarcazioni di salvataggio) (*nav.*), davit. **3.** ~ a bandiera (gru a braccio) (*macch. ind.*), jib crane. **4.** ~ a benna (*macch. ind.*), grabbing crane, grab crane. **5.** ~ a braccio (*macch. ind.*), jib crane. **6.** ~ a braccio con movimento orizzontale del gancio (*macch. ind.*), level-luffing crane, level luffing-jib crane. **7.** ~ a braccio retrattile (*macch. ind.*), derricking jib crane. **8.** ~ a carroponte (*macch. ind.*), (overhead) traveling-crane, bridge crane. **9.** ~ a carroponte per officina (*macch. ind.*), shop overhead traveling-crane. **10.** ~ a cavalletto (sui piazzali di miniera per es.) (*macch. sollevamento*), ore bridge, gantry crane, bridge crane. **11.** ~ a cavalletto fissa (*macch. ind.*), fixed gantry crane. **12.** ~ a cavalletto mobile (*macch. ind.*), traveling gantry crane. **13.** ~ a cingoli (*macch. ind.*), crawler tractor-crane. **14.** ~ a doppio sbalzo (*macch. ind.*), cantilever crane. **15.** ~ a elettromagnete (*macch. ind.*), magnet crane. **16.** ~ a forma di martello con contrappeso (la tipica gru a torre per edilizia) (*macch. sollevamento*), hammerhead crane. **17.** ~ a mano girevole (*macch. ind.*), hand slewing crane. **18.** ~ a manipolatore (per reattori nucleari) (*macch. per centrali atom.*), manipulator crane. **19.** ~ a martello (per moli, frangiflutti ecc.) (*macch. ind.*), titan crane. **20.** ~ a ponte (*macch. ind.*), bridge crane, overhead traveling -crane. **21.** ~ a ponte con annessa cabina di manovra (*macch. ind.*), traveling bridge crane with driver's stand built on. **22.** ~ a ponte mobile con carrello (*macch. ind.*), traveling bridge crane with trolley way. **23.** ~ a ponte manovrata dal basso (*macch. ind.*), traveling bridge crane with floor control. **24.** ~ a ponte mobile (*macch. ind.*), traveling crane. **25.** ~ a portale (da banchina o da porto) (*macch. ind.*), harbor gantry crane, gantry crane. **26.** ~ a portico (*macch. ind.*), gantry crane. **27.** ~ a vapore girevole (*macch. ind.*), steam slewing crane. **28.** ~ da banchina (*macch. ind.*), quay crane. **29.** ~ da grattacieli (~ situata sempre in cima alla costruzione durante il suo progressivo innalzarsi) (*macch. ed.*), climbing crane. **30.** ~ d'àncora (*nav.*), anchor davit. **31.** ~ da porto (*macch. ind.*), quay crane. **32.** ~ da trasbordo (*macch. ind.*), unloading crane, transhipment crane. **33.** ~ delle imbarcazioni (*nav.*), boat davit. **34.** ~ del traversino (gru per sollevare la patta dell'àncora) (*nav.*), fish davit. **35.** ~ di capone (*nav.*), cat davit. **36.** ~ elettrica girevole (*macch. ind.*), electric slewing crane. **37.** ~ ferroviaria semovente (*ferr.*), locomotive crane. **38.** ~ fissa manovrata a mano (*mecc.*), stationary hand crane. **39.** ~ galleggiante (*nav.*), floating crane. **40.** ~ girevole (*macch. ind.*), whirley crane, rotating crane, rotary crane. **41.** ~ girevole a braccio su portale (*macch. ind.*), portal jib crane. **42.** ~ (girevole) a colonna (*macch. ind.*), pillar crane. **43.** ~ girevole a torre (*macch. ind.*), tower slewing crane. **44.** ~ girevole da parete (*macch. ind.*), wall slewing crane. **45.** ~ (girevole) su carro ferroviario (*macch. costr. ferr.*), crane on railway car. **46.** ~ idraulica (*macch.*), hydraulic crane, jigger. **47.** ~ mobile (*macch. ind.*), movable crane, crane truck. **48.** ~ paramine (*mar. milit.*), paravane davit. **49.** ~ per imbarcazioni (coppia di paranchi fissati ad opportuni bracci, servono ad alzare o abbassare ciascuna imbarcazione di salvataggio della nave) (*nav.*), boat falls. **50.** ~ sul fabbricato, *vedi* ~ da grattacieli. **51.** ~ zoppa (con una rotaia in alto e l'altra sul pavimento) (*trasp.*), walking crane. **52.** battello ~ (*nav.*), crane ship. **53.** campo d'azione della ~ (*ind.*), area served by the crane. **54.** carro ~ (carro attrezzi) (*aut.*), wrecker, tractor crane. **55.** il ponte della ~ si mette di sbieco (soqquadra) (*mecc.*), the crane bridge runs off the straight. **56.** impianto ~ (*ind.*), crane installation. **57.** movimento (trasversale) del carrello (di ~) (*mecc.*), crab motion, crab traveling. **58.** raggio d'azione della ~ (*ind.*), area served by the crane.

gruetta (della mura di trinchetto) (*nav.*), tack bumpkin.

gruista (*op.*), crane operator, craneman. **2.** ~ per siviere (*op. fond.*), ladle craneman.

grumèllo (bottone di fibre arricciate) (*ind. tess.*), nep.

grumo (*ind. gomma*), clot, crumb.

gruppo (chimico per es.), group. **2.** ~ (squadra: di operai per es.) (*gen.*), squad. **3.** ~ (comprendente un motore a combustione interna e un generatore per es.) (*app. ind.*), unit, set. **4.** ~ (di parti meccaniche che formano un' unità: differenziale di automobile per es.) (*mecc.*), assembly. **5.** ~ (*mat.*), group. **6.** ~ (pacchetto) (*di elettroni*), bunch. **7.** ~ aggiuntivo (*mecc. - gen.*), adapter unit. **8.** ~ apparecchi e circuiti (per ricezione o trasmissione radio) (*radio*), hookup. **9.** ~ autonomo (*ind. mecc.*), package, self-contained unit. **10.** ~ autonomo (motore industriale completo di telaio di base e frizione o giunto per accoppiamento ad un alternatore, un compressore ecc.) (*app. ind.*), package. **11.** ~ autonomo per ventilazione (*app. ventilazione*), unit ventilator. **12.** ~ ciclico (*mat.*), cyclic group. **13.** ~ compatto (di pulegge, ingranaggi per es.) (*mecc.*), nest. **14.** ~ compensatore di quota (gruppo sensibile alle variazioni di quota, correttore di quota) (*strum.*), altitude sensing unit. **15.** ~ convertitore (*macch. elett.*), motor generator set. **16.** ~ d'aria (gruppo di bombole d'aria) (*sott.*), air bottle group. **17.** ~ di due doppie molle a balestra (*ferr. - veic. - ecc.*), double elliptic spring. **18.** ~ di due motori accoppiati (per il comando di un'unica elica o di eliche controrotanti) (*mot. aer.*), coupled-engine power unit. **19.** ~ di ingranaggi (*mecc.*), gearset. **20.** ~ (o grappolo) di ingranaggi (*mecc.*), cluster gears. **21.** ~ di lampade (*illum.*), cluster. **22.** ~ di lavoro (gruppo di persone che discutono un argomento tecnico per es.) (*organ. pers. - ecc.*), panel. **23.** ~ di lavoro (~ di persone che si occupano di un incarico ben specifico; p. es. uno studio particolare) (*org. pers.*), work group. **24.** ~ di lunghezze d'onda (*radio*), wave band. **25.** ~ di visualizzazione (complesso di elementi visualizzatori correlati) (*elab.*), display group. **26.** ~ elettrogeno (*mecc. elett.*), generating set, power unit. **27.** ~ elettrogeno a benzina (*elett. - unità term.*), petrol-electric generating set. **28.** ~ elettrogeno aeroportuale (per l'avviamento dei motori dei velivoli per es.) (*aer. - elett.*), ground power unit. **29.** ~ elettrogeno a motore diesel (*elett.*), Diesel-electric set. **30.** ~ elettrogeno ausiliario (con motore diesel) (*elett.*), auxiliary Diesel-generator unit. **31.** ~ elettrogeno con motore a benzina (*ind.*), gas-electric set (am.). **32.** ~ elettrogeno di continuità (formato da motore a combustione interna, volano, motore elettrico ed alternatore) (*elett.*), no-break generating set. **33.** ~ elettrogeno di emergenza (*elett.*), emergency power plant. **34.** ~ elettrogeno di riserva di emergenza (*elett.*), emergency stand-by generating set. **35.** ~ elettrogeno mobile per aeroporto (*elett.*), mobile airfield power unit. **36.** ~ elettrogeno per carica batteria (*elett.*), battery charging set. **37.** ~ imprenditoriale (*org. ind. - ecc.*), technostructure. **38.** ~ industriale che controlla altre società (" holding") (*finanz.*), holding company. **39.** ~ motocompressore (*macch.*), engine-compressor set. **40.** ~ motopropulsore (di un aeroplano) (*aer.*), power plant. **41.** ~ motore (*mot. aer.*), power unit. **42.** ~ motoredinamo (per trasformazione di corrente alternata in continua) (*macch. elett.*), motor generator set. **43.** ~ per saldatura ad arco (a corrente continua) (*macch. - elett.*), DC welder. **44.** ~ poppiero (zampa fuori bordo azionata da motore entrobordo: per motoscafi e piccoli panfili) (*nav.*), inboard-outboard unit. **45.** ~ rotore (girante principale, di un motore a turbogetto per es.: costituito da compressore, turbina ed albero) (*mot. aer.*), main rotor. **46.** ~ simmetrico (*mat.*), symmetric group. **47.** ~ topologico (*mat.*), topological group. **48.** ~ trasformatore-raddrizzatore-filtro (per ottenere corrente continua stabile da una linea a corrente alternata) (*elett.*), power pack. **49.** ~ (tubo) di scarico (di un motore a reazione) (*mot.*), tail pipe unit. **50.** ~ turbogeneratore (*macch. elett.*), turbo-generator get, turbo-generator unit. **51.** ~ vite perpetua e ruota elicoidale (*mecc.*), worm gear. **52.** addestramento di ~ (*pers.*), team training. **53.** dinamica di ~ (*psicol.*), group dynamics. **54.** segno delimitatore di ~ (*elab.*), group mark. **55.** tecnologia di ~ (*tecnol. - ind.*), group technology.

guadagnare (danaro) (*comm. - amm.*), to earn, to gain. **2.** ~ al vento (*nav.*), to play, to beat. **3.** ~ quota (*aer.*), to gain height. **4.** ~ velocità (acquistare velocità) (*gen.*), to gain speed.

guadagno (*gen.*), gain. **2.** ~ (di una antenna direzionale per es.) (*radio*), gain. **3.** ~ (in decibel) (*acus.*), gain. **4.** ~ (di danaro) (*comm. - amm.*), profit, earning, gain. **5.** ~ d'antenna (*radio*), antenna gain. **6.** ~ di potenza (*elett.*), power gain. **7.** ~ di risposta a regime (di un'autovettura) (*veic.*), steady state response gain. **8.** ~ in trasmissione (*acus. - radar*), transmission gain. **9.** ~ totale (di amplificatore per es.) (*eltn.*), overall gain. **10.** regolatore automatico di ~ (*radio*), automatic gain control, AGC. **11.** riduzione del ~ (per es. di un amplificatore) (*eltn.*), gain reduction. **12.** stabilizzazione automatica del ~ (*radio*), automatic gain stabilization, AGS.

guadare (un fiume per es.) (*veic.*), to wade, to ford.

guado (di un fiume per es.) (*veic.*), ford, wading, fording. **2.** ~ di cinque piedi con onda di un piede (per prova veicolo) (*veic.*), five feet wading with one foot wave. **3.** altezza di (o del) ~ (di un fiume per es.) (*gen. - veic.*), fording height.

guaiaco (legno), guaiac, guaiacum, guaiocum.

guaina (*mecc.*), sheath. **2.** ~ (di filo elettrico per es.) (*elett.*), sheath. **3.** ~ (di albero flessibile) (*mecc.*), sheathing. **4.** ~ (vaina, orlo di vela rinforzato) (*nav.*), tabling. **5.** ~ (di un elemento di combustibile) (*fis. atom.*), can. **6.** ~ protettiva (per proteggere giunti meccanici ecc. da umidità, polvere ecc.) (*gen.*), gaiter.

gualcire (*tess. - ecc.*), to rumple, to crease.

gualcirsi (*tess. - ecc.*), to rumple, to crease.

gualcitura (*gen.*), rumple, creasing.

gualdrappa (parte del rivestimento di aerostato o dirigibile alla quale sono connessi i cavi di sospensione) (*aer.*), patch, suspension band. **2.** ~ ad acca (*aer.*), eta patch, H-shaped patch. **3.** ~ circolare (*aer.*), all-directional patch. **4.** ~ in due parti (di involucro di dirigibile) (*aer.*), split patch. **5.** ~ per sartiame (*aer.*), rigging patch. **6.** ~ tubolare (di involucro di dirigibili) (*aer.*), channel patch.

guancia destra (*arma da fuoco*), right grip. **2.** ~ sinistra (*arma da fuoco*), left grip.

guancialetto (di lubrificazione) (*ferr. - ecc.*), wick.

guano (*concime*), guano.

guanto (*gen.*), glove. **2.** ~ (per operaio saldatore per es.), gauntlet. **3.** ~ computerizzato (~ sofisticatamente sensitivizzato indossato dalla mano dell'operatore che viene contemporaneamente visualizzata sullo schermo, mentre ripete gli stessi movimenti della mano dell'operatore, assieme con l'immagine degli oggetti da montare, per es.) (*elab.*), dataglove. **4.** mezzo ~ (medina) (*abbigliamento*), mitt. **5.** mezzo ~ di amianto (*abbigliamento ind.*), asbestos mitt.

guardacòste (nave guardacoste) (*mar. milit.*), cutter, coast guard cutter. **2.** ~ (soldato) (*milit.*), coastguardman.

guardafili (*op.*), wireman, lineman.

guardalato (*nav.*), *vedi* parabordo.

guardalìnee (*op. ferr.*), trackman, trackwalker.

guardamano (disco metallico di protezione nella cucitura delle vele) (*att. da velaio*), palm.

guardapiano (riga per il controllo delle superfici) (*ut. mecc.*), straightedge.

guardaròba (armadio per abiti) (*ed.*), wardrobe. **2.** ~ (di teatro, ristorante ecc.) (*ed.*), checkroom, cloakroom.

guardavia ("guardrail", barriera di sicurezza ai bordi di un ponte per es.) (*strad.*), guardrail.

guardia (sorvegliante disciplinare di stabilimento), guard, watchman. **2.** ~ (elemento usato per assicurare la posizione del pezzo), *vedi* guida. **3.** ~ di notte (sorvegliante notturno: di stabilimento per es.), night guard. **4.** ~ d'onore (*milit.*), honor guard. **5.** ~ di porto (servizio di porto) (*nav.*), anchor watch. **6.** turno di ~ (*nav.*), watch.

guardiablocco (*lav. ferr.*), block signalman.

guardiano (portiere, di uno stabilimento per es.) (*lav.*), porter, keeper. **2.** ~ notturno (*lav.*), night watchman.

guardiatrama (arresto automatico per la rottura del filo) (*macch. tess.*), warp stop motion.

guaribile (di ferito) (*med.*), recoverable.

guarnigione (*milit.*), garrison.

guarnire (fare, o montare, una guarnizione) (*mecc.*), to pack. **2.** ~ (montare gli spessori: sulle ganasce del freno per es.) (*mecc.*), to line. **3.** ~ un premistoppa (*mecc.*), to pack a stuffing box.

guarnissaggio (cuscinetto in legname tra armatura e roccia) (*min.*), lagging.

guarnito (*mecc.*), lined.

guarnitura (*mecc.*), *vedi* guarnizione.

guarnizione (*mecc.*), gasket, packing (ingl.), lining. **2.** ~ (decorazione, ornamento) (*gen.*), garnish, trimming, ornament. **3.** ~ (su albero rotante: di pompa per es.) (*mecc.*), gland. **4.** ~ (rondella: per candela di motore per es.) (*mecc.*), washer. **5.** ~ (di cilindro di carda) (*ind. tess.*), cloth, clothing, covering. **6.** ~ (di finta pelle o di tessuto: per finiture ornamentali dell'abitacolo) (*costr. aer. - aut. - ecc.*), garnish strip. **7.** ~ ad H (guarnizione ad anello con sezione ad H o anello metallico mobile ad H di una scatola premistoppa) (*mecc.*), lantern ring. **8.** ~ a labbro (tenuta a labbro, guarnizione a contatto di spigolo) (*mecc.*), lip seal. **9.** ~ a riempimento di liquido (*mecc.*), flowed-in gasket. **10.** ~ del freno (elemento in contatto con la parte mobile) (*mecc. - aut.*), brake shoe. **11.** ~ della carda (*ind. tess.*), card clothing, card cloth. **12.** ~ della testa (o testata) (*mot.*), head gasket. **13.** ~ di canapa (*tubaz. - ecc.*), hemp packing. **14.** ~ di cuoio (*mecc.*), leather packing. **15.** ~ di cuoio a U (di cilindro di pressa idraulica) (*mecc.*), cup leather. **16.** ~ di feltro (per tenuta di polvere per es.) (*mecc. - gen.*), felt packing. **17.** ~ di rame e amianto (*mecc.*), copper asbestos packing. **18.** ~ di tenuta (di cuoio, feltro per es.) (*mecc.*), seal. **19.** ~ di tenuta (per porte, finestrini ecc.) (*aut. - ferr. - ecc.*), weather strip, weather stripping. **20.** ~ metallica (*mecc.*), metal packing. **21.** ~ per corpo filtro (di carburatore per es.) (*mecc. mot.*), filter casing gasket. **22.** ~ per sede spillo (di carburatore) (*mecc. mot.*), float needle valve seat gasket. **23.** ~ protettiva (per evitare passaggi d'aria da porte, finestre ecc.) (*aut. - ed.*), weather strip. **24.** ~ (o profilato) tenuta aria (guarnizione, o profilato, antisibilo, su una portiera di autoveicolo) (*aut.*), wheater strip. **25.** munito di ~ (guarnito) (di coperchi per es.) (*a. - mecc.*), gasketed. **26.** sostituire la ~ (*mecc.*), to repack.

guastarsi (incappare in un guasto od in un malfunzionamento) (*mot. - mecc. - elett. - eltn. - ecc.*), to breakdown, to fail. **2.** ~ parzialmente (funzionare in modo degradato) (*elab.*), to fail-soft. **3.** ~ senza conseguenze irrimediabili (come per es. la perdita di dati) (*elab.*), to fail-safe.

guasto (inconveniente, di una macchina, automobile ecc.) (*mecc.*), breakdown, failure, trouble. **2.** ~ (*elett. - eltn.*), fault. **3.** ~ (per cattivo, o mancato, funzionamento) (*elab.*), failure. **4.** ~ (dell') apparecchiatura (*elab.*), equipment failure. **5.** ~ dovuto a degradazione (p. es. in seguito ad usura) (*elab.*), degradation failure. **6.** ~ riparabile (*a. - gen.*), repairable failure. **7.** ~ verso terra (in un circuito o apparecchio elettrico) (*elett.*), earth fault. **8.** addetto alla localizzazione e riparazione guasti ed errori (*lav.*), troubleshooter. **9.** autoeliminare le conseguenze di guasti (dotare di un dispositivo che automaticamente annulla gli effetti del ~) (*tecnol.*), to fail-safe. **10.** corrente di ~ (dovuta ad un elettrodo usurato per es.) (*elett.*), fault current. **11.** dotato di sistema di autoeliminazione guasti (*a. - tecnol.*), fail-safe. **12.** esente da guasti (non può guastarsi) (*a. - gen.*), fail-safe. **13.** localizzazione ed eliminazione di ~ [o di errore] (*elab. - mecc. - elett. - ecc.*), troubleshoot. **14.** parzialmente ~ (a funzionamento degradato) (*a. - elab.*), fail-soft. **15.** registrazione automatica dei guasti (*elab.*), failure logging. **16.** sicuro contro i guasti (dispositivo ecc.) (*macch. - ecc.*), fail-safe. **17.** sistema localizzazione guasti (*elett. - ecc.*), fault locator, fault locating system. **18.** tempo medio tra due guasti successivi (*controllo qualità - ecc.*), mean time between failures, MTBF.

guernire (per la difesa) (*milit.*), to garnish. **2.** ~ (*mecc.*), *vedi* guarnire.

guèrra (*milit.*), warfare, war. **2.** ~ antisommergibili (*milit.*), anti-submarine warfare, asw. **3.** ~ atomica (*milit.*), atomic war. **4.** ~ batteriologica (*milit.*), biological warfare. **5.** ~ biologica (guerra batteriologica) (*milit.*), biological warfare, biowar. **6.** ~ chimica (*milit.*), chemical warfare. **7.** rischio di ~ (*assicurazione*), war risk.

guerra-lampo (*milit.*), lightning war.

guerriglia (*milit.*), guerrilla warfare.

guerrigliero (*milit.*), guerrilla, guerilla.

guglia (*arch.*), spire.

gugliata (di filo), stretch.

guida (*mecc.*), guide, way, slide. **2.** ~ (di veicolo per es.), steerage. **3.** ~ (*ferr.*), guide. **4.** ~ (sterzo) (*aut.*), steering. **5.** ~ (meccanismo di guida), steering gear. **6.** ~ (di nave spaziale, di missile per es.) (*astric. - missil.*), control, guidance. **7.** ~ (elementi di metallo o di legno piazzati nella zona da intonacare e che servono da guida per mantenere il giusto spessore dell'intonaco) (*mur.*), floating screed, screed strip, ground. **8.** ~ (colonnetta) (*accessorio macch. ut.*), die set. **9.** ~ (conduzione di automobile), drive, driving. **10.** ~ (per lo scorrimento della tavola, slitta ecc.) (*macch. ut.*), ways, guide. **11.** ~ (comando) (*gen.*), leadership. **12.** guide (centiguide) (*mft. carta*), *vedi* centiguide. **13.** ~ acustica (di un siluro per es.) (*acus. - nav.*), acoustic homing. **14.** ~ ad inerzia (di nave spaziale, di missile) (*astric. - missil.*), inertial guidance. **15.** ~ ad un solo V (*mecc.*), plain V slide. **16.** ~ a fascio direttore (sistema di ~ per un veicolo, aereo o spaziale, lungo un fascio d'onde, di radar, di luce ecc.) (*nav. aer. - astron.*), beam riding guidance. **17.** ~ a riferimento astronomico (di nave spaziale ecc.) (*astric.*), stellar guidance. **18.** ~ a T (di un piano) (*macch. ut.*), T slot. **19.** ~ autocercante (sensibile alle radiazioni emesse dal bersaglio e dovute per es.: al calore, luce, ultrasuoni, radioonde ecc.) (*aer. milit.*), seeker. **20.** ~ a vite e madrevite (*aut.*), worm-and-nut steering gear. **21.** ~ cava (*radiotelefonia*), *vedi* guida d'onda. **22.** ~ da bordo (di satellite con pilota automatico per es.) (*missil.*), control on-board. **23.** ~ da terra (di satellite per es.) (*missil.*), ground control. **24.** ~ del bancale (di un tornio per es.) (*mecc.*), bed slide. **25.** ~ del carrello (di macchina utènsile per es.) (*macch.*), carriage guide, saddle guide. **26.** ~ del comando (sistema di ~ elettronica per missili o aerei per mezzo di impulsi da terra) (*aer. guidati - missili - ecc.*), command control. **27.** ~ destra, ~ a destra (*aut.*), right-hand drive, right-hand steering. **28.** ~ di luce (a fibre ottiche: cavo costituito da fibre ottiche) (*ott. - tlcm.*), fiber optics, light guide, optical waveguide. **29.** ~ di luce (tondino di plastica trasparente) (*ott.*), light pipe. **30.** ~ di scorrimento (*mecc.*), slide guide, guide bar (ingl.). **31.** guide di scorrimento (di una macchina utènsile per es.) (*mecc.*), slideways. **32.** ~ di uscita sul bus (*eltn. - elab.*), output bus driver. **33.** ~ d'onda (tubo metallico destinato ad incanalare onde elettromagnetiche nella direzione voluta) (*elettromag.*), waveguide, wave guide. **34.** ~ d'onda a gomito (*radiotelefonia*), bend wave guide, elbow wave guide. **35.** ~ d'onda a iperfrequenza (*radiotelefonia*), hyperfrequency wave guide. **36.** ~ d'onda a sezione circolare (*radiotelefonia*), round wave guide. **37.** ~ d'onda a sezione rettangolare (*radiotelefonia*), rectangular wave guide. **38.** ~ d'onda cilindrica (*radiotelefonia*), cylindrical wave guide. **39.** ~ d'onda con estremità a tromba (*radiotelefonia*), open-ended wave guide. **40.** ~ d'onda di campo (*elettromag.*), field waveguide. **41.** ~ d'onda flangiata (*radiotelefonia*), flanged wave guide. **42.** ~ d'onda flessibile (*radiotelefonia*), flexible wave guide. **43.** ~ d'onda ritorta (*radiotelefonia*), twist wave guide. **44.** ~ esterna (*aut.*), brougham. **45.** ~ filo (*ind. tess.*), thread guide. **46.** ~ inerziale (di nave spaziale, di missile) (*astric. - missil.*), inertial guidance. **47.** ~ interna (berlina a guida interna, berlina) (*aut.*), sedan, saloon (ingl.). **48.** ~ invertita (*mecc.*), inverted guide. **49.** ~ lamiera (di una pressa) (*mecc.*), finger gauge. **50.** ~ laterale (di un montacarichi per es.) (*ed.*), lateral guide. **51.** ~, o pattino, di pressione (di un proiettore cinematografico) (*mecc. cinem.*), pressure pad. **52.** ~ pezzo (sulla tavola di una sega) (*att. macch. ut.*), rip fence, fence. **53.** ~ prismatica (*mecc.*), prismatic guide. **54.** ~ punteria (*mot.*), tappet guide. **55.** ~ sinistra, ~ a sinistra (*aut.*), left-hand drive, left-hand steering. **56.** ~ su cantonale (guida di angolo, di un montacarichi per es.) (*ed.*), corner guide. **57.** ~ valvola, (~ dello stelo della valvola) (*mecc.*), valve guide. **58.** ~ valvola di scarico (*mot.*), exhaust valve guide. **59.** attrezzo di ~ (nella piallatura) (*carp.*), shooting board. **60.** boccola di ~ (nello stampaggio della lamiera per es.) (*tecnol. mecc.*), pilot boss. **61.** colonna di ~ (nello stampaggio della lamiera per es.), guide post. **62.** esame di ~ (*aut.*), driving test. **63.** lato ~ (di una autovettura per es.) (*aut.*), driver's side. **64.** lato opposto ~ (di una autovettura per es.) (*aut.*), passenger side. **65.** meccanismo della ~ (o dello sterzo) (*aut.*), steering gear. **66.** posto di ~ (di una automotrice ferroviaria per es.) (*veic.*), driving place. **67.** scatola ~ (scatola dello sterzo) (*aut.*), steering box. **68.** vettura con ~ a sinistra (*aut.*), left-hander, left-hand-drive car.

guidacartoni (*mft. tess.*), pattern card rail.

guidacinghia (spostacinghia) (*mecc.*), belt shifter.

guidacristallo (canalino di guida per finestrino) (*aut.*), window run, window channel.

guidafilo (*ind. tess.*), thread guide, thread plate, thread guide plate.

guidafioretto (per mantenere invariato l'angolo del fioretto rispetto alla superficie di lavoro) (*min.*), hole director.

guidalama (*mecc. - macch. ut.*), blade guide. **2.** ~ (di sega a nastro) (*macch. lav. legno*), sawblade guide.

guidalamiera (di un pressalamiera per es.) (*mecc.*), finger gauge.

guidare (*mecc.*), to guide. **2.** ~ astronavi in voli interplanetari (*astric.*), to astrogate. **3.** ~ una automobile (*aut.*), to drive a car.

guidasiluri (regolatore giroscopico di direzione, agente sui timoni verticali) (*mar. milit.*), (torpedo) gyro mechanism.

guidastampi (*ut. - tecnol. mecc.*), die guide.

guidato (di missile per es.) (*aer. - milit.*), controlled. **2.** ~ (~ da segnali di entrata, di controllo ecc.) (*a. - elab.*), driven.

guidatore (conducente, autista) (*aut.*), driver.

guidavalvola (*mot.*), valve guide.

guidone (*nav.*), burgee. **2.** ~ (*mar. milit.*), triangular flag.

guidoslitta (*sport*), bobsled, bobsleigh.

"guinandare" (trattare termicamente per ottenere maggiore densità) (*mft. vetro*), to compact.

guindolo (*strum. per avvolgere*) (*gen.*), reel. **2.** ~ del solcometro (tamburo del solcometro) (*nav.*), log reel.

gurgule (doccione, scarico d'acqua sporgente dal tetto) (*arch.*), gargoyle.

"guscella" (ago o navetta per riparazione rete) (*pesca*), netting needle.

guscio (*gen.*), husk, shell. **2.** ~ (modanatura concava) (*ornamento arch.*), cove. **3.** ~ (forma in terra legata con resine fenoliche e pressata a caldo) (*fond.*), shell. **4.** ~ (struttura in lamiera formante generalmente un corpo tubolare) (*aer.*), shell. **5.** ~ di cuscinetto (*mecc.*), bearing shell. **6.** ~ d'uovo (*gen.*), eggshell. **7.** anima a ~ (*fond.*), shell core. **8.** cuscinetto a ~ (*mecc.*), shell bearing. **9.** struttura a ~ (a forma resistente realizzata in materiale sottile) (*sc. costr. - aer. - aut. - ecc.*), monocoque, shell-vault.

guttapèrca (gutta) (*chim.*), gutta-percha, gutta.

gymkhana (gincana) (*aut. - ecc. - sport*), gymkhana.

H

H (idrogeno) (*chim.*), H, hydrogen.

"h" (ora) (*mis.*), h., H., hour. **2.** ~ (costante di Planck, nella equazione per il quantum di energia, h = 6,55 × 10^{-27}) (*fis.*), Planck's constant, h. **3.** ~ (etto–, prefisso: 10^2) (*mis.*), h, hecto–.

habitat (*biol. - ecol.*), habitat.

hall (di un grande albergo per es.) (*arch.*), hall. **2.** ~ monumentale coperta da lucernario (salone di ingresso, alto come il fabbricato: in grandi alberghi di lusso per es.) (*costr. ed.*), atrium.

hangar (aviorimessa) (*ed. - aer.*), hangar, shed.

"hang-up" (arresto non programmato causato da errata codificazione per es.) (*elab.*), hang–up.

hardenite (martensite contenente lo 0,9% di carbonio e la cui composizione corrisponde alla perlite) (*metall.*), hardenite.

hardware (complesso dei componenti fisici costituenti l'impianto) (*elab. - veic. - ecc.*), hardware.

harveizzare (*metall.*), to harveyize.

Hefner, candela ~ (*mis. illum.*), Hefner candle.

"Heli-Coil" (filetto riportato) (*mecc.*), heli–coil.

henry (unità internazionale di induttanza: 1 × 10^9 unità elettromagnetiche C.G.S.) (*mis. elett.*), henry. **2.** ~ assoluto (equivalente a 10^{-9} henry) (*mis. elett.*), abhenry, absolute henry.

hertz (unità di frequenza: un ciclo per secondo) (*mis. fis.*), hertz. **2.** oscillatore di Hertz (*elett.*), hertzian oscillator.

hertziano (*a. - fis.*), hertzian. **2.** onde hertziane (*elett.*), hertzian waves, electric waves.

Hi-Fi (sigla di: alta fedeltà) (*elettroacus.*), hi–fi.

holding (società finanziaria di controllo) (*finanz.*), holding.

hostess (assistente di volo) (*pers. aer.*), hostess. **2.** ~ (assistente turistica), hostess.

"hot rod" (vettura truccata per ottenere elevate velocità ed accelerazioni) (*aut.*), hot rod.

hovercraft (veicolo a cuscino d'aria, aeroscivolante, aeroslittante su terraferma o su acqua) (*trasp.*), air–cushion vehicle (am.). **2.** ~ per percorsi marini o lacuali (natante a cuscino d'aria) (*nav.*), hydroskimmer.

humus (*agric.*), humus.

huroniano (*geol.*), Huronian.

Hz (hertz) (*radio - ecc.*), Hz, hertz.

I

"IAD" (Istituto Accertamento Diffusione) (*pubbl. - giorn.*), Audit Bureau of Circulation, ABC.
ialite (varietà di opale) (*min.*), hyalite.
iarda (unità di lunghezza corrispondente a 0,9144 m) (*unità di mis.*), yard.
ibrido (*gen.*), hybrid. **2.** simulazione ibrida (*elab.*), hybrid simulation.
"ICA" (TPC) (*chim. - mot.*), *vedi* tricresilfosfato.
"ICAO" (Organizzazione Internazionale dell'Aviazione Civile) (*aer.*), ICAO, International Civil Aviation Organization.
iceberg (montagna galleggiante di ghiaccio) (*geofis. mar.*), iceberg.
icnografia (pianta di un edificio) (*dis. arch.*), ichnography.
iconoscòpio (*telev.*), iconoscope.
iconostasi (*arch.*), iconostasis, iconostas, iconostasion.
icosaèdro (*geom.*), icosahedron.
idea (*gen.*), idea. **2.** cassetta delle idee (cassetta consigli tecnici, in uno stabilimento) (*ind.*), suggestion box. **3.** vaga ~ (*gen.*), vague knowledge.
ideale (*mat.*), ideal.
idem (*tip.*), ditto.
idempotente (numero del quale ciascuna potenza positiva è uguale al numero stesso) (*a. - mat.*), idempotent.
identico (*mat.*), identical.
identificatore (simbolo, carattere, sequenza di bit ecc. che hanno lo scopo di identificare qualcosa) (*elab.*), identifier.
identificazione (*gen.*), identification. **2.** numero di ~ (di un motore, chassis ecc.: numero di matricola) (*ind.*), series number, ser. no. **3.** ~ dell'operatore (carattere di ~ dell'operatore da parte della macchina) (*elab.*), operator identification character, operator "ID". **4.** ~ dell'utente (da parte della macchina) (*elab.*), user identification. **5.** divisione di ~ (una delle quattro parti del programma COBOL) (*elab.*), identification division. **6.** segno d'~ (per identificare un punto a terra nel corso della navigazione aerea) (*aer.*), identification sign.
identità (*mat.*), identity. **2.** ~ moltiplicativa (*mat.*), multiplicative identity.
idiocromàtico (*a. - gen. - min.*), idiochromatic.
idioelettrico (*fis.*), idioelectric.
idoneità (*gen.*), fitness.
idòneo (*gen.*), fit, suitable. **2.** ~ alla navigazione (*nav.*), seaworthy. **3.** non ~ alla navigazione (*nav.*), unseaworthy.
idràcidi degli alogeni (*chim.*), haloid acids.
idrante (*antincendi*), fire hydrant, fire plug. **2.** ~ (presa d'acqua) (*tubaz.*), water plug, hydrant. **3.** ~ a colonna (*antincendi*), standpipe hydrant. **4.** ~ a scarico automatico (contro il gelo) (*antincendio*), automatic draining hydrant. **5.** ~ interrato (*antincendi*), underground hydrant.
idrargillite [$Al(OH)_3$] (*min.*), hydrargillite, gibbsite.
idrargirio (mercurio) (Hg - *chim.*), quicksilver, hydrargyrum.
idratare (*chim.*), to hydrate.
idratato, idrato (sostanza contenente una o più molecole di acqua) (*a. - chim. - min.*), hydrous, hydrated.
idratazione (*chim.*), hydration. **2.** ~ (processo mediante il quale il materiale grezzo viene trasformato in pasta dopo macerazione) (*mft. carta*), hydration.
idrato (*chim.*), hydrate. **2.** ~ (idrossido) (*s. - chim.*), hydroxide. **3.** ~ di ammonio (*chim.*), ammonium hydroxide. **4.** ~ di carbonio (*chim.*), carbohydrate.
idràulica (*s. - idr.*), hydraulics.
idraulicità (delle calci) (*chim.*), hydraulicity.
idràulico (*a. - idr.*), hydraulic. **2.** ~ (*op.*), plumber. **3.** ~ (installatore di tubazioni, tubista) (*op.*), pipe fitter. **4.** cilindro ~ (di un comando idraulico) (*idr.*), hydraulic cylinder. **5.** funzionamento ~ (*idr. - mecc.*), hydraulic working. **6.** lavoro da ~ (*tubaz.*), plumbery, business of plumbing, plumber trade. **7.** martinetto ~ (*att.*), hydraulic jack. **8.** tenuta idraulica (a sifone o a pozzetto) (*tubaz.*), seal.
idrazina (N_2H_4) (*chim.*), hydrazine.
ìdrico (*a.*), water. **2.** approvvigionamento ~ (*gen.*), water supply. **3.** impianto ~ (di città per es.) (*idr.*), waterworks. **4.** rifornimenti idrici (di città per es.), water supply.
idroaeropòrto (*aer.*), seaplane station.
idrobomba (tipo di siluro da aereo con propulsione a reazione) (*aer. milit. - marina milit.*), hydrobomb.
idrocarburo (*chim.*), hydrocarbon. **2.** ~ a catena aperta (*chim.*), open-chain hydrocarbon. **3.** ~ a catena chiusa (*chim.*), closed-chain hydrocarbon. **4.** ~ aromatico (*chim.*), aromatic hydrocarbon. **5.**

~ leggero (*chim.*), light hydrocarbon. **6.** ~ pesante (*chim.*), heavy hydrocarbon.
idrocaucciù (ottenuto mediante idrogenazione della gomma) (*ind. gomma*), hydrorubber.
idrocellulosa (*chim.*), hydrocellulose.
idrochinone [$C_6H_4(OH)_2$] (*chim. - fot.*), hydroquinone.
idrociclone (per pasta di legno) (*mft. carta*), centrifugal cleaner.
idrocinetica (*sc. idr.*), hydrokinetics.
idrocinètico (*fis.*), hydrokinetic.
idrocopia, idrocopiante (dispositivo idraulico a (o per) copiare) (*macch. ut.*), hydrocopying attachment.
idrocorsa (*aer.*), racing seaplane.
idrocraking (un processo di raffinazione del petrolio) (*chim. ind.*), hydrocraking.
idrodinàmica (*s.*), hydrodynamics.
idrodinàmico (*a.*), hydrodynamic.
"idrodinamòmetro" (per misurare la velocità di una corrente liquida) (*strum. mis. idr.*), " hydrodynamometer".
idroelèttrico (*idr. - elett.*), hydroelectric.
idroestrattore (*macch. ind.*), hydroextractor. **2.** ~ (centrifuga) (*app. ind. e domestico*), centrifugal drier. **3.** ~ ad aspirazione (*macch. mft. lana*), "hydrosuction machine". **4.** ~ centrifugo (*ind. tess.*), centrifugal drying machine, centrifugal hydroextractor.
idroestrazione (centrifuga per es.) (*ind.*), hydroextraction.
idròfilo (bagnabile dall'acqua) (*a. - chim.*), hydrophile. **2.** cotone ~ (*med.*), sanitary cotton, surgical cotton.
idrofinitura (procedimento usato per la finitura di superfici metalliche, quali l'impronta di uno stampo, mediante getto di acqua e polvere abrasiva) (*tecnol. mecc.*), " hydro-finishing".
idròfobo (non bagnabile dall'acqua) (*a. - chim.*), hydrophobic.
idròfono (*strum.*), hydrophone. **2.** ~ adirettivo (idrofono onnidirezionale) (*acus. sub.*), omnidirectional hydrophone. **3.** ~ a profilo conforme (idrofono i cui trasduttori elementari vengono piazzati lungo lo scafo della nave o del sottomarino) (*acus. sub.*), conformal hydrophone. **4.** ~ campione (*acus. sub.*), standard hydrophone. **5.** ~ da deriva (*acus. sub.*), outboard hydrophone. **6.** ~ da fondo (*acus. sub.*), bottom hydrophone. **7.** ~ da scafo (*acus. sub.*), hull hydrophone. **8.** ~ direttivo (*acus. sub.*), directional hydrophone. **9.** ~ per alti fondali (*acus. sub.*), deep sea hydrophone. **10.** ~ rimorchiato (*acus. sub.*), towed hydrophone. **11.** cortina di idrofoni (*acus. sub.*), hydrophone array. **12.** equazione dell' ~ (equazione che permette di calcolare la distanza di rilevamento di un idrofono) (*acus. sub.*), hydrophone equation.
idroformatura (imbutitura idrostatica: di lamiere idraulicamente pressate contro il modello) (*tecnol. mecc.*), pot die forming.
idroformilazione (ossosintesi; nella produzione delle aldeidi) (*ind. chim.*), hydroformylation.
idròfugo (*a. - gen.*), waterproof. **2.** additivo ~ (aggiunto al calcestruzzo per ridurre l'assorbimento di acqua) (*ed.*), waterproofer. **3.** cemento ~ (*mur.*), waterproof cement.
idrogèl (*fis. - chim.*), hydrogel.
idrogenare (combinare con idrogeno) (*chim.*), to hydrogenate. **2.** ~ (sottoporre a idrogenazione) (*ind. chim.*), to hydrotreat.
idrogenazione (*chim.*), hydrogenation.
idrogenione (ione di idrogeno) (*chim.*), hydrogen ion.
idrògeno (H - *chim.*), hydrogen. **2.** ~ nascente (*chim.*), active hydrogen. **3.** ~ pesante (deuterio o tritio) (*chim. - fis. atom.*), heavy hydrogen. **4.** ~ solforato (H_2S) (*chim.*), hydrogen sulphide. **5.** concentrazione degli ioni di ~ (misura dell'acidità di una soluzione) (*fis. chim.*), hydrogen-ion concentration. **6.** impianto di produzione dell' ~ (*ind. chim.*), hydrogen generating plant.
idrogetto (tipo di propulsione a getto d'acqua espulsa mediante pompa centrifuga da poppa attraverso un deflettore orientabile) (*nav.*), water jet propulsion, water-jet drive. **2.** ~ (natante propulso con idrogetto) (*nav.*), jet boat, water-jet boat.
idrografia (*geogr.*), hydrography.
idrogràfico (*geogr.*), hydrographic.
idrografo (per registrare l'andamento di un fiume) (*strum. idr.*), fluviograph.
idroimbutitura (*lav. lamiera*), hydroforming, fluid forming.
idrolappatura (lappatura idraulica, microlevigatura idraulica) (*tecnol. mecc.*), hydrolapping.
idròlisi (*chim.*), hydrolysis.
idrolitico (*chim.*), hydrolytic.
idròlito (*chim.*), hydrolyte.
idrolizzare (*chim.*), to hydrolyze.
idrologia (*idr.*), hydrology.
idrometallurgia (*metall.*), hydrometallurgy.
idrometria (*idr.*), hydrometry.
idròmetro (*strum. idr.*), water gauge, depth gauge, floodmeter. **2.** ~ fluviale (*app. mis.*), river gauge.
idromotore, *vedi* idrogetto.
idropittura (pittura ad acqua) (*vn.*), water paint, water color.
idroplano (carena planante) (*naut.*), hydroplane.
idropneumàtico (di meccanismo) (*a. - mecc.*), hydropneumatic.
idropòrto (*aer.*), seaplane station.
idrorepellente (non bagnabile dall'acqua) (*a. - chim. - fis.*), water-repellent, hydrophobic. **2.** additivo ~ (aggiunto al calcestruzzo per diminuire l'assorbimento di acqua) (*ed.*), waterproofer.
idrorepellenza (*tecnol.*), water repellence, water repellency.
idroscalo (specchio d'acqua per decollo e ammaraggio degli idrovolanti) (*aer.*), air harbor, water lane.
idroscivolante (idroplano, motoscafo a carena planante: natante con carena a gradino che, alle alte

velocità, provoca la fuoriuscita dello scafo dall'acqua) (*sport nav.*), hydroplane.
idroscòpio (*strum. mar.*), hydroscope.
idrosfera (insieme delle acque superficiali della terra) (*geofis.*), hydrosphere.
"idrosol" (dispersione di particelle solide nell'acqua) (*chim. fis.*), hydrosol.
idrosolubile (solubile in acqua) (*chim.*), soluble in water, water-soluble.
idrospazio (spazio marino ubicato al di sotto della superficie del mare) (*mare*), hydrospace.
idrospazzola (per lavaggio automobili ecc.) (*aut. - ecc.*), water brush.
idròssido (*chim.*), hydroxide. **2.** ~ di ammonio (NH_4OH) (*chim.*), ammonium hydroxide. **3.** ~ (*chim.*), *vedi anche* idrato.
idrossilammina (NH_2OH) (*chim.*), hydroxylamin, hydroxylamine.
idrossile (*chim.*), hydroxyl.
idrostàtica (*s.*), hydrostatics.
idrostàtico (*a.*), hydrostatic.
idròstato (strum. per indicazione o regolazione del livello) (*strum. idr.*), hydrostat.
idrotimetria (procedimento per la determinazione della durezza dell'acqua) (*chim.*), water hardness determination.
idrotìmetro (strumento per determinare la durezza dell'acqua) (*strum. chim.*), " hydrotimeter ".
idrotropo (sostanza solubile in acqua mediante agente solubilizzante) (*chim.*), hydrotrope.
idrovia (corso d'acqua navigabile interno) (*geogr. - trasp. - idr.*), inland waterway, riverway.
idrovolante (*aer.*), seaplane, water plane, airboat. **2.** ~ a galleggianti (*aer.*), float seaplane. **3.** ~ a scafo (centrale) (*aer.*), flying boat, boat seaplane. **4.** ~ con fusoliera scafo (senza appositi e separati galleggianti) (*aer.*), flying boat, boat seaplane. **5.** ~ con galleggianti stabilizzatori (*aer.*), float plane. **6.** ~ da bombardamento marittimo (*aer. milit.*), sea bomber. **7.** ~ per ricerche e salvataggi (*mar. milit.*), rescue seaplane. **8.** grosso ~ per voli transoceanici (*aer.*), "clipper".
idròvora (*macch. idr.*), water scooping machine.
idruro (*chim.*), hydrid, hydride. **2.** ~ di boro (*chim.*), hydroboron.
ietografia (*strum. meteor.*), hyetography.
ietografo (pluviografo automatico) (*strum. meteor.*), hyetograph.
igiène (*med.*), hygiene.
igiènico (*med.*), hygienic. **2.** ~ (*a. - ed. - ecc.*), sanitary.
ìgneo (*a. - geol.*), igneous.
ignìfero (*a. - gen.*), igniferous.
ignìfugo (*a. - antincendio*), fire-retardant. **2.** ~ (sostanza ignifuga, materiale ritardante la combustione) (*s. - antincendio*), fire retardant.
ignitore (per comando elettronico nella saldatura a resistenza) (*eltn.*), igniter.
ignizione (*chim. - comb.*), ignition. **2.** qualità di ~ (della nafta) (*chim. - comb.*), ignition quality.
igrògrafo (*strum. meteor.*), hygrograph.
igrometrìa (*fis.*), hygrometry.
igròmetro (*strum.*), hygrometer. **2.** ~ a capello (*strum.*), hair hygrometer. **3.** ~ a cella elettrolitica (*strum.*), electrolytic hygrometer. **4.** ~ a condensazione (*strum.*), condensing hygrometer, dew point hygrometer. **5.** ~ ad assorbimento (*strum.*), chemical hygrometer, absorption hygrometer.
igroscopicità (*fis.*), hygroscopicity.
igroscòpico (*a. fis.*), hygroscopic. **2.** non ~ (*fis.*), nonhygroscopic.
igroscòpio (*strum.*), hygroscope.
igròstato (umidostato) (*strum. fis.*), hygrostat, humidistat.
illegale (*a. - leg.*), illegal, unlawful. **2.** ~ (non compatibile col sistema, non accettato dal sistema) (*a. - elab.*), illegal.
illeggibile, illegible.
illimitato (*gen.*), unlimited.
illìnio (peso atomico 61) (Il - *chim.*), illinium.
illite (refrattario) (*min.*), illite.
illuminamento (intensità di illuminazione, rapporto tra flusso luminoso ed area della superficie) (*illum.*), illumination, illuminance, surface light density. **2.** ~ (energia radiante in lux o watt per m^2) (*illum.*), irradiance.
illuminante (*illum.*), illuminating. **2.** razzo ~ (munito di paracadute) (*aer. milit. - ecc.*), light flare, parachute flare.
illuminare (*illum.*), to illuminate, to light up. **2.** ~ controluce (*illum. - fot.*), to backlight.
illuminato (*a. - illum.*), lit, illuminated, lighted, lightened, enlightened. **2.** ~ di fianco (di soggetto o scena) (*fot. - cinem.*), side-lighted. **3.** eccessivamente ~ (*a. - illum.*), overlighted.
illuminatore (*strum. med.*), illuminator. **2.** ~ dell'antro (*strum. med.*), antrum illuminator. **3.** ~ del seno frontale (*strum. med.*), frontal sinus illuminator. **4.** ~ naso-faringeo (*strum. med.*), nasopharyngeal illuminator.
illuminazione (*gen.*), illumination, lighting, lightness. **2.** ~ (*fis. illum.*), illumination, lightness. **3.** ~ a fluorescenza (*illum.*), fluorescent lighting. **4.** ~ a largo fascio di luce (*illum. artificiale*), floodlight. **5.** ~ a luce artificiale (*illum.*), artificial lighting. **6.** ~ a luce diffusa (*illum.*), diffuse illumination, diffused lighting. **7.** ~ a luce naturale (*illum.*), natural lighting. **8.** ~ a vapori di mercurio (*illum.*), mercury-vapor lighting (ingl.). **9.** ~ con dinamo d'asse (di una carrozza ferroviaria per es.) (*illum. - ferr.*), lighting by axle-driven generator. **10.** ~ con proiettori (*illum.*), floodlight illumination. **11.** ~ di fianco (di soggetto o scena) (*fot. - cinem.*), side-lighting. **12.** ~ diretta (*illum.*), direct lighting. **13.** ~ eccessiva (*illum.*), overlighting. **14.** ~ indiretta (*illum.*), indirect lighting. **15.** ~ indiretta dal soffitto (*illum.*), cove lighting. **16.** ~ insufficiente (*illum.*), underlighting. **17.** ~ mediante volano generatore (in una motocicletta per es.) (*elett. - mecc.*), flywheel light-

ing. **18.** ~ mista (o miscelata, a incandescenza e fluorescenza per es.) (*illum.*), mixed lighting. **19.** ~ pluridirezionale (*illum.*), multidirectional illumination, multidirectional lighting. **20.** ~ quadro (*aut.*), panel lighting. **21.** ~ ridotta (di strade ecc.) (*illum.*), brownout (am.). **22.** ~ riflessa (in cinematografia per es.) (*illum.*), reflex lighting. **23.** ~ semidiretta (*illum.*), semidirect lighting. **24.** ~ semi-indiretta (*illum.*), semi-indirect lighting. **25.** accessori per ~ (*elett. - comm.*), lighting fittings. **26.** impianto di ~ (*ind. - illum.*), lighting installation. **27.** tecnica della ~ (illuminotecnica) (*illum.*), illumination engineering, lighting engineering.

illuminòmetro (*strum. illum.*), illuminometer.

illuminotecnica (tecnica dell'illuminazione) (*illum.*), illumination engineering, lighting engineering.

illusione òttica (*ott.*), optical illusion.

illustrazione (di una macchina per es.), illustration. **2.** ~ con parziale velatura (vista in trasparenza, per far risaltare determinati particolari, di una macchina per es.) (*tip.*), phantom.

ilmenite ($FeO.TiO_2$) (refrattario) (*min.*), ilmenite.

"image-orticon" (orticon ad immagine) (*telev.*), image-orthicon.

imballaggio (materiale da imballo od operazione di imballaggio), packing, package. **2.** ~ (in balle) (*comm.*), baling. **3.** ~ (in casse) (*comm.*), boxing, packing. **4.** ~ al costo (*comm.*), packing at cost price. **5.** ~ a perdere (*trasp. - comm.*), throwaway package. **6.** ~ a rendere (*trasp. - comm.*), package to be returned. **7.** ~ compreso (*comm.*), packing included. **8.** ~ (stagno) con gas inerte (*trasp. - comm.*), gas packing. **9.** ~ dei filati (*ind. tess.*), yarn bundling. **10.** ~ e spedizione (di una merce al cliente p. es.) (*comm. - trasp.*), handling. **11.** ~ oltremare (*trasp.*), sea-packing. **12.** imballaggi vuoti (*trasp.*), empties. **13.** cassa da ~ per esportazione (per un mot. per es.) (*trasp.*), export boxing. **14.** distinta di ~ (rimesso specificante la merce contenuta negli imballi) (*comm.*), packing list. **15.** franco di ~ (*comm.*), packing free. **16.** gabbia di ~ (*comm.*), packing crate, shipping crate, crate. **17.** materiale per ~ (*trasp.*), pack, packing stuff. **18.** materiale sciolto (da imbottitura) per ~ (materiale sciolto e soffice utilizzato in un contenitore per es. per proteggere la merce durante il trasporto) (*trasp.*), dunnage. **19.** tela da ~ (*tess.*), packcloth.

imballamento (fuga, del motore) (*mot.*), racing.

imballare (*trasp.*), to pack, to package. **2.** ~ (in balle) (*trasp.*), to bale. **3.** ~ (in pacchi) (*trasp.*), to pack. **4.** ~ il motore (portare il numero dei giri al, od oltre il, massimo consentito) (*mot.*), to race an engine. **5.** ~ in gabbia (ingabbiare) (*trasp.*), to crate.

imballato (*a. - comm.*), packed. **2.** ~ (*mot.*), raced. **3.** ~ e suddiviso in singole unità (detto di un carico: per facilitarne il trasporto) (*comm. - trasp.*), unitized. **4.** non ~ (*a. - comm.*), unpacked.

imballatore (*op.*), packer.

imballatrice (*macch. ind.*), packing machine. **2.** ~ (di balle) (*macch. ind.*), baling machine. **3.** ~ automatica (*macch. ind.*), automatic packing machine.

imballo, *vedi* imballaggio.

imbandierare (una nave per es.), to flag.

imbando (stato di un cavo non tesato) (*s. - nav.*), slack.

imbarcadero (pontile) (*nav.*), wharf, landing stage.

imbarcamento (svergolatura o incurvamento del legno per es.) (*ed. - ecc.*), warping, bending.

imbarcare (*nav.*), to embark. **2.** ~ (l'equipaggio per es.) (*nav.*), to boat. **3.** ~ (prendere a bordo passeggeri o merce) (*nav. - aut.*), to pick up. **4.** ~ acqua (*nav.*), to swamp water.

imbarcarsi (*nav.*), to embark. **2.** ~ (di un asse di legno per es.) (*carp.*), to warp, to bend.

imbarcato (*a. - nav.*), embarked. **2.** ~ (incurvato) (*a. - difetto*), warped. **3.** ~ (di aereo di nave portaerei) (*a. - aer. milit.*), carrier-based.

imbarcazione (*nav.*), boat, watercraft, craft. **2.** ~ a fasciame sovrapposto (*costr. nav.*), lapstreak boat, lapstreak, clinker-built boat. **3.** ~ a fondo piatto (*nav.*), flat-bottomed boat, flatboat. **4.** ~ armata a cutter senza bompresso (*nav.*), knockaboat. **5.** ~ armata con due vele al quarto (*nav.*), lugger. **6.** ~ con motore a benzina (di tipo automobilistico) (*nav.*), gasboat. **7.** ~ da cabotaggio (*nav.*), coaster. **8.** ~ da carico (*nav.*), cargo boat. **9.** ~ da competizione (*nav.*), racing craft, racer. **10.** ~ da diporto (*nav.*), pleasure boat, yacht. **11.** ~ da diporto con motore ausiliario (*nav.*), yacht with auxiliary motor. **12.** ~ da pesca (*nav.*), fishing boat. **13.** ~ di bordo (*mar. milit.*), pinnace. **14.** ~ di salvataggio (*nav.*), life boat. **15.** ~ montabile su rimorchio (di auto) (imbarcazione rimorchiabile su strada) (*nav.*), trailer boat.

imbarco (*nav.*), embarkation, embarking.

imbardare (*aer.*), to yaw.

imbardata (rotazione di un aereo attorno all'asse verticale) (*aer.*), yaw. **2.** ~ (deviazione accidentale di un velivolo durante il rullaggio o il decollo) (*aer.*), swing. **3.** ~ progressiva (con incremento dell'angolo di ~) (*aer.*), diverging yaw. **4.** coppia d'~ (dei pneumatici di un'autovettura per es.) (*aut.*), yawing torque. **5.** momento d'~ (*aer. - aut. - ecc.)*, yawing moment. **6.** velocità (angolare) d'~ (attorno all'asse Z, di un'autovettura per es.) (*aut.*), yaw velocity.

imbastire (stoffa) (*sartoria*), to baste, to tack. **2.** ~ (puntare: nella saldatura) (*tecnol. mecc.*), to tack.

imbastito (puntato) (*tecnol. mecc.*), tack-welded.

imbastitore navale (pone le parti strutturali in posizione corretta, per la saldatura per es.) (*lav. nav.*), shipfitter.

imbastitura (puntatura: nella saldatura) (*tecnol.*

mecc.), tacking. **2.** ~ (*cucito*), basting. **3.** filo per ~ (*ind. tess.*), basting.
imbatto (impatto) (*gen.*), impact.
imbiancamento, *vedi* imbiancatura ed imbianchimento.
imbiancare (*gen.*), to whiten. **2.** ~ (con bianco di calce) (*mur.*), to whitewash. **3.** ~ (candeggiare) (*chim. ind.*), to bleach. **4.** ~, *vedi anche* candeggiare.
imbiancato (*a. - gen.*), whitened. **2.** ~ (con bianco di calce) (*a. - ed.*), white-washed. **3.** ~ (candeggiato) (*a. - tess. - ind. chim.*), bleached. **4.** ~ in ricottura (*a. - mft. vetro*), smoked.
imbiancatore (olandese imbiancatrice) (*macch. mft. carta*), bleaching engine.
imbiancatura (*gen.*), whitening. **2.** ~ (con bianco di calce) (*mur.*), whitewashing. **3.** ~ (pellicola bianca formantesi sul vetro, dovuta ad agenti atmosferici, deposito di fumo o di altri vapori) (*mft. vetro*), bloom. **4.** ~ dei pori (nella verniciatura di legni porosi, manifestantesi sotto forma di striature biancastre) (*difetto vn.*), whitening in the grain.
imbianchimento (rifioritura biancastra e opaca: difetto nella verniciatura nitro a spruzzo) (*vn.*), blushing. **2.** ~ (*mft. carta - ind. tess.*), bleaching. **3.** ~ a freddo (*mft. carta*), cold-bleaching. **4.** bagno di ~ (*fot.*), bleaching. **5.** torri di ~ (*mft. carta*), bleaching towers. **6.** vasca d'~ (per la pasta di legno) (*mft. carta*), bleaching chest, chest.
imbianchino (*op.*), house painter.
imbibire (*gen.*), to soak.
imbibizione (*fis.*), imbibition, soaking.
imbiettare (*mecc.*), to key.
imbiettato (*mecc.*), keyed.
imbiettatura (*mecc.*), keying.
imboccare (un condotto per es.) (*ed. - tubaz.*), to fit.
imboccatura, imbocco (di miniera per es.), adit. **2.** ~ (di una tubaz.) (*gen.*), mouthpiece. **3.** ~ (di un pozzo) (*min.*), mouth. **4.** ~ (imbocco, smusso sulla superficie di uno stampo per diminuire lo sforzo d'imbutitura) (*lav. lamiera*), lead-in. **5.** ~ del condotto principale del vento (di un altoforno per es.), main blast entry. **6.** ~ della gola del camino (*ed.*), fireplace throat. **7.** ~ di colata (foro di colata) (*fond.*), pour sprue. **8.** imboccature periferiche di gonfiamento (di un paracadute, per facilitarne lo spiegamento) (*aer.*), lip. **9.** diametro all'~ (di un paracadute) (*aer.*), mouth diameter.
imboccolare (*mecc.*), to bush, to sleeve.
imbonimento (*idr.*), *vedi* colmata.
imboscata (*milit.*), ambush.
imbotte (*arch.*), *vedi* intradosso.
imbottigliamento (mettere il vino nelle bottiglie per es.) (*agric. - ecc.*), bottling.
imbottigliare (*ind.*), to bottle.
imbottigliatrice (macchina per imbottigliare) (*macch.*), bottler, bottling machine.
imbottire (un cuscino o una coperta per es.) (*ind. tess. - aut.*), to pad, to quilt, to stuff.
imbottito (di cuscino, trapunta ecc.) (*a. - ind. tess. - aut.*), stuffed, padded, quilted. **2.** cruscotto ~ (*aut.*), padded instrument panel.
imbottitura (di un cuscino per es.), stuffing. **2.** ~ (di un cruscotto per es.) (*aut. - ecc.*), padding. **3.** ~ (materiale formante lo strato interno di un pannello a "sandwich") (*aer. - ecc.*), core. **4.** ~ di protezione (nell'imballaggio di oggetti fragili per es.) (*imballaggio*), padding.
"imbozzamento" (deformazione strutturale, ingobbamento) (*aer. - ecc.*), buckling.
imbozzimare (*ind. tess.*), to size.
imbozzimatore (*lav.*), sizer.
imbozzimatrice (*macch. tess.*), sizer, sizing machine, slasher.
imbozzimatura (*ind. tess.*), sizing, slashing. **2.** cascame di ~ (*ind. tess.*), slasher. **3.** materiale per l'~ (*mft. tess.*), sizing agents.
imbozzolare, *vedi* coconizzare.
imbozzolatura (involucro plastico protettivo per mot. aer. per es.) (*vn. - imballaggio*), cobwebbing.
imbraca, imbraga (cime, funi o catene per avviluppare e sostenere il carico da sollevare) (*nav. - ind.*), sling. **2.** ~ (finimenti del cavallo), breeching.
imbracare, imbragare (un carico per es.) (*nav. - ind.*), to sling, to place in a sling.
imbracatore, imbragatore (*op.*), slinger, hook-up man.
imbracatura, imbragatura (di un carico per es.) (*nav. - ind.*), sling. **2.** ~ (bretelle: di un paracadute) (*aer.*), harness.
imbrattamento (di candele per es.) (*mot. - ecc.*), fouling.
imbrattarsi (sporcarsi, di candele di un motore a combustione interna) (*mot. - ecc.*), to foul.
imbrigliatura (briglie, di un torrente) (*costr. idr.*), (torrent) damming.
imbrogliare (serrare rapidamente le vele) (*nav.*), to brail up, to clew down.
imbròglio (*nav.*), brail.
imbroncare (inclinare, un pennone per es.) (*nav.*), to cockbill.
imbroncato (di pennone per es.) (*a. - nav.*), acockbill.
imbucare (impostare) (*posta*), to post.
imbullonare (fissare con viti) (*mecc. - ecc.*), to bolt, to screw, to screw up.
imbullonatura (collegamento a vite) (*mecc.*), screw coupling, screwing up, bolting.
imbussolamento (*mecc.*), bushing.
imbussolare (*operaz. mecc.*), to bush.
imbutibilità (di lamiere) (*tecnol. mecc.*), drawability. **2.** indice di ~ (indice R, rapporto tra il diametro del disco di origine ed il diametro del punzone) (*tecnol. mecc.*), R-value, drawability coefficient.
imbutiforme (*a. - gen.*), funnel-shaped.
imbutire (una lamiera al tornio) (*tecnol. mecc.*), to spin. **2.** ~ (con pressa) (*tecnol. mecc.*), to draw. **3.** ~ poco profondamente (stampaggio lamiera) (*tecnol. mecc.*), to dish. **4.** ~ profondo (stampaggio lamiera) (*mecc.*), to deep-draw.

imbutito (lamiera) (*a. - tecnol. mecc.*), drawn. **2.** ~ (pezzo imbutito) (*s. - lav. lamiera*), drawn piece.

imbutitore al tornio (operatore al tornio di repussaggio o fluotornitura) (*op.*), spinner.

imbutitrice (in lastra, tornio in lastra, per lavorazione di lamiere) (*macch. ut.*), spinning lathe.

imbutitura (stampaggio profondo con pressalamiera, di elementi di carrozz. aut. per es.) (*tecnol. mecc.*), drawing. **2.** ~ al tornio (tornitura in lastra o fluotornitura) (*mecc.*), shear spinning. **3.** ~ idrostatica, *vedi* idroformatura. **4.** ~ inversa (controimbutitura) (*tecnol. mecc.*), reverse redrawing, inside-out redrawing. **5.** ~ profonda (*tecnol. mecc.*), deep-drawing. **6.** ~ successiva (passaggio successivo di imbutitura, "trafilatura") (*tecnol. mecc.*), redrawing. **7.** prova di ~ (di una lamiera metallica) (*tecnol. mecc.*), drawing test, dishing test, cupping test. **8.** stampo per ~ (*tecnol. mecc.*), drawing die.

imbuto (*att.*), funnel. **2.** ~ (*att. chim.*), funnel. **3.** ~ (di invito per il filo in macchine per maglieria per es.) (*ind. tess.*), trumpet. **4.** ~ con filtro (*att.*), funnel with filter. **5.** ~ con rubinetto (*att. chim.*), tap funnel. **6.** ~ contagocce (*att. chim.*), dropping funnel. **7.** ~ di sfioro (*idr.*), outlet hopper, discharge hopper. **8.** ~ per filtrazione a caldo (*att. chim.*), hot filtering funnel. **9.** ~ separatore (*att. chim.*), separatory funnel.

imitare (*gen.*), to imitate.

imitazione (*gen.*), imitation, sham. **2.** ~ carta patinata (*mft. carta*), imitation art paper.

immagazzinaggio (di materiali per es.), storing, storage. **2.** piazzale per ~ (*ind.*), store yard.

immagazzinamento (di materiali ecc.) (*ind.*), storing, storage. **2.** ~ aereo (di motori, di imbutiti di aut. per es., mediante trasportatori aerei) (*ind.*), overhead storage. **3.** ~ a impilaggio od a compressione, o "push-down" (sistema di ~ in memoria secondo il quale viene prelevato per primo l'ultimo dato che è stato immagazzinato) (*elab.*), push-down, pushdown list, pushdown storage, LIFO. **4.** ~ in atmosfera gassosa (di prodotti agricoli) (*agric.*), gas storage. **5.** ~ in cumulo (*mft. zucchero - ecc.*), bulk storage. **6.** ~ in scaffali (*ind.*), shelf storage.

immagazzinare (depositare: materiali per es.) (*ind.*), to store, to lay up, to warehouse. **2.** ~ in silos (*ind.*), to ensile.

immagazzinato (giacente, di merci per es.) (*ind.*), stored.

immaginario (*mat.*), imaginary.

immaginazione (*psicol.*), imagination.

immàgine (*ott. - fot.*), image. **2.** ~ (*telev.*), image, picture. **3.** ~ (*mat.*), image. **4.** ~ (la rappresentazione visualizzata delle informazioni contenute su di una scheda perforata per es.) (*elab.*), image. **5.** ~ elettronica (*telev.*), electron image. **6.** ~ latente (ottenuta dalla ionizzazione di molecole in una emulsione sensibile e resa evidente dallo sviluppo) (*fot.*), latent image. **7.** ~ macchiata (*difetto telev.*), spottiness. **8.** ~ reale (*ott.*), real image. **9.** ~ riflessa (immagine riflessa dallo specchio) (*mirino fot.*), reflex. **10.** ~ sdoppiata (sdoppiamento di immagine) (*difetto telev.*), split image. **11.** ~ sfocata (*cinem.*), " breezing" (ingl.). **12.** ~ sfocata (immagine confusa) (*telev. - radar - ecc.*), blurred picture, blurring. **13.** ~ spuria (*telev. - radar*), ghost image. **14.** ~ sullo schermo (~ di visualizzazione) (*telev. - radar - elab.*), screen image, display image. **15.** ~ troncata (*difetto telev.*), truncated picture. **16.** ~ virtuale (*ott.*), virtual image. **17.** aumentare il contrasto dell' ~ (*telev. - ecc.*), to sharpen a picture. **18.** dispositivo di persistenza di ~ (un apparecchio elettronico che trattiene temporaneamente l' ~ sullo schermo) (*eltn.*) persistent-image device. **19.** dissettore di immagini (analizzatore di immagini), *vedi* sezionatore di immagini. **20.** elaborazione di immagini (per aumentarne la nitidezza: p. es. di immagini ricevute a terra a mezzo satellite, o di immagini di aerofotogrammi, o radar, con scopi militari, geologici ecc.) (*eltn. - elab.*), image processing. **20.** fermo ~ (arresto su di una ~) (*audiovisivi*), freeze-frame, FF. **21.** formazione di immagini (*fis.*), imaging. **22.** instabilità dell' ~ (*difetto telev.*), hunting. **23.** instabilità dell' ~ in (direzione) orizzontale (*difetto telev.*), horizontal hunting. **24.** instabilità dell' ~ in (direzione) verticale (*difetto telev.*), vertical hunting. **25.** inversione dell' ~ (*fotomecc.*), (lateral) image inversion. **26.** le immagini fotografiche (di un film, la fotografia [del film], come argomento ben distinto dalla sonorizzazione dello stesso film) (*cinem.*), visuals. **27.** microarea di ~ (pixel: uno dei punti elementari che compongono l' ~) (*elab. - telev. - ecc.*), pixel. **28.** piastra di ~ (speciale piastra conduttrice di immagini) (*ott.*), image plate. **29.** punti ~ omologhi (o corrispondenti) (*fotogr.*), conjugate image points. **30.** raggi ~ omologhi (o corrispondenti) (*fotogr.*), conjugate image rays. **31.** rapporto tra la larghezza e l'altezza (dell' ~) (allungamento) (*telev.*), aspect ratio. **32.** regolazione dell' ~ (*telev.*), framing. **33.** relativo alla trasmissione dell' ~ (*a. - telev.*), video. **34.** ricevere una ~ per televisione (*telev.*), to televise. **35.** rinforzo dell' ~ latente (*fot.*), latensification. **36.** sdoppiamento di ~ (*difetto telev.*), splitting of image, ringing. **37.** sezionatore di immagini (dispositivo usato nel riconoscimento ottico dei caratteri p. es.) (*eltn. - elab.*), image dissector. **38.** spostamento dell' ~ (*difetto telev.*), image shift. **39.** sincronizzazione dell' ~ (*telev.*), frame synchronization, picture synchronization. **40.** trasmettere una ~ per televisione (*telev.*), to televise.

immatricolare (*gen.*), to matriculate, to register. **2.** ~ (una vettura per es.) (*aut.*), to register.

immatricolato (*gen.*), matriculated, registered. **2.** ~ (vettura per es.) (*aut.*), registered.

immatricolazione (di un aereo civile per es.) (*leg.*), registration. **2.** ~ (d'una vettura per es.) (*aut.*), registration.

Immelmann (gran volta imperiale, virata imperiale) (*aer.*), Immelmann turn.

immèrgere (*gen.*), to immerge, to immerse. **2.** ~ (tuffare: nell'acqua per es.) (*gen.*), to plunge.

immèrgersi (*gen.*), to immerge, to plunge, to sink. **2.** ~ rapidamente (di sottomarino) (*mar. milit.*), to crash-dive.

immersione (*gen.*), immersion. **2.** ~ (in una soluzione per es.) (*ind.*), dipping. **3.** ~ (pescaggio) (*nav.*), draft. **4.** ~ (di uno strato per es.) (*geol. - min.*), dip. **5.** ~ (di un palombaro, di sottomarino ecc.) (*nav. - mar.*), diving, dive. **6.** ~ a poppa (*nav.*), after draft. **7.** ~ a prora (*nav.*), forward draft. **8.** ~ in bagno caldo (*metall.*), hot dipping. **9.** ~ media (*nav.*), mean draft. **10.** ~ rapidissima (di un sott.) (*mar. milit.*), crash dive. **11.** ~ sino a saturazione (p. es.: di una ~ con autorespiratore) (*mar.*), saturation diving, satured diving. **12.** eccessiva ~ a poppa (*nav.*), drag. **13.** in ~ (di un sott. per es.) (*mar. milit.*), submersed. **14.** profondità di ~ (pescaggio di una imbarcazione per es.) (*nav.*), draught, draft. **15.** ~, *vedi anche* pescaggio.

immerso (*gen.*), immersed.

imméttere (*gen.*), to let in. **2.** ~ (inserire l'inizio della esecuzione in un qualsiasi punto d'entrata) (*elab.*), to enter. **3.** ~ la corrente (in un circuito per es.) (*elett.*), to put on.

immigrazione (*lav.*), immigration.

immiscibile (*a. - chim. fis.*), immiscible, immixable.

immissione (di vapore, di acqua in una tubazione per es.) (*ind.*), inlet. **2.** ~ (dei capi dell'ordito nei licci e nei pettini) (*ind. tess.*), drawing-in. **3.** ~ (entrata, ingresso: di dati per es.) (*elab.*), input. **4.** ~ da tastiera (*elab.*), keyboard entry. **5.** ~ dati (*elab.*), data entry, data input. **6.** ~ manuale (inserimento dati eseguito manualmente) (*elab.*), manual input. **7.** sistema di ~ -emissione (*elab.*), input output system. **8.** ~, *vedi anche* inserimento.

immòbile (fermo), stationary.

immòbili (terreni e fabbricati), premises. **2.** ~ ed impianti e macchinario (in un bilancio) (*amm.*), premises and equipment.

immobilizzare (un capitale per es.) (*finanz.*), to lock up. **2.** ~ (un veicolo mediante antifurto per es.), to lock. **3.** ~ (un giroscopio) (*aer.*), to cage.

immobilizzazione (di segnalazioni ferroviarie per es.), locking. **2.** ~ (di capitali) (*finanz.*), locking up. **3.** ~ d'approccio (nelle segnalazioni ferroviarie), approach locking.

immondizie (*gen.*), trash. **2.** ~ (rifiuti) (*gen.*), refuse.

immorsatura (ammorsatura) (*tecnol.*), scarfing, scarf joint.

immunità (*gen.*), immunity. **2.** ~ diplomatica (*leg.*), diplomatic immunity.

impaccare (imballare oggetti) (*gen.*), to pack. **2.** ~ (condensare: aumentare la densità delle registrazioni per ridurre spazio e tempo di trasmissione) (*elab.*), to pack.

impaccatrice (*macch. imballaggio*), parcelling machine, parceller.

impacchettare (*gen.*), to package. **2.** ~ rottami (*metall.*), to cabbage.

impacchettatrice (*macch.*), packer. **2.** ~ per rottami (o sfridi) (per ind. mecc.) (*macch.*), cabbaging press.

impacchettatura (*gen.*), packaging. **2.** ~ di rottami (*metall.*), cabbaging.

impaginare (un libro per es.) (*tip.*), to make up, to page, to page up, to make up in pages.

impaginato (*a. - tip.*), made up.

impaginatore (*op. tip.*), maker up, makeup hand.

impaginatura (atto di impaginare) (*tip.*), makeup, making-up, paging, pagination, paging up.

impaginazione (*tip.*), *vedi* impaginatura.

impalcatura (ponteggio) (*ed.*), scaffolding. **2.** ~, *vedi anche* ponteggio.

impalmatura (giunzione di funi) (*funi*), splice.

impaludamento (*geol.*), turning into a marsh, turning into a swamp.

impanarsi (avvitarsi), *vedi* avvitare. **2.** ~ (di mola), *vedi* impastarsi.

impanatrice, *vedi* filettatrice.

impanatura (filettatura) (*mecc.*), thread. **2.** ~, *vedi anche* filettatura. **3.** ~ destrorsa (*mecc.*), right handed thread. **4.** ~ sinistrorsa (*mecc.*), left handed thread.

imparellare (congiungere con ammorsatura) (*costr. nav.*), to scarf.

imparellatura (ammorsatura) (*costr. nav.*), scarfing.

impartire (un ordine) (*gen.*), to give.

"impastamento" (di una mola per es.) (*mecc.*), gumming, clogging, glazing.

impastare (*ind.*), to knead, to pug. **2.** ~ (malta) (*mur.*), to puddle, to mix. **3.** ~ (mescolare) (*ind. gomma*), to batch.

impastarsi (intasarsi, divenire lucida e quindi perdere la proprietà di abradere: di una mola) (*ut.*), to gum, to clog, to load, to glaze.

impastato (pastigliato, detto di piastra di accumulatore) (*elett.*), pasted. **2.** ~ (di mola) (*mecc.*), gummed, clogged, glazed. **3.** ~ (non chiaro, con i bordi delle immagini non definiti) (*fot.*), muddy.

impastatrice (*macch.*), kneading machine, mixer, pulper. **2.** ~ (per argilla) (*macch. ed.*), pugg mill, mixer. **3.** ~ di cemento (*macch. per ed.*), cement mixer. **4.** ~ di malta (*macch. per ed.*), mortar mixing machine.

impastatura (per la gettata: lavorazione, fino ad omogenizzazione, della miscela cementizia) (*costr. ed.*) puddling. **2.** (di creta per es.) (*ind. ceramica*), blunging. **3.** ~ della gettata (~ della miscela cementizia) (*costr. ed.*), puddling.

impasto (*mur.*), mix, mixture. **2.** ~ di argilla con gesso (per fabbricazione di mattoni) (*ind. mur.*), malm. **3.** ~ di argilla e paglia (*mur.*), cob. **4.** ~ di gomma (impasto elastico) (*ind.*), rubber bond. **5.** ~ grasso (*mur.*), rich mixture. **6.** ~ magro (*mur.*), meagre (or poor) mixture. **7.** ~ vetrificato (*ind.*), vitrified bond. **8.** acqua d' ~ (per il calcestruzzo) (*ed.*), mixing water. **9.** mola con ~ vetrificato (*ut.*), vitrified bond grinding wheel.

impatto (di proiettile) (*milit.*), impact. **2.** ~ (il toccare terra, di un aereo nella fase di atterraggio) (*aer.*), touch-down.

impavesata (bastingaggio, parapetto formato dalle murate al di sopra del ponte di coperta) (*nav.*), quarter boards, topgallant boards, topgallant bulwarks.

impeciare (coprire con pece) (*nav. - ecc.*), to pitch.

impeciatura (*costr. nav.*), pitch paying.

impedènza (*elett. - acus.*), impedance. **2.** ~ acustica (*acus.*), acoustic impedance. **3.** ~ acustica specifica (rapporto tra pressione acustica e la velocità delle particelle) (*acus. - acus. sub.*), specific acoustic impedance. **4.** ~ a vuoto (impedenza di entrata di un trasduttore quando l'impedenza del carico è nulla) (*elettroacus.*), free impedance. **5.** ~ bloccata (impedenza a circuito aperto, impedenza di entrata di un trasduttore quando i suoi morsetti di uscita sono in circuito aperto) (*elettroacus.*), blocked impedance. **6.** ~ caratteristica (di una linea per es.) (*elett.*), characteristic impedance (ingl.). **7.** ~ cinetica (di un apparecchio elettromeccanico) (*elettroacus.*), motional impedance. **8.** ~ del generatore (del segnale) (*elett.*), source impedance. **9.** ~ di entrata (*radio*), input impedance. **10.** ~ di linea (*telecom. - elettromag. - elett.*), line impedance. **11.** ~ di uscita (*radio*), output impedance. **12.** ~ immagine (*elett. - telev.*), image impedance. **13.** ~ iterativa (di un quadripolo) (*elett. - radio*), iterative impedance. **14.** ~ mozionale (impedenza cinetica, di un app. elettromecc.) (*elettromecc.*), motional impedance. **15.** ~ mutua (*elett.*), reflected impedance. **16.** ~ statica (di macch. elett. per es.) (*elettromecc.*), static impedance.

impedimento (ostacolo) (*gen.*), difficulty, impediment, hindrance. **2.** ~ sterico (dovuto alla disposizione degli atomi in una molecola) (*chim.*), steric hindrance.

impedire (*gen.*), to prevent.

impegnare (il nemico) (*milit.*), to engage. **2.** ~ (oggetti, valori ecc.) (*comm. - leg.*), to pawn.

impegnarsi (*gen.*), to engage oneself, to bind oneself.

impegnativo (di prezzo, di consegna) (*comm.*), binding.

impegno (*comm.*), engagement. **2.** ~ assunto, *vedi* lavoro assunto. **3.** ~ di spesa (stanziamento di una società pubblica per es.) (*amm.*), appropriation. **4.** ~ sulla parola (*comm.*), gentleman's agreement. **5.** far fronte ad un ~ (*comm. - ecc.*), to meet an engagement. **6.** venir meno all' ~ preso (p. es. non pagare un debito alla sua scadenza) (*comm. - amm.*), to welch (ingl.), to welsch (am.). **7.** s'intende senza ~ alcuno da parte nostra (*comm.*), it is understood that this entails no obligation on our part.

impellicciatura (*falegn.*), *vedi* impiallicciatura.

impenetràbile (*gen.*), impenetrable.

impennaggio (piani di coda) (*aer.*), tail plane, empennage. **2.** ~ a sbalzo (piani di coda a sbalzo) (*aer.*), cantilever tail planes. **3.** ~ a V (impennaggio a farfalla) (*aer.*), vee tail, V tail. **4.** ~ orizzontale (*aer.*), horizontal tail surface. **5.** ~ verticale (*aer.*), vertical tail surface.

impennarsi (*aer.*), to pitch, to mount up.

imperiale (tetto di una carrozza ferroviaria senza lanternino) (*ferr. - ecc.*), roof. **2.** ~ (tetto di una carrozza passeggeri con lanternino) (*ferr.*), deck. **3.** ~ ad arco (di una carrozza passeggeri senza lanternino) (*ferr.*), arched roof.

impermeàbile (*a. - gen.*), impermeable, dampproof. **2.** ~ (all'acqua) (*a.*), waterproof. **3.** ~ (di un tessuto per es.) (*a. - ind. tess.*), rainproof. **4.** ~ (*s. - vestiario*), raincoat, waterproof. **5.** ~ ai gas (*ind.*), gasproof, gastight. **6.** ~ all'aria (*a. - gen.*), airproof. **7.** ~ all'olio (che non permette il passaggio di olio) (*a. - gen.*), oilproof. **8.** ~ foderato (*s. - vestiario*), trench coat.

impermeabilità (*gen.*), impermeableness.

impermeabilizzante (materiale) (*s. - gen.*), waterproofing, waterproofer, waterproofing material. **2.** ~ (*s. - ind. tess.*), rainproofer. **3.** ~ (*s. - ed.*), waterproofing material, waterproofing. **4.** mano di ~ sotto al pavimento (mano di antirombo) (*costr. aut.*), undercoating. **5.** manto ~ (manto bituminoso impermeabilizzante) (*costr. civile - strad.*), seal coat.

impermeabilizzare (*gen.*), to impermeabilize. **2.** ~ (all'acqua) (*gen.*), to waterproof. **3.** ~ (rendere impermeabile alla pioggia) (*ind. tess.*), to rainproof, to proof. **4.** ~ (trattare con materiale impermeabilizzante un tessuto per es.) (*ind. tess.*), to pad with waterproof substance. **5.** ~ con catrame a caldo (la carena di una nave) (*nav.*), to pay.

impermeabilizzazione (*gen.*), impermeabilization. **2.** ~ (all'acqua), waterproofing. **3.** ~ (*ed.*), waterproofing.

imperniare (*mecc.*), to pivot.

imperniato (*mecc.*), pivoted.

impettinatura (*mft. tess.*), reeding.

impiallacciare (*falegn.*), to veneer.

impiallacciatura (*falegn.*), veneering, veneer. **2.** foglio sottile di legno per ~ (*falegn.*), scaleboard. **3.** materiale per ~ (*falegn.*), veneering.

impiallicciato (*falegn.*), veneered.

impianti (installazioni, macchinari, apparecchiature ecc., di uno stabilimento) (*ind.*), plant. **2.** ~ ed attrezzatura per sollevamento e trasporto (*ind.*), material handling equipment. **3.** servizio ~ (di uno stabilimento) (*ind.*), planning department.

impiantista (elettricista impiantista) (*lav.*), construction electrician.

impiantito (*ed.*), flooring. **2.** ~ in mattoni (*ed.*), brick flooring.

impianto (*ind.*), plant, system, installation. **2.** ~ (*elett.*), system. **3.** ~ a corrente alternata (*elett.*), a.c. system. **4.** ~ a diffusione gassosa (per la separazione degli isotopi) (*fis. atom.*), gaseous-diffusion plant. **5.** ~ antiappannante (*aut.* - *ecc.*), defogging system. **6.** ~ antifurto (*disp. sicurezza*), burglar alarm. **7.** ~ (antincendio) ad acqua polverizzata (*app. antincendio*), sprinkler. **8.** ~ antinebbia (impianto per l'eliminazione della nebbia sulle piste) (*aer.*), Fog Investigation Dispersal Operation, FIDO. **9.** ~ aria compressa (di un'officina per es.) (*ind.*), pneumatic system. **10.** ~ a spinterogeno (di motore di motocicletta per es.) (*mecc. elett.*), coil system, coil set. **11.** ~ aspirazione a pavimento (*ventilazione*), downdraft exhaust system. **12.** ~ aspirazione trucioli (*ind.*), chip suction plant, shavings suction plant. **13.** ~ a superficie (per evitare le formazioni di ghiaccio) (*aer.*), surface anti-icer system. **14.** ~ automatico di zincatura (*ind.*), automatic zinc plating plant. **15.** ~ centrale di ventilazione (*ventilazione*), central fan system. **16.** ~ cercapersone (dispositivo che emette suoni, secondo un predeterminato codice, in vari luoghi: per es. in alberghi, stabilimenti ecc.), "autocall". **17.** ~ di accensione a nafta (di una caldaia a combustibile polverizzato per es.), ignition system by Diesel oil. **18.** ~ di alimentazione (del carburante, di un aereo per es.), fuel system. **19.** ~ di aspirazione (impianto a depressione: per pulizia locali) (*ed.*), vacuum system. **20.** ~ di aspirazione polveri (*app. ind.*), dust extracting plant. **21.** ~ di blocco (nelle segnalazioni ferroviarie: di una stazione per es.) (*ferr.*), interlocking plant. **22.** ~ di cadmiatura (cromatura, zincatura ecc.) (*ind.*), cadmium (chromium, zinc ecc.) plating plant. **23.** ~ di caricamento (*ind.*), loading plant. **24.** ~ di depurazione dell'acqua (per caldaie per es.), water purification plant. **25.** ~ di diffusione sonora (microfoni, amplificatore, altoparlanti ecc. occorrenti per impianti esterni o interni in grandi ambienti) (*elettroacus.*), public-address system. **26.** ~ di disaerazione (*ind.*), deaerating system. **27.** ~ di drenaggio (*agric.*), drainage plant. **28.** ~ di filtrazione (*ind.*), filtering installation. **29.** ~ di imbianchimento (*mft. carta*), bleaching plant. **30.** ~ di lavaggio (della lana per es.) (*ind. lana*), washing plant. **31.** ~ di pilotaggio (impianto di comando per valvole-pilota dell'aria compressa per es.) (*ind.*), pilot system. **32.** ~ di prefusione (*metall.*), pre-smelting unit. **33.** ~ di produzione dell'energia elettrica (*elett.*), electric power plant. **34.** ~ di produzione dell'idrogeno (*ind. chim.*), hydrogen generating plant. **35.** ~ di raffreddamento a circuito chiuso (*term.*), closed -loop cooling system. **36.** ~ di ricupero (*per minerali*), reclaiming plant (ingl.). **37.** ~ di rigenerazione del combustibile (*fis. atom.*), reprocessing plant. **38.** ~ di riscaldamento (*term.*), heating system (am.), heating plant. **39.** ~ di riscaldamento ad acqua calda a distribuzione con tubo unico (*term. ed.*), one-pipe hot water system. **40.** ~ di riscaldamento ad aria calda (*term. ed.*), blast heater, hot-air heating system. **41.** ~ di riscaldamento ad aria calda a circolazione forzata (*term. ed.*), air blast heating system. **42.** ~ di riscaldamento ad aria calda a circolazione naturale (*term. ed.*), gravity hot-air heating system. **43.** ~ di riscaldamento a vapore (*term. ed.*), steam heating system. **44.** ~ di riscaldamento a vapore con andata e ritorno (*term. ed.*), two-pipe steam system. **45.** ~ di riscaldamento a vapore con distribuzione a tubo unico (*term. ed.*), one-pipe steam system. **46.** ~ (di riscaldamento) a vapore con ritorno di condensa (*term. ed.*), two-pipe steam heating system. **47.** ~ di riscaldamento a vapore con ritorno di condensa a pressione inferiore all'atmosferica (*term. ed.*), vacuum heating system. **48.** ~ di sollevamento (*ind.*), hoisting system. **49.** ~ di sollevamento ad aria compressa (dell'acqua per es.) (*app. idr.*), lifting system by compressed air. **50.** ~ di sondaggio (impianto di trivellazione) (*min.*), rig. **51.** ~ di spurgo della sentina (tubazione di aspirazione disposta longitudinalmente nella sentina di una nave) (*nav.*), main drain. **52.** ~ di trasporto (*ind.*), transporting installation, haulage plant. **53.** ~ di verniciatura ad immersione (*vn.*), dip plant. **54.** ~ di verniciatura automatica (*macch. vn.*), automatic spraying plant. **55.** ~ dosatore a peso (per la preparazione della malta per es.) (*macch. ed.*), weight batcher. **56.** ~ elettrico (*elett.*), electric installation. **57.** ~ elettrico (di automobile per es.) (*elett.*), electrical equipment. **58.** ~ elettrico (luce) (di una motocicletta per es.) (*elett.*), lighting set. **59.** ~ elettrico (di distribuzione) (*elett.*), electric system. **60.** ~ elettrico interno (di un edificio) (*elett.*), interior wiring. **61.** ~ frenante (*aut.*), braking system. **62.** ~ frenante antislittamento (*aut.*), skid braking system, anti-skid braking system, anti-skid system. **63.** ~ idraulico (di un aereo per es.) (*mecc.*), hydraulic system. **64.** ~ idraulico (macchina o impianto realizzato per utilizzare l'acqua) (*idr.*), waterwork. **65.** ~ idrico (*ind.*), waterworks. **66.** ~ idrico (di distribuzione) (*tubaz.*), water supply. **67.** ~ idrico (per approvvigionamento d'acqua di una città per es.) (*idr.* - *ind.*), waterworks. **68.** ~ lavaggio automobili (*aut.*), car washer. **69.** ~ luce di sicurezza (*elett.*), emergency lighting system. **70.** ~ luminoso di avvicinamento (*aer.*), approach lighting system. **71.** ~ messo a terra (o collegato a massa, impianto a terra) (*elett.*), earthed system, grounded system. **72.** ~ metallografico, metallographic equipment. **73.** ~ metallurgico (per la separazione di un metallo dal minerale) (*metall.*), smelter, smeltery. **74.** ~ non collegato a terra (*elett.*), ungrounded system, unearthed system. **75.** ~ nucleare per (la produzione di) energia elettrica (*fis. atom.* - *elett.*), nuclear power plant. **76.** ~ (od apparato) centrale elettrico (*segnalazioni ferr.*), electrical interlocking post. **77.** ~ (o dispositivo) di misura (*elett.*), measuring equipment. **78.** ~ per impasto di pietrischetto, bitume e asfalto (*macch.*), asphalt and tar macadam mixing plant. **79.** ~ per la produzione dell'asfalto (*ing. civ.*), asphalt plant. **80.** ~ per la refrigerazione della carne (*ind.*), meat cooling plant. **81.** ~ per smaltatura vitrea (*ind.*), vitreous enameling plant. **82.** ~ per verniciatura ad immersione (*vn.*), dip plant. **83.** ~ per verniciatura a spruzzo (*app. vn.*), spraying plant. **84.** ~ radio (a bordo di un aereo) (*aer.*), radio equipment. **85.** ~ separato (ad aria calda ed a termosifone) (*riscaldamento*), split system. **86.** costo d' ~ e d'esercizio (per la produzione di un dato pezzo per es.) (*ind.*), capital and running cost. **87.** equipaggiare con un ~ di aria condizionata (*ind.*), to air-condition. **88.** spese di ~ (*ind.*), initial cost, cost of installation. **89.** ~, *vedi anche* impianti.

impiegabilità (utilizzabilità, usabilità) (*gen.*), usefulness, fitness.

impiegare (assumere un impiegato), to employ. **2.** ~ (adoperare), to use.

impiegarsi (di operaio, di impiegato), to get a job.

impiegatizio (d'ufficio) (*a. - gen.*), clerical.

impiegato (*s.*), employee, employe, clerk, "white collar". **2.** ~ (*a.*), employed, operative. **3.** ~ amministrativo, clerk. **4.** ~ postale (*pers. postale*), postal official.

impiègo (lavoro, occupazione), employment, employ, job. **2.** ~ (uso), use. **3.** ~ (caratteristiche d'impiego: di una macchina, di un motore per es.), duty. **4.** ad ~ diretto del calore irraggiato dal sole (come avviene in una serra attraverso le sue vetrate) (*a. - term.*), passive. **5.** di ~ universale (di uso generalizzato, previsto per vari usi) (*a. - gen.*), general-purpose. **6.** domande d' ~ (*pubbl.*), situations wanted. **7.** offerte d' ~ (*pubbl.*), situations vacant, positions vacant.

impilabile (accatastabile) (*trasp.*), stackable.

impilare (ammucchiare, accatastare) (*ind.*), to pile up, to stack.

impilatore (accatastatore) (*trasp. ind.*), stacker. **2.** ~ (*s. - elab.*), stacker.

impiombare (mettere i piombi di sigillo), to plumb, to seal with lead. **2.** ~ (collegare le estremità di due cavi intrecciandone i legnoli) (*nav.*), to splice.

impiombatura (collegamento di due cavi mediante intreccio dei legnoli) (*nav.*), splice. **2.** ~ a ferro di cavallo (*nav.*), horseshoe splice. **3.** ~ con catena (di un cavo) (*nav.*), chain splice. **4.** ~ corta (*nav.*), short splice. **5.** ~ di gassa (*nav.*), eye splice. **6.** ~ lunga (*nav.*), long splice. **7.** doppia ~ per gassa (*nav.*), cut splice.

implementare (realizzare praticamente: p. es. un nuovo sistema) (*elab.*), to implement.

implementazione (operazione di allestimento e di messa in funzione) (*elab.*), implementation.

implicito (*gen.*), implicit. **2.** funzione implicita (*mat.*), implicit function.

implòdere (*fis.*), to implode.

implosione (*fis.*), implosion, inward burst.

impluvio (di un tetto), *vedi* compluvio. **2.** ~ (vasca nell'atrio delle antiche case romane) (*arch.*), impluvium.

"impolmonimento" (ispessimento di una vn. dovuto a gelatinizzazione) (*difetto vn.*), livering. **2.** ~ (bombatura o "sventatura" di lamiera) (*difetto metall.*), bulging, "oilcanning".

impolverare (*gen.*), to dust.

impolverarsi (*gen.*), to dust.

impolverimento (di una vernice difettosa) (*vn. - ecc.*), powdering.

imponderabilità (mancanza di peso) (*spazio - astric.*), weightlessness.

imponibile (valore imponibile) (*s. - finanz.*), taxable value.

imporre (*gen.*), to impose.

importare (*comm.*), to import.

importato (*comm.*), imported.

importatore (*comm.*), importer.

importazione (*comm.*), importation, import. **2.** ~ temporanea (*comm.*), temporary import. **3.** certificato di ~ (*comm.*), import certificate. **4.** dazio di ~ (*comm.*), import duty. **5.** licenza di ~ (*comm.*), import license. **6.** permesso di ~ (*comm.*), import permit.

impòrto (*finanz. - comm.*), amount. **2.** ~ già pagato per attività fisse (*comm.*), sunk cost.

impossessarsi (impadronirsi del corretto uso: di una lingua estera per es.) (*gen.*), to master. **2.** ~ con la violenza (prendere possesso con la forza: di un aereo in volo per es.) (*gen.*), to commandeer.

imposta (di un arco) (*ed.*), springer. **2.** ~ (di finestra) (*ed.*), window shutter. **3.** ~ (tassa) (*finanz. - comm. - ecc.*), tax. **4.** ~ (tassa sulla fabbricazione, vendita ecc. di beni di consumo) (*tasse*), excise. **5.** ~ di consumo (*finanz.*), consumption tax. **6.** ~ di registro sui contratti (*finanz.*), registration of contracts tax. **7.** ~ diretta (*tasse*), personal tax. **8.** ~ di successione (*amm. - leg.*), death duty. **9.** ~ fondiaria (*agric.*), land tax. **10.** ~ generale sull'entrata (I.G.E.) (*finanz.*), transactions tax. **11.** imposte locali (tasse comunali) (*tasse*), rates (ingl.).**12.** ~ sui consumi (*finanz.*), consumption tax. **13.** ~ sulle società (*finanz.*), corporate tax. **14.** ~ sul patrimonio (imposta patrimoniale) (*finanz.*), property tax. **15.** ~ sul reddito (*finanz.*), income tax. **16.** Imposta sul Reddito delle Persone Fisiche, "IRPEF" (*tasse*), personal income tax. **17.** ~ sul valore aggiunto, "IVA" (*tasse*), value added tax, VAT. **18.** cuscinetto di ~ (di un arco) (*arch.*), skewback, springer. **19.** detrazione di ~ (*tasse*), tax allowance. **20.** piano di ~ (*arch.*), springing line.

impostare (la chiglia di una nave per es.) (*costr. nav. - ecc.*), to lay. **2.** ~ (imbucare) (*posta*), to post.

impostazione (*nav. - ecc.*), laying. **2.** ~ della chiglia (*nav.*), keel laying. **3.** ~ pubblicitaria (*pubbl.*), advertising approach.

impoverimento (riduzione percentuale della quantità di atomi fissili nel combustibile di un reattore)

(*fis. nucleare - ecc.*), depletion. **2.** ~ (di una miscela) (*mot.- aut.*), leaning out.
impoverire (aumentare l'aria in una miscela combustibile - aria) (*mot.*), to lean.
impoverito (*fis. nucleare - ecc.*), depleted.
impraticabile (*strada*), impracticable.
imprecisione (*mecc. - ecc.*), inaccuracy.
impreciso (*n. - gen.*), inaccurate, incorrect. **2.** ~ (non esatto) (*a. - mecc. ecc.*), imprecise.
impregnamento (*gen.*), *vedi* impregnazione.
impregnante (nella verniciatura del legno per es.: da dare prima della mano di fondo) (*s. - vn.*), filler, primer.
impregnare (il legno delle traversine ferroviarie per es. con preparati che ne aumentino la resistenza agli agenti atmosferici), to impregnate. **2.** ~ (*avvolgimenti elett.*), to impregnate. **3.** ~ con mordente (*tintura*), to pad with dye.
impregnato (*a. - gen.*), impregnated.
impregnazione (del legno delle traversine ferroviarie per es.), impregnation. **2.** ~ (di avvolgimento) (*elett.*), impregnation. **3.** ~ (trattamento superficiale di un tessuto) (*costr. aer. - ecc.*), doping. **4.** ~ (con mordente per es.) (*tintura*), padding.
imprenditore (responsabile di una impresa che esegue lavori per conto di un altro: appaltatore) (*ind. - comm. - leg.*), undertaker contractor, subcontractor. **2.** ~ (promotore, organizzatore di affari per conto proprio) (*comm.*), entrepreneur. **3.** ~ edile (*ed. finanz.*), building contractor.
imprenditoriale (*ind.*), contractor....
impresa (*gen.*), enterprise, undertaking. **2.** ~ di costruzioni (impresa edile) (*ed.*), builders, building contractors. **3.** ~ di trasporti (per conto terzi) (*comm. - trasp.*), haulage contractor. **4.** ~ in comune (accordo di collaborazione tra due o più persone o società limitato ad una sola commessa di lavoro assunta in comune) (*comm.*), joint adventure. **5.** libera ~ (*sistema econ.*), free enterprise.
impresario, *vedi* imprenditore.
impressionare (*fot.*), to expose.
impressione (*gen.*), impression. **2.** ~ per coniatura (fatta per mezzo di un punzone: su una medaglia per es.) (*mecc.*), strike.
imprevisti (*gen. - comm.*), contingencies, change events.
imprigionare (*gen.*), to imprison. **2.** ~ (incassare: una campionatura in cera per es.) (*microscopia*), to embed.
imprimatur (*tip.*), imprimatur, license to print.
imprimere (incidere numeri di matricola su un pezzo per es.) (*mecc.*), to print, to etch. **2.** ~ a fuoco (*gen.*), to burn in.
imprimitura (preparazione del fondo alla pittura) (*arte*), priming, ground coat.
improduttivo (non produttivo, detto di mano d'opera adibita al collaudo, manutenzione ecc.) (*a. - ind. - ecc.*), unproductive, not productive, non productive.
impronta (*gen.*), impression, print. **2.** ~ (di una forma) (*fond.*), impression. **3.** ~ (della sfera di acciaio per es. nelle prove di durezza) (*mecc.*), impression. **4.** ~ (per stereotipia) (*tip.*), mold. **5.** ~ a secco (*tip.*), embossing. **6.** ~ di finitura (di uno stampo) (*ut. fucinatura*), finishing impression. **7.** ~ digitale (*leg.*), fingerprint. **8.** ~ di lavorazione (su un pezzo per vibrazione dell'utensile o della mola) (*mecc.*), chatter mark. **9.** ~ di sbozzatura (di uno stampo) (*ut. fucinatura*), blocking impression. **10.** ~ di tenaglie (*metall.*), dog mark (am.). **11.** ~ di (un) fossile (*geol.*), mold. **12.** esecuzione dell' ~ (fresatura dell'impronta di uno stampo) (*operaz. mecc.*), sinking. **13.** eseguire l' ~ (fresare l'impronta di uno stampo) (*operaz. mecc.*), to sink. **14.** rilevatore di impronte di contatto (pittura per rilevare le impronte di contatto dei denti di ingranaggio per es.) (*mecc.*), marking compound.
improntare (imprimere) (*gen.*), to imprint, to impress.
improntatore (punzone inciso, per lavorare stampi) (*ut.*), hob, hub.
improntatrice (per stampi per es.) (*macch.*), hobbing press, sinking press.
improntatura (esecuzione di una impronta) (*gen.*), imprinting, impressing. **2.** ~ (di uno stampo) (*fucinatura - ecc.*), hobbing. **3.** ~ cava (in un fucinato) (*fucinatura*), dishing. **4.** punzone d' ~ (*fucinatura - ecc.*), hob, hub.
impròprio (*mat.*), improper.
impugnatura (*gen.*), handgrip. **2.** ~ (di leva, di sportello ecc.) (*ind. - ed.*), handle. **3.** ~ (di un coltello per es.), haft, handle. **4.** ~ (di una pialla) (*ut.*), handgrip. **5.** ~ (di una macch. fot.) (*fot. - cinem.*), grip. **6.** ~ a pistola (*ut. a mano - ecc.*), pistol grip. **7.** ~ con testa portautensili (di una limatrice rotante con flessibile) (*att. off.*), handgrip with tool chuck. **8.** ~ microtelefonica (*telef.*), handset. **9.** ~ per brandeggio (*arma da fuoco*), traversing handle.
impulso (*mecc. raz.*), impulse. **2.** ~ (emesso o ricevuto," ping") (*acus. - acus. sub.*), ping. **3.** ~ (*elett. - radio - radar*), impulse, pulse. **4.** ~ (messa in movimento di una macchina per la durata di un istante, ~ istantaneo) (*mecc.*), jogging. **5.** ~ angolare (*mecc. raz.*), angular impulse. **6.** ~ a onda quadra (*eltn.*), boxcar pulse. **7.** ~ dell'emettitore (p. es.: in una macchina a scheda perforata) (*elab.*), emitter pulse. **8.** ~ di abilitazione (~ che autorizza l'azione susseguente) (*elab.*), enabling pulse. **9.** ~ di commutazione (*elab.*), commutator pulse. **10.** ~ di riferimento (*eltn. - elab. - ecc.*), strobe. **11.** ~ di scatto (impulso di sgancio) (*elett. - radar*), trigger pulse. **12.** ~ di sincronizzazione (*elab.*), synchronization pulse. **13.** impulsi di sincronizzazione dentellati (per la sincronizzazione delle immagini per es.) (*telev.*), serrated pulses. **14.** ~ di temporizzazione (*elab.*), timing pulse, timing signal. **15.** ~ intensificatore (*radar*), brightening pulse. **16.** ~ limitatore (di altro impulso) (*elett.*), retrigger pulse. **17.** ~ mozzato (*radio - elett.*),

clipped pulse. **18.** ~ numerico (*autom.*), digit impulse. **19.** ~ quadro (impulso quadrato) (*eltn.*), square pulse. **20.** ~ rettangolare (*eltn.*), rectangular pulse, gated pulse, gating pulse. **21.** ~ sincronizzato di trascinamento (relativo ad un movimento intermittente simile a quello del film in un proiettore cinematografico) (*elab.*), sprocket pulse. **22.** ~ stroboscopico (*eltn.*), strobe pulse. **23.** ~ trapezoidale (*eltn.*), trapezoidal pulse. **24.** ~ triangolare (*eltn.*), triangular pulse. **25.** a ~ singolo (*elett. - eltn. - ecc.*), one-shot, oneshot. **26.** emettere impulsi (*eltn. - tlcm.*), to pulse. **27.** formatore di ~ (app. che genera impulsi elettrici di varia forma) (*app.*), pulse shaper. **28.** inizio dell'~ (di un impulso rettangolare) (*eltn.*), pulse leading edge.

impulsore (propulsore suppletivo di razzo, reattore o motore, che dà una spinta ausiliaria: al decollo, al lancio ecc.) (*aer. - astric.*), booster.

impurezza (*gen.*), *vedi* impurità.

impurità (impurezza) (*gen.*), impurity. **2.** ~ (materie estranee) (*mft. carta*), contraries. **3.** ~ terrose (nella lana per es.) (*ind. lana*), earthy matter. **4.** ~ vegetali (lappole, paglia nella lana per es.) (*ind. lana*), vegetable matter.

imputaggio (*mft. tess.*), cording, tying up.

imputare (*leg.*), to indict. **2.** ~ (un debito a un dato conto per es.) (*amm.*), to apply.

imputato (*leg.*), defendant, indictee.

imputazione (*leg.*), indictment. **2.** ~ (di un debito a un dato conto per es.) (*amm.*), application. **3.** ~ contabile (*amm.*), charge debit.

"INA" (inverno nel Nord Atlantico) (*nav.*), WNA, winter in North Atlantic.

inabile (*gen.*), unable, unfit.

inabilità (*gen.*), inability.

inaccessìbile (*a. - gen.*), inaccessible.

inaccessibilità (*gen.*), inaccessibility.

inaccettàbile (*a. - gen.*), unacceptable.

inadatto (*a. - gen.*), unfit. **2.** ~ (di un tipo di candela per un motore per es.), incorrect. **3.** ~ alla filatura (*ind. tess.*), unfit for spinning.

inadempiènza (*comm.*), default.

inaffondabile (*nav.*), unsinkable. **2.** scafo ~ (*nav.*), unsinkable hull.

inaffondabilità (*nav.*), unsinkability.

inalatore (*strum. med.*), inhalator, inhaler. **2.** ~ di ossigeno (respiratore di ossigeno) (*app. aer. - ecc.*), oxygen set, oxygen breathing set.

inalteràbile (*a. - gen.*), inalterable.

inamidare (insaldare, con l'amido) (*ind. tess.*), to starch.

inantis (detto di colonne e portico) (*arch.*), in antis.

inarcamento (curvatura longitudinale verso l'alto del ponte, visto di fianco) (*costr. nav.*), sheer. **2.** ~ (curvatura, di un profilo aerodinamico) (*aer.*), camber. **3.** ~ (della chiglia) (*costr. nav.*), hog. **4.** intelaiatura anti- ~ (*costr. nav.*), hogframe.

inarcarsi (della chiglia) (*nav.*), to hog.

inarcato (della chiglia di una nave) (*a. - nav.*), hogged.

inassorbibile (non assorbibile) (*a. - chim. -fis.*), inabsorbable.

inassorbibilità (non assorbibilità) (*s. - chim. - fis.*), inabsorbability.

inattinico (*fis. - fot.*), adiactinic.

inattività (*gen.*), inactivity. **2.** ~ per polarizzazione (di un elettrodo per es.) (*elettrochim.*), passivity. **3.** fase di ~ (*tlcm.*), quiescent phase.

inattivo (*fis. - chim.*), inactive. **2.** rendere ~ (*chim.*), to block, to render inactive.

inaugurare (un'esposizione per es.) (*comm.*), to open, to inaugurate.

inaugurazione (di una mostra per es.) (*comm.*), opening, inauguration. **2.** discorso di ~ (*gen.*), inaugural address, inaugural lecture, inaugural.

incagliamento, *vedi* incaglio.

incagliare (dare in secco) (*nav.*), to ground.

incagliarsi (*nav.*), to strand, to run aground.

incagliato (*a. - nav.*), aground, stranded.

incaglio (incagliamento) (*nav.*), running aground, stranding.

incamiciare (*mecc.*), to line.

incamiciato (foderato) (*mecc.*), lined.

incamiciatura (dei cilindri di un motore per es.) (*mecc.*), lining. **2.** ~ (" doublage", applicazione di un sottile strato di sostanza opaca o colorata alla superficie del vetro) (*mft. vetro*), flashing. **3.** ~ (rivestimento anticontaminante delle barre di uranio per es.) (*fis. atom.*), canning.

incanalabile (di acqua: convogliabile in canali) (*a. - idr.*), ductile, that can be conveyed in channels.

incanalamento (di microonde per es.) (*radio*), ducting.

incanalare (*gen.*), to canalize. **2.** ~ (microonde per es.) (*radio*), to duct. **3.** ~ (convogliare in un canale) (*idr. - ecc.*), to channel.

incandescènte (*fis.*) incandescent. **2.** divenire ~ (*fis.*), to incandescent. **3.** particella ~ (in un forno) (*metall.*), sparkler.

incandescènza (*fis.*), incandescence.

incannare (*ind. tess.*), to wind, to spool, to cop.

incannatoio (rocchettiera) (*macch. tess.*), winder, spooler. **2.** ~ (macch. per la mft. delle funi), winding frame. **3.** ~ (cannettiera) (*macch. tess.*), weft winder. **4.** ~ di preparazione (*macch. tess.*), drawing-box.

incannatrice, *vedi* incannatoio.

incannatura (*ind. tess.*), winding, spooling, copping. **2.** ~ a filo incrociato (*ind. tess.*), cross winding. **3.** ~ parallela (*ind. tess.*), parallel winding. **4.** cascame di ~ (*ind. tess.*), winding waste, spooler.

incannicciare (per l'applicazione dell'intonaco di soffitti) (*ed.*), to lath.

incannicciata (per l'applicazione dell'intonaco di soffitti) (*ed.*), lathwork, lathing.

incantato (con "charm": detto di un quark) (*a. - fis. atom.*), charmed.

incanto (*comm.*), auction. **2.** ~ ("charm"; particolare numero quantico di un quark) (*fis. atom.*), charm.
incappellaggio (estremità superiore degli alberi per attacco di sartie e paterazzi) (*nav.*), rigging at the masthead, rigging fixture.
incappellare (le sartie per es.) (*nav.*), to fix.
incappiatore (dispositivo per formare cappi, nei filati per es.) (*ind. tess.*), looper.
incapsulare (bottiglie per es.) (*ind. alimentare*), to capsule. **2.** ~ (chiudere in una capsula, proteggere con plastica, per es. componenti elettronici) (*ind. - eltn. - ecc.*), to encapsulate.
incapsulato (di bottiglie per es.) (*agric.*), capsuled.
incaricare (*gen.*), to charge.
incaricato (*a. - gen.*), charged. **2.** ~ d'affari (diplomatico) (*comm. - ecc.*), chargé d'affaires. **3.** ~ tecnico (*lav.*), technician.
incàrico (*gen.*), charge, task, assignment.
incartare (una lamiera) (*mecc.*), to planish. **2.** ~ (avvolgere nella carta) (*gen.*), to wrap in paper, to sheet, to paper. **3.** " ~ a bunch" (od a catasta compatta) (*imballaggio*), to bunch wrap. **4.** ~ a fascia (*imballaggio*), to band-wrap, to sleeve-wrap. **5.** ~ a patte (un dolce per es.) (*imballaggio*), to square end fold.
incartatrice (avvolgitrice) (*macch. imballaggio*), wrapping machine.
incarto (*imballaggio*), wrap, paper wrapping. **2.** ~ (inserto di 4 pagine in un libro) (*tip.*), wrap. **3.** " ~ a bunch " (*imballaggio*), bunch wrap. **4.** ~ a fiocco (per dolci) (*imballaggio*), fantail twist wrap.
incassare (ricevere danaro) (*comm.*), to cash, to encash (ingl.). **2.** ~ (cambiare un assegno in moneta) (*amm. - comm.*), to cash. **3.** ~ (imballare in casse), (*ind.*), to box. **4.** ~ (un pezzo lavorato in un altro) (*carp. - falegn. - mecc.*), to embed, to imbed. **5.** ~ (l'impianto elettrico nel muro per es.), to enclose, to inclose.
incassato (detto di un comando nel corpo di una macchina per es.) (*mecc.*), built in. **2.** ~ (detto di strumento montato con la superficie a livello del pannello) (*a. - strum.*), flush, recessed, flush-mounted. **3.** ~ (sistemato nella predisposta battuta o scanalatura) (*a. - falegn. - ecc.*), rabbeted.
incassatura (*falegn. - carp. - mecc.*), embedding. **2.** ~ (scanalatura per tubazioni per es. : in un muro) (*mur.*), chase. **3.** ~ per lo stuoino d'ingresso (*ed.*), mat sinking.
incasso (*falegn. - carp. - mecc.*), embedding. **2.** ~ (atto di incassare) (*finanz.*), collection. **3.** ~ (somma incassata) (*finanz.*), amount collected, receipts. **4.** presentare per l' ~ (assegni per es.) (*finanz.*), to bank.
incastellatura (di una pressa) (*mecc.*), frame. **2.** ~ (carcassa: di macchina per es.), casing. **3.** ~ (di motore stellare per es.) (*mecc.*), crankcase. **4.** ~ (ponteggio) (*ed.*), scaffolding. **5.** ~ (di macchina da scrivere), carriage support. **6.** ~ a cavalletto (*ind. - ferr.*), gantry. **7.** ~ di appoggio (di motore navale) (*mecc.*), soleplate. **8.** ~ di estrazione (*min.*), headframe. **9.** ~ di montaggio (torre di montaggio di missili) (*astric.*), gantry. **10.** ~ di sostegno (del motore sulla fusoliera per es.) (*aer.*), mount, mounting. **11.** ~ di sostegno (consistente in una intelaiatura atta ad alloggiare circuiti elettronici, parti elettroniche, elettriche ecc.) (*eltn. - elett.*), mounting rack, bay.
incastonare (pietre preziose per es., o diamanti in utensili da taglio) (*gen.*), to set.
incastonatura (di pietre preziose per es., o di diamanti in utensili da taglio) (*gen.*), setting.
incastrare (*sc. costr.*), to fix, to restrain. **2.** ~ a linguetta (*carp.*), to tongue. **3.** ~ in un muro (*ed.*), to wall in, to fix in a wall.
incastrato (di una trave per es.) (*a. - sc. costr.*), restrained, fixed, built-in. **2.** estremità incastrata (di una trave) (*sc. costr.*), fixed end, restrained end. **3.** trave incastrata alle due estremità (*sc. costr.*), fixed beam, restrained beam, built-in beam.
incastro (per un traversino, per un tenone ecc.) (*carp. - falegn.*), gain, dap. **2.** ~ (giunto a incastro) (*sc. costr.*), fixed joint, restrained joint (am.). **3.** ~ (estremità incastrata: di una trave per es.) (*sc. costr.*), fixed end. **4.** ~ a coda di rondine (*carp. - mecc.*), dovetail. **5.** ~ a dente (*carp. - falegn.*), cogging. **6.** ~ a linguetta (*carp.*), tonguing. **7.** ~ a maschio e femmina (*carp.*), groove-and-tongue joint. **8.** ~ a mezzo legno (*carp.*), half-lap joint. **9.** ~ a tenone e mortasa (*carp.*), mortise joint, mortising. **10.** preparare gli incastri (tagliare per eseguire incastri a coda di rondine o a mortasa) (*carp.*), to indent. **11.** preparare un ~ (eseguire un taglio a V, mortasa o cava in una trave, parete ecc., per ricevere altra trave, travicello ecc.) (*carp. - ed.*), to dap, to gain.
incatenare (*gen.*), to chain.
incatramare (*ed. - strad. - ind.*), to tar.
incatramatura (*ed. - ecc.*), tarring, tar-laying.
incavallatura (*costr. ed.*), truss. **2.** ~ a forbice (*costr. ed.*), scissors truss, scissor truss. **3.** ~ tipo inglese (*costr. ed.*), English truss, cambered howe truss. **4.** ~ tipo Polanceau (*costr. ed.*), French truss, Belgian truss, cambered fink truss. **5.** ~ tipo tedesco (*costr. ed.*), scissors truss, scissor truss. **6.** ~, *vedi anche* capriata.
incavare (*gen.*), to hollow, to hollow out.
incavatura (*gen.*), hollow. **2.** ~ (nella lavorazione della lamiera) (*tecnol. mecc.*), recessing. **3.** ~ (cavità) (*fucinatura*), dishing. **4.** ~ di erosione (sulla sede o testa di una valvola per es.) (*mecc.*), guttering. **5.** ~ poco profonda (nella lavorazione della lamiera) (*tecnol. mecc.*), shallow recessing. **6.** ~ profonda (nella lavorazione della lamiera) (*tecnol. mecc.*), deep recessing.
incavigliare (*gen.*), to fasten with pegs, to peg, to pin. **2.** ~ (*ferr.*), to screw-spike.
incàvo (tacca) (*mecc.*), notch. **2.** ~ (nel bancale di un tornio) (*macch. ut.*), gap. **3.** ~ per chiavetta (scanalatura o cava per chiavetta) (*mecc.*), keyhole.

incendiare (dar fuoco) (*gen.*), to set on fire, to fire, to set aflame.
incendiario (*a.*), incendiary.
incèndio, fire. **2.** ~ doloso (*leg.*), arson. **3.** estinguere un ~, to extinguish a fire, to quench a fire. **4.** rischio d'~ (*assicurazione*), fire risk.
incendivo (fulminante di cartuccia per es.) (*espl.*), percussion cap.
incenerimento del filtro (*chim.*), filter burning.
inceneritore (per rifiuti) (*urbanistica - ecol.*), destructor, incinerator.
incentivo (*psicol. - psicol. ind.*), incentive. **2.** ~ (corrisposto ai dipendenti di una azienda) (*retribuzione lav.*), incentive. **3.** ~ singolo (*retribuzione lav.*), individual incentive. **4.** premio di ~ (*retribuzione*), incentive bonus.
inceppamento (*mecc.*), jam, jamming, jam up.
incepparsi (*mecc.*), to jam, to jam up, to stick.
incerare, to wax.
incerato (copertone impermeabile) (*s.*), tarpaulin. **2.** ~ (che ha subìto l'applicazione della cera) (*a. - gen.*), waxed.
incernierato (a cerniera) (*mecc.*), hinged.
incertezza (*gen.*), uncertainty.
incettare (*comm.*), to corner.
incettatore (*comm.*), buyer-up.
inchiavettamento (calettamento con chiavetta) (*mecc.*), keying.
inchiavettare (*mecc.*), to key. **2.** ~ una puleggia (su di un albero per es.) (*mecc.*), to key a pulley.
inchiavettato (*mecc.*), keyed.
inchiavettatura (*mecc.*), keying.
inchiesta (rilevamento, per raccogliere informazioni) (*gen.*), inquiry, investigation.
inchiodare (una cassa per es.) (*carp. - falegn.*), to nail. **2.** ~ (un cannone) (*milit.*), to spike.
inchiodatrice per casse (*macch. carp.*), box nailing machine.
inchiostrare (*tip. - ecc.*), to ink.
inchiostratore (di una macchina da stampa) (*macch. tip.*), inker, applicator, ink applicator. **2.** ~ a cascata costante (*macch. tip.*), constant fall applicator. **3.** ~ automatico (*tip.*), automatic inker. **4.** rullo ~ (*tip.*), inker.
inchiostrazione (*tip. - ecc.*), inking.
inchiòstro (*uff.*), ink. **2.** ~ a doppia tinta (*tip.*), double-tone ink. **3.** ~ da stampa (*tip.*), printing ink. **4.** ~ da trasporto (*tip.*), transfer ink. **5.** ~ di china (*dis.*), India ink, China ink. **6.** ~ indelebile, indelible ink, safety ink. **7.** ~ magnetico (~ che contiene particelle magnetiche) (*elab.*), magnetic ink. **8.** ~ non rilevabile (dal lettore ottico) (*elab.*), background ink. **9.** ~ per copialettere (*att. uff.*), copying ink. **10.** ~ per scrivere (*scrittura*), writing ink. **11.** ~ per serigrafia (*tip.*), screen process ink. **12.** ~ per tricromia (*tip.*), three-color ink. **13.** sbavatura d'~ (p. es. a margini sfocati di un carattere) (*elab.*), ink smudge. **14.** ~ simpatico, diplomatic ink, sympathetic ink. **15.** ~ trasparente (*tip.*), transparent ink.
incidentale (*a. - gen.*), incidental.
incidènte (di auto per es.) (*s.*), accident. **2.** ~ (di raggio di luce per es.) (*a. - ott.*), incident. **3.** ~ aereo, airplane crash. **4.** ~ ferroviario, railroad accident, railway accident. **5.** massimo ~ ipotizzabile (che può accadere per errore umano o avversità) (*fis. atom.*), maximum credible accident. **6.** studio ed analisi degli incidenti (*sicurezza aut.*), traffic accidents study.
incidènza (*ott.*), incidence. **2.** ~ (angolo di incidenza: di un profilo aerodinamico) (*aer.*), angle of attack, angle of incidence. **3.** ~ (*comm.*), incidence. **4.** ~ al suolo (della corda alare di un aereo a terra rispetto al piano orizzontale) (*aer.*), ground angle. **5.** ~ assoluta (di un'ala per es.) (*aer.*), absolute incidence. **6.** ~ critica (di un'ala per es.) (*aer.*), critical incidence. **7.** ~ delle spese generali e dell'utile (da aggiungere al costo) (*amm. - comm.*), mark-up. **8.** ~ di portanza nulla (di una superficie colpita dall'aria) (*aer.*), zero-lift angle. **9.** ~ geometrica (di un'ala per es.) (*aer.*), geometrical incidence. **10.** ~ laterale (tra utensile e pezzo) (*tecnol. mecc.*), side clearance. **11.** ~ media (di un'ala per es.) (*aer.*), mean incidence. **12.** ~ radiale (tra utensile e pezzo) (*tecnol. mecc.*), radial clearance, radial clearance angle. **13.** angolo di ~ (angolo dell'asse di articolazione della ruota sterzante con la verticale: visto dal fianco della vettura) (*aut.*), caster.
incìdere (nel legno, nel metallo ecc.), to engrave, to incise. **2.** ~ (un disco: trascrivere il suono su un disco di cera) (*fonografo*), to record. **3.** ~ (*chirurgia*), to cut, to cut into, to incise. **4.** ~ (imprimere su un pezzo il numero categorico) (*mecc.*), to print, to etch. **5.** ~ (fresare l'impronta di uno stampo per fucinatura) (*operaz. mecc.*), to sink. **6.** ~ la lastra di rame (*tip.*), to copperplate. **7.** ~ le piante (*prod. gomma.*), to tap the trees.
incisione (*gen.*), incision. **2.** ~ (cesellare, scolpire nel legno, nel metallo ecc.), engraving. **3.** ~ (intagliatura, su una barra per es.) (*tecnol. mecc.*), nicking. **4.** ~ (della corteccia) (*ind. gomma*), tapping. **5.** ~ (di dischi) (*acus.*), recording. **6.** ~ (*chirurgia*), incision. **7.** ~ (del numero categorico su un prezzo per es.) (*mecc.*), printing, etching. **8.** ~ (fresatura dell'impronta di uno stampo per fucinatura) (*operaz. mecc.*), sinking. **9.** ~ (solco) (*difetto saldatura*), indentation. **10.** ~ (scanalatura sui denti di un utensile sbarbatore) (*ut.*), gash. **11.** ~ a croce (per provare superfici verniciate) (*vn.*), crosshatching. **12.** ~ a V (*gen.*), V-cut. **13.** ~ del legno (in rilievo, operazione) (*arte*), wood engraving. **14.** ~ del suono con diaframma elettromagnetico (*elettroacus.*), electromagnetic sound-on-disk recording. **15.** ~ del suono con diaframma meccanico (*acus.*), mechanical sound-on-disk recording. **16.** ~ di una acquaforte, etching. **17.** ~ di un disco (*elettroacus.*), disk recording. **18.** ~ mediante resistenza elettrica (*mecc. elett.*), resistance etching. **19.** ~ profonda (*gen.*), gash. **20.** ~

su legno (figura ricavata in rilievo) (*arte*), woodcut. **21.** ~ , *vedi anche* impronta.
inciso (con acido) (*chïm. - ecc.*), etched.
incisore (*op.*), engraver. **2.** ~ del disco (registratore per es.) (*acus.*), record cutter (ingl.).
inclemente (riferito al comportamento del tempo) (*a. - meteor.*), hard.
inclinabile (*gen.*), inclinable.
inclinare, to lean, to incline, to slope, to tilt.
inclinarsi, to tip, to tilt, to lean. **2.** ~ (lateralmente) (*aer.*), to tip, to tilt. **3.** ~ (di ago magnetico), to dip. **4.** ~ (*nav.*), to heel. **5.** ~ in curva (di aeroplano) (*aer.*), to bank. **6.** ~ in virata (*aer.*), to bank.
inclinato (*a. - gen.*), slanting, sloping. **2.** ~ (obliquo) (*a. - gen.*), raking. **3.** ~ (di carattere non esattamente verticale) (*difetto tip.*), off its feet. **4.** ~ su un fianco (*a. - gen.*), lopsided.
inclinazione (*gen.*), inclination, slant. **2.** ~ (di un corpo orientabile per es.), tilt. **3.** ~ (magnetica: di ago calamitato), dip, inclination. **4.** ~ (di una vena) (*min.*), underlay (ingl.). **5.** ~ (dell'albero di una nave) (*nav.*), rake. **6.** ~ (delle ruote anteriori di un automobile rispetto alla verticale) (*aut.*), camber. **7.** ~ ("coricamento", di una vettura in curva) (*aut.*), lean, leaning. **8.** ~ del dente (grado di inclinazione del dente) (*lama di sega*), pitch. **9.** ~ del perno del fuso a snodo (angolo del perno del fuso a snodo con la verticale visto di fronte) (*aut.*), kingpin inclination, kingpin angle. **10.** ~ del tetto (*ed.*), slope of roof, angle of roof. **11.** ~ in curva (*aer.*), bank. **12.** ~ inversa (del lunotto; lunotto ad angolazione inversa rispetto all'andamento della linea posteriore) (*carrozzeria aut.*), notchback. **13.** ~ magnetica (*geofis.*), magnetic inclination, dip. **14.** ~ negativa (delle ruote posteriori di un'autovettura per es.) (*aut.*), negative camber angle. **15.** ~ positiva (delle ruote anteriori di un'autovettura per es.) (*aut.*), positive camber angle. **16.** ~ trasversale (di un aeroplano durante la manovra di virata per es.) (*aer.*), bank, slip, sideslip (am.). **17.** ~ (dei filetti fluidi) verso il basso (deflessione) (*aerodin.*), angle of downwash. **18.** ~ verso il basso (*gen.*), dip, inclination downward. **19.** forza ~ ruota (forza laterale quando l'angolo di deriva è zero) (*aut.*), camber force. **20.** rigidezza ~ ruota (*aut.*), camber stiffness, camber rate, camber thrust rate.
inclinòmetro (*strum.*), inclinometer, clinometer, dip compass, dip circle. **2.** ~ longitudinale (*strum. aer.*), pitch indicator. **3.** ~ relativo (riferentesi alla gravità apparente) (*strum. aer.*), relative inclinometer.
inclùdere (comprendere) (*gen.*), to include.
inclusione (di un corpo estraneo in un blocco di ghisa per es.) (*metall.*), inclusion. **2.** ~ (*mft. vetro*), tear. **3.** ~ (piccolo corpo estraneo: nella carta per es.) (*difetto prodotto ind.*), dirt. **4.** ~ di aria (nella tubazione di un comando idraulico: dei freni idraulici di un'auto per es.) (*mecc.*), air lock. **5.** ~ di refrattario (in un lingotto) (*difetto metall.*), brick inclusion. **6.** ~ di scoria (sulla superficie di un getto) (*fond.*), slag inclusion. **7.** ~ endogena (formata da reazione chimica internamente al metallo liquido) (*metall.*), endogenous inclusion. **8.** ~ esogena (*metall.*), exogenous inclusion. **9.** ~ non metallica (*metall. - fucinatura*), non-metallic inclusion. **10.** ~ non metallica (difetto di laminazione) (*metall.*), reed. **11.** ~ superficiale di terra (*fond.*), scab, sand inclusion. **12.** bande di inclusioni (linee di inclusioni) (*difetto metall.*), inclusion stringers.
incluso (*gen.*), included. **2.** ~ (in una distinta, in uno specchio, in una tabella ecc.), scheduled.
incocciare (agganciare) (*nav.*), to hook.
incoercìbile (che non si arriva a liquefare comprimendolo) (*a. - fis.*), incoercible.
incoerènte (*fis.*), incoherent. **2.** ~ (luce) (*a. - ott.*), incoherent.
incògnita (*s.-mat.*), unknown quantity (or value). **2.** ~ iperstatica (*sc. costr.*), unknown statically indeterminable value, unknown hyperstatic value. **3.** variabile ~ (*fis.*), unknown variable.
incògnito (sconosciuto) (*a. - gen.*), unknown.
incollaggio (*gen.*), *vedi* incollatura.
incollamento (di una valvola di motore per es.) (*mecc.*), jamming, sticking. **2.** ~ (incollatura, di carta per es.) (*gen.*), glueing. **3.** ~ (giunzione mediante adesivi, "saldatura") (*tecnol.*), bonded joint. **4.** ~ a diffusione (saldatura a diffusione, giunzione a diffusione di metalli, applicando calore e pressione per un periodo di tempo) (*tecnol. mecc.*), diffusion bonding.
incollare (*gen.*), to glue, to paste, to stick. **2.** ~ (legno per es.) (*falegn.*), to glue. **3.** ~ (la pellicola) (*cinem.*), to splice. **4.** ~ (la carta) (*mft. carta*), to size. **5.** ~ in pasta (incollare nel raffinatore) (*mft. carta*), to engine-size, to beater-size.
incollarsi (di fascia elastica di pistone di motore per es.) (*mecc.*), to stick.
incollato (di fascia elastica di motore per es.) (*mecc.*), stuck. **2.** ~ (*a. - mft. carta*), sized. **3.** incollata alla gelatina (incollata alla colla animale, incollata in superficie) (*a. - mft. carta*), tub-sized, animal-sized. **4.** incollata in pasta (incollata alla resina, con aggiunta di questa alla pasta di legno liquida) (*a. - mft. carta*), engine-sized. **5.** poco ~ (di carta nella quale è stata usata poca colla) (*a. - mft. carta*), soft-sized.
incollatrice (imbozzimatrice) (*macch. tess.*), sizing machine. **2.** ~ (per film) (*macch. cinem.*), splicer. **3.** ~ (per scatole di cartone) (*macch.*), glueing machine. **4.** ~ automatica ("autopaster", su una macchina da stampa per il cambio automatico del rotolo di carta) (*disp. tip.*), automatic pasting machine, " autopaster".
incollatura (collaggio della carta, riempimento dei pori superficiali) (*mft. carta - ecc.*), sizing. **2.** ~ (incollamento mediante colla, di carta per es.) (*gen.*), glueing. **3.** ~ (zona di saldatura, a punti, elettrica, ad arco ecc., male eseguita, che "non tie-

ne") (*difetto saldatura*), stuck weld, lack of fusion. **4.** ~ a freddo (di carta per es.) (*gen.*), cold glueing. **5.** ~ alla colla animale (o alla gelatina, o in superficie, con applicazione dopo l'essiccamento) (*mft. carta*), tub-sizing, animal-sizing. **6.** ~ a mano (*mft. carta*), hand-sizing. **7.** ~ in pasta (incollatura alla resina applicando questa alla pasta liquida) *(mft. carta*), engine-sizing.

incolonnatore (*macch. uff. - ecc.*), tabulator. **2.** ~ automatico (*telescrivente*), automatic tabulator.

incolore (*a. - gen.*), colourless.

incolto (*a. - agric.*), wild.

incombustìbile (*a.*), incombustible. **2.** materiale ~ (*antincendio*), fireproofing material.

incombustibilità, incombustibility, incombustibleness. **2.** ~ (resistenza al fuoco di gomma per es.) (*prova*), fire resistance.

incombusto (nei prodotti della combustione di caldaia per es.) (*comb.*), unburnt.

incomplèto (*a. - gen.*), incomplete. **2.** ~ (getto per es.) (*a. - fond.*), short-run.

incompressìbile (*fis.*), incompressible.

incompressibilità, incomprimibilità (di liquido per es.) (*fis.*), incompressibility.

incomprimìbile (*fis.*), incompressible.

incondensabile (*a. - fis.*), incondensable.

incondizionato (*a. - gen.*), unconditional. **2.** resa incondizionata (*milit.*), unconditional surrender.

Inconel (lega di nichel resistente al calore e alla corrosione con l'80% di nichel, 12-14% di cromo e ferro) (*lega*), Inconel.

incongelabile (*a. - gen.*), nonfreezing.

inconsistènza (*gen.*), inconsistency.

incontrare, to meet.

incontro (*sport*), match.

inconveniènte (guasto, di macchina, automobile ecc.), trouble, defect. **2.** ~ (di funzionamento) (*s. - tecnol.*), malfunction. **3.** senza inconvenienti (nel funzionamento di un'auto per es.) (*mecc.*), trouble-free.

incoppigliare (coppigliare) (*mecc.*), to split pin. **2.** ~ un dado (*mecc.*), to split pin a nut.

incordare (*nav.*), to rope.

incorniciare (*gen.*), to frame.

incorniciata (mantellatura, rivestimento a difesa di sponde) (*costr. idr.*), mattress.

incorniciatura (modanatura architettonica intorno a porte, finestre e aperture in generale) (*arch.*), architrave.

incorporamento (costruzione solidale) (*mecc.*), integral construction, building in.

incorporare (ingredienti di un miscuglio per es.) (*gen.*), to incorporate.

incorporato (*gen.*), incorporated.

incorporazione (mescolatura) (*ind. gomma*), compounding.

incorrodibile (non corrodibile) (*a. - metall. - ecc.*), incorrodable.

incorsatoio (pialletto per scanalare o sagomare) (*ut. falegn.*), chamfer plane.

incrementale (*mat.*), incremental. **2.** sistema ~ (sistema numerico di comando) (*macch. ut.*), incremental system.

incrementare (estendere, sviluppare) (*gen. - elab.*), to augment.

incremento (aumento, accrescimento) (*gen.*), increment. **2.** ~ (variazione positiva o negativa del valore di una variabile) (*mat.*), increment. **3.** ~ (per ogni dente di broccia) (*ut.*), rise. **4.** ~ di mercato (*comm.*), upswing.

increspare (raggrinzare) (*gen.*), to crisp, to wrinkle.

increspato (ondulato) (di superficie dell'acqua per es.) (*gen.*), rippled.

increspatura (arricciatura: della fibra) (*ind. lana*), curliness. **2.** ~ (di stoffa), ripple. **3.** ~ (di acqua), ripple. **4.** ~ (difetto agli orli del metallo laminato, nastri o fogli per es.) (*metall.*), ruffle.

incrinarsi (di un pezzo lavorato per es.) (*mecc.*), to crack. **2.** ~ sotto sollecitazione (di un basamento per es.) (*difetto*), to stress-crack.

incrinato (*a. - gen.*), cracked.

incrinatura (*gen.*), crack. **2.** ~ (in un getto) (*fond.*), crack. **3.** ~ (*mecc. - metall.*), crack. **4.** ~ al gelo (di una pellicola di vernice sottoposta all'azione alternata di basse ed alte temperature) (*vn.*), cold check, cold checking. **5.** ~ capillare (su vernice per es., su di un pezzo di acciaio ecc.) (*difetto*), hair-crack, hairline crack. **6.** ~ da ricottura (p. es. ~ nelle zone di saldatura) (*metall.*), stress relief cracking. **7.** ~ da sollecitazione termica (*metall.*), thermal stress cracking. **8.** ~ da surriscaldamento (dovuta a surriscaldamento prodotto dal ceppo del freno) (*ferr.*), (brake) burn crack. **9.** ~ di fatica (*mecc.*), fatigue crack. **10.** ~ di rettifica (dovuta all'operazione di rettifica) (*mecc. - macch. ut.*), grinding crack. **11.** ~ di ritiro (cricca di ritiro, in un getto dopo solidificazione e dovuta ad errato metodo di colata o disegno) (*fond.*), shrinkage crack. **12.** ~ dovuta a sfaldamento (*geol.*), cleavage crack. **13.** ~ dovuta a tensioni di corrosione (criccatura dovuta a tensioni di corrosione) (*mecc.*), stress-corrosion crack. **14.** ~ dovuta a trattamento termico (*mecc.*), heat-treatment crack. **15.** ~ orizzontale (*geol.*), bed joint. **16.** ~ superficiale (dovuta a brusco riscaldamento) (*difetto ceramica - vetro*), fire check. **17.** rivelatore di incrinature (*app. mecc.*), crack detector. **18.** sottili incrinature (dovute a raffreddamento locale della superficie di un vetro) (*ind. vetro*), crizzling.

incrinoscopia (rivelazione di incrinature) (*tecnol. mecc.*), crack detection.

incrinoscopio (rivelatore di incrinature) (*app. mecc.*), crack detector, metalloscope. **2.** ~ a ultrasuoni (metalloscopio) (*app. mecc.*), ultrasonic crack detector. **3.** ~ elettromagnetico (*app. mecc.*), electromagnetic crack detector. **4.** ~ magnetico (magnetoscopio) (*app. mecc.*), magnetic crack detector, magnetic flaw detector.

incrociare (*nav.*), to cross. **2.** ~ (scambiare, permu-

tare: fili del telegrafo o del telefono per evitare disturbi per es.) (*elett.*), to transpose.
incrociarsi (di lettere per es.) (*posta*), to cross (in the post).
incrociato (di cinghia per es.) (*a. - mecc.*), crossed. **2.** incrociati (pelli bastarde, pelli incrociate) (*ind. cuoio*), bastards. **3.** cinghia incrociata (*mecc.*), crossed belt, crossbelt. **4.** fuoco ~ (di artiglieria) (*milit.*), cross fire. **5.** non ~ (aperto, di cinghia per es.) (*a. - mecc.*), open.
incrocìatore (*mar. milit.*), cruiser. **2.** ~ a turbina (*mar. milit.*), turbine cruiser. **3.** ~ ausiliario (*mar. milit.*), auxiliary cruiser. **4.** ~ corazzato (*mar. milit.*), armored cruiser. **5.** ~ da battaglia (*mar. milit.*), battle cruiser. **6.** ~ leggero (*mar. milit.*), light cruiser. **7.** ~ pesante (*mar. milit.*), heavy cruiser. **8.** ~ tascabile (*mar. milit.*), pocket battleship.
incrocio (*gen.*), crossing. **2.** ~ (di razze) (*biol.*), crossbreed. **3.** ~ (di linee elettriche) (*elett.*), crossover. **4.** ~ (crociamento, bivio: di linee elettriche aeree di contatto alimentanti veicoli elettrici a mezzo asta di presa), frog, trolley frog. **5.** ~ (crociamento, bivio: di binari) (*ferr.*), frog. **6.** ~ (invergatura dei fili dell'ordito) (*ind. tess.*), lease. **7.** ~ (di razze di pecore) (*ind. lana*), crossbreed, mestizo. **8.** ~ (di intelaiatura) (*carp. - mecc.*), cross, crossing. **9.** ~ aereo (di fili di contatto per ferrovie elettriche) (*ferr. elett.*), aerial crossing. **10.** ~ a losanga (*ferr.*), diamond crossing. **11.** incroci di chiusura (a sovrapposizione) (*imballaggio*), sealing overlaps. **12.** ~ pericoloso (*traff. strad.*), dangerous crossing. **13.** ~ stradale (*traff. strad.*), crossroad, road intersection. **14.** accesso all'~ (*traff. strad.*), intersection approach. **15.** deflusso dall'~ (*traff. strad.*), intersection exit. **16.** punto d'~ (di una coppia ipoide per es.) (*mecc.*), crossing point. **17.** ramo dell'~ (*traff. strad.*), intersection leg. **18.** rilevamento ad ~ (al traverso) (*nav.*), cross bearing. **19.** ~ (*traff. strad.*), *vedi anche* intersezione.
"incromatura" (applicazione di cromo a caldo) (*metall.*), "chromallizing" (am.).
incrostare (*fis. - ind.*), to encrust. **2.** ~ (*nav.*), to foul.
incrostarsi (dell'interno della canna di arma da fuoco per es.), to foul. **2.** ~ (della carena) (*nav.*), to foul. **3.** ~ (di caldaia), to scale.
incrostato (*gen.*), encrusted.
incrostazione (*gen.*), incrustation, fouling, deposit. **2.** ~ (*cald.*), scale, scaling. **3.** ~ carboniosa (di un mot. per es.), carbon deposit. **4.** ~ della carena (*nav.*), fouling of the bottom. **5.** fattore di ~ (*cald. - tubaz.*), scaling factor. **6.** sostanza che evita le incrostazioni (*cald.*), antiscaling. **7.** togliere le incrostazioni (cald. per es.), to scale, to scrape off the scale.
incrudimento (*metall.*), work hardening. **2.** ~ per (o a causa della) trafilatura (*trafilatura*), bench hardening.
incrudire (*metall.*), to work harden.
incrudito a causa della lavorazione a freddo (*metall.*), work hardened. **2.** ~ a causa della trafilatura (di filo di rame per es.) (*metall.*), hard-drawn.
incubatrice (*app. biol. - agric.*), incubator. **2.** ~ (per allevare i pulcini), brooder.
incubazione (di uova per es.), incubation. **2.** ~ (per bachi da seta) (*ind. tess.*), incubation.
incùdine (*att.*), anvil. **2.** ~ (di un micrometro) (*strum. mis.*), anvil. **3.** ~ (basamento, di un maglio) (*fucinatura*), anvil, anvil block. **4.** ~ da calderaio (*att.*), round-head anvil. **5.** ~ da fabbro ferraio (*att.*), blacksmith's anvil. **6.** ~ da maniscalco (*att.*), horseshoer's anvil. **7.** ~ per ribadire (*att.*), riveting anvil. **8.** ~ portastampi (banchina portastampi, di fucinatrice o pressa a caldo) (*fucinatura*), sow block. **9.** piccola ~ per lavori leggeri (*ut. per fabbro*), hand iron (ingl.).
incudinetta (di capsula da innesco) (*arma da fuoco*), anvil.
incuneare (*mecc. - gen.*), to wedge in.
incuneatore (*min.*), *vedi* clampa.
incursione (*aer.*), raid. **2.** ~ aerea (*aer. milit.*), air raid. **3.** ~ improvvisa (*milit.*), foray.
incurvamento (di una lamiera a causa della pressione per es.) (*mecc.*), bulging. **2.** ~ (di piastre di accumulatori per es.) (*fis.*), buckling. **3.** ~ (centinatura, di laminato) (*difetto metall.*), bow. **4.** ~ verso il basso (del metallo laminato quando lascia i cilindri) (*metall.*), underdraft. **5.** ~ verso l'alto (del metallo laminato quando lascia i cilindri) (*metall.*), overdraft.
incurvare (*gen.*), to bend.
incurvarsi (di una lamiera: a causa della pressione per es.) (*mecc.*), to bend. **2.** ~ (ingobbarsi) (*mecc.*), to bulge.
incurvato (*gen.*), bent, incurved.
incurvatrice, *vedi* piegatrice.
incurvatura (*gen.*), bending, incurvation. **2.** ~ da cesoiamento (*metall.*), shear bow.
indaco (*ind. chim.*), indigo.
indagare (*gen.*), to investigate, to inquire. **2.** ~ l'opinione del pubblico (sondare la pubblica opinione) (*comm. - ecc.*), to poll.
indagine (*gen.*), enquire, investigation, research. **2.** ~ in profondità (esame particolareggiato di un mercato) (*comm.*), depth interview. **3.** ~ motivazionale (*psicol.*), motivation research. **4.** ~ sull'opinione pubblica (sondaggio sull'opinione pubblica) (*comm. - ecc.*), opinion poll, opinion research. **5.** ~ sul pubblico (*pubbl. - comm.*), audience research.
indantrène (*chim.*), indantrene. **2.** colori ~ (*ind.*), indantrene dyes.
indebolimento (*gen.*), weakening.
indebolire (una soluzione) (*chim. - gen.*), to weaken. **2.** ~ (l'intensità di un negativo) (*fot.*), to reduce. **3.** ~ (un pezzo, una struttura per es.) (*mecc. - carp.*), to weaken.
indecifrabile (*milit. - polizia - ecc.*), *vedi* rendere ~.
indeformàbile (*a. - gen.*), indeformable.

indelèbile (inchiostro o matita) (*a. - gen.*), indelible, inerasable.
indennità (somma di denaro data come gratifica ad un dipendente) (*amm. pers.*), bonus, allowance. **2.** ~ (*milit.*), allowance. **3.** ~ (p. es. pagata ad un dirigente per cessazione di incarico prima dello scadere dei termini contrattuali) (*pers.*), compensation. **4.** ~ di alloggio (*amm. - pers.*), housing allowance, dwelling allowance. **5.** ~ di alloggio (*milit.*), quarters allowance. **6.** ~ di invalidità (*amm. pers.*), injury benefit. **7.** ~ di maternità (*amm. - pers.*), maternity benefit. **8.** ~ di percorrenza (di un aviatore per es.), mileage allowance. **9.** ~ di trasferta (per vitto ed alloggio fuori sede) (*amm. - pers.*), subsistence allowance. **10.** ~ di trasferta (per spese di viaggio) (di un impiegato per es.), travel allowance. **11.** ~ malattia (*amm. - pers.*), sickness allowance.
indennizzare (risarcire) (*comm.*), to indemnify.
indennizzo (pagamento: p. es. per perdite o danni) (*comm.*), compensation. **2.** ~ per infortunio sul lavoro (pagato ad un lavoratore a causa di un incidente sul lavoro) (*ass. - pers.*), disability benefit.
indeteriorabile (resistente al deterioramento) (*gen.*), undeteriorating.
indeterminàbile (*a. - mat.*), indeterminable.
indeterminatezza (*gen.*), indeterminateness.
indeterminato (*a. - mat.*), indeterminate.
indeterminazione (*gen.*), indetermination.
indetonante (resistente alla detonazione: carburante) (*ind. chim. - mot.*), antiknock.
indicare (*gen.*), to indicate, to point out, to show. **2.** ~ (far rilevare, far risaltare), to point out. **3.** ~ la rotta (sulla carta, con spilli a testa colorata) (*nav.*), to prick.
indicativo (di prezzo o quotazione) (*comm.*), approximate.
indicato (*a. - gen.*), indicated, shown.
indicatore (*strum.*), indicator, gauge. **2.** ~ (*chim.*), indicator. **3.** ~ (schermo [radar] fluorescente) (*radar*), scope, display (ingl.). **4.** ~ (dispositivo che segnala una anomalia, errore, omissione ecc.) (*elab.*), indicator. **5.** ~ aerodinamico (della perdita di velocità) (*aer.*), safe flight indicator. **6.** ~ a galleggiante del livello del combustibile (*aut. - ecc.*), fuel level float gauge. **7.** ~ a intermittenza (*strum.*), winking indicator. **8.** ~ a quadrante (*strum.*), dial indicator. **9.** ~ a raggi catodici (*strum.*), cathode-ray indicator. **10.** ~ automatico della direzione (*strum. aer.*), automatic direction finder. **11.** ~ carica batterie (*aut. - mot. - elett.*), battery charge indicator. **12.** ~ del fattore di merito (*strum. elett.*), Q-meter. **13.** ~ del flusso (o di portata) (*idr.*), flow indicator. **14.** ~ della direzione del vento (*strum. aer.*), wind-direction indicator. **15.** ~ della direzione di atterraggio (*strum. aer.*), landing-direction indicator. **16.** ~ della distanza percorsa (*strum. aer.*), air-mileage indicator. **17.** ~ dell'angolo del cavo di rimorchio (*aer.*), cable-angle indicator. **18.** ~ dell'angolo di avvicinamento (*traff. aer.*), angle-of-approach indicator. **19.** ~ dell'angolo di rollìo (o di beccheggio, di una nave) (*strum. nav.*), oscillometer. **20.** ~ della temperatura dell'olio (di un motore per es.), oil temperature indicator. **21.** ~ della velocità ascensionale (variometro) (*strum. aer.*), rate-of-climb indicator, variometer. **22.** ~ della velocità di registrazione (*elettroacus.*), recording speed indicator. **23.** ~ della velocità di salita (variometro) (*strum. aer.*), rate-of-climb indicator, variometer. **24.** ~ della velocità massima di sicurezza (*strum. aer.*), maximum safe air-speed indicator. **25.** ~ della velocità rispetto all'aria (anemometro) (*strum. aer.*), air-speed indicator. **26.** ~ della velocità rispetto al suolo (*strum. aer.*), ground speed indicator. **27.** ~ del livello sonoro (misura l'intensità del suono) (*strum. acus.*), loudness analyzer. **28.** ~ dello scarto di frequenza (*strum. - elett.*), frequency monitor. **29.** ~ del numero di Mach (*strum. aer.*), machmeter. **30.** ~ del passo (di un'elica a passo variabile) (*nav.*), pitch indicator. **31.** ~ del punto di rugiada (*strum.*), dew pointer. **32.** ~ della traiettoria di avvicinamento (*aer.*), angle of approach indicator. **33.** ~ del tipo incassato (*strum.*), flush type indicator. **34.** ~ di affondata (*strum. aer.*), dive-angle indicator. **35.** ~ di altezza (quotametro) (per cannoni antiaerei) (*milit.*), height finder. **36.** ~ di annullamento (*elab.*), cancel indicator. **37.** ~ di assetto (orizzonte artificiale) (*strum. aer.*), artificial horizon. **38.** ~ di assetto trasversale (indicante l'assetto dell'aereo rispetto al piano orizzontale) (*strum. aer.*), attitude gyro. **39.** ~ di beccheggio (*strum. aer.*), fore-and-aft level. **40.** ~ di destinazione (su treni, tram ecc.) (*trasp.*), destination indicator. **41.** ~ di direzione (meccanico, mobile; "freccia", tipo ormai abbandonato internazionalmente) (*aut.*), direction indicator, arrow, trafficator arm. **42.** ~ di direzione (fisso, elettrico, a lampeggiamento) (*aut.*), turn indicator. **43.** ~ di direzione (bussola con possibilità di indicazione sul quadrante di una rotta predeterminata) (*strum. aer.*), direction indicator. **44.** ~ di direzione del vento (*strum. aer.*), wind-direction indicator. **45.** ~ di direzione di atterraggio (*strum. aer.*), landing-direction indicator. **46.** ~ di dispersione a terra (*strum. elett.*), earth leakage indicator. **47.** ~ di distanza percorsa (*strum. aer.*), air-mileage indicator. **48.** ~ di eccedenza (relativo alla capacità di immagazzinamento) (*elab.*), overflow indicator, overflow check indicator. **49.** ~ di fase (*strum. elett.*), phase indicator. **50.** ~ di fine riga (segnalatore di fine riga) (*telescriventi*), line end indicator. **51.** ~ di funzione (nella ricerca dati) (*elab.*), role indicator. **52.** ~ di imbardata (*strum. aer.*), yaw meter. **53.** ~ di incidenza (*strum. aer.*), incidence indicator. **54.** ~ di instradamento (*elab.*), routing indicator. **55.** ~ di isolamento (*strum. elett.*), insulation indicator. **56.** ~ di livello (*strum.*), level gauge. **57.** ~ di livello (a galleggiante) (*idr.*), float gauge. **58.** ~ di livello

(tarato in unità di volume) (*strum.*), liquidometer (am.). **59.** ~ di livello a distanza (teleindicatore di livello) (*strum. ind.*), remote level indicator. **60.** ~ di livello a immersione (in un motore per es.) (*strum.*), dip stick. **61.** ~ di livello del carburante (*aut. - aer.*), fuel level gauge. **62.** ~ di livello della benzina (*strum. aut.*), gas gage (am.), petrol gauge (ingl.). **63.** ~ di massimo (indicatore della massima energia assorbita nell'unità di tempo prestabilita) (*strum. elett.*), maximum-demand indicator. **64.** ~ di movimento dell'area aeroportuale (*aer. - radar*), aerodrome surface movement indicator, AS MI. **65.** ~ d'orbita ad azzeramento (*aer.*), "center-zero meter". **66.** ~ di picchiata (*strum. aer.*), nose dive indicator. **67.** ~ di polarità (*strum. elett.*), polarity indicator. **68.** ~ di porosità (per la mis. della porosità di un tessuto per es.) (*strum. tess. - ecc.*), porosity meter. **69.** ~ di posizione in volo (*strum. aer.*), air-position indicator. **70.** ~ di posizione rispetto al suolo (*strum. aer.*), ground-position indicator. **71.** ~ di pressione (*strum.*), pressure gauge. **72.** ~ di priorità (*elab.*), priority indicator. **73.** ~ di profondità (*nav.*), depth gear. **74.** ~ di quota (*strum. aer.*), height indicator. **75.** ~ di quota sul terreno (*strum. aer.*), terrain-clearance indicator. **76.** ~ di rollata (*strum. aer.*), roll indicator. **77.** ~ di rotta (radiofaro per la guida di aerei) (*radionavigazione*), track guide, track indicator. **78.** ~ di scivolata (*strum. aer.*), sideslip indicator. **79.** ~ di senso ciclico (*strum. elett.*), phase-sequence indicator. **80.** ~ di soli obiettivi mobili (apparato che limita la visualizzazione, sullo schermo di un radar, ai soli oggetti mobili) (*radar*), moving-target indicator, MTI. **81.** ~ di superamento [o straripamento o traboccamento] (*elab.*), overflow indicator. **82.** ~ di temperatura (*strum.*), temperature indicator. **83.** ~ di tipo G (schermo di tubo a raggi catodici nella cabina piloti, che indica gli errori di mira verticali e orizzontali) (*strum. eltn. aer.*), G display, G scope, G scan. **84.** ~ di velocità (*strum. aut.*), speedometer, tachometer. **85.** ~ di virata (*strum. aer.*), turn indicator. **86.** ~ di virata e sbandamento (*strum. aer.*), turn-and-bank indicator, turn-and-slip indicator. **87.** ~ di zero (*elett. - eltn.*), null detector. **88.** ~ elettrico di livello (*strum. aer. - aut.*), fuel electric gauge. **89.** ~ giroscopico di direzione (*strum. aer. - nav.*), directional gyro. **90.** ~ luminoso su videoschermo (segno ~ visibile sullo schermo dell'unità video, viene mosso per mezzo di una penna luminosa) (*elab.*), aiming symbol. **91.** ~ ottico (*strum.*), optical indicator. **92.** ~ ottico di sintonia (occhio magico) (*radio*), tuning indicator tube. **93.** ~ (registratore) di rotta (*strum. aer.*), flight path recorder. **94.** ~ stradale (*traff. strad.*), traffic sign, road sign, guidepost, indicator. **95.** ~ stroboscopico (*strum.*), stroboscopic indicator. **96.** ~ tipo A (*radar*), range amplitude display (ingl.) A display, A scope. **97.** ~ tipo H (*radar*), h-scope. **98.** ~ topografico (radar topografico: del terreno o spazio esplorato) (*radar*), plan position indicator, PPI. **99.** ago ~ (di uno strumento per es.) (*ind. - ecc.*), indicating pointer, indicating needle. **100.** cartello ~ (*traff. strad.*), road sign, traffic sign, guidepost. **101.** spia dell' ~ di direzione (*strum. aut.*), direction indicator telltale. **102.** strumento ~ (*strum.*), indicator instrument. **103.** ~, *vedi anche* segnalatore.

indicatrice (*mat.*), indicatrix.

indicazione (*gen.*), indication. **2.** ~ bersagli mobili (*radar*), moving-target indication. **3.** ~ della distanza (*radar - ecc.*), range indication. **4.** ~ delle quote (indicazione delle dimensioni, di un disegno) (*dis. mecc.*), dimensioning. **5.** ~ del limite di portata (marca di portata: sui vagoni merci) (*ferr.*), marked capacity. **6.** ~, *vedi anche* segnale.

ìndice (*gen.*), index. **2.** ~ (di uno strumento), pointer, index, hand. **3.** ~ (numero, costante numerica dei grassi per es.) (*chim.*), value. **4.** ~ (elenco ordinato del contenuto di una memoria: direttorio) (*elab.*), index, directory. **5.** ~ (*mat.*), index, subscript. **6.** ~ a parola chiave (*documentazione - ecc.*), key-word index. **7.** ~ attitudinale (*psicotecnica*), aptitude index, A/I. **8.** ~ azionario (*finanz.*), share index. **9.** ~ dei prezzi (o prezzo relativo: indica la variazione media dei prezzi durante un dato periodo) (*comm. - econ.*), price index. **10.** ~ dei prezzi al minuto (*comm.*), index of retail prices. **11.** ~ del costo della vita (*comm.*), cost-of-living index. **12.** ~ del punto di rottura (*sc. costr.*), shatter index. **13.** ~ di ascolto (una stima della "audience" di un programma radio o televisivo) (*radio - telev.*), ratings. **14.** ~ di assorbimento (*ott.*), absorption index. **15.** ~ di ciclo (*macch. calc.*), cycle index. **16.** ~ di deemulsionabilità (all'insufflamento di vapore, di olio lubrificante) (*chim.*), (steam) emulsion number. **17.** ~ di disgregazione (della terra nella forma) (*fond.*), shatter index. **18.** ~ Diesel (*comb.*), Diesel index. **19.** ~ di fluidità (*mis. lav. plastica*), melt index. **20.** ~ di formazione di ghiaccio (sulle superfici di un aereo) (*aer.*), icing index. **21.** ~ di imbutibilità (indice R, rapporto tra il diametro del disco di origine ed il diametro del punzone) (*tecnol. mecc.*), R-value, drawability coefficient. **22.** ~ di intelligibilità (*acus.*), articulation index. **23.** ~ di ottano, *vedi* ~ di resistenza alla detonazione. **24.** ~ di plasticità (differenza tra il limite liquido ed il limite plastico di un terreno) (*analisi del terreno - ing. civ.*), plasticity index. **25.** ~ di posa (*fot.*), exposure index. **26.** ~ di primo livello (~ di prima consultazione) (*elab.*), gross index. **27.** ~ di resa dei colori (*ott.*), color rendering index. **28.** ~ di resistenza alla detonazione con miscela povera (*mot. aer.*), weak-mixture knock rating. **29.** ~ di resistenza alla detonazione (~ della qualità antidetonante; p. es. di una benzina) (*comb.*), performance number, "PN". **30.** ~ di resistenza alla detonazione con miscela ricca (*mot. aer.*), rich-mixture knock rating. **31.** ~ di rifrazione (*fis. - chim. - ott.*), refractive index, index of refraction. **32.** ~ di rigorosità termica (nella prova delle saldature) (*tecnol.*), thermal severity number, TSN. **33.** ~ di riverberazione (*acus. sub.*), reverberation strength. **34.** ~ di rotazione della giacenza (in un magazzino) (*ind.*), index of stock rotation. **35.** ~ di secondo livello, *vedi* ~ particolareggiato. **36.** ~ di slittamento (numero di slittamento, della pavimentazione stradale) (*aut.*), skid number. **37.** ~ di viscosità (di un olio per es.) (*lubrificazione*), viscosity index. **38.** ~ Dow-Jones (dà la tendenza della borsa) (*finanz.*), Dow-Jones index (am.). **39.** ~ luminescente (*strum.*), luminescent pointer. **40.** ~ luminoso (punto luminoso mobile sul quadrante: invece della lancetta) (*strum.*), spot. **41.** ~ numerico (*gen.*), numerical index. **42.** ~ particolareggiato (~ di secondo livello; ~ relativo all'accesso all'archivio) (*elab.*), fine index. **43.** apposizione di indici (marcatura elettronica del videonastro per consentire successivi accessi) (*audiovisivi - ecc.*), indexing. **44.** apposizione di indici durante la lettura (*audiovisivi*), play indexing. **45.** apposizione di indici durante la registrazione (*audiovisivi*), record indexing. **46.** provvisto di ~, *vedi* indicizzato. **47.** ricerca automatica dei brani ad ~ (*audiovisivi*), auto indexing. **48.** sistema di ricerca degli indici (per individuare brani ad ~) (*audiovisivi*), index search system.

indicizzato (provvisto di indice) (*a. - elab.*), indexed. **2.** ~ al costo della vita (collegato al costo della vita; p. es. una pensione) (*econ. - finanz.*), tied to a cost-of-living index, index-linked.

indicizzazione (sistema di adeguamento [delle retribuzioni per es.] al costo della vita) (*econ.*), indexation. **2.** ~ (l'atto di dotare di un indice: es. un documento, un libro, una memoria ecc.) (*elab.*), indexing. **3.** ~ automatica (~ eseguita dall'elaboratore) (*elab.*), automatic indexing.

indietreggiare (andare in marcia indietro) (*aut.*), to back up.

indietreggio (*veic.*), backing up, reverse movement. **2.** arresto ~ (arresto antiindietreggio, per impedire l'inversione del moto di un trasportatore carico sotto l'azione della gravità) (*trasp. ind.*), backstop.

indiètro (*avv. - gen.*), back, rearward. **2.** ~ (all'indietro) (*nav.*), abaft, aft. **3.** ~ (movimento) (*nav.*), astern. **4.** ~ (all'~) (direzione di marcia di veicolo), backward. **5.** ~ adagio (movimento) (*nav.*), slow speed astern. **6.** ~ a mezza forza (*nav.*), half speed astern. **7.** ~ a tutta forza (movimento) (*nav.*), full astern. **8.** marcia ~ (*nav.*), astern movement. **9.** marcia ~ (*veic.*), backing.

indifferente (*chim. - mecc.*), indifferent.

indigeno (*a. - lav. - ecc.*), native.

indigoidi (*chim.*), indigoids.

indigotina (indaco) (*ind. chim.*), indigo.

indio (In - *chim.*), indium.

indipendènte (*gen.*), independent.

indipendenza lineare (p. es. di vettori) (*mat.*), linear independence.

indire (*gen.*), to call.

indirettezza (azione indiretta: di indirizzamento per es.) (*elab. - ecc.*), indirection. **2.** ~ (*elab.*), *vedi* azione indiretta.

indirètto (*gen.*), indirect.

indirizzabile (di facile reperimento nella memoria) (*calc.*), addressable.

indirizzamento (tecnica che assegna gli indirizzi alle istruzioni ecc.) (*elab.*), addressing. **2.** ~ associativo (*elab.*), associative addressing. **3.** ~ assoluto (indirizzo fisico) (*elab.*), absolute addressing. **4.** ~ di memoria virtuale (*elab.*), virtual storage addressing. **5.** ~ diretto (~ alla locazione dell'operando) (*elab.*), direct addressing, one-level addressing. **6.** ~ immediato (quando il valore dell'operando è già contenuto nella istruzione) (*elab.*), immediate addressing. **7.** ~ indicizzato (quando una quantità positiva o negativa deve essere aggiunta al registro indice per ottenere l'indirizzo effettivo) (*elab.*), indexed address. **8.** ~ indiretto (indica la posizione di memoria che contiene l'indirizzo effettivo) (*elab.*), indirect addressing, multilevel addressing. **9.** ~ relativo (*elab.*), relative addressing. **10.** modi di ~ (p. es.: diretto, indiretto, immediato ecc.) (*elab.*), addressing modes.

indirizzare (*posta - comm.*), to address. **2.** ~ (indirizzare in memoria) (*elab.*), to address.

indirizzario (rubrica indirizzi) (*comm. - pubbl.*), mailing list. **2.** ~ (*elab.*), *vedi* direttorio.

indirizzo (*comm.*), address. **2.** ~ (indicazione della posizione in cui una data informazione è memorizzata) (*elab.*), address. **3.** ~ assoluto (*elab.*), absolute address, specific address. **4.** ~ (di) base (*elab.*), base address, address constant, reference address, presumptive address. **5.** ~ dell'istruzione (*elab.*), instruction address. **6.** ~ di memoria (*elab.*), memory address. **7.** ~ di pista (~ guida) (*elab.*), home address. **8.** ~ di primo livello (~ effettivo della ubicazione dell'operando richiesto) (*elab.*), first level address. **9.** ~ di provenienza, *vedi* ~ sorgente. **10.** ~ diretto (*elab.*), one-level address. **11.** ~ di (una) traccia (*elab.*), track address. **12.** ~ effettivo (*elab.*), effective address. **13.** ~ fisico (*elab.*), hardware address, absolute address, actual address. **14.** ~ generato (~ dedotto dalle istruzioni di un programma: ~ risultante) (*elab.*), generated address. **15.** ~ guida, *vedi* ~ di pista. **16.** ~ immediato (un "literal" per es.) (*elab.*), zero-level address. **17.** ~ indiretto (~ rintracciabile seguendo una certa istruzione) (*elab.*), indirect address, multilevel address. **18.** ~ logico, *vedi* ~ virtuale. **19.** ~ macchina (*elab.*), machine address. **20.** ~ mobile (*elab.*), floating address. **21.** ~ originario, *vedi* ~ sorgente. **22.** ~ relativo (*elab.*), relative address. **23.** ~ risultante, *vedi* ~ generato. **24.** ~ simbolico (*elab.*), symbolic address. **25.** ~ sorgente (~ originario, ~ di provenienza) (*elab.*), source address. **26.** ~ virtuale (~ logico) (*elab.*), virtual address. **27.** archivio indirizzi (registro di indirizzi) (*elab. - inf.*), address file. **28.** costante di ~, *vedi* ~ (di) base. **29.** modifica dell'~ (operazione eseguita sull'~) (*elab.*), address modification, address mapping. **30.** ordine senza ~ (istruzione senza indirizzo) (*elab.*), zero-address order. **31.** registro ~ (contiene la parte di istruzione relativa all'~) (*elab.*), address register.

indistorto (esente da distorsione) (*mecc. - tratt. term.*), undistorted.

"indiumizzato" (di cuscinetto di banco per es.) (*a. - mecc. - mot.*), indium-plated.

"indiumizzazione" (per cuscinetti per es.) (*mecc. - mot.*), indium-plating.

individuale (singolo) (*a. - gen.*), individual.

individuare (trovare) (*gen.*), to find. **2.** ~ un posto (od un luogo) (*gen.*), to locate.

individuazione della posizione (o della località), locating.

individuo (*leg.*), individual.

indivisìbile (*a. - gen.*), indivisible.

indolo (C_8H_7N) (composto organico) (*chim.*), indole, indol.

indossile (*chim.*), indoxyl.

indotto (*a. - elett.*), induced. **2.** ~ (di una dinamo) (*s. - elettromecc.*), armature, rotor (am.). **3.** ~ (di una macchina a corrente alternata) (*elettromecc.*), rotor. **4.** ~ ad anelli (*elettromecc.*), slip-ring rotor. **5.** ~ a doppio T (*elettromecc.*), H armature. **6.** ~ a tamburo (*elettromecc.*), drum armature. **7.** ~ bipolare (di macchina elettrica) (*elettromecc.*), simplex winding. **8.** ~ in corto circuito (*elettromecc.*), short circuit rotor. **9.** ~ mobile (di altoparlante) (*elett. - acus.*), oscillanting armature. **10.** albero dell'~ (*elettromecc.*), armature shaft. **11.** avvolgitrice per indotti (*macch.*), armature winding machine. **12.** corpo dell'~ (*elett.*), armature spider. **13.** fornire di un ~ (*elett.*), to armature. **14.** montare l'~ (*elett.*), to armature. **15.** ossatura dell'~ (*elett.*), armature spider. **16.** reazione d'~ (nelle macch. elett.) (*elett.*), armature reaction, armature feedback.

indumento (*ind. tess.*), garment.

indurimento (di raggi X) (*radiologia med.*), hardening. **2.** ~ (degli olii per idrogenazione per es.) (*chim.*), hardening. **3.** ~ (di materia plastica) (*ind. chim. - ecc.*), hardening. **4.** ~ (di leganti, malta ecc.) (*ed.*), hardening. **5.** ~ alla fiamma (fiammatura, "framatura") (indurimento della superficie di un metallo mediante riscaldamento con fiamma e successivo raffreddamento) (*tratt. term.*), flame-hardening. **6.** ~ dovuto alla tempra (*tratt. term.*), hardening. **7.** ~ dovuto all'incrudimento (*metall.*), strain-hardening. **8.** ~ superficiale (*tratt. term.*), surface hardening. **9.** ~ superficiale (di un attrezzo per sbavatura per es., mediante riporto di metallo duro) (*tecnol. mecc.*), hard-facing.

indurire (*metall.*), to harden. **2.** ~ (di gelatina di pellicola) (*fot.*), to harden. **3.** ~ superficialmente (un attrezzo di sbavatura per es., mediante riporto di metallo duro) (*tecnol. mecc.*), to face-harden. **4.** ~ (superficialmente) per cementazione (*tratt. term.*), to casehardén.

indurirsi (far presa: di malta per es.) (*mur.*), to set. **2.** ~ (di un movimento meccanico per es.) (*mecc.*), to bind.

induritore (per l'indurimento di resine sintetiche, adesivi, vernici ecc.) (*ind. chim.*), hardener.

indurre (*elett.*), to induce.

industria (*gen.*), industry. **2.** ~ basilare (*ind.*), base industry. **3.** ~ cartotecnica (*ind.*), paper converting industry. **4.** ~ casearia (industria dei latticini) (*ind.*), dairy industry. **5.** ~ chiave (*ind.*), key industry. **6.** ~ chimica (*ind.*), chemical industry. **7.** ~ ciclomotoristica (*ind.*), cycle and motorcycle industry. **8.** ~ con lavoranti a domicilio (*ind.*), cottage industry. **9.** ~ del freddo (*ind.*), refrigeration industry. **10.** ~ della pressofusione (*fond.*), die casting industry. **11.** ~ di trasformazione (*ind.*), process industry. **12.** ~ estrattiva (*ind.*), extractive industry. **13.** ~ meccanica (*ind.*), mechanical industry. **14.** ~ metallurgica (*ind. metall.*), metallurgical industry. **15.** ~ nazionalizzata (*ind.*), nationalized industry. **16.** ~ petrolifera (*min.*), oil industry. **17.** ~ privata (*ind.*), private industry. **18.** ~ protetta (*comm.*), sheltered industry. **19.** ~ serigrafica (*ind. tip. - tess.*), silk-screen printing industry. **20.** ~ siderurgica (*ind.*), iron industry. **21.** ~ tessile (*ind.*), textile industry.

industriale (*a. - ind.*), industrial. **2.** ~ (*s.*), industrialist, manufacturer. **3.** acqua ~ (di impiego interno in uno stabilimento; per raffreddamento, lavaggio ecc.) (*ind.*), service water, water for general use. **4.** chimica ~ (*chim.*), industrial chemistry. **5.** consorzio ~ (*ind.*), industrial combine. **6.** con varie attività industriali (riferito p. es. ad una multinazionale dalla quale dipendono varie industrie) (*a. - ind.*), multi-industry. **7.** malattia ~ (malattia professionale) (*med.*), industrial disease. **8.** medicina ~ (*med. ind.*), industrial medicine.

industrializzare (*ind.*), to industrialize.

industrializzazione (*ind.*), industrialization.

induttanza (*elett.*), inductance, inductor. **2.** ~ a decadi (*eltn.*), decade inductor. **3.** ~ di corto circuito (induttanza inserita al posto di una lampada fulminata in un circuito di illuminazione in serie: stradale per es.) (*illum. elett. strad.*), economy coil. **4.** ~ di dispersione (*elett.*), leakage inductance. **5.** ~ mutua (*elett.*), mutual inductance. **6.** ~ variabile (*elett. - eltn.*), variable inductor.

induttivo (*elett.*), inductive. **2.** non ~ (p. es. di un condensatore, un registratore ecc.) (*elett.*), noninductive.

induttore (*elett.*), inductor. **2.** ~ ad aria (*elett.*), air-core inductor. **3.** ~ a nucleo magnetico (*elett.*), iron-core inductor. **4.** ~ mutuo (apparato impie-

gato per variare l'induttanza mutua fra due circuiti) (*eltn.*), mutual inductor.
induzione (*elett.*), induction. **2.** ~ aerodinamica (*aerodin.*), aerodynamic induction. **3.** ~ elettromagnetica (*elett.*), electromagnetic induction. **4.** ~ elettrostatica (*elett.*), electrostatic induction. **5.** ~ magnetica (*elett.*), magnetic induction. **6.** bussola a ~ (*strum. aer.*), inductor compass, induction compass. **7.** mutua ~ (*elett.*), mutual induction.
inedito (*a. - tip.*), unprinted, unpublished.
inefficace (che non produce l'effetto voluto) (*a. - gen.*), inefficacious, ineffective.
inefficacia (*gen.*), ineffectiveness.
inefficiènte (*gen.*), inefficient.
inefficiènza (*gen.*), inefficiency.
inèrte (di gas per es.) (*fis. - chim.*), inert.
inerti (materiale inerte, per calcestruzzo) (*ed.*), aggregate. **2.** ~ finissimi (per calcestruzzo) (*ed.*), dust.
inèrzia (*fis.*), inertia. **2.** ~ acustica (*mis. acus.*), acoustic mass, acoustic inertance. **3.** ~ termica (di metallo incandescente per es.) (*term.*), thermic inertia, heat inertia. **4.** ~ virtuale (nelle oscillazioni: dovuta alla presenza dell'aria circostante) (*aer.*), virtual inertia. **5.** girare per ~ (di un mot. elett. per es.) (*mot.*), to coast. **6.** guida ad ~ (di nave spaziale, di missile ecc.) (*astric. - missil.*), inertial guidance. **7.** momento d'~ (*sc. costr.*), moment of inertia. **8.** momento d'~ (polare) rispetto ad un punto (*sc. costr.*), polar moment of inertia. **9.** momento d'~ rispetto all'asse neutro (*sc. costr.*), equatorial moment of inertia. **10.** saldatura ad ~ (tipo di saldatura ad attrito) (*tecnol. mecc.*), inertia welding. **11.** volo per ~ (di un veicolo spaziale) (*astric.*), coasting flight.
inerziale (*a. - fis.*), inertial. **2.** guida ~ (di nave spaziale, di missile ecc.) (*astric. - missil.*), inertial guidance. **3.** massa ~ (*fis.*), inertial mass. **4.** spazio ~ (*astric.*), inertial space. **5.** volo ~ (volo per inerzia, di un veic. spaziale) (*astric.*), coasting flight.
inesatto (*a. - gen.*), inexact.
inesplosivo (non esplosivo) (*a. - gas - ecc.*), inexplosive.
inesplòso (*di espl.*), unexploded.
inestensìbile (*a. - gen.*), inextensible.
inevaso (di un particolare compreso in un ordine e non ancora consegnato per es.) (*a. - ind. - comm.*), outstanding.
infangamento (*geol. - ecc.*), silting.
infarto (*med.*), infarct.
infeltrito (della lana per es.) (*ind. tess.*), matted.
inferiore (*a.*), lower. **2.** ~ (qualità) (*a. - gen.*), inferior.
inferire (mettere in opera vele o tende) (*nav.*), to hoist. **2.** ~ (legare una vela al pennone per es.) (*nav.*), to bend.
inferitoio (guida: barra di ferro alla quale è attaccata la vela) (*nav.*), jackstay.
inferitura (messa in opera di una vela per es.) (*nav.*), hoist, hoisting. **2.** ~ (legatura di una vela al pennone) (*nav.*), bending. **3.** ~ (lato di inferitura, antennale, di una vela) (*nav.*), head.
infermerìa (*ed. - med.*), infirmary. **2.** ~ di bordo (*mar. milit.*), sick bay, bay.
infermièra (*med.*), nurse.
infermiere (*med.*), male nurse.
inferriata (*arch.*), grille, grate. **2.** ~ di finestra (*ed.*), window grate.
infètto (contaminato: da sostanza radioattiva) (*a. - radioatt.*), contaminated.
infezione (*med.*), infection.
infiammàbile (*comb.*), inflammable, flammable. **2.** non ~ (*gen.*), not inflammable, flameproof.
infiammabilità (*fis.*), inflammability. **2.** punto di ~ (*fis.*), flash point.
infiammare, to set on fire.
infiammarsi (*gen. - comb.*), to flare up, to flame up. **2.** ~ (di combustibile liquido per es.) (*comb.*), to ignite, to take fire.
infiammazione (*med.*), inflammation.
infiggere (battere, piantare, dei pali) (*ed.*), to drive.
infilare (introdurre), to insert. **2.** ~ (il filo) (*ind. tess.*), to thread. **3.** ~ a forza (*mecc.*), to drive.
infilarsi (a guisa di telescopio: penetrazione di una carrozza ferroviaria per es. nella successiva a seguito di uno scontro) (*gen.*), to telescope.
infilato (immesso, inserito) (*gen.*), inserted.
infilatura automatica (*mft. tess.*), self-threading.
infiltrare (*fis.*), to infiltrate. **2.** ~ (infiltrarsi: di liquido) (*fis.*), to seep.
infiltrazione, infiltration, seepage.
infiltrometro (strum. di misura del tasso di assorbimento) (*strum. geol. - idr.*), infiltrometer.
infinitesimale (*mat.*), infinitesimal. **2.** calcolo ~ (*mat.*), infinitesimal calculus.
infinitèsimo (*mat.*), infinitesimal.
infinito (*ott. - fot.*), infinity. **2.** ~ (*mat.*), infinite, infinity.
infissi (*ed.*), standing finish.
infissione (battitura, di pali per es.) (*ed.*), driving. **2.** ~ del palo (affondamento del palo) (*ed.*), pile-driving.
infisso (intelaiatura fissa di finestra o di porta) (*ed.*), (window or door) casing, (window or door) standing finish. **2.** ~ di porta (*ed.*), doorframe.
inflazione (*finanz.*), inflation. **2.** ~ con stagnazione della richiesta (*comm. - finanz.*), stagflation. **3.** ~ da costo di produzione (aumento dei prezzi al consumatore dovuto all'aumento del costo di produzione) (*econ.*), costpush inflation. **4.** ~ da domanda (*econ.*), demand-push inflation. **5.** ~ galoppante (*econ.*), galloping inflation. **6.** ~ strisciante (*economia*), creeping inflation.
inflessione (*fis.*), inflection. **2.** ~ (*sc. costr.*), deflection. **3.** ~ (o appiattimento) totale (di pneumatico) (*ind. gomma*), maximum deflection. **4.** ~ (o schiacciamento) normale (di pneumatico) (*ind. gomma*), normal deflection. **5.** freccia di ~ (di un ponte sospeso per es.) (*sc. costr.*), deflection.
inflesso (*a. - gen.*), inflexed, inflected.

influènza (*astr. - fis.*), influence. **2.** ~ (*med.*), influenza, flu. **3.** ~ reciproca (azione reciproca) (*gen.*), interaction. **4.** linea di ~ (*sc. costr.*), influence line. **5.** ripartizione delle zone di ~ (sul mercato) (*comm.*), carve-up.
influenzare (*fis. - astr.*), to influence.
informare (*gen.*), to inform.
informatica (scienza dell'informazione) (*comun. - elab.*), informatics, information science. **2.** violazione ~ (intrusione ~) (*inf.*), computer trespass.
informatico (persona versata nel campo della informatica) (*s. - pers. elab.*), computernik, d p man, data processing man.
informazione (*gen. - stat.*), information. **2.** ~ (dati) (*elab.*), information. **3.** informazioni commerciali (*comm. - finanz.*), credit report, business report, credit status information. **4.** ~ di gestione (*tlcm.*), housekeeping information. **5.** informazioni di lavoro (dati di lavoro) (*macch. ut. a c.n.*), machining data. **6.** informazioni di percorso (dati di posizione) (*macch. ut. a c.n.*), path data, position data. **7.** elemento di ~ (*elab.*), data element. **8.** per qualsiasi ulteriore necessaria ~ (*comm.*), for any additional information required. **9.** reperimento delle informazioni (per scopi documentalistici per es.) (*ind.*), information retrieval. **10.** sistema di informazioni della direzione (*ind.*), management information system, MIS. **11.** teoria dell'~ (scienza che tratta la misurazione e la trasmissione delle informazioni) (*inf. - elab.*), information theory, informatics. **12.** unità di ~ (un bit p. es.) (*inf. - elab.*), information unit.
infornare (*forno*), to put into the furnace.
infornata (singola operazione di riscaldamento: di pezzi in un forno per es.) (*metall.*), heat, batch.
infornatore (addetto al forno, operaio che regola la carica e sorveglia il fuoco) (*op. mft. vetro*), teaser.
infortunabilità (predisposizione all'infortunio) (*psicol. ind.*), accident-proneness.
infortunio (*leg.*), accident. **2.** ~ (*psicol. ind.*), accident. **3.** ~ occupazionale (~ sul lavoro dovuto al tipo di lavoro) (*ind. - med. - ecc.*), occupational accident, work accident. **4.** assicurazione contro gli infortuni (*ass. - leg.*), accident insurance.
infragilirsi (*gen.*), to become brittle.
infrangìbile (*gen.*), unbreakable. **2.** ~ (*fis.*), infrangible. **3.** ~ (per es. di cristallo di aut.), shatterproof.
infrarosso (*fis.*), infrared. **2.** ~ esterno (*fis.*), far-red.
infrasònico (*a. - acus.*), infrasonic.
infrastruttura (di un aeroporto per es.) (*aer.*), infrastructure, ground organization. **2.** ~ (di una organizzazione) (*ind. - econ.*), infrastructure.
infrasuono (al di sotto delle frequenze dell'udito umano, sotto i 16 Hz) (*acus.*), infrasound.
infrazione (*disciplina*), infraction, infringement.
infruttifero (*finanz.*), bearing no interest, without interest.
infusìbile (*fis.*), infusible.
infusibilità (*fis.*), inufusibility.
infusione (*chim. - ecc.*), infusion.
infusori, terra d'~ (tripoli, farina fossile) (*min.*), infusorial earth, tripoli.
ingabbiare (imballare in gabbia) (*trasp.*), to crate.
ingannare (contromisurare un siluro, un radar ecc.) (*milit.*), to decoy.
ingavonamento (*nav.*), heeling.
ingavonarsi (restare inclinato da una banda per spostamento di carico o per forza di vento) (*nav.*), to cant over, to heel.
ingavonato (*nav.*), heeled. **2.** ~ (di nave che sta per capovolgersi) (*a. - nav.*), on her beam-ends.
ingegnère (dottore in ingegneria), (graduate) engineer. **2.** ~ chimico, chemical engineer. **3.** ~ civile, civil engineer. **4.** ~ consulente (*gen.*), consulting engineer. **5.** ~ di programmazione (*elab.*), software engineer. **6.** ~ direttore di lavori (*ind. - ed.*), chief resident engineer. **7.** ~ fonico (*cinem.*), sound engineer. **8.** ~ meccanico, mechanical engineer. **9.** ~ progettista, project engineer.
ingegnerìa, engineering. **2.** ~ chimica, chemical engineering. **3.** ~ civile (*costr.*), civil engineering. **4.** ~ edile (*costr. ed.*), architectural engineering. **5.** ~ elettronica (*eltn.*), electronic engineering. **6.** ~ genetica (*genetica*), genetic engineering. **7.** ~ geofisica (*ing. min.*), geophysical engineering. **8.** ~ idraulica, hydraulic engineering. **9.** ~ meccanica (*mecc.*), mechanical engineering. **10.** ~ municipale (*città*), municipal engineering. **11.** ~ navale (*nav.*), marine engineering. **12.** ~ nucleare (*fis. atom.*), nuclear engineering. **13.** ~ oceanografica, ~ talassografica (*mar.*), ocean engineering. **14.** ~ stradale (*strad.*), road engineering.
ingegno (di chiave) (*serrature*), bit.
ingessare (*mur. - ecc.*), to plaster.
ingessatura (*mur.*), plastering.
inghiaiamento (*ing. civ.*), ballasting.
inghiaiare (*strad. - ferr.*), to ballast.
inghiaiata (*strad. - ferr.*), ballast. **2.** ~ incassata (*strad. - ferr.*), boxed-in ballast. **3.** livellare la ~ (*strad. - ferr.*), to level the ballast. **4.** materiale da ~ (*strad. - ferr.*), ballasting material.
ingiallimento (*difetto vn.*), yellowing.
ingiallire (*gen.*), to yellow.
in giù (verso il basso) (*avv. - gen.*), down.
inglese (*a.*), English, British.
ingobbatura (di una barra per es.) (*difetto mecc.*), buckle, bend. **2.** ~ (di una superficie) (*mecc.*), buckle, bulge. **3.** ~ (di lamiera) (*difetto mecc.*), bulging. **4.** ~ (rigonfiamento) (*difetto lav. lamiera*), bulging. **5.** ~, *vedi anche* imbozzamento.
ingobbiare (*ceramica*), to slip.
ingobbio (*ceramica*), engobe.
ingolfamento (allagamento di un carburatore, dovuto a eccessiva chiusura dell'aria per es.) (*mot.*), flooding.
ingolfare (invasare, un carburatore) (*mot. - aut.*), to flood.

ingolfato (di un carburatore per es.) (*mot.*), flooded.
ingombrante (materiale) (*gen.*), bulky, unwieldy.
ingombrare, to encumber.
ingombro (dimensioni), dimensions. **2.** ~ (della macch. ut. in pianta) relativo alla parte mobile (ad es. la tavola di una pialla orizzontale, di una limatrice ecc.) (*macch. ut.*), side play. **3.** dimensioni di ~, overall dimensions.
ingorgo (*traff. strad.*), bottleneck.
ingranaggio (meccanismo) (*mecc.*), gear. **2.** ~ (coppia di ruote dentate) (*mecc.*), gear pair. **3.** ~ (ruota dentata) (*mecc.*), gear wheel. **4.** ~ (di una delle marce del cambio) (*aut.*), speed gear. **5.** ~ accoppiato (*mecc.*), mating gear. **6.** ~ a "chevron" (*mecc.*), *vedi* ingranaggio a freccia. **7.** ~ a corona (corona dentata) (*mecc.*), ring gear. **8.** ~ a cuspide (*mecc.*), *vedi* ingranaggio a freccia. **9.** ~ a dentatura interna (*mecc.*), internal gear, annular gear. **10.** ~ a dentatura interna (coppia di ruote dentate a dentatura interna) (*mecc.*), internal gear pair. **11.** ~ a denti diagonali (*mecc.*), spiral gear. **12.** ~ a denti diritti (*mecc.*), straight-tooth gear. **13.** ~ a denti inclinati (ingranaggio conico per es.) (*mecc.*), angle gear, bevel gear. **14.** ~ a disco pieno (*mecc.*), plate gear. **15.** ~ a evolvente (*mecc.*), involute tooth gear. **16.** ~ a freccia (*mecc.*), herringbone gear. **17.** ~ a gabbia (usato nella meccanica antica degli orologi) (*mecc. antica*), lantern pinion. **18.** ~ a gradini (*mecc.*), stepped gear, stepped gear wheel. **19.** ingranaggi a grappolo (gruppo integrale di ingranaggi) (*mecc.*), cluster gears. **20.** ~ anulare (*mecc.*), annular gear. **21.** ~ a rulli (*mecc.*), roller gear. **22.** ~ a ruota libera (di elicottero per es.) (*mecc.*), freewheel gear (ingl.). **23.** ~ a spirale (*mecc.*), spiral gear. **24.** ~ a vite senza fine (*mecc.*), worm gear. **25.** ~ bielicoidale (*mecc.*), double-helical gear, double-helical teeth gear. **26.** ~ campione (*mecc.*), master gear. **27.** ~ cilindrico (ruota dentata cilindrica con dentatura diritta o elicoidale ecc.) (*mecc.*), spur gear (ingl.). **28.** ~ cilindrico a dentatura elicoidale (*mecc.*), helical spur gear (ingl.). **29.** ~ cilindrico a denti diritti (*mecc.*), spur gear (am.), straight spur gear (ingl.). **30.** ~ concorrente (coppia di ruote dentate ad assi intersecantisi) (*mecc.*), gear pair with intersecting axes. **31.** ~ con dentatura ad evolvente (*mecc.*), involute gear. **32.** ~ con dentatura ribassata (o "stub") (*mecc.*), stub tooth gear. **33.** ~ con denti a profilo semicircolare (*mecc.*), knuckle gear. **34.** ~ con denti curvi (elicoidale) (*mecc.*), spiral gear. **35.** ~ con denti (in legno) incastrati a mortisa (*mecc.*), mortise wheel. **36.** ~ condotto (*mecc.*), driven gear. **37.** ~ conduttore (*mecc.*), driving gear, drive gear. **38.** ~ con gambo (*mecc.*), stem gear. **39.** ~ conico (*mecc.*), bevel gear. **40.** ~ conico a dentatura elicoidale (*mecc.*), spiral bevel gear. **41.** ~ conico a denti diritti (*mecc.*), straight bevel gear. **42.** ~ conico con denti curvi (*mecc.*), spiral bevel gear. **43.** ~ conico per assi sghembi (per una coppia di ingranaggi conici i cui assi sono in piani differenti) (*mecc.*), skew bevel gear, skew gear. **44.** ingranaggi conici di ugual diametro con assi ortogonali (*mecc.*), mitre gears, miter gears. **45.** ~ conico per assi normali (*mecc.*), miter gear. **46.** ~ conico per assi sghembi (*mecc.*), skew bevel gear. **47.** ~ conico elicoidale (*mecc.*), spiral bevel gear. **48.** ~ con spallamento (*mecc.*), shoulder gear. **49.** ~ del cambio (*macch. ut.*), change wheel. **50.** ingranaggi del differenziale (*mecc.*), differential gears. **51.** ~ della distribuzione (di motore), timing gear. **52.** ~ della prima (velocità) (ingranaggio lento: del cambio di una automobile), low gear. **53.** ~ della quarta velocità (o della terza se l'automezzo è a sole tre velocità) (*aut.*), high gear. **54.** ~ della retromarcia (di automobile per es.) (*mecc.*), reverse gear. **55.** ~ della seconda velocità (*aut.*), second gear. **56.** ~ della terza velocità (*aut.*), third gear. **57.** ~ dello sterzo (*aut.*), steering gear. **58.** ingranaggi di aspirazione e mandata (per pompa a ingranaggi) (*mecc.*), suction and pressure gears. **59.** ~ di brandeggio (di un affusto di cannone) (*artiglieria*), traversing gear. **60.** ingranaggi (o ruote) di cambio (di macch. utènsile) (*mecc.*), change gears. **61.** ~ di elevazione (di un affusto di cannone) (*artiglieria*), elevating gear. **62.** ~ di inversione (*mecc.*), reversing gear. **63.** ~ di riduzione (*mecc.*), step-down gear, reduction gear. **64.** ingranaggi (o ruotismi) di riduzione (o di ritardo) (nella testa di un tornio) (*macch. ut.*), back gears. **65.** ~ di rinvio (*mecc.*), intermediate gear, idle gear, idler. **66.** ~ diritto (coppia di ruote a denti diritti) (*mecc.*), spur gear pair. **67.** ~ elastico (ingranaggio parastrappi, parastrappi) (*mecc.*), spring drive gear. **68.** ~ elicoidale (*mecc.*), helical gear, spiral gear. **69.** ~ elicoidale con elica destra (*mecc.*), right-hand helical gear. **70.** ~ elicoidale con elica sinistra (*mecc.*), left-hand helical gear. **71.** ~ elicoidale con inclinazione (dell'elica) a destra (*mecc.*), right-hand helical gear. **72.** ~ elicoidale con inclinazione (dell'elica) a sinistra (*mecc.*), left-hand helical gear. **73.** ~ elicoidale per assi paralleli (ruota senza fine per accoppiamento con ingranaggio con asse parallelo) (*mecc.*), twisted gear wheel. **74.** ~ esterno (coppia di ruote a dentatura esterna, ingranaggio a dentatura esterna) (*mecc.*), external gear pair. **75.** ~ fisso (*mecc.*), fixed gear. **76.** ~ folle (ingranaggio di rinvio) (*mecc.*), idle gear, idler. **77.** ~ frontale (*mecc.*), face gear. **78.** ~ gigante (*mecc.*), bull gear. **79.** ~ in presa (*mecc.*), meshing gear. **80.** ~ in presa continua (*mecc.*), constant mesh gear. **81.** ingranaggi intercambiabili (*mecc.*), interchangeable gears. **82.** ~ (intercambiabile) per il cambio di velocità (*macch. ut.*), speed change gear. **83.** ingranaggi intercambiabili per la divisione (*macch. ut.*), index change gears. **84.** ~ intermedio (ingranaggio folle: ruota dentata che unisce due altre ruote dentate ed inverte la direzione di rotazione) (*mecc.*), idler, idler gear. **85.** ~ in verde (ingranaggio da tagliare,

sbozzo di ingranaggio) (*mecc.*), blank gear. **86.** ~ ipoide (*mecc.*), hypoid gear. **87.** ~ moltiplicatore (*mecc.*), step-up gear. **88.** ~ ipoide (coppia ipoide) (*mecc.*), hypoid gear pair. **89.** ~ per catena (*mecc.*), sprocket wheel. **90.** ~ per catena silenziosa (*mecc.*), noiseless chain sprocket wheel. **91.** ~ riduttore (*mecc.*), reducing gear. **92.** ~ rumoroso (*mecc.*), noisy gear. **93.** ~ satellite (*mecc.*), planetary gear. **94.** ~ scorrevole (*mecc.*), sliding gear. **95.** ~ sghembo (coppia di ruote dentate ad assi sghembi) (*mecc.*), gear pair with non intersecting and non parallel axes. **96.** circonferenza primitiva di ~ (*mecc.*), pitch circle, pitch line. **97.** comandato da ~ (*mecc.*), gear-driven. **98.** complesso epicicloidale di ~ (*mecc.*), epicyclic gear train. **99.** corpo dell'~ (*mecc.*), gear body. **100.** dente di ~ (*mecc.*), gear tooth. **101.** fianco dell'~ (*mecc.*), gear side. **102.** macchina per la prova di ingranaggi ipoidi (*macch.*), hypoid tester. **103.** passo dei denti (di ~) (*mecc.*), pitch of teeth. **104.** rapporto (di trasmissione) di ~ (*mecc.*), gear ratio. **105.** riduttore a ingranaggi (di motore d'aviazione per es.) (*mecc.*), reduction gear. **106.** rullatura dei denti di un ~ (*mecc.*), burnishing of gear teeth. **107.** senza ingranaggi (*mecc.*), gearless. **108.** sistema di ingranaggi (*mecc.*), gearing.

ingranamento (di ingranaggi) (*mecc.*), mesh. **2.** ~ (grippaggio) (*difetto mecc.*), seizing. **3.** ~ senza gioco (di ingranaggi) (*mecc.*), tight meshing.

ingranare (di ingranaggi) (*mecc.*), to mesh, to inmesh. **2.** ~ (innestare) (*mecc.*), to engage. **3.** ~ con insufficiente presa (ingranare solo in punta) (*mecc. ingranaggi*), to butt.

ingranarsi (grippare: di un cuscinetto per es.) (*mecc.*), to seize.

ingranato (di ingranaggio) (*mecc.*), in mesh, inmesh, in gear. **2.** ~ (*difetto mecc.*), seized. **3.** ~ (innestato, inserito) (*macch.*), engaged.

ingrandimento (*gen.*), enlargement. **2.** ~ (*ott.*), magnification. **3.** ~ (di uno strum. ott.) (*ott.*), magnification, magnifying power. **4.** ~ (potere di ~ di un obiettivo) (*ott.*), magnifying power. **5.** fare un ~ (per es. di un disegno) (*fot.*), to blowup. **6.** ~ fotografico (*fot.*), photographic enlargement, blowup. **7.** apparecchio per ~ (*fot.*), enlarger. **8.** potere di ~ (di una lente per es.) (*ott.*), power. **9.** rapporto di ~ (di un pneumatico, rapporto tra raggio finale e raggio di costruzione) (*aut.*), blow-up ratio.

ingrandire (*gen.*), to enlarge. **2.** ~ (*ott.*), to magnify. **3.** ~ (una fotografia per es.) (*fot.*), to blow up.

ingrandito (*ott.*), magnified.

ingranditore (apparecchio per ingrandimenti) (*app. fot.*), enlarger.

ingranòfono (apparecchio per provare la rumorosità degli ingranaggi) (*strum. mecc.*), gear sound tester.

ingrassaggio (*mecc.*), greasing.

ingrassare (*mecc.*), to grease, to lubricate. **2.** ~ (concimare: la terra) (*agric.*), to fatten. **3.** ~ (saturare di grasso) (*ind. cuoio*), to pad. **4.** ~ (pelli) (*ind. cuoio*), to stuff. **5.** ~ a caldo (pelli) (*ind. cuoio*), to hot-stuff.

ingrassatore (*mecc.*), lubricator. **2.** ~ (raccordo per l'immissione di grasso: mediante ingrassatore a pressione per es.) (*mecc.*), grease nipple, lubricating nipple. **3.** ~ (per cuscinetti) (*mecc.*), grease cup. **4.** ~ (*op.*), greaser. **5.** ~ a pressione (a pompa o a vite), (*att. mecc.*), grease gun. **6.** ~ a pressione tipo stauffer (per lubrificare si avvita di qualche giro il coperchio pieno di grasso) (*mecc.*), compression cup. **7.** ~ Stauffer (*mecc.*), Stauffer lubricator.

ingrassatura (*mecc.*), greasing. **2.** ~ a tampone (nella lucidatura del legno) (*carp. - vn.*), bodying up.

ingratigliare (*nav.*), *vedi* ralingare.

ingratinare (*nav.*), *vedi* ralingare.

ingrediènte (*chim.*), ingredient. **2.** ~ da carica (nella mft. gomma) (*ind. gomma*), filler ingredient, bulking agent.

ingrèsso (*ed.*), entry. **2.** ~ di ripristino (entrata per ripristinare le condizioni originarie) (*elab.*), reset input. **3.** ~ in cascata (*elab.*), cascade entry. **4.** ~ posteriore (ingresso secondario) (*ed.*), back door. **5.** area di ~ (area della memoria riservata all'~ dei dati) (*elab.*), input area, input block. **6.** blocco di ~ (*elab.*), *vedi* area di ingresso. **7.** vietato l'~ (cartello di avvertimento), no admittance.

ingrèsso/uscita (si riferisce al passaggio di dati verso l'interno o verso l'esterno di un elab.) (*elab.*), input/output, I/O. **2.** controllo di ~ (*elab.*), input/output control. **3.** unità di ~ (*elab.*), input/output device, I/O unit.

ingripparsi (di un movimento meccanico) (*mecc.*), to seize, to bind. **2.** ~, *vedi anche* grippare.

ingrossamento (del grano) (*metall.*), coarsening. **2.** fragilità per ~ del grano (*metall.*), "Stead's" brittleness.

ingrossare (gonfiarsi) (*gen.*), to swell.

ingròsso, all'~ (di vendita per es.) (*comm.*), by wholesale, wholesale. **2.** prezzo all'~ (*comm.*), wholesale price. **3.** vendita all'~ (*comm.*), wholesale.

inguainare (*gen.*), to sheathe.

ingualcìbile (di un tessuto) (*a. - ind. tess.*), crease-resisting, no-crush.

ingualcibilità (*tess.*), crease resistance.

inguantare (coprire con un guanto) (*gen.*), to glove.

"inhour" (ora reciproca: unità di mis. della reattività di un reattore) (*fis. atom.*), inhour.

inibitore (catalizzatore negativo, sostanza che arresta una reazione chimica) (*chim.*), inhibitor. **2.** ~ (sostanza avente effetto negativo sulla luminescenza) (*chim.*), quencher. **3.** ~ (*a. - gen.*), inhibiting. **4.** ~ catalitico (*chim.*), negative catalyst.

inibitorio (*gen.*), inhibitory.

iniettare (*gen.*), to inject. **2.** ~ (siringare) (*gen.*), to syringe.

iniettato (*a. - gen.*), injected. **2.** ~ (la sostanza iniettata) (*s. - gen.*), injectant.

iniettore (*mecc.*), injector. **2.** ~ (per caldaia per es.) (*app. idr.*), injector, jet pump. **3.** ~ (di un motore diesel) (*mot.*), injector, injection valve (ingl.), vaporizer. **4.** ~ (di elettroni o lacune, in un semiconduttore) (*eltn.*), injector. **5.** ~ a getti collidenti (di motore di missile o razzo) (*missil.*), impinging jet injector. **6.** ~ a pernetto (di un motore diesel) (*mot.*), pintle injector. **7.** ~ a rosa di fori (per la camera di combustione del motore di un missile) (*missil.*), shower head injector, showerhead nozzle. **8.** ~ a vapore di scarico (di caldaia per es.), exhaust steam injector. **9.** ~ a vortice (di motore di missile) (*missil.*), swirl injector. **10.** ~ d'acqua (di una locomotiva a vapore) (*ferr.*), water injector. **11.** ~ (della) sabbiera (*ferr.*), sandbox injector. **12.** ~ di premiscelazione (per la miscelazione dei propellenti prima dell'iniezione nella camera di combustione del motore del missile) (*missil.*), premix injector.

iniezione (*gen.*), injection. **2.** ~ (della nafta in un motore per es.), injection. **3.** ~ (per la preservazione del legno) (*legn.*), injection. **4.** ~ (p. es.: di elettroni o lacune in un semiconduttore) (*eltn.*), injection. **5.** ~ di acqua (in un motore a reazione), water injection. **6.** ~ di acqua e metanolo (*mot. aer.*), methanol and water injection. **7.** ~ di cemento sotto pressione (*ed.*), grouting. **8.** ~ diretta (iniezione meccanica di nafta nella camera di combustione di un motore diesel) (*mot.*), solid injection, direct injection, airless injection. **9.** ~ diretta di combustibile liquido nel cilindro ("cicchetto" dato a un motore per facilitarne l'avviamento per es.) (*mot.*), priming. **10.** ~ d'olio di catrame sotto pressione (*tratt. legn.*), creosote injection under pressure. **11.** ~ elettronica di carburante (*mot. - ant.*), electronic fuel injection, EFI. **12.** ~ ipodermica (*med.*), hypodermic injection. **13.** ~ per mezzo di aria (iniezione di combustibile) (*mot. diesel*), air injection. **14.** capacità d'~ (in peso, grammatura, di una macchina per stampaggio ad iniezione) (*ind. plastica*), injection capacity. **15.** impianto di ~ (del combustibile: pompa, valvola, iniettori ecc.) (*mot. diesel*), fuel injector.

ininfiammàbile (non infiammabile) (*a. - gen.*), uninfiammable, nonflammable.

ininterrotto (continuo, di 24 ore su 24 ore: di un servizio di sorveglianza per es.) (*a. - gen.*), around-the-clock.

iniziale (*a. - gen.*), initial. **2.** ~ (lettera) (*s. - tip.*), initial letter. **3.** ~ ornata (lettera con fregi) (*tip.*), swash letter.

inizializzare (predisporre quanto necessario per iniziare una nuova ricezione di dati: p. es. su di una unità periferica) (*elab.*), to initialize. **2.** ~ con autocaricamento (innescare la procedura di autocaricamento o trasferimento di programmi in memoria principale) (*elab.*), to bootstrap.

inizializzato (predisposto per il funzionamento) (*a. - elab.*), preset. **2.** non ~, *vedi* non formattato.

inizializzazione (il predisporre quanto necessario al sistema, o al sottosistema, per l'inizio di un nuovo lavoro) (*elab.*), initialization, startup. **2.** ~, *vedi anche* formattazione.

iniziare (*gen.*), to start, to begin. **2.** ~ (intentare, un'azione legale) (*leg.*), to institute. **3.** ~ (dare avvio ad una operazione che viene eseguita da altro dispositivo) (*s. - elab.*), to trigger, to initiate. **4.** ~ le ostilità (*milit.*), to take arms.

iniziativa (*gen.*), enterprise, initiative. **2.** ~ privata (libera ~) (*sistema econ.*), private enterprise, free enterprise. **3.** ~ rischiosa (speculazione) (*comm. - finanz.*), venture. **4.** libera ~ (~ privata) (*sistema econ.*), free enterprise.

inizio (*gen.*), start, beginning. **2.** ~ (di un nastro per es.) (*macch. ut. a c. n. - ecc.*), leading end. **3.** ~ del profilo attivo (dei denti di ingranaggio) (*mecc.*), start of active profile, SAP. **4.** ~ di picchiata (*aer.*), pushover. **5.** dare ~ (p. es. al trasferimento di dati) (*elab.*), to initiate.

innaffiare, to water, to sprinkle.

innaffiatoio (*att.*), watering pot, sprinkler.

innaffiatrice (*veic.*), sprinkler, flusher. **2.** ~ stradale (*aut.*), road watering vehicle, road sprinkler.

innalzamento (*ind.*), elevation. **2.** ~ del pelo d'acqua (*idr.*), raising of the water level.

innalzare (*fis.*), to heighten.

innaspamento (aspatura) (*ind. tess.*), reeling. **2.** ~ a due fili (aspatura a due fili) (*ind. tess.*), double-end reeling. **3.** ~ incrociato (aspatura incrociata) (*ind. tess.*), crossed reeling. **4.** ~, *vedi anche* aspatura.

innaspare (*ind. tess.*), to reel.

innescare (un arco in una saldatura elettrica per es.) (*elett.*), to strike. **2.** ~ (una azione che poi continua) (*eltn.*), to trigger. **3.** ~ (un esplosivo per es.) (*espl.*), to prime.

innèsco (*espl.*), primer. **2.** ~ (di una lampada a vapori di mercurio) (*elett.*), striking. **3.** ~ (trattamento di un liquido con particelle solide per indurre la cristallizzazione) (*mft. zucchero - ecc.*), seeding. **4.** ~ (di una frattura nell'acciaio) (*metall.*), initiation. **5.** ~ (in banda audio: oscillazione audio disturbatrice) (*difetto telef.*), singing. **6.** ~ (nei transistori: difetto) (*eltn.*), hook. **7.** ~ dell'arco (*elett. - ecc.*), arc striking. **8.** a ~ centrale (di una cartuccia) (*espl.*), center-fire, central fire.

innestare (*mecc.*), to engage, to pitch. **2.** ~ (un ramo di una pianta per es.) (*agric.*), to graft. **3.** ~ la frizione (*aut.*), to engage the clutch. **4.** ~ (o ingranare) la marcia superiore (*aut.*), to upshift.

innestato-disinnestato (di un giunto meccanico ecc.) (*mecc.*), on-off.

innèsto (*mecc.*), clutch, coupling. **2.** ~ (*agric.*), graft, scion (ingl.), cion (am.). **3.** ~ a baionetta (giunto a baionetta) (*mecc. - ecc.*), bayonet joint. **4.** ~ a cono (*mecc.*), cone coupling, bevel coupling. **5.** ~ a denti (*mecc.*), claw clutch, dog clutch. **6.** ~ a fluido magnetico (mediante particelle magnetiche sospese in olio per es.) (*mecc.*), magnetic fluid clutch. **7.** ~ a frizione (*aut. - mecc.*), friction clutch. **8.** ~ a frizione, *vedi anche* frizione. **9.** ~ a frizione di sicurezza (innesto a frizione che consente lo scorrimento al di sopra di una determinata coppia: su una pressa meccanica per es.) (*mecc.*), slip coupling, slip clutch. **10.** ~ a griffe a spirale (~ che permette un accoppiamento dolce) (*mecc.*), spiral-jaw clutch. **11.** ~ a griffe quadre (*mecc.*), square-jaw clutch. **12.** ~ a occhio (della vite per es.) (*agric.*), whip graft. **13.** ~ a pioli (*mecc.*), pin clutch. **14.** ~ a spacco (della vite per es.), (*agric.*), cleft graft. **15.** ~ conduttore (fra mot. elett. e mot. a c.i. per es.) (*mecc.*), driving dog. **16.** ~ di divisione (di una dentatrice stozzatrice per es.) (*mecc. - macch. ut.*), dividing clutch. **17.** ~ di parcheggio (di autoveicolo a cambio automatico) (*aut.*), "lock-up" clutch. **18.** ~ di sicurezza (*mecc.*), slip clutch. **19.** ~ femmina (per una spina elettrica per es.) (*elett.*), receptacle. **20.** ~ meccanico (innesto a denti) (*mecc.*), positive clutch. **21.** ~ (o griffa) per l'avviamento (*mot.*), starting dogs. **22.** copolimero ad ~ (*chim.*), graft copolymer.

innevamento (la condizione di essere ricoperto di neve) (*s. - meteorol.*), snowiness. **2.** da ~ artificiale (detto di cannoni, o di altri mezzi, che producono neve artificiale) (*a. - att. per sport*), snowmaking.

innevatore artificiale (tipo di cannone, che utilizza aria ed acqua, per produrre neve artificiale per l'innevamento delle piste) (*macch. sport.*), snowmaker.

innòcuo (*a. - gen.*), harmless.

innovatore (*gen.*), innovator. **2.** ~ dei consumi (consumatore sperimentale di nuovi prodotti) (*comm.*), consumer innovator.

inoculante (*s. - fond. - ecc.*), inoculant.

inoculazione (*med. - fond. - ecc.*), inoculation.

inodoro (*a. - gen.*), odorless, scentless.

inoffensivo (non pericoloso) (*a. - gen.*), nondangerous.

inoltrare (una pratica per es.) (*leg. - amm.*), to forward.

inoltro (*amm.*), forwarding.

inondare (*idr.*), to inundate, to flood.

inondazione (*idr.*), inundation, flood.

inoperosità (di una macchina, dovuta a revisione o riparazione per es.) (*ind.*), outage.

inoperoso (di stabilimento, utensile ecc.), standing, idle.

inorgànico (*a. - chim.*), inorganic.

inossidàbile (*chim.*), inoxidizable. **2.** ~ (di acciaio per es.) (*metall.*), stainless.

inquadrare (una immagine proiettata per es.) (*cinem.*), to frame. **2.** ~ (*tip.*), *vedi* giustificare.

inquadratore (*cinem.*), framing device.

inquadratura (*cinem.*), shot. **2.** ~ (*tip. - elab.*), *vedi* giustificazione. **3.** ~ a piombo (*cinem.*), straight-down shot. **4.** ~ d'immagine (*cinem.*), framing.

inquartazione (quartazione, processo di separazione dell'oro dall'argento) (*metall.*), quartation, inquartation.

in-quarto (in 4°, misura di carta) (*tip.*), quarto.

inquilino (*comm.*), lodger.

inquinamento (dell'acqua per es.), pollution. **2.** ~ (dell'atmosfera, a causa dei gas di scarico delle automobili per es.) (*ecol.*), pollution, polluting. **3.** ~ acustico (inquinamento da rumore) (*ecol.*), noise pollution, sound pollution. **4.** ~ da rumore, *vedi* inquinamento acustico. **5.** ~ termico (del patrimonio idrico per es.: scarico di acqua industriale ad alta temperatura in un lago, in mare ecc.) (*ecol.*), thermal pollution.

inquinante (contenuto nel gas di scarico dei motori per es.) (*s. - ecol.*), pollutant. **2.** carico di sostanze inquinanti (dell'acqua per es.) (*ecol.*), pollution load.

inquinare (l'acqua per es.) (*ecol.*), to pollute, to contaminate.

inquinato (contaminato) (*gen.*), contaminated, polluted.

insabbiamento (*gen.*), sanding.

insabbiare (*gen.*), to sand.

insaccare (il cemento per es.) (*ind. - agric.*), to sack.

insaccato (in sacchi, cemento per es.) (*ind.*), sacked.

insaccatrice (*macch.*), sack filling machine, sacking machine, sacker. **2.** ~ -pesatrice (*macch.*), sacking weigher.

insaccatura (ricolata: difetto nella verniciatura a spruzzo) (*vn.*), sagging (am.).

insacchettatrice (*macch. ind.*), bag-filling machine.

insacchettatura (*ind.*), bag-filling.

"insaldare" (inamidare) (*ind. tess.*), to starch.

insaponare (*gen.*), to soap.

insaponificàbile (*chim.*), unsaponifiable.

insaturo (di un diodo, transistore ecc.) (*a. - eltn.*), unsaturated.

inscatolamento (in scatole di cartone) (*imballaggio*), cartoning. **2.** ~ (in scatole di latta) (*ind.*), canning.

inscatolare (mettere in scatole di latta) (*ind.*), to tin, to can.

inscatolatrice (*macch.*), boxing machine. **2.** ~ (in scatole di latta) (*macch.*), canning machine. **3.** ~ (in scatole di cartone) (*macch. imballaggio*), cartoning machine.

inscritto, iscritto (*geom.*), inscribed.

inscrivere, iscrivere (*geom.*), to inscribe. **2.** ~ (predisporre i dati in modo che possono essere letti da un lettore ottico, o magnetico) (*elab.*), to inscribe.

inscrizione, iscrizione (la predisposizione di documenti in una forma leggibile da lettore ottico o magnetico) (*elab.*), inscription.

insediamento (in un ufficio per es.) (*gen.*), installation, appointment.

insediare (mettere in un ufficio per es.) (*gen.*), to install, to appoint.

insegna (cartello: di un negozio per es.) (*comm.*), sign, facia. **2.** insegne (guidone distintivo della società armatrice su navi mercantili o dell'ammiraglio su navi da guerra) (*nav. - mar. milit.*), standard. **3.** ~ aerotrainata (scritta aerotrainata) (*pubbl.*), sky sign. **4.** ~ luminosa (alla sommità di

un edificio) (pubbl.), sky sign. **5.** ~ luminosa animata (*pubbl.*), spectacular.
insegnamento (istruzione) (*scuola*), instruction, teaching. **2.** metodo di ~ (*ind. - ecc.*), teaching method.
insegnare (*scuola - ecc.*), to teach. **2.** macchina per ~ (*eltn. - macch.*), teaching machine.
inseguimento (di un bersaglio mobile per es.) (*radar - ecc.*), tracking. **2.** ~ automatico (di un bersaglio per es.) (*radar - ecc.*), auto-tracking.
inseguire (*milit.*), to pursue.
inseguitore solare (apparecchiatura destinata a mantenere un orientamento costante verso il sole, di un fianco del veicolo spaziale) (*astric.*), sunseeker, sun follower.
insellamento (*costr. nav.*), *vedi* insellatura.
insellarsi (cedere al centro) (*costr. nav. - costr. aer.*), to sag.
insellato (*costr. nav.*), sagged.
insellatura (cedimento centrale dell'asse longitudinale: di una aeronave per es.) (*costr. aer.*), sag. **2.** ~ (cava al vertice inferiore del giunto saldato, dovuta ad insufficiente penetrazione) (*difetto saldatura*), root groove. **3.** ~ (abbassamento al centro dello scafo) (*costr. nav.*), sagging.
insenatura (cala, calanca) (*mare*), cove, bayou.
insensibile (*gen.*), insensitive.
insensibilità (*gen.*), insensitiveness.
inseparabile (*gen.*), inseparable.
inserimento (*gen.*), insertion. **2.** ~ (di un satellite in orbita per es.) (*missil.*), insertion, injection. **3.** ~ (di dati di un testo per es.) (*elab.*), insert. **4.** ~ differito (entrata differita dalla unità di elaborazione centrale ad un sottoprogramma per es.) (*elab.*), deferred entry.
inserire (*gen.*), to insert. **2.** ~ (*elett.*), to connect, to plug in, to cut in. **3.** ~ (un circuito) (*elett.*), to tap, to cut in, to connect. **4.** ~ (un satellite in orbita per es.) (*astric.*), to inject, to insert. **5.** ~ fogli antiscartino (*tip.*), to slip-sheet. **6.** ~ in derivazione (*elett.*), to connect in parallel. **7.** ~ l'accensione (dare il contatto: per l'accensione) (*mot.*), to turn on the ignition. **8.** ~ la spina (*elett.*), to plug in. **9.** ~ le maiuscole (spostando il carrello) (*macch. per scrivere*), to shift.
inserito (di interruttore elettrico che si trovi in posizione di: chiuso) (*elett.*), on. **2.** ~ (sistemato; di oggetto piazzato stabilmente e proveniente da un altro costruttore: una vasca da bagno per es.) (*a. - ed. - ecc.*), set-in.
inseritore (*app. elett.*), connector, circuit-closing switch.
inseritrice (di schede perforate provenienti da diverse fonti) (*elab.*), collator.
inserto (*cinem.*), insert. **2.** ~ (elemento metallico piazzato nella forma, per essere incorporato nel pezzo fuso) (*fond.*), insert. **3.** ~ (foglietto volante inserito tra i fogli di una rivista per es.) (*tip.*), insert.
inservibile (fuori uso) (*gen.*), unserviceable.
inserzione (*gen.*), insertion. **2.** ~ (*elett.*), connection. **3.** ~ (*elab.*), collation. **4.** ~ della doppia passata (in una dentatrice per es.) (*mecc. - macch. ut.*), setting of the double cut. **5.** ~ della trama (*ind. tess.*), picking. **6.** ~ del nastro di carta (in un registratore) (*strum.*), charting. **7.** ~ di Aron (circuito di misura Aron) (*elett.*), Aron measuring circuit. **8.** ~ incorniciata (in un giornale, per es.) (*pubbl.*), boxed advertisement. **9.** ~ isolata (in un quotidiano per es.) (*pubbl.*), solus advertisement. **10.** ~ pubblicitaria (*pubbl.*), advertisement. **11.** ~ pubblicitaria occupante due pagine (*pubbl.*), double truck. **12.** ~ raggruppata (*pubbl.*), group advertisement.
inserzionista (*pubbl.*), advertiser.
insetticida (*ind. chim.*), insecticide.
insième (complesso di elementi diversi considerati panoramicamente) (*gen.*), ensemble, assemblage, whole. **2.** ~ (aggregato, classe, collezione, una serie di elementi matematici) (*s. - mat.*), aggregate, set, manifold, collection. **3.** ~ (complessivo) (*mecc.*), assembly. **4.** ~ (un gruppo: p. es. di istruzioni) (*s. - elab.*), set. **5.** ~ allineato (schiera, fila: di antenne per es.) (*radio - gen.*), colinear array. **6.** ~ aritmetico strutturato (~ di dati aritmetici) (*elab.*), arithmetic array. **7.** ~ complementare (relativo a insiemi matematici) (*mat.*), complement. **8.** ~ delle apparecchiature, allacciamenti e circuiti (destinati ad uno specifico scopo) (*elett. - eltn.*), hookup. **9.** ~ delle soluzioni (*mat.*), solution set. **10.** ~ denso (*mat.*), dense aggregate. **11.** ~ di elementi logici indirizzabili (o programmabili) (*elab.*), uncommitted logic array, ULA. **12.** ~ di punti (*mat.*), point set. **13.** ~ di supporti (*mecc.*), bracketting, group of bracktes. **14.** ~ di un solo elemento (*mat.*), singleton. **15.** ~ di valori di verità (*mat.*), truth set. **16.** ~ perfetto (*mat.*), perfect aggregate. **17.** ~ tabellabile (un raggruppamento di dati disposti in modo regolare e ordinato sotto forma di tabella) (*elab.*), array.
insignificante (trascurabile) (*a. - gen.*), negligible.
insilamento (*agric.*), ensilage.
insilare (immagazzinare in silos) (*ind.*), to ensile, to silo.
insilatore (*macch.*), ensiler.
insilatrice ad aria soffiata (di foraggio per es.) (*macch. agric.*), ensilage blower.
insoddisfazione (nel lavoro) (*pers.*), grievance, unsatisfaction in work.
insolazione (esposizione ai raggi solari ed anche entità di radiazioni solari per unità di superficie orizzontale) (*gen. - energia solare*), insolation.
insolùbile (*chim.*), insoluble.
insolubilità (*chim.*), insolubility.
insolvènte (*comm.*), insolvent.
insolvenza (insolvibilità) (*comm.*), insolvency.
insolvìbile (*comm.*), insolvent.
insolvibilità (*comm.*), insolvency.
insonorizzante, *vedi* isolante acustico.
insonorizzare, *vedi* isolare acusticamente.

insonorizzato, *vedi* isolato acusticamente.

insonorizzazione, *vedi* isolamento acustico.

instàbile (*a. - gen.*), unstable, instable. **2.** ~ (detto di composti) (*a. - chim.*), unstable. **3.** ~ (difetto di film durante la proiezione: l'immagine "balla") (*a. - cinem.*), unsteady. **4.** ~ (*illum.*), unsteady. **5.** equilibrio ~ (*fis.*), unstable equilibrium.

instabilità (*chim. - fis. - psicol.*), unstability, unsteadyness. **2.** ~ (*aer. - ed.*), instability. **3.** ~ dell'immagine in (direzione) orizzontale (*difetto telev.*), horizontal hunting. **4.** ~ dell'immagine in (direzione) verticale (*difetto telev.*), vertical hunting. **5.** ~ di deriva (instabilità universale, dovuta a deriva diamagnetica del plasma) (*fis. atom.*), drift instability, universal instability. **6.** ~ direzionale (*aer.*), directional instability. **7.** ~ di rigonfiamento (*fis. dei plasmi*), ballooning instability. **8.** ~ di rollìo (instabilità laterale) (*aer.*), rolling instability. **9.** ~ di spirale (determinante una scivolata combinata ad uno sbandamento) (*aer.*), spiral instability. **10.** ~ divergente (*veic.*), divergent instability. **11.** ~ laterale (instabilità di rollìo) (*aer.*), lateral instability. **12.** ~ longitudinale (*aer.*), longitudinal instability. **13.** ~ longitudinale allo stallo (*aer.*), pitch up. **14.** ~ oscillatoria (*veic.*), oscillatory instability. **15.** ~ universale (instabilità di deriva, dovuta a deriva diamagnetica del plasma) (*fis. atom.*), universal instability, drift instability.

installare (un motore su un aeroplano per es.) (*aer.*), to install. **2.** ~ (un impianto di illuminazione per es.) (*ind.*), to install, to fix, to set up.

installato (*elett. - ecc.*), installed.

installatore (di un impianto elettrico per es.) (*op. - elett. - ecc.*), installer. **2.** ~ dell'isolante termico (operaio specializzato nell'isolamento termico di oleodotti ecc.) (*lav. ind. petrolifera*), logger. **3.** ~ di carta da parati (*op. ed.*), paperhanger.

installazione (*ind.*), installation, installment. **2.** ~ (di un motore su di un aeromobile per es.) (*mot. aer.*), installation. **3.** ~ (di un impianto luce, riscaldamento ecc.) (*ind. - ed.*), installation. **4.** ~ della rete di collegamento (*elab.*), networking.

installazioni ed accessori (*sistemazioni ind.*), fixtures and fittings.

instradamento (assegnazione del percorso di trasmissione dei dati) (*s. - elab.*), routing. **2.** ~ alternativo (*elab.*), alternative routing. **3.** ~ di messaggi (smistamento messaggi per le opportune vie) (*elab.*), message routing. **4.** ~ principale (*tlcm.*), basic routing. **5.** tabella di ~ (*tlcm.*), routing table.

instradatore (p. es. un programma ~) (*tlcm.*), router.

insudiciare (*gen.*), to soil.

insufficienza (di salario per es.) (*lav. - pers.*), inadequacy.

insufflamento (iniezione, di ossigeno per es.) (*gen.*), injection, blowing in. **2.** ~ di vapore (in pozzi di petrolio) (*min.*), steam flooding.

insufflare, to blow in. **2.** ~ aria (per alimentare la combustione per es.), to blow in air.

insulare (*a. - geogr.*), insular.

intaccare con acidi (per esame della struttura dei metalli) (*metall.*), to etch. **2.** ~ (intagliare tacche ecc.) (*gen.*), to nick.

intaccatura (*gen.*), indentation. **2.** ~ (tacca scavata) (*mecc.*), indentation, notch, nick. **3.** ~ (fatta con un'accetta per es.) (*carp.*), kerf. **4.** ~ (alveolo, puntinatura: dovuta a corrosione) (*difetto metall.*), pit. **5.** a intaccature marginali (a intaccature dentellate sul bordo: di schede perforate per es.) (*a. - elab.*), edge-notched, margin-notched. **6.** ~ *vedi anche* intacco.

intacco (intaccatura) (*gen.*), indentation. **2.** ~ di coda (segno di coda, intaccatura di coda; sulla superficie di un pezzo laminato, dovuto all'impronta causata sui cilindri dalle estremità fredde della barra) (*metall.*), tail mark.

intagliare (*falegn.*), to carve. **2.** ~ (*gen.*), to nick. **3.** ~ (sottoscavare, la roccia) (*min.*), to bear in, to hole, to kirve.

intagliato (*a. - falegn.*), carved.

intagliatore (*falegn.*), carver. **2.** ~ di stampi per caratteri tipografici (*op. tip.*), type cutter.

intagliatrice (tagliatrice, tracciatrice, sottoescavatrice) (*macch. min.*), cutting machine, cutter.

intagliatura (sui bordi di uno sviluppo in lamiera per es.) (*lav. lamiera*), notching. **2.** ~ (incisione, su una barra per es.) (*tecnol.*), nicking.

intaglio (*falegn.*), carving. **2.** ~ (di provetta per prove di resilienza) (*mecc.*), notch. **3.** ~ (*gen.*), nick. **4.** ~ (scanalatura, canale di spoglia, di una punta elicoidale per es.) (*ut.*), flute. **5.** ~ (tranciatura di intaglio di una lamiera) (*tecnol. mecc.*), notching. **6.** ~ (intagliatura, di un pezzo di lamiera) (*lav. lamiera*), notching. **7.** ~ (un metodo di stampa) (*tip.*), intaglio, printing. **8.** ~ (*arch.*), entail. **9.** ~ a chiavetta (di provetta usata per prove di resilienza Charpy) (*tecnol. mecc.*), keyhole notch. **10.** ~ a croce (sulla testa di viti commerciali) (*mecc.*), Phillips slot. **11.** ~ a V (lavorazione legno) (*carp.*), V notch. **12.** ~ (o fenditura) di registrazione (*elettroacus.*), recording slit. **13.** ~ (o fenditura) di riproduzione (*elettroacus.*), reproducing slit. **14.** ~ Mesnager (intaglio a U) (*tecnol. mecc.*), Mesnager notch. **15.** ~ nell'anello (del disco) (*elab.*), sector slot. **16.** esecuzione di ~ (o tacca, ad un provino per es.) (*mecc.*), notching. **17.** lavoro ornamentale di ~ (fatto in legno, avorio, metallo ecc.) (*arte*), recess engraving, tooling. **18.** sensibilità all'~ (*metall.*), notch sensitivity. **19.** senza ~ (provino) (*prove materiali*), unnotched. **20.** tenacità all'~ (elevata resistenza alla rottura all'applicazione improvvisa di carichi in un intaglio) (*tecnol. materiali*), notch toughness.

intarsiare, to inlay.

intarsiato (*a.*), inlaid, intarsiate.

intarsio (*falegn.*), marquetry, intarsia.

intasamento (inconveniente non voluto: di un tub

per es.), stoppage, clogging, clog. **2.** ~ (riempimento di foro da mina con materiale inerte) (*min. - espl.*), stemming (ingl.), tamping. **3.** ~ di una testina video (*audiovisivi*), video head clogging.
intasare (un tubo per es.), to obstruct, to clog. **2.** ~ (riempire un foro da mina con materiale inerte) (*min. - espl.*), to tamp.
intasarsi (di un tubo per es.), to clog. **2.** ~ (di una mola) (*mecc.*), to gum, to clog.
intasato (ostruito) (*gen.*), obstructed, clogged. **2.** ~ (impanato, impastato: di mola per es.) (*ut.*), gummed, clogged.
intasatore (per fori da mina) (*ut. min.*), tamper, tamping bar.
intasatura (di tubo per es.), stoppage, clogging, clog.
integrafo (apparecchio per il tracciamento della curva integrale di una data curva) (*mat.*), integraph.
integrale (*s. - mat. - a. gen.*), integral. **2.** ~ di Riemann (*mat.*), Riemann integral. **3.** ~ particolare (di una equazione differenziale) (*mat.*), particular solution.
integrare (*mat. - gen.*), to integrate. **2.** ~ (aggiungere quanto risulti necessario) (*comm. - gen.*), to supplement.
integrato (*a. - mat.*), integrated. **2.** circuito ~ (circuito a stato solido) (*eltn.*), integrated circuit, IC.
integratore (apparecchio integratore: il planimetro per es.) (*strum. di mis.*), integrator. **2.** ~ (app. che con mezzi elettronici esegue operazioni corrispondenti a quelle del calcolo integrale) (*elab.*), integrator. **3.** strumento ~ (contatore) (*strum.*), integrating meter.
integrazione (*mat.*), integration. **2.** ~ a media scala (da 10 a 100 funzioni circuitali su di una sola piastrina di silicio) (*eltn.*), MSI, Medium-Scale Integration. **3.** ~ economica (*economia*), economic integration. **4.** ~ monolitica su larga scala (da 100 a 1000 funzioni circuitali su di una sola piastrina di silicio) (*eltn.*), LSI, Large-Scale Integration. **5.** ~ su piccola scala (di circuiti integrati contenenti fino a 10 funzioni circuitali su di una sola piastrina di silicio) (*eltn.*), SSI, Small-Scale Integration. **6.** ~ su scala di wafer (*elab.*), wafer scale integration, WSI. **7.** ~ su scala molto larga (con più di 1000 funzioni circuitali su di una sola piastrina di silicio) (*eltn.*), VLSI, Very Large-Scale Integration. **8.** ~ su scala ultra larga (*elab.*), Ultra Large-Scale Integration, ULSI. **9.** ~ su scala superlarga (con oltre 100 000 funzioni circuitali su di una sola piastrina di silicio) (*eltn.*), SLSI, Super Large-Scale Integration. **8.** cassa ~ (salari) (*pers. - lav.*), temporary non-occupation compensation fund.
integro-differenziale (di equazione per es.) (*a. - mat.*), integrodifferential.
intelaiare (incorniciare) (*gen.*), to frame.
intelaiatura (*mecc.*), framework, trestle. **2.** ~ (*c. a.*), skeleton. **3.** ~ (di una costruzione) (*ed.*), framework, fabric. **4.** ~ (*falegn.*), framework. **5.** ~ (di finestra o di porta a vetri) (*ed.*), sash. **6.** ~ (a traliccio) (*carp.*), lattice, latticework, trestle. **7.** ~ antinarcamento (*costr. nav.*), hogframe. **8.** ~ della porta (*falegn.*), doorcase. **9.** ~ di coffa (*nav.*), hounds. **10.** ~ di collegamento alla fusoliera (propria degli aerei ad ala alta per es.) (*aer.*), cabane. **11.** ~ di fondazione (in travi di legno o di ferro) (*sc. costr.*), grillage. **12.** ~ di sostegno (di dirigibili in costruzione, navi ecc.), cradle. **13.** ~ di sostegno (dei piani di coda) (*aer.*), outrigger.
intelligente (p. es. di un terminale che possiede una autoprogrammazione) (*a. - elab.*), intelligent, smart. **2.** non ~ (p. es. di un terminale senza memoria programmabile) (*a. - elab.*), dumb.
intelligenza (*s. - gen.*), intelligence. **2.** ~ distribuita (elaborazione distribuita fra vari elaboratori, terminali ecc.) (*elab.*), distributed intelligence.
intelligenza artificiale (riferito alla macchina) (*elab. - eltn.*), artificial intelligence, AI.
intelligibilità (misura della qualità di una comunicazione telefonica) (*elettroacus.*), intelligibility, articulation. **2.** indice di ~ (*acus.*), articulation index.
intensificare (*gen.*), to intensify.
intensificazione (*gen.*), intensification.
"intensimetro" (per la misura di radiazioni) (*fis. atom. - radioatt.*), dosimeter, dose meter.
intensità (*gen.*), intensity. **2.** ~ (*fis.*), intensity. **3.** ~ (esprimente il concetto di velocità di conteggio) (*fis. atom.*), counting rate. **4.** ~ (di suono) (*acus.*), intensity. **5.** ~ (forza: di un negativo) (*fot.*), intensity. **6.** ~ acustica (*acus.*), sound intensity. **7.** ~ del campo (*fis.*), field intensity, field strength. **8.** ~ del campo elettrico (*elett.*), electric field intensity (or strength), electric intensity. **9.** ~ del campo magnetico (*elett.*), magnetic field intensity, magnetic field strength, magnetic intensity. **10.** ~ del flusso magnetico (*elett.*), magnetic flux density. **11.** ~ dell'interferenza (intensità del campo disturbatore) (*radio interferenza*), noise field intensity. **12.** ~ del nero (livello del nero) (*telev.*), black level. **13.** ~ del vento (*meteor.*), force of the wind. **14.** ~ di corrente (*elett.*), current intensity, current strength. **15.** ~ di magnetizzazione (*elett.*), magnetization, intensity of magnetization. **16.** ~ di pallinatura (*tecnol. mecc.*), shot peening intensity. **17.** ~ energetica (forza radiante misurata in watt per steradiante) (*fis.*), radiant intensity. **18.** ~ luminosa (*telev. - fis. - illum.*), luminous intensity, lighting power. **19.** ~ luminosa (in candele) (*fis. - illum.*), candlepower. **20.** ~ luminosa media emisferica (*fis. - illum.*), mean hemispherical candle power. **21.** ~ luminosa media sferica (*fis. - illum.*), mean spherical candle power, MSCP. **22.** ~ luminosa specifica (*fis. - illum.*), specific luminous intensity. **23.** ~ orizzontale media (*fis. - illum.*), mean horizontal intensity. **24.** ~ polare (*elett. mecc.*), pole strength. **25.** ~ sferica media (*illum.*), mean spherical intensity. **26.** che ha uguale ~ di suono (*acus.*), isacoustic.
intenso (vivo) (*colore*), live, vivid, bright.

intentare (iniziare un'azione legale) (*leg.*), to institute.
intenzionale (volontario) (*gen.*), intentional.
interagire (*gen.*), to interact.
interallacciamento (*telev.*), interlacing. **2.** ~ per (analisi di) punti (*telev.*), dot interlacing. **3.** fattore di ~ (*telev.*), interlacing factor.
interallacciare (*eltn.* - *elab.*), to interlace.
interasse (*mecc.*), distance between centers. **2.** ~ (*mecc.* - *veic.*), axle base, wheel base.
interassiale (*dis. arch.* - *ecc.*), interaxial, interaxal.
interatomico (distanza per es.) (*fis.*), interatomic.
interattivo (di un sistema di comunicazione a doppia via: p. es. fra un terminale e l'elaboratore) (*a.* - *elab.* - *telef.* - *ecc.*), interactive.
interazione (*gen.*), interaction. **2.** ~ debole (tra particelle elementari) (*fis. atom.*), weak interaction, weak force. **3.** ~ elettromagnetica (*fis. atom.*), electromagnetic interaction. **4.** ~ forte (riguarda gli adroni, è la più forte tra le particelle elementari) (*fis. atom.*), strong interaction. **5.** ~ gravitazionale (la forza più debole tra le particelle elementari) (*fis. atom.*), gravitational interaction.
intercalare (*gen.*), to insert, to intercalate. **2.** ~ (p. es. ~ la carta carbone tra altri fogli di carta per ottenere più copie) (*scrittura a macchina*), to interleave. **3.** ~ (alternare: per es. l'utilizzazione di una risorsa ecc.) (*elab.*), to interleave.
intercambiàbile (di pezzo meccanico per es.) (*gen.*), interchangeable. **2.** produzione ~ (produzione realizzata entro predeterminate tolleranze dimensionali) (*ind. mecc.*), interchangeable manufacturing.
intercambiabilità (*gen.*), interchangeability, interchangeableness.
intercapèdine (*gen.* - *ed.* - *nav.*), interspace, air space, hollow space. **2.** ~ (p. es. lo spazio vuoto tra due pareti tra loro vicinissime) (*ed.*), dear-air space. **3.** ~ di aria (mantello di aria racchiuso, p. es., attorno ad un tubo caldo per ridurne la perdita di calore) (*isolante term.*), air casing. **4.** ~ (*ed.*), *vedi anche* camera d'aria. **5.** parete con ~ (*mecc.*), cavity wall.
intercettare (*gen.*), to intercept.
intercettazione (*gen.*), interception. **2.** ~ controllata da terra (*aer. milit.*), ground-controlled interception, GCI. **3.** dispositivo di ~ (*polizia*), wiretap. **4.** operazione di ~ (telefonica) (*polizia*), wiretap.
intercettore (aereo veloce da caccia contro gli aerei da bombardamento) (*aer.*), interceptor. **2.** ~ (diruttore: aletta mobile situata al di sopra della superficie superiore di un'ala) (*aer.*), spoiler.
intercollegare (*mecc.*), interconnect.
intercolonnio, intercolunnio (*arch.*), intercolumniation.
intercombustore (combustore intermedio tra gli stadi della turbina di un motore a turbogetto) (*mot. aer.*), interheater.
intercomunicante (passaggio tra due carrozze) (*ferr.*), vestibule (am.), gangway between coaches (ingl.). **2.** treno con carrozze intercomunicanti (*ferr.*), vestibule train (am.).
intercomunicazione (impianto di comunicazione fra differenti stazioni) (*aer.*), intercommunication.
interconnessione (*elett.*), interconnection.
interconnettore (tubo di collegamento tra le camere di combustione adiacenti di un motore a turbogetto) (*aer. mot.*), interconnector.
intercontinentale (*gen.*), intercontinental.
intercristallino (*a.* - *metall.*), intercrystalline.
interdendritico (*a.* - *metall.*), interdendritic.
interdipèndente (asservito, interbloccato) (*elett.* - *mecc.*), interlocked.
interdipendenza (*gen.*), interdependence, interdependency.
interdire (rifiutare per es. l'accesso) (*elab.*), to deny.
interdizione (blocco, di un comando, per sicurezza per es.) (*elettromecc.* - *ecc.*), lock. **2.** ~ (*milit.*), interdiction. **3.** tiro d' ~ (*milit.*), interdiction fire.
interessare (*gen.*), to interest. **2.** a chi può ~ (*gen.*), to whom it may concern, TWIMC.
interessato (*a.* - *gen.*), interested.
interesse (*finanz.*), interest. **2.** ~ composto (*finanz.*), compound interest. **3.** ~ maturato (~ guadagnato ma non ancora pagato) (*amm.* - *banca*), accrued interest. **4.** ~ passivo (*finanz.*), paid interest. **5.** ~ semplice (*finanz.*), simple interest. **6.** ~ versato da chi pospone la consegna di titoli (*finanz.*), backwardation. **7.** conflitto di interessi (*gen.*), conflict of interests.
interessenza (partecipazione agli utili) (*ind.*), profit sharing. **2.** ~ (partecipazione agli utili) (*nav.*), lay (am.).
interfaccia (il dispositivo per mezzo del quale due sistemi indipendenti comunicano reciprocamente) (*eltn.* - *ecc.*), interface. **2.** ~ (confine fra due fasi di un sistema etereogeneo) (*chim. fis.*), interface. **3.** ~ (per accoppiare uno stadio di un missile con lo stadio successivo per es.) (*missilistica*), interface. **4.** ~ con l'operatore (*elab.*), human interface. **5.** ~ ibrida (p. es. fra elab. digitale ed elab. analogico) (*elab.*), hybrid interface. **6.** ~ parallela (*elab.*), parallel interface. **7.** ~ seriale (*elab.*), serial interface. **8.** ~ standard (*elab.*), standard interface. **9.** ~ uomo/macchina (*elab.*), man/machine interface. **10.** compatibilità di ~ (*elab.* - *tlcm.*), interface compatibility.
interfacciare (assemblare mediante interfaccia due sottogruppi elettronici di caratteristiche diverse) (*eltn.*), to interface. **2.** ~ (una macch. ut. con un calcolatore per es.) (*eltn.*), to interface. **3.** ~ (accoppiare uno stadio di un missile col successivo per es.) (*missilistica*), to interface.
interfacciarsi (agire in modo da rendere possibile il corretto funzionamento armonico di due diversi complessivi) (*eltn.*), to interface.
interfacie, interface (superficie di separazione fra due fasi di un sistema eterogeneo) (*chim. fis.*), interface.

interferènza (relativa alla tolleranza di lavorazione di un accoppiamento) (*mecc.*), interference, negative allowance. **2.** ~ (disturbo nella ricezione) (*radio*), interference. **3.** ~ (bisbiglio) (*radio*), monkey chatter. **4.** ~ (corrente interferente telegrafica o telef.) (*telegrafia - telef.*), cross fire, crossfire. **5.** ~ condotta (*elett. - radio*), conducted interference. **6.** ~ di armonica (*radio*), harmonic interference. **7.** ~ di copertura (mediante sovrapposizione di segnali; per es. per impedirne l'ascolto) (*radio - ecc.*), blanketing. **8.** ~ elettrica (dovuta a fenomeni elettrici) (*elett.*), electrical interference. **9.** ~ elettromagnetica (*disturbo cavi elett.*), electromagnetic interference, EMI. **10.** ~ irradiata (*elett. - radio*), radiated interference. **11.** ~ magnetica (dovuta a campi magnetici) (*elett.*), magnetic interference. **12.** ~ massima (prescritta per un accoppiamento) (*mecc.*), negative allowance. **13.** ~ per eterodinaggio (*radio*), heterodyne interference. **14.** senza interferenze (*radio - telev.*), clean.
interferenziale (*gen.*), interferential.
interferire coprendo la trasmissione (impedire praticamente l'ascolto) (*radio*), to blanket.
interferogramma (nella prova dei metalli per es.) (*metall. - ecc.*), interference diagram.
interferometria (procedimento interferometrico, per misurare la rugosità di una superficie lavorata per es.) (*tecnol. mecc. - ecc.*), interferometry. **2.** ~ a laser (procedimento realizzato usando un laser come fonte di luce) (*ott.*), laser interferometry. **3.** ~ olografica (interferometria a laser) (*ott.*), holographic interferometry.
interferòmetro (*strum. fis.*), interferometer. **2.** ~ acustico (per misurare lunghezza d'onda e velocità) (*strum. acus.*), acoustic interferometer. **3.** ~ a gradinata (lente a gradinata) (*ott.*), echelon lens.
interfogliatura (scartinatura, inserzione di fogli antiscartino) (*tip.*), slip-sheeting.
interfoglio (foglio antiscartino) (*tip.*), offset.
interfonico (*citofono*), *vedi* interfono.
interfono (sistema di comunicazione a due vie, per es. per militari, carri armati ecc.) (*elettroacus.*), interphone, talk-back.
intergalattico (che è contenuto entro i confini della galassia) (*a. - astron.*), intragalactic.
interionico (*a. - fis. atom.*), interionic.
interlinea (per separare le righe dei caratteri) (*tip.*), lead.
interlineare (*tip.*), to lead.
interlineato (*tip.*), leaded.
interlineatura (*tip.*), leading, leading-out. **2.** doppia ~ (*tip.*), double leading.
intermediario (mediatore) (*comm.*), middleman.
intermèdio (*a. - gen.*), intermediate, middling. **2.** prodotto ~ (*chim. ind.*), intermedie product, intermediate.
intermerlo (di una fortificazione) (*arch. - milit.*), crenel.
intermezzo (intervallo) (*gen.*), interval. **2.** ~ pubblicitario (*radio*), plug.
intermittènte (*gen.*), intermittent. **2.** ~ (di luce) (*segnale luminoso*), flickering. **3.** funzionamento ~ (di macchina per es.), intermittent working.
intermittenza (*gen.*), intermittence. **2.** azionamento ad ~ (di un mot. elett. per es.) (*mot.*), jogging.
intermodulazione (modulazione incrociata) (*tlcm.*), intermodulation.
intermolecolare (*a. - fis.*), intermolecular.
internazionale (*gen.*), international.
intèrno (*a. - gen.*), internal, inner, inside. **2.** ~ (*s.*), interior. **3.** ~ (scena presa all'interno) (*cinema*), interior shot. **4.** ~ (*ed.*), indoor. **5.** all' ~ (in casa: si riferisce a lavorazioni eseguite nell'ambito di una organizzazione: per es. di oggetto eseguito all' ~ della ditta) (*a. - organ. ind.*), in-house. **6.** per interni (di un app. elett. per es.), indoor. **7.** verso l' ~ (verso l'asse del mobile) (*avv. - aer. - nav.*), inboard. **8.** verso l' ~, inward.
intèro (*gen.*), whole. **2.** ~ (*a. - mat.*), integral. **3.** ~ di Gauss (numero complesso) (*mat.*), Gaussian integer. **4.** latte ~ (*ind.*), whole milk. **5.** multiplo ~ (*mat.*), integral multiple. **6.** numero ~ (*mat.*), whole number.
interperno (dei carrelli, distanza tra i perni delle ralle) (*ferr.*), pivot pitch.
interpiano (interplano, distanza fra le ali di un biplano) (*aer.*), gap. **2.** ~ (distanza tra le superfici piane opposte di un dado esagonale per es.) (*mecc. - ecc.*), across flats, A/F.
interplanetario (*a. - astr.*), interplanetary.
interpolare (*mat.*), to interpolate.
interpolatore (dispositivo automatico per la determinazione di valori intermedi) (*macch. ut. a c.n.*), interpolator, director.
interpolazione (*mat.*), interpolation.
interpòlo (polo di commutazione) (*macch. elett.*), interpole, commutating pole.
interponte (*nav.*), between decks, 'tween decks.
interpretare (una parola per es.) (*uff. - leg. - ecc.*), to interpret, to construe. **2.** ~ (tradurre: come p. es. da schede perforate ad uno stampato comprensibile) (*elab.*), to interpret.
interpretativo (esplicativo) (*a. - gen.*), interpretive.
interpretazione (di disegni per es.) (*gen.*), interpretation. **2.** ~ (di un contratto per es.) (*comm. - leg.*), construction. **3.** ~ (*psicol.*), interpretation. **4.** ~ di fotografie aeree (fotointerpretazione) (*milit.*), aerial photograph interpretation.
intèrprete, interpreter. **2.** ~ di fotografie aeree (fotointerprete) (*milit.*), aerial photograph interpreter. **3.** dispositivo ~ (dispositivo che interpreta i fori delle schede e stampa le informazioni rilevate dalle perforazioni) (*elab.*), punched-card interpreter, interpreter.
interpunzione (*tip.*), punctuation.
interquartile, intervallo ~ (*stat.*), interquartile range.
interramento (di tubi per es.) (*gen.*), laying underground.
interrare (riempire di terra: uno scavo per es.), to fill

with earth. **2.** ~ (sistemare sottoterra: p. es. un cavo elettrico, una tubazione ecc.) (*elett. - tubaz. - ecc.*), to underground, to lay underground.

interrarsi (ostruirsi: di un canale per es.) (*idr.*), to silt up.

interrato (sistemato in piena terra: di tubazione per es.) (*elett. - tubaz. - ecc.*), underground. **2.** ~ (riempito di terra: di un canale per es.) (*a. - costr. idr.*), silted up.

interrefrigerazione (di una turbina a gas per es.) (*term.*), intercooling.

interriflessione (fra superfici di lenti) (*ott.*), flare.

interriscaldamento (di una turbina a gas per es.) (*term.*), reheating.

interrogare (un calcolatore elettronico per es.) (*elab.*), to interrogate. **2.** ~ ciclicamente (~ in sequenza ogni terminale da parte dell'elab.) (*elab.*), to poll.

interrogatore (di un radar a risposta per es.) (*radio - radar*), interrogator.

interrogatore/ricevitore (radar trasmettitore e ricevitore che agisce su di un risponditore posto sull'oggetto da interrogare; p. es. un aereo) (*eltn.*), interrogator.

interrogatòrio (dell'accusato) (*leg.*), arraignment. **2.** ~ in contradditorio (di un teste per es.) (*leg.*), cross-examination.

interrogazione (domanda fatta ad un calcolatore) (*elab.*), enquiry. **2.** ~ a distanza (*elab.*), remote enquiry. **3.** ~ ciclica (~ in sequenza di ogni terminale) (*elab.*), polling. **4.** ~ da tastiera (richiesta di informazioni ad un elab. per mezzo della tastiera) (*elab.*), keyboard enquiry.

interròmpere (*gen.*), to discontinue, to interrupt. **2.** ~ (*elett.*), to disconnect, to switch off. **3.** ~ (il lavoro in uno stabilimento: chiudere), to shut down. **4.** ~ (una trasmissione per es.) (*elab.*), to squelch. **5.** ~ (definitivamente p. es. un programma) (*elab.*), to abort. **6.** ~ il flusso a causa di una sacca d'aria (o bolla d'aria) (il flusso del carburante per es.) (*tubaz. - mot. - ecc.*), to air-lock. **7.** ~ la comunicazione (riagganciare) (*telef.*), to hang up. **8.** ~ temporaneamente (sospendere per es. una elaborazione in corso per riprenderla più tardi) (*elab.*), to interrupt.

interrotto (*gen.*), interrupted, discontinued.

interruttore (*disp. elett.*), switch, cutout, switchgear (ingl.). **2.** ~ (di sicurezza, in caso di sovraccarico per es.) (*disp. elett.*), circuit breaker. **3.** ~ a (bagno di) mercurio (*elett.*), dipper interrupter. **4.** ~ a camma (*att. elett.*), cam switch. **5.** ~ a catenella (*disp. elett.*), chain-pull switch. **6.** ~ a chiusura automatica (*disp. elett.*), self-closing switch. **7.** ~ a coltelli (sezionatore per piccoli amperaggi e basse tensioni) (*elett.*), single-throw knife switch. **8.** ~ ad acqua (che interrompe il circuito elettronico di alimentazione di un compressore d'aria per es. qualora venga a mancare l'acqua di raffreddamento) (*app. idroelett.*), water-break switch. **9.** ~ ad apertura lenta (*disp. elett.*), slow-break switch. **10.** ~ ad aria compressa (per alta tensione) (*elett.*), air-blast switchgear. **11.** ~ ad inversione di corrente (interruttore automatico) (*elett.*), reverse-current release. **12.** ~ a fune (interruttore a strappo) (*disp. elett.*), cord-pull switch. **13.** ~ a leva (*disp. elett.*), lever switch. **14.** ~ a levetta (*elett.*), tumbler switch. **15.** ~ a mercurio (*disp. elett.*), mercury switch. **16.** ~ a pedale (*disp. elett.*), foot switch. **17.** ~ a pressione di combustibile (azionato dalla pressione del comb. di un mot. a getto per es.) (*mot. aer.*), fuel-pressure switch. **18.** ~ a pulsante (*disp. elett.*), press switch, push switch. **19.** ~ a relè termico (*disp. elett.*), thermal circuit breaker, thermal cutout. **20.** ~ a scatto (*elett.*), snap switch, quick-break switch. **21.** ~ a scatto automatico per correnti di dispersione (*elett.*), earth leakage trip. **22.** ~ a scatto libero (*disp. elett.*), trip-free circuit breaker. **23.** ~ a scatto rapido (*disp. elett.*), quick-break switch. **24.** ~ a solenoide (teleruttore, interruttore elettromagnetico) (*elett.*), solenoid switch (am.). **25.** ~ a spina (*elett.*), plug switch. **26.** ~ a strappo (interruttore a trazione, interruttore con catenella di trazione) (*disp. elett.*), pull switch. **27.** ~ a tamburo (*disp. elett.*), drum switch. **28.** ~ a tempo (*elett.*), time switch. **29.** ~ a tempo astronomico (*elett.*), astronomical time switch, ATS. **30.** ~ automatico (per eliminare sovraccarichi: su una linea principale per es.) (*elett.*), automatic circuit breaker. **31.** ~ automatico elettronico (*elett. - eltn.*), electronic automatic switch, EAS. **32.** ~ automatico per tensione zero (*disp. elett.*), no-voltage cutout. **33.** ~ azionato dalla pressione del combustibile (di un motore a turbogetto per es.: azionante il motorino di avviamento) (*mot. aer.*), fuel-pressure switch. **34.** ~ barostatico (pressostato azionato dalla pressione barometrica) (*radiosonda*), baroswitch. **35.** ~ bipolare (*app. elett.*), double-pole switch. **36.** ~ centrifugo (azionato da forza centrifuga) (*elett.*), centrifugal switch. **37.** ~ coassiale (per cavi) (*app. elett.*), coaxial switch. **38.** ~ comando antighiaccio (interruttore di sgelamento: di un riflettore radar ecc.) (*elett. - ecc.*), deicing switch. **39.** ~ con cassetta di contenimento (*app. elett.*), box switch. **40.** ~ con scatto a mano per piccoli motori (*disp. elett.*), manual motor starting snap-switch. **41.** ~ controllato al silicio (tiristore p-n-p-n) (*eltn.*), silicon-controlled switch, SCS. **42.** ~ da quadro (~ da incasso) (*elett.*), panel switch, flush switch. **43.** ~ del combustibile ("stop", di un motore aeronautico per es.) (*mot.*), fuel cutoff, "slow-running cutout". **44.** ~ dell'accensione (a chiave) (*aut.*), ignition lock switch. **45.** ~ di esclusione (interruttore di motore guasto) (*ferr. elett.*), hospital switch (ingl.). **46.** ~ di esclusione del bloccaggio a porta aperta (interruttore di esclusione del dispositivo di sicurezza sulle porte) (*veic.*), door interlock canceling switch. **47.** ~ di fine corsa (*app. elett.*), limit switch. **48.** ~ di isolamento (*ferr. elett.*), isolation switch. **49.** ~ di linea (interruttore principale) (*elett.*), main switch. **50.** ~ di mancanza di tensione (*disp. elett.*), no-voltage release. **51.** ~ di massima, *vedi* ~ di massima corrente. **52.** ~ di massima corrente (*elett.*), overload release, over-current release. **53.** ~ di minima (sul circuito della dinamo) (*disp. elett. per aut.*), automatic cutout. **54.** ~ di minima tensione (*elett.*), undervoltage protection. **55.** ~ di minimo carico (*disp. elett.*), underload switch. **56.** ~ di modifica (per cambiare manualmente una informazione) (*elab.*), alteration switch. **57.** ~ di prossimità (*app. elett.*), proximity switch. **58.** ~ di protezione contro l'inversione di corrente (apre il circuito quando la corrente inverte direzione) (*elettromecc.*), reverse-current circuit breaker. **59.** ~ di protezione per motori (salvamotore) (*app. elett.*), overload cutout. **60.** ~ di quota (strumento nel quale il contatto viene stabilito od interrotto ad una quota prestabilita) (*strum. aer.*), altitude switch, contacting altimeter. **61.** ~ di ripristino di chiusura (ripristina la chiusura di un circuito interrotto) (*elett.*), recloser. **62.** ~ di sicurezza (arresto di emergenza) (*elett.*), safety switch, emergency stop, safety cut-out. **63.** ~ di silenziamento (per rendere silenzioso un ricevitore: p. es. durante la ricerca automatica di una emittente) (*elettroacus.*), muting switch. **64.** ~ elettromagnetico (teleruttore) (*elett.*), solenoid switch, magnetic switch. **65.** ~ generale (di una locomotiva elettrica) (*ferr.*), cutout switch. **66.** ~ in aria (*app. elett.*), air-break switch. **67.** ~ incassato (*app. elett.*), flush switch, flush-switch (ingl.), panel-switch (ingl.), recessed switch. **68.** ~ in cassetta (*app. elett.*), box switch. **69.** ~ induttivo (~ di tastiera che invia induttivamente un impulso ogni volta che il tasto viene schiacciato) (*elab.*), inductive switch. **70.** ~ in olio (*elett.*), oil circuit breaker, oil-break switch, oil switch. **71.** ~ intermedio (invertitore, collegato con altri interruttori permette indipendenza nell'azionare una luce per mezzo degli altri interruttori) (*circuiti domestici*), four-way switch. **72.** ~ luce (*disp. elett.*), lighting switch. **73.** ~ luce principale (*elett.*), main lighting switch. **74.** ~ monocontatto (*disp. elett.*), single-throw switch. **75.** ~ multiplo (*disp. elett.*), gang switch. **76.** ~, o scatto, di sovraccarico (per mot. elett.) (*elett.*), overload release. **77.** ~ per l'arresto di ascensori ai vari piani (*disp. elett.*), floor switch. **78.** ~ per porte (*disp. elett.*), door switch. **79.** ~ per tensione zero (*elett.*), no-voltage release. **80.** ~ principale (di una locomotiva elettrica per es.) (*app. elett.*), main switch, master switch. **81.** ~ ripetitivo (~ che interrompe il contatto a brevi intervalli ciclicamente) (*elett. - eltn.*), chopper. **82.** ~ rotativo (a pacco per es.) (*elett.*), rotary switch. **83.** ~ -sezionatore (da usarsi quando il circuito da interrompere è senza carico) (*elett.*), isolator (ingl.). **84.** ~ sul montante della porta (interruttore azionato dalla porta) (*aut. - mobilio - ecc.*), door jamb switch. **85.** ~ termico (*disp. termoelettrico*), thermal switch. **86.** ~ tripolare (*elett.*), triple-pole switch. **87.** ~ unipolare (*disp. elett.*), single-pole switch. **88.** ~ volante a pulsante (sul cordone di alimentazione) (*disp. elett.*), through switch.

interruzione (*gen.*), interruption. **2.** ~ (in una linea per es.) (*elett. - idr. - ecc.*), break, cutoff. **3.** ~ (dovuta a sovraccarico) (di un circuito) (*elett.*), burnout. **4.** ~ (sosta, nel lavoro per es., durante il turno) (*pers. - ecc.*), interruption, break. **5.** ~ (del lavoro in una fabbrica per es.: chiusura) (*ind.*), shutdown. **6.** ~ (arresto programmato) (*s. - elab.*), break. **7.** ~ (fermata non programmata) (*s. - elab.*), hang up. **8.** ~ (sospensione temporanea di un programma allo scopo di eseguire un altro programma) (*s. - elab.*), interrupt. **9.** ~ causata da errore (*elab.*), error interrupt. **10.** ~ da parte dell'operatore (*s. - elab.*), operator interrupt. **11.** ~ dell'energia elettrica (*ind. - elab. - ecc.*), power failure. **12.** ~ del programma (*elab.*), program stop. **13.** ~ esterna (*elab. - ecc.*), external interrupt. **14.** ~ generale della erogazione di energia elettrica (estesa ad una intiera regione per es. o città) (*elett.*), blackout. **15.** ~ pagata (nel corso delle ore lavorative) (*studio tempi*), paid break. **16.** ~ prioritaria (*elab.*), priority interrupt. **17.** ~ temporanea (di lavoro) (*pers.*), layoff. **18.** breve ~ (breve sospensione di attività) (*elab. - ecc.*), time-out. **19.** brusca ~ (del taglio per es.) (*lav. macch. ut.*), quick stop. **20.** corrente di ~ (*elett.*), cutoff current. **21.** localizzatore di ~ (*strum. elett.*), break locator. **22.** punto di ~ (in un programma in corso per es.) (*elab.*), break point, breakpoint.

intersecare (*geom.*), to intersect.

intersecazione, intersection. **2.** ~ stradale (*strad.*), street intersection.

intersezione (*gen.*), intersection. **2.** ~ con svincoli (tra due o più strade: ottenuta senza incroci) (*traffico strad.*), interchange. **3.** ~ dei fasci di radioallineamento (*aer. - nav.*), intersection of range legs, IRL.

intersindacale (*a. - lav.*), inter-union.

interspazio (intervallo) (*gen.*), gap. **2.** ~ tra registrazioni consecutive (spazio vuoto tra due contigui blocchi di registrazioni per evitare interferenze) (*elab.*), interblock gap, interrecord gap, record gap, gap.

interstadio (fra due stadi: p. es.: di un amplificatore, un trasformatore, una turbina a vapore ecc.) (*macch. - eltn. - ecc.*), interstage.

interstellare (spazio) (*astr.*), interstellar.

interstizio, interstice, gap. **2.** ~, *vedi* commettitura. **3.** ~ capillare (*gen.*), capillary interstice.

interstratificato (*a. - geol.*), interbedded.

interstrato (nella manifattura vetro di sicurezza a tre strati) (*ind.*), interlay.

intersuòla (*mft. scarpe*), mid-sole.

interurbano (*gen.*), interurban. **2.** ~ (*a. - telef.*), long-line, long-distance.

intervallo (*fis.*), gap, space. **2.** ~ (*cinem.*), intermission. **3.** ~ (interelettrodico) a superficie (di una candela) (*mot. - elett.*), surface gap. **4.** ~ (~ elementare di tempo) (*tlcm.*), slot. **5.** ~ critico (*metall.*), critical range. **6.** ~ della testina (distanza tra una testina di lettura/scrittura ed il disco di registrazione) (*elab.*), head gap. **7.** ~ di classe (*stat.*), class interval. **8.** ~ di fiducia (*stat.*), confidence interval. **9.** ~ di frequenza (*radio*), frequency spacing. **10.** ~ di interruzione (di un interruttore) (*elettromecc.*), length of break. **11.** ~ di lavorabilità (compreso tra le temperature limite alle quali il vetro può essere formato) (*mft. vetro*), working range. **12.** ~ di pH (*chim.*), pH range. **13.** ~ di proporzionalità (di una curva carichi-deformazioni) (*resistenza dei materiali*), range of proportionality. **14.** ~ di solidificazione (*metall.*), solidification range, freezing range. **15.** ~ di tempo (*gen.*), time interval. **16.** ~ (termico) di trasformazione (intervallo critico) (*metall.*), transformation range. **17.** ~ fra i bordi (distanza tra i bordi dei due particolari da saldare) (*saldatura*), opening root. **18.** ~ lasciato per la dilatazione (*mecc. - ed.*), gap (or space) allowed for expansion. **19.** ~ pubblicitario (*radio - telev. - comm. - pubbl.*), commercial break, break. **20.** ~ salariale (*pers. - op.*), wage gap. **21.** ~ tra i cordoni di bava (per il passaggio della bava) (*fucinatura*), flash gap. **22.** valor medio dell' ~ di classe (*stat.*), class mark. **23.** ~, *vedi anche* interspazio.

intervallometro (regolatore automatico dell'intervallo di scatto) (*disp. fot. - ecc.*), intervalometer.

intervalvolare (*a. - radio*), intervalve.

intervento (*gen.*), intervention. **2.** tempo di ~ (di un relè per es. ecc.) (*elett.*), operating time.

intervista (*psicol. - psicol. ind.*), interview. **2.** ~ (colloquio) (*pers.*), interview. **3.** ~ d'assunzione (*pers.*), employment interview. **4.** ~ di gruppo (*pers.*), group interview. **5.** ~ di valutazione (*pers.*), evaluation interview.

intervistare (*radio - telev. - ecc.*), to interview.

intervistato (*s. - comm. - ecc.*), interviewee.

intervistatore (*comm. - ecc.*), interviewer.

intervistatrice (*comm. - ecc.*), interviewer.

intesa (convenzione, accordo) (*comm.*), agreement.

intessere (*ind. tess.*), to weave.

intessitura (*ind. tess.*), weaving.

intessuto (*a.*), woven.

intestare (disporre testa a testa) (*falegn. - ecc.*), to butt. **2.** ~ (barre per es., lavorarne a superficie piana la sezione ortogonale di estremità) (*macch. ut. - mecc.*), to face.

intestatura (*gen.*), butt. **2.** ~ (delle unghie) del fasciame (*costr. nav.*), butt in the planking.

intestazione (*amm.*), heading. **2.** ~ (nome di una ditta sulla carta da lettere per es.) (*comm.*), letterhead. **3.** ~ (contenente titolo, indirizzo, data ecc. di un messaggio) (*elab.*), header.

intingere (*gen.*), to dip.

intonacare (*mur.*), to plaster. **2.** ~ la parete esterna (*ed.*), to dress the outer surface.

intonacatrice (*macch. ed.*), plaster sprayer.

intonacatura (di malta) (*mur.*), plastering, grouting. **2.** ~ a spruzzo (*mur.*), gun plastering. **3.** ~ grezza (*mur.*), pargetting.

intonachino (*mur.*), plaster finish. **2.** ~ a gesso (*mur.*), putty. **3.** mano di ~ a gesso (*mur.*), putty coat.

intònaco (sottile strato di malta che ricopre la superficie grezza di una parete) (*mur.*), parging, plastering, plaster. **2.** ~ a gesso (*mur.*), plastering of plaster of Paris. **3.** ~ a pinocchietto (intonaco granuloso con ghiaietto) (*mur.*), grout, pebble-dashing. **4.** ~ di calce (*mur.*), lime plastering. **5.** ~ di cemento (*mur.*), cement rendering, cement plastering. **6.** ~ fonoassorbente (*mur.*), acoustic plaster. **7.** ~ impermeabile (*mur.*), waterproof plastering. **8.** ~ rustico (*mur.*), roughcast, spatter-dash. **9.** guida dell' ~ (*mur.*), screed. **10.** malta di calce per ~ (*ed.*), lime plaster mix. **11.** prima mano di ~ (rinzaffo) (*mur.*), scratch coat, first coat, render. **12.** seconda mano di ~ (arricciatura) (*mur.*), floating, floated coat, brown coat. **13.** terza mano dell' ~ lisciato (*mur.*), slipped coat, skim coat (am.), skimming coat (ingl.), setting coat (ingl.). **14.** ultima mano dell' ~ (stabilitura) (*mur.*), white coat, finishing coat.

intorbidare, intorbidire (*fis.*), to roil.

intorbidimento (del liquido di una provetta per es.) (*chim.*), clouding. **2.** ~ (dell'acqua di un fiume per es.) (*gen.*), roiling.

intossicazione (*med. - ind.*), poisoning, intoxication.

intradòsso (*arch.*), intrados, soffit. **2.** ~ (di una rampa di scale per es.) (*ed.*), soffit. **3.** ~ di arco (*arch.*), archway soffit.

intraeffètto (di una valvola elettronica) (*termoion.*), inverse amplification factor.

intrafèrro (*elettromecc.*), gap, air gap (am.).

intralciare (*gen.*), to hamper.

intralcio (*gen.*), hindrance, obstruction, obstacle.

intralicciatura (*costr.*), bracing, lattice, latticework.

intramolecolare (*a. - fis.*), intramolecular.

intrappolamento (di particelle in un campo magnetico per es.) (*fis.*), trapping.

intraprendere (*gen.*), to undertake.

intrecciare (*gen.*), to interweave, to plait, to braid. **2.** ~ (una fune per es.), to braid. **3.** ~ (~ fibre p. es.) (*ind. tess.*), to interlace. **4.** azione di ~ (trefoli di cavi per es.), braiding.

intrecciato (*mft. cordame*), plaited, braided. **2.** ~ (lana per es.) (*ind. tess.*), matted. **3.** non ~ (lana per es.) (*ind. tess.*), unmatted.

intrecciatrice (*macch. ind.*), braiding machine. **2.** ~ meccanica per licci (*macch. tess.*), heddle braiding machine.

intrecciatura (delle fibre di lana) (*ind. lana*), interlacing. **2.** ~ (dei trefoli di una corda per es.) (*ind.*), braiding.

intreccio (di tessitura) (*mft. tess.*), weave, interlacement, interlace. **2.** ~ (trama) (soggetto di un film)

(*cinem.*), story, plot. **3.** ~, *vedi anche* intrecciatura.
intregnare (inserire del filo per es. tra i trefoli di una fune prima della fasciatura) (*nav.*), to worm.
intregnatura (inserzione di filo per es. tra i trefoli di una fune prima della fasciatura) (*nav.*), worming.
intrinseco (*gen.*), intrinsic, inherent.
introdurre (inserire), to insert. **2.** ~ (immettere: dati nella memoria p. es.) (*elab.*), to incorporate, to enter. **3.** ~ (un chiodo per es.) (*mecc.*), to drive in. **4.** ~ in (p. es. una scheda in un elaboratore) (*elab.* - *ecc.*), to feed in, to feed into. **5.** ~ una modifica (*gen.*), to embody a modification.
introduttore (cilindro introduttore, di una carda) (*macch. tess.*), taker-in, licker-in.
introduzione (di un libro) (*tip.*), introduction.
intrusione (*geol.*), intrusion.
intrusivo (*geol.*), intrusive.
intubamento (di un pozzo per es.) (*min.* - *ecc.*), tubing.
intubare (*gen.*), to tube. **2.** ~ (un pozzo per es.) (*idr.*), to case.
intubato (di ventilatore, elica ecc.) (*mecc. fluidi*), ducted.
intubatore (*strum. med.*), intubator. **2.** ~ della laringe (*strum. med.*), larynx intubator.
intugliare (unire le estremità di due cime o cavi) (*nav.*), to bend, to knot.
inumidimento (*gen.*), damping, moistening. **2.** ~ della trama (*mft. tess.*), weft moistening.
inumidire (*fis.*), to dampen, to moisten. **2.** ~ (pelli) (*ind. cuoio*), to temper.
inumidito (*a.* - *fis.*), damped, moisted.
invalidazione (*gen.*), invalidation, nullification.
invalidità (*med.* - *ind.*), disability, disablement. **2.** ~ parziale (*med.* - *ind.*), partial disability, partial disablement. **3.** ~ permanente (*med.* - *ind.*), permanent disability, total disability. **4.** ~ temporanea (*med.* - *ind.*), temporary disability.
invalido (*s.* - *gen.*), disabled.
invar (acciaio speciale al Ni) (*metall.*), invar.
invariabile (*gen.*), invariable.
invariante (*a.* - *mat.* - *fis.* - *chim.*), invariant.
invarianza (*mat.*), invariance. **2.** ~ per inversione temporale (*fis.* - *mat.*), time reversal invariance.
"invasamento" (ingolfamento, di un carburatore dovuto a eccessiva chiusura dell'aria per es.) (*mot.*), flooding.
invasare (riempire un lago artificiale per es.) (*idr.*), to fill. **2.** " ~ " (ingolfare, un carburatore) (*mot.* - *aut.*), to flood.
"invasato" (ingolfato, di un carburatore per es.) (*mot.* - *aut.*), flooded.
invasatura (*costr. nav.*), ways, sliding ways, bilge ways.
invaso (capacità di un lago artificiale per es.) (*idr.*), storage capacity.
invecchiabile (alluminio, lega leggera ecc.) (*tratt. term.*), age-hardenable.
invecchiamento (stagionatura) (*gen.*), ageing (ingl.), aging (am.). **2.** ~ (cambiamento che può avvenire gradualmente a temperatura ambiente o più rapidamente a temperature più alte) (*metall.*), ageing (ingl.), aging (am.). **3.** ~ (*vn.*), ageing (ingl.), aging (am.). **4.** ~ artificiale (a temperatura più alta di quella ambiente) (*metall.*), artificial aging. **5.** ~ artificiale (riscaldamento di prodotti siderurgici con struttura resa instabile da precedente trattamento di solubilizzazione, per accelerare la variazione di proprietà fisiche e tecnologiche) (*tratt. term.*), precipitation hardening. **6.** ~ da ozono (di gomma) (*chim. ind.*), ozone aging. **7.** ~ da tensioni elastiche (invecchiamento da sollecitazioni, aumento di resistenza di leghe sottoposte a sollecitazioni) (*metall.*), stress-aging. **8.** ~ dovuto a deformazione plastica (*metall.*), strain aging. **9.** ~ dovuto a rapido raffreddamento (*metall.*), quench aging. **10.** ~ naturale (a temperatura ambiente) (*metall.*), natural aging. **11.** ~ preventivo (tipo di ~ eseguito sui circuiti elettronici per rivelare eventuali difetti prima del loro uso) (*collaudo eltn.*), burn-in. **12.** ~ rapido (*metall.*), quick-aging. **13.** ~ spinto (o prolungato) (*tratt. term.*), overageing, overaging. **14.** aumento di durezza dovuto all' ~ (dopo il trattamento termico e con la permanenza a temperatura ambiente: per es. il duralluminio, l'acciaio dolce ecc.) (*metall.*), age hardening. **15.** fragilità da ~ (*metall.*), age embrittlement.
invecchiare (*gen.*), to age. **2.** ~ (*metall.*), to age. **3.** ~ (aumentare di durezza con l'invecchiamento) (*metall.*), to age harden.
invecchiato (*gen.*), aged. **2.** ~ (*metall.*), aged.
invenduto (*comm.*), unsold.
inventare, to invent.
inventariare (merce in un magazzino per es.) (*amm.*), to inventory.
inventario (*ind.* - *amm.*), inventory, schedule. **2.** ~ (di personalità, interessi ecc.) (*psicol.*), inventory. **3.** ~ continuo (dei rifornimenti di materiali esterni in uno stabilimento per es.) (*amm.*), stores ledger, perpetual inventory. **4.** ~ delle mansioni (*pers.*), job inventory. **5.** ~ permanente, *vedi* inventario continuo. **6.** conti di ~ (*amm.*), inventory accounts. **7.** controllo d' ~ (*amm.*), inventory control. **8.** differenze di ~ (*amm.*), inventory adjustments. **9.** esecuzione dell' ~ (*amm.*), stocktaking. **10.** esecuzione di ~ fisico (effettuato contando e registrando ogni oggetto immagazzinato) (*amm.*), physical stocktaking. **11.** fare l' ~ (*amm.*), to take inventory. **12.** valutazione d' ~ (*amm.*), inventory pricing.
inventore, inventor.
invenzione, invention.
inverdimento (difetto di superfici verniciate di nero) (*vn.*), greening.
invergare (*ind. tess.*), to lease (ingl.).
invergatura (*mft. tess.*), lease (ingl.). **2.** bacchetta d' ~ (*mft. tess.*), lease bar.
invernalizzare (predisporre per il funzionamento a

basse temperature) (*aut.* - *aer.* - *mot.* - *ecc.*), to winterize.
invernalizzato (resistente a basse temperature) (*tecnol.*), winterized.
inverno (*meteor.*), winter.
inversamente (*avv.* - *gen.*), inversely. **2.** ~ proporzionale (*mat.*), inversely proportional.
inversione (*gen.*), reversal. **2.** ~ (*chim.*), inversion. **3.** ~ (di immagine dovuta a una lente per es.) (*ott.*), reversal. **4.** ~ (procedimento negativo-positivo) (*cinem.*), reversal. **5.** ~ automatica del nastro (*telescrivente*), automatic ribbon reversal. **6.** ~ del gradiente atmosferico (aumento della temperatura con la quota) (*meteor.*), inversion. **7.** ~ della (corsa di) traslazione (di un carrello di macch. ut. per es.) (*mecc.*), traverse reverse. **8.** ~ della successione temporale (degli eventi) (*fis. mat.*), time reversal. **9.** ~ dell'avanzamento (in una macch. ut.: in una alesatrice orizzontale per es.) (*mecc. macch. ut.*), feed reverse. **10.** ~ di comando (*aer.*), reversal of control. **11.** ~ di flusso (*idr.*), backflow. **12.** ~ di rotazione (*mecc.*), reversal of rotation. **13.** ~ di rotta (*mar. milit.*), turnabout. **14.** ~ nella linea posteriore (della vettura) (*carrozzeria aut.*), notchback. **15.** a ~ di marcia (*mecc.*), reversible. **16.** bagno d'~ (*fot.*), reversing bath. **17.** procedimento di ~ (*fotomecc.*), reversal process. **18.** settore d'~ (glifo d'inversione di una macch. a vapore) (*macch.*), reversing link. **19.** tempo di ~ (*tlcm.*), turnaround time.
invèrso (*a.* - *mat.*), inversed. **2.** ~ per moltiplicazione (*mat.*), multiplicative inverse.
invertasi (enzima) (*chim.* - *biochim.*), invertase.
invertire (*gen.*), to invert. **2.** ~ (il senso di marcia per es.) (*mecc.*), to reverse. **3.** ~ il movimento (*macch.*), to reverse.
invertito (*a.* - *chim.*), invert, inverted. **2.** zucchero ~ (*chim.*), invert sugar.
invertitore (di marcia) (*mecc.*), reversing gear, reverse gear. **2.** ~ (macch. che trasforma la corrente continua in alternata) (*elett.*), inverter. **3.** ~ (*elett.*), reverser, reversing switch. **4.** ~ (*elett.* - *elab.*), inverter. **5.** ~ (di un locomotore elettrico per es.) (*ferr.*), reverser, reversing switch. **6.** ~ a vibratore (*eltn.*), vibrator inverter. **7.** ~ del nastro (di macch. da scrivere) (*mecc.*), automatic ribbon reverse. **8.** ~ di fase (*eltn.* - *valvola termoion.* - *ecc.*), phase inverter. **9.** ~ di marcia (di una macchina) (*mecc.*), reversing gear. **10.** ~ di marcia (di un mot. elett.) (*elett.*), reverser. **11.** ~ di marcia (apparecchio per l'inversione della direzione di rotazione dei motori di trazione) (*ferr. elett.*), reverser. **12.** ~ di marcia ad ingranaggi cilindrici (di macch. ut.) (*mecc.*), spur wheel reversing gear. **13.** ~ di marcia idraulico (*mecc.* - *nav.*), hydraulic reverse gear. **14.** ~ di polarità (di generatore per es.) (*elett.*), pole reverser. **15.** ~ elettropneumatico (*elett.*), electropneumatic reverser. **16.** ~ parallelo (tipo di invertitore a tiristori) (*eltn.*), parallel inverter. **17.** ~ statico (*eltn.*), static inverter. **18.** (stadio) ~ di interferenze (circuito speciale usato per la soppressione di disturbi televisivi) (*telev.*), interference inverter (ingl.).
investigazione (*gen.*), investigation.
investimento (*comm.* - *finanz.*), investment. **2.** ~ (di veic.), collision. **3.** ~ remunerativo (*comm.*), remunerative investment. **4.** ~ sicuro (sicuro e di successo) (*finanz.*), blue-chip investment. **5.** analisi degli investimenti (*finanz.*), investment analysis. **6.** fondo (comune) d'~ (*finanz.*), investment trust. **7.** politica degli investimenti (*finanz.*), business investment policy.
investire (*comm.* - *finanz.*), to invest. **2.** ~ (di veic.), to collide. **3.** ~ (entrare in collisione) (di navi tra loro), to foul. **4.** ~ (urtare: uno scoglio per es.) (*nav.*), to strike. **5.** ~ (un pedone da parte di un'auto per es.) (*aut.*), to run down. **6.** ~ in titoli diversi (*finanz.*), to diversify.
invetriare (mettere i vetri) (*ed.* - *ecc.*), to glaze.
invetriato (vetrato, a vetri, una porta per es.) (*ed.*), glazed.
invetriata, *vedi* vetrata.
inviare, to dispatch, to send. **2.** ~ per posta (*posta*), to post.
inviluppante (curva) (*geom.*), envelope.
inviluppare (*gen.*), to envelop.
inviluppo (*geom.*), envelope. **2.** ~ di modulazione (di un'onda portante) (*radio*), modulation envelope.
invìo (*comm.*), dispatch.
invisìbile (*a.* - *gen.*), invisible.
invitare (ad un concorso di appalto per es.) (*comm.*), to invite.
invito (*gen.*), invitation. **2.** ~ (a trasmettere; p. es. ~ fatto da un elaboratore ad un terminale perché spedisca un messaggio) (*elab.*), invitation. **3.** ~ a presentare offerta di appalto (*comm.*), invitation to bid. **4.** ~ a rottura (spigolo vivo, intaglio, cava ecc. su un particolare metallico sollecitato) (*tecnol. mecc.*), stress raiser.
involgere (avviluppare) (*gen.*), to envelop.
involo (decollo) (*aer.*), take-off.
involontario (*gen.*), unintentional.
involtare (un pacco per es.), to wrap.
involtatura (*imballaggio*), parceling, parcelling.
invòlto (pacco), bundle, package, pack.
invòlucro (*gen.*), envelope. **2.** ~ (di un dirigibile per es.) (*aer.*), envelope. **3.** ~ (di un siluro) (*espl. mar. milit.*), shell. **4.** ~ (il rivestimento esterno di un missile, di un razzo ecc.) (*missile* - *ecc.*), hull. **5.** ~ (imballaggio) (*ind.*), wrap, wrapping, wrapper. **6.** ~ del diffusore (*turboreattore*), diffuser case. **7.** ~ della turbina (*turboreattore*), turbine case. **8.** ~ di materiale intrecciato (calza: di copertura di un cavo elettrico per es.) (*ind.*), braiding. **9.** ~ metallico (di un dirigibile per es.) (*gen.*), metal envelope. **10.** ~ termoretrattile (*imballaggio*), shrink wrapper.
involuzione (*mat.*), involution.
inzuppato (*fis.*), drunken, soggy.

iodato (*s. - chim.*), iodate.
iòdio (I - *chim.*), iodine. **2.** numero di ~ (uguale ai centigrammi di iodio assorbiti da un grasso per es.) (*chim.*), iodine value, iodine number.
iodofòrmio (CHI_3) (*farm.*), iodoform.
iodòlo (tetraiodopirrolo) (C_4I_4NH) (*farm.*), iodol (ingl.).
ioduro (*chim.*), iodide.
iòle (barca di servizio) (*nav.*), jolly boat.
ione (*fis. - chim.*), ion. **2.** ioni aggregati (*elettrochim.*), aggregate ions. **3.** ~ caricato positivamente o negativamente (*fis.- chim.*), zwitterion. **4.** ~ complesso (*fis. - chim.*), complex ion. **5.** ~ di sodio (*chim.*), sodium ion, sodion. **6.** ~ idrogeno (idrogenione) (*chim.*), hydrogenion.
iònico (*a. - chim.*), ionic. **2.** ~ (*a. - arch.*), Ionic.
iònio (*Io - chim.*), ionium.
ionizzante (generatore di ioni) (*a. - chim.*), ionogenic.
ionizzare (*fis.*), to ionize.
ionizzazione (*fis.*), ionization. **2.** ~ per collisione (*fis. atom.*), collision ionization. **3.** ~ per contatto (degli atomi di un gas a contatto della superficie di un metallo) (*fis.*), contact ionization. **4.** ~ specifica (*fis. atom.*), specific ionization.
ionogramma (grafico registrato da una ionosonda) (*spazio - radio*), ionosonde recording.
ionosonda (app. per registrare la quota degli strati ionizzati) (*app.*), ionosonde.
ionosfèra (la parte dell'atmosfera compresa fra gli 80 e i 400 chilometri di altezza sul livello del mare) (*spazio*), ionosphere.
ionosfèrico (*a. - radio*), ionospheric.
iperbarico (relativo a pressione superiore alla normale) (*fis.*), hyperbaric.
ipèrbole (*mat.*), hyperbola.
iperbòlico (*mat.*), hyperbolic.
iperbolòide (*mat.*), hyperboloid.
ipercarica (caratteristica quantistica) (*fis. atom.*), hypercharge.
ipercomplesso (*a. - mat.*), hypercomplex.
ipercomposito (di un tipo di dinamo) (*a. - elett.*), overcompound.
ipercritico (*fis. atom. - ecc.*), hypercritical.
iperelastico (*mecc.*), hyperelastic.
ipereutettico (*a. - metall.*), hypereutectic.
ipereutettoide (*a. - metall.*), hypereutectoid.
iperfocale (*a. - fot.*), hyperfocal. **2.** distanza ~ (*ott. - fot.*), hyperfocal distance.
iperfrequenza (da 3000 a 30000 megacicli al sec.) (*radio*), superhigh frequency, S.H.F., SHF, s. h. f.
ipergolo (propellente ipergolico) (*missil.*), hypergol.
iperone (particella sub-atomica avente una massa superiore a quella del protone) (*fis. atom.*), hyperon. **2.** ~ omega (particella omega) (*fis. atom.*), omega hyperon.
ipersensibilizzazione (*fot.*), hypersensitization.
ipersònico (*a. - fis.*), hypersonic.
ipersostentatore (alare) (*aer.*), wing flap, flap. **2.** ~ (superficie mobile alare che permette una più bassa velocità di atterraggio) (*aer.*), flap. **3.** ~ a doppia fessura (per ottenere corte distanze di decollo ed atterraggio) (*aer.*), double-slotted flap. **4.** ~ a fessura (*aer.*), slotted flap. **5.** ~ a getto ("jet flap") (*aer.*), jet flap. **6.** ~ a spacco (*aer.*), split flap. **7.** ~ a uscita (ipersostentatore tipo "Fawler") (*aer.*), extension flap. **8.** ~ del bordo di entrata tipo "slat" (*aer.*), slat. **9.** ~ di curvatura (ipersostentatore normale) (*aer.*), plain flap. **10.** ~ di intradosso (*aer.*), split flap. **11.** ~ di richiamata (deflettore di richiamata) (*aer.*), recovery flap. **12.** ~ normale (*aer.*), plain flap. **13.** ~ tipo" Fawler" (*aer.*), extension flap, fowler flap.
iperspazio (spazio a più di tre dimensioni) (*mat.*), hyperspace.
iperstàtico (*a. - sc. costr.*), statically indeterminable.
iperstene (minerale ortorombico del gruppo piroxene) (*min.*), hypersthene.
ipervelocità (superiore a 1500 m/sec) (*armi da fuoco - astron. - ecc.*), hypervelocity.
ipocèntro (di un terremoto) (*geol.*), focus.
ipociclòide (*geom.*), hypocycloid.
ipoclorito (*chim.*), hypochlorite.
ipoeutettico (*a. - metall.*), hypoeutectic.
ipoeutettòide (*a. - metall.*), hypoeutectoid.
ipofosfito (*chim.*), hypophosphite.
ipogèo (*arch.*), hypogeum.
ipòide (*mecc.*), hypoid.
iponitroso (*chim.*), hyponitrous.
iposcopio (polemoscopio, periscopio a specchi) (*strum. ott. milit.*), polemoscope.
iposolfito (*chim.*), hyposulphite. **2.** ~ di sodio ($Na_2S_2O_3$) (*chim.*), sodium hyposulphite, sodium thiosulphate, " hypo". **3.** bagno di ~ (bagno riduttore) (*ind. cuoio*), hypo bath.
ipòstilo (*arch.*), hypostyle.
ipotèca (*leg.*), mortgage, hypothec. **2.** ~ di primo grado (*comm.*), first mortgage. **3.** ~ di secondo grado (*comm.*), second mortgage.
ipotecare (*leg.*), to mortgage, to ipothecate.
ipotenusa (*geom.*), hypotenuse.
ipòtesi, hypothesis.
ippòdromo (*sport*), hippodrome.
ippotrainato, horse-drawn.
iprite [$(C_2H_4Cl)_2S$] (solfuro di etile biclorurato) (*chim.*), yperite, mustard gas.
ipsografìa (curva ipsografica delle altitudini della superficie terrestre) (*geogr.*), hypsography.
ipsografico, rilievo ~ (*geogr.*), hypsographic.
ipsometrìa (misurazione delle altitudini riferite al livello del mare) (*geofisica*), hypsometry.
ipsometrico (*a. - top. - cart.*), hypsometric. **2.** tinte ipsometriche (*top. - cart.*), hypsometric tints.
ipsòmetro (*strum. geodetico*), hypsometer.
ìride (arcobaleno o gamma di colori a quello simile), iris. **2.** ~ (dell'occhio) (*med.*), iris.
iridescente (*a.*), iridescent.
iridescènza (*gen.*), iridescence. **2.** ~ (frangia di co-

lori: di immagine in film a colori per es.) (*difetto fot.*), fringe.
iridio (Ir - *chim.*), iridium.
"IRPEF", *vedi* Imposta sul Reddito delle Persone Fisiche.
irradiamento (flusso radiante ricevuto per unità di superficie) (*fis.*), irradiance.
irradiare (*fis.*), to radiate, to irradiate.
irradiato (*a.* - *radioatt.*), irradiated.
irradiazione (di raggi X per es.) (*radiologia*), irradiation. **2.** ~ (*radioatt.*), irradiation.
irraggiamento (o radianza; flusso radiante emesso da una sorgente) (*s.* - *fis.*), radiance, radiancy. **2.** per ~ (si riferisce al modo con cui viene emessa una radiazione; per es. il calore da un corpo) (*a.* - *fis.*), radiative.
irrazionale (*mat.*), irrational.
irregolare (non conforme alle regole stabilite) (*a.* - *gen.*), incorrect. **2.** ~ (*fis.* - *mecc.*), uneven, irregular.
irregolarità (*gen.*), irregularity. **2.** ~ superficiale (*mecc.*), unevenness, roughness.
irrestringìbile (tessuto) (*ind. tess.*), shrinkproof, unshrinking, unshrinkable, shrinkresistant.
irreversibile (non trasformabile da gel in sol e viceversa) (*a.* - *chim.* - *fis.* - *mat.* - *ecc.*), irreversible.
irreversibilità (*gen.*), irreversibility.
irriducibile (*a.* - *mat.*), irreducible.
irrigare (*agric.*), to irrigate.
irrigatore (*strum. agric.*), irrigator. **2.** ~ (*strum. med.*), irrigator. **3.** ~ a pioggia (*app. agric.*), rainer. **4.** ~ a pioggia oscillante (*app. agric.*), swinging rainer.
irrigazione (*agric.*), irrigation, watering. **2.** ~ a pioggia (*agric.*), rain irrigation.
irrigidimento (*gen.*), stiffening. **2.** ~ (*mecc.*), stiffening. **3.** ~ (elemento di irrigidimento) (*gen.*), stiffener. **4.** irrigidimenti di prua (elementi di irrigidimento di prua dell'involucro di un aerostato) (*aer.*), nose stiffeners, bow stiffeners. **5.** nervatura di ~ (*mecc.*), stiffening rib.
irrigidire (*mecc.*), to stiffen.
irrigidito (*ed.* - *ecc.*), stiffened.
irripetibile (limitato ad una volta sola) (*a.* - *gen.*), one-off (ingl.).
irrobustimento (di una struttura ecc.) (*costr.* - *ecc.*), strengthening. **2.** ~ (p. es.: di un apparato elettronico per resistere alle vibrazioni, all'umidità ecc.) (*s.* - *tecnol.*), ruggedization.
irrobustire (*gen.*), to strengthen. **2.** ~ (rinforzare: ad es. una macchina, uno strumento ecc.) (*tecnol.*), to ruggedize.
irrorare (*gen.*), to spray. **2.** ~ (innaffiare) (*gen.*), to sprinkle. **3.** ~ (polverizzare, con un insetticida per es.) (*agric.*), to dust.
irroratore (irroratrice) (*macch. agric.*), sprayer, spraying machine.
irroratrice (irroratore) (*macch. agric.*), sprayer, spraying machine. **2.** ~ idraulica (*macch. agric.*), hydraulic sprayer.
irrorazione (delle colture con polveri insetticide per es.) (*agric.* - *ecc.*), dusting, crop-dusting.
irrotazionale (di un vettore o di un campo) (*a.* - *fis. mot.* - *elett.*), irrotational.
irruvidimento (*mecc.*), roughening.
irruvidire (*gen.*), to roughen.
irruvidito (*gen.*), roughened.
"ISA" (Federazione Internazionale delle Associazioni Nazionali di Unificazione, ora ISO) (*tecnol.*), ISA, International Federation of the National Standardizing Associations.
isallobara (*s.* - *meteor.*), isallobar.
iscritto (inscritto) (*gen.*), inscribed.
iscrìvere, *vedi* inscrivere.
iscriversi (ad una associazione per es.) (*gen.*), to join.
iscrizione (*gen.*), inscription. **2.** ~ (all'Università per es.) (*gen.*), matriculation. **3.** ~ (ad una gara) (*sport*), entry. **4.** ~ (*elab.*), *vedi anche* inscrizione.
isentròpica (*s.* - *termod.*), isentropic line, isentropic.
isentropico (adiabatico, senza cambio di entropia) (*a.* - *termod.*), isentropic.
"ISO" (International Standardization Organization) (*mecc.* - *etc.*), ISO.
isòbara (curva isobara) (*meteor.*), isobar.
isòbari (elementi di uguale massa atomica) (*chim.*), isobars.
isobàrico (*meteor.*), isobaric.
isòbaro (*s.* - *chim.*), isobar. **2.** ~ stabile (*fis. atom.*), stable isobar.
isòbata (*mare*), isobath. **2.** ~ (*top.* - *geofis.*), depth contour.
isobutano (trimetil-metano) (*chim.*), isobutane.
isoclina (linea isoclina, del campo magnetico terrestre, congiungente i punti di uguale inclinazione magnetica) (*geofis.*), isoclinal line, isoclinal.
isoclino (*geol.*), isocline.
isocora (*termod.*), isochor.
isocromàtico (*fis.*), isochromatic.
isocronismo (*fis.*), isochronism.
isòcrono (*a.* - *fis.*), isochronal, isochronous. **2.** non ~ ("anisocrono") (*a.* - *fis.*), anisochronous.
isodiafero (nuclide avente uguale differenza tra neutroni e protoni) (*fis. atom.*), isodiaphere.
isòdomo (antico sistema di muratura) (*arch.*), isodomum, isodomon.
isoelettrico (*a.* - *elett.*), isoelectric.
isoelettronico (con lo stesso numero di elettroni) (*a.* - *eltn.*), isoelectronic.
isofoto (*fis.*), isophot.
isogona (*magnetismo terrestre*), isogonic line, isogonic.
isogriva, isogrivazione (linea che unisce i punti di uguale declinazione del N magnetico rispetto al reticolo) (*navig. aer.*), isogriv.
isoieta (linea isoieta, linea dei punti di uguale piovosità) (*geogr.* - *meteor.*), isohyetal line, isohyet.
isoipsa (*geofis.* - *top.*), contour line.
isola (*geogr.*), island. **2.** ~ (sovrastruttura laterale di una portaerei) (*mar. milit.*), island. **3.** ~ pedo

nale (*traff. strad.*), pedestrian island. **4.** ~ per circolazione rotatoria (*traff. strad.*), roundabout island.

isolamento (*elett. - term.*), insulation, isolation. **2.** ~ (rivestimento termico) (*term.*), lagging. **3.** ~ acustico (*acus.*), soundproofing. **4.** ~ di classe A (*elett.*), class A insulation. **5.** ~ di tubazione (*term. - tubaz.*), pipe insulation. **6.** ~ termico (*term.*), heat insulation. **7.** grado di ~ termico (livello di ~ termico: rappresenta la misura delle proprietà isolanti di un materiale) (*mis. term.*), R-value. **8.** interruttore d'~ (*ferr. elett.*), isolation switch. **9.** verificatore d'~ (*strum. elett.*), insulation tester.

isolante (*a. - elett. - term.*), insulating. **2.** ~ (materiale cattivo conduttore di elettricità, o di calore, o del suono) (*s. - elett. - term. - acus.*), insulator. **3.** ~ (mano isolante) (*vn.*), sealer. **4.** ~ acustico (materiale acusticamente isolante) (*acus.*), soundproofing material, deadening. **5.** ~ asfaltico (*vn.*), asphaltic sealer. **6.** ~ di conduttore (*elett.*), wire insulation coating. **7.** ~ protettivo per bagni elettrolitici (sostanza applicata alla superficie degli oggetti per evitare l'elettrodeposizione) (*elettrochim.*), resist. **8.** ~ termico (*ind.*), lagging material, insulating material. **9.** rivestimento ~ (*elett. - term.*), insulation coating.

isolare (*chim.*), to isolate. **2.** ~ (*elett. - term.*), to insulate. **3.** ~ acusticamente (*acus.*), to soundproof.

isolato (*a. - elett. - term. - acus. - ecc.*), insulated. **2.** ~ (blocco di case tra due strade contigue) (*ed.*), block, block of houses. **3.** ~ acusticamente (*acus.*), soundproof.

isolatore (oggetto fatto di materiale isolante ed impiegato per sostenere conduttori elettrici) (*s. - elett.*), insulator. **2.** ~ a campana (*elett.*), bell insulator. **3.** ~ a cappa da esterno (*elett.*), petticoat insulator. **4.** ~ a cappe (*elett.*), standoff insulator, standoff. **5.** ~ ad alette (*elett.*), ribbed insulator. **6.** ~ a noce (di una linea di contatto per ferr. elett.), nut insulator. **7.** ~ a parete, ~ a rocchetto per cordoncino (isolatore di porcellana o di vetro da fissare ad un muro per es. con un chiodo per sostenere un impianto interno a fili non incassati) (*elett.*), knob insulator. **8.** ~ a sospensione (*elett.*), suspension insulator. **9.** ~ comune a serrafilo (per due fili separati) (*elett.*), cleat insulator. **10.** ~ comune per cordoncino (*elett.*), knob insulator. **11.** ~ da antenna (*radio*), antenna insulator. **12.** ~ da muro (per supporto di cordone elettrico) (*elett.*), knob insulator. **13.** ~ di vetro (*elett.*) glass insulator. **14.** ~ ottico (fotoaccoppiatore, fotoisolatore) (*eltn.*), optical coupler, optocoupler, optoisolator photocoupler. **15.** ~ passante con conduttore incorporato (blocco isolante attraversato da un conduttore incorporato: serve per fornire energia elettrica al di là di un muro, attraversandolo) (*elett.*), feedthrough insulator, feedthrough terminal. **16.** ~ passante forato (~ tubolare che attraversa un muro o altra parete: ha un foro centrale nel quale si fa passare un conduttore che porta la corrente al di là del muro, ecc.) (*elett.*), lead-in insulator. **17.** ~ per alta tensione (*elett.*), high-tension insulator. **18.** ~ per bassa tensione (*elett.*), low-tension insulator. **19.** ~ per linee telefoniche (*elett.*), telephone type insulator. **20.** ~ portante (*app. elett.*), stand-off insulator, strain insulator. **21.** ~ rigido (montato su gambo metallico) (*elett.*), pin insulator.

isolòtto (*geogr.*), islet.

isoluxa (*fis.*), equilux curve. **2.** linea ~ (isolux, linea isofota) (*illum.*), isolux, isophote, isophotic line.

isomagnetico (*a. - geogr.*), isomagnetic.

isòmeri (*fis. atom.*), isomers.

isomeria (*chim. - fis. nucleare*), isomerism.

isomèrico (*a. - chim.*), isomeric.

isomerismo (*chim.*), isomerism. **2.** ~ dinamico (equilibrio tautomerico) (*chim.*), dynamic isomerism.

isomerizzazione (*chim.*), isomerization.

isòmero (*chim.*), isomer.

isometria (*s. - mis. - geom.*), isometry.

isomètrico (*a. - mis.*), isometric.

isomorfismo (*min.*), isomorphism.

isomòrfo (*min.*), isomorphous.

isoottano (raffineria petrolio), isooctane.

isoprène (C_5H_8) (per gomma sintetica) (*chim.*), isoprene.

isòscele (*geom.*), isosceles.

isosìsmico (*geol.*), isoseismal, isoseismic.

isosmotico, isoosmotico (isotonico) (*a. - fis. - chim.*), isosmotic.

isospin (spin isotopico) (*fis. atom.*), isospin, isotopic spin.

isostasia (equilibrio delle masse sulla crosta terrestre) (*geofis.*), isostasy.

isostàtico (*a. - fis. - geol.*), isostatic.

isosterico (*a. - fis. atom.*), isosteric.

"isòtera" (linea che congiunge sulla superficie della Terra i vari punti aventi una temperatura media estiva uguale) (*meteor.*), isothere.

isotèrma (*s. - fis. - meteor.*), isotherm. **2.** ~ (*chim. fis.*), isothermal line, isotherm.

isotèrmico (*a. - term.*), isothermal. **2.** linea isotermica (*chim. fis.*), isotherm.

isotermobata (in una sezione verticale di mare) (*geofis. mar.*), isothermobath.

isotonico, *vedi* isosmotico.

isotono (nuclide avente lo stesso numero di neutroni) (*fis. atom.*), isotone.

isòtopo (*chim. - fis. atom.*), isotope. **2.** ~ radioattivo (*chim. - radioatt.*), radioisotope. **3.** ~ radioattivo del carbonio (prodotto artificialmente) (*chim. - radioatt.*), radiocarbon, carbon radioisotope. **4.** ~ radioattivo del sodio (prodotto artificialmente) (*chim. - radioatt.*), radiosodium. **5.** ~ radioattivo del tallio (radio C″) (*chim. - radioatt.*), radiothallium. **6.** ~ stabile (*fis. atom.*), stable isotope. **7.** separazione degli isotopi (*fis. atom.*), isotope separation.

istrone (apparecchio elettromagnetico per separare gli isotopi) (*fis.*), isotron.
isotropìa (*fis.*), isotropy.
isotropico (avente le stesse proprietà in tutte le direzioni) (*a. - fis.*), isotropic, isotropous. **2.** diffusione isotropica (*fis. atom.*), isotropic scattering.
ispessimento (contrario di chiarifica: per arricchire il liquido di sostanze solide in sospensione) (*ind. - vn. - ecc.*), thickening.
ispessire (rendere più denso) (*vn. - ecc.*), to thicken.
ispettore (*gen.*), inspector, overseer, supervisor. **2.** ~ (di una organizzazione commerciale) (*comm.*), fieldman. **3.** ~ di reparto (dipendente di un supermercato incaricato della sorveglianza dei clienti onde prevenire furti) (*org. pers.*), floorwalker. **4.** ~ di zona (*comm.*), field supervisor. **5.** ~ vendite (*comm.*), sales supervisor.
ispezionare (*gen.*), to inspect, to oversee. **2.** ~ (*milit.*), to inspect.
ispezione (*gen.*), inspection. **2.** ~ contabile (*contabilità*), audit.
issare (*nav.*), to hoist.
istantanea (*fot.*), snapshot. **2.** fare una (fotografia) ~ (*fot.*), to snapshot.
istantaneo (ad azione istantanea) (*a. - gen.*), instantaneous. **2.** ~ (detto per es. della variazione di carico di un motore) (*a. - elett. - ecc.*), momentary. **3.** ~ (p. es. di scarico ~, di programma ~ ecc.) (*a. - elab.*), snapshot.
istante (spazio minimo di tempo) (*gen.*), instant, moment.
istèresi (*fis.*), hysteresis. **2.** ~ dielettrica (*elett.*), dielectric hysteresis. **3.** ~ elastica (*mecc.*), elastic hysteresis. **4.** ~ magnetica (*elett.*), magnetic hysteresis, magnetic lag. **5.** ~ meccanica (*mecc.*), mechanical hysteresis. **6.** ciclo di ~ (*elett.*), hysteresis loop. **7.** perdita per ~ (*elett.*), hysteretic loss.
isteresìmetro (*strum. elett.*), hysteresis meter, hysteresimeter.
istituto (d'arte, di scienze ecc.), institute. **2.** ~ di sconto (*finanz.*), accepting house, discount house. **3.** ~ industriale (*scuola*), industrial institute. **4.** ~ meteorologico (*meteor.*), weather bureau (am.). **5.** ~ nautico (*scuola nav.*), navigation school. **6.** ~ tecnico (*scuola*), technical institute.
Istituto Accertamento Diffusione (IAD) (*pubbl. - giorn.*), Audit Bureau of Circulation, ABC.
Istituto del Petrolio (*ind. chim.*), Institute of Petroleum, IP.
Istituto Nazionale Americano di Normalizzazione (*tecnol.*), ANSI, American National Standards Institute.
Istituto Nazionale Grassi Lubrificanti (*chim.*), National Lubrification Grease Institute, NLGI.
istituzione (istituto) (*gen.*), institute
istmo (*geogr.*), isthmus.
istogramma (rappresentazione della distribuzione di frequenza) (*stat.*), histogram.
istruire (allenare) (*milit. - sport*), to coach. **2.** ~ (insegnare il lavoro ad un operaio per es.), to instruct.
istrumento, *vedi* strumento.
istruttore, instructor. **2.** ~ (di personale) (*pers. - ind.*), instructor, coach.
istruttoria (*leg.*), proceeding.
istruzione (*gen.*), instruction. **2.** ~ (ordine codificato ad un elab. in un linguaggio ad alto livello) (*elab.*), statement. **3.** ~ (ordine codificato ad un elab. in un linguaggio di programmazione) (*elab.*), instruction. **4.** ~ (formazione) (*pers.*), instructing, coaching. **5.** ~ ad un solo indirizzo (*elab.*), one-address instruction, single-address instruction. **6.** ~ al compilatore (direttiva al compilatore) (*elab.*), compiler directing statement. **7.** ~ assistita da calcolatore (in programmi didattici, per es.) (*elab. - scuola*), computer aided instruction, CAI. **8.** ~ a tre indirizzi (*elab.*), three-address instruction. **9.** ~ base (*elab.*), basic instruction, presumptive instruction. **10.** ~ composta (*elab.*), compound statement. **11.** ~ di arresto (*elab.*), halt instruction. **12.** ~ di arresto condizionato (*elab.*), conditional stop instruction. **13.** ~ dichiarativa (dichiarazione) (*elab.*), declarative statement. **14.** ~ di commento (*elab.*), comment statement. **15.** ~ di commutazione (*elab.*), switch instruction. **16.** ~ di controllo (di) lavoro (*elab.*), job control statement. **17.** ~ di decisione (~ di salto condizionato) (*elab.*), decision instruction. **18.** ~ di entrata (*elab.*), entry instruction. **19.** ~ di estrazione (*elab.*), extract instruction. **20.** ~ di fine (*elab.*), end statement. **21.** ~ di nessuna operazione (~ che fa saltare l'elaboratore alla istruzione successiva, senza eseguire nessuna operazione) (*elab.*), no-operation instruction, NO OP. **22.** ~ di riavviamento (*elab.*), restart instruction. **23.** ~ di salto (*elab.*), jump instruction, branch instruction. **24.** ~ di salto condizionato, *vedi* ~ di decisione. **25.** ~ di trasferimento (*elab.*), transfer instruction. **26.** ~ effettiva (*elab.*), absolute instruction. **27.** ~ esecutiva (*elab.*), executive instruction. **28.** ~ fittizia (*elab.*), dummy instruction. **29.** ~ imperativa (~ tradotta in linguaggio macchina direttamente dal programma assemblatore) (*elab.*), imperative instruction, imperative statement. **30.** ~, *vedi anche* istruzioni. **31.** ~ iterativa (*elab.*), repetition instruction. **32.** ~ logica (*elab.*), logic instruction. **33.** ~ (di) macchina (~ in codice [di] macchina) (*elab.*), machine instruction, computer instruction. **34.** ~ operativa (*elab.*), operating instruction. **35.** ~ plurindirizzo (~ avente più indirizzi) (*elab.*), multiaddress instruction, multiple-address instruction. **36.** ~ senza indirizzo (*elab.*), no-address instruction, zero-address instruction. **37.** pseudo ~ (~ valida per il compilatore, ma non per la macchina) (*elab.*), quasi instruction. **38.** ~ logica (ordine logico) (*elab.*), logic order. **39.** ~ senza indirizzo (ordine senza indirizzo) (*elab.*), zero-andress order.
istruzioni (*gen.*), instructions. **2.** ~ al secondo

(*elab.*), Instructions Per Second, "IPS". **3.** ~ condizionate (*macch. calc.*), conditional instructions. **4.** ~ del punto di arresto condizionato (*elab.*), conditional breakpoint instructions. **5.** ~ di guida (~ tecniche per assistere l'operatore di un elab.: fornite mediante videoschermo, o disco flessibile ecc.) (*elab.*), tutorial. **6.** ~ di montaggio (*gen.*), assembling instructions, erection instructions. **7.** ~ iniziali (*elab.*), initial instructions. **8.** ~ per l'uso (di una macchina per es.), operating instructions. **9.** ~ precise (*gen.*), briefing. **10.** ~ tecniche (*mecc. - ecc.*), engineering instructions. **11.** dare ~ precise (*gen.*), to brief. **12.** foglio di ~ (per es.: per un operaio) (*org. officina*), job sheet. **13.** libretto di ~ (manuale delle ~; p. es. di un elaboratore) (*eltn.*), repertoire, instruction repertoire. **14.** manuale di ~ (insieme di ~ per l'esecuzione di un programma) (*elab.*), run book. **15.** milioni di ~ al secondo (MIPS, misura per valutare la velocità di calcolo di un elab.) (*elab.*), Mega Instruction Per Second, MIPS. **16.** 1024 ~ al secondo (*elab.*), Kilo Instructions Per Second, KIPS.

italico (di un carattere) (*a. - tip.*), italic.

iterativo (*a. - mat.*), iterative.

iterazione (*elab. - mat.*), iteration.

itinerario (di viaggio per es.), itinerary. **2.** ~ (rotta) (*nav. - aer.*), route.

ittèrbio (Yb - *chim.*), ytterbium.

ittiocolla (colla di pesce) (*ind.*), fish glue, isinglass.

ittioscopio (*strum. pesca*), fishing echo sounder.

ittrio (Y - *chim.*), yttrium.

iuta, *vedi* juta.

IVA (imposta sul valore aggiunto) (*finanz. - comm.*), value-added tax, VAT.

J

"j" (unità di misura di lavoro [e di energia]) (*mis.*), J, joule.

jack, *vedi* presa "jack" e spinotto "jack".

jackass a brigantino a palo (nave a tre alberi) (*costr. nav.*), jackass brig.

jackass a nave a palo (nave a quattro alberi) (*costr. nav.*), jackass bark.

Jacquard (telaio Jacquard) (*macch. tess.*), Jacquard, jacquard, jacquard loom.

jarda (0,914 m) (*yd. - mis.*), yard. **2.** ~ cubica (0,7646 m^3) (*cu yd - mis.*), cubic yard. **3.** ~ quadrata (0,8361 m^2) (*sq yd - mis.*), square yard.

jeep (veicolo militare leggero a quattro ruote motrici) (*aut.*), jeep.

jodio (*chim.*), *vedi* iodio.

joint adventure, *vedi* impresa in comune.

jole (*nav.*), jolly boat.

jònico (stile) (*arch.*), Ionic.

joule (unità di misura di lavoro [e di energia] nel sistema MKS) (*fis.*), joule.

jumbo (huge) (*a. - gen.*), gigante.

juta (*fibra tess.*), jute. **2.** sacco di ~, jute bag, jute sack.

K

"K" (Kelvin, gradi Kelvin) (*mis.*), K, Kelvin degrees.
"k" (chilo–, prefisso: 10^3) (*mis.*), k, kilo, chilo.
kainite (concime potassico greggio) (*agric. min.*), kainite.
kaon (mesone K, un mesone instabile) (*fis. atom.*), kaon, K–meson, K particle.
kapok, capok, capoc (ceiba, bambagia delle Indie) (*ind. tess.*), kapok, capoc.
"Kardex" (armadio per pratiche) (*uff.*), filing cabinet.
"kart" (vetturetta in miniatura per competizioni ricreative) (*sport*), kart.
kartismo ("karting") (*sport*), karting.
kauri (resina naturale solida del gruppo dei coppali) (*chim.*), kauri, kauri resin, kauri copal.
Kbyte (1 Kbyte = 1024 byte = 2^{10} byte = 1024 ottetti; unità di misura della capacità della memoria) (*elab.*), kilobyte, KBYTE, KB, KiloByte.
"kcal" (grande caloria, chilocaloria) (*term.*), Cal., kilogram–calorie, large calorie, great calorie.
kefir (tipo di latte fermentato) (*ind.*), kefir.
Kelvin (*unità di mis. term.*), Kelvin.
kenotron (raddrizzatore a diodo a vuoto spinto) (*termoion.*), kenotron (ingl.).
keratina (principale componente della lana) (*biochim.*), keratin.
kerosène (*chim.*), kerosene. **2.** olio di ~ (*ind. chim.*), kerosene oil.
"keV" (chilovoltelettrone = 10^3 e V) (*mis. energia*), kilo electron volt, KEV.
"kieselguhr" (farina fossile) (*geol.*), kieselguhr, kieselgur.
kieserite (solfato idrato di magnesio) (*min.*), kieserite.
kilo (chilo = 10^{10} = 1000: nel sistema metrico moltiplica per 1000 il valore del termine che segue: p. es. chilogrammo ecc.) (*mis. metriche*), kilo, k. **2.** ~ (kilo = 2^{10} = 1024: in informatica moltiplica per 1024 il valore del termine che segue: p. es. kilobyte ecc.) (*mis. inf.*), kilo, k.
kilobaud (1000 baud) (*eltn.*), kilobaud.
kilobit (2^{10} bit = 1024 bit) (*elab.*), kilobit.
kilobyte, *vedi* Kbyte.
kilociclo (*radio*), kilocycle.
kilogràmmetro (misura di lavoro) (*fis.*), meter–kilogram.
kilogrammo, *vedi* chilogrammo.
kilòmetro, *vedi* chilometro.
kiloohm (1000 ohm) (*elett.*), kilohm.
kilotex (ktex = 1 kg/1000 m, unità di finezza) (*ind. tess.*), kilotex.
"kiloton" (forza esplosiva corrispondente a quella di 1016 t di dinamite) (*mis. effetto bomba atomica*), kiloton.
kilovar, chilovar (KVA reattivi) (*elett.*), kilovar.
kilovoltampère (kVA) (*elett.*), kilovoltampere.
kilowàtt (kW) (*elett.*), kilowatt.
kilowàttmetro (*strum. elett.*), kilowattmeter. **2.** ~ registratore (*strum. elett.*), recording kilowattmeter.
kilowattòra (kWh) (*mis. elett.*), kilowatthour, kW –hr.
kimberlite (roccia) (*min.*), kimberlite.
kingston (valvole per l'allagamento dei doppi fondi e dei compartimenti stagni, per variare l'assetto e la stabilità della nave) (*costr. nav.*), Kingston valve.
Kipp, apparecchio di ~ (*chim.*), Kipp generator, Kipp apparatus.
"klaxon" (avvisatore acustico, tromba elettrica) (*s. - aut.*), klaxon, electric horn. **2.** suonare il ~ (*aut.*), to klaxon (colloquiale am. slang).
klystron (clistron, valvola per produrre corrente ad altissima frequenza) (*termoion.*), klystron. **2.** ~ a più cavità (*termoion.*), multicavity klystron. **3.** ~ riflettore (*termoion.*), klystron reflex.
"km" (chilometro) (*mis.*), km, kilometer.
"knock–on" (*a. - fis. atom.*), knock–on.
"know–how" (conoscenze di dettaglio utili e necessarie per la pratica riproduzione di un complessivo brevettato) (*ind.*), know–how.
kraklé (craquelé, retinatura del vetrino o simile a quella) (*ceramica - vn. - ecc.*), crackle.
krarupizzazione (*telef.*), continuous loading, Krarup loading.
kripton (*chim.*), *vedi* cripton.
"kt" (chiloton) (*mis.*), kt, kiloton.
"kV" (chilovolt) (*mis. elett.*), kV, kilovolt.
"kvah" (chilovoltamperora) (*mis. elett.*), kvah, kilovoltampere–hour.
"kvar" (chilovar, chilovoltampere reattivi) (*mis. elett.*), kvar, kilovar.

L

"L" (induttanza) (*elett.*), inductance, L. **1.** (misura di capacità) (*mis.*), liter, litre.
"l" (misura di capacità) (*mis.*), liter, litre.
labbro (*gen.*), lip.
labradorite (*min.*), labradorite.
làbile (*mecc. - fis. - chim.*), labile.
labirinto (di tenuta) (*mecc.*), labyrinth. **2.** tenuta a ~ (*mecc.*), labyrinth seal.
laboratòrio (scientifico per es.), laboratory, lab. **2.** ~ (locale per lavori manuali) (*ind.*), workroom, workshop. **3.** ~ (suola, di forno a riverbero) (*metall.*), hearth. **4.** ~ (di un forno ceramico), *vedi* suola. **5.** ~ con alto rischio di radioattività (~ per la ricerca su materiale radioattivo) (*fis. atom.*), hot laboratory. **6.** ~ di ricerca orbitale con personale (a bordo) (*astric.*), manned orbiting research laboratory, MORL. **7.** ~ metrologico (centro metrologico) (*ind. mecc.*), metrology department. **8.** ~ per la prova dei materiali (*sc. costr.*), material testing laboratory. **9.** ~ spaziale (*astric.*), skylab (ingl.). **10.** ~ spaziale con equipaggio a bordo (*astric.*), manned orbiting laboratory.
lacca (materia organica colorante combinata con una base metallica) (*vn.*), lake. **2.** ~ (o vernice) a spirito (*vn.*), lacquer. **3.** ~ a tampone (per la lucidatura del legno) (*vn.*), French polish. **4.** ~ di alizarina (*vn.*), alizarin lake, madder lake. **5.** ~ giapponese, japan. **6.** gomma ~ , shellac.
laccamuffa, *vedi* tornasole.
laccare (*falegn.*), to lacquer, to japan. **2.** ~ (verniciatura con pittura a smalto) (*vn.*), to enamel.
laccatura (*vn.*), lacquering.
laccio (da scarpe per es.) (*mft. tess.*), lace. **2.** ~ (nodo scorsoio) (*nav. - ecc.*), slip knot. **3.** ~ di ritenuta calotta (di un paracadute) (*aer.*), mouth lock.
laccolite (intrusione lavica) (*geol.*), laccolith, laccolite.
lacerabilità (*tecnol.*), tearability.
lacerare (*gen.*), to rip, to tear.
laceratura (*gen.*), tearing. **2.** ~ agli spigoli (su lingotti o blumi) (*difetto metall.*), broken corners.
lacrimògeno (*a. - chim.*), lachrymatory.
lacuna (assenza di un elettrone: in un semiconduttore) (*eltn.*), hole. **2.** mobilità della ~ (*eltn.*), hole mobility.
lacunare, *vedi* cassettone.
lacustre (*a. - geogr.*), laky.
ladar (laser radar: sistema di rilevamento e telemisura a mezzo laser; usato per inseguimento di missili per es.) (*ott. - milit.*), ladar.
lago (*geogr.*), lake. **2.** ~ artificiale, *vedi* bacino di accumulo.
laguna (*geogr.*), lagoon.
lama (*gen.*), blade. **2.** ~ (di alesatore per es.) (*ut.*), blade. **3.** lame (coltelli, di un raffinatore) (*macch. ind. carta*), bars. **4.** ~ da pialla (*carp.*), plane bit, iron bit. **5.** ~ da sega (per seghe multiple) (*ut.*), gang saw. **6.** ~ del calamaio (*tip.*), ink fountain blade. **7.** ~ della cesoia (*ut.*), shear blade. **8.** ~ della sega (*ut.*), saw blade, saw web. **9.** ~ di raschietto (*ut.*), scraper blade. **10.** ~ fissa (di trancia per es.) (*mecc.*), fixed blade. **11.** ~ per livellare (*att. movimento terra*), skimmer. **12.** ~ per sega a nastro (*ut.*), band saw blade. **13.** ~ per taglierina (*ut. per ind. carta*), paper knife. **14.** ~ per taglio a strisce (*ut.*), slitter blade. **15.** ~ per velluto (o per tappeti) (*ut. mft. tess.*), trivet. **16.** ~ piatta per alesare (*ut.*), flat horing cutter. **17.** ~ raschia-inchiostro (racla: di una macchina da stampa: lama usata per asportare l'inchiostro in eccesso) (*tip.*), doctor. **18.** ~ rotante (di cesoia per es.) (*mecc.*), rotary balde. **19.** lame selezionatrici (di uno scivolo per selezionare schede perforate) (*elab.*), chute blades.
lamare (*mecc.*), to spot-face. **2.** ~ (*dis. mecc.*), spot-face, S'FACE, Sp F.
lamato (*mecc.*), spot-faced.
lamatore (utensile per lamare) (*ut.*), spot-facer.
lamatrice (apparecchio portatile a più lame rotanti per livellare pavimenti in legno per es.) (*ut. portatile*), planer. **2.** ~ (piallatrice) (*macch. ut.*), surfacer.
lamatura (*mecc.*), spot-facing.
lambda (particella lambda, particella elementare non carica) (*fis. atom.*), lambda, lambda particle.
lambert (unità di radianza luminosa) (*fis. illum.*), lambert.
lambire (*gen.*), to lick, to lap.
lambito (una parete dal gas per es.) (*gen.*), lapped licked.
lamé (tessuto con filato metallico, seta o cotone ecc. (*tess.*), lamé.
lamèlla (di otturatore fotografico per es.) (*mecc ott.*), blade. **2.** ~ (di un frequenzimetro per es. (*strum. elett.*), reed. **3.** ~ del collettore (di una di

namo per es.) (*elett.*), commutator bar, commutator segment. **4.** ~ vibrante (*strum. elett.*), vibrating reed.

lamellare (costituito da strati sottili) (*a. - materiali*), laminar. **2.** ~ (separabile in sottili lamine) (*a. - min. - ecc.*), spathic, spathose, foliated.

lamelliforme (lamellare) (*a. - gen.*), lamellar, laminate.

lametta (*gen.*), blade. **2.** ~ per rasoio (*att.*), razor blade.

lamièra (*ind. metall.*), sheet, plate. **2.** ~ antisdrucciolevole (lamiera striata) (*ind. metall.*), chequered plate, checkered plate. **3.** ~ antisdrucciolevole (striata o bugnata usata per gradini di veicoli ferroviari per es.) (*veic. - ecc.*), treadplate. **4.** ~ bombata (per aumentarne la resistenza alla pressione per es.) (*mecc.*), dished plate. **5.** ~ bugnata (*ind. metall.*), buckle plate, embossed floor plate. **6.** ~ decapata (*ind. metall.*), pickled plate. **7.** ~ deflettrice (di una caldaia per es.) (*nav. - ecc.*), dashplate, baffle plate. **8.** ~ del fondo (*cald.*), end plate. **9.** ~ di acciaio (*ind. metall.*), sheet steel. **10.** lamiere di chiglia (*nav.*), keel plates. **11.** ~ di ferro (*ind. metall.*), sheet iron, Sh. I., iron plate. **12.** ~ di ferro laminata (*ind. metall.*), rolled iron plate. **13.** ~ di ferro omogeneo (*ind. metall.*), mild steel plate. **14.** ~ di ferro stagnata (*ind. metall.*), tinplate, white latten. **15.** ~ di murata (*nav.*), bulwark plating. **16.** ~ di ottone (*ind. metall.*), sheet brass. **17.** lamiere di prima qualità (*ind. metall.*), primes, first quality sheets. **18.** ~ di zinco (*ind. metall.*), sheet zinc. **19.** ~ flangiata (*ind. metall.*), flanged plate. **20.** ~ forata (*ind. metall.*), punched plate, perforated plate. **21.** ~ greggia (*ind. metall.*), raw plate. **22.** ~ grossa (di spessore maggiore di $^1/_4$ di pollice) (*ind. metall.*), plate. **23.** ~ laminata a caldo (lamiera nera) (*ind. metall.*), hot-rolled plate. **24.** ~ laminata a freddo (lamiera lucida) (*ind. metall.*), cold-rolled plate. **25.** ~ liscia (*ind. metall.*), smooth plate. **26.** ~ lucida (denominazione commerciale) (*ind. metall.*), bright sheet iron. **27.** ~ madiere (di una nave in ferro) (*costr. nav.*), floor plate. **28.** ~ media (di spessore medio: denominazione commerciale) (*ind. metall.*), boiler plate, tank iron. **29.** ~ nera (lamiera laminata a caldo) (*ind. metall.*), black plate. **30.** ~ ondulata (*ind. metall.*), corrugated sheet iron. **31.** ~ ondulata curvata (*ind. metall.*), curved corrugated sheet iron. **32.** ~ passata a freddo (lamiera finita a freddo) (*ind. metall.*), cold-rolled sheet iron. **33.** ~ per navi (lamiera grossa) (*costr. nav.*), boiler plate. **34.** ~ per serbatoi (*ind. metall.*), tank sheet. **35.** ~ per stampaggio profondo (*ind. metall.*), deep-drawing sheet. **36.** ~ piombata (*ind. metall.*), terneplate. **37.** ~ placcata (*ind. metall.*), cladded sheet metal. **38.** ~ portante (lamiera con funzione portante, della fiancata di un carro ferroviario per es.) (*mecc. - ferr.*), stressed plate. **39.** ~ rigata (*ind. metall.*), rifled plate. **40.** ~ sottile (*ind. metall.*), sheet, sheet metal. **41.** ~ stagnata (*ind. metall.*), tinplate, white latten. **42.** ~ stampata (*ind. metall.*), stamped plate. **43.** ~ stirata (per sostenere intonaci per es.) (*ind. metall. - ed.*), expanded metal, metal lathing. **44.** ~ stirata (usata per ricevere l'intonaco di un soffitto) (*ed.*), lath. **45.** ~ stirata a losanga (*ind. metall.*), diamond mesh metal lathing (ingl.). **46.** ~ striata (per pavimentazione) (*ind. metall.*), chequered plate, checkered plate. **47.** ~ striata con disegno a losanga (per pavimentazione) (*ind. metall.*), diamond floor plate. **48.** ~ trincarino (*costr. nav.*), plate stringer. **49.** ~ zincata (*ind. metall.*), galvanized sheet iron. **50.** cappottatura in ~ di acciaio (di un motore industriale per es.) (*mot.*), sheet steel cowling. **51.** pacco di lamiere (ottenuto laminando a caldo più lamiere insieme) (*metall.*), mill pack. **52.** "polmonamento" della ~ (*lav. lamiera*), oilcanning. **53.** vite per ~ (*mecc.*), sheet metal screw.

lamiera-trincarino (*costr. nav.*), stringer plate.

lamierino, lamierini dello statore (*macch. elett.*), stator core laminations. **2.** ~ di acciaio (*ind. metall.*), sheet-steel (ingl.). **3.** ~ di ferro stagnato, (banda stagnata, latta) (*metall.*), white latten. **4.** ~ d'ottone (*metall.*), latten. **5.** ~ di stagno (*ind. metall.*), sheet tin. **6.** ~ magnetico (costituente il nucleo di ferro laminato: di un trasformatore per es.) (*elett. - metall.*), lamination. **7.** ~ magnetico tranciato (elemento tranciato di ~ magnetico: per l'assemblaggio di nuclei) (*elett. - eltn. - metall.*), stamping. **8.** ~ per trasformatori (*macch. elett.*), transformer core lamination. **9.** lamierini laminati a caldo con spessore minore di 0,45 mm (*metall.*), extra lattens. **10.** lamierini laminati a caldo di spessore fra 0,53 e 0,45 mm (*metall.*), lattens.

làmina (*mecc.*), lamina, lamination. **2.** ~ (foglio, molto sottile di metallo) (*metall.*), foil. **3.** ~ della testina radente (di un rasoio elettrico) (*app. domestico*), shaving foil. **4.** ~ di cristallo piezoelettrico (*elett.*), piezoelectric plate. **5.** ~ di vetro a facce piano-parallele (lamina piano-parallela: di vetro) (*ott. - fot.*), beam splitter. **6.** ~ magnetica (*fis. teorica*), magnetic shell. **7.** dividersi in lamine (sfaldarsi: di minerali per es.), to foliate.

laminàbile (*a. - metall.*), rollable.

laminabilità (*metall. - laminazione*), rolling fitness.

laminare (non turbolento; relativo ad una corrente fluida) (*a. - mecc. dei fluidi*), laminar. **2.** moto ~ (corrente laminare) (*mecc. dei fluidi*), laminar flow. **3.** punto ~ (punto preferenziale dell'autoguida, punto del diagramma di direttività di un siluro acustico, situato alla distanza laminare, alla quale si ha la massima probabilità di acquisizione del bersaglio) (*mar. milit. - acus. sub.*), laminar point.

laminare (effettuare la laminazione) (*metall.*), to roll. **2.** ~ (in fogli sottili) (*metall.*), to laminate. **3.** ~ a caldo (*metall.*), to hot-roll. **4.** ~ a freddo (*metall.*), to cold-roll. **5.** ~ in barre (*metall.*), to mill.

laminato (*a. - metall.*), rolled, R. **2.** ~ (*s. - metall.*), rolled section. **3.** laminati (*metall.*), rolled sections. **4.** ~ a caldo (*metall.*), hot-rolled. **5.** ~ a freddo (*metall.*), cold-rolled. **6.** ~ di acciaio (*metall.*), rolled steel section. **7.** ~ di ferro (*metall.*), rolled iron section. **8.** ~ di lana di vetro (*acus. - term. - ecc.*), glass-fibre laminate. **9.** ~ di legno (costituito da strati a fibre parallele incollati con resine a caldo sotto pressione) (*falegn. - costr. nav.*), laminated wood. **10.** laminati per rivestimento (di pareti interne e di soffitti per es.) (*ed.*), wallboard. **11.** ~ plastico (lastre di materiale plastico, costituite da strati sovrapposti di materiale impregnato con resina e compressi a caldo) (*ind.*), laminated plastic, laminate. **12.** ferro ~ (*metall.*), rolled iron.

laminatoio (*macch.*), rolling mill. **2.** ~ (*stabilimento metall.*), rolling mill. **3.** ~ a caldo (*macch. metall.*), hot rolling mill. **4.** ~ a caldo con sabbie in tandem per la finitura (*macch. metall.*), tandem stand high hot finishing mill. **5.** ~ a freddo (*macch. metall.*), cold rolling mill. **6.** ~ a movimento alternato (*macch. metall.*), reciprocating mill. **7.** ~ a passo del pellegrino (*macch. metall.*), "pilgrim" mill, "pilgrim progress" rolls. **8.** ~ calibratore (*macch. metall.*), sizing mill. **9.** ~ continuo a quattro gabbie in tandem (*macch. metall.*), four-stand tandem mill. **10.** ~ continuo per nastri (*macch. metall.*), strip mill. **11.** ~ di preparazione (alla fucinatura: sbozzatrice a rulli) (*macch. metall.*), reduceroll, use rolls. **12.** ~ di riduzione a caldo (*macch. metall.*), hot breaking-down mill. **13.** ~ finitore (*macch. metall.*), finishing rolling mill. **14.** ~ Mannesmann (*macch. metall.*), Mannesmann mill. **15.** ~ (del tipo) non reversibile (*macch. metall.*), non-reversing mill. **16.** ~ pellegrino (*macch. metall.*), *vedi* laminatoio a passo del pellegrino **17.** ~ per barre (*macch. metall.*), bar rolling mill, bar mill. **18.** ~ per billette (*macch. metall.*), billet rolling mill, billet mill. **19.** ~ per blumi (*macch. metall.*), blooming (rolling) mill. **20.** ~ per fili (*macch. metall.*), wire mill. **21.** ~ per lamiere (*macch. metall.*), sheet mill. **22.** ~ per lamiere sottili (*macch. metall.*), sheet rolling mill. **23.** ~ per lavori speciali (*macch. metall.*), special purpose mill. **24.** ~ per lingotti ("blooming") (*macch. metall.*), blooming mill. **25.** ~ per nastri (*macch. metall.*), strip mill. **26.** ~ per nastri sottili (*macch. metall.*), flatting mill. **27.** ~ per profilati (*macch. metall.*), section rolling mill. **28.** ~ per profilati commerciali (*macch. metall.*), merchant mill. **29.** ~ per rotaie (*macch. metall.*), rail rolling mill. **30.** ~ per ruote (*macch. metall.*), wheel rolling mill. **31.** ~ per sfrido lamiera (*macch. metall.*), scrap flattening roll. **32.** ~ per slebi (*macch. metall.*), slabbing mill. **33.** ~ per tondi (*macch. metall.*), rod mill. **34.** ~ per tubi (*macch. metall.*), tube rolling mill. **35.** ~ per vergella (treno per vergella) (*macch. metall.*), wire mill. **36.** ~ reversibile (*macch. metall.*), reversible rolling mill, reversing mill. **37.** ~ reversibile ad alta velocità (*macch. metall.*), high-speed reversing mill. **38.** ~ reversibile per la finitura a caldo (*macch. metall.*), reversing hot finishing mill. **39.** ~ reversibile per la laminazione a freddo (*macch. metall.*), reversing cold rolling mill. **40.** ~ sbozzatore (*macch. metall.*), breaching down rolling mill. **41.** entrata del ~ (*macch. metall.*), ingoing side of rolling mill. **42.** treno di ~ (*macch. metall.*), rolling mill train. **43.** uscita del ~ (*macch. metall.*), outgoing side of rolling mill. **44.** ~, *vedi anche* treno.

laminatura (*fis.*), lamination. **2.** ~ (cilindratura) (stampaggio con rulli: p. es. lino) (*ind. tess.*), rolling.

laminazione (*fis.*), lamination. **2.** ~ (*metall.*), rolling, rolling mill process. **3.** ~ (di preparazione alla fucinatura, sbozzatura al laminatoio) (*fucinatura*), rolling. **4.** ~ (sfogliazione di una lamiera) (*difetto di materiale*), lamination. **5.** ~ a caldo (*metall.*), hot-rolling. **6.** ~ a freddo (*metall.*), cold-rolling. **7.** ~ a freddo finale (di lamiere) (*lav. lamiera*), temper-rolling. **8.** ~ a pacco (laminazione multipla) (*metall.*), pack rolling. **9.** ~ a sandwich (*metall.*), sandwich rolling. **10.** ~ di sbozzatura (*metall.*), cogging (ingl.), roughing. **11.** ~ di slebi (*ind. metall.*), slabbing, rolling of slabs. **12.** ~ nel senso della larghezza (*metall.*), widthwise rolling. **13.** ~ nel senso della lunghezza (*metall.*), lengthwise rolling. **14.** ~ superficiale a freddo (*lav. metall.*), temper-rolling. **15.** ~ trasversale (*metall.*), cross rolling. **16.** riga di ~ (graffiatura di laminazione) (*difetto di laminazione*), guide mark.

làmpada (*elett.*), lamp, bulb. **2.** ~ a bagliore (per registrazione sonora) (*elettroacus. - cinem.*), light bulb. **3.** ~ a benzina (per riscaldamento o saldatura) (*app.*), torch. **4.** ~ a carburo (*app. - illum.*), carbide lamp. **5.** ~ a chiusura ermetica (*app. illum. antideflagrante*), vaporproof lamp. **6.** ~ ad alcool (*strum. med.*), alcohol lamp. **7.** ~ ad alta frequenza (*elettroacus.*), high-frequency lamp. **8.** ~ ad arco (*illum.*), arc lamp. **9.** ~ ad arco a corrente continua (*illum.*), d.c. arc lamp. **10.** ~ ad arco a fiamma (*illum. elett.*), flame-arc lamp. **11.** ~ ad arco con elettrodi di carbone (*illum.*), carbon arc lamp. **12.** ~ a elettroluminescenza (*elett.*), electric discharge lamp, discharge lamp, gaseous discharge lamp. **13.** ~ a filamento (lampada ad incandescenza) (*illum.*), filament lamp. **14.** ~ a filamento (di carbone) (*antica illum.*), carbon filament lamp. **15.** ~ a fluorescenza (tubo a fluorescenza) (*illum.*), fluorescent lamp. **16.** ~ a forma schiacciata (*elett.*), flat shaped lamp. **17.** ~ a gas inerte (azoto) (*illum.*), nitrogen lamp. **18.** ~ a gas luminescente (lampada a luminescenza) (*illum. elett.*), gas-discharge lamp. **19.** ~ a incandescenza (*illum. elett.*), incandescent lamp. **20.** ~ a incandescenza in gas inerte (*illum. elett.*), gas-filled filament lamp. **21.** ~ (a incandescenza) nel vuoto (*illum. elett.*), vacuum lamp. **22.** ~ a intensità di luce variabile (a frequenza acustica) (*elettroacus.*), recording lamp. **23.** ~ allo xeno (*elett.*), xenon flash tube. **24.** ~ al Kripton (~ con luce di potenza elevata e penetrante nella nebbia) (*illum. piste aeroportuali*), Krypton lamp. **25.** ~ al neon (*elett.*), neon lamp, neon tube. **26.** ~ alogena (~ al quarzo-iodio) (*illum. aut. - fot.*), quartz-iodine lamp. **27.** ~ a luce mista (*illum.*), mixed light lamp. **28.** ~ al pentano (*unità fis. illum.*), pentane lamp, Vernon-Harcourt pentane lamp. **29.** ~ al sodio (*elett.*), sodium-vapor lamp. **30.** ~ a luce catodica (per la registrazione del suono in un film) (*elettroacus.*), cathode-ray glow lamp. **31.** ~ a luce diurna (*illum. elett.*), day-light lamp. **32.** ~ a luce solare (*illum. elett.*), sunlight lamp. **33.** ~ a luminescenza (*illum.*), gas-discharge lamp, glow lamp. **34.** ~ a mano (*elett.*), hand lamp. **35.** ~ a mercurio,*vedi* lampada a vapori di mercurio. **36.** ~ a nastro di tungsteno (*illum.*), tungsten ribbon lamp. **37.** ~ a "oscillazioni di frenatura" (*termoion.*), "brake field valve". **38.** ~ a pentano (*fis. - illum.*), pentane lamp, Vernon-Harcourt pentane lamp. **39.** ~ a pila (torcia elettrica) (*elett.*), flashlight. **40.** ~ a plasma (producente temperature da 5000 a 15000° C, per il taglio o vaporizzazione dei metalli) (*app.*), plasma torch. **41.** ~ a raggi infrarossi (*app. elett. med.*), infrared lamp. **42.** ~ a raggi ultravioletti (*tecnol. mecc.*), ultraviolet light lamp. **43.** ~ Argand (lampada solare) (*illum.*), Argand lamp, solar lamp. **44.** ~ a riverbero (*app.*), reverberator. **45.** ~ a scarica (*illum.*), discharge lamp. **46.** ~ a sospensione (*nav.*), swinging lamp. **47.** ~ a stelo (*elett.*), lampstand. **48.** ~ a torcia (*elett.*), flashlight. **49.** ~ auto (lampada per automobili) (*elett.*), automobile lamp. **50.** ~ a vapori di mercurio (*elett.*), mercury-discharge lamp, mercury-vapor lamp. **51.** ~ a vapori di mercurio a luce bianca (~ al cui mercurio sono stati addizionati sali metallici per ottenere una luce bianca) (*illum. elett.*), metal halide lamp. **52.** ~ a vapori di sodio (lampada al sodio) (*illum. elett.*), sodium-vapor lamp. **53.** ~ azzurrata per flash (*fot.*), blue flash lamp. **54.** ~ Carcel (*mis. - illum.*), Carcel lamp. **55.** ~ con adescamento a caldo (*illum.*), hot start lamp. **56.** ~ con filamento a nastro (*elett.*), flat filament lamp. **57.** ~ da elmetto (*att. min.*), cap lamp. **58.** ~ da faro (*elett.*), lighthouse lamp. **59.** ~ da mezzo watt (*illum. elett.*), half-watt lamp. **60.** ~ da miniera (*min.*), miner's lamp. **61.** ~ da pile (lampada nana, lampada per torcia elettrica) (*elett.*), torch battery lamp. **62.** ~ da proiezioni (*illum. elett.*), projection lamp. **63.** ~ da tavolo (*illum.*), table-lamp. **64.** ~ da tavolo (*att. da uff.*), student lamp. **65.** ~ da tavolo a stelo flessibile (*illum. scrivania*), gooseneck lamp. **66.** ~ Davy (*att. min.*), Davy lamp. **67.** ~ di ispezione (accessorio di borsa attrezzi per es.) (*aut. - ecc.*), hand lamp. **68.** ~ di ispezione (con relativo attacco), *vedi* lampada portatile di ispezione. **69.** ~ di Nernst (*fotometria*), Nernst lamp, pyroelectric lamp. **70.** ~ di occupato (spia di occupato) (*teleƒ. - ecc.*), busy lamp. **71.** ~ di paragone (*mis. illum.*), comparison lamp. **72.** ~ di quarzo (*fis. - med.*), quartz lamp. **73.** ~ di segnalazione (*elettrotel.*), signal lamp. **74.** ~ di sicurezza (Davy) (*min.*), safety lamp, Davy lamp. **75.** ~ di sicurezza (o a luce inattinica) (*fot.*), safelight lamp. **76.** ~ eccitatrice (di testa sonora di proiettore) (*cinem.*), exciting lamp. **77.** ~ elettrica (in genere) (*app. elett.*), electric lamp. **78.** ~ elettrica con pila a secco (lampada elettrica tascabile) (*gen.*), torch. **79.** ~ elettrica portatile (*elett.*), flashlight. **80.** ~ fendinebbia (*aut.*), fog lamp. **81.** ~ fluorescente (a fluorescenza o a luce fluorescente) (*illum. elett.*), fluorescent lamp. **82.** ~ fluorescente ad accensione istantanea (*illum.*), quick start lamp. **83.** ~ fluorescente ad anello (*elett.*), circline. **84.** ~ fonica (la cui luce passa attraverso la colonna sonora del film per eccitare le cellule fotoelettriche) (*elettroacus. - cinem. sonora*), exciter lamp. **85.** ~ frontale (*strum. med.*), head lamp. **86.** ~ luminescente a gas (lampada a scarica in ambiente gassoso) (*illum.*), gaseous discharge lamp. **87.** ~ opalina (*illum. elett.*), opal lamp. **88.** ~ passo Edison (*elett.*), lamp with Edison thread. **89.** ~ (a combustione) per lampo fotografico (~ con bulbo contenente materiale combustibile) (*fot.*), photoflash lamp, photoflash bulb. **90.** ~ per la registrazione fotografica del suono col sistema a densità variabile (*cinem.*), flashing lamp. **91.** ~ per lettura carte (lampada per luce lettura carte: nell'abitacolo, sotto allo specchio retrovisore o al lato opposto alla guida) (*aut.*), map light bulb. **92.** ~ per luce naturale (*elett.*), daylight lamp. **93.** ~ per oscuramento (*milit. - ecc.*), blackout lamp. **94.** ~ per pesca alla lampara (*pesca*), jack lamp (am.). **95.** ~ per posa ausiliaria (*fotomecc.*), flash lamp. **96.** ~ per raggi ultravioletti (per luce di Wood) (*tecnol. mecc.*), ultraviolet light lamp. **97.** ~ per raggi X (*fis.*), X-ray tube. **98.** ~ per stroboscopi (strobotron) (*strum. per illum. intermittente*), strobotron. **99.** ~ portatile di ispezione (per officina di riparazione, industria ecc. con cordone gommato e spina) (*elett.*), trouble light. **100.** ~ ripetitrice (*teleƒ.*), ancillary lamp. **101.** ~ sferica (*illum.*), spheric lamp. **102.** ~ smerigliata (*illum. elett.*), frosted lamp. **103.** ~ solare (*cinem.*), sun lamp. **104.** ~ spia (*elett.*), pilot lamp, pilot signal, pilot light, warning light. **105.** ~ stagna (ai gas) (*antideflagrante*), vaporproof lamp. **106.** ~ stradale (*app. illum. strad.*), streetlamp, streetlight. **107.** ~ su mensola a muro (*strad.*), wall bracket lamp. **108.** ~ (survoltata) per fotografia (*fot.*), photoflood, photoflood bulb, photoflood lamp. **109.** ~ tarata (per misurazione) (*ott. - illum.*), comparison lamp. **110.** ~ tubolare (*illum.*), tubular lamp. **111.** ~ tubolare a doppio attacco (*illum.*), double-capped tubular lamp. **112.** ~ tubolare a scarica (tubo luminescente) (*illum.*), tubular discharge lamp. **113.** ~ verticale (riflettore per ripresa cinem.), overhead lamp. **114.** ampolla di vetro della ~ (ad incandescenza) (*elett.*), bulb. **115.** asticina (di supporto del filamento) di ~ ad incandescenza (*elett.*), stem. **116.** filamento di ~ (ad incandescenza per es.) (*elett.*), filament. **117.** zoccolo (filettato) di ~ (ad incandescenza per es.) (*elett.*), base. **118.** ~, *vedi anche* lampadina.

lampadario (*accessorio elett. domestico*), chandelier.

lampadina (*elett.*), bulb, lamp, electric bulb. **2.** ~ di fase (per la messa in parallelo di alternatori per es.) (*elett.*), phase lamp. **3.** ~ elettrica tascabile (*att. elett.*), pocket flashlight. **4.** ~ smerigliata (*elett.*), frosted lamp. **5.** ~, *vedi anche* lampada.

lampeggiamento (*segn.*), blinking, winking, flashing.

lampeggiare (*meteor.*), to lighten. **2.** ~ (produrre lampi di segnalazione per es.), to blink, to wink, to flash. **3.** ~ (~ di un segnale sullo schermo visualizzatore) (*elab.*), to blink.

lampeggiatore (*segn.*), winking light, blinker, flashlight. **2.** ~ (indicatore di direzione o indicatore di svolta) (*aut.*), direction indicator lamp, direction indicator flasher. **3.** ~ ad estinzione automatica (col cambiamento di corsìa) (*aut.*), self-cancelling flasher. **4.** ~ con scarica in xeno o cripton (*eltn.*), flashtube. **5.** elettronico (flash: app. elettronico che produce un lampo mediante la scarica di un condensatore) (*fot.*), photoflash unit. **6.** ~ laterale (*aut.*), side flasher. **7.** ~ stroboscopico (*disp. elett.*), stroboscopic flash lamp.

lampeggio (lampeggiamento) (*ott.*), blinking, flashing. **2.** ~ fari (avvisatore a lampi di luce) (*aut.*), headlamp signaller.

lampisteria (*ferr.*), lamp room.

lampo (*meteor.*), lightning. **2.** ~ al magnesio (*fot.*), magnesium light, magnesium flash. **3.** ~ di calore (simbolo internazionale) (*meteor.*), heat lightning. **4.** ~ diffuso (*meteor.*), sheet lightning. **5.** ~ di luce (*fis.*), flash of light, flashlight. **6.** ~ fotografico (lampo di luce artificiale) (*fot.*), photoflash. **7.** lampi di luce intermittente (di un faro per es.) (*nav.*), flashlight. **8.** ~ indiretto, flash indiretto (*fot.*), bounce flash. **9.** ~ luce (~ di luce abbagliante per avvertimento all'autoveicolo che viene incrociato) (*aut.*), headlight flashing. **10.** lampi luce (per segnalazione) (*aut.*), winking light (ingl.). **11.** polvere ~ al magnesio (per lampo fotografico) (*fot.*), photoflash composition.

lana, wool. **2.** ~ a fibra corta (*ind. lana*), short-stapled wool. **3.** ~ a fibra corta di recupero (lana meccanica di seconda qualità) (*ind. lana*), mungo. **4.** ~ a fibra lunga (*ind. lana*), long-stapled wool. **5.** ~ agnellina di seconda qualità (*ind. lana*), second lamb's wool, second lamb. **6.** ~ aperta (*ind. lana*), open wool. **7.** ~ atrofica (*ind. lana*), hunger wool. **8.** ~ attaccaticcia (*ind. lana*), pitchy wool. **9.** ~ australiana (*ind. tess.*), Australian wool. **10.** ~ australiana dell'isola Tasmania (*ind. lana*), Tasmanian wool. **11.** ~ bianco neve (*ind. lana*), snow-white wool. **12.** ~ bruna (*ind. lana*), brown wool. **13.** ~ calcinata (lana di concia: proveniente dai calcinai delle concerie) (*ind. lana*), slipe wool. **14.** ~ calcinata (e sgrassata) (*ind. lana*), skin wool. **15.** ~ carica di lappole o sostanze estranee (*ind. lana*), moity wool. **16.** ~ classificata (*ind. lana*), classed wool, cased wool. **17.** ~ comune (lana da carda) (*ind. lana*), ordinary wool. **18.** ~ con contenuto medio (sino all'8%) di lappole (*ind. lana*), medium-burr wool. **19.** ~ con contenuto medio (sino all'8%) di semi (*ind. lana*), medium-seed wool. **20.** ~ con elevato contenuto di lappole (oltre il 16% del peso lordo) (*ind. lana*), very heavy-burr wool. **21.** ~ con elevato contenuto di semi (oltre il 16 % del peso lordo) (*ind. lana*), very heavy-seedy wool. **22.** ~ con fibre contenenti sostanze minerali (*ind. lana*), steely wool. **23.** ~ con impurità vegetali (*ind. lana*), seedy wool. **24.** ~ contenente acari e zecche (*ind. lana*), ticky wool. **25.** ~ contenente bassa percentuale (il 3 %) di lappole (sul peso del prodotto lordo) (*ind. lana*), light burr wool. **26.** ~ contenente bassa percentuale (il 3 %) di semi (sul peso del prodotto lordo) (*ind. lana*), light seed wool. **27.** ~ contenente cascame (*ind. lana*), noily wool. **28.** ~ contenente peli morti (*ind. lana*), kempy wool. **29.** ~ contenente scarti (lana con molto cascame) (*ind. lana*), wasty wool. **30.** ~ contenente semi e/o lappole fino al 16 % (del peso del prodotto lordo) (*ind. lana*), heavy burr and/or seed wool. **31.** ~ corta (sporca, unta) (*ind. lana*), frib. **32.** ~ corta (di una pecora uccisa non più di tre mesi dopo la tosatura) (*ind. lana*), pelt wool. **33.** ~ corta (delle parti inferiori dei fianchi) (*ind. lana*), downright wool. **34.** ~ corta setosa (*ind. lana*), "woozy" wool. **35.** ~ corta tolta dalle pelli di pecore morte (*ind. lana*), pelt wool. **36.** ~ da carbonizzo (o da carbonizzazione) (*ind. tess.*), carbonizing wool. **37.** ~ da carda (*ind tess.*), carding wool, clothing wool. **38.** ~ d'acciaio (usata per lucidare) (*ind.*), steel wool. **39.** ~ da concia (di pecora uccisa) (*ind. lana*), pulled wool. **40.** ~ di agnello (*ind. lana*), lamb's wool. **41.** ~ d'agnello corta di seconda qualità (*ind. lana*), second lamb's wool, second lamb. **42.** ~ d'agnello di buone caratteristiche (*ind. lana*), first lamb's wool, first lamb. **43.** ~ d'agnello lunga, uniforme, chiara (*ind. lana*), super lamb's wool. **44.** ~ da pettine a fibre lunghe (*ind. lana*), noble combing wool. **45.** ~ da pettine di seconda qualità (*ind. lana*), second combing wool. **46.** ~ da pettine fine e lunga (*ind. lana*), delaine wool. **47.** ~ debole (lana non adatta per pettinatura) (*ind. lana*), tender wool. **48.** ~ degli stinchi (*ind. lana*), shin wool. **49.** ~ dei Dominions (*ind. lana*), colonial wool (ingl.). **50.** ~ dei fianchi (*ind. lana*), rib wool, side wool. **51.** ~ dei lombi e del dorso (*ind. lana*), loin and back wool. **52.** ~ del collo (*ind. lana*), neck wool, blue wool. **53.** ~ del dorso (*ind. lana*), back wool. **54.** ~ della coda (*ind. lana*), tail wool. **55.** ~ della coda e delle zampe posteriori (*ind. lana*), breech wool. **56.** ~

della fronte (*ind. lana*), topknot wool. **57.** ~ della gola (*ind. lana*), throat wool. **58.** ~ della groppa (*ind. lana*), rump wool. **59.** ~ del lama (*ind. lana*), lama wool, Peruvian wool. **60.** ~ della Nuova Zelanda (*ind. lana*), New Zealand wool. **61.** ~ della testa (*ind. lana*), poll wool. **62.** ~ delle gambe (*ind. lana*), leg wool. **63.** ~ delle gambe anteriori (*ind. lana*), fore legs wool. **64.** ~ delle gambe posteriori (*ind. lana*), hind legs wool. **65.** ~ delle parti inferiori delle gambe (*ind. lana*), lower part of legs wool. **66.** ~ delle spalle (*ind. lana*), shoulder wool, fine wool. **67.** ~ dell'Uruguay (*ind. lana*), Montevideo wool. **68.** ~ del muso (*ind. lana*), muzzle wool. **69.** ~ del Tibet (*ind. lana*), Tibet wool. **70.** ~ del ventre (*ind. lana.*), belly wool. **71.** ~ del ventre e di parte del petto (*ind. lana*), apron wool. **72.** ~ di alpaca (*ind. lana.*), alpaca wool. **73.** ~ di animale sano (*ind. lana*), healthy wool. **74.** ~ di Berlino (*ind. lana*), Berlin wool. **75.** ~ difettosa (*ind. lana*), defective wool. **76.** ~ di legno (paglia di legno, trucioli usati per intonaci per es.) (*ed.*), wood-wool. **77.** ~ di lunghezza media (*ind. lana*), medium-stapled wool. **78.** ~ di montone (*ind. lana*), buck wool, ram wool. **79.** ~ di montone merino (o di pari qualità) (*ind. lana*), fullblood wool. **80.** ~ di pecora mezzosangue (*ind. lana*), half-blood wool. **81.** ~ di pecora morta (*ind. lana*), fallen wool, dead wool. **82.** ~ di pecora morta (tagliata dalla pecora morta) (*ind. lana*), plucked wool. **83.** ~ di pecore tosate in ritardo (*ind. lana*), double-fleece wool. **84.** ~ di piombo (*tubaz.*), lead wool. **85.** ~ di prima scelta (*ind. lana*), choice wool. **86.** ~ di produzione locale (*ind. lana*), domestic wool. **87.** ~ di qualità inferiore (lana delle parti posteriori, della pancia e delle zampe) (*ind. lana*), skirtings, brokes. **88.** ~ di qualità superiore (*ind. lana*), super wool, extra super wool. **89.** ~ di ricupero (ricavata da un tessuto di lana e cotone con mezzi chimici) (*ind. lana*), extract, extract wool, wool extract. **90.** ~ di scadente qualità (~ grezza, p. es. quella del vello delle gambe) (*ind. lana*), abb. **91.** ~ di scarto (*ind. lana*), cast wool. **92.** ~ di scoria (cotone silicato) (*ind.*), slag wool. **93.** ~ di Scozia (*ind. lana*), mountain wool, Scottish wool. **94.** ~ di seconda tosa (*ind. lana*), double-clip wool. **95.** ~ di tosa (*ind. lana*), fleece wool. **96.** ~ di tosa invernale (*ind. lana*), winter wool. **97.** ~ di (un agnello di) un anno (lana di prima tosa) (*ind. lana*), yearling wool. **98.** ~ di vetro (per isolamento termico od acustico) (*ind.*), glass wool, fiberglass, cellular glass. **99.** ~ dura (*ind. lana*), brashy wool. **100.** ~ dura (del collo della pecora) (*ind. lana*), haslock. **101.** ~ essiccata (*ind. lana*), dried wool. **102.** ~ fine da carda (*ind. lana*), supercloth wool. **103.** ~ fine e forte da pettine (lana da pettine di primissima scelta) (*ind. lana*), strong supercombing wool. **104.** ~ fine proveniente dalle pecore con tre quarti di sangue merino (*ind. lana*), three quarter blood wool. **105.** ~ fragile (*ind. lana*), brittle wool. **106.** ~ gialla (lana sucida) (*ind. lana*), yolk stained wool. **107.** ~ grassa (*ind. lana*), greasy wool. **108.** ~ grezza (*ind. lana*), raw wool. **109.** ~ increspata (lana arricciata) (*ind. lana*), curly wool. **110.** ~ incrociata (di pecore incrociate) (*ind. lana*), crossbred wool. **111.** ~ incrociata finissima (*ind. lana*), super crossbred wool. **112.** ~ incrociata tendente alla finezza delle lane merino (*ind. lana*), super comeback wool. **113.** ~ indigena (*ind. lana*), home wool, native wool. **114.** ~ inglese di media lunghezza (dell'Inghilterra meridionale) (*ind. lana*), down wool. **115.** ~ intrecciata (*ind. tess.*), matted wool, cotty wool. **116.** ~ ispida (o villosa) (*ind. lana*), shaggy wool. **117.** ~ lappolosa (*ind. lana*), burry wool. **118.** ~ lavata (*ind. lana*), washed wool, scoured wool. **119.** ~ lavata a mano (*ind. lana*), hand-washed wool. **120.** ~ lavata in vasca (*ind. lana*), tub-washed wool. **121.** ~ lavata sulla pecora stessa (*ind. lana*), fleece-washed wool. **122.** ~ leggera (*ind. lana*), light wool. **123.** ~ liscia (*ind. lana*), smooth wool. **124.** ~ macchiata (*ind. lana*), stained wool. **125.** ~ malata (*ind. lana*), diseased wool. **126.** ~ meccanica (o rigenerata) (*ind. lana*), reclaimed wool. **127.** ~ meccanica (o rigenerata) di prima qualità (*ind. tess.*), shoddy. **128.** ~ meccanica (o rigenerata) di seconda qualità (*ind. tess.*), mungo. **129.** ~ merino (*ind. lana*), merino wool. **130.** ~ meticcia (*ind. lana*), mestizo wool. **131.** ~ moretta (*ind. lana*), black wool. **132.** ~ morticina (lana di pecora morta) (*ind. lana*), dead wool. **133.** ~ non imballata (*ind. lana*), loose wool. **134.** ~ non intrecciata (*ind. lana*), unmatted wool. **135.** ~ non lavata (*ind. lana*), unwashed wool. **136.** ~ non ondulata (*ind. lana*), plain wool. **137.** ~ non pettinata (*ind. lana), shag*. **138.** ~ non sgrassata (lana sudicia) (*ind. lana*), grease wool. **139.** ~ ondulata (*ind. lana*), waved wool. **140.** ~ ondulata (lana arricciata) (*ind. lana*), crimpy wool. **141.** ~ ordinaria (*ind. lana*), broad wool. **142.** ~ ordinaria delle Indie Orientali (*ind. lana*), " Pacputan". **143.** ~ ordinaria delle zampe (*ind. lana*), gare. **144.** ~ ordinaria tolta dalla coda del montone (*ind. lana*), say-cast. **145.** ~ ottenuta da tessuti misti usati (con processo chimico) (*ind. tess.*), wool extract. **146.** ~ per maglieria a mano (*ind. tess.*), hand-knitting wool. **147.** ~ per manufatti e abbigliamenti (*ind. tess.*), apparel wool. **148.** ~ per tappeti (*ind. tess.*), carpet wool. **149.** ~ pettinata (*ind. tess.*), combed wool. **150.** ~ poco elastica (*ind. lana*), wiry wool. **151.** ~ pressata (*ind. lana*), squeezed wool. **152.** ~ pronta per la consegna sul posto (*comm. lana*), spot wool. **153.** ~ protetta da oliatura (*ind. lana*), oil-dressed wool. **154.** ~ proveniente da pecore aventi un quarto di sangue merino (*ind. lana*), quarter-blood wool. **155.** ~ pulita (*ind. tess.*), bright wool, free wool. **156** ~ pulita (lana dei fianchi e del dorso) (*ind. lana*), neat wool. **157.** ~ quasi senza difetti (*ind. lana*), nearly free wool. **158.** ~ resistente (*ind. lana*), strong wool. **159.** ~ ricavata dagli avanzi di maglieria (stracci o filatura) (*ind. lana*), shoddy. **160.** ~ rigenerata (*ind. tess.*), reclaimed wool. **161.** ~ ruvida (*ind. lana*), harsh wool. **162.** ~ sabbiosa (*ind. lana*), gritty wool. **163.** ~ sana (*ind. lana*), sound wool. **164.** ~ sana e lunga (*ind. lana*), shafty wool. **165.** ~ scadente (*ind. lana*), mushy wool, low wool. **166.** ~ scelta (lana di qualità superiore) (*ind. lana*), matching. **167.** ~ senza impurità (*ind. lana*), clear wool. **168.** ~ setosa (*ind. lana*), silky wool. **169.** ~ sgrassata (*ind. lana*), degreased wool. **170.** ~ sporca (*ind. lana*), dirty wool. **171.** ~ strappata dalla pelle (*ind. lana*), pie wool. **172.** ~ striata di vari colori (*ind. tess.*), variegated wool. **173.** ~ sudafricana (*ind. lana*), South African wool. **174.** ~ sudicia (*ind. lana*), grease wool, laid wool. **175.** ~ superiore di agnello incrociato (*ind. lana*), super crossbred lamb's wool. **176.** ~ tendente a feltrarsi (*ind. lana*), milling quality wool. **177.** ~ tinta in fibra (*ind. tess.*), dyed-in-the-wool. **178.** ~ tinta di rosso (*ind. lana*), ruddled wool. **179.** ~ tolta attorno agli occhi della pecora (*ind. lana*), wigging. **180.** ~ tosata (*ind. lana*), sheared wool. **181.** ~ tosata da pecora viva (*ind. lana*), fleece wool. **182.** ~ tosata in primavera (*ind. lana*), spring wool. **183.** ~ umida (*ind. tess.*), damp wool. **184.** ~ vergine (*ind. lana*), virgin wool. **185.** a ~ corta (di una pecora) (*a. - ind. lana*), short-wooled. **186.** bagnatura della ~ (*ind. lana*), wool steeeping. **187.** cardatura della ~ (*ind. tess.*), wool carding. **188.** di ~ (*a.- ind. lana*), woollen, woolen. **189.** filatura della ~ (*ind. tess.*), wool spinning. **190.** pettinatura della ~ (*ind. tess.*), wool combing. **191.** sudiciume della ~ (*ind. tess.*), yolk, suint. **192.** tessitura della ~ (*ind. tess.*), wool weaving. **193.** tessuto di ~ (*ind. tess.*), wool web. **194.** tessuto di ~ pettinato (*ind. tess.*), worsted. **195.** tingere la ~ (*ind. tess.*), to dye in the wool.

LANAC (sistema di navigazione aerea che utilizza un radar secondario per evitare collisioni e mantenere una data quota prima dell'atterraggio) (*nav. aer.*), "lanac", laminar air navigation and collision.

lanceolato (*a. - arch.*), lanceolate.

lancetta (di strumento per es.) (*strum.*), pointer, hand. **2.** ~ (di orologio), hand. **3.** ~ dei minuti (di un orologio), minute hand. **4.** ~ luminescente (di un orologio per es.) (*strum.*), luminous hand.

lancia (*arma antica*), lance. **2.** ~ (*att. antincendi*), nozzle. **3.** ~ (di un cannello da taglio per es.) (*parte di ut. mecc.*), lance. **4.** ~ (a remi per una nave) (*nav.*), dingy, dinghy, dingey. **5.** ~ (di servizio, appartenente al bordo, imbarcazione per comunicazioni fra la nave e la costa) (*nav.*), tender. **6.** ~ a motore (*nav.*), motor launch. **7.** ~ antincendio brandeggiabile (*att. estinzione incendi*), monitor, monitor nozzle. **8.** ~ da abbattimento (utilizzata per dirigere sulla roccia un getto d'acqua ad alta pressione) (*ut. min.*), hydraulic monitor nozzle. **9.** ~ di parata (di nave ammiraglia) (*mar. milit.*), barge. **10.** ~ di salvataggio (*nav.*), lifeboat.

lanciabas (lancia bombe antisommergibili: installato sulla coperta per il lancio di cariche di profondità) (*mar. milit.*), squid, antisubmarine charges thrower.

lanciabombe (*macch. milit.*), bomb-thrower. **2.** ~ (mortaio) (*artiglieria*), mortar. **3.** ~ portatile (montato su un normale fucile, dà la possibilità di lanciare una granata) (*disp. milit.*), grenade launcher.

lanciafiamme (*app. milit.*), flame thrower.

lanciamine (di posamine) (*espl. - mar. milit.*), mine layer, mine thrower.

lancianavetta (di un telaio) (*ind. tess.*), picker.

lanciaolio (anello lanciaolio, per lubrificazione) (*mecc. - macch.*), oil thrower.

lanciarazzi (bazooka americano per es.) (*milit.*), rocket launcher.

lanciare (*gen.*), to throw, to cast. **2.** ~ (*nav. - aer.*), to launch. **3.** ~ (bombe dall'aereo), to drop. **4.** ~ (un nuovo prodotto per es.) (*pubbl. - comm.*), to launch. **5.** ~ in volo (missili per es. da un aereo in volo) (*aer. milit.*), to air-launch. **6.** ~ un siluro (*espl. mar. milit.*), to fire a torpedo, to launch a torpedo. **7.** ~ violentemente (*gen.*), to hurl.

lanciarsi col paracadute (per esercitazione per es.) (*aer.*), to parachute. **2.** ~ (in caso di emergenza) (*aer.*), to bail out, to bail.

lanciasabbia ad aria compressa (*ferr.*), pneumatic sander.

lanciasàgole (*nav.*), line-throwing gun, life-saving gun. **2.** cannoncino ~ (*sicurezza nav.*), line-throwing gun.

lanciasiluri (*mar. milit.*), torpedo tube. **2.** ~ sopracqueo (*mar. milit.*), above-water torpedo tube. **3.** ~ subacqueo (*mar. milit.*), underwater torpedo tube.

lanciaterra (macchina per formare) (*fond.*), sand thrower, sand blowing machine, sandslinger.

lancio (col paracadute) (*aer.*), parachuting. **2.** ~ (di un aliante per es.) (*aer.*), tow-off. **3.** ~ (di un siluro) (*mar. milit.*), launch, firing. **4.** ~ (di un grande missile da una rampa) (*astric.*), launching, blast-off. **5.** ~ (di un missile o di un razzo o di un gruppo di razzi) (*milit.*), shoot. **6.** ~ (di un nuovo prodotto per es.) (*pubbl. - comm.*), launch, launching. **7.** ~ acrobatico (~ con paracadute da circa 2000 m di quota) (*sport aer.*), skydiving. **8.** ~ con apertura ritardata (del paracadute) (*aer.*), delayed drop. **9.** ~ con paracadute (il paracadutare uomini, rifornimenti, apparecchiature ecc.) (*aer.*), airdrop. **10.** ~ del giavellotto (*sport*), throwing the javelin, javelin throw. **11.** ~ della navetta (di un telaio) (*mecc. tess.*), shuttle picking. **12.** ~ del siluro (*mar. milit.*), torpedo firing. **13.** ~ di veicolo spaziale (*razzo*), spacecraft launching. **14.** ~ paracadutato (*aer.*), paradrop. **15.** ~ senza paracadute (di provvigioni, armi per es.) (*aer. - aer. milit.*), free-drop. **16.** ~ verso la luna (di un veicolo senza equipaggio) (*astric.*), moon shot, moon shoot. **17.** apparecchiatura di ~ (di missili o veicoli spaziali per es.) (*missil.*), launching equipment. **18.** carica di ~ (*espl.*), propelling charge. **19.** dispositivo di ~ (per es. per un missile guidato) (*milit.*), firing box. **20.** per ~ di armi atomiche (nell'aria) (*a. - milit.*), air-atomic. **21.** pista di ~ (*aer.*), runway. **22.** postazione di ~ (*missil. - milit.*), launching pad, launching platform, launching site, launching stand. **23.** preliminari al ~ (riferiti alle azioni che precedono il lancio: al conto alla rovescia per es.) (*astric.*), prelaunch. **24.** torre di ~ (*razzi*), launching tower.

landa (landra, spranga di ferro fissata alla murata e portante le bigotte a cui fanno capo le sartie) (*nav.*), chain, chain plate. **2.** ~ (delle sartie) di contromezzana (landra [delle sartie] di contromezzana) (*nav.*), jigger chain plate. **3.** ~ (delle sartie) di maestra (landra [delle sartie] di maestra) (*nav.*), main chain plate. **4.** ~ (delle sartie) di mezzana (landra [delle sartie] di mezzana) (*nav.*), mizzen chain plate. **5.** ~ (delle sartie) di trinchetto (landra [delle sartie] di trinchetto) (*nav.*), fore chain plate. **6.** ~ di paterazzo (landra di paterazzo) (*nav.*), backstay chain plate.

landaulet (con mantice posteriore apribile) (*aut.*), sedan landaulet.

landra (*nav.*), *vedi* landa.

lanerie (*ind. tess.*), woollen goods, woolen goods, woollens, woolens.

langley (unità di radiazione solare: 1 grammocaloria per cm^2) (*mis. astr.*), langley.

lanificio (opificio per la filatura della lana) (*ind. tess.*), woolen mill, wool mill.

lanolina (grasso di lana) (*chim.*), lanolin, lanoline, wool fat, wool grease.

lantanio (La - *chim.*), lanthanum.

lantèrna (attrezzo per illuminazione), lantern. **2.** ~ (di un lucernario) (*arch.*), skylight, lantern. **3.** ~ (di una cupola), skylight turret. **4.** ~ (per anime) (*fond.*), spindle. **5.** ~ (di un rotore) (*elettromecc.*), spider, armature spider. **6.** ~ (di proiettore cinematografico) (*ott.*), lamp house. **7.** ~ (camera del faro contenente l'apparato ottico e luminoso) (*installazione costiera nav.*), lantern. **8.** ~ cieca (*illum.*), dark lantern, police lantern, bull's eye lantern. **9.** ~ da ferrovieri (*app. illum. ferr.*), railroad lantern. **10.** ~ del commutatore (di macch. elett.) (*elett.*), commutator spider. **11.** ~ magica (*strum. ott.*), magic lantern.

lanternino (di veicoli chiusi di modello antiquato o per paesi a clima molto caldo: per aerazione) (*ferr. - tram - ecc.*), clerestory, clearstory, turret.

lanugginoso (*a. - gen.*), downy.

lanùgine, lanùggine (di capok, frutti ecc.) (*ind. tess.*), down, downy hair.

laparoscopio (*strum. med.*), laparoscope.

lapazza (elemento in legno usato per rinforzare alberi o pennoni) (*nav.*), fish.

lapazzare (rinforzare un albero o pennone con lapazza) (*nav.*), to fish.

lapidare (lappare) (*mecc.*), to lap.

lapidario (etrusco, grottesco, bastone, tipo di carattere) (*tip.*), sans-serif, Gothic.

lapidatrice, *vedi* lapidello. **2.** ~ a superfinire, *vedi* lappatrice.

lapidatura (lappatura) (*macch. ut. mecc.*), lapping. **2.** ~ (affilatura di un utensile per es., con pietra abrasiva) (*mecc.*), honing.

lapidèllo (lapidatrice a dischi metallici e miscela abrasiva: rettifica in piano per superfici piane o di rivoluzione) (*macch. ut.*), surface grinder, rotary table surface grinder.

lapidificazione (diagenesi) (*geol.*), diagenesis.

lapilli (*roccia vulcanica*), lapilli.

làpis (matita) (*uff. - dis.*), pencil.

lapislazzuli (*min.*), lapislazuli.

laplaciano (*fis. atom.*), *vedi* "buckling".

lappare (operazione meccanica) (*mecc. macch. ut.*), to lap. **2.** ~! (*dis. mecc.*), lap, LP. **3.** ~ con processo idraulico (microlevigare con processo idraulico) (*tecnol. mecc.*), "to hydrolap". **4.** pasta per ~ (*tecnol. mecc.*), lapping compound.

lappatore (lapidello) (*ut.*), lapping tool, lapper.

lappatrice (lapidatrice a superfinire, superfinitrice, microfinitrice: per superfici piane e di rivoluzione, per spinotti di motore per es.) (*macch. ut.*), lapping machine, superfinishing grinder, superfinishing machine. **2.** ~ per ingranaggi (*macch. ut.*), gear lapping machine, gear lapper.

lappatura (*lav. mecc.*), lapping. **2.** ~ a rossetto (*mecc.*), rouge lapping. **3.** ~ idraulica (idrolappatura, microlevigatura idraulica) (*tecnol. mecc.*), "hydrolapping". **4.** ~ orizzontale e verticale (rodatura orizzontale e verticale, di ingranaggi a dentatura elicoidale) (*mecc.*), H & V lapping. **5.** ~ rotante (o per rotazione) (*lav. mecc.*), rotary lapping. **6.** ~ SPC (lappatura con moto angolare dell'asse del cono del pignone, per la rodatura di ingranaggi per es.) (*mecc.*), SPC lapping. **7.** banco di ~ (per utensili diamantati) (*tecnol.*), lapping plates.

làppola (*ind. tess.*), burr, bur. **2.** lappole (dopo la carbonizzazione) (*ind. lana*), nips. **3.** ~ del trifoglio (*ind. lana*), trefoil burr. **4.** ~ togliere le lappole con battitura (dalla lana) (*ind. lana*), to knock the burrs out.

lardone (di pressa o fucinatrice per es.) (*mecc.*), gib. **2.** ~ (per fissare lo stampo nell'incudine del maglio) (*fucinatura*), key gib. **3.** ~ conico (*mecc.*), taper gib. **4.** lardoni guidamazza (lardoni guidaslittone, di una pressa) (*macch.*), ram slide gibs. **5.** ~ rivestito di bronzo (*mecc.*), bronze-lined gib.

larghezza (*gen.*), width, breadth. **2.** ~ (di un cuscinetto a sfere per es.) (*mecc.*), width. **3.** ~ (luce) (*gen.*), span, opening, width. **4.** ~ (di una puleggia) (*mecc.*), face. **5.** ~ dei solchi (spaziatura della rugosità, di una superficie lavorata) (*mecc.*), roughness width. **6.** ~ del dente (spessore o grossezza di dente di ingranaggio) (*mecc.*), tooth thickness. **7.** ~ del taglio (nell'operazione di piallatura) (*mecc. - falegn.*), cutting width, width of cut. **8.** ~ di piallatura (*tecnol. mecc.*), planing width. **9.** ~ di risonanza (*radio*), width of resonance. **10.** ~ di un dado (apertura di chiave, distanza tra i piani) (*mecc.*), size across flats, "flats". **11.** ~ massima (di una nave) (*costr. nav.*), beam. **12.** ~ massima (di un pneumatico per es.) (*gen.*), maximum width. **13.** ~ massima fuori murata (*costr. nav.*), breadth extreme. **14.** ~ massima fuori ossatura e dentro murata (*costr. nav.*), molded breadth. **15.** ~ massima fuori tutto (larghezza massima f.t.) (*nav.*), beam. **16.** ~ (misurata) tra gli spigoli (di un dado esagonale) (*mecc.*), width across corners. **17.** nel senso della ~ (trasversalmente) (*gen.*), breadthways, breadthwise.

larghissimo (di un carattere) (*a. - tip.*), ultra-expanded.

largo (*a. - gen.*), wide. **2.** al ~ (mare: a grande distanza dalla costa) (*s. - nav.*), offing. **3.** al ~ (a distanza di sicurezza dalla costa) (*mare*), seaward.

làrice (*legn.*), larch. **2.** ~ americano (*legn.*), American larch, tamarack.

laringofono (microfono da laringe) (*radio - acus.*), laringophone, throat microphone.

laringoscòpio (*strum. med.*), laryngoscope.

lascare (allentare) (*nav.*), to surge, to let go.

lasciapassare (permesso a carattere permanente) (*gen.*), pass.

lasciare (*gen.*), to leave. **2.** ~ (l'ancoraggio: di una nave per es.) (*nav.*), to leave. **3.** ~ (~ cadere un oggetto) (*gen.*), to drop. **4.** ~ l'impiego (*pers.*), to quit. **5.** ~ morire (la mola sul pezzo; lasciar girare la mola sul pezzo senza avanzamento) (*mecc. - macch. ut.*), to spark out.

lasciato (*gen.*), left. **2.** l'àncora ha ~ (il fondo) (*nav.*), the anchor is atrip.

lascito (*leg.*), bequest, legacy.

lasco (allentato) (*a. - gen.*), slack, loose. **2.** ~ (lento, avente gioco: di un bullone per es.) (*a. - mecc.*), loose, slack. **3.** ~ (gioco) (*s. - mecc.*), slack. **4.** ~ (gioco, di ingranaggi per es.) (*s. - mecc.*), backlash. **5.** ~ (movimento perduto) (*s. - mecc.*), lost motion. **6.** ~ dell'otturatore (di un'arma da fuoco, distanza tra otturatore ed estremità posteriore della canna) (*arma da fuoco*), head space.

laser (amplificazione della luce mediante emissioni stimolate di radiazioni) (*app.*), laser. **2.** ~ a colorante (*ott.*), dye laser. **3.** ~ a diodo (~ a semiconduttore) (*ott. - eltn.*), diode laser. **4.** ~ a due lunghezze d'onda (*ott.*), dual laser. **5.** ~ a gas (p. es. ad ossido di carbonio gassoso) (*ott.*), gas laser. **6.** ~ a gas molecolare (~ molecolare) (*ott.*), molecular gas laser, molecular laser. **7.** ~ a giunzione (utilizza una giunzione di un semiconduttore, per la emissione di luce coerente) (*ott.*), junction laser. **8.** ~ a idrogeno (*ott.*), hydrogen laser. **9.** ~ a ioni (tipo di ~ a gas) (*ott.*), ion laser. **10.** ~ a liquido (*ott.*), liquid laser. **11.** ~ a modulazione di frequenza (*ott.*), frequency-modulation laser. **12.** ~ a raggi infrarossi (*ott.*), infrared laser. **13.** ~ a specchi paralleli (*ott.*), parallel-plate laser. **14.** ~ gasdinamico (*ott. - fis.*), gasdynamic laser. **15.** ~ radar (*ott.*), *vedi* ladar. **16.** analisi mediante ~ (*tecnol. mecc.*), laser analysis. **17.** azionare un ~ (*verbo transitivo. - fis.*), to lase. **18.** esporre a radiazioni ~ (*verbo transitivo - fis.*), to lase. **19.** localizzazione telemetrica con ~ (*laser*), laser detection and ranging, LADAR, laser radar. **20.** raggio ~ (fascio ~) (*ott.*), laser beam. **21.** saldatura a ~ (*tecnol. mecc.*), laser welding.

lastra (*gen.*), plate, slab. **2.** ~ (metallica) (*mecc.*), plate, slab. **3.** ~ (di pietra) (*ed.*), plate, slab. **4.** ~ (usata per pavimentazione) (*ed. - strad.*), stone. **5.** ~ (*fot.*), plate. **6.** ~ (blocco, di poliuretano per es.) (*ind. chim.*), slab stock. **7.** ~ al collodio (*fot.*), wet plate. **8.** ~ all'infrarosso (*fot.*), infrared plate. **9.** ~ autocroma (per fotografia a colori) (*fot.*), autochrome plate. **10.** ~ che ha preso luce (*fot.*), light-struck plate. **11.** ~ da $3^1/_4$ per $4^1/_4$ (*fot.*), quarter plate. **12.** ~ da $6^1/_4$ per $8^1/_4$ (*fot.*), whole plate (ingl.). **13.** ~ di fibrocemento (*ed.*), asbestos lumber. **14.** ~ di rame (*metall.*), copperplate. **15.** ~ di vetro (*ed.*), pane (of glass), glass sheet. **16.** ~ di vetro rullato (o laminato) (lastra di grosso spessore ottenuta rullando) (*mft. vetro*), rolled glass. **17.** ~ di vetro soffiata (ottenuta da un cilindro soffiato e quindi tagliato e spianato) (*mft. vetro*), cylinder glass. **18.** ~ fotografica (*fot.*), photoplate. **19.** ~ fotomeccanica (*fotomecc.*), process plate. **20.** ~ grezza (di vetro) (*mft. vetro*), rough glass. **21.** ~ piana (*ind. - sc. costr.*), flat plate. **22.** ~ stereotipa (stereotipo) (*tip.*), stereotype.

lastratura (*costr. carrozz. metalliche*), sheet metal working. **2.** ~ della scocca (*costr. carrozz. aut.*), bodywork.

lastricare (*strad.*), to pave. **2.** ~ (pavimenti) (*mur.*), to slab.

lastricato (*s. - strad.*), stone pavement.

lastricatura (di una strada) (*strad.*), slabbing.

làstrico (*strad.*), stone pavement.

lastrina (*gen.*), plate. **2.** ~ a mezza onda (relativa a luce polarizzata) (*ott.*), half-wave plate.

lastroferratura della scocca (*costr. carrozz. aut.*), steel bodywork.

lastrone (*mur. - ecc.*), slab.

latènte (*a. - fis.*), latent.

latenza (tempo di attesa fra l'emissione di un ordine e l'inizio della sua esecuzione) (*elab.*), latency.

laterale (*a. - gen.*), lateral.

lateralmente (*gen.*), sideways.

laterite (*geol.*), laterite.

laterizio (*ed.*), tile.

latifoglia (legname di latifoglie) (*legno*), hardwood.

latino (*a. - nav.*), lateen.

latitùdine (*geogr.*), latitude, lat. **2.** ~ celeste (*astr.*), celestial latitude. **3.** latitudini delle calme (*meteor.*), horse latitudes. **4.** ~ di esposizione (di una pellicola) (*fot.*), exposure range.

lato (*gen.*), side. **2.** ~ (di un poligono) (*geom.*), side. **3.** ~ (di un triangolo per es.) (*geom.*), leg. **4.** ~ (di un ferro ad angolo per es.) (*ind. metall.*), leg. **5.** ~

accoppiamento (di motore elettrico per es.) (*mecc.*), driving end. **6.** ~ aspirazione (di una pompa) (*mecc.*), suction side. **7.** ~ celluloide (di una pellicola) (*cinem.*), celluloid side. **8.** ~ collettore (di una dinamo) (*elettromecc.*), commutator end. **9.** ~ dello scarico (di un motore) (*mecc.*), exhaust side. **10.** ~ destro (di un'autovettura per es.) (*veic.*), offside, right side. **11.** ~ di sbocco (*gen.*), outlet end. **12.** ~ distribuzione (di un motore per es.) (*mecc.*), timing side. **13.** ~ entrata (di un pezzo mecc.) (*mecc.*), inlet end. **14.** ~ gelatina emulsionata (lato emulsione: di una pellicola) (*cinem.*), coating side. **15.** ~ guida (di una autovettura per es.) (*aut.*), driver's side. **16.** ~ illuminato dal sole (di un pianeta) (*astr.*), dayside. **17.** ~ in vista (di un oggetto, riferito alla vista) (*gen.*), near side. **18.** ~ opposto (di un oggetto, riferito alla vista) (*gen.*), far side. **19.** ~ operatore (di una macchina) (*macch. ut. - ecc.*), operator side. **20.** ~ opposto accoppiamento (di motore elettrico per es.) (*mecc.*), non driving end. **21.** ~ opposto guida (di una autovettura per es.) (*aut.*), passenger's side. **22.** ~ principale (fronte) (*gen.*), face. **23.** ~ privo di taglio (di una lima o di una raspa) (*ut.*), safe edge. **24.** ~ sinistro (di un'autovettura per es.) (*veic. - ecc.*), nearside, left side. **25.** ~ sopravvento (*nav.*), weather side. **26.** ~ trasmissione (*di mtc.*), driving side. **27.** ~ uscita (di un pezzo meccanico) (*mecc.*), outlet end. **28.** il ~ opposto (il rovescio, il retro; p. es. di un disco fonografico) (*gen.*), flip side.

latore (di una lettera per es.), bearer.

latrina (*ed.*), latrine, water closet, toilet (am.).

latta (*metall.*), tin plate, tin (am.). **2.** ~ (recipiente per benzina per es.), can. **3.** ~ bianca (*ind.*), tin plate. **4.** ~ stagnata (latta bianca) (*ind.*), tin plate. **5.** ~, *vedi anche* lattina. **6.** foglio di ~ (*metall.*), tin sheet. **7.** in latte (*confezionatura comm.*), canned (am.), tinned (ingl.). **8.** oggetti di ~ (*ind.*), tinware.

lattato (*chim.*), lactate.

latte (*gen.*), milk. **2.** ~ condensato (*ind.*), condensed milk. **3.** ~ di calce (*ed. - chim. ind.*), limewash, milk of lime. **4.** ~ di colla (*legatoria*), size milk. **5.** ~ in polvere (*ind.*), powdered milk. **6.** ~ intero (*ind.*), whole milk. **7.** ~ scremato (*ind.*), skim milk, skimmed milk.

latteria (*agric.*), dairy.

lattescente (*a. - gen.*), lactescent.

lattescenza (opalescenza lattea, di vernice o vetro per es.) (*gen.*), milky opalescence, milkiness.

làttice (*ind. gomma*), latex. **2.** ~ di gomma (*ind. gomma*), rubber latex.

latticifero (*a. - ind. gomma*), lacticiferous.

làttico (*a. - chim.*), lactic. **2.** acido ~ ($C_3H_6O_3$) (*chim.*), lactic acid.

lattina stagnata (per prodotti alimentari) (*imballaggio*), packers' can.

lattodensìmetro (*strum. chim.*), lactometer.

lattone (*chim.*), lactone.

lattonière (*op.*), tinsmith. **2.** ~ (stagnino) (*op.*), tinman. **3.** ~ (battilastra) (*op.*), sheet metal worker. **4.** ~ (battistrada, carrozziere di una officina di riparazioni per es.) (*op.*), metal man.

lattoscòpio (*strum. chim.*), lactoscope.

lattòsio ($C_{12}H_{22}O_{11}$) (disaccaride) (*chim.*), lactose, milk sugar.

làurea (titolo di studio universitario), university degree. **2.** certificato di ~, diploma.

laureando (*università*), graduand.

laureare (*università*), to graduate, to confer a degree.

laureato (*a. - s.*), graduate.

laurenzio (elemento radioattivo n. 103, peso atomico 257) (Lr - *chim.*), lawrencium.

làuro (*pianta*), laurel.

lava (*geol.*), lava.

lavàbile (*gen.*), washable.

lavabilità (di una vernice per es.) (*gen.*), washability.

lavabo (lavandino) (*app. ed.*), wash basin, lavatory, washstand, lavatory basin, LB. **2.** ~ circolare (*ed. ind.*), circular wash fountain. **3.** ~ eclissabile (lavandino eclissabile, in una carrozza letti per es.) (*ferr. - ecc.*), folding lavatory.

lavabottiglie (macchina lavabottiglie) (*macch.*), bottle washing machine.

lavacristallo (lavavetro) (*app. aut.*), windshield washer.

lavaggio (*gen.*), washing. **2.** ~ (della lana) (*ind. tess.*), scouring. **3.** ~ (di gas di scarico di un mot. a due tempi) (*mot.*), scavenge, scavenging. **4.** ~ (dei cilindri di una macchina da stampa per es.) (*tip. - ecc.*), washup. **5.** ~ (*min.*), washing. **6.** ~ (del ponte di una nave) (*nav.*), washdown. **7.** ~ (di diamanti per es., in una bateia) (*min.*), panning. **8.** ~ a controcorrente (di un filtro) (*ind.*), backwashing. **9.** ~ ad immersione (*ind.*), immersion washing. **10.** ~ a secco (di tessuti per es.), dry cleaning. **11.** ~ con canale separatore (p. es. per carbone fossile) (*min.*), launder separation washing. **12.** ~ dell'aria (*condizionamento - ventil. - ecc.*), air washing. **13.** ~ di sabbia (*fond.*), sand wash. **14.** ~ sotto carico (di isolatori) (*elett.*), live-line washing. **15.** ~ ultrasonico (pulitura ultrasonica) (*ind.*), ultrasonic cleaning. **16.** pompa di ~ (del ponte di una nave) (*nav.*), washdown pump. **17.** vasca di ~ (per parti meccaniche per es.) (*mecc. - ecc.*), washing tank. **18.** vaschetta di ~ (*min.*), washing pan.

lavagna (*min.*), slate. **2.** ~ magnetica (per rappresentare figure, schemi, disegni ecc.) (*uff. - ecc.*), magnetic board.

lavalunotto (*aut.*), rear window washer.

lavandaia (*lav.*), laundress, washerwoman.

lavanderìa (*ed.*), laundry. **2.** ~ a gettone (~ pubblica con macchine lavatrici a gettoni) (*servizi domestici*), washateria, washeteria.

lavandino (*ed.*), wash basin, lavatory, wash stand,

lavatory basin, LB. **2.** ~ a muro (lavabo a muro) (*mur. - tubaz.*), wall-hung lavatory.

lavare (*gen.*), to wash. **2.** ~ (asportare: i gas di scarico dai cilindri) (*mot.*), to scavenge. **3.** ~ (sgrassare la lana per es.) (*ind. tess.*), to scour, to backwash. **4.** ~ (dei gas per es. con gorgogliatore) (*chim.*), to scrub. **5.** ~ (in una bateia) (*min.*), to pan. **6.** ~ abbondantemente (*gen.*), to flush. **7.** ~ a controcorrente (un filtro per es.) (*ind.*), to backwash. **8.** ~ a secco (tessuti per es.), to dry-clean. **9.** ~ con acqua di calce (*ind. chim.*), to limewash. **10.** ~ una vettura (*aut.*), to wash a car.

lavarulli (*macch. da stampa*), roller washer.

lavastoviglie (*app. elettrodomestico*), dish washer, dish-washing machine.

lavato (*gen.*), washed. **2.** ~ (*ind. lana*), scoured.

lavatoio (locale) (*ed.*), washroom, wash-up. **2.** ~ (lavandino) (*ed.*), slop sink.

lavatore (*op. ind. lana*), scourer. **2.** ~ (*op. di autorimessa*), washer.

lavatrice (*macch. ind.*), washing machine, washer. **2.** ~ (lavabiancheria) (*app. domestico*), washing machine. **3.** ~ (per lana) (*macch. tess.*), scouring machine. **4.** ~ (*macch. min.*), washer. **5.** ~ a coclea (*macch. min.*), screw washer. **6.** ~ a getto di vapore (per lavare parti meccaniche) (*macch. ind.*), steam cleaner. **7.** ~ a spirale (*macch. min.*), screw washer. **8.** ~ di pietre (*macch. ed.*), stone washing machine, stone washer. **9.** ~ elettrica (*app. domestico*), electric washing machine. **10.** ~ per stoviglie (*app. domestico*), dishwashing machine, dishwasher. **11.** ~ ultrasonica (*macch. ind.*), ultrasonic cleaning machine.

lavatura, *vedi* lavaggio.

lavavetro (lavacristallo: inietta acqua saponata sulla parte esterna del parabrezza) (*aut.*), windshield washer.

lavello (acquaio) (*ed.*), sink.

laverìa (*min.*), washery. **2.** ~ (con trattamento all'idrovaglio) (*min.*), jig washery.

lavina (*geol.*), *vedi* valanga.

lavoràbile (*a. - mecc.*), machinable.

lavorabilità (*gen.*), workability. **2.** ~ (ad asportazione di truciolo) (*mecc. - macch. ut.*), machinability. **3.** ~ a caldo (*metall.*), forgeability.

lavorare (*gen.*), to work. **2.** ~ a (o su) contratto (*comm.*), to work on contract. **3.** ~ a caldo (fucinare, stampare, laminare ecc. a caldo) (*metall.*), to hot-work. **4.** ~ a commessa (lavorare per conto terzi) (*ind.*), to job. **5.** ~ a cottimo (*ind.*), to do piecework. **6.** ~ a disegno (*mecc.*), to work to drawing, to work to figures. **7.** ~ a freddo (metalli) (*mecc.*), to cold-work. **8.** ~ a giornata, to work by the day. **9.** ~ alla macchina utensile (*lav. off. mecc.*), to machine. **10.** ~ a maglia (*tessitura*), to knit. **11.** ~ con maschera (*mecc.*), to jig. **12.** ~ dalla barra (*mecc. - macch. ut.*), to machine from the bar. **13.** ~ dal pieno (*mecc. - macch. ut.*), to machine from the solid. **14.** ~ di macchina (lavorare alle macchine utensili) (*mecc.*), to machine. **15.** ~ di macchina! (*dis. mecc.*), machine, M/C. **16.** ~ in profondità (*min.*), to work in depth. **17.** ~ su commessa (lavorare per conto terzi) (*ind.*), to job.

lavorato (*a. - gen.*), worked. **2.** ~ (di macchina) (*a. - mecc.*), machined. **3.** ~ (materiale che ha subìto lavorazione mecc.) (*ind.*), machined product. **4.** ~ (di metallo che ha subìto lavorazione plastica) (*metall.*), wrought metal. **5.** ~ a maglia (*tessitura*), knitted. **6.** ~ a mano (*comm.*), hand-worked, hand-made. **7.** ~ artisticamente (o con abilità) (*gen.*), high-wrought. **8.** ~ di macchina (*a. - dis. mecc.*), machined, MCD. **9.** completamente ~ (di macchina) (*mecc.*), machined all over.

lavoratore (*gen.*), workman. **2.** ~ (dipendente di una ditta) (*lav.*), employee, employé. **3.** ~ a cottimo (cottimista) (*organ. lav.*), pieceworker, payment by results worker. **4.** ~ ad economia (lavoratore retribuito a tempo) (*op. lav.*), timeworker. **5.** ~ a domicilio (*op.*), homeworker. **6.** ~ dell'automobile (lavora nella produzione automobilistica) (*lav. ind.*), autoworker. **7.** ~ in proprio (*pers.*), self-employed person. **8.** lavoratori e datori di lavoro (*lav.*), employees and employers.

lavorazione, working. **2.** ~ (*ind.*), work. **3.** ~ (*mecc.*), machining. **4.** ~ (trattamento industriale, metodo di fabbricazione) (*ind.*), processing (am.). **5.** ~ (con utensili) (*mecc.*), tooling. **6.** ~ a caldo (*tecnol. mecc.*), hot-working. **7.** ~ a catena (*ind.*), belt production, line production. **8.** ~ ad asportazione di truciolo (truciolatura) (*mecc. - macch. ut.*), chip-forming machining. **9.** ~ ad utensile sagomato (*macch. ut.*), profile cutting. **10.** ~ a freddo (*tecnol. mecc.*), cold-working. **11.** ~ a freddo finale (di un nastro metallico trattato termicamente, per evitare piegature) (*metall.*), killing. **12.** ~ alla macchina (*macch. ut.*), machining. **13.** ~ al maglio (*mecc.*), machine hammering. **14.** ~ a macchina (*ind.*), machine work. **15.** ~ a maglia (*ind. tess.*), knitting. **16.** ~ a maglia circolare (*ind. tess.*), circular knitting. **17.** ~ a mano (*ind.*), handwork. **18.** ~ a pieno ritmo (*ind.*), fullscale processing. **19.** ~ a posizionamento continuo (*macch. ut. a c.n.*), continuous-path machining. **20.** ~ con ultrasuoni (asportazione di materiale per abrasione praticata con un utensile che vibra a frequenza ultrasonica) (*processo ind.*), ultrasonic machining. **21.** ~ dei metalli (*tecnol. mecc.*), metalworking. **22.** ~ della pietra (*ind.*), stonework. **23.** ~ elettrochimica (di stampi per es.) (*tecnol. mecc.*), electrochemical machining, ECM. **24.** ~ punto a punto (lavorazione con comando numerico del posizionamento da punto a punto) (*mecc. - macch. ut. a c.n.*), point-to-point machining. **25.** ~ senza asportazione di truciolo (*mecc.*), chipless machining, machining. **26.** ~ (degli) stampi (*tecnol. mecc.*), diesinking. **27.** ~ su commessa (*ind.*), jobbing. **28.** ~ su fresatrice a copiare Keller (*macch. ut.*), kellering. **29.** ~ su macchina per riproduzione (lavorazione su macchina a copiare) (*macch. ut. - mecc.*), copying, contour machining. **30.** bolla di ~ (*off.*), work ticket. **31.** cascame di fine ~ (*ind. tess.*), hard waste. **32.** cascame di inizio ~ (della lana) (*ind. tess.*), soft waste. **33.** centro di ~ (macchina per la produzione automatica di pezzi singoli o di lotti) (*macch. ut.*), machining center. **34.** ciclo di ~ (*organ. lav. ind.*), operation sheet, working schedule. **35.** impianti, attrezzature e macchinari relativi alla ~ (*ind.*), processing equipment. **36.** linea di ~ (*ind.*), machining line. **37.** prima ~ (al mulino miscelatore nell'industria della gomma per es.) (*ind.*), breakdown. **38.** programma di ~ automatica (linguaggio di macch. calc. per dirigere l'operazione di una macch. utènsile per es.) (*macch. ut.*), automatic machining program, AUTOMAP. **39.** senso di ~ (direzione dei segni di utensile, su una superficie lavorata) (*mecc.*), lay.

lavoro (eseguito), work. **2.** ~ (impiego di operaio per es.), work. **3.** ~ (prodotto di una forza per lo spostamento) (*mecc. raz.*), work. **4.** ~ (incarico) (*ind.*), job. **5.** ~ (mano d'opera), labor. **6.** ~ (*elab.*), job. **7.** ~ a ciclo lungo (*ind.*), long running job. **8.** ~ a cottimo (di operaio) (*organ. lavoro*), piecework. **9.** ~ a cottimo per unità prodotta (lavoro a cottimo a moneta) (*organ. lav.*), piece-rate work. **10.** ~ ad economia (*organ. lavoro*), timework, daywork. **11.** ~ a giornata (*organ. lavoro*) work by the day, daywork. **12.** ~ a mano, handwork, handiwork. **13.** ~ ad orario ridotto (*org. lav.*), short-time working, short time. **14.** ~ arretrato (*gen.*), back job. **15.** ~ a squadra (lavoro integrato) (*organ. lav.*), teamwork, team work. **16.** ~ assunto (impegno assunto) (*comm. - ind.*), undertaking. **17.** ~ a tempo parziale (*organ. lav.*), part-time work. **18.** ~ a turni (p. es. nelle ferriere) (*organ. pers.*), shift working. **19.** lavori campali (fortificazioni campali) (*milit.*), fieldworks. **20.** ~ chiave (*pers.*), key job. **21.** ~ con retribuzione ad incentivo (lavoro retribuito ad incentivo) (*organ. lav.*), incentive working. **22.** ~ di aspirazione (*mot.*), intake work. **23.** ~ di attrito (*mecc. raz.*), work due to friction. **24.** ~ di compressione (*mot.*), compression work. **25.** ~ di deformazione (*sc. costr.*), deformation work, strain work. **26.** ~ di deformazione elastica (*sc. costr.*), resilience work of deformation. **27.** ~ di scavo (*min.*), mining. **28.** ~ di squadra (lavoro di "équipe") (*organ. lavoro*), staff work, team work. **29.** lavori di stampa per conto terzi (*tip.*), job work, commercial work. **30.** ~ di ufficio (*uff.*), paper work. **31.** ~ di ufficio (*uff.*), paper work, office work, clerical work. **32.** ~ eseguito mediante placca modello (*fond.*), match plate job. **33.** ~ esterno (lavoro affidato all'esterno) (*ind.*), outwork. **34.** ~ esterno (eseguito contro forze esterne, quale da un corpo che si espande) (*fis.*), external work. **35.** ~ festivo (di operaio), holiday work. **36.** lavori forzati (*leg.*), hard labor. **37.** ~ in corso (si riferisce ad un ~ che si trovi in un qualsiasi stadio della lavorazione) (*ind. - ecc.*), work in process, WIP. **38.** ~ in corso di completamento (*arte - letteratura*), work in progress. **39.** ~ indicato (di un motore) (*termod.*), indicated work. **40.** ~ in legno (*falegn. - carp.*), timberwork. **41.** ~ in pietra (*mur.*), stonework. **42.** ~ in rilievo (*gen.*), embossed work. **43.** ~ in rilievo (*arch.*), relievo. **44.** ~ integrato (con riunioni periodiche tra dipendenti e capi per apportare migliorie) (*organ. lav.*), team work. **45.** ~ integrato (lavoro a squadra) (*organ. lav.*), teamwork. **46.** ~ interno (eseguito per es. a spese dell'energia cinetica delle molecole o di forze molecolari) (*fis.*), internal work. **47.** lavori in terra (*costr. strad.*), earthwork. **48.** ~ manuale (*mft.*), handwork. **49.** ~ manuale pesante (*lav.*), bullwork. **50.** ~ non qualificato (*ind. - ecc.*), unskilled work. **51.** ~ pagato a giornata (o ad ora: ad economia) (*organ. lavoro*), daywork, timework. **52.** lavori portuali (*ed. - nav.*), harbor works. **53.** ~ prioritario (*elab.*), foreground job. **54.** ~ stradale (*costr. strad.*), roadwork. **55.** lavori stradali in corso (*segn. - traff. strad.*), roadworks ahead. **56.** ~ straordinario (di operaio per es.) (*ind.*), overtime. **57.** ~ utile (resa, rendimento) (*gen.*), output. **58.** ~ virtuale (*mecc. raz.*), virtual work. **59.** abilità (o destrezza) di ~ (effettuato da operai specializzati) (*lav.*), craftsmanship. **60.** acquisito sul ~, appreso nel corso del ~ (detto di nozioni, metodi ecc. che vengono imparati mentre viene eseguito un ~) (*gen.*), on-the-job. **61.** ambiente di ~ (*lav.*), work environment. **62.** analisi del ~ (*pers.*), job analysis. **63.** cambiamento frequente del ~ (passaggio da un lavoro all'altro) (*lav.*), job-hopping. **64.** carico di ~ (*ind.*), work load. **65.** classificazione del ~ (*organ. lav.*), job classification. **66.** compagno di ~ (*lav.*), fellow worker. **67.** condizioni di ~ (di una macchina elettrica per es.), working conditions. **68.** contratto di ~ (*pers.*), labor contract. **69.** controllo di un ~ (*elab.*), job control. **70.** costo del ~ (*ind.*), work cost. **71.** datore di ~, employer. **72.** descrizione del ~ (*organ. lav.*), job description. **73.** diritto al ~ (*sindacati*), right to work. **74.** disagio di ~ (*pers.*), job discomfort. **75.** divisione del ~ (*metodologia ind.*), division of labor. **76.** doppio ~ (~ nero) (*pers. - ecc.*), moonlighting. **77.** forza di ~ (persone disponibili per il lavoro, in una nazione per es.) (*lav.*), manpower. **78.** forza di ~ (manodopera) (*pers. - ind.*), work force. **79.** gestione dei lavori (nei confronti delle necessità di ~ dell'elaboratore) (*elab.*), job management. **80.** ingresso ~ da stazione distante (entrata di dati p. es. da un terminale remoto) (*elab.*), remote job entry, RJE. **81.** insieme di ~ (in sistemi a memoria virtuale) (*elab.*), working set. **82.** lavoratori e datori di ~ (*lav.*), employees and employers. **83.** moto di ~ (moto di taglio) (*mecc. macch. ut.*), primary motion, cutting motion. **84.** ore di ~ (ordinario) (di operaio per es.), working hours. **85.** piano di ~ (*autom. - macch. calc.*), operation record. **86.** posizione di ~ (*elab.*), *vedi* modo. **87.** posto di ~

(*ind.*), work station. **88.** preparazione dei lavori (di produzione) (*organ. lav. - ind.*), routing. **89.** punte di ~ di ufficio (*lav. uff.*), office peaks. **90.** stazione di ~ (terminale munito di alcune unità periferiche: tastiera, schermo video ecc.) (*elab.*), workstation. **91.** studio del ~ (inteso come metodi + collaudi + sicurezza sul lavoro) (*ind.*), industrial engineering. **92.** tecnico del ~ (esperto in metodi, collaudi, sicurezza sul lavoro, di una impresa industriale) (*pers. - ind.*), industrial engineer. **93.** turno di ~ (di operai in officina per es.), work shift, shift. **94.** valutazione del ~ (*organ. lav.*), job evaluation, job rating. **95.** volume di ~ (p. es. un pacco di dischi destinato ad un file di lavoro) (*elab.*), work volume.

lazzaretto (*ed. - med.*), lazaret, lazarette, lazaretto, pesthouse.

LD, *vedi* videodisco LD.

"leasing" (affitto di macchine, impianti ecc.) (*ind.*), leasing.

leasing (tipo di contratto che consente la piena disponibilità di un bene mediante corresponsione di un canone di affitto e, alla fine del contratto, consente l'acquisto del bene oppure il rinnovo della locazione, entrambi ad un prezzo prefissato e molto ridotto) (*finanz. - comm. - ind.*), leasing.

leccarda (di un apparecchio per cucinare) (*att. domestico*), dripping pan.

leccio (*legno*), holm oak, live oak.

LED, *vedi* diodo ad emissione luminosa.

ledeburite (*metall.*), ledeburite.

lega (*metall.*), alloy. **2.** ~ (in un muro) (*mur.*), through stone. **3.** ~ (*antica mis.*), league. **4.** ~ a basso tenore di (*metall.*), low-percentage alloy, low-content alloy. **5.** ~ ad alto tenore di (lega ad alta percentuale di) (*metall.*), high-percentage alloy, high-content alloy. **6.** ~ alla grafite (per contatti elettrici per es.) (*elett.*), graphalloy. **7.** ~ antifrizione (*metall. - mecc.*), babbitt, Babbitt metal, antifriction alloy. **8.** ~ Britannia (peltro Britannia) (*lega*), Britannia metal. **9.** ~ d'acciaio (acciaio legato) (*metall.*), alloy steel. **10.** ~ d'acciaio nitrurato (*metall.*), nitrided alloy steel. **11.** ~ di piombo per pallini da caccia (piombo con il due per cento di arsenico) (*metall.*), shot metal. **12.** ~ di stagno (peltro: per fabbricazione di stoviglie, piatti ecc.), pewter. **13.** ~ di titanio-zirconio-molibdeno (*metall.*), titanium-zirconium-molibdenum alloy, TZM alloy. **14.** ~ di Wood (lega Bi-Pb-Sn-Cd che fonde intorno a 79°C) (*metall.*), Wood's alloy, Wood's metal. **15.** ~ eutettica (*metall.*), eutectic alloy. **16.** ~ ferro carbonio (*metall.*), "iron-carbon alloy". **17.** ~ fusibile (*metall.*), fusible alloy. **18.** ~ leggera (*metall.*), light alloy. **19.** ~ indurente (~ primaria: da aggiungere ad una fusione) (*metall.*), hardener. **20.** ~ madre (*metall.*), master alloy. **21.** ~ marina (5,56 km) (*antica mis.*), nautical league (ingl.), marine league. **22.** ~ per caratteri da stampa (*metall.*), type metal. **23.** ~ per getti (lega da fonderia, lega di alluminio per es.) (*metall. - fond.*), casting alloy. **24.** ~ per lavorazione plastica (lega di alluminio per es.) (*metall. - fucinatura*), wrought alloy, forging alloy. **25.** ~ per "monotype" (~ costituita da 76% piombo, 16% antimonio, 8% stagno) (*mat. tip.*), monotype metal. **26.** ~ per reostati (*metall. - elett.*), resistor alloy. **27.** ~ per saldatura (a forte o a dolce) (*tecnol. mecc.*), solder. **28.** ~ per saldatura ad argento (*tecnol. mecc.*), silver solder. **29.** ~ per saldatura a forte (*tecnol. mecc.*), hard solder. **30.** ~ per saldatura a stagno (o a dolce) (*tecnol. mecc.*), soft solder. **31.** ~ per saldatura forte (tre parti di zinco e quattro di rame: per saldare rame, ferro e ottone) (*tecnol. mecc.*), spelter, spelter solder, "zinc solder". **32.** ~ pesante (per l'equilibratura di alberi a manovella per es.) (*metall.*), heavy alloy. **33.** ~ rinforzata a dispersione (*metall.*), dispersion strength alloy. **34.** ~ terrestre (4,83 km) (*antica mis.*), statute league (ingl.), land league. **35.** ~ ultraleggera (*metall.*), ultralight alloy.

Lega Araba (composta da 22 stati Arabi) (*econ. internazionale*), League of Arab States.

legale (*a. - leg.*), legal, forensic, lawful. **2.** chimica ~ (*chim. leg.*), forensic chemistry, legal chemistry. **3.** medicina ~ (*med. leg.*), forensic medicine, medical jurisprudence.

legalizzare (*amm. - leg.*), to authenticate, to attest.

legalizzato (di documento per es.) (*a. - leg.*), authenticated, attested. **2.** ~ con firma di (*leg.*), under the hand of.

legalizzazione (di un documento per es.) (*leg. - comm.*), attestation, authentication.

legalmente costituito (costituito legalmente: detto di una società, di un ente ecc.) (*a. - leg.*), incorporated, "inc.".

legame (degli atomi nella molecola) (*chim. - fis. atom.*), linkage, bond, link. **2.** ~ atomico incrociato (legame incrociato interatomico) (*chim.*), cross-linking. **3.** legami atomici tra atomi dello stesso elemento chimico (*chim.*), catenation. **4.** ~ di compartecipazione (*chim.*), sharing. **5.** ~ doppio (degli atomi nella molecola) (*chim.*), double bond. **6.** ~ idrogeno (*chim. fis.*), hydrogen bond. **7.** ~ triplo (degli atomi nella molecola) (*chim.*), triple bond.

legante (*chim.*), binder. **2.** ~ (*metall.*), alloying element. **3.** ~ anidritico (usato per calcestruzzo per es.) (*ed.*), anhydrite binder. **4.** ~ asfaltico (per malta) (*ed.*), asphaltic binder. **5.** ~ bituminoso (*costr. strad.*), asphaltic cement. **6.** ~ di cenere di lignite (per calcestruzzo) (*ed.*), brown coal ash binder. **7.** ~ metallico (per mole per es.) (*ut.*), metal binder. **8.** ~ per anime (*fond.*), core binder. **9.** ~ per crini (*ind. gomma*), curled hair binder. **10.** ~ termico (p. es. in un reattore tra il combustibile nucleare e la sua guaina di rivestimento) (*fis. atom.*), thermal bond. **11.** a ~ metallico (mola diamantata per es.) (*ut.*), metal bonded. **12.** mano di ~ (per ottenere una buona adesione) (*ind. - vn.*), bond coat.

legare (*metall.*), to alloy. **2.** ~ (con una corda per es.), to tie, to bind. **3.** ~ (due funi tra loro per es.) (*nav.*), to bend. **4.** ~ (inferire una vela al suo albero od un cavo all'anello dell'àncora) (*nav.*), to bend. **5.** ~ (benzina ed alcool per es.) (*chim.*), to bind. **6.** ~ (rilegare, un libro) (*legatoria*), to bind. **7.** ~ (alla portoghese) (*gen.* - *nav.*), to rack. **8.** ~ (serrare, caratteri nella forma) (*tip.*), to lock up. **9.** ~ (tenere assieme; p. es. gli atomi di una molecola mediante legame chimico) (*chim.*), to bond.

legato (di metallo con un altro: lega) (*metall.*), alloyed. **2.** ~ (rilegato) (*legatoria*), bound. **3.** ~ (*s.* - *amm.* - *leg.*), legacy. **4.** ~ alla bodoniana (*a.* - *legatoria*), *vedi* legato in brossura. **5.** ~ in brossura (legato alla bodoniana, detto di libri) (*a.* - *legatoria*), in paper. **6.** non ~ (di metallo) (*metall.*), unalloyed.

legatore (rilegatore) (*op.*), bookbinder.

legatoría (officina), bookbindery.

legatrice (*macch.*), binder. **2.** ~ (macchina legatrice, per libri) (*macch.* - *legatoria*), binding machine, binder. **3.** ~ a colla (*macch.* - *legatoria*), threadless binding machine.

legatura (*gen.*), tie, fastening. **2.** ~ (carattere composto di due o più lettere) (*tip.*), ligature. **3.** ~ (serraggio, di caratteri nella forma) (*tip.*), locking up. **4.** ~ al gancio (sicurezza del carico) (*nav.*), mousing. **5.** ~ (alla) portoghese (*nav.*), racking. **6.** ~ a spirale (*legatoria*), spiral binding. **7.** ~ cartonata (*legatoria*), stiff paper binding. **8.** ~ di libri (*ind. grafiche*), bookbinding. **9.** ~ in mezza pelle (*legatoria*), quarter leather binding. **10.** ~ in mezza tela (*legatoria*), quarter cloth binding. **11.** ~ in pelle (*legatoria*), leather binding. **12.** ~ in pergamena (*legatoria*), parchment binding. **13.** ~ in tela (*legatoria*), cloth binding. **14.** ~ piana (legatura di due cime per mezzo di uno sverzino) (*nav.*), seizing. **15.** ~ piana per gassa (*nav.*), round seizing.

legge (*gen.*), law. **2.** ~ (giurisprudenza) (*leg.*), law, jurisprudence. **3.** ~ (del Parlamento) (*leg.*), act. **4.** ~ degli spostamenti radioattivi (relativa alla variazione dei numeri di massa ed atomici) (*fis. atom.*), radioactive displacement law. **5.** ~ dell'azione di massa (*chim.* - *fis.*), mass action law. **6.** ~ di Coulomb (*fis.*), coulomb's law. **7.** ~ di Faraday (*elettrochim.*), faraday's law. **8.** ~ di Joule (*elett.*), joule's law. **9.** ~ di Kirchhoff (*elett.*), Kirchhoff's law. **10.** ~ di Mendeleyeff (*chim.*), periodical law. **11.** ~ di Ohm (*elett.*), ohm's law. **12.** ~ di Pascal (*mecc. fluidi*), pascal's law. **13.** ~ marziale (*milit.*), martial law. **14.** ~ retroattiva (*leg.*), retroactive law. **15.** disposizione di ~ (*leg.*), law disposal.

leggènda (breve descrizione) (*gen.*), legend. **2.** ~ (per spiegare una illustrazione per es.) (*tip.*), caption. **3.** ~ (chiave, numeri di riferimento in un diagramma per es.) (*gen.*), key.

leggere (uno strumento per es.) (*gen.*), to read. **2.** ~ (*elab.*), to read. **3.** ~ e memorizzare (~ dati e trasferirli in memoria) (*elab.*), to read-in, to read-into. **4.** ~ non correttamente (per es. nella decodificazione, oppure da parte del lettore ottico) (*elab.*), to misread.

leggerezza (di peso), lightness.

leggèro (riferito a peso) (*a.* - *gen.*), light. **2.** ~ (di piccola entità) (*a.* - *gen.*), slight. **3.** ~ (deprezzato, di valuta, dovuto ad inflazione per es.) (*finanz.*), cheap. **4.** ~ (non facilmente convertibile, di valuta) (*finanz.*), soft. **5.** più ~ dell'aria (*a.* - *aer.*), lighter-than-air.

leggibile (*gen.*), readable. **2.** ~ da un elaboratore (*elab.*), computer readable.

lèggio (alleggio) (*nav.*), boat plug.

leggìo (*gen.*), lectern, reading desk.

legislativo (*a.* - *leg.*), legislative.

legislatore (*leg.*), legislator.

legislatura (*leg.*), legislature.

legislazione (*leg.*), legislation. **2.** ~ del lavoro (*leg.* - *ind.*), labor legislation. **3.** ~ ferroviaria (*ferr.* - *leg.*), railway laws.

legna da ardere, firewood.

legname (*carp.* - *falegn.*), timber, timbering, lumber, wood. **2.** ~ (appartenente ad un taglio stagionale) (*legn.*), fell. **3.** ~ asciato (*carp.*), split timber. **4.** ~ da alberatura (*nav.*), masting wood. **5.** ~ da costruzione (*ed.*), lumber. **6.** ~ di qualità infima (*legno*), cull. **7.** ~ essiccato (*legn.*), dry wood. **8.** ~ essiccato al forno (stagionato artificialmente) (*ind.*), kiln-dried wood. **9.** ~ in tavoloni (*carp.*-*falegn.*), timber in planks. **10.** ~ in tronchi (*carp.*), logs. **11.** ~ lavorato (per la messa in opera) (*ed.* - *carp.*), dressed stuff. **12.** ~ non stagionato (*legn.*), green lumber. **13.** ~ per carpenteria (*carp.*), stuff. **14.** ~ per cartiere (*mft. carta*), pulp wood. **15.** ~ per casseforme (*carp.*), form lumber. **16.** ~ piallato (*carp.*), surfaced lumber. **17.** ~ refilato (*carp.*), hewn timber, square hewn timber. **18.** ~ squadrato (in tronchi) (*carp.*), rough square logs. **19.** ~ stagionato (*carp.* - *falegn.*), seasoned timber. **20.** ~ usato per l'estrazione di materie coloranti per tintoria (*ind.*), dyewood. **21.** lavoro in ~ (*ed.* - *carp.*), timber work. **22.** messa in opera del ~, timbering. **23.** mettere in opera ~, to timber. **24.** sostegno in ~ (*ed.* - *carp.*), timber support.

legno (*falegn.* - *carp.*), wood. **2.** ~ balsa (usato per imbarcazioni, aeroplani ecc.), balsa wood. **3.** ~ bianco americano (*legn.*), whitewood. **4.** ~ compensato (*carp.*), plywood. **5.** ~ di campeggio (*tintoria*), logwood. **6.** ~ di colore verdastro (di piante tropicali americane), greenheart wood. **7.** ~ di conifere (*falegn.* - *carp.*), softwood, wood of a coniferous tree. **8.** ~ di faggio (*falegn.* - *carp.*), beech wood. **9.** ~ di mogano (*falegn.* - *carp.*), mahogany wood. **10.** ~ di noce (*falegn.* - *carp.*), walnut wood. **11.** ~ di olmo (*falegn.* - *carp.*), elm wood. **12.** ~ di ontano (*falegn.* - *carp.*), alder tree wood. **13.** ~ di palissandro (*falegn.* - *carp.*), rosewood, palisander wood. **14.** ~ di pino d'America (*falegn.* - *carp.*), American pine wood, pitchpine wood. **15.** ~ di pioppo (*falegn. - carp.*), poplar wood. **16.** ~ di quercia (*falegn. - carp.*), oak wood. **17.** ~ di quercia di prima qualità (*falegn. - carp.*), wainscot (ingl.). **18.** ~ dolce (*falegn. - carp.*), softwood. **19.** ~ duro (*carp.*), hardwood. **20.** ~ marezzato (*falegn. - carp.*), speckled wood. **21.** ~ santo (legno ferro: per rivestimento del cuscinetto di poppa dell'albero dell'elica) (*nav.*), lignum vitae, "holy wood", "pockwood". **22.** ~ seta (satin) (*legn.*), satinwood. **23.** ~ tarlato (*carp. - falegn.*), worm-eaten wood. **24.** ~ venato (*falegn. - carp.*), speckled wood. **25.** contenente pasta di ~ (*a. - mft. carta*), woody. **26.** di ~ (*a. - gen.*), wooden. **27.** lavorazione del ~ (*carp.*), woodworking. **28.** lavoro in ~ (*falegn. - carp.*), woodwork. **29.** lavoro (o costruzione) in ~ (*ed. - carp.*), timberwork. **30.** macchiatura a ~ (macchiatura a finto legno) (*vn.*), graining. **31.** mazzuolo di ~ (*att.*), wooden mallet. **32.** pasta di ~ (*ind. chim. - ind. carta*), wood pulp. **33.** rivestimento in ~ (*ed.*), wainscot. **34.** scalpello da ~ (*ut. carp.*), woodworking chisel. **35.** trattamento chimico del ~ (per migliorarne la conservazione) (*ind. legno*), full-cell process.

legnòlo (trefolo di fune vegetale) (*nav.*), strand.

legnoso (di una struttura) (*gen.*), woody.

"LEM" (modulo lunare) (*astric.*), lunar excursion module, LEM.

lembo (di un cerchio orizzontale di teodolite per es.) (*ott. - mecc.*), limb. **2.** ~ (di pezzo da saldare) (*tecnol. mecc.*), edge. **3.** ~ (ala, gamba, fianco, di una sinclinale o anticlinale) (*geol.*), limb. **4.** preparazione dei lembi (per la saldatura) (*tecnol. mecc.*), edge preparation.

lemma (*mat.*), lemma.

lemniscata (*mat.*), lemniscate. **2.** ~ di Bernoulli (*mat.*), Bernoullian lemniscate.

lentamente, slowly.

lènte (*ott.*), lens. **2.** ~ (antenna a lente) (*radio*), lens. **3.** ~ (per convogliare o mettere a fuoco radiazioni diverse dalla luce) (*eltn. - elettromag. - radioonde - ecc.*), lens. **4.** ~ a contatto (*ott. med.*), contact lens. **5.** ~ acromatica (*ott.*), achromatic lens. **6.** ~ addizionale (*ott.*), additional lens. **7.** ~ (addizionale) per primi piani (o fotografie ravvicinate) (*fot.*), close-up lens. **8.** ~ a gradinata (interferometro a gradinata) (*ott.*), echelon lens. **9.** ~ anallatica (*ott.*), anallatic lens. **10.** ~ anastigmatica (*ott.*), anastigmatic lens. **11.** ~ antispettroscopica (*ott.*), antispectroscopic lens. **12.** ~ biconcava (*ott.*), double-concave lens, biconcave lens. **13.** ~ biconvessa (*ott.*), double-convex lens, biconvex lens. **14.** ~ cilindrica (*ott.*), cylindrical lens. **15.** ~ contafili (*ind. tess.*), counting glass. **16.** ~ convergente (*ott.*), converging lens, positive lens. **17.** ~ di focamento (*ott.*), focusing lens. **18.** ~ di focamento interno (di un teodolite) (*ott.*), internal focusing lens. **19.** ~ di Fresnel (lente a gradinata, usata per ottiche di fari per es.) (*ott.*), Fresnel lens. **20.** ~ d'ingrandimento (*ott.*), magnifying glass, magnifier, magnifying lens. **21.** ~ d'ingrandimento addizionale (per ingrandire una immagine proiettata) (*cinem.*), "magnascope". **22.** ~ d'ingrandimento graduata (per tessuti) (*strum. ind. tess.*), counting glass. **23.** ~ divergente (*ott.*), diverging lens, negative lens. **24.** ~ elettronica (cupola di concentrazione: nei tubi per raggi X) (*costr. app. med. - radiologia*), concentrating cup. **25.** ~ elettronica (di un tubo a raggi catodici) (*eltn. - elett.*), electron lens, electronic lens. **26.** ~ elettrostatica (lente elettronica ottenuta utilizzando un campo elettrostatico) (*elett. - eltn.*), electrostatic lens. **27.** lenti incollate (*ott.*), cemented lenses. **28.** ~ magnetica (per mettere a fuoco un fascio di elettroni) (*eltn. - magnetismo*), magnetic lens. **29.** ~ ondulata (per diffusione) (*ott.*), corrugated lens. **30.** ~ piano-concava (*ott.*), plano-concave lens. **31.** ~ piano-convessa (*ott.*), plano-convex lens. **32.** ~ sottile concavo-convessa convergente (menisco convergente) (*ott.*), converging convexo-concave lens. **33.** ~ sottile concavo-convessa divergente (menisco divergente) (*ott.*), diverging concavo-convex lens. **34.** ~ teleobiettiva (*fot.*), telephoto lens.

lentezza (di acquisizione nel rispondere ad un trattamento termico) (*metall. - ecc.*), sluggishness.

lentìa da botte (*att. sollevamento botti*), parbuckle.

lenticolare (*a. - gen.*), lenticular.

lentissimo (di velocità) (*a. - nav.*), dead slow.

lènto (di velocità) (*a. - gen.*), slow. **2.** ~ (allentato: di un bullone per es.) (*a. - gen.*), slack. **3.** ~ nelle manovre (detto di una nave) (*nav.*), slack in stays.

lénza (*pesca*), fishing line, handline. **2.** ~ (pezzo di cavo usato per facilitare l'agganciamento della patta dell'àncora) (*nav.*), fishback.

lenzara (*pesca*), *vedi* palamite.

lenzuolino (per ospedale: di gomma per es.) (*att. sanitario*), (hospital) sheeting.

"LEP" (gigantesco acceleratore per la collisione di elettroni e positroni: realizzato dal laboratorio europeo per la fisica delle particelle, CERN) (*fis. atom.*), LEP.

lepidolite (mica) (*min.*), lepidolite.

leptoclasi (*geol.*), leptoclase.

leptone (particella elementare leggera) (*fis. atom.*), lepton.

leptonico (*a. - fis. atom.*), leptonic.

lesèna (*arch.*), pilaster strip.

lésina (*att.*), awl.

lèttera (*uff.*), letter. **2.** ~ (carattere tipografico) (*tip.*), letter. **3.** ~ aperta (di protesta o richiesta) (*gen.*), open letter. **4.** lettere ascendenti (b, d, f ecc.) (*tip.*), ascenders, ascending letters. **5.** ~ circolare di credito (*comm.*), circular note. **6.** ~ con fregi (iniziale ornata) (*tip.*), swash letter. **7.** ~ di accompagnamento (una ~ con informazioni aggiuntive o particolari) (*comm. - ecc.*), covering letter. **8.** ~ di credito (*comm.*), letter of credit, L/C, l/c. **9.** lettere di identificazione (di una stazione radio per es.) (*radio - telegr.*), call letters. **10.** ~ di intento (documento di accordo formale) (*comm. - leg.*), letter of intent. **11.** ~ d'impegno (*comm.*), letter of commitment. **12.** ~ di pegno (*comm.*), bond note. **13.** ~ di porto (*comm.*), waybill. **14.** ~ di vettura (*comm. - ferr.*), waybill, carriage note. **15.** ~ di vettura aerea (*trasp.*), airwaybill, AWB. **16.** ~ d'ordine (*comm.*), order letter. **17.** lettere in arrivo (corrispondenza in arrivo) (*uff.*), inward letters, incoming letters. **18.** lettere in partenza (corrispondenza in partenza) (*uff.*), outgoing letters, outward letters. **19.** ~ maiuscola (carattere maiuscolo) (*tip.*), uppercase letter, capital letter. **20.** ~ minuscola (*tip.*), lowercase letter, small letter. **21.** ~ raccomandata (*posta*), registered letter. **22.** ~ rovesciata (carattere rovesciato, lettera capovolta, carattere capovolto) (*tip.*), turn. **23.** ~ standard (inviata a diverse persone con pochi cambiamenti) (*uff.*), form letter. **24.** telegramma ~ (*posta*), lettergram.

lettera-bomba (mandata per posta e contenuta in una busta) (*espl.*), letter bomb.

lettiga (*strum. med.*), litter, stretcher.

lettino per visita (*app. med.*), examination table.

lètto, bed. **2.** ~ (di un fiume) (*geogr.*), bed. **3.** ~ (di un giacimento o faglia per es.) (*min. - geol.*), footwall. **4.** ~ (di un banco di carbone) (*min.*), sill (ingl.). **5.** ~ (di un impianto per "reforming" per es.) (*ind. chim.*), bed. **6.** ~ (carbone o sabbia: strato di antracite o di sabbia steso sulla suola del forno prima di mettere i crogiuoli) (*mft. vetro*), breezing. **7.** letti batterici (*fognatura*), bacteria beds. **8.** ~ del vento (*nav.*), teeth of the wind. **9.** ~ di colata (*fond.*), casting bed. **10.** ~ di colata per lingotti (*fond.*), pig bed. **11.** ~ di contatto (*fognatura*), contact bed. **12.** ~ di fusione (*fond.*), burden. **13.** ~ filtrante (*ed. - idr.*), filter bed. **14.** ~ fisso (di un impianto per processo di "reforming" per es.) (*ind. chim.*), fixed bed. **15.** ~ percolatore (*fognatura*), percolating filter, continuous filter. **16.** ~ ribaltabile nel muro (*mobilio*), wall bed, recess bed. **17.** a ~ fisso (*a. - ind. chim.*), fixed-bed.

lettore (app. che converte l'informazione in una forma diversa dalla precedente: un ~ ottico per es.) (*inf. - elab.*), reader. **2.** ~ (app. per riprodurre suoni e/o immagini registrate: p. es. ~ di videodischi, ~ di videocassette) (*eltn. - audiovisivi*), player. **3.** (fonorivelatore) (*elettroacus.*), pickup. **4.** ~ (unità che analizza i dati registrati per la memorizzazione) (*calc.*), reader. **5.** ~ del suono (della testa sonora di un proiettore di film sonoro) (*elettroacus.*), sound pickup. **6.** ~ di caratteri (*elab.*), character reader. **7.** ~ di codice a barre (*elab.*), bar code reader, bar code scanner. **8.** ~ di disco ottico di informatica (~ laser di dischi ottici di memoria di massa) (*elab.*), optical disk reader. **9.** ~ digitale (di un codice a barre per es.) (*eltn.*), digital scanner. **10.** ~ di documenti (p. es. mediante riconoscimento ottico dei caratteri) (*elab.*), document reader. **11.** ~ di microfilm (*eltn. - elab. - ott.*), film reader. **12.** ~ di microriproduzioni (proiettore ingranditore) (*app. uff. - ott.*), microform reader. **13.** ~ di nastro perforato (*autom. - tlcm.*), punched-tape reader. **14.** ~ di pagine (*elab. - eltn. - tip.*), page reader. **15.** ~ di schede (*elab.*), card reader. **16.** ~ di schede perforate (*elab.*), punched-card reader. **17.** ~ di striscia magnetica (*elab.*), magnetic strip reader, magnetic stripe reader. **18.** ~ di tessere (~ di tessere di identificazione) (*elab.*), badge reader. **19.** ~ di videodisco (~ di dischi ottici, mediante laser: legge segnali audiovisivi e li riproduce sullo schermo dell'apparecchio televisivo domestico) (*audiovisivi*), videodisk player, optical disk player, CD-V LD player. **20.** ~ -indicatore numerico (lettore-indicatore digitale) (*elab.*), digital readout. **21.** ~ laser (di disco ottico audiovisivo) (*audiovisivi*), vedi lettore di videodisco. **22.** ~ magnetico (rilevatore magnetico di codice a barre) (*elab.*), wand. **23.** ~ ottico (unità che trasforma caratteri a stampa in dati memorizzabili) (*elab.*), optical reader, optical character reader, OCR. **24.** ~ ottico a scansione (dispositivo di riconoscimento ottico dei caratteri) (*elab.*), flying spot scanner. **25.** ~ ottico di caratteri, *vedi* ~ ottico. **26.** ~ ottico di codice a barre (*elab.*), optical bar-code reader. **27.** ~ ottico di film per l'entrata nel calcolatore (*elab.*), film optical sensing device for input to computers, FOSDIC. **28.** ~ - perforatore (*elab.*), reader-punch. **29.** ~ rapido (*elab.*), highspeed reader, HSR. **30.** i lettori (il complesso dei lettori, di un giornale per es.) (*giornale*), readership.

lettore-trasmettitore (app. che legge nastri perforati e li traduce in segnali) (*disp. per telescrivente*), transmitter-distributor, TD.

lettore-visualizzatore (app. per leggere le informazioni e visualizzarle su video) (*elab.*), readout device.

lettura (atto di leggere) (*gen.*), readout. **2.** ~ (di contatori per es.), reading. **3.** ~ (conversione di registrazioni su nastro perforato o magnetico o su dischi ecc., in segnali elettrici) (*elab.*), read. **4.** ~ (valore letto, sulla scala di uno strumento) (*strum.*), reading. **5.** ~ ("playback", riproduzione immediata di una registrazione su nastro per es.) (*elettroacus.*), playback. **6.** ~ (l'assunzione della informazione da un calcolatore elettronico per es. e la sua interpretazione) (*calc.*), readout. **7.** ~ al rallentatore (riproduzione al rallentatore) (*audiovisivi*), slow playback. **8.** ~ altimetrica (in avanti) (*top.*), foresight. **9.** ~ altimetrica (diretta verso la stazione precedente) (*top.*), backsight. **10.** ~ di controllo (viene fatta immediatamente dopo memorizzazione) (*elab.*), check read. **11.** ~ di marcature (~ di segni particolari di informazione posti nell'area di codificazione di uno stampato) (*elab.*), mark reading. **12.** ~ (ottica) di marcature (scansione automatica ottenuta fotoelettricamente: per mezzo di lettore ottico) (*elab.*), mark scanning. **13.** ~ diretta (di uno strumento per es.) (*strum. - ecc.*), direct reading. **14.** ~ dispersa (~

fatta su porzioni di registrazioni poste non consecutivamente) (*elab.*), scatter read. **15.** ~ distruttiva (l'azione della ~ provoca la cancellazione dell'informazione) (*elab.*), destructive reading. **16.** ~ e scrittura simultanea, *vedi* scrittura e ~ simultanea. **17.** ~ e stesura (di un contenuto di memoria: su schermo video, su nastro perforato, su carta stampata ecc.) (*elab.*), readout. **18.** ~ in parallelo (esplorazione in parallelo, nel comando numerico) (*autom.*), parallel scanning. **19.** ~ non distruttiva (l'azione della ~ non provoca la cancellazione dei dati memorizzati) (*elab.*), nondestructive read, nondestructive readout, "NDRO".

letturista (lettore di contatori) (*lav.*), reader, meter reader.

leucite [$KAl(SiO_3)_2$] (*min.*), leucite.

leucocène (*min.*), leucoxene.

lèva (*mecc.*), lever. **2.** ~ (palanchino) (*ut.*), crow, crowbar, pinch bar. **3.** ~ a bilanciere (di una frizione per es.) (*mecc.*), rocking lever, rocker arm, rocker lever. **4.** ~ a braccio (braccio di comando sul fuso a snodo collegato alla barra longitudinale) (*aut.*), steering arm. **5.** ~ a due bracci (*mecc.*), two-armed lever. **6.** ~ a forcella (*mecc.*), forked lever. **7.** ~ a ginocchiera (*mecc.*), toggle-joint lever, knee-joint lever. **8.** ~ a mano (*aut. - mot.*), hand lever. **9.** ~ a pedale (*mecc.*), foot control lever. **10.** ~ articolata (*mecc.*), toggle lever. **11.** ~ a squadra (per comandi azionati a cavo od asta per es.) (*mecc.*), bell crank. **12.** ~ cavafascioni (leva per smontaggio pneumatici) (*att. aut.*), tire iron. **13.** ~ comando farfalla (di un carburatore) (*mecc. mot.*), throttle valve control lever. **14.** ~ comando gas (leva del gas, "manetta") (*mot. aer.*), throttle lever, cockpit lever. **15.** ~ comando passo elica (leva comando elica: di un'elica a passo variabile) (*aer.*), propeller control lever. **16.** ~ comando spinta (leva comando valvola regolatrice del flusso: di un motore a reazione) (*mot. aer.*), throttle lever. **17.** ~ comando sterzo (braccio comando sterzo) (*aut.*), steering drop arm. **18.** ~ del bilanciere (*orologio*), rocking bar. **19.** ~ del cambio (o di velocità a cloche) (*aut.*), central floor lever. **20.** ~ del cambio a settori (del cambio velocità di una macch. utènsile per es.) (*mecc.*), gate change lever. **21.** ~ del cambio di velocità (*aut.*), gearbox lever (ingl.), speed change lever, gear lever, gear shift lever. **22.** ~ del cambio di velocità (*macch. ut.*), speed selector lever. **23.** ~ del freno (*aut.*), brake lever. **24.** ~ del gas (manetta del gas) (*mot. aer.*), throttle lever, gun. **25.** ~ della marcia indietro (*mecc.*), reverse lever. **26.** ~ della messa in moto (di un motore portatile per es.) (*mot.*), swipe. **27.** ~ della vàlvola di presa vapore (di una locomotiva a vapore per es.) (*ferr.*), steam throttle lever. **28.** ~ dell'inversione di marcia (nelle trasmissioni elettriche o meccaniche) (*macch. ut. - ferr. - nav. - ecc.*), reverse lever. **29.** ~ dello scambio (*ferr.*), switch lever. **30.** ~ del rubinetto (*tubaz.*), cock handle. **31.** ~ di alimentazione del filo (in una macchina per maglieria) (*ind. tess.*), yarn lever. **32.** ~ di armamento (di un cannone) (*milit.*), cocking lever. **33.** ~ di arresto (di motore di aer.), (*mot.*), cutoff lever. **34.** ~ di avanzamento (di una macchina fotografica 35 mm con 36 fotogrammi per es.) (*mecc.*), film advance lever. **35.** ~ di avanzamento a sfacciare (o per l'operazione di sfacciatura) (*macch. ut.*), facing feed lever. **36.** ~ di avviamento (leva della messa in marcia) (*mecc.*), starting lever. **37.** ~ di bloccaggio (di una tavola di macch. utènsile per es.) (*mecc.*), clamping lever, locking lever. **38.** ~ di bloccaggio/sbloccaggio carrello (*macch. per scrivere*), carriage locking/unlocking lever. **39.** ~ di comando (*mecc. - ecc.*), control lever. **40.** ~ di comando della inversione di marcia (leva di inversione di marcia, leva della retromarcia) (*mecc.*), reverse lever. **41.** ~ di comando dell'avanzamento trasversale (*macch. ut.*), cross feed control lever. **42.** ~ di comando del movimento rapido e lento (di una macch. utènsile per es.), fast and slow motion lever. **43.** ~ di disinnesto (*mecc.*), release lever. **44.** ~ di disinnesto (a scatto) (*mecc.*), trip lever. **45.** ~ di governo (cloche) (*aer.*), control stick. **46.** ~ di innesto (dell'avanzamento del mandrino di macchina utènsile per es.) (*mecc.*), engaging lever. **47.** ~ di innesto della frizione (leva di comando della frizione, di macch. ut. per es.) (*mecc.*), clutch operating lever (ingl.), clutch control lever. **48.** ~ di inversione di marcia (*locomotiva ferr.*), reverse lever, johnson bar. **49.** ~ di itinerario (nelle segnalazioni ferr. centralizzate) (*ferr.*), track lever. **50.** ~ di manovra (*macch.*), operating lever. **51.** ~ di preselezione delle velocità del mandrino (di una alesatrice per es.) (*macch. - macch. ut.*), spindle speed preselector. **52.** ~ di primo genere (*mecc. raz.*), first class lever. **53.** ~ di rinvio (comando sterzo) (*aut.*), pitmans arm, idler arm, relay rod. **54.** ~ di sgancio (di un gancio automatico per es.) (*ferr. - ecc.*), uncoupling lever. **55.** ~ di sollevamento valvole (del motore per es.) (*ut. mecc.*), valve lifter. **56.** ~ di traslazione rapida (della) torretta (di un tornio per es.) (*mecc. - macch. ut.*), turret quick-traverse lever. **57.** ~ indicatrice di instradamento (nelle segnalazioni ferroviarie) (*ferr.*), road setup indicating lever. **58.** ~ liberacarrello (di una macch. per scrivere) (*mecc.*), carriage release lever. **59.** ~ liberacarta (di macchina per scrivere) (*mecc.*), paper release lever. **60.** ~ liberarullo (liberarullo, di una macch. per scrivere) (*macch. uff.*), platen release lever. **61.** ~ oscillante (bilanciere: di distribuzione per es.) (*mecc.*), rocker arm, rocking lever. **62.** ~ per bloccaggio slitta (*macch. ut.*), saddle clamp lever. **63.** ~ per cambiare il senso di rotazione (del mandrino di una alesatrice per es.) (*mecc. - macch. ut.*), directional control lever, reverse gear lever. **64.** ~ per chiodi (*carp.*), nail puller. **65.** ~ per il cambio dell'avanzamento della tavola (di una macch. utènsile per es.) (*mecc.*), table feed change lever. **66.** ~ per interlineare e tornare a capo (*macch. per scrivere*), line space and carriage return lever. **67.** ~ per la marcia veloce e lenta (*macch. ut.*), fast and slow motion lever. **68.** ~ per l'avanzamento a mano (*mecc. - macch. ut.*), hand feed lever. **69.** ~ per l'avanzamento meccanico (*mecc. - macch. ut.*), power feed lever. **70.** ~ per l'avanzamento veloce (*macch. ut.*), fast feed lever. **71.** ~ pressaplatina (*macch. per maglieria*), jack. **72.** ~ selezionatrice della velocità di taglio (di una dentatrice per es.) (*mecc. - macch. ut.*), cutting speed setting lever. **73.** far ~ (*mecc.*), to lever, to prize. **74.** nuove leve (di lavoratori) (*pers.*), new entrants. **75.** sistema di leve ("leveraggio") (*mecc.*), linkage. **76.** ~, *vedi anche* levetta.

levachiodi (cavachiodi) (*ut.*), nail puller.

levante (*geogr.*), east, levant.

levare (*gen.*), to remove. **2.** ~ (prelevare vetro dal crogiuolo o bacinò di un forno mediante canna da soffio per es.) (*mft. vetro*), to gather. **3.** ~ il vetro all'acqua (produrre "cullet" mettendo il vetro fuso in acqua) (*mft. vetro*), to dragade, to drag-ladle.

levascorie (*ut. fond.*), slag iron, poker.

levata (massa di vetro prelevata con la canna da soffio per es.) (*mft. vetro*), gather. **2.** bocca di ~ (apertura di un forno a bacino per es. attraverso la quale viene levato il vetro) (*mft. vetro*), ringhole.

levatore (operaio che toglie i fogli dai feltri) (*op. mft. carta*), layer.

leveraggio (sistema di leve, sistema articolato) (*macch.*), linkage, leverage.

levetta (*mecc. - ecc.*), lever. **2.** ~ di comando (levetta di sgancio, di uno scatto meccanico) (*mecc.*), trigger. **3.** ~ di scatto (levetta di sgancio) (*mecc. - elettr. - ecc.*), trigger. **4.** ~ (interposta) tra camma e punteria (quando il comando non è diretto) (*mot. mtc.*), cam lever. **5.** ~ (o pomello) dell'anticipo (sul volante o sul quadro portastrumenti) (*aut.*), spark lever.

levigare (*gen.*), to smooth. **2.** ~ (per es. un getto, una pietra ecc.) (*mecc. - ed.*), to face. **3.** ~ (smerigliare o lappare) (*mecc.*), to lap. **4.** ~ (un cilindro) (*mot.*), to hone. **5.** ~! (microfinire) (*dis. mecc.*), H, hone. **6.** ~ (la superficie di una pietra) (*mur.*), to dress. **7.** ~ (carteggiare, pomiciare) (*vn.*), to rub down. **8.** ~ (per mezzo di ossido di zinco e glicerina per es.) (*marmo - ecc.*), to levigate. **9.** ~ (p. es. la piastrina di silicio del semiconduttore) (*eltn.*), to grind.

levigatezza (di una superficie) (*gen.*), smoothness.

levigato (*a. - gen.*), smooth. **2.** ~ (di superficie di una pietra) (*a. - mur.*), dressed. **3.** ~ (carteggiato, pomiciato) (*a. - vn.*), rubbed down. **4.** ~ e lucidato (*a. - gen.*), glossy.

levigatore (utensile levigatore) (*ut. - lav. macch. ut.*), honing stone, honestone.

levigatrice (detta impropriamente anche "smerigliatrice", costituita da un elemento rotante con pietre abrasive spinte da molle: per la ripassatura di canne cilindro di motore per es.) (*macch. ut.*), honing machine. **2.** ~ da pavimenti (per pavimenti di legno per es.) (*macch. portatile*), disk sander. **3.** ~ per pavimenti (di marmo, di pietra o di legno) (*macch. portatile*), planing machine.

levigatura (*gen.*), smoothing. **2.** ~ (smerigliatura o lappatura) (*mecc.*), lapping. **3.** ~ (microfinitura: di canne per cilindro per es.) (*mecc.*), honing. **4.** ~ (carteggiatura, pomiciatura) (*vn.*), rubbing, rubbing down. **5.** ~ (della superficie di una pietra) (*mur.*), dressing. **6.** ~ (operazione di ~ della lastra di silicio p. es. nella preparazione dei semiconduttori) (*eltn.*), grinding. **7.** ~ (o lappatura) degli ingranaggi (*mecc.*), gear lapping. **8.** ~ forzata (agente contemporaneamente sui due fianchi del dente di un ingranaggio) (*mecc.*), cramp lapping.

levigazione, *vedi* levigatura.

levitazione (sollevamento senza l'apporto di mezzi meccanici; p. es. per mezzo di campi magnetici ad alta frequenza) (*elettromecc.*), levitation. **2.** ~ magnetica (per mezzo di campi magnetici; per es. nella ferrovia a levitazione magnetica) (*elettromecc.*), magnetic levitation, "maglev".

levogiro (*ott. cristallografica*), levorotatory, negative.

levulòsio ($C_6H_{12}O_6$) (*chim.*), levulose.

lezzino (spago di canapa) (*nav.*), houseline.

lias (eogiurassico) (*geol.*), Lias.

libbra (avoirdupois = 0,453592 kg) (lb) (*mis.*), pound. **2.** ~ di spinta (di un motore a getto) (*aer.*), thrust-pound. **3.** ~ massa (*mis.*), pound mass, lbm. **4.** ~ per pollice quadrato (0,07031 kg/cm^2) (lb per sq in) (*mis.*), pound per square inch. **5.** ~ peso (libbra forza) (*mis.*), pound force, lbf. **6.** ~ piede (0,13825 kgm) (ft lb) (*mis.*), foot pound. **7.** ~ piede per secondo (1,3563 watt) (ft lb per sec) (*mis.*), foot pound per second. **8.** ~ troy (di 5760 grani, uguale a 373,2418 grammi, generalmente usata per pesare oro, argento e materiali pregiati) (*mis.*), troy pound.

libeccio (*meteor.*), southwest wind, libeccio.

liberacarrello (leva liberacarrello, di una macchina per scrivere) (*macch. per uff.*), carriage release (lever).

liberacarta (leva liberacarta di una macchina per scrivere) (*macch. per uff.*), paper release (lever).

liberacofano (comando apertura cofano) (*aut.*), bonnet release (ingl.), hood release (am.).

libera iniziativa (*sistema econ.*), free enterprise.

liberalizzazione (delle importazioni per es.) (*comm.*), liberalization.

lìberamargine (di una macchina per scrivere) (*mecc.*), margin release.

liberare (*gen.*), to free. **2.** ~ (*mecc.*), to release, to trip. **3.** ~ ("stasare" un tubo per es.), to clear. **4.** ~ (un prigioniero di guerra) (*milit.*), to rescue. **5.** ~ (rendere disponibile, per es. una area di memoria) (*elab.*), to blast.

liberarsi (di bombe o carichi, da un aereo o da una nave in difficoltà) (*aer. - nav.*), to jettison.

liberarullo (leva liberarullo, di una macchina per scrivere) (*macch. da uff.*), platen release (lever).

liberazione (*gen.*), release. **2.** ~ (nella segnalazione ferr.) (*ferr.*), clearing. **3.** ~ (di una linea telefonica per es.: cessazione del collegamento) (*comun.*), clearing.

lìbero (*mecc. - sc. costr.*), free, clear. **2.** ~ (non ostruito, di passaggio, di tubo ecc.) (*a. - gen.*), open. **3.** ~ (non impegnato: di merce per es.) (*comm.*), available. **4.** ~ (non combinato) (*a. - chim.*), free. **5.** ~ (di apparecchio agganciato, cioè in condizione di ricevere) (*telef. - elab.*), on-hook. **6.** ~ di fianco (*nav.*), clear abreast. **7.** ~ di poppa (*nav.*), clear astern. **8.** ~ di prua (*nav.*), clear ahead. **9.** ~ per trasmettere (*elab.*), clear to send, CTS.

libertà (*gen.*), liberty, freedom. **2.** grado di ~ (*sc. costr.*), degree of freedom.

libraio (*comm.*), book-seller.

librarsi (*gen.*), to soar. **2.** ~ (planare) (*aer.*), to glide. **3.** ~ a punto fisso (di elicottero per es.) (*aer.*), to hover.

libratore (aliante) (*aer.*), glider.

librazioni (fenomeno per cui è visibile dalla terra più della metà della superficie lunare) (*astr.*), librations.

libreria (*mobile*), bookcase. **2.** ~ (collezione di informazioni, programmi ecc.) (*elab.*), library. **3.** ~ a muro (*ed.*), built-in bookcase. **4.** ~ dei lavori (*elab.*), job library. **5.** ~ di componenti di programmazione (*elab.*), software library. **6.** ~ di macroistruzioni *vedi* macrolibreria. **7.** ~ di nastri, *vedi* nastroteca. **8.** ~ di procedure (*elab.*), routine library. **9.** ~ di procedure parziali (*elab.*), subroutine library. **10.** ~ di programmi (*elab.*), program library. **11.** ~ di programmi oggetto (*elab.*), object library, object program library. **12.** ~ di programmi sorgente (*elab.*), source library.

libretto degli assegni (*comm. - finanz.*), checkbook (am.), cheque book (ingl.). **2.** ~ dell'aeromobile (*mot. aer.*), aircraft log. **3.** ~ del motore (*mot. aer.*), engine logbook. **4.** ~ di istruzione (~ di uso e manutenzione: di autoveicoli, macch. utènsili ecc.), operator's handbook, operator's manual. **5.** ~ di istruzioni (manuale di istruzioni operative di un elaboratore) (*elab. - eltn. - ecc.*), problem file, repertoire. **6.** ~ di risparmio [o di deposito] (*banca*), passbook. **7.** ~ uso e manutenzione (*mot. - ecc.*), operation and maintenance handbook.

libro (*gen.*), book. **2.** ~ (*botanica*), bast, liber. **3.** libri ausiliari (*contabilità*), subsidiary books, subsidiary ledgers. **4.** ~ contabile (registro contabile) (*contabilità*), book of accounts, ledger book. **5.** ~ dei soci (di una società per azioni) (*finanz.*), stockholder ledger. **6.** ~ dei titoli azionari (*finanz.*), share register (am.), stock ledger (ingl.). **7.** ~ di bordo (*aer. - nav.*), logbook, log. **8.** ~ di carico e scarico (libro di magazzino) (*ind. - amm.*), stock book. **9.** ~ di cassa (amm.), cashbook, CB, c.b. **10.** ~ in ottavo (libro con i fogli piegati in 8 pagine o 16 facciate) (*tip.*), octavo. **11.** ~ inventario (*amm.*), inventory ledger. **12.** ~ (di) magazzino (*amm.*), stock book, stores ledger. **13.** ~ mastro (di amministrazione), ledger. **14.** ~ matricola (*pers.*), registration book. **15.** ~ paga degli stipendi (*amm.*), salary book. **16.** ~ silografico (libro xilografico) (*tip.*), block book.

librocedro (*legn.*), incense cedar.

licciaiuòla (per sega) (*ut.*), saw set.

liccio (*ind. tess.*), heald (ingl.), heddle (am.). **2.** ~ di filo metallico (*macch. tess.*), wire heddle. **3.** intrecciatrice meccanica per licci (*macch. tess.*), heddle braiding machine. **4.** macchina per la preparazione dei licci (*macch. tess.*), heddle knitting machine.

licciolo (licceruolo, all'estremità dei licci, di un telaio tessile) (*macch. tess.*), shaft.

licènza (*gen.*), licence, license. **2.** ~ (*milit.*), leave. **3.** ~ di convalescenza (*milit.*), convalescent leave. **4.** ~ di fabbricazione (*comm.*), manufacturing license. **5.** ~ d'importazione (*comm.*), import licence. **6.** ~ esclusiva (*comm.*), exclusive licence. **7.** ~ non esclusiva (*comm.*), nonexclusive licence. **8.** ~ ordinaria (*milit.*), ordinary leave. **9.** chi concede la ~ (*comm.*), licencer, licenser. **10.** sotto ~ (*comm.*), under licence.

licenziamento (di un operaio per es.), dismissal, discharge, firing, sacking. **2.** ~ ingiustificato (*pers.*), unfair dismissal.

licenziare (un operaio per es.), to dismiss, to discharge, to fire.

licenziatario (concessionario di licenza) (*comm.*), licencee, licensee.

licenziato (di operaio dal lavoro per es.) (*a. - pers.*), discharged, dismissed.

lichène (*s. - botanica*), lichen.

licitazione (*comm.*), licitation.

lidar (radar ottico che funziona con impulsi laser in luogo di microonde) (*ott. - milit.*), lidar.

liddite (*espl.*), lyddite.

lido (spiaggia) (*geogr.*), shore, beach.

lièvito (*chim.*), yeast. **2.** ~ minerale (*alimentare*), baking powder.

lignina (*ind. chim.*), lignin.

lignite (*comb.*), lignite, brown coal. **2.** ~ fibrosa (*comb.*), fibrous lignite. **3.** ~ picea (*comb.*), pitchy lignite. **4.** ~ xyloide (*comb.*), xiloid lignite.

lignocellulosa (*chim.*), lignocellulose.

lignuòlo, *vedi* legnolo.

ligroina (*ind. chim.*), ligroine, ligroin.

lima (da ferro) (*ut.*), file. **2.** ~ (da legno) (*ut.*), rasp, rasping file. **3.** ~ a coda di topo (*ut. falegn.*), rattail file. **4.** ~ a coltello (*ut.*), knife file, featheredge file. **5.** ~ ad ago (*ut.*), needle file. **6.** ~ a foglia di salvia (*ut.*), cross file, crossing file, double half-round file. **7.** ~ a legno (~ da un lato piatta e convessa dall'altro) (*falegn.*), cabinet file. **8.** ~ a losanga (avente una sezione a losanga) (*ut.*), slitting file. **9.** ~ a smeriglio (*ut.*), emery stick. **10.** ~ a taglio a pacco (*ut.*), middle file. **11.** ~ a taglio bastardo (*ut.*), bastard file. **12.** ~ a taglio dolce (*ut.*), smooth file. **13.** ~ a taglio dolcissimo (*ut.*), dead-smooth file. **14.** ~ a taglio doppio (lima ad intagli incrociati) (*ut.*), double-cut file. **15.** ~ a taglio extra-dolce (*ut.*), superfine file. **16.** ~ a taglio grosso (lima a taglio doppio bastardo) (*ut.*), rough file. **17.** ~ a taglio mezzo dolce (*ut.*), second-cut file. **18.** ~ a tratti incrociati (lima a taglio doppio) (*ut.*), double-cut file, crosscut file. **19.** ~ a tratti semplici a taglio a pacco (per metalli dolci per es.) (*ut.*), float, float-cut file. **20.** ~ a triangolo (lima triangolare) (*ut.*), three-square file, triangular file. **21.** ~ bastarda (*ut.*), bastard file. **22.** ~ con intagli non incrociati (*ut.*), single-cut file. **23.** ~ curva (lima per stampi) (*ut.*), riffler. **24.** ~ da attrezzista (*ut.*), *vedi* lima di precisione. **25.** ~ diamantata (*ut.*), diamond file. **26.** ~ di precisione (lima da attrezzista) (*ut.*), toolmaker's file. **27.** ~ fresata a denti curvi (*ut. mecc.*), vixen file. **28.** ~ fresatrice per materiale tenero (*ut.*), float-cut file. **29.** ~ mezzo tonda (*ut.*), half-round file. **30.** ~ ovale (*ut.*), oval file. **31.** ~ parallela (con margini paralleli) (*ut.*), blunt file. **32.** ~ per affilare seghe a denti di lupo (*ut. carp.*), crosscut file. **33.** ~ per affilatura seghe (*ut.*), saw-sharpening file, saw file. **34.** ~ per sega a nastro (*ut.*), band-saw file. **35.** ~ per stampi ("rifloir") (*ut.*), riffler, curved file. **36.** ~ per utensile motorizzato (*ut.*), machine file. **37.** ~ piatta (*ut.*), flat file. **38.** ~ piatta a punta (utensìle per orologiaio), taper flat file. **39.** ~ quadra (*ut.*), square file. **40.** ~ quadra prismatica (lima quadra a sezione costante) (*ut.*), parallel square file, blunt square file. **41.** ~ rastremata (*ut.*), taper file. **42.** ~ rettangolare (*ut.*), hand file, mill file. **43.** ~ rotante con comando flessibile (apparecchio per officina meccanica) (*ut.*), flexible-shaft rotary file. **44.** ~ tonda (*ut.*), round file, rat-tail file. **45.** ~ tonda cilindrica (lima tonda a sezione costante) (*ut.*), parallel round file, blunt round file. **46.** ~ triangolare (a sezione triangolare) (*ut.*), three-square file, triangular file. **47.** ~ triangolare non rastremata per seghe (*ut.*), cantsaw file. **48.** ritagliare una ~ (*mecc.*), to recut a file.

limaccioso (di terreno per es.), slimy.

limare (con la lima) (*mecc.*), to file. **2.** ~ (con la limatrice) (*mecc.*), to shape. **3.** ~ (con la raspa) (*carp. - falegn.*), to rasp. **4.** ~ ! (*dis. mecc.*), file, F.

limato (con lima) (*mecc.*), filed. **2.** ~ (con limatrice) (*mecc. - macch. ut.*), shaped.

limatore (*op.*), filer.

limatrice (*macch. ut.*), shaper, shaping machine. **2.** ~ da banco (*macch. ut.*), bench shaping machine. **3.** ~ doppia (*macch. ut.*), double shaping machine (ingl.). **4.** ~ orizzontale (*macch. ut.*), horizontal shaping machine. **5.** ~ per punzoni (*macch. ut.*), punch shaper. **6.** ~ universale (*macch. ut.*), universal shaping machine.

limatrice-pialla (limatrice a tavola [portapezzo] mobile) (*macch. ut.*), pillar shaper.

limatura (operazione di limatura) (*mecc.*), filing. **2.** ~ (polvere prodotta dalla operazione di limatura) (*mecc.*), filings. **3.** ~ (con limatrice) (*mecc. - macch. ut.*), shaping.

limitare, to limit, to restrict.

limitato, limited, restricted. **2.** ~ dalle periferiche (~ sia l'ingresso che l'uscita a causa di non sufficiente disponibilità delle periferiche) (*elab.*), peripheral limited. **3.** ~ dal nastro (quando il tempo richiesto per lettura e registrazione nastro eccede il tempo richiesto dall'elaboratore per i suoi calcoli) (*elab.*), tape limited. **4.** ~ dal processore (di un sistema di elaborazione ~ dalla velocità della sua unità di elaborazione centrale) (*elab.*), processor -limited, processor bound. **5.** ~ in ingresso/uscita (*elab.*), input/output limited, "I/O" bound.

limitatore (*mecc. - elett. - ecc.*), limiting device. **2.** ~ (dell'ampiezza di un segnale) (*radio*), limiter. **3.** ~ (servo comando della pressione di alimentazione) (*mot. aer.*), boost control. **4.** ~ (dispositivo che riduce la sezione di passaggio) (*tubaz.*), restrictor. **5.** ~ (per es. un diodo che taglia i picchi di un segnale) (*eltn.*), clipper. **6.** ~ automatico di disturbo (limitatore di rumore) (*radio*), automatic noise limiter, ANL, anl. **7.** ~ del picco di disturbo (*radio*), peak noise limiter. **8.** ~ di carico (di una gru per es.) (*ind.*), load limiting device. **9.** ~ di corrente (*elett.*), current limiter. **10.** ~ di giri (di un motore per es.) (*mecc.*), rpm limiting device. **11.** ~ di oscillazioni (limitatore dello scuotimento, arresto scuotimento, delle sospensioni per es.), (*aut.*), rebound stop. **12.** ~ di tensione (scaricatore di sovratensioni per antenne riceventi) (*radio*), lightning arrester (am.). **13.** ~ di vibrazioni (*app.*), vibration limit controller.

limitazione (*gen.*), limitation, restriction.

lìmite, limit, extent. **2.** ~ di tolleranza (*mecc.*), limit. **3.** ~ della zona di silenzio (*radio*), skip distance. **4.** ~ di elasticità (*sc. costr.*), limit of elasticity, elastic limit. **5.** ~ di età (di lavoratori) (*ind.*), pensionable age. **6.** ~ di fatica (*sc. costr.*), fatigue limit, endurance limit. **7.** ~ di fatica a flessione (*mecc.*), bending fatigue limit. **8.** ~ di peso (*traff. strad.*), weight limit. **9.** ~ di plasticità (contenuto d'acqua di un terreno al quale cessa di essere plastico) (*analisi del terreno - ing. civ.*), plastic limit. **10.** ~ di proporzionalità (*sc. costr.*), limit of proportionality, proportional limit. **11.** limiti di proprietà (*top.*), land boundary. **12.** ~ di rottura (*sc. costr.*), breaking point. **13.** ~ di scorrimento viscoso (*metall.*), creep limit. **14.** ~ di sicurezza (durata per la quale un velivolo può continuare a volare in date condizioni senza rifornimento) (*aer.*), prudent limit of endurance. **15.** ~ di snervamento (prova materiali) (*sc. costr.*), yield point. **16.** ~ di stiramento (*tecnol. mecc.*), flow limit. **17.** ~ di velocità (*traff. strad.*), speed limit, maximum speed. **18.** ~ inferiore (del campo di tolleranza in meccanica per es.) (*gen.*), low limit. **19.** ~ inferiore (di una funzione) (*mat.*), lower limit. **20.** ~ massimo (valore massimo, limite superiore) (*gen.*), ceiling, top limit, top value. **21.** ~ superiore (del campo di tolleranza, in meccanica per es.) (*gen.*), high limit. **22.** indicazione del ~ di portata (marca di portata su carri merci) (*ferr.*), marked capacity, m.c.

limnimetro (idrometro lacustre: misura il livello di un lago) (*strum. idr.*), limnimeter, limnometer.

limo (*geol.*), silt. **2.** ~ (fango), slime. **3.** ~ (spurgo di laveria) (*min.*), slime.

limola (lima rotante) (*ut.*), rotary file.

limolatrice (limatrice a moto rotatorio) (*macch. ut.*), rotary filing machine.

limolatura (*mecc. - macch. ut.*), rotary filing.

limonite ($2Fe_2O_3.3H_2O$) (*min.*), limonite, brown iron ore.

limousine (*aut.*), limousine.

lìmpido (*a. - gen.*), limpid.

lincrusta (*carta da parati*), Lincrusta Walton.

lìnea (elettrica, telefonica, geometrica, di tubazioni ecc.), line. **2.** ~ (*radio*), line. **3.** ~ (binario: completo di massicciata ecc.) (*ferr.*), line. **4.** ~ (gruppo di macch. utènsili eseguenti la stessa operazione) (*off. mecc.*), section. **5.** ~ (di cilindri) (*mot.*), bank. **6.** ~ (di montaggio per es.) (*organ. lav.*), line. **7.** ~ abilitata (~ interna abilitata a collegarsi con la rete esterna direttamente: per mezzo del combinatore) (*telef.*), direct outward dialing (line), DOD. **8.** ~ a catenaria compensata (di una linea di contatto) (*elett.*), compensated catenary line. **9.** ~ ad alta induttanza (linea pupinizzata) (*linea telef.*), loaded line. **10.** ~ ad alta tensione (*elett.*), high-voltage line, highline. **11.** ~ aerea (aviolinea) (*aer.*), air line. **12.** ~ aerea (*elett. - telef.*), overhead line. **13.** ~ aerea di contatto (di filobus per es.) (*elett.*), trolley line, trolley wire, overhead line. **14.** ~ aerodinamica (forma: per diminuire la resistenza dell'aria), streamline. **15.** ~ agona (linea di declinazione magnetica nulla) (*fis.*), agonic line. **16.** ~ a piastra (speciale tipo di guida d'onda) (*radar - ecc.*), slab line. **17.** ~ a pressione costante (linea passante per i punti nei quali si ha la stessa pressione) (*meteor.*), pressure contour. **18.** ~ armistiziale (linea di cessate il fuoco) (*milit.*), cease fire line. **19.** ~ a terra (*elett.*), earthed line. **20.** ~ a tratto e punto (*dis.*), "chain". **21.** ~ audio (*elettroacus.*), audio line. **22.** ~ base di galleggiamento, *vedi* ~ di galleggiamento a nave scarica. **23.** ~ batimetrica (curva batimetrica, proiezione sulla superficie dell' acqua dei punti, di un bacino per es., aventi la stessa profondità) (*geofis. - top.*), depth contour. **24.** ~ coassiale (*radiotelefonia*), coaxial line. **25.** ~ continua sottile (*dis.*), thin continuous line. **26.** ~ continua spessa (*dis.*), thick continuous line. **27.** ~ d'acqua (intersezione della carena con piani paralleli a quello di galleggiamento) (*nav.*), water line, waterline. **28.** ~ d'acqua a pieno carico normale (linea di galleggiamento a pieno carico normale) (*nav.*), load water line, load line. **29.** ~ d'acqua a vuoto (linea di galleggiamento a nave scarica) (*nav.*), light water line. **30.** ~ dedicata (~ personalizzata, ~ privata) (*elab.*), dedicated line, leased line. **31.** ~ dei contatti (di ingranaggio) (*mecc.*), line of action, pressure line. **32.** ~ dei punti di uguale opacità (*fot.*), isopaque curve. **33.** ~ dei sali (linea del metallo) (*mft. vetro*), metal line. **34.** ~ del cambiamento di data (*geogr.*), date line. **35.** ~ della cintura (di una carrozzeria di automobile per es.), waistline. **36.** ~ dell'andamento statistico (*stat.*), trend line. **37.** ~ della saldatura (*mecc.*), shut. **38.** ~ della schiuma (*mft. vetro*), foam line. **39.** ~ della sezione longitudinale verticale (*costr. nav.*), buttock line. **40.** ~ della sezione longitudinale verticale prodiera (*costr. nav.*), bow line. **41.** ~ della sezione maestra (*nav.*), midship line. **42.** ~ delle estremità superiori dei madieri (*costr. nav.*), dead rising, deadrise line. **43.** ~ delle pressioni massime (*sc. costr.*), line of maximum pressure. **44.** ~ di accesso personalizzata (~ cliente: tra il centralino ed una stazione remota p. es.) (*telef. - elab. - ecc.*), customer line. **45.** ~ di alimentazione (*elett.*), feeder line, mains. **46.** ~ di attacco (della superficie del cordone al metallo base) (*saldatura*), toe. **47.** ~ di attesa (nella teoria delle code) (*ricerca operativa - programmazione*), waiting line. **48.** ~ di autobus (*aut.*), bus line. **49.** ~ di bava (traccia di bavatura) (*testimonio di stampaggio a caldo*), flashline. **50.** ~ di binari (di legno o di ferro) per vagonetti (*min.*), tramroad (am.). **51.** ~ di carico massimo (di una nave) (*nav.*), deepest load line. **52.** ~ di chiusura (di un poligono vettoriale) (*mecc. raz.*), closing line. **53.** ~ di codice o di programma (*elab.*), coding line. **54.** ~ di collegamento (*tlcm.*), trunk line. **55.** ~ di collegamento (tra due separate linee di convogliamento di energia elettrica) (*elett.*), tie line. **56.** ~ di collegamento (tra due linee ferroviarie principali per es.) (*ferr.*), bridge line. **57.** ~ di comunicazione (*gen. - trasp. - ecc.*), line of communication. **58.** ~ di condotta (*gen.*), policy. **59.** ~ di confine (*top. - ecc.*), boundary line. **60.** ~ di contatto (per l'alimentazione dei veicoli a trazione elettrica) (*elett.*), contact line. **61.** ~ di corda (*aer.*), chord line. **62.** ~ di costa (*geogr.*), coasting. **63.** ~ di costruzione (linea parallela alla linea d'acqua e usata come base per misure verticali) (*costr. nav.*), base line. **64.** ~ di curvatura media (in una sezione trasversale alare) (*costr. aer.*), mean camber line. **65.** linee di deformazione (bande di deformazione, dovute a deformazione a freddo) (*difetto metall.*), deformation bands, deformation lines. **66.** ~ di diramazione (*elett.*), branch line, offset. **67.** ~ di displuvio (di un tetto) (*ed.*), ridge, crest. **68.** ~ di divisione (*gen.*), parting line. **69.** ~ di faglia (faglia) (*geol.*), fault. **70.** ~ di fede (di una bussola) (*nav.*), lubber's line, lubber's point. **71.** ~ di fede (di uno strumento) (*strum.*), index line. **72.** ~ di flusso (di un diagramma di flusso) (*elab.*), flowline. **73.** ~ di flusso (linea di corrente) (*idrodinamica*), streamline. **74.** ~ di flusso (*fis.*), flux line. **75.** ~ di forza (di campo magnetico) (*elett.*), line of force. **76.** ~ di galleggiamento (*nav.*), waterline. **77.** ~ di galleggiamento a pieno carico nella stagione estiva (mercatura dipinta sulla fiancata della nave) (*nav.*), summer-load waterline, deep waterline. **78.** ~ di galleggiamento a nave scarica (*nav.*), light water line, light waterline. **79.** ~ di galleggiamento a carico normale (*nav.*), load line, load waterline, LWL. **80.** ~ di galleggiamento con carico massimo (il cui massimo di profondità si verifica nelle calde acque estive) (*nav.*), deep waterline. **81.** ~ di giunzione (*mecc. - carp.*), seam. **82.** ~ di immersione (*nav.*), waterline. **83.** ~ di immersione (di un siluro) (*espl. nav.*), depth line. **84.** ~ di imposta (di un arco) (*arch.*), spring (am.), springing (ingl.), springing line. **85.** ~ di induzione (*elett.*), line of induction. **86.** ~ di influenza (*sc. costr.*), influence line, line of influence. **87.** ~ di lavorazione (*ind.*), processing line. **88.** ~ di lavorazione (linea di macchine utènsili per es.) (*ind.*), machining line. **89.** ~ di Lüders (una delle linee di materiale sollecitato oltre il limite elastico: linea di Lüders) (*ispezione metall.*), slipband, Lüders' line, Lueders' line. **90.** ~ di mira (di un cannone) (*milit.*), line of sight. **91.** ~ di montaggio (*off.*), assembly line. **92.** linee di Neumann (*metall.*), Neumann bands. **93.** ~ di posizione (di un aereo, linea ottenuta dall'osservazione di oggetti terrestri o celesti sulla quale l'osservatore calcola di essere al momento dell'osservazione) (*navig. aer.*), position line. **94.** ~ di quota (linea di misura) (*dis. mecc.*), dimension line. **95.** ~ di raccordo (*elett.*), connecting line. **96.** ~ di riferimento (*gen. - mat. - dis.*), reference line, datum line. **97.** ~ di rilevamento (*nav.*), line of bearing. **98.** linee di riposo (linee di arresto, sulla superficie di un pezzo rotto per fatica) (*metall. - tecnol. mecc.*), "beach marks". **99.** ~ di ritardo (dispositivo inserito in circuiti elettronici per generare un ritardo artificiale) (*eltn.*), delay line. **100.** ~ di ritorno, *vedi* ritraccia. **101.** ~ di rotolamento (di ingranaggio) (*mecc.*), rolling line. **102.** ~ di rotta (*nav.*), heading line. **103.** ~ di rottura (*dis. mecc.*), break line, continuous way line. **104.** linee di scorrimento (*metall.*), slip bands. **105.** ~ di scotta (bordame, orlo inferiore di una vela) (*nav.*), foot. **106.** ~ di separazione (~ punteggiata: tra un modulo, in un modulo continuo ed il successivo) (*elab.*), tear line. **107.** ~ di sito (*balistica*), line of site. **108.** ~ di smontaggio (di motori per es.: per revisione per es.) (*ind.*), disassembly line. **109.** ~ di spartiacque (di un tetto) (*ed.*), ridge, crest. **110.** ~ di transito (o di transizione: tra rettilineo e curva circolare di raccordi in curva) (*ferr.*), easement curve, transition curve. **111.** ~ di trasmissione (o di trasporto) (*elett.*), transmission line. **112.** ~ di trasporti pubblici (aerei, autocorriere, navi ecc.) (*trasp.*), line. **113.** ~ di trazione (*ferr.*), traction line. **114.** ~ di trazione elettrica (*ferr.*), electric traction line. **115.** ~ di utente (*telef.*), exchange line. **116.** ~ di volo (*aer.*), line of flight. **117.** ~ doppia continua (*traff. strad.*), no-passing line. **118.** ~ elettrica (*elett.*), electric line. **119.** ~ esploratrice (linea di scansione) (*telev. - ecc.*), scanning line. **120.** ~ esterna di fondazione (*ed.*), outside foundation line. **121.** ~ ferroviaria (*ferr.*), railroad (am.), railroad line (am.), railway (ingl.). **122.** ~ fine (di un carattere) (*tip.*), fine line. **123.** ~ finissima (di un carattere per es.) (*tip.*), hairline. **124.** ~ fresatrici (*off. mecc.*), milling section. **125.** ~ gerarchica (*organ. - pers.*), hierarchical line. **126.** ~ in corto circuito (*elett.*), short-circuited line. **127.** ~ interna di collegamento (tra due centralini telefonici privati p. es.) (*telef.*), tie line. **128.** ~ interurbana (*telef.*), toll line. **129.** ~ isogona (linea congiungente su una carta i punti di uguale declinazione magnetica terrestre ad una data epoca) (*geogr. - magnetismo*), isogonal, isogonic line. **130.** ~ isolata (*elett.*), insulated line. **131.** ~ isoluxa (*illum.*), "isolux" line. **132.** ~ luminosa di rotta (su uno schermo radar) (*radar*), heading flash. **133.** ~ media (di un profilo aerodinamico: linea dei punti la cui distanza dal limite superiore è uguale a quella dal limite inferiore) (*aer.*), center line. **134.** ~ media (nella misura della rugosità superficiale) (*mecc.*), center line. **135.** ~ multipunto (*tlcm.*), multipoint line. **136.** ~ nascosta (*dis. mecc.*), hidden line. **137.** ~ personalizzata *vedi* ~ dedicata. **138.** ~ primitiva (di ruota dentata) (*mecc.*), pitch line. **139.** ~ principale (*telef.*), trunk line, main line. **140.** ~ principale (di una compagnia aerea) (*aer. - trasp.*), trunk line. **141.** ~ principale a corrente alternata (di una città per es.) (*elett.*), alternate current, current main, a c main. **142.** ~ principale ad anello (*elett.*), ring main. **143.** ~ principale di distribuzione (*elett.*), main. **144.** ~ punteggiata (*dis.*), dotted line. **145.** ~ pupinizzata (per mezzo di bobine di induttanza) (*telef.*), pupin system line. **146.** ~ retta (*geom.*), straight line. **147.** ~ rettificatrici (*off. mecc.*), grinding section. **148.** ~ secondaria (*elett.*), offset. **149.** ~ secondaria (*ferr.*), secondary line. **150.** ~ secondaria (*trasp. aer. e aut.*), feeder, feeder line. **151.** ~ sospesa a catenaria (*ferr. elett.*), catenary suspension line. **152.** ~ sotterranea (*elett.*), underground line (ingl.), subway (am.). **153.** ~ spartitraffico (linea bianca tracciata per regolare il traffico) (*traff. strad.*), traffic line. **154.** ~ spezzata (*disegno - ecc.*), broken line. **155.** ~ tranviaria, streetcar line (am.), tramway line (ingl.), car line. **156.** ~ trasversale (nella produzione di automobili per es.) (*organ. lav.*), cross-feed line. **157.** ~ tratteggiata (*dis.*), short dashes line. **158.** ~ unifilare di trasmissione a radiofrequenza (*eltn.*), g-string (transmission line). **159.** linee urbane (*telef.*), local lines. **160.** alesare in ~ (la bancata di motore per es.) (*mecc.*), to line-bore. **161.** alesatura in ~ (della bancata di un motore per es.) (*mecc.*), line-boring. **162.** attesa in ~ (quando viene mantenuta ugualmente la comunicazione anche se il numero desiderato risulta occupato) (*telef.*), camp-on system. **163.** con la ~ di carico parallela alla superficie dell'acqua (il che sta a significare che la nave ha un carico equilibrato) (*nave*), on an even keel. **164.** costruzione di una ~ ferroviaria (*ferr.*), railway construction. **165.** forare in ~ (*operaz. mecc.*), to linedrill. **166.** fuori ~ (*macch. calc.*), off-line. **167.** in ~ (detto di una unità periferica quando interagisce con l'elaboratore, cioè è collegata direttamente con l'elaboratore) (*elab.*), on-line. **168.** montare una ~ (*off.*), to lay a line. **169.** periodo di ~ (tempo richiesto per la scansione di una ~) (*telev.*), line period. **170.** proteggere una ~ elettrica con valvole (*elett.*), to provide a line with fuses. **171.** rimanere in ~ (*telef.*), to hold on. **172.** stendere la ~ (*ferr. - elett. - telef.*), to lay the line. **173.** tracciato della ~ (ferroviaria per es.), laying out of the line. **174.** tubo di linee di forza (*fis.*), tube of force.

lineare (*a. - gen.*), linear. **2.** acceleratore ~ (*fis. atom.*), linear accelerator, linac. **3.** non ~ (cioè con valori non proporzionali) (*mat. - ecc.*), nonlinear.

linearità (*gen.*), linearity. **2.** ~ di ampiezza (*fis.*), amplitude linearity.

linearizzazione (*chim. - ecc.*), linearization. **2.** (dare forma lineare) (*gen.*), to linearize.

linearmente (*avv. - gen.*), linearly.

lineatura (tracciatura delle righe di un retino per es.) (*fotomecc. - tip.*), ruling.

lineetta (dell'alfabeto telegrafico per es.), dash. **2.** ~ (trattino, segno usato in parole composte o per dividere una parola in sillabe) (*s. - scrittura*), hyphen. **3.** ~ della lunghezza di un quadratino (*tip.*), en dash. **4.** ~ della lunghezza di un quadratone (*tip*), em dash.

linfa (di un albero per es.), sap.

lingottare (colare in lingotti) (*fond.*), to cast into ingots.

lingottièra (*fond. metall.*), ingot mold. **2.** ~ con sommità a bottiglia (*metall.*), bottle top mold.

lingòtto (di ferro od acciaio) (*metall.*), ingot. **2.** ~ (di oro o argento) (*metall. - finanz.*), bullion. **3.** ~ a sezione rettangolare (*metall.*), rectangular ingot, slab ingot. **4.** ~ con pronunciate soffiature (*difetto metall.*), blown ingot. **5.** ~ di alluminio (avente uno spessore di 1/4 di pollice e la sezione di 3 pollici quadrati) (*metall.*), waffle ingot. **6.** ~ di ottone per bossoli (*ind. metall.*), cartridge brass ingot. **7.** ~ di seconda fusione (*fond.*), secondary ingot. **8.** ~ ottagono (od ottagonale) (*ind.* metall.), octagonal ingot. **9.** ~ quadrato (*ind. metall.*), square ingot. **10.** ~ rettangolare (*metall.*), rectangular ingot. **11.** ~ sgrossato al laminatoio (blumo) (*metall.*), bloom. **12.** ~ soffiato (contenente molte soffiature) (*difetto metall.*), blown ingot.**13.** ~ tondo (*ind. metall.*), round ingot. **14.** sommità di un ~ (*metall.*), crophead. **15.** spuntatura del ~ (*metall.*), cropping.

lingua (*gen.*), tongue. **2.** ~ , *vedi anche* linguetta.

linguaggio (tecnico per es.) (*uff. - ecc.*), language. **2.** ~ (*elab.*), language. **3.** ~ a basso livello (*elab.*), low-level language. **4.** ~ Ada (~ di programmazione ad alto livello) (*elab.*), Ada. **5.** ~ ad alto livello (*elab.*), high-level language, HLL. **6.** ~ algebrico internazionale (*elab.*), international algebraic language, IAL. **7.** ~ algoritmico (tipo di ~ di programmazione particolarmente adatto per problemi scientifici e matematici) (*elab.*), algorithmic language, ALGOL. **8.** ~ assemblatore (*elab.*), assembly language. **9.** ~ COBOL (per programmi per es.) (*elab.*), COBOL. **10.** ~ di altissimo livello (*elab.*), very high-level language, VHLL. **11.** ~ di calcolatore (*macch. calc.*), computer language. **12.** ~ di comando (*elab.*), command language. **13.** ~ di controllo di lavori (~ di controllo di "job") (*elab.*), job control language, JCL. **14.** ~ di interrogazione (*elab.*), query language. **15.** ~ di programmazione (p. es.: il BASIC, il FORTRAN, il COBOL ecc.) (*elab.*), programming language, PL. **16.** ~ di programmazione APL (per applicazioni matematiche) (*elab.*), a programming language, APL. **17.** ~ di programmazione orientato alla procedura (p. es.: COBOL, ALGOL, FORTRAN) (*elab.*), procedure -oriented language, procedural language. **18.** ~ di programmazione orientato al problema (*elab.*), problem-oriented language. **19.** ~ di programmazione per applicazioni commerciali (*elab.*), report program generator, RPG. **20.** ~ di simulazione (*elab.*), simulation language. **21.** ~ di trasferimento tra registri (*elab.*), RTL, register transfer language. **22.** ~ elaborazione informazioni (*elab.*), information processing language. **23.** ~ intermedio (tra ~ di alto livello e quello macchina) (*elab.*), intermediate language. **24.** ~ interpretativo (codice interpretativo che esegue prontamente la traduzione delle istruzioni in codice macchina) (*elab.*), interpretive language. **25.** ~ macchina (*elab.*), computer language, machine language. **26.** ~ oggetto (~ del quale viene fatta una traduzione: per es. ad opera della macchina) (*elab.*), target language, object language. **27.** ~ orientato alla macchina (~ assemblatore) (*elab.*), machine-oriented language, computer oriented language. **28.** ~ per applicazioni gestionali (*elab.*), business language. **29.** ~ per comando numerico (*macch. ut. a c. n.*), numerical control language, NUCOL. **30.** ~ senza senso (con risultati incomprensibili) (*errore elab. o umano*), hash. **31.** ~ simbolico (*elab.*), symbolic language. **32.** ~ sorgente (*elab.*), source language.

linguetta (*mecc.*), tang, tongue. **2.** ~ (chiavetta prismatica incastrata che permette spostamenti assiali relativi) (*mecc.*), feather. **3.** ~ (di rondella di sicurezza per es.) (*mecc.*), tab. **4.** ~ (piastrina, fissata ad un pezzo di lamiera metallica prima della saldatura ed asportata dopo la stessa) (*saldatura*), tab. **5.** ~ (ancia) (di strum. music.), reed. **6.** ~ a disco (*mecc.*), *vedi* linguetta americana. **7.** ~ americana (linguetta Woodruff) (*mecc.*), Woodruff key. **8.** ~ iniziale (o coda: di una pellicola) (*fot.*), leader.

linguistica di macchina (ricerca sulle lingue fatta da un computer) (*elab.*), computational linguistics.

lino (*ind. tess.*), flax. **2.** ~ a fibre lunghe (*ind. tess.*), long flax. **3.** ~ battuto (*mft. tess.*), swingled flax. **4.** ~ greggio (*mft. tess.*), raw flax. **5.** ~ scotolato (*mft. tess.*), scutched flax. **6.** filatura del ~ (*ind. tess.*), flax spinning. **7.** filo di ~ (*ind. tess.*), linen. **8.** macchina per pettinare il ~ (*macch. tess.*), flax hackling machine. **9.** macchina stenditrice per ~ (*macch. tess.*), flax spreader. **10.** olio di ~ (*ind.*), linseed oil. **11.** pettinatura del ~ (*mft. tess.*), flax hackling. **12.** seme di ~ (*ind.*), linseed. **13.** stoppa di ~ (*mft. tess.*), flax tow. **14.** tela di ~ (*mft. tess.*), linen.

linòleum (*ed.*), linoleum.

linossina (per la fabbricazione di linoleum) (*ind. chim.*), linoxyn, linoxin.

linotipista (*op. tip.*), linotypist.

linotype (*macch. tip.*), Linotype. **2.** ~ destinata alla composizione di linee di correzione (*macch. tip.*), "ring" machine.

"linters" (peluria che rimane attaccata ai semi del cotone dopo la sgranatura) (*ind. tess.*), linters.

liofilizzazione (*proc. ind.*), lyophilization.

liòfilo (di sostanza o gruppo che favorisce la solubilizzazione nei grassi) (*a. - chim.*), lyophile, lyophilic.

liòlisi (*chim.*), lyolysis.

liparite (roccia magmatica effusiva) (*min. - geol.*), liparite, rhyolite.

lipasi (enzima) (*chim. - biochim.*), lipase.

lipide (*chim. - biochim.*), lipide, lipid.

liquame (acque luride, acque nere) (*ed.*), sewage. **2.** ~ putrido (*ed.*), fouled sewage. **3.** pompa per ~ (*ed. - macch.*), sewage pump. **4.** trattamento dei liquami (*ed.*), sewage treatment.

liquazione (*metall.*), liquation.

liquefare (un solido) (*fis.*), to melt, to liquefy. **2.** ~ (un gas) (*fis.*), to liquefy, to fuse.

liquefarsi (di solidi) (*fis.*), to melt, to liquefy. **2.** ~ (di gas) (*fis.*), to liquefy. **3.** ~ (fondere, liquefare, fluidificare: il vetro per es.) (*fis.*), to flux.

liquefatto (*fis.*), melted, liquefied.

liquefazione (*fis.*), liquefaction.

liquidare (*comm.*), to liquidate. **2.** ~ e licenziare (il personale) (*amm.*), to pay off.

liquidatore (*leg.*), liquidator. **2.** ~ (d'avaria) (*nav.*), adjuster, adjustor. **3.** ~ d'avaria (*nav.*), average adjuster.

liquidazione (*comm.*), liquidation. **2.** ~ (operazione manifattura sapone) (*mft. sapone*), settling. **3.** ~ (somma pagata ad un impiegato al momento di andare in pensione per es.) (*pers.*), gratuity, severance pay, lump sum. **4.** ~ (in borsa) (*finanz.*), settlement (ingl.). **5.** ~ delle rimanenze (per rinnovo merce) (*comm.*), clearance sale, clearing up sales. **6.** ~ di capitali (*amm. - finanz.*), realization of assets. **7.** andare in ~ (*comm. - leg.*), to go into liquidation. **8.** giorno di ~ (in borsa) (*finanz.*), settling day, pay day. **9.** realizzo di ~ (*comm.*), breakup value.

liquidità (capitale circolante, liquido [s.]) (*contabilità*), liquid assets. **2.** ~ (si riferisce alla quantità di disponibilità liquida) (*finanz.*), liquidity. **3.** ~ monetaria (*finanz. statale*), money supply.

lìquido (*a. - s. - fis.*), liquid. **2.** ~ (*finanz.*), liquid. **3.** ~ (o olio) da taglio (oiio per lav. mecc. di taglio) (*lav. macch. ut.*), cutting fluid. **4.** ~ della risciacquatura (*ind.*), rinsing. **5.** ~ di accoppiamento (~ di abbinamento: sostanza interposta fra la sonda e il pezzo da sperimentare) (*ultrasuoni*), couplant. **6.** ~ di Fehling (liquore di Fehling, soluzione di solfato di rame e tartrato sodico potassico, usato nell'analisi chimica della cellulosa) (*chim.*), Fehling solution. **7.** ~ liberamente sospeso (*idr.*), freely suspended liquid. **8.** ~ per freni (idraulici) (*aut.*), brake fluid. **9.** ~ per (il raffreddamento di) utensili da taglio (*macch. ut.*), cutting fluid. **10.** ~ refrigerante (*mecc.*), coolant. **11.** ~ traboccato (liquido tracimato) (*idr.*), overflow. **12.** stato ~ (*fis.*), liquid state.

liquore (*chim. - ecc.*), liquor. **2.** ~ conciante (*ind. cuoio*), tan liquor, ooze. **3.** liquori di cromo (usati nella concia al cromo) (*ind. cuoio*), chrome liquors.

liscia (satinatrice, calandra, satina) (*s. - macch. ind. carta*), calender, rolling press.

lisciaggio (lisciatura, levigatura, calandraggio) (*mft. carta*), glazing.

lisciare (*tecnol.*), to sleek. **2.** ~ (*mur.*), to finish, to smooth. **3.** ~ (una superficie di calcestruzzo) (*mur.*), to strike off. **4.** ~ (mediante compressione) (*mecc.*), to burnish. **5.** ~ (piallare) (*tecnol.*), to shave. **6.** ~ (i nastri) (*mft. tess.*), to straighten. **7.** ~ (con alesatore) (*mecc.*), to ream. **8.** ~ ! (con alesatore) (*dis. mecc.*), ream, R. **9.** ~ (levigare, satinare, cilindrare, calandrare) (*mft. carta*), to glaze. **10.** ~ (pelli ecc.) (*ind. cuoio*), to strike, to strike out. **11.** ~ con la cazzuola (*mur.*), to trowel off. **12.** utensile per ~ (il cuoio per es.) (*ut.*), sleeker.

lisciato (levigato, una superficie lavorata per es.) (*mecc. - ecc.*), smooth.

lisciatoio (spatola per lisciare) (*ut. fond. - ecc.*), sleeker.

lisciatura (*tecnol.*), sleeking. **2.** ~ (*mur.*), smoothing. **3.** ~ (mediante compressione) (*mecc.*), burnishing. **4.** ~ (di intonaco, con pialletto) (*mur.*), floating. **5.** ~ (calandraggio, levigatura) (*mft. carta*), glazing. **6.** ~ (della superficie delle pietre di una olandese con abrasivo) (*mft. carta*), bricking. **7.** ~ a pietra (rasatura) (*mft. carta*), flint-glazing. **8.** ~ di macchina (*mft. carta*), machine finish, MF.

liscio (*gen.*), smooth, sleek. **2.** ~ (senza intaglio, provino) (*prove materiali*), unnotched. **3.** ~ di macchina (liscio-macchina) (*mft. carta*), machine-finished, MF.

lisciometro (nell'industria della carta per es.) (*app. prove ind.*), smoothness tester.

liscivia (*chim. ind.*), lye. **2.** ~ bianca (*mft. carta*), white liquor.

lisciviare (*chim.*), to leach, to lixiviate. **2.** ~ (*geol.*), to leach.

lisciviato (*a. - chim.*), leached, lixiviated. **2.** ~ (di carta) (*a. - mft. carta*), boiled. **3.** fortemente lisciviata (di carta) (*a. - mft. carta*), high-boiled.

lisciviatore (*app. chim.*), leacher. **2.** ~ (bollitore, per stracci per es.) (*app. ind. carta*), boiler, (rag) boiler, kier, digester. **3.** locale dei lisciviatori (*mft. carta*), digester house.

lisciviatrice (*app.*), *vedi* lisciviatore.

lisciviazione (*chim. ind.*), lixiviation. **2.** ~ (*chim. - min.*), leaching. **3.** ~ (di stracci per es.) (*mft. carta*), boiling, digesting.

lisiera (*ind. tess.*), *vedi* cimosa.

lista (distinta) (*uff.*), list. **2.** ~ (una sequenza ordinata; di dati scritti p. es.) (*elab*), list. **3.** ~ a compressione, *vedi* ~ ad impilaggio. **4.** ~ ad impilaggio (~ a compressione, in cui l'ultimo dato immagazzinato è il primo ad essere prelevato) (*elab.*), pushdown list. **5.** ~ concatenata (sequenza concatenata) (*elab.*), chained list. **6.** ~ dei programmi televisivi (*telev.*), lineup. **7.** ~ dei riferimenti (relativi alle istruzioni) (*elab.*), reference list. **8.** ~ del marciapiede (*strad. - ed.*), sidewalk curbstone. **9.** ~ di attesa (*elab. - trasp. aer. - ecc.*), waiting list. **10.** ~ di controllo (*elab.*), audit list. **11.** ~ (o distinta) di imballaggio (specificante la merce contenuta nei colli) (*comm.*), packing list. **12.** ~ di interrogazione ciclica (*elab.*), polling list. **13.** ~ diretta (primo dentro, primo fuori: ~ "pushup") (*elab.*), push-up list, pushup list. **14.** ~ di richiamo (~ delle stazioni da chiamare ciclicamente) (*elab.*), invitation list. **15.** ~ di ripartizione (~ dei terminali di possibile destinazione dei messaggi) (*elab.*), distribution list. **16.** ~ di uscita (*elab.*), exit list, EXLST. **17.** ~ nera (*pers. - ecc.*), blacklist. **18.** ~ "pushdown", *vedi* ~ ad impilaggio. **19.** ~ "pushup", *vedi* ~ diretta.

listare (uscire per mezzo di stampante: stampare) (*elab.*), to list out.

listato (testo di programma stampato o reso visibile su schermo) (*s. - elab.*), listing.

listèllo (di modanatura) (*arch.*), list, listel, fillet. **2.** ~ (filetto che separa, in una colonna, il fusto dal capitello o dalla base) (*arch.*), cincture. **3.** ~ di legno (*falegn. - carp.*), lath, spline, strip. **4.** ~ ferma-vetro (*ed.*), glass stop.

listino (*comm.*), price list. **2.** ~ prezzi correnti (*comm.*), price current. **3.** ~ ufficiale (dei titoli e delle azioni) (*finanz.*), official list.

listone (lardone) (*mecc.*), gib. **2.** ~, *vedi anche* lardone.

litantrace (*comb.*), low-grade anthracite.

litargirio (PbO) (*chim.*), litharge.

literal (in un linguaggio di programma: una stringa di caratteri che rimane immutata: nelle traduzioni ecc.) (*elab.*), literal. **2.** ~ numerico (~ costituito da una stringa di numeri) (*elab.*), numeric literal.

litio (Li - *chim.*), lithium.

litoclasi (*geol.*), lithoclase.

litografare (*ind. grafiche*), to lithograph.

litografia (*ind. grafiche*), lithography. **2.** ~ fototecnica (*ind. grafiche*), phototechnic lithography.

litografico (*a. - lit.*), lithographic, offset printed.

litògrafo (*op.*), lithographer.

litologia (studio delle rocce) (*geol.*), lithology.

litopone (miscela di solfuro di zinco e solfato di bario) (*chim. ind.*), lithopone.

litorale (*geogr.*), littoral.

litosfèra (rocce della crosta terrestre) (*geofis.*), lithosphere.

litro (0,264 U.S. gal., 0,219 Imperial gal.) (l) (*mis.*), liter, litre.

livèlla (*strum. ed. - mecc.*), level. **2.** ~ a bolla d'aria (*strum.*), spirit level, water level. **3.** ~ a cannocchiale (*strum.*), surveyor's level. **4.** ~ a cavaliere (di un teodolite) (*ott.*), striding level. **5.** ~ ad acqua (*strum. mecc. - mur.*), water level. **6.** ~ circolare a bolla d'aria (*strum.*), circular spirit level. **7.** ~ da ferrovia (*strum. ferr.*), railroad track level. **8.** ~ per muratore (*ut. - mur.*), mason's level.

livellamento (spianamento: di corrente pulsante per es.) (*termoion.*), equalization. **2.** ~ (*analisi tempi*), leveling. **3.** ~ (azione livellante; sbarramento a tutte le componenti alternate) (*eltn.*), clamping. **4.** ~, *vedi anche* livellazione.

livellare (*ed. - mecc.*), to level, to true. **2.** ~ (mettere le superfici sullo stesso piano) (*mur. - gen.*), to flush. **3.** ~ (con apripista) (*costr. strad.*), to bulldoze. **4.** ~ con spessori (inserire spessori) (*ed.*), to shim. **5.** ~ la inghiaiata (per es.) (*ferr.*), to level the ballast. **6.** ~ trasversalmente (alla linea di mira) (*top.*), to cross-level.

livellarsi (mettersi, con un aereo, in volo orizzontale) (*aer.*), to level off. **2.** ~ (avvicinarsi ad un limite: p. es. la corrente di un tubo a vuoto, quando cambia la tensione) (*elett. - ecc.*), to level off.

livellato (*ed. - mecc.*), leveled. **2.** non ~ (scabro) (*gen.*), rough.

livellatore, *vedi* livellatrice.

livellatrice (meccanica) (*macch. per movimento terra*), grader.

livellazione (*ed. - top.*), leveling. **2.** ~ (*top.*), leveling. **3.** ~ di alta precisione (livellazione geodetica, concernente grandi aree e che tiene conto della curvatura della superficie terrestre) (*top.*), geodetic leveling. **4.** ~ geodetica (*top.*), *vedi* livellazione di alta precisione. **5.** rete di ~ (*top.*), leveling net. **6.** vite di ~ (vite di calaggio per livellare uno strumento per es.) (*strum.*), plumbing screw.

livelletta (*ferr.*), gradient, steady gradient, steady incline.

livèllo (*gen.*), level. **2.** ~ (livello dell'acqua: di una caldaia di locomotiva a vapore per es.) (*strum. per cald.*), water gauge, waterline detector. **3.** ~ (tubo in vetro) (*strum. per cald.*), water glass, water gauge. **4.** ~ (*strum. top.*), level. **5.** ~ (insieme di coltivazioni poste alla stessa quota) (*min.*), level. **6.**

~ (*elettroacus.*), level. **7.** ~ (della superficie libera di una corrente, rispetto ad una superficie di riferimento) (*idr.*), stage, gage height. **8.** ~ (piano di lavoro di una miniera) (*min.*), lift. **9.** ~ (di un linguaggio per es.) (*s. - elab.*), level. **10.** ~ (intensità: di un segnale elettrico per es.) (*telecom. - elab.*), level. **11.** ~ a cannocchiale (*strum. top.*), dumpy level, leveling instrument, surveyor's level. **12.** ~ a cavaliere (livello a cannocchiale mobile) (*top.*), Y-level, Y level. **13.** ~ assoluto (*elettroacus.*), actual level. **14.** ~ a tubo di vetro (*strum. per cald.*), water glass, water gauge. **15.** ~ con bolla visibile dall'oculare (*strum. top.*), prism level. **16.** ~ da geometri (*strum. top.*), surveyor's level, dumpy level. **17.** ~ dell'acqua (*idr.*), water level. **18.** ~ dell'acqua (in una caldaia p. es.), water line. **19.** ~ dell'olio (di mot.), oil level. **20.** ~ di banda (di radiazioni acustiche) (*acus.*), band level. **21.** ~ di eccitazione (*fis. atom.*), excitation level. **22.** ~ di guardia (di un fiume: per prevenire inondazioni p. es.) (*idr.*), warning stage. **23.** ~ di intensità del suono (livello sonoro espresso in decibel) (*acus.*), sound-intensity level. **24.** ~ di piena (*idr.*), high -water mark. **25.** ~ di produttività accettabile (*ind.*), acceptable productivity level, APL. **26.** ~ di produttività motivato (*ind.*), motivated productivity level, MPL. **27.** ~ di qualità accettabile (*tecnol. mecc.*), acceptance quality level, AQL. **28.** ~ (o quota) di riferimento (*top.*), grade. **29.** ~ di sovraccarico (di un trasduttore per es.) (*elett. - fis. - mecc. - radio*), overload level. **30.** ~ di svaso (di un bacino per es.) (*idr.*), drawdown level. **31.** ~ di trasmissione (*radio*), transmission level. **32.** ~ di vita (*econ.*), standing, level of standing. **33.** ~ elettronico (*fis. atom.*), shell. **34.** ~ energetico normale (stato fondamentale, stato normale, di un nucleo per es.) (*fis. atom.*), ground state, ground level, normal state, not excited state. **35.** ~ indice (pressione acustica emessa da un generatore di rumore o segnali alla distanza di un'unità di riferimento; generalmente espressa in db riferiti a 1 mbar) (*acus. sub.*), index level. **36.** livelli isomerici nucleari (*fis. atom.*), isomeric nuclear levels. **37.** ~ minimo (dei prezzi per es.) (*comm.*), floor. **38.** ~ permanente (*idr.*), dead level. **39.** ~ produttivo (quantitativo di unità prodotta nell'unità di tempo) (*ind.*), gait. **40.** ~ relativo (*elettroacus.*), relative level. **41.** ~ retributivo (*pers.*), wage level. **42.** ~ sonoro (livello di sensazione sonora: di un suono) (*acus.*), sound level, loudness. **43.** ~ spettrale (livello riferito a una larghezza di banda di 1 Hz) (*acus.*), spectrum level. **44.** ~ superiore della falda freatica (*geol.*), groundwater level. **45.** a basso ~ (*a. - gen.*), low-level. **46.** a ~ del mare (*top. - ecc.*), at sea level. **47.** allo stesso ~ (*costr. strad. - ecc.*), at grade. **48.** a più livelli (p. es. di indirizzo) (*a. - elab.*), multilevel. **49.** logica di basso ~ (*eltn.*), low level logic. **50.** passaggio a ~ (*traff. strad.*), level crossing, grade crossing. **51.** passaggio a ~ custodito (*traff. strad.*), guarded level crossing. **52.** passaggio a ~ incustodito (*traff. strad.*), unguarded level crossing. **53.** (tubo del) ~ di vetro (*cald.*), gauge glass. **54.** ~, *vedi anche* indicatore (di livello).

lizza (treggia; tipo di slitta) (*trasp. marmo*), stoneboat.

lòbo (*gen.*), lobe. **2.** ~ (di tamburo a camme di motore stellare per es.) (*mecc. mot.*), lobe. **3.** ~ (fascio preformato combinando elettricamente l'uscita di diversi trasduttori elementari) (*acus. macch.*), mine type locomotive, dolly. **4.** ~ di bocciolo (di albero a camme per es.) (*mecc. mot.*), lobe. **5.** ~ di miscelazione (di motore a turbogetto) (*mecc.*), exhaust mixer chute. **6.** ~ di radiazione (di antenna) (*radio*), lobe of radiation, radiation pattern. **7.** ~ secondario (lobo laterale) (*radio - ecc.*), side lobe. **8.** ~ stabilizzatore (di pallone frenato) (*pallone drago*), lobe.

locale (ambiente) (*s. - ed.*), room. **2.** ~ (relativo a località) (*a.*), local. **3.** ~ annesso (*ed.*), lean-to. **4.** ~ caldaie (*nav.*), stokehold. **5.** ~ del castelletto (~ che ospita il castelletto di estrazione) (*min.*), headhouse. **6.** ~ per magazzinaggio (*ed. - ind.*), storeroom. **7.** ~ per servizi generali (*ed.*), utility room. **8.** ~ senza polvere (per macch. o app. elettronici per es.) (*ind.*), clean room. **9.** ente ~ (*amm.*), local government unit. **10.** fattore di utilizzazione del ~ (*illum.*), room utilization factor. **11.** indice del ~ (*illum.*), room index.

locali (*ed.*), premises.

località, locality, locus.

localizzare, to localize. **2.** ~ (con radar per es.) (*mar. milit.*), to detect. **3.** ~ i bersagli (per batterie terrestri o di navi da guerra) (*milit.*), to spot.

localizzatore (*strum.*), localizer. **2.** ~ (dispositivo per localizzare: un guasto per es.) (*elab.*), locator. **3.** ~ di interruzione (*strum. elett.*), break locator.

localizzazione, localization. **2.** ~ dei bersagli (*milit.*), spotting. **3.** ~ e caricamento (si riferisce alla: individuazione, lettura ed immissione di istruzioni o dati, in memoria principale) (*elab.*), fetch. **4.** ~ telemetrica a raggi infrarossi (*ott.*), infrared ranging and detection, IRRAD.

locanda (*ed.*), inn.

locandina (teatrale) (*pubbl.*), bill, theater bill.

locatario (conduttore) (*comm. - ed.*), tenant, lessee.

locatore (*comm.*), locator.

locazione (contratto d'affitto) (*comm.*), location. **2.** ~ (posizione di un simbolo, un numero ecc.) (*s. - elab.*), site, location. **3.** ~ (spazio particolare della memoria in cui un certo dato è memorizzato e rintracciabile mediante indirizzo) (*elab.*), location. **4.** ~ di memoria (*elab.*), storage location. **5.** ~ protetta, *vedi* posizione protetta.

locomòbile (*macch.*), movable steam engine.

locomotiva (*macch. ferr.*), locomotive, loco. **2.** ~ ad aderenza totale (*ferr.*), total-adhesion locomotive. **3.** ~ ad aria compressa (per miniera) (*trasp. - min.*), compressed-air locomotive. **4.** ~ a doppia espansione (*ferr.*), compound locomotive. **5.** ~ a espansione semplice (*ferr.*), two-cylinder locomotive. **6.** ~ articolata (locomotiva a carrelli) (*ferr.*), articulated locomotive. **7.** ~ a scartamento ridotto (per binari tipo Decauville) (*macch.*), dolly, mine type locomotive. **8.** ~ a turbina a gas (*ferr.*), gas-turbine locomotive. **9.** ~ a turbina a vapore (*ferr.*), steam-turbine locomotive. **10.** ~ a vapore (*macch. ferr.*), steam locomotive. **11.** ~ (a vapore) con condensatore (*ferr.*), dummy. **12.** ~ compound (*ferr.*), compound locomotive. **13.** ~ con motore diesel (*macch. ferr.*), diesel locomotive. **14.** ~ con sei ruote motrici (collegate per mezzo di bielle di accoppiamento) (*ferr.*), six-coupled locomotive. **15.** ~ con serbatoio (*ferr.*), tank locomotive. **16.** ~ con tender (modello comune) (*ferr.*), locomotive with tender (ingl.). **17.** ~ con turbina a gas (*ferr.*), gas-turbine locomotive. **18.** ~ con uno o due carrelli (di estremità) (*ferr.*), bogie engine. **19.** ~ da manovra (per smistare) (*macch. ferr.*), shunting locomotive, shunting engine, shunter, switch engine, switcher, switching locomotive. **20.** ~ da manovra dell'area portuale (*nav. - ferr.*), dockside switcher. **21.** ~ da manovra diesel (*ferr.*), diesel shunter. **22.** ~ da miniera (*trasp. min.*), mining locomotive. **23.** ~ da miniera con verricello motorizzato (*locomotiva da min.*), crab locomotive. **24.** ~ da trazione (*ferr.*), traction engine. **25.** ~ diesel elettrica (locomotore diesel elettrico) (*ferr.*), diesel-electric locomotive. **26.** ~ diesel-idraulica (locomotore diesel idraulico) (*ferr.*), diesel-hydraulic locomotive. **27.** ~ elettrica (locomotore) (*ferr.*), electric locomotive. **28.** ~ gemella (*ferr.*), two-cylinder locomotive. **29.** ~ in (o per) servizio di linea (*ferr.*), line locomotive. **30.** ~ senza focolaio (locomotiva ad accumulatore termico) (*ferr.*), fireless locomotive. **31.** ~ staffetta(*ferr.*), pilot engine. **32.** ~ supplementare (locomotiva ausiliaria per spingere il treno su di un tratto in salita) (*ferr.*), pusher, bank engine (ingl.). **33.** ~ tipo Decauville (*macch.*), mine type locomotive, dolly. **34.** ~ turboelettrica (*ferr.*), turbine-electric locomotive. **35.** deposito locomotive a rotonda (*ferr.*), roundhouse. **36.** officina a rotonda per riparazioni locomotive (*ferr.*), roundhouse. **37.** officina riparazioni locomotive (*ferr.*), locomotive shop.

locomotore (*macch. ferr.*), locomotive. **2.** ~ (elettrico) (*macch. ferr.*), electric locomotive. **3.** ~ alimentato da linea aerea (*ferr. elett.*), trolley locomotive. **4.** ~ (o locomotiva) con motore diesel (*macch. ferr.*), diesel locomotive. **5.** ~ Decauville (macchina per trasporto edilizio e minerario) (*sub.*), preformed beam. **6.** ~ (o locomotiva) diesel elettrico (*macch. ferr.*), diesel-electric locomotive. **7.** ~ (o locomotiva) diesel idraulico (*macch. ferr.*), diesel-hydraulic locomotive.

locomozione (*s.*), locomotion. **2.** relativo alla ~, locomotive.

lòculo (*arch.*), vault.

locus sigilli (posto per il sigillo, su documenti) (*leg.*), locus sigilli, LS.

lodar (radiogoniometro per segnali loran) (*strum. aer.*), lodar.

lodo arbitrale (decisione finale di un arbitraggio) (*amm. - leg.*), award.

lofar (sistema per rilevare suoni in ambiente sottomarino) (*acus. - nav.*), lofar.

"loft" (tracciato in scala 1 a 1 su foglio di plastica trasparente) (*costr. aer.*), loft.

log (solcometro: misuratore di velocità di una nave) (*nav.*), log.

logarìtmico (*a. - mat.*), logarithmic. **2.** scala logaritmica (*mat.*), logarithmic scale.

logaritmo (*mat.*), logarithm, log. **2.** ~ addizionale (*mat.*), addition logarithm. **3.** ~ decimale (*mat.*), common logarithm. **4.** ~ di sottrazione (*mat.*), subtraction logarithm. **5.** ~ naturale (*mat.*), natural logarithm.

logatomi (sillabe scelte per la trasmissione nelle prove di intelliggibilità) (*telef.*), syllables used for the transmission in intelligibility tests.

lòggia (*arch.*), lodge, loggia.

loggione (di teatro) (*arch.*), top gallery.

logica (scienza) (*s. - gen.*), logic. **2.** ~ (schema sistematico che definisce l'interazione di segnali in un sistema di elaborazione dati) (*s. - eltn. - elab.*), logic. **3.** ~ (o porta; tipo di circuito aperto/chiuso; che opera in un elaboratore p. es.) (*s. - eltn. - elab.*), logic. **4.** ~ ad emettitori accoppiati (ottenuta con transistori bipolari accoppiati) (*eltn.*), emitter-coupled logic, ECL. **5.** ~ ad iniezione (di corrente) (*elab.*), integrated injection logic, I^2L. **6.** ~ a diodi e transistori (sistema logico a diodi e transistori) (*eltn.*), diode transistor logic, DTL. **7.** ~ a particolari mobili (logica nella quale particolari mobili piccoli e leggeri vengono spostati dal fluido) (*fluidica*), moving-part logic, MPL. **8.** ~ a relè (circuito logico a relè) (*eltn.*), relay logic. **9.** ~ a soglia elevata (tecnologia di circuiti integrati, con tensioni di funzionamento più elevate) (*eltn. - elab.*), high threshold logic, HTL. **10.** ~ a transistori ad accoppiamento diretto (sistema logico a transistori ad accoppiamento diretto) (*eltn.*), direct coupled transistor logic, DCTL. **11.** ~ a transistori a resistenza-capacità (*eltn.*), resistor-capacitor transistor logic, RCTL. **12.** ~ a transistori complementari (sistema logico con transistori pnp e npn) (*eltn.*), complementary transistor logic, CTL. **13.** ~ a transistori con accoppiamento ad emettitore (*eltn.*), emitter-coupled transistor logic, ECTL. **14.** ~ a transistori con resistore (sistema logico a transistori con resistore) (*eltn.*), resistor-transistor logic, RTL. **15.** ~ a transistori e transistori (~ TTL) (*eltn.*), transistor-transistor logic, TTL. **16.** ~ cablata (~ sparsa) (*elab.*), hard-wired logic. **17.** ~ con accoppiamento ad emettitore (sistema logico a transistori con accoppiamento ad emettitore) (*eltn.*), emitter coupled logic, ECL. **18.** ~ di basso livello (*eltn.*), low level logic. **19.** ~ di Boole (logica boleana, usata nei calcolatori ecc.) (*eltn.* - *elab.* - *ecc.*), Boole's logic. **20.** ~ fluidica (~ per comandi a fluido) (*fluidica*), fluid logic. **21.** ~ matematica (logica simbolica, logistica) (*mat.*), symbolic logic, mathematical logic, logistic. **22.** ~ negativa (*eltn.* - *elab.*), negative logic. **23.** ~ positiva (*eltn.* - *elab.*), positive logic. **24.** ~ programmabile sul campo (*elab.*), field programmable logic array, FPLA. **25.** ~ programmata (*elab.*), programmed logic. **26.** ~ programmata memorizzata (tutto o parte della logica di controllo programmata in una memoria) (*eltn.* - *elab.*), stored program logic. **27.** ~ simbolica (logica matematica) (*mat.*), symbolic logic, mathematical logic. **28.** ~ sparsa (*elab.*), random logic. **29.** ~ transistorizzata a resistenza-capacità (*eltn.*), resistor-capacitor transistor logic, RCTL.

logico (*a.* - *gen.*), logic, logical. **2.** circuito ~ (*eltn.*), logic circuit. **3.** elemento ~ (*eltn.* - *elab.* - *ecc.*), logical element. **4.** istruzione logica (ordine logico) (*eltn.* - *elab.*), logic order. **5.** sistema ~ a relé (circuito logico a relé) (*eltn.*), relay logic. **6.** ~, *vedi anche* logica.

logistica (*milit.*), logistics.

LOGO (tipo di linguaggio di programmazione a scopo didattico) (*elab.*), Logo.

logometro (misura il rapporto fra due quantità elettriche) (*strum. elett.*), ratio meter.

logorabile (*mecc.* - *ecc.*), wearable.

logorabilità (*mecc.* - *ecc.*), wearability.

logoramento (dovuto all'uso) (*gen.*), wear, wearing.

logorante, wearing.

logorare (*mecc.*), to wear, to wear down. **2.** ~ completamente (*mecc.*), to wear out.

logorarsi (*mecc.*), to wear, to wear down. **2.** ~ completamente (*mecc.*), to wear out.

logorato (consumato, usurato) (*tecnol.*), worn.

logorìo (*gen.*), wear, wear-out.

lógoro (*gen.*), worn out.

logotipo (politipo) (*tip.*), logotype.

longarina (*ferr.*), *vedi* longherina.

longarone, *vedi* longherone.

longherina (*ed.* - *ind.*), "I" beam, iron girder. **2.** ~ (*ferr.*), longitudinal sleeper.

longherone (*mecc.*), longitudinal member. **2.** ~ (di fusoliera) (*aer.*), longeron. **3.** ~ (di ala) (*aer.*), spar. **4.** ~ (di un telaio) (*aut.*), side member, side frame, main frame member. **5.** ~ (di un carro ferroviario: trave longitudinale del telaio) (*ferr.*), sill (am.). **6.** ~ ad U (*aer.*), channel longeron. **7.** ~ a scatola (*aer.*), box longeron. **8.** ~ centrale (*costr. carrozz. aut.*), inner sill panel. **9.** ~ del telaio (di locomotore ferroviario per es.) (*ferr.*), side member, side frame. **10.** ~ del telaio (*aut.*), frame side member. **11.** ~ esterno (longherone laterale, di un carro ferr.) (*ferr.*), side sill (am.). **12.** ~ intermedio (di un vagone ferr.) (*ferr.*), intermediate sill (am.).

longitudinale (*a.* - *gen.*), longitudinal. **2.** ~ (per chiglia) (*a.* - *nav.*), fore-and-aft. **3.** trave ~ (di un dirigibile) (*aer.*), longitudinal.

longitudinalmente (*gen.*), lengthwise.

longitùdine (*geogr.*), longitude, long., lon. **2.** ~ celeste (di una stella) (*nav.* - *aer.*), celestial longitude. **3.** ~ in gradi (*geogr.*), longitude in arc. **4.** ~ in ore e minuti (*geogr.*), longitude in time.

longone, *vedi* longherone.

long-playing, *vedi* disco a lunga durata.

lontano (*gen.*), far away.

looping (gran volta) (*aer.*), looping.

lòppa (*metall.*), slag. **2.** ~ (involucro dei grani dei cereali) (*agric.*), chaff. **3.** ~ di alto forno (*metall.*), blast furnace slag. **4.** ~ granulata (*metall.* - *fond.*), granulated slag.

loppio, loppo (acero campestre, acero comune) (*legn.*), field maple.

loran (sistema di radionavigazione ~) (*aer.* - *nav.*), loran. **2.** punto nave ~ (posizione del natante, rilevato con il ~) (*navig.*), loran fix.

lorandite ($TlAsS_2$) (*min.*), lorandite.

lordo (peso lordo) (*comm.*), gross weight. **2.** peso ~ (*comm.*), gross weight.

losanga (rombo) (*geom.*), lozenge, diamond. **2.** ~ (ornamento) (*arch.*), lozenge.

losca (*nav.*), rudderhole.

losima (*min.*), *vedi* salbanda.

lossodromìa (*nav.* - *aer.*), rhumb line, loxodrome.

lossodromico (*mat.* - *navig.*), loxodromic.

lòto (decorazione usata nell'architettura egiziana) (*arch.*), lotus.

lotta (*sport*), wrestling. **2.** ~ (in una corsa: tra due concorrenti) (*sport aut.*), dice. **3.** ~ greco-romana (*sport*), Greco-Roman wrestling. **4.** ~ libera (*sport*), catch-as-catch-can.

lottizzare (*ed.* - *ecc.*), to lot.

lòtto (di mercanzia) (*comm.*), parcel, lot. **2.** ~ (di terreno), lot. **3.** ~ (di balle di lana per es.) (*ind. lana*), lot. **4.** ~ (gruppo di documenti, registrazioni ecc. da elaborare assieme) (*elab.*), batch. **5.** ~ di terreno (*agric.*), allotment. **6.** ~ edificabile (lotto fabbricabile) (*ed.*), building lot. **7.** ~ fabbricabile (lotto fabbricativo) (*ed.*), building lot. **8.** ~ fabbricativo (*ed.*), building lot. **9.** a lotti (*gen.*), batch. **10.** grandezza del ~ (*controllo qualità*), lot size. **11.** piccolo ~ (di tre balle o meno) (*ind. lana*), star lot.

"LPA" (livello di produttività accettabile) (*ind.*), APL, acceptable productivity level.

"LQA" (livello di qualità accettabile) (*tecnol. mecc.*), acceptance quality level, AQL.

"LQMR" (limite di qualità media risultante) (*controllo qualità*), average outgoing quality limit, AOQL.

"LSI" (integrazione su larga scala) (*eltn.* - *elab.*), large scale integration, LSI.

lubrificante (*a.* - *mecc.* - *ind.*), lubricating. **2.** ~ (*s.* - *mecc.*), lubricant. **3.** ~ per imbutitura (*lav. mecc. lamiere*), drawing compound. **4.** ~ per ingranaggi (*mecc.*), gear lubricant. **5.** ~ per ponti (*aut.*), axle grease (am.). **6.** ~ solido (grafite o bisolfuro di molibdeno, in virtù della loro struttura cristallina) (*mecc.*), solid lubricant. **7.** olio ~ (*mecc. ind.*), lubricating oil. **8.** potere ~ (di un olio per es.) (*chim. ind.*), lubricating quality, lubricating property.

lubrificare (*mecc.*), to lubricate, to grease.

lubrificato (*mecc. - ecc.*), lubricated. **2.** ~ (*mecc. - ecc.*), oiled.

lubrificazione (*mecc.*), lubrication. **2.** ~ a bagno d'olio (*mecc.*), bath lubrication. **3.** ~ a carter secco (od a coppa secca) (*mot.*), dry-sump lubrication. **4.** ~ a circuito chiuso (*mecc.*), loop lubrication. **5.** ~ a coppa secca (di un mot. di motocicletta per es.) (*mecc.*), dry-sump lubrication (ingl.). **6.** ~ ad anello (di supporto al quale il lubrificante viene addotto mediante un anello che tuffa nell'olio) (*mecc.*), ring lubrication. **7.** ~ ad olio (*mecc.*), oiling. **8.** ~ a goccia (*mecc.*), drip-feed lubrication. **9.** ~ a perdita totale (in una motocicletta per es.) (*mecc.*), total loss lubrication. **10.** ~ a sbattimento (*mot.*), splash lubrication. **11.** ~ a stoppino (*mecc.*), wick oiling. **12.** ~ (forzata) con coppa serbatoio (*mot.*), wet-sump lubrication. **13.** ~ forzata (*mot.*), force feed lubrication, pressure lubrication. **14.** ~ idrodinamica (lubrificazione a velo spesso, lubrificazione viscosa, lubrificazione fluente) (*mecc.*), hydrodinamic lubrication. **15.** ~ inadatta (*mecc.*), unproper lubrication. **16.** ~ in velo sottile (lubrificazione limite, lubrificazione semisecca, lubrificazione untuosa) (*mecc.*), boundary lubrication. **17.** foro di ~ (in un cuscinetto per es.) (*mecc.*), oilhole. **18.** siringa per ~ (*ut. mecc.*), oil gun.

lucchetto (*serrature*), padlock.

luccicare (splendere, brillare) (*gen.*), to shine.

luce (*fis.*), light. **2.** ~ (apertura) (*mecc.*), port. **3.** ~ (di un ponte per es.) (*ed.*), span. **4.** ~ abbagliante (di proiettore di automobile) (*aut.*), high beam. **5.** ~ a codice (*ott.*), code light, character light. **6.** ~ a fluorescenza (*illum.*), fluorescent light. **7.** ~ a gas (*illum.*), gaslight. **8.** ~ al magnesio (*fot.*), magnesium light. **9.** ~ al sodio (*illum.*), sodium light. **10.** ~ al tungsteno (luce di lampade al tungsteno, per fotografia per es.) (*illum. - fot.*), tungsten light. **11.** ~ ambiente (*fot.*), available light. **12.** ~ anabbagliante (di proiettore di automobile) (*aut.*), low beam. **13.** luci antinebbia (luci posteriori rosse e gialle) (*aut.*), fog guard lights. **14.** ~ a oltre venti intermittenze per minuto (*segn.*), blinker light. **15.** ~ artificiale (*fot.*), lamplight. **16.** ~ attinica (*fot.*), actinic light. **17.** ~ artificiale (~ per illuminare luoghi chiusi ottenuta a mezzo di lampade elettriche a incandescenza) (*fot.*), indoor light. **18.** ~ bianca (*fis. - illum.*), white light. **19.** ~ continua (di un faro per es.), fixed light. **20.** ~ d'angolo (nell'abitacolo di una berlina per es.) (*aut.*), corner lamp. **21.** luci della pista di decollo (*aer.*), runway lights. **22.** luci della pista di rullaggio (*aer.*), taxi-track lights. **23.** ~ dell'aria di lavaggio (di un motore diesel a due tempi) (*mot.*), scavenging air port. **24.** luci della ribalta (fila di lampade) (*illum.*), footlights, batten (ingl.). **25.** ~ del semaforo (*ferr.*), target lamp, target lantern. **26.** luci di allineamento a terra (per guidare una nave in dirittura) (*nav.*), range lights. **27.** ~ di arresto (*aut. - veic.*), stop light, stop. **28.** luci di canale (*aer.*), channel lights. **29.** ~ di Cerenkov (in un reattore nucleare) (*fis. atom.*), čerenkov radiation. **30.** ~ di cortesia (luce interna che si accende quando viene aperta la porta) (*aut.*), door courtesy lamp, courtesy lamp. **31.** ~ di cortesia montata sullo schienale (*aut.*), seat back courtesy lamp, tonneau lamp. **32.** luci di delimitazione (luci di perimetro, di un aeroporto) (*aer.*), boundary lights. **33.** luci di delimitazione (situate trasversalmente all'estremità della pista) (*aer.*), threshold lights. **34.** ~ di direzione (~ dell'indicatore di direzione) (*aut.*), turn indicator light. **35.** luci di distanziamento (*aer.*), distance-marking lights. **36.** luci di emergenza (*aut. - ecc.*), hazard warning lights, emergency lights. **37.** luci di entrata (disposte trasversalmente, all'inizio della pista) (*aer.*), threshold lights. **38.** ~ di estremità alare (luce alare) (*aer.*), wing-tip flare. **39.** ~ diffusa (*illum.*), diffused light, flooded light. **40.** ~ di ingombro (*aut.*), clearance lamp, clearance light. **41.** luci di intensità periodicamente variabile (*segn.*), undulating lights. **42.** luci di orizzonte (per assistenza piloti) (*aer.*), horizon lights. **43.** ~ di ostacolo (*aer.*), obstruction light. **44.** luci di parcheggio (*aut.*), parking lights. **45.** ~ di perimetro (di un aeroporto) (*aer.*), boundary lights. **46.** luci di posizione (fanali di via) (*aer. - nav.*), running lights. **47.** ~ di posizione posteriore (*illum. aut.*), tail light, tail lamp. **48.** luci di retromarcia (per illuminare posteriormente la strada quando il veicolo va in retromarcia) (*aut.*), backup light. **49.** luci di sagoma (*veic.*), side lights (ingl.), side lamps. **50.** ~ di scarico (di un motore a due tempi per es.) (*mot.*), exhaust port. **51.** ~ di segnalazione aeronautica (proiettore aeronautico) (*aer.*), aeronautical light. **52.** ~ di segnalazione del traffico aereo (*aer.*), air-traffic signal light. **53.** luci di segnale in codice (*segn.*), code lights. **54.** ~ di sicurezza (in un teatro, in una fabbrica ecc.) (*illum.*), emergency light. **55.** ~ di stazionamento (*aut.*), parking light. **56.** ~ di travaso (in un motore a due tempi) (*mot.*), transfer port. **57.** ~ di un arco (*arch.*), arch span. **58.** ~ diurna (*illum.*), daylight. **59.** luci di via, *vedi* luci di posizione. **60.** ~ di Wood, *vedi* luce nera. **61.** ~ elettrica (*elett.*), electric light. **62.** ~ fendinebbia (*aut.*), foglight, fog light. **63.** ~ (grandezza) di una apertura (*ed. - mecc.*), size of an opening. **64.** ~ inattinica (*fot.*), safelight. **65.** ~ indiretta (*illum.*), indirect light. **66.** ~ interna (luce di cortesia) (*aut.*), courtesy lamp. **67.** ~ intermittente (a colore variabile, per segnalazioni in un aerodromo) (*aer.*), alternating light. **68.** ~ interrata (sulla pista di atterraggio per es.) (*aer.*), blister light. **69.** ~ libera (*ed.*), clear span. **70.** ~ libera di passaggio (in altezza) (*strad.*), headroom. **71.** ~ negativa (in un tubo a raggi catodici per es.) (*fis. - elett.*), negative glow. **72.** ~ nera (luce di Wood, luce ultravioletta) (*collaudo metall.*), black light, wood's light. **73.** luci ondulanti (di intensità variabile) (*segn.*), undulating lights. **74.** luci per città (di proiettori o fari) (*aut.*), town lights. **75.** ~ per consultazione carte (*aut.*), map light. **76.** ~ per il controllo del traffico a terra (*aer.*), ground-traffic signal light. **77.** ~ polarizzata (*ott.*), polarized light. **78.** ~ posteriore di stop (di veicolo) (*aut. - etc.*), rear stop light. **79.** ~ quadrante (*strum.*), dial light. **80.** ~ quadro strumenti (*aut.*), instrument panel light. **81.** ~ rossa posteriore (*aut.*), red tail light. **82.** ~ schermata (per riprese cinematografiche), shadow light. **83.** ~ solare, sunlight. **84.** ~ spia (spia luminosa), pilot light, warning light, telltale light. **85.** ~ sulla porta (*aut.*), door courtesy lamp. **86.** ~ sullo schienale (del sedile anteriore) (*aut.*), seat backcourtesy lamp, tonneau lamp. **87.** ~ targa (*aut.*), number plate light, license-plate lamp, number plate lamp. **88.** ~ tra i lembi della lamiera (fra parti congiunte, dopo la saldatura) (*tecnol. mecc.*), sheet separation. **89.** ~ ultravioletta (*fis.*), ultraviolet light. **90.** anno ~ (*astr.*), light-year. **91.** a tenuta di ~ (impermeabile alla luce) (*a. - fot.*), lightproof. **92.** calata ~ (dal soffitto con cordone) (*illum. elett.*), droplight. **93.** carico ~ (corrente assorbita per scopi di illuminazione) (*elett.*), lighting load. **94.** che ha preso ~ (*lastra fot.*), light-struck. **95.** diaframma (per la posa) delle alte luci (*fotomecc.*), high-light stop. **96.** emettere ~ laser [o coerente] (*ott.*), to lase. **97.** emissione di ~ laser (ossia di ~ coerente) (*ott.*), lasing. **98.** fattore ~ del giorno (*illum.*), daylight factor. **99.** filtro ~ (*fot.*), light filter. **100.** irraggiante ~ (emittente o riflettente luce) (*gen.*), beamy, bright. **101.** lampo di ~ (*fis.*), flashlight. **102.** maschera delle alte luci (nella separazione dei colori) (*fotomecc.*), high-light mask. **103.** posa delle alte luci (*fotomecc.*), high-light exposure. **104.** raggio di ~ (*fis.*), beam of light, ray of light. **105.** resistente alla ~ (*a. - colore*), lightfast. **106.** senza ~, lightless. **107.** sprazzo di ~ (*fis.*), flash. **108.** zona di massima ~ (alta luce, di una fotografia) (*fotomecc.*), high light.

lucentezza (della seta per es.) (*gen.*), gloss, lustre. **2.** ~ (lucido: della lana) (*ind. tess.*), lustre.

lucernario (apertura sul tetto per illuminare e arieggiare l'interno di un fabbricato) (*costr.*), lantern, skylight. **2.** ~ (di vecchio veicolo ferroviario per es.) (*ferr. - ecc.*), *vedi* lanternino. **3.** ~ carrabile in vetrocemento armato (*ed.*), reinforced concrete and glass tiles pavement light. **4.** ~ (carrabile) in vetro su telaio di ferro (*ed.*), pavement light made of glass blocks in steelwork.

lucidante (lucido, per metalli per es.) (*s. - ind. chim. - tecnol.*), polish.

lucidare (*gen.*), to polish. **2.** ~ (*dis.*), to trace. **3.** ~ (*mur.*), to smooth, to finish. **4.** ~ (con la pulitrice a disco) (*operaz. mecc.*), to buff. **5.** ~ (*operaz. di falegn.*), to furbish, to polish. **6.** ~ (brunire) (*operaz. mecc.*), to burnish. **7.** ~ (pavimenti, mobili per es.), to polish. **8.** ~ (con lucidatrice per es.) (*operaz. mecc.*), to polish. **9.** ~ ! (con lucidatrice per es.) (*dis. mecc.*), polish, PO. **10.** ~ ! (pulire, alla pulitrice a disco) (*dis. mecc.*), buff, BF. **11.** ~ (la carta pressandola tra piastre metalliche) (*mft. carta*), to plate.

lucidato (*gen.*), polished. **2.** ~ (*dis.*), traced, Tcd.

lucidatore di disegni, drawing tracer. **2.** ~ di mobili (*op.*), furniture polisher. **3.** ~ di pavimenti (*op.*), floor polisher.

lucidatrice (*macch. ut.*), polishing machine. **2.** ~ (pulitrice) (*macch. ut.*), buffing machine. **3.** ~ per pavimenti (lucidatrice elettrica) (*app. elettrodomestico*), floor polisher.

lucidatura (di un disegno) (*dis.*), tracing. **2.** ~ (pulitura) (*con macch. ut.*), buffing. **3.** ~ (*operaz. mecc.*), burnishing, polishing, polish. **4.** ~ (a compressione) (*mecc.*), burnishing. **5.** ~ (*operaz. falegn.*), polishing, furbishing. **6.** ~ (di una copia fotografica) (*fot.*), glazing. **7.** ~ (calandraggio, lisciatura della carta) (*mft. carta*), glazing. **8.** ~ a cera (falegnameria per es.), wax finishing. **9.** ~ ad acido (della superficie di un vetro) (*mft. vetro*), acid polishing. **10.** ~ a resina (*mft. vetro*), pitch polishing. **11.** ~ a spazzola (*mft. carta*), brush-polishing. **12.** ~ chimica (*metall.*), chemical polishing. **13.** ~ elettrolitica (*ind.*), electropolishing. **14.** per frizione (*mft. carta*), friction glazing.

lucidista (lucidatore) (*dis. - pers.*), tracer.

lùcido (*a. - gen.*), lucid, bright, shining. **2.** ~ (*s. - dis.*), tracing. **3.** ~ (di una stampa effettuata su carta lucida) (*a. - fot.*), glossy. **4.** ~ (di marmo levigato) (*a. - ind.*), glazed. **5.** ~ (di superficie metallica lavorata) (*a. - mecc.*), bright. **6.** ~ pieno (della lana) (*ind. tess.*), full lustre. **7.** aspetto ~ (p. es. di tessuto rivestito con uretano)(*tess.*), wet look, glossy look. **8.** lavorato ~ sulla intera superficie (*lav. mecc.*), machined bright all over. **9.** non ~ (*a. - vn.*), flat, mat, matt.

lucidometro (misuratore di lucentezza) (*fotometro*), glossmeter.

lucìgnolo (*ind. tess.*), roving.

lucro (*gen.*), profit. **2.** senza scopi di ~ (un'organizzazione per es.) (*gen.*), non-profit.

lumaca (di macch. tessile) (*ind. tess.*), scroll.

lume (ad olio per es.) (*illum.*), lamp. **2.** ~ da tavolo (*illum.*), table lamp. **3.** ~ di candela (*illum.*), candlelight.

lumeggiamento (ombreggiatura a sfumo per es., per rappresentazione cartografica dell'orografia per es.) (*cart. - ecc.*), shading.

lumen (unità di flusso luminoso) (*mis. illum.*), lumen.

lumenòmetro (fotometro integratore) (*strum. mis. illum.*), integrating photometer.

lumenóra (unità di quantità di luce) (*mis. illum.*), lumen-hour.

lumiera (lampada a stelo con piedistallo) (*app. illum.*), floor lamp, lampstand. **2.** ~ (con vari bracci, appesa con stelo al soffitto) (*app. illum. domestico*), chandelier.

luminanza (*ott. - illum.*), luminance, brightness. **2.** fattore di ~ (*illum.*), luminance factor. **3.** soglia differenziale di ~ (*illum.*), luminance difference threshold.

luminescente (*a. - gen.*), luminescent. **2.** apparire ~ (di schermo video cosparso di fosfòri per es.) (*telev. - elab.*), to luminesce.

luminescenza (emissione di luce non dovuta ad incandescenza ma a cause chimiche od elettriche) (*fis.*), luminescence. **2.** ~ negativa (come nei tubi di Crookes) (*fis.*), negative glow, negative luminescence. **3.** ~ notturna (si verifica fra le quote 100 km e 300 km) (*meteor.*), nightglow. **4.** ~ residua (post-luminescenza) (*fis.*), post-luminescence. **5.** lampada a ~ (*elett.*), glow lamp, gas-discharge lamp.

luminoforo (sostanza luminescente) (*ott.*), luminophor, phosphor. **2.** ~, *vedi* fosfóro.

luminosità (*astrofisica*), luminosity. **2.** ~ (di una lampada) (*illum.*), brilliancy. **3.** ~ (di una superficie per es.) (*illum.*), brightness. **4.** ~ (*telev. - radar*), brightness, brilliance. **5.** ~ (visibilità: di una radiazione elettromagnetica) (*fis. illum.*), luminosity. **6.** ~ (di un obiettivo: è quella a diaframma massimo) (*fot.*), speed. **7.** ~ assoluta (*astrofisica*), absolute luminosity. **8.** ~ del punto (*ott.*), brightness of the spot. **9.** ~ dello schermo (luminosità di fondo) (*radar - telev.*), background brightness. **10.** ~ specifica (*illum.*), specific brightness. **11.** eccessiva ~ (dell'immagine) (*telev.*), bloom. **12.** fluttuazione della ~ (dell'immagine) (*telev.*), flutter. **13.** regolatore di ~ (di una immagine) (*telev.*), brilliance control. **14.** riduzione della ~ (ai margini dell'immagine) (*cinem. - ott. - fot.*), vignetting. **15.** salto di ~ (*difetto telev.*), jump in brightness.

luminoso (di locale fornito di ampie finestre o vetrate) (*a. - ed.*), luminous. **2.** ~ (che emette luce) (*a. - illum.*), luminous. **3.** ~ (chiaro: di fotografia) (*a. - fot.*), high-key. **4.** ~ (illuminato dall'interno; p. es. di tasto di tastiera di materiale trasparente ed internamente illuminato) (*a. - strum. - elab. - ecc.*), backlighted. **5.** sorgente luminosa (*illum.*), source of light, light source.

luna (*astr.*), moon. **2.** volo sulla ~ (*astric.*), moonflight.

lunamoto (agitazione della superficie lunare, simile al terremoto) (*selenologia*), moonquake.

lunare (*astr.*), lunar. **2.** cratere ~ (*astr.*), lunar crater. **3.** modulo ~ (LEM, di un veicolo spaziale) (*astric.*), lunar excursion module, LEM, lunar module. **4.** nave ~ (*astric.*), moonship.

lunazione (*astr.*), lunation.

lunetta (*arch.*), lunette. **2.** ~ (del tornio) (*mecc.*), steady rest, steady, rest. **3.** ~ (di una fortificazione) (*milit.*), lunette. **4.** ~ (con struttura interna) a ventaglio (*arch.*), fanlight. **5.** ~ fissa (di un tornio per es.) (*macch. ut.*), fixed rest. **6.** ~ mobile (*macch. ut.*), follow rest, follower rest. **7.** ~ per palissonare (palissone) (*ut. lav. cuoio*), perching knife, crutch stake.

lungaggini burocratiche (tempo eccessivamente lungo speso in procedure burocratiche) (*comm. - uff. - ecc.*), red tape.

lungherone, *vedi* longherone.

lunghezza (*gen.*), length. **2.** ~ (della lana) (*ind. lana*), length. **3.** ~ (tratto di data lunghezza, di filo metallico per es.) (*gen.*), cut, length. **4.** ~ del braccio (distanza tra l'asse del bottone di manovella e l'asse dell'albero a gomiti, valore della eccentricità) (*mecc.*), crank throw. **5.** ~ del dente (di un ingranaggio) (*mecc.*), tooth face (or length). **6.** ~ della chiglia (*costr. nav.*), tread. **7.** ~ della parte filettata (di un bullone per es.) (*mecc.*), reach. **8.** ~ della tagliata (dei fogli di carta) (*mft. carta*), chop. **9.** ~ dell'onda associata all'elettrone (*fis. atom.*), electron wave length. **10.** ~ del registro (numero di caratteri immagazzinabili in un registro) (*elab.*), register length. **11.** ~ del taglio (nell'operazione di piallatura per es.) (*mecc. - falegn.*), cutting length, length of cut. **12.** ~ di avvitamento (di una filettatura, lunghezza della parte filettata avvitata) (*mecc.*), length of engagement. **13.** ~ di avvolgimento del tamburo (in un apparecchio per sollevamento) (*mecc.*), coiling length of drum. **14.** ~ di catena (*nav.*), chain shackle. **15.** ~ di contatto (di un dente di ingranaggio elicoidale per es.) (*mecc.*), length of contact. **16.** ~ di diffusione (*fis. atom.*), diffusion length. **17.** ~ di estrapolazione (*fis. atom.*), extrapolation distance. **18.** ~ di migrazione (*fis. atom.*), migration length. **19.** ~ di onda (*fis. - elett. - eltn.*), wave length, w. l. **20.** ~ di rallentamento dei neutroni (*fis. atom.*), neutron slowing down length. **21.** ~ di registrazione (numero di parole, segni, caratteri, bit, byte ecc. contenuti in una certa ~ unitaria prefissata: p. es. un messaggio, un blocco ecc.) (*elab.*), record length. **22.** ~ fuori tutto (*nav.*), length over all, "LOA". **23.** ~ generatrice del cono complementare (di un ingranaggio conico) (*mecc.*), back cone distance. **24.** ~ mista (della lana) (*ind. lana*), mixed length. **25.** ~ totale (*gen.*), overall length. **26.** ~ totale di misura (lunghezza di riferimento di una superficie lavorata) (*mecc.*), traversing length (ingl.), sampling length (am.). **27.** ~ tra le perpendicolari (*nav.*), length between perpendiculars, LBP. **28.** ~ utile (*mecc. - macch. ut.*), working length. **29.** a ~ variabile (*a. - gen.*), variable-length. **30.** buona ~ (della lana) (*ind. lana*), good length, fair length. **31.** di uguale ~ focale (di lenti intercambiabili di una macchina cinematografica) (*ott.*), parfocal.

lungo (*gen.*), long. **2.** ~ metraggio (*cinem.*), full-length film, feature film. **3.** per ~ (longitudinalmente) (*avv. - gen.*), lengthwise.

lungobanco (galleria scavata lungo lo strato minerale) (*min.*), drive.
lungobordo (sottobordo) (*nav.*), alongside.
lungometraggio (*cinem.*), feature film.
lunicentrico (*astr.*), lunicentric.
lunisolare (relativo agli influssi reciproci tra sole e luna) (*astr.*), lunisolar.
lunotto (vetro posteriore, di una autovettura) (*aut.*), rear window. **2.** ~ termico (*aut.*), heated rear window.
lunula (figura a forma di falce) (*geom.*), lune.
luògo site. **2.** ~ (*mat.*), locus. **3.** aver ~ (*gen.*), to take place.
lupo (*macch. tess.*), willow. **2.** ~ (*macch. tess.*), *vedi anche* battitoio. **3.** ~ cardatore (*macch. tess.*), carding willow. **4.** ~ oliatore (*macch. tess.*), oiling willow. **5.** ~ sfibratore (macchina per parallelizzare le fibre) (*macch. tess.*), teasing machine.
lùppolo (*ind. della birra*), hops.
lussazione (slogatura) (*med.*), dislocation.
lusso (*gen.*), luxury. **2.** vettura di ~ (*aut.*), luxury car.
lustrare (*gen.*), to polish, to burnish, to gloss. **2.** ~, *vedi anche* lucidare.
lustrini (lastrine luccicanti per stoffe) (*ind. tess.*), paillettes, sequins.
lustrino (tessuto di seta) (*ind. tess.*), lustring.
lutare (*mur.*), to lute.
lutèzio (Lu - *chim.*), lutecium.
luto (per intonacare vasi per es.) (*ceramica - fond. - ecc.*), lute.
lux (unità di illuminazione o di illuminamento uguale alla illuminazione in perpendicolare di un metro quadrato di superficie da parte di una sorgente luminosa della intensità di una candela: 1 lux = 1 lumen/m^2) (*mis. illum.*), lux. **2.** unità di esposizione ad un illuminamento di un ~ per secondo (*unità di illum.*), meter-candle-second.
lùxmetro (*strum. mis. illum.*), luxmeter, illuminometer.

M

"M" (mega–, prefisso: 10^6) (*mis.*), M, mega–.

"m" "m" (metro) (*mis.*), "m". **2.** (milli–, prefisso = 10^{-3}) (*mis.*), m, milli–.

"mA" (milliampere) (*mis. elett.*), mA, milliampere.

macadam (*strad.*), macadam. **2.** ~ al bitume (*strad.*), bituminous macadam. **3.** ~ al catrame (*strad.*), tar macadam (am.), tarmacadam (ingl.), Tarmac. **4.** ~ cementato (*strad.*), cement–bound macadam. **5.** ~ cilindrato (*strad.*), waterbound macadam (ingl.). **6.** ~ con legante idraulico (*strad.*), water–bound macadam. **7.** pista in ~ al catrame (*aer.*), tar–macadam runway, tarmac (ingl.).

macadamizzare (*strad.*), to macadamize.

macchia (*gen.*), spot, stain. **2.** ~ da decapaggio (*metall.*), pickle stain. **3.** ~ di grasso (sulla lamiera stagnata) (*difetto metall.*), grease spot. **4.** ~ di luce (dovuta a illuminazione difettosa) (*cinem.*), hot spot. **5.** ~ di riflessione (interriflessione di lenti) (*ott.*), flare spot, flare ghost. **6.** ~ fluorescente (*telev.*), fluorescent spot. **7.** ~ sbavata (p. es. di inchiostro) (*tip.*), smudge. **8.** ~ scura (in un minerale) (*min.*), macle. **9.** ~ solare (*astr.*), sunspot. **10.** a macchie (o venature o variegature ecc.) di colore (*a. - gen.*), mottled. **11.** distorsione delle macchie (su circuiti ad accoppiamento di carica per es.) (*difetto di telecamera*), smear distortion. **12.** senza macchie (*gen.*), spotless, stainless. **13.** togliere le macchie (*fot.*), to remove spots, to spot out.

macchiare (*gen.*), to stain, to spot.

macchiato (*gen.*), spotted, stained. **2.** ~ (difetto della carta) (*a. - carta*), foxed.

macchiatura (*gen.*), spotting, staining. **2.** ~ a legno (macchiatura a finto legno) (*vn.*), graining. **3.** ~ a pettine (per ottenere l'imitazione del legno) (*vn.*), combing.

màcchina (*gen.*), machine. **2.** ~ (*aut. - colloquiale*), car. **3.** ~ (dispositivo in grado di eseguire operazioni matematiche, logiche, di tabulazione ecc. mediante mezzi elettronici, elettrici, meccanici) (*elab.*), machine. **4.** ~ a cavalletto (*fot.*), stand camera. **5.** ~ aciclica (macchina omopolare) (*elettromecc.*), acyclic machine. **6.** ~ a condotti di ventilazione (macchina con bocche di ventilazione) (*macch. elett.*), duct–ventilated machine, pipeventilated machine. **7.** ~ a controllo numerico (~ utènsile a controllo numerico: a schede perforate, per es.) (*macch. ut.*), numerical control machine, "N/C" machine. **8.** ~ a copiare (*macch. ut.*), copying machine, duplicating machine. **9.** ~ ad erpice (per lavare la lana) (*macch. tess.*), harrow machine. **10.** ~ ad espansione a due stadi (*macch. a vapore*), compound engine. **11.** ~ ad iniezione (macchina per pressofusione) (*macch. fond.*), die–casting machine, injection machine. **12.** ~ ad iniezione a camera fredda (macchina per pressofusione a camera fredda) (*macch. fond.*), cold–chamber die–casting machine. **13.** ~ ad iniezione ad aria compressa (macchina per pressofusione ad aria compressa) (*macch. fond.*), air die–casting machine, air–injection machine. **14.** ~ ad iniezione ad aria compressa e camera calda mobile (macchina per pressofusione ad aria compressa e camera calda mobile) (*macch. fond.*), goose–neck die–casting machine, gooseneck machine. **15.** ~ a induzione (macchina a corrente alternata che funziona mediante induzione elettromagnetica) (*elettromecc.*), influence machine. **16.** ~ alternativa (*gen.*), reciprocating engine. **17.** ~ a mano per maglieria (*macch. tess.*), hand frame. **18.** ~ aperta (*macch. elett.*), open machine. **19.** ~ a punto incatenato (*macch. tess.*), interlock machine. **20.** ~ a punto incatenato con cilindro girevole (*macch. tess.*), revolving cylinder interlock machine. **21.** ~ a trasferta (macchina multipla, "transfer") (*macch. ut.*), "transfer machine". **22.** ~ a trasferta a 20 stazioni (*macch. ut.*), 20–station "transfer machine". **23.** ~ a triplice espansione (*macch.*), triple–expansion engine. **24.** ~ automatica (*macch.*), self–acting machine, self–actor, automatic machine. **25.** ~ automatica a moneta (distributrice automatica a moneta) (*macch. comm.*), vendor, slot machine, fruit machine (ingl.). **26.** ~ automatica per lavorazione dalla barra (*macch. ut.*), automatic bar machine. **27.** ~ automatica per spogliare (*macch. ut.*), automatic relieving machine. **28.** ~ (automatica) per vetro soffiato (per fabbricazione di bottiglie per es.) (*macch. mft. vetro*), blowing machine. **29.** ~ automatizzata (*mecc.*), automechanism. **30.** ~ a vapore (*macch.*), steam engine. **31.** ~ a vapore (*macch.*), *vedi anche* motrice a vapore. **32.** ~ a vapore a bilanciere (*macch.*), beam engine. **33.** ~ a vapore a doppio effetto (*macch.*), double–acting steam engine. **34.** ~ a vapore a scarico nell'atmosfera (*macch.*), atmospheric steam engine. **35.** ~ a vapore a semplice effetto (*macch.*), single-acting steam engine. **36.** ~ a vapore con condensatore (*macch.*), condensing steam engine. **37.** ~ a vapore fissa (*macch.*), stationary engine. **38.** ~ a ventilazione forzata (*macch. elett.*), forced-draught machine. **39.** ~ avvolgi trefoli (di una fune) (*macch. mft. funi*), strander. **40.** ~ bilanciatrice (equilibratrice) (*macch. ut.*), balancing machine, balancer. **41.** ~ bruciapelo (*macch. tess.*), singeing machine. **42.** ~ bruciapelo a gas (*macch. tess.*), gas singeing machine. **43.** ~ bruciapelo a placche (*macch. tess.*), plate singeing machine. **44.** ~ calcolatrice (*macch. calc.*), calculating machine, computer. **45.** ~ chiusa (*macch. elett.*), totally -enclosed machine. **46.** ~ chiusa con ventilazione indipendente (*macch. elett.*), totally-enclosed separately air-cooled machine. **47.** ~ chiusa ventilata in circuito chiuso (*macch. elett.*), totally-enclosed closed-air-circuit machine. **48.** ~ cimatrice (macchina per tosare) (*macch. ind. lana*), shearing machine. **49.** ~ classificatrice (macchina selezionatrice) (*macch. ind.*), sorting machine. **50.** ~ combinata (*macch. mft. carta*), twin-wire paper machine. **51.** ~ compositrice (*macch. tip.*), type-setting machine, composing machine. **52.** ~ con bocche di ventilazione (macchina a condotti di ventilazione) (*macch. elett.*), duct-ventilated machine, pipe-ventilated machine. **53.** ~ condizionatrice (per tessuti) (*macch. tess.*), conditioning machine. **54.** ~ contabile (*uff.*), book-keeping machine, accounting machine. **55.** ~ contafogli (*tip. - mft. carta*), sheet-counting machine. **56.** ~ continua (macchina in piano) (*macch. mft. carta*), paper machine. **57.** ~ costipatrice (*macch. ed.*), tamper. **58.** ~ cucitrice per legatoria (*macch. legatoria*), sheaf binding machine, binder. **59.** ~ da calze (*macch. ind. tess.*), stocking knitter. **60.** ~ da corsa (*aut.*), racing car. **61.** ~ per cucire (*macch. domestica*), sewing machine. **62.** ~ da presa (*cinem.*), motion-picture camera, cinecamera. **63.** ~ da presa nascosta (per riprendere persone a loro insaputa) (*fot. - cinem. - telev.*), candid camera. **64.** ~ da presa silenziosa (per film sonoro) (*cinem.*), silenced camera. **65.** ~ da proiezione (*ott.*), projector. **66.** ~ da proiezione cinematografica (*cinem.*), motion-picture projector. **67.** ~ da stampa (*macch. tip.*), printing press, printing machine. **68.** ~ da stampa a bobina continua (macchina da stampa dal rotolo) (*macch. tip.*), web press. **69.** ~ da stampa a due colori (*macch. tip.*), two-color press. **70.** ~ da stampa a platina (*macch. tip.*), platen press. **71.** ~ da stampa a doppio formato (*macch. tip.*), double size printing press. **72.** ~ da stampa calcografica (*macch. tip.*), copperplate printing machine. **73.** ~ (da stampa) dal rotolo (o dalla bobina) (*macch. tip.*), web press. **74.** ~ (da stampa) offset (*macch. tip.*), offset press. **75.** ~ da stampa per lavori commerciali (*macch. stampa*), job press. **76.** ~ da stampa piano-cilindrica (*macch. tip.*), flat-bed cylinder press. **77.** ~ da stampa verticale (*macch. tip.*), standing press. **78.** ~ dattilografica (*uff.*), typewriter. **79.** ~ da ufficio (p. es. una ~ per scrivere, una calcolatrice elettrica ecc., esclusi gli elaboratori elettronici) (*macch. uff.*), business machine. **80.** ~ decatizzatrice (*macch. tess.*), decatizer. **81.** ~ del timone (*nav.*), steering engine. **82.** ~ di passatura (per il passaggio nel pettine) (*mft. tess.*), reeding machine. **83.** ~ di poppa (*nav.*), after engine. **84.** ~ di sinistra (*nav.*), port engine. **85.** ~ distenditrice (*macch. tess.*), tentering machine. **86.** ~ distenditrice ed essiccatrice all'aria (*macch. tess.*), tentering and air-drying machine. **87.** ~ di Turing (tipo elementare di elaboratore teorico atto ad eseguire qualsiasi programma) (*elab.*), Turing machine. **88.** ~ elettrica (*macch. elett.*), electric machine, electrical machine. **89.** ~ elettrica con eccitazione indipendente (*macch. elett.*), separately-excited machine. **90.** ~ elettrocontabile, *vedi* calcolatrice elettromeccanica. **91.** ~ elettrostatica (*app. fis.*), frictional electric machine. **92.** ~ eolica (motore a vento, aeromotore) (*mecc.*), wind mill. **93.** ~ equilibratrice (*macch. ut.*), balancing machine, balancer. **94.** ~ filatrice (*macch. tess.*), spinning jenny. **95.** ~ finitrice (o a finire) (*strad.*), finishing machine. **96.** ~ fonditrice monolineare (*macch. tip.*), monoline casting machine. **97.** ~ fonditrice per caratteri cubitali (macchina tipo Ludlow) (*macch. tip.*), slug casting machine. **98.** ~ fotografica (*fot.*), camera. **99.** ~ fotografica a cassetta (*fot.*), box camera. **100.** ~ fotografica ad obiettivo multiplo (*fot.*), multi-lens camera. **101.** ~ fotografica ad obiettivo semplice (*fot.*), single-lens camera. **102.** ~ fotografica a lastre (*fot.*), plate camera. **103.** ~ fotografica a soffietto (*fot.*), folding camera. **104.** ~ fotografica per riproduzioni fotomeccaniche (*app. fotomecc.*), process camera. **105.** ~ fotografica reflex (l'immagine viene riflessa da uno specchio nel mirino) (*fot.*), reflex camera. **106.** ~ fotografica senza otturatore per aerofotografia (*aer. - fot. - milit.*), strip camera. **107.** ~ fotografica stereoscopica (fotocamera stereoscopica) (*fot.*), stereo camera. **108.** ~ frigorifera (*macch.*), refrigerating machine, refrigerating engine. **109.** ~ improntatrice (*macch. ut.*), hobbing machine. **110.** ~ in funzione (*ind.*), working machine. **111.** ~ in piano (macchina continua) (*macch. mft. carta*), paper machine. **112.** ~ insaponatrice (*macch. tess.*), soaping machine. **113.** ~ in tondo (*macch. mft. carta*), cylinder machine. **114.** ~ in tondo (a più tamburi) (*macch. mft. carta*), multi-vat machine. **115.** ~ lavabottiglie (lavabottiglie) (*macch.*), bottle washing machine. **116.** ~ lavapiatti (macchina lavastoviglie) (*macch. domestica*), dishwashing machine, dishwasher. **117.** ~ lavastoviglie (*macch. domestica*), dishwasher. **118.** ~ linotype (*macch. tip.*), linotype machine. **119.** ~ masticatrice (nella manifattura della gomma) (*macch.*), masticator.

120. ~ molatrice e lucidatrice (*mft. vetro*), fly frame. **121.** ~ monocilindrica (*macch. mft. carta*), single-cylinder machine. **122.** ~ monofase (*elettromecc.*), single-phaser. **123.** ~ offset (*macch. tip.*), offset press. **124.** ~ offset a bobina (o a rotolo) (*macch. tip.*), web-fed offset press, reel-fed offset press. **125.** ~ offset a fogli (*macch. tip.*), sheet-fed offset press. **126.** ~ offset con forma in piano (*macch. tip.*), offset flat bed machine. **127.** ~ operatrice (*per ind.*), manufacturing machine, machine tool. **128.** ~ orlatrice (*macch. tess.*), hemming machine. **129.** ~ panoramica (per riprese panoramiche) (*macch. fot.*), panoramic camera. **130.** ~ per addoppiare, misurare ed arrotolare (le pezze) (*macch. tess.*), doubling, measuring and balling machine. **131.** ~ per allicciare lame da sega (licciaiuola, macchina per stradare lame da sega) (*macch. carp.*), saw setting machine. **132.** ~ per applicare fascette (*macch. - legatoria*), banding machine. **133.** ~ per avvolgere rocchetti con filo cucirino (*mft. tess.*), sewing thread spooling machine. **134.** ~ per avvolgimenti isolanti (di fili) (*ind. elett.*), spinning machine. **135.** ~ per bulloneria ricalcata (*macch. ut.*), screw and bolt header. **136.** ~ per bulloneria ricalcata a freddo e rullata (*macch. ut.*), cold header and thread rolling machine. **137.** ~ per caffè espresso (*macch.*), automatic coffee percolator. **138.** ~ per capitelli (*macch. legatoria*), headband machine. **139.** ~ per cardare (carda) (lana per es.) (*ind. tess.*), carding machine, carding engine. **140.** ~ per cartoni (*macch. mft. carta*), board machine. **141.** ~ per cimosa (*macch. tess.*), selvedge machine. **142.** ~ per colare (mediante pressione, forza centrifuga ecc.) (*macch. fond.*), casting machine. **143.** ~ per collare (*ind. tess.*), pasting machine. **144.** ~ per collatura alla gelatina (*macch. mft. carta*), tub -sizing machine. **145.** ~ per commettitura (macchina per torcere legnoli) (*macch. mft. funi*), laying machine, layer. **146.** ~ per costruzione molle biconiche (*macch. ut.*), double-cone spring winding machine. **147.** ~ per cucire (*macch.*), sewing machine. **148.** ~ per cucire a punto a spola (*macch. per cucire*), lock stitch machine. **149.** ~ per dettare (*macch. uff.*), dictating machine. **150.** ~ per dividere (per officina) (*macch.*), indexing machine. **151.** ~ per dividere circolare (per officina) (*macch.*), circular indexing machine. **152.** ~ per dividere lineare (per officina) (*macch.*), linear indexing machine. **153.** ~ per eliminare le lappole (slappolatrice) (per lana) (*ind. tess.*), burring machine. **154.** ~ per eseguire tagli sagomati (*macch. ut.*), shape cutting machine. **155.** ~ per estrudere a pistone (trafila a pistone: nella ind. della gomma) (*macch.*), piston extruder. **156.** ~ per estrudere a vitone (trafila a vitone: nella ind. della gomma) (*macch.*), screw extruder. **157.** ~ per fabbricare spazzole (*macch. ind.*), brush-making machine. **158.** ~ per fare i trefoli (*mft. cordame*), stranding machine. **159.** ~ per fare ruote di legno (*macch. carp.*), wheelwright machine. **160.** ~ per fare scanalature (*macch. carp.*), matching machine. **161.** ~ per fare spole (*macch. tess.*), winding frame, winder. **162.** ~ per fatture (fatturatrice) (*macch. - amm.*), billing machine, biller. **163.** ~ per filettare (filettatrice) (*macch. ut.*), threader, thread cutting machine, threading machine. **164.** ~ per filettare con pettine (*macch. ut.*), chasing machine. **165.** ~ per fissare (la lucentezza del tessuto) (*macch. tess.*), crabbing machine. **166.** ~ per flammatura (apparecchio per trattamento termico) (*metall.*), flame-hardening machine. **167.** ~ per forare cartoni (*macch. tess.*), pricking machine. **168.** ~ per formare (formatrice) (*macch. fond.*), molding machine. **169.** ~ per formare a pettine (formatrice a pettine) (*macch. fond.*), stripping plate molding machine. **170.** ~ per formare con piattaforma girevole (*macch. fond.*), rotary table molding machine. **171.** ~ per formare con piattaforma rovesciabile (*macch. fond.*), turnover type molding machine. **172.** ~ per formatura a guscio (*macch. fond.*), shell molding machine. **173.** ~ per formatura (o formatrice) a scossa (*macch. fond.*), jolting machine, jarring machine. **174.** ~ per formatura a scossa con estrazione dei modelli a ribaltamento (*macch. fond.*), jolt-rollover pattern-draw machine. **175.** ~ per fotoincisioni (*macch. fotomecc.*), photoengraving machine. **176.** ~ per fusioni centrifughe (*macch. fond.*), centrifugal casting machine. **177.** ~ per goffrare (goffratrice) (*macch.*), embossing machine, embosser. **178.** ~ per il controllo degli ingranaggi (*mecc.*), gear testing machine. **179.** ~ per imbottigliare (imbottigliatrice) (*macch.*), bottling machine, bottler. **180.** ~ per incastonare (*macch. gioielleria*), jewel setting machine. **181.** ~ per incastri a coda di rondine (*macch. ut.*), dovetailing machine. **182.** ~ per incidere (per cliché) (*macch. tip.*), etching machine. **183.** ~ per ingommare (il tessuto) (*ind. tess.*), starching machine. **184.** ~ per insegnare (*app. elab.*), teaching machine. **185.** ~ per intrecciare (*mft. funi*), plaiting machine. **186.** ~ per intrecciare cordame (*mft. funi*), rope plaiting machine. **187.** ~ per la fabbricazione dei mattoni (mattoniera) (*macch. ed.*), brick-molding machine. **188.** ~ per la fabbricazione delle molle (*macch. ut.*), spring machine. **189.** ~ per (la fabbricazione di) calze (*ind. tess.*), stocking frame. **190.** ~ per la feltratura (*ind. tess.*), milling machine. **191.** ~ per la formatura a piastra ribaltabile (*macch. fond.*), turnover, molding machine. **192.** ~ per la formatura delle anime (*macch. fond.*), core molding machine. **193.** ~ per la fucinatura e la laminazione di pezzi conici (*macch. ut.*), taper forging and rolling machine. **194.** ~ per la misurazione del volume della camera di compressione (*macch.*), cylinder head volume tester. **195.** ~ per l'applicazione di tappi a corona (*macch. ind.*), crown-capping machine. **196.** ~ per la preparazione dei licci (*macch. tess.*), heddle twisting machine. **197.** ~ per la preparazione dei licci di filo metallico (*macch. tess.*), wire heddle twisting machine. **198.** ~ per la prova di ingranaggi ipoidi (*macch.*), hypoid tester. **199.** ~ per la prova di resistenza alla compressione (*macch. per prove materiali*), compression testing machine. **200.** ~ per la stivatura a compressione (*fond.*), squeezer. **201.** ~ per la tempra di ingranaggi (*mecc.*), gear quenching machine. **202.** ~ per la verifica delle pezze (di stoffa) (*ind. tess.*), cloth inspecting machine. **203.** ~ per lavorazione punto a punto (*macch. ut. a c. n.*), point-to-point machine. **204.** ~ per lavorazione stampi (*macch. ut.*), die cutting machine. **205.** ~ per lavorazioni multiple (*macch. ut.*), station-type machine tool. **206.** ~ per lavoro pesante (*macch.*), heavy-duty machine. **207.** ~ per legatura a spirale (*macch. legatoria*), spiral binder. **208.** ~ per legatura (casse) a nastro metallico (*att.*), strapper. **209.** ~ per l'equilibratura dinamica (*macch.*), dynamic balancing machine. **210.** ~ per l'equilibratura statica (*macch.*), static balancing machine. **211.** ~ per l'esecuzione dell'operazione dell'oliaggio (della lana) (*macch. tess.*), backwasher. **212.** ~ per lettura disegni (*macch. tess.*), reading-in machine. **213.** ~ per lucidatura (*ind. tess.*), lustring machine. **214.** ~ per maglieria (*macch. ind. tess.*), knitting machine, knitter. **215.** ~ per maglieria tubolare (*macch. ind. tess.*), circular knitting machine. **216.** ~ per mantenere la circolazione del sangue (viene utilizzata nella cardiochirurgia) (*macch. med.*), heart-lung machine. **217.** ~ per maschiare dadi (*macch. ut.*), tapping drill, nuts tapping machine. **218.** ~ per matrici offset (~ per la preparazione delle matrici) (*tip.*), platemaker. **219.** ~ per mercerizzare (*macch. tess.*), mercerizing machine. **220.** ~ per mettere in opera i quadri di armatura (*min.*), timbering machine. **221.** ~ per misurare (le pezze di stoffa) (*macch. tess.*), measuring machine. **222.** ~ per montaggio (assemblatrice) (*macch. ut.*), assembly machine. **223.** ~ per movimento (di) terra (*macch. movimento terra*), earthmover. **224.** ~ per pallinatura (pallinatrice) (*macch. ind. mecc.*), shot peening machine. **225.** ~ per parallelizzare le fibre (lupo sfibratore) (*macch. tess.*), teasing machine. **226.** ~ per patinare (*macch. mft. carta*), coating machine. **227.** ~ per pettinare il lino (*macch. tess.*), flax hackling machine. **228.** ~ per pressare (pressa, per libri) (*rilegatura*), smasher, smashing machine. **229.** ~ per pressofusione (*macch. fond.*), die-casting machine. **230.** ~ per pressofusione a camera fredda (*macch. fond.*), cold chamber die-casting machine. **231.** ~ per pressofusione ad aria compressa (macchina ad iniezione ad aria compressa) (*macch. fond.*), air die-casting machine. **232.** ~ per pressofusione a stantuffo (*macch. fond.*), plunger-type die-casting machine. **233.** ~ per pressofusione di alluminio (*macch. fond.*), aluminium die-casting machine. **234.** ~ per produzione cilindri mediante centrifugazione (*macch. fond.*), roll centrifugal casting machine. **235.** ~ per prova delle molle (*macch. per prove*), spring testing machine. **236.** ~ per prova durezza Rockwell (*macch. per prove*), Rockwell hardness tester. **237.** ~ per prove a sollecitazioni combinate di fatica (*macch. per prove materiali*), combined stress fatigue testing machine. **238.** ~ per prove a urti ripetuti (*macch. per prove materiali*), repeated impact testing machine. **239.** ~ per prove Brinell ad impronta riflessa (*macch.*), reflected impression Brinell machine. **240.** ~ per prove dinamiche (*macch. per prove materiali*), drop testing machine. **241.** ~ per prove di trazione (*macch. per prove materiali*), tensile testing machine. **242.** ~ per prove di urto (macchina per prove di resilienza) (*macch. per prove materiali*), impact testing machine. **243.** ~ per prove materiali (*sc. costr.*), testing machine. **244.** ~ per raddrizzare rulli (raddrizzatrice) (*macch.*), roll straightner. **245.** ~ per raschiare (o levigare) pavimenti (*ed.*), floor sander. **246.** ~ per raschiettare (*macch. ut.*), scraping machine. **247.** ~ per rettificare spole (*macch. tess.*), shuttle rectifying machine. **248.** ~ per ricalcare dadi (*macch.*), nut upsetting machine. **249.** ~ per rifinizione (macchina a rifinire) (*macch. tess.*), finishing machine. **250.** ~ per rigare (rigatrice) (*macch.*), ruling machine. **251.** ~ per rigare armi da fuoco (*macch.*), gun rifling machine. **252.** ~ per riprodurre (macchina idraulica a copiare pezzi meccanici, con funzionamento idraulico) (*macch. ut.*), hydrocopying machine. **253.** ~ per riscaldare (il tessuto) e fissare (il filato) (*macch. tess.*), boiling and crabbing machine. **254.** ~ per scanalare cilindri (*macch.*), roll fluting machine. **255.** ~ per scrivere (*macch. uff.*), typewriter. **256.** ~ per scrivere a comando vocale, *vedi* ~ per scrivere che scrive sotto dettatura. **257.** ~ per scrivere a mano (*macch. uff.*), manual typewriter. **258.** ~ per scrivere che scrive sotto dettatura (*macch. elab. voce*), voice activated typewriter, VAT. **259.** ~ per scrivere elettrica (*macch. uff.*), electric typewriter. **260.** ~ per scrivere portatile (*macch. uff.*), portable typewriter. **261.** ~ per scrivere registratrice (~ che produce simultaneamente una copia dattilografica e una registrazione magnetica) (*elab.*), automatic typewriter. **262.** ~ per scrivere silenziosa (*macch. uff.*), noiseless typewriter. **263.** ~ per soffiare anime (macchina sparaanime, soffiatrice per anime) (*macch. fond.*), core blowing machine. **264.** ~ per sollevamento (gru, paranco, verricello ecc.) (*ind.*), hoisting machine, windlass. **265.** ~ per spaccare (pelli) (*ind. cuoio*), splitting machine. **266.** ~ per spago (*macch. tess.*), twine spinner. **267.** ~ per spianatura (spianatrice: di lamiere) (*macch. ut.*), flattening machine. **268.** ~ per spuntatura (spuntatrice: per ingranaggi) (*macch. ut.*), chamfering machine. **269.** ~ per tagliare (*macch. tess.*), cutting machine. **270.** ~ per tagliare cremagliere (*macch. ut.*), rack cutting machine. **271.** ~ per tempra (di ingranaggi per es.) (*tratt. term.*), quenching machine. **272.** ~ per tessere a disegno (*macch. ind. tess.*), figuring machine. **273.** ~ per trafilare (*macch. metall.*), draw-bench. **274.** ~ per zigrinare (*macch.*), knurling machine. **275.** ~ piana (*macch. tip.*), flat-bed machine, flat-bed press. **276.** ~ piegacartoni (piegacartoni) (*macch. mft. carta*), cardboard bending machine. **277.** ~ piegadorsi (*macch. legatoria*), book back rounding machine. **278.** ~ piegafogli (*tip.*), folding machine. **279.** ~ pressapasta (per la lavorazione della mezza pasta di legno) (*macch. mft. carta*), pressepâte machine. **280.** ~ pressatrice (per fieno, paglia, cotone ecc.) (*macch.*), pressing machine. **281.** ~ profilatrice a rulli (*macch. ut.*), roll forming machine. **282.** ~ protetta (*macch. elett.*), protected machine. **283.** ~ protetta contro getti di acqua (*macch. elett.*), hoseproof machine. **284.** ~ protetta contro lo stillicidio (*macch. elett.*), dripproof machine. **285.** ~ raddrizzatrice (*macch.*), straightening machine. **286.** ~ rettilinea per maglieria (*macch. tess.*), straight knitting machine, straight bar knitting machine. **287.** ~ ripetitrice (ripetitore) (*macch. tip.*), step and repeat machine. **288.** ~ ripetitrice (ripetitore, macchina per fotocomposizione) (*fotomecc.*), photo-composing machine. **289.** ~ rompinodi (*app. tess.*), knotbreaker. **290.** ~ rompiselciato (*macch. strad.*), paving breaker. **291.** ~ rotativa (*macch.*), rotary machine, rotary engine. **292.** ~ rotativa da stampa (*macch. tip.*), rotary printing press, cylinder printing press. **293.** ~ rotativa offset (*macch. tip.*), offset rotary. **294.** ~ rotativa rotocalco (*macch. tip.*), rotogravure printing press. **295.** ~ rubricatrice-intagliatrice (*macch. tip.*), index cutting and printing machine. **296.** ~ scaricatrice (*macch. ind.*), unloader. **297.** ~ semplice (*mecc. raz.*), simple machine. **298.** ~ sfilacciatrice per stracci (*macch. tess.*), rag opener, rag-tearing machine. **299.** ~ sincrona (*macch. elett.*), synchronous machine. **300.** ~ smaltatrice (macchina per ottenere il lucido brillante) (*fot.*), glazing machine, glazer. **301.** ~ smussa-angoli (*macch. - legatoria - ecc.*), beveling machine. **302.** ~ smussatrice per caratteri (*macch. tip.*), beveler. **303.** ~ soffiante per fonderia (*macch.*), foundry blower. **304.** ~ spaccalegna (*carp.*), wood splitting machine. **305.** ~ spalmatrice (o soluzionatrice) (*ind. gomma.*), spreader, spreading machine. **306.** ~ stampa indirizzi (*macch. tip.*), addressograph, addressing machine, mailer, mailing machine. **307.** ~ stenditrice per lino (*macch. tess.*), flax spreader. **308.** ~ tagliacarta (taglierina) (*macch. tip.*), paper cutter. **309.** ~ tagliatrice (per tagliare strisce di pellicola) (*cinem.*), slitting machine. **310.** (~) telescrivente (*elettrotel.*), teletypewriter. **311.** ~ termica (*termodin.*), heat engine. **312.** ~ timbratrice (*macch.*), marking machine. **313.** ~ tipo Ludlow (fonditrice per caratteri cubitali) (*macch. tip.*), slug casting machine. **314.** ~ utensile per sfacciare (tornio o fresatrice) (*macch. ut.*), facing machine. **315.** ~ triplice per aerofotografia planimetrica-prospettica (o verticale-panoramica) (*fot. aer.*), horizon-to-horizon camera, trimetrogon camera. **316.** ~ truciolatrice per carta (truciolatrice per carta) (*macch. mft. carta*), paper shredding machine. **317.** ~ utensile (*per off.*), machine tool. **318.** ~ utensile a controllo numerico (*macch. ut. a c. n.*), numerically controlled machine tool, NC machine tool. **319.** ~ utensile automatica (*macch. ut.*), automatic, automatic machine tool. **320.** ~ utensile elettroerosiva (*macch. ut.*), sparking machine tool. **321.** ~ utensile per lavorazioni a stazioni (*macch. ut.*), station-type machine tool. **322.** ~ vaporizzatrice e spazzolatrice (per tessuto di lana) (*macch. tess.*), brush dewing machine. **323.** ~ vellutatrice (*macch. tess.*), velvet machine. **324.** ~ virtuale (simulatore virtuale di un altro elaboratore di cui compie il lavoro) (*elab.*), virtual machine. **325.** ~ volante più leggera dell'aria (aerostato) (*aer.*), aerostat. **326.** ~ volante più pesante dell'aria (aerodina) (*aer.*), aerodyne. **327.** fatto a ~ (*ind.*), machine-made. **328.** indipendente dalla ~ (non soggetto ad un particolare tipo di ~ : p. es. un programma) (*elab.*), machine-independent. **329.** lavorazione a ~ (*ind.*), machine work. **330.** leggibile da ~ (*elab.*), machine-readable, machine-sensible, machine-recognizable. **331.** sala macchine (*ind.*), engine room. **332.** tempo preparazione ~ (*lav. mecc.*), machine setting time. **333.** ~, *vedi anche* macchinetta.

macchinare (lavorare di macchina utensile) (*mecc.*), to machine. **2.** ~ in superficie, *vedi* asportare di macchina lo strato superficiale.

macchinario, machinery, M/CY. **2.** ~ ed impianti per fonderia (*fond.*), foundry machinery and equipment. **3.** ~ per l'essiccazione (*ind. tess.*), drying machinery.

macchinetta (*macch.*), machine. **2.** ~ chiudistampo (a pedale) (*macch. mft. vetro*), mold closing device. **3.** ~ per caffè espresso (a filtrazione ripetuta) (*app. domestico*), percolator. **4.** ~ per tagliare i capelli (*macch.*), hair clipper.

macchinista (*op. ferr.*), engine driver, (locomotive) engineer, engineman. **2.** ~ (conduttore di una locomotiva elettrica) (*op. ferr.*), motorman. **3.** ~ (*op. cinem., op. teatro*), grip (am.). **4.** ~ per offset (*op. tip.*), offset printer. **5.** primo ~ (primo ufficiale di macchina) (*nav.*), first engineer (am.), first assistant engineer, second engineer (ingl.). **6.** secondo ~ (secondo ufficiale di macchina) (*nav.*), second engineer (am.), second assistant engineer (am.), third engineer (ingl.). **7.** terzo ~ (terzo ufficiale di macchina) (*nav.*), third engineer, third assistant engineer (am.), fourth engineer (ingl.).

macchioline ("pepe", difetto sui fogli di carta) (*mft. carta*), specks.

macèllo (di una città per es.) (*ed.*), slaughterhouse, abattoir, shambles.

macerante (agente macerante) (*s. - ind.*), macerating agent. **2.** ~ alla crusca (*ind. cuoio*), bran drench.

macerare (*gen.*), to macerate, to soak, to ret. **2.** ~ (i bozzoli) (*mft. della seta*), to steep. **3.** ~ (trattare pelli con bagno di macerazione) (*mft. cuoio*), to bate.

maceratoio (per lino) (*ind. tess.*), rettery.

macerazione (*ind.*), maceration. **2.** ~ (*ind. tess.*), retting. **3.** ~ (dei bozzoli) (*ind. tess.*), steeping. **4.** ~ (*ind. gomma*), soaking.

macèrie (*mur.*), rubble, wreckage.

macero (*gen.*), *vedi* macerazione.

Mach (numero di Mach) (*aer.*), Mach number. **2.** indicatore del numero di ~ (*strum. aer.*), machmeter. **3.** numero di ~ di volo (riferito alla velocità di un aereo) (*aer.*), flight Mach number.

Mache (unità di misura della concentrazione di emanazione radioattiva nell'aria o in soluzioni) (*radioatt.*), Mache unit.

machmetro (indicatore del numero di Mach di volo) (*strum. aer.*), machmeter.

màcina (di mulino o di frantoio), millstone, grindstone. **2.** ~ per minerali (generalmente costituita da due rulli) (*macch. min.*), chile mill, chilean mill. **3.** ~ per polpe (*mft. carta*), pulpstone.

macinacaffè (macinino per caffè) (*ut. domestico*), coffee grinder.

macinare (*ind.*), to mill, to grind. **2.** ~ (polverizzare) (*ind.*), to mill, to powder, to grind.

macinato (*ind.*), milled, ground.

macinatoio (per minerali), edge mill.

macinatura (*ind.*), milling, grinding.

macinazione (*ind.*), milling, grinding. **2.** finezza di ~ (*ind.*), fineness of grinding. **3.** pista circolare di ~ (di un mulino) (*ind.*), bottom grinding ring.

maciulla (macchina per rompere la parte legnosa del lino, canapa ecc.) (*macch. tess.*), brake, scutch. **2.** ~ a cilindri (*macch. tess.*), roller breaking machine. **3.** ~ a mano (dispositivo a mano per rompere la parte legnosa del lino, canapa ecc.) (*att. tess.*), hand brake.

maciullare (il lino, la canapa ecc.) (*ind. tess.*), to scutch, to brake.

macro (grande) (*prefisso*), macro. **2.** ~ (tipo di lente: per macrofotografia per es.) (*ott.*), macro. **3.** ripresa ~ di primi piani (*audiovisivi - cinem.*), macro close-up shooting.

macroassemblatore (programma ~ costituito da varie sequenze di istruzioni in linguaggio assemblatore) (*s. - elab.*), macroassembler.

macrochimica (*chim.*), macrochemistry.

macroeconomia (*econ.*), macroeconomics.

macrogenerazione (di macroistruzioni) (*elab.*), macrogeneration.

macrografia (*metall. - fis.*), macrography. **2.** attaccare per ~ (*analisi metall.*), to macroetch.

macroistruzione (*elab.*), macroinstruction.

macrolibreria (raccolta di macroistruzioni) (*elab.*), macrolibrary.

macromolecola (*chim.*), macromolecule.

macroprogrammazione (*elab.*), macroprogramming.

macroscopico (*a.*), macroscopic.

macrosegregazione (*metall.*), macrosegregation.

macrostruttura (di metalli) (*metall.*), macrostructure.

macrotensioni (tensioni che interessano vaste aree del metallo deformato o trattato termicamente) (*metall.*), macrostresses.

"madapolam" (*ind. tess.*), madapolam.

madière (*costr. nav.*), floor. **2.** ~ (di nave in legno) (*costr. nav.*), floor timber. **3.** ~ (di una nave in ferro) (*costr. nav.*), floor plate. **4.** ~ continuo (*costr. nav.*), continuous floor. **5.** ~ intercostale (*costr. nav.*), intercostal floor. **6.** ~ obliquo (madiere deviato) (*costr. nav.*), cant floor. **7.** per ~ (trasversalmente allo scafo) (*nav.*), athwartship.

madre (matrice, per la produzione di dischi) (*elettroacus.*), mother. **2.** lega ~ (*metall.*), master alloy.

madrelingua (*uff. - ecc.*), mother language, mother tongue.

madrepèrla (*gen.*), mother-of-pearl, nacre.

madreperlaceo (*a. - gen.*), mother-of-pearl.

madrevirola (di portalampada) (*elett.*), lamp holder nut screw.

madrevite (vite femmina) (*mecc.*), nut screw. **2.** ~ (filettatura interna) (*mecc.*), internal thread, nut thread. **3.** ~ (filiera) (*ut.*), die. **4.** ~ fine unificata, diametro nominale 1/2 pollice, 20 filetti per pollice, (grado di) lavorazione grossolana (*mecc.*), $^{1}/_{2}$-20 UNF-1B. **5.** ~ grossolana (classe di lavorazione di filettatura interna unificata) (*mecc.*), 1B. **6.** ~ media (classe di lavorazione di filettatura interna unificata) (*mecc.*), 2 B. **7.** ~ per bulloni (*ut.*), bolt die. **8.** ~ precisa (classe di lavorazione di filettatura interna unificata) (*mecc.*), 3B. **9.** ~ per tubi (*ut.*), pipe die.

maèstra (vela) (*nav.*), mainsail.

maestranza, maestranze (di uno stabilimento per es.) (*pers. - op.*), labor force, labour force.

maèstro (insegnante), teacher. **2.** ~ (persona di abilità elevata in una data attività o un grande artista), master. **3.** ~ d'ascia (*nav.*), shipwright. **4.** ~ d'ascia (*carpentiere*), carpenter. **5.** albero ~ (*nav.*), mainmast.

magazzinaggio, storage. **2.** ~ refrigerato (*ind. del freddo*), cold storage. **3.** locale per ~, storeroom.

magazzinière (*op.*), storeman, warehouseman.

magazzino, storehouse, warehouse, store. **2.** ~ (di una linotype) (*tip.*), magazine. **3.** ~ a scaffalature verticali (*ind. - ecc.*), high-bay warehouse. **4.** ~ con aria refrigerata (*ed.*), dry store. **5.** ~ copia (magazzino modelli, di una utensileria) (*ind.*), master store. **6.** ~ dello scalo merci (*ferr.*), freight house, goods shed (ingl.). **7.** ~ di vendita (emporio, grande magazzino) (*comm.*), variety store, variety shop, store. **8.** ~ doganale (*comm. - dogana*), bonded wharehouse. **9.** magazzini militari (*milit. - mar. milit.*), depot. **10.** ~ pezzi finiti (*ind.*), finished parts store. **11.** ~ prodotti finiti (*ind.*), finished products store, finished parts store, F.P.S. **12.** ~ semilavorati (*ind.*), semifinished parts store, unfinished products store, part machined store. **13.** ~ utensili (*ind. mecc.*), tool crib. **14.** ~ vestiario (*nav.*), slop chest. **15.** cartellino di magazzino, bin, tag. **16.** contabilità di ~ (*contabilità*), stocks accounting. **17.** durata a ~ (durata quando in magazzino, di adesivi per es.) (*chim.*), shelf life. **18.** in ~ (a scorta: di merci) (*amm.*), in stock, on hand. **19.** ricevuta di ~ (*amm.*), warehouse receipt. **20.** ritornare a ~ (riversare a magazzino) (*gen.*), to return to the store. **21.** tenere a ~ (tenere in scorta) (*comm.*), to keep in stock. **22.** versare a ~ (*ind.*), to store.

maggioranza (*gen.*), majority. **2.** ~ azionaria (*finanz.*), stock-holding majority. **3.** controllo di ~ (*finanz.*), majority control. **4.** partecipazione di ~ (*finanz.*), controlling interest.

maggiorato (*a. - mecc.*), oversize. **2.** ~ (moltiplicato per il coefficiente di virtualità, per ottenere le lunghezze virtuali) (*ferr.*), equated. **3.** ~ (di maggior potenza per es.) (*mot. - ecc.*), uprated.

maggiorazione (di un pezzo) (*mecc.*), oversize. **2.** ~ (somma aggiunta al valore nominale di un prodotto) (*comm.*), premium. **3.** ~ per fatica (del tempo standard) (*analisi tempi*), fatigue allowance.

maggiore (*milit.*), major.

magistrato (*leg.*), magistrate.

magistratura (*leg.*), magistracy, magistrature.

maglia (di una rete di distribuzione elettrica, idrica ecc.) (*gen.*), mesh. **2.** ~ (di una divisione modulare) (*ed.*), grid. **3.** ~ (*lavoro tess.*), stitch, loop. **4.** ~ (di un vaglio di muratore per es.), mesh. **5.** ~ (distanza fra le mezzerie di due ordinate) (*costr. nav.*), frame space. **6.** ~ a molinello (di catena) (*nav. - mecc.*), swivel link. **7.** ~ a velluto (*mft. tess.*), loop. **8.** ~ (di catena) saldata di fianco a sovrapposizione (*mecc.*), side lap weld link. **9.** ~ (di catena) saldata di testa a sovrapposizione (*mecc.*), end lap weld link. **10.** ~ di riferimento (modulo) (*ed.*), reference grid. **11.** ~ modulare (*ed.*), modular grid. **12.** ~ per cingoli da trattore (*mecc.*), tractor track link. **13.** dimensione delle maglie (finezza delle maglie: di una rete per es.) (*ind.*), mesh.

magliaia (*op. tess.*), female knitter.

magliaio (*op. tess.*), knitter.

maglieria (*ind. tess.*), hosiery. **2.** macchina per ~ (*macch. tess.*), knitting machine. **3.** macchina per ~ circolare (*macch. tess.*), circular knitting machine.

maglietto (mazzuolo) (*att.*), mallet. **2.** ~ a balestra (*macch. ut.*), spring hammer. **3.** ~ a caduta (*macch. ut.*), trip-hammer. **4.** ~ da calderai (*macch. ut.*), bumping hammer. **5.** ~ per fasciare (funi per es.) (*att. nav.*), serving mallet.

maglificio (*ind.*), hosiery mill.

maglio (*macch. per fucina*), power hammer, hammer. **2.** ~ a caduta libera (berta) (*macch. per fucina*), drop hammer. **3.** ~ a cinghia a caduta (*macch. ut.*), strap hammer. **4.** ~ a contraccolpo (*macch. per fucinatura*), counterblow hammer. **5.** ~ a contraccolpo orizzontale (*macch. per fucinatura*), horizontal counterblow hammer. **6.** ~ ad aria compressa (*macch. per fucina*), compressed-air hammer. **7.** ~ ad aria compressa a semplice effetto (tipo di maglio a gravità) (*macch. per fucinatura*), air lift hammer. **8.** ~ a doppio effetto (per fucinatura con stampi) (*macch. per fucina*), double-action hammer. **9.** ~ a leva (o a testa d'asino) (*macch.*), helve hammer, trip hammer, tilt hammer. **10.** ~ a pendolo di Charpy (*macch. per prove*), Charpy machine. **11.** ~ a tavola (berta a tavola) (*macch. per fucina*), board drop hammer. **12.** ~ a vapore (*macch. per fucina*), steam hammer. **13.** ~ a vapore a doppio effetto (*macch. per fucina*), double-action steam hammer. **14.** ~ a vapore a semplice effetto (*macch. per fucina*), gravity steam hammer. **15.** ~ elettroidraulico (*macch. fucinatura*), electro-hydraulic drop hammer. **16.** ~ meccanico a leva (*macch.*), helve hammer, tilt hammer, trip hammer. **17.** ~ per fucinatura senza stampi (o libera) (*macch.*), open-frame power hammer. **18.** ~ pneumatico (maglietto meccanico azionato ad aria compressa: per lavorazione di carpenteria metallica) (*macch.*), pneumatic tilt hammer, pneumatic trip hammer. **19.** sbozzatura al ~ (*fucinatura*), hammer cogging. **20.** stampaggio al ~ (*fucinatura*), drop-forging.

maglione (di gancio di trazione) (*ferr.*), coupling link.

magma (*chim. - geol.*), magma.

magn (unità di permeabilità assoluta; 1 magn è uguale a 1 henry per metro) (*s. - mis. elett.*), magn.

magnaflux (marchio depositato), *vedi* incrinoscopio magnetico.

magnalio (*lega*), magnalium, aluminiummagnesium alloy.

magnèsia (MgO) (*chim.*), magnesium oxide, magnesia.

magnesìaco (*a. - chim. ind.*), magnesian magnesic.

magnèsio (Mg - *chim.*), magnesium. **2.** grasso a base di ~ (per cuscinetti di macchine elettriche per es.) (*mecc.*), magnesium base grease.

magnesiocromite (*min. - refrattario*), magnesiochromite.

magnesite ($MgCO_3$) (*min.*), magnesite, magnesium carbonate. **2.** ~ estratta dal mare (*min.*), sea-water magnesite.

magnète (calamita) (*fis.*), magnet. **2.** ~ (per motore per es.) (*app. elett.*), magneto. **3.** ~ a ferro di cavallo (*elettromag.*), horseshoe magnet. **4.** ~ a mantello (*elettromag.*), ironclad magnet. **5.** ~ antiarco (o rompiarco) (*elettromag.*), blowout magnet. **6.** ~ anulare (usato per apparecchio di sollevamento per es.) (*elettromag.*), annular magnet, ring magnet. **7.** ~ d'accensione (*app. elett. per mot.*), ignition magneto. **8.** ~ di campo (*elettromecc.*), field magnet. **9.** ~ di compensazione di sbandata (per la correzione delle bussole nautiche e aeronautiche) (*navig.*), heeling magnet. **10.** ~ di scatto (*elett.*), releasing magnet. **11.** ~ di sollevamento a poli mobili (di una gru per es.) (*app. sollevamento*), lifting magnet with movable poles. **12.** ~ di sollevamento con fermi (od appigli) di sicurezza (*app. sollevamento*), lifting magnet with safety pawls. **13.** ~ di statore (*elettromecc.*), field magnet. **14.** ~ freno (di un contatore elettrico) (*elett.*), brake magnet. **15.** ~ gemello (*per mot.*), twin magneto. **16.** ~ permanente (*elett.*), permanent magnet. **17.** ~ schermato (*app. elett. per mot.*), screened magneto, shielded magneto. **18.** ~ temporaneo (*elettromag.*), temporary magnet. **19.** ~ -volano (per il sistema di accensione di una motoretta per es.) (*mot. - elett.*), flywheel magneto.

magnete-volano (o volano-magnete: per l'impianto di accensione di una motoretta o di un fuoribordo per es.) (*mot. - elett.*), magneto flywheel.

magnètico (*a. - fis.*), magnetic, mag. **2.** ago ~ (*fis.*), magnetic needle. **3.** campo ~ (*fis.*), magnetic field. **4.** equatore ~ (*geofis.*), magnetic equator. **5.** flusso ~ di dispersione (*elettromag.*), leakage flux. **6.** meridiano ~ (*geofis.*), magnetic meridian. **7.** momento ~ (*fis.*), magnetic moment.

magnetino (di avviamento, vibratore) (*elett. - mot. aer.*), booster coil.

magnetismo (*fis.*), magnetism, mag. **2.** ~ residuo (*fis.*), magnetic retentivity. **3.** ~ terrestre (*geofis.*), terrestrial magnetism.

magnetite (Fe_3O_4) (*min.*), magnetite, loadstone.

magnetizzabile (*elett. - fis.*), magnetizable.

magnetizzare (*fis.*), to magnetize.

magnetizzazione (*fis.*), magnetization. **2.** ~ ad impulsi (*elettromag.*), flash magnetization. **3.** ~ residua (*elettromag.*), residual magnetization. **4.** ~ specifica (*elettromag.*), specific magnetization.

magnetochimica (*elettromag. - chim.*), magnetochemistry.

magnetoelasticità (*fis.*), magnetoelasticity.

magnetoelèttrico (*fis. - elett.*), magnetoelectric.

magnetofluidodinamica (*fis.*), magnetohydrodynamics, magnetogasdynamics, hydromagnetics, magnetofluiddynamics.

magnetofluidodinamico (*fis.*), magnetohydrodynamic, magnetogasdynamic, magnetofluiddynamic, hydromagnetic. **2.** conversione magnetofluidodinamica (delle particelle del raggio del plasma) (*fis.*), magnetohydrodynamic conversion, MHD conversion.

magnetofono (registratore magnetico) (*app. elettroacus.*), magnetic recorder, magnetic reproducer. **2.** ~ giranastri (apparecchio per la lettura dei nastri magnetici) (*elettroacus.*), tape player.

magnetogasdinamica (magnetoidrodinamica del plasma) (*s. - fis. plasma*), magnetogasdynamics.

magnetografo (per registrare le variazioni dell'intensità del campo magnetico terrestre) (*app. geofis.*), magnetograph.

magnetoidrodinamico (*a. - fis. plasma*), hydromagnetic.

magnetomeccanica (*s. - fis.*), magnetomechanics.

magnetomeccanico (*a. - fis.*), magnetomechanic.

magnetòmetro (strumento che misura il campo magnetico) (*strum. mis.*), magnetometer. **2.** ~ terrestre (*strum. geofisico*), magnetometer, earth inductor.

magnetomotore, magnetomotrice (*a. - elett.*), magnetomotive.

magnetone (quanto del momento magnetico di una particella elementare) (*fis. atom.*), magneton.

magnetoottica (*fis.*), magneto-optics.

magnetopausa (spazio compreso tra magnetosfera e spazio interplanetario) (*s. - astr.*), magnetopause.

magnetoplasmadinamica (studia la generazione di corrente elettrica) (*s. - fis. plasma*), magnetoplasmadynamics.

magnetoplasmadinamico (*a. - fis. plasma*), magnetoplasmadynamic.

magnetoresistenza (*n. - elettromag.*), magnetoresistance.

magnetoresistività (*s. - elettromag.*), magnetoresistivity.

magnetoscopia (ricerca di cricche nei materiali ferrosi che utilizza polveri magnetizzabili) (*tecnol. mecc.*), magnetic-particle test. **2.** ~ con sistema Magnaflux (*tecnol. mecc.*), Magnaflux test.

magnetoscòpio (strumento che indica la presenza di linee di forza magnetiche) (*strum. metall.*), magnetoscope.

magnetosfera (regione dominata dal campo magnetico della terra o di un corpo celeste) (*geofis. - astr.*), magnetosphere. **2.** coda della ~ (fenomeno dovuto al vento solare) (*s. - astr.*), magnetotail.

magnetostatica (*s. - fis.*), magnetostatics.

magnetostrittivo (*s. - elettromag.*), magnetostrictive.

magnetostrizione (deformazione meccanica di una sostanza magnetica) (*fis. elettromag.*), magnetostriction.

magnetron (valvola termoionica nella quale il flusso elettronico è regolato da un campo magnetico) (*termoion.*), magnetron. **2.** ~ a cavità (*termoion.*), cavity magnetron. **3.** ~ ad anodo spaccato (*termoion.*), split-anode magnetron. **4.** ~ a sintonia (magnetron ad onda fissa) (*termoion.*), fixed-tuned magnetron. **5.** ~ multicavità (*termoion.*), multiresonator magnetron, multicavity magnetron. **6.** ~ risonante (*termoion.*), resonant magnetron. **7.** ~ sintonizzabile (*termoion.*), tunable magnetron.

magnone (per il fissaggio articolato della balestra al telaio) (*veic.*), carrier. **2.** ~ (uno dei quanta dell'onda di spin) (*fis. atom.*), magnon.

magnox (lega di magnesio con piccoli quantitativi di Be, Ca e Al, usata in reattori nucleari) (*leghe*), " Magnox".

magra (*s. - idr.*), low water.

magro (*a. - gen.*), lean. **2.** ~ (di malta povera di calce o di calcestruzzo povero di cemento) (*a. - mur.*), lean. **3.** carbone ~ (*comb.*), lean coal.

maiòlica (vasellame di maiolica), majolica.
"maiossatura" (formatura in forma di legno o metallo) (*mft. vetro*), blocking.
mais (*agric.*), maize.
maiùscola (lettera ~) (*s. - tip.*), capital letter, maiuscule letter.
maiuscolo (*a. - tip. - elab.*), upper case, capital, maiuscule.
makò (cotone egiziano non tinto) (*tess.*), maco.
malachite ($CuCO_3.Cu(OH)_2$) (*min.*), malachite.
malaria (*med.*), malaria.
malattìa (*gen.*), disease, sickness. **2.** ~ dei pascoli (*ind. lana*), pastoral pest. **3.** ~ professionale (*ing. sanitaria*), industrial disease, occupational disease. **4.** indennità di ~ (*lav. - pers.*), sickness allowance.
mal d'aria (*aer. - med.*), airsickness, aerial sickness.
mal di mare (*nav. - med.*), seasickness.
mal di montagna (*med.*), mountain sickness.
mal di spazio (*med. - astric.*), space sickness.
malfunzionamento (cattivo funzionamento di un apparecchio per es.) (*gen.*), malfunction. **2.** ~ (degradazione: condizione di impiego di un elaboratore le cui memorie e periferiche non possono essere totalmente utilizzate) (*elab.*), degradation.
malleàbile (*metall.*), malleable. **2.** ghisa ~ (*metall.*), malleable cast iron, malleable iron.
malleabilità (*metall.*), malleability.
malleabilizzare (*metall.*), to malleableize, to malleablize.
malleabilizzazione (mediante trattamento termico) (*metall.*), malleabilization, malleablizing.
malloppo (cavo per manovre di dirigibile) (*aer.*), trail rope.
malm (giura bianco, giura superiore) (*geol.*), malm, White Jura.
malta (di calce, di cemento ecc.) (*mur.*), mortar. **2.** ~ aerea (che indurisce solo all'aria) (*ed.*), ordinary mortar. **3.** ~ anidritica (*ed.*), anhydrite mortar. **4.** ~ colloidale (malta liquida colloidale) (*ed.*), colloidal grout. **5.** ~ di bitume (*ed.*), bitumen mortar. **6.** ~ di calce (*ed.*), lime mortar. **7.** ~ di calce aerea (*ed.*), nonhydraulic lime mortar. **8.** ~ di calce e cemento (malta bastarda) (*ed.*), cement lime mortar. **9.** ~ di calce per intonaco (*ed.*), lime plaster mix. **10.** ~ di cemento (*mur.*), mortar of cement. **11.** ~ di cemento con aggiunta limitata di calce (*ed.*), cement stucco. **12.** ~ di gesso (*ed.*), gypsum mortar. **13.** ~ di gesso e calce (*ed.*), lime-sand gypsum plaster. **14.** ~ di magnesia (malta Sorel) (*ed.*), magnesium-oxychloride cement, Sorel's mortar. **15.** ~ di sabbia e gesso (*ed.*), sanded gypsum plaster mix. **16.** ~ di trass (fatta con terra vulcanica) (*mur.*), trass mortar. **17.** ~ fine per l'ultima mano dell'intonaco (*ed.*), putty. **18.** ~ fresca (che non ha ancora effettuato la presa) (*mur.*), green mortar. **19.** ~ liquida (per aggiunta di acqua: per penetrare nei più piccoli interstizi) (*mur.*), grout, larry. **20.** ~ per giunti (*ed.*), jointing mortar, fresh mixed mortar. **21.** ~ per iniezioni (miscela da applicare sotto pressione) (*ed.*), grouting mortar. **22.** ~ per intonachino a gesso (*mur.*), plaster finish. **23.** ~ per intonaco (*mur.*), plaster. **24.** ~ per intonaco a cemento (cemento Portland, acqua e sabbia) (*mur.*), cement plaster. **25.** ~ per murature (*ed.*), masonry mortar. **26.** ~ pozzolanica (*ed.*), pozzolana mortar. **27.** ~ refrattaria (*mur.*), refractory mortar.
maltasi (enzima) (*biochim.*), maltase.
maltèmpo (*meteor.*), bad weather.
malteni (*chim.*), malthenes.
malterìa (dove si fa il malto) (*ed. ind.*), malthouse.
malto (*fabbricazione della birra*), malt. **2.** infuso di ~ (~ frantumato miscelato con acqua; utilizzato nella distillazione per ottenere alcool; per il whisky per es.) (*ind. alimentare*), mash.
maltòsio ($C_{12}H_{22}O_{11}$) (disaccaride) (*chim.*), maltose.
maltrattare (un motore od una macchina per es.), to misuse.
mancante, lacking, short, missing. **2.** ~ (da un carico quando scaricato) (*a. - comm. - nav.*), "short landed".
mancanti (articoli mancanti dal materiale consegnato per es.) (*comm. - amm.*), shorts.
mancanza (di articoli alla consegna per es.) (*gen.*), shortness, lack. **2.** ~ (indisponibilità di materiali all'origine per es.), wantage.
mancare (sbagliare: un bersaglio per es.) (*gen.*), to miss. **2.** ~ (di materiali per es.), to lack, to want. **3.** ~ (un colpo per es.) (*di mot.*), to miss. **4.** ~ il colpo (*milit. - arma da fuoco*), to miss the mark.
mancato (detto di un getto difettoso a causa di mancanza di metallo all'atto della colata) (*a. - fond.*), poured short.
mancino (*op.*), left-hander.
mancione (rinforzo protettivo all'interno di un copertone in corrispondenza della rottura) (*aut.*), boot (am.).
mancorrente (corrimano, di una scala per es.) (*ed. - veic.*), banister, handrail.
mandamaschio a macchina (*att. macch. ut.*), tap holder.
mandare in onda (trasmettere) (*radio - telev.*), to air.
mandata (della pompa dell'olio di un motore per es.) (*mot.*), delivery. **2.** ~ (gettata: di aria per es. da un aerotermo) (*ventil.*), throw. **3.** ~ (lato mandata: di una pompa per es.), delivery side. **4.** altezza di ~ (di pompa per es.), delivery head. **5.** pressione di ~ (di pompa per es.), delivery head.
mandato (*leg. - comm.*), mandate, order. **2.** ~ commerciale (di vendita per es.) (*comm.*), agency. **3.** ~ di procura (*leg.*), warrant of attorney, power of attorney. **4.** ~ giudiziario (*leg.*), writ. **5.** ~, *vedi anche* delega.
màndorla (*agric.*), almond. **2.** ~ (seme, gheriglio) (*agric.*), kernel. **3.** ~ (piccolo bozzello ovale senza pulegge e dotato di scanalatura periferica e foro) (*nav.*), bull's-eye. **4.** olio di mandorle (*ind.*), almond oil.

mandriale (asta, barra, sbarra, per pulire un forno) (*metall.*), rabble.
mandrinare (allargare un tubo di una piastra tubiera internamente) (*mecc.*), to expand. **2.** ~ l'estremità del tubo (nella piastra tubiera di cald. per es.) (*mecc.*), to expand the tube end.
mandrinatrice (per tubi bollitori per es.) (*macch.*), expander.
mandrinatubi (mandrino per tubi) (*ut.*), pipe expander.
mandrinatura (di tubi) (*mecc.*), expanding.
mandrino (albero porta-utensile di una fresatrice, di una alesatrice, di un trapano ecc.) (*mecc. macch. ut.*), spindle, arbor (am.). **2.** ~ (albero conico o cilindrico sul quale viene fissato un pezzo forato da tornire o fresare) (*mecc. - macch. ut.*), mandrel, mandril. **3.** ~ (piatto o dispositivo rotante di fissaggio del pezzo od utensile) (*mecc.- macch. ut.*), chuck. **4.** ~ (della testa di un tornio per es.) (*mecc. - macch. ut.*), spindle, mandrel (ingl.). **5.** ~ (barra alesatrice) (*mecc. - macch. ut.*), boring bar. **6.** ~ (di piallatrice da legno) (*mecc.*), adze block (ingl.). **7.** ~ (per allargare le estremità dei tubi bollitori per es., per fissarli alle piastre tubiere) (*ut. mecc.*), expander. **8.** ~ (barra cilindrica usata per fucinare tubi, anelli ecc.) (*ut. fucinatura*), mandrel. **9.** ~ a centraggio automatico [(mandrino) autocentrante: di un tornio per es.] (*mecc. - macch. ut.*), self-centering chuck. **10.** ~ a collare (*mecc. - macch. ut.*), collet chuck. **11.** ~ a diaframma (per serrare un utensile) (*macch. ut.*), diaphragm chuck. **12.** ~ a espansione (*mecc.*), expanding mandrel, expanding arbor. **13.** ~ a forcella (per torni da legno) (*macch. ut.*), prong chuck. **14.** ~ autocentrante (*macch. ut.*), universal chuck, scroll chuck. **15.** ~ autocentrante a quattro morsetti (*macch. ut.*), universal four-jaw chuck. **16.** ~ a viti radiali (coppaia, anello a viti) (*macch. ut.*), shell chuck. **17.** ~ con fresa montata (*mecc. - macch. ut.*), arbor with cutter attached. **18.** ~ conico allargatubi (*tubaz.*), thimble. **19.** ~ con movimento assiale (*mecc. - macch. ut.*), traversing mandrel, traversing spindle. **20.** ~ di alesatura (*mecc. - macch. ut.*), boring spindle. **21.** ~ di bilanciamento (*macch.*), balancing arbor. **22.** ~ elettromagnetico (*mecc. - macch. ut.*), electromagnetic chuck. **23.** ~ flottante (*mecc. - macch. ut.*), floating chuck. **24.** ~ in due pezzi (*mecc.*), split mandrel. **25.** ~ magnetico (di tornio) (*mecc. - macch. ut.*), magnetic chuck. **26.** ~ non autocentrante (a griffe movibili separatamente) (*att. macch. ut.*), independent chuck. **27.** ~ per alesare (barra alesatrice) (*mecc. - macch. ut.*), boring bar. **28.** ~ per eccentrici (*mecc. - macch. ut.*), eccentric chuck. **29.** ~ per equilibratura mole (*mecc. - macch. ut.*), wheel balancing arbor. **30.** ~ per frese frontali (*mecc. - macch. ut.*), shell end mill arbor. **31.** ~ per punte da trapano (*mecc. - macch. ut.*), drill-stock, drill chuck. **32.** ~ per tubi (mandrinatubi) (*ut.*), pipe expander. **33.** ~ pneumatico (di macch. ut.) (*mecc.*), pneumatic chuck. **34.** ~ portacreatore (di dentatrice a creatore) (*mecc. - macch. ut.*), hob spindle. **35.** ~ portafresa (di una fresatrice) (*mecc. - macch. ut.*), cutter spindle, cutter arbor. **36.** ~ partamola (di una rettificatrice per interni per es.) (*mecc. - macch. ut.*), wheel spindle. **37.** ~ portapezzo (*mecc. - macch. ut.*), work spindle, work arbor. **38.** estremità di attacco a cono Morse del ~ (*mecc. - macch. ut.*), Morse taper bore spindle end. **39.** estremità scanalata del ~ (*mecc. - macch. ut.*), splined end of spindle. **40.** trafilatura con ~ (*mft. tubaz.*), mandrel drawing.
maneggevole (manovriero) (*nav.*), handy, sea-kindly. **2.** ~ (facile da usare) (*gen.*), handy.
maneggevolezza (manovrabilità) (di un aereo per es.), maneuverability, controllability. **2.** ~ (di un'autovettura) (*aut.*), handling.
maneggiare, to handle.
maneggio (mulinello, apparecchio per esperimenti aerodinamici costituito da un braccio girevole in un piano orizzontale e portante il modello all'estremità) (*aer.*), whirling arm. **2.** ~ delle merci (maneggio del carico) (*nav.*), cargo handling. **3.** ~ meccanico (movimentazione meccanica) (*trasp. ind.*), mechanized handling.
manetta (*mecc.*), hand lever. **2.** manette (*att. polizia*), handcuffs. **3.** ~ del gas (*mot. aer.*), throttle lever. **4.** dare ~ (accelerare) (*aer.*), to gun, to open the throttle.
manganare (passare al mangano: stoffa per es.) (*ind. tess.*), to mangle.
manganato (*chim.*), manganate. **2.** ~ (passato al mangano) (*a. - ind. tess.*), mangled.
manganese (Mn - *chim.*), manganese. **2.** ghisa al ~ (*metall.*), manganese cast iron.
mangànico (*chim.*), manganic.
manganina (lega per resistenze elett., bronzo con il 12% di Mn ed il 4% di Ni) (*metall. - elett.*), manganin.
manganite ($Mn_2O_3.H_2O$) (*min.*), manganite.
màngano (per stirare stoffe) (*macch. ind.*), mangle, ironer.
manganoso (*chim.*), manganous.
mangiadischi (*app. elettroacus.*), kind of portable record player.
mangianastri (*app. elettroacus.*), portable cartridge player, portable player of cassette tape.
mangiatoia (*agric.*), fodder trough, feedbox.
mangiavento (piccolo e robusto fiocco di cappa, spiegato in burrasca) (*nav.*), storm jib.
mangime (*agric.*), fodder. **2.** ~ conservato nei silos (*agric.*), ensilage.
mànica (appendice tubolare di un pallone per il gonfiamento) (*aer.*), neck. **2.** ~ a vento (segnavento) (*meteor. - aer.*), wind sleeve, wind cone, wind sock, air sleeve, air sock. **3.** ~ a vento (per ventilazione) (*nav. - ecc.*), wind scoop, windsail, trunk, downtake. **4.** ~ d'aspirazione (di una pompa) (*tubaz.*), suction hose. **5.** ~ di aerazione (a vento) (*nav.*), wind scoop, windsail, downtake. **6.** ~ di

gonfiaggio (di un aerostato per es.) (*aer.*), filling sleeve. **7.** ~ (o sagoma) rimorchiata (per esercitazioni di tiro contraereo per es.) (*aer.*), sleeve target, towed target. **8.** ~ rimorchiata (per rifornimento in volo per es.) (*aer. milit.*), drogue.

manichetta (tubo di plastica, gomma o tela) (*tubaz.*), hose. **2.** ~ (antincendi) (*tubaz.*), fire hose. **3.** ~ d'aspirazione (di una pompa) (*tubaz.*), suction hose. **4.** ~ di gomma (*tubaz.*), rubber hose. **5.** ~ di tela (*tubaz.*), canvas hose. **6.** ~ per freno pneumatico (di collegamento tra motrice e rimorchio per es.) (*tubaz.*), pneumatic brake hose. **7.** ~ per trivellazione (*tubaz.*), rock drill hose.

manichino (simulacro, di motore aeronautico per es., per la definizione dell'installazione) (*aer. - ecc.*), mock-up. **2.** ~ (modello, per prove dei sedili per es.) (*aut. - ecc.*), manikin. **3.** ~ (*att. sartoria*), dress form. **4.** ~ antropometrico (per definire le caratteristiche dei sedili di un'autovettura per es.) (*aut. - ecc.*), anthropometric manikin.

mànico (di strumento, di attrezzo per es.), handle. **2.** ~ (di martello, di ascia ecc.) (*ut.*), helve.

manicottino (a vite) di raggio (*bicicletta*), spoke nipple.

manicòtto (*mecc.*), sleeve, coupling, sleeve collar. **2.** ~ (*per tubaz.*), coupling, pipe coupling. **3.** ~ (cilindro forato usato per la giunzione di testa di tubi od alberi per es.) (*mecc.*), coupling box, box coupling, muff. **4.** ~ a forcella (*mecc.*), yoke. **5.** ~ conico (*mecc.*), taper sleeve. **6.** ~ copricanna (di una pistola per es.) (*arma da fuoco*), barrel casing. **7.** ~ d'accoppiamanto (giunto a manicotto: per alberi per es.) (*mecc.*), coupling box, box coupling. **8.** ~ di filatura (*ind. tess.*), spinning cot. **9.** ~ di protezione per tubi (nella trivellazione dei pozzi) (*min.*), casing protector. **10.** ~ di riduzione (raccordo a vite filettato internamente per giunzioni di tubi di diverso diametro) (*tubaz.*), reducing socket (ingl.), reducing pipejoint (ingl.). **11.** ~ distanziale (*mecc.*), spacing collar, thimble. **12.** ~ di unione (*mecc.*), coupling sleeve. **13.** ~ (flessibile) del radiatore (di raccordo tra radiatore e motore) (*aut.*), radiator hose. **14.** ~ liscio (*per tubaz.*), plain coupling. **15.** a ~ (di un utensile, dotato di foro per il montaggio sull'albero portautensili della macch. ut.) (*a. - ut.*), shell. **16.** alesatore a ~ (*ut.*), shell reamer.

manièro (castello) (*arch.*), manor house.

manifattura (*mft.*), manufacture.

manifatturiero (*a. - ind.*), manufacturing.

manifestazione (acrobatica per es.) (*aer. - ecc.*), exhibition.

manifestino (volantino) (*tip.*), leaflet.

manifèsto (*avviso*), notice. **2.** ~ (affisso) (*pubbl.*), placard, poster. **3.** ~ di carico (*comm. - nav.*), manifest, freight list. **4.** ~ pubblicitario (cartellone pubblicitario) (*pubbl.*), showcard.

maniglia (*mecc.*), handle. **2.** ~ (appiglio o maniglia per il passeggero all' interno dell'abitacolo) (*abitacolo aut.*), toggle. **3.** ~ (per cassetti) (*falegn.*), drawer pull. **4.** ~ (maglia apribile che serve per unire due catene ecc.) (*nav.*), shackle. **5.** ~ (per i passeggeri in piedi nei veicoli per trasporto pubblico per es.) (*veic.*), handhold. **6.** ~ alzacristallo (di aut.), door window regulator handle. **7.** ~ d'appiglio (*aut. - ecc.*), assist strap. **8.** ~ della porta (*aut.*), door handle. **9.** ~ di bloccaggio (di macch. utènsile) (*mecc.*), locking handle. **10.** ~ di regolazione del vetro del finestrino (*di aut.*), door window regulator handle, window winder. **11.** ~ di sollevamento (*mecc.*), lifting handle. **12.** ~ ferma cofano (*aut.*), bonnet fastener (ingl.), hood fastener (am.). **13.** ~ pendula (di un cassetto) (*falegn.*), drop drawer pull. **14.** ~ (per alzare il) finestrino (*ferr. - ecc.*), sash lift. **15.** ~ per finestra (*ed.*), window pull.

manigliame (maniglie) (*ed. - ecc.*), handles.

maniglione (maglia aperta, a forma di U con le estremità attraversate da una spina) (*mecc. - naut. - ecc.*), shackle, clevis. **2.** ~ (presa) (*mecc. - ecc.*), grip. **3.** ~ a vite (*nav.*), screw shackle. **4.** ~ dell'àncora (fra la catena e l'anello dell'àncora) (*nav.*), bending shackle.

manilla (*fibra*), Manila hemp.

"manino" (di macchina per confezioni per es.) (*imballaggio - ecc.*), finger.

manipolare (*gen.*), to manipulate. **2.** ~ (un tasto) (*tlcm.*), to key.

manipolato (*a. - elettrotel.*), keyed. **2.** segnale ~ (*a. - elettrotel.*), keyed signal.

manipolatore (*telegrafo*), sending key. **2.** ~ (sistema per il maneggio di sostanze radioattive attraverso uno schermo di sicurezza) (*ut. fis. atom.*), manipulator. **3.** ~ (mano meccanica, per togliere il pezzo stampato da una pressa per es.) (*tecnol. mecc.*), mechanical hand. **4.** ~ (dispositivo di trasmissione) (*eltn.*), keyer. **5.** ~ a tastiera (*telegrafo - ecc.*), keyboard sender. **6.** ~ di precisione (*app. nucleare*), master-slave manipulator.

manipolazione (modo di effettuare una determinata lavorazione) (*gen.*), handling. **2.** ~ (*mft. ind.*), manipulation. **3.** ~ (*elettrotel.*), keying. **4.** ~ di griglia (*radio*), grid keying. **5.** ~ di placca (*radio*), plate keying.

manìpolo (di lino, canapa, juta) (*tess.*), strick.

maniscalco, farrier, horseshoer. **2.** arnesi da ~, farrier's tools.

mannite ($C_6H_{14}O_6$) (usata nella fabbricazione di esplosivi) (*chim.*), mannitol.

mannòsio ($C_6H_{12}O_6$) (monosaccaride) (*chim.*), mannose.

mano (di smalto per es.) (*vn.*), coat. **2.** ~ di finitura (mano a finire) (*vn.*), finishing coat, finish. **3.** ~ di fondo (prima mano) (*vn.*), primer, priming coat, undercoat, body coat, subcoat couch. **4.** ~ di fondo al fosfato di zinco (*vn. aut.*), zinc phosphate primer. **5.** ~ di fondo a spianare (di stucco liquido per es. per far fronte a difetti della superficie), (*vn.*), roughstuff. **6.** ~ di fondo di stucco (liquido per es., applicato sul legno prima della verniciatura: turapori) (*vn. falegn.*), sealer. **7.** ~ di guida (sottile mano di vernice applicata sulla superficie o sullo stucco prima della carteggiatura) (*vn.*), guide coat. **8.** ~ di sfumatura (leggero velo di vernice) (*vn.*), mist coat. **9.** ~ di velatura (*pittura*), mist coat. **10.** ~ d'opera (*ind.*), labour (ingl.), labor (am.), hands. **11.** ~ d'opera diretta (*organ. lav. ind.*), direct labor. **12.** ~ d'opera improduttiva (*ind.*), nonproductive labor. **13.** ~ d'opera indiretta (*organ. lav. ind.*), indirect labor. **14.** ~ d'opera in eccesso (disporre di più operai del necessario) (*org. pers.*), overmanning. **15.** ~ d'opera necessaria (secondo l'analisi tempi: per un determinato tipo di lavoro continuamente ripetuto) (*analisi tempi*), basic crew. **16.** ~ d'opera non specializzata (*ind.*), unskilled labor, green labor. **17.** ~ d'opera produttiva (*ind.*), productive labor. **18.** ~ d'opera qualificata (*lav.*), semiskilled labor. **19.** ~ d'opera specializzata (*ind.*), skilled labor. **20.** ~ (o applicazione) incrociata (*vn.*), crossing coat. **21.** ~ isolante (di riempimento, " turapori") (*vn.*), sealer. **22.** ~ meccanica (manipolatore, per togliere il pezzo stampato dalla pressa per es.) (*tecnol. mecc.*), iron hand. **23.** ~ protettiva (di vernice antiruggine per es.) (*vn.*), shop coat. **24.** ~ terminale di impermeabilizzante (*mur.*), flush coat. **25.** a ~, by hand, manually. **26.** a ~ a ~, little by little. **27.** a ~ libera (*dis.*), freehand. **28.** a portata di ~, ready to hand, handy, within reach. **29.** azionato a ~, manually operated, hand-operated. **30.** dare la prima ~ di vernice (*vn.*), to apply the first coat of paint. **31.** fatto a ~, handmade. **32.** freno a ~ (*aut. - ecc.*), hand brake, parking brake. **33.** manovella a ~ (*mecc.*), hand crank. **34.** prima ~ (fondo) (*vn.*), primer, priming coat. **35.** prima ~ (di smalto per es.) (*vn.*), first coat. **36.** prima ~ (nella intonacatura per es.) (*mur.*), first coat. **37.** richiedente l'impiego di entrambe le mani per funzionare (di macch. ut., di utensile ecc.) (*sicurezza del lavoro*), bimanual. **38.** rotazione della ~ d'opera (*pers.*), labor turnover.

manodopera (*lav.*), *vedi* mano d'opera.

manografo (manometro regigtratore) (*strum.*), manograph, recording manometer, pressure recorder.

manometrico (*fis.*), manometric.

manòmetro (per gas e vapori) (*strum.*), gauge, manometer. **2.** ~ (misuratore di pressione) (*strum.*), pressure gauge, gauge. **3.** ~ a colonna d'acqua (per misurare la pressione dell'aria in millimetri di colonna d'acqua in un impianto di ventilazione) (*strum. mis.*), water gauge. **4.** ~ a colonna di liquido (*strum.*), manometer with liquid column. **5.** ~ a mercurio (*strum.*), mercury gauge. **6.** ~ Bourdon (*strum.*), Bourdon gauge. **7.** ~ campione (*strum.*), master gauge. **8.** ~ del carburante (*mot. aer.*), fuel pressure gauge. **9.** ~ della pressione di alimentazione (*mot. aer.*), boost gauge, manifold pressure gauge. **10.** ~ dell'aria (per misurare la pressione dell'aria nei serbatoi o nelle tubazioni di un impianto di frenatura ad aria compressa) (*strum. ferr. - ecc.*), air gauge. **11.** ~ dell'olio (*mot.*), oil pressure gauge. **12.** ~ di controllo (*strum.*), controlling gauge. **13.** ~ per pneumatici (*aut.*), tire gauge.

manométtere (*gen.*), to tamper.

manomissibile (*gen.*), tamperable. **2.** non ~ (sicuro contro false manovre di un disposito per es.) (*mecc. - ecc.*), foolproof.

manomissione (*gen.*), tampering.

manòpola (di leva meccanica, di manubrio ecc.) (*mecc.*), hand grip, knob, ball grip. **2.** ~ (di apparecchio radio per es.), knob. **3.** ~ (di ruota di timone) (*nav.*), spoke. **4.** ~ demoltiplicata (*eltn.*), vernier dial. **5.** comando a ~ (del cambio o del gas) (*mtc.*), handle control.

manoscritto (*a. - s. - gen.*), manuscript. **2.** ~ (scritto a mano o dattiloscritto ma non stampato) (*s. - tip.*), manuscript, script.

manovalanza (*op.*), manual labor.

manovale (*op.*), laborer, unskilled worker. **2.** ~ (*op. ferr. - min.*), yardman. **3.** ~ (badilante, spalatore) (*op. ed.*), navvy. **4.** ~ edile (*op. mur.*), hod carrier, hodman.

manovèlla (a mano: di una macchina), crank, winch. **2.** ~ (di albero a gomiti per es.) (*mecc.*), crank, throw. **3.** ~ a bracci (o a raggiera) (di torretta di tornio per es.) (*mecc.*), capstan handle. **4.** ~ alza cristalli (*aut.*), window winder. **5.** ~ d'avviamento (*mot.*), cranking handle, starting handle. **6.** ~ della testa a dividere (manovella del divisore) (*mecc. - macch. ut.*), index crank. **7.** ~ di arresto automatico (dispositivo di uomo morto a leva: di un locomotore elettrico per es.) (*ferr.*), deadman's handle. **8.** ~ equilibrata (*mecc.*), balanced crank. **9.** ~ per il sollevamento della tavola (*mecc. - macch. ut.*), table elevating crank. **10.** ad una sola ~ (di un albero a gomiti) (*a. - mot.*), single-throw. **11.** albero a gomiti a quattro manovelle (di mot. per es.), four-throw crankshaft. **12.** albero a ~ (di mot. stellare) (*aer. mot.*), crankshaft. **13.** controbraccio di ~ (tronco corto staccabile d'albero a manovella di mot. d'aviazione) (*mot. aer.*), " maneton ". **14.** girare la ~ (di un mot. per es.) (*mecc.*), to turn the crank.

manovellismo (*mecc.*), crank gear, crank mechanism.

manòvra, move, maneuver, manoeuvre. **2.** ~ (evoluzione) (*aer. - nav.*), maneuver. **3.** ~ (per l'inserzione o la disinserzione dei mot. elettrici) (*ferr. elett.*), transition. **4.** ~ a spinta (*ferr.*), pushing off. **5.** ~ centralizzata (*ind.*), central control. **6.** ~ di ancoraggio (*nav.*), anchoring. **7.** ~ di disinserzione (manovra di rallentamento) (*ferr. elett.*), backward transition. **8.** ~ falsa (*gen.*), false move, false movement. **9.** ~ per l'inserzione (manovra per l'avviamento) (*ferr. elett.*), forward trasition. **10.** ~ punta-tacco (del pedale del freno e dell'acceleratore) (*aut.*), heal and toe control, heel and toe operation. **11.** camera di ~ (*di sott.*), control room. **12.** margine di ~ con governale libero (*aer.*), maneuver margin with stick free. **13.** servizio di ~ (di una locomotiva in stazione o scalo merci) (*ferr.*), shunting work. **14.** servizio di ~ medio (di una locomotiva) (*ferr.*), medium shunting work. **15.** servizio di ~ pesante (di una locomotiva) (*ferr.*), heavy shunting work. **16.** sicuro contro false manovre (non manomissibile, di un dispositivo per es.) (*mecc. - ecc.*), foolproof. **17.** spazio per la ~ (specchio d'acqua sgombro e disponibile) (*nav.*), sea room. **18.** ~, *vedi anche* manovre.

manovrabilità (*gen.*), maneuverability, maneuvrability. **2.** ~ (di una nave) (*nav.*), handiness. **3.** ~ (maneggevolezza) (di un aereo) (*aer.*), maneuverability, controllability.

manovrare (*gen.*), to maneuver, to manoeuvre. **2.** ~ (una nave) (*nav.*), to handle. **3.** spazio per ~ (*nav.*), sea room.

manovratore (conduttore di vettura tranviaria per es.) (*op.*), motorman, driver. **2.** ~ di scambi (*ferr.*), shunter, switchman.

manòvre (*nav.*), rigging. **2.** ~ (*esercitazioni milit.*), maneuvers, manoeuvres. **3.** ~ correnti (*nav.*), running rigging. **4.** ~ dormienti (*nav.*), standing rigging. **5.** ~ fisse (*nav.*), standing rigging.

manovrièro (*a. - nav.*), handy, sea-kindly.

mansarda (*arch.*), mansard.

mansione (incarico, cómpito) (*gen.*), job. **2.** inventario delle mansioni (*pers.*), job inventory. **3.** metodo della graduazione delle mansioni (*pers. - valutazione lavoro*), job ranking system.

mantellata (mantellatura, rivestimento per difesa delle sponde) (*costr. idr.*), mattress.

mantèllo (parte inferiore del pistone) (*mot.*), skirt. **2.** ~ (carcassa, involucro metallico, di un cubilotto) (*fond.*), shell. **3.** ~ dello stantuffo (fascia di guida del pistone) (*mecc.*), piston skirt. **4.** ~ per elica (intubatura conica montata attorno all'elica per aumentarne la spinta ecc.) (*nav.*), propeller nozzle. **5.** magnete a ~ (*elettromecc.*), ironclad magnet.

mantenere (*gen.*), to keep. **2.** ~ costante (una quantità, per es.) (*fis. - chim.*), to conserve, to keep constant. **3.** ~ in efficienza (*ind.*), to maintain. **4.** ~ una pressione per quanto possibile vicina alla pressione atmosferica normale (pressurizzare: la cabina di un aeroplano) (*aer.*), to pressurize.

mantenimento (di una temperatura per es.) (*fis.*), holding.

màntice (*aut.*), hood (ingl.), (folding) top (am.). **2.** ~ (soffietto) (*ut. fond.*), bellows. **3.** ~ (soffietto intercomunicante: tra due carrozze contigue di un treno viaggiatori) (*ferr.*), vestibule bellows. **4.** ~ (*fot.*), bellows. **5.** ~ (di un organo per es.) (*app. per l'invio forzato di aria*), blowing apparatus. **6.** ~, *vedi anche* "capote".

mantiglio (amantiglio) (*nav.*), lift.

mantissa (di logaritmo) (*mat.*), mantissa. **2.** ~ (nei numeri a virgola mobile la parte significativa delle cifre che precedono la virgola) (*elab.*), fixed point part, mantissa.

manto (armatura di sostegno provvisoria di archi e volte) (*mur.*), jack laggings. **2.** ~ (copertura esterna della superficie di un muro) (*mur.*), mantle (ingl.). **3.** ~ (superficiale di una strada con legante di catrame o bitume e di spessore inferiore a 38 mm) (*strad.*), carpet. **4.** ~ di estradosso della centina (elementi di legno interposti tra la centina e l'arco allo scopo di trasferire il peso dell'arco, durante la costruzione, sulla centina) (*ed.*), lagging. **5.** ~ bituminoso (di una superficie stradale) (*strad.*), blanket. **6.** ~ di pietrischetto bitumato (sotto al manto di usura) (*costr. strad.*), binder course. **7.** ~ di tegole (*ed.*), tile covering. **8.** ~ di usura (manto superficiale) (*costr. strad.*), wearing course. **9.** ~ idrofugo (bituminoso, applicato sui muri esterni contro l'umidità) (*mur.*), plaster bond.

mantovana (*ed.*), gableboard.

manuale (*a.*), manual. **2.** ~ (*s. - libro*), handbook, manual. **3.** ~ di istruzione (documentazione per l'esecuzione di programmi) (*elab.*), run book, problem folder. **4.** ~ di istruzione per la revisione (di un motore, macch. utènsile ecc.) (*ind.*), overhaul manual, overhaul handbook.

manubrio (di motocicletta per es.), handlebar. **2.** ~ (di arma da fuoco), bolt handle.

manufatto (fatto a mano) (*ind.*), handwork. **2.** ~ (*ind.*), manufactured article, manufacture.

manutenzione (*gen.*), maintenance, upkeep. **2.** ~ (*mot. - mecc.*), maintenance, servicing. **3.** ~ correttiva (*ind.*), corrective maintenance. **4.** ~ ordinaria (di un motore, autoveicolo ecc.) (*gen.*), routine maintenance. **5.** ~ preventiva (*ind.*), preventive maintenance. **6.** ~ programmata (*ind.*), planned maintenance, scheduled maintenance. **7.** ~ stradale (*strad.*), roading. **8.** effettuare una efficiente ~ (mantenere in buono stato di efficienza) (*gen.*), to upkeep. **9.** eseguire la ~ (*gen.*), to service. **10.** tecnico della ~ (di una ditta) (*pers. - ind.*), maintenance engineer.

maona (chiatta) (*nav.*), lighter, barge.

mappa (*geogr. - cart.*), map. **2.** ~ (stampato che indica la posizione di programmi, dati ecc. nella memoria dell'elaboratore; tabella di corrispondenza) (*s. - elab.*), map. **3.** ~ catastale (*cart. - top.*), cadastral map.

mappare (*elab.*), to map. **2.** ~ la memoria (dedicare parte della memoria principale: p. es. ad un terminale video) (*elab.*), to map memory.

mappatura (azione di caricamento fisico degli indirizzi nella memoria principale) (*elab.*), mapping.

marabù (tessuto di seta grezza) (*tess.*), marabou, marabout.

marca (ditta costruttrice di una macchina per es.) (*ind.*), make. **2.** ~ (linea di galleggiamento) (*nav.*), Plimsoll, Plimsoll mark, Plimsoll line. **3.** ~ (marcatura: segno, simbolo: p. es. messo all'inizio o alla fine di un nastro) (*elab.*), sentinel. **4.** ~ assicurativa (*pers.*), insurance stamp. **5.** ~ da bollo (*comm. amm. - leg.*), revenue stamp, fiscal. **6.** di ~ diversa (detto della parte di un sistema non dello stesso produttore della restante parte) (*elab.*), alien. **7.** marche del bordo libero (*nav.*), freeboard markings. **8.** ~ di pescaggio (o di immersione) (*nav.*), draught mark. **9.** tipo di ~ da bollo (*finanz.*), stamp duty, stamp tax.

marcapiano (cornice orizzontale esterna) (*arch.*), stringcourse, water table.

marcare (*gen.*), to mark. **2.** ~ (punzonare, un pezzo collaudato da un funzionario del Registro per es.) (*mecc. - ecc.*), to stamp, to mark. **3.** ~ a fuoco (con ferro rovente, legno, cuoio ecc.) (*gen.*), to brand. **4.** ~ con linee (o con tacche) (*gen.*), to score. **5.** ~ il centro con punta da centri (*mecc.*), to center-drill.

marcassite (FeS_2) (pirite bianca) (*min.*), marcasite.

marcatempo (orologio marcatempo) (*organ. lav.*), time clock, time recorder.

marcatura (*gen.*), marking. **2.** ~ (particolare segno che denota una variazione, una diversità ecc.) (*elab.*), mark. **3.** ~ della parola (bit di interpunzione, che indica l'inizio o la fine di una parola) (*elab.*), word mark. **4.** ~ di fine (p. es. alla fine di una registrazione) (*elab.*), end mark, end spot. **5.** ~ di fine campo (*elab.*), end of field mark. **6.** ~ di fine flusso (fine dei dati che provengono dall'archivio) (*elab.*), end of file mark. **7.** ~ di fine nastro (*elab.*), end of tape mark. **8.** ~ di inizio (p. es. di una registrazione) (*elab.*), beginning mark. **9.** ~ di registrazione (*elab.*), record mark. **10.** ~ di riferimento (per es. su di un disco per la temporizzazione) (*elab. - mecc.*), index point. **11.** ~ sul nastro (indica con evidenza la fine di una registrazione su di un nastro o la fine dello stesso nastro) (*elab.*), tape mark.

"marchetto" (cilindro o cilindri pneumatici sotto la tavola di una pressa per fornire una contropressione di ritorno: usato in operazioni di stampaggio o imbutitura supplementari e rivolte sempre verso l'alto) (*mecc.*), cushion. **2.** ~ pneumatico (*mecc.*), pneumatic cushion.

marchiatura (*gen.*), branding.

marchio (stampigliato), stencil. **2.** ~ (sulle pecore) (*ind. lana*), brand. **3.** ~ di controllo (*comm.*), check. **4.** ~ di fabbrica (*comm. ind.*), trade-mark. **5.** ~ (di fabbrica) depositato (*ind. - leg.*), registered trade-mark. **6.** ~ di garanzia (~ ufficiale: p. es. su oro o argento con l'indicazione del titolo) (*comm.*), hallmark.

marcia (funzionamento di motore, macchina ecc.), running. **2.** ~ (su strada, di un'autovettura per es.) (*aut. - ecc.*), ride. **3.** ~ (di cambio di aut.) (*mecc.*), gear, speed. **4.** ~ (di cambio di aut.), *vedi anche* velocità. **5.** ~ (*cinem.*), motion. **6.** ~ a basso regime (*mot.*), slow running. **7.** ~ a quattro fotogrammi (per giro di manovella) (*cinem.*), four-frame motion. **8.** ~ avanti (di un motore elettrico per es.) (*mot.*), forward running. **9.** ~ avanti (di cambio di aut. per es.) (*mecc.*), forward gear, forward speed. **10.** ~ a vuoto (*mot.*), idling. **11.** ~ a vuoto (di un motore per es.) (*elett.*), unloaded running. **12.** ~ bidirezionale (di una automotrice ferr. per es.) (*ferr.*), working in either direction. **13.** ~ in avanti (di un veicolo), forward movement. **14.** ~ in avanti (*nav.*), ahead movement. **15.** ~ in curva (*aut.*), cornering. **16.** ~ indietro (di un motore elettrico per es.) (*mot.*), reverse running. **17.** ~ indietro (di cambio di aut. per es.) (*mecc.*), reverse gear. **18.** ~ indietro (moto di) (*veic.*), reverse movement. **19.** ~ indietro (*nav.*), astern movement. **20.** ~ in parallelo (*di macch. elett.*), running in parallel, working in parallel. **21.** ~ lenta (minimo) (*mot.*), idling, slow running. **22.** ~ lenta (per il posizionamento di una parte di macch. ut.) (*macch. ut. a c. n.*), creep speed. **23.** ~ scorrevole (*mot. - macch.*), smooth running. **24.** ~ sovramoltiplicata (per impartire all'albero di trasmissione una velocità superiore a quella del motore, usata su autostrada, per es.) (*aut.*), overdrive. **25.** a inversione di ~ (*mecc.*), reversible. **26.** andare in ~ avanti (di aut. per es.), to go in forward gear. **27.** andare in ~ indietro (di aut. per es.), to go in reverse. **28.** cambio di ~ (operazione di cambiare la marcia) (*aut.*), shifting. **29.** cambio di ~ verso le marce superiori (passaggio a marcia superiore) (*aut.*), up shifting. **30.** confortevolezza di ~ (*aut.*), ride comfort. **31.** dispositivo di selezione delle marce (complessivo meccanico costituito da forcelle, aste, molle ecc. che, comandato dalla leva del cambio, effettua lo spostamento delle marce) (*di cambio di aut.*), gearshift. **32.** in ~ (*mot. - macch.*), running. **33.** in ordine di ~ (*mot.*), in running conditions, in running order. **34.** inversione di ~ (*di macch.*), reverse. **35.** mettere in ~ (un altoforno per es.) (*metall.*), to blow in. **36.** passaggio alla ~ inferiore (*aut.*), downshift, down shifting. **37.** rimettere in ~ (*mecc.*), to restart.

marcia-arresto (di una macchina) (*macch.*), on-off.

marciante (di automezzo per es.), running.

marciapiède (*strad.*), sidewalk, pavement (ingl.). **2.** ~ (*ferr.*), platform. **3.** ~ (*nav.*), footrope. **4.** ~ mobile (per trasporto di persone) (*trasp.*), moving sidewalk, traveling sidewalk.

marciare a vuoto (*mecc.*), to idle. **2.** ~ in parallelo (*di macch. elett.*), to run in parallel.

marciavanti (sistema di avanzamento di uno scavo in terreno sciolto) (*min.*), forepoling, spiling (am.), spilling (ingl.). **2.** ~ (spessa tavola a spigoli vivi usata per l'omonimo metodo di avanzamento) (*min.*), forepole (am.), spile (ingl.), spiling (am.), lath (ingl.).

marcio (*a. - gen.*), rotten.

marcire (*gen.*), to rot, to decay.

marciume secco (nel legname stagionato) (*legn.*), dry rot.

marconigramma (*radio*), marconigram, radiogram, wireless.

marconista (*aer. - nav.*), wireless operator.

marconiterapìa (diatermia) (*med. - elett.*), diathermy.

mare (*mar.*), sea. **2.** ~ agitato (mare forza 5) (*mar.*), rough sea. **3.** ~ al traverso (*nav.*), beam sea. **4.** ~ calmo (mare forza 0 della scala internazionale del mare) (*mar.*), calm sea. **5.** ~ corto (maretta, mare rotto) (*mar.*), rippling, short sea, choppy sea. **6.** ~ di leva (mare morto, mare vecchio) (*mar.*), swell, hollow sea. **7.** ~ di poppa (*nav.*), following sea. **8.** ~ di prua (*nav.*), head sea. **9.** ~ di traverso (*nav.*), abeam sea, athwart sea. **10.** ~ grosso (mare forza 7) (*mar.*), high sea. **11.** ~ leggermente mosso (mare forza 2) (*mar.*), smooth sea. **12.** ~ libero (*mar.*), open sea. **13.** ~ lungo (*mar.*), long sea. **14.** ~ molto agitato (mare forza 6) (*mar.*), very rough sea. **15.** ~ molto grosso (mare forza 8) (*mar.*), very high sea. **16.** ~ molt'o mosso (mare forza 4) (*mar.*), moderate sea. **17.** ~ morto (mare vecchio) (*mar.*), swell, hollow sea. **18.** ~ mosso (mare forza 3) (*mar.*), slight sea. **19.** ~ piatto (*mar.*), smooth sea. **20.** ~ poco mosso (con piccole onde, mare forza 2) (*mar.*), smooth sea. **21.** ~ quasi calmo (con increspature) (mare forza 1) (*mar.*), calm sea. **22.** ~ rotto (maretta, mare corto) (*mar.*), choppy sea. **23.** ~ tempestoso (mare forza 9) (*mar.*), phenomenal sea. **24.** ~ vecchio (mare morto) (*mar.*), hollow sea, swell. **25.** alto ~ (mare aperto, mare libero) (*mar.*), high sea, open sea, deep sea. **26.** atto a tenere il ~ (*nav.*), seaworthy. **27.** colpo di ~ (forte ondata che colpisce una nave) (*nav.*), sea. **28.** di alto ~ (*nav.*), seagoing. **29.** di ~ (*a. - mar.*), seafaring. **30.** in ~ (di uomo caduto in mare da bordo) (*nav.*), overboard. **31.** in ~ (sul mare) (*nav.*), at sea. **32.** in ~ aperto (di lavoro o luogo distante dalla costa) (*a. - gen.*), offshore. **33.** livello del ~ (*top.*), sea level. **34.** mal di ~ (*nav. - med.*), seasickness. **35.** per ~ (*mar.*), by sea. **36.** prendere il ~ (*nav.*), to go to sea. **37.** presa d'acqua di ~ (per il raffreddamento del motore per es.) (*nav.*), sea water intake. **38.** riva del ~ (*geogr.*), seaside. **39.** schiuma di ~ ($H_2Mg_2Si_3O_9nH_2O$) (*min.*), sepiolite, sea foam, meerschaum. **40.** stato del ~ (forza del mare) (*nav.*), sea state. **41.** sul ~ (a galla) (*nav.*), afloat. **42.** tenere il ~ (*nav.*), to keep the sea.

marèa (*mar.*), tide. **2.** ~ crescente (*mar.*), rising tide. **3.** ~ di quadratura (*mar.*), neap tide. **4.** ~ discendente (riflusso) (*mar.*), ebb tide, falling tide. **5.** ~ equinoziale (*mar.*), spring tide. **6.** ~ massima (*mar.*), spring tide. **7.** ~ minima (*mar.*), neap tide. **8.** ~ montante (*mar.*), flood tide. **9.** ~ sigiziale (*mar.*), spring tide. **10.** alta ~ (*mar.*), high tide. **11.** bassa ~ (*mar.*), low tide. **12.** di ~ (*a. - mar.*), tidal.

mareggiata (*mar.*), sea storm.

maremòto (*geofis.*), seismic sea wave, seaquake, submarine earthquake.

mareògrafo (*strum. mar.*), tide gauge.

maresciallo (*milit.*), warrant officer.

maretta (mare corto) (*mar.*), rippling, choppy sea, short sea.

marezzare (striare artisticamente con vernice: imitando il marmo per es.) (*vn. ed.*), to marble.

marezzato (venato) (di marmo per es.) (*gen.*), veined. **2.** ~ (*a. - fot. - ecc.*), moiré.

marezzatura (*fot. - ecc.*), moiré. **2.** ~ (marmorizzazione) (*vn.*), marbling. **3.** ~ (effetto ottico dovuto a striature) (*mft. vetro*), wave.

marezzo (imitazione del marmo) (*ed.*), marbled surface.

"marforming" (deformazione plastica a freddo dell'acciaio martensitico per incrudirlo) (*metall.*), marforming.

marginale (*gen.*), marginal. **2.** ~ (detto di una produzione che dà un profitto appena sufficiente a coprire i costi di produzione) (*a. - econ.*), marginal. **3.** ~ (di una probabilità per es.) (*stat.*), marginal. **4.** costo ~ (*econ.*), marginal cost.

marginare (provvedere di un margine, dare un margine) (*gen.*), to margin. **2.** ~ (*tip.*), to margin.

marginatore (*s. - macch. per scrivere*), margin setting control. **2.** ~ (per mantenere ferma la carta sensibile durante l'esposizione nella stampa di un ingrandimento, per es.) (*s. - fot.*), easel.

marginatura (esecuzione di margini) (*tip.*), margining. **2.** ~ (regolo metallico usato dallo stampatore per regolare i margini dei fogli) (*att. tip.*), furniture. **3.** arresto della ~ (*macch. dattilografica*), margin stop.

màrgine (*gen.*), margin, edge, border. **2.** ~ (*strad.*), wayside, shoulder. **3.** ~ (di un disegno) (*dis. mecc.*), border. **4.** ~ (economico) (*comm. - ind.*), margin. **5.** ~ di guida (di una carta perforata) (*elab.*), guide margin. **6.** ~ di manovra con governale fisso (*aer.*), maneuver margin with stick fixed. **7.** ~ di manovra con governale libero (*aer.*), maneuver margin with stick free. **8.** ~ di profitto (importo aggiunto al costo per calcolarne quello di vendita) (*comm.*), markup, profit margin. **9.** ~ di riferimento del documento (~ di riferimento per l'allineamento dei caratteri: nella lettura al lettore ottico p. es.) (*elab.*), document reference edge. **10.** ~ di riposo (striscia di sicurezza, tra un fotogramma ed il successivo) (*cinem.*), barrier. **11.** ~ di sicurezza (*gen.*), margin of safety. **12.** ~ di taglio (di un libro) (*tip.*), fore edge. **13.** ~ di vendita (*comm.*), markup. **14.** ~ guida (p. es. di una scheda perforata, foglio di carta, nastro ecc.) (*elab.*), guide edge. **15.** ~ per archiviazione (p. es. di moduli sul cui ~ vanno praticati i fori di archiviazione in raccoglitori) (*elab.*), file margin. **16.** ~ statico (la distanza orizzontale dal centro di gravità alla linea di sterzo neutro divisa per il passo di un autoveicolo) (*aut.*), static margin. **17.** ~ statico a governale bloccato (*aer.*), static margin with stick fixed. **18.** ~ statico a governale libero (*aer.*), static margin with stick free. **19.** ~ superiore (testata di un foglio stampato) (*tip.*), head.

maricultura (cultura di organismi animali e/o vegetali in acqua marina) (*s. - mar.*), mariculture.
marina (l'insieme delle navi possedute da una nazione) (*nav. - mar. milit.*), marine. **2.** ~ militare (*mar. milit.*), navy. **3.** ~ mercantile (*nav.*), merchant marine, mercantile marine, merchant service.
marinaio (*mar. mercantile*), seaman, sailor. **2.** ~ (*mar. milit.*), marine, bluejacket, leatherneck. **3.** ~ scelto (*nav.*), able seaman.
marino (*a. - nav.*), marine. **2.** fondo ~ (*mar.*), seabottom. **3.** motore ~ (*mot.*), marine engine.
marìttimo (*a. - nav.*), marine. **2.** via marittima (*nav.*), seaway.
marketing (mercatistica) (*comm.*), marketing.
marmetta (piastrella, per il rivestimento di pavimenti) (*ed.*), floor tile, paving tile.
marmitta (di scarico) (*mot.*), silencer, muffler. **2.** ~ di scarico antiscintilla (silenziatore di scarico antiscintilla) (*mot.*), spark arresting exhaust silencer **3.** ~ di scarico catalitica (*aut.*), catalytic muffler.
marmo (*geol.*), marble. **2.** ~ (piastra di marmorizzazione, sulla quale viene formata e raffreddata la levata di vetro) (*mft. vetro*), marver. **3.** ~ artificiale (*mur.*), artificial marble. **4.** cava di ~ (*min.*), marble quarry. **5.** polvere di ~, sawdust (of marble).
marmoreo (*min.*), marmoreal, marmorean.
marmorizzare (imitare le venature del marmo), to marble, to marbleize (am.).
marmorizzazione (imitazione delle venature del marmo), marbling, marbleization.
marmotta (segnale basso) (*ferr.*), position target, dwarf signal, pot signal.
marna (*min.*), marl, loam rock.
marnièra (*cava di marna*), marlpit.
marocchino (*cuoio*), morocco leather, morocco.
maroso (*mar.*), surge, billow, roller. **2.** spuma di ~ (*mar.*), surf.
marra (braccio: dell'àncora) (*nav.*), arm. **2.** estremità della ~ (dell'àncora) (*nav.*), peak. **3.** unghia della ~ (di una patta) (*nav.*), (anchor) pea, bill.
marsigliese (embrice, tegola piatta) (*ed.*), plain roofing tile.
"marstraining" (martensite straining), *vedi* "marforming".
martellamento (delle sedi valvole di un motore a comb. interna per es.) (*mecc.*), pounding-in, hammering-in. **2.** ~ (rumore: in un motore che gira) (*mecc.*), pounding, knocking. **3.** ~ (delle rotaie: da parte delle ruote motrici e dovuto per es. all'inerzia di parti non equilibrate) (*ferr.*), hammer blow.
martellare (*mecc.*), to hammer. **2.** ~ (a penna: metalli, cuoio per es.) (*ind.*), to peen. **3.** ~ (per spianare la lamiera) (*mecc.*), to planish.
martellatrice (*macch. fucinatura*), swaging machine, round-swaging machine.
martellato (*mecc.*), hammered. **2.** ~ (lavorato a martello) (*a. - metall.*), wrought by hammer. **3.** ~ a penna (*tecnol. mecc.*), peened.
martellatura (*mecc.*), hammering. **2.** ~ (con martellatrice, di un fucinato) (*fucinatura*), round swaging, all-round swaging. **3.** ~ a getto (*mecc.*), *vedi* pallinatura. **4.** ~ a penna (*tecnol. mecc.*), peening. **5.** ~ rotativa (*fucinatura*), rotary swaging.
martelletto (del ruttore di magnete per es.) (*elettromecc.*), breaker arm. **2.** ~ (leva porta-carattere, di una macchina per scrivere) (*mecc.*), typebar. **3.** ~ del distributore (spazzola del distributore: dello spinterogeno di motore) (*elett.*), distributor rotor arm. **4.** ~ pressore (di una stampante ad impatto) (*elab.*), print hammer.
martellina (attrezzo usato per la finitura di pietre già sbozzate) (*att.*), hack hammer, facing hammer, spalling hammer. **2.** ~ (utensìle per scultori e scalpellini), marteline. **3.** ~ (bocciarda) (*att. mur.*), bushhammer. **4.** ~ (ut. cilindrico usato per ravvivare le pietre di un'olandese per es.) (*ut. mft. carta*), burr. **5.** ~ americana (con 6-12 lance taglienti ricambiabili) (*att. mur.*), bushhammer. **6.** ~ a punta di diamante (*ut. mft. carta*), diamond point burr. **7.** ~ a spirale (*ut. mft. carta*), spiral burr. **8.** ~ da pavimentatore (*ut. mur.*), reeling hammer. **9.** ~ da scrostatore (o per disincrostazione) (*att. cald.*), scaling hammer.
martellinare (lavorare con martellina americana (*mur.*), to bushhammer.
martellinatura (lavorazione con martellina americana) (*mur.*), bushhammering. **2.** ~ (per ravvivare le pietre di un'olandese per es.) (*mft. carta*), burring, dressing.
martèllo (*ut.*), hammer. **2.** ~ a ribadire (*ut.*), riveting hammer, rivet snap, snap. **3.** ~ a spianare (per superficie lamiera) (*ut. lattoniere*), planishing hammer. **4.** ~ a stampo (per ribadire) (*ut.*), die shaped hammer. **5.** ~ con penna a granchio (*ut.*), farrier's hammer. **6.** ~ con penna tonda (*ut.*), ball-peen hammer. **7.** ~ da calderaio (*ut.*), boilermaker's hammer. **8.** ~ da carpentiere (*att.*), claw hammer. **9.** ~ da fontaniere (*ut.*), plumber's hammer. **10.** ~ da fotoincisore (*ut.*), smasher hammer. **11.** ~ da grana (*att. mur.*), *vedi* bocciarda. **12.** ~ da maniscalco (*ut.*), shoeing hammer (ingl.). **13.** ~ da muratore (*ut.*), brick hammer, bricklayer's hammer, mason's hammer. **14.** ~ da tappezziere (*ut.*), upholsterer's hammer (ingl.), tack hammer. **15.** ~ da vetraio (*ut.*), glazier's hammer. **16.** ~ di peso medio a due bocche (per scalpellino) (*ut.*), knapping hammer. **17.** ~ elettrico (funzionante con energia elettrica) (*ut.*), electric hammer. **18.** ~ perforatore (*att. min.*), rock drill, hammer drill, rock hammer. **19.** ~ per ribadire (*ut.*), riveting hammer, rivet snap, snap. **20.** ~ (pneumatico) per ribadire (chiodature) (*att.*), rivet gun, riveting gun, pneumatic riveting hammer. **21.** ~ per sbozzare (pietre) (*ut.*), scabbling hammer. **22.** ~ per spianare (la superficie della lamiera) (*ut. lattoniere*), planishing hammer. **23.** ~ piano (buttarola) (*ut. fabbro*), set hammer (ingl.). **24.** ~ pneumatico (*att.*), pneumatic hammer.

martensite (*metall.*), martensite. **2.** deformazione della ~, *vedi* "marforming".
martensitico (*metall.*), martensitic.
Martin, acciaio ~ (*metall.*), open-hearth steel.
martinetto (cricco, binda) (*mecc.*), jack. **2.** ~ a cremagliera (*att. sollevamento*), rack-and-lever jack. **3.** ~ a vite (*att. sollevamento*), screw jack, jackscrew. **4.** ~ a vite per la piegatura delle rotaie ("cagna") (*ferr.*), jim crow. **5.** ~ di trazione (*macch.*), pulling jack. **6.** ~ idraulico (*macch.*), hydraulic jack. **7.** ~ idraulico a carrello (sollevatore idraulico a carrello) (*att. sollevamento*), dolly-type hydraulic jack, portable hydraulic jack. **8.** ~ idraulico a colonna (cricco idraulico a colonna) (*att. sollevamento*), column-type hydraulic jack. **9.** ~ per boccole (*ut. ferr.*), journal jack. **10.** ~ per l'azionamento dell'ugello (*mecc. di mot. aer.*), nozzle operating ram. **11.** ~ per piallatrici (*macch. ut.*), planer jack. **12.** martinetti stabilizzatori (per impedire il rovesciamento della cassa di una gru ferroviaria per es.) (*ferr.*), jack arms. **13.** alzare mediante ~ (*mecc.*), to jack. **14.** sede del ~ (sede del cricco, attacco del martinetto, al bordo inferiore della carrozzeria) (*aut.*), jacking point. **15.** ~, *vedi anche* binda.
"martino" (berta spezzaghisa, berta spezzarottami) (*metall. - fond.*), drop ball.
mas (motosilurante) (*mar. milit.*), motor torpedo boat, mosquito boat, PT boat.
mascella (di un frantoio per es.) (*min. - ecc.*), jaw. **2.** ~ del frantoio (*min. - ecc.*), crushing jaw.
màschera (robusto attrezzo con bussole di acciaio durissimo: per guidare l'utensile) (*att. mecc.*), jig. **2.** ~ (per stampigliatura di numeri, sigle ecc.) (*att.*), stencil. **3.** ~ (parte anteriore del cofano di automobile con feritoie o persiana, per la ventilazione) (*aut.*), grill, louver. **4.** ~ (ornamentale) (*arch.*), mask. **5.** ~ (modello o forma di sottile lamiera o di cartone: p. esempio per il taglio del pacco delle finte pelli di un sedile nell'ind. aut.), template. **6.** ~ (in un teatro per es.) (*op.*), page (am.). **7.** ~ (mascherina, usata nella separazione dei colori) (*fotomecc.*), mask. **8.** ~ (per protezione facciale) (*att. sicurezza op.*), faceplate. **9.** ~ (impiegata nella fabbricazione dei circuiti integrati mediante processo fotografico) (*s. - tecnol. - eltn.*), mask. **10.** ~ a casco (per saldatura) (*att. sicurezza op.*), welder's helmet. **11.** ~ a contornire (*mecc.*), contour template. **12.** ~ antigas (*milit.*), gas mask, muzzle. **13.** ~ a sagoma (semplicemente impostata sul pezzo) (*att. mecc.*), clamp jig. **14.** ~ a scatola (che racchiude completamente il pezzo) (*att. mecc.*), box jig. **15.** ~ (o attrezzo) con bloccaggio a cono (*att. mecc.*), cone-lock jig. **16.** ~ delle alte luci (nella separazione dei colori) (*fotomecc.*), high-light mask. **17.** ~ di compilazione (per inserire o sopprimere caratteri o segni) (*elab.*), editing mask. **18.** ~ di controllo (*att. mecc.*), inspection fixture. **19.** ~ di controllo della foratura (*mecc.*), drilling inspection fixture. **20.** ~ di estrazione (costituita da una successione di caratteri di controllo) (*s. - elab.*), mask, extractor. **21.** ~ di foratura (*att. mecc.*), drilling jig, toolmaker's button. **22.** ~ di lamiera (per stampigliare lettere o numeri su pareti: mediante vernice per es.) (*gen.*), masterplate. **23.** ~ di montaggio (attrezzo appositamente costruito per assiemare e tenere fissate nella posizione definitiva per il montaggio, le parti strutturali componenti una ala di aeroplano [scalo], una carrozzeria d'auto per es. ecc.) (*mecc.*), assembly jig (am.). **24.** ~ di riscontro (*att. mecc.*), checking jig. **25.** maschere ed attrezzi (*tecnol. mecc.*), jigs and fixtures. **26.** ~ intermedia (*fotomecc.*), intermediate mask. **27.** ~ orientabile (maschera girevole) (*att. mecc.*), trunnion jig. **28.** ~ per anestesia (*strum. med.*), mask for anaesthetics. **29.** ~ per correzione di colore (*fotomecc.*), color corrector mask. **30.** ~ per foratura al trapano (*mecc.*), drilling jig. **31.** ~ per fresatura (*att. mecc.*), milling jig. **32.** ~ per (guidare la lama nel segare) giunti ad angolo (*ut. per carp.*), miter box. **33.** ~ per puntatura (mediante saldatura, di un complessivo) (*saldatura*), tack die. **34.** ~ per radiatore (griglia parasassi) (*aut.*), radiator cowl. **35.** ~ per riduzione di gamma (*fotomecc.*), range reduction mask. **36** ~ per saldatore (*att. sicurezza op.*), welder's helmet. **37.** ~ per sedi serrature (~ per tagliare, in una porta, la cavità per alloggiarvi la serratura) (*falegn.*), lockset. **38.** ~ per serigrafia (*ind. tip. - tess.*), silk-screen printing stencil. **39.** ~ scatolata di lavorazione multipla (scatola portapezzo che consente varie operazioni meccaniche sul pezzo) (*att.*), box jig. **40.** bussola per maschere (*mecc.*), jig bushing. **41.** forare con ~ (*operaz. mecc.*), to drill-jig.
mascheramento (mimetizzazione) (*milit.*), camouflage. **2.** ~ (cancellazione, soppressione del fascio) (*telev.*), blackout (am.), blanking (ingl.). **3.** ~ (di un suono spostando la soglia di udibilità) (*acus.*), masking. **4.** ~ (estrazione o sostituzione di caratteri) (*s. - elab.*), masking.
mascherare (per ritocco vn. aut. per es.) (*vn. a spruzzo*), to mask. **2.** ~ (un suono) (*acus.*), to mask. **3.** ~ (*elab.*), to mask. **4.** ~ (nascondere una parte dell'immagine, p. es. durante l'esposizione della positiva) (*fot.*), to hold.
mascheratura (per il trattamento parziale di un pezzo con soluzioni chimiche per es.) (*tecnol. mecc.*), masking. **2.** ~ (*fotomecc.*), masking. **3.** ~ (effettuata dinamicamente nel corso dello stampaggio) (*s. - fot.*), dodging. **4.** ~ (nella fabbricazione dei circuiti integrati: l'operazione di coprire le dovute zone con uno strato protettivo) (*tecnol. eltn.*), masking. **5.** ~ in stampa (effetti particolari introdotti nella fotografia: p. es. riporto di nubi da un'altra foto) (*fot.*), printing-in. **6.** ~ del colore (per eliminare un difetto) (*fotomecc.*), color masking. **7.** ~ per ritocco (nella vernice a spruzzo di automobile per es.) (*vn.*), masking for repair.
mascherina (calibro sagomato, sagoma) (*mecc.*),

template. **2.** ~ (per stampigliatura di numeri, sigle ecc.) (*vn.*), stencil. **3.** ~ (del radiatore: elemento ornamentale del frontale della vettura) (*aut.*), grille, grill.

mascherino (di macch. cinem.) (*fot.*), mask.

mascherone (ornamentale) (*arch.*), mask. **2.** ~ di grondaia (in aggetto) per scarico acqua (*arch.*), gargoyle.

maschetta (mensola di sostegno del tronco superiore, di un albero) (*nav.*), cheek.

maschiare (*mecc.*), to tap.

maschiatrice (*macch. ut.*), tapping machine. **2.** ~ per dadi (*macch. ut.*), nut tapping machine, tapper. **3.** ~ verticale a più mandrini (*macch. ut.*), multiple-spindle vertical tapping machine. **4.** ~ verticale automatica (*macch. ut.*), vertical automatic tapping machine.

maschiatura (*operaz. mecc.*), tapping.

maschiettatura (tipo di robusta giunzione di due tavole per es.) (*falegn.*), finger joint.

maschietto (cerniera a "paumelles", per battenti leggeri) (*carp. - ed.*), T hinge.

maschio (per filettare) (*ut. mecc.*), screw tap, tap. **2.** ~ (parte inferiore del tronco maggiore dell'albero per es.) (*nav.*), heel, tenon. **3.** ~ (pistone: nella fusione sotto pressione) (*fond.*), plunger. **4.** ~ (atto ad entrare nel corrispondente pezzo cavo) (*mecc.*), male. **5.** ~ (parte maschia di accoppiatore o giunto) (*mecc. - ecc.*), male connector. **6.** ~ (di un rubinetto) (*tubaz.*), plug. **7.** ~ ad espansione (*ut. mecc.*), collapsible tap. **8.** ~ a macchina (maschio studiato per essere impiegato in una macchina per maschiare dadi) (*ut.*), tapper tap. **9.** ~ a mano (*ut. mecc.*), hand tap. **10.** ~ creatore (per filiere) (*ut. mecc.*), hob tap, master tap. **11.** ~ d'albero (*nav.*), mast tenon, mast heel. **12.** ~ di formatura (che preme la lamiera nello stampo) (*stampaggio lamiera*), snapping tool. **13.** ~ finitore (*ut.*), bottoming tap (am.), finishing tap (ingl.). **14.** ~ intermedio (secondo maschio a filettare) (*ut. mecc.*), plug tap (am.), second tap (ingl.), middle tap. **15.** ~ per filettatura (passo) gas (*mecc.*), pipe tap. **16.** ~ per tubi (*ut.*), pipe tap. **17.** ~ sbozzatore (*ut.*), taper tap. **18.** ~ scanalato (*ut.*), fluted tap. **19.** gira maschi (*ut.*), tap wrench. **20.** terzo ~ a filettare (*ut. mecc.*), plug tap (ingl.), bottoming tap (am.).

mascon (concentrazione occulta di masse sotto la superficie lunare) (*s. - astr.*), mascon.

mascone (ciascuna delle due guance della prora) (*nav.*), bow. **2.** ~ di dritta (*nav.*), starboard bow.

maser (amplificazione delle micro-onde mediante emissione stimolata di radiazioni) (*fis.*), maser, microwawe amplification by stimulated emission of radiations.

masonite (per isolamento e costruzioni leggere) (*ed. - ind.*), masonite.

massa (*fis.*), mass. **2.** ~ (ritorno di un circuito elettrico) (*elettrico*), earth (ingl.), ground (am.). **3.** ~ (di dispositivo centrifugo: contrappeso) (*mecc.*), counterweight. **4.** ~ atomica (*fis. atom.*), atomic mass. **5.** ~ attiva (di accumulatore) (*elettrochim.*), paste. **6.** ~ cotta (massa di cristalli di zucchero) (*mft. zucchero*), massecuite. **7.** ~ cotta di 1° prodotto (*mft. zucchero*), first boiling massecuite. **8.** ~ cotta di 2° prodotto (*mft. zucchero*), intermediate massecuite, second boiling massecuite. **9.** ~ cotta di 3° prodotto (*mft. zucchero*), raw massecuite, third boiling massecuite. **10.** ~ critica (*fis. atom.*), critical mass. **11.** ~ d'aria (*meteor.*), air mass. **12.** ~ d'aria spostata (da un paracadute) (*aer.*), associated air mass. **13.** ~ di compensazione (di una superficie di comando) (*aer.*), mass-balance weight. **14.** ~ di compensazione a distanza (di una superficie di comando) (*aer.*), remote mass-balance weight. **15.** ~ di compensazione diffusa (di una superficie di comando) (*aer.*), distributed mass-balance weight. **16.** ~ di riposo (uguale alla massa di un corpo diminuita della massa supplementare acquistata dallo stesso quando in moto, secondo la teoria della relatività) (*fis.*), rest mass. **17.** ~ di ritorno (parte a massa di impianto elettrico di un aeroplano) (*aer. - elett.*), earth return. **18.** ~ inerziale (*fis.*), inertial mass. **19.** ~ isotopica (*fis. atom.*), isotopic mass. **20.** ~ radiante (di un radiatore) (*aut.*), core, radiator core. **21.** ~ relativistica (*fis. atom.*), relativistic mass. **22.** ~ subcritica (~ che non consente una reazione a catena autosostenuta) (*fis. atom.*), subcritical mass. **23.** ~ supercritica (~ che consente una reazione a catena autosostenuta) (*fis. atom.*), supercritical mass. **24.** a ~ (a terra) (*elett.*), earthed (ingl.), grounded (am.). **25.** calza di ~ (di un cavo) (*elett.*), earth braid. **26.** centro di ~ (baricentro) (*fis. - mecc. raz.*), center of mass, center of inertia. **27.** 500 V verso ~ (per la prova di un impianto per es.) (*elett.*), 500 V to earth. **28.** collegamento a ~ (connessione elettrica di parti metalliche di un aeroplano per es.) (*aer. - elett.*), bonding, electrical bonding. **29.** concentrazione di ~ ("mascon"; sulla superficie della luna per es.) (*astric.*), mass concentration, mascon. **30.** difetto di ~ (correzione di massa, di un isotopo, differenza fra il numero di massa e il peso atomico) (*fis. atom.*), mass defect. **31.** impianto a ~ (impianto a terra) (*elett.*), earthed system (ingl.), grounded system (am.). **32.** in ~, alla rinfusa (per es. di materiali sciolti) (*gen.*), in bulk. **33.** senza ~ (di alcune particelle ipotizzate prive di ~) (*fis. subatomica*), massless.

massèllo (*gen.*), block. **2.** ~ (blocco di metallo ottenuto per colata e destinato ad ulteriore lavorazione) (*ind. metall.*), lump, ingot. **3.** ~ (lingotto che ha subìto una prima sbozzatura al laminatoio, maglio o pressa) (*ind. metall.*), rough-rolled ingot, intermediate forging. **4.** ~ (durame, cuore del legno, parti più dure e compatte di un tronco) (*falegn.*), heartwood, duramen. **5.** ~ di acciaio (*ind. metall.*), steel lump, steel ingot. **6.** ~ di pietra squadrata per pavimentazione (*strad.*), paving stone.

massellotta (*metall. - fond.), vedi* materozza.
massicciata (*ferr.*), ballast. **2.** ~ (*strad.*), roadbed.
massiccio (massa rocciosa che si differenzia dalle circostanti rocce) (*s. - geol.*), horst. **2.** ~ (solido: di materiale da costr. per es.) (*a. - gen.*), massive. **3.** ~ di coltivazione (minerale tra i livelli) (*min.*), back. **4.** ~ di poppa (elemento strutturale in massello di legni) (*costr. nav. legno*), deadwood. **5.** ~ di prua (elemento strutturale in massello di legno) (*costr. nav. legno*), fore deadwood.
massico (*a. - fis.*), mass.
massicot (PbO) (ossido di piombo in polvere amorfa e gialla) (*chim.*), massicot.
massi erratici (*geol.*), erratic blocks.
massimale (*s. - gen.*), limit, ceiling. **2.** ~ di reddito (sul quale vengono calcolate le assicurazioni sociali per es.) (*finanz. - amm. pers.*), income limit, income ceiling.
massi-minimo (valore massimo in un insieme di minimi: teoria dei giochi) (*ricerca mat. sperimentale*), maximin.
massimizzazione (di profitti, per es.) (*ricerca operativa*), maximization.
màssimo (*gen.*), maximum. **2.** ~ (*mecc.*), maximum, peak, ultimate. **3.** ~ angolo di sterzata (*aut.*), steering lock. **4.** ~ comun divisore (*mat.*), greatest common factor, greatest common divisor, GCD. **5.** ~ rendimento (*ind.*), peak efficiency, maximum efficiency.
mass media (mezzi di divulgazione) (*cinem. - telev. - riviste - giornali - ecc.*), mass media.
mastello (recipiente basso di legno con fondo circolare) (*agric.*), tub.
masticare (plastificare: nella mft. gomma) (*ind.*), to masticate, to plasticize.
masticatrice (nella mft. della gomma per es.) (*macch.*), masticator.
masticazione (plastificazione: nella mft. gomma) (*ind.*), mastication.
màstice (resina ottenuta per incisione da una pianta) (*chim.*), mastic. **2.** ~ (soluzione di gomma) (*ind. gomma*), rubber cement, adhesive. **3.** ~ (per tubazioni, vetri ecc.), putty. **4.** ~ (di ossido di ferro ed olio di lino: per giunti di tubazioni per es.), iron putty. **5.** ~ (di minio e olio di lino) (*mecc.*), red-lead putty. **6.** ~ (per pneumatici), rubber cement. **7.** ~ all'ossido di ferro (*mecc.*), iron putty. **8.** ~ al minio (*mecc.*), red-lead putty. **9.** ~ conduttivo (di una candela per es.) (*elett. - mot.*), conductive glass seal. **10.** ~ di asfalto (*per strade*), asphalt mastic. **11.** ~ (di tenuta) per tubazioni a vite (olio di lino con minio di piombo) (*tubaz.*), pipe-joint putty. **12.** ~ liquido (stucco liquido: per livellare le ineguaglianze di una superficie) (*vn.*), liquid surfacer. **13.** ~ metallico (per riparazione dei getti di ghisa) (*tecnol. fond.*), iron cement. **14.** ~ per diamanti (cemento per diamanti, per fissare il diamante all'utensile) (*ut.*), diamond cement. **15.** ~ per giunzioni (ermetico), jointing compound. **16.** ~ per vetri (*ed.*), glazier putty.
masticiare (giunti di tubazioni per es.) (*mecc.*), to putty.
mastra (rinforzo a battenti di qualsiasi apertura praticata attraverso un ponte: per passaggio di un albero od altro) (*nav.*), partners, coamings. **2.** ~ d'albero (*nav.*), mast partners. **3.** ~ dell'argano (*nav.*), capstan partners. **4.** ~ del verricello (*nav.*), winch partners. **5.** ~ di boccaporto (*nav.*), hatch coamings, hatchway coamings. **6.** ~ di osteriggio (*nav.*), skylight coamings. **7.** battente della ~ (elemento trasversale della mastra) (*costr. nav.*), headledge.
mastro (libro contabile) (*contabilità*), ledger. **2.** ~ (capopiazza) (*op. mft. vetro*), gaffer.
masut (mazut, olio combustibile, residuato di petrolio) (*comb.*), mazut.
matafione (corto pezzo di sagola cucito alla vela: per serrarla al terzarolo) (*nav.*), reef point, point. **2.** matafioni d'inferitura (*nav.*), earings, reef earings.
matassa (*ind. tess.*), skein. **2** ~ (della lunghezza di 300 yarde per il lino e di 120 yarde per il cotone e la seta) (*mis. tess.*), lea. **3.** ~ (di 840 yarde per il cotone e di 560 yarde per la lana) (*mis. tess.*), hank. **4.** ~ (di filo di ferro, di cardoncino elettrico ecc.) (*ind.*), skein. **5.** ~ (avvolgimento di una macch. elett.) (*elettromecc.*), winding.
matassina (per lana ritorta 80 yarde, per cotone e seta 120 yarde, per lino 300 yarde) (*mis. ind. tess.*), lea.
"matelassé", *vedi* trapuntato.
matemàtica (*s.*), mathematics. **2.** ~ d'officina (*mat.*), shop mathematics. **3.** ~ elementare degli insiemi (*mat.*), new math, new mathematics. **4.** ~ pura (*mat.*), pure mathematics.
matemàtico (*a.*), mathematic. **2.** ~ (esperto in matematica) (*n. - mat.*), mathematician. **3.** modello ~ (*ricerca operativa*), mathematical model.
materassaio (*op.*), mattress maker.
materasso (per letto) (*att. domestico*), mattress.
matèria, matter, substance. **2.** ~ attiva (di piastra di accumulatore per es.) (*elettrochim.*), paste. **3.** ~ colorante (*chim. ind.*), dyestuff, dye. **4.** ~ plastica (*chim. ind.*), plastic material. **5.** ~ plastica rinforzata (*ind. chim.*), reinforced plastic, RP. **6.** ~ plastica siliconica (*ind. chim.*), silicone plastic. **7.** ~ prima (*ind.*), raw material, crude material. **8.** ~ prima per la produzione della colla (*ind.*), glue stock. **9.** ~ volatile (*chim.*), volatile matter.
materiale, material, stuff. **2.** ~ agglutinante (per fonderia per es.), binding material. **3.** ~ agglutinante ed adesivo (cemento) (*ind.*), bond. **4.** ~ alluvionale (*geol.*), alluvium. **5.** ~ antiacustico (*ed. - ind.*), soundproof material, sounddamping material, deadening. **6.** ~ antielettrostatico (*ind.*), antistatic. **7.** ~ arricchito (per mezzo di un isotopo per es.) (*fis. atom.*), enriched material. **8.** ~ assorbente (*chim.*), desiccant. **9.** ~ bellico (*milit.*), munition. **10.** ~ bituminoso (*mur.*), bituminous material. **11.** ~ carburante (*tratt. term.*), carburi-

zing material. **12.** ~ cellulare a cellule aperte (materiale plastico) (*ind. chim.*), open-cell cellular material. **13.** ~ cellulare a cellule chiuse (materiale plastico) (*ind. chim.*), closed-cell cellular material. **14.** ~ coibente (*gen.*), nonconducting material. **15.** ~ composito (formato da fibre di un materiale in una matrice di altro materiale tenero) (*tecnol.*), composite, composite material. **16.** ~ da copertura (*ed.*), roofing. **17.** ~ da costruzione (*ed.*), building material. **18.** ~ da inghiaiata (o da ballast) (*ferr.*), ballasting material, road metal. **19.** ~ da massicciata (*strad.*), roadbed material, road metal. **20.** ~ da recinzione, fencing. **21.** ~ da riempimento (*gen.*), packing. **22.** ~ da riproduzione (negativi, positivi, stereotipi ecc.) (*tip.*), reproductibles. **23.** ~ da rivestire (mediante processo elettrochimico ecc.) (*tecnol.*), substrate. **24.** ~ da stampaggio (per lo stampaggio di materie plastiche) (*ind. chim.*), molding material. **25.** ~ di apporto (per saldature) (*tecnol. mecc.*), weld material. **26.** materiali di consumo (*ind.*), expendable materials. **27.** ~ di deposito (*movimento terra*), spoil. **28.** ~ di protezione (sciolto) per suole di forni (*metall.*), fettling. **29.** ~ diretto (da sottoporre alle lavorazioni del processo produttivo) (*ind.*), direct material. **30.** ~ di ricupero (*ind. - off. - gen.*), salvage. **31.** ~ di riempimento (per fondazioni o scavi) (*mur.*), back-filling. **32.** ~ di rifiuto, rubbish. **33.** ~ di rinforzo posizionato (nello stampo) (*ind. plastica*), laid-up. **34.** ~ di riporto (*ing. civ.*), filling. **35.** ~ di rivestimento (di un cubilotto o siviera per es.) (*fond. - ecc.*), lining. **36.** ~ di scarico laterale (*costr. civ.*), side cutting. **37.** ~ di scarto (scartato) (*gen.*), discarded material, scrap. **38.** ~ di selleria (o tappezzeria) per sedili (*costr. carrozz. aut. - ferr.*), seating. **39.** ~ di sterro (*movimento terra*), cut. **40.** ~ espanso (per imballaggio di materiali delicati per es.) (*chim. ind.*), plastic foam, foamed plastic. **41.** ~ fertile (trasformabile in materiale fissile) (*fis. atom.*), fertile material. **42.** ~ fisso (*ferr.*), permanent way and stations. **43.** ~ greggio (*ind.*), raw material, stock, crude material. **44.** ~ impermeabilizzante (*ed.*), waterproofing material. **45.** ~ in barre (*ind. mecc.*), bar material. **46.** ~ in conto lavorazione (*ind. - amm.*), material against processing account. **47.** ~ in corso di lavorazione (*ind.*), throughput, material being processed. **48.** ~ indiretto (o di consumo: l'olio per la lubrificazione delle macch. utènsili, gli stracci, le scope, l'energia elett. ecc.) (*suddivisione amm. spese*), indirect material. **49.** ~ inerte (inerti, di calcestruzzo) (*ed.*), aggregate. **50.** ~ inerte (*ed.*), aggregate. **51.** ~ in fogli (*ind.*), sheeting. **52.** ~ informativo trasferito dalla memoria (mediante registrazione su nastro o reso leggibile sull'unità video) (*elab.*), readout. **53.** ~ insonorizzante, ~ fonoassorbente (~ isolante acustico) (*acus.*), acoustic material. **54.** ~ inutilizzato (sfrido, rottami, ritagli ecc.) (*ind.*), wasted material. **55.** ~ isolante (*elett. - term.*), insulating material. **56.** ~ lavorato (*ind. - mecc.*), machined product. **57.** ~ magnetico (sostanza magnetica) (*eltn.*), magnetic. **58.** ~, mano d'opera, spese generali (*amm. ind.*), material, labor, overhead; M.L.O. **59.** ~ mobile (*ferr.*), rolling stock, equipment. **60.** ~ passante (passante, attraverso il vaglio) (*min.*), undersize, passing. **61.** ~ per ammannitura (*vn.*), filler. **62.** ~ per arredamento interno della carrozzeria (*aut.*), trim. **63.** ~ per cementazione (per produrre indurimento superficiale) (*tratt. term.*), hardening. **64.** ~ perduto (per scarti o sfridi), wasted material. **65.** ~ per filtri (*ind.*), filtering material, filtering. **66.** ~ per l'apprettatura (*ind. tess.*), size. **67.** ~ per lo stampaggio dal foglio (*ind. plastica*), sheet molding compound, SMC. **68.** ~ per pavimenti (*ed.*), flooring. **69.** ~ per ponteggi (*mur.*), scaffolding. **70.** ~ per rivestimento interno (*gen.*), lining. **71.** ~ per tappezzatura (di muri), hangings, wallpaper. **72.** ~ per tubisteria (*tubaz.*), tubing. **73.** ~ plastico (*chim. ind.*), plastic material. **74.** ~ plastico per tenute (*ind.*), plastic sealing material. **75.** ~ proiettabile (~ scientifico istruttivo riprodotto su supporto trasparente e proiettabile su schermo) (*gen.*), projectual. **76.** ~ pubblicitario (*pubbl.*), advertising material. **77.** ~ recuperato in un naufragio (o operazioni relative) (*nav.*), salvage. **78.** ~ rotabile (*ferr.*), rolling stock, equipment. **79.** ~ scindibile (*fis. atom.*), fissile material. **80.** ~ sedimentario in sospensione (o sedimentato) (*geol.*), silt. **81.** ~ semilavorato (*ind. mecc.*), partly machined product, semifinished product, unfinished product. **82.** ~ sensibile (*fot.*), sensitive material. **83.** ~ suscettibile di fissione (per reattori nucleari per es.) (*fis. atom.*), fissile material. **84.** gestione dei materiali (*ind.*), stock management. **85.** indice di robustezza del ~ (*tecnol. mecc.*), material efficiency factor. **86.** raccolta di ~ di ricupero (*ind.*), salvage dump. **87.** snervamento del ~ (*tecnol. mecc.*), yielding of the material. **88.** tecnico dei materiali (di una ditta) (*pers. - ind.*), material engineer.

materòzza (*fond.*), feedhead, riser.

materozzamento (applicazione delle materozze) (*fond.*), feeding head set up, "risering".

matita (*uff.*), pencil. **2.** ~ a pastello (*per dis.*), pastel crayon. **3.** ~ automatica (a mine) (*att. per scrivere*), mechanical pencil. **4.** ~ copiativa (*uff.*), copying pencil. **5.** ~ elettrografica (*elab.*), conductive pencil. **6.** ~ nera (o di grafite), lead pencil.

matraccio (*app. chim.*), matrass, matras, mattrass. **2.** ~ graduato (*chim.*), volumetric flask.

matrice (*tip.*), matrix, printing plate. **2.** ~ (*mat.*), matrix. **3.** ~ (*min.*), *vedi* ganga. **4.** ~ (stampo inferiore) (*att. mecc.*), bottom die, matrix die. **5.** ~ (costituente fondamentale di una lega) (*metall.*), matrix. **6.** ~ (della ghisa: formata da perlite in gran parte e ferrite) (*fond.*), matrix. **7.** ~ (*geol.*), matrix. **8.** ~ (di una linotype per es.) (*macch. da stampa*), matrix. **9.** ~ (carta cerata per es., per ciclostile) (*uff.*), stencil. **10.** ~ (metallica per dischi) (*elettroacus.*), shell. **11.** ~ (insieme di posizioni di memoria indirizzabili per mezzo delle loro coordinate) (*s. - elab.*), matrix. **12.** ~ (parte non distaccabile che resta al compilatore; di assegno, di biglietto ecc.) (*amm. - comm.*), counterfoil. **13.** ~ a diodi (*elab.*), diode matrix. **14.** ~ della trafila (per ridurre la sezione: di un filo metallico per es. con la trafilatura) (*ut.*), bull block. **15.** ~ diagonale (*mat.*), diagonal matrix. **16.** ~ di confusione (*elab. voce*), confusion matrix. **17.** ~ di diffusione [matrice S] (*mecc. quantistica*), scattering matrix, S matrix. **18.** ~ di punti (~ per la generazione di caratteri di una stampante) (*eltn. - elab.*), dot matrix. **19.** ~ emisimmetrica (*mat.*), skew-symmetric matrix. **20.** ~ identica (~ diagonale unitaria) (*mat.*), identity matrix. **21.** ~ nulla (*mat.*), null matrix, zero matrix. **22.** ~ ottenuta per galvanostegia (per la produzione in serie) (*dischi fonografici*), master matrix. **23.** ~ per estrudere (*mecc. - metall.*), die. **24.** ~ per imbutire (stampaggio lamiere) (*tecnol. mecc.*), drawing die. **25.** ~ per piega (stampaggio lamiere) (*tecnol. mecc.*), forming die. **26.** ~ per trafila (trafila) (*mecc. - metall.*), die, die plate, drawplate. **27.** ~ per tranciare (lamiere) (*tecnol. mecc.*), blanking die. **28.** ~ S (matrice di scattering) (*mat.*), S matrix. **29.** ~ simmetrica (*mat.*), symmetric matrix. **30.** ~ trasportata (*mat.*), transpose. **31.** ~ unitaria (*mat.*), unitary matrix. **32.** realizzare la ~ (realizzare un originale da cui riprodurre le copie commercializzabili: di un disco fonografico per es.) (*elettroacus.*), to master.

matrìcola (numero categorico di ogni singola parte costituente il complessivo) (*mot. - macch.*), part number. **2.** libro ~ (*pers.*), registration book. **3.** numero di ~ (di individuazione: in una produzione di serie per es.) (*ind.*), serial number.

mattare (macellare) (*ind. della carne*), to slaughter.

mattatoio (di una città per es.) (*costr.*), slaughterhouse, abattoir, shambles.

matto (detto di superficie che diffonde la luce, contrapposto a lucido) (*a. - fis.*), mat, matt, matte.

mattone (*mur.*), brick. **2.** ~ acido, acid brick. **3.** ~ a sifone (mattone sistemato in modo da separare le scorie) (*fond.*), siphon brick, syphon brick. **4.** ~ a piena cottura (*mur.*), hard brick, hard-burned brick. **5.** ~ basico, basic brick. **6.** ~ con uno spigolo a becco di civetta (con uno spigolo arrotondato) (*mur.*), jamb brick. **7.** ~ cotto al sole (*mur.*), adobe. **8.** ~ da paramano (mattone speciale usato su parti esposte di un edificio, mattone a faccia vista) (*mur.*), facebrick, facing brick. **9.** ~ da pavimentazione (*strad.*), brick paving. **10.** ~ di rivestimento (di un forno per es.) (*fond.*), relining brick. **11.** ~ forato (*mur.*), hollow building tile, hollow brick. **12.** ~ forato per ventilazione (*mur.*), air brick. **13.** ~ greificato (*mur.*), glazed brick. **14.** ~ inglese (pietra friabile per pulire ponti per es.) (*nav.*), holystone. **15.** ~ leggero (*mur.*), light brick. **16.** ~ messo in opera di punta (*mur.*), header. **17.** ~ messo in opera per lungo (*mur.*), stretcher. **18.** ~ pressato (*mur.*), pressed brick. **19.** ~ rastremato (per costruzione di pozzi, archi ecc. per es.) (*mur.*), compass brick. **20.** ~ refrattario (*ind.*), firebrick, refractory brick. **21.** ~ refrattario di silice (*forni fusori*), silica brick. **22.** fabbrica di ~ (*ind. ed.*), brick factory, brickyard. **23.** rivestimento in ~ refrattari (di un forno per es.) (*ed.*), firebrick lining.

mattonèlla (mattonella decorata, vetrinata per pavimenti e rivestimenti) (*ed.*), paving tile. **2.** ~ (bricchetto) (*fond.*), briquette. **3.** ~ antiacustica (mattonella isolante) (*acus. ed.*), acoustic tile. **4.** mattonelle di combustibile (confezionate) in pacchi (*carbone comm.*), packaged fuel. **5.** ~ di lignite (*comb.*), brown coal briquette, lignite briquette. **6.** ~ di polvere di carbone (compresso) (*comb.*), coal briquette. **7.** ~ greificata (vetrificata: per pavimenti) (*mur.*), paving brick. **8.** ~ per pavimenti (*ed.*), floor tile. **9.** ~ smaltata (per rivestimento di muri e per pavimenti di bagni, cucine ecc.) (*mur.*), enameled brick. **10.** posa in opera di mattonelle (o di tegole) (*ed.*), tiling.

mattoniera (macchina per la fabbricazione dei mattoni) (*macch. ed.*), brick-molding machine.

maturare (*agric. - ecc.*), to ripen. **2.** ~ (scadere) (*finanz. - comm.*), to expire, to become due. **3.** ~ (il calcestruzzo, con acqua) (*mur.*), to cure.

maturato (in scadenza) (*finanz. comm.*), due.

maturazione (di vernici, per migliorare la qualità) (*vn.*), maturing. **2.** ~ (del calcestruzzo) (*mur.*), curing.

mausolèo (*arch.*), mausoleum.

maxwell (mx, unità di misura del flusso magnetico) (*mis. elett.*), maxwell, mx.

maxwell-spira (unità di flusso concatenato equivalente a quello di una spira con flusso magnetico di un maxwell) (*mis. elett.*), maxwell-turn.

mazout (residuo di petrolio), mazut.

mazza (*ut.*), maul, sledge, sledge hammer. **2.** ~ battente (di maglio) (*mecc.*), ram, tup. **3.** ~ battente (di un battipalo per es.) (*mecc.*), ram, tup. **4.** ~ da minatore (per frantumare il materiale) (*min.*), bucking hammer, bucking iron. **5.** ~ di legno (*att.*), wooden maul. **6.** ~ e asta (di un maglio a vapore) (*macch.*), ram and rod. **7.** ~ meccanica (mazza battente di un maglio meccanico) (*macch.*), ram, tup.

mazzapicchio (*att. strad.*), handrammer, maul (ingl.).

mazzaranga (*att. strad.*), tamper. **2.** ~ in ghisa (*att. mur. - strad.*), cast-iron tamper. **3.** ~ in legno (*att. mur. - strad.*), wooden tamper.

mazzetta (*att.*), uphand hammer. **2.** ~ (di porta, di finestra per es.) (*ed.*), reveal. **3.** ~ (fogli piegati di pasta di legno) (*mft. carta*), lap. **4.** ~ di 20 fogli di carta (20ª parte di una risma) (*ind. carta*), quire.

mazzuòlo (*ut.*), mallet. **2.** ~ da calafato (*ut. nav.*), caulking mallet. **3.** ~ di legno (*ut.*), wooden mallet, carpenter's mallet. **4.** ~ in legno da tubista (*ut.*), plumber's bossing mallet. **5.** ~ in cuoio (*ut. mecc.*), rawhide mallet.

"Mb", *vedi* megabyte.

meandro (*geol. - ecc.*), meander.

"MEC" (Mercato Comune Europeo, Comunità Economica Europea, CEE) (*finanz. - comm.*), EEC, European Economic Community, ECM, European Common Market.

meccànica (*s.*), mechanics. **2.** ~ applicata (*mecc.*), applied mechanics. **3.** ~ applicata alle strutture pesanti (ponti, dighe ecc.) (*sc. costr.*), barodynamics. **4.** ~ celeste (*astr.*), celestial mechanics, gravitational astronomy. **5.** ~ cinematografica (*cinem.*), motion-picture mechanics. **6.** ~ degli aeriformi (*sc.*), pneumatics. **7.** ~ dei fluidi (*mecc.*), fluid mechanics. **8.** ~ dei liquidi (*idr.*), hydromechanics. **9.** ~ dei solidi (*mecc.*), mechanics of solids. **10.** ~ quantistica (*fis.*), quantum mechanics. **11.** ~ razionale (*sc. mecc.*), theoretical mechanics, analytic mechanics. **12.** ~ statistica (*mecc.*), statistical mechanics.

meccànico (*a. - mecc.*), mechanic, mechanical. **2.** ~ (generico) (*s. - op.*), mechanician. **3.** ~ (op. addetto allo smontaggio, rimontaggio e riparazione di macchine) (*op. mecc.*), mechanic. **4.** ~ (op. abile nell'uso di macch. ut.) (*op. mecc.*), machinist. **5.** ~ aggiustatore (aggiustatore) (*op. mecc.*), fitter. **6.** ~ montatore (montatore) (*op. mecc.*), fitter. **7.** ~ per automobili (autoriparatore) (*op. - aut.*), motor mechanic, automobile repairman. **8.** attitudine meccanica (*psicol. ind.*), mechanical aptitude. **9.** capo ~, master mechanic.

meccanismo (*mecc.*), mechanism, motion, movement. **2.** ~ (del carrello di atterraggio di aeroplano, dello sterzo di autoveicolo ecc. per es.) (*mecc.*), gear. **3.** ~ (sistema meccanico che opera una specifica funzione; p. es.: ~ dello sterzo, ~ di comando valvole ecc.) (*mecc.*), gear. **4.** ~ a cremagliera (*mecc.*), rackwork. **5.** ~ a croce di Malta (di macch. cinematografica per es.) (*mecc.*), Geneva movement. **6.** ~ alternativo (*mecc.*), reciprocating mechanism. **7.** ~ (di scatto) alternativo (*cinem.*), shutter mechanism. **8.** ~ d'arresto automatico (*mecc.*), automatic stop motion. **9.** ~ dei prezzi (*econ.*), price mechanism. **10.** ~ della distribuzione (distribuzione di macchina a vapore) (*mecc.*), valve gear. **11.** ~ del timone (*nav.*), steering gear. **12.** ~ di alimentazione (di arma da fuoco) (*mecc.*), feeding device. **13.** ~ di angolazione (di un siluro) (*espl. mar. milit.*), angling gear. **14.** ~ di avanzamento (in una macchina) (*mecc. macch.*), feed motion. **15.** ~ di avanzamento (dei carboni di una lampada ad arco per es.) (*illum.*), feed mechanism. **16.** ~ di avanzamento del nastro (*macch. per scrivere*), ribbon movement. **17.** ~ di avvolgimento (*macch. tess.*), taking up device. **18.** ~ di caricamento e sparo (di un fucile, di una bocca da fuoco ecc.) (*armi da fuoco*), action. **19.** ~ di disinnesto (*mecc.*), throwout. **20.** ~ di governo (*nav.*), steering gear. **21.** ~ di incannatura (*ind. tess.*), winding motion. **22.** ~ di intervento a mano (che escluda il meccanismo automatico) (*mecc. - ecc.*), override. **23.** ~ di oscillazione assiale del mandrino portamola (*mecc.*), reciprocating wheel spindle mechanism. **24.** ~ di otturazione (di un cannone) (*mecc.*), breech mechanism. **25.** ~ di percussione (*mecc.*), percussion lock. **26.** ~ di ritorno (per far tornare indietro il carrello di una macch. ut.) (*mecc. - macch. ut.*), gigback. **27.** ~ di scoccamento (*ind. tess.*), backing-off motion. **28.** ~ di sgancio (*aer.*), releasing mechanism. **29.** ~ di sparo (delle armi da fuoco) (*mecc.*), gunlock. **30.** ~ di sterzo (*aut.*), steering gear. **31.** ~ di trascinamento (della pellicola in una macchina cinematografica) (*cinema*), film transport. **32.** ~ di trascinamento (per l'alimentazione, mediante un sistema intermittente, degli stampati in nastro continuo) (*elab.*), tractor. **33.** ~ di trascinamento (*elettroacus. - elab.*), *vedi* ~ di trasporto (o di trascinamento). **34.** ~ di trasporto [o di trascinamento] (~ che provvede al movimento di avanzamento di un nastro magnetico) (*elettroacus. - elab.*), transport. **35.** ~ divisore a rullo (di macch. utènsile per es.) (*mecc.*), roller indexing mechanism. **36.** ~ epicicloidale (*mecc.*), epicyclic train. **37.** ~ per movimento alternativo (*mecc.*), reciprocating mechanism. **38.** ~ per tirare il filo (di macch. tessile) (*tess.*), drawthread mechanism (ingl.). **39.** ~ pilota (che comanda un altro meccanismo) (*mecc.*), pilot. **40.** ~ ritardatore per relais (*elettromecc.*), relay timelag movement.

meccanizzare (*mecc.*), to mechanize.

meccanizzazione (*mecc.*), mechanization.

meccanografia (tecnica di elaborazione di informazioni basata sull'impiego di nastri o schede perforate) (*inf.*), data processing by punched cards and punched tapes.

meccanografico (procedura applicativa della meccanografia) (*inf.*), data processing system based on punched cards and punched tapes.

mècchia (punta per legno) (*ut. falegn.*), bit. **2.** ~ (punta a taglio regolabile) (*ut. carp.*), expansive bit, expansion bit. **3.** ~ a diametro registrabile (per menaruola) (*ut.*), expansive bit. **4.** ~ a tortiglione con prolunga (*ut.*), car bit with screw point. **5.** ~ per menaruola (*ut.*), woodboring brace bit.

mèda (segnale fisso a terra o su bassifondi) (*nav.*), seamark, beacon. **2.** ~ luminosa (*nav.*), light beacon.

medaglia (*coniatura*), medal. **2.** ~ per operai (contrassegno di presenza per operai) (*organ. lav. ind.*), metal token.

medaglioncino (piastrino di riconoscimento) (*milit.*), identity disk.

mèdia (*s. - gen.*), average. **2.** ~ (*s. - mat.*), mean. **3.** ~ aritmetica (ottenuta sommando le grandezze e dividendo per il loro numero) (*mat.*), arithmetical mean. **4.** ~ armonica (di due numeri per es.: uguale al reciproco della media aritmetica dei reciproci dei due numeri) (*mat.*), harmonic mean. **5.** ~ delle differenze (*stat.*), mean difference. **6.** ~ delle medie (*stat. - controllo qualità*), grand average, grand mean. **7.** ~ geometrica (p. es.: $x/a = x/b$, $x = \sqrt{ab}$ (*mat.*), mean proportional, geometric mean. **8.** ~ oraria (*gen.*), average per hour. **9.** ~ ponderale (uguale alla somma dei prodotti delle grandezze per il loro peso divisa per la somma dei pesi) (*stat.*), weighted mean, weighted average. **10.** ~ quadratica (radice quadrata della media dei quadrati di "n" numeri) (*mat. - stat.*), root-mean-square, mean square.

"mediametro" (indicatore di velocità media) (*strum. aut.*), average speed indicator.

mediana (*stat.*), median.

mediano (di mezzo) (*a. - gen.*), median.

mediatore (*comm.*), broker. **2.** ~ di noli marittimi (*comm.*), ship broker. **3.** ~ per conto del compratore (*comm.*), buying broker. **4.** ~ per conto del venditore (*comm.*), selling broker.

mediazione (*comm.*), brokerage.

medicina (*sc.*), medicine. **2.** ~ (preparato per curare malattie) (*med.*), medicine. **3.** ~ aeronautica e spaziale (*aer. - astric. med.*), aeromedicine (ingl.). **4.** ~ industriale (*med. ind.*), industrial medicine. **5.** ~ spaziale (*astric.*), space medicine.

medicinale (*a. - s. - med.*), medicinal.

mèdico (*a.*), medical. **2.** ~ (*s.*), physician, doctor. **3.** ~ paracadutista (*med. aer.*), paradoctor.

medina (mezzo guanto), mitt.

mèdio (*a. - gen.*), middle, mean, medial. **2.** ~ (tra due estremi) (*mat.*), mean. **3.** ~ (detto di consumo di un motore, di velocità di un aeroplano per es.) (*a. - gen.*), average. **4.** ~ (grado di lavorazione di una superficie metallica, tra grossolano e preciso) (*mecc.*), fine. **5.** ~ Oriente (*geogr.*), Middle East. **6.** tempo ~ di Greenwich, Greenwich mean time, GMT.

mediocre (avente qualità media) (*a. - gen.*), middling.

"Meehanite" (ghisa trattata nel cubilotto con un composto di siliciuro di calcio per determinare la grafitizzazione del carbonio ed aumentare la resistenza al caldo, all'erosione ed all'abrasione; usata per camme, ingranaggi, pistoni ecc.) (*metall.*), "Meehanite".

mega (10^6 = un milione) (*unità di mis. decimale*), mega. **2.** ~ (2^{20} = 1 048 576) (*unità di mis. inf.*), mega.

megabaria (bar = 10^6 dyn/cm^2 = 1,0197 kg/cm^2) (*unità di mis.*), bar.

megabit (2^{20} bit = 1 048 576 bit) (*elab.*), megabit.

megabyte (2^{20} byte = 1 048 576 byte) (*elab.*), megabyte.

megaciclo (*mis. elett. - radio*), megacycle. **2.** megacicli al secondo (*mis. elett. - radio*), megacycles per second, MC.P.S., mcps, mc/s.

megafarad (10^6 F) (*mis. elett.*), megafarad.

megàfono (*strum.*), megaphone. **2.** ~ elettronico (microfono ed altoparlante montati nello stesso apparecchio) (*elettroacus.*), hailer.

megahertz (un milione di hertz = MHz) (*unità di mis*), megahertz.

megalopoli (città di dimensione eccezionale) (*s. - città*), supercity, megalopolis.

megaohm (un milione di ohm) (*mis. elett.*), megohm.

megaòhmmetro (*strum. elett.*), megohmmeter, insulation tester, megger (ingl.).

megarad (un milione di rad) (*s. - mis. fis. atom.*), megarad.

megaton (forza esplosiva corrispondente a 1 016 000 t di dinamite) (*mis. forza espl. bomba atom. all'idrogeno*), megaton.

megavòlt (10^6V) (*mis. elett.*), megavolt.

megavoltelettrone (MeV) (*mis.*), million electron volts, Mev.

megawatt (un milione di watt) (*mis. elett.*), megawatt. **2.** ~ al giorno per t di combustibile (bruciato in una centrale termoelettrica per es.) (*prod. elett.*), megawatt day per ton.

"mel" (unità di misura di tono uguale ad 1/1000 di un tono avente la frequenza di 1000 periodi) (*mis. acus.*), mel.

melafiro (roccia eruttiva) (*geol.*), melaphyre.

melammina (*chim. - vn.*), melamine.

melassa, melasso (*mft. zucchero*), molasses.

melinite (*espl.*), melinite.

Mellotron (marchio depositato di uno strumento elettronico a tastiera per la riproduzione di suoni musicali) (*s. - elettroacus.*), Mellotron.

melma, mire, slush.

membrana (*gen.*), membrane. **2.** ~ (di carburatore ad iniezione per es.) (*mot.*), diaphragm. **3.** ~ (di altoparlante) (*elettroacus.*), diaphragm. **4.** ~ conica (di altoparlante per es.) (*acus.*), cone diaphragm. **5.** ~ semipermeabile (per osmosi per es.) (*fis. - chim.*), semipermeable membrane.

membro (di una società per es.) (*comm.*), member.

memoria (p. es. in un elaboratore: dispositivo che trattiene, per il tempo necessario, le informazioni ad esso inviate) (*elab.*), memory, storage. **2.** ~ (relazione scritta su un argomento tecnico per es.) (*gen.*), paper. **3.** ~ a bolle (~ a bolle magnetiche) (*elab.*), bubble memory. **4.** ~ a cassetta, *vedi* ~ a nastro in cassetta. **5.** ~ a compressione, *vedi* ~ ad impilaggio. **6.** ~ a controllo programmabile (*elab.*), writable control storage, WCS. **7.** ~ a coordinate, *vedi* ~ indirizzabile a coordinate. **8.** ~ acustica (o a linea di ritardo) (*acus. - elab.*), acoustic memory. **9.** ~ ad accesso casuale (*elab.*), random access memory, random access storage. **10.** ~ ad accesso diretto (operante su dischi o tamburi magnetici) (*elab.*), direct access storage, direct access memory. **11.** ~ ad accesso immediato (*elab.*), immediate-access memory. **12.** ~ ad accesso rapido (*elab.*), quick-access storage. **13.** ~ ad accesso sequenziale (*elab.*), sequential access memory. **14.** ~ ad accesso veloce (*elab.*), fast access memory, FAM. **15.** ~ ad impilaggio, *vedi* ~ a impilaggio. **16.** ~ a dischi (memoria che usa la registrazione magnetica su dischi rotanti) (*elab.*), disk storage, disk memory. **17.** ~ a dischi intercambiabili (unità costituita da uno o più dischi sostituibili) (*elab.*), exchangeable disk storage. **18.** ~ a disco (magnetico) con testina fissa (*elab.*), fixed-head disk storage. **19.** ~ a due livelli (risultante dall'insieme di una ~ principale e da una ausiliaria) (*elab.*), two-level storage. **20.** ~ a film sottile (tipo di ~ ad alta velocità) (*elab.*), thin-film memory, thin-film storage. **21.** ~ a filo placcato (tipo di ~ magnetica non volatile) (*elab.*), plated wire memory. **22.** ~ a impilaggio (tipo di ~ nella quale l'ultimo dato entrato sarà il primo ad essere prelevato) (*elab.*), pushdown storage, push-down storage, push-down stack. **23.** ~ a libero accesso (*elab.*), random-access storage. **24.** ~ a linea di ritardo (impiegata nell'unità di calcolo aritmetico) (*elab.*), circulating memory, delay-line memory. **25.** ~ a matrice (~ a coordinate; p. es. quella a nuclei) (*elab.*), matrix storage. **26.** ~ a molte porte (p. es. una ~ utilizzata per la trasmissione simultanea di dati) (*elab.*), multiport memory. **27.** ~ amorfa, *vedi* ~ ovonica. **28.** ~ a nastro in cassetta (*elab.*), cassette memory. **29.** ~ a nastro magnetico (*elab.*), magnetic tape storage, magnetic tape store. **30.** ~ a nuclei magnetici (*elab.*), core memory, core storage. **31.** ~ a pellicola sottile (tipo di ~ ad alta velocità) (*elab.*), thin-film memory, thin-film storage. **32.** ~ a ricircolazione (*elab.*), recirculating memory, bucket brigade memory. **33.** ~ a rigenerazione (~ nella quale i dati debbono essere rimemorizzati per evitarne la perdita) (*elab.*), regenerative memory. **34.** ~ a rinfresco, ~ a rigenerazione, ~ a ripristino (in un tubo catodico nel quale i dati vengono continuamente ripristinati per evitarne la perdita) (*elab.*), regenerative storage. **35.** ~ a semiconduttore (a mezzo transistori; RAM, ROM ecc. per es.) (*elab.*), semiconductor memory. **36.** ~ a sola lettura (~ non distruttiva; ~ che può solamente essere letta, ma mai cancellata) (*elab.*), Read Only Memory, ROM. **37.** ~ a sola lettura cancellabile e programmabile (*elab.*), erasable programmable read only memory, EPROM. **38.** ~ a sola lettura modificabile elettricamente (~ ROM modificabile, o cancellabile, elettricamente) (*elab.*), electrically alterable read only memory, EAROM, electrically alterable ROM. **39.** ~ associativa (~ indirizzabile in base al contenuto, anziché in base a nome, indirizzo ecc.) (*elab.*), associative memory, content addressed memory, associative storage. **40.** ~ a stato solido (~ costituita da circuiti integrati) (*elab.*), solid-state memory. **41.** ~ a tamburo (*elab.*), drum storage, drum. **42.** ~ a tamburo magnetico (*elab.*), magnetic drum storage. **43.** ~ attiva (dispositivo che ritiene dati o ordini per il tempo richiesto) (*elab.*), active storage. **44.** ~ ausiliaria (*elab.*), secondary storage, auxiliary storage. **45.** ~ ausiliaria per appunti (o ~ "scratch-pad"; piccola e rapida ~ ausiliaria) (*elab.*), scratch-pad memory. **46.** ~ binaria (*elab.*), binary storage. **47.** ~ cancellabile (~ registrata su supporto magnetico per es.) (*elab.*), erasable memory, erasable storage. **48.** ~ ciclica (p. es. a tamburo magnetico) (*elab.*), cyclic memory. **49.** ~ con ricerca in parallelo (*elab.*), parallel search storage. **50.** ~ con tempo di accesso zero (*elab.*), zero-access memory. **51.** ~ costituita da circuiti integrati monolitici (*elab.*), monolitic storage. **52.** ~ criogenica (sfrutta la superconduttività, è estremamente veloce, assorbe poca energia elettrica) (*elab.*), cryogenic memory. **53.** ~ d'entrata (*elab.*), input memory. **54.** ~ di controllo scrivibile (cioè programmabile) (*elab.*), writable control memory. **55.** ~ di lavoro (*elab.*), working memory. **56.** ~ di massa (~ esterna) (*elab.*), backing memory. **57.** ~ di massa (~ esterna all'elaboratore; con alta capacità di registrazione; p. es. una ~ a dischi magnetici) (*elab.*), mass storage, backing storage, bulk storage. **58.** ~ dinamica (di un calcolatore elettronico) (*elab.*), dynamic storage. **59.** ~ di riconoscimento (p. es. una ~ di un lettore di caratteri ottici) (*elab.*), recognition memory, "REM". **60.** ~ di transito (~ tampone) (*elab.*), buffer, buffer storage, transit memory. **61.** ~ di transito in entrata (*elab.*), incoming buffer. **62.** ~ di visualizzazione (memorizza i dati visualizzati sullo schermo della unità video) (*elab.*), display memory. **63.** ~ elastica (di un materiale elastico che ritorna alla forma originaria), memory. **64.** ~ elettrostatica (la memorizzazione viene effettuata sullo schermo di un particolare tubo a raggi catodici) (*elab.*), electrostatic memory. **65.** ~ esterna (cioè che si trova esternamente all'unità centrale di calcolo; p. es. un nastro magnetico) (*elab.*), external storage. **66.** ~ fissa (~ non alterabile, non cancellabile) (*elab.*), fixed storage. **67.** ~ indirizzabile a coordinate (~ a matrice, nella quale le locazioni dei dati sono indirizzabili mediante le loro coordinate) (*elab.*), coordinate storage. **68.** ~ in parallelo (indirizzabile in base alle coordinate ed i cui bit possono essere letti o scritti simultaneamente) (*elab.*), parallel storage. **69.** ~ in tampone (alimentata da batteria, in tampone, spesso incorporata) (*elab.*), battery powered memory. **70.** ~ intermedia (tipo di ~ temporanea) (*elab.*), intermediate memory. **71.** ~ interna (il complesso di ~ accessibile automaticamente) (*elab.*), internal storage, inherent storage. **72.** ~ laser (*elab.*), laser memory. **73.** ~ lenta (con tempo di accesso lungo) (*elab.*), slow memory. **74.** ~ magnetica (*elab.*), magnetic storage, magnetic memory. **75.** ~ non cancellabile (~ PROM, programmabile non cancellabile; p. es. ~ costituita da nastro perforato o da schede perforate) (*elab.*), nonerasable memory. **76.** ~ non distruttiva, *vedi* ~ a sola lettura. **77.** ~ non volatile, *vedi* ~ permanente. **78.** ~ organizzata su base parola (*elab.*), word organized memory. **79.** ~ ovonica (costituita di materiale che ha la proprietà di passare dallo stato amorfo al semicristallino e viceversa sotto particolari impulsi elettrici) (*elab.*), ovonic memory, amorphous memory. **80.** ~ periferica di transito (permette lo stoccaggio temporaneo di dati quando le apparecchiature operano a velocità diverse) (*elab.*), peripheral buffer. **81.** ~ permanente (non cancellabile) (*elab.*), permanent memory, non volatile memory, non volatile storage, permanent storage. **82.** ~ principale (~ centrale, ~ di lavoro) (*elab.*), main storage, main working memory. **83.** ~ programmabile a sola lettura (*elab.*), programmable read-only memory, PROM. **84.** ~ "pushdown", *vedi* ~ a impilaggio. **85.** ~ RAM dinamica (~ dinamica ad eccesso casuale) (*elab.*), dynamic RAM. **86.** ~ reale (~ principale) (*elab.*), real memory, main storage. **87.** ~ rotante (~ meccanicamente rotante; p. es. a tamburo magnetico) (*elab.*), rotating memory. **88.** ~ secondaria (ad es. la ~ di una unità periferica) (*elab.*), secondary storage, second-level storage. **89.** ~ seriale (*elab.*), serial storage. **90.** ~ statica (~ che conserva le informazioni senza necessità di rinfresco ma le perde se viene tolta l'alimentazione) (*elab.*), static memory. **91.** ~ su disco fisso (~ su disco magnetico fisso: non smontabile) (*elab.*), fixed disk storage. **92.** ~ su disco magnetico (*elab.*), magnetic disk storage. **93.** ~ tampone, *vedi* ~ di transito. **94.** ~ tampone di dati in uscita (per dati da trasferire) (*elab.*), output buffer. **95.** ~ tampone veloce (~ "cache": ad accesso rapido) (*elab.*), cache, cache store. **96.** ~ tampone visualizzata (sezione visualizzata della RAM) (*elab.*), video buffer. **97.** ~ temporanea (usata per dati transitori) (*elab.*), temporary memory. **98.** ~ veloce (~ ad accesso rapido) (*elab.*), high-speed memory. **99.** ~ video ad accesso casuale (*elab.*), video RAM, VRAM. **100.** ~ virtuale (~ esterna, p. es. su disco magnetico, usata da un elaboratore come fosse una ~ interna) (*elab.*), virtual memory. **101.** ~ volatile (~ in cui i dati registrati vengono cancellati quando manchi l'alimentazione elettrica) (*elab.*), volatile memory. **102.** area di ~ (zona di ~) (*elab.*), storage area. **103.** capacità complessiva di ~ (la totale possibilità di ~ di un sistema di elaborazione, comprese anche le unità periferiche) (*elab.*), memory storage. **104.** capacità di ~ (numero di byte immagazzinabili) (*elab.*), storage capacity, memory size. **105.** cella di ~ (singolo elemento di ~ che contiene un bit) (*elab.*), memory cell. **106.** con ~ di transito (con memoria tampone) (*elab.*), buffered. **107.** copia di salvataggio del contenuto di ~ (tipo di difesa dal virus del computer per es.) (*elab.*), rescue dump. **108.** elemento di ~ (*elab.*), storage cell, storage element. **109.** essere presente in ~ (essere registrato in ~) (*elab.*), to exist (in CPU). **110.** locazione di ~, *vedi* cella di ~. **111.** mappare la ~ (riservare una parte della ~ principale: ad un video terminale per es.) (*elab.*), to map memory. **112.** mappato in ~ (p. es.: di una unità periferica alla quale sia riservata parte della ~ principale) (*elab.*), memory mapped. **113.** mettere in ~ (*elab.*), to bring in memory. **114.** modulo di ~ (un gruppo di nuclei magnetici considerati come una unità) (*elab.*), core stack. **115.** posizione di ~, *vedi* cella di ~. **116.** richiamare dalla ~ (*elab.*), to bring from memory. **117.** sistema a ~ condivisa (*elab.*), shared memory system.

memorizzare (registrare in memoria le informazioni) (*elab. - ecc.*), to memorize, to store.

memorizzato (*elab.*), stored.

memorizzazione (inserzione di dati in memoria) (*elab.*), read in. **2.** ~ simultanea (intermedia) mediante periferiche (l'uso di una unità periferica rapida per un trasferimento temporaneo intermedio di dati tra unità centrale di elaborazione e periferiche meno rapide; p. es. tra unità centrale di elaborazione e stampante) (*elab.*), spooling, spool, SPOOL. **3.** ~ simultanea su stampante (~ da unità centrale di ~ [a disco e da disco] a stampante) (*elab.*), printer spooling. **4.** ~ temporanea a tampone (~ di transito: bufferizzazione) (*elab.*), buffering. **5.** ~ temporanea della base di dati (*elab.*), data base buffering. **6.** ~ temporanea di scambio, *vedi* bufferizzazione di scambio. **7.** dispositivo di ~ (*elab.*), storage device. **8.** supporto (fisico) di ~ (supporto magnetico, supporto a nastro di carta perforato ecc.) (*elab. - eltn.*), storage medium.

menabò (facsimile, di un libro per es., con le indicazioni sulla disposizione e sulla impaginatura) (*tip.*), dummy.

menabrida (a disco) (*mecc.*), faceplate. **2.** ~ automatica (*mecc. - macch. ut.*), self-clamping faceplate.

menabriglia (disco menabrida) (*macch. ut.*), faceplate, catchplate, lathe carrier.

menaruòla (*ut. falegn.*), brace, wimble. **2.** ~ a cricco (*ut. carp.*), carpenter's ratchet brace (ingl.). **3.** ~ ad angolo (*ut.*), angle brace.

mendelevio (elemento radioattivo) (Mv - *chim. - radioatt.*), mendelevium.

menisco (di liquidi) (*fis.*), meniscus. **2.** ~ (*ott.*), meniscus. **3.** ~ concavo (*ott.*), concave meniscus. **4.** ~ convergente (*ott.*), converging convexo-concave lens, converging meniscus. **5.** ~ convesso (*ott.*) convex meniscus. **6.** ~ divergente (*ott.*), converging convexo-concave lens, diverging meniscus.

meno (*mat.*), minus.

mènsa (aziendale per es.) (*ed.*), messroom. **2.** ~ aziendale (~ con servizio di bar e ristorante per soli dipendenti) (*agevolazione pers.*), canteen. **3.** ~ ufficiali (*milit. - ed.*), officier's dining room.

mensile (*a. - gen.*), monthly. **2.** pubblicazione ~ monthly.

mensilità (stipendio mensile) (*pers.*), monthly pay. **2** ~ extra (*pers. - amm.*), extra month pay.

mènsola (*ed. - mecc.*), bracket. **2.** ~ (*arch.*), bracket, truss. **3.** ~ (ornamentale) (*arch.*), console. **4** ~ (piano di appoggio), shelf. **5.** ~ a muro (per so stegno di supporti, macchinario leggero ccc.) (*mecc. - mur.*), wall plate, wall bracket. **6.** ~ del caminetto (*arch.*), mantelshelf. **7.** ~ di sostegno conduttori ad alta tensione (*elettromecc.*), high-voltage lead support. **8.** ~ elastica (*mecc.*), spring bracket.

mensolone (specie di mensola che sporge dal muro e su cui appoggia il cornicione) (*arch.*), corbel.

mentòlo ($C_{10}H_{19}OH$) (*chim.*), menthol.

mercante (*comm.*), merchant.

mercantile (*a. - comm.*), merchant. **2.** marina ~ (*nav.*), merchant marine, mercantile marine.

mercantilismo (*econ.*), mercantilism.

mercantilistico (*econ.*), mercantilistic.

mercanzie (*comm.*), merchandise, marketing.

mercaptano (R.SH) (*chim.*), mercaptan. **2.** ~ etilico (C_2H_5SH) (*chim.*), ethyl mercaptan.

mercatistica (studio ed analisi di mercato, del flusso delle merci dal produttore al consumatore) (*comm.*), marketing.

mercato (*comm.*), market. **2.** ~ al rialzo (in borsa) (*finanz.*), bullish market, bull market. **3.** ~ al ribasso (in borsa) (*finanz.*), buyer's market, bear market. **4.** ~ automobilistico (*aut. - comm.*), automobile market. **5.** ~ comune, *vedi* Comunità Economica Europea, "CEE". **6.** ~ dei beni di consumo (*comm.*), consumer market. **7.** ~ dei cambi (con l'estero) (*comm. - ecc.*), foreign exchange market. **8.** ~ dei capitali (*finanz.*), capital market. **9.** ~ dei ricambi ed accessori (per riparazioni di automobili per es.) (*comm.*), aftermarket. **10.** ~ del lavoro (*pers. - op.*), labor market, labour market. **11.** ~ dell'usato (mercato delle vetture di seconda mano) (*aut. - comm.*), second-hand market. **12.** ~ del pronto (*comm.*), spot market. **13.** ~ di massa (attivato dalla pubblicità sui mezzi di comunicazione di massa) (*s. - comm.*), admass. **14.** ~ finanziario (*finanz.*), financial market. **15.** ~ in forte ripresa (*comm.*), boom market. **16.** ~ in ribasso (*comm.*), falling market. **17.** ~ interno (mercato nazionale) (*comm.*), home market, domestic market. **18.** ~ libero (*comm.*), open market. **19.** ~ monetario (borsa) (*finanz. - comm.*), money market. **20.** ~ potenziale (*finanz. - comm.*), potential market. **21.** ~ stabile (*comm.*), stable market. **22.** ~ sul posto (mercato di vendita vicino ai centri di consumo) (*comm.*), spot market. **23.** a buon ~ (*a. - comm. - gen.*), cheap, inexpensive. **24.** analisi e ricerche di ~ (esame delle necessità del ~ e del flusso delle merci dalla produzione al consumo) (*comm.*), marketing. **25.** area, o fascia, di ~ (*comm.*), market coverage. **26.** potenziale di ~ (*comm.*), market potential. **27.** quota di ~ (percentuale di preferenze ottenute in un ~) (*finanz. - amm.*), market share. **28.** relativo ad un ~ di massa (*a. - comm.*), admass. **29.** ricerca di ~ (*comm.*), marketing research. **30.** ricerca sperimentale di ~ (p. es. per il lancio di un nuovo prodotto) (*comm.*), test marketing. **31.** tendenza del ~ (*finanz. - comm.*), market trend. **32.** valore sul ~ (*comm.*), market value. **33.** valutazione del ~ (*comm.*), market estimate.

mèrce, mèrci (*comm.*), goods, freight, merchandise, ware, commodities. **2.** ~ accaparrata (merce imboscata) (*comm.*), futures. **3.** ~ avariata (*comm.*), damaged goods. **4.** ~ aviotrasportate (*trasp. aer.*), airfreight. **5.** ~ di esportazione (*comm.*), export goods. **6.** ~ di ritorno (al fornitore) (*difetto di qualità*), comeback. **7.** ~ disponibili (*comm.*), goods in stock, goods on hand. **8.** ~ esenti da dogana (*comm.*), free commodities. **9.** ~ giacenti in magazzini doganali (*comm.*), bonded goods. **10.** merci in arrivo (in uno stabilimento - per es.) (*ind.*), goods inwards. **11.** ~ infiammabili (*ind.*), inflammable goods. **12.** ~ spedite a grande velocità (*ferr. - comm.*), goods sent by through-freight (am.), goods sent by fast (or passenger) train (ingl.). **13.** ~ spedite a piccola velocità (*ferr. - comm.*), goods sent by slow-freight (am.), goods sent by slow (or goods) train (ingl.). **14.** ~ trasportata per via aerea, aviotrasportata (posta o merce trasportata per via aerea) (*aer.*), air cargo. **15.** ~ venduta sottocosto (per aumentare le vendite) (*comm.*), loss leader. **16.** partita di ~ (*comm.*), lot of goods. **17.** trasporto merci per via aerea (*comm. - trasp. aer.*), airfreight.

mercerizzare (*ind. tess.*), to mercerize. **2.** macchina per ~ (*macch. tess.*), mercerizing machine.

mercerizzato (*ind. tess.*), mercerized.

mercerizzatrice (macchina per mercerizzare) (*macch. tess.*), mercerizing machine.

mercerizzazione (*ind. tess.*), mercerization, mercerizing.

mercùrico (*chim.*), mercuric. **2.** cloruro ~ (sublinato corrosivo) ($HgCl_2$) (*elettrochim.*), mercuric chlorid.

mercurio (Hg - *chim.*), mercury, quicksilver. **2.** batteria a ~ (*elett.*), mercury battery.

mercuroso (*chim.*), mercurous. **2.** cloruro ~ (calomelano) (Hg_2Cl_2) (*chim.*), mercurous chloride.

meridiana (*s. - astr.*), dial, sundial.

meridiano (*s. - geogr. - astr.*), meridian. **2.** ~ celeste (*geogr. - astr.*), celestial meridian. **3.** ~ celeste inferiore (*geogr. - astr.*), lower celestial meridian. **4.** ~ celeste superiore (*geogr. - astr.*), upper celestial meridian. **5.** ~ centrale (di una proiezione) (*cart.*), central meridian. **6.** ~ di riferimento (*geogr.*), prime meridian. **7.** ~ geografico (*geogr.*), true meridian. **8.** ~ magnetico (*geofis.*), magnetic meridian.

meridionale (*gen.*), meridional, southern. **2.** ~ (*a. - geogr.*), meridional, southern, southerly, south.

merino (razza di pecora) (*ind. lana*), Merino.

meritevole (di persona), worthy.

merito (*gen.*), merit. **2.** ~ (rapporto di ricezione) (*tlcm.*), merit, receiving quality. **3.** aumento di ~ (nello stipendio) (*pers.*), merit increase, merit increment. **4.** riconoscimento di ~ (espressione di apprezzamento) (*pers.*), testimonial. **5.** valutazione dei meriti individuali (*organ. lav.*), merit rating.

meritocrazia (*organ. lav.*), meritocracy.

merlato (detto di un muro) (*arch.*), embattled, cranelated, creneled.

merlatura (di un castello) (*arch.*), battlement, crenelation.

merletto (*tess.*), lace.

merlino (corda sottilissima) (*nav.*), marline, marling.

mèrlo (*arch.*), merlon.

meromorfo (*a. - mat.*), meromorphic.

merwinite (MgO . 3CaO . $2SiO_2$) (*min. refrattario*), merwinite.

méscola (*ind. gomma*), mix, compound, composition. **2.** ~ di fondo (*ind. gomma*), base mix. **3.** ~ madre (*ind. gomma*), master batch. **4.** ~ per isolamento di cavi elettrici (*ind. gomma*), electrical wire insulating compound (ingl.). **5.** ~ per spugna con rigonfiante chimico (*ind. gomma*), chemically blown sponge compound. **6.** ~ plastica (*ind. gomma*), plastic composition. **7.** scottare la ~ (*ind. gomma*), to burn the mix.

mescolanza (*gen.*), mixing, blending. **2.** ~ di colori (*vn.*), color blending.

mescolare (miscelare), to mix, to blend. **2.** ~ (nel senso di incorporare) (*ind. gomma*), to compound.

mescolatore (*ind.*), mixer. **2.** ~ (agitatore: per mft. gomma) (*macch. ind.*), mixer, mill. **3.** ~ (barra in ferro usata per agitare il bagno metallico in un forno) (*ut. metall.*), rabble. **4.** ~ (nella supereterodina) (*radio*), mixer. **5.** ~ a molazza (*macch.*), muller. **6.** ~ aperto (nella mft. gomma) (*macch. ind.*), open mill. **7.** ~ del suono (dispositivo elett.) (*telev. - radio*), audio mixer. **8.** ~ interno (nella mft. gomma) (*macch. ind.*), internal mixer. **9.** ~ per fogli (nella mft. gomma) (*macch. ind.*), sheeting mill. **10.** ~ per soluzioni (per mft. gomma) (*macch. ind.*), solution mixer. **11.** ~ per terra da fonderia (*macch. fond.*), sand mixer. **12.** ~, *vedi anche* mescolatrice.

mescolatrice (*macch. ind.*), mixer, mixing machine, blendor. **2.** ~ multipla (*macch. ind.*), multiblade mixer. **3.** ~ per terra da fonderia (*macch.*), sand mixing machine. **4.** ~, *vedi anche* mescolatore.

mescolatura (*ind.*), mixing, blending. **2.** ~ (per agitazione) (*ind.*), mixing. **3.** ~ (incorporatura) (*ind. gomma*), compounding.

mese, month. **2.** ~ solare (mese di calendario, nel computo dei termini di consegna per es.) (*comm. - ecc.*), calendar month, solar month. **3.** corrente ~ (*uff.*), instant, inst.

mesomerìa (*chim.*), mesomerism.

mesomòrfo (*fis.*), mesomorphic.

mesone (*fis. atom.*), meson. **2.** ~ K (kaon, un mesone instabile) (*fis. atom.*), kaon, K–meson, K particle. **3.** ~ omega (*fis. atom.*), omega, omega meson. **4.** ~ π, *vedi* pione.

mesonico (*fis. atom.*), mesonic.

mesopausa (zona di transizione tra la termosfera e la mesosfera) (*atm.*), mesopause.

mesosfera (la parte mediana dell'atmosfera compresa fra i 400 e i 1000 chilometri di altezza sul livello del mare), mesosphere.

mesotòrio (MsTh228) (*chim.*), mesothorium.

mesozòico (*geol.*), Mesozoic.

messa a fuoco (*ott. - fot.*), focusing. **2.** ~ a fuoco all'infinito (*fot.*), infinity focusing. **3.** ~ a fuoco di precisione (*fot.*), critical focusing. **4.** ~ a massa (di un circuito per es.) (*elett.*), grounding. **5.** ~ a punto (di motore) (*mot.*), tuning, tune up. **6.** ~ a punto (di uno strumento scientifico per es.), setup. **7.** ~ a punto (*mecc. - macch. ut.*), setting up. **8.** ~ a punto (di una trasmissione, di un albero, ecc.) (*mecc.*), truing. **9.** ~ a punto dello stampo (*tecnol. mecc.*), die spotting. **10.** ~ a riposo, *vedi* disattivazione. **11.** ~ a terra (di un circuito per es.) (*elett.*), grounding (am.), earthing (ingl.). **12.** ~ a zero (di un quadrante) (*strum.*), resetting. **13.** ~ in bandiera (di un'elica a passo variabile) (*aer.*), feathering. **14.** ~ in collimazione (collimazione, di uno strumento topografico per es.) (*strum.*), pointing, collimation. **15.** ~ in cortocircuito (*elett.*), shorting. **16.** ~ in fase (*mot.*), timing. **17.** ~ in fase (*mecc. - macch. ut.*), setting. **18.** ~ in fase dell'accensione (*mot.*), ignition timing. **19.** ~ in fase del motore (*mot.*), engine timing. **20.** ~ in funzione (di un impianto per es.) (*ind. - nav. - mecc. - ecc.*), setting at work. **21.** ~ in macchina (*tip.*), imposing, imposition. **22.** ~ in moto (motorino di avviamento di motore a comb. interna) (*mecc.*), starter. **23.** ~ in moto (avviamento) (*mecc. - mot.*), starting. **24.** ~ in opera (di un impianto di riscaldamento per es.) (*gen.*), installation. **25.** ~ in posizione (posizionamento) (*mecc. - ecc.*), positioning. **26.** ~ in posizione (di una perforatrice da roccia per es.) (*min.*), setup. **27.** ~ in posizione (del materiale di rinforzo) nello stampo (*ind. plastica*), laid–up. **28.** ~ in quadro (eliminazione del difetto di fuori quadro in una proiezione cinematografica o televisiva) (*cinem. - telev.*), framing. **29.** effettuare una ~ a punto al massimo livello (di efficienza e di rendimento) (*telev. - elab. - ecc.*), to fine–tune.

messaggio (*gen.*), message. **2.** ~ (gruppo di dati trasmessi come una sola unità: definito da inizio e fine) (*s. - elab.*), message. **3.** ~ a indirizzo multiplo (*elab.*), multiple address message. **4.** ~ convenzionale di verifica (~ standardizzato per la verifica delle linee e degli apparati telex) (*telex*), fox message. **5.** ~ di errore (*elab.*), error message. **6.** ~ intercettato (*radio*), intercept, intercepted message. **7.** ~ lanciato da aeroplano (*aer. milit.*). drop message. **8.** ~ non cifrato (*elettrotel. - milit.*), clear message. **9.** ~ per l'operatore (*elab.*), write to operator, WTO. **10.** ~ vocale registrato (*telef. - ecc.*), recorded voice announcement, RVA. **11.** accodamento di messaggi (coda di messaggi in attesa della priorità di trasmissione) (*elab.*), message queuing. **12.** creatore del testo di messaggi pubblicitari (*pubbl.*), copywriter. **13.** fine del ~ (*elab.*), end of message, EOM. **14.** indagine sull'effetto di un ~ pubblicitario (sul pubblico al quale è destinato) (*pubbl.*), copy test. **15.** inizio del ~ (*elab.*), start of message, SOM. **16.** testo del ~ pubblicitario (*pubbl.*), copy.

mess'in carta (*ind. tess.*), designing.

mestiere (professione; attività esercitata normalmente) (*pers.*), trade.

méstola (cazzuola) (*att. mur.*), trowel. **2.** ~ del fonditore (*ut. fond.*), taper.

méstolo (piccolo recipiente con lungo manico) (*att.*), ladle. **2.** ~ da fonderia (*att.*), casting ladle.

mèta [$(C_2H_4O)_3$] (*comb.*), metaldehyde.

metà (*gen.*), half. **2.** ~ (*mat.*), half.

metabisolfito (*chim.*), metabisulfite.

metabolismo (*biochim.*), metabolism.

metacentrico (*nav.*), metacentric.

metacèntro (*nav.*), metacenter, metacentre.

metadìnamo (*macch. elett.*), metadyne. **2.** ~ amplificatrice (metamplificatrice) (*macch. elett.*), amplifier metadyne, amplidyne. **3.** ~ generatrice (metageneratrice) (*macch. elett.*), generator metadyne. **4.** ~ motrice (metamotore) (*macch. elett.*), motor metadyne. **5.** ~ trasformatrice (*macch. elett.*), transformer metadyne.

metadiossibenzene [$C_6H_4(OH)_2$] (resorcina) (*chim.*), resorcinol, resorcin.

metafosfato (*chim.*), metaphosphate.

metageneratrice (*macch. elett.*), generator metadyne.

metalceramica (metallurgia delle polveri, ceramica delle polveri) (*metall.*), powder metallurgy.

metalceramico (*a. - metall.*), relating to powder metallurgy.

metaldeide (*chim.*), metaldehyde.

metalinguaggio (linguaggio usato per spiegare un altro linguaggio) (*elab.*), metalanguage.

metàllico (*a. - chim.*), metallic.

metallidare (diffondere, per elettrolisi, atomi di un metallo nello strato superficiale di un altro metallo per migliorarne le qualità) (*metall. - elettrochim.*), to metallide.

metallidazione (diffusione degli atomi di un metallo nella superficie di un altro metallo in un bagno elettrolitico) (*metall.*), metalliding.

metallìfero (*a. - min.*), metalliferous.

metallina (miscuglio di solfuri minerali di rame, piombo, nichel ecc.) (*metall.*), matte.

metallizzare (coprire od impregnare di metallo o di un composto metallico) (*metall.*), to metalize, to metallize.

metallizzato (coperto od impregnato di metallo o di un composto metallico) (*a. - ind.*), metalized, metallized.

metallizzazione (di una lampada per raggi X per es.) (*fis.*), metalization, metalizing. **2.** ~ al cannello (*tecnol. mecc.*), flame metal coating. **3.** ~ a spruzzo (*tecnol. - ind.*), metal spraying. **4.** ~ galvanica (*elettrochim.*), galvanic metalization.

metallo, metal. **2.** ~ (vetro allo stato fuso) (*mft. vetro*), metal. **3.** ~ alcalino (*chim.*), alkali metal. **4.** ~ antifrizione (per cuscinetti) (*lega - mecc.*), antifriction metal, Babbitt metal. **5.** ~ base (metallo costituente le parti da congiungere con saldatura) (*tecnol. mecc.*), base metal. **6.** ~ bianco (per cuscinetti) (*lega - mecc.*), white metal. **7.** ~ ceramico (*metall. delle polveri*), *vedi* cermete. **8.** ~ delta (*lega - mecc.*), delta metal. **9.** ~ di apporto (*saldatura*), filler metal. **10.** ~ di apporto per brasatura (*proc. saldatura forte*), brazing metal. **11.** ~ dopo il soffiaggio (nel processo Bessemer) (*metall.*), blown metal. **12.** ~ Fenton (metallo antifrizione: 80% Zn, 14,5% Sn, 5,5% Cu) (*metall.*), Fenton's metal. **13.** ~ fusibile (per saldature a dolce, per fusibili di valvole elett. ecc.), fusible metal, fusible alloy. **14.** ~ in lamiere (*metall.*), sheet metal. **15.** ~ in pani (*metall.*), pig metal. **16.** ~ lavorato (metallo battuto) (*metall.*), wrought metal. **17.** ~ leggero (*metall.*), light metal. **18.** ~ monel (lega anticorrosiva), Monel metal. **19.** ~ Muntz (lega con 60% di Cu e 40% di Zn) (*metall. - nav.*), Muntz metal, naval brass, malleable brass. **20.** ~ nobile (*metall.*), noble metal. **21.** ~ passivo (sul quale si forma rapidamente una pellicola di ossido che impedisce l'ulteriore corrosione) (*metall.*), passive metal. **22.** ~ per alte temperature (gamma di metalli che vanno da acciai legati di bassa qualità, per uso fino a 550°C, a metalli e leghe refrattarie per uso fino a 2800°C) (*metall.*), high temperature metal. **23.** ~ per (specchi) riflettori (*metall. - astr.*), speculum metal. **24.** ~ refrattario (molibdeno, columbio o tantalio, usati per particolari funzionanti ad altissima temperatura) (*metall.*), refractory metal. **25.** ~ rosa (per cuscinetti) (*lega - mecc.*), leaded bronze (ingl.). **26.** ~ solidificato nei canali di colata (di un letto di colata per lingotti) (*fond.*), sow. **27.** a ~ liquido (*a. - pila a comb. - comb. nucleare - ecc.*), liquid -metal. **28.** sovra ~ (*mecc.*), machining allowance, stock.

metalloceramica (processo di produzione di cermeti: consistente nella sinterizzazione di polveri di carburi refrattari per es., con un metallo base) (*s. - metall. delle polveri*), cermet process, cermet production system.

metallografìa (*metall.*), metallography.

metallogràfico (*metall.*), metallographic. **2.** impianto ~ (*metall.*), metallographic equipment.

metallòide (*chim.*), metalloid, nonmetal.

metalloscòpio (per rivelare incrinature di pezzi metallici, mediante ultrasuoni,incrinoscopio ad ultrasuoni) (*app. collaudo materiali*), metalloscope, ultrasonic crack detector. **2.** ~ a induzione (per la ricerca di difetti su metalli mediante induzione elettromagnetica) (*app. collaudo materiali*), induction metalloscope, magnetic crack detector. **3.** ~, *vedi anche* magnetoscopio.

metallurgìa, metallurgy. **2.** ~ delle polveri (*metall.*), powder metallurgy.
metallùrgico (*a. - ind. metall.*), metallurgic, metallurgical.
metallurgista (*esperto metalli*), metallurgist.
metamerìa, metamerismo (fenomeno che si verifica tra composti aventi la stessa composizione chimica e lo stesso peso molecolare ma diversa struttura e diverse proprietà) (*chim.*), metamerism.
metamerico (*a. - chim.*), metameric.
metamorfismo (*geol.*), metamorphism. **2.** ~ di carico (*geol.*), static metamorphism. **3.** ~ di contatto (*geol.*), contact metamorphism, local metamorphism.
metamotore (*macch. elett.*), motor metadyne.
metanizzazione (un metodo per arricchire un gas facendo reagire il suo CO e H su un catalizzatore per produrre metano) (*comb.*), methanation, methanization.
metano (CH_4) (*chim.*), methane, natural gas, marsh gas. **2.** ~ naturale esente da zolfo (*comb.*), sulphur-free natural methane. **3.** produzione del ~ d'acqua (metano sintetico ottenuto con idrogeno compresso e vapore su carbone ad alta temperatura) (*comb.*), hydrogasification. **4.** serie del ~ (*chim.*), methane series.
metanodotto (*ind. comb.*), methane pipeline.
metanòlo (CH_3OH) (*chim.*), methanol, pyroligneous alcohol, pyroligneous spirit, methyl alcohol.
metasilicato (*chim.*), metasilicate.
metasomatòsi (metasomatismo, trasformazione di minerali da reazione chimica od altre cause) (*geol.*), metasomatosis, metasomatism.
metastàbile (*a. - chim. fis.*), metastable.
metatrasformatrice (*macch. elett.*), transformer metadyne.
metèora (*astr.*), meteor, shooting star.
meteòrico (riguardante i meteoriti) (*a. - astron.*), meteoroidal, meteoritic. **2.** ~ (che riguarda fenomeni relativi all'atmosfera terrestre) (*meteor.*), meteoric.
meteorite (*astr.*), meteorite.
meteorografia (*meteorol.*), meteorography.
meteorògrafo (*strum.*), meteorograph.
meteorologìa (*s. - meteor.*), meteorology.
meteorològico (*a. - meteor.*), meteorologic.
meteoròlogo (*studioso di meteor.*), meteorologist.
metilammina (CH_3-NH_2) (*chim.*), methylamine.
metilarancio (eliantina) (*chim.*), methyl orange, helianthin(e).
metilbenzene [$C_6H_5(CH_3)$] (toluolo, toluene) (*chim.*), toluol, toluene.
metile (-CH_3) (radicale) (*chim.*), methyl.
metilène (*chim.*), methylene.
metilfenòlo [$C_6H_4(CH_3)OH$] (*chim.*), creosol, cresol.
metìlico (*chim.*), methylic. **2.** alcool ~ (CH_3OH) (*chim.*), methyl alcohol.
metilmetacrilato (*chim.*), methyl methacrylate.
metilvioletto (per nastri di macchina per scrivere per es.) (*chim.*), metyl violet.
metodo (*gen.*), method. **2.** ~ (di escavazione di una galleria per es.) (*costr. strad. ferr.*), system. **3.** ~ (per la fabbricazione dell'acciaio) (*metall.*), process. **4.** ~ alla lampada (per determinare lo zolfo presente nei petroli) (*chim.*), lamp method. **5.** ~ al minerale (processo Siemens) (*metall.*), ore process. **6.** ~ analitico (di progettazione per es.) (*gen.*), analytical method. **7.** ~ a percussione (di trivellazione) (*min.*), rope drilling. **8.** ~ a ritroso (metodo a passo di pellegrino) (*saldatura*), backstep sequence. **9.** ~ belga (metodo di attacco in calotta, sistema di scavo di gallerie con inizio dello scavo nella parte superiore) (*costr. strad. ferr.*), Belgian system. **10.** ~ catalitico (*chim. ind.*), *vedi* metodo di contatto. **11.** ~ dei tentativi (metodo per tentativi, metodo sperimentale) (*tecnol.*), cut-and-try method, trial-and-error method. **12.** ~ della catalisi eterogenea (*chim. ind.*), *vedi* metodo di contatto. **13.** ~ della combinazione delle fasi (*analisi tempi*), "synthetics" **14.** ~ della conduttività del terreno (*geol.*), earth-conductivity method. **15.** ~ del moiré (per l'analisi di sollecitazioni, tecnica del moiré) (*metall.*), moiré method. **16.** ~ del pellegrino (per la costruzione di tubi in acciaio per es.) (*metall.*), "pilgrim process". **17.** ~ del percorso critico (CPM) (*organ. ind.*), critical path method, CPM. **18.** ~ del punteggio (per la valutazione) (*pers.*), point system. **19.** ~ del raffronto dei coefficienti (di valutazione) (*pers.*), factor comparison system. **20.** ~ del rottame (per la fabbricazione dell'acciaio) (*metall.*), scrap process. **21.** ~ del tempo di volo (per determinare l'energia delle particelle di plasma) (*fis.*), time of flight method. **22.** ~ di analisi dei tracciatori radioattivi (*fis. atom.*), tracer method. **23.** ~ di accesso (alla memoria) (*elab.*), access method. **24.** ~ di accesso di base (*elab.*), basic access method. **25.** ~ di attacco in calotta (*costr. strad. ferr.*), *vedi* metodo belga. **26.** ~ di campionamento (metodo delle osservazioni sparse) (*analisi tempi*), "ratio-delay". **27.** ~ di coltivazione (o di estrazione di minerali) (*min.*), mining method. **28.** ~ di (o per) contatto (per la fabbricazione dell'acido solforico) (*chim. ind.*), contact process. **29.** ~ di deposito (sequenza di deposito) (*saldatura*), deposit sequence. **30.** ~ di finitura di un fianco per volta (di dente di ingranaggio per es.) (*mecc.*), single-side finishing method. **31.** ~ di finitura in una sola passata con fresa a lame che tagliano internamente ed esternamente (per denti di ingranaggio) (*macch. ut.*), spread blade method. **32.** ~ di insegnamento (*ind. - ecc.*), teaching method. **33.** ~ di taglio degli ingranaggi (*mecc.*), gear-cutting process. **34.** ~ di zero (metodo di azzeramento) (*mis. elett.*), zero method. **35.** ~ longitudinale (sequenza longitudinale) (*saldatura*), longitudinal sequence. **36.** ~ Montecarlo (basato sul calcolo delle probabilità per soluzioni approssimate) (*macch.

calc. - ricerca operativa), Monte Carlo method. **37.** ~ (o sistema) di generazione per evolvente (di ingranaggi) (*mecc.*), rolling generating method. **38.** ~ per congelamento (del terreno instabile attraverso cui viene scavata la galleria) (*costr. strad. ferr.*), freezing process. **39.** ~ per tentativi (metodo sperimentale) (*tecnol.*), cut-and-try method, trial-and-error method. **40.** ~ Zyglo (indagine su particolari meccanici) (*collaudo materiali*), Zyglo method. **41.** organizzazione e metodi (*organ.*), organization and methods. **42.** tecnica dei metodi (*studio dei metodi*), method engineering. **43.** ~, *vedi anche* sistema.

metodologìa (*stat. - ecc.*), methodology.

metòlo (*chim. fot.*), metol.

mètopa (*arch.*), metope.

metrica (*s. - mat.*), metric.

mètrico (*a. - mis.*), metric, metrical. **2.** conversione al sistema ~ (dal sistema in pollici ecc.) (*mis.*), metricization, metrication. **3.** sistema ~ (*mis.*), metric system.

mètro (m = 1,0936 yd.) (*mis.*), meter. **2.** ~ a nastro (*att. ed. - att. ind.*), tapeline, tape measure. **3.** ~ a nastro di acciaio (*strum. mis.*), steel tape measure. **4.** ~ a segmenti (*strum. mis.*), mason's rule. **5.** ~ cubo (m^3 = 35,315 cu ft, 264,2 U. S. gal., 219 Imperial gal.) (*mis.*), cubic meter. **6.** ~ quadrato (m^2 = 1,196 sq yd.) (*mis.*), square meter. **7.** ~ rigido (*strum. di mis.*), meterstick. **8.** ~ snodato (*att. ed. - ind.*), folding measure, pocket measure. **9.** ~ tascabile e snodato in legno (*att. mis. per muratori*), zigzag rule, mason's rule.

metrologìa (*fis.*), metrology.

metrònomo (*app. mus.*), metronome.

metropolitana (*ferr. sotterranea*), underground railway (ingl.), tube railway (ingl.), subway (am.).

méttere (piazzare, depositare), to place, to put. **2.** ~ (insediare, in un ufficio per es.) (*gen.*), to install, to appoint. **3.** ~ a bordo (una barca per es.) (*nav.*), to "turn in". **4.** ~ ad angolo retto (manovelle per es.) (*mecc.*), to quarter. **5.** ~ a fuoco (*ott.*), to focus. **6.** ~ a giustezza (*tip.*), *vedi* giustificare. **7.** ~ al passo (allineare) (*radio*), to align. **8.** ~ a massa (*elett.*), to ground, to earth. **9.** ~ a piombo (*gen.*), to plumb. **10.** ~ a punto (un mot.) (*mot.*), to tune up. **11.** ~ a punto (registrare, regolare: attrezzi ed utensili per una data operazione) (*mecc. - macch. ut.*), to set. **12.** ~ a punto (aggiustare, allineare ecc.) (*mecc. - tip. - ecc.*), to line up. **13.** ~ a punto (ricercare ed eliminare errori e difetti; p. es. in un nuovo prodotto industriale) (*aut. - aer. - ind.*), to debug. **14.** ~ a terra (*elett.*), to ground, to earth. **15.** ~ a zero (un quadrante) (*strum.*), to reset. **16.** ~ fuori combattimento (*milit.*), to put out of action. **17.** ~ in azione (mettere meccanicamente in movimento) (*mecc.*), to actuate. **18.** ~ in bacino (per riparazione) (*nav.*), to dock. **19.** ~ in bacino di carenaggio (*nav.*), to dry-dock. **20.** ~ in bandiera (un'elica a passo variabile) (*aer.*), to feather. **21.** ~ in campo (*milit.*), to field. **22.** ~ in comune (p. es. investimenti) (*finanz.*), to pool. **23.** ~ in disarmo (una nave) (*nav.*), to lay up. **24.** ~ in fase (un motore) (*mot.*), to time. **25.** ~ in fase (l'otturatore di un proiettore cinematografico per es.) (*cinem.*), to phase. **26.** ~ in fase l'accensione (di un motore) (*mot.*), to time the ignition. **27.** ~ in forza (*mecc. - ed.*), to put under stress. **28.** ~ in funzione (*ind.*), to set at work. **29.** ~ in grado (di) (rendere possibile) (*gen.*), to enable, to empower. **30.** ~ in macchina (*tip.*), to impose. **31.** ~ in opera (installare) (*mecc. - ed. - ecc.*), to install. **32.** ~ in ordine (coordinare) (*gen.*), to order, to set in order, to marshal. **33.** ~ in ordine sequenziale (sistemare in sequenza) (*gen.*), to sequence. **34.** ~ in posizione (piazzare) (*gen.*), to position. **35.** ~ in quadro (nella proiezione di pellicola cinem.) (*cinem.*), to frame. **36.** ~ in rotta (*milit.*), to rout. **37.** ~ in squadra (squadrare) (*mecc. - ecc.*), to square, to square up. **38.** ~ i tacchi (per bloccare le ruote del carrello di atterraggio) (*aer.*), to chock. **39.** ~ l'embargo (mettere sotto sequestro) (*nav.*), to embargo. **40.** ~ le vele a collo (*nav.*), to back sails. **41.** ~ per iscritto (*comm.*), to put in writing. **42.** ~ sotto (ad un pavimento: per isolamento acus. per es.) (*gen.*), to underlay. **43.** ~ sotto pressione (*cald.*), to raise steam. **44.** ~ sotto sequestro (mettere l'embargo) (*nav.*), to embargo. **45.** ~ sotto sforzo (*mecc. - ed.*), to put under stress. **46.** ~ sotto tensione (*elett.*), to energize. **47.** ~ su i punti (*lav. a maglia*), to cast on. **48.** ~ tra parentesi (*tip.*), to bracket. **49.** ~ una boccola (*mecc.*), to bush. **50.** ~ una toppa alla camera d'aria (*aut.*), to patch the tube.

mèttersi al lavoro, to set to work. **2.** ~ in panna (di un veliero) (*nav.*), to heave to. **3.** ~ in riga (*milit.*), to fall in.

mettifoglio (*tip.*), feeder. **2.** ~ automatico (*tip.*), automatic feeder.

MeV (unità di misura di energia; vale 10^6 eV) (*fis. atom.*), Mev (mega electron volt).

mèzza (metà), half. **2.** ~ catena (*ind. tess.*), half warp. **3.** ~ figura (M. F.) (*cinem.*), medium shot. **4.** ~ pasta (*ind. carta*), half stuff. **5.** a ~ asta (di bandiera per es.), half-mast. **6.** a ~ strada (*a. - gen.*), halfway.

mezzana (di) (*a. - nav.*), mizzen, mizen. **2.** ~ (vela mezzana) (*nav.*), mizzen sail. **3.** albero di ~ (nav.), mizzen, mizzenmast.

mezzanino (fra il piano terreno ed il primo piano) (*arch. ed.*), mezzanine, mezzanine floor, mezzanine story, entresol (ingl.).

mezzano (spazio da quattro) (*tip.*), 4-em space.

mezzatinta (retinato, a retino) (*a. - tip. - fotomecc.*), halftone.

mezzeria (*dis.*), center line, CL, ℄. **2.** ~ (zona ad uguale distanza dai lati opposti: di un pezzo simmetrico per es.) (*s. - gen.*), middle.

mezzi (disponibilità economiche; condizione finanziaria di una persona) (*finanz.*), means. **2.** ~ audiovisivi (*Hi-Fi - TV - videoregistratori - ecc.*), audiovisuals. **3.** ~ di comunicazione di massa (mass media) (*cinem. - telev. - riviste - giornali - ecc.*), mass media. **4.** ~ di divulgazione (*cinem. - telev. - riviste - giornali - ecc.*), mass media.

mèzzo (ciò di cui ci si serve per ottenere qualcosa) (*s. - gen.*), means. **2.** ~ (metà) (*a. - s.*), half. **3.** ~ (per la trasmissione del suono) (*gen.*), medium. **4.** ~ campo lungo (M. C. L.) (*cinem.*), medium shot. **5.** ~ da sbarco (motozattera) (*mar- milit.*), landing craft. **6.** ~ da sbarco (nave) (*mar. milit.*), landing ship. **7.** ~ da sbarco per carri armati (*mar. milit.*), tank landing ship. **8.** ~ di sollevamento (*off.*), hoisting equipment. **9.** ~ madiere (*costr. nav.*), half floor. **10.** ~ marinaio (gaffa, gancio d'accosto) (*att. nav.*), boathook. **11.** ~ mattone (o frazione di mattone) (*mur.*), bat. **12.** ~ per tempra (mezzo per rapido raffreddamento) (*tratt. term.*), quenchant. **13.** ~ preventivo (*gen.*), preventive, preventative. **14.** mezzi pubblicitari (*pubbl.*), advertising media, media. **15.** ~ riscaldante (*term.*), heating medium. **16.** ~ pubblico (*veic.*), public service vehicle, PSV. **17.** ~ spaziale (*astric.*), spaceship, spacecraft. **18.** punto di ~ (di una linea per es.) (*geom.*), midpoint. **19.** tecnico dei mezzi pubblicitari (*pubbl.*), media man.

mezzotondo (semitondo, ferro mezzotondo) (*s. - ind. metall.*), half-round, half-round bar.

mho (1/ohm) (*mis. elett.*), mho.

mica (*min.*), mica.

micàceo (*a. - min.*), micaceous, micacious.

micanite, *vedi* micarta.

micarta (materiale isolante) (*elett.*), Micarta.

micascisto (*geol.*), mica schist.

miccia (per carica di esplosivo), fuse, slow match. **2.** ~ (tenone alla parte inferiore di un albero) (*nav.*), heel, tenon. **3.** ~ a rapida combustione (per esplosivo) (*milit.*), quick match. **4.** ~ (lenta) a polvere nera (*min. - ecc.*), safety fuse. **5.** ~ per brillamenti subacquei (*espl.*), sump fuse.

micèlla (*chim. dei colloidi*), micelle.

Michell, cuscinetto di spinta ~ (*mecc.*), Michell bearing, thrust bearing.

micro (piccolissimo) (*a. - gen.*), micro.

micro- (10^{-6}, prefisso di unità di misura) (*mis.*), micro, μ.

micro-ampere (*mis. elett.*), microampere.

microamperòmetro (*strum. elett.*), microammeter.

microanàlisi (*chim.*), microanalysis.

microbarografo (*strum. meteor.*), microbarograph.

microbecco Bunsen (per microanalisi) (*app. chim.*), microburner.

microbilancia (bilancia di precisione) (*strum. chim.*), microbalance.

microburetta (*att. chim.*), microburette.

microcalcolatore (dotato di una unità centrale di calcolo costituita da un microprocessore) (*s. - elab.*), microcomputer.

microcalorimetro (*app. mis. calore*), microcalorimeter.

microcamera (minicamera, che usa una pellicola di misura inferiore a 24×36) (*fot.*), miniature camera.

microchimica (*chim.*), microchemistry.

microcircuiteria (*eltn.*), microcircuitry.

microcircuito (*eltn.*), microcircuit. **2.** ~ integrato (*eltn.*), chip. **3.** ~ integrato complesso (come un circuito LSI) (*elab.*), chip circuit.

microclima (clima dello strato di aria nell'immediata vicinanza del suolo e dello spessore massimo di 1,5 m) (*meteor.*), microclimate.

microclino (feldspato potassico) (*min.*), microcline.

microcodice (microistruzioni per un microprocessore) (*elab.*), microcode.

microcopia (*fot.*), microcopy. **2.** ~ (materiale riprodotto) (*documenti*), microform.

microcricche (piccolissime cricche visibili solo con una lente o al microscopio) (*metall.*), microcracks.

microcristallino (*min.*), microcrystalline.

microcristallografia (*min.*), microcrystallography.

microcronometro (*strum.*), microchronometer.

microcurie (un milionesimo di curie) (*unità di mis.*), microcurie.

microdistillazione (nelle microanalisi) (*chim.*), microdistillation.

microdurezza (durezza di strati sottilissimi ecc.) (*tecnol. mecc.*), microhardness.

microeconomia (*econ.*), microeconomics.

microelettrodo (*elettrochim.*), microelectrode.

microelettrolisi (*elettrochim.*), microelectrolysis.

microelettronica (*eltn.*), micro-electronics.

microelettronico (*a. - eltn.*), microelectronic.

microfarad (*mis. elett.*), microfarad.

microfilm (pellicola: per microfotografie, usata specialmente per documenti) (*fot.*), microfilm. **2.** ~ dell'elaborato del calcolatore (*elab.*), computer output on microfilm, COM.

microfiltro (*mot. - ecc.*), microfilter.

microfinire (*mecc.*), to precision-finish, to hone.

microfinitrice (per interni) (*macch. ut.*), honing machine.

microfinitura (finitura di precisione: ottenuta mediante lappatura per es.) (*operaz. mecc.*), precision finishing.

microfisica (*s. - fis.*), microphysics.

microfonicità (effetto microfonico in tubi elettronici) (*eltn.*), microphony, microphonic effect.

microfònico (*a. - radio*), microphonic.

micròfono (*elettroacus.*), microphone. **2.** ~ a bastoncino di carbone (*elettroacus.*), carbon-stick microphone. **3.** ~ a bobina mobile (*app. elettroacus.*), moving-coil microphone. **4.** ~ a bobina mobile, *vedi* ~ dinamico. **5.** ~ a carbone (microfono a contatto) (*elettroacus.*), carbon microphone. **6.** ~ a condensatore (elettrostatico) (*elettroacus.*), condenser microphone. **7.** ~ a cristallo (*elettroacus.*), crystal microphone. **8.** ~ a ferro mobile (*app. elettroacus.*), moving-iron microphone. **9.** ~ a induzione (*elettroacus.*), inductor microphone. **10.** ~ a nastro (*elettroacus.*), ribbon microphone. **11.** ~ a pressione (*app. elettroacus.*), pressure microphone. **12.** ~ a quarzo piezoelettrico (*elettroacus.*), crystal microphone. **13.** ~ cardioide (presenta una risposta direzionale a forma di cardioide) (*elettroacus.*), cardioid microphone. **14.** ~ da contatto (da essere usato in contatto con la sorgente del suono) (*elettroacus.*), contact microphone. **15.** ~ da laringe (laringofono) (*elettroacus.*), laringophone. **16.** ~ dinamico (~ a bobina mobile) (*elettroacus.*), dynamic microphone. **17.** ~ di prossimità (*elettroacus.*), lip microphone. **18.** ~ direzionale (*elettroacus.*), directional microphone. **19.** ~ di spostamento (*app. elettroacus.*), displacement microphone. **20.** ~ di velocità (*app. elettroacus.*), velocity microphone. **21.** ~ elettromagnetico (*elettroacus.*), magnetic microphone. **22.** ~ elettrostatico (*elettroacus.*), capacitor-microphone, condenser microphone. **23.** ~ incorporato (in una telecamera portatile per es.) (*audiovisivi*), built-in microphone. **24.** ~ non direzionale (*elettroacus.*), nondirectional microphone. **25.** (tipo di) ~ onnidirezionale (può ricevere soddisfacentemente da tutte le direzioni) (*elettroacus.*), saltshaker. **26.** ~ piezoelettrico (*app. elettroacus.*), crystal microphone, piezomicrophone. **27.** ~ ricevitore (di telefono per es.), receiver. **28.** ~ spia (microfono occultabile: spionaggio, polizia ecc.) (*elettroacus.*), bug. **29.** ~ termico (*app. elettroacus.*), thermal microphone. **30.** ~ trasmettitore (di telefono per es.), transmitter. **31.** piccolo ~ da fissare al risvolto della giacca (usato nelle interviste televisive per es.) (*elettroacus.*), lapel microphone. **32.** rendere inefficienti i microfoni spia (mediante contromisure elettroniche) (*milit.*), to debug.

microfotografia (microfilm per es.) (*fot. - sicurezza - spionaggio*), microphotograph, microimage. **2.** ~ (fotografia dell'immagine ingrandita ottenuta applicando la macch. fot. ad un microscopio) (*fot.*), photomicrograph.

microfotogramma (fotogramma puntiforme) (*fot. - sicurezza - spionaggio*), microdot.

microfractografia (esame di fratture superficiali al microscopio per es.) (*metall.*), microfractography.

microfusione (fusione di precisione) (*fond.*), precision casting.

microfuso (getto microfuso) (*s. - fond.*), precision casting.

microgauss (*mis. elett.*), microgauss.

microgeometrico (superficie tecnica per es.) (*mecc.*), microgeometrical.

micrografia (riproduzione dell'immagine vista al microscopio) (*metall. - ecc.*), micrography. **2.** ~ (arte di ottenere micrografie) (*s. - ott.*), micrography. **3.** ~ da microscopio elettronico a scansione (*microscopio eltn.*), scanning electron micrograph.

micrográfico (*a. - fis. - metall.*), micrographic.

microgrammo (un milionesimo di grammo: μg) (*unità di mis.*), microgram.

microhenry (*mis. elett.*), microhenry.

microindicatore (*strum. mis.*), precision indicator.

microinterruttore (*app. elett.*), microswitch.

microistruzione (istruzione elementare di un microprogramma) (*s. - elab.*), microinstruction.

microlevigare (lappare) (*mecc.*), to lap. **2.** ~ con processo idraulico (lappare con processo idraulico) (*tecnol. mecc.*), to hydrolap.

microlevigatura (esterna, microfinitura esterna) (*lav. macch. ut.*), superfinishing. **2.** ~ (interna, microfinitura interna) (*lav. macch. ut.*), honing, superhoning.

micromanipolatore (di un microscopio) (*strum. ott.*), micromanipulator.

micromanòmetro (*strum.*), micromanometer.

micromeccànica (*s. - mecc.*), micromechanics.

micrometallografia (*metall.*), micrometallography.

micrometeorite (*astron. - astric.*), micrometeorite.

micrometeoritico (*a. - astron. - astric.*), micrometeoritic.

micrometrico (*mecc. - ecc.*), micrometric, micrometrical.

micròmetro (*ut. - strum.*), micrometer, micrometer gauge, micrometer caliper. **2.** ~ a stella per interni (*ut. per mis.*), star gauge. **3.** ~ a vite (palmer) (*ut. mecc.*), micrometer caliper. **4.** ~ con (reticolo a) fili di ragno (*ott.*), cobweb micrometer. **5.** ~ di profondità (*strum. mis.*), depth micrometer gauge. **6.** ~ oculare (con fili di platino) (*mis. ott.*), filar micrometer, eyepiece micrometer. **7.** ~ per interni (*ut.*), inside micrometer caliper, inside micrometer gauge. **8.** controllare con ~ (*mecc.*), to mike. **9.** rilevare una dimensione col ~ (*mecc.*), to mike.

micromètro (micron, μ, μm) (*unità di mis.*), *vedi* micron, μ.

micromho (un milionesimo di mho) (*unità di mis. elett.*), micromho.

micromicrofarad (picofarad, 10^{-12} farad) (*mis. elett.*), picofarad, micro-micro-farad, mmF., μ μ F., mmfd.

microminiaturizzare (circuiti per mezzo di componenti microelettronici per es.), (*eltn.*), to microminiaturize.

microminiaturizzato (*a. - eltn.*), microminiaturize, microminiaturized.

microminiaturizzazione (*eltn.*), microminiaturization.

micromovimento (*studio dei tempi*), micromotion.

micron (10^{-6} m) (μm) (*mis.*), micron.

micro-ohm (*mis. elett.*), microhm.

microohmetro (*strum. di mis.*), microhommeter.

microonda (*fis.*), microwave.

micropiròmetro (*strum. fis.*), micropyrometer.

micropollice (= 0,0254 μm) (*μin - mis.*), microinch.

microporosità (*tecnol.*), microporosity.

microprocessore (circuito integrato singolo, o plurimo, che ha le funzioni dell'unità centrale di elaborazione) (*elab.*), microprocessor, MPU.

microprogramma (sequenza di istruzioni elementari di controllo della attività di un microprocessore) (*s. - elab.*), microprogram.

microprogrammazione (istruzioni microcodificate

rese operanti per mezzo di una ROM per es.) (*elab.*), microprogramming.

microradiometro (strumento per la misura delle radiazioni deboli) (*strum. fis.*), microradiometer.

microraggio (raggio microscopico: di laser per es.) (*fis.*), microbeam.

microregolazione (messa a punto, regolazione di precisione, regolazione micrometrica di uno strumento per es.) (*mecc. - strum.*), fine adjustment.

microriproduzione (processo di microriproduzione o materiale così riprodotto) (*documenti*), microform.

microritiro (*difetto fond.*), microshrinkage. **2.** ~ intercristallino (microritiro intergranulare) (*difetto fond.*), intercrystalline microshrinkage. **3.** ~ interdendritico (*difetto fond.*), interdendritic microshrinkage.

microsaldatura (usata per i collegamenti nei circuiti integrati; ottenuta p. es. per vibrazione, per termocompressione ecc.) (*tecnol. eltn.*), bonding. **2.** ~ a, o per, termocompressione (connessione eseguita per mezzo di calore e pressione: p. es. nei circuiti integrati) (*tecnol. eltn.*), thermocompression bonding, wedge bonding. **3.** ~ a pallina (saldatura a pallina: effettuata nella zona apposita di un circuito integrato) (*tecnol. eltn.*), ball bonding. **4.** ~ a punti (connessione eseguita mediante punti ottenuti con pressione e calore; p. es. nei circuiti integrati) (*tecnol. eltn.*), stitch bonding. **5.** ~ a sfregamento (~ di circuito integrato mediante sfregamento per vibrazione) (*tecnol. eltn.*), friction bonding. **6.** ~ con fascio elettronico (*tecnol. eltn.*), electron-beam bonding. **7.** ~ per vibrazione, o sfregamento (~ a mezzo ultrasuoni) (*tecnol. eltn.*), friction bonding, vibration bonding.

microscheda (pellicola piana 10×15 cm contenente una rete di microimmagini ed altre informazioni: costituisce il supporto di una memoria di massa) (*grafica - elab. - ecc.*), microfiche. **2.** su ~ (*elab.*), fiched.

microscopìa (*ott.*), microscopy. **2.** ~ elettronica (*ott.*), electron microscopy.

microscòpico (*a. - ott.*), microscopic.

microscopio (*strum. ott.*), microscope. **2.** ~ a contrasto di fase (*strum. ott.*), phase microscope. **3.** ~ a diffusione protonica (*strum. fis. atom.*), proton scattering microscope. **4.** ~ a ioni in campo (a ioni di elio in campo elettrico ad alta tensione) (*strum. - metall.*), field ion microscope. **5.** ~ a raggi X (per l'esame dei cristalli per es.) (*ott.*), x-ray microscope. **6.** ~ comparatore (*strum. ott.*), comparascope, comparoscope. **7.** ~ elettronico (*strum. ott. eltn.*), electron microscope. **8.** ~ elettronico a scansione (*strum. ott.*), scanning electron microscope. **9.** ~ fotografico (*strum. ott.*), photomicroscope. **10.** ~ ionico ad emissione di campo (strumento a forte ingrandimento ottenuto per mezzo di ioni di elio su schermo fluorescente) (*strum.*), field ion microscope. **11.** ~ metallografico (*ott. - fot. metall.*), metallograph, metallurgical microscope. **12.** ~ ottico (microscopio galileiano) (*strum. ott.*), optical microscope. **13.** ~ polarizzante (*strum. ott.*), polarizing microscope. **14.** ~ spettroscopico (*strum. ott.*), spectromicroscope.

microsecondo (1 milionesimo di secondo: 10^{-6} sec.) (*mis.*), microsecond.

microsegregazione (*metall.*), microsegregation.

microsisma (*geofis.*), microseism.

microsismico (*geofis.*), microseismical.

microsolco (solco di disco fonografico di larghezza compresa tra 0,06 e 0,09 mm) (*s. - elettroacus.*), microgroove. **2.** ~ (disco microsolco, disco fonografico con larghezza di solco compresa tra 0,06 e 0,09 mm) (*s. elettroacus.*), microgroove record, microgroove.

microsonda elettronica (apparecchio elettronico per microanalisi mediante spettroscopia) (*app. eltn.*), microprobe.

microstruttura (*metall.*), microstructure.

microtaxi (ciclomotore a tre ruote in servizio pubblico di taxi) (*trasp. pubblico*), cyclo.

microtelefono ("ricevitore") (*telef.*), handset.

microtelevisore, micro TV (app. ricevente a colori a cristalli liquidi e dimensioni dello schermo da 1 a 5 pollici) (*telev.*), microtelevisor.

micròtomo (*strum. per microscopia*), microtome. **2.** ~ rotativo automatico (*strum. per microscopia*), automatic rotary microtome.

microtrattore (*veic.*), miniature tractor.

microtrone (ciclotrone di piccole dimensioni) (*s. - fis. atom.*), microtron.

microvòlt (*mis. elett.*), microvolt.

microvoltmetro potenziometrico (*strum. di mis. elett.*), micropotentiometer.

midollo (del legno) (*legn.*), pith.

mièrere (*agric.*), to reap, to harvest.

mietiforaggi (*macch. agric.*), forage harvester.

mietilegatrice (*macch. agric.*), reaper and binder.

mieti-riso (*macch. agric.*), rice harvester.

mietitore (*lav. agric.*), reaper.

mietitrebbia (*macch. agric.*), combine harvester.

mietitrice (*macch. agric.*), reaper, reaping machine, harvester, grain harvester.

mietitrice-trebbiatrice, *vedi* mietitrebbia.

mietitura (*agric.*), harvesting, reaping.

miglia all'ora (*velocità*), miles per hour, MPH. **2.** ~ per gallone (consumo carburante) (*aut. - aer. - ecc.*), miles per gallon, MPG.

miglio (*agric.*), millet. **2.** ~ (mi) (*mis.*), mile (statute mile = 1.6093 km, nautical mile = 1.853 km (ingl.), international mile = 1.852 km). **3.** ~ aereo (uguale al miglio nautico = 1853 metri) (*unità mis. aer.*), air mile. **4.** ~ geografico (1,85318 km) (*mis.*), geographical mile. **5.** ~ marino (*mis. nav.*), sea mile, nautical mile. **6.** ~ quadrato (*mis.*), square mile (sq statute mile = 2.59 sq km). **7.** ~ radar (tempo di 10,75 microsecondi richiesto da un impulso radar per rivelare un bersaglio posto alla distanza di un ~ terrestre) (*mis.*), radar mile. **8.** ~

radar marino (tempo di 12,355 microsecondi richiesto da un impulso radar per rivelare un bersaglio posto alla distanza di un ~ marino) (*mis.*), radar nautical mile.
miglioramento (*gen.*), improvement.
migliorare, to improve. **2.** ~ il fattore di potenza (*elett.*), to improve the power factor.
migliorìa (*gen.*), betterment.
migmatite (roccia) (*geol.*), migmatite, injection-gneiss.
mignatta (*espl. mar. milit.*), limpet mine.
migrazione (di atomi o ioni per es.) (*chim.*), migration. **2.** ~ (di petrolio sotterraneo per es.) (*min.*), migration. **3.** area di ~ (*fis. atom.*), migration area. **4.** lunghezza di ~ (*fis. atom.*), migration length.
miliardo (10^9 = 1000 milioni) (*mat.*), billion (Am.), milliard (Brit.).
milione (10^6) (*mat.*), million.
milionesimo (1/1 000 000) (*mat.*), millionth.
militare (*a.* - *milit.*), military. **2.** addetto ~ (*milit.*), military attaché.
militesente (libero dal servizio militare) (*lav.* - *ecc.*), free from military service, exempt from military service.
millesimo (*gen.*), thousandth. **2.** un ~ di pollice (0,0254 mm) (*mis.*), one thousandth of an inch, milinch.
milli (m, 10^{-3}, prefisso di unità di misura = 1 millesimo di) (*mis.*), milli-.
milliampère (*mis. elett.*), milliampere.
milliamperòmetro (*strum. elett.*), milliammeter, milliamperemeter.
milliangstrom (millesimo di angstrom) (*unità di mis.*), milliangstrom.
millibar (millesimo di bar = 1,0197 × 10^{-3} kg cm^2) (*fis.* - *meteor.*), millibar.
millicurie (10^{-3} curie) (*mis.* - *chim. fis.*), millicurie, mC.
millifarad (millesimo di farad) (*unità di mis.*), millifarad.
milligal (unità di accelerazione) (*mis.* - *geod.*), milligal.
milligrammo (mg = 0,0154 grani) (*mis.*), milligram, milligramme, mgrm.
millihenry (millesimo di henry) (*unità di mis.*), millihenry.
millilitro (mis. di capacità = 1/1000 di litro = 1 cm^3) (*mis.*), milliliter, millilitre.
millimetraggio (spazio occupato per la pubblicità su di un giornale) (*pubbl.*), linage.
millìmetro (mm = 0,03937 in.) (*mis.*), millimeter. **2.** ~ colonna (*pubbl.*), column millimeter. **3.** ~ cubo (unità di volume uguale 0,610 × 10^{-4} pollici cubici) (*mis.*), lambda. **4.** ~ d'acqua (1 mm H_2O equivalente a 9,806 Pa) (*mis. pressione*), millimeter of water. **5.** ~ di mercurio (1 mm Hg = 133,322 Pa) (*mis. pressione*), millimeter of mercury. **6.** ~ quadrato (mm^2 = 0,00155 sq in) (*mis.*), square millimeter.
millimicro (10^{-9} = nano) (*mis.*), millimicro-.
millimicron (10^{-9} m) ($m\mu$ - *mis.*), millimicron, micromillimeter
milliradiante (1/1000 di radiante) (*mis.*), milliradian.
millirem (1/1000 di rem) (*mis.*), millirem.
millisecondo (millesimo di secondo) (*unità di mis.*), millisecond.
millitex (= 1 mg/1000 m, dato di finezza per fibre tessili) (*mis. tess.*), millitex.
millivolt (*miss. elett.*), millivolt.
millivoltmetro (*strum. mis. elett.*), millivoltmeter.
milliwatt (mw) (*mis. elett.*), milliwatt, mw.
mimeografo (ciclostile) (*app. tip.*), mimeograph.
mimetizzato (*milit.*), camouflaged.
mimetizzazione (di uno stabilimento industriale per es.) (*milit.*), camouflage.
mina (*espl.*), mine. **2.** ~ (per matita) (*dis.*), lead. **3.** ~ a bassa frequenza (mina acustica sensibile a frequenze inferiori al limite minimo dello spettro audio) (*mar. milit.*), low-frequency mine. **4.** ~ a contatto (*espl.*), contact mine. **5.** ~ a contatto elettrico (*espl.*), electrocontact mine. **6.** ~ acustica (*espl. nav.*), acoustic mine. **7.** ~ ad audio-frequenza (mina acustica sensibile a frequenze dello spettro udibile) (*mar. milit.*), audio-frequency mine. **8.** ~ ad influenza (*mar. milit.*), influence mine. **9.** ~ ad influenza dal fondo (mina a influenza magnetica dal fondo) (*mar. milit.*), ground influence mine. **10.** ~ ancorata ad influenza (magnetica) (*mar. milit.*), moored influence mine. **11.** ~ anticarro (*milit.* - *espl.*), anti-tank mine. **12.** ~ antidragante (*espl* - *mar. milit.*), anti-sweep mine. **13.** ~ antiuomo (*milit.* - *espl.*), anti-personnel mine. **14.** ~ a pressione (mina sensibile alla pressione esercitata da una nave in movimento) (*mar. milit.*), pressure mine. **15.** ~ a sensibilità ridotta (mina dura) (*mar. milit.*), coarse mine. **16.** ~ (da lanciare) da aereo (in mare) (*mar. milit.*), aerial mine. **17.** ~ da esercizio (*mar. milit.*), drill mine, exercise mine. **18.** ~ da fondo (*mar. milit.*), bottom mine, ground mine. **19.** ~ fluviale (*milit.*), river mine. **20.** ~ galleggiante (*mar. milit.*), floating mine. **21.** ~ lanciata dall'aereo (*espl. milit.*), aerial mine. **22.** ~ magnetica (*espl. mar. milit.*), magnetic mine. **23.** ~ mancata (che non ha esploso) (*espl.* - *min.*), misfire. **24.** ~ ormeggiata (*mar. milit.*), moored mine. **25.** ~ subacquea (*espl. mar. milit.*), submarine mine, torpedo (mine). **26.** ~ telecomandata (*milit.* - *nav.*), controlled mine. **27.** ~ terrestre (*espl. milit.*), land mine. **28.** ~ vagante (*espl. mar. milit.*), drifting mine. **29.** attivazione della ~ (*mar. milit.* - *milit.*), mine actuation. **30.** ricercatore di mine (apparecchio cercamine) (*app. milit.*), mine detector.
minare (*milit.* - *mar. milit.*), to mine.
minareto (*arch.*), minaret.
minato (*milit.*), mined.
minatore (*op.*), miner. **2.** ~ a cottimo (*min.*), butty, buttyman. **3.** ~ di carbone (*op.*), collier. **4.** ~

esterno (operaio addetto al carico e scarico del minerale) (*min.*), lander.
minchiotto (maschio, parte inferiore del tronco maggiore per es.) (*nav.*), heel, tenon.
minerale (*a.*), mineral. **2.** ~ (estratto da una miniera) (*s.*), ore, mineral. **3.** ~ di ferro (*min.*), iron ore. **4.** ~ femico (roccia eruttiva contenente principalmente silicati di magnesio e ferro) (*min.*), mafic mineral. **5.** ~ polverizzato (*min.*), smeddum (ingl.). **6.** ~ scistoso (*min.*), shale. **7.** ~ stratificato (*min.*), shale. **8.** ~ vagliato (*min.*), fines. **9.** arricchimento del ~ (*min.*), ore beneficiation. **10.** estrazione del ~ (*min.*), mining. **11.** fango di ~ (torbida) (*min.*), ore pulp. **12.** giacimento di ~ (*min.*), body, ore body. **13.** nero ~ (*min.*), seacoal. **14.** olio ~, mineral oil. **15.** preparazione del ~ (*proc. min.*), mineral dressing. **16.** roccia con deposito di ~ intrusivo (roccia incassante) (*min.*), country rock. **17.** silo di ~ (*min.*), ore bin. **18.** trattamento del ~ (*min.*), ore dressing.
mineralizzare, to mineralize. **2.** ~ (*geol.*), to petrify.
mineralizzazione, mineralization. **2.** ~ (*geol.*), petrifaction, petrification.
mineralogìa (*sc.*), mineralogy.
mineralògico (*min.*), mineralogical.
mineralogista, mineralogo (*min.*), mineralogist.
minerario (*a. - min.*), mining.
minero-metallurgico (*min. - metall.*), mining and metallurgical.
miniare (un codice per es.) (*arte*), to illuminate.
miniato (decorato) (*a. - arte*), illuminated.
miniatura (*gen.*), miniature. **2.** ~ (modello di scena) (*cinem. o telev.*), miniature. **3.** ~ (arte del miniare, arte di decorare gli antichi manoscritti) (*arte*), illuminating art.
miniaturizzare (ridurre a piccole dimensioni) (*gen.*), to miniaturize, to miniature.
miniaturizzato (ridotto a piccole dimensioni, di dimensioni ridotte) (*gen.*), miniaturized.
miniaturizzazione (circuiti realizzati con componenti microelettronici) (*eltn.*), miniaturization.
minicalcolatore (*elab.*), minicomputer.
minicartuccia (di nastro) (*elab.*), minicartridge.
minidisco (dischetto flessibile di circa 13 cm di diametro) (*elab.*), minifloppy disk, miniflexible disk, minidisk, minifloppy.
minielaboratore (piccolo elaboratore con memoria massima di 16 Kbyte) (*elab.*), minicomputer.
minièra (*min.*), mine. **2.** ~ a cielo aperto (*min.*), strip mine, strip pit. **3.** ~ con accesso a pozzo (*min.*), drift mine. **4.** ~ con discenderia (*min.*), slope mine. **5.** ~ di carbone (*min.*), coal mine, colliery, coal pit. **6.** ~ di rame (*min.*), copper mine. **7.** ~ sotterranea (*min.*), underground mine. **8.** aerazione della ~ (*min.*), mine ventilation. **9.** locomotiva da ~ (o da cantiere, locomotiva per binari Decauville) (*ferr.*), mule.
minimassimo (minimo-massimo, minimax; minimo di una serie di massimi, nella teoria dei giochi) (*mat.*), minimax. **2.** a ~, di ~ (*a. - mat.*), minimax. **3.** principio del ~ (*ricerca operativa - mat.*), minimax principle.
minimax, *vedi* mini-massimo.
minimetro (comparatore a quadrante [o ad orologio]) (*strum. mis.*), dial gauge.
minimicrofotografia (fotografia puntiforme; riproduzione fotografica puntiforme di uno stampato per es.) (*s. - riproduzione documenti*), microdot.
minimicroscheda (microscheda con rapporto di riduzione dell'originale di 100 a 1) (*s. - elab.*), ultrafiche, ultramicrofiche.
minimizzazione (*gen.*), minimization.
mìnimo (*gen.*), minimum. **2.** ~ (marcia lenta di motore a comb. interna) (*mot.*), slow running, idling. **3.** ~ comun denominatore (*mat.*), lowest common denominator, least common denominator, LCD. **4.** ~ comune multiplo (*mat.*), least common multiple, lowest common multiple LCM. **5.** ~ contrattuale (di retribuzione, minimo di paga) (*pers. - lav.*), contract minimum. **6.** ~ di avvicinamento (*mot. aer.*), approach idling. **7.** ~ di volo (*mot. aer.*), flight idling. **8.** girare al ~ (girare a marcia lenta) (*di mot.*), to idle. **9.** miscela del ~ (o della marcia lenta) (*carb. di mot.*), idling mixture, slow running mixture. **10.** regolatore di minima (*disp. elett.*), low point control. **11.** ridurre al ~, to reduce to a minimum. **12.** spruzzatore (o getto) del ~ (o della marcia lenta) (*carb. di mot.*), idling mixture jet, slow running jet.
minimotoretta (piccolo motociclo facilmente trasportabile p. es. su panfilo, su autoroulotte ecc.) (*s. - mtc.*), trail bike, minibike.
minio (Pb_3O_4) (*chim.*), minium, red lead. **2.** pittura al ~ (*vn.*), red lead paint.
ministèro, ministry, office (ingl.), department (am.). **2.** ~ degli Affari Esteri, Foreign Office (ingl.), Department of State (am.). **3.** ~ degli Interni, Home Office (ingl.), Department of the Interior (am.). **4.** ~ del Commercio, Board of Trade (ingl.), Department of Commerce (am.). **5.** ~ dell'Aeronautica, Air Ministry (ingl.), Department of the Air Force (am.). **6.** ~ della Difesa, Ministry of Defence (ingl.), Department of Defense (am.). **7.** ~ della Guerra, War Office (ingl.), Department of War (am.). **8.** ~ della Marina, Admiralty (ingl.), Department of the Navy (am.). **9.** ~ delle Finanze, Treasury (ingl.), Department of the Treasury (am.). **10.** pubblico ~ (*leg.*), public prosecutor.
ministro (*gen.*), minister, secretary.
minitaxi (automobile utilitaria in servizio pubblico di taxi) (*trasp. pubblico*), minicab.
minitelevisore, mini TV (app. ricevente a tubo catodico convenzionale e dimensioni dello schermo da 6 a 9 pollici) (*telev.*), minitelevisor.
minitorcia (piccola lampada elettrica simile ad una corta matita) (*elett.*), penlight, penlite.
minivideocassetta (videocassetta ridotta, con soli 30 minuti di autonomia) (*eltn. - audiovisivi*), minivi-

deocassette. **2.** ~ (per camcorder per es.) (*audiovisivi*), compact videocassette. **3.** ~ super VHS (*audiovisivi*), S-VHS-C videocassette. **4.** ~ VHS (*audiovisivi*), VHS-C videocassette.

minoranza (*gen.*), minority. **2.** partecipazione di ~ (*finanz.*), minority interest.

minorato (*a. - mecc.*), undersize.

minorazione (di un pezzo) (*mecc.*), undersize.

minore (*a. - gen.*), minor. **2.** ~ di (*mat. - elab.*), less-than.

minuèndo (*mat.*), minuend.

minuscolo (*a. - tip.*), small, lowercase. **2.** cassa minuscole (bassa cassa) (*tip.*), lower case. **3.** rendere ~ (*tip.*), to lowercase.

minuta (*uff.*), rough copy.

minuteria (piccoli articoli, chiodi, bottoni ecc.) (*gen.*), findings, small parts, small items.

minuto (*tempo*), minute. **2.** ~ primo (minuto, di un arco) (*geom.*), minute of arc. **3.** ~ di lavoro di un operaio (lavoro eseguibile da un operaio in un minuto: unità di misura) (*analisi tempi*), man-minute. **4.** al ~ (*a. - comm.*), retail. **5.** corse al ~ (colpi al minuto) (*mecc.*), strokes per minute, SPM.

minvar (ghisa a bassissimo coefficiente di dilatazione: contenente il 34-36% di nichel) (*fond.*), "minvar".

miocène (periodo dell'èra terziaria) (*geol.*), Miocene.

miope (*a. - ott. med.*), myopic. **2.** ~ (*s. - ott. med.*), myope.

miopia (*ott. med.*), myopia, nearsightedness.

mira (di un'arma) (*ott.*), sight. **2.** ~ a scopo (*top.*), target rod. **3.** congegno di ~ (*arma da fuoco - razzo*), gunsight. **4.** linea di ~ (*gen.*), line of sighting, line of sight.

miraggio (*ott.*), mirage.

mirare (con arma da fuoco per es.), to sight, to take aim.

miriametro (unità di lunghezza di 10000 m) (*unità di mis.*), myriameter.

mirino (*di arma da fuoco*), sight, (open) front sight. **2.** ~ (*fot.*), viewfinder, finder. **3.** ~ (*ott.*), sight. **4.** ~ anteriore (di arma da fuoco per es.), foresight. **5.** ~ a pozzetto (p. es. nelle macchine fot. reflex) (*fot.*), waist-level viewfinder, waist-level finder. **6.** ~ a traguardo (mirino a visione diretta: senza lenti: usato specialmente per riprendere oggetti in movimento p. es. foto sportive) (*fot.*), direct vision finder, sportsfinder. **7.** ~ elettronico (di un camcorder per es.) (*audiovisivi*), electronic viewfinder. **8.** ~ iconometrico (*fot.*), iconometer. **9.** ~ ottico (cannocchiale di puntamento di armi da fuoco) (*ott. - milit.*), collimating sight. **10.** ~ ottico rialzato a periscopio (piccolo periscopio fissato sul mirino) (*arma da fuoco*), sniperscope. **11.** ~ posteriore (di arma da fuoco), rearsight. **12.** ~ telescopico (di macchina fot.) (*fot.*), telescopic finder.

miscèla (*gen.*), mixture. **2.** ~ (di aria e benzina per carburatore di motore) (*mot.*), mixture. **3.** ~ (di olio nella benzina: per l'alimentazione di motori a due tempi per es.) (*mot.*), fuel mixture. **4.** ~ (carica, miscela di materie prime usate per la produzione di vetro) (*mft. vetro*), batch. **5.** ~ acqua-carbone (fluido viscoso, composto di polvere di carbone ed acqua, iniettato in un focolaio sostituisce l'olio combustibile) (*comb.*), coal water slurry, coal-water. **6.** ~ alluminotermica (*saldatura*), thermit mixture. **7.** ~ anticongelante (per radiatore di autoveicolo per es.), antifreeze. **8.** ~ bordolese (anticrittogamico) (*agric.*), Bordeaux mixture. **9.** ~ del minimo (o della marcia lenta) (di un carburatore) (*mot.*), idling mixture, slow running mixture. **10.** ~ di carica (*fond.*), bedding. **11.** ~ di massimo rendimento (per un mot. a comb. interna) (*mot.*), lean best power mixture. **12.** ~ esplosiva (*carb. - fis.*), explosive mixture. **13.** ~ fluorurante (miscela per finitura) (*ind. tess.*), fluoridizer. **14.** ~ frigorifera (*term.*), freezing mixture. **15.** ~ gassosa esplosiva (miscela tonante) (*carb. - min.*), explosive gas mixture. **16.** ~ grassa (miscela ricca) (*mot.*), rich mixture. **17.** ~ isolante (per il riempimento di muffole terminali o di giunzione per es.) (*cavi elett.*), potting compound. **18.** ~ (di metalli) legante (aggiunta ad altro metallo per ottenere una lega) (*metall.*), temper. **19.** ~ normale (*mft. vetro*), running batch. **20.** ~ povera (*mot.*), lean mixture, weak mixture. **21.** ~ pronta per l'uso (di cemento, vernice ecc.) (*comm. - gen.*), ready-mix. **22.** ~ refrigerante (*ind. freddo*), cooler. **23.** ~ ricca (o grassa) (*mot.*), rich mixture. **24.** camera di ~ (di un cannello per saldatura o taglio) (*tecnol. mecc.*), mixing chamber. **25.** carica di ~ (del cilindro di un mot. per es.), mixture charge. **26.** indice di resistenza alla detonazione con ~ ricca (*mot. aer.*), rich-mixture knock rating. **27.** indice di resistenza alla detonazione con ~ povera (*mot. aer.*), weak-mixture knock rating.

miscelare (un carburante per macchine da corsa per es.) (*mot.*), to dope. **2.** ~ (il gas con l'aria: in un carburatore a gas di un mot. a comb. interna a gas per es.) (*mot.*), to mix.

miscelatore (per vernici per es.) (*vn.*), mix pot. **2.** ~ (per ottenere una miscelazione uniforme) (*macch. ind.*), blendor. **3.** ~ del suono (per registrazione o diffusione) (*elettroacus.*), mixer, audio mixer. **4.** ~ di gas (*ind. mot.*), gas mixer. **5.** ~ di scarico (*turboreattore*), exhaust mixer.

miscelazione (*mot. - ecc.*), mixing, admixture.

mischia (del cotone per es.) (*ind. tess.*), mixing, blending. **2.** ~ pneumatica (*ind. tess.*), pneumatic mixing. **3.** sala di ~ (*ind. tess.*), mixing room.

mischiabile (*a. - gen.*), miscible, mixable.

mischiaggio (*ind. tess.*), mixing. **2.** ~ (*cinem.*), *vedi* missaggio.

mischiare (*ind. tess.*), to mix.

miscibilità (*fis. - chim. - metall.*), miscibility. **2.** ~ parziale (*metall.*), partial miscibility. **3.** ~ totale (*metall.*), total miscibility.

miscuglio, mixture. **2.** ~ (dosato), blend. **3.** ~ di carburi sinterizzati (*metall.*), sintered carbides. **4.** ~ di cloruro e di ipoclorito di calce, bleaching powder. **5.** ~ di solfuri minerali con 78% di rame (*metall.*), pimple metal.

mispickel (FeAsS) (arsenopirite) (*min.*), mispickel.

missaggio (*cinem.*), mixing. **2.** ~ microfonico (nelle trasmissioni radio, nella esecuzione del sonoro di film ecc.) (*elettroacus.*), microphonic mixing. **3.** tecnico del ~ (*cinem.*), mixer.

mìssile (proiettile, proietto) (*milit.*), missile. **2.** ~ ad energia nucleare (missile atomico) (*missil.*), nuclear missile, nuclear-powered missile. **3.** ~ a doppio propellente (*missil.*), bipropellant missile. **4.** ~ ad un solo propellente (*missil.*), monopropellant missile. **5.** ~ a fotoni (missile che utilizza energia convertita in luce) (*missil.*), photon missile. **6.** ~ a lunga gittata (*milit.*), long range ballistic missile, LRBM. **7.** ~ a media gittata (*milit.*), medium range ballistic missile. **8.** ~ antibalistico (per distruggere missili balistici) (*milit.*), antiballistic-missile, ABM. **9.** ~ antimissile (antimissile) (*s. - milit.*), antimissile. **10.** ~ anti-sommergibili (*milit.*), anti-submarine missile. **11.** ~ a propellente singolo (*missil.*), monopropellant missile. **12.** ~ aria-aria (*milit.*), air-to-air missile. **13.** ~ aria-terra (*milit.*), air-to-surface missile. **14.** ~ a stadi (*missil.*), staged missile, step missile. **15.** ~ a stadi multipli (*missil.*), multi-stage missile, multi-step missile. **16.** ~ atomico (a propulsione nucleare) (*missil.*), nuclear missile, nuclear-powered missile. **17.** ~ a tre stadi (*missil.*), three-stage missile. **18.** ~ balistico (*milit.*), ballistic missile. **19.** ~ con alette stabilizzatrici (*missil.*), fin stabilized missile (am.), winged missile (ingl.). **20.** ~ con apparato di guida sensibile alle radiazioni (missile con sensore per autoguida) (*missil.*), seeker missile, seeker. **21.** ~ con propulsione a getto (a propellente che brucia solo in presenza di ossigeno atmosferico) (*missil.*), jet-propelled missile. **22.** ~ con propulsione a razzo (a propellente indipendente dalla presenza di ossigeno atmosferico) (*missil.*), rocket missile. **23.** ~ guidato (*milit. - missil.*), guided missile, guided weapon. **24.** ~ guidato a mezzo radar (*milit.*), radar-guided missile. **25.** ~ guidato anticarro (*milit.*), antitank guided missile. **26.** ~ intermedio (*milit.*), intermediate range ballistic missile, IRBM. **27.** ~ lanciato da sommergibile (*milit. - nav.*), submarine-launched missile. **28.** ~ MIRV (con due o più teste di guerra) (*milit.*), MIRV. **29.** ~ nucleare (*milit.*), nuclear missile. **30.** ~ polistadio (missile pluristadio) (*missil.*), multistage missile, multistage missile. **31.** ~ radioguidato (*missil.*), beam-rider. **32.** ~ senza equipaggio (*missil.*), unmanned missile. **33.** ~ senza guida (*missil.*), unguided missile. **34.** ~ sottomarino antibalistico (*milit.*), submarine antiballistic missile, SAB-MIS. **35.** ~ terra-aria (*milit.*), surface-to-air missile. **36.** ~ terra-terra (*milit.*), surface-to-surface missile.

missilistica (*missil.*), rocketry, missilery. **2.** esperto di ~ (*missil.*), rocketeer.

missione (gruppo di persone inviate all'estero per condurre negoziati) (*comm.*), mission.

mista (*s. - ind. tess.*), blend.

misto (fatto di parti diverse) (*a. - gen.*), mixed. **2.** ~ di cava (sabbia ghiaiosa, miscela di sabbia e ghiaia per calcestruzzo) (*s. - costr. ed.*), all-in aggregate.

mistura (*gen.*), mixture.

misura (*mis.*), measure, measurement, measuring, gauge. **2.** ~ (strumento di misura) (*ut.*), measure. **3.** ~ a nastro, ~ a rotella (*mis.*), tape measure, tapeline. **4.** ~ decimale (*mis.*), decimal measure. **5.** ~ dei movimenti elementari (nei tempi elementari) (*analisi tempi*), motion time measurement, MTM. **6.** ~ della densità (di liquidi) (*chim. - fis.*), hydrometry. **7.** ~ della distanza (telemetria) (*artiglieria - ecc.*), ranging. **8.** ~ del potere antidetonante (di una benzina) (*mot.*), knock rating. **9.** ~ del progresso professionale (*pers. - psicol.*), proficiency test. **10.** ~ di lunghezza, linear measure. **11.** ~ di precisione (*mis. mecc.*), precision measuring. **12.** ~ inferiore alla normale (*gen.*), undersize. **13.** ~ lineare snodata (*mis.*), folding pocket measure. **14.** ~ per liquidi (unità volumetrica per misurare liquidi in un dato sistema di unità, per es. il dm^3, o il gallone) (*mis.*), liquid measure. **15.** misure preventive (*gen.*), preventive measures. **16.** ~ standard (misura normale) (*gen.*), standard measure. **17.** cassone di ~ (per misurare l'acqua per irrigazione per es) (*idr.*), weir box. **18.** di ~ inferiore al normale (*gen.*), undersize. **19.** lunghezza base di ~ (per misurare la rugosità di una superficie lavorata) (*mecc.*), sampling length (ingl.). **20.** non a ~ (*mecc. - ind.*), off size. **21.** unità di ~ della capacità produttiva di un elab. (*elab.*), *vedi* Whetstone.

misurare (*mis.*), to measure, to gauge. **2.** ~ a passi (*gen.*), to measure by paces, to pace. **3.** ~ con la catena topografica (*mis. top.*), to chain. **4.** ~ con precisione (calibrare) (*macch.*), to gauge. **5.** ~ telemetricamente (determinare la posizione di un oggetto per mezzo di un telemetro) (*ott. - milit.*), to range.

misurato (*mis.*), measured.

misuratore (chi misura) (*gen.*), measurer. **2.** ~ (incaricato di misurazioni) (*funzionario*), gauger. **3.** ~ a stantuffo di pressione sonora (*strum. acus.*), pistonphone. **4.** ~ del grado di raffinazione (della pasta) (*app. prove mtf. carta*), beaten stuff tester. **5.** ~ dell'angolo di chiusura (misuratore di "dwell", del distributore di accensione) (*strum. - elett. - mot.*), dwell meter. **6.** ~ della resistenza al distacco (della patina) (*app. - mft. carta*), picking resistance meter. **7.** ~ della induzione magnetica, gaussmeter. **8.** ~ della intensità delle ombre (*strum. ott.*), shadow-intensity meter. **9.** ~ della pezzatura (di minerali per es.) (*app. mis.*), infrasizer. **10.** ~ della radioattività dell'aria (*strum. mis. radioatt.*), air monitor. **11.** ~ del passo (di un'elica marina) (*strum. nav.*), pitchometer. **12.** ~ di apertura numerica (per valutare l'entità del potere separatore di uno strum. ott.) (*strum. ott.*), apertometer. **13.** ~ di contaminazione (*strum. mis. radioatt.*), contamination meter. **14.** ~ di coppia (di un motore) (*att. mis.*), torquemeter. **15.** ~ di distanza interpupillare (*strum. ott. med.*), interpupillary distance gauge. **16.** ~ di durezza (misuratore di qualità) (*strum. radiologico*), penetrometer. **17.** ~ di evolventi (*app.*), involute tester. **18.** ~ di livello (*strum. top.*), hystometer. **19.** ~ di livello ad immersione (p. es. del livello dell'olio in un motore) (*strum.*), dipstick, level indicator. **20.** ~ di lunghezza d'onda a eterodina (*radio*), heterodyne wavemeter. **21.** ~ di ossigeno (nel riempimento di un pallone o dirigibile con gas) (*strum. aer.*), oxygen meter. **22.** ~ di pH (pH-metro) (*strum.*), pH-meter. **23.** ~ di profondità (*mar.*), depthometer. **24.** ~ di Roengten (~ della intensità dei raggi gamma o X) (*strum. mis.*), r-meter. **25.** ~ di spessore a riflessione (in funzione della riflessione di radiazioni radioattive) (*applicazione ind. della fis. atom.*), back-scattering thickness gauge. **26.** ~ di spessore a penetrazione (in funzione della entità di penetrazione di radiazioni radioattive) (*applicazione ind. della fis. atom.*), penetration thickness gauge. **27.** ~ di spessore radioattivo (in funzione della penetrazione o riflessione di radiazioni radioattive) (*applicazione ind. della fis. atom.*), radioactive thickness gauge. **28.** ~ di spinta (di un motore a reazione montato sul banco prova) (*strum.*), thrust meter. **29.** ~ di umidità (apparecchio per la prova di umidità) (*strum. - fond. - ecc.*), moistmeter, moisture teller, moisture tester. **30.** ~ di uscita (*strum. radio*), output meter. **31.** ~ Elmendnorf (della resistenza alla lacerazione della carta) (*app. prova mft. carta*), Elmendnorf tester. **32.** ~ portatile di radioattività (*strum. radioatt.*), survey meter, survey instrument. **33.** strumento ~ del gradiente (della temperatura o salinità dell'acqua marina per es.) (*strum.*), gradiometer.

misurazione (*mis.*), measurement, mensuration. **2.** ~ analogica (rilevamento analogico dei valori di misura) (*eltn.*), analogue measuring. **3.** ~ della portata (di liquidi o gas) (*ind. - comm.*), flow measurement. **4.** ~ digitale (rilevamento digitale dei valori di misura) (*eltn. - macch. ut. a c. n. - ecc.*), digital measurement, digital measuring. **5.** ~ esposimetrica (~ della intensità della luce incidente o di quella riflessa dal soggetto) (*fot.*), light metering. **6.** ~ fra i rulli (dello spessore del dente di una ruota dentata o di uno scanalato) (*mecc.*), measurement over pins. **7.** procedimento di ~ incrementale (*macch. ut. a c. n.*), incremental measuring method.

mitra (di un camino) (*ed.*), chimney jack, cowl. **2.** ~ (arma), *vedi* mitragliatore.

mitragliare (*milit.*), to machine gun. **2.** ~ a volo radente (*aer. milit.*), to strafe.

mitragliatore (fucile mitragliatore) (*arma da fuoco automatica*), submachine gun.

mitragliatrice (*arma da fuoco milit.*), machine gun. **2.** mitragliatrici abbinate (*arma da fuoco*), machine guns mounted in pairs. **3.** ~ alare (*aer. milit.*), wind gun. **4.** ~ a nastro (*arma da fuoco*), belt-fed machine gun. **5.** ~ a sottrazione di gas (*arma da fuoco*), gas-operated machine gun. **6.** pistola ~ (*arma da fuoco automatica*), machine pistol, light type of submachine gun. **7.** pistola ~ (tipo leggero di fucile mitragliatore: mitraglietta) (*arma da fuoco automatica*), machine pistol.

mitragliere (*milit.*), machine gunner.

mitraglietta, *vedi* pistola mitragliatrice.

mittènte (*comm.*), sender.

MK$_p$S (unità di massa del sistema MK$_p$S) (*mis.*), slug 0.672.

"MKS" (Metro Kilo Secondo) (*sistema mis.*), meter kilogramme-mass second.

"MKSACK" (Metro-Kilogrammo-Secondo-Ampere-Candela-Kelvin) (*sistema di mis.*), MKSACK; metre, kilogram-mass, second, ampere, candela, kelvin.

MMT (metilciclopentadienil manganese triclorocarbonile; additivo usato per incrementare il numero di ottano della benzina) (*chim. - aut.*), "MMT".

mnemonico (detto di qualsiasi sistema, metodo ecc. atto ad assistere la memoria) (*a. - gen.*), mnemonic.

MNOS (semiconduttore di tipo metallo-nitruro-ossido) (*eltn.*), MNOS, Metal-Nitride-Oxide-Semiconductor.

mòbile (*a. - mecc. - fis.*), movable, mobile. **2.** ~ (*s. - mecc. - fis.*), mobile. **3.** ~ (di arredamento) (*casa - uff.*), piece of furniture. **4.** ~ (detto di una gru per es.) (*a. - mecc.*), walking, traveling. **5.** ~ per archivio (*mobilio da uff.*), filing cabinet.

mobiletto (portaoggetti, sul tunnel della trasmissione, di una automobile, di fronte alla leva del cambio) (*aut.*), console.

mobiliere (fabbricante) (*ind. - falegn.*), furniture maker. **2.** ~ (venditore) (*comm.*), furniture seller.

mobilio (per arredamento) (*casa - uff.*), furniture.

mobilità (*fis.*), mobility. **2.** ~ della mano d'opera (*org. - pers.*), labor mobility. **3.** ~ di un ione (*elettrochim.*), ion mobility.

mobilitare (*milit.*), to mobilize.

mobilitazione (*milit.*), mobilization. **2.** ~ dell'esercito (*milit.*), mobilization of the army.

mochetta, *vedi* moquette.

moda (norma: il valore che compare più frequentemente in una serie di valori) (*stat.*), mode. **2.** ~ (*ind. abbigliamento*), fashion.

modalemodulare (*stat.*), modal.

modalità (*gen.*), modality. **2.** ~ di trasferimento [o di spostamento] (*elab.*), move mode. **3.** ~ grafica (*elab.*), graphic mode, graphic modality.

modanatrice (*macch. legn.*), molding machine.

modanatura (*arch.*), molding, moulding. **2.** ~

(smussatura) (*arch. - carp. - ecc.*), chamfer. **3.** ~ (*falegn.*), beading, beadwork. **4.** ~ a cavetto (*arch.*), cavetto molding. **5.** ~ (romana) ad ondulazioni (*arch.*), nebule. **6.** ~ a fascia (*arch.*), fascia molding. **7.** ~ a filetto (*arch.*), fillet molding. **8.** ~ a forma di grani, perline ecc. (*arch.*), chaplet. **9.** ~ a gola diritta (*arch.*), cyma recta molding. **10.** ~ a gola rovescia (*arch.*), cyma reversa molding. **11.** ~ a guscio (*arch.*), cavetto molding. **12.** ~ a mezzo tondo (*arch.*), half round molding. **13.** ~ a quartabono (*arch.*), quarter round molding. **14.** ~ a S (*arch.*), ogee. **15.** ~ a toro (*arch.*), torus molding. **16.** ~ d'angolo (*arch.*), corner bead. **17.** ~ decorativa (*arch.*), garnish molding, window trim. **18.** ~ di basamento (*arch.*), surbase. **19.** ~ di contorno del vano del finestrino (*costr. carrozzeria aut.*), window molding. **20.** ~ incassata (*arch.*), sunk molding. **21.** ~ piana (smussata a 45°) (*arch.*), splay. **22.** ~ scozia (*arch.*), scotia molding. **23.** pialla per ~ (*ut. falegn.*), bead, beading plane.

modellabile (plasmabile, malleabile, plastico, materiale) (*tecnol.*), plastic, capable of being molded, fabricable.

modellare, to model.

modellatore (*op.*), modeler, modeller.

modellatura con tampone di gomma (*lav. lamiera*), rubber forming.

modellista (*op. fond.*), patternmaker. **2.** ~ (*op. mecc.*), modelmaker.

modèllo (*gen.*), model. **2.** ~ (di fonderia) (*fond.*), pattern. **3.** ~ (di stampo per es., copia in legno duro per la lavorazione su macchina a copiare) (*mecc.*), model. **4.** ~ (presentazione in miniatura di un aeroplano per es.) (*aer. - nav. - ecc.*), model. **5.** ~ (versione di un tipo di aeroplano) (*aer.*), type. **6.** ~ (aeromodello) (*aer. - sport*), *vedi* aeromodello. **7.** ~ (descrizione matematica di un sistema) (*s. - mat.*), model. **8.** ~ a carcassa (modello a scheletro) (*fond.*), skeleton pattern. **9.** ~ a cera persa (per getti industriali) (*fond.*), investment pattern. **10.** ~ a doppio ritiro (usato per ottenere un modello metallico da un modello campione in legno) (*fond.*), double-shrinkage pattern. **11.** ~ aeroelastico (modello con dimensioni lineari, distribuzione delle masse e rigidità rappresentate in modo tale che il comportamento aeroelastico del modello può esser riferito a quello dell'aeroplano in grandezza naturale) (*prove aer.*), elastic model. **12.** ~ a gavelli (*fond.*), *vedi* modello a centine. **13.** ~ a goccia (*fis. atom.*), liquid drop model. **14.** ~ al naturale (*fond. - ecc.*), full-scale pattern. **15.** ~ a scheletro (*fond.*), *vedi* modello a carcassa. **16.** ~ a tasselli (modello a pezzi amovibili) (*fond.*), segmental pattern. **17.** ~ con colate attaccate (*fond.*), gated pattern. **18.** ~ corrente (di un tipo di veicolo per es.) (*comm.*), current model. **19.** ~ da [sistemazione sul] pavimento (di un tipo di elaboratore per es.) (*elab. - ecc.*), floor standing model. **20.** ~ del dispositivo di colata (*fond.*), gating pattern. **21.** ~ depositato (per la protezione delle caratteristiche di disegno di un prodotto industriale) (*leg.*), design patent. **22.** ~ (di fabbrica) depositato (*ind.*), registered pattern. **23.** ~ destro (di parafango di aut. per es.) (*aut. - mecc. - ecc.*), right-hand pattern. **24.** ~ di abilità professionale (*psicol. ind.*), occupational ability pattern, OAP. **25.** ~ di comportamento (*ricerca operativa*), behavioral model. **26.** ~ di fabbrica (*ind.*), pattern. **27.** ~ di fonderia (ottenuto dal modello principale e usato per la forma) (*fond.*), pattern, working pattern. **28.** ~ di lusso (di tipo di aut. per es.) (*comm.*), luxury model. **29.** ~ (o tipo) di media cilindrata (*aut.*), medium cylinder capacity model. **30.** ~ dimostrativo (*ind.*), mock-up. **31.** ~ di serie (*ind. comm.*), current model. **32.** ~ econometrico (*econ.*), econometric model. **33.** ~ economico (di un tipo di veic. per es.) (*comm.*), economical model. **34.** ~ fuori serie (di aut. per es.) (*comm. - ind.*), special model, custom-built model. **35.** ~ in cera (per il processo allumino-termico) (*saldatura*), wax pattern. **36.** ~ in gesso (*gen.*), plaster cast. **37.** ~ in legno duro (copia per fresatrice a copiare per es.) (*mecc.*), hardwood model. **38.** ~ in mercurio solido (*fond.*), frozen-mercury pattern. **39.** ~ in più pezzi (*fond.*), sectional pattern. **40.** ~ in scala (modello con dimensioni lineari, massa ed inerzia riprodotte in modo che il moto del modello corrisponda a quello del velivolo in grandezza naturale) (*prove aer.*), dynamic model. **41.** ~ in scala ridotta (*cinem.*), miniature. **42.** ~ matematico (*ricerca operativa*), mathematical model. **43.** ~ metallico (*fond.*), metal pattern. **44.** ~ per prove aeroelastiche (*prove aer.*), *vedi* modello aeroelastico. **45.** ~ per prove dinamiche (*prove aer.*), *vedi* modello in scala. **46.** ~ preliminare (maquette: di uno scompartimento di carrozza ferroviaria per es.) (*ind.*), maquette. **47.** modelli sciolti (modelli non su placca) (*fond.*), loose patterns. **48.** ~ scomponibile (*fond.*), split pattern, sectional pattern. **49.** ~ sinistro (di parafango di aut. per es.) (*aut. - mecc. - ecc.*), left-hand pattern. **50.** ~ su placca (*fond.*), plate pattern. **51.** ~ veleggiatore (*aer. - sport*), model soarer, model sailplane. **52.** ~ volante (aeromodello, piccolo aeroplano con motore o senza, incapace di trasportare esseri umani) (*aer. - sport*), model aircraft. **53.** estrazione del ~ (*fond.*), pattern-draw, drawing of the pattern. **54.** maggiorazione di ~ per (compensare) il ritiro (*fond.*), pattern shrinkage allowance. **55.** numero del ~ (*dis. mecc.*), pattern number, PATT NO. **56.** prove con ~ (prove eseguite sul modello di un velivolo o nave in una galleria del vento o vasca) (*aer. - nav.*), model testing.

moderare (*fis. atom.*), to moderate.

moderato (detto di vento) (*a. - nav.*), moderate, loom.

moderatore (*fis. atom.*), moderator. **2.** ~ (inibitore: preparato aggiunto ad un bagno di decapaggio per diminuire l'azione chimica sulla superficie metallica priva di scorie) (*metall.*), inhibitor. **3.** ~

(persona che dirige un dibattito per es.) (*lav. radio - telev.*), moderator, anchorman. **4.** fare da ~ (*radio - telev.*), to anchor.

moderazione (*fis. atom.*), moderation.

moderno (*a. - gen.*), modern.

modìfica (*gen.*), modification. **2.** ~ (costruttiva) (*mecc.*), modification. **3.** ~ (di una legge per es.) (*comm.*), amendment. **4.** ~ al disegno (*dis.*), redraft. **5.** ~ improvvisa (*elab.*), zap.

modificare (*gen.*), to modify. **2.** ~ (un indirizzo, una istruzione ecc.) (*elab.*), to modify. **3.** ~ improvvisamente (per es. un programma) (*elab.*), to zap.

modificato (*gen.*), modified, altered. **2.** non ~ (*gen.*), unaltered.

modificatore (valore che deve essere aggiunto ad un operando per ottenere determinati risultati) (*s. - elab.*), modifier. **2.** ~ (parola [di] indice) (*s. - elab.*), modifier, index word.

modificazione (*gen.*), modification.

modiglione (mensola: sporgente dal muro e su cui poggia il cornicione) (*arch.*), modillion, cantilever.

modo (metodo) (*gen.*), way. **2.** ~ (composizione effettiva di una roccia) (*min.*), mode. **3.** ~ (condizione di funzionamento, di un motore per es.) (*mot. - ecc.*), mode. **4.** ~ (posizione di lavoro: si riferisce ad uno tra i possibili o alternativi metodi di operare di un mezzo elettronico: p. es. registrazione, stampa ecc.) (*elab. - mecc.*), mode. **5.** ~ (di trasferimento) ad un byte per volta (*elab.*), byte mode. **6.** ~ a interruzione (posizione di lavoro: a interruzione) (*elab.*), hold mode. **7.** ~ colloquiale, *vedi* ~ interattivo. **8.** ~ di flessione (*aerodin.*), bending mode. **9.** ~ interattivo (*elab.*), interactive mode, conversational mode. **10.** ~ multiplex (sistema di trasferimento di dati a mezzo di un canale multiplexer) (*elab.*), multiplex mode, multiplexer channel operation. **11.** ~ multiplex a byte (sistema di trasferimento delle registrazioni) (*elab.*), byte multiplex mode. **12.** ~ sostitutivo (~ di scambio alternativo fra la memoria temporanea e l'area di lavoro) (*elab.*), substitute mode. **13.** in un ~ o nell'altro (*gen.*), either way.

modulare (*v. - elett. - radio*), to modulate. **2.** ~ (tipo di costruzione che impiega elementi componibili di dimensione normalizzata per il montaggio del prodotto finito) (*a. - ind.*), modular. **3.** aritmetica ~ (*mat.*), modular arithmetic. **4.** costruito con sistema ~ (a sistema modulare) (*eltn. - mecc.*), modularized. **5.** costruzione ~ (sistema di costruzione ad elementi componibili di dimensioni standard) (*mecc. - ecc.*), modular construction, unit-composed system. **6.** dimensione ~ (multiplo di un modulo) (*ed.*), modular dimension. **7.** impiego del sistema ~ (*eltn. - mecc.*), modularity. **8.** maglia ~ (*ed.*), modular grid. **9.** piano ~ (*ed.*), modular plane. **10.** punto ~ (*ed.*), modular point.

modularità (l'impiego di unità funzionali per l'assemblaggio di sistemi elettronici o meccanici) (*s. - eltn. - mecc. - elab. - ecc.*), modularity.

modularizzazione (produzione di parti su un modulo base) (*ind.*), modularization.

modulato (*a. - elettroacus.*), modulated. **2.** ~ in ampiezza (*radio*), amplitude-modulated.

modulatore (*radio*), modulator. **2.** ~ (modulatrice) (*a. - radio*), modulating. **3.** ~ ad impulso (*radio*), pulse modulator. **4.** ~ a reattanza (*radio*), reactance modulator. **5.** ~ di fase (*radio*), phase modulator. **6.** ~ di frequenza (*radio*), frequency modulator. **7.** ~ di luce elettroottico (*ott.*), electro-optical light modulator. **8.** ~ ottico (apparecchio che trasmette informazioni per mezzo della luce) (*ott.*), optical modulator. **9.** ~ ottico di lettura (*ott. - eltn.*), readout, optical modulator.

modulatore-demodulatore (*app. eltn.*), modem. **2.** ~ telefonico, modem telefonico (*telef. - elab.*), data-phone modem.

modulatrice (modulatore) (*a. - radio*), modulating. **2.** valvola ~ (valvola limitatrice, di un impianto di freni a disco) (*aut.*), modulating valve, anti-skid valve.

modulazione (*radio*), modulation. **2.** ~ a corrente costante (*radio*), constant current modulation, choke modulation. **3.** ~ ad impulsi codificati (*telecom.*), pulse code modulation, PCM. **4.** ~ ad impulsi di fase (di una portante modulata in fase mediante impulsi) (*eltn.*), pulse-position modulation, PPM. **5.** ~ a durata degli impulsi (PDM) (*radio*), pulse duration modulation, PDM. **6.** ~ a frequenza di impulsi (*radio*), pulse frequency modulation. **7.** ~ a portante soppressa (*radio*), carrier suppression system of modulation (am.). **8.** ~ a tutto o niente (tipo di ~) (*telecom.*), on-off keying. **9.** ~ a variazione della tensione di placca (*radio*), choke modulation, constant current modulation. **10.** ~ catodica (*radio*), cathode modulation. **11.** ~ degli impulsi (*radio*), pulse modulation, PM. **12.** ~ della luce (*telev.*), light modulation. **13.** ~ di ampiezza (*elett. - radio*), amplitude modulation, AM. **14.** ~ di ampiezza ad impulsi (*tlcm.*), pulse amplitude modulation, PAM. **15.** ~ di fase (*radio*), phase modulation. **16.** ~ di fase degli impulsi ("PPM") (*radio*), pulse phase modulation, PPM. **17.** ~ di frequenza (*radio*), frequency modulation, FM. **18.** ~ di frequenza a banda stretta (*radio*), narrow band frequency modulation, NBFM. **19.** ~ di frequenza degli impulsi ("PFM") (*radio*), pulse frequency modulation, PFM. **20.** ~ digitale (in un sistema a microonde) (*eltn.*), digital modulation. **21.** ~ di griglia (*radio*), grid modulation. **22.** ~ di impulso (*elett.*), pulse modulation. **23.** ~ di impulsi in ampiezza (modulazione di ampiezza degli impulsi) (*radio*), pulse-amplitude modulation. **24.** ~ di intensità (di flusso elettronico) (*telev.*), intensity modulation. **25.** ~ di placca (*radio*), plate modulation. **26.** ~ di velocità (di raggio catodico analizzatore) (*telev.*), velocity modulation. **27.** ~ incrociata (*radio*), cross modulation. **28.** ~ negativa (di onda portante) (*telev.*), negative modulation. **29.** ~ per assorbimento (*radio*), absorption modulation. **30.** ~ percentuale (*eltn. - elett.*), percent modulation. **31.** ~ per sfasamento (*radio*), outphasing modulation. **32.** ~ positiva (di onda portante) (*telev.*), positive modulation. **33.** ~ positiva del segnale video (*telev.*), positive light modulation. **34.** ~ su banda laterale unica (*radio - telev.*), single-sideband modulation. **35.** ~ telegrafica (*elettrotel.*), telegraphy modulation. **36.** ~ di ampiezza (*radio*), amplitude-modulation. **37.** doppia ~ (*radio*), double modulation. **38.** fattore di ~ (indice di modulazione: relativo alla modulazione di frequenza) (*radio - telev. - ecc.*), modulation index. **39.** inviluppo della ~ (*radio*), modulation envelope.

mòdulo (*s. - gen.*), module, mod. **2.** ~ (di elasticità per es.) (*sc. costr.*), modulus. **3.** ~ (*arch.*), module. **4.** ~ (*amm.*), printed form, form. **5.** ~ (volume di acqua richiesto per irrigazione) (*irrigazione*), module. **6.** ~ (unità di misura di portata dell'acqua) (*unità mis. - irrigazione*), module. **7.** ~ (attrezzo usato in un impianto di irrigazione per mantenere un volume costante di acqua) (*irrigazione*), module. **8.** ~ (misura della rigidità della gomma) (*ind. gomma*), modulus. **9.** ~ (unità standard che insieme ad altre unità identiche forma parte di una costruzione modulare) (*ed. - tecnol. - ecc.*), module. **10.** ~ (*mat.*), module. **11.** ~ (unità indipendente in una struttura o missile a molti stadi) (*astric.*), module. **12.** ~ (coefficiente che indica la caratteristica di un materiale) (*sc. costr. - ecc.*), modulus. **13.** ~ (di una dentatura) (*mecc.*), module. **14.** ~ (in foglio singolo) (*s. - elab.*), cut form. **15.** ~ (nei logaritmi, nell'aritmetica modulare ecc.) (*s. - mat.*), modulo. **16.** ~ (unità singola ed identificabile: di un programma per es.) (*s. - elab.*), module. **17.** ~ a strappo (modulo fascicolato a strappo, usato per fatture, bolle di consegna ecc.) (*amm.*), snap out. **18.** ~ base (*elab. - ed. - ecc.*), basic module. **19.** moduli continui, moduli in continuo (nastro di stampati susseguentisi e indivisi piegati a ventaglio a formare un pacco) (*elab.*), continuous stationery, continuous forms. **20.** ~ costruttivo (*ed.*), structural module. **21.** ~ di assunzione (per operai) (*amm.*), labor engagement form (or sheet). **22.** ~ di caricamento (programma definitivo atto ad essere caricato in memoria ed eseguito) (*elab.*), run module, load module. **23.** ~ di comando (di un veicolo spaziale) (*astric.*), command module, control module. **24.** ~ di comando e servizio (di un veicolo spaziale) (*astric.*), command/service module, CSM. **25.** ~ di compressibilità (*fis. mecc.*), compressibility coefficient, compressibility modulus. **26.** ~ di elasticità (*sc. costr.*), modulus of elasticity, coefficient of elasticity. **27.** ~ di elasticità cubica (*mecc.*), bulk modulus, coefficient of volume elasticity, modulus of cubic elasticity, modulus of cubic compressibility. **28.** ~ di elasticità normale (modulo di Young) (*sc. costr.*), Young's modulus, Young's modulus of elasticity, stretch modulus. **29.** ~ di elasticità tangenziale (*sc. costr.*), modulus of rigidity, coefficient of rigidity, shear modulus. **30.** ~ di finezza (di materiale inerte) (*sc. costr.*), fineness modulus. **31.** ~ di programma in codice sorgente, *vedi* ~ sorgente. **32.** ~ di resistenza (*sc. costr.*), section modulus. **33.** ~ richiesta (p. es. per domanda di lavoro) (*pers. - ecc.*), application form. **34.** ~ di servizio (contenente serbatoi combustibile, motore a razzo e pile a combustibile: di veicolo spaziale) (*astric.*), service module. **35.** ~ di versamento (*finanz.*), paying-in slip. **36.** ~ in bianco (*amm.*), blank, blank form. **37.** moduli in continuo, *vedi* moduli continui. **38.** ~ inglese (di ingranaggi) (*mecc.*), diametral pitch, D.P. **39.** ~ lunare (LEM, di un veicolo spaziale) (*astric.*), lunar module, lunar excursion module, LEM. **40.** ~ metrico (di ingranaggio) (*mecc.*), module. **41.** ~ miniaturizzato (*eltn.*), micromodule. **42.** ~ oggetto (*elab.*), object module. **43.** ~ per calcolatore (stampato per calcolatore) (*elab.*), computer form. **44.** ~ per codifica (*elab.*), coding sheet. **45.** ~ sorgente (~ di programma in codice sorgente) (*elab.*), source module. **46.** ~ verde (carta verde, foglio verde, assicurazione automobilistica per paesi stranieri) (*aut.*), green card. **47.** alimentazione moduli (effettuata individualmente o in fogli continui) (*elab.*), form feeding. **48.** a moduli (costruito con sistema modulare) (*eltn. - mecc. - ecc.*), modularized. **49.** riempire un ~ (compilare un modulo) (*gen.*), to fill in a form.

modulòmetro (*strum. radio*), modulation meter.

moerro (marezzo, stoffa marezzata, "moire") (*tess.*), moire.

mògano (*legn.*), mahogany.

"mohair" (pelo della capra d'Angora) (*ind. lana*), mohair.

moietta (*metall.*), hot-rolled strip, strip, band.

moiré (*metall. - ecc.*), moiré. **2.** frange ~ (*metall.*), moiré fringes. **3.** metodo del ~ (per l'analisi di sollecitazioni) (*metall.*), moiré method.

mòla (*ut.*), grinding wheel, wheel. **2.** ~ (molatrice) (*macch. ut.*), grinder. **3.** ~ a corona (mola a tazza) (*ut.*), cup grinding wheel, cup wheel. **4.** ~ ad anello (*ut.*), cylinder-type grinding wheel. **5.** ~ a disco (*ut.*), disk grinding wheel. **6.** ~ a disco (~ per tagliare per es.) (*ut. mecc.*), abrasive disk. **7.** ~ a grana fine (*ut.*), fine-grained grinding wheel, lapping wheel (ingl.). **8.** ~ a grana grossa (*ut.*), coarse-grained grinding wheel. **9.** ~ alimentatrice (nella rettifica senza centri) (*mecc. - macch. ut.*), feeding wheel, regulating wheel, control wheel. **10.** ~ arenaria (*ut.*), wet (stone) grinding wheel. **11.** ~ a settori (*ut.*), segmental wheel. **12.** ~ a smeriglio (*ut.*), emery grinding wheel. **13.** ~ a tazza (*ut.*), cup grinding wheel. **14.** ~ a tazza cilindrica (*ut.*), straight-cup grinding wheel. **15.** ~ a tazza conica (*ut.*), flared-cup grinding wheel, flaring cup grinding wheel. **16.** ~ concava (*ut.*), shell, concave grinding wheel. **17.** ~ con impasto elastico (*ut.*), rubber bond wheel. **18.** ~ con impasto vetrificato (*ut.*), vitrified bond grinding wheel. **19.** ~ da gioiellieri (*ut.*), lap. **20.** ~ da vetrai (*ut.*), lap. **21.** ~ diamantata (*ut.*), diamond wheel. **22.** ~ diamantata a legante metallico (*ut.*), metal-bonded diamond wheel. **23.** ~ dura (*ut.*), hard grinding wheel. **24.** ~ impastata (mola intasata) (*mecc.*), glazed grinding wheel. **25.** ~ operatrice (nella rettifica senza centri) (*mecc. - macch. ut.*), grinding wheel, working wheel. **26.** ~ per affilare (montata su asse girevole ed usata per affilare utensili per es.) (*tecnol. mecc.*), grindstone, grinding stone. **27.** ~ per affilatura frese (*macch.*), cutter grinder. **28.** ~ per affilatura lame (*ut.*), knife grinder. **29.** ~ per affilatura utensili (*macch.*), tool grinder. **30.** ~ (piccola) con perno sporgente incorporato (*ut. mecc.*), nose shaft wheel. **31.** ~ sagomata (mediante rullo di acciaio) (*ut.*), crushed (grinding) wheel. **32.** ~ tenera (*ut.*), soft grinding wheel. **33.** ~ vetrificata (*ut. mecc.*), vitrified grinding wheel. **34.** arrotondare una ~ (*mecc. - macch. ut.*), to round off a grinding wheel. **35.** "contornire" una ~ (*mecc. - macch. ut.*), to round off a grinding wheel. **36.** dispositivo di ravvivatura della ~ (*mecc. - macch. ut.*), grinding wheel dresser. **37.** estremità di calettamento della ~ (per la rettifica di interni per es.) (*mecc. - macch. ut.*), wheel spindle nose, wheel seat (ingl.). **38.** ripassatura della ~ (ravvivatura della mola) (*mecc.*), grinding wheel dressing. **39.** rottura (o "scoppio") della ~ (per forza centrifuga) (*mecc. - macch. ut.*), bursting of the grinding wheel.

molare (*a. - chim.*), molar. **2.** ~ (operazione meccanica) (*verbo - mecc.*), to grind, to disk off. **3.** ~ un vetro (*ind. vetro*), to grind a glass.

molarità (*elettrochim.*), molarity, molar concentration.

molato (*a. - mecc.*), ground. **2.** vetro ~ (a superficie molata) (*mft. vetro*), ground glass.

molatrice (*macch. ut.*), grinder. **2.** ~ a mano da banco (*att. off.*), hand-driven bench grinder (ingl.). **3.** ~ monoposto (molatrice a un posto di lavoro) (*macch. ut.*), single-stand grinder. **4.** ~ oscillante (*macch. ut.*), swing-frame grinder. **5.** ~ per carde (*att.*), card grinder. **6.** ~ per sbavatura (sbavatrice) (*macch. ut.*), snag grinder. **7.** ~ portatile elettrica (*att. off.*), portable electric grinder. **8.** ~ portatile pneumatica (*att. off.*), portable air grinder.

molatura (*mecc.*), grinding. **2.** ~ (di un vetro) (*ind.*), grinding. **3.** ~ a smusso (dei bordi di una lastra di vetro) (operazione eseguita da operaio vetraio) (*ind.*), beveling. **4.** eccesso di ~ (arreca indebolimento ad una saldatura per es.) (*tecnol. mecc.*), underflushing.

molazza (*macch. fond.*), muller, pan mill. **2.** ~ (*macch. tess.*), mill. **3.** ~ mescolatrice (per manifattura gomma) (*macch. ind.*), mixing mill.

molazzatura (*fond.*), mulling.

mole (grammomolecola) (*chim.*), mole, gram molecule.

molècola (*chim.*), molecule. **2.** ~ con atomi ad instabile composizione isotopica (*fis.*), labeled molecule. **3.** schema della disposizione degli atomi in una ~ (*chim.*), atomic model.

molecolare (*chim. fis.*), molecular. **2.** peso ~ (*chim.*), molecular weight.

molibdato (*a. - chim.*), molybdate.

molibdenite (MoS_2) (*min.*), molybdenite.

molibdeno (Mo - *chim.*), molybdenum.

molìbdico (*chim.*), molybdic.

molibdoso (*chim.*), molybdous.

molinello (mulinello, verricello, macchina per sollevamento con tamburo ruotante attorno ad un'asse orizzontale) (*nav.*), windlass. **2.** ~ (*nav. - aer.*), *vedi anche* mulinello. **3.** ~ per salpare (l'àncora per es.) (*nav.*), windlass.

molino, *vedi* mulino.

molitura (macinazione) (*ind.*), mulling, grinding.

mòlla (*mecc.*), spring. **2.** ~ a balestra (*mecc.*), leaf spring, laminated spring. **3.** ~ a balestra (*ferr.*), carriage spring. **4.** ~ a bovolo (*mecc.*), volute spring. **5.** ~ a bovolo per respingente (*ferr.*), buffer volute spring. **6.** ~ ad elica cilindrica (*mecc.*), helical spring, spiral spring (am.). **7.** ~ ad elica cilindrica (disposta circolarmente [secondo un toro]) (*mecc.*), garter spring. **8.** ~ ad elica cilindrica multipla (molla ad elica cilindrica con altra od altre concentriche) (*mecc.*), nest spring. **9.** ~ ad elica conica (*mecc.*), volute spring. **10.** ~ a lamina (*mecc.*), flat spring. **11.** ~ antagonista [della pressione] (p. es. in una valvola, un riduttore ecc.) (*mecc. - fluidi*), [pressure] retaining spring. **12.** ~ antagonista (o di ritorno o di richiamo) (*mecc.*), return spring, counter spring. **13.** ~ antagonista del bilanciere (di una pompa benzina a membrana per es.) (*mecc.*), rocker arm loading spring. **14.** ~ a pressione (*mecc.*), pressure spring. **15.** ~ a pressione ad elica cilindrica (*mecc.*), cylindrical spiral pressure spring. **16.** ~ a pressione a spirale conica (*mecc.*), conical spiral pressure spring. **17.** ~ a spirale (*mecc.*), spiral spring. **18.** ~ a spirale a lamina (*mecc.*), clock spring. **19.** ~ a spirale cilindrica (*mecc.*), cylindrical spiral spring. **20.** ~ a spirale conica (*mecc.*), conical spiral spring, volute spring. **21.** ~ a spirale piana (*mecc.*), flat spiral spring. **22.** ~ a tazza (molla Belleville) (*mecc.*), Belleville washer. **23.** ~ ausiliaria (di un orologio) (*orologeria*), auxiliary spring, bumper spring. **24.** ~ a zigzag (per sedili per es.) (*aut. - ecc.*), zigzag spring. **25.** ~ cantilever (balestra cantilever) (*aut.*), cantilever-type spring. **26.** ~ conica di compressione (*mecc.*), tapered compression spring. **27.** ~ di attacco dell'asta di trazione (*ferr.*), draw-spring. **28.** ~ di compressione (*mecc.*), compression spring. **29.** ~ di contatto (di apparecchio telefonico per es.) (*elettromecc.*), contact spring. **30.** ~ di gomma (per le sospensioni per es.) (*aut.*), rubber spring. **31.** ~ di pressione (molla di spinta) (*mecc.*), pressure spring. **32.** ~ di regolazione (*mecc.* - *ecc.*), adjusting spring. **33.** ~ di richiamo (*mecc.*), return spring. **34.** ~ (di richiamo) della valvola (*mot.*), valve spring. **35.** ~ discoidale (*mecc.*), discoidal spring. **36.** ~ di spinta (*mecc.*), thrust spring. **37.** ~ di torsione (*mecc.*), torsion spring. **38.** ~ ellittica (*mecc.*), elliptic spring. **39.** ~ laminare (*mecc.*), flat spring. **40.** ~ montata sopra gli assi (di sospensione di autoveicolo) (*aut.*), overslung spring. **41.** ~ montata sotto gli assi (di sospensione di autoveicolo) (*aut.*), underslung spring. **42.** ~ motrice (di un orologio), mainspring. **43.** ~ per cuscini (*tappezzeria aut.*), cushion seat spring. **44.** ~ per respingenti (*mecc. ferr.*), buffer (conical) spring. **45.** ~ per schienali (di sedili) (*ferr.* - *ecc.*), back spring. **46.** ~ per sedili (*ferr.* - *aut.* - *ecc.*), seat spring. **47.** ~ per trazione (*mecc.*), extension spring. **48.** ~ premipistone (della pompa di accelerazione di un carburatore per es.) (*mecc. mot.*), piston pressure spring. **49.** ~ premispazzola (*macch. elett.*), brush spring. **50.** ~ principale (*mecc.*), mainspring. **51.** ~ rotonda (*mecc.*), round spring. **52.** ~ semiellittica (di balestra) (*mecc.*), half-elliptic spring. **53.** ~ strisciante (*mecc.* - *ecc.*), drag spring. **54.** ~ toroidale (molla ad elica cilindrica disposta circolarmente, secondo un toro) (*mecc.*), garter spring. **55.** accumulatore a ~ (*mecc.*), spring-loaded accumulator. **56.** anello di ~ ad elica cilindrica (*mecc.*), garter spring. **57.** caricare una ~ (*mecc.*), to a load a spring. **58.** caricato a ~ (*a.* - *mecc.*), spring-loaded. **59.** comprimere una ~ (*mecc.*), to compress a spring. **60.** doppia ~ a balestra (molla ellittica) (*mecc.*), elliptic spring, full elliptic spring. **61.** gruppo di sei doppie molle a balestra affiancate (*ferr.*), sextuple. **62.** piccola ~ (di contatto) (*elett.*), fly spring. **63.** scaricare una ~ (*mecc.*), to release a spring, to relieve a spring. **64.** scatto di una ~ (*mecc.*), release of a spring. **65.** spira di una ~ (*mecc.*), turn of a spring, coil of a spring. **66.** tendere una ~ (*mecc.*), to stretch a spring, to put a spring under tension. **67.** togliere il carico ad una ~ (*mecc.*), to relieve a spring.

mollare (una vela) (*nav.*), to heave out. **2.** ~ (un cavo per es.) (*nav.*), to let go. **3.** ~ gli ormeggi (*nav.*), to let go the moorings.

mòlle (stato fisico di plasticità o sofficità, di un corpo) (*a.* - *gen.*), soft. **2.** ~ (di raggi X) (*a.* - *fis.*), soft.

molleggiare (*mecc.*), to spring.

molleggiato (*a.* - *aut.* - *ferr.* - *ecc.*), sprung. **2.** non ~ (*a.* - *aut.* - *ferr.* - *ecc.*), unsprung. **3.** peso non ~ (*aut.* - *ferr.* - *ecc.*), unsprung weight.

molleggio (*veic.*), suspension, springing. **2.** ~ (sistema di molleggio) (*veic.*), springing system. **3.** ~ dolce (*veic.*), soft spring suspension. **4.** ~ duro (*veic.*), hard spring suspension. **5.** ~ idraulico telescopico (di una motocicletta per es.) (*mecc.*), plunger springing.

mollette (pinze per caratteri) (*ut. tip.*), bodkin.

mollettina (di contatto) (*elett.*), fly spring.

Mollier, diagramma di ~ (*fis.*), Mollier diagram.

mòlo (*nav.*), jetty, mole, pier.

moltiplicando (*mat.*), multiplicand.

moltiplicare (*mat.*), to multiply. **2.** ~ (indicazione o richiesta di ~ effettuata da un elaboratore) (*elab.*), multiply! **3.** ~ in croce (*mat.*), to cross multiply.

moltiplicato (*a.* - *mecc.*), geared up. **2.** ~ (*a.* - *mat.*), multiplied.

moltiplicatore (*mat.*), multiplier. **2.** ~ (*macch.*), overgear. **3.** ~ (unità logico/aritmetica che opera su cifre binarie) (*mat.* - *elab.*), multiplier. **4.** ~ di coppia (in un servomeccanismo per es.) (*mecc.*), servo amplifier. **5.** ~ di frequenza (*radio*), frequency multiplier. **6.** ~ di velocità (*aut.*), overdrive. **7.** ~ elettronico (*eltn.*), electron multiplier, multiplier.

moltiplicazione (*operaz. mat.*), multiplication. **2.** ~ (di giri) (*mecc.*), gearing-up. **3.** ~ logica (~ booleana) (*elab.*), logic multiplication, boolean multiplication.

momentaneo (*gen.*), temporary.

momento (*di tempo*), moment. **2.** ~ (*sc. costr.*), moment. **3.** ~ angolare (momento della quantità di moto) (*mecc. raz.*), angular momentum. **4.** ~ del contrappeso (di una gru per es.) (*mecc.*), counterbalance moment. **5.** ~ della quantità di moto angolare (*fis. atom.*), spin moment. **6.** ~ di beccheggio (*aer.*), pitching moment. **7.** ~ di cerniera (*aer.*), hinge moment. **8.** ~ di evoluzione (*nav.* - *aer.*), rudder moment. **9.** ~ d'imbardata (*aer.*), yawing moment. **10.** ~ d'incastro (*sc. costr.*), moment at fixed end. **11.** ~ d'inerzia (*sc. costr.*), moment of inertia. **12.** ~ d'inerzia rispetto ad un punto (o polare) (*sc. costr.*), polar moment of inertia. **13.** ~ d'inerzia rispetto all'asse neutro (*sc. costr.*), equatorial moment of inertia. **14.** ~ d'insellamento (*nav.*), sagging moment. **15.** ~ di picchiata (*aer.*), nose-dive moment. **16.** ~ di rollio (*aer.*), rolling moment. **17.** ~ di rovesciamento (di gru a braccio per es.) (*sc. costr.*), tilting moment. **18.** ~ di rovesciamento (*sc. costr.*), overturning moment. **19.** ~ di una coppia (*mecc. raz.*), moment of a couple. **20.** ~ di una forza (*mecc. raz.*), moment of a force, torque. **21.** ~ elettrico (di un dipolo per es.) (*elett.*), electric moment. **22.** ~ flettente (*sc. costr.*), bending moment, moment of flexure. **23.** ~ flettente all'appoggio (*sc. costr.*), bending moment at the support. **24.** ~ flettente negativo (*sc. costr.*), negative bending moment. **25.** ~ ideale flettente (*sc. costr.*), ideal moment. **26.** ~ magnetico (*elett.*), magnetic moment. **27.** ~ magnetico del protone (*fis. atom.*), proton moment. **28.** ~ perturbante (*aer.*), disturbing moment. **29.** ~ positivo (destrogiro) (*mecc.*), right-handed moment. **30.** ~ resistente (*sc. costr.*), moment of resistance, resisting moment. **31.** ~ resistente al rotolamento (esercitato sul pneumatico dalla strada) (*aut.*), rolling resistance moment. **32.**

~ ribaltante (*veic.*), overturning moment. **33.** ~ smorzante (*aer.*), damping moment. **34.** ~ stabilizzante (momento raddrizzante) (*nav.* - *aer.*), righting moment, restoring moment. **35.** ~ statico (*sc. costr.*), static moment. **36.** ~ torcente (*sc. costr.*), torque, twisting moment. **37.** ~ torcente (sulla fusoliera) dovuto alla manovra del timone (*aer.*), rudder torque. **38.** area dei momenti (*sc. costr.*), area contained between the base line and the moment diagram.

mònaco (ometto; elemento verticale di capriata in legno ad un solo ~) (*costr. ed.*), king post. **2.** ~ (ometto; elemento verticale di capriata in legno a due monaci) (*costr.* - *ed.*), queen post.

monadico, *vedi* unario.

monastèro (*arch.*), monastery, convent, cloister.

monazite [(Ce, La, Pr, Md, Th)PO_4] (minerale monoclino) (*min.*), monazite.

mondatrice (di semi del cotone per es.) (*macch. agric.*), peeling machine.

mondo (terra) (*geogr.*), world.

moneta (*finanz.*), coin, coinage, money. **2.** ~ circolante (*finanz.*), currency. **3.** ~ legale (*finanz.*), legal tender. **4.** ~ spicciola (spiccioli) (*comm.*), small money, small change. **5.** a ~ (di un contatore che funziona mediante introduzione di una moneta) (*a.* - *strum.* - *ecc.*), monetary. **6.** carta ~ (*finanz.*), paper money. **7.** stampo per coniatura monete (*mecc.*), minting die.

monetario (*finanz.*), monetary. **2.** politica monetaria (*finanz.*), monetary policy.

monetarismo (teoria e politica economica) (*sc. econ.*), monetarism.

mongolfièra (*aer.*), montgolfier, fire baloon. **2.** ~ (con bruciatore a propano per es. per ascensioni sportive) (*aer.*), hot-air balloon.

monitor, monitore (apparecchio che controlla una attività allo scopo di indicarne il corretto andamento) (*elab.* - *telecom.* - *ecc.*), monitor. **2.** ~ (apparecchio di controllo, per osservare l'immagine televisiva) (*telev.*), monitor. **3.** ~ (corazzata a fondo piatto e piccolo pescaggio per azione contro obiettivi terrestri) (*nav.*), monitor. **4.** ~ contaminazione vestiario (ne indica lo stato di contaminazione radioattiva) (*fis. atom.* - *pers.*), clothing monitor.

monitorare (il traffico aereo di un aeroporto per es.) (*aer.*), to monitor.

mono (di registrazione stereo letta in mono anziché in stereo oppure di registrazione effettuata direttamente su di un solo canale) (*mus. ad alta fedeltà*), mono, monophonic.

monoasse (ad un solo asse) (*a.* - *veic.* - *ecc.*), single-axle.

monoassiale (di un cristallo) (*ott.*), uniaxial.

monoatòmico (*chim.*), monatomic.

monobàsico (*chim.*), monobasic.

monoblòcco (blocco cilindri, basamento di un mot. a c. i.) (*s.* - *mot.*), block, cylinder block, engine block. **2.** ~ (in un pezzo solo) (*a.* - *mecc.* - *ecc.*), enbloc.

monocilìndrico (*mot.*), single-cylinder.

monocilindro (motore ad un cilindro) (*s.* - *mot.*), single-cylinder engine.

monoclino (*a.* - *cristallografia*), monoclinic.

monocloruro (*chim.*), monochloride.

monocolore (*a.* - *gen.*), single-colored.

monocomando (ad un solo comando: di un aeroplano per es.) (*a.* - *aer.* - *ecc.*), single-control.

monocoque (struttura a carrozzeria portante [di autoveicolo], monoguscio [di aeroplano]) (*aer.* - *aut.* - *ferr.*), monocoque.

monocòrdo (*telef.*), single wire jack.

monocristallo (*s.* - *min.*), single crystal.

monocromàtico (*fis.*), monochromatic.

monocromatismo (*ott.*), monochromatism.

monocromatore (tipo di spettroscopio usato per isolare una parte dello spettro sostituendo l'oculare con una fessura) (*app. ott.*), monochromator.

monocromìa, monochrome.

monocromo (monocolore) (*a.* - *gen.*), single-colored.

monoculare (*a.* - *ott.*), monocular.

monodirezionale (*tlcm.*), *vedi* simplex.

monòdromo (di funzione) (*mat.*), monodromic.

monoelica (ad una sola elica) (*a.* - *nav.*), single-screw.

monoenergètico (*fis. atom.*), monoenergetic.

monofase (di corrente alternata) (*a.* - *elett.*), single-phase, monophasic, monophase.

monofonico (sistema di registrazione del suono) (*a.* - *elettroacus.*), monophonic. **2.** ~ (*elettroacus.*), *vedi anche* mono.

monofuso (monomandrino, ad un mandrino, ad un fuso) (*a.* - *macch. ut.*), single-spindle.

monogenetico (ottenuto con un solo processo di formazione) (*geol.*), monogenetic.

monografia (relazione scritta su un particolare argomento) (*gen.*), monograph.

monoguscio (struttura a guscio, tipo di costruzione a involucro resistente) (*aer.* - *aut.* - *ferr.*), stressed-skin construction, monocoque.

monoidrato (*chim.*), monohydrate.

monolitico (*a.* - *ed.*), monolithic. **2.** ~ (di circuito integrato ottenuto su di un unico cristallo per es.) (*a.* - *eltn.*), monolithic.

monòlito (*arch.*), monolith.

monolocale (appartamento costituito da un solo locale) (*ed. civ.*) (ingl.), bed-sitting-room, bed-sit.

monomandrino (di un'alesatrice per es.) (*a.* - *macch. ut.*), single-spindle.

monòmero (*chim.*), monomer.

monometallismo (sistema monetario basato sulla parità con un unico metallo) (*econ.*), monometalism.

monometilguaiacolo ($C_8H_{10}O_2$) (creosolo) (*chim.*), creosol.

monòmio (*mat.*), monomial.

monomolecolare (*chim.*), monomolecular. **2.** rea-

zione ~ (*chim.*), monomolecular reaction. **3.** strato ~ (strato dello spessore di una molecola) (*chim. fis.*), monomolecular layer.
monomotore (ad un motore) (*a. - aer. - ecc.*), single-engine.
monoplano (*aer.*), monoplane. **2.** ~ ad ala alta (*aer.*), high-wing monoplane. **3.** ~ ad ala bassa (*aer.*), low-wing monoplane. **4.** ~ ad ala media (*aer.*), midwing monoplane. **5.** ~ a parasole (*aer.*), parasol monoplane.
monopòlio (*comm.*), monopoly. **2.** ~ bilaterale (*econ.*), bilateral monopoly. **3.** ~ del compratore (monopsonio) (*econ.*), buyer's monopoly, monopsony.
monopolizzare (*comm.*), to monopolize.
monopolo (antenna a stilo; costituita da un solo elemento lineare verticale) (*s. - elett. - eltn. - radio*), monopole.
monoposto (*a. - veic. - ecc.*), single-seater.
monopropellente (*s. - comb.*), monopropellant.
monopsonio (monopolio del compratore) (*econ.*), monopsony, buyer's monopoly.
monopuleggia (*a. - mecc.*), single-pulley.
monoquantico (*fis. atom.*), uniquantic.
monorotaia (per linee aeree di trasporto in stabilimenti industriali) (*trasp.*), monorail. **2.** ~ (rotaia unica sulla quale corrono le ruote di vetture ferroviarie) (*ferr.*), monorail. **3.** ~ con paranco (azionato) a mano (*trasp. ind.*), monorail with hand-operated hoist. **4.** ~ funicolare (funicolare che corre su rotaia aerea) (*mezzo di trasp.*), telpher railway, telpher line. **5.** ~ tipo "Tourtellier" (per linee di corsa di paranchi aerei in officina per es.) (*servomezzo*), "∩" shaped monorail. **6.** ferrovia a ~ (complesso degli impianti fissi e materiale rotabile) (*ferr.*), monorailway. **7.** ferrovia a ~ (materiale rotabile di treno aereo sospeso o imposto alla trave, come "Alweg" p. es.) (*ferr.*), single rail train (am.), monorailroad, monorailway.
monosaccàridi (esosi) ($C_6H_{12}O_6$) (*chim.*), monosaccharides.
monoscocca (carrozzeria portante, carrozzeria a struttura portante) (*s. - aut.*), monocoque body.
monoscòpio (tubo di presa a raggi catodici) (*telev.*), monoscope. **2.** ~ (immagine fissa trasmessa per controllo) (*telev.*), stationary pattern transmitted by monoscope cathode-ray tube.
monosilicato (*chim.*), monosilicate.
monòssido (*chim.*), monoxide. **2.** ~ di carbonio (*chim.*), carbon monoxide.
monostabile (di un tipo di circuito che ha un solo stato stabile) (*eltn.*), monostable.
monostadio (ad uno stadio) (*a. - macch.*), single-stage.
monotipista (*lav. tip.*), monotype operator, monotyper, monotypist.
monotono (detto di una funzione variabile che non diminuisce o non aumenta in un dato intervallo) (*a. - mat.*), monotonic. **2.** monotona (tipo di curva sforzo-deformazione, contrapposta alla curva ciclica per es.) (*a. - metall.*), monotonic.
monotropìa (*chim. fis.*), monotropy.
monotropico (*mat.*), monotropic.
monotype (*macch. tip.*), monotype.
monovalènte (*chim.*), univalent, monatomic, monovalent.
monovariante (detto di un sistema termodinamico avente un grado di libertà) (*a. - chim. fis.*), univariant.
monsone (*meteor.*), monsoon.
monta (di un arco per es.) (*arch.*), rise. **2.** ~ (freccia, differenza in altezza tra i lati e il punto mediano di una superficie curva: nella sezione di una strada per es.) (*strada - ponte - ecc.*), crown.
montacàrichi (*ind. min.*), elevator, hoist. **2.** ~ a secchia (usato in lavori murari per es.) (*servomezzo*), skip hoist. **3.** ~ da cantiere (per sollevare i materiali da costruzione occorrenti nel corso della erezione di un fabbricato) (*app. ed.*), hoisting tower.
montacéneri (*nav.*), ash hoist.
montafusti (elevatore per fusti) (*trasp. ind.*), barrel elevator.
montaggio (*mecc.*), assembly, assembling, fitting up, assemblage, erection. **2.** ~ (*ed.*), erection. **3.** ~ (di una pellicola) (*cinem.*), edition. **4.** ~ (*ind. tess.*), mounting. **5.** ~ (*fot. - ecc.*), mount. **6.** ~ (~, di un videonastro effettuato per es. mediante due videoregistratori) (*audiovisivi*), edition. **7.** ~ (di un pacco batteria su di un camcorder per es.) (*audiovisivi - ecc.*), attaching. **8.** ~ a caldo (o sotto zero) (calettamento a caldo o sotto zero) (*mecc.*), shrink-fitting, shrinking-on. **9.** ~ a carosello (montaggio a giostra) (*ind.*), roundabout assembly system. **10.** ~ con mandrinatura (~ dei fasci tubieri: ottenuto forzando, mediante mandrinatura interna, l'estremità dei tubi contro le pareti dei fori della piastra tubiera nella quale sono inseriti) (*costr. caldaie*), rolled joint. **11.** ~ definitivo (effettuato con videonastri originali) (*audiovisivi*), on-line edition. **12.** ~ dell'armamento (*ferr.*), laying of the superstructure. **13.** di inserto (sostituzione di immagini e suoni su un nastro registrato con altre immagini e suoni) (*audiovisivi*), insert editing. **14.** ~ in linea (*organ. ind.*), in-line assembly. **15.** ~ in posto (*gen.*), erection on site. **16.** ~ meccanizzato (assemblaggio meccanizzato) (*mecc.*), mechanized assembly. **17.** ~ ottico di un film (*cinem.*), silent film cutting. **18.** ~ provvisorio (~ preliminare effettuato mediante videonastri di lavoro) (*audiovisivi*), off-line edition. **19.** ~ sonoro di un film (*cinem.*), sound film cutting. **20.** ~ sperimentale (di un circuito elettronico) (*eltn.*), breadboard construction. **21.** distanza di ~ (di una ruota dentata su una rodatrice per es.) (*macch. ut.*), fitting up distance. **22.** linea di ~ (*off.*), assembly line. **23.** macchina per ~ (*macch.*), assembling machine, assembly machine. **24.** reparto ~ (di macchine in officina per es.), assembly bay, assembling bay. **25.** scatola di ~ (serie completa di

pezzi necessari per il montaggio del complessivo) (*comm. - ind. - ecc.*), kit.
montagna (*geogr.*), mountain. **2.** alta ~ (*geogr.*), high mountain. **3.** catena di montagne (*geol.*), mountain range, mountain chain. **4.** sommità di una catena di montagne (crinale) (*geol.*), mountain ridge.
montante (*carp. - mecc. - ed.*), standard, upright, vertical rod, stanchion. **2.** ~ (*ed. - nav.*), stanchion. **3.** ~ (materozza) (*fond.*), riser. **4.** ~ (pilastro) (*ed.*), post. **5.** ~ (di infisso di porta) (*ed.*), jamb. **6.** ~ (trave angolare di armamenti) (*min.*), studdle. **7.** ~ (di un elevatore a forca) (*veic. trasp. ind.*), mast. **8.** ~ centrale (di scocca) (*costr. carrozz. aut.*), body center pillar. **9.** ~ cieco (*fond.*), dummy riser, blind riser. **10.** ~ delle teste portamandrino (*mecc. - macch. ut.*), spindle head upright. **11.** ~ dello sportello (*aut.*), door post. **12.** ~ del telaio fisso (di una porta), *vedi* mostra. **13.** ~ di finestra (*ed.*), window post. **14.** ~ di infisso (di porta) (*carp.*), jamb. **15.** ~ divisorio verticale in muratura (di finestrone) (*arch.*), mullion. **16.** ~ interalare (per il collegamento delle ali di un biplano per es.) (*aer.*), interplane strut. **17.** ~ laterale (*fond.*), heel riser. **18.** ~ mediano (elemento verticale mediano: di una porta in legno per es.) (*carp.*), mullion. **19.** ~ orientabile (di macch. ut.) (*mecc.*), turnable standard. **20.** ~ sostegno della barra alesatrice (in un'alesatrice orizzontale) (*mecc.*), boring bar stay. **21.** applicazione dei montanti (*fond.*), risering.
montare (un motore per es.) (*mecc.*), to assemble. **2.** ~ (una casa in legno costituita da parti precostruite per es.) (*ed. - carp.*), to fabricate. **3.** ~ (una pellicola) (*cinem.*), to edit. **4.** ~ (sbattere, panna per es.) (*ind. latte*), to whip. **5.** ~ (un obiettivo su una cinepresa per es.) (*gen.*), to mount. **6.** ~ (p. es. un pacco di dischi di una unità periferica) (*elab.*), to load. **7.** ~ di guardia (*milit.*), to mount guard. **8.** ~ ed installare (una macchina), to set up. **9.** ~ il pneumatico (montare la gomma) (*aut.*), to tire. **10.** ~ la guarnizione contorno porta (*costr. carrozz. aut.*), to weatherstrip a door. **11.** ~ l'indotto (di mot. elett.) (*elettromecc.*), to armature. **12.** ~ tra le punte (di un tornio) (*tecnol. mecc.*), to center. **13.** ~ una chiavetta (od una linguetta) (*mecc.*), to spline.
montasacchi (impilatore per sacchi) (*app. di sollevamento*), sack lift, sack piler.
montato (di motore per es.) (*a. - mecc.*), assembled. **2.** montata (di casa in elementi prefabbricati per es.), fabricated. **3.** ~ al di sopra degli assi (di telaio di autoveicolo) (*aut.*), overslung. **4.** ~ al disotto degli assi (di telaio di autoveicolo: sospeso) (*aut.*), underslung. **5.** ~ su ruote (*a. - mecc. - gen.*), wheelmounted.
montatoio (pedana) (*veic.*), running board.
montatore (di motori, macchine, impianti elettrici ecc.) (*op.*), erector, assembler. **2.** ~ (aggiustatore meccanico) (*op. mecc.*), fitter. **3.** ~ (di aeroplani) (*op. aer.*), rigger. **4.** ~ di scene (in uno studio cinem.) (*cinem.*), set dresser. **5.** ~ strumentista (*op. mecc.*), instrument fitter.
montatura (di occhiali) (*ott.*), frame, mount, bow. **2.** ~ (la parte non ottica che sorregge quella ottica in uno strumento ottico) (*ott.*), mounting.
montaveicoli (*ferr. - aut. - ecc.*), car lift.
monte, *vedi* montagna. **2.** a ~ (di un fiume per es.) (*gen.*), upstream.
monticellite ($MgO.CaO.SiO_2$) (minerale) (*refrattario*), monticellite.
montmorillonite (minerale: silicato idrato di alluminio) (*refrattario*), montmorillonite.
montone (ariete) (*ind. lana*), ram, tup.
montuoso (*geogr.*), mountainous.
monumento (*arch.*), monument.
monzonite (roccia eruttiva) (*geol.*), monzonite.
moquette (tipo di tappeto per copertura pavimenti) (*mft. tess.*), moquette.
mora, interessi di mora (*finanz.*), interest on delayed payment.
morale (stato di benessere individuale: di operai per es.) (*organ. lav. - ecc.*), morale. **2.** ~ (trave squadrata) (*carp. - ed.*), squared timber.
moratòria (dilazione accordata per un pagamento) (*finanz. - comm. - amm.*), moratorium.
morbidezza (della fibra) (*ind. tess.*), softness. **2.** ~ (di una negativa per es.) (*fot.*), softness. **3.** ~ (di un cuscino per es.) (*gen.*), softness. **4.** ~ (sofficità, di gomma per es.) (*ind. gomma.*), softness.
mòrbido (di stoffa, lana ecc.) (*a. - gen.*), soft. **2.** ~ (intenzionalmente flou) (*a. - fot.*), soft, soft-focus. **3.** ~ (di atterraggio di una astronave su un pianeta per es.), (*a. - astric.*), soft. **4.** ~ (*fot.*), *vedi* a scarso contrasto.
mòrchia (*mecc.*), dirt. **2.** ~ (di olio lubrificante) (*mecc.*), sludge. **3.** ~ (miscela di residui di vernice) (*vn.*), smudge. **4.** ~ colloidale (morchia molle) (*mot.*), colloidal sludge, soft sludge, mayonnaise sludge.
mordace (per morsa) (*mecc.*), vice caps.
mordènte (per tintoria per es.), mordant.
mordenza (presa, di un pneumatico sulla strada per es.) (*gen.*), grip, bite.
mordenzare (ottenere un disegno per mezzo chimico, per es.: mediante un bagno acido corrosivo) (*tip.*), to etch.
mordenzatura (*ind. tess. - chim. fot.*), mordanting. **2.** ~ (*fot.*), mordanting, bit. **3.** sottoporre a ~ (*ind. tess.*), to mordant.
mordere (tenere, di un'àncora per es.) (*nav.*), to bite.
morèna (*geol.*), moraine. **2.** ~ centrale (*geol.*), medial moraine. **3.** ~ frontale (o terminale) (*geol.*), terminal moraine. **4.** ~ laterale (*geol.*), lateral moraine. **5.** ~ profonda (*geol.*), ground moraine. **6.** ~ viaggiante (*geol.*), push moraine.
morenico (*a. - geol.*), morainic.
moresco (*arte*), Moorish.
mòrsa (*ut. lav. mecc.*), vice, vise. **2.** ~ (di una limatrice o di una piallatrice) (*mecc. - macch. ut.*),

chuck. **3.** ~ (morsa portacorrente nella saldatura elettrica) (*tecnol. mecc.*), clamp. **4.** ~ (calastra, per sostenere una imbarcazione sul ponte) (*nav.*), (boat) chock. **5.** ~ (stretta, del ghiaccio contro una nave per es.) (*nav.*), nip. **6.** ~ da banco (*ut. lav. mecc.*), bench vice, standing vice. **7.** ~ da banco da falegname (*ut. carp.*), carpenter's wooden vice. **8.** ~ da tubi (*ut. per idr.*), pipe vice. **9.** ~ girevole (*ut.*), swivel vice. **10.** ~ orientabile (*ut. mecc.*), swivel vice. **11.** ~ parallela (*ut.*), parallel vice, parallel-jawed vice, parallel bench vice. **12.** ~ per attrezzisti (*att. mecc.*), toolmaker vice. **13.** ~ per macchina utensile (*macch. ut.*), machine vice.

morsatura (acidatura: corrosione del metallo da parte dell'acido) (*fotomecc.*), bite.

Morse, telegrafo Morse, Morse telegraph.

morsettièra (di un mot. elett. per es.) (*elett.*), terminal board. **2.** ~ a 12 poli (basetta a 12 morsetti) (*elett.*), 12 stud terminal block. **3.** ~ a striscia (*elett.*), terminal strip. **4.** ~ chiusa (*elett.*), box terminal board.

morsetto (di un mot. elett. per es.) (*elett.*), terminal. **2.** ~ (*carp.*), clamp. **3.** ~ (dispositivo di fermo) (*mecc. - carp. - ecc.*), holdfast. **4.** ~ a "C" (*att. carp.*), C clamp. **5.** ~ accessibile (*elett.*), accessible terminal. **6.** ~ a squadra (*att.*), right-angle clamp. **7.** ~ (a vite) a mano (*att.*), hand vice, screw clamp, adjustable clamp. **8.** ~ da attrezzista (*att. mecc.*), toolmaker clamp. **9.** ~ da falegname ("sergente") (*att. carp.*), carpenter's clamp, holdfast, glue press, screw clamp. **10.** ~ della batteria (*elett.*), battery terminal. **11.** ~ d'alimentazione (di linee aeree per es.) (*elett.*), feed clamp. **12.** ~ d'ancoraggio (di linee aeree per es.) (*elett.*), anchor clamp, anchor ear. **13.** ~ d'attacco (*elett.*), connecting terminal. **14.** ~ di carica (di una batteria) (*elett.*), charging clip (ingl.). **15.** ~ di connessione (morsetto di attacco, di un mot. elett. per es.) (*elett.*), connecting terminal. **16.** ~ di sospensione (di linee aeree per es.) (*elett.*), suspension clamp. **17.** ~ eccentrico (*att. mecc.*), eccentric clamp. **18.** ~ Hoffmann (morsetto serratubi) (*att. chim.*), Hoffmann's clamp. **19.** ~ orientabile (per falegnameria) (*ut. falegn.*), jointer gauge, jointer gage. **20.** ~ per casseforme (*mur.*), form clamp, mold clamp. **21.** ~ per funi di acciaio (per ammorsare assieme due funi metalliche per es.) (*giunzione funi acciaio*), rope clip. **22.** ~ portautensili (*macch. ut.*), tool clamp. **23.** ~ portautensili girevole (*macch. ut.*), pivoted tool clamp. **24.** ~ registrabile per bloccaggio rapido (per costruzione carrozzerie per es.) (*att. mecc.*), toggle-action pliers. **25.** ~ semplice a ginocchiera (per costruzione carrozzerie per es.) (*att. mecc.*), toggle-action pliers. **26.** ~ serrafili (per collegamento di conduttori di linee aeree ad alta tensione per es.) (*elett.*), connector. **27.** ~ serrafilo (*elett.*), cable clamp. **28.** ~ serrapezzo (di un tornio per es.) (*macch. ut.*), faceplate jaw. **29.** ~ tirafili (*att.*), clamp for stretching wires, come-along. **30.** ai morsetti (detto della potenza di un generatore per es.) (*elett.*), at the terminals.

mòrso (*per cavallo*), bit. **2.** ~ (gradino sul dorso di un libro) (*rilegatura*), joint. **3.** ~ a catenaccio (*per cavallo*), curb. **4.** ~ a seghetto (*per cavallo*), curb. **5.** ~ intero (*per cavallo*), bar bit. **6.** ~ snodato (*per cavallo*), snaffle.

mortaio (*att. chim.*), mortar. **2.** ~ (*artiglieria milit.*), mortar.

mortasa (mortisa) (*falegn.*), mortise. **2.** ~ non passante (mortasa cieca) (*falegn.*), blind mortise. **3.** ~ passante (*mecc. - carp.*), slip mortise. **4.** spina conica per ~ (*lav. falegn.*), mortise pin.

mortasare (operazione meccanica o di falegnameria), to slot, to mortise.

mortasatrice (*macch. ut.*), slotting machine, mortising machine, mortiser. **2.** ~ a catena (*macch. ut.*), chain (and chisel) mortiser. **3.** ~ per ingranaggi (*macch. ut.*), gear slotting machine. **4.** dispositivo a catena per ~ (*macch. ut. da legno*), mortiser chain set.

mortasatura (*lav. legno*), mortising.

mortisa (*falegn. - mecc.*), mortise. **2.** congiungere a ~ (*mecc. - falegn. - carp.*), to mortise. **3.** connessione a ~ (*falegn. - carp. - mecc.*), mortising. **4.** costruzione di ~ (*falegn. - mecc.*), mortising. **5.** giunto a tenone e ~ (*falegn.*), mortise joint.

mortuasa (per puntamento pali in roccia) (*min.*), hitch.

mortuasare (tagliare una cavità in una roccia per il fissaggio di travi per es.) (*min.*), to hitch.

MOS (semiconduttore a ossidi metallici) (*eltn. - elab.*), MOS, Metal Oxide Semiconductor. **2.** ~ a canale *n* (transistore ~ a canale *n*) (*eltn. - elab.*), NMOS, N channel MOS. **3.** ~ a canale *p* (transistore ~ a canale *p*) (*eltn. - elab.*), PMOS, P channel MOS. **4.** ~ complementare (costituito dall'accoppiamento di un semiconduttore PMOS con uno NMOS) (*eltn. - elab.*), CMOS; Complementary MOS. **5.** ~ complementare ad alta prestazione (tecnologia dei circuiti integrati) (*eltn. - elab.*), High performance Complementary MOS, HCMOS. **6.** ~ verticale, VMOS (*eltn. - elab.*), vertical-groove metal oxide semiconductor, VMOS. **7.** logica ~ ad alta densità (tecnologia dei circuiti integrati) (*eltn. - elab.*), High density MOS, HMOS.

mosàico (*figurazione artistica*), mosaic. **2.** ~ aerofotografico (mosaico planimetrico, rilevamento fotopanoramico: dettaglio fotografico formato dall'accostamento di fotografie prese dall'aereo) (*fot. - aer.*), mosaic. **3.** ~ alla palladiana (*ed.*), terrazzo. **4.** ~ di fotografie aeree (*fot. - aer.*), aerial mosaic. **5.** ~ fotoelettrico (di un iconoscopio) (*telev.*), mosaic. **6.** effetto ~ (sofisticazione digitale dell'immagine che viene rappresentata per mezzo di centinaia di piccoli quadretti) (*audiovisivi*), mosaic effect.

moschèa (*arch.*), mosque, mosk.

moschetto (arma da fuoco), musket, carbine.

moschettone (di un paracadute per es.) (*gen.*), spring catch.
mosso (~ di macchina: a causa della macchina non perfettamente ferma) (*a. - difetto fot.*), jarring.
mosto (di uva) (*agric.*), must. **2.** ~ di birra (malto fermentato in birra) (*agric.*), wort. **3.** primo ~ (nella incipiente fermentazione) (*birra*), gyle.
mostra (esposizione) (*comm.*), show, exhibition. **2.** ~ (quadrante di un orologio) (*orol.*), dial, graduated face. **3.** ~ (telaio fisso di porta) (*costr. ed.*), case. **4.** ~ itinerante (esposizione viaggiante) (*comm.*), traveling exhibition. **5.** ~ radionizzata (quadrante con numeri in vernice luminescente: di orologio per es.) (*tecnol.*), radium dial. **6.** montante della ~ lato cerniere (montante del telaio fisso al quale è cernierata la porta) (*costr. ed.*), heelpost.
mostrare (indicare) (*gen.*), to show. **2.** ~ (esibire: un documento per es.) (*gen.*), to produce.
mostravento (banderuola) (*nav. - meteor. - aer.*), wind tee, weather cock, vane.
mòta, *vedi* fango.
motel (albergo per automobilisti, vicino alle autostrade per es.) (*aut.*), motel. **2.** ~ urbano a più piani (*costr. ed.*), motor hotel, motor inn.
motivazionale (*gen.*), motivational. **2.** dinamica ~ (*psicol.*), motivations dynamics. **3.** indagine ~ (*psicol.*), motivation research.
motivazione (*psicol.*), motivation.
motivo orizzontale (*arch.*), stringcourse.
mòto (*mecc. raz.*), motion, movement. **2.** ~ (di un fluido) (*idr.*), flow. **3.** ~ all'indietro (*aut. - mecc.*), backward motion. **4.** ~ alternativo (*mecc.*), reciprocating motion. **5.** ~ aperiodico (in uno strumento) (*mecc.*), aperiodic motion. **6.** ~ armonico (*mecc. raz.*), harmonic motion. **7.** ~ armonico smorzato (*mecc. raz.*), damped harmonic motion. **8.** ~ circolare uniforme (*mecc. raz.*), rotatory uniform motion. **9.** ~ curvilineo (*mecc. raz.*), curvilinear motion. **10.** ~ di andata e ritorno (*mecc.*), back and forth motion. **11.** ~ di lavoro (moto di taglio) (*macch. ut. - mecc.*), primary motion, cutting motion. **12.** ~ di rotazione (*mecc. raz.*), rotational motion. **13.** ~ di sbattimento (vibrazione) (*gen.*), flutter. **14.** ~ di scorrimento a strappi (di una slitta di macch. ut. per es.) (*tecnol. mecc.*), stick-slip motion. **15.** ~ di traslazione (*mecc. raz.*), translatory motion. **16.** ~ di vai e vieni (*mecc.*), back and forth motion **17.** ~ in senso contrario (*aut. mecc.*), backward motion. **18.** ~ laminare (*mecc. dei fluidi*), streamline motion, laminar flow. **19.** ~ ondoso (*mare*), wave motion. **20.** ~ periodico (*mecc. raz.*), periodic motion. **21.** ~ perpetuo (*termodin.*), perpetual motion. **22.** ~ relativo (*mecc. raz.*), relative motion. **23.** ~ rettilineo (*mecc. raz.*), rectilinear motion. **24.** ~ rotatorio (*gen.*), rotary motion. **25.** ~ turbolento (*idr.*), eddy flow, turbulent flow. **26.** ~ uniforme (*mecc. raz.*), steady motion. **27.** ~ uniformemente accelerato (*mecc. raz.*), uniformly accelerated motion. **28.** ~ uniformemente ritardato (*mecc. raz.*), uniformly retarded motion. **29.** ~ vario (*mecc. raz.*), variable motion. **30.** ~ vincolato (*mecc. raz.*), restricted motion. **31.** ~ vorticoso (moto rotatorio: degli elementi fluidi situati nella zona di contatto tra due correnti moventisi in direzione opposta per es.) (*mecc. dei fluidi*), vortical motion. **32.** in ~ (*gen.*), moving. **33.** in ~ (di qualcosa che viene attuato durante il moto: il rifornimento di combustibile per es.) (*gen.*), underway. **34.** in ~ (ruotante: di un'elica per es.) (*mecc.*), turning. **35.** messa in ~ (di motore per es.), starting. **36.** mettere in ~ (una macchina per es.), to start.
motoaratrice (*macch. agric.*), motor plow.
motoassale (assale motore di un veicolo) (*mecc.*), driving axle, live axle.
motobarca (*nav.*), motorboat.
motocarriola (*veic. trasp.*), power barrow.
motocarro (per trasporto merci) (*veic.*), delivery tricycle, delivery tricar.
motocarrozzetta (*mtc.*), *vedi* motocarrozzino.
motocarrozzino (motocarrozzetta, motocicletta con sidecar, motocicletta con carrozzino) (*mtc.*), motorcycle with sidecar.
motocicletta (*mtc.*), motorcycle. **2.** ~ con sidecar (con carrozzino) (*mtc.*), motorcycle with sidecar.
motociclista (*mtc.*), motorcyclist.
motociclo, *vedi* motocicletta.
motocisterna (nave cisterna con motore diesel) (*nav.*), motor tanker.
motocoltivatore (*macch. agric.*), engine driven cultivator.
motocompressore (azionato da mot. termico) (*macch.*), engine-driven compressor. **2.** ~ (azionato da mot. elettrico) (*macch.*), motor-driven compressor.
motocross (corsa motociclistica effettuata su piste campestri anche fangose) (*sport mtc.*), motocross. **2.** ~ (tipo di corsa motociclistica fuori strada, effettuata su percorsi fortemente accidentati) (*sport mtc.*), scramble.
motofalciatrice (*macch. agric.*), power mower.
motofurgone (motocarro di tipo chiuso) (*veic.*), tricycle delivery van, three-wheeled delivery van.
motolancia (*nav.*), motor launch.
motoleggèra (*mtc.*), lightweight motorcycle. **2.** ~ per fuoristrada (per percorsi accidentati) (*mtc.*), dirt bike.
motolivellatore (*macch. strad.*), *vedi* motolivellatrice.
motolivellatrice (per spianamento di terreni) (*macch. strad.*), power grader, motor grader.
motonautica (*nav.*), motorboating.
motonave (*nav.*), motor ship, M/S, M.S. **2.** ~ bielica (o a due eliche) (*nav.*), twinscrew motor ship. **3.** ~ da carico costiera (*nav.*), motor coaster.
motopallone (*aer.*), engine-driven balloon.
motopeschereccio (*nav.*), motor trawler. **2.** ~ a strascico (*nav.*), dragboat.

motopompa (*mecc.*), motor pump. **2.** ~ (azionata da motore termico) (*macch. - antincendi - ecc.*), pumping engine. **3.** ~ antincendi (*macch.*), fire engine.

motore (*s. - gen.*), motor. **2.** ~ (motrice) (*a. - mecc.*), motive, motor. **3.** ~ (a c. i.) (*mot.*), engine, motor. **4.** ~ (*mot. elett.*), motor. **5.** ~ a benzina (*mot.*), gasoline engine, gasoline motor (am.), petrol engine (ingl.). **6.** ~ a biella laterale (*mot.*), side-beam engine, side-lever engine. **7.** ~ a corrente alternata ad isteresi (tipo di motore sincrono) (*elettromecc.*), hysteresis motor. **8.** ~ a corrente alternata con avvolgimento rotorico (polifase) (in luogo della gabbia di scoiattolo) (*elettromecc.*), wound-rotor motor. **9.** ~ a c. i. (motore a combustione interna) (*mot.*), i.c. engine, internal combustion engine. **10.** ~ (a ciclo) Diesel (*mot.*), compression-ignition engine, diesel engine. **11.** ~ a ciclo Otto (*mot.*), Otto engine. **12.** ~ a ciclo reversibile (a ciclo Carnot) (*termod.*), ideal engine. **13.** ~ a ciclo Stirling (per autobus, sottomarini ecc., motore con scarico non inquinante) (*mot. term.*), Stirling engine. **14.** ~ a cilindri in linea (*mot.*), cylinder in-line engine, straight motor. **15.** ~ a cilindri contrapposti (*mot.*), opposed cylinder engine. **16.** ~ a cilindri in linea, ~ in linea (*mot.*), in-line engine. **17.** ~ a cilindri orizzontali (*mot.*), horizontal engine. **18.** ~ a cilindri verticali (*mot.*), vertical engine. **19.** ~ a comando diretto (di veic. elett.), direct-drive axle motor. **20.** ~ a combustione (*mot.*), combustion engine. **21.** ~ a combustione a pressione costante (*mot.*), constant-pressure-combustion engine. **22.** ~ a combustione esterna (motore Stirling per es.) (*mot.*), external-combustion engine, e-c engine. **23.** ~ a combustione interna (*mot.*), internal-combustion engine. **24.** ~ a commutatore (motore a collettore) (*mot. elett.*), commutator motor. **25.** ~ a coppa serbatoio (*mot.*), wet-sump engine. **26.** ~ a corrente alternata (*mot. elett.*), alternating current motor. **27.** ~ a corrente alternata a commutazione (o a collettore) (*mot. elett.*), alternating current commutator motor. **28.** ~ a corrente continua (*mot. elett.*), direct current motor. **29.** ~ a corrente continua ad eccitazione composta (*mot. elett.*), compound motor. **30.** ~ a costruzione aperta (*mot. elett.*), open (type) motor. **31.** ~ a costruzione protetta (contro stillicidio, polvere ecc.) (*mot. elett.*), protected (type) electric motor. **32.** ~ ad albero cavo (motore di trazione) (*ferr. elett.*), quill-drive motor. **33.** ~ ad anelli (*mot. elett.*), slip-ring motor. **34.** ~ ad anelli collettori (*mot. elett.*), slip-ring motor. **35.** ~ ad aria calda (*mot.*), hot-air engine. **36.** ~ ad aria compressa (*mot.*), compressed-air motor, air engine. **37.** ~ ad avviamento a mezzo di circuito capacitivo permanente (*elettromec.*), permanent-split capacitor motor. **38.** ~ ad eccitazione in serie (*mot. elett.*), series-wound motor. **39.** ~ ad eccitazione composta (*mot. elett.*), compound-wound motor. **40.** ~ ad eccitazione derivata (*mot. elett.*), shunt-wound motor. **41.** ~ ad H (*mot.*), H-engine, H type engine. **42.** ~ a disco oscillante (tipo di motore per siluri per es.) (*mot.*), swash plate engine. **43.** ~ a dodici cilindri a V (*mot.*), twin-six. **44.** ~ a doppia gabbia (*mot. elett.*), double-cage motor. **45.** ~ a doppia stella (*mot. aer.*), double-row radial engine. **46.** ~ a doppio combustibile (che può impiegare due differenti tipi di combustibile) (*mot.*), dual fuel engine. **47.** ~ ad otto cilindri in linea (*mot.*), straight eight. **48.** ~ a due cilindri orizzontali (contrapposti) (*mot. mtc.*), flat twin. **49.** ~ a due poli (*mot. elett.*), two-pole motor. **50.** ~ a due tempi (*mot.*), two-stroke (-cycle) engine. **51.** ~ a espansione semplice (*mot.*), single-expansion engine. **52.** ~ a esplosione (motore a combustione a volume costante) (*mot.*), explosion engine. **53.** ~ a flusso diretto (motore a reazione) (*aer.*), straight-through-flow engine. **54.** ~ a fodero (motore con valvole a fodero) (*mot.*), sleeve valve engine. **55.** ~ a gabbia di scoiattolo (*mot. elett.*), squirrel-cage motor. **56.** ~ a gas (*mot.*), gas engine. **57.** ~ a getto (ad ossigeno atmosferico) (*mot.*), jet engine, jet motor, jet. **58.** ~ a getto a due flussi, *vedi* ~ a reazione a due flussi distinti et ~ a reazione a due flussi associati. **59.** ~ a getto a recupero di calore (motore a getto con aria aspirata riscaldata nella intercapedine di raffreddamento) (*mot.*), regenerative motor. **60.** ~ a getto a ventola intubata ("turboventola"), *vedi* turboreattore a due flussi. **61.** ~ a induzione (motore asincrono) (*mot. elett.*), induction motor, asynchronous motor. **62.** ~ a induzione e repulsione (*elettromecc.*), repulsion-induction motor. **63.** ~ a induzione polifase (motore asincrono polifase) (*elettromecc.*), polyphase induction motor. **64.** ~ alternativo (*mot.*), reciprocating engine. **65.** ~ alternativo a eccentrici (senza manovellismo) (*mot.*), cam engine. **66.** ~ a nafta (*mot.*), oil engine (ingl.), diesel oil motor. **67.** ~ antideflagrante (*mot. elett.*), flameproof motor. **68** ~ a otto cilindri a V (*mot. aut.*), V-eight. **69.** ~ a passo, *vedi* ~ passo-passo. **70.** ~ aperto (motore a costruzione aperta) (*mot. elett.*), open motor. **71.** ~ a petrolio (*mot.*), petroleum engine. **72.** ~ a pistone rotante (a rotore eccentrico, motore Wankel) (*mot.*), rotary piston engine, rotary expansion engine. **73.** ~ a pistoni (motore alternativo) (*mot.*), piston engine. **74.** ~ a pistoni cavi (*mot.*), trunk engine. **75.** ~ a pistoni contrapposti (con due pistoni nei cilindri) (*mot.*), opposed-piston engine. **76.** ~ a pistoni liberi (mot. a c.i. nel quale l'energia prodotta viene utilizzata senza accoppiamento meccanico tra pistoni ed albero) (*mot.*), free-piston engine. **77.** ~ a plasma (*razzi*), plasma engine. **78.** ~ a poli spaccati (motore di avviamento monofase: di una piattaforma girevole per es.) (*elettromecc.*), shaded-pole motor. **79.** motori appaiati (motori indipendenti installati vicini) (*mot. aer.*), paired engines. **80.** ~ a precamera (*mot.*), pre-combustion engine, antechamber engine. **81.** ~ a quattro poli (*mot. elett.*), four-pole motor. **82.** ~ a quattro tempi (*mot.*), four-stroke (-cycle) engine. **83.** ~ a reazione (un razzo per es.) (*mot.*), reaction engine. **84.** ~ a reazione a due flussi associati (turboreattore a doppio flusso: mediante ventola intubata adduce nuova aria la cui espulsione dall'ugello del reattore provoca una spinta supplementare) (*mot. aer.*), fan-jet. **85.** ~ a reazione a due flussi distinti (turboreattore a turbosoffiante, o turboventola) (*mot. aer.*), turbofan, turbofan engine. **86.** ~ a repulsione (*mot. elett.*), repulsion motor. **87.** ~ a riluttanza (*mot. elett.*), reluctance motor. **88.** ~ a rotore eccentrico (motore Wankel, motore a stantuffo rotante) (*mot.*), rotary expansion engine. **89.** ~ a scoppio (motore ad esplosione) (*mot.*), explosion engine. **90.** ~ asincrono (*mot. elett.*), induction motor, asynchronous motor. **91.** ~ asincrono autocompensato (*mot. elett.*), compensated induction motor. **92.** ~ asincrono sincronizzato (*mot. elett.*), synchronous induction motor. **93.** ~ a sogliola, *vedi* ~ boxer. **94.** ~ a spazzole fisse (motore a induzione per es.) (*mot. elett.*), fixed-brush motor. **95.** ~ aspirato (*mot.*), aspirated engine, nonsupercharged engine, atmospheric engine, naturally-aspirated engine. **96.** ~ assiale (*mot.*), axial engine. **97.** ~ a stella (motore stellare) (*mot. aer.*), radial engine. **98.** ~ a stella multipla (motore pluristellare) (*mot. aer.*), multi-row radial engine. **99.** ~ a stella raffreddato ad aria a sette cilindri (*mot.*), seven-cylinder air-cooled radial engine. **100.** ~ a testa calda (motore semidiesel) (*mot.*), semi-diesel engine. **101.** ~ a turbina (*mot.*), turbine engine. **102.** ~ a turbina a flusso contrario (nel quale il fluido passa in direzione opposta attraverso i rispettivi passaggi delle serie di palette del compressore e della turbina) (*mot. aer.*), counterflow turbine engine. **103.** ~ a turbina a gas (*mot.*), gas turbine engine. **104.** ~ a turbina composto (nel quale la compressione viene ottenuta in stadi di più compressori ciascuno comandato da una turbina distinta) (*mot. aer.*), compound turbine engine. **105.** ~ a turboelica (*mot.*), prop-jet engine, propeller turbine engine, turbo-propeller engine, turboprop engine. **106.** ~ a turbogetto con postcombustore (*mot. aer.*), turboramjet engine. **107.** ~ ausiliario (mot. nav. per es.), auxiliary engine, auxiliary motor. **108.** ~ ausiliario (usato per salite a forte pendenza) (*ferr.*), booster. **109.** ~ ausiliario in orbita, "sustainer" (provvede a mantenere il mobile in orbita, alla velocità programmata) (*astric.*), sustainer rocket engine, sustainer. **110.** ~ autoventilato (*mot. elett.*), self-ventilated motor. **111.** ~ a V (*mot.*), V engine, V-type engine. **112.** ~ avalve (*mot.*), valveless engine. **113.** ~ a valvole in testa (*mot.*), overhead-valve engine, valve-in-head engine. **114.** ~ a valvole laterali (*mot.*), lateral valve engine. **115.** ~ a velocità fissa (per corrente trifase per es.) (*mot. elett.*), single -speed motor. **116.** ~ a velocità multiple (*mot. elett.*), multispeed motor. **117.** ~ a velocità regolabile (*mot. elett.*), variable-speed motor. **118.** ~ a velocità variabile (*mot. elett.*), variable-speed motor. **119.** ~ a vento (*mot.*), wind engine. **120.** ~ a V raffreddato ad acqua (*mot.*), water-cooled V engine. **121.** ~ a W (con tre file di cilindri) (*mot. aer.*), W-engine, arrow engine. **122.** ~ a X (i cui cilindri sono disposti secondo la lettera X) (*mot.*), X type engine, X-engine. **123.** ~ bicilindrico (*mot.*), twincylinder engine. **124.** ~ "boxer" (~ orizzontale a cilindri contrapposti) (*mot. a c. i.*), boxer engine, opposed cylinder horizontal engine. **125.** ~ "brushless" (motore senza spazzole) (*macch. elett.*), brushless motor. **126.** ~ Campini (motore alternativo con spinta a reazione) (*aer.*), Campini engine. **127.** ~ C.F.R. (per determinare la tendenza alla detonazione di un carburante) (*mot.*), CFR. engine, Cooperative Fuel Research Committee engine. **128.** ~ che si è fermato (motore fermo) (*aer.*), dead engine. **129.** ~ chiuso (a costruzione chiusa) (*mot. elett.*), enclosed motor. **130.** ~ compensato (*mot. elett.*), compensated motor. **131.** ~ composito (*mot. aer.*), *vedi* motore compound. **132.** ~ compound (*mot. elett.*), compound motor. **133.** ~ compound (motore a pistoni con turbina azionata dai gas di scarico) (*mot. aer.*), compound engine, composite engine. **134.** ~ con accensione a scintilla (~ a c. i. con accensione di tipo classico) (*mot.*), spark-ignition engine. **135.** ~ con alesaggio uguale alla corsa (*mot.*), square engine. **136.** ~ con cilindri a V (*mot.*), V-type engine. **137.** ~ con eccitazione compound (*mot. elett.*), compound-wound motor. **138.** ~ con poli di commutazione (*mot. elett.*), motor with commutating poles. **139.** ~ con recupero di calore (motore che utilizza calore che verrebbe disperso, per preriscaldare l'aria comburente e/o il propellente) (*mot. a getto o a razzo*), regenerative engine. **140.** ~ con riduttore (o moltiplicatore) ad ingranaggi (*elett. - mecc.*), geared motor. **141.** ~ con testa a F (motore con una valvola laterale ed una in testa per cilindro) (*mot.*), F-head engine. **142.** ~ con testa a L (motore con valvole laterali) (*mot.*), L-head engine. **143.** ~ con testa a T (*mot.*), T-head engine. **144.** ~ con trasmissione a biella (*di veic. elett.*), crank-drive motor. **145.** ~ con trasmissione flessibile (per sbavatura, limatura, molatura, lucidatura ecc.) (*att. off.*), flexible-shaft machine. **146.** ~ con unica fase di espansione (di macchina a vapore per es.) (*mot.*), simple engine. **147.** ~ con valvole a fungo (*mot.*), poppet valve engine (ingl.). **148.** ~ da piazzare sotto pavimento, *vedi* ~ boxer. **149.** ~ d'aviazione (*mot.*), aviation engine. **150.** ~ del movimento trasversale (di una macch. ut.) (*mot. - mecc.*), traverse motor. **151.** ~ del timone (*nav.*), steering engine. **152.** ~ destro (di aereo o natante a due motori) (*aer. - nav.*), right hand engine. **153.** ~ destrogiro (*mot. aer.*), *vedi* motore destrorso. **154.** ~ destrorso (motore destrogiro: motore nel quale l'albero porta-elica ruota in senso orario quando il motore si trova tra l'osservatore e l'elica) (*mot. aer.*), right-handed engine. **155.** ~ di comando (della rotazione) del pezzo (di una macch. ut.) (*mecc.*), work driving motor. **156.** ~ diesel (*mot.*), diesel engine, diesel, compression ignition engine. **157.** ~ diesel a sovralimentazione differenziale (*mot.*), differentially supercharged diesel engine. **158.** ~ diesel a testa fissa (con la testa solidale con i cilindri) (*mot.*), fixed-head diesel engine. **159.** ~ diesel con turbocompressore (a gas di scarico) (*mot.*), turbo diesel engine. **160.** ~ diesel fisso (*mot.*), stationary diesel engine. **161.** ~ diesel lento (*mot.*), low-speed diesel engine. **162.** ~ diesel marino (*nav.*), marine diesel engine. **163.** ~ diesel marino con riduttore ad ingranaggi (*mot. - nav.*), geared diesel marine engine. **164.** ~ diesel sovralimentato con turbocompressore a gas di scarico (*mot.*), turbo diesel engine. **165.** ~ diesel veloce (*mot.*), high speed diesel engine. **166.** ~ di riserva (*mot.*), spare engine. **167.** ~ di rotazione (motore di giro, per la sostituzione di un motore da revisionare) (*mot.*), exchange engine, replacement engine. **168.** ~ di trazione (di un locomotore elettrico per es.) (*ferr.*), traction motor. **169.** ~ e cambio in unica scatola (*mtc.*), unit construction. **170.** ~ eccitato in derivazione (*mot. elett.*), shunt motor. **171.** ~ eccitato in serie (*mot. elett.*), series motor, series-wound motor. **172.** ~ ecologico a miscela povera (*mot. ecol.*), lean burst motor, weak burst motor. **173.** ~ elettrico (macch. per convertire energia elettrica in energia meccanica) (*mot. elett.*), electric motor. **174.** ~ elettrico antideflagrante (*mot. elett.*), flame-proof electric motor. **175.** ~ (elettrico) con riduttore a ingranaggi (*mot. elett.*), geared motor (am.). **176.** ~ entrobordo (*mot. marino*), inboard engine. **177.** ~ eolico (~ azionato dal vento) (*mecc.*), wind turbine. **178.** ~ fisso (*mot.*), stationary engine. **179.** ~ flangiato (per attacco diretto alla macchina da motorizzare) (*mot. elett.*), flanged motor. **180.** ~ frazionario (motore a bassissima potenza, di 1/10-1/20 HP per es.) (*mot. elett.*), fractional motor. **181.** ~ (funzionante) ad ossigeno atmosferico (*mot.*), air-breathing engine. **182.** ~ funzionante irregolarmente (*difetto di mot.*), rough engine. **183.** ~ fuoribordo (*nav.*), outboard motor. **184.** ~ fuoribordo per imbarcazioni da diporto (*mot. nav.*), outboard pleasure craft motor, OPC motor. **185.** ~ idraulico (per trasformare l'energia idraulica in energia meccanica) (*mot.*), hydraulic engine, water engine. **186.** ~ idraulico a due sensi di flusso (*mot.*), bidirectional hydraulic motor. **187.** ~ idraulico a un solo senso di flusso (*mot.*), unidirectional hydraulic motor. **188.** ~ industriale (*mot.*), industrial engine, commercial engine. **189.** ~ in linea (*mot.*), in-line motor, in-line engine. **190.** ~ in serie (*mot. elett.*), series motor. **191.** ~ interno (il motore più vicino all'asse longitudinale dell'apparecchio) (*aer.*), inboard engine. **192.** ~ invertito (*mot.*), inverted engine. **193.** ~ ionico (*astric.*), ion engine. **194.** ~ marino (*mot.*), marine engine. **195.** ~ monofase (*mot. elett.*), single-phase motor. **196.** ~ nudo (motore senza accessori) (*mot.*), raw engine. **197.** ~ omopolare (motore a corrente continua usato per la propulsione di siluri per es.) (*macch. elett.*), unipolar motor. **198.** ~ orizzontale a cilindri contrapposti, *vedi* ~ boxer (*mot. a c. i.*), opposed cylinder horizontal engine, boxer engine. **199.** ~ passo-passo (app. elettromecc. che ruota per mezzo di impulsi successivi, percorre un piccolo angolo ad ogni impulso) (*elettromecc.*), stepping motor, stepper motor, step by step motor. **200.** ~ per autovettura (*mot.*), motocar engine. **201.** ~ per bicicletta (micromotore) (*mot.*), bicycle motor. **202.** ~ piatto (od a sogliola: da piazzare sotto il pavimento dei veicoli) (*mat.*), flat engine, horizontal engine, boxer engine. **203.** ~ pluristellare (*mot. aer.*), *vedi* motore a stella multipla. **204.** ~ policarburante (*mot.*), multifuel engine. **205.** ~ primo (*mecc.*), prime mover. **206.** ~ principale (di una macch. ut.) (*mot. elett.*), main motor, drive motor. **207.** motori principali (*nav.*), main engines. **208.** ~ quadro (con alesaggio uguale alla corsa) (*mot.*), square engine. **209.** ~ raffreddato ad acqua (*mot.*), water-cooled engine. **210.** ~ raffreddato ad aria (*mot.*), air-cooled engine. **211.** ~ reversibile (*mot. elett.*), reversing motor. **212.** ~ rifornito (motore con olio, refrigerante liquido e combustibile in circolazione) (*mot.*), wet engine. **213.** ~ rotativo (in disuso: per aviazione) (*mot.*), rotary engine. **214.** ~ semi-diesel (motore a testa calda) (*mot.*), semi-diesel engine. **215.** ~ senza spazzole (motore brushless) (*macch. elett.*), brushless motor. **216.** motori sincronizzati (in aeroplano per es.) (*mot.*), synchronized engines. **217.** ~ sincrono (*mot. elett.*), synchronous motor. **218.** ~ sinistro (guardando dal posto pilota) (*aer.*), port engine. **219.** ~ sinistrogiro (motore "sinistro"), *vedi* motore sinistrorso. **220.** ~ sinistrorso (motore sinistrogiro, motore " sinistro": motore nel quale l'albero portaelica ruota in senso antiorario, quando il mot. si trova tra l'osservatore e l'elica) (*mot. aer.*), left-handed engine. **221.** ~ sotto carico (*mecc. - elett.*), motor under load. **222.** ~ sovralimentato (*mot.*), supercharged engine. **223.** ~ speculare (motore marino usato per installazioni in coppia ed avente gli accessori montati sul lato opposto di quello del motore suo compagno di coppia) (*mot.*), mirror engine. **224.** ~ stellare (per aviazione per es.) (*mot.*), radial motor, radial engine. **225.** ~ stellare a stella di cilindri fissa (*mot. aer.*), static radial engine. **226.** ~ stellare rotativo (~ a c. i. a cilindri ruotanti) (*obsoleto mot. aer.*), revolving-block engine. **227.** ~ surcompresso (motore non sovralimentato: con elevato rapporto di compressione, studiato per funzionare a piena ammissione, ossia con farfalla tutta aperta, solo al di sopra di una predeterminata quota) (*mot. aer.*), supercompression engine. **228.** ~ tipo automobilistico (*mot.*), automotive engine. **229.** ~ totalmente sospeso (motore di trazione) (*ferr. elett.*), all suspended motor. **230.** ~ trifase (*mot. elett.*), three-phase motor. **231.** ~ trasversale (*aut.*), transversally mounted engine. **232.** ~ trifase a induzione (*mot. elett.*), three-phase induction motor. **233.** ~ turbocompresso (*aut.*), *vedi* ~ sovralimentato. **234.** ~ turbo diesel (*aut.*), turbo-diesel engine. **235.** ~ turboelica, *vedi* ~ a turboelica. **236.** ~ universale (motore a corrente continua e corrente alternata) (*mot. elett.*), universal motor, AC-DC motor. **237.** ~ veloce (*mot.*), high-speed engine. **238.** ~ verticale (*mot.*), vertical engine. **239.** ~ Wankel (motore a pistoni rotanti) (*mot.*), Wankel engine. **240.** ~ Wankel birotore (*mot.*), twin-rotor Wankel engine. **241.** adottare motori diesel (dotare di motori diesel, dieselizzare) (*veic.*), to dieselize. **242.** albero ~ (di macchina per es.) (*mecc.*), driving shaft. **243.** a ~ diesel (equipaggiato con motore a ciclo Diesel) (*a. - aut.*), diesel. **244.** a ~ fuoribordo (di natante motorizzato con fuoribordo) (*nav.*), outboard. **245.** a ~ spento ("senza motore") (*aer. - ecc.*), power-off. **246.** a ~ posteriore (*a. - aut. - ecc.*), rear-engine. **247.** azionato da ~ (*a. - mecc.*), motor-driven. **248.** barca a ~ (con piccolo motore entrobordo) (*nav.*), motorboat, autoboat. **249.** caratteristiche tecniche del ~ (*mecc.*), engine performances. **250.** comandi del ~ (*aer.*), engine controls. **251.** con ~ a olio pesante (di locomotore per es.) (*a. - mecc.*), oil-engine. **252.** con ~ (a reazione) a getto (*a. - mecc.*), jet-propelled. **253.** con ~ diesel (dotato di motore diesel) (*veic.*), dieselized, diesel-powered. **254.** con ~ in moto (*aer. - ecc.*), power-on. **255.** gruppo ~ dinamo (per trasformazione di corrente alternata in continua) (*elett.*), motor generator set. **256.** il ~ perde giri (*mot.*), the motor speed falls. **257.** messa in fase del ~ (*mot.*), engine timing. **258.** numero (di fabbricazione) del ~ (di un motore di aut. per es.), engine serial number. **259.** ~, *vedi anche* motorino.

motoretta (*mtc.*), motor scooter. **2.** ~ a triciclo (*veic.*), tricycle-type scooter.

motoriduttore (motore elettrico in un corpo unico col riduttore a ingranaggi) (*elettromecc.*), ratiomotor. **2.** ~ con uscita a velocità variabile (mot. elettrico direttamente accoppiato ad un riduttore di giri meccanico provvisto di varie velocità) (*elettromecc.*), gearmotor.

motorino d'avviamento (aut. per es.), starting motor, starter, cranking motor. **2.** ~ a depressione (di tergicristallo aut. per es.) (*mot.*), vacuum motor. **3.** ~ d'avviamento, *vedi anche* avviatore. **4.** ~ elettrico ad elevato numero di giri (*mot. elett.*), rotator.

motorista (*tecnico mot.*), engineer. **2.** ~ d'aviazione (*mot. aer.*), airplane engineer. **3.** ~ di bordo (*mot. aer.*), operational engineer, flight engineer.

motoristico (riferito ad un veicolo autopropulso: automobile, motobarca, aereo ecc.) (*a. - mot.*), automotive.

motorizzare (*mecc.*), to motorize.

motorizzato (*aut. - mecc.*), motorized, motored, powered. **2.** ~ (con comando a motore: di valvola per tubazioni per es.) (*mecc.*), motor-driven. **3.** ~ diesel (~ con motore diesel) (*ind. - ecc.*), dieselrig, diesel-engined. **4.** alzacristalli ~ (*aut.*), power window.

motorizzazione (*mecc.*), motorization. **2.** ~ con motore elettrico (di macch. utènsile per es.) (*elettromecc.*), motor drive.

motosaldatrice (*macch. - tecnol. mecc.*), motor welding set.

motoscafo (*nav.*), motorboat. **2.** ~ a carena planante, *vedi* idroscivolante. **3.** ~ da corsa (*nav.*), speedboat, racer. **4.** ~ silurante (o mas) (*mar. milit.*), torpedo boat. **5.** ~ veloce d'altura (*nav.*), powerboat. **6.** ~ veloce non cabinato (*nav.*), runabout.

motoscuter (motoretta) (*mtc.*), motorscooter.

motosega portatile (a catena) (*ut. carp.*), chain saw.

motosidecar (*mtc.*), *vedi* motocarrozzino.

motosilurante (*mar. milit.*), torpedo boat.

motoslitta (gatto delle nevi, slitta motorizzata) (*veic. - sport*), snowcat, snowmobile.

motospazzatrice (spazzatrice stradale) (*macch.*), sweeper, motor sweeper.

mototraghetto (*nav.*), motor ferry, motor ferryboat.

motovedetta (*nav.*), patrol motorboat. **2.** ~ (della finanza) (*imbarcazione milit.*), revenue cutter.

motovèicolo (*veic.*), motor vehicle.

motovelièro (*nav.*), auxiliary sailing ship.

motozàttera (mezzo da sbarco) (*mar. milit.*), landing craft. **2.** ~ (mezzo da trasporto, di veicoli per es.) (*nav.*), motor raft.

motrice (di autotreno per es.) (*s.*), tractor. **2.** ~ (*a. - mecc.*), motive. **3.** ~ a vapore (*macch. term.*), steam engine. **4.** ~ a vapore (*macch.*), *vedi anche* macchina a vapore. **5.** ~ e rimorchio (*aut.*), tractor and trailer. **6.** ~ e semirimorchio (*aut.*), tractor and semitrailer. **7.** ~ per semirimorchi (senza pianale di carico ed a chassis accorciato) (*trasp. aut.*), tractor truck. **8.** ~ tranviaria (*veic.*), tramcar motor-coach (ingl.). **9.** piccola ~ a vapore (di un verricello per es.) (*nav.*), donkey engine.

"mouse" (apparecchio periferico che controlla la posizione del cursore sullo schermo dell'unità video: costituito da un comando da tavolo) (*elab.*), mouse.

movimentazione (dei materiali all'interno dello stabilimento per es.) (*ind.*), handling. **2.** ~ (*ind.*), *vedi anche* movimento. **3.** ~ dei documenti (*elab.*), document handling. **4.** ~ dei materiali (*ind.*), material handling.

movimento (moto) (*gen.*), movement, motion. **2.** ~ (meccanismo) (*mecc.*), mechanism, movement. **3.** ~ (di orologio) (*mecc.*), movement. **4.** ~ (di una locomotiva a vapore) (*ferr.*), drive mechanism. **5.**

~, *vedi anche* moto. **6.** ~ (o trascinamento) a croce di Malta (*cinem.*), Maltese cross movement. **7.** ~ (o trasporto) dei materiali tra stabilimenti (*ind.*), interplant material handling. **8.** ~ ad orologeria (*mecc.*), clockwork. **9.** ~ a impulsi (o a intermittenza) (*mecc.*), jog. **10.** ~ a scatto (*mecc.*), trigger action. **11.** ~ browniano (nell'industria gomma per es.) (*chim. fis.*), Brownian motion. **12.** ~ centrale su cuscinetti a sfere (di bicicletta per es.), crank axle supported by ball bearings. **13.** ~ dei materiali (nell'interno di uno stabilimento) (*ind.*), material handling. **14.** ~ dei treni (*ferr.*), train traffic. **15.** ~ del braccio (*di gru*), jib motion. **16.** ~ del carrello (lungo il ponte di una gru a carroponte) (*gru*), crab motion. **17.** ~ delle terre (*costr. strad.*), earthwork. **18.** ~ del materiale (sollevamento e trasporto del materiale) (*ind.*), material handling. **19.** ~ del traffico (*traff.*), traffic circulation. **20.** ~ di aerodromo (*aer.*), aerodrome traffic, aerodrome movement. **21.** ~ di andata e ritorno (di un utensìle di macchina utènsile), forward and reverse motion. **22.** ~ di avanzamento (*macch. ut.*), feed motion. **23.** ~ di discesa (*gen.*), downward motion. **24.** ~ di generazione (di una dentatrice a creatore per es.) (*mecc.*), generating motion. **25.** ~ di orologeria (*mecc.*), watchwork. **26.** ~ di rotazione (o rotatorio) (*mecc.*), rotary motion, motion of rotation. **27.** ~ di traslazione (di gru a carroponte per es.), horizontal traveling motion. **28.** ~ di vai e vieni (di pezzo di macchina per es.) (*mecc.*), to-and-fro movement. **29.** ~ elasticamente ammortizzato (*mecc.*), cushioned movement. **30.** ~ elicoidale (tipo di movimento di una particella intorno al suo asse di moto) (*fis. atom.*), helicity. **31.** ~ laterale (*mecc.*), traverse movement. **32.** ~ (materiali) in piazzali di carico (*trasp.*), yard handling. **33.** ~ obbligato (*mecc.*), constrained motion. **34.** ~ parallelo (di pezzo ed utensile per es.) (*mecc. - macch. ut.*), parallel motion. **35.** ~ perduto (*mecc.*), lost motion. **36.** ~ per inerzia (moto dovuto a forza d'inerzia: di un veicolo in corsa quando cessa la forza propulsiva per es.) (*mecc. raz.*), coasting (ingl.). **37.** ~ principale (di lavoro) (*macch. ut.*), main motion, working motion. **38.** ~ (o marcia) sincrono (in un film sonoro) (*gen.*), synchronous drive. **39.** ~ sindacale (*sindacato*), labor movement. **40.** ~ trasversale (*mecc. - macch. ut.*), crosswise movement. **41.** ~ turbinoso (di fluido) (*aerodin. idrodinamica*), whirl. **42.** ~ verso l'alto (della prua o della poppa di un'imbarcazione: dovuto al beccheggio) (*nav.*), scend. **43.** ~ vorticoso (*aerodin. - idrodinamica*), vortical motion. **44.** analisi dei movimenti (*studio dei tempi*), motion analysis. **45.** indurirsi (di movimento meccanico) (*mecc.*), to bind. **46.** iniziare ~ (*nav.*), to gather way. **47.** invertire il ~ (*di macch.*), to reverse. **48.** meccanismo a ~ intermittente (di una pellicola in un proiettore cinematografico per es.) (*mecc.*), intermittent movement.

moviola (per visionare il film in sede di montaggio) (*app. cinem.*), Movieola.

mozione (*leg. - amm.*), motion, application. **2.** ~ appoggiata e approvata alla unanimità (*leg. - amm.*), seconded and unanimously carried motion.

mozzato (tronco, mozzo) (*gen.*), truncated.

mozzicone (ciò che rimane di un oggetto o utensile o pezzo di macchina logorato dall'uso) (*mecc.*), stub.

mòzzo (*mecc.*), hub. **2.** ~ (monoblocco, di un'elica) (*aer. - nav.*), boss. **3.** ~ (parte centrale alla quale sono fissate le pale smontabili dell'elica) (*aer.*), hub. **4.** ~ (di una ruota) (*mecc.*), stock. **5.** ~ a ruota libera (di bicicletta per es.) (*mecc.*), freewheel hub. **6.** ~ del disco della frizione (*aut.*), clutch disk hub. **7.** ~ della ruota (*veic.*), wheel hub, nave. **8.** ~ dell'elica (*nav.*), screw boss. **9.** ~ dell'elica (*aer.*), propeller hub, screw propeller hub. **10.** ~ (o portate) del pistone (*mot.*), piston pin boss. **11.** ~ freno (a contropedale: di una bicicletta) (*veic.*), coaster hub. **12.** ~ spaccato (o diviso: semimozzo) (*mecc.*), split hub. **13.** ~ su cuscinetti a sfere (*mecc.*), ball-bearing hub.

mozzo (*nav.*), cabin boy, boy. **2.** ~ di coperta (*nav.*), deck boy.

"Ms" (punto Ms, temperatura alla quale appare per la prima volta la martensite) (*metall.*), Ms.

"MSC" (dragamine costiero) (*mar. milit.*), coastal minesweeper, MSC.

"MSI" (dragamine portuale) (*mar. milit.*), inshore minesweeper, MSI.

"MSO" (dragamine oceanico) (*mar. milit.*), oceanic minesweeper, MSO.

"MTM" (misura dei movimenti elementari nei tempi elementari) (*studio tempi*), MTM, motion time measurement.

"MTS" (Metro Tonnellata Secondo) (*sistema mis.*), meter ton second.

mucchio (*gen.*), heap. **2.** ~ (pila: di legna da ardere per es.), pile. **3.** ~ (di minerale abbattuto per es.) (*min.*), lump.

mucillagini (prodotti separantisi dagli olii siccativi durante l'immagazzinamento od a causa del calore) (*ind. vn.*), break.

muffa, mildew. **2.** ~ (della carta) (*mft. carta*), paper mildew. **3.** resistenza alle muffe (di un tessuto per es.) (*tecnol.*), mildew resistance.

mùffola (di forno), muffle. **2.** ~ di derivazione (di un cavo) (*elett.*), dividing box. **3.** ~ di giunzione (di un cavo) (*elett.*), junction box. **4.** ~ di giunzione per cavi a tre fasi (*elett.*), trifurcating box (ingl.). **5.** ~ terminale (cassetta di estremità: di un cavo) (*elett.*), terminal box, sealing box. **6.** forno a ~ (*metall.*), muffle furnace. **7.** forno a ~ (*ceramica*), muffle kiln.

mulattiera (*strad.*), bridle path, bridle road, bridle track, bridle way.

"mule" (filatoio intermittente per cotone) (*macch. per ind. tess.*), mule.

muletto (motore usato per l'esecuzione di prove al banco) (*mot.*), test engine. **2.** ~ (piccola locomotiva da smistamento) (*ferr.*), shunter.

mulinèllo (vortice) (*aerodin. - idr.*), eddy. **2.** ~ (elica per prove sottocarico in officina) (*mot. aer.*), fan brake. **3.** ~ (elica destinata a produrre potenza quando dotata di moto assiale rispetto all'aria, per es. quella montata su un'ala di un velivolo e che comanda un generatore) (*aer.*), windmill. **4.** ~ (verricello, macchina per sollevamento con tamburo ruotante attorno ad un'asse orizzontale) (*nav.*), winch, windlass. **5.** ~ (di catena) (*nav.*), swivel. **6.** ~ (frullo orizzontale, "tonneau") (*acrobazia aer.*), wing roll, snaproll. **7.** ~ (o girello) conta persone (in una stazione, un museo, un teatro ecc. per es.) (*gen.*), passimeter. **8.** ~ d'acqua (*idrodinamica*), whirlpool. **9.** ~ d'afforco (*nav.*), mooring swivel. **10.** ~ da pesca (*sport*), fishing reel. **11.** ~ di cavo (*nav.*), rope swivel. **12.** ~ idrometrico (*strum. idr.*), current meter. **13.** ~ voltacatene (*nav.*), mooring swivel. **14.** funzionamento a ~ (autorotazione, di un'elica) (*aer.*), windmilling.

mulino (*ed.*), mill. **2.** ~ (*macch.*), mill, grinder. **3.** ~ a barre (*macch. ind.*), rod mill. **4.** ~ a ciottoli (mulino a silice) (*macch. ind.*), pebble mill. **5.** ~ ad acqua (*macch.*), water mill. **6.** ~ a dischi (per grano per es.: con dischi controrotanti) (*macch. agric.*), attrition mill. **7.** ~ a dischi (costituito da dischi ruotanti muniti di piuoli: disintegratore di materiali solidi) (*macch.*), pin type mill. **8.** ~ agricolo (*macch. agric.*), food grinder. **9.** ~ a lame (*macch. ind.*), blade mill. **10.** ~ a macine (per minerali) (*min. - ecc.*), drag-stone mill. **11.** ~ a macine di pietra (per farina per es.) (*ind.*), stone mill. **12.** ~ a martelli (*macch.*), hammer mill. **13.** ~ a palle (*macch. ind.*), ball grinder, ball mill. **14.** ~ a rulli (per macinazione: di grano per es.) (*macch. agric.*), roller mill. **15.** ~ a sabbia (tipo di bottale) (*macch.*), sand mill. **16.** ~ a sassi (per industria gomma) (*macch. ind.*), pebble mill. **17.** ~ a vento (*macch.*), windmill. **18.** ~ azionato dall'uomo mediante grande ruota a gradini (*macch. antica*), treadmill. **19.** ~ macinatore (*macch. ind.*), grinding mill. **20.** ~ per carbone (*macch.*), coal breaker. **21.** ~ per colloidi (nella manifattura gomma per es.) (*macch.*), colloid mill. **22.** ~ per farina (*macch.*), fluormill. **23.** ~ polverizzatore (per minerali auriferi per es.) (*min.*), arrastra. **24.** ~ rotativo a martelli (per pietrame o lignite per es.) (*macch.*), rotary hammer mill.

mullite ($3Al_2O_3.2SiO_2$) (minerale) (*refrattario*), mullite.

multa (ad un impiegato, ad un operaio per es.), fine. **2.** ~ (trattenuta sul salario) (*pers.*), docking.

multare (un operaio, un impiegato per es.), to fine.

multi- (*prefisso*), multi-.

multicellulare (*gen.*), multicellular.

multidimensionale (pluridimensionale) (*a. - gen.*), multidimensional.

multielaborazione, *vedi* elaborazione simultanea.

multigrado ("multigrade", quattro stagioni: detto di un olio lubrificante impiegabile sia a bassa sia ad alta temperatura ambiente) (*a. - aut. - chim.*), multigrade.

multiimmagine (a ~) (*telev.*), *vedi* a visione contemporanea di due programmi.

multilista (è riferito al sistema che raggruppa un certo numero di voci ponendole sotto un unico indice per facilitarne la ricerca) (*a. - elab.*), multilist.

multimetro ("tester" pluriuso, analizzatore capace di misurare più parametri elettrici per es.) (*strum.*), multimeter.

multinazionale (gruppo industriale che ha attività e stabilimenti in varie nazioni) (*ind. - finanz.*), multinational corporation, "MNC".

multinodale (che oscilla con varie frequenze) (*a. - mecc. raz.*), multinodal.

multiperforazione (perforazione contemporanea di due o più fori in una scheda) (*elab.*), multiple punching.

multiplaggio (*tlcm.*), multiplexing. **2.** ~ a divisione di tempo (*tlcm.*), time-division-multiplex switching system, TDM-system.

multiplano (pluriplano) (*aer.*), multiplane.

multiplare (smistare vari messaggi sullo stesso canale) (*elab.*), to multiplex.

multiplatore (apparecchio che smista ordinatamente vari segnali su di una sola linea di uscita) (*s. - telef. - radio - elab. - ecc.*), multiplexer, multiplexor. **2.** ~ a divisione di frequenza (*eltn.*), frequency-division multiplexer. **3.** ~ a due canali (*elab.*), biplexer, biplexor. **4.** ~ di dati (*elab.*), data multiplexer. **5.** ~ statistico (*tlcm.*), "statmux", statistical multiplexer.

multiplazione (smistamento simultaneo su di un solo canale di varie informazioni) (*telef. - radio - elab.*), multiplexing. **2.** ~ a divisione di frequenza (*elab.*), frequence-division multiplexer. **3.** ~ a divisione di tempo (*elab.*), time-division multiplexing. **4.** velocità di ~ (in bit per secondo) (*tlcm.*), multiplexing bit rate.

multipletto (riga spettrale composta) (*fis.*), multiplet. **2.** ~ (di particelle elementari con proprietà similari) (*fis. atom.*), multiplet. **3.** ~ (stati quantici di similare energia) (*fis. atom.*), multiplet.

mùltiplo (*a. - elab. - mat.*), multiple. **2.** ~ (autocarro trasporto vetture) (*trasp. aut.*), haulaway. **3.** minimo comune ~ (*mat.*), least common multiple.

multipolare (di un cavo per es.) (*a. - elett.*), multipolar, multicore.

multiprocessore (elaboratore parallelo simultaneo, che può elaborare più programmi contemporaneamente) (*elab.*), multiprocessor, parallel processor, array processor.

multiprogrammazione (elaborazione simultanea di più programmi) (*s. - elab.*), multiprogramming, concurrent processing.

multipropellente (propellente per razzi costituito da

composti chimici non miscellati ed alimentati separatamente nella camera di comb.) (*comb.*), multipropellant.
multirotazione (mutarotazione, variazione del potere ottico rotatorio) (*ott.*), mutarotation.
multistabile (p. es. un circuito) (*a. - eltn.*), multistable.
multitubolare (*a. - cald.*), multitubular.
multiuso (plurimpiego) (*a. - gen.*), multipurpose.
multivibratore (*eltn.*), multivibrator. **2.** ~ astabile (*eltn.*), free-running multivibrator. **3.** ~ bistabile (*eltn.*), bistable multivibrator (am.), flip-flop multivibrator (ingl.). **4.** ~ monostabile (*eltn.*), one-shot multivibrator.
mumetal (lega ferromagnetica, mediamente con 75% Ni, 18% Fe, 5% Cu, 2% Cr) (*metall. elett.*), mumetal.
mungitrice (*att. fattoria*), milking machine.
municipale (comunale) (*amm.*), municipal.
municipio (*arch.*), town hall.
munizioni (*milit.*), ammunition. **2.** ~ ad alto esplosivo (*milit.*), high-explosive ammunition. **3.** ~ cariche (*milit.*), live ammunition. **4.** ~ per armi portatili (*milit.*), small arms ammunitions, s.a.a. **5.** cassa da ~ (*milit.*), ammunition chest. **6.** consumo di ~ (*milit.*), expenditure of ammunition. **7.** rifornirsi di ~ (*milit.*), to ammunition.
muone (ha una massa 206 volte maggiore dell'elettrone) (*fis. atom.*), muon.
muonio (elemento chimico costituito da un muone positivo ed un elettrone) (*s. - chim. - fis. atom.*), muonium.
muòvere (*fis.*), to move. **2.** ~ a intermittenza (*mecc.*), to jog. **3.** ~ avanti e indietro (*mecc.*), to reciprocate.
muòversi avanti e indietro (*mecc.*), to reciprocate. **2.** ~ con sforzo (muoversi con difficoltà) (*gen.*), to lug.
mura (cavo per orientamento vele quadre) (*nav.*), tack. **2.** ~ di fiocco (manovra per fissare un fiocco) (*nav.*), jib tack.
muraglia (*arch.*), wall.
muraglione (*arch.*), massive wall.
murale (trave squadrata) (*carp. - ed.*), squared timber.
murare (costruire in muratura) (*ed.*), to build, to mason. **2.** ~ (fissare in un muro o pilastro in muratura o cemento armato, una staffa, un gancio, un bullone ecc. per es.) (*mur.*), to wall.
murario (*ed.*), building.
murata (di una nave) (*s. - nav.*), bulwarks. **2.** ~ principale (*nav.*), main bulwarks.
murato (*a. - ed.*), walled.
muratore (*op.*), mason, bricklayer. **2.** maestro ~, master mason. **3.** martello da ~ (*att. mur.*), brick hammer.
muratura (*mur.*), masonry. **2.** ~ (di un forno), masonry. **3.** ~ ad opera incerta (*arch.*), rubble work. **4.** ~ a giunti sfalsati (*mur.*), heart bond. **5.** ~ a giunti sfalsati di mezzo mattone (a corsi sovrapposti e giunti sfalsati) (*mur.*), racking masonry. **6.** ~ a secco (*mur.*), dry masonry. **7.** ~ d'angolo con mattoni alternati di testa e per lungo (*mur.*), in-and-out bond. **8.** ~ di calcestruzzo (*costr. ed.*), concrete masonry. **9.** ~ di coltello (*mur.*), stretcher wall. **10.** ~ di getto (*mur.*), cast masonry. **11.** ~ di mattoni (*mur.*), brickwork, brick masonry. **12.** ~ di mattoni inserita in una intelaiatura in legname (in costruzioni miste di legno e muratura) (*mur.*), brick nogging. **13.** ~ di pietrame (*mur.*), stonework, stone masonry, rubblework. **14.** ~ di punta (*mur.*), header wall. **15.** ~ di sostegno (della spinta della terra: in una galleria per es.) (*mur.*), bulkhead. **16.** ~ refrattaria (*mur.*), firebrick masonry. **17.** ~ rustica (di riempimento di una struttura in legno: in costruzioni miste di legno e muratura) (*mur.*), nogging.
muretto (di contenimento di un terrapieno) (*costr. strad.*), toe wall. **2.** ~ divisorio (*ed.*), partition, screen. **3.** ~ refrattario ("baccalà", di un forno per vetro) (*mft. vetro*), breast wall.
muriàtico (*a. - chim. - ind.*), muriatic. **2.** acido ~ (HCl commerciale) (*chim.*), muriatic acid.
muriccio (parete divisoria non portante) (*ed.*), non-bearing partition.
muro (*mur.*), wall. **2.** ~ (di faglia) (*geol.*), footwall. **3.** ~ a cassavuota (*mur.*), hollow wall. **4.** ~ a cassoni (per il ritegno di terra sciolta) (*ing. civ.*), bin wall. **5.** ~ a scarpa (*mur.*), scarp wall (am.), "talus wall" (ingl.). **6.** ~ a secco (*mur.*), dry wall, dry-stone wall, loose-laid wall. **7.** ~ con contrafforti (*ed.*), wall with buttresses, wall with counterforts. **8.** ~ d'ala (*costr. strad.*), wing wall. **9.** ~ del calore (barriera termica: limita la velocità di missili ed aerei) (*aer. - razzi*), thermal barrier, heat barrier. **10.** ~ del suono (barriera del suono, barriera sonica) (*aer.*), sound barrier. **11.** ~ di ambito (*ed.*), outside main wall. **12.** ~ di chiusura (costruito tra i pilastri di una struttura) (*mur.*), curtain wall, panel wall. **13.** ~ di cinta (*ed.*), fencing wall, boundary wall, enclosure wall. **14.** ~ di confine (*leg. - ed.*), party wall. **15.** ~ di controscarpa (*mur.*), counterscarp wall. **16.** ~ di divisione (*ed.*), partition. **17.** ~ di fondazione (*mur.*), foundation wall. **18.** ~ di frontespizio (*arch.*), gable wall. **19.** ~ di frontone (*arch.*), gable wall. **20.** ~ di gabbia di una scala (*ed.*), staircase wall, stair wall. **21.** ~ di pietra sbozzata (*arch.*), hewn stone wall. **22.** ~ di rivestimento (di una scarpata) (*ed.*), protection wall. **23.** ~ di sostegno (*arch.*), retaining wall, breast wall. **24.** ~ di sostegno (di ritegno di un banco di terra) (*mur.*), face wall. **25.** ~ di sottoscarpa (*mur.*), toe wall. **26.** ~ di spalla (di un ponte per es.) (*arch.*), wing wall. **27.** ~ di spina (*ed.*), main inside wall. **28.** ~ divisorio (*ed.*), partition. **29.** ~ divisorio in mattoni (*mur.*), brick partition. **30.** ~ doppio con intercapedine (*mur.*), cavity wall (ingl.). **31.** ~ in calcestruzzo (*mur.*), concrete wall. **32.** ~ in mattoni (*mur.*), brick wall. **33.** ~ in pietra da taglio (*ed. - arch.*), ashlar wall, dressed stone

wall, cut stone wall. **34.** ~ in pietrame (*mur.*), stone wall. **35.** ~ maestro (*ed.*), main wall. **36.** ~ non portante (*ed.*), nonbearing wall, nonbearing partition. **37.** ~ perimetrale, *vedi* muro d'ambito. **38.** ~ portante (*ed.*), bearing wall, load bearing wall. **39.** ~ sormontato da un timpano (*arch.*), gable wall. **40.** ~ tagliafuoco (*ed. antincendio*), fire wall, fire-division wall. **41.** cassa a ~ (per supporto di albero di trasmissione passante) (*mecc. - ed.*), wall box. **42.** chiudere con un ~ (una stanza per es.) (*ed.*), to wall. **43.** cimasa (di un ~) (*ed.*), coping. **44.** copertina (di un ~) (*ed.*), coping. **45.** doppio ~ (per alloggiamento di porta scorrevole per es.) (*ed.*), double partition (ingl.). **46.** erigere un ~ (*ed.*), to wall.

muscovite (mica) (*min.*), muscovite.

musèo (*arch.*), museum.

museruòla (per animali), muzzle.

musetto (*aut.*), *vedi* mascherina.

musica (*arte - acus.*), music. **2.** ~ elaborata con calcolatore (*elab.*), computer music. **3.** ~ elettronica (*musica - eltn.*), electronic music. **4.** ~ sul tavolo (*organ. lav. di fabbrica*), music while you work.

muso (estremità anteriore) (*gen.*), nose. **2.** ~ (estremità anteriore della fusoliera) (*aer.*), nose. **3.** ~ con feritoie (o persiana) per la ventilazione (fronte di un cofano di automobile) (*aut.*), grille. **4.** ~, *vedi anche* musone.

musone (parte anteriore della fusoliera di un aeroplano) (*aer.*), nose. **2.** ~ chiuso (musone senza portelloni: di un aeroplano) (*aer.*), solid nose. **3.** ~ con porte di carico (di un aeroplano per trasporto merci) (*aer.*), loading door nose. **4.** ~ in plastica (parte anteriore della fusoliera costruito in plastica trasparente) (*costr. aer.*), greenhouse (nose).

mussare (di acqua di seltz per es.), to froth.

mussolina (*ind. tess.*), muslin. **2.** ~ a disegni (*ind. tess.*), figured muslin. **3.** ~ di lana (*ind. tess.*), muslin of wool. **4.** ~ di seta (*ind. tess.*), muslin of silk. **5.** ~ semplice (*ind. tess.*), plain muslin. **6.** ~ stampata (*ind. tess.*), printed muslin.

muta (serie, di parti di ricambio per es.) (*gen.*), set.

mutarotazione (multirotazione, variazione del potere ottico rotatorio di alcune soluzioni con il tempo) (*chim. fis.*), mutarotation.

mutazione (*biol.*), mutation.

muto (*gen.*), dumb, mute.

mutua (cassa malattia) (*med. - pers. - organ. lav.*), sickness insurance fund, sickness fund. **2.** ~ aziendale (*ind.*), workers sickness factory institute.

mutulo (di trabeazione dorica) (*arch.*), mutule.

mutuo (*amm. - finanz.*), loan. **2.** ~ (di induzione per es.) (*a. - elett.*), mutual. **3.** ~ con rimborso rateale (*finanz. - amm.*), term loan. **4.** mutua induttanza (*elett.*), mutual inductance. **5.** ~ ipotecario (*amm. - finanz.*), mortgage, loan.

"mV" (millivolt) (*mis elett.*), mV, millivolt.

"MW" (megawatt) (*mis.*), megawatt, MW.

"mw" (milliwatt) (*mis. elett.*), milliwatt, mw.

"mx" (maxwell) (*mis. elett.*), maxwell, mx.

N

"N" (newton, unità di forza) (*mis.*), N, newton. **2.** ~ (nord) (*geogr.*), N, north.
N (azoto) (*chim.*), N, nitrogen.
"n" (nano–, prefisso: 10^{-9}) (*mis.*), n, nano–.
naca (anello naca) (*aer. obsoleto*), antidrag ring, NACA cowling.
nadìr (*astr.*), nadir.
nadirale (*a. - astr.*), nadiral.
nafta (olio minerale pesante distillato dal petrolio) (*chim.*), mineral naphtha, petroleum naphtha. **2.** ~ (olio combustibile: per motori diesel) (*comb.*), diesel oil. **3.** ~ (olio combustibile: per impianti di riscaldamento per es.) (*comb.*), fuel oil. **4.** ~ di alta qualità (a basso punto di ebollizione ed elevato grado Baumé) (*comb.*), high–test diesel oil. **5.** a ~ (sistema di alimentazione: di una caldaia per es.) (*ind.*), oil–firing. **6.** bruciatore per ~ (*comb.*), oil burner.
naftalene ($C_{10}H_8$) (naftalina) (*chim.*), naphthalene.
naftalina ($C_{10}H_8$) (*chim.*), naphthalene.
naftèni (*chim.*), naphthenes.
naftilammina (usata per coloranti) (*chim.*), naphthylamine, naphthylamin.
naftòlo ($C_{10}H_7OH$) (*chim.*), naphthol.
nailon (*ind. tess. - chim.*), nylon.
NAND (*elab.*), NAND, NOT AND. **2.** circuito logico ~ (*elab.*), NAND circuit. **3.** operazione logica ~ (*elab.*), NAND operation. **4.** porta logica ~ (*elab.*), NAND gate.
nano (n, prefisso per unità di mis. = 10^{-9}) (*mis.*), nano–, n.
nanometro (unità di misura lineare di piccolissime dimensioni equivalente a 10^{-9} m.) (*n. - mis.*), nanometer.
nanosecondo (10^{-9} secondi = 1/1000 di un microsecondo) (*mis. del tempo*), nanosecond, millimicrosecond, nsec.
napalm (miscela di sali di alluminio di acidi grassi; per bombe incendiarie) (*milit.*), napalm.
nappa (ornamento) (*tess.*), tassel. **2.** ~ (per doccia per es.) (*tubaz.*), rose.
narcosi (*med.*), narcosis.
narcòtico (*chim. farm.*), narcotic.
nartèce (*arch.*), narthex.
nascente (*a. - chim.*), nascent.
nascosto (particolare non in vista) (*dis.*), hidden.
nasello (*gen.*), tooth, prong, nib, toe.
naso (nasetto, sporgenza sul gambo di un bullone per es. per impedirne la rotazione) (*mecc.*), snug. **2.** ~ (testa di un siluro con autoguida: parte terminale contenente i trasduttori dell'autoguida) (*mar. milit.*), nose.
nasofaringoscòpio (*strum. med.*), nasopharyngoscope.
naspo (*antincendi*), fire hose. **2.** carro ~ (*antincendi*), fire hose cart. **3.** cassetta portanaspi (*antincendi*), fire hose box.
nastratrice (fasciatrice, per confezioni) (*macch. ind.*), taping machine.
nastratura (*gen.*), taping. **2.** ~ (*nav.*), parceling, parcelling, serving.
nastro, tape, band, strap, ribbon. **2.** ~ (metallico) (*ind. metall.*), strip, band iron. **3.** ~ (di sega a nastro) (*att.*), band, saw band. **4.** ~ (proveniente dalla carda) (*ind. tess.*), sliver. **5.** ~ (di macchina per scrivere per es.), ribbon. **6.** ~ (di carta: sulla macchina continua per es.) (*mft. carta*), web. **7.** ~ (di un trasportatore) (*app. ind.*), belt. **8.** ~ (magnetico) (*elettroacus.*), tape. **9.** ~ (~ di tessuto inchiostrato) (*stampante - macch. per scrivere*), strip ribbon. **10.** ~ (banda di carta da perforare) (*elab.*), paper tape. **11.** ~ abrasivo (di una smerigliatrice a nastro) (*macch. ut.*), sand belt. **12.** ~ adesivo (*elett.*), adhesive tape. **13.** ~ adesivo protettivo (per proteggere per es. delle superfici sulle quali la vernice non va applicata, (*vn.*), masking tape. **14.** ~ al biossido di cromo (tipo di ~ magnetico) (*elettroacus.*), chromium dioxide tape. **15.** ~ autoadesivo ("scotch") (*gen. - ind. - ecc.*), scotch. **16.** ~ autoadesivo (*ind.*), pressure sensitive adhesive tape. **17.** ~ collettore (di un trasportatore) (*app. ind.*), collecting belt. **18.** ~ con intervalli (~ magnetico con registrazioni a blocchi intervallati) (*elab.*), gapped tape. **19.** ~ con pale raschianti (di un trasportatore) (*app. ind.*), scraping belt. **20.** ~ degli errori (*elab.*), error tape. **21.** ~ del freno (di un freno a nastro) (*mecc.*), brake band. **22.** ~ delle modifiche o degli aggiornamenti (*elab.*), amendment tape, change tape. **23.** ~ dello scarico di memoria (~ in cui è stato registrato il contenuto della memoria) (*elab.*), dump tape. **24.** ~ di acciaio (*ind. metall.*), steel strip. **25.** ~ di alimentazione (*di arma da fuoco automatica*), feed belt. **26.** ~ diamantato (per affilare carburi ecc.) (*mecc.*), diamond belt. **27.** ~ di attacco del sartiame (di un aerostato) (*aer.*), rigging band. **28.** ~ di carda (*ind.*

tess.), card sliver. **29.** ~ di carta (~ che per mezzo di opportuna perforazione può registrare i dati) (*elab.*), paper tape. **30.** ~ di carta (striscia di carta di un registratore) (*app. comun.*), chart. **31.** ~ di ferro (*ind. metall.*), iron strip, strip iron. **32.** ~ di lavoro (~ magnetico di uso generale) (*elab.*), work tape. **33.** ~ di libreria (~ magnetico archiviato e indicizzato) (*elab.*), library tape. **34.** ~ di pettinato (*ind. tess.*), caddice, caddis. **35.** ~ di programma (*elab.*), program tape. **36.** ~ formattato (*elab.*), formatted tape. **37.** ~ gommato (*mft. carta*), gummed tape. **38.** ~ inizializzato, *vedi* ~ formattato. **39.** ~ isolante (*elett.*), friction tape, tape, electric tape. **40.** ~ laminato a caldo (*ind. metall.*), hot-rolled strip. **41.** ~ laminato a freddo (*ind. metall.*), cold-rolled strip. **42.** ~ magnetico (*elettroacus. - elab.*), magnetic tape, tape. **43.** ~ (di tessuto) metallico (per forni per es.) (*metall. - trasp.*), mesh belt. **44.** ~ metrico (*att. per misurare*), tape measure. **45.** ~ montante (di un trasportatore) (*app. ind.*), inclined belt. **46.** ~ numerico (p. es. per il comando di macchina utensile) (*elab.*), numerical tape. **47.** ~ per ammortizzatore (di auto per es.) (*mecc.*), shock absorber strap. **48.** ~ per cartucce (per mitragliatrice) (*milit.*), ammunition belt. **49.** ~ perforato (*elab. - telescrivente*), punched tape, perforated tape, chad tape, chadded tape. **50.** ~ perforato ad 8 piste (*autom. - macch. calc.*), eight-track punched tape. **51.** ~ per registrazione (*elettroacus.*), recording tape. **52.** ~ per telescrivente (zona per telescrivente) (*elab. - telegr.*), teletape, ticker tape. **53.** ~ per tubazioni saldate (*ind. metall.*), skelp. **54.** ~ per videoregistratore (*telev.*), videotape. **55.** ~ pettinato (*mft. tess.*), top. **56.** ~ principale (*elab.*), master tape. **57.** ~ spazzatore (*ind. tess.*), stripping fillet. **58.** ~ stereofonico (*elettroacus.*), stereotape. **59.** ~ trasportatore (*ind.*), conveyor belt, apron. **60.** ~ trasportatore armato (armato con rete di acciaio) (*ind.*), steel cable conveyor belt. **61.** ~ (o banda) vergine di registrazione (~ di carta non ancora utilizzato) (*telex - elab. - ecc.*), blank tape, blank paper tape. **62.** ~ verniciato (usato per isolamento: di cavi per es.) (*elett.*), cambric. **63.** ~ vorticoso (formantesi posteriormente a corpi cilindrici) (*mecc. dei fluidi*), vortex street. **64.** colonna di ~ (fila di registrazioni disposte trasversalmente al moto del ~; p. es. le perforazioni in un ~ di telescrivente) (*elab.*), frame. **65.** controllato da ~ (p. es. una macchina utensile) (*elab.*), tape-controlled. **66.** da ~ a scheda (di dati trasferiti da ~ a scheda perforata) (*elab.*), tape-to-card. **67.** dispositivo di scarico dal ~ (di un trasportatore) (*trasp. ind.*), belt tripper. **68.** freno a ~ (*mecc.*), band brake. **69.** inserzione del ~ di carta (in un registratore) (*strum.*), charting. **70.** registrare su ~ magnetico (*elettroacus.*), to tape-record. **71.** sega a ~ (*macch.*), band saw, belt saw, endless saw. **72.** segno di inizio ~ (su di un ~ magnetico) (*elettroacus. - elab.*), beginning of tape, BOT. **73.** sistema operativo a ~ (*elab.*), tape operating system, TOS. **74.** trasporto del ~ (meccanismo che trascina il ~) (*elab. - elettroacus.*), tape transport, tape drive.

nastro-cassetta (contenente nastro magnetico svolgentesi su due rulli) (*registrazione suono*), cassette.

nastroteca (raccolta di nastri) (*elab. - eltn. - ecc.*), magnetic tape library.

natante (*s. - nav.*), watercraft. **2.** ~ a cuscino d'aria (hovercraft per percorsi marini o lacuali) (*nav.*), hydroskimmer. **3.** ~ costiero (*nav.*), coaster. **4.** ~ per trasporto di ostruzioni (*mar. milit.*), barrage tender.

nativo (*min.*), native. **2.** rame ~ (*min.*), native copper.

"NATO" (*milit.*), NATO, North Atlantic Treaty Organization.

natura (*gen.*), nature. **2.** ~ morta (*arte*), still life. **3.** in ~ (di pagamento per es.) (*a. - gen.*), in kind.

naturale (*gen.*), natural. **2.** frequenza ~ (*radio*), natural frequency. **3.** invecchiamento ~ (*metall.*), natural ageing. **4.** logaritmo ~ (*mat.*), natural logarithm. **5.** numero ~ (*mat.*), natural number.

naufragare (*nav.*), to shipwreck.

naufragio (*nav.*), shipwreck, wreck.

naufrago (*nav.*), shipwrecked person.

nàutica (*s. - nav.*), nautical science. **2.** sala ~ (casotto di navigazione) (*nav.*), pilothouse, charthouse.

nàutico (*a. - nav.*), nautical. **2.** qualità nautiche (*nav.*), seaworthiness.

navale (*a. - nav. - mar. milit.*), naval. **2.** accademia ~ (*mar. milit.*), naval academy.

Navalgenio (Genio Navale) (*mar. milit.*), Engineer Corps.

"navarho" (sistema di radionavigazione onnidirezionale) (*radio nav.*), navarho.

navata (*arch.*), nave, aisle. **2.** ~ centrale (di una chiesa) (*arch.*), broad aisle, broad alley. **3.** ~ laterale (*arch.*), side aisle.

nave (*nav.*), ship, boat, vessel, watercraft. **2.** ~ (veliero a tre alberi e bompresso) (*nav.*), ship. **3.** ~ ad elica (*nav.*), screw-ship. **4.** ~ a due alberi (*nav.*), two-master. **5.** ~ a due ponti (*nav.*), double-decker. **6.** ~ alla fonda (*nav.*), ship lying at anchor. **7.** ~ ammiraglia (*mar. milit.*), flagship. **8.** ~ appoggio (per rifornimenti) (*nav. - mar. milit.*), tender, depot ship, mother ship. **9.** ~ appoggio per cacciatorpediniere (*mar. milit.*), destroyer tender. **10.** ~ appoggio per sommergibili (*mar. milit.*), submarine tender. **11.** ~ a propulsione atomica (o nucleare) (*nav.*), nuclear ship. **12.** ~ a struttura mista (di ferro e legno) (*costr. nav.*), composite vessel. **13.** ~ a tre ponti (*nav.*), three-decker. **14.** ~ attrezzata per recuperi marittimi (*nav.*), wrecker. **15.** ~ attrezzata per trivellazioni petrolifere (sul fondo del mare) (*nav. - petrolio*), drillship. **16.** ~ a turboriduttore (*nav.*), geared turbine ship. **17.** ~ a un ponte (*nav.*), single-decker. **18.** ~ a vapore (*nav.*), steamship. **19.** ~ cisterna (*nav.*), tanker. **20.** ~ civetta (*mar. milit.*), decoy ship. **21.** ~ con coperta a pozzo (*nav.*), well-deck vessel. **22.** ~ con motore ausiliario (*nav.*), auxiliary ship. **23.** ~ con propulsione a olio pesante (*nav.*), oil-engined vessel. **24.** ~ container (per trasporto container) (*trasp. - nav.*), containership. **25.** ~ corazzata (*mar. milit.*), ironclad (ship). **26.** ~ da battaglia (*mar. milit.*), battleship, ship of the line, line-of-battle ship. **27.** ~ da carico (*nav.*), cargo ship, cargo boat, freighter. **28.** ~ da carico (carretta, non appartenente ad una linea regolare) (*nav.*), tramp. **29.** ~ da guerra (*mar. milit.*), warship, war vessel, man-of-war. **30.** ~ di linea per collegamenti rapidi (*nav.*), express liner. **31** ~ dipendente (o comandata) da un'altra unità (*nav.*), "drone". **32.** ~ di soccorso (*nav.*), rescue ship. **33.** ~ di superficie (*mar. milit.*), surface ship. **34.** ~ equipaggiata per il trasporto di rotabili ferroviari (*nav. - ferr.*), sea train. **35** ~ fattoria (*nav. - ind. pesca balene*), factory ship, whaling factory. **36.** ~ frigorifera (*nav.*), refrigerator ship. **37.** ~ gemella (*nav.*), sister ship. **38.** ~ goletta (*nav.*), schooner. **39.** ~ goletta (tre alberi: "barco bestia") (*nav.*), barkentine, barquentine. **40.** ~ guardacoste (*nav.*), coast defence ship. **41.** ~ idrografica (nave per rilievi idrografici) (*nav.*), surveying ship. **42.** ~ in cemento (*nav.*), concrete ship. **43.** ~ in ferro (*nav.*), iron ship. **44.** ~ in legno (*nav.*), wooden ship. **45.** ~ in servizio di linea (*nav.*), liner. **46.** ~ mercantile (*nav.*), merchant ship, merchantman. **47.** ~ mista (*nav.*), cargo and passenger ship. **48.** ~ oceanica (*nav.*), ocean going vessel. **49.** ~ oceanografica (*geofisica - nav.*), oceanographic ship. **50.** ~ officina (*mar. milit.*), repair ship. **51.** ~ oneraria (*mar. milit.*), ammunition ship. **52.** ~ ospedale (*mar. milit.*), hospital ship. **53.** ~ (da) passeggeri (*nav.*), passenger ship. **54.** ~ per ricuperi (*nav.*), wrecker. **55.** ~ per ricuperi e salvataggi (*nav.*), salvage and recovery ship. **56.** ~ per trasporto truppe (*mar. milit.*), troopship, transport. **57.** ~ petroliera (*nav.*), oil tanker. **58.** ~ portacontainer (nave appositamente progettata per trasporto containers) (*nav. - trasp.*), containership. **59.** ~ portaerei (*nav.*), aircraft carrier, flattop. **60.** ~ posacavi (*nav.*), cable ship. **61.** ~ posamine (*mar. milit.*), minelayer. **62.** ~ postale (*nav.*), mail steamer. **63.** ~ (o aeroplano) radiocomandati a distanza (bersaglio per es.) (*aer. - nav.*), drone. **64.** ~ scorta (*mar. milit.*), convoying ship. **65.** ~ scuola (*nav.*), school ship, training ship. **66.** ~ soccorso (*nav.*), rescue vessel. **67.** ~ spaziale (*astric.*), space ship, spaceship, space craft. **68.** ~ traghetto (*nav.*), ferryboat, ferry. **69.** ~ trasporto truppe (*nav.*), troopship, transport. **70.** fianco della ~ (*nav.*), shipboard. **71.** in mezzo alla ~ (*nav.*), midship, amidship. **72.** varo di una ~ (*nav.*), launch of a ship.

navetta (spola di macchina per cucire per es.), shuttle. **2.** ~ (di un telaio) (*ind. tess.*), shuttle. **3.** ~ a morsetto (*mft. tess.*), gripping shuttle. **4.** ~ spaziale (veicolo spaziale, riutilizzabile, capace di andare in orbita, restarvi e rientrare a terra, può fare la spola fra terra e stazione spaziale) (*astric.*), space shuttle, shuttle. **5.** cambiamento automatico della ~ (*mft. tess.*), automatic shuttle changing. **6.** movimento pneumatico della ~ (*mft. tess.*), pneumatic operation of the shuttle. **7.** servizio di ~ (*ferr.*), shuttle service. **8.** tubo a ~ (*fis. atom.*), shuttle tube, rabbit.

navicèlla (carlinga, di dirigibile) (*aer.*), car, nacelle, gondola. **2.** ~ (di pallone) (*aer.*), basket. **3.** ~ di comando (di dirigibile) (*aer.*), control car. **4.** ~ laterale (di un dirigibile) (*aer.*), wing car. **5.** ~ motore (gondola motore: di aeroplano) (*aer.*), nacelle.

navigàbile (*nav.*), navigable. **2.** canale ~ (*nav.*), ship canal. **3.** rendere ~ (*idr. nav.*), to canalize.

navigabilità (*nav.*), navigability. **2.** ~ (*aer.*), airworthiness.

navigare (*nav.*), to navigate, to sail.

navigatore (ufficiale di rotta) (*aer.*), navigator. **2.** ~ interplanetario (pilota di veicolo spaziale) (*astric.*), astrogator. **3.** ~ spaziale (astronauta) (*astric.*), spaceman.

navigazione (*nav.*), sailing, navigation, seagoing, seafaring. **2.** ~ aerea (*aer.*), air navigation. **3.** ~ aerea astronomica (*aer.*), astronavigation, astronomical air navigation. **4.** ~ aerea cieca (o strumentale) (*aer.*), blind air navigation. **5.** ~ a reticolo (mediante il reticolo tracciato sulla carta) (*aer. - nav.*), grid navigation. **6.** ~ astronomica (*navig.*), celestial navigation. **7.** ~ barometrica (*aer.*), pressure navigation. **8.** ~ a mezzo radio (con determinazione della posizione e direzione) (*aer. - nav.*), radio navigation. **9.** ~ con rilevamento costante (*nav. - aer.*), homing. **10.** ~ costiera (*nav.*), coastal navigation. **11.** ~ fluviale (*nav.*), river navigation. **12.** ~ inerziale geometrica (*navig.*), geometric inertial navigation. **13.** ~ interna (*nav.*), internal navigation, inland navigation. **14.** ~ iperbolica (col sistema LORAN per es.) (*radionavigazione*), hyperbolic navigation. **15.** ~ isobarica (volo isobarico) (*aer.*), aerologation. **16.** ~ lossodromica (*navig.*), rhumb-line sailing. **17.** ~ mista (per circolo massimo e sul parallelo) (*nav.*), composite sailing. **18.** ~ ortodromica (*nav.*), orthodromic sailing. **19.** ~ per l'arco di circolo massimo (*nav.*), great-circle sailing. **20.** ~ radioassistita (*aer. - nav.*), radio navigation. **21.** ~ spaziale (*astric.*), astrogation. **22.** ~ su lunga distanza (*aer. - navig.*), long-distance navigation. **23.** ~ sul parallelo (*nav.*), parallel sailing. **24.** atto alla ~ aerea (abilitato al volo) (*aer.*), airworthy. **25.** compagnia di ~ (*comm. - nav.*), shipping company. **26.** dispositivo di ~ inerziale privo di sospensione cardanica (*navig.*), gimballess inertial navigation equipment. **27.** massima confortevolezza di ~ (di una nave per es.) (*nav.*), maximum seagoing comfort. **28.** traffico mercantile nella ~ costiera (*nav. - comm.*), coastwise trading. **29.** traffico mercantile nella ~ interna (*nav. - comm.*), inland waters trading. **30.** trasmissione di direttive per la ~ (comunicazione dei dati per la ~ di un aereo o di una nave; p. es. rotta, velocità ecc.) (*aer.* - *navig.*), conning. **31.** via di ~ (*nav.*), seaway.

naviglio (*nav.*), shipping. **2.** ~ (*mar. milit.*), naval vessels, naval craft. **3.** ~ silurante (*mar. milit.*), torpedo craft.

nazionale (industria per es.) (*gen.*), national.

nazionalità (*leg.*), nationality.

nazionalizzare (servizi pubblici per es.) (*amm. governativa*), to nationalize.

nazionalizzazione (di servizi pubblici per es.) (*amm. governativa*), nationalization.

nebbia (*meteor.*), fog. **2.** ~ (sospensione di particelle solide in un gas) (*chim. fis.*), smoke. **3.** ~ bassa (*meteor.*), ground fog. **4.** ~ di mare (nebbia marina) (*meteor.*), sea fog. **5.** ~ d'olio (lubrificazione) (*mecc.*), oil mist. **6.** ~ fitta (*meteor.*), thick fog. **7.** ~ fredda (*meteor.*), haar (ingl.). **8.** ~ leggera (*meteor.*), mist. **9.** ~ umida (*meteor.*), wet fog.

nebbiògeno (*app. milit.*), smoke discharger.

nebbione (*meteor.*), pea-soup fog (colloquiale).

nebbioso (*meteor.*), foggy.

nebulizzare (polverizzare, un liquido) (*gen.*), to atomize, to nebulize.

nebulizzatore (*strum. med.*), nebulizer. **2.** ~ automatico (antincendio), automatic sprinkler.

nebulizzatrice (per trattamenti anticrittogamici per es.) (*macch. agric.*), mist blower.

nebulizzazione (*chim.* - *agric.* - *med.*), nebulization.

nebulosa (*astr.*), nebula. **2.** ~ a spirale (*astr.*), spiral nebula.

necessario, necessary, required.

nefelina (*min.*), nephelite, nepheline.

nefelinico (*min.*), nephelinic.

nefelòmetro (strumento per misurare la nuvolosità) (*meteor.*), nephelometer. **2.** ~ (opacimetro: misuratore della torbidità di un liquido) (*chim. fis.*), turbidimeter, nephelometer.

nefeloscopio (nefoscopio, nuvoscopio: apparecchio per determinare la direzione e velocità delle nubi) (*app. meteor.*), nephoscope.

nefoscopio (*app. meteor.*), *vedi* nefeloscopio.

negativa (immagine) (*s.* - *fot.*), negative.

negativo (polo per es.) (*a.* - *elett.*), negative. **2.** ~ (pellicola sviluppata) (*s.* - *fot.*), negative. **3.** ~ (*a.* - *mat.*), negative. **4.** ~ a contatto (*fot.* - *fotomecc.*), contact negative. **5.** ~ al collodio (*fotomecc.*), collodion negative. **6.** ~ a tinta continua (non retinato) (*fotomecc.*), continuous negative. **7.** ~ a tratto (*fotomecc.*), line negative. **8.** ~ del suono (o della colonna sonora) (*cinem.*), sound negative. **9.** ~ retinato (*fotomecc.*), screen negative, halftone negative. **10.** non ~ (lo zero ed i numeri positivi p. es.) (*mat.*), nonnegative. **11.** quantità negativa (*mat.*), negative.

negatròne (valvola termoionica a quattro elettrodi) (*radio*), negatron.

negazione (*mat.* - *elab.*), negation, NOT-operation.

negoziabile (p. es. il prezzo di vendita di un bene) (*a.* - *comm.* - *ecc.*), negotiable.

negoziabilità (*comm.*), negotiability.

negoziante (*comm.*), dealer.

negoziare (trattare, condurre trattative) (*comm.*), to negotiate.

negoziatore (*gen.*), negotiator.

negòzio (*ed.* - *comm.*), shop. **2.** ~ in zona franca (~ esente da dogana; p. es. in un aeroporto internazionale) (*comm.*), duty-free shop. **3.** catena di negozi (*comm.*), string of shops, string of stores. **4.** commessa di ~ (*gen.*), shopgirl.

negundo (acero negundo, acero americano, acero bianco) (*legn.*), negundo.

nembo (*meteor.*), nimbus. **2.** ~ strato (*meteor.*), nimbostratus.

nemico (*milit.*), enemy.

neocapitalismo (*econ.*), neocapitalism.

neodimio (Nd - *chim.*), neodymium.

neolitico (*geol.*), neolithic.

neomercantilismo (*econ.*), neomercantilism.

néon (Ne - *chim.*), neon.

neoprène (plastico simile alla gomma) (*chim.*), neoprene.

neozoico (quaternario) (*geol.*), Neozoic.

nèper (N = 8,686 db) (*mis. elettroacus.*), neper.

neretto (*s.* - *tip.*), bold, boldface. **2.** in ~ (*tip.*), in boldface.

nerissimo (*tip.*), ultra bold.

nero, black. **2.** ~ (della superficie di un carattere) (*tip.*), extra bold, black. **3.** ~ animale (carbone animale, nero d'ossa, spodio: agente decolorante) (*ind. chim.*), chair, animal charcoal, animal black, bone char, bone black, bone charcoal, boneblack. **4.** ~ di acetilene (per la fabbricazione delle pile, l'industria della gomma ecc.) (*ind.*), acetylene black. **5.** ~ di alizarina (*chim. ind.*), alizarin black. **6.** ~ di anilina (*chim. ind.*), aniline black. **7.** ~ di avorio (pigmento nero ottenuto per calcinazione dell'avorio) (*pittura*), ivory black. **8.** ~ di catechu (*ind. tess.*), cutch. **9.** ~ di fonderia (polvere di carbone per il rivestimento di forme) (*fond.*), blacking, facing. **10.** ~ di ossa (*chim.*), bone black. **11.** ~ di platino (usato come catalizzatore) (*chim.*), platinum black. **12.** ~ giapponese (*vn.*), black japan. **13.** ~ minerale (*fond.*), seacoal. **14.** ~ velluto (*vn.*), drop black. **15.** dare il ~ (*fond.*), to black. **16.** fotografia in bianco e ~ (*fot.* - *cinem.*), black-and-white photography. **17.** più ~ del ~, *vedi* ultranero.

nerofumo (*chim.*), lampblack, gas black. **2.** ~ (fuliggine) (*comb.*), soot. **3.** ~ d'acetilene (*ind. gomma*), acetylene black. **4.** ~ di forno (*ind. gomma*), furnace black. **5.** ~ di gas (*ind. gomma*), carbon black. **6.** ~ di lampada (*ind. gomma*), lampblack.

nervare (*mecc.* - *ed.* - *c.a.* - *costr. nav.* - *ecc.*), to rib.

nervato (rinforzato con nervature) (*a.* - *mecc.* - *ed.* - *c.a.* - *costr. nav.* - *ecc.*), ribbed.

nervatura (*mecc.* - *ed.* - *c.a.* - *costr. nav.* - *ecc.*), rib. **2.** ~ (specie di canale concavo ottenuto nella lamiera piana mediante compressione e destinato a rinforzare la parete su cui è eseguito) (*mecc.*), bead. **3.** ~ (di rinforzo) (*mecc. - fond.*), stiffening rib, feather. **4.** ~ (operazione di nervare lamiere alla bordatrice o a mano, mediante martello pneumatico o stampaggio) (*mecc.*), beading. **5.** ~ (delle volte ogivali per es.) (*arch.*), rib. **6.** ~ (costola, sul dorso di un libro) (*rilegatura*), band. **7.** ~ con soletta sovrastante (solaio in cemento armato) (*c.a.*), rib with concrete floor above. **8.** ~ di irrigidimento, *vedi* nervatura di rinforzo. **9.** ~ di rinforzo (mediante elemento aggiunto) (*mecc. - ed.*), stiffening rib. **10.** ~ di rinforzo (mediante gola ricavata per compressione nella lamiera stessa) (*mecc.*), stiffening bead.

nervosità (scattosità: della gomma) (*ind. gomma*), liveliness, snap, nerve.

nettapièdi (stuoino), mat.

nettare (pulire) (*gen.*), to clean.

nettatubi (di tubi di caldaia per es.) (*att. ind.*), tube cleaner. **2.** ~ a turbina (di tubi di caldaia per es.) (*att. ind.*), turbine tube cleaner.

netto (di profitto per es.) (*finanz. - amm.*), net. **2.** ~ (di immagine con ottima definizione) (*a. - ott. - telev.*), sharp. **3.** ~ (dedotta la tara) (*a. - peso*), suttle. **4.** ~ di sconto (*comm.*), discount net. **5.** peso ~ (*comm. - ind.*), net weight.

nettunio (elemento radioattivo dell'uranio) (Np - *chim.*), neptunium.

neutralizzare, to neutralize. **2.** ~ (*chim.*), to kill.

neutralizzazione (*gen.*), neutralization. **2.** ~ (compensazione: di un amplificatore per es.) (*radio*), balancing, neutralization. **3.** ~ (della lana) (*ind. tess.*), neutralizing. **4.** ~ (distruzione, di mine o cariche esplosive per es.) (*milit.*), disposal.

neutretto (*fis. atom.*), neutretto.

neutrino (particella avente una massa inferiore a 1/10 di elettrone) (*fis. atom.*), neutrino.

nèutro (*chim.*), neutral. **2.** ~ (*elett.*), neutral. **3.** ~ (filo o conduttore del neutro) (*elett.*), neutral wire. **4.** ~ (*fot.*), neutral. **5.** ~ a terra (~ collegato con la terra) (*elett.*), grounded neutral. **6.** conduttore (o filo) del ~ (*elett.*), neutral wire. **7.** sterzo ~ (*aut.*), neutral steering gear.

neutrodina (*radio*), neutrodyne.

neutrone (*fis. atom.*), neutron. **2.** ~ immediato (neutrone istantaneo, neutrone pronto) (*fis. atom.*), prompt neutron. **3.** ~ lento (neutrone termico) (*fis. atom.*), thermal neutron. **4.** ~ termico (neutrone lento) (*fis. atom.*), thermal neutron. **5.** ~ vergine (~ appena generato e prima di subire una collisione) (*fis. atom.*), virgin neutron. **6.** neutroni monoenergetici (*fis. atom.*), monoenergetic neutrons. **7.** neutroni ritardati (*fis. atom.*), delayed neutrons. **8.** eccesso di neutroni (numero isotopico) (*fis. atom.*), neutron excess. **9.** falso ~ (neutrone di instabilità) (*fis. atom.*), false neutron, instability neutron. **10.** fuga dei neutroni (*fis. atom.*), neutron leakage, neutron escape. **11.** lunghezza di rallentamento dei neutroni (*fis. atom.*), neutron slowing down length. **12.** stella di neutroni (stella ipotetica il cui nucleo è interamente composto da neutroni) (*fis. atom. - astr.*), neutron star.

neve (*meteor.*), snow. **2.** ~ dimoiata (*stato della neve*), slush. **3.** ~ granulosa (per sciare per es.) (*sport*), firn, névé. **4.** ~ granulosa e friabile (neve debole, neve leggera, grandine nevosa: simbolo internazionale Δ) (*meteor.*), soft hail, graupel. **5.** disturbo da ~ (radio), snow static. **6.** effetto ~ (*radar - ecc.*), snow. **7.** fiocco di ~ (*meteor.*), snowflake. **8.** gatto delle nevi (motoslitta, slitta motorizzata) (*veic. - sport*), snowmobile. **9.** limite delle nevi (*geogr.*), snow line, snow limit.

nevicare (*meteor.*), to snow.

nevicata (*meteor.*), snowfall.

nevischio (neve granulare) (*meteor.*), sleet, granular snow.

newton (N, unità di mis. della forza) (*fis.*), newton, N.

newtoniano (*a. - fis.*), Newtonian.

nf (nanofarad, 10^{-9} farad) (*mis. elett.*), nf, nanofarad.

"nibble", *vedi* mezzo byte.

nicchia (*arch.*), niche. **2.** ~ (recesso: in una stanza) (*ed.*), recess. **3.** ~ per bicchiere acqua potabile (di un vagone ferroviario per es.) (*ferr.*), glass niche. **4.** ~ per lampade (di un vagone ferroviario per es.) (*ferr.*), lamp recess.

nichel (Ni - *chim.*), nickel. **2.** ~ TD (polvere metallica refrattaria contenente il 2% di torio, resistente a temperature superiori a 100°C) (*metall.*), TD Nickel. **3.** ~ Z (contenente il 4,5% di Al) (*metall.*), Z-Nickel.

nichelare (*ind.*), to nickel, to nickel-plate.

nichelato (*ind.*), nickel-plated.

nichelatura (con mezzi mecc., elettrochim.) (*ind.*), nickel-plating, nickeling, nickelage.

nichelcromo (nicromo) (*metall.*), nickelchromium alloy.

nichelina (lega di nichel, per resistenze elettriche; lega col 55-68% di rame, 33-19% di nichel e 12-13% di zinco, ad alta resistenza elettrica) (*metall. - elett.*), nickeline.

nichèlio, *vedi* nichel.

nicromo (lega al nichelcromo) (*metall.*), nickel-chromium alloy.

nido (*gen.*), nest. **2.** ~ di grafite (segregazione di grafite in polvere) (*metall.*), kish. **3.** ~ d'infanzia (*pers.*), nursery. **4.** a ~ d'ape (*ind. - mecc. - elett.*), honeycomb.

niello (amalgama speciale per ornamentazione metallica) (*arte - metall.*), niello.

nigrometro (per misurare il grado di intensità del grigio: di vernici per es.) (*strum. di mis.*), nigrometer.

"Ni-Hard" (ghisa al nichel-cromo con durezza Brinell 550-650) (*metall.*), Ni-Hard.

nilpotente (in algebra astratta) (*a. - mat.*), nilpotent.

nimonic (acciaio resistente al calore) (*metall.*), nickel-chromium alloy with titanium and aluminium.
niòbio (columbio, Cb) (Nb - *chim.*), niobium, columbium.
niobite (tantalite) (*min.*), tantalite.
Nipkow, disco di ~ (*elab.*), Nipkow disk.
nipplo (raccordo filettato) (*mecc. - tubaz.*), nipple.
niresist (nome commerciale di ghisa austenitica al nichel-cromo, o al nichel-rame-cromo, di elevata resistenza mecc. ecc.) (*metall.*), Ni-Resist.
nit (candele per m^2) (*mis. illum.*), nit.
nitidezza (definizione: di una immagine per es.) (*ott. - fot.*), sharpness, definition. **2.** ~ (*telev.*), edge definition, definition. **3.** ~ (intelligibilità di una trasmissione in fonìa) (*tlcm.*), articulation.
nitido (definito, immagine) (*fot. - ecc.*), sharp, defined.
nitinol (lega dolce e plastica al di sotto di una data temperatura e dura e tenace al di sopra della stessa) (*leghe*), nitinol, Nickel Titanium Naval Ordnance Laboratory.
niton (Rn - *chim.*), radon, niton.
nitrare (*chim.*), to nitrate.
nitratina (sodanitro) (*min.*), nitratine.
nitrato (*chim.*), nitrate. **2.** ~ d'argento ($AgNO_3$) (*chim.*), silver nitrate. **3.** ~ d'argento fuso in bacchette (pietra infernale) (*chim. farm.*), lunar caustic. **4.** ~ di potassio (KNO_3) (*chim.*), potassium nitrate. **5.** ~ di sodio ($NaNO_3$) (*chim.*), sodium nitrate.
nitratore (recipiente usato per nitrazione) (*app. chim.*), nitrator.
nitrazione (*chim.*), nitration.
nitrico (*chim.*), nitric.
nitrificazione (*agric.*), nitrification.
nitrile (*chim.*), nitrile, nitril.
nitrito (*chim.*), nitrite.
nitroàmido (*chim.*), nitrostarch.
nitrobenzène [($C_6H_5NO_2$) nitrobenzolo, essenza di mirbana, falsa essenza di mandorle amare] (*chim.*), nitrobenzene, oil of mirbane, essence of mirbane, artificial oil of bitter almonds.
nitrocellulosa (*chim. - fot. - vn. - ecc.*), nitrocellulose, cellulose nitrate. **2.** verniciatura alla ~ (*ind.*), nitrocellulose painting.
nitrocotone (*espl.*), nitrocotton, guncotton.
nitroglicerina [$C_3H_5(NO_3)_3$] (*espl.*), nitroglycerine, explosive oil, blasting oil.
nitròmetro (*strum. chim.*), nitrometer.
nitroso (*chim.*), nitrous.
nitrotoluolo ($CH_3C_6H_4NO_2$) (*espl.*), nitrotoluol, nitrotoluene.
nitrurare (*metall.*), to nitride, to ammonia harden.
nitrurato (*metall.*), nitrided.
nitrurazione (*tratt. term.*), nitriding, ammonia hardening. **2.** ~ morbida (processo di nitrurazione in bagno di sale a bassa temperatura, usata per migliorare la resistenza all'usura e alla fatica dei metalli ferrosi) (*tratt. term.*), liquid nitriding. **3.** ciclo termico di ~ eseguito senza atmosfera nitrurante (*tratt. term.*), blank nitriding.
nitruro (*chim.*), nitride, nitrid.
"N/m²" (newton per m^2 = pascal) (*mis.*), N/m^2, newton per sq m, pascal.
nobelio (elemento radioattivo prodotto artificialmente) (No - *chim. - radioatt.*), nobelium.
nòbile (di metalli resistenti ad azione chimica) (*a. - chim.*), noble.
nocchiere (*mar. milit.*), mate.
nocciolo (*gen.*), kern. **2.** ~ (parte essenziale, di una questione per es.) (*gen.*), point. **3.** ~ (di una punta da trapano) (*ut.*), web. **4.** ~ (nucleo centrale, contenente combustibile e moderatore, di un reattore) (*reattore nucleare*), core. **5.** fusione del ~ (*reattore nucleare*), core melt-down.
noce (*legn.*), walnut. **2.** ~ (puleggia a gola, di un fuso) (*macch. tess.*), wharve, whirl, whorl. **3.** ~ americano (*legn.*), hickory. **4.** ~ vomica (*farm.*), nux vomica.
nocivo (dannoso) (*gen.*), hurtful, harmful, deleterious.
nodale (*gen.*), nodal.
nòdo (di onda per es.) (*fis. - acus.*), node. **2.** ~ (di fune per es.), knot. **3.** ~ (collo, fissaggio di fune a qualcosa) (*nav.*), hitch. **4.** ~ (di una rete di distribuzione) (*elett.*), node, branch point. **5.** ~ (di 1853 m all'ora) (*mis. mar.*), knot. **6.** ~ (di una intelaiatura metallica per es.) (*mecc.*), knot. **7.** ~ (in un tessuto) (*difetto mft. tess.*), burl. **8.** ~ (di elementi costituenti una travatura) (*sc. costr.*), panel point. **9.** nodi (di pasta, difetto della carta) (*mft. carta*), lumps. **10.** ~ a leva (nodo a strafilare) (*nav.*), marling hitch. **11.** ~ a mandorla (*nav.*), diamond knot. **12.** ~ ascendente (*astr.*), ascending node. **13.** ~ da muratori (*ed.*), timber hitch. **14.** ~ dell'àncora, anchor knot, fisherman's bend. **15.** ~ del vaccaro (semplice o doppio) (*nav.*), carrick bend. **16.** ~ diamante (*nav.*), diamond knot. **17.** ~ di anguilla (*nav.*), timber hitch. **18.** ~ di boa (*nav.*), buoy rope knot. **19.** ~ di bozza (nodo parlato doppio) (*nav.*), rolling hitch. **20.** ~ di branca (*nav.*), midshipman's hitch. **21.** ~ di coltellaccio (*nav.*), studding-sail halyard bend. **22.** ~ di filaccia (*nav.*), rope-yarn knot. **23.** ~ di gancio a bocca di lupo (*nav.*), cat's paw. **24.** ~ di gancio doppio (*nav.*), double blackwall hitch. **25.** ~ di gancio semplice (*nav.*), single blackwall hitch. **26.** ~ di Savoia (*nav.*), figure-of-eight knot, Flemish knot. **27.** ~ discendente (*astr.*), descending node. **28.** ~ di scotta (nodo di bandiera) (*nav.*), sheet bend, netting knot. **29.** ~ di scotta doppio (*nav.*), double sheet bend. **30.** ~ di tonneggio (nodo di vaccaro) (*nav.*), carrick bend. **31.** ~ dritto (nodo piano) (*nav.*), flat knot, square knot, reef knot. **32.** ~ falso (nodo sbagliato, nodo incrociato) (*nav.*), granny's bend, granny knot. **33.** ~ incrociato (nodo falso, nodo sbagliato), granny knot. **34.** ~ Margherita (*nav.*), sheepshank (knot). **35.** ~ mezzo collo (*nav.*), half hitch. **36.** ~ misto, hawser

bend, becket bend. **37.** ~ parlato doppio con due mezzi colli (nodo di bozza) (*nav.*), rolling hitch. **38.** ~ parlato semplice (*nav.*), clove hitch, builder's knot. **39.** ~ per caricamezzi (*nav.*), clinch. **40.** ~ piano (*nav.*), *vedi* nodo dritto. **41.** ~ semplice (*nav.*), overhand knot, single knot. **42.** ~ semplice con fibbia, slipknot, running knot. **43.** ~ scorsoio, slipknot, running knot. **44.** ~ stradale (*strad.*), road junction.

nodoso (pieno di nodi) (*a. - legn.*), knotty.

nodulare (*a. - metall.*), nodular.

nodulo (*metall.*), nodule. **2.** ~ (difetto del vetro) (*mft. vetro*), knot.

noleggiare (*comm.*), to hire, to lease. **2.** ~ una nave (*nav.*), to freight, to charter. **3.** ~ un film (*comm. cinem.*), to hire a film.

noleggiato (*a. - nav.*), chartered.

noleggiatore (*comm.*), hirer, charterer. **2.** ~ marittimo (*comm. nav.*), freighter, charterer.

noleggio (prezzo per il trasporto) (*comm.*), lease. **2.** ~ (*comm. nav.*), charter. **3.** ~ (di un film) (*comm.*), hire. **4.** ~ a tempo (*nav. - comm.*), time charter. **5.** contratto di ~ (*nav. - comm.*), charter party. **6.** contratto di ~ a tempo (*trasp.*), time charter party, time charter. **7.** contratto di ~ a viaggio (*trasp.*), voyage charter party, voyage charter.

nòlo (spesa) (*comm.*), hire. **2.** ~ (prezzo per il trasporto) (*comm. nav. - aer. - ferr.*), freight. **3.** ~ aereo (*trasp. aer.*), airfreight. **4.** ~ d'entrata (*comm. nav.*), inward freight. **5.** ~ di ritorno (*trasp. nav.*), home freight. **6.** ~ ferroviario (*trasp. ferr.*), railway freight. **7.** ~ vuoto per pieno (*nav.*), dead freight.

nome (*gen.*), name. **2.** ~ (gruppo di caratteri di identificazione di un programma, di un archivio, di un'area di memoria ecc.) (*s. - elab.*), name. **3.** ~ commerciale (*ind. - comm.*), trade name. **4.** ~ di registrazione, ~ di record (identifica la registrazione) (*elab.*), record name. **5.** ~ qualificato (~ composito che identifica integralmente il file per es.) (*elab.*), qualified name **6.** a ~ di (*gen.*), on behalf of. **7.** dare un nuovo ~ (ad es. cambiare il ~ di una archiviazione con un ~ nuovo) (*elab. - ecc.*), to rename.

nomenclatore (indice) (*s. - gen.*), list of names, roster, nomenclature.

nomenclatura (*gen.*), nomenclature.

nòmina (di un direttore per es.) (*gen.*), appointment.

nominale (*a. - gen.*), nominal. **2.** ~ (di tensione, peso ecc.) (*a. - elett. -mecc.*), rated. **3.** valore ~ (*finanz.*), nominal value.

nominare (un sostituto per es.) (*gen.*), to appoint. **2.** ~, *vedi anche* designare.

nominatività (di azioni per es.) (*finanz.*), registration.

nominativo (*a. - finanz.*), registered.

nomografia (*mat.*), nomography.

nomogramma (*mat.*), nomograph, alignment chart.

nompariglia (nonpariglia, corpo 6) (*tip.*), nonpareil.

non compreso (in un contratto per es.) (*leg. - comm. - corrispondenza*), excluded.

nonconduttore (isolante) (*s. - elett. - ecc.*), nonconductor.

nònio (*disp. di mis.*), nonius, vernier, vernier scale.

noniònico (*a. - elett.*), nonionic.

nonlinearità (*mat. - ecc.*), nonlinearity.

nonno (gruppo di dati le cui origini ascendono alla seconda precedente versione di dati aggiornati) (*elab.*), grandfather.

non riaffilabile (un utensile per es.) (*ut.*), throw-away, expendable.

non ricuperabile (*milit. - ecc.*), expendable.

NOR, ~ esclusivo (porta di equivalenza) (*elab.*), exclusive NOR, EX-NOR. **2.** ~, *vedi* porta logica NOR.

nòrd (*geogr.*), north. **2.** ~ magnetico (direzione indicata dall'ago della bussola) (*geogr. - navig.*), magnetic north. **3.** ~ reticolo (*top. - geogr.*), grid north. **4.** ~ vero (nord geografico) (*geogr. - top.*), true north. **5.** diretto al ~ (*a. - nav. - ecc.*), northbound. **6.** polo ~ (*geogr.*), North Pole.

nòrd-èst (*geogr.*), northeast.

nord-griglia (la direzione zero nella navigazione a griglia) (*navig.*), grid-north.

nòrd-òvest (*geogr.*), northwest.

nòria (*idr.*), noria, water wheel. **2.** ~ (di una draga per es.) (*idr. - ind.*), bucket elevator.

norite (roccia, varietà di gabbro) (*geol.*), norite.

norma (prescrizione, disposizione) (*tecnol. - ecc.*), standard, specification. **2.** ~ (composizione virtuale della roccia) (*min.*), norm. **3.** ~ (*mat.*), norm. **4.** ~ australiana (*tecnol.*), Australian standard, AS. **5.** ~ di sicurezza per autoveicoli (*aut.*), motor vehicle safety standard, MVSS. **6.** ~ federale (*tecnol.*) (am.), Federal Standard, FS, Fed. Std. **7.** ~ materiali aeronautici (*metall.*), aeronautical material specification, AMS. **8.** ~ MIL (norme di controllo materiali per marina militare ed esercito) (*tecnol.*), MIL-Std, military standard. **9.** ~ per esercito e marina (*tecnol.*), AN (army - navy) specification. **10.** ~, *vedi anche* norme.

normale (*s.*), normal. **2.** ~ (*mecc. - ecc.*), standard, std. **3.** ~ (*s. - geom.*), perpendicular, normal. **4.** ~ (di una soluzione) (*a. - chim.*), normal. **5.** ~ (grado di nero e larghezza della faccia di un carattere) (*a. - tip.*), medium. **6.** ~ (regolare, soddisfacente; corrispondente alle previsioni) (*a. - gen.*), nominal. **7.** ~ (ragionevole; per es. un prezzo) (*a. - comm.*), fair.

normalità, normality, normalcy.

normalizzare, to normalize.

normalizzato (*tratt. term.*), normalized, N. **2.** ~ (di un pezzo per es.) (*a. - mecc. - ecc.*), standardized.

normalizzatore (*mat.*), normalizer.

normalizzazione, normalization. **2.** ~ (*s. - elab.*), normalization. **3.** ~ (riscaldamento del metallo oltre la temperatura critica e successivo raffreddamento) (*tratt. term.*), normalizing. **4.** ~ in piombo (patentamento) (*tratt. term.*), patenting.

normativa (un complesso di regole e specifiche, stabilite dalle autorità e che debbono essere osservate nel campo di competenza) (*s. - elab. ecc.*), standard.

normato (*a. - mat.*), normed.

nòrme (*gen.*), rules. **2.** ~ (pubblicazione emessa da un istituto di unificazione e contenente le caratteristiche e tolleranze su macch. elett. per es.) (*gen. - ind.*), specification. **3.** ~ di collaudo unificate (*controllo qualità*), standard inspection procedure. **4.** ~ di sicurezza (*ind. - ecc.*), safety rules. **5.** ~ MIL (capitolato MIL) (*tecnol.*), MIL, Military Specifications. **6.** ~ per il volo a vista (*aer.*), visual flight rules, VFR. **7.** ~ per il volo strumentale (*aer.*), instrument flight rules, IFR. **8.** ~ valide (*gen.*), applicable regulations.

normografo (*strum. dis.*), lettering guide.

Norton, cambio ~ (scatola Norton, cambio di velocità ad ingranaggi) (*macch. ut.*), quick-change gear.

nostròmo (*nav.*), boatswain, bosun.

NOT (operazione logica di inversione) (*eltn. - elab.*), NOT.

nòta (*gen.*), note. **2.** ~ (*amm.*), list. **3.** ~ (*musica*), note. **4.** ~ dei mancanti (elenco dei mancanti, in una consegna di molte serie di particolari diversi per es.) (*comm. - amm.*), shortage note. **5.** ~ di accredito (*finanz.*), credit note, C/N. **6.** ~ di addebito (*finanz.*), debit note, D/N. **7.** ~ di imbarco (*nav. - trasp.*), shipping note. **8.** ~ fondamentale (*acus.*), keynote, fundamental note. **9.** ~ in calce (*tip. - ecc.*), foot note. **10.** ~ spese (*pers. - amm.*), expense account.

notaio (*leg.*), notary, notary public.

notam (notazioni di volo, informazioni generali e di sicurezza sull'aereo, sul volo, sui servizi ecc.) (*aer.*), notam.

notarile (*leg.*), notarial.

notazione (*elab.*), notation. **2.** ~ (sui carri merci) (*ferr.*), lettering. **3.** ~ a base mista (di ore o minuti per es.) (*mat. - elab.*), mixed base notation, mixed-radix notation. **4.** ~ binaria, *vedi* sistema di numerazione con base due. **5.** ~ biquinaria (*elab.*), biquinary notation. **6.** ~ decimale in codice binario (*elab.*), binary-coded decimal notation. **7.** ~ di radice (~ a base: tipo di rappresentazione posizionale) (*mat. - elab.*), radix notation, base notation. **8.** ~ infissa (~ inserita all'interno della espressione matematica) (*elab.*), infix notation. **9.** ~ numerica (numerazione) (*mat. - elab.*), numerical notation. **10.** ~ polacca (tipo di ~ che facilita le operazioni matematiche dell'elab.) (*elab.*), Polish notation. **11.** ~ polacca inversa (*elab.*), reverse Polish notation, postfix notation, RPN. **12.** ~ posizionale (nella quale il peso di ciascuna cifra dipende dalla sua posizione) (*elab.*), positional notation. **13.** ~ standard (notazione in scala Z) (*stat.*), Z score.

notes (libriccino per annotazioni) (*gen.*), notebook.

notifica (*leg.*), notification, intimation. **2.** ~ (di querela per es.) (*leg.*), service. **3.** ~ dell'azione (*leg.*), service of process.

notificare (*leg.*), to notify, to intimate, to advise, to inform.

notizia (*gen.*), news. **2.** ~ falsa (*giorn.*), fabrication. **3.** notizie recenti (*giorn.*), fresh news. **4.** diffusione di notizie a mezzo radio (*radio*), broadcasting.

notiziario (commerciale: emesso da una ditta per far conoscere i propri prodotti per es.) (*comm. - ecc.*), newsletter.

nòtte, night. **2.** ~ di sei mesi (quando il sole non sorge per circa sei mesi) (*geogr.*), perpetual night. **3.** turno di ~ (*pers.*), night shift.

nottola (listello di legno usato per tendere la lama di una sega a telaio) (*ut.*), tongue.

nottolino (di comando di una ruota a rocchetto) (*mecc.*), pawl, pallet. **2.** ~ (di serratura) (*mecc.*), revolving plug. **3.** ~ di arresto (o di comando) (permettente il moto in una sola direzione) (*mecc.*), ratchet, pawl. **4.** ~ di inversione (*mecc.*), reverse dog. **5.** ~ reggispinta (*mecc.*), thrust pawl.

nottovisore (app. televisivo a radiazioni infrarosse) (*app. milit.*), noctovision set, "noctovisor".

nòva (stella) (*astr.*), nova.

novità (nuovo tipo di automobile o di carrozzeria per es. esposto in una mostra) (*comm.*), novelty.

novizio (*gen.*), novice.

"n-p-n" (tipo di semiconduttore a conduzione negativa-positiva-negativa) (*eltn.*), n-p-n.

"ns" (nanosecondo 10^{-9} secondi) (*mis.*), ns, nanosecond.

NTSC (sistema televisivo NTSC) (*sistema telev.*), NTSC, national television system committee.

nube (*meteor.*), cloud. **2.** ~ elettronica (elettroni gravitanti attorno al nucleo di un atomo neutro) (*fis. atom.*), electron cloud. **3.** nubi alte (*meteor.*), *vedi* nubi superiori. **4.** nubi a sviluppo verticale (nubi rampanti) (*meteor.*), heap clouds. **5.** nubi basse (*meteor.*), *vedi* nubi inferiori. **6.** nubi inferiori (nubi basse: a meno di 2000 m) (*meteor.*), low clouds. **7.** nubi medie (tra i 2000 e 6000 m) (*meteor.*), medium clouds. **8.** nubi superiori (nubi alte: a più di 6000 m) (*meteor.*), high clouds. **9.** altezza da terra delle nubi più basse (*meteor. - aer.*), ceiling. **10.** altezza delle nubi (*meteor.*), cloud height. **11.** registratore altezza nubi (*strum. meteor. - aer.*), ceilometer. **12.** strato di nubi (*meteor.*), cloud layer. **13.** strato di nubi sottostante (*aer. - meteor.*), undercast.

nuberotta (fractostrato) (*meteor.*), fractostratus.

nubifragio ($\geqslant$100 mm/h di pioggia) (*meteor.*), cloudburst.

"nucleant" (sostanza aggiunta al metallo fuso atta a modificare il processo di solidificazione ed evitare segregazione di carburi) (*metall.*), nucleant.

nucleare (*a. - chim.*), nuclear. **2.** chimica ~ (*chim. atom.*), nuclear chemistry. **3.** combustibile ~ (*fis.

atom.), nuclear fuel. **4.** energia ~ (energia atomica) (*fis.*), nuclear energy, nuclear power. **5.** fissione ~ (*fis. atom.*), nuclear fission. **6.** non ~ (che non riguarda o non opera per mezzo dell'energia ~) (*campo energetico*), nonnuclear. **7.** reazione ~ (*fis. atom.*), nuclear reaction.

nucleazione (germinazione, formazione di nuclei cristallini) (*metall.*), nucleation.

nùcleo (*fis. atom.*), nucleus. **2.** ~ (magnetico di trasformatore) (*elettromecc.*), core. **3.** ~ (di un elettromagnete per es.) (*elettromecc.*), core. **4.** ~ (parte di una cometa) (*astr.*), nucleus. **5.** ~ (atomo a cui sono stati tolti gli elettroni di valenza) (*fis. atom.*), kernel. **6.** ~ (elemento magnetico a forma di anello usato p. es. nelle memorie a nuclei di ferrite) (*elab.*), core. **7.** ~ (quella parte di sistema operativo che deve sempre rimanere nella memoria principale) (*elab.*), kernel. **8.** ~ atomico (*fis. atom.*), atomic nucleus. **9.** ~ composto (*fis. atom.*), compound nucleus. **10.** ~ dell'acciaio (cuore o parte interna), steel core. **11.** ~ del rotore (*macch. elett.*), rotor core. **12.** ~ di acciaio (di una pallottola) (*espl.*), core. **13.** ~ di condensazione (del vapore acqueo) (*meteor.*), nucleus. **14.** ~ di cristallizzazione (in una soluzione: cristallo intorno al quale si riuniscono ulteriori molecole di materiale formando un cristallo sempre più grande) (*tecnol. - eltn.*), seed crystal. **15.** ~ di ferrite (piccolo anello di ferrite utilizzato in passato per costruire memorie) (*elab. - obsoleta*), ferrite core. **16.** ~ lamellare (p. es. in un trasformatore) (*elettromag.*), laminated core. **17.** ~ magnetico (massa di materiale ferroso percorsa dal flusso magnetico; in un trasformatore p. es.) (*elettromag.*), magnetic core, iron core. **18.** ~ (magnetico) mobile (di solenoide per es.) (*elettromag.*), slug, plunger. **19.** ~ radioattivo (*fis. atom.*), radioactive nucleus. **20.** ~ stabile (che non si disintegra) (*fis. atom.*), stable nucleus. **21.** senza ~ magnetico (di solenoide) (*elett. - eltn.*), air-core, air-cored.

nucleone (*fis. atom.*), nucleon.

nucleonio (insieme del nucleo e dell'antinucleo) (*n. - fis. atom.*), nucleonium.

nucleosintesi (dell'idrogeno: nelle stelle per es.) (*fis. nucleare*), nucleosynthesis.

nùclide (*fis. atom.*), nuclide.

nudo (*ind.*), bare. **2.** ~ (non protetto) (*gen.*), unshielded. **3.** filo ~ (*elett.*), bare wire.

nullo (*a. - mat.*), null. **2.** ~ (che non ha alcun valore legale; per es. un contratto) (*a. - comm. - leg.*), null and void.

numerabilità (*s. - mat.*), countability.

numerale (*a. - mat.*), numeral.

numerare (*gen.*), to number. **2.** ~ le pagine (*tip. - ecc.*), to page.

numeratore (*mat.*), numerator. **2.** ~ (contatore) (*strum.*), counter.

numeratrice (*macch. per uff.*), numbering machine.

numerazione (*gen.*), numeration. **2.** ~ biquinaria, *vedi* notazione biquinaria. **3.** ~ delle pagine (*tip. - ecc.*), paging. **4.** metodo di ~ delle pagine (*tip.*), paging system.

numèrico (*mat.*), numerical, numeric. **2.** ~ (digitale) (*elab.*), digital. **3.** non ~ (non digitale; p. es. di un carattere alfabetico) (*elab.*), nonnumeric.

numerizzare (*macch. calc.*), to digitize.

nùmero, figure, cipher, number, numeral. **2.** ~ (indice: costante numerica dei grassi per es.) (*chim.*), value. **3.** ~ (copia, di un giornale illustrato per es.) (*tip. - giorn.*), issue. **4.** ~ a base mista (*mat. - elab.*), mixed-base number, mixed-radix number. **5.** ~ atomico (*fis. atom.*), atomic number, at. no. **6.** ~ a virgola mobile (*elab.*), floating point number. **7.** ~ binario (*elab. - macch. ut. a c.n.*), binary number. **8.** ~ biquinario (a notazione biquinaria) (*elab.*), biquinary number. **9.** ~ cardinale (*mat.*), cardinal number. **10.** ~ casuale (usato p. es. in statistica, nei videogiochi ecc.) (*elab. - mat. - ecc.*), random number. **11.** ~ categorico (*mecc.*), part number. **12.** ~ categorico in rilievo (*mecc.*), raised part number. **13.** ~ complesso (*mat.*), imaginary, imaginary number, complex number. **14.** ~ decimale (*mat.*), decimal number. **15.** ~ dei principi della vite perpetua (*mecc.*), number of threads in worm. **16.** ~ della commessa (di individuazione in officina, amministraz. ecc.) (*organ. lav.*), charge order number. **17.** ~ della pagina (*tip.*), folio. **18.** ~ delle tele (di un pneumatico) (*mft. gomma*), number of plies, ply rating, pr. **19.** ~ del livello (posizione gerarchica: p. es. di un indirizzamento) (*elab.*), level number. **20.** ~ dell'ordine del cliente (*organ. lav. - comm.*), customer's order number. **21.** ~ dell'ordine di lavoro (*organ. lav. di fabbrica*), job number, job order number. **22.** ~ (di identificazione) del segmento (relativo ad una sezione del programma) (*elab.*), segment number. **23.** ~ di bit formanti il registro, *vedi* lunghezza del registro. **24.** ~ di bobina (in un archivio a nastri magnetici) (*elab.*), reel number. **25.** ~ di bromo (*comb.*), bromine number. **26.** ~ di cetano (*comb.*), cetane number, cetane rating. **27.** ~ di chiamata (si riferisce al funzionamento del computer) (*elab.*), call number. **28.** ~ di classificazione (della nave) (riferentesi alla sicurezza della nave e alla sua capacità di tenere il mare) (*nav.*), scantling number, scantling numeral. **29.** ~ di codice del cliente (*elab.*), customer number. **30.** ~ di conto (*amm.*), account number. **31.** ~ di durezza Brinell (*mecc.*), Brinell Hardness Number, BHN. **32.** ~ di durezza con piramide di diamante (*mecc.*), Diamond Hardness Number, DHN, diamond pyramid hardness number, DPN. **33.** ~ di fabbricazione del motore (di un mot. di aut. per es.), engine serial number. **34.** ~ di filetti per pollice (di una vite per es.) (*mecc.*), threads per inch, t.p.i., pitch. **35.** ~ di fili di ordito per pollice (*tess.*), end count, ends per inch, epi. **36.** ~ di generazione (o di versione) (*storia dell'elab.*), generation number. **37.** ~ di giri (*mot.*), number of revolutions. **38.** ~ di giri al minuto (*mecc. - ecc.*), revolutions per minute, r.p.m. **39.** ~ di giri al secondo (giri/sec.) (*mecc.*), revolutions per second, r.p.s. **40.** ~ di identificazione (numero di individuazione, numero di fabbricazione, di un motore, chassis ecc. per es.) (*ind.*), serial number (am.), series number, ser. no. **41.** ~ di inserzioni di trama per pollice (*ind. tess.*), picks per inch. **42.** ~ di iodio (uguale ai centigrammi di iodio assorbiti da un grasso per es.) (*chim.*), iodine value, iodine number. **43.** ~ di Kollsman (relativo alla pressione barometrica locale) (*aer.*), Kollsman number. **44.** ~ di livello (in linguaggio COBOL: indica il tipo di gruppo di pertinenza) (*elab.*), level number. **45.** ~ di lunghezza doppia (~ in doppia precisione rappresentato da un ~ doppio di cifre rispetto a quello normalmente ammesso) (*elab.*), double-length number. **46.** ~ di Mach (rapporto tra la velocità di un apparecchio e la velocità del suono in identiche condizioni atmosferiche) (*aer.*), Mach number. **47.** ~ di Mach critico (o limite) (*aer.*), critical Mach number, M crit. **48.** ~ di Mach di volo (riferito alla velocità di un aereo) (*aer.*), flight Mach number. **49.** ~ di Mach limite (o critico) (*aer.*), critical Mach number, M crit. **50.** ~ di massa (*fis. atom.*), mass number. **51.** ~ di matricola (dei coscritti) (*milit.*), army serial number. **52.** ~ di oro (di colloidi protettori) (*chim.*), gold number. **53.** ~ di ossidazione (carica ionica dell'atomo: numero di valenza) (*chim.*), oxidation state, oxidation number. **54.** ~ di ottano (di un carburante) (*chim. - mot.*), octane number, octane rating. **55.** ~ di Prandtl (*conduttività term. dei fuidi*), Prandtl number. **56.** ~ (o coefficiente) di regolazione dell'altimetro (pressione barometrica locale) (*aer.*), Kollsman number. **57.** ~ di Reynolds (*mecc. fluidi*), Reynolds number. **58.** ~ di rifiuto (nel controllo della qualità) (*tecnol. mecc.*), rejection number. **59.** ~ di saponificazione (*chim.*), saponification number. **60.** ~ di scabrosità (di una superficie) (*mecc.*), roughness number. **61.** ~ di sequenza (p. es.: ~ assegnato ad un messaggio per identificarlo tra gli altri messaggi scambiati tra i vari terminali) (*elab.*), sequence number. **62.** ~ di serie (di individuazione di un complessivo) (*ind.*), serial number. **63.** ~ dispari (*mat.*), odd number. **64.** ~ di tracce, o piste, per pollice (*elab.*), Tracks Per Inch, TPI. **65.** ~ di trasporto degli ioni (*elettrochim.*), transference number. **66.** ~ di unità elementari formanti la registrazione, *vedi* lunghezza di registrazione. **67.** ~ dotato di segno (~ con segno p. es.: +, − ecc.) (*elab.*), signed number. **68.** ~ f (~ che indica l'apertura relativa dell'obiettivo) (*ott.*), f-number, f-stop. **69.** ~ fisso (*mat.*), fixed number. **70.** ~ immaginario (numero complesso) (*mat.*), imaginary number. **71.** ~ indice della dimensione del grano (*metall.*), grain size number. **72.** ~ in doppia precisione, *vedi* ~ di lunghezza doppia. **73.** ~ intero (*mat.*), integer. **74.** ~ irrazionale (*mat.*), irrational number, surd. **75.** ~ isotopico (neutroni meno protoni) (*fis. atom.*), isotopic number. **76.** ~ legale (numero sufficiente di soci per trattare affari) (*amm. - leg.*), quorum. **77.** ~ magico (numero di stabilità) (*fis. atom.*), magic number. **78.** ~ misto (numero composto da un intero e da una frazione) (*mat.*), mixed number. **79.** ~ naturale (*mat.*), natural number. **80.** ~ ordinale (*mat.*), ordinal number. **81.** ~ pari (*mat.*), even number. **82.** ~ pari di denti (di ingranaggio) (*mecc.*), even number of teeth. **83.** ~ primo (*mat.*), prime number. **84.** ~ progressivo (assegnato alle successive spedizioni) (*trasp.*), progressive number, pro number. **85.** ~ quantico (*fis. atom.*), quantum number. **86.** ~ quantico magnetico (*fis. atom.*), magnetic quantum number. **87.** ~ quantico principale (azimutale e radiale) (*fis. atom.*), principal quantum number, total quantum number, azimuthal and radial quantum number. **88.** ~ razionale (*mat.*), rational number. **89.** ~ reale (*mat.*), real number. **90.** numeri reciproci (due numeri il cui prodotto è 1) (*mat.*), reciprocal quantities. **91.** ~ SAE (dal n. 10 al n. 70, per indicare la viscosità degli olii lubrificanti) (*mot. - ind. chim.*), SAE number. **92.** di ~ atomico superiore a quello dell'uranio (elemento con numero superiore a 92) (*a. - chim.*), transuranian, transuranic. **93.** espresso da numeri reali (*a. - mat.*), real-valued.

nuotare (*sport.*), to swim.

nuòto (*sport.*), swim, swimming.

nuòvo (*gen.*), new. **2.** ~ (detto di un francobollo) (*a. - filatelia*), mint. **3.** ~ di fabbrica (*ind. - comm.*), brand-new. **4.** nuove leve (di lavoratori) (*pers.*), new entrants. **5.** girare di ~ (riprendere per la seconda volta un film o una scena) (*cinem.*), to retake.

nuraghe (*arch.*), nuraghe.

nutazione (dell'asse di un giroscopio, dell'asse della Terra) (*mecch. - geofis.*), nutation.

nuvola (*meteor.*), *vedi* nube.

nuvolosità (*meteor.*), cloud amount, cloudiness.

nuvoloso (*meteor.*), cloudy.

nylon (nailon, fibra tessile artificiale) (*ind. chim.*), nylon.

O

oasi (*geogr.*), oasis.
obbiettivo (*ott. - fot.*), *vedi* obiettivo.
obbiettore di coscienza (*milit.*), conscientious objector.
obbiezione (eccezione) (*leg.*), objection.
obbligatorio (*a. - gen.*), compulsory, obligatory.
obbligazionario (debito dello Stato o di una società per es.) (*a. - finanz.*), bonded.
obbligazione (*finanz.*), obligation, bond. **2.** ~ al portatore (*finanz.*), bond to bearer, bearer bond. **3.** obbligazioni "carta straccia" (ad alto rischio ed elevati interessi) (*finanz.*), junk bonds. **4.** ~ estratta (obbligazione rimborsata) (*finanz.*), called bond. **5.** ~ ipotecaria (*finanz.*), mortgage bond. **6.** ~ irredimibile (*finanz.*), debenture stock. **7.** ~ nominativa (*finanz.*), registered bond. **8.** ~ statale (*finanz.*), government bond.
obbligo (*gen.*), obligation. **2.** venir meno agli obblighi (*comm. - leg.*), to default.
obelisco (*arch.*), obelisk.
obice (mortaio) (*milit.*), howitzer.
obiettivo (*ott. - fot.*), lens, objective, object glass. **2.** ~ (*milit.*), objective. **3.** ~ (completo di diaframma e di dispositivo di attacco all'apparecchio fotografico) (*fot.*), barrel, lens. **4.** ~ (*a. - gen.*), objective. **5.** ~ acromatico (*ott.*), achromatic lens, achromat. **6.** ~ a fuoco fisso (*fot.*), fixed-focus lens. **7.** ~ anamorfico (usato per proiettori cinematografici per grande schermo) (*ott. - cinem.*), anamorphote lens. **8.** ~ anastigmatico (*fot.*), anastigmatic lens. **9.** ~ aplanatico (*fot.*), aplanatic lens. **10.** ~ a secco (*ott.*), dry lens. **11.** ~ asimmetrico (*ott.*), asymmetric lens. **12.** ~ con lente speculare (*ott.*), mirror lens. **13.** ~ da presa (di una macchina reflex a due obiettivi) (*fot.*), taking lens. **14.** ~ da proiezione (*cinem.*), projection lens. **15.** ~ da ritratto (*cinem. - fot.*), portrait lens. **16.** ~ di grande lunghezza focale (*fot.*), long-focus lens. **17.** ~ di piccola lunghezza focale (*fot.*), short-focus lens. **18.** ~ doppietto (*ott.*), doublet. **19.** ~ elettronico (di un microscopio elettronico per es.) (*ott. eltn.*), electron lens. **20.** ~ fotomeccanico (per riproduzioni fotomeccaniche) (*fotomecc. - ott.*), process lens, photomechanical lens. **21.** ~ grandangolare (*fot. - ott.*), wide-angle lens. **22.** ~ grandangolare a 180° (obiettivo "fish-eye": per immagini circolari, obiettivo con lente sferica) (*fot.*), fish-eye lens. **23.** ~ per inquadrare (di una macchina reflex a due obiettivi) (*fot.*), viewing lens. **24.** ~ rettolineare (*ott.*), rectilinear lens. **25.** ~ zoom (obiettivo a focale variabile) (*fot.*), zoom lens. **26.** direzione per obiettivi (*organ. ind.*), management by objectives. **27.** struttura per obiettivi (*organ. ind.*), structure by objectives.
obliquamente (di traverso, di sbieco) (*adv. - gen.*), askew.
obliquità, obliquity. **2.** ~ delle ruote (*aut.*), obliquity of the wheels.
obliquo (*gen.*), oblique, skew, raking. **2.** ~ (*a. - geom.*), squint.
oblò (apribile) (*nav.*), porthole. **2.** ~ (fisso) (*nav.*), portlight. **3.** controsportello dell' ~ (*nav.*), deadlight. **4.** vetro di ~ mobile (*nav.*), portlight.
oblungo (*gen.*), oblong, elongated.
obsolescènza (il divenire antiquato) (*comm.*), obsolescence.
obsoleto (antiquato) (*a. - macch. - ecc.*), obsolete.
occasione (articolo che ha un prezzo molto conveniente) (*s. - comm.*), snip.
occhiali (*ott.*), eyeglasses, spectacles, glasses. **2.** ~ da sole (*ott.*), sunglasses, shades. **3.** ~ di protezione (per operai in lavori industriali) (*att. off.*), eye protectors, protective glasses. **4.** ~ di prova (*ott. - med.*), test glasses, trial lenses. **5.** ~ protettivi (da indossare in officina) (*att. di sicurezza*), goggles.
occhiellatrice (punzonatrice per occhielli) (*macch. - ind.*), eyelet punch.
occhièllo (*gen.*), eyelet. **2.** ~ (di liccio) (*ind. tess.*), eye. **3.** ~ a vite (*carp.*), screw eye. **4.** ~ metallico (usato per vele, stoffe, cuoio ecc.) (*gen.*), metal eyelet, grommet. **5.** attorcigliamento ad ~ (piega accidentale di un cavo), *vedi* cocca.
occhietto (occhiello: sulla prima pagina di un libro) (*tip.*), half title. **2.** ~ (pagina che precede il frontespizio, di un libro) (*tip.*), bastard-title page, half-title page.
òcchio (occhiello) (*mecc.*), eye. **2.** ~ (parte superiore del carattere portante la lettera da stampare) (*tip.*), face. **3.** ~ (del ciclone) (*meteor.*), eye. **4.** ~ del banco (torrino, apertura nel fondo di un forno a crogioli attraverso la quale entra la fiamma) (*mft. vetro*), eye. **5.** ~ della molla (di foglia maestra di molla a balestra per es.) (*mecc.*), spring eye. **6.** ~ della tempesta (*meteor.*), eye of the storm. **7.** ~ di bue (finestra circolare) (*arch.*), bull's eye. **8.** ~ di bue (occhio di bue: obiettivo grandangolare)

(*ott. - fot.*), bull's-eye. **9.** ~ di coperta (vetro inserito in un ponte di legno) (*nav.*), deck light. **10.** ~ di cubia (*nav.*), hawsehole, hawse. **11.** ~ di pesce (corpo estraneo, di solito di carattere circolare ed opalescente) (*vn. - carta - ecc.*), fisheye. **12.** ~ (o osservatore) fotometrico normale (*fis. illum.*), standard eye (or observer) for photometry. **13.** ~ magico (tubo a raggi catodici indicante il livello di sintonia di un apparecchio ricevente) (*radio*), tuning eye, electric eye, magic eye.

occhione (di un affusto di cannone per es.) (*artiglieria*), lunette. **2.** ~ di traino (*veic.*), towing eye, trail eye, lunette.

occlùdere (*fis.*), to occlude, to shut in. **2.** ~ (l'idrogeno nel ferro per es.) (*chim.*), to occlude.

occlusione (*gen.*), occlusion. **2.** ~ (bolla di forma allungata nel vetro contenente un corpo estraneo) (*mft. vetro*), cat's eye.

occluso (gas per es.) (*metall.*), occluded.

occultamento (*gen.*), concealment.

occultare (*gen.*), to conceal.

occultazione (di stelle, eclissi di stelle causata dalla luna) (*astr.*), occultation.

occupato (*segnale telef.*), engaged. **2.** ~ (linea occupata da altra trasmissione) (*a. - telef. - elab.*), off-hook.

occupazionale (detto di un rischio, di un tipo di malattia ecc. causati da una specifica occupazione) (*a. - pers. - ecc.*), occupational.

occupazione (nelle segnalazioni ferr.) (*ferr.*), occupation. **2.** ~ (atto di prendere possesso) (*gen.*), occupancy. **3.** ~ della banda (*radio*), band loading. **4.** ~ della fabbrica (sciopero con occupazione della fabbrica, da parte dei dipendenti) (*ind.*), sitdown, sit-down strike. **5.** piena ~ (*pers.*), full employment.

oceànico (*mar.*), oceanic.

ocèano (*mar.*), ocean.

oceanografia (*scienza*), oceanography. **2.** ~ militare (*geofis.*), military oceanography.

oceanografico (*a. - mar. - geofis.*), oceanographic, oceanologic.

oceanografo (*s. - mar.*), oceanologist.

òcra (*colore min.*), ocher. **2.** ~ gialla (limonite) (*colore min.*), yellow ocher. **3.** ~ rossa (ematite rossa) (*colore min.*), red ocher.

"OCSE" (Organizzazione per la Cooperazione e Sviluppo Economici) (*comm.*), Organization for Economic Cooperation and Development, OECD.

octal (tipo di zoccolo per tubo elettronico a 8 connessioni per ottodo) (*s. - eltn.*), octal.

octilico (caprilico) (*chim.*), octoic, caprylic.

oculare (di strum. ott.) (*ott.*), eyepiece, ocular. **2.** ~ con reticolo (*ott.*), webbed eyepiece. **3.** ~ fisso (*ott.*), fixed eyepiece. **4.** ~ invertitore (avente un prisma o uno specchio che dà un'immagine speculare del campo) (*ott.*), reversing eyepiece. **5.** porta ~ (*ott.*), eyepiece holder.

oculista (*med.*), oculist.

oculistico (*a. - med.*), oculistic. **2.** cassetta oculistica (*att. med.*), oculistic case.

OD (*elab. - audiovisivi*), *vedi* disco ottico.

odografo (curva odografa, di un vettore variabile) (*mat. - mecc.*), hodograph, odograph.

odometro (per misurare le distanze percorse) (*strum.*), odometer. **2.** ~ registratore (tipo di contachilometri) (*strum. veic.*), odograph. **3.** ~ topografico (che indica anche l'andamento altimetrico) (*strum. costr. di strade*), delineator.

odontoiàtrico (*a. - med.*), dental. **2.** complesso ~ (*app. med.*), dental unit.

odontometro (per misurare dentellature) (*filatelia*), perforation gauge.

odore, odor, odour.

odorizzante (per metano per es.) (*s. - ind. chim.*), odorizer.

odorizzare (un gas per indicarne la presenza in caso di fughe dalle condotte) (*ind. chim.*), to odorize.

odorizzazione (di metano per es., per indicarne le eventuali fughe dalle condotte) (*ind. chim.*), odorization.

odoscopio (visualizzatore di particelle ionizzanti: per telescopio) (*strum. fis.*), hodoscope.

oersted (unità di riluttanza magnetica) (*mis.*), oersted.

offensiva (*milit.*), offensive.

offerènte (*comm.*), tenderer, bidder. **2.** ~ al prezzo più basso (*comm.*), lowest bidder.

offèrta (*comm.*), offer, tender, quotation, bid, bidding. **2.** ~ a premio (*comm.*), premium offer. **3.** ~ di appalto (*comm.*), bid. **4.** ~ e domanda (*comm.*), supply and demand. **5.** ~ impegnativa (*comm.*), binding offer. **6.** ~ in busta chiusa (offerta in busta sigillata) (*comm.*), sealed bid. **7.** ~ telegrafica (*comm.*), telegraphic tender. **8.** ~ troppo alta (*comm.*), overbid. **9.** offerte di impiego (*pubbl.*), positions offered, vacant situations. **10.** offerte propagandistiche (*pubbl.*), bait. **11.** apertura delle offerte (*comm.*), opening of bids. **12.** chiedere ~ (*comm.*), to ask for quotations, to inquire for. **13.** domanda e ~ (*econ.*), offer and demand. **14.** eccesso di ~ (*comm.*), excess supply. **15.** fare un' ~ (*comm.*), to make an offer. **16.** fare un' ~ (di appalto, asta, concorso) (*comm.*), to bid. **17.** le offerte pervenute in ritardo non verranno prese in considerazione (*comm.*), late tenders will not be considered. **18.** richiesta di ~ (*comm. acquisti*), inquiry.

offerto (*a. - comm.*), tendered.

officina (*mecc.*), workshop, shop. **2.** ~ autorizzata (alla riparazione dei veicoli di una data marca) (*aut.*), authorized repair shop. **3.** ~ calderai (*nav. - cald.*), boiler shop. **4.** ~ da fabbro (*off.*), smithery. **5.** ~ (di produzione) del gas (*ind.*), gasworks, gashouse. **6.** ~ di montaggio (*mecc.*), assembly shop, erecting shop. **7.** ~ di riparazione di autoveicoli (*off.*), garage. **8.** ~ laminatoi (*ferriera*), rolling mill factory. **9.** ~ meccanizzata (stabilimento con lavorazioni a macchina e montaggi) (*ind.*), machine shop. **10.** ~ (o laboratorio) per conto terzi (*ind.*), jobbing shop. **11.** ~ (per) riparazioni (di aut., macch., mot. ecc.) (*off.*), repair shop. **12.** ~ riparazione carrozziere (carrozzeria, di un concessionario per es.) (*aut.*), body shop. **13.** ~ riparazione locomotive (*ferr.*), back shop. **14.** accorgimenti di ~ (sistemi di officina) (*mecc.*), shop shots. **15.** capo ~ (*pers.*), shop foreman. **16.** inviare in ~ (inviare un carro ferroviario alla ~ per riparazioni per es.) (*ferr. - ecc.*), to shop. **17.** matematica d' ~ (*mat.*), shop mathematics.

offrire (*comm.*), to tender. **2.** ~ di più (offrire in eccesso) (*comm.*), to overbid, to outbid.

offset (procedimento di stampa litografica) (*lit.*), offset. **2.** carta per ~ (*lit.*), offset paper. **3.** stampa ~ (*lit.*), litho-offset, offset printing.

ofite (serpentino) (H_2Mg_3 $(SiO_4)_2$ H_2O) (*min.*), ophite.

oftalmodinamòmetro (*strum. med.*), ophthalmodynamometer.

oftalmòmetro, oftalmetro (*strum. med.*), ophthalmometer.

oftalmoscòpio (*strum. med.*), ophthalmoscope. **2.** ~ elettrico (*strum. med.*), electric ophthalmoscope.

oggètto (cosa) (*gen.*), thing. **2.** ~ (articolo) (*comm.*), article. **3.** ~ (di una lettera per es.) (*corrispondenza*), subject. **4.** ~ di latta (*ind.*), tinware. **5.** ~ punto ~ : punto di provenienza dei raggi luminosi (*ott.*), object. **6.** ~ volante non identificato (disco volante per es.) (*aer. - astric.*), unidentified flying object, UFO, ufo.

ogiva (di un proiettile) (*arma da fuoco*), ogive, nose. **2.** ~ (del mozzo dell'elica) (*aer.*), spinner, propeller cuff. **3.** ~ (curva di Galton) (*stat.*), ogive. **4.** ~ (di un missile, razzo, satellite artificiale ecc.) (*astric. - milit.*), ogive. **5.** ~ della presa d'aria (*turboreattore*), air-inlet hub. **6.** falsa ~ (di un proiettile per es.) (*espl.*), false ogive. **7.** spoletta da ~ (*espl.*), nose fuse.

ogivale (*a. - gen.*), ogival. **2.** estremità di forma ~ (di un oggetto), cigar-point shape.

ognitempo (detto di un caccia per es.) (*a. - aer.*), all-weather.

ohm (*mis. elett.*), ohm. **2.** ~ assoluto (equivalente a 10^{-9} ohm) (*mis. elett.*), abohm, absolute ohm. **3.** ~ meccanico (una dina/cm sec) (*mis. mecc.*), mechanical ohm.

òhmico (*elett.*), ohmic.

òhmmetro (*strum. elett. di mis.*), ohmmeter. **2.** ~ (*mis. elett.*), resistance meter. **3.** ~ amperometro (*strum. elett.*), ohm-ammeter.

ohm/volt (usato per valutare la resistenza interna di uno strumento per misure elettriche) (*mis. elett.*), ohms per volt.

olandese (*macch. mft. carta*), hollander. **2.** ~ (raffinatore) (*macch. mft. carta*), beater, beating engine. **3.** ~ (*macch. ind. gomma*), tub washer, beater. **4.** ~ imbiancatrice (imbiancatore) (*macch. mft. carta*), potcher, bleaching engine, potching engine. **5.** ~ lavatrice (*macch. mft. carta*), washer, washing engine. **6.** ~ sfilacciatrice (sfilacciatore) (*macch. mft. carta*), breaker. **7.** sala delle olandesi (sala dei raffinatori) (*mft. carta*), beater house, beater room.

oleato (*s. - chim.*), oleate. **2.** ~ (oliato) (*a. - gen.*), oiled. **3.** carta oleata (*ind. carta*), oiled paper.

olefine (*chim.*), olefines.

olèico (*chim.*), oleic.

oleificio (*ind.*), oil mill.

oleina (*chim.*), olein.

oleobromìa (*fot.*), oleobrom process.

oleodotto (*tubaz.*), oil pipeline.

oleografia (*stampa*), oleograph.

oleomargarina (*chim.*), oleomargarine.

oleòmetro (*strum. fis.*), oleometer.

oleorèsina (*chim.*), oleoresin.

oleorifrattometro (per misurare l'indice di rifrazione di un olio) (*strum. fis.*), oleorefractometer.

oleoso (*a. - gen.*), oily. **2.** ~ (di un seme per es.) (*a. - agric.*), oleiferous.

òleum ($H_2S_2O_7$) (acido solforico fumante) (*chim.*), oleum, fuming sulphuric acid.

oliaggio (di materiale tessile per facilitarne la lavorazione) (*ind. tess.*), batch oiling. **2.** scompartimento di ~ (*ind. tess.*), oiling bin.

oliare (lubrificare con olio) (*ind. mecc.*), to oil. **2.** ~ (la lana) (*ind. tess.*), to oil.

oliatore (*att. mecc.*), oiler. **2.** ~ (a pompetta, per provocare l'uscita dell'olio) (*att. mecc.*), oilfeeder (ingl.). **3.** ~ a gocce (*att. mecc.*), drip-feed oiler, drip-feed lubricator. **4.** ~ a goccia visibile (con tubo trasparente) (*mecc.*), sight-feed oiler. **5.** ~ a mano (*att. mecc.*), oil can, oiler. **6.** ~ a sfera (*mecc. - macch.*), ball oiler. **7.** ~ a tazza (*mecc. - macch.*), oil cup, oilcup, cup oiler. **8.** ~ fisso (su macchinario per es.) (*mecc.*), oil feeder.

oliatura (della lana per es.) (*ind. tess.*), oiling. **2.** scompartimento d' ~ (di materiale tessile) (*ind. tess.*), oiling bin.

oligisto (F_2O_3) (*min.*), oligist, specular iron ore.

oligocène (*geol.*), Oligocene.

oligoclasio (*min.*), oligoclase.

oligodinamico (*chim.*), oligodynamic.

oligoelemento (elemento indispensabile alla vita pur di grandezza infinitesima) (*chim. - biol.*), trace element.

oligopolio (suddivisione del mercato tra due o più produttori) (*econ.*), oligopoly.

oligopsonio (condizione di mercato in cui sono pochi i compratori e molti i produttori di un dato articolo) (*comm.*), oligopsony.

òlio (*ind.*), oil. **2.** ~ animale, animal oil. **3.** ~ bruciato (*ex lubrificante*), burnt oil, used oil. **4.** ~ canforato (*chim. - farm.*), camphorated oil. **5.** ~ combustibile (nafta) (*comb.*), fuel oil. **6.** ~ con additivi (per evitare incollatura delle fasce elastiche dei pistoni) (*mot. aer.*), inhibited oil. **7.** ~ cotto (*vn.*), boiled oil. **8.** ~ (o liquido) da taglio (olio per lavoraz. mecc. di taglio) (*lavorazione macch. ut.*), cutting fluid. **9.** ~ denso (*ind.*), heavy oil, thick oil, viscous oil. **10.** ~ detergente (lubrificante) (*chim. - mot.*), detergent oil. **11.** ~ di antracene (*chim. ind.*), anthracene oil. **12.** ~ di arachidi (*ind.*), peanut oil. **13.** ~ di balena (*ind.*), whale oil. **14.** ~ di canapa (*ind.*), hempseed oil. **15.** ~ di catrame (*ind.*), coal tar oil. **16.** ~ di cocco (*ind.*), coconut oil. **17.** ~ di colza (*ind.*), colza oil. **18.** ~ di cotone (*ind.*), cotton oil. **19.** ~ di fegato di merluzzo (*farm.*), cod-liver oil. **20.** ~ di flemma (olio amilico, codetta: nel residuo della fermentazione alcoolica) (*ind.*), fusel oil, fusel. **21.** ~ di girasole (*vn.*), sunflower oil. **22.** ~ di gomma (olio di caucciù, ottenuto dalla distillazione secca della gomma) (*ind. chim.*), rubber oil, caoutchouc oil. **23.** ~ di lardo (*mecc.*), lard oil. **24.** ~ di legno della Cina (olio di tung), tung oil. **25.** ~ di lino (*ind.*), linseed oil, flax oil. **26.** ~ di lino cotto (per verniciatura per es.), stand oil, boiled linseed oil. **27.** ~ di lino crudo (*ind.*), linseed raw oil. **28.** ~ di mais (*ind.*), corn oil. **29.** ~ di mandata (*mot.*), pressure oil. **30.** ~ di mandorle (*ind.*), almond oil. **31.** ~ di mirbana (nitrobenzolo) (*chim.*), mirbane oil. **32.** ~ di oliva (*agric.*), olive oil. **33.** ~ di palma (*ind.*), palm oil. **34.** ~ di palmisti (*ind.*), palm kernel oil, palm nut oil. **35.** ~ di paraffina (*ind. chim.*), paraffin oil. **36.** ~ di pesce (*ind.*), fish oil. **37.** ~ di piedi (bovini, ovini, equini) (*ind.*), meat-foot oil, foot oil. **38.** ~ di ravizzone (*ind.*), rape oil. **39.** ~ di resina (dalla distillazione della resina) (*chim. ind.*), rosin oil. **40.** ~ di ricino (*ind.*), castor oil. **41.** ~ di ricupero (*mot.*), scavenge oil. **42.** ~ di schisto (*ind.*), shale oil, schist oil. **43.** ~ di sego (*ind.*), tallow oil. **44.** ~ di sesamo (*ind.*), sesame oil. **45.** ~ di soia (*ind.*), soybean oil. **46.** ~ di spermaceti (*ind.*), sperm oil. **47.** ~ di vetriolo (acido solforico fumante) (*chim.*), oleum. **48.** ~ di vinaccioli (*ind.*), grapestone oil. **49.** ~ essenziale (*chim.*), volatile oil, essential oil. **50.** ~ essenziale di carvi (*ind. liquori*), caraway oil. **51.** ~ essiccativo cinese (*ind.*), tung oil. **52.** ~ extra denso (*lubrificante*), super heavy oil. **53.** ~ fisso (*chim.*), fixed oil. **54.** ~ fluido (*ind.*), thin oil, light oil. **55.** ~ grafitato (per lubrificazione), graphitic oil. **56.** ~ (grasso) ricavato da zampe di bovini (*ind.*), meat-foot oil. **57.** ~ in circolazione (*di mot.*), circulation oil. **58.** ~ incombustibile (apirolio) (*elett. - ind. chim.*), fireproof oil. **59.** ~ indurito (*chim.*), hardened oil. **60.** ~ invernale (per un motore per es.) (*mecc.*), winter oil. **61.** ~ isolante (per un trasformatore per es.) (*elett.*), insulating oil. **62.** ~ leggero di catrame (*chim. ind.*), coal tar light oil. **63.** ~ leggero (di composizione e origine variabile, infiammabile) (*chim. ind.*), light oil. **64.** ~ lubrificante (*gen. - ind.*), lubricating oil, lube, lube oil. **65.** ~ lubrificante per servizio pesante (*lubrificante*), heavy-duty oil. **66.** ~ lubrificante per turbine a vapore (*lubrificante*), steam turbine oil. **67.** ~ medio (dalla distillazione del catrame) (*chim. ind.*), middle oil. **68.** ~ medio di catrame (*chim. ind.*), coal tar middle oil. **69.** ~ minerale (*ind. chim.*), mineral oil. **70.** ~ minerale lubrificante (*mecc.*), lube oil. **71.** ~ non siccativo (*chim.*), non-drying oil. **72.** ~ non volatile (*chim.*), fixed oil. **73.** ~ per altissime pressioni (*macch. - ind. chim.*), extreme pressure oil, E.P. oil. **74.** ~ per anime (per fissare la sabbia) (*fond.*), core oil. **75.** ~ per comandi oleodinamici (olio per circuiti idraulici, "olio idraulico") (*mecc.*), hydraulic fluid. **76.** ~ per fusi (*chim. ind.*), spindle oil. **77.** ~ per lana (*ind. tess.*), wool oil. **78.** ~ per macchinario tessile (olio lubrificante per macchinario tessile) (*chim. ind.*), loom and spindle oil. **79.** ~ per tempra (*tratt. term.*), quenching oil. **80.** ~ per trasformatori (*elett.*), transformer oil. **81.** ~ pesante di catrame (*chim. ind.*), coal tar heavy oil. **82.** ~ privo di acidità (*chim.*), acid-free oil, neutral oil. **83.** ~ raffinato (*ind.*), refined oil. **84.** ~ rancido (*gen.*), rancid oil. **85.** ~ refrigerante (per lavorazioni alla macch. ut.) (*mecc.*), cutting oil. **86.** ~ semidenso (*lubrificante*), medium heavy oil. **87.** ~ siccativo (*ind. vn.*), drying oil. **88.** ~ soffiato (olio ossidato) (*ind. gomma*), blown oil. **89.** ~ vegetale (*ind.*), vegetable oil. **90.** alchidico corto ~ (*vn.*), short oil alkyd. **91.** alchidico lungo ~ (*vn.*), long oil alkyd. **92.** bagno d' ~ (*mecc.*), oil-bath. **93.** brunito in ~ (*tecnol.*), oil blacked. **94.** cambio dell' ~ (di motore per es.) (*aut. - mot.*), oil change. **95.** canale dell' ~ (in un pezzo, per lubrificazione) (*mecc.*), oilway. **96.** condotto dell' ~ (condotto di mandata dell'olio, in un mot. a c.i.) (*mot.*), oil gallery. **97.** corto ~ (basso rapporto fra olio e resina in una vernice) (*vn.*), short oil. **98.** indurimento degli olii (*chim.*), hardening of oils. **99.** lunghezza d' ~ (rapporto fra olio e resina in una vernice) (*vn.*), oil length. **100.** lungo ~ (*vn.*), long oil. **101.** pressostato per ~ (trasmettitore della segnalazione della pressione olio ad una spia per es.) (*mot.*), oil pressure switch. **102.** radiatore dell' ~ di tipo misto (*mot. aer.*), mixed-type oil cooler. **103.** radiatore dell' ~ in serie (*mot. aer.*), series oil cooler. **104.** radiatore dell' ~ superficiale (*impianto term.*), surface oil cooler. **105.** scaricare l' ~ (dalla coppa di un motore per es.) (*mecc.*), to drain the oil, to let off the oil. **106.** senza ~ (*mecc.*), oilless. **107.** tempra in ~ (*tratt. term.*), oil-hardening. **108.** temprare in ~ (*tratt. term.*), to oil-harden. **109.** tenuta dell' ~ (di coppa, di guarnizione per es.) (*mecc.*), oil seal. **110.** velo d' ~ (*mecc.*), oil film. **111.** vernice corto ~ (*vn.*), short oil varnish. **112.** vernice lungo ~ (*vn.*), long oil varnish. **113.** verniciatura ad ~ (*vn.*), oil painting.

oliva (*agric.*), olive. **2.** olio d' ~ (*agric.*), olive oil.

olivina [$(MgFe)_2SiO_4$] (*min.*), olivine.

olivo (ulivo) (*pianta*), olive.

olmio (Ho - *chim.*), holmium.

olmo (*legn.*), elm.

olocène (*geol.*), Holocene.

"olofoto" (sistema ottico direttivo: usato per orientare grandi quantità di luce in una data direzione; p. es. di un faro) (*ott.*), holophote.

olografia (particolare metodo ottico per realizzare immagini tridimensionali) (*ott. - fot.*), holography.
olografico (*a. - fis.*), holograph, holographic.
ologramma (immagine tridimensionale: ottenuta per mezzo di luce coerente) (*fis.*), hologram.
olona (tela di olona) (*ind. tess.*), canvas, duck cloth.
olonetta (tela fine da vele) (*nav.*), duck.
olostèrico (tipo di barometro aneroide) (*a. - fis.*), holosteric.
oltremare (*geogr.*), oversea, overseas. **2.** ~ (*colore*), ultramarine. **3.** ~ (*comm.*), overseas, offshore (am.).
oltrepassare (di veicoli), to overtake, to pass. **2.** ~ (di navi) (*nav.*), to overhaul. **3.** ~ il segnale (*gen.*), to overshoot the mark.
omaggio (prodotto offerto in dono) (*pubbl.*), premium gift. **2.** ~ pubblicitario (dono pubblicitario) (*pubbl.*), advertising gift. **3.** buono ~ (buono per uno sconto) (*pubbl. - comm.*), redemption coupon.
ombra (*gen.*), shadow. **2.** ~ (di disegno), shade. **3.** ~ netta (*fot.*), distinct shadow. **4.** esterno all'~ (*fot.*), open shade. **5.** zona d'~ (volume d'acqua non sonorizzato a causa della rifrazione dei raggi acustici) (*acus. sub.*), shadow zone.
ombreggiare (*dis.*), to shade. **2.** ~ (tratteggiare) (*dis.*), to hatch.
ombreggiatura (*dis.*), shading. **2.** ~ (tratteggio) (*dis.*), hatching. **3.** ~ altimetrica (ombreggiatura a sfumo dell'andamento altimetrico) (*cart.*), shaded relief.
ombrinale (*costr. nav.*), limber hole, scupper, watercourse.
omettere (una parola per es.) (*uff. - ecc.*), to omit.
ometto (di capriate in legno) (*ed.*), king post.
omissione (svista) (*gen.*), oversight, omission.
omnibus (treno accelerato) (*ferr.*), omnibus train.
omocromàtico (*a. - gen.*), homochromatic. **2.** ~ (di luci) (*fis.*), homochromatic.
omocromo (*colore*), homochromous.
omogeneità (di un metallo per es.) (*gen.*), homogeneity, homogeneousness.
omogeneizzatore (dispositivo mescolatore) (*macch. ind.*), homogenizer.
omogeneizzazione (*tratt. term. - metall. - ecc.*), homogenizing.
omogèneo (*a. - gen.*), homogeneous.
omografia (corrispondenza tra elementi proiettivi) (*geom.*), homography.
omolisi (scissione omolitica) (*chim.*), homolysis.
omologare (un pezzo, apparecchi ecc., prima della fornitura per es.) (*ind.*), to release. **2.** ~ (*aer. - nav. - ecc.*), to homologate.
omologato (di un motore per es., di cui siano state ultimate le prove con esito favorevole) (*ind.*), type approved. **2.** ~ (un dato tipo di automobile per partecipare ad una data classe di competizioni) (*sport - aut.*), homologated.
omologazione (di un primato) (*sport*), homologation. **2.** ~ (di un nuovo tipo di veicolo, aeromobile ecc.) (*collaudo - ind.*), type approval. **3.** ~ (di una autovettura dopo la costruzione di un dato numero di esemplari della stessa, per poter partecipare a date categorie di gare) (*aut.*), homologation. **4.** prova di ~ (di un motore d'aeromobile per es.), type test.
omologia (*mat.*), homology.
omòlogo (*chim.*), homologous.
omomorfismo (*mat.*), homomorphism.
omonucleare (molecola) (*fis. nucl.*), homonuclear.
omopolare (relativo ai legami atomici, covalente) (*a. - chim. fis.*), homopolar. **2.** ~ (elettricamente simmetrico) (*elett.*), omopolare.
omorotante (che ha lo stesso senso di rotazione) (*mecc. - ecc.*), having the same direction of rotation.
omotetia (*mat.*), homothety.
ònagro (antica catapulta) (*milit.*), onager.
oncia (oncia avoirdupois = 28,35 g) (oz. - *mis.*), ounce. **2.** ~ fluida [(= 29,57 cm^3) (am.) oppure 28,4 cm^3 (ingl.)] (*fl. oz. - mis.*), fluid ounce. **3.** ~ metrica (di 25 g) (*mis. mecc.*), metric ounce, "mounce".
onda (*mar. - radio*), wave. **2.** ~ (di una macchina rettilinea per maglieria) (*macch. tess.*), striking jack. **3.** ~ a denti di sega (*eltn.*), saw-tooth wave. **4.** ~ alta (del mare) (*mar.*), heavy wave. **5.** ~ a modulazione telegrafica (*radio*), telegraph modulated wave. **6.** ~ anomala da maremoto (*geol.*), tsunami, tsunamis, earthquake sea wave. **7.** ~ armonica (*fis. - eltn.*), harmonic wave. **8.** ~ bassa (del mare) (*mar.*), low wave. **9.** ~ corta (del mare) (*mar.*), short wave. **10.** onde corte (inferiori a 60 m) (*radio - elett.*), shortwave. **11.** ~ deformata (onda non sinusoidale) (*elett.*), distorted wave. **12.** ~ del segnale (*radio*), signal wave. **13.** ~ di Alfvén (*fis. dei plasmi*), Alfvén wave. **14.** ~ di calore radiante (*fis.*), heat wave, radiant heat wave. **15.** ~ di chiamata (*radio*), calling wave. **16.** ~ di De Broglie (onda associata) (*fis. atom.*), De Broglie wave. **17.** ~ di deflagrazione (onda di combustione) (*fis. dei plasmi*), deflagration wave, combustion wave. **18.** ~ di deriva (*fis. dei plasmi*), drift wave. **19.** ~ di detonazione (*fis. dei plasmi*), detonation wave. **20.** ~ di poppa (*nav.*), stern wave. **21.** ~ di prua (*nav.*), bow wave. **22.** ~ diretta (*radio*), *vedi* ~ superficiale. **23.** ~ di riferimento (*tlcm.*), reference wave. **24.** ~ di riposo (*radio*), spacing wave. **25.** ~ di risposta (*radio*), answering wave. **26.** ~ di ritorno (*elett. - eltn.*), backward wave. **27.** ~ di spazio (*radio*), sky wave. **28.** ~ di spin (di un quanto di energia) (*fis. atom.*), spin wave. **29.** ~ di superficie (*radio*), ground wave. **30.** ~ di terra (*radio*), *vedi* ~ superficiale. **31.** ~ d'urto (nel passaggio a velocità superiori a quella del suono) (*aerodin.*), shock wave. **32.** ~ d'urto (*fis. atom.*), shock wave. **33.** ~ elettromagnetica (*radio*), electromagnetic wave. **34.** ~ elettronica (oscillazione di plasma elettronico) (*fis.*), electron wave, electronic plas

ma oscillation. **35.** ~ "elicon" (onda elettromagnetica propagantesi in un plasma a stato solido) (*fis.*), "helicon wave". **36.** ~ esplosiva (*fis. chim.*), explosion wave. **37.** ~ fondamentale pura (sinusoidale pura) (*elett. - eltn.*), pure wave. **38.** ~ gravitazionale (onda ipotetica avente la velocità della luce e propagante l'effetto dell'attrazione gravitazionale) (*fis.*), gravitational wave. **39.** ~ hertziana (*elett.*), hertzian wave. **40.** ~ interna (onda propagantesi nel mare tra zone di acqua di diversa densità) (*oceanografia*), internal wave. **41.** ~ interrotta (*radio*), interrupted wave. **42.** ~ ionica (*fis. dei plasmi*), ion wave. **43.** ~ ionosferica (*radio*), sky wave (am.). **44.** ~ Lamb (costituita da un numero infinito di modi di vibrazione e usata per il controllo delle lamiere per es.) (*tecnol.*), Lamb wave. **45.** ~ lunga (*radio*), long wave. **46.** ~ lunga (del mare) (*mar.*), long wave. **47.** ~ magnetofluidodinamica (onda idromagnetica) (*fis. dei plasmi*), magnetohydrodynamic wave, hydromagnetic wave. **48.** ~ magnetosonora (*fis. dei plasmi*), magnetosonic wave. **49.** ~ media (del mare) (*mare*), average wave. **50.** ~ media (*radio*), medium wave. **51.** ~ migrante (*fis. - elett. - acus. - ecc.*), moving waves. **52.** ~ miriametrica (~ a bassissima frequenza, con lunghezza d'onda tra 10 e 100 km) (*elettromag.*), myriametric wave. **53.** ~ moderata (del mare) (*mar.*), moderate wave. **54.** ~ morta (*mar.*), swell wave, swell. **55.** ~ morta alta (oltre 4 m) (*mar.*), heavy swell wave. **56.** ~ morta bassa (da 0 a 2 m) (*mar.*), low swell wave. **57.** ~ morta corta (da 0 a 100 m) (*mar.*), short swell wave. **58.** ~ morta lunga (oltre 200 m) (*mar.*), long swell wave. **59.** ~ morta media (da 100 a 200 m) (*mar.*), average swell wave. **60.** ~ morta moderata (da 2 a 4 m) (*mar.*), moderate swell wave. **61.** onde persistenti (di ampiezza costante) (*eltn.*), undamped waves. **62.** onde persistenti (onde continue) (*radio*), continuous waves. **63.** onde persistenti alternate (*radio*), alternating continuous waves, ACW. **64.** onde persistenti interrotte (*radio*), interrupted continuous waves, ICW . **65.** ~ persistente modulata (*radio*), modulated continuous wave, MCW. **66.** ~ piana (*fis.*), plane wave. **67.** ~ plasma (onda longitudinale, onda elettromagnetica propagantesi in un plasma) (*fis. dei plasmi*), plasma wave, longitudinal wave. **68.** ~ plasma ionico (oscillazione di plasma ionico) (*fis.*), ion plasma wave, ionic plasma oscillation. **69.** ~ polarizzata circolarmente (*radio*), circularly polarized wave. **70.** ~ polarizzata ellitticamente (*radio*), elliptically polarized wave. **71.** ~ portante (*radio*), carrier wave. **72.** ~ progressiva (*fis.*), progressive wave. **73.** ~ pseudosonica (onda acustica ionica, di bassa frequenza) (*fis. dei plasmi*), pseudosonic wave, ion sound wave. **74.** ~ quadra (onda quadrata: i cui valori cambiano bruscamente e periodicamente) (*fis.*), square wave. **75.** ~ riflessa (nella propagazione del suono per es.) (*fis.*), reflected wave. **76.** ~ riflessa dal suolo (la parte dell'onda diretta che viene riflessa dalla terra) (*radio*), ground-reflected wave. **77.** ~ sferica (*fis.*), spherical wave. **78.** ~ sinusoidale (*fis.*), sine wave. **79.** ~ sismica (scossa) (*geol.*), earthquake wave. **80.** ~ sismica di carattere ondulatorio (*geol.*), push wave. **81.** ~ smorzata (*fis.*), damped wave. **82.** ~ sonora (*acus.*), sound wave. **83.** ~ stazionaria (*elett. - acus. - ecc.*), stationary wave. **84.** ~ superficiale (*idr.*), surface wave. **85.** ~ superficiale (~ diretta, ~ di terra: radioonda che si propaga lungo la superficie della terra) (*radio*), ground wave. **86.** onde spaziali (di onde elettromagnetiche per es.) (*radio - ecc.*), space waves. **87.** ~ trasversale (*idr.*), transverse wave. **88.** onde trasversali (di un apparecchio di controllo ad ultrasuoni per es.) (*fis. - tecnol. mecc.*), shear waves. **89.** ~ ultracorta (*radio*), ultra-short wave. **90.** ~ vagante (*idr.*), travelling wave. **91.** ~ verde (tipo di sincronizzazione di semafori: snellisce il traffico a velocità uniforme) (*traff. strad.*), wave system. **92.** altezza dell'~ (*fis. mar.*), wave height. **93.** ampiezza dell'~ (*elett. - acus. - idr. - ecc.*), wave amplitude. **94.** cresta dell'~ (*idr.*), wave crest. **95.** deformazione d'~ (*elett.*), wave distortion. **96.** filtro d'~ ("cutoff", filtro usato in app. di misura della rugosità di superfici) (*app. mis.*), cutoff. **97.** forma d'~ (della tensione di un alternatore per es.) (*elett.*), wave form (am.), wave-form (ingl.). **98.** forma d'~ per l'esplorazione alternata del quadro (*telev.*), frame keystone. **99.** fronte dell'~ (*fis.*), wave front. **100.** guida d'~ (guida cava: conduttura metallica cava di sezione circolare o rettangolare usata per la propagazione di radioonde di lunghezza dell'ordine della dimensione trasversale della conduttura) (*radiotelefonia*), wave guide (am.). **101.** lunghezza d'~ (dell'ondulazione di una superficie lavorata di macchina) (*mecc.*), wavelength. **102.** lunghezza d'~ (*radio*), wavelength, w.l. **103.** lunghezza d'~ fondamentale (di un'antenna) (*radio*), fundamental wavelength (ingl.). **104.** misuratore di lunghezza d'~ a eterodina (*radio*), heterodine wavemeter. **105.** treno di onde (*fis.*), wave train.

ondàmetro (per onde elettromagnetiche) (*strum. elett. - strum. radio*), wavemeter, frequency meter. **2.** ~ a cicalino (*strum. radio*), buzzer wavemeter. **3.** ~ ad assorbimento (per misurare le radiofrequenze) (*strum. di mis.*), grid-dip meter.

ondata (*gen.*), sea heavy swell, heavy wave. **2.** ~ di calore (*meteor.*), heat wave (*colloquiale*).

ondina (*strum. med.*), basin.

ondògrafo (*strum. elett.*), ondograph.

ondogramma (*elett.*), ondogram.

ondulare (*gen.*), to undulate.

ondulato (di fogli di lamiera, di Eternit ecc.) (*ind. - ed.*), undulated, corrugated. **2.** ~ (increspato: della superficie dell'acqua per es.) (*gen.*), rippled. **3.** lamiera ondulata (per copertura di baracche per es.) (*ed.*), corrugated iron.

ondulatore (apparecchio per trasformare corrente

continua in corrente alternata) (*app. elett.*), inverter.

ondulatòrio (*a.*), undulatory. **2.** movimento ~ (*fis.*), undulation.

ondulatura (procedimento di ondulatura, di una lamiera per es.) (*tecnol. mecc.*), corrugation, corrugating.

ondulazione (della fibra della lana per es.) (*ind. tess.*), waviness. **2.** ~ (di una corrente raddrizzata per es.) (*elett. radio.*), ripple. **3.** ondulazioni (sulla superficie di oggetti di vetro) (*mft. vetro*), washboard. **4.** ~ (di una lamiera) (*difetto lav. lamiera*), waviness buckling, waving. **5.** ~ (grinza laterale, di un pezzo imbutito) (*difetto lav. lamiera*), pucker. **6.** ondulazioni (onde, grinze) (*difetto lav. lamiera*), puckering. **7.** altezza dell'~ (di una superficie lavorata) (*mecc.*), waviness height. **8.** leggera ~ (increspatura della superficie lavorata dovuta alla vibrazione dell'utensile) (*difetto mecc. di lavorazione*), chatter mark. **9.** spaziatura dell'~ (lunghezza d'onda dell'ondulazione, di una superficie lavorata) (*mecc.*), waviness width.

ondulometro (scabrosimetro, rugosimetro per misurare la rugosità superficiale) (*strum. mecc.*), profilograph, profilometer, surface roughness measuring instrument.

ònere (*comm.*), charge, burden. **2.** ~ fiscale (*finanz.*), tax burden. **3.** oneri bancari (spese bancarie) (*comm.*), bank charges. **4.** oneri di transazione (*leg. - comm.*), transaction costs. **5.** oneri obbligatori (*amm. pers. di fabbrica*), compulsory charges. **6.** oneri sociali (per assicurazione per es., a carico ditta) (*pers.*), social charges.

ònice (varietà di calcedonio) (*min.*), onyx.

onnidirezionale (di antenna, microfono ecc.) (*a. - radio - elettroacus.*), omnidirectional.

onorario (compenso dato a un professionista), fee.

ontano (*legn.*), alder.

oolite (*roccia*), oolite.

opacamento (da velo di ossido, su una superficie metallica) (*difetto*), tarnish.

opacarsi (di un metallo per es.) (*difetto metall.*), to tarnish.

opacimetro (diafanometro) (*strum.*), opacimeter.

opacità (*fis.*), opacity, opaqueness. **2.** ~ (*vn.*), flatness. **3.** ~ (all'energia radiante) (*luce - suono - onde elettromag. - ecc.*), opacity.

opacizzante (*s. - chim. - ecc.*), opacifier. **2.** ~ (additivo per rendere opaca la vernice) (*vn.*), dimmer.

opacizzare (rendere opaco) (*gen.*), to dull, to make dull. **2.** ~ (togliere la brillantezza) (*vn.*), to flat, to dull, to tarnish.

opacizzazione (*vn.*), tarnishing, dulling, flatting.

opaco (non trasparente alla luce) (*a. - fis.*), opaque. **2.** ~ (non lucido: di verniciatura per es.) (*a. - fis.*), matt, matte, flat, free from gloss, dull. **3.** ~ (non trasparente) (*gen.*), sightproof. **4.** rendere ~ (togliere la brillantezza) (*vn.*), to flat, to dull, to tarnish. **5.** superficie opaca (*gen.*), matting.

opale (SiO_2 nH_2O) (*min.*), opal. **2.** ~ girasole (girasole) (*min.*), girasol, girasole.

opalescènza (*fis.*), opalescence. **2.** ~ (sfiammatura biancastra) (*difetto vn.*), milkiness.

òpera d'arte (ponte ecc., di una strada o ferrovia) (*ed.*), structure. **2.** ~ di presa (*idr.*), intake construction. **3.** ~ idraulica (chiusa di un canale, molo, frangiflutti ecc.) (*idr. - ed.*), waterwork. **4.** ~ morta (parte al di sopra della linea d'acqua) (*nav.*), upperworks, topside. **5.** ~ viva (parte immersa dello scafo) (*nav.*), quickwork, bottom. **6.** messa in ~ (*gen.*), installation. **7.** messa in ~ di tubi (*tubaz.*), pipelaying, pipe laying. **8.** opere fluviali (*ed.*), river works.

operaia (*op.*), workwoman.

operaio (*op.*), worker, workman, labourer, laborer, blue-collar, operative. **2.** ~ (manovale) (*op.*), laborer (am.), labourer (ingl.). **3.** ~ addetto al cubilotto (*op. metall.*), cupola tender. **4.** ~ addetto al gruppo refrigerante (*op.*), refrigerator. **5.** ~ addetto alla manutenzione dei montacarichi (*op. min.*), rollerman. **6.** ~ addetto alla masticatrice (nella manifattura gomma) (*op.*), masticator. **7.** ~ addetto alla pulitrice (*op.*), polisher. **8.** ~ addetto alla punzonatrice (*op.*), piercer. **9.** ~ addetto all'essiccatore (nella manifattura della carta) (*op.*), drierman, dryerman. **10.** ~ avventizio (~ temporaneo; ~ non fisso) (*organ. pers.*), temp. **11.** ~ che lavora con macch. ut. (*op. mecc.*), operator, machinist. **12.** ~ comune (operaio non specializzato) (*op.*), unskilled worker. **13.** ~ di riserva (*op.*), spare hand. **14.** ~ esperto in lavorazioni alla macchina utensile (*op.*), machinist. **15.** ~ finitore (*op. vn. - fond.*), rubber, finisher. **16.** ~ formatore (*op. fond.*), former. **17.** ~ inesperto (manodopera non qualificata) (*op.*), fresh hand, untrained hand. **18.** ~ ingrassatore (*op.*), greaser, fatter (ingl.). **19.** ~ metallurgico (*op.*), ironworker. **20.** ~ montatore (*op. mecc.*), fitter. **21.** ~ produttivo (*ind.*), productive worker. **22.** ~ pulitore al deposito locomotive (*op. ferr.*), wiper. **23.** ~ qualificato (*op.*), semiskilled worker. **24.** ~ sabbiatore (*op.*), sandblast operator. **25.** ~ scavatore (*op.*), excavator. **26.** ~ sgrossatore (*op. mecc.*), rougher. **27.** ~ specializzato (*op. ind.*), skilled workman. **28.** ~ stenditore (*op. mft. carta*), dry worker. **29.** ~ tessile (*op. tess.*), textile worker. **30.** ~ tornitore (*op. mecc.*), turner, lathe worker. **31.** operai non iscritti ad alcun sindacato (*lav.*), lump (ingl.).

operando (quantità che deve essere elaborata) (*s. - elab.*), operand.

operativo (*a. - milit.*), operational. **2.** ~ (*a. - ind.*), operative. **3.** ~ (pronto: riferito allo stato operazionale di un sistema o di una unità pronta ad operare: una periferica per es.) (*a. - elab.*), on-line, online. **4.** rendere ~ (p. es.: un veicolo, un equipaggiamento, un programma) (*gen. - elab.*), to operationalize.

operatore (addetto alla messa a punto della macchina utensile e dell'attrezzatura) (*op. off.*), set up man, millwright. **2.** ~ (*gen.*), operator. **3.** ~ (la parte di una istruzione che indica l'azione da eseguire sugli operandi) (*elab.*), operator. **4.** ~ (una persona che governa il lavoro dell'elaboratore) (*elab.*), operator. **5.** ~ del terminale (o utilizzatore del terminale) (*elab.*), terminal user. **6.** ~ diadico (~ che agisce solo su due operandi) (*elab.*), dyadic operator. **7.** ~ di cabina (*cinem.*), projectionist. **8.** ~ di console (*elab.*), console operator. **9.** ~ di macchina (*pers. elab.*), machine operator. **10.** ~ di macchina contabile (*elab. - comm. - amm.*), bookkeeping machine operator. **11.** ~ di macchine da ripresa (*telev. - cinem.*), cameraman. **12.** ~ di proiezione (*cinem.*), projectionist. **13.** ~ di relazione (che opera un confronto rispetto a due valori: vero o falso) (*elab.*), relational operator. **14.** ~ fonico (*cinem.*), recordist. **15.** ~ televisivo (*cinem.*), cameraman. **16.** lato ~ (di una macchina) (*macch. ut. - ecc.*), operator side.

operazione (*tecnol. - mecc.*), operation. **2.** ~ (*finanz.*), transaction, operation. **3.** ~ (*milit.*), operation. **4.** ~ (passo singolo fatto durante l'esecuzione di un programma) (*s. - elab.*), operation. **5.** ~ aritmetica (*elab.*), arithmetic operation. **6.** ~ aritmetica binaria (*mat. - elab.*), binary arithmetic operation. **7.** ~ automatica (~ che non richiede presenza umana) (*elab.*), unattended operation. **8.** ~ automatica singola (di una calcolatrice) (*lav. uff.*), kick. **9.** ~ binaria (*mat. - elab.*), binary operation. **10.** ~ di asciugatura (dopo la lavatura e prima della verniciatura della carrozzeria) (*costr. carrozz. aut.*), drying. **11.** ~ di avvolgere (*gen.*), wrapping, lapping. **12.** ~ di campagna (*top.*), field operation. **13.** ~ di identità (o di equivalenza) (*elab.*), identity operation. **14.** ~ di non congiunzione (~ booleana binaria) (*elab.*), non conjunction, NAND operation. **15.** ~ di OR inclusivo (*elab.*), inclusive OR operation. **16.** ~ di ricupero (*mecc.*), salvage operation. **17.** ~ di sgrassatura (*mecc. ind.*), degreasing operation. **18.** ~ di trasferimento (*elab.*), transfer operation. **19.** ~ fuori linea (*elab.*), off-line operation. **20.** ~ in linea (*elab.*), on-line operation. **21.** ~ in orizzontale (*mat. - elab.*), crossfooting. **22.** ~ in serie (elaborazione in serie) (*macch. ut. a c.n.*), serial operation. **23.** ~ in tempo reale (~ eseguita immediatamente dopo l'immissione dei dati) (*elab.*), real-time operation. **24.** ~ logica (*elab.*), logic operation, logical operation. **25.** ~ logica (o Booleana) diadica (*elab. - mat.*), dyadic logical operation. **26.** ~ manuale (*elab.*), manual operation. **27.** ~ media di calcolo (*elab.*), average calculating operation. **28.** ~ NAND, *vedi* ~ di non congiunzione. **29.** ~ non assistita, *vedi* ~ automatica. **30.** ~ NOR (*elab.*), non disjunction, NOR operation. **31.** ~ parallela (*elab.*), parallel operation. **32.** ~ sequenziale (*elab.*), sequential operation. **33.** ~ seriale (*elab.*), serial operation. **34.** operazioni al minuto (numero di operazioni al minuto) (*elab.*), Operations Per Minute, OPM. **35.** operazioni al secondo (numero di operazioni al secondo) (*elab.*), operations per second, OPS. **36.** operazioni militari (*milit.*), military operations, warfare. **37.** operazioni militari (dell'esercito) (*milit.*), operations of the army. **38.** operazioni periodiche (ad un mot. automobilistico ecc.) (*mot. - ecc.*), periodical attentions. **39.** operazioni preparatorie, o ausiliarie, o di servizio (operazioni di manutenzione, per es. che non riguardano la soluzione di programmi) (*elab.*), housekeeping. **40.** operazioni secondarie (*macch. calc.*), red-tape operations. **41.** teatro di operazioni (*milit.*), theater of operations.

opere pubbliche (lavori pubblici, opere di pubblica utilità) (*ed. - elett. - idr. - ecc.*), public works.

opinione (*gen.*), opinion. **2.** essere dell' ~ (essere del parere) (*gen.*), to be of the opinion. **3.** indagine d' ~ (*comm.*), opinion poll, opinion research.

òppio (acero campestre, acero comune, loppio) (*legn.*), field maple.

opporsi (agire in opposizione) (*elett.*), to buck.

opposizione (*astr.*), opposition. **2.** ~ (*leg.*), challenge. **3.** ~ contro determinati giurati (*leg.*), challenge to the poll. **4.** ~ contro l'intera giuria (*leg.*), challenge to the array. **5.** ~ di fase (di quantità alternate simmetriche) (*elett. - fis. - ecc.*), phase opposition. **6.** ~ per ragioni di legittima suspicione (*leg.*), challenge to the favor. **7.** corrente in ~ (*elett.*), bucking current. **8.** in ~ (*elett.*), bucking. **9.** in ~ di fase (*a. - elett. - radio*), push-pull.

opposto (contrapposto: di cilindri per es.) (*a. - mot.*), opposed. **2.** ~ (*geom.*), opposite.

optimum (*s. - fis. - comm.*), optimum.

optoelettronica (scienza che tratta la luce, trasportata con fibre ottiche per es., in collegamento con l'elettronica delle telecomunicazioni) (*s. - ott. - eltn. - tlcm.*), optoelectronics.

optoelettronico (*a. - ott. - eltn. - tlcm.*), optoelectronic.

optometro (ottometro, strumento per misurare la distanza di visione nitida, per la scelta di occhiali) (*strum. ott. - med.*), optometer.

opuscolo (*comm. - tip. - ecc.*), booklet, pamphlet, brochure.

opzione (*comm. - finanz.*), option. **2.** diritto di ~ (*finanz.*), right of option. **3.** diritto di ~ (per l'acquisto di azioni) (*finanz.*), stock right, stock option.

OR (somma logica: algebra Booleana) (*mat. - elab.*), "OR". **2.** ~ esclusivo, porta di non equivalenza (operatore logico dell'algebra Booleana) (*elab.*), exclusive OR, EX-OR. **3.** ~ inclusivo (*elab.*), inclusive OR.

ora, hour, time. **2.** ~ (orario, momento della partenza o dell'arrivo di un treno per es.) (*trasp.*), time. **3.** ~ decimale (unità di misura per rilevare i tempi con cronometri nei quali la sfera compie 100 giri in un'ora) (*studio dei tempi*), decimal hour. **4.** ~ del fuso orario (*astr.*), zone time. **5.** ~ di arrivo (*aer.*), arrival time. **6.** ~ di decollo (*aer. - trasp.*), takeoff time. **7.** ~ di Greenwich (~ universale sul meridiano di Greenwich) (*astr.*), Greenwich mean time, GMT. **8.** ~ (di lavoro) di operaio (ora di manodopera) (*ind.*), manhour. **9.** ~ di punta (*telef. - ecc.*), busy hour, busiest hour. **10.** ore di punta (*traff.*), rush hours. **11.** ~ di straordinario (oltre l'orario normale di lavoro) (*op. - pers.*), overtime. **12.** ~ effettiva di arrivo (*aer. - ecc.*), actual arrival time. **13.** ~ (legale) estiva (anticipa di un' ~ l' ~ effettiva) (*econ. di elett.*), daylight saving time, daylight time. **14.** ~ legale (*astr. - leg.*), standard time. **15.** ~ locale (rispetto all'ora di Greenwich) (*nav. aerea - marittima - ecc.*), local time. **16.** ~ luce (unità di lunghezza equivalente alla distanza percorsa, in un' ~, dalla luce) (*mis. astr.*), light -hour. **17.** ~ (di) macchina (una macchina che opera per un' ~) (*organ. ind.*), machine-hour. **18.** ~ media locale (*astr.*), local mean time, LMT. **19.** ~ reciproca (*fis. atom.*), *vedi* "inhour". **20.** ~ siderale locale (*astr.*), local sidereal time, LST. **21.** ~ solare (*astr.*), apparent time. **22.** ~ solare di Greenwich (*geofis.*), Greenwich apparent time, GAT. **23.** ~ solare misurata sul meridiano di Greenwich (*geogr.*), Greenwich time. **24.** ~ zero (*gen.*), zero hour. **25.** ore di lavoro settimanali (ore lavorative effettuate o da effettuare, durante una settimana calendariale) (*tempo lavorativo*), workweek, working week. **26.** ore non di punta (*traffico - ecc.*) off-peak hours. **27.** ore straordinarie (di operai per es.), overtime.

orafo (*arte*), goldsmith.

orario (ora, momento della partenza o dell'arrivo di un treno per es.) (*trasp.*), time. **2.** ~ di lavoro (di operaio od impiegato), working time, working hours, workday. **3.** orari di lavoro scaglionati (o sfalsati) (*organ. pers.*), staggered working hours. **4.** ~ di trasmissione (di una stazione) (*radio - telev.*), airtime. **5.** ~ ferroviario (*ferr.*), train timetable, train schedule. **6.** ~ flessibile (di un lavoratore p. es. in una industria) (*lav.*), flexible working hours, flextime. **7.** ~ grafico (dei treni) (*ferr.*), graphical timetable. **8.** a ~ ridotto (a tempo parziale) (*a. - lav.*), part-time.

oratòrio (di una chiesa) (*arch.*), chantry, oratory.

òrbita (*astr.*), orbit. **2.** ~ di frenatura (di una capsula spaziale) (*astric.*), braking orbit. **3.** ~ di parcheggio (di un veicolo spaziale che serve di stazione di lancio di un altro veicolo) (*astric.*), parking orbit. **4.** ~ geostazionaria (p. es. di un satellite, che descrive una ~ intorno alla terra, mentre questa compie una completa rotazione) (*satellite*), stationary orbit. **5.** ~ polare (di un satellite per es.) (*astric.*), polar orbit. **6.** combinazione di orbite (atomiche) (*chim. - fis.*), linear combination of atomic orbitals, LCAO. **7.** essere in ~ (orbitare o girare in orbita, di un satellite per es.) (*verbo intransitivo - astric.*), to orbit. **8.** mandare fuori ~, andare fuori ~ (transitivo e intransitivo: di un veicolo spaziale per es.) (*astric.*), to deorbit. **9.** mettere in ~ (un satellite attorno alla luna, alla terra ecc.) (*astric.*), to orbit, to carry into orbit. **10.** piano dell' ~ (*astr.*), plane of the orbit.

orbitale (*a. - astric. - astr.*), orbital. **2.** volo ~ (*astric.*), orbital flight.

orbitante (*a. - gen.*), orbiting. **2.** ~ (di elettroni per es.) (*a. - fis.*), spinning.

orbitare (girare in orbita, di un satellite per es.) (*verbo intransitivo- astric.*), to orbit.

orchèstra (spazio per i musicisti in un teatro moderno) (*arch.*), orchestra.

ordigno (*gen.*), contrivance. **2.** ~ esplosivo (piazzato a tranello) (*espl.*), booby trap (am.).

ordimento (*ind. tess.*), warping.

ordinale (*a. - mat.*), ordinal.

ordinamento (disposizione su un foglio da disegno delle tabelle col numero del disegno, informazioni sui materiali ecc.) (*dis. mecc.*), layout. **2.** ~ (sistemazione programmata di dati; ad es. di un archivio) (*s. - elab.*), sorting, sort. **3.** ~ a blocchi, *vedi* selezione a blocchi. **4.** ~ aritmetico (*mat. - elab.*), arithmetic sort. **5.** ~ per colonne (*elab.*), column sorting.

ordinanze tecniche, OT (modifiche per la sicurezza del volo da introdursi sugli aerei) (*aer.*), technical order, TO.

ordinare (fare una ordinazione) (*comm.*), to order. **2.** ~ (comandare), to order, to command. **3.** ~ (mettere in ordine) (*gen.*), to order, to set in order, to arrange. **4.** ~ (disporre in senso crescente o decrescente per es.) (*gen.*), to grade. **5.** ~ (dare corso ad un ordinamento sistemando i dati in un ordine particolare: p. es. in un archivio) (*elab.*), to sort. **6.** ~ in anticipo (*comm. - ind.*), to preorder.

ordinario (comune) (*a. - gen.*), ordinary. **2.** ~ (detto di manutenzione ecc.) (*a. - gen.*), routine.

ordinata (*mat.*), ordinate. **2.** ~ (chiusa: di fusoliera) (*aer.*), frame, transverse frame (or rib). **3.** ~ (di nave in legno) (*nav.*), frame, timber. **4.** ~ (di nave in ferro) (*nav.*), frame. **5.** ~ composta (*costr. nav.*), web frame. **6.** ~ deviata (costa deviata) (*costr. nav.*), cant, cant frame. **7.** ~ di forza (*aer.*), spar frame. **8.** ~ di longherone (ordinata di forza) (*aer.*), spar frame. **9.** ~ di paratia (*costr. nav.*), bulkhead frame. **10.** ~ intermedia (di un aereo) (*aer.*), intermediate transverse frame. **11.** ~ longitudinale (di un aereo) (*aer.*), longitudinal frame. **12.** ~ maestra (*costr. nav.*), main frame. **13.** ~ perpendicolare al piano di simmetria (di una nave) (*costr. nav.*), square frame. **14.** ~ rinforzata (ordinata composta) (*costr. nav.*), web frame. **15.** ~ rovescia (controordinata) (*costr. nav.*), reverse frame. **16.** ordinate verticali dello stellato di poppa (*costr. nav.*), dead risings. **17.** impostare le ordinate (*costr. nav.*), to frame.

ordinato (*a. - mat.*), ordered.

ordinatore (selezionatore: apparecchio per selezionare o sistemare in un ordine particolare schede perforate, copie ecc.) (*elab.*), sorter.

ordinatrice (~ di schede, selezionatrice) (*elab.*), card sorter.

ordinazione (*comm.*), order. **2.** ~ di acquisto merci dall'estero (*comm.*), indent. **3.** ~ di ripetizione (riordinazione) (*ind.*), reorder. **4.** in ~ (*comm.*), on order. **5.** su ~ (*comm.*), on order.

òrdine (ordinazione) (*comm.*), order. **2.** ~ (comando), order. **3.** ~ (sistemazione ordinata), order. **4.** ~ (*arch.*), order. **5.** ~ (di archi posti in fila uno sopra l'altro per es.) (*arch. - ecc.*), tier, row. **6.** ~ (di un determinante o di una matrice) (*mat.*), rank. **7.** ~ (*mat.*), order. **8.** ~ aperto (ordine generale, ordine non definitivo relativamente al programma consegne) (*ind.*), open order, order with undefined delivery date. **9.** ~ basso (relativo alla cifra nella posizione più a destra di un numero o stringa, oppure quella più in basso a destra in una matrice: si riferisce alla cifra di minor valore) (*elab.*), low order. **10.** ~ chiuso (disposizione di truppe) (*milit.*), close order. **11.** ~ corinzio (*arch.*), Corinthian order. **12.** ~ del giorno (*milit.*), order of the day. **13.** ~ del giorno (argomenti da esaminare in una riunione) (*gen.*), agenda. **14.** ~ di accensione (in motore multicilindrico per es.) (*mot.*), firing order. **15.** ~ di acquisto (*amm. - comm.*), purchase order. **16.** ~ di arresto intermedio (stop intermedio) (*macch. ut. a c.n.*), break point instruction, check point instruction. **17.** ~ di arrivo determinato con fotografia (*sport*), photo finish. **18.** ~ di bagli (*nav.*), tier of beams. **19.** ~ di consegna (*comm.*), delivery order. **20.** ~ differito (*comm.*), back order. **21.** ~ di graduatoria (*stat.*), rank order. **22.** ~ di lavoro (*off.*), job order, job ticket. **23.** ~ di precedenza (per stringere i bulloni della testata di un motore per es.) (*gen.*), sequence. **24.** ~ dorico (*arch.*), Doric order. **25.** ~ impegnativo (*ind.*), firm order. **26.** ordini inevasi (complesso degli ordini non ancora eseguiti) (*elab. - ecc.*), backlog. **27.** ~ informativo (*ind.*), tentative order. **28.** ~ ionico (*arch.*), Ionic order. **29.** ~ logico (istruzione logica) (*elab.*), logic order, logical instruction. **30.** ~ per consegna pronta e pagamento a contanti (*comm.*), spot order. **31.** ~ per corrispondenza (*comm.*), mail order. **32.** ~ permanente (per una pubblicazione periodica per es.) (*comm.*), standing order. **33.** ~ per materiale da difesa (per acquisti in U.S.A.) (*comm. internazionale*), defence order, DO. (am.). **34.** ~ regolare (*gen. - amm.*), formal order. **35.** mettere all'~ del giorno (p. es. un problema, un progetto ecc.) (*gen.*), to table. **36.** mettere in ~ (disporre ogni cosa secondo uno schema: funzionale o estetico ecc.) (*gen.*), to marshal, to arrange, to put in order, to order. **37.** numero dell'~ di lavoro (*organ. lav. di fabbrica*), job order number, job number.

ordire (*ind. tess.*), to warp.

ordito (*ind. tess.*), warp. **2.** bocca di ~ (angolo formato dalle due direzioni del filo di ordito attraverso cui passa la navetta) (*ind. tess.*), shed. **3.** filo di ~ (*ind. tess.*), warp yarn.

orditoio (*macch. tess.*), beaming machine, warping machine, warping mill. **2.** ~ a coni (*macch. tess.*), cone warping machine. **3.** ~ meccanico (*macch. tess.*), warping machine, warping mill. **4.** ~ meccanico a sezioni (*macch. tess.*), section warping mill.

orditore (*op. tess.*), warper.

orditura (*ind. tess.*), warping. **2.** ~ del tetto (*ed.*), roof frame, roof scaffolding.

orecchia (*arch.*), crossette, croset, ear. **2.** ~ (piccolo aggetto di una fusione per es.) (*fond.*), ear. **3.** ~ (sull'orlo superiore di un imbutito profondo) (*difetto lav. lamiera*), ear. **4.** ~ (angolo di pagina risvoltato) (*libro*), dog's-ear. **5.** ~ (aggetto) (*mecc.*), lug, tab. **6.** con orecchie (con gli angoli delle pagine rivoltati) (*a. - libro*), dog-eared.

orecchio (dell'aratro) (*agric.*), moldboard. **2.** ~ artificiale (*strum. elettroacus.*), artificial ear. **3.** ~ (patta, di àncora) (*nav.*), fluke.

orecchione (di una staffa) (*fond.*), lug. **2.** ~ (di un cannone) (*artiglieria*), trunnion. **3.** ~ di sollevamento (anello di sollevamento, golfare di sollevamento) (*mecc.*), lifting lug.

orecchioniera (di un cannone) (*milit.*), trunnion cradle.

"orgàndi" (*tessuto*), organdie, organdy.

orgànico (*a. - chim.*), organic. **2.** ~ (dipendenti effettivi, forza; personale disponibile di un'industria) (*s. - ind.*), manpower.

organigramma (grafico della gerarchia e degli incarichi nei vari settori di attività dello stabilimento) (*organ. direzione*), personnel organization chart.

organizzare (*ind. gen.*), to organize. **2.** ~ una corsa (*sport*), to organize a race.

organizzazione (*gen.*), organization. **2.** ~ ausiliaria di vendita (*comm.*), sales aids. **3.** ~ dell'immagazzinamento mediante piattaforme adatte a carrelli a forca per movimento interno (paletizzazione) (*ind.*), palletization. **4.** ~ economica (*comm.*), trading organization. **5.** ~ e metodi (*organ.*), organization and methods. **6.** ~ funzionale (con dirigenti specializzati e con funzioni consultive per i capi esecutivi) (*organ. - direzione di ind.*), staff organization, functional organization. **7.** ~ gerarchico-funzionale (*organ. - direzione di ind.*), line-and-staff organization. **8.** Organizzazione Internazionale per l'Unificazione (*mecc. - ecc.*), International Standardization Organization, ISO. **9.** ~ lineare (organizzazione gerarchica in cui ciascun superiore è capo diretto dei suoi subordinati) (*organ. - direzione di ind.*), line organization. **10.** ~ meteorologica internazionale (*meteor.*), International Meteorological Organization, IMO. **11.** ~ periferica (*comm. - ecc.*), field organization. **12.** Organizzazione per la Collaborazione Economica Europea (*comm.*), Organization for European Economic Cooperation, OECE. **13.** ~ scientifica del lavoro (*ind.*), scientific management. **14.** ~ sindacale (*organ. lav.*), labor organization, trade union. **15.** non appartenente ad ~ sindacale (di operaio per es.) (*a. - organ. lav.*), free. **16.** tecnica dell'~ (tecnica dei sistemi organizzativi) (*organ.*),

systems engineering. **17.** tecnico dell' ~ (di un'azienda) (*organ.*), systems engineer.
òrgano (*strum. mus.*), organ. **2.** ~ a due tastiere (*strum. mus.*), two–manual organ. **3.** ~ cedente (cedente di una coppia camma e punteria) (*mecc.*), cam follower. **4.** ~ di collegamento (di un'articolazione) (*mecc.*), coupler. **5.** ~ di macchina (*macch.*), machine member. **6.** ~ di presa (di veic. elett.: asta di presa o "trolley" per es.), current collector. **7.** ~ di repulsione (di una locomotiva per es.) (*ferr.*), buffer gear. **8.** ~ di trazione (di una locomotiva per es.) (*ferr.*), draft gear. **9.** ~ elettro–acustico (*strum. mus.*), electric organ. **10.** ~ motore (*macch.*), mover.
organogramma, *vedi* organigramma.
organzino (*mft. seta*), organzine, double–thrown silk. **2.** ~ speciale ("grenadine") (*ind. tess.*), grenadine.
oricello (sostanza colorante) (*ind.*), archil, orchilla. **2.** estratto di ~ (*coloranti*), archil extract.
orientàbile (di un utensìle su una macchina per es.) (*mecc.*), swinging, revolving.
orientale (*a. - geogr.*), oriental.
orientamento (*aer. - nav.*), orientation. **2.** ~ (dei fari) (*aut.*), aiming. **3.** ~ mediante radio (*aer. - nav. - radio*), orientation by radio. **4.** ~ molecolare (*struttura del materiale*), molecular orientation. **5.** far variare ~ (p. es. dare un nuovo ~ ad un veicolo spaziale già in orbita: farlo girare su se stesso di un determinato angolo) (*astric. - mecc.*), to torque.
orientare (*gen.*), to orient. **2.** ~ (posizionare, un pezzo) (*analisi tempi*), to position. **3.** ~ (le vele) (*nav.*), to trim. **4.** ~ (una mappa per es.) (*top.*), to orient, to set. **5.** ~ una carta (*top.*), to set a map, to orient a map.
orientarsi (*aer.*), to orient oneself, to find one's bearing.
oriènte (*gen.*), east, orient.
orifizio (*fis.*), orifice. **2.** ~ dosatore (di un carburatore per es.) (*mecc.*), metering orifice.
originale (manoscritto, dattiloscritto, di un libro per es.) (*tip. - edit.*), original. **2.** ~ (*s. - fotomecc.*), original. **3.** ~ (dal quale vengono stampate copie per es.) (*tip. - elab. - ecc.*), master. **4.** ~ al tratto (*fotomecc.*), line original. **5.** ~ a retino (*fotomecc.*), screen original. **6.** ~ da copiare (modello, p. es. quello utilizzato da una fresatrice a copiare) (*macch. ut.*), master.
origine (*gen.*), origin. **2.** ~ (di coordinate) (*mat.*), origin. **3.** ~ (della traiettoria di un proiettile per es.) (*fis.*), initial point. **4.** certificato di ~ (*comm.*), certificate of origin. **5.** di ~ vulcanica (p. es. una roccia) (*geofis.*), volcanogenic.
orinatoio (*ed.*), urinal. **2.** ~ a muro (*ed.*), wall urinal.
"O–ring" (anello di tenuta toroidale) (*mecc. - tubaz.*), O ring.
Orione (*astr.*), Orion.
orizzontale, horizontal, level.
orizzonte (*astr.*), horizon. **2.** ~ artificiale (indicatore di assetto) (*strum. aer.*), artificial horizon. **3.** ~ astronomico (*astr.*), astronomical horizon. **4.** ~ celeste (*astr.*), celestial horizon. **5.** ~ ottico (*astr.*), optical horizon. **6.** ~ visibile (*astr.*), apparent horizon, visible horizon.
orlare, to border, to hem. **2.** ~ (provvedere di un margine) (*gen.*), to margin. **3.** ~ (*tess.*), to hem, to border.
orlatrice (*macch. tess.*), hemmer.
orlatura (di biancheria per es.) (*cucitura*), hem, hemming. **2.** ~ (*lav. lamiere*), hemming. **3.** ~ periferica (della calotta di un paracadute) (*aer.*), peripheral hem.
orletto (tra il piedino e l'astina di una lampada a incandescenza) (*costr. lampade elett.*), seal.
orlo (*gen.*), border, edge, rim, skirt. **2.** ~ (di un vaso o di una cavità) (*gen.*), lip, brim. **3.** ~ (di biancheria per es.), hem. **4.** ~ (di oggetto circolare o curvo), rim. **5.** ~ (di flangia per es.), edge. **6.** ~ (nel senso di confine, di bordo: di tappeto per es.), border. **7.** ~ (su di un tessuto) (*cucitura*), fell. **8.** ~ arrotondato, rounded edge. **9.** ~ doppio (bordino doppio, di una ruota di gru per es.) (*mecc.*), double flange. **10.** ~ grezzo (*mft. carta*), mill edge. **11.** ~ periferico (della calotta di un paracadute) (*aer.*), peripheral hem. **12.** a ~ grezzo (detto di carta) (*a. - mft. carta*), mill–cut. **13.** arrotondamento dell' ~ (*gen.*), rounding off the edge.
orma (traccia lasciata dal battistrada di un pneumatico per es.), tread.
ormeggiare (*nav.*), to moor. **2.** ~ a ruota (*nav.*), to moor on a single anchor. **3.** ~ di poppa (*nav.*), to tail. **4.** ~ lasciando un limitato grado di libertà (*nav. - ecc.*), to tether.
ormeggiarsi (*nav.*), to moor.
ormeggio (*nav.*), mooring. **2.** ~ a ruota (ad una sola àncora attorno a cui la nave gira col mutar del vento) (*nav.*), single anchor mooring. **3.** ~ centrale (di un dirigibile per es.) (*aer.*), center–point mooring. **4.** ~ di poppa (di un dirigibile per es.) (*aer.*), tail–guy mooring. **5.** ~ di prua (*nav.*), head mooring. **6.** ~ in quattro (*nav.*), fore–and–aft moorings, head and stern moorings. **7.** alberino di ~ (di un dirigibile) (*aer.*), mooring spindle. **8.** catena d' ~ (*nav.*), mooring chain, lashing chain. **9.** cattivo ~ (posto di ormeggio di nave) (*nav.*), foul berth. **10.** cavo di ~ (*nav.*), mooring rope, fast. **11.** cavo di ~ dell'anca (*nav.*), quarter fast. **12.** diritti di ~ (*nav.*), moorage. **13.** pilone di ~ (di dirigibile) (*aer.*), mooring mast, mooring tower. **14.** posto di ~ (di una nave) (*nav.*), berth. **15.** prove agli ormeggi (di una motobarca) (*nav.*), bollard tests. **16.** punto di ~ (parte rinforzata di un dirigibile per scopo di ormeggio) (*aer.*), mooring point. **17.** rompere gli ormeggi (*nav.*), to break moorings.
ornamentale (*a. - gen.*), ornamental.
ornamento (*arch.*), ornament, enrichment. **2.** ~ a dentelli (*arch.*), denticular ornament. **3.** ~ a fogliami (di un'apertura) (*arch.*), foliation, feather-

ing. **4.** ~ a linee curve intrecciate (rabesco) (*arte*), guilloche. **5.** ~ a ovoli e lancette (*arch.*), egg-and-dart ornament. **6.** ~ a rosone (in rilievo) (*arch.*), rosette, patera. **7.** ~ a zig-zag (nell'architettura romanica) (*arch.*), chevron. **8.** ~ floreale agli angoli del frontone (*arch.*), crocket. **9.** ~ ricorrente a foglie e lancette (*arch.*), leaf and dart. **10.** con ~ floreale (detto di una colonna per es.) (*arch.*), floriated.

ornare (*gen.*), to decorate, to adorn.

ornato (*arte*), ornamentation. **2.** ~ floreale (*arch. - pittura*), floriation, anthemion.

orneblènda (*min.*), hornblende.

ornitottero (aerodina alibattente) (*sc. aer.*), ornithopter (ingl.).

òro (Au - *chim.*), gold. **2.** ~ bianco (*metall.*), white gold. **3.** ~ fino, fine gold. **4.** ~ in depositi alluvionali (*min.*), stream gold. **5.** lega di ~ a $^{11}/_{12}$ (o 916/1000) (*lega*), sterling gold. **6.** placcato in ~, gold plated. **7.** punto di ~ (*finanz.*), gold point. **8.** vernice ~ (vernice contenente ~ finemente suddiviso: p. es. usato per decorare prodotti ceramici) (*vn.*), liquid gold.

orogenesi (*geol.*), orogenesis, orogeny, orogenesy.

orografia (parte della geogr. fis. che tratta delle montagne) (*geogr. fis.*), orography. **2.** ~ (andamento altimetrico) (*geogr. fis.*), relief.

orologeria, orologiaria (arte orologiaria) (*artigianato - ind.*), horology.

orologiaio, watchmaker.

orològio (da muro per es.), clock. **2.** ~ (da tasca o da polso), watch. **3.** ~ (montato sul cruscotto per es.) (*aut. - ecc.*), clock. **4.** ~ (apparecchio elettronico generatore di segnali sincroni: per temporizzare) (*elab. - ecc.*), clock, CLK. **5.** ~ (per la misura del tempo; funziona indipendentemente dalla attività del sistema, è di alta precisione) (*elab.*), day clock. **6.** ~ a cronometro (da tasca o da polso), timer, timepiece. **7.** ~ a doppio scappamento (*orologeria*), duplex escapement watch, duplex watch. **8.** ~ al cesio (orologio atomico comandato dalla frequenza di vibrazioni naturali di un raggio di atomi di cesio) (*strum. fis. atom.*), cesium clock. **9.** ~ antiurto (*orologeria*), shock absorbent watch. **10.** ~ a ripetizione, repeating clock. **11.** ~ astronomico (*strum.*), astronomical clock. **12.** ~ a suoneria oraria (~ che batte le ore) (*mis. tempo*), clock watch. **13.** ~ atomico (*strum. di mis.*), atomic clock. **14.** ~ controllo (in posizioni predisposte registra i tempi delle ispezioni eseguite dagli addetti alla sorveglianza) (*servizio notturno*), watch clock, watchman's clock. **15.** ~ da polso (*oggetto domestico*), wristwatch. **16.** ~ datario (registra su una memoria ROM, su domanda, giorno, mese, ora, minuti e secondi) (*elab.*), time-of-day clock, TOD. **17.** ~ elettrico (*strum. elett.*), electric clock. **18.** ~ elettrico sincrono (*strum. elett.*), synchronous electric clock. **19.** ~ in tempo reale (un ~ elettronico che indica la data effettiva e l'ora esatta su di uno schermo video; può anche registrare) (*elab.*), real-time clock. **20.** ~ macchina (*elab.*), time of day clock, TOD clock. **21.** ~ per bollatura cartoline (orologio per timbratura cartellini di presenza: del personale di una fabbrica per es.) (*app. per servizi gen.*), time clock, time recorder, telltale. **22.** ~ pilota (*strum.*), master clock. **23.** ~ pilota, ~ principale (*elab. - ecc.*), master synchronizer. **24.** ~ principale (di un impianto di orologi in uno stabilimento per es.) (*strum.*), master clock. **25.** ~ radioattivo (determina l'era geologica) (*fis. atom.*), radioactive clock. **26.** ~ regolato elettricamente (*elett.*), electrically-controlled clock. **27.** ~ secondario (di un impianto di orologi in uno stabilimento) (*strum.*), secondary clock. **28.** cassa dell'~ (*orologeria*), watchcase.

orpèllo (lega similoro) (*metall.*), tombac, tombak, tomback.

orpimento (As_2S_3) (*chim. - min.*), orpiment, arsenic trisulphide.

Orsa (*astr.*), Ursa, Bear. **2.** ~ Maggiore (*astr.*), Ursa Major, Great Bear. **3.** ~ Minore (*astr.*), Ursa Minor, Little Bear.

orthoforming (processo ~: processo di reforming catalitico) (*ind. chim.*), orthoforming. **2.** processo ~ a letto fluidificato (*ind. chim.*), fluid orthoforming.

ortica (*pianta*), nettle. **2.** fibra di ~ (*materia tess.*), nettle fiber.

orticon (tubo elettronico per l'analisi dell'immagine, orticonoscopio) (*telev.*), Orthicon.

orticonoscopio (*telev.*), Orthicon. **2.** ~ ad immagine elettronica (*telev.*), image orthicon.

orto (abbreviazione per ortocromatico) (*fot.*), ortho, orthochromatic.

ortocentro (punto d'incontro delle tre altezze di un triangolo) (*geom.*), orthocenter.

ortoclasio ($KAlSi_3O_8$) (*min.*), orthoclase.

ortocromàtico (*fot.*), orthochromatic.

orto-diossibenzene [$C_6H_4(OH)_2$] (pirocatechina) (*chim. - fot.*), pyrocatechin, pyrocatechol.

ortodromia (*nav.*), orthodromy.

ortodròmico (*a. - nav.*), orthodromic.

ortogonale (*geom.*), at right angle, orthogonal, square. **2.** ~ (con prodotto scalare zero) (*a. - mat.*), orthogonal. **3.** proiezione ~ (*geom.*), orthographic projection.

ortogonalità (*mecc. - ecc.*), squareness. **2.** fuori ~ (di un disco rispetto al suo asse di rotazione per es.) (*mecc.*), obliquity, inclination.

ortogonalizzazione (*mat.*), orthogonalization.

ortografia (*elab.*), spelling. **2.** (prospetto di un edificio) (*arch.*), orthograph.

ortografico (*a.*), orthographic. **2.** proiezione ortografica (di una carta) (*cart.*), orthographic projection.

ortoidrogeno (*chim.*), orthohydrogen.

ortonormale (detto di un sistema ortogonale normalizzato) (*a. - mat.*), orthonormal.

ortopancromatico (*a. - fot.*), orthopanchromatic.

ortoscòpio (*a. - ott.*), orthoscopic.

ortosio (*min.*), *vedi* ortoclasio.
orto-triossibenzene [$C_6H_3(OH)_3$] (pirogallolo) (*chim. - fot.*), pyrogallol.
ortotropico (*a. - sc. costr.*), orthotropic.
ortòttero (*aer.*), ornithopter, orthopter (am.).
orza (fianco della nave sopravvento) (*nav.*), weatherboard. **2.** ~ ! (*nav.*), down helm! **3.** ~ tutto! (barra sottovento!) (*nav.*), hard alee! **4.** mettersi all' ~ (portare la prua al vento) (*nav.*), to luff.
orzare (portare la prora verso il vento) (*nav.*), to luff, to haul the wind, to go to windward, to sail close-hauled.
orzata (movimento angolare verso il vento (*nav.*), luff.
orzièro (di nave a vela che ha tendenza ad accostare verso la direzione del vento (*nav.*), griping.
òrzo (*agric.*), barley.
oscillante (*mecc.*), rocking, oscillating, walking. **2.** ~ (*elett. - fis.*), oscillating. **3.** ~ (snodato, flottante) (*mecc.*), floating. **4.** circuito ~ (*radio*), oscillator circuit.
oscillare (*mecc.*), to rock, to swing, to oscillate. **2.** ~ (*elett. - fis.*), to oscillate. **3.** ~ lentamente (*mecc.*), to sway. **4.** fare ~, to swing.
oscillatore (*app. mecc. - app. elett. - app. radio*), oscillator. **2.** ~ a battimenti (*eltn.*), beat-frequency oscillator. **3.** ~ a cavità (*eltn.*), cavity oscillator. **4.** ~ a cristallo (*eltn.*), crystal oscillator. **5.** ~ acustico (oscillatore sonoro) (*app. acus.*), audio oscillator. **6.** ~ ad eterodina (*radio*), heterodyne oscillator. **7.** ~ a distanza esplosiva (*elett.*), spark gap oscillator. **8.** ~ a frequenza di battimento (*eltn.*), beat frequency oscillator, BFO. **9.** ~ a frequenza portante (*eltn.*), carrier frequency oscillator, CFO. **10.** ~ a frequenza variabile (*eltn.*), variable frequency oscillator, VFO. **11.** ~ a magnetostrizione (*strum. elettromagnetico*), magnetostriction oscillator. **12.** ~ a quarzo piezoelettrico (*eltn.*), crystal oscillator (ingl.). **13.** ~ a rilassamento (*eltn.*), blocking oscillator. **14.** ~ a spinterometro (oscillatore spinterometrico, oscillatore a distanza esplosiva) (*elett.*), spark gap oscillator. **15.** ~ a tubo a vuoto (*termoion.*), vacuum tube oscillator. **16.** ~ audio (*acus.*), audio oscillator. **17.** ~ autointerrotto (*radio - elett.*), self-pulsing oscillator. **18.** ~ a valvola (*radio*), valve oscillator. **19.** ~ di Hertz (*strum. elett.*), hertzian oscillator. **20.** ~ dinatron (tubo elettronico multielettrodico con caratteristica di resistenza negativa) (*eltn.*), dynatron. **21.** ~ in controfase (*radio*), push-pull oscillator. **22.** ~ locale (*radio*), local oscillator. **23.** ~ multivibratore pilota (*eltn.*), master multivibrator. **24.** ~ ottico parametrico (apparecchio per verificare la lunghezza d'onda dei laser) (*app. ott. mis.*), optical parametric oscillator. **25.** ~ pilota (*radio*), master oscillator, pilot oscillator. **26.** ~ trasferitore (strumento che determina il valore della frequenza di un segnale ignoto mescolandola con un'armonica di un oscillatore a frequenza variabile) (*strum. eltn.*), transfer oscillator. **27.** ~ ultrasonico (*strum. idrofonico*), supersonic oscillator. **28.** oscillatori a dente di sega (*eltn.*), sweeping oscillators.
oscillatòrio (*a. - fis. - elett. - mecc.*), oscillatory, oscillating.
oscillazione (*fis. - elett. - mecc.*), oscillation. **2.** ~ (di un pendolo per es.), oscillation. **3.** ~ (di regolatore per es.) (*mecc.*), hunting. **4.** ~ (pompaggio, fluttuazione, della pressione di mandata di un compressore quando diminuisce la portata di aria per es.) (*mot.*), surging. **5.** ~ (fastidiosa stonatura nella riproduzione del suono dovuta a variazione di velocità del sistema di azionamento) (*cinem. - elettroacus.*), wow. **6.** ~ a battimenti (*radio*), beat-frequency oscillation. **7.** ~ a dente di sega (*telev.*), sawtooth oscillation. **8.** ~ a lungo periodo (*fis.*), long-period oscillation. **9.** ~ complessa (*elett. - radio - ecc.*), complex oscillation. **10.** ~ completa (di corrente elettrica per es.) (*elett. - ecc.*), alternation. **11.** ~ costante (*fis.*), constant oscillation. **12.** ~ dell'immagine (*difetto cinem.*), unsteady picture. **13.** ~ del suono (disturbo nella riproduzione del suono) (*cinem.*), flutter, wow. **14.** ~ di resistenza (pendolamento, oscillazione angolare della pala di elicottero attorno alla cerniera di resistenza) (*aer.*), hunting. **15.** ~ di rilassamento (*radio - telev.*), relaxation oscillation. **16.** ~ forzata (*fis.*), forced oscillation, constrained oscillation. **17.** ~ fugoide (o fugoidale) (sull'asse longitudinale) (*stabilità aer.*), phugoid oscillation. **18.** ~ instabile (oscillazione divergente che aumenta finché l'aereo raggiunge una particolare ampiezza di oscillazione alla quale si stabilizza) (*aer.*), unstable oscillation. **19.** ~ laterale (*aer.*), lateral oscillation. **20.** ~ libera (*radio*), free oscillation. **21.** ~ locale (*radio*), local oscillation. **22.** ~ longitudinale (*aer.*), longitudinal oscillation. **23.** ~ non smorzata (oscillazione persistente) (*radio - mecc.*), undamped oscillation. **24.** ~ parassita (*radio*), parasitic oscillation. **25.** ~ periodica (*mecc.*), hunting. **26.** ~ permanente (*aer.*), stable oscillation. **27.** ~ rilassata (o di rilassamento) (*radio - telev.*), relaxation oscillation. **28.** ~ smorzata (*radio*), damped oscillation. **29.** ~ transitoria (di corrente, di carico o di tensione) (*elett.*), transient. **30.** ~ verticale (della massa sospesa di una autovettura) (*aut.*), bounce. **31.** ampiezza dell' ~ (*fis.*), oscillation amplitude.
oscillògrafo (*strum. elett.*), oscillograph. **2.** ~ a ferro dolce (*strum. elett.*), soft-iron oscillograph. **3.** ~ a raggi catodici (*strum. elett.*), cathode-ray oscillograph. **4.** ~ bifilare (*strum. elett.*), bifilar oscillograph. **5.** ~ catodico (oscillografo a raggi catodici) (*strum. elett.*), cathode-ray oscillograph. **6.** ~ elettrostatico (*radio*), electrostatic oscillograph.
oscillogramma (*telev.*), pattern. **2.** ~ (*mecc. - elett. - med.*), oscillogram.
oscillòmetro (per misurare le oscillazioni della pulsazione del sangue) (*strum. med.*), oscillometer. **2.**

~ sfigmomanometrico (*strum. med.*), sphygmomanometer.
oscilloscòpio (*strum. elett.*), oscilloscope. **2.** ~ a raggi catodici (*strum. elett.*), cathode–ray oscilloscope. **3.** ~ a schermo fluorescente (*radar*), fluorescent screen oscillator. **4.** ~ per il controllo della forma d'onda (*strum. elett.*), wave monitor.
osculatore (*a. - geom.*), osculating.
osculazione (*geom.*), osculation.
oscuramento (per difesa da aggressioni aeree) (*milit.*), black–out. **2.** ~ parziale (*milit.*), brownout.
oscurare (attenuare la luce), to dim. **2.** ~ (azzurrando per es. le luci per difendere da offesa aerea nemica), to black out, to darken.
oscuratore (graduale) (di sala, teatro, cinematografia) (*att. illum.*), dimmer.
oscurità (*gen.*), obscurity, darkness.
oscuro (*gen.*), obscure, dark.
òsmio (Os - *chim.*), osmium.
osmol (unità di pressione osmotica) (*mis.*), osmol.
osmometro (per misurare la pressione osmotica) (*strum. di mis.*), osmometer.
osmondite (struttura dell'acciaio dopo la tempra per es.) (*metall.*), osmondite.
osmoregolatore (app. per regolare la pressione dei gas in tubi a raggi X) (*radiologia med.*), osmoregulator.
osmòsi (*s. - chim. - fis.*), osmosis. **2.** ~ inversa (usata per la filtrazione dell'acqua ecc.) (*chim. - ind.*), reverse osmosis. **3.** sottoporre a ~ (*chim. - fis.*), to osmose.
osmòtico (*a. - chim. - fis.*), osmotic, osmolar. **2.** pressione osmotica (*chim. fis.*), osmotic pressure.
ospedale (*arch.*), hospital. **2.** ~ da campo (*milit.*), field hospital, ambulance.
ossalato (*chim.*), oxalate.
ossario (*arch.*), ossuary.
ossatura (*c.a.*), skeleton. **2.** ~ (di un aeroplano) (*aer.*), framework, chassis. **3.** ~ (con particolare riferimento alle nervature), ribwork. **4.** ~ (*nav. - mecc. - aer. - ed.*), framework, structural frame. **5.** ~ (di un'ala) (*aer.*), structure. **6.** ~ (in ferro: di grattacielo) (*ed.*), cage. **7.** ~ dell'edificio (*ed.*), building skeleton, building framework. **8.** ~ di forza (di dirigibile rigido) (*aer.*), hull.
osservanza (di istruzioni o prescrizioni per es.) (*gen.*), compliance, carrying out.
osservare (*gen.*), to observe. **2.** ~ (rilevare) (*gen.*), to note. **3.** ~ (attenersi alle istruzioni impartite), to comply with, to carry out.
osservatore (*aer.*), observer. **2.** ~ (*milit. - mar. milit.*), spotter. **3.** ~ aereo (osservatore che riferisce sugli aerei avvistati) (*aer. milit.*), spotter. **4.** ~ automatico (per la registrazione delle letture di uno strumento) (*app. aer. - ecc.*), automatic observer.
osservatòrio (*astr. - meteor.*), observatory. **2.** ~ astronomico in orbita (terrestre) (*astr.*), orbiting astronomic observatory, OAO. **3.** ~ geofisico in orbita (*geofis.*), orbiting geophysical observatory, OGO. **4.** ~ meteorologico (*meteor.*), weather station. **5.** ~ radioastronomico (*astr.*), radio astronomy observatory.
osservazione (*gen.*), observation.
ossiacetilène (*ind. mecc.*), oxyacetylene. **2.** saldatura all' ~ (*ind. mecc.*), oxyacetylene welding, oxygen–acetylene welding. **3.** taglio all' ~ (*ind. mecc.*), oxyacetilene cutting, oxygen–acetylene cutting.
ossiacetilenico (*tecnol. - chim.*), oxyacetylene.
ossiacido (*chim.*), oxyacid.
ossibenzolo (fenolo propriamente detto) (*chim.*), oxybenzene, phenol.
ossicellulosa (*chim.*), oxycellulose.
ossicloruro (*chim.*), oxychloride.
ossidàbile (*chim.*), oxidable.
ossidante (*chim.*), oxidative, oxidizer.
ossidare (*chim.*), to oxidize, to oxidate. **2.** ~ mediante il procedimento di ossidazione anodica (*elettrochim.*), to anodize.
ossidarsi (*chim.*), to oxidize.
ossidazione (*chim.*), oxidation. **2.** ~ anodica (*elettrochim.*), anodizing, anodic treatment, anodic oxidation. **3.** ~ fotochimica (*chim. - plastica - ecc.*), photooxidation. **4.** ~ frazionata (*chim. fis.*), fractional oxidation. **5.** ~ per attrito (corrosione di tormento, "tabacco") (*mecc.*), fretting corrosion. **6.** ~ secca (che si verifica nel postriscaldo di metalli all'aria o in un ambiente ossidante) (*metall.*), dry oxidation.
ossidiana (roccia vulcanica vetrosa) (*geol.*), obsidian.
òssido (*chim.*), oxide. **2.** ~ di azoto (NO) (*chim.*), nitric oxide. **3.** ~ di berillio (BeO) (*min. - refrattario*), beryllium oxide, berillya, glucina. **4.** ~ di cacodile ($[As(CH_3)_2]_2O$) (*chim.*), cacodyl oxide. **5.** ~ di calcio (CaO) (*chim.*), calcium oxide. **6.** ~ di carbonio (CO) (*chim.*), carbon monoxide. **7.** ~ di deuterio (D_2O) (*chim.*), deuterium oxide. **8.** ~ di magnesio (MgO) (*chim.*), magnesium oxide, magnesia. **9.** ~ di rame (CuO) (*chim.*), copper oxide. **10.** ~ di selenio (SeO_2) (*chim.*), selenium oxide. **11.** ~ di torio (ThO_2) (*min. - refrattario*), thorium dioxide, thoria. **12.** ~ di zinco (ZnO) (*chim.*), zinc oxide, zinc white. **13.** ~ ferrico (Fe_2O_3) (*chim.*), ferric oxide.
ossido–riduzione (reazione chimica con trasferimento di elettroni) (*chim.*), oxidation–reduction.
ossidulo (protossido) (*chim.*), protoxide.
ossìgeno (O - *chim.*), oxygen. **2.** ~ gassoso (*chim.*), gaseous oxygen, gox. **3.** ~ liquido (propellente per razzi per es.) (*chim. ind.*), liquid oxygen. **4.** ~ pesante (*chim.*), heavy oxygen. **5.** esplosivo all' ~ liquido (*espl.*), liquid oxygen explosive, lox. **6.** inalatore di ~ (respiratore di ossigeno) (*app. aer. - ecc.*), oxygen set, oxygen breathing set. **7.** misuratore di ~ (*strum. mis.*), oxygen meter. **8.** rifornimento di ~ liquido (*astric.*), loxing.
ossiriduzione (*s. - elettrochim.*), oxidoreduction.
ossitaglio (operazione di taglio col cannello) (*tecnol. mecc.*), oxygen lance cutting. **2.** ~ alla lancia

(processo nel quale la lancia fornisce solo ossigeno mentre il preriscaldamento viene ottenuto con altro mezzo) (*tecnol. mecc.*), oxygen-lance cutting. **3.** ~ all'arco (*tecnol. mecc.*), "arc oxygen" cutting.

ossitomo (macchina automatica per il taglio delle lamiere ecc.) (*macch. ut.*), oxyacetylene cutting machine, oxygen-acetylene cutting machine.

òsso (*gen.*), bone.

ossosintesi, *vedi* idroformilazione.

ostacolare (ostruire, impedire), to obstruct, to hinder.

ostàcolo (*gen.*), obstacle. **2.** ~ (impedimento) (*gen.*), impediment, difficulty, hindrance. **3.** ~ (*radar*), obstacle, obstruction. **4.** ~ (ostacolo immaginario di una data altezza usato per la determinazione delle caratteristiche di decollo ed atterraggio di un aereo) (*aer.*), screen. **5.** ~ (rallentamento, nella produzione) (*ind.*), snag.

ostaggio (*milit.*), hostage.

ostello (albergo per la gioventù), hostel.

osteofono (*app. med.*), osteophone.

osteriggio (spiraglio) (*nav.*), skylight.

ostino (cavo per orientare un picco) (*nav.*), vang.

òstriche di carena (denti di cane) (*nav.*), barnacles.

ostruire (*gen.*), to stop, to obstruct, to jam. **2.** ~ (chiudere) (*gen.*), to occlude, to obstruct. **3.** ~ (*mecc.*), to obstruct, to blank. **4.** ~ (interrompere: una strada per es.) (*gen.*), to interrupt, to obstruct. **5.** ~ (intasare: un tubo per es.), to obstruct, to clog.

ostruirsi, to stop, to clog. **2.** ~ (interrarsi: di un canale per es.) (*idr.*), to silt up.

ostruito, stopped, clogged.

ostruzione, obstruction. **2.** ~ (in una valvola) (*mecc.*), gag. **3.** ~ (sbarramento) (*nav.*), barrage. **4.** ~ antiassalto (tipo di ostruzioni usate per danneggiare od affondare mezzi di superficie) (*mar. milit.*), boom. **5.** ~ con rete (*mar. milit.*), net barrage. **6.** ~ parasiluri (*mar. milit.*), antitorpedo defence.

OT, *vedi* ordinanze tecniche.

otoscòpio (*strum. med.*), auriscope.

ottaedrite (biossido di titanio: pigmento bianco per vernice) (*min.*), octahedrite, anatase.

ottaèdro (*geom.*), octahedron.

ottagonale (*geom.*), octagonal.

ottàgono (*geom.*), octagon.

ottale (con base otto) (*calc.*), octal.

ottano (*chim.*), octane. **2.** ad alto numero di ~ (più di 80 ottani) (*a. - benzina*), high-octane. **3.** numero di ~ (di benzina) (*chim. - mot.*), octane number, octane rating. **4.** numero di ~ del carburante (*mot. - comb.*), fuel grade, fuel octane number, fuel octane rating.

ottante (*geom. - astr. - mat.*), octant. **2.** ~ (*antico strum. nav.*), Handley's quadrant. **3.** ~ a bolla d'aria (*strum. nav. aer.*), bubble octant.

ottàstilo (colonnato) (*arch.*), octastyle.

ottava (intervallo di frequenze in cui la frequenza iniziale e quella finale stanno nel rapporto $f_2/f_1 = 2$) (*fis. - vibrazioni*), octave. **2.** ~ (intervallo di otto unità) (*gen.*), octave. **3.** terzo di ~ (*acus. - ecc.*), "third-octave".

ottavo (in ~) (*a. - tip.*), octavo. **2.** (relativo ad otto unità) (*a. - mat.*), octave. **3.** libro in ~ (libro con fogli piegati in 8 pagine o 16 facciate) (*tip.*), octavo.

ottenere (*gen.*), to obtain, to get.

ottetto (gruppo di otto bit) (*elab.*), byte. **2.** ~ (*fis. atom. - musica*), octet. **3.** gruppo di ottetti (gruppo di byte rappresentanti una unità) (*elab.*), gulp.

òttica (*s. - ott.*), optics. **2.** ~ delle fibre (campo e tecnica d'impiego delle fibre ottiche) (*ott. - tlcm.*), fiber optics. **3.** ~ di proiezione (*cinem. - ott.*), projection optics. **4.** ~ elettronica (*ott. elett.*), optoelectronics. **5.** ~ geometrica (*ott. - mat.*), geometrical optics. **6.** ~ ondulatoria (*fis.*), physical optics.

òttico (*a. - ott.*), optic, optical. **2.** ~ (*s. - tecnico o commerciante*), optician. **3.** centro ~ (*ott.*), optical centre. **4.** spessore ~ (di uno strato di plasma illuminato) (*fis.*), optical thickness.

ottimale (*a. - gen.*), optimum. **2.** quantitativo ~ (*gen.*), optimum quantity.

ottimizzare (*ricerca operativa*), to optimize.

ottimizzazione (ottimazione) (*gen.*), optimization.

òtto orizzontale (*evoluzione aer.*), horizontal eight. **2.** ~ cubano (*acrobazia aer.*), cuban eight. **3.** ~ verticale (*evoluzione aer.*), vertical eight. **4.** doppio ~ orizzontale (*acrobazia aer.*), rolling eight.

ottoato (sale di un acido octilico per es.) (*vn. - chim.*), octoate.

ottòdo (*termoion.*), octode (ingl.).

ottonaio (*op.*), brazier.

ottonare (*tecnol. mecc. - elettrochim.*), to brass, to coat with brass.

ottonatura (*tecnol. mecc. - elettrochim.*), brassing, brass coating.

ottone (*lega*), brass, Br. **2.** ~ a basso tenore di zinco (circa il 20% di zinco) (*metall.*), low brass. **3.** ~ alfa (sino al 38% di zinco) (*metall.*), alpha brass. **4.** ~ con alluminio (ottone con una piccola percentuale di alluminio) (*metall.*), aluminium brass. **5.** ~ crudo (*metall.*), hard-drawn brass. **6.** ~ giallo (ottone malleabile, ottone per bossoli) (*metall.*), cartridge brass. **7.** ~ incrudito (~ comune, col 70% di rame, incrudito a freddo per mezzo della lavorazione) (*metall.*), spring brass. **8.** ~ per bossoli (*metall.*), cartridge brass. **9.** ~ per imbutitura (70% rame, 1% stagno, 29% zinco) (*metall.*), admiralty metal. **10.** lamiera di ~ (*ind. metall.*), brass sheet. **11.** oggetti di ~ (*gen.*), brassware. **12.** saldatura ad ~ (*mecc.*), hard-soldering, brazing.

otturare (*gen.*), to close, to plug, to clog. **2.** ~ con fango (introdurre fango artificiale in un pozzo di petrolio per impedire l'uscita di gas durante la trivellazione) (*min.*), to mud. **3.** ~ una falla (*nav.*), to stop a leak.

otturato (*gen.*), clogged.

otturatore (*fot.* - *cinem.*), shutter. **2.** ~ (di arma da fuoco), obturator, breechblock. **3.** ~ (di fucile o mitragliatrice, per es.) (*arma da fuoco*), breech bolt. **4.** ~ ad iride (*fot.*), diaphragm shutter. **5.** ~ a spina (per turbina idraulica ad alta pressione: tipo Pelton) (*mecc.* - *idr.*), spear valve. **6.** ~ a tendina (*fot.*), focal plane shutter. **7.** ~ a vitone (di un cannone) (*artiglieria*), interrupted-screw breechblock. **8.** ~ centrale (~ posto all'interno dell'obiettivo) (*fot.*), interlens shutter. **9.** ~ per dissolvenze (*cinem.*), dissolving shutter. **10.** ~ Q, ~ a quantum di energia (*fis.*), Q-switch. **11.** ~ rotante (di un proiettore cinem.) (*ott.*), rotary shutter. **12.** alloggio dell'~ (*artiglieria*), breech well. **13.** armare l'~ (p. es. di una macch. fot.) (*fot.*), to wind up the shutter. **14.** caricare l'~, *vedi* armare l'~. **15.** comandare l'~ Q (*fis.*), to Q-switch. **16.** lasco dell'~ (distanza tra otturatore ed estremità posteriore della canna) (*arma da fuoco*), headspace. **17.** testa dell'~ (che mantiene il cartoccio-proietto nella sua sede) (*arma da fuoco*), bolt head.
otturazione (*gen.*), clogging, plugging. **2.** fase (o periodo) di ~ (di un proiettore) (*cinem.*), dark interval.
ottuso (*gen.*), blunt. **2.** ~ (*geom.*), obtuse.
ovale (*a.* - *gen.*), oval. **2.** ~ di Cassini (cassiniana, cassinoide) (*mat.*), oval of Cassini.
ovalità (*gen.*), ovality. **2.** ~ stantuffo (*mot.*), piston ovality, piston ellipse.
ovalizzare (i cilindri d'un motore per es.) (*mecc.*), to ovalize.
ovalizzato (di cilindro di motore per es.) (*mot.*), ovalized. **2.** pistone ~ (*mot.*), oval piston.
ovalizzazione (di un pistone o un cilindro per es.) (*mot.*), ovalization, ovality. **2.** ~ (imperfezione di oggetti di vetro) (*mft. vetro*), out-of-round.
ovatta (*ind. tess.*), cotton wadding, wadding, wad. **2.** ~ di cellulosa (*mft. carta*), cellucotton. **3.** ~ per imbottitura (*tess.*), cotton batting.
"overcraft", *vedi* natante a cuscino d'aria, veicolo a cuscino d'aria.
òvest (*geogr.*), west.
ovile (*ed. agric.*), sheep-house, fold.
òvolo (echino) (*arch.*), ovolo, thumb.
ovonico (si riferisce ad un particolare stato amorfo di materiali sottoposti all'effetto Ovshinsky) (*a.* - *eltn.*), ovonic.
ozalid (copia ammoniaca usata per la riproduzione di disegni) (*dis.*), ozalid. **2.** carta ~ (carta all'ammoniaca) (*tip.* - *dis.*), ozalid paper. **3.** procedimento ~ (procedimento all'ammoniaca) (*tip.* - *dis.*), ozalid process.
ozocerite (cera minerale) (*chim.* - *min.*), ozocerite, fossil wax.
ozonizzare (*chim.*), to ozonize.
ozonizzatore (*app. ind.*), ozonizer.
ozonizzazione (*ind.*), ozonization, ozonizing. **2.** ~ dell'aria (*ind.* - *disinfezione* - *ecc.*), air ozonizing.
ozòno (O_3) (*chim.*), ozone. **2.** ~ liquido (*razzi* - *astric.* - *ecc.*), liquid ozone, loz. **3.** corroso da ~ (la gomma della spazzola del tergicristallo per es.) (*aut.* - *ecc.*), ozone eaten. **4.** invecchiamento da ~ (della gomma) (*chim. ind.*), ozone aging.
ozonosfera (zona compresa tra 30 e 50 km di altezza) (*meteorol.*), ozonosphere.

P

p (pico–, prefisso: 10^{-12}) (*mis.*), p, pico–.
Pa, *vedi* pascal.
PA (poliammide) (*chim.*), PA, polyamid.
"PABX" (autocommutatore privato automatico) (*tlcm.*), PABX.
pacchettare (rottami) (*ind. metall.*), to bundle.
pacchettatrice (per rottami) (*metall. - macch. ind.*), (scrap) bundling machine
pacchettatura (di rottami) (*metall.*), bundling.
pacchettizzare (*tlcm.*), to packetize.
pacchetto (piccolo pacco) (*gen.*), packet. **2.** ~ (rottami di ferro saldati e lavorati al maglio o al laminatoio) (*metall.*), bloom. **3.** ~ (di lamiere di ferro per laminazione simultanea) (*metall.*), pack. **4.** ~ (cumulo, di elettroni per es.) (*radio- elett.*), bunch. **5.** ~ (insieme di programmi utilizzabili per varie funzioni di interesse generale) (*s. - elab.*), package. **6.** ~ (~ standardizzato costituito da una unità di dati e dai relativi caratteri di controllo e di indirizzo) (*elab.*), packet. **7.** ~ a tiretto (pacchetto a cassetto) (*imballaggio*), shell and slide packet. **8.** ~ azionario (pacchetto di azioni) (*finanz.*), parcel of shares. **9.** ~ della contabilità, *vedi* programma di contabilizzazione. **10.** ~ di proposte, *vedi* proposta di accordo. **11.** commutazione di ~ (*tlcm.*), packet switching, PS. **12.** ferro al ~ (ferro saldato) (*metall.*), pile, fagot.
pacco (*gen.*), package, parcel. **2.** ~ (di piallacci) (*falegn.*), flitch. **3.** ~ del paracadute (*aer.*), deployment bag. **4.** ~ di dischi (complesso di dischi, costituenti una unità, vengono introdotti e tolti assieme dall'unità di lettura/scrittura per es.) (*elab.*), disk pack. **5.** ~ di lamiere (*metall.*), mill pack. **6.** ~ di moduli continui (*elab.*), continuous stationery. **7.** ~ postale (*comm.*), parcel post.
"pack" (banchisa) (*geogr.*), pack, ice pack.
"packtong" (lega di zinco, nichel e rame) (*metall.*), paktong, packtong.
"padding" (impregnazione con mordente) (*tintura tess.*), padding.
padella (crogiolo, recipiente in refrattario, di forno per vetro) (*forno ind. vetro*), pot. **2.** ~ vetriata (rivestita internamente di un sottile strato di vetro) (*forno ind. vetro*), glazed pot.
padellone (tipo di illuminatore–riflettore plurilampade) (*fot. - cinem.*), bowl reflector lamp.
padiglione (*arch.*), pavilion. **2.** ~ (tetto fisso, stampato di padiglione) (*costr. carrozz. aut.*), roof panel. **3.** ~ (di ospedale) (*ed.*), ward. **4.** ~ (parte del ricevitore che appoggia all'orecchio) (*telef.*), earpiece. **5.** ~ con lanternino (padiglione [o tetto fisso] con zona sopraelevata per dar luogo ad aperture laterali di ventilazione) (*costr. veic. strad. o ferr.*), turret top. **6.** ~ rustico da estate (*arch.*), summerhouse, gazebo. **7.** tetto a ~ (*ed.*), hip roof. **8.** volta a ~ (*arch.*), cloister vault, coved vault.
padre (elemento negativo nella registrazione di dischi) (*ind. grammofonica*), master negative. **2.** ~ (di prima generazione: p. es. di un archivio le cui origini ascendono alla generazione precedente) (*elab.*), father.
"padreterno" (*mecc.*), *vedi* avvitaprigionieri.
paesaggio (*gen.*), landscape.
paese (di campagna), village. **2.** ~ sottosviluppato (*econ.*), underdeveloped country.
paga (salario: di operai per es.) (*amm.*), wage, pay. **2.** ~ ad incentivo (sulla produzione) (*amm.*), incentive payment. **3.** ~ base (*pers. - lav.*), baserate. **4.** ~ corrisposta (*pers.*), wage rate. **5.** ~ doppia (p. es. per lavoro in giorni festivi) (*amm.*), double time wages. **6.** ~ e porta via (~ in contanti: è detto del metodo di vendita dei supermercati) (*comm.*), cash and carry. **7.** ~ giornaliera (~ dovuta giornalmente al lavoratore) (*amm.*), day wage. **8.** ~ intera (di un operaio) (*amm.*), full pay. **9.** ~ netta (~ corrisposta al netto delle ritenute: tasse, contributi ecc.) (*pers. - amm.*), take–home pay, take–home, PAYE, Pay As You Enter. **10.** ~ oraria (*pers.*), hourly rate. **11.** busta ~ (di operai per es.) (*amm.*), pay envelope. **12.** foglio ~ (lista degli operai che debbono ricevere la ~) (*amm. - pers.*), payroll, pay sheet. **13.** mezza ~ (di operai) (*amm.*), half pay. **14.** minimo di ~ (*amm.*), minimum of wage. **15.** tabella base delle paghe (*amm.*), wage scale.
pagàbile (*finanz.*), payable.
pagaia (specie di remo) (*nav.*), paddle oar.
pagamento (*comm.*), payment, settlement, disbursement. **2.** ~ a contanti (*comm.*), cash payment. **3.** ~ ad incentivo (retribuzione ad incentivo) (*organ. lav.*), incentive payment. **4.** ~ alla consegna (*comm.*), cash on delivery, COD. **5.** ~ all'ordine (*comm.*), cash with order. **6.** ~ anticipato (*amm. - comm.*), payment in advance, prepayment, front money. **7.** ~ a termine (quando il ~ della merce avviene dopo la ricezione da parte del cliente)

(*comm.*), charges forward. **8.** ~ del salario in natura (*amm.*), truck system. **9.** ~ differito (*comm.*), deferred payment. **10.** ~ in base allo stato di avanzamento dei lavori (*amm. - comm.*), progress payment. **11.** ~ in caso di licenziamento per mancanza di lavoro (*amm.*), redundancy payment. **12.** ingiunzione di ~ (*leg. - comm.*), final demand. **13.** ~ prima della consegna (*comm.*), cash before delivery, CBD. **14.** ~ rateale (*comm.*), installment payment. **15.** condizioni di ~ (*comm.*), terms of payment, payment conditions. **16.** opzionale a ~ (di particolari o finizioni extra a richiesta, di un'automobile) (*aut. - comm.*), optional extra.

pagante (*gen.*), paying. **2.** carico ~ (*aer.*), paying load.

pagare (*comm. - amm.*), to pay. **2.** ~ il conto (*comm.*), to foot the bill. **3.** ~ in anticipo (*comm. - amm.*), to pay in advance, to prepay. **4.** ~ prima della scadenza (*comm.*), to anticipate. **5.** rifiutare di ~ (p. es.: un assegno, una tratta ecc.) (*amm. - comm.*), to dishonor, to dishonour.

pagato (*amm. - comm.*), paid, pd. **2.** porto ~ (*posta*), post paid, pp.

pagatore (*finanz.*), payer.

pagherò (riconoscimento di debito) (*comm.*), IOU, I owe you. **2.** ~ cambiario (*comm.*), promissory note, PN.

pagina (costituita da due facciate) (*tip.*), page. **2.** ~ (facciata) (*tip.*), side. **3.** ~ (gruppo di celle di memoria contigue, che costituiscono una unità della memoria principale) (*s. - elab.*), page. **4.** ~ (insieme di dati visualizzati simultaneamente sullo schermo dell'unità video) (*s. - elab.*), page. **5.** ~ (un blocco di dati che riempiono una ~, trasferibili come una unità) (*elab.*), page. **6.** ~ al vivo (*tip.*) bled-off page, bled page. **7.** ~ bianca (pagina non stampata) (*tip.*), blank page. **8.** ~ della pubblicità (di un giornale per es.) (*pubbl.*), advertisement page. **9.** pagine gialle (dell'elenco telefonico) (*telef.*), yellow pages. **10.** ~ inserita (nella memoria principale) (*elab.*), page in. **11.** ~ mobile (*tip.*), slip page. **12.** ~ scaricata (dalla memoria principale in una secondaria) (*elab.*), page out. **13.** cambio di ~ (trasferimento di una ~ di dati dalla memoria interna ad una memoria ausiliaria e sua sostituzione in quella interna con altra ~) (*elab.*), page turning. **14.** con le pagine ancora intonse (di libro) (*librario*), unopened. **15.** formato ~ (*tip.*), page size. **16.** mancanza di ~ (interruzione nella esecuzione di un programma dovuto alla mancanza di ~ perché si trova in memoria secondaria) (*elab.*), page falt, virtual storage interrupt. **17.** memoria di ~ (*tlcm.*), page store. **18.** piè di ~ (*tip.*), bottom of page. **19.** prima ~ (*tip.*), page one. **20.** ritmo di cambio di ~ (*elab.*), paging rate.

paginare (gestire lo scambio di pagina tra memoria principale e memorie secondarie) (*elab.*), to page.

paginazione (trasferimento di pagina di dati dalla memoria interna ad un archivio ausiliario) (*s. - elab.*), paging. **2.** ~ a richiesta (*elab.*), demand paging.

paglia (*agric.*), straw. **2.** ~ (difetto superficiale di un laminato dovuto a soffiatura) (*metall.*), seam. **3.** ~ (da scoria: difetto dovuto ad una scoria schiacciata entro la superficie del metallo durante la laminazione) (*metall.*), roak (ingl.). **4.** ~ di fondo (spruzzo di fondo, sul fondo del lingotto quando il metallo liquido colpisce il fondo della lingottiera) (*difetto metall.*), bottom splash.

paglietta (di legno, trucioli di legno, usata per imballaggio) (*trasp.*), excelsior. **2.** ~ di contatto (striscia metallica sulla quale viene saldato un conduttore) (*elett.*), tag. **3.** ~ di carta (trucioli di carta, usati per imballaggio) (*mft. carta*), paper wool.

paglietto (stuoia di filacce di canapa) (*nav.*), mat. **2.** paglietti delle sartie (*nav.*), rigging mats. **3.** ~ di cocco (*nav.*), coir mat. **4.** ~ turafalle (*nav.*), collision mat.

pagliòlo (pavimento mobile che copre il fondo dell'imbarcazione e sovrasta l'acqua di sentina) (*costr. nav.*), limber board.

pagòda (*arch.*), pagoda.

paio (*gen.*), pair.

paktong, pakfong (lega di zinco, nichel e rame) (*metall.*), paktong, pakfong.

PAL (sistema ~) (*telev.*), PAL system, Phase Alternation Line system.

pala (*att. mur. - agric.*), shovel. **2.** ~ (per aggottare) (*nav.*), bailing scoop. **3.** ~ (di turbina) (*mecc.*), blade, vane. **4.** ~ (di ruota idraulica) (*mecc.*), paddle. **5.** ~ (di turbina Pelton) (*mecc.*), bucket. **6.** ~ (di elica o di ventilatore) (*mecc. - aer.*), blade. **7.** ~ (di mulino o pompa a vento) (*macch. a vento*), wind vane, vane, sail, sweep. **8.** ~ (di un remo) (*nav.*), blade. **9.** ~ (articolata del rotore) (*elicottero*), rotor articulated blade. **10.** ~ a caricamento frontale (tipo di scavatore meccanico) (*macch.*), front-end-loader. **11.** ~ caricatrice (montata su trattore per il movimento di terra per es.) (*att. agric. - min. - ecc.*), power loader, loader, front loader, loading shovel. **12.** ~ cava in acciaio (di elica) (*aer.*), hollow steel blade. **13.** ~ con forte curvatura (per scavare) (*att.*), scoop. **14.** ~ curvata all'indietro (di ventilatore per es.) (*mecc.*), backward inclined vane. **15.** ~ dell'elica (*nav. - aer.*), propeller blade, screw blade, propeller vane. **16.** ~ montata rigidamente (di un rotore di elicottero per es.) (*aer.*), rigidly assembled blade. **17.** ~ per trattare minerali (*ut. min.*), van. **18.** ~ radiale diritta (di ventilatore per es.) (*mecc.*), straight radial vane. **19.** ~ smontabile (di un'elica) (*mecc.*), detachable blade. **20.** ammortizzatore della ~ (di un rotore di elicottero) (*aer.*), blade damper. **21.** angolo della ~ (di elica per es.) (*aer.*), blade angle. **22.** attacco della ~ (*nav. - aer.*), blade root. **23.** dorso della ~ (d'elica) (*aer. - nav.*), blade back. **24.** faccia della ~ (di elica) (*aer. - nav.*), blade face. **25.** girante a pale di un ventilatore (o di un mulinello a vento), fan. **26.** passo angolare della ~

(di un'elica) (*aer.*), blade angle. **27.** sezione della ~ (di elica per es.) (*aer.*), blade section. **28.** ventre della ~ (faccia della pala d'elica) (*aer. - nav.*), blade face. **29.** vertice della ~ (*nav. - aer.*), blade tip.

palafitta (*ed.*), spile, pile.

palafittare (piantare palafitte) (*ed.*), to pile.

palamite (palangrese, lenzara, attrezzo da pesca costituito da una lunga cima da cui pendono altre cordicelle più corte con ami) (*pesca*), trawl, boulter, longline. **2.** pesca con ~ (pesca con lenzara, pesca con palangrese) (*pesca*), long lining (ingl.).

palancata (palizzata) (*ed.*), piling, palisade.

palanchino (attrezzo per spostare, o sollevare, materiale pesante), crowbar, pinch bar, pinch. **2.** ~ (barra: per rimuovere frammenti di roccia da un pozzo minerario) (*min.*), bar.

palàncola (palopiano) (*costr. idr.*), sheet pile. **2.** ~ in ferro (*costr. idr.*), iron sheet pile.

palancolata (insieme dei pali formanti una struttura usata per es. per la costruzione di pilastri sul fondo di un fiume) (*costr. idr.*), cofferdam, sheet piling.

palangrese (*pesca*), *vedi* palamite.

palatrice (pala caricatrice) (*macch. movimento terra*), power shovel loader.

palazzo (*arch.*), palace, mansion, manor.

palchetto (trave di supporto) (*min.*), stull. **2.** ~ ad ala (*min.*), wing stull. **3.** ~ a V (*min.*), saddleback stull. **4.** ~ rinforzato (con sbadacchi) (*min.*), reinforced stull. **5.** ~ volante (*min.*), false stull. **6.** ~, *vedi anche* parquet.

palco (di teatro) (*arch.*), box. **2.** ~ (impalcatura), *vedi* impalcatura. **3.** ~ di proscenio di teatro (*ed. - arch.*), stage-box.

palcoscènico (*arch. - teatro*), stage. **2.** ~ centrale (*arch. - teatro*), arena stage.

paleggiare (*mur.*), to shovel.

palella, *vedi* parella.

paleocène (*geol.*), Paleocene.

paleolitico (*a. - geol.*), paleolithic.

paleomagnetismo (magnetismo residuo in rocce antiche) (*geol. - fis.*), paleomagnetism.

paleontologia (*geofis.*), paleontology.

paleozoico (èra paleozoica) (*s. - geol.*), Paleozoic, Palaeozoic.

palestra (*ed.*), gymnasium.

paletta (da vasaio o da artista), pallet. **2.** ~ (di ruota ad acqua) (*mecc.*), paddle. **3.** ~ (di carico: piattaforma portatile atta a raccogliere su di essa una quantità di merce sfusa o legata, tale da formare un carico unitario da maneggiarsi ed impilarsi con l'ausilio di mezzi meccanici e particolarmente con carrelli elevatori a forca) (*ind.*), pallet. **4.** ~ da giardiniere (*att. agric.*), garden trowel. **5.** ~ dello statore (*turboreattore*), stator vane. **6.** ~ del raddrizzatore (di ventilatore per galleria del vento per es.) (*aer.*), straightener blade. **7.** ~ del rotore (*mecc.*), bucket, turbine blade. **8.** ~ direttrice (di un compressore assiale o di una turbina) (*mecc.*), deflector vane, guide vane. **9.** ~ di turbina (*mecc.*), turbine blade. **10.** ~ fissa (paletta direttrice, paletta del distributore: di turbina) (*mecc.*), guide blade, nozzle blade. **11.** ~ per (creare) turbolenza (per l'aria che entra nella camera di combustione di una turbina a gas) (*mot.*), swirl vane. **12.** ~ pre-distributrice (di una turbina a gas per es.) (*mot.*), kind of blade placed before the guide blade. **13.** ~ raschiante (di un trasportatore continuo) (*app. trasp.*), flight. **14.** ~ rotore (di un turboreattore per es.) (*mecc.*), rotor blade. **15.** radice della ~ (di turbina per es.) (*mecc.*), blade root. **16.** vertice della ~ (*mecc.*), blade tip.

palettare (una turbina) (*mot. - macch.*), to blade.

palettato (*a. - mecc.*), bladed.

palettatura (*mecc.*), blading. **2.** ~ ad azione (di turbina a gas per es.) (*mecc.*), impulse blading. **3.** ~ a reazione (di una turbina per es.) (*mecc.*), reaction blading. **4.** ~ a vortice libero (di una turbina a gas per es.) (*mecc.*), vortex blading.

palettizzare (organizzare trasporti ed immagazzinamento con piattaforme atte all'impiego di carrelli elevatori a forca) (*ind.*), to palletize.

palettizzazione (trasporto ed immagazzinamento con piattaforme atte all'impiego di carrelli elevatori a forca) (*ind.*), palletization.

paletto (barra a sezione rotonda o rettangolare scorrevole a mano: per chiusura supplementare di porta) (*carp. - falegn.*), sliding bar.

palificare (*ed.*), to pile.

palificazione (di sostegno, costipamento o per fondamenta) (*ed.*), piling.

palina (*top.*), surveyor's stake, stake. **2.** ~ a traguardo (*top.*), target rod. **3.** ~ graduata (*top.*), level rod.

palinare (*top.*), to stake, to lay out the stakes. **2.** ~ una linea (ferr. per es.) (*top.*), to stake a line.

palinatura (di una linea ferroviaria per es.) (*top.*), staking.

palindromo (*mat.*), palindrome.

palingenesi (formazione di rocce dalla rifusione di rocce preesistenti) (*geol.*), palingenesis.

palissandro (*legn.*), rosewood, palisander.

palissonare (lisciare pelli) (*ind. cuoio*), to perch.

palissonatore (operaio addetto alla lisciatura delle pelli) (*lav. ind. cuoio*), percher.

palissonatura (lisciatura delle pelli) (*ind. cuoio*), perching.

palissone (lunetta per palissonare) (*ut. lav. cuoio*), perching knife, crutch stake.

palizzata (*ed.*), palisade, paling. **2.** ~ (attorno alle pile di un ponte per es.) (*costr. idr.*), starling. **3.** ~ di sostegno (cassone) (*ed.*), pile caisson.

palla (*gen.*), ball. **2.** ~ (proiettile) (*arma da fuoco*), ball. **3.** ~ a basi (baseball) (*sport*), baseball. **4.** ~ al maglio (hockey) (*sport*), hockey. **5.** ~ a nuoto (*sport*), water polo. **6.** ~ a volo (*sport*), volley-ball **7.** ~ ovale (*sport*), rugby (ingl.).

pallacanèstro (*sport*), basket ball, basketball.

palladio (Pd - *chim.*), palladium. **2.** alla ~ (*arch.*), Palladian.

pallet, *vedi* paletta.
pallinare (*tecnol. mecc.*), to shot-peen. **2.** ~ (investire la superficie del metallo con un getto di sfere d'acciaio: per es. sulle molle) (*mecc.*), to peen.
pallinato (*tecnol. mecc.*), shot-peened.
pallinatura (di una molla per es.: per migliorare la resistenza a fatica e l'elasticità) (*tecnol. mecc.*), shot-peening. **2.** ~ con pallini di vetro (per aumentare la durata a fatica di un acciaio per es.) (*tecnol. mecc.*), glass-bead peening. **3.** formatura mediante ~ (foggiatura o sagomatura con getti di pallini di acciaio, applicata al titanio per es.) (*tecnol. mecc.*), peen forming.
pallino di piombo (per cartuccia da caccia per es.), shot, lead shot. **2.** pallini di piombo induriti (per cartucce da caccia) (*metall.*), chilled shot.
palloncino (camera di compensazione: di un dirigibile) (*aer.*), ballonet.
pallone (*aer.*), balloon. **2.** ~ (*att. chim.*), flask, florence flask. **3.** ~ ("spinnaker") (*nav.*), spinnaker, balloon sail. **4.** ~ (per il gioco del calcio) (*sport*), ball, foot-ball. **5.** ~ a fondo piatto (matraccio) (*att. chim.*), flat-bottomed flask. **6.** ~ a fondo rotondo (*att. chim.*), round-bottomed flask. **7.** ~ autogonfiabile (cuscino d'aria che si gonfia automaticamente all'atto della collisione, per la sicurezza dei passeggeri di autovetture) (*aut.*), air bag, inflatable bag. **8.** ~ con palloncino (o con camera di compensazione) (*aer.*), ballonet balloon. **9.** ~ da osservazione (*aer.*), observation balloon. **10.** ~ dilatabile (*aer.*), dilatable balloon, expanding balloon. **11.** ~ dirigibile (pallone motorizzato) (*aer.*), dirigible balloon. **12.** ~ di sbarramento (per difesa antiaerea) (*aer.*), barrage balloon. **13.** ~ drago (*aer.*), kite, kite balloon. **14.** ~ frenato (*aer.*), captive balloon. **15.** ~ libero (*aer.*), free balloon. **16.** ~ meteorologico (sonda meteorologica) (*app. meteorol.*), meteorological balloon. **17.** ~ (osservatorio) motorizzato (*aer.*), engine-driven balloon. **18.** ~ osservatorio (*aer.*), observation balloon. **19.** ~ per altezza nubi (*app. - meteor.*), ceiling balloon. **20.** ~ per distillazione frazionata (*att. chim.*), distilling flask. **21.** ~ pilota (per rilevare la direzione e velocità del vento) (*meteor.*), pilot balloon, trial balloon. **22.** ~ radiosonda meteorologica (*meteor.*), radio balloon. **23.** ~ sonda (per registrare o trasmettere dati atmosferici) (*app. meteor.*), weather balloon, sounding balloon, registering balloon. **24.** ~ sonda (per registrazioni in alta quota per es.) (*app. - meteor.*), skyhook balloon. **25.** ~ sonda anemometrico (per misurare la velocità del vento) (*meteor.*), trial balloon. **26.** ~ stratosferico (*aer.*), stratospheric balloon. **27.** ~ tarato (*att. chim.*), volumetric flask.
pallonetto (di dirigibile tipo rigido) (*aer.*), gasbag. **2.** ~ di chiusura (per tappare una tubazione principale del gas: durante lavori di riparazione per es.) (*tubaz.*), gasbag.
pallore (attacco della superficie del vetro determinante un aspetto biancastro) (*mft. vetro*), fade.
pallottizzazione (sinterizzazione, agglomerazione) (*ind. - min.*), sintering.
pallòttola (per arma da fuoco), bullet, shot. **2.** ~ esplodente (*milit.*), explosive bullet. **3.** ~ incendiaria (*milit.*), incendiary bullet. **4.** ~ morta (di arma da fuoco), spent bullet. **5.** ~ perforante (*milit.*), armor-piercing bullet. **6.** ~ tracciante (*milit.*), tracer bullet. **7.** frammentazione della ~ (*milit.*), bullet splash.
palma (*pianta*), palm.
palmento (macina, per grano) (*macch.*), millstone, grindstone.
palmer (micrometro a vite) (*ut. mecc.*), micrometer caliper.
palmetta (*arch.*), palmette.
palmitina (*chim.*), palmitin.
pàlmola (eccentrico) (*mecc.*), cam, lifter.
"palmutter" (controdado di sicurezza "palmutter") (*mecc.*), lock washer.
palo (telefonico, telegrafico per es.), pole, post. **2.** ~ (di legno, acciaio o di cemento armato) (*ed.*), pile. **3.** ~ a base allargata, *vedi* ~ Franki. **4.** ~ ad A (di una linea elett.) (*palo composto*), A-type pole. **5.** ~ a doppia mensola (di linea elett. per es.), double-bracket pole. **6.** ~ a mensola (di linea elettr. per es.), bracket-pole. **7.** ~ a traliccio (*elett.*), pylon. **8.** ~ a vite (*ed.*), screw pile, screw stake. **9.** ~ cavo in cemento precompresso (*costr. ed.*), hollow prestressed concrete pile. **10.** ~ di fondazione (palafitta) (*ed.*), pile, foundation pile. **11.** ~ di ormeggio (per natanti piccoli o medi) (*nav.*), anchor log. **12.** pali di sostegno (di una linea aerea) (*elett.*), standards. **13.** ~ Franki (~ di calcestruzzo con base allargata; usato per fondazioni in terreno poco consistente) (*costr. ed.*), pedestal pile. **14.** ~ gettato in sito (o in opera) (*ed.*), pile cast on the working place. **15.** ~ in cemento armato centrifugato (*elett.*), centrifugal cast reinforced-concrete pole. **16.** ~ indicatore (*strad.*), signpost. **17.** ~ telefonico (*telef.*), telephone pole. **18.** ~ telegrafico (*telegrafo*), telegraph pole. **19.** a ~ secco (a secco di vele) (*nav.*), under bare poles. **20.** carbonizzare (parzialmente) un ~ (per aumentarne la durata nel terreno), to char a pole. **21.** macchina per estrarre pali (estrattore per pali) (*macch. ed.*), pile drawer. **22.** piantare un ~ (per linea elett. per es.), to set a pole.
palombaro (*nav.*), diver. **2.** ~ di grande profondità (*nav.*), deep-sea diver.
palopiano (*costr. idr.*), *vedi* palancola.
palpare (toccare) (*gen.*), to palpate.
palpatore (tastatore: di fresatrice a copiare per es.) (*mecc.*), tracer point, feeler pin.
palude (*agric.*), swamp, bog, marsh, fen, morass.
paludoso (di terreno), marshy, boggy, swampy.
pampero (vento del Sud America) (*meteor.*), pampero.
PAN (poliacrilonitrile) (*materia plastica*), PAN, polyacrylnitril.
panca, bench. **2.** ~ (per rematore di barca) (*nav.*),

thwart, bench. **3.** ~ ribaltabile (sedile: di automezzo militare per es.), folding bench.

pancia (di una vela per es.) (*nav. - ecc.*), belly.

panciuto (bombato, convesso) (*gen.*), bulged, bulgy.

pancone (*carp. - falegn.*), plank.

pane (di ghisa, di piombo per es.) (*metall.*), pig, ingot. **2.** ~ (di vinaccia per es.) (*agric.*), cake.

panello (residuo spremitura olii di semi) (*ind.*), oil cake. **2.** ~ di sansa (*agric.*), cake, oil cake.

panetto (di alluminio per es.) (*metall.*), ingot.

pànfilo (*nav.*), yacht. **2.** ~ a motore (cabinato) (*nav.*), pleasure powerboat. **3.** ~ a vela con motore ausiliario (*nav.*), pleasure sailing boat with auxiliary motor.

paniera (nella colata continua, recipiente intermedio tra siviera e conchiglia, "tundish") (*fond. - metall.*), tundish.

panière, basket.

paniforte (pannello con anima di legno e compensato incollato sulle facce esterne) (*falegn. - nav.*), laminboard.

panna (guasto) (*aut. - ecc.*), breakdown. **2.** ~ montata (*ind. latte*), whipped cream, whip. **3.** mettersi in ~ (o alla cappa) (*nav.*), to heave to.

pannellare (rivestire con pannelli) (*falegn. - ed.*), to panel.

pannellato (a pannelli) (*a. - gen.*), panelled.

pannellatura (*gen.*), paneling.

pannelleria (di una carrozzeria) (*aut.*), panels.

pannèllo (*gen.*), panel. **2.** ~ (per strumenti: elettrici per es.) (*ind.*), panelboard. **3.** ~ (di un'ala di aeroplano per es.), panel. **4.** ~ (spicchio, uno dei pezzi di stoffa di un involucro) (*aerostatica*), panel. **5.** ~ (gruppo di tecnici operanti ricerche in particolari campi) (*organ. pers.*), panel. **6.** ~ (di controllo dell'elaboratore, con interruttori, pulsanti, lampade spia ecc.) (*s. - elab.*), panel. **7.** ~ da strappo (di un pallone o di un dirigibile) (*aer.*), rip panel. **8.** ~ dello schienale (del sedile posteriore) (*carrozz. aut.*), squab panel. **9.** ~ del passaggio ruota (*costr. carrozz. aut.*), wheelhouse panel. **10.** ~ di comando (di un calcolatore per es.) (*macch. calc. - ecc.*), control panel. **11.** ~ di connessione e controllo (quadro di cablaggio costituito da un ~ di materiale isolante con prese e spine per effettuare i collegamenti) (*elab. - elett.*), pinboard, plugboard, patch board. **12.** ~ di distribuzione (quadro) (*impianto elett.*), feeder panel, distribution panel, distribution board. **13.** ~ di finestra (*ed.*), window panel. **14.** ~ (di rivestimento) interno (*costr. carrozz. aut.*), inside panel. **15.** ~ di separazione tra motore ed abitacolo (*costr. carrozz. aut.*), shroud. **16.** ~ di sughero compresso (per isolamento termico per es.) (*acus. - term.*), corkboard. **17.** ~ esterno di porta (*costr. carrozz. aut.*), door outside panel. **18.** ~ fianco posteriore (laterale) (*costr. carrozz. aut.*), quarter panel. **19.** ~ inferiore posteriore (*costr. carrozz. aut.*), rear lower panel. **20.** ~ interno porta posteriore (*costr. carrozz. aut.*), rear door inside panel. **21.** ~ isolante (*ed. - term.*), insulating panel, insulating board. **22.** ~ laterale asportabile (di cappottatura di mot. ind. per es.) (*mot.*), detachable side panel. **23.** ~ laterale posteriore (*costr. carrozz. aut.*), quarter panel. **24.** ~ luce (superficie luminosa ottenuta con luce artificiale o naturale) (*mur. - ed.*), laylight. **25.** ~ (o quadro) di missaggio (per sonoro) (*elettroacus.*), mixing panel. **26.** ~ (o quadro) luce (*elett.*), lighting panel. **27.** ~ ossatura interna del parabrezza (*costr. carrozz. aut.*), windshield inner frame panel. **28.** ~ padiglione (pannello del tetto) (*costr. carrozz. aut.*), roof panel. **29.** ~ parte posteriore (*costr. carrozz. aut.*), tonneau panel. **30.** ~ pedaliera (pannello inclinato nella parte anteriore del pavimento) (*aut.*), toeboard. **31.** ~ per rivestimento resistente (*costr. aer.*), skin panel. **32.** ~ per vano luce posteriore (*costr. carrozz. aut.*), rear window opening panel. **33.** ~ (del) quadro portastrumenti (*carrozz. aut.*), facia panel (ingl.), instrument panel. **34.** ~ radiante (*term.*), radiating panel, radiating surface. **35.** ~ retale (*mar. milit.*), net panel. **36.** ~ solare (batteria a energia solare) (*elett. - astric.*), solar panel. **37.** a pannelli (pannellato) (*a. - gen.*), pannelled. **38.** cartoni per pannelli (*mft. carta*), panel boards. **39.** riscaldamento a pannelli radianti (*term.*), panel heating, radiant heating. **40.** rivestire con pannelli (*ed. - ind. falegn.*), to panel.

panno (*tess.*), cloth. **2.** ~ (tessuto morbido di lana) (*tess.*), tweed. **3.** ~ per pulire vetri (~ prodotto con filato non contenente lino, usato per pulire vetri) (*gen.*), glass cloth.

panorama, panorama. **2.** ~ marino, waterscape.

panoràmica (ripresa ottenuta con rotazione della macchina da presa o per riprendere panorami o per tenere in campo un soggetto in movimento ecc.) (*cinem. - telev.*), panning shot, panning. **2.** ~ ascensore (*cinem.*), crane shot. **3.** ~ rapidissima di transizione (fra due scene) (*cinem. - telev.*), blur pan. **4.** ~ verticale (*cinem.*), vertical panning.

panoràmico (*a. - gen.*), panoramic.

panòtto (piccolo pane di ghisa) (*fond.*), piglet.

pantal (lega di alluminio contenente Mg, Si, Cu, Mn) (*fond.*), pantal.

pantano (mota), mud, bog, slough, mire.

pantanoso, muddy.

pantografare (*dis.*), to pantograph.

pantògrafo (*strum. per copiare*), pantograph. **2.** ~ a comando idraulico (*macch. ut.*), hydraulic drive copying machine. **3.** ~ per incisioni elettriche (*macch. ind.*), electric etcher. **4.** ~ tridimensionale (*strum. per copiare*), tridimensional pantograph. **5.** asta di presa a ~ (*veic. elett.*), pantograph trolley. **6.** trolley a ~ (*veic. elett.*), pantograph trolley.

pantometro (strumento per misurare gli angoli) (*strum. top. - ecc.*), pantometer.

para (*gomma*), para rubber. **2.** ~ vampate (mate-

riale refrattario per interruttori) (*elett.*), flash-guard (ingl.), barrier.
para-arco (per evitare i danni dell'arco) (*elettromecc.*), arc chute.
paràbola (*geom.*), parabola.
parabòlico (*geom.*), parabolic.
paraboloide (*geom.*), paraboloid.
parabordo (d' accosto) (*nav.*), fender, bumper. **2.** ~ galleggiante (di legno, tra la fiancata della nave a banchina e la banchina stessa) (*nav.*), camel. **3.** ~ longitudinale (bottazzo: sui rimorchiatori per es.) (*nav.*), fender bar.
parabrezza (parabrise) (di automobile per es.), windshield (am.), windscreen (ingl.). **2.** ~ curvo (*aut.*), bowed windshield. **3.** disappannamento del ~ (*aut.*), windshield demisting. **4.** sbrinamento del ~ (*aut.*), windshield defrosting.
paracadutare (lanciare con paracadute, provviste per es.) (*aer.*), to parachute, to air-drop.
paracadutarsi (lanciarsi col paracadute, di una persona per es.) (*aer.*), to parachute, to jump.
paracadute (*aer.*), parachute. **2.** ~ (dispositivo per decelerare la discesa delle gabbie da miniera) (*min.*), parachute. **3.** ~ ad apertura automatica (*aer.*), automatic parachute, automatic opening parachute. **4.** ~ a delta (usato per la guida e l'atterraggio di una capsula spaziale dopo il rientro nell'atmosfera) (*astric.*), paraglider. **5.** ~ a nastro (*aer.*), ribbon parachute. **6.** ~ antivite (montato alle estremità delle ali o della coda di un aeroplano) (*aer.*), anti-spin parachute. **7.** ~ completo (*aer.*), parachute assembly. **8.** ~ cuscino (usato come sedile dall'utente) (*aer.*), seat-pack parachute. **9.** ~ di emergenza (*aer.*), emergency parachute. **10.** ~ di riserva (*aer.*), reserve parachute. **11.** ~ freno (paracadute frenante: usato per diminuire la corsa di atterraggio di un aeroplano) (*aer.*), brake parachute, drag parachute, parabrake. **12.** ~ libero (paracadute con apertura a comando) (*aer.*), free parachute. **13.** ~ per aerorifornitori (*aer.*), supply-dropping parachute. **14.** ~ piano (formato da spicchi che formano un poligono regolare quando disteso) (*aer.*), flat parachute. **15.** ~ pilota, ~ ausiliario (piccolo paracadute che si apre prima di quello vero e proprio) (*aer.*), pilote chute. **16.** ~ quadrato (con calotta quasi quadrata quando distesa) (*aer.*), square parachute. **17.** ~ ritardatore (~ di decelerazione, la sua apertura precede quella del ~ principale) (*aer.*), drogue, deceleration parachute. **18.** ~ sagomato (*aer.*), shaped parachute. **19.** ~ stabilizzatore (piccolo ~ ausiliario gonfiabile stabilizzante e decelerante da aprirsi prima di quello principale) (*aer.*), ballute, balute. **20.** ~ stabilizzatore (usato per la stabilizzazione di carichi) (*aer.*), stabilizing parachute. **21.** ~ sussidiario (calottina) (montato sulla custodia per assicurare che il fascio funicolare si spieghi prima della calotta) (*aer.*), retarder parachute. **22.** ~ triangolare (con calotta di forma circa triangolare quando spiegata) (*aer.*), triangular parachute. **23.** custodia del ~ (*aer.*), parachute bucket. **24.** discendere col ~ (*aer.*), to parachute. **25.** lanciarsi col ~ (*aer.*), to bale out. **26.** pacco del ~ (*aer.*), deployment bag.
paracadutista (*aer. - aer. milit.*), parachutist.
paracadutisti (corpo dei ~) (*aer. milit.*), paratroops.
paracarro (*strad.*), wayside stone.
paracinghia (custodia o riparo per cinghia) (*mecc.*), belt guard.
paraclasi (*geol.*), *vedi* faglia.
paracolpo, paracolpi (tassello generalmente di gomma) (*mecc.*), bumper, buffer. **2.** ~ di gomma (*mecc.*), rubber buffer. **3.** ~ per porta (tassello di gomma incassato nel vano porta per ammortizzare la chiusura dello sportello) (*aut.*), door bumper.
paradiafonia (*telef.*), *vedi* diafonia vicina.
parafango (di veicolo), fender (am.), mudguard (ingl.). **2.** ~ (elemento stampato di parafango, pannello parafango) (*costr. carrozz. aut.*), fender panel (am.), mudguard panel (ingl.).
paraffina (*chim. - ind.*), paraffin, paraffin wax. **2.** olio di ~ (*chim. - ind.*), paraffin oil.
paraffinare (*mft. carta - ecc.*), to paraffin, to paraffine.
paraffinico (*chim.*), paraffinic.
parafiamma (paratia) (di un aeroplano per es.), fireproof bulkhead. **2.** ~ (*cald.*), baffle plate. **3.** ~ (dispositivo applicato al sistema di scarico dei motori di un aeroplano per impedirne la vista) (*mot. aer.*), flame damper. **4.** ~ (parascintille, montato sul silenziatore) (*mot.*), spark arrester.
paraformaldèide [$(CH_2O)_nH_2O$] (*chim.*), paraformaldehyde.
parafulmine (*disp. elett.*), lightning rod, lightning conductor. **2.** asta del ~ (*disp. elett.*), lightning rod. **3.** discesa del ~ (linea di collegamento a terra del ~) (*disp. elett.*), lightning conductor. **4.** protetto dal ~ (*ed.*), lightningproof.
parafuoco (di focolare) (*term. - ed.*), fireguard, fire screen, fender.
paragenesi (*geol. - min.*), paragenesis.
paraghiaccio (per la presa d'aria dinamica di un aeroplano) (*aer. - mot.*), ice guard, ice fender. **2.** ~ (*costr. ed.*), ice apron. **3.** ~ con interstizio (*mot. aer.*), gapped-type ice guard. **4.** ~ senza interstizio (*mot. aer.*), gapless-type ice guard.
paraglider (tipo di paracadute delta per dirigere l'astronave all'atterraggio) (*astric.*), paraglider.
paragonabile (comparabile, confrontabile) (*gen.*), comparable.
paragonare (*gen.*), to compare. **2.** ~ le prestazioni (per es. di due elaboratori) (*elab. - ecc.*), to benchmark.
paragone (*gen.*), comparison. **2.** piano di ~ (*mecc.*), *vedi* piano di riscontro.
paragrafo (*tip.*), paragraph.
paraidrogeno (*chim.*), para-hydrogen.
"paraison" (recipiente che fornisce alla macchina l'esatto quantitativo di materiale occorrente per lo

stampaggio di un oggetto) (*mft. vetro - mft. plastica*), parison. **2.** ~ (semilavorato) (*mft. vetro*), parison.
paraldèide [($C_6H_{12}O)_3$] (*chim.*), paraldehyde.
parallasse (*ott. - astr.*), parallax. **2.** ~ annua (parallasse eliocentrica) (*astr.*), annual parallax. **3.** ~ assoluta (*astr.*), absolute parallax. **4.** ~ di altezza (angolo tra la retta congiungente l'osservatore con un corpo celeste e la retta congiungente il corpo celeste col centro della terra) (*astr.*), parallax in altitude. **5.** ~ diurna (parallasse geocentrica) (*astron.*), diurnal parallax. **6.** ~ eliocentrica (parallasse annua) (*astr.*), heliocentric parallax, annual parallax, stellar parallax. **7.** ~ geocentrica (parallasse diurna) (*astr.*), geocentric parallax, diurnal parallax. **8.** ~ orizzontale (*fot.*), horizontal parallax, *x*-parallax. **9.** ~ orizzontale (parallasse geodetica) (*astr.*), horizontal parallax. **10.** ~ residua (*fot.*), residual parallax. **11.** ~ verticale (*fot.*), vertical parallax, *y*-parallax.
parallattico (*a. - top. - ecc.*), parallactic.
parallèla (*s. - geom.*), parallel. **2.** ~ (per tracciare rotte) (*strum. nav.*), parallel rule. **3.** ~ (*ut. mecc.*), parallel block. **4.** ~ a V (*ut. mecc.*), parallel V block.
parallele (per esercizi di ginnastica) (*s. - sport*), parallel bars.
parallelepìpedo (*geom.*), parallelepiped, parallelepipedon. **2.** ~ di spessore (di una macch. utènsile universale per es.) (*mecc.*), raising block.
parallelismo, parallelism. **2.** errore di ~ (*mecc.*), parallelism error.
parallèlo (*a. - geom.*), parallel. **2.** ~ (*s. - geogr.*), parallel, circle. **3.** ~ (trasmissione simultanea, su connessione in ~ di dati, parole ecc.) (*s. - elab.*), parallel. **4.** ~ (*s. - collegamento elett.*), parallel. **5.** marcia in ~ (*macch. elett.*), working (or running) in parallel, working (or running) in multiple. **6.** marciare in ~ (*macch. elett.*), to run in parallel, to run in multiple. **7.** messa in ~ (di alternatori) (*elett.*), paralleling. **8.** mettere (o collegare) in ~ (collegare varie sorgenti o utilizzatori in parallelo) (*elett.*), to connect in parallel.
parallelogramma (*geom.*), parallelogram. **2.** ~ articolato (*mecc. raz. - disp. mecc.*), four-bar linkage. **3.** ~ delle forze (*mecc. raz. - sc. costr.*), parallelogram of forces.
paraluce (di uno schermo radar per es.) (*illum.*), hood, viewing hood. **2.** ~ (parasole) (*fot.*), lens hood, sky shade.
paralume (*illum.*), lamp shade.
paramagnètico (*elett.*), paramagnetic.
paramagnetismo (*elett.*), paramagnetism.
paramarre (elemento fissato alla prua per l'appoggio dell'àncora) (*nav.*), billboard.
paramento (superficie esterna od interna di struttura muraria) (*ed.*), face, facing.
parametrico (*a. - gen.*), parametric.
paràmetro (*mat. - fis. - elab. - ecc.*), parameter. **2.** ~ di frequenza (*aer.*), frequency parameter. **3.** ~ di programma (*elab.*), program parameter. **4.** ~ prefissato (*elab.*), preset parameter.
paramezzale (*costr. nav.*), keelson, inner keel, girder. **2.** ~ centrale (*costr. nav.*), central keelson, middle-line keelson. **3.** ~ di stiva (di nave in ferro) (*costr. nav.*), side keelson, intercostal plate of first longitudinal, sister keelson. **4.** ~ intercostale (*costr. nav.*), intercostal girder. **5.** ~ laterale (paramezzaletto) (*costr. nav.*), side keelson, sister keelson. **6.** ~ scatolato (*costr. nav.*), box keelson.
paramezzaletto (paramezzale laterale) (*costr. nav.*), side keelson, sister keelson.
paramilitare (*a. - milit.*), paramilitary.
parancare (tirare o sollevare a mezzo di paranco) (*nav.*), to bouse.
paranco (*nav.*), purchase, tackle, hoist. **2.** ~ (paranchino arrida-sartie) (*nav.*), burton. **3.** ~ (per officina) (*macch.*), hoist, tackle. **4.** ~ a bandiera (*app. sollevamento per ed. - ecc.*), swing hoist. **5.** ~ a catena (*app. mecc.*), chain block. **6.** ~ a catena (*macch.*), chain block. **7.** ~ a catena a ingranaggi cilindrici (*macch.*), spur geared chain block. **8.** ~ a coda (*nav.*), jigger. **9.** ~ a corda (*ed.*), rope tackle. **10.** ~ a vite senza fine (per officina) (*macch.*), worm gear hoist. **11.** ~ di capone (*nav.*), cat tackle. **12.** ~ di coperta (*nav.*), luff tackle. **13.** ~ differenziale (*macch.*), differential tackle, differential pulley. **14.** ~ differenziale a catena (*att. mecc.*), differential chain block, differential block. **15.** ~ (provvisto) di sicurezza (*app. ind.*), safety hoist. **16.** ~ elettrico (*macch.*), electric hoist, electric tackle. **17.** ~ pneumatico (azionato da aria compressa) (*att. da off.*), air hoist.
paraòcchi (per cavallo), blind.
paraòlio (disco: di macchina, di motore), oil splash guard. **2.** ~ (tenuta) (*macch. - mot.*), oil retainer, oil seal.
parapètto (*ed. - ind.*), parapet, guard, breastwork. **2.** ~ (*nav.*), railing. **3.** ~ (balaustrata: di scala per es.) (*ed.*), balustrade, banisters. **4.** ~ di finestra (parte di parete tra il pavimento ed il davanzale) (*ed.*), breast. **5.** ~ di murata (del castello di prua e del ponte di poppa) (*nav.*), breastwork.
parapólvere, dust cover. **2.** ~ (elemento di protezione d'estremità dei cilindri dei freni idraulici per es.) (*aut.*), boot (am.).
parasale (piastra di guardia) (*ferr.*), pedestal (am.), axle guide.
parasartia (*nav.*), channel, chainwale.
parasassi (di un fanale per es.) (*aut.*), gravel guard. **2.** ~ (di locomotiva) (*ferr.*), pilot. **3.** ~ (sotto al radiatore: griglia parasassi) (*aut.*), apron.
parascintille (congegno elettrico) (*elettrico*), spark arrester. **2.** ~ (di una locomotiva per es.) (*ferr.*), spark arrester, spark catcher, cinder frame, bonnet. **3.** ~ (di un cubilotto per es.) (*fond.*), spark screen. **4.** ~ (parafiamma, montato sul silenziatore) (*mot.*), spark arrester.
paraselene (paraselenio: fenomeno meteorologico per il quale si forma intorno alla luna un anello

causato dalla rifrazione della luce lunare sui cristalli di ghiaccio contenuti nell'atmosfera) (*meteor.*), paraselene.

parasole (di una macchina fotografica) (*fot.*), sunshade. **2.** ~ (tipo di velivolo) (*aer.*), parasol. **3.** ~ (visiera) (*aut.*), sun screen, glare shield, sun visor, visor. **4.** ~ (paraluce) (*fot.*), lens hood, sky shade. **5.** ~ esterno (visiera parasole esterna) (*aut.*), visor. **6.** ~ imbottito (visiera parasole interna imbottita) (*aut.*), padded visor.

paraspigolo (in metallo, in legno o in plastica) (*ed.*), staff angle.

paraspruzzi (elemento flessibile fissato al parafango) (*di veic.*), mudflap, fender, splash guard. **2.** ~ (*mecc.*), splash guard. **3.** ~ (sullo scafo di un idrovolante per es.) (*nav.*), spray strip.

parassiale (molto vicino all'asse ottico di una lente per es.) (*a. - ott.*), paraxial.

parassita (di correnti parassite per es.) (*a.- elett.*), parasitic.

parasta (lesena, pilastro sporgente da una parete) (*arch.*), pilaster strip.

parastrappi (giunto elastico torsionale) (*mecc.*), flexible coupling, spring drive.

paratìa (*nav.*), bulkhead. **2.** ~ (*aer.*), bulkhead. **3.** ~ con ripiano portaoggetti (*costr. carrozz. aut.*), parcel tray squab panel. **4.** ~ corazzata (*mar. milit.*), armored bulkhead. **5.** ~ del gavone (*nav.*), peak bulkhead. **6.** ~ di collisione (*nav.*), forepeak bulkhead, collision bulkhead. **7.** ~ di coronamento (posta sulla cresta della diga) (*costr. idr.*), crest gate. **8.** ~ longitudinale (*nav. - aer.*), longitudinal bulkhead. **9.** ~ parafiamma (paratia tagliafuoco) (*nav. - aer.*), fireproof bulkhead, fire wall. **10.** ~ stagna (*nav.*), watertight bulkhead. **11.** ~ stagna longitudinale (*costr. nav.*), longitudinal watertight bulkhead. **12.** ~ stagna trasversale (*costr. nav.*), transverse watertight bulkhead. **13.** ~ tagliafuoco (paratia parafiamma, parafiamma) (*aer. - nav.*), fireproof bulkhead, fire wall. **14.** ~ trasversale (*nav.*), athwartship bulkhead. **15.** ~ volante (*nav.*), temporary, bulkhead.

paratoia (*idr.*), sluice gate, sluice valve. **2.** ~ (diaframma regolabile) (*macch. mft. carta*), dam. **3.** ~ a settore cilindrico (di uno stramazzo per es.) (*disp. regolazione livello*), roller gate. **4.** ~ a settore cilindrico (*idr.*), drum dam. **5.** ~ di fondo (*idr.*), tail-gate (ingl.). **6.** ~ di massimo livello (*idr.*), head-gate. **7.** ~ di presa (*idr.*), inlet sluice gate. **8.** ~ piana ad elementi scomponibili (palancolata) (*idr.*), sheet piling.

paraurti (*aut. - ferr.*), bumper. **2.** ~ a molla (*aut.*), spring-loaded bumper.

paravampa (di un cannone per es.) (*artiglieria*), flash hider.

paravampate (parafiamme, schermo di materiale refrattario: negli interruttori) (*elett.*), flash-guard.

paravento (*ed. - ecc.*), windscreen.

parcèlla (di un professionista), fee, bill.

parcheggiabilità (di un'automobile) (*aut.*), parkability.

parcheggiare (*aut.*), to park.

parcheggio (autorizzato) (*traff. strad.*), authorized parking place. **2.** " ~ " per barche (*nav.*), boat park. **3.** ~ vagoni merci in arrivo (*ferr.*), receiving yard. **4.** divieto di ~ (*traff. strad.*), no parking, parking prohibited. **5.** orbita di ~ (di un veicolo spaziale) (*astric.*), parking orbit. **6.** posto di ~ (di aeroplani, di automobili ecc.) (*aer. - aut.*), parking area.

parcherizzare (*metall.*), to parkerize.

parchetto, *vedi* parquet.

parchimetro, *vedi* parcometro.

parco (*gen.*), park. **2.** ~ (autocarri o autobus di proprietà di una società per trasporti per es.) (*veic.*), fleet, park. **3.** ~ autobus (di una società) (*trasp.*), bus fleet. **4.** ~ bestiame (recinto) (*ind. cuoio - ecc.*), stockyard. **5.** ~ di deposito (*ed. - comm.*), storeyard. **6.** ~ legno (*ind. mft. carta*), block bin. **7.** ~ lingotti (di acciaieria) (*ind. metall.*), ingot yard, ingot store. **8.** ~ putrelle (di laminatoio) (*ind. metall.*), girder store, girder yard.

parcometro (tassametro di parcheggio) (*aut.*), parking meter.

pareggiare (le pagine di un libro) (*rilegatura*), to knock up. **2.** ~ (spianare) (*gen.*), to level off. **3.** ~ (allineare i margini dei fogli prima della stampa) (*tip.*), to jog.

pareggiatore (in una macch. offset, attrezzo per pareggiare i fogli prima della stampa) (*macch. tip.*), jogger. **2.** pareggiatori laterali (in una macch. offset) (*macch. tip.*), side joggers. **3.** pareggiatori posteriori (in una macch. offset) (*macch. tip.*), rear joggers.

pareggiatura (allineamento dei bordi: p. es. di una pila di schede) (*elab. - ecc.*), jogging.

pareggio (di conti) (*amm.*), balancing. **2.** ~ (punto in cui i profitti e le perdite si equilibrano, punto di pareggio) (*amm.*), break-even point, BEP.

parelio (fenomeno per il quale si forma intorno al sole un alone, dovuto alla rifrazione della luce solare sui cristalli di ghiaccio contenuti nell'atmosfera) (*meteor.*), parhelion.

parella (giunzione a pari) (*costr. nav.*), scarf.

parellatura (giunzione a pari) (*nav.*), scarf joint.

parentesi (*tip.*), bracket. **2.** ~ quadra, [, (*tip.*), square bracket. **3.** ~ rotonda, (, (*tip.*), round bracket. **4.** mettere tra ~ (*tip.*), to bracket.

parere, essere del ~ (essere dell'opinione) (*gen.*), to be of the opinion.

parete (*ed.*), wall. **2.** ~ (di una caldaia), wall, external wall. **3.** ~ ad elevato assorbimento (*acus.*), dead wall. **4.** ~ divisoria (*ed.*), partition. **5.** ~ divisoria (nella olandese) (*mf. carta*), midfeather. **6.** ~ esterna (*ed.*), outside wall. **7.** ~ in mattoni (*mur.*), brick wall. **8.** ~ interna (*ed. - mecc.*), inside wall. **9.** ~ laterale (di un pneumatico per es.) (*aut. - ecc.*), sidewall. **10.** ~ laterale (di un forno a bacino) (*forno mft. vetro*), sidewall. **11.** ~ (interna) tagliafuoco (~ interna resistente al fuoco) (*costr. civ. - nav. - ecc.*), fire partition, fire stop. **12.** a doppia ~ (di un tubo per es.) (*gen.*), double-walled. **13.** da ~ (di quadro elettrico per es.) (*a. - gen.*), wall-type.

pari (*mat.*), even. **2.** ~ (*comm. - finanz.*), par. **3.** alla ~ (*finanz.*), at par.

parigina (*ferr.*), *vedi* sella di lancio.

"parison", *vedi* "paraison".

parità (*fis. atom.*), parity. **2.** ~ (p. es. di una funzione, di un numero, di un bit ecc.) (*s. - mat. - fis. - elab.*), parity. **3.** ~ (uguaglianza: p. es. di paga, di lavoro ecc.) (*ind. - pers. - ecc.*), parity. **4.** ~ dispari (*elab.*), odd parity. **5.** ~ salariale (*pers.*), equal pay for equal work. **6.** controllo di ~ (*macch. calc.*), parity check. **7.** errore di ~ (rilevato mediante controllo di ~) (*elab.*), parity error.

parkerizzare (proteggere ferro o acciaio mediante una soluzione di acido fosforico e MnO_2) (*tecnol. mecc.*), to parkerize (am.), to parkerise (ingl.).

parkerizzazione (*tecnol. mecc.*), parkerizing.

parlare (*gen.*), to speak, to talk. **2.** ~ in gergo di officina (*ind. - ecc.*), to shoptalk.

parlato (di comunicazione eseguita a voce) (*s. - acus.*), speech. **2.** sintesi del ~ (sintesi della voce) (*elab.*), speech synthesis. **3.** sintetizzatore del ~ (sintetizzatore della voce) (*elab.*), speech synthesizer. **4.** ~, *vedi anche* voce.

paro, a ~ (di superfici di due pezzi combacianti a formare lo stesso piano) (*mecc. - ecc.*), flush.

parola (insieme di suoni di significato concreto, vocabolo parlato o scritto) (*s. - linguaggio*), word. **2.** ~ (un qualsiasi termine di significato concreto espresso vocalmente) (*s. - acus. - linguaggio*), speech. **3.** ~ (parola di codice, serie ordinata di caratteri che può essere usata per una specifica azione di una macch. ut. a c. n., per es.) (*elab. - macch. ut. a c. n.*), word, code word. **4.** ~ chiave (istruzione codificata di un ordine: p. es.: "stampa!", "fine!" ecc.) (*elab.*), keyword. **5.** ~ di calcolatore (~ [di] macchina: successione di bit di lunghezza fissa: 16, 24, 32 bit; considerata come unità di memorizzazione) (*elab.*), word, computer word, machine word. **6.** ~ di chiamata (*elab.*), call-word. **7.** ~ di comando canale (*elab.*), channel command word, CCW. **8.** ~ di controllo (*elab.*), check word, control word. **9.** ~ di elaboratore, *vedi* ~ di calcolatore. **10.** ~ di fine registrazione (*elab.*), end of record word. **11.** ~ di istruzione (*elab.*), instruction word. **12.** ~ di ricerca (p. es.: una ~ chiave) (*elab.*), search word, searchword. **13.** ~ di stato (indica lo stato di una periferica) (*elab.*), status word. **14.** ~ di stato del programma (~ di calcolatore che interessa il sistema operativo) (*elab.*), program status word, PSW. **15.** ~ (o codice) di stato di un canale (*elab.*), channel status word, CSW. **16.** ~ doppia (~ di lunghezza doppia; unità costituita dal doppio di bit rispetto a quelli normalmente ammessi per una parola) (*elab.*), double word. **17.** ~ d'ordine (*milit.*), password, countersign. **18.** ~ d'ordine (sequenza di caratteri confidenziale necessaria per accedere ad un sistema ecc.) (*elab.*), password. **19.** ~ (di) indice (*elab.*), index word. **20.** ~ indirizzo canale, *vedi* codice indirizzo canale. **21.** ~ macchina, *vedi* ~ di calcolatore. **22.** ~ omessa (nella composizione tipografica) (*tip.*), out. **23.** ~ riservata (~ di significato particolare usabile solo in certi contesti) (*elab.*), reserved word. **24.** con ~ (di lunghezza) fissa (*elab.*), fixed-word. **25.** confine di ~ (in una memoria) (*elab.*), word boundary. **26.** lunghezza di ~ (numero di bit, byte, cifre ecc. di una ~) (*elab.*), word length. **27.** passaggio di ~ alla riga seguente (quando la sua lunghezza supera il margine) (*elab.*), word wrap, word wrap around. **28.** tempo, o periodo, di ~ (tempo necessario per trasferire una parola) (*elab.*), word time.

parquet (pavimento con sottofondo, pavimento in legno, pavimento a palchetti, pavimento a parchetti) (*ed.*), wood-block flooring.

parrocchetto (vela) (*nav.*), fore-topsail. **2.** ~ volante (vela) (*nav.*), upper fore-topsail. **3.** albero di ~ (*nav.*), fore-topmast. **4.** basso ~ (vela) (*nav.*), lower fore-topsail. **5.** coltellaccio di ~ (*nav.*), fore-topmast studding sail. **6.** pennone di basso ~ (*nav.*), lower fore-topyard. **7.** pennone di ~ (*nav.*), fore-topyard.

parsec (unità astronomica pari a 3,26 anni luce) (*mis. astr.*), parsec.

parte (*gen.*), part. **2.** ~ (costituente, componente), component. **3.** ~ (*mecc.*), part, component. **4.** ~ (elemento di un complessivo: longherone, traversa di un telaio ecc. per es.) (*mecc.*), member. **5.** ~ (di un attore) (*cinem.*), role. **6.** ~ (una persona che rappresenta una delle due parti contrapposte: in una controversia legale per es.) (*leg. - ecc.*), party. **7.** ~ aliquota (*mat.*), aliquot part. **8.** ~ anteriore (*s. - gen.*), fore part, front, fore. **9.** ~ centrale (*gen.*), midportion. **10.** ~ di ricambio (di macch., di mot. ecc.) (*mecc. - elett.*), spare part. **11.** ~ disponibile (disponibilità) (*elab. - ecc.*), allowance. **12.** ~ interessata (p. es. un gruppo che ha privilegi economici in un qualche campo di attività) (*s. - econ. - politica*), vested interest. **13.** ~ interna (*gen.*), inner part. **14.** ~ mobile (di ponte girevole) (*ed.*), swing. **15.** parti per milione (misura di concentrazione per es.) (*mis. - mat. - ecc.*), parts per million, ppm, p.p.m. **16.** ~ poppiera (della nave) (*nav.*), stern end. **17.** ~ posteriore (di un veicolo) (*veic.*), afterbody. **18.** ~ principale (*gen. - mot. - mecc.*), main part. **19.** ~ prodiera (*nav.*), foreship. **20.** ~ sciolta (di una macchina) (*mecc.*), loose part. **21.** ~ sotto coperta (di un albero) (*nav.*), housing. **22.** ~ stellata di poppa (al di sotto della linea d'acqua) (*costr. nav.*), run. **23.** ~ stellata di prua (al di sotto della linea d'acqua) (*costr. nav.*), entrance. **24.** ~ superiore (*gen.*), upper part, top, headpiece. **25.** ~ umida (di una macchina continua per la carta) (*macch. mft. carta*), wet end. **26.**

con plico a ~ (*uff. - posta*), under separate cover. **27.** da ~ nostra (*gen.*), on our part. **28.** in parti sciolte da montare (di veicoli per es.) (*comm.*), knocked-down.
partecipante (*s. - gen.*), partaker, participant.
partecipare (*gen.*), to take part, to participate. **2.** ~ (prendere parte, ad una conferenza per es.) (*gen.*), to attend.
partecipazione (*finanz. - ecc.*), sharing, participation. **2.** ~ (*psicol. ind.*), involvement. **3.** ~ azionaria (*finanz.*), stockholding. **4.** ~ di maggioranza (*finanz.*), controlling interest. **5.** ~ di minoranza (*finanz.*), minority interest. **6.** mancanza di ~ (*psicol. ind.*), lack of involvement.
partènza (*nav.*), departure, sailing. **2.** ~ (o avvio, o innesco) a freddo (del programma di caricamento) (*elab.*), bootstrapping. **3.** ~ da fermo (per prova di velocità) (*aut. - sport*), standing start. **4.** ~ (lancio di un missile) (*astric.*), blast-off. **5.** ~ (decollo, di un veicolo spaziale con equipaggio, come l'"Apollo" per es.) (*astric. - razzo*), lift-off. **6.** ~ di un treno (*ferr.*), train departure. **7.** ~ lanciata (*sport - aut.*), flying start. **8.** ora di ~ (*ferr.*), time of departure. **9.** ordine di ~ (disposizione delle vetture alla partenza di una corsa automobilistica: griglia) (*sport - aut.*), grid. **10.** segnale di ~ (*elab.*), go message.
particèlla (*fis.*), particle. **2.** ~ alfa (*chim. - fis.*), alpha particle. **3.** ~ beta (*chim. - fis. atom.*), beta particle. **4.** ~ con carica negativa (*fis.*), negatively charged particle. **5.** ~ elementare (p. es.: elettrone, protone ecc.) (*fis. atom.*), elementary particle. **6.** ~ eta (con massa 1074 volte più grande di un elettrone) (*fis. atom.*), eta particle. **7.** particelle incandescenti (in un forno) (*forno metall.*), sparklers. **8.** ~ ionizzante (*fis. atom.*), ionizing particle. **9.** ~ J (tipo instabile di mesone) (*fis. atom.*), J particle. **10.** ~ meteorica (che gira attorno al sole) (*astron.*), meteoroid. **11.** ~ omega (*fis. atom.*), omega, omega particle. **12.** ~ rho (mesone) (*fis. atom.*), rho, rho particle. **13.** ~ tau (~ di vita corta e più pesante di un elettrone) (*fis. atom.*), tau particle. **14.** ~ vegetale (nella lana) (*ind. lana*), shive. **15.** ~ w (*fis. atom.*), w particle. **16.** ~ xi (della famiglia dei barioni) (*fis. atom.*), xi particle. **17.** ~ y (~ della famiglia dei mesoni instabile e neutra) (*fis. atom.*), upsilon particle, y particle. **18.** ~ Z (~ ipotetica, fondamentale ed elettricamente neutra) (*fis. atom.*), Z particle. **19.** acceleratore di particelle (*fis. atom.*), particle accelerator. **20.** emissione di particelle (*fis. atom.*), particle emission. **21.** rilevatore di particelle (*fis. atom.*), particle detector. **22.** sostanza che emette particelle (*fis.*), emitter.
particellare (struttura) (*a. - fis.*), particulate.
particolare (speciale) (*a.*), particular. **2.** ~ (relativo ad una enumerazione di oggetti qualsiasi) (*s. - gen.*), item. **3.** ~ (pezzo) (*mecc.*), part. **4.** ~ (elemento singolo costitutivo: di un attrezzo per es.) (*mecc.*), detail. **5.** ~ (di un disegno meccanico per es.) (*dis.*), detail. **6.** ~ (topografico) (*top.*), detail. **7.** particolari acquistati all'esterno (*ind.*), bought out components. **8.** ~ a formato (*gen.*), size part. **9.** ~ a misura (*mecc.*), part finished to size. **10.** ~ conforme (al richiesto) (*controllo qualità*), buy-off item. **11.** particolari costruttivi (*macch. - ecc.*), construction details. **12.** ~ finito (*mecc. ind.*), finished part. **13.** ~ lavorato (di macchina) (*mecc.*), machined part. **14.** ~ metallico sinterizzato (*metall.*), powder metal part, P/M part. **15.** ~ sciolto (*mecc.*), loose part. **16.** ~ tecnico (*mecc. - ecc.*), engineering part. **17.** elenco dei particolari (*gen.*), parts list.
particolarista (disegnatore di particolari) (*dis.*), detailer.
particolarità (caratteristica) (*gen.*), particularity, individual characteristic.
partire, to depart, to leave. **2.** ~ (*nav.*), to sail. **3.** ~ (essere lanciato, di un missile per es.) (*missil. - astric.*), to blast, to blast off, to take off. **4.** a ~ da (a decorrere da: termine di consegna per es.) (*comm.*), beginning from, reckoning from.
partita (di laterizi per es.) (*comm.*), lot, parcel. **2.** ~ (lotto, quantità di lavoro svolto sul complessivo lavoro da svolgere o una parte definita di esso per es.) (*gen.*), run. **3.** ~ di merce (*comm.*), lot of goods. **4.** ~ doppia (*contabilità*), double entry. **5.** ~ semplice (*contabilità*), single entry.
partitario (*contabilità*), ledger. **2.** ~ a fogli mobili (*contabilità*), loose-leaf ledger. **3.** ~ a schede (*contabilità*), card ledger. **4.** ~ clienti (*contabilità*), sales ledger. **5.** ~ fornitori (*contabilità*), creditors ledger, purchase ledger, accounts payable ledger.
partito (*politica*), party.
partitore (per la suddivisione dell'acqua per irrigazione) (*costr. idr.*), divisor. **2.** ~ di tensione (*elett.*), potential divider, voltage divider.
partizione (suddivisione in aree della memoria principale a seconda dei compiti) (*elab.*), partition.
partone (particella più piccola di un protone) (*fis. atom.*), parton.
parziale (*a. - gen.*), partial, sectional.
parzializzare to choke, to shut. **2.** ~ gli ugelli (di un altoforno per es.) (*metall.*), to choke tuyeres.
parzializzatore (di un radiatore dell'olio di un motore d'aeroplano per es.: per regolare il raffreddamento) (*mecc.*), shutter.
parzialmente, partly, partially.
"parylene" (*plastica*), parylene.
pascal (Pa = unità di misura di pressione, equivalente ad 1 newton per m^2 = psi $0{,}2088 \times 10^{-1}$ = pdl/ft^2 $\times 0{,}672$ [1 Atm = $1{,}01325 \times 10^5$ Pa, 1 At = $0{,}980596 \times 10^5$ Pa, 1 torr = 133,3224 Pa]) (*mis. meteor.*), pascal, Pa.
PASCAL (linguaggio di programma ad alto livello) (*elab.*), PASCAL.
pascolare (pecore per es.) (*agric.*), to pasture, to graze.
pàscolo (*agric.*), pasture.

passa (di un calibro) (*mecc.*), go. **2.** non ~ (di un calibro) (*mecc.*), not go.
passabanda (filtro passabanda) (*elett. acus.*), band-pass filter.
"passabile" (accettabile, da parte del collaudo o controllo) (*mecc. - ecc.*), acceptable.
passacavo (bocca di rancio) (*nav.*), chock. **2.** ~ (elemento di guida per passaggio di un cavo scorrevole) (*aer. - nav.*), fairlead.
passafili (*ind. tess.*), guiding slit.
passafuori (parte di travicello del tetto sporgente dalla facciata) (*ed.*), rafter end, show rafter.
passaggio (transito) (*gen.*), passage. **2.** ~ (tra due sequenze di un film) (*cinem.*), transition. **3.** ~ (trasposizione: della pellicola da un proiettore all'altro) (*cinem.*), changeover. **4.** ~ (corridoio fra le macchine in officina per es.), passage. **5.** ~ (apertura nella murata di una nave per l'imbarco e sbarco dei passeggeri) (*nav.*), gangway. **6.** ~ (corridoio) (*nav.*), alleyway. **7.** ~ (di un aereo o di un satellite nel cielo) (*aer. - astron. - ecc.*), pass. **8.** ~ (posto: su di un mezzo di trasporto) (*aer. - nav. - ecc.*), passage. **9.** ~ (luogo di transito) (*trasp. - navig.*), gateway. **10.** ~ aereo (chiuso) tra grattacieli ravvicinati (passerella aerea) (*arch. - ed.*), skywalk. **11.** ~ a livello (*traff. strad.*), grade crossing, level crossing. **12.** ~ a livello custodito (*traff. strad.*), guarded level crossing. **13.** ~ a livello incustodito (*traff. strad.*), unguarded level crossing. **14.** ~ artificiale d'acqua (chiusa) (*idr.*), sluice. **15.** ~ calibrato (apertura: p. es. tra due cilindri scanalati di un laminatoio per profilati) (*s. - metall.*), pass. **16.** ~ di comunicazione (fra gallerie adiacenti) (*min.*), breakthrough. **17.** ~ d'ispezione (nel corpo di una caldaia per es.) (*mecc.*), manhole. **18.** ~ di una chiusa (da parte di una nave) (*nav.*), lockage. **19.** ~ fra il muro ed il fossato (*fortificazioni*), berm. **20.** ~ pedonale (attraversamento) (*traff. strad.*), pedestrian crossing, crosswalk. **21.** ~ pedonale aereo (*traff. strad.*), overhead pedestrian crossing, elevated pedestrian crossing. **22.** ~ per pedoni (*traff. strad.*), walkway. **23.** ~ per pedoni (*fortificazioni*), berm. **24.** ~ per pompieri (*ed.*), fireman's catwalk. **25.** ~ serie-parallelo (in un locomotore elettrico per es.) (*elett.*), series-parallel changeover. **26.** ~ serie-parallelo con interruzione dell'alimentazione (di un locomotore elettrico per es.) (*elett.*), series-parallel changeover by switching off the feeding. **27.** ~ verticale (che conduce alla sommità di un dirigibile) (*aer.*), climbing shaft. **28.** diritti di ~ di una chiusa (*nav.*), lockage. **29.** precedenza di ~ (*traff. strad.*), right of way. **30.** senso di ~ (di una corrente) (*elett.*), flow direction. **31.** servitù di ~ (diritto che ha una persona di passare attraverso la proprietà altrui) (*leg. - strad.*), right-of-way.
passamaneria (*mft. tess.*), trimmings, passementerie.
passamano (*ind. tess.*), braid.
passa-non passa (calibro differenziale) (*s. - ut. mecc.*), limit gauge, go-not-go gauge.
passante (*a. - gen.*), through. **2.** ~ (materiale passante attraverso il vaglio) (*s. - min.*), undersize, passing.
passare (una fune in un foro per es.) (*nav.*), to reeve. **2.** ~ (*mecc. - fis.*), to pass, to go through. **3.** ~ a penna (o a inchiostro, un disegno per es.) (*dis.*), to ink in. **4.** ~ a sopravvento (*nav.*), to weather. **5.** ~ con giallo d'uovo (*ind. cuoio*), to egg. **6.** ~ "in tromba" (passare con notevole scarto di velocità, nelle corse) (*aut. - sport*), to blow off. **7.** ~ per le armi (*milit.*), to execute.
passaruota (*aut.*), wheelhouse.
passata (di porta) (*ed.*), doorway. **2.** ~ (al tornio per es.) (*operaz. mecc.*), cut. **3.** ~ (nell'operazione di saldatura) (*saldatura*), run, pass. **4.** ~ (attraverso i cilindri del laminatoio per es.) (*ind. metall.*), pass. **5.** ~ (eseguita da una falciatrice per es.) (*agric.*), swath, swathe. **6.** ~ al rovescio (cordone al rovescio, ripresa al rovescio) (*saldatura*), back pass, backing run. **7.** ~, ciclo di elaborazione (ciclo di lavoro completo costituito da: lettura, elaborazione, scrittura) (*s. - elab.*), pass. **8.** ~ di fondo (nelle saldature) (*tecnol. mecc.*), root run. **9.** ~ di spegnifiamma (nella rettifica, quando la mola gira libera ad avanzamento cessato) (*mecc. macch. ut.*), spark-out. **10.** ~ sugli spigoli (*laminazione*), edging pass. **11.** dare la ~ finale (al tornio per es.) (*operaz. mecc.*), to take a finishing cut.
passatoia (per corridoi e scale) (*tappeto*), venetian carpet.
passa-tutto (di tipo passa-tutto) (*a. - acus. elett.*), all-pass type.
passeggèro (*s.*), passenger. **2.** ~ clandestino (*nav. - aer. - ecc.*), stowaway. **3.** ~ di classe economica (*nav.*), steerage passenger.
passeggèro-miglio (costo trasporto passeggeri) (*trasp.*), seat-mile. **2.** ~ (passeggero per miglio percorso, valutazione statistica del traffico) (*trasp.*), passenger-mile.
passeggiare (camminare) (*gen.*), to walk.
passeggiata lunare (*astric.*), moonwalk.
passeggiata spaziale (di un astronauta fuori dell'astronave) (*astric.*), space walk.
passerèlla (*nav.*), gangway, brow. **2.** ~ (*aer.*), catwalk. **3.** ~ (*ind. ed.*), gangway, footpath. **4.** ~ (ponte pedonale) (*ed.*), footbridge. **5.** ~ (per ispezionare le parti superiori di grandi motori per es.) (*mot.*), gallery. **6.** ~ da sbarco (scalandrone) (*nav.*), gangplank. **7.** ~ di stazione (*ed. ferr.*), footbridge. **8.** ~ provvisoria (*carp. - ed.*), temporary gangway. **9.** ~ telescopica (~ per imbarco/sbarco passeggeri, direttamente dall'aerostazione all'aereo e viceversa) (*attr. aeroportuale*), Jetway, telescopic loading bridge. **10.** ~ volante (*nav.*), flying bridge.
passìmetro (*ut.*), dial gauge. **2.** ~ (misuratore del passo dell'elica di una nave) (*strum.*), pitchometer.

passivare (*elettrochim. - metall.*), to passivate.
passivato (*elettrochim. - metall.*), passivated.
passivazione (*elettrochim. - metall.*), passivation. **2.** ~ a vetro (p. es. l'operazione effettuata su transistori a circuiti integrati col rivestirli di uno strato vetroso protettivo e isolante) (*eltn.*), glassivation.
passività (di metalli immersi in alcuni acidi per es.) (*chim. metall.*), passivity. **2.** ~ (di un bilancio) (*amm.*), liabilities. **3.** ~ correnti (*contabilità*), current liabilities. **4.** ~ elettrochimica (di un metallo) (*elettrochim.*), electrochemical passivity.
passivo (*a. - gen.*), passive. **2.** ~ (*a. - chim.*), passive. **3.** ~ (*s. - contabilità*), liability. **4.** ~ (di un bilancio per es.) (*a. - contabilità*), passive. **5.** ~ (detto di un satellite per comunicazioni che si limita a riflettere segnali in arrivo per es.) (*a. - astric. - eltn. - telecom.*), passive. **6.** sicurezza passiva (*aut.*), crashworthiness.
passo (movimento o distanza) (*gen.*), step. **2.** ~ (di una vite) (*mecc.*), pitch. **3.** ~ (di un'elica) (*aer. - nav.*), pitch. **4.** ~ (interasse ruote) (*veic.*), wheel base. **5.** ~ (di riferimento dell'elica: misurato a 2/3 del raggio) (*aerotecnica*), standard pitch. **6.** ~ (nelle filettature: avanzamento assiale di un punto del filetto dovuto ad un giro completo) (*mecc.*), lead. **7.** ~ (di un collettore o di un avvolgimento per es.) (*elett.*), pitch. **8.** ~ (bocca di ordito) (*mft. tess.*), shed. **9.** ~ (velocità di movimento), pace. **10.** ~ (nelle radiocomunicazioni, passo e chiudo per es.) (*radio*), over. **11.** ~ (distanza tra due chiodi adiacenti della chiodatura di un serbatoio per es.) (*mecc.*), pitch. **12.** ~ (distanza tra due perforazioni adiacenti di una pellicola) (*cinem.*), pitch. **13.** ~ (distanza, intervallo tra due file contigue di fori, p. es. in una scheda perforata) (*s. - elab.*), pitch. **14.** ~ (numero di caratteri per pollice: in una stampante) (*elab.*), pitch. **15.** ~ (una singola istruzione, una singola operazione) (*s. - elab.*), step. **16.** ~ (tra due successivi solchi, a spirale, di un disco) (*elettroacus.*), pitch. **17.** ~ angolare della pala (di un'elica) (*aer.*), blade angle. **18.** ~ angolare negativo (della pala di un'elica) (*aer.*), trailing angle (ingl.). **19.** ~ angolare positivo (della pala dell'elica) (*aer.*), leading angle. **20.** ~ aperto (di telaio Jacquard) (*mft. tess.*), open shed. **21.** ~ apparente (distanza tra due succesivi filetti di una filettatura a più principi) (*mecc.*), pitch. **22.** ~ assiale (della vite senza fine) (*mecc.*), axial pitch. **23.** ~ bandiera (di un'elica messa in bandiera) (*aer.*), feathering pitch. **24.** ~ circonferenziale (passo sul primitivo: di un ingranaggio) (*mecc.*), circular pitch. **25.** ~ cordale (di un ingranaggio per es.) (*mecc.*), chordal pitch, chord pitch. **26.** ~ dei carrelli (distanza orizzontale fra i centri del primo e dell'ultimo asse) (*ferr.*), bogie wheel base. **27.** ~ dei denti (di un ingranaggio) (*mecc.*), pitch of teeth. **28.** ~ del gatto (buco del gatto) (*nav.*), lubber's hole. **29.** ~ della cordatura (~ della avvolgitura) (*mft. corde*), length of lay. **30.** ~ della perforazione (di un film) (*cinem.*), perforation pitch. **31.** ~ delle piste (tra due piste di un nastro magnetico oppure tra due tracce adiacenti e concentriche di un disco magnetico) (*elab.*), track pitch. **32.** ~ diagonale (di chiodature) (*mecc.*), diagonal pitch. **33.** ~ di avanzamento (*elab. - ecc.*), feed pitch. **34.** ~ di elica (*aer.*), propeller pitch, screw propeller pitch. **35.** ~ di elica (*nav.*), screw pitch, screw propeller pitch. **36.** ~ di esplorazione (o di analisi o di scansione) (*telev.*), scanning pitch. **37.** ~ di frenatura (di un'elica) (*aer.*), *vedi* passo frenante. **38.** ~ d'immagine (di una pellicola) (*cinem.*), frame gauge. **39.** ~ di riferimento (calettamento di un'elica a passo variabile) (*aer.*), pitch setting. **40.** ~ di spinta zero (di un'elica) (*aer.*), zero-thrust pitch. **41.** ~ di trascinamento (distanza tra i fori di impegno del rocchetto di trascinamento) (*mecc. - elab.*), feed pitch. **42.** ~ d'uomo (apertura di accesso del diametro di circa 0,6 m; in una caldaia, un tombino stradale di accesso fognature, impianti telefonici ecc.) (*idr. - costr. ed. - ecc.*), crawl space. **43.** ~ d'uomo (passaggio d'ispezione: di caldaia per es.), manhole. **44.** ~ e chiudo (nelle radiocomunicazioni) (*radio*), over and out. **45.** ~ fine (di una vite) (*mecc.*), fine pitch. **46.** ~ frenante (di un'elica) (*aer.*), braking pitch. **47.** ~ geometrico (di un'elica) (*aer.*), geometrical pitch. **48.** ~ (interasse) ruote (distanza fra gli assi delle ruote) (*veic.*), wheel base. **49.** ~ invertito (di un'elica frenante) (*aer.*), reverse pitch. **50.** ~ massimo (di elica a passo variabile) (*aer.*), coarse pitch. **51.** ~ medio o teorico (avanzamento per giro di un'elica con spinta zero) (*aer.*), experimental mean pitch. **52.** ~ minimo (di elica a passo variabile) (*aer.*), fine pitch. **53.** ~ negativo (di un'elica frenante, passo invertito) (*aer.*), reverse pitch. **54.** ~ normale (di ingranaggio) (*mecc.*), normal pitch, standard pitch. **55.** ~ (normale di una pellicola) (*cinem.*), standard pitch. **56.** ~ polare (di una macch. elett.) (*elett.*), pole pitch. **57.** ~ polare del commutatore (*elett.*), commutator pitch. **58.** ~ reale (passo effettivo, avanzamento assiale di un punto del filetto in seguito ad un giro completo della vite) (*mecc.*), lead. **59.** ~ rigido (distanza orizzontale fra i centri del primo e dell'ultimo asse di un carrello) (*ferr.*), rigid wheel base. **60.** ~ variabile (di un'elica) (*aer.*), variabile pitch. **61.** ~ virtuale (avanzamento teorico di un'elica durante un giro) (*aer.*), virtual pitch. **62.** andare fuori ~ (uscire dalla velocità di sincronismo, di una macch. elett.) (*elett.*), to fall out of step. **63.** a ~ variabile [a terra] (dell'elica di un aereo, regolabile a terra ad elica ferma) (*a. - aer.*), adjustable-pitch. **64.** comando variazione collettiva del ~ (comando collettivo del passo, delle pale del rotore di quota di un elicottero) (*aer.*), collective pitch control. **65.** comando variazione periodica del ~ (comando ciclico del passo, delle pale del rotore di quota di un elicottero) (*aer.*), cyclic pitch control. **66.** formazione del ~ (*mft. tess.*), shedding. **67.** variazione

periodica del ~ (delle pale del rotore di un elicottero per es.) (*aer. - mecc.*), cyclic pitch change.

passo e chiudo (nelle radiocomunicazioni) (*radio*), over and out.

pasta, paste. **2.** ~ (*ind. carta*), pulp, stuff. **3.** ~ (prodotta durante il processo di vulcanizzazione) (*ind. gomma*), dough. **4.** ~ abrasiva (per vernice alla nitrocellulosa p. es.) (*vn. - tecnol.*), polishing paste, abrasive slurry. **5.** ~ alimentare (*ind.*), alimentary paste. **6.** ~ chimica (di legno, cellulosa) (*mft. carta*), chemical pulp. **7.** ~ d'amido (colla d'amido, salda d'amido) (*chim.*), starch paste. **8.** ~ diamantata (*ut.*), diamond compound. **9.** ~ di diamante (*mecc.*), diamond paste. **10.** ~ di legno (*ind. chim.*), wood pulp. **11.** ~ di paglia (*mft. carta*), straw pulp, straw stuff. **12.** ~ di saponificazione (prodotto della deacidificazione degli oli) (*chim. ind.*), soapstock. **13.** ~ di stracci (pasta di cenci) (*mft. carta*), rag pulp. **14.** ~ dura (*mft. carta*), low-boiled pulp. **15.** ~ grassa (*mft. carta*), greasy pulp, greasy stuff, greasy wood pulp. **16.** ~ magra (*mft. carta*), free stuff. **17.** ~ meccanica (di legno) (*ind. chim.*), ground wood pulp, groundwood. **18.** ~ molle (pasta floscia) (*mft. carta*), soft stuff. **19.** ~ per lappare (*tecnol. mecc.*), lapping compound. **20.** ~ per smerigliare (composto smerigliatore) (*tecnol. mecc.*), lapping compound. **21.** ~ per stampaggio (*tecnol.*), dough molding compound. **22.** ~ raffinata (pronta per l'uso) (*mft. carta*), whole stuff. **23.** ~ semi-chimica (di legno) (*mft. carta*), semicelluse. **24.** ~ sfibrata a caldo (*mft. carfa*), hot-ground pulp. **25.** ~ sfibrata a freddo (*mft. carta*), cold-ground pulp. **26.** mezza ~ (*ind. carta*), half stuff.

pastalegno (pasta di legno, pasta meccanica) (*ind. carta*), wood pulp.

pastècca (bozzello speciale) (*nav.*), snatch block.

pastello (*dis.*), pastel. **2.** matita a ~ (*dis.*), pastel crayon.

pasticca (pastiglia) (*farm.*), tablet, pastille.

pastiglia (*farm.*), tablet, pastille. **2.** ~ (materiale attivo per piastre di accumulatori) (*elettrochim.*), paste. **3.** ~ (blocchetto filettato internamente, saldato in corrispondenza di un foro di un pezzo di lamiera per es.) (*mecc.*), "pin", plug nut. **4.** ~ (pattino, di un freno a disco) (*aut.*), pad. **5.** ~ (pasticca, bottone, formato nel metallo durante la fucinatura della barra per es.) (*difetto metall.*), pastille. **6.** ~ (di materia plastica da stampaggio, per facilitare il maneggio) (*ind. plastica*), pellet, preform. **7.** ~ (elemento semiconduttore, di un tiristore per es.) (*eltn.*), pellet.

"pastigliare" (impastare, piastre per accumulatori) (*elettrochim.*), to paste.

"pastigliato" (con gli alveoli pieni di sostanza attiva: detto di accumulatori) (*a. - elettrochim.*), pasted.

pastigliatrice (macchina per la fabbricazione di pastiglie) (*macch. ind. chim.*), tablet press.

pastina (per muri e pavimenti) (*mur.*), topping.

pasto opaco (*radiologia med.*), opaque meal.

pastorizzare (*med. farm. - agric.*), to pasteurize.

pastorizzazione (*biol.*), pasteurizing. **2.** ~ (*farm. med. - agric.*), pasteurization.

pastosità (corpo, indice di lavorabilità del vetro fuso) (*mft. vetro*), body.

pastoso (di ferro per es.) (*metall.*), pasty.

patata (*agric.*), potato. **2.** fecola di patate (*ind. agric.*), potato flour.

patentamento (riscaldamento al di sopra della temperatura critica seguito da raffreddamento in piombo fuso o aria) (*tratt. term.*), patenting. **2.** ~ in aria (*tratt. term.*), air patenting. **3.** ~ in piombo (*tratt. term.*), lead patenting.

patentare (normalizzare al piombo o in aria: trattamento termico) (*tecnol. mecc.*), to patent.

patentato (normalizzato in bagno di piombo per es.) (*a. - tratt. term.*), patented. **2.** ~ (camionista per es.) (*pers.*), certified.

patènte (per condurre caldaie) (*leg. cald.*), license, permit. **2.** ~ automobilistica, *vedi* patente di guida. **3.** ~ di Capitano superiore di lungo corso (*nav.*), extra master's certificate. **4.** ~ di guida (*aut.*), driver's license, driving license. **5.** ~ internazionale (*leg. aut.*), international driving permit. **6.** ~ sanitaria (*med. nav.*), bill of health. **7.** ~ sanitaria netta (*nav.*), clean bill of health. **8.** ~ sanitaria sporca (*nav.*), foul bill of health. **9.** rinnovo della ~ di guida (*aut.*), driver's license renewal.

paterazzo (cavo di sostegno laterale di un albero) (*nav.*), backstay.

paternalismo (atteggiamento paternalistico, del datore di lavoro) (*pers.*), paternalism.

paternòstro (bertoccio) (*nav.*), parrel truck.

pàtina (del bronzo per es.), patina. **2.** ~ (per cuoio) (*ind.*), dubbing. **3.** ~ (di carta patinata) (*mft. carta*), coat. **4.** distacco della ~ (dalla carta patinata) (*mft. carta*), picking. **5.** resistenza al distacco della ~ (*mft. carta*), picking strength.

patinato (di carta per es.) (*a. - mft. carta*), coated.

patinatura (*ind. carta*), coating.

patio (*arch.*), patio.

patrimonio (*finanz.*), property. **2.** ~ netto (*finanz. - amm.*), net worth. **3.** imposta sul ~ (*finanz.*), property tax.

patrocinato (*a. - gen.*), sponsored.

patrocinio (*gen.*), patronage. **2.** alto ~ (*gen.*), high sponsorship.

patrona (vite conduttrice, vite madre, di un tornio) (*macch. ut.*), lead screw. **2.** fusibile a ~ (*elett.*), strip fuse.

patta (di un'àncora) (*nav.*), fluke, palm. **2.** ~ di bolina (cimetta collegante una bolina all'orlo della vela) (*nav.*), bowline bridle. **3.** ~ d'oca (due o più cime biforcantisi da un'unica cima) (*nav.*), crowfoot. **4.** patte laterali rettangolari (sistema di piegatura della carta alle estremità di un pacchetto di sigarette per es.) (*confezione*), square end folds.

pattinaggio (*sport*), skating. **2.** ~ a rotelle (*sport*), roller skating.

pattinare (su ghiaccio) (*sport*), to skate. **2.** ~ (di

ruota motrice che gira a vuoto, senza spostare il veicolo: a seguito di partenza da fermo eccessivamente accelerata per es.) (*aut.*), to skid.
pàttino (*mecc.*), sliding block, runner. **2.** ~ (di macchina a vapore) (*mecc.*), sliding block, link block. **3.** ~ (*aer.*), skid. **4.** ~ (per contatto elettrico: con la terza rotaia per es.) (*elettromecc.*), rubbing block. **5.** ~ (pastiglia, di un freno a disco) (*aut.*), pad. **6.** ~ (*sport*), skate. **7.** ~ (di una slitta) (*sport*), shoe. **8.** ~ a rotelle (*sport*), roller skate. **9.** ~ centrale (d'atterraggio: di aliante per es.) (*aer.*), central runner. **10.** ~ del cingolo (di un trattore) (*mecc.*), track shoe. **11.** ~ della terza rotaia (pattino di presa corrente) (*ferr. elett.*), third-rail shoe. **12.** ~ di coda (*aer.*), tail skid. **13.** ~ di contatto (pattino di scorrimento) (*mecc.*), guide shoe, sliding shoe. **14.** ~ di presa (*veic. elett.*), collector shoe. **15.** ~ di spinta (*mecc.*), pressure pad. **16.** ~ porta-abrasivo (per utensìle meccanico), (*mecc.*), stone holder. **17.** ~ pressafilm (di un proiettore cinematografico) (*mecc. cinem.*), film pressure pad. **18.** ~ pressore (*mecc. - cinem.*), pressure pad. **19.** ~ protettivo alare (per proteggere l'estremità dell'ala) (*aer.*), wing skid. **20.** ~ tendifilm (di un proiettore cinematografico) (*mecc. cinem.*), film tension pad.
pattinsonaggio (purificazione del piombo) (*metall.*), Pattinson process.
patto (alleanza) (*milit.*), pact.
pattuglia (*milit. - mar. milit.*), patrol. **2.** ~ aerea (*aer. milit.*), aerial patrol. **3.** ~ di fiancheggiamento (*milit.*), flank guard.
pattugliare (*milit.*), to patrol.
pattumièra, dustbin (ingl.), garbage can, ash can (am.).
pausa (intervallo, nel lavoro) (*lav. - pers.*), break, pause, standoff (ingl.).
pavesare (la nave) (*nav.*), to dress.
pavese (gala di bandiere) (*nav.*), flags.
pavimentare (*ed. - strad.*), to pave. **2.** ~ a blocchetti (*costr. strad.*), to cube, to pave with cubes. **3.** ~ a macadam (*strad.*), to macadamize. **4.** ~ con assi (*carp.*), to plank. **5.** ~ con ciottoli (*vecchie strade - ecc.*), to pebble.
pavimentato (*a. - ed. - strad.*), paved.
pavimentatore (*op. ed.*), floor layer, tiler.
pavimentatrice (stradale) (*macch. strad.*), (road) paver.
pavimentazione (*costr. strad.*), pavement, paving. **2.** ~ (*ed.*), flooring. **3.** ~ a blocchi (*strad.*), block pavement. **4.** ~ a mosaico (*ed.*), mosaic flooring. **5.** ~ a penetrazione (*strad.*), asphalt with imbedded gravel facing. **6.** ~ in blocchetti di legno (*strad.*), wood block paving. **7.** ~ in brecciame (della strada) (*strad.*), road metaling. **8.** ~ in cemento (*ed.*), concrete flooring. **9.** ~ in griglia d'acciaio saldata (per sala macchine per es.) (*ed.*), welded mesh steel flooring. **10.** ~ in legno (*ed.*), wood flooring. **11.** ~ in legno (*strad.*), wood paving. **12.** ~ in mattoni (*strad.*), brick paving. **13.** ~ in mattoni a spina di pesce (*costr. civ. strad.*), bricks laid in herringbone pattern. **14.** ~ in piastrelle (*ed.*), tile flooring. **15.** blocchetto per ~ (*costr. strad.*), paving block, cube. **16.** materiale da ~ (*ed.*), flooring. **17.** materiale per ~ stradale (*strad.*), road metaling material, road metal. **18.** tipo di ~ macadamizzata con sottofondo di grosso pietrame (*pavimentazione strad.*), telford pavement.
pavimento (*ed.*), floor. **2.** ~ (fondo di scocca) (*costr. aut.*), floor. **3.** ~ (fondo) (*costr. carrozz. aut.*), floor panel. **4.** ~, *vedi anche* impiantito. **5.** ~ antivibrante (poggiante su uno strato di sabbia od altro materiale antivibrante) (*ed. ind.*), floating floor. **6.** ~ a palchetti (*ed.*), parquet. **7.** ~ a struttura scatolare (*costr. aer.*), metal box floor. **8.** ~ bagagliera (pavimento del piano portabagagli) (*costr. carrozz. aut.*), trunk floor panel. **9.** ~ cabina (di locomotiva a vapore per es.) (*ferr.*), footplate. **10.** ~ con mattonelle di asfalto (*ed.*), asphalt-tile floor, ATF. **11.** ~ di cemento armato (*ed.*), reinforced-concrete floor, ferroconcrete floor. **12.** ~ in calcestruzzo su sottofondo in ghiaia (*ed.*), concrete floor on gravel foundation. **13.** ~ in lamiera (*costr. nav.*), floor plate. **14.** ~ in laterizi forati (*ed.*), hollow block floor. **15.** ~ in legno (*ed.*), parquet, parquet floor, wood flooring. **16.** ~ in legno (di un vagone merci) (*ferr.*), deck, wooden floor. **17.** ~ in mattonelle (*ed.*), tiling. **18.** ~ in terra cotta (*ed.*), terra cotta floor. **19.** ~ isolato (con materiale termico o acustico) (*ed.*), insulated floor. **20.** ~ piastrellato (*ed.*), tile floor. **21.** altezza del ~ (dal piano del ferro) (*ferr.*), floor height. **22.** a piano ~ (*gen.*), at floor level. **23.** sottofondo del ~ (*ed.*), floor foundation.
paziènza, *vedi* cavigliera.
"PCM" (modulazione a codice degli impulsi) (*radio*), PCM, pulse code modulation.
"PDM" (modulazione a durata degli impulsi) (*radio*), PDM, pulse duration modulation.
pece (*chim. - ind.*), pitch. **2.** coke di ~ (*ind. chim.*), pitch coke. **3.** coprire con ~, to pitch. **4.** spalmato di ~ (*gen.*), pitchy.
pechblènda (minerale di uranio contenente torio e terre rare) (*min.*), pitchblende.
pecioso (*a. - gen.*), pitchy.
pècora (*ind. lana*), sheep. **2.** ~ da riproduzione (*ind. lana*), breeding sheep. **3.** ~ del Queensland (*ind. lana*), darling down. **4.** ~ di razza derivante da un incrocio di mezzo merino (*ind. lana*), comeback. **5.** ~ di un anno (non ancora tosata) (*ind. lana*), hog. **6.** ~ "Hampshire" (razza di pecora con lana lucente e fitta) (*ind. lana*), Hampshire sheep. **7.** ~ indigena (*ind. lana*), native sheep. **8.** ~ Karakul (allevata nell'Asia centrale e nel Sud Africa) (*ind. lana*), Karakul sheep. **9.** ~ (o vello) nel secondo anno (*ind. lana*), teg. **10.** ~ "Shropshire" (dalla lana fitta e lucente) (*ind. lana*), Shropshire sheep. **11.** ~ tosata una sola volta (*ind. lana*), shearling.
pectina (*chim. dei colloidi*), pectine.

pectocellulosa (*chim. - mft. carta*), pectocellulose.

pectolite [$HNaCa_2(SiO_3)_3$] (minerale monoclino) (*min.*), pectolite.

pedaggio (di una strada, di un ponte ecc.) (*comm. - amm.*), toll.

pedalare (*veic. - ecc.*), to pedal.

pedalata (colpo sul pedale) (*bicicletta - ecc.*), pedal stroke.

pedale (*mecc.*), pedal. **2.** ~ (di bicicletta) (*mecc.*), pedal. **3.** ~ (di macchina per cucire ecc.) (*mecc.*), treadle. **4.** ~ avviamento (*mtc.*), kick starter. **5.** ~ comando freno (*aut.*), foot brake pedal. **6.** ~ dell'acceleratore (*aut.*), accelerator pedal. **7.** ~ della frizione (*aut. - mecc.*), clutch pedal. **8.** ~ della sordina (di un pianoforte) (*mus.*), loud pedal. **9.** ~ di avviamento (*mtc.*), kick starter, kick start. **10.** ~ di comando (di motocicletta per es.) (*mecc.*), control pedal, foot control lever. **11.** ~ (per comando) segnali (*segnalazioni ferr.*), signal pedal. **12.** acceleratore a ~ (di autoveicolo per es.) (*mecc.*), pedal accelerator. **13.** corsa del ~ (*mecc.*), pedal travel.

pedalièra (*aer.*), rudder bar, rudder pedals. **2.** ~ (di un organo) (*mus.*), pedal keyboard. **3.** ~ direzionale (pedaliera comando elica di coda: di un elicottero) (*mecc.*), tail rotor control pedal. **4.** ~ timone (*aer.*), rudder bar, rudder pedals.

pedalina (*macch. da stampa*), *vedi* macchina a platina.

pedana (*ferr.*), running board, footboard. **2.** ~ (*mtc.*), footboard. **3.** ~ (piattaforma in legno rialzata e provvisoria) (*gen.*), dais. **4.** ~ (per il supporto di utensili e pezzi) (*arredamento off.*), board.

pedano (*ut. carp.*), mortise chisel. **2.** ~ per serrature (*ut. falegn.*), lock mortise chisel (ingl.).

pedata (di gradino) (*ed.*), tread. **2.** ~ di sicurezza (gradino con rivestimento antisdrucciolevole) (*ferr. - ecc.*), safety tread.

pedivèlla (di bicicletta) (*mecc.*), pedal crank.

pedologia (scienza che studia i terreni) (*agric.*), pedology.

pedometro (strumento per misurare il numero dei passi) (*strum. top.*), pedometer.

pedonale (*traff. strad.*), pedestrian. **2.** passaggio ~ (*traff. strad.*), pedestrian crossing.

pedone (*traff. strad.*), pedestrian. **2.** pedoni a sinistra (*traff. strad.*), pedestrians keep to the left. **3.** periodo (di via libera) per i pedoni (al semaforo) (*traff. strad.*), pedestrian period.

pegamòide (finta pelle: per copertura sedili autoveicoli per es.) (*selleria - tappezzeria*), Fabrikoid, imitation leather.

pegmatite (*geol.*), pegmatite.

pegno (*leg. - comm.*), pledge, pawn. **2.** ~ (garanzia) (*leg.*), lien. **3.** lettera di ~ (*comm.*), bond note.

pelabarre (pelatrice per barre) (*macch. ut.*), bar peeler, bar peeling machine.

pelare (barre, lingotti ecc.) (*v. t. - metall.*), to peel, to scalp.

pelato (al tornio, scortecciato) (*mecc. - metall.*), peeled.

pelatrice (per barre) (*macch. ut.*), peeling machine, peeler.

pelatura (al tornio, di barre) (*lav. macch. ut.*), peeling. **2.** ~ (di un nastro per es. applicato con adesivo) (*tecnol.*), peeling. **3.** prova di ~ (prova di separazione di un adesivo) (*tecnol.*), peel test, stripping test. **4.** resistenza alla ~ (resistenza alla scorticatura, di adesivi per es.) (*tecnol.*), stripping strength.

pellami (*ind.*), hides, skins. **2.** ~ non conciati (*ind.*), rawhide.

pèlle, skin. **2.** ~ (*ind. cuoio*), hide. **3.** ~ (di animale da pelliccia) (*ind.*), pelt. **4.** ~ (di un lingotto) (*metall.*), skin. **5.** ~ bagnata (pelle lavata) (*ind. cuoio*), bathed hide. **6.** pelli bastarde (pelli incrociate) (*ind. cuoio*), bastards. **7.** ~ bruciata (per ossidazione eccessiva) (*metall.*), swealed skin. **8.** ~ carnosa (*ind. cuoio*), meaty hide. **9.** ~ decarburata (strato decarburato sotto la scoria, formato durante il riscaldo dell'acciaio in atmosfera ossidante) (*metall.*), bark. **10.** ~ d'arancia (buccia d'arancia, difetto dovuto a stiro eccessivo) (*lav. lamiera*), orange peel. **11.** ~ di camoscio (*ind. cuoio*), chamois (ingl.), chamois leather, chamois skin. **12.** ~ di camoscio (per lavare ecc.) (*nav. - aut. - ecc.*), washleather. **13.** ~ di capretto (*ind.*), kid. **14.** ~ di capretto conciata al cromo (*ind. cuoio*), chrome kid. **15.** ~ di foca (per sci) (*sport*), climber. **16.** ~ di nero (taccone a pelli di nero, difetto su un getto) (*fond.*), blacking scab. **17.** ~ di vitello (*ind. cuoio*), calf skin. **18.** ~ estiva (*ind. cuoio*), summer hide. **19.** pelli non conciate (pellame grezzo) (*ind.*), rawhide. **20.** ~ rugosa (*ind. cuoio*), ribbed hide. **21.** ~ salamoiata (pelle salata) (*ind. cuoio*), brined hide. **22.** ~ verniciata (*ind. cuoio*), patent leather, enamelled leather. **23.** doppia ~ (di un lingotto) (*metall.*), double skin. **24.** finta ~ (pegamoide, vinilpelle: per selleria di autoveicoli per es.) (*ind. tess.*), Fabrikoid, imitation leather. **25.** formazione di (o della) ~ (solidificazione della superficie della vernice nel recipiente) (*vn.*), skinning. **26.** foro sulla ~ (di un lingotto) (*metall.*), skin hole. **27.** peso delle pelli in trippa (di pelli in conceria senza pelo ecc. ma prima della spaccatura) (*ind. cuoio*), beamhouse weight.

pellegrino (metodo del ~) (*metall. - mft. - tubaz.*), "pilgrim process".

pelletterìa (*ind.*), peltry.

pellettizzazione (agglomerazione in granuli sferici) (*ind. plastica - ecc.*), pelletization.

pelliccia (*ind. tess.*), fur.

pellicciaio, furrier.

pellìcola (*fot.*), film. **2.** ~ a colori (*fot.*), color film. **3.** ~ a contatto (*fot. - ecc.*), contact film. **4.** ~ a due emulsioni (a doppio strato sensibile) (*fot.*), sandwich film, double-emulsion film. **5.** ~ a grana fine (*fot.*), fine-grained film. **6.** ~ all'acetato di cellulosa (*cinem.*), acetate film. **7.** ~ all'infrarosso (*fot.*), infrared film. **8.** ~ a metraggio (film a metraggio) (*fot. - cinem.*), bulk film. **9.** ~ a passo ridotto (*cinem.*), substandard film. **10.** ~ autocroma (*fot. - cinem.*), mosaic screen film. **11.** ~ cinematografica ("film") (*cinem.*), motion picture. **12.** ~ con supporto vinilico (*fotomecc.*), vinyl-base film. **13.** ~ da proiezione (*fot. - ecc.*), projection film. **14.** ~ diretta positiva (*fot. - ecc.*), direct positive film. **15.** ~ di sicurezza (non infiammabile) (*cinem.*), safety film, safety stock, non-flam film. **16.** ~ dosimetrica (piastrina sensibile che misura la quantità di radiazione assorbita da colui che la porta appesa all'abito) (*app. mis. med.*), film badge. **17.** ~ fotomeccanica (*fotomecc.*), process film. **18.** ~ fresca (*fot. - cinem.*), green film. **19.** ~ impressionata (*fot. - cinem.*), exposed film. **20.** ~ ininfiammabile (*cinem.*), safety film, safety stock, non-flam film. **21.** ~ invertibile (*fot.*), reversible film, reversible stock. **22.** ~ non impressionata (*fot. - cinem.*), unexposed film, film stock, stock (ingl.). **23.** ~ pancromatica (*fot.*), panchromatic film. **24.** ~ pelabile (*fotomecc.*), stripping film. **25.** ~ (a colori) per luce artificiale (*fot.*), artificial light type film. **26.** ~ per luce artificiale a incandescenza (per riprese di interni) (*fot.*), tungsten film. **27.** ~ (a colori) per luce diurna (*fot.*), daylight type film. **28.** ~ per microfotografie (*fot.*), microfilm. **29.** ~ piana (*fot.*), flat film, sheet film. **30.** ~ piana positiva (per fotografie a colori per es.) (*fot.*), positive sheet film. **31.** ~ poliestere Mylar (*elab. - elettroacus.*), Mylar (trademark). **32.** ~ sensibile al blu (*fot.*), blue-sensitive film. **33.** ~ sonora (*cimem.*), sound motion picture. **34.** ~ ultra rapida (*fot.*), high-speed film. **35.** ~ vergine (pellicola non impressionata o non esposta) (*cinem.*), film stock, stock (ingl.), unexposed film. **36.** lunghezza della ~ (esposta o da esporre) indicata dal contapiedi (*cinem.*), footage. **37.** pressore della ~ (lastrina elasticizzata che preme sulla ~ per mantenerla distesa durante l'esposizione, la proiezione, ecc.) (*macch. da presa cinem. - ecc.*), film platen. **38.** rullo di ~ (*fot.*), roll film. **39.** scatola per ~ cinematografica (*cinem.*), can.

pellicolare (*gen.*), pellicular. **2.** effetto ~ (effetto Kelvin, "skin effect") (*elett.*), skin effect. **3.** retino ~ (*tip.*), film screen.

pelo (*ind. tess.*), hair, pile. **2.** ~ dell'acqua (*idr.*), water surface. **3.** ~ di alpaca (*ind. lana*), alpaca. **4.** ~ di cammello (*ind. tess.*), camel's hair. **5.** ~ di capra (*ind. tess.*), goat hair. **6.** ~ di cavallo (*ind. tess.*), horsehair. **7.** ~ di coniglio (*ind. tess.*), rabbit's hair. **8.** ~ perduto (dagli agnelli dopo il terzo mese di vita) (*ind. lana*), mother hair. **9.** perdita del ~ (*ind. cuoio*), hairslip.

Peltier, effetto ~ (*fis. - elett.*), Peltier effect.

Pelton, turbina ~ (*idr. - turb.*), Pelton wheel.

peltro (lega di stagno, piombo e antimonio) (*lega*), pewter. **2.** ~ Britannia (*lega*), britannia metal, britannia.

pelvìmetro (*strum. med.*), pelvimeter.

penale (in un contratto) (*leg. - comm.*), forfeiture.

penalità (*leg. - comm.*), penalty. **2.** ~ (punti di penalità) (*aut. - sport*), penalty points. **3.** ~ per ritardo (*leg. - comm.*), delay penalty. **4.** ~ zero (*aut. - sport*), no penalty marks. **5.** punti di ~ (in una competizione per es.) (*sport. - aut.*), penalty marks, penalty points.

penalizzare (*leg.*), to fine.

pendènza (inclinazione rispetto all'orizzontale, di una strada o ferrovia per es.) (*ing. civ. - ferr. - strad.*), gradient, grade. **2.** ~ (inclinazione espressa come una unità verticale per più unità orizzontali) (*ing. civ. - ferr. - strad.*), slope. **3.** ~ (*termoion.*), mutual conductance, slope, slope conductance, grid-plate transconductance. **4.** ~ (di un tetto per es.) (*ed.*), slope. **5.** ~ (di un filone per es.) (*min. - geol.*), dip, pitch. **6.** ~ (conduttanza anodica, corrente anodica divisa per il potenziale anodico) (*termoion.*), anode conductance. **7.** ~ (angolo di beccheggio di un apparecchio in volo: angolo tra il piano contenente gli assi orizzontali ed il piano contenente l'asse trasversale e la direzione del vento relativo) (*aer.*), angle of pitch. **8.** ~ (tangente trigonometrica) (*mat.*), slope. **9.** ~ (in una distribuzione di Weibull per es.) (*stat.*), slope. **10.** ~ (conduttanza mutua) (*termoion.*), mutual conductance. **11.** ~ della scarpata (angolo di scarpa) (*costr. strade - ecc.*), bank slope, bench slope. **12.** ~ di conversione (di valvola termoionica) (*radio*), conversion conductance (ingl.). **13.** ~ dinamica (*termoion.*), dynamic characteristic. **14.** ~ in rettifilo (*ferr.*), straight gradient. **15.** ~ limite (*ferr.*), limiting gradient, maximum gradient. **16.** ~ limite di frenatura (*ferr.*), maximum braking gradient. **17.** ~ longitudinale (*strad.*), longitudinal slope. **18.** ~ massima (*ferr.*), ruling gradient. **19.** ~ massima superabile (da un veicolo motorizzato) (*aut.*), gradeability. **20.** ~ minima di volo librato (*aer.*), minimum gliding angle. **21.** ~ nociva (*agric.*), excessive gradient. **22.** ~ superiore alla massima (*ferr.*), gradient steeper than the ruling one. **23.** ~ trasversale (di carreggiata) (*strad.*), crossfall. **24.** a una sola ~ (di un tetto) (*ed.*), lean-to. **25.** regolazione della ~ (regolazione della corrente di saldatura, quando la saldatura viene iniziata a calore ridotto con successivo passaggio ad un valore più alto) (*tecnol. mecc.*), slope control.

pèndere (essere in pendio: di strada per es.) (*gen.*), to slope. **2.** ~ (deviare rispetto alla verticale) (*gen.*), to lean. **3.** ~ (essere appeso: pendere dal soffitto per es.) (*gen.*), to hang. **4.** ~ a destra (di un'automobile, con una sospensione difettosa a destra per es.) (*aut. - ecc.*), to lean to right.

pendino (in una linea di contatto sospesa) (*ferr. elett.*), hanger, suspension wire, dropper. **2.** ~ (di un carrello ferroviario) (*ferr.*), hanger. **3.** ~ articolato (di un carrello ferroviario) (*ferr.*), swing hanger.

pendìo (*top.*), slope, declivity, incline.

pendola (orologio a pendolo) (*orologeria*), pendule.
pendolamento (*mecc.* - *elett.* - *aer.*), hunting. **2.** ~ (oscillazione angolare) (*aer.*), hunting. **3.** ~ (di un alternatore) (*elett.*), swing. **4.** ~ (trazione ed allentamento alternati tra l'autovettura e la roulotte) (*veic.*), surging.
pendolare (oscillare, di un regolatore di giri per es.) (*mot.* - *macch.*), to hunt. **2.** ~ (operaio che lavora in città e vive fuori) (*s.* - *lav.*), commuter.
pendolazione, *vedi* pendolamento.
pèndolo (*fis.*), pendulum. **2.** ~ (pendolino da radioestesista per localizzare acqua, petrolio ecc.) (*radioestesia*), doodlebug. **3.** ~ a compensazione (*orologio a pendolo*), compensation pendulum. **4.** ~ balistico (antica macchina per misurare la velocità iniziale di un proiettile) (*macch.*), ballistic pendulum. **5.** ~ fisico (o composto) (*fis.*), compound pendulum, physical pendulum. **6.** ~ semplice (o matematico) (*fis.*), simple pendulum, mathematical pendulum. **7.** peso terminale di un ~ (*fis.*), bob.
penepiano (semipiano) (*geol.*), peneplain, peneplane.
penetrametro (mediante materiale radiografico sensibile misura il potere penetrante delle radiazioni) (*app. per radiografia*), penetrameter.
penetrante (*a.* - *gen.*), penetrating. **2.** ~ (sostanza penetrante) (*s.* - *gen.*), penetrant. **3.** ~ colorato (per rivelare incrinature in un pezzo metallico) (*tecnol. mecc.*), dye penetrant. **4.** esame con ~ colorato (controllo con penetrante colorato) (*tecnol. mecc.*), dye check, dye penetrant check. **5.** esame con ~ fluorescente (controllo con penetrante fluorescente) (*tecnol. mecc.*), fluorescent penetrant inspection.
penetrare, to penetrate. **2.** ~ (di acqua nel terreno per es.), to sink.
penetratore (per prove di durezza) (*mecc.*), indenter, indentor. **2.** ~ (di un durometro) (*app. prove durezza*), point. **3.** ~ a diamante conico (*mecc.*), diamond conical indenter. **4.** ~ a sfera di acciaio (per prove di durezza) (*mecc.*), steel ball indenter.
penetrazione (*gen.*), penetration. **2.** ~ (di proiettili) (*tecnol. milit.*), penetration. **3.** ~ (di un bitume) (*costr. strad.*), penetration. **4.** ~ (tattica) (*milit.*), break-through. **5.** ~ (*saldatura*), penetration. **6.** ~ (di un ago normale in un campione nella prova dei grassi) (*mis.*), penetration. **7.** ~ (di un mercato per es.) (*comm.*), penetration. **8.** ~ (da tamponamento, di carrozze ferroviarie per es.) (*ferr.* - *ecc.*), telescoping. **9.** ~ del metallo (in una forma, difetto di fonderia) (*fond.*), metal penetration. **10.** ~ di tempra (*tratt. term.*), depth of hardening. **11.** ~ in provino manipolato (di un grasso) (*ind. chim.*), worked penetration. **12.** ~ in provino non manipolato (di un grasso) (*ind. chim.*), unworked penetration. **13.** ~ I.P. (di grassi) (*ind. chim.*), IP penetration. **14.** ~ nell'atmosfera (p. es. di una astronave durante il suo rientro) (*astric.*), atmospheric entry. **15.** ~ nell'abitacolo (in caso di incidente) (*sicurezza aut.*), intrusion. **16.** deficienza di ~ al vertice (*difetto saldatura*), incomplete root penetration. **17.** deficienza di ~ in saldatura con ripresa (*difetto saldatura*), incomplete inter-run penetration, lack of inter-penetration. **18.** eccesso di ~ (del cordone) (*difetto saldatura*), excessive penetration bead, burn-through. **19.** insufficienza di ~ (*saldatura*), inadequate penetration.
penetròmetro (per bitumi per es.) (*strum. di mis.*), penetrometer.
penìsola (*geogr.*), peninsula.
penitenziario (*ed.*), penitentiary.
penna (di martello) (*mecc.*), peen. **2.** ~ (per scrivere) (*uff.*), pen. **3.** ~ (rullo prenditore, per fornire l'inchiostro alla macchina da stampa) (*tip.*), ductor roller, drop roller. **4.** ~ (di un registratore di grafici) (*strum.*), pen. **5.** ~ a sfera (*uff.*), ballpoint pen. **6.** ~ col taglio parallelo al manico (di un martello) (*ut.*), straight peen. **7.** ~ col taglio perpendicolare al manico (di un martello) (*ut.*), cross peen. **8.** ~ da correzione (copre con liquido bianco il carattere da eliminare) (*scrittura a macch.*), correction pen. **9.** ~ del timone di direzione (dritto del timone di direzione) (*aer.*), rudder post (ingl.), rudderpost (am.). **10.** ~ elettrica (per incidere caratteri sul metallo) (*att. mecc.*), electric pencil. **11.** ~ emisferica (di un martello) (*ut.*), ball peen. **12.** ~ (di) luce, *vedi* ~ ottica. **13.** ~ ottica (~ connessa all'elaborazione per variare i dati ecc.) (*elab.* - *eltn.*), light pen. **14.** ~ stilografica, fountain pen. **15.** martellare a ~ (*tecnol. mecc.*), to peen. **16.** passare a ~ (un disegno per es.) (*dis.*), to ink in.
pennacchio (*arch.*), pendentive. **2.** ~ (di fumo) (*comb.*), plume, chimney plume. **3.** ~ a cono (di fumo) (*comb.*), conical (chimney) plume. **4.** ~ a zig-zag (di fumo) (*comb.*), looping, zig-zag chimney plume.
pennaccino (puntone di rinforzo del bompresso disposto verticalmente al disotto di esso) (*nav.*), dolphin striker, martingale boom.
pennato (*att. agric.*), billhook.
pennellare (disporre l'àncora a pelo d'acqua pronta a dar fondo) (*nav.*), to cockbill. **2.** ~ (stendere con pennello, una vernice per es.) (*vn.* - *ecc.*), to brush.
pennellessa (*att. per vn.*), flat brush. **2.** ~ da formatore (*ut. fond.*), swab.
pennellino (*att.*), pencil.
pennèllo (*att.*), brush. **2.** ~ (*att. per vn.*), paintbrush. **3.** ~ (*idr.*), groin. **4.** ~ (bandiera da segnali o insegna a forma di triangolo allungato) (*nav.*), broad pennant. **5.** ~ (fascio di raggi) (*ott.* - *fis.*), pencil. **6.** ~ di luce (*ott.*), pencil of rays. **7.** ~ di pelo (morbido) (*vn.*), hair pencil. **8.** ~ di setola (*att.*), bristle brush. **9.** ~ elettronico, *vedi* fascio elettronico. **10.** ~ piatto (pennellessa) (*att. per vn.*), flat brush. **11.** che fa ~ (dell'àncora per es.) (*a.* - *nav.*), acockbill.
pennino (per scrivere) (*uff.*), nib. **2.** ~ (punta scrivente di un registratore) (*strum.*), pen point.

pennoncino (*nav.*), gaff.

pennone (*nav.*), yard. **2.** ~ basso (*nav.*), *vedi* pennone maggiore. **3.** ~ di belvedere (*nav.*), mizzen-topgallant yard. **4.** pennoni di civada (picchi di civada per spiegare i fiocchi) (*nav.*), whiskers. **5.** ~ di controbelvedere (*nav.*), mizzen-royal yard. **6.** ~ di contromezzana (*nav.*), mizzen topsail yard. **7.** ~ di controvelaccino (*nav.*), foreroyal yard. **8.** ~ di controvelaccio (*nav.*), main-royal yard. **9.** ~ di gabbia (*nav.*), main topsail yard. **10.** ~ di gabbia bassa (*nav.*), lower main topsail yard. **11.** ~ di gabbia volante (*nav.*), upper main topsail yard. **12.** ~ di maestra (*nav.*), main yard. **13.** ~ di mezzana (*nav.*), crossjack yard. **14.** ~ di parrocchetto basso (*nav.*), lower fore-topsail yard. **15.** ~ di parrocchetto volante (*nav.*), upper fore-topsail yard. **16.** ~ di trinchetto (*nav.*), foreyard. **17.** ~ di velaccino (*nav.*), fore-topgallant yard. **18.** ~ di velaccio (*nav.*), main-topgallant yard. **19.** ~ maggiore (pennone basso) (*nav.*), lower yard.

penombra (*fot. - astr.*), penumbra.

pensile (*gen.*), hanging. **2.** pulsantiera ~ (per il comando di una macch. ut. per es.) (*macch. ut. - ecc.*), pendant pushbutton.

pensilina (tetto o tettoia a sbalzo) (*ed.*), cantilever roof. **2.** ~ (prospiciente un ingresso di abitazione signorile) (*arch.*), porch. **3.** ~ (a sbalzo: di stazione ferroviaria per es.) (*ed.*), cantilever roof. **4.** ~ (a doppio sbalzo: di stazione ferroviaria per es.) (*ed.*), double cantilever roof on single row of columns. **5.** ~ a sbalzo (ornamentale e protettiva) (*arch.*), marquee.

pensionamento (ritiro dal servizio attivo) (*lav.*), retirement. **2.** soglia di ~ (di un lavoratore) (*organ. pers.*), retirement age.

pensionato (*milit. - op. - ecc.*), pensioner.

pensione (*milit. - op. - ecc.*), pension. **2.** ~ basata su contributi (del lavoratore e del datore di lavoro) (*organ. lav.*), contributory pension. **3.** ~ per invalidità (*organ. lav.*), disability pension. **4.** ~ per le vedove e i figli (*organ. lav.*), widow's/orphan's pension. **5.** ~ vecchiaia (*organ. lav.*), retirement pension, old-age pension. **6.** andare in ~ (cessare ogni attività lavorativa per raggiunti limiti di età per es.) (*lav.*), to retire. **7.** in ~ (*lav.*), on pension.

pentaèdro (*geom.*), pentahedron.

pentaeritritolo [$C(CH_2OH)_4$] (*chim.*), pentaerythritol.

pentagonale (*geom.*), pentagonal.

pentàgono (*geom.*), pentagon.

pentano (C_5H_{12}) (*chim.*), pentane.

pentaprisma (per la messa a fuoco) (*mirino fot.*), pentaprism.

pentàstilo (*arch.*), pentastyle.

pentatlon (*sport*), pentathlon.

pentòdo (valvola termoionica) (*termoion.*), pentode, pentode valve.

péntola (*ut. da cucina*), pot. **2.** ~ (*att. ind.*), kettle. **3.** ~ doppia per bagnomaria (*att. domestico*), double boiler.

péntolo da colla (con bagnomaria) (*ut. carp.*), gluepot.

pentosani (*chim.*), pentosans.

pentossido (*chim*), pentoxide.

pènzolo (bracotto, tratto di cima o catena avente un occhio alla estremità libera) (*nav.*), pendant. **2.** ~ (cavo elettrico di alimentazione per strumenti o elettrodomestici) (*elett.*), power cord.

"pepe" (macchioline sui fogli di carta) (*difetto mft. carta*), specks. **2.** "blister" ~ (sulla superficie di un metallo, dovuto ad eccessivo decapaggio per es.) (*difetto metall.*), "pepper blister".

pepita (*min.*), nugget, slug. **2.** ~ d'oro (*min.*), gold nugget.

peptizzazione (*chim. dei colloidi*), peptization.

peptone (*chim.*), peptone.

per (volte, moltiplicato per: in espressioni come la seguente per es.: 2 per 7) (*mat.*), times.

pera (*gen.*), pear. **2.** ~ spezzarottami (pera per berta spezzarottami) (*fond.*), tup.

peràcido (*chim.*), peracid.

perborato (*chim.*), perborate. **2.** ~ di sodio ($NaBO_3$) (*chim.*), sodium perborate.

percalle (tessuto di cotone) (*ind. tess.*), percale, cambric muslin, cotton cambric.

percentile (*a. - stat.*), percentile.

percento (per cento) (*n. - mat.*), percent.

percentuale (*comm. - amm.*), percentage. **2.** ~ di ceneri (nell'analisi dei carboni per es.) (*chim.*), ash percentage. **3.** ~ di pettinaccia (nella pettinatura della lana) (*ind. tess.*), tear. **4.** ~ isotopica (*fis. atom.*), isotopic ratio.

percepire (*gen.*), to perceive.

percettibile (*gen.*), perceptible, perceivable.

percettibilità (*gen.*), perceptibility, perceivability.

percezione (*fis. - ecc.*), perception. **2.** rapporto di ~ differenziale (di riconoscimento, valore minimo del rapporto segnale/rumore espresso in decibel e necessario per estrarre il segnale dal rumore) (*acus. sub.*), recognition differential.

perchage (trattamento al legno verde, riduzione con pali di legno verde, per l'affinazione del rame) (*metall.*), poling.

perclorato (*chim.*), perchlorate. **2.** ~ di potassio ($KClO_4$) (*chim.*), potassium perchlorate.

percolare (filtrare) (*fis.*), to percolate.

percolazione (passaggio lento di un liquido dentro una massa) (*fis.*), percolation.

percorrenza (chilometraggio, chilometri percorsi, da una autovettura per es.) (*aut. - ecc.*), miles covered.

percorrere (una data distanza) (*gen.*), to cover. **2.** ~ (un canale per es.) (*gen.*), to course.

percorribile (da veicolo: ponte per es.) (*veic.*), practicable.

percorso (distanza percorsa su strada per es.), distance covered, run. **2.** ~ (del cavo di comando di un alettone, di un timone ecc. per es.) (*mecc.*), run. **3.** ~ (di un circuito) (*sport*), course. **4.** ~ (*strada*), route. **5.** ~ (di un raggio di luce per es.) (*fis.*), path.

6. ~ (cammino: il ~ logico per una elaborazione: per es. linea, canale, bus ecc.) (*s. - elab.*), path. **7.** ~ critico (cammino critico, "critical path"; metodo di programmazione) (*programmazione*), critical path. **8.** ~ della corrente (circuito) (*elett.*), current path. **9.** ~ di atterraggio (o di ammaraggio) (*aer.*), landing distance. **10.** ~ di decollo (o di partenza) (*aer.*), take-off distance. **11.** ~ di planata (sentiero di planata) (*aer.*), glide slope. **12.** ~ di prova (pista per autoveicoli per es.) (*aut.*), proving ground. **13.** ~ ottico (*ott.*), optical path. **14.** a metà ~ (*gen.*), midcourse. **15.** lungo il ~ (*aer. - navig. - ecc.*), en route. **16.** metodo del ~ critico (CPM) (*organ. - ind.*), critical path method, CPM.

percuotitoio (di arma da fuoco, percussore) (*mecc.*), *vedi* percussore.

percussione, percussion.

percussore (percuotitoio di un'arma da fuoco) (*mecc.*), percussion pin, striker, firing pin.

perdente (non stagno, non ermetico) (*a. - gen.*), leaking.

pèrdere (accidentalmente qualche cosa), to lose, to miss. **2.** ~ (una gara per es.) (*sport*), to lose. **3.** ~ (di un serbatoio per es.) (*tubaz. - ecc.*), to leak. **4.** ~ colpi (di motore) (*mot.*), to misfire. **5.** ~ quota (*aer.*), to lose height. **6.** a ~ (destinato ad essere gettato via dopo l'uso: p. es. un contenitore) (*tecnol. comm.*), disposable, throwaway. **7.** imballaggio a ~ (*trasp. - comm.*), throwaway package, expendable package. **8.** recipiente a ~ (*ind. - comm.*), expendable container, throwaway container.

pèrdita (di denaro per es.) (*comm.*), loss. **2.** ~ (fuga di gas per es.), leak. **3.** ~ (gocciolamento da un motore per es.) (*mecc.- tubaz. - ecc.*), dripping, dribble. **4.** ~ (p. es. in un negozio di vendita al dettaglio: per furti e deterioramento merci) (*comm.*), leakage. **5.** perdite (in seguito a combattimento) (*milit. - mar. milit.*), casualties. **6.** ~ accidentale (~ non voluta ed occasionale di qualcosa: p. es. da un container) (*gen.*), spill. **7.** ~ al fuoco (*chim.*), ignition loss, loss on ignition. **8.** ~ al fuoco (calo di fusione) (*fond.*), melting loss. **9.** ~ a vuoto (p. es. consumo di energia di una macchina elettricamente collegata ma senza carico) (*elett.*), no-load loss. **10.** ~ della linea (per resistenza ohmica) (*elett.*), line loss. **11.** ~ del passo (difetto di macchine marcianti in parallelo) (*elett.*), step breaking. **12.** ~ del pelo (*ind. cuoio*), hairslip. **13.** ~ di aderenza (slittamento sul film d'acqua lasciato dalla pioggia sulla strada) (*aut.*), aquaplaning. **14.** ~ di calore per ventilazione (*termod.*), wind chill. **15.** ~ di carico (di una molla per es., dovuta ad assestamento viscoso) (*mecc.*), load loss (am.). **16.** ~ di carico (per attrito allo scorrimento: di un fluido in una tubazione) (*mecc. fluidi*), flow resistance. **17.** ~ di combustibile dal serbatoio (*aut. - ecc.*), leakage of fuel from the tank. **18.** ~ dielettrica (*elett.*), dielectric loss. **19.** ~ di energia (*fis.*), energy loss. **20.** ~ di giacenza (su terreno; perdite che si hanno quando il combustibile solido è immagazzinato all'aperto, direttamente sul terreno) (*comb.*), carpet loss. **21.** ~ d'inserzione (*radio*), insertion loss. **22.** ~ di portanza (fenomeno aerodinamico) (*aer.*), lift loss. **23.** ~ di potenza (di un'elica per es.) (*aer.*), power loss. **24.** ~ di potenza indotta (di un'elica) (*aer.*), induced power loss. **25.** ~ di potenza per resistenza di profilo (di un'elica) (*aer.*), profile-drag power loss. **26.** ~ di propagazione (di onde radio od acustiche) (*acus. - acus. sub. - radio - ecc.*), propagation loss. **27.** ~ di quota (*aer.*), height loss. **28.** ~ di stampa (nello stampaggio di film sonori) (*fot. - cinem.*), printing loss. **29.** ~ di trasmissione (*acus.*), transmission loss. **30.** perdite dovute alle dispersioni (*elett.*), stray losses. **31.** perdite dovute a sfridi (*ind.*), scrap losses. **32.** perdite elettriche escluse quelle per resistenza (dovute a isteresi, correnti parassite ecc.) (*elett.*), stray power. **33.** ~ nel dielettrico (*elett.*), dielectric loss. **34.** perdite nel ferro (di trasformatore per es.) (*elett.*), iron losses. **35.** perdite nel ferro (causate da isteresi e da correnti parassite) (*elettromecc.*), core loss. **36.** ~ nel lavaggio (della gomma per es.) (*ind.*), loss on washing. **37.** ~ nel rame (*elett.*), copper loss. **38.** ~ netta (*amm. - econ. - finanz.*), net loss. **39.** ~ ohmica (*elett.*), ohmic loss. **40.** perdite parassite (dovute a correnti parassite) (*elett.*), parasitic losses. **41.** ~ per assorbimento (*acus.*), absorption loss. **42.** ~ per attrito (*mecc. raz.*), friction loss, loss due to friction. **43.** ~ per avaria (*comm. nav.*), average loss. **44.** ~ per correnti parassite (*elett.*), eddy-current loss. **45.** ~ per effetto Joule (*elett.*), Joule effect loss. **46.** ~ per isteresi (*elett.*), hysteresis loss. **47.** ~ per irraggiamento (p. es. di una caldaia) (*termod.*), radiation loss. **48.** perdite per resistenza aerodinamica (*aer.*), windage losses. **49.** ~ per scoria (nel processo di riscaldo) (*metall.*), heat waste. **50.** ~ per scorrimento (in una trasmissione a cinghia) (*mecc.*), slippage. **51.** perdite sotto carico (dovute alle perdite nel rame per resistenza ohmica, per correnti parassite ecc.; per es. in un trasformatore) (*elett.*), load loss. **52.** perdite supplementari (*elett.*), stray losses. **53.** ~ totale (*danni - ass.*), total loss. **54.** eliminare le perdite (di un serbatoio, di una tubazione per es.), to stop leaks. **55.** senza perdite (*tubaz. - ecc.*), leakproof.

perduto (*a. - gen.*), lost.

peretta di gomma per soffiare aria (utensile per togliere la polvere dallo specchio di una macchina reflex per es.) (*ut. fot.*), rubber ball air blower.

perfètto (*a. - gen.*), perfect. **2.** gas ~ (*chim.*), perfect gas.

perfezionamento (*gen.*), improvement.

perfezionare (migliorare) (*gen.*), to improve.

perfezionato (migliorato) (*gen.*), improved. **2.** ~ (un'ordinazione per es.) (*comm.*), perfected.

perforàbile (*a. - gen.*), pierceable.

perforante (*a. - gen.*), piercing. **2.** ~ di corazza (di un razzo per es.) (*a. - espl. milit.*), armor-piercing. **3.** ~ tracciante (di proiettile) (*milit. - espl.*), armor piercing tracer, APT.

perforare (*mecc.*), to punch, to perforate, to pierce, to bore. **2.** ~ (*min.*), to drill. **3.** ~ (materiale isolante mediante una scarica) (*elett.*), to puncture. **4.** ~ a tappeto (fare un reticolo di fori; ~ tutti i fori di una scheda perforata o di una zona di essa) (*elab.*), to lace. **5.** ~ (un pozzo) con sistemi a percussione (*min.*), to jar. **6.** ~ in serie (*elab.*), to gang punch. **7.** ~ mediante tasto (*elab.*), to keypunch.

perforato (*mecc.*), perforated. **2.** ~ (di perforazioni punteggiate lungo una linea di strappo di un foglio di carta: di un modulo continuo per es. ecc.) (*tecnol.*), punctured. **3.** ~ sul bordo, a bordo ~ (p. es. di schede ecc.) (*elab. - ecc.*), edge-punched.

perforatore (del nastro di carta) (*elettrotel.*), perforator. **2.** ~ (addetto alla perforazione di schede perforate) (*lav.*), punch operator, perforator. **3.** ~ (dispositivo per eseguire fori su schede, nastri ecc.) (*s. - elab.*), punch. **4.** ~ di banda, *vedi* ~ di nastri. **5.** ~ di nastri (apparecchio che esegue fori su nastri di carta) (*elab.*), paper-tape punch. **6.** ~ (o perforatrice) di produzione (dispositivo che registra dati, parole ecc. mediante fori; p. es. le informazioni per un elaboratore su di un nastro) (*elab.*), output punch. **7.** ~ di schede, *vedi* perforatrice di schede. **8.** ~ di zona (nelle telescriventi per es.) (*macch.*), zone perforator. **9.** ~ manuale (pinza perforatrice che esegue un foro alla volta) (*elab.*), spot punch. **10.** ~ meccanizzato (*macch. min.*), coal cutter. **11.** ~, *vedi anche* perforatrice.

perforatrice (*min.*), rock drill. **2.** ~ (per lamiere per es.) (*macch.*), punching machine, perforating machine. **3.** ~ (per praticare fori nei documenti da archiviare per es.) (*att. a mano per uff.*), punch. **4.** ~ ad aria compressa per pavimentazioni (*macch. ed.*), compressed-air paving breaker. **5.** ~ a mano (*elab.*), spot punch. **6.** ~ a stella (per cinghie) (*att.*), belt punch. **7.** ~ a tastiera (*calc.*), key punch. **8.** ~ automatica (*elab.*), automatic punch. **9.** ~ da cantiere (*att. min.*), drifter. **10.** ~ da roccia (*macch. min.*), rock-boring machine, rock drill. **11.** ~ di schede (dispositivo per riportare le informazioni sulle schede mediante perforazione) (*elab.*), card punch. **12.** ~ idraulica (*macch. min.*), hydraulic drill. **13.** ~ jumbo, *vedi* ~ veloce per gallerie. **14.** ~ multipla (per lamiera per es.) (*macch.*), gang punch, gang punching machine. **15.** ~ (multipla) montata su carrello (*macch. min.*), jumbo drill rig (am.). **16.** ~ per perforazioni in serie (p. es. ~ che esegue perforazioni identiche su due o più schede) (*elab.*), gang punch. **17.** ~ veloce per gallerie (*macch. min.*), tunnel carriage. **18.** pinza ~ (perforatore manuale) (*elab.*), spot punch. **19.** ~, *vedi anche* perforatore.

perforazione (*gen.*), perforation. **2.** ~ (di una pellicola) (*cinem.*), perforation. **3.** ~ (trivellazione, sondaggio) (*min.*), drilling. **4.** ~ (dei fogli prima della cucitura) (*rilegatura*), stabbing. **5.** ~ (foratura senza togliere il metallo) (*fucinatura*), piercing. **6.** ~ (foro in un nastro, scheda ecc. eseguito da un perforatore, o perforatrice) (*elab. - mecc.*), punch. **7.** ~ addizionale (per fare una correzione in una scheda perforata p. es.) (*elab.*), overpunch. **8.** ~ a pressione (*min. - ed.*), pressure drilling. **9.** ~ con fango misto ad aria (sondaggio con fango misto ad aria, trivellazione con fango misto ad aria) (*min.*), aerated-mud drilling. **10.** ~ continua (senza incontrare ostacoli) (*min.*), straight-ahead drilling. **11.** ~ di rilevamento (fori eseguiti per essere rilevati da un sensore) (*elab.*), sensing holes. **12.** ~ di zona (una ~ posta nella zona superiore di una scheda, zona che consta delle tre file 0, 11, 12) (*elab.*), zone punch. **13.** ~ dodici (*elab.*), Y punch, twelve punch. **14.** ~ esplorativa (sondaggio) (*min.*), scout boring. **15.** ~ fuori posto (foro fuori della propria posizione: in una scheda perforata) (*elab.*), off-punch. **16.** ~ in basso (foro praticato in una riga compresa fra la 1 e la 9) (*elab.*), underpunch. **17.** ~ in binario (*elab.*), binary punch. **18.** ~ intercalata (p. es. tra le normali righe di fori di una scheda) (*elab.*), interstage punching. **19.** ~ multipla, *vedi* multiperforazione. **20.** ~ multipla a pettine (di francobolli per es.) (*ind. carta valori*), comb perforation. **21.** ~ nella prima riga (~ dodici: foro nella prima riga in una scheda perforata di 80 colonne) (*elab.*), Y punch. **22.** ~ nella seconda riga (~ undici: foro nella seconda riga in una scheda perforata a 80 colonne) (*elab.*), X punch. **23.** ~ nella zona fuori testo (~ posta nella zona alta di una scheda, zona delle tre file 0, 11, 12) (*elab.*), zone punch. **24.** ~ numerica (*elab.*), numeric punch. **25.** ~ riassuntiva o complessiva (conversione di dati in una perforazione riepilogativa su scheda) (*elab.*), summary punching. **26.** ~ riguardante il codice (foro di codice: in schede o nastri perforati) (*elab.*), code hole. **27.** ~ sottomarina (perforazione in mare aperto, trivellazione sottomarina, sondaggio sottomarino) (*min.*), offshore drilling, submarine drilling. **28.** ~ termica (p. es. per ottenere, col calore, fori da mina nella roccia) (*min.*), fusion piercing. **29.** ~ undici (*elab.*), X punch, eleven punch. **30.** a ~ completa (di nastro con fori completamente puliti da coriandoli) (*elab.*), chadded. **31.** a ~ incompleta (detto di un nastro nel quale alcuni coriandoli restano attaccati ai fori) (*a. - elab.*), chadless. **32.** asta di ~ (*min.*), boring rod.

perfosfato (fertilizzante) (*chim. ind.*), superphosphate. **2.** ~ minerale (fertilizzante) (*min.*), phosphate rock.

pergamèna, parchment, sheepskin. **2.** ~ di cotone (*mft. carta*), cotton parchment. **3.** ~ vegetale (carta pergamena, carta pergamenata, pergamina) (*ind. carta*), vegetable parchment, parchment paper.

pergamenatura (*mft. carta*), parchmentization.

pergamina (pergamena vegetale, finta pergamena, carta pergamena) (*mft. carta*), imitation parch-

ment, vegetable parchment. **2.** ~ sottile (pergamina trasparente) (*mft. carta*), glassine.
pèrgola (*arch.*), pergola.
periclasio (MgO) (*min. - refrattario*), periclase.
pericolo, danger, peril. **2.** ~ radiologico (dovuto ai raggi gamma) (*med. - fis. atom.*), health hazard. **3.** segnale di ~ (*ferr.*), telltale.
pericoloso, dangerous. **2.** ~ (per la navigazione per es.) (*a. - nav.*), foul. **3.** non ~ (*a. - gen.*), nondangerous.
peridotite (roccia magmatica) (*min.*), peridotite.
peridoto [$(MgFe)_2SiO_4$] (olivina) (*min.*), peridot, olivine.
perièlio (*astr.*), perihelion.
periferia (*gen.*), periphery. **2.** ~ (di città), outskirts.
periferica (unità ~: dispositivo di entrata/uscita o di archiviazione: p. es. nastro, disco, stampante, unità video ecc.) (*s. - elab.*), peripheral device, peripheral unit, peripheral. **2.** ~ di entrata (per ingresso dati: p. es. una tastiera, una perforatrice per schede, una unità a nastro magnetico ecc.) (*elab.*), input device. **3.** ~ di ingresso/uscita (*eltn.*), input/output facility. **4.** ~ di uscita (dispositivo che converte i dati dell'elaboratore in forma accettabile da un ricevitore esterno: per es. stampante, perforatore per schede ecc.) (*elab.*), output device, output peripheral.
perifèrico (*a. - gen.*), peripheral. **2.** unità periferica (*s. - elab.*), peripheral, peripheral device, peripheral unit. **3.** velocità periferica (di una ruota, puleggia ecc.) (*mecc.*), rim speed. **4.** velocità periferica (dell'estremità delle pale dell'elica per es.) (*aer. - nav. - ecc.*), tip speed.
perigeo (dell'orbita di un satellite artificiale per es.) (*astric. - astr.*), perigee.
perimetro (*geom.*), perimeter, periphery. **2.** ~ (*strum. med.*), perimeter. **3.** ~ portatile (*strum. med.*), portable perimeter.
periodato (*chim.*), periodate.
periodicità (*gen.*), periodicity.
periòdico (che si ripete a intervalli di tempo), periodical, periodic. **2.** ~ (*chim.*), periodic. **3.** ~ (pubblicazione) (*s. - stampa*), periodical. **4.** acido ~ (HIO_4) (*chim.*), periodic acid. **5.** tavola del sistema ~ (*chim.*), periodic table.
perìodo, period. **2.** ~ (*fis.*), period. **3.** ~ (di corrente alternata) (*elett.*), cycle. **4.** ~ (*geol.*), period. **5.** ~ (guppo di uno o più numeri ripetuti indefinitamente) (*mat.*), repetend. **6.** ~ della pila (atomica) (tempo necessario perché il flusso di neutroni vari nel rapporto *e*) (*fis. atom.*), pile period. **7.** ~ (o tempo) di conservazione (~ di tempo durante il quale le registrazioni magnetiche sono conservate prima di essere cancellate) (*elab.*), retention period. **8.** ~ di interruzione (di fornitura di energia elettrica da parte di una centrale) (*elett.*), outage. **9.** ~ di parola (*elab.*), word time. **10.** ~ di preavviso (per il licenziamento di un impiegato per es.) (*amm. pers.*), period of notice. **11.** ~ di prova (di un operaio per es.) (*pers.*), probationary period. **12.** ~ di prova (di una macchina, di caldaia ecc.), testing period. **13.** ~ di revisione (o tra le revisioni) ultimato (*mot.*), overhaul time expired. **14.** ~ di vibrazione libera (*fis.*), natural period. **15.** ~ tra due successive revisioni (*mot. aer.*), overhaul life. **16.** corrente alternata a 50 periodi (*elett.*), 50-cycle alternating current.
perìptero (*arch.*), periptery.
periscòpico (*a. - ott.*), periscopic.
periscòpio (di sott.) (*strum. ott.*), periscope. **2.** ~ di esplorazione (di sott.) (*mar. milit.*), search periscope. **3.** ~ notturno (di sott.) (*mar. milit.*), night lens periscope. **4.** ~ retrattile (di sott.) (*mar. milit.*), retractile periscope.
perisfera (zona della terra situata ad una profondità da 60 a 1200 km) (*geol.*), perisphere.
peristilio (*arch.*), peristyle.
peritero, *vedi* rastrello periterico.
peritettico (di reazione che avviene tra le fasi) (*a. - min. - metall.*), peritectic.
perito (*tecnico o artistico*), expert. **2.** ~ (*tecnico comm.*), estimator. **3.** ~ (di una società assicuratrice) (*ass.*), assessor, insurance adjuster (ingl.). **4.** ~ agrario (agricoltore con basi teoriche) (*agric.*), agriculturist. **5.** ~ elettronico (*eltn.*), electronic engineer. **6.** ~ elettrotecnico (*elett.*), electrotechnician, engineer in electrotechnology. **7.** ~ industriale, industrial expert. **8.** ~ navale (*nav.*), ship surveyor. **9.** ~ tecnico addetto al reparto esperienze (*pers. di stabilimento*), experiments engineer.
perizia (valutazione) (*leg. - comm.*), appraisal, valuation. **2.** ~ (esame delle condizioni) (*ind. - ed.*), survey. **3.** ~ dei danni (*leg.*), damage appraisal. **4.** fare perizie (*comm.*), to survey. **5.** fare una ~ (delle condizioni della nave) (*nav.*), to hold a survey.
pèrla (*gioiello - colore*), pearl. **2.** ~ coltivata (*ind.*), cultured pearl.
perlaceo (di finitura di superficie verniciata per es.) (*vn. - ecc.*), pearly.
perlina (*carp.*), matchboard.
perlinaggio (*carp.*), matchboarding.
perlinare (lavorare le assicelle a scanalature e linguette) (*falegn.*), to matchboard.
perlinatura, *vedi* perlinaggio.
perlite (*metall.*), pearlite, eutectoid. **2.** ~ globulare (*metall.*), granular pearlite, globular pearlite. **3.** ~ lamellare (*metall.*), lamellar pearlite. **4.** ~ sferoidale (la cui cementite è stata sferoidizzata da ricottura) (*metall.*), divorced pearlite.
perlìtico (*a. - metall.*), pearlitic.
perlon (fibra sintetica simile al nailon) (*chim.*), perlon.
perlustrare (*milit. - mar. milit.*), to patrol.
perlustrazione (*milit. - mar. milit.*), patrol.
"permalloy" (lega di ferro coll' 80 % di nichelio ad altissima permeabilità magnetica) (*metall.*), permalloy.
permanènte (*a. - gen.*), permanent. **2.** magnete ~ (*elett.*), permanent magnet.

permanenza (di persona o di cosa) (*gen.*), stay. **2.** ~ in sospensione (~ di particelle di materiale radioattivo, o inquinante, o altro simile prodotto in sospensione in un mezzo aeriforme, per es. nell'atmosfera) (*fis. - ecol. - med. - ecc.*), residence. **3.** tempo di ~ (di propellenti nella camera di combustione di un missile o razzo) (*missil.*), stay time.

permanganato (*chim.*), permanganate. **2.** ~ potassico ($KMnO_4$) (*chim.*), potassium permanganate.

permeàbile (*fis.*), permeable.

permeabilità (della carta per es.) (*gen.*), permeability. **2.** ~ (*fis.*), permeability. **3.** ~ (del suolo) (*analisi suolo*), permeability. **4.** ~ (magnetica per es.) (*elettromag.*), permeability. **5.** ~ (passaggio dei gas attraverso la sabbia delle anime per es.) (*fond.*), permeability. **6.** ~ assoluta (*elettromag.*), absolute permeability. **7.** tasso di ~ (porosità, di un filtro) (*app.*), void fraction.

permeàmetro (per misurare la permeabilità) (*strum. mis.*), permeameter. **2.** ~ a ponte magnetico (*strum. elett.*), magnetic bridge, permeability bridge.

permeanza (*elettromag.*), permeance.

permeare (*fis.*), to permeate.

permeazione (*fis.*), permeation. **2.** ~ di gas (*fis. tecnol.*), gas permeation.

permesso (*gen.*), permit, permission. **2.** ~ (licenza) (*gen.*), licence, license. **3.** ~ (di uscita o di entrata) (*gen.*), pass. **4.** ~ (di circolazione, di costruzione ecc.), permit, permission, license. **5.** ~ (astensione autorizzata dal lavoro di operaio od impiegato) (*pers.*), leave, furlough. **6.** ~ (lasciapassare, documento) (*milit.*), liberty pass. **7.** ~ (licenza, per la pubblicazione per es.) (*gen.*), release. **8.** ~ di esportazione (*comm.*), export license. **9.** ~ retribuito (di un impiegato per es.) (*amm.*), leave with pay.

permettanza, *vedi* permittività.

perméttere (*gen.*), to permit, to let.

permiano (*a. - geol.*), Permian.

permille (p. m., ‰) (*gen. - mat.*), per thousand, promille, per mill, per mille, per mil.

permittività (*elett.*), permittivity. **2.** ~ (permettanza specifica, costante dielettrica) (*elett.*), dielectric constant.

permselettiva (di membrana semipermeabile) (*a. - fis.*), permselective.

permuta (*comm. - amm.*), permutation, barter.

permutare (*gen.*), to permutate.

permutatrice (*elettromecc.*), permutator.

permutazione (*mat.*), permutation, arrangement. **2.** ~ (*elett.*), transposition. **3.** ~ (reazione chimica) (*chim.*), permutation. **4.** ~ (*elab.*), *vedi* scambio. **5.** ~ dispari (*mat.*), odd permutation. **6.** ~ pari (*mat.*), even permutation.

pernetto (ago di iniettore di motore diesel aperto dalla pressione agente su una superficie anulare e chiuso da molla) (*mot.*), pintle. **2.** iniettore a ~ (iniettore a mantello anulare, del sistema di iniezione di un motore diesel) (*mot.*), pintle injector.

pèrno (*mecc.*), pin, gudgeon, stud, journal, pivot. **2.** ~ (di testa) (*mecc.*), pivot. **3.** ~ (attraversante le ralle della cassa e la traversa del carrello) (*ferr.*), center pin. **4.** ~ (bullone) (*costr. nav.*), bolt. **5.** ~ a forcella (*mecc.*), forked pin. **6.** ~ conico (*mecc.*), tapered pivot, tapered journal. **7.** ~ del boma (~ di acciaio a forma di collo d'oca che connette il boma all'albero) (*nav.*), gooseneck. **8.** ~ del carrello (di una locomotiva a vapore per es.) (*ferr.*), center pivot. **9.** ~ della ruota della curva (in un trasportatore) (*trasp. ind.*), corner wheel spindle. **10.** ~ del maniglione (*nav.*), shackle bolt. **11.** ~ del piede di bielletta (*mecc.*), wrist pin (ingl.). **12.** ~ di accoppiamento (*mecc.*), drawbolt, coupling pin. **13.** ~ di articolazione (*mecc.*), trunnion. **14.** ~ di articolazione di un elemento a forcella (*mecc.*), knuckle pin. **15.** ~ di articolazione di un cavallotto (*mecc.-ecc.*), clevis pin. **16.** ~ di banco (*mot.*), main journal, journal. **17.** ~ di banco posteriore (di un albero per es.) (*mecc.*), tail journal. **18.** ~ di bloccaggio (coppiglia di sicurezza) (*mecc.*), check pin. **19.** ~ di centraggio (*mecc.*), dowel, pin. **20.** ~ di cingolo (di trattrice agricola per es.), track pin. **21.** ~ di ginocchiera (*mecc.*), toggle pin. **22.** ~ di guida (spina di guida, perno pilota) (*lav. lamiera*), pilot punch, pilot, guide pin. **23.** ~ di incernieramento (perno di cerniera) (*mecc.*), hinge pin. **24.** ~ di manovella (di un albero a gomiti) (*mot.*), crank pin. **25.** ~ di riferimento (*mecc.*), dowel, pin. **26.** ~ di stantuffo (spinotto: di mot. di aut. per es.) (*mot.*), piston pin, gudgeon pin. **27.** ~ di strappamento (spina di spiegamento, di un paracadute) (*aer.*), rip pin. **28.** ~ di testa (della) bielletta (di un motore stellare), wrist pin (ingl.). **29.** ~ flottante di stantuffo (*di mot.*), floating piston pin. **30.** ~ girevole (*mecc.*), pivot pin. **31.** ~ sferico (*mecc.*), ball-and-socket joint. **32.** ~ verticale del fuso a snodo (~ di articolazione del fuso portante della ruota sterzante) (*mecc. aut.*), knuckle post. **33.** a ~ (o cardine) fisso (di articolazione con ~ fisso: p. es. il cardine di una porta) (*a. - mecc. - carp. - ecc.*), fast-joint. **34.** zona supportata di un ~ girevole (*mecc.*), journal.

perossidazione (di piastra di accumulatore per es.) (*elettrochim.*), peroxidizement.

peròssido (*chim.*), peroxide.

perpendicolare (*a. - s. -geom.*), perpendicular. **2.** ~ (a piombo) (*ed. - mecc.*), upright. **3.** ~ (linea verticale passante per i punti d'intersezione della linea di galleggiamento col piano di simmetria) (*s. - nav.*), perpendicular. **4.** lunghezza tra le perpendicolari (*nav.*), length between perpendiculars, "LBP".

perpendicolarità (*gen.*), verticality, verticalness.

persale (*chim.*), persalt.

Persea (*legno*), vinhatico, Persea indica.

persiana (*ed.*), blind. **2.** ~ (gelosia: di una finestra) (*ed.*), jalousie, jalousie window. **3.** ~ alla veneziana (*ed.*), Venetian blind. **4.** ~ avvolgibile (tapparella), (*ed.*), roller shutter. **5.** persiane ed analoghi serramenti (scurini, tapparelle ecc.) (*ed.*), shuttering. **6.** feritoie a ~ (di cofano di autoveicolo: per ventilazione) (*aut.*), louver. **7.** stecca di ~ (fissa) (*ed.*), louver board, louvre board. **8.** stecca di ~ avvolgibile (*ed.*), slate.

persio (*tintura*), persis, archil powder.

persistente (permanente, continuo) (*gen.*), persistent, enduring.

persistènza (*ott.*), persistence. **2.** ~ dell'immagine sullo schermo (*telev. radar*), afterglow. **3.** ~ dell'immagine (*fisiologia dell'occhio*), persistence of vision.

persistere (*gen.*), to persist.

persona, person.

personale (impiegati ed operai di stabilimento, ditta ecc.) (*s.*), personnel. **2.** ~ a terra (*aer.*), ground crew. **3.** ~ con funzioni direttive (*pers.*), staff. **4.** ~ del comando (*milit.*), staff. **5.** ~ di coperta (*nav.*), upper-deck personnel. **6.** ~ di macchina (*nav.*), engine-room personnel. **7.** ~ di plancia (*nav.*), bridge personnel. **8.** ~ di ruolo (*pers.*), permanent staff. **9.** ~ navigante (*aer.*), flying personnel. **10.** ~ non navigante (*aer.*), ground personnel, nonflying personnel. **11.** ~ per i servizi a terra (*aer.*), ground crew. **12.** ~ tecnico (*ind.*), technical staff. **13.** a corto di ~ (*a. - pers.*), shorthanded. **14.** a ~ insufficiente (con carenza di ~ rispetto a quello occorrente) (*a. - ind. - comm. - ecc.*), undermanned. **15.** capo del ~ (di uno stabilimento) (*ind.*), personnel manager. **16.** direttore del ~ (di una azienda) (*ind.*), personnel director, personnel manager. **17.** eccesso di ~ (rispetto al fabbisogno determinato dall'analisi tempi) (*organ. pers. di stabilimento*), overstrenght. **18.** senza ~ (non presidiato, centrale elettrica per es.) (*elett.- ecc.*), unmanned.

personalità (*psicol.*), personality. **2.** ~ creativa (nel dis. ind. per es.) (*attitudine del pers.*), creative personality. **3.** test di ~ (test caratterologico) (*psicol. ind.*), personality test.

personalizzare (eseguire modifiche o adattamenti richiesti dal cliente) (*elab. - aut. - mtc. - ecc.*), to personalize.

"PERT" (tecnica di revisione e valutazione programmi) (*organ. ind.*), PERT, program evaluation and review technique. **2.** ~ ampliato (tecnica di revisione e valutazione programmi ampliata) (*programmazione*), EXPERT, Extended PERT.

perthite (*min.*), perthite.

pèrtica (palo), perch.

pertinente (appartenente, relativo) (*gen.*), relevant, pertinent.

perturbazione, perturbation. **2.** ~ (in un reattore nucleare (*fis. atom.*), disturbance. **3.** risposta alle perturbazioni (di una autovettura) (*veic.*), disturbance response.

pervibratura (della gettata), *vedi* vibratura della gettata.

pesa (pesatrice di forte portata) (*macch.*), weighing machine. **2.** ~ (stadera a ponte) (*macch.*), weighbridge. **3.** ~ automatica continua (*app.*), weightometer. **4.** ~ pubblica (*macch.*), public weighbridge.

pesafiltro (*att. chim.*), weighing bottle.

pesalettere (*att. uff.*), letter balance.

pesante (*a.*), heavy. **2.** ~ di coda (detto di un aeroplano) (*aer.*), tail-heavy. **3.** ~ di prua (detto di un aeroplano) (*aer.*), nose-heavy. **4.** aeromobile più ~ dell'aria (aerodina) (*aer.*), heavier-than-air craft, aerodyne. **5.** per servizio ~ (di macchina, motore ecc.) (*mecc. - ind.*), heavy-duty. **6.** più ~ dell'aria (*a.-aer.*), heavier-than-air.

pesare (*ind. - comm.*), to weigh.

pesata (pesatura) (*ind. - comm.*), weighing. **2.** ~ (quantità di materiale pesato per volta) (*comm. - ind.*), draft.

pesatore (addetto al peso) (*op.*), scaler.

pesatrice (di forte portata) (*macch.*), weighing machine. **2.** ~ per vagoni (*macch. per ferr.*), wagon balance (ingl.).

pesatura (operazione di pesa) (*gen.*), weighing.

pesca (*ind. - mar. - sport*), fishing. **2.** ~ a cianciolo (pesca con rete di aggiramento) (*pesca*), seining. **3.** ~ alla lampara (*pesca*), jack fishing. **4.** ~ a strascico (pesca con rete a strascico) (*pesca*), trawling. **5.** ~ con palangrese (pesca con lenzara, pesca con palamite) (*pesca*), long lining (ingl.). **6.** ~ d'altura (pesca di alto mare) (*ind. mar.*), deep-sea fishing. **7.** ~ per attrazione galvanica (con corrente continua) (*pesca*), electrofishing.

pescaggio (immersione) (*nav.*), draft. **2.** ~ (altezza di aspirazione, di una pompa) (*idr. - ecc.*), height of suction. **3.** ~ (ricupero di aste da pozzi) (*min.*), fishing. **4.** ~ a carico (*nav.*), load draft. **5.** ~ a poppa (*nav.*), aft draft. **6.** ~ a prora (*nav.*), forward draft. **7.** ~ medio (*nav.*), mean draft. **8.** ~ ridotto (*nav.*), shallow draft. **9.** avente uguale ~ a poppa ed a prua (di una nave) (*a. - nav.*), on even keep. **10.** eccessivo ~ a poppa (*nav.*), drag. **11.** marca di ~ (o di immersione) (*nav.*), draught mark. **12.** ~, *vedi anche* immersione.

pescare (*ind. - mar. - sport*), to fish. **2.** ~ (profondità d'immersione) (*nav.*), to draw. **3.** ~ a cianciolo (pescare con rete di aggiramento) (*pesca*), to seine. **4.** ~ con lo strascico (sciabicare) (*pesca*), to trawl.

pescatore (*ind. - mar.*), fisherman. **2.** ~ (per ricuperare aste da pozzi) (*ut. min.*), fishing tool.

pescatubi (ricuperatore per tubi) (*ut. min.*), tube fishing tool.

pesce (*ind. mar.*), fish. **2.** coda di ~ (cavità a V all'estremità di un pezzo durante la laminazione a caldo) (*difetto metall.*), fishtail. **3.** a forma di coda di ~ (*a.-gen.*), fishtail, fishtailed.

peschereccio (*nav.*), fishing boat, fishing vessel. **2.** ~ costiero a strascico (*pesca*), near water trawler. **3.** ~ oceanico (peschereccio di altura) (*nav.*), deep-sea fishing vessel. **4.** ~ (per pesca) con rete a imbrocco (*pesca*), gill netter.

pescoso (*a.* - *pesca*), fishy.

peso, weight, wt. **2.** ~ (per filo a piombo) (*mur.*), bob. **3.** ~ (per ginnastica) (*sport*), dumbbell. **4.** ~ (pesa, pesatrice di forte portata) (*macch.*), weighing machine. **5.** ~ (corse di cavalli) (*sport*), weigh-out. **6.** ~ (importanza della posizione della cifra in un numero o in una stringa) (*elab.*), weight. **7.** ~ a bilico (ponte a bilico, stadera a bilico) (*macch.*), platform scale. **8.** ~ aderente (di una locomotiva) (*ferr.*), adhesive weight. **9.** ~ al decollo (di un aereo o missile) (*aer.* - *missil.*), take-off weight. **10.** ~ all'atterraggio (peso al momento dell'atterraggio) (*aer.*), landing weight, LW. **11.** ~ a pieno carico (peso totale) (di un aeroplano per es.), gross weight, all-up weight, maximum weight. **12.** ~ a secco (di un motore) (*mot.*), dry weight. **13.** ~ atomico (*chim.*), atomic weight, at.wt. **14.** ~ a vuoto (di esercizio o di impiego) (*aer.* - *aut.* - *ecc.*), weight empty, empty weight. **15.** ~ a vuoto (di costruzione o di progetto) (*aer.*), tare weight (ingl.). **16.** ~ base (peso di una risma di formato standard) (*tip.*), basic weight. **17.** ~ (o massa) di bilanciamento statico (*aer.*), mass-balance weight. **18.** ~ (o massa) di bilanciamento statico distribuito (*aer.*), distributed mass-balance weight. **19.** ~ di rottura (di lana) (*ind. tess.*), breaking weight. **20.** ~ disponibile (di un aeroplano: costituito da tutti i pesi ad eccezione di quelli fissi) (*aer.*), disposable weight. **21.** ~ equivalente (grammo equivalente) (*chim.*), equivalent weight. **22.** ~ fisso (di un aeroplano: peso in ordine di volo senza comb., olio, peso scaricabile e carico pagante) (*aer.*), fixed weight. **23.** ~ in ordine di marcia (di un veicolo) (*aut.*), weight in running order, kerb weight (ingl.). **24.** ~ leggero (*sport*), lightweight. **25.** ~ leggero (peso inferiore al minimo consuetudinario: di balle di lana) (*comm.* - *ind. lana*), lightweight. **26.** ~ lordo (*comm.*), gross weight, gr. wt. **27.** ~ lordo teorico (~ lordo secondo il progetto) (*aer.* - *aut.* - *ecc.*), design gross weight. **28.** ~ mobile (di una macchina per prove sui materiali per es.) (*mecc.*), jockey weight, adjustable weight. **29.** ~ molecolare (*chim.*), molecular weight. **30.** ~ morto (*gen.*), dead weight. **31.** ~ morto (*trasp.* - *comm.*), dead weight, DW. **32.** ~ netto (*comm.*), net weight, nt. wt. **33.** ~ non molleggiato (*aut.*), unsprung weight. **34.** ~ non sospeso (di un veicolo: deve essere il minimo possibile agli effetti del comfort di marcia) (*aut.* - *ferr.* - *ecc.*), unsprung weight. **35.** ~ per assale (carico per asse) (*ferr.* - *ecc.*), axle load. **36.** ~ per unità di spinta (*aer.*), weight per pound thrust. **37.** ~ proprio (della nave) (*nav.*), dead weight. **38.** ~ proprio (di un ponte, di una trave ecc.) (*ed.*), dead load. **39.** ~ scaricabile (da un aeroplano in caso di emergenza) (*aer.* - *ecc.*), dischargeable weight. **40.** ~ secco assoluto (della lana) (*ind. tess.*), absolute dry weight. **41.** ~ senza rifornimenti (olio, benzina e liquido refrigerante: di un motore) (*mot.*), dry weight. **42.** ~ specifico (~ della unità di volume della sostanza) (*mecc.*), specific weight. **43.** ~ specifico (del grano) (*agric.*), absolute weight. **44.** ~ totale (peso a carico massimo: di un autocarro per es.), total weight. **45.** ~ totale (di un aeroplano) (*aer.*), all-up weight. **46.** assenza di ~ (assenza di gravità) (*astric.*), *vedi* imponderabilità. **47.** controllare il ~ (*gen.*), to checkweigh. **48.** limite di ~ (*traff. strad.*), weight limit. **49.** serie di pesi (per bilancia), set of weights.

pestare (*mur.*), to tamp. **2.** ~ (ridurre in polvere) (*ind.*), to pound.

pestatura (*mur.*), tamping, ramming. **2.** ~ (tritatura) (*ind.*), pounding.

pestèllo (*att. chim.*), pestle. **2.** ~ calcaterra a mano (*ut. fond.*), hand rammer. **3.** ~ di legno (*att. mur.* - *strad.*), thwacker. **4.** ~ in ghisa (*att. mur. e strad.*), cast-iron tamper (or rammer). **5.** ~ (o calcatoio) pneumatico (*ut.*), pneumatic rammer.

pesto (*mft. carta*), *vedi* mezza pasta.

petalo principale (di ugello convergente del postbruciatore di un motore a getto) (*mecc. aer.*), master flap. **2.** ~ secondario di tenuta (di ugello convergente del postbruciatore di un motore a getto) (*mecc. aer.*), sealing flap.

petardo (*espl.*), fire cracker. **2.** ~ (*espl. per ferr.*), petard, torpedo. **3.** ~ da nebbia (*ferr.*), explosive fog signal.

petrificare (fossilizzare) (*geol.*), to petrify.

petrochimica (*chim.*), petroleum chemistry.

petrodollari (provenienti dalla vendita del petrolio greggio da parte dei produttori) (*s.* - *finanz.*), petrodollars.

petrografìa (*geol.*), petrography.

petrolchimica (chimica del petrolio) (*s.* - *chim.*), petrochemistry.

petrolchimico (*a.* - *chim.*), petrochemical.

petrolièra (*nav.*), oil tanker.

petrolìfero (*a.* - *geol.*), petroliferous.

petròlio (greggio) (*ind. min.*), oil. **2.** (da illuminazione) (*comb.*), kerosene, coal oil. **3.** ~ a base naftenica (*chim. ind.*), naphthenic-base crude oil. **4.** ~ di (o per) lavaggio (per il lavaggio dei gas) (*ind. gas.*), wash oil. **5.** ~ grezzo (*comb.*), petroleum, coal oil, naphta, crude oil (ingl.). **6.** ~ grezzo (di densità Baumé = 20°) (*ind. chim.*), light oil. **7.** ~ grezzo a base mista (*chim. ind.*), mixed-base crude oil. **8.** ~ grezzo a base paraffinica (*chim. ind.*), paraffin-base crude oil. **9.** ~ grezzo leggero (*chim. ind.*), light crude oil. **10.** ~ illuminante (*ind. petrolio*), illuminating oil, mineral oil, lamp oil. **11.** ~ predistillato (*raffineria*), topped crude. **12.** raffinazione del ~ (*chim. ind.*), petroleum refining. **13.** trovare il ~ (*min.*), to strike oil.

petrologia (studio delle rocce) (*geol.*), petrology.

pettinaccia (cascame di pettinatura) (*ind. tess.*), noil. **2.** ~ lappolosa (*ind. tess.*), burry noil. **3.** ~ pulita (*ind. tess.*), clear noil.

pettinare (*ind. tess.*), to comb, to tease. **2.** ~ (lino o canapa) (*ind. tess.*), to hackle.

pettinato (nastro di lana pettinata) (*ind. lana*), top.

2. ~ (tessuto di lana pettinata) (*ind. tess.*), worsted. **3.** ~ in olio (*ind. lana*), oil top. **4.** ~ preparato (*ind. lana*), prepared top. **5.** ~ puro (*ind. lana*), clear top. **6.** ~ secco (*ind. lana*), dry top. **7.** nastro di ~ (*ind. tess.*), caddice, caddis. **8.** stagionatura del ~ (*ind. lana*), cellaring of top.

pettinatore (*op. tess.*), comber. **2.** ~ in grosso (*op. tess.*), rougher.

pettinatrice (per lana) (*macch. tess.*), comber, combing machine. **2.** ~ circolare (*macch. tess.*), circular combing machine. **3.** ~ continua (*macch. tess.*), continuous comber. **4.** ~ in grosso (*macch. tess.*), rougher. **5.** ~ intermittente (*macch. tess.*), intermittent comber. **6.** ~ (circolare) "lister" (*macch. tess.*), lister combing machine. **7.** ~ meccanica (di lino o canapa) (*macch. tess.*), hackling machine. **8.** ~ rettilinea (*macch. tess.*), rectilinear combing machine, rectilinear comber. **9.** ~ Schlumberger (*macch. ind. lana*), Schlumberger comber.

pettinatura (della lana) (*ind. tess.*), combing. **2.** ~ (del lino) (*ind. tess.*), hackling, heckling. **3.** ~ a secco (*ind. tess.*), dry combing. **4.** ~ in grosso (del lino) (*ind. tess.*), ruffing. **5.** ~ in olio (*ind. lana*), oil combing. **6.** cascami di ~ (pettinaccia) (*ind. tess.*), combing waste, noil.

pèttine (*ind.*), comb. **2.** ~ (da lana) (*ind. tess.*), comb. **3.** ~ (da lino o canapa) (*ind. tess.*), hackle. **4.** ~ (di un telaio: per tessitura), reed. **5.** ~ (*att. di fond.*), stripping plate. **6.** ~ (di una sfibratrice per es.) (*macch. mft. carta*), finger. **7.** ~ (utensile per filettare: col tornio per es.) (*ut.*), thread chaser. **8.** ~ circolare (per filettare) (*ut. mecc.*), circular chaser. **9.** ~ collettore (di energia elettrica per motrici ferroviarie a terza rotaia per es.) (*elett.*), collector comb. **9.** ~ del combinatore (*elett.*), contact piece. **11.** ~ della filiera (per filettare con la filiera) (*ut.*), die chaser. **12.** ~ estensibile (*macch. tess.*), expanding reed. **13.** ~ fisso (*macch. tess.*), fast reed. **14.** ~ in fino (per lino) (*ind. tess.*), fine hackle. **15.** ~ in grosso (per lino) (*ind. tess.*), ruffer. **16.** ~ per canapa (*macch. tess.*), hemp hackle. **17.** ~ per filettare (*ut. mecc.*), chaser. **18.** ~ per rullare (scanalati per es.) (*ut.*), forming rack. **19.** ~ per scortecciare (*macch. tess.*), ripple. **20.** ~ per venare (*vn.*), grainer. **21.** ~ spazzatore (di macchina cardatrice) (*ind. tess.*), stripping comb. **22.** ~ tangenziale (per filettare) (*ut. mecc.*), tangential chaser. **23.** colata a ~ (*fond.*), comb-gate casting. **24.** collettore a ~ (di energia elettrica per motrici ferroviarie a terza rotaia per es.) (*elett.*), comb collector. **25.** porta ~ (di un telaio) (*macch. tess.*), shell. **26.** punta di ~ (*ind. tess.*), comb pin.

pètto (finimenti del cavallo), breastband, breast collar. **2.** ~ (faccia, di un utensile) (*ut.*), face. **3.** coltello a ~ (tipo di pialla) (*ut. falegn.*), spokeshave.

pèzza (di stoffa) (*ind. tess.*), piece, bolt.

pezzami (*ind. tess.*), pieces. **2.** ~ calcinati (*ind. tess.*), limed pieces. **3.** ~ di seconda scelta (*ind. tess.*), second pieces.

pezzare (fare la cernita in base alla grossezza) (*gen.*), to size.

pezzatore (di minerale per es.) (*macch. min.*), sizer.

pezzatura (del carbone per es.) (*gen.*), size. **2.** a ~ mista (alla rinfusa, "tout-venant", carbone) (*comb.*), through-and-through.

pezzetto (*gen.*), chip.

pèzzo (*mecc.*), piece, part. **2.** ~ (da lavorare o in lavorazione: a mezzo macch. utènsile per es.) (*off. mecc.*), work, workpiece. **3.** ~ da campagna (cannone da campagna) (*artiglieria*), fieldpiece. **4.** ~ di difficile composizione (*tip.*), bug (colloquiale am.). **5.** ~ di ricambio (*mecc.*), spare part. **6.** ~ fucinato (*fucinatura*), forging. **7.** ~ fuso (*fond. - mecc.*), casting. **8.** ~ fuso per centrifugazione (*fond.*), centrifugal casting. **9.** ~ greggio (*mecc.*), blank. **10.** ~ lavorato (*mecc.*), machined part, machined piece. **11.** ~ ottenuto per pressofusione (*fond.*), die casting (am.), diecasting (ingl.). **12.** ~ riportato (*mecc.*), insert (am.). **13.** ~ riportato (esternamente) (*mecc.*), built-up part, applied part. **14.** ~ riportato (internamente) (*mecc.*), insert, built-in part. **15.** ~ stampato a caldo (*tecnol. mecc.*), drop forging. **16.** ~ stampato a freddo (*tecnol. mecc.*), cold stamping. **17.** ~ temprato localmente (*tecnol. mecc.*), zone-hardened piece. **18.** ~ tranciato (*mecc.*), blanked piece. **19.** andare in pezzi, to shatter. **20.** centrare il ~ da lavorare (al tornio per es.) (*mecc.*), to center the work. **21.** il ~ da lavorare gira (al tornio per es.) (*mecc.*), the work revolves. **22.** il ~ da lavorare gira centrato (al tornio per es.) (*mecc.*), the work runs true. **23.** in un (solo) ~ (di elemento fuso, saldato, stampato, fucinato ecc., non smontabile meccanicamente in pezzi più semplici) (*macch. - ecc.*), enbloc.

"PFM" (modulazione di frequenza degli impulsi) (*radio*), PFM, pulse frequency modulation.

pH (esponente di acidità) (*chim.*), pH. **2.** ~ (valore di pH) (*chim.*), pH value. **3.** intervallo di ~ (*chim.*), pH range.

pH-metro (misuratore di pH) (*strum.*), pH-meter. **2.** ~ ad elettrodo di vetro (*strum.*), glass-electrode pH-meter.

phon (fon, unità di misura del livello di sensazione sonora) (*mis. acus.*), phon.

phot (fot, unità di illuminamento) (*mis. illum.*), phot.

pialla (per la lavorazione del legno) (*ut. falegn.*), plane. **2.** ~ (piallatrice) (*macch. ut.*), planing machine, planer. **3.** ~ a doppio ferro (*ut. falegn.*), double-iron plane. **4.** ~ a filo (piallatrice a filo) (*macch. ut. legn.*), single cylinder planer, buzz planer. **5.** ~ a finire (*ut. falegn.*), smoothing plane. **6.** ~ a spessore (piallatrice a spessore) (*macch. ut. legn.*), thicknessing machine, double-cylinder planer. **7.** ~ in ferro (da falegname) (*ut.*), steel planer (am.). **8.** ~ in legno (da falegname) (*ut.*), wooden plane (ingl.). **9.** ~ multiuso (per scanalare, profilare modanature ecc.) (*ut. falegn.*), combination plane. **10.** ~ per bisellare (o smussare) (*ut. falegn.*), chamfer plane. **11.** ~ per capruggini (*ut. falegn.*), croze. **12.** ~ per modanatura (*ut. falegn.*), beading plane, bead. **13.** ~ per perlinaggi (*ut. falegn.*), match plane. **14.** ~ per rifinire (*ut. falegn.*), try plane. **15.** ~ per sagomare (o scanalare: incorsatoio) (*ut. falegn.*), chamfer plane. **16.** ~ per scanalare (*ut. falegn.*), grooving plane. **17.** ~ per sgrossare (sbozzino) (*ut. falegn.*), jack plane. **18.** ~ per taglio trasversale (alla fibra) (*ut. falegn.*), block plane. **19.** ~ universale (piallatrice universale) (*macch. ut.*), universal planer, composition planer. **20.** corpo di ~ (*ut. falegn.*), stock. **21.** ferro della ~ (*ut. falegn.*), plane iron, iron, plane bit. **22.** ~, *vedi anche* piallatrice.

piallaccio (uno degli strati di legno costituenti il compensato) (*ind. compensato*), ply, veneer sheet, veneer.

piallare (operazione meccanica o di falegnameria), to plane. **2.** ~ ! (spianare!) (*dis. mecc.*), plane, P. **3.** ~ a misura (*carp.*), to shoot. **4.** ~ a spessore (*carp.*), to thickness.

piallato (*a. - mecc. - carp.*), planed.

piallatore (*op.*), planer.

piallatrice (*macch. ut.*), planer, planing machine, surfacer. **2.** ~ a due montanti (per lavorazione metalli) (*macch. ut.*), closed planer. **3.** ~ a filo (*macch. ut. falegn.*), single cylinder planer, buzz planer. **4.** ~ a spessore (*macch. ut. lav. legno*), thicknessing machine, double - cylinder machine. **5.** ~ a tavola (*macch. ut.*), table planing machine. **6.** ~ a tavola allargata (*macch. ut.*), widened planer. **7.** ~ a un solo montante (*macch. ut.*), opensíde planer. **8.** ~ (o pialla) circolare (*macch. ut.*), circular planing machine. **9.** ~ da impiallacciatura (*macch. per falegn.*), veneer cutting machine. **10.** ~ da legno (*macch. per falegn.*), wood planing machine. **11.** ~ orizzontale (*macch. ut.*), horizontal planing machine. **12.** ~, *vedi anche* pialla.

piallatura (operazione meccanica o di falegnameria), planing. **2.** ~ a spessore (lavorazione legno) (*falegn.*), thicknessing. **3.** ~ circolare (*falegn.*), round planing, circular planing. **4.** ~ su pialla a filo (*lav. legno*), overhand planing.

piallettare (fratazzare o talocciare l'intonaco) (*mur.*), to float. **2.** ~ (piallare con pialletto) (*falegn.*), to jack-plane.

piallettato (talocciato) (*a. - mur.*), floated. **2.** ~ (sgrossato col pialletto) (*a. - falegn.*), jack-planed.

pialletto (*ut. falegn.*), jack plane. **2.** ~ (attrezzo usato per livellare superfici intonacate) (*att. mur.*), float, plasterer's float. **3.** ~ a sponderuola (*ut. falegn.*), bullnose, bullnosed plane. **4.** ~ a vite per scanalare (incorsatoio) (*ut. falegn.*), plough plane, plow plane. **5.** ~ curvo (*ut. falegn.*), circular plane. **6.** ~ curvo per bottai (*ut.*), howel. **7.** ~ per intonaci (taloccia) (*att. mur.*), float. **8.** ~ per scanalare (*ut. falegn.*), rabbet plane. **9.** ~ per scanalare regolabile (*ut. falegn.*), fillister. **10.** ~ per superfici curve (*ut. falegn.*), spokeshave. **11.** ~ sgrossatore (per togliere materiale in notevole eccedenza) (*ut. falegn.*), scrub plane.

piallone (*ut. falegn.*), trying plane.

pianale (carro merci senza sponde) (*ferr.*), platform car (am.), flatcar. **2.** ~ (carro merci a sponde basse) (*ferr.*), flatcar, low-sided wagon. **3.** ~ per trasporto di rimorchi (o semirimorchi) automobilistici (*ferr.*), piggy back car. **4.** ~ ribassato (pianale speciale a piano di carico ribassato: per trasporti speciali) (*ferr.*), depressed center flat car, well car. **5.** veicolo a ~ (di autocarro o rimorchio senza sponde) (*veic.*), flatbed.

pianeròttolo (di scala) (*ed.*), landing, footpace. **2.** ~ (area piana tra due semirampe allineate di scale) (*costr. ed.*), halfpace, half space. **3.** ~ (piano posto tra due rampe di scale ad angolo retto) (*costr. ed.*), quarterpace.

pianeta (*astr.*), planet.

pianetòide (*astr.*), planetoid.

pianetto (moncone di ala sporgente dalla fusoliera: per la congiunzione con le semiali) (*aer.*), stub plane. **2.** ~ posteriore (portaoggetti: nella parte posteriore dell'abitacolo) (*aut.*), rear shelf.

pianificare (*amm. - ecc.*), to plan, to map.

pianificatore (in un sistema a multiprogrammazione gestisce la successione dei programmi da elaborare) (*s. - elab.*), scheduler. **2.** ~ di lavori (*elab.*), job scheduler.

pianificazione (di una città) (*urbanistica*), planning. **2.** ~ (*elab.*), scheduling. **3.** ~ a breve scadenza (*ind. - ecc.*), short-term planning. **4.** ~ aziendale (*organ. ind.*), factory planning. **5.** ~ delle vendite (*comm.*), sales planning. **6.** sistema di ~-programmazione-previsione (*organ.*), planning-programming-budgeting system, PPBS.

piano (*a. - gen.*), plane, flat. **2.** ~ (senza asperità) (*a.*), flat, smooth. **3.** ~ (*s. - geom. - top.*), plane. **4.** ~ (*progetto*), plan, project, design. **5.** ~ (di un fabbricato) (*ed.*), story, floor. **6.** ~ (complesso delle stanze di un piano di una casa) (*ed.*), story, storey, floor. **7.** ~ (relativo alla velocità di un mobile) (*a. - mecc.*), slow. **8.** ~ (tavola di una macch. utènsile), table. **9.** ~ (di uno scaffale per es.) (*s.*), shelf. **10.** ~ (di superficie orizzontale e senza asperità) (*a.*), level. **11.** ~ (superficie orizzontale) (*s.*), level. **12.** ~ (superficie piana) (*s.*), plane surface. **13.** ~ (lentamente: di movimento) (*fis.*), slowly. **14.** ~ (di macchina tipografica) (*tip.*), bed. **15.** ~ a curve di livello (carta a curve di livello) (*top. - cart.*), contour map. **16.** ~ alare (superficie portante principale) (*aer.*), main plane. **17.** ~ a raddrizzare (*att. off.*), leveling block. **18.** ~ a rulli comandati (*laminatoio*), live roller table. **19.** ~ a scossa (di una macchina) (*min. - fond. - ecc.*), shaking table. **20.** ~ a sfere (tavola con sfere immerse per metà diametro nella superficie usata per farvi scorrere casse ecc.) (*trasp. ind.*), "castor table". **21.** ~ caricatore (per carico carri merci) (*ferr.*), loading platform, dock. **22.** ~ cartesiano (*mat.*), cartesian plane. **23.** ~ cernierato (*mecc. - falegn.*), flap. **24.**

~ con profilo aerodinamico (*aer.*), airfoil (am.), aerofoil (ingl.). **25.** ~ d'azione (di ingranaggi) (*mecc.*), plane of action. **26.** ~ (o pianta) degli alloggi (*nav.*), accomodation plan. **27.** ~ dei feltri (tavola dei feltri) (*mft. carta*), felt board. **28.** ~ del ferro (usato come riferimento per dimensioni in altezza nelle costr. ferr.) (*ferr.*), rail level. **29.** ~ dell'orbita (*astr.*), orbit plane. **30.** ~ del mettifoglio (di una macchina da stampa) (*tip.*), feeder board. **31.** ~ di ammortamento (*amm.*), sinking plan. **32.** ~ di appoggio (per il calibro della messa a punto dell'utensile di una dentatrice per es.) (*mecc. - macch. ut.*), face. **33.** ~ di battuta (di una trafila) (*mecc. - metall.*), striking surface. **34.** ~ di campagna (*top. - ed.*), plane of site. **35.** ~ di campagna (programma pubblicitario) (*pubbl.*), advertising program. **36.** ~ di caricamento (*ind.*), loading platform. **37.** ~ di carico (piano di caricamento, di un forno per es.) (*fond.*), charging floor. **38.** ~ di clivaggio (piano di scorrimento) (*metall.*), cleavage plane. **39.** ~ di clivaggio (piano di sfaldatura) (*geol.*), cleavage plane. **40.** ~ di coda (impennaggio) (*aer.*), empennage. **41.** piani di coda orizzontali (per la stabilità longitudinale) (*aer.*), tail plane. **42.** ~ di costruzione (sul piano trasversale, piano delle sezioni trasversali della nave in punti determinati della sua lunghezza) (*costr. nav.*), body plan. **43.** ~ di deriva (*aer.*), fin. **44.** ~ di deriva (*nav.*), centerboard plan. **45.** ~ di divisione (*gen.*), parting plane. **46.** ~ di fondazione (*ed. - strad.*), subgrade. **47.** ~ di galleggiamento (*nav.*), water plane, WP. **48.** ~ di galleggiamento a pieno carico normale (*nav.*), load water plane, LWP. **49.** ~ di getto (piano verticale contenente la traiettoria di una bomba aerea) (*aer. milit.*), release plane. **50.** ~ di guida (una delle due guide del bancale di un tornio per es.) (*macch. ut. - mecc.*), bedway. **51.** ~ di imposta (*arch.*), springing line. **52.** ~ di lavoro (*gen.*), working plan. **53.** ~ di lavoro (*autom. - macch. calc.*), operation record. **54.** ~ (di manovra) della torre di trivellazione (*min.*), derrick floor. **55.** ~ di mira (di un cannone) (*milit.*), plane of sight. **56.** ~ di mira (contenente la linea di bersaglio) (*aer. milit.*), target plane. **57.** ~ di paragone per superfici piane, *vedi* piano di riscontro. **58.** ~ di polarizzazione (*fis.*), plane of polarization. **59.** ~ di posa (della massicciata o del ballast) (*strad. - ferr.*), substructure. **60.** ~ di proiezione (in prospettiva) (*dis.*), picture plane. **61.** ~ di riferimento (*top.*), datum level, datum plane. **62.** ~ di riscontro (*tecnol. mecc.*), surface plate. **63.** ~ di scorrimento (*fis.*), slip plane. **64.** ~ di scorrimento (*mecc.*), sliding surface, slide. **65.** ~ di scorrimento (di gru a carroponte per es.), runway, slide track. **66.** ~ di sezione (piano immaginario attraversante un pezzo disegnato) (*dis. mecc.*), viewing plane, cutting plane. **67.** ~ di sfaldatura (*geol.*), *vedi* piano di clivaggio. **68.** ~ di simmetria (di un aeroplano per es.) (*aer. - ecc.*), plane of symmetry. **69.** ~ di stratificazione (*geol.*), bedding plane. **70.** ~ di uscita (*laminatoio*), run-out table. **71.** ~ di volo (informazioni sul volo di un aeroplano) (*aer.*), flight plan. **72.** ~ fisso orizzontale (stabilizzatore) (*aer.*), stabilizer (am.). **73.** ~ fisso verticale (deriva) (*aer.*), fin. **74.** ~ focale (di una lente) (*ott.*), focal plane. **75.** ~ idrodinamico (ala idrodinamica: p. es. impiegata nei motoscafi da competizione) (*nav.*), hydroplane. **76.** ~ immagine (*ott.*), image plane. **77.** ~ inclinabile (per la lavorazione del pezzo all'angolazione voluta) (*att. mecc.*), sine plate. **78.** ~ inclinato (*mecc. raz.*), inclined plane. **79.** ~ inclinato (per carico o scarico merci: scivolo) (*ind. - ed.*), chute. **80.** ~ inclinato (per costruzione o riparazione di navi) (*nav.*), slip. **81.** ~ magnetico (piattaforma magnetica: di macch. ut. per es) (*mecc. - macch. ut.*), magnetic chuck. **82.** ~ Marshall (piano ERP) (*finanz.*), Marshall plan, European Recovery Program, ERP. **83.** ~ mobile con funzioni di timone di profondità e di alettone (elevone: in un aereo senza coda) (*aer.*), elevon. **84.** ~ modulare (*ed.*), modular plane. **85.** ~ orizzontale (*dis. prospettico*), ground plane. **86.** ~ orizzontale stabilizzatore (*aer.*), stabilizer (am.). **87.** ~ (o rotaia) di scorrimento (via di corsa: di una gru mobile per es.) (*mecc.*), runway. **88.** ~ osculatore (*mat.*), plane of osculation. **89.** ~ per formare (*fond.*), molding board, molding plate. **90.** ~ per serrare le forme (prima della stampa) (*tip.*), imposing stone, imposing surface. **91.** ~ portaoggetti (tra schienale e lunotto posteriore per es.) (*aut.*), parcel shelf, parcel tray. **92.** ~ portante (*aer.*), plane. **93.** ~ principale (*fot.*), principal plane. **94.** ~ quotato (*top. - cart.*), spot height map. **95.** ~ regolatore (di una città) (*urbanistica*), city planning, city plan. **96.** ~ stabilizzatore (*aer.*), tail plane, stabilizer (am.). **97.** ~ stradale (*strad.*), roadway. **98.** ~ stradale (di un ponte per es.) (*strad.*), roadway. **99.** ~ tangente (*geom.*), tangent plane. **100.** ~ terra (*mis. ed.*), ground line. **101.** ~ terreno (*ed.*), ground floor, first floor (am.). **102.** ~ 0,00 (*top.*), zero level. **103.** abbassamento del ~ di scavo (*min.*), bating. **104.** a ~ pavimento (*gen.*), at floor level. **105.** a ~ terreno (*ed.*), downstairs. **106.** a tre piani (p. es. di un fabbricato) (*a. - costr. civ.*), tri-level. **107.** blocchetto ~ parallelo (per misurazioni di precisione) (*att. mecc.*), gage block (am.). **108.** che gira fuori ~ (che sfarfalla, di disco oscillante per es.) (*mecc.*), wobbling. **109.** girare fuori ~ (di un volano per es.) (*mecc.*), to wobble. **110.** per ~ (di piatto) (*gen.*), flatwise. **111.** porre in ~ (posare in piano, una cassa per es.) (*posizionamento*), to lay flat. **112.** primissimo ~ (*cinem.*), extreme close-up. **113.** primo ~ (*fot. - cinem.*), close-up. **114.** primo ~ (*ed.*), first floor (ingl.), second floor (am.), second story (am.). **115.** secondo ~ (*ed.*), second story (ingl.).

pianocilindrico (*geom.*), "planocylindrical", "planocylindric".

pianocòncavo (di una lente) (*a. - ott.*), plano-concave.
pianoconvèsso (*a. - ott.*), plano-convex.
pianoforte (piano) (*strum. mus.*), piano.
piano-parallelo, pianoparallelo (*fis. - mecc.*), plane-parallel.
pianoro (*geogr.*), plateau, tableland.
pianoterra (pianterreno) (*ed.*), ground floor, first floor (am.).
pianta (*dis.*), plan. **2.** ~ (sezione orizzontale) (*dis. ed.*), plan. **3.** ~ (*geogr.*), map. **4.** ~ (tracciato planimetrico, di una ferrovia per es.) (*costr. ed.*), alignment (ingl.). **5.** ~ del pavimento (*costr. aut.*), floor plan. **6.** ~ del piano terreno (*dis.*), ground plan. **7.** ~ d'insieme (*dis.*), plan. **8.** ~ di una città (*top.*), town plan, city map, town map, plat (am.). **9.** ~ di un piano (*dis. ed.*), floor plan.
piantaggio (montaggio con interferenza, di una sede valvola nella testa cilindro per es.) (*mecc.*), driving.
piantagione (*agric.*), plantation.
piantana (*aer.*), pedestal.
piantare (conficcare con forza nel terreno) (*mur.*), to drive, to ram. **2.** ~ (montare ad interferenza una sede valvola nella testa cilindro per es.) (*mecc.*), to drive. **3.** ~ (un cuneo per es.), to drive. **4.** " ~ " (di motore in gergo aeronautico), to stop, to fail. **5.** ~ (una tenda) (*milit.*), to pitch. **6.** ~ (un chiodo per es.) (*mecc. - carp.*), to drive. **7.** ~ un palo (*mur.*), to set a pole.
"piantarsi" (arrestarsi, di motore a c. i. per mancanza di combustibile per es.) (*mot.*), to stop, to stall.
piantato (conficcato con forza nel terreno) (*mur.*), driven, rammed. **2.** ~ (di cuneo per es.) (*gen.*), driven. **3.** ~ (di chiodo per es.) (*mecc. - carp.*), driven. **4.** ~ (di tenda) (*milit.*), pitched. **5.** ~ (di palo per es.) (*mur.*), set. **6.** ~ (di guidavalvole di motore per es.) (*mecc.*), pressed.
piantatrice (*macch. agric.*), planter.
pianterreno (pianoterra) (*ed.*), ground floor, first floor (am.).
pianto (dello stagno) (*metall.*), creaking.
piantone (soldato) (*milit.*), orderly. **2.** ~ dello sterzo ad assorbimento di energia (per sicurezza) (*aut.*), energy-absorbing steering column. **3.** ~ di guida (*aut.*), steering column.
pianura (*geogr.*), plain.
piassava (fibra per la fabbricazione di scope e spazzole) (*ind.*), piassava, piassaba, piasava, piasaba.
piastra (di accumulatore) (*elett.*), plate, grid, electrode. **2.** ~ (*di cald.*), plate. **3.** ~ (piana di qualsiasi materiale) (*ind. - ed.*), plate, slab. **4.** ~ (grembiale: del carrello di un tornio) (*macch. ut.*), apron. **5.** ~ (di una saldatrice a resistenza: piano di lavoro al quale viene fissato il morsetto della corrente) (*macch. saldatrice*), platen. **6.** ~ a cassetti (di un accumulatore) (*elett.*), box plate. **7.** ~ a circuiti stampati (*eltn.*), *vedi* scheda a circuiti stampati. **8.** ~ ad angolo (*mecc.*), angle plate. **9.** ~ a griglia (di accumulatore) (*elett.*), grid. **10.** ~ a losanghe per pavimento (*ed.*), diamond floor slab. **11.** ~ a muro (di supporto) (*mecc. - mur.*), wall plate. **12.** ~ anticavitazione (di un motore fuoribordo per es.) (*nav.*), antislip plate. **13.** ~ a ossidi riportati (piastra Faure, piastra pastigliata, di un accumulatore) (*elett.*), pasted plate. **14.** ~ a sacche (piastra ad alveoli: di accumulatore) (*elett.*), pocket plate. **15.** ~ attacco sedile (piastra di metallo fissata al pavimento di una carrozza ferroviaria per attacco dei sedili) (*ferr. - ecc.*), seat tapping plate. **16.** ~ a tubetti (di un accumulatore) (*elett.*), tubular plate. **17.** ~ base (scheda madre fissa a circuito stampato alla quale sono collegabili piastre [o schede] mobili) (*elab.*), motherboard, mother board. **18.** ~ corazzata (di un accumulatore) (*elett.*), ironclad plate. **19.** ~ di ancoraggio (di un cavo per es.) (*mecc. - elett. - ecc.*), anchor plate. **20.** ~ di appoggio (metallica: sulla muratura) (*ed.*), pedestal, bearing slab. **21.** ~ di appoggio (di fondazione) (*ed.*), foundation plate. **22.** ~ di appoggio (in acciaio o ghisa, per una colonna) (*costr. ed.*), baseplate. **23.** ~ di appoggio (per l'utensile di una macch. ut.) (*mecc. - macch. ut.*), backing plate. **24.** ~ di appoggio (della rotaia) (*ferr.*), tie plate. **25.** ~ di appoggio (per un trapano a petto) (*mecc.*), palette. **26.** ~ di base (di utensili da banco: cesoie da banco per es.) (*mecc.*), baseplate. **27.** ~ di calcestruzzo (*ed.*), concrete slab. **28.** ~ di colata (banco, piastra di fondo, per il supporto di una forma a fondo aperto) (*fond.*), bottom plate. **29.** ~ di collegamento (di elementi paralleli di strutture in acciaio di ponte o edificio) (*costr. ed.*), batten plate. **30.** ~ di corazza (di nave o di carro armato per es.) (*milit.*), armor plate. **31.** ~ di cottura (*app. domestico*), hot plate. **32.** ~ di espulsione (*stampaggio*), knockout plate. **33.** ~ di estrazione (piastra di sformatura) (*fond.*), stripping plate. **34.** ~ di fissaggio (della rotaia su una traversa) (*ferr.*), tie plate. **35.** ~ di fondazione (*sc. costr. - ed.*), foundation slab, foundation mat, foundation raft, foundation plate, bed plate, base plate. **36.** ~ di fondazione in cemento armato (*ed.*), reinforced-concrete foundation slab. **37.** ~ di fondazione in calcestruzzo (*ed.*), concrete foundation slab. **38.** ~ di fondo (banco, piastra di colata, per il supporto di una forma a fondo aperto) (*fond.*), bottom plate. **39.** ~ di giunzione (di travatura metallica) (*mecc.*), connecting plate, joint plate. **40.** ~ di guardia (di altoforno), dam stone, dam plate. **41.** ~ di guardia (parasale) (*ferr.*), axle guide. **42.** ~ di isolamento (per proteggere la superficie posteriore della girante di una turbina a gas dal calore dei gas di scarico) (*mot.*), insulation plate. **43.** ~ di rinforzo (*mecc.*), backing plate. **44.** ~ di rinforzo (per aumentare la resistenza di una trave per es.) (*mecc. - nav.*), cover plate. **45.** ~ di rinforzo (saldata o chiodata, applicata sulla zona lesionata) (*riparazione mecc.*), hard patch. **46.** ~ di scartamento (assicura una corretta distanza tra le rotaie) (*ferr.*), gauge plate. **47.** ~ di sformatura (*fond.*), strip-

ping plate. **48.** ~ di terra (*elett.*), ground plate. **49.** ~ elastica (di appoggio per rotaie) (*ferr.*), spring (or elastic) tie plate. **50.** ~ fermacricca (rinforzo sovrapposto e chiodato) (*mecc.*), crack arrester. **51.** ~ in cemento armato (soletta in cemento armato) (*ed.*), reinforced-concrete slab, ferroconcrete slab. **52.** ~ intercostale (*costr. nav.*), intercostal plate. **53.** ~ laterale di rinforzo per un giunto di testa (di due travi, di due rotaie per es.) (*ed. - ind.*), fishplate, butt cover plate. **54.** ~ magnetofonica (registratore a nastro senza amplificatore e senza altoparlante) (*elettroacus.*), deck. **55.** ~ metallica di pressione (*mecc.*), pressure plate, platen. **56.** ~ modello (placca modello) (*fond.*), match plate, pattern plate. **57.** ~ negativa (di accumulatore) (*elett.*), negative plate. **58.** ~ nodale di testa (di elementi di struttura metallica per es.) (*mecc.*), gusset plate, connection plate. **59.** ~ orientabile (*mecc.*), swivel plate. **60.** ~ pastigliata (di un accumulatore) (*elett.*), pasted plate. **61.** ~ portante (*costr. ed.*), bearing plate. **62.** ~ portapunzone (di una pressa) (*mecc.*), plunger plate. **63.** ~ portaruttori (*elett.*), contact-breaker plate. **64.** ~ portastampi (di una pressa) (*mecc.*), bolster plate. **65.** ~ positiva (di accumulatore) (*elett.*), positive plate. **66.** ~ pressa-bobina (di un trasformatore) (*elettromecc.*), coil pressure plate. **67.** ~ tubiera (*cald.*), tube plate. **68.** durata delle piastre (di accumulatore) (*elett.*), plates life.

piastra, piastra di registrazione (parte del registratore a nastro magnetico costituita dal motore, dalle testine magnetiche e loro supporto, ma con esclusione della parte amplificatrice e degli altoparlanti) (*elettroacus.*), tape deck, magnetic tape deck.

piastrèlla (da pavimentazione) (*ed.*), paving tile. **2.** ~ (*mur.*), tile. **3.** ~ da rivestimento (impiegata per rivestire le pareti interne dell'abitazione) (*mur.*), furring tile. **4.** ~, *vedi anche* mattonella.

piastrellare (*mur.*), to line with tiles. **2.** ~ (di un aeroplano mentre atterra, ammara o quando decolla per es.) (*aer.*), to bounce.

piastrellato (un muro per es.) (*a. - mur.*), lined with tiles.

piastrina (*gen.*), plaque. **2.** ~ (di macchina da maglieria) (*ind. tess.*), sinker. **3.** ~ (supporto di base di semiconduttore, p. es. quello di silicio, su cui viene costruito un diodo o un transistore) (*eltn.*), chip, die. **4.** ~ con collegamenti per contatto (~ di microcircuiti con collegamenti per semplice contatto) (*eltn.*), flip chip. **5.** ~ di arresto (*mecc.*), stop plate. **6.** ~ di collegamento (per la morsetteria di un mot. elett. per es.) (*elett.*), connecting link. **7.** ~ di divisione (di macchina per maglieria) (*ind. tess.*), dividing sinker. **8.** ~ di fermo (*mecc.*), keep plate. **9.** ~ di guida (dente di entrata: per tenere la porta a posto ed evitare schricchiolii) (*aut.*), striker (am.). **10.** ~ di messa a terra (*elettromecc.*), grounding plate, earthing plate. **11.** ~ di rame (*elett.*), copper strip. **12.** ~ di sicurezza (medaglione che misura la radiazione assorbita da un addetto ad una centrale atomica per es.) (*prevenzione infortuni*), safety button. **13.** ~ filettata (*mecc.*), plate nut. **14.** ~ fusibile (elemento destinato a fondersi, di qualsiasi tipo di fusibile per valvole) (*elett.*), link. **15.** ~ oscillante (di macchina per maglieria) (*ind. tess.*), rocking sinker. **16.** ~ sollevatrice (di macchina per maglieria) (*ind. tess.*), jack sinker, jacking sinker.

piastrone (*metall.*), slab. **2.** ~ (lamiera grossa: per stampi lavorazione lamiera per es.) (*tecnol. mecc.*), boiler plate. **3.** ~ dello scambio (*ferr.*), switch plate. **4.** ~ di appoggio (per una macchina), bed plate. **5.** ~ di appoggio (*ed.*), bearing slab.

piattabanda (*arch.*), flat arch, straight arch, platband. **2.** ~ di rinforzo (*ed.*), flitch.

piattaforma (*ind. - ed.*), platform. **2.** ~ (di bacino di carenaggio) (*nav.*), altar. **3.** ~ (per trasporto e immagazzinamento) (*ind. - magazzini*), platform, pallet. **4.** ~ a croce (*nav. - mecc.*), cross base. **5.** ~ a doppia faccia (paletta: adatta al trasporto ed all'immagazzinamento di materiali mediante carrelli a forca) (*ind.*), pallet. **6.** ~ aperta (di carrozza ferroviaria per es.) (*ferr.*), open platform. **7.** ~ a rulli (per spostare macchine pesanti) (*att. off.*), dolly. **8.** ~ del tram (*veic.*), streetcar platform. **9.** ~ di caricamento (*ind.*), loading platform. **10.** ~ di carico (per carico o scarico di merci in sacchi per es.) (*nav.*), slingboard. **11.** ~ di lancio (per razzi o missili) (*milit. - astric.*), launching pad, launching platform. **12.** ~ di partenza (*gen.*), starting platform. **13.** ~ di spillatura (di un alto forno per es.) (*metall.*), tapping floor. **14.** ~ ferroviaria rotante (*ferr.*), railway turntable. **15.** ~ girevole (*mecc. - ind.*), revolving platform, turntable. **16.** ~ girevole (per invertire il senso di marcia di una locomotiva per es.) (*ferr.*), turntable, turnsheet. **17.** ~ girevole a bilico (*ferr.*), swing turntable. **18.** ~ girevole a croce (*ferr.*), two-way turntable. **19.** ~ girevole incassata (*ferr.*), sunk turntable. **20.** ~ girevole per dividere (di macch. ut.) (*mecc. - macch. ut.*), rotary dividing table. **21.** ~ girevole semplice (*ferr.*), single line turntable. **22.** ~ inerziale (per la guida inerziale) (*astric. - razzo*), inertial platform. **23.** ~ petrolifera in mare aperto (~ ancorata, per perforazioni sottomarine) (*petrolio-gas naturale*), offshore rig. **24.** ~ raffreddata con getti d'acqua (~ di lancio per razzi) (*razzi*), wet emplacement. **25.** ~ sovrapponibile (per trasporto pezzi) (*ind. - magazzini*), stacking platform. **26.** ~ spaziale (*astric.*), space platform. **27.** ~ stabilizzata (di un sistema lanciamissili navale per es.) (*mar. milit. - ecc.*), stabilized platform.

piattèllo (di bilancia) (*strum. mis.*), pan. **2.** ~ (per il ritegno di molle per valvole per es.) (*mecc. mot.*), cap, washer. **3.** ~ (coltello a petto) (*ut. falegn.*), spokeshave. **4.** semiconi tenuta ~ (di molle per valvole) (*mecc. mot.*), cotters.

piattezza (mancanza di contrasto) (*fot.*), flatness.

piattina (metallica) (*metall.*), metal strap. **2.** ~

(piattaforma montata su piccole ruote per il trasporto di materiale pesante) (*trasp. interni*), skid platform, platform truck. **3.** ~ bipolare (fatta di due fili isolati facilmente separabili strappando) (*elett.*), rip cord. **4.** ~ di massa (o di terra) (treccia non isolata) (*elett.*), ground strap.

piatto (*s. - gen.*), plate. **2.** ~ (*a.*), flat. **3.** ~ (*att. dom.*), dish. **4.** ~ (di uno strum. ott.) (*s. - mecc. ott.*), stage. **5.** ~ (senza contrasto) (*a. - fot.*), flat. **6.** ~ (portaoggetti di microscopio per es.), stage. **7.** ~ (di torre di distillazione) (*chim. ind.*), plate. **8.** ~ (di un gorgogliatore di lavaggio) (*s. - ind. chim.*), hurdle. **9.** ~ (barra piatta, largo piatto) (*s. - ind. metall.*), flat, flat bar. **10.** ~ (girevole portadisco di un giradischi) (*fonografo*), platen. **11.** ~ (modo di rispondere di un trasduttore per es.) (*a. - eltn.*), flat. **12.** ~ a spigoli arrotondati (barra piatta a spigoli arrotondati) (*ind. metall.*), round-edged flat. **13.** ~ a spigoli vivi (barra piatta a spigoli vivi) (*ind. metall.*), sharp-edged flat. **14.** ~ della bilancia (*mecc.*), scalepan. **15.** ~ del respingente (*ferr.*), buffer plate. **16.** ~ di alimentazione (di una colonna di distillazione per es.) (*chim. ind.*), feed plate. **17.** ~ magnetico (per sollevamento materiale ferroso: di gru ad elettromagnete) (*elettromecc.*), lifting magnet. **18.** piatti per apparecchiare la tavola (*att. dom.*), dishware. **19.** ~ per dadi (ferro piatto dal quale vengono ottenuti dadi) (*ind. metall.*), nut flat. **20.** ~ per lavaggio di minerali pregiati (*min.*), batea. **21.** ~ portadischi (giradischi: di un grammofono) (*acus.*), turntable. **22.** ~ traslatore a movimenti ortogonali (di un microscopio) (*mecc. ott.*), both-direction moving mechanical stage. **23.** largo ~ (barra a sezione uniforme rettangolare) (*ind. metall.*), flat.

piazza (*strad.*), square. **2.** ~ (*comm.*), market. **3.** ~ d'armi (*milit.*), drill ground.

piazzale (di deposito) (*ind. - ecc.*), yard. **2.** ~ (per parcheggio di aerei) (*aer.*), hardstanding. **3.** ~ per immagazzinaggio (*ind.*), store yard.

piazzamento (*gen.*), location. **2.** ~ (operazione di sistemazione di macchina in officina per es.) (*off.*), location, positioning.

piazzare (una macchina in officina per es.), to place, to put into a predetermined position. **2.** ~ (una macchina per una determinata operazione per es.) (*ind.*), to position, to place. **3.** ~ (un utensile per es.) (*mecc.*), to set.

piazzatura (di una macchina per es.) (*ind.*), positioning.

piazzista (*comm.*), canvasser, town traveler, town canvasser. **2.** ~ pubblicitario (*pubbl.*), advertising salesman, advertisement canvasser.

piazzola (per mortai) (*milit.*), pit. **2.** ~ (per cannone per es.) (*milit.*), emplacement. **3.** ~ (di sosta su di una autostrada) (*strad.*), layby. **4.** ~ (di manovra) (*strad.*), turnaround, turnout. **5.** ~ (zona di atterraggio o di decollo) (*elicotteri*), pad. **6.** ~ (di attesa attigua alla pista di decollo: per riscaldare i motori e attendere il via dalla torre di controllo) (*aer.*), pad. **7.** ~ (piattaforma; p. es. vicino ad un pozzo, per temporaneo deposito di materiale) (*s. - min.*), paddock. **8.** ~, *vedi* area. **9.** ~ di atterraggio eliportuale (*aer.*), helipad. **10.** ~ di fortuna per atterraggio elicotteri (*aer.*), helispot. **11.** contatto a ~ (*elab.*), *vedi* contatto, contatto a ~.

piccaressa (forca) (*nav.*), cathead stopper.

piccarocca (*ut. da roccia*), pick hammer.

piccato (picché, "piqué") (*ind. tess.*), piqué.

picchettaggio (durante uno sciopero) (*lav.*), picketing.

picchettare (*top.*), to stake. **2.** ~ (durante uno sciopero) (*lav.*), to picket. **3.** ~ una linea (*ferr. - top.*), to stake a line.

picchettatura (*top.*), staking.

picchetto (piccolo palo), picket. **2.** ~ (*top.*), stake, wooden stake. **3.** ~ (*costr. strad.*), peg. **4.** ~ (durante uno sciopero) (*lav.*), picket. **5.** ~ centrale (*costr. strad.*), center peg.

picchiare (con un martello per es.) (*gen.*), to strike. **2.** ~ (mettere la prua verso terra) (*aer.*), to nose down, to pitch. **3.** ~ in testa (di motore), to ping. **4.** tendenza a ~ (tendenza ad appruarsi di alcuni velivoli in prossimità del numero di Mach critico) (*aer.*), "tunk-under".

picchiata (*aer.*), nose dive, dive, push-down. **2.** ~ (di un'automobile quando si frena) (*aut.*), dive, pitching. **3.** ~ (a velocità) supersonica (*aer.*), supersonic dive. **4.** ~ incrementata dall'aiuto del motore (*aer.*), power dive. **5.** ~ in spirale (*aer.*), corkscrew dive. **6.** ~ verticale (*aer.*), vertical dive. **7.** bombardare in ~ (*aer. milit.*), to dive-bomb. **8.** bombardiere in ~ (*aer. milit.*), dive bomber. **9.** gettarsi in ~ (*aer.*), to dive, to nosedive.

picchiettato (di macchiette: di colore per es.), speckled.

piccionaia (*ed.*), pigeon loft.

piccione viaggiatore (*milit.*), carrier pigeon, homing pigeon.

picco (asta inclinata: sostegno superiore delle vele auriche) (*nav.*), peak, gaff. **2.** ~ (di un segnale) (*eltn.*), peak. **3.** picchi di carico ed attrezzatura (*nav.*), derricks and rigging. **4.** ~ di maestra (*nav.*), main-trysail gaff. **5.** ~ di mezzana (*nav.*), spanker gaff. **6.** ~ di trinchetto (*nav.*), fore spanker gaff. **7.** ~ -picco (da picco a picco, variazione di un valore) (*elett. - eltn. - grafici - ecc.*), peak to peak. **8.** ~ transitorio (della ampiezza nelle onde radio per es.) (*fis.*), spike.

pìccolo (*gen.*), small. **2.** ~ (insignificante) (*a. - gen.*), petty. **3.** piccola caloria (*fis.*), small calorie. **4.** piccole spese (spese minute) (*amm. - comm.*), petties. **5.** più ~ (di dimensioni) (*gen.*), lesser.

piccone (*att.*), pick, mattock, pickax. **2.** ~ pneumatico (*ut. min.*), pneumatic pick.

piccòzza (scure) (*carp. - pompieri*), hatchet. **2.** ~ da pompiere (*ut.*), fireman's ax.

picea (abete rosso) (*legn.*), red spruce. **2.** ~ di Engelmann (*legn.*), Engelmann spruce. **3.** ~ di Sitka (*legn.*), Sitka spruce.

piceo (aspetto) (*a. - min. - ecc.*), piceous.
picklaggio (trattamento delle pelli con soluzione di sale e acido solforico) (*mft. cuoio*), pickling. **2.** bagno di ~ (*mft. cuoio*), pickle.
pickup (fonorivelatore: di radiogrammofono) (*disp. elett.*), pickup.
picnometro (per la misura del peso specifico) (*strum. fis.*), pycnometer, picnometer, pyknometer.
pico- (p, prefisso: 10^{-12}) (*mis.*), pico-, p.
picofarad (1 pF = 10^{-12} F) (*unità di mis.*), picofarad, micromicrofarad.
picogrammo (vale 10^{-12} g = un milionesimo di microgrammo) (*s. - mis. di peso*), picogram.
picosecondo (vale 10^{-12} sec. = un milionesimo di microsecondo) (*s. - mis. di tempo*), picosecond.
picrato (*espl. chim.*), picrate.
picrocromite ($MgO.Cr_2O_3$) (*min. - refrattario*), picrochromite, magnesio chromite.
pié d'albero (*nav.*), foot of mast, mast heel. **2.** ~ di oca (per la suddivisione di una tensione, a mezzo di funi, a vari punti di attacco: in costruzioni aeronautiche per es.) (*mecc.*), crow's-foot. **3.** ~ di pollo (piede di pollo, tipo di nodo) (*nav.*), wall knot. **4.** ~ di pollo doppio (piede di pollo doppio) (*nav.*), double wall knot. **5.** ~ di pollo doppio a corona (o coronato, piede di pollo doppio a corona, o coronato) (*nav.*), double wall knot with single crown. **6.** ~ di pollo per rida (piede di pollo per rida) (*nav.*), Matthew Walker knot. **7.** ~ di pollo per sartia (piede di pollo per sartia) (*nav.*), shroud knot. **8.** ~ di pollo semplice (piede di pollo semplice) (*nav.*), single wall knot. **9.** ~ di pollo semplice a corona (piede di pollo semplice a corona) (*nav.*), crowned single wall knot. **10.** ~ di porco (palanchino) (*ut.*), pinch bar, lever bar. **11.** ~ di ruota (di prua) (*costr. nav.*), forefoot.
piède (30,48 cm) (ft. - *mis.*), foot. **2.** ~ (di biella) (*mecc.*), small end. **3.** ~ (suola di rotaia) (*ferr.*), flange. **4.** ~ (di un carattere) (*tip.*), foot. **5.** ~ (punto di intersezione, di una linea con un piano) (*geom.*), foot. **6.** ~ (base: appoggio a terra di una lampada a stelo per es.) (*gen.*), foot. **7.** ~ (estremità inferiore di una diga) (*costr. idr.*), toe. **8.** piedi al minuto (*mis.*), feet per minute, fpm. **9.** piedi al secondo (*mis.*), feet per second, fps. **10.** ~ cubo (28,317 l) (*cu. ft. - mis.*), cubic foot. **11.** piedi cubi al minuto (*mis.*), cubic feet per minute, cfm. **12.** piedi cubi al secondo (*mis.*), cubic feet per second, cfs. **13.** ~ della ruota di prua (*costr. nav.*), forefoot. **14.** ~ di biella (di motore), connecting rod small end. **15.** ~ di pollo (pié di pollo) (*nav.*), wall knot. **16.** ~ di pollo doppio (pié di pollo doppio) (*nav.*), double wall knot. **17.** ~ di pollo doppio a corona (pié di pollo doppio a corona) (*nav.*), double wall knot with single crown. **18.** ~ di pollo per rida (pié di pollo per rida) (*nav.*), Matthew Walker knot. **19.** ~ di pollo per sartia (pié di pollo per sartia) (*nav.*), shroud knot. **20.** ~ di pollo semplice (pié di pollo semplice) (*nav.*), single wall knot. **21.** ~ di pollo semplice a corona (pié di pollo semplice a corona) (*nav.*), crowned single wall knot. **22.** ~ libbra secondo (*mis.*), foot-pound-second, fps. **23.** ~ quadrato (0,0929 m^2) (*sq. f. - mis.*), square foot. **24.** ~ sec^2 (mis. di accelerazione) (*mis.*), foot per second per second, fpsps. **25.** margine di ~ (fondo della pagina) (*tip. - rilegatura*), tail.
piedino (di macchina per cucire), pressure foot, pressure shoe. **2.** ~ (ciascuno dei terminali fissi metallici a spina usati per collegare circuiti, valvole termoioniche, semiconduttori ecc.) (*s. - eltn.*), pin. **3.** piedini (o risalti) di appoggio (di una piastra di accumulatore per es., per l'appoggio sul fondo del recipiente) (*ind.*), feet.
piedistallo (di un pilastro) (*arch.*), pedestal, footstall. **2.** ~ (*mecc.*), pedestal.
piedritto (*arch.*), vertical masonry structure, pier.
pièga (*gen.*), ply. **2.** ~ (di tessuto), fold, pleat, ply. **3.** ~ (*geol.*), fold. **4.** ~ (difetto di superficie metallica laminata per es.) (*laminazione - fucinatura*), *vedi* ripiegatura. **5.** ~ asimmetrica (*geol.*), asymmetric fold. **6.** ~ a ventaglio (*geol.*), fan-shaped fold. **7.** ~ coricata (*geol.*), recumbent fold. **8.** ~ diritta (piega simmetrica) (*geol.*), symmetric fold. **9.** ~ isoclinale (*geol.*), isoclinal fold. **10.** ~ rovesciata (*geol.*), overturned fold. **11.** ~ simmetrica (piega diritta) (*geol.*), symmetric fold. **12.** sistema di pieghe (*geol.*), folding. **13.** stampo di ~ (per lavorazione lamiere) (*tecnol. mecc.*), forming die.
piegabarre (*disp. mecc.*), squeezer, press brake.
piegàbile (di stoffa per es.) (*gen.*), pliable. **2.** ~ (di oggetto, con snodi o cerniere, che può assumere una forma meno ingombrante: sedia da giardino per es.), folding. **3.** ~, *vedi anche* pieghevole.
piegabilità (*gen.*), pliability.
piegacartoni (macchina piegacartoni) (*macch. mft. carta*), cardboard bending machine.
piegaferri (*macch. ed.*), rod bending machine, rod-bender. **2.** ~ a mano (piegatondino a mano) (*ut. ed.*), hand lever rod-bender.
piegafòglio (macchina piegafoglio) (*macch. tip.*), folding machine, sheet folder.
piegamento (*mecc.*), bending. **2.** prova di ~ a 180° (*tecnol. mecc.*), close bend test, 180° bending, fluting test.
piegare (una lamiera per es.) (*mecc.*), to bend. **2.** ~ (stoffa per es.), to pleat, to fold. **3.** ~ (curvare) (*mecc.*), to bend, to curve. **4.** ~ verso l'alto (*gen.*), to bend up. **5.** ~ verso l'esterno (*gen.*), to bend out.
piegarotaie ("cagna") (*att. ferr.*), jim crow.
piegato (*mecc.*), bent. **2.** ~ a ventaglio (di uno stampato, modulo di cancelleria continuo, ripiegato su se stesso come un ventaglio) (*elab. - ecc.*), fanfold. **3.** ~ in due (piegato a doppio, di un grande foglio di carta) (*mft. carta*), lapped.
piegatondino (*att. per costr. in c. a.*), rod-bender. **2.** ~ a mano (*att. costr.*), hand lever rod-bender.
piegatore (della carta per confezioni) (*app.*), folder, folding finger.

piegatrice (*macch. ut.*), bender, bending machine. **2.** ~ (pressa piegatrice per lamiere, piegabarre) (*macch. ut.*), press brake. **3.** ~ a pressa (*macch. ut.*), bending press. **4.** ~ a rulli (*macch. ut.*), bending rolls (ingl.). **5.** ~ idraulica (*macch.*), hydraulic bending machine. **6.** ~ idraulica per lamiere (*macch. ut.*), hydraulic plate bending machine. **7.** ~ meccanica (*macch. tess.*), folding machine. **8.** ~ meccanica di precisione (per tessuti, fogli di carta ecc.) (*macch. ind.*), precision folding machine. **9.** ~ per lamiere (*macch. ut.*), plate bending machine. **10.** ~ per tubi (*macch. tubaz.*), tube bending machine.

piegatubi (*att. mecc.*), tube bender.

piegatura (*mecc.*), bend, bending. **2.** ~ (di un mantice di automobile per es.) (*gen.*), folding. **3.** ~ (a tre: metodo di piegatura dei grandi fogli di carta) (*mft. carta*), lapping. **4.** ~ accidentale (ingarbugliamento di cordoncino elettrico alimentante un apparecchio domestico per es.), kink. **5.** ~ accidentale in bobina (ripiegamento su se stesso del nastro, o pellicola, nella bobina dovuto a insufficiente tensione di avvolgimento) (*elettroacus. - elab. - telecom. - difetto*), cinching. **6.** ~ ad organetto (pieghettatura) (*mft. corta*), accordion fold (am.), concertine fold (ingl.). **7.** ~ a gomito (di una barra per es.) (*tecnol. mecc.*), offset, offsetting. **8.** ~ a grinze (o a fisarmonica) (*tubaz.*), wrinkle bending. **9.** ~ alla piegatrice (*lav. lamiere*), brake forming. **10.** ~ a 90° di orlo di lamiera (*lav. lamiere*), joggling, offsetting. **11.** ~ a ventaglio (~ a zig-zag come p. es. in alcune pubblicazioni turistiche illustrative, per piante di città ecc.) (*gen.*), zig-zag folding. **12.** ~ del ferro (operazione preparatoria per l'esecuzione di armature per cemento armato) (*ed.*), bars bending. **13.** ~ viva (di una guida d'onda) (*eltn.*), corner, sharp bend. **14.** prova di ~ a freddo (*prove sui materiali*), cold bending test. **15.** resistenza alla ~ (resistenza allo sgualcimento, della carta) (*mft. carta*), folding endurance, folding resistance.

pieghettare (*tess.*), to plait, to pleat.

pieghettato (di un tessuto per es.), pleated.

pieghettatrice (*macch. tess.*), plaiting machine.

pieghéttatura (*geol.*), fluting. **2.** ~ (della carta per es.) (*mft. carta - ecc.*), accordion folding.

pieghevole (*a. - gen.*), pliable, pliant. **2.** ~ ("dépliant") (*n. - comm.*), folder. **3.** ~ (cartello di grandi dimensioni apribile per scopi pubblicitari) (*pubbl.*), broadside. **4.** ~, *vedi anche* piegabile.

pieghevolezza (*gen.*), flexibility, pliability.

pièna (di fiume) (*s. - idr.*), flood. **2.** fiume in ~, swollen river.

pièno (di recipiente per es.) (*a.*), full. **2.** ~ (*arch.*), solid. **3.** ~ (detto di un pezzo non cavo: di albero per es.) (*a. - mecc.*), solid. **4.** ~ (parte in rilievo tra le rigature di un cannone o tra le sedi delle fasce elastiche di un pistone) (*s. - mecc.*). land. **5.** ~ carico (*elett. - ecc.*), full load. **6.** ~ impiego (*ind.*), full employment. **7.** a tempo ~ (lavoro) (*pers.*), fulltime.

piètra (*gen.*), stone. **2.** ~ (difetto nel vetro) (*mft. vetro*), stone. **3.** ~ Arkansas (per levigare metalli) (*mecc.*), Arkansas stone. **4.** ~ artificiale (*ed.*), artificial stone. **5.** ~ artificiale (pietra sintetica) (*gioielleria*), boule (ingl.). **6.** ~ bugnata (*arch.*), rusticated ashlar. **7.** ~ confinaria (riferimento fisso: per delimitare una proprietà per es.) (*agric. - top.*), landmark. **8.** ~ da calce (*mur. - min.*), limestone. **9.** ~ da cimasa (*ed.*), coping stone. **10.** ~ da costruzione (*ed.*), structural stone. **11.** ~ da gesso (gesso idrato) (*min.*), gypsum. **12.** ~ da lastrico (*strad.*), flagstone. **13.** ~ da sbozzare (*mur.*), rubble. **14.** ~ da taglio (*mur.*), freestone. **15.** ~ di cava (*min. - ed. - arch.*), quarrystone. **16.** ~ di chiave (di un arco) (*arch.*). keystone. **17.** ~ di coronamento (*mur.*), capstone. **18.** ~ di dama (*di altoforno*), dam stone, dam plate. **19.** ~ di delimitazione (*gen.*), curbstone, edgestone. **20.** ~ di fondo (di una coppia di macine per es.) (*mft. carta - ecc.*), bed stone. **21.** ~ di paragone (*min.*), touchstone. **22.** ~ fine (pietra dura per usi industriali ecc.) (*mecc.*), jewel. **23.** pietre fini industriali (*mecc.*), industrial jewels. **24.** pietre fini per bilance (*mecc.*), balance jewels. **25.** pietre fini per grammofoni (*mecc. elettroacus.*), gramophone jewels. **26.** ~ focaia (per provocare scintille), flint. **27.** ~ lavorata (o da taglio) (*arch.*), worked stone, dressed stone, ashlar. **28.** ~ litografica (*lit.*), lithographic stone, stone. **29.** pietre lunari (*astric.*), lunar rocks. **30.** ~ miliare (*strad.*), milestone. **31.** ~ ornamentale sporgente (in una volta gotica per es.) (*arch.*), boss. **32.** ~ per affilare (coltelli per es.) (*att.*), oilstone, whetstone. **33.** ~ per affilare (di tipo fine: per rasoi) (*att.*), honing stone. **34.** ~ per affilare (*att.*), wetstone, emery stone. **35.** ~ per copertina (*costr.*), coping stone. **36.** ~ perla (roccia vulcanica a struttura vetrosa e frattura concoide) (*min.*), perlite. **37.** ~ per molare (mola) (*ut.*), grindstone. **38.** ~ per pavimentazione (*strad.*), paving stone. **39.** ~ pomice (*ed.*), pumice stone. **40.** ~ refrattaria (*min. - refrattario*), firestone. **41.** ~ sbozzata (*mur.*), hewn stone. **42.** ~ sfibratrice (mola sfibratrice) (*macch. mft. carta*), stone. **43.** pietre sintetiche (gregge) (*mecc.*), rough synthetic jewels. **44.** ~ tagliata (concio) (*arch. - ed.*), ashlar. **45.** ~ tombale (*arch.*), ledger. **46.** lastra di ~ (*strad.*), flag. **47.** lavorazione della ~ (*ind.*), stonework. **48.** lavoro in ~ (*arch.*), stonework.

pietrame (*ed.*), stones. **2.** ~ per fondazioni subacquee (*costr. idr.*), riprap.

pietrificare (*min.*), to petrify.

pietrificazione (*min.*), petrifaction.

pietrina (pietra focaia per accendisigari per es.), flint.

pietrischetto (per calcestruzzo) (*costr. ed.*), fine crushed aggregate. **2.** ~ (*strad.*), finely crushed stone. **3.** ~ bitumato (per piano stradale) (*strad.*), road mix.

pietrisco (per macadamizzare strade) (*costr. strad.*), crushed stone, metaling. **2.** ~ grosso (per calcestruzzo) (*costr. ed.*), coarse crushed aggregate.
pieze (pz, unità di pressione corrispondente a 1 steno/m^2 = 1000 pascal) (*mis. fis.*), pieze.
piezochimica (studio dell'influenza della pressione sui fenomeni chimici) (*fis. chim.*), piezochemistry.
piezoelettricità (*elett. - min.*), piezoelectricity.
piezoelèttrico (*a. - elett. - min.*), piezoelectric. **2.** ~ (fonorivelatore piezoelettrico: per dischi di grammofono) (*s. - elettroacus.*), piezoelectric pickup.
piezomètrico (*fis.*), piezometric.
piezòmetro (*strum. - fis.*), piezometer.
piezooscillatore (*radio*), quartz oscillator (ingl.).
pigiare (pestare: il terreno per es.) (*mur.*), to tamp. **2.** ~ (spingere) (*mecc.*), to push. **3.** ~ (stivare, la sabbia in una forma) (*fond.*), to ram. **4.** ~ (il rivestimento refrattario di un forno per es.) (*metall. - fond.*), to ram.
pigiata (rivestimento refrattario di un forno) (*fond.*), rammed lining, monolithic lining.
pigiatoio (piletta, pestello) (*att. fond.*), rammer.
pigiatura (pestatura) (*mur.*), tamping. **2.** ~ (stivatura, stivamento: della sabbia in una forma) (*fond.*), ramming.
pigione, *vedi* affitto.
pigmentare (*vn. - tip.*), to pigment.
pigmentatrice (*vn. - tip.*), pigmenting machine.
pigmentazione (colorazione a mezzo di pigmenti) (*ind. - vn.*), pigmentation, pigmenting.
pigmento (*vn.*), pigment. **2.** ~ inerte (*vn.*), inert pigment. **3.** ~ inibitore (aggiunto alla vernice per evitare la corrosione dei metalli) (*vn.*), inhibiting pigment. **4.** ~ inorganico (*vn.*), inorganic pigment. **5.** ~ organico (agente colorante per colori, vernici ecc.) (*vn.*), organic pigment, toner.
pignone (*mecc.*), pinion, pinion gear. **2.** ~ (per catena: di una motocicletta per es.) (*mecc.*), sprocket, sprocket wheel. **3.** ~ a gabbia (con tondini metallici al posto dei denti) (*antica mecc.*), pinwheel. **4.** ~ a lanterna (usato per orologi per es.) (*mecc.*), lantern pinion, trundle. **5.** ~ comando dinamo (*mecc.*), dynamo driving pinion. **6.** ~ conico (*mecc.*), bevel pinion. **7.** ~ conico di riduttore (*mecc.*), reduction gear bevel pinion. **8.** ~ di fibra (*mecc.*), fiber pinion. **9.** ~ satellite (di un differenziale) (*aut.*), planetary pinion, bevel pinion. **10.** ~ sopra centro (di ingranaggi ipoidi) (*mecc.*), pinion above center. **11.** ~ sotto centro (di ingranaggi ipoidi) (*mecc.*), pinion below center.
pignoramento (*leg.*), attachment.
pignorare (*leg.*), to attach.
pi greco (π = 3,1415926536...) (*mat.*), π, pi.
pila (*elett.*), battery, cell, pile. **2.** ~ (di ponte) (*arch.*), pier. **3.** ~ (steccato di puntellamento per es.) (*min.*), crib. **4.** ~ (di supporto del tetto, in traversine) (*min.*), pigsty. **5.** ~ (*macch. ind. carta*), *vedi* olandese. **6.** ~ (di carta da stampare per es.) (*tip.*), pile. **7.** ~ (struttura dinamica per la memorizzazione transitoria dei dati in cui l'ultimo dato immesso verrà prelevato per primo) (*elab.*), stack. **8.** ~ a combustibile (per convertire direttamente il combustibile in energia elettrica per mezzo di un processo chimico continuo) (*elett.*), fuel cell. **9.** ~ a combustione ad idrogeno-ossigeno ad alta pressione (*elett.*), high-pressure hydrogen-oxygen fuel cell. **10.** ~ a concentrazione (*elett.*), concentration cell (ingl.). **11.** ~ a corona di tazze (antica batteria) (*elett.*), crown of cups pile. **12.** ~ ad assorbimento, *vedi* ~ a gas. **13.** ~ ad ossido di cadmio ed argento (*elett. - aer. - mar.*), cadmium silver oxide cell. **14.** ~ ad ossidoriduzione (converte in elettrica l'energia di ossidoriduzione) (*elettrochim.*), redox cell. **15.** ~ a gas (*elett.*), gas cell. **16.** ~ a liquido immobilizzato (*elett.*), cell with unspillable electrolyte. **17.** ~ al magnesio (tipo di ~ primaria) (*elett.*), magnesium cell. **18.** ~ a secco (*elett.*), dry battery, dry cell battery. **19.** ~ a stilo (*elett.*), penlight battery. **20.** ~ atomica (reattore nucleare) (*fis. atom.*), atomic pile, nuclear reactor. **21.** ~ atomica autogeneratrice (*fis. atom.*), breeder reactor. **22.** ~ atomica per reazione a catena (*fis. atom.*), chain-reacting pile. **23.** ~ campione (*elett.*), standard cell. **24.** ~ campione Weston (~ campione della tensione; a cadmio-mercurio) (*mis. elett.*), Weston standard cell. **25.** ~ Clark (*elett.*), Clark's cell. **26.** ~ Daniell (*elett.*), Daniell's cell. **27.** ~ depolarizzata ad aria (*elett. - eltn.*), air cell battery, metal-air battery, air cell. **28.** ~ di Bacon (pila elettrica ad idrogeno ed ossigeno) (*elett.*), Bacon fuel cell. **29.** ~ di lavori (*elab.*), staked jobs. **30.** ~ di Volta (*elett.*), Volta's pile. **31.** ~ fotoelettronica al silicio (*eltn.*), silicon solar cell. **32.** ~ fotovoltaica al silicio, *vedi* ~ fotoelettronica al silicio. **33.** ~ invertibile (*elett.*), reversible cell. **34.** ~ irreversibile (*elett.*), irreversible cell. **35.** ~ primaria (contenitore con elettrolita a due elettrodi che produce corrente elettrica utilizzando l'energia di una reazione irreversibile) (*elettrochim.*), cell. **36.** ~ secondaria (accumulatore) (*elett.*), secondary cell, storage cell. **37.** ~ solare (elemento di batteria a luce solare, per la trasformazione della luce solare in energia elettrica) (*astric. - elett.*), solar cell. **38.** ~ termoelettrica (*elett.*), thermopile, thermoelectric pile. **39.** ~ termoionica a combustibile (*eltn.*), thermionic fuel cell. **40.** ~ voltaica (*elett.*), voltaic pile, voltaic cell.
pila-spalla (*costr. ponti*), abutment pier.
pilastrare (supportare con pilastri) (*ed.*), to pillar.
pilastrata (ordine di pilastri) (*ed.*), pilasters, pillaring.
pilastratura (*gen.*), pillaring.
pilastrino terminale (della balaustrata) (*arch.*), newel-post.
pilastro (*ed.*), pilaster, pillar. **2.** ~ (supportante un arco: di cattedrale per es.) (*arch.*), pier. **3.** ~ (massa di minerale a sostegno del tetto) (*min.*), pillar. **4.** ~ abbandonato in posto (*min.*), remnant. **5.** ~ a diaframma (*min.*), rib pillar. **6.** ~ a fascio (polistilo) (*arch.*), clustered pier. **7.** ~ tettonico (*geol.*),

horst. **8.** a pilastri e trabeazioni (senza volte cd archi: come le architetture greca ed egiziana) (*a. - arch.*), post-and-lintel. **9.** falso ~ (*arch.*), false pillar.

piletta (di scarico) (*tubaz. - ed.*), drain. **2.** ~ (pestello per pressare la sabbia di una forma) (*ut. fond.*), rammer. **3.** ~ di scarico a pavimento (*ed.*), floor drain.

piliere (pilastro polistilo) (*arch.*), polystyle pilaster.

pillare (pestare) (*mur.*), to tamp.

pillo (pestello) (*att.*), tamper. **2.** ~ (in legno) (*att. mur. e strad.*), wooden tamper, wooden rammer.

pillola (*farm.*), pill.

pillone (mazzuolo) (*ut. - ed.*), mallet.

pillora (grosso ciottolo di fiume) (*mur.*), river stone.

pilone (di una linea elettrica), tower, pylon. **2.** ~ (di ponte) (*ed.*), pier. **3.** ~ a traliccio (di una linea elettrica), pylon, lattice tower **4.** ~ di ormeggio (di dirigibile) (*aer.*), mooring mast, mooring tower. **5.** ~ di sostegno (o portante) (di filovia per es.), supporting post, supporting tower. **6.** ~ di virata (*aer.*), turning pylon.

pilòta (*nav. - aer.*), pilot. **2.** ~ (programma di gestione che controlla le unità periferiche, guida) (*elab.*), driver. **3.** ~ acrobata (*aer.*), acrobatics pilot. **4.** ~ automatico (giropilota) (*aer.*), automatic pilot, autopilot, gyropilot. **5.** ~ collaudatore (*aer.*), test pilot. **6.** ~ con brevetto (*aer.*), sky pilot. **7.** ~ d'altura (pilota d'alto mare) (*nav.*), sea pilot. **8.** ~ di porto (*nav.*), dock pilot. **9.** ~ di riserva (*aer.*), copilot. **10.** ~ istruttore (*aer.*), flying instructor. **11.** ~ spaziale (*astric.*), space pilot. **12.** ~ veloce (*corse aut.*), fast driver, "leadfoot" (*coll.*). **13.** capo ~ collaudatore (*pers. aer.*), chief test pilot. **14.** circuito ~ (circuito usato per comandare un circuito principale) (*fluidica*), pilot circuit. **15.** compenso dato al ~ (*amm. nav. e aer.*), pilotage. **16.** secondo ~ (*aer.*), second pilot, copilot. **17.** senza ~ (senza pilota a bordo) (*missile - aer. - ecc.*), unpiloted.

pilotaggio (*aer. - nav.*), pilotage, piloting. **2.** ~ (di una nave) (*nav.*), conn. **3.** impianto di ~ (impianto di comando, per valvole pilota di un impianto di aria compressa per es.) (*ind.*), pilot system. **4.** ~ di motoslitta (*sport*), snowmobiling.

pilotare (*nav. - aer.*), to pilot. **2.** ~ (governare) (*aer. - nav.*), to control. **3.** ~ (un aeroplano per es.) (*aer.*), to fly. **4.** ~ (una nave) (*nav.*), to conn.

pilotina (*nav.*), pilot boat.

pinacoteca (galleria di quadri) (*arch. - arte*), picture gallery.

"pinaggio" (trattamento al legno verde, "perchage", del rame) (*metall.*), poling.

pinastro (pino marittimo, pino selvatico, pino di fastelle) (*legno*), maritime pine, cluster pine.

pinene ($C_{10}H_{16}$) (per la fabbricazione della canfora) (*chim.*), pinene.

"ping" (trasmissione di impulsi in acqua od aria, pulsazione) (*acus. - acus. sub.*), ping.

"pinger" (trasmettitore di impulsi in acqua od aria) (*acus. - acus. sub.*), pinger.

ping-pong (tennis da tavolo) (*gioco*), table-tennis, ping pong.

pinguino (apparecchio da addestramento incapace di decollare) (*aer.*), penguin.

pinna (aggettante dallo scafo di un idrovolante per conferirgli stabilità sull'acqua) (*aer.*), sponson. **2.** pinne (sulla parte posteriore di una carrozzeria di autoveicolo) (*aut.*), fins. **3.** pinne (*sport sub.*), flippers. **4.** ~ paraelica (di un motore fuoribordo) (*nav.*), propeller skeg. **5.** pinne stabilizzatrici (pinne antirollìo a comando giroscopico) (*costr. nav.*), gyrofins. **6.** stabilizzato mediante pinne (*nav.*), fin stabilized.

pinnàcolo (*arch.*), pinnacle. **2.** motivo ornamentale su un ~ (*arch.*), finial.

pino (*legn.*), pine. **2.** ~ americano (*legn.*), American pine. **3.** ~ a ombrello, *vedi* da pinoli. **4.** ~ austriaco (pino nero) (*legn.*), Austrian pine. **5.** ~ bianco (del Canada) (*legn.*), white pine. **6.** ~ d'Aleppo (pino di Gerusalemme) (*legn.*), Aleppo pine. **7.** ~ da pinoli (pino domestico, pino a ombrello, pino mediterraneo) (*legn.*), parasol pine, umbrella pine. **8.** ~ di Norvegia (*legn.*), spruce. **9.** ~ di Scozia (pino silvestre) (*legn.*), Scots pine, Scotch pine. **10.** ~ domestico, *vedi* da pinoli. **11.** ~ marino (*legn.*), pinaster. **12.** ~ marittimo (pinastro) (*legn.*), maritime pine, cluster pine. **13.** ~ mediterraneo, *vedi* da pinoli. **14.** ~ montano (*legn.*), mountain pine. **15.** ~ nero (pino austriaco) (*legn.*), Austrian pine. **16.** ~ ponderosa (*legn.*), ponderosa pine. **17.** ~ rosso (*legn.*), red pine. **18.** ~ silvestre (pino di Scozia) (*legn.*), Scots pine, Scotch pine. **19.** ~ strobo (*legn.*), yellow pine.

pinta (= 0,568 l ingl.; 0,473164 l am.) (*mis.*), pint.

pinus lambertiana (*legno*), sugar pine.

pinza (*ut.*), pliers. **2.** ~ (da tornio) (*macch. ut.*), collet. **3.** ~ (di un freno a disco) (*aut.*), caliper. **4.** ~ (per saldatura) (*elettromecc.*), gun. **5.** ~ (nelle macchine da stampa) (*macch. tip.*), gripper. **6.** ~ a C (per saldatura) (*elettromecc.*), C-type gun. **7.** ~ ad ago (*ut.*), needle nose pliers. **8.** ~ ad espansione (pinza da tornio) (*macch. ut.*), spring collet. **9.** ~ a forbici (per saldatura) (*elettromecc.*), scissors-type gun. **10.** ~ a punta piatta (*ut.*), flat-nose pliers, bit pincers. **11.** ~ a punta tonda (*ut.*), roundnose pliers. **12.** ~ a trazione (*macch. ut.*), draw-in collet. **13.** ~ azionata idropneumaticamente (per saldatura) (*elettromecc.*), booster operated gun. **14.** ~ da gas (*ut.*), gas pliers. **15.** ~ da tappezziere (*ut.*), upholsterer's pincers. **16.** ~ da vetraio (*att. vetraio*), glass pliers (ingl.). **17.** ~ per fili (*ut.*), wire nippers. **18.** ~ per fusibili (*ut. elett.*), fuse tongs. **19.** ~ per massi (braga a ganci) (*agric. - ind.*), crampons, crampoons. **20.** ~ per occhielli (metallici) (*att. ind.*), eyelet pincers, eyelet setter (ingl.). **21.** ~ per saldatura (*att. elettromecc.*), welding gun, welding yoke. **22.** ~ per saldatura (del tipo) a forbice (*att. elettromecc.*), scissors type gun welder. **23.** ~ per tubi di gomma (tipi Hoffmann e Mohr: per regolare il flusso attraverso tubi di gomma) (*att. chim.*), pinchcock. **24.** ~ piatta (o piana) (*ut.*), flat-nose pliers, linking up pliers. **25.** ~ pneumatica (per saldatura, pinza ad aria compressa) (*elettromecc.*), air gun. **26.** ~ portafresa (*att. macch. ut.*), mill collet. **27.** ~ spelafilo (*ut. elett.*), wire stripper. **28.** ~ termoelettrica (*elett.*), thermoelectric couple, thermoelectric pair. **29.** ~ tonda (*ut.*), round pliers, roundnose pliers. **30.** ~ universale (tipo di tronchese) (*ut.*), cutting pliers. **31.** lato ~ (di un foglio di carta nella macchina da stampa) (*tip.*), gripper edge. **32.** ~, *vedi anche* pinze, pinzette e pinzettine.

pinzatura (parte della lampada vicino all'attacco) (*elett.*), pinch.

pinze (*att. chim.*), pincers. **2.** ~ a denti di topo (*strum. med.*), rat-tooth forceps. **3.** ~ a punta curva (*ut.*), bit pincers. **4.** ~ convergenti (*ut.*), closing pliers. **5.** ~ da arterie (*strum. med.*), artery forceps. **6.** ~ da colecistotomia (*strum. med.*), cholecystotomy forceps. **7.** ~ da crogiuolo (*ut. chim.*), crucible tongs. **8.** ~ da denti (*strum. med.*), dental forceps. **9.** ~ da dissezione (*strum. med.*), dissecting forceps. **10.** ~ da iride (*strum. med.*), iris forceps. **11.** ~ da labbro leporino (*strum. med.*), harelip forceps. **12.** ~ da pellicciaio (*att.*), furrier's pliers. **13.** ~ da sequestro (*strum. med.*), sequestrum forceps. **14.** ~ depilatorie (*stum. med.*), cilia forceps, depilatory forceps. **15.** ~ divergenti (*ut.*), expanding pliers. **16.** ~ mordiossa (*strum. med.*), bone nibbling forceps. **17.** ~ nasali (*strum. med.*), nasal forceps. **18.** ~ per lamiera (*mecc.*), plate clamps. **19.** ~ tiralingua (*strum. med.*), tongue forceps. **20.** ~ universali (*ut.*), combination pliers. **21.** ~, *vedi anche* pinza, pinzette e pinzettine.

pinzette (per estrazioni) (*ut.*), tweezers. **2.** ~ (per caratteri) (*ut. tip.*), bodkin. **3.** ~ alla tormalina (*strum. min. - strum. ott.*), tourmaline tongs.

pinzettine (da orologiaio), tweezers.

pioggerella (*meteor.*), *vedi* pioviggine.

piòggia (*meteor.*), rain. **2.** ~ (*difetto cinem.*), rain. **3.** ~ fine (0,25 mm/h) (*meteor.*), drizzle. **4.** ~ forte (15 mm/h) (*meteor.*), heavy rain. **5.** ~ fortissima (40 mm/h) (*meteor.*), excessive rain. **6.** ~ ghiacciata (nevischio) (*meteor.*), sleet. **7.** ~ leggera (1 mm/h) (*meteor.*), light rain. **8.** ~ moderata (4 mm/h) (*meteor.*), moderate rain. **9.** quantità di ~ caduta (*meteor.*), rainfall.

piolo, *vedi* piuolo.

piombàggine (*vn.*), plumbago, black lead.

piombare (un muro, un montante per es.: a mezzo di filo a piombo) (*ed. - ind.*), to plumb. **2.** ~ (ricoprire di piombo) (*ind.*), to coat with lead, to lead plate. **3.** ~ (*metall.*), to terne. **4.** ~ (sigillare) (*gen.*), to seal. **5.** ~, *vedi anche* impiombare.

piombato (sigillato con piombino) (*trasp.*), sealed with lead.

piombatura (impiombatura: giunzione di funi) (*nav.*), splice.

piombino (sigillo di piombo), lead seal. **2.** ~ ottico (di un teodolite) (*ott.*), optical plummet. **3.** ~ per filo a piombo (*ind. ed.*), plumb bob.

piombo (Pb - *chim.*), lead, LD. **2.** ~ (sigillo, per carri ferroviari per es.) (*trasp.*), seal. **3.** ~ antimoniale (piombo indurito) (*metall.*), hard lead. **4.** ~ d'opera (*metall.*), work lead. **5.** ~ indurito (lega per caratteri da stampa) (*metall.*), hard lead. **6.** ~ in pani (*metall.*), pig lead. **7.** ~ per carri (*ferr.*), car seal. **8.** ~ per scandaglio (*nav.*), sounding lead. **9.** ~ tetraetile [$Pb(C_2H_5)_4$] (antidetonante liquido) (*chim.*), tetraethyl lead. **10.** ~ tetrametile (*chim.*), tetramethyl lead, TML. **11.** a ~ (*ed. - mecc.*), plumb, plum, vertical. **12.** articoli di ~ (*tubaz.- ecc.*), plumbery, leadwork. **13.** con contenuto limite di ~ (detto di una vernice) (*vn.*), lead restricted. **14.** controllo con ~ (di stampi per fucinatura) (*tecnol. mecc.*), test lead inspection. **15.** esente da ~ (detto di una vernice, usata per scatole di alimentari per es.) (*vn.*), lead free. **16.** filo a ~ (*att.*), plumb line. **17.** fuori di ~ (*ed. - mecc.*), out of plumb. **18.** mettere a ~ (*mur. - ecc.*), to plumb. **19.** nucleo di ~ (di una pallottola) (*espl.*), slug. **20.** saldare il ~ (unire due pezzi di piombo per fusione) (*tubaz. - tecnol. mecc.*), to lead-burn. **21.** senza ~ (riferito a benzina non contenente antidetonante a base di ~) (*carb.*), unleaded. **22.** trasudamento di ~ (*fis.*), lead sweating.

piombotetraetile (antidetonante) (*chim.*), tetraethyl lead.

pione (mesone π: pi-mesone) (*fis. atom.*), pion.

piòppo (*legn.*), poplar. **2.** ~ bianco (gattice) (*legn.*), poplar. **3.** ~ italico (*legn.*), Italian poplar. **4.** ~ tremulo (*legn.*), aspen.

piovana, acqua ~ (*meteor.*), rain water.

piovasco (*meteor.*), squall, rain squall.

piovere (*meteor.*), to rain.

pioviggine (pioggia fine: 0,25 mm/h) (*meteor.*), drizzle.

piovosità (*meteor.*), rainy condition. **2.** ~ (quantità oraria di pioggia che colpisce una parte esposta di un velivolo) (*aer.*), rate of catch of rain.

piovoso (*meteor.*), rainy.

pipa (elemento di congiunzione di due o più tubi: in un telaio di motocicletta per es.) (*mecc.*), lug.

piperazina $(C_2H_4NH)_2$ (*chim. farm.*), piperazine.

pipetta (*att. chim.*), pipette. **2.** ~ contagocce (*att. chim.*), stactometer. **3.** ~ di Hempel (*att. chim.*), Hempel absorption bulb. **4.** ~ gasometrica (apparecchio di Orsat) (*att. chim.*), absorption pipette for gas analysis, Orsat apparatus (ingl.).

piqué (stoffa) (*ind. tess.*), piqué.

piràmide (*geom.*), pyramid. **2.** ~ (struttura usata per il sostegno del parafulmine di un pallone) (*aer.*), pyramid.

piranometro, *vedi* solarimetro.

pirargirite (Ag_3SbS_3) (*min.*), pyrargyrite.

pirata dei computer (si appropria di informazioni ri-

servate con mezzi elettronici) (*elab.*), (computer) hacker.
pirata della strada (conducente che causa guai agli altri per guida scorretta) (*aut.*), road hog.
pirateria (saccheggio di una nave in alto mare dopo essersene impossessati con la forza) (*navig.*), piracy. **2.** ~ aerea, *vedi* dirottamento.
pireliòmetro (*strum. astrofisico*), pyrheliometer.
pirètro (insetticida), pyrethrum.
piridina (C_5H_5N) (*chim.*), pyridine.
pirite (FeS_2) (*min.*), pyrite, pyrites. **2.** ~ arsenicale (FeAsS) (*min.*), arsenical pyrite, mispickel. **3.** ~ di ferro (FeS_2) (*min.*), iron pyrite, iron pyrites, fool's gold.
pirobetta (betta a vapore) (*nav.*), steam barge.
pirocatechina (orto-diossibenzene) [$C_6H_4(OH)_2$] (*chim. fot.*), pyrocatechim, pyrocatechol.
piroclasi (pirolisi) (*chim.*), pyrolisis.
piroconducibilità (*term. - elett.*), pyroconductivity.
piroelettricità (*elett. - min.*), pyroelectricity.
piroelettrico (*fis.*), pyroelectric.
piroeliometro (*strum. meteor.*), pyroheliometer.
pirofillite ($Al_2O_3.4SiO_2.H_2O$) (*min. - refrattario*), pyrophyllite.
pirofònico (*a.*), pyrophonic. **2.** leghe pirofoniche (*metall.*), pyrophonic alloys.
piroga (imbarcazione) (*nav.*), piragua, pirogue.
pirogallòlo (orto-triossibenzene) [$C_6H_3(OH)_3$] (*chim. fot.*), pyrogallol.
pirogenazione (*chim.*), pyrogenation.
pirognostica (esame delle caratteristiche di un minerale al cannello ferruminatorio) (*min.*), pyrognostics.
pirografare (*arte*), to pyrograph.
pirografìa (*arte*), pyrography.
pirolegnoso (*chim.*), pyroligneous, pyrolignous.
pirolisi (*chim.*), pyrolysis.
pirolusite (MnO_2) (*min.*), pyrolusite.
piromagnètico (*fis.*), pyromagnetic.
pirometallurgia (*metall.*), pyrometallurgy.
pirometria (*mis. fis.*), pyrometry.
piròmetro (*strum.*), pyrometer. **2.** ~ a radiazione (*strum.*), radiation pyrometer. **3.** ~ con termocoppia a contatto (*strum.*), contact thermocouple pyrometer. **4.** ~ elettrico (*strum. elett.*), electric pyrometer. **5.** ~ monocromatico a confronto (*strum. ott. per mis. temp.*), pyrophotometer. **6.** ~ ottico (*strum.*), optical pyrometer. **7.** ~ registratore (*strum.*), recording pyrometer. **8.** ~ termoelettrico (*strum.*), thermoelectric pyrometer.
piropeschereccio (*nav.*), steam trawler.
piropo (granato) (*min.*), pyrope.
piròscafo (*nav.*), steamship, steamer, S/S. **2.** ~ con ruote a pale (modello antiquato da lago) (*nav.*), paddle steamer. **3.** ~ postale (*nav.*), mail boat, mailer.**4.** ~ , *vedi anche* nave.
piroscissione (della benzina per es.) (*raffineria petrolio*), cracking, thermal cracking. **2.** ~ (*chim.*), *vedi anche* pirolisi. **3.** ~ per catalisi (*chim.*), catalysis cracking, cat cracking. **4.** essere sottoposto a ~ (o a cracking) (*ind. chim.*), to crack. **5.** sottoporre a ~ (crackizzare) (*ind. chim.*), to crack.
pirosolfato (*chim.*), pyrosulphate. **2.** ~ di potassio ($K_2S_2O_7$) (*chim.*), potassium pyrosulphate.
piròsseni (*min.*), pyroxene group.
pirossilina (nitrocellulosa) (*espl. - ind. chim.*), pyroxyline.
pirotècnica (*s.*), pyrotechnics.
pirotècnico (*a.*), pyrotechnic.
pirovedetta (*mar. milit.*), steam patrol ship.
pirròlo (C_4H_5N) (*chim.*), pyrrol, pyrrole.
piscina (*arch.*), swimming pool. **2.** ~ del combustibile esaurito (di un reattore nucleare) (*centrale atom.*), spent fuel pit. **3.** ~ di abbattimento del vapore (in un reattore nucleare) (*centrale atom.*), suppression pool.
"pisé" (materiale da costruzioni di terra costipata od argilla dura) (*ed.*), pisé.
pissetta (*chim.*), *vedi* spruzzetta.
pista (*strada grezza*), track. **2.** ~ (*sport*), track, racetrack. **3.** ~ (dove l'informazione è registrata) (*elettroacus.*), track. **4.** ~ (di un cuscinetto a sfere) (*mecc.*), race, track. **5.** ~ (per decollo ed atterraggio) (*aer.*), runway, "strip", "airstrip". **6.** ~ (corridoio di traffico) (*strad.*), traffic lane. **7.** ~ amovibile metallica, *vedi* pista provvisoria. **8.** ~ cilindrica (di cuscinetti a rulli cilindrici) (*mecc.*), straight (bearing) race. **9.** ~ conica (di cuscinetti a rulli conici) (*mecc.*), tapered (bearing) race. **10.** ~ di atterraggio (*aer.*), landing runway. **11.** ~ di atterraggio per il servizio di navetta aerea (*aer.*), ferry-place. **12.** ~ di avanzamento, o traccia di avanzamento (fila di fori in cui si impegna il rocchetto dentato di una stampante per es.) (*elab. - ecc.*), feed track. **13.** ~ di decollo (di aeroporto) (*ed.*), runway. **14.** ~ di prova (*aut.*), test track. **15.** ~ di rullaggio (*aer.*), taxiway, taxi track. **16.** ~ di scorrimento (per alimentazione schede) (*elab.*), card bed. **17.** ~ di sincronizzazione (~ che porta gli impulsi di sincronizzazione, p. es. in un nastro magnetico) (*elab.*), clock track. **18.** ~ di traffico (*traff. strad.*), traffic lane. **19.** ~ esterna (di un cuscinetto a sfere) (*mecc.*), outer race. **20.** ~ fuori strada (p. es. per competizioni automobilistiche) (*sport aut.*), dirt track. **21.** ~ in macadam al catrame (*aer.*), tarmac runway, tar-macadam runway. **22.** ~ magnetica (su di un film: per sonorizzarlo) (*cinem.*), soundstripe. **23.** ~ per ciclisti (pista ciclabile, pista per biciclette o velocipedi) (*traff. strad.*), cycle track. **24.** ~ per prove di slittamento (zona asfaltata liscia ed oleata per prove di slittamento di motoveicoli) (*aut. - mtc.*), skid pad. **25.** ~ provvisoria metallica (per atterraggio e decollo, pista realizzata con elementi di lamiera stampata) (*aer. milit.*), landing mat. **26.** ~ sonora (*di film*), sound track. **27.** a due piste (p. es. di un nastro magnetico per registratore) (*elettroacus.*), double-track. **28.** a quattro piste (p. es. nei nastri magnetici) (*elettroacus.*), four-track. **29.** ~, *vedi anche* traccia.

pistòla (*arma da fuoco*), pistol. **2.** ~ (per verniciatura a spruzzo per es.) (*ut. vn.*), spray gun. **3.** ~ automatica (*arma da fuoco*), automatic pistol. **4.** ~ chiodatrice (pistola sparachiodi) (*ut.*), riveting gun. **5.** ~ da metallizzazione (a spruzzatura di metallo fuso) (*ut. ind.*), wire flame spray gun. **6.** ~ mitragliatrice (*arma da fuoco*), machine pistol, light type submachine gun. **7.** ~ per fondi (*ut. vn.*), priming spray gun. **8.** ~ per gonfiaggio pneumatici (*att. per aut.*), tire gun, tire inflating gun. **9.** ~ per ingrassaggio (*app. mecc.*), gun, grease gun. **10.** ~ per lavaggio (*att. per aut.*), washing gun. **11.** ~ per lutare il foro di colata (*fond.*), mud gun. **12.** ~ per metallizzazione (*att.*), metalizing gun. **13.** ~ per ritocchi (*ut. vn.*), touch-up spray gun. **14.** ~ per verniciatura a spruzzo (*att. vn.*), paint sprayer, spray gun, spraying gun. **15.** ~ sparachiodi (*ut.*), cartridge hammer. **16.** ~ Very (pistola lanciarazzi) (*nav. - aer.*), Very pistol, flare gun.

pistone (di motore) (*mecc.*), piston. **2.** ~ (di macch. idraulica), ram. **3.** ~ (di pompa), piston **4.** ~ a fodero (pistone cavo) (*mecc.*), trunk piston. **5.** ~ a testa convessa (pistone a testa bombata) (*mot.*), domed piston. **6.** ~ autotermico (pistone a dilatazione controllata) (*mot.*), controlled-expansion piston. **7.** ~ cavo (pistone a fodero) (per motore a combustione interna) (*mecc.*), trunk piston. **8.** ~ della pompa di accelerazione (di un carburatore) (*mecc. mot.*), acceleration pump piston. **9.** ~ del torsiometro (di un mot. aer.) (*mot.*), torque meter piston. **10.** ~ equilibratore (di una turbina a vapore per es.) (*mecc.*), balancing piston. **11.** ~ idraulico (in una pressa idraulica) (*mecc.*), hydraulic ram. **12.** ~ ovalizzato (pistone rettificato con leggera ovalità che scompare a temperatura di funzionamento) (*mot.*), cam ground piston. **13.** ~ valvolato (di pompa per es.) (*mecc.*), bucket, sucker. **14.** ~ valvolato (per liquidi da un pozzo) (*min.*), swab. **15.** corsa del ~ (*mecc.*), piston stroke. **16.** scampanamento del ~ (*difetto di mot.*), piston slap. **17.** testa del ~ (di motore per es.), piston head. **18.** valvola di ~ valvolato (di pompa per es.) (*mecc.*), bucket valve, plunger check valve. **19.** ~, *vedi anche* stantuffo.

pistone-percussore (stantuffo mazzabattente, di un maglio ad aria compressa) (*macch.*), ram.

Pitagora, teorema di ~ (*geom.*), Pythagorean proposition.

pitagorico (*mat.*), Pythagorean.

pitch pine (larice d'America, legno duro americano) (*legno*), pitch pine.

pitòmetro (tubo di Pitot o pitometro semplice) (*aer.*), Pitot tube. **2.** ~ composto (tubo pressostatico, doppio tubo di Pitot: per misurare la velocità di una corrente d'aria) (*aer.*), pressure head, Pitot-static tube. **3.** ~ composto (Venturi e tubo Pitot) (*aer.*), pressure nozzle.

Pitot (tubo di Pitot: per misurare la velocità dei fluidi) (*strum.*), Pitot tube. **2.** antenna ~ (tubo pressostatico, pitometro composto) (*strum. aer.*), Pitot-static tube.

"pittare" (vaiolarsi) (*metall.*), to pit.

"pittato" (*metall. - ecc.*), *vedi* vaiolato.

"pittatura" (*metall. - ecc.*), *vedi* vaiolatura.

pittura (prodotto verniciante pigmentato) (*vn.*), paint. **2.** ~ ad acqua (*vn.*), water paint. **3.** ~ a fresco (affresco) (*pittura*), fresco. **4.** ~ alla cascina (*vn. mur.*), protein paint. **5.** ~ anticorrosiva (del bagnasciuga) (*nav.*), boot-topping. **6.** ~ antincrostazione (pittura sottomarina, pittura antivegetativa della carena) (*vn. nav.*), antifouling paint. **7.** ~ a tempera (*arte*), tempera. **8.** ~ emulsionata (*vn.*), emulsion paint. **9.** ~ ignifuga (*costr. civ. - nav. - ecc.*), fire-retardant paint. **10.** ~ murale opaca (pittura opaca per pareti) (*vn.*), flat wall paint. **11.** ~ per cemento (*vn.*), cement paint. **12.** ~ per effetto a rilievo (*vn.*), textured paint. **13.** ~ plastica (tale da poter essere manipolata dopo l'applicazione per ottenere determinati effetti e disegni) (*vn.*), plastic paint. **14.** ~, *vedi anche* vernice.

pitturare (verniciare) (*vn.*), to paint. **2.** ~ (dipingere) (*arte*), to paint.

più (*segno mat.*), plus.

piuòlo (*mur. - falegn.*), wooden stake, stake. **2.** ~ di scala, rung.

"pixel" (area elementare puntiforme di immagine, microarea di immagine su di uno schermo di tubo a raggi catodici con colore ed intensità proprie) (*elab. - telev. - ecc.*), pixel.

pizzicatura (di un tubo di gomma, camera d'aria ecc.) (*difetto - gen.*), pinch, pinching.

pizzo (*tess.*), lace.

placca (di valvola termoionica) (*termoion.*), plate. **2.** ~ (di accumulatore) (*elett.*), plate, electrode. **3.** ~ (di un condensatore variabile) (*radio*), plate. **4.** ~ a griglia (piastra a griglia: di accumulatore) (*elett.*), grid. **5.** ~ (o anodo) collettrice (*termoion.*), signal plate. **6.** ~ deviatrice (*termoion.*), deflecting plate. **7.** placche di deflessione (di un tubo a raggi catodici) (*termoion.*), deflector plates. **8.** ~ di estrazione (per estrarre il modello dalla forma) (*fond.*), lifting plate. **9.** ~ modello (piastra modello) (*fond.*), match plate, pattern plate. **10.** ~ modello rovesciabile (*fond.*), turnover pattern plate. **11.** ~ posteriore del focolaio (di locomotiva a vapore per es.) (*ferr.*), firebox rear plate.

placcare (rivestire con altro materiale) (*metall.*), to plate.

placcato (con processo meccanico) (*metall. - oreficeria*), plated. **2.** ~ (*ind. vetro*), flashed. **3.** ~ (oggetto metallico rivestito da una lamina di metallo diverso) (*a. - metall.*), cladded. **4.** acciaio ~ (*metall.*), clad steel. **5.** lamiera placcata (*ind. metall.*), clad sheet metal.

placcatore (*op.*), plater.

placcatura (*ind. - metall.*), plating, cladding. **2.** ~ (di leghe leggere con alluminio puro per es.) (*lav. mecc. - ind. metall.*), cladding. **3.** ~ elettrolitica

(*ind.*), electroplating. **4.** ~ meccanica (ottenuta con un metallo su di un altro metallo mediante pallinatura a freddo, p. es. in una barilatrice) (*proc. mecc.*), mechanical plating. **5.** bagno di ~ al cianuro (*ind.*), cyanide plating bath.
placchetta (*gen.*), plate. **2.** ~ guardafilo (*ind. tess.*), slit plate. **3.** ~ (di riporto) per utensili (*ut.*), tool bit. **4.** ~ non riaffilabile (placchetta non ricuperabile) (*ut.*), throwaway bit.
placer (giacimento alluvionale aurifero ecc.) (*min.*), placer.
plafond (quota di tangenza) (*aer.*), ceiling.
plafonièra (*accessorio elett.*), glass ceiling bowl. **2.** ~ (*illum.*), roof lamp, ceiling lamp.
plagioclasio (*min.*), plagioclase.
plaid (coperta da viaggio) (*ind. tess.*), plaid.
planare (*aer.*), to glide, to volplane. **2.** ~ (sull'acqua, idroscivolare: di barche a motore veloci per es.) (*nav.*), to plane.
planare (di elemento costruttivo a struttura piatta: di un tipo di transistore, di un grafo per es. ecc.) (*a. - eltn. - mat.*), planar.
planarità (di una superficie lavorata) (*mecc.*), flatness, levelness.
planata (*aer.*), glide, gliding. **2.** angolo di ~ (*aer.*), gliding angle.
plancia (ponte di comando) (*nav.*), bridge, forebridge, pilot bridge. **2.** ~ (cruscotto) (*nav. - aut. - aer.*), dashboard. **3.** ~ di vedetta (ponte di vedetta) (*mar. milit.*), lookout bridge. **4.** ~ imbottita, *vedi* cruscotto imbottito.
Planck, costante di ~ (nell'espressione del quanto di energia, uguale a $6{,}55 \times 10^{-27}$) (*fis.*), Planck's constant.
planetario (*a. - astr.*), planetary. **2.** ~ (del differenziale di autoveicoli per es.) (*s. - mecc.*), crown wheel. **3.** ~ (strumento a proiettori multipli per la rappresentazione della volta celeste) (*app. da proiezione*), planetarium. **4.** ingranaggio ~ (del differenziale di autoveicoli per es.) (*mecc.*), crown wheel. **5.** rotismo ~ (rotismo di ingranaggi epicicloidali,per es. nel differenziale di autoveicoli) (*mecc.*), sun-and-planet motion.
planimetrìa (*geom.*), planimetry. **2.** ~ (*dis. ed.*), location plan. **3.** ~ ("layout", pianta della disposizione dei macchinari in uno stabilimento per es.) (*ind.*), layout.
planimetrica (aerofotografia verticale, aerofotografia planimetrica) (*s. - aer. - fot.*), vertical aerial photograph.
planimètrico (*a. - geom.*), planimetric.
planìmetro (*strum.*), planimeter.
planisfèro (*astr.*), planisphere.
plankton (*biol. - pesca*), plankton.
plansichter (buratto per la classificazione degli sfarinati) (*ind. molitoria*), plansifter.
plasma (zona in cui il numero degli ioni positivi uguaglia quello degli elettroni) (*fis. atom.*), plasma. **2.** ~ (varietà di calcedonio) (*min.*), plasma. **3.** ~ freddo (plasma la cui pressione cinetica è trascurabile in confronto alla pressione magnetica del campo esterno) (*fis.*), cold plasma. **4.** ~ quiescente (prodotto da ionizzazione da contatto) (*fis.*), quiescent plasma, stationary plasma. **5.** ~ termico (nel quale la temperatura degli ioni è uguale a quella degli elettroni) (*fis.*), thermal plasma. **6.** getto di ~ (*tecnol.*), plasma spray. **7.** motore a ~ (*razzi*), plasma engine. **8.** onde ~ (onde longitudinali elettromagnetiche propagantesi in un plasma) (*fis.*), plasma waves.
plasmabile (malleabile, plastico, modellabile, metallo per es.) (*tecnol.*), plastic.
"plasmafago" (dispositivo per misurare la portata di un plasma) (*s. - app. fis.*), plasma eater.
plasmascopio (app. per la visualizzazione di un plasma) (*app. fis.*), plasmascope.
plasmasfera (la più alta parte dell'atmosfera costituita da elettroni e protoni: va da 12000 a 36000 km di quota) (*n. - geofis.*), plasmasphere.
plasmatura (procedimento di formatura del vetro mediante riscaldamento nella forma) (*mft. vetro*), sagging.
plasmone (quanto di energia associato alla fluttuazione del plasma) (*fis.*), plasmon.
plastica (materia plastica artificiale) (*ind. chim.*), plastic. **2.** ~ di qualità superiore (superplastica) (*ind. chim.*), premium plastic. **3.** ~ in fogli (*ind. chim.*), sheet plastic. **4.** ~ rinforzata con fibre di vetro (*chim. ind.*), glass reinforced plastic, GRP.
"plasticimetro" (tipo di penetrometro per misurare la plasticità di argilla, cemento, malta ecc.) (*app. di mis. mur.*), plasticimeter.
plasticità (*fis.*), plasticity. **2.** ~ (*analisi del terreno*), plasticity.
plasticizzante (*chim. ind.*), plasticizer.
plasticizzare (rendere plastico) (*ind. - mft. gomma*), to plasticize.
plasticizzazione (passaggio dallo stato elastico allo stato plastico, di un corpo solido) (*fis.*), plasticization.
plàstico (*a. - chim. ind.*), plastic. **2.** ~ (*s. - arch.*), plastic model. **3.** ~ (figurazione tridimensionale, in scala, di una zona) (*s. - cart.*), relief model. **4.** ~ (esplosivo al ~) (*espl.*), plastic explosive. **5.** materiale ~ (*ind.*), plastic material. **6.** materie plastiche (*ind.*), plastics.
plastificante (*chim. dei plastici*), plasticizer. **2.** ~ (*ind. gomma*), plasticizer, softener.
plastificare (*gen.*), to plasticize. **2.** ~ (*ind. gomma*), to plasticize, to soften, to break down. **3.** ~ (masticare) (*ind. gomma*), to masticate. **4.** ~ (per lo stampaggio ad iniezione) (*ind. plastica*), to plasticate.
plastificatore (per lo stampaggio ad iniezione) (*macch. ind. plastica*), plasticator. **2.** ~ a vite (per lo stampaggio ad iniezione) (*macch. ind. plastica*), screw plasticator.
plastificazione (*ind. gomma*), plasticization, softening.
plastigel (*chim.*), plastigel.

plastilina (sostanza pastosa modellabile usata per l'esecuzione di modelli automobilistici, per misurare giochi tra parti mobili ecc.), (*aut.* - *mecc.*), plasticine.
plastisol (resina o polvere dispersa in un liquido plasticizzante) (*chim.* - *vn.*), plastisol.
plastoelastico (*a.* - *ind.*), plastoelastic.
plastografo (apparecchio per determinare le caratteristiche di un materiale plastico) (*s.* - *mis. plasticità*), plasticorder, plastigraph.
plastometro (viscosimetro per misurare la viscosità di sostanze plastiche, della gomma ecc.) (*strum. mis.*), plastometer. **2.** ~ a piani paralleli (*strum. ind. gomma*), parallel plate plastometer. **3.** ~ a scorrimento (*strum. ind. gomma*), shearing disk plastometer.
plàtano (*legn.*), plane, plane tree.
platèa (di teatro) (*arch.*), orchestra. **2.** ~ (in calcestruzzo) (*mur.*), concrete bed. **3.** ~ (di banchina) (*costr. mar.*), floor. **4.** ~ di fondo (di un forno) (*ind.*), bedplate.
"plateau" (piattaforma a morsetti portapezzo, di un tornio per es.) (*macch. ut.*), faceplate, chuck.
platìna (di macchina per maglieria) (*macch. tess.*), sinker. **2.** ~ (di una macch. da stampa: parte mediante la quale la carta viene premuta contro i caratteri) (*macch. tip.*), platen. **3.** ~ (di un raffinatore, serie di coltelli annegati nel legno) (*macch. mft. carta*), bedplate, beater plate. **4.** ~ di divisione (platina dividitrice, platina con lisiera, di una macch. per maglieria) (*macch. tess.*), dividing sinker. **5.** ~ fustellatrice (*macch. tip.*), punching platen. **6.** ~ (mobile a pressione) idraulica (*macch. mft. carta*), hydraulic bedplate. **7.** ~ oscillante (di una macch. per maglieria) (*macch. tess.*), rocking sinker. **8.** cassetta della ~ (*macch. mft. carta*), bedplate box. **9.** pressa ~ (platina tipografica) (*macch. tip.*), platen press.
platinare (*ind.*), to platinum plate, to platinize.
platinato (*ind.*), platinum plated
platinatura (*ind.*), platinum plating.
plàtino (Pt - *chim.*), platinum. **2.** nero di ~ (catalizzatore) (*chim.*), platinum black. **3.** spugne di ~ (catalizzatore) (*chim.*), platinum sponge.
platinocianuro (*chim.*), platinocyanide.
platinòide (lega per resistenze elettriche) (*metall.*), platinoid.
plàtino-iridio (*lega*), platiniridium.
platinotipìa (*fot.*), platinotype.
playback (riproduzione o lettura di una registrazione effettuata su un nastro per es.) (*elettroacus.*), playback.
Plèiadi (*astr.*), Pleiades.
pleistocene (plistocene, postpliocene, glaciale, diluvioglaciale, diluviale) (*geol.*), Pleistocene.
pleocroismo (di cristalli) (*fis.*), pleochroism.
plexiglas (polimetacrilato) (marchio di fabbrica) (*ind. chim.*), plexiglas.
plico, con ~ a parte (con plico spedito a parte) (*posta*), by separate cover.
plinto (di colonna, di pilastro per es.) (*ed.*), plinth, footstall. **2.** ~ di fondazione (*ed.*), foundation plinth.
pliocène (*geol.*), Pliocene.
pliotron (valvola termoionica usata per trasmissioni richiedenti alta potenza) (*radio*), Pliotron.
plissé (tessuto pieghettato) (*tess.*), plissé, plisse.
plissettaggio (pieghettatura) (*tessuti*), pleating.
plissettare (pieghettare) (*ind. tess.*), to pleat.
plistocene (pleistocene, diluviale) (*geol.*), Pleistocene.
PL/M (linguaggio di programmazione per microcalcolatori) (*elab.*), PL/M, Programming Language for Microcomputers.
plotone (*milit.*), platoon.
plotter (apparecchiatura che traccia su una mappa: il percorso di un siluro filoguidato per es. di un aeroplano ecc.) (*app. eltn. navig.*), plotter.
"plunger" (elemento metallico dotato di moto alternativo e forzante il vetro nella forma) (*mft. vetro*), plunger.
PL/1 (linguaggio di programmazione per impiego scientifico e gestionale) (*elab.*), PL/1.
pluri- (*prefisso*), multi-.
plurimandrino (di una alesatrice) (*a.* - *macch. ut.*), multispindle.
plurimotore (*a.* - *aer.*), multiengined.
plurindirizzo (di una istruzione p. es.) (*a.* - *elab.*), multiaddress, multiple address.
pluriplano (*s.* - *aer.*), multiplane.
pluristadio (a più stadi, di compressore per es.) (*mecc.*), multistage.
plurivalènte (*chim.*), multivalent.
plurivalve (*mecc.*), multivalve.
plusvalenza (utile di capitale, incremento del valore del capitale fisso) (*amm.* - *econ.*), capital gain.
plusvalore (differenza tra il valore nominale e quello di mercato) (*finanz.*), share premium, surplus value.
plutònio (Pn - *chim.*), (elemento radioattivo transuranico), plutonium.
plutonismo (processo plutonico) (*geol.*), plutonism.
pluviale (tubazione per acqua piovana) (*ed.*), downspout, leader, waterspout, downpipe, downcomer, fall pipe, spouting.
pluviògrafo (*strum. meteor.*), pluviograph. **2.** ~ automatico (*strum. meteor.*), hyetograph.
pluviometria (*meteor.*), pluviometry.
pluviometrico (*meteor.*), pluviometric, pluviometrical. **2.** carta pluviometrica (*geogr.*), rain chart, pluviometric chart.
pluviòmetro (*strum. meteor.*), rain gauge, pluviometer, ombrometer, udometer. **2.** ~ ad altalena, ~ a bilancia (*strum. meteor.*), weighing rain gauge.
"PMI" (punto morto inferiore, della corsa del pistone) (*mot.*), bottom dead center, BDC.
"PMS" (punto morto superiore, della corsa del pistone) (*mot.*), top dead center, TDC.
pneumàtico (*a.* - *s.*), pneumatic. **2.** ~ (di apparec-

chio che opera per mezzo di aeriformi in movimento) (*a. - fis.*), pneumatic, pneumodynamic. **3.** ~ (copertone) (*aut.*), shoe. **4.** ~ (copertone e camera d'aria) (*aut. - mtc. - ecc.*), tyre (ingl.), tire. **5.** ~ a bassa pressione (*aut. - ind. gomma*), low-pressure tire. **6.** ~ a bassissima pressione (*aut. - ind. gomma*), doughnut tire. **7.** pneumatici accoppiati (*autocarri - trattori*), coupled tires. **8.** ~ ad alta pressione (*aut. - ind. gomma*), high-pressure tire. **9.** ~ a (o con) fascia bianca (*aut. - ind. gomma*), whitewall tire. **10.** ~ a media pressione (*aut. - ind. gomma*), medium-pressure tire. **11.** ~ antiforo (*aut.*), puncture-proof tire. **12.** ~ a profilo aerodinamico (*ind. gomma*), streamline profile tire. **13.** ~ a profilo liscio (*ind. gomma*), smooth profile tire. **14.** ~ a quattro tele incrociate (*aut. - ind. gomma*), four cross-ply tire. **15.** ~ a struttura diagonale (*aut. - ind. gomma*), bias-ply tire. **16.** ~ a tallone (per motocicletta) (*ind. gomma*), beaded edge tire. **17.** ~ a tele incrociate (*aut. - ind. gomma*), cross-ply tire. **18.** ~ a tele incrociate senza camera d'aria (*aut.*), cross-ply tubeless tire. **19.** ~ a tele radiali (*aut. - ind. gomma*), radial-ply tire. **20.** ~ a terra (*aut. - mot. - ecc.*), flat tire. **21.** ~ cinturato (~ a struttura radiale o diagonale) (*aut. - ind. gomma), belted tire.* **22.** ~ con battistrada a canale (manifattura pneumatici) (*ind. gomma*), grooved tread tire. **23.** ~ con battistrada separato (*aut. - obsoleto*), tire with removable tread. **24.** ~ con cerchio 20 × 5 (per es.) (*aut.*), tire fitted with 20 × 5 rim. **25.** ~ con fascia bianca (*aut. - ind. gomma*), white sidewall tire. **26.** ~ con ramponi (pneumatico da neve o da trattori agricoli) (*ind. gomma*), grip tire. **27.** ~ con tele (di automobile per es.) (*mft. gomma*), fabric tire. **28.** ~ con tortiglia di nailon (*aut.*), nylon cord tire. **29.** ~ diagonale (pneumatico a tele diagonali) (*aut.*), bias-ply tire. **30.** ~ (a struttura) diagonale cinturato (*aut. - ind. gomma*), belted bias belted tire. **31.** ~ elettricamente conduttivo (*ind. gomma*), electrically conductive tire. **32.** ~ liscio per pista asciutta (tipo di ~ a profilo piatto al centro e battistrada non scolpito) (*corse aut.*), slick tire, slick. **33.** ~ per (marcia) fuori strada (per veic. milit.) (*ind. gomma*), off-road tire. **34.** ~ radiale (*aut.*), radial tire, radial-ply tire. **35.** ~ (a struttura) radiale cinturato (*aut. - ind. gomma*), radial belted tire. **36.** ~ rigato (per ruota anteriore di motocicletta per es.), ribbed tire. **37.** ~ senza camera d'aria (*ind. gomma*), tubeless tire. **38.** ~ speciale a bassa pressione (per carrello d'atterraggio brevetto Goodyear Rubber Co.) (*aer.*), "airwheel". **39.** ~ tubolare senza camera d'aria (per veicoli lenti e leggeri, carriole, carrelli d'officina ecc.) (*ind. gomma*), semipneumatic tire. **40.** avvitatrice pneumatica (*ut.*), pneumatic wrench. **41.** carcassa del ~ (*ind. gomma*), shoe. **42.** centro di contatto del ~ (studio sul comportamento pneumatici) (*aut.*), center of tire contact. **43.** distribuzione del trasferimento di carico sul ~ (*aut.*), tire load transfer distribution. **44.** leva per ~ (*att. aut.*), tire crowbar (ingl.). **45.** mandrino ~ (*macch. ut.*), pneumatic chuck. **46.** martello ~ (*ut.*), pneumatic hammer. **47.** ricostruire un ~ (applicare un nuovo battistrada) (*aut. obsoleto*), to recap, to cap, to retread. **48.** ricostruzione del ~ (ricostruzione del battistrada) (*aut. - ind. gomma obsoleta*), recapping, retreading, tire "remoulding". **49.** scalpello ~ (*ut.*), pneumatic rock drill. **50.** scavatrice pneumatica (*macch.*), pneumatic digger. **51.** trapano ~ (*ut.*), pneumatic drill. **52.** trasferimento di carico laterale su un ~ (trasferimento verticale del peso da uno dei pneumatici anteriori o posteriori all'altro, per effetto di accelerazione ecc., per es.) (*aut.*), lateral tire load transfer. **53.** trasferimento di carico longitudinale su un ~ (trasferimento verticale di peso da un pneumatico anteriore a quello posteriore corrispondente) (*dinamica dei veic. aut.*), longitudinal tire load transfer.

pneumatolisi (stadio finale della cristallizzazione magmatica) (*geol.*), pneumatolysis.

pneumoconiosi (malattia polmonare causata da aspirazione di polveri industriali) (*malattia professionale*), pneumoconiosis.

pneumodinamico (*a. - fis.*), *vedi* pneumatico.

pneumòmetro (indicatore di velocità dell'aria) (*strum. aer. e meteor.*), air speed measuring instrument.

podere (*agric.*), farm.

pòdio (*arch.*), podium. **2.** ~ (tribuna per oratori) (*arch.*), rostrum.

poggia! (puggia!) (*nav.*), up with the helm! **2.** ~ tutto! (barra sopravvento!) (*nav.*), hard aweather.

poggiapièdi (*gen.*), footrest.

poggiare (puggiare, orientare la prua allontanandola dalla direzione del vento) (*nav.*), to bear up.

poggiatesta (appoggiatesta, di un sedile per es.) (*veic. - ecc.*), headrest.

poggio (collinetta isolata) (*geogr.*), knoll.

"POGO" (operazione grafica orientata da programmatore) (*elab. dati*), POGO, programmer-oriented graphic operation.

poise (unità C.G.S. di viscosità assoluta) (*fis.*), poise.

Poisson, coefficiente di ~ (*sc. costr.*), Poisson's ratio.

polacca (antico vascello) (*nav.*), polacre, polacca.

polare (*a. - fis. - elett. - geogr.*), polar. **2.** ~ (*s. - aer.*), polar. **3.** ~ (curva polare) (*s. - mat.*), polar. **4.** ~ logaritmica (*mat.*), logarithmic polar. **5.** ~ relativa (di forze aerodin. sull'ala di un aer. per es.) (*aer.*), relative polar. **6.** circolo ~ (*geogr.*), polar circle. **7.** corno ~ (di una macch. elett.) (*elett.*), pole horn. **8.** distanza ~ (*astr. - nav. - aer.*), polar distance. **9.** faccia ~ (superficie polare, di una macch. elett.) (*elett.*), pole face. **10.** intensità ~ (intensità del campo magnetico) (*elett.*), pole strength.

polarimetrìa (*chim.*), polarimetry.

polarìmetro (*strum. ott.*), polarimeter.

polariscòpio (*strum. ott.*), polariscope.
polarità (*elett.*), polarity. **2.** ~ diretta (polarità normale: con l'elettrodo collegato al polo negativo dell'arco) (*saldatura*), straight polarity. **3.** ~ inversa (con l'elettrodo collegato al polo positivo dell'arco) (*saldatura*), reverse polarity. **4.** indicatore di ~ (*strum. elett.*), polarity indicator
polarizzare (*fis. - ott. - elett.*), to polarize.
polarizzato (*a. - elett. - fis. - ott.*), polarized. **2.** non ~ (come p. es. un relé) (*elett.*), nonpolarized. **3.** relé ~ (*elett.*), polarized relay.
polarizzatore (*strum. ott.*), polarizer.
polarizzazione (*fis. - ott. - elett.*), polarization. **2.** ~ (concentrazione in zucchero) (*chim.*), polarization. **3.** ~ (di tubi elettronici) (*eltn.*), biasing. **4.** ~ anodica (*elettrochim.*), anodic polarization. **5.** ~ circolare (*eltn.*), circular polarization. **6.** ~ di base (applicata alla base di un transistore) (*eltn.*), base bias. **7.** ~ dielettrica (*elett.*), dielectric polarization. **8.** ~ di griglia (*eltn.*), grid bias. **9.** ~ diretta (applicata per es. a diodi semiconduttori) (*eltn.*), forward bias. **10.** ~ eccessiva (*termoion.*), overbias, overbiasing. **11.** ~ elettrolitica (*elettrochim.*), electrolytic polarization. **12.** ~ inversa (applicata ad un diodo semiconduttore per es.) (*eltn.*), reverse bias. **13.** ~ magnetica (*elett.*), magnetic polarization. **14.** tensione di ~ (*eltn.*), bias voltage. **15.** togliere la ~ (*ott.*), to depolarize.
polarografia (sistema di analisi qualitativa e quantitativa) (*chim.*), polarography.
polarogràfico (*a. - chim. - fis.*), polarographic. **2.** analisi per via polarografica (*chim.*), polarographic analysis.
polarògrafo (apparecchio per l'analisi chimica qualitativa e quantitativa) (*chim.*), polarograph.
polarogramma (curva ottenuta con un polarografo) (*fis. - chim.*), polarogram.
polèna (ornamento della prora) (*nav.*), figurehead.
"pole position" (in testa: prima posizione della prima fila nella griglia di partenza) (*gare aut.*), pole position.
poliacrilammide (polimero solubile in acqua: usato anche come agente di ispessimento) (*s. - chim.*), polyacrylamide.
poliacrilonitrile (PAN) (*materia plastica*), polyacrylnitril, PAN.
poliàmmidi (materie plastiche) (*chim.*), polyamides.
polibàsico (*chim.*), polybasic.
policarbonato (PC) (*chim. - plastica*), polycarbonate, PC.
policarburante (*a. - mot.*), multifuel.
policiclico (*a. - elett. - chim.*), polycyclic.
policilindrico (a più cilindri, di un motore per es.) (*mot. - ecc.*), multicylinder.
policlìnico (*arch. - med.*), polyclinic.
policlorotrifluoroetilene (PCTFE) (*materia plastica*), polychlortrifluorethylene, PCTFE.
policondensato (prodotto di policondensazione) (*s. - chim.*), polycondensation product.
policondensazione (formazione di macromolecole dalla combinazione chimica di molecole semplici) (*chim.*), polycondensation.
policristallo (*min.*), multicrystal.
policromatico (p. es. di una radiazione come quella solare per es.) (*a. - ott. - ecc.*), polychromatic.
policromia (stampa a più colori per es.) (*tip. - ecc.*), polychromy.
polìcromo (*a.*), polychrome.
poliedrico (*geom.*), polyhedral.
polièdro (*geom.*), polyhedron.
poliestere (*chim.*), polyester. **2.** fibra ~ (*chim.*), polyester fiber. **3.** resina ~ (*chim.*), polyester resin.
poliesterificazione (*chim.*), polyesterification.
polietilène (*chim.*), polyethylene. **2.** ~ ad altissimo peso molecolare (*materia plastica*), ultrahigh-molecular-weight polyethylene, UHMWP.
polifase (*elett.*), multiphase, polyphase.
polifonìa (*acus.*), polyphony.
poligonale (*a. - geom.*), polygonal. **2.** ~ (*s. - top.*), traverse. **3.** ~ (tipo di rilevamento) (*s. - geofis. - top.*), traverse, traverse survey. **4.** ~ aperta (*top.*), open traverse. **5.** ~ chiusa (*top.*), closed traverse. **6.** vertice di ~ (*top.*), traverse station.
poligonazione (*top.*), traversing.
polìgono (*geom.*), polygon. **2.** ~ (campo di tiro, balipedio) (*milit.*), firing ground. **3.** ~ (campo del tiro a segno) (*sport - milit.*), rifle range. **4.** ~ delle forze (*mecc. raz.*), force polygon. **5.** ~ di frequenza (*stat.*), frequency polygon. **6.** ~ di tiro (*milit.*), shooting range. **7.** ~ di tracciamento acustico (subacqueo, tipo di poligono tridimensionale) (*acus. sub.*), acoustic tracking range. **8.** ~ funicolare (*sc. costr.*), funicolar polygon, link polygon. **9.** ~ per la misura del rumore (gruppo di stazioni attrezzate per la misura del rumore prodotto da navi, siluri ecc.) (*acus. sub.*), noise range, sound range. **10.** ~ tridimensionale (stazioni capaci di seguire oggetti mobili subacquei quali siluri o sottomarini su un diagramma tridimensionale) (*acus. sub.*), three-dimensional range.
polìgrafo (*macch.*), polygraph.
poliimmide (resina poliimmidica sintetica resistente all'usura; usata come rivestimento protettivo) (*s. - chim.*), polyimide.
poli-isoprene (*mft. gomma*), polyisoprene.
polimeria (*chim.*), polymerism.
polimerico (*a. - chim.*), polymeric.
polimerizzare (*chim.*), to polymerize, to cure. **2.** ~ a caldo (resine per es.) (*chim.*), to oven-cure. **3.** ~ a temperatura ambiente (resine per es.) (*chim.*), to air-cure.
polimerizzato (*a. - chim.*), polymerized.
polimerizzatore (operaio addetto all'apparecchio di polimerizzazione) (*chim. ind.*), polymerizer.
polimerizzazione (*chim.*), polymerization. **2.** ~ (di un adesivo per es.) (*chim.*), polymerization. **3.** ~ ad innesto (*ind. plastica*), graft polymerization. **4.** ~ catalitica (platforming, processo per benzina) (*ind. chim.*), platforming. **5.** ~ in emulsione (*ind.*

plastica), emulsion polymerization. **6.** ~ in massa (*ind. plastica*), bulk polymerization. **7.** ~ in perle (*ind. plastica*), pearl polymerization. **8.** ~ in soluzione (*ind. plastica*), solution polymerization. **9.** ~ in sospensione (*ind. plastica*), suspension polymerization. **10.** ~ ionica (polimerizzazione stereospecifica) (*ind. plastica*), ionic polymerization, stereospecific polymerization. **11.** ~ per calore (polimerizzazione termica) (*ind. plastica*), thermopolymerization **12.** ~ stereospecifica (polimerizzazione ionica) (*ind. plastica*), stereospecific polymerization, ionic polymerization.

polìmero (*chim.*), polymer. **2.** ~ a blocchi (*ind. plastica*), block polymer. **3.** ~ ad innesto (*ind. plastica*), graft polymer. **4.** ~ atattico (*ind. plastica*), atactic polymer. **5.** ~ di condensazione (*ind. plastica*), condensation polymer. **6.** ~ di resina fluorurata (*ind. chim.*), fluoropolymer. **7.** ~ elastico (elastomero nell'industria resine artificiali), elastomer. **8.** ~ in emulsione (*ind. plastica*), emulsion polymer. **9.** ~ in massa (*ind. plastica*), mass polymer. **10.** ~ in soluzione (*ind. plastica*), solution polymer. **11.** ~ in sospensione (*ind. plastica*), suspension polymer. **12.** ~ isotattico (con uguale struttura stereochimica) (*ind. plastica*), isotactic polymer. **13.** ~ per addizione (*chim. - ind. plastica*), addition polymer. **14.** ~ sindiotattico (con strutture stereochimiche aventi predeterminate differenze cicliche) (*ind. plastica*), syndiotactic polymer, syndyotactic polymer. **15.** ~ transtattico (*ind. plastica*), transtactic polymer. **16.** alto ~ (*chim.*), high polymer.

polimetilacrilato (materiale plastico trasparente: usato p. es. nella costruzione di lenti infrangibili) (*ind. chim.*), polymethyl methacrylate.

polimetro (analizzatore) (*strum. di mis. elett.*), polymeter.

polimorfismo (*min. - chim.*), polymorphism.

polimòrfo (*a. - min.*), polymorphous.

polinomiale (*mat.*), polynomial.

polinòmio (*mat.*), polynomial, multinomial. **2.** ~ caratteristico (*mat.*), characteristic polynomial.

polipropilene (*chim. ind.*), polypropylene.

polisaccàridi (*chim.*), polysaccharides.

polìstilo (*arch.*), polystyle.

polistirolo (polistirene, materia plastica) (*ind. chim.*), polystyrene. **2.** ~ espanso (espanso polistirenico) (*ind. chim.*), foam polystyrene, polystyrene foam.

politècnico (*s.*), polytechnic, polytechnic school.

politene (resina sintetica termoplastica, polimero di etilene) (*ind. chim.*), polythene.

politica (*politica*), politics. **2.** ~ degli investimenti (*organ.*), business investment policy. **3.** ~ dei redditi (*econ.*), incoms policy. **4.** ~ monetaria (*finanz.*), monetary policy.

politipo (logotipo) (*tip.*), logotype.

politropica (curva politropica) (*s. - fis. - termod.*), polytropic curve.

politròpico (*a. - termod.*), polytropic. **2.** curva politropica (*termod.*), polytropic curve.

poliuretanico (*ind. chim.*), polyurethan. **2.** espanso ~ flessibile (poliuretano espanso flessibile) (*ind. chim.*), flexible foamed polyurethan, flexible cellular polyurethan.

poliuretano (resina di polimerizzazione) (*ind. chim.*), polyurethan, polyurethane.

polivalènte (*chim.*), polyvalent.

polivalènza (*chim.*), polyvalence.

polivinile (*chim.*), polyvinyl. **2.** cloruro di ~ (vipla, per il rivestimento di cavi elettrici per es.) (*elett. - chim.*), polyvinyl chloride.

polivinìlico (*a. - chim.*), polyvinyl.

polivòmere (aratro polivomere) (*macch. agric.*), multi-furrow plough.

polizìa (*leg.*), police. **2.** ~ ferroviaria (*ferr.*), railway police.

poliziotto (*leg.*), policeman.

pòlizza (*comm.*), bill, policy. **2.** ~ (serie di caratteri di uguale stile e dimensione) (*tip.*), font (am.), fount (ingl.). **3.** ~ (di assicurazione) (*ass.*), policy. **4.** ~ assicurativa polirischio (~ che copre ogni rischio) (*ass.*), comprehensive insurance policy. **5.** ~ di carico (*comm. - nav.*), bill of lading, B/L. **6.** ~ di carico diretta (*comm. - nav.*), through bill of lading. **7.** ~ di carico per trasporto oceanico (*comm. - nav.*), ocean bill of lading. **8.** ~ doganale di restituzione (*comm.*), debenture.

pòllice (25,4 mm) (*mis.*), inch, in. **2.** ~ cubo (16,387 cm^3) (*mis.*), cubic inch, cu in. **3.** ~ quadrato (6,452 cm^2) (*mis.*), square inch, sq. in. **4.** cinque decimi di ~ (0,5 pollici) (*mis.*), .5 inches, point five inches. **5.** libbre per ~ quadrato (*mis.*), pounds per square inch, p.s.i. **6.** 1/1000 di ~ (0,0254 mm) (*mis.*), one thousandth of an inch, one thousandth. **7.** 1/1000 di ~ (unità di misura per diametri di fili) (*mis.*), mil.

pollice-colonna (*pubbl.*), column inch.

polmone (per regolare la pressione dell'aria in una conduttura per es.) (*mecc. dei fluidi*), plenum chamber. **2.** ~ (di un impianto di scarico per es.) (*aut. - ecc.*), expansion box. **3.** ~ (di accumulo in una linea di imballaggio per es.) (*ind.*), storage unit. **4.** ~ d'acciaio (*app. med.*), iron lung.

pòlo (*elett. - sc. costr. - mecc. raz.*), pole. **2.** ~ (di un pallone sferico) (*aer.*), pole. **3.** ~ celeste (*astr.*), celestial pole. **4.** ~ conseguente (polo magnetico in un punto diverso dalle estremità del magnete) (*elett.*), consequent pole. **5.** ~ di calamita (*fis.*), magnetic pole. **6.** ~ di magnete (*fis.*), magnetic pole. **7.** ~ magnetico (*geofis.*), magnetic pole. **8.** ~ magnetico terrestre (*geofis.*), terrestrial magnetic pole. **9.** ~ negativo (*elett.*), negative pole. **10.** ~ nord (*geogr.*), North Pole. **11.** ~ nord (di un ago magnetizzato) (*magnetismo*), north pole. **12.** poli opposti (*elett.*), asunder poles. **13.** ~ piroelettrico negativo (polo antilogo di un cristallo) (*piroelettricità*), antilogous pole. **14.** ~ saliente (di un alternatore) (*elett.*), salient pole. **15.** ~ sud (*geogr.*),

South Pole. **16.** migrazione dei poli terrestri (oscillazione ellittica e periodica dell'asse terrestre, periodo di Chandler) (*geofis.*), Chandler's wobble.

polònio (Po - *chim.*), polonium.

polpa di legno (pasta di legno) (*chim. ind.*), wood pulp.

polpe (fettucce esaurite) (*mft. zucchero*), pulp. **2.** acqua di ~ (*mft. zucchero*), pulp water.

poltrona (*mobilio*), armchair. **2.** ~ da combattimento (su uno yacht attrezzato per la pesca d'altura) (*pesca*), fighting chair. **3.** ~ odontoiatrica (*att. med.*), dental treatment chair. **4.** ~ per oculisti (*att. med.*), oculistic treatment chair. **5.** ~ viaggiatori (di aeroplano per es.), passengers' seat.

pólvere, dust. **2.** ~ (finissima), flour. **3.** ~ (da sparo) (*espl.*), powder. **4.** ~ da cementazione (*tratt. term.*), hardening, cement. **5.** ~ da mina (*espl.*), blasting powder. **6.** ~ da sbianca (*ind.*), bleaching powder. **7.** ~ da stampaggio (per lo stampaggio di materie plastiche) (*ind. chim.*), molding powder. **8.** ~ di carbone (*comb.*), coal dust, coom. **9.** ~ di smeriglio (polvere abrasiva) (*mecc.*), emery flour, emery powder. **10.** ~ di stampaggio (nella mft. gomma) (*ind.*), molding powder. **11.** ~ di stracci (*mft. carta*), rag dust. **12.** ~ di talco, talcum powder. **13.** ~ d'oro (*vn. - stampa*), gold powder. **14.** ~ isolante o antiaderenza (per facilitare il distacco del modello) (*fond.*), parting powder. **15.** ~ meteorica (*spazio - astric.*), meteoritic dust, meteor dust. **16.** ~ nera (*espl.*), black powder, gunpowder, gun powder. **17.** ~ per produrre lampi di luce artificiale (polvere di "magnesio") (*fot.*), flashlight powder, flashlight. **18.** ~ pirica (*espl.*), gunpowder. **19.** ~ senza fumo (*espl.*), smokeless powder. **20.** cospargere di ~ (*gen.*), to dust. **21.** formazione di ~ (su un pavimento di calcestruzzo per es.) (*ing. civ.*), dusting. **22.** fuori ~ (detto di una vernice giunta ad uno stato di essiccazione al quale la polvere non ha più presa) (*a. - vn.*), dust dry. **23.** in ~ (*gen.*), powdered, pulverized, in powder. **24.** locale senza ~ (per macch. o app. elettronici, per es.) (*ind.*), clean room. **25.** stagno alla ~ (di una carrozzeria automobilistica per es.) (*ind.*), dustproof, dust-tight.

polverièra (*milit.*), powder magazine.

polverificio (fabbrica di esplosivi) (*ind. espl.*), powder factory.

polverino di carbone (*min. - ind.*), coal dust. **2.** ~ di carbone (nero di fonderia) (*fond.*), blacking, facing. **3.** ~ di miniera (*min.*), slack.

polverizzare (un solido) (*ind.*), to pulverize. **2.** ~ (un liquido) (*ind.*), to atomize.

polverizzato (di solido) (*a. - gen.*), powdered, pulverized. **2.** ~ (di combustibile liquido per es.) (*mot. - ecc.*), atomized.

polverizzatore (*mecc.*), sprayer. **2.** ~ (per polvere insetticida) (*app. agric.*), duster. **3.** ~ (di carburatore per es.) (*mecc.*), jet, spray nozzle, atomizer sprayer. **4.** ~ (dell'iniettore di un motore diesel) (*mecc. - mot.*), nozzle. **5.** ~ di carburante (*ind.*), fuel nozzle.

polverizzazione (di un solido) (*ind.*), pulverization. **2.** ~ (di carburante di motore per es.) (*mot.*), atomization. **3.** ~ catodica (in un tubo a raggi X) (*radiologia*), cathode sputtering. **4.** ~ del combustibile (per forni di caldaia a nafta per es.) (*ind.*), spraying of the fuel, atomizing of the fuel. **5.** ~ ionica (vaporizzazione ionica, erosione superficiale, polverizzazione del materiale del catodo colpito da ioni positivi, usata per il rivestimento di metalli per es.) (*elett. - eltn. - tecnol.*), sputtering.

polverulento (*a. - gen.*), powdery.

pomèllo (di leva, di maniglia per es.), knob, ball grip. **2.** ~ di (comando della) apertura (di una porta) (*ed. - falegn.*), doorknob.

pomeridiano (*gen.*), afternoon, post meridiem, PM.

pómice (*min. vulcanico*), pumice.

pomiciare (lisciare con pomice) (*gen.*), to pumice. **2.** ~ (carteggiare lo stucco per es.: nella preparazione alla verniciatura) (*vn.*), to rub down, to sand. **3.** ~ (smerigliare, vellutare, una pelle per guanti per es.) (*ind. cuoio*), to fluff.

pomiciato (carteggiato, levigato) (*vn.*), rubbed down.

pomiciatura (carteggiatura) (*vn.*), rubbing, rubbing down, sanding. **2.** ~ (smerigliatura, vellutatura di una pelle per guanti per es.) (*ind. cuoio*), fluffing. **3.** ~ a umido (carteggiatura a umido) (*vn.*), wet rubbing, wet sanding.

pomo (al montante terminale della balaustra di una scala per es.) (*ornamento*), acorn.

pòmolo (*mecc.*), *vedi* pomello.

pompa (*macch.*), pump. **2.** ~ (girante di pompa, di un giunto idraulico per es.) (*macch.*), impeller. **3.** ~ (radiazione o dispositivo per pompare atomi o molecole) (*fis. atom.*), pump. **4.** ~ a capsulismo (*app. mecc.*), positive displacement pump. **5.** ~ a cilindrata fissa (per comandi idraulici per es.) (*macch.*), fixed displacement pump. **6.** ~ a cilindrata variabile (per comandi idraulici per es.) (*macch.*), variable displacement pump. **7.** ~ a diaframma, *vedi* ~ a membrana. **8.** ~ a diffusione (per alto vuoto) (*macch.*), diffusion pump. **9.** ~ a disco oscillante (*mecc.*), swash-plate pump, wobble plate pump. **10.** ~ a doppio effetto (*macch.*), double-acting pump. **11.** ~ ad un solo corpo (*macch. idr.*), simplex pump. **12.** ~ agente per trasporto meccanico (*macch.*), displacement pump. **13.** ~ a ingranaggi (per lubrificazione forzata di motore per es.) (*mecc.*), gear pump. **14.** ~ a mano (dell'acqua di sentina di una barca per es.) (*app.*), hand pump, manual pump. **15.** ~ a mano (per gonfiare pneumatici) (*app.*), inflator. **16.** ~ a membrana (p. es. per l'alimentazione della benzina nei motori a c. i.) (*idr. - mecc.*), diaphragm pump. **17.** ~ antincendio (pompa di servizio antincendio) (*nav. - ecc.*), fire pump, fire engine. **18.** ~ a palette (per circuiti idraulici per es.) (*macch.*), vane pump. **19.** ~ a pedale (per gonfiaggio pneumatici per es.) (*gen.*), foot pump. **20.** ~ a pedale per (sollevamento) pantografo (*ferr. elett.*), pantograph foot pump. **21.** ~ a portata variabile (*mecc.*), variable delivery pump. **22.** ~ a semplice effetto (*macch.*), single-acting pump. **23.** ~ aspirante (*macch. idr.*), suction pump. **24.** ~ aspirante-premente a diaframma (*macch.*), lift and force type diaphragm pump. **25.** ~ a spostamento diretto (*macch.*), lift pump. **26.** ~ a stantuffo (*macch.*), piston pump. **27.** ~ a stantuffo immerso (*macch.*), plunger pump. **28.** ~ ausiliaria (del sistema di alimentazione del motore di un velivolo) (*mecc. - aer.*), booster pump. **29.** ~ autoadescante (*macch.*), self-priming pump. **30.** ~ a vapore ("cavallino") (per alimentazione caldaia per es.) (*macch.*), steam pump. **31.** ~ a vite (*macch.*), screw pump. **32.** ~ a vuoto (per fare il vuoto) (*macch.*), vacuum pump. **33.** ~ a vuoto a diffusione (*app. fis.*), diffusion air pump. **34.** ~ a vuoto ausiliaria (per il primo stadio di vuoto) (*macch.*), forepump, backing pump. **35.** ~ a vuoto criogenica, *vedi* criopompa. **36.** ~ a vuoto spinto (*macch.*), high-vacuum pump. **37.** ~ benzina (pompa d'alimentazione di un motore a benzina) (*mot.*), petrol pump. **38.** ~ centrifuga con statore a coclea (o a forma di chiocciola) (*macch. idr.*), volute pump. **39.** ~ centrifuga elettrocomandata (*macch.*), centrifugal electric pump. **40.** ~ con rotore a disco inclinato (*mecc.*), wobble-plate pump, swash-plate pump. **41.** ~ del combustibile (*mot.*), fuel pump. **42.** ~ dell'olio (di un motore per es.) (*mecc.*), oil pump. **43.** ~ dell'olio di ricupero (*mot.*), scavenge oil pump. **44.** ~ del refrigerante (*macch. ut.*), coolant pump, "suds pump". **45.** ~ di accelerazione (di carburatore) (*mot.*), accelerating pump. **46.** ~ di adescamento (*idr. - ecc.*), priming pump. **47.** ~ di alimentazione, *vedi* ~ del combustibile. **48.** ~ di alimentazione (del carburante) (di un motore a reazione per es.) (*mot.*), fuel pump. **49.** ~ di alimentazione a depressione (*aut.*), vacuum fuel pump, "autovac". **50.** ~ di alimentazione ausiliaria a mano (usata per il carburatore di un motore d'aeroplano) (*aer.*), wobble pump. **51.** ~ di calore (in un impianto di refrigerazione) (*term.*), heat pump. **52.** ~ di circolazione (in un impianto di riscaldamento) (*term.*), circulation pump. **53.** ~ di estrazione (per un sistema di fognatura) (*mur. - tubaz.*), sump pump. **54.** ~ di forza (*macch. idr.*), force pump. **55.** ~ di iniezione (per motore diesel per es.) (*mecc.*), injection pump, jerk pump. **56.** ~ di iniezione (per iniettare il carburante nei tubi di ammissione di un motore a benzina) (*mot. aer.*), bulk-injection pump. **57.** ~ di lavaggio (del ponte di una nave per es.) (*nav. - ecc.*), washdown pump. **58.** ~ di mandata (di un sistema di lubrificazione) (*mot.*), pressure pump. **59.** ~ di pressione (*idr. - macch.*), force pump. **60.** ~ di ricupero (dell'olio) (*mot.*), scavenge pump. **61.** ~ di sovrapressione (*fluidica*), booster pump. **62.** ~ dosatrice (per lubrificazione cuscinetti di motore a reazione per es.) (*mecc.*), metering pump. **63.** ~ elicoidale (*macch.*), helical pump. **64.** ~ idraulica a portata variabile e a pressione compensata con un solo senso di flusso (*macch.*), unidirectional pressure compensated variable-displacement hydraulic pump. **65.** ~ multipla (*macch.*), multistage pump. **66.** ~ oliatrice (di una locomotiva a vapore) (*ferr.*), lubrification pump. **67.** ~ per acidi (*macch. - chim. - ind.*), acid pump. **68.** ~ per calcestruzzo (per il trasporto del calcestruzzo su lunghe distanze) (*macch. ed.*), concrete pump. **69.** ~ per fango (nella trivellazione del petrolio) (*min.*), mud pump, sludge pump. **70.** ~ per fare il vuoto (*macch.*), air pump. **71.** ~ per ghiaia (usata per pompare una miscela di acqua e ghiaia) (*costr. ed.*), gravel pump. **72.** ~ per ingrassaggio a pressione (*att. per aut.*), grease gun. **73.** ~ per l'acqua di ricupero (*ind. carta*), backwater pump. **74.** ~ per l'acqua di zavorra (*nav.*), ballast pump. **75.** ~ per la messa in bandiera (*aer.*), feathering pump. **76.** ~ per liquame (*ed. - macch.*), sewage pump. **77.** ~ per liquidi densi (*macch. ind.*), slush pump. **78.** ~ per pneumatici (*att. per aut.*), tyre pump (ingl.), tire pump (am.). **79.** ~ per pozzi profondi (*macch.*), deep well pump. **80.** ~ per pressare (attrezzatura per la prova di tubazione o di recipienti sotto pressione), test pump. **81.** ~ per sabbia (per una draga per es.) (*macch. idr.*), sand pump. **82.** ~ per salamoia (*ind. del freddo*), brine pump. **83.** ~ per (o di) sentina (*nav.*), bilge pump. **84.** ~ per servizi igienici (*nav.*), sanitary service pump. **85.** ~ portatile a pedale (per pneumatici) (*accessorio mtc. - ecc.*), portable foot air pump. **86.** ~ premente a pistone (*macch. idr.*), force pump. **87.** ~ rotativa a pistoncini (*macch.*), rotary piston pump. **88.** ~ rotativa a pistoncini assiali (*macch.*), wobble plate pump. **89.** ~ rotativa a pistoni radiali (*macch.*), radial piston pump. **90.** ~ rotativa molecolare (tipo di pompa a vuoto) (*strum. fis.*), molecular pump. **91.** ~ sommersa (*macch. idr.*), submersed pump. **92.** ~ volumetrica (pompa a pistoni o pompa ad ingranaggi) (*macch.*), positive-displacement pump. **93.** adescare una ~ (*idr.*), to prime a pump. **94.** caricare una ~ (riempirla di liquido affinché adeschi) (*idr.*), to prime a pump. **95.** colpo di ~ (*mecc.*), pump shot. **96.** corpo di (o della) ~ (*mecc.*), pump casing. **97.** sala delle pompe (*nav.*), well. **98.** ~, *vedi anche* pompetta.

pompaggio (*ind.*), pumping. **2.** ~ (oscillazione o fluttuazione, della pressione di mandata di un compressore in funzione della richiesta d'aria) (*difetto macch.*), surging. **3.** ~ (di atomi o molecole) (*fis. atom.*), pumping. **4.** ~ magnetico (sistema di riscaldamento del plasma) (*fis.*), magnetic pumping. **5.** centrale di ~ (*idr. - ind.*), pumping station.

pompante (della pompa d'iniezione di un motore diesel) (*mot.*), pumping element.

pompare (*gen.*), to pump. **2.** ~ (il fluttuare della pressione di mandata di un compressore per es.)

(*difetto - macch.*), to surge, to pump. **3.** ~ (stimolare l'emissione di radiazioni eccitando atomi o molecole) (*fis. atom.*), to pump. **4.** ~ ad intermittenza (da un pozzo di piccola produzione) (*min. - ind. chim.*), to pump by heads.

pompatura (di un montante, per impedire la solidificazione e prolungare il periodo di alimentazione) (*fond.*), rod feeding, pumping.

pompetta (a mano) (*att.*), squirt. **2.** ~ a mano per pulizia iniettori (di motore diesel) (*att.*), injector cleaning squirt. **3.** ~ di adescamento a mano (di un impianto di iniezione di un motore diesel) (*mot.*), hand-primer. **4.** ~ di riempimento (di penna stilografica per es.) (*gen.*), filler.

pompière (*vigile antincendi*), fireman.

ponderazione (*stat.*), weighting.

ponderomotrice (detto di una forza che causa il movimento di un corpo) (*a. - fis.*), ponderomotive.

ponènte (*geogr.*), west.

ponitore (operaio che pone o sposta i fogli di pasta di legno sul feltro) (*op. ind. carta*), coucher.

pontaiòlo (*op.*), bridge construction worker.

pontare (*nav.*), to deck.

pontata (carico di coperta) (*nav.*), deck cargo.

pontato (*nav.*), decked.

ponte (*ed. - arch.*), bridge. **2.** ~ (*elett.*), bridge, jumper. **3.** ~ (*nav.*), deck. **4.** ~ (di una gru a carroponte) (*mecc.*), bridge. **5.** ~ (volta in un altoforno) (*metall.*), scaffold. **6.** ~ (arte dentaria) (*med.*), bridge. **7.** ~ (di un forno per vetro: parete che divide la zona di fusione da quella di affinazione) (*mft. vetro*), bridge wall. **8.** "~" a bilico (pesa a bilico, stadera a bilico) (*macch.*), platform scale. **9.** ~ a bilico (per carico merci) (*ed. - ind.*), tipping bridge. **10.** ~ a cantilever (*costr. ed.*), cantilever bridge. **11.** ~ ad arco (*ed.*), arch bridge. **12.** ~ ad arco in ferro (*ed.*), steel arch bridge. **13.** ~ a doppia riduzione (ponte a due rapporti di riduzione) (*aut.*), dual ratio axle. **14.** ~ a due vie (*ed.*), two-way bridge. **15.** ~ aereo (*aer. milit.*), airlift. **16.** ~ a mensola (*ed.*), cantilever bridge. **17.** ~ a portale (*costr. ed.*), portal frame bridge. **18.** ~ a sbalzo (ponte a mensola) (*ed.*), cantilever bridge. **19.** ~ a traliccio (*ed.*), trestle bridge. **20.** ~ a travata (ponte a travi reticolari) (*costr. ed.*), truss bridge. **21.** ~ a travate continue (*costr. ed.*), continuous truss bridge. **22.** ~ a trave con parete piena (*costr. ed.*), plate girder bridge. **23.** ~ a travi reticolari (*costr. ed.*), truss bridge. **24.** ~ a via inferiore (*ed.*), bottom-road bridge, through bridge (ingl.). **25.** ~ a via intermedia (*ed.*), through bridge (am.). **26.** ~ a via superiore (con travi di supporto e tralicci posti al di sotto del livello della strada) (*ed.*), deck bridge. **27.** ~ canale (*ed.*), canal bridge. **28.** ~ componibile di Bailey (*costr. in acciaio*), Bailey bridge. **29.** ~ con sbalzi (*costr. ed.*), cantilever bridge. **30.** ~ controcoperta (*nav.*), spar deck. **31.** ~ convesso (su qualche peschereccio per es.) (*costr. nav.*), turtleback, turtle deck. **32.** ~ corazzato (*nave da guerra*), protective deck, armored deck. **33.** ~ dei giochi (*nav.*), games deck. **34.** ~ del cassero di prua (*nav.*), forecastle deck. **35.** ~ dell'aviorimessa (di una portaerei) (*mar. milit.*), hangar deck. **36.** ~ delle imbarcazioni (*nav.*), boat deck. **37.** ~ delle lance (*nav.*), boat deck. **38.** ~ delle paratie stagne (*nav.*), bulkhead deck. **39.** ~ di atterraggio (di portaerei) (*mar. milit.*), flying on deck. **40.** ~ di attraversamento di un canale (*strad.*), culvert. **41.** ~ di barche (*strad. - costr. milit.*), bridge of boats. **42.** ~ di batteria (*nav.*) (obsoleto), gun deck. **43.** ~ di batteria (con postazioni di cannoni) (*portaerei - ecc.*), gallery deck. **44.** ~ di caricamento (*ind. - ed.*), loading bridge. **45.** ~ di comando (plancia) (*nav.*), bridge (deck). **46.** ~ di coperta (di una nave da guerra) (*mar. milit.*), main deck. **47.** ~ di corridoio (di una nave da guerra) (*mar. milit.*), third deck. **48.** ~ di fortuna (*nav.*), jury bridge. **49.** ~ di impalcatura (*ed.*), catwalk. **50.** ~ di lancio (ponte di decollo: di portaerei) (*mar. milit.*), flying off deck. **51.** ~ di lavoro (*min.*), stull. **52.** ~ di Maxwell (~ a corrente alternata usato per rilevare l'induttanza o la capacitanza di un componente elettrico) (*strum. mis. elett.*), Maxwell bridge, Maxwell-Wien bridge. **53.** ~ di Nernst (~ per la misura della capacitanza alle alte frequenze) (*strum. mis. elett.*), Nernst bridge. **54.** ~ di passeggiata (*nav.*), promenade deck. **55.** ~ di pilotaggio (di un grande aereo) (*aer.*), flight deck. **56.** ~ di poppa (*nav.*), afterdeck, aft deck (ingl.), poop deck. **57.** ~ di riparo (ponte protetto) (*nav.*), shelter deck. **58.** ~ di stazza (*nav.*), tonnage deck. **59.** ~ di vedetta (*mar. milit.*), lookout bridge. **60.** ~ di volo (di portaerei) (*aer. e mar. milit.*), flight deck. **61.** ~ di Wheatstone (*strum. elett.*), Wheatstone's bridge. **62.** ~ di Wien (usato per misurare o confrontare capacità) (*eltn.*), Wien bridge. **63.** ~ ferroviario (*ed. - ferr.*), railroad bridge. **64.** ~ girevole (*costr. ed.*), swing bridge, revolving drawbridge, pivot bridge. **65.** ~ girevole a volate uguali (*ed.*), symmetrical swing bridge. **66.** ~ girevole su di un perno (verticale) di estremità (*costr. ed*), bobtail drawbridge. **67.** ~ inarcato (*nav.*), cambered deck. **68.** ~ in cemento armato (*arch.*), concrete bridge. **69.** ~ inferiore (di una nave mercantile) (*nav.*), lower deck. **70.** ~ in legno (*ed. - carp.*), wooden bridge. **71.** ~ in muratura (*ed.*), masonry bridge. **72.** ~ levatoio (ponte ribaltabile) (*costr. ed.*), bascule bridge. **73.** ~ levatoio in due tronchi (aprentesi a metà) (*ed.*), double-leaf bascule bridge. **74.** ~ metallico (scomponibile) amovibile (*milit.*), portable steel bridge. **75.** ~ mobile (*costr. ed.*), drawbridge, movable bridge. **76.** ~ pedonale (*ed.*), foot bridge. **77.** ~ posteriore (*aut.*), rear axle. **78.** ~ principale (*nav.*), main deck. **79.** ~ provvisorio (*strad.*), flying bridge. **80.** ~ radio (circuito radiotelefonico in luogo del collegamento a filo) (*radio - telef.*), radio link. **81.** ~ scoperto (*nav.*), weather deck. **82.** ~ scoperto (con osteggi, boccaporti ecc.) (*nav.*), trunk deck. **83.** ~ senza sovrastrutture (coperta rasa) (*nav.*), flush deck. **84.** ~ sole (di una nave passeggeri) (*nav.*), sun deck. **85.** ~ sollevabile (*ed.*), vertical-lift bridge. **86.** ~ sollevabile (*nav.*), lift bridge. **87.** ~ sollevatore (per ingrassaggio o lavaggio di automobili per es.) (*app. per autorimessa*), auto lift, lift. **88.** ~ sopraelevato (sostenuto da strutture aperte) (*nav.*), flying deck. **89.** ~ sospeso (*costr. ed. ind.*), suspension bridge, wire bridge. **90.** ~ stradale (*ed.*), road bridge, bridge. **91.** ~ tenda (*nav.*), shade deck. **92.** ~ vestiboli (di una nave passeggeri) (*nav.*), foyer deck. **93.** ~ trasbordatore (*costr.*), ferry bridge. **94.** ~ Vierendeel (*ed.*), Vierendeel bridge. **95.** ~ volante (*ed.*), flying scaffold (ingl.). **96.** a quattro ponti (*a. - nav.*), four-deck. **97.** falso ~ (*nav.*), false deck. **98.** far saltare in aria un ~ (*milit.*), to blow up a bridge. **99.** formarsi di ~ (in un forno) (*metall.*), to hang. **100.** formazione del ~ (formazione della volta: ostruzione che si forma in un cubilotto per es. al di sopra degli ugelli) (*fond.*), bridging, scaffolding. **101.** gettare un ~ (*milit.*), to bridge. **102.** il ~ più alto (*nav.*), upper deck, freeboad deck. **103.** materiale di rivestimento del ~ (*nav.*), decking. **104.** tavolato del ~ (*nav.*), planksheer, deck planking.

ponteggio (impalcatura) (*carp. - ed.*), scaffold, scaffolding, staging, stage. **2.** ~ in ferro (impalcatura) (*carp. - ed.*), iron scaffold, iron frame, iron stage, iron scaffolding, iron staging. **3.** ~ in legno (*carp. - ed.*), wood scaffold, wood scaffolding, wood staging, wood stage. **4.** ~ sospeso (*ed.*), suspended scaffold. **5.** ~ tubolare (*ed.*), tubular scaffold. **6.** materiale per ponteggi (*mur.*), scaffolding.

pontello (ferro pieno per levare il vetro) (*ut. mft. vetro*), punty.

ponticèllo (chiodo a ponticello, cambretta) (*falegn. - carp.*), staple. **2.** ~ (collegamento meccanico a bassa resistenza elettrica, tra rotaie per es.) (*elett.*), bond. **3.** ~ a spina (cavaliere) (*elett.*), cordless plug, jumper. **4.** ~ di passaggio tra macchina e tender (di locomotiva a vapore per es.) (*ferr.*), engine-tender fall plate.

pontiere (*milit.*), pontonier.

pontile (*nav.*), wharf, jetty, pier. **2.** ~ (in legno o in muratura) (*nav.*), jetty. **3.** ~ da sbarco (piattaforma galleggiante all'estremità di un molo) (*nav.*), landing stage. **4.** ~ di carico (*nav.*), loading wharf. **5.** ~ di scarico (*nav.*), unloading wharf.

pontone (*nav.*), pontoon. **2.** ~ a biga (*nav.*), shear pontoon. **3.** ~ a gru (*nav.*), crane pontoon. **4.** ~ appoggio (gru galleggiante usata per la costruzione di piattaforme per la perforazione pozzi petrolio) (*nav.*), derrick barge. **5.** ~ per massi (*trasp.*), stone pontoon.

pool (accordo tra società che operano nello stesso settore economico) (*finanz.*), pool.

"popeline" (poplin, popelina) (*tessuto*), poplin.

popolazione (*stat. - ecc.*), population.

poppa (*nav.*), stern, poop. **2.** ~ (di un dirigibile) (*aer.*), stern. **3.** ~ (di un siluro) (*espl. mar. milit.*), after body. **4.** ~ con tunnel (per l'elica) (*nav.*), tunnel stern. **5.** ~ sottile (*nav.*), pink stern. **6.** ~ tipo incrociatore (*mar. milit. - nav.*), cruiser stern. **7.** a ~ (*nav.*), abaft, aft. **8.** a ~ estrema (*a. - nav.*), aftermost. **9.** cabina di ~ (*nav.*), after cabin. **10.** cassero di ~ (casseretto) (*nav.*), poop deck. **11.** controdritto di ~ (controruota interna di poppa) (*costr. nav.*), inner post. **12.** di ~ (detto di vento o di mare quando si muovono nella stessa direzione della rotta della nave) (*nav.*), following. **13.** dritto di ~ (*nav.*), post, sternpost. **14.** massiccio di ~, *vedi* massiccio. **15.** onda di ~ (*nav.*), stern wave. **16.** ormeggio di ~ (di un dirigibile per es.) (*aer.*), tail-guy mooring. **17.** parte stellata di ~ (al di sotto della linea d'acqua) (*costr. nav.*), run. **18.** vento in ~ (*nav.*), aft wind, stern wind. **19.** volta di ~ (*nav.*), counter.

poppavìa, a poppavìa (verso poppa) (*nav.*), abaft. **2.** a ~ del traverso (*nav.*), abaft the beam.

poppièro (*a. - nav.*), after, astern.

porcellana (*ceramica*), porcelain, porc. **2.** ~ dura (porcellana naturale) (*ceramica*), hard-paste porcelain, vitreous china, hard-fired ceramic. **3.** ~ tenera (porcellana inglese, semiporcellana) (*ceramica*), soft-paste porcelain, artificial porcelain.

porcellanare (*tecnol.*), to porcelainize.

porcile (*ed.*), pigsty.

porcospino (apritoio, tamburo a denti) (*macch. tess.*), porcupine.

pòrfido (*geol.*), porphyry. **2.** ~ felsitico (*geol.*), felsitic porphyry.

porfirite (*min.*), porphyrite.

pòro (*fis.*), pore. **2.** pori (porosità, cavità di un getto) (*difetto fond.*), pores.

poromerico (materiale ~ : resina tessile costituita da poliuretano rinforzato con poliestere e usato per giacche a vento per es.) (*s. - ind. tess.*), poromeric.

porosimetro (indicatore di porosità, di un tessuto per es.) (*strum. mis.*), porosimeter.

porosità (*fis.*), porosity. **2.** ~ (tasso di permeabilità, di un filtro) (*app.*), void fraction. **3.** ~ a pori allungati (*difetto fond.*), elongated porosity. **4.** ~ a pori angolosi (*difetto fond.*), sharp-edged porosity. **5.** ~ a pori sferici (*difetto fond.*), round porosity, spheroidal porosity. **6.** ~ continua (nella metallurgia delle polveri) (*difetto*), intercommunicating porosity. **7.** ~ globulare (di un getto) (*difetto fond.*), globular porosity. **8.** ~ interdendritica (microritiri, cavità microscopiche vicino al cono di ritiro) di un lingotto (*difetto metall.*), interdendritic porosity. **9.** ~ puntiforme (porosità a punte di spillo) (*difetto fond.*), pinhole porosity.

poroso (*fis.*), porous.

porpora (*colore*), purple.

porporina (similoro, lega polverizzata di rame per simulare oro, per es. in vernici) (*metall. - vn.*), gold bronze.

porre (*gen.*), to lay. **2.** ~ (premere il foglio di pasta

di legno sul feltro) (*mft. carta*), to couch. **3.** ~ in opera (i mattoni in un muro per es.) (*mur.*), to lay.
pòrta (*ed. - ind.*), door. **2.** ~ (di un forno), door. **3.** ~ (circuito, che possiede una uscita ed una o più entrate; il suo segnale di uscita è condizionato dalla presenza o assenza di segnali di una o di tutte le entrate: ~ logica) (*eltn. - elab.*), gate. **4.** ~ (connettore, a molti piedini, attraverso il quale possono entrare e uscire i dati) (*elab.*), port. **5.** ~ (terminale di cavo coassiale utilizzato per entrata/uscita dati) (*elab.*), port. **6.** ~ a cortina di aria calda (in sostituzione di una porta normale) (*ed. ind.*), air door. **7.** ~ a due battenti (*ed.*), double door. **8.** ~ a due battenti apribili in un solo senso (*ed.*), single-swing double door. **9.** ~ a due battenti apribili nei due sensi (*ed. - ecc.*), double-swing double door. **10.** ~ ad un battente apribile in un senso solo (*ed.*), single-swing door. **11.** ~ a libro (*ed.*), folding door, multiple leaf door, accordion door, accordion (ingl.). **12.** ~ a libro scorrevole (*ed.*), sliding-folding door. **13.** ~ AND (*eltn. - elab.*), AND gate. **14.** ~ AND NOT (*eltn. - elab.*), AND NOT gate. **15.** ~ apribile nei due sensi (*ed.*), swing door, double-swing door. **16.** ~ a soffietto (*ed.*), accordion door. **17.** ~ a un battente (*ed.*), single door. **18.** ~ automatica (di un tram per es.) (*veic.*), power door. **19.** ~ a vetri (*ed.*), glass door, sash door. **20.** ~ della camera a fumo (di una locomotiva a vapore per es.) (*ferr.*), smokebox door. **21.** ~ dell'ostruzione retale (*mar. milit.*), net gate. **22.** ~ del vestibolo (di una automotrice ferroviaria per es.) (*ferr.*), vestibule door. **23.** ~ di accesso (*ed.*), access door. **24.** porte di carico anteriori (di un apparecchio per trasporto merci con portelloni aprentisi sul musone) (*aer.*), nose loading doors. **25.** ~ di equivalenza, *vedi* NOR esclusivo. **26.** ~ di inibizione (*eltn. - elab.*), except gate. **27.** ~ di sicurezza (*ed.*), escape door. **28.** ~ di sicurezza contro l'esplosione (di un forno) (*ind.*), explosion proof door. **29.** ~ di ventilazione (*min.*), ventilating door, weather door, air lock. **30.** ~ finta (*ed.*), dummy door, blank door. **31.** ~ girevole (all'entrata di un albergo per es.) (*ed.*), revolving door. **32.** ~ incernierata orizzontalmente in alto (in alcune automobili sportive: ~ ad ala di gabbiano) (*aut.*), gull wing door. **33.** ~ logica (p. es. OR, AND, NOT ecc.) (*eltn. - elab.*), logical gate, switching gate. **34.** ~ logica AND (~ dell'algebra booleana) (*elab.*), AND, AND gate. **35.** ~ logica NOR (*elab.*), NOR, logic gate NOT OR. **36.** ~ parallela (da tale ~ l'uscita o l'entrata dei dati avviene contemporaneamente verso o da più linee) (*eltn. - elett.*), parallel port. **37.** ~ posteriore (di una giardinetta per es.) (*aut.*), tail door. **38.** ~ principale, portone (*costr. civ.*), foredoor. **39.** ~ principale (portone [d'ingresso]) (*ed.*), front door. **40.** ~ ribaltabile (di autorimessa privata per es.) (*ed.*), overhead door. **41.** ~ scorrevole (*ed.*), sliding door. **42.** ~ seriale (da tale ~ l'entrata o l'uscita dei dati avviene in modo seriale verso o da una sola linea) (*eltn. - elett.*), serial port. **43.** ~ stagna (*nav.*), watertight door. **44.** ~ stagna scorrevole (*costr. nav.*), sluice valve. **45.** a molte porte (detto di un app. elettronico provvisto di molti punti di interfacciamento e quindi collegabile con più linee) (*eltn.*), multiport. **46.** a quattro porte (*a. - aut.*), four-door. **47.** insieme di porte logiche (circuito integrato avente molte porte logiche su di una unica base) (*elab.*), gate array. **48.** montante (della) ~ (*costr. carrozz. aut.*), door-post. **49.** rullo (o ruota) di ~ scorrevole (*att. falegn.*), door roller. **50.** terza (o quinta) ~ (nella versione a 3 [od a 5] porte: portellone posteriore) (*aut.*), hatchback door. **51.** vano ~ (*costr. carrozz. aut.*), doorway.
portabagagli (di automobile per es.), trunk rack, baggage rack, luggage carrier, luggage rail, luggage rack. **2.** ~ per (carico sul) tetto (o imperiale) (*accessorio aut.*), roof rack. **3.** carrello ~ (*per staz. ferr.*), railway station truck (am.).
portablocchetti (per calibri a blocchetto) (*mecc.*), gauge block holder.
portabobina (*imballaggio*), reel carrier, reel trolley. **2.** portabobine (tavola munita di caviglie in cui infilare le bobine di filo per il loro trasporto) (*att. tess.*), pinboard. **3.** ~ stellare (di una rotativa) (*macch. tip.*), reel star.
portabómbole (di automobile alimentata a gas compresso) (*accessorio aut.*), cylinder holder.
portacenere (*aut. - ferr. - aer. - ecc.*), ash-tray, ash receptacle.
portaceppi (del freno) (*veic.*), (brake) shoe holder.
portacontatti (*elett.*), contact carrier.
portacuscinetti (per madrevite) (*ut.*), diestock, stock, screwstock. **2.** ~, *vedi anche* portafiliera.
portaelèttrodo (*elett.*), electrode holder.
portaèrei (*nav.*), carrier, airplane carrier, flattop. **2.** ~ ausiliaria (mercantile trasformato) (*mar. milit.*), escort carrier.
portaferiti (barellista) (*milit.*), litter bearer, stretcher-bearer.
portafili (*elett.*), cable carrier. **2.** ~ (di macchina per maglieria) (*ind. tess.*), thread carrier.
portafilièra (per filettatura a mano) (*mecc.*), stock, diestock, screwstock. **2.** ~ (per filettatura a macchina) (*mecc. - macch. ut.*), die head, die holder.
porta-finestra (a due battenti) (*ed.*), French window (ingl.), door window.
portafioretto (*min.*), chuck.
portafocolaio (di una locomotiva a vapore) (*ferr.*), firebox support.
portafoglio (elenco di azioni per es. nelle mani di un finanziere o di una banca) (*finanz.*), portfolio. **2.** ~ titoli (titoli posseduti) (*finanz.*), investment portfolio.
portafrèsa (*mecc. - macch. ut.*), cutter holder.
portafusibili (*elett.*), fuse carrier.
portagètto (di carburatore) (*mecc.*), jet carrier, jet block. **2.** ~ di potenza (di carburatore) (*mecc. mot.*), power jet carrier. **3.** ~ principale (di carburatore) (*mecc. mot.*), main jet carrier.

portaghi, porta-aghi (*strum. med.*), needle holder.
portainiettore (*mot. diesel*), nozzle holder.
portalame (di utensile) (*mecc.*), cutter block.
portalàmpada (*elett.*), bulb socket, lamp holder, lamp socket. **2.** ~ a baionetta (*accessorio illum. elett.*), bayonet type lamp holder, bayonet-type bulb socket. **3.** ~ a vite (*accessorio illum. elett.*), screw type lamp holder, screw-type bulb socket. **4.** ~ con attacco a tubo (per montaggio sospeso) (*accessorio illum. elett.*), pipe fitting lamp holder. **5.** ~ con attacco Edison (*elett.*), medium screw lamp holder. **6.** ~ con interruttore a pulsante trasversale (*illum. elett.*), push-bar switch lamp holder (ingl.). **7.** ~ Goliat (o Goliath) (*elett.*), mogul lamp holder (am.). **8.** ~ micromignon (*elett.*), miniature screw lamp holder. **9.** ~ mignon passo Edison (*elett.*), candelabra lamp holder. **10.** ~ normale a passo Edison (*elett.*), medium screw lamp holder. **11.** frutto del ~ (contenente i contatti) (*elett.*), body.
portale (architettonicamente importante) (*arch.*), portal. **2.** ~ (supporto metallico di una linea di contatto sospesa per ferr. elett.) (*ferr.*), portal. **3.** ~ (vano di porta) (*ed.*), doorway.
portalettere (postino) (*lav.*), postman.
portamazze (*gioco del golf*), caddie, caddy.
porta-mire (portastadia, canneggiatore, incaricato a portare e leggere una mira a scopo) (*op. top.*), rodman.
portamòla (mozzo flangiato per il supporto della mola) (*mecc. - macch. ut.*), wheel center (am.). **2.** mandrino ~ (*mecc. - macch. ut.*), wheel spindle.
portante (*a. - sc. costr.*), load bearing. **2.** ~ (onda ~ per es.) (*s. - radio - ecc.*), carrier. **3.** ~ audio (*telev. - ecc.*), sound carrier. **4.** ~ di riferimento (*tlcm.*), reference carrier. **5.** demodulazione della ~ (*eltn.*), carrier demodulation. **6.** ~ di crominanza (~ della TV a colori modulata con i due segnali uno in fase ed uno in quadratura per la trasmissione della luminanza e del colore) (*telev.*), chrominance carrier. **7.** sistema a ~ soppressa (sistema di trasmissione segnali con soppressione della portante) (*tlcm.*), carrier suppression method. **8.** sistema a ~ trasmessa (sistema di trasmissione in cui la ~ modulata in ampiezza viene effettivamente trasmessa) (*tlcm.*), transmitted-carrier system.
portanza (*aerodin.*), lift. **2.** ~ aerodinamica (componente dovuta alla velocità relativa dell'aria) (*aer.*), aerodynamic lift. **3.** ~ statica (forza ascensionale statica: di un aerostato per es.) (*aer.*), static lift. **4.** ~ totale (di un aer.) (*aer.*), total lift. **5.** perdita di ~ (fenomeno aerodin.) (*aer.*), lift loss.
portaobiettivo (di un microscopio) (*ott.*), nosepiece.
portaoculari (di un microscopio per es.) (*ott.*), eyepiece holder.
portaoggetto (del microscopio) (*ott.*), objectholder.
porta-ordini (staffetta) (*milit.*), dispatch rider, runner.
portapacchi (*mtc.*), carrier. **2.** piccolo ~ a griglia (di una motocicletta o bicicletta per es.), parcel grid. **3.** ~, *vedi anche* portabagagli.
portapagina (foglio di carta robusta sulla quale viene messa una pagina composta) (*tip. - mft. carta*), page paper.
portapellicole (*fot.*), film holder. **2.** ~ pneumatico (*fotomecc.*), vacuum film holder.
portapenne (*att. da uff.*), penholder.
porta-pettini (di una sfibratrice per es.) (*macch. mft. carta*), finger bar.
portapezzo (piattaforma portapezzo, per es. di un tornio ecc.) (*macch. ut.*), chuck, faceplate.
portapolverizzatore (supporto del polverizzatore, di un motore diesel) (*mot.*), nozzle holder.
portaprovetta, portaprovette (*att. chim.*), test (tube) stand, test tube rack.
portapunta (da trapano per es.) (*macch. ut.*), toolholder. **2.** ~ (di trapano a mano) (*ut.*), pod.
porta-punzoni (di una fucinatrice) (*macch. fucinatura*), toolholder.
portare (trasportare) (*gen.*), to carry. **2.** ~ (sostenere: di trave per es.) (*ed. - mecc.*), to support, to carry, to bear. **3.** ~ (di vele che prendono bene il vento) (*nav.*), to draw. **4.** ~ (nel senso di condurre, guidare) (*gen.*), to bring. **5.** ~ a misura (ridurre a misura) (*mecc. - ecc.*), to size.
portaròcche (di un telaio) (*mecc. tess.*), reel stick.
portaruòta (*mecc.*), wheel carrier. **2.** ~ di scorta (*aut.*), spare wheel carrier.
portasapone (per lavabo ecc.) (*ed. - ecc.*), soap fixture, soap dish. **2.** ~ per sapone liquido (per lavabo, in una carrozza ferroviaria per es.) (*ferr. - ed. - ecc.*), liquid soap fixture.
portasatèlliti (di differenziale di autoveicoli per es.) (*mecc.*), spider.
portasci (sul tetto di una autovettura per es.) (*aut.*), ski rack.
portaspàzzole (di motore o dinamo) (*elettromecc.*), brush holder. **2.** ~ doppio (*elettromecc.*), twin brush holder. **3.** collare ~ (*macch. elett.*), brush ring, brush collar. **4.** colonnina ~ (con boccola isolante: per motore elettrico) (*elettromecc.*), brush holder column.
portastadia (porta-mire, canneggiatore, incaricato di portare e leggere una mira a scopo) (*op. top.*), rodman.
portastampi (banchina portastampi, blocco portastampi, di un maglio) (*macch. ut.*), die shoe, sow block. **2.** ~ (porta-matrici, di una fucinatrice) (*fucinatura*), die block. **3.** ~ (di uno stampo per pressofusione) (*fond.*), die holder.
portata (di autocarro per es.) (*ind.*), carrying capacity, capacity. **2.** ~ (volume di liquido passante attraverso una sezione nell'unità di tempo) (*idr.*), rate of flow, flow rate, discharge. **3.** ~ (distanza raggiungibile da un'arma da fuoco, stazione radio, radar ecc.) (*gen.*), range. **4.** ~ (carico massimo che può essere sostenuto con sicurezza) (*sc. costr.*), capacity load. **5.** ~ (carico trasportabile in peso) (*nav.*), burden. **6.** ~ (di una stazione tra-

smittente per es.) (*radio - radar*), range. **7.** ~ (di un microfono o di un altoparlante) (*radio*), beam. **8.** ~ (di gru per es.), capacity, lifting power, hoisting power. **9.** ~ (di una pompa per es.) (*idr.*), delivery, capacity. **10.** ~ (d'anima) (*fond.*), print. **11.** ~ (di un carro merci per es.) (*ferr.*), capacity. **12.** ~ (distanza di acquisizione, caratteristica di un siluro acustico o di un sistema di localizzazione) (*milit. - acus. sub.*), acquisition range. **13.** ~ (distanza massima a cui un'arma può lanciare un proietto) (*milit.*), carry, carrying power. **14.** ~ a colmo (capacità a colmo, di una ruspa per es.) (*trasp. materiali sciolti*), heaped capacity. **15.** ~ all'estremità esterna (contatto all'estremità esterna, dei denti di un ingranaggio) (*mecc.*), heel bearing. **16.** ~ all'estremità interna (contatto all'estremità interna, dei denti di un ingranaggio) (*mecc.*), toe bearing. **17.** ~ al secondo (di acqua per es.) (*idr.*), flow per second. **18.** ~ ampia (contatto ampio, tra i denti di un ingranaggio) (*mecc.*), wide bearing. **19.** ~ a raso (capacità a raso, di una ruspa per es.) (*trasp. materiali sciolti*), struck capacity. **20.** ~ bassa (contatto basso, tra i denti di un ingranaggio) (*mecc.*), low bearing. **21.** ~ corta (contatto corto tra i denti di un ingranaggio) (*mecc.*), short bearing. **22.** ~ dell'oleodotto (quantità trasportata [o erogata] dall'oleodotto) (*tubaz.*), pipeline run. **23.** ~ del sistema di guida (di un dispositivo di radioguida per es.) (*aer. - navig. - missile - ecc.*), homing range. **24.** ~ di calettamento (parte dell'assile in contatto con il foro della ruota) (*ferr.*), wheel seat. **25.** ~ di punta (*idr.*), peak rate of flow. **26.** ~ effettiva (di un radar per es.) (*radar - ecc.*), effective range. **27.** ~ in ampère (di un cavo per es.) (*elett.*), current carrying capacity. **28.** ~ incrociata (contatto incrociato tra i denti di un ingranaggio) (*mecc.*), cross bearing. **29.** ~ in peso (di aria passante in un motore a reazione per es.) (*aer. - mecc. dei fuidi*), mass flow. **30.** ~ limite (~ massima: di un autocarro per es.) (*veic. - ecc.*), (maximum) loading capacity. **31.** ~ lorda (*nav.*), deadweight capacity. **32.** ~ luminosa (di un segnale) (*illum.*), light range. **33.** ~ lunga (contatto lungo, tra i denti di un ingranaggio) (*mecc.*), long bearing. **34.** ~ marcata ai bordi longitudinali (tra i denti di un ingranaggio) (*mecc.*), bridged lengthwise bearing. **35.** ~ marcata ai bordi trasversali (tra i denti di un ingranaggio) (*mecc.*), bridged profile bearing. **36.** ~ massima (peso massimo che un mezzo può sollevare con sicurezza) (*sicurezza sul lavoro - ind.*), maximum hanging load. **37.** ~ massima (di una pompa per es.) (*gen.*), maximum capacity, max cap. **38.** ~ netta (*costr. nav.*), net capacity. **39.** ~ ottica (*radar - ecc.*), optical range. **40.** ~ ottica, ~ luminosa (distanza massima alla quale si può scorgere un faro) (*ott.*), luminous range. **41.** ~ sbieca (contatto sbieco, tra i denti di un ingranaggio) (*mecc.*), bias bearing. **42.** ~ sbieca in dentro (contatto sbieco in dentro, tra i denti di un ingranaggio) (*mecc.*), bias in bearing. **43.** ~ sbieca in fuori (contatto sbieco in fuori, tra i denti di un ingranaggio) (*mecc.*), bias out bearing. **44.** ~ sottile (contatto sottile tra i denti di un ingranaggio) (*mecc.*), narrow bearing. **45.** ~ zoppa (contatto zoppo, verso la sommità su un fianco e verso il fondo su quello opposto, dei denti di un ingranaggio) (*mecc.*), lame bearing. **46.** alla ~ (nel raggio d'azione) (*gen.*), within range. **47.** a ~ costante (motore o pompa idraulica) (*mot. - macch.*), fixed-displacement. **48.** a ~ intermedia (a medio raggio: di missile, da 200 a 2500 km) (*a. - milit.*), intermediate range. **49.** a ~ variabile (pompa idraulica) (*macch.*), variable-displacement. **50.** limite di ~ (di un carro merci per es.) (*ferr. - ecc.*), load limit.

portàtile (di apparecchio, strumento ecc.), portable. **2.** armi portatili (*milit.*), small arms.

portatimbri (*att. uff.*), stamp rack.

portatore (*gen. - comm.*), bearer. **2.** ~ (di cambiale o assegno) (*finanz.*), holder. **3.** ~ di microbi (*med.*), carrier. **4.** titolo al ~ (*finanz.*), bearer bond.

portatràpano (mandrino portatrapano o portapunta) (*mecc. - macch. ut.*), chuck, drill chuck.

portautensili (*macch. ut.*), toolholder, tool carrier, tool post, slide rest. **2.** ~ a catena (di una mortasatrice a catena per es.) (*macch. ut. legn.*), chain headstock. **3.** ~ a cerniera (supporto oscillante di una limatrice per es.) (*mecc.*), clapper box. **4.** ~ a quattro stazioni (torretta quadra portautensili) (*mecc. - macch. ut.*), four-way tool post. **5.** ~ a telescopio (*mecc. - macch. ut.*), telescopic toolholder. **6.** ~ a torretta (di un tornio) (*mecc. - macch. ut.*), turret tool post, capstan toolholder, monitor. **7.** blocco ~ (*mecc. - macch. ut.*), cutter block. **8.** carrello ~ a cerniera (di una limatrice per es.) (*mecc. - macch. ut.*), clapper box. **9.** cassetta ~ (*gen.*), tool box. **10.** torretta ~ orientabile (*mecc. - macch. ut.*), revolving tool post.

portavalvola (zoccolo della valvola) (*eltn.*), tube holder, tube socket.

portavoce (di un dittafono per es.) (*acus.*), mouthpiece. **2.** ~ a tubo (*acus. ed.*), speaking tube.

portellino (boccaportella) (*nav.*), scuttle. **2.** ~ d'ispezione (apertura che consente l'introduzione di una mano) (*macch. - ecc.*), handhole.

portèllo, portèlla (*nav.*), shutter, port. **2.** ~ (di sottomarino) (*mar. milit.*), hatch. **3.** ~ (portello di carico o di sicurezza) (*aer.*), hatch. **4.** ~ del focolare (di una caldaia per es.), fire door. **5.** ~ dell'apertura di carico (di un carro a tramoggia coperto) (*ferr.*), hatch cover. **6.** ~ del tubo lanciasiluri (*mar. milit.*), torpedo tube shutter. **7.** ~ di caricamento (di focolare di caldaia per es.), fire door. **8.** ~ di carico (*nav.*), raft port. **9.** ~ di emergenza (*ed. - aer. - ecc.*), escape hatch. **10.** ~ d'ispezione (di cavi elettrici, di comando, tubazioni ecc.: in un'ala di aeroplano per es.) (*mecc.*), inspection door. **11.** ~ d'ispezione (di caldaia per es.), manhole cover. **12.** barra (di apertura) del ~ (*aer.*), hatch bar.

portellone (di sott.) (*mar. milit.*), shutter. **2.** ~ a murata (per rifornire la cambusa per es. dalla banchina) (*costr. nav.*), side port. **3.** ~ anteriore (di un aeroplano per trasporto merci) (*aer.*), nose door. **4.** ~ posteriore (di vettura a 3 o 5 porte) (*aut.*), hatchback door.

porticato (*arch.*), arcade. **2.** ~ (prospiciente un ingresso) (*arch.*), porch.

porticciolo di ormeggio per barche da diporto (*nav.*), marina.

pòrtico (*arch.*), arcade, portico. **2.** ~ esterno di una chiesa (*arch.*), galilee.

portièra (*di aut.*), door.

portière (*op.*), doorkeeper, porter.

portina di sciacquamento (di una locomotiva a vapore per es.) (*ferr.*), bottom washout.

portinaio, *vedi* portiere.

portineria (di una casa civile) (*ed.*), doorkeeper lodge. **2.** ~ (di uno stabilimento) (*ind.*), gate, gatekeeper lodge.

Portland, cemento ~ (*mur.*), Portland cement, P.C.

pòrto (*nav.*), port, harbor (am.), harbour (ingl.). **2.** ~ (rada) (*geogr.*), haven. **3.** ~ (trasporto) (*comm.*), freight. **4.** ~ (di merci) (*comm.*), carriage, **5.** ~ assegnato (da pagarsi dal destinatario alla consegna della merce trasportata) (*trasp. - posta*), carriage forward. **6.** ~ di carbonamento (stazione carbonifera) (*nav.*), coaling port. **7.** ~ di commercio (*comm. nav.*), commercial port, port. **8.** ~ di destinazione (*nav.*), port of destination. **9.** ~ di mare (*nav.*), seaport. **10.** ~ di rifornimento del carbone (*nav.*), coaling station. **11.** ~ di sbarco (*nav.*), port of discharge. **12.** ~ di scalo (*nav.*), port of call, p.o.c. **13.** ~ franco (*comm. nav.*), free port. **14.** ~ interno (*nav.*), inner harbor. **15.** ~ naturale (*geogr. - nav.*), natural harbour. **16.** ~ nazionale (*nav.*), home port. **17.** ~ pagato, *vedi* franco di ~. **18.** ~ pagato (*di trasp. mediante posta*), post paid. **19.** ~ per container (~ equipaggiato per il movimento dei container) (*nav.*), containerport. **20.** ~ per imbarcazioni da diporto (*nav.*), marina. **21.** ~ sicuro (*nav.*), safe harbor. **22.** franco di ~ (cioè con trasporto compreso nel prezzo) (*a. - trasp. - comm.*), franco, carriage free, carriage paid. **23.** spese di ~ (trasporto) (*comm.*), cost of freight.

porto-canale (*nav.*), channel-harbor.

portolano (libro) (*nav.*), pilot book, portolano.

portone (*ed.*), gate, main door. **2.** ~ a libro (di aviorimessa per es.) (*ed.*), accordion door, sliding-folding door.

portuale (lavoratore portuale) (*s. - lav.*), harbor worker.

porzione (parte) (*gen.*), portion, part.

pòsa (*ind.*), laying. **2.** ~ (fotografia a tempo) (*fot.*), time photograph, time exposure. **3.** ~ (posa in opera, di un cavo elettrico per es.) (*elett. - telef. - ecc.*), laying. **4.** ~ (dei cavi di un ponte sospeso per es.) (*costr. - ecc.*), stringing. **5.** ~ ausiliaria (nella fotografia a retino) (*fotomecc.*), flash exposure, flashing. **6.** ~ dei primi corsi di fondazione (*mur.*), planting. **7.** ~ (o montaggio) dell'armamento (*ferr.*), superstructure laying. **8.** ~ delle alte luci (*fotomecc.*), highlight exposure. **9.** ~ di un binario (*ferr.*), track laying. **10.** ~ in opera di un condotto (o di una condotta) (*costr. idr. - ecc.*), pipelining. **11.** tempo di ~ (*fot.*), exposure.

posacavi (nave posacavi) (*nav.*), cable ship.

posacenere (portacenere) (*accessorio*), ashtray.

posamine (nave posamine) (*mar. milit.*), minelayer.

posare (binari ferroviari per es.), to lay. **2.** ~ (un cavo elettrico per es.) (*elett. - telef. - ecc.*), to lay. **3.** ~ (una mina) (*mar. milit.*), to lay.

posarsi (di polvere) (*gen.*), to settle. **2.** ~ sul fondo (di sottomarino) (*nav.*), to bottom.

posasegnali (unità posasegnali) (*mar. milit.*), dan buoy layer.

poscritto (postscriptum, P.S.) (*uff.*), postscript, PS.

positiva (comune copia fotografica su carta per es.) (*s. - fot.*), positive.

positivo (*a. - elett.*), positive. **2.** ~ (di un film sviluppato) (*s. - cinem.*), positive. **3.** ~ a contatto (*fot. - fotomecc.*), contact positive. **4.** ~ a tinta continua (non retinato) (*fotomecc.*), continuous tone positive. **5.** ~ a tratto (*fotomecc.*), line positive. **6.** ~ del suono (o della colonna sonora) (*cinem.*), sound positive. **7.** ~ retinato (*tip. - fotomecc.*), halftone positive, screen positive.

positone (elettrone positivo) (*fis. atom.*), positron.

positronio (sistema costituito da un elettrone ed un positrone) (*s. - fis. atom.*), positronium.

posizionale (*a. - gen.*), positional.

posizionamento (di un pezzo per es.) (*tecnol. mecc.*), positioning. **2.** ~ (ricerca della traccia prescelta e trasferimento in loco della testina di lettura/scrittura) (*s. - elab.*), seek. **3.** ~ continuo (*macch. ut. a. c. n.*), continuous path. **4.** ~ da punto a punto (sistema di posizionamento) (*macch. ut. a c. n.*), point-to-point system, PPS. **5.** ~ errato (*ind. - mecc. - ecc.*), misplacement. **6.** ~ mediante grani di riferimento (*mecc.*), doweling. **7.** lavorazione a ~ continuo (*macch. ut. a c. n.*), continuous-path machining. **8.** programmazione automatica per sistemi di ~ (programma di macch. calc. per preparare istruzioni per macch. ut. a c. n.) (*macch. ut. a c. n.*), automatic programming for positioning systems, AUTOPROPS.

posizionare (mettere un vagone merci in posizione favorevole al suo carico o scarico) (*ferr. - ecc.*), to spot. **2.** ~ (sistemare la testina di lettura/scrittura sulla traccia desiderata) (*elab.*), to seek. **3.** ~ mediante grani di riferimento (o pernetti di centraggio) (*mecc.*), to dowel.

posizionato (*gen.*), positioned. **2.** ~ mediante grani di riferimento (*mecc.*), doweled.

posizionatore (*app. ind.*), positioner. **2.** ~ per saldature (*app. ind.*), welding positioner.

posizione (*gen.*), position, location, place. **2.** ~ (*astr.*), position, place. **3.** ~ (punto, di una nave o di un aeroplano) (*navig.*), position, fix. **4.** ~ (grado di un impiegato per es.), rank. **5.** ~ (di una macchina in un'officina per es.) (*pianta macch. off.*), setting. **6.** ~ di caricamento (stazione di caricamento) (*macch. ut.*), loading station. **7.** ~ di entrata (*aer.*), *vedi* cancello. **8.** ~ difensiva (postazione) (*milit.*), position. **9.** ~ di folle (del cambio di velocità di un autoveicolo) (*aut.*), neutral position. **10.** ~ di lavoro (in un apparecchio elettronico indica la ~ fisica di una leva, tasto, pomello ecc., p. es. chiuso, aperto, giù, su ecc.) (*elab. - ecc.*), mode. **11.** ~ di marcia (*macch.*), running position. **12.** ~ di massima probabilità (posizione stimata, di un aeroplano in base ai dati disponibili) (*aer.*), most probable position. **13.** ~ di messa in bolla per l'assemblaggio finale (posizione di un aeroplano in officina per la regolazione ed allineamento delle varie parti) (*aer.*), rigging position. **14.** ~ di minimo scintillìo (di spazzole) (*macch. elett.*), neutral position. **15.** ~ di perforazione (punto di una scheda in cui deve essere eseguita una perforazione) (*elab.*), punch position. **16.** ~ di stampa (in una stampante) (*elab.*), print position. **17.** ~ di volo (posizione geografica riferita ad aria calma) (*navig. aer.*), air position. **18.** ~ estrema (di gru per es.), end position. **19.** ~ in aria, *vedi* posizione di volo. **20.** ~ in bandiera (di un'elica a passo variabile) (*aer.*), feathered position. **21.** ~ in classifica (classifica dei piloti nelle corse per es.) (*sport aut.*), standing. **22.** ~ in piano (di saldatura per es.) (*tecnol. mecc.*), flat position. **23.** ~ protetta [di memoria] (zona della memoria utilizzata per registrare informazioni essenziali di cui si voglia evitare la cancellazione involontaria) (*elab.*), protected location. **24.** ~ rispetto al suolo (di un aer.) (*aer.*), ground position. **25.** ~ stimata (senza osservazione celeste) (*aer.*), dead reckoning. **26.** angolo di ~ (di un utensile da tornio per es.) (*ut. - macch. ut.*), setting angle. **27.** controllo di ~ (*veic.*), position control. **28.** mettere in ~ (un pezzo per es.) (*analisi tempi*), to position. **29.** sistema di comando della ~ (nella lavorazione a comando numerico) (*macch. ut. a c. n.*), position control system, PCS. **30.** ~, *vedi anche* locazione.

posolino, *vedi* sottocoda.

posporre (*gen.*), to postpone.

posposto (*comm.*), postponed.

possedere (*gen.*), to own, to possess.

possèsso (*s. - leg.*), possession, ownership. **2.** prendere ~ (*leg.*), to come into possession.

possibilità (*gen.*), possibility. **2.** ~ di carriera (*organ. pers.*), promotional possibilities. **3.** ~ di esecuzione (*gen.*), feasibility.

pòsta (*corrispondenza o servizio relativo*), mail (am.), post (ingl.). **2.** ~ (posta bianca, pila di fogli di pasta umida) (*mft. carta*), post. **3.** ~ aerea (*aer.*), airmail. **4.** ~ a mezzo missili (*poste*), missile mail. **5.** ~ elettronica (sistema che permette lo scambio di messaggi tra utenti di una rete di elaboratori attraverso la stessa rete) (*telecom. - elab.*), electronic mail. **6.** ~ in arrivo (*uff.*), inward mail. **7.** ~ in partenza (*uff.*), outward mail. **8.** ~ pneumatica (sistema di trasporto corrispondenza), pneumatic dispatch. **9.** ~ raccomandata (*posta*), registered mail. **10.** ~ vocale (memorizzazione e trasmissione di segnali vocali digitalizzati) (*elab. voce*), voice mail. **11.** a giro di ~, by return of mail. **12.** cartella della ~ in arrivo (contenitore della ~ da sottoporre all'esame di un capo ufficio, capo servizio, direttore ecc.) (*uff.*), in-tray. **13.** fermo ~, poste-restante, general delivery. **14.** spedizione per ~ (*posta*), mailing.

postaccensione (*mot.*), postignition.

postagiro (*posta - finanz.*), transfer from postal cheque accounts.

postale (*a. - gen.*), postal. **2.** cartolina ~ (*posta*), postal card, postal. **3.** codice ~ (*posta*), postal code. **4.** furgone ~ (*aut.*), mail van. **5.** timbro ~ (*posta*), postmark. **6.** ufficiale ~ (*impiegato*), postmaster. **7.** ufficio ~, post office. **8.** vaglia ~, post-office order.

postambolo (posizione terminale di sincronizzazione) (*elab.*), postamble.

postatomico (susseguente all'esplosione atomica) (*a. - bomba atom.*), post-atomic.

postazione (posizione preparata per cannoni o per lancio di razzi ecc.) (*milit. - razzi*), emplacement. **2.** ~ d'arma (*milit.*), gun emplacement. **3.** ~ di lancio (per missili, razzi ecc.) (*milit. - astric.*), launching site. **4.** ~ simulata (*milit.*), dummy position.

postcombustione (in un motore a reazione per es.) (*mot.*), reheating, afterburning.

postcombustore (postbruciatore, sul sistema di scarico di un motore a getto) (*aer. - mot.*), afterburner.

postcottura (ripresa di cottura) (*ind.*), after-bake.

postdatare (*finanz. - ecc.*), to postdate.

posteggio (di tassì, taxi: in una città), cabstand. **2.** ~ (parcheggio) (*aut.*), park, parking place. **3.** ~ (di una roulotte in un "camping" per es.) (*veic.*), pitch.

postel (posta elettronica) (*tlcm.*), electronic post service.

postelaboratore (*elab.*), postprocessor.

posteriore (*a. - gen.*), back, rear, rearward, backward. **2.** ~ (parte posteriore) (*s. - gen.*), back, rear.

posticipabile (di un termine di consegna per es.) (*comm. - ecc.*), postponable.

postilla (*tip.*), marginal note, sidenote.

postino (*op.*), postman, mail carrier (am.). **2.** ~ (di una fabbrica, per es.) (*lav.*), mailman, mail carrier.

postluminescenza (*fis.*), afterglow.

postmortem (al termine dell'operazione; detto di una azione intrapresa dopo il completamento di una operazione: p. es. per analizzarla) (*a. - elab.*), postmortem.

posto (*gen.*), place. **2.** ~ (a teatro, in treno ecc.) (*gen.*), place. **3.** ~ (in un parcheggio per es.) (*aut.*), stall. **4.** ~ (a sedere di automobile per es.) (*aut.*), seat. **5.** ~ (*milit.*), post. **6.** posti a sedere (numero di posti a sedere, di un autobus per es.) (*veic.*), seating capacity, seating accomodations. **7.** ~ di ancoraggio (*nav.*), berth. **8.** ~ di blocco (*traff. strad.*), road block. **9.** ~ di blocco a collegamenti elettrici combinati (*ferr.*), electrical interlocking post. **10.** ~ di branda (*mar. milit.*), slinging billet. **11.** ~ di caricamento (*nav.*), loading berth. **12.** ~ di comando alto e scoperto (il più alto posto di pilotaggio di una imbarcazione a motore) (*nav. - panfili*), flying bridge. **13.** ~ di comando delle chiuse (di una diga) (*idr.*), gatehouse. **14.** ~ di comando (o di vigilanza) del traffico (*traff. strad.*), traffic control post. **15.** ~ di controllo (*sport*), control station. **16.** ~ di distaffatura (*fond.*), knockout station. **17.** ~ di gradinata (in uno stadio sportivo per es.) (*sport*), bleacher. **18.** ~ di guida (di una motrice ferroviaria per es.) (*veic.*), driving position. **19.** ~ di lavaggio (per automobili) (*aut.*), washstand. **20.** ~ di lavoro (ad una macch. ut. per es.) (*ind.*), work station. **21.** ~ di operatore (di un centralino telefonico) (*telef.*), operator place. **22.** ~ di osservazione (piccola cabina sul tetto di una vettura ferroviaria per es.) (*ferr.*), cupola. **23.** ~ di osservazione (di un aeroplano per es.) (*aer.*), observation stand. **24.** ~ di pilotaggio (*aer.*), cockpit. **25.** ~ di rifornimento (di benzina per es.) (*aut.*), filling station. **26.** ~ disponibile in piedi (in autobus, ferrovia ecc.), standing room. **27.** ~ libero (*pers.*), vacancy. **28.** ~ ripetitore (in un sistema di blocco elettrico automatico) (*ferr.*), repeating post. **29.** ~ segnalazione con bandiere a mano (*milit.*), semaphore post. **30.** a ~ (a segno: in un aggiustaggio o montaggio o riparazione per es.) (*mecc.*), in tram. **31.** automobile a quattro posti (*aut.*), four seater (car). **32.** fuori ~ (in un aggiustaggio o montaggio o riparazione per es.) (*mecc.*), out of truth, out of tram.

postrefrigerante (*a. - term.*), aftercooling. **2.** acqua ~ (per un postrefrigeratore per es.) (*ind.*), aftercooling water.

postrefrigeratore (apparecchio per raffreddamento dell'aria compressa per es.) (*ind.*), aftercooler.

postrefrigerazione (dell'aria compressa per es.) (*ind.*), aftercooling.

postriscaldo (riscaldamento successivo) (*metall.*), reheating. **2.** ~ (di un giunto saldato, dopo l'operazione di saldatura) (*saldatura*), postheating.

postscriptum (poscritto, P.S.) (*uff.*), postscript, post-scriptum, PS.

postsincronizzazione (postsonorizzazione) (*cinem.*), postsynchronization, postscoring.

postsonorizzazione (*cinem.*), postrecording, postscoring.

post-tensionamento (metodo per conferire una pretensione; è utilizzato per certi tipi di travi in cemento armato) (*s. - costr. ed.*), post-tensioning.

postulare (*mat.*), to postulate.

postulato (*mat.*), postulate.

potàbile (di acqua per es.) (*a. - med.*), drinkable, drinking. **2.** non ~ (di acqua usata per l'industria per es.) (*a. - gen.*), undrinkable.

potabilizzare (acqua per renderla bevibile) (*med. ecol.*), to condition.

potabilizzazione (dell'acqua) (*idr.*), conditioning.

potare (alberi) (*agric.*), to prune, to lop.

potassa (K_2CO_3) (carbonato di potassio) (*chim.*), potash, potassium carbonate. **2.** ~ caustica (KOH) (*chim.*), potash, potassium hydroxide.

potassio (K - *chim.*), potassium. **2.** al ~-argon (metodo di datazione) (*archeologia*), potassium-argon. **3.** bitartrato di ~ ($C_4H_5O_6K$) (*chim.*), potassium bitartrate, acid potassium tartrate. **4.** carbonato di ~ (K_2CO_3) (*chim.*), potassium carbonate. **5.** cianuro di ~ (KCN) (*chim.*), potassium cyanide. **6.** clorato di ~ ($KClO_3$) (*chim.*), potassium chlorate. **7.** cloruro di ~ (KCl) (*chim.*), potassium chloride. **8.** idrato di ~ (KOH) (*chim.*), potassium hydroxide. **9.** nitrato di ~ (KNO_3) (*chim. ind.*), potassium nitrate, saltpetre. **10.** permanganato di ~ ($KMnO_4$) (*chim.*), potassium permanganate. **11.** silicato di ~ (vetro solubile) (*chim.*), potassium silicate, soluble glass. **12.** tartrato acido di ~ ($C_3O_4H_5$-COOK) (*chim.*), acid potassium tartrate, potassium bitartrate.

potatura (di alberi) (*agric.*), pruning, lopping.

potente (di un motore per es.) (*a.*), powerful.

potènza (*mat.*), power.**2.** ~ (di un mot. per es.) (*mecc.*), power. **3.** ~ (massima: in kW, di un alternatore per es.) (*ind. elett.*), capacity. **4.** ~ (in cavalli) (*mecc.*), horsepower (am.), horse-power (ingl.). **5.** ~ (rastrelliera portacaviglie) (*nav.*), *vedi* cavigliera. **6.** ~ acustica (*radio*), acoustic power. **7.** ~ aerea (potenza aerea di una nazione) (*aer. milit.*), air power. **8.** ~ al freno (potenza effettiva) (di un mot.) (*mecc.*), brake horsepower, BHP, b.h.p. **9.** ~ alla puleggia (di presa di forza di trattori agricoli per es.) (*mecc.*), belt horsepower. **10.** ~ all'asse (potenza all'albero) (*mot. - nav.*), shaft horsepower. **11.** ~ a miscela povera (*mot. aer.*), weak-mixture rating. **12.** ~ apparente (voltampere) (*elett.*), apparent power. **13.** ~ a regime (permessa dalle norme per un dato impiego) (*mot. aer.*), power rating. **14.** ~ assorbita (*macch. - ecc.*), absorbed power. **15.** ~ assorbita dagli attriti interni (di un motore per es.) (*mecc.*), friction horsepower. **16.** ~ attiva (watt) (*elett.*), active power. **17.** ~ continua (*elett.*), continuous output. **18.** ~ continuativa (potenza continua per servizio di 24 ore: di un motore diesel per es.) (*mot.*), continuous power. **19.** ~ corretta (potenza in atmosfera tipo) (*mot. aer.*), corrected horsepower. **20.** ~ di antenna (*telecom.*), antenna power. **21.** ~ di armonica (*radio*), harmonic energy. **22.** ~ di combattimento (*mot. aer.*), combat rating. **23.** ~ di crociera (*mot. aer.*), cruising power. **24.** ~ di decollo (*mot. aer.*), take-off power. **25.** ~ di macchina (*nav.*), propelling power. **26.** ~ DIN (cavalli DIN, del motore di un'autovettura, potenza misurata con filtri aria, impianto di scarico, ventilatore e dinamo montati sul motore e funzionanti) (*mot.*), DIN rating, DIN hp. **27.** ~ di riserva (in eccedenza al carico massimo) (*centrale elett.*), reserve capacity. **28.** ~ di salita (*mot. aer.*), climbing power. **29.** ~ di sovraccarico (di un mot. diesel per es.) (*mot. - ecc.*), overload power. **30.** ~ di taratura della pompa di iniezione (potenza massima sviluppabile con una data taratura della pompa di iniezione) (*mot.*), fuel stop power. **31.** ~ effettiva (~ necessaria per imprimere una determinata velocità ad un veicolo, un natante ecc.) (*mecc.*), effective horsepower. **32.** ~ effettiva (~ rilevabile all'uscita dell'asse motore o ai morsetti di un generatore) (*elettromecc.*), actual power. **33.** ~ effettiva (potenza al freno) (*mot.*), brake horsepower, BHP, effective horsepower. **34.** ~ efficace (*elett.*), active power. **35.** ~ elettrica espressa in watt (wattaggio) (*elett.*), wattage. **36.** ~ equivalente (in HP inglesi: corrispondente alla spinta in libbre moltiplicata per la velocità dell'aereo e divisa per 375) (*mot. a reazione*), thrust horsepower. **37.** ~ equivalente totale (di una turboelica: potenza sull'albero portaelica più la potenza equivalente alla spinta del getto) (*mot. aer.*), total equivalent power, EHP. **38.** ~ equivalente totale al freno (di una turboelica: uguale alla potenza al freno più la potenza equivalente alla spinta del getto) (*mot. aer.*), total equivalent brake horsepower. **39.** ~ esplosiva (di un ordigno nucleare espressa in megatoni) (*milit. - fis. atom.*), nuclear yield. **40.** ~ fiscale (*aut. - mot.*), tax rating. **41.** ~ "fluida" (energia trasmessa e controllata mediante l'uso di un fluido in pressione (*fis.*), "fluid" power. **42.** ~ frigorifera (*termod.*), refrigerating capacity. **43.** ~ idraulica (*idr.*), hydraulic power. **44.** ~ indicata (dal diagramma indicatore di un motore) (*mecc.*), indicated horsepower, IHP. **45.** ~ installata (su una locomotiva per es.) (*mot.*), installed horsepower. **46.** ~ intermittente (potenza per servizio leggero di un mot. diesel per es.) (*mot.*), intermittent power. **47.** ~ istantanea (data dal prodotto della corrente istantanea per la tensione istantanea) (*elett.*), instantaneous power. **48.** ~ marittima (di una nazione) (*nav.*), sea power. **49.** ~ massima (potenza unioraria di un mot. diesel per es.) (*mot.*), maximum power. **50.** ~ massima ammessa, ~ massima permessa (*mot. aer.*), power rating. **51.** ~ massima continua (*mot.*), maximum continuous power. **52.** ~ massima normale al decollo (per mot. aviazione) (*aer.*), take-off rating. **53.** ~ meccanica indicata divisa per potenza effettiva (*mot. nav.*), propulsive coefficient. **54.** ~ modulata (*elettroacus.*), modulated output. **55.** ~ modulata di uscita (*elettroacus.*), modulated output power. **56.** ~ nominale (potenza normale) (*mot.*), rating. **57.** ~ nominale (potenza di targa, di una macchina elettrica, specificata dal fabbricante) (*macch. elett.*), rated output. **58.** ~ nominale (di un mot. aer.) (*mot. aer.*), rated horsepower. **59.** ~ (o energia) assorbita (*macch.*), input. **60.** ~ omologata (di un mot. d'aviazione) (*mot.*), type test horsepower. **61.** ~ perduta in attrito meccanico (potenza assorbita dall'attrito meccanico interno, in cavalli) (*mot.*), friction horsepower, fhp. **62.** ~ reattiva (*elett.*), reactive voltamperes, reactive power, wattless volt-amperes. **63.** ~ richiesta (*macch.*), required power. **64.** ~ SAE (cavalli SAE, del motore di un'autovettura, potenza misurata senza ventilatore, dinamo od alternatore, filtro aria e con impianto di scarico speciale) (*mot.*), SAE rating. **65.** ~ specifica (di un combustibile nucleare) (*fis. atom.*), specific power. **66.** ~ specifica (*mot.*), specific horsepower. **67.** ~ sviluppata dall'uomo (circa $^1/_{10}$ di HP) (*mis. potenza dell'uomo*), man power. **68.** ~ termica (*di un impianto di riscaldamento*), thermal power. **69.** amplificatore di ~ (*eltn.*), power amplifier, power unit (ingl.). **70.** a ~ corretta (di un motore a comb. interna, ossia a potenza ridotta in funzione delle condizioni ambiente di temperatura, quota ed umidità diverse da quella tipo) (*a. - mot.*), derated. **71.** elevazione a ~ (*mat.*), exponentiation, involution. **72.** fattore di ~ (cosfi) (*elett.*), power factor. **73.** riduzione della ~ (di un mot. a c.i., per tener conto di condizioni ambiente di temperatura, quota ed umidità diverse da quelle tipo) (*mot.*), de-rating. **74.** riduzione percentuale della ~ (di un mot. a c. i.) (*mot.*), percentage de-rating. **75.** senza ~ (di mot. per es.) powerless. **76.** serie di potenze (*mat.*), power series.

potenziale (*elett.*), potential. **2.** ~ della forza di gravità (*mecc. celeste*), gravitational potential. **3.** ~ di contatto (in un tubo elettronico) (*termoion.*), contact potential. **4.** ~ di eccitazione (*fis. atom.*), resonance potential. **5.** ~ di interdizione (di un tubo a raggi catodici) (*termoion.*), cut-off bias, cutoff voltage. **6.** ~ di ionizzazione (*fis. atom.*), ionization potential. **7.** ~ di mercato (*comm.*), market potential. **8.** ~ di ossidazione (*elettrochim.*), oxidation potential. **9.** ~ di ossidoriduzione (*elettrochim.*), oxidation-reduction potential, redox potential. **10.** ~ di polarizzazione del catodo (*termoion.*), cathode bias. **11.** ~ di terra (potenziale nullo) (*elett.*), zero potential. **12.** ~ di velocità (*fis. - idrodinamica - ecc.*), velocity potential. **13.** ~ di vendita (di una ditta) (*comm.*), sales potential. **14.** ~ elettrico (*elett.*), electric potential. **15.** ~ elettrochimico reversibile (di un elettrone) (*elettrochim.*), reversible electro-chemical potential. **16.** ~ elettrocinetico (*elettrochim.*), zeta potential, electrokinetic potential. **17.** ~ elettrolitico normale (di un elettrodo) (*elettrochim.*), normal electrode potential. **18.** ~ elettrostatico (*elett.*), electrostatic potential. **19.** ~ gravitazionale, *vedi* ~ della forza di gravità. **20.** ~ magnetico (*elett.*), magnetic potential. **21.** ~ rispetto alla terra (potenziale verso terra) (*elett.*), potential (with respect) to (the) earth. **22.** ~ umano (personale disponibile di una industria) (*gen.*), manpower. **23.** barriera di ~ (per arrestare particelle alfa, termoioni, fotoelettroni ecc.) (*elett. - eltn. - fis. atom.*), potential barrier.

potenzialità (capacità di prestazione: produttiva ecc.) (*gen.*), capacity. **2.** ~ di produzione di ghiaccio (di macchina frigorifera), ice capacity. **3.** ~ produttiva (espressa dalla quantità di materiale grezzo immesso nel processo produttivo per unità di tempo) (*ind. - ecc.*), throughput.

potenziare (*milit.*), to strengthen. **2.** ~ (migliorare le caratteristiche: di una espansione di memoria per es.) (*elab.*), to upgrade. **3.** ~ , *vedi anche* rinforzare.

potenziometrico (*elett.*), potentiometric.

potenziòmetro (*strum. mis. elettrochim.*), potentiometer. **2.** ~ (*eltn.*), voltage divider, potentiometer. **3.** ~ a filo elicoidale (*eltn.*), helical-type potentiometer. **4.** ~ di polarizzazione (*eltn.*), bias potentiometer. **5.** ~ (o tensiometro) magnetico (*strum. elett.*), magnetic potentiometer. **6.** ~ per titolazioni (*app. chim.*), potentiometric titrimiter.

potere (*gen.*), power, value, capacity. **2.** ~ abrasivo (*fis.*), abrasive power. **3.** ~ aderente (di olio per es.) (*fis.*), adhesive capacity. **4.** ~ antidetonante (della benzina per es.), antiknock value. **5.** ~ antivibratorio (*mecc.*), damping capacity. **6.** ~ assorbente (*fis.*), absorptive power, absorptivity. **7.** ~ assorbente (di materiali porosi) (*ing. civ. - ecc.*), absorbing power. **8.** ~ calorifico (*term.*), calorific value, calorific power, heat value, thermal value. **9.** ~ calorifico assoluto (*term.*), absolute heat value. **10.** ~ calorifico inferiore (di carbone per es.) (*term.*), net heat value. **11.** ~ calorifico superiore (di carbone per es.) (*term.*), gross heat value, high heating value, HHV. **12.** ~ calorifico utile (*term.*), available heat value. **13.** ~ colorante (grado di capacità di un pigmento colorato di impartire colore ad un pigmento bianco) (*vn.*), staining power. **14.** ~ coprente (coprenza, di un colore) (*vn. - ind. gomma*), hiding power. **15.** ~ decisionale (*organ.*), decision making power. **16.** ~ decolorante (di pigmenti bianchi) (*vn.*), reducing power. **17.** ~ detergente (detergenza, di un additivo di olio lubrificante) (*chim. - mot.*), detergency. **18.** ~ di acquisto (*finanz.*), purchasing power. **19.** ~ di arresto (*fis. atom.*), stopping power. **20.** ~ di chiusura (di un teleruttore) (*elett.*), making capacity. **21.** ~ di ingrandimento (di una lente per es.) (*ott.*), power. **22.** ~ di interruzione (di un interruttore) (*elett.*), breaking capacity. **23.** ~ dirompente (*espl.*), shattering effect, brisance. **24.** ~ dispersivo (*fis.*), dispersive power. **25.** ~ feltrante (proprietà della carta) (*mft. carta*), felting power. **26.** ~ fogliante (*vn.*), leafing, leafing power. **27.** ~ ionizzante specifico (ionizzazione specifica totale) (*fis. atom.*), specific ionization. **28.** ~ irraggiante (radianza, rapporto tra la quantità di energia effettivamente emessa dal corpo e quella emessa da un corpo nero teorico) (*fis.*), emissivity. **29.** ~ irraggiante totale (radianza totale di un radiatore termico) (*fis.*), total emissivity. **30.** ~ lubrificante (di olio per es.) (*fis. ind.*), lubricating quality, lubricating quality. **31.** ~ penetrante (di raggi X per es.) (*radiologia*), penetraing power. **32.** ~ riflettente (fattore di riflessione) (*fis.*), reflectivity. **33.** ~ rifrangente (*ott.*), refractive power. **34.** ~ risolvente (potere risolutivo, potere separatore) (*telev. - ott.*), resolving power. **35.** ~ rotatorio (di sostanze attive) (*chim. fis.*), rotatory power. **36.** ~ rotatorio specifico (di sostanze attive) (*chim. fis.*), specific rotatory power. **37.** ~ solvente (*chim.*), solvency. **38.** determinazione del ~ calorifico (*term.*), heat value determination. **39.** misura del ~ antidetonante (misura della resistenza alla detonazione: di un combustibile) (*mot.*), knock rating.

Poulsen, arco ~ (*elett.*), Poulsen arc.

pòvero (di miscela aria e benzina) (*a. - mot.*), lean, weak. **2.** ~ (di un minerale) (*a. - min.*), lean.

"powerforming" (processo di "reforming" con catalizzatore rigenerabile senza interruzione del processo) (*chim. ind.*), powerforming.

pozza (*strad.*), puddle.

pozzanghera (*strad. - ecc.*), puddle.

pozzetto (di motore stellare) (*mot.*), sump. **2.** ~ (pozzo verticale o inclinato scavato verso il basso) (*min.*), winze. **3.** ~ (*macch. mft. carta*), pit. **4.** ~ (posto di guida di un panfilo a vela) (*nav.*), cockpit. **5.** ~ dell'elica (pozzo dell'elica) (*nav.*), propeller aperture. **6.** ~ dell'olio (di un motore stellare) (*mot. aer.*), oil sump. **7.** ~ di emulsione (di carburatore) (*mecc. mot.*), emulsioning tube. **8.** ~ di intercettazione (intercetta i gas provenienti dalle fogne per mezzo di una chiusura idraulica) (*tubaz.*), gas trap, air trap. **9.** ~ di intercettazione per grassi (*tubaz.*), grease trap. **10.** ~ di raccolta (in un sistema di fognatura) (*mur. - tubaz.*), sump pit. **11.** ~ di stiva (*nav.*), deep tank. **12.** ~ di tracimazione (sacca di tracimazione, pozzetto di lavaggio, nella pressofusione, per facilitare l'eliminazione dell'aria o per riscaldare lo stampo nella zona voluta) (*fond.*), overflow well. **13.** ~ di vetro (bicchierino di vetro: per raccolta impurità, su di una tubazione di alimentazione carburante) (*mot.*), glass cup. **14.** ~ intercettatore a campana (*tubaz.*), bell trap, stench trap. **15.** ~ per termometro (tasca per termometro, in genere piena di olio) (*term.*), thermometer pocket. **16.** ~ raccolta condense (*tubaz.*), water trap. **17.** ~ raccolta detriti (*ed.*), drain well. **18.** ~ raccolta fanghi (*tubaz.*), mud pocket, mud trap. **19.** ~ separatore per carburante (sul condotto di alimentazione del carburante) (*mot.*), fuel trap.

pozzo (*idr. - ind.*), well. **2.** ~ (*min.*), shaft. **3.** ~ (gabbia: delle scale) (*ed.*), wellhole. **4.** ~ (per elica) (*nav.*), aperture. **5.** ~ (nel flusso irrotazionale di un fluido) (*fluidodinamica*), sink. **6.** ~ (dispositivo atto a ricevere qualcosa, p. es. la parte del terminale che riceve dati o informazioni da un elaboratore) (*elab.*), sink. **7.** ~ ad eruzione spontanea (*min.*), gusher. **8.** ~ artesiano (*idr.* - *ind.*), artesian well. **9.** ~ caldo (di un impianto di caldaie), hot well. **10.** ~ carbonifero (*min.*), coalpit, colliery. **11.** ~ commercialmente non sfruttabile (*min.*), dry hole. **12.** ~ dell'ascensore (*ed.*), elevator shaft. **13.** ~ delle catene (*nav.*), chain locker. **14.** ~ dell'elica (pozzetto dell'elica) (*nav.*), propeller aperture, screw aperture. **15.** ~ di aerazione (*min.*), ventilating shaft, air shaft. **16.** ~ di affondamento (*min.*), sinking shaft. **17.** ~ di calore (dispositivo che riceve calore, p. es. da un sistema elettronico, e lo dissipa nell'aria) (*eliminazione calore*), heat sink, heatsink. **18.** ~ di colmata (*min.*), flushing shaft. **19.** ~ di comunicazione (fra due diversi piani di coltivazione) (*min.*), winze. **20.** ~ di drenaggio (per evitare la imbibizione del terreno) (*ing. civ.*), relief well, dewatering well. **21.** ~ di drenaggio (*min.*), draining shaft. **22.** ~ di estrazione (*min.*), hauling shaft, hoisting shaft. **23.** ~ di invio (di ventilazione) (*min.*), downcast shaft. **24.** ~ di miniera (*min.*), mine shaft. **25.** ~ di riflusso (della ventilazione) (*min.*), upcast shaft. **26.** ~ di ripiena (~ nel quale viene scaricato materiale di riempimento) (*min.*), rockshaft, rocker shaft. **27.** ~ di ventilazione (*min.*), air shaft, ventilating shaft. **28.** ~ di ventilazione ascendente (pozzo di aspirazione dell'aria) (*min.*), upcast shaft. **29.** ~ di ventilazione discendente (pozzo di immissione dell'aria) (*min.*), downcast shaft. **30.** ~ eruttivo (in cui il grezzo di petrolio è spinto fuori dal gas naturale) (*min.*), flowing well, gusher. **31.** ~ esaurito (*min.*), exhausted well. **32.** ~ esplorativo (~ per ricerche petrolifere) (*min.*), exploratory well. **33.** ~ filtrante (~ praticato nella falda freatica per abbassare il livello della falda pompando l'acqua raccolta) (*ing. civ.*), wellpoint. **34.** ~ filtrante (*idr.*), settling pit. **35.** ~ freatico (*idr.*), driven well. **36.** ~ inclinato (*min.*), sloping shaft. **37.** ~ magnetico (*fis. dei plasmi*), magnetic well. **38.** ~ metanifero (*min.*), gasser. **39.** ~ nero (*ed.*), sinkhole, cesspool. **40.** ~ (o foro) non rivestito (*min.*), open hole. **41.** ~ perdente (*ed.*), absorbing well. **42.** ~ per iniezione di gas (serve per pressurizzare la sacca petrolifera ed ottenere petrolio da altri pozzi) (*min.*), gas-injection well. **43.** ~ petrolifero (*ind. comb.*), oil well. **44.** ~ piezometrico (per l'assorbimento di perturbazioni dovute a colpi d'ariete per es.) (*idr.*), surge chamber, surge tank. **45.** ~ profondo (per acqua) (pozzo nel quale il livello dell'acqua è situato di oltre 6 m più basso del livello di possibile installazione di una pompa: richiede una pompa sommersa) (*tubaz.*), deep well. **46.** ~ sterile (*min.*), barren well. **47.** ~ trivellato a secco (senza acqua) (*min.*), dry hole. **48.** ~ verticale (*min.*), vertical shaft.

pozzolana (*geol.* - *mur.*), pozzuolana.

"PPM" (modulazione di fase degli impulsi) (*radio*), PPM, pulse phase modulation.

pranzo (~ ufficiale dopo una riunione per es.) (*gen.*), banquet.

praseodimio (Pr - *chim.*), praseodymium.

prassi (*gen.*), practice.

pràtica (*esercizio*), practice. **2.** ~ (complesso di documenti e di lettere relativo ad un determinato argomento) (*uff.*), documentation. **3.** ~ (amministrativa e doganale per entrare nel porto) (*nav.*), clearance. **4.** ~ (sanitaria, da svolgere per l'ammissione in un porto) (*nav.*), pratique. **5.** fare della ~ (*gen.*), to practice, to practise. **6.** mettere in ~ (*gen.*), to put into practice. **7.** "mettere in ~" (mettere agli atti, archiviare) (*uff.*), to file.

praticàbile (*gen.*), practicable.

praticabilità (percorribilità) (*strad.*), practicability, practicableness.

praticante (*lav.*), practitioner, practicant.

pràtico (semplice ed utile: di dispositivo meccanico per es.) (*a.* - *gen.*), practical. **2.** ~ (di persona che conosce una data cosa) (*a.* - *gen.*), experienced.

prato (*ed.* - *agric.* - *ecc.*), meadow.

preaccendersi (*mot.*), to preignite.

preaccensione (*mot.*), preignition.

preaffinazione (*metall.*), prerefining.

preallarme (*milit.* - *aer. milit.*), prealarm.

preambolo (posizione iniziale di sincronizzazione) (*elab.*), preamble.

preamplificatore (*eltn.*), preamplifier. **2.** ~ (*telev.* - *radio*), preamplifier, booster.

preamplificazione (*eltn.* - *radio*), preamplification.

preassemblaggio (*mecc.* - *ecc.*), preassembly.

preavviso (*comm.*), advance notice. **2.** ~ (ad un dipendente per es., per la cessazione dell'impiego) (*organ. lav.*), notice.

pre-cambriano (*a.* - *geol.*), Pre-Cambrian.

precàmera (di motore diesel) (*mot.*), precombustion chamber. **2.** ~ (di forno di carburazione) (*metall.*), vestibule.

precancellare (cancellare mediante una seconda testina prima di registrare di nuovo) (*elab.*), to preerase.

precaricare (*mecc.* - *ecc.*), to preload, to prestress. **2.** ~ una molla (*mecc.*), to spring-load.

precaricato (*mecc.* - *ecc.*), preloaded, prestressed. **2.** disco a molla precaricata (*mecc.*), spring-loaded disk.

precarico (di un cuscinetto per es.) (*mecc.*), preloading. **2.** ~ (sollecitazione media, media algebrica delle sollecitazioni massima e minima in un ciclo) (*prove di fatica*), mean stress.

precario, *vedi* avventizio.

precauzione (*gen.*), precaution.

precedènte (*s.* - *leg.*), precedent. **2.** ~ (in ordine di tempo) (*a.* - *gen.*), previous, former, preceding.

precedènza, precedence, priority. **2.** ~ (della costruzione di un dato prodotto nei programmi di produzione) (*ind.*), priority. **3.** ~ (dare la precedenza) (*segnale traff. strad.*), give way. **4.** ~ asso-

luta (nella fabbricazione) (*ind.*), top priority. **5.** ~ di passaggio (diritto di precedenza) (*traff. strad.*), right of way. **6.** ordine di ~ (nello stringere i bulloni della testata di un motore per es.) (*mecc.*), sequence.
precèdere, to precede.
precessione (*mecc.*), precession. **2.** ~ angolare (di macchina a vapore) (*term.*), angular advance. **3.** ~ degli equinozi (*astr.*), precession of the equinoxes. **4.** ~ di Larmor (precessione di una particella ruotante in un campo magnetico per es.) (*fis. atom.*), Larmor precession. **5.** ~ lineare (di macchina a vapore) (*term.*), lead. **6.** ~ lunisolare (*astr.*), lunisolar precession. **7.** asse di ~ (di un giroscopio per es.) (*mecc.*), axis of precession. **8.** avanzare con movimento di ~ ("precedere") (*mecc.*), to precess. **9.** di ~ (*mecc.*), precessional. **10.** frequenza di ~ (*mecc.*), precessional frequency. **11.** movimento di ~ (*mecc.*), movement of precession.
precipitabile (*chim.*), precipitable.
precipitante (agente) (*s. - chim.*), precipitant.
precipitare (*gen.*), to precipitate.
precipitato (in un liquido) (*s. - chim.*), precipitate. **2.** ~ finemente suddiviso (*chim.*), finely divided precipitate. **3.** ~ fioccoso (*chim.*), flocky precipitate.
precipitatore (*app. fis. chim.*), precipitator. **2.** ~ delle ceneri (*fis. chim.*), ash precipitator.
precipitazione (*meteor.*), precipitation. **2.** ~ (*chim.*), precipitation.
precipizio, precipice.
precisione (meccanica per es.) (*gen.*), precision, accuracy, exactness. **2.** ~ (il massimo numero di posizioni binarie o decimali con cui un numero può essere rappresentato in un elaboratore) (*s. - elab.*), precision. **3.** ~ del tiro (*milit.*), accuracy of fire. **4.** ~ dimensionale (*mecc. - ecc.*), dimensional accuracy. **5.** ~ semplice (si verifica quando venga usata una sola parola del processore per rappresentare un numero) (*elab.*), simple precision. **6.** bilancia di ~ (*mecc.*), precision balance. **7.** con ~ (detto del tipo di accoppiamento di due parti) (*mecc. - ecc.*), snugly. **8.** di ~ (detto di prove chimiche che rivelano infinitesime quantità) (*chim.*), delicate. **9.** di ~ (detto di uno strumento per es. capace di misurare con la massima precisione) (*a. - strum.*), delicate. **10.** doppia ~ (ottenibile con l'impiego di due parole del processore per rappresentare un numero) (*elab.*), double precision. **11.** tornio di ~ (*macch. ut.*), precision lathe.
preciso (*gen.*), precise, exact, accurate. **2.** ~ (detto di accoppiamento di filettature per es., per il sistema di tolleranza) (*mecc.*), extra fine.
precombustione (*comb.*), precombustion.
precompressione (del calcestruzzo) (*ed.*), prestress.
precompresso (calcestruzzo, per es.) (*sc. costr. - mecc.*), prestressed.
precomprimere (calcestruzzo per es.) (*ed. - ecc.*), to prestress.
predeformazione (*metall.*), prestraining.
predèlla (*arch.*), predella.
predellino (*di veic.*), running board, foot board.
predeterminare (prestabilire) (*gen.*), to predetermine.
predeterminato (*gen.*), predetermined.
predisporre (*gen.*), to prearrange. **2.** ~ (preparare per una prova o test) (*psicol. ind. - ecc.*), to precondition. **3.** ~ per funzionamento a basse temperature (invernalizzare) (*mot. - aut.*), to winterize.
predispositore (*app. elettromecc.*), presetter, presetting device.
predisposizione (*gen.*), prearrangement. **2.** ~ per funzionamento a basse temperature (*aut. - mot. - ecc.*), winterization.
predisposto (di apparecchio od esecuzione per es.) (*app. - elettromecc. - ecc.*), preset. **2.** ~ (con regolazione predisposta: riferito a dispositivo di macch. fot.: p. es. il diaframma) (*fot. - ecc.*), preset.
predistillare (effettuare la distillazione dei prodotti più leggeri) (*ind. chim.*), to top.
predistillazione (*chim. ind.*), topping.
predola (tavola inclinata sulla quale sono posti i fogli dopo essere stati tolti dai feltri) (*mft. carta*), lay-stool.
preelaborare (dar corso a qualche stadio preliminare dell'elaborazione) (*elab.*), to preprocess.
preenfasi (metodo per ridurre i disturbi) (*eltn.*), preemphasis.
preespansione (di materia plastica) (*ind. chim.*), frothing.
preesposizione (di materiale sensibile: per aumentarne la sensibilità) (*fot.*), preexposure.
prefabbricare (una casa per es.) (*ed.*), to prefabricate.
prefabbricato (realizzato montando elementi modulari preparati in precedenza fuori opera) (*a. - costr. ed. - ecc.*), preengineered, prefabricated, prefab.
prefabbricazione (*ed. - ecc.*), prefabrication.
prefazione (in un libro) (*tip.*), foreword.
preferenza (*gen.*), preference. **2.** ~ del consumatore (*comm.*), consumer preference.
preferenziale (*gen.*), preferential.
prefiltro (*ind. mecc.*), precleaner.
prefissato (prestabilito, predeterminato) (*gen.*), predetermined.
prefisso (deca, mega ecc. per es.) (*mis. - ecc.*), prefix. **2.** ~ per interurbana (codice digitale da comporre prima del numero dell'abbonato per chiamate interurbane in teleselezione) (*telef.*), area code.
prefocalizzare (*ott. - eltn. - ecc.*), to prefocus.
preformare (sbozzare, abbozzare) (*tecnol.*), to preform, to rough, to rough-shape.
preformattazione (*elab.*), preformatting.
preformatura (compressione iniziale su di una polvere metallica per ottenerne la sinterizzazione) (*metall.*), preforming.

prefusione (*metall.*), pre-smelting. **2.** impianto di ~ (*metall.*), pre-smelting unit.
pregiato (ad alta resistenza, acciaio per es.) (*metall.*), special, high-strength.
pregrippaggio (escoriazione della superficie lavorata dovuto a difetto di lubrificazione tra le superfici: del pistone e del cilindro per es.) (*mot. - mecc.*), galling.
pregrippare (divenire scabro: di superficie metallica a seguito di lubrificazione inadeguata) (*mecc.*), to gall.
pregrippatura (di un cuscinetto o di un pistone per es.) (*difetto mecc.*), galling.
preimpregnare (*tess. - ecc.*), to presoak.
prelazione (*leg. - ecc.*), preemption. **2.** ~ (privilegio di priorità) (*elab. - comm.*), preemption. **3.** con ~ (*elab. - comm.*), preemptive. **4.** diritto di ~ (di vecchi azionisti nell'acquisto di nuove azioni per es.) (*leg. - finanz.*), preemptive right.
prelevamento (*gen.*), drawing.
prelevare (*gen.*), to draw. **2.** ~ (danaro; p. es. da una banca per mezzo di un assegno) (*comm.*), to draw.
prelievo (prelevamento) (*gen.*), drawing.
preliminare (*gen.*), preliminary. **2.** bilancio ~ (bilancio di controllo del dare e dell'avere sul libro mastro) (*comm. - amm.*), trial balance.
prememorizzare (in una memoria una informazione che sarà successivamente necessaria all'elaborazione; p. es. per mezzo di una unità periferica) (*elab.*), to prestore.
prèmere (*gen.*), to press. **2.** ~ il grilletto (di un'arma da fuoco) (*milit.*), to press the trigger, to trigger.
premessa (condizione preliminare) (*gen.*), assumption, premise.
premesso che (*gen.*), under the assumption that.
premibadèrna (pressatrecce) (*mecc. nav.*), stuffing box.
premicarta (*macch. per scrivere*), paper finger.
premilamièra (di una pressa) (*mecc.*), blank holder. **2.** ~ (per tenere ferma la lamiera all'atto dell'imbutitura) (*att. della pressa*), pressure bar. **3.** profilatura del ~ (avente lo scopo di ridurre la gravosità dell'operazione di imbutitura) (*lav. lamiera*), blank holder wrap.
premilastra, *vedi* premilamiera.
prèmio (*sport - ecc.*), prize. **2.** ~ (di assicurazione per es.), premium. **3.** ~ (ad operai extra paga contrattuale per es.) (*amm.*), bonus, premium. **4.** ~ (dato dal governo per arruolamento per es.), bounty. **5.** ~ di acceleramento (dato al noleggiatore quando scarica la nave in un tempo inferiore alla stallìa) (*nav. trasp.*), dispatch money. **6.** ~ di anzianità (ad un operaio per es.) (*pers.*), long service bonus, seniority bonus. **7.** ~ di deporto (*finanz.*), backwardation. **8.** ~ di incentivo (per gli operai di uno stabilimento per es.) (*organ. lav.*), incentive bonus. **9.** ~ di ingaggio (*milit. - sport*), bounty. **10.** ~ di qualità (ad un operaio per la qualità della produzione) (*pers.*), quality bonus. **11.** ~ di salvataggio (compenso pagato per il salvataggio di una nave, di parte o di tutto il suo carico) (*nav.*), salvage. **12.** ~ per prestazioni straordinarie (ad un operaio per es.) (*pers.*), task bonus. **13.** bolli ~ (*pubbl. - comm.*), gift stamps, trading stamps. **14.** fissare il ~ (in 50 000 L. all'anno per es.) (*ass.*), to rate. **15.** offerta a ~ (*comm.*), premium offer. **16.** vendite a ~ (*comm.*), premium sales.
premiscelare (*gen.*), to premix.
premiscelatura (premiscelazione, del cemento per es.) (*mur. - ecc.*), premixing.
premiscelazione (di propellenti prima dell'iniezione nella camera di combustione del motore di un missile o razzo) (*missil.*), premix. **2.** iniettore di ~ (*missil.*), premix injector, premix nozzle. **3.** ~, *vedi anche* premiscelatura.
premistòffa (*macch. per cucire*), presser.
premistoppa (costituito dalla camera o bossolo, contenente la treccia, dalla treccia e dal premitreccia o premistoppa) (*mecc.*), stuffing box. **2.** anello ~ (propriamente detto: elemento mobile metallico che comprime la treccia di tenuta attorno all'albero) (*mecc.*), gland, packing gland. **3.** dado di serraggio del ~ (*mecc.*), stuffing nut.
premitreccia (premistoppa, premibaderna, pressatreccia) (*mecc.*), stuffing box. **2.** anello ~ (*mecc.*), gland. **3.** anello ~ in due metà (*mecc.*), split gland.
pre-modifica (esecuzione pre-modifica) (*dis. - ecc.*), premodification.
premodulazione (*radio*), premodulation.
pre-montaggio (montaggio preliminare) (*ind.*), preassembly.
prèndere (*gen.*), to take. **2.** ~ (riprendere, girare una scena) (*cinem.*), to take. **3.** ~ (afferrare, un pezzo per es.) (*analisi tempi*), to grasp. **4.** ~ a prestito (farsi prestare) (*finanz. - comm.*), to borrow. **5.** ~ a rimorchio (*gen.*), to take in tow. **6.** ~ con la benna (carbone per es.) (*ind.*), to grab. **7.** ~ contatto (*milit. - ecc.*), to get in touch. **8.** ~ il comando di (*gen.*), to take control of, to take over. **9.** ~ il comando (di una corsa) (*sport*), to take the lead. **10.** ~ il mare (*nav.*), to put to sea, to go to sea. **11.** ~ il volo (*aer.*), to take the air (am.). **12.** ~ in carico (prendere in consegna) (*amm.*), to take on charge. **13.** ~ l'altezza del sole (*nav.*), to take the sun. **14.** ~ le misure (di una stanza per es.) (*gen.*), to take dimensions. **15.** ~ nota (*gen.*), to note. **16.** ~ parte (*gen.*), to take part. **17.** ~ quota (*aer.*), to rise. **18.** ~ rilevamenti (*milit. - aer. - nav.*), to take bearings. **19.** ~ su (*gen.*), to pick up. **20.** ~ una fotografia (scattare una fotografia) (*fot.*), to shoot a picture.
prenotare (un posto in aereo per es.) (*comm. - ecc.*), to book.
prenotazione (di una stanza d'albergo, di un posto in aereo ecc.) (*s. - trasp.- ecc.*), booking, reservation. **2.** emettere prenotazioni eccedenti la disponibilità dei posti (*trasp.*), to overbook. **3.** sistema di ~ posti (su aviolinee, ferrovie ecc.), (*elab. - trasp.*), seat reservation system.
preparare (*gen.*), to prepare. **2.** ~ (uno strumento

per l'uso per es.), to mount. **3.** ~ (per l'estrazione del minerale) (*min.*), to develop. **4.** ~ (un bilancio per es.) (*finanz. - ecc.*), to take off, to prepare. **5.** ~ la suola del cubilotto (*fond.*), to put in the cupola bed.

preparativo (*gen.*), preparative.

preparato (pronto: per la ripresa) (*a. - cinem.*), dressed. **2.** ~ (composto) (*s. - chim. farm.*), compound. **3.** preparati chimici (*chim.*), chemical compounds. **4.** ~ da esame (al microscopio) (*ott.*), specimen. **5.** ~ (o composto) per lucidatura (*s. - ind.*), polish. **6.** ~ per pulitura (composto per la pulitura di superfici metalliche per es.) (*s. - metall. - chim.*), cleaner.

preparatore (operatore addetto alla preparazione macchina) (*lav. macch. ut.*), setup man.

preparatòrio (*a. - gen.*), preparatory.

preparazione (*gen.*), preparation. **2.** ~ (di uno strumento scientifico), setup. **3.** ~ (di una macch. ut.) (*lav. mecc.*), setting. **4.** ~ (di cantiere) (*min.*), development. **5.** ~ (di minerali, di materiali tessili ecc. per es.), dressing. **6.** ~ alla (o della) sbarbatura (di ingranaggio) (*mecc.*), preshaving. **7.** ~ di artiglieria (*milit.*), artillery preparation. **8.** ~ di uno stampo (*tip.*), die makeready. **9.** ~ meccanica dei minerali (*min.*), ore dressing. **10.** ~ per una prova (*mecc.*), test setup. **11.** ~ (o trattamento) per via umida (di minerali per es.), wet dressing. **12.** lavoro di ~ e messa a punto finale (di uno stampo, una pressa, una macchina ecc.) (*lav. di off.*), makeready. **13.** tempo di ~ (nel fuoco di sbarramento per es.) (*artiglieria*), preparation time. **14.** tempo ~ macchina (*lav. mecc.*), machine setting time.

preprocessore (*s. - elab.*), preprocessor.

preproduzione (operazioni organizzative da eseguirsi prima di iniziare le riprese) (*s. - cinem.*), preproduction.

preprogetto (progetto preliminare) (*ind.*), predesign.

preprogrammare (programmare in anticipo) (*elab. - ecc.*), to preprogram.

preprogrammazione (*elab.*), preprogramming.

preraffreddare (*gen.*), to precool.

prerefrigeratore (di una turbina a gas per es.) (*mot.*), precooler.

preregistrare (il sonoro) (*cinem.*), to prescore.

preregistrazione (registrazione preventiva del sonoro) (*cinem.*), prescoring.

preregolazione (preimpostazione) (*mecc.- ecc.*), presetting.

preriscaldamento (*termod.*), preheating. **2.** ~ locale (di una struttura) (*tecnol. mecc.*), local preheating. **3.** tempo di ~ (*term.*), preheating time.

preriscaldare (*term.*), to preheat.

preriscaldatore (a recupero di calore: di aria per forni a gas per es.) (*app. term. ind.*), regenerator, recuperator. **2.** ~ degli stampi (per la formatura di materiale plastico per es.) (*app. term.*), forms preheater. **3.** ~ (dell'acqua) di alimentazione (di una caldaia) (*cald.*), feed heater. **4.** ~ di aria (*ind. term.*), air-preheater (ingl.).

preriscaldo (di un forno per es.) (*term. ind.*), preheating, preliminary heating. **2.** ~ locale (di una struttura per es.) (*tecnol. mecc.*), local preheating.

prerompitore (prerompitore a cilindri per es.) (*macch. ind. gomma*), cracker.

presa (di moto) (*mecc.*), drive. **2.** ~ (di connessione, su di un circuito) (*elett.*), tap. **3.** ~ (di corrente da utilizzare per mezzo di spina) (*elett.*), outlet. **4.** ~ (apertura attraverso la quale entra un fluido) (*fluidica - mecc.*), intake. **5.** ~ (delle malte o dei cementi) (*mur.*), set, setting. **6.** ~ (contatto mutuo di denti di ingranaggi) (*mecc.*), mesh. **7.** ~ (impugnatura di maniglia per es.), grip. **8.** ~ (*cinem.*), take, shot. **9.** ~ (mordenza, del pneumatico sulla superficie stradale per es.) (*aut. - ecc.*), grip, bite. **10.** ~ (alloggiamento per inserire un cavo di uscita o di entrata video, audio ecc. in videoregistratori, telecamere ecc.) (*audiovisivi*), socket. **11.** ~ ad alta tensione (tra le prese a varie tensioni di un trasformatore) (*elett.*), high tap. **12.** ~ ad archetto (*veicolo elett.*), bow, bow trolley. **13.** ~ a muro (*elett.*), wall plug. **14.** ~ a pantografo (*veic. elett.*), pantograph. **15.** ~ a pattino (*ferr. elett.*), collector shoe. **16.** ~ a rotella (*veic. elett.*), wheel trolley. **17.** ~ automatica (del nastro di carta) (*mft. carta*), suction transfer, vacuum transfer. **18.** ~ combinata (*cinem.*), composite shot. **19.** ~ costituita da un tappo a vite per portalampada connesso ad un cordone luce (attacco a vite da inserire nel portalampada) (*elett.*), attachment plug. **20.** ~ d'acqua (*ind.*), water plug. **21.** ~ d'acqua (*antincendi*), fire plug. **22.** ~ d'acqua di mare (valvola di presa dell'acqua di mare, sotto la linea di galleggiamento) (*nav.*), sea chest. **23.** ~ d'aria (*aer. - mot.*), air intake. **24.** ~ d'aria (con valvola di ritenuta) per sommergibili ("snorkel") (*mar. milit.*), snorkel, schnorkel. **25.** ~ d'aria (*min. di carbone*), intake, air passage way. **26.** ~ d'aria biforcata (di un motore a reazione per es.) (*aer. - mot.*), bifurcated air intake. **27.** ~ d'aria della camera di combustione (*mot. a turbogetto*), combustion liner air scoop. **28.** ~ d'aria di gonfiamento (di un dirigibile: tubo attraverso il quale l'aria viene forzata nelle camere di compensazione dal flusso delle eliche) (*aer.*), blower pipe. **29.** ~ d'aria dinamica (per ventilazione interna di auto e aereo per es.) (*aer. - mot.*), ramming (air) intake, air scoop. **30.** ~ d'aria statica (presa d'aria non dinamica, per l'alimentazione del motore per es.) (*aer.*), nonramming intake. **31.** ~ di chiamata (*telef.*), calling jack. **32.** ~ di corrente (terminale di un sistema di distribuzione di corrente elettrica, al quale possono essere collegati app. elett., lampade ecc. mediante spina) (*elett.*), outlet. **33.** ~ di corrente a muro (*elett.*), wall outlet. **34.** ~ di corrente a muro incassata (*elett.*), recessed outlet. **35.** ~ di corrente con terra (*elett.*), ground outlet. **36.** ~ di corrente esterna (non da incasso) (*elett.*), surface outlet. **37.** ~ di corrente incassata (~ incassata raso muro) (*elett.*), flush outlet. **38.** ~ di corrente raso muro (*elett.*), flush outlet. **39.** ~ di forza (da un albero motore) (*mecc.*), power takeoff. **40.** ~ di forza (di comando del verricello, in autocarri muniti di verricello motorizzato per es.) (*aut.*), power takeoff. **41.** ~ di forza anteriore (di un motore diesel per es.) (*mecc. - mot.*), forward power takeoff. **42.** ~ di gas (di altoforno per es.), gas outlet. **43.** ~ di moto (su di un motore per es.) (*mecc.*), drive. **44.** ~ dinamica (presa d'aria dinamica) (*aer.*), ramming intake. **45.** ~ dinamica di ventilazione (aeratore dinamico) (*ferr.*), ventilating jack. **46.** ~ d'interruzione (*telef.*), break jack. **47.** ~ di pressione statica (tubo di pressione statica) (*strum. aer.*), static-pressure tube. **48.** ~ diretta (velocità più elevata: di un cambio di velocità) (*mtc. - aut.*), top gear, high speed. **49.** ~ diretta (accoppiamento diretto degli ingranaggi del cambio) (*aut.*), direct drive. **50.** ~ di terra (piastra interrata dell'impianto di messa a terra) (*elett.*), earth plate. **51.** ~ di terra (morsetto per messa a terra dell'apparecchio o del circuito) (*elett.*), ground clamp. **52.** ~ di vapore (per pulizia dei tubi bollitori per es.), steam tap. **53.** ~ femmina per banana (*elett.*), banana jack. **54.** ~ imbutiforme (raccordo terminale imbutiforme, per il rifornimento in volo di velivoli) (*aer.*), drogue. **55.** ~ in consegna (di un magazzino per es.) (*amm.*), taking on charge. **56.** ~ intermedia (sull'avvolgimento di un trasformatore per es. o di un circuito su cui è stata predisposta una uscita) (*elett.*), tap, intermediate tap. **57.** ~ "jack" (presa per spinotto "jack": terminale femmina per contatti a spina unica; p. es. nelle centraline telefoniche, nei cavi coassiali ecc.) (*elett. - telef. - ecc.*), jack. **58.** ~ lenta (*mur.*), slow setting. **59.** ~ multipla (*telef.*), multiple jack. **60.** ~, o condotto, dell'aria di ventilazione (di un carro ferr.) (*ferr.*), ventilator hood. **61.** ~, o solidificazione, in aria (di malta per es.) (*mur.*), air-hardening. **62.** ~ (di moto) per contagiri (su un motore) (*mecc.*), engine speed indicator drive, tachometer drive. **63.** ~ per il cricco (sede per il cricco, di un autoveicolo) (*aut.*), jacking socket. **64.** ~ rapida (*mur.*), quick setting. **65.** ~ per spina unica di connessione, *vedi* presa "jack". **66.** ~ statica (*mecc. dei fuidi*), static opening. **67.** ~ telefonica ("jack") (*elettrotel.*), jack. **68.** ~ (regolabile del) vapore (di locomotiva a vapore per es.) (*ferr.*), steam throttle. **69.** asta di ~ (di corrente) (*veic. elett.*), trolley pole. **70.** durata della ~ (*mur.*), setting time. **71.** far ~ (di malta, cemento ecc. per es.) (*mur.*), to set. **72.** far ~ in aria (di malte e cementi) (*mur.*), to set in air. **73.** far ~ sott'acqua (*mur.*), to set under water. **74.** fine della ~ (*mur.*), finish of setting. **75.** ingranaggio di ~ continua (di cambio di aut.) (*mecc.*), constant mesh gear. **76.** inizio della ~ (*mur.*), starting of setting. **77.** organo di ~ (*di un veic. elett.*), current collector. **78.** pattino di ~ (di corrente) (*veic. elett.*), trolley shoe. **79.** punto di ~ (su un aer.) (*fot. aer.*), camera station. **80.** ripetere la ~ (di una scena per es.) (*cinem.*), to retake. **81.** rotella di ~ (di corrente) (*veic. elett.*), trolley wheel.

presbiopia (*ott.*), presbyopia.

prèsbite (*a. - med.*), presbytopic.

presbitèrio (*arch.*), presbytery.

prescritto (da una norma per es.) (*a. - mecc. - ecc.*), prescribed.

prescrizione (norma, per un approvvigionamento per es.) (*ind.*), prescription.

preselettore (*telef.*), preselector. **2.** ~ dell'avanzamento (di una alesatrice per es.) (*macch. ut.*), feed preselector. **3.** ~ di rotta (*strum. radio per aer.*), omnibearing selector.

preselezione (*radio - ecc.*), preselection. **2.** ~ (ordinamento particolare di unità di dati) (*elab.*), presort. **3.** contatore a ~ (contatore d'impulsi preregolabile, in una macch. utènsile a controllo numerico, per es.) (*eltn.*), preset counter.

presèlla (per fucinatura) (*ut. di fabbro*), fuller. **2.** ~ superiore (*ut. di fabbro*), top fuller.

presellare (cianfrinare) (*mecc.*), to caulk, to calk.

presellatura (cianfrinatura) (*mecc.*), calking.

presèllo (cianfrino) (*ut. mecc.*), calker, caulker, caulking tool. **2.** ~ da idraulico (*ut.*), plumber's caulking tool. **3.** ~ diritto da idraulico (*ut.*), plumber's straight caulking tool. **4.** ~ lungo e ricurvo da idraulico (*ut.*), plumber's long curved caulking tool.

presentare (una persona ad un'altra), to introduce. **2.** ~ (una macchina ad una esposizione per es.) (*comm.*), to exhibit, to present, to display. **3.** ~ (una legge al Parlamento per es.) (*leg.*), to introduce. **4.** ~ (p. es. un progetto o un problema all'ordine del giorno ecc.) (*gen.*), to table. **5.** ~ le armi (*milit.*), to present arms. **6.** ~ (rivelare) un difetto (od una qualità per es.) (*gen.*), to show.

presentatore (annunciatore di programmi, di notizie ecc.) (*telev. - radio*), announcer. **2.** ~ moderatore (che coordina una discussione di gruppo) (*radio - telev.*), moderator, anchorman.

presentazione (di una persona ad un'altra), introduction. **2.** ~ (di immagini su uno schermo radar) (*radar*), presentation. **3.** ~ (di un lavoratore per procurargli un posto) (*pers.*), introduction. **4.** ~ del prossimo film ("prossimamente") (*cinem.*), preview, trailer.

presenza (*pers. - lav. - ecc.*), presence. **2.** bella ~ (*pers.*), good appearance, neat appearance.

pre-serie (serie di avviamento, nella produzione di un nuovo modello per es.) (*ind.*), preproduction.

preservante (*mft. gomma.*), preservative.

preside (di una scuola) (*scuola*), principal.

presidènte (di una azienda per es.), president, chairman. **2.** ~ del consiglio di amministrazione (*amm.*), chairman of the board. **3.** vice ~ (di una società per es.), vice-chairman.

presidenza (*finanz. - ind.*), presidency, chair.

presidiato (con personale in servizio permanente:

una stazione radio per es.) (*radio* - *ecc.*), manned. **2.** non ~ (senza personale: una centrale elettrica per es.) (*elett.* - *ecc.*), unmanned.
presiedere (una riunione per es.) (*gen.*), to chair.
presincronizzare (*cinem.*), to presynchronize.
presincronizzazione (*cinem.*), presynchronization.
presinterizzato (*a.* - *metall.*), presintered.
presinterizzazione (*s.* - *metall.*), presintering.
preso (*gen.*), taken. **2.** ~ in fondita (incorporato nella fusione: detto di canna cilindro in acciaio in un basamento di alluminio per es.) (*fond.*), cast-in, molded in place.
prèssa (*macch. ind. mecc.*), press. **2.** ~ (piccola, portatile) (*macch.*), bear. **3.** ~ (per fieno, paglia cotone ecc.) (*macch.*), bale pressing machine, baler. **4.** ~ (macchina per pressare, per libri) (*rilegatura*), smasher, smashing machine. **5.** ~ a banco inclinabile (*macch.*), inclinable press. **6.** ~ a bilanciere (*macch.*), fly press. **7.** ~ a blocco (per materie plastiche) (*macch.*), block press. **8.** ~ a braccio (*macch.*), horning press. **9.** ~ a C (*macch. ut. mecc.*), arch press. **10.** ~ a calcatoio (usata per l'inserzione di alberi in fori per es.) (*macch.*), arbor press, mandrel press. **11.** ~ a collo di cigno, *vedi* ~ a C. **12.** ~ a contraccolpo (*macch.*), counterblow press. **13.** ~ a cuneo (pressa per fucinatura per es., in cui la corsa dello slittone viene ottenuta spingendo un cuneo tra mazza e colonna) (*macch.*), wedge-type press. **14.** ~ ad incastellatura a tiranti (o colonne) (*macch.*), tie-rod press. **15.** ~ ad incastellatura rigida (con fiancata fusa per es.) (*macch.*), solid-frame press. **16.** ~ a doppia manovella (*macch.*), double-crank press. **17.** ~ a doppio effetto (*macch.*), double-acting press. **18.** ~ a doppio pistone (*macch.*), double ram press. **19.** ~ a dorare (*macch. tip.*), gold blocking press. **20.** ~ a eccentrico (*macch.*), eccentric-shaft press, cam press. **21.** ~ a formare (per cuoio) (*ind. cuoio*), pad crimp. **22.** ~ a frizione (*macch.*), friction press. **23.** ~ a frizione a vite Vincent (bilanciere Vincent) (*macch.*), Vincent friction screw press. **24.** ~ a ginocchiera (*macch.*), toggle press, knuckle-joint press. **25.** ~ a imbutire (pressa per imbutitura, di lamiere) (*macch.*), drawing press. **26.** ~ a ingranaggi (*macch.*), geared press. **27.** ~ a iniezione (per materie plastiche) (*macch.*), injection press. **28.** ~ a leva (per tabacco) (*mft. tabacco*), prize. **29.** ~ a manovella (pressa a collo d'oca, per fucinatura per es.) (*macch.*), crank press. **30.** ~ a matrici multiple (tutte uguali) (*macch.*), gang-press. **31.** ~ a montanti (*macch. ut.*), pillar press. **32.** ~ a pedale (*macch.*), pedal press. **33.** ~ a piani riscaldati (*macch.*), hot-plate press. **34.** ~ a piegare (pressa per piegatura, di lamiere) (*macch.*), forming press. **35.** ~ a piegare ed imbutire (lamiere sottili per es.) (*macch.*), drawing-forming press. **36.** ~ a più matrici (per operazioni diverse) (*macch.*), multiple press. **37.** ~ a raddrizzare (*macch. ut.*), straightening press. **38.** ~ a riscaldamento interno (*macch. ind.*), hot-press. **39.** ~ a rivettare (*macch.*), riveting press. **40.** ~ a sbavare (pressa di [o per] sbavatura) (*macch.*), trimming press. **41.** ~ ascendente (per materie plastiche) (*macch.*), upstroke press. **42.** ~ a semplice effetto (*macch.*), single-acting press. **43.** ~ a semplice, doppio e triplo effetto per tranciatura ed imbutitura lamiere (*macch.*), single, double and triple action press, for blanking and drawing sheet metal. **44.** ~ a stampi multipli (*macch. ut.*), multiple-die press. **45.** ~ a triplice effetto (*macch.*), triple-acting press. **46.** ~ a vapore (*macch. tess.*), steam press. **47.** ~ a vite (*macch.*), screw press. **48.** ~ centripeta (*macch.*), centripetal press. **49.** ~ con alimentatore a disco (*macch. ut.*), dial press. **50.** ~ con tampone di gomma (per lavorazione lamiera) (*macch.*), rubber press. **51.** ~ con tavola rotante (*macch.*), indexing press. **52.** ~ da legatore (*tip.*), lying press. **53.** ~ di (o per) stiro (*macch.*), stretching press. **54.** ~ di pressotrafilatura (pressa di imbutitura con trafilatura a freddo, per l'imbutitura multipla progressiva dei bossoli per es.) (*ind. mecc.*), reducing press. **55.** ~ doppia (di una macchina continua per la carta per es.) (*macch. mft. carta*), dual press. **56.** ~ eccentrica inclinabile (*macch.*), inclinable eccentric press. **57.** ~ enologica (per uva o diraspato di uva) (*macch. agric.*), wine press. **58.** ~ frontale (pressa a collo di cigno) (*macch.*), C-frame press, gap press, gap-frame press. **59.** ~ frontale ad eccentrico (*macch.*), gap crank press. **60.** ~ frontale ad incastellatura aperta (*macch.*), open-back gap press. **61.** ~ idraulica (*macch. ind.*), hydraulic press. **62.** ~ idraulica per fucinare (*macch.*), hydraulic forging press. **63.** ~ idraulica per lavori vari (*macch.*), miscellaneous hydraulic press. **64.** ~ inclinabile (*macch.*), inclinable press. **65.** ~ manicotto (di una macchina per manifattura carta) (*macch. carta*), couch press. **66.** ~ meccanica (per fucinatura per es.) (*macch.*), mechanical press. **67.** ~ meccanica per tranciatura e punzonatura (della lamiera) (*macch. ut.*), punch press. **68.** ~ meccanica veloce (per fucinatura per es.) (*macch.*), high-speed mechanical press. **69.** ~ montante (pressa della continua nella quale il nastro di carta viene invertito) (*mft. carta*), reverse press. **70.** ~ multipla (a più matrici per operazioni diverse) (*macch.*), multiple press. **71.** ~ orizzontale (ricalcatrice) (*macch.*), bulldozer. **72.** ~ per balle (*macch.*), baler, bale pressing machine, compress. **73.** ~ per calettamento ruote (*macch. ferr.*), wheel press. **74.** ~ per coniare (*macch.*), coining press, stamping press. **75.** ~ per dorare (*macch. tip.*), gold blocking press. **76.** ~ per estrusione (pressa a estrudere) (*macch.*), extruding press. **77.** ~ per fieno (*macch. agric.*), hay baler. **78.** ~ per finitura (pressa a finire) (*macch.*), shaving press. **79.** ~ per flani (*macch.* - *tip.*), matrix molding press. **80.** ~ per formare (per fonderia) (*macch. fond.*), molding press. **81.** ~ per formare (per cuoio) (*ind. cuoio*), pad crimp. **82.** ~ per fucinare a stampo (*macch.*), die-forging press. **83.**

~ per fucinatura (*macch.*), forging press. **84.** ~ per fucinatura a freddo (*macch.*), cold forging press. **85.** ~ per fucinatura a stampo (*macch.*), die-forging press, drop-forging press. **86.** ~ per imbutire (pressa per imbutitura, di lamiere) (*macch.*), drawing press. **87.** ~ per imbutiture successive (lavorazione lamiere) (*macch.*), redrawing press. **88.** ~ per impacchettare rottami (*macch.*), cabbaging press. **89.** ~ per (la costruzione di) pneumatici (*macch. ind.*), tire molding press (am.), tyre molding press (ingl.). **90.** ~ per lucidatura (per tela) (*ind. tess.*), glazing press. **91.** ~ per mattonelle di carbone (*macch. ind.*), briquette press. **92.** ~ per olio (*macch. agric.*), oil press. **93.** ~ per olio di semi (per spremere l'olio dai semi) (*macch. agric. ind.*), clodding press. **94.** ~ per piegare (pressa per piegatura, di lamiere) (*macch.*), forming press. **95.** ~ per piegare ed imbutire (lamiere sottili per es.) (*macch.*), drawing-forming press. **96.** ~ per più matrici (per operazioni diverse) (*macch.*), multiple press. **97.** ~ per provare stampi (*macch. - tecnol. mecc.*), die spotting press, spotting press, tryout press. **98.** ~ per raddrizzare (*macch. ut.*), straightening press. **99.** ~ per rivettare (*macch.*), riveting press. **100.** ~ per sbavare (pressa di [o per] sbavatura) (*macch.*), trimming press, clipping press. **101.** ~ per sbozzare (per lingotti) (*macch. fucinatura*), cogging press. **102.** ~ per stampaggio a caldo (pressa a forgiare) (*macch. fucinatura*), forging press. **103.** ~ per stiro-imbutitura (*macch. lav. lamiera*), stretch press. **104.** ~ per subbio (*macch. tess.*), yarn beaming press. **105.** ~ per telare (calandra per telare) (*macch. mft. carta*), linenizing calender. **106.** ~ per tempra (per eliminare deformazioni durante la tempra) (*macch.*), quenching press. **107.** ~ per tranciatura (*macch.*), blanking press. **108.** ~ per tranciatura fine (*macch. lav. lamine*), fine blanking press. **109.** ~ piegatrice (per lamiere) (*macch.*), brake, cornice brake. **110.** ~ pneumatica (*fotomecc.*), vacuum printing frame. **111.** ~ pneumatica a gas inerte (azionata da azoto secco per es.) (*macch.*), gas-actuated press. **112.** ~ provastampi (pressa per provare stampi) (*tecnol. mecc.*), die spotting press, die tryout press. **113.** ~ raddrizzatrice (o "a raddrizzare") (*macch. ut.*), straightening press. **114.** ~ raddrizzatrice per alberi (*macch.*), shaft straightening press. **115.** ~ rotativa a vapore (*macch. tess.*), rotary steam press. **116.** ~ sbavatrice (*macch.*), flash trimming press. **117.** ~ tipografica (*macch. tip.*), printing press. **118.** presse umide (presse piane, di una macchina continua) (*macch. mft. carta*), press rolls, wet presses. **119.** ~ verticale (per rilegatura libri) (*macch.*), standing press. **120.** *vedi anche* pressetta.

pressaforaggi (*macch. agric.*), forage press.

press agent (incaricato di fare da tramite con la stampa per motivi pubblicitari) (*pubbl.*), press agent.

pressagioghi (di un trasformatore) (*elettromecc.*), core clamp.

pressalamiera, *vedi* premilamiera.

pressante (urgente) (*gen.*), urgent.

pressapaglia (*macch. agric.*), straw baler.

pressapellicola (lastra di vetro che mantiene in piano la pellicola durante l'esposizione) (*fot.*), register glass.

pressaplatina (di una macchina per maglieria) (*macch. tess.*), slur.

pressare, to press. **2.** ~ (legno per es., con macchine idrauliche) (*tecnol.*), to compress, to dump. **3.** ~ (parti di libro) (*rilegatura*), to smash. **4.** ~ a caldo (*tecnol. mecc.*), to hot-press. **5.** ~ a freddo (*tecnol. mecc.*), to cold-press.

pressato (*a. - gen.*), pressed.

pressatore (della lana nelle balle) (*ind. lana*), presser.

pressatreccia, *vedi* premistoppa, anello premistoppa.

pressatrice (pressa) (*macch.*), press.

pressatura (*mecc. - ind.*), pressing. **2.** ~ (per legno per es.) (*tecnol.*), pressing, dumping. **3.** ~ (di libri) (*rilegatura*), smashing.

pressetta a cremagliera (*macch. ut.*), rack-and-pinion press. **2.** ~ da banco (*macch. ut.*), bench press. **3.** ~ manuale a leva (*macch. ut.*), arbor press. **4.** ~ oscillante (a pedale) (*macch. ut.*), pendulum press.

pressione (*fis.*), pressure. **2.** ~ acustica (leggerissimo aumento della pressione atmosferica dovuto alle onde sonore) (*fis. acus.*), acoustic radiation pressure. **3.** ~ assoluta (*fis.*), absolute pressure. **4.** ~ atmosferica (*fis.*), atmospheric pressure, atm. press. **5.** ~ cinetica (pressione dinamica) (*mecc. dei fuidi*), kinetic pressure, dynamic pressure. **6.** ~ corrispondente al battente (di colonna d'acqua) (*idr.*), elevation head. **7.** ~ critica (*chim. fis.*), critical pressure. **8.** ~ della radiazione (della luce del sole sulla superficie della terra per es.) (*fis.*), radiation pressure. **9.** ~ del premilamiera (durante lo stampaggio profondo) (*lav. lamiera*), blankholding force. **10.** ~ del vento (*sc. costr. - ed. - aerodin.*), wind load, wind pressure, wind-force. **11.** ~ di alimentazione (assoluta) (*mot. aer.*), manifold pressure. **12.** ~ di alimentazione di crociera economica (*mot. aer.*), economical cruising boost, ECB. **13.** ~ di alimentazione di decollo (*mot. aer.*), take-off boost, TOB. **14.** ~ di alimentazione di potenza normale (pressione di alimentazione di salita) (*mot. aer.*), rated boost, RB. **15.** ~ di appoggio (*mecc.*), bearing pressure. **16.** ~ di arresto (pressione dinamica) (*aerodin.*), dynamic pressure, stagnation pressure, velocity pressure, kinetic pressure. **17.** ~ di bloccaggio (*mecc.*), locking pressure. **18.** ~ di chiusura (di una macchina per pressofusione, pressione necessaria a tenere chiuso lo stampo durante l'iniezione) (*fond.*), locking pressure. **19.** ~ di contatto fra i denti (di un ingranaggio), tooth bearing. **20.** ~ di esercizio (*cald.* -

macch. - ecc.), working pressure. **21.** ~ di esercizio (*gen.*), operating pressure. **22.** ~ differenziale (differenza tra la pressione del gas contenuto in un aerostato e quella dell'aria circostante) (*aer.*), superpressure. **23.** ~ di forzamento (~ necessaria per incidere la rigatura nell'anello di forzamento ed iniziare il moto del proietto entro la canna dell'arma) (*arma da fuoco*), initial pressure. **24.** ~ di frenatura (pressione del ceppo contro la ruota) (*mecc.*), braking power. **25.** ~ di gonfiamento (pressione di gonfiaggio, di un pneumatico per es.), inflation pressure. **26.** ~ di implosione (di oggetto stagno soggetto a pressione esterna) (*sc. costr.*), collapsing pressure. **27.** ~ di mandata (di una pompa per es.) (*idr. - ecc.*), delivery pressure, discharge pressure. **28.** ~ di mandata nulla (*impianto idr.*), zero delivery pressure. **29.** ~ dinamica (pressione di ristagno, pressione di arresto) (*mecc. dei fluidi*), dynamic pressure, velocity pressure, kinetic pressure, impact pressure. **30.** ~ di pozzo chiuso (~ di gas o petrolio nel pozzo quando è chiusa l'erogazione) (*min. - pozzi petrolio*), shut-in pressure. **31.** ~ di prova (pressione per prova non distruttiva) (*mis.*), proof pressure. **32.** ~ di punta (pressione massima) (*idr. - ind.*), peak pressure. **33.** ~ di regime (*ind.*), working pressure. **34.** ~ di saldatura (pressione sulle parti da saldare) (*tecnol. mecc.*), welding pressure. **35.** ~ di saturazione (tensione di saturazione, di un vapore) (*chim. fis.*), saturation pressure. **36.** ~ di scoppio (di un pneumatico per es.) (*ind.*), bursting pressure. **37.** ~ di sovralimentazione (*mot.*), booster pressure. **38.** ~ d'urto (in un'onda moventesi a velocità supersonica) (*fis.*), shock pressure. **39.** ~ elettrostatica (*elett.*), electrostatic pressure, electrostatic stress. **40.** ~ idraulica (*idr.*), hydraulic pressure. **41.** ~ idrostatica (*fis.*), hydrostatic pressure. **42.** ~ in altezza di colonna d'acqua (*fis. - idr.*), water gauge. **43.** ~ (di fondo pozzo) in erogazione (*min. - estrazione petrolio*), flowing pressure. **44.** ~ magnetica (*fis. dei plasmi*), magnetic pressure. **45.** ~ media effettiva (*mot.*), mean effective pressure, MEP. **46.** ~ media effettiva (al freno) (nel cilindro di un motore) (*mot.*), brake mean effective pressure, BMEP. **47.** ~ media effettiva per l'attrito (usata per vincere gli attriti) (*mecc. - mot.*), friction mean effective pressure. **48.** ~ media effettiva usata per l'azionamento degli ausiliari (*mot.*), portion of mean effective pressure used in driving the auxiliaries. **49.** ~ normale (pressione di esercizio: di una caldaia per es.), rated pressure. **50.** ~ osmotica (*fis. chim.*), osmotic pressure. **51.** ~ relativa (pressione differenziale al disopra o al disotto della pressione atmosferica) (*mis.*), gauge pressure. **52.** ~ ridotta (*fis.*), reduced pressure. **53.** ~ specifica (*fis. - sc. costr.*), specific pressure. **54.** ~ statica (*mecc. dei fuidi*), static head, static pressure. **55.** ~ totale (pressione statica più pressione dinamica di un fluido) (*mecc. dei fuidi*), total head, total pressure. **56.** a bassa ~ (*a. - fis.*), low-pressure. **57.** alta ~ (*fis. - ind.*), high pressure, HP. **58.** a ~ atmosferica normale (pressurizzato: di cabina di aeroplano stratosferico per es.) (*aer.*), pressurized. **59.** angolo di ~ (di ruote dentate o scanalature) (*mecc.*), pressure angle. **60.** aumento di ~ (*fis. - ind.*), pressure increase. **61.** bassa ~ (*fis. - ind.*), low pressure. **62.** caduta di ~ (*fis.*), pressure drop. **63.** centro di ~ (*aerodin. - ecc.*), centre of pressure. **64.** determinare la ~ sull'appoggio (*sc. costr.*), to determine the pressure on the support. **65.** insufficiente ~ di gonfiaggio (difetto di pneumatico) (*aut.*), underinflation. **66.** mantenere la ~ (di una caldaia) (*cald.*), to keep up steam. **67.** mettere in ~ (*cald.*), to raise steam. **68.** misuratore di ~ (manometro) (*strum. mis.*), pressure gauge, manometer. **69.** moltiplicatore di ~ (apparecchio consistente in due cilindri di diverso diametro, con i pistoni collegati rigidamente) (*app. idr.*), intensifier. **70.** onda di ~ (*acus.*), pressure wave. **71.** perforazione a ~ (*min. - ed.*), pressure drilling. **72.** prova di ~ (*ind.*), pressure test. **73.** regolatore della ~ d'alimentazione (di un carburatore) (*mot. aer.*), boost control. **74.** sensibile alla ~ (capsula manometrica per es.) (*strum. - ecc.*), pressure-sensitive. **75.** servocomando della ~ d'alimentazione (di un carburatore) (*mot. aer.*), boost control. **76.** sotto ~ (di caldaia) (*mar. milit.*), under steam. **77.** sovracomando ~ di alimentazione (disinnesto del limitatore della pressione di alimentazione, di un carburatore) (*mot. aer.*), boost control override. **78.** strumento di misura della ~ (*strum.*), pressure gauge.

presso (negli indirizzi) (*posta - comm.*), care of, c/o.

pressoflessione (*sc. costr.*), combined compressive and bending stress. **2.** flessione laterale dovuta a ~ (*sc. costr.*), lateral flexure produced by combined compressive and bending stress.

pressoflettersi (flettersi a carico di punta, di una colonna per es.) (*sc. costr.*), to bend through axial compression.

pressofusione (colata in stampo sotto pressione) (*fond.*), die-casting (am.), pressure die-casting (ingl.), high-pressure die-casting (ingl.). **2.** ~ per (forza di) gravità (*fond.*), gravity diecasting. **3.** stampo per ~ (forma metallica per pressofusione) (*fond.*), die.

pressofuso (fuso sotto pressione, colato sotto pressione) (*a. - fond.*), die-cast.

pressogetto (getto ottenuto da pressofusione) (*fond.*), die casting.

pressoio (di macchina per maglieria) (*ind. tess.*), presser.

pressostato (interruttore azionato dalla variazione della pressione: di un gas o di un liquido) (*elettromecc.*), pressure switch. **2.** ~ (mantiene costante la pressione automaticamente) (*app. per fluidi*), manostat. **3.** ~ (nei siluri per es.: impedisce di andare a profondità maggiori di quella prescritta) (*disp. idr. elettromecc.*), pressure sensor.

pressostiratura, *vedi* stiro-imbutitura.
presspan (cartone isolante) (*elett.*), fish paper.
pressurizzare (porre sotto pressione per mezzo di un fluido: per es. l'abitacolo di un aeromobile in volo stratosferico) (*fis. - aer. - ecc.*), to pressurize.
pressurizzatore (compressore di cabina) (*aer.*), pressurizer, cabin supercharger.
pressurizzazione (di un abitacolo per es.) (*aer. - fis. - ind. - ecc.*), pressurization.
prestabilito (predeterminato, prefissato) (*gen.*), predetermined.
prestare (*comm.*), to lend.
prestarsi (dedicarsi) (*gen.*), to lend oneself.
prestato (lavoro per es.) (*lav.*), done.
prestatore (d'opera) (*lav.*), employee, employé.
prestazione (di un motore), performance. **2.** di elevate prestazioni (*a. - gen.*), high-performance. **3.** valutare le prestazioni su strada (di una automobile) (*ind. aut.*), to testdrive.
prèstito (*comm.*), loan. **2.** ~ a cambio marittimo (*nav.*), bottomry. **3.** ~ bancario (*finanz.*), bank loan. **4.** ~ forzoso (*finanz.*), forced loan. **5.** ~ ipotecario (*finanz.*), mortgage loan. **6.** ~ irredimibile (*finanz.*), perpetual loan. **7.** ~ obbligazionario convertibile (*finanz.*), convertible loan stock. **8.** dare a ~ (*comm.*), to lend. **9.** società di ~ (società che fa piccoli prestiti a persone) (*finanz.*), finance company.
pretaglio (tecnica del pretaglio, metodo di scavo) (*min.*), presplitting.
preterintenzionale (*leg.*), unintentional, preterintentional.
pretore (*leg.*), police justice, police magistrate, police judge.
pretura (*leg.*), police court.
prevalènza (di una pompa per es.) (*idr.*), head. **2.** ~ a mandata chiusa (nel funzionamento di una pompa centrifuga per es.) (*macch. idr.*), shutoff head. **3.** ~ manometrica (altezza di mandata di una pompa), delivery head. **4.** ~ totale (aspirazione più mandata: di una pompa per es.) (*idr.*), total head.
prevedere, to forecast.
prevedibile (*gen.*), foreseeable.
preventivamente (*gen.*), preliminarily.
preventivare (una spesa per es.) (*amm.*), to estimate. **2.** ~ (fare un preventivo) (*comm.*), to quote, to make a quotation.
preventivista (*amm. - ind.*), estimator, cost estimator.
preventivo (*s. - comm.*), estimate, quotation, offer. **2.** ~ di cassa (*contabilità*), cash budget. **3.** ~ di spesa (*finanz. - amm.*), estimated cost. **4.** misure preventive (*gen.*), preventive measures.
prevenzione (di infortuni) (*organ. ind.*), prevention. **2.** ~ infortuni (*ind.*), accident prevention, prevention of injures.
previdenza (*gen.*), previdence. **2.** fondo di ~ (*finanz. - pers.*), contingency fund.
Previdenza Sociale (*lav.*), national insurance.
previsione (*gen.*), forecast. **2.** ~ a breve scadenza (*gen.*), short range forecasting. **3.** ~ a lunga scadenza (*gen.*), long range forecasting. **4.** previsioni di cassa (*amm.*), cash forecast. **5.** previsioni di vendita (*comm.*), sales forecast. **6.** previsioni (meteorologiche) di volo (*aer. - meteor.*), flight forecast. **7.** previsioni meteorologiche (*meteor.*), forecast. **8.** ~ tecnologica (*ind.*), technological forecasting.
previsto (*gen.*), scheduled. **2.** ~ (atteso in futuro) (*gen.*), projected.
prevolo (preparazione e verifiche eseguite prima del volo) (*s. - aer.*), preflight.
prevulcanizzare (scottare) (*ind. chim.*), to prevulcanize, to precure, to scorch.
prevulcanizzazione (*ind. gomma*), prevulcanization.
prezzare (*comm.*), to price.
prezziario (*comm.*), price catalog.
prèzzo (*comm.*), price. **2.** ~ a forfait (prezzo che non varia da un valore fisso) (*comm.*), flat rate. **3.** ~ al dettaglio (*comm.*), retail price. **4.** ~ all'ingrosso (*comm.*), wholesale price. **5.** ~ all'origine (*comm.*), price at origin. **6.** ~ al minuto (*comm.*), retail price. **7.** ~ (di) base (*comm.*), basis price. **8.** ~ base, ~ minimo (quello di partenza ad un'asta per es.) (*comm.*), reserve price, upset price. **9.** ~ corrente (*comm.*), current price, market price. **10.** ~ d'affezione (*comm.*), fancy price. **11.** ~ d'apertura (*finanz.*), opening price. **12.** ~ di chiusura (*finanz.*), closing price. **13.** ~ di copertina (p. es. di un libro, una rivista ecc.) (*edit.*), cover price. **14.** ~ di costo (*comm.*), cost price. **15.** ~ di costo (costo di fabbricazione, materiali e mano d'opera diretta: escluse le spese generali) (*amm. - ind.*), prime cost. **16.** ~ di equilibrio (*econ.*), equation price. **17.** ~ di favore (*comm.*), special price. **18.** ~ di listino (*comm.*), list price. **19.** ~ di offerta (*comm.*), offer price. **20.** ~ di riserva, *vedi* ~ base. **21.** ~ di vendita (*comm.*), selling price. **22.** ~ effettivo (*comm.*), actual cost. **23.** ~ equilibrato (tra domanda e offerta) (*comm.*), close price. **24.** prezzi fissi (*comm.*), fixed prices, no abatement. **25.** ~ forfetario (tutto compreso) (*comm.*), all-in rate, all-in price. **26.** ~ globale (*comm. - amm.*), overhead price, all-round price. **27.** ~ minimo (nelle aste per es.) (*comm.*), reserve price. **28.** ~ per contanti (*comm.*), cash price. **29.** ~ per merce pronta (*comm.*), spot price. **30.** ~ per spazio unitario (*pubbl.*), rate. **31.** ~ ristretto (*comm.*), close price. **32.** ~ unitario (*comm.*), unit price, price for each off. **33.** aumento di ~ dovuto a spese generali e utile (*comm.*), markup. **34.** buon ~ (*comm.*), fair price. **35.** dare un ~ eccessivamente basso (*comm.*), to underrate. **36.** determinazione e fissazione dei prezzi (*ind.*), pricing. **37.** fissare il ~ (*comm.*), to price. **38.** gamma di prezzi (in un mercato) (*comm.*), price range. **39.** guerra dei prezzi (dovuta alla concorrenza) (*comm.*), price war. **40.** indice dei prezzi al minuto (*comm.*), in-

dex of retail prices. **41.** meccanismo dei prezzi (*econ.*), price mechanism. **42.** offrire a ~ inferiore (*comm.*), to underquote. **43.** offrire a ~ superiore (*comm.*), to outbid, to offer higher price. **44.** ridurre il ~ (*comm.*), to reduce the price. **45.** riduzione dei prezzi (p. es. per incrementare le vendite) (*comm.*), price-cutting. **46.** temporanea diminuzione di ~ (flessione nei prezzi) (*comm.*), sag.

prigione (*ed.*), jail, gaol.

prigionièro (*mecc.*), stud bolt, stud, screw stud. **2.** ~ di guerra (*milit.*), prisoner of war.

prillamento (movimento di rotazione di una trottola per es.) (*mecc. raz.*), spin.

prima (velocità) (di cambio di auto, motocicletta ecc.) (*s. - mecc.*), first gear, first speed, bottom gear, low speed. **2.** ~ classe (di alloggio passeggeri) (*nav.*), first class. **3.** ~ lavorazione (*ind.*), primary operation. **4.** ~ mano d'intonaco (rinzaffo) (*mur.*), rough coat, first coat. **5.** ~ ridotta (ulteriore rapporto di riduzione installato nel cambio di autocarri per poter superare le maggiori pendenze) (*aut.*), low-low gear, low-low. **6.** ~ velocità (*mtc. - aut.*), *vedi* **1. 7.** ~ visione (di un film) (*cinem.*), first run, first show. **8.** di ~ qualità (*a. - gen.*), of high quality, prime.

"primanotista" (*contabilità*), waste book keeper.

primario (di un atomo di carbonio per es.) (*a. - chim.*), primary. **2.** ~ (*astr. - geol. - elett.*), primary. **3.** ~ (di trasformatore) (*a. - elett.*), primary. **4.** avvolgimento ~ (*elett.*), primary winding (or coil).

primato (*sport*), record. **2.** detenere un ~ (*sport*), to hold a record.

"primer" (mano di fondo) (*vn.*), primer.

primino, *vedi* prima ridotta.

primitiva (di ingranaggio) (*mecc.*), pitch line. **2.** ~ (una funzione operativa di un sistema, come: apri!, cancella!, aspetta! ecc.) (*s. - elab.*), primitive.

primo (*a. - gen.*), first. **2.** ~ (*a. - mat.*), prime. **3.** ~ (minuto primo) (*s. - tempo*), minute. **4.** ~ assoluto (*aut. - sport*), overall winner. **5.** ~ incasso (nella giornata) (*comm.*), handsel. **6.** ~ maschio per filettare (*ut. mecc.*), taper tap. **7.** ~ piano (*ed.*), first floor (ingl.), second floor (am.). **8.** ~ piano (*cinem.*), close-up. **9.** ~ piano di figura (*cinem.*), full shot. **10.** ~ sviluppo (*fot.*), first development. **11.** ~ volo (di un aeroplano) (*aer.*), first flight, maiden flight. **12.** dentro il ~ via il ~ (metodo di inventario fisico in magazzino ed officina) (*contabilità*), first in first out, fifo. **13.** numero ~ (*mat.*), prime number.

primo dentro/primo fuori (riferito ad una struttura dinamica di dati; p. es. la pila ["stack"] in cui il primo memorizzato sarà il primo ad essere prelevato) (*elab.*), first in first out, "FIFO".

principale (*a. - gen.*), main, master. **2.** ~ (condotto principale per es.) (*ind.*), main. **3.** ~ (di meccanismo che controlla un altro meccanismo) (*a. - app.*), master. **4.** sede ~ (*comm.*), head office.

principiante (*s. - op.*), threshold worker, beginner. **2.** ~ (*sport - ecc.*), beginner.

principio (tecnico, scientifico per es.) (*gen.*), principle. **2.** a due principi (di vite con due filettature) (*mecc.*), double-threaded. **3.** a due principi (*naut.*), twin-screw. **4.** ad un ~ (di una vite per es.) (*a. - mecc.*), single-threaded, single-start. **5.** a più principi (di una vite) (*mecc.*), multi-start. **6.** a tre principi (di una vite) (*mecc.*), triple-start. **7.** dal ~ alla fine (p. es. di una elaborazione, della lettura di un testo ecc.) (*gen.*), from the bottom up.

princisbecco (tombacco, similoro, lega di rame e zinco) (*metall.*), tombac, tomback, tombak, pinchbeck.

priorato (*arch.*), priory.

priorità (precedenza) (*s. - gen.*), priority, precedence. **2.** ~ (diritto di precedenza) (*traff. strad.*), right-of-way, right of way. **3.** ~ massima (*elab.*), limit priority. **4.** a bassa ~ (*elab.*), low-priority. **5.** ad alta ~ (*elab.*), high-priority.

prisma (*geom. - ott.*), prism. **2.** ~ (cubo o prisma rettangolare di precisione usato per il controllo di ortogonalità) (*ut.*), block square. **3.** ~ (blocco metallico con cave a V per il supporto di pezzi a sezione circolare) (*ut.*), vee-block, drill block. **4.** ~ acromatico (*ott.*), achromatic prism. **5.** ~ a 90° con inversione di immagine (cambia la direzione di 90° e inverte l'immagine) (*ott.*), roof prism. **6.** ~ deflettore (*ott.*), deflecting prism. **7.** ~ di Amici (usato nello spettroscopio a visione diretta) (*ott.*), Amici prism. **8.** ~ di Porro (*app. ott.*), Porro prism. **9.** ~ di rinvio (prisma di riflessione) (*ott.*), reflecting prism. **10.** ~ per la correzione di parallasse (*fot.*), parallax corector prism. **11.** ~ raddrizzatore (*ott.*), rectifying prism. **12.** ~ ribaltatore (tipo di prisma rettangolo) (*ott. - fotomecc.*), reversing prism.

prismatico (*a. - ott.*), prismatic. **2.** bussola prismatica (*strum.*), prismatic compass. **3.** cassetta prismatica (blocco prismatico in ghisa con fessure e superfici lavorate di precisione ad angolo retto, usato per il fissaggio del pezzo da lavorare) (*att. mecc. - macch. ut.*), box angle-plate.

privatizzare (di industria per es. passata da gestione pubblica a gestione privata) (*econ. politica*), to privatize.

privatizzazione (snazionalizzazione) (*ind. - econ.*), denationalization.

privato, private.

probabile (*gen.*), probable.

probabilistico (stocastico, stocastico probabilistico) (*stat.*), stochastic.

probabilità (*mat.*), probability. **2.** ~ di riuscita ("chance") (*gen.*), chance, success probability. **3.** ampiezza di ~ (funzione d'onda: nella mecc. quantistica) (*mecc.*), wave function. **4.** funzione della densità di ~ (curva delle probabilità) (*mat. - stat.*), probability density function.

"probit" (unità di probabilità) (*mis. stat.*), probit.

problèma (*gen.*), problem. **2.** ~ di localizzazione di disfunzione (*elab.*), trouble-location problem. **3.** gli aspetti del ~ (*gen.*), the faces of the problem.

proboscide, *vedi* condotto terminale flessibile.

procacciatore (di affari, produttore) (*comm.*), canvasser. **2.** ~ di noli (*comm.*), freight canvasser.

procedere (contro qualcuno) (*leg.*), to proceed. **2.** ~ a velocità normale di marcia (*aut.*), to cruise.

procedimento (metodo di lavorazione esecuzione, montaggio ecc.) (*ind.*), process. **2.** ~ (*chim.*), process. **3.** ~ ai sali di piombo (*fot.*), gum bichromate process. **4.** ~ al bitume (*fotomecc.*), bitumen process. **5.** ~ alla cera (processo alla cera perduta) (*fond.*), lost-wax process. **6.** ~ all'albumina (*fotomecc.*), albumin process. **7.** ~ a matrice incavata (per stampa) (*tip.*), intaglio process. **8.** ~ a matrice piana (per stampa) (*tip.*), planographic process. **9.** ~ a matrice rilevata (per stampa) (*tip.*), relief process. **10.** ~ Ben Day (procedimento meccanico per riproduzione di ombreggiature ecc.) (*tip.*), Ben Day process. **11.** ~ di avvicinamento (*aer.*), approach procedure. **12.** ~ di misurazione per incrementi successivi (*macch. ut.*), incremental measuring method. **13.** ~ di ripetizione (per la ripetizione automatica del ciclo di lavoro) (*macch. ut. a c. n.*), playback method. **14.** ~ di solidificazione del fango (*milit. - chim.*), mud hardening process. **15.** ~ di stampa a colori (cyan, magenta e giallo su carta) (*stampa fot.*), dye transfer. **16.** ~ empirico (di ispezione o verifica per es.) (*gen.*), cut-and-try procedure, hit-and-miss method. **17.** ~ fotomeccanico (*tip.*), photomechanical process. **18.** ~ intermedio (di avvicinamento) (*aer.*), intermediate procedure. **19.** ~ ozalid (procedimento all'ammoniaca) (*tip. - dis.*), ozalid process. **20.** ~ tipografico (procedimento di stampa da matrice rilevata) (*tip.*), relief printing. **21.** sottoponibile a ~ (che si trova nelle condizioni da poter essere sottoposto a ~) (*ind. - ecc.*), processible, processable.

procedura (*gen.*), procedure. **2.** ~ (una successione di istruzioni connesse ad un programma principale) (*elab.*), routine. **3.** ~ aperta (*elab.*), open routine. **4.** ~ ausiliaria (*elab.*), auxiliary routine. **5.** ~ automatica (*elab.*), automatic routine. **6.** ~ diagnostica (*elab.*), diagnostic routine. **7.** ~ di controllo (*elab.*), checking routine, test routine. **8.** ~ di controllo di sequenza (*elab.*), sequence-checking routine. **9.** ~ di errore (per rintracciare e correggere errori) (*elab.*), error routine. **10.** ~ di libreria (*elab.*), library routine. **11.** ~ di riserva (*elab.*), back up procedure. **12.** ~ di servizio (*elab.*), service routine. **13.** ~ di supervisione (~ per verificare altre procedure) (*elab.*), executive routine, master routine. **14.** ~ di supervisione (per controllo dell'esecuzione del programma) (*elab.*), supervisory program, supervisory routine. **15.** ~ di traduzione (*elab.*), translator routine. **16.** ~ di uscita (~ di emissione) (*elab.*), output routine, output program. **17.** ~ euristica (~ che ricerca la soluzione di un problema per tentativi) (*elab.*), heuristic method. **18.** ~ generale (*elab.*), general routine. **19.** procedure iniziali (programma di avvio o innesco) (*elab.*), bootstrap. **20.** ~ localizzazione guasti (*elab.*), malfunction routine. **21.** ~ memorizzata (*elab.*), stored routine. **22.** ~ parziale (*elab.*), subroutine. **23.** ~ parziale aperta (*elab.*), open subroutine. **24.** ~ parziale chiusa (*elab.*), closed subroutine. **25.** ~ parziale di divisione (*elab.*), division subroutine. **26.** ~ per avvicinamento mancato (*aer.*), missed-approach procedure. **27.** ~ per l'atterraggio (procedura di atterraggio) (*aer.*), landing procedure. **28.** ~ preliminare (routine preliminare) (*elab.*), interlude. **29.** ~ preprogrammata (programma pronto per essere immesso nell'elaboratore) (*elab.*), canned routine. **30.** ~ specifica (*elab.*), specific routine.

procèsso (*ind.*), process. **2.** ~ (*leg.*), process, suit, trial. **3.** ~ (l'insieme esecutivo delle operazioni necessarie a portare a compimento le istruzioni di un programma) (*elab.*), process. **4.** ~ acido (*metall.*), acid process. **5.** ~ ai sali di cromo (*fot.*), gum-bichromate process. **6.** ~ al basso fuoco (processo catalano) (*metall.*), Catalan process. **7.** ~ a letto fluidizzato, *vedi* fluidizzazione. **8.** ~ a recupero di refrigerazione, *vedi* ~ Linde. **9.** ~ a soffiaggio laterale (di aria nel convertitore Bessemer) (*metall.*), side-blown process. **10.** ~ basico (*metall.*), basic process. **11.** ~ Bessemer con rivestimento basico (processo Thomas che consente una defosforazione spinta della ghisa) (*metall.*), Thomas process, Thomas-Gilchrist process. **12.** ~ concorrente (cioè elaborato contemporaneamente ad un altro: mediante un elaboratore che possiede più di una unità centrale di elaborazione) (*elab.*), concurrent process. **13.** ~ con forni a riverbero (processo Martin-Siemens) (*metall.*), open-hearth process. **14.** ~ delle camere di piombo (*chim.*), chamber process. **15.** ~ di consolidamento mediante iniezioni di cemento (*costr. ed.*), grouting (ingl.). **16.** ~ di deidrogenazione-ciclizzazione-isomerizzazione (processo per ottenere benzina ad alto numero di ottani) (*chim.*), hydroforming. **17.** ~ di essiccazione sotto vuoto (per ottenere plasma) (*med.*), adsorption temperature vacuum process, adtevac process. **18.** ~ di estrusione (*tecnol. mecc.*), extrusion process. **19.** ~ di generazione per evolvente (di ingranaggio) (*mecc.*), rolling generating process. **20.** ~ di "hydroforming" a letto fisso (*ind. chim.*), fixed-bed hydroforming. **21.** ~ di "hydroforming" a letto mobile (*ind. chim.*), fluid hydroforming. **22.** ~ di immersione a letto fluido (nella costruzione dei condensatori) (*ind. elett.*), fluidized bed dripping system. **23.** ~ di isomerizzazione (*chim.*), isoforming, isomerization. **24.** ~ di laminazione (*metall.*), rolling process. **25.** ~ di solidificazione del fango (*chim. - milit.*), mud hardening process. **26.** ~ di tricomia (*fot. a colori*), screen process. **27.** ~ duplex (acciaio trattato con due sistemi: prima con il Bessmer e poi con il forno elettrico) (*metall.*), duplex, process, duplexing. **28.**

~ Erhardt (per la fabbricazione di tubi) (*metall.*), "pushbench" process. **29.** ~ Houdry (processo "houdryforming", processo di "reforming" a catalizzatore rigenerabile con interruzione del processo) (*ind. chim.*), houdryforming. **30.** ~ industriale (attività organizzate e sotto controllo in un dato settore industriale allo scopo di ottenere un determinato prodotto: p. es. mediante automazione) (*elab.*), industrial process. **31.** ~ irreversibile (*termod.*), irreversible process. **32.** ~ LD (processo Linz-Donawitz, per produrre acciaio) (*metall.*), LD process, Linz-Donawitz process. **33.** ~ Linde (~ a recupero di refrigerazione che sfrutta il principio di raffreddare gas compresso facendolo espandere in uno scambiatore che contiene altro gas compresso in una fase precedente) (*proc. termod.*), regenerative cooling. **34.** ~ Mannesmann (per la produzione di tubi senza saldature) (*metall.*), Mannesmann process. **35.** ~ Martin (*metall.*), Martin process. **36.** ~ Martin-Siemens (*metall.*), open-hearth process. **37.** ~ misto di "reforming" e polimerizzazione termica (*chim. ind.*), polyforming. **38.** ~ orthoforming, *vedi* orthoforming. **39.** ~, o sistema a cera persa (*fond.*), waste-wax process. **40.** ~ planare (uno dei processi per la fabbricazione dei transistori su base di silicio) (*eltn.*), planar process. **41.** ~ Siemens (metodo al minerale) (*metall.*), Siemens process, ore process. **42.** ~ Solvay (*chim. ind.*), ammonia-soda process. **43.** ~ sottrattivo (*fot.*), subtractive process. **44.** ~ stocastico (*stat.*), stochastic process. **45.** ~ Thomas (*metall.*), Thomas process. **46.** ~ Weldon (per la produzione del cloro) (*ind. chim.*), Weldon process. **47.** a ~ diretto (senza reciclo) (*a. - min.*), once-run. **48.** relativo al ~ con forno Martin-Siemens (*a. - metall.*), open-hearth.

processore (unità centrale di elaborazione, elaboratore centrale) (*elab.*), processor, central processor, Central Processing Unit, CPU. **2.** ~ di ingresso e uscita (*elab.*), IOP, Input Output Processor. **3.** ~ locale (*elab.*), local processor. **4.** ~ principale [di controllo] (*elab.*), main processor unit. **5.** ad un solo ~ (elaboratore che possiede una sola unità centrale di elaborazione) (*elaboratore*), uniprocessor.

proctoscòpio (*strum. med.*), proctoscope **2.** ~ operativo (*strum. med.*), operating proctoscope.

procto-sigmoidoscòpio (*strum. med.*), procto-sigmoidoscope.

procura (data da una ditta per es. ad un proprio dirigente) (*leg.*), proxy. **2.** mandato di ~ (*leg.*), letter of attorney, power of attorney, PA.

procurare (*gen.*), to procure.

procuratore (di una ditta) (*leg.*), procurator, holder of proxy. **2.** ~ della Repubblica (*leg.*), attorney general. **3.** ~ legale (*leg.*), solicitor.

prodese (cima d'ormeggio di prua), bow fast.

prodièro (*a. - nav.*), forward.

prodotti chimici (*chim.*), chemicals. **2.** ~ della combustione (di focolare di caldaia per es.) (*comb.*), products of combustion. **3.** ~ della fissione (*fis. atom.*), fission products. **4.** ~ di comodo (sigarette ecc.) (*comm.*), convenience goods. **5.** ~ di scelta (vestiti, mobili ecc.) (*comm.*), shopping goods. **6.** ~ finiti (*ind. - comm. - ecc.*), finished goods. **7.** ~ industriali (*amm. - ind.*), industrial goods. **8.** ~ residui della combustione (in un forno per es.) (*comb.*), combustion residual products. **9.** ~ semilavorati (*ind.*), unfinished products, part machined products.

prodotto (*gen.*), product. **2.** ~ (*chim.*), product. **3.** ~ (*mat.*), product. **4.** ~ (quantità prodotta; p. es. da uno stabilimento industriale) (*s. - comm. - ind. - ecc.*), produce. **5.** ~ a finire (vernice a finire, smalto a finire) (*vn.*), finish. **6.** ~ aggiuntivo (ottenuto per combinazione diretta di due o più sostanze) (*chim.*), addition product, addition compound, adduct. **7.** ~ alimentare (*ind.*), foodstuff. **8.** ~ cartesiano (di insiemi) (*mat.*), cartesian product. **9.** ~ di distillazione (distillato) (*chim.*), distillate. **10.** ~ di testa (nella distillazione) (*chim. ind.*), overhead product. **11.** ~ farmaceutico (*chim. farm.*), pharmaceutical product. **12.** ~ finito (*ind. - comm.*), end-item. **13.** ~ nazionale lordo (*econ.*), gross national product, GNP. **14.** ~ nazionale netto (*econ.*), net national product, NNP. **15.** ~ parziale (*mat.*), partial product. **16.** ~ petrolchimico (*chim.*), petrolchemical. **17.** ~ principale (di una data zona geografica, il ~ che economicamente ha colà il maggior peso) (*comm.*), staple product. **18.** ~ scalare (*mat.*), direct product. **19.** ~ sia di testa che di coda (nella distillazione: p. es. del grezzo di petrolio, le estreme porzioni, iniziale e finale, del distillato) (*ind. chim.*), end, end product. **20.** ~ su ordinazione (un prodotto di serie, ma eseguito su richiesta) (*comm.*), made-to-order. **21.** ~ terminale (nella produzione ind.) (*ind.*), end product. **22.** ~ tessile (*s. - tess.*), textile. **23.** ~ vettoriale (*mat.*), vector product, vector cross product. **24.** responsabile del ~ ("product manager", responsabile della programmazione e delle strategie per un solo prodotto o una linea di prodotti) (*ind.*), product manager. **25.** ~, *vedi anche* prodotti.

produrre (*gen.*), to produce.

produttività (*ind.*), productivity. **2.** livello di ~ accettabile (*ind.*), acceptable productivity level, APL. **3.** livello di ~ motivato (*ind.*), motivated productivity level, MPL. **4.** quoziente di ~ (indice delle variazioni di progetto apportate che hanno influito sulla produttività della macch. ut.) (*macch. ut.*), PCQ rating, productivity criteria quotient rating.

produttivo (*a. - gen.*), productive. **2.** non ~ (di terreno) (*agric.*), sick, unproductive. **3.** operaio ~ (*ind.*), productive worker.

produttore (di prodotti agricoli) (*agric.*), producer. **2.** ~ (*cinem.*), producer. **3.** ~ (venditore a percentuale per es.) (*comm.*), canvasser. **4.** ~ di assicurazioni (*ass.*), insurance canvasser. **5.** ~ di libri (produttore librario) (*comm.*), book canvasser. **6.** ~ di pubblicità (*pubbl.*), advertisement canvasser.

produzione (di forni, di macchina, di stabilimenti) (*ind.*), output, production. **2.** ~ (di una miniera di carbone) (*min.*), get. **3.** ~ (massima: di vapore all'ora di una caldaia per es.) (*ind.*), capacity. **4.** ~ (di un calcolatore) (*elab.*), throughput. **5.** ~ a catena (*ind.*), belt production, line production. **6.** ~ a flusso continuo (*ind.*), flow production. **7.** ~ a flusso intermittente (*ind.*), non-flow production. **8.** ~ a grandi lotti (*ind.*), large batch production. **9.** ~ a lotti (produzione a partite) (*ind.*), batch production. **10.** ~ a piccoli lotti (*ind.*), small batch production. **11.** ~ assistita da calcolatore (*elab. - ind.*), computer aided manufacturing, CAM, computer aided production. **12.** ~ automatizzata (*ind.*), automated production. **13.** ~ del freddo (*ind.*), cold production. **14.** ~ di blumi (*ferriera*), blooming. **15.** ~ di energia elettrica (*elettromecc.*), generation (or production) of electric power. **16.** ~ di grandi serie (*ind.*), volume production. **17.** ~ di massa (*ind.*), mass production. **18.** ~ di piccole serie (*ind.*), small lot production, short run, production of small series. **19.** ~ di singoli complessivi (produzione di un piccolo numero di prodotti al mese o all'anno, di un prototipo di turbina per es.) (*ind.*), "one-off" production. **20.** ~ (di vapore) di una caldaia (*cald.*), boiler output. **21.** ~ di vapore per m^2 di superficie riscaldata (*cald.*), steam generation per sq m of heated surface **22.** ~ giornaliera (*gen.*), day's work **23.** ~ in grande serie (*ind.*), volume production, mass production. **24.** ~ in serie (*ind.*), mass production, quantity production. **25.** ~ media (*ind.*), average output. **26.** ~ oraria (di una macchina per es.) (*ind.*), output per hour. **27.** ~ preventiva (sperimentale o di avviamento: prima di entrare in produzione di serie) (*ind.*), pilot production. **28.** ~ scarsa (*ind.*), underproduction. **29.** capacità di ~ di ghiaccio (*di macch. frigorifera*), ice capacity. **30.** centro di ~ (*ind.*), production center. **31.** complessivo di ~ (unità prodotta) (*ind.*), production unit. **32.** controllo della ~ (*ind. - organ. lav.*), production control. **33.** d'elevata ~ (di una macchina per es.) (*a. - macch.*), high-duty. **34.** incentivo di ~ (premio di produzione) (*pers.*), incentive. **35.** in ~ (*ind. - ecc.*), on stream. **36.** linea di ~ (di una fabbrica) (*ind.*), production line. **37.** programmazione della ~ (*ind.*), production planning. **38.** tempo di ~ completo (tempo per la consegna, a decorrere dalla data dell'ordine) (*ind. - comm.*), lead time.

professionale (*lav.*), professional. **2.** modello di abilità ~ (*psicol. ind.*), occupational ability pattern, OAP. **3.** profilo ~ (*pers.*), personal traits summary. **2.** attività ~ (*gen.*), practice, practise.

professione (*gen.*), profession.

professionista (*s. - lav. - sport*), professional.

professore (universitario o di scuole medie) professor.

profilare (*mecc.*), to profile.

profilassi (*med.*), prophylaxis.

profilato (di ferro) (*ind. metall.*), structural, structural steel, section bar. **2.** ~ (di ferro) a bulbo (*ind. metall.*), bulb iron. **3.** ~ a C (*ind. metall.*), channel. **4.** ~ a C con bordi (⊐) (*ind. metall.*), hat. **5.** ~ a C in acciaio stampato (profilato a C in lamiera di acciaio stampata) (*ind. metall.*), pressed steel channel section. **6.** ~ ad angolo con bulbo (*ind. metall.*), bulb angle. **7.** ~ ad I (*ind. metall.*), I iron. **8.** ~ (o trave) ad I con ala larga (profilato [o trave] Differdingen) (*ind. metall.*), H beam. **9.** ~ ad L (angolare, cantonale) (*ind. metall.*), angle iron, angle. **10.** ~ ad L a bulbo (*ind. metall.*), bulb angle. **11.** ad L a lati disuguali (angolare a lati disuguali) (*ind. metall.*), inequal angle. **12.** ~ ad L a lati uguali (angolare a lati uguali) (*ind. metall.*), equal angle. **13.** ~ a doppio T (*ind. metall.*), H-beam, I-beam. **14.** ~ a scatola (*ind. metall.*), box section, box-type section. **15.** ~ a T (*ind. metall.*), T bar, T beam, tee bar, tee beam. **16.** ~ a U (*ind. metall.*), channel. **17.** ~ commerciale (*ind. metall.*), merchant bar. **18.** ~ di acciaio (*ind. metall.*), steel section. **19.** ~ leggero (*ind. metall.*), light section. **20.** ~ normale (*ind. metall.*), merchant iron, standard section. **21.** ~ per costruzioni navali (*ind. metall.*), shipbuilding section. **22.** ~ per rotaie (*metall. comm.*), T rail. **23.** ~ speciale (*ind. metall.*), shape.

profilatore (utensile profilatore) (*ut.*), profile tool, forming tool.

profilatrice (*macch. ut.*), forming machine. **2.** ~ (taboretto, "toupie") (*macch. ut. per legno e leghe leggere*), spindle molding machine. **3.** ~ a rulli (*macch. ut.*), roll forming machine.

profilatura (sagomatura) (*mecc.*), profiling, forming. **2.** ~ al tornio (*operaz. mecc.*), profile turning.

profilo (*gen.*), outline, profile. **2.** ~ (sullo schermo di un proiettore di profili) (*ott.*), shadow. **3.** ~ (*psicol.*), profile. **4.** ~ (di una filettatura per es.) (*mecc.*), form, shape. **5.** ~ ad evolvente (di un dente di ingranaggio) (*mecc.*), involute profile. **6.** ~ aerodinamico (forma che raggiunge la minima resistenza all'avanzamento in un aeriforme) (*aer. - aut. - ecc.*), streamlining. **7.** ~ aerodinamico (*aerodin.*), airfoil section (am.), aerofoil section (ingl.). **8.** ~ aerodinamico con fessura (*aer.*), slotted airfoil section. **9.** ~ alare (*aer.*), wing contour. **10.** ~ altimetrico (sezione verticale di un terreno) (*top. - ing. civ.*), profile. **11.** ~ del dente (di un ingranaggio) (*mecc.*), tooth contour. **12.** ~ della filettatura (*mecc.*), thread form. **13.** ~ dell'eccentrico (*mecc.*), cam track, cam contour. **14.** ~ di estremità del dente (*mecc.*), tooth end elevation. **15.** ~ inattivo (o concentrico o ad alzata zero: di una camma) (*mecc.*), quieting contour. **16.** ~ longitudinale (*strad. - ing. civ. - costr.*), longitudinal profile, longitudinal section. **17.** ~ psicologico (*psicol.*), psychological profile. **18.** ~ scanalato ad evolvente (scanalatura ad evolvente) (*mecc.*), involute spline. **19.** superficie con ~ aerodinamico (*aer.*), airfoil (am.), aerofoil (ingl.).

profilometro, profilografo (per misurazione di ruvidezza) (*strum.*), profilometer (ingl.).

profitto (*amm.*), profit, return. **2.** ~ lordo (*amm.*), gross profit. **3.** ~ netto (*amm.*), net profit. **4.** ~ operativo (*amm.*), operating margin. **5.** ~ sul capitale investito (*finanz.*), return on investment.

profondità (*mecc.*), depth. **2.** ~ (di un fiume per es.) (*gen.*), depth. **3.** ~ del filetto (di una vite) (*mecc.*), depth of thread. **4.** ~ di campo (*fot.*), depth of field. **5.** ~ di consumo del fungo di una rotaia (*ferr.*), wearing depth of a rail head. **6.** ~ di fuoco (*ott.*), depth of focus. **7.** ~ di taglio (*mecc. - macch. ut.*), cutting depth. **8.** calibro di ~ (*ut.*), depth gauge. **9.** indagine in ~ (esame particolareggiato di un mercato) (*comm.*), depth interview. **10.** indicatore di ~ (*nav.*), depth gear. **11.** misuratore di ~ (*mare*), depthometer.

profondo (*gen.*), deep. **2.** poco ~, shallow.

proforma (*gen.*), proforma.

profumeria (*ind.*), perfumery.

profumo (*ind.*), perfume.

progenitore (un radionuclide, origine di una serie radioattiva) (*n. - fis. atom.*), parent.

progettare (*gen.*), to design, to project, to plan. **2.** ~ (*mecc.*), to design.

progettato, projected.

progettazione (*gen.*), planning, design. **2.** ~ (*mecc.*), design. **3.** ~ con ausilio di calcolatore (*progettazione*), computer-aided design, CAD.

progettista (di ufficio tecnico di industria), designer, planner. **2.** ~ (disegnatore) di stampi (di uff. tecnico attrezzature), die draftsman. **3.** ~ di sistemi (*elab.*), system designer. **4.** tecnico ~ (*ind.*), designer engineer.

progètto, design, plan, project. **2.** ~ (schematico), scheme. **3.** ~ definitivo, definite project. **4.** ~ di legge (*leg.*), bill. **5.** ~ di massima, preliminary project. **6.** ~ funzionale (schema di funzionamento delle parti di maggior rilievo) (*elab.*), functional design. **7.** ~ preliminare (preprogetto) (*ind.*), preliminary project, predesign. **8.** approvazione del ~ (di un nuovo fabbricato per es.: da parte delle autorità competenti) (*leg.*), planning permission. **9.** rifacimento del ~ (rifacimento dello studio, ridisegno) (*ind.*), redesign.

prògnosi (*med.*), prognosis.

programma (*gen.*), program, programme. **2.** ~ (di lavoro: per costruzioni edili, motoristiche, navali ecc.) (*ind.*), schedule. **3.** ~ (di viaggio: di una nave per es.), schedule. **4.** ~ (sequenza completa di istruzioni di macchina necessaria a risolvere un problema) (*elab.*), program, routine. **5.** ~ (di ciò che deve essere fatto o discusso, in una riunione per es.) (*gen.*), agenda. **6.** ~ a bassa priorità (*elab.*), background program. **7.** ~ ad alta priorità (*elab.*), foreground program. **8.** ~ a pagine elettroniche (*elab.*), electronic worksheet program. **9.** ~ a sovrapposizione (~ diviso in segmenti di sovrapposizione, o di sovraregistrazione o di caricamento) (*elab.*), overlay program. **10.** ~ assemblatore (*elab.*), assembly program. **11.** ~ a virgola mobile (*elab.*), floating-point routine. **12.** ~ che richiede un decodificatore (per essere ricevuto e visualizzato) (*telev.*), closed-captioned program. **13.** ~ codificato (programma di macchina, espresso nel codice o linguaggio di una data macchina o sistema di programmazione) (*elab. - macch. ut. a c. n.*), coded program. **14.** ~ compilatore (*elab.*), compiling routine, compiling program, compiler. **15.** ~ con personaggi intervistati (*telev. - radio*), talk show. **16.** ~ consegne (*comm.*), delivery schedule. **17.** ~ delle registrazioni da mandare in onda (*stazione radio*), playlist. **18.** ~ dettagliato (per una commessa e per le parti destinate ad una sola officina) (*organ. lav. di fabbrica*), manufacturing schedule. **19.** ~ di aggiornamento (*elab.*), update program. **20.** ~ diagnostico (programma di prova) (*elab. - macch. ut. a c. n.*), test program. **21.** ~ di assemblaggio (*elab.*), *vedi* ~ assemblatore. **22.** ~ di canale (*elab.*), channel program. **23.** ~ di caricamento (~ per caricare un altro ~ nella memoria centrale) (*elab.*), loading program, bootstrap program. **24.** ~ di contabilizzazione (pacchetto di contabilizzazione: ~ delle informazioni di contabilizzazione) (*elab.*), accounting package. **25.** ~ di controllo (esegue una verifica sull'esatta esecuzione di un altro ~) (*elab.*), monitor program, checking program. **26.** ~ di controllo di sequenza (*elab.*), sequence control program. **27.** ~ di emissione (*elab.*), output program. **28.** programmi di gestione (per la computerizzazione di una società per es.) (*elab.*), business application. **29.** ~ di gestione della libreria (*elab.*), librarian. **30.** ~ di gestione di controllo (*elab.*), *vedi* pilota. **31.** ~ di lavorazione automatica (linguaggio di macch., per dirigere l'operato di macch. ut. per es.) (*macch. ut. c. n.*), automatic machining program, AUTOMAP. **32.** ~ di lavoro (per una commessa: suddiviso per officine di produzione) (*organ. lav. di fabbrica*), master schedule. **33.** ~ di origine (in contrasto con il programma oggetto) (*elab.*), source program. **34.** ~ di prova (*elab. - ecc.*), test program. **35.** ~ di ricerca (*ind.*), research program. **36.** ~ di ricerca (forma geometrica dello spazio di mare e modo in cui il siluro cerca il bersaglio) (*nav.*), search pattern. **37.** ~ di ricerca ed eliminazione errori (*elab.*), debugger, debugging program. **38.** ~ di ripresa a partire dal punto di controllo (*elab.*), checkpoint restart routine. **39.** ~ di secondo passaggio (*elab.*), rerun routine. **40.** ~ di tracciamento (~ di analisi per individuare errori di un altro ~) (*elab.*), trace program, tracing routine. **41.** ~ di utilità (~ per il lavoro ausiliario; p. es. copiare una registrazione, copiare dischi ecc.) (*elab.*), utility program. **42.** ~ euristico (tenta vari metodi per risolvere il problema) (*elab.*), heuristic program. **43.** ~ generale (risolve una serie di problemi differenti e correlati) (*elab.*), general program. **44.** ~ generatore di ordinamento (*elab.*), sort generator. **45.** ~ in codice (programma codificato) (*elab.*), coded program. **46.** ~ interprete (traduce le istruzioni in linguaggio macchina) (*elab.*), interpreter, interpretive program. **47.** ~ non prioritario (~ a bassa priorità) (*elab.*), background program. **48.** ~ non residente (~ non immagazzinato permanentemente nella memoria principale) (*elab.*), nonresident program. **49.** ~ normale (*elab.*), main program, master routine. **50.** ~ oggetto (~ tradotto dal compilatore) (*elab.*), object program, target program. **51.** ~ origine (o di origine), *vedi* ~ sorgente. **52.** ~ per applicazioni particolari (~ compilato per particolari richieste del cliente) (*elab.*), application program. **53.** programmi per bambini (*telev.*), kidvid. **54.** ~ per calcolatore (*elab.*), computer program. **55.** ~ post-mortem (programma ausiliario per l'analisi della causa di un guasto) (*elab.*), postmortem routine. **56.** ~ principale (*elab.*), main program, master program. **57.** ~ processore (*elab.*), *vedi* ~ compilatore. **58.** ~ pubblicitario (*pubbl.*), advertising program. **59.** ~ redattore (*elab.*), editor program, editor. **60.** ~ schematico (schema a blocchi delle operazioni, reogramma, diagramma di lavoro) (*elab. - ecc.*), flow chart, flow diagram. **61.** ~ sorgente [o di origine] (contrapposto al ~ oggetto) (*elab.*), source program. **62.** suggeritore (*elab.*), prompter. **63.** ~ supervisore (~ che, in un elaboratore, presiede al flusso del lavoro ed alla sua distribuzione) (*elab.*), supervisory program, supervisor. **64.** programmi televisivi a pagamento (programmi TV inviati a pagamento ad utenti, muniti di decoder, a mezzo cavo o radioonde) (*telev.*), pay-cable, pay-television, pay-TV. **65.** ~ utente (*elab.*), user program. **66.** biblioteca programmi (una collezione di programmi standard provati) (*elab.*), routine library. **67.** manoscritto del ~ (*elab. - macch. ut. a c. n.*), program list, written program, manuscript. **68.** raccolta di programmi applicativi (insieme di programmi prefabbricati, messi in vendita come opzionali, previsti per un certo compito; p. es. gestione di magazzino, prenotazione aerei ecc.) (*elab.*), application package. **69.** segmento di ~, *vedi* segmento. **70.** valutazione del ~ (*elab.*), program evaluation.

programmabile (*elab.*), programmable, programable.

programmare (*ind.*), to schedule. **2.** ~ (inserire un programma) (*elab. - macch. ut. a c. n. - ecc.*), to program.

programmatica (studio dei modi di programmazione) (*elab.*), software analysis.

programmatore (per calcolatore elettronico per es.) (*pers.*), programmer. **2.** ~ automatico numerico semplificato (per il comando numerico) (*macch. ut. a c. n.*), simplified numerical automatic programmer, SNAP. **3.** gruppo di lavoro del capo ~ (*organ. elab.*), chief programmer team.

programmazione (*organ. lav. di fabbrica*), scheduling. **2.** ~ (*elab.*), programming. **3.** ~ (di un nuovo progetto o produzione per es.: ruolino di marcia) (*ind.*), planning. **4.** ~ a lungo periodo (programmazione a lungo termine) (*organ.*), long-range planning, LRP. **5.** ~ automatica (*elab.*), automatic programming. **6.** ~ automatica per sistemi di posizionamento (programma di macch. calc. per preparare istruzioni per macch. ut. a c. n.) (*macch. ut. a c. n.*), automatic programming for positioning systems, AUTOPROPS. **7.** ~ con codice a barre (*audiovisivi*), bar-code programming. **8.** ~ dei tempi (delle lavorazioni costituenti la produzione) (*ind.*), time planning. **9.** ~ dinamica (*ricerca operativa*), dynamic programming. **10.** ~ in assoluto, *vedi* ~ in linguaggio macchina. **11.** ~ in linguaggio macchina (~ in codice oggetto) (*elab.*), absolute programming, absolute coding. **12.** ~ interattiva (*elab.*), interactive programming. **13.** ~ interpretativa (tipo di ~ che deve essere tradotta in linguaggio macchina) (*elab.*), interpretive programming. **14.** ~ lineare (*programmazione - organ.*), linear programming. **15.** ~ matematica (*ricerca operativa*), mathematical programming. **16.** ~ non lineare (*organ. - ecc.*), nonlinear programming. **17.** ~ ottimale (~ per mezzo della quale si ottiene la massima efficienza dell'elaboratore) (*elab.*), optimum programming. **18.** ~ reticolare (*organ.*), network planning. **19.** ~ seriale (~ che fa compiere all'elaboratore una operazione alla volta) (*elab.*), serial programming. **20.** ~ simbolica (per comandi automatici) (*programmazione*), symbolic programming. **21.** ~ strutturata (sistema per compilare programmi ben organizzati, di facile comprensione, facilmente modificabili ecc.) (*elab.*), structured programming. **22.** sistema di ~ interpretativo (*elab.*), interpretative programming system, IPS.

progredito (aggiornato, moderno) (*gen.*), advanced.

progressione (*mat. - astr.*), progression. **2.** ~ aritmetica (*mat.*), arithmetical progression. **3.** ~ geometrica (*mat.*), geometric progression.

progressività (dei freni per es.) (*aut. - ecc.*), graduality, gradualness.

progressivo (*a. - gen.*), progressive. **2.** ~ (graduale) (*gen.*), gradual.

progrèsso (*a. - gen.*), progress.

proibito (*a. - gen.*), forbidden.

proiettare (*geom.*), to project. **2.** ~ (presentare sullo schermo) (*cinem.*), to project, to screen.

proiettato (*geom.*), projected.

proièttile (di arma da fuoco), shell, projectile. **2.** ~ a mitraglia (*espl.*), canister, canister shot. **3.** ~ a razzo (*disp. aer. di guerra*), rocket missile. **4.** ~ atomico (per cannone atomico) (*espl. atom.*), atomic shell. **5.** ~ con aggressivo chimico (*milit.*), gas bomb. **6.** ~ (o missile) controllato a distanza (*disp. aer. di guerra*), guided missile. **7.** ~ dirompente (*milit.*), high-explosive projectile. **8.** ~ dumdum (*espl.*), dumdum bullet. **9.** proiettili fumogeni (*milit.*), smoke ammunition. **10.** ~ illuminante (*milit.*), star shell. **11.** ~ incappucciato (*espl. milit.*), capped shell. **12.** ~ incendiario (*espl. milit.*), incendiary shell. **13.** ~ inesploso (*espl.*), blind shell, dud. **14.** ~ perforante (*espl. milit.*), armor-piercing shell. **15.** ~ perforante-tracciante (*milit.*), armor-piercing tracer, "APT". **16.** ~ pieno (*espl. milit.*), solid shell. **17.** ~ tracciante (*espl. milit.*), tracer bullet. **18.** a prova di ~ (dei vetri degli sportelli di una banca per es.) (*gen.*), musketproof.

proiettività (*mat.*), projectivity.

proiettivo (di un test per es.) (*psicotecnica*), projective. **2.** geometria proiettiva (*geom.*), projective geometry.

proietto (*espl.*), *vedi* proiettile.

proiettore (*illum.*), projector, floodlight. **2.** ~ (per atterraggio di aerei per es.) (*app. illum. nav. aer. milit.*), searchlight. **3.** ~ ("faro" di autoveicolo) (*aut.*), headlight. **4.** ~ (*radar*), projector. **5.** ~ acustico (trasmettitore acustico) (*acus. sub.*), sound projector. **6.** ~ aeronautico (segnale luminoso) (*aer.*), aeronautical light. **7.** ~ a fascio stretto (per concentrare la luce sul soggetto: per palcoscenico per es.) (*illum.*), baby spot. **8.** ~ a lampada incorporata (*aut.*), sealed beam lamp (am.). **9.** ~ a lente metallica (*radar*), metal lens. **10.** ~ anabbagliante (*aut.*), low beam, traffic beam, lower beam. **11.** ~ antinebbia (o fendinebbia) (*aut.*), fog lamp, fog light. **12.** ~ a scomparsa (faro a scomparsa, di un'autovettura) (*aut.*), retractable headlight. **13.** ~ cinematografico (*app. cinem.*), motion-picture projector. **14.** ~ con lampada incorporata (*aut.*), sealed beam lamp. **15.** ~ con luce anabbagliante (*aut.*), dipped headlight. **16.** ~ di profili (*strum. ott.*), optical gage, shadow comparator. **17.** ~ di segnalazioni del traffico aereo (*aer.*), air-traffic signal light. **18.** ~ episcopico (per proiettare l'immagine di un oggetto opaco) (*app. ott.*), balopticon. **19.** ~ fendinebbia (o antinebbia) (*aut.*), fog lamp, fog light. **20.** ~ orientabile ausiliario (su di un panfilo per es.) (*nav. - aut.*), spot lamp, spotlight. **21.** ~ oscurato (*aut.*), blackout headlight. **22.** ~ per altezza nubi (*app. meteor.*), cloud searchlight. **23.** ~ per diapositive (*fot.*), stereopticon lantern. **24.** ~ per retromarcia (*illum. aut.*), backup light, backing lamp, backup lamp. **25.** ~ per sale cinematografiche (*cinem.*), cinema projector. **26.** ~ rotante (faro rotante, di un'autovettura) (*aut.*), pivotable headlight. **27.** ~ sonoro (*cinem.*), sound projector.

proiezione (*geom. - top.*), projection. **2.** ~ (di un film) (*cinem.*), show, projection. **3.** ~ (di carta geografica) (*cart.*), projection. **4.** ~ (*psicol.*), projection. **5.** ~ all'americana (di dis. mecc.) (*dis.*), third-angle projection. **6.** ~ all'europea (*dis. mecc.*), first-angle projection. **7.** ~ assonometrica (*dis.*), axonometric projection. **8.** ~ cavaliera (*geom.*), cavalier projection. **9.** ~ centrografica (di una carta geogr.) (*cart.*), *vedi* proiezione gnomonica. **10.** ~ cilindrica (di una carta) (*cart.*), cylindrical projection. **11.** ~ conforme (di una carta) (*cart.*), conformal projection. **12.** ~ conica (di una carta) (*cart.*), conical projection. **13.** ~ di Mercatore (*cart.*), Mercator's projection. **14.** ~ equivalente (o entalica) (di una carta) (*cart.*), equal area projection. **15.** ~ gnomonica (proiezione centrografica di una carta geogr.) (*cart. - ecc.*), gnomonic projection. **16.** ~ obliqua (*geom.*), oblique projection. **17.** ~ orizzontale (sezione orizzontale di una nave) (*costr. nav.*), deck section. **18.** ~ ortogonale (*geom.*), orthographic projection. **19.** ~ ortografica (di una carta geogr.) (*cart.*), orthographic projection. **20.** ~ per trasparenza (*telev.*), background projection (ingl.). **21.** ~ policonica (di una carta) (*cart.*), polyconic projection. **22.** ~ poliedrica (o policentrica) (di una carta) (*cart.*), polyhedral projection. **23.** ~ prospettica (*cart. - geom.*), perspective projection. **24.** ~ stereoscopica in prospettiva reale (*fot.*), orthostereoscopy. **25.** atto alla ~ (*cinem.*), screenable. **26.** macchina da ~ cinematografica (*macch.*), motion-picture projector.

proliferazione (di armi nucleari) (*milit. - politica*), proliferation. **2.** non ~ (riferito alle armi nucleari) (*milit. - politica*), nonproliferation.

prolunga (per tubo di scarico per es.) (*mecc. - elett. - ind.*), extension. **2.** ~ (di un compasso) (*strum. dis.*), extension arm. **3.** ~ (portautensile) (*ut.*), cutter bar. **4.** ~ (filo con due spine, maschio e femmina, montate alle estremità) (*luce - forza motrice - telef. - ecc.*), patch cord. **5.** ~ per candela (da montare tra candela e motore) (*mot.*), spark plug adaptor. **6.** ~ per forche ("calzoni") (*veic. off.*), fork extension.

prolungamento, extension, prolongation. **2.** ~ posteriore di un albero (codolo: dell'albero a manovella di un motore stellare per es.) (*mecc.*), tail shaft.

prolungare (nel tempo o nello spazio) (*gen.*), to extend.

promemoria (appunto) (*comm. - ecc.*), memorandum.

promezio (elemento metallico) (Pm - *chim.*), promethium, illinium.

prominenza (rigonfiamento, difetto di un getto per es.) (*gen.*), swell. **2.** piccola ~ (su una superficie metallica per es.) (*gen.*), pimple.

promontòrio (*geogr.*), promontory, headland, foreland. **2.** ~ (espansione di alta pressione che collega due anticicloni) (*meteor.*), ridge. **3.** ~ a picco (*geogr.*), bluff.

promosso (*lav. - ecc.*), promoted.

promotore (fondatore, di una società per es.) (*ind.*), promoter. **2.** ~ (di affari) (*comm.*), promoter.

promozionale (*comm.*), promotional.

promozione (del personale per es.) (*ind. - ecc.*), promotion. **2.** ~ (passaggio di categoria) (*ind. -*

pers.), upgrading (am.). **3.** ~ (delle vendite per es.) (*comm.*), promotion.

promuovere (passare in una categoria superiore) (*pers.*), to promote.

prònao (*arch.*), pronaos.

pronta cassa (*comm.*), spot cash.

pronto (di complessivo o macchina pronto per l'uso per es.) (*gen.*), ready. **2.** ~ (operativo: stato operazionale di un sistema o di una unità pronta ad operare, per es. una periferica) (*elab.*), on-line. **3.** ~ da indossare, *vedi* confezionato. **4.** ~ per il collaudo (*ind.*), ready for inspection, R.F.I. **5.** ~ per l'invio (*elab.*), ready to send, RTS. **6.** ~ per l'uso (di malta, calcestruzzo, tinta ecc.) (*comm. - gen.*), ready-mix. **7.** ~ soccorso (*med.*), first aid. **8.** ~ soccorso (posto di pronto soccorso) (*milit. - med.*), dressing station. **9.** esser ~ (*nav.*), to stand by. **10.** stare ~ (essere in condizione di eseguire con immediatezza l'azione richiesta) (*gen.*), to stand by. **11.** stato di ~ (*gen.*), ready state.

prontuario (libro) (*tip.*), promptuary.

pronucleare (favorevole all'impiego di energia nucleare per la produzione di energia elettrica) (*politica - opinione pubblica*), pronuclear.

pronunciare (la sentenza per es.) (*leg.*), to pronounce.

Prony, freno ~ (*mot. - macch.*), Prony brake.

propaganda (*pubbl.*), *vedi* pubblicità.

propagare (*gen.*), to propagate.

propagarsi (*gen.*), to propagate. **2.** ~ (del fuoco per es.) (*gen.*), to spread.

propagazione (*gen.*), propagation, diffusion. **2.** ~ a percorsi multipli (tipo di propagazione che avviene nell'acqua di mare a causa del gradiente termico, della pressione e della salinità) (*acus. sub.*), multipath propagation. **3.** ~ attraverso il mare (*acus.*), sea propagation. **4.** ~ cilindrica (*acus. - acus. sub.*), cylindrical propagation. **5.** ~ della fiamma (*comb.*), flame propagation. **6.** ~ in acque alte (propagazione acustica nel mare a profondità maggiori di 100-200 m) (*acus. sub.*), deep water propagation. **7.** ~ in acque basse (propagazione acustica nell'acqua di mare a profondità inferiori a 100-200 m) (*acustica sub.*), shallow water propagation. **8.** ~ in campo libero (in un mezzo ideale omogeneo infinito (*acus. - acus. sub.*), free-field propagation **9.** ~ per riflessione dal fondo del mare (*acus. sub.*), bottom bounce propagation, bottom bouncing. **10.** ~ sferica (*acus. - acus. sub. - ecc.*), spherical propagation. **11.** ~ subacquea (propagazione acustica nell'acqua di mare) (*acus. sub.*), underwater propagation. **12.** costante di ~ (*radio*), propagation coefficient. **13.** perdita di ~ (di onde radio od acustiche) (*acus. - acus. sub. - radio - ecc.*), propagation loss. **14.** ritardo di ~ (p. es. di un segnale attraverso una rete operativa) (*elab.*), propagation delay. **15.** velocità di ~ della fiamma (*comb.*), rate of flame propagation.

propano (C_3H_8) (chim.), propane.

propellente (combustibile per motori a razzo per es.) (*comb.*), propellant. **2.** ~ (che spinge) (*a. - gen.*), propelling. **3.** ~ a due propellenti ("bipropellente", propellente per razzi costituito da due prodotti chimici non miscelati, alimentati separatamente alla camera di combustione) (*missil.*), bipropellant. **4.** ~ eterogeneo (*missil.*), heterogeneous propellant, composite propellant. **5.** ~ liquido (per missili) (*missil.*), liquid propellant. **6.** ~ omogeneo (*missil.*), homogeneous propellant. **7.** ~ solido (per missili) (*missil.*), solid propellant. **8.** ad un solo ~ (di motore di missile) (*missil.*), monopropellant. **9.** a doppio ~ (di motore di missile) (*missil.*), bipropellant.

propile ($-C_3H_7$) (radicale) (chim.), propyl.

propilene ($CH_3CH = CH_2$) (*chim.*), propylene.

propilene-etilene (*ind. chim.*), ethylene propylene, EP.

propilèo (*arch.*), propylaeum.

proponente (colui che propone una soluzione) (*riunioni di lav.*), mover.

proporre (*gen.*), to propose.

proporzionale (*mat.*), proportional. **2.** inversamente ~ (*mat.*), inversely proportional, reciprocally proportional.

proporzionalità (*gen.*), proportionality.

proporzionamento (commisurazione) (*gen.*), admeasurement.

proporzionare (*gen.*), to proportion.

proporzione, proportion. **2.** ~ (*mat.*), proportion. **3.** ~ geometrica (*mat.*), geometric proportion. **4.** ~ inversa (*mat.*), inverse proportion. **5.** in ~ (*gen.*), pro rata.

proposizione (*mat.*), proposition.

proposta (*gen.*), proposition, proposal. **2.** ~ (non impegnativa) di base (indirizzo di massima per un progetto) (*gen.*), working paper. **3.** bozza di ~ (di unificazione per es. come sondaggio) (*gen.*), draft proposal.

proprietà (di un corpo per es.) (*fis. - chim. - ecc.*), property. **2.** ~ (*leg.*), ownership. **3.** ~ acustica (*fis.*), acoustics, acoustic property. **4.** ~ demaniale (*leg.*), public land (am.), public domain. **5.** ~ di distendersi (distensione che avviene senza difetti di cordonatura) (*vn.*), flow. **6.** ~ di rimbalzo (della gomma) (*ind. gomma*), resilience. **7.** ~ immobiliare (*leg. - finanz.*), real property, real estate. **8.** ~ in affitto (*leg. - econ.*), leasehold. **9.** ~ legante (*fond. - ecc.*), bonding property. **10.** ~ letteraria (*leg.*), copyright. **11.** ~ lubrificante (*chim.*), lubricity. **12.** ~ terriera (*agric. - leg.*), estate. **13.** certificato di ~ (di azioni) (*finanz.*), share certificate (ingl.). **14.** confini di una ~ (*top.*), land boundary.

proprietario (*leg. - comm.*), owner. **2.** ~ (di una società per es.) (*a. - finanz. - leg.*), proprietary. **3.** ~ (possessore) (*s. - leg.*), proprietor, proprietary.

propulsione (*mecc.*), propulsion. **2.** ~ ad accumulatori (*elett.*), storage battery propulsion. **3.** ~ a fotoni (*astric.*), photon propulsion. **4.** ~ a getto (propulsione a reazione) (*mot.*), jet propulsion. **5.**

~ a razzo (*missile*), rocket propulsion. **6.** ~ a reazione (di aeroplano per es.) (*aer.*), jet propulsion, reaction propulsion. **7.** ~ elettrica (sistema di ~ in cui le particelle propellenti vengono accelerate mediante un mezzo elettrico, per es. il motore ad arcogetto) (*propulsione aer.*), electric propulsion. **8.** ~ elettromagnetica (*fis. plasma per astron.*), electromagnetic propulsion. **9.** ~ ibrida (utilizza con lo stesso motore due tipi di propellenti: uno solido ed uno liquido) (*razzo*), hybrid propulsion. **10.** ~ ionica (*astric.*), ion propulsion, ionic propulsion. **11.** ~ turboelettrica (*ind. mecc.*), turboelectric propulsion. **12.** a ~ a getto (a propulsione a reazione) (*a. - aer. - ecc.*), jet-propulsion, jet-propelled. **13.** a ~ a razzo (*a. - aer. - artiglieria*), rocket-propelled. **14.** a ~ autonoma (*a. - mecc.*), self-propelled. **15.** a ~ mista mediante elica ed a reazione (*a. - aer.*), propjet.

propulsivo (*a. - gen.*), propulsive.

propulso (spinto) (*a. - gen.*), propelled.

propulsore (*s. - mecc. - razzo*), propulsor. **2.** ~ a reazione (ausiliario) di decollo (endoreattore ausiliario impiegato per aumentare la spinta al decollo di un aeroplano) (*aer.*), jato unit, jato engine. **3.** ~ suppletivo (al decollo) (*aer.*), booster.

pròra, *vedi* prua.

pro rata (*gen.*), pro rata.

proravia, a ~ del traverso (*nav.*), forward of the beam, before the beam.

pròroga (*gen.*), delay. **2.** ~ (rinvio) (*leg.*), continuance. **3.** ~ (dilazione) (*comm.*), extension, respite.

prorogabile (una scadenza, un termine) (*comm. - ecc.*), adjournable.

prorogare (*gen.*), to delay. **2.** ~ (dilazionare) (*comm.*), to extend.

prorogato (un termine stabilito per es.) (*comm. - ecc.*), extended.

proscènio (di teatro) (*arch.*), proscenium, stage. **2.** palco di ~ (di teatro) (*ed. - arch.*), stage-box.

prosciugamento (di terreno per es.), draining.

prosciugare (terreni per es.), to drain.

prospèttico (*a. - dis.*), perspective.

prospettiva (*dis.*), perspective. **2.** ~ angolare (a due punti di fuga) (*dis.*), angular perspective. **3.** ~ isometrica (prospetiva rapida nella quale le linee parallele dell'oggetto appaiono parallele anche sul disegno) (*dis. mecc.*), isometric projection. **4.** ~ parallela (o rapida o assonometrica) (*dis.*), parallel perspective. **5.** prospettive (probabilità per il futuro, di un mercato per es.) (*comm.*), outlook.

prospetto (documento che elenca i particolari di un programma) (*gen.*), prospectus.

prospettografo (attrezzo per modificare l'immagine prospettica di un oggetto) (*att. - ott.*), perspectograph.

prospettore (addetto ai rilevamenti minerari) (*min.*), prospector.

prospezione (ricerca di giacimenti) (*min.*), prospecting, prospection. **2.** ~ a rifrazione sismica (eseguita con l'esame di onde rifratte dal sottosuolo, provocate dalla esplosione di apposite cariche interrate) (*min.*), refraction process.

"prossimamente" (proiezione pubblicitaria di scene di un film che verrà programmato in futuro) (*cinem.*), preview (am.), trailer.

pròstilo (*arch.*), prostyle.

protanopia (cecità per il rosso, forma di daltonismo) (*ott. - med.*), protanopia, red blindness.

protèggere (riparare) (*gen.*), to protect, to shield. **2.** ~ con resina epossidica (*ind. - vn.*), to epoxy.

proteico (*chim.*), proteic, protein.

proteina (*chim.*), protein.

protestare (una cambiale per il suo mancato pagamento per es.) (*comm. - finanz.*), to protest, to note.

pròtesto (di una cambiale) (*comm. - finanz.*), protest, noting.

protettivo (*a. - gen.*), protective. **2.** ~ bituminoso (p. es. la pittura antirombo applicata sotto ai pavimenti delle scocche) (*aut.*), bituminous paint.

protètto (*a. - gen.*), protected, shielded. **2.** ~ (contro la concorrenza straniera) (*a. - comm.*), sheltered. **3.** ~ (detto di macch. elett.) (*a. - elett.*), protected, P. **4.** ~ (da calcestruzzo o terra, una postazione sotterranea per lancio di missili per es.) (*milit.*), shielded. **5.** ~ (contro gli spruzzi: tipo di mot. elett.) (*a. - elett.*), splashproof. **6.** ~ contro il getto di manichetta (di macch. elett.) (*a. - elett.*), hose-proof, HSP. **7.** ~ contro lo stillicidio (*macch. elett.*), dripproof, DP. **8.** industria protetta (*comm.*), sheltered industry. **9.** non ~ (si riferisce a dati registrati in memoria che possono essere cancellati da un operatore per mezzo della tastiera) (*elab.*), unprotected.

protettore (*a. - gen.*), protective. **2.** ~ (anello di tela o di gomma di protezione della camera d'aria) (*s. - aut.*), bead (am.).

protezione, protection, guard. **2.** ~ (per evitare danni da urti) (*gen.*), fender. **3.** ~ (p. es. per persone esposte al pericolo di radiazioni) (*fis. atom. - med.*), protection. **4.** ~ a cupola di antenna radar (custodia di antenna radar, involucro protettivo di antenna radar) (*radio*), radome. **5.** ~ ambientale (~ dell'ambiente) (*ecol.*), environmental protection. **6.** ~ antiappannamento (tubo aperto alle estremità applicato sull'obiettivo per evitarne l'appannamento) (*ott. - fot.*), dewcap. **7.** ~ (con processo di) Barff (di ghisa o acciaio, con un rivestimento di ossido resistente) (*metall.*), bower-barff process. **8.** ~ contro difetti di isolamento (*elett.*), leakage protection. **9.** ~ costiera (*milit. - mar. milit.*), coast protection. **10.** ~ del conducente (di un carrello elevatore) (*veic.*), driver's overhead guard. **11.** ~ della memoria (per evitare accidentali cancellazioni) (*elab.*), memory guard, memory protection, storage protection. **12.** ~ della mola (*mecc. - macch. ut.*), wheel guard. **13.** ~ della testata (foglio di carta rotondo o ottagonale usato per proteggere la testata di un rotolo di carta) (*mft. carta*), header. **14.** ~ per cavi (nella mft. cavi elett.) (*ind. gomma*), cable sheathing. **15.** ~ plastica (imbozzolatura, "cocoon", per motori o pezzi immagazzinati) (*mot. - ecc.*), cocoon. **16.** bordo di ~ (montato all'orlo di tavoli da lavoro, piattaforme ecc., per impedire la caduta di utensili ecc.) (*ind.*), toeboard. **17.** (relè di) ~ ausiliaria (*elettromecc.*), backup relay.

protezionismo (*finanz. - comm.*), protectionism.

protio (isotopo dell'idrogeno) (H^1 - *chim.*), protium.

proto (*op. tip.*), overseer, foreman.

protoattinio (Pa - *chim.*), protoactinium.

protocloruro (*chim.*), protochloride.

protocollare (registrare ed archiviare documenti ufficiali) (*uff. - leg.*), to file.

protocollo (disciplina che regola le comunicazioni tra varie apparecchiature: p. es. tra due elaboratori indipendenti) (*s. - elab.*), protocol. **2.** ~ di sincronizzazione consensuale (*elab.*), handshake protocol.

protògino (granito) (*min.*), protogine.

protone (*fis.*), proton. **2.** accoglitore di protoni (*fis. atom.*), proton acceptor.

protosincrotone (*fis. atom.*), proton-synchrotron.

protòssido (*chim.*), protoxide. **2.** ~ d'azoto (N_2O) (ossidulo d'azoto, gas esilarante) (*chim.*), nitrous oxide.

protòtipo (*gen.*), prototype. **2.** campionato prototipi (*aut. - sport*), prototype championship.

protrazione (*gen.*), protraction. **2.** ~ dell'immissione d'aria (nel processo Bessemer, per l'eliminazione del fosforo) (*metall.*), afterblow.

protuberanza (sporgenza) (*gen.*), protuberance, swell, lump, bump. **2.** ~ (risalto, su un pezzo fucinato per es.) (*mecc.*), boss.

pròva (elemento indispensabile per dimostrare l'evidenza di un fatto), proof. **2.** ~ (*cinem.*), rehearsal. **3.** ~ (azione di sperimentare), test, trial. **4.** ~ (*sport*), tryout. **5.** ~ accelerata (prova di corrosione per es.) (*tecnol.*), accelerated test. **6.** ~ accelerata con agenti atmosferici artificiali (*prove vn.*), accelerated weathering. **7.** ~ a compressione (*tecnol.*), compression test. **8.** ~ a compressione (di materiali da costr. ed.) (*sc. costr.*), crushing test (ingl.). **9.** ~ a compressione ripetuta (prova a fatica, di un cuscino di sedile) (*aut.*), flexing test. **10.** ~ ad alta tensione (*elett.*), high-voltage test. **11.** ~ a fatica (prova di fatica) (*tecnol.*), fatigue test. **12.** ~ affetta da errore sistematico (*stat.*), biassed test. **13.** ~ a flessione (*tecnol.*), bending test. **14.** ~ a flessione (di una provetta di ghisa) (*tecnol.*), bending test, beam test, flexural test. **15.** ~ a freddo (dell'avviamento di un motore per es.) (*mot.*), cold test. **16.** ~ a freddo (*tecnol.*), cold test. **17.** ~ a freddo (con acqua in una caldaia a pressione maggiore di quella di esercizio) (*cald.*), hydrostatic test. **18.** ~ agli ormeggi (*nav.*), quay trial. **19.** ~ agli ultrasuoni (per stabilire i difetti interni di un lingotto o di una saldatura per es.) (*tecnol. mecc.*), ultrasonic test. **20.** ~ a impulso (per cavi) (*elett.*), impuls test. **21.** ~ al banco (di un motore) (*mot.*), bench test. **22.** ~ al banco (di una pompa, un aviatore ecc. per es.) (*mecc.*), rig test. **23.** ~ al caldo umido (per apparecchiature elettriche per es.) (*prova ind.*), damp heat test. **24.** ~ al carico di tamponamento (*ferr.*), buffing load test. **25.** ~ al freno (di motore), brake test. **26.** prove alla bitta (prove agli ormeggi, di una motobarca) (*nav.*), bollard tests. **27.** ~ alla capsula di rame (*chim.*), copper dish test. **28.** ~ alla fiamma (*chim.*), flame test. **29.** ~ alla nebbia salina (di accessori cromati, di vernici ecc.) (*aut. - ferr. - mot.*), salt spray fog test. **30.** ~ all'urto (*sc. costr.*), shock test. **31.** prove ambientali (su componenti singoli o complessivi elettronici per es.) (*prova ind.*), environmental test. **32.** ~ a pioggia (prova di tenuta all'acqua, di carrozzeria di autoveicolo per es.) (*ind. aut. - ferr.*), shower test, rain test, "leak test". **33.** ~ a polvere (di un'apparecchiatura) (*prove ind.*), dust test. **34.** ~ a pressione in vasca (della fusoliera pressurizzata di un aeroplano per prove di fatica) (*aer.*), tank testing. **35.** ~ a punto fermo (per es. per misurare la spinta: ~ statica)(*mot. a reazione*), static firing. **36.** ~ a regimi variabili (di un motore) (*mot.*), test at varying speeds. **37.** ~ a secco (*gen.*), dry test. **38.** ~ a tempo (corsa a cronometro) (*corse aut. - mtc.*), time trial. **39.** prove a terra (di motore aer.) (*aer.*), ground tests. **40.** ~ a terra [di motore di missile (o razzo)] (*missil.*), static test. **41.** ~ a trazione (*tecnol.*), tensile test. **42.** ~ a trazione (di una saldatura) (*tecnol.*), pull test. **43.** ~ a tutta forza (di una nave) (*nav.*), full-power trial. **44.** ~ balistica (per proiettili e corazze) (*metall. - milit.*), ballistic test. **45.** ~ Baumann (prova presenza zolfo con reattivo d'impronta) (*metall.*), sulphur printing test. **46.** ~ Brinell (*metall.*), Brinell's test. **47.** ~ chimica (*chim.*), chemical test. **48.** ~ climatica (di un apparecchio elettrico, strumento, mot. a comb. interna ecc.) (*prova mot. - ecc.*), climatic test. **49.** ~ comparativa di prestazioni (per confrontare le prestazioni: di due elaboratori per es.) (*elab.*), benchmark test, benchmark program. **50.** ~ con agenti atmosferici artificiali (*prove vn.*), weathering. **51.** ~ conclusiva (*gen.*), crucial test. **52.** ~ conforme (*stat.*), consistent test. **53.** ~ con sapone titolato (per determinare la durezza dell'acqua) (*chim.*), soap test. **54.** ~ contrattuale a piena potenza (*mot.*), full-power contract trial. **55.** ~ decisiva (*gen.*), crucial test. **56.** ~ dei cerchi (per determinare le caratteristiche in curva di un'autovettura) (*aut.*), steering pad. **57.** ~ dei circuiti (*elett. - eltn.*), circuit testing. **58.** ~ dei filati (*ind. tess.*), yarn testing. **59.** ~ dei materiali (*tecnol.*), testing of materials. **60.** ~ del fading (di freni) (*aut.*), fade test. **61.** ~ dell'acidità (*chim.*), acid test. **62.** ~ della resistenza allo scoppio (della carta) (*prova*), pop test, bursting strength test. **63.** ~ della resistenza allo strappo (della carta per es.) (*prove ind.*), tearing test. **64.** ~ della resistenza di isolamento (*elett.*), insulation resistance test. **65.** ~ della ruota libera (di un mot. elett. di avviamento di mot. aut. per es.) (*mot. - ecc.*), freewheel test. **66.** ~ della solidità alla luce (di colore) (*vn.*), fading test (ingl.). **67.** ~ delle qualità lubrificanti (di un olio lubrificante per es.) (*chim. ind.*), "friction test". **68.** ~ delle scintille alla mola (per determinare la composizione chimica approssimata di un acciaio in base al tipo di scintille ottenute forzando un campione contro la mola) (*tecnol. mecc.*), spark test. **69.** ~ dell'isolamento acustico (*acus.*), sound insulating test. **70.** ~ del nove (sistema di verifica per alcune operazioni aritmetiche) (*mat.*), casting-out nines. **71.** ~ del programma (*macch. ut. a c. n.*), program testing, program checking. **72.** ~ del punto di fumo (per determinare la qualità di combustione del cherosene) (*comb.*), smoke point test. **73.** ~ del punto di infiammabilità (di un olio) (*chim.*), flash test. **74.** ~ del salto di rana (programma per controllare il funzionamento di un calcolatore) (*elab.*), (crippled) leapfrog test. **75.** ~ del T (*stat.*), t-test. **76.** ~ del χ^2 (chi quadrato) (*stat.*), chi square test. **77.** ~ di abrasione (*prove materiali*), wear test, abrasion test. **78.** ~ di affidamento (di uno strumento di misura) (*strum.*), reliability trial. **79.** ~ di allargamento (mediante maschio conico, di un foro) (*tecnol. mecc.*), drift test. **80.** ~ di allargamento (eseguita forzando una spina conica nella estremità di un tubo) (*tecnol.*), pipe expansion test. **81.** ~ di appiattimento (*tecnol. mecc.*), flattening test. **82.** ~ di assorbimento per capillarità (metodo di prova di assorbimento della carta asciugante) (*mft. carta*), absorption test. **83.** ~ di avvolgimento (di un filo metall. per es.) (*tecnol. mecc.*), wrapping test. **84.** ~ di bacino (di una nave per es.) (*nav.*), basin trial. **85.** ~ di centrifugazione (di una girante per es.) (*mecc.*), overspeed test. **86.** ~ di colabilità (*fond.*), fluidity test. **87.** ~ di collaudo (per accettazione: di un aer., aut., nave ecc.) (*gen.*), acceptance test. **88.** ~ di compressione triassiale (*tecnol.*), triaxial compression test. **89.** ~ di congelamento (per ottenere la temperatura alla quale il lubrificante congela) (*chim.*), setting-point test. **90.** ~ di consistenza (di cemento impastato di recente) (*prova materiali*), slump test. **91.** ~ di continuità (*radio - elett.*), continuity test. **92.** ~ di corrosione (*tecnol.*), corrosion test. **93.** ~ di corrosione chimica (metallografia) (*chim. metall.*), etching test. **94.** ~ di criccabilità (di una saldatura) (*tecnol. mecc.*), cracking test. **95.** ~ di criccabilità a caldo (di saldature) (*tecnol. mecc.*), hot-short cracking test. **96.** ~ di decapaggio (per rivelare i difetti superficiali del metallo mediante immersione del provino in acido) (*metall.*), pikle test. **97.** ~ di deemulsionabilità con insufflamento di vapore (di un olio per es.) (*chim.*), steam emulsion test. **98.** ~ di distacco (per scorrimento, di adesivi) (*tecnol.*), shear peel test. **99.** ~ di durata (di motore per es.) (*mecc.*), endurance test, long run test. **100.** ~ di durata (*sport*), long distance trial. **101.** ~ di durata (per cavi, lampade ecc.) (*ind.*), life test. **102.** ~ di durezza (*mecc.*), hardness test. **103.** ~ di durezza con penetratore sferico e profondità fissa (*tecnol. mecc.*), monotron hardness test. **104.** ~ di durezza con piramide di diamante (*tecnol. mecc.*), diamond pyramid hardness test. **105.** ~ di durezza mediante impronta (o penetratore, mediante prove Brinell, Vickers ecc.) (*tecnol. mecc.*), hardness testing by indentation. **106.** ~ di durezza Vickers (sistema di misura della durezza) (*tecnol. mecc.*), Vickers hardness test. **107.** ~ di elasticità (*tecnol.*), elasticity test. **108.** ~ di erogazione a freddo (del carburante di aviazione per es.) (*mot.*), cold flow test. **109.** ~ di erogazione carburante (delle pompe di mot. aeronautico) (*mecc. mot.*), fuel flow test. **110.** ~ di esposizione (di vernice) (*vn.*), exposure test. **111.** ~ di fatica (*tecnol.*), fatigue test. **112.** ~ di fatica a flessione rotante (*tecnol.*), Wöhler test. **113.** ~ di flessibilità (di un tubo di gomma per es.) (*tecnol.*), whip test. **114.** ~ di flessione (*tecnol.*), bending test, deflection test. **115.** ~ di flessione all'urto (*tecnol.*), shock (or blow) bending test. **116.** ~ di fluidità (prova di scorrevolezza: di un olio per es.) (*fis.*), pour test. **117.** ~ di fragilità a caduta di peso (*metall. - tecnol. mecc.*), drop weight test. **118.** ~ di frattura (*tecnol.*), breaking test. **119.** ~ di frattura su barretta intagliata (*tecnol. mecc.*), nicked fracture test. **120.** ~ di frenatura (di autoveicolo per es.) (*mecc.*), braking test. **121.** ~ di fucinabilità (*prova*), upending test (ingl.). **122.** ~ di fucinatura (*prova*), upending test (ingl.). **123.** ~ di funzionamento (di apparecchi elettrici) (*elett.*), operating test. **124.** ~ di guado (di veic.) (*veic.*), wading test. **125.** ~ di imbutitura (di lamiere metalliche) (*tecnol.*), dishing test, drawing test, cupping test. **126.** ~ di imbutitura profonda (*tecnol. mecc.*), deep-drawing test. **127.** ~ di invecchiamento (*tecnol. mecc.*), aging test. **128.** ~ di maneggevolezza (per automobili su un percorso di 100 metri con 10 "porte" od ostacoli) (*aut.*), "slalom" test. **129.** ~ di omologazione (*mot. aer.*), type-approval test. **130.** ~ di piega (o piegatura) (*tecnol. mecc.*), bend test. **131.** ~ di piega alterna (*tecnol. mecc.*), reverse bend test. **132.** ~ di piegamento a 180° (prova di piegamento a blocco) (*tecnol.*), close bend test. **133.** ~ di piegatura (per un angolo) definito (*tecnol.*), angle bend test. **134.** ~ di piegatura a caldo (*tecnol.*), hot bending test. **135.** ~ di piegatura ripetuta in sensi opposti (*tecnol.*), alternate bending test. **136.** ~ di porosità al solfato di rame (per determinare la qualità dei rivestimenti galvanici) (*metall.*), copper sulphate test. **137.** ~ di pressione (*ind.*), pressure test. **138.** ~ di quadrettatura (per provare l'adesività di una vernice) (*vn.*), crosshatch test. **139.** ~ di qualificazione (prova di accettazione di motore, dinamo ecc. fatta effettuare dal committente di una grossa fornitura) (*mot. - ecc.*), qualification test. **140.** ~ di repulsione (*ferr.*), buffing load test. **141.** ~ di resilienza (*tecnol. mecc.*), impact test. **142.** ~ di resilienza (su provetta intagliata) (*tecnol. mecc.*), notched bar impact test. **143.** ~ di resilienza Charpy (*tecnol. mecc.*), Charpy impact test. **144.** ~ di resilienza Izod (con provino a sbalzo anziché appoggiato agli estremi) (*tecnol. mecc.*), Izod test. **145.** ~ di resistenza (*sport*), reliability run, endurance test. **146.** ~ di restringibilità a caldo (prova a caldo: sulla lana) (*ind. lana*), hot test. **147.** ~ di ricalcatura (*prova fucinatura*), upsetting test. **148.** ~ di rigidità (dielettrica) (*elett.*), electric strength test. **149.** ~ di rigorosità termica (di una saldatura) (*tecnol.*), thermal severity test. **150.** ~ di rigorosità termica controllata (di una saldatura per es.) (*tecnol.*), controlled thermal severity test, CTS test. **151.** ~ di risonanza (per determinare frequenza naturale e modo di oscillazione di una struttura) (*tecnol.*), resonance test. **152.** ~ di rottura (*sc. costr. - tecnol. mecc.*), breaking test. **153.** ~ di scintillamento (prova delle scintille alla mola, per orientarsi approssimativamente sulla composizione chimica) (*tecnol. mecc.*), spark test. **154.** ~ di scorrimento (di un lubrificante), pour test. **155.** ~ di scorrimento (per adesivi) (*tecnol.*), shear test. **156.** ~ di scorrimento a trazione (per adesivi) (*tecnol.*), tensile shear test. **157.** ~ di scorrimento viscoso (*tecnol.*), creeping test. **158.** ~ di selezione (controllo di selezione) (*elab.*), selection check. **159.** ~ di sicurezza (*gen. - aer.*), reliability test. **160.** ~ di slabbratura (prova di flangiatura, di un tubo metallico) (*tecnol. mecc.*), flanging test. **161.** ~ di spandimento (per misurare la consistenza della malta fresca) (*ing. civ.*), flow-table test. **162.** ~ di spellamento [o di adesione] (~ per valutare la prestazione di un adesivo) (*tecnol.*), peel test, peeling test. **163.** ~ di stampa (bozza) (*tip.*), proof, proofsheet. **164.** ~ di stiramento (*tecnol.*), elongation test. **165.** ~ distruttiva (*tecnol. mecc.*), destructive test. **166.** ~ di temprabilità Jominy (*metall.*), end quench hardenability test, Jominy test. **167.** ~ di tiro (di un cannone) (*milit.*), range trial. **168.** ~ di torsione (*tecnol.*), torsion test. **169.** ~ di validità (~ eseguita su dati di ingresso codificati) (*elab.*), validity check. **170.** ~ "doctor" (prova per la determinazione dello zolfo corrosivo, in un combustibile per es.) (*chim.*), doctor test. **171.** ~ d'urto (*tecnol.*), impact test, drop test. **172.** ~ d'urto (prova di resilienza) (*tecnol.*), impact test. **173.** ~ e collaudo (di un complessivo per es.) (*ind.*), test and inspection. **174.** ~ elettrica (della gomma per es.) (*prove ind.*), electrical test. **175.** ~ esauriente (*tecnol. - ecc.*), comprehensive test. **176.** ~ finale ("provetta": di un motore al banco) (*mot.*), final test. **177.** ~ fisica (*tecnol.*), physical test. **178.** ~ idraulica (di un pezzo metallico cavo soggetto a pressione interna) (*prova ind.*), hydraulic test. **179.** ~ idraulica (di un impianto di tubazioni per es.) (*ind. - mecc.*), hydraulic test, water-pressure test. **180.** ~ idrostatica di tenuta (di un app. idr. per es.), hydrostatic test. **181.** ~ in bacino (*nav.*), basin trial, dock trial. **182.** ~ in condizioni limite (~ eseguita in condizioni operative più severe di quelle normali) (*eltn.*), marginal test, marginal check. **183.** ~ in opera (di un motore per es.) (*prova*), site test. **184.** ~ in salita (*aut.*), hill-climbing test. **185.** ~ in vasca (di un modello di nave) (*nav.*), tank test. **186.** ~ in vaso aperto (del punto di infiammabilità di una nafta) (*chim.*), open test. **187.** ~ in vaso chiuso (del punto di infiammabilità di una nafta) (*chim.*), closed test. **188.** ~ in volo (*aer.*), flight test, flight check. **189.** ~ limite (*gen.*), limit test. **190.** ~ meccanica (della gomma per es.) (*prove ind.*), mechanical test. **191.** ~ non distruttiva (per es. a mezzo di ultrasuoni) (*tecnol. mecc. - ecc.*), nondestructive test. **192.** ~ per la determinazione della percentuale di abrasivo presente (~ su paste detergenti o abrasive) (*tecnol. ind.*), scratch test. **193.** ~ per via umida (*chim. - ecc.*), wet test. **194.** ~ presenza zolfo con reattivo di impronta (prova Baumann) (*metall.*), sulphur printing test. **195.** ~ relativa a lavori di ufficio (*pers. - psicol. ind.*), clerical test. **196.** ~ Rockwell (*tecnol.*), Rockwell's test. **197.** ~ sclerometrica (prova di penetrazione per abrasione) (*tecnol.*), scratch test. **198.** ~ scleroscopica di Shore (*tecnol.*), Shore test. **199.** ~ senza fermata (*sport*), nonstop run. **200.** ~ sotto carico (prova al freno) (*mot. - ecc.*), under load test. **201.** ~ statica (riproducente le sollecitazioni sull'aeroplano e sue parti mediante l'applicazione di carichi statici) (*costr. aer.*), static test. **202.** ~ sul modello (di un aeroplano, nave ecc.), model test. **203.** ~ sul traverso (prova in senso trasversale all'andamento delle fibre) (*metall. - fucinatura*), transverse test. **204.** ~ su punti chiave (*controllo di qualità*), spot test. **205.** ~ su strada (di automobile, motocicletta ecc.), road test. **206.** ~ tecnologica (*tecnol.*), technological test. **207.** accoppiamenti per prove a terra (per impianti idraulici o pneumatici) (*aer.*), ground test couplings. **208.** apparecchio di ~, test set. **209.** apparecchio per ~ continua (*app. prove*), continuous tester. **210.** a ~ di bomba (*ed.*), shellproof. **211.** a ~ di collisione (di un'autovettura per es.) (*aut.*), crashproof. **212.** a ~ di proiettile (*milit.*), bulletproof. **213.** banco per prove d'urto (di autovetture) (*aut.*), crash-tester. **214.** banco ~ (per motori per es.), test bed. **215.** banco ~ a rulli (per automobili) (*costr. aut.*), roller test bench. **216.** camera per prove in quota (camera alta quota) (*prove aer.*), altitude chamber. **217.** cella ~ motori (*ind. mecc.*), engine test room. **218.** fare la ~ del nove (*mat.*), to cast out nines. **219.** in ~ (*gen.*), on trial. **220.** macchina per ~ delle molle (*macch. prove*), spring testing machine. **221.** macchina per prove sui materiali (*tecnol. mecc.*), testing machine. **222.** obbligo della ~ (*leg.*), burden of proof, duty of proving. **223.** prima ~ a terra (di un motore poi montato sul velivolo) (*aer. - mot.*), green ground test, green run test. **224.** sala ~ (*ind. mecc.*), test room. **225.** sala ~ motori (*ind. mecc. mot.*), engine test room. **226.** sottoporre a ~ forzata (usando cartucce a carica maggiorata) (*prova armi da fuoco*), to proof-test.

prova-motore (apparecchio elettronico per es.) (*prove mot.*), engine tester.

provare (eseguire prove) (*gen.*), to test. **2.** ~ (tentare) (*gen.*), to try. **3.** ~ (confermare) (*gen.*), to prove, to confirm. **4.** ~ (dimostrare), to prove.

provato (*a. - mecc. - ecc.*), tested. **2.** ~ al banco (una pompa per es.) (*a. - mecc.*), rig tested.

provènto (*comm. - amm.*), proceeds, returns.

provetta (tubo da saggio) (*s. - att. chim.*), test tube. **2.** ~ (provino: per prove resistenza materiali) (*tecnol. mecc.*), test piece, specimen. **3.** ~ (barretta, per prova materiali) (*tecnol. mecc.*), test bar. **4.** ~ a chiglia (*prove di fond.*), keel block. **5.** ~ di fusione in conchiglia (*fond.*), chill test piece. **6.** ~ di Mc Leod (per misurare la pressione dei gas rarefatti) (*strum. fis.*), mcleod gage. **7.** ~ di metallo base (di saldatura) (*tecnol. mecc.*), base-metal test specimen. **8.** ~ fusa col getto (provetta fusa solidale al getto) (*fond.*), cast-on test bar. **9.** ~ graduata (*chim.*), graduated measuring tube. **10.** ~ interamente composta da metallo fuso (nell'esecuzione della saldatura) (*tecnol. mecc.*), all-weld-metal test specimen. **11.** ~ normale (provino, per prove resistenza materiali) (*tecnol. mecc.*), standard test piece. **12.** ~ normale a flessione (di ghisa per es.) (*tecnol. - mecc.*), standard test bar, arbitration bar (am.). **13.** ~, *vedi anche* provino.

provètto (*a. - op.*), experienced, skilled.

provino (per prove resistenza materiali) (*tecnol.*), test piece, specimen. **2.** ~ (*cinem.*), test, test film. **3.** ~ Charpy V (provino con intaglio a V per prova Charpy) (*tecnol.*), Charpy V specimen. **4.** ~ di dimensioni unificate (*tecnol.*), standard test piece. **5.** ~ in calcestruzzo (*tecnol.*), concrete test piece. **6.** ~ lineare (per prove su gomma) (*ind. gomma*), "dumbbell" test strip. **7.** ~ normale (provetta normale) (per prova resistenza materiali) (*tecnol.*), standard test piece. **8.** ~ normale "arbitration" (provetta cilindrica di ghisa grigia) (*fond.*), arbitration bar. **9.** ~ prelevato dal bagno (provino del bagno) (*metall.*), bath sample. **10.** ~, *vedi anche* provetta.

provvedere (una cosa: fornire) (*gen.*), to provide. **2.** ~ (a una cosa: prendersi cura) (*gen.*), to care.

provvedimento (*gen.*), provision, measure. **2.** ~ disciplinare (*pers.*), disciplinary action.

provveditore navale (*nav.*), ship chandler, chandler.

provvigione (percentuale intascata dall'agente o dal procacciatore di affari) (*comm.*), commission. **2.** ~ (premio del credere) (*finanz. - comm.*), del credere commission. **3.** ~ (nella vendita di carbone) (*comm.*), fittage. **4.** ~ dell'agente (*comm.*), agent's commission.

provvisòrio (temporaneo) (*gen.*), provisional, temporary. **2.** collegamento ~ (*telef. - ecc.*), patch, temporary connection.

provvista (di materiali per es.), supply, stock, provision.

provviste (*gen.*), provisions, supplies. **2.** ~ di bordo (*nav.*), naval stores.

prua (*nav.*), how, prow, head. **2.** ~ (di un idrovolante) (*aer.*), prow. **3.** ~ a bulbo (per navi passeggeri ad alta velocità) (*costr. nav.*), bulbous bow. **4.** ~ a profilo concavo (*nav.*), clipper bow. **5.** ~ diritta (*nav.*), straight stem. **6.** ~ rigonfia (prua panciuta: larga e rotondeggiante) (*nav.*), bluff bow. **7.** ~ slanciata (*nav.*), faring bow, raking stem. **8.** ~ sottile (*nav.*), lean bow. **9.** ~ tozza (prua rigonfia) (*nav.*), bluff bow. **10.** a ~ (*avv. - nav.*), at the bow, fore. **11.** a ~ tozza (a prua rigonfia) (*a. - nav.*), bluff-bowed. **12.** castello di ~ (*nav. - mar.*), forecastle. **13.** da ~ a poppa (*nav.*), fore and aft. **14.** dirigere la ~ al largo (*nav.*), to stand out, to stand off. **15.** fanale di ~ (*nav.*), bow light. **16.** onda di ~ (*nav.*), bow wave. **17.** orientare la ~ in direzione opposta al vento (*aer. - nav.*), to bear up. **18.** parte stellata di ~ (al di sotto della linea d'acqua) (*costr. nav.*), entrance. **19.** ruota di ~ (*aer.*), nose wheel. **20.** ruota di ~ (*nav.*), stem, stempost. **21.** slancio di ~ (*nav.*), bow rake. **22.** vento di ~ (*nav.*), head wind.

"prunatura" (*mecc.*), prunus blasting.

prussiato (*chim.*), prussiate. **2.** ~ giallo di potassio ($K_4Fe[CN]_6$) (*chim.*), yellow prussiate of potash. **3.** ~ rosso di potassio ($K_3Fe[CN]_6$) (*chim.*), red prussiate of potash.

"PS" (polistirolo) (*plastica*), PS, polystyrene.

"P.S." (postscriptum, poscritto) (*uff.*), PS, post scriptum, post-script.

pseudoaleatorio (*a. - stat.*), pseudorandom.

psèudo alògeno, pseudohalogen.

pseudodìptero (*a. - arch.*), pseudodipteral.

pseudoistruzione (istruzione fatta in un linguaggio di programmazione non interpretabile direttamente dall'elaboratore) (*s. - elab.*), pseudoinstruction.

pseudomorfosi (di un minerale) (*min.*), pseudomorphosis.

pseudonimo (*giorn.*), nom de plume, pseudonym. **2.** ~ (*elab.*), *vedi* etichetta alternativa.

pseudo-operazione (che non fa parte del normale repertorio dell'elaboratore) (*s. - elab.*), pseudo-operation.

pseudosoluzione (soluzione colloidale) (*chim. fis.*), pseudosolution.

psichiatra (*med.*), psychiatrist, psychiater.

psichiatria (*med.*), psychiatry.

psichiatrico (*a. - med.*), psychiatric, psychiatrical.

psicologia (*psicol.*), psychology. **2.** ~ industriale (psicotecnica) (*med. ind.*), industrial psychology.

psicologo (*psicol.*), psychologist. **2.** ~ d'azienda (*psicol. ind.*), work psychologist, industrial psychologist, counselor, counsellor.

psicometria (*psicol.*), psychometrics.

psicotècnica (*psicol. ind.*), industrial psychology.

psicotecnico (*a. - psicol.*), psychotechnical.

psicròmetro (*strum.*), psychrometer.
psilomelano (*min.*), psilomelane.
psofometrico (*telef.*), psophometric.
psofometro (apparecchio per la misurazione della intensità del suono) (*strum. mis. elettroacus.*), psophometer.
"PTFE" (politetrafluoroetilene) (*chim.*), PTFE, ptfe, polytetrafluorethylene.
pubblicare (*stampa*), to publish.
pubblicato (*stampa*), published. **2.** appena ~ (di un libro per es.) (*edit.*), just off press.
pubblicazione, publication. **2.** ~ (p. es. di una edizione revisionata, di un nuovo numero di una rivista, di un libro ecc.) (*tip.*), issue. **3.** ~ bisettimanale (*giorn.*), biweekly (paper). **4.** ~ in microriproduzione (pubblicazioni per mezzo di microfilm anziché a stampa; p. es. di un documento) (*s. - gen.*), micropublishing, micropublication. **5.** ~ mensile (*a. - s. - giorn.*), monthly. **6.** ~ quindicinale (*giorn.*), bimonthly (paper). **7.** ~ trimestrale (*giorn.*), quarterly (paper).
pubblicità (*pubbl.*), advertising, publicity, advertisement. **2.** ~ a mezzo stampa (*pubbl.*), press advertising. **3.** ~ associata (*pubbl.*), association advertising. **4.** ~ estesa a tutto il territorio nazionale (*pubbl.*), national advertising. **5.** ~ industriale (*pubbl.*), industrial advertising. **6.** ~ istituzionale (pubblicità di prestigio) (*pubbl.*), institutional advertising, prestige advertising. **7.** ~ luminosa (*pubbl.*), illuminated advertisement. **8.** ~ murale (*pubbl.*), wall publicity. **9.** ~ nel luogo di acquisto (*pubbl.*), point-of-purchase advertising. **10.** ~ nel luogo di vendita (*pubbl.*), point-of-sale advertising. **11.** ~ per corrispondenza (*pubbl.*), direct mail advertising. **12.** ~ redazionale (*pubbl.*), advertisement in editorial form. **13.** ~ sensazionale (*pubbl.*), sensational publicity, "ballyhoo". **14.** ~ subliminale (pubblicità che agisce sul subcosciente) (*pubbl.*), subliminal advertisement. **15.** ~ suddivisa per categorie (annunci economici) (*pubbl.*), classified advertising. **16.** ~ sui mezzi di trasporto (*pubbl.*), transportation advertising. **17.** ~ tabellare (*pubbl.*), display advertising. **18.** agente di ~ (*pubbl.*), advertisement representative. **19.** agenzia di ~ (*pubbl.*), advertising agency. **20.** colonna della ~ (di un giornale per es.) (*pubbl.*), advertisement column. **21.** direttore della ~ (direttore della propaganda) (*pubbl. - comm. - ind.*), advertisement director, advertising manager. **22.** fare ~ in modo originale, o stravagante (*pubbl.*), to blurb. **23.** norme della ~ (*pubbl.*), advertising regulations. **24.** pagina della ~ (di un giornale per es.) (*pubbl.*), advertisement page. **25.** piccola ~ (piccoli annunci) (*pubbl.*), classified advertising, "small". **26.** produttore di ~ (*pubbl.*), advertisement canvasser. **27.** raffica di sequenze di ~ [o pubblicitarie] (repentina messa in onda di un numero limitato di sequenze pubblicitarie di breve durata) (*pubbl. comm.*), burst. **28.** studio di ~ (*pubbl.*), advertising office. **29.** ufficio ~ (ufficio propaganda: di un'azienda per es.) (*pubbl. comm. - ind.*), advertisement department, advertising department.
pubblicitario (*a. - pubbl.*), advertising. **2.** ~ (agente pubblicitario) (*s. - pubbl.*), advertising agent, adman. **3.** mezzi pubblicitari (*pubbl.*), advertising media, media. **4.** ricerca pubblicitaria (*pubbl.*), advertising research.
pubblico (*a. - s. - gen.*), public. **2.** ~ (spettatori, della televisione ecc.) (*s. - gen.*), audience. **3.** ~ in ascolto, available audience, audience flow. **4.** Pubblico Ministero (*leg.*), prosecutor, public prosecutor. **5.** analisi del ~ (*pubbl. - stat.*), audience analysis. **6.** indagine sul ~ (*pubbl. - stat.*), audience research.
puddellaggio (termine in disuso indicante il metodo di affinazione della ghisa con forni a riverbero) (*metall.*), puddling.
puddellare (*metall.*), to puddle.
puddinga (*geol.*), pudding stone.
puggia! (poggia!) (*nav.*), up with the helm!
puggiare (*nav.*), *vedi* poggiare.
pugilato (*sport*), boxing.
pugnale (stiletto) (*arma*), dagger.
pula (trito, minuto, di carbone) (*comb.*), smalls. **2.** ~ (granulo, di plastica) (*ind. chim.*), bead.
puleggia (*mecc.*), pulley, sheave. **2.** ~ (per trasmissione a cinghia) (*mecc.*), belt pulley. **3.** ~ a diametro variabile (*mecc.*), expanding pulley. **4.** ~ a fascia piana (*mecc.*), band pulley, band wheel, belt pulley. **5.** ~ a gola per fune (*mecc.*), wire rope pulley, race pulley. **6.** ~ a gole (per cinghie trapezoidali) (*mecc.*), sheave. **7.** ~ a gola (del verricello) con impronte per catena calibrata (*nav. - ind.*), wildcat. **8.** ~ a gradini (*mecc.*), cone pulley, speed pulley, speed cone. **9.** ~ a gradini per cinghie trapezoidali (*mecc.*), step-cone sheave. **10.** ~ alla sommità della torre (*min.*), crown pulley. **11.** ~ composta (formata da due elementi semicircolari) (*mecc.*), split pulley. **12.** ~ condotta (*mecc.*), driven pulley. **13.** ~ con V a larghezza variabile (*mecc.*), variable pitch pulley. **14.** ~ di guida (*mecc.*), guide pulley. **15.** ~ di rinvio (di un trasportatore a nastro per es.) (*mecc.*), snub pulley. **16.** ~ fissa (*mecc.*), fast pulley, fixed pulley. **17.** ~ folle (*mecc.*), idler, idle pulley, loose pulley. **18.** ~ folle ad asse spostabile (per regolare la tensione della cinghia) (*mecc.*), idler pulley. **19.** ~ guidacinghia (galoppino) (*mecc.*), guide pulley. **20.** ~ mossa (puleggia condotta) (*mecc.*), driven pulley. **21.** ~ motrice (*mecc.*), driving pulley. **22.** ~ multipla a gole (*mecc.*), multi-step cone sheave. **23.** ~ multipla a gradini (*mecc.*), step cones, step pulley. **24.** ~ per catena (*mecc.*), chain pulley chain wheel. **25.** ~ per catena calibrata (*mecc.*), chain wheel, chain sheave. **26.** ~ per fune (*mecc.*), rope pulley. **27.** ~ scanalata (*carrucola*), sheave. **28.** ~ scanalata (a gole: per cinghie trapezoidali) (*mecc.*), sheave. **29.** ~ tendicinghia (*mecc.*), tension pulley, jockey pulley, jockey, idler pulley. **30.** gruppo

delle pulegge della sommità della torre (di sondaggio) (*min.*), crown block. **31.** mezza ~ fissa (*nav.*), dead sheave.

púlica, púliga (piccola bolla di gas nel vetro) (*difetto vetro*), seed, boil.

puligoso (detto di vetro che contiene piccole bolle) (*a. - vetro*), seedy.

pulimento (*operaz. mecc.*), *vedi* pulitura.

pulire (nettare), to clean. **2.** ~ (alla pulitrice) (*mecc.*), to buff, to polish. **3.** ~ (in superficie) (*mecc.*), to scour. **4.** ~**!** (lucidare con la pulitrice) (*dis. - mecc.*), BF, buff. **5.** ~ a secco (tessuti per es.), to dry-clean. **6.** ~ con soffiatura (pulire da occlusioni mediante soffiatura con aria compressa) (*tubaz.*), to blow out. **7.** ~ con spazzola di ferro (*ind.*), to wire-buff. **8.** ~ la carena (di navi non in ferro) (*nav.*), to grave. **9.** ~ mediante barilatura (bottalatura o burattatura) (*operaz. mecc.*), to barrel clean.

pulito (*a - gen.*), clean. **2.** ~ (senza gas nocivi, senza inquinanti: di rifiuti industriali) (*ecol.*), clean, detoxicated. **3.** ~ (relativo alla linea esterna di un aereo: senza protuberanze o sporgenze esterne) (*a. - aer.*), clean. **4.** ~ (senza prodotti della combustione dannosi o inquinanti) (*a. - ecol.*), smogless. **5.** ~ o quasi ~ (riferito alla lana) (*ind. tess.*), free or nearly free, FNF.

pulitrice (lucidatrice) (*macch. ut.*), buffer, polishing machine, buffing machine. **2.** ~ (barilatrice, bottalatrice: per piccoli pezzi metallici) (*macch.*), tumbling barrel, tumbler, rattle barrel, rattler, rumbler. **3.** ~ a graniglia meccanica (granigliatrice o sabbiatrice) (*macch.*), shot blasting unit. **4.** ~ a nastro (*macch. ut. per legno*), surface sandpapering machine. **5.** ~ di cascami (*macch. tess.*), waste cleaning machine. **6.** disco per ~ (o lucidatrice) (*ut.*), polishing mop.

pulitura (con la pulitrice) (*mecc.*), buffing, polishing. **2.** ~ (di metalli, mediante sabbiatura o decapaggio per es.) (*tecnol. mecc.*), cleaning. **3.** ~ a getto dolce (pallinatura con noccioli di prugna tritati) (*tecnol. mecc.*), prunus blasting, soft blasting. **4.** ~ a secco (di tessuti per es.) (*ind.*), dry cleaning. **5.** ~ con ultrasuoni (*tecnol. mecc.*), ultrasonic cleaning. **6.** ~ del canale di colata (*fond.*), gate wash. **7.** ~ e pitturazione del bagnasciuga (*nav.*), boot-topping. **8.** ~ meccanica (della lana per es.) (*ind. tess.*), mechanical cleaning. **9.** ~ ultrasonica (usata per es. per pulire pezzi di meccanica fine) (*tecnol. - mecc.*), ultrasonic cleaning.

pulizia, cleaning, clean out. **2.** ~ con aria compressa (di un pezzo appena lavorato di macchina per es.) (*off.*), blast cleaning. **3.** ~ dei tubi di fumo (*cald.*), fire tube cleaning. **4.** trivella di ~ (cucchiaia di pulizia, nella trivellazione del petrolio) (*ut. min.*), mud auger, mud socket.

pullman (vettura pullman) (*ferr.*), Pullman car, Pullman.

pullmino (piccolo autobus per non più di dieci persone: per alberghi per es.) (*trasp. aut.*), minibus passenger car.

pùlpito (*arch.*), pulpit, ambo.

pulsante (*elett.*), push button. **2.** ~ (indicato su uno schema elett.) (*elett.*), push button, PB. **3.** ~ a pera (*elett.*), pear-shaped push button. **4.** ~ a testa di fungo (*elett. - ecc.*), mush-room-head push button. **5.** ~ da campanello (*elett.*), bell push, bell button. **6.** ~ di autodistruzione (di un razzo per es.) (*astric. - milit.*), self-destruction button. **7.** ~ di ripristino (se premuto riporta alle condizioni iniziali l'unità cui è collegato) (*elab. - ecc.*), reset button. **8.** ~ di sblocco (se premuto libera un meccanismo) (*mecc. - ecc.*), release button. **9.** ~ di scatto (dell'otturatore: di una macch. fot.) (*fot.*), shutter release, release trigger. **10.** ~ di valutazione preventiva della profondità di campo (da utilizzare prima di scattare l'otturatore) (*fot.*), depth of field preview button. **11.** ~ illuminato (*elett. - ecc.*), illuminated push button.

pulsantiera (quadro a pulsanti) (*elett.*), push-button panel, button strip. **2.** ~ pensile (per comandare una macch. ut. per es.) (*macch. ut. - ecc.*), pendant push-button strip.

pulsar (radiosorgente pulsante) (*astr. - radio*), pulsar, pulsating radio source.

pulsare (*gen.*), to pulsate.

pulsazione (*gen.*), pulsation. **2.** ~ anormale (di un motore per es.) (*mecc.*), throb. **3.** ~, *vedi anche* frequenza.

pulsòmetro (pompa a vapore) (*strum.*), pulsometer, vacuum pump.

pulsoreattore (*mot. aer.*), pulse-jet engine, aeropulse engine. **2.** ~ a risonanza (*mot. aer.*), resojet engine, resonantjet, aeroresonator.

pulvino (elemento architettonico compreso tra il capitello e l'imposta di due o più archi) (*arch.*), dosseret, pulvino.

pulviscolo (*gen.*), dust. **2.** ~ di filatura (*ind. tess.*), spinning fly.

pùngere (*gen.*), to prick.

punire (*lav. - ecc.*), to punish.

punizione (*lav. - ecc.*), punishment.

punta (*gen.*), point. **2.** ~ (chiodo) (*carp.*), nail. **3.** ~ (di un tornio) (*mecc.*), center. **4.** ~ (di un dente di ingranaggio) (*mecc.*), top land. **5.** ~ (di un utensile da tornio) (*mecc.*), nose. **6.** ~ (di ago di deviatoio) (*ferr.*), toe. **7.** ~ (per perforazioni min.) (*ut. min.*), bit. **8.** ~ (di un siluro) (*espl.*), nose. **9.** ~ (del cannello da taglio) (*saldatura*), (cutting) tip. **10.** ~ (di un elettrodo, parte a contatto del pezzo) (*saldatura*), face. **11.** ~ (di avanguardia) (*milit.*), point. **12.** ~ a cacciavite (per girabacchino o menarola) (*ut. carp.*), screwdriver bit. **13.** ~ a cannone (da trapano: ad unico tagliente) (*ut.*), straight-flute drill. **14.** ~ a centro (*ut. falegn.*), center bit. **15.** ~ a centro registrabile (punta a espansione) (*ut. falegn.*), expanding bit. **16.** ~ a consumo (*ut. min.*), throwaway bit. **17.** ~ a corona (per sondaggi) (*ut. min.*), core bit. **18.** ~ a corona diamantata (*ut. min.*), diamond drill. **19.** ~ a due punte (chiodo) (*carp.*), double-pointed nail. **20.** ~ a elica (da trapano) (*ut. mecc.*), twist drill. **21.** ~ a elica a due princìpi (*ut.*), two-groove twist drill. **22.** ~ a elica con foro di lubrificazione (*ut.*), oilhole drill. **23.** ~ a espansione (*ut. legn.*), expanding bit. **24.** ~ a gradino (tipo di punta da trapano) (*ut.*), step drill. **25.** ~ a guida (*ut. legn.*), center bit. **26.** ~ a lancia (da trapano) (*ut.*), flat drill, spade drill. **27.** ~ a molla (*di una macch. ut.*), spring center. **28.** ~ a percussione (*ut. mur.*), plug drill. **29.** ~ ardesia (chiodo) (*ed.*), slater's nail. **30.** ~ a scanalature diritte (punta da trapano) (*ut.*), straightway drill, straight-flute drill. **31.** ~ a sgorbia (*ut. falegn.*), pod bit, gouge-bit. **32.** ~ a stella (*ut. da roccia*), star drill. **33.** ~ a succhiello (verrina da perforazione) (*att. min.*), auger. **34.** ~ (o mecchia) a succhiello (per trapano a mano) (*ut.*), gimlet bit. **35.** ~ a testa fresata quadrigliata (chiodo) (*carp.*), countersunk checkered head nail. **36.** ~ a testa larga per coperture catramate (*ed.*), clout nail. **37.** ~ a tracciare (*ut. mecc.*), drawpoint. **38.** ~ autoperforante (di una vite) (*mecc.*), self-drilling point. **39.** ~ cambretta (cavallottino, chiodo a due punte) (*carp.*), staple. **40.** ~ con codolo (adatto per il mandrino della menarola) (*ut. - carp.*), brace drill. **41.** ~ con guida (punta da trapano) (*ut.*), pin drill. **42.** ~ da incisione (per incidere un disco) (*elettroacus.*), cutting stylus. **43.** ~ da pettine (da lino) (*ind. tess.*), hackle pin. **44.** ~ da pettine (di uno stiratoio semplice per es.) (*ind. tess.*), gill pin. **45.** ~ da registrazione (punta da incisione, stilo) (*elettroacus.*), recording stylus, cutting stylus. **46.** ~ da trapano (per forare metalli per es.) (*ut. mecc.*), drill. **47.** ~ da trapano ad elica con gambo diritto (*ut. mecc.*), straight-shank twist drill. **48.** ~ da trapano ad una sola elica (*ut. mecc.*), single-twist drill. **49.** ~ da trapano a gambo rastremato (*ut. mecc.*), taper shank drill (ingl.). **50.** ~ da trapano a guida (*ut. mecc.*), pin drill. **51.** ~ da trapano per carpenteria (*carp.*), carpenter drill. **52.** ~ da trapano per fori preliminari per la maschiatura (punta per fori da maschiare) (*ut.*), tap drill. **53.** ~ di diamante (*ut.*), diamond point. **54.** punte di lavoro di ufficio (*lav. uff.*), office peaks. **55.** ~ di spillo (difetto di fonderia) (*fond.*), pinhole. **56.** ~ doppia (punta per forare e svasare contemporaneamente) (*ut.*), double drill. **57.** ~ elicoidale (per trapano) (*ut. mecc.*), twist drill. **58.** ~ elicoidale (*ut. falegn.*), twist bit, spiral bit. **59.** ~ elicoidale per sgrossare (*ut.*), shell drill. **60.** ~ elicoidale ribassata (*ut.*), stub drill. **61.** ~ fissa (contropunta) (*macch. ut.*), dead center. **62.** ~ girevole (*macch. ut.*), live center. **63.** ~ guidata per accecare (punta con una guida centrale protuberante) (*ut.*), tit drill. **64.** ~ inglese (punta a centro) (*ut. falegn.*), center bit. **65.** ~ Parigi (chiodo comune) (*falegn.*), common wire nail, wire nail. **66.** ~ per alberi a gomito (tipo di punta elicoidale) (*ut.*), crankshaft drill. **67.** ~ per centrare (punta da trapano) (*ut. mecc.*), center drill. **68.** ~ per centrare e svasare (*ut. mecc.*), center and countersink drill. **69.** ~ per centri (*ut.*), center drill. **70.** ~ per compassi (*dis.*), point for compass. **71.** ~ perforante (di un proiettile) (*milit.*), armor-piercing cap. **72.** ~ per legno (*ut.*), *vedi* mecchia. **73.** ~ per l'incisione di un disco (*elettroacus.*), cutting stylus. **74.** ~ per menaruola (*ut. carp.*), brace bit. **75.** ~ per mortasa (per legno) (*ut. carp.*), mortise bit (ingl.). **76.** ~ per tracciare (*ut. mecc. e per legn.*), scriber, scribe. **77.** ~ piena (per perforazioni) (*ut. min.*), plug bit. **78.** ~ prolungata (punta con prolunga per eseguire fori piccoli e profondi) (*ut. mur.*), aiguille. **79.** punte rocciose (*geol.*), rock neddles. **80.** ~ scrivente (pennino, di un registratore) (*strum.*), pen point. **81.** ~ sfioratrice (in avorio: di un barometro a mercurio), float. **82.** ~ tacco (manovra dei pedali di una autovettura) (*aut.*), heel and toe. **83.** ~ universale Foerstner (*ut. carp.*), Foerstner bit. **84.** ~ vergine (non ancora guarnito: di diamanti per es.) (*ut. mecc.*), blank bit. **85.** a ~ (*a. - gen.*), pointed. **86.** a ~ riportata (a placchetta riportata: di utensile da tornio per es.) (*mecc.*), tipped. **87.** di ~ (detto di un mattone posto in opera con il suo lato più corto parallelo alla superficie della parete) (*a. - mur.*), inbond. **88.** non di ~ (non al massimo carico: detto di linee telefoniche, di traffico stradale ecc.) (*gen.*), off-peak. **89.** ora di ~ (*telef. - ecc.*), busy hour. **90.** portata di ~ (*idr.*), peak rate of flow.

puntale (anello in ferro da calzare forzato: all'estremità di un bastone per es.) (*carp.*), ferrule, shoe. **2.** ~ (*mecc.*), push rod. **3.** ~ (di contatto) (*strum. mis. elett.*), prod, test prod. **4.** ~ (puntone o colonna in legno o ferro collocato verticalmente fra ponte e ponte) (*nav.*), pillar, stanchion. **5.** ~ (di una scarpa) (*mft. scarpe*), toe. **6.** ~ (misura di altezza tra chiglia e coperta per es.) (*nav.*), depth. **7.** ~ (montante tra il paramezzale e il ponte) (*costr. nav.*), Samson post. **8.** ~ di stiva (misura di altezza) (*nav.*), depth of hold.

puntalino (di una valvola di motore) (*mecc.*), cap. **2.** ~ palpatore (di una fresatrice a copiare) (*macch. ut.*), tracer point.

puntamento (*arma da fuoco*), aim, sighting, laying. **2.** ~ a distanza (di cannoni) (*milit.*), remote controlling. **3.** ~ di bersaglio mobile (inseguimento di bersaglio mobile) (*radar - ecc.*), tracking. **4.** ~ diretto (*milit.*), direct laying. **5.** ~ indiretto (*milit.*), indirect laying.

puntapièdi (di barca, per meglio vogare) (*nav.*), stretcher.

puntare (saldare a punti: lamiere per es.) (*tecnol. mecc.*), to spot-weld. **2.** ~ (mirare) (*milit.*), to take aim. **3.** ~ (un cannone) (*milit.*), to lay, to point, to train. **4.** ~ (un telescopio per es.) (*strum.*), to train, to aim. **5.** ~ (imbastire con saldatura) (*tecnol. mecc.*), to tack-weld.

puntata (di una pubblicazione) (*stampa*), installment.

punta-tacco (manovra pedali di un autoveicolo) (*aut.*), heel and toe.
puntato (imbastito, con punti di saldatura) (*tecnol. mecc.*), tack-welded.
puntatore (di un cannone per es.) (*artiglieria*), layer, pointer. **2.** ~ (istruzione che contiene l'indirizzo della registrazione alla quale devesi, successivamente, accedere) (*elab.*), pointer. **3.** ~ della pila (~ della catasta) (*elab.*), stack pointer. **4.** ~ dell'estremo superiore della pila [o catasta] (*elab.*), top of stack pointer, TOS. **5.** ~ in direzione (*mar. milit.*), trainer.
puntatrice (saldatrice a punti) (*macch.*), spot welder.
puntatura (operazione di saldatura mediante saldatrice a punti) (*mecc.*), spot-welding. **2.** ~ (imbastitura: operazione di saldatura per tenere temporaneamente insieme le parti) (*tecnol. mecc.*), tack weld, tack welding. **3.** ~ ad arco (imbastitura) (*saldatura*), tack. **4.** ~ strappata (difetto superficiale dovuto all'asportazione di materiale all'atto dello smontaggio di attrezzi puntati per l'esecuzione della saldatura) (*saldatura*), torn surface. **5.** maschera di ~ (*tecnol. mecc.*), tack die.
puntazza (di palo) (*ed.*), pile shoe.
punteggiare (*dis.*), to dot.
punteggiata (linea) (*dis.*), dotted line.
punteggiato (*dis.*), dotted.
punteggiatura (*dis.*), dotting.
punteggio (di un test) (*stat. - psicol.*), score. **2.** ~ grezzo (*stat. - psicol.*), raw score. **3.** graduatoria a ~ (metodo di valutazione) (*organ.*), point scale. **4.** metodo del ~ (metodo di valutazione) (*pers.*), point system.
puntellamento (*ed.*), *vedi* puntellatura.
puntellare (*ed. - ind. - nav.*), to prop, to shore.
puntellatore (*op. carp.*), shorer.
puntellatura (*ed.*), propping, shoring. **2.** ~ (*costr. nav.*), pillaring, shoring. **3.** ~ di contenimento (*costr.*), crib.
puntèllo (*ed. - ind. - nav. - min.*), prop, stay, shore, pillar, support. **2.** puntelli (pilastrini) (*gen.*), pillaring. **3.** ~ (metallico) allungabile (*min.*), pack prop, extensible metal prop. **4.** ~ di sentina (*costr. nav.*), bilge shore. **5.** ~ idraulico (~ telescopico a funzionamento idraulico) (*ut. min.*), hydraulic prop. **6.** ~ orizzontale (*ed.*), flying shore, horizontal shore.
punterìa (*mecc.*), tappet. **2.** ~ a bicchierino (azionata da alberi a camme in testa) (*mot.*), bucket type tappet. **3.** ~ delle valvole (*mecc.*), valve tappet. **4.** ~ idraulica autoregolata (*mot.*), self-adjusting hydraulic tappet. **5.** asta della ~ (di motore) (*mecc.*), tappet rod. **6.** rullino di ~ (la parte di comando di una valvola che costituisce il collegamento tra asta e camma) (*mecc. mot.*), valve follower.
punteruòlo (punzone) (*ut. mecc.*), drift, punch.
punti coniugati (*geom.*), conjugate points. **2.** ~ caldi (nella camera di combustione d'un mot. a combustione interna) (*mot.*), hot spots. **3.** ~ di bassa intensità sonora (*acus.*), dead spots. **4.** ~ duri (di un getto) (*fond.*), hard spots, chilled spots. **5.** ~, *vedi anche* punto.
puntiforme (*gen.*), punctiform.
puntina (da grammofono), needle, stylus. **2.** ~ (di candela di motore) (*mecc.*), point. **3.** ~ da disegno (*dis.*), thumbtack, thumbpin, drawing pin. **4.** puntine dello spinterogeno (contatti del ruttore) (*aut.*), distributor points. **5.** ~ del riproduttore (di un dittafono) (*elettroacus.*), reproducer stylus. **6.** ~ di candela (*aut.*), spark plug point. **7.** puntini di guida (usati in tabelle ecc.) (*tip.*), leaders. **8.** ~ platinata del ruttore (nell'accensione di mot. aut. per es.) (*elettromecc.*), contact breaker platinum point.
puntinatura (*difetto vn.*), marking by pricks. **2.** ~ (centro, cavità conica impressa sul pezzo per guidare la punta del trapano per es.) (*mecc.*), dimple.
puntino (*gen.*), dot. **2.** ~ di acciaio (per imprimere un punto di riferimento su di una superficie metallica) (*ut. mecc.*), prick punch.
puntizzatore (puntino di acciaio: per imprimere un punto di riferimento su di una superficie metallica) (*ut. mecc.*), prick punch.
punto, point. **2.** ~ (località), spot. **3.** ~ (posizione di una nave, punto nave) (*nav.*), fix. **4.** ~ (nell'operazione di accertamento della posizione geografica della nave) (*nav.*), reckoning. **5.** ~ (unità di misura tipografica) (*tip.*), point. **6.** ~ (*cucitura*), stitch. **7.** ~ (piccola marcatura) (*tip.*), dot. **8.** ~ (segno) (*mat.*), dot. **9.** ~ ad asola (punto a smerlo, punto a centina) (*cucitura*), overcast stitch. **10.** ~ analizzatore (estremità del raggio luminoso che esegue l'esplorazione dell'immagine) (*eltn. - telev.*), flying spot. **11.** ~ a spola (*cucitura*), lock stitch. **12.** ~ a terra (posizione di un aeroplano rispetto al suolo) (*aer.*), ground position. **13.** ~ caldo (in un reattore) (*fis. atom. - ecc.*), hot spot. **14.** ~ cardinale (*geogr.*), cardinal point. **15.** ~ (individuato) con rilevamento ad incrocio (*nav. - radio*), cross-bearings fix. **16.** ~ critico (*fis.*), critical point. **17.** ~ critico (*navig. aerea*), critical point. **18.** ~ critico (temperatura alla quale avviene un cambiamento costituzionale) (*metall.*), critical point. **19.** ~ critico (di raffreddamento) (nel diagramma di stato) (*metall.*), Ar-point. **20.** ~ critico (di riscaldamento) (nel diagramma di stato) (*metall.*), Ac-point. **21.** ~ critico (punto di ugual tempo) (*navig. aer.*), equitime point. **22.** ~ di accensione (*chim. fis.*), fire point, burning point. **23.** ~ di acquisto (*comm.*), point of purchase. **24.** ~ di anilina (temperatura minima alla quale un olio combustibile può essere miscelato ad un uguale volume di anilina) (*chim.*), aniline point. **25.** ~ di applicazione di una forza (*mecc. raz.*), point at which the force acts, origin of a force. **26.** ~ di appoggio (di una leva per es.) (*mecc. raz.*), point of support, fulcrum. **27.** ~ di appoggio (di un ponte per es.) (*costr. ed.*), point of support. **28.** ~ di ap-

poggio (*top.*), control point. **29.** ~ di arresto (arresto programmato [per controllo] nell'elaborazione di dati o traffico di veicoli) (*traff. strad. - elab.*), check point. **30.** ~ di arrivo (di un obice per es.), point of impact. **31.** ~ di articolazione (*mecc.*), pivot point. **32.** ~ di attacco (alla barra di trazione: di trattore agricolo per es.), hitch point. **33.** ~ di attesa (di un aeroplano prima dell'atterraggio) (*traff. aer.*), holding point. **34.** ~ di attesa di rullaggio (di un aeroplano in attesa dell'autorizzazione al decollo) (*aer.*), taxi-holding position. **35.** ~ di autoaccensione (la più bassa temperatura di autoaccensione di una sostanza) (*fis. - chim.*), ignition point. **36.** ~ di collisione (prima del quale il treno deve fermarsi: è la distanza di sicurezza dallo scambio da non superare per evitare collisioni) (*ferr.*), fouling point. **37.** ~ di brina (punto di rugiada al di sotto dei 0°C) (*meteor.*), hoar-frost point (ingl.), hoarfrost point (am.). **38.** ~ di carica (*termoion.*), bias point. **39.** ~ di chiusura (situazione di fabbrica in cui i prezzi di vendita sono più bassi dei costi di produzione) (*ind.*), shutdown point. **40.** ~ di congelamento (*fis. - chim. - ind.*), freezing point. **41.** ~ di contatto (di un ingranaggio) (*mecc.*), point of contact. **42.** ~ di Curie (temperatura al di sopra della quale il ferro diventa amagnetico) (*metall - elett.*), Curie point, magnetic change point. **43.** ~ di divisione del quadrante della bussola (quarta) (*nav.*), point of the compass. **44.** ~ di ebollizione (*fis.*), boiling point. **45.** ~ di entrata (di una zona di controllo) (*aer.*), point of entry. **46.** ~ di fragilità (della gomma a bassa temperatura per es.) (*mft. gomma*), brittle point. **47.** ~ di fuga (*dis.*), vanishing point. **48.** ~ di fusione (*fis.*), melting point. **49.** ~ di gelificazione (o gelatinizzazione, o gel) (*chim. fis.*), gel point. **50.** ~ di gocciolamento (di un grasso lubrificante) (*chim.*), dropping point. **51.** ~ di incrocio (di armatura per cemento armato per es.) (*ed.*), crossing point. **52.** ~ di incrocio (alle distanze di montaggio della ruota e pignone, di una coppia ipoide per es.) (*mecc.*), crossing point. **53.** ~ di infiammabilità (*chim.*), flash point. **54.** ~ di infiammabilità in vaso aperto (*chim.*), open cup flash point. **55.** ~ di infiammabilità Pensky Martens in vaso chiuso (*chim.*), Pensky Martens closed flash point. **56.** ~ di ingresso (prima istruzione dalla quale inizia l'esecuzione del programma) (*elab.*), entry point, entrance. **57.** ~ di insaccatura (punto di colatura) (*vn.*), sag point. **58.** ~ di interruzione (di una calcolatrice elettronica per es.) (*elab.*), break point. **59.** ~ di intersezione (*geom.*), intersection point. **60.** ~ di intersezione (piede, di una linea con un piano) (*geom.*), foot. **61.** ~ di intorbidamento (di un olio lubrificante per es.) (*chim.*), cloud point. **62.** ~ di oro (*finanz.*), gold point. **63.** ~ di osservazione (*gen.*), lookout point. **64.** punti di penalità (in una competizione) (*sport - aut.*), penalty points, penalty marks. **65.** ~ di presa (*fot. aer.*), camera station. **66.** ~ di raggio minimo (di una curva) (*mat.*), point of minimum radius. **67.** ~ di rammollimento (della gomma per es.) (*ind.*), softening point. **68.** ~ di regolazione (di un dispositivo per es.) (*mecc.*), setting point, set point. **69.** ~ di riferimento (*mecc.*), locating spot. **70.** ~ di riferimento (per l'individuazione geografica di un punto) (*aer.*), check point. **71.** ~ di riferimento (*top.*), starting point, datum point. **72.** ~ di riferimento al suolo (posizione di un aeroplano determinata dall'osservazione diretta del suolo) (*navig. aer.*), pinpoint (ingl.). **73.** ~ di riferimento dell'aerodromo (punto fisso vicino al centro di una zona di atterraggio) (*aer.*), aerodrome reference point. **74.** ~ di rottura (della gomma a bassa temperatura per es.) (*mft. gomma*), crack point. **75.** ~ di rugiada (*fis.*), dew point. **76.** ~ di salto (~ di diramazione) (*elab.*), branch point, branchpoint. **77.** ~ di saturazione (di una soluzione per es.) (*chim. - fis.*), saturation point. **78.** ~ di scorrimento (di un olio lubrificante per es.) (*chim.*), pour point. **79.** ~ di scorrimento (pressione minima alla quale una plastica scorre e al disotto della quale essa si comporta come un corpo elastico e al dispra come un liquido viscoso) (*tecnol.*), yield value. **80.** ~ di separazione (valore di densità per es., al quale avviene una separazione in due frazioni; nella distillazione di petrolio) (*fis. - chim.*), cut point. **81.** ~ di singolarità (*fis. - idrodinamica - ecc.*), singular point. **82.** ~ di smistamento (dove la merce in transito viene smistata) (*trasp.*), interchange point. **83.** ~ di solidificazione (*chim.*), setting point (am.). **84.** ~ di solidificazione (*chim. fis.*), freezing point. **85.** ~ di stazione (punto nel quale viene tenuta la stadia o lo strumento durante una livellazione per es.) (*top.*), change point. **86.** ~ di stazione (in prospettiva) (*dis.*), station point. **87.** ~ di tangenza dei cerchi primitivi (di un ingranaggio) (*mecc.*), pitch point. **88.** ~ di (tensione) zero (punto di transizione di un circuito fra i valori positivi e negativi, ~ in cui la tensione è zero) (*eltn. - elab.*), zero crossing. **89.** ~ di ugual tempo (che rappresenta l'estremo del percorso entro il quale occorre scegliere tra tornare indietro o procedere avanti) (*navig. aer.*), equitime point, critical point. **90.** ~ di vendita (negozi al minuto o mercato) (*comm.*), point of sale. **91.** ~ equinoziale (*astr.*), equinoctial point. **92.** ~ esclamativo (!) (*tip.*), exclamation point. **93.** ~ estremo, utmost point. **94.** ~ eutettico (la più bassa temperatura di fusione di una lega di determinate proporzioni) (*chim. fis. - metall.*), eutectic point. **95.** ~ e virgola (*tip.*), semicolon. **96.** ~ finale (temperatura alla quale cessa la distillazione nell'analisi della benzina per es.) (*chim.*), end point. **97.** ~ fisso (di riferimento) (*top.*), datum point. **98.** ~ fluttuante, *vedi* virgola mobile. **99.** ~ franco (*comm.*), bonded warehouse. **100.** ~ freddo (di una termocoppia) (*fis.*), cold junction. **101.** ~ futuro (nel tiro contro bersagli mobili) (*artiglieria*), predicted target position. **102.** ~ indietro (di cucito) (*tess. - sartoria - ecc.*), backstitch. **103.** punti immagine omologhi (o corrispondenti) (*fot.*), conjugate image points. **104.** ~ in rilievo (punto in rialzo: nella saldatura) (*tecnol. mecc.*), spud mark. **105.** ~ isoelettrico (*chim. fis.*), isoelectric point. **106.** ~ -limite (di un insieme) (*mat.*), limiting point. **107.** punti lucidi (*mft. carta*), shiners. **108.** ~ luminoso ("spot") (sullo schermo di un televisore) (*telev.*), spot. **109.** ~ mobile (di luce) (*telev.*), flying spot (ingl.). **110.** ~ modulare (*ed.*), modular point. **111.** ~ morto (quando manovella e biella sono allineate) (*mecc.*), dead center. **112.** ~ morto (situazione di stallo, blocco critico, è dovuto a interferenze di un programma con un altro sull'uso di una risorsa) (*elab.*), deadlock. **113.** ~ morto inferiore (P.M.I.) (*mot.*), bottom dead center, BDC. **114.** ~ morto superiore (P.M.S.) (posizione del pistone) (*mot.*), top dead center, TDC. **115.** ~ Ms (Ms, temperatura alla quale appare per la prima volta la martensite) (*metall.*), Ms. **116.** ~ nave (*nav.*), fix, ship position. **117.** ~ neutro (di un impianto polifase simmetrico) (*elett.*), neutral point. **118.** ~ neutro (centro stella: di una linea a tre fasi) (*elett.*), Y point. **119.** ~ neutro con governale fisso (*aer.*), neutral point with stick fixed. **120.** ~ neutro con governale libero (*aer.*), neutral point with stick free. **121.** ~ osservato (*aer. - nav.*), position fixed by observation. **122.** ~ ottenuto dopo il trasporto delle linee di posizione (*navig. aerea*), running fix. **123.** ~ primitivo (di ingranaggi) (*mecc.*), pitch point. **124.** ~ principale (nella prospettiva) (*dis.*), point of sight, center of vision. **125.** ~ principale (*ott. - fot.*), principal point. **126.** punti rilevati in planimetria (*top.*), horizontal control. **127.** punti rilevati in quota (*top.*), vertical control. **128.** ~ rilevato (*aer. - nav.*), fix. **129.** ~ solstiziale (*astr.*), solstitial point. **130.** ~ stazione (*top.*), control station. **131.** ~ stimato (posizione determinata senza osservazioni astronomiche) (*nav.*), dead reckoning. **132.** ~ terminale (di un segmento o semiretta) (*geom. - ecc.*), endpoint. **133.** punti trigonometrici (*top. - geod.*), trigonometric points. **134.** ~ trigonometrico catastale (*top.*), cadastral control point. **135.** ~ zero assoluto (per tutti gli assi della macchina, dal quale si inizia il conteggio, nelle macchine a comando numerico) (*macch. ut.*), absolute zero point. **136.** ~ zero spostato (punto in cui lo zero sulla macchina è spostato dallo zero assoluto) (*macch. ut. a c. n.*), zero offset position. **137.** a ~ fisso (*aer.*), static. **138.** buttare giù i punti (*lav. a maglia*), to cast off. **139.** da ~ a ~ (p. es. di una linea che congiunge due stazioni fisse) (*comun.*), point to point. **140.** dopo il ~ morto inferiore (*mot.*), after bottom dead center, ABDC. **141.** dopo il ~ morto superiore (*mot.*), after top dead center, ATDC. **142.** fare il ~ (*nav.*), to determine the position. **143.** indicatore del ~ di rugiada (*strum.*), dew pointer. **144.** messa a ~ (di uno strumento per es.), setup. **145.** mettere su i punti (*lav. a maglia*), to cast on. **146.** prima del ~ morto inferiore (*mot.*), before bottom dead center, BBDC. **147.** prima del ~ morto superiore (di un pistone ecc.) (*mot.*), before top center, BTC., before top dead center, "BTDC". **148.** primo ~ di Ariete (*astr.*), first point of Aries. **149.** ritornare al ~ di partenza (di un aereo che ritorna sulla portaerei per es. ecc.) (*gen.*), to home. **150.** simbolo del ~ di interruzione (istruzione di interruzione) (*elab.*), breakpoint symbol. **151.** ~, *vedi anche* punti.

puntone (*med. - ed. - carp.*), strut. **2.** ~ (di capriata in legno) (*ed.*), strut, principal rafter. **3.** ~ di appoggio a terra (per tenere in verticale una gru mobile per es. mediante la pressione dei puntelli sul terreno) (*mecc.*), screw down jack. **4.** ~ d'angolo (in un tetto) (*costr.*), hip rafter. **5.** ~ di arresto (per evitare il movimento all'indietro di un veicolo) (*veic.*), sprag. **6.** ~ di controventatura (*costr. aer.*), drag strut.

"punto-vortice" (sezione di vortice a linea retta) (*mecc. dei fluidi*), "point vortex".

puntualmente (entro il termine) (*comm.*), punctually, in due time.

punzonare (*mecc.*), to punch. **2.** ~ (marcare sul pezzo il numero categorico per es., oppure il marchio di accettazione del collaudatore ufficiale) (*mecc.*), to stamp.

punzonatrice (*macch. ut.*), punching machine, punching press. **2.** ~ a mano (*ut. mecc.*), hand metal punch. **3.** ~ per occhielli (metallici: da fissare su di un copertone d'autocarro per es.) (*ut.*), eyelet punch.

punzonatura (*gen.*), punching. **2.** ~ (foratura) (*lav. lamiere*), punching. **3.** ~ (*fucinatura*), piercing. **4.** ~ cava (*fucinatura*), trepanning. **5.** ~ senza distacco del pezzo (dalla lamiera) (*tecnol. mecc.*), "slugging".

punzone (punteruolo) (*att.*), drift, punch driftpin. **2.** ~ (di una fucinatrice) (*macch.*), header, heading tool. **3.** ~ (di stampo) (*mecc.*), punch. **4.** ~ a guida (*ut.*), center punch. **5.** ~ allargafori (*ut. da fabbro*), pritchel. **6.** ~ a punta tonda (*ut. per fabbro*), round punch. **7.** ~ di ricalcatura (*ut.*), heading tool, heading punch. **8.** ~ per estrusione a freddo (*tecnol. mecc.*), cold extrusion plunger. **9.** ~ per forare (lamiere sulla pressa per es.) (*tecnol. mecc.*), piercing punch. **10.** ~ per forare (di una fucinatrice) (*macch. fucinatura*), punch tool. **11.** ~ per imbutire (lamiere) (*tecnol. mecc.*), drawing punch. **12.** ~ per (incassare) chiodi (*ut. carp.*), nail punch. **13.** ~ per materassi (*ut. per tappezziere*), mattress punch, tuft punch. **14.** ~ per piega (di lamiere) (*tecnol. mecc.*), forming punch. **15.** ~ tondo (*ut.*), round punch. **16.** ~ per tranciare (lamiere) (*tecnol. mecc.*), blanking punch. **17.** ~ ricalcatore (di una fucinatrice) (*macch. fucinatura*), heading tool.

pupillare (*ott.*), pupillary.

Pupin, bobina ~ (*telef.*), Pupin coil.

pupinizzare (*telefonico*), to pupinize.

pupinizzazione (inserzione di bobine d'induttanza lungo una linea telefonica) (*telef.*), coil loading.
purché (a condizione che, a condizione di) (*gen.*), provided that.
purezza (*gen.*), purity. **2.** ~ (di colore della televisione) (*eltn. - telev.*), purity. **3.** ~ (grado di assenza di difetti di diamante) (*gemmologia*), clarity. **4.** (fattore di) ~ colorimetrica (*ott.*), colorimetric purity.
purga (sgommatura, della seta) (*ind. tess.*), degumming, scouring. **2.** ~ (trattamento delle pelli con soluzione fermentativa) (*ind. cuoio*), bating. **3.** botte da ~ (*ind. cuoio*), bating drum.
purgare (sgommare, cuocere, la seta) (*ind. tess.*), to degum, to scour. **2.** ~ (le pelli prima della concia) (*ind. cuoio*), to bate. **3.** ~ (dalla calce residua, in bagno acido) (*ind. cuoio*), to drench. **4.** ~ alla crusca (*ind. cuoio*), to bran.
purgato (vetro nel forno, privo di bolle e púlighe) (*a. - mft. vetro*), plain.
purificare (*gen.*), to purify. **2.** ~ (il metallo fuso) (*metall. - fond.*), to scavenge.
purificatore, *vedi* depuratore.
purificazione (*gen.*), purification. **2.** ~ dell'aria (depurazione) (*condizionamento d'aria*), air cleaning.
purina ($C_5H_4N_4$) (*chim.*), purine.
puro (*gen.*), pure. **2.** ~ (al cento per cento) (*metall.*), ultrapure. **3.** ~ sangue (di pecora per es.) (*a. - zoologia*), thoroughbred. **4.** chimicamente ~ (*chim.*), chemically pure.
pustolatura (sbollatura: difetto di superfici verniciate o cromate per es.) (*vn. - mecc. - ecc.*), blistering.
putrefazione (della fibra per es.) (*ind. tess.*), rotting.
putrella (profilato metallico a doppio T) (*ed. - ind. metall.*), I-iron, I-beam.
"putty" (abrasivo al cerio, composto per lucidatura) (*mft. vetro*), putty.
"PVC" (cloruro di polivinile: resina termoplastica) (*materia plastica*), polyvynil chloride.
"PVF" (fluoruro di polivinile, polifluoruro vinilico) (*materia plastica*), PVF, polyvinylfluorid.
pz, *vedi* pieze.

Q

"QMR" (qualità media risultante) (*controllo qualità*), average outgoing quality, AOQ.
quaderno (*mft. carta*), exercise book.
quadrangolare, quadrangular.
quadràngolo (*geom.*), quadrangle.
quadrantale (relativo ad un quadrante o quarto di cerchio) (*a. - geom.*), quadrantal. **2.** ~ (tra due punti cardinali) (*a. - bussola*), intercardinal.
quadrante (di cerchio per es.) (*geom.*), quadrant. **2.** ~ (di strum., di app., di radio ecc.) (*strum.*), dial. **3.** ~ (*nav.*), quadrant. **4.** ~ a livello (*artiglieria*), gunner's quadrant. **5.** ~ con scala riportata (*strum. - ecc.*), scale plate. **6.** ~ di elevazione (p. es. di una bocca da fuoco) (*milit.*), elevation scale. **7.** ~ illuminato (*strum.*), illuminated dial.
quadrare (far quadrare: un bilancio per es.) (*amm.*), to reconcile.
quadratico (equazione per es.) (*mat.*), quadratic.
quadratino (misura di spaziatura avente lo spessore di mezzo quadratone) (*tip.*), en quad. **2.** ~ lineato (*tip.*), en rule.
quadrato (*geom.*), square, quadrate. **2.** ~ (di un numero) (*mat.*), square. **3.** ~ (pezzo in metallo usato per la spaziatura) (*tip.*), quad. **4.** ~ (di truppe) (*milit.*), square. **5.** ~ degli ufficiali (*nav.*), wardroom. **6.** *a* al ~ (a^2) (*mat.*), *a* squared. **7.** al ~ (*mat.*), quadratic. **8.** elevare al ~ (*mat.*), to square. **9.** espressione al ~ (*mat.*), quadratic. **10.** fare il ~ (di un numero) (*mat.*), to square.
quadratone (misura di spaziatura) (*tip.*), em quad. **2.** ~ lineato (*tip.*), em rule.
quadratrice (*geom.*), quadratrix.
quadratura (*gen.*), quadratura. **2.** ~ del circolo (*mat.*), quadrature of the circle. **3.** in ~ (*elett.*), wattless, in quadrature.
quadrello (*arch.*), quarrel.
quadrettato (a scacchi, a quadri) (*gen.*), checked, checkered, chequered.
quadrettatura (*gen.*), checkering, chequering.
quadretto (di supporto di strumento per es.) (*strum.*), board, panel. **2.** ~ (di comando) pensile (per comandare una macch. ut.) (*macch.*), pendant switch unit. **3.** ~ (porta) interruttori (*elett.*), cutout board. **4.** ~ (porta) strumenti (*ind.*), instrument board, instrument panel (am.).
quadri (organico) (*milit.*), cadre. **2.** ~ direttivi (di una fabbrica) (*pers.*), executive cadre, staff patterns.
quadrica (superficie algebrica di 2° ordine) (*geom.*), quadric. **2.** ~ rigata (*geom.*), ruled quadric.
quadricromia (procedimento quadricromico) (*fotomecc. - tip.*), four-color process.
quadrifòglio (ornamento) (*arch.*), quatrefoil. **2.** ~ (tipo di crocevia stradale a svincoli) (*costr. strad.*), cloverleaf.
quadrifonia (registrazione e riproduzione del suono mediante quattro canali e quattro altoparlanti) (*s. - elettroacus.*), quadriphony, quadriphonic sound system.
quadrifonico (relativo alla quadrifonia) (*a. - elettroacus.*), quadriphonic, quadraphonic.
quadrilàtero (*geom.*), quadrilateral. **2.** ~ articolato (*mecc. raz.*), articulated quadrilateral.
quadrilione (10^{24}) (*mat.*), quadrillion (ingl.), septillion (am.).
quadrimotore (*aer.*), four-engined plane.
quadrinomiale (*a. - mat.*), quadrinomial, quadrinominal.
quadrinòmio (*mat.*), quadrinomial.
quadriplano (*aer.*), quadruplane.
quadripolare (*a. - gen.*), quadrupole, quadripole.
quadripolo (quadrupolo, trasduttore quadripolare) (*elett. - radio*), quadrupole, quadripole. **2.** doppio ~ (*elett.*), octopole, octupole.
quadripartire (dividere in quattro) (*gen.*), to quadrisect.
quadrivalènte (tetravalente) (*chim.*), tetravalent.
quadrivettore (*a. - mat.*), four-vector.
quadrivio (*strad.*), four road junction.
quadro (*elett.*), board, panel. **2.** ~ (armatura rettangolare in legno o acciaio) (*min.*), square set. **3.** ~ (trama: un ciclo completo di linee sulle quali viene riprodotta l'immagine) (*telev. - elab.*), frame, raster. **4.** ~ (estremità quadra, del maschio di un rubinetto per es.) (*tubaz. - ecc.*), square. **5.** ~ (ufficiali di un reggimento per es.) (*milit.*), cadre **6.** ~ (per la pallacanestro) (*sport*), backboard. **7.** ~ a banco (banco, contenente strumenti ecc.) (*elett.*), desk. **8.** ~ ad armadio (*elett.*), panelboard, cabinet board, console board. **9.** ~ a leggìo (pannello delle apparecchiature di controllo e comando) (*elett.*), desk switchboard. **10.** ~ a muro (chiuso in armadio) (*elett.*), panelboard, distribution board. **11.** ~ a pulsanti (di un ascensore per es.) (*elett.*), press button board. **12.** ~ a spigoli arrotondati (*barre comm. - metall.*), round-corner square. **13.**

~ (con collegamenti) a spine (dei circuiti del quadro stesso) (*telef. - ecc.*), patchboard. **14.** ~ con allacciamenti a spina (centralino telefonico per es.) (*elett.*), plugboard. **15.** ~ degli strumenti (sul cruscotto) (*aut.*), instrument panel, instrument board. **16.** ~ dei fusibili (*elett.*), fuseboard. **17.** ~ del movimento aereo (del momento) sopra l'aeroporto trasmesso al pilota (*aer.*), navar. **18.** quadri del personale con funzioni direttive (di uno stabilimento) (*ind.*), staff patterns (am.). **19.** ~ di acciaio (armatura rettangolare in acciaio per gallerie) (*min.*), steel square set. **20.** ~ di comando (*elett. - ind. - mecc. - elab.*), control board, console. **21.** ~ di comando ad armadio (per un reattore nucleare per es.) (*fis. atom. - ecc.*), control console. **22.** ~ di comando degli interruttori (*elett.*), switchboard, swbd. **23.** ~ di comando pensile (di una macch. ut. per es.) (*elettromecc.*), pendant pushbutton control strip. **24.** ~ di controllo (in uno studio televisivo per il controllo della trasmissione di un programma) (*telev.*), control board. **25.** ~ di controllo (*aut.*), *vedi* cruscotto. **26.** ~ di distribuzione (pannello elettrico con fusibile e interruttori per controllo di vari circuiti da esso dipendenti) (*elett.*), distribution board, distribution panel. **27.** ~ di legno (armatura rettangolare in legno per galleria) (*min.*), timber, square set. **28.** ~ di manovra (*elett.*), control board. **29.** ~ (o pannello) di missaggio (per microfoni) (*elettroacus.*), mixing panel. **30.** ~ di segnalazione (quadro spie) (*elett. - ecc.*), warning panel, warning station. **31.** ~ girevole (antenna) (*radio*), rotating coil. **32.** ~ luminoso (di stazione ferroviaria per es.) (*elett.*), illuminated diagram. **33.** ~ luminoso ripetitore (nelle segnalazioni ferroviarie) (*app. elett.*), illuminated track diagram. **34.** ~ pezzi smontati (disegno esploso di un complessivo: su di un catalogo pezzi di ricambio per es.) (*dis.*), exploded view. **35.** ~ portastrumenti (*aut.*), instrument panel, instrument board. **36.** ~ pressore (di un proiettore cinematografico) (*cinem.*), pressure plate. **37.** ~ strumenti (cruscotto) (*aer. - aut.*), instrument panel. **38.** ~ zoppo (*min.*), incomplete set. **39.** analisi del ~ (*telev.*), frame scan. **40.** base dei tempi del ~ (*telev.*), frame time base. **41.** controllo della linearità del ~ (*telev.*), frame linearity control. **42.** deviazione del ~ (*telev.*), frame deflection. **43.** distorsione del ~ (*telev.*), frame distortion. **44.** frequenza di ~ (frequenza di immagine) (*tlcm. - telev.*), picture frequency, frame frequency. **45.** illuminazione ~ (*aut.*), panel lighting. **46.** regolazione dell'altezza del ~ (*telev.*), vertical size control. **47.** soppressione del ~ (*telev.*), frame suppression, frame blanking. **48.** testa quadra (di una vite per es.) (*mecc.*), square head. **49.** ~ *a*, *vedi* quadrato.

quadruccio (finestra di proiettore cinematografico), aperture plate.

quàdruplo (*a. - s. - mat.*), quadruple.

quadrupolo (*elett. - radio*), *vedi* quadripolo.

qualìfica, qualification.

qualificare (*gen.*), to qualify.

qualificato (*gen.*), qualified. **2.** ~ (operaio) (*lav.*), semiskilled. **3.** manodopera qualificata (*lav.*), semiskilled labor.

qualificatore (segno supplementare di identificazione di un nome) (*s. - elab.*), qualifier.

qualificazione (*gen.*), qualification.

qualità (*gen.*), quality, grade. **2.** ~ extra (*comm.*), extra grade. **3.** ~ media risultante (QMR) (*controllo qualità*), average outgoing quality, AOQ. **4.** ~ nautiche (*nav.*), seaworthiness. **5.** addetto al controllo della ~ (*tecnol. mecc.*), quality inspector. **6.** buona ~ media (*comm.*), fair average quality, fag. **7.** controllo di (o della) ~ (*tecnol. mecc. - ecc.*), quality control. **8.** di alta ~ (*gen.*), high-grade, high-quality, choice. **9.** di cattiva ~ (*gen.*), low-grade. **10.** di media ~ (*gen.*), medium-quality. **11.** di prima ~ (*gen.*), prime. **12.** di ~ inferiore (*gen.*), offgrade. **13.** di ~ scadente (*gen.*), coarse-quality, poor. **14.** di ~ superiore (super, superiore: di materiale o di prodotto) (*a. - gen.*), premium, high-grade. **15.** ente responsabile della ~ (*organ. stabilimento*), quality management. **16.** limite di ~ media risultante (LQMR) (*controllo qualità*), average outgoing quality limit, AOQL. **17.** livello di ~ accettabile (LQA) (*controllo qualità*), acceptance quality limit, acceptance quality level, AQL. **18.** migliorare la ~ (*ind. - comm.*), to upgrade. **19.** ottima ~ (*comm.*), high-grade, first class.

qualitativo (*a. - gen.*), qualitative.

quanti, teoria dei ~ (*fis.*), quantum theory.

quantimetro (dosimetro: per misurare le dosi di raggi X) (*strum. fis.*), quantimeter, dosimeter.

quantità, quantity, amount. **2.** ~ d'acqua che passa (in una tubazione per es.) (*idr.*), water flow. **3.** ~ di elettricità (*elett.*), quantity of electricity. **4.** ~ di luce (energia luminosa) (*fis. illum.*), quantity of light. **5.** ~ di moto (*mv*) (*mecc. raz.*), momentum. **6.** ~ di moto angolare (*mecc.*), angular momentum. **7.** ~ di moto angolare (*fis. atom.*), spin. **8.** ~ negativa (*mat.*), negative quantity, negative.

quantitativo (*a. - gen.*), quantitative.

quantizzare (*fis.*), to quantize.

quantizzato (*a. - fis. atom.*), quantized. **2.** oscillatore ~ (*strum. fis. atom.*), quantized oscillator.

quantizzatore (convertitore analogico-numerico) (*s. - eltn.*), quantizer.

quantizzazione (*fis.*), quantization. **2.** ~ (suddivisione in quanti) (*fis. - mat.*), quantization.

quanto (d'azione) (*fis. atom.*), quantum. **2.** ~ di energia (fotone) (*fis.*), energy quantum, quantum of energy. **3.** ~ di luce (fotone) (*fis.*), light quantum.

quantum (*fis.*), *vedi* quanto. **2.** ~ sufficit (nella composizione delle medicine per es.) (*med. farm.*), quant. suff., quantum sufficit.

quarantèna (*med. - nav.*), quarantine. **2.** bolla di ~ (disposizione di tenere in sospeso del materiale) (*ind.*), material hold disposition, MHD. **3.** mettere in ~ (*med. - nav.*), to quarantine.

quarantottesimo (*tip.*), forty-eightmo.

quark (ritenuto il costituente ultimo delle particelle subnucleari) (*fis. atom.*), quark. **2.** ~ alto (quark top, ultimo ~ ipotizzato) (*fis. atom.*), top quark. **3.** ~ inferiore (*fis. atom.*), down quark. **4.** ~ superiore (*fis. atom.*), up quark.

quarta (arco di 11° 15′ corrispondente alla trentaduesima parte della rosa della bussola) (*nav.*), point of the compass, rhumb. **2.** ~ potenza (*mat.*), biquadrate. **3.** ~ velocità (*aut.*), fourth speed. **4.** una ~ a est rispetto al nord (*navig.*), north by east. **5.** una ~ a nord di nord-ovest (*navig.*), northwest by north. **6.** una ~ a ovest di nord-ovest (*navig.*), northwest by west. **7.** una ~ a ovest rispetto al nord (*navig.*), north by west.

quartabòno, quartabuono (giunzione di elementi tagliati a 45°) (*falegn. - ecc.*), plain miter joint. **2.** a ~ (modo di tagliare un elemento da congiungere ad angolo retto con un altro) (*falegn. - ecc.*), miter. **3.** giunto a ~ (di due elementi che debbono formare tra loro un angolo retto) (*falegn. - ecc.*), miter joint. **4.** squadra a ~ (a forma di triangolo isoscele rettangolo) (*attr. falegn.*), miter square.

quartetto (*mus.*), quartet, quartette, quartetto. **2.** ~ (un gruppo di quattro bit contigui) (*elab.*), quartet.

quartière (appartamento) (*ed.*), story, storey, flat (ingl.). **2.** ~ (divisione di una città), quarter. **3.** ~ generale (*milit.*), headquarters. **4.** ~ postale (*posta*), postal delivery zone (am.).

quartiermastro (*nav.*), quartermaster.

quartilaggio (scala mis. parametri psicologici) (*stat. psicol.*), quartile rank method.

quartile (*stat.*), quartile.

quartina (2° 49′ della bussola) (*nav.*), quarter.

quarto (quarta parte) (*gen.*), quarter, qtr. **2.** ~ (*mat.*), quarter. **3.** ~ (*musica*), fourth. **4.** ~ (*a. - s. - tip.*), quarto. **5.** ~ (di luna) (*astr.*), quarter. **6.** ~ (fascicolo, quarticino) (*tip.*), quaternion. **7.** ~ anteriore della corda (punto ad un quarto della corda di un profilo aerodinamico a partire dal bordo di attacco) (*aer.*), quarter-chord point. **8.** ~ di finale (*sport*), quarter-final. **9.** ~ di giro (di ringhiera di scala) (*carp.*), quarter turn (ingl.). **10.** antenna a ~ d'onda (*radio*), quarter-wave antenna. **11.** a ~ d'onda (*a. - elett. - radio - ott.*), quarter-wave. **12.** lamina a ~ d'onda (lamina di quarzo per es. che ritarda di $^1/_4$ di lunghezza d'onda uno dei due raggi rifratti) (*ott.*), quarter-wave plate. **13.** linea a ~ d'onda (*elett. - radio*), quarter-wave line.

quarzite (roccia), quartzite.

quarzo (SiO_2) (*min.*), quartz. **2.** ~ affumicato (*min.*), brown quartz. **3.** ~ jalino (*min.*), rock crystal. **4.** fibra di ~ (*tecnol.*), quartz fiber. **5.** lampada di ~ (*fis. - strum. med.*), quartz lamp. **6.** vetro di ~ (*mft. vetro*), quartz glass. **7.** zaffiro di ~ (*min.*), sapphire quartz.

quarzoso (*a. - min.*), quartzose, quartzous.

quasag (galassie quasistellari) (*astr.*), quasag, quasi-stellar galaxies.

quasar (radiosorgente quasistellare) (*astr.*), quasar, quasi-stellar radio source.

quasilinearizzazione (*mat.*), quasilinearization.

quasiperiodico (di funzione) (*mat.*), quasi-periodic.

quasistellare (*astr.*), quasi-stellar.

quaternario (*a. - geol.*), Quaternary. **2.** ~ (èra quaternaria) (*s. - geol.*), Quaternary, Quaternary period.

quaternione (numero complesso) (*mat.*), quaternion.

quebraco (*legno*), quebracho. **2.** ~ bianco (*legno*), white quebracho. **3.** ~ rosso (*legno*), red quebracho. **4.** estratto di ~ (*farm.*), quebracho extract.

quèrcia (*legno*), oak. **2.** ~ bianca d'America (*legno*), white oak. **3.** ~ comune (*legno*), common oak. **4.** ~ da sughero (*legno*), cork oak. **5.** ~ europea (*legno*), European oak. **6.** ~ inglese (*legno*), white oak. **7.** ~ rossa (per mobili), (*legno*), red oak. **8.** legno di ~ di prima qualità (*legno*), wainscot (ingl.).

quercitrone (*legno*), quercitron.

querela (*leg.*), complaint.

querelante (*s. - leg.*), complainer, plaintiff.

querelare (*leg.*), to make a complaint against..., to prosecute.

querelarsi (*leg.*), to complain.

querelato (il querelato, la querelata) (*s. - leg.*), prosecuted person, defendant.

questionario (*gen.*), questionnaire, questionary.

questione (*gen.*), question. **2.** ~ (*leg.*), issue. **3.** ~ della giurisdizione (*leg.*), issue of venue. **4.** ~ di diritto (*leg.*), issue of law. **5.** ~ di fatto (*leg.*), issue of fact.

quietanza (ricevuta) (*amm. - comm.*), receipt, quittance.

quietanzare (*amm. - comm.*), to receipt.

quietanzato (pagato) (*comm.*), paid, receipted.

quiete (*mecc.*), rest.

quinario (*a. - mat.*), quinary.

quindicinale (pubblicazione quindicinale) (*s. - giorn.*), fortnightly newspaper.

quinta (di teatro), wing.

quintale (peso di 100 kg) (*mis.*), quintal.

quinterno (*mft. carta*), quinternion.

quintetto (*musica*), quintet, quintette, quintetto.

quintilione (10^{30}) (*mat.*), quintillion (ingl.), nonillion (am.).

quitanza (*comm. - amm.*), *vedi* quietanza.

quorum (numero di soci necessario per prendere delle decisioni) (*finanz. - ecc.*), quorum.

quòta (quota assoluta, altitudine, altezza sul livello del mare) (*top.*), elevation, altitude. **2.** ~ (*aer.*), altitude, height. **3.** ~ (punto quotato) (*cart. - top.*), spot elevation, spot height. **4.** ~ (*comm. - amm.*), instalment, quota, share. **5.** ~ (di un sott.) (*mar. milit.*), depth. **6.** ~ (*dis. mecc.*), dimension. **7.** ~ ausiliaria (*dis.*), auxiliary dimension. **8.** ~ base (*top.*), datum level. **9.** ~ corretta (dell'errore strumentale) (*aer.*), calibrated altitude. **10.** ~ corretta (che tiene conto della temperatura dell'aria) (*aer.*), true altitude. **11.** ~ critica (massima quota alla quale può essere mantenuta una data pressione di alimentazione, senza effetto dinamico, ad un determinato numero di giri) (*aer. - mot.*), critical height. **12.** ~ di adattamento (*mot. aer.*), *vedi* quota di ristabilimento. **13.** ~ di ammortamento (*amm.*), depreciation allowance. **14.** ~ di avvicinamento mancato (*aer.*), missed-approach altitude. **15.** ~ di crociera (*aer.*), cruising height, cruising altitude, cruising level. **16.** ~ di crociera quadrantale (*navig. aer.*), quadrantal cruising level. **17.** ~ di equilibrio (di un aerostato) (*aer.*), height of equilibrium. **18.** ~ di progetto (*aer.*), *vedi* quota critica. **19.** ~ di ristabilimento (quota di farfalla tutta aperta: quota di piena ammissione) (*mot. aer.*), full-throttle height. **20.** ~ di ristabilimento a potenza normale (in aria tipo: di un motore con compressore) (*aer.*), rated altitude. **21.** ~ di sicurezza (in volo strumentale) (*navig. aer.*), safety height. **22.** ~ di tangenza ("plafond") (*aer.*), ceiling. **23.** ~ di tangenza pratica (*aer.*), service ceiling. **24.** ~ di tangenza massima teorica (*aer.*), absolute ceiling. **25.** ~ di volo (*aer.*), flight altitude, flight level. **26.** ~ funzionale (dimensione dalla quale dipende il funzionamento di un complesso) (*dis.*), functional dimension. **27.** ~ indicata (letta sull'altimetro di bordo) (*aer.*), indicated altitude. **28.** ~ limite di pressurizzazione (quota alla quale in cabina possono essere ancora mantenute condizioni corrispondenti a quelle esterne esistenti a circa 2400 m di quota) (*aer.*), pressurization height limit. **29.** ~ locale (rispetto ad un piano orizzontale di riferimento) (*top.*), spot height. **30.** ~ massima (raggiunta da un veicolo spaziale o da un aeroplano) (*aer. - astric.*), absolute ceiling, ceiling. **31.** ~ minima di volo (*aer.*), minimum flight altitude. **32.** ~ non funzionale (*dis.*), non-functional dimension. **33.** ~ normale (*mot. aer.*), *vedi* quota di ristabilimento. **34.** ~ periscopica (sott.) (*mar. milit.*), periscope depth. **35.** ~ quadrantale (*navig. aer.*), quadrantal altitude. **36.** ~ reale (*aer.*), *vedi* quota vera. **37.** ~ relativa (*aer.*), relative height. **38.** ~ vera (sopra il livello del mare) (*aer.*), true height. **39.** ~ zero (livello del mare) (*top. - aer.*), sea level. **40.** ad alta ~ (*aer.*), at high altitude, upstairs (am.). **41.** battere le quote del terreno (*top.*), to survey elevations. **42.** perdita di ~ (*aer.*), height loss. **43.** prendere ~ (*aer.*), to climb. **44.** prendere ~ seguendo la traiettoria di una spirale (*aer.*), to spiral. **45.** regola per la separazione delle quote quadrantali (*navig. aer.*), quadrantal height separation rule.

quota-densità (quota in aria tipo alla quale la densità dell'aria è uguale ad una data densità) (*aer.*), density height.

quotàmetro (indicatore d'altezza: per cannoni antiaerei) (*milit.*), height finder.

quota-pressione (quota in aria tipo alla quale la pressione atmosferica è uguale ad una data pressione) (*aer.*), pressure height.

quotare (fare una offerta) (*comm.*), to quote. **2.** ~ (mettere le quote, su un disegno) (*dis.*), to dimension.

quotato (di disegno per es.), dimensioned. **2.** ~ (capace: di operaio per es.) (*gen.*), efficient. **3.** ~ (p. es. di una azione ammessa in borsa alla trattazione) (*a. - finanz.*), listed. **4.** punto ~ (quota) (*cart. - top.*), spot elevation, spot height.

quotatura (apposizione delle quote) (*dis.*), dimensioning.

quotazione (*comm.*), quotation. **2.** ~ del cambio (tra monete) (*comm. - finanz. - banca*), exchange rate. **3.** ~ in rialzo (della borsa) (*finanz.*), uptick. **4.** ~ in ribasso (della borsa) (*finanz.*), downtick.

quotidiano (giornale) (*s. - giorn.*), daily. **2.** ~ (*a. - gen.*), daily. **3.** ~ della sera (*giorn.*), daily evening paper, evening paper. **4.** ~ del mattino (*giorn.*), daily morning paper, morning paper.

quozìente (*mat.*), quotient. **2.** ~ di assestamento (modulo di reazione del terreno) (*ed. - ing. civ.*), modulus of (soil) reaction, subgrade modulus. **3.** ~ di intelligenza (*psicol. ind.*), intelligence quotient, IQ. **4.** ~ di produttività (indice delle variazioni di progetto fatte che hanno influito sulla produttività della macch. ut.) (*macch. ut.*), PCQ rating, productivity criteria quotient rating.

R

"R" (Réaumur, grado termometrico) (*fis.*), R, Réaumur.
"r" (röntgen) (*unità di mis.*), r, röntgen, roentgen.
rabazza (parte inferiore di un alberetto) (*nav.*), heel.
rabboccare (riempire una batteria per es.) (*aut. - elett. - ecc.*), to top up.
rabboccatura (rimpello) (*mur.*), galleting (ingl.).
rabbocco (riempimento, rabboccatura di una batteria per es.) (*aut. - elett. - ecc.*), topping up.
rabdomante, waterfinder, dowser.
rabdomanzìa (ricerca, per es. di una vena di acqua o di minerale, mediante bacchetta o pendolo divinatorio) (*min. non scientifico*), divining, dowsing, rhabdomancy, water witching.
racchetta (di tergicristallo) (*aut.*), blade. **2.** ~ (*sport*), racket. **3.** ~ da tennis (*sport*), tennis racket. **4.** ~ per camminare sulla neve (*sport*), snowshoe.
racchiudere (*gen.*), to enclose.
raccogli e pressa-paglia (*macch. agric.*), straw pick-up baler.
raccògliere (*gen.*), to collect. **2.** ~ (cernere le segnature di un libro) (*rilegatura*), to gather. **3.** ~ (collezionare: fossili o minerali), (*min. - ecc.*), to collect. **4.** ~ (acqua; p. es. per impianti idroelettrici, per irrigazione ecc.) (*idr.*), to impound. **5.** ~ (~ denaro) (*finanz. - ecc.*), to raise. **6.** ~ in rastrelliere (parti sciolte per es.) (*ind.*), to rack.
raccogliersi (concentrarsi, adunarsi) (*milit. - ecc.*), to assemble, to collect, to gather.
raccoglifogli (di una macchina continua, dispositivo per raccogliere i fogli di carta in pile) (*macch. mft. carta*), layboy.
raccoglipólvere (recipiente per captazione polvere) (*ind.*), dust collector (ingl.).
raccogliterra (di una ruspa) (*att. agric.*), earth scoop.
raccoglitore (*att. per uff.*), copyholder, fileholder. **2.** ~ (*ind. tess.*), picker. **3.** ~ (cassetta in lamiera a sponde basse, vassoio: per parti sciolte da introdurre, in un forno di tempra per es.) (*att. off.*), tray. **4.** ~ (per fogli sciolti) (*uff.*), box file. **5.** ~ contenitore per conservare documenti secondo un certo ordine; p. es. cronologico) (*uff.*), file. **6.** ~ a rastrelliera (*att. per off.*), rack. **7.** ~ per trucioli (*att. ind. mecc.*), chip basket.
raccoglitrice (di grano per es.) (*macch. agric.*), picker.
raccoglitrucioli (vassoio raccoglitrucioli) (*lav. macc. ut.*), chip tray, chip pan.
raccòlta (*gen.*), collection. **2.** ~ (della lana) (*ind. tess.*), picking-up. **3.** ~ dati (*elab.*), data collection. **4.** ~ di materiali di ricupero (*ind.*), salvage dump.
raccòlto (*agric.*), harvest, crop.
raccomandare (una lettera: fare una raccomandata) (*posta*), to register.
raccomandata (lettera raccomandata) (*s. - posta*), registered letter.
raccomandato (un pacchetto per es.) (*a. - posta*), registered.
raccomandazione (procedimento consigliato) (*mecc. - ecc.*), recommendation. **2.** ~ (per far ottenere un posto ad un lavoratore) (*pers.*), recommendation, introduction. **3.** bozza di ~ (di unificazione per es.) (*mecc. - ecc.*), draft recommendation letter, introduction letter.
raccordare (dare una curvatura di raccordo) (*mecc.*), to radius. **2.** ~ (con raccordo concavo) (*mecc. - carp.*), to fillet. **3.** ~ (togliere gli spigoli vivi: di alette di cilindro rotte per es.) (*mecc.*), to blend. **4.** ~ (congiungere mediante raccordi, tubazioni per es.) (*gen.*), to joint (by connectors). **5.** ~ (collegare mediante raccordo ferroviario: uno stabilimento industriale p. es.) (*ind. - ferr.*), to serve directly by a particular railroad.
raccordato (con curvatura di raccordo) (*mecc.*) radiused. **2.** ~ (con raccordo concavo) (*mecc. - carp.*), filleted. **3.** ~ (congiunto) (*gen.*), jointed. **4.** ~ (munito di raccordo ferroviario; di stabilimento ~ alla rete ferroviaria nazionale) (*a. - ind. - ferr.*), on-line.
raccorderìa (per tubazioni), pipe fittings, fittings.
raccòrdo (di tubazione a bordo di motore per es.) (*mecc.*), union, connector (am.). **2.** ~ (per tubi) (*tubaz.*), pipe fitting. **3.** ~ (modanatura di una ringhiera per es.) (*ed.*), easement. **4.** ~ (intersezione tra due autostrade) (*strad.*), junction, junction point. **5.** ~ a gomito (gomito) (*tubaz.*), union elbow. **6.** ~ alla base del dente (di un ingranaggio) (*mecc.*), tooth fillet. **7.** ~ a quattro vie (*tubaz.*), cross. **8.** ~ a T (*tubaz.*), union tee. **9.** ~ a tre pezzi (o bocchettone) per tubazioni (*tubaz.*), pipe union. **10.** ~ a vite (filettato esternamente) (*tubaz.*), nipple. **11.** ~ concavo di due superfici (tra il fianco del dente di un ingranaggio ed il fondo dente per es.)

(*mecc.*), fillet. **12.** ~ con diramazione (*tubaz.*), branch. **13.** ~ del cono (di cuscinetto a rulli conici per es.) (*mecc.*), cone radius. **14.** ~ di fognatura (da un ed. al collettore principale) (*tubaz.*), house sewer. **15.** ~ di fondo (di filettatura) (*mecc.*), root radius. **16.** ~ di fondo dente (di ingranaggio) (*mecc.*), tooth fillet. **17.** ~ di gomma del radiatore (manicotto tra radiatore e motore) (*aut.*), radiator hose. **18.** ~ ferroviario (*ferr.*), siding, sidetrack, spur track, feeder. **19.** ~ filettato (nipplo) (*mecc.*), nipple. **20.** ~ insabbiato (*ferr.*), sanded siding. **21.** ~ (o diramazione) a Y (raccordo a stella) (*accessorio tubaz. - elett.*), wye. **22.** ~ orientabile (con uscita od entrata laterale: per tubi del carburante od olio di motore per es.) (*mecc.*), banjo union. **23.** ~ (o tubo) di gomma del radiatore (*aut.*), radiator hose. **24.** ~ per manichetta antincendi (*disp. per tubaz.*), fire hose connection. **25.** ~ privato (*ferr.*), private siding, private sidetrack, private spur track. **26.** ~ stradale a circolazione rotatoria (*traff. strad.*), rotary intersection. **27.** ~ stradale interno (svincolo interno) (*traff. strad.*), inner loop. **28.** raggio di ~ (arrotondamento degli spigoli, su un disegno per es.) (*mecc.*), radius. **29.** tronco di ~ (*ferr.*), feeder line. **30.** tubo di ~ (di un mot. a c.i., tubo tra i cilindri ed il collettore di scarico per es.) (*mot. - ecc.*), branch pipe.

racla (di una macchina da stampa, lama usata per asportare l'inchiostro in eccesso) (*tip.*), doctor.

rad (rd, radiante, misura di angoli) (*geom. - mat.*), radian. **2.** ~ (unità della dose di energia = 100 erg/grammo di materiale irradiato) (*unità di mis. - radioatt. - med.*), rad. **3.** 1000 ~ (*fis.*), kilorad.

rada (ampio specchio di acqua protetto naturalmente che può ospitare navi alla fonda) (*nav.*), road, roadstead. **2.** ~ (porto) (*nav.*), harbor (am.), harbour (ingl.). **3.** ~ (*geogr.*), haven.

radancia (anello metallico con gola montato nell'occhio di un cavo per es.) (*mecc. - nav. - aer.*), thimble.

radar (radiolocalizzatore) (*app. eltn.*), radar. **2.** ~ ad impulsi (*radar*), pulse radar. **3.** ~ ad onde persistenti (*radar*), continuous-wave radar. **4.** ~ aeroportato (radar per aeromobili) (*radar - aer.*), airborne radar. **5.** ~ a fascio progredito (*radar*), advanced design array radar, ADAR. **6.** ~ altimetrico (radar per la determinazione della quota) (*radar - aer.*), height-finding radar. **7.** ~ a microonde (*radar*), microwave radar. **8.** ~ a microonde per allarme avanzato (~ sofisticato a lungo raggio di azione, usato principalmente per avvistamento di missili) (*milit. - eltn.*), microwave early warning radar. **9.** ~ anti-collisione (*radar - aer. - nav.*), anti-collision radar. **10.** ~ anticollisione e per avvistamento nubi (*radar*), cloud and collision warning radar. **11.** ~ attivo (radar a luce coerente) (*ott.*), "colidar". **12.** ~ con portata oltre la linea dell'orizzonte (opera per riflessione nella ionosfera) (*radar*), over-the-horizon radar. **13.** ~ controllo avvicinamento (*radar - aer.*), approach control radar, ACR. **14.** ~ costiero (*radar*), shore -based radar. **15.** ~ di aeronavigazione (radar radiogoniometrico) (*radar*), radar beacon, racon, secondary radar. **16.** ~ di avvistamento (*radar*), warning radar, search radar. **17.** ~ di bordo (tipo di ~ montato sugli aerei; serve: per rilevamenti di deriva, avvistamento di aerei e scopi meteorologici) (*aer. - radar*), airborne radar. **18.** ~ di bordo di puntamento (*aer. - radar*), airborne gun-laying radar, "agl radar". **19.** ~ di controllo del traffico aereo (*aer. - radar*), air route surveillance radar. **20.** ~ di controllo per aeroporti (*radar - aer.*), airfield control radar, racon. **21.** ~ di esplorazione al suolo (*radar*), mapping radar. **22.** ~ di inseguimento (per rilevamento satelliti, missili ecc.) (*astric. - milit.*), tracking radar. **23.** ~ di precisione (*radar*), high-discrimination radar. **24.** ~ di precisione di grande portata (*radar*), long range accuracy radar, LORAC. **25.** ~ di puntamento (*radar - milit.*), ranging radar. **26.** ~ di puntamento di cannoni (per il puntamento di cannoni antiaerei per es.) (*radar*), gun-laying radar. **27.** ~ diretto (*radar*), *vedi* radar primario. **28.** ~ di sorveglianza (*aer. - radar*), surveillance radar. **29.** ~ di sorveglianza aeroportuale (*aer. - radar*), airport surveillance radar, ASR. **30.** ~ doppler (per misurare la velocità) (*radar*), doppler radar. **31.** ~ interrogatore (*radar*), interrogator radar. **32.** ~ marittimo (*radar - nav.*), marine radar, maritime radar. **33.** ~ meteorologico (~ per rilevare uragani, nubi ecc.) (*meteor.*), weather-radar. **34.** ~ ottico (opera per mezzo di un fascio laser in luogo di un fascio di microonde) (*ott.*), lidar, LIDAR, LIght Detection And Radar. **35.** ~ passivo (*eltn. - radar*), passive radar. **36.** ~ per avvistamento aerei (*radar - aer.*), aircraft-warning radar. **37.** ~ per avvicinamento guidato da terra (*navig. aer.*), GCA radar, Ground-Control Approach radar. **38.** ~ per difesa costiera (*radar*), coastal defense radar. **39.** ~ per difesa costiera antisommergibile (*radar*), coastal defense radar for U-boats. **40.** ~ per esercitazioni (simulacro) (*radar*), radar trainer. **41.** ~ per immagini topografiche (montato su di un aereo mostra immagini del terreno sottostante) (*top. aer.*), imaging radar. **42.** ~ per indicazione bersagli mobili (*radar*), moving-target indication radar. **43.** ~ per intercettazione aerei (*radar - aer.*), aircraft interception radar. **44.** ~ per la determinazione della traiettoria di discesa (*radar - aer.*), glide path radar. **45.** ~ per la direzione del tiro (*radar - nav.*), fire-control radar. **46.** ~ per localizzazione missili (*radar*), missile site radar, MSR. **47.** ~ per navigazione (*radar*), navigational radar. **48.** ~ per ostacoli terrestri (radar per evitare ostacoli terrestri) (*radar - aer.*), terrain avoidance radar, TAR. **49.** ~ per ricerca e individuazione radiofari (*aer. - nav. - ecc.*), beacon tracking radar. **50.** ~ portuale (*radar - nav.*), harbor-control radar. **51.** ~ pressurizzato (radar stagno) (*radar*), pressurized radar. **52.** ~ primario (radar diretto, i cui impulsi sono riflessi dal bersaglio) (*radar*), primary radar. **53.** ~ Rebecca-Eureka (radar secondario che impiega un radar interrogante di bordo [Rebecca] ed un radar a risposta al suolo) (*radar*), "Rebecca-Eureka" system. **54.** ~ secondario a risposta (*radar*), responder radar beacon. **55.** ~ telemetrico (*radar*), distance-measuring radar. **56.** ~ terrestre (*radar*), land-based radar. **57.** ~ terrestre per la vigilanza (delle zone terrestri circostanti) (*radar*), ground surveillance radar. **58.** ~ topografico (radar panoramico, indicatore topografico del terreno o zona esplorati) (*radar*), Plan Position Indicator, PPI. **59.** ~ topografico derivato (*radar*), remote display Plan Position Indicator, remote display PPI. **60.** attrezzato con ~ (*a. - radar*), radar-fitted. **61.** contatto ~ (identificazione di un'eco radar sullo schermo, aereo, nube ecc.) (*radar - aer.*), radar contact. **62.** controllo ~ (per guidare aerei per es.) (*radar - aer.*), radar monitoring. **63.** elemento ~ di sorveglianza (*aer. - radar*), surveillance radar element, SRE. **64.** guida ~ (per il superamento da parte del pilota per es. di pericolose situazioni di traffico) (*radar - aer.*), radar monitoring. **65.** involucro protettivo per antenna ~ (*radio*), radome. **66.** miraggio ~ (*radar*), radar mirage. **67.** nave attrezzata con ~ (*radar*), radar-fitted ship. **68.** schiera di ~ (*radar*), radar array. **69.** vigilanza ~ (procedimento per la guida di aeromobili, mediante radar) (*radar - aer.*), radar surveillance.

radaraltimetro (altimetro per alta quota) (*strum. aeronavigazione*), radar altimeter.

radarastronomia (*astr.*), radar astronomy.

radardistanziometro (radar distanziometrico) (*radar*), distance measuring radar, distance measuring equipment.

radarfaro di avvicinamento direzionale (*radar - aer.*), beam approach beacon system, BABS. **2.** ~ (faro radar: trasmette continuamente segnali radar rilevabili dalla nave su di un apparecchio indicatore della direzione del faro) (*assistenza navig.*), ramark. **3.** ~ direzionale (*radar*), beam beacon. **4.** ~ marittimo (*radar - nav.*), marine radar beacon. **5.** ~ Rebecca-Eureka (*radionavigazione*), "Rebecca-Eureka" system.

radarguida (per es. di un missile guidato sul bersaglio per mezzo del radar) (*radar - razzi - ecc.*), radar homing.

radarista (*operatore radar*), radarman.

radarlocalizzazione (individuazione radar) (*radar*), radar detection.

radartelescopio (*astr.*), radar telescope.

radazza (*att. nav.*), swab, mop, squeegee cleaner.

radazzare (*nav.*), to swab.

raddobbare (riparare) (*nav.*), to refit, to repair.

raddòbbo (riparazione) (*nav.*), refit, repair.

raddolcimento (di acqua) (*ind.*), softening.

raddolcire (cuocere parzialmente, sgommare parzialmente, la seta) (*ind. tess.*), to boil off partially.

raddoppiare (*gen.*), to double.

raddrizzamento (di corrente elettrica), rectification. **2.** ~ (*mecc.*), straightening. **3.** ~ (raddrizzatura, della lamiera di una carrozzeria) (*aut.*), straightening, dinging. **4.** ~ (di fotografie aeree) (*cart.*), rectification. **5.** ~ della corrente anodica (*radio*), anode current rectification. **6.** ~ lineare (*radio*), linear rectification, straight-line rectification. **7.** ~ mediante valvola (*termoion.*), transrectification.

raddrizzare (*elett.*), to rectify. **2.** ~ (*mecc.*), to straighten. **3.** ~ (demodulare) (*radio*), to rectify, to detect. **4.** ~ (rotaie) (*mecc.*), to gag. **5.** ~ (riportare in assetto di volo) (*aer.*), to redress. **6.** ~ a freddo (*mecc.*), to cold-straighten.

raddrizzato (*elett. - radio*), rectified. **2.** ~ (*mecc.*), straightened.

raddrizzatore (*app. elett.*), rectifier. **2.** ~ (rettificatore: di galleria aerodinamica) (*aer.*), straightener. **3.** ~ (aerofotografico) (*strum. ott.*), rectifier. **4.** ~ (di rotaie per es.) (*op.*), gagger. **5.** ~ (deviatore o pseudo distributore di turbina a vapore per es.), *vedi* deviatore. **6.** ~ ad arco (*app. elett.*), arc rectifier. **7.** ~ a diodo (*app. elett.*), diode rectifier. **8.** ~ a gas (*app. elett.*), gas-filled rectifier. **9.** ~ a lamina vibrante (*app. elett.*), vibrating-blade rectifier. **10.** ~ al silicio (*app. elett.*), silicon rectifier. **11.** ~ al selenio (*elett.*), selenium rectifier. **12.** ~ a nido d'api (in una galleria del vento: griglia per raddrizzare la corrente d'aria) (*aer.*), honeycomb grid. **13.** ~ a ossido di rame (*app. elett.*), copper oxide rectifier. **14.** ~ a ossido metallico (*app. elett.*), metal oxide rectifier. **15.** ~ a ponte (*eltn.*), bridge rectifier. **16.** ~ a semionda (*elett.*), half -wave rectifier. **17.** ~ a strato di sbarramento (*app. elett.*), barrier-layer rectifier. **18.** ~ a vapori di mercurio (*app. elett.*), mercury-arc rectifier. **19.** ~ (a vapori di mercurio) a sezioni (*app. elett.*), sectional rectifier. **20.** ~ a vibratore (*app. elett.*), vibrating type rectifier. **21.** ~ controllato al silicio (*eltn.*), silicon-controlled rectifier, SCR. **22.** ~ di alimentazione (*app. radio*), feeding rectifier. **23.** ~ di onda intera (*elett.*), full-wave rectifier. **24.** ~ (termo) elettronico (*app. elett.*), electronic rectifier. **25.** ~ elettrolitico (*app. elett.*), electrolytic rectifier. **26.** ~ meccanico (p. es. mediante convertitrice rotante, vibratore ecc.) (*disp. elett.*), mechanical rectifier. **27.** ~ per (carica) batterie (*elett.*), battery rectifier. **28.** ~ termoionico (*app. elett.*), thermionic rectifier, vacuum tube rectifier. **29.** paletta del ~ (di ventilatore per galleria del vento per es.) (*aer.*), straightener blade.

raddrizzatrice (per barre o tubi tondi) (*macch. ut.*), straightener. **2.** ~ a freddo (*macch. ut.*), cold straightener. **3.** ~ rotaie (*disp. ferr.*), rail straightener. **4.** ~ (*radio*), *vedi* valvola raddrizzatrice. **5.** ~ a rulli (*macch. ut.*), roller leveler. **6.** ~ per filo (*macch. ut.*), wire straightener. **7.** pressa ~ (pressa per raddrizzare) (*macch. ut.*), straightening press.

raddrizzatura (*mecc.*), straightening.

radènte (volo) (*a. - aer.*), grazing.

ràdere al suolo (un fabbricato per es.) (*gen.*), to raze, to rase.

radiale (*a. - gen.*), radial. **2.** segmento ~ (di tenuta, di un rotore per motori Wankel per es.) (*mot.*), apex seal.

radiante (*s. - mat.*), radian. **2.** ~ (di energia per es.) (*a. - fis.*), radiant, radiative.

radianza (di un corpo emittente radiazioni) (*fis. illum.*), radiance.

radiare (una nave) (*mar. milit.*), to condemn, to strike off.

radiativo, radiante (riferito a corpi che emettono radiazioni) (*a. - fis.*), radiative, radiant.

radiatore (per riscaldamento mediante termosifone per es.) (*app.*), radiator. **2.** ~ (di automobile) (*app. term.*), radiator. **3.** ~ (di un motore raffreddato ad acqua) (*mot.*), radiator. **4.** ~ (termodispersore, di apparecchiature elettroniche per es.) (*eltn. - term.*), heat sink. **5.** ~ ad alette (*term.*), gilled radiator, finned radiator. **6.** ~ alare (*aer.*), wing radiator. **7.** ~ a nido d'api (*aut.*), honeycomb radiator. **8.** ~ anteriore (di un motore di aereo) (*mot. aer.*), nose radiator. **9.** ~ anulare (sistemato entro una cappottatura circolare) (*mot. aer.*), annular radiator, ring radiator. **10.** ~ a pannello (pannello radiante sistemato incassato nel muro per es.) (*app. term.*), panel radiator. **11.** ~ a trasmissione indiretta (con superficie di raffreddamento dotata anche di alette) (*mot. aer.*), secondary-surface radiator. **12.** ~ a tubi d'acqua (*aut.*), water-tube radiator. **13.** ~ a tubi d'aria (*aut.*), air-tube radiator. **14.** ~ dell'olio (per raffreddamento) (*aer.*), oil cooler. **15.** ~ dell'olio alare (*aer.*), wing oil cooler. **16.** ~ dell'olio di tipo misto (*mot. aer.*), mixed-matrix oil cooler. **17.** ~ dell'olio in serie (*mot. aer.*), series oil cooler. **18.** ~ dell'olio inserito nel rivestimento alare (costituito per es. da parte della superficie dell'aereo adattata per raffreddamento) (*mot. aer. - ecc.*), surface oil cooler. **19.** ~ di Planck (corpo nero) (*fis. ott.*), Planckian radiator. **20.** ~ incassato (radiatore in nicchia: di un impianto per riscaldamento), recessed radiator. **21.** ~ in serie (*mot. - ecc.*), series radiator. **22.** ~ integrale (corpo nero, corpo a radiazione integrale) (*ott. - fis.*), blackbody, full radiator. **23.** ~ intubato (*mot. aer.*), ducted radiator. **24.** ~ misto (per acqua ed olio lubrificante) (*mot. aer.*), mixed-matrix radiator. **25.** ~ montato nell'ala (*mot. aer.*), wing radiator. **26.** ~ montato sotto l'ala (*mot. aer.*), underwing radiator. **27.** ~ nero (corpo nero) (*fis. ott.*), black radiator. **28.** ~ sonoro (p. es. il cono di un altoparlante) (*acus.*), acoustic radiator. **29.** ~ subalare (montato sotto l'ala) (*aer.*), underwing radiator. **30.** ~ sul bordo di attacco (formante il bordo di attacco di un'ala) (*mot. aer.*), leading-edge radiator. **31.** ~ superficiale (costituito da parte della superficie dell'aereo per es. adattata per il raffreddamento) (*mot. aer. - ecc.*), surface radiator. **32.** ~ termico (corpo termoradiante) (*fis.*), thermal radiator. **33.** guardando (il veicolo) dal ~ (di un'automobile) (*aut.*), looking from radiator end. **34.** lato ~ (di un'automobile) (*aut.*), radiator end. **35.** manicotto del ~ (raccordo di gomma del radiatore) (*aut.*), radiator hose. **36.** maschera per ~ (*aut.*), radiator cowl. **37.** raccordo di gomma del ~ (manicotto tra radiatore e motore) (*aut.*), radiator hose. **38.** tappo del ~ (*aut.*), radiator cap. **39.** testa del ~ (di automobile per es.) (*mecc.*), radiator shell upper chamber.

radiattività, *vedi* radioattività.

radiazione (emissione di energia sotto forma elettromagnetica, o di onde sonore, oppure emissione corpuscolare) (*fis.*), radiation. **2.** ~ bianca (*fis.*), white radiation. **3.** ~ complessa (*fis. - ott.*), complex radiation. **4.** ~ corpuscolare (*radioatt.*), corpuscolar radiation. **5.** ~ cosmica (*fis. atom.*), cosmic rays, cosmic radiation. **6.** ~ di annichilazione (di un elettrone ed un positrone) (*fis. atom.*), annihilation radiation. **7.** ~ di risonanza (tipo di fluorescenza) (*fis. atom.*), resonance radiation. **8.** ~ dura (costituita da particelle ad alta energia) (*fis. atom.*), hard radiation. **9.** ~ elettromagnetica (della luce per es.) (*fis.*), electromagnetic radiation. **10.** ~ eterogenea (*radiologia med.*), heterogeneous radiation. **11.** ~ infrarossa (monocromatica, della luce per es.) (*fis.*), infrared radiation. **12.** ~ istantanea (emessa in tempi estremamente brevi) (*fis. atom.*), prompt radiation. **13.** ~ monocromatica (della luce) (*fis.*), monochromatic radiation. **14.** ~ monocromatica infrarossa (*fis.*), infrared radiation. **15.** ~ nera (del corpo nero) (*fis. ott.*), full radiation. **16.** ~ omogenea (*radiologia med.*), homogeneous radiation. **17.** radiazioni principali (raggi alfa, beta e gamma) (*fis.*), primary rays. **18.** ~ residua (p. es. dai prodotti di fissione, di esplosione atomica ecc.) (*fis. atom. - med.*), residual radiation. **19.** ~ secondaria (emessa dagli atomi e dovuta all'incidenza su di essi di una radiazione primaria) (*fis. atom.*), secondary radiation. **20.** ~ selettiva (*fis.*), selective radiation. **21.** ~ sincrotronica (*fis. atom.*), syncrothron radiation. **22.** ~ solare (*fis.*), sun radiation (ingl.). **23.** ~ su banda proibita (emissione non compresa entro la banda assegnata per la trasmissione) (*radio*), spurious radiation. **24.** ~ termica (*fis.*), thermal radiation. **25.** ~ ultravioletta (~ monocromatica della luce) (*fis.*), ultraviolet radiation. **26.** ~ visibile (*fis.*), visible radiation. **27.** caratteristica di ~ (*radio - radar*), radiation pattern. **28.** lobo di ~ (caratteristica di radiazione) (*radio - radar*), radiation pattern. **29.** rendimento di ~ (di antenna) (*radio*), radiation efficiency. **30.** resistenza di ~ (di antenna) (*radio*), radiation resistance.

ràdica (*legno*), brier, briar. **2.** ~ saponaria (*botanica - farm.*), root of soapwort.

radicale (*chim.*), radical, group. **2.** ~ acido (*chim.*), acid radical.

radicando (*mat.*), radicand.

radice (*gen.*), root. **2.** ~ (di un filetto per es.)

(*mecc.*), root. **3.** ~ (di un prigioniero) (*mecc.*), fast end, root. **4.** ~ (origine di un diagramma ad albero) (*elab.* - *ecc.*), root. **5.** ~ caratteristica (*mat.*), characteristic root, characteristic value. **6.** ~ cubica (*mat.*), cube root. **7.** ~ quadrata (*mat.*), square root. **8.** ~ quadrata dei valori medi al quadrato (valore efficace) (*elett.*), root-mean-square, RMS. **9.** estrazione di ~ (*mat.*), evolution, extraction of root. **10.** segno di ~ (*mat.*), radical sign.

radio (Ra - *chim.*), radium. **2.** ~ (quanto riguarda la ricezione o la trasmissione a distanza a mezzo onde elettromagnetiche) (*radio*), radio, wireless. **3.** ~ a galena (app. radioricevente) (*radio*), crystal set. **4.** ~ astronomia (*astr.*), radio astronomy. **5.** ~ a transistor (radiolina, "transistor") (*app. radio*), transistor, transistor radio. **6.** ~ di bordo (*radio* - *nav.*), B station, b station. **7.** ~ diffusione (*radio*), broadcast, broadcasting. **8.** ~ diffusione a frequenza comune (*radio*), common-frequency broadcasting. **9.** ~ diffondere (*radio*), to broadcast. **10.** ~ disturbi forti e di lunga durata (*radio*), grinders crashes. **11.** ~ emanazione (*chim.*), radium emanation, radon. **12.** ~ grammofono (*app. elettroacus.*), radiogramophone, radiogram. **13.** ~ localizzazione (ricerca e individuazione della posizione di un trasmettitore per mezzo di un radiolocalizzatore) (*radio*), radio fix. **14.** ~ ricevente (*app. radio*), radio, radioreceiver, receiver, receiving set, set. **15.** ~ trasmittente (*app. radio*), radio transmitter, radio transmitting set, transmitter, transmitting set. **16.** ~ trasmittente e ricevente (che impiega le stesse valvole per i due usi) (*app. radio*), transceiver. **17.** ponte ~ (circuito radiotelefonico usato per collegare dei punti di una rete) (*radio* - *telef.*), radio link.

radioabbonato (radioascoltatore) (*radio*), radio listener.

radioacustica (studio della trasmissione dei suoni a mezzo radio) (*radio*), radioacustics.

radioaiuti (*aer.* - *nav.*), radio aids.

radioaltimetro (radiosonda) (*strum. aer.* - *radio*), radio altimeter. **2.** ~ (apprezza il tempo necessario perché un'onda radio venga riflessa dalla terra) (*aer.*), absolute altimeter.

radioamatore (*radio*), radio amateur. **2.** ~ patentato (*radio*), ham. **3.** associazione internazionale dei radioamatori (*radio*), international amateur radio union, IARU.

radioascoltatore (radioabbonato) (*radio*), radio listener.

radioastronomia (basata sulla ricezione di onde elettromagnetiche emesse da corpi celesti, ammassi stellari ecc.) (*astr.* - *radio*), radioastronomy.

radioattività (*radioatt.*), radioactivity. **2.** ~ artificiale (*fis. atom.*), induced radioactivity, artificial radioactivity. **3.** ~ naturale (*radioatt.*), natural radioactivity. **4.** entità della ~ in curie ("curiaggio", forza radioatt. espressa in curie) (*radioatt.*), curiage. **5.** misuratore di ~ (contatore di particelle radioattive simile al contatore Geiger) (*strum. fis. atom.* - *med.*), radiation counter. **6.** misuratore di ~ dispersa (da sorgenti di raggi X o da materiale radioattivo) (*strum. di mis.*), minometer.

radioattivo (*a.* - *radioatt.*), radioactive. **2.** elemento ~ (*chim.*), radioelement. **3.** ferro ~ (*chim.*), radioiron. **4.** periodo ~ (*radioatt.*), half-life (ingl.), half life (am.), disintegration period. **5.** zolfo ~ (*radioatt.*), radio sulphur.

radiobiologia (*radioatt.*), radiobiology.

radiobùssola (tipo di radiogoniometro) (*radio* - *nav.*), radio compass.

radiocanale (*radio*), radio channel.

radiochìmica (*chim.* - *fis. atom.*), radiochemistry.

radiocomandato (*a.* - *radio* - *mecc.*), controlled by radio, operated by radio.

radiocomando (*s.* - *radio* - *mecc.*), radio control, wireless control.

radiocomunicazione (*radio*), radio communication. **2.** ~ (dall'aria verso terra) (*navig. aerea*), air-to-ground communication.

radiocontaminazione (a seguito di esplosioni nucleari oppure nella radioterapia per es.) (*med.* - *fis. atom.*), radiation sickness.

radiocromatografia (determinazione qualitativa e quantitativa eseguita misurando la radioattività di indicatori radioisotopici su di un cromatogramma) (*s.* - *chim.*), radiochromatography.

radiocronaca (*radio*), radio commentary, radioreportage.

radiocronista (*radio*), radio commentator, radioreporter.

radiodermatite (*radiologia med.*), radiodermatitis.

radiodiatermia (trattamento diatermico ottenuto con onde corte) (*med.*), radiothermy.

radiodiffóndere (*radio* - *telev.*), to broadcast.

radiodiffusione (*radio* - *telev.*), broadcast, broadcasting. **2.** ~ di notizie (*radio*), newscast.

radiodirigere (radioguidare, un aereo per es.) (*aer.* - *nav.*), to home.

radiodisturbo (*radio*), radio interference, radio noise. **2.** ~ locale (causato da fenomeni elettrici locali) (*disturbo radio*), stray.

radioestesia (particolare sensibilità di alcune persone rivelata per mezzo della bacchetta o col pendolino divinatori; p. es. nella ricerca delle acque) (*s.* - *gen.*), radiesthesia.

radiofaro (*radio* - *aer.* - *nav.*), radio beacon, beacon, radiophare. **2.** ~ adirezionale (*radionavigazione*), non-directional beacon. **3.** ~ aeroportato su banda S (*aer.*), S-band airborne beacon. **4.** ~ audio-visivo (*aer.* - *radio*), visual/aural range, VAR. **5.** ~ circolare (*radio* - *aer.* - *nav.*), *vedi* radiofaro onnidirezionale. **6.** ~ Consol (sistema Consol di radionavigazione) (*aer.* - *radio*), Consol beacon. **7.** ~ (indicatore) del sentiero di planata (*nav. aer.*), glide path beacon. **8.** ~ di avvicinamento (*aer.* - *radio*), approach beacon. **9.** ~ direttivo (radiofaro, equisegnale) (*radio*), radio range beacon, directional radio beacon. **10.** ~ direzionale (radiofaro direttivo) (*radio - aer. - nav.*), radio range beacon, directional radio beacon. **11.** ~ direzionale acustico (*radionavigazione*), course-indicating beacon. **12.** ~ di segnalazione (radiosegnale, radiomeda: nella radionavigazione) (*aer. - radio*), marker beacon. **13.** ~ di segnalazione a ventaglio (verticale, nella radionavigazione) (*aer. - radio*), fan marker beacon, fan marker. **14.** ~ di terra (*radionavigazione*), ground radio beacon. **15.** ~ di terra a risposta (*radio*), ground response radio beacon. **16.** ~ equisegnale (radiofaro direttivo) (*radio*), radio range beacon. **17.** ~ esterno di segnalazione (radiomeda che definisce il primo punto predeterminato durante l'avvicinamento) (*aer. - radio*), outer marker beacon. **18.** ~ fisso (radiofaro direzionale) (*radio - aer. - nav.*), directional radio beaçon. **19.** ~ girevole (*radio - aer. - nav.*), rotating radio beacon. **20.** ~ indicatore (*aer. - radio*), locator beacon. **21.** ~ interno di segnalazione (nella radionavigazione, per definire il punto predeterminato finale durante l'avvicinamento) (*radio - aer.*), inner marker beacon. **22.** ~ localizzatore (*aer.*), localizer beacon. **23.** ~ marittimo (*nav. - radio*), marine radio beacon. **24.** ~ non direzionale (*navig. aerea*), Non Directional Beacon, NDB. **25.** ~ onnidirezionale (radiofaro circolare) (*radio - aer. - nav.*), omnidirectional radio beacon, ORB. **26.** ~ per atterraggio guidato (*navig. aerea*), glide-path beacon. **27.** ~ per aviazione (*radio - aer.*), aviation (radio) beacon. **28.** ~ rotante acustico ad altissima frequenza (radiofaro telefonico rotante VHF) (*radionavigazione*), VHF rotating talking beacon. **29.** ~ telefonico rotante VHF (*radionavigazione*), VHF rotating talking beacon. **30.** orientamento mediante ~ (*radio - aer. - nav.*), radio range orientation.

radiofonìa, *vedi* radiotelefonia.

"radiofòno", *vedi* radiotelefono.

radiofonógrafo (radiogrammofono) (*app. elettroacus.*), radio gramophone.

radiofrequènza (*radio*), radio-frequency, R.F., r.f.

radiogalassia (*astrofis.*), radio galaxy.

radiogenico (relativo a materiale residuo della disintegrazione radioattiva) (*a. - fis. atom.*), radiogenic.

radiogoniometraggio (*radio*), direction finding (by radio).

radiogoniometrare (*radio - navig.*), to find the direction (by radio).

radiogoniometrìa (*radio*), radiogoniometry.

radiogoniomètrico (*a. - radio*), radiogoniometric.

radiogoniometrista (*radio*), direction finder operator.

radiogoniòmetro (*radio*), radio compass, radio direction finder, radiogoniometer, wireless compass. **2.** ~ Adcock (*radio*), Adcock direction finder. **3.** ~ a più telai (*radio*), spaced-loop direction finder. **4.** ~ a telai fissi (radiogoniometro Bellini-Tosi) (*radio*), Bellini-Tosi direction finder. **5.** ~ a telaio rotante (*radio*), rotating direction finder. **6.** ~ automatico (*radio*), automatic direction finder, ADF. **7.** ~ per segnali loran, *vedi* lodar.

radiogovèrno (di un aereo per es.) (*radio - mecc.*), radio control.

radiografare (fare una radiografia, eseguire una radiografia) (*tecnol. mecc. - med.*), to radiograph, to roentgen.

radiografìa (fotografia con raggi X) (*fis. - tecnol. mecc. - med.*), radiograph, shadowgraph, skiagraph. **2.** ~ (scienza) (*fis. -chim. - tecnol. mecc. - med.*), radiography, X ray. **3.** ~ a colori (*tecnol. mecc.*), color X-rays radiography. **4.** ~ a neutroni (radiografia neutronica, per l'esame di pezzi metallici per es.) (*tecnol. mecc.*), neutron radiography. **5.** ~ a raggi pulsanti (*tecnol. mecc.*), pulsed X-rays radiography.

radiogrammofono (*elettroacus.*), radiogramophone, radiogram.

radioguida (radiobussola, per ritorno alla base) (*radio - radar - aer.*), homing device. **2.** ~ (*radio*), *vedi anche* radiofaro.

radioisotopo (isotopo radioattivo) (*chim. fis.*), radioisotope.

radiolina (radioricevitore portatile, radio portatile) (*radio*), portable radio.

radiolisi (reazione chimica dovuta a radiazioni) (*fis. atom. - chim.*), radiolysis.

radiolocalizzatore (radar) (*radio*), radar.

radiolocalizzazione (individuazione della posizione mediante radar) (*radio*), radiolocation.

radiologia (*tecnol. mecc. - med.*), radiology.

radiologico (*fis. - ecc.*), radiological, radiologic.

radiòlogo (*med.*), radiologist.

radio marker (radio trasmettitore che indica la posizione rispetto al campo di atterraggio) (*aer.*), radio marker.

radiomeda (radiosegnale, radiofaro di segnalazione) (*aer. - radio*), marker beacon. **2.** ~ a ventaglio (radiofaro di segnalazione a ventaglio) (*radio - aer.*), fan marker beacon. **3.** ~ di avvicinamento (*aer. - radio*), approach marker beacon. **4.** ~ esterna (per definire il primo punto predeterminato durante l'avvicinamento) (*aer. - radio*), outer marker beacon. **5.** ~ interna (per definire il punto predeterminato finale durante l'avvicinamento) (*radio - aer.*), inner marker beacon.

radiomessaggio (*radio - milit. - ecc.*), radio message, radiogram.

radiometallografìa (*metall. - applicazioni ind. della radiologia*), radiometallography.

radiometeorògrafo (*strum. meteor.*), radiometeorograph.

radiometria (mis. della quantità di radiazioni) (*fis.*), radiometry.

radiòmetro (per misurare energia raggiante) (*strum. fis.*), radiometer.

radiomicrometro (per misurare energia raggiante di lieve entità) (*strum. fis.*), radiomicrometer.

radiomobile (~ di conversazione: app. telefonico

installato su automobile per es., o semplicemente portatile) (*telef. - radio*), land radio mobile.

radiomontatore (*op. specializzato*), radio mechanic.

radionavigazione (*radio*), radio navigation.

radionuclide (*fis. atom. - radioatt.*), radionuclide.

radioonda (*radio*), radio wave. **2.** radioonde a bassa frequenza (da 30 a 300 kilocicli al sec.) (*radio*), low-frequency radio waves. **3.** radioonde a bassissima frequenza (sotto 30 kilocicli al sec.) (*radio*), very-low frequency radio waves. **4.** radioonde ad alta frequenza (da 3 a 30 megacicli al sec.) (*radio*), high-frequency radio waves. **5.** radioonde ad altissima frequenza (da 30 a 300 megacicli al sec.) (*radio*), very-high frequency radio waves. **6.** radioonde ad ultra alta frequenza (da 300 a 3000 megacicli al sec.) (*radio*), ultra-high frequency radio waves. **7.** radioonde a media frequenza (da 300 a 3000 kilocicli al sec.) (*radio*), medium-frequency radio waves. **8.** radioonde a superfrequenza (da 3000 a 30000 megacicli al sec.) (*radio*), super-frequency radio waves. **9.** radioonde centimetriche (da 0,1 a 0,01 m) (*radio*), centimetric radio waves. **10.** radioonde decimetriche (da 1 a 0,1 m) (*radio*), decimetric radio waves. **11.** radioonde metriche (da 10 a 1 m) (*radio*), metric radio waves. **12.** radioonde ultracorte, *vedi* radioonde ad alta frequenza.

radiopaco, radioopaco (opaco ai raggi X) (*a. - fis.*), radiopaque.

radioricevitore (*app. radio*), radio receiver, receiver, receiving set, radio.

radioricezione (*radio*), radio reception.

radiorilevamento (*radio - aer. - nav.*), direction finding.

radioriparatore (*lav. - radio*), radio repairer, radio set repairer.

radioscopia (diretto esame su schermo fluorescente di incrinature, soffiature, difetti interni ecc. di particolari metallici di fusione o stampaggio) (*ind.*), fluoroscopy, radioscopy. **2.** ~ (osservazione diretta per mezzo di raggi X, su schermo fluorescente di un corpo vivente per scopi medici; anche fotografia di quell'immagine [schermografia]) (*med.*), fluoroscopy.

radioscuola (*radio*), school by radio.

radiosegnale (*radio*), radio signal. **2.** ~ direzionale (*navig. aer.*), radio beam.

radiosentiero (*radio*), directional homing device. **2.** ~ di planata, *vedi* traiettoria di discesa. **3.** margine del ~ (zona nella quale il pilota riceve entrambi i segnali di: in rotta e fuori rotta) (*navig. aerea*), twilight band, twilight zone.

radioservizio (*radio - aer. - ecc.*), radio service. **2.** ~ mobile aeronautico (fra stazioni aeronautiche per es.) (*radio - aer.*), aeronautical mobile service.

radiosestante (*app. navig.*), radio sextant.

radiosónda (*strum. meteor.*), radiosonde. **2.** ~ (radioaltimetro) (*aer. - radio*), radio altimeter. **3.** ~ (per determinare la velocità del vento in quota) (*meteor.*), rawinsonde. **4.** ~ a paracadute, o cadente (~ da paracadutarsi da un aereo per rilievi metereologici) (*meteor.*), dropsonde. **5.** ~ per rilevamenti di turbolenza (*strum. - radio - aer. - meteor.*), gust-sonde.

radiosorgente (*astr. - radio*), radio source. **2.** ~ pulsante (pulsar) (*astr. - radio*), pulsating radio source, pulsar. **3.** ~ quasistellare (quasar) (*astr. - radio*), quasar, quasistellar radio source.

radiospettografo (radiotelescopio per l'analisi delle radiazioni solari) (*app. astr.*), radio spectrograph.

radiospoletta (dispositivo elettronico comandato da radioonde che fa scoppiare un proiettile in prossimità del bersaglio) (*espl.*), proximity fuse, radio proximity fuse, variable time fuse, VT fuse.

radiostelle (stelle non visibili emettenti radiazioni a onde corte) (*astr.*), radio stars.

radiosveglia (apparecchio radio comandato da un movimento ad orologeria) (*radio*), clock radio. **2.** ~ digitale (*app. domestico*), digital clock radio.

radiotecnica (*radio*), radio engineering.

radiotecnico (*radio - lav.*), radio engineer.

radiotelefonare (*radio - telef.*), to radiophone.

radiotelefonata (conversazione telefonica via radio) (*radio*), radiotelephonic call, radiotelephonic conversation.

radiotelefonìa (*radio*), radiotelephony, wireless telephony. **2.** ~ con portante soppressa (*telecom.*), quiescent- carrier radiotelephony.

radiotelefonico (*radio*), radiotelephonic.

radiotelefonista (*op.*), radiotelephone operator.

radiotelèfono (app. radiotelefonico trasmittente o ricevente) (*radio*), radiophone, radiotelephone.

radiotelefotografia (*telecom.*), radio-facsimile system.

radiotelegrafìa (*radio*), radiotelegraphy, wireless telegraphy, space telegraphy, W/T, W.T.

radiotelegrafista (*op.*), radiotelegraph operator, radio operator.

radiotelegramma (marconigramma) (*radio*), radiotelegram, W/T message.

radiotelemetria (*navig. - radio*), radiotelemetry.

radiotelescopia (*astr.*), radio telescopy.

radiotelescopio (strumento astronomico) (*astr. - radio*), radio telescope.

radiotelescrivente (telescrivente comandata via radio anziché via filo) (*s. - telecom.*), radioteletypewriter, RTTY.

radioterapìa (mediante raggi X) (*radiologia med.*), radiotherapy. **2.** ~ (curieterapia) (*radioatt. - med.*), curietherapy, radiotherapy.

radiotrasméttere (*radio*), to broadcast, to radiobroadcast.

radiotrasmettitore (*app. radio*), transmitting set, radio transmitter. **2.** ~ miniaturizzato di inseguimento (ha un raggio di azione di circa 3000 miglia, assorbe poca energia perciò è utilizzato sui missili e satelliti artificiali per es.) (*radio - ecc.*), minitrack transmitter.

radiotrasmissione (*radio*), broadcast, broadcasting, radiobroadcasting. **2.** ~ alla frequenza assegnata (*radio*), shared-channel broadcasting. **3.** ~ alla frequenza comune (*radio*), common-channel broadcasting. **4.** ~ delle immagini (*radio*), photoradio.

radiotrasmittènte (stazione) (*radio*), radiobroadcasting station. **2.** ~ (a due antenne) per emissione di segnali unidirezionali (*radio - aer.*), beam radio station. **3.** ~ a valvole (termoioniche) (*radio*), tube transmitter.

radiovaligia (radioricevitore portatile) (*radio*), portable radio, portable receiver.

rado (non denso, detto di pioggia per es.) (*gen.*), thin.

radomo (protezione a cupola di antenna radar) (*radar*), radome.

radon (Rn - *chim.*), radon.

radunare (*gen.*), to assemble.

raduno (automobilistico per es.) (*sport*), rally.

radura (*geogr.*), glade.

raffermare (*milit.*), to re-engage.

ràffica (*meteor.*), squall. **2.** ~ (di proiettili per es.) (*arma da fuoco*), volley, burst (of fire). **3.** ~ (gruppo di dati trasferiti fulmineamente in memoria) (*elab.*), burst. **4.** ~ di vento (*meteor.*), gust. **5.** velocità di ~ (del vento) (*meteor.*), gust velocity.

raffilare (refilare, le pagine di un libro) (*legatoria*), to shave, to trim.

raffilato (refilato, di pagine di un libro) (*a. - legatoria*), trimmed, shaved.

raffilatura (refilatura, delle pagine di un libro) (*legatoria*), trimming, shaving.

raffinamento (*ind.*), refinement.

raffinare (*gen.*), to refine. **2.** ~ (lavorare la pasta nel raffinatore) (*mft. carta*), to beat, to mill, to refine.

raffinato (olio lubrificante) (*s. - chim.*), raffinate.

raffinatore (nell'industria della gomma), refiner. **2.** ~ (addetto alle operazioni di raffinatura: di metalli, olii ecc.) (*op.*), trier. **3.** ~ (*macch. mft. carta*), beater, beating engine, perfecting engine, refiner. **4.** ~ (*op. mft. carta*), beaterman. **5.** ~ a doppio disco (*macch. mft. carta*), double-disk refiner. **6.** sala dei raffinatori (sala delle olandesi) (*mft. carta*), beater house, beater room.

raffinazione (*chim.*), refining. **2.** ~ (*mft. carta*), beating. **3.** ~ con argilla (particolare processo di ~ della benzina e dei petroli leggeri) (*ind. chim.*), clay refining. **4.** ~ con idrogeno ("hydrofining") (*raffineria di petrolio*), hydrofining. **5.** ~ con vapor acqueo (~ della benzina) (*ind. petrolio*), steam refining. **6.** ~ elettrolitica (*elettrochim.*), electrolytic refining, electrorefining. **7.** ~ mediante terre (*ind. chim.*), earth refining. **8.** misuratore del grado di ~ (della pasta di legno) (*app. prove mft. carta*), beaten stuff tester.

raffinerìa (*ind.*), refinery. **2.** ~ di petrolio (*ind.*), petroleum refinery, oil refinery.

raffinòsio (zucchero, trisaccaride $C_{18}H_{32}O_{16}$) (*chim.*), raffinose.

raffio (*att.*), grapnel.

raffreddabile bruscamente (di un acciaio per es.) (*tratt. term.*), quenchable.

raffreddamento (*term.*), cooling. **2.** ~ (di un apparecchio elettronico per es.) (*eltn. - term.*), heat sinking. **3.** ~ a circolazione forzata (di motore di aut. per es.) (*mecc.*), cooling system by pump. **4.** ~ ad acqua dolce (di un motore marino, con acqua dolce raffreddata da acqua di mare attraverso uno scambiatore di calore) (*mot.*), fresh water cooling. **5.** ~ ad aria (di motore stellare per es.) (*term.*), air cooling. **6.** ~ ad aria compressa (di apparecchi elettronici di siluri, durante le prove per es.) (*term.*), air blast cooling. **7.** ~ ad eiezione di vapore (sistema Ross) (*term.*), steam jet refrigeration. **8.** ~ ad evaporazione (*mot.*), evaporative cooling. **9.** ~ a liquido a circuito sigillato (*aut.*), sealed liquid cooling system. **10.** ~ a metallo liquido (di un reattore nucleare per es.) (*fis. atom.*), liquid metal cooling. **11.** ~ a pannelli [refrigeranti] (*term.*), panel cooling. **12.** ~ a termosifone (di aut. per es.) (*term. ind.*), thermosiphon cooling. **13.** ~ a velo liquido (di camera di combustione di motore di missile o razzo) (*missil.*), film cooling. **14.** ~ del metallo nel forno sino a solidificazione (gelata) (*metall.*), freezing. **15.** ~ di sicurezza (del nocciolo della zona attiva di un reattore nucleare) (*ind. atom.*), safety injection. **16.** ~ intermedio (dell'aria tra il primo ed il secondo stadio di un compressore per es.) (*term.*), intercooling. **17.** ~ lento (*term.*), slow cooling. **18.** ~ per espansione (*term.*), dynamic cooling. **19.** liquido per ~ motore (*aut.*), coolant. **20.** senza ~ (*a. - gen.*), uncooled. **21.** velocità di ~ (*mft. vetro*), setting rate, cooling rate.

raffeddare (*term. - gen.*), to cool. **2.** ~ ad acqua (un mot. per es.) (*term. ind.*), to water-cool. **3.** ~ ad aria (i cilindri di un motore stellare per es.) (*term. ind.*), to air-cool. **4.** ~ con ghiaccio (mettere in ghiaccio) (*term.*), to ice. **5.** ~ insufficientemente (*term.*), to undercool. **6.** ~ mediante immersione (in un liquido: per la tempra per es.) (*term. ind.*), to quench. **7.** ~ rapidamente il metallo fuso (*fond.*), to chill.

raffreddarsi (*gen.*), to cool.

raffreddato (*term.*), cooled. **2.** ~ bruscamente (in conchiglia) (*fond.*), chilled.

raffreddatore (parte metallica inserita in una forma per accelerare il raffreddamento del metallo nelle parti più massicce) (*fond.*), chill, chiller. **2.** ~ (termodispersore, di un apparecchio elettronico per es.) (*eltn. - term.*), heat sink. **3.** ~ (apparecchio per la dissipazione passiva di calore per es. nella saldatura) (*tecnol.*), heat shunt. **4.** ~ inglobato (*fond.*), internal chill.

raffronto (confronto) (*gen.*), comparison. **2.** ~ per coefficiente (di valutazione) (*pers.*), factor comparison.

rafia (*fibra*), raffia.

raggiature luminose (persistenti sullo schermo) (*difetto radar*), spoking.

raggiera (disposizione degli aghi in una macchina per maglieria circolare) (*macch. tess.*), dial.

raggio (*fis.*), ray. **2.** ~ (*geom.*), radius. **3.** ~ (*dis. mecc.*), radius, rad., R., RAD. **4.** ~ (di manovella o di eccentrico per es.) (*mecc.*), throw. **5.** ~ (di luce) (*fis.*), ray, beam of light. **6.** ~ (di una ruota di motocicletta o di bicicletta) (*mecc.*), spoke. **7.** ~ (razza: di una ruota) (*veic.*), spoke. **8.** ~ alfa (*fis.*), alpha ray. **9.** ~ analizzatore (*telev.*), scanning beam. **10.** ~ atomico (di un metallo vaporizzato) (*fis. atom.*), atom beam, atomic beam. **11.** raggi attinici (*fot.*), actinic rays. **12.** ~ beta (*fis.*), beta ray. **13.** raggi calorifici (raggi infrarossi per es.) (*fis. - term.*), heat rays. **14.** ~ canale (*fis.*), canal ray, positive ray. **15.** ~ catodico (*fis.*), cathode ray. **16.** ~ cosmico (*fis.*), cosmic ray. **17.** ~ critico (di un reattore nucleare) (*fis. atom.*), critical radius. **18.** ~ d'azione (pari a metà dell'autonomia in aria calma) (*aer.*), radius of action. **19.** ~ d'azione ("range") (*fis. atom.*), range. **20.** ~ d'azione (di un microfono o di un altoparlante) (*radio*), beam. **21.** ~ del cerchio (o sfera) inscritto (*geom.*), inradius. **22.** ~ del cerchio primitivo (di ingranaggio) (*mecc.*), pitch circle radius, geometrical radius. **23.** ~ del cono primitivo (di ingranaggio) (*mecc.*), cone distance. **24.** ~ delta (*fis.*), delta ray. **25.** ~ di curvatura (*geom.*), radius of curvature. **26.** ~ di girazione (*sc. costr.*), radius of gyration. **27.** ~ d'imbocco (di uno stampo per imbutitura) (*lav. lamiera*), draw radius. **28.** ~ di inerzia (*mecc. raz.*), radius of gyration. **29.** ~ di luce (*ott.*), ray, beam of light. **30.** ~ di piegatura (nella lavorazione di lamiere) (*tecnol. mecc.*), bend radius. **31.** ~ di riferimento (di un'elica, usato per la specificazione delle caratteristiche) (*aer.*), standard radius. **32.** ~ di rotolamento (di una ruota) (*aut.*), rolling radius. **33.** ~ di rotolamento effettivo (di un pneumatico) (*veic.*), effective rolling radius. **34.** ~ di Schwarzchild (~ che un corpo celeste in estinzione assume prima di divenire un buco nero) (*astrofis.*), Schwarzchild radius. **35.** ~ di sole, sunbeam. **36.** ~ di sterzata (raggio di volta, raggio minimo di sterzo) (*mecc.*), turning radius. **37.** ~ (minimo) di sterzo (raggio di sterzata, raggio di volta: di un'automobile, motocicletta ecc.) (*mecc.*), turning radius. **38.** ~ duro (*radiologia*), hard ray. **39.** ~ fondamentale (di rifrazione) (*ott.*), *vedi* raggio ordinario. **40.** ~ gamma (radiazione gamma) (*fis. atom.*), gamma ray. **41.** raggi immagine omologhi (o corrispondenti) (*fotogr.*), conjugate image rays. **42.** ~ infracosmico (*fis.*), infra-cosmic ray. **43.** ~ infrarosso (*fis.*), infrared ray, extrared ray. **44.** ~ massimo del lavoro eseguibile sul bancale (luce massima intercorrente tra bancale ed asse dell'autocentrante) (*macch. ut.*), swing over the bed. **45.** ~ molle (*radiologia*), soft ray. **46.** ~ ordinario (parte di un raggio diviso da doppia rifrazione e che segue la legge della rifrazione) (*ott.*), ordinary ray. **47.** ~ positivo (*radiologia*), positive ray. **48.** ~ primitivo (di un ingranaggio) (*mecc.*), pitch circle radius, PCR. **49.** ~ röntgen (*radiologia*), röntgen ray. **50.** ~ scandente (o analizzatore) (*telev.*), scanning beam. **51.** ~ secondario (*radiologia*), secondary ray, secondary radiation. **52.** ~ sotto carico (di una ruota) (*veic.*), loaded radius. **53.** ~ standard (di elica) (*aer.*), *vedi* raggio di riferimento. **54.** ~ straordinario (parte di un raggio diviso da doppia rifrazione e che non segue la legge della rifrazione) (*ott.*), extraordinary ray. **55.** ~ ultravioletto (*fis.*), ultraviolet ray. **56.** ~ vettore (*mat. - astr.*), radius vector. **57.** ~ violetto (*fis.*), violet ray. **58.** ~ X (*fis.*), X ray. **59.** a medio ~ (a portata intermedia, di missile per es.) (*a. - milit.*), intermediate range. **60.** aumentare il ~ di curvatura (di una strada) (*strad.*), to ease off. **61.** sottoporre all'azione dei raggi X (irradiare con raggi X) (*med.*), to röntgenize, to roentgenize. **62.** testa del ~ (di bicicletta per es.), head of spoke.

raggiùngere (*gen.*), to reach. **2.** ~ (conseguire) (*gen.*), to attain, to achieve. **3.** ~ (una determinata velocità per es.), to attain. **4.** ~ (un concorrente per es.) (*sport*), to catch up, to overtake.

raggrinzamento (della gelatina della pellicola per es.) (*gen.*), wrinkling. **2.** ~ (raggrinzatura, di una superficie verniciata) (*vn.*), wrinkling, crimping, crinkling, puckering. **3.** ~ a zampe di gallina (*difetto vn.*), crowsfooting.

raggrinzare, raggrinzarsi (increspare, raggrinzire) (*gen.*), to wrinkle. **2.** ~ (raggrinzarsi, gualcire, gualcirsi) (*tess. - ecc.*), to rumple. **3.** ~ (raggrinzirsi) (*difetto di vn.*), to wrinkle. **4.** ~ (o distaccarsi della gelatina) (*fot. - cinem.*), to frill. **5.** ~ (di un tessuto per es.) (*tess. - ecc.*), to pucker.

raggrinzatura (*gen. - vn.*), *vedi* raggrinzamento.

raggrinzire, vedi raggrinzare.

raggrumare (*gen.*), to clot. **2.** ~ (*ind. gomma*), to clot.

raggrumazione (*gen.*), clotting. **2.** ~ (crosta di scoria o metallo solidificato che si forma sulle pareti di una siviera per es.) (*fond.*), scull, skull.

raggruppamento (accumulo, di elettroni per es.) (*radioelett.*), bunching. **2.** ~ (*elab.*), clustering. **3.** ~ in lotti (accumulazione in lotti) (*elab.*), batching. **4.** fattore di ~ (fattore di bloccaggio) (*elab.*), blocking factor.

raggruppare (riunire in gruppi) (*gen.*), to nest. **2.** ~ (riunire in lotti da trattarsi contemporaneamente) (*elab. - ind. - ecc.*), to batch.

ragione (motivo) (*gen.*), reason. **2.** ~ (differenza fra due termini consecutivi) (*mat.*), common difference. **3.** ~ della progressione geometrica (rapporto costante tra ogni termine ed il precedente) (*mat.*), ratio of a geometric progression. **4.** ~ sociale (di una società) (*comm. - leg.*), legal name, corporate name.

ragionerìa, accountancy.

ragionevole (giusto, prezzo per es.) (*comm.*), reasonable.

ragionière, accountant.

"raglan" (tipo di attacco delle maniche) (*ind. tess.*), raglan.
ragnatela (*gen.*), web, spider web.
ragno (sistema di tiranti radiali, sul portello di un forno) (*mft. vetro*), spider.
raid (*aer. - aut. - ecc.*), raid.
raion (rayon) (*ind. tess.*), rayon. **2.** ~ all'acetato di cellulosa (*ind. tess.*), acetate rayon. **3.** ~ al cuprammonio (*ind. tess.*), cuprammonium rayon. **4.** ~ di viscosa (*ind. tess.*), viscose rayon. **5.** filato di ~ (*ind. tess.*), rayon yarn, staple fibre.
raionacetato (seta all'acetato di cellulosa) (*chim. - ind. tess.*), acetate rayon.
ralinga (orlo di vela rinforzato da corda) (*nav.*), boltrope. **2.** ~ di bordame (gratile di bordame: di una vela) (*nav.*), footrope.
ralingare (cucire le ralinghe ai bordi delle vele) (*nav.*), to rope.
ralla (supporto di spinta per alberi verticali: serve da appoggio alla cassa del veicolo e nel contempo permette la rotazione dell'assale sterzante [o del carrello nei veicoli ferroviari] su un piano orizzontale) (*mecc.*), fifth wheel. **2.** ~ a rulli (*ferr.*), roller bearing fifth wheel. **3.** ~ a sfere (*ferr.*), ball-bearing fifth wheel. **4.** ~ inferiore (disco ralla fissato al carrello) (*ferr.*), lower disk of the fifth wheel. **5.** ~ superiore (disco ralla fissato alla cassa) (*ferr.*), upper disk of the fifth wheel.
rallentamento, slowing down. **2.** ~ (decelerazione: accelerazione negativa) (*mecc. raz.*), deceleration. **3.** ~ (ostacolo, nella produzione per es.) (*ind.*), snag.
rallentare (*gen.*), to slow up, to slow down, to slake. **2.** ~ (passare ad una orbita più bassa) (*astric.*), to deboost. **3.** ~ ! (*traff. strad.*), slow down!
rallentatore (*mecc.*), decelerator. **2.** ~ (bagno che rallenta la operazione di sviluppo: per poterla meglio seguire e correggere) (*fot.*), restrainer. **3.** ~ (tecnica cinematografica per l'analisi dei movimenti, consistente nell'eseguire le riprese con una camera ad alta velocità e riprodurle a velocità normale) (*studio dei tempi - studio dei movimenti - ecc.*), memomotion. **4.** ~ digitale (movimento al rallentatore assistito numericamente) (*audiovisivi*), fine slow.
rally (gara automobilistica a lungo percorso su strade aperte al traffico) (*sport aut.*), rally, rallye.
RAM (memoria ad accesso casuale) (*elab.*), "RAM", Random Access Memory. **2.** memoria ~ non volatile (*elab.*), NOn Volatile RAM, "NOVRAM".
ramaio (calderaio, battirame) (*lav.*), coppersmith.
ramaiolo (ramaiuolo) (*att.*), dipper, ladle. **2.** ~ (per il vetro fuso) (*ut. mft. vetro*), ladle.
ramare (*ind.*), to copper plate.
ramato (*ind.*), copper plated.
ramatura pesante (placcatura in rame) (*ind.*), copper plating, coppering.
rame (Cu - *chim.*), copper. **2.** ~ a basso tenore d'argento (*metall.*), low silver tough pitch copper, Cu-LSTP. **3.** ~ ad alto tenore d'argento (*metall.*), high silver tough pitch copper, Cu-HSTP. **4.** ~ affinato (*metall.*), tough pitch copper, tough pitch. **5.** ~ "best selected" (Cu 99,75%) (*metall.*), best selected copper. **6.** ~ "blister" (rame greggio, rame nero) (*metall.*), blister copper. **7.** ~ dei Laghi (*metall.*), Lake copper. **8.** ~ deossidato a basso residuo di fosforo (*metall.*), deoxidized low phosphorus copper, Cu-DLP. **9.** ~ deossidato ad alto residuo di fosforo (*metall.*), deoxidized high phosphorus copper, Cu-DHP. **10.** ~ di cementazione (*metall.*), precipitated copper. **11.** ~ elettrolitico (*metall.*), electrolytic copper. **12.** ~ elettrolitico in catodi (*metall.*), cathode copper, Cu-CATH. **13.** ~ esente da ossigeno (*metall.*), oxygen-free copper, Cu-OF. **14.** ~ fuso (rame di fusione) (*metall.*), casting copper. **15.** ~ granulare (*metall.*), feather shot. **16.** ~ greggio (rame nero) (*metall.*), blister copper, black copper, blister. **17.** ~ in barre (*metall.*), wirebar copper. **18.** ~ in salmoni (*metall.*), pig copper. **19.** ~ nero (*metall.*), *vedi* rame greggio. **20.** ~ ottenuto al convertitore (*metall.*), Bessemer copper. **21.** ~ raffinato (*metall.*), tough copper, tough pitch. **22.** ~ raffinato a fuoco ad elevata conduttività (*metall.*), fire refined high conductivity copper, Cu-FRHC. **23.** ~ "tough" (Cu 99,25%) (*metall.*), tough copper. **24.** ~ variegato (*min.*), variegated copper ore. **25.** corda di ~ (*ind. elett.*), copper plait. **26.** filo di ~ crudo stirato (*metall.*), hard-drawn copper wire. **27.** filo di ~ ricotto (*metall.*), soft copper wire. **28.** miniera di ~ (*min.*), copper mine. **29.** numero di ~ (quantità di rame ridotto ad ossido rameoso dalla soluzione di Fehling) (*chim.*), copper number, copper index, copper value. **30.** perdita nel ~ (*elett.*), copper loss. **31.** solfato di ~ ($CuSO_4 \cdot 5H_2O$) (*chim.*), copper sulphate. **32.** standard internazionale di ricottura del ~ (*metall.*), international annealed copper standard.
rameico (*a. - chim.*), cupric.
rameoso (*a. - chim.*), cuprous.
ramiè (pianta asiatica), ramie. **2.** fibra di ~ (*materia tess.*), ramie fibre.
ramificare (*gen.*), to branch.
ramificarsi, to branch off.
ramificazione (biforcazione) (*gen.*), branching off.
rammèndo (su di un vestito per es.) (*cucitura di riparazione*), darning. **2.** ago da ~ (*cucitura*), darning needle. **3.** cotone da ~ (*ind. tess.*), darning cotton.
rammollimento (diminuzione della viscosità interna) (*gen.*), softening. **2.** ~ (di raggi) (*radiologia*), softening. **3.** ~ (*difetto vn.*), softening. **4.** temperatura di ~ Vidal (di materiale termoplastico) (*prova della plastica*), Vidal softening temperature.
rammollitore (emolliente, per resine per es.) (*ind. chim.*), softener, softening agent.
ramno (*tintoria*), buckthorn.
ramo (*gen.*), branch. **2.** ~ (di un'iperbole) (*geom.*),

branch. **3.** ~ (diramazione, di un circuito) (*elett.*), leg, branch. **4.** ~ (di un programma) (*elab.*), leg.

ramolaggio (montaggio delle anime nelle forme) (*fond.*), core assembly, core assembling.

ramolare (remolare) (*fond.*), to assemble the cores in the molds.

rampa (*arch. - ing. civ.*), ramp. **2.** ~ (*strad.*), slope. **3.** ~ (*ferr.*), incline. **4.** ~ (di scala) (*arch. - ed.*), flight. **5.** ~ ad elica (*arch.*), helicline. **6.** ~ della camma (*mecc.*), cam incline. **7.** ~ di accesso in rilevato (*strad.*), raised road approach. **8.** ~ di caricamento (*ind.*), loading ramp. **9.** ~ di lancio (di un missile p. es.) (*missil.*), launching ramp, launching rack. **10.** ~ di uscita (*autostrada*), exit ramp. **11.** tracciato a rampe zigzaganti (per superare forti pendenze) (*strad. - ferr.*), switchback.

rampante (*a. - arch.*), rampant.

rampino (*nav.*), grapnel.

ramponare (*pesca*), to gig.

rampone (*att. per pesca*), harpoon. **2.** ramponi (per camminare sul ghiaccio od arrampicarsi su pali di legno per es.) (*att.*), crampons, climbing irons. **3.** ~ (costola di aggrappamento applicata alla ruota per aumentare l'aderenza al terreno) (*trattore*), lug. **4.** ~ da ghiaccio (*att.*), creeper. **5.** ~ per legname (in tronchi) (*att.*), timber dog.

rancho (casa colonica ad un piano dell'America Spagnola) (*s. - costr. agric.*), rancher.

ràncido (*a. - gen.*), rancid. **2.** olio ~, rancid oil.

randa (vela aurica) (*nav.*), spanker.

ranèlla (*mecc.*), washer.

"range" (indicatore di alzo: di un cannone) (*milit.*), range clock.

ranghinatore (semplice) (*macch. agric.*), side-delivery rake.

rango (*gen.*), rank.

Rankine, ciclo di ~ (*termodin.*), Rankine cycle.

ranno (di ceneri) (*detersivo*), ash lye.

ràpida (corrente) (*s. - idr.*), rapid. **2.** ~ (più veloce flusso d'acqua in un tratto del corso d'acqua) (*s. - geogr. - nav.*), riffle. **3.** ~ (molto sensibile: di emulsione) (*a. - fot.*), fast. **4.** ~ (cassa di rapida immersione) (*s. - sott.*), crash-diving tank.

rapidità (*gen.*), rapidity, fastness. **2.** ~ (grado di sensibilità di una emulsione) (*fot.*), speed. **3.** ~ di modulazione (*elettrotel.*), rapidity of modulation.

ràpido (di movimento per es.) (*a.*), rapid, quick. **2.** ~ (adatto a breve esposizione) (*a. - fot.*), rapid. **3.** ~ (treno passeggeri ad alta velocità) (*s. - ferr.*), extra-fare train, rapido. **4.** ~ (che si muove velocemente) (*a. - gen.*), swift. **5.** ~, *vedi anche* rapida.

rappezzare (una camera d'aria di automobile per es.), to patch. **2.** ~ (il rivestimento di un cubilotto per es.) (*fond.*), to patch.

rappezzatura (*gen.*), patch, patching. **2.** ~ (del rivestimento di un cubilotto per es.) (*fond.*), patching.

rappezzo (*gen.*), patch. **2.** ~ (taccone) (*difetto di fond.*), scab. **3.** vite di ~ (per riparare caldaie) (*cald. - nav.*), patch bolt.

rapportatore (*strum.*), protractor. **2.** ~ a tre aste (staziografo, strumento usato per localizzare sulla mappa la posizione di un punto) (*strum. top.*), station pointer. **3.** ~ circolare (*strum. - artiglieria*), circular protractor.

rappòrto (*mat.*), ratio. **2.** ~ (di ingranaggi per es.) (*mecc.*), ratio. **3.** ~ (di trasformazione per es.) (*elett.*), ratio. **4.** ~ (su di un fatto avvenuto), report. **5.** ~ acqua/cemento (in peso, nella malta per es.) (*ing. civ.*), water-cement ratio. **6.** ~ al ponte ("coppia conica", di una trasmissione, rapporto al ponte o al differenziale) (*aut.*), rear-axle ratio. **7.** ~ aria-combustibile (*comb. - mot.*), air-fuel ratio, AFR. **8.** ~ carico utile-peso totale iniziale (*aer. - razzo - ecc.*), payload-mass ratio. **9.** rapporti con gli azionisti (*finanz.*), stockholder relations. **10.** rapporti con il pubblico (*pubbl. - comm.*), external relations. **11.** rapporti con la clientela (*comm.*), customer relations. **12.** rapporti con la stampa (*pubbl.*), press relations. **13.** ~ costo/prestazioni (*ind. - comm.*), cost/performances ratio. **14.** ~ dei calori specifici (Cp/Cv, a pressione costante volume costante) (*termod.*), specific heat ratio. **15.** ~ di amplificazione (guadagno) (*eltn.*), amplification radio. **16.** ~ di amplificazione di potenza (*eltn.*), power amplification ratio. **17.** ~ diastimometrico (*top.*), stadia constant. **18.** rapporti di collaborazione aziendale (*pers.*), industrial relations. **19.** ~ di compressione (rapporto volumetrico di compressione) (*mot.*), compression ratio. **20.** ~ di compressione di massima utilità (*mot.*), highest useful compression ratio, hucr. **21.** ~ di contrazione (rapporto tra la sezione massima di una galleria del vento e la sezione di lavoro) (*aer.*), contraction ratio. **22.** ~ di conversione (in un reattore nucleare) (*fis. atom.*), breeding ratio. **23.** ~ di deformazione trasversale (coefficiente di Poisson) (*sc. costr.*), Poisson's ratio. **24.** ~ di espansione (*macch. a vapore*), ratio of expansion. **25.** ~ di espansione effettivo (di una macchina a vapore) (*macch.*), real ratio of expansion. **26.** ~ di finezza (rapporto fra la lunghezza di un corpo e il suo massimo diametro) (*tecnol.*), fineness ratio. **27.** ~ di frenatura (*mecc.*), braking ratio. **28.** ~ di funzionamento (di un'elica) (*aer.*), slip function. **29.** ~ di larghezza di una pala d'elica (*aer.*), blade width ratio. **30.** ~ d'ingrandimento (di un pneumatico, rapporto tra raggio finale e raggio di costruzione) (*aut.*), blowup ratio. **31.** ~ di onda stazionaria (rapporto tra i valori massimo e minimo della tensione di segnale) (*radio - ecc.*), standing wave ratio. **32.** ~ di percezione (differenziale di riconoscimento) (*acus. - acus. sub.*), detection threshold, recognition differential. **33.** ~ di rallentamento (indicante un coefficiente proporzionale al rapporto fra le sezioni d'urto per diffusione e per cattura) (*fis. atom.*), moderating ratio. **34.** ~ di rastremazione dello spessore iniziale con la lunghezza (variazione graduale di spessore di un'ala) (*aer.*), thickness tapering ratio. **35.** ~ di ricezione (merito) (*radio*), merit, receiving quality. **36.** ~ di ricoprimento (rapporto tra arco di azione e passo circonferenziale, di ingranaggi) (*mecc.*), contact ratio. **37.** ~ di riflusso (*chim.*), reflux ratio. **38.** ~ di similitudine (tra due figure simili) (*mat.*), ratio of similitude. **39.** ~ di solidità (di un'elica: uguale al rapporto tra la superficie totale della pala e la superficie del disco) (*aer.*), solidity ratio. **40.** ~ di sollecitazione (rapporto tra le sollecitazioni minima e massima) (*prove di fatica*), stress ratio. **41.** ~ di trafilatura (rapporto tra il diametro dello sviluppo e quello del pezzo imbutito profondo) (*lav. lamiera*), drawing ratio. **42.** ~ di trasformazione (di un trasformatore) (*elett.*), ratio of transformation, ratio of conversion. **43.** ~ di trasmissione (*mecc. raz.*), velocity ratio. **44.** ~ (di trasmissione) di ingranaggi (*mecc.*), gear ratio. **45.** ~ d'onda stazionaria (rapporto tra i valori massimo e minimo della tensione di segnale) (*radio - ecc.*), standing wave ratio. **46.** ~ focale (*ott. fot.*), *vedi* apertura relativa. **47.** ~ fra altezza e larghezza (di un condotto d'aria per es.) (*mis.*), aspect ratio. **48.** ~ lunghezza/diametro (di camera di combustione di missili per es.) (*mot.*), aspect/ratio. **49.** ~ lunghezza/diametro (~ di snellezza) (*mis. della snellezza*), "L/D" ratio, length to diameter ratio. **50.** ~ operativo (percentuale del tempo attivo rispetto al tempo totale) (*elab.*), operating ratio. **51.** ~ pigmento/legante (*vn.*), pigment/binder ratio. **52.** ~ segnale/disturbo (*telecom. - elab. - elettroacus. - radio - ecc.*), signal/noise ratio, signal/noise ratio, SNR. **53.** rapporti sindacali (*lav.*), labor relations. **54.** ~ segnale/rumore, *vedi* ~ segnale/disturbo. **55.** ~ S/N audio (*caratteristica di app. audiovisivi*), audio S/N ratio. **56.** ~ S/N video (*caratteristica di app. audiovisivi*), video S/N ratio. **57.** ~ spinta/peso (rapporto fra la spinta di un motore a getto ed il peso lordo di un aereo) (*aer.*), thrust/weight ratio. **58.** ~ stechiometrico (*chim. ind.*), stoichiometric ratio. **59.** ~ totale (di una trasmissione) (*aut.*), overall ratio. **60.** ~ totale di trasmissione (*mecc.*), overall gear ratio. **61.** ~ tra *a* e *c* (*a/c, a:c*), (*mat. - ind.*), ratio of *a* to *c*. **62.** rapporti tra dipendenti e direzione (*organ. pers. ind.*), employer employees relations. **63.** ~ tra le spire (di un avvolgimento per es.) (*elett.*), turns ratio. **64.** ~ tra potenza indicata e potenza effettiva (di una nave per es.) (*mot. nav.*), propulsive coefficient. **65.** ~ tra resistenza e peso (*tecnol. mecc.*), strenght-to-weight ratio. **66.** ~ volumetrico di compressione (*mot.*), compression ratio. **67.** a bassissimo ~ (di una coppia dentata) (*mecc.*), low-low. **68.** a rapporti avvicinati (del cambio di una motocicletta da corsa), close ratio. **69.** a rapporti fortemente intervallati (del cambio di velocità di motocicletta speciale da corsa) (*mecc.*), wide ratio. **70.** misuratore di ~ (*elett.*), *vedi* logometro.

rappresentante (*s. - gen.*), representative. **2.** ~ (*comm.*), agent. **3.** ~ (agente di vendita) (*s. - comm.*), sales representative. **4.** rappresentanti dei datori di lavoro (*organ. lav.*), employers' representatives. **5.** ~ esclusivo (*comm.*), sole agent. **6.** ~ legale (di una ditta) (*comm.*), legal representative. **7.** rappresentanti sindacali (dei lavoratori) (*organ. lav.*), union representatives.

rappresentanza (*comm.*), agency. **2.** ~ esclusiva (*comm.*), sole agency.

rappresentare (*gen.*), to represent. **2.** ~ con un esploso (*dis.*), *vedi* esplodere. **3.** ~ in scala molto piccola (*dis.*), to miniature, to miniaturize. **4.** ~ mediante coordinate (la rotta di un siluro filoguidato per es.) (*mat. - mar. milit. - ecc.*), to plot.

rappresentativo (*gen.*), representative.

rappresentazione (*gen.*), representation. **2.** ~ (tipo di rappresentazione delle indicazioni di uno strumento) (*strum.*), display. **3.** ~ (o notazione) a base fissa (*elab.*), fixed radix notation, fixed radix representation. **4.** ~ alfanumerica (dotata di indicazione alfabetica, numerica e simbolica) (*strum.*), alphanumeric display. **5.** ~ analogica (*macch. calc. - ecc.*), analogue representation, analogic readout. **6.** ~ audio (*strum.*), audio display. **7.** ~ a virgola fissa (*elab.*), fixed-point representation. **8.** ~ digitale (*strum. - eltn.*), digital readout. **9.** ~ esplosa (esploso, sezione esplosa: di una macchina: indicante le parti separate, in posizione) (*dis.*), exploded view. **10.** ~ numerica (rappresentazione digitale) (*strum.*), digital display. **11.** ~ numerica a virgola mobile (*elab.*), floating-point representation. **12.** ~ posizionale (notazione posizionale; ~ in cui le cifre hanno un peso diverso in relazione al posto che occupano) (*elab.*), positional representation. **13.** ~ semplificata (o schematica: per es. della filettatura sul disegno) (*dis. mecc.*), conventional representation. **14.** ~ su schermo radar (*radar*), scan. **15.** ~ video (*strum.*), video display. **16.** ~ visiva (per mezzo di un tubo a raggi catodici per es.) (*informazione*), display. **17.** ~ (*elab.*), *vedi anche* notazione.

rarefare (*fis.*), to rarefy.

rarefatto (gas) (*fis.*), rarefied.

rarefazione (*fis.*), rarefaction, rarefying.

rasamento (*mecc.*), shim adjustment to a given clearance.

rasare (sbarbare, ingranaggi) (*lav. macch. ut.*), to shave. **2.** ~ (il cuoio o la gomma) (*ind. cuoio - ecc.*), to skive, to scive, to shave.

rasato (tessuto rasato di cotone) (*s. - tess.*), sateen. **2.** ~ (di tess. di lana per es.) (*a. - ind. tess.*), clear-finish.

rasatrice (sbarbatrice, per ingranaggi) (*macch. ut.*), shaving machine.

rasatura (sbarbatura, di ingranaggi) (*lav. macch. ut.*), shaving. **2.** ~ (lisciatura a pietra) (*mft. carta*), flint-glazing. **3.** ~ dopo la purga (*ind. cuoio*), bate shaving.

raschia (*macch. mft. carta*), *vedi* raspa.

raschiaòlio (anello per pistone di motore) (*mecc.*), scraper ring.

raschiare (*mecc.*), to scrape. **2.** ~ (difetto di altoparlante) (*elettroacus.*), to rattle. **3.** ~ le incrostazioni (di una caldaia per es.) (*gen.*), to scrape off the scale.

raschiatoio (*ut. metall.*), rabble. **2.** ~ (a rastrello per togliere lo scarto da un filtro per la pasta di legno) (*mft. carta*), raker.

raschiatore (di un trasportatore a raschiamento) (*macch. ind.*), scraper. **2.** ~ (di un tamburo addensatore per es.) (*macch. mft. carta*), doctor board.

raschiettare (raschinare) (*mecc.*), to scrape. **2.** ~ ! (*dis. mecc.*), scrape, S.

raschiettato (*a. - mecc.*), scraped, scrape-finished.

raschiettatura (raschinatura) (*mecc.*), scraping.

raschietto (*ut. mecc.*), scraper. **2.** ~ (da disegno) (*dis.*), eraser, erasing knife. **3.** ~ (da idraulico) (*ut.*), shave hook. **4.** ~ a cuore (*ut. idraulico*), heartshape shave hook. **5.** ~ per superfici concave (usato per metallo antifrizione per es.) (*ut. mecc.*), hollow scraper. **6.** ~ piegato (usato per superfici piane) (*ut. mecc.*), hooked scraper. **7.** ~ triangolare (*ut. idraulico*), triangular shave hook. **8.** ~ triangolare (raschietto per superfici concave e materiali duri) (*ut. mecc.*), triangular scraper. **9.** finito a ~ (*mecc.*), scrape-finished.

raschinare (raschiettare) (*mecc.*), to scrape.

raschinatura (raschiettatura, a mano) (*mecc.*), scraping.

raschìo (*difetto elettroacus.*), *vedi* fruscìo.

rascia (tipo di tessuto di lana) (*mft. tess.*), frieze.

rasiera (per livellare una pavimentazione di calcestruzzo per es.) (*att. mur.*), screed.

raso (*mft. tess.*), satin.

rasoio (*att.*), razor, shaver. **2.** ~ di sicurezza (*app. domestico*), safety razor. **3.** ~ di sicurezza con sostituzione automatica delle lamette mediante caricatore (*att. domestico*), injector razor. **4.** ~ elettrico (*app. elettrodomestico*), electric shaver. **5.** filo del ~ (*gen.*), razor-edge.

raspa (lima da legno) (*att.*), rasp. **2.** ~ (raschia, tipo di coltello applicato lungo l'intera lunghezza del cilindro della macchina continua) (*macch. mft. carta*), doctor. **3.** ~ da calzolaio (*att.*), shoe rasp. **4.** ~ da ebanista (*att. carp.*), cabinet rasp. **5.** ~ da maniscalco (per zoccoli di cavallo) (*att.*), horse rasp. **6.** ~ per legno (*att. carp. - falegn.*), wood rasp.

raspare (limare con la raspa) (*carp. - falegn.*), to rasp.

raspetta (utensile per pulire fori da mina per es.) (*ut. min.*), scraper.

rassegna (della stampa tecnica per es.) (*gen.*), review.

rassodare (*gen.*), to harden, to stiffen.

rastrellamento (di un territorio appena occupato) (*milit.*), mopping up.

rastrellare (un territorio appena occupato) (*milit.*), to mop up.

rastrellièra (*arredamento d'officina*), rack. **2.** ~ (*att. per ind. tessile*), creel. **3.** ~ (attrezzo sistemato nell'interno di una fusoliera ed impiegato per alloggiarvi bombe, razzi ecc.) (*s. - aer. milit.*), rack. **4.** ~ di bombe (o di razzi) sganciate contemporaneamente (*aer. milit.*), salvo. **5.** ~ per armi (*milit.*), armrack. **6.** ~ per (o di) essiccazione (*att. ind.*), drying rack. **7.** ~ porta bombe (congegno per portare le bombe) (*aer.*), bomb rack.

rastrèllo (*att. agric.*), rake. **2.** ~ a scarico laterale continuo (ranghinatore semplice) (*macch. agric.*), side-delivery rake. **3.** ~ meccanico (*macch. agric.*), dump rake. **4.** ~ periterico (*strum. mar. milit.*), echo detection sweep.

rastremare (*mecc. - arch.*), to taper.

rastremarsi (*mecc. - arch.*), to taper.

rastremato (*mecc. - arch.*), tapered. **2.** ~ (di proiettile) (*milit.*), boat-tailed, boat-tail. **3.** con la parte posteriore rastremata (*gen.*), boat-tailed, bottail.

rastrematrice (*macch. per fucinare*), taper swaging machine.

rastrematura (*mecc. - ecc.*), *vedi* rastremazione.

rastremazione (*arch. - mecc.*), tapering, taper, taper ratio. **2.** ~ (di una colonna per es.) (*arch.*), diminution, taper. **3.** ~ (dell'estremità di una barra o tubo prima dell'operazione di trafilatura) (*ind. metall.*), tagging. **4.** ~ (rastremazione a forma di bottiglia dell'estremità di un fucinato cavo) (*fucinatura*), bottling.

rata (*comm. - amm.*), installment.

rateale (*comm.*), by installments.

rateo (in un bilancio) (*amm. - contabilità*), adjustment. **2.** ~ (quota parte) (*gen.*), portion. **3.** ~ attivo (eccedenza attiva, in un bilancio per es.) (*contabilità*), accrued income. **4.** ~ passivo (eccedenza passiva, in un bilancio per es.) (*contabilità*), accrued liability, accrued expense.

ratièra (*disp. per macch. tess.*), dobby. **2.** telaio a ~ (*macch. tess.*), dobby loom.

ratifica (p. es. di un contratto) (*comm. - ecc.*), ratification, approval. **2.** ~ della sentenza (*leg.*), approval of sentence.

ratificare (sanzionare una legge) (*leg.*), to ratify.

ratinare (*ind. tess.*), to frieze.

ratinatrice (*macch. tess.*), napping machine, friezing machine.

ratinatura (*ind. tess.*), friezing.

ratiné (*ind. tess.*), ratiné.

ratticida (*veleno per topi*), rodenticide.

rattoppare (una camera d'aria di automobile per es.), to patch.

rattòppo, patch.

ràuco (difetto di voce di una radio ricevente per es.) (*a. - acus.*), harsh.

ravizzone (*botanica*), rape. **2.** olio di ~, rape oil.

ravolo (*ut. mft. vetro*), bait.

ravvenamento (ricarica di acqua alla falda) (*geol. - idr.*), replenishment, recharge. **2.** bacino di ~ (per arricchire la falda freatica) (*geol. - idr.*), replenishment basin, recharge basin.

ravvivamento (*mecc. - ecc.*), *vedi* ravvivatura.

ravvivamole (ravvivatore per mole) (*mecc. - macch. ut.*), grinding wheel dresser. **2.** ~ (per ravvivare le mole di un raffinatore per es.) (*app. mft. carta*), dresser. **3.** ~ (p. es. ravviva le mole per rettificatrici) (*ut. mecc.*), tool-dresser. **4.** ~ a rotelle (*ut.*), roll dresser.

ravvivare (una mola) (*mecc.*), to dress.

ravvivatore (dispositivo di ravvivatura) della mola (di una rettificatrice per es.) (*mecc. - macc. ut.*), grinding wheel dresser. **2.** ~ di diamanti (*ut.*), diamond dresser. **3.** rullo ~ (di ravvivatrice per mole) (*mecc.*), dressing roll.

ravvivatrice per mole (*mecc. - macch. ut.*), grinding wheel dresser.

ravvivatura (di una mola) (*mecc.*), dressing. **2.** ~ mediante apporto di materiale saldante (di un contatto per es.) (*elett.*), beading.

rayl (unità di impedenza acustica specifica) (*mis. acus.*), rayl.

rayleigh (unità di impedenza acustica) (*unità di mis.*), rayleigh.

rayon (raion) (*chim. ind.*), *vedi* raion.

razionale (*a. - gen.*), rational. **2.** ~ (*mat.*), rational.

razionalizzare (*ind.*), to rationalize.

razionalizzazione (*ind.*), rationalization.

razione (di alimenti) (*milit.*), ration.

razza (raggio: di una ruota) (*veic.*), spoke. **2.** ~ (di una pecora per es.), breed. **3.** di ~ pura (di pecore per es.) (*a. - ind. lana*), purebred.

razzo rocket. **2.** ~ (*segn. milit.*), flare. **3.** ~ a combustibile liquido (*mot.*), liquid fuel rocket. **4.** ~ a combustibile metallico (per es. alluminio sospeso in cherosene) (*mot.*), metal fuel rocket. **5.** ~ a combustibile solido (*mot.*), solid fuel rocket. **6.** ~ ad energia nucleare (razzo atomico, razzo a propulsione atomica) (*missil.*), nuclear rocket, nuclear-powered rocket. **7.** ~ a doppio propellente (*missil.*), bipropellant rocket. **8.** ~ ad un solo propellente (*missil.*), monopropellant rocket. **9.** ~ a fissione (*mot.*), fission rocket. **10.** ~ a fotoni (razzo che utilizza energia convertita in luce) (*missil.*), photon rocket. **11.** ~ a fusione (*mot.*), fusion rocket. **12.** ~ a propellente singolo (*missil.*), monopropellant rocket. **13.** ~ a spinta aumentata (*astric.*), thrust-augmented rocket, TAR. **14.** ~ a stadi (*missil.*), staged rocket, step rocket, stage rocket. **15.** ~ a stadi multipli (*missil.*), multi-stage rocket, multi-step rocket. **16.** ~ a statoreattore (*aer. milit.*), ramjet rocket. **17.** ~ atomico (razzo a propulsione atomica) (*missil.*), nuclear rocket, nuclear-powered rocket. **18.** ~ a tre stadi (*missil.*), three-stage rocket, three-step rocket. **19.** razzi ausiliari (per impartire l'accelerazione iniziale ad uno statoreattore per es.) (*mot.*), booster, rockets. **20.** ~ ausiliario (piccolo razzo per la regolazione fine della velocità e dell'assetto di un missile) (*astric.*), vernier, vernier engine. **21.** ~ ausiliario di decollo (dispositivo di decollo a razzi ausiliari) (*aer.*), takeoff rocket, rocket assisted takeoff gear (ingl.). **22.** ~ con alette stabilizzatrici (*missil.*), fin stabilized rocket (am.), winged rocket (ingl.). **23.** ~ da segnalazioni (*gen.*), signal rocket. **24.** ~ di decollo (*aer.*), takeoff assist rocket. **25.** ~ di manovra (~ reagente per correggere l'assetto di un veicolo spaziale) (*razzo*), resistojet. **26.** ~ di spinta ausiliario (razzo "booster") (*aer.*), booster rocket. **27.** ~ elettrico, propulsore elettrico (~ il cui propellente viene accelerato da un sistema elettrico; come in un arcogetto) (*propulsione aer.*), electric rocket. **28.** ~ frenante (anche: retrorazzo applicato all'ultimo stadio di un veicolo spaziale per es. per frenarne la caduta) (*mot. astric.*), retro-rocket. **29.** ~ illuminante a paracadute (*att. aer.*), star shell, parachute flare. **30.** ~ lanciasagole (per salvataggio di barche pericolanti col lancio di una cima) (*nav.*), anchor rocket. **31.** ~ senza equipaggio (umano) (*missil.*), unmanned rocket. **32.** ~ senza guida (*missil.*), unguided rocket. **33.** ~ solare (ad energia solare) (*mot.*), solar rocket. **34.** ~ sonda (*missil.*), sounding rocket. **35.** ~ sonda (per altezze superiori a 6000 km) (*meteor.*), geoprobe. **36.** ~ sonda lanciato da aereo (è una sonda per alta quota ed è lanciata quando l'aereo è in fase ascensionale) (*razzo per ricerche*), rockair. **37.** ~ verniero, o di aggiustaggio (~ di piccola spinta usato per ottenere una regolazione fine della velocità e traiettoria del veicolo spaziale quando esso ha già raggiunto la sua orbita) (*astric.*), vernier engine, vernier rocket. **38.** ~ vettore (*astric.*), carrier rocket. **39.** missile a ~ guidato terra-aria (*milit.*), ground-to-air pilotless aircraft, gapa, GAPA.

reagente (sostanza che reagisce chimicamente) (*chim.*), reagent, reactant. **2.** ~ di Millon (usato per la prova delle proteine) (*biochim.*), Millon's reagent.

reagire (*chim. - mecc.*), to react.

reale (*mecc.*), true. **2.** evolvente ~ (di dente di ingranaggio) (*mecc.*), true involute.

realgàr (AsS) (*min.*), realgar.

realizzabile (eseguibile, effettuabile) (*gen.*), feasible.

realizzabilità (eseguibilità, effettuabilità) (*gen.*), feasibleness.

realizzare (cambiare in moneta corrente) (*comm.*), to realize. **2.** ~ (profitti per es.) (*comm.*), to realize. **3.** ~ (un progetto per es.) (*gen.*), to realize, to carry out.

realizzazione (di un film) (*cinem.*), realization. **2.** ~ (di un progetto per es.) (*gen.*), realization.

reattanza (*disp. elett.*), reactor, inductor, choke coil, impedance coil. **2.** ~ (*fenomeno elett.*), reactance. **3.** ~ acustica (simile alla reattanza in circuiti a corrente alternata) (*mis. acus.*), acoustic reactance, acoustical reactance. **4.** ~ capacitiva (*elett.*), capacity reactance. **5.** ~ di fuga (reattanza di dispersione) (*eltn.*), leakage reactance. **6.** ~ induttiva (*elett.*), inductive reactance. **7.** ~ efficace (*elett.*), effective reactance. **8.** ~ stabilizzatrice (impedenza a nucleo saturabile usata per regolare la corrente di un apparecchio utilizzatore) (*elett.*), proportioning reactor.

reattività (di una pila atomica: uguale alla differenza fra il fattore di moltiplicazione e l'unità) (*fis. atom.*), reactivity.

reattivo (*a.* - *chim.*), reactive. **2.** ~ (prova) (*psicotecnica*), test. **3.** ~ analogico (*psicol.* - *psicol. ind.*), instrumental test. **4.** ~ attitudinale (*psicol.* - *psicol. ind.*), aptitude test. **5.** ~ attitudinale per impiegati (test attitudinale per impiegati) (*psicol.* - *ind.*), clerical aptitude test. **6.** ~ attitudine meccanica (*psicol.* - *ind.*), mechanical test. **7.** ~ carta matita (*psicol.* - *psicol. ind.*), paper and pencil test. **8.** ~ collettivo (*psicol.* - *psicol. ind.*), group test. **9.** ~ del labirinto (*psicol. ind.*), maze test. **10.** ~ di abilità manuale (*psicol.* - *psicol. ind.*), manual dexterity test. **11.** ~ di associazione (di idee) (*psicol.* - *psicol. ind.*), association test. **12.** ~ di attitudine a lavoro impiegatizio (*psicol. ind.*), clerical aptitude test. **13.** ~ di coordinazione complessa (*psicol. ind.*), complex coordination test. **14.** ~ di destrezza (*psicol. ind.*), dexterity test. **15.** ~ di frustrazione (*psicol. ind.*), frustration test. **16.** ~ di interessi (*psicol.* - *psicol. ind.*), interest test. **17.** ~ di livello (*psicol.* - *psicol. ind.*), power test. **18.** ~ di montaggio (*psicol. ind.*), assembly test. **19.** ~ di personalità (*psicol.* - *psicol. ind.*), personality test. **20.** ~ di rendimento (di efficienza) (*psicol. ind.*), achievement test. **21.** ~ di velocità (*psicol.* - *psicol. ind.*), speed test. **22.** ~ esecuzione (*psicol.* - *psicol. ind.*), performance test. **23.** ~ intelligenza (*psicol.* - *psicol. ind.*), intelligence test, mental alertness test. **24.** ~ mentale (*psicol.* - *psicol. ind.*), mental test, psychological test. **25.** ~ metallografico (per prove di metalli) (*metall.*), etchant. **26.** ~ per la misura del progresso professionale (*psicol. ind.*), proficiency test. **27.** ~ proiettivo (*psicol.* - *psicol. ind.*), projection test. **28.** ~ psicologico (saggio reattivo, test) (*psicol.* - *psicol. ind.*), mental test, test. **29.** carico ~ (potenza reattiva, prodotto in volt-ampere, fra tensione e componente in quadratura della corrente) (*elett.*), reactive load. **30.** circuito ~ (*radio*), reactive circuit. **31.** non ~ (circuito o apparecchio che non possiede induttanza o capacitanza, ma solo resistenza ohmica) (*elett.*), nonreactive.

reattore (reattanza) (*elett.*), reactor, choke coil, inductor. **2.** ~ (motore a reazione) (*mot.*), reaction engine. **3.** ~ (nucleare) (*fis. atom.*), reactor, nuclear pile, nuclear reactor. **4.** ~ (per lampade al neon per es.) (*elett.* - *illum.*), ballast. **5.** ~ a catena (reattore nucleare, pila atomica: apparecchio per reazioni nucleari a catena) (*fis. atom.*), chain reactor. **6.** ~ a circolazione naturale (con circolazione naturale del refrigerante senza intervento di pompa) (*fis. atom.*), natural circulation reactor. **7.** ~ a combustibile circolante (*fis. atom.*), circulating fuel reactor. **8.** ~ a combustibile metallico liquido (*fis. atom.*), liquid metal fuel reactor, LMFR. **9.** ~ a combustibile stazionario (*fis. atom.*), static fuel reactor. **10.** ~ ad acqua (~ omogeneo che ha il combustibile miscelato con acqua che ne costituisce il moderatore) (*fis. atom.*), water-boiler reactor. **11.** ~ ad acqua bollente (*fis. atom.*), boiling water reactor. **12.** ~ ad acqua pesante raffreddato a gas (*fis. atom.*), heavy water gas-cooled reactor. **13.** ~ ad acqua pressurizzata (*fis. atom.*), pressurized water reactor, PWR. **14.** ~ ad alta temperatura raffreddato a gas (*fis. atom.*), high temperature gas-cooled reactor, HTGR. **15.** ~ a doppio scopo (per la produzione di energia e di plutonio) (*fis. atom.*), dual-purpose reactor. **16.** ~ ad ossido di uranio [o di plutonio] (~ il cui combustibile è UO_2 o PuO_2) (*fis. atom.*), oxide fuel reactor. **17.** ~ ad uranio (*fis. atom.*), uranium reactor. **18.** ~ ad uranio naturale (impiega uranio non arricchito) (*fis. atom.*), natural uranium reactor. **19.** ~ a fusione (*fis. atom.*), fusion reactor. **20.** ~ a neutroni di media energia per sommergibili (*fis. atom.* - *mar. milit.*), submarine intermediate reactor, SIR. **21.** ~ a neutroni lenti (*fis. atom.*), thermal reactor. **22.** ~ a neutroni lenti per sommergibili (*fis. atom.* - *mar. milit.*), submarine thermal reactor, STR. **23.** ~ a neutroni moderati (*fis. atom.*), slow reactor. **24.** ~ anodico di smorzamento (*eltn.*), anode damping coil. **25.** ~ a nucleo saturabile (*elett.*), saturable core reactor, saturable reactor. **26.** ~ a piscina (*fis. atom.*), pool reactor. **27.** ~ a piscina da laboratorio (*fis. atom.*), pool-type research reactor. **28.** ~ a potenza zero (~ sperimentale con un bassissimo livello di potenza) (*fis. atom.*), zero-power reactor. **29.** ~ a regime stazionario (*fis. atom.*), steady-state reactor. **30.** ~ a sali fusi (*fis. atom.*), molten-salt reactor. **31.** ~ a tubi pressurizzati (*fis. atom.*), pressure-tube reactor. **32.** ~ autofertilizzante (produce energia e materiale fissile) (*fis. atom.*), regenerative reactor, breeder reactor, power breeder. **33.** ~ autofertilizzante termico (*fis. atom.*), thermal breeder reactor. **34.** ~ autofertilizzante veloce (*fis. atom.*), fastbreeder reactor, FBR. **35.** ~ a vasca chiusa (~ con il nucleo collocato in una vasca completamente chiusa) (*fis. atom.*), tank reactor. **36.** ~ compatto tipo esercito (per la produzione di energia elettrica) (*fis. atom.*), army package power reactor, APPR. **37.** ~ con raffreddamento al sodio (*fis. atom.*), sodium-cooled reactor. **38.** ~ critico (in condizioni critiche) (*fis. atom.*), critical reactor. **39.** ~ di ricerca (*fis. atom.*), research reactor. **40.** ~ eterogeneo (*fis. atom.*), heterogeneous reactor. **41.** ~ immediatamente critico (*fis. atom.*), prompt critical reactor. **42.** ~ moderato ad acqua (*fis. atom.*), water-moderated reactor. **43.** ~ moderato a grafite e raffreddato a gas (*fis. atom.*), gas-cooled graphite-moderated reactor. **44.** ~ nucleare (pila atomica) (*fis. atom.*), nuclear reactor. **45.** ~ nucleare autofertilizzante (*fis.*

atom.), breeder reactor. **46.** ~ nucleare per prove sui materiali (*applicazione ind. di fis. atom.*), materials testing reactor, MTR. **47.** ~ nucleare veloce (*fis. atom.*), fast reactor. **48.** ~ nudo (*fis. atom.*), bare reactor. **49.** ~ omogeneo (con il combustibile uniformemente distribuito nel materiale inerte) (*reattore nucleare*), homogeneous reactor. **50.** ~ per navi mercantili (*nav.*), merchant ship reactor, MSR. **51.** ~ per produzione di calore (*fis. atom.*), process heat reactor, heat reactor. **52.** ~ per ricerche mediche (*fis. atom.*), medical research reactor, MRR. **53.** ~ raffreddato a gas a ciclo chiuso (*fis. atom.*), closed cycle gas cooled reactor, CCGCR. **54.** ~ saturabile (per raddrizzatori di corrente) (*elett.*), saturable reactor. **55.** ~ sigma (~ [o pila atomica] campione usato per studiare l'assorbimento dei neutroni) (*fis. atom.*), sigma pile. **56.** ~ sperimentale ad acqua bollente (*fis. atom.*), experimental boiling water reactor, EBWR. **57.** ~ sperimentale raffreddato a gas (*fis. atom.*), experimental gas-cooled reactor, EGCR. **58.** ~ sperimentale (raffreddato) al sodio (*fis. atom.*), experimental sodium reactor. **59.** ~ subcritico (*fis. atom.*), subcritical reactor. **60.** ~ supercritico (avente un fattore di moltiplicazione maggiore di 1) (*fis. atom.*), supercritical reactor. **61.** ~ termico per sommergibili (*fis. atom.*), submarine thermal reactor, STR. **62.** ~ veloce, raffast reactor, GCFR. **63.** a tre reattori (*mot. aer.*), trijet. **64.** escursione del ~ (*fis. atom.*), reactor trip. **65.** nel ~ (dentro al ~) (*fis. atom.*), in-pile. **66.** nocciolo del ~ (*fis. atom.*), reactor core. **67.** regione attiva del ~ (*fis. atom.*), reactor core.

reazione (*mecc. raz. - chim.*), reaction. **2.** ~ (in un circuito o apparecchio elettrico: artificio di portare in entrata una aliquota dell'uscita; metodo p. es. impiegato in certi circuiti amplificatori) (*eltn.*), feedback, regeneration, reaction, retroaction. **3.** ~ (*sc. costr.*), reaction, support pressure. **4.** ~ (per es. del pezzo quando viene spinto per lavorarlo alla macch. utènsile) (*mecc.*), kickback. **5.** ~ (processo nucleare) (*fis. atom.*), reaction. **6.** ~ a catena (*fis. atom.*), chain reaction. **7.** ~ acida (*chim.*), acid reaction. **8.** ~ acustica (*radio*), acoustic feedback. **9.** ~ aerodinamica (*aer.*), aerodynamic reaction. **10.** ~ alla tocca (*chim.*), spot test. **11.** ~ alluminotermica (*chim. fis.*), thermic reaction. **12.** ~ anodica (*eltn.*), anode feedback. **13.** ~ basica (*chim.*), alkaline reaction. **14.** ~ di appoggio (*sc. costr.*), support pressure. **15.** ~ di indotto (*elett.*), armature feedback. **16.** ~ di intensità (di corrente) (*elett.*), current feedback. **17.** ~ di pickup (p. es. la cattura di un nucleone da parte di una particella incidente) (*fis. atom.*), pickup reaction. **18.** ~ di spallazione (~ nucleare con emissione di un forte numero di nucleoni) (*fis. atom.*), spallation reaction. **19.** ~ di tensione (*eltn.*), voltage feedback. **20.** ~ di trasferimento (*fis. atom.*), transfer reaction. **21.** ~ elettrochimica caratteristica (di un elettrodo) (*elettrochim.*), characteristic electrochemical reaction. **22.** ~ endotermica (*chim.*), endothermic reaction. **23.** ~ esotermica (*chim.*), exothermic reaction. **24.** ~ esplosiva (*chim.*), explosive reaction. **25.** ~ fotochimica (*chim.*), photochemical reaction. **26.** ~ fotonucleare (~ risultante dalla collisione tra un fotone ed un nucleo) (*fis. atom.*), photonuclear reaction. **27.** ~ nucleare (*fis. atom.*), nuclear reaction. **28.** ~ nucleare a catena (in un reattore nucleare per es.) (*fis. atom.*), nuclear chain reaction. **29.** ~ positiva (in un amplificatore per es.) (*eltn.*), positive feedback. **30.** ~ reversibile (*chim.*), reversible reaction. **31.** ~ termonucleare (*fis. atom.*), thermonuclear reaction. **32.** ~ termonucleare controllata (*fis. atom.*), controlled thermonuclear reaction. **33.** a ~ (*eltn.*), back-coupled. **34.** bobina di ~ (*eltn.*), tickler coil. **35.** braccio di ~ (del ponte posteriore di un'aut.) (*aut. - ferr. - ecc.*), torque arm. **36.** coppia di ~ (di un'elica o rotore di elicottero) (*aer.*), torque reaction. **37.** doppia ~ (*eltn.*), double reaction. **38.** mantenere attiva la ~ (di reazione a catena per es.) (*fis. atom.*), to keep the reaction going. **39.** motore a ~ (ad ossigeno atmosferico) (*mot.*), jet engine. **40.** motore a ~ (ad ossigeno compreso nel combustibile) (*mot.*), rocket motor, rocket engine. **41.** tallone di ~ (di uno stampo per fucinatrice), die counter heel. **42.** tempo di ~ (*psicol.*), reaction time. **43.** tubo a ~ (*radio*), back-coupled tube, back-coupled valve. **44.** tubo di ~ (barra di reazione a sezione tubolare) (*aut.*), torque tube.

rebbio (di una forcella, di un diapason ecc.) (*gen.*), tine.

recalescènza (*metall.*), recalescence.

recensione (presentazione e critica, di una pubblicazione per es.) (*tip. - giorn.*), review.

recensire (un libro per es.) (*tip.*), to review.

recessione (*finanz.*), recession.

recèsso (*gen.*), recess.

recètta (slargo per sosta montacarichi ai livelli) (*min.*), station.

recezione, *vedi* ricezione.

recìdere, to cut.

recidivo (*leg.*), recidivist.

recingere (*ed.*), to enclose.

recinto (*gen.*), enclosure. **2.** ~ (in stecconato o siepe), enclosure, fence. **3.** ~ ("alle grida": nella borsa) (*finanz.*), pit. **4.** ~ (*sport*), ring. **5.** ~ (di piccole dimensioni: per animali da cortile per es.), pen. **6.** ~ in muratura (*ed.*), wall enclosure. **7.** muro del ~ (muro di cinta) (*ed.*), enclosure wall.

recinzione (*gen.*), enclosure. **2.** ~ (con stecconato o siepe), enclosure, fence. **3.** ~ a cancellata (di legno) (*ed. - carp.*), boarded fence. **4.** ~ a reticolato metallico, wire-net fencing. **5.** ~ in legname (palizzata, stecconato) (*ed.*), cage. **6.** ~ in muratura (*ed.*), wall enclosure. **7.** ~ in tavole (*ed. - carp.*), board fence.

recipiènte (*ind.*), container, receptacle, vessel. **2.** ~ (vaso: di accumulatore) (*elett.*), cell box, cell container. **3.** ~ (di dimensioni notevoli) (*ind.*), kier, vat. **4.** ~ (di latta), can, tin (ingl.). **5.** ~ a perdere (*ind. - comm.*), expendable container. **6.** ~ a tenuta (*ind.*), tight container. **7.** ~ (stagno) con guanti (per manipolazione di materiali situati internamente al recipiente) (*tecnol. - ecc.*), glove box. **8.** ~ di decantazione (*chim.*), decanting vessel. **9.** ~ (o provetta) graduato (*att. chim.*), graduate. **10.** ~ metallico (*ind.*), kettle. **11.** ~ per acqua lustrale (*arch.*), piscina. **12.** ~ per generi alimentari (*gen.*), food container. **13.** ~ per raccolta gas (*att. chim.*), receiver.

reciprocità (*gen.*), reciprocity. **2.** ~ (correlazione) (*mat.*), correlation, reciprocity.

recìproco (*a. - gen.*), reciprocal, mutual. **2.** ~ (*a. - mat.*), reciprocal.

recitare (di un attore cinematografico per es.) (*gen.*), to play.

recitazione (*cinem.*), recitation.

reclame (*pubbl. comm.*), advertising. **2.** ~, *vedi anche* pubblicità.

reclamo (*amm. - comm.*), complaint, claim.

rècluta (*milit.*), recruit.

reclutamento (di personale per es.) (*ind. - pers. - milit.*), recruitment.

reclutare (*milit.*), to recruit.

record (primato) (*sport*), record. **2.** ~ (*elab.*), *vedi anche* registrazione. **3.** abbassare il ~ (*sport*), to lower the record. **4.** battere il ~ (*sport*), to beat the record.

"recordista" (fonico) (*tecnico cinem.*), recordist.

recto (di una moneta, pagina stampata ecc.) (*tip. - ecc.*), recto.

recuperabile (*a. - gen.*), recoverable. **2.** non ~ (*gen.*), unrecoverable, irrecoverable.

recuperare (*gen.*), ro recover. **2.** ~ (calore, energia ecc. che diversamente andrebbero perduti) (*term.*), to regenerate. **3.** ~ (un pezzo avariato mediante operazione meccanica) (*mecc.*), to salvage. **4.** ~ (rimettere a galla) (*nav.*), to refloat. **5.** ~ (togliere dal rottame), to salvage. **6.** ~ (un cavo sottomarino) (*mare - nav.*), to pick up. **7.** ~ (da un prodotto di rifiuto) (*ind.*), to reclaim. **8.** ~ (siluri od altre armi od oggetti rimasti in mare) (*mar. milit.*), to retrieve.

recuperato (da materiale di scarto per es.) (*a. - ind.*), reclaimed. **2.** ~ (di pezzo avariato mediante operazione mecc.) (*a. - mecc.*), salvaged.

recuperatore (di calore per preriscaldamento: per es. di aria di alimentazione di caldaia, forni ecc.), regenerator, recuperator. **2.** ~ (di un cannone) (*artiglieria*), recuperator, counter recoil mechanism. **3.** ~ (pescatore di aste: nella perforazione di pozzi petroliferi per es.) (*att. min.*), fishing tool. **4.** ~ (imbarcazione usata per ricuperare siluri od altre armi od oggetti rimasti in mare) (*mar. milit.*), retriever. **5.** ~ a molle (di un cannone) (*mecc.*), spring recuperator. **6.** ~ per pasta (*macch. mft. carta*), pulpsaver.

recùpero (*gen.*), recovery. **2.** ~ (di calore, di energia ecc.) (*ind.*), regeneration. **3.** ~ automatico (su una linea di imballaggio per es.) (*imballaggio - ecc.*), automatic feedback. **4.** ~ dei residui di spazio (non utilizzati in memoria) (*elab.*), garbage collection. **5.** ~ della terra (rigenerazione della sabbia) (*fond.*), sand reclamation. **6.** ~ energetico (utilizzo di energia altrimenti perduta; p. es. riscaldando acqua per usi domestici per mezzo del calore, altrimenti disperso, di un processo industriale) (*ind.*), cogeneration. **7.** ~ secondario (di petrolio da pozzi esauriti; p. es. mediante iniezione di acqua) (*min.*), secondary recovery. **8.** ~ secondario a caldo (di petrolio) (*ind. chim.*), thermal oil recovery. **9.** apparecchio (o complessivo) di ~ (recuperato dal materiale scartato: in uno stabilimento di produzione per es.) (*ind.*), recovery set. **10.** a ~ (di energia per es.) (*a. - gen.*), regenerative. **11.** di ~ (di materiale tolto dal rottame) (*ind.*), salvaged. **12.** di ~ (*a. - nav. - ecc.*), salvaging. **13.** materiale di ~ (*off. - ind. - gen.*), salvage. **14.** operazione di ~ (di un pezzo avariato) (*mecc.*), salvage operation. **15.** punto di ~ dei finanziamenti effettuati (*finanz.*), out-of-pocket recovery point. **16.** vasca di ~ (*ind. carta*), backwater tank.

"redan" (gradino: di un galleggiante di idrovolante) (*nav. aer.*), step. **2.** tipo di ~ ad ala immersa e regolabile (per emersione scafo di idrovolante o di imbarcazione da corsa) (*nav. aer.*), hydrofoil.

redancia, *vedi* radancia.

redatto (*a. - elab.*), edited.

redattore (*giorn.*), editor. **2.** ~ capo (*giorn.*), editor in chief. **3.** ~ di collegamenti (programma ~ di collegamenti) (*elab.*), linkage editor. **4.** ~ di testi (p. es. mediante un terminale a tastiera con unità video, memoria ecc.) (*elab.*), text editor. **5.** ~ pubblicitario (*pers. - pubbl.*), copywriter. **6.** ~ responsabile (*giorn.*), responsible editor.

redazionale (*giorn.*), editorial. **2.** pubblicità ~ (*pubbl.*), advertisement in editorial form.

redazione (*giorn.*), editorial department. **2.** ~ (preparazione, modifica, inserzione, selezione, revisione ecc. dei dati) (*elab.*), editing. **3.** ~ dell'uscita (~ di dati in uscita) (*elab.*), postedit. **4.** ~ di testi (*elab.*), text editing. **5.** modo di ~ (*elab.*), editing mode. **6.** sala di ~ (*giorn.*), editorial room.

redditività (del capitale impiegato per es.) (*econ.*), payback (am.), profitability (ingl). **2.** diagramma di ~ (grafico degli utili) (*amm.*), profit graph.

redditizio (remunerativo) (*comm. - ind.*), profitable, paying. **2.** ~ (economicamente attivo riferito al danaro speso) (*a. - econ.*), cost-effective. **3.** ~ (detto p. es. di una industria che dà profitti) (*a. - comm.*), economic. **4.** non ~ (*comm.*), unprofitable, nonpaying.

rèddito (*amm.*), income, revenue, profit. **2.** ~ al netto delle tasse (*finanz.*), alfertax. **3.** ~ da lavoro (cioè risultante da lavoro personalmente eseguito) (*econ.*), earned income. **4.** ~ disponibile (*amm. - finanz.*), real income. **5.** ~ marginale (*amm. - comm.*), marginal revenue. **6.** ~ nazionale (*fi-

nanz.), national income. **7.** ~ netto (dedotte tutte le spese e le tasse) (*amm.*), net income. **8.** ~ non imponibile (p. es. l'indennità per malattia ecc.) (*finanz. - amm.*), non-taxable income. **9.** ~ non proveniente da lavoro (*finanz.*), unearned income. **10.** ~ personale netto (~ personale dedotte le tasse individuali ecc.) (*econ. - finanz.*), disposable personal income. **11.** distribuzione del ~ (*econ.*), income distribution. **12.** massimale di ~ (sul quale vengono calcolate le assicurazioni sociali per es.) (*finanz. - amm. pers.*), income limit, income ceiling. **13.** politica dei redditi (*econ.*), incomes policy.

"redevance" (diritti di licenza) (*finanz. - comm.*), royalties.

redìgere (un rapporto) (*gen.*), to draw up. **2.** ~ (preparare una pubblicazione per es.) (*giorn. - ecc.*), to edit. **3.** ~ (curare l'edizione: preparare i dati, modificare, inserire, selezionare ecc.) (*elab.*), to edit.

redimere (riscattare, un debito) (*amm.*), to redeem.

redimibile (*finanz.*), redeemable.

rèdini (per cavallo), reins.

refe (filato ritorto) (*ind. tess.*), thread.

referènze (*comm.*), references. **2.** ~ bancarie (*comm. - finanz.*), bank references. **3.** ~ di credito (*comm. - finanz.*), credit references. **4.** rivolgersi per ~ (o informazioni) (*comm.*), to inquire for references.

refettòrio (per operai per es.) (*ed.*), mess hall, dining hall. **2.** ~ conventuale (*ed.*), refectory. **3.** tavolo da ~ (per operai per es.) (*arredamento di stabilimento*), mess table.

refilare (raffilare, le pagine di un libro) (*rilegatura*), to shave, to trim.

refilatura (tranciatura del contorno) (*lav. lamiera*), trimming. **2.** ~ (degli orli di una pelle) (*ind. cuoio*), feathering.

"refill" (ricambio, di una penna a sfera per es.) (*gen.*), refill.

refolo (rifolo, di vento) (*meteor.*), *vedi* raffica.

reforming (processo di isomerizzazione e ciclizzazione degli idrocarburi di una benzina per elevarne il numero di ottano) (*chim. ind.*), reforming.

refrattarietà (di materiali per es.), refractoriness.

refrattario (*ind. - forni*), refractory. **2.** materiale ~ (*ind.*), refractory material. **3.** rivestimento ~ (pigiata, materiale protettivo, di un forno) (*metall.*), fettling.

refrigerante (*a. - term.*), refgrigerant, refrigerative, cooling. **2.** ~ (refrigeratore) (*s. - att. o disp. chim.*), cooler. **3.** liquido ~ (per lavorazioni meccaniche, di taglio per es., alla macch. utènsile) (*ind. mecc.*), coolant.

refrigerare (*term.*), to refrigerate.

refrigerato (*a. - ind.*), refrigerated, chilled. **2.** magazzino ~ (*ind.*), cold store.

refrigeratore (*s. - app. term. ind.*), cooler, refrigerator. **2.** ~ (di un apparecchio elettronico per es.) (*term.*), heat sink. **3.** ~ ad acqua (*ind.*), water cooler. **4.** ~ dell'olio (scambiatore di calore) (*mot.*), oil cooler. **5.** ~ intermedio (tra uno stadio ed il successivo di un compressore d'aria per es.) (*app. term.*), intercooler. **6.** ~ per vini (impianto agricolo), wine cooler.

refrigerazione (*term. ind.*), refrigeration, cooling. **2.** ~ ad acqua (p. es.: di un reattore, un condensatore di vapore, un forno ecc.) (*ind. term.*), water cooling. **3.** ~ dell'aria (nel condizionamento dell'aria), air refrigeration. **4.** ~ effettuata mediante macchine frigorifere (*ind. freddo*), mechanical refrigeration. **5.** ~ intubata (di un mot. aer.) (*mot. aer.*), ducted cooling. **6.** ~ ottenuta con macchina frigorifera a compressore elettromeccanico (*ind. freddo*), electric refrigeration. **7.** ~ ottenuta con macchina frigorifera ad assorbimento riscaldata a gas (*ind. freddo*), gas refrigeration.

refusare (commettere refusi, mettere una lettera invece di un'altra nella composizione o scomposizione tipografica) (*tip.*), to pie, to pi.

refuso (lettera sistemata in modo errato nella composizione o scomposizione tipografica) (*tip.*), pie, pi, wrong fount, wrong font, w.f., literal.

regata (di barche a vela) (*sport*), regatta, sailing race.

reggetta, *vedi* reggia.

règgia (sottile piattina metallica: per casse, gabbie da imballaggio ecc.) (*metall. per carp.*), strap.

reggi imbraca (*finimenti di cavallo*), hip strap.

reggimento (*milit.*), regiment.

reggipètto (*finimenti di cavallo*), neck strap.

reggisacco (*att.*), bag holder.

reggisella (tubo reggisella, di una bicicletta) (*veic.*), pillar.

reggispinta (supporto) (*mecc.*), thrust bearing, thrust block. **2.** anello ~ a zoccoli oscillanti (*mecc.*), tilting pad thrust washer. **3.** cuscinetto ~ di base (di albero verticale) (*mecc.*), step bearing. **4.** ~, *vedi anche* cuscinetto, ralla.

regìa (direzione di un film) (*cinem.*), direction.

regime (di motore per es.) (*mecc.*), speed, r.p.m. **2.** ~ continuo (*elett. - mot. - ecc.*), continuous running. **3.** ~ di fuori giri (*mot. - aut.*), runaway speed rate. **4.** ~ massimo (*mot.*), peak r.p.m. **5.** ~ permanente (*elett. - radio - ecc.*), steady condition. **6.** ~ transistorio (*elett. - radio - ecc.*), transient condition. **7.** ~ transonico (*aer.*), transonic range. **8.** basso ~ (*mot.*), slow running. **9.** condizioni di ~ (*veic.*), steady state. **10.** mancare di carburante ad alto ~ (*difetto mot.*), to starve at high speed. **11.** risposta in condizioni di ~ (di un'autovettura per es.) (*veic.*), steady state response.

regione (*geogr.*), region. **2.** ~ per la quale vengono fornite informazioni di volo (o spazio entro il quale il servizio di controllo del traffico deve provvedere alle informazioni di volo) (*navig. aer.*), flight-information region. **3.** regioni subtropicali (*geogr.*), subtropics, subtropical regions.

regista (*cinem.*), director. **2.** aiuto ~ (di un film per es.) (*cinem.*), assistant director.

registrabile (*a. - mecc.*), adjustable.

registrare (regolare) (*mecc. - ecc.*), to adjust. **2.** ~

(*amm.*), to register, to record, to enter. **3.** ~ (incidere il suono su un nastro magnetico per es.) (*elettroacus.*), to record. **4.** ~ (mediante incisione su dischi) (*acus. ind.*), to wax. **5.** ~ (regolare, mettere a punto: attrezzature od utensili per una data operazione per es.) (*mecc. - macch. ut.*), to set, to adjust. **6.** ~ (un programma per una eventuale ritrasmissione) (*radio - telev. - ecc.*), to transcribe. **7.** ~ e trasmettere (*elab.*), to receive and forward. **8.** ~ la distanza tra gli elettrodi (o tra le puntine, di una candela per es.) (*mot.*), to regap. **9.** ~ l'ora di fine (di una fase di lavoro dell'elaboratore o del lavoro di un operaio con la timbratura del cartellino di uscita) (*elab. - organ. pers. - ecc.*), to clock out, to clock off. **10.** ~ l'ora di inizio (di una fase di lavoro dell'elaboratore o del lavoro di un operaio con la timbratura del cartellino di presenza) (*elab. - organ. pers. - ecc.*), to clock in, to clock on. **11.** ~ ortogonalmente la posizione (mettere in quadratura) (*mecc.*), to square. **12.** ~ su nastro magnetico (*elettroacus.*), to tape. **13.** ~ su videonastro (*elics. - telev.*), to videotape.

registrato (*comm. - nav.*), entered. **2.** ~ (sottoposto a regolazione) (*a. - mecc. - ecc.*), adjusted. **3.** ~ (messo a punto) (*mecc. - macch. ut.*), set. **4.** ~ (*acus.*), recorded. **5.** ~ con sistema Dolby (*elettroacus.*), Dolbyized.

registratore (*strum.*), recorder. **2.** ~ (addetto alla registrazione) (*impiegato*), recorder. **3.** ~ (*elettroacus.*), recorder. **4.** ~ (*elab.*), plotter. **5.** ~ a carta piegata a fisarmonica (*strum.*), Z-fold chart recorder. **6.** ~ a disco (*strum.*), circular chart recorder. **7.** ~ a due pennini (*strum.*), two-pen recorder. **8.** ~ a filo magnetico (del suono) (*strum. elettroacus.*), magnetic wire recorder. **9.** ~ altezza nubi (*aer. - strum. meteor.*), ceilometer. **10.** ~ a nastro (*strum. elettroacus.*), tape recorder. **11.** ~ a nastro a cassetta (*elettroacus.*), cassette tape recorder. **12.** ~ a nastro continuo (strumento registratore di grafici) (*strum.*), strip chart recorder. **13.** ~ audio (*elettroacus.*), audio recorder. **14.** ~ contamiglia (*strum.*), mileage recorder. **15.** ~ continuo di CO_2 (apparecchio per la registrazione continua della percentuale di CO_2 nei gas combustibili) (*app. mis. - comb.*), "econometer". **16.** ~ dei dati di volo (scatola nera) (*aer.*), flight recorder, black box, flight data recording system. **17.** ~ dell'ampiezza della ondulazione (di una superficie lavorata) (*strum. - mecc.*), waviness recorder. **18.** ~ della progressione di perforazione (~ automatico del progredire, nel tempo, della penetrazione della trivella) (*strum. perforazione pozzi*), geolograph. **19.** ~ delle comunicazioni tra piloti e verso terra (apparecchio contenuto in scatola nera; registra ciclicamente le comunicazioni ogni trenta minuti) (*disastro aer.*), voice recorder. **20.** ~ del rapporto di compressione (*strum. mat.*), compression recorder. **21.** ~ del suono (*app. elettroacus.*), sound recorder. **22.** ~ di accelerazione e velocità (accelerometro che registra simultaneamente l'accelerazione e la velocità di un aer.) (*strum. aer.*), V. g. recorder. **23.** ~ di carico istantaneo assorbito (*elett.*), demand recorder. **24.** ~ di cassa (*app. comm.*), cash register. **25.** ~ di cassa elettronico (*app. eltn. comm.*), electronic cash register, ECR. **26.** ~ di distanza (relativa all'aria, percorsa da un aereo in linea retta) (*strum. aer.*), air log. **27.** ~ di livello (*strum. acus.*), level recorder. **28.** ~ di quota (altimetro registratore) (*strum. aer.*), recording altimeter, altitude recorder. **29.** ~ di rotta (strumento che registra la rotta percorsa da un aereo) (*strum. aer.*), course recorder. **30.** ~ di scosse (per vagoni ferroviari: in corsa, all'atto della frenata ecc.) (*strum. ferr.*), slidometer, shock recorder. **31.** ~ di traiettoria (o di rotta) (*app. aer.*), flight path recorder. **32.** ~ di volo (app. contenuto nella scatola nera; registra i dati di volo dell'aereo: posizioni delle superfici di governo, accelerazioni, velocità ecc. ogni trenta minuti, ciclicamente) (*disastro aer.*), flight recorder. **33.** ~ grafico (per la registrazione di curve) (*app.*), plotter, graphic recorder. **34.** ~ grafico a tamburo (diagrammatore) (*elab.*), drum plotter. **35.** ~ grafico continuo (di pressione, temperatura, corrente ecc.: con movimento ad orologeria) (*strum. mis.*), recording meter. **36.** ~ magnetico (per la registrazione del suono) (*app. elettroacus.*), magnetic recorder. **37.** ~ magnetico a filo (*app. elettroacus.*), magnetic wire recorder. **38.** ~ di nastro magnetico (*elettroacus. - elab.*), magnetic tape recorder. **39.** ~ portatile (apparecchio portatile per la registrazione del suono) (*app. elettroacus.*), portable recorder. **40.** ~ televisivo a nastro (videoregistratore a nastro) (*telev.*), video tape recorder.

registrazione (*mecc. - ecc.*), adjustment. **2.** ~ (*amm.*), registration. **3.** ~ (messa a punto: della tavola di una macchina utènsile rispetto all'utensìle per es.) (*mecc.*), setting, adjustment. **4.** ~ (incisione del suono) (*elettroacus.*), recording. **5.** ~ (*elettrotel.*), recording. **6.** ~ (su nastri o dischi per es. di programmi che devono essere trasmessi) (*radio - telev. - ecc.*), transcription. **7.** ~ (in un libro mastro, partitario ecc.) (*contabilità - ecc.*), entering, recording. **8.** ~ (record: gruppo di informazioni coordinate; unità logica di informazioni memorizzata ecc.) (*s. - elab.*), record. **9.** ~ acustica su nastro (bobina o nastro contenente la registrazione) (*elettroacus.*), audiotape. **10.** ~ ad area variabile (di film sonori) (*cinem.*), variable-area recording. **11.** ~ (del suono) a densità variabile (*elettroacus.*), variable-density recording. **12.** ~ a doppio impulso (~ magnetica di bit) (*elab.*), double -pulse recording. **13.** ~ a fascio di elettroni (su pellicola fotografica o microfilm) (*eltn.*), electron beam recording, EBR. **14.** ~ (degli) aggiornamenti (*elab.*), *vedi* ~ delle modifiche. **15.** ~ al punto di controllo (*elab.*), checkpoint record. **16.** ~ a lunghezza fissa (*elab.*), fixed length record. **17.** ~ a lunghezza variabile (*elab.*), variable length record. **18.** ~ automatica dei dati (*elab.*), data logging. **19.** registrazioni concatenate (*elab.*), chained records. **20.** ~ con il timer (o temporizzatore) (audiovisivi ecc.), timer recording. **21.** ~ (del suono) con lampada ad intensità variabile (*elettroacus.*), flashing lamp recording. **22.** ~ con raggio laser (~ diretta mediante raggio laser su microfilm) (*elab.*), laser beam recording. **23.** ~ del distributore di accensione (*mot.*), (ignition) distributor adjustment. **24.** ~ della corsa del coltello (di una dentatrice) (*mecc. - macch. ut.*), cutter stroke adjustment. **25.** ~ della corsa dello slittone (*mecc. - macch. ut.*), length of ram stroke adjustment. **26.** ~ della distribuzione (*mot.*), timing adjustment. **27.** ~ della fase (*mot.*), timing adjustment. **28.** ~ della profondità di taglio (di una dentatrice) (*mecc. - macch. ut.*), depth of cut adjustment. **29.** ~ dell'arresto della passata unica (*mecc. - macch. ut.*), single cut stop pin adjustment. **30.** ~ delle conversazioni telefoniche (o delle telefonate) (*uff. - polizia*), telephone conversation recording. **31.** ~ delle modifiche (*elab.*), transaction record, change record. **32.** ~ delle punterie (*mot.*), valve tappet adjustment, tappet adjustment. **33.** ~ del suono (azione di registrazione del suono su colonna sonora, nastro magnetico ecc.) (*elettroacus.*), sound recording. **34.** ~ di coda (l'ultima di un insieme di registrazioni o di un archivio) (*elab.*), trailer record. **35.** ~ di identificazione (*elab.*), label record. **36.** ~ di radiotrasmissione in diretta (*radio*), air check. **37.** ~ di rettifica (per eliminare un errore) (*contabilità*), adjusting entry. **38.** ~ di testa, *vedi* ~ iniziale. **39.** ~ elettromagnetica (del suono) (*elettroacus.*), electromagnetic recording. **40.** ~ esente da rumori di fondo (*elettroacus.*), noiseless recording. **41.** ~ fisica (gruppo di unità di informazione registrate sullo stesso supporto ed in locazione facilmente individuabile) (*elab.*), physical record, physical block. **42.** ~ fonografica (*acus.*), phonorecord, phonograph recording. **43.** ~ in coincidenza (*fis. atom.*), coincidence counting. **44.** ~ iniziale (~ di testa) (*elab.*), header record. **45.** ~ in mono (su un nastro per es.) (*musica ad alta fedeltà*), mono recording, monophonic recording. **46.** ~ logica (*elab.*), logical record. **47.** ~ logica eccedente un blocco (~ che richiede, per la sua lunghezza, più di un blocco per essere effettuata) (*elab.*), spanned record. **48.** ~ magnetica (del suono) (*elettroacus.*), magnetic recording. **49.** ~ magnetica su filo (o su filo magnetico, del suono) (*elettroacus.*), magnetic wire recording. **50.** ~ (delle) modifiche (o degli aggiornamenti) (*elab.*), amendment record, change record. **51.** ~ originale di archivio, *vedi* ~ principale. **52.** ~ ottica (registrazione del suono ottenuta impressionando la pellicola cinematografica) (*cinem.*), sound-on -film recording. **53.** ~ preventiva (preregistrazione: effettuata prima della registrazione fotografica) (*cinem.*), prescoring. **54.** ~ principale (la ~ che contiene tutte le modifiche ed aggiornamenti) (*elab.*), master record. **55.** registrazioni raggruppate (*elab.*), grouped records. **56.** ~ senza ritorno al punto di riferimento [o a zero] (*elab.*), non return to reference (or zero) recording. **57.** ~ sonora da radio (*elettroacus.*), radio recording. **58.** ~ sostitutiva (rimpiazza una ~ preesistente) (*elab.*), deletion record. **59.** ~ stereofonica (registrazione in stereo) (*elettroacus.*), stereo recording, stereophonic recording. **60.** ~ (del suono) su disco (*elettroacus.*), sound-on-disk recording. **61.** ~ (del suono) su filo magnetico (*ind.*), sound-on-wire recording. **62.** ~ su nastro magnetico (del suono) (*elettroacus.*), magnetic tape recording. **63.** ~ unitaria (p. es. l'insieme delle registrazioni effettuate su di una singola scheda perforata) (*elab.*), unit record. **64.** a ~ automatica (*a. - mecc. - ecc.*), self-adjusting. **65.** a ~ automatica (*a. - audiovisivi*), self-recording. **66.** angolo di ~ (di un utensile da tornio per es.) (*ut.*), entering angle. **67.** calibro di ~ del coltello (di una dentatrice per es.) (*mecc. - macch. ut.*), cutter setting gauge. **68.** delimitatore di registrazioni (*elab.*), Record Separator, RS. **69.** difetto di ~ (p. es. allineamento errato, carattere difettoso ecc.) (*elab.*), misregistration. **70.** fine della ~ (*elab.*), end of record, EOR. **71.** lunghezza di ~ (numero di parole o caratteri contenuti in una ~) (*elab.*), record length. **72.** operazione di ~ contabile (*elab.*), bookkeeping operation. **73.** prima ~ [iniziale] (la prima ~ di una serie concatenata) (*elab.*), home record. **74.** sistema di ~ dei dati (*elab.*), data logging system. **75.** sovrapposizione di ~ (~ su di un'altra) (*elettroacus.*), overdub.

registro (valvola di regolazione per l'aria calda o fredda per es.) (*term.*), register. **2.** ~ (usato per memorizzare un limitato numero di dati operativi) (*elab.*), register. **3.** ~ (libro di verbali) (*amm.*), minute book. **4.** ~ (di un organo per es.) (*musica*), stop. **5.** ~ accumulatore (parte dell'unità centrale di elaborazione dove vengono memorizzati i risultati aritmetico o logico delle operazioni) (*elab.*), accumulator register. **6.** ~ aeronautico (*aer.*), Air Registration Board, ARB. **7.** ~ a scorrimento (~ nel quale è possibile spostare i dati a destra o a sinistra) (*elab.*), shift register. **8.** ~ del freno (*ferr.*), brake adjuster. **9.** ~ delle verifiche effettuate (*amm. - bancario*), checkbook. **10.** ~ di classificazione (delle navi) (*nav.*), classification register. **11.** ~ di classificazione del Lloyd (*nav.*), Lloyd's Register. **12.** ~ di indirizzamento (archivio indirizzi) (*elab.*), address register, address file. **13.** ~ di ingresso (*elab.*), input register. **14.** ~ di istruzione (*elab.*), instruction register. **15.** ~ di magazzino (*amm.*), warehouse book. **16.** ~ di memoria (~ della memoria principale che memorizza una parola di calcolatore) (*elab.*), storage register, memory register. **17.** ~ di operazione (dà istruzioni sulla operazione da eseguirsi) (*elab.*), operation register. **18.** ~ di programma (*elab.*), program register. **19.** ~ di regolazione dell'aria (nel condizionamento dell'aria) (*ed.*), air register (ingl.). **20.** ~

di riserva (*elab.*), standby register. **21.** ~ di traslazione (*elab.*), shift register. **22.** ~ indice (*elab.*), index register, modifier register. **23.** Registro Navale Americano (*nav.*), American Bureau of Shipping. **24.** croci di ~ (*tip.*), register marks. **25.** fuori ~ (*tip.*), off register.

regno (minerale o vegetale) (*scienze naturali*), kingdom.

règola (*gen.*), rule, norm. **2.** ~ della mano destra (o di Fleming) (*elettromag.*), right hand rule. **3.** ~ delle fasi (*chim. fis.*), phase rule. **4.** ~ del terzo medio (*sc. costr.*), middle-third rule. **5.** regole di barra e di rotta (*nav.*), steering and sailing rules. **6.** ~ di Fleming (regola delle tre dita) (*elett.*), left-hand rule. **7.** regole di manovra (regolamento per evitare gli abbordi in mare) (*nav.*), rule of the road. **8.** ~ di selezione (riferita alle transizioni di energia dell'atomo) (*fis. atom.*), selection rule. **9.** ~ empirica (*gen.*), rule of thumb, rule o'thumb. **10.** ~ per la derivazione delle funzioni composte (*mat.*), chain rule. **11.** ~ per la separazione delle quote quadrantali (*navig. aerea*), quadrantal height-separation rule. **12.** a ~ d'arte (detto dell'esecuzione di un'operazione ecc.) (*gen.*), workmanlike. **13.** eseguito a ~ d'arte (detto di un'opera eseguita secondo le buone norme della tecnica e le condizioni stabilite dal contratto) (*gen.*), workmanlike performed.

regolàbile (*mecc.*), adjustable. **2.** ~ (mediante una norma od una disposizione) (*gen.*), rulable. **3.** non ~ (fisso) (*mecc. - elett.*), fixed.

regolamentare (*a. - gen.*), regulative. **2.** ~ (*v. - leg. - ecc.*), to rule.

regolamento (*leg.*), rule, regulation. **2.** ~ (di un'azienda) (*comm. - amm.*), bylaws. **3.** ~ del traffico aereo (*traffico aereo*), rule of the air. **4.** ~ di conciliazione ed arbitrato (*leg.*), rules of conciliation and arbitration. **5.** ~ edilizio (*leg.*), building code. **6.** ~ ferroviario (*ferr.*), railway regulation. **7.** ~ interno (di una società) (*leg. - comm.*), articles of association (ingl.). **8.** ~ per evitare abbordi in mare (*navig.*), rule of the road. **9.** ~ stradale (*leg.*), *vedi* codice stradale.

regolare (*a. - gen.*), regular, normal. **2.** ~ (uniforme, uguale: di temperatura per es.) (*a.*), even. **3.** ~ (*v. - gen.*), to regulate, to govern. **4.** ~ (*mecc. - ecc.*), to adjust, to square. **5.** ~ (un carburatore per es.) (*mecc.*), to adjust. **6.** ~ (registrare, mettere a punto: attrezzi ed utensili per una data operazione per es.) (*mecc. - macch. ut.*), to set. **7.** ~ (un motore per es.), to tune. **8.** ~ (una fattura per es.) (*comm. - amm.*), to settle. **9.** ~ (sintonizzare: una ricezione radio per es.) (*radio*), to tune in. **10.** ~ (il diaframma dell'obiettivo per es.) (*fot.*), to set. **11.** ~ automaticamente (velocità o potenza di un motore per es. mediante un regolatore) (*mecc.*), to govern. **12.** ~ la (lunghezza dell') asta del cassetto (di una macchina a vapore) (*mecc.*), to adjust the valve. **13.** ~ un orologio, to set a watch.

regolarità (uniformità) (*gen.*), evenness. **2.** ~ (corrispondenza alle norme od alle disposizioni impartite) (*gen.*), regularity.

regolarmente (*gen.*), regularly.

regolato (di uno strumento per es.) (*mecc.*), adjusted.

regolatore (automatico: di motore, turbina ecc.) (*mecc.*), governor. **2.** ~ (*app. elett.*), regulator. **3.** ~ (del tiraggio di un forno per es.), damper. **4.** ~ (del tempo di un orologio) (*mecc.*), regulator. **5.** ~ (di ammissione del vapore in una macchina a vapore) (*disp. mecc.*), regulator. **6.** ~ (per il controllo della velocità o forza dello sfibratore) (*macch. mft. carta*), governor. **7.** ~ a contrappeso (*mecc.*), flyball governor, Watt's governor. **8.** ~ a deflettore (in un impianto di ventilazione), deflector (or baffle) damper. **9.** ~ a galleggiante (*disp. per applicazioni ind.*), ball cock. **10.** ~ a induzione (*macch. elett.*), induction regulator. **11.** ~ a inerzia (*disp. mecc.*), inertia governor. **12.** ~ a molla (*mecc.*), spring governor. **13.** ~ astatico (di turbina per es.) (*disp. mecc.*), astatic governor. **14.** ~ a tutto o niente (*app. tecnol.*), on-off control. **15.** ~ automatico (di turbina per es.) (*disp. mecc.*), automatic governor. **16.** ~ automatico (dispositivo di regolazione automatica: della velocità per es.) (*mecc.*), governor regulator. **17.** ~ automatico del colore (*telev. a colori*), automatic chroma control, ACC. **18.** ~ automatico dell'intervallo di scatto (intervallometro: di una macchina da presa aerofotogrammetrica) (*app. fotogr. - ecc.*), intervalometer. **19.** ~ automatico del volume (*elettroacus.*), automatic volume control. **20.** ~ automatico di ampiezza (*radio*), automatic amplitude control, AAC. **21.** ~ automatico di fase (*elett.*), automatic phase control, APC. **22.** ~ automatico di frequenza (*radio*), automatic frequency control, AFC. **23.** ~ automatico di guadagno (*radio*), automatic gain control, AGC. **24.** ~ automatico di luminosità (*telev.*), automatic brightness control, ABC. **25.** ~ automatico di tensione (*app. elett.*), automatic voltage regulator. **26.** ~ automatico istantaneo di guadagno (*radio*), instantaneous automatic gain control, IAGC. **27.** ~ barometrico (della pressione del combustibile di un motore a turbogetto) (*mot. aer.*), barometric pressure control. **28.** ~ centrifugo (regolatore di Watt in macchina a vapore per es.) (*mecc.*), ball governor. **29.** ~ (centrifugo) a pendolo (*mecc.*), ball governor. **30.** ~ dei punti (di una macchina per cucire per es.), stitch adjustment. **31.** ~ del carico (di un motore) (*disp. mecc.*), load governor. **32.** ~ del contrasto (di una immagine) (*telev.*), contrast control. **33.** ~ dell'acqua di raffreddamento (di un motore diesel per es.) (*mot.*), cooling water control. **34.** ~ della pressione di alimentazione (servocomando della pressione di alimentazione) (*mot. aer.*), boost control. **35.** ~ della tensione (*elett.*), voltage regulator. **36.** ~ (dell'elica) a giri costanti (*aer.*), constant speed unit, CSU. **37.** ~ dell'ordito a vite senza fine (di un telaio) (*mecc. tess.*), worm let-off.

38. ~ del numero di giri (regolatore di giri, di un mot. a comb. interna per es.) (*mot.*), speed governor, governor. **39.** ~ del tempo di presa (del calcestruzzo per es.) (*ed.*), setting time regulator. **40.** ~ del volume (manopola per variare il livello del suono nella riproduzione) (*elettroacus.*), fader. **41.** ~ di alimentazione (*disp. mecc.*), feed regulator. **42.** ~ di alimentazione (*elett.*), feed regulator. **43.** ~ di amplificazione (*radio*), gain control (ingl.). **44.** ~ di distanza (di un siluro per es.) (*espl. milit.*), range control gear. **45.** ~ differenziale (per la regolazione della pressione immessa in due tubazioni dell'impianto idraulico di un aereo) (*aer.*), differential regulator. **46.** ~ di giri (regolatore del numero di giri, di un motore a comb. interna per es.) (*mot.*), speed governor, governor. **47.** ~ di giri adatto per funzionamento in parallelo (*mot. - elett.*), governor suitable for parallel operation. **48.** ~ di giri a pale (*mecc.*), fly. **49.** ~ di giri con scarto del 3% (*mot.*), 3% governor, 3% deviation governor. **50.** ~ di immersione (di un siluro) (*espl. milit.*), depth gear, dive control gear. **51.** ~ di incannatura (*ind. tess.*), strapping motion. **52.** ~ di inclinazione tavola (*macch. ut.*), table tilting adjustment. **53.** ~ di intensità (di un'immagine) (*telev.*), brilliance control. **54.** ~ di livello (*idr.*), level control. **55.** ~ di livello (dell'acqua di un serbatoio) (*disp. elett.*), hydrostat. **56.** ~ di massima (*app. elett.*), high point control. **57.** ~ di minima (*disp. elett.*), low point control. **58.** ~ di pressione (del gas per es.), pressure regulator. **59.** ~ di profondità (di un siluro) (*espl. mar. milit.*), depth gear. **60.** ~ di svolgimento (*macch. tess.*), letoff motion. **61.** ~ di tensione (*elett.*), voltage regulator. **62.** ~ di tensione a dischi di carbone (*app. elett.*), carbon-pile voltage regulator. **63.** ~ di tensione ad amplificatori magnetici (*elett.*), magnetic amplifier voltage regulator, "magamp" voltage regulator. **64.** ~ di tensione ad amplificatori magnetici e transistori (*elett.*), transistor-magamp voltage regulator. **65.** ~ di tensione elettronico (*elett.*), electronic voltage regulator. **66.** ~ di tono (*radio*), tone control. **67.** ~ di velocità (di un motore) (*disp. mecc.*), speed governor. **68.** ~ di velocità in funzione della frequenza (*elett.*), speed regulator as a function of frequency. **69.** ~ di volume (*radio*), volume control. **70.** ~ di Watt (*mecc.*), simple governor, Watt's governor. **71.** ~ elevazione tavola (*macch. ut.*), table height adjustment. **72.** ~ isocrono (regolatore del numero di giri che provvede alla stabilità solo per un determinato valore del numero di giri) (*mot.*), isochronous governor. **73.** ~ tutto-niente (per temperatura per es.) (*strum.*), on-off regulator.

regolazione (*mecc.*), adjustment. **2.** ~ (di un carburatore per es.) (*mecc.*), adjustment. **3.** ~ (di distributore di turbina con regolatore centrifugo per es.) (*mecc.*), governing. **4.** ~ (*radio*), regulation. **5.** ~ (della tensione di una macch. elett. per es.) (*elett.*), regulation. **6.** ~ a mano (della tensione) (*elett.*), manual regulation. **7.** ~ a spina e fori (regolazione a spina inseribile in fori successivi, per regolare l'altezza di un cavalletto a gambe telescopiche per es.) (*mecc. - ecc.*), peg and hole adjustment. **8.** ~ a tutto o niente (*tecnol.*), on-off regulation. **9.** ~ automatica (della tensione) (*elett.*), automatic regulation. **10.** ~ a variazione di impedenza (p. es. utilizzata per regolare la velocità di alcuni mot. elett.) (*mot. elett.*), rheostatic control. **11.** ~ a zero (di uno strum.) (*strum.*), zero adjustment. **12.** ~ dei giri (di un motore) (*mot.*), governing. **13.** ~ dell'altezza del quadro (*telev.*), frame height control, vertical size control. **14.** ~ della immagine (*telev.*), framing. **15.** ~ della pendenza (regolazione della corrente di saldatura, quando la saldatura viene iniziata a calore ridotto con successivo passaggio ad un valore più alto) (*tecnol. mecc.*), slope control. **16.** ~ della tensione (di una macch. elett.) (*elett.*), voltage regulation. **17.** ~ della tensione momentanea (*elett.*), transient voltage regulation. **18.** ~ della velocità in funzione della frequenza (*elettromecc.*), speed regulation as a function of frequency. **19.** ~ del tiro (condotta del fuoco) (*milit.*), fire control. **20.** ~ di precisione (di uno strumento per es.) (*elett. - mecc.*), micrometer adjustment. **21.** ~ idraulica della pressione cilindri (di un laminatoio) (*laminazione*), hydraulic roll pressure control. **22.** ~ limitata (comando adattativo limitato) (*macch. ut. a c.n.*), adaptive control constraint, ACC. **23.** ~ micrometrica (*mecc.*), micrometer adjustment. **24.** ~ ottimale (coomando adattativo ottimale) (*macch. ut. a c.n.*), adaptive control optimisation, ACO. **25.** ~ (micrometrica) prescelta (per realizzare automaticamente un determinato diametro di rettifica nella lavorazione in serie) (*mecc. - macch. ut.*), sizing. **26.** ~ statica (della tensione) (*elett.*), steady state regulation. **27.** errata ~ (*gen.*), misadjustment. **28.** imperfetta ~ (*mecc. - ecc.*), maladjustment. **29.** vite di ~ (*mecc.*), adjusting screw.

règolo (*att.*), straightedge. **2.** ~ (*att. ed.*), rule. **3.** ~ (*falegn. - carp.*), list. **4.** ~ (globulo o massa di metallo formata nella riduzione del minerale) (*antica metall. - chim.*), regulus. **5.** ~ calcolatore (*strum. ing.*), slide rule. **6.** ~ calcolatore dell'ampiezza visiva (*app. ott. med.*), visual field slide rule. **7.** ~ da dodici punti (*tip.*), pica reglet, twelve points reglet. **8.** ~ da sei punti (*tip.*), nonpareil reglet, six points reglet. **9.** ~ tipografico (usato per gli spazi) (*tip.*), reglet.

regredire (*gen.*), to regress.

regressione (*stat.*), regression.

regrèsso (differenza tra la velocità relativa della scìa dell'elica e la velocità relativa di avanzamento) (*nav.*), slip. **2.** ~ (di un'elica) (*aer.*), slip. **3.** ~ (per superare forti dislivelli) (*ferr.*), switchback, back shunt. **4.** ~ (diminuzione: ritorno indietro rispetto ad una posizione precedentemente raggiunta) (*gen.*), retrocession, regress. **5.** ~ apparente (di un'elica) (*nav.*), apparent slip. **6.** ~ dell'elica

(*nav.*), screw slip. **7.** ~ negativo (di un'elica) (*nav.*), negative slip.
reimpaginare (*tip.*), to reimpose.
reimportazione (*comm.*), reimport, reimportation.
reinciso (impronta di stampo incisa per la seconda volta) (*mecc.*), resunk.
reintegrazione (ripristino) (*gen.*), reinstatement.
reinvestire (i profitti) (*finanz. - amm.*), to plow back.
reiterare (*gen.*), to repeat.
"relais" (*elett.*), *vedi* relè.
relativistico (*a. - mat. - fis.*), relativistic.
relatività (*fis.*), relativity. **2.** teoria della ~ (*fis.*), theory of relativity. **3.** teoria della ~ generale (*fis.*), general theory of relativity. **4.** teoria della ~ speciale (*fis.*), special (or restricted) theory of relativity.
relativo (*a - gen.*), relative. **2.** velocità relativa (all'aria) (*aer.*), air speed, AS.
relatore (*ind. - ecc.*), reporter.
relazione (*comm.*), relation. **2.** ~ (su di un fatto avvenuto), report. **3.** ~ (rapporto scritto, su una prova per es.) (*tecnol.*), report, rept. **4.** ~ (documento che espone informazioni elaborate su di un dato soggetto o argomento) (*s. - elab.*), report. **5.** ~ annuale del bilancio (di uno stabilimento) (*amm.*), annual report. **6.** ~ degli amministratori (di una società) (*amm.*), report of directors. **7.** relazioni commerciali (relazioni d'affari) (*comm.*), business connections. **8.** ~ di bilancio (*finanz.*), company report. **9.** ~ di perizia (per danni avvenuti durante il trasporto, relazione peritale) (*trasp. - ecc.*), survey report. **10.** relazioni pubbliche (*organ. pers. di una ditta*), public relations. **11.** relazioni sociali (della direzione verso i dipendenti, il pubblico ecc.) (*pers.*), industrial relations. **12.** relazioni tra i dipendenti e la direzione (relazioni tra i lavoratori e la direzione sull'argomento del contratto di lavoro) (*ind.*), labor relations. **13.** relazioni umane (tra datore di lavoro e lavoratore: sul carattere del dipendente ed il suo rendimento sul lavoro) (*pers.*), human relations. **14.** di ~ (*a. - elab.*), relational.
relè (*disp. elett.*), relay. **2.** ~ a blocco meccanico (*elett.*), mechanical interlock relay. **3.** ~ a bobina mobile (*elettrotel.*), moving-coil relay. **4.** ~ a cartellino (*elett.*), flag relay. **5.** ~ a contatti multipli (*elett.*), multiple contact relay. **6.** ~ ad azione ritardata (*elett.*), time-delay relay. **7.** ~ a due soglie (relè a due passi) (*elett.*), two-step relay. **8.** ~ a funzionamento rapido (*elett.*), high-speed relay. **9.** ~ a gas (*termoion.*), gas-filled relay. **10.** ~ a impedenza (azionato da una variazione di impedenza) (*elett.*), impedance relay. **11.** ~ a induzione (*elett.*), induction relay. **12.** ~ a lamelle (sigillato in tubetto di vetro: funziona per mezzo di campo magnetico esterno) (*telef. - ecc.*), reed relay. **13.** ~ a passo (a passo) (*app. elett.*), step relay. **14.** ~ a ritardo (*elett.*), delay relay. **15.** ~ a ritenuta (*elett.*), holding relay. **16.** ~ a spina (relè innestabile a spina) (*elett.*), plug-in relay. **17.** ~ a stato solido (senza contatti mobili meccanici) (*eltn.*), solid-state relay. **18.** ~ a tempo (*elett.*), time relay. **19.** ~ a tempo dipendente (*elett.*), dependent time lag relay. **20.** ~ a tempo inversamente dipendente con ritardo minimo prestabilito (*elett.*), inverse time relay with definite minimum, inverse time-limit relay with definite minimum. **21.** ~ con indotto a collettore (*elett.*), motor type relay. **22.** ~ d'accelerazione (di un locomotore elettrico per es.) (*elett.*), accelerating relay. **23.** ~ di asservimento (*app. elettromecc.*), interlock relay. **24.** ~ di binario (per segnalazioni ferroviarie) (*elett.*), track relay. **25.** ~ di blocco (per segnalazioni ferroviarie) (*elett.*), block relay. **26.** ~ di blocco ad azione combinata (di una macch. utènsile per es.) (*elett.*), interlock relay. **27.** ~ di conteggio (*elett.*), metering relay. **28.** ~ di massima a tempo per alta tensione (*elett.*), high-tension maximum relay with time adjustment. **29.** ~ di massima corrente (*elett.*), over-current relay, overload relay. **30.** ~ di massima per interruzione istantanea (*elett.*), maximum relay for quick release. **31.** ~ di minima (potenza) (*disp. elett.*), underpower relay. **32.** ~ di misura (*elett.*), measuring relay. **33.** ~ di potenza (*elett.*), power relay. **34.** ~ di protezione contro l'inversione di fase (*elett.*), reverse-phase relay. **35.** ~ direzionale (azionato a seconda della direzione della corrente) (*elett.*), directional relay. **36.** ~ di segnale (per segnalazioni ferr.) (*elett.*), signal relay. **37.** ~ disgiuntore (*app. elett.*), tripping relay. **38.** ~ di sovraccarico (*elett.*), overload relay. **39.** ~ di sovracorrente a tempo inversamente dipendente (*elett.*), inverse time overcurrent relay, inverse time o/c relay. **40.** ~ elettromagnetico (*elett.*), electromagnetic relay. **41.** ~ non polarizzato (*elett.*), neutral relay. **42.** ~ polarizzato (*elettrotel.*), polarized relay. **43.** ~ soccorritore (*app. elett.*), auxiliary relay. **44.** ~ telegrafico (*elettromecc.*), telegraphic relay. **45.** ~ termico (*elett.*), thermal cutout, temperature relay. **46.** ~ termoelettronico (*elett.*), thermoelectronic relay. **47.** ~ termostatico (*elett.*), thermostatic relay.
reliquario, reliquiario (*arch.*), feretory.
relitto (*gen.*), wreck. **2.** ~ (proprietà abbandonata) (*nav.*), derelict.
reluttanza, *vedi* riluttanza.
reluttività, *vedi* riluttività.
rem (equivalente roentgen biologico, valore di qualsiasi radiazione ionizzante che causa al tessuto umano un danno pari a quello causato da un roentgen di raggi X o gamma) (*fis. nucleare - med.*), rem, roentgen equivalent man.
remare (*nav.*), ro row, to oar.
rematore (*nav.*), rower, oarsman. **2.** ad una sola fila di rematori (*a. - nav.*), single-banked. **3.** a rematori affiancati (*nav.*), double-banked.
remissore ("remisier") (*borsa*), stockjobber, jobber.
remo (*att. nav.*), oar. **2.** ~ per voga di poppa (*nav.*), scull. **3.** a quattro remi (*a. - nav.*), four-oared. **4.**

colpo di ~ (*nav.*), stroke. **5.** fornire di remi, to lay on oars.
remolaggio (*fond.*), *vedi* ramolaggio.
remolare (*fond.*), *vedi* ramolare.
rèmora (zona di acqua con leggeri vortici lasciata dietro di sé da un galleggiante in moto lento) (*nav.*), eddy water.
remunerare (*comm.*), to remunerate.
remunerativo, *vedi* redditizio.
remunerazione (*lav.*), remuneration, reward.
rena (*min. per ed.*), sand.
rèndere (*finanz.*), to yield. **2.** ~ (fornire una data potenza) (*mot.*), to give. **3.** ~ basico (*chim.*), to basify. **4.** ~ bene (relativo al bilancio termico di motore, di caldaia ecc.) (*termoion.*), to be efficient. **5.** ~ fragile (*gen.*), to embrittle. **6.** ~ inattaccabile dalle tarme (*tess.*), to mothproof. **7.** ~ incombustibile (*ind. - ed.*), to fireproof. **8.** ~ indecifrabile (~ un messaggio inintelligibile alla intercettazione; nelle comunicazioni radio, telefoniche p. es.) (*milit. - polizia - ecc.*), to scramble. **9.** ~ interdipendenti (realizzare collegamenti [o dispositivi] interdipendenti) (*mecc. - elett.*), to interlock. **10.** ~ malleabile (un getto di ghisa bianca per es. mediante ricottura) (*metall.*), to malleablize. **11.** ~ passivo (passivare) (*elettrochim.*), to passivate. **12.** ~ più denso (*gen.*), to thicken. **13.** ~ resistente alla ruggine (proteggere dalla ruggine) (*ind.*), to rust-proof. **14.** ~ uguale (rendere uniforme) (*gen.*), to equalize. **15.** imballaggio a ~ (*trasp.*), package to be returned.
rendiconto (di società per es.) (*comm. - amm.*), proceedings. **2.** ~ commerciale (*comm.*), trading account. **3.** ~ dei profitti (*amm.*), revenue account.
rendimento (*mecc. - termod.*), efficiency. **2.** ~ (resa: di una azienda per es.) (*ind.*), yield. **3.** ~ adiabatico (di turbina a gas per es.) (*termod.*), adiabatic efficiency. **4.** ~ anodico (*radio*), plate efficiency. **5.** ~ convenzionale (di una macch. elett.), efficiency by summation of losses. **6.** ~ della trasmissione (potenza ricevuta/potenza trasmessa) (*energia radiante - radioonda - ecc.*), transmission efficiency. **7.** ~ dell'elica (*aer.*), propeller efficiency. **8.** ~ del motore (*mot.*), engine efficiency. **9.** ~ di lavoro (lavoro utile praticamente ottenuto per un determinato quantitativo di energia impiegato) (*macch. - impianto - ecc.*), duty. **10.** ~ di propulsione (*aer.*), propulsive efficiency. **11.** ~ di radiazione (di un'antenna) (*radio*), radiation efficiency. **12.** ~ di uno stadio (di turbina a gas per es.) (*termod.*), stage efficiency. **13.** ~ effettivo (di una macch. elett.) (*elett.*), efficiency by input-output test. **14.** ~ energetico (di una sorgente radiante) (*fis.*), radiant efficiency. **15.** ~ garantito (di una macch. elett. per es.) (*elett. - ecc.*), guaranteed efficiency. **16.** ~ in % (*gen.*), efficiency percent. **17.** ~ in energia (rendimento in Ah: di un accumulatore) (*elett.*), ampere-hour efficiency, energy efficiency. **18.** ~ in gas (di carbone per es.) (*comb.*), gas yield. **19.** ~ in quantità (di un accumulatore per es.) (*elett.*), quantity efficiency. **20.** ~ luminoso (rapporto tra flusso luminoso emesso e flusso radiante totale; espresso in lumen per watt) (*illum.*), luminous efficiency. **21.** ~ meccanico (*mecc.*), mechanical efficiency. **22.** ~ netto (di un'elica: rapporto tra la spinta netta e la coppia) (*aer.*), net efficiency. **23.** ~ nominale (calcolato sul prezzo corrente dell'obbligazione) (*finanz.*), current yield, flat yield. **24.** ~ politropico (*termod.*), polytropic efficiency. **25.** ~ propulsivo (*aer.*), propulsive efficiency. **26.** rendimenti singoli (di turbina, compressore, scambiatore di calore ecc. di un turboreattore per es.) (*gen.*), single unit efficiency. **27.** ~ statico (di turbina a gas per es.), static efficiency. **28.** ~ telegrafico (*elettrotel.*), telegraphy output. **29.** ~ termico (*termod.*), thermal efficiency. **30.** ~ termico globale (di turbina a gas per es.) (*termod.*), overall thermal efficiency. **31.** ~ termodinamico (*termod.*), thermodynamic efficiency. **32.** ~ totale (*mecc.*), overall efficiency. **33.** ~ volumetrico (di motore per es.) (*mecc.*), volumetric efficiency. **34.** massimo ~ (di un impianto ind. per es.), peak efficiency.
rèndita (di un capitale investito per es.) (*comm. - finanz.*), income, yield, revenue. **2.** ~ (non da lavoro), *vedi* reddito non proveniente da lavoro. **3.** ~ delle azioni ottenuta col dividendo (*finanz.*), dividend yield. **4.** ~ netta (*amm. - finanz.*), net yield. **5.** ~ vitalizia (*finanz.*), life annuity.
reni (di un arco) (*arch.*), reins.
rènio (Re - *chim.*), rhenium.
reocordo (ponte di Wheatstone a filo, app. per misurare la resistenza) (*strum. elett.*), slide-wire.
reòforo (*elett.*), rheophore.
reografo (*strum. elett.*), "rheograph".
reogramma (diagramma di lavoro, diagramma a blocchi delle operazioni) (*elab. - macch. ut. a c.n. - autom.*), flow chart, flow diagram.
reologia (scienza che tratta delle deformazioni e dello scorrimento della materia) (*sc.*), rheology.
reologico (*fis. chim.*), rheological.
reòmetro (per la misura del flusso di liquidi) (*strum. idr.*), rheometer.
reopessia, reopexia (rapida solidificazione di un fluido tissotropico dovuta ad agitazione continua) (*chim.*), rheopexy.
reòstato (*elett.*), rheostat. **2.** ~ a liquido (*elett.*), liquid rheostat. **3.** ~ di avviamento (resistenza di avviamento) (*app. elett.*), starting rheostat, starting resistance, (rheostatic) starter. **4.** ~ di avviamento con raffreddamento a olio (di motore a induzione) (*elett.*), oil-cooled starter. **5.** ~ di campo (*app. elett.*), field rheostat. **6.** ~ di campo dell'eccitatrice (regolatore di eccitazione) (*app. elett.*), exciter field rheostat (ingl.). **7.** ~ (regolabile) di avviamento (di motore a induzione) (*elett.*), slip regulator, starter. **8.** ~ regolatore di velocità (*app. elett.*), speed regulating rheostat.
reostrizione (*elett.*), rheostriction.

reotrone (tipo di betatrone) (*fis. atom.*), rheotron.
rep (equivalente roentgen fisico, valore di qualsiasi radiazione ionizzante che sviluppa nei tessuti umani la stessa quantità di energia sviluppata dalla dose di un roentgen di raggi X o gamma) (*fis. - med.*), rep, rep unit, roentgen equivalent physical.
reparto (*di off.*), department, dept, bay. **2.** ~ (*milit.*), party, unit. **3.** ~ abbigliamento delle carrozzerie (reparto sellatura e finizione) (*costr. carrozzeria aut.*), body trim shop. **4.** ~ arrivi (magazzino arrivi) (*ind.*), receiving department. **5.** ~ calce (reparto preparazione pelli per la concia) (*ind. cuoio*), beamhouse. **6.** ~ carrozzeria (*costr. aut.*), body shop. **7.** ~ collaudi (*off.*), inspection department. **8.** ~ commerciale (di uno stabilimento per es.), sales department. **9.** ~ creativo (*pubbl.*), creative department. **10.** ~ da sbarco (*milit.*), landing party. **11.** ~ d'assalto (*milit.*), storming party. **12.** ~ di finitura (di stabilimento che allestisce vagoni ferroviari) (*off. ferr.*), trimming house. **13.** ~ esperienze (*ind.*), experimental department. **14.** ~ finizione (reparto di ultimazione del prodotto) (*ind.*), finishing room. **15.** ~ formatura (*fond.*), molding bay. **16.** ~ forni (*off.*), furnaces department. **17.** ~ lanciafiamme (*milit.*), flame throwing unit. **18.** ~ modellisti (*fond.*), pattern shop. **19.** ~ montaggio (*mecc.*), assembly bay, assembling bay, fitting shop (ingl.). **20.** ~ montaggio (di parti finite di macchine di rilevanti dimensioni) (*ind.*), erecting shop. **21.** ~ presse (*tip. - ind.*), pressroom. **22.** ~ relazioni sociali (ufficio relazioni sociali: di una ditta per es.) (*pers.*), industrial relations department. **23.** ~ sbavatura (*fond.*), cleaning shop, fettling shop (ingl.). **24.** ~ siluri (*mar. milit.*), torpedo compartment. **25.** ~ spedizioni (servizio spedizioni, di uno stabilimento) (*ind.*), despatch department, dispatch department. **26.** ~ sperimentale (*mecc.*), experimental department. **27.** ~ tagliatori (*ind. cuoio*), clicking room. **28.** ~ topografico (*milit.*), topographic unit. **29.** ~ trattamenti termici (*off.*), heat-treating department, heat-treating bay. **30.** ~ verniciatura di carrozzerie (*costr. carrozzeria aut.*), body paint shop. **31.** capo ~ (*organ. pers.*), department foreman, shop foreman's assistant.
repellente (ai liquidi per es.) (*s. - ind. tess. ecc.*), repellent. **2.** ~ (pennello frangiflutti disposto perpendicolarmente alla sponda per allontanare la corrente dalla stessa) (*costr. idr.*), groin.
repellere (*gen.*), to repel.
reperimento (ritrovamento) (*s. - gen.*), finding. **2.** (di informazioni per scopi di documentazione per es.) (*ind.*), retrieval. **3.** ~ dati (*elab.*), data retrieval, data capture. **4.** ~ errato (*elab.*), false retrieval, false drop.
reperire (p. es. un dato specifico) (*elab.*), to retrieve.
reperto (risultato di prova per es.) (*tecnol. - ecc.*), result, finding. **2.** reperti analitici (*tecnol.*), analitic findings.
repertorio (libro con nomi, indirizzi ecc.) (*gen.*), directory.
rèplica (ripetizione) (*gen.*), repetition. **2.** ~ (*microscopia eltn.*), *vedi* riproduzione pellicolare.
"reportage" (servizio o scritto di carattere giornalistico) (*giorn.*), reportage. **2.** " ~ " fotografico (*fot. - giorn.*), picture story.
reprografia, riprografia (tecnologia di riproduzione in facsimile) (*tlcm.*), reprography.
reps (tessuto con ordito più fitto della trama: cannettato) (*ind. tess.*), rep, repp.
repulsione (*fis.*), repulsion. **2.** ~ (*ferr.*), buffing, buffer action. **3.** freno a ~ (per rimorchi leggeri per autovetture: trasporto imbarcazioni per es.) (*aut.*), over-run brake. **4.** prova di ~ (*ferr.*), buffing load test.
repulsore (perno repulsore, perno distanziatore, distanziatore, per stampi per pressofusione per es.) (*mecc. - fond.*), distance pin.
repussaggio (imbutitura al tornio) (*tecnol. mecc.*), spinning, shear spinning.
requisire (*milit.*), to requisition.
requisito (*a. - milit.*), requisitioned. **2.** ~ (qualità necessaria) (*s. - gen.*), requirement, prerequisite, requisite. **3.** requisiti di servizio (requisiti di funzionamento, di un impianto, di una macchina ecc.) (*ind.*), service requirement. **4.** requisiti professionali (*pers.*), job prerequisites.
resa (utilità resa da una cosa) (*ind.*), yield. **2.** ~ (*ind. lana*), yield. **3.** ~ (*milit.*), surrender. **4.** ~ (riuscita: del colore in una pellicola) (*cinem.*), rendering. **5.** ~ (superficie coperta per unità di quantità di vernice usata) (*vn.*), coverage, spreading rate, covering. **6.** ~ (copie rese, copie invendute di un giornale per es.) (*s. - giorn.*), unsold. **7.** ~ (percentuale di sostanza utile ottenuta nel trattamento di un minerale) (*min.*), yield. **8.** ~ base carbonizzato (*ind. lana*), carbonizing yield basis. **9.** ~ base lavato (*ind. lana*), washing yield basis. **10.** ~ base pettine in olio (*ind. lana*), oil combined yield basis. **11.** ~ base pettine secco (*ind. lana*), dry combed yield basis. **12.** ~ cromatica (*fot.*), chromatic yield. **13.** ~ di gas (di carbone per es.) (*comb.*), gas yield. **14.** ~ elastica (rimbalzo, elasticità di rinvio: di materiali di gomma per es.) (*ind. gomma*), resilience, rebound elasticity. **15.** ~ elastica (energia potenziale recuperabile in un corpo elastico soggetto a deformazione) (*sc. costr.*), resilience. **16.** ~ elastica Yerzley (rimbalzo Yerzley, della gomma sottoposta a carico dinamico) (*ind. gomma*), Yerzley resilience. **17.** ~ garantita (*ind. lana*), guaranteed yield. **18.** ~ incondizionata (*milit.*), unconditional surrender. **19.** ~ stimata (*ind. lana*), estimated yield. **20.** indice di ~ dei colori (*ott.*), color rendering index.
rescìndere (un contratto) (*comm.*), to cancel, to rescind.
rescissione (annullamento di un contratto) (*comm.*), rescission.
"resettaggio" (ripristino o ristabilimento, della con-

dizione iniziale) (*elettromecc. - ecc.*), reset, resetting.

residente (permanentemente immagazzinato nella memoria: p. es. un programma esecutivo) (*a. - elab.*), resident. **2.** non ~ (non registrato nella memoria principale) (*elab.*), nonresident.

residènza (dimora) (*gen.*), dwelling.

residuale (*a.*), residual.

residuato (di guerra per es.), surplus.

residuo (*a. - gen.*), (che rimane) residual, remanent. **2.** ~ (*s.*), remainder, residual. **3.** ~ (di distillazione) (*ind.*), residuum. **4.** ~ (nei processi di raffinazione) (*s. - chim. ind.*), foot, bottom. **5.** ~ catramoso (*ind. chim.*), tarry residue. **6.** ~ della calcinazione (*chim.*), calx. **7.** residui della combustione (*comb.*), residual combustion products. **8.** ~ di colata (sul fondo della siviera) (*fond.*), skull. **9.** ~ di colata (biscotto, nella pressofusione) (*fond.*), slug. **10.** residui di molatura (*mecc.*), swarf. **11.** ~ di scarto (*ind.*), tailing. **12.** ~ di vagliatura (*mur.*), screening. **13.** residui radioattivi (rifiuti radioattivi) (*radioatt.*), radioactive waste. **14.** ~ secco (percentuale in peso di materiale solido in una vernice dopo l'evaporazione dei solventi) (*vn.*), solids, solid content. **15.** ~ secco di gomma (di lattice) (*ind. gomma*), dry ruber content, DRC. **16.** ~ solido (di una filtrazione) (*chim.*), filter cake.

resiliènte (*a. - sc. costr.*), resilient.

resiliènza (resistenza a rottura dinamica da urto) (*sc. costr.*), impact strength. **2.** ~ (resistenza all'urto, capacità di resistere ad urti improvvisi) (*sc. costr. - tecnol. mecc.*), impact resistance, impact strength. **3.** ~ Charpy-V (*tecnol. mecc.*), Charpy-V strength. **4.** ~ delle fibre (della lana per es.) (*ind. tess.*), loft. **5.** prova di ~ (*sc. costr.*), impact test. **6.** prova di ~ (su provetta intagliata) (*tecnol. mecc.*), notched-bar impact test.

rèsina (*chim.*), resin, rosin. **2.** ~ acrilica (materia plastica) (*chim.*), acrylic resin. **3.** resine additivate (*ind. chim.*), filled resins. **4.** ~ alchidica (*vn. - chim.*), alkyd resin, alkyd. **5.** resine alliliche (*ind. chim.*), allyl resins. **6.** resine al silicone (*ind. chim.*), silicone resins. **7.** resine da colata (*ind. chim.*), casting resins. **8.** ~ epossidica (per modelli o stampi per es.) (*tecnol. mecc. - chim.*), epoxy resin. **9.** ~ espansa (*chim. ind. - ind. imballaggio*), plastic foam. **10.** ~ fenolica (materia plastica) (*elett. - eltn.*), phenolic resin. **11.** ~ fenolica sintetica (fenoplasto) (*chim. - ind.*), synthetic phenolic resin, phenolic, phenoplast. **12.** ~ fluorurata (*ind. chim.*), fluoroplastic. **13.** resine furaniche (*ind. chim.*), furan(e) resins. **14.** resine furfuroliche (*ind. chim.*), furfural resins. **15.** resine idrocarboniche (impiegate nella preparazione delle gomme ed asfalti p. es.) (*ind.*), hydrocarbon resin. **16.** resine melamminiche (*ind. chim.*), melaminic resins. **17.** resine non additivate (*ind. chim.*), unfilled resins. **18.** ~ oleo-attiva (*ind. chim.*), oil-reactive resin. **19.** ~ oleo-solubile (*ind. chim.*), oil-soluble resin. **20.** ~ poliammidica (*chim. ind.*), polyamide resin. **21.** ~ poliestere (*ind. chim.*), polyester resin. **22.** resine polimerizzanti a temperatura ambiente (*ind. chim.*), room-temperature curing resins. **23.** resine polimerizzanti in forno (*ind. chim.*), oven-curing resins. **24.** ~ polivinilica (*chim.*), polyvinyl resin. **25.** ~ rinforzata (*ind. plastica*), reinforced resin. **26.** ~ rinforzata (prima dello stampaggio) (*ind. plastica*), prepreg. **27.** ~ rinforzata con fibre di vetro (*ind. plastica*), fiberglas reinforced resin. **28.** ~ scambiatrice di ioni (*chim.*), ion exchange resin. **29.** ~ sintetica (*chim.*), synthetic resin. **30.** resine stabili (*ind. chim.*), non-shrink resins. **31.** resine stireniche (*ind. chim.*), styrene resins. **32.** resine stratificanti (resine per laminati) (*ind. chim.*), laminating resins. **33.** resine termoindurenti (*ind. chim.*), thermosetting resins. **34.** resine termoplastiche (*ind. chim.*), thermoplastic resins. **35.** ~ vinilica (materia plastica) (*chim.*), vinyl resin. **36.** ~ xilolica (*ind. chim.*), xylenol resin. **37.** colla di ~ (*ind.*), resin size.

resinati (*chim.*), resinates.

resinato (legato con resina, feltro di fibra di vetro per es.) (*a. - ind. plastica*), resin-bonded.

resinificare (*chim.*), to resinify.

resinificazione (per es. dell'olio nei motori), resinification.

resinoide (*a. - chim.*), resinoid.

resinoso (*chim.*), resinous.

resist (vernice protettiva, per incisioni per es.) (*fotomecc.*), resist. **2.** ~ per l'incisione del rotocalco (*fotomecc.*), gravure etching resist.

resistènte (*a. - gen.*), resisting. **2.** ~ (detto di una struttura per es.) (*a. - gen.*), strong, stout. **3.** ~ a caldo (resistente al calore: che mantiene buone caratteristiche mecc. ad elevate temperature) (*a. - metall.*), heat-resistant. **4.** ~ agli alcali (di carta per es.) (*a. - chim.*), alkaliproof. **5.** ~ al calore (*a. - fis.*), heat-resistant. **6.** ~ al cattivo tempo (di una nave per es.) (*nav.*), weatherly. **7.** ~ al gelo (di materiale murario per es.) (*gen.*), frostproof. **8.** ~ all'abrasione (*materiale*), abrasionproof. **9.** ~ alla collisione (di veicolo o di sua parte per es.) (*sicurezza aut.*), crashworthy. **10.** ~ alla luce (*a. - colore*), lightfast. **11.** ~ all'azione degli agenti atmosferici (di vernice per es.), weatherproof. **12.** ~ alle intemperie (*gen.*), weatherproof. **13.** ~ alle vibrazioni (*mecc. - ecc.*), shakeproof. **14.** momento ~ (*sc. costr.*), resisting moment.

resistènza (*gen.*), strength, resistance. **2.** ~ (carico unitario dei materiali) (*sc. costr.*), strength. **3.** ~ (di un conduttore per es.) (*elett.*), resistance. **4.** ~ (resistore) (*elett.*), resistance, resistor. **5.** ~ (*aerodin.*), drag, resistance. **6.** ~ (*sport*), endurance. **7.** ~ (di fibra di lana per es.), nerve. **8.** ~ a compressione (*sc. costr.*), compressive strength, compression strength. **9.** ~ acustica (perdita di energia acustica dovuta all'attrito nel mezzo) (*mis. acus.*), acoustic resistance, acoustical resistance. **10.** ~ ad abrasione (della gomma per es.) (*prova*), abrasion resistance. **11.** ~ a decadi (*eltn.*), decade resistor. **12.** ~ ad impasto a base di carbone (costruzione di resistenze) (*elett.*), carbon composition resistor. **13.** ~ aerodinamica (all'avanzamento) (*aerodin.*), drag. **14.** ~ a fatica (massima sollecitazione che può essere sopportata per un dato numero di cicli senza frattura) (*prova a fatica*), fatigue strength, endurance strength. **15.** ~ a filo (*app. elett.*), wire-wound resistance, wire resistance. **16.** ~ a flessione (di una provetta in ghisa) (*tecnol. mecc.*), bending strength. **17.** ~ agli acidi (di una vernice) (*tecnol.*), acid resistance. **18.** ~ agli agenti atmosferici (*tecnol. - meteor.*), weatherability. **19.** ~ agli sbalzi termici (di oggetti di vetro) (*mft. vetro*), thermal endurance. **20.** ~ a gradini (*elett.*), graduated (or stepped) resistance. **21.** ~ ai solventi (della gomma per es.) (*prova*), resistance to solvents. **22.** ~ al calore (di gomma per es.) (*prova*), heat resistance. **23.** ~ al deterioramento (di un adesivo) (*chim.*), permanence. **24.** ~ al distacco della patina (della carta) (*mft. carta*), picking strenght. **25.** ~ al distacco delle tele (di un pneumatico) (*ind. gomma*), ply separation resistance. **26.** ~ al distacco per pelatura (di adesivi) (*tecnol. chim.*), peel strenght, stripping strenght. **27.** ~ al fuoco (di materiali per es.), fire resisting property, fire resistance. **28.** ~ all'abrasione (di una vernice per es.) (*tecnol.*), abrasion resistance. **29.** ~ alla collisione (*aut.*), crashworthiness. **30.** ~ alla corrosione (*metall. - ecc.*), corrosion strength. **31.** ~ all'acqua (di gomma per es.) (*prova*), water resistance. **32.** ~ alla deformazione (*tecnol. mecc.*), strain strength. **33.** ~ alla fiamma (di gomma per es.) (*prova*), flame resistance. **34.** ~ alla flessione (*sc. costr.*), flexural strength. **35.** ~ alla flessione (di gomma per es.) (*prova*), flexing resistance. **36.** ~ alla lacerazione (della gomma per es.) (*prova*), resistance to tear, tearing resistance. **37.** ~ alla luce (dei colori) (*chim.*), light fastness, fastness to light. **38.** ~ alla rottura (*sc. costr.*), ultimate strength. **39.** ~ alla rottura per azione termica (di gomma per es.) (*prova*), heat break resistance. **40.** ~ alla scorticatura (resistenza alla pelatura, resistenza al distacco per pelatura, di un adesivo) (*ind. chim.*), peel strength, stripping strength. **41.** ~ alla sollecitazione di compressione (*sc. costr.*), resistance to compressive stress. **42.** ~ alla sollecitazione di flessione (*sc. costr.*), resistance to bending stress. **43.** ~ alla sollecitazione di taglio (*sc. costr.*), resistance to shearing stress. **44.** ~ alla sollecitazione di tensione (*sc. costr.*), resistance to tensive stress. **45.** ~ alla sollecitazione di torsione (*sc. costr.*), resistance to torsional stress. **46.** ~ alla sollecitazione di trazione (*sc. costr.*), resistance to tensile stress. **47.** ~ alla torsione (*sc. costr.*), torsional strength. **48.** ~ alla trazione (resistenza alla rottura) (*sc. costr.*), tensile strength. **49.** ~ all'avanzamento (*aerodin.*), drag. **50.** ~ alle cancellature (della carta) (*mft. carta*), erasability. **51.** ~ alle flessioni ripetute (*prova*), flex fatigue life. **52.** ~ alle muffe (di un tessuto per es.) (*tecnol.*), mildew resistance. **53.** ~ allo scarico (contropressione allo scarico) (di motore), exhaust back pressure. **54.** ~ allo scoppio (prova su tessuto per ali di aereo per es.) (*ind. tess.*), resistance to bursting, bursting strength. **55.** ~ allo scorrimento di elementi sovrapposti (di adesivi) (*tecnol. mecc.*), lap shear strength, LSS. **56.** ~ allo scorrimento per trazione (di adesivi) (*tecnol. chim.*), tensile shear strength, TSS. **57.** ~ allo scorrimento viscoso (di metallo ad alta temperatura) (*metall.*), creep strength. **58.** ~ all'ossigeno (della gomma per es.) (*prova*), resistance to oxygen. **59.** ~ allo strappamento (di viti) (*mecc.*), stripping strength. **60.** ~ allo strappo (della carta per es.) (*prove ind.*), tearing strength. **61.** ~ allo strappo (della gomma vulcanizzata per es. misurata in kg per cm^2 di sezione) (*tecnol.*), tear resistance. **62.** ~ all'urto (resilienza) (*sc. costr.*), impact strength. **63.** ~ all'urto (di un pneumatico) (*ind. gomma*), shock resistance. **64.** ~ all'urto (di una carrozzeria di automobile nelle prove d'urto) (*sicurezza aut.*), crashworthiness. **65.** ~ all'usuale maneggio (di una vernice) (*vn.*), mar resistance (ingl.). **66.** ~ al rotolamento (*veic.*), rolling resistance force. **67.** ~ al taglio (*sc. costr.*), shearing strength, tangential strength. **68.** ~ al taglio (di gomma per es.) (*prova*), cutting resistance. **69.** ~ anodica (*termoion.*), plate resistance. **70.** ~ anodica di impedenza (*termoion.*), anode slope resistance. **71.** ~ apparente (di una batteria per es.) (*elett.*), apparent resistance. **72.** ~ a rottura (di una fibra, filo o corda) (*tess.*), tenacity. **73.** ~ a screpolamento (della gomma per es.) (*prova*), crack-growth resistance. **74.** ~ autoindotta (*aerodin.*), self-induced drag. **75.** ~ autoregolatrice (*elett.*), ballast resistance. **76.** ~ compensatrice (*elett.*), compensating resistance. **77.** ~ con prese intermedie (per es. da attivare per mezzo di spine) (*elett.*), tapped resistor. **78.** ~ dei materiali (*sc. costr.*), resistance of materials, strength of materials. **79.** ~ dell'aria (resistenza aerodinamica al movimento di un veicolo) (*aut. - aer. - nav.*), wind resistance. **80.** ~ delle anime essiccate (*fond.*), baked cores strength. **81.** ~ del mezzo (*aer.*), drag. **82.** ~ di antenna (*radio*), aerial resistance. **83.** ~ di attrito (attrito tra l'acqua e la superficie bagnata di una nave) (*nav.*), frictional resistance, skin resistance. **84.** ~ di attrito al rotolamento (*mecc. raz.*), resistance to rolling. **85.** ~ di attrito dovuta all'aria (*macch. elett.*), windage. **86.** ~ di attrito in superficie (*nav.*), surface friction. **87.** ~ di attrito superficiale (*aer.*), surface-friction drag. **88.** ~ di avviamento (reostato di avviamento) (*app. elett.*), rheostatic starter, starting resistance, starting rheostat. **89.** ~ di avviamento (di un mobile) (*mecc. raz.*), starting resistance. **90.** ~ di avviamento (in un locomotore elettrico per es.) (*elett.*), starting resistor. **91.** ~ di carico (resistore di carico) (*elett.*), load resistor. **92.** ~ di compressione (resistenza d'onda, resistenza dovuta alla compressibilità: nel volo transonico) (*aer.*), compressibility drag. **93.** ~ di contatto (*elett.*), contact resistance. **94.** ~ di dispersione (*radio - telev.*), bleeder, bleeder resistor, bleeder resistance. **95.** ~ di drenaggio (resistenza di dispersione) (*radio - telev.*), bleeder, bleeder resistor, bleeder resistance. **96.** ~ di filamento (*termoion.*), filament resistance. **97.** ~ di forma (*aer.*), form drag. **98.** ~ di fuga di griglia (falla di griglia) (*termoion.*), grid leak resistance. **99.** ~ dinamica (resistenza equivalente) (*radio*), dynamic resistance. **100.** ~ di onda (*aer.*), *vedi* resistenza di compressione. **101.** ~ di onda (di una nave per es.) (*nav.*), wave resistance. **102.** ~ di polarizzazione (*termoion.*), grid bias resistance (ingl.), bias resistor, grid-bias resistor. **103.** ~ di pressione (*aer.*), pressure drag. **104.** ~ di profilo (*aerodin.*), profile drag. **105.** ~ di radiazione (di un'antenna) (*radio*), radiation resistance. **106.** ~ di raffreddamento (dovuta al sistema di raffreddamento del motore) (*aer.*), cooling drag. **107.** ~ di sostentamento (*aer.*), wing resistance. **108.** ~ di terra (*elett.*), earth resistance. **109.** ~ di vortici (resistenza dovuta ai vortici: di una nave) (*nav.*), eddy resistance. **110.** ~ elastica (*sc. costr.*), elastic strength. **111.** ~ elettrica (di riscaldamento di un forno per es.) (*elett.*), resistor. **112.** ~ elettrica (di un ferro elettrico) (*elett.*), heating element. **113.** ~ idrodinamica (*nav.*), streamline resistance of the hull. **114.** ~ indotta (*aer.*), induced drag. **115.** ~ interna (di una batteria per es.) (*elett.*), internal resistance. **116.** ~ interna (*valvola eltn.*), plate resistance. **117.** ~ media alla trazione (*mft. carta*), mean tensile strain. **118.** ~ metalloceramica (*elett.*), cermet resistor. **119.** ~ ohmica (*elett.*), ohmic resistance. **120.** ~ parassita (resistenza passiva: senza la resistenza delle ali) (*aer.*), parasite drag, parasite resistance. **121.** ~ regolabile (*elett.*), regulating resistance. **122.** ~ riduttrice della tensione (*elett.*), voltage reducing resistance. **123.** ~ specifica al rotolamento (*ferr.*), specific rolling resistance. **124.** ~ superficiale (riferentesi allo strato superficiale) (*elett.*), surface resistance. **125.** ~ termica (*term.*), thermal resistance. **126.** ~ totale della struttura (*aer.*), structural resistance. **127.** ~ zavorra (*elett.*), ballast resistance. **128.** cassetta di ~ (cassetta dei resistori) (*elett.*), resistance box. **129.** centro di ~ (*milit.*), centre of resistance. **130.** cerniera di ~ (di una pala di rotore di elicottero: per lo spostamento angolare in azimut della pala) (*aer.*), drag hinge. **131.** coefficiente di ~ (*aerodin.*), drag coefficient. **132.** indice di ~ alla detonazione con miscela povera (*comb. - mot. aer.*), weak-mixture knock rating. **133.** indice di ~ alla detonazione con miscela ricca (*comb. - mot. aer.*), rich-mixture knock rating. **134.** misura della ~ alla detonazione (misura del potere antidetonante) (*mot.*), knock rating. **135.** modulo di ~ (*sc. costr.*), section modulus. **136.** prova della ~ allo strappo (della carta) (*prova ind.*), tearing test. **137.** prova di ~ (*aut.*), reliability run. **138.** prova di ~ (*sport*), endurance test.

resistenza-capacità (circuito ~ incapsulato in una singola unità) (*eltn.*), rescap.

resìstere (sopportare) to stand, to withstand, to endure. **2.** ~ alla temperatura di 150° (per es.) (*ind.*), to withstand 150° temperature. **3.** ~ allo sforzo (*sc. costr.*), to take the stress.

resistività (magnetica) (*fis.*), resistivity. **2.** ~ termica (*term.*), thermal resistivity.

resistivo (*elett.*), resistive.

resistogetto (piccolo endoreattore ad idrogeno ed ammoniaca per limitate manovre di astronavi) (*astric.*), resistojet.

resistore (resistenza) (*elett.*), resistor, resistance. **2.** ~ autoregolatore (aumenta la propria resistenza in presenza di onde elettriche) (*radio - elett.*), barretter. **3.** ~ su (o di) vetro (lastra di vetro che porta su di una faccia una resistenza realizzata a mezzo vernice resistiva) (*elett. - fabbricazione vetro*), glass resistor.

reso (*gen.*), returned. **2.** ~ (consegnato) (*comm. - trasp.*), delivered. **3.** resi e abbuoni sugli acquisti (*amm.*), purchase returns and allowances. **4.** resi e abbuoni sulle vendite (*amm.*), sales returns and allowances. **5.** ~ frontiera... (*comm. - trasp.*), delivered at frontier... **6.** ~ sdoganato (*comm.*), delivered duty paid.

resolo (bakelite B, resina sintetica) (*chim. - plastica*), resol.

resorcina [$C_6H_4(OH)_2$] (*chim.*), resorcinol.

respingènte (*di veic. ferr.*), buffer, bumper. **2.** ~ a molla (*ferr.*), spring buffer. **3.** ~ fisso (di binario di testa) (*ferr.*), bumping post. **4.** asta del ~ (*ferr.*), buffer stem. **5.** piatto del ~ (*ferr.*), buffer plate.

respingere (azione di una carica elettrica per es. su altra di uguale polarità) (*fis.*), to repel. **2.** ~ un assegno (da parte di una banca perché non coperto da fondi) (*finanz. - banca*), to bounce a check.

respiratore (*strum. med.*), pulmotor, respirator. **2.** ~ (*sport subacqueo*), breathing apparatus. **3.** ~ di ossigeno (*app. aer. - ecc.*), oxygen breathing set.

respiro (di formatura) (*fond.*), gas vent.

responsàbile (*leg.*), liable, responsible. **2.** ~ della produzione (di uno o più prodotti dalla programmazione alla consegna del prodotto finito) (*ind.*), product manager. **3.** ~ del movimento (si occupa della partenza dei veicoli) (*ferr. - autobus - linea aer. - ecc.*), dispatcher. **4.** ~ del settore acquisti (di un supermercato per es.) (*comm. - org. comm.*), buyer. **5.** responsabili in solido (*amm. - leg.*), jointly and severally liable.

responsabilità (*gen.*), responsibility. **2.** ~ (per danni per es.) (*leg.*), liability. **3.** ~ congiunta (per condurre un'azienda per es.) (*leg.*), joint liability. **4.** ~ illimitata (*leg. - finanz.*), unlimited liability. **5.** a ~ limitata (*leg. - finanz.*), limited, Ltd., ltd.

restaurare (*ed. - arch.*), to restore.

restauratore (di un edificio per es.) (*ed. - arch.*), restorer.

restàuro (*ed.* - *arch.*), restoration. **2.** ~ (di una vettura d'epoca per es.) (*aut.* - *ecc.*), restoration.
restituire (*gen.*), to return.
restitutore (strumento restitutore) (*fotogr.*), plotting instrument. **2.** ~ stereoscopico (*strum. stereoscopico*), stereoplotter.
restituzione (*gen.*), return. **2.** ~ (fotogrammetrica) (*fotogr.*), plotting. **3.** ~ di dazio (*comm.*), drawback. **4.** coefficiente di ~ (di un colpo) (*mecc.*), coefficient of restitution.
rèsto (*mat.*), remainder. **2.** ~ (di un pagamento in denaro) (*gen.*), change.
restrìngersi (di tessuto per es.), to shrink.
restringimento (del tessuto dovuto alla lavatura) (*ind. tess.*), shrinkage.
restrizione (limitazione) (*leg.* - *comm.*), restriction. **2.** ~ (*econ.*), *vedi* stretta. **3.** ~ del credito (stretta creditizia, da parte di una banca per es.) (*finanz.*), credit squeeze.
rete (*gen.*), net. **2.** ~ (di cavi elettrici per la distribuzione dell'energia) (*elett.*), power grid. **3.** ~ (*radio-telev.*), web. **4.** ~ a deriva (*nav.*), drift net. **5.** ~ a imbrocco (*pesca*), gill net. **6.** ~ antizanzara (installata) alla finestra (contro gli insetti in genere) (*ed.*), window screen. **7.** ~ a radiazione trasversale (di antenne) (*radio*), broadside array. **8.** ~ a strascico (*pesca*), trawl. **9.** ~ a strascico con divergenti (*pesca*), otter trawl. **10.** ~ commutata (*telef.*), switched network. **11.** ~ con divergenti (*pesca*), otter trawl. **12.** ~ da pesca (*nav.*), fishing net. **13.** ~ dell'area metropolitana (*tlcm.*), metropolitan area network, MAN. **14.** ~ delle derivazioni (*telecom.*), branching network. **15.** ~ di aggiramento (cianciolo) (*pesca*), seine-net (ingl.), seine. **16.** ~ di aggiramento da costa (*pesca*), shore seine. **17.** ~ di alimentazione (*elett.*), supply mains. **18.** ~ di antenne (*radio*), aerial array. **19.** ~ di binari (*ferr.*), rail network. **20.** ~ di calcolatori (*elab.*), computer network. **21.** ~ di commutazione a pacchetti (*elab.*), packet switching system, PSS. **22.** ~ di distribuzione (*elett.*), network, power grid, grid, distribution network, power mains. **23.** ~ di distribuzione del gas (*tubaz. ind.*), gas pipe network. **24.** ~ di fognatura (*strad.*), drainage system. **25.** ~ di livellazione (*top.*), leveling net. **26.** ~ di protezione contro i siluri (*mar. milit.*), torpedo net, antitorpedo net. **27.** ~ di sicurezza (barriera di sicurezza, per l'arresto di aerei durante l'atterraggio su una portaerei) (*aer.*), safety barrier. **28.** ~ di stazioni (trasmittenti) (*radio* - *telev.*), grid. **29.** ~ di sviluppo di base (di un sistema di triangolazioni) (*geod.* - *top.*), base net. **30.** ~ di triangolazione (*top.*), triangulation net. **31.** ~ di tubazioni (*tubaz. ind.*), piping system, piping. **32.** ~ dorsale (rete di base) (*tlcm.*), backbone network. **33.** ~ elettrica (*elett.*), electric network. **34.** ~ equivalente (tale da sostituire un'altra rete senza variazione del rendimento del sistema esterno) (*elett.* - *radio*), equivalent network. **35.** ~ Ethernet, ~ di dati Ethernet (~ locale standard di connessione tra elaboratori, sviluppata da: Digital Equipment Co., Xerox ed Intel) (*elab.*), Ethernet. **36.** ~ europea di accesso alle banche dati CEE (*elab.* - *inf.*), european network, EURONET. **37.** ~ ferroviaria (*ferr.*), railway network, railway system. **38.** ~ fonìa dati, "RFD" (rete digitale) (*tlcm.*), voice data network, VDN. **39.** ~ geodetica (*geod.*), geodetic system. **40.** reti in cascata (*elett.*), cascade networks. **41.** ~ locale (*elab.*), local area network, LAN. **42.** ~ metallica (*tecnol.*), wire netting, wire net. **43.** ~ metallica (usata per ricevere l'intonacatura di soffitti) (*ed.*), lath. **44.** ~ metallica finissima (*ind.*), wire gauze. **45.** ~ meteorologica (rete di stazioni meteorologiche che collaborano fra loro) (*meteor.*), reseau. **46.** ~ parasiluri (*mar. milit.*), torpedo net, antitorpedo net. **47.** ~ parasommergibili (*mar. milit.*), submarine net. **48.** ~ per mimetizzazione (*milit.*), camouflage net. **49.** ~ per pallone libero (*aer.*), free-ballon net. **50.** ~ per pallonetto (di dirigibili) (*aer.*), gas-bag net. **51.** ~ per plafonatura (*ed.*), metal lathing. **52.** ~ policentrica (*telef.*), multi-exchange network. **53.** ~ radio (*radio*), radio net. **54.** ~ sotto all'asta dei fiocchi (rete di sicurezza) (*costr. nav.*), jib netting. **55.** ~ stradale (*strad.*), roadnet. **56.** ~ telefonica automatica (*telef.*), dial-telephone system. **57.** ~ terrestre (*tlcm.*), earth network. **58.** ~ urbana (*telef.*), local network. **59.** ~ zincata leggera (rete da polli) (*agric.*), chicken wire. **60.** area di ~ (*tlcm.*), network area. **61.** centro (di) gestione (della) ~ (*tlcm.*), network management centre, NMC. **62.** esercizio della ~ (*tlcm.*), network operation. **63.** lavoro di ~ (elaborazione compiuta con l'impiego di più elaboratori) (*elab.*), networking. **64.** servizi di ~ (*tlcm.*), network facilities. **65.** tensione della ~ (*elett.*), voltage of mains, mains voltage.
reticèlla (per becco a gas) (*att. chim.*), wire gauze. **2.** ~ Auer (per lampada a benzina per es.) (*illum.*), mantle. **3.** ~ metallica (*ind.*), wire gauze.
reticolante (*s.* - *chim.*), cross-linking agent.
reticolare (distribuire a rete) (*v.* - *gen.*), to reticulate. **2.** ~ (*a.* - *gen.*), reticular, reticulated. **3.** programmazione ~ (*organ.*), network planning.
reticolato (chiusura di filo spinato) (*gen.*), barbed wire enclosure, barbed wire fence. **2.** ~ geografico (reticolo geografico: di meridiani e paralleli) (*geogr.*), geographic grid.
reticolazione (della gelatina di una pellicola) (*fot.*), reticulation. **2.** ~ lenticolare (di elementi colorati di pellicole a colori) (*fot.*), lenticulation (ingl.). **3.** ~ (*difetto vn.*), reticulation. **4.** ~, *vedi anche* retinatura.
reticolo (*ott.*), reticle, reticule, grating. **2.** ~ (quadro: area della parte dello schermo su cui viene riprodotta l'immagine) (*telev.*), raster, "frame", "field". **3.** ~ (tracciato su un disegno per riferimento) (*dis. mecc.*), grid. **4.** ~ (reticolo spaziale, disposizione geometrica degli atomi in un cristallo determinata con i raggi X) (*fis. chim.* - *metall.*),

lattice, space-lattice. **5.** ~ (reticolato, di una carta geografica) (*cart.*), grid. **6.** ~ attivo (*fis. atom.*), active lattice. **7.** ~ cristallino (*min.*), crystal lattice. **8.** ~ cubico corpo-centrato (*fis. chim. - metall.*), body-centered cubic lattice. **9.** ~ cubico facce-centrato (*fis. chim. - metall.*), face-centered cubic lattice. **10.** ~ della carta (reticolato della carta, quadrettatura della carta) (*cart.*), map grid. **11.** ~ di diffrazione (*ott.*), diffraction grating.

rètina (dell'occhio) (*med.*), retina.

retina paravesti (di bicicletta da donna) (*veic.*), dressguard.

retinarsi (formarsi di piccole screpolature) (*difetto di vn.*), to check.

retinato (a retino) (*a. - tip. - fotomecc.*), halftone, screened. **2.** vetro ~ (vetro rinforzato con rete metallica) (*ind. vetraria*), wired glass.

retinatura (di una pellicola o di una superficie verniciata) (*fot. - vn.*), checking, reticulation.

retinite (resina minerale infiammabile) (*min.*), retinite.

retino (*att. da pesca.*), landing net. **2.** ~ (lastra di cristallo sulla quale sono incisi piccolissimi quadratini, usata per la riproduzione di mezzetinte) (*fotomecc. - tip.*), screen, line screen, halftone screen. **3.** ~ a contatto (*fotomecc.*), contact screen. **4.** ~ a contatto magenta (*fotomecc.*), magenta contact screen. **5.** ~ in cristallo (*tip.*), crystal screen. **6.** ~ paravesti (di una bicicletta) (*veic.*), dressguard. **7.** ~ pellicolare (*tip.*), film screen. **8.** ~ per carta patinata (*fotomecc. - tip.*), screen for art paper, screen for coated paper. **9.** a ~ (retinato) (*a. - tip. - fotomecc.*), halftone. **10.** distanza del ~ (dalla superficie sensibile) (*fotomecc.*), screen distance.

retrarre (*gen.*), to retract.

retràttile (*a. - gen.*), retactile, retractable. **2.** ~ (di carrello) (*aer.*), retractable. **3.** parte ~ (di una forma per es.) (*fond.*), drawback.

retribuire (*amm.*), to remunerate.

retribuzione (*amm.*), remuneration. **2.** ~ (per impiegati e operai) (*pers. - op.*), wage. **3.** ~ a economia (od a giornata) (*pers. - lav.*), day rate. **4.** ~ forfettaria (*pers. - lav.*), flat rate remuneration. **5.** ~ lorda (*pers. - lav.*), gross earnings. **6.** ~ netta (*pers. - lav.*), net earnings. **7.** ~ nominale (retribuzione non riferita al suo potere di acquisto) (*sc. econ.*), nominal wage. **8.** ~ reale (retribuzione riferita al suo potere di acquisto) (*sc. econ.*), real wage. **9.** livello minimo di ~ (minimale di retribuzione) (*pers. - lav.*), minimum earnings level.

retro (verso, pagina pari, pagina opposta al recto) (*tip.*), reverse, verso. **2.** ~ copertina (*tip. - legatoria - pubblicità*), back cover.

retroattività (*gen.*), retroactivity.

retroattivo (*a. - gen.*), retroactive.

retroazione (reazione, accoppiamento per reazione) (*radio*), feedback, reaction, retroaction, regeneration. **2.** ~ (in un sistema di controllo: p. es. di un razzo) (*astric. - ecc.*), feedback. **3.** ~ (ritrasmissione parziale alla entrata di valori di uscita per il controllo delle operazioni) (*elab.*), feedback.

retrocedere (passare ad una categoria inferiore) (*gen.*), to downgrade. **2.** ~ (di veicolo per es.) (*aut. - ecc.*), to go back. **3.** ~ (p. es. un dipendente ad un grado inferiore) (*pers.*), to demote.

retrocessione (di grado) (*pers. - lav. - ecc.*), demotion, degradation.

rètrodatare (*gen.*), to antedate.

retroguardia (*milit.*), rear guard, rearward.

retroilluminato (p. es. un pannello [o pulsante] trasparente illuminato dal retro) (*a. - strum. - ecc.*), backlighted, backlit. **2.** ~ (di una tastiera per es.) (*a. - elab. - strum. - ecc.*), backlit, backlighted.

retromarcia (*mecc.*), reverse, reverse motion. **2.** ~ (*movimento di veic.*), backing. **3.** andare in ~ (di automobile per es.) (*veic.*), to go in reverse. **4.** ingranaggio della ~ (*mecc.*), reverse gear. **5.** proiettore di ~ (*aut.*), backing lamp, backup light, backing light. **6.** ruota dentata della ~ (di un cambio di velocità) (*aut.*), reverse gearwheel. **7.** turbina per la ~ (di una turbonave) (*nav.*), reversing turbine.

retroquadro (da ~) (di un reostato di campo per es.) (*a. - elett.*), back-of-board.

retrorazzo (impiegato per ridurre la velocità: di un veicolo spaziale p. es.) (*astric.*), retrorocket, retro-rocket. **2.** sistema di retrorazzi ausiliari (piazzati in direzione opposta a quella del moto) (*veic. spaziale*), retropack.

retrospettivo (scene introdotte in un film e relative ad eventi precedenti) (*s. - cinem.*), cutback, flashback.

retrotèrra (*geogr.*), hinterland, inland.

retrotreno (assale posteriore, ponte posteriore) (*aut.*), rear axle.

rètta (linea) (*geom.*), straight line, right line. **2.** rette sghembe (rette che non giacciono sullo stesso piano e non sono intersecanti) (*mat.*), skew lines.

rettangolare (*geom.*), rectangular.

rettàngolo (*geom.*), rectangle. **2.** triangolo ~ (*geom.*), right triangle.

rettìfica (correzione) (*gen.*), amendment, correction. **2.** ~ (correzione) (*amm.*), rectification, correction. **3.** ~ (*operazione mecc.*), grinding. **4.** ~ (rettificatrice) (*macch. ut.*), grinder, grinding machine. **5.** ~ (regolazione: del reticolo di un teodolite per es.) (*ott.*), adjustment. **6.** ~ a secco (*operaz. mecc.*), dry grinding. **7.** ~ con mola sagomata (mediante rullo in acciaio) (*operaz. mecc.*), crush grinding. **8.** ~ di finitura (*operaz. mecc.*), finish-grinding. **9.** ~ di precisione (*operaz. mecc.*), precision grinding. **10.** ~ di precisione per maschere e stampi (*lav. macch. ut.*), jig grinding machine. **11.** ~ di spallamento (*operaz. mecc.*), shoulder grinding. **12.** ~ di una curva (*strad.*), rectification of a curve. **13.** ~ di un cilindro (*mecc.*), grinding of a cylinder. **14.** ~ elettrolitica (*mecc.*), electrolytic grinding, ELG. **15.** ~ esterna (*operaz. mecc.*), external grinding. **16.** ~ in piano (*lav. macch. ut.*), surface grinding. **17.** ~ in tondo (*lav. macch. ut.*), cylindrical grinding. **18.** ~ interna (*operaz. mecc.*), internal grinding. **19.** ~ locale (*mecc.*), spot-grinding. **20.** ~ passante diritta (*operaz. mecc.*), straight through grinding. **21.** ~ per sedi valvole (*macch. ut.*), valve seat grinder. **22.** ~ portatile (per le sedi del cassetto di macchina a vapore) (*macch. portatile*), planing machine. **23.** ~ senza centri (*lav. macc. ut.*), centerless grinding. **24.** registrazione di ~ (per eliminare un errore per es.) (*contabilità*), adjusting entry. **25.** traiettoria di ~ (*mecc. - macch. ut.*), grinding path.

rettificare (*mecc.*), to grind. **2.** ~ (correggere) (*amm.*), to rectify, to correct. **3.** ~ (*chim.*), to rectify. **4.** ~ ! (*dis. mecc.*), grind, G. **5.** ~ (*elett.*), *vedi* raddrizzare. **6.** ~ in presenza di liquido refrigerante (*mecc.*), to wet-grind. **7.** ~ le canne dei cilindri (di un mot.) (*mecc.*), to recondition the cylinder bores (am.). **8.** ~ a coordinate (*mecc. macch. ut.*), to jig-grind. **9.** ~ una curva (*strad.*), to rectify a curve. **10.** ~ una valvola (*mecc.*), to reface a valve (am.). **11.** ~ un cuscinetto (*mecc.*), to reface a bearing.

rettificato (*mecc.*), ground. **2.** ~ (*chim. - amm. - strad.*), rectified. **3.** ~ (raddrizzato) (*radio*), rectified. **4.** ~ concavo (di una lama per es.) (*lav. macch. ut.*), hollow ground. **5.** ~ su tutte le superfici (*lav. macch. ut.*), ground all over.

rettificatore (*radio*), detector, rectifier. **2.** ~ (*ut. mecc.*), grinder. **3.** ~ (*op. - macch. ut.*), grinder. **4.** ~ di mezza onda (*radio*), half-wave rectifier. **5.** ~ di onda intera (*radio*), full-wave rectifier. **6.** ~ (o rivelatore) a cristallo (*radio*), crystal detector. **7.** ~ per sedi valvole (*op. o ut. mecc.*), valve seat grinder.

rettificatrice (*macch. ut.*), grinder, grinding machine. **2.** ~ a tuffo (*macch. ut.*), plunge grinder. **3.** ~ calibratrice (con controllo automatico della dimensione sull'intera operazione di rettifica) (*macch. ut. - mecc.*), size-matic grinder. **4.** ~ con testa (portamola) ad angolo (con la testa portamola di angolo rispetto alla direzione della corsa della tavola) (*macch. ut.*), angle head grinding machine. **5.** ~ di precisione (*macch. ut.*), precision grinder. **6.** ~ di profili (o per sagomare) (*macch. ut.*), profile grinder, "shape" grinder. **7.** ~ e lappatrice per calibri a forcella (*macch. ut.*), snap gauge grinding and lapping machine. **8.** ~ frontale (rettificatrice a mandrino verticale) (*macch. ut.*), face grinder, vertical spindle grinding machine. **9.** ~ idraulica per piani (*macch. ut.*), hydraulic surface grinding machine. **10.** ~ in piano (rettificatrice per superfici piane) (*macch. ut.*), surface grinder. **11.** ~ ottica per iniettori di motori a ciclo diesel (*macch. ut.*), optical diesel engine injection nozzle grinding machine. **12.** ~ parallela per esterni (*macch. ut.*), plain grinder. **13.** ~ per alberi a camme (rettificatrice per eccentrici dell'albero della distribuzione) (*macch. ut.*), camshaft grinding machine. **14.** ~ per alberi a gomiti (*macch. ut.*), crankshaft grinding machine. **15.** ~ per alberi di distribuzione (rettificatrice per eccentrici) (*macch. ut.*), camshaft grinder. **16.** ~ per alberi scanalati (*macch. ut.*), splined shaft grinding machine. **17.** ~ per cilindri (*macch. ut.*), cylinder grinding machine. **18.** ~ per creatori (*macch. ut.*), hob grinding machine. **19.** ~ per eccentrici (degli alberi di distribuzione) (*macch. ut.*), camshaft grinder. **20.** ~ per esterni (*macch. ut.*), external grinder. **21.** ~ per fianchi di dentature (*macch. ut.*), tooth flank grinding machine. **22.** ~ per filetti (interni ed esterni) (*macch. ut.*), thread grinding machine. **23.** ~ per guide di bancali (*macch. ut.*), bed ways grinding machine. **24.** ~ per ingranaggi (*macch. ut.*), gear grinding machine. **25.** ~ per interni (*macch. ut.*), internal grinder. **26.** ~ per interni da utensileria (*macch. ut.*), toolroom internal grinding machine (ingl.). **27.** ~ per maschere (*macch. ut.*), jig grinding machine. **28.** ~ per piani (lapidello) (*macch. ut.*), surface grinding machine. **29.** ~ per piani con apparecchio ottico (*macch. ut.*), visual surface grinding machine. **30.** ~ per piste di cuscinetti a sfere (*macch. ut.*), ball bearing track grinding machine. **31.** ~ per profili (*macch. ut.*), profile grinding machine. **32.** ~ per punte da centro (*macch. ut.*), center drill grinding machine. **33.** ~ per rulli (*macch. ut.*), roll grinder. **34.** ~ per scanalature (o per alberi scanalati) (*macch. ut.*), spline grinder. **35.** ~ per valvole (*macch. ut.*), valve refacer. **36.** ~ semiautomatica (*macch. ut.*), semiautomatic grinding machine. **37.** ~ senza centri (*macch. ut.*), centerless grinding machine. **38.** ~ senza centri per filetti (*macch. ut.*), centerless thread grinder. **39.** ~ senza centri per interni (*macch. ut.*), centerless internal grinder. **40.** ~ tangenziale (rettificatrice a mandrino orizzontale) (*macch. ut.*), horizontal spindle grinding machine, edge wheel grinding machine. **41.** ~ universale (*macch. ut.*), universal grinding machine, universal grinder.

rettificazione (raddrizzamento di corrente alternata in corrente continua) (*elett.*), rectification, detection. **2.** ~ (rivelazione, demodulazione: di radioonda modulata per es.) (*radio - eltn.*), demodulation, detection. **3.** ~ (*radio*), rectification, detection. **3.** ~ (*operaz. chim.*), rectification. **5.** " ~ " (*operaz. mecc.*), *vedi* rettifica. **6.** ~ di griglia (*radio*), grid rectification. **7.** ~ di placca (*radio*), anode rectification, plate rectification. **8.** ~ integrale (*radio*), full-wave rectification.

rettilineità (*mecc.*), straightness.

rettilineo (*a. - gen.*), rectilinear. **2.** ~ (di moto per es.) (*a. - mecc.*), straight-line. **3.** ~ (*s. - strad.*), straightaway. **4.** moto ~ (di un veicolo per es.), straightaway motion.

rètto (diritto) (*a. - gen.*), straight. **2.** ~ (a 90°: di angolo) (*geom.*), right. **3.** angolo ~ (*geom.*), right angle.

rettore (di Università) (*scuola*), rector.

reversale (d'incasso) (*amm.*), cash bill, collection order.
reversìbile (di rezione per es.) (*chim.*), reversible.
reversibilità (*chim. - ecc.*), reversibility. **2.** ~ (dello sterzo) (*aut.*), caster action.
revisionare (un motore per es.) (*mecc.*), to overhaul, to recondition. **2.** ~ (un dizionario per es.) (*gen.*), to revise. **3.** ~ (mettere a punto prototipi eliminando errori e difetti) (*ind.*), to debug. **4.** ~ a fondo (fare importanti riparazioni sostituendo le parti difettose o usurate) (*mecc.*), to rebuild.
revisionato (*mot.*), overhauled, reconditioned.
revisione (di un motore per es.) (*mecc.*), overhaul, overhauling. **2.** ~ (verifica contabile) (*amm.*), audit. **3.** ~ (aggiornamento, di un disegno) (*dis. mecc.*), revision. **4.** ~ completa (*mot.*), top overhaul. **5.** ~ del salario (di un operaio) (*pers.*), salary review, salary revision. **6.** ~ di un conto (*amm.*), audit. **7.** ~ esterna (controllo esterno, eseguito da revisori dei conti professionisti) (*amm.*), independent audit. **8.** ~ generale (di un motore a comb. interna per es.) (*mot. - ecc.*), major overhaul, complete overhaul. **9.** ~ interna (controllo interno, eseguito da impiegati di un'azienda) (*amm.*), internal audit. **10.** ~ parziale (*mot.*), minor overhaul, overhaul. **11.** ~ sul campo (di mot. aeronautico per es.) (*mecc.*), field overhaul. **12.** ~ (o ripassatura) valvole (*mot.*), valve overhauling. **13.** manuale d'istruzione per la ~ (di mot., macch. ut. ecc.) (*ind.*), overhaul manual, overhaul handbook. **14.** periodo tra le revisioni (di un mot. aeronautico per es.) (*mot.*), overhaul period. **15.** periodo scaduto tra le revisioni (di un motore) (*mot.*), (engine) overhaul time expired.
revisore (contabile) (*amm.*), auditor.
rèvoca (di un brevetto per es.) (*leg.*), revocation.
revocabile (*gen.*), revocable.
revocare (una legge) (*leg.*), to revoke. **2.** ~ (p. es. una ordinazione) (*comm. - ecc.*), to countermand.
revòlver (rivoltella) (*arma da fuoco*), revolver. **2.** tornio a ~ (*macch. ut.*), turret lathe, capstan lathe.
reyn (unità assoluta di viscosità nel sistema inglese, espressa in libbre-sec/pollice quadrato) (*mis.*), reyn.
Reynolds, numero di ~ (*mecc. dei fluidi*), Reynold's number.
rhe (unità di fluidità: reciproco di poise) (*mis.*), rhe.
rhumbatron (risonatore di cavità di un klystron) (*eltn.*), rumbatron.
riabbassare (calare a terra, un veicolo alzato con cricco per es.) (*aut.*), to lower, to dejack.
riaccendere (un altoforno) (*forno - metall.*), to restart, to blow in again. **2.** ~ (un endoreattore p. es.) (*astric. - ecc.*), to restart.
riaccendibile (*a. - razzi - ecc.*), restartable.
riaccensione (riavviamento) (di un motore a getto in volo) (*mot. aer.*), restarting, relighting.
riaddestramento (dei lavoratori) (*lav. - ecc.*), re-education.
riaffilabile (*ut.*), regrindable.
riaffilare (utensili) (*mecc.*), to regrind.
riaffilato (*ut.*), reground.
riaffilatura (di utensili) (*mecc.*), regrinding.
riagganciare (il ricevitore, posare il ricevitore, riattaccare il ricevitore, interrompere la comunicazione) (*telef.*), to hang up.
rialesare (un foro, la bocca da fuoco di un cannone ecc.) (*mecc.*), to rebore.
rialzare (il prezzo per es.) (*comm.*), to raise. **2.** ~ di un piano (*ed.*), to build another floor. **3.** ~ il voltaggio (*elett.*), to boost the voltage. **4.** ~ un muro (*ed.*), to raise a wall.
rialzato (di un muro per es.) (*a. - ed.*), raised.
rialzista (*borsa*), bull.
rialzo (di prezzi) (*comm.*), rise, boom. **2.** ~ (di tensione) (*elett.*), boosting. **3.** ~ (di un muro per es.) (*ed.*), rise. **4.** apparecchiatura di ~ (*app. ferr.*), railroad jack. **5.** essere in leggero ~ (di borsa valori) (*finanz.*), edge up. **6.** in ~ (andamento delle azioni in ~) (*finanz.*), bullish. **7.** mercato al ~ (in borsa) (*finanz.*), bullish market. **8.** mezzi di ~ (*ferr.*), rerailer, replacer. **9.** tendenza al ~ (del mercato) (*comm.*), uptrend.
riannaspare (stracannare) (*ind. tess.*), to rewind.
riappendere (riagganciare il ricevitore) (*telef.*), to hang up.
riarmare (una nave) (*mar. milit.*), to recommission. **2.** ~ (un'arma da fuoco), to recock.
riarmo (resettaggio, ristabilimento di un contatto o di qualche altro dispositivo, nella posizione primitiva) (*elettromecc. - eltn.*), resetting.
riassemblaggio (rimontaggio) (*mecc. - ecc.*), reassembling.
riassemblare (rimontare) (*mecc. - ecc.*), to reassemble.
riassestamento (ristabilimento delle proprietà fisiche di un materiale incrudito) (*tratt. term.*), recovery. **2.** tempo di ~ (di un circuito elettronico) (*eltn.*), recovery time.
riassicurare (presso un'altra compagnia di assicurazione) (*amm. - gen.*), to reinsure.
riassicurato (assicurato anche con altra compagnia) (*amm. - gen.*), reassured.
riassicurazione (*ass.*), reinsurance.
riassumere (sommarizzare) (*gen. - elab.*), to abstract.
riassunto (*s. - gen.*), summary. **2.** ~ automatico (sommario automatico di un testo esistente in memoria) (*elab.*), auto-abstract. **3.** breve ~ (compendio) (*gen.*), précis.
"riattaccare", *vedi* riagganciare.
riattare (*gen.*), to refit.
riattivare (*gen.*), ro reactivate. **2.** ~ (un catalizzatore) (*chim. - fis.*), to reactivate. **3.** ~ (un impianto, una linea ecc.), to reput in service. **4.** ~ (una nave da guerra per es. precedentemente "messa in naftalina") (*mar. milit. - ecc.*), to demothball.

riattivatore (di un dispositivo di lavaggio di gas mediante liquido per es.) (*chim. ind.*), actifier, reactivator.
riattivazione (di catalizzatore per es.) (*chim.*), reactivation.
riattrezzamento (*ind.*), retooling.
riavviamento (*gen.*), restart. **2.** ~ differito (*elab.*), deferred restart.
riavviare (riaccendere) (un motore a getto in volo, un mot. a c.i. ecc.) (*mot.*), to restart. **2.** ~ (ripetere la inizializzazione, mettere di nuovo in funzione a causa di fermata o insuccesso) (*elab.*), to reboot.
riavvitare (ristringere o serrare un collegamento a vite, un bullone, una vite ecc.) (*mecc.*), to retighten.
riavvòlgere (*gen.*), to rewind. **2.** ~ (una pellicola per es.) (*cinem.*), to rewind. **3.** ~ (un motore elettrico) (*elettromecc.*), to rewind.
riavvolgimento (di una pellicola per es.) (*cinem.*), rewinding. **2.** ~ (di un motore bruciato per es.) (*elettomecc.*), rewinding.
riavvolgitore ad inerzia (per cintura di sicurezza) (*sicurezza - aut.*), inertia belt retractor. **2.** ~ di cinture a blocco automatico (di cintura di sicurezza) (*sicurezza - aut.*), automatic belt retractor. **3.** ~ per cinture (di sicurezza) (*sicurezza - aut.*), belt retractor.
riavvolgitrice (per filo o nastro) (*macch. - laminazione*), rewinding machine.
ribadire (un chiodo per es.) to rivet, to upset. **2.** martello per ~ (*ut.*), riveting hammer.
ribadito (ricalcato) (*mecc.*), upset. **2.** ~ (di chiodo) (*mecc.*), riveted.
ribaditore (*op.*), riveter. **2.** aiuto ~ (tiene fermo in sede il chiodo scaldato al calor rosso) (*op.*), bucker-up.
ribaditrice (chiodatrice) (*macch.*), riveter, riveting machine. **2.** ~ a ginocchiera (*macch. ut.*), toggle riveter.
ribaditura (chiodatura) (*tecnol. mecc.*), riveting.
ribalta (*teatro*), stage. **2.** luci della ~ (*teatro*), footlights.
ribaltabile (*a. - gen.*), overturning. **2.** (veicolo con cassone ribaltabile) (*s. - aut.*), dumper. **3.** ~ (di un braccio sporgente per es. che per il trasporto può essere ribaltato per far assumere all'oggetto una forma più compatta) (*a. - mecc.*), collapsible.
ribaltamento (*gen.*), turnover. **2.** ~ (di una vista di un pezzo: su un disegno) (*dis. mecc.*), spreading out flat. **3.** ~ (del pezzo su linee transfer per es.) (*macch. ut.*), turnover. **4.** indicatore di ~ (avvisatore di ribaltamento) (*macch. - veic.*), tilting indicator.
ribaltare (*gen.*), to turn over. **2.** ~ (una vista di un pezzo su un disegno) (*dis. mecc.*), to spread out flat.
ribaltato (*gen.*), overturned, turned over. **2.** ~ (di una vista di un pezzo su un disegno) (*dis. mecc.*), spread out flat.
ribaltatore (manipolatore, di un laminatoio, giralingotti per es.) (*app. ind. metall.*), tilter, manipulator. **2.** ~ (dispositivo usato per inclinare un carico dell'angolazione voluta) (*trasp. ind.*), tipper. **3.** ~ a rotazione (di un vagonetto per es.) (*min. - ecc.*), rotary dump.
ribaltina (*mobile*), writing cabinet.
ribassamento (della dentatura per es.) (*mecc.*), stubbling, stubbling off.
ribassare (i prezzi per es.) (*comm.*), to sink.
ribassato (arco per es.) (*arch. - ecc.*), depressed.
ribassista (*finanz.*), bear.
ribasso (diminuzione del prezzo di vendita) (*comm.*), markdown, fall, rebate, abatement. **2.** ~ improvviso (caduta dei prezzi) (*finanz.*), slump. **3.** mercato al ~ (in borsa) (*finanz.*), buyer's market, bear market.
ribàttere, *vedi* ribadire.
ribattino (*mecc.*), rivet. **2.** ~ ad espansione con spina inserita (*mecc.*), blind mechanically expanded rivet, drive pin blind rivet. **3.** ~ a testa a lenticchia (*costr. aer.*), brazier-head rivet. **4.** ~ a testa svasata piana (*mecc.*), flat countersunk-head rivet. **5.** ~ a testa tonda (stretta) (*mecc.*), roundhead rivet, buttonhead rivet. **6.** ~ esplosivo (contenente una carica lo scoppio della quale determina il collegamento fisso) (*mecc.*), explosive rivet. **7.** far saltare i ribattini (cacciare i ribattini) (*mecc.*), to burst rivets. **8.** ~, *vedi anche* chiodo.
ribattitura (costura a punto ribattuto di due teli di stoffa per es.) (*cucitura tessuti*), fell.
ribobinare (riavvolgere) (*elett.*), to rewind.
ribobinatore (di una macchina da stampa) (*tip.*), rewinder.
ribobinatrice (*mft. carta - ecc.*), rereeling machine.
ribobinatura (*mft. carta - ecc.*), rereeling.
ribollimento (sobbollimento) (*geol. - chim.*), bubbling. **2.** ~ (sobbollimento: dell'acciaio fuso, in forno) (*fond.*), boil. **3.** ~ (del vetro fuso) (*mft. vetro*), reboil.
ribollire (del bagno in un forno) (*metall. - fond.*), to boil. **2.** ~ (bollire di nuovo) (*lav.*), to reboil.
ribollitura, *vedi* ribollimento.
ribruciare (lisciare il vetro riscaldandolo al fuoco) (*mft. vetro*), to fire-polish.
ribruciatura (*mft. vetro*), fire-polishing.
ricaduta (pioggia di pulviscolo radioattivo dopo un'esplosione atomica) (*fis. atom.*), fall-out.
ricalcamento (*tecnol. mecc.*), *vedi* ricalcatura.
ricalcare (*operaz. metall. a caldo*), to upset. **2.** ~ (*operaz. mecc. a freddo*), to cold-head. **3.** ~ (*tecnol. mecc.*), *vedi anche* rifollare. **4.** ~ a freddo (un bullone per es.) (*mecc.*), to cold-head.
ricalcato (a caldo) (*mecc.*), upset. **2.** ~ a freddo (un bullone per es.) (*a. - mecc.*), cold-headed.
ricalcatrice (per fucina) (*macch. ut.*), upsetting machine, upsetter, header, heading machine. **2.** ~ elettrica (elettroricalcatrice) (*macch. fucinatura*), electrical upsetter. **3.** ~ idraulica (*macch. ut. per fucine*), hydraulic upsetting press.
ricalcatura (*mecc. - metall.*), upsetting, heading. **2.**

~ a caldo (della testa) (*tecnol. mecc.*), upsetting, hot-heading. **3.** ~ a freddo (*tecnol. mecc.*), cold-heading. **4.** ~ del lingotto (*metall.*), ingot upsetting. **5.** ~ del massello (*tecnol. mecc.*), ingot upsetting. **6.** ~ per resistenza (*tecnol. mecc.*), electro-upsetting, resistance upsetting. **7.** prova di ~ (*prova fucinatura*), upsetting test.

ricalco (*fond.*), depression.

ricalco (*uff.* - *ecc.*), transfer. **2.** contabilità a ~ (*contabilità*), manifold paper bookkeeping.

ricalcolare (calcolare di nuovo) (*con operazioni mat.*), to recalculate.

ricamare (*ind. tess.*), to embroider.

ricamatrice (*lav.*), embroideress.

ricambiatore (di aria; di galleria aerodinamica) (*aer.*), (air) interchanger.

ricambio (pezzo di ricambio di macchina, di aut. ecc.), spare part, spare. **2.** ~ ("refill" di una penna a sfera per es.) (*gen.*), refill. **3.** ~ automatico delle spolette (*mft. tess.*), automatic cop changing. **4.** pezzo di ~ (di macch., di autoveicolo ecc.), spare part. **5.** ruota di ~ (di aut. per es.), spare wheel.

ricambista (*aut.* - *ecc.*), (spare parts) stockist.

ricamo (*ind. tess.*), embroidery.

ricarburare (*tratt. term.*), recarburize.

ricarburazione (*tratt. term.*), recarburizing, recarburization.

ricàrica (*elett.*), recharge. **2.** ~ (di un'arma da fuoco), recharge. **3.** ~ (di una molla per es.) (*mecc.*), reloading. **4.** ~ delle batterie (*elett.*), battery recharge.

ricaricabile (p. es. una batteria di alimentazione) (*a.* - *elett.*), rechargeable.

ricaricare (una batteria per es.) (*elett.*), to recharge. **2.** ~ (un cannone per es.) (*milit.*), to recharge, to reload. **3.** ~ (un autocarro per es.), to reload. **4.** ~ (una molla per es.) (*mecc.*), to reload.

ricasco (superficie curva tra soffitto e parete) (*mur.*), cove.

ricavare (lavorare, dal pieno per es.) (*mecc.*), to machine. **2.** ~ una provetta (tagliare la provetta da un fucinato per es.) (*tecnol. mecc.*), to cut a test piece.

ricavato (ottenuto) (*gen.*), obtained. **2.** ~ (lavorato, dal pieno per es.) (*mecc.*), machined.

ricavo (di un'industria per es.) (*finanz.*), proceeds, yield, return. **2.** ~ d'esercizio (in un bilancio) (*contabilità*), operating income.

ricchezza (lo stato di disporre con larghezza di danaro e/o beni) (*econ.*), affluence.

riccio (di tessuto) (*mft. tess.*), terry. **2.** ~ (sbavatura), *vedi* ricciolo. **3.** ~ (di film) (*cinem.*), loop. **4.** tessuto a ~ (o a spugna), terry cloth.

rìcciolo (bava) (*mecc.*), burr. **2.** ~ (di tornitura) (*mecc.*), chip. **3.** ~ di frangente (*mare*), curl.

ricco (*a.* - *gen.*), rich. **2.** ~ (*a.* - *finanz.*), affluent, wealthy.

ricerca (di laboratorio per es.) (*tecnol.* - *chim.*), research. **2.** ~ (azione di pendolamento compiuta per trovare una linea libera per es.) (*eltn.* - *ecc.*), hunting. **3.** ~ (generalmente una ~ sequenziale organizzata) (*elab.* - *ecc.*), search, searching. **4.** ~ (processo di ~) (*elab.*), look-up. **5.** ~ applicata (*ind.*), applied research. **6.** ~ binaria (~ dicotomica) (*elab.*), binary search. **7.** ~ concatenata (~ di un dato in una lista concatenata) (*elab.*), chaining search. **8.** ~ di base (*ind.*), basic research. **9.** ~ dicotomica (*elab.*), dichotomizing search. **10.** ~ di mercato (*comm.*), marketing research. **11.** ~ e sviluppo (*ind.*), research and development, R&D. **12.** ~ motivazionale (*comm.*), motivational research. **13.** ~ nastri (*elab.*), tape search. **14.** ~ operativa (*organ.* - *ind.* - *ecc.*), operational research, operations research (am.). **15.** ~ per zone (*elab.*), area search. **16.** ~ pubblicitaria (*pubbl.*), advertising research. **17.** ~ scientifica (*ind.*), scientific research. **18.** ~ sequenziale (*elab.*), sequential search. **19.** ~ sul comportamento del consumatore (*comm.*), consumer behavior research. **20.** ~ sviluppo, prova e valutazione (*ind.*), research, development, test and evaluation. **21.** ~ tabulare o tabellare (~ di un dato in una tabella p. es.) (*elab.*), table look-up. **22.** ~ visiva (per mezzo di periscopio) (*ott.* - *mar. milit.*), scan. **23.** programma di ~ (*ind.*), research program. **24.** programma di ~ (forma geometrica dello spazio di mare e modo in cui il siluro cerca il bersaglio) (*mar. milit.*), search pattern. **25.** tabella di ~ (~ che contiene elementi di identificazione o indirizzi di dati) (*elab.*), look-up table.

ricercare (eseguire ricerche) (*tecnol.* - *ind.*), to research. **2.** ~ (cercare) (*gen.*), to look up, to seek. **3.** ~ (cercare: per es. dati, indirizzi ecc.) (*elab.* - *ecc.*), to look up, to seek.

ricercatore (*app.* - *pers.*), researcher.

ricerche (di laboratorio, scientifiche ecc.), researches. **2.** ~ e salvataggi (*navig.*), search and rescue. **3.** ~ nucleari (*fis. atom.*), nuclear researches.

ricetrasmettitore (radio ricevente e trasmittente) (*radio*), two-way radio. **2.** ~ di facsimile (*tlcm.*), facsimile transceiver. **3.** ~ portatile (*radio*), walkie-talkie, walky-talky.

ricetrasmittente (apparecchio ricevente e trasmittente, ricetrasmettitore) (*radio*), transceiver, two-way radio, transreceiver. **2.** ~ a tastiera (telescrivente manuale) (*telecom.*), keyboard send and receive, "KSR". **3.** ~ automatica (costituita da tastiera, stampante e lettore/perforatore di nastro) (*tlcm.*), automatic send and receive, "ASR". **4.** apparecchio ~ (*telecom.*), send and receive set.

ricetta (prescrizione medica) (*med.*), prescription.

ricettività (*gen.*), receptivity.

ricettore (cavità di klystron) (*eltn.*), catcher.

ricévere (a mezzo apparecchio radio per es.), to receive. **2.** ~ (captare: un'onda radio) (*radio*), to pick up. **3.** ~ (una merce in magazzino per es.) (*amm.* - *comm.*), to receive.

ricevimento (*gen.*), receipt, receiving. **2.** ~ (accettazione merci per es.) (*ind.* - *ecc.*), reception. **3.** addetto al ~ (di visitatori di una società per es.) (*pers.* - *ecc.*), receptionist.

ricevitore ("cornetta") (*telef.*), handsct. **2.** ~ (apparecchio ricevente) (*radio*), receiver. **3.** ~ a banda stretta (*radio*), narrow-band receiver. **4.** ~ acustico (*telegrafia*), sounder. **5.** ~ a galena (od a cristallo) (*radio*), crystal set. **6.** ~ a valvola termoelettronica (o tubo termoelettronico) (*radio*), thermo-electronic valve receiver. **7.** ~ da satellite (app. che riceve da antenna a disco parabolico e trasmette al televisore domestico a colori) (*telev.*), satellite receiver. **8.** ~ d'echi (*radio*), echo receiver. **9.** ~ di risposta (complesso ricevente facente parte di un apparecchio interrogatore/risponditore) (*eltn.*), responsor. **10.** ~ Morse (*elettrotel.*), Morse receiver. **11.** ~ per percorso radioguidato (*aer.* - *radio*), homing receiver. **12.** ~ stampante (*elettrotel.*), printing receiving apparatus. **13.** ~ telefonico (*elettrotel.*), telephone receiver, receiver.

ricevitrice scrivente su zona (*telegrafia*), ticker.

ricevuta (*amm.* - *comm.*), receipt. **2.** ~ (quietanza) (*amm.* - *finanz.*), quittance. **3.** ~ (documenta l'avvenuto ricevimento) (*leg.* - *comm.*), acknowledgement. **4.** ~ di (avvenuta) consegna (*comm.* - *leg.*), proof of delivery. **5.** ~ di magazzino (per merci in deposito) (*leg.* - *comm.*), warrant, warehouse receipt. **6.** ~ di ritorno, *vedi* avviso di (avvenuto) ricevimento. **7.** accusare ~ (di un segnale per es.) (*aer.* - *nav.* - *ferr.* - *radio*), to acknowledge. **8.** pregasi accusare ~ (nella corrispondenza commerciale) (*uff.*), please acknowledge receipt. **9.** si richiede ~ (nella corrispondenza commerciale) (*uff.*), return receipt requested.

ricezione (*radio*), reception. **2.** ~ (di segnali per es.) (*elettrotel.*), reception. **3.** ~ a cardioide (con diagramma polare a cardioide) (*radiogoniometria*), heartshape reception, cardioid reception. **4.** ~ ad eterodina (*radio*), beat reception, heterodyne reception. **5.** ~ ad omodina (*radio*), homodyne reception. **6.** ~ (direzionale) anti-interferenza (per mezzo di antenna direzionale) (*radio*), barrage reception. **7.** ~ a supereterodina (*radio*), superheterodyne reception. **8.** ~ con rigenerazione della portante (procedimento per eliminare variazioni di ampiezza e disturbi ed aumentare la qualità della ~) (*eltn.* - *radio* - *telev.*), reconditioned carrier reception. **9.** ~ direttiva (*radio*), beam reception. **10.** ~ diversionale [o per diversità] (~ ottenuta selezionando il miglior segnale fra quelli emessi da antenne diversamente locate) (*radio*), diversity reception. **11.** ~ non valida (~ non corrispondente alle regole) (*elab.*), invalid reception. **12.** ~ ottimizzata (la migliore ricezione scelta tra varie antenne) (*radio*), diversity reception. **13.** ~ ritrasmessa (*telev.*), ball reception. **14.** ~ televisiva con antenna unica (programmi ricevuti per mezzo di una grande antenna e trasferiti ai clienti via cavo) (*telev.*), community antenna television. **15.** dispositivo universale per ~ e trasmissione asincrona (*telecom.*), Universal Asynchronous Receiver Transmitter, UART. **16.** disturbare la ~ (*radio*), to blank. **17.** rapporto di ~ (merito) (*radio*), merit, receiving quality. **18.** sola ~ (*elab.*), receive only, RO.

richiamare (al telefono per es.) (*gen.*), to call back. **2.** ~ (dopo picchiata o vite) (*aer.*), to pull-out. **3.** ~ (un comando per es. mediante una molla per es.) (*mecc.*), to return. **4.** ~ (in fabbrica: p. es. un prodotto difettoso per sostituzione, rilavorazione o riparazione) (*ind.* - *garanzia*), to recall. **5.** ~ in fase di atterraggio (portare l'aereo quasi parallelo al suolo prima di prendere terra) (*aer.*), to flare.

richiamata (*aer.*), pullout. **2.** ~ (di un velivolo) (*aer.*), flattening out. **3.** deflettore di ~ (*aer.*), recovery flap.

richiamo (di una molla per es.) (*mecc.*), returning action. **2.** ~ (in fabbrica: di automobili per es. da parte della ditta costruttrice a causa di un difetto) (*ind.*), callback. **3.** ~ pubblicitario (*pubbl.*), advertising appeal. **4.** fattore di ~ (*pubbl.*), attention factor. **5.** molla di ~ (*mecc.*), return spring. **6.** valore di ~ (*pubbl.*), attention value.

richiedente (il richiedente) (*s.* - *leg.* - *ecc.*), applicant.

richièsta (*comm.*), request. **2.** ~ (di risorsa, per l'esecuzione di un processo) (*s.* - *elab.*), claim. **3.** ~ (p. es. di dati da reperire in memoria) (*s.* - *elab.*), enquiry. **4.** ~ automatica di ritrasmissione (*elab.*), automatic repeat request. **5.** ~ di offerta (*comm.*), offer request, request for quotations. **6.** extra a ~ (di accessorio o finizione opzionale a pagamento, oltre il prezzo di listino) (*aut.* - *comm.*), optional, extra. **7.** su ~ del cliente (su misura: per es. un programma particolare ecc.) (*elab.* - *ecc.*), bespoke, custom-made.

riciclaggio (processo consistente nella fusione del rottame [p. es. bottiglie di vetro, vecchie auto, sfridi metallici di lavorazione, ecc.] per ottenere materia prima per la fabbricazione di nuovi prodotti) (*s.* - *ind.*), recycle, recycling process.

riciclare (riportare in ciclo) (*ind.*), to recycle.

riciclo (rimessa in ciclo di materiale in lavorazione) (*ind.*), recycle.

rìcino (*pianta*), castor-oil plant, oil tree. **2.** olio di ~ (*ind.*), castor oil.

ricircolazione (ricircolo, dei gas di sfiato del basamento al collettore d'ammissione) (*mot. aut.*), blow-by.

ricognitore (*aer.* - *nav.*), scout, air scout. **2.** ~ (apparecchio da ricognizione) (*aer. milit.*), reconnaissance aircraft, spotter aircraft. **3.** ~ notturno (*aer. milit.*), night intruder.

ricognizione (*gen.*), scouting. **2.** ~ (*milit.*), reconnaissance. **3.** ~ tattica (*aer. milit.*), tactical reconnaissance. **4.** ~ terrestre (*milit.*), land reconnaissance.

ricolare (di vernice per es.) (*vn.* - *ecc.*), to sag. **2.** ~ (il metallo [bianco] ad un cuscinetto per es.) (*mecc.*), to remetal.

ricolata (colatura: di vernice, nella verniciatura a spruzzo per es.) (*difetto vn.*), sagging (am.).

ricollegare (connettere di nuovo) (*elett. - eltn. - elab. - ecc.*), to reconnect.
ricominciare (*gen.*), to begin again.
ricompensa (ad un operaio per es. anche in danaro) (*gen.*), reward.
ricompensare (*gen.*), to remunerate.
ricomporre (*tip.*), to reset.
ricomposizione (rifacimento di una pagina per es.) (*tip.*), reset, resetting.
ricondensare, ricondensarsi (*gen.*), to recondense.
riconfigurazione (rilocazione fisica: di un volume di memoria di massa per es.) (*elab.*), riconfiguration.
riconiatura (di monete per es.) (*finanz.*), recoinage, recoining.
riconoscimento (di un segnale) (*milit.*), recognition. **2.** ~ (di caratteri e simboli identificanti un processo ecc.) (*elab.*), recognition. **3.** ~ del parlato (attitudine di un elaboratore a riconoscere le parole e frasi pronunciate da un operatore per es.) (*elab.*), speech recognition. **4.** ~ (o lettura automatica) di caratteri ad inchiostro magnetico (*elab.*), magnetic ink character recognition, "MICR". **5.** ~ di forme (processo di identificazione automatico e bidimensionale: p. es. di caratteri, simboli ecc. mediante un lettore ottico) (*elab.*), pattern recognition. **6.** ~ ottico di marcatura (*elab.*), optical mark recognition, "OMR". **7.** medaglioncino di ~ (*milit.*), identity disk. **8.** processo di ~ (~ ottico, ~ della voce ecc.) (*elab. voce - ecc.*), recognition process.
ricontrollare (controllare di nuovo) (*gen.*), to recheck, to recontrol.
ricopiare (copiare i dati, già archiviati, da una ad altra memoria, per prevenirne la perdita) (*elab.*), to backup.
ricoprimento (sovrapposizione) (*gen.*), overlap, overlapping. **2.** ~ (angolo di ricoprimento, sovrapposizione [o incrocio], settore del diagramma di distribuzione nel quale le valvole di aspirazione e scarico sono entrambe contemporaneamente aperte) (*mot.*), overlap. **3.** ~ (sporto interno o esterno, percorso di una valvola a cassetto per aprire l'accesso del vapore oppure lo scarico partendo dalla posizione di mezzo) (*macch. a vapore*), lap. **4.** rapporto di ~ (rapporto tra arco di azione e passo circonferenziale, di ingranaggi) (*mecc.*), contact ratio.
ricoprire (con uno strato sottile) (*ind.*), to coat. **2.** ~ (un metallo: con operazione meccanica o chimica), to plate. **3.** ~ di ardesia (un tetto per es.) (*ed.*), to slate. **4.** ~ galvanicamente (o galvanostegicamente), to plate.
ricoprirsi (con uno strato sottile) (*gen.*), to become coated. **2.** ~ di ghiaccio, to frost.
ricorsività (procedura che si ripete ciclicamente fino a che non incontra una particolare istruzione di arresto) (*s. - elab. - mat.*), recursiveness, recursion.
ricorsivo (ricorrente) (*a. - elab. - mat.*), recursive. **2.** operazione ricorsiva (*elab.*), recursive operation.
ricorso (*leg.*), appeal.
ricostruire (*ed.*), to reconstruct. **2.** ~ (apportando importanti cambiamenti) (*ed.*), to rebuild. **3.** ~ integralmente (applicare nuova gomma su battistrada e fianchi di un pneumatico fino al tallone) (*aut.*), to remold. **4.** ~ semi-integralmente (applicare nuova gomma sul battistrada e sulle spalle di un pneumatico) (*aut.*), to recap.
ricostruito (*gen.*), reconstructed.
ricostruzione (*ed.*), rebuilding. **2.** ~ del battistrada (di pneumatici di automobile) (*ind. gomma - aut.*), top capping. **3.** ~ integrale (applicazione di nuova gomma su battistrada e fianchi di un pneumatico fino al tallone) (*aut.*), remolding. **4.** ~ semi-integrale (applicazione di nuova gomma sul battistrada e sulle spalle di un pneumatico) (*aut.*), recapping.
ricòtto (*tratt. term.*), annealed, ann. **2.** ~ completamente (*tratt. term.*), soft annealed. **3.** rame ~ (*metall.*), soft copper.
ricottura (riscaldamento per l'eliminazione delle tensioni interne e degli effetti delle lavorazioni meccaniche a freddo) (*tratt. term.*), annealing. **2.** ~ (cottura al disotto del punto di trasformazione seguita da un lento raffreddamento) (*tratt. term.*), process annealing. **3.** ~ a bassa temperatura (ricottura al disotto della temperatura critica) (*tratt. term.*), sub-critical annealing. **4.** ~ al blu (*tratt. term.*), blue annealing. **5.** ~ al disotto del punto critico (ricottura a bassa temperatura) (*tratt. term.*), sub-critical annealing. **6.** ~ completa (*tratt. term.*), full annealing. **7.** ~ di antistagionatura (ricottura di distensione, distensione) (*tratt. term.*), stress relieving. **8.** ~ di coalescenza (sferoidizzazione: riscaldamento prolungato vicino alla temperatura critica seguito da lento raffreddamento) (*tratt. term.*), spheroidizing, divorce annealing. **9.** ~ di globulizzazione (ricottura di coalescenza, sferoidizzazione) (*tratt. term.*), spheroidizing. **10.** ~ di grafitizzazione (riscaldamento a temperature prossime o superiori all'intervallo critico per trasformare il carbonio combinato in carbonio grafitico) (*tratt. term.*), graphitizing. **11.** ~ di omogeneizzazione (ricottura completa per rendere più omogeneo l'acciaio) (*tratt. term.*), homogenizing. **12.** ~ in bagno di sali (*tratt. term.*), salt annealing. **13.** ~ in bianco (*tratt. term.*), bright annealing. **14.** ~ in cassetta (*tratt. term.*), box annealing, pot annealing. **15.** ~ in forno (*tratt. term.*), furnace annealing. **16.** ~ in pacco (*tratt. term.*), pack annealing. **17.** ~ intermedia (per eliminare effetti di lavorazioni a freddo) (*tratt. term.*), process annealing. **18.** ~ isotermica (*tratt. term.*), isothermal annealing. **19.** ~ nera (*tratt. term.*), black annealing. **20.** ~ per eliminare le tensioni interne (distensione, di saldature o pezzi lavorati a freddo per es.) (*tratt. term.*), stress relieving. **21.** ~ seguita da rapido raffreddamento (*tratt. term.*), quench annealing. **22.** cassetta di ~ (cassetta di ferro usata per proteggere dall'atmo-

sfera del forno, durante l'operazione di ricottura) (*tratt. term.*), annealing box. **23.** forni di ~ (*tratt. term.*), annealing furnace.

ricoverare (*aut. - ecc.*), to shelter.

ricòvero (antiaereo per es.), shelter. **2.** ~ (rifugio) (*milit.*), shelter. **3.** ~ antiaereo (*milit.*), antiaircraft shelter. **4.** ~ antigas (*milit.*), gasproof shelter. **5.** ~ sotterraneo (*milit.*), underground shelter.

ricreativo (*gen.*), recreational.

ricristallizzare (*chim. - metall.*), to recrystallize.

ricristallizzazione (*chim. - metall.*), recrystallization. **2.** temperatura di ~ (*metall.*), recrystallization temperature.

ricuòcere (riscaldare per eliminare le tensioni interne e gli effetti delle lavorazioni meccaniche a freddo) (*tratt. term.*), to anneal.

ricuperare, *vedi* recuperare.

ricuperatore, *vedi* recuperatore.

ricùpero, *vedi* recupero.

ridimensionamento (riorganizzazione di una industria su nuove basi per es.) (*organ.*), reorganizing.

ridimensionare (organizzare su nuove basi, un'industria per es.) (*organ. - ecc.*), to reorganize, to organize anew.

ridisciògliere (*chim.*), to redissolve.

ridisegnare (un pezzo da modificare per es.) (*dis.*), to redraft.

ridisegno (rifacimento del progetto, rifacimento dello studio) (*ind.*), redesign.

ridistribuzione (nuova distribuzione di qualcosa) (*gen.*), reassessment.

ridondante (*gen.*), redundant.

ridondanza (*segnali elett.*), redundancy. **2.** ~ (duplicazione di circuiti per ridurre la possibilità di fermate) (*elab.*), redundancy.

ridòsso (*nav.*), shelter.

ridotto (*gen.*), reduced. **2.** ~ (di teatro) (*arch.*), foyer.

riducènte (*a. - chim.*), reducing.

ridurre (restringere, accorciare) (*gen.*), to reduce, to abridge. **2.** ~ (deossidare) (*chim.*), to reduce. **3.** ~ (ottenere il metallo da un minerale) (*chim. metall.*), to reduce. **4.** ~ (in polvere: per es. del materiale a mezzo macinazione) (*tecnol.*), to reduce. **5.** ~ (un minerale per es., facendo fondere, scorificare ecc.) (*operaz. di chim. metall.*), to smelt. **6.** ~ il prezzo (*comm.*), to reduce the price. **7.** ~ in blumi (lingotti) (*metall.*), to bloom. **8.** ~ la velatura (*navig.*), to shorten sail, to take in sail. **9.** ~ per lo schermo (*cinem.*), to screen, to adapt to motion-picture.

riduttore (*s. - mecc.*), reduction gear, reduction unit. **2.** ~ (*a. - mecc.*), reducing. **3.** ~ (di pressione: dispositivo per saldatura autogena per es.), pressure reducing valve. **4.** ~ (cambio ausiliario che riduce la velocità, per autocarri) (*aut.*), two-speed transfer case. **5.** ~ (per chassis di lastre o pellicole per es.) (*fot.*), adapter. **6.** ~ a ingranaggi (*mecc.*), reduction gear, gear reduction unit (ingl.). **7.** ~ a vite senza fine (*mecc.*), worm reduction unit (ingl.). **8.** ~ con torsiometro (incorporato) (*mot. aer.*), torquemeter reduction gear. **9.** ~ dell'invertitore (*mecc. - nav. - ecc.*), reverse reduction gear. **10.** ~ di pressione (*app. ind. per gas compressi*), pressure reducing valve, pressure reducer. **11.** ~ (o divisore) di tensione (*app. mis. elett.*), potential divider (ingl.). **12.** ~ di velocità (*mecc.*), speed reducer. **13.** ~ epicicloidale (*mecc.*), epicyclic reduction gear.

riduzione (*operaz. chim.*), reduction. **2.** ~ (di velocità, di rapporti meccanici ecc.) (*mecc.*), reduction, gearing-down. **3.** ~ (sconto) (*comm.*), abatement, allowance, rebate. **4.** ~ (di prezzo) (*comm.*), markdown. **5.** ~ (di spesa per es.) (*amm. comm.*), cutting. **6.** ~ (*elettrochim.*), reduction. **7.** ~ (processo di condensazione dei dati, [senza perdita di quanto ritenuto fondamentale] su film o microfilm) (*elab.*), reduction. **8.** ~ della potenza (declassamento di un mot. a c.i.) (*mot.*), derating. **9.** ~ del rumore di fondo (*elettroacus.*), noise reduction, NR. **10.** ~ di sezione (di un muro, di un argine ecc.) (*ed. - mur.*), scarcement. **11.** ~ (locale) di sezione (che precede la rottura di un pezzo in materiale duttile sottoposto a tensione) (*metall.*), necking. **12.** ~ percentuale della potenza (declassamento di un mot. a c.i.) (*mot.*), percentage derating. **13.** ingranaggio di ~ (*mecc.*), step-down gear.

riedizione sonora (registrazione del film in una lingua diversa per es. o aggiunta di effetti sonori) (*cinem.*), dubbing.

rielaborare (*gen.*), to work out anew.

rielaborazione (*gen.*), working out anew. **2.** ~ (*elab.*), reprocessing.

riempicoppa (*aut. - ecc.*), sump filler.

riempimento (operazione di riempimento di una bottiglia per es.) (*gen.*), filling. **2.** ~ (operazione di riempimento di una fossa per es.) (*mur. - ecc.*), backfilling. **3.** ~ (inserimento di caratteri in bianco, tra quelli dei dati, per raggiungere una dimensione prestabilita) (*s. - elab.*), padding. **4.** ~ con muratura o calcestruzzo (*mur.*), packing. **5.** ~ di bit (*elab.*), bit stuffing. **6.** materiale da ~ (*gen.*), fill, filler, filling. **7.** materiale da ~ di uno scavo (*movimento terra - ecc.*), backfill, backfilling.

riempire (*gen.*), to fill. **2.** ~ (con terra uno scavo per es.) (*movimento terra - ecc.*), to backfill. **3.** ~ (un vecchio cantiere con sterile per es.) (*min. - movimento terra*), to pack. **4.** ~ con malta (o cemento) (*mur.*), to grout. **5.** ~ con zeri (scrivere il bit zero in ciascuna locazione di memoria per cancellare i dati precedentemente scritti) (*elab.*), to zero fill, to zeroize. **6.** ~ di caratteri ripetuti (per ~ posti vuoti: su un documento per es.) (*elab.*), to character fill. **7.** ~ gli spazi in bianco (di un modulo per es.) (*tip. - elab.*), to fill in the blanks. **8.** ~ nuovamente (*gen.*), to refill. **9.** ~ un modulo (compilare un modulo) (*gen.*), to fill in a form.

riempitivo (per aumentare il corpo della tinta) (*pit-

tura mur.), extender. **2.** ~ (polvere minerale aggiunta al catrame ecc.) (*costr. strad.*), filler. **3.** ~ (per un adesivo per es.) (*ind. chim.*), filler. **4.** ~ (per giunti per es.) (*mur.*), filler. **5.** ~ di cotone (di cavo elettrico per es.), cotton filler.

riempito (*gen.*), filled.

riempitore (*app.*), filler.

rientràbile (di obiettivo fot.) (*fot.*), collapsible. **2.** ~ (di carrello) (*aer.*), *vedi* retrattile. **3.** ~ (riutilizzabile: riferito ad una particolare sequenza di istruzioni non soggetta a modifica ed utilizzabile per più lavori simultaneamente o successivamente: è riusabile, a codice invariato e per più programmi) (*a. - elab.*), reentrable, reentrant, shareable.

rientrante (*a. - gen.*), reentering. **2.** ~ (muro per es.) (*ed - ecc.*), reentering. **3.** angolo ~ (*geom.*), reentering angle.

rientranza (sottosquadro) (*gen.*), undercut. **2.** ~ (su di una superficie) (*gen.*), recess. **3.** ~ (riutilizzabilità: stato di essere rientrabile) (*s. - elab.*), reentrancy, reentrance.

rientrare (di una nave spaziale nell'atmosfera terrestre per es.) (*astric.*), to reenter. **2.** ~ dal margine (nello scrivere un documento: iniziare una linea lasciando a sinistra un margine maggiore che per le altre linee; per es. all'inizio di un nuovo paragrafo) (*macch. per scrivere*), to indent.

rientrato (di obiettivo di macch. fot. per es.) (*fot.*), collapsed.

rientro (di un mezzo spaziale nell'atmosfera terrestre per es.) (*astric.*), reenter, reentry. **2.** problema del ~ (di una nave spaziale nell'atmosfera terrestre) (*astric.*), reenter problem.

riepilogo (riassunto, compendio) (*gen.*), summary.

riesecuzione (ripetizione di un programma televisivo o di elaboratore ecc.) (*s. - telev. - cinema - ecc.*), rerun, rollback.

riesportare (*comm.*), to reexport.

riesportazione (*comm.*), re-export.

rifacimento (di un pezzo per es.) (*mecc.*), remaking. **2.** ~ (di una scena) (*cinem.*), retake. **3.** ~ (di strade, ferrovie ecc.) (*costr. - ecc.*), betterment. **4.** ~ del progetto (rifacimento dello studio, ridisegno) (*ind.*), redesign. **5.** ~ dello stile (di un'aut. per es.) (*aut.*), restyling.

rifare (*gen.*), to do again. **2.** "~" (colloquiale: un mot. automobilistico), *vedi* revisionare. **3.** ~ una bronzina (di mot. per es.) (*mecc.*), to repair a bearing.

rifasamento (correzione del fattore di potenza) (*elett.*), power factor improvement, power factor correction.

rifasare (*elett.*), to correct the power factor, to improve the power factor, to rise the power factor.

rifasatore (correttore di fase: condensatore per es.) (*app. elett.*), phase advancer, power factor corrector.

rifatto (ricomposto) (*a. - tip.*), reset.

riferimento (*gen.*), reference. **2.** ~ (punto, linea o grandezza assunti come base di riferimento per conseguenti deduzioni) (*top. - mat. - ecc.*), datum. **3.** ~ (*comm.*), reference. **4.** ~ (p. es. a una istruzione o un indirizzo richiamati nel contesto di un programma) (*s. - elab.*), reference. **5.** ~ a terra (oggetto conosciuto e di notevoli dimensioni, facilmente riconoscibile) (*navig. aer. e mar.*), mark, landmark. **6.** ~ a terra per la navigazione diurna (*nav.*), day beacon. **7.** ~ incrociato (in una lista o in un archivio) (*elab. - ecc.*), cross-reference. **8.** ~ lettera (nella corrispondenza commerciale) (*uff.*), relet, reference letter. **9.** ~ telegramma (nella corrispondenza commerciale) (*uff.*), retel, reference telegram. **10.** asse di ~ (asse di fede) (*strum. - ecc.*), fiducial axis. **11.** indici di ~ (segni di riferimento) (*strum. - ecc.*), fiducial marks. **12.** linea di ~ (*top.*), datum line. **13.** piano di ~ (*off.*), datum level, datum plane. **14.** provvisto di riferimenti (dotato di elementi di identificazione e collegamento, di puntatori ecc.) (*elab. - ecc.*), linked. **15.** punto di ~ (caposaldo) (*top.*), datum point. **16.** spina di ~ (grano di riferimento) (*mecc.*), locating peg.

riferirsi (*gen.*), to refer, to relate.

rifilare (tranciare lo sfrido all'orlo di un pezzo imbutito per es.) (*lav. lamiera*), to trim. **2.** stampo per ~ (stampo per la tranciatura del contorno) (*lav. lamiera*), trimming die.

rifilatore (attrezzo per tranciare lo sfrido all'orlo di un pezzo imbutito per es.) (*ut. lav. lamiera*), trimming die.

rifilatrice (*laminatoio*), trimmer.

rifilatura (di un pezzo in lamiera imbutito per es., asportazione dello sfrido periferico) (*lav. lamiera*), trimming.

rifinanziamento (*amm. - finanz.*), refinancing.

rifinire (un lavoro per es.) (*ind.*), to trim, to finish. **2.** ~ (un getto), to clean, to trim.

rifinito (*a. - gen.*), trimmed. **2.** ~ (di un getto per es.) (*a. - fond.*), cleaned, trimmed.

rifinitrice (stradale) (*macch. costr. strad.*), finisher.

rifinitura (*gen.*), trimming, finish. **2.** ~ (di un getto) (*fond.*), cleaning, trimming. **3.** ~ (*ind. cuoio*), dressing, currying. **4.** ~ dei bordi (*laminazione*), edging. **5.** ~ dei giunti di malta in vista (di muratura in mattoni per es.) (*mur.*), pointing.

rifioritura (*difetto vn.*), bleeding.

rifiutare (*comm. - ecc.*), to reject.

rifiuto (scarto inutilizzato), waste, refuse. **2.** ~ (immondizie) (*gen.*), trash, litter. **3.** ~ (di pellicola) (*cinem.*), waste film, junk. **4.** ~ degli straordinari (disposto dai sindacati per es.) (*org. pers.*), overtime ban. **5.** ~ di onorare il pagamento (*comm. - amm.*), repudiation. **6.** ~ di pettinatura (della canapa per es.) (*ind. tess.*), topping. **7.** rifiuti radioattivi (*ind. atom.*), radioactive waste. **8.** a ~ (piantaggio sino a rifiuto, di un palo di fondazione) (*ed.*), to refusal.

riflessione (*fis. - mat.*), reflection. **2.** ~ (*radar*), reflection, return. **3.** ~ (riverberazione, parte di energia riflessa verso il trasmettitore) (*acus. sub.*), backscattering. **4.** ~ caotica (diffusione, dispersione, dovuta ad inomogeneità del mezzo: dell'energia acustica nell'acqua per es.) (*acus. sub. - ecc.*), scattering. **5.** ~ catottrica (*ott.*), retroreflection, catoptrical reflection. **6.** ~ dal fondo (o del fondo, del mare) (*acus. sub.*), bottom reflection, bottom bounce. **7.** ~ del terreno (*radar*), background return. **8.** ~ di (o della) superficie (*acus. sub.*), surface reflection. **9.** ~ multipla del suono (coda sonora, sonorità o risonanze susseguenti) (*acus.*), sound reverberation. **10.** ~ regolare (*ott.*), regular reflection. **11.** ~ selettiva (*ott.*), selective reflection. **12.** ~ spuria (*radar*), spurious reflection, parasitic reflection. **13.** a ~ (relativo ad una immagine riflessa) (*a. - ott.*), reflex. **14.** indice di ~ del bersaglio ("forza" del bersaglio) (*acus. - ecc.*), target strength.

riflesso (*psicol. - fisiologia*), reflex. **2.** ~ (*a. - fis.*), reflected. **3.** ~ psicogalvanico (*psicol. - fisiologia*), psychogalvanic reflex, pgr. **4.** con riflessi lenti (torpido) (*lav.*), sluggish.

riflettanza (fattore di riflessione: nel riconoscimento ottico dei caratteri) (*elab.*), reflectance.

riflettente (*a. - fis.*), reflecting.

riflettenza (fattore di riflessione) (*ott.*), coefficient of reflection, reflection factor.

riflèttere, riflettersi (riflettere raggi, onde ecc., o diventare riflesso) (*fis.*), to reflect.

riflettòmetro (fotometro per misurare la riflessione) (*strum. ott.*), reflectometer.

riflettore (*app. illum. elett.*), reflector. **2.** ~ (di proiettore o faro, di automobile per es.), reflector. **3.** ~ (di un'antenna televisiva per es.) (*telev. - radar*), reflector. **4.** ~ (telescopio a riflessione) (*strum. astr.*), reflecting telescope. **5.** ~ ad altissimo guadagno (*radar*), supergain reflector. **6.** ~ ad arco (per effetto di sole) (*cinem.*), kleig (or klieg) light. **7.** ~ a largo fascio di luce (*elett.*), floodlight reflector. **8.** ~ angolare (riflettore angolato) (*radar*), corner reflector. **9.** ~ angolare ripiegabile (*radar*), collapsible corner reflector. **10.** ~ a parabola tronca (*radar*), truncated parabola reflector. **11.** ~ a spina di pesce (*radar*), fishbone reflector. **12.** ~ comune (*elett.*), standard reflector. **13.** ~ da scena (*teatro*), spotlight. **14.** ~ diffusore (per girare un film) (*cinem.*), floodlight, "broad". **15.** ~ lenticolare ("occhio di bue") (*illum.*), spotlight, spot. **16.** ~ neutronico (in un reattore nucleare) (*fis. atom.*), reflector. **17.** ~ parabolico (*radio - radar*), parabolic reflector, parabolic mirror. **18.** ~ per palcoscenico (*illum.*), stage floodlight.

riflettoscopio ultrasonoro (per l'esame interno di un lingotto per es. mediante confronto della riflessione di onde ad alta frequenza) (*app. prove materiali*), supersonic reflectoscope.

"rifloir" (lima curva, lima per stampi) (*ut.*), riffler, curved file.

rifluire (della marea per es.) (*mar.*), to ebb. **2.** ~ (*gen.*), to reflow, to flow back.

riflusso (di marea) (*mar.*), ebb, reflux.

rifollamento (ricalcatura a caldo) (*tecnol. mecc.*), upsetting, heading. **2.** ~ (a mano) (*fabbroferraio*), jumping, upsetting. **3.** ~, *vedi anche* ricalcatura.

rifollare (ricalcare a caldo) (*tecnol. mecc.*), to upset, to head. **2.** ~ (a mano) (*fabbroferraio*), to jump, to upset. **3.** ~, *vedi anche* ricalcare.

rifollatura (ricalcatura) (*fucinatura*), upsetting.

rifóndere (*comm.*), to refund, to reimburse. **2.** ~ (fondere nuovamente) (*fond.*), to remelt.

rifornimento (*gen.*), supply. **2.** ~ (di aer., aut. per es.) (*aer. - aut. - ecc.*), refueling. **3.** ~ di ossigeno liquido (*astric.*), loxing. **4.** ~ in volo (*aer.*), refueling in flight. **5.** fare ~ di benzina (*aer. - aut. - ecc.*), to gas. **6.** posto di ~ (*aut.*), gas station, filling station. **7.** stazione di ~ (*aut.*), gas station, filling station.

rifornire (*gen.*), to supply. **2.** ~ (facendo il pieno: riempire) (*gen.*), to fill. **3.** ~ (rifornirsi di olio combustibile o di carbone per es.) (*nav.*), to bunker. **4.** ~ (rifornirsi) di acqua (dolce) (*nav. - ecc.*), to make water, to water. **5.** ~ di carburante (o combustibile) (*aut. - aer. - nav. - ecc.*), to refuel, to fuel. **6.** ~ di fluoro ed ossigeno liquido (i serbatoi di un razzo) (*astric.*), to flox, to supply fluorine and liquid oxigen. **7.** ~ di ossigeno liquido (*astric.*), to lox.

rifrangènte (*a. - ott. - fis.*), refractive, refracting. **2.** con forte potere ~ (di vetro ottico per es.) (*ott.*), dense, having great refractive power.

rifràngere (*ott. - fis.*), to refract.

rifrangibile (*a. - radiazione - ott.*), rifrangible. **2.** non ~ (*a. - radiazione - ott.*), irrefrangible.

rifrattività (*fis.*), refractivity.

rifratto (*ott. - fis.*), refracted.

rifrattometria (*fis.*), refractometry.

rifrattometrico (*a. - fis.*), refractometric.

rifrattometro (strumento per la misura dell'indice di rifrazione) (*strum. fis.*), refractometer.

rifrattore (*att. illum. elett.*), refractor. **2.** ~ (telescopio a rifrazione) (*strum. astr.*), refracting telescope.

rifrazione (*ott.*), refraction. **2.** ~ (*radio*), refraction (ingl.). **3.** ~ atmosferica (dovuta alla densità dell'atmosfera: è causa di errori nell'osservazione dell'altezza degli astri) (*astr.*), atmospheric refraction. **4.** ~ dei raggi sonori (dovuta a gradiente termico e salinità) (*acus. sub.*), sound rays refraction. **5.** ~ della cupola (*ott. - astr.*), dome refraction. **6.** ~ sismica (metodo per la determinazione della profondità delle rocce) (*geotecnica*), seismic refraction. **7.** indice di ~ (*ott.*), index of refraction, refractive index. **8.** relativo alla ~ (*a. - ott.*), refractive. **9.** zone di ~ variabile ("schlieren", dovute per es. a variazioni di pressione in un fluido) (*fis.*), schlieren.

rifugiarsi (*milit. - mar. milit.*), to take refuge, to take shelter.

rifugio (ricovero, riparo) (*milit.*), shelter. **2.** ~ antiaereo (*ed.*), antiaircraft shelter. **3.** ~ antiatomico (*costr. di sopravvivenza*), fallout shelter.

rifusione (*fond.*), remelting. **2.** ~ (*comm.*), reimbursement.

riga (*att. per dis.*), ruler, rule, drawing rule. **2.** ~ (linea) (*spettroscopia*), line. **3.** ~ (all'interno della canna) (*artiglieria*), groove. **4.** ~ (linea di caratteri di uno stampato) (*tip. - elab.*), line. **5.** ~ a T (*att. per dis.*), T square. **6.** ~ d'assorbimento (allo spettroscopio) (*fis.*), absorption line. **7.** ~ di controllo (di un nastro perforato) (*elab.*), check row. **8.** ~ di Fraunhofer (*spettroscopia*), Fraunhofer line. **9.** ~ di risonanza (riga spettrale) (*ott.*), resonance line. **10.** ~ in acciaio (*att. off.*), steel rule. **11.** ~ intera (riga in un solo blocco, fusa con processo linotype) (*tip.*), slug. **12.** ~ longitudinale del feltro (freccia di direzione del feltro) (*mft. carta*), felt direction mark. **13.** ~ per modellisti (*fond.*), contraction rule, shrink rule. **14.** righe sottili (banda risolvibile) (*spettroscopia*), fine structure. **15.** ~ spettrale (*fis.*), spectrum line. **16.** alla ~ successiva (trasferimento alla ~ successiva: per es. in una unità video) (*elab.*), newline, new line, "NL". **17.** ritorno di ~ (nella scansione della trama) (*telev.*), line flyback. **18.** segnalatore di fine ~ (indicatore di fine riga) (*telescriventi*), line end indicator. **19.** ultima ~ (di un paragrafo) (*tip.*), break, break line.

rigare (la canna di un'arma da fuoco) (*mecc.*), to rifle. **2.** ~ (il prodursi di una riga, o di righe, voluto od accidentale dovuto a funzionamento meccanico difettoso) (*gen.*), to score. **3.** ~ (tirare righe) (*gen.*), to rule.

rigato (detto della canna di un'arma da fuoco) (*a. - mecc.*), rifled. **2.** ~ (scanalato) (di colonna per es.) (*arch.*), fluted. **3.** ~ (scanalato: di albero) (*mecc.*), splined. **4.** cilindro ~ (difetto di un motore) (*mecc.*), scored cylinder.

rigatrice (macchina per rigare, fogli per es.) (*macch.*), ruling machine.

rigatteria (*comm.*), secondhand store, secondhand shop.

rigattiere (*comm.*), secondhand dealer.

rigatura (di un cilindro per es.) (*mecc.*), scoring. **2.** ~ (di canna di arma da fuoco) (*mecc.*), rifling. **3.** ~ (della carta) (*mft. carta*), ruling. **4.** ~ (segni di pennello, su una superficie verniciata) (*vn.*), ribbiness. **5.** ~ a passo costante (della canna di un cannone) (*artiglieria*), uniform-twist rifling. **6.** ~ a passo variabile (della canna di un cannone) (*artiglieria*), variable-twist rifling. **7.** con più rigature (*gen.*), polygroove, polygrooved.

rigenerare (*gen.*), to regenerate. **2.** ~ (la gomma) (*ind.*), to reclaim. **3.** ~ (un copertone di automobile per es.) (*ind.*), to retread, to regenerate. **4.** ~ (riportare alle condizioni iniziali un elemento di acciaio la cui struttura sia stata alterata da surriscaldamento) (*metall.*), to restore. **5.** ~ (p. es. oli usati di motori) (*ind. lubrificanti*), to re-refine. **6.** ~ un cuscinetto (di motore per es.) (*mecc.*), to repair a bearing.

rigeneratore (scambiatore di calore: di una turbina a gas per es.) (*app. term.*), heat exchanger. **2.** ~ (prodotto chimico da aggiungere, p. es. ad uno sviluppo, per rigenerarne l'efficienza) (*fot.*), replenisher.

rigenerazione (recupero di calore) (*term.*), regeneration. **2.** ~ (di un copertone di automobile per es.) (*aut.*), retreading. **3.** ~ (reazione) (*radio - elett.*), regeneration. **4.** ~ (della gomma) (*ind. chim.*), reclaiming. **5.** ~ (del combustibile nucleare) (*fis. atom.*), reprocessing. **6.** ~ (la conservazione di una scritta o grafico su di una unità video, oppure il processo di riscritturazione in memoria dopo una lettura distruttiva) (*elab.*), regeneration. **7.** ~ del combustibile nucleare (ricupero e trattamento di materiale fertile) (*fis. atom.*), nuclear fuel reprocessing.

rigetto (rigetto verticale: dislocazione prodotta da una faglia) (*geol.*), throw. **2.** ~ orizzontale (*geol.*), heave. **3.** ~ stratigrafico (dislocazione sul piano di stratificazione) (*geol.*), slip, dip slip.

riggia (asta di ferro tra la coffa ed il tronco maggiore) (*nav.*), futtock shroud.

righèllo graduato (doppio decimetro per es.) (*att. per dis.*), scale.

rigidezza (*mecc.*), stiffness. **2.** ~ della fune (di funicolari per es.), stiffness of the cable. **3.** ~ di campanatura (rigidezza di camber) (*veic.*), camber rate, camber stiffness, camber thrust rate. **4.** ~ di rollio (delle sospensioni di una vettura) (*aut.*), roll stiffness. **5.** ~ in curva (rigidezza alla forza trasversale) (*veic.*), cornering power, cornering stiffness, cornering rate.

rigidità (*mecc.*), stiffness. **2.** ~ (*elett.*), (electrical) strength. **3.** ~ (della domanda o dell'offerta per es.) (*econ.*), inelasticity. **4.** ~ dielettrica (resistenza dielettrica) (*elett.*), dielectric strength, insulating strength. **5.** ~ dinamica (nella prova della gomma) (*tecnol.*), dynamic rigidity.

rìgido (*a. - gen.*), stiff, rigid, not flexible.

rigonfiamento (*gen.*), swelling. **2.** ~ (*ind. gomma*), blowing. **3.** ~ (di muro per es.) (*ed.*), bulge. **4.** ~ (di un materiale dovuto ad assorbimento di umidità) (*ed.*), moisture expansion (ingl.), bulking. **5.** ~ (della ghisa dopo ripetuti riscaldamenti e raffreddamenti) (*fond.*), growth. **6.** ~ del legno (*legn.*), wood swelling.

rigorosità (di una prova per es.) (*tecnol.*), severity. **2.** prova di ~ termica (di una saldatura) (*tecnol.*) thermal severity test. **3.** prova di ~ termica controllata (di una saldatura per es.) (*tecnol.*), controlled thermal severity test, CTS test.

rigoroso (preciso, esatto) (*gen.*), strict, exact. **2.** ~ (di prova per es.) (*a. - tecnol.*), severe, rigorous.

riguardante (concernente) (*gen.*), concerning.

riguardare (essere di pertinenza di), to pertain, to concern.

riguarnire (cambiare gli spessori di un freno per es.) (*mecc.*), to reline.
rigurgitare (di acqua) (*idr.*), to back up.
rigùrgito (in una corrente a superficie libera: dovuto ad un ostacolo sul fondo) (*idr.*), hydraulic jump. **2.** ~ (di acqua per es. da un pozzetto stradale) (*idr.*), backup.
riinnaspare (*ind. tess.*), to rereel.
rilaminare (*ind. metall.*), to reroll.
rilasciare (concedere, una patente per es.) (*leg.*), to issue, to grant.
rilascio (di una molla per es.) (*mecc.*), release. **2.** corsa di ~ (della mazza battente di un maglio mecc. per es.) (*mecc.*), trip.
rilassamento (*gen.*), relaxation. **2.** tempo di ~ (tempo di smorzamento in una oscillazione smorzata) (*mat. - fis. - mecc.*), relaxation time.
rilassare, to relax.
rilassato (*a. - gen.*), relaxed.
rilegare (un libro per es.), to bind. **2.** ~, *vedi anche* legare.
rilegato (detto di un libro) (*stampa*), bound. **2.** ~ in tela (*libro*), clothbound. **3.** non ~ (in brossura, libro) (*tip.*), softbound. **4.** ~, *vedi anche* legato.
rilegatore (legatore: di libri), binder, bookbinder.
rilegatura (di un libro per es.), binding. **2.** ~ di libri, bookbinding. **3.** con ~ ad anelli apribili (di un manuale per es. a pagine singolarmente estraibili tenute assieme da anelli metallici apribili) (*legatoria*), ring-bound. **4.** ~, *vedi anche* legatura.
rilevamento (rilievo) (*top.*), survey. **2.** ~ (direzione di un punto riferito ad un altro punto fisso) (*nav.*), bearing. **3.** ~ (di un astro per determinare il punto nave) (*nav.*), observation. **4.** ~ (rilievo, di dati con prove per es). (*tecnol.*), measurement, survey. **5.** ~ (effettuato mediante sensore) (*eltn.*), sense. **6.** ~ ad incrocio (*nav.*), cross bearings. **7.** ~ aereo (fotogrammetria aerea) (*top.*), air survey, aerial survey. **8.** ~ alla bussola (riferito all'ago della bussola) (*nav. - aer.*), compass bearing. **9.** ~ altimetrico (*top.*), survey of heights. **10.** ~ della radioattività (in un reattore nucleare) (*fis. atom.*), radiation monitoring. **11.** ~ di marcature (~ di contrassegni elettricamente conduttori: per es. su di una scheda da perforare) (*elab.*), mark sensing. **12.** ~ di rotta (*nav.*), course bearing. **13.** ~ di un'area (*top.*), survey of an area. **14.** ~ di una stazione omnidirezionale (da parte di un aereo in volo per es.) (*radionavigazione - aer.*), omnibearing, bearing of an ominidirectional radio station. **15.** ~ di un piano a curve di livello (*top.*), contouring. **16.** ~ geodetico (*geod.*), geodetic survey. **17.** ~ geofisico (*min.*), geophysical prospecting. **18.** ~ idrofonico (*mar. milit.*), hydrophone bearing. **19.** ~ idrografico (*geofis.*), hydrographic survey. **20.** ~ lossodromico (~ di rotta: misurata in valori angolari rispetto alla direzione di riferimento) (*nav.*), Mercator bearing, rhumb bearing. **21.** ~ osservato (*nav. - ecc.*), observed bearing. **22.** ~ ottico (*nav. - ecc.*), visual bearing. **23.** ~ polare (relativo alla rotta) (*nav. - aer.*), relative bearing, polar bearing. **24.** ~ radar del terreno (con uno speciale tipo di radar) (*aer.*), radar drawing of the ground. **25.** ~ reciproco (*nav. - aer.*), reciprocal bearing. **26.** ~ sotterraneo (*min.*), underground survey. **27.** rilevamenti statistici (*stat.*), statistical findings. **28.** ~ tacheometrico (*top.*), tachymetric survey. **29.** ~ tempi (realizzato mediante rilievi ricorrenti effettuati direttamente in officina sui tempi di lavoro, le pause ecc.) (*analisi tempi*), work sampling, ratio-delay study. **30.** ~ vero (riferito al polo geografico) (*nav. - aer.*), true bearing. **31.** assistenza per il ~ (per determinare la posizione geografica di un aereo) (*aer.*), fixing aids. **32.** sezione ~ vampa (*artiglieria*), flash spotting section.
rilevare (osservare) (*gen.*), to note. **2.** ~ (*top.*), to survey. **3.** ~ (o prendere) la temperatura (*gen.*), to take the temperature. **4.** ~ le perforazioni (~ automaticamente i fori di una scheda o di un nastro perforati) (*elab.*), to sense. **5.** ~ (particolari) variazioni fisiche (~ [o sentire] variazioni di determinate grandezze fisiche: come p. es. l'orientamento delle particelle magnetiche ecc.) (*elab.*), to sense.
rilevato (*strad. - ferr.*), embankment. **2.** ~ in terra (*strad. - ferr.*), earth embankment.
rilevatore (*strum. nav. e top.*), circumferentor. **2.** ~ di impronte di contatto (pittura per rilevare le impronte di contatto, dei denti di ingranaggi per es.) (*mecc.*), marking compound. **3.** ~ di indici (dispositivo atto a rintracciare fori indice e fessure indice) (*elab.*), index transducer.
rilevazione (*gen.*), *vedi* rilevamento.
rilièvo (sporgenza), relief. **2.** ~ (*top.*), survey. **3.** ~ (rilevamento di dati sul posto per es.) (*top.*), measurement, survey. **4.** ~ altimetrico (*top.*), survey of heights. **5.** ~ altimetrico a curve di livello (tracciamento di curve di livello) (*top.*), contouring. **6.** ~ del terreno (*top.*), land survey, survey of land. **7.** ~ geometrico (*top.*), control survey. **8.** rilievi statistici (rilevazioni statistiche) (*stat.*), statistical findings. **9.** ~ topografico (*top.*), topographic survey. **10.** in ~ (di un numero categorico per es. su un pezzo metallico) (*a. - mecc.*), raised. **11.** ~, *vedi anche* rilevamento.
rilocabile (capace di essere rilocato: p. es. un codice) (*a. - elab.*), relocatable.
rilocare (cambiare una ubicazione) (*elab.*), to relocate.
rilocazione (cambio di ubicazione) (*s. - elab.*), relocation. **2.** ~ dinamica (spostamento di un programma durante la sua esecuzione in altra locazione) (*elab.*), dynamic relocation.
riluttanza (magnetica) (*fis.*), reluctance. **2.** ~ specifica (*fis.*), reluctivity. **3.** motore a ~ (*elett.*), reluctance motor.
riluttività [resistenza magnetica (o riluttanza) specifica] (*elett.*), reluctivity.
rimandare (*gen.*), to put off.
rimando (complesso delle leve di rinvio di un co-

mando) (*mecc.*), intermediate control. **2.** ~ dei freni (di tipo meccanico) (*aut.*), brake hookup, brake intermediate control.

rimaneggiare (ricomporre) (*tip.*), to reset.

rimanenza (magnetizzazione residua) (*elett.*), remanence, residual magnetism. **2.** ~ (di merci) (*comm.*), remnant.

rimanere (*gen.*), to remain. **2.** ~ a corto (di carburante per es.) (*gen.*), to run short. **3.** ~ all'apparecchio (*telef.*), to hang on.

rimbalzare (*fis.*), to bounce. **2.** ~ (di proiettile di arma da fuoco), to ricochet. **3.** ~ (di un aereo mentre atterra o quando decolla) (*aer.*), to bounce.

rimbalzo (movimento di un atomo per es.) (*fis.*), bounce, recoil. **2.** ~ (rinculo) (*fis. atom.*), recoil. **3.** ~ (di proiettile di arma da fuoco), ricochet. **4.** ~ Yerzley (resa elastica Yerzley, della gomma sottoposta a carico dinamico) (*ind. gomma*), Yerzley resilience.

rimbombo (riflessioni ripetute del suono) (*acus. - ed.*), reverberation, sound reverberation.

rimborsare (*comm.*), to repay, to refund, to reimburse.

rimborso (*comm.*), repayment, reimbursement. **2.** ~ (parte delle spese di trasporto rimborsate dal trasportatore a chi ha spedito la merce) (*trasp.*), rebate. **3.** ~ fiscale (per merci esportate per es.) (*comm.*), drawback. **4.** ottenere il ~ fiscale (per merci esportate per es.) (*comm.*), to draw back.

rimèdio (*gen.*), remedy. **2.** ~ (di un inconveniente) (*macch. - ecc.*), cure. **3.** ~ di emergenza (*mecc. - macch. - ecc.*), doctor.

rimescolamento (di un bagno di metallo fuso) (*fond.*), rabbling.

rimescolare (*gen.*), to mix. **2.** ~ (un bagno di metallo) (*fond.*), to rabble.

rimescolatore (apparato che rende inintelligibili i messaggi alla intercettazione) (*milit. - ecc.*), scrambler.

rimessa (invio di denaro) (*comm.*), remittance. **2.** ~ (per automobili) (*ed.*), garage. **3.** ~ a nuovo (riparazione, ripristino) (*elab. - ecc.*), renewal, refurbishing. **4.** ~ (per) autobus (*costr. - trasp.*), depot. **5.** ~ degli emigranti (*econ.*), emigrant remittance. **6.** ~ in funzione automatica (*elab.*), automatic restart. **7.** ~ in marcia (*mecc.*), restart.

rimettaggio (passaggio dei fili di ordito nelle maglie dei licci) (*ind. tess.*), drawing-in, drafting.

rimettere (spedire del denaro) (*amm.*), to remit. **2.** ~ a nuovo (*elab. - ecc.*), to renovate, to refurbish. **3.** ~ in funzione (p. es. far ripartire un elaboratore dopo un guasto) (*elab.*), to restart. **4.** ~ sul binario (una locomotiva rovesciata per es.) (*ferr.*), to rerail.

rimodernamento (ammodernamento) (*gen.*), modernization.

rimodernatore (*tecnico - artista - ecc.*), modernizer.

rimonta (galleria in pendenza) (*min.*), slant.

rimontaggio (riassemblaggio) (*mecc. - ecc.*), reassembly.

rimontare (un motore, una macchina per es.) (*mecc.*), to reassemble. **2.** ~ un fucile (*milit.*), to reassemble a rifle.

rimorchiabile (*gen.*), trailerable. **2.** ~ su strada (p. es. di una piccola imbarcazione che può essere rimorchiata su strada) (*a. - veic. - aut.*), trailerable.

rimorchiare (*veic. - nav. - aer.*), to tow, to take in tow. **2.** ~ (*nav.*), to tug. **3.** ~ di fianco (*nav.*), to tow alongside. **4.** ~ di poppa (*nav.*), to tow astern.

rimorchiata (vettura rimorchiata, carrozza rimorchiata) (*s. - ferr.*), trailer car, trailer.

rimorchiato (*gen.*), towed.

rimorchiatore (*nav.*), tugboat, towboat, tug. **2.** ~ (velivolo rimorchiatore) (*aer.*), tug. **3.** ~ da spinta (*nav.*), push boat. **4.** ~ leggero (per rimorchiare carrelli in una fabbrica per es.) (*veic. da trasp.*), mule. **5.** ~ spaziale (*astric.*), space tug.

rimorchietto (per autovettura: per trasportare bagagli ecc.) (*veic.*), trailer. **2.** ~ a piattina (per trasporti interni in uno stabilimento) (*trasp. ind.*), platform trailer.

rimòrchio (per autocarro od autovettura) (*veic.*), trailer. **2.** ~ (*nav.*), tow. **3.** ~ (azione di rimorchiare) (*nav.*), towage, towing. **4.** ~ (rimorchiata, vettura rimorchiata) (*ferr.*), trailer car, trailer. **5.** ~ agricolo (*veic. - agric.*), agricultural trailer. **6.** ~ a pianale (*veic. - agric.*), flat-bed trailer. **7.** ~ a tre assi (*veic.*), three axle truck trailer. **8.** ~ a vasca (*veic. agric.*), container trailer. **9.** ~ cisterna (per autocarro) (*veic.*), tank trailer. **10.** ~ con (posto di) guida (*ferr.*), trailer with driving place. **11.** ~ per autocarro (*veic.*), truck trailer. **12.** ~ per trasporto tronchi (*veic.*), pole trailer. **13.** ~ ribaltabile (per autocarro) (*veic.*), dump trailer. **14.** ~ ribassato (per autocarro) (*veic.*), low-bed trailer. **15.** ~ semipilota (*ferr.*), control trailer with one driving compartment. **16.** ~ stradale (*aut.*), highway trailer truck. **17.** ~ tramviario (*veic.*), trailer. **18.** cavo di ~ (*nav. - aut. - ecc.*), towrope, towline. **19.** gancio di ~ (di un autocarro per es.), tow hook, pintle hook. **20.** presa a ~ a volo (di un aliante o di altro oggetto giacente a terra) (*aer.*), snatch pickup.

rimorchio - cisterna (rimorchio botte) (*veic.*), liquid trailer, tank trailer.

rimordenzare (di una pietra litografica per es.) (*tip.*), to re-etch.

rimostranza (reclamo) (*comm.*), complaint.

rimozione (*gen.*), removal. **2.** ~ della fuliggine (con vapore per es.) (*cald.*), soot blowing.

rimpastare (rottame) (*ind. metall.*), to bushel.

rimpasto (di rottame) (*ind. metall.*), busheling.

rimpiccolire (ridurre il formato o le dimensioni) (*fot. - fis.*), to demagnify.

rimunerare (*gen.*), ro remunerate.

rimunerativo (*comm.*), remunerative, profitable.

rimunerazione (*lav. - pers.*), remuneration. **2.** ~ del capitale (*finanz.*), return on capital. **3.** ~ del capitale investito (*finanz.*), return on investments.

rimuòvere (togliere) (*gen.*), to remove.

rinascimento (*stile arch.*), Renaissance.
rincalzatore (*macch. agric.*), ridging plow, ridger, lister.
rincaro (*comm.*), rise in prices.
rinculare (di un'arma da fuoco) (*artiglieria*), to recoil.
rinculo (di arma da fuoco per es.), recoil. **2.** ~ di un pezzo automatico (che non usa meccanismi ad inerzia) (*artiglieria*), blowback. **3.** senza ~ (di fucile per es.) (*milit.*), recoilless.
rinforzare (*mecc.* - *ed.*), to strengthen, to reinforce. **2.** ~ (irrigidire) (*mecc.* - *ed.*), to stiffen. **3.** ~ (*fot.*), to intensify. **4.** ~ (un muro per es.) (*mur.*), to back off. **5.** ~ (un tessuto per es.) (*ind. tess.*), to back. **6.** ~ (di vento) (*meteor.*), to freshen. **7.** ~ (potenziare e migliorare le possibilità per es.) (*eltn.*), to enhance. **8.** ~ agli appoggi (*ed.*), to reinforce at bearings. **9.** ~ con filo metallico (*gen.*), to wire. **10.** ~ la concentrazione di una soluzione (*chim.*), to strengthen the solution. **11.** ~ un muro (mediante materiale di rinfianco in muratura) (*mur.*), to back.
rinforzato (irrigidito) (*mecc.*), stiffened. **2.** ~ (*gen.*), strengthened. **3.** ~ (di negativo) (*fot.*), intensified. **4.** ~ (di vento) (*meteor.*), freshened. **5.** ~ (di soluzione) (*chim.*), strengthened.
rinforzatore (bagno che aumenta la forza del negativo) (*fot.*), intensifier.
rinfòrzo (*mecc.*), reinforcement, stiffening. **2.** ~ (bordo) (*ind. gomma*), chafing strip. **3.** ~ (aumento di contrasto ottenuto mediante ulteriore deposito [di mercurio per es.] sulla negativa) (*fot.*), intensification. **4.** ~ dell'immagine latente (*fot.*), latensification. **5.** ~ d'angolo (*carp.*), angle stiffener. **6.** ~ (di collegamento) longitudinale (*carp.* - *mecc.*), longitudinal bracing. **7.** ~ fermacricca, *vedi* piastra fermacricca. **8.** ~ impregnato di resina (*ind. plastica*), resin impregnated reinforcement. **9.** ~ longitudinale (di fusoliera) (*aer.*), longitudinal stiffener. **10.** nervatura di ~ (*mecc.* - *ed.*), stiffening rib.
rinfrescare (di vento che aumenta di forza) (*meteor.* - *nav.*), to freshen. **2.** ~ (un bagno) (*fot.*), to renew. **3.** ~ (operazione elettronica eseguita per evitare la degradazione di una memoria dinamica RAM o dell'immagine su terminale video) (*elab.*), to refresh.
rinfresco (operazione con la quale viene mantenuta l'immagine sullo schermo di un terminale video per impedire che altrimenti lentamente scompaia) (*elab.*), refresh.
rinfusa, alla ~ (*avv.* - *gen.*), in bulk, pell-mell. **2.** caricato alla ~, laden in bulk, loaded in bulk.
"ring" (quadrato, per il pugilato) (*sport*), ring.
ringhièra (di scale, di balcone per es.) (*ed.*), railing, rail, balustrade, banisters. **2.** ~ (*nav.*), railing, rail. **3.** elemento di ~ (*ed.*), banister, baluster. **4.** montante di ~ (*ed.*), newel.
ringròsso di saldatura (deposito locale di metallo saldato) (*saldatura*), pad.
rinnovamento (rinnovo) (*gen.*), renewal.
rinnovare (*gen.*), to renew.
rinnòvo (*leg.* - *comm.*), renewal. **2.** ~ (dell'acqua in una vasca per es.), renewal.
rinterrare (riportare terra) (*movimento terra* - *ing. civ.*), to embank.
rinterro (riporto) (*movimento terra* - *ing. civ.*), embankment.
rinunzia (*gen.*), rinunciation, relinquishment. **2.** ~ (ad un diritto accertato) (*leg.*), waiver.
rinvenimento (riscaldamento dell'acciaio temprato al disotto del punto critico) (*tratt. term.*), tempering, drawing. **2.** ~ (rammollimento della mano di vernice dovuto all'applicazione di una mano successiva) (*difetto vn.*), pulling up. **3.** ~ con raffreddamento rapido (trattamento di rinvenimento per spegnimento, dell'acciaio) (*tratt. term.*), letting-down. **4.** ~ in olio (*tratt. term.*), blazing-off. **5.** campo di fragilità di ~ (*metall.*), temper brittleness range. **6.** colore di ~ (*tratt. term.*), temper color.
rinvenire (riscaldare l'acciaio temprato al disotto del punto critico) (*tratt. term.*), to temper, to draw.
rinvenuto (di acciaio per es.) (*tratt. term.*), tempered, drawn.
rinverdimento (nella concia) (*ind. cuoio*), soaking.
rinverdire (*ind. cuoio*), to soak.
rinviare (posticipare: una riunione, un pagamento per es.) (*amm.* - *comm.*), to adjourn, to postpone.
rinvìo (*mecc.*), transmission. **2.** ~ (sistema di trasmissione di energia mediante ingranaggi o cinghie o catene o funi ecc.) (*mecc.*), driving gear (ingl.), transmission (am.). **3.** ~ (proroga) (*leg.*), continuance. **4.** ~ (di una riunione per es.) (*amm.* - *comm.*), adjournment. **5.** ~ (resa elastica) (*mft. gomma*), rebound. **6.** ~ a cinghia (*mecc.*), belt transmission. **7.** ~ ad ingranaggi (*mecc.*), gear transmission.
rinzaffare (dare la prima mano di intonaco) (*mur.*), to rough in, to render.
rinzaffatura (applicazione della prima mano d'intonaco) (*mur.*), roughing-in, rendering.
rinzaffo (prima mano di intonaco) (*mur.*), render, scratch coat, rough coat, roughing-in. **2.** ~, arricciatura e finitura (*mur.*), render-float-and-set. **3.** ~ e finitura (*mur.*), render-and-set, renderset.
rinzeppare (fissare con zeppe) (*falegn.*), wedge.
rione (quartiere, di una città) (*urbanistica*), quarter, district.
riordinare (mettere in ordine) (*gen.*), to put in order, to rearrange. **2.** ~ (riacquistare) (*comm.*), to reorder.
riordinazione (ordinazione di ripetizione) (*ind.*), reorder. **2.** punto di ~ (situazione di magazzino in cui è necessario emettere una nuova ordinazione) (*ind.*), reorder point.
riorganizzare (*ind.*), to reorganize.
riorganizzazione (*gen.*), reorganization.
riparabile (*gen.*), repairable.
riparare (una macchina per es.) (*mecc.*), to repair, to

fix. **2.** ~ (restaurare) (*ed.*), to repair, to restore. **3.** ~ (proteggere) (*gen.*), to shield. **4.** ~ (raddobbare) (*nav.*), to refit. **5.** da ~ (fuori servizio; p. es. una macchina) (*gen.*), out-of-order.

riparato (messo al riparo) (*a. - gen.*), covert, sheltered. **2.** ~ (da un guasto per es.) (*gen.*), repaired.

riparatore (*op. - ecc.*), repairer. **2.** ~ di auto (meccanico di automobili) (*op. - aut.*), automobile mechanic. **3.** ~ di serrature (*op.*), locksmith, lock mender.

riparazione (*gen.*), repair. **2.** ~ (*mecc.*), repair, fixing. **3.** ~ (raddobbo) (*nav.*), refit. **4.** ~ (della suola di un forno subito dopo la colata) (*metall.*), fettling. **5.** ~ con prigionieri (per getti di ghisa) (*fond. - tecnol.*), studding. **6.** ~ di fortuna (*gen.*), cobbling, coorse repair. **7.** officina (per) riparazioni (*aut. - ecc.*), repair shop.

riparèlla (rondella) (*mecc.*), washer.

riparo (*gen.*), apron. **2.** ~ (*mecc.*), guard. **3.** ~ (protettivo) (*gen.*), shield. **4.** ~ (protettivo di una mola per es.) (*mecc.*), guard. **5.** ~ (protezione di sicurezza: di macch. ut. per es.) (*mecc.*), safety guard, faceplate. **6.** ~ (protettivo per diminuire le conseguenze di investimenti di materiali sui binari: a bordo di tram, locomotive ecc.) (*mecc.*), fender. **7.** ~ (schermo: a protezione dalla luce, dal vento ecc.) (*fis.*), screen. **8.** ~ (ricovero, rifugio) (*milit.*), shelter. **9.** ~ della cinghia (protezione di sicurezza dalla cinghia) (*di macch.*), belt safety guard. **10.** ~ di protezione del mandrino (di tornio per es.) (*mecc.*), chuck guard. **11.** ~ (o cuffia) di protezione per fresa (*macch. ut.*), cutter guard. **12.** ~ olio (riparo dagli spruzzi d'olio) (*mecc.*), oil splash guard. **13.** ~ sole (per schermare gli occhi del guidatore dei raggi solari) (*aut.*), sun visor. **14.** ~ (o parapetto) trasversale (di una trincea) (*milit.*), traverse.

ripartenza (nuova partenza dopo un arresto) (*elab. - ecc.*), restart. **2.** ~ della elaborazione (p. es. di un programma dopo un guasto) (*s. - elab.*), running, restart.

ripartire (assegnare in parti) (*gen.*), to apportion, to allot, to mete out. **2.** ~ (partire di nuovo: di un motore o macchina) (*mecc.*), to restart.

ripartito (distribuito) (*gen.*), distributed.

ripartitore (di diverse linee) (*telef.*), distribution frame (ingl.). **2.** ~ d'entrata (di diverse linee) (*telef.*), main distribution frame (ingl.). **3.** ~ di carico (di un gruppo di stazioni produttrici) (*funzionario di società elett.*), load dispatcher (ingl.). **4.** ~ intermedio (*telef.*), intermediate distribution frame (ingl.).

ripartizione (distribuzione) (*gen.*), distribution. **2.** ~ (dei profitti) (*amm. - comm.*), apportionment. **3.** ~ (del carico di una trave per es.) (*sc. costr.*), distribution. **4.** ~ (*finanz.*), assessment. **5.** ~ dei periodi (di occupazione di un appartamento in multiproprietà) (*costr. ed. comm.*), time-share. **6.** ~ di tempo (in un sistema a multiprogrammazione: ~ dell'impiego simultaneo, di un elaboratore, da parte di molti utenti) (*elab.*), time-sharing, time sharing, time-share, time share. **7.** ~ straordinaria di utili (in una società per azioni per es.) (*finanz.*), bonus.

ripassare (un motore per es.) (*mecc.*), to true. **2.** ~ (di rettifica: un pezzo scartato per es.) (*mecc.*), to true. **3.** ~ (una superficie metallica per es.) (*mecc.*), to rectify, to skim. **4.** ~ (una "bronzina", un albero per es.) (*mecc.*), to adjust. **5.** ~ (rialesare: i supporti di banco di un motore per es.) (*mecc.*), to rebore. **6.** ~ (una mola squilibrata) (*mecc.*), to true. **7.** ~ (le pelli per asportare i residui peli ecc.) (*ind. cuoio*), to scud, to rescud. **8.** ~ (rivedere un videonastro registrato) (*audiovisivi*), to review. **9.** ~ al trapano (*mecc.*), to redrill. **10.** ~ le sedi delle valvole (di un mot. di aut. per es.) (*mecc.*), to regrind the valve seats (am.), to grind the valve seats. **11.** ~ un cuscinetto (*mecc.*), to reface a bearing.

"ripassatore" (dispositivo di equilibratura della mola) (*macch. ut. - mecc.*), wheel truing device.

ripassatura (di una mola), *vedi* equilibratura. **2.** ~ (di un pezzo respinto dal controllo) (*mecc.*), rectification. **3.** ~ (di un mot. per es.) (*mecc.*), truing. **4.** ~ (di una "bronzina", di un albero per es.) (*mecc.*), adjustment. **5.** ~ (rialesatura dei supporti di banco di un mot. per es.) (*mecc.*), reboring. **6.** ~ delle sedi della valvola (di mot. d'aut. per es.) (*mecc.*), valve seat regrinding (am.), valve seat grinding. **7.** ~ di un cuscinetto (*mecc.*), refacing of a bearing.

ripasso (l'atto di rivedere per es. un videonastro già registrato) (*audiovisivi*), review. **2.** riproduzione di ~ (un videonastro per es.) (*s. - audiovisivi*), review playback.

ripavimentare (una strada) (*costr. strad.*), to repave.

ripavimentazione (di una strada) (*strad.*), resurfacing.

ripercussione (*gen.*), repercussion.

ripètere (*gen.*), to repeat. **2.** ~ (*elab.*), to iterate. **3.** ~ (provare di nuovo) (*elab. - ecc.*), to retry. **4.** ~ il ciclo (iniziare di nuovo il conto alla rovescia interrotto per una disfunzione fondamentale) (*astric. - razzi*), to recycle. **5.** ~ la presa (o la ripresa) della scena (*cinem.*), to retake.

ripetibilità (dei risultati di una prova per es.) (*tecnol.*), reproducibility, repeatability.

ripetitore (apparecchio riproduttore di un segnale) (*telef.*), repeater. **2.** ~ (ritrasmettitore) (*telev. - radio*), repeater, realy station. **3.** ~ (macchina ripetitrice, macchina per fotocomposizione) (*fotomecc.*), photo-composing machine. **4.** ~ (a ripetizione) (*a. - gen.*), repeating. **5.** ~ (televisivo, telefonico ecc.: sistema amplificatore che ricevendo segnali deboli li ritrasmette amplificati) (*eltn. - telecom.*), translator. **6.** ~ d'eco (risponditore) (*acus. sub.*), echo repeater. **7.** ~ di bussola (per facilitare il mantenimento in rotta dell'imbarcazione) (*strum. nav.*), course monitor. **8.** ~ d'impulsi (*telef.*), impulse repeater. **9.** ~ di segnali (nelle segnalazioni ferroviarie) (*mecc. - elett.*), signal repeater. **10.** ripetitori equalizzatori (*tlcm.*), equalizing repeaters. **11.** ~ girostatico (bussola ripetitrice) (di una girobussola per es.) (*nav.*), repeater. **12.** ~ telefonico (*telef.*), telephone repeater.

ripetitrice (bussola ripetitrice, di una girobussola) (*strum nav.*), repeater. **2.** ~ giroscopica (*strum. aer.*), gyro repeater.

ripetizione (*gen.*), repetition. **2.** ~ (di un disegno tess.) (*ind. tess.*), repeat. **3.** ~ (immediata di una azione o di un evento di rilievo intercorsi durante una trasmissione televisiva in diretta) (*sport - telev.*), replay. **4.** a ~ (di un tasto ad azione ripetitiva) (*a. - inf.*), typamatic. **5.** procedimento di ~ (per la ripetizione automatica del ciclo di lavoro) (*macch. ut. a c.n.*), playback method.

ripettinare (*ind. tess.*), to recomb.

ripettinato (*ind. tess.*), recombed.

ripiano (pianerottolo) (*ed.*), landing. **2.** ~ (piano: di scaffale per es.) (*gen.*), shelf.

ripidezza (di una curva per es.) (*gen.*), steepness.

rìpido (di strada per es.), steep.

ripiegabile (*gen.*), folding.

ripiegamento (*milit.*), withdrawal. **2.** ~ (nella custodia, di un paracadute) (*aer.*), packing. **3.** coprire il ~ (*tattica milit.*), to cover a withdrawal.

ripiegatura (difetto causato da una ripiegatura sulla superficie metallica di un pezzo laminato per es.) (*metall. - laminazione - fucinatura*), lap. **2.** ~ longitudinale (piega longitudinale) (*metall. - laminazione*), pinch.

ripiègo, expedient, makeshift. **2.** soluzione di ~ (*gen.*), expedient solution.

ripièna (riempimento con sterile dei vuoti interni) (*s. - min.*), gob, waste filling. **2.** ~ mediante sterile di cantiere (*min.*), selective filling. **3.** ~ mediante veicolo idrico (*min.*), hydraulic filling.

ripieno (di un dolce per es.) (*ind. dolciaria*), filling. **2.** ~ tenero (*ind. dolciaria*), soft center.

riportare (una sede valvola di motore per es.) (*mecc.*), to insert. **2.** ~ (ritornare nuovamente: un determinato carico, merce ecc. al luogo di origine) (*trasp.*), to return back. **3.** ~ (*mat.*), to carry, to carry over, to bring forward. **4.** ~ a regime (p. es. un alternatore accelerandolo gradualmente fino a raggiungere la velocità di sincronismo) (*macch. elett.*), to recycle. **5.** ~ in assetto di volo (*aer.*), to redress. **6.** ~ in linea di volo orizzontale (*aer.*), to flatten out. **7.** ~ i punti rilevati sulla carta (*top. - cart.*), to plot. **8.** ~ la placchetta (ad un utensile) (*mecc.*), to tip. **9.** ~ materiale (a mezzo saldatura per es.) (*mecc.*), to add material. **10.** ~ metallo a spruzzo (*mecc. - modelli fond. - ecc.*), to metallize. **11.** ~ terra (*mur. - strad. - ed.*), to embank.

riportato (di pezzo riportato internamente per es.) (*a. - mecc.*), inserted. **2.** ~ (*contabilità*), carried forward, c/f, brought forward, B/F. **3.** materiale ~ (a mezzo saldatura per es.) (*mecc.*), added material. **4.** pezzo ~ (sede di valvola di motore per es.) (*mecc.*), insert.

ripòrto (premio o interesse corrisposto per dilazione di pagamento) (*amm. - comm.*), contango. **2.** ~ (*contabilità*), carry-over. **3.** ~ (o rivestimento) di metallizzazione a spruzzo (*tecnol.*), metal-spray coating. **4.** ~ (p. es. di un totale da trasferirsi ad una colonna successiva) (*s. - mat. - amm. - elab.*), carry. **5.** ~ ad alta velocità (trasporto del ~ effettuato ad alta velocità) (*elab.*), high-speed carry. **6.** ~ al completo (*elab.*), complete carry. **7.** ~ a nuovo (nella contabilità: il totale di fine pagina da portarsi in testa alla pagina successiva) (*amm.*), carry forward, c/f. **8.** ~ bloccato a nove (nelle addizioni in parallelo con numeri decimali) (*elab.*), standing-on-nines carry. **9.** ~ circolare, *vedi* ~ testa/coda. **10.** ~ di stellite (su di un utensile per es.) (*tecnol. mecc.*), deposit of stellite. **11.** ~ di terra (*strad. - ed.*), embankment. **12.** ~ duro (materiale duro saldato sull'impronta di uno stampo) (*tecnol. mecc.*), hard-facing. **13.** ~ in cascata (*elab.*), cascade carry. **14.** ~ parziale (tipo di ~ che avviene nelle addizioni in parallelo) (*elab.*), partial carry. **15.** ~ sulla carta dei punti rilevati numericamente (*top. - cart.*), plotting. **16.** ~ testa/coda (~ circolare o ciclico) (*elab.*), end-around carry. **17.** capacità di ~ (capacità di formare depositi di uniforme spessore su superfici irregolari e nelle cavità) (*elettrochim. - vn.*), throwing power. **18.** premio di ~ (*amm. - finanz.*), contango. **19.** segnale di ~ (*elab.*), carry signal.

riposante (di un colore per es.) (*gen.*), restful.

ripòso (*gen.*), rest. **2.** ~! (*milit.*), "at ease". **3.** a ~ (non in funzione) (*elett. - eltn.*), quiescent. **4.** in ~ (di liquido per es.) (*idr.*), at rest. **5.** massa di ~ (massa di un corpo nello stato di riposo e cioè privo della massa supplementare acquistata dallo stesso quando in moto, secondo la teoria della relatività) (*fis.*), rest mass. **6.** senza il ritorno a ~ (per es. del braccio di certi tergicristallo per parabrezza) (*gen.*), nonhoming.

ripostiglio (per immagazzinare grano, carbone ecc.) (*ed.*), repository. **2.** ~ (*nav.*), pantry. **3.** ~ (o cassetto) del cruscotto (*aut.*), glove compartment, glove box. **4.** ~ per bauli (*ed.*), luggage locker.

riprèndere (prendere o girare una scena) (*cinem.*), to take, to crank. **2.** ~ (il giuoco, eliminare il giuoco) (*mecc.*), to take up. **3.** ~ con effetto panoramico (*cinem.*), to pan. **4.** ~ il funzionamento (di macch., mot., impianto ecc.) (*ind.*), to restart. **5.** ~ il lavoro (dopo uno sciopero per es.) (*operai - impiegati*), to resume work, to restart (or to recommence) work. **6.** ~ quota (*aer.*), to regain height. **7.** ~ una panoramica (*cinem. - telev.*), to pan. **8.** ~ una saldatura (per ripararla o rinforzarla) (*tecnol. mecc.*), to reweld.

riprendersi (di mercato azionario in rialzo per es.) (*comm.*), to rally.

ripreparare (una macch. ut.) (*lav. macch. ut.*), to reset, to retool.

ripreparazione (di una macch. ut.) (*lav. macch. ut.*), resetting, retooling.

ripresa (di un motore per es.) (*mecc.*), pickup. **2.** ~ (accelerazione di un'automobile), pickup. **3.** ~ (di umidità delle fibre) (*ind. tess.*), regain. **4.** ~ (di giuoco, eliminazione di giuoco) (*mecc.*), taking up. **5.** ~ (giunto freddo: difetto di fonderia dovuto alla mancata unione del metallo che entra nella forma da diverse direzioni per es.) (*fond.*), cold shut. **6.** ~ (richiamata: di un aereo) (*aer.*), pull-out. **7.** ~ (di una saldatura, dopo interruzione) (*tecnol. mecc.*), restart. **8.** ~ (l'azione di riprendere una scena per mezzo di macchina da presa cinematografica o telecamera) (*audiovisivi - cinem.*), shooting, take, shot. **9.** ~ (presa, registrazione del suono) (*cinem.*), recording. **10.** ~ ("round") (*sport*), round. **11.** ~ (rialzo dei prezzi) (*econ. - finanz.*), rally. **12.** ~ a trucco (*cinem.*), process shot. **13.** ~ cinematografica sonora (*cinem.*), sound and picture record. **14.** ~ col rallentatore (ripresa a velocità ultrarapida) (*cinem.*), slow-motion shot. **15.** ~ (o eliminazione) del gioco (*mecc.*), take-up of slack. **16.** ~ della saldatura (per riparazione) (*tecnol. mecc.*), rewelding. **17.** ~ di assetto (*aer.*), recovery. **18.** ~ di colaggio (giunto freddo, difetto nel getto) (*fond.*), cold shut. **19.** ~ di colaggio (discontinuità in un lingotto dovuta ad un arresto della colata) (*difetto metall.*), teeming lap, double teem. **20.** ~ di possesso (*leg.*), re-entry. **21.** ~ diretta (*telev.*), live program. **22.** ~ di un interno (*cinem.*), interior shooting. **23.** ~ inclinata (*cinem.*), angle shot, angle view. **24.** ~ muta (*cinem.*), mute shot. **25.** ~ ottica e sonora sulla stessa pellicola (*cinem.*), single recording system. **26.** in ~ diretta (di programma o trasmissione) (*radio - telev.*), live performance. **27.** trucchi di ~ (*cinem.*), shooting tricks.

ripristinare (*gen.*), to restore. **2.** ~ (ristabilire, una condizione) (*elettromecc. - ecc.*), to reset. **3.** ~ (ricostruire riportando alle condizioni originarie) (*ed.*), to rebuild. **4.** ~ le primitive condizioni (resettare un dispositivo elettrico per es.) (*eltn.*), to recycle.

riprìstino (*gen.*), restoration, reinstatement. **2.** ~ (resettaggio, ristabilimento della condizione originaria, riarmo) (*elettromecc. - ecc.*), reset. **3.** ~ (restauro, di una costruzione per es. nelle originarie condizioni) (*ed.*), rehabilitation. **4.** con ~ a pulsante (interruttore di sicurezza per es.) (*elett. - ecc.*), push-to-reset. **5.** tempo di ~ (di un relè per es., tempo di riarmo, tempo di "resettaggio") (*elett.*), reset time.

riproducibile (*gen.*), reproducible.

riproducibilità (*gen.*), reproducibility.

riprodurre (ripetere un determinato fenomeno) (*gen.*), to reproduce. **2.** ~ (*dis.*), to reproduce. **3.** ~ (copie da un originale) (*fot. - tip.*), to reproduce.

riproduttore (*s. - gen.*), reproducer. **2.** ~ di nastri perforati (apparecchio che copia nastri perforati) (*app. elab.*), tape reproducer. **3.** ~ di schede perforate (*elab.*), card reproducer. **4.** ~ sonoro (~ giradischi per trasmissione di registrazioni sonore a mezzo radio o TV) (*elettroacus.*), turntable, playback machine.

riproduzione (produzione di copie) (*tip. - fot.*), reproduction. **2.** ~ (copia) (*dis.*), print. **3.** ~ (operazione) (*dis.*), reproduction. **4.** ~ acustica (lettura, di un disco o di un nastro magnetico) (*elettroacus.*), play. **5.** ~ a processo diretto (*fot. - tip.*), direct process reproduction. **6.** ~ a tratto (*fot. - tip.*), black-line reproduction, line-copying. **7.** ~ con carbonio (riproduzione pellicolare, per analisi) (*metall.*), carbon replica. **8.** ~ con fermo immagine (sistema di ~, o lettura, con fermo immagine) (*audiovisivi*), still playback. **9.** ~ con ossido (riproduzione pellicolare, per analisi) (*metall.*), oxide replica. **10.** ~ del suono (*radio - cinem. - ecc.*), sound reproduction. **11.** ~ di ripasso (*audiovisivi*), review playback. **12.** ~ elettrica del suono (*elettroacus.*), sound electrical reproduction. **13.** ~ fotografica (*fot.*), phographic reproduction. **14.** ~ meccanica del suono (mediante dischi) (*acus.*), mechanical sound reproduction. **15.** ~ pellicolare (replica, riproduzione della superficie con calco pellicolare per analisi) (*metall.*), replica. **16.** ~ sonora (*radio - cinem. - ecc.*), sound reproduction.

riprogrammare (compilare un nuovo programma) (*elab. - organ.*), to reprogram.

ripròva (*mat.*), proof.

ripulire (*gen.*), to clean. **2.** ~ (disterrare, sbavare ecc., un getto per es.) (*fond.*), to trim. **3.** ~ (o disincrostare) dai depositi carboniosi (un motore per es.) (*mot.*), to decarbonize, to decoke. **4.** ~ (una memoria, lo schermo di visualizzazione per es. ecc.) (*elab.*), to clear.

ripulito dai depositi carboniosi (*a. - mot.*), decarbonized.

riquadrare (*mur. - carp. - tip.*), to square.

riquadro (*arch.*), bay. **2.** ~ (trafiletto) (*tip. - giorn.*), box.

riqualificare (p. es. istruire un dipendente prima di affidargli un nuovo lavoro) (*pers.*), to retrain.

riregistrare (riportare il suono già registrato su un altro nastro o pellicola) (*elettroacus. - cinem.*), to rerecord.

riregistrazione (*elettroacus.*), rerecording. **2.** ~ audio (riversamento audio che aggiunge effetti sonori o musica di fondo ecc.) (*cinem. - audiovisivi*), dubbing. **3.** ~ di missaggio (fusione in una unica registrazione fonica di suoni provenienti da varie fonti) (*cinem. - audiovisivi*), dubbing.

risacca (*mar.*), surf.

risaldare (per riparazione o rinforzo) (*tecnol. mecc.*), to reweld.

risalire (*gen.*), to reascend. **2.** ~ la corrente (*navig.*), to stem the current.

risalita (delle persone, uscita dalla miniera) (*min.*), ascent.

risaltare (sporgere, aggettare) (*arch.*), to project.
risalto (aggetto) (*ed. - mecc.*), projection, projecting part. **2.** ~ a schiena d'asino (*ed. - mecc.*), projecting ridge.
risanamento (risanamento edilizio) (*urbanistica*), improvement. **2.** ~ urbano (programma di ~ di vecchi fabbricati urbani) (*urbanistica*), urban renewal. **3.** zona di ~ (*urbanistica*), improvement area.
risarcimento (indennizzo) (*ass. - ecc.*), indemnity. **2.** ~ danni (*leg.*), indemnity for damages.
risarcire (indennizzare) (*comm.*), to indemnify.
riscaldamento (*term.*), heating. **2.** ~ acustico (di un plasma) (*fis. plasma*), acoustic heating. **3.** ~ ad acqua calda (*term.*), hot-water heating. **4.** ~ ad alta frequenza (*eltn. - elett.*), electronic heating. **5.** ~ ad alta frequenza da perdite dielettriche (*ind.*), dielectric heating, heatronic. **6.** ~ ad aria (*term.*), air heating. **7.** ~ ad aria calda (*term.*), hot-blast heating. **8.** ~ aerodinamico (dovuto all'attrito dell'aria) (*aer. - astric.*), aerodynamic heating. **9.** ~ a getto gassoso (per fucinati per es.) (*term.*), jet impingement heating. **10.** ~ a induzione (*elett.*), induction heating. **11.** ~ a pannelli radianti (*term.*), panel heating, radiant heating. **12.** ~ a radiazione (mediante elementi annegati nelle pareti o nel pavimento: sistema"crittal") (*term.*), "wall radiator". **13.** ~ a (raggi) infrarossi (*term.*), infra-red heating. **14.** ~ a resistenza (*elett. - term.*), resistance heating. **15.** ~ a resistenza diretta (facendo passare la corrente elettrica direttamente attraverso il metallo da riscaldare) (*term. - metall.*), direct resistance heating. **16.** ~ a vapore (*term.*), steam heating. **17.** ~ centrale (di un palazzo) (*term.*), househeating. **18.** ~ centralizzato di quartiere (distribuzione di calore per ~ agli edifici di una vasta zona; prodotto da un impianto centralizzato) (*ind. term. urbana*), district heating. **19.** ~ collisionale (riscaldamento da girorilassamento, del plasma) (*fis.*), collisional heating, gyrorelaxation heating. **20.** ~ dell'aria per contatto (nel condizionamento d'aria per es.) (*term.*), direct heating. **21.** ~ dielettrico (*term.*), dielectric heating. **22.** ~ dinamico (di una superficie di aereo in volo e dovuto all'attrito dell'aria) (*aer.*), dynamic heating. **23.** ~ elettrico (*term.*), electric heating. **24.** ~ indiretto (*term.*), indirect heating. **25.** ~ (per corpi) in levitazione (per es. nelle fusioni ottenute in stato di levitazione) (*fis. plasma - elettromecc. - metall.*), levitation heating. **26.** ~ lento (*metall. - ecc.*), slow heating. **27.** ~ per contatto (*term.*), contact heating. **28.** ~ senza conduzione manuale (*term.*), automatic heating. **29.** ~ successivo (*term.*), reheating. **30.** impianto di ~ (*ed. - ind.*), heating system, heating plant. **31.** impianto di ~ a termosifone (*ed. - ind.*), hot-water heating by thermosiphon circulation. **32.** impianto di ~ centrale ad acqua calda (*ed. - ind.*), hot-water central heating system. **33.** impianto di ~ centralizzato (*ed. - ind.*), central heating plant. **34.** manicotto di ~ (montato attorno al tubo di scarico di un mot. aer. per es. per il riscaldamento dell'aria per la cabina) (*disp. term.*), heating muff.
riscaldare (*term.*), to heat, to warm. **2.** ~ (un motore per es.) (*mot.*), to warm up.
riscaldarsi (surriscaldarsi, di cuscinetti per es.) (*mecc.*), to overheat, to run hot.
riscaldato (*term.*), heated.
riscaldatore (*app. term. ind.*), heater. **2.** ~ (dell'abitacolo durante la stagione invernale) (*aut.*), heater. **3.** ~ a combustibile liquido (riscaldatore a nafta) (*att. per cald.*), oil heater. **4.** ~ ad alta frequenza (*app. elett.*), high-frequency heater. **5.** ~ a immersione (resistenza corazzata) (*disp. elett.*), immersion heater. **6.** ~ a induzione (*elett. - metall.*), induction heater. **7.** ~ a raggi infrarossi (usato per materie plastiche o per vernici per es.) (*app. elett.*), infrared heater. **8.** ~ a resistenza (apparecchio termico alimentato mediante elettricità) (*app. term.*), resistance heater. **9.** ~ d'acqua (a serpentino immerso) (*app. term.*), calorifier (ingl.). **10.** ~ dell'acqua di alimentazione (di una caldaia per es.) (*app. term.*), feed water heater. **11.** ~ dell'aria aspirata (*mot. aer.*), intake air heater. **12.** ~ intermedio (per un riscaldamento supplementare del vapore: in una turbina compound per es.) (*termodin.*), reheater. **13.** ~ per orticoltura (*agric.*), horticultural heater. **14.** ~ per vernice (per la verniciatura nitro, o semisintetica a caldo) (*app. vn.*), paint heater.
riscaldatore-aeratore (riscaldatore di aria presa dall'esterno) (*aut.*), fresh-air heater.
riscaldo (per ristabilire condizioni plastiche) (*mft. vetro*), flashing.
riscattare (*comm. - leg.*), to redeem, to ransom.
riscatto (*s. - leg.*), ransom, redemption. **2.** lettera di ~ (per una nave catturata in tempo di guerra) (*leg. - nav.*), ransom bill, ransom bond.
rischiararsi (*meteor.*), to clear up.
rischiare (*comm. - finanz. - ecc.*), to risk. **2.** ~ (in affari, o imprese non del tutto fidabili) (*finanz. - comm.*), to venture.
rischio (*comm. - ass.*), risk. **2.** ~ del committente (*comm.*), consumer's risk. **3.** ~ del fornitore (*comm.*), producer's risk. **4.** ~ di guerra (*ass.*), war risk. **5.** ~ d'incendio (*ass.*), fire risk. **6.** a ~ del compratore (*comm.*), at buyer's risk. **7.** tutti i rischi (*assicurazione*), all risks, a/r.
risciacquare, to rinse.
risciacquatrice (*macch. per ind. tess. - ecc.*), rinsing machine.
risciacquatura (*ind.*), rinse. **2.** ~ con acqua calda (*ind.*), hot-water rinse. **3.** ~ con acqua fredda (*ind.*), cold-water rinse.
riscontare (una cambiale) (*comm. - finanz.*), to rediscount.
risconto (cessione di una cambiale già scontata) (*comm. - finanz.*), rediscount. **2.** ~ attivo (spese differite, considerate in un esercizio ma imputabili ad un esercizio successivo) (*amm.*), deferred as-

sets, deferred charges. **3.** ~ passivo (in un bilancio, credito differito) (*amm.*), deferred credit, deferred liability, deferred income.

riscontro (verifica, di conti per es.) (*gen.*), checking, verification. **2.** ~ (risposta, ad una lettera) (*comm.*), reply. **3.** ~ (contropiastra per porta) (*ed.* - *aut.* - *ecc.*), striker plate, striker, strike. **4.** riscontri delle maschere (*mecc.*), jig locators.

riscossione (*comm.* - *ecc.*), collection. **2.** ~ automatica (del pedaggio su un'autostrada per es.) (*comm.* - *amm.*), automatic collection.

riscrivere (procedimento di scrivere di nuovo in memoria una informazione quando sia stata cancellata da una precedente lettura) (*elab.*), to rewrite.

riscuòtere (*comm.* - *amm.* - *finanz.*), to collect, to cash.

risega (*arch.* - *ed.*), offset, setback. **2.** formare una ~ (*arch.*), to offset.

risèrva (*gen.*), reserve. **2.** ~ (di combustibile per es.), stock. **3.** ~ (di una banca) (*finanz.*), reserve. **4.** ~ (di benzina, nel serbatoio) (*aut.*), reserve. **5.** ~ (sostanza applicata su parti di tessuto per impedire il fissaggio del colore per es.) (*ind. tess.*), resist. **6.** ~ (sostanza usata per impedire il deposito elettrochimico rendendo la superficie non conduttiva) (*elettrochim.*), resist. **7.** ~ (sostanza protettiva antiacida applicata sulla superficie da stampare) (*fotoincisione*), resist. **8.** ~ (sostituto) (*sport*), reserve. **9.** ~ (p. es. un elaboratore da utilizzare in caso di avaria al posto di quello normalmente utilizzato) (*s.* - *elab.* - *ecc.*), backup. **10.** ~ (scorta: merce tenuta pronta per future necessità) (*comm.*), store. **11.** ~ aurea (*finanz.*), gold reserve. **12.** ~ di galleggiabilità (compartimenti stagni dell'opera morta) (*nav.*), reserve buoyancy. **13.** ~ di lavoro (ordini di scorta che assicurano la continuità del lavoro nel futuro) (*ind.* - *comm.*), backlog. **14.** ~ di resistenza (rapporto tra la resistenza effettiva di una struttura ed il valore minimo necessario per una data condizione) (*aer.* - *ecc.*), reserve factor. **15.** ~ disponibile (*finanz.*), free reserve. **16.** ~ fotosensibile, gelatina fotosensibile (per incisione selettiva) (*fotomecc.*), photoresist. **17.** ~ fusa (di metallo in un forno ad induzione: per innescare la fusione) (*fond.*), heel. **18.** ~ legale (*finanz.*), legal reserve. **19.** ~ navale (*mar. milit.*), naval reserve. **20.** ~ occulta (*finanz.*), hidden reserve. **21.** ~ straordinaria (*finanz.*), surplus reserve. **22.** ~ straordinaria per imprevisti (in un bilancio per es.) (*amm.*), unallocated reserve for contingencies. **23.** caldaia di ~ (*ind.*), stand-by boiler. **24.** capitalizzazione delle riserve (*amm.*), capitalization of reserves. **25.** sistema di ~ (sistema di elab. tenuto pronto come sostituto in caso di guasto di quello normalmente usato) (*elab.* - *ecc.*), fallback. **26.** spia ~ carburante (*strum. aut.*), low fuel warning light. **27.** stampa a ~ (*ind. tess.*), resist printing.

riservare (p. es. zone di archivio per uno specifico programma di elab.) (*elab.* - *ecc.*), to reserve.

riservatissimo (documento militare o politico) (*milit.*), confidential.

riservato (di lettera per es.) (*uff.*), restricted. **2.** ~ (grado di riservatezza assegnato a materiale militare o diplomatico) (*milit.*), restricted. **3.** ~ (p. es. una parola, un'area di memoria ecc.) (*a.* - *elab.*), reserved.

risguardo (pagina bianca all'inizio o alla fine di un libro) (*tip.*), flyleaf.

risiedere (aver sede, in una data località) (*gen.*), to reside.

risma (di carta per es.) (*mis.*), ream.

riso (*ind. alimentare*), rice. **2.** carta di ~ (*mft. carta*), rice paper.

risolutore di equazioni (*elab.*), equation solver.

risoluzione (scioglimento di un contratto) (*comm.*), cancellation. **2.** ~ (del rapporto di lavoro: di dipendenti) (*pers.* - *op.*), termination. **3.** ~ (di un obiettivo, di una immagine) (*ott.* - *telev.* - *ecc.*), *vedi* definizione. **4.** ad alta ~ (per es. di radar, di televisione, di uno schermo ecc.) (*a.* - *radar* - *ott.* - *elab.*), high-resolution. **5.** ~, *vedi anche*, soluzione.

risolvènte (*ott.* - *cinem.*), resolving.

risolvènza (*ott.*), resolution.

risòlvere (un problema per es.) (*gen.*), to solve, to work out. **2.** ~ (*mat.*), to solve. **3.** ~ (una equazione per es.) (*mat.*), to cast, to perform. **4.** ~ (le righe di uno spettro per es.) (*ott.*), to resolve.

risolvibile (*mat.*), solvable.

risonante, linea ~ (linea di risonanza) (*radio*), resonant line. **2.** non ~ (*a.* - *acus.* - *radio* - *ecc.*), non resonant.

risonanza (*fis.* - *elett.*), resonance. **2.** ~ (*fis. atom.*), resonance. **3.** ~ (*radio*), resonance. **4.** ~ acustica (*acus.*), acoustic resonance. **5.** ~ al suolo (di elicottero: violento scuotimento dovuto all'elasticità delle gomme e degli ammortizzatori oleodinamici delle ruote in risonanza col periodo critico dell'intero apparecchio) (*aer.*), ground resonance. **6.** ~ ciclotronica (*fis. atom.*), cyclotron resonance, gyromagnetic resonance, gyroresonance. **7.** ~ in parallelo (*eltn.*), parallel resonance. **8.** ~ in serie (*eltn.*), series resonance. **9.** ~ magnetica (*fis.*), magnetic resonance. **10.** ~ magnetica nucleare (*fis. atom.*), nuclear magnetic resonance. **11.** ~ nucleare (assorbimento di un raggio gamma da parte di un nucleo identico a quello che lo ha emesso) (*fis. atom.*), nuclear resonance. **12.** ~ paramagnetica elettronica (risonanza di spin elettronico) (*fis. atom.*), electron spin resonance. **13.** circuito di ~ (*radio*), resonator. **14.** di ~, in ~ (*a.* - *radio* - *elett.*), resonant. **15.** entrare in ~ (*fis.*), to resonate. **16.** probabilità di fuga dei neutroni alla ~ (*fis. atom.*), neutron resonance escape probability. **17.** riga di ~ (riga spettrale) (*ott.*), resonance line.

risonatore (*app. fis.*), resonator. **2.** ~ (cassa di risonanza) (*acus.*), resonator. **3.** ~ a cavità (*eltn.*), cavity resonator. **4.** ~ a guida d'onda (*eltn.*), wave

guide resonator. **5.** ~ captatore (*eltn.*), catcher resonator.
risorsa (ogni mezzo disponibile per favorire la elaborazione: p. es. tempi ed aree dell'unità centrale di elaborazione, disponibilità di periferiche ecc.) (*elab.*), resource, facility.
risorse (*finanz.*), resources. **2.** ~ naturali (p. es.: carbone, ferro, petrolio ecc.) (*econ.*), natural resources. **3.** distribuzione delle ~ (*ricerca operativa*), resource allocation.
risparmiare (*gen.*), to save. **2.** ~ (*amm. - comm.*), to save, to economize.
risparmiatore (*gen.*), saver. **2.** ~ (*finanz.*), money saver, saving depositor.
risparmio (di calore per es.) (*ind.*), saving. **2.** ~ (*finanz.*), saving. **3.** ~ (riduzione nel costo) (*amm. - ind.*), saving. **4.** risparmi (in denaro) (*econ.*), saving, savings.
rispedire (*trasp.*), to forward again.
rispettare (mantenere, un termine di consegna per es.) (*gen.*), to observe, to comply with.
rispetto (parte di rispetto, parte di ricambio) (*s. - nav.*), spare part. **2.** àncora di ~ (*nav.*), spare anchor. **3.** di ~ (*a. - nav.*), spare.
rispóndere (*gen.*), to answer, to reply. **2.** ~ (essere responsabile) (*gen.*), to answer for, to be responsible for. **3.** ~ (al telefono) (*telef.*), to answer.
risponditore (ripetitore d'eco) (*acus. sub.*), transponder, echo repeater. **2.** ~ (mediante segnale radio codificato) (*radar - radio*), responder. **3.** ~ con allungamento del segnale (per simulare la dimensione fisica del bersaglio) (*app. acus. sub.*), transponder elongator. **4.** ~ esca (contromisura) (*milit. - nav.*), decoy transponder. **5.** ~ subacqueo (apparecchio che ritrasmette amplificato un impulso acustico ricevuto per simulare un bersaglio) (*app. acus. sub.*), underwater transponder.
risposta (*gen.*), answer, reply. **2.** ~ (di un altoparlante per es.: comportamento acustico col variare della tensione) (*elettroacus.*), response. **3.** ~ (del mercato) (*s. - comm.*), response. **4.** ~ (p. es. a seguito di una richiesta di informazioni) (*s. - elab.*), response. **5.** ~ (soluzione di un problema) (*elab. - ecc.*), answer. **6.** ~ ai comandi (di un'automobile per es.) (*veic.*), control response. **7.** ~ alle perturbazioni (di una autovettura per es.) (*veic.*), disturbance response. **8.** ~ del veicolo (ai comandi per es.) (*veic.*), vehicle response. **9.** ~ del veicolo al comando (*veic.*), vehicle control response. **10.** ~ del veicolo alle perturbazioni (*veic.*), vehicle disturbance response. **11.** ~ in audiofrequenza (*audiovisivi*), audio-frequency response. **12.** ~ in condizioni di regime (di una autovettura per es.) (*veic.*), steady state response. **13.** ~ massima (*radio*), peak response. **14.** ~ negativa (*elab.*), negative acknowledgement, NAK. **15.** ~ pagata (*posta*), prepaid answer, postpaid. **16.** ~ vocale (*elab. sofisticato*), voice response. **17.** a ~ automatica (*a. - elab.*), auto-answering, auto-answer. **18.** dare una ~ esauriente (*gen.*), to answer satisfactorily. **19.** di ~ con armi atomiche (riferito ad un sistema di difesa capace di rimanere efficiente dopo un attacco atomico e di colpire a sua volta con armi atomiche) (*a. - guerra atomica*), second-strike. **20.** fine ~ (termine di codice operativo) (*elab.*), EA, end of answer. **21.** tempo di ~ (di un limitatore per es.) (*elett.*), response time.
ristabilimento (ripristino, di una condizione per es.) (*elettromecc. - ecc.*), reset, resetting.
ristabilire (*gen.*), to restore. **2.** ~ (ripristinare, una condizione) (*elettromecc. - ecc.*), to reset.
ristagnare (*idr. - ecc.*), to stagnate.
ristagno (negli affari per es.) (*comm. - econ.*), slackness, stagnation, dullness. **2.** ~ (*mecc. dei fluidi*), stagnation. **3.** ~ di acqua (*idr.*), backwater. **4.** punto di ~ (di un corpo che si sposta in un fluido) (*mecc. dei fluidi*), stagnation point.
ristampa (*tip.*), reprint. **2.** ~ (di una pagina per es.) (*s. - tip.*), reset.
ristampare (*tip.*), to reprint.
ristorante (*ed.*), restaurant. **2.** ~ ("buffet": di stazione ferroviaria) (*ed. ferr.*), buffet. **3.** vagone ~ (*ferr.*), dining car, dining coach.
ristrìngere (riavvitare per es.) (*mecc.*), to retighten.
ristrutturare (eseguire estese modifiche e migliorie all'interno di un vecchio edificio) (*costr. ed.*), to redevelop. **2.** ~ (dare una nuova organizzazione: p. es. ad una società) (*org. pers.*), to restructure.
risucchiare (formarsi di cavità di ritiro) (*fond.*), to pipe.
risucchio (*idr.*), eddy. **2.** ~ (cono di risucchio, cavità di ritiro, alla sommità di un lingotto per es.) (*metall.*), pipe, piping. **3.** ~ (cavità di ritiro) (*fond.*), shrinkage cavity. **4.** ~ d'aria (*aerodin.*), windage. **5.** ~ nel canale di colata (*fond.*), shrinkage cavity at gate.
risultante (di forze) (*mecc. raz.*), resultant.
risultato (*gen.*), result. **2.** ~ (uscita; il ~ ottenuto, i dati trasmessi o stampati p. es.) (*elab.*), output. **3.** ~ incomprensibile (~ senza senso; ~ in linguaggio incomprensibile) (*elab. - ecc.*), gibberish. **4.** ~ positivo (~ relativo a risposta ottenuta da un sistema: successo) (*elab.*), hit.
risuonare (echeggiare) (*acus.*), to resound.
ritagliare (tranciare lo sviluppo) (*lav. lamiera*), to blank.
ritagliato (di una figura o di un disegno per es.) (*a. - stampa*), cutout.
ritagliatura (tranciatura dello sviluppo) (*lav. lamiera*), blanking.
ritaglio (di profilato per es.) (*ind. metall.*), crop-end. **2.** ~ (scampolo: di una pezza di tessuto) (*ind. tess.*), fent. **3.** ~ (di pellicola) (*cinem.*), cutout. **4.** ~ (scarto) (*ind. cuoio - ecc.*), waste. **5.** ~ (di giornale) (*pubbl.*), clippig, (press) cutting. **6.** ritagli (sciaveri, di carta) (*mft. carta*), offcuts. **7.** ritagli (sfridi di lamiera) (*ind. mecc.*), off-cuts. **8.** ~ di giornale (*giorn.*), press cutting, press clipping.
ritarare (*strum.*), to recalibrate.
ritaratura (*strum.*), recalibration.

ritardante (agente ritardante, nella manifattura gomma per es.) (*s. - ind.*), retarder.

ritardare (*gen.*), to retard, to delay. **2.** ~ (l'accensione di un mot. per es.) (*mot.*), to retard.

ritardato (*a. - gen.*), delayed. **2.** ~ (di accensione di un mot. a c.i. per es.) (*mot.*), retarded. **3.** ad azione ritardata (*mecc. - elett.*), delayed-action.

ritardatore (apparecchio) (*ind.*), delaying device. **2.** ~ (agente messo nel cemento per aumentare la durata della presa) (*mur.*), retarder.

ritardo (di un movimento, comando ecc.) (*mecc. - fis.*), lag. **2.** ~ (*comm.*), delay. **3.** ~ (di chiusura di valvola motorizzata per es.), retardation, lag. **4.** ~ (tempo trascorso tra l'entrata di un segnale e la sua uscita) (*eltn.*), delay. **5.** ~ acustico (*acus.*), acoustic delay. **6.** ~ di accensione (di un motore) (*mot. c.i.*), ignition delay, ignition lag. **7.** ~ di accensione (della carica di un proiettile) (*espl.*), hangfire. **8.** ~ di combustione (in un motore), afterburning (of charge). **9.** ~ di corrente (ritardo della corrente sul potenziale) (*elett.*), lag (ingl.), lagging (am.). **10.** ~ di gruppo (in un complesso pilotato da multiplatore la differenza di tempo di trasmissione fra l'elemento più lento e quello più veloce) (*elab.*), group delay. **11.** ~ dovuto a cause esterne (tempo di inattività dovuto a cause esterne: p. es. mancanza di energia) (*elab.*), external delay. **12.** ~ (di magnetizzazione) per isteresi (*elett.*), hysteretic lag. **13.** ~ elettostatico (in telegrafia, ritardo nella trasmissione) (*telegr.*), electrostatic retardation. **14.** ~ inversamente proporzionale (di un relè il cui azionamento viene ritardato di un tempo inversamente dipendente dal valore del carico per es.) (*elett.*), inverse time lag, inverse time delay. **15.** ~ preregolato indipendente (dal carico, di un relè) (*elett.*), definite time lag, definite time delay. **16.** essere in ~ (di corrente elettrica rispetto alla tensione) (*elett.*), to lag, to be lagging. **17.** linea di ~ (componente usato in circuiti elettronici per generare un ritardo artificiale) (*eltn.*), delay line.

ritegno (*mecc.*), stop, check. **2.** asta di ~ (*mecc.*), check rod. **3.** valvola di ~ (per tubo aspirante di pompa per es.) (*idr. - mecc.*), check valve, non return valve.

ritenuta (sullo stipendio per es., trattenuta, deduzione) (*pers. - lav.*), deduction.

ritirare (una vettura usata da un cliente in conto della vettura nuova che gli viene venduta) (*aut. - comm.*), to trade in. **2.** ~ (denaro dalla banca) (*finanz. - banca*), to withdraw. **3.** ~ (~ una risorsa dal programma per es. al quale era stata assegnata) (*elab.*), to deallocate. **4.** ~ il danaro dalla circolazione (*finanz.*), to demonetize.

ritirarsi (*milit.*), to retire. **2.** ~ (restringersi) (*fis.*), to shrink. **3.** ~ (da una corsa) (*sport*), to retire, to abandon.

ritirata (*milit.*), retreat. **2.** ~ (latrina) (*ed.*), water closet, toilet.

ritiro (contrazione) (*gen.*), shrink, shrinkage, contraction. **2.** ~ (*fond.*), shrink, shrinkage, contraction. **3.** ~ (di pellicola di smalto) (*vn.*), shrinkage. **4.** ~ (del calcestruzzo, del legno, di un getto per es.) (*gen.*), shrinkage, contraction. **5.** ~ (da una corsa) (*sport*), retirement. **6.** ~ del getto durante la solidificazione (dal punto di fusione alla temperatura ambiente) (*fond.*), solid contraction. **7.** ~ del tessuto (*ind. tess.*), shrink of the fabric. **8.** ~ di stampaggio (differenza delle dimensioni del pezzo caldo nello stampo e dopo l'estrazione e quindi a temperatura ambiente) (*tecnol. della plastica*), mold shrinkage. **9.** ~ filamentoso (*fond.*), filamentary shrinkage. **10.** ~ in forno (dei fogli di plastica) (*tecnol.*), oven shrinkage. **11.** cavità di ~ (risucchio) (*fond.*), shrinkage cavity. **12.** cavità di ~ (cono di risucchio, alla sommità di un lingotto) (*metall.*), piping, pipe. **13.** cricca di ~ (difetto) (*metall. - fond.*), shrinkage crack. **14.** limite di ~ (del terreno) (*analisi terreno*), shrinkage limit. **15.** tensione di ~ (ritiro eccessivo che causa sollecitazioni ed infragilimento, in getti di ghisa) (*fond.*), draw shrinkage.

ritmatore (indicatore di cadenza) (*app.*), timer, cadence indicator.

ritmo (entità per unità di tempo) (*gen.*), rate. **2.** ~ di alternanza (*mecc.*), rate of reciprocation. **3.** ~ di produzione (quantità prodotta) (*ind.*), production rate.

ritoccare (togliere i difetti) (*fot.*), to retouch, to spot.

ritoccatura bolli (eliminazione delle fitte dalle superfici di lamiere) (*costr. ferr.*), metal bumping.

ritocco (*vn.*), repair, touch-up, spotting in. **2.** ~ (*fot.*), retouching. **3.** ~ con sostanza coprente (*fot.*), opaquing.

ritòrcere (*ind. tess.*), to twist, to twine. **2.** ~, *vedi anche* torcere.

ritorcitoio (*macch. tess.*), doubling frame, twisting frame, twisting machine, twister. **2.** ~ ad anello (per filati fantasia) (*macch. tess.*), ring twisting frame.

ritorcitore (*lav. tess.*), twister.

ritorcitrice (*lav. tess.*), twisteress. **2.** ~ (*macch. ut. tess.*), twistry machine.

ritorcitura (*ind. tess.*), twisting, cabling (ingl.).

ritornare (*gen.*), to return. **2.** ~ al punto di partenza (p. es. di un aereo alla sua portaerei) (*gen.*), to home. **3.** ~ a magazzino (riversare a magazzino) (*gen.*), to return to the store. **4.** ~ a vuoto (fare un viaggio di ritorno senza carico) (*veic.*), to deadhead. **5.** ~ indietro di uno spazio (su una stampante, un visualizzatore ecc.) (*elab.*), to backspace. **6.** ~ indietro di uno spazio (su una macchina per scrivere per es.) (*macch.*), to backspace.

ritorno (di una molla per es.) (*mecc.*), recovery. **2.** ~ (di un pistone per es.) (*mecc.*), reversal. **3.** ~ (elastico: di un pezzo metallico dopo la piegatura per es.) (*mecc.*), spring back. **4.** ~ (di raggio analizzatore, dalla fine di una linea all'inizio della successiva) (*telev.*), flyback (ingl.). **5.** ~ (eco) (*radio - radar*), return, echo. **6.** ~ (linea che riporta qualcosa al punto di partenza: un conduttore elettrico per es.) (*installazioni elett. - acus. - riscaldamento - ecc.*), return. **7.** ~ allo stato primitivo (*chim.*), reversion. **8.** ~ a terra (~ realizzato utilizzando la terra come conduttore) (*elett.*), ground return. **9.** ~ a zero (della lancetta contasecondi) (*cronometro*), flyback. **10.** ~ dal mare (eco dal mare) (*radar*), sea return. **11.** ~ della (corsa di) traslazione (di una tavola di macch. ut. per es.) (*mecc. macch. ut.*), traverse reverse. **12.** ~ di campo (intervallo nella operazione di scansione) (*telev.*), field flyback. **13.** ~ di fiamma (di un motore per es.) backfire, flash back. **14.** ~ di flusso (*dinamica dei fluidi*), backflow. **15.** ~ di griglia (circuito esterno per griglia a catodo per la circolazione della corrente di griglia di un tubo elettronico) (*eltn.*), grid return. **16.** ~ di vampa (da un cannone per es.) (*arma da fuoco*), flareback. **17.** ~ elastico (di una lamiera dopo la formatura per es.) (*mecc.*), springback. **18.** ~ indietro (di uno spazio) (*macch. per scrivere - elab.*), backspace. **19.** ~ rapido (di un utensile per es.) (*mecc. - macch. ut.*), rapid return, quick return. **20.** ~ rapido (*di macch. ut.*), quick return. **21.** ~ rapido "Whitworth" (*mecc. - macch. ut.*), Whitworth's quick return. **22.** di ~ (p. es. di un indirizzo, una istruzione ecc.) (*a. - elab.*), return. **23.** di non ~ (*a. - gen.*), nonreturn. **24.** segnale di ~ (sullo schermo radar) (*radar*), blip. **25.** senza ~ al punto di riferimento (di un sistema di trasmissione dati) (*elab.*), non-return to zero, NRZ. **26.** tempo di ~ (di un fascio esploratore) (*telev.*), flyback time.

ritòrto (*gen.*), twisted.

ritraccia (linea di ritorno: nella scansione di un tubo catodico) (*eltn. - telev. - ecc.*), retrace line, return line. **2.** tempo di ~ (tempo della traccia di ritorno: nella scansione in un tubo a raggi catodici) (*elab.*), retrace time.

ritrasméttere (*radio*), to rebroadcast. **2.** ~ (un messaggio ad un'altra stazione per es.) (*telegrafo - telescrivente - ecc.*), to relay.

ritrasmettitore (ripetitore) (*radio - telev.*), repeater, relay station.

ritrasmissione (*radio*), rebroadcast. **2.** ~ (rimbalzo) (*telev.*), relay television, ball reception.

ritrasmittente (*a. - gen.*), retransmitting. **2.** stazione ~ (stazione ripetitrice) (*radio - telev.*), relay station, repeater, transceiver.

ritratto (*fot. - ecc.*), portrait.

ritrovato (invenzione) (*s. - leg.*), invention.

ritto (*s. - gen.*), upright, standard. **2.** ~ (puntello) (*min.*), prop, pit prop.

ritubare (un pozzo, un cannone) (*gen.*), to retube.

riunione (di persone) (*gen.*), meeting. **2.** essere in ~ (*organ. - ecc.*), to be in conference.

riunire (*gen.*), to join, to unite. **2.** ~ i fili d'ordito (*ind. tess.*), to join the warp. **3.** ~ in falde (riunire cotone o lino in falde) (*mft. tess.*), to lap. **4.** ~ per confronto (*elab.*), *vedi* collazionare.

riunitrice (per nastri di carda) (*macch. tess.*), (card sliver) lapping machine.

riutilizzabilità (possibilità di riutilizzo) (*gen.*), reusability.

riutilizzare (*gen.*), to reutilize, to reuse.

riutilizzazione (*s. - gen.*), reutilization, reuse. **2.** ~ degli sfridi (*ind.*), reutilization of scraps. **3.** ~ della vernice (*vn.*), paint reclaiming.

riutilizzo (riutilizzazione) (*gen.*), reuse, reutilization.

riva (*del mare*), shore, seaside. **2.** ~ (*di fiume*), river bank.

rivalsa (*comm. - leg.*), redraft.

rivalutare (una moneta per es.) (*finanz.*), to upvalue. **2.** ~ artificiosamente (supervalutare) (*amm.*), to write up.

rivalutazione (incremento del valore della valuta in relazione a quello di valute estere) (*finanz.*), revaluation, revalorization.

rivedere (ripassare un videonastro registrato) (*audiovisivi*), to review.

rivelare (*gen. - radio*), to detect.

rivelatore (rettificatore) (*radio*), detector. **2.** ~ (coesore, "coherer") (*radio*), coherer. **3.** ~ (*chim. fot.*), developer. **4.** ~ (misuratore) (*fis. atom.*), detector. **5.** ~ (di gas di benzina per es.) (*app. sicurezza*), sniffer. **6.** ~ a campo frenante (*radio*), retarding field detector, reverse-field detector. **7.** ~ a carborundum (*radio*), carborundum detector. **8.** ~ a cristallo (*radio*), crystal detector. **9.** ~ acustico, *vedi* demodulatore acustico. **10.** ~ a eterodina (*radio*), heterodyne detector. **11.** ~ a ionizzazione di fiamma (analizzatore a ionizzazione di fiamma, per l'analisi dei gas di scarico per es.) (*app.*), flame ionization detector, FID. **12.** ~ antisommergibili (*strum. mar. milit.*), antisubmarine detector. **13.** ~ a valvola (*radio*), valve detector. **14.** ~ coerente (di un bersaglio mobile su di uno schermo radar) (*eltn.*), coherent detector. **15.** ~ della direzione (*radio-goniometria*), sense finder. **16.** ~ di alcool (ingerito) (dal guidatore: per impedirgli di avviare l'autovettura se non è sobrio) (*sicurezza aut.*), alcohol detection device. **17.** ~ di azzeramento (*elett. - eltn.*), null detector. **18.** ~ di controllo (nella registrazione di dischi fonografici) (*elettroacus.*), playback pickup. **19.** ~ di dispersione (a massa) (*app. elett.*), leakage indicator. **20.** ~ di fiamma ad asta (in un impianto di bruciatori per es.) (*comb.*), flame rod. **21.** ~ di gas (apparecchio di sicurezza che denuncia la presenza di grisou, o altri gas, o vapori infiammabili o nocivi) (*min. - comb. liquidi - antincendio*), gas detector. **22.** ~ di incendio (*app. antincendio*), fire detector. **23.** ~ di incrinature (incrinoscopio) (*mecc.*), crack detector. **24.** ~ di infrarosso (*strum. rivelatore incendio*), infrared detector. **25.** ~ di massa (*elett.*), earth leakage detector, earth detector. **26.** ~ di metalli (localizzatore elettronico di oggetti metallici nascosti; p. es. viene usato comunemente negli aeroporti come misura antiterroristica) (*polizia - ecc.*), metal detector. **27.** ~ di neutroni (*fis. atom.*), neutron detector. **28.** ~ di onde elettriche (*elett.*), electric waves detector. **29.** ~ di ostacoli (*radar*), obstacle detector. **30.** ~ di perdite (rivelatore di fuga, di gas da un dirigibile per es.) (*strum.*), leak detector. **31.** ~ di raffiche di vento (*aer.*), gust detector. **32.** ~ di soglia (*fis. atom.*), threshold detector. **33.** ~ di temporali a distanza (*app. radio - milit.*), spherics. **34.** ~ di vibrazioni (*strum.*), vibration pickup. **35.** ~ elettrolitico (*radio*), electrolytic detector. **36.** ~ elettromagnetico di incrinature (*mecc.*), electromagnetic crack detector. **37.** ~ magnetico (*radio*), magnetic detector. **38.** ~ piezoelettrico (*elettroacus.*), crystal pickup. **39.** ~ termico (bolometro) (*strum. elett.*), bolometer, thermal detector.

rivelazione (*gen.*), detection. **2.** ~ (*fis. atom.*), detection. **3.** ~ (processo per separare il segnale dall'onda portante) (*radio - eltn.*), demodulation, detection. **4.** ~ di griglia (*radio*), grid rectification. **5.** ~ di placca (*radio*), anode rectification. **6.** ~ lineare (*radio*), linear detection. **7.** ~ quadratica (*radio*), square-law detection.

rivéndere (*comm.*), to resell.

rivendicazione (di un brevetto per es.) (*leg. - ecc.*), claim.

rivendita (*comm.*), resale. **2.** ~ (negozio) (*comm.*), shop.

rivenditore (*comm.*), jobber. **2.** ~ al minuto (*comm.*), retailer.

riverberare (luce, calore ecc.) (*fis.*), to reverberate.

riverberazione (*acus.*), reverberation. **2.** ~ (riflessione dovuta ad inomogeneità dell'acqua, microorganismi ecc., che non segue la legge speculare ma avviene disordinatamente in tutte le direzioni) (*acus. sub.*), reverberation, backscattering. **3.** ~ di fondo (causata dal fondo del mare) (*acus. sub.*), bottom reverberation. **4.** ~ di superficie (causata dalla superficie del mare) (*acus. sub.*), surface reverberation. **5.** ~ di volume (causata da inomogeneità presenti nel volume dell'acqua di mare) (*acus. sub.*), volume reverberation. **6.** amplificatore di ~ (app. per "effetto eco") (*elettroacus.*), reverberation amplifier. **7.** indice di ~ (*acus. sub.*), reverberation strength, backscattering strength.

rivèrbero (della luce, del calore ecc.) (*fis.*), reverberation. **2.** ~ onde marine (echi di disturbo dovuti alle onde del mare) (*radar*), clutter. **3.** apparecchio che produce ~ (per es. riflettore di lampada), reverberator. **4.** a ~ (di forno per es.) (*app. ind.*), reverberatory. **5.** forno a ~ (per metalli per es.) (*metall.*), reverberatory furnace.

riverniciare (*vn.*), to repaint.

riverniciatura (*vn.*), repainting.

riversamento (*elab.*), *vedi* scarico. **2.** ~ di contenuto di nastro (copiatura, anche parziale, di videonastro su altro videonastro: per es. nel montaggio) (*audiovisivi*), tape dubbing. **3.** ~ di suono (riregistrazione di suono: su di un videonastro registrato in precedenza) (*audiovisivi*), audio dubbing.

riversare (*elab.*), *vedi* scaricare.

rivestimento (*gen.*), covering, lining, coatting. **2.** ~ (di un'ala, una fusoliera per es.) (*aer.*), skin, covering. **3.** ~ (involucro: di un dirigibile per es.) (*aer.*), envelope. **4.** ~ (azione di rivestire tubazioni, caldaie ecc., per isolamento termico) (*ind.*), lagging, insulating. **5.** ~ (con assi o materiale impermeabile, dell'ossatura di una casa o di un tetto) (*ed.*), sheathing. **6.** ~ (di ossatura di nave con fasciame per es.) (*nav.*), sheating. **7.** ~ (in clinker per es. di una facciata) (*arch. - ed.*), facing. **8.** ~ (di una pallottola per es.) (*espl.*), jacket. **9.** ~ (interno, di carrozzeria di automobile per es.) (*aut. - ecc.*), upholstery. **10.** ~ a calandra (*ind. gomma*), calender coat. **11.** ~ acido (p. es. in un forno metallurgico per processo acido) (*metall. - chim.*), acid lining. **12.** ~ a conci (*arch.*), ashlar stone facing. **13.** ~ ad anelli ("tubbing", torre blindata, di un pozzo) (*min.*), tubbing. **14.** ~ antialo (o antialone) (*rivestimento fot.*), antireflection film. **15.** ~ anticontaminante (protezione delle barre di uranio di un reattore per evitare contaminazioni) (*fis. atom.*), canning. **16.** ~ a pannelli (*ed.*), paneling. **17.** ~ a piegoni (*carrozz. aut. - ecc.*), plaited upholstery. **18.** ~ a polverizzazione (rivestimento a vaporizzazione ionica, polverizzazione ionica) (*tecnol.*), sputtering. **19.** ~ ceramico (per lamiere resistenti ad altissima temperatura per es.) (*metall. - mecc.*), ceramic coating. **20.** ~ con neri di fonderia (di una forma) (*fond.*), blackening. **21.** ~ d'ala (*aer.*), wing skin. **22.** ~ dei cilindri (*ind. gomma*), roll covering. **23.** ~ della facciata (materiale ornamentale o di particolare pregio che decora le pareti esterne di un fabbricato) (*arch.*), facework. **24.** ~ di serbatoio (interno) (*ind.*), tank lining. **25.** ~ di sostegno (di un terrapieno) (*strad.*), revetment. **26.** ~ esterno (dello scafo di un dirigibile di tipo rigido per es.) (*aer. - ecc.*), outer cover. **27.** ~ galvanico (dei metalli per es.) (*elettrochim.*), elctroplating. **28.** ~ (gommatura) su calandra a frizione (*ind. gomma*), friction coating. **29.** ~ impermeabilizzato (*ed.*), dampproof coating. **30.** ~ in legno (all'interno di abitazione) (*ed.*), wood paneling, wood panelling, wood wainscoting, wainscot. **31.** ~ in legno pregiato lucidato (arredamento interno di un ambiente con pannelli lucidati di legno duro) (*arch.*), cabinet finish. **32.** ~ in mattoni (*arch.*), brick veneer. **33.** ~ in mattoni refrattari (di un forno per es.) (*ind.*), firebrick lining. **34.** ~ in panno ("sellatura" in panno) (*aut.*), cloth upholstery. **35.** ~ in pelle (di un sedile per es.) (*costr. aut.*), leather upholstery. **36.** ~ interno (*gen.*), lining. **37.** ~ interno (di una carrozzeria di automobile per es.) (*aut. - ecc.*), upholstery. **38.** ~ interno del cielo (di una carrozza passeggeri per es.) (*ferr. - ecc.*), headlining. **39.** ~ interno del padiglione (di un'aut.) (*aut.*), headlining. **40.** ~ in tessuto (di un'ala per es.) (*aer.*), fabric covering. **41.** ~ isolante (per tubi per es.) (*term.*), lagging, quilt. **42.** ~ metallico (con lamiere per es.) (*ind.*), plating. **43.** ~ padiglione (di carrozzeria aut.) (*ind. aut.*), headlining. **44.** ~ per immersione (di oggetto metallico o ceramico mediante immersione in un bagno fuso di materiale plastico per es.) (*ind.*), dip coating. **45.** ~ protettivo (con materiale sciolto, sabbia per es., dalla suola di un forno) (*metall.*), fettling. **46.** ~ refrattario (*ind.*), refractory lining. **47.** ~ refrattario (pigiata, di un forno) (*metall.*), fettling. **48.** ~ stagno metallico (torre blindata, "tubbing", di un pozzo) (*min.*), tubbing. **49.** a ~ basico (di un forno fusorio rivestito di refrattario basico) (*metall. - chim.*), basic lined. **50.** a (o con) ~ ceramico (di una pala di turbina a gas per es.) (*mecc. - metall.*), ceramic-coated. **51.** materiale di ~ (di un cubilotto o siviera per es.) (*fond. - ecc.*), lining. **52.** materiale di ~ della forma (per ottenere una buona superficie sul pezzo fuso) (*fond. acciaio*), mold dressing. **53.** materiale per ~ in legno (*ed.*), wainscoting, wainscotting. **54.** materiale per rivestimenti isolanti termici (*ind.*), lagging. **55.** togliere il ~ isolante (portare a nudo [il conduttore metallico], "sbucciare") (*elett.*), to bare.

rivestire (esternamente: la carena di una nave per es.), to sheathe. **2.** ~ (internamente: un cubilotto per es.) (*gen.*), to line, to reline. **3.** ~ (con isolante termico: una caldaia per es.) (*term.*), to lag. **4.** ~ (un muro per es.: con intonaco o legno), to lay, to overlay. **5.** ~ (un pozzo) (*min.*), to tub. **6.** ~ con materiale incombustibile (*ed.*), to fireproof. **7.** ~ con mattonelle (*mur.*), to tile. **8.** ~ con pannelli (*ed. - ind.*), to panel. **9.** ~ con pannelli di legno (*ed.*), to wainscot. **10.** ~ con pietre (*mur.*), to stone. **11.** ~ con un sottile strato di materiale plastico (ricambi, utensili ecc. da spedire via mare per es.) (*protezione di parti lavorate di macch.*), to film. **12.** ~ internamente (*gen.*), to line.

rivestito (*arch.*), furred. **2.** ~ (internamente) (*gen.*), lined. **3.** ~ con calcestruzzo (*a. - ed.*), concrete-lined. **4.** ~ con involucro plastico (imbozzolato) (*vn. - mot. - ecc.*), cocooned. **5.** ~ di acciaio (*mecc.*), steel-clad.

rivetto (*mecc.*), rivet. **2.** ~ a testa fresata piana (chiodo a testa svasata) (*mecc.*), countersunk-head rivet. **3.** ~ filettato e ribadito (*mecc.*), screw rivet, stud rivet. **4.** ~ semitubolare (rivettato forato parzialmente) (*mecc.*), semitubular rivet. **5.** ~ spaccato (*mecc.*), split rivet. **6.** ~ tubolare (*mecc.*), tubular rivet. **7.** ~, *vedi anche* chiodo.

rivista (*giorn.*), magazine. **2.** ~ (*milit.*), review. **3.** ~ di divulgazione scientifica (*giorn.*), popular science magazine.

rivoltare (*mecc.*), to turn over. **2.** ~ il bordo (di una lamiera per es.) (*mecc.*), to turn the edge. **3.** ~ il bordo (bordare un elemento in lamiera: alla bordatrice per es.) (*mecc.*), to bead.

rivoltèlla (*arma da fuoco*), pistol, revolver. **2.** ~ automatica, automatic pistol.

rivoluzione (*astr.*), revolution.

rizza (per rizzare) (*nav.*), lashing. **2.** rizze (rizzatura, insieme di cime e tenditori che tengono fisse le àncore o le imbarcazioni di bordo durante la navig.) (*nav.*), gripes.

rizzare (fissare solidamente un oggetto alle strutture mediante cime o tiranti) (*nav.*), to lash, to frap, to rope.

rizzatura (rizze, insieme di cime che tengono le àncore o le imbarcazioni di bordo durante la navig.) (*nav.*), gripes.

"RL" (resistenza-induttanza) (*elett.*), RL, resistance-inductance.

"RLC" (resistore, induttore e condensatore) (*elett.*), RLC, resistor + inductor + capacitor.

robbia (*ind. tintoria*), madder.

robinia (*legno*), acacia wood, locust.

robot (automa) (*eltn.*), robot.

robotica (studio, costruzione e utilizzazione dei robot) (*s. - autom.*), robotics.

robotizzare (automatizzare) (*autom.*), to robotize.

robustezza (*gen.*), sturdiness, stoutness. **2.** coefficiente di ~ (*aer.*), factor of ultimate tensile strength.

robusto (forte) (*a. - gen.*), sturdy, rugged. **2.** ~ (resistente: di una struttura per es.) (*a. - gen.*), rugged, stout.

ròcca (rocchetto) (*ind. tess.*), reel. **2.** ~ (utensile per afferrare il pezzo di vetro lavorato per la pulitura e finitura) (*ut. mft. vetro*), snap. **3.** ~ conica (usata per avvolgere il filato prima della tessitura) (*ind. tess.*), cone. **4.** cristallo di ~ (SiO_2) (*min.*), rock crystal.

roccatrice (incannatoio) (*macch. ind. tess.*), spooler.

roccatura (incannatura) (*ind. tess.*), spooling.

rocchettièra (incannatoio) (*macch. tess.*), winder, winding machine. **2.** ~ per rocche incrociate (*macch. tess.*), cross winder.

rocchetto (di filo cucirino per es.), reel. **2.** ~ (privo di materiale avvolto) (*gen.*), spool, reel. **3.** ~ (con filo avvolto: bobina) (*elett.*), coil. **4.** ~ (senza pellicola avvolta) (*fot. - cinem.*), reel. **5.** ~ (tubetto attorno al quale si avvolge il filo di seta per es.) (*ind. tess.*), cop. **6.** ~ (per avvolgervi il filo dell'avvolgimento) (*elettromecc.*), bobbin. **7.** ~ a denti (pignone per catena: di bicicletta per es.) (*mecc.*), sprocket wheel. **8.** ~ a denti (di una macchina da proiezione) (*cinem.*), sprocket wheel, sprocket. **9.** ~ a denti conduttore (*mecc.*), driving sprocket. **10.** ~ avvolgitore (*cinem.*), take-up spool. **11.** ~ d'accensione (bobina d'accensione) (*aut.*), ignition coil. **12.** ~ del vibratore (*mot. aer.*), *vedi* bobina di avviamento, bobina del vibratore. **13.** ~ di filo (*ind. tess.*), reel. **14.** ~ di induzione (*elett.*), induction coil. **15.** ~ dipanatore (*ind. tess.*), uncoiling reel, uncoiling spool. **16.** ~ di Ruhmkorff (*app. elett.*), Ruhmkorff spark coil. **17.** ~ ricevente, *vedi* ~ avvolgitore. **18.** ~ svolgitore (bobina svolgitrice) (*cinem.*), delivery spool.

ròccia (*min.*), rock. **2.** ~ al tetto (di una faglia per es.) (*geol.*) hanging rock, hanging wall. **3.** ~ argillosa (*geol.*), argillaceous rock. **4.** ~ asfaltica compressa (*costr. strad.*), compressed rock asphalt. **5.** ~ del posto (*min.*), country rock. **6.** ~ di faglia (*geol.*), wall rock. **7.** ~ di letto (*geol.*), bedrock. **8.** ~ dura (*geol.*), hard rock, bastard. **9.** ~ effusiva (*geol.*), effusive rock. **10.** ~ eruttiva (*geol.*), igneous rock. **11.** ~ estrusiva (*geol.*), extrusive rock. **12.** ~ incassante (con minerale intrusivo) (*geol. - min.*), country rock, country. **13.** ~ intrusiva (*geol.*), intrusive rock. **14.** ~ magmatica (roccia eruttiva) (*geol.*), igneous rock. **15.** ~ metamorfica (*geol.*), metamorphic rock. **16.** ~ pelitica (*geol.*), pelite. **17.** ~ schistosa (o stratificata) (*geol.*), shale. **18.** ~ sedimentaria (*geol.*), sedimentary rock. **19.** ~ silicea (*geol.*), siliceous rock, ganister. **20.** ~ sommersa (*geol.*), shelf. **21.** blocco di ~ sul ghiacciaio (masso roccioso su di un pilastro di ghiaccio) (*geol.*), glacier table. **22.** classificazione sistematica delle rocce (*sc. min.*), petrography.

roccioso (*geol.*), rocky.

rocco (elemento di una colonna) (*arch.*), drum.

Rockwell, durezza ~ (*tecnol.*), Rockwell hardness.

rococò (*stile arch.*), rococo.

rodaggio (funzionamento a carico ridotto di unità nuove) (*aut. - mot. - ecc.*), running in, breaking-in (am.), break-in (am.). **2.** ~, *vedi anche* rodatura.

rodamine (colori organici del gruppo delle ftaleine) (*chim. ind. tess.*), rhodamines, rhodamins.

rodare (un mot. o macch.) (*mot. - mecc.*), to run in (ingl.), to break in (am.).

rodarsi (assestarsi, di una macchina ecc.) (*mecc.*), to set, to run in, to break in.

rodato (*mot. - aut.*), run in, broken in.

rodatrice (lappatrice, per ingranaggi) (*macch. ut.*), lapper. **2.** ~ ipoide (rodatrice per ingranaggi ipoidi) (*macch. ut.*), hypoid lapper.

rodatura (di ingranaggi, lappatura) (*mecc.*), lapping. **2.** ~ (con moto) angolare (dell'asse del cono del pignone, lappatura [con moto] angolare dell'asse del cono del pignone, di ingranaggi a dentatura elicoidale) (*mecc.*), SPC lapping. **3.** ~ orizzontale e verticale (lappatura orizzontale e verticale, di ingranaggio a dentatura elicoidale) (*mecc.*), H & V lapping.

rodaggio (di una locomotiva per es.) (*ferr.*), wheel arrangement.

ròdio (Rh - *chim.*), rhodium.

roditrice (per il taglio mediante roditura (*macch. lav. lamiera*), nibbling machine, nibbler.

roditura (taglio di una lamiera lungo una linea predeterminata eseguito asportando via via frammenti di materiale) (*lav. lamiera*), nibbling.

rollare (*nav.*), to roll.

rollata (singolo movimento angolare intorno all'asse longitudinale) (*aer. - nav.*), rolling. **2.** ~ improvvisa (*nav.*), lurch.

rollatrice (per lamiere) (*macch.*), *vedi* rullatrice.

rollatura (di lamiere) (*tecnol. mecc.*), *vedi* rullatura.

"roll bar" (barra di sicurezza, dietro il sedile del pilota per proteggerlo in caso di ribaltamento) (*sport aut.*), roll bar.

rollìo (*nav. - aer.*), rolling, roll. **2.** ~ olandese (oscillazione combinata di rollìo e beccheggio) (*aer.*), dutch roll. **3.** asse di ~ (*veic.*), roll axis. **4.** campanatura di ~ (camber di rollìo) (*veic.*), roll camber. **5.** centro di ~ (*aut.*), roll center. **6.** distribuzione della rigidezza torsionale di ~ (distribuzione del rapporto di rollio) (*veic.*), roll rate distribution. **7.** rigidezza di ~ (delle sospensioni di una vettura) (*aut.*), roll stiffness. **8.** rigidezza torsionale di ~ (rapporto di rollìo: variazione della coppia stabilizzatrice esercitata dalla sospensione sulla massa sospesa del veicolo per variazione unitaria dell'angolo di rollìo) (*veic.*), roll rate. **9.** smorzamento a ~ (delle sospensioni di un'autovettura) (*aut.*), roll damping. **10.** velocità di ~ (*veic.*), roll velocity.

ROM (memoria a sola lettura, non cancellabile) (*elab.*), ROM, Read Only Memory. **2.** ~ programmabile (memoria programmabile a sola lettura: usata nell'allestimento di prototipi per es.) (*elab.*), PROM, Programmable Read Only Memory. **3.** ~ programmabile e cancellabile, *vedi* memoria a sola lettura cancellabile e programmabile, EPROM.

romana (*bilancia*), steelyard.

romànico (*stile arch.*), Romanesque.

romano (stile) (*s. - tip.*), roman. **2.** ~ (peso scorrevole sull'asta di una bilancia) (*bilancia*), poise. **3.** ~ moderno (stile) (*s. - tip.*), modern.

rombare (produrre rumore) (*mot. - ecc.*), to drone.

rombico (*geom.*), rhombic, rhombical.

rombo (*geom.*), rhombus. **2.** ~ (losanga) (*gen.*), lozenge, diamond. **3.** ~ (rumore a bassa frequenza emesso da un motore a reazione per es.) (*acus.*), rumbling, rumble. **4.** ~ (di un cannone per es.) (*milit.*), roll. **5.** ~ (di un mot. di aer. per es.) (*mot. - ecc.*), drone. **6.** ~ (quarta: arco di 11° 15' corrispondente alla trentaduesima parte della rosa della bussola) (*nav.*), point, rhumb. **7.** ~ (o quarta) della bussola (*nav.*), point of the compass. **8.** ~ dell'elica (*acus.*), propeller noise. **9.** linea di ~ (un qualunque angolo di rotta) (*nav.*), rhumb line.

rombododecaedro (*geom.*), rhombic dodecahedron.

romboèdro (*geom.*), rhombohedron.

romboidale (*geom.*), rhomboidal.

rombòide (*geom.*), rhomboid.

rómpere (*gen.*), to break. **2.** ~ in pezzi (*fis.*), to disrupt. **3.** ~ l'atomo (*fis. atom.*), to split the atom.

rómpersi (*gen.*), to break. **2.** ~ in frammenti (*gen.*), to shatter.

rompete le righe (*milit.*), fall out!

rompiarco (magnete soffiaarco o spegniarco) (*elett.*), blowout magnet.

rompifiamma (*mot. - ecc.*), flame trap (ingl.).

rompighiaccio (*nav.*), icebreaker.

rompigrinza (dispositivo di cui viene dotato uno stampo per evitare la formazione di grinze durante l'operazione di imbutitura della lamiera) (*tecnol. mecc.*), bead.

rompionde (frangiflutti: gittata esterna del porto) (*costr. mar.*), breakwater.

rompiscoria (*fucinatura*), scale breaker.

rompitrùcioli, rompitrùciolo (dispositivo per pialla da legno per es.) (*disp. macch. ut.*), chip breaker.

rompivalanghe (muro rompivalanghe) (*ind. civ.*), avalanche bafle works.

ronda (sagoma, sciablona, per formare) (*fond.*), strickle, sweep.

rondèlla (rosetta) (*mecc.*), washer. **2.** ~ (in rame: per chiodi da barca) (*nav.*), rove. **3.** ~ (per rivetti) (*nav.*), burr. **4.** ~ (*mecc.*), *vedi anche* rosetta. **5.** ~ aperta (rondella a forchetta) (*mecc.*), open washer, pronged washer, slip washer, C washer. **6.** ~ a sede sferica (*mecc.*), spherical washer. **7.** ~ circolare (*mecc.*), round washer. **8.** ~ con aletta di fermo (rondella di sicurezza), (*mecc.*), tab washer. **9.** ~ concava (*mecc.*), cupped washer, cup washer. **10.** ~ di feltro (*mecc.*), felt washer. **11.** ~ di fermo (o di sicurezza) a linguetta (*mecc.*), tab washer. **12.** ~ di sicurezza (di fermo) (*mecc.*), lock washer. **13.** ~ di sicurezza a linguetta esterna (*mecc.*), external tab washer. **14.** ~ di spinta (*mecc.*), thrust washer. **15.** ~ distanziatrice (distanziale) (*elemento mecc.*), space washer. **16.** ~ elastica (*mecc.*), spring washer. **17.** ~ elastica antivibrante (*mecc.*), shakeproof spring washer. **18.** ~ elastica di sicurezza (*mecc.*), lock spring washer. **19.** ~ elastica ondulata (*mecc.*), crinkle washer. **20.** ~ per ribattini (*mecc.*), rove, burr. **21.** ~ piana (*mecc.*), plain washer. **22.** ~ quadrata (*mecc.*), square washer. **23.** ~ spaccata (*mecc.*), split washer.

rondine, coda di ~ (*falegn. - ecc.*), dovetail.

"roneare" (fare copie "roneo": con una macchina duplicatrice) (*uff.*), to roneo.

röntgen (unità di misura delle radiazioni gamma e X) (R - *fis. atom.*), röntgen.

ronzare (*acus.*), to hum, to drone.

ronzatore, *vedi* cicalino.

ronzìo (rumore sordo continuo) (*acus.*), hum. **2.** ~ (di macchinario per es.) (*acus.*), hum. **3.** ~ (rumore leggero e persistente) (*acus.*), buzz. **4.** ~ dovuto alla corrente alternata (*radio*), AC. hum. **5.** ~ dovuto al meccanismo di avanzamento (*cinem.*), sprocket noise.

ròsa (*a. - colore*), rose, pink, rose-coloured. **2.** ~ dei venti (*geogr. - astr.*), wind rose. **3.** ~ della bussola (*strum.*), compass rose. **4.** ~ di tiro (*artiglieria*), pattern.

rosanilina (sostanza colorante organica artificiale derivata dal trifenilmetano) (*chim. ind. tess.*), aniline red, fuchsine.

rosetta (rondella) (*mecc.*), washer. **2.** ~ (gioielleria), rose. **3.** ~ (figura grafitica nella ghisa per es.) (*metall.*), rosette. **4.** ~ estensimetrica (costituita da tre estensimetri a resistenza disposti a 120°) (*strum. misura*), strain rosette. **5.** ~ (*mecc.*), *vedi anche* rondella.

rosone (motivo ornamentale a foglie inscritto in un cerchio ed usato in lacunari di soffitti per es.) (*arch.*), rosette. **2.** ~ (finestra circolare decorata) (*arch.*), rose window. **3.** ~ (d'ancoraggio; di una linea di contatto sospesa per ferr. elett.) (*elett.*), rosette. **4.** ~ da soffitto (per appendere il lampadario) (*elett.*), ceiling rose.

rossastro (*colore*), ruddy, reddish, rud, rudd.

rossetto inglese (per lucidatura metalli, vetri, gioielli ecc.) (*ind.*), rouge.

rosso (*colore*), red. **2.** ~ ciliegia (*metall.*), cherry red. **3.** ~ ciliegia medio (dell'acciaio alla temperatura di 750° C.) (*metall.*), medium cherry red. **4.** ~ ciliegia scuro (dell'acciaio alla temperatura di 730° C.) (*metall.*), dark cherry red. **5.** ~ cupo (*a. - metall.*), dull-red. **6.** ~ di clorofenolo (*chim.*), chlorphenol red. **7.** ~ di cresolo (*chim.*), cresol red. **8.** ~ di Venezia (*colore*), Venetian red. **9.** ~ inglese (per pittura) (*chim.*), English red. **10.** ~ mattone (*s. - colore*), brick red. **11.** ~ segnale (colore usato per segnali) (*colore*), signal red. **12.** calor ~ (temperatura corrispondente al calor rosso) (*metall.*), red heat.

rosso, verde, blu (di tubo a raggi catodici a colori) (*elab. - telev.*), RGB, Red Green Blue.

ròsta (lunetta di porta o di finestra) (*arch.*), fan window, fanlight.

rostro (delle antiche navi romane) (*nav.*), rostrum. **2.** ~ antitamponamento (rostro in gomma sul paraurti) (*aut.*), bumper rubber guard. **3.** ~ del paraurti (di gomma o di metallo) (*aut.*), bumper guard.

rotàbile (*strad.*), carriage road.

rotaia (*ferr.*), rail. **2.** ~ (traccia lasciata da un battistrada di automobile per es. su terreno molle), track, trail. **3.** ~ a base piana (rotaia a suola, rotaia Vignole) (*ferr.*), T rail (am.), flanged rail (ingl.), flange rail (am.), flat-bottomed rail (ingl.), Vignoles rail. **4.** ~ a cremagliera (*ferr.*), rack rail. **5.** ~ ad I (*metall. - ferr.*), I rail, i rail. **6.** ~ a doppio fungo (*ferr.*), double-head rail. **7.** ~ aerea (rotaia sopratesta: per spostamento di carichi per es.) (*trasp. in off.*), tram rail. **8.** ~ a gola (per tranvie) (*ferr.*), tram rail, grooved rail. **9.** ~ centrale (di linea ferr. elett. a terza rotaia) (*ferr. elett.*), central contact-rail. **10.** ~ corta (rotaia di lunghezza più corta della normale usata per completamenti e raccordi) (*ferr.*), make-up rail. **11.** ~ di guida, rotaietta di guida (p. es. quella di una persiana scorrevole) (*mur. - falegn.*), guide rail. **12.** ~ di rampa (rotaia rampante) (*ferr.*), ramp rail. **13.** ~ di vincolo collettivo (fissata alla cabina dell'aereo ed usata per funi di vincolo per paracadute) (*aer.*), static rail. **14.** ~ esterna (di curva) (*ferr.*), outer rail. **15.** ~ in ferro con fungo in acciaio (rotaia dolce con fungo duro) (*ferr.*), iron rail with steel head. **16.** ~ interna (di curva) (*ferr.*), inner rail. **17.** ~ normale per armamento leggero (*ferr.*), light standard rail. **18.** ~ per gru (*macch. ind.*), crane rail. **19.** ~ per tranvia (*ferr.*), tramway rail, tram rail. **20.** ~ rampante (rotaia di rampa) (*ferr.*), ramp rail. **21.** ~ Vignole, *vedi* rotaia a base piana. **22.** anima della ~ (*ferr.*), rail web. **23.** fungo della ~ (*ferr.*), railhead. **24.** gambo della ~ (elemento verticale che unisce la base al fungo della ~) (*ferr.*), fishing space. **25.** quarta ~ (*ferr. elett.*), fourth rail. **26.** sezione della ~ (*ferr.*), rail cross section. **27.** terza ~ (*ferr. elett.*), third rail, contact rail, conductor rail. **28.** terza ~ in cunicolo (*ferr. elett.*), underground contact rail. **29.** terza ~ interna al binario (*ferr. elett.*), middle rail. **30.** terza ~ laterale (*ferr. elett.*), side contact rail.

rotaietta (*ferr. - ecc.*), light rail. **2.** ~ (guida di scorrimento di una porta o di altra installazione mobile leggera) (*mur. - falegn.*), trackway. **3.** ~ per porte scorrevoli (generalmente in alto) (*mur. - falegn. - ecc.*), door track, door trackway.

rotametro (misuratore di portata di un fluido) (*strum. mis. idr.*), piston meter.

rotante (*a. - gen.*), rotary, rotating, rolling.

rotare, *vedi* ruotare.

"rotary" (sonda a rotazione) (*min.*), rotary.

rotativa (*macch. tip.*), rotary press, rotary machine (ingl.). **2.** ~ da 64 pagine/giro (che stampa 8 = 64 pagine per giro) (*macch. tip.*), octuple press. **3.** ~ per la stampa a rotocalco da bobina (*macch. tip.*), photogravure reel-fed rotary press. **4.** ~ per la stampa a rotocalco dal foglio (*macch. tip.*), sheet-fed gravure rotary press. **5.** ~ per la stampa da bobina (*macch. tip.*), reel-fed rotary press. **6.** ~ per la stampa "offset" (*macch. tip.*), offset rotary press. **7.** ~ rotocalco (*macc. tip.*), rotogravure rotary press. **8.** ~ tipografica dal foglio (*macch. tip.*), sheet-fed letterpress rotary press. **9.** ~ (tipografica) per giornali (*macch. tip.*), newsprinting rotary press. **10.** macchina ~ rotocalco (*macch. tip.*), rotogravure printing press.

rotativista (*op. tip.*), rotary minder.

rotatòrio (movimento) (*mecc.*), rotatory, rotary, rotative. **2.** ~ (di particelle otticamente attive) (*fis.*), rotatory.

rotazionale (vorticale: di un vettore o di un campo) (*a. - elettrotecnica*), rotational.

rotazione (*mecc.*), rotation. **2.** ~ ("spin") (*fis. atom.*), spin. **3.** ~ (del personale) (*ind. - organ. lav.*), turnover. **4.** ~ (continua sull'asse di beccheggio) (*aerodin.*), tumbling. **5.** ~ agraria (*agric.*), rotation of crop, crop rotation. **6.** ~ antioraria (*gen.*), reverse turn, counterclockwise rotation, counterrotation. **7.** ~ degli incarichi (*pers.*), job rotation. **8.** ~ del flusso (dell'elica) (*aer.*), race rotation. **9.** ~ della manodopera (avvicendamento della manodopera) (*pers.*), labor turnover. **10.** ~ delle giacenze (in un magazzino) (*ind.*), stockturn, stock turnover. **11.** ~ delle maestranze (o della mano d'opera) (*organ. lav.*), labor turnover. **12.** ~ di merce (in magazzino o negozio nell'unità di tempo) (*comm. - ind.*), stock turnover. **13.** ~ fuori piano (di una ruota, di un disco per es.) (*mecc.*), wobbel. **14.** ~ in senso antiorario, anticlockwise (or counterclockwise) rotation. **15.** ~ in senso opposto (*mecc.*), contrarotation. **16.** ~ in senso orario, clockwise rotation. **17.** ~ invertita (*mecc.*), reverse rotation. **18.** ~ per effetto Faraday (di un raggio di luce o di microonde) (*ott. magnetica*), Faraday rotation. **19.** ~ riferita a coordinate spaziali fisse (~ di un fluido [per es. l'atmosfera] riferita ad un sistema di coordinate fisse nello spazio) (*mecc. dei fluidi*), absolute vorticity. **20.** asse di ~ (*mecc. raz.*), axis of rotation. **21.** asse di ~ (di una ruota) (*aut.*), spin axis. **22.** centro istantaneo di ~ (*veic.*), swing center. **23.** derivata di ~ (derivata di stabilità accompagnata dalla rotazione dell'aereo) (*aer.*), rotary derivative. **24.** indice di ~ (dei materiali in un magazzino per es.) (*ind. - organ. lav.*), turnover frequency. **25.** indice di ~ delle giacenze (*ind.*), stock turnover frequency. **26.** motore di ~ (motore di giro) (*aut. - ecc. - comm.*), exchange engine, replacement engine. **27.** movimento di ~ (*mecc. raz.*), motion of rotation. **28.** senso di ~ (*mecc.*), direction of rotation. **29.** tasso di ~ (tasso d'avvicendamento, del personale) (*pers.*), turnover percentage.

rotèlla (*gen.*), wheel, roller. **2.** ~ d'arresto (*app. sollevamento*), grip roller. **3.** ~ di presa (*veic. elett.*), trolley wheel. **4.** ~ per nastro misuratore (*att. per mis.*), tape measure, tapeline, measuring tape.

rotellina (*mecc. - ecc.*), small wheel.

rotismo, *vedi* ruotismo.

rotocalco (rotocalcografia) (*tip.*), rotogravure. **2.** carta di ~ (*mft. carta*), rotogravure printing paper. **3.** cilindri per ~ (*tip.*), gravure rollers.

rotocalcografia (rotocalco) (*tip.*), rotogravure.

rotogalvanostegìa (*elettrochim.*), barrel plating.

rotolamento (*gen.*), rolling. **2.** ~ (per la generazione di ruote dentate) (*mecc.*), roll, rolling. **3.** ~ di generazione (di ingranaggi) (*mecc.*), generating roll. **4.** momento resistente al ~ (*mecc. - veic.*), rolling resistance moment. **5.** raggio di ~ (di una ruota) (*aut.*), rolling height. **6.** resistenza al ~ (*mecc. - veic.*), rolling resistance force.

rotolare (*gen.*), to roll.

ròtolo (di filo per es.) (*ind.*), roll. **2.** ~ (di pellicola, bobina, rullino) (*fot.*), cartridge, roll film. **3.** ~ (di nastro metallico per es.) (*ind. metall.*), roll, coil. **4.** ~ (bobina, di carta) (*mft. carta*), reel. **5.** ~ gigante (di carta) (*mft. carta*), jumbo roll (am.).

rotonave (spinta dalla pressione ed aspirazione del vento agenti su uno o più cilindri verticali rotanti; effetto Magnus) (*nav.*), rotor ship.

rotonda (*arch.*), rotunda. **2.** ~ (deposito locomotive circolare) (*ferr.*), roundhouse. **3.** ~ (canale usato per l'invio del vetro fuso dal raffinatore all'avancrogiolo) (*mft. vetro*), "alcove". **4.** a testa ~ (*a. - mecc. - ecc.*), round-head, rd.hd.

rotondità, roundness.

rotondo (*a. - gen.*), round.

rotore (*di macch. elett.*), rotor. **2.** ~ (di un elicottero per es.) (*aer.*), rotor. **3.** ~ (di motore a reazione) (*mot. a getto*), impeller. **4.** ~ ad anelli (collettori) (*macch. elett.*), slip-ring rotor. **5.** ~ a disco oscillante (*mecc.*), wobble plate. **6.** ~ anticoppia (rotore secondario di un elicottero per bilanciare la reazione del rotore principale) (*aer.*), auxiliary rotor. **7.** ~ a poli salienti (di un alternatore) (*macch. elett.*), salient-pole rotor. **8.** ~ di ciclogiro (*aer.*), paddle-wheel rotor. **9.** ~ di coda (rotore anticoppia, di un elicottero) (*aer.*), tail rotor. **10.** ~ principale (elica di quota, di un elicottero) (*aer.*), main rotor. **11.** motore a ~ eccentrico (motore a stantuffo rotante, motore di Wankel) (*mot.*), rotary expansion engine.

rotovettore (rotore: operatore vettoriale) (*mat.*), rotational vector.

rotta (*s. - nav.*), course. **2.** ~ (direzione dell'asse longitudinale di un aeromobile in volo) (*aer.*), course, heading. **3.** ~ (itinerario) (*nav. - aer.*), route. **4.** ~ (*milit.*), rout. **5.** ~ aerea (*navig. aer.*), air route. **6.** ~ bussola (*aer. - nav.*), compass course. **7.** ~ dei tre punti (tipo di rotta adottata per missili e siluri filoguidati) (*mar. milit.*), bearing rider course. **8.** ~ del cane (rotta seguita per es. dai siluri con testa autocercante) (*mar. milit.*), pursuit course. **9.** ~ di collisione (~ di incontro con altro mezzo navigante) (*nav. - aer.*), collision bearing. **10.** ~ di sicurezza (*mar. milit.*), swept way. **11.** ~ geografica (*aer. - nav.*), geographical course. **12.** ~ iniziale (*nav.*), original course. **13.** ~ lossodromica (*nav.*), loxodromic course, rhumb line. **14.** ~ lungo un meridiano (*nav.*), meridian sailing. **15.** ~ magnetica (*aer. - nav.*), magnetic course. **16.** ~ organizzata (*aer.*), airway. **17.** ~ ortodromica (*navig.*), great-circle course, orthodromic course. **18.** ~ polare (*aer.*), polar route. **19.** ~ prestabilita (*aer. - nav.*), fixed course. **20.** ~ stimata (*aer. - nav.*), course by dead. **21.** ~ vera (direzione riferita al nord geografico) (*aer. - nav.*), true course, true heading. **22.** cambiare ~ (*aer. - nav.*), to alter the course. **23.** cambio (o deviazione) di ~ (*nav.*), sheer. **24.** continuare la ~ (*nav.*), to stand on. **25.** deviare dalla ~ (*nav.*), to bear away. **26.** deviare dalla ~ (*aer.*), to yaw. **27.** direttrice di ~ (*nav.*), mean course. **28.** far ~ per (*nav.*), to stand for, to steer for. **29.** gradi di ~ (quarta di vento, rombo di vento) (*nav.*), rhumb. **30.** indicatore di ~ (*radar*), track indicator. **31.** linea di ~ (*nav.*), rhumb line. **32.** modificare la ~ (cambiare la rotta) (*nav.*), to change the course. **33.** regole di barra e di ~ (*nav.*), steering and sailing rules. **34.** rilevamento di ~ (*nav.*), course bearing. **35.** tenere la ~ (*nav.*), to hold the course. **36.** tenere una determinata ~ (tenere la propria rotta) (*nav.*), to lay a course, to lay ones course. **37.** tracciato ~ (riduzione in diagramma dei dati di navigazione) (*navig. aerea*), air plot.

rottamare (gettare a rottame) (*ind.*), to scrap.

rottamato (*a. - metall.*), scrapped. **2.** ~ (il rottamato: quantitativo passato alla rottamazione nel corso dell'anno per es.) (*s. - gen.*), scrappage.

rottamazione (*gen.*), scrapping.

rottame (*di off.*), scrap. **2.** ~ (provocato da disastro accidentale: di un treno, di un automobile ecc.), wreckage. **3.** ~ (per es. ferro vecchio, vetro ecc.) (*ind.*), junk. **4.** ~ da rimpasto (*ind. metall.*), busheling scrap. **5.** ~ di ferro (*metall.*), scrap iron. **6.** ~ di vetro ("cullet") (*mft. vetro*), cullet. **7.** rottami galleggianti (*nav. - leg.*), flotsam. **8.** ~ metallico (*di off.*), scrap metal. **9.** gettare a ~ (*ind.*), to scrap. **10.** impacchettare rottami (*metall.*), to cabbage. **11.** impacchettatura di rottami (*ind. metall.*), cabbaging, scrap baling. **12.** metodo del ~ (per la fabbricazione dell'acciaio) (*metall.*), scrap process. **13.** rimpastare ~ (*ind. metall.*), to bushel. **14.** rimpasto di ~ (*ind. metall.*), busheling.

rotto (*a. - gen.*), broken.

rottura (*gen.*), breaking, rupture, breakage. **2.** ~ (*mecc.*), failure, breaking, break, breakage. **3.** ~ alla piegatura a fondo (di un nastro metallico) (*metall.*), fluting. **4.** ~ da choc termico (*mft. vetro*), fire crack. **5.** ~ del filato (*ind. tess.*), smash, break in a warp yarn. **6.** ~ dell'emulsione (separazione dell'olio disperso dalla parte acquosa, in una emulsione bituminosa per costr. strad. per es.) (*chim. fis.*), breaking of an emulsion. **7.** ~ di assestamento (*ed.*), settlements. **8.** ~ di fatica (*mecc.*), fatigue failure. **9.** ~ di pneumatico (o di gomma: squarcio) (*aut.*), tire wreck. **10.** ~ di tensio-corrosione (*metall.*), stress corrosion cracking. **11.** ~ di un tubo (*tubaz.*), pipe burst. **12.** ~ d'urto (*tecnol.*), impact failure. **13.** ~ intercristallina (*metall.*), intercrystalline failure. **14.** ~ interna trasversale (in un filo metallico durante la trafilatura, dovuta a segregazione per es.) (*metall.*), cupping. **15.** invito a ~ (spigolo vivo, intaglio, cava ecc., su un particolare metallico sollecitato) (*tecnol. mecc.*), stress raiser. **16.** punto di ~ (della gomma a bassa temperatura per es.) (*tecnol.*), crack point. **17.** temperatura di ~ completamente fragile (nella prova di frattura fragile, temperatura alla quale avviene una frattura completamente fragile) (*metall. - tecnol. mecc.*), nil ductility transition, NDT.

roulotte (da rimorchiarsi con l'automobile e da usare come abitazione: per campeggio per es.) (*aut. - sport*), travel trailer, trailer. **2.** ~ (carovana) (*per abitazione*), caravan, house trailer. **3.** ~ per impieghi speciali (per abitazione, per mostre, ristorante, clinica, biblioteca ecc.) (*aut.*), special purpose caravan. **4.** ~ per soggiornarvi durante tutto l'anno (*aut.*), residential caravan.

"routine" (procedura: gruppo di istruzioni caricabile automaticamente e destinato p. es., ad operazioni ripetitive) (*elab.*), routine.

róvere (*legno*), bay oak, chestnut oak.

rovesci (caratteri capovolti) (*tip.*), turned sorts. **2.** ~ di neve (*meteor.*), showers of snow. **3.** ~ di nevischio (*meteor.*), showers of sleet.

rovesciabile (ribaltabile, di forno, app. ecc.) (*a. - ind.*), tipping.

rovesciamento (dell'immagine per mezzo di una lente per es.) (*ott.*), reversal. **2.** ~ (capovolgimento: di un recipiente per es.) (*gen.*), overturning. **3.** coppia di ~ (*mecc. - ecc.*), overturning torque.

rovesciare (capovolgere), to invert, to overturn. **2.** ~ (una barca, un recipiente per es.), to turn over, to upset.

rovesciarsi (capovolgersi), to upset, to overturn.

rovesciata (*acrobazia aer.*), renversement. **2.** ~ in verticale (*acrobazia aer.*), vertical renversement.

rovesciato (*a. - gen.*), upside-down, overturned.

rovesciatore (per carri ferroviari) (*ferr.*), dumper.

rovèscio (di stoffa; il contrario della parte diritta) (*s. - tess.*), wrong side, back. **2.** ~ (sconfitta) (*milit.*), reverse, defeat. **3.** ~ (acquazzone) (*meteor.*), shower. **4.** ~ (di pioggia ecc.) (*meteor.*), shower. **5.** ~ (pezzo di cartone inserito tra le righe dei caratteri come richiamo di correzione per es.) (*tip.*), flag. **6.** ~ (di una saldatura) (*tecnol. mecc.*), back. **7.** ~ (colpo) (*tennis*), backhand, overhand, overhand stroke.

rovine (macerie) (*gen.*), waste.

rubare (*gen.*), to thieve, to steal. **2.** ~ il vento (*nav.*), to blanket.

rubidio (Rb - *chim.*), rubidium.

rubinetteria (valvolame) (*tubaz.*), valves.

rubinetto (*tubaz.*), tap, cock, faucet (am.). **2.** ~ (tipo da cucina o da bagno) (*tubaz.*), bibcock, faucet (am.). **3.** ~ a chiusura automatica (*tubaz.*), compression faucet. **4.** ~ ad angolo (di una condotta di freno ad aria per es.) (*tubaz. - ferr.*), angle cock. **5.** ~ a leva ed eccentrico (*tubaz.*), Fuller bibcock, Fuller cock, Fuller faucet. **6.** ~ a leva (o a pulsante) con chiusura automatica (per risparmiare acqua: a bordo di navi, aerei per es.) (*tubaz.*), lever faucet. **7.** ~ a maschio (per chiudere o regolare il flusso) (*tubaz.*), plug cock, plug bib, stopcock. **8.** ~ (a valvola) a quattro vie (*tubaz.*), four-way cock (or valve). **9.** ~ a tre vie (*per tubaz.*), three-way cock. **10.** ~ del gas (*tubaz.*), gas cock. **11.** ~ del tipo da cucina con attacco a vite (per portagomma) (*tubaz.*), bib nozzle. **12.** ~ di alimentazione (di benzina per tubaz. mot.), feed cock. **13.** ~ di comando del freno (rubinetto del macchinista) (*ferr.*), brake valve. **14.** ~ di decompressione (di un cilindro) (*mot.*), compression relief tap. **15.** ~ di intercettazione (rubinetto di arresto) (*tubaz. - mecc.*), cutoff cock. **16.** ~ di livello (o sfioratore: nella coppa dell'olio di motore per es.), level cock. **17.** ~ di regolazione (o di arresto) (*tubaz. - mecc.*), stopcock. **18.** ~ di scarico (di una caldaia di locomotiva a vapore per es.) (*mecc.*), drain cock. **19.** ~ di sfiato (di serbatoio d'aria compressa per scaricare la condensa per es. del cilindro di macchina a vapore ecc.) (*mecc.*), snifter valve, snifting valve, sniffle valve. **20.** ~ di spia (in un grande serbatoio fuori terra per es. per accertare il livello del liquido) (*att.*), gauge cock. **21.** ~ di spurgo (di tubazione per es.), drain cock. **22.** ~ di spurgo (di motore per es.), drain cock, pet cock. **23.** ~ in nicchia (per acqua potabile) (*ferr. - ecc.*), alcove faucet.

rubino (*min.*), ruby. **2.** ~ (in un orologio) (*mecc.*), jewel, ruby.

rubrica (*giorn.*), contents heading. **2.** ~ indirizzi (indirizzario) (*comm. - pubbl.*), mailing list.

ruga (grinza, crespa) (*gen.*), wrinkle. **2.** ~ (sulla superficie di oggetti di vetro, causata da errato scorrimento nella forma) (*mft. vetro*), lap.

rùggine (ossidazione del ferro) (*metall.*), rust. **2.** ~ bianca (sulle superfici di zinco esposte all'umidità) (*metall.*), white rust. **3.** eliminatore alcalino della ~ (*chim.*), alkaline rust remover, ARR. **4.** togliere la ~ (*mecc. - ecc.*), to remove rust.

rugginoso (*metall.*), rusty.

rugiada (*meteor.*), dew. **2.** punto di ~ (*fis. - chim.*), dew point.

rugosimetro (scabrosimetro, ondulometro: strumento per il controllo delle superfici lavorate) (*app.*), profilometer, profilograph.

rugosità (scabrosità, di una superficie lavorata) (*mecc.*), roughness, texture (ingl.). **2.** ~ media (valore medio della rugosità superficiale) (*mecc.*), centre-line average height, CLA. height. **3.** ~ superficiale (di una superficie lavorata) (*mecc.*), surface roughness. **4.** altezza della ~, *vedi* valore medio della rugosità. **5.** errore di ~ (errore microgeometrico, di una superficie lavorata, dovuto ai normali segni di utensile) (*mecc. - macch. ut.*), roughness (am.), primary texture (ingl.). **6.** indice di ~ superficiale (o di scabrosità) (*mecc.*), surface texture index number, roughness index number. **7.** larghezza limite (registrabile) della ~ (larghezza base di misura) (*mecc.*), roughness width cut-off (am.). **8.** spaziatura della ~ (larghezza dei solchi, di una superficie lavorata) (*mecc.*), roughness width. **9.** valore medio della ~ (o scabrosità, di una superficie lavorata, in micropollici) (*mecc.*), centre-line average height, CLA. height.

rugoso (*mecc. - ecc.*), rough.

rullaggio (rullamento) (*aer.*), taxiing, taxying. **2.** ~, *vedi anche* rullatura.

rullare (premere con rulli) (*mecc.*), to roll. **2.** ~ (formare con rulli, un profilo scanalato per es.) (*tecnol. mecc.*), to roll form. **3.** ~ (cilindrare: una strada per es.), to roll. **4.** ~ (*mft. gomma*), to roll. **5.** ~ (di aeroplano prima di alzarsi da terra per es.) (*aer.*), to taxi.

rullata (*nav. - aer.*), onroll.

rullato (*a. - gen.*), rolled.

rullatrice (per denti di ingranaggi per es.) (*macch. ut.*), burnishing machine. **2.** ~ (filettatrice a rulli) (*macch. ut.*), rolling machine. **3.** filettare alla ~ (*mecc. - macch. ut.*), to roll.

rullatura (operazione di compressione eseguita mediante rulli) (*gen.*), rolling. **2.** ~ (formatura con rulli, di scanalature per es.) (*tecnol. mecc.*), roll forming. **3.** ~ (di mola) con rulli sagomati (*mecc.*), crushing, crush dressing. **4.** ~ (raddrizzatura-spianatura a rulli) (*metall.*), reeling. **5.** ~ dei denti di un ingranaggio (*mecc.*), burnishing of gear teeth. **6.** ~ di anelli (fucinatura mediante rulli, di anelli senza saldatura) (*fucinatura*), ring rolling.

rullino (di un cuscinetto ad aghi) (*mecc.*), needle. **2.** ~ (cilindretto per misurare lo spessore delle scanalature per es.) (*mecc.*), pin. **3.** ~ (rollino, rotolo di pellicola fotografica) (*fot.*), film roll. **4.** ~ tenditore (di proiettore cinematografico per es.) (*mecc.*), tension roller. **5.** punto di contatto del ~ (punto di contatto del cilindretto) (*mecc.*), pin contact point.

rullo, roller, roll. **2.** ~ (di cuscinetto a rulli) (*mecc.*), roller. **3.** ~ (curro di ferro usato per spostare macchine pesanti ecc. sul pavimento) (*att. di officina*), roller. **4.** ~ (di una macchina da stampa) (*macch. tip.*), roller. **5.** ~ (*macch. per scrivere*), platen. **6.** ~ a mano (attrezzo per pavimentare: bocciarda) (*att. mur.*), roller. **7.** ~ a mano (per inchiostrare le forme) (*tip.*), hand roller, brayer. **8.** ~ cilindrico (di cuscinetto a rulli cilindrici) (*mecc.*), straight roller. **9.** ~ compressore, *vedi* compressore stradale. **10.** ~ conchigliato (rullo ottenuto mediante fusione in conchiglia) (*fond.*), chilled roll. **11.** ~ conduttore (di una molatrice a nastro per es.) (*mecc. - macch. ut.*), driving drum. **12.** ~ conico (di cuscinetto a rulli) (*mecc.*), conical roller, tapered roller. **13.** ~ costipatore (*att. agric.*), tiller, roller. **14.** rulli costipatori a piè di pecora (per il costipamento del terreno) (*att. agric. - strad.*), sheepfoot roller compactor. **15.** ~ costipatore a ruote pneumatiche (*ing. civ.*), pneumatic-tyred roller. **16.** ~ da sottosuolo (*macch. agric.*), subsoil roller. **17.** ~ (da stampa) in rilievo (*tip.*), embossing roller. **18.** ~ del calamaio (di una macch. tip.) (*macch. tip.*), duct roller (ingl.), ink fountain roller. **19.** ~ della conca (rullo laterale per il rialzo dell'orlo del nastro, di un trasportatore a nastro) (*macch. ind.*), trough roller. **20.** ~ dentato (per agganciare la pellicola per mezzo delle perforazioni) (*cinem.*), sprocket. **21.** ~ di base (rullo evolvente: nella dentatura di ingranaggi) (*mecc.*), generating roll. **22.** ~ di compressione (di macchina per taglio strisce) (*macch.*), nip roll. **23.** ~ di guida (di proiettore cinematografico), guide roller. **24.** ~ di macchina per scrivere (*mecc.*), platen. **25.** ~ di pellicola (*fot.*), roll film. **26.** ~ di punteria (rullo che segue il profilo della camma) (*mecc.*), cam follower. **27.** ~ di stiratura (~ in plastica usato per stirare le fibre sintetiche) (*tess.*), godet. **28.** ~ distributore (di una macchina da stampa per es.) (*macch. tip.*), distributing roller. **29.** ~ di trascinamento (rullo gommato che per attrito opera la rotazione del piatto di un giradischi per es.) (*elettroacus. - ecc.*), idler wheel, idle wheel. **30.** ~ di trazione (di macchina tessile), drawing frame roller. **31.** ~ inchiostratore (per dare inchiostro) (*tip.*), composition roller. **32.** ~ inchiostratore a mano (*tip.*), hand roller, brayer. **33.** ~ macinatore (rullo che riceve l'inchiostro dal rullo prenditore e lo alimenta alla tavola) (*macch. tip.*), vibrating roller, vibrator roller. **34.** ~ oscillante di pressione (della taglierina per la carta) (*macch. mft. carta*), dancing roll. **35.** ~ per filettare (su macch. ut.) (*ut.*), thread roller. **36.** ~ per filigranare (*ind. carta*), dandy roll, dandy roller. **37.** ~ per incollare carte da parati (*att. per decoratore*), paper hanger roller. **38.** ~ per ravvivatura mole (*app. ausiliario off.*), wheel dressing roll. **39.** ~ per sagomare (rullo in acciaio usato per la sagomatura di mole) (*mecc.*), crushing roll. **40.** ~ per verniciare (*ut. vn.*), paint roller. **41.** ~ portacingolo (di veicolo cingolato) (*mecc.*), track roller. **42.** ~ prenditore (penna, per fornire l'inchiostro alla macchina da stampa) (*tip.*), ductor roller, drop roller. **43.** ~ pressore (*di proiettore cinem.*), pressure roller. **44.** ~ pressore dell'avanzamento (del nastro di un registratore magnetico) (*registratore*), puck. **45.** rulli profilatori (in un laminatoio per es.) (*ferriera*), forming rolls. **46.** ~ riscaldato (per bitumatura stradale) (*att.*), heated roller. **47.** ~ sagomato (*mecc.*), *vedi* rullo per sagomare. **48.** ~ (o dispositivo) spalmatore (di uno strato protettivo di vernice) (*vn.*), spreader. **49.** ~ spianatore (rullo raddrizzatore) (*macch.*), straightening roll, jockey. **50.** ~ tendicinghia (*mecc.*), tension roller. **51.** ~ tendifeltro (*macch. mft. carta*), hitch roll. **52.** rulli umettatori (*mft. carta - ecc.*), damping rolls. **53.** rulli uscita copie (*elab.*), delivery rollers. **54.** a ~, a rulli (*gen.*), roller. **55.** catena a rulli (*mecc.*), roller chain. **56.** curvatrice a rulli (*lav. mecc. lamiera*), bending rolls. **57.** curvatura a rulli (di lamiera) (*tecnol. mecc.*), roll bending. **58.** cuscinetto a rulli (*mecc.*), roller bearing. **59.** filettare con rulli (filettare alla rullatrice) (*mecc.*), to roll.

rumore (*acus.*), noise. **2.** ~ (rapida successione di suoni acuti) (*acus.*), clatter. **3.** ~ (grattamento, rumore anormale di ingranaggi in un cambio di velocità per es.) (*aut. - mecc. - acus.*), grating. **4.** ~ (disturbo dovuto a radiazioni elettromagnetiche) (*radio - telev.*), noise. **5.** ~ ambiente (*acus.*), ambient noise. **6.** ~ anormale (battito: di biella, pistone ecc.) (*mecc.*), knocking. **7.** ~ autoindotto (rumore proprio, nei siluri acustici per es., dovuto a macchinari, eliche, flusso d'acqua ecc.) (*acus. sub. - ecc.*), self-noise. **8.** ~ bianco (*acus.*), white noise. **9.** ~ binario (rumore caotico o pseudocaotico generato da segnali binari) (*acus. - elab. segnali*), binary noise. **10.** ~ caotico (segnale la cui ampiezza istantanea è determinata a caso e che non contiene componenti di frequenza periodica) (*acus. - elab. segnali*), random noise. **11.** ~ confuso (*acus.*), racket. **12.** ~ cosmico (*radio*), cosmic noise. **13.** ~ della perforazione (nel passaggio di un film in un proiettore) (*cinem.*), sprocket noise. **14.** ~ dell'elica (rumore prodotto dall'elica) (*acus. sub. - ecc.*), propeller noise. **15.** ~ di agitazione termica (effetto termico) (*radio*), thermal agitation noise. **16.** ~ di alta frequenza (nella registrazione sonora) (*cinem.*), canaries (ingl.). **17.** ~ di cavitazione (rumore dovuto alla cavitazione) (*acus. sub.*), cavitation noise. **18.** ~ di fondo (fruscìo caratteristico che accompagna la riproduzione del suono) (*radio - grammofono*), ground noise. **19.** ~ di fondo (dovuto a diversi disturbi elementari) (*acus.*), background noise. **20.** ~ d'impulso (dovuto ad un disturbo avente una brusca variazione e breve durata) (*acus. - radio*), impulse noise. **21.** ~ di valvole (*termoion.*), tube noise. **22.** ~ galattico (disturbo cosmico proveniente dalla Via Lattea) (*radioastronomia*), galactic noise. **23.** ~ gaussiano (rumore con densità rappresentata dalla curva gaussiana) (*acus. - elab. segn.*), Gaussian noise. **24.** ~ idrodinamico (rumore prodotto dal flusso idrodinamico intorno a un corpo rigido) (*acus. sub.*), flow noise. **25.** ~ prodotto dal bersaglio (*acus. sub. - ecc.*), target noise. **26.** ~ prodotto dalle macchine (o dalle parti meccaniche in movimento) (*acus. sub.*), machinery noise. **27.** ~ pseudo-caotico (rumore che sembra e agisce come un rumore caotico ma che è in effetti periodico) (*acus. - elab. segn.*), pseudo-random noise. **28.** ~ rosa (rumore la cui intensità spettrale è inversamente proporzionale alla frequenza in una gamma specifica) (*acus.*), pink noise. **29.** ~ sordo continuo (ronzìo) (*acus.*), hum. **30.** ~ (propagantesi) via aria (*acus.*), airborne noise. **31.** analisi spettrale del ~ (*acus. - elab. segn.*), noise spectrum analysis. **32.** diagramma spettrale del ~ (*acus. - elab. segn.*), noise spectrum diagram. **33.** far ~ (di valvola che batte per es.) (*mecc.*), to chatter. **34.** generatore di ~ (dispositivo usato nel dragaggio acustico di mine e come contromisura per siluri acustici) (*mar. milit.*), noisemaker. **35.** limitatore automatico di ~ (*acus.*), automatic noise limiter. **36.** miscela per isolare dai rumori (da applicare sulla superficie inferiore dei pavimenti in legno per es.) (*ed.*), deafening mixture, pugging. **37.** poligono per la misura del ~ (gruppo di stazioni attrezzate per la misura del rumore prodotto da navi, siluri ecc.) (*acus. sub.*), noise range.

rumorosità (di ingranaggi) (*mecc.*), noise.

rumoroso (*a. - gen.*), noisy.

ruolino (*milit.*), roster. **2.** ~ delle destinazioni (*milit.*), station bill. **3.** ~ di marcia (per la produzione di un articolo) (*ind.*), routing sheet. **4.** ~ di marcia (in una gara di regolarità per es.) (*sport*), time schedule.

ruolo (lavoro, compito o incarico assegnato) (*gen.*), role. **2.** fuori ~ (*pers.*), not in the employee role. **3.** personale di ~ (*pers.*), permanent staff.

ruòta, wheel. **2.** ~ (di turbina), rotor. **3.** ~ (di una coppia ruota dentata-pignone), (*mecc.*), gear. **4.** ~ (di cavo) (*nav.*), coil. **5.** ~ a caviglie (*nav.*), spoke wheel. **6.** ~ a dentatura interna (*mecc.*), internal gear. **7.** ~ a denti (per catena calibrata) (*mecc.*), sprocket wheel. **8.** ~ a denti diritti con dentatura esterna (*mecc.*), spur external gear. **9.** ~ a denti diritti con dentatura interna (*mecc.*), spur internal gear. **10.** ~ a denti frontali (ruota dentata piano-conica) (*mecc.*), face gear. **11.** ~ a denti (riportati o non) (*mecc. primitiva*), cogwheel. **12.** ~ a disco (di aut. per es.), diskwheel. **13.** ~ a disco (di carrozza ferroviaria per es.) (*ferr.*), plate wheel. **14.** ~ a disco campanato conico (*aut.*), conical disk wheel. **15.** ~ a disco finestrata (ruota a disco con feritoie) (*aut.*), artillery wheel. **16.** ~ a disco in lamiera di acciaio stampata (*aut.*), pressed steel disk wheel. **17.** ~ a margherita (~ di stampante a margherita con i caratteri disposti a raggera) (*elab.*), daisy wheel. **18.** ~ anteriore (*aut.*), front wheel. **19.** ~ anteriore (di un carrello di atterraggio a triciclo) (*aer.*), nose wheel. **20.** ~ a pale (*nav.*), paddle wheel, waterwheel. **21.** ~ a pale articolate (*nav.*), feathering paddle wheel. **22.** ~ a palette (per sollevamento acqua) (*macch. idr.*), flash wheel. **23.** ~ a pioli (rocchetto a gabbia o a lanterna) (*mecc.*), pin wheel, pinwheel. **24.** ~ a raggi (o a razze) (*mecc.*), spoked wheel. **25.** ~ a raggi di filo di acciaio (*mtc.*), wire wheel, "rudge" wheel. **26.** ~ a razze (di una locomotiva per es.) (*ferr. - ecc.*), spoke wheel. **27.** ~ a razze di legno (*veic.*), wood spoke wheel. **28.** ~ a vite (ruota elicoidale di una coppia ruota-vite) (*mecc.*), worm gear, worm wheel. **29.** ~ bielicoidale (ruota dentata bielicoidale, ruota dentata elicoidale a freccia) (*mecc.*), double-helical gear. **30.** ~ carenata (*aer.*), faired wheel. **31.** ~ con bordino (*ferr.*), flanged wheel. **32.** ~ con cerchione in acciaio (*ferr.*), steel-tired wheel. **33.** ~ conchigliata (per veic. ferr. per es.) (*fond.*), chilled iron wheel. **34.** ~ con dentatura a catena (o per catena) (*mecc.*), sprocket wheel. **35.** ~ con dentatura a cuspide (ruota con denti a "spina di pesce") (*mecc.*), herringbone wheel. **36.** ~ condotta (ruota dentata condotta) (*mecc.*), driven gear. **37.** ~ conica (ruota dentata conica) (*mecc.*), bevel gear, bevel wheel. **38.** ~ conica elicoidale (ruota dentata) (*mecc.*), spiral bevel gear. **39.** ~ conica ipoide (ruota conica a dentatura ipoide) (*mecc.*), hypoid bevel gear. **40.** ~ coniugata (ruota dentata coniugata, di un ingranaggio) (*mecc.*), mating gear. **41.** ~ con pneumatico (per metropolitana per es.) (*ferr. - ecc.*), pneumatic-tyred wheel. **42.** ~ dei secondi (*di un orologio*), fourth wheel. **43.** ~ del carrello (*ferr.*), truck wheel. **44.** ~ (della lancetta) delle ore (*di un orologio*), hour wheel. **45.** ~ del timone (*nav.*), steering wheel. **46.** ~ del verricello (*costr. nav.*), bull wheel. **47.** ~ dentata (ingranaggio) (*mecc.*), gear, gearwheel, gear wheel. **48.** ~ dentata cilindrica a denti diritti (*mecc.*), spur gear. **49.** ~ dentata conica Zerol (ruota conica con denti curvi in direzione longitudinale) (*mecc.*), Zerol bevel gear. **50.** ~ dentata coniugata (*mecc.*), mating gear. **51.** ~ dentata inviluppata del cingolo (che si sviluppa sul cingolo) (*mecc. - trattore*), crawler wheel. **52.** ~ dentata di scappamento (*di un orologio*), scape wheel. **53.** ~ dentata generata (*mecc.*), generated gear. **54.** ~ dentata satellite (*mecc.*), planet gear. **55.** ~ di arpionismo (*mecc.*), ratchet wheel. **56.** ~ di cambio (di una fresatrice per ingranaggi per es.) (*mecc. - macch. ut.*), change wheel, pick-off gear. **57.** ~ di cambio divisorio (o del divisore: di dentatrice o creatore) (*macch. ut.*), index change gear. **58.** ~ di campo (di una trattrice per es.) (*macch. agric.*), land wheel. **59.** ~ di catena (~ dentata per catena p. es. per la catena delle biciclette) (*mecc.*), chainwheel. **60.** ~ di coda (*aer.*), tail wheel. **61.** ~ di cuoio indurito (usata per apparecchi di sollevamento per es.) (*antica mecc.*), rawhide wheel. **62.** ~ di forza (*mecc.*), heavy-duty gear. **63.** ~ di frizione (*mecc.*), friction wheel. **64.** ~ di frizione (con gola) a cuneo (*mecc.*), wedge (friction) wheel. **65.** ~ di frizione cilindrica (*mecc.*), cylindrical friction wheel. **66.** ~ di frizione conica (*mecc.*), friction bevel wheel. **67.** ~ di moltiplicazione (per la quinta velocità per es.) (*aut.*), overdrive gear. **68.** ~ di prua (dritto di prua) (*nav.*), stempost. **69.** ~ di prua (ruota anteriore, di carrello di atterraggio a triciclo per es.) (*aer.*), nose wheel. **70.** ~ direttrice (di una livellatrice per es.) (*macch.*), leading wheel. **71.** ~ diritta (ruota a denti diritti) (*mecc.*), straight gear. **72.** ~ diritta conica (ruota dentata conica a denti diritti) (*mecc.*), straight bevel gear. **73.** ~ di scappamento (*orologeria*), escape wheel. **74.** ~ di scorta (*aut.*), spare, spare tire. **75.** ~ di solco (di una trattrice) (*mecc. agric.*), furrow wheel. **76.** ~ di sterzo di un rimorchio (*veic.*), fifth wheel. **77.** ~ di Weiller (tamburo a specchi) (*app. telev.*), Weiller drum. **78.** ~ doppia (a doppio pneumatico: di autocarro per es.) twin-tire wheel. **79.** ~ elastica (*veic.*), spring wheel. **80.** ~ elicoidale (ruota dentata elicoidale) (*mecc.*), helical gear. **81.** ~ elicoidale (di una coppia ruota-vite) (*mecc.*), worm wheel, worm gear. **82.** ~ elicoidale divisoria sul coltello (di limatrice per ingranaggi per es.) (*mecc. - macch. ut.*), cutter index wheel. **83.** ~ elicoidale divisoria sul pezzo (di una limatrice per ingranaggi) (*mecc. - macch. ut.*), work index wheel. **84.** ~ esploratrice a specchi (*telev.*), mirror scanning wheel. **85.** ~ esterna (ruota a dentatura esterna) (*mecc.*), external gear, external-toothed gear. **86.** ~ fenestrata (*aut.*), easy-clean wheel. **87.** ~ fonica (*sistema di telegrafia multipla*), phonic wheel. **88.** ~ Formate (tipo di ruota dentata) (*mecc.*), Formate gear. **89.** ~ frontale (ruota piano-conica, ruota dentata piano-conica) (*mecc.*), face gear. **90.** ~ idraulica (*idr. - mecc.*), waterwheel. **91.** ~ idraulica di fianco (in cui l'acqua è immessa a metà circa dell'altezza della ruota) (*idr. - mecc.*), breast wheel. **92.** ~ idraulica di mulino (*idr. - mecc.*), mill wheel. **93.** ~ interna (corona a dentatura interna) (*mecc.*), internal gear. **94.** ~ ipoide (ruota dentata ipoide) (*mecc.*), hypoid gear. **95.** ~ libera (meccanicamente svincolata dalla trasmissione: di bicicletta, talvolta anche aut. per es.), freewheel. **96.** ~ limitatrice della profondità di aratura (avantreno, ruotina anteriore: di aratro) (*agric.*), gauge wheel. **97.** ~ motrice (*mecc.*), driving wheel. **98.** ~ motrice (ruota dentata conduttrice) (*mecc.*), driving gear. **99.** ~ motrice per cremagliera (*ferr.*), climber. **100.** ~ non motrice (*veic.*), road wheel. **101.** ~ orientabile (per carrelli trasportatori in officina per es.) (*mecc.*), caster. **102.** ~ per di sopra (in cui l'acqua è immessa alla sommità della ruota) (*idr.*), overshot wheel. **103.** ~ per di sotto (in cui l'acqua è immessa in corrispondenza della parte inferiore della ruota) (*idr.*), undershot wheel. **104.** ruote per il divisore (*mecc. - macch. ut.*), index gears. **105.** ruote permutabili per l'avanzamento (*macch. ut.*), feed change gears. **106.** ~ piano-conica (ruota dentata a denti frontali) (*mecc.*), face gear. **107.** ~ planetaria (ruota dentata planetaria) (*mecc.*), sun gear, sun wheel. **108.** ~ planetaria (di un differenziale) (*mecc. - aut.*), side gear. **109.** ruote portacingolo (di un trattore) (*mecc.*), track idlers. **110.** ~ portante (di veicolo, carrello ecc.) (*mecc.*), bearing wheel. **111.** ~ portante posteriore (di una locomotiva) (*ferr.*), trailing wheel. **112.** ~ portapalette (di turbina a vapore) (*mecc.*), blade wheel. **113.** ~ principale (di un macchinario) (*macch.*), leader, hob. **114.** ~ satellite (ruota dentata satellite) (*mecc.*), planet gear, planet wheel. **115.** ~ semplice (ad un solo pneumatico) (di aut. per es.), single-tire wheel. **116.** ~ (o ingranaggio) spiroidale (*mecc.*), spiral gear. **117.** a due ruote (*mecc.*), two-wheel, two-wheeled. **118.** a quattro ruote (*mecc.*), four-wheel, four-wheeled. **119.** centrare una ~ (*mecc.*), to true up a wheel. **120.** convergenza delle ruote anteriori (di aut. per es.) toe-in of the front wheels. **121.** coppia ~ dentata-vite (ingranaggio a vite) (*mecc.*), worm gear pair. **122.** coppia di ruote dentate ad assi intersecantisi (*mecc.*), gear pair with intersecting axes. **123.** coppia di ruote dentate ad assi paralleli (*mecc.*), gear pair with parallel axes. **124.** coppia di ruote a dentatura esterna (ingranaggio a dentatura esterna) (*mecc.*), external gear pair. **125.** coppia di ruote dentate a dentatura interna (ingranaggio a dentatura interna) (*mecc.*), internal gear pair. **126.** coppia di ruote dentate ad assi sghembi (*mecc.*), gear pair with non intersecting non parallel axes. **127.** creatore per ruote a vite (*ut.*), worm gear hob. **128.** divergenza delle ruote anteriori (di aut. per es.), toe-out of the front wheels. **129.** equilibratura ~ (*aut.*), wheel balancing. **130.** gruppo di due ruote dentate solidali (di diverso diametro) (*mecc.*), step gear, shoulder gear. **131.** passaggio ~ (passaruota, di una carrozzeria aut.) (*aut.*), wheelhouse. **132.** piano della ~ (*veic.*), wheel plane. **133.** sulle quattro ruote (di freno per es.) (*aut.*), four-wheel. **134.** trazione sulle quattro ruote (trazione integrale) (*aut. - ecc.*), four-wheel drive.

ruotante, *vedi* rotante.

ruotare (*gen.*), to rotate. **2.** ~ (di gru per es.) (*mecc.*), to slew. **3.** ~ (su di un cardine) (*mecc. - falegn.*), to swing. **4.** ~ (su un perno) (*mecc.*), to pivot. **5.** ~ di un quarto di giro (una vite per es.)

(*mecc.* - *ecc.*), to turn one fourth turn. **6.** far ~ (su di un cardine) (*mecc.* - *falegn.*), to swing.
ruotazappa (zappatrice ruotante) (*macch. agric.*), rotary hoe, rotating hoe.
ruotino (*gen.*), wheel, small wheel. **2.** ~ di coda (*aer.*), tail wheel. **3.** ~ di sostegno (anteriore, di una roulotte) (*veic.*), jockey wheel.
ruotismo (*mecc.*), wheelwork, gearing. **2.** ~ a ingranaggi cilindrici (*mecc.*), spur gearing, train of spur wheels, train of spur gears. **3.** ~ di riduzione ad ingranaggi cilindrici (*mecc.*), spur reduction gearing. **4.** ~ moltiplicatore (ingranaggi moltiplicatori) (*mecc.*), step-up gearing. **5.** ~ planetario conico (*mecc. aut.*), planetary bevel gear train. **6.** ~ riduttore (ingranaggi riduttori) (*mecc.*), step-down gearing.
rupe (*geofis.*), cliff.
rurale (*a.* - *agric.*), rural. **2.** abitazione ~ (*ed.*), farmstead, farmhouse.
ruscèllo (*geogr.*), brook, rivulet.
ruspa (escavatrice ad azione superficiale) (*macch.*), grader, scraper, planer, skimmer. **2.** ~ da carico (*macch. movimento terra*), hoe scraper. **3.** ~ livellatrice (~ per spianare il terreno) (*macch. movimento terra*), leveler, leveller. **4.** ~ stradale (*macch. strad.*), road grader.
rùstico (*a.* - *mur.*), rustic. **2.** intonaco ~ (*mur.*), roughcast, spatter dash.
rutènico (*a.* - *chim.*), ruthenic.
rutènio (Ru - *chim.*), ruthenium.
rutherford (unità di misura di intensità radioattiva: 10^6 disintegrazioni al secondo) (*radiott.* - *fis. atom.*), rutherford.
rutilo ($Ti\,O_2$) (*min.*), rutile.
ruttore (*elett.*), contact breaker, trembler. **2.** ~ a contatti striscianti (*elett.*), wipe break, wipe breaker. **3.** molla di ~ (*elettromecc.*), contact breaker spring. **4.** puntine del ~ (platinate o in tungsteno) (*elettromecc.*), contact breaker points.
ruttura (*elett.*), breaking.
ruvidezza (scabrosità, stato di non finitura) (*gen.*), roughness. **2.** ~ superficiale (scabrosità superficiale) (*gen.*), surface roughness.
rùvido (*gen.*), rough.

S

"S" (Sud) (*geogr.*), S, S., s., south.
S (solfo) (*chim.*), S (sulphur).
sabbia, sand. **2.** ~ a granuli poligonali (o sub-angolari) (*fond.*), sub-angular sand. **3.** ~ a granuli spigoluti (o spigolosi o angolari) (*fond.*), angular sand. **4.** ~ a granuli sub-angolari (o poligonali) (*fond.*), sub-angular sand. **5.** ~ a granuli tondeggianti (*fond.*), round sand. **6.** ~ alluvionale (*mur.*), alluvial sand. **7.** ~ antislittamento (tra ruote a rotaia) (*ferr.*), traction sand. **8.** ~ a spigoli vivi (*mur.*), sharp sand. **9.** sabbie aurifere (*geol. - min.*), placer. **10.** ~ comune (*mur.*), standard sand. **11.** ~ da fonderia (~ argillosa: serve per l'esecuzione delle forme) (*fond.*), molding sand. **12.** ~ da malta (*costr. ed.*), fine aggregate, sand for mortar. **13.** ~ da pomice (per calcestruzzo) (*costr. ed.*), fine pumice aggregate. **14.** ~ di cava (*mur.*), pit sand, dug sand. **15.** ~ di fiume (*mur.*), river sand. **16.** ~ di mare, sea sand. **17.** ~ di roccia (per l'esecuzione di anime) (*min. - fond.*), rock sand. **18.** ~ di scorie di altoforno (*mur.*), blast furnace slag sand. **19.** ~ e pietrischetto (da spargere su strade appena pavimentate) (*costr. strade*), blinding. **20.** ~ fine (per calcestruzzo) (*costr. ed.*), fine sand aggregate. **21.** ~ fine di scorie (per calcestruzzo) (*costr. ed.*), fine slag aggregate. **22.** ~ gassifera (*min.*), gas sand. **23.** ~ ghiaiosa (misto di cava, miscela di sabbia e ghiaia per calcestruzzo) (*costr. ed.*), all-in aggregate. **24.** ~ grossa (per calcestruzzo) (*costr. ed.*), coarse sand aggregate. **25.** ~ grossa di scoria (per calcestruzzo) (*costr. ed.*), coarse slag aggregate. **26.** ~ isolante (sabbia antiaderenza messa tra una parte e l'altra di una forma per es.) (*fond.*), parting sand, parting. **27.** ~ lenticolare (*min.*), lenticular sand. **28.** sabbie mobili (*geol.*), quicksand. **29.** ~ per fonderia (*fond.*), molding sand. **30.** ~ per formatura a guscio (*fond.*), shell molding sand. **31.** ~ preparata con olio (*fond.*), oil sand mixture. **32.** ~ quarzifera (*min.*), quartz sand. **33.** ~ refrattaria (*fond.*), fire sand. **34.** cava di ~ (*min.*), sand quarry, sand pit. **35.** lancio di ~ (sotto le ruote della locomotiva) (*ferr.*), sanding. **36.** senza ~ (di cemento per es.) (*a. - ed.*), neat. **37.** tempesta di ~ (*meteor.*), sandstorm. **38.** tromba di ~ (*meteor.*), sand pillar, dust devil, dust whirl.
sabbiare (*tecnol. mecc.*), to sandblast.
sabbiato (un getto per es.) (*tecnol. mecc.*), sandblasted.
sabbiatore (operaio che lavora con la sabbiatrice) (*op.*), sandblaster.
sabbiatrice (macchina per sabbiare) (*macch.*), sandblasting machine, sander.
sabbiatura (*tecnol. mecc.*), sandblasting. **2.** ~ a vapore (di superfici metalliche lavorate) (*tecnol. mecc.*), steam blasting. **3.** ~ silicea con graniglia (*tecnol. mecc.*), grit-blasting, sandblasting. **4.** ~, *vedi anche* granigliatura e pallinatura.
sabbiera (cassa sabbiera di una locomotiva per es.) (*ferr.*), sandbox, sand dome, sander. **2.** ~ (separasabbia: cavità sul fondo dell'olandese) (*mft. carta*), sand trap.
sabbiosità (difetto della carta) (*mft. carta*), grit.
sabbioso (*gen.*), sandy.
sabicu (*legno costr. nav.*), sabicu.
sabin (unità di assorbimento acustico) (*mis. acus.*), sabin (ingl.).
sabotaggio (*milit. - leg.*), sabotage.
sabotare (*milit. - ecc.*), to sabotage.
sabotatore (*milit. - ecc.*), saboteur.
sacca (*gen.*), pocket. **2.** ~ (cellula di un accumulatore: contenente materiale attivo) (*elett.*), pocket. **3.** ~ (di altoforno) (*metall.*), bosh, boshes. **4.** ~ (cavità contenente minerale od acqua) (*geol. - min.*), pocket. **5.** ~ d'acqua (in una tubazione per es.) water pocket. **6.** ~ d'aria (arresto di flusso a causa di aria nel circuito idraulico, bolla d'aria) (*tubaz. - mot.*), air lock.
saccarato (derivato dello zucchero) (*chim.*), saccharate. **2.** ~ di calcio (*chim.*), calcium saccharate.
saccàride (*chim.*), saccharide, carbohydrate.
saccarifero (contenente zucchero: barbabietola da zucchero per es.) (*a. - ind. zucchero*), saccharine.
saccarificare (*chim.*), to saccharify.
saccarimetria (*chim.*), sacharimetry.
saccarìmetro (tipo di polarimetro) (*strum. chim.*), saccharimeter.
saccarina ($C_6H_4.CO.SO_2.NH$) (*chim.*), saccharin.
saccarinàceo (*a. - chim.*), saccharine.
saccaròmetro (tipo di densimetro) (*strum. chim.*), saccharometer.
saccaròsio ($C_{12}H_{22}O_{11}$) (*chim.*), saccharose.
saccatura (del bordo periferico di un paracadute) (*aer.*), blown periphery. **2.** ~ (*meteor.*), trough.
sacchetto (*gen.*), bag, small bag. **2.** ~ anodico (co-

stituito dall'elettrodo di carbone circondato dal polarizzante: costruzione pila a secco) (*elettrochim.*), bobbin. **3.** ~ dei rifiuti (*aer. - nav. - ecc.*), litterbag. **4.** ~ di spolvero (*ut. fond.*), cloth bag. **5.** ~ filtrante (*mft. carta*), cock bagging. **6.** ~ per bollitura (di plastica, nel quale viene bollito il cibo) (*ind. chim.*), boil-in-bag. **7.** ~ per contenitori (di plastica, per la protezione degli articoli da introdurre nel contenitore) (*ind. chim.*), box-in bag. **8.** ~ per la spesa (in plastica od in carta robusta) (*attr. domestico*), shopping bag.

sacco (*agric. - ind.*), bag, sack. **2.** ~ a mano (tipo di valigetta) (*gen.*), handbag. **3.** ~ a pareti multiple (*ind. gomma*), multiwall bag. **4.** ~ da marinaio (*mar. milit.*), scabag. **5.** ~ di carta (*ind. gomma*), paper bag. **6.** "~ di carta" (filtro di carta a sacco: di aspirapolvere per es.) (*app. domestico*), dust bag. **7.** ~ di iuta (*ind. comm.*), jute bag, jute sack. **8.** ~ di tela (*ind. - comm.*), cloth bag. **9.** ~ impermeabile (*milit.*), duffel bag, canvas bag. **10.** ~ paraurti (di un aerostato per es.) (*aer.*), bumping bag. **11.** ~ per attrezzi (*op.*), kit bag. **12.** ~ per gli effetti personali (*milit. - ecc.*), duffel bag. **13.** ~ postale (*ferr. - poste*), mailbag. **14.** il quantitativo di un ~ pieno (*mis.*), sackful. **15.** lotti di materiali contenuti in sacchi (*ind. tess.*), bag lots. **16.** tela da sacchi (*ind. tess.*), sackcloth.

sacrestìa (di chiesa) (*arch.*), sacristy, vestry.

saetta (punta per trapano a mano) (*ut. falegn.*), bit. **2.** ~ (o controfisso, di capriata per es.) (*ed.*), knee rafter, strut. **3.** ~ ad elica (*ut. falegn.*), twist bit, spiral bit. **4.** ~ a tortiglione (*ut. falegn.*), *vedi* saetta ad elica. **5.** ~ a tre punte (punta a centro, punta inglese) (*ut. falegn.*), center bit. **6.** ~, *vedi anche* freccia.

saettone (elemento di una capriata in legno di un tetto) (*costr. ed.*), pendant post.

safranina (*chim.*), safranine, safranin.

saggiare (*gen.*), to test, to try.

saggiatore (*op.*), trier.

saggina (*agric.*), broomcorn.

saggio (provetta grezza, campione di materiale dal quale vengono ricavate provette) (*prove materiali*), coupon, sample. **2.** ~ (prova su un campione per il controllo delle proprietà) (*fis.*), test. **3.** ~ (tasso) (*finanz.*), rate. **4.** ~ (*tip.*), essay. **5.** ~ reattivo (test) (*psicol. ind.*), test.

sàgola (cima: di canapa per es.) (*nav.*), line. **2.** ~ da getto (*nav.*), heaving line. **3.** ~ del solcometro (*nav.*), log line. **4.** ~ di salvataggio (*nav.*), life line. **5.** ~ per scandaglio (*nav.*), sounding line, lead line.

sàgoma (*gen.*), outiline, profile. **2.** ~ (*carp. - mur.*), pattern, strickle. **3.** ~ (calibro sagomato, mascherina) (*mecc.*), template, face mold. **4.** ~ (*fond.*), strickle, sweep. **5.** ~ (forma: di una nave, un'automobile ecc. per es.) (*gen.*), shape, form. **6.** ~ (garbo) (*att. costr. nav.*), template, templet. **7.** ~ (*att. mecc.*), dummy. **8.** ~ (sagoma di legno: per barche in legno) (*costr. barche*), sheer batten. **9.** ~ campione (per la verifica di altre sagome) (*mecc.*), master template. **10.** ~ di carico (di carro ferroviario) (*ferr.*), loading gauge. **11.** ~ limite (*ferr.*), clearance gauge. **12.** ~ limite del carico (*ferr.*), loading gauge. **13.** ~ limite del materiale rotabile (o mobile) (*ferr.*), rolling stock clearance gauge. **14.** ~ limite di passaggio (contiene tutte le diverse sagome limite) (*ferr.*), clearance gauge. **15.** ~ per battilastra (*lav. lamiera*), hammering form.

sagomare (*gen.*), to shape.

sagomato (*gen.*), shaped. **2.** ~ (a forma, di una calza per es.) (*a. - ind. tess.*), full-fashioned.

sagomatura (*gen.*), shaping.

sagrato (*arch.*), church square.

sagrestìa (*arch.*), sacristy, vestry.

saia (*ind. tess.*), twill. **2.** ~ alla rovescia (*ind. tess.*), reversed twill. **3.** ~ di fondo (*ind. tess.*), ground twill.

sala (*arch.*), hall. **2.** ~ (per ricevimento, conversazione ecc.) (*ed.*), parlor, parlour. **3.** ~ assile (solidale con le ruote) (*mecc. ferr.*), axle. **4.** ~ a tracciare (*costr. nav.*), mold loft. **5.** ~ caldaie (*nav.*), stockehold. **6.** ~ caldaie (*cald. - ed.*), boiler room. **7.** ~ composizioni (luogo dove arrivano, vengono pesati e mescolati i materiali di carica dei forni) (*mft. vetro*), batch house. **8.** ~ da ballo (*ed.*), ballroom. **9.** ~ da pranzo (*ed.*), dining room. **10.** ~ da ricevimento (*ed.*), drawing room. **11.** ~ d'aspetto (di stazione ferroviaria per es.) (*ed.*), waiting room. **12.** ~ dei comandi di distribuzione (di energia elettrica) (*ed.*), switch control room. **13.** ~ dei raffinatori (sala delle olandesi) (*mft. carta*), beater house, beater room. **14.** ~ delle pompe (*nav.*), well. **15.** ~ dello sterzo (di un locomotiva a vapore per es.) (*ferr.*), steering truck axle. **16.** ~ di aspetto del terminale (per viaggiatori in attesa della partenza dei treni) (*ferr.*), headhouse. **17.** ~ di cernita (*mft. carta*), salle. **18.** ~ di composizione (*tip.*), composing room. **19.** ~ di montaggio (*off.*), assembly room. **20.** ~ di montaggio (di film) (*cinem.*), cutting room. **21.** ~ (o cinematografo) di prima visione (*cinem.*), first-run theatre. **22.** ~ di redazione (*giorn.*), editorial room. **23.** ~ di riunione (*ed.*), boardroom. **24.** ~ disegnatori (*dis.*), drawing office (ingl.). **25.** ~ sterzante (di locomotiva per es.) (*ferr.*), steering axle. **26.** ~ macchine (*off.*), engine room. **27.** ~ macchine (*tip.*), pressroom. **28.** ~ macchine frigorifere (di una nave per es.) (*nav.*), refrigerating machinery compartment. **29.** ~ metrologica (per controlli e collaudi) (*ind.*), standard room. **30.** ~ montata (*ferr.*), wheel set, pair of wheels and axle. **31.** ~ nautica (o di carteggio, casotto di rotta) (*nav.*), chart house. **32.** ~ operatoria (*chirurgia*), operating room. **33.** ~ per esposizione (*ed. comm.*), display room. **34.** ~ per proiezione (per il pubblico) (*ed. cinem.*), motion-picture theatre. **35.** ~ (o studio) per proiezioni (per visioni private) (*ed. cinem.*), viewing room. **36.** ~ pompe (*ed. ind.*), pump house. **37.** ~ prova (*off. mecc.*), test room, testing room. **38.** ~ prova motori (*off.*), engine test room. **39.** ~ sciolta (asse ferroviario, assile) (*ferr.*), axle. **40.** ~ smontaggio (di motore per es.) (*off.*), stripping room.

salamòia (*ind. del freddo*), brine.

salamoiare (salare in vasca) (*ind. cuoio*), to brine.

salamoiato (salato in vasca) (*ind. cuoio*), brined.

salare (*gen.*), to salt. **2.** ~ (*chim. - ind.*), to salify. **3.** ~ (*mft. sapone*), to salt out. **4.** ~ (in vasca, salamoiare) (*ind. cuoio*), to brine.

salariale (*pers.*), wage. **2.** parità ~ (*pers.*), equal pay for equal work. **3.** slittamento ~ (*pers.*), wage drift. **4.** tregua ~ (*sindacati*), wage pause.

salariato (*s. - lav.*), wage earner, wageworker.

salario (di operaio), wages, rate. **2.** ~ a cottimo (di operaio) (*ind.*), piece wage. **3.** ~ ad economia (*ind.*), day rate. **4.** ~ a premio (con premio oltre la paga oraria garantita) (*ind.*), premium system wage. **5.** ~ base (di un operaio per es.) (*ind.*), basic rate. **6.** ~ iniziale (o stipendio iniziale, di un operaio per es.) (*ind.*), initial rate. **7.** ~ (o stipendio) netto (dedotti gli oneri e i contributi assicurativi, previdenziali ecc.) (*amm.*), take-home, take-home wage. **8.** ~ nominale (retribuzione non riferita al potere di acquisto) (*sc. econ.*), nominal wage. **9.** ~ reale (riferito al potere di acquisto) (*sc. econ.*), real wage. **10.** cassa integrazione salari (*pers.*), temporary non occupation compensation fund. **11.** revisione del ~ (di un operaio) (*pers.*), wage review, wage revision. **12.** slittamento dei salari (*pers. - op.*), wage drift. **13.** ~, *vedi anche* paga.

salato (in vasca, salamoiato per es.) (*ind. cuoio*), brined. **2.** ~ in salamoia (*ind. cuoio*), wet brined. **3.** ~ secco (*ind. cuoio*), dry brined.

salatura (*gen.*), salting. **2.** ~ (*mft. sapone*), salting out. **3.** ~ (in vasca, salamoiatura) (*ind. cuoio*), brining.

salbanda (losima: strato di materiale detritico delimitante ai lati un filone) (*min.*), selvage.

saldàbile (elettricamente od autogeno) (*tecnol. mecc.*), weldable, capable of being welded. **2.** ~ (a dolce: a stagno per es.) (*tecnol. mecc.*), solderable, capable of being soft-soldered. **3.** ~ (a forte: a ottone per es.) (*tecnol. mecc.*), brazable, capable of being brazed (or hard-soldered).

saldabilità (*tecnol. mecc.*), weldability.

saldante (lega per brasature) (*s. - tecnol. mecc.*), solder.

saldare (una fattura) (*comm.*), to settle, to pay up, to square up. **2.** ~ ad argento (*tecnol. mecc.*), to silver-solder. **3.** ~ a forte (a ottone) (*tecnol. mecc.*), to hard-solder. **4.** ~ a freddo (p. es. mediante amalgama) (*tecnol. mecc.*), to cold sold. **5.** ~ a freddo a pressione (processo di saldatura di metalli ottenuto col loro scorrimento molecolare a freddo sotto altissima pressione e senza apporto di calore: si usa nella costruzione dei transistori per es.) (*tecnol. - eltn.*), to cold-weld. **6.** ~ a freddo nel vuoto (per ottenere l'adesione tra metalli nel vuoto spaziale per solo contatto, senza calore o pressione) (*tecnol. astron.*), to cold weld. **7.** ~ all'arco elettrico (*lav. mecc.*), to arc-weld. **8.** ~ a stagno (*tecnol. mecc.*), to solder, to soft-solder. **9.** ~ autogeno (*tecnol. mecc.*), to (gas) weld. **10.** ~ di testa (*tecnol. mecc.*), to butt-weld. **11.** ~ elettrico (*tecnol. mecc.*), to (electric) weld. **12.** ~ i conti (*amm.*), to balance accounts, to square accounts, to settle accounts. **13.** ~ il piombo (unire due pezzi di piombo per fusione) (*tubaz. - tecnol. mecc.*), to lead-burn. **14.** ~ mediante martellatura (*fucinatura ferro*), to hammer-weld. **15.** ~ per bollitura (con martellamento o per compressione dei due pezzi caldi da congiungere) (*forgiatura*), to swage. **16.** ~ per fusione (*tecnol. mecc.*), to cast-weld. **17.** ~ tubazioni di piombo (*tecnol. mecc.*), to wipe.

saldato (elettricamente o autogeno) (*tecnol. mecc.*), weld, welded. **2.** ~ (a dolce: a stagno per es.) (*tecnol. mecc.*), soft-soldered. **3.** ~ (a forte: a ottone per es.) (*tecnol. mecc.*), hard-soldered. **4.** ~ (di conto) (*amm.*), settled, paid up, fully paid. **5.** ~ di fianco a sovrapposizione (*tecnol. mecc.*), side lap welded. **6.** ~ di testa (*tecnol. mecc.*), butt-welded. **7.** ~ in testata a sovrapposizione (*tecnol. mecc.*), head lap welded. **8.** non ~ (di un conto per es.) (*amm.*), outstanding.

saldatoio (*ut.*), soldering iron, soldering copper, soldering bolt. **2.** ~ a benzina (o a fiaccola) (*ut.*), gasoline soldering iron, blowlamp soldering iron. **3.** ~ elettrico (*ut.*), electric soldering iron. **4.** ~ elettrico rapido con impugnatura a pistola (per saldature a stagno) (*ut. a resistenza*), soldering gun.

saldatore (*op.*), welder. **2.** ~ autogeno (*op.*), gas welder. **3.** ~ elettrico (*op.*), electric welder.

saldatrice (*macch.*), welder, welding machine. **2.** ~ (ad arco) a corrente alternata (*macch. elett.*), AC. welder. **3.** ~ (ad arco) a corrente continua (*macch. elett.*), DC. welder. **4.** ~ ad arco (*macch. elett.*), arc-welding machine, welding set. **5.** ~ a rulli per cucitura (*macch. elett.*), roll seam welder. **6.** ~ elettrica (*macch. elett.*), electric welder, electric welding machine. **7.** ~ elettrica ad arco in atmosfera di argo (*macch. elett.*), inert gas-metal-arc welder. **8.** ~ elettrica ad arco sommerso (*macch. elett.*), submerged arc welder. **9.** ~ elettrica a proiezione (saldatrice elettrica su risalti) (*macch. elett.*), projection welder. **10.** ~ elettrica a punti (*macch. elett.*), spot welder. **11.** ~ elettrica a punti fissa (*macch. elett.*), stationary spot welder. **12.** ~ elettrica a punti pensile (*macch. elett.*), portable spot welder. **13.** ~ elettrica a scintillìo (*macch. elett.*), flash welder. **14.** ~ elettrica continua (a resistenza) (*macch. elett.*), seam welder. **15.** ~ elettrica di placchette per utensili (*macch. elett.*), electric tool-tipping machine (ingl.). **16.** ~ elettrica di testa (*macch. elett.*), butt welder. **17.** ~ elettrica per nastri da sega (*app. mecc.*), saw band welder. **18.** ~ elettrica su risultati (*macch. elett.*), projection welder. **19.** ~ fissa (*macch. elett.*), pedestal welder, stationary welding machine. **20.** ~ ribaditrice (*macch. elett.*), rivet welder.

saldatura (operazione mediante la quale due parti vengono unite dopo essere state portate al punto di fusione oppure unite con apporto dello stesso metallo fuso) (*tecnol. mecc.*), welding. **2.** ~ (dolce, forte o all'argento) (*tecnol. mecc.*), soldering. **3.** ~ (giunto ottenuto mediante fusione parziale del pezzo da saldare o con apporto dello stesso metallo fuso) (*tecnol. mecc.*), weld, welded joint. **4.** ~ (giunto saldato a forte, dolce o all'argento) (*tecnol. mecc.*), soldered joint. **5.** ~ (trasferimento reciproco di particelle metalliche tra i denti del pignone e della ruota di una coppia ipoide per es.) (*mecc.*), picking-up. **6.** ~ (giunzione mediante adesivi, incollaggio) (*tecnol.*), bonded joint. **7.** ~ a caldo, termosaldatura (giunzione tra due elementi di materiale termoplastico per es.) (*ind.*), heat seal. **8.** ~ a cordone (giunto saldato a cordone) (*tecnol. mecc.*), bead weld. **9.** ~ ad accumulatore (*tecnol. mecc.*), stored-energy welding. **10.** ~ ad arco (*tecnol. mecc.*), arc welding. **11.** ~ ad arco con due elettrodi di carbone (*tecnol. mecc.*), twin-carbon arc welding. **12.** ~ ad arco con elettrodo di carbone (*tecnol. mecc.*), carbon-arc welding. **13.** ~ ad arco con elettrodo metallico (*tecnol. mecc.*), metal-arc welding. **14.** ~ ad arco con elettrodo metallico in atmosfera protetta da gas inerte (*tecnol. mecc.*), "Sigma" welding. **15.** ~ ad arco con elettrodo metallico nudo (*tecnol. mecc.*), bare metal - arc welding. **16.** ~ ad arco con protezione di gas inerte (*tecnol. mecc.*), inert gas-shielded arc welding. **17.** ~ ad arco in atmosfera di argo (*tecnol. mecc.*), argon arc welding. **18.** ~ ad arco in (atmosfera di) elio (*tecnol. mecc.*), heliwelding, heliarc welding. **19.** ~ ad arco in atmosfera inerte con elettrodo di tungsteno (saldatura TIG) (*tecnol. mecc.*), tungsten inert gas welding, TIG welding. **20.** ~ ad arco in gas inerte con elettrodo di carbone (*tecnol. mecc.*), inert-gas carbon-arc welding. **21.** ~ ad arco pulsante (*tecnol. mecc.*), pulsating arc welding. **22.** ~ ad arco sommerso (*tecnol. mecc.*), submerged arc welding. **23.** ~ ad arco sommerso a doppio filo (*tecnol. mecc.*), two-wire welding. **24.** ~ ad argento (*tecnol. mecc.*), silver soldering. **25.** ~ ad attrito (nella quale il calore viene ottenuto per attrito) (*tecnol. mecc.*), friction welding. **26.** ~ ad elettroscoria (*tecnol. mecc.*), electro-slag welding. **27.** ~ ad esplosione (*tecnol. mecc.*), explosive welding. **28.** ~ a destra (saldatura indietro: saldatura a gas procedente da sinistra a destra con bacchetta che segue il cannello) (*tecnol. mecc.*), backhand welding. **29.** ~ ad idrogeno atomico (o nascente) (con calore ottenuto da dissociazione molecolare) (*tecnol. mecc.*), atomic-hydrogen welding. **30.** ~ a diffusione (giunzione a diffusione, incollaggio a diffusione, di metalli, applicando calore e pressione per un periodo di tempo) (*tecnol. mecc.*), diffusion bonding. **31.** ~ ad impulsi multipli (a punti, su risalti o a ricalco con più impulsi di corrente) (*tecnol.*), multiple-impulse welding. **32.** ~ ad impulso singolo (a punto, su risalto o a ricalco con un solo impulso di corrente) (*tecnol.*), single-impulse welding. **33.** ~ ad inerzia o per grippaggio (tipo di saldatura ad attrito) (*tecnol. mecc.*), inertia welding. **34.** ~ a doppio punto (*tecnol. mecc.*), twin-spot welding. **35.** ~ a doppio U (giunto saldato) (*tecnol. mecc.*), double-U groove weld. **36.** ~ ad U (giunto saldato ad U) (*tecnol. mecc.*), single-U groove weld. **37.** ~ ad ultrasuoni delle materie plastiche (*tecnol.*), ultrasonic plastic welding. **38.** ~ a fascio elettronico (microsaldatura di metalli ottenuta con un raggio concentrato di elettroni nel vuoto spaziale) (*tecnol. astron.*), electron-beam welding. **39.** ~ a freddo (~ con amalgama di rame per es. senza apporto di calore) (*metall.*), cold soldering. **40.** ~ a freddo a pressione (saldatura di metalli ottenuta mediante forte pressione e senza riscaldamento: impiegata sui transistori per es.) (*metall. - eltn.*), cold-welding. **41.** ~ a freddo nel vuoto (adesione di metalli ottenuta per contatto nel vuoto spaziale senza intervento di pressione o calore) (*tecnol. astric.*), cold weld. **42.** ~ a fuoco (*tecnol.*), forge welding. **43.** ~ a gas (*tecnol. mecc.*), gas welding. **44.** ~ a J (giunto saldato) (*tecnol. mecc.*), single-J groove weld. **45.** ~ a laser (*tecnol. mecc.*), laser welding. **46.** ~ a lembi retti (o ad I, giunto saldato a lembi retti, o ad I) (*tecnol. mecc.*), square groove weld. **47.** ~ alluminotermica (saldatura alla termite) (*tecnol. mecc.*), thermit welding. **48.** ~ alluminotermica senza pressione (*tecnol. mecc.*), nonpressure Thermit welding. **49.** ~ al maglio (*tecnol.*), hammer welding. **50.** ~ al rovescio (giunzione saldata al rovescio) (*tecnol. mecc.*), back weld. **51.** ~ a macchina (*tecnol. mecc.*), machine welding. **52.** ~ a mano (*tecnol. mecc.*), manual welding. **53.** ~ a 1/2 V (saldatura con un solo bisello) (*tecnol. mecc.*), single-bevel groove weld. **54.** ~ a passata multipla (giunto saldato) (*tecnol. mecc.*), multiple-pass weld. **55.** ~ a percussione (saldatura a resistenza con applicazione di una elevata pressione subito dopo una rapida scarica di energia elettrica accumulata) (*tecnol. mecc.*), percussion welding. **56.** ~ a plasma (con getto di plasma ottenuto da ionizzazione e dissociazione di un gas) (*tecnol. mecc.*), plasma jet welding, plasma flame welding. **57.** ~ a pressione (*tecnol. mecc.*), pressure welding. **58.** ~ a pulsazione (saldatura ad impulsi multipli) (*tecnol. mecc.*), pulsation welding. **59.** ~ a punti (saldatura a resistenza, nella quale corrente e pressione sono applicate solo nei punti di contatto delle superfici metalliche) (*tecnol. mecc.*), spot welding. **60.** ~ a punti con elettrodo rotante (che salda a punti spaziati e contemporaneamente fa avanzare il materiale) (*tecnol. mecc.*), stitch welding. **61.** ~ a punti con rulli (o per rullatura: eseguita con elettrodi circolari) (*tecnol. mecc.*), roll spot welding. **62.** ~ a punti contemporanea di più elementi sovrapposti (saldatura elettrica a punti) (*tecnol. ind.*), mash weld. **63.** ~ a punti in serie (o indiretta: con elettrodi formanti un circuito in serie) (*tecnol. mecc.*), series spot welding. **64.** ~ a punti prestabiliti e rilevati (saldatura a resistenza effettuata contemporaneamente su punti in rilievo) (*tecnol. mecc.*), projection welding. **65.** ~ a radiofrequenza (*tecnol. mecc.*), radio frequency welding. **66.** ~ a raggi infrarossi (~ dolce ottenuta mediante riscaldamento con raggi infrarossi) (*tecnol. mecc.*), infrared soldering. **67.** ~ a resistenza (saldatura a pressione nella quale il calore viene ottenuto dalla resistenza al passaggio di una corrente elettrica) (*tecnol. mecc.*), resistance welding. **68.** ~ a resistenza ad alta frequenza (*tecnol. mecc.*), high-frequency resistance welding. **69.** ~ a resistenza a punti mediante rulli (il rullo superiore porta opportune sporgenze) (*tecnol. mecc.*), stitch welding. **70.** ~ a ricalco (saldatura mediante ricalcatura) (*tecnol. mecc.*), upset welding. **71.** ~ a ricoprimento (*tecnol. mecc.*), lap welding. **72.** ~ a rilievo in serie (saldatura su risalti con elettrodi formanti un circuito in serie) (*tecnol. mecc.*), series projection welding. **73.** ~ a rilievo parallela (saldatura su risalti con elettrodi formanti un circuito in parallelo) (*tecnol. mecc.*), parallel projection welding. **74.** ~ a scintillìo (giunto saldato a scintillìo) (*tecnol. mecc.*), flash weld. **75.** ~ a scintillìo (saldatura di testa a resistenza nella quale la parte di materiale che si ossida per effetto dell'alta temperatura viene espulsa in piccole particelle; la pressione viene applicata a riscaldamento completato) (*tecnol. mecc.*), flash welding. **76.** ~ a sinistra (saldatura avanti, saldatura a gas procedente da destra a sinistra con bacchetta che precede il cannello) (*tecnol. mecc.*), forehand welding. **77.** ~ a sovrapposizione (*tecnol. mecc.*), lap welding. **78.** ~ a spinta (saldatura a punti nella quale la pressione viene applicata a mano ad un solo elettrodo) (*tecnol. mecc.*), push welding. **79.** ~ a stagno (saldatura dolce) (*tecnol. mecc.*), soft soldering. **80.** ~ a T (giunto saldato a T) (*tecnol. mecc.*), T-weld (ingl.), T weld (am.). **81.** ~ a tratti (~ di materiale termoplastico mediante elettrodi riscaldati) (*tecnol. ind.*), stitching. **82.** ~ a tratti (giunto saldato a tratti) (*tecnol. mecc.*), intermittent weld. **83.** ~ a tratti (*tecnol. mecc.*), *vedi anche* saldatura interrotta. **84.** ~ a ultrasuoni (*tecnol. mecc.*), ultrasonic welding. **85.** ~ autogena (*tecnol. mecc.*), autogenous welding. **86.** ~ autogena per fusione (*tecnol. mecc.*), autogenous welding by fusion. **87.** ~ autogena per pressione (*tecnol. mecc.*), autogenous welding by pressure. **88.** ~ automatica (con impiego di attrezzatura tale da permettere l'esecuzione dell'intera operazione senza la necessità di controllo o regolazioni da parte dell'operatore) (*tecnol. mecc.*), automatic welding. **89.** ~ a V (giunto saldato a V) (*tecnol. mecc.*), single-Vee groove weld. **90.** ~ avanti (*tecnol. mecc.*), *vedi* saldatura a sinistra. **91.** ~ col cannello (*tecnol. mecc.*), blowpipe welding. **92.** ~ con doppio bisello a J (giunto saldato) (*tecnol. mecc.*), double J groove weld. **93.** ~ con doppio bisello a V (giunto saldato) (*tecnol. mecc.*), double-Vee groove weld. **94.** ~ con laser pulsante (*tecnol. mecc.*), pulsed laser beam welding. **95.** ~ con protezione di vapore d'acqua (*tecnol. mecc.*), steam-shielded welding. **96.** ~ continua (quando il passo delle puntature è inferiore al diametro dell'elettrodo) (*tecnol. mecc.*), seam welding. **97.** ~ continua a rulli (*tecnol. mecc.*), roll seam welding. **98.** ~ continua a sovrapposizione (*tecnol. mecc.*), lap seam welding. **99.** ~ continua circolare (*tecnol. mecc.*), circular (or circumferential) seam welding. **100.** ~ continua di testa (*tecnol. mecc.*), butt seam welding. **101.** ~ continua in serie (con elettrodi formanti un circuito in serie (*tecnol. mecc.*), series seam welding. **102.** ~ continua multipla (due o più saldature continue eseguite contemporaneamente) (*tecnol. mecc.*), multiple seam welding. **103.** ~ continua parallela (con elettrodi formanti un circuito in parallelo) (*tecnol. mecc.*), parallel seam welding. **104.** ~ continua trasversale (eseguita perpendicolarmente all'asse della gola del portaelettrodi) (*tecnol. mecc.*), transverse seam welding. **105.** ~ da contatto (difetto di denti di ingranaggi che causa rigature) (*mecc.*), contact welding. **106.** ~ d'angolo (di sezione circa triangolare in un giunto d'angolo) (*tecnol. mecc.*), fillet weld. **107.** ~ del legno (incollaggio rapido del legno mediante riscaldamento induttivo ad altissima frequenza) (*falegn. - carp.*), "woodwelding". **108.** ~ dielettrica (mediante riscaldamento dielettrico) (*tecnol. mecc.*), dielectric welding. **109.** ~ di imbastitura (*tecnol. mecc.*), tack welding. **110.** ~ di piastre tubiere (per scambiatori di calore per es.) (*tecnol. mecc.*), pipe-into-plate welding. **111.** ~ di testa (saldatura a combaciamento) (*tecnol. mecc.*), butt welding. **112.** ~ di testa a resistenza (ottenuta esercitando la pressione prima di applicare la corrente) (*tecnol. mecc.*), resistance butt welding. **113.** ~ di testa a scintillìo (ottenuta mediante l'applicazione iniziale di una leggera pressione seguita da un periodo di arco e poi da pressione elevata) (*tecnol. mecc.*), flash butt welding. **114.** ~ di testa continua (saldatura di testa a rulli) (*tecnol. mecc.*), butt seam welding. **115.** ~ di testa per ricalcatura (ottenuta applicando la pressione prima del riscaldamento e mantenendola per l'intero periodo di riscaldamento) (*tecnol. mecc.*), upset butt welding. **116.** ~ dolce (*tecnol. mecc.*), soft soldering. **117.** ~ elettrica (*tecnol. mecc.*), electric welding. **118.** ~ elettrica a punti (*tecnol. mecc.*), electric spot welding. **119.** ~ elettrica a resistenza (*tecnol. mecc.*), resistance welding. **120.** ~ elettrica progressiva (mediante parecchi elettrodi, in contatto simultaneo con i pezzi da unire, realizzanti un ciclo completo di saldatura) (*tecnol. mecc.*), electrical sequence welding. **121.** ~ elettrostatica a percussione (*tecnol. mecc.*), electrostatic percussive welding. **122.** ~ forte (a ottone) (*tecnol. mecc.*), hard soldering. **123.** ~ idroautomatica (con pressione degli elettrodi ottenuta idraulicamente) (*tecnol. mecc.*), hydromatic welding. **124.** ~ in CO_2 (*tecnol. mecc.*), CO_2 welding. **125.** ~ indietro (*tecnol. mecc.*), *vedi* saldatura a destra. **126.** ~ indiretta (saldatura a punti in serie) (*tecnol. mecc.*), indirect spot welding. **127.** ~ in idrogeno nascente (*tecnol. mecc.*), atomic hydrogen weld, AT/W. **128.** ~ interrotta (saldatura a tratti, saldatura la cui continuità è interrotta da spazi non saldati) (*tecnol. mecc.*), intermittent welding. **129.** ~ MIG (saldatura sotto gas-inerte con elettrodo di metallo) (*tecnol. mecc.*), MIG welding, metal inert gas welding. **130.** ~ multipla a punti (due o più saldature a punti eseguite contemporaneamente) (*tecnol. mecc.*), multiple-spot welding. **131.** ~ multipla su risalti (due o più saldature su risalti eseguite contemporaneamente) (*tecnol. mecc.*), multiple-projection welding. **132.** ~ "openarc" (protetta solamente dal contenuto del filo elettrodo) (*tecnol. mecc.*), openarc welding. **133.** ~ ossiacetilenica (*tecnol. mecc.*), oxy-acetylene welding. **134.** ~ ossidrica (*tecnol. mecc.*), oxyhydrogen welding, oxygen-hydrogen welding. **135.** ~ parallela a punti (con elettrodi formanti un circuito in parallelo) (*tecnol. mecc.*), parallel spot welding. **136.** ~ per bollitura (*tecnol. mecc.*), forge welding, fire welding. **137.** ~ per bollitura alla forgia (*tecnol. mecc.*), forge welding. **138.** ~ per bollitura al maglio (*tecnol. mecc.*), hammer welding. **139.** ~ per bollitura con rulli (*tecnol. mecc.*), roll welding. **140.** ~ per diffusione (*tecnol. mecc.*), diffusion welding. **141.** ~ per pressione a caldo (*tecnol. mecc.*), hot pressure welding. **142.** ~, per pressione, a freddo (procedimento di saldatura di metalli duttili senza applicazione di calore o corrente elettrica) (*tecnol. mecc.*), cold-welding. **143.** ~ per pressione alla termite (*tecnol. mecc.*), pressure Thermit welding. **144.** ~ per ricalcatura (ottenuta applicando la pressione prima dell'inizio del riscaldamento e mantenendola per l'intero periodo di riscaldamento) (*tecnol. mecc.*), upset welding. **145.** ~ progressiva a pressione (saldatura a punti o su risalti nella quale diversi elettrodi passano progressivamente attraverso un ciclo completo di saldatura) (*tecnol. mecc.*), pressure sequence welding. **146.** ~ provvisoria (imbastitura) (*tecnol. mecc.*), tack welding. **147.** ~ "shortarc" (della grafite sferoidale per es.) (*tecnol. mecc.*), short-arc welding. **148.** ~ sigillante (*mecc.*), caulking weld. **149.** ~ sopratesta (dal basso in alto) (*tecnol. mecc.*), overhead welding. **150.** ~ Stromenger (saldatura ad arco con elettrodo disteso) (*tecnol. mecc.*), firecracker welding. **151.** ~ superrapida (*tecnol. mecc.*), ultra-speed welding. **152.** ~ TIG (saldatura ad arco con elettrodo di tungsteno in atmosfera inerte) (*tecnol. mecc.*), TIG welding, tungsten inert gas welding. **153.** ~ ultrasonica (saldatura con ultrasuoni, ottenuta da vibrazioni mecc. ultrasoniche), (*tecnol. mecc.*), ultrasonic welding. **154.** area di ~ (terminazione circuitale alla quale vengono saldate le connessioni: per es. nei circuiti elettronici) (*eltn.*), bonding pad. **155.** appuntare mediante ~ (per tenere temporaneamente uniti elementi o pezzi di un complessivo) (*tecnol. mecc.*), to tack-weld. **156.** ciclo di ~ (nella saldatura a resistenza: successione delle operazioni nell'esecuzione di un giunto saldato) (*tecnol. mecc.*), welding cycle. **157.** cordone (o cordolo) di ~ (*tecnol. mecc.*), bead, seam, weld bead. **158.** cordone di ~ a stagno (*tecnol. mecc.*), soldering seam. **159.** diritto della ~ (*tecnol. mecc.*), weld face. **160.** fondente per ~ (*tecnol. mecc.*), welding flux. **161.** giunzione per ~, *vedi* saldatura (giunto saldato). **162.** grezzo di ~ (senza alcun trattamento termico o chimico dopo saldatura) (*tecnol. mecc.*), as-welded. **163.** lega per ~ forte (*metall.*), hard solder. **164.** lega per ~ dolce (*metall.*), soft solder. **165.** linea di ~ (di pezzi saldati a scintillìo o per ricalcatura) (*tecnol. mecc.*), weld line. **166.** punto di ~ (effettuato da una saldatrice a punti per es.) (*tecnol. mecc.*), welding spot. **167.** ripresa della ~ (per riparazione) (*tecnol. mecc.*), rewelding. **168.** senza ~ (*tecnol. mecc. - ind. - siderurgia*), weldless. **169.** temporizzatore di ~ (*app. tecnol. mecc.*), weld timer.

saldezza (*gen.*), fastness.

saldo (stabile) (*a. - sc. costr.*), stable, firm. **2.** ~ (pagamento di fattura per es.) (*s. - comm. - amm.*), settlement. **3.** ~ (parte rimanente per completare una consegna o per completare il pagamento di una fornitura per es.) (*comm. - amm.*), balance. **4.** ~ attivo (eccedenza attiva) (*contabilità*), credit balance. **5.** ~ di conto corrente (*amm. - banca*), account balance. **6.** ~ passivo (eccedenza passiva) (*contabilità*), debit balance. **7.** a ~ di ogni avere (a saldo di qualsiasi somma dovuta, nel caso di liquidazione di un dipendente per es.) (*pers. - amm.*), in full settlement. **8.** svendita saldi (vendita di merce a prezzi ridotti) (*comm.*), sale.

saldobrasatura (brasatura nella quale il metallo di apporto non viene distribuito nel giunto per attrazione capillare) (*tecnol. mecc.*), braze welding.

sale (*chim.*), salt. **2.** ~ (cloruro di sodio) (NaCl) (*chim.*), salt. **3.** ~ alcalino-terroso (*chim.*), alkaline-earth salt. **4.** ~ ammoniaco (NH_4Cl) (*chim.*), sal ammoniac. **5.** ~ basico (*chim.*), basic salt. **6.** ~ di anilina (idrocloruro di anilina) (*chim. - tintura*), aniline salt, aniline hydrochloride. **7.** ~ di Epsom (sale amaro, sale inglese) (*geol. - farm.*), Epsom salt. **8.** ~ di Seignette (tartrato sodico potassico) ($C_4H_4O_6KNa.4H_2O$) (*chim.*), Rochelle salt. **9.** ~ doppio (*chim.*), double salt. **10.** ~ grosso (*ind.*), coarse salt. **11.** ~ ossigenato (*chim.*), oxysalt. **12.** ~ per bagno di tempra (*tratt. term.*), quenching salt. **13.** ~ per preriscaldo (*tratt. term.*), preheating salt. **14.** ~ per riscaldo (di tempra) ad alta temperatura (per acciai rapidi) (*tratt. term.*), high-

heat salt. **15.** effetto ~ (*chim.*), salt effect. **16.** giacimento di ~ (*min.*), saline.
salgèmma (NaCl) (*min.*), salt, common salt, rock salt.
sàlice (legno), willow.
salicilato (*chim.*), salicylate.
salicìlico (*a.* - *chim.*), salicylic. **2.** acido ~ (acido orto-ossibenzoico) [$C_6H_4(OH)$-COOH] (*chim.*), salicylic acid.
saliènte (*sc. costr.*), salient.
salificare (*chim.*), to salify.
saliforme (aloide), (*a.* - *chim.*), haloid.
salina (*n.* - *ind.*), saltern, saltworks, salina. **2.** ~ (*a.*), *vedi* salino.
salinità (*chim.*), salinity, saltness. **2.** gradiente di ~ (dell'acqua di mare, influente sulla velocità del suono (*geofis.* - *acus. sub.*), salinity gradient.
salino (*a.* - *gen.*), salty. **2.** ~ (*a.* - *chim.*), saline.
salinometro (densimetro per soluzioni saline) (*strum. chim.*), salinimeter, salinometer, salometer, salimeter.
salire (*gen.*), to climb, to mount, to ascend. **2.** ~ (di aeroplano) (*aer.*), to climb. **3.** ~ a bordo (*aer.*), to enplane. **4.** ~ in candela (cabrata con un angolo superiore al massimo) (*aer.*), to zoom. **5.** ~ sull'autobus (*aut.*), to embus.
salita (*strad.*), rise, uperward slope. **2.** ~ (*aer.*), climb. **3.** ~ (*ferr.*), upgrade, rise. **4.** ~ a velocità variabile (*aer.*), saw tooth climb. **5.** ~ forte (*ferr.*), heavy gradient, steep gradient. **6.** ~ in candela (*aer.*), zooming. **7.** corsa di ~ (di uno stantuffo) (*mecc.*), upstroke. **8.** fare una ~ (con un veicolo per es.), to climb a hill. **9.** tempo di ~ (di un amplificatore) (*elett.*), rise time, attack time.
salmastro (di acqua per es.) (*a.* - *gen.*), brackish.
"salmoni" (zavorra di pani di ghisa) (*nav.*), kentledge.
salnitro (KNO_3) (*chim.*), salpetre.
salòlo (salicilato di fenile) (OH-$C_6H_4COOC_6H_5$) (*chim* - *farm.*), phenyl salicylate.
salone (*ed.*), saloon. **2.** ~ dell'automobile (*aut.*), motor show. **3.** ~ di ritrovo (di un edificio pubblico) (*arch.*), lounge.
salottino (per ricevere i clienti per es.: in una fabbrica) (*ind.*), conversation room.
salòtto (*ed.*), parlor. **2.** ~, *vedi anche* salottino.
salpa-àncora (verricello salpa-àncora) (*nav.* - *app. di sollevamento*), anchor winch.
salpare (*nav.*), to weigh anchor. **2.** ~ l'àncora (*nav.*), to get the anchor aweigh.
salpareti (verricello salpareti) (*nav.* - *pesca*), trawl winch.
salsa (vulcano o eruzione di fango) (*geol.*), salse, mud volcano.
salsèdine (di acqua di mare per es.), salinity, saltiness, brackishness.
saltare (di film nella macchina da proiezione per es.), to jump. **2.** ~ (una sequenza di istruzioni in un calcolatore o una scena nel montaggio di un film per es.) (*calc.* - *cinem.*), to jump. **3.** ~ (di dente di ingranaggio per es.) (*mecc.*), to skip. **4.** ~ (dall'una ad altra parte del programma) (*elab.*), to branch. **5.** ~ (omettere deliberatamente una o più istruzioni) (*elab.*), to skip. **6.** far ~ (fare esplodere) (*espl.* - *milit.*), to blast, to blow up.
saltarello (*mecc.*), pawl, click, ratchet.
saltellamento (sfarfallamento, farfallamento) (*mecc.*), surging. **2.** ~ (di contatti) (*elett.*), bounce. **3.** ~ (difetto dovuto ad instabilità di interlacciatura) (*difetto telev.*), jumping.
saltellare (di valvole per es.) (*mecc.* - *ecc.*), to bounce.
salto (*gen.*), jump. **2.** ~ (stadio: di pressione per es. in una turbina) (*macch.*), stage. **3.** ~ (*idr.*), head. **4.** ~ (scossa di un veicolo per es.) (*fis.*), jolt. **5.** ~ (rialzo su un lato del fondo nell'olandese) (*macch. carta*), backfall. **6.** ~ (di pressione) (*macch. a vapore*), drop. **7.** ~ (deliberata omissione di una o più istruzioni durante l'elaborazione della loro sequenza) (*elab.*), skip, jump, branch. **8.** ~ condizionato (~, o trasferimento dovuto a precise istruzioni dell'elaboratore al verificarsi di certe condizioni) (*elab.*), conditional jump, conditional branch. **9.** ~ d'acqua (*idr.*), waterfall. **10.** ~ dalla rana (prova del salto della rana, programma per controllare il funzionamento di un calcolatore) (*elab.*), leapfrog test. **11.** ~ di avanzamento (o di trascinamento) carta (avanzamento veloce della carta di una quantità superiore a quella di una linea) (*stampante elab.*), paper trow. **12.** ~ di Barkhausen (effetto Barkhausen, in materiali ferromagnetici; la magnetizzazione non cambia, quando cambia il campo magnetico) (*elett.*), Barkhausen effect. **13.** ~ di pressione (stadio di una turbina per es.) (*macch.*), pressure stage. **14.** ~ di velocità (di una turbina a vapore) (*macch.*), velocity stage. **15.** ~ in alto (*sport*), high jump. **16.** ~ incondizionato (*elab.*), unconditional branch, unconditional jump, unconditional control transfer. **17.** ~ in lungo (*sport*), broad jump, long jump. **18.** ~ nel nastro (istruzione di macchina p. es. quando si presentino difetti del nastro) (*elab.*), tape skip. **19.** ~ (di pressione) non utilizzato (*idr.*), lost head. **20.** ~ termico (differenza di temperatura) (*termod.*), thermal head. **21.** ~ utilizzabile (*idr.* - *ecc.*), available head. **22.** ordine di ~ (istruzione di salto) (*elab.*), jump instruction.
salutare (*milit.* - *mar. milit.*), to salute.
salute (*med.*), health.
salva (scarica simultanea di più pezzi d'artiglieria) (*milit.* - *mar. milit.*), salvo. **2.** ~ (di cannoni in onore di qualcuno od in segno di saluto) (*nav.* - *milit.*), salute.
salvacondotto (*milit.*), safe-conduct.
salvagènte (*att. nav.*), life belt, life preserver. **2.** ~ (per pedoni) (*traff. strad.*), safety island, safety isle. **3.** ~ a giacca di sughero (*att. nav.*), cork jacket life preserver.
salvaguardare (preservare) (*gen.*), to save. **2.** ~ (proteggere le informazioni registrate: dalla cancellazione, per es.) (*elab.*), to save.

salvaguardia (*mecc. - ferr. - veic. - ecc.*), safeguard.
salvamotore (*app. elett.*), overload cutout.
salvare (*nav. - aer. - ecc.*), to rescue.
salvataggio (*gen.*), rescue. **2.** giubbetto di ~ (giacchetto di salvataggio) (*nav.*), life jacket, jacket life preserver. **3.** sagola di ~ (cima di salvataggio) (*nav.*), life line. **4.** zattera di ~ (*att. salvataggio aer. - nav.*), life raft.
salvietta detergente (salvietta imbevuta di detergente profumato e conservata in un piccolo involucro stagno; si usa per nettare le mani, per es. durante un lungo volo aereo) (*gen.*), towelette.
salvo (ad eccezione di) (*uff. - comm.*), excepting, barring. **2.** ~ errore ed omissione, S.E.&O. (*amm. - comm.*), error and omission excepted, E. & O. E. **3.** ~ errori (*amm. - ecc.*), errors excpeted, E.E. **4.** ~ venduto (*comm.*), subject to prior sale.
samario (Sm - *chim.*), samarium.
samarskite (*min.*), samarskite.
sambuco (*legno*), elder. **2.** ~ (imbarcazione araba) (*nav.*), dhow.
sanatòrio (*ed. - med.*), sanatorium.
sàndalo (*legno*), sandalwood.
sandolino (*nav.*), scull, sculler.
sandracca (*resina per ind.*), sandrac.
sandwich (pannello a sandwich, formato da due elementi superficiali resistenti e paralleli contenenti materiale di riempimento) (*aer. - ecc.*), sandwich.
sanforizzato (di tessuto assoggettato al trattamento di sanforizzazione) (*a. - tess.*), preshrunk.
sanforizzazione (trattamento del tessuto che ne provoca un restringimento preliminare per evitarne un ulteriore restringimento nel lavaggio) (*ind. tess.*), preshrinkage.
sanguinare (*difetto di vn.*), to bleed.
sanitario (*a. - med.*), sanitary. **2.** ~ (*s. - med.*), doctor. **3.** cassetta sanitaria (*med.*), medical bag.
sano (non danneggiato) (*gen.*), sound.
santabàrbara, Santa Barbara (*mar. milit.*), magazine.
santonina ($C_{16}H_{18}O_3$) (*chim. farm.*), santonin.
santuario (*arch.*), sanctuary.
sanzionare (ratificare, una legge per es.) (*leg. - ecc.*), to sanction, to ratify.
sanzione (ratifica di una legge) (*leg. - ecc.*), sanction, ratification.
saponaria (*erba*), soapwort.
saponata, soapsuds, suds. **2.** acqua ~ (*chim. ind.*), suds.
sapone (*chim. ind.*), soap. **2.** ~ dei cartai (*mft. carta*), papermaker's soap. **3.** ~ dei vetrai (biossido di manganese) (*ind. vetro*), glass soap. **4.** ~ duro (*ind.*), solid soap, hard soap. **5.** ~ liquido (per lavabo di una carrozza passeggeri per es.) (*ferr. - ecc.*), liquid soap. **6.** ~ molle (*ind.*), soft soap, semifluid soap. **7.** ~ potassico (*ind.*), soft soap, semifluid soap.
saponificàbile (*chim. - ind.*), saponifiable.
saponificare (*chim. ind.*), to saponify.
saponificato (*ind. chim.*), saponified.
saponificazione (*chim.*), saponification. **2.** ~ (operazione manifattura sapone) (*chim. ind. - ind. sapone*), saponifying.
saponificio (*ind. chim.*), soap factory, soapery.
saponina (*chim.*), saponin, saponine.
sapore (appellativo che distingue i vari tipi di quark e di leptoni) (*fis. atom.*), flavor.
sapropelite (*geol.*), sapropel.
saracco (*ut. carp.*), backsaw. **2.** ~ a dorso (*ut. carp.*), ribbed backsaw.
saracinesca (serranda avvolgibile, di negozio per es.) (*arch.*), rolling gate. **2.** ~ (chiusa) (*idr.*), floodgate, sluice gate valve. **3.** ~ (*valvola per tubaz.*), gate valve. **4.** ~ (*arch.*), *vedi anche* serranda.
saran (termoplastica usata per rivestimenti protettivi ecc.) (*ind. chim.*), saran.
saranizzare (rivestire con strato protettivo flessibile) (*imballaggio - ecc.*), to saran.
sarchiare (*agric.*), to weed.
sarchiatrice (*macch. agric.*), weeder, hoeing machine.
sarchiello (*att. agric.*), weeder.
sarchio (sarchietto, sarchiello, zappetto) (*ut. agric.*), weeder.
sarcòfago (*arch.*), sarcophagus.
sartia (*nav.*), shroud.
sartiame (insieme delle sartie, paterazzi, ostini, stralli, manovre fisse ecc.) (*nav.*), rigging. **2.** ~ (cavi portanti, di un aerostato) (*aer.*), rigging. **3.** ~ centrale (di un pallone) (*aer.*), centre-point rigging. **4.** ~ della valvola (per l'azionamento di valvola internamente all'involucro, di un dirigibile) (*dirigibile*), valve rigging. **5.** ~ orientabile (sartiame mobile, di un pallone per es.: sartiame che si regola automaticamente al variare della direzione della trazione) (*aer.*), running rigging.
sarto (*lav. abbigliamento*), tailor.
sartoria (da uomo) (*ind.*), tailor's. **2.** ~ (da donna) (*ind.*), dressmaker's.
sasso (ciottolo di fiume), pebble. **2.** ~ (pietra), stone.
sàssola (séssola, gottazza, cucchiaia di legno per togliere acqua) (*nav.*), scoop, bailer.
sassolino [$B(OH)_3$] (acido borico allo stato minerale) (*min.*), sassolite, sassolin.
satèllite (*astr.*), satellite. **2.** ~ (pignone satellite di un riduttore epicicloidale per es.) (*mecc.*), planetary gear (ingl.). **3.** ~ (pignone satellite, di un differenziale) (*mecc. - aut.*), side pinion. **4.** ~ a diffusione diretta (*telecom. - telev. - ecc.*), direct broadcasting satellite, DBS. **5.** ~ al guinzaglio (di ~ artificiale mediante un lungo cavetto che lo collega all'astronave) (*astron.*), tethered satellite. **6.** ~ artificiale (*astric.*), artificial satellite. **7.** ~ cartografico (*astric.*), cartographic satellite. **8.** ~ geodetico (*astric.*), geodetic satellite. **9.** ~ geostazionario (*astric.*), geostationary satellite. **10.** ~ lunare (*astric.*), lunar satellite. **11.** ~ osservatorio (*astric.*), observation satellite. **12.** ~ passivo (senza strumenti e che serve solo per riflettere segnali radio verso terra) (*astric.*), passive satellite. **13.** ~

per la navigazione (*astric.*), navigational satellite, NAVSAT. **14.** ~ per osservazione risorse terrestri (*astric.*), earth resources observation satellite, EROS. **15.** ~ per scopi tecnologici (*tecnol. - astric.*), applications technology satellite, ATS. **16.** ~ per telecomunicazioni (*astric. - telecom.*), communication satellite. **17.** ~ terrestre (*astr. - astric.*), earth satellite. **18.** ~ terrestre senza equipaggio su orbita a minima distanza dalla terra (*astric.*), minimum orbital unmanned satellite of earth, MOUSE. **19.** grande ~ laboratorio per ricerche (*astric.*), large orbiting research laboratory, LORL, skylab. **20.** ricevitore da ~ (*telev.*), *vedi a* ricevitore. **21.** sistema di comunicazione a microonde attraverso satelliti (artificiali) (*radio - astric.*), microwave system via satellites.

satin (*tessuto*), satin. **2.** ~ (legno seta) (*legno*), satinwood.

satina (satinatrice, liscia, calandra) (*macch. ind. carta*), calender, rolling press, supercalender.

satinamento (*vn.*), *vedi* satinatura.

satinare (lisciare, calandrare) (*ind. carta*), to glaze, to calender.

satinato (tessuto per es.) (*a.*), satiny.

satinatrice (liscia, calandra, satina) (*macch. ind. carta*), calender, rolling press, supercalender.

satinatura (aspetto di una superficie verniciata dovuto a microscopiche irrogolarità parallele) (*vn.*), silking. **2.** ~ (lisciatura, della carta) (*mft. carta*), glazing. **3.** ~ a lastra (*mft. carta*), plate glazing. **4.** ~ a martello (*mft. carta*), hammer glazing.

saturare (*chim. - fis.*), to saturate. **2.** ~ (saturarsi di acqua: per es. il terreno) (*gen.*), to waterlog.

saturatore (nella estrazione dello zucchero per es.) (*app. ind. chim.*), saturator.

saturazione (*chim. - fis.*), saturation. **2.** ~ (di un tubo elettronico) (*termoion.*), saturation. **3.** ~ (analisi fattoriale) (*stat. psicol.*), loading. **4.** ~ (condizione di equilibrio tra la disintegrazione di radionuclidi e la loro produzione) (*s. - fis. atom.*), saturation. **5.** ~ (di un transistore bipolare per es.) (*eltn. - elab.*), saturation. **6.** ~ (purezza cromatica, intensità) (*colori*), saturation, intensity. **7.** ~ anodica (*termoion.*), anode saturation. **8.** ~ del vapore (*termodin.*), steam saturation. **9.** ~ di colore (rapporto tra il colore puro ed il bianco con esso miscelato) (*ott.*), color saturation. **10.** ~ magnetica (*elett.*), magnetic saturation. **11.** pressione di ~ (tensione di saturazione del vapore) (*fis. - chim.*), saturation pressure. **12.** punto di ~ (di una soluzione per es.) (*chim. fis.*), saturation point. **13.** punto di ~ (di materie assorbenti per es.) (*fis.*), break point, saturation point.

saturnismo (intossicazione da piombo) (*med. - ind.*), saturnism, lead poisoning.

sàturo (*fis. - chim.*), saturated. **2.** vapore ~ (*termodin.*), saturated steam.

SAUB, *vedi* Servizio Assistenza Sanitaria.

"sb", *vedi* stilb.

"sbadacchiare", *vedi* sbatacchiare.

"sbadacchiatura", *vedi* sbatacchiatura.

"sbadacchio", *vedi* sbatacchio.

sbagliare (*gen.*), to mistake. **2.** ~ (mancare un colpo, un bersaglio ecc.) (*gen.*), to miss.

sbagliarsi (commettere errori) (*elab.*), to fail.

sbagliato (*gen.*), wrong.

sbaglio (errore umano) (*gen.*), mistake.

sballottare (*nav.*), to toss.

sbalzare (lavorare a sbalzo, lamiera) (*metall.*), to emboss.

sbalzo (parte sporgente) (*gen.*), projecting part, overhang. **2.** ~ (parte sporgente) (*ed.*), jutty, jetty. **3.** ~ (improvviso aumento: di produzione di tensione ecc.) (*s. - gen.*), rush. **4.** a ~ (*ed.*), overhanging, cantilevered. **5.** trave a ~ (*costr. ed.*), cantilever, semi-beam, semi-girder.

sbandamento (*aut.*), side skid. **2.** ~ (*aer.*), bank, banking. **3.** ~ (*nav.*), list, heeling, heel.

sbandare (*aut.*), to side-skid. **2.** ~ (*aer.*), to bank. **3.** ~ (inclinarsi in modo permanente: per spostamento del carico per es.) (*nav.*), to list, to heel.

sbandata (deviazione improvvisa e incontrollata di un veicolo) (*s. - aut.*), drift, sideslip. **2.** ~, *vedi* sbandamento.

sbandòmetro (indicatore dell'inclinazione trasversale) (*strum. aer.*), bank indicator. **2.** ~ (indicatore di virata e sbandamento di un aeroplano) (*strum. aer.*), turn-and-slip indicator. **3.** ~ a sfera (*strum. aer.*), ball-bank indicator.

sbaragliare (il nemico) (*milit.*), to rout, to beat (the enemy).

sbarbare (ingranaggi) (*mecc.*), to shave.

sbarbatrice (rasatrice) (*macch. ut.*), shaving machine. **2.** ~ (di orzo per es.) (*macch. agric.*), hummeler. **3.** ~ di ingranaggi esterni ed interni (*macch. ut.*), internal and external gear shaving machine. **4.** ~ per ingranaggi (*macch. ut.*), gear shaving machine. **5.** ~ universale diagonale (*macch. ut.*), universal diagonal shaving machine.

sbarbatura (di ingranaggi) (*operaz. mecc.*), shaving. **2.** ~ bombata (~ ellissoidica, dei denti di ingranaggi) (*operaz. mecc.*), crown shaving, elliptoid shaving, crowned shawing. **3.** ~ cilindrica (~ tonda: poco diffusa) (*operaz. macch. ut.*), rotary shaving. **4.** ~ diagonale (di ingranaggi) (*operaz. mecc.*), diagonal shaving. **5.** ~ normale (o ad assi incrociati) (di ingranaggi) (*operaz. mecc.*), conventional shaving, crossed axes shaving. **6.** ~ trasversale (dei denti di ingranaggi) (*operaz. mecc.*), underpass shaving.

sbarcare (*nav.*), to disembark, to debark, to land. **2.** ~ (scaricaricare materiale) (*nav.*), to unload, to unship. **3.** ~ munizioni (*mar. - milit.*), to deammunition.

sbarco (*nav.*), disembarkment, disembarkation, debarkation. **2.** ~ (*mar. milit.*), landing. **3.** ~ aereo (di truppe ecc.) (*milit. - aer. milit*), airlanding. **4.** mezzo da ~ (*mar. milit.*), landing craft. **5.** reparto da ~ (*milit.*), landing party.

sbarra (*gen.*), bar. **2.** ~ (di chiusura di una strada per es.), bar. **3.** ~ a bilico (di passaggio a livello ferroviario per es.) (*traff. strad. e ferr.*), gate. **4.** ~ collettrice (*elett.*), bus bar. **5.** sbarre collettrici di emergenza (*elett.*), hospital bus-bars (ingl.). **6.** ~ di chiusura (di porta di carro ferroviario) (*ferr.*), locking bar. **7.** ~ di controllo (*fis. atom.*), control rod. **8.** ~ di distribuzione (*elett.*), *vedi* sbarra omnibus. **9.** ~ di distribuzione primaria (di una centrale per es.) (*elett.*), feeder bus-bar. **10.** sbarre di sicurezza (*fis. atom.*), safety rods. **11.** ~ omnibus (*elett.*), bus bar. **12.** ~ per griglia (barrotto) (*cald.*), fire bar. **13.** ~ spaziatrice (di una macchina per scrivere) (*mecc.*), space bar.

sbarramento (*idr.*), barrage, weir. **2.** ~ (con armi da fuoco) (*milit.*), barrage. **3.** ~ (ostruzione) (*mar. milit.*), barrage, defence. **4.** ~ antiaereo (*milit.*), antiaircraft barrage. **5.** ~ di mine (barriera di mine) (*mar. milit.*), mine barrier, mine defence. **6.** ~ di palloni (*aer. milit.*), balloon barrage, balloon apron. **7.** ~ per ventilazione (*min.*), brattice. **8.** ~ retale (*mar. milit.*), net defence. **9.** ~ supersonico (*mar. milit.*), supersonic barrage. **10.** tiro di ~ (*milit.*), barrage fire.

sbarrare (un assegno per es.) (*finanz.*), to cross. **2.** ~ (una porta con catenaccio) (*gen.*), to bar.

sbatacchiare (interporre puntelli orizzontali tra una parete e l'altra di uno scavo per es.) (*min. - mur.*), to prop up.

sbatacchiatura (puntellamento con assi ed elementi orizzontali: di uno sterro a pareti verticali per es.) (*min. - mur.*), propping.

sbatacchio (puntello di legno orizzontale) (*min. - mur.*), stull, prop.

sbàttere (di un corpo contro un altro) (*gen.*), to beat. **2.** ~ (movimento di lembo di vela libero al vento per es.) to flap. **3.** ~ (di una valvola rotta per es.) (*mecc.*), to clatter, to chatter, to rattle. **4.** ~ (una porta per es.), to slam. **5.** ~ (vibrare aeroelasticamente) (*aer.*), to flutter. **6.** ~ (montare, panna per es.) (*ind. latte*), to whip.

sbattimento (di una cinghia per es.) (*mecc.*), flapping. **2.** ~ (vibrazione aeroelastica) (*aer.*), flutter. **3.** ~ (di lembo di vela libero al vento per es.) flapping. **4.** ~ (di valvola per es.) (*mecc.*), clattering, chattering, rattling. **5.** ~ (delle pale del rotore di un elicottero) (*aer.*), flapping. **6.** ~ asimmetrico (vibrazione aeroelastica asimmetrica) (*aer.*), asymmetrical flutter. **7.** ~ di stallo (vibrazione aeroelastica di stallo, in prossimità dell'angolo di stallo) (*aer.*), stalling flutter. **8.** cerniera di ~ (per la variazione dell'angolo zenitale della pala dell'elica di quota di un elicottero) (*aer.*), flapping hinge.

sbattuto (un corpo contro un altro per es.) (*gen.*), beated. **2.** ~ (panna per es.) (*ind. latte*), whipped.

sbavare (un pezzo lavorato di utensile per es.), to deburr, to burr. **2.** ~ (un getto per es.) (*operaz. fond.*), to clean, to trim, to snag. **3.** ~ un pezzo stampato per es.) (*fucinatura*), to trim, to clip, to snag. **4.** ~ a caldo (*fucinatura*), to hot-trim.

sbavato (detto di pezzo lavorato di utensile per es.) (*a. - mecc.*), deburred. **2.** ~ (detto di un getto) (*a. - fond.*), cleaned, trimmed, fettled. **3.** ~ (detto d pezzo stampato a caldo per es.) (*tecnol. mecc.*) trimmed, clipped. **4.** ~ a caldo (*fucinatura*), hot-trimmed.

sbavatore (*op. fond.*), snagger. **2.** ~ (utensile sbavatore) (*ut.*), deburring tool.

sbavatrice (*macch. ut.*), burring machine, snaggin machine. **2.** ~ (molatrice per sbavatura) (*macch ut.*), snag grinder. **3.** ~ per getti (*macch. pe fond.*), casting cleaning machine. **4.** ~ per ingranaggi (*macch. ut.*), gear burring machine.

sbavatubi (utensile conico per eliminare la bava) (*ut per tubaz.*), pipe reamer.

sbavatura (asportazione del boccame e delle bave d un getto prima della sabbiatura) (*operaz. fond.*) fettling (ingl.), dressing-off, cleaning (am.), trimming. **2.** ~ (di un pezzo lavorato di utensile per es. (*mecc.*), deburring. **3.** ~ (operazione, su un pezz stampato a caldo) (*fucinatura*), trimming, clipping, snagging. **4.** ~ (ricciolo o bava che riman attaccata al pezzo dopo un'operazione meccanica per es. di foratura) (*mecc.*), burr, bur. **5.** ~ (bav di un pezzo stampato a caldo) (*metall.*), flash. **6.** ~ a caldo (*fucinatura*), hot-trimming. **7.** molatric per ~ (sbavatrice) (*macch. ut.*), snag grinder. **8** seconda ~ (*fucinatura*), retrimming.

sbiadimento (scoloritura, perdita di vivacità dei colori col tempo) (*fot. a colori*), fading.

sbiadire (scolorire) (*colore*), to discolor.

sbiadito (*a. - gen.*), discolored.

sbianca (*mft. tess. - carta*), bleaching.

sbiancamento (sbianca), (*fot.*), whitening. **2.** ~ (*ind. carta - tess.*), bleaching, bleach. **3.** ~ a cald (sistema rapido per l'imbianchimento della pasta (*mft. carta*), warm bleach.

sbiancare (candeggiare) (*tess.*), to bleach.

sbianchimento, *vedi* sbiancamento.

sbilanciamento (squilibrio) (*mecc. - ecc.*), unbalance.

sbilanciato (*a. - mecc.*), out-of-balance, umbalanced.

sbloccaggio (*mecc.*), release, loosening. **2.** ~ (di u pezzo dal mandrino) (*macch. ut.*), dechucking.

sbloccare (allentare) (*mecc.*), to loose, to release. **2** ~ (un pezzo dal mandrino) (*macch. ut.*), to de chuck. **3.** ~ (un giroscopio) (*strum. aer.*), to ur cage.

sbloccato (sganciato) (*elett. - mecc.*), released. **2.** ~ (di dato separato dal blocco al quale apparteneva (*a. - elab. - ecc.*), unblocked, deblocked.

sblocco a grilletto (in una macch. fot.) (*fot.*), trigge release. **2.** ~ dell'obiettivo (in una macch. fot (*fot.*), lens release.

"sbobinare" (svolgere) (*elett. - ecc.*), to dereel, t unwind.

"sbobinatore" (svolgitore: di una macch. tip. per es (*tip. - ecc.*), unwinder, dereeling device.

"sbobinatura" (svolgimento) (*elett. - ecc.*), dereel ing, unwinding.

sbocco (bocca di efflusso, di un tubo) (*tubaz.*), outlet. **2.** ~ (commerciale: di vendite) (*comm.*), outlet. **3.** chiamata allo ~ (abbassamento del livello vicino alla cresta di uno stramazzo) (*idr.*), drawdown.
sbocconcellare (*gen.*), to chip, to splinter.
sbocconcellarsi (*metall. - mecc.*), to crumble.
sbocconcellatura (*gen.*), chip.
sbollitura (*fond.*), *vedi* soffiatura.
sbordato (*ind. lana*), skirted.
sbordatura (*ind. lana*), skirting.
sborsare (*comm. - finanz. - amm.*), to disburse.
sborso (esborso) (*comm. - finanz. - amm.*), disbursement.
sbozzare (*carp. - mecc. - ecc.*), to rough, to rough-shape. **2.** ~ (una pietra per es.), to scabble. **3.** ~ (al laminatoio) (*metall.*), to cog. **4.** ~, *vedi anche* sgrossare.
sbozzato (pezzo sbozzato, di fucinatura) (*s. - metall.*), preform, intermediate forging. **2.** ~ (blocco di acciaio pronto per la fucinatura) (*s. - fucinatura*), use. **3.** ~ (*a. - gen.*), rough-shaped. **4.** ~ (al laminatoio per profilati per es.) (*a. - metall. - laminatoio*), cogged. **5.** ~ (ottenuto al maglio da un massello per es.) (*s. - metall. - maglio*), puddle bar. **6.** ~ di tornio (usato per la produzione di ingranaggi per es.) (*mecc.*), blank. **7.** ~, *vedi anche* sgrossato.
sbozzatore (*a. - gen.*), roughing. **2.** stampo sbozzatore (*s. - att. fucinatura*), blocking die, blocker.
sbozzatrice (*macch.*), rougher, roughing machine. **2.** ~ a rulli (fucinatrice a rulli, laminatoio sbozzatore per fucinati) (*macch. fucinatura*), use rolls, forging rolls.
sbozzatura (di fucinatura) (*metall.*), blocking, intermediate forging. **2.** ~ (al laminatoio) (*metall.*), cogging, roughing. **3.** ~ al maglio (*fucinatura*), hammer cogging. **4.** stampo per ~ (*ut. fucinatura*), blocking die. **5.** ~, *vedi anche* sgrossatura.
sbozzimare (togliere la bozzima) (*ind. tess.*), to desize.
sbozzimatrice (*macch. tess.*), size-breaking machine.
sbozzimatura (*ind. tess.*), desizing.
sbozzino (pialla per sgrossare) (*ut. carp.*), jack plane.
sbozzo (pezzo sbozzato) (*fucinatura*), intermediate forging. **2.** ~ (di vetro d'ottica per es.) (*mft. vetro*), blank, pressing. **3.** ~, *vedi anche* sbozzatura.
sbracciante (che sbraccia, che ha uno sbraccio, detto di una gru per es.) (*a. - app. ind.*), ranging.
sbracciare (detto di una gru per es.) (*app. ind.*), to range.
sbraccio (di una gru per es.) (*app. ind.*), range. **2.** ~ (distanza o profondità utilizzabile, di una saldatrice) (*saldatrice*), throat depth.
sbriciolare (sminuzzare) (*gen.*), to crumble.
sbriciolarsi (*vn. - ecc.*), to crumble.
sbrigare (evadere, una pratica per es.) (*uff. - ecc.*), to fulfill, to fill, to clear. **2.** ~ (effettuare un lavoro) (*gen.*), to dispatch. **3.** ~ la corrispondenza (*uff.*), to clear off correspondance.
sbrinamento (di un frigorifero domestico per es.) (*macch. freddo*), defrosting. **2.** ~ elettrico (del lunotto per es.) (*aut. - ecc.*), electric defrosting.
sbrinare (un frigorifero) (*macch. freddo*), to defrost.
sbrinatore (di un frigorifero o di un parabrezza di automobile per es.) (*aut. - ecc.*), defroster. **2.** ~ automatico (di un frigorifero) (*macch. freddo*), automatic defroster. **3.** ~ del lunotto (*aut.*), rear window defroster.
sbrogliare (districare, sciogliere) (*gen.*), to unravel, to solve.
sbrogliatore (di un decodificatore per satellite) (*audiovisivi*), descrambler.
sbucciare (*gen.*), to peel.
sbucciato (di legname per es.) (*gen.*), peeled.
sbucciatura (*gen.*), peeling, husking.
sbullonare (*mecc.*), to unbolt.
scabrezza (*gen.*), *vedi* scabrosità.
scabro (a superficie irregolare, accidentata) (*a. - gen.*), lumpy.
scabrosimetro (rugosimetro, strumento per il controllo delle superfici lavorate) (*app.*), profilometer.
scabrosità (di una superficie di un getto o lavorata di macchina) (*gen.*), roughness. **2.** ~ (rugosità, di una superficie lavorata) (*mecc.*), roughness. **3.** ~ (o rugosità) superficiale (di una superficie lavorata) (*mecc.*), surface roughness, surface texture (ingl.). **4.** ~, *vedi anche* rugosità.
scacchi (*gioco*), chess. **2.** a ~ (*a. - gen.*), chequered, checkered.
scacciafumo (aria di lavaggio: di un cannone) (*milit.*), air blast.
scacciapasta (di un raffinatore) (*macch. mft. carta*), banger.
scadente (di qualità scadente) (*gen.*), inferior.
scadènza (*comm. - amm. - finanz.*), maturity. **2.** ~ (fine di un prestabilito periodo di tempo) (*comm. - ecc.*), expiry. **3.** scadenze del trimestre (l'inizio di un trimestre: quando sovente scadono rate, interessi ecc. per es.) (*amm.*), quarter day, term day. **4.** a breve ~ (*banca - leg. - ecc.*), short-term. **5.** a lunga ~ (*banca*), long-dated. **6.** data di ~ (*comm. - ecc.*), due date.
scadenziario (*contabilità - comm. - uff.*), tickler.
scadere (*gen.*), to expire, to mature, to cease.
scaduto (con periodo di validità scaduto) (*a. - gen.*), outdated, expired.
scafa (parte del bompresso fra gli apostoli) (*nav.*), bed.
scafandro (da palombaro) (*att. nav. - att. mar.*), diving dress, diving suit. **2.** ~ per grandi profondità (*att. nav. - att. mar.*), armor.
scaffalare (disporre su scaffali: in un magazzino per es.) (*gen.*), to shelve.
scaffalatura (*magazzino ind.*), shelving.
scaffale (di magazzino per es.), stand. **2.** ~ (a mensole a muro), shelf. **3.** ~ scaffali (scaffalatura) (*magazzinaggio ind.*), shelving. **4.** ~ a rastrelliera

(per officina per es.), rack, rack shelf. **5.** elenco del collocamento negli scaffali (elenco della disposizione negli scaffali, di libri per es.) (*biblioteche - ecc.*), shelf catalogue, shelf list.

scaffalista (addetto al collocamento e alla disposizione delle merci sulle scaffalature) (*comm.*), rack jobber, rack merchandiser.

scafo (*nav.*), hull, body. **2.** ~ (ossatura di forza, di dirigibile rigido) (*aer.*), hull. **3.** ~ esterno (di sottomarino) (*mar. milit.*), outer casing. **4.** ~ resistente alla pressione (di sottomarino) (*mar. milit.*), pressure hull. **5.** ~ saldato (*nav.*), welded hull. **6.** forma dello ~ (*nav.*), hull shape. **7.** longitudinalmente allo ~ (per chiglia) (*nav.*), fore and aft. **8.** parti estreme dello ~ (con ordinate deviate) (*costr. nav.*), cant body. **9.** trasversalmente allo ~ (per madiere) (*nav.*), athwartship.

scaglia (*gen.*), scale, flake. **2.** ~ (della fibra) (*ind. lana*), scale. **3.** ~ (sfogliame: di lavorazione a caldo) (*metall.*), scale. **4.** ~ di pietra, scabbling.

scagliatura (*gen.*), scaling. **2.** ~ (sfaldatura, il sollevarsi della vernice dalla sottostante superficie in forma di scaglie) (*difetto vn.*), flaking. **3.** ~ di martellamento (di blocchi di pietra) (*mur.*), spalling.

scagliòla (*ed.*), scagliola.

scaglionamento (*milit.*), echelonment. **2.** ~ in profondità (*milit.*), echelonment in depth.

scaglionare (*milit.*), to echelon.

scaglione (*milit. - ecc.*), body. **2.** ~ avanzato (*milit.*), advanced body.

scala (*di dis.*), scale. **2.** ~ (in muratura) (*ed.*), stairs, staircase. **3.** ~ (a gradini piani, trasportabile, in legno) (*att.*), stepladder. **4.** ~ (di carta geografica) (*geogr.*), scale. **5.** ~ (musicale, decimale ecc.), scale. **6.** ~ a chiocciola (*ed.*), winding staircase, spiral staircase, screw stair, caracole. **7.** ~ a due rampe (*ed.*), staircase with two flights. **8.** ~ aerea (*att. antincendio*), aerial ladder. **9.** ~ alla marinara (fissa) (*ed. - ind.*), foot irons, step irons. **10.** ~ allungabile (*att.*), extension ladder. **11.** ~ americana dei diametri dei fili metallici (*mecc.*), American Wire Gauge, AWG. **12.** ~ a pioli (*att.*), rung ladder. **13.** ~ a sbalzo (*arch.*), hanging stairs. **14.** ~ a specchio (scala antiparallasse) (*strum.*), mirror scale. **15.** ~ assoluta della temperatura (*term.*), absolute scale. **16.** ~ Baumé (*mis. fis.*), Baumé scale **17.** ~ Beaufort (della forza vento) (*meteor.*), Beaufort scale. **18.** ~ BWG dei diametri dei fili metallici (scala di Birmingham) (*mecc.*), Birmingham Wire Gauge, BWG. **19.** ~ da pompieri (*att.*), pompier ladder. **20.** ~ del nonio (*att. di mis.*), vernier scale. **21.** ~ dei diaframmi (*fot.*), diaphragm scale. **22.** ~ dei pesci (*zoologia e idr.*), fishway. **23.** ~ dei prezzi (*comm.*), range of prices. **24.** ~ dei tempi (~ temporale, rapporto tra il tempo effettivo impiegato da un evento fisico e quello indicato per simulazione da un elaboratore analogico) (*elab. ind.*), time scale. **25.** ~ dei venti (*meteor.*), wind scale. **26.** ~ delle distanze (*fot.*), distance scale. **27.** ~ dell'ottano (~ usata per valutare il numero di ottano e cioè la proprietà antidetonante di un liquido combustibile per mot. a c.i.) (*benzina*), octane scale. **28.** ~ di accesso alle imbarcazioni sottobordo (in una nave passeggeri) (*nav.*), accomodation ladder. **29.** ~ di Birmingham dei diametri dei fili metallici (*mecc.*), Birmingham Wire Gauge, BWG. **30.** ~ di corda (*nav.*), rope ladder. **31.** ~ di durezza (*fis.*), scale of hardness. **32.** ~ di Mohs (scala di durezza da 1 [talco] a 15 [diamante] (*geol.*), Mohs' scale. **33.** ~ di servizio (*ed.*), backstairs. **34.** ~ di tambucio (scaletta di boccaporto) (*nav.*), companion ladder. **35.** ~ 2:1 (*dis. - ecc.*), twice full size scale. **36.** ~ esterna (*arch.*), perron. **37.** ~ fittizia (per prova strumenti per es.) (*elett. - ecc.*), arbitrary scale. **38.** ~ grafica (*top. - cart.*), bar scale. **39.** ~ grande (*cart.*), large scale. **40.** ~ HO (scala impiegata nel ferromodellismo) (*ind. giocattoli*), HO scale. **41.** ~ Kelvin (scala delle temperature assolute) (*mis. fis.*), Kelvin's scale, thermodynamic scale. **42.** ~ logaritmica (*mat.*), logarithmic scale. **43.** ~ mobile (per trasporto persone) (*ed.*), escalator, moving staircase, moving stairway, traveling staircase, traveling stairs. **44.** ~ mobile (incremento del salario per compensare la variazione del costo della vita) (*problema econ.*), weighting allowance. **45.** ~ numerica (*cart.*), fractional scale. **46.** ~ parlante (*radio*), tuning dial. **47.** ~ per la misura della sensibilità delle emulsioni (fotografiche) (*fot.*), emulsion speed system. **48.** ~ piccola (*cart.*), small scale. **49.** ~ porta (scala allungabile montata su ruote), extension ladder, aerial ladder. **50.** ~ Réaumur (*temp.*), Réaumur scale. **51.** ~ Richter (~ per la misura della magnitudo dei sismi; ha valori da 1 a 9) (*geofis.*), Richter scale. **52.** ~ standard (scala z) (*stat.*), z-scale. **53.** ~ telemetrica (di una batteria di cannoni per es.) (*milit.*), range scale. **54.** ~ ticonica (*top.*), diagonal scale. **55.** ~ translucida (o trasparente) (*top.*), translucent scale. **56.** ~ 1:1 (scala al naturale) (*dis. - ecc.*), full size scale. **57.** ~ 1:2 (*dis. - ecc.*), half size scale. **58.** ~ 1:4 (*dis. - ecc.*), quarter size scale. **59.** a fondo ~ (*strum.*), full-scale. **60.** disegno in scala (*dis.*), scale drawing. **61.** gradino di ~ (*ed.*), stairstep. **62.** in ~ 1 a 1 (in grandezza naturale) (*a. - dis.*), full scale. **63.** non in ~ (*dis.*), not to scale, NTS. **64.** rappresentare in ~ molto piccola (*dis.*), to miniature, to miniaturise. **65.** su larga ~ (*gen.*), large-scale. **66.** tromba delle scale (*ed.*), well, wellhole, staircase. **67.** vano ~ (*ed.*), stair well, staircase.

scalamento (delle ali di un biplano) (*aer.*), stagger.

scalandrone (passerella d'imbarco, dal molo alla nave e viceversa) (*nav.*), gangway, gangplank.

scalare (*mat.*), scalar. **2.** ~ (le ali di un biplano) (*aerot.*), to stagger.

scalatura (spostamento, dell'informazione attraverso un impulso) (*elab. - macch. ut. a c. n.*), shift, offset. **2.** ~ aritmetica, *vedi* scorrimento aritmetico. **3.** registro di ~ (registro nel quale i caratteri possono essere spostati di una o più posizioni) (*elab.*), shift register.

scaldabagno (*app. term.*), water heater. **2.** ~ elettrico (*app. elettrodomestico*), electric water heater.

scaldacòlla (*app. per falegn.*), glue warming apparatus.

scaldacqua (*app. term.*), water heater.

scaldare (*term.*), to heat, to warm.

scaldiglia (riscaldatore elettrico invernale per es., per l'olio di lubrificazione di un motore per es.) (*app. term.*), heater.

scalèno (*a. - geom.*), scalene.

scalèo (scala doppia) (*att.*), swing leg ladder, double ladder.

scaletta (sviluppo della trama nei dettagli realizzativi) (*cinem.*), treatment. **2.** ~ (di accesso di un velivolo civile) (*aer.*), ramp.

scalfire (graffiare) (*gen.*), to scratch.

scalfitura (graffio) (*mecc.*), scratch.

scalìmetro (*strum. dis.*), draftsman's scale, architects' scale, engineers' scale, engineers' rule.

scalinata (*arch.*), stairs.

scalino (*ed.*), step, stair. **2.** ~ (di una galleria per es.) (*min.*), bench. **3.** ~ (di scala a pioli), rung. **4.** ~ (di scala in legno per es. a gradini piani), step.

scalmièra (*nav.*), oarlock, rowlock.

scalmo (di imbarcazione a remi) (*nav.*), rowlock pin. **2.** ~ (parte di ordinata in prossimità della chiglia) (*costr. nav.*), futtock. **3.** ~ (caviglia) (*nav.*), thole, thowel. **4.** ~ di cubia (*costr. nav.*), hawse timber. **5.** primo ~ (parte di ordinata) (*costr. nav.*), first futtock. **6.** secondo ~ (*costr. nav.*), second futtock.

scalo (scivolo) (*nav.*), slip. **2.** ~ aereo intermedio (*aer.*), intermediate landing. **3.** ~ di alaggio (*nav.*), slip, slipway. **4.** ~ di alaggio provvisto di binario (*nav.*), marine railway, patent slip (ingl.). **5.** ~ di assemblaggio (*costr. aer.*), assembly jig, buck, frame. **6.** ~ di costruzione (*nav.*), building slip. **7.** ~ di nave traghetto (*nav.*), ferry. **8.** ~ di smistamento (stazione di smistamento) (*ferr. - ecc.*), marshalling yard, shunting yard. **9.** ~ facoltativo (*trasp. aer.*), flag stop. **10.** ~ ferroviario (scalo merci, area contenente un sistema [o fascio] di binari di smistamento, deposito ecc.) (*ferr.*), yard. **11.** ~ ferroviario merci con parigina (o sella di lancio) (*ferr.*), hump yard, gravity yard. **12.** ~ intermedio (*nav.*), intermediate port. **13.** ~ merci (*ferr.*), freight yard, goods station (ingl.). **14.** fare ~ (toccare: un porto per es.) (*nav.*), to call at, to touch. **15.** senza ~ (di un volo per es.) (*a. - aer.*), nonstop.

scalottatrice (per staccare un pezzo da un articolo di vetro mediante fusione del vetro) (*macch. mft. vetro*), burn-off machine.

scalottatura (a caldo, separazione di una parte di un articolo di vetro mediante fusione) (*mft. vetro*), burn-off. **2.** ~ a freddo (separazione di parte di un articolo di vetro mediante rottura) (*mft. vetro*), crack-off.

scalpellare (*mecc. - ed. - mur.*), to chisel, to chip.

scalpellatura (*mecc. - ecc.*), chipping. **2.** ~ (scriccatura con scalpello) (*metall.*), chipping.

scalpellino (*op.*), stonecutter, stone mason, stonemason, stone dresser.

scalpèllo (*ut.*), chisel. **2.** ~ (punta per perforazione) (*ut. min.*), bit. **3.** ~ a bulino per scanalature a raggio (*ut.*), round nose chisel. **4.** ~ a bulino per scanalature quadre (*ut.*), single facet cape chisel. **5.** ~ (per il taglio) a caldo (*ut.*), hot chisel. **6.** ~ a coda di pesce (*ut. min.*), fishtail bit. **7.** ~ a coni (*ut. min.*), cone bit. **8.** ~ a croce (*ut. min.*), cross-chopping bit. **9.** ~ ad alette (*ut. min.*), wing bit. **10.** ~ a disco (*ut. min.*), disk bit. **11.** ~ (per il taglio) a freddo (*ut.*), cold chisel. **12.** ~ a legno (*ut. - carp. - falegn.*), paring chisel. **13.** ~ a punta di diamante (*ut.*), diamond chisel, diamond point chisel. **14.** ~ a taglio lungo (per tagliare mattoni) (*mur.*), brick chisel. **15.** ~ comune (*ut.*), firmer chisel. **16.** ~ con manico (scalpello da falegname) (*ut. falegn.*), socket chisel. **17.** ~ con punta di diamante (*ut. min.*), diamond-pointed bit. **18.** ~ da calafato (ferro per calafatare) (*ut. nav.*), chinsing iron. **19.** ~ da falegname (*ut. falegn.*), woodworking chisel. **20.** ~ da fonderia (*ut. fond.*), flogging chisel. **21.** ~ da legno (*ut. carp.*), woodworking chisel. **22.** ~ da marmista (*ut.*), double facet cape chisel. **23.** ~ da muratore (*ut.*), stone chisel. **24.** ~ da sbozzo (per scalpellino o scultore) (*ut.*), boaster. **25.** ~ da scalpellino per finitura (*ut.*), drove chisel. **26.** ~ da tornitore (*ut. falegn.*), turning chisel. **27.** ~ dello scalpellino (*ut. mur.*), pitching chisel. **28.** ~ dentato (per tagliare pietre) (*ut.*), jagger. **29.** ~ (a legno) per fori quadri (*ut. falegn.*), square hollow mortise chisel. **30.** ~ per mortasare (*ut.*), mortising chisel. **31.** ~ per mortasatrice (*ut.*), mortising machine chisel. **32.** ~ piano a taglio inclinato (*ut. falegn.*), bevel chisel. **33.** ~ piatto (*ut.*), flat chisel. **34.** ~ pneumatico (*att.*), pneumatic chisel. **35.** ~ pneumatico (*att. mur. - min.*), pneumatic rock drill, chipping hammer. **36.** ~ sbozzatore (per scalpellino o scultore) (*ut.*), boaster. **37.** ~ sgrossatore (*ut. carp.*), framing chisel. **38.** ~ tondo (*att.*), gouge.

scambiabile (sostituibile: di un disco per es.) (*a. - elab. - ecc.*), exchangeable.

scambiare (*gen.*), to exchange. **2.** ~ (fare un cambio) (*gen. - elab.*), to swap.

scambiatore (*gen.*), exchanger. **2.** ~ (di calore) a tubi concentrici (*app. term.*), double-pipe exchanger. **3.** ~ di calore (*app. term.*), heat exchanger. **4.** ~ di calore (rigeneratore: in una turbina a gas per es.), heat exchanger. **5.** ~ di calore a piastre (*app. term. ind.*), plate-type heat exchanger. **6.** ~ di calore per condizionamento (*app. - term.*), attemperator. **7.** ~ di calore per olio (radiatore dell'olio, di un motore diesel industriale) (*mot.*), oil cooler. **8.** ~ di ioni (*chim. - fis.*), ion exchanger. **9.**

(manicotto) ~ di calore (montato attorno al tubo di scarico di un motore per es. per il riscaldamento dell'aria per la cabina) (*disp. term. aut. - ecc.*), heating muff.

scambio (*chim. - term. - ecc.*), exchange. **2.** ~ (*ferr.*), points (ingl.), switch (am.). **3.** ~ (p. es. di messaggi) (*elab.*), exchange. **4.** ~ a blocco di sicurezza (*ferr.*), interlocked switch. **5.** ~ di base (scambio di ioni) (*chim.*), base exchange, cation exchange. **6.** ~ di calore (*term.*), heat exchange. **7.** ~ di informazioni (fra elaboratori) (*elab.*), information interchange. **8.** ~ doppio (*ferr.*), double switch (am.). **9.** ~ ferroviario (*disp. ferr.*), switch (am.), points (ingl.). **10.** ~ ferroviario, *vedi anche* deviatoio. **11.** ~ inglese doppio (*ferr.*), double-slip points. **12.** ~ inglese semplice (*ferr.*), single-slip points. **13.** ~ ionico (*chim. fis.*), ion exchange. **14.** ~ libero (*comm.*), free trade. **15.** ~ normale (*ferr.*), standard switch (am.) standard points. **16.** ~ semplice (*ferr.*), simple switch. **17.** forza di ~ (tra un protone ed un neutrone per es.) (*fis. atom.*), exchange force.

scamosciato (*s. - ind. cuoio*), ooze leather, velvet leather.

scamosciatura (concia all'olio) (*ind.*), oil tanning.

scampanamento (di pistone) (difetto di motore) (*mecc.*), piston slap.

scampanare (di pistone per es.) (difetto di motore) (*mecc.*), to slap. **2.** ~ (scuotere: un modello prima di estrarlo dalla forma per es.) (*fond.*), to rap. **3.** ~ (accampanare l'imboccatura di un tubo di piombo per es.) (*gen.*), to bell shape.

scampanato (a forma di campana) (*mecc.*), bell-shaped. **2.** ~ (terminante a forma di campana: di un tubo di piombo per es.) (*a. - gen.*), club-shaped. **3.** ~ (con imboccatura a campana) (*a. - gen.*), bell-mouthed.

scampanatura (accampanatura: sagoma a forma di campana) (*s. - gen.*), bell shape. **2.** ~ (serie di piccoli colpi, "branatura", di un modello prima di estrarlo dalla forma per es.) (*fond.*), rapping.

scàmpolo (rimanenza di una pezza di tessuto) (*comm. - tess.*), fent.

scanalare (*gen.*), to groove, to channel. **2.** ~ (*carp.*), to channel, to groove, to plow. **3.** ~ (generico) (*mecc.*), to groove. **4.** ~ (un albero per es.) (*mecc.*), to spline. **5.** ~ (*arch.*), to flute, to channel. **6.** ~ un albero (*mecc.*), to spline a shaft.

scanalato (generico) (*mecc.*), grooved. **2.** ~ (detto di albero od innesto per es.) (*mecc.*), splined. **3.** ~ (*carp.*), channeled, grooved. **4.** ~ (di colonna per es.) (*arch.*), flutted. **5.** ~ femmina (*s. - mecc.*), hole spline. **6.** ~ maschio (*s. - mecc.*), shaft spline. **7.** albero ~ (*mecc.*), spline shaft. **8.** fresa per scanalati (*ut. mecc.*), spline milling cutter.

scanalatura (*gen.*), groove. **2.** ~ (di albero od innesto per es.) (*mecc.*), spline. **3.** ~ (per il fissaggio del pezzo su una macch. ut. per es.) (*mecc.*), slot. **4.** ~ (pista: gola di alloggiamento delle sfere di un cuscinetto a sfere) (*mecc.*), race. **5.** ~ (di alloggiamento di una chiavetta) (*mecc.*), slot, spline, keyway. **6.** ~ (intaglio, canale di spoglia, di una punta elicoidale per es.) (*ut.*), flute. **7.** ~ (incisione, sui denti di un utensile sbarbatore) (*ut.*), gash, serration. **8.** ~ (di indotto per es.) (*mot. elett.*), slot. **9.** ~ (*carp. - falegn.*), channel, groove. **10.** ~ (di una colonna per es.) (*arch.*), flute. **11.** ~ (del bossolo di una cartuccia) (*espl.*), groove. **12.** ~ (lungo la generatrice: di un albero, una colonna per es.) (*mecc. - arch.*), cannelure. **13.** scanalature (fresate in un mozzo per accoppiamento con relativa sede scanalata) (*mecc.*), splines. **14.** scanalature (d'innesto: fresate nel foro per es. per accoppiamento con relativo albero (*mecc.*), splines. **15.** scanalature (di colonna per es.) (*arch.*), fluting. **16.** scanalature "Whitworth" (*mecc.*), Whitworth splines. **17.** ~ aderizzatrice (scanalatura per migliorare l'aderenza, nel battistrada di un pneumatico) (*aut.*), sipe. **18.** ~ elicoidale (*mecc.*), helical groove. **19.** ~ per guarnizione (*mecc.*), packing groove. **20.** ~ per la lubrificazione (di cuscinetto per es., zampa di ragno per la lubrificazione) (*mecc.*), oil groove. **21.** ~ per lubrificazione centrifuga (*mot. - mecc.*), slinger groove. **22.** ~ per sfogo bavatura (di uno stampo) (*fucinatura*), backflash, gutter. **23.** ~ tagliente (sul dente di un utensile sbarbatore) (*ut. mecc.*), gash, serration. **24.** a scanalature diritte (di punta da trapano per es.) (*mecc.*), straight-fluted, straightflute. **25.** fare una ~ per chiavetta (*mecc.*), to keyway, to spline. **26.** formazione di scanalature longitudinali (su un cilindro di lamiera per es.) (*lav. lamiera*), fluting. **27.** ricavare una ~ (in un albero pieno per es.) (*mecc.*), to slot-drill.

scandagliare (*nav.*), to fathom, to sound.

scandagliatore (addetto allo scandaglio) (*nav.*), leadsman.

scandaglio (*nav.*), sounding line, sounding lead, plummet. **2.** ~ (batimetro) (*app. nav.*), bathometer. **3.** ~ (strumento che misura meccanicamente la profondità dell'acqua) (*strum. nav. obsoleto*), depth-sounder. **4.** ~ acustico (eco scandaglio o ecometro) (*app. nav.*), echo sounder, sonic depth finder. **5.** ~ ad ultrasuoni (*app. nav.*), *vedi* acustico. **6.** ~ meccanico (*app. nav.*), sounding machine.

scandio (Sc - *chim.*), scandium.

scannellatura (nella carta o nel cartone) (*mft. carta*), flute.

scansione (esplorazione, analisi) (*telev.*), scanning. **2.** ~ (per mezzo di un pennello luminoso elettronicamente mobilizzato) (*tubo a raggi catodici*), scan. **3.** ~ a linee (analisi a linee) (*telev.*), line scanning. **4.** ~ a spirale (analisi a spirale) (*telev.*), spiral scanning. **5.** ~ circolare (p. es. in alcuni tipi di radar) (*eltn.*), circular scanning. **6.** ~ conica (p. es. in alcuni tipi di radar) (*eltn.*), conical scanning. **7.** ~ del film (impiegata nella trasmissione dei film per mezzo della televisione) (*eltn. - telev. - cinem.*), film scanning. **8.** ~ della trama (~ del quadro) (*telev. - elab.*), raster scanning, raster scan. **9.** ~ di interlacciamento (*telev.*), interlaced scanning. **10.** ~ (automatica) di marcature, *vedi* lettura ottica di marcature. **11.** ~ diretta (*telev.*), direct scanning. **12.** ~ elettronica (*telev.*), electronic scanning. **13.** ~ lineare (per mezzo di fascio radar) (*eltn.*), linear scanning. **14.** ~ meccanica (*ott.*), mechanical scanning. **15.** ~ orizzontale (*telev.*), horizontal scanning. **16.** ~ per linee successive (senza intrallaccio) (*telev.*), progressive scanning. **17.** ~ verticale (spazzolamento verticale) (*telev.*), vertical sweep. **18.** linea di ~ (una delle linee parallele esplorative della ~) (*radar - telev. - elab.*), scan line. **19.** numero di scansioni nell'unità di tempo (*radar - telev. - elab.*), scan rate. **20.** sistema di ~ sequenziale (*telev.*), frame sequential system. **21.** sottoponibile a ~ (per es. un codice a barre) (*a. - elab.*), scannable. **22.** ~, *vedi anche* analisi, esplorazione.

scansioscintigrafia (scintigrafia dinamica di un organo del corpo umano) (*s. - med.*), scintiscan.

scantinato (*ed.*), basement.

scapecchiatrice (*macch. tess.*), hackling machine.

scapo (fusto: di una colonna) (*arch.*), scape, shaft.

scapolare (*nav.*), *vedi* doppiare. **2.** ~ (sbozzare alla barra, od allo spezzone, prima dello stampaggio a caldo) (*fucinatura*), to break down, to strike.

scapolatore (*att. fucinatura*), *vedi* stampo scapolatore.

scapolatura (tipo di sbozzatura alla barra, od allo spezzone, prima dello stampaggio a caldo) (*fucinatura*), breaking down, striking.

scappamento (di motore) exhaust. **2.** ~ (di orologio) (*mecc.*), escapement. **3.** ~ (ugello soffiante di una locomotiva a vapore) (*ferr.*), blast pipe. **4.** ~ a cilindro (*orologeria*), cylinder escapement. **5.** ~ a cronometro (*orologeria*), chronometer escapement. **6.** ~ ad àncora (*orologeria*), anchor escapement. **7.** ~ a leva (*orologeria*), lever escapment. **8.** ~ di Graham (*orologeria*), Graham escapement. **9.** ~ libero (*aut.*), open cutout. **10.** valvola dello ~ libero (*aut.*), (exhaust) coutout.

scaramuccia (*milit.*), skirmish.

scardasso (*ind. tess.*), card clothing, card cloth.

scardonamento (di lana) (*ind. tess.*), burr extraction.

"scarfatura" (*metall.*), *vedi* scriccatura.

scàrica (*s. - elett.*), discharge, flashover. **2.** ~ (tra elettrodi a distanza fissa) (*elett.*), jump spark. **3.** ~ (sparo) (*di arma da fuoco*), discharge. **4.** ~ (di una batteria per es.) (*elettrochim.*), discharge. **5.** scariche (disturbi nella ricezione) (*radio*), atmospherics, atmospheric, disturbances, Xs. **6.** ~ a bagliore (*elett.*), glow discharge. **7.** ~ a fiocco (*elett.*), brush discharge. **8.** ~ atmosferica (*meteor.*), atmospheric discharge. **9.** ~ di accumulatore (*elett.*), discharge of battery. **10.** ~ disruptiva (*elett.*), disruptive discharge, spark discharge, sparkover. **11.** ~ oscillante (*elett.*), oscillatory discharge. **12.** ~ per dispersione (*elett.*), leakage current. **13.** ~ spontanea (di un cannone per es.) (*comb. - espl.*), cook off. **14.** ~ tambureggiante (*rumore radio*), grinder. **15.** per ~ in 10 ore (caratteristica della capacità in ampère-ora di una batteria di accumulatori) (*elett.*), 10-hour rating. **16.** tensione di ~ (di uno ione per es.) (*elettrochim.*), discharge pressure.

scaricamento (*trasp.*), unloading.

scaricare (un autocarro per es.), to unload. **2.** ~ (un accumulatore per es.) (*elett.*), to discharge. **3.** ~ (un'arma da fuoco per es.) (*gen.*), to discharge, to let. **4.** ~ (il peso di un muro su un'architrave per es.) (*arch.*), to discharge. **5.** ~ (la pressione) (*fluidi*), to release. **6.** ~ alla rinfusa (*gen.*), to dump. **7.** ~ eccessivamente un accumulatore (*elett.*), to run down a battery, to overdischarge a battery. **8.** ~ il contenuto della memoria (copiare, per es. a mezzo stampa, la totalità dei dati contenuti nella memoria interna di un elaboratore) (*elab.*), to dump. **9.** ~ il vapore (da una caldaia), to blow off steam. **10.** ~ l'olio (*mecc.*), to drain the oil, to let the oil off. **11.** ~ una molla (*mecc.*), to release a spring, to relieve a spring. **12.** ~ verso unità minori (trasferire i dati: per es. da una memoria di unità centrale di elaborazione a quella di un microelaboratore) (*elab.*), to download.

scaricarsi (della molla dell'orologio per es.) (*mecc.*), to run down.

scaricato (*a. - gen.*), discharged. **2.** ~ (di autocarro per es.), unloaded. **3.** ~ (di accumulatore per es.) (*elett.*), discharged. **4.** ~ (di olio da una coppa per es.) (*mecc.*), drained. **5.** ~ (di una molla) (*mecc.*), released, relieved. **6.** materiale ~ e non sistemato (qualsiasi materiale scaricato per rovesciamento: carbone, sabbia ecc.), dump.

scaricatore (*elett.*), discharger, arrester. **2.** ~ a corna (per sovratensioni) (*elett.*), horn gap arrester. **3.** ~ ad intervallo d'aria (*elett.*), surge gap. **4.** ~ a mano meccanica (manipolatore, per togliere il pezzo stampato dalla pressa) (*macch. lav. lamiera*), unloading device, "iron hand". **5.** ~ a piano ribaltabile frontale (*macch. ferr.*), end tippler. **6.** ~ a piano ribaltabile laterale (*macch. ferr.*), side discharge tippler. **7.** ~ a rovesciamento (di carri merci: dispositivo di ribaltamento per carri merci) (*ferr.*), car dumper. **8.** ~ a scossa (di carri merci) (*ferr.*), car shaker. **9.** ~ (o separatore) d'acqua (*tubaz.*), water trap. **10.** ~ d'aria (*tubaz.*), air escape. **11.** ~ di acque di fogna (sfognatoio) (*ed.*), effluent, sewer. **12.** ~ di condensa (per impianti a vapore) (*app. tubaz.*), steam trap, bucket trap. **13.** ~ di condensa termostatico a galleggiante (*tubaz.*), float thermostatic steam trap. **14.** ~ di porto (addetto al carico ed allo scarico di navi) (*mar.*), longshoreman, docker. **15.** ~ di superficie (sfioratore) (*idr.*), spillway. **16.** ~ meccanico (per lo scarico di vagoni mediante rovesciamento degli stessi) (*app. mecc.*), tipple, tippler (*am.*). **17.** ~ per sovratensioni atmosferiche (*att. elett.*), lightning arrester, lightning discharge, lightning protector.

scàrico (*a. - gen.*), discharged. **2.** ~ (azione di soffiare fuori: da un serbatoio di aria compressa per es.) (*gen.*), blowdown. **3.** ~ (di un dente di ingranaggio) (*s. - mecc.*), undercutting, undercut. **4.** ~ (della pressione eccessiva di un utensile per es.) (*s. - mecc.*), relief. **5.** ~ (scaricato: di batteria, o pila, o accumulatore) (*a. - elett.*), down, exhausted. **6.** ~ (di un orologio per es.) (*a.*), rundown. **7.** ~ (luogo ove viene ammassato qualsiasi materiale), dump. **8.** ~ (di motore a scoppio per es.) (*s. - mot.*), exhaust. **9.** ~ (azione di scaricamento: di materiale per es.) (*s.*), discharge, unloading. **10.** ~ (di una molla per es.) (*a. - mecc.*), released. **11.** ~ (di vapore da un cilindro di macchina a vapore per es.) (*s.*), release, exhaust. **12.** ~ (fogna) (*s. - ed.*), sewer. **13.** ~ (di) acqua piovana (*ed.*), rain water outlet, RWO, water drain. **14.** ~ al termine (*elab.*), *vedi* ammasso alla fine. **15.** ~ d'acqua di grondaia a foggia di mascherone (*arch.*), gargoyle. **16.** ~ del contenuto della memoria (~ della memoria), *vedi* ammasso della memoria. **17.** ~ della cenere (di camino) (*comb.*), ash dump. **18.** ~ della doccia di gronda (pluviale) (*costr. ed.*), downspout. **19.** ~ (riversamento o copia) di memoria (copia totale o parziale del contenuto della memoria principale in una memoria esterna) (*elab.*), core dump. **20.** ~ di terra (*ing. civ.*), earth dump. **21.** ~ di troppo pieno (*tubaz.*), overflow pipe, waste gate. **22.** ~ in fogna (*ed.*), sink. **23.** ~ in mare (del carico: in caso di avarìa per es.) (*nav.*), jettison. **24.** ~ nero (scarico della rete nera in mare) (*nav.*), headchute. **25.** ~ rapido (in volo, di un serbatoio di carburante: in caso di emergenza) (*aer.*), jettison. **26.** angolo di ~ (per diminuire una eccessiva pressione sull'utensile) (*tecnol. mecc.*), relief angle. **27.** anticipo allo ~ (anticipo di apertura della valvola di scarico) (*mot.*), exhaust (valve) opening before bottom dead center. **28.** a ~ libero (di un motore o una turbina) (*a. - macch. a vapore*), noncondensing. **29.** canale di ~ (di una turbina idraulica) (*idr.*), tail race (ingl.), tailrace (am.). **30.** collettore di ~ (di motore stellare) (*mot. aviazione*), exhaust ring. **31.** collettore di ~ (di motore in linea) (*mot.*), exhaust manifold. **32.** cominciare lo ~ (*ind. - nav.*), to break bulk. **33.** cono di ~ (di un motore a turbogetto) (*mot.*), exhaust cone. **34.** contropressione allo ~ (*mot.*), exhaust back pressure. **35.** emissione dallo ~ (*aut.*), exhaust emission. **36.** essere ~ (essere privo di azione frenante: di un ammortizzatore per es.) (*aut.*), to bump through. **37.** fine chiusura (della valvola di) ~ (*mot.*), exhaust closes, exhaust valve closes. **38.** inizio apertura (della valvola di) ~ (*mot.*), exhaust opens, exhaust valve opens. **39.** resistenza (contropressione) allo ~ (*mot.*), exhaust back pressure. **40.** tappo di ~ (*mecc.*), drain plug. **41.** tappo di ~ dell'olio (*mot. - ecc.*), oil drain plug. **42.** tubazione di ~ (*tubaz. - ed.*), waste pipe, WP. **43.** tubo di ~ (*mot.*), exhaust pipe.

scarificare (disgregare, la superficie stradale) (*costr. strad.*), to scarify.

scarificatore (*att. agric. - costr. strad.*), ripper, rooter, scarifier, road ripper. **2.** ~ (*strum. chirurgico*), scarifier. **3.** ~ stradale (*macch. strad.*), road harrow, road scarifier. **4.** ~ su ruote (per strade o per terreni) (*macch. strad.*), wheel scraper, wheel scarifier.

scarificazione (*costr. strad.*), scarification.

scarlatto (*colore*), scarlet.

scarnare (pelli) (*ind. cuoio*), to flesh, to slate. **2.** coltello per ~ (pelli) (*ind. cuoio*), slate knife, slater. **3.** macchina per ~ (pelli) (*macch. ind. cuoio*), fleshing machine, slating machine.

scarnatura (delle pelli) (*ind. cuoio*), fleshing.

scarnitoio (*att. per rilegatore di libri*), paring knife (ingl.).

scarpa (inclinazione espressa da una unità orizzontale per il numero delle unità verticali; reciproco della pendenza) (*ing. civ.*), batter, rake. **2.** ~ (*abbigliamento*), shoe. **3.** ~ d'àncora (*nav.*), anchor fluke chock. **4.** ~ di sicurezza (per evitare ferite o scintille) (*protezione op.*), safety shoe. **5.** ~ di trivellazione (di una incastellatura) (*min.*), spudding shoe. **6.** ~ polare (espansione polare) (*di macch. elett.*), pole shoe. **7.** muro di ~ (*ed.*), scarp wall. **8.** suolatura di ~ (*mft. scarpe*), shoe soling, sole laying.

scarpata (*ing. civ. - ferr. - strad.*), slope.

scarrocciare (deviare dalla rotta per effetto del vento) (*nav.*), to make leeway, to sag to leeward.

scarroccio (deviazione dalla rotta per effetto del vento) (*nav.*), leeway, sag to leeward.

scarrucolare (deviare; indurre un cavo a scivolare fuori dalla carrucola) (*nav. - costr. civ. - ecc.*), to fleet.

scarsità (*gen.*), shortage.

scarso (*gen.*), scarce, scanty.

scartamento (distanza tra le ruote di un veicolo) (*mis. mecc.*), gauge, gage. **2.** ~ (*aut.*), track. **3.** ~ (di gru a ponte per es.: distanza fra le rotaie o fra le ruote) (*mis. mecc.*), gauge, gage. **4.** ~ (distanza tra le rotaie) (*ferr. - ecc.*), gauge, gage, rail gauge, track gauge. **5.** ~ largo (*ferr.*), broad gauge, wide gauge. **6.** ~ normale (1,435 m) (*ferr.*), standard gauge. **7.** ~ ridotto (*ferr.*), narrow gauge. **8.** a ~ ridotto (*a. - ferr.*), narrow-gauge. **9.** avere lo ~ di (*veic.*), to track. **10.** avere lo ~ di un metro (per es.) (*veic.*), to track one meter. **11.** materiale mobile per trasporti su rotaia a ~ ridotto (tipo Decauville per es.) (*min. - ind. - ecc.*), light railway equipment.

scartare (un pezzo al collaudo) con possibilità di ricupero (mediante ripassatura) (*collaudo esterno o interno di stabilimento*), to reject. **2.** ~ (un pezzo al collaudo) senza possibilità di ricupero (*mecc.*), to scrap.

scartato (detto di un pezzo non accettato dal collaudo ma ricuperabile mediante ripassatura) (*collaudo esterno o interno di stabilimento*), rejected. **2.** ~ (detto di un pezzo non accettato dal collaudo e senza possibilità di ricupero mediante ripassatura) (*a. - mecc.*), scrapped. **3.** ~ (di pezzo usurato di una macchina per es.) (*mecc.*), cast-off.

scartatore (di lana) (*op. lana*), sorter.

scartinatura (inserzione di fogli antiscartino) (*tip.*), slip-sheeting.

scartino (foglio antiscartino) (*tip.*), offset sheet (am.), setoff sheet (ingl.), slip sheet.

scarto (*off.*), scrap, spoilt work, rejection. **2.** ~ (materiale di rifiuto), discard, reject, waste, refuse. **3.** ~ (variazione, di un regolatore di tensione, di giri ecc.) (*mecc. - elett.*), change. **4.** ~ (*stat.*), deviation. **5.** ~ (di materiale proveniente da un fornitore per es.) (*collaudo esterno di stabilimento*), rejected material. **6.** ~ (sottoprodotto) (*ind. cuoio - ecc.*), offal, waste. **7.** scarti (di film), junk. **8.** ~ del tachimetro (errore del tachimetro) (*aut.*), speedometer error. **9.** ~ di fabbricazione (fogliacci) (*mft. carta*), machine broke, mill broke. **10.** ~ di fine lavorazione (*ind. tess.*), hard waste. **11.** scarti di fonderia (di ghisa) (*fond.*), iron scrap, cast scrap, foundry scrap. **12.** ~ di giri (di regolatore di giri) (*mot.*), speed change, speed drop, speed droop. **13.** ~ di inizio lavorazione (*ind. tess.*), soft waste. **14.** ~ di lavorazione (*mecc.*), machine shop rejection. **15.** scarti esterni di fonderia (getti ritornati dall'officina perché non lavorabili) (*fond.*), foundry returns. **16.** ~ istantaneo (variazione transitoria, di tensione per es.) (*mecc. - elett.*), transient change. **17.** ~ medio (*stat.*), mean deviation. **18.** ~ permanente (variazione stabile del numero di giri ecc.) (*mecc. - elett.*), permanent change. **19.** ~ tipo (scarto quadratico medio) (*stat.*), standard deviation, root-mean-square deviation. **20.** scarti totali di fonderia (interni ed esterni, getti scartati dalla fonderia e quelli ritornati dall'officina) (*fond.*), foundry losses. **21.** ~ transitorio del numero di giri (diminuzione transitoria del numero di giri) (*mot.*), transient speed droop. **22.** di ~ (*a. - gen.*), scrap.

scartocciare (pannocchie) (*agric.*), to husk.

scartocciatrice (di pannocchie per es.) (*macch. agric.*), husker.

scassa (di un albero) (*nav.*), step.

scassettare (*fond.*), *vedi* distaffare.

scasso (del terreno) (*ing. civ.*), breaking.

scàtola (*gen.*), box. **2.** ~ (della frizione per es.) (*aut. - mecc.*), box, case, housing. **3.** " ~ " (caricatore) (*di pellicola cinem.*), (film) magazine. **4.** ~ (depressione alla sommità di un lingotto) (*difetto metall.*), box hait. **5.** ~ (*difetto di fond.*), *vedi* taccone a scatola. **6.** ~ a muro (per supporto di albero di trasmissione attraversante il muro) (*mecc. - ed.*), wall box. **7.** ~ comandi ausiliari (centralina comandi ausiliari) (*mot. aer.*), accessory gearcase. **8.** ~ degli ingranaggi (*mecc.*), gearcase, wheelcase, gear housing. **9.** ~ del cambio di velocità (*aut.*), transmission case, gearbox, gear case, speed box. **10.** ~ (o supporto) del differenziale (di autoveicolo per es.) (*mecc.*), differential (gear), carrier. **11.** ~ della distribuzione (di una motocicletta per es.) (*mecc.*), timing chest. **12.** ~ della sospensione anteriore (*aut.*), front-wheel suspension housing. **13.** ~ del meccanismo di avanzamento (*mecc. - macch. ut.*), feedbox. **14.** ~ del ponte del differenziale (di autoveicolo per es.) (*mecc.*), differential housing, differential casing. **15.** ~ del ponte posteriore (*aut.*), rear axle casing. **16.** ~ del riduttore a ingranaggi (di motore aereo per es.) (*mecc.*), reduction gear casing. **17.** ~ di cartone (*imballaggio*), carton, cardboard box. **18.** ~ di connessione (*impianti elett.*), junction box. **19.** ~ di derivazione (con frutto isolante e morsetto di attacco) (*elett.*), connector block. **20.** ~ di giunzione (muffola) (*elett.*), junction box. **21.** ~ di latta (*ind.*), can, tin. **22.** ~ di rinvio (comandata dalla trasmissione principale ed erogante potenza a due assi motori, per autocarri) (*aut.*), transfer case. **23.** ~ di supporto bilancieri (di motore stellare) (*mot.*), rocker bracket. **24.** ~ di trasmissione-ricezione (di radar per es.) (*radio - radar*), transmit-receive box, T-R box, transmit-receive cell, T-R cell. **25.** ~ (della) guida (*aut.*), steering box. **26.** ~ in ghisa per testata di trave in legno (*mur.*), wall box (ingl.). **27.** ~ interna di supporto (degli ingranaggi) del differenziale (*mecc.*), differential carrier. **28.** ~ nera (registratore dei dati di volo) (*aer.*), black box, flight recorder, flight data recording system. **29.** ~ nera (apparecchio di verifica dell'elaboratore) (*eltn.*), black box. **30.** ~ per film (*cinem.*), film case. **31.** in ~ (di prodotto alimentare per es.) (*ind.*), canned (am.), tinned (ingl.). **32.** mettere in ~ (di latta: inscatolare) (*ind.*), to tin (ingl.), to can (am.).

scatolame (conserve alimentari) (*ind.*), canned goods.

scatolato (a scatola, trave, longherone ecc.) (*ind. metall. - ecc.*), box-type, box.

scatramato (di lana per es.) (*ind.*), depitched.

scattare (far scattare: l'otturatore per es.) (*fot.*), to release. **2.** ~ (di un interruttore per es.) (*elett. - mecc.*), to trip. **3.** ~ (emettere un breve rumore metallico) (*gen.*), to click. **4.** ~ a vuoto (fare cilecca) (*di un'arma da fuoco*), to misfire. **5.** ~ un'istantanea (*fot.*), to snapshoot. **6.** far ~ una molla (*mecc.*), to release a spring, to trip a spring. **7.** far ~ un meccanismo (*mecc.*), to release.

scatti (segnali emessi automaticamente ad intervalli regolari durante una conversazione telefonica; il numero degli ~ informa sul costo della conversazione) (*telef.*), metering pulses.

scatto (*mecc.*), release. **2.** ~ (di una molla per es.) (*mecc.*), release. **3.** ~ (di una delle mollettine interne di un rocchetto a ruota libera di bicicletta per es.) (*mecc.*), click. **4.** ~ (di un interruttore per es.) (*elett. - mecc.*), tripping. **5.** ~ a pompetta (~ per pose brevi: apparecchio per aprire e chiudere l'otturatore di una macch. fot.; in genere termina con una peretta che se premuta lo apre e se rilasciata lo chiude) (*fot.*), bulb. **6.** ~ automatico (di macchina cinematografica per es.) (*mecc.*), automatic release. **7.** ~ a vuoto (cilecca) (*espl.*), misfire. **8.** ~ comandato da flessibile (comanda l'apertura e chiusura dell'otturatore mediante un cavetto flessibile) (*fot.*), cable release. **9.** ~ di anzianità (dello stipendio di un impiegato per es.) (*retribuzione del pers.*), increase according to seniority. **10.** ~ pneumatico (sgancio pneumatico) (*mecc. - ecc.*), pneumatic release. **11.** a scatti successivi (per es. di un relé, di un commutatore ecc.) (*elett.*), stepping. **12.** chiudere a ~ (una porta per es.) (*gen.*), to snap. **13.** corpo del blocco (dello) ~ (*di arma da fuoco*), sear block. **14.** dente di sgancio dello ~ automatico (di un interruttore per es.) (*mecc.*), trip. **15.** movimento a scatti (di una slitta, a piccola velocità di traslazione, dovuto ad impuntamenti) (*macch. ut.*), stick-slip-motion. **16.** pulsante di ~ (dell'otturatore di una macch. fot. per es.) (*mecc.*), release trigger. **17.** tempo di ~ (di un interruttore per es.) (*elett. - mecc.*), tripping time. **18.** ~, *vedi anche* scatti.

scattosità (nervosità: della gomma per es.), snap.

scaturire (sgorgare, di acqua per es.) (*gen.*), to spring.

scavafossi (scavatrice) (*macch. movimento terra*), trencher.

scavalcamento (metodo di avanzamento di due unità) (*tattica*), leapfrogging.

scavare (*min.*), to mine, to win, to dig. **2.** ~ (*mur.*), to dig, to excavate. **3.** ~ (una galleria per es.), to bore. **4.** ~ a getto d'acqua (*min.*), to hydraulic. **5.** ~ con la draga (dragaggio di un porto per es.) (*nav.*), to dredge. **6.** ~ per posare una mina (*milit.*), to mine. **7.** ~ un fosso (*movimento di terra*), to ditch.

scavato (*gen.*), dug, digged. **2.** ~ (cavo) (*gen.*), hollow. **3.** ~ (*a. - min.*), digged, won. **4.** ~ (di galleria per es.) (*a.*), bored. **5.** ~ (di un fosso) (*movimento di terra*), ditched. **6.** ~ (mediante draga) (*movimento di terra*), dredged.

scavatrice (macch. per scavare la terra) (*macch.*), excavator, digger. **2.** ~ a cucchiaia (*macch.*), power shovel. **3.** ~ a cucchiaia rovescia (*macch. movimento terra*), backacter, backhoe, pull-shovel. **4.** ~ per fossi (affossatrice) (*macch. agric.*), ditching machine. **5.** ~ per gallerie (macchina per scavare gallerie, generalmente costituita da una fresa frontale) (*min.*), tunnel borer. **6.** ~ pneumatica (*macch.*), pneumatic digger. **7.** ~, *vedi anche* escavatore.

scavatrincee (scavafossi) (*macch. movimento terra*), trencher, trench excavator. **2.** ~ (*macch. strad.*), trench digger.

scavo (*mur.*), excavation, digging. **2.** scavi (delle gallerie di una miniera per es.) (*min.*), workings. **3.** ~ a cielo aperto (coltivazione a cielo aperto) (*min.*), opencut mining, surface mining. **4.** ~ a giorno (*min.*), opencut, openpit, opencast. **5.** ~ a trincea (*mur.*), trench. **6.** ~ di estrazione (di minerali) (*min.*), stope. **7.** ~ in galleria (*min.*), underground mining. **8.** ~ in marciavanti (metodo di avanzamento in terreno sciolto) (*min.*), forepoling, spiling. **9.** ~ preliminare (*min.*), sink. **10.** iniziare uno ~ (*gen.*), to break gound. **11.** lavoro di ~ (*min.*), mining. **12.** preparare (pozzi, passerelle, piani ecc.) per dar corso allo ~ (*min.*), to win. **13.** sezione di ~ (*min.*), working face.

scégliere (*gen.*), to choose, to select, to pick. **2.** ~ (gli scarti per es.) (*ind. tess.*), to sort.

sceglitrice (operaia che toglie i fogli dai feltri) (*operaia - mft. carta*), layer. **2.** ~ (op. che verifica se la carta è senza difetti prima dell'imballaggio) (*op. - mft. carta*), sorter.

scelta (*s. - gen.*), choice, selection. **2.** ~ (opzione) (*s. - gen.*), option. **3.** ~ logica (*elab.*), logical decision. **4.** prima ~ (buona, perfetta, carta senza difetti) (*a. - mft. carta*), good. **5.** prima ~ (fogli di carta di prima scelta) (*s. - mft. carta*), insides. **6.** seconda ~ (riscelta, "mezzetta", "cernaglia", carta difettosa) (*mft. carta*), retree, retree paper.

scelto (*gen.*), chosen, selected. **2.** ~ (di lana per es.) (*a. - ind. tess.*), picked. **3.** ~ con cura (*a. - gen.*), choiced.

scèna (con attori) (*cinem.*), scene, shot. **2.** ~ (scenario) (*cinem. - telev. - teatro*), set. **3.** ~ senza arredamento (*telev.*), basic set. **4.** girare una ~ (*cinem.*), to shoot a scene.

scenario (*cinem. - telev. - teatro*), set.

scéndere (*gen.*), to descend. **2.** ~ (da una motocicletta per es.) (*gen.*), to dismount. **3.** ~ seguendo la traiettoria di una spirale (*aer.*), to spiral. **4.** ~ un pendio (*aut.*), to descend a slope.

sceneggiato (racconto televisivo a puntate) (*telev.*), miniseries.

sceneggiatore (*cinem.*), scenarist, screenplay editor, continuity writer.

sceneggiatura (*cinem.*), scenario. **2.** ~ dialogata (copione) (*cinem.*), screenplay, shooting script.

scenografia (*arte*), scenography. **2.** ~ (di un film) (*cinem.*), set designing, architecture, setting.

scenògrafo (*cinem.*), art director, architect, set designer.

scentraggio (delle pale dell'elica) (*aer.*), out-of-track.

scentrato (fuori centro, eccentrico) (*gen.*), eccentric. **2.** ~ (uno stampo o una forma per es. piazzati non correttamente) (*tecnol.*), mismatched.

scentratura (eccentricità), (*gen.*), eccentricity. **2.** ~ (di stampi per es. piazzati in modo scorretto) (*tecnol. mecc.*), maladjustment, mismatching.

schèda (*gen.*), card. **2.** ~ (cartoncino rettangolare sul quale, mediante perforazioni, sono indicati dati e informazioni da introdurre nell'elaboratore) (*elab.*), card. **3.** ~ a circuiti stampati (piastra di materiale isolante che porta sulle facce elementi circuitali e loro connessioni stampate, è munita di terminali per essere facilmente inserita e sostituita in app. eltn. per es. un elab.) (*eltn.*), board, printed circuit board, PCB. **4.** ~ ad ottanta colonne (tipo di ~ perforata) (*elab.*), eighty-column card. **5.** schede al minuto (*elab.*), cards per minute,

CPM. **6.** ~ a margine dentellato (*elab.*), border-notched card. **7.** ~ a margine perforato (*elab.*), border-punched card, edge punched card. **8.** ~ a novanta colonne (tipo di ~ perforata) (*elab.*), ninety-column card. **9.** ~ a rilevamento di marcatura [o contrassegno] (ha informazioni rilevabili mediante sensori) (*elab.*), mark sense card. **10.** ~ base (*autom.*), master card. **11.** ~ binaria (codificata in binario) (*elab.*), binary card. **12.** ~ (codificata) binaria a colonne (*elab.*), column binary card. **13.** ~ (codificata) binaria a righe (*elab.*), row binary card. **14.** ~ con perforazioni marginali (*elab.*), edge punched card. **15.** ~ con reticolato (~ la cui perforazione, in eccesso generalmente, non porta informazioni e viene posta alla fine di una catasta di schede) (*elab.*), laced card. **16.** ~ con striscia (o banda) magnetica (~ nella quale le informazioni sono codificate su di una striscia magnetica: p. es. dati di identificazione ecc.) (*elab.*), magnetic strip card, magnetic stripe card. **17.** ~ contabile (contenente informazioni contabili ed istruzioni) (*elab.*), ledger card. **18.** ~ dei costi (dettaglia i singoli costi di un ordine di produzione) (*organ. ind.*), cost card, cost sheet. **19.** ~ dei solleciti (ai fornitori per es.) (*amm.*), follow-up card. **20.** ~ (o carta) del controllo di qualità (scheda che determina giornalmente il numero di difetti riscontrati in una operazione) (*off. - controllo tecnol.*), quality control chart. **21.** ~ del parlato (*elab.*), voice board. **22.** ~ di chiamata (~ opportunamente codificata che, inserita in un apposito apparecchio, esegue automaticamente la chiamata) (*telef. - elab.*), dialing card. **23.** ~ di commento (*elab.*), comment card. **24.** ~ di controllo del lavoro (*elab.*), job control card. **25.** ~ di espansione (circuito stampato su ~ da aggiungere alle altre schede dell'elaboratore per ottenere maggiori possibilità di lavoro) (*elab.*), expansion board. **26.** ~ di fine [lavoro] (~ perforata con particolare codificazione: segnala che tutte le schede relative ad un certo lavoro sono esaurite) (*elab.*), end of job card. **27.** ~ di identificazione, *vedi* tessera di identificazione. **28.** ~ di intestazione (o titolazione) (*elab.*), header card. **29.** ~ di lavorazione (dettaglio delle singole operazioni eseguite per evadere una commessa assieme con i relativi costi) (*organ. ind.*), job card, cost sheet. **30.** ~ di magazzino (*amm.*), bin card. **31.** ~ di programma (~ contenente le istruzioni per eseguire un programma) (*elab.*), program card. **32.** ~ di transizione (~ che dà luogo ad un cambiamento nel campo di attività dell'elaboratore) (*elab.*), transition card, transfer card. **33.** ~ giacenza (cartellino registrante l'esistenza a magazzino) (*magazzino*), stock card. **34.** ~ Hollerith (scheda perforata, di 12 linee per 80 colonne) (*elab.*), Hollerith card. **35.** ~ in bianco, *vedi* ~ vergine. **36.** ~ madre (piastra base fissa a circuito stampato alla quale sono collegabili schede [o piastre] mobili) (*elab.*), motherboard, mother board. **37.** ~ magnetica (ha le informazioni registrate magneticamente anziché con perforazione) (*elab. - ecc.*), magnetic card. **38.** ~ meccanografica (~ perforata per uso meccanografico) (*macch. calc.*), electric accounting machine card, EAM card. **39.** ~ parametrica (~ perforata contenente i dati parametrici del programma) (*elab.*), parameter card. **40.** ~ per elaboratore elettronico (~ per calcolatore) (*elab.*), electronic calculating machine card. **41.** ~ perforata (per una macchina calcolatrice per es.) (*ind. - ecc.*), punched card. **42.** ~ per microfilm (simile alla ~ perforata, ma con apertura per inserzione fotogrammi) (*elab.*), aperture card. **43.** ~ presenza (*amm.*), attendance card. **44.** ~ ritenute (*amm.*), deduction card. **45.** ~ saldi (*amm.*), balance card. **46.** ~ scritta emessa automaticamente (da un calcolatore per es.) (*eltn.*), printout. **47.** ~ supplementare (*elab.*), trailer card. **48.** ~ tabulata (~ sulla quale è stata eseguita la perforazione) (*elab.*), tabulating card. **49.** ~ vergine (~ che non porta informazioni mediante perforazione) (*elab.*), blank card. **50.** campo della ~ (zona di ~ destinata a particolari informazioni, per es.) (*elab.*), card field. **51.** caricatore schede (*elab.*), card loader. **52.** contenitore (o magazzino) alimentazione schede (*elab.*), card hopper, feed hopper. **53.** da ~ a disco (trasferimento di dati da ~ a disco) (*elab.*), card-to-disk. **54.** da ~ a nastro (trasferimento dei dati da ~ a nastro) (*elab.*), card-to-tape. **55.** da ~ a ~ (trasferimento dei dati da ~ a ~) (*elab.*), card-to-card. **56.** dispositivo alimentazione delle schede (*elab. - ecc.*), card feed. **57.** espulsione della ~ (*elab. - ecc.*), card ejection. **58.** formato (o struttura) della ~ (*elab.*), card format. **59.** inceppamento schede (*difetto elab.*), card jam, card wreck. **60.** lettore della ~ (*elab. - ecc.*), card reader. **61.** pacco di schede (gruppo di schede perforate) (*elab.*), card deck, card pack, deck. **62.** pacco di schede da ripartire (*elab.*), distribution deck. **63.** pacco di schede oggetto (schede in linguaggio macchina) (*elab.*), object deck. **64.** partitario a schede (*contabilità*), card ledger. **65.** serbatoio delle schede (*elab. - ecc.*), card stacker. **66.** sistema a schede (*elab.*), card system.

schedare (*amm. - uff.*), to card-index.

schedario (*att. per uff.*), card index. **2.** magnetico (memoria a nuclei) (*calc.*), core store.

scheggia (*gen.*), chip, splint, splinter, split. **2.** ~ (di legno) (*gen.*), wood splinter, spill. **3.** ~ (scaglietta: di pietra) (*mur.*), stone splinter, gallet. **4.** ~ (p. es. di un involucro di congegno esplosivo; di una bomba p. es.) (*milit.*), fragment. **5.** frammentarsi in schegge (p. es. una granata) (*milit.*), to frag.

scheggiamento (scheggiatura) (*gen.*), chipping, chip, splinter. **2.** ~ (di denti di ingranaggio per es.) (*difetto mecc.*), spalling.

scheggiare (*gen.*), to chip, to splinter, to spall.

scheggiatura, *vedi* scheggiamento.

schèletro (ossatura) (*gen.*), skeleton. **2.** ~ (tessuto usato per il caucciù di una macchina "offset") (*tip.*), carcass.

schèma (*gen.*), diagram, draft, scheme. **2.** ~ (*tecnica - ecc.*), diagram. **3.** ~ (*amm. - comm.*), scheme. **4.** ~ a blocchi (*elab.*), block diagram. **5.** ~ (degli) allacciamenti (schema collegamenti, di serbatoi, strumenti e tubazioni per es.) (*tubaz. - ecc.*), hookup. **6.** ~ circuitale (*elett. - eltn. - ecc.*), circuit diagram. **7.** ~ (dei) collegamenti elettrici (schema elettrico, schema del circuito elettrico, schema di cablaggio) (*elett.*), wiring diagram. **8.** ~ costruttivo (*mecc.*), structural arrangement. **9.** ~ del circuito interno collegato a ciascun piedino di contatto (di un circuito integrato per es.) (*eltn.*), pinout, pinout diagram. **10.** ~ delle connessioni (ottenibili per mezzo di spine) (*elett. - elab.*), plugging chart. **11.** ~ (a blocchi) delle operazioni (reogramma, diagramma di lavoro) (*autom. - elab.*), flow chart, flow diagram. **12.** ~ di esecuzione (diagramma di lavoro, sia dell'elaboratore principale che delle periferiche) (*elab.*), run chart. **13.** ~ di ingombro (di una macch., di un forno ecc.) (*ind.*), floor layout plan. **14.** ~ di inserzione (di un contatore elettrico per es.) (*elett.*), diagram of connections. **15.** ~ di massima (disegno di massima) (*dis.*), tentative outline. **16.** ~ di montaggio (o di funzionamento di un gruppo di circuiti, apparecchi ecc.) (*radio*), hookup. **17.** ~ di progetto (*gen.*), project. **18.** ~ elettrico (schema dei circuiti elettrici) (*elett.*), circuitry, wiring diagram, wire diagram, electric circuit arrangement. **19.** ~ figurato (schema illustrativo) (*elett. - idr.*), pictorial diagram. **20.** ~ logico (struttura logica) (*mat. - elab.*), logic diagram. **21.** ~ o diagramma delle sollecitazioni (*sc. costr.*), stress sheet. **22.** fare uno ~ di massima (di un progetto per es.) (*gen.*), to block out.

shemàtico (*a. - gen.*), schematic.

scherma (*sport*), fencing.

schermaggio (*elett. - eltn.*), screening, shielding. **2.** fattore di ~ (di un cavo per es.) (*elett.*), screening factor.

schermare (*gen.*), to screen. **2.** ~ (*eltn.*), to screen, to shield. **3.** ~ (con opere di protezione) (*milit.*), to blind.

schermato (*a. - elett. - eltn.*), screened, shielded. **2.** non ~ (*elett. - eltn.*), shieldless.

schermatura, *vedi anche* schermaggio. **2.** ~ elettrica (*elett.*), electric shielding. **3.** ~ elettromagnetica (*elettromag.*), electromagnetic shielding. **4.** angolo di ~ (di un accessorio per illuminazione) (*illum.*), cut-off-angle.

schermo (~ visualizzatore di immagine formato dal frontale in vetro semitrasparente di un tubo a raggi catodici internamente coperto di un sottile strato di fosfóri) (*radar - telev. - elab. - ecc.*), screen. **2.** ~ (*fis. atom.*), shield. **3.** ~ (*ott. - fot. - fotomecc.*), screen. **4.** ~ (deflettore, diaframma interno di un separatore per es.) (*mecc.*), baffle. **5.** ~ (*elett.*), shield, screen. **6.** ~ acustico (di altoparlante) (*radio*), baffle (am.). **7.** ~ antiarco (*elett.*), anti-arcing screen. **8.** ~ a presentazione planimetrica (oscillografo panoramico, radar topografico) (*radar*), plan position indicator, PPI. **9.** ~ argentato (*cinem.*), silver screen. **10.** ~ a stucco (*cinem.*), plaster screen. **11.** ~ a tubi d'acqua (parete della caldaia realizzata mediante tubi in cui circola l'acqua) (*cald.*), tube wall. **12.** ~ biologico (*fis. atom.*), biological shield. **13.** ~ d'acqua (*cald.*), waterwall. **14.** ~ diffusore (*cinem. - fot.*), diffuser (ingl.), diffusion screen. **15.** ~ di isolante acustico (*elettroacus.*), gobo. **16.** ~ di proiezione (*cinem.*), projection screen. **17.** ~ di rinforzo (*radiologia*), intensifying screen. **18.** ~ di tela (*cinem.*), cloth screen. **19.** ~ fluorescente (*fis.*), fluorescent screen. **20.** ~ giallo (*fot.*), yellow filter. **21.** ~ luce (panno nero per proteggere la cinepresa dalla luce) (*fot. - telev. - cinem.*), gobo. **22.** ~ magnetico (*elett.*), magnetic screen. **23.** ~ paraluce (di un proiettore per es.) (*cinem.*), dowser, douser. **24.** ~ per vento (per microfoni) (*cinem.*), windscreen. **25.** ~ piano reticolare (gabbia di Faraday) (*elett.*), Faraday shield. **26.** ~ protettore (per la vista, per operai metallurgici per es.) (*metall. - ecc.*), glow screen. **27.** ~ radar (schermo fluorescente) (*radar*), radarscope, scope. **28.** ~ radar che rileva direzione e distanza (*radar - aer.*), B-scope. **29.** ~ radar che rileva la distanza (*radar - aer.*), A-scope. **30.** ~ radar ripetitore (*radar*), auxiliary radarscope. **31.** ~ termico (di un proiettore per es.) (*term.*), heat baffle. **32.** ~ termico (di un postbruciatore di reattore per es.) (*mot. - ecc.*), heat shield. **33.** ~ termico (*fis. atom.*), thermal shield. **34.** ~ trasparente (*cinem.*), translucent screen. **35.** adattare per lo ~ (una commedia ecc. per la riproduzione cinematografica) (*cinem.*), to screen. **36.** a ~ panoramico (*a. - cinem.*), wide-screen.

schermografia (esame schermografico) (*pers. - med.*), radiography, skiagraphy.

schiacciamento (*gen.*), squashing. **2.** ~ (di un pneumatico) (*ind. gomma*), deflection. **3.** ~ (cedimento permanente, per azione assiale per es.) buckling. **4.** ~ (o inflessione) normale (di pneumatico) (*ind. gomma*), normal deflection. **5.** ~ (inflessione od appiattimento) massimo (di pneumatico) (*ind. gomma*), maximum deflection.

schiacciapatate (*ut. da cucina*), ricer (am.), potato-masher (ingl.).

schiacciare (*gen.*), to squash.

schiacciata (colpo schiacciato,"smash") (*tennis*), smash.

schiacciato (*a. - gen.*), squashed. **2.** ~ ai poli (di uno sferoide) (*a. - geom.*), oblate.

schiacciatubi (*app.*), pipe squeezer.

schiarimento (chiarimento: del significato di una frase in una lettera per es.) (*uff.*), explanation, clarification.

schiarire (di colore per es.) (*vn.*), to brighten.

schiarita (del tempo) (*meteor.*), clear-up.

schiavettare (togliere la chiavetta) (*mecc.*), to remove the key, to knock the key out.

schiena (*gen.*), back. **2.** ~ d'asino (*ferr.*), *vedi* sella di lanciamento. **3.** appoggia ~ (*mtc.*), sissy bar.
schienale (del sedile di autoveicolo per es.) back, seat back. **2.** ~ (spalliera, di una barca per es.) (*nav.* - *ecc.*), backboard. **3.** ~ imbottito ed elasticizzato (*aut.* - *ferr.* - *ecc.*), squab.
schieramento (*milit.*), drawing up, deployment. **2.** ~ in linea obliqua (*mar. milit.*), echelon. **3.** ~ in profondità (*milit.*), deployment in depth.
schierare (truppe) (*milit.*), to draw up, to deploy.
schiodare (*mecc.*), to unrivet. **2.** ~ (*carp.*), to remove nails.
schisto (*roccia*), schist, shale. **2.** olio di ~ (*ind.*), shale oil.
schistoso (*min.*), schistose.
schiuma (*gen.*), foam, froth. **2.** ~ da lattice (gomma spugnosa da lattice) (*ind. gomma*), latex foam. **3.** ~ del mare (*mar.*), sea foam. **4.** ~ di alluminio (alluminio alleggerito, o reso spugnoso, mediante apposite sostanze chimiche) (*metall.*), aluminium foam. **5.** ~ di mare (*min.*), sepiolite, meerschaum, sea foam. **6.** ~ sindiotattica (espanso sindiotattico) (*ind. chim.*), syndiotactic foam. **7.** coprire con ~ (*antincendio*), to foam. **8.** distruttore della ~ (*chim. ind.*), defoamer. **9.** estintore a ~ (*att. antincendi*), foam extinguisher. **10.** formazione di ~ (in una caldaia) (*cald.*), foaming. **11.** produzione di ~ (*chim.*), foaming.
schiumante (*gen.*), foaming. **2.** non ~ (*gen.*), non-foaming.
schiumare (fare schiuma) (*gen.*), to foam. **2.** ~ (rimuovere le scorie da un bagno fuso) (*fond.* - *metall.*), to skim.
schiumarola (fermascorie, schiumatore (*att. fond.*), skimmer.
schiumatore (filtro, per rimuovere le scorie) (*att. fond.*), skimmer.
schiumatura (*ind. latte*), topping. **2.** ~ (rimozione delle scorie da un bagno fuso) (*fond. metall.*), skimming.
schiumeggiamento (formazione di schiuma) (*gen.*), foaming.
schiumogeno (*ind.*), frothing, foaming-agent.
schiumoso (*chim.*), foamy.
"schivatura" (difetto della verniciatura consistente in piccole parti di superficie non verniciate) (*vn.*), cissing.
schizzare (*dis.*), to draft, to sketch.
schizzo (*dis.*), sketch, draft. **2.** schizzi (nella saldatura a scintillìo per es.) (*tecnol. mecc.*), spit. **3.** schizzi (spruzzi: di acqua, olio ecc.) (*gen.*), splash. **4.** ~ a mano libera (*dis.*), freehand sketch. **5.** ~ pubblicitario (~ illustrativo del lancio di un nuovo prodotto per es.) (*comm.* - *pubbl.*), visual.
schnorchel (per lo scarico dei gas e presa dell'aria del motore di un sommergibile) (*mar. milit.*), snorkel.
schoopizzazione, schoopinizzazione (processo Schoop: metallizzazione mediante spruzzatura del metallo fuso con getto di gas inerte compresso) (*metall.*), Schoop process.
"schrapnell" (granata a pallettoni) (*espl.* - *milit.*), shrapnel.
sci (*sport*), ski.
scìa (*nav.*), wake. **2.** ~ (zona d'aria in turbolenza che segue immediatamente un'auto in corsa) (*aerodin.*), slipstream. **3.** ~ (di un siluro con motore termico) (*mar. milit.*), track. **4.** ~ (di un razzo per es.) trail. **5.** ~ (flusso dell'elica) (*aer.*), slipstream. **6.** ~ del periscopio (di sott.) (*mar. milit.*), feather. **7.** ~ di condensa (~ lasciata in cielo dal passaggio di un aereo a reazione) (*aer.* - *meteorol.*), aerodynamic trail, condensation trail, vapor trail, contrail. **8.** fattore di ~ (*nav.*), wake factor. **9.** privo di ~ (senza scìa, di siluro con motore elettrico per es.) (*espl. mar. milit.*), wakeless.
sciabecco (antica navicella da guerra o corsara) (*nav.*), xebec.
sciàbica (rete per la pesca a strascico) (*nav.*), trawl. **2.** ~ da fondo (per mine per es.) (*mar. milit.*), dragline.
sciabicare (pescare con lo strascico) (*nav.*), to trawl.
sciablona (sagoma, ronda, per formare) (*fond.*), strickle, sweep.
sciabola (*arma*), saber.
sciacquare (*gen.*), to rinse. **2.** ~, *vedi anche* risciacquare.
sciacquone (*ed.*), hopper closet.
scialuppa (di salvataggio) (*nav.*), life boat.
sciame (gruppo di particelle) (*fis. atom.*), shower. **2.** ~ a bassa penetrazione (gruppo di particelle cosmiche che hanno una penetrazione [nel piombo] poco profonda) (*fis. atom.*), soft shower. **3.** ~ penetrante (gruppo di particelle cosmiche con alta penetrazione nel piombo) (*astrofisica*), penetrating shower.
sciantung (*tessuto*), shantung.
sciare (*sport*), to ski. **2.** ~ (tenersi sui remi in modo da frenare la barca) (*nav.*), to hold water. **3.** ~ (invertire il moto della barca con i remi) (*nav.*), to back water.
sciatore (*sport*), skier. **2.** ~ d'acqua (*sport*), water-skier.
sciaveri (ritagli, di carta) (*mft. carta*), offcuts.
scidula (assicella di copertura) (*ed.*), shingle.
scientìfico (*a.* - *gen.*), scientific.
sciènza, science. **2.** ~ aerospaziale (*astric.*), aerospace. **3.** ~ atomica (bomba e centrali nucleari) (*fis. atom.*), atomics. **4.** ~ degli ultrasuoni (*acus.*), ultrasonics. **5.** ~ dell'impiego (pratico) dell'energia atomica (*fis. atom.*), atomistics. **6.** ~ delle costruzioni (*arch.* - *costr.*), tectonics, architectonics, construction theory. **7.** ~ elettronica (*fis.*), electronics. **8.** ~ missilistica (missilistica) (*fis.*), rocketry. **9.** scienze naturali, natural science.
scienziato, scientist.
scìndere (*chim.*), to resolve.
scintigrafia, scintillografia (rappresentazione diagnostica di una radiazione radioisotopica in un organo del corpo umano) (*s.* - *med.*), scintigraphy.
scintilla (*gen.*), spark. **2.** ~ d'accensione (in un mo-

tore per es.) (*elett.*), ignition spark. **3.** ~ debole (*elett.*), weak spark. **4.** ~ elettrica (*elett.*), electric spark. **5.** ~ ramificata (*elett.*), branched spark. **6.** con accensione a ~ (di motore a gas per es.) (*a. - mot.*), spark-fired.

scintillamento (fenomeno elettrico per es.) (*gen.*), scintillation, sparking. **2.** ~ alle spazzole (di una dinamo per es.) (*elett.*), flashing, brush sparking. **3.** dispositivo per togliere lo ~ (*elett.*), spark arrester. **4.** senza ~ (*elett.*), sparkproof.

scintillante (*a. - gen.*), sparkling.

scintillare (fenomeno elettrico per es.) (*gen.*), to spark, to scintillate. **2.** ~ (*fenomeno astr.*), to scintillate, to sparkle, to twinkle.

scintillatore (materiale che emette fotoni otticamente visibili quando viene esposto a radiazioni ionizzanti) (*fis. atom.*), scintillator. **2.** ~ a ioduro di sodio (*fis. atom.*), sodium iodide scintillator.

scintillìo (sul commutatore di una dinamo per es.) (*elett.*), flashing, sparking, flash-over. **2.** ~ (*astr.*), scintillation, sparkling, twinkling. **3.** ~ (nella saldatura a resistenza) (*tecnol. mecc.*), flash. **4.** senza ~ (*elett.*), sparkless. **5.** tempo di ~ (*saldatura*), flashing time.

scintilloscopio (per rilevare lo scintillamento su uno schermo sensibile) (*app. eltn.*), scintilloscope, scintilliscope.

sciògliere (fare una soluzione) (*chim.*), to dissolve. **2.** ~ (attaccare) (*chim.*), to dissolve. **3.** ~ (un contratto per es.) (*amm. - leg.*), to dissolve. **4.** ~ (una società per es.) (*amm. - comm.*), to dissolve. **5.** ~ (un nodo per es.), to untie, to loose. **6.** ~ (districare, sbrogliare) (*gen.*), to unravel, to solve.

scioglimento (di società per es.) (*amm. - leg.*), dissolution.

sciolina (*sport - ind. chim.*), ski wax.

sciòlto (disciolto) (*chim.*), dissolved. **2.** ~ (di terra per es.) (*mur.*), loose. **3.** ~ (di cotone per es.) (*ind. tess.*), open state.

scioperante (*pers. - lav.*), striker. **2.** sostituto di ~ (*pers. - lav.*), strikebreaker, fink.

scioperare (di operai) (*lav.*), to strike.

sciòpero (di operai) (*lav.*), strike. **2.** ~ a oltranza (*lav.*), strike to the last. **3.** ~ a scacchiera (*lav.*), "staggered" strike. **4.** ~ a singhiozzo (*lav.*), crippling strike, "hiccup" strike. **5.** ~ bianco (*lav.*), sit-down strike. **6.** ~ con occupazione della fabbrica da parte dei dipendenti (*op. - lav.*), sit-down, sit-down strike. **7.** ~ di solidarietà (*lav.*), sympathy strike. **8.** ~ effettuato al posto di lavoro (tipo di contestazione) (*lav.*), stay-in, stay-in strike. **9.** ~ generale (*lav.*), general strike. **10.** ~ non dichiarato dai sindacati (*pers.*), unofficial strike. **11.** scioperi, rivolte, guerra civile (*ass. - leg.*), strikes, riots & civil commotion, SRCC. **12.** ~ selvaggio (sciopero improvviso non promosso dai sindacati) (*lav.*), wildcat strike.

sciovia (tipo di seggiovia) (*sport - trasp.*), skilift. **2.** ~ a trascinamento (ad agganciamento) (*trasp. - sport*), ski tow.

scirocco (vento) (*meteor.*), sirocco.

scissione, scission. **2.** ~ (fissione) (*fis. atom.*), fission. **3.** ~ nucleare (*fis. atom.*), nuclear fission. **4.** energia di ~ (*fis. atom.*), fission energy. **5.** frammenti di ~ (*fis. atom.*), fission fragments. **6.** prodotti della ~ (*fis. atom.*), fission products. **7.** soglia di ~ (*fis. atom.*), fission threshold. **8.** suscettibile di ~ (*fis. atom.*), fissionable.

scisto, *vedi* schisto. **2.** ~ bituminoso (dal quale si possono distillare prodotti petroliferi) (*min.*), oil shale.

scivertamento (angolo di sfasamento da assegnare ai timoni orizzontali per correggere lo sbandamento) (*siluristico*), heel trim.

sciuntaggio (*elett.*), shunting. **2.** ~ di campo (di un mot. elett. per es.) (*elett.*), field shunting. **3.** ~, *vedi anche* derivazione.

sciupare (*gen.*), to waste.

sciupìo (*gen.*), wastage.

scivolamento (*gen.*), skidding. **2.** ~ (scorrimento) (*geol.*), slip. **3.** ~ della ruota (dovuto ad insufficiente aderenza) (*ferr. - aut.*), wheelspin.

scivolare (*aut.*), to skid. **2.** ~ (*mecc.*), to slide. **3.** ~ d'ala (*aer.*), to sideslip, to slip.

scivolata (d'autoveicolo per es.), sideslip, skidding. **2.** ~ d'ala (*aer.*), sideslip, slip. **3.** ~ di coda (*aer.*), tail slide.

scìvolo (*app. ind.*), chute. **2.** ~ (costituito da due o più correnti, o tavoloni, che dal piano di un autocarro o vagone vanno a terra) (*ind.*), skid. **3.** ~ (per idrovolanti) (*aer.*), runway, slipway. **4.** ~ (scalo: di alaggio o di costruzione) (*nav.*), slip. **5.** ~ (condotto inclinato: per carbone, cenere ecc.), shoot. **6.** ~ (condotto inclinato per l'introduzione delle schede) (*elab.*), chute. **7.** ~ a gravità (*app. ind.*), gravity chute. **8.** ~ elicoidale (*ind.*), spiral chute. **9.** ~ per sfrido (su alcuni tipi di stampi per es.) (*lav. lamiera - ecc.*), scrap chute.

scleromètrico (*a. - fis.*), sclerometric.

scleròmetro (*strum.*), sclerometer, hardness testing machine. **2.** ~ a sfera (*strum. prova materiali*), ball hardness testing machine. **3.** ~ di Klingelfus (*strum. radiologico*), Klingelfus sclerometer.

scleroscòpio (*strum. prova materiali*), scleroscope (am.). **2.** ~ shore (*strum. mis.*), shore scleroscope.

scòcca (*costr. carrozz. aut.*), body, bodywork. **2.** ~ portante (~ strutturata in modo da sopportare direttamente le sollecitazioni senza dover ricorrere ad un telaio portante) (*costr. aut. - aer.*), unitized body. **3.** ~ semiportante (o parzialmente portante; le sollecitazioni in questo tipo di struttura sono suddivise tra la ~ ed il telaio) (*costr. aut. - aer.*), monocoque body.

scocciare (sganciare, disimpegnare) (*nav.*), to unhook.

scodellino (*mecc.*), cup. **2.** ~ (per le molle delle valvole: di motore) (*mecc.*), retainer (am.), cap, cup. **3.** ~ per molla (per valvola di mot. a c. i. per es.) (*mecc.*), spring cap.

scoglièra (*mar.*), reef.
scoglio (*geogr.*), rock. **2.** ~ a fior d'acqua (*mar.*), reef.
scolamento (della pasta di legno sul nastro di una macchina continua) (*mft. carta*), drainage.
scolantezza (attitudine della miscela di pasta di legno ed acqua a separare quest'ultima) (*mft. carta*), freeness.
scolare (per es. del materiale bagnato) (*gen.*), to dewater, to drip.
scolaro (allievo, studente) (*scuola - ecc.*), schoolboy, student, pupil.
scolatoio (*app. ind.*), dripping pan, drip pan.
scolatrice (*macch. ind.*), dewatering machine. **2.** ~ per sabbia (*macch. ind.*), sand dewatering machine.
scollamento (di un motore a c. i. all'avviamento) (*mot.*), breakaway. **2.** corrente di ~ (assorbita dal motorino di avviamento di un mot. a c. i.) (*mot.*), breakaway current.
scolmatore (per incanalare la inondazione già iniziata ed evitare ulteriori danni) (*idr.*), floodway.
scolo (*ed. - idr.*), drain, drainage. **2.** ~ (delle acque) di un tetto (*ed.*), roof drainage. **3.** ~ (*mft. zucchero*), syrup, sirup. **4.** ~ di 1° prodotto (*mft. zucchero*), white sirup, high sirup. **5.** ~ di 2° prodotto (*mft. zucchero*), intermediate sirup.
scoloramento (*chim. ind. - tintoria*), discoloration.
scolorire (*gen.*), to discolor, to fade.
scolorito (di lana per es.) (*chim. ind. - tintoria*), discolored.
scolpire (incavare) (*gen.*), to grave. **2.** ~ (il marmo per es.) (*arte*), to sculpture, to carve.
scolpitura (incavo: di battistrada per es.) (*ind. gomma*), groove.
scompartimento (*ferr.*), compartment. **2.** ~ (di vagone letto) (*ferr.*), section. **3.** ~ per fumatori (*ferr.*), smoking compartment. **4.** ~ privato (*ferr.*), stateroom.
scomparto (di contenimento per materiale sciolto: in magazzino per es.) (*ind.*), bin.
scomponibile (*gen.*), decomposable. **2.** ~ in fattori (*a. - mat.*), factorable.
scomporre (*gen.*), to decompose. **2.** ~ (*tip.*), to distribute. **3.** ~ in (*mat.*), to break out into. **4.** ~ in elementi (*gen.*), to take to pieces. **5.** ~ in fattori (*mat.*), to factorize. **6.** ~ in pezzi singoli (smontare un fucile o un motore per es.) (*mecc.*), to strip. **7.** ~ una forza nelle sue componenti (*mecc. raz.*), to resolve a force into its components. **8.** ~ un treno (*ferr.*), to split up a train.
scompositore (*op. tip.*), distributor.
scomposizione (*chim.*), resolution. **2.** ~ (*tip.*), distribution. **3.** ~ (di un lavoro in diverse operazioni semplici per es.) (*analisi tempi - ecc.*), breakdown. **4.** ~ dei treni (*ferr.*), splitting up of trains. **5.** ~ dell'immagine (esplorazione dell'immagine) (*telev.*), image scanning. **6.** ~ di una forza nelle sue componenti (*mecc. raz.*), resolution of a force into its components. **7.** ~ in fattori (*a. - mat.*), factorization.
scomposto (*gen.*), decomposed. **2.** ~ in fattori (*mat.*), factorized.
scomputare (*gen.*), to subtract, to deduct.
sconfitta (*milit.*), defeat.
scongelare (*ind. freddo*), to defrost. **2.** ~ (fondi da una banca per es.) (*finanz.*), to unfreeze.
sconosciuto (incognito) (*a. - gen.*), unknown.
scontare (una cambiale) (*comm. - amm.*), to discount.
sconto (riduzione) (*comm.*), discount, abatement, allowance. **2.** ~ (bancario) (*finanz.*), discount, bank discount. **3.** ~ anticipato (interesse scontato in anticipo) (*finanz.*), arithmetical discount. **4.** ~ cassa (*amm.*), cash discount. **5.** ~ commerciale (*amm. - comm.*), trade discount. **6.** ~ di quantità [o sulla quantità] (riduzione del prezzo in funzione della quantità ordinata) (*comm.*), quantity discount. **7.** ~ effettivo (*comm.*), true discount. **8.** ~ sul listino (riduzione dei prezzi di listino) (*comm.*), trade discount. **9.** buono per uno ~ (buono omaggio) (*pubbl. - comm.*), redemption coupon. **10.** istituto di ~ (*finanz.*), discount house, accepting house. **11.** netto di ~ (*comm.*), discount net. **12.** tasso di ~ (*finanz.*), discount rate. **13.** tasso ufficiale di ~ (*finanz.*), bank rate.
scontornamento (copertura, con vernice coprente, di parti del negativo con pigmenti opachi) (*fotomecc.*), blocking-out.
scontornare (coprire parte della negativa con pigmenti opachi allo scopo di impedirne la stampa) (*fotomecc.*), to block out. **2.** ~ (togliere parte di una illustrazione lungo i bordi) (*pubbl. - ecc.*), to crop.
scontrare (il timone) (*nav.*), to meet.
scontrarsi (collidere) (*gen.*), to collide, to shock.
scontrino (contropiastra della serratura di porte) (*ed. - aut. - ecc.*), striker plate, striker, strike. **2.** ~ (tagliando, cedola) (*comm.*), coupon.
scontro (*veic.*), collision, crash. **2.** ~ (di treni per es.) (*ferr.*), collision. **3.** ~ (castagna, di un argano) (*nav.*), pawl. **4.** ~ (risalto circolare sulla piastra di battuta della chiave per permettere il funzionamento della sola chiave che ha corrispondenti intagli) (*mecc.*), ward. **5.** mettere gli scontri (ad un argano) (*nav.*), to pawl.
scooter (motoretta) (*veic.*), motorscooter.
scooterista, scuterista (*sport - ecc.*), scooter rider, moto scooter rider.
scopa (*att. per spazzare*), broom, besom. **2.** ~ elettrica (piccolo aspirapolvere verticale) (*app. domestico*), electric broom.
scopamare (vela) (*nav.*), lower studding sail.
scopèrta (scientifica per es.) (*s. - gen.*), discovery. **2.** ~ (acquisizione di un bersaglio per mezzo di un'arma o un sistema di localizzazione) (*nav. - milit.*), acquisition. **3.** ~ (improvviso e sensazionale progresso nella conoscenza scientifica) (*studio sc.*), breakthrough. **4.** ~ a distanza (scoperta preventi-

va, sistema di allarme particolarmente studiato per scoprire il nemico a grandi distanze) (*milit.*), early warning.

scopèrto (non coperto) (*a. - gen.*), uncovered. **2.** ~ (su un conto corrente, somma scoperta) (*s. - finanz.*), overdraft, sum overdrawn. **3.** ~ bancario (*finanz.*), bank overdraft. **4.** ~ da ordine (*ind. - comm.*), out of commission.

scòpo (*gen.*), purpose, aim, end, object. **2.** ~ (elemento mobile di mira a scopo) (*top.*), target. **3.** falso ~ (*milit.*), auxiliary aiming point. **4.** mira a ~ (*top.*), target rod. **5.** senza scopi di lucro (un'organizzazione per es.) (*a. -gen.*), non-profit.

scopolamina (*chim. - farm.*), scopolamine.

"scoppiametro" (per misurare la resistenza della carta alla pressione) (*app. prove carta*), brusting strenght meter.

scoppiare (*espl.*), to explode, to burst. **2.** ~ (di pneumatico, caldaia ecc.) (*ind.*), to burst.

scoppiettio (starnutamento, tosse; rumore intermittente dovuto a combustione irregolare; nei motori a razzo per es.) (*mot. difettoso*), chugging.

scòppio (*espl.*), burst, bursting, explosion, blast. **2.** ~ (di pneumatico, caldaia ecc.) (*ind.*), burst, bursting, blowout. **3.** ~ (cedimento di roccia) (*min.*), rock burst. **4.** ~ accidentale (di una carica di scoppio in un'arma surriscaldata per es.) (*comb. - espl.*), cook off. **5.** ~ all'urto (di un proiettile) (*espl.*), percussion burst. **6.** ~ a terra (di un proiettile) (*espl.*), graze burst. **7.** ~ in aria (di un proiettile) (*espl.*), air burst. **8.** ~ ritardato (di un proiettile) (*espl.*), retarded burst. **9.** ~ sonico (di aereo che supera la velocità del suono) (*acus.*), sonic boom. **10.** carica di ~ (*espl.*), bursting charge. **11.** velocità di ~ (*espl.*), bursting velocity.

scoprire (togliere il coperchio, la copertura ecc.) (*gen.*), to uncover. **2.** ~ (fare una scoperta: scientifica per es.) (*gen.*), to discover. **3.** ~ ([o acquisire] il bersaglio per es. un sottomarino, per mezzo di un siluro a testa autocercante o di un sistema di localizzazione) (*nav. - milit.*), to acquire the target.

scorciare (rappresentare in prospettiva) (*dis. - arte*), to foreshorten.

scorciatoia (*strad.*), short-cut.

scorcio (nella prospettiva) (*arch. - geom.*), foreshortening.

scòria (*metall. - fond.*), slag, dross, cinder, scoria. **2.** ~ (loppa: prodotti fusi di estrazione od affinazione) (*metall.*), slag, dross, cinder. **3.** ~ (del metallo fuso) (*metall.*), scum. **4.** ~ (sulla superficie del ferro nella lavorazione a caldo) (*metall.*), scale. **5.** ~ (cenere ed incombusti di focolare per es.), cinder. **6.** ~ (fusa: di focolare per es.), clinker. **7.** ~ (di un bagno di stagnatura) (*metall.*), scruff. **8.** ~ (inclusioni di scoria nella saldatura) (*difetto saldatura*), inclusion, slag, slag trap. **9.** ~ (strato di materiale solido galleggiante sulla superficie del vetro fuso) (*mft. vetro*), scum. **10.** ~ basica (o corta), basic slag. **11.** ~ d'alto forno (*metall.*), blast furnace slag. **12.** ~ di fucinatura (*metall.*), forge scale, clinker. **13.** ~ di laminazione (*ind. metall.*), mill scale. **14.** ~ di spillatura (*metall.*), tapping slag. **15.** ~ di stagno (*metall.*), quitter. **16.** ~ fusa galleggiante (*metall.*), floss. **17.** ~ galleggiante (*metall.*), floating slag. **18.** ~ incorporata (nella trafilatura di fili) (*metall.*), draw-in scale. **19.** ~ incorporata (nel corso della laminazione) (*metall.*), rolled-in scale. **20.** ~ locale (su una lamiera, dovuta ad imperfetto decapaggio) (*metall.*), black patch. **21.** ~ locale (dovuta a stretto contatto delle lamiere durante il decapaggio) (*metall.*), "kisser". **22.** ~ metallurgica (per calcestruzzo per es.) (*ed. - metall.*), metal slag, blast furnace slag. **23.** ~ spugnosa (scoria di alto forno, per il calcestruzzo) (*ed.*), foamed slag. **24.** scorie Thomas (*metall. - agric.*), Thomas meal. **25.** ~ vetrosa (di focolare), vitreous clinker. **26.** addetto alle scorie (*op. - metall.*), cinderman. **27.** eliminare la ~ (mediante fucinatura) (*metall.*), to shingle. **28.** formazione di ~ (su acciaio durante la lavorazione a caldo) (*fucinatura*), scaling. **29.** inclusioni di ~ (alla superficie di un getto) (*difetto di fond.*), slag inclusions.

scorificare, to scorify, to slag.

scorniciatore (incorsatoio, per linguette) (*ut.*), tongue plane.

scorniciatrice (per perlinaggi: per lavorazione contemporanea sulle quattro facce) (*macch. ut. legno*), matching machine, planing and molding machine. **2.** ~ (per lavorare modanature con profili diversi) (*falegn. - macch. ut.*), molding machine.

scoronamento (rottura del coronamento, di un argine) (*costr. idr.*), breaking of the top.

scoronare (tagliare le estremità di un cilindro di vetro) (*mft. vetro*), to cap.

scorrere (*idr.*), to flow. **2.** ~ (*mecc.*), to slide. **3.** ~ (passare per es. sotto un rivelatore di falle del rivestimento isolante: un filo elettrico isolato per es.) (*ind. elett. - ecc.*), to underrun. **4.** ~ plasticamente (essere soggetto a scorrimento plastico: scorrimento viscoso di un solido a temperatura ambiente) (*fis.*), to cold-flow. **5.** far ~ nei telai di raffreddamento (il sapone) (*mft. sapone*), to frame. **6.** fare ~ (far muovere l'immagine sullo schermo video dal basso verso l'alto) (*elab. - telev.*), to scroll, to roll up, to rack up.

scorrévole (di pezzo mecc. che scorre su guide per es.) (*a. - mecc.*), sliding. **2.** ~ (avente poco attrito: qualità meccanica di una macchina per es.) (*a. - mecc.*), smooth running. **3.** ~ (fluido: di olio lubrificante per es.) (*fis.*), thin.

scorrevolezza (*mecc.*), smoothness. **2.** ~ (fluidità, di un metallo liquido per es.) (*fond. - ecc.*), flowability.

scorrimento (*mecc.*), sliding, slide. **2.** ~ (slittamento) (*mecc.*), slipping. **3.** ~ (a caldo) (*metall.*), *vedi* scorrimento viscoso. **4.** ~ (di freni) (*mecc.*), slippage. **5.** ~ (di una cinghia su una puleggia) (*mecc.*), slip. **6.** ~ (di giunto idraulico per es.)

(*mecc.*), slippage. **7.** ~ (scivolamento) (*geol.*), slip. **8.** ~ (uguale alla differenza delle velocità angolari del campo magnetico rotante e dell'indotto diviso per la prima) (*elett.*), slip. **9.** ~ (dell'immagine) (*difetto telev.*), hunting. **10.** ~ (di materiale: dovuto alla imbutitura) (*metall.*), slip. **11.** ~ (dovuto alla flessibilità della cinghia: in una trasmissione a cinghia) (*mecc.*), creep. **12.** ~ (di un contatore elettrico) (*elett.*), creeping. **13.** ~ (movimento verticale, generalmente continuo, dell'immagine dal basso verso l'alto su schermo video) (*elab.*), scrolling. **14.** ~ (spostamento; movimento di caratteri verso destra o verso sinistra) (*s. - elab.*), shift. **15.** ~ aritmetico (*elab.*), arithmetic shift. **16.** ~ a sinistra (movimento dei caratteri verso sinistra) (*elab.*), left-shift. **17.** ~ ciclico [~ circolare] (*elab.*), cyclic shift, circular shift, circuit shift, ring shift. **18.** ~ molecolare (*fis.*), creep. **19.** ~ plastico (~ viscoso di un solido, nel tempo, a temperatura ordinaria) (*fis.*), cold flow. **20.** ~ verticale (dell'immagine dovuto a difettoso sincronismo di quadro) (*difetto telev.*), vertical hunting, "flapover". **21.** ~ viscoso (scorrimento a caldo: nel metallo di parti esposte ad elevate temperature come nelle turbine a gas) (*metall.*), creep. **22.** ~ viscoso (di gomma) (*tecnol. - ind. gomma*), drift, creep. **23.** bande di ~ (linee di scorrimento, dovute a scorrimento dei cristalli causato dalla deformazione) (*difetto metall.*), slipbands, slip lines. **24.** colata per ~ (di materie plastiche per es.) (*ind. chim.*), flow casting. **25.** cricca di ~ (difetto) (*metall.*), slip crack. **26.** linee di ~ (*metall.*), flow lines. **27.** punto di ~ (sollecitazione minima alla quale una plastica scorre ed al disotto della quale essa si comporta come un corpo elastico ed al disopra come un liquido viscoso) (*tecnol.*), yield value.

scòrta (di materiali a magazzino per es.) (*s. -gen.*), store, stock, supply on hand. **2.** ~ (ricambio: ruota di scorta di autoveicolo per es.) (*a. - gen.*), spare. **3.** ~ (*s. -ferr. - nav. - ecc.*), convoy, escort. **4.** ~ (di navi) (*mar. milit.*), convoy, screen. **5.** ~ di materie prime (*ind.*), stores. **6.** ~ (di) polmone (*ind. - amm.*), buffer stock. **7.** ~ minima (*magazzino*), minimum stock, reorder point. **8.** controllo delle scorte (*ind.*), inventory control. **9.** esaurire le scorte (*ind.*), to stock out, to finish the stock. **10.** gestione delle scorte (*ind.*), inventory management, inventory policy. **11.** rotazione delle scorte (*amm. magazzino*), inventory turnover. **12.** ~ (*comm.*), *vedi anche* riserva.

scortare (*mar. milit.*), to convoy, to escort.

scortecciare (un sughero per es.) (*ind. carta. - ecc.*), to disbark, to barkpeel, to ross, to debark. **2.** ~ (barre, lingotti ecc.) (*metall.*), to peel, to scalp. **3.** ferro per ~ (*ut.*), spud, bark peeling iron.

scortecciato (*legno*), disbarked, barkpeeled, barked, peeled.

scortecciatrice (scorzatrice) (*macch. ind. carta*), barker, barkpeeler, bark-peeling machine, bark mill. **2.** ~ a coltelli (*macch. mft. carta*), knife barking machine. **3.** ~ a disco (*macch. mft. carta*), disk barker. **4.** ~ a tamburo rotativo (scortecciatrice a tamburo rotante) (*macch. mft. carta*), drum barker.

scortecciatura (*legno*), disbarking, barkpeeling, barking, peeling.

scorticatura, *vedi* pelatura.

scorzatrice (*macch. ind. carta - ecc.*), *vedi* scortecciatrice.

scòssa (*gen.*), shake, concussion. **2.** ~ (*fis. - mecc.*), shock, bump. **3.** ~ (causata da correnti ascendenti o discendenti, su aereo in volo) (*aer.*), bump. **4.** ~ dura (per stivare la terra nella forma) (*fond.*), jolt. **5.** ~ elettrica (*elett.*), electric shock.

scossone (di veicolo per es.) (*gen.*), jolt.

scostamento (in un sistema di tolleranze: differenza algebrica tra le misure limite e la dimensione nominale) (*mecc.*), deviation. **2.** ~ (deviazione, da una regola per es.) (*gen.*), departure, deviation. **3.** ~ (scarto, deviazione di un valore osservato) (*stat. controllo qualità*), deviation. **4.** ~ (scarto del valor medio) (*stat.*), residual error. **5.** ~ inferiore (dalla dimensione nominale) (*mecc.*), lower deviation, minus deviation. **6.** ~ superiore (dalla dimensione nominale) (*mecc.*), upper deviation, plus deviation. **7.** ~ tipo (scarto tipo, scarto quadratico medio) (*stat. - controllo qualità*), standard deviation, root-mean-square deviation.

scostare (*gen.*), to shove off.

scostarsi (*gen.*), to move away. **2.** ~ (allargarsi, allontanarsi per evitare una collisione per es.) (*nav.*), to sheer off.

scòtola (scotolatrice) (*macch. tess.*), scutcher, scutch, scutching machine.

scotolare (*tess.*), to scutch.

scotolatrice (per lino per es.) (*macch. tess.*), scutcher, scutch, scutching machine.

scotolatura (stigliatura) (*ind. tess.*), scutching.

scòtta (manovra vele) (*nav.*), sheet, sheets. **2.** ~ di coltellaccio (*nav.*), deck sheet. **3.** ~ di randa (*nav.*), boom sheet.

scottabilità (della gomma) (*ind. gomma*), scorchability.

scottare (*gen.*), to scorch, to scald. **2.** ~ (nella manifattura gomma) (*ind.*), to scorch, to precure.

scottatura (*gen.*), scorch. **2.** ~ (nella manifattura della gomma) (*ind.*), scorching, precuring.

scovolatura (di tubazioni per es.) (*tubaz. - ecc.*), swabbing.

scovolo (tipo di spazzola da passare nelle tubazioni per pulirle) (*att. per tubaz.*), pig. **2** ~ (per armi da fuoco per es.) (*att.*), swab, sponge. **3.** ~ (per caldaia) (*att.*), tube-brush, swab. **4.** ~ per canne fumarie (*ut.*), flue brush.

scòzia (modanatura concava) (*arch.*), scotia.

scremare (latte) (*ind.*), to skim, to cream.

scremato (magro, di latte) (*ind.*), skimmed, creamed.

scrematrice (*macch. ind.*), cream separator.

scrematura (del latte per es.) (*ind.*), skimming, cream separation.

screpolarsi (*gen.*), to crack.

screpolatura (*gen.*), crack, fissure. **2.** ~ (cretto) (*ed.*), flaw. **3.** ~ (incrinatura) (di un getto per es.) crack. **4.** ~ (in uno strato di vernice) (*vn.*), crack. **5.** ~ (di superficie stradale) (*strad.*), crack. **6.** ~ a pelle di coccodrillo (*difetto vn.*), alligatoring, crocodiling. **7.** ~ capillare (superficiale) (*difetto vn.*), hair cracking. **8.** ~ dei fianchi (di pneumatico) (*ind. gomma*), side-wall crack. **9.** ~ del battistrada (di pneumatico) (*ind. gomma*), tread crack. **10.** ~ dovuta a dilatazione (*mur.*), crack due to expansion. **11.** ~ dovuta al ritiro (*mur.*), crack due to shrinking. **12.** ~ in profondità (*difetto vn.*), cracking.

screziato (con macchie di diverso colore) (*a. - gen.*), mottled.

screziatura (macchie di diverso colore su una superficie) (*gen.*), mottling.

scriccare (asportare materiale a freddo con scalpello pneumatico o a caldo con fiamma, in corrispondenza di screpolature, di una billetta per es.) (*metall.*), to deseam. **2.** ~ alla fiamma (scriccare con cannello in corrispondenza di screpolature ecc.) (*metall.*), to scarf. **3.** ~ con polvere abrasiva (*metall.*), to scarf.

scriccatore (operaio che usa lo scalpello per scriccare un lingotto per es.) (*op. metall.*), chipper. **2.** ~ (operaio che toglie i difetti superficiali dei lingotti mediante fiamma o con polvere abrasiva) (*op. metall.*), scarfer. **3.** ~ (scalpello da sbavatore) (*ut. da fond.*), chipper.

scriccatrice (alla fiamma) (*macch. - metall.*), scarfing machine.

scriccatura (asportazione con scalpello o fiamma di materiale in corrispondenza di screpolature, di una billetta per es.) (*metall.*), deseaming. **2.** ~ con cannello (scriccatura alla fiamma in corrispondenza di screpolature superficiali su fucinati e getti) (*metall.*), scarfing. **3.** ~ con polvere abrasiva (*metall.*), scarfing by abrasive powder.

scricchiolare (di carrozzeria di automobili per es.) (*acus.*), to squeak.

scritta (*gen.*), writing, inscription. **2.** ~ (marca del fabbricante, sulla parte anteriore o posteriore) (*aut.*), nameplate. **3.** ~ aerotrainata (insegna aerotrainata) (*pubbl.*), sky sign.

scritto (*s. - gen.*), writing. **2.** ~ (*a. - gen.*), written. **3.** ~ (o stampato) su di una sola faccia (*tip.*), anopisthographic. **4.** ~ a macchina (dattiloscritto) (*a. - macch. per scrivere*), typewrited.

scrittore (*gen.*), writer.

scrittura (*gen.*), write, writing. **2.** ~ aerea (mediante fumo) (*aer.*), skywriting. **3.** ~ a macchina (*operaz. di uff.*), typewriting. **4.** ~ a macchina (con macchina per scrivere) elettrica (*macch. per scrivere*), power typing. **5.** ~ a mano (*scrittura*), script. **6.** ~ e lettura simultanea (*elab.*), writing-while-read. **7.** ~ privata (*leg.*), private contract. **8.** ~ raggruppata (o accumulata) (*elab.*), gathered writing. **9.** a ~ diretta (p. es. di un galvanometro ecc.) (*a. - strum.*), direct-writing.

scritturale (soldato) (*milit.*), clerk.

scritturare (*teatro - ecc.*), to engage.

scritturazione (di un attore) (*teatro - ecc.*), engagement.

scrivanìa (*mobile da uff.*), desk, bureau (ingl.). **2.** ~ con libreria annessa (*mobile da casa*), secretary bookcase. **3.** da ~, del tipo da ~ (di elaboratore per es., progettato per rimanere sulla ~) (*a. - elab. - ecc.*), desk-top.

scrivano (*lav.*), writer.

scrivènte (di macchina) (*a.*), writing.

scrìvere, to write. **2.** ~ (introdurre i dati nella memoria) (*elab.*), to write. **3.** ~ a macchina (una lettera per es.) (*operaz. di uff.*), to typewrite. **4.** ~ in maiuscole (*tip. - elab.*), to capitalize. **5.** macchina per ~ (*macch. da uff.*), typewriter.

scròcco (di una porta per es.) (*ed.*), spring latch.

"scromare" (togliere lo strato di cromo da una superficie cromata) (*elettrochim.*), to strip the chromium plating.

scrostamento (*mur.*), scraping. **2.** ~ pulverulento (sfarinamento) (*difetto vn. - ecc.*), powdering.

scrostare (una caldaia per es.) (*ind.*), to descale, to take off scales. **2.** ~ (un intonaco per es.) (*mur.*), to scrape. **3.** ~ (togliere la vecchia vernice: prima della riverniciatura) (*vn.*), to strip. **4.** ~ (togliere le scorie da un fucinato) (*fucinatura*), to descale.

scrostatore (apparecchio per togliere le scorie da un fucinato) (*app. fucinatura*), descaler. **2.** ~ idraulico (apparecchio per togliere le scorie da un fucinato mediante getto d'acqua ad alta pressione) (*app. fucinatura*), hydraulic descaler.

scrostatura (eliminazione della vecchia vernice: prima della riverniciatura) (*vn.*), stripping. **2.** ~ (di una caldaia per es.) (*ind.*), descaling. **3.** ~ (di un intonaco per es.) (*mur.*), scraping.

scrubber (gorgogliatore di lavaggio, per gas) (*app. chim.*), scrubber.

scrutatore (persona che computa i voti nelle votazioni) (*politica*), teller.

scrutinio (*politica*), scrutiny.

scucire (*gen.*), to unseam.

scuderia (*ed.*), stable. **2.** ~ (*corse cavalli*), stable.

scudo (paraschegge, di un cannone) (*arma da fuoco*), shield. **2.** ~ (struttura metallica usata per l'attacco di gallerie in terreno sciolto) (*min. - costr. strad. e ferr.*), shield. **3.** ~ (ECU) (*finanz.*), *vedi* ECU. **4.** ~ antimissile (in un reattore nucleare per es.) (*sicurezza - milit.*), missile shield. **5.** ~ di prua (irrigidimento di prua, dell'involucro di un dirigibile) (*aer.*), bow cap, nose cap. **6.** ~ termico (*missil.*), nose cone. **7.** ~ termico a carbonizzazione superficiale (*astric.*), charring ablator. **8.** ~ termico (protezione termica di veicolo spaziale al suo rientro nell'atmosfera) (*astric.*), ablator.

scuffia, fare scuffia (capovolgersi) (*nav.*), to capsize.

scultore (*arte*), sculptor.
scultura (*arte*), sculpture.
scuoiare (*ind. cuoio*), to flay.
scuoiatore (*lav. ind. cuoio*), flayer.
scuoiatura (*ind. cuoio*), flaying.
scuòla (*arch.*), school. **2.** ~ aziendale (per l'addestramento di nuovi operai ecc.) (*pers. - ind.*), vestibule school. **3.** ~ di volo (*aer.*), flying school. **4.** ~ industriale, industrial school. **5.** ~ professionale (*organ. lav. ind.*), training school. **6.** ~ secondo periodo (*aer.*), advanced training. **7.** ~ serale (*scuola*), evening school. **8.** apparecchio ~ (*aer.*), training aircraft, tainer. **9.** nave ~ (*nav.*), school ship, training ship.
scuolabus (*trasp.*), school bus.
scuòtere (*gen.*), to shake, to jolt.
scuotimento (*gen.*), shaking jolting. **2.** ~ (vibrazione irregolare) (*aer.*), buffeting (ingl.). **3.** ~ (di una sospensione) (*aut.*), rebound. **4.** ~ (della lana per eliminare le lappole) (*ind. lana*), shaking. **5.** ~ (dell'aereo ad eccessiva velocità (*aer.*), buffet. **6.** ~ della carrozzeria (da oscillazioni torsionali) (*aut.*), body shake. **7.** arresto ~ (limitatore di oscillazioni, limitatore dello scuotimento, di una sospensione per es.) (*aut.*), rebound stop. **8.** bandella arresto ~ (delle sospensioni per es.: staffa di fine corsa) (*aut.*), rebound strap. **9.** cavo arresto ~ (cavo limitatore di oscillazioni, delle sospensioni per es.) (*aut.*), rebound cable. **10.** tampone di gomma per arresto ~ (delle sospensioni per es.) (*aut.*), rebound rubber.
scuotipaglia (di trebbiatrice) (*agric.*), shaker.
scuotitore (*mecc.*), shaker. **2.** ~ (meccanismo scuotitore, di una macchina continua per la carta) (*macch. mft. carta*), shake.
scure (*att.*), axe, ax. **2.** ~ (coltello da macellaio), chopper. **3.** ~ a doppio taglio (*att.*), double-bitted ax. **4.** ~ bipenne (*att.*), double-bitted ax. **5.** ~ del boscaiolo (*ut.*), felling ax.
scuretto (*ed.*), staff bead.
scurezza (di una tinta per es.) (*ott. - ecc.*), darkness.
scurino (scuro interno ad una finestra) (*ed.*), window shutter, shutter.
scurire (una tinta per es.) (*gen.*), to darken, to sadden.
scuro (*a. - gen.*), dark, dusk, dingy. **2.** ~ (di un negativo sovraesposto o eccessivamente sviluppato per es.) (*fot.*), dense. **3.** ~ (senza contrasto: di negativo) (*fot.*), low-key. **4.** ~ (scurino, interno ad una finestra per es.) (*s. - ed.*), window shutter.
"sdetto" (spostato, getto spostato) (*difetto di fond.*), shifted casting.
sdoganamento (di merci) (*comm.*), clearance. **2.** pratica di ~ (di una nave) (*mar. mercantile*), clearance.
sdoganare (*comm.*), to clear.
sdoganato (*comm.*), cleared. **2.** reso ~ (*comm.*), delivered duty paid.
sdoppiamento (*gen.*), splitting. **2.** ~ alla estremità (spaccatura dell'estremità, difetto di un pezzo laminato dovuto alla qualità del materiale) (*metall.*), split end.
sdoppiatore (dispositivo per dividere l'oggetto in due parti) (*gen.*), splitter.
sdoppiatura, *vedi* sdoppiamento.
sdraio (carrellino basso per meccanici, per lavorare sotto le automobili) (*att.*), cradle.
sdrucciolamento (slittamento, su fondo stradale bagnato per es.) (*aut.*), slipping.
sdrucciolare (scivolare, slittare) (*gen.*), to slip.
sdrucciolévole, slippery. **2.** strada ~ (*strad.*), slippery road.
sdrucciolevolezza (di una strada) (*aut.*), slipperiness.
sebàceo (*chim.*), sebacic.
sec (secondo) (*unità di tempo*), sec, s., second.
SECAM (sistema SECAM; uno dei sistemi per trasmettere e ricevere la televisione a colori) (*telev.*), SECAM, SEquential Couleur A Memoire.
secante (*geom.*), secant. **2.** ~ iperbolica (*mat.*), hyperbolic secant.
secca (*mar.*), shoal. **2.** ~ (banco) (*mar.*), bank.
seccare (*ind.*), to dry. **2.** ~ (di vernice per es.), to set to dry.
seccativo (*ind. chim.*), siccative. **2.** olio ~ (*ind. vn.*), siccative oil.
seccatoio (raschiatoio di gomma) (*attr. domestico - nav. - fot.*), squeegee. **2.** ~ (*ind.*), *vedi* essiccatoio.
seccatore (tamburo essiccatore, cilindro essiccatore, di una macchina continua per la carta) (*macch. mft. carta*), drier.
seccheria (parte secca: di una macchina continua per la carta) (*macch. mft. carta*), dry end.
secchezza (*gen.*), dryness.
secchia (*gen.*), bucket, pail.
secchio (*att.*), bucket, pail. **2.** secchia di colata (siviera) (*fond.*), ladle. **3.** ~ di tela (bugliolo di tela) (*att. nav.*), canvas bucket.
secchione (siviera) (*fond. - metall.*), ladle, bull ladle. **2.** ~ (per carbone) (*min.*), tub. **3.** ~ caricatore semovente (*macch. movimento terra*), bucket loader.
secco (*a. - gen.*), dry. **2.** ~ assoluto (di pasta di legno per es.) (*mft. carta - ecc.*), bone-dry. **3.** a ~ (della frizione di un'auto per es.) (*a - mecc.*), dry. **4.** a ~ (di un muro costruito senza malta per es.) (*a. - mur.*), dry. **5.** a ~ di vele (a palo secco) (*nav.*), under bare poles. **6.** coesione a ~ (di terre o miscele per fonderia) (*fond.*), dry strength. **7.** pila a ~ (*elett.*), dry cell (ingl.), dry battery (am.). **8.** vapore ~ (*termod.*), dry steam.
seconda (velocità: di cambio di automobile) (*mecc.*), second speed, second gear.
secondario (di minore importanza) (*a. - gen.*), secondary. **2.** ~ (di un atomo di carbonio per es.) (*a. - chim.*), secondary. **3.** ~ (avvolgimento secondario: di un trasformatore per es. (*s. - elett.*), secondary. **4.** ~ (albero secondario di cambio di automobile per es.) (*s. - mecc.*), driven shaft, coun-

tershaft (am.). **5.** con ~ avvolto (in luogo della gabbia di scoiattolo) (*mot. a induzione*), phase-wound.

secondo (minuto secondo) (*s. - mis. tempo*), second. **2.** ~ (successivo al primo) (*a. - mat.*), second. **3.** ~ (ufficiale in seconda, ufficiale che succede gerarchicamente al capitano) (*nav.*), mate. **4.** ~ atomico (unità internazionale del tempo basata sull'oscillazione interna del cesio 133 e che ha sostituito l'unità basata sul moto della terra) (*mis. del tempo*), atomic second. **5.** ~ maschio per filettare (*ut. mecc.*), second tap. **6.** ~ secondo (ritmo di accelerazione: sec^2) (*mecc. raz.*), second per second. **7.** centesimo di ~ (*mis.*), centisecond, hundredth of a second. **8.** fotogrammi al ~ (velocità di ripresa o di proiezione di una pellicola) (*cinem.*), frames/second, frames per second. **9.** spaccare il ~ (di un orologio) (*tempo*), to split a second.

"secretaire" (scrivania con annessa libreria) (*mobile*), secretary, secretary bookcase.

sède, seating, seat. **2.** ~ (di una ditta per es.) (*comm.*), office. **3.** ~ (di valvola per es.) (*mecc.*), seat, seating. **4.** ~ (custodia, di cuscinetto per es.) (*mecc.*), housing, hsg. **5.** ~ candela (riportata) (*mot.*), sparking plug adaptor. **6.** ~ conica (di valvola per es.) (*mecc.*), conical seat. **7.** ~ della lama (di una pialla) (*carp.*), frog. **8.** ~ della valvola (*mecc.*), valve seat, "valve face". **9.** ~ di bloccaggio (*mecc.*), lock slot. **10.** ~ di calettamento della mola (*macch. ut. - mecc.*), wheel seat. **11.** ~ di cuscinetto (*mecc.*), bearing housing. **12.** ~ di rotolamento (gola, pista: di un cuscinetto a sfere) (*mecc.*), race. **13.** ~ di valvola riportata (nella testata di un motore a scoppio per es.) (*mecc.*), inserted valve seat. **14.** ~ per ago (di carburatore) (*mecc. - mot.*), needle valve seat. **15.** ~ (o cava) per grano di riferimento (*mecc.*), dowel slot. **16.** ~ piana (di valvola per es.) (*mecc.*), flat seat. **17.** ~ principale (di una ditta) (*comm.*), main office. **18.** ~ riportata (di valvola di un motore per es.) (*mecc.*), inserted valve seat, valve seat. **19.** ~ sociale (di una società per es.) (*comm.*), principal office. **20.** ~ stradale (*strad.*), roadway. **21.** ~ tranviaria (*traff. strad.*), car-track lane. **22.** rinnovare le sedi (delle valvole per es.) (*mecc.*), to reseat. **23.** ripassare le sedi delle valvole (*mecc.*), to regrind the valve seats (am.), to grind the valve seats, to recut the valve seats, to recondition the valve seats.

sèdia (*mobilio*), chair.

sedicèsimo (*stampa*), decimo sexto. **2.** ~ (in sedicesimo, libro con i fogli piegati in sedici pagine) (*s. - a. - tip. - legatoria*), sixteenmo, sextodecimo, 16mo.

sedile (di aut. per es.), seat. **2.** ~ (di una carrozza salone) (*ferr.*), chair. **3.** ~ (di una cabina di un panfilo per es., con sottostanti armadietti) (*nav.*), transom. **4.** ~ a "baquet" (in vecchie auto da corsa per es.) (*aut.*), bucket seat. **5.** ~ a schienale alto (di una carrozza passeggeri per es.) (*ferr. - ecc.*), high-back seat. **6.** ~ a schienale inclinabile (*ferr. - ecc.*), reclining seat. **7.** ~ a schienale mobile (*ferr. - ecc.*), throw-over seat. **8.** ~ avvolgente (*aut. - ecc.*), bucket seat, wrap-around seat. **9.** ~ catapultabile (di un caccia per es.) (*aer.*), ejection seat. **10.** ~ cernierato ribaltabile (o strapuntino: installato tra lo schienale anteriore ed il sedile posteriore) (*aut.*), rumble seat. **11.** ~ con schienale concavo e cernierato (*aut. - aer.*), bucket seat. **12.** ~ del cocchiere (cassetta, serpa, di una carrozza a cavalli) (*veic.*), dickey, dicky. **13.** ~ di latrina (*ed.*), W.C. seat. **14.** ~ doppio per carrozze ferroviarie (*ferr.*), twin car seat. **15.** ~ girevole (di carrozza salone per es.) (*ferr.*), revolving chair. **16.** ~ inclinabile (di aut. per es.) (*aut. - ecc.*), reclining seat. **17.** ~ motorizzato (con comandi per variarne l'inclinazione o l'altezza) (*aut.*), power seat. **18.** ~ posteriore (di aut. per es.), rear seat. **19.** ~ (o poltroncina) ribaltabile (di un teatro per es.) (*gen.*), folding seat. **20.** ~ ribaltabile (*aut.*), drop seat. **21.** ~ ripiegabile esterno (di fortuna: situato nella parte posteriore di una spider) (*aut.*), rumble seat. **22.** cuscino di ~ (di aut. per es.), seat cushion. **23.** schienale di ~ (di aut. per es.), back of seat. **24.** tela per sedili (*ferr. - ecc.*), seat webbing.

sedimentabile (che può essere sedimentato) (*a. - chim. - fis.*), sedimentable. **2.** non ~ (p. es. di una miscela di acqua e materiale solido in sospensione) (*fis. - chim.*), nonsedimentable.

sedimentare (*chim. - ecc.*), to settle, to sediment.

sedimentario (*a. - min.*), sedimentary.

sedimentazione (*chim. - min.*), sedimentation. **2.** ~ (deposito dei costituenti solidi, di una vernice per es.) (*fis.*), settling. **3.** ~ dura (della vernice, in una massa compatta) (*vn.*), caking. **4.** vasca di ~ (*fognatura*), sedimentation tank.

sedimento (*fis. - chim. - idr.*), sediment. **2.** ~ (di caldaia per es.), deposit. **3.** sedimenti (residui dei processi di raffinazione) (*chim. ind.*), foots. **4.** ~ (*fis. - chim.*), sediment.

seduta (riunione) (*finanz. - ecc.*), sitting, meeting.

"seeger", *vedi* sieger.

sega (*att.*), saw. **2.** ~, *vedi anche* segatrice. **3.** ~ (per taglio) a caldo (per metalli), hot saw. **4.** ~ a catena (*ut.*), chain saw. **5.** ~ a corona (*ut.*), tubular saw. **6.** ~ ad attrito (*macch. ut.*), cold saw, friction saw. **7.** ~ a filo elicoidale (costituita da cavi d'acciaio ad anello continuo) (sega da pietra) (*ut.*), helicoidal saw. **8.** ~ a filo elicoidale (*taglio marmo - ecc.*), wire saw. **9.** ~ a freddo (*macch. ut.*), cold saw. **10.** ~ a lame multiple (*macch. lav. legno*), gang mill. **11.** ~ alternativa verticale per segherie (*macch. ut. carp.*), muley saw, mulay saw. **12.** ~ a mano da falegname (*att.*), bucksaw. **13.** ~ a mano per tronchi (*att. per segantini*), pitsaw, pit saw, whipsaw, two-man saw. **14.** ~ a nastro (*macch.*), belt saw, endless saw, band saw. **15.** ~ a pendolo a motore per tagli trasversali (*macch. ut.*), pendulum crosscut saw. **16.** ~ a scanalare a denti fissi (*ut.*), solid teeth grooving saw. **17.** ~ a scanalare a denti smontabili (*ut.*), removable teeth grooving saw. **18.** ~ a svolgere (*att. carp.*), scroll saw. **19.** ~

a telaio (*ut. carp.*), frame saw, web saw. **20.** ~ che taglia sia nella corsa di andata che in quella di ritorno (a doppia corsa utile) (*ut.*), double-cut saw. **21.** ~ circolare (*macch. ut.*), circular saw, disk saw. **22.** ~ circolare a lama obliqua (*macch.*), drunken saw. **23.** ~ (circolare) a polvere di diamante (*ut.*), diamond saw. **24.** ~ circolare a scanalare (*macch. ut. carp.*), grooving saw. **25.** ~ circolare con testata mobile per tagli incrociati e intagli (*macch. ut.*), traveling head crosscutting and trenching circular saw. **26.** ~ circolare montata su banco (*macch. ut. carp.*), bench saw. **27.** ~ circolare oscillante (*ut.*), wobble saw (ingl.). **28.** ~ circolare per metalli (*ut.*), slitting saw. **29.** ~ da amputazione (*strum. med.*), amputation saw. **30.** ~ da macellaio (*att.*), butcher's saw. **31.** ~ da traforo (*att. carp.*), fret saw. **32.** ~ frontale a corona (*ut.*), crown saw, cylindrical saw. **33.** ~ intelaiata a lama tesa (*att. falegn.*), bucksaw. **34.** ~ meccanica (*macch. ut.*), sawing machine. **35.** ~ meccanica a svolgere (*macch. ut.*), scroll saw. **36.** ~ meccanica per legno (*macch. ut.*), sawmill. **37.** ~ meccanica per tavolame (*macch. ind. legno*), log frame. **38.** ~ multipla (*macch. carp.*), gang saw. **39.** ~ per lamiera ondulata (*ut.*), corrugated sheet saw. **40.** ~ per rotaie (*ut.*), rail saw. **41.** ~ per scanalare a denti fissi (*ut.*), solid teeth grooving saw. **42.** ~ per scanalare a denti smontabili (*ut.*), removable teeth grooving saw. **43.** ~ per taglio secondo fibra (~ meccanica con lama a dentatura grossa) (*macch. legno*), rip saw, split saw. **44.** ~ per taglio trasversale (sega da tronchi, segone) (*ut. carp.*), crosscut saw. **45.** ~ per tavolame (di spessore commerciale) (*macch. ut. per legno*), board mill. **46.** ~ per tenoni (*ut. carp.*), tenon saw. **47.** ~ radiale (*macch. ut.*), radial saw. **48.** a denti di ~, serrate, sawtoothed, serrated. **49.** a forma di denti di ~ (*a. - gen.*), saw-toothed. **50.** lama della ~ (*mecc.*), sawblade.

segaccio (saracco) (*att. carp.*), ripsaw, ripper. **2.** ~ per pavimentatori (per pavimenti in legno) (*ut. carp.*), flooring saw.

ségale (*agric.*), rye.

segantino (*op. legn.*), sawyer.

segare (*mecc. - falegn. - med.*), to saw. **2.** ~ (in una segheria) (*ind. legn.*), to mill. **3.** ~ secondo la fibra (*falegn.*), to rip.

segatrice (*macch. ut.*), sawing machine, saw. **2.** ~, *vedi anche* sega. **3.** ~ alternativa (per metalli) (*macch. ut.*), hack sawing machine. **4.** ~ a nastro (sega a nastro) (*macch. ut.*), belt saw, endless saw, band saw. **5.** ~ a nastro per lamiere e tubi (*macch. ut.*), sheeet metal and tube band sawing machine. **6.** ~ automatica per barre (*macch. ut.*), automatic bar sawing machine. **7.** ~ (o sega) circolare da banco (*macch. ut.*), bench circular saw. **8.** ~ per contornitura (segatrice contornitrice, segatrice per contornire) (*macch. ut.*), fret-sawing machine (ingl.). **9.** ~ per metalli (*macch. ut.*), metal sawing machine. **10.** ~ semiautomatica per barre (*macch. ut.*), semi-automatic bar sawing machine.

segatura (di legno) (*s.*), saw dust, sawings.

Seger, cono di ~ (cono pirometrico) (*term.*), Seger cone.

seggio (*gen.*), chair, seat.

seggiolino (*gen.*), seat.

seggiovia (*trasp. - sport*), chairlift. **2.** ~ per sciatori (ski lift) (*trasp.*), ski lift.

segheria (*ind.*), sawmill. **2.** ~ con seghe a nastro (*ind. legno*), band mill.

seghetto (a mano, per metalli) (*ut.*), hacksaw, bow saw, arm saw. **2.** ~ a contornire (per lavorazioni di dettaglio) (*ut. falegn.*), dovetail saw. **3.** ~ ad arco (*ut.*), bow saw. **4.** ~ alternativo (*macch.*), hack sawing machine. **5.** ~ alternativo per traforo ornamentale (operante da una sola parte) (*macch. ut. lav. legno*), jigsaw. **6.** ~ da idraulico (*ut.*), plumber's saw. **7.** ~ da traforo (a mano, con lama su telaietto a U) (*ut. falegn.*), coping saw. **8** ~ meccanico (*macch. ut.*), hack sawing machine. **9.** ~ per tagli curvi (*ut. carp.*), bow saw. **10.** ~ per tipografia (*ut. - tip.*), typographic saw. **11.** ~ portatile per traforo ornamentale (operante da una sola parte) (*ut. falegn.*), saber saw, portable jigsaw.

segmentare (suddividere in segmenti) (*gen.*), to segment.

segmentazione (divisione di un programma in segmenti) (*elab.*), segmentation.

segmento (*geom.*), segment. **2.** ~ (uno dei sette segmenti [luminescenti o meno] che, opportunamente combinati su di un visualizzatore a cristalli liquidi oppure a diodi ad emissione luminosa, oppure a tungsteno, possono formare sia lettere che cifre) (*elab.*), segment. **3.** ~ (~ di programma, sezione di programma) (*elab.*), segment. **4.** ~ ellittico (*geom.*), segment of an ellipse. **5.** ~ per freni (di automobile per es.), brake lining. **6.** ~ principale (~ di controllo che rimane sempre nella memoria principale durante l'esecuzione di un programma segmentato) (*elab.*), root segment. **7.** ~ radiale (di un rotore per motore Wankel) (*mot.*), apex seal.

segnacavo (contrassegno per cavo) (*elett.*), cable marker.

segnalamento (segnalazione) (*gen.*), signaling. **2.** ~ di direzione (*impianto segn. ferr.*), direction signaling. **3.** ~ di velocità (*impianto segn. ferr.*), speed signaling. **4.** ~, *vedi anche* segnalazione.

segnalare (*gen.*), to signale. **2.** ~ (marcare con un segno particolare: un dato ad es.) (*elab.*), to flag. **3.** ~ con bandiera (*milit.*), to wigwag. **4.** ~ con l'eliografo (*segnalazioni*), to heliograph.

segnalatore (*gen.*), signalman. **2.** ~ (con bandiere) (*op.*), flagman. **3.** ~ (*app.*), signaler, signaller. **4.** ~ (*autom.*), tag. **5.** ~ bistabile (*elab.*), flip-flop flag. **6.** ~ di fine riga (indicatore di fine riga) (*telescriventi*), line end indicator. **7.** ~ di incendi (*disp. antincendio*), pyrostat. **8.** ~ di sbandamento (*app. nav.*), heeling gear. **9.** ~ mobile di direzione (indicatore mobile a freccia) (*segn. aut. in disuso*), trafficator.

segnalazione (*gen.*), signaling. **2.** ~, *vedi anche* segnalamento. **3.** ~ a lampi (*milit.*), flash signaling. **4.** ~ con bandiere a mano (*milit. - nav.*), flag signaling, wigwag, semaphore. **5.** ~ di anomalia in (periodo di) garanzia (*aut. - ecc.*), warranty complaint, warranty claim. **6.** ~ di messa in fase (*eltn.*), phasing signal. **7.** ~ in codice (*milit.*), coding. **8.** ~ ottica (*milit.*), visual signaling. **9.** ~ simbolica (informazione simbolica: impiegata nella ~ stradale, p. es.) (*traff. strad.*), glyph. **10.** apparecchio di ~ (*app.*), signaling apparatus. **11.** fare segnalazioni (*aer. - nav. - ferr. - ecc.*), to signal. **12.** posto di ~ con bandiere a mano (*milit.*), semaphore post. **13.** pronta ~ a distanza (*radar*), distant early warning, DEW. **14.** quadro di ~ (quadro spie) (*elett. - ecc.*), warning board, warning panel. **15.** sistema di allarme a ~ (*gen.*), signal alarm.

segnale (*gen.*), signal. **2.** ~ (*elettrotel.*), signal. **3.** ~ (*ferr.*), signal. **4.** ~ (luminoso) (*gen.*), signal light, marker light, light beacon. **5.** ~ (di visione di una telecamera) (*telev.*), signal. **6.** ~ (oggetto di forma o colore stabiliti per l'indicazione di ostacoli per es.) (*aer.*), marker. **7.** ~ (indicatore: segno di identificazione e di informazione: per es. di riporto, di fine ecc.) (*elab.*), flag. **8.** ~ (segnalazione: anche acustica) (*gen. - elab.*), cue. **9.** ~ a disco (*ferr.*), disk signal. **10.** segnali acustici e visivi (*mot. - ecc.*), audio-visible signals. **11.** ~ acustico (*eltn. - elab. - ecc.*), audible alarm. **12.** ~ a distanza (*nav.*), distance signal. **13.** ~ a luce intermittente, flashing beacon. **14.** ~ audio (*acus.*), audio signal. **15.** ~ basso (marmotta) (*impianto segn. ferr.*), pot signal. **16.** ~ caposaldo (di una serie di segnali a boa) (*mar. milit.*), datum dan buoy. **17.** ~ d'aiuto (S.O.S., segnale di pericolo) (*radio*), distress signal. **18.** ~ (di rilevamento) della presenza della portante (*tlcm.*), carrier sense signal. **19.** ~ del video (video o di immagine) (*telev.*), video signal. **20.** ~ di accesso bloccato (~ inviato al terminale chiamante) (*elab.*), access-barred signal. **21.** ~ di allarme (*gen.*), alarm signal, emergency signal. **22.** ~ di allarme (collegato al freno) (*ferr.*), train stop, emergency brake. **23.** ~ di arresto (*telecom. - elab. - ecc.*), stop signal. **24.** ~ di arresto assoluto (*ferr.*), absolute stop signal. **25.** ~ di attenzione (*elab. - ecc.*), attention signal. **26.** ~ di bianco (*telev.*), white signal. **27.** ~ di blocco (*traff. ferr.*), block signal. **28.** ~ di blocco automatico (*ferr.*), automatic block signal. **29.** ~ di canale di flottamento (segnale di canale di circolazione) (*aer.*), taxi-channel marker. **30.** ~ di centrale (~ acustico che avverte che la linea è libera, ~ di libero) (*telef.*), dial tone, dialling tone, open-contact tone. **31.** ~ di chiamata (*radio - telef.*), call signal. **32.** ~ di circuito interrotto (*tlcm.*), continuity failure signal. **33.** segnali di comando (*eltn. - elab.*), command pulses. **34.** ~ di connessione stabilita (*telef.*), ringing tone. **35.** segnali di direzione (*aut.*), directionals. **36.** ~ di dissuasione (~ acustico che avverte che il numero richiesto non è accessibile: per es. è fuori servizio) (*telef.*), dissuasion tone. **37.** ~ di disturbo (*difetto elab. - ecc.*), disturbance signal. **38.** ~ di errore (*elab.*), error flag. **39.** ~ di inibizione o inibitorio (provvede a fermare il normale funzionamento di un circuito) (*elab.*), inhibiting signal. **40.** ~ di intelligenza (usato nella risposta: segnale ricevuto e capito, bandiera di segnalazione bianca a strisce verticali rosse) (*nav.*), answering pennant. **41.** ~ di interruzione (*elab.*), interrupt signal. **42.** ~ di libero (~ di centrale, ~ di linea libera) (*telef.*), open-contact tone, dial tone, dialling tone. **43.** segnali di limite (di un'area di atterraggio per es.) (*aer. - ecc.*), boundary markers. **44.** ~ di linea libera (~ di libero, ~ di centrale) (*telef.*), dial tone, dialling tone, open-contact tone. **45.** ~ di occupato (*telef.*), busy tone (ingl.). **46.** ~ di occupato (~ di linea occupata) (*telef.*), engaged tone. **47.** ~ di ostacolo (*aer.*), obstruction marker. **48.** ~ (o bandiera) di partenza (*nav.*), blue peter. **49.** ~ di passaggio a livello (*segn. ferr.*), road crossing signal. **50.** ~ di passaggio a livello con disco oscillante (*segn. strad.*), wigwag. **51.** ~ di pericolo (*ferr.*), tell-tale. **52.** ~ di pericolo (*traff. strad. - sicurezza - ecc.*), warning sign. **53.** ~ di pericolo, SOS (*radio*), distress signal, SOS. **54.** ~ di placca (*telev.*), plate signal. **55.** ~ di preavviso di blocco (indica in precedenza che il successivo ~ di blocco è chiuso) (*ferr.*), distant signal. **56.** ~ di riaggancio (*telef.*), hang-up signal. **57.** ~ di richiesta di soccorso (*milit.*), distress signal. **58.** ~ di richiesta di svincolo (*tlcm.*), clear request signal. **59.** ~ di riconoscimento (*milit.*), distinguishing signal. **60.** ~ di ritorno (*radar*), blip, pip. **61.** ~ di uscita (*radio*), outgoing signal. **62.** ~ elettrico (analogico, digitale, ottico ecc.) (*inf.*), electric signal. **63.** ~ fumogeno (*milit.*), smoke signal. **64.** ~ in codice (*navig. - ecc.*), code signal. **65.** ~ interdipendente (in uso nel controllo e segnalazioni relative al movimento dei treni) (*ferr.*), interlocked signal. **66.** ~ luminoso (*gen.*), signal light, marker light, light beacon. **67.** ~ luminoso di molo (*nav.*), pier light. **68.** ~ luminoso di ostacolo (per aviolinee) (*aer.*), obstruction marker light. **69.** ~ luminoso di traffico a terra (*aer.*), ground-traffic signal light. **70.** segnali luminosi in codice (*segn.*), code lights. **71.** ~ manipolato (*elettrotel.*), keyed signal. **72.** ~ nero (o di nero) (*telev.*), black signal. **73.** ~ orario (*radio - telef.*), time signal. **74.** ~ ottico diurno (*aer.*), daymark. **75.** ~ PCM (segnale di modulazione a codice degli impulsi) (*radio - telef.*), PCM signal, pulse code modulation signal. **76.** ~ permanente (trasmissione continuativa di un ~, p. es. quello di bit 1, per segnalare che la linea è disponibile per la comunicazione) (*telecom. - elab.*), mark hold. **77.** ~ permanentemente luminoso (*ferr.*), color light signal. **78.** ~ permanentemente luminoso a schermo mobile (*segn. ferr.*), color light signal with movable spectacles. **79.** ~ pirotecnico (*aer. - ecc.*), pyrotechnical signal rocket. **80.** ~ radiotelefonico di soccorso (*nav. - aer.*), mayday. **81.** ~ rosso (di stop: lungo la linea ferroviaria) (*ferr.*), red board, red eye. **82.** ~ semaforico (o del semaforo) (*ferr.*), semaphore signal. **83.** ~ sincronizzante (*telev.*), synchronizing signal. **84.** ~ stradale (*traff. strad.*), road sign. **85.** ~ unidirezionale costante (di radiofaro a terra: per aeroplani per es.) (*radio*), beam. **86.** ~ unidirezionale speciale per atterraggio (*radio - aer.*), landing beam. **87.** emettitore di segnali orari (*strum. eltn.*), chronopher. **88.** estrazione del ~ (dal rumore in cui è inserito) (*elab. segn.*), signal recovery. **89.** formatore di segnali in codice (*app. radiotelefonico*), coder. **90.** mettere in evidenza il ~ (*ferr.*), to display the signal (am.). **91.** onda di ~ (convoglia dati, messaggi, immagini ecc.) (*telecom.*), signal wave. **92.** pannello dei segnali (*ferr.*), signal board. **93.** ricevere un ~ (*radio - ecc.*), to accept a signal. **94.** rigenerazione del ~ (*eltn.*), signal regeneration. **95.** trattamento dei segnali (manipolazione od elaborazione dei segnali tale da renderli meglio riconoscibili e valutabili) (*eltn. - acus. sub.*), signal processing. **96.** volare seguendo un ~ unidirezionale (di un radiofaro a terra) (*aer.*), to fly a beam.

segnaletica (insieme delle segnalazioni stradali che regolano il traffico veicolare; p. es.: direzione obbligatoria, senso proibito, divieto di posteggio ecc.) (*s. - traff. strad.*), signage, signalization. **2.** ~ di consenso reciproco (procedura di sincronizzazione tra un sistema trasmettitore ed uno ricevente) (*elab.*), handshake.

segnaposto (cartellino, in una riunione per es.) (*finanz. - ecc.*), place card.

segnaprezzo (cartellino segnaprezzo) (*comm.*), price tag.

segnare (*gen.*), to mark.

segnato (contrassegnato) (*a. - gen.*), marked.

segnatura (lettera o numero posto a piè della prima pagina di ciascun foglio di un libro per uso del rilegatore) (*tip. - rilegatura*), signature, signature mark. **2.** ~ (foglio stampato contenente più pagine e piegato) (*tip. - rilegatura*), signature. **3.** ~ acustica (di una nave o sottomarino) (*acus. sub.*), acoustic signature.

segnavènto (manica a vento) (*aer.*), wind sock, wind cone.

segnavia (*gen.*), signpost.

segno (*gen.*), mark, sign. **2.** ~ (*tip.*), mark. **3.** ~ convenzionale (*gen.*), conventional sign. **4.** segni convenzionali (i simboli di una mappa per es.) (*cart. - top. - ecc.*), conventional signs. **5.** ~ della tela (difetto della carta) (*mft. carta*), wire mark. **6.** ~ dello zodiaco (*astr.*), zodiac sign. **7.** ~ di cilindro (su un pezzo laminato, dovuto a un difetto sulla superficie del cilindro) (*difetto di metall.*), roll mark. **8.** ~ di divisione (:) (*mat.*), division sign. **9.** ~ di frazione (/) (*mat.*), division sign. **10.** ~ di integrale (*mat.*), integral sign. **11.** ~ di moltiplicazione (simbolo ×) (*mat.*), multiplication sign, times sign. **12.** ~ (simbolo) di uguale (o di uguaglianza, simbolo =) (*mat. - elab.*), equal-sign, equals-sign, equality sign, equal symbol. **13.** ~ ∧ (~ che indica in uno scritto, la posizione in cui una aggiunta o una modifica deve essere inserita) (*stampa - elab.*), caret. **14.** ~ # (simbolo che posto dinanzi ad un numero ne indica la codificazione in binario ottale) (*elab.*), hash sign, hash mark. **15.** segni di interpunzione (*tip.*), punctuation marks. **16.** segni di lima (*mecc.*), file marks. **17.** ~ di paragrafo (§) (*tip.*), section. **18.** ~ di radice (*mat.*), radical sign. **19.** ~ di riferimento (di caposaldo top.) (*top.*), bench mark. **20.** ~ di riferimento (*tip. - ecc.*), reference mark. **21.** ~ di riferimento (linea di fede, per determinare la misura: in uno strumento ottico per es.) (*strum.*), fiduciary mark. **22.** segni di ripetizione (*tip.*), ditto marks. **23.** ~ di tagliatura (*mft. vetro*), shear mark. **24.** ~ di tenaglie (*difetto di fucinatura*), dog mark, tongs mark. **25.** ~ di trafila (su un filo metallico, nella direzione di trafilatura e dovuto ad abrasione) (*ind. metall.*), die mark. **26.** ~ di utensile (su un pezzo) (*mecc. - macch. ut.*), tool mark. **27.** ~ meno (*mat.*), minus sign. **28.** ~ più (*mat.*), plus sign, **29.** ~ tipografico & (congiunzione commerciale) (*tip.*), ampersand. **30.** di ~ contrario (*mat.*), opposite in sign. **31.** inversione alternata di ~ (*tlcm.*), alternate mark inversion.

sego (*chim.*), tallow. **2.** ~ (di uno scandaglio) (*nav.*), arming. **3.** ~ (grasso animale, per cuoio per es.) (*ind. cuoio - ecc.*), suet.

segone (sega per taglio longitudinale) (*ut. per segantino*), pit saw, pitsaw, two-man saw. **2.** ~ (sega per taglio trasversale, sega da tronchi) (*ut. per segantino*), crosscut saw. **3.** ~ a mano (*ut. da carp.*), cutoff saw.

segregare (*gen.*), to segregate.

segregarsi (*metall.*), to segregate.

segregazione (*gen.*), segregation. **2.** ~ (*metall. - fond.*), segregation. **3.** ~ agli spigoli (in un lingotto o getto) (*metall. - fond.*), corner segregation. **4.** ~ da ritiro (*difetto fond.*), shrinkage segregation. **5.** ~ dendritica (*metall.*), dendritic segregation. **6.** ~ di cono di ritiro (attorno al cono di ritiro di un lingotto) (*metall.*), pipe segregation. **7.** ~ di grafite (difetto di fonderia consistente nella presenza di inclusioni di grafite alla superficie superiore di un getto provenienti da segregazione del bagno di ghisa fusa) (*fond.*), kish. **8.** ~ intercristallina (*difetto fond.*), intercrystalline segregation. **9.** ~ inversa (segregazione nella quale la quantità di impurità è minore di quella delle altre parti) (*metall.*), inverse segregation. **10.** ~ nella cristallizzazione primaria (*metall.*), ghost. **11.** ~ normale (segregazione positiva, nella quale la percentuale di impurità è più elevata di quella nel metallo cir-

costante) (*metall.*), positive segregation. **12.** ~ per gravità (*metall.*), gravity segregation.
segretaria (*pers. - uff.*), secretary. **2.** ~ di edizione (*pers. - cinem.*), continuity girl. **3.** ~ (o segreteria) telefonica (*telef.*), telephone answering system.
segretario (di un direttore per es.) (*pers. - uff.*), secretary. **2.** ~ di edizione (*cinem.*), continuity clerk.
segreteria (ufficio segreteria) (*amm.*), secretary's office. **2.** ~ telefonica, *vedi* segretaria.
segretezza (*gen.*), secrecy. **2.** nullaosta di ~ (autorizzazione indispensabile a persona o industria per avere accesso a materiale classificato segreto) (*milit. - ind.*), security clearance.
segretissimo (grado di riservatezza assegnato a materiale militare o diplomatico) (*a. - milit.*), top secret.
segreto (*a. - s. - milit. - ecc.*), secret.
segue a tergo (vedi retro) (*gen.*), please turn over, PTO.
seguire, to follow. **2.** ~ (un bersaglio mobile: con un cannone, un telemetro ecc.) (*milit.*), to track. **3.** ~ una determinata parte di programma (dei due o più a disposizione) (*elab.*), to branch.
selce (di fiume) (*mur.*), shingle, pebble.
selciare (pavimentare con pietre, lastricare) (*costr. strad.*), to pave.
selciato (acciottolato) (*s. - strad.*), cobblestone paving. **2.** ~ (lastricato) (*s. - strad.*), stone block paving.
selciatore (*op. strad.*), paver.
selènio (Se - *chim.*), selenium. **2.** cellula (fotoelettrica) a ~ (*disp. elett.*), selenium cell.
selenite ($CaSO_4.2H_2O$) (*min.*), selenite.
selenodesia (scienza che studia la superficie e la forma della luna) (*s. - astrofisica*), selenodesy.
selenografia (scienza che studia la superficie della luna) (*astr. - astric.*), selenography.
selenografo (esperto in selenografia) (*astr.*), selenographer.
selenologia (*astr.*), selenology.
selettività (*radio*), selectivity, selectance.
selettivo (di apparecchio radio) (*radio*), selective.
selettore (*app. elab.*), selector. **2.** ~ a disco (~ rotante, disco combinatore) (*telef.*), rotary dial, dial. **3.** ~ a pulsante (*elett.*), push selector switch, PSS. **4.** ~ automatico dell'avanzamento (di tornio automatico per es.) (*mecc. - macch. ut.*), self-selecting feed mechanism (ingl.). **5.** ~ della interlinea (*macch. per scrivere*), line space selector. **6.** ~ di banda (*radio*), band selector. **7.** ~ di canale (*telev. - radio*), channel selector. **8.** ~ di dispositivi (*elab.*), device selector. **9.** ~ di distanze (*radar*), range change switch. **10.** ~ di gruppo (*telef.*), group selector. **11.** ~ di onda (*radio*), wave selector. **12.** ~ di onda (dividionda, di una macchina per maglieria) (*macch. tess.*), jack wall, striking jack wall. **13.** ~ di scala distanze (*radar*), range scale selector. **14.** ~ finale (*telef.*), final selector. **15.** ~ passo-passo (*elett.*), step-by-step dial system. **16.** ~ stazioni radio (di una autoradio) (*aut. - radio*), radio station selector.
selezionare (compiere una selezione, una scelta) (*elab.*), to select.
selezionatore, *vedi* ordinatore.
selezionatrice (*macch. agric.*), grader, sorting machine. **2.** ~ di frutti (*app. agric.*), fruit grader. **3.** ~ di schede, *vedi* ordinatrice di schede.
selezione, selection. **2.** ~ (*psicol. ind.*), selection. **3.** ~ (di prodotti agricoli) (*agric.*), grading. **4.** ~ (di colori) (*fotomecc.*), separation. **5.** ~ (di articoli, digest) (*stampa*), digest. **6.** ~ (*telef.*), dialing. **7.** ~ a blocchi (ordinamento a blocchi) (*elab.*), batch sort. **8.** ~ a coincidenza di corrente (p. es. ~ tipica di una memoria indirizzabile a coordinate) (*elab.*), coordinate addressing, coincident current selection. **9.** ~ a disco (*telef.*), disk dialing. **10.** ~ a pulsanti (*telef.*), push-button dialing. **11.** ~ da bozzetto (*fotomecc.*), separation from reflection copy. **12.** ~ da diapositivo (*fotomecc.*), separation from transparency. **13.** ~ dei capi intermedi (*pers.*), selection of supervisors. **14.** ~ del circuito integrato di ingresso/uscita (*elab.*), input/output chip selection, I/O chip selection. **15.** ~ del personale (di uno stabilimento) (*pers.*), personnel selection. **16.** dispositivo di ~ delle marce (complessivo mecc. costituito da forcelle, aste, molle ecc. che, comandato dalla leva del cambio, effettua lo spostamento delle marce) (*cambio di aut.*), gearshift. **17.** negativi da ~ (*fotomecc.*), separation negatives.
self (auto) (*gen.*), self.
"selfacting" (filatoio intermittente) (*macch. tess.*), selfacting mule, self-actor.
selfinduzione (autoinduzione) (*elett.*), selfinduction.
self-service (servizio effettuato da se stessi) (*comm.*), self-service.
sèlla (di bicicletta o motocicletta per es.), saddle. **2.** ~ (per cavallo), saddle. **3.** ~ (di caldaia per es.) (*mecc.*), seating. **4.** ~ (regione atmosferica a forma di sella con bassa pressione tra due anticicloni) (*meteor.*), col. **5.** ~ (supporto simile a sella per cavallo) (*mecc. - ecc.*), saddle. **6.** ~ allungata (per alloggiare anche il passeggero) (*mtc.*), pillon. **7.** ~ da amazzone (*equitazione*), sidesaddle. **8.** ~ di lanciamento (schiena d'asino, parigina, per lo smistamento di carri ferroviari) (*ferr.*), hump. **9.** a forma di ~ (insellato) (*a. - gen.*), saddle-backed.
sellaio (*op.*), saddler.
sellatura (di una carrozzeria) (*costr. aut.*), upholstery. **2.** ~ a piegoni (*costr. aut.*), plaited upholstery. **3.** ~ e finizione (di una carrozzeria) (*costr. aut.*), trimming. **4.** ~ in pelle (*costr. aut.*), leather upholstery.
selleria (reparto tappezzieri) (*costr. carrozz. aut. e ferr.*), upholstering shop. **2.** ~ (negozio di sellaio) (*comm.*), saddlery. **3.** articoli di ~ (*ind. cuoio*), saddlery.
sellerina (chiodo corto e sottile a testa larga per fis-

sare un rivestimento in stoffa per es. all'intelaiatura di legno) (*falegn. - arredamento*), clout nail.
Sellers, filettatura ~ (*mecc.*), Seller's thread
seltz (acqua di seltz), soda water.
semaforista (*lav. ferr.*), semaphorist.
semàforo (*ferr.*), semaphore, railroad semaphore. **2.** ~ (segnale per il traffico a luce rossa o verde) (*circolazione strad.*), traffic light, traffic signal, traffic control signal. **3.** ~ (torre di segnalazione) (*nav.*), flag tower. **4.** ala (o braccio) del ~ (*ferr.*), semaphore arm (ingl.), semaphore blade (am.).
semantica (studia il significato di parole, segni e loro interrelazione; p. es. in un linguaggio di programmazione) (*elab.*), semantics.
seme (*agric.*), seed. **2.** ~ (mandorla, gheriglio) (*agric.*), kernel. **3.** ~ di cereale (*agric.*), grain. **5.** ~ di vinacciolo (*ind. agric.*), grape seed, grapestone.
semenza (chiodi per scarpe) (*ind. scarpe*), shoe nails, tacks.
semenzaio (*agric.*), seedbed.
semi (metà di qualcosa) (*gen.*), hemi, half of.
semiaddizionatore (*elab.*), halfadder.
semiala (*aer.*), wing. **2.** ~ destra (parte dell'ala fissata a destra della fusoliera) (*aer.*), RH (or right hand) outer wing. **3.** ~ sinistra (parte dell'ala fissata a sinistra della fusoliera) (*aer.*), LH (or left hand) outer wing.
semianèllo (*gen.*), half ring. **2.** ~ di tenuta olio (*mecc.*), oil retaining half ring.
semiangolo (*geom. - ecc.*), half angle. **2.** ~ del filetto (semiangolo dei fianchi) (*mecc.*), flank angle.
semiarco (parte tra chiave ed imposta) (*arch.*), haunch.
semiasse (riceve il moto del differenziale e sostiene il peso del veicolo) (*mecc. - aut.*), axle shaft, live axle of a single wheel. **2.** ~ (la metà di un asse di una figura geometrica dotata di assi di simmetria) (*s. - mat.*), semiaxis. **3.** ~ di una scatola ponte (è piazzato nella scatola ponte che sostiene il peso del veicolo) (*mecc. - aut.*), semifloating axle wheel drive shaft.
semiautomatico (*elettromecc. - ecc.*), semiautomatic.
semiautomatizzato (parzialmente automatizzato) (*a. - gen.*), semiautomated.
semibalestra (di una sospensione) (*veic.*), quarter-elliptic spring. **2.** ~ a cantilever (di una sospensione) (*veic.*), cantilever spring, quarter elliptic spring.
semibidirezionale, *vedi* semiduplex.
semibyte (nibble) (*elab.*), half byte, nibble.
semicalmato (acciaio) (*metall.*), semikilled.
semicarcassa (di una pompa per es.) (*macch.*), half casing.
semicarter (semiscatola) (*mecc. - ecc.*), half casing.
semicellulosa (*ind. chim.*), hemicellulose.
semicerchio, semicircle.
semicingolato (due ruote anteriori e due cingoli posteriori) (*s. - aut.*), half-track.
semicircolare (*a. - gen.*), semicircular.
semicoke (residuo ottenuto dalla carbonizzazione del carbone ecc. a temperatura relativamente bassa) (*comb.*), semicoke (am.), semi-coke (ingl.).
semiconchiglia (con forma esterna di acciaio) (*fond.*), semipermanent mold.
semiconduttore (sostanza la cui conducibilità cresce con la temperatura e si annulla alle temperature molto basse, usata nei transistori per es.) (*s. - fis. eltn.*), semiconductor. **2.** ~ a ossidi metallici (*eltn.*), metal oxide semi conductor, MOS. **3.** ~ con impurezze (~ drogato, ~ estrinseco: ha caratteristiche dipendenti dalle impurità contenute) (*eltn.*), impurity semiconductor, doped semiconductor, extrinsic semiconductor. **4.** ~ di tipo *n* (o di tipo *p*) (*eltn.*), *n*-type (or *p*-type) semiconductor. **5.** ~ fuso (~ la cui giunzione è ottenuta mediante fusione) (*eltn.*), fused semiconductor. **6.** ~ metallo-nitruro-ossido, MNOS (costituito da nitruro di silicio SiN_4 e biossido di silicio SiO_2) (*eltn.*), metal-nitride-oxide semiconductor, MNOS. **7.** ~ metallo-ossido, MOS (in cui l'ossido è biossido di silicio SiO_2) (*eltn.*), metal-oxide semiconductor, MOS. **8.** tipo di ~ a trasferimento di carica (*eltn.*), bucket brigade device, BBD.
semiconi (per valvole di mot. a c. i.) (*mot.*), cotters.
semicontinuo (*laminatoio*), semicontinuous.
semicristallo (*ind. vetraria*), medium thick plate glass.
semicuscinetto (semiguscio, di biella per es.) (*mecc.*), half bearing.
semidiametro (*astr. - ecc.*), semi-diameter.
semidiesel (*a. - mot.*), semidiesel.
semiduplex (semibidirezionale; di un circuito che consente la comunicazione nelle due direzioni, ma non simultaneamente) (*a. - telecom.*), half-duplex, HDX.
semifinali (*sport*), semifinals.
semifinalista (*sport*), semifinalist.
semifisso (*macch. - ecc.*), semiportable.
semiflùido (*fis.*), semifluid.
semigrossolano (*mecc.*), semicoarse.
semigruppo (*mat.*), semigroup.
semiguscio (semicuscinetto) (*mecc.*), half bearing.
semilarghezza (*fis.*), half-width value.
semilavorato (*ind.*), unfinished product, semifinished product, semimanufactured product. **2.** ~ (*a. - ind.*), semifinished. **3.** ~ (di macchina) (*s. - mecc.*), semimachined work. **4.** ~ (di macchina) (*a. - mecc.*), semimachined.
semilìquido (*fis.*), semiliquid.
semilùcido (*gen.*), half-luster. **2.** ~ (di lana per es.) (*ind. tess.*), demiluster.
semimatta (detto di carta) (*a. - mft. carta*), eggshell finish.
sémina (seminagione) (*agric.*), seeding.
seminare (*agric.*), to sow, to seed. **2.** ~ a file (*agric.*), to drill.
seminario (tecnica di addestramento e formazione per dirigenti per es.) (*pers.*), seminar.
seminatrice (*macch. agric.*), sowing machine, seed-

er. **2.** ~ a file (o a righe) (*macch. agric.*), drill. **3.** ~ a spaglio (*macch. agric.*), wheelbarrow seeder. **4.** ~ centrifuga (*macch. agric.*), broadcaster. **5.** ~ combinata con spandiconcime (*macch. agric.*), fertilizer drill.

seminterrato (locali di sottosuolo) (*ed.*), basement.

semionda (*eltn. - elett. - ecc.*), half wave.

semiperiodo (*fis. - elett.*), half cycle.

semimpermeabile (*fis.*), semimpermeable.

semipermeàbile (*fis.*), semipermeable. **2.** membrana ~ (per osmosi per es.) (*chim. - fis.*), semipermeable membrane.

semipiano (*geom.*), half plane.

semiporcellana (porcellana tenera, porcellana inglese) (*ceramica*), soft-paste porcelain, artificial porcelain.

semiprotètto (di macch. elett., app. elett.) (*a. - elett.*), semiprotected.

semiretta (*geom.*), half line.

semirigido (*a. - gen.*), semiflexible, semirigid. **2.** ~ (tipo di dirigibile) (*aer.*), semirigid.

semirimòrchio (*aut.*), semitrailer. **2.** semirimorchi trasportati per via aerea (si tratta di un "piggyback" per via aerea anziché ferroviaria) (*trasp. aer.*), birdyback. **3.** semirimorchi trasportati per via ferroviaria (*trasp. ferr.*), piggyback.

semisbarra (di passaggio a livello) (*ferr.*), half-barrier.

semiscàtola (*gen.*), half box.

semisommatore (circuito logico che opera su numeri binari) (*elab.*), half adder.

semisezione (mezza sezione) (*dis.*), half section.

semistaffa (*fond.*), half box.

semistampo (stampo superiore od inferiore, per fucinatura) (*ut.*), die.

semitondo (mezzotondo) (*s. - ind. metall.*), half-round bar.

semitòno (*acus.*), half tone.

semitrailer (*aut.*), *vedi* semirimorchio.

semitrasparente (*gen.*), semitransparent.

semolatrice (di mulino per farina) (*macch.*), purifier. **2.** ~ a caduta (di mulino per farina) (*macch.*), gravity purifier.

semovènte (*a. - veic.*), self-propelled.

sémplice (*gen.*), simple. **2.** ~ (*chim.*), simple. **3.** ~ (torsione, flessione ecc.) (*sc. costr. - ecc.*), pure. **4.** filo ~ (non doppiato) (*ind. tess.*), single thread, single. **5.** frazione ~ (*mat.*), simple fraction.

semplificare (*mat. - ecc.*), to simplify. **2.** ~ (rendere più facile una o più operazioni: meccanizzando per es.) (*studio metodi di lav.*), to deskill.

semprevivo (spia, fiamma pilota, di un impianto a gas) (*comb.*), pilot flame, pilot burner.

sengirite (minerale raro contenente il 43% di uranio) (*min. - radioatt.*), sengierite.

senh, *vedi* seno iperbolico.

seno (*mat.*), sine. **2.** ~ iperbolico, sehn, sinh (*mat.*), hyperbolic sine, sinh. **3.** barra dei seni (*att. mis. off. mecc.*), sine bar. **4.** piani dei seni (per controllo e lavorazione pezzi) (*att. mis. off. mecc.*), sine plates.

sensazione (*gen.*), sensation. **2.** ~ sonora (livello sonoro) (*acus.*), loudness.

sensibile (di strumento per es.) (*radio - mecc. - fot. - ecc.*), sensitive. **2.** ~ alla fase (un circuito elettronico per es.) (*eltn.*), phase conscious. **3.** elemento ~ alla pressione (pressostato per es.) (*app.*), pressure sensor. **4.** essere ~ (rispondere) (*strum. - ecc.*), to be sensitive, to respond, to sense. **5.** ultra ~ (rapido, ad alta sensibilità, di una pellicola per es.) (*fot.*), fast, rapid.

sensibilità (*radio - mecc. - ecc.*), sensitivity. **2.** ~ (di una pellicola) (*fot.*), sensitivity, speed. **3.** ~ (di uno strumento) (*strum.*), sensibility, sensitivity, sensitiveness. **4.** ~ all'intaglio (*metall.*), notch sensitivity. **5.** ~ luminosa (*telev.*), liminous sensitivity. **6.** diminuzione di ~ (per es. di un apparecchio ricevitore radio) (*difetto in una radio - ecc.*), desensitization.

sensibilizzante (*fot.*), sensitizer. **2.** ~ cromatico (*fot.*), color sensitizer.

sensibilizzare (*chim. - fot.*), to sensitize.

sensibilizzatore (*chim.*), sensitizer.

sensibilizzazione (*fot.*), sensitization.

sensitometria (*fot.*), sensitometry.

sensitòmetro (*strum. fot. - strum. ott.*), sensitometer.

sènso (direzione: di una forza per es.) (*gen.*), direction, sense. **2.** ~ antiorario (senso di rotazione) (*mecc. - elett.*), counterclockwise. **3.** ~ contrario (*gen.*), opposite direction. **4.** ~ dell'elica (di ingranaggio elicoidale per es.) (*mecc.*), hand of spiral. **5.** ~ di passaggio (di una corrente) (*elett.*), direction of flow. **6.** ~ di rotazione (*mecc.*), direction of rotation. **7.** ~ di rotazione secondo le lancette dell'orologio (*senso di rotazione*), clockwise direction of rotation. **8.** ~ obbligatorio (*traff. strad.*), direction to be followed. **9.** ~ orario (senso di rotazione) (*mecc. - elett.*), clockwise. **10.** ~ vietato (divieto di transito) (*traff. strad.*), no entry, no thoroughfare. **11.** a ~ unico (di una strada) (*traff. strad.*), one-way. **12.** in ~ contrario (*gen.*), in opposite direction.

sensore (elemento sensibile che, azionato da temperatura, o pressione, o luce, o radioonde ecc., emette segnali utili) (*s. - elab. - ind. - macch. - elett. - idr. - ecc.*), sensor. **2.** ~ (p. es. elemento sensibile di un lettore di schede perforate) (*n. - elab.*), pecker. **3.** ~ di bilanciamento del bianco (di telecamera portatile) (*audiovisivi*), white balance sensor. **4.** ~ di posizione (trasduttore di posizione, del movimento della slitta per es.) (*macch. ut. a c. n.*), position sensor.

sentènza (*leg.*), sentence.

sentièro (*strad.*), footpath, pathway, footway, lane. **2.** ~ luminoso di atterraggio (striscia di terreno fiancheggiato dalle luci) (*aer.*), flare path.

sentina (*nav.*), bilge. **2.** acqua di ~ (*nav.*), bilge water. **3.** bullone di ~ (di una nave in legno) (*costr.*

nav.), bilge bolt. **4.** pompa di ~ (*macch. nav.*), bilge pump.

sentinèlla (*milit.*), sentry.

separanodi (apparecchio per togliere impurità o nodi dalla pasta di legno) (*mft. carta*), knotter. **2.** ~ elicoidale (epuratore elicoidale) (*macch. mft. carta*), worm knotter.

separare, to separate. **2.** ~ (*chim. - mecc.*), to split. **3.** ~ (il metallo dal minerale) (*metall.*), to win. **4.** ~ (suddividere: un conto per es.) (*comm.*), to break down. **5.** ~ (togliere l'emulsione dal supporto per es.) (*fot. - ecc.*), to strip. **6.** ~ (dividere in fogli il nastro di uno stampato continuo di una telescrivente o di una macchina contabile per es.) (*elab.*), to burst. **7.** ~ con un colpo (*gen.*), to strike off.

separasabbia (sabbiera, di una macchina continua) (*ind. carta*), sand trap.

separaschegge (per separare le schegge di legno dalla pasta di legno) (*macch. mft. carta*), bull screen.

separato (staccato) (*a. - gen.*), disjoint.

separatore (*att. chim. - ind.*), separator. **2.** ~ (*min.*), separator. **3.** ~ (tra le piastre di un accumulatore per es.) (*elett.*), separator. **4.** ~ (di condensa, polvere ecc.) (*ind.*), trap. **5.** ~ (di una calcolatrice elettronica per es.) (*elab.*), buffer. **6.** ~ a diaframmi (per togliere olio e condensa dall'aria compressa) (*app. ind.*), baffle separator. **7.** ~ ad urto (p. es. di goccioline sospese in un vapore o in una corrente gassosa) (*ind.*), impingement separator. **8.** ~ centrifugo (*disp. ind.*), centrifugal separator. **9.** ~ di aria dal carburante (sulla tubazione di alimentazione) (*mot. aer.*), fuel air trap. **10.** ~ di condensa (per essiccare il vapore, l'aria compressa ecc.) (*app. ind.*), condensate separator, steam (or compressed air) drier. **11.** ~ di etichette (*ind. imballaggio*), label splitter knife. **12.** ~ di gas (apparecchio che separa il gas contenuto nel petrolio grezzo mentre viene pompato) (*pozzi petrolio*), gas anchor. **13.** ~ di impulsi (di sincronismo orizzontale da quello verticale) (*telev.*), impulse separator. **14.** ~ di informazioni (carattere delimitatore, che indica per es. l'inizio o la fine di una stringa) (*elab.*), information separator, IS. **15.** ~ di olio (per togliere l'olio dall'aria compressa per es.) (*app. ind.*), oil separator. **16.** ~ di polvere (*app. ind.*), dust trap (ingl.), dust catcher. **17.** ~ elettromagnetico (per togliere il ferro dalla lignite, dalle terre di fonderia ecc.) (*disp. elett. - ind.*), magnetic separator. **18.** ~ magnetico (*disp. per ind. min.*), magnetic separator. **19.** circuito ~ (stadio separatore, "buffer", circuito elettronico usato per separare due circuiti radio per es.) (*eltn.*), buffer.

separatrice di moduli (strapperina, taglierina che divide in fogli singoli il nastro di uno stampato continuo) (*elab.*), burster, continuous forms burster. **2.** ~, *vedi* separatore.

separazione (*gen.*), separation. **2.** ~ (*chim.*), separation, breaking. **3.** ~ (del sapone dalla sottoliscivia durante la lavorazione per es.) (*chim. ind.*), cutting, graining (ingl.). **4.** ~ (segregazione) (*metall.*), segregation (ingl.). **5.** ~ (di un componente da una lega per es.) (*metall.*), parting. **6.** ~ (divisione) (*gen.*), shedding. **7.** ~ (distacco in fogli singoli di un rotolo continuo di carta) (*elab.*), burst. **8.** ~ (partizione, limite) (*elab.*), fence. **9.** ~ dei segnali (d'immagine) (*telev.*), separation of (picture) signals. **10.** ~ densimetrica (tecnica mineraria usata per separare un minerale per mezzo di liquidi di opportuna densità) (*tecnol. min.*), heavy-liquid separation. **11.** ~ di grafite (*fond.*), *vedi* segregazione di grafite. **12.** ~ fra vie di traffico (*traff. strad.*), lane separator. **13.** ~ in fogli singoli (azione di separare un rotolo di moduli continui in fogli singoli) (*elab.*), bursting. **14.** ~ in veicolo fluido (separazione delle particelle più leggere da quelle più pesanti per mezzo di un fluido) (*ind.*), elutriation. **15.** ~ per gravità (processo utilizzato per separare fasi non miscelabili) (*ind. - min. - laboratorio*), gravity separation. **16.** punto di ~ (valore di densità per es., al quale avviene una separazione in due frazioni; nella distillazione del petrolio per es.) (*fis. - chim.*), cut point.

sepiolite ($H_2Mg_2Si_3O_9.nH_2O$) (*min.*), sepiolite, meerschaum, sea foam.

seppia (*colore*), sepia. **2.** color ~ (di copia fotografica per es.), sepia color. **3.** copia ~ (*fot. - dis.*), sepia print.

seppiatura (di una carrozzeria, per es.) (*vn. - aut.*), *vedi* carteggiatura.

sequènza (*cinem.*), sequence. **2.** ~ (nel ciclo di saldatura per es.) (*tecnol. mecc.*), sequence. **3.** ~ (per es. una catena di impulsi) (*elab.*), train. **4.** ~ (serie ordinata di elementi, per es. una stringa) (*elab.*), sequence. **5.** ~ chiamante (*elab.*), calling sequence. **6.** ~ chiamata (*elab.*), called sequence. **7.** ~ di bit (*elab.*), bit string. **8.** ~ di chiavi (per accedere alla memoria virtuale) (*elab.*), key sequence. **9.** ~ di collazione, *vedi* ~ di confronto. **10.** ~ di collegamento (*cinem.*), montage sequence. **11.** ~ di confronto (*elab.*), collating sequence. **12.** ~ di fase zero (*elett.*), zero phase sequence. **13.** ~ di passaggio (*cinem.*), transitional sequence. **14.** ~ di saldatura (ordine di esecuzione dei giunti saldati in una struttura saldata) (*tecnol. mecc.*), welding sequence. **15.** ~ operativa (*autom. - macch. calc.*), processing procedure. **16.** ~ pubblicitaria (successione di annunci pubblicitari diffusi da una rete radio o televisiva) (*radio - telev.*), commercial. **17.** ~ unitaria (nella trasmissione dei dati, una serie consecutiva di segnali considerata come unità autonoma) (*elab.*), burst. **18.** ordinatore di ~ (*elab.*), sequencer. **19.** rottura di ~ (*elab.*), string break.

sequenziale (*elab.*), sequential.

sequestrare (*leg.*), to sequester.

sequèstro (di merci per es.) (*leg.*), sequestration.

sequòia (*legno*), sequoia, redwood.

serbatoio (*gen. - ind.*), tank, reservoir, receiver. **2.** ~ (di penna stilografica), barrel. **3.** ~ (dell'impianto di frenatura ferroviaria ad aria compressa) (*ferr.*), reservoir. **4.** ~ a caduta (*mot.*), *vedi* serbatoio a gravità. **5.** ~ a cielo aperto (serbatoio atmosferico) (*idr.* - *ecc.*), atmospheric reservoir, vented reservoir. **6.** ~ a depressione (*ind.* - *mecc.* - *ecc.*), vacuum tank. **7.** ~ a gravità (serbatoio a caduta, di alimentazione di un motore) (*mot.*), gravity tank. **8.** ~ alare di estremità (*aer.*), wing tip tank. **9.** ~ a scarico rapido (del carburante in volo) (*aer.*), jettisonable tank. **10.** ~ a sella (*mtc.*), saddle tank. **11.** ~ a sella (di una caldaia di locomotiva) (*cald.*), saddle tank. **12.** ~ ausiliario (del carburante per es.) (*aer.* - *ecc.*), auxiliary tank. **13.** ~ ausiliario (dell'impianto di frenatura) (*ferr.*), auxiliary reservoir. **14.** ~, ausiliario, sotto la fusoliera (*aer.*), belly tank. **15.** ~ con scarico sul fondo (la cassetta del wc per es.), hopper. **16.** ~ del carburante (del combustibile) (*aut.* - *aer.* - *ecc.*), fuel tank. **17.** ~ del carburante sganciabile (in volo) (*aer.*), slip (fuel) tank, drop (fuel) tank. **18.** ~ del cilindro (del) freno (di un freno Westinghouse per es.) (*ferr.*), brake cylinder tank. **19.** ~ della benzina (di automobile per es.), petrol tank (ingl.), gasoline tank (am.). **20.** ~ dell'acqua a sella (disposto sulla caldaia), saddle tank. **21.** ~ dell'acqua dolce (*mot.* - *nav.* - *ecc.*), fresh water reservoir, FW reservoir. **22.** ~ del liquido dei freni (*aut.*), brake fluid supply tank. **23.** ~ del liquido (per) comandi idraulici (di un aeroplano) (*mecc.*), hydraulic fluid reservoir. **24.** ~ dell'olio (*aer.* - *mot.* - *ecc.*), oil tank. **25.** ~ (di espansione e di livello) dell'olio (di un trasformatore) (*macch. elett.*), oil conservator. **26.** ~ di acqua dolce (di una nave per es.) (*nav.*), fresh-water tank. **27.** ~ di alimentazione (*gen.*), feed tank. **28.** ~ di alimentazione a pelo libero (di una turbina per es.) (*tubaz.*), forebay. **29.** ~ di alimentazione dell'acqua dolce (per un impianto di raffreddamento di un motore marino per es.) (*mot.*), fresh water feed tank. **30.** ~ di aria (compressa) (*ind.* - *ecc.*), air receiver. **31.** ~ di aria (compressa) (di un siluro) (*espl. mar. milit.*), air vessel. **32.** ~ di carico (*idr. ind.*), header tank. **33.** ~ di compensazione (torre acqua di un acquedotto per es.) (*costr. idr.*), surge tank. **34.** ~ di decantazione (*ind.*), settling tank, settling reservoir. **35.** ~ di equilibratura (a prua e a poppa della nave) (*nav.*), trimming tank. **36.** ~ di espansione (di un impianto di riscaldamento) (*term.*), expansion tank. **37.** ~ di estremità alare (*aer.*), wing tip tank. **38.** ~ di livello (*idr.* - *ind.*), gauge tank. **39.** ~ di sviluppo (*cinem.*), developing tank. **40.** ~ di zavorra (cassa o cisterna per zavorra d'acqua) (di sottomarino), (*mar. milit.*), ballast tank. **41.** ~ in acciaio inossidabile per reazioni chimiche (*att. chim. ind.*), stainless steel reaction vessel. **42.** ~ inferiore (serbatoio applicato sotto la fusoliera) (*aer.*), ventral tank. **43.** ~ interrato (*mur.* - *ind.*), underground tank. **44.** ~ piezometrico (*idr. ind.*), standpipe. **45.** ~ polmone (per aria compressa per es.) (*ind.*), pressure accumulator, receiver, "storage tank". **46.** ~ pressurizzato (*idr.*), pressurized reservoir. **47.** ~ principale (dell'impianto di frenatura) (*ferr.*), main reservoir. **48.** ~ refrigeratore dell'olio (*mot. aer.*), tank oil cooler. **49.** ~ sganciabile (in volo) (*aer.*), droptank. **50.** ~ sottopressione (*gas.* - *idr.* - *tubaz.* - *ecc.*), pressure tank. **51.** ~ supplementare per (voli di) grande autonomia (*aer.*), long range fuel tank. **52.** capacità di un ~ (*ind.*), capacity of a tank, tankage. **53.** tipo di ~ autosigillante (per combustibile; realizzato in gomma sintetica) (*aer.*), mareng cell.

sereno (*meteor.*), serene, clear.

sergènte (morsetto da falegname) (*att. carp.*), carpenter's clamp. **2.** ~ (*milit.*), sergeant. **3.** ~ maggiore (*milit.*), sergeant major.

seriale (*a.* - *elab.*), serial.

sericeo (serico) (*gen.*), silky.

sericina (principale componente della seta grezza) (*ind. tess.*), sericin, silk gelatin, silk glue.

sèrico (*a.* - *gen.*), silky.

sericultore (bachicultore) (*agric.* - *ind. tess.*), silkgrower, sericulturist.

sericultura (*ind. tess.*), sericulture.

sèrie (*chim.*), series. **2.** ~ (di oggetti in fila) (*gen.*), bank. **3.** ~ (assieme, complesso) (*s.* - *gen.*), set. **4.** ~ (di chiavi per es.) (*mecc.*), set. **5.** ~ (*collegamento elett.*), series. **6.** ~ (di automobili dello stesso modello costruite successivamente per es.), series. **7.** ~ (una successione di eventi; p. es. di numeri, di messaggi, di annunci ecc.) (*elab.*), series. **8.** ~ armonica (*mat.*), harmonic series. **9.** ~ del metano (*chim.*), methane series. **10.** ~ di Fibonacci (*mat.*), Fibonacci series. **11.** ~ di istruzioni (insieme di istruzioni) (*elab.*), instruction set. **12.** ~ di Taylor (*mat.*), Taylor's series. **13.** ~ di tests (*psicol.*), battery of tests. **14.** ~ paraffinica (*chim.*), paraffin series. **15.** ~ spettrale (*fis.*), spectral series. **16.** di ~ (di merci non prodotte appositamente per un cliente, ma prodotte in grande ~) (*gen.*), off-the-shelf. **17.** in ~ (*collegamento elett.*), in series. **18.** lavoro in grande ~ (*ind.*), mass-production work. **19.** modello di ~ (*comm.* - *ind.*), current model. **20.** modello fuori ~ (*comm.* - *ind.*), special model, custom-built model. **21.** ordinare in ~ (convertire in ~) (*mat.* - *ecc.*), to serialize. **22.** prodotto di ~ (*comm.* - *ind.*), current production. **23.** prodotto fuori ~ (*comm.* - *ind.*), special production. **24.** prodotto in ~ (*organ. ind.*), mass-produced. **25.** produrre in grande ~ (*ind.*), to mass-produce. **26.** produzione in ~ (*organ. ind.*), series production, mass production.

serie-parallèlo (*s.* - *elett.*), series parallel, series multiple.

serigrafia (*tip.*), silk-screen process, silk-screen printing. **2.** maschera per ~ (*ind. tip. tess.*), silkscreen printing stencil.

serìmetro (*strum. tess.*), serimeter.

serpeggiamento (di veic. ferr. per es.) (*ferr.*), hunting. **2.** ~ (tipo di oscillazione direzionale non comandata) (*aer.*), snaking. **3.** ~ (di rotaie per es. a causa del calore estivo) (*ferr.*), kink. **4.** ~ (percorso del rimorchio mentre è in traino su strada diritta) (*veic.*), hunting.

serpeggiare (di un treno) (*ferr.*), to hunt.

serpentaggio (*laminatoio*), looping.

serpentina (roccia costituita essenzialmente da serpentino) (*geol.*), serpentine. **2.** ~ refrigerante (*ind. freddo - ecc.*), cooling coil.

serpentino (*tubaz.*), coil, pipe coil. **2.** ~ $[H_2Mg_3(SiO_4)_2.H_2O]$ (*min.*), serpentine. **3.** ~ amiantifero (*min.*), serpentine asbestos. **4.** ~ di condensazione (*macch. refrigerante*), condenser coil. **5.** ~ di raffreddamento (*term. ind.*), cooling coil, refrigerating coil. **6.** ~ nobile (*min.*), precious serpentine, noble serpentine.

sèrra (*ed. - giardinaggio*), hothouse, greenhouse, glasshouse.

serrabòzze (di un'àncora) (*nav.*), shank painter.

serrafilo (per congiungere elettricamente un conduttore ad un apparecchio per es.) (*elett.*), clamping screw, terminal screw. **2.** isolatore ~ (per linee a due fili distinti) (*elett.*), cleat insulator.

serraforme (*tip.*), quoin.

serrafune (*funi*), rope fastener, rope clamp.

serraggio (bloccaggio) (*mecc.*), clamping. **2.** ~ (di un dado per es.) (*mecc.*), tightening. **3.** ~ (del pezzo sulla fucinatrice) (*fucinatura*), grip. **4.** ~ nel mandrino (*mecc. - macch. ut.*), chucking. **5.** coppia di ~ (di un dado per es.) (*mecc.*), tightening torque. **6.** spessore di ~ (di due pezzi di lamiera per es. fissati da chiodi per es.) (*mecc.*), grip.

serraglia (*arch.*), *vedi* concio in chiave.

serralamiera (premilamiera, di una pressa) (*lav. lamiera*), blank holder.

serramenti (*ed.*), window and door frames.

serramento di finestra (*ed.*), window frame. **2.** ~ di porta (*ed.*), door frame.

serranda (avvolgibile: di negozio per es.) rolling gate. **2.** ~ (a maglia) (*ed.*), gate. **3.** ~ dell'aria (di impianto di ventilazione per es.) (*ind.*), air lock. **4.** ~ di una chiusa (*idr.*), lock-gate.

serrapèzzi (mandrino) (*macch. ut.*), chuck.

serrare (una porta per es.), to shut, to lock. **2.** ~ (bloccare, chiudere) (*mecc. - carp.*), to clamp. **3.** ~ (un dado per es.) (*mecc.*), to tighten. **4.** ~ (una vela) (*nav.*), to furl. **5.** ~ il vento (*nav.*), to haul the wind. **6.** ~ le vele (ridurre la velatura) (*nav.*), to shorten sails.

serrata (sospensione del lavoro in uno stabilimento voluta dalla direzione), lockout.

serrato (*mecc.*), tight. **2.** ~ a macchina (stretto a macchina, di tubo per es.) (*a. - mecc. - tubaz.*), machine tight. **3.** ~ a mano (stretto a mano, di viti ecc. per es.) (*a. - mecc. - ecc.*), hand tight. **4.** ~ con chiave (di dadi per es.) (*a. - mecc.*), wrench tight.

serratura (*disp. mecc.*), lock. **2.** ~ (di porta) (*mecc. - ed.*), door lock. **3.** ~ (completa di accessori: chiavi, maniglia ecc.) (*falegn. - mecc.*), lockset. **4.** ~ a chiave (*gen.*), keylock. **5.** ~ a chiavistello senza scatto (*falegn.*), deadlock. **6.** ~ a cilindro (tipo "Yale" per es.) (*mecc. - ed.*), cylinder lock. **7.** ~ a combinazione (*cassaforte ecc.*), combination lock. **8.** ~ a due chiavi (*falegn. - ecc.*), duplex lock. **9.** ~ a molla (a chiusura automatica) (*ed.*), clasp lock. **10.** ~ a nottolini (*mecc. - ed.*), lever tumbler lock. **11.** ~ a scatto apribile con passe-partout (di camera d'albergo per es.) (*porte*), hotel lock. **12.** ~ a toppa (*mecc. - ed.*), lock. **13.** ~ con risalti (corrispondenti agli intagli della chiave) (*mecc. - ed.*), warded lock. **14.** ~ con scatto e mandata (*serratura*), office lock. **15.** ~ di sicurezza (*mecc.*), safety lock. **16.** ~ di sicurezza per bambini (sulle portiere posteriori per es.) (*aut.*), child-proof lock. **17.** ~ incassata (*falegn.*), rabbeted lock. **18.** buco della ~, keyhole.

serventi al pezzo (*artiglieria*), gun crew.

"server" ("servente": che garantisce un servizio) (*elab.*), server.

servire (ai pezzi) (sparare con artiglieria) (*milit.*), to serve. **2.** ~ (*gen.*), to serve.

servitù (*leg.*), servitude. **2.** ~ (diritto concesso per legge sulla proprietà di un altro: di passaggio per es.) (*leg. - ecc.*), easement. **3.** ~ di passaggio (*leg.*), right of way, easement.

servizi (*ed.*), facilities. **2.** ~ (di comune necessità: impianti elettrici, di fognatura, gas ecc. di un appartamento, casa o città), utilities. **3.** ~ (attrezzatura ausiliaria, equipaggiamento sussidiario) (*gen.*), ancillary equipment. **4.** ~ segreti (insieme di uomini e mezzi dell'amministrazione di uno stato che ha per scopo spionaggio e controspionaggio) (*milit.*), secret service, intelligence. **5.** ~ sociali (*per op. di ind. per es.*), social services, welfare services. **6.** capo dei ~ amministrativi (*milit.*), adjutant general. **7.** ~, *vedi anche* servizio.

servizio, service. **2.** ~ (tipo di funzionamento richiesto per es.) (*mot. - macch.*), duty. **3.** ~ (di una casa: elettricità, acqua, fognatura per es.: generalmente al plurale) (*ed.*), utility. **4.** ~ (per manutenzione o riparazione: p. es. auto, televisione ecc.) (*s. - gen.*), service. **5.** ~ acquisti (di un'azienda per es.), purchase department, purchasing department. **6.** ~ aereo (per trasporto pubblico di passeggeri, posta o merci) (*aer.*), air service. **7.** ~ assistenza (~ per la riparazione e manutenzione delle merci in possesso dei clienti) (*comm. - ind.*), service department. **8.** ~ assistenza clienti (per riparazione e manutenzione apparecchiature e istruzioni ai clienti) (*elab.*), customer engineering. **9.** ~ assistenza sanitaria nazionale, SAUB (*med.*), National Health Service, NHS. **10.** ~ assistenza stradale (*aut.*), road service. **11.** ~ a terra (*aer.*), ground service. **12.** ~ attivo (*milit.*), active service. **13.** ~ continuo (di un impianto per es.) (*ind.*), continuous service. **14.** ~ continuo (funzionamento continuo, di un mot. elett. per es.) (*mot. - macch.*), continuous duty. **15.** ~ di autobus (*servizio pubblico*), bus service. **16.** ~ di durata limitata (di una macch. elett. per es.) (*elett. - ecc.*), short-time duty. **17.** ~ di elibus (servizio di elicotteri) (*aer.*), heli-bus service, helicopter bus service (am.). **18.** ~ di guardia (*milit.*), watch duty. **19.** ~ di localizzazione (*radar.* - *milit.*), radar service. **20.** ~ di manovra (di una locomotiva) (*ferr.*), shunting work. **21.** ~ di manovra medio (di una locomotiva) (*ferr.*), medium shunting work. **22.** ~ di manovra pesante (di una locomotiva) (*ferr.*), heavy shunting work. **23.** ~ di navetta (*ferr.*), shuttle service. **24.** ~ di radiodiffusione informazioni aeronautiche (*aer.* - *radio*), aeronautical broadcasting service. **25.** ~ di radio-navigazione aeronautica (*aer.*), aeronautical radionavigational service. **26.** ~ di telescriventi [~ telex] (*telecom.*), teletypewriter exchange service, TWX. **27.** ~ ferroviario (*servizio pubblico*), railway service. **28.** ~ fisso aeronautico (servizio di telecomunicazioni tra punti fissi) (*aer.*), areonautical fixed service. **29.** ~ fonico (*cinem.*), sound department. **30.** ~ impianti (di uno stabilimento), plant layout department. **31.** ~ informazioni di volo (*navig. aer.*), flight-information service. **32.** ~ intermittente (funzionamento intermittente, di una macch. elett. per es.) (*mot.* - *macch.*), intermittent duty. **33.** ~ intermittente (di una macchina, di un impianto ecc.) (*ind.*), intermittent service. **34.** ~ meccanografico (*amm.* - *ind.*), electrical accounting machine department. **35.** ~ meteorologico (*meteor.*), weather service. **36.** ~ mobile aeronautico (*aer.* - *radio*), aeronautical mobile service. **37.** ~ obbligatorio (*milit.*), compulsory service. **38.** ~ periodico (di una macchina, di un impianto ecc.) (*ind.*), periodic service. **39.** ~ pesante (*macc.* - *mot.* - *ecc.*), heavy duty. **40.** ~ portuario (*nav.*), harbor service. **41.** ~ pubblico (acqua, gas ecc. per es.), public utility service. **42.** ~ sociale individuale (assistenza sociale individuale) (*lav.*), casework. **43.** ~ tecnico fabbricazione (di uno stabilimento) (*ind.*), production engineering department. **44.** ~ telecomunicazioni aeronautiche (*aer.*), aeronautical telecommunication service. **45.** ~ telefonico (*servizio pubblico*), telephone service. **46.** ~ temporaneo (di una macchina, di un impianto ecc.) (*ind.*), temporary service. **47.** ~ trasporti (di un'azienda per es.), transport department. **48.** centro di ~ (*aut.* - *ecc.*), service center. **49.** mettere fuori ~ (rendere non abilitato; p. es. un circuito, una macchina, un telefono ecc.) (*gen.*), to disable. **50.** mettere in ~ (*ind.*), to start. **51.** modulo di ~ (di un veicolo spaziale) (*astric.*), service module. **52.** per ~ leggero ed intermittente (di macchina, apparecchio ecc. non in funzione in modo continuo) (*ind.* - *ecc.*), light-duty. **53.** ~, *vedi anche* servizi.

sèrvo (dispositivo che aiuta ed assiste un altro meccanismo, servomeccanismo) (*s.* - *mecc.*), assist. **2.** ~ aletta (azionata direttamente dal pilota per il movimento delle superfici principali di governo) (*aer.*), servo tab.

servocomando (*s.* - *aer.* - *mecc.* - *ecc.*), servo control, assist.

servofréno (di automobile per es.) (*mecc.*), servo brake. **2.** ~ (diminuisce la pressione necessaria sul pedale per mezzo del motore) (*aut.*), power brake. **3.** ~ a depressione (diminuisce la pressione necessaria sul pedale del freno utilizzando l'aspirazione del motore) (*aut.*), vacuum brake.

servomeccanismo (*mecc.*), servomechanism.

servomotore (*mecc.* - *aer.*), servomotor (ingl.). **2.** ~ idraulico (*disp. mecc.*), hydraulic servomotor. **3.** ~ per alettoni (*aer.*), aileron servomotor.

servosterzo (*aut.*), power steering. **2.** ~ a depressione (*aut.*), vacuum steering. **3.** ~ idraulico (di un autobus per es.) (*aut.*), hydraulic power steering.

servotestina (~, per unità a dischi magnetici: è esclusivamente destinata a seguire le servotracce per assicurare un preciso posizionamento della testina di lettura/scrittura) (*s.* - *elab.*), servo head.

servotraccia (su di un disco magnetico: particolare traccia preregistrata per essere letta da una servotestina esclusivamente destinata a mantenere un corretto posizionamento della testina di lettura/scrittura) (*s.* - *elab.*), servo track.

servovalvola (valvola che modula l'uscita in funzione di un segnale di entrata) (*idr.* - *ecc.*), servovalve.

sèsamo (*botanica*), sesame, til, gingili. **2.** olio di ~ (*ind.*), sesame oil, gingili oil, til oil.

sèsqui (una volta e mezzo: prefisso chimico per es.) sesqui.

sesquiòssido (*chim.*), sesquioxide.

sessantaquattresimo (*tip.* - *legatoria*), sixty-fourmo, 64mo.

sessione (periodo di tempo durante il quale un operatore di un terminale è collegato con l'elaboratore) (*elab.*), session.

sessola (sassola, vuotazza, gottazza) (*nav.*), scoop, bailer.

sesta (sagoma per rilevare il garbo) (*costr. nav.*), set iron.

sestante (*strum. nav.*), sextant. **2.** ~ a bolla d'aria (*strum. aer.*), bubble sextant. **3.** ~ aeronautico (usato per determinare l'altezza di un corpo celeste ed impiegante un dispositivo speciale per provvedere un orizzonte artificiale) (*strum. aer.*), air sextant. **4.** ~ giroscopico (*strum. aer.*), gyroscopic sextant.

sèsto, a tutto ~ (*arch.*), round. **2.** arco a tutto ~ (*arch.*), Roman arch.

seta (*ind. tess.*), silk. **2.** ~ al collodio (*mft. seta artificiale*), collodion silk. **3.** ~ al cuprammonio (*mft. seta artificiale*), cuprammonium silk. **4.** ~ all'acetato di cellulosa (*mft. seta artificiale*), cellulose acetate artificial silk. **5.** ~ alla nitrocellulosa (*mft. seta artificiale*), nitro silk. **6.** ~ artificiale (*ind. tess.*), artificial silk. **7.** ~ candeggiata (*mft. seta*), bleached silk. **8.** ~ caricata (*ind. tess.*), weighted silk. **9.** ~ cotta (*ind. tess.*), scoured silk. **10.** ~ di viscosa (*mft. seta artificiale*), viscose silk. **11.** ~ floscia (*ind. tess.*), slack silk. **12.** ~ grezza (*ind. tess.*), raw silk. **13.** ~ lavata (*ind. tess.*), scoured silk. **14.** ~ parigina (*mft. seta artificiale*), cuprammonium silk. **15.** ~ ritorta (*ind. tess.*), net silk. **16.** ~ selvatica (*ind. tess.*), wild silk. **17.** ~ vegetale (*ind. tess.*), vegetable silk. **18.** cascami di ~ (*ind. tess.*), silk waste. **19.** tessuto di ~ (*ind. tess.*), silk fabrik, silk web, silk. **20.** tessuto di ~ artificiale (tessuto di raion) (*ind. tess.*), artificial silk fabric.

setacciare (*gen.*), to sift, to sieve.

setacciatura (vagliatura, crivellatura) (*ind.*), sieving, sifting.

setaccio (staccio) (*app. ind. e domestico*), sieve, sifter. **2.** ~ di fili metallici (*att.*), wire sieve, wire sifter.

setaiòlo (*op.*), silk manufacturer, silk worker. **2.** ~ (*comm.*), silk merchant.

setificio (*ind. tess.*), silk mill.

sétola, bristle. **2.** pennello di ~ (*ut. per vn., pittura - ecc.*), bristle brush.

settantaduesimo (*tip. - legatoria*), seventy-two, 72mo.

settile (*gen.*), sectile.

settimana, week. **2.** ~ corta (*lav.*), five-days week. **3.** ~ di 40 ore (*lav.*), 40-hour week. **4.** ~ lavorativa (unità di misura del lavoro) (*lav.*), man week.

settimanale (*a.*), weekly. **2.** ~ (*s. - giorn.*), weekly magazine.

sètto (per osmosi per es.) (*fis. - chim.*), septum. **2.** ~ (*mecc. ind.*), baffle. **2.** ~ deviatore (*ind.*), deflecting baffle plate. **3.** ~ di stoffa (usato nella cella di flottazione) (*min.*), blanket. **4.** ~ verticale (per contrastare lo sbattimento del liquido: in un serbatoio trasportato per es.) (*veic. - nav.*), splash plate.

settore (*geom.*), sector. **2.** ~ (*mecc.*), sector, quadrant. **3.** ~ (di una locomotiva a vapore) (*ferr.*), sector. **4.** ~ (*milit.*), sector, unit area. **5.** ~ (p. es. pubblico, privato, economico ecc.) (*gen.*), sector. **6.** ~ (porzione di una traccia di un disco magnetico, oppure l'unità di informazione contenuta in tale porzione) (*elab.*), sector. **7.** ~ caldo (corpo di aria calda) (*meteor.*), warm sector. **8.** ~ con intaccature (*mecc.*), notched quadrant. **9.** ~ dentato (*mecc.*), sector gear. **10.** ~ dentato con denti elicoidali ricavati sul piano di una faccia (del settore) (*mecc.*), scroll gear, scroll wheel. **11.** ~ di attacco (*tattica*), front of attack. **12.** ~ di attività (*comm. - ecc.*), business field, line of business. **13.** ~ di azione (*tattica*), battle sector. **14.** ~ di corona circolare (*geom.*), part of circle ring. **15.** ~ di elevazione (di arma da fuoco), elevating arm. **16.** ~ di rotolamento (di una rettificatrice per ingranaggi) (*mecc. - macch. ut.*), generating roll. **17.** ~ di sicurezza (campo di sicurezza) (*gen.*), safety range. **18.** ~ morto (settore cieco) (*radio - radar*), blind sector. **19.** ~ pubblico dell'economia (*amm. pubblica*), public sector of the economy. **20.** divisione in settori, *vedi* settorizzazione. **21.** mola a settori (*ut.*), segmental wheel.

settorizzazione (divisione in settori di una traccia di un disco magnetico) (*elab.*), sectoring.

sevo, *vedi* sego.

sezionamento (di una linea elettrica per es.) (*rete di distribuzione*), sectioning. **2.** ~ (di un pezzo, di una saldatura ecc.: per esame) (*mecc. - ecc.*), sectionizing. **3.** ~ (di un fucinato per es., per controllo interno) (*tecnol.*), dissection.

sezionato (*a. - dis.*), cutaway. **2.** ~ (di un pezzo, di una saldatura ecc.: per esame) (*mecc. - ecc.*), sectionized.

sezionatore (interruttore a coltello per isolare una linea: è da manovrarsi solo in assenza di carico) (*app. elett.*), disconnetting switch, disconnector, knife switch. **2.** ~ di messa a terra (in un circuito di cabina ad alta tensione per es.) (*app. elett.*), earthing knife switch. **3.** ~ di sbarre collettrici (*app. elett.*), bus-bar knife switch.

sezione (*gen.*), section. **2.** ~ (*dis.*), cross section, section. **3.** ~ (di un grande complesso industriale con più prodotti) (*ind.*), division. **4.** ~ (parte di miniera) (*min.*), panel. **5.** ~ (area della sezione: di un conduttore elettrico, di un albero meccanico ecc.), cross section area (or square measure). **6.** ~ (vista in sezione) (*dis.*), cutaway view. **7.** ~ (*milit.*), section. **8.** ~ alare (*aer.*), wing section. **9.** ~ attiva (*fis. atom.*), active section. **10.** ~ aurea (*mat.*), golden section. **11.** ~ d'indotto (di un commutatore di macch. elett.) (*elett.*), armature winding element. **12.** ~ di passaggio (sezione in sterro e rilevato) (*costr. strad. e ferr.*), cut-and-fill. **13.** ~ di riferimento (di una struttura) (*aer. - ecc.*), reference section. **14.** ~ d'urto (parametro di probabilità che una data reazione si verifichi o che una data emissione avvenga) (*radioatt.*), cross section. **15.** ~ d'urto (sezione trasversale, sezione geometrica) (*fis. atom.*), cross section. **16.** ~ d'urto per assorbimento (*fis. atom.*), absorption cross section. **17.** ~ d'urto per assorbimento lineare (*fis. atom.*), linear absorption cross section. **18.** ~ d'urto per attivazione (*fis. atom.*), activation cross section. **19.** ~ d'urto per cattura (*fis. atom.*), capture cross section. **20.** ~ d'urto per diffusione (*fis. atom.*), scattering cross section. **21.** ~ d'urto per risonanza (*fis. atom.*), resonance cross section. **22.** ~ d'urto per scissione (*fis. atom.*), fission cross section. **23.** ~ fonotelemetristi (*artiglieria*), sound ranging section. **24.** ~ longitudinale (*dis.*), longitudinal section, fore-and-aft section. **25.** ~ maestra (*costr. nav.*), midship section, main section. **26.** ~ massima trasversale (*dis. - costr. nav.*), main section, midhship section. **27.** ~ motori (di un grande stabilimento) (*ind.*), engine division. **28.** ~ orizzontale (*dis.*), horizontal section. **29.** ~ parziale (*dis.*), part section. **30.** ~ ribaltata (dentro la vista) (*dis.*), revolved section. **31.** ~ ribaltata fuori dalla vista (*dis.*), removed section. **32.** ~ ricambi (*ind. mecc.*), spare parts department. **33.** ~ rilevamento vampa (*artiglieria*), flash spotting section. **34.** ~ tampone (di un binario ferr.) (*ferr.*), stopped section. **35.** ~ trasversale (*dis.*), cross section. **36.** ~ verticale (*dis.*), vertical section. **37.** riduzione di ~ (risega: di un muro, di un argine ecc.,

generalmente funzione dell'altezza) (*ed. - mur.*), scarcement.
sfaccettare (un diamante per es.), to facet.
sfaccettato (*min.*), faceted.
sfaccettatura (di un diamante per es.), faceting.
sfacciare (al tornio) (*mecc.*), to face. **2.** per ~ (ut. o macch. ut. per es.) (*mecc.*), facing.
sfacciatura (al tornio) (*operaz. mecc.*), facing.
sfaldàbile (*min.*), sphatic.
sfaldabilità (*min.*), cleavability.
sfaldamento (distacco di particelle metalliche da una superficie indurita) (*tecnol. metall.*), chipping, scaling off. **2.** ~ (*difetto vn.*), chipping, flaking.
sfaldarsi (*gen.*), to foliate. **2.** ~ (disfarsi in scaglie) (*chim.*), to scale.
sfaldatura (di roccia per es.) (*geol.*), flaking. **2.** ~ (clivaggio) (*geol.*), cleavage. **3.** ~ (scagliatura) (*difetto vn.*), flaking, chipping. **4.** piano di ~ (*geol.*), cleavage plane.
sfalerite (*min.*), sphalerite.
sfalsare (*mecc. - ed.*), to stagger, to offset. **2.** ~ (mattoni per es.: per evitare scorrimenti o cedimenti) (*mur.*), to stagger.
sfalsato (*gen.*), staggered.
sfangamento (*min. - ecc.*), desilting, desliming.
sfangare (togliere il fango) (*min. - ecc.*), to desilt, to deslime.
sfangato (di sabbia per fonderia per es.) (*a. - fond. - min.*), deslimed, desilted.
sfangatoio (*app. min.*), deslimer.
sfangatura (*min.*), desilting, desliming.
sfarfallamento (tremolio: difetto dell'immagine) (*cinem. - telev.*), flicker. **2.** ~ (della luce) (*ott. - illum.*), flicker. **3.** ~ delle ruote anteriori (*aut.*), front-wheel wobble. **4.** ~ delle valvole (*mot.*), valve surging, valve floating.
sfarfallante (fuori del piano normale all'asse di rotazione: un disco per es.) (*mecc.*), wobbling. **2.** ruota anteriore ~ (di un'automobile per es.) (*difetto aut.*), front wheel wobbling.
sfarfallare (di ruote per es., girare fuori piano) (*mecc. - aut. - ecc.*), to wobble. **2.** ~ (*telev. - cinem. - ecc.*), to flicker.
sfarfallìo, *vedi* sfarfallamento.
sfarinamento (formazione di uno strato friabile sulla superficie verniciata esposta alle intemperie) (*difetto vn.*), chalking.
sfarinarsi (*gen.*), to chalk.
sfasamento (*elett.*), phase displacement, phase difference. **2.** ~ del comando (antìcipo del comando, nella variazione ciclica del passo della pala del rotore di un elicottero) (*aer.*), control advance. **3.** angolo di ~ (*elett.*), phase angle, phase displacement angle.
sfasare (*elett.*), to displace the phase. **2.** ~ (abbassare il fattore di potenza) (*elett.*), to lower the power factor.
sfasato (nella sincronizzazione per es.) (*a. - elett. - eltn. - fis. - ecc.*), out of phase. **2.** ~ (di mot. a comb. interna per es.) (*mecc.*), *vedi* fuori fase. **3.** ~ di 90° rispetto alla tensione anodica (*eltn.*), shifted 90° out of phase from the anode voltage.
sfasatore (*app. elett.*), phase shifter.
sfeltratrice, sfeltratore (*macch. tess.*), plucker.
sfènoide (*cristallografia*), sphenoid.
sfèra (*geom.*), sphere. **2.** ~ (*mecc.*), ball. **3.** ~ di attrazione (sfera di azione della forza di gravità di un corpo celeste) (*astric.*), gravisphere. **4.** ~ di influenza (*leg. internazionale*), sphere of influence, zone of influence. **5.** ~ di scatto (o di arresto: di alberino di comando della forcella in un cambio di velocità per es.) (*mecc.*), poppet ball. **6.** ~ di stampa (~ portacaratteri) (*macch. per scrivere*), typewriter ball, typing sphere. **7.** ~ fotometrica (sfera di Ulbricht) (*ott.*), Ulbricht sphere. **8.** sfere macinanti (di un mulino a palle) (*ind.*), grinding balls. **9.** sfere quadrantali (per correggere la deviazione quadrantale della bussola) (*nav.*), quadrantal spheres, quadrantal correctors. **10.** a ~ (con punta a sfera: di una penna) (*a. - uff.*), ball-point. **11.** penna a ~ (*uff. - ecc.*), ball pen, ball-point pen. **12.** tavola a sfere (sulla quale possono essere spostati in qualsiasi direzione oggetti a superficie piana) (*trasp. ind.*), ball table.
sferetta (*gen.*), ball.
sfericità (*geom.*), sphericity.
sfèrico (*geom.*), spheric.
sferoidale (*a.*), spheroidal. **2.** ~ (globulare, ghisa) (*metall. - fond.*), globular, spheroidal.
sferòide (*geom.*), spheroid. **2.** ~ (nodulo, globulo, della ghisa nodulare per es.) (*metall.*), spheroid.
sferoidizzare (provocare la sferoidizzazione) (*tratt. term.*), to spheroidize.
sferoidizzazione (ricottura di globulizzazione, ricottura di coalescenza) (*tratt. term.*), spheroidizing.
sferòmetro (per misurare la curvatura di una superficie) (*strum. mecc. - fis.*), spherometer. **2.** ~ (*strum. ott. - med.*), spherometer.
sfiammatura (cambiamento di colore di una superficie verniciata dovuto ad una concentrazione difettosa dei pigmenti) (*vn.*), flooding.
sfiancamento (cedimento, rottura improvvisa di una lamiera ricotta quando viene imbutita) (*difetto metall.*), pressure yielding.
sfiatato (un mot. a comb. interna con bassa compressione) (*mot.*), sluggish.
sfiatatoio (di motore per es.) (*mecc.*), breather. **2.** ~ (di un tetto per es.) (*ed.*), ventilation opening. **3.** ~ antincendio (*antincendio - ed.*), fire vent.
sfiato (tubazione di sfiato) (*ed. - ind*), breather pipe. **2.** ~ (di un motore per es.) (*mot.*), breather pipe. **3.** ~ (foro per eliminare l'aria da un impianto idraulico) (*aer. - aut. - ecc.*), bleed. **4.** ~ (possibilità di passaggio di aria sino al nucleo di un trasformatore) (*elettromecc.*), breathing. **5.** ~ (tubo di areazione: sulle condotte di scarico, dalla parte della fognatura nera) (*tubaz. - ed.*), back vent. **6.** ~ del basamento (*mot.*), crankcase breather. **7.** ~ del pozzetto (di un motore stellare) (*mot. aer.*), sump breather. **8.** ~ di calotta (foro apicale, di un

paracadute) (*aer.*), vent. **9.** camino di ~ (*ed. - tubaz.*), vent pipe, stack pipe. **10.** copertura dello ~ calotta (di un paracadute) (*aer.*), vent patch.

sfibrare (il legno per la preparazione della pasta) (*mft. carta*), to grind. **2.** ~ (sfilacciare: stracci) (*mft. carta*), to break.

sfibratore (macchina usata per preparare la pasta di legno) (*macch. mft. carta*), grinder. **2.** ~ a catene (*macch. mft. carta*), chain grinder. **3.** ~ ad anello (*macch. mft. carta*), ring type grinder. **4.** ~ a magazzino (*macch. mft. carta*), magazine grinder. **5.** ~ a vite (*macch. mft. carta*), screw type grinder. **6.** ~ longitudinale (agente nella direzione delle fibre) (*mft. carta*), long grinder. **7.** ~ trasversale (agente trasversalmente alle fibre) (*macch. mft. carta*), cross-grinder.

sfibratura (del legno, per la preparazione della pasta) (*mft. carta*), grinding. **2.** ~ longitudinale (nella direzione delle fibre) (*mft. carta*), long grinding. **3.** ~ senza pozzetto (per la preparazione della pasta di legno) (*mft. carta*), pitless grinding.

sfibrillatura (*mft. carta*), fibrillation

sfigmomanòmetro (per la misura della pressione del sangue) (*strum. med.*), sphygmomanometer.

sfilabile (estraibile) (*mecc. - ecc.*), sliding, telescopic, extractable.

sfilaccia, *vedi* filaccia.

sfilacciare (sfibrare: stracci) (*mft. carta*), to break.

sfilacciatore (olandese sfilacciatrice) (*macch. mft. carta*), *vedi* sfilacciatrice.

sfilacciatrice (*macch. mft. carta*), breaker, rag grinding machine, rag grinder, rag opener. **2.** ~ (*macch. tess.*), picker, picking machine. **3.** ~ (garnettatrice, "garnett") (*macch. tess.*), garnetter, garnetting machine.

sfilacciatura (di stracci) (*mft. carta*), rag grinding. **2.** ~ (difetto di perforazione per cui i fori presentano sbavature) (*elab.*), fluff.

sfilamento (spiegamento: della calotta di un paracadute dalla custodia) (*aer.*), deployment.

sfilare (estrarre) (*gen.*), to withdraw, to extract.

sfileggiare (fileggiare, sbattere di una vela) (*nav.*), to shiver.

sfinestrato (a fessure) (*gen.*), slotted.

sfinestratura (feritoia: per ventilazione, di un cofano per es.) (*aut.*), louver. **2.** ~ (asola, in una lamiera) (*lav. lamiere*), slot. **3.** tranciatura di sfinestrature (tranciatura di asole, su lamiere) (*lav. lamiere*), slotting.

sfioramento (modo di toccare un tasto di una tastiera a ~) (*eltn.*), touch. **2.** a ~ (comandabile a ~: di tasto di tastiera a ~) (*a. - eltn.*), touch-sensitive. **3.** comandato a ~ (di tasto di tastiera a ~) (*a. - eltn.*), touch-activated, touch-controlled.

sfiorare (una superficie) (*gen.*), to skim, to graze. **2.** ~ (togliere il fiore, dalle pelli) (*ind. cuoio*), to degrain.

sfioratore (*costr. idr.*), spillway. **2.** ~ (per trattenere il minerale in una macchina di lavaggio) (*min.*), baffle board. **3.** ~ a scivolo (*idr.*), chute spillway. **4.** ~ a sifone (*idr.*), siphon spillway. **5.** ~ a stramazzo (*idr.*), drop spillway. **6.** canale ~ (canale di troppo pieno, per convogliare l'eccesso di acqua) (*idr.*), sluice.

sfioro (prodotto di sfioro) (*min.*), overflow. **2.** imbuto di ~ (*idr.*), outlet hopper, discharge hopper.

sfocato (*a. - ott. - fot.*), out-of-focus.

sfocatura (*difetto fot. - telev.*), blurring.

sfoglia (*difetto di fond.*), *vedi* taccone.

sfogliame (scaglia) (*metall.*), scale.

sfogliamento (formazione di scaglie su una superficie verniciata) (*difetto vn.*), scaling.

sfogliare (girare pagine per es., una ad una) (*gen.*), to leaf. **2.** ~ (in lamine) (*min. - ecc.*), to laminate.

sfogliarsi (*gen.*), to exfoliate, to flake off.

sfogliato (lamina di legno ottenuta con sfogliatrice) (*s. - falegn.*), rotary-cut veneer.

sfogliatrice (per lamine per compensati) (*macch. lav. legno*), veneer cutting machine.

sfogliatura (distacco di sottili scaglie dalla superficie dell'acciaio cementato o molto duro) (*metall.*), spalling, exfoliation, flaking.

sfognatoio (scaricatore di acque di fogna) (*ed.*), effluent sewer.

sfondare (le linee nemiche) (*milit.*), to pierce.

sfondo (di fotografia per es.) (*gen.*), background.

sformare (estrarre il modello) (*fond.*), to withdraw the pattern. **2.** ~ (distaffare) (*fond.*), to shake out.

sformatrice (*macch. fond.*), pattern-draw machine. **2.** ~ ribaltabile (*macch. fond.*), rollover pattern-draw machine.

sformatura (estrazione di un modello dalla forma) (*mft. vetro - ecc.*), "delivery". **2.** ~ (rimozione del getto dalla forma: distaffatura) (*fond.*), shake-out.

sformo (spoglia: leggera inclinazione delle pareti di uno stampo per es. per permettere l'uscita del pezzo) (*mecc.*), draft.

sfornare (*ceramica - ecc.*), to draw.

sforzatura (forzatura, rigonfiamento, della forma) (*difetto di fond.*), swell.

sfòrzo (*mecc.*), stress, strain. **2.** ~ (di compressione di una pressa per esempio) (*macch.*), pressure. **3.** ~ di flessione (*sc. costr.*), bending (or transverse) stress. **4.** ~ di taglio (*sc. costr.*), shearing stress. **5.** ~ di torsione (*sc. costr.*), torsional stress. **6.** ~ di trazione ai cerchioni (*ferr.*), tractive effort at the periphery of the driving wheels. **7.** ~ di trazione (al gancio) (*ferr.*), tractive force, tractive effort. **8.** ~ di trazione alla barra (*trattore agric.*), drawbar pull, DBP. **9.** ~ fisico (*psicol. ind.*), physical effort. **10.** ~ mentale (*psicol. ind.*), mental effort. **11.** ~ totale di trazione (*ferr.*), gross tractive effort. **12.** mettere sotto ~ (*mecc. - ed.*), to put under stress. **13.** sottoporre a ~ di taglio (*mecc. - ecc.*), to put under shear stress. **14.** ~, *vedi anche* sollecitazione.

sfrangiamento (ruvidità del bordo: di fasce elastiche di motore per es.) (*mecc.*), feathering. **2.** ~ (agli orli del lamierino) (*difetto metall.*), edge checks.

sfrangiare (l'estremità di una corda o di un tessuto) (*gen.*), to fray.
sfrangiatura, *vedi* sfrangiamento.
sfratto (da una abitazione per es.) (*leg.*), eviction.
sfregamento (*gen.*), rubbing. **2.** cuoio di ~ (*di macch. tess.*), rubbing leather. **3.** fatica di ~ (*metall.*), fretting fatigue.
sfregare (*gen.*), to rub.
sfregato (*gen.*), rubbed.
sfregatore (*att. tess.*), rubbing gear. **2.** ~ di metallo (*att. tess.*), metal rubbing gear.
"sfrenatura" (frattura superficiale) (*mft. vetro*), check.
sfrido (di lavorazione: riutilizzabile mediante rifusione), scrap. **2.** ~ (scoria) (*fond.*), dross. **3.** ~ (di stampaggio a caldo) (*metall.*), flash. **4.** ~ (spezzone di nastro metallico rimasto dopo aver tagliato il rotolo in spezzoni di definita lunghezza) (*ind. metall.*), short. **5** ~ di lamiera (riutilizzabile direttamente) (*ind. mecc.*), off-cuts. **6.** sfridi metallici (*metall. - mecc.*), swarf.
sfrondatoio (per gelso) (*att. ind. seta*), leaf stripper.
sfruttabile (*min. - ecc.*), exploitable, paying.
sfruttamento (*min.*), exploitation. **2.** ~ (del successo) (*tattica*), exploitation. **3.** ~ delle maestranze (*lav.*), sweating system.
sfruttare (una miniera per es.) (*min.*), to operate, to exploit.
sfruttato (*min.*), operated, exploited. **2.** banco non ~ (filone non sfruttato) (*min.*), unopened seam. **3.** non ~ (di filone di miniera per es.) (*a. - min.*), unopened.
sfumare (*dis.*), to shade.
sfumato (sfocato) (*difetto ott.*), blurred.
sfumatura (di disegno per es.), shading. **2.** agente per ~ (agente per "nuanzaggio", per il cuoio per es.) (*chim.*), shading agent, nuancing agent.
sfumino (*att. per dis.*), stump.
sfuocare (*cinem. - ott. - fot.*), to defocus.
sfuocato (*a. - ott.*), out-of-focus.
sfuocatura (*ott. - cinem. - fot.*), defocus, defocusing. **2.** ~, *vedi* sfocatura.
sgabèllo, stool.
sganciabile (*mecc. - ecc.*), unhookable, releasable. **2.** ~ fuori bordo (di serbatoio supplementare per es.) (*a. - aer.*), jettisonable.
sganciabombe (*aer. milit.*), bomb release gear.
sganciamento (in volo dello stadio già utilizzato) (*astric.*), staging.
sganciare (liberare) (*mecc.*), to release. **2.** ~ (bombe sull'obiettivo) (*aer. milit.*), to drop, to loose, to lay. **3.** ~ (*gen.*), to unhook. **4.** ~ contemporaneamente una rastrelliera di bombe (o di razzi) (*aer. milit.*), to salvo. **5.** ~ una molla (*mecc.*), to release a spring.
sgancio (sganciamento) (*mecc.*), release. **2.** ~ (del paracadute del velivolo all'atto del lancio) (*aer.*), pull-off. **3.** a ~ rapido (*a. - mecc.*), quick release.
sgelare (*gen.*), to thaw.
sgèlo (*meteor.*), thaw.
sghembo (*geom.*), skew.
sghiacciatore ("defroster", dispositivo di gomma, pneumatico, per evitare il formarsi di ghiaccio sulle ali) (*aer.*), boot.
sgocciolamento, *vedi* sgocciolatura.
sgocciolare (*gen.*), to drip.
sgocciolatura (di un oggetto bagnato per es.) (*gen.*), dripping. **2.** ~ (disgocciolatura, procedimento usato per eliminare gocce o bordature da un oggetto verniciato per immersione per es.) (*vn.*), detearing. **3.** ~ elettrostatica (disgocciolatura elettrostatica, mediante passaggio dell'oggetto verniciato su griglie ad alto potenziale) (*vn.*), electrostatic detearing.
sgomberare (*gen.*), to clear. **2.** ~ (trasferirsi con masserizie ecc. da un alloggio ad un altro) (*trasp.*), to move. **3.** ~ (il binario) (*ferr.*), to set up. **4.** ~ con apripista (livellare, con apripista) (*ing. civ.*), to bulldoze.
sgombrabossoli (*milit.*), hot case man.
sgombraneve (spazzaneve a turbina) (*macch.*), rotary snowplow.
sgombrare, *vedi* sgomberare.
sgombro (*milit.*), evacuation.
sgommare (purgare, la seta) (*ind. tess.*), to degum, to boil off.
sgommata (stridìo di pneumatici) (*aut.*), squeal. **2.** ~ in curva (*aut.*), cornering squeal.
sgommatura (della seta) (*ind. tess.*), degumming.
sgonfiamento (di un pneumatico) (*aut.*), flattening, deflation.
sgonfiare (un pneumatico) (*aut.*), to deflate.
sgòrbia (*att.*), gouge. **2.** ~ (*strum. med.*), gouge. **3.** ~ triangolare (*att.*), corner chisel. **4.** intagliare con la ~ (togliere materiale con la sgorbia) (*att. da falegn.*), to gauge.
sgorgare (uscire naturalmente, di petrolio da un pozzo per es.) (*min.*), to blow.
sgottare (*nav.*), to bail.
"sgrafitaggio" (decarburazione, di un forno) (*forno*), decarbonization.
sgranare (cotone per es.) (*ind. tess.*), to gin.
sgranato (di cotone per es.) (*a. - ind. tess.*), ginned. **2.** cotone non ~ (*ind. tess.*), unginned cotton. **3.** non ~ (di cotone per es.) (*a. - ind. tess.*), unginned.
sgranatrice (di cotone, ginniera) (*mft. cotone*), ginning mill, ginnery, cotton gin. **2.** ~ a cilindri a coltelli (per cotone) (*macch. tess.*), knife roller gin. **3.** ~ a denti di sega (per cotone) (*macch. tess.*), saw gin. **4.** ~ a rulli (*macch. tess.*), roller gin.
sgranatura (ginnatura, del cotone) (*ind. tess.*), ginning. **2.** resa di ~ (*ind. tess.*), ginning outturn.
sgrassaggio (sgrassatura) (*mecc.*), degreasing.
sgrassare (*ind.*), to degrease. **2.** ~ (la lana per es.) (*ind. tess.*), to scour, to degrease. **3.** ~ (*ind. cuoio*), to blubber.
sgrassato (*ind. lana*), scoured.
sgrassatore (bagno per es.) (*s. - ind.*), degreaser. **2.** ~ (sgrassante) (*a. - ind.*), degreasing. **3.** ~ a va-

pori (di tricloroetilene per es.) (*app. ind.*), vapor degreaser.
sgrassatura (*ind.*), degreasing operation, degreasing.
sgravio (alleggerimento) (*gen.*), lightening.
sgretolamento (della terra) (*fond.*), (sand) crush. **2.** ~ (consistente nella disintegrazione della vernice che cade in piccoli pezzi) (*difetto vn.*), crumbling.
sgretolare (sbriciolare) (*gen.*), to crumble.
sgretolarsi (*gen.*), to crumble, to fall to pieces.
sgrigliatore (attizzatoio) (*comb. - forno*), poker.
sgrossare (*gen.*), to rough, to rough-shape. **2.** ~ (denti di ingranaggi prima della finitura) (*mecc.*), to gash. **3.** ~ al creatore (denti di ingranaggi per es.) (*mecc.*), to rough-hob. **4.** ~ alla fresa (denti di ingranaggi per es.) (*mecc.*), to rough-mill. **5.** ~ al laminatoio (*ind. metall.*), to rough-roll. **6.** ~ al tornio (*operaz. mecc.*), to rough-turn. **7.** ~ di macchina (*mecc.*), to rough-machine, to stock. **8.** ~ di macchina! (*dis. mecc.*), rough-machine, RM. **9.** ~ di rettifica (*operaz. mecc.*), to rough-grind. **10.** ~ di rettifica! (*dis. mecc.*), rough-grind, RG. **11.** ~, *vedi anche* sbozzare.
sgrossato (*gen.*), rough-shaped. **2.** ~ al tornio (*mecc.*), rough-turned. **3.** ~ di macchina (*mecc.*), rough-machined. **4.** ~ di rettifica (*mecc.*), rough-ground. **5.** ~, *vedi anche* sbozzato.
sgrossatore (*ut.*), rougher. **2.** dente ~ (di una broccia) (*ut.*), roughing tooth.
sgrossatrice (*macch.*), roughing machine, rougher.
sgrossatura (*gen.*), roughing, roughing-out. **2.** ~ (di dentatura d'ingranaggi per es.) (*mecc.*), gashing. **3.** ~ (di articoli di vetro prima della molatura) (*mft. vetro*), chipping. **4.** ~ (di diamanti) (*min.*), bruting. **5.** ~ al creatore (di denti di ingranaggio per es.) (*mecc.*), rough-hobbing. **6.** ~ alla fresa (di denti di ingranaggi per es.) (*mecc.*), rough-milling. **7.** ~ al tornio (*operaz. mecc.*), rough-turning. **8.** ~ di macchina (*mecc.*), rough-machining. **9.** ~ di un foro (*mecc.*), rough-boring. **10.** passate di ~ (alla macch. ut.) (*mecc.*), roughing-out cuts, hogging cuts. **11.** ~, *vedi anche* sbozzatura.
sgròsso (*carp.*), abatement. **2.** sviluppo di ~ (pezzo ottenuto tranciando da un foglio di lamiera formato commerciale solo parte del profilo) (*lav. lamiera*), rough blank.
sgrottare (allargare un sottoscavo) (*min.*), to snub.
sgualcimento (della carta per es.) (*gen.*), scuffing, rubbing. **2.** prova di ~ (*mft. carta*), rubbing test. **3.** resistenza allo ~ (della carta) (*mft. carta*), scuffing resistance.
sguancio (strombo di finestra, strombatura) (*arch. - ed.*), splay, splayed jamb.
sguardo (spia, foro per esaminare l'interno di un cubilotto) (*fond.*), peephole.
sgusciare (togliere il guscio) (*agric.*), to shell.
sgusciatrice (*macch. agric.*), hulling machine.
sgusciatura (*agric. - ecc.*), hulling.
shampoo, sciampo (per il lavaggio di un'autovettura) (*aut.*), shampoo.
shannon (unità binaria che misura un contenuto decisionale per es.: teorizzata da C.E. Shannon) (*mis. inf.*), shannon.
shed, tetto a ~ (tipo di copertura a denti di sega) (*ed.*), sawtooth roof, sawtooth.
"sheet" (forma commerciale in fogli della gomma elastica di piantagione) (*ind. gomma*), sheet.
sherardizzare (riscaldare per molte ore a circa 350° C in una cassetta contenente polvere di zinco per produrre superficialmente una lega zinco-ferro sull'acciaio) (*metall. - tratt. term.*), to sherardize.
sherardizzazione (*tratt. term*), sherardizing.
shimmy (violento movimento di oscillazione attorno all'asse di sterzo) (*difetto aut.*), shimmy.
shock (*med.*), shock.
shoran (sistema di navigazione con due radar secondari a terra) (*radar - navig. aer.*), shoran.
shrapnel (*proiettile espl.*), shrapnel. **2.** ~ a camera posteriore (*espl.*), rear booster shrapnel.
shunt (*elett.*), shunt. **2.** ~ universale [o di Ayrton] (per aumentare la portata del galvanometro) (*mis. elett.*), ayrton shunt.
shuntaggio, *vedi* sciuntaggio.
shuntare (*elett.*), to shunt.
Si (silicio) (*chim.*), Si, silicon.
sial (zona della crosta terrestre, caratterizzata dal contenuto di silicio ed alluminio) (*geol.*), sial.
sibilante (di suono) (*acus.*), sibilant, hissing.
sibilo (prolungato rumore di disturbo, dovuto ad una eccessiva reazione; p. es. in un ricevitore radio ecc.) (*difetto elettroacus.*), howl, howling, squealing.
siccativo (per pittura ad olio per es.) (*s. - vn. - ind. chim.*), siccative, drier.
siccità (*agric.*), drought.
sicomòro (*legno*), sycamore.
sicura (dispositivo di sicurezza: di arma da fuoco per es.), safety catch, safety.
sicurezza (*gen.*), safety. **2.** ~ (*milit.*), protection. **3.** ~ attiva (di un'autovettura, ottenuta mediante caratteristiche quali di tenuta di strada, accelerazione, frenatura ecc.) (*sicurezza aut.*), accident avoidance, active safety. **4.** ~ del posto di lavoro, mantenimento del posto di lavoro (*condizione del lav.*), job security. **5.** ~ di servizio (di una macchina per es.) (*gen.*), reliability of service. **6.** ~ di stazione (*milit.*), protection at rest. **7.** ~ in marcia (*milit.*), protection in the move. **8.** ~ passiva (di un'autovettura, ottenuta mediante caratteristiche di resistenza della struttura e sistemi di ritenuta ossia cinture, palloni autogonfiabili ecc.) (*sicurezza aut.*), passive safety. **9.** ~ preventiva (*sicurezza - aut. - ecc.*), preventive safety. **10.** ~ protettiva (*sicurezza - aut. - ecc.*), protective safety. **11.** arresto di ~ (*mecc.*), safety catch. **12.** arresto di ~ (dispositivo d'arresto) (*app. sollevamento*), grip. **13.** catena di ~ (per il collegamento della cassa al carrello) (*ferr.*), safety chain. **14.** cintura di ~ (*aut.*), safe-

ty belt. **15.** cintura di ~ (individuale) (*aer.*), seat belt. **16.** coefficiente (o grado) di ~ (*sc. costr.*), safety factor. **17.** coefficiente di ~ (di un aer.) (*aer.*), factor of safety (ingl.). **18.** congegno di ~ (*mecc.*), safety device. **19.** dispositivo di ~ (di un'arma da fuoco per es.), safety. **20.** dispositivo di ~ passiva di ritenuta (cintura, cuscino d'aria ecc.) (*sicurezza aut.*), restraint. **21.** elemento di ~ (elemento volutamente debole del cinematismo, destinato a rompersi se la macchina è soggetta ad eccessivo sforzo) (*mecc.*), breaking piece. **22.** gancio di ~ (*ferr.*), safety hook. **23.** lampada di ~ (*att. min.*), safety lamp. **24.** norma di ~ (*ind. - ecc.*), safety rule. **25.** norma di ~ per autoveicoli (*aut.*), motor vehicle safety standard, MVSS. **26.** quota di ~ (*navig. aer.*), safety height. **27.** rasoio di ~ (*att. domestico*), safety razor. **28.** sbarre di ~ (*fis. atom.*), safety rods. **29.** serratura di ~ (*mecc.*), safety lock. **30.** servizio ~ (di fabbrica: antinfortunistica) (*ind.*), safety department. **31.** struttura differenziata di ~ (struttura a resistenza differenziata, della carrozzeria) (*aut.*), composite safety structure. **32.** tecnico della ~ (sul lavoro) (tecnico di antinfortunistica, di una ditta) (*pers. - ind.*), safety engineer. **33.** valvola di ~ (di caldaia per es.), safety valve. **34.** vetro di ~ (di automobile per es.) (*ind. vetro*), safety glass. **35.** zona di ~ (*milit.*), battle outposts.

sicuro (*a.*), safe. **2.** ~ (attendibile) (*a. - gen.*), sure. **3.** ~ (di affidamento) (*a. - mecc. - ecc.*), reliable, dependable. **4.** ~ contro i guasti (dispositivo ecc.) (*macch. - ecc.*), fail-safe.

sidecar (carrozzetta) (*mtc.*), sidecar.

siderale (*astr.*), sideral. **2.** giorno ~ (*astr.*), sideral day.

sidereo (siderale) (*astr.*), sidereal.

siderite ($FeCO_3$) (*min.*), siderite, chalybite.

siderurgìa (*metall.*), iron metallurgy.

sieger (anello elastico di fermo radiale, anello Sieger) (*mecc.*), snap ring.

siemens (unità di conduttanza elettrica) (*unità di mis.*), siemens.

sienite (*roccia*), syenite.

sièpe (*agric.*), hedge.

sièro (*biochim.*), serum. **2.** ~ (di latte) (*agric.*), whey.

sifone (*fis. - idr.*), siphon. **2.** ~ (intercettatore: per scarichi, fognature ecc.) (*tubaz.*), stench-trap, air-trap, seal-trap, drain-trap. **3.** ~ ad S (*tubaz.*), S trap. **4.** ~ (o pozzetto) a tenuta idraulica (il liquido passa ma i gas di fogna non possono tornare indietro) (*tubaz.*), running trap. **5.** ~ ad U (per lavandini per es.) (*impianti sanitari*), U trap. **6.** ~ di intercettazione, *vedi* intercettatore. **7.** ~ intercettatore (sifone ad U a tenuta idraulica per scarichi) (*tubaz.*), trap. **8.** ~ per acqua di seltz (*app.*), soda fountain. **9.** ~ raccolta condensa (*disp. per tubaz.*), water trap. **10.** tomba a ~ (botte a sifone: per il passaggio di un canale sotto ad una strada che lo incrocia) (*costr. idr.*), inverted siphon.

sigillante (mastice per giunti a vite e manicotto) (*tubaz.*), dope.

sigillare (*gen.*), to seal. **2.** ~ con piombini (piombare) (*comm.*), to seal with lead, to plumb.

sigillato (di un pacco per es.) (*a. - comm.*), sealed.

sigillo (*comm.*), seal. **2.** posto del ~ (posizione del sigillo, in un certificato per es.) (*leg.*), locus sigilli, LS.

sigla (del costruttore di automobili per es.) (*comm.*), nameplate. **2.** ~ (*iniziali*), initials. **3.** ~ (per identificare un'orchestra, un programma ecc. per es.) (*radio - telev. - filodiffusione*), signature. **4.** ~ pubblicitaria (per es. di una ditta o di un prodotto) (*edit.*), logo, logotype.

siglare (*gen.*), to initial.

siglatura (*gen.*), initialing.

sigma (particella sigma, della famiglia dei barioni) (*fis. atom.*), sigma.

significativo (importante) (*a. - gen.*), significant.

signorina di ufficio (*pers.*), office girl.

"silentbloc" (boccola elastica) (*mecc.*), rubber-type bushing, rubber bushing.

silenziamento (insonorizzazione) (*acus.*), sound deadening. **2.** ~ (di app. audiovisivo per es.) (*acus.*), muting, silencing.

silenziare (eliminare il rumore) (*acus.*), to silence.

silenziatore (marmitta di scarico: di mot. di aut. per es.), silencer, muffler. **2.** ~ (di fili telegrafici) (*elett.*), silencer. **3.** ~ (per arma da fuoco per es.), silencer. **4.** ~ (circuito di silenziamento) (*radio*), squelcher. **5.** cofano ~ (di una macchina per es.) (*ind.*), sound-reducing case.

silenzio (eliminazione del suono) (*acus.*), silence. **2.** ~ radio ("blackout", interruzione della trasmissione radio da una capsula spaziale che entra nell'atmosfera) (*astric. - radio*), blackout. **3.** cono del ~ (zona del silenzio, al disopra del radio faro) (*radio*), cone of silence. **4.** ridurre al ~ (i cannoni del nemico per es.) (*milit. - ecc.*), to silence.

silenziosamente (*gen.*), noiselessly.

silenziosità (*acus.*), silentness. **2.** ~ (di ingranaggi per es.) (*mecc.*), quietness, silentness, noiselessness.

silenzioso (*a. - gen.*), noiseless.

silicagel (gelo di silice) (*ind. chim.*), silica gel.

silicato (*chim.*), silicate. **2.** ~ di potassio (K_2SiO_3) (*chim.*), potassium silicate. **3.** ~ di soda (Na_2SiO_3) (*chim. comm.*), soda silicate, waterglass, soluble glass. **4.** ~ di sodio (Na_2SiO_3) (*chim.*), sodium silicate.

silice (SiO_2) (*chim.*), silicon dioxide, silica. **2.** ~ piromaca (*min.*), flint. **3.** gelo di ~ (*chim.*), silica gel.

silìceo (*chim.*), siliceous.

silicidazione (diffusione di atomi di silicio nella superficie di un metallo) (*metall.*), silicidizing.

silicio (Si - *chim.*), silicon, silicium. **2.** ~ su zaffiro (tecnologia di fabbricazione, viene utilizzata nella produzione di semiconduttori MOS ad alta velocità) (*elab. - eltn.*), silicon-on-sapphire, SOS. **3.**

acciaio al ~ (*metall.*), silicon steel. **4.** bronzo al ~ (*metall.*), silicon bronze. **5.** carburo di ~ (carborundo) (SiC) (per resistenze elettriche per es.) (*ind. chim.*), carborundum, silicon carbide.
silicioso (*min.*), siliceous, silicious.
siliciuro (*chim.*), silicide. **2.** ~ di calcio (*chim.*), calcium silicide.
silicizzare (*metall. - tratt. term.*), to silicize.
silicizzazione (*min.*), silicization.
silicone (composto organo-silico polimerizzato usato per vernici isolanti ecc.) (*chim. ind.*), silicone.
silicòsi (*med.*), silicosis.
sillimanite ($Al_2O_3.SiO_2$) (*min. refrattario*), sillimanite, fibrolite.
silo, silos (*ed. - ind.*), silo, storage bin. **2.** ~ a scomparti (*ed. - ind.*), silo divided into bins. **3.** ~ di minerale (*ed. - min.*), ore bin. **4.** ~ di sterile (*ed. - min.*), waste bin. **5.** ~ sotterraneo per minerale (*min.*), ore pocket.
siluetta ("silhouette") (*dis.*), silhouette.
silumina (lega di silicio e alluminio con circa il 13% di silicio) (*lega*), Silumin (ingl.).
siluramento (*mar. milit.*), torpedoing.
silurante (torpediniera) (*mar. milit.*), torpedo boat.
silurare (*espl. - mar. milit.*), to torpedo.
siluriano (*geol.*), Silurian.
silurificio (*ind.*), torpedo factory.
siluripèdio (campo di lancio) (*mar. milit.*), torpedo firing range.
siluro (ordigno per la distruzione di navi o sommergibili) (*espl. mar. milit.*), torpedo. **2.** ~ con acciarino a baffi (*espl. mar. milit.*), whiskered torpedo. **3.** ~ acustico (*espl. mar. milit.*), acoustic torpedo. **4.** ~ acustico con testa attiva (*espl. mar. milit.*), active-acoustic torpedo. **5.** ~ acustico con testa passiva (*espl. mar. milit.*), passive-acoustic torpedo. **6.** ~ antinave (*espl. mar. milit.*), antisurface (vessel) torpedo. **7.** ~ antisom (particolarmente studiato per affondare sommergibili) (*espl. mar. milit.*), antisubmarine torpedo. **8.** ~ antisom a propellente solido (*nav.*), antisubmarine rocket, ASROK. **9.** ~ antisom da sommergibile (*espl. mar. milit.*), submarine-launched antisubmarine torpedo. **10.** ~ autoguidato (moderno siluro munito di testa trasmittente e ricevente) (*espl. mar. milit.*), homing torpedo. **11.** ~ autoguidato acustico (*espl. mar. milit.*), torpedo. **12.** ~ elettrico (*espl. mar. milit.*), electric torpedo. **13.** ~ filoalimentato (siluro sperimentale alimentato da filo collegato alla nave che lo lancia) (*espl. mar. milit.*), wire fed electrical torpedo. **14.** ~ filoguidato ("filoguidato") (*espl. mar. milit.*), wire guided torpedo. **15.** ~ magnetico (*espl. mar. milit.*), magnetic torpedo. **16.** ~ per lancio da aereo (aerosiluro: per la ricerca antisom per es.) (*mar. milit. - aer. milit.*), aerial torpedo. **17.** ~ termico (siluro con motore termico) (*espl. mar. milit.*), heat engine torpedo. **18.** camera siluri (compartimento siluri) (*mar. milit.*), torpedo compartment.
"silvex" (tipo di diserbante selettivo) (*s. - agric.*), silvex.
silvina (KCl) (*min.*), sylvin, sylvine, sylvite.
simbolico (*gen.*), symbolic. **2.** logica simbolica (logica matematica) (*sc.*), symbolic logic, mathematical logic.
sìmbolo (*mat. - dis. - ecc.*), symbol. **2.** simboli (convenzionali per rappresentare il tipo di materiale previsto) (*dis.*), symbols. **3.** ~ (carattere che identifica una operazione, un concetto, una entità, una variabile ecc.) (*elab. - ecc.*), symbol. **4.** ~ (segno di operazione: +, −, × ecc.) (*mat.*), operator.
sìmile (*gen.*), similar. **2.** ~ (*geom.*), similar.
similitùdine (*gen.*), similarity. **2.** ~ cinematica (*mecc. raz.*), kinematic similarity. **3.** ~ geometrica (*geom.*), geometrical similarity. **4.** legge della ~ (*nav. - ecc.*), similarity law.
similòro (*lega*), tombac, tombak, Dutch metal. **2.** ~ polverizzato, *vedi* porporina.
similpelle (finta pelle, pegamoide, vinilpelle) (*ind.*), imitation leather.
simmetrìa (*mat. - ecc.*), symmetry. **2.** piano di ~ (*geom.*), midplane.
simmètrico (*geom. - mat. - chim.*), symmetrical. **2.** ~ rispetto all'asse (*dis. mecc.*), symmetrical about the centre line. **3.** sistema ~ (di correnti trifasi) (*elett.*), symmetrical system.
simmetrizzatore (dispositivo di adattamento [o conversione] tra un circuito simmetrico bifilare ed un circuito asimmetrico coassiale p. es.) (*eltn.*), balun, line-balance converter.
simoschema (diagramma dei movimenti elementari delle mani ecc., spesso basato sull'analisi di film) (*studio dei tempi*), simultaneous motion cycle chart, SIMO chart.
simplesso (*mat.*), simplex. **2.** metodo del ~ (criterio del simplesso, usato nella programmazione lineare e che permette di accertare se una soluzione è quella ottima) (*ricerca operativa*), simplex method.
simplex (sistema di telecomunicazione che usa solo una direzione di trasmissione alla volta) (*s. - tlcm.*), simplex. **2.** ~ a due canali (*tlcm.*), double-channel simplex.
simulacro (manichino: modello dimostrativo o per il perfezionamento dei dettagli di progetto) (*mecc. - aer. - ecc.*), mock-up.
simulare (in una galleria a vento ~ le condizioni di volo di un aereo p. es.) (*tecnol.*), to simulate.
simulato (*gen.*), simulated. **2.** asta simulata (*comm.*), mock auction.
simulatore (un programma che per studio imita il comportamento di un nuovo elaboratore o di un sistema simulato, per es. il comportamento di un aereo in volo) (*s. - elab.*), simulator. **2.** ~ da addestramento (simula le condizioni di volo: per addestramento piloti) (*app. aer.*), trainer, flight simulator. **3.** ~ orbitale ad alto vuoto (*astric.*), high-vacuum orbital simulator, HIVOS.
simulazione (*gen.*), simulation. **2.** ~ (esame di un

comportamento per mezzo di un elaboratore programmato) (*s. - elab.*), simulation. **3.** ~ di gestione (esercitazione che utilizza un modello di situazione della fabbrica) (*pers. - direzione*), business game. **4.** ~ digitale (eseguita con calcolatori digitali) (*elab.*), digital simulation. **5.** ~ di plasma (plasma simulato da calcolatore) (*elab.*), plasma simulation. **6.** ~ ibrida (*elab.*), hybrid simulation. **7.** ~ montecarlo (*elab.*), monte carlo simulation, MCS. **8.** linguaggio di ~ (*elab.*), simulation language.

simultaneità (contemporaneità) (*gen.*), simultaneousness, simultaneity.

simultaneo (contemporaneo) (*gen.*), simultaneous.

sinclinale (*a. - geol.*), synclinal. **2.** ~ (*n. - geol.*), syncline, synclinal.

sinclinorio (serie di antinclinali e sinclinali) (*geol.*), synclinorium.

sincro (sincronizzatore, albero elettrico, apparecchio costituito da un generatore ed un motore per ottenere un movimento sincrono) (*app. elett.*), synchro.

sincrociclotrone (*app. fis. atom.*), synchrocyclotron.

sincronìa (*fis.*), synchrony. **2.** ~, *vedi anche* sincronismo.

sincronismo (*fis. - mecc. - elett.*), synchronism. **2.** rimanere in ~ (di macch. elett.) (*elett.*), to keep in step. **3.** uscire (dalla velocità) di ~ (*macch. elett.*), to fall out of step. **4.** velocità di ~ (di macch. elett. per es.) (*gen.*), synchronous speed.

sincronizzare (*fis. - elett. - cinem. - telev.*), to synchronize.

sincronizzato (*a. - gen.*), synchronized. **2.** non ~ (fuori sincronizzazione) (*cinem.*), out of synchronism, out-of-sink, out-of-sinch.

sincronizzatore (di una mitragliatrice installata su di aeroplano per es.) (*mecc.*), synchronizing gear. **2.** ~ (per film sonoro) (*app. cinem.*), synchronizer, interlock. **3.** ~ stroboscopio (per un film sonoro) (*cinem.*), stroboscopic synchronizer.

sincronizzazione (*fis. - mecc. - elett. - telev.*), synchronization. **2.** ~ (in, o di, un film sonoro) (*cinem.*), synchronization. **3.** ~ (regolazione della cadenza) (*elab.*), pacing. **4.** ~ a volano (*telev.*), flywheel synchronization. **5.** ~ consensuale (segnale di consenso, tra un sistema trasmettitore ed uno ricettore; segnale di OK e successiva azione di ~) (*elab.*), handshake. **6.** ~ dell'immagine (*telev.*), frame synchronization, picture synchronization. **7.** ~ labiale (nella registrazione del suono) (*cinem.*), lip synchronization. **8.** impulsi o segnali di ~ (per es. originati da una traccia di cadenza) (*elab.*), clock signals, clock pulses.

sincrono (*a. - gen.*), synchronous. **2.** ~ (*s. - macch. elett.*), synchronous machine. **3.** motore ~ (*elett.*), synchronous motor.

sincronoscòpio (indica se due macchine o motori associati sono in sincronismo) (*aer. - nav. - elett. - ecc.*), synchroscope, synchronoscope.

sincro-risolutore (con sistemi a campo rotante) (*macch. ut. a c. n.*), sinchro resolver.

sincrotrasformatore (*macch. elett.*), synchro control transformer.

sincrotrone (*app. fis. atom.*), synchrotron.

sindacale (*lav.*), trade-union. **2.** collegio ~ (*finanz.*), board of auditors. **3.** movimento ~ (*sindacato*), labor movement. **4.** rapporti sindacali (*sindacato*), labor relations. **5.** richiesta ~ su scala nazionale (*sindacale*), national claim.

sindacalismo (*sindacati dei lavoratori*), trade unionism, syndacalism.

sindacalista (*sindacati dei lavoratori*), trade unionist.

sindacato (dei lavoratori) (*organ. dei lav.*), trade union, labor union. **2.** ~ d'impresa (~ di una singola impresa) (*sindacale*), company union. **3.** ~ lavoratori dell'automobile (*aut.*), UAW (am.), United Auto Workers. **4.** ~ padronale (associazione di dipendenti di una sola ditta, controllata dal datore di lavoro) (*lav.*), company union. **5.** non appartenente a ~ (*a. - organ. dei lav.*), nonunion. **6.** officina con i dipendenti non iscritti ai sindacati (*lav.*), nonunion shop.

sìndaco (di una città), town major. **2.** ~ revisore (*contabilità*), auditor.

sine die (indefinitamente, a tempo indeterminato) (*leg.*), sine die.

sineresi (separazione di liquido da un gel dovuta a contrazione) (*chim. fis.*), synaeresis, syneresis.

singolare (*a. - mat.*), singular.

singoletto (complesso contenente un solo elemento) (*s. - mat.*), singleton. **2.** ~ (particella elementare singola) (*s. - fis. atom.*), singlet.

sìngolo (*a. - gen.*), single.

sinistra (*s. - gen.*), left hand. **2.** il più a ~ (di un carattere, una cifra ecc.) (*elab.*), leftmost. **3.** tutto a ~ (direzione) (*nav.*), hard aport.

sinistro (a sinistra) (*a. - gen.*), left, left-hand. **2.** ~ (*a. - nav. - aer.*), port. **3.** ~ (ruota di un'autovettura per es.) (*a. - veic. - ecc.*), left. **4.** ~ (incidente) (*s.*), accident. **5.** lato ~ (di un'autovettura per es.) (*veic. - ecc.*), left side.

sinistrogiro (sinistrorso, rotazione per es.) (*macch. - ecc.*), left-hand, left-handed.

sinistròrso (antiorario: di movimento rotatorio) (*a. - mecc.*), left-hand, left-handed.

sinora (sino ad ora, nel presente momento) (*gen.*), to date.

sinottico (*meteor. - ecc.*), synoptic.

sintassi (insieme di regole dal linguaggio di programmazione da osservare strettamente) (*s. - grammatica - elab.*), syntax.

sintattico (*chim.*), syntactic. **2.** schiuma sintattica (*ind. chim.*), syntactic foam.

sinteraggio, *vedi* sinterizzazione.

sinterizzare (dare coesione, mediante parziale fusione e compressione, a sostanze in polvere) (*ind.*), to sinter.

sinterizzato (*ind. - tecnol.*), sintered. **2.** non ~ (di polvere metallica non sinterizzata) (*a. - metall. - tecnol. ind.*), green.

sinterizzazione (procedimento di agglomerazione di polveri per compressione a caldo) (*tecnol.*), sintering. **2.** ~ (agglomerazione) (*min.*), sintering. **3.** ~ a nastro (metodo per sinterizzare le polveri mediante laminazione) (*tecnol. metall.*), roll sintering. **4.** ~ con fase liquida (*tecnol.*), liquid-phase sintering.

sìntesi (*chim.*), synthesis. **2.** ~ additiva (dei colori primari) (*fot.*), additive synthesis. **3.** ~ dell'immagine (*telev.*), building-up of image. **4.** ~ sottrattiva (dei colori primari) (*fot.*), subtractive synthesis.

sintètico (*chim.*), synthetic. **2.** benzina sintetica, synthetic gasoline (am.), synthetic petrol (ingl.). **3.** gomma sintetica (*ind.*), synthetic rubber.

sintetizzatore (*strum. - eltn. - ecc.*), synthesizer. **2.** ~ di frequenza (oscillatore a onde sinusoidali, di alta stabilità e sintonizzabile su una vasta gamma di frequenze) (*strum.*), frequency synthesizer. **3.** ~ di voce (apparecchio che riproduce i suoni della voce umana) (*eltn.*), voice synthesizer.

sintonia (*radio*), tuning, syntony. **2.** ~ acuta (*radio*), sharp tuning. **3.** ~ approssimata (*radio*), coarse tuning. **4.** ~ larga (*radio*), broad tuning. **5.** ~ piatta (*radio*), flat tuning, broad tuning. **6.** acutezza di ~ (*radio*), tuning sharpness. **7.** a doppia ~ (p. es. di un circuito amplificatore a larga banda) (*radio - ecc.*), double tuned. **8.** affinare la ~ (*radio - ecc.*), to sharpen a tuning. **9.** fuori ~ (non sintonizzato) (*radio - ecc.*), out of tune. **10.** indicatore di ~ (*radio*), tuning indicator. **11.** mettere fuori ~ (*radio - telev. - ecc.*), to mistune.

sintonizzabile (*a. - radio*), tunable. **2.** non ~ (*a. - radio*), nontunable.

sintonizzare (*radio*), to tune in, to syntonize.

sintonizzato (*a. - radio*), tuned. **2.** non ~ (fuori sintonia) (*radio*), untuned, out of tune.

sintonizzatore (*radio*), tuner. **2.** ~ a due circuiti (*radio*), two-circuit tuner. **3.** ~ a nucleo mobile (*elettromag.*), slug tuner. **4.** ~ di televisione a colori (*eltn.*), color TV tuner. **5.** ~ multiplo (*radio*), multiple tuner. **6.** ~ stereo (*eltn. - radio*), stereo tuner.

sintonizzazione (*radio*), tuning, syntonization. **2.** ~ a pulsante (di una autoradio per es.) (*radio*), push-button tuning. **3.** ~ a torretta (*telev.*), turret tuning. **4.** ~ di antenna in parallelo (*radio*), parallel antenna tuning. **5.** ~ di estensione di banda (sintonizzazione complementare) (*radio*), bandspread tuning. **6.** ~ di più circuiti (a comando unico) (*radio*), gang tuning. **7.** ~ doppia (*radio*), double-spot tuning. **8.** ~ ottimale (*radio*), fine tuning.

sinusoidale (*a. - mat.*), sinusoidal.

sinusòide (*mat.*), sinusoid, sine curve.

sipario (*teatro*), drop curtain, curtain. **2.** ~ antincendio (*teatro*), asbestos curtain.

sirèna (*app. acus.*), siren, syren. **2.** ~ da nebbia (*nav.*), foghorn. **3.** ~ elettrica (*app. acus.*), electric siren.

siringa (*strum. med.*), syringe. **2.** ~ (*att.*), syringe. **3.** ~ ipodermica (*strum. med.*), hypodermic syringe. **4.** ~ per lubrificazione (*ut. mecc.*), oil gun. **5.** ~ per lubrificazione con grasso (a pressione: tipo "Tecalemit" per es.) (*att. mecc.*), grease gun. **6.** ~ per olio (*att. mecc.*), oil syringe.

sisal (fibra di agave centro-americana) (*mft. funi - ecc.*), sisal.

sìsmico (*geol.*), seismic.

sismògrafo (*strum.*), seismograph, sismograph.

sismogramma (*geol.*), sismogram.

sismologìa (*geol.*), seismology.

sismòlogo (*geol.*), seismologist.

sismòmetro (*strum.*), seismometer.

sismostetoscopio (geofono) (*app. geol.*), geophone.

si stampi (visto si stampi) (*tip.*), good for printing, for press, o.k. for printing.

sistèma (*gen.*), system. **2.** ~ (*s. - astr. - geol. - fis. - chim. - trasp. - ecc.*), system. **3.** ~ (complesso consistente della combinazione di elaboratore, unità periferiche, metodi, programmi, informatici ecc., che concorrono ad ottenere i risultati desiderati) (*elab.*), system. **4.** ~ a canalizzazione unica (di fognatura) (*ing. civ.*), combined system. **5.** ~ a centro di massa fisso (sistema di riferimento nel quale il centro di massa è fisso) (*mecc. raz.*), center-of-mass system. **6.** ~ a cera persa (*fond.*), lost-wax process. **7.** ~ a cinque conduttori (per distribuzione elettrica) (*elett.*), five-wire system. **8.** ~ a colori additivo (*fot.*), additive color process. **9.** ~ a colori sottrattivo (*fot.*), subtractive color process. **10.** ~ a colori sequenziali, *vedi* ~ a sequenza di trame. **11.** ~ a correnti portanti (*elettrotel.*), carrier current system (ingl.). **12.** ~ acustico (*acus.*), acoustic system. **13.** ~ acustico per la localizzazione di esplosioni subacquee (*app. acus.*), sofar. **14.** ~ ad allineamento d'immagine (~ di messa a fuoco) (*fot.*), split-image system. **15.** ~ a dialogo, *vedi* ~ interattivo. **16.** ~ a doppio ricoprimento (tipo di fasciame nel quale corsi alternati sono sovrapposti ai bordi dei corsi adiacenti) (*costr. nav.*), in-and-out system. **17.** ~ a due fili (*elett.*), two-wire system. **18.** ~ a fascio (di antenne per es.) (*radio*), beam array. **19.** ~ a flusso diretto (sistema di combustione di un motore a getto nel quale l'aria entrante ed i gas di scarico hanno la stessa direzione) (*mot. aer.*), straight-flow system. **20.** ~ a flusso invertito (sistema a controcorrente, sistema di combustione d'un motore a getto nel quale l'aria entrante ed i gas di scarico hanno direzioni opposte) (*mot. aer.*), return-flow system. **21.** ~ a frequenze portanti (*comun.*), frequency carrier system, carrier system. **22.** ~ a giunti sfalsati (di una struttura) (*ed.*), break-joint. **23.** ~ a incentivo (sistema a premio, per paghe agli operai) (*organ. lav. ind.*), premium system. **24.** ~ albero base (sistema di tolleranze) (*mecc.*), shaft-basis system. **25.** ~ a memoria virtuale (*elab.*), virtual storage system. **26.** ~ a molte frequenze (*elett.*), multifrequency system. **27.** ~ (o impianto) antighiaccio (*aer.*), de-icing system, anticer. **28.** ~ a parametri distribuiti (*organ.*), distributed parameter system. **29.** ~ aperto (*gen.*), open system. **30.** ~ a più unità di elaborazione (*elab.*), multicomputer-system. **31.** ~ a premio Halsey (*organ. lav. ind.*), Halsey premium system. **32.** ~ a premio Rowan (sistema a premio variabile) (*organ. lav. ind.*), Rowan premium system. **33.** ~ (di trasmissione) a raffiche, *vedi* trasmissione a raffica. **34.** ~ architravato (*arch.*), trabeated system. **35.** ~ a riciclo di informazioni (*tlcm.*), information feedback system. **36.** ~ aritmico (sistema nel quale le apparecchiature possono funzionare senza esatto sincronismo e con trasmissione dei segnali senza ritmo prestabilito) (*telegrafia*), start-stop, start-stop system, arytmic system. **37.** ~ a ritorno via terra (*elett.*), ground return system. **38.** ~ a schede perforate (*elab.*), card-based system. **39.** ~ a sdoppiamento di immagine, *vedi* ~ ad allineamento di immagine. **40.** ~ a sequenza di trame (*telev. a colori*), sequential system. **41.** ~ a sintonia automatica (*eltn. - radio*), nonhoming tuning system. **42.** ~ a sovrapressione (*condizionamento dell'aria*), plenum system. **43.** ~ assoluto (sistema di unità fisiche, come il sistema cgs, per es.) (*mis.*), absolute system. **44.** ~ assoluto (sistema di coordinate nel quale tutte le coordinate sono misurate da un punto d'origine fisso) (*mat.*), absolute system. **45.** ~ a tre colori (sistema tricromo per film a colori) (*fot.*), three-color process. **46.** ~ automatico (impianto automatico) (*telef.*), automatic system. **47.** ~ automatico di collegamento telefonico (*telef. - elab.*), dial-up system. **48.** ~ automatico per il posizionamento degli utensili (*macch. ut. a c. n.*), automatic system for positioning tools, AUTOSPOT. **49.** ~ bicromico (per film a colori) (*fot.*), two-color system. **50.** ~ bilaterale (di tolleranze) (*mecc.*), bilateral system. **51.** ~ col neutro a terra (*elett.*), earthed neutral system. **52.** ~ con memoria di massa (*elab.*), mass-storage system, MSS. **53.** ~ Consol (radiofaro Consol, sistema di radionavigazione) (*aer. - radio*), Consol beacon. **54.** ~ da punto a punto (sistema di posizionamento) (*macch. ut. a c. n.*), point-to-point systems. PPS. **55.** ~ decimale (*mis.*), decimal system. **56.** ~ decimale codificato in binario (*elab. - macch. a c. n.*), binary coded decimal system. **57.** ~ del baricentro (baricentro immobile di un sistema che si muove: p. es. di uno sciame di particelle) (*mecc. raz.*), center-of-mass system. **58.** ~ (o impianto) di accensione schermato (*mot.*), screened ignition system. **59.** ~ di adescamento con etere (sistema di iniezione di etere, in un motore per avviamento a freddo per es.) (*mot.*), ether priming system. **60.** ~ di alimentazione (*mot.*), fuel system. **61.** ~ di assi di controllo direzionale del veicolo (*veic.*), vehicle directional control axis system. **62.** ~ di atterraggio ogni-tempo (*aer.*), all weather landing system, AWLS. **63.** ~ di atterraggio strumentale (*radionavigazione aer.*), instrumental landing system, ILS. **64.** ~ di blocco (*ferr.*), block system. **65.** ~ di blocco automatico (*ferr.*), lock-and-block system. **66.** ~ di chiusura (di una macch. elettr.) (*elett.*), type of enclosure. **67.** ~ di comando del profilo (*macch. ut. a c. n.*), contour control system, CCS. **68.** ~ di comando elettrico a distanza degli orologi (di una città, stabilimento ecc.), time electrical distribution system. **69.** ~ di compressione/espansione (~ per migliorare il rapporto segnale/disturbo) (*telef. - ecc.*), Compandor, COMpressor-ex PANDOR. **70.** ~ di comunicazione a microonde attraverso satelliti (artificiali) (*radio - astric.*), microwave system via satellites. **71.** ~ di comunicazione esteso ai satelliti (*tlcm.*), satellite business system, SBS. **72.** ~ di controllo (per la sicurezza di un reattore nucleare) (*fis. atom.*), safety system. **73.** ~ di controllo ingresso/uscita (*elab.*), Input/Output Control System, IOCS. **74.** ~ di controllo in tempo reale (*elab.*), real-time control system. **75.** ~ di coordinate fisso (*mat. - ecc.*), fixed coordinate system. **76.** ~ di diluizione dell'olio (di un mot. aer. in climi artici) (*mot. aer.*), oil dilution system. **77.** ~ di distribuzione (di energia elettrica) (*elett.*), distribution system. **78.** ~ di distribuzione con linee principali ad anello (*elett.*), ring main system (ingl.). **79.** ~ di due lenti (con lunghezza focale differente: per ridurre aberrazione e dispersione) (*ott.*), doublet. **80.** ~ di estrazione (*min.*), mining method. **81.** ~ difensivo (*milit.*), weapon system. **82.** ~ di filettatura (*mecc.*), system of screw thread. **83.** ~ di gestione di una base dati (*elab.*), data base management system. **84.** ~ digitale (*elab.*), digital system. **85.** ~ di illuminazione del cruscotto (*aut.*), dash light. **86.** ~ di impianto (di riscaldamento per es.), installation. **87.** ~ di impianto centrale (di riscaldamento per es.), central installation. **88.** ~ di impianto locale (termico per es.), local installation. **89.** ~ di informazioni della direzione (*ind.*), management information system, MIS. **90.** ~ di ingranaggi (*mecc.*), gearing. **91.** ~ di lubrificazione (*mot.*), oil system. **92.** ~ di massa (di un aeromobile per es.) (*elett.*), earth system, ground system. **93.** ~ di misura (dipendente dalle unità di misura usate: metrico, inglese ecc.) (*mis.*), measure. **94.** ~ di molleggio (molleggio) (*veic.*), springing system. **95.** ~ dinamico (*organ.*), dynamic system. **96.** ~ di navigazione hiran (~ shoran di alta precisione) (*radar - navig. aer.*), hiran. **97.** ~ di numerazione con base 2 (notazione binaria) (*mat.*), binary notation, binary number system. **98.** sistemi di officina (accorgimenti di officina) (*ind.*), shop shots. **99.** ~ di organizzazione di un mercato (*comm.*), marketing scheme. **100.** ~ di pianificazione-programmazione-previsione (*organ.*), planning-programming-budgeting system, PPBS. **101.** ~ di posizionamento delle testine mediante servotraccia (~ per il corretto posizionamento delle testine di scrittura/lettura di unità a dischi magnetici) (*elab.*), track following servo. **102.** ~ di propulsione a turboreattore (o a turbogetto) (*mot.*), turbojet engine. **103.** ~ di protezione (di linee elettriche da sovratensioni per es.) protective system. **104.** ~ di protezione ad azione differita (di linee elettriche da sovratensione) (*elett.*), time limit protection. **105.** ~ di protezione selettivo (di linee elettriche da sovratensione) (*elett.*), selective protection. **106.** ~ di radioinseguimento (di satelliti o razzi muniti di radioemittente, i cui segnali vengono ricevuti da una catena di stazioni a terra) (*radio - milit. - astric.*), minitrack. **107.** ~ di radionavigazione aerea audio-visiva (*navig.*), viasual/aural range, VAR. **108.** ~ di radionavigazione aerea onnidirezionale (*aer.*), omnidirectional range. **109.** ~ di riferimento (ad assi ortogonali per es.) (*fis.*), frame of reference. **110.** ~ di registrazione dei dati (*eltn.*), data logging system. **111.** ~ di riscaldamento con iniezione di vapore (*ferr.*), steam jet heating system. **112.** ~ di ritorno a massa (di un aeromobile) (*aer. - elett.*), earth return system. **113.** ~ di rotazione del disco (*elab. - elettroacus.*), drive mechanism. **114.** ~ di ruotismi cicloidale (*mecc.*), cycloidal gearing system. **115.** ~ di scarico (*di un mot.*), exhaust system. **116.** ~ di scoperta (sistema di allarme usato per scoprire la presenza di un nemico) (*milit.*), warning system. **117.** ~ di sopravvivenza (dotazione di tutto quanto necessario alla vita umana su di un inospitale corpo celeste) (*astric.*), life-support system. **118.** ~ di sospensione (*veic.*), spring system. **119.** ~ di sviluppo (complesso costituito da un microcalcolatore e da varie periferiche atto allo studio, alla progettazione ed alla realizzazione di prototipi di nuovi elab.) (*elab.*), development system. **120.** di sviluppo a microprocessori (*elab.*), microprocessor development system, MDS. **121.** ~ di terra (di antenna) (*radio*), ground system. **122.** ~ di trasmissione contemporanea sulla stessa onda (*radio - telev.*), multiplex. **123.** ~ di trasmissione contemporanea sullo stesso circuito (*telef. - telegrafia*), multiplex. **124.** ~ di trasmissione e di calcolo dei dati (*autom.*), data transmission and computing system. **125.** ~ di trasmissione simultanea di quattro messaggi su un filo (*telef.*), quadruplex. **126.** ~ di trasporto del nastro (*elab. - elettroacus.*), drive mechanism. **127.** ~ Dolby antifruscìo (sistema brevettato di registrazione) (*elettroacus.*), Dolby system. **128.** ~ economico (p. es.: capitalismo, socialismo, economia mista ecc.) (*econ.*), economic system. **129.** ~ elettronico interbancario di trasferimento fondi (tra banche elettronicamente collegate) (*banca - inf.*), electronic funds transfer system, EFTS. **130.** ~ esperto (un complesso di programmi che usa intelligenza artificiale per risolvere in modo autonomo particolari problemi) (*elab.*), expert system. **131.** ~ fisso a getti (per spegnere incendi per es.), sprinkler system. **132.** ~ foro base (sistema di tolleranza) (*mecc.*), hole-basis system. **133.** ~ francese di pettinatura (intermittente) (pettinatura della lana) (*ind. tess.*), French comb. **134.** ~ frenante antiblocco, ABS (~ elettronico che agisce individualmente sulle 4 ruote allo scopo di evitare slittamento di una o più ruote sotto l'azione dei freni) (*aut.*), antilock braking system, ABS. **135.** ~ Gee-H (sistema di radionavigazione) (*radio - aer.*), Gee-H. **136.** ~ (iperbolico) Gee (sistema di radionavigazione) (*aer. - radio*), Gee. **137.** ~ Giorgi, ~ di unità di misura assoluto, MKSA (*mis. fis.*), meter-kilogram-second-ampere system, MKSA. **138.** ~ informativo (*comm. - inf. - ecc.*), information system. **139.** ~ informativo (p. es. per il reperimento di dati) (*elab.*), knowledge system. **140.** ~ interattivo (~ di comunicazione a doppia via e colloquiale fra elaboratore ed operatore) (*elab. - telef.*), interactive system. **141.** ~ isolato (*elett.*), ungrounded system. **142.** ~ lineare (*organ.*), linear system. **143.** ~ logico (*eltn.*), logic system. **144.** ~ logico a diodi e transistori (logica a diodi e transistori) (*eltn.*), diode transistor logic, DTL. **145.** ~ logico a relè (circuito logico a relè) (*eltn.*), relay logic. **146.** ~ logico a transistori ad accoppiamento diretto (*eltn.*), direct-coupled transistor logic, DCTL. **147.** ~ logico a transistori a resistenza-capacità (*eltn.*), resistor-capacitor transistor logic, RCTL. **148.** ~ logico a transistor complementare (sistema logico con transistori pnp e npn) (*eltn.*), complementary transistor logic, CTL. **149.** ~ logico a transistori con accoppiamento ad emettitore (*eltn.*), emitter-coupled transistor logic, ECTL. **150.** ~ logico a transistor con resistore (logica a transistor con resistore) (*eltn.*), resistor-transistor logic, RTL. **151.** ~ logico con accoppiamento ad emettitore (logica con accoppiamento ad emettitore) (*eltn.*), emitter-coupled logic, ECL. **152.** ~ logico transistorizzato a resistenza-capacità (*eltn.*), resistor-capacitor transistor logic, RCTL. **153.** ~ longitudinale di costruzione (*costr. nav.*), longitudinal building system. **154.** ~ manuale (*telef.*), manual system. (ingl.). **155.** ~ "master/slave", ~ gestore/asservito (mezzo di comunicazione tra due calcolatori dei quali uno dipende dall'altro) (*elab.*), master/slave system. **156.** ~ meccanografico, *vedi* meccanografia. **157.** ~ metrico (*mis.*), metric system. **158.** ~ misto di costruzione (*costr. nav.*), composite building system. **159.** ~ monoclino (cristallizzazione) (*min.*), monoclinic system. **160.** ~ monofase (*elett.*), single-phase system. **161.** ~ MTM (misura dei movimenti elementari, misura dei tempi elementari) (*studio tempi*), methods-time measurement, MTM. **162.** ~ non lineare (*mat.*), non linear system. **163.** ~ normale di avvicinamento a fascio (*aer. - radio*), standard beam approach system, SBA. **164.** ~ operativo (~ di programmi ecc. che permettono all'apparecchiatura di elaborare qualsiasi programma, di gestire l'entrata/uscita, utilizzare gli archivi ecc.)

(*elab.*), operating system, executive system, OS. **165.** ~ operativo a dischi (mediante periferiche a dischi magnetici) (*elab.*), disk operating system, DOS. **166.** ~ operativo base (*elab.*), basic operating system. **167.** ~ operativo di base per la gestione di ingresso/uscita (di dati) (*elab.*), BIOS, Basic Input/Output System. **168.** ~ operativo direzionale (*organ.*), management operating system, MOS. **169.** ~ operativo UNIX (~ per la multiprogrammazione, la ripartizione dei tempi per servire molti utenti ecc.) (*elab.*), UNIX. **170.** sistemi organizzativi e procedure (*organ.*), systems and procedures. **171.** ~ ospite (*elab.*), host system. **172.** ~ ottico (*ott.*), optic system. **173.** ~ ottico raddrizzatore (*ott.*), resever. **174.** ~ periodico (degli elementi) (*chim.*), periodic system. **175.** ~ pneumatico (impianto pneumatico, di un aeroplano per es.) (*ind. - ecc.*), pneumatic system. **176.** ~ polifase (*elett.*), polyphase system. **177.** ~ polifase equilibrato (*elett.*), balanced polyphase system. **178.** ~ polifase simmetrico (*elett.*), symmetrical polyphase system. **179.** ~ semiautomatico (*telef.*), semiautomatic system. **180.** ~ senza autocorrezione (sistema a catena aperta, sistema di controllo senza confronto dell'uscita con l'entrata) (*elab. - macch. a c. n.*), open-loop system. **181.** ~ solare (*astr.*), solar system. **182.** ~ sottrattivo (per film a colori) (*fot.*), subtractive process. **183.** ~ sovraccarico (*tlcm.*), congested system. **184.** ~ sperimentale (metodo per tentativi) (*gen.*), trial and error. **185.** ~ telefonico collettivo (*telef.*), conference system (ingl.). **186.** ~ telescrivente (*elettrotel.*), teleprinting system. **187.** transazionale (*elab.*), transaction driven system, TDS. **188.** ~ triclino (cristallizzazione) (*min.*), triclinic system. **189.** ~ trifase a quattro fili (o con neutro) (*elett.*), three-phase four-wire system. **190.** ~ trifase a tre fili (*elett.*), three-phase three-wire system. **191.** ~ trifase equilibrato (*elett.*), balanced three-phase system. **192.** ~ vascolare (*med.*), vessel system. **193.** ~ Work-Factor (sistema WF per la misurazione del lavoro) (*studio dei tempi*), Work-Factor system, WF system. **194.** ~ videomatico (permette lo scambio di immagini, voce e dati mediante linee telefoniche) (*tlcm. - elab. - telef.*), videomatic system. **195.** analisi dei sistemi (*organ.*), systems analysis. **196.** analista dei sistemi (*organ.*), system analyst. **197.** organizzazione dei sistemi (tecnica dei sistemi organizzativi) (*organ.*), systems engineering. **198.** relativo al ~ metrico decimale (CGS) (*mis.*), meter-kilogram-second, mks, MKS. **199.** specialista di sistemi di organizzazione (esperto in tecniche organizzative) (*organ.*), systems engineer. **200.** studio di ~ (*elab.*), system study. **201.** teoria dei sistemi (*organ.*), system theory.

sistemare (in ordine, in fila ecc.), to range. **2.** ~ (mettere in posizione) (*gen.*), to locate. **3.** ~ (preparare, mettere a punto: uno strumento per es.) to set. **4.** ~ (una strada, un terreno per es.) to settle. **5.** ~ (mettere a posto, nel dovuto ordine) (*gen.*), to arrange. **6.** ~ (*mur.*), to set.

sistematico (*gen.*), systematic.

sistemazione (disposizione [in pianta oppure sul posto] del macchinario e degli impianti di un'officina per es.) layout. **2.** ~ (messa a punto, preparazione: di uno strumento per es.), setting. **3.** ~ (assestamento: di una strada, un terreno per es.), settlement, settling. **4.** ~ a raggiera (*gen.*), radial location.

sìstilo (*arch.*), systyle.

sit-in (atto di protesta realizzato col disporsi seduti per terra) (*op.*), sit-in.

sito (angolo di sito) (*artiglieria*), site angle, site, angle of site. **2.** ~ futuro (nel tiro contro bersagli mobili) (*artiglieria*), predicted target elevation. **3.** ~ negativo (*artiglieria*), depression.

situazione (*gen.*), situation. **2.** ~ comica (*cinem.*), gag. **3.** ~ di pericolo immediato (*nav.*), close quarter situation.

sivièra (recipiente per colata) (*fond.*), ladle. **2.** ~ a bilanciere (*fond.*), crane ladle. **3.** ~ a botte (*fond.*), *vedi* siviera cilindrica. **4.** ~ a mano (tazza di colata, tazzina, cassina, sivierina) (*fond.*), hand ladle. **5.** ~ a sifone (siviera a teiera) (*fond.*), teapot ladle. **6.** ~ a tamburo (*fond.*), *vedi* siviera cilindrica. **7.** ~ a tampone (*fond.*), bottom pouring ladle. **8.** ~ cilindrica (siviera a botte, siviera a tamburo) (*fond.*), drum ladle. **9.** ~ di mescolamento (mescolatore) (*fond.*), mixing ladle. **10.** ~ rovesciabile (*fond.*), tilting ladle. **11.** addetto alle siviere (*op. fond.*), ladleman. **12.** grande ~ (secchione) (*fond.*), bull ladle. **13.** labbro della ~ (*fond.*), ladle lip.

sivierina (tazza di colata, siviera a mano) (*fond.*), hand ladle. **2.** ~ con manico a forchettone (*fond.*), shank ladle.

sizigia (ciascuno dei punti dell'orbita della Luna in cui questa si trova in congiunzione o in opposizione col Sole) (*astr.*), syzygy.

ski (sci) (*sport*), ski.

skiff (piccola imbarcazione a remi) (*nav.*), skiff.

ski lift (sciovia) (*sport*), ski lift.

skip (mezzo per trasportare il minerale) (*min. - trasp.*), skip.

skiver (tipo di cuoio) (*ind. cuoio*), skiver.

slabbrare (un foro in una lamiera per es.) (*tecnol.*), to flange.

slabbratura (danneggiamento od asperità lasciata per es. all'orlo di un foro da un utensile) (*mecc.*), burr, bur. **2.** prova di ~ (prova di flangiatura, di un tubo metallico) (*tecnol. metall.*), flanging test.

slacciare (delle corde per es.) (*gen.*), to untie. **2.** ~ (una cintura di sicurezza per es.) (*aut. - aer.*), to release.

sladinare (rodare) (*macch. - ecc.*), to run in.

slalom (*sport*), slalom.

slanare (delanare, togliere la lana) (*ind. lana*), to fellmonger, to dewool.

slanciato (snello) (*gen.*), slender.

slancio (del dritto di prua o della ruota di poppa) (*nav.*), rake. **2.** ~ del dritto di prua (*nav.*), bow rake.

slappolare (lana) (*ind. tess.*), to burr, to bur.

slappolatrice (*macch. tess.*), burring machine.

slappolatura (di lana) (*ind. tess.*), burr extraction, burring. **2.** ~ meccanica (*ind. lana*), mechanical burring.

slavato (di contrasto debole) (*a. - fot.*), washed-out.

slebo (laminato intermedio di larghezza almeno doppia dello spessore) (*metall.*), slab. **2.** laminazione di slebi (*ind. metall.*), slabbing, rolling of slabs.

slegare (sciogliere) (*gen.*), to untie.

slegato (un libro) (*legatoria*), taken out its binding.

slingottare (togliere il lingotto dalla lingottiera) (*metall.*), to strip.

slingottatore (apparecchio per sformare i lingotti dalla lingottiera) (*app. metall.*), stripper.

slingottatrice (meccanismo estrattore dei lingotti o per strippaggio lingotti) (*metall.*), stripper.

slingottatura (strippaggio, sformatura del lingotto dalla lingottiera) (*metall.*), stripping.

slitta (di una macch. ut.) (*mecc.*), saddle, slide. **2.** ~ (di una pressa) (*mecc.*), ram. **3.** ~ (carrello: di tornio per es.) (*macch. ut.*), saddle. **4.** ~ (di un affusto di cannone) (*artiglieria*), chassis. **5.** ~ (di base di gruppo elettrogeno per es.) (*mecc.*), frame. **6.** ~ (da neve) (*per sport*), sledge. **7.** ~ (da neve) (*veic.*), sleigh (am.), sledge (ingl.). **8.** ~ a vela (*sport o veic. trasp.*), iceboat. **9.** ~ della testa a croce (di una locomotiva a vapore) (*ferr.*), crosshead shoe. **10.** ~ della torretta (di un tornio) (*mecc. - macch. ut.*), turret saddle. **11.** ~ di chiusura stampo (di una fucinatrice) (*mecc. - macch. ut.*), die grip slide. **12.** ~ portafresa (*mecc. - macch. ut.*), cutter slide. **13.** ~ porta utensile (di una limatrice per es.) (*mecc. - macch. ut.*), toolslide, cutter slide. **14.** ~ propulsa a razzo (per provare la resistenza umana all'accelerazione) (*med. - astric.*), rocket sled. **15.** ~ trasversale (di un tornio per es.) (*mecc. - macch. ut.*), cross slide.

slittamento (delle ruote sulle rotaie o sulla strada) (*veic. ferr. o strad.*), skidding slip. **2.** ~ (scorrimento) (*mecc.*), slipping. **3.** ~ (di pellicola) (*difetto cinem.*), slippage. **4.** ~ (*elett.*), *vedi* scorrimento. **5.** ~ dei salari (*pers. - op.*), wage drift. **6.** ~ laterale (di un paracadute per es.) (*aer. - ecc.*), sideslipping. **7.** ~ sul bagnato (*aut. su strada bagnata*), hydroplaning. **8.** coefficiente di ~ (indice di slittosità: della pavimentazione stradale per es.) (*aut.*), skid number. **9.** indicatore di ~ (*strum. ferr.*), wheel slip indicator.

slittare (*gen.*), to slip, to skid. **2.** ~ (di frizione, di cinghia) (*mecc.*), to slip. **3.** ~ (di ruote di automobile per es.), to skid. **4.** ~ sul bagnato (perdere aderenza su strada bagnata) (*aut.*), to hydroplane.

slittata (*aut.*), skid.

slittone (di una pressa o stozzatrice per es.) (*macch. ut.*), ram. **2.** ~ (di una limatrice per es.) (*macch. ut.*), ram. **3.** ~ (slitta del banco) (*macch. ut.*), main saddle.

slogatura (lussazione, distorsione) (*med. - lav.*), dislocation.

smacchiare (*ind. tess. - ecc.*), to spot.

smacchiatore (per vestiti per es.) (*gen.*), spot remover, cleaner.

smagnetizzare (*operaz. elett.*), to demagnetize, to degauss.

smagnetizzatore (*app. elett.*), demagnetizer.

smagnetizzazione (*operaz. elett.*), demagnetization, demagnetizing, degaussing. **2.** ~ (immunizzazione di una nave dalle mine magnetiche) (*mar. milit.*), degaussing. **3.** ~ parziale (neutralizzazione della componente verticale del campo magnetico di una nave) (*mar. milit.*), wiping. **4.** ~ parziale (neutralizzazione della componente longitudinale del campo magnetico, di una nave) (*mar. milit.*), deperming.

smagrimento (impoverimento) (della miscela) (*mot. - aut.*), leaning.

smagrire (la miscela) (*mot.*), to lean.

smagrito (di miscela) (*a. - mot.*), lean.

smaltare, to enamel. **2.** ~ (lucidare copie fotografiche) (*fot.*), to glaze. **3.** ~ a vetrino (*ind. ceramica*), to glaze.

smaltato, enameled. **2.** ~ a vetrino (*ind. ceramica*), glazed.

smaltatore (*op.*), enameler, enameller, enamelist, enamellist.

smaltatrice (macchina smaltatrice) (*fot.*), glazer, glazing machine. **2.** ~ piana (*fot.*), flat-bed glazer. **3.** ~ rotativa (*fot.*), rotary glazer.

smaltatura, enameling. **2.** ~ (lucidatura, di copie fot.) (*fot.*), glazing. **3.** ~ a vetrino (*ind. ceramica*), glazing.

smaltimento (eliminazione) (*gen.*), elimination, disposal.

smaltina (Co, Ni, As) (*min.*), smaltite, smaltine.

smaltino (*pigmento colorante*), smalt.

smaltire (disfarsi di) (*gen.*), to dispose of, to get rid of.

smalto, enamel. **2.** ~ a fuoco (per verniciatura motocicletta per es.) (*vn.*), stoving enamel, stove enamel. **3.** ~ alla nitrocellulosa (per verniciatura automobili per es.) (*vn.*), nitrocellulose lacquer. **4.** ~ sintetico (*vn.*), synthetic enamel. **5.** ~ sintetico a finire (*vn.*), synthetic finish. **6.** fritta di ~ (*ceramica*), enamel frit. **7.** pittura a ~ (*vn.*), enamel paint. **8.** verniciatura a ~ (*vn.*), enamel painting.

smangiatura (caduta di terra, dalla forma) (*difetto fond.*), drop.

smanigliare (*nav.*), to unshackle.

smantellamento (smontaggio) (*gen.*), stripping, dismantling.

smantellare (*mecc. - ed.*), to dismantle. **2.** ~ (smontare, disfare una impalcatura per es.) (*ed.*), to take down.

smarginare (levare la marginatura dalle forme dopo la stampa) (*tip.*), to drop.

smassamento (delle macerie per es.) (*mur.*), clearing.
smaterozzare (togliere le materozze da un getto) (*fond.*), to remove risers.
smaterozzatura (*fond.*), removal of risers.
smectico (*fis. chim.*), smectic.
smembramento (scomposizione negli elementi) (*gen.*), dismembering.
smembrare (scomporre negli elementi) (*gen.*), to dismember.
smeraldo (*min.*), emerald.
smerciàbile (vendibile) (*comm.*), seleable, salable.
smerciare (*comm.*), to sell.
smèrcio (*comm.*), sale.
smerigliare (*mecc. - falegn.*), to grind. **2.** ~ (lappare) (*mecc.*), to lap. **3.** ~ (una valvola nella sua sede per es.) (*mecc. - mot.*), to grind in, to lap in. **4.** ~ (levigare o microfinire: canne cilindro per es.) (*mecc.*), to hone. **5.** ~ (pomiciare, vellutare, una pelle per guanti per es.) (*ind. cuoio*), to fluff. **6.** ~ a nastro! (*dis. mecc.*), linish, LI. **7.** ~ le sedi delle valvole (*operaz. mecc.*), to grind the valve seats, to recondition the valve seats. **8.** ~ le valvole (per es.) (*operaz. mecc.*), to grind the valves. **9.** ~ un vetro (*ind. vetraria*), to grind a glass.
smerigliato (*ind. vetraria*), ground. **2.** ~ (lappato) (*mecc.*), lapped. **3.** ~ (di valvola o sede di valvola per es.) (*mecc.*), ground.
smerigliatore (lappatore) (*ut.*), lap.
smerigliatrice (improprio per: lappatrice) (*macch. ut.*), lapping machine, superfinishing machine. **2.** ~ (levigatrice o microfinitrice per fori: di canne cilindro per es.) (*macch. ut.*), honing machine. **3.** ~ (*macch. da legno*), sander, sand papering machine. **4.** ~ (macchina per pomiciare, vellutatrice) (*macch. ind. cuoio*), fluffing machine. **5.** ~ a nastro (*macch. da legno*), belt sander, belt-sanding machine. **6.** ~ per film (*macch.*), film polishing machine.
smerigliatura (*mecc. - falegn.*), grinding. **2.** ~ (improprio per: lappatura) (*mecc.*), lapping. **3.** ~ (delle valvole nelle loro sedi per es.) (*operaz. mecc.*), grinding, grinding-in, reconditioning. **4.** ~ (microfinitura di fori, di canne cilindro per es.) (*operaz. mecc.*), honing. **5.** ~ (*carp.*), sanding, sandpapering. **6.** ~ (pomiciatura, vellutatura, di una pelle per guanti per es.) (*ind. cuoio*), fluffing. **7.** ~ a disco (*carp.*), disk sanding. **8.** ~ a nastro (di particolari in legno) (*carp.*), belt-sanding. **9.** ~ degli ingranaggi (*operaz. mecc.*), gear lapping.
smeriglio, emery. **2.** lima a ~ (*ut.*), emery stick. **3.** polvere di ~, emery dust.
smerlatura (serie di curve decorative agli orli di un tessuto) (*tess. - ecc.*), scalloping.
smerlo (elemento decorativo agli orli di un tessuto) (*tess. - ecc.*), scallop.
smettico, *vedi* smectico.
smielatrice (*app. agric.*), honey separator.
sminamento (*milit.*), mine removal.
sminuzzare (sbriciolare) (*gen.*), to crumble.
sminuzzatrice (sfibratore: macchina per il taglio del legno da pasta) (*macch. mft. carta*), chipper.
smistamento (*ferr.*), switching (am.), shunting (ingl.). **2.** operazioni di ~ effettuate nel piazzale (*ferr.*), interterminal switching, intraterminal switching. **3.** scalo di ~ (stazione di smistamento) (*ferr. - ecc.*), shunting station (ingl.), switchyard (am.), marshalling yard. **4.** stazione di ~ (*ferr.*), shunting station (ingl.), switchyard (am.).
smistare (un treno da un binario all'altro) (*ferr.*), to shunt (ingl.), to switch (am.). **2.** ~ (togliere una carrozza da un treno per es.) (*ferr.*), to drill.
smithsonite ($ZnCO_3$) (*min.*), smithsonite.
smobilitare (*milit. - ecc.*), to demobilize.
smog (fumi della combustione mescolati a nebbia) (*meteor. - ind.*), smog.
smontàbile (di un pezzo da una macchina per es.) (*mecc.*), detachable. **2.** ~ (di complessivo toglibile dalla posizione in cui è installato: un motore da un aeroplano per es.) (*mecc.*), removable, demountable. **3.** ~ (di ingranaggio intercambiabile per es.) (*a. - mecc.*), pick-off.
smontaggio (*mecc.*), disassembly. **2.** ~ dal mandrino (sbloccaggio dal mandrino, di un pezzo) (*macch. ut.*), dechucking. **3.** ~ delle anime (scarico delle anime) (*fond.*), decoring. **4.** ~ di motori (per es.) (*mecc.*), disassembly of engines. **5.** ~ generale (di motore per es.) (*mecc.*), stripping, strip.
smontare (un motore per es.) (*mecc.*), to disassemble. **2.** ~ (completamente un motore nei suoi elementi per es.) (*mecc.*), to strip. **3.** ~ (togliere un complessivo dalla posizione in cui è installato: un motore da un aeroplano per es.) (*mecc.*), to demount, to remove. **4.** ~ (smantellare, disfare una impalcatura per es. (*ed.*), to take down. **5.** ~ le anime (scaricare le anime) (*fond.*), to decore. **6.** ~ parzialmente (smontaggio per complessivi: p. es. di una macchina, per facilitarne il trasporto) (*ind.*), to breakdown, to take apart. **7.** ~ un'arma (scomporla nelle sue parti componenti) (*milit.*), to strip.
smontato (in pezzi sciolti, di un motore per es.) (*mecc. - ecc.*), disassembled. **2.** completamente ~ (in pezzi sciolti da montare: di automobile per es.) (*ind. - comm.*), completely knocked down, CKD.
smorzamento (di una vibrazione per es.) (*fis. - elett.*), damping. **2.** ~ (attenuazione di suono) (*acus.*), damping. **3.** ~ (di un movimento irregolare per es.) (*aer.*), damping. **4.** ~ a rollio (delle sospensioni di una vettura) (*aut.*), roll damping. **5.** ~ critico (*fis.*), critical damping. **6.** ~ interno (di vibrazioni) (*aer.*), internal damping. **7.** ~ magnetico (di un movimento meccanico) (*elettromecc.*), magnetic damping. **8.** ~ strutturale (*aer.*), structural damping. **9.** ~ viscoso (di un sistema vibrante, quando la forza che si oppone al movimento è proporzionale e di direzione opposta alla velocità) (*mecc.*), viscous damping. **10.** coefficiente di ~ (*fis.*), damping coefficient. **11.** valvola di ~ (per smorzare oscillazioni in un impianto idraulico per

es.) (*gen.*), damping valve. **12.** velocità di ~ (di oscillazioni armoniche smorzate) (*fis.*), damping rate.
smorzante (vibrazioni per es.) (*mecc. - ecc.*), damping.
smorzare, smorzarsi (una oscillazione) (*fis. - elett. - mecc.*), to dampen, to damp. **2.** ~ (un suono) (*acus.*), to damp.
smorzato (di oscillazione) (*fis. - elett. - mecc. - acus.*), damped. **2.** non ~ (di oscillazione) (*fis. - elett. - mecc. - acus.*), undamped.
smorzatore (di elemento mobile di strum. mis. elett. per es.), damper. **2.** ~ (di vibrazioni) (*app. - mecc. - ecc.*), damper. **3.** ~ (di un diodo, di un complesso televisivo) (*eltn.*), damper. **4.** ~ ad aria (di elemento mobile di strum. mis. elett. per es.), air damper. **5.** ~ a liquido (di elemento mobile di strum. mis. elett. per es.), liquid damper. **6.** ~ di vampa (di arma da fuoco) (*milit.*), flash damper. **7.** ~ di vibrazioni (di un albero a gomiti per es.) (*mecc.*), vibration damper. **8.** ~ magnetico (di elemento mobile di strum. mis. elett. per es.), electromagnetic damper. **9.** avvolgimento ~ (*elett.*), damper winding.
smottamento (*geol. - costr. strad.*), landslip.
smuòvere (*mecc.*), to move.
smussare (*gen.*), to bevel, to chamfer. **2.** ~ gli spigoli (*gen.*), to remove sharp corners, to chamfer.
smussato (di orlo per es.) (*mecc. - falegn.*), beveled, chamfered. **2.** ~ (detto di utensile che ha perso il filo) (*a. - mecc.*), blunt.
smussatrice (bisellatrice) (*macch.*), bevelling machine.
smussatura (*gen.*), chamfer, beveling. **2.** ~ (*operaz. mecc. - carp.*), chamfering. **3.** ~ (bisellatura) (*mecc.*), chamfer. **4.** ~ (modanatura) (*arch. - carp. - ecc.*), chamfer. **5.** ~ (filettatura smussata, parte di filettatura con creste e solchi incompleti all'estremità della parte filettata) (*mecc.*), washout thread, vanish thread.
smusso (di un carattere per es.) (*tip. - ecc.*), bevel.
Sn (stagno) (*chim.*), Sn, tin.
snazionalizzare (privatizzare) (*econ. - ecc.*), to denationalize.
snazionalizzazione (privatizzazione) (*econ. - ecc.*), denationalization.
snellezza (*gen.*), slenderness. **2.** ~ (grado di snellezza, di un'asta caricata di punta) (*sc. costr.*), slenderness ratio.
snello (slanciato) (*gen.*), slender.
snervamento (di metallo per es.), yield. **2.** limite di ~ (*sc. costr.*), yield point. **3.** sollecitazione di ~ (di un metallo) (*sc. costr.*), yield stress.
snervare (lamiere, prima della imbutitura profonda) (*lav. lamiera*), to stretch at the yield strength or beyond.
snervarsi (deformarsi permanentemente perché sollecitato oltre il limite elastico) (*sc. costr.*), to yield.
snervatrice (per lamiere) (*macch. ut.*), stretching machine.
snervatura (della lamiera, prima dell'imbutitura profonda) (*lav. lamiera*), stretching at the yield strength or beyond.
SNOBOL (linguaggio orientato su stringhe di caratteri) (*elab.*), string oriented symbolic language, SNOBOL.
snodato (*mecc.*), articulated. **2.** rendere ~ (*mecc.*), to articulate.
snòdo (*mecc.*), articulation, articulated joint. **2.** ~ (giunto speciale per aste di trivellazione di un pozzo profondo) (*mecc. min.*), jar (ingl.). **3.** ~ a cerniera (*falegn. - mecc.*), hinged joint. **4.** ~ a crociera (*mecc.*), universal joint. **5.** ~ (o movimento) a ginocchiera (*mecc.*), toggle joint. **6.** ~ a sfera (*mecc.*), ball joint. **7.** ~ sferico (giunto a sfera per barra d'accoppiamento di automobile per es.) (*mecc.*), ball-and-socket joint, ball joint. **8.** provvedere di ~ (*mecc.*), to articulate.
sobborgo (suburbio) (*urbanistica*), suburb.
soccorritore (rèlè) (*app. elett.*), relay. **2.** ~ (in un disastro) (*persona*), aider, helper.
soccorso (*gen.*), aid. **2.** ~ (salvataggio) (*gen.*), rescue. **3.** pronto ~ (*med.*), first aid.
sociale (*a. - ind. - finanz. - ecc.*), social, corporate.
socializzare (*politica econ.*), to socialize. **2.** ~ le industrie (*politica econ.*), to socialize industries.
società (*leg. - comm.*), company, partnership, society. **2.** ~ (*ind.*), company. **3.** ~ anonima (*leg. - finanz.*), joint-stock company, Limited Company, Ltd. **4.** ~ a responsabilità limitata (~ in cui la responsabilità di ogni azionista è limitata al valore delle proprie azioni) (*leg. - finanz.*), limited liability company, limited company, Ltd. **5.** ~ armatrice (*comm. nav.*), shipowner's company. **6.** ~ che esercisce servizi di pubblica utilità (*leg. - finanz.*), public utility company. **7.** ~ costituita, autorizzata e registrata (*leg. - finanz.*), incorporated company, Inc. **8.** ~ del benessere (*econ.*), affluent society. **9.** ~ di prestito (società che fa piccoli prestiti a persone) (*finanz.*), finance company. **10.** ~ di servizio pubblico (società che esercisce servizi di pubblica utilità) (*finanz.*), public utility company. **11.** ~ in accomandita semplice (*leg. - finanz.*), limited partnership. **12.** ~ in nome collettivo (*leg. - finanz.*), general partnership. **13.** ~ per azioni (*leg. - finanz.*), joint-stock company. **14.** ~ proprietaria (*leg. - finanz.*), proprietary company, Pty company. **15.** ~ quotata in borsa (~ ammessa alle trattative in borsa) (*finanz.*), listed company. **16.** gruppo di ~ controllate da altra società (*finanz.*), holding. **17.** imposta sulle ~ (*finanz.*), corporate tax. **18.** rete privata di ~ (*tlcm.*), corporate network.
sòcio (di una società, un circolo ecc.), member, partner. **2.** ~ accomandante (che non ha ingerenza nella gestione e risponde solo per la quota di capitale da lui versato) (*finanz.*), silent partner, limited partner. **3.** ~ accomandante (di una società in accomandita semplice, socio che risponde limitatamente alla quota conferita) (*leg. - finanz.*), lim-

ited partner. **4.** ~ accomandatario (di una società in accomandita semplice; socio che risponde illimitatamente) (*leg. - comm.*), general partner. **5.** ~ nominale (*comm.*), nominal partner. **6.** ~ occulto (*comm.*), secret partner. **7.** ~ vitalizio (di una società, un circolo ecc.), life member.
sociologia (*sc.*), sociology. **2.** ~ industriale (*ind.*), industrial sociology.
sociometria (*psicol.*), sociometry.
sòda (*chim.*), soda, sodium carbonate. **2.** ~ (*min.*), natron. **3.** ~ caustica (*chim.*), caustic soda, sodium hydroxide. **4.** ~ naturale (*min.*), natron. **5.** ~ per lavare (*chim.*), washing soda. **6.** bicarbonato di ~ (*chim.*), sodium bicarbonate, bicarbonate of soda. **7.** processo alla ~ (trattamento alcalino del legno per la produzione di pasta di legno chimica) (*mft. carta*), soda process.
sodanitro (nitratina) (*min.*), nitratine.
soddisfacènte (*a. - gen*), satisfactory. **2.** ~ (corrispondente alle previsioni o ai piani prestabiliti: di un lancio spaziale per es.) (*a. - gen.*), nominal.
soddisfare (*gen.*), to satisfy. **2.** ~ (adempiere) (*gen.*), to perform, to fulfill.
sòdio (Na - *chim.*), **2.** bicarbonato di ~ ($NaHCO_3$) (*chim.*), sodium bicarbonate. **3.** carbonato di ~ (Na_2CO_3) (*chim.*), sodium carbonate. **4.** cianuro di ~ (*chim.*), sodium cyanide. **5.** clorato di ~ (*chim.*), sodium chlorate. **6.** cloruro di ~ (*chim.*), sodium chloride. **7.** iposolfito di ~ (*chim.*), sodium hyposulphite, sodium thiosulphate, "hypo". **8.** nitrato di ~ (*chim.*), sodium nitrate. **9.** perborato di ~ ($NaBO_3.4H_2O$) (*chim.*), perborax. **10.** silicato di ~ (Na_2SiO_3) (*chim.*), sodium silicate, soluble glass, waterglass. **11.** stannato di ~ ($Na_2SnO_3.3H_2O$) (*chim.*), sodium stannate. **12.** tiosolfato di ~ (*chim.*), sodium thiosulphate, "hypo".
sodiocellulosa (*ind. chim.*), sodium cellulose.
sofà (divano) (*mobilio*), settee.
sofferenza, in ~ (debiti per es.) (*comm.*), outstanding.
soffiaarco (magnete rompiarco, magnete spegniarco) (*elett.*), blowout magnet.
soffiafuliggine (spazzafuliggine, soffiatore di fuliggine) (*att. cald.*), soot blower.
soffiaggio (nel processo Bessemer) (*metall.*), blow. **2.** ~ finale (nel processo Bessemer) (*metall.*), after blow.
soffiante (*macch.*), blower. **2.** ~ (di una fucina) (*macch.*), fan blower.
soffiare (di vento per es.) (*gen.*), to blow. **2.** ~ (*mft. vetro*), to blow. **3.** ~ aria (in una camera di combustione per es.), to blow in air. **4.** ~ via (*gen.*), to blast. **5.** azione di ~ fuori (scarico della condensa da un serbatoio per es.) (*gen.*), blowdown.
soffiatore (per locomotiva per es.) (*cald.*), jet, blower. **2.** ~ (*op. mft. vetro*), blower. **3.** ~ di fuliggine (per tubi di caldaia) (*cald.*), soot blower. **4.** ~ magnetico (per estinguere archi) (*elett.*), magnetic blowout.
soffiatrice per anime (macchina spara-anime) (*macch. fond.*), core blowing macchine.
soffiatura (in un getto) (*difetto fond.*), blowhole. **2.** ~ (in un a saldatura, cavità dovuta a penetrazione di gas) (*difetto saldatura*), blowhole. **3.** ~ (procedimento di soffiatura di recipienti di alluminio a parete sottile, simile alla soffiatura del vetro) (*tecnol. mecc.*), bubble casting process. **4.** ~ (formatura mediante aria compressa) (*lav. ind.*), blowing. **5.** ~ a testa di spillo (*difetto metall.*), pinhead blowhole. **6.** ~ del vetro (*lav. vetro*), glass blowing. **7.** ~ sottocutanea (soffiatura sottopelle: di un lingotto per es.) (*metall.*), subcutaneous blowhole.
soffice (*a. - gen.*), soft. **2.** atterraggio ~ (di missile sulla luna, per non sollevare polvere meteorica per es.) (*astric. - missil.*), soft landing.
sofficità (morbidezza, plasticità della gomma per es.) (*ind. gomma*), soft feel, softness.
soffieria (*app. chim.*), bellows.
soffietto (di macch. fot. per es.), bellows. **2.** ~ (mantice) (*ut. fond. - ecc.*), bellows. **3.** ~ intercomunicante (*ferr.*), *vedi* mantice. **4.** ~ per spolvero (*ut. fond.*), facing bellows.
soffio (di aria per es.) (*fis.*), blow. **2.** ~ (*radio*), hiss. **3.** ~ (disturbo di origine termica dovuto ad elettroni liberi nel tubo per es.) (*termoion. - radio*), thermal noise. **4.** ~ microfonico (*radio*), microphone hiss. **5.** a ~ caldo (circolazione forzata di gas caldi) (*ind.*), hot-blast.
soffione (*geol.*), soffione.
soffitta (*ed.*), garret, loft.
soffittare (provvedere di soffito) (*ed.*), to ceil. **2.** ~ (provvedere di controsoffitto) (*ed.*), to set up the false ceiling.
soffittatura (controsoffitto) (*ed.*), suspended ceiling, false ceiling.
soffitto (*ed.*), ceiling. **2.** ~ (soffittatura o controsoffitto) (*ed.*), false ceiling. **3.** ~ (*nav.*), deckhead. **4.** ~ (controsoffitto) a cassettoni (*arch.*), coffered ceiling, lacunar ceiling. **5.** ~ (controsoffitto) a graticcio di canne (*ed.*), cane mesh ceiling. **6.** ~ (controsoffitto) a rete (*ed.*), (wire) mesh ceiling. **7.** ~ (controsoffitto) a ricasco (*ed.*), cove. **8.** ~ a travi di legno (*ed.*), wooden beam ceiling. **9.** ~ a volta (*arch.*), arched ceiling. **10.** ~ in cemento armato (*ed.*), ferroconcrete ceiling. **11.** ~ in cemento armato con travi in vista (*ed.*), ferroconcrete ceiling with visible ferroconcrete beams. **12.** ~ in ferro (*ed.*), iron ceiling. **13.** ~ in legno (*ed.*), wooden ceiling. **14.** ~ in mattoni (*ed.*), brick ceiling. **15.** rosone da ~ (per appendere il lampadario) (*elett.*), ceiling rose. **16.** ventilatore da ~ (*app. elett.*), ceiling fan.
soffocare (la fiamma o il fuoco, nella camera di combustione: di un forno per es.) (*comb.*), to choke.
soffondere (colorare leggermente le nubi al tramonto per es.) (*gen.*), to tinge.
sofisticare (*chim. - ecc.*), to sophisticate.

sofisticazione (adulterazione) (*gen.*), sophistication.
"software" (*elab.*), *vedi* componenti di programmazione.
soggettivo (*gen.*), subjective.
soggètto (*s. - fot.*), subject. **2.** ~ (assoggettato) (*a. - gen.*), subject. **3.** ~ a forti tasse (di merce per es.) (*comm.*), high-duty. **4.** ~ a rapidi aumenti (di prezzo) (*comm.*), runaway.
soggiorno (permanenza) (*gen.*), staying, sojourn, sojurn (ingl.). **2.** ~ (di una casa privata) (*arch.*), lounge.
sòglia (*arch.*), threshold. **2.** ~ (pietra costituente la soglia) (*ed.*), doorstone. **3.** ~ (di un forno a cubilotto) (*fond.*), breast. **4.** ~ (di un bacino di raddobbo) (*nav.*), sill, dock sill. **5.** ~ (trave inferiore di quadro di armamento) (*min.*), sill. **6.** ~ (di uno stramazzo per es.) (*idr.*), sill. **7.** ~ a gradino (di una chiusa) (*costr. idr.*), mitersill. **8.** ~ assoluta (stimolo minimo) (*psicol.*), stimulus threshold, absolute stimulus. **9.** ~ di (o del) dolore (*acus.*), threshold of pain. **10.** ~ di percezione (rapporto di percezione) (*acus. - acus. sub.*), detection threshold of sensitivity. **11.** ~ di sensibilità (*fot.*), threshold. **12.** ~ di sensibilità fotoelettrica (*eltn. - fis.*), photoelectric threshold. **13.** ~ di udibilità (*acus.*), threshold of audibility.
sol (sistema colloidale liquido) (*chim.*), sol. **2.** ~ alcolico (*chim.*), alcosol.
solaio (*ed.*), floor. **2.** ~ a travicelli (*ed.*), joisted floor. **3.** ~ a travicelli con travi portanti in ferro (*ed.*), joisted floor supported by steel girders. **4.** ~ a travi di legno (*ed.*), wooden beam floor. **5.** ~ autoportante (in cemento armato: senza travi in vista) (*ed.*), flat-slab construction. **6.** ~ con isolamento acustico (*ed.*), soundproof floor. **7.** ~ incastrato (*ed.*), fixed floor, built-in floor. **8.** ~ in cemento armato (*ed.*), reinforced-concrete floor. **9.** ~ in cemento armato a soletta nervata (*ed.*), t-beam bridge, slab and girder floor (*ingl.*), ribbed reinforced-concrete floor. **10.** ~ in ferro (*ed.*), iron floor. **11.** ~ in legno (*ed.*), wooden floor. **12.** ~ liberamente appoggiato (*ed.*), freely supported floor, floor with free ends. **13.** ~ misto in cemento armato e laterizio (*ed.*), reinforced concrete and hollow tiles mixed floor.
solare (*a.*), solar. **2.** al di fuori del sistema ~ (*astric.*), extrasolar. **3.** batteria ~ (batteria a luce solare) (*elett. - astric.*), solar panel. **4.** giorno ~ (*astr.*), solar day. **5.** macchia ~ (*astr.*), sunspot. **6.** oltre il sistema ~ (spazio interstellare) (*s. - astr.*), deep space. **7.** pila ~ (elemento di batteria a luce solare, per convertire la luce solare in energia elettrica) (*astric. - elett.*), solar cell. **8.** vento ~ (plasma espulso dalla superficie del sole) (*astr.*), solar wind.
solarimetro (piranometro: per misurazione di intensità della radiazione solare) (*s. - strum. geofis.*), solarimeter.
solario (*ed.*), sun deck, solarium.
solarium (*ed.*), solarium.
solarizzazione (*fot.*), solarization. **2.** ~ (effetto digitale di colorazione dell'immagine) (*audiovisivi*), solarization.
solcatura (dovuta ad usura: di un pezzo) (*mecc.*), grooving.
solco (di aratro) (*agric.*), furrow. **2.** ~ (di ruota sul terreno) (*strad.*), tracking, rut. **3.** ~ (di un disco per grammofono) (*acus.*), groove. **4.** ~ (incisione sulla superficie esterna del metallo base) (*difetto saldatura*), indentation. **5.** solchi antislittamento (dei cilindri di laminatoio) (*metall.*), ragging. **6.** ~ di colata (*fond.*), runner. **7.** numero di solchi per pollice (in un disco da grammofono) (*registrazione fonografica*), pitch. **8.** orientamento dei solchi (orientamento dei segni di utensile, di una superficie lavorata) (*mecc. - macch. ut.*), lay.
solcòmetro (misuratore della velocità della nave) (*strum. nav.*), log. **2.** ~ a barchetta (*strum. nav.*), log chip (or ship). **3.** ~ a elica (*strum. nav.*), patent log. **4.** ~ a galleggiante (*strum. nav.*), dutchman's log. **5.** ~ di fondo (*strum. nav.*), ground log. **6.** ~ elettromagnetico (apparecchio per la misura della velocità delle navi) (*strum. nav.*), electromagnetic log. **7.** tamburo del ~ (guindolo del solcometro) (*nav.*), log reel.
soldato (*milit.*), soldier. **2.** ~ di fanteria (*milit.*), foot soldier, infantry man, infantry soldier. **3.** ~ scelto (*milit.*), lance corporal. **4.** ~ semplice (*milit.*), private.
sole (*astr.*), sun. **2.** ~ (potente riflettore per riprese cinematografiche) (*app. illum.*), kleig (or klieg) light. **3.** raggio di ~, sunbeam.
soleggiamento (esposizione al sole) (*meteor. - ed.*), insolation.
solenòide (*elett.*), solenoid. **2.** comanda a ~ (*elett.*), solenoid control.
solenoidale (tubolare: di vettore con divergenza O) (*mat.*), solenoidal.
soletta (di cemento per es.) (*ed.*), slab, floor slab. **2.** ~ (di una scarpa) (*mft. scarpe*), insole. **3.** ~ (trave inferiore di quadro di armamento) (*min.*), sill. **4.** ~ carrabile in vetrocemento armato (*ed.*), reinforced concrete and glass tiles pavement light. **5.** ~ di calcestruzzo (non armato) (*ed.*), concrete slab. **6.** ~ in cemento armato (*ed.*), reinforced-concrete slab. **7.** ~ in cemento armato in un solo blocco coi travetti (struttura a T) (*ed.*), t-beam bridge. **8.** ~ nervata in c. a. (*ed.*), t-beam bridge.
solettone (robusta soletta) (*ed.*), slab.
solfammico (*chim.*), sulphamic. **2.** acido ~ (NH_2SO_3H) (*chim.*), sulphamic acid.
solfara (giacimento di solfo di origine sedimentaria) (*min.*), solphur pit, sulphur mine.
solfatara (area vulcanica emanante gas e vapori solforosi caldi) (*geol.*), solfatara.
solfatazione (di piastre di accumulatori) (*elettrochim.*), sulphation. **2.** ~ (*chim.*), sulphatization.
solfatizzare, solfatizzarsi (*chim.*), to sulphatize. **2.**

~ (di piastre di un accumulatore per es.) (*elettrochim.*), to sulphate.
solfato (*chim.*), sulfate, sulphate. **2.** ~ di calcio anidro ($CaSO_4$) (*min.*), anhydrite. **3.** ~ di alluminio (*ind. chim.*), aluminum sulfate.
solfidrato (*chim.*), sulphydrate, sulfydrate.
solfito (*chim.*), sulfite, sulphite. **2.** ~ di sodio (Na_2SO_3) (*chim.*), sodium sulphite. **3.** carta al ~ (*mft. carta*), sulphite paper.
solfo, *vedi* zolfo.
solfocianuro (*chim.*), sulphocyanide. **2.** ~ di potassio (KCNS) (*chim.*), potassium sulphocyanide.
solfonale (*chim.*), *vedi* sulfonal.
solfonato (*a. - chim.*), sulphonated. **2.** ~ naftilbutilenico di sodio (emulsionante usato nella polimerizzazione della gomma sintetica (*chim. ind.*), sodium naphtylbutylene sulphonate. **3.** acidi grassi solfonati (*chim.*), suphonated fatty acids.
solfonazione (*chim.*), sulphonation.
solfònico (*chim.*), sulphonic.
solfonitrurazione (*tratt. term.*), sulphur-nitriding.
solforare (*chim. ind.*), to sulphurize, to sulphurate.
solforazione (*ind. chim.*), sulphurating.
solfòrico (*chim.*), sulphuric.
solforile ($SO_2=$) (rad.) (*chim.*), sulphuryl. **2.** cloruro di ~ (SO_2Cl_2) (*chim.*), sulphuryl chloride.
solforoso (*chim.*), sulphurous.
solfuro (*chim.*), sulphide, sulfide. **2.** ~ di carbonio (CS_2) (*chim.*), carbon disulphide, carbon disulfide. **3.** ~ di stagno (SnS_2) (*chim.*), stannic sulphide, stannic sulfide. **4.** ~ di stagno (oro musivo, "polvere di bronzo") (*vn.*), mosaic gold.
solidale (detto di un particolare che forma un pezzo unico con altro particolare) (*a. - mecc. - ecc.*), integral.
solidificante (*gen.*), solidifier. **2.** ~ per fango (*chim. - milit.*), "mud-hardening" chemical.
solidificare (*fis.*), to solidify.
solidificazione (*fis.*), solidification. **2.** ~ del fango (*milit. - chim.*), mud-hardening. **3.** intervallo di ~ (*metall.*), solidification range. **4.** punto di ~ (*chim. fis.*), freezing point.
solidità (di una casa per es.), solidity. **2.** ~ alla luce (di un colore per es.) (*vn.*), lightfastness. **3.** rapporto di ~ (di un'elica) (*aer. - nav.*), solidity ratio.
sòlido (*a. - s. - fis.*), solid. **2.** ~ (*s. - geom.*), body. **3.** ~ (detto di colore resistente alla luce) (*a. - vn. - ecc.*), lightfast. **4.** ~ dei colori (*colori*), color solid. **5.** ~ di rotazione (*geom.*), body of revolution. **6.** responsabile in ~ (*amm. - leg.*), jointly and severally liable.
soliflusso (nelle regioni artiche per es.) (*geol.*), solifluction.
sollecitare (*sc. costr. - mecc.*), to stress. **2.** ~ (una pratica, una risposta ecc.) (*uff.*), to expedite, to urge. **3.** ~ oltre il limite elastico (*mecc.*), to overstress.
sollecitato (*sc. costr.*), stressed, under strain.
sollecitatore (*ind.*), progress man, follow-up man, solicitor.
sollecitazione (*sc. costr.*), stress. **2.** ~ alla rottura (*sc. costr.*), fracture stress. **3.** ~ alternata (*sc. costr.*), alternating stress. **4.** ~ concentrata (*sc. costr.*), concentrated stress. **5.** ~ da (o dovuta al) carico (*sc. costr.*), load stress. **6.** ~ da sovraccarico transitorio (carico superiore al normale che agisce sulla struttura [circuito elettrico, macchina ecc.] per un tempo estremamente breve) (*nav. - idr. - elett. - ecc.*), surge stress. **7.** ~ delle fibre esterne (le più distanti dall'asse neutro) (*sc. costr.*), extreme fiber stress. **8.** ~ del premilamiera (indotta alla periferia del pezzo durante una operazione di imbutitura profonda) (*lav. lamiera*), hoop stress. **9.** ~ di compressione (*sc. costr.*), compressive stress. **10.** ~ dinamica (*sc. costr.*), dynamic stress. **11.** ~ di flessione (*sc. costr.*), bending (or transverse) stress, stress of flexure. **12.** ~ di frenatura (dovuta alla frenatura) (*mecc.*), brakeload. **13.** ~ di intensità uguale in tutti i punti (*mecc.*), homothetic stress. **14.** ~ di lavoro (sollecitazione normale cui è sottoposto un organo durante il funzionamento) (*gen.*), working stress. **15.** ~ dinamica a flessione alternata (*sc. costr.*), dynamic reversed bending stress. **16.** ~ di rottura (*sc. costr.*), breaking stress. **17.** ~ di rottura a compressione (di pietra da costruzione) (*sc. costr.*), crushing stress (ingl.). **18.** ~ di snervamento (di un metallo) (*sc. costr.*), yield stress. **19.** ~ distribuita (*sc. costr.*), distributed stress. **20.** ~ di taglio (*sc. costr.*), shearing stress, tangential stress. **21.** ~ di tensione (*sc. costr.*), tensile stress, tensive stress. **22.** ~ di torsione (*sc. costr.*), torsional stress. **23.** ~ di trazione (*sc. costr.*), tensile stress. **24.** ~ di urto (*sc. costr.*), impact stress. **25.** ~ dovuta a fenomeni termici (differenza di temperatura in una struttura per es.) (*term. - sc. costr.*), thermal stress. **26.** ~ in atto (effettivamente agente) (*sc. costr.*), working stress. **27.** ~ inferiore (valore algebrico minimo in un ciclo di sollecitazione) (*prove di fatica*), minimum stress. **28.** ~ interna (*metall.*), internal stress. **29.** ~ media (precarico, media algebrica delle sollecitazioni massima e minima in un ciclo) (*prove di fatica*), mean stress. **30.** ~ nominale (~ calcolata teoricamente) (*mecc. - sc. costr.*), nominal stress. **31.** ~ oltre il limite elastico (tipo di sollecitazione che dà luogo a deformazione permanente) (*sc. costr.*), proof stress. **32.** ~ periferica (in un corpo cilindrico in pressione per es.) (*sc. costr.*), hoop tension, hoop stress. **33.** ~ ripetuta (*tecnol.*), repeated stress. **34.** ~ simmetricamente orientata, homothetic stress. **35.** ~ statica (*mecc.*), static stress. **36.** ~ superiore (valore algebrico più elevato di sollecitazione) in un ciclo (*prove di fatica*), maximum stress. **37.** ~ termica (urto termico) (*fis.*), thermal shock. **38.** ~ vibrazionale (sollecitazione da vibrazioni) (*tecnol.*), vibrating stress. **39.** ampiezza di ~ (metà del valore della differenza algebrica tra sollecitazione massima e minima in

un ciclo) (*prova di fatica*), stress amplitude. **40.** analisi delle sollecitazioni (*sc. costr.*), stress analysis. **41.** campo di ~ (differenza algebrica tra le sollecitazioni massima e minima in un ciclo) (*prove di fatica*), stress range. **42.** deformazione (o distorsione) dovuta a ~ (*sc. costr.*), strain. **43.** diagramma della deformazione in funzione della ~ (*sc. costr.*), stress-strain curve. **44.** diagramma delle sollecitazioni (*sc. costr.*), stress diagram. **45.** distribuzione delle sollecitazioni (*sc. costr.*), stress distribution. **46.** inversione di ~ (*sc. costr.*), reversal of stress. **47.** rapporto di ~ (rapporto tra le sollecitazioni minima e massima) (*prove di fatica*), stress ratio. **48.** resistenza alla ~ di taglio (*sc. costr.*), resistance to shearing stress.

sollecito (da partre del servizio acquisti per es.) (*ind.*), follow-up. **2.** ~ materiali (*organ. ind.*), follow-up of materials. **3.** cartellino dei solleciti (*organ. ind.*), follow-up card.

sollevamento, hoisting (am.), lifting (ingl.). **2.** ~ (distacco di una pellicola di vernice da una superficie già precedentemente verniciata) (*difetto vn.*), lifting. **3.** ~ (di una testina dalla superficie del disco) (*elab.*), takeoff. **4.** ~ automatico del tetto (di un'automobile per es.), automatic top lift. **5.** ~ con il cricco (di un'automobile) (*aut.*), jacking. **6.** ~ d'anima (quando l'anima è spinta verso l'alto dal metallo liquido) (*difetto di fond.*), core raise. **7.** ~ del gancio a vuoto (*gru*), lifting of the empty hook, hoisting of the empty hook. **8.** ~ della grana (granitura) (*ind. cuoio*), graining. **9.** impianto di ~ (*ind.*), lifting apparatus, hoisting apparatus. **10.** meccanismo di ~ (gru, paranco), lifting gear, hoisting gear. **11.** mezzi di ~ e trasporto del materiale (*macch. ind.*), material handling equipment. **12.** punto di applicazione della braga di ~ (sull'ala per es.) (*aer. - ecc.*), pick up point.

sollevare, to hoist (am.), to lift (ingl.). **2.** ~ (liquidi per es.) (*idr.*), to rise. **3.** ~ (una obiezione per es.), to raise. **4.** ~ con verricello (*mecc. - ind. - costruz.*), to winch. **5.** ~ eccezioni (*leg.*), to raise pleas. **6.** ~ mediante cricco (o binda, o martinetto) (*mecc. - ecc.*), to jack. **7.** ~ qualcuno da ogni e qualsiasi responsabilità (*leg.*), to relieve someone from all and any responsibilities.

sollevatore (apparecchio di sollevamento) (*disp. mecc.*), hoister. **2.** ~ (apparecchio per sollevare un'automobile: per lavarla o ripararla per es.) (*app. da garage*), lift. **3.** ~ a forche (dispositivo idraulico di sollevamento a forche) (*trasp.*), forklift. **4.** ~ idraulico (per cassone ribaltabile di autocarro per es.) (*aut.*), hydraulic hoist, autolift. **5.** ~ idraulico (di trattore agricolo per es.) (*mecc. agric.*), hydraulic hoisting device, hydraulic elevator. **6.** ~ idraulico (per servizio di autorimessa) (*app. idr.*), hydraulic lift, hydraulic elevator. **7.** ~ idraulico girevole a colonna (*per aut.*), hydraulic column revolving car lifter, column-type hydraulic jack. **8.** ~ meccanico (di trattore agricolo per es.) (*mecc. agric.*), mechanical power-lift.

solstizio (*astr.*), solstice. **2.** ~ d'estate (*astr.*), summer solstice. **3.** ~ d'inverno (*astr.*), winter solstice.

solùbile (*fis. - chim.*), soluble. **2.** ~ in acqua (*chim.*), water-soluble.

solubilità (*fis. - chim.*), solubility.

solubilizzare (*chim.*), to solubilize.

solubilizzazione (riscaldamento a temperatura superiore a quella di solubilità e raffreddamento rapido per preparare il materiale per un successivo trattamento di riprecipitazione) (*tratt. term.*), solution heat-treatment. **2.** ~ (*chim.*), solubilization.

"soluplastico" (materiale che passa allo stato plastico quando trattato con adatto solvente) (*ind. chim.*), "soluplastic".

soluto (*fis. - chim.*), solute.

soluzione (*chim.*), solution. **2.** ~ (di un problema per es.), solution. **3.** ~ alcalina (*chim. ind.*), alkaline solution. **4.** ~ anticongelante (per radiatore di autoveicolo per es.) (*chim. ind.*), antifreeze. **5.** ~ collante (per carta per es.) (*ind. carta - ecc.*), sizing solution. **6.** ~ da filare (nella manifattura della seta artificiale) (*ind. tess.*), spinning solution. **7.** ~ di cloruro di calcio (soluzione sbiancante) (*chim. - mft. carta*), bleaching liquor. **8.** ~ di continuità (*gen.*), gap. **9.** ~ di gomma (mastice) (*ind. gomma*), rubber solution. **10.** ~ di sapone (*chim.*), suds. **11.** ~ "doctor" (soluzione per eliminare lo zolfo corrosivo delle benzine di "cracking") (*chim.*), doctor solution. **12.** ~ equivalente (*chim. - fis.*), equivalent solution. **13.** ~ fattibile (*elab. - ecc.*), feasible solution. **14.** ~ grafica (di un problema) (*mat. - elab. - ecc.*), graphic solution. **15.** ~ leggermente acida (soluzione acidula) (*chim.*), sour. **16.** ~ normale (*elettrochim.*), normal solution. **17.** ~ per bagno (per macchina offset per es.) (*tip. - ecc.*), dampening solution. **18.** ~ satura (*chim.*), saturated solution. **19.** ~ sbiancante (soluzione di cloruro di calcio) (*chim. - mft. carta*), bleaching liquor. **20.** ~ (per lavaggio) sgrassante (per lavaggio pezzi lavorati di macchina) (*off. mecc.*), degreasing solution. **21.** ~ solida (*metall.*), solid solution. **22.** ~ tamponata (*chim.*), buffered solution. **23.** ~ tampone (*chim.*), buffer solution. **24.** aumentare la concentrazione della ~ (*chim.*), to strengthen the solution. **25.** diluire la concentrazione della ~ (*chim.*), to diluite the solution.

solvatazione (reazione ionica di solvente con soluto) (*elettrochim.*), solvation.

solvato (*elettrochim.*), solvate. **2.** ~ di ioni (*elettrochim.*), ion solvate.

solvènte (*chim. ind.*), solvent, dissolvent. **2.** ~ (diluente) (*vn.*), thinner, solvent. **3.** ~ (usato per estrazione) (*chim.*), extractant. **4.** ~ chetonico (*ind. chim.*), ketonic solvent. **5.** ~ per film (mastice o colla, per aggiuntare film) (*cinem.*), film cement.

solvenza (solvibilità) (*comm. - finanz.*), solvency.

solvìbile (di persona che può pagare i propri debiti) (*comm. - leg.*), solvent.
solvibilità (*comm. - leg.*), solvency.
soma (carico di un animale) (*trasp.*), pack, pack load.
somma (*mat.*), addition, sum. **2.** ~ (di denaro), amount, sum. **3.** ~ di controllo (*elab.*), check sum, checksum. **4.** ~ forfettaria ("forfait") (*comm.*), lump sum. **5.** ~ logica (in algebra Booleana) (*elab. - mat.*), logical sum.
sommabile (*mat.*), additive. **2.** non ~ (*mat.*), non additive.
sommacco (pianta) (*ind. tess.*), sumac, sumach.
sommare (*mat.*), to add.
sommario (*a. - gen. - leg.*), summary. **2.** ~ automatico (breve riassunto di un documento, compilato automaticamente per selezione statistica del contenuto) (*elab.*), automatic abstract.
sommarizzare (riassumere sinteticamente) (*gen. - elab.*), to abstract. **2.** ~ automaticamente (compilare il sommario automatico di un documento) (*elab.*), to auto-abstract.
sommatore (*elab. - ecc.*), adder. **2.** ~ completo (opera in binario sia sulle cifre che sui loro riporti) (*elab.*), full adder. **3.** ~ totale, *vedi* ~ completo.
sommatore-sottrattore (*disp. elab.*), adder-subtracter.
sommatòria (*mat.*), summation.
sommatorio (cumulativo) (*a. - mat.*), summative, cumulative. **2.** funzione sommatoria (*mat.*), summative function.
sommèrgere (*idr. - nav.*), to submerse.
sommèrgersi (immergersi: di sottomarino per es.) (*nav.*), to dive.
sommergìbile (*mar. milit.*), submarine, U-boat. **2.** ~ a controcarena (*mar. milit.*), "false hull" submarine. **3.** ~ atomico (*mar. milit.*), atomic submarine. **4.** ~ attrezzato per il lancio di missili (*mar. milit.*), missile launching submarine. **5.** ~ da crociera (*mar. milit.*), submarine cruiser. **6.** ~ di lunga crociera (*mar. milit.*), fleet submarine. **7.** ~ di media crociera (*mar. milit.*), sea-going submarine. **8.** ~ oceanico (*mar. milit.*), ocean-going submarine. **9.** ~ per salvataggi a grandi profondità (*mar. milit.*), deep subemergency rescue vehicle, DSRV. **10.** ~ posamine (*mar. milit.*), mine laying submarine. **11.** piccolo ~ (per scopi scientifici per es.) (*nav.*), minisub. **12.** ~, *vedi anche* sottomarino.
sommergibilista (*mar. milit.*), submariner.
sommersione (*gen.*), submersion.
sommèrso (*gen.*), submersed.
sommità (di una montagna) (*geogr.*), summit, peak. **2.** ~ (di una catena di montagne) (*geogr.*), (mountain) ridge. **3.** ~ del dente (addendum, modulo: di un dente di ingranaggio) (*mecc.*), addendum. **4.** ~ porosa (di un lingotto) (*metall.*), spongy top. **5.** a ~ arrotondata (*gen.*), round-topped.
sommozzatore (chi scende sott'acqua con apparecchio di respirazione autonomo) (*mar. milit. - ecc.*), scuba diver, *s*elf-*c*ontained *u*nderwater *b*reathing *a*pparatus diver.
sonar (ecogoniometro) (*app. acus. sub.*), sonar. **2.** ~ per pesca (apparecchio elettroacustico) (*pesca*), fish-finder. **3.** equazione del ~ (equazione dell'ecogoniometro, equazione che permette di calcolare la distanza di acquisizione di un sonar) (*acus. sub.*), sonar equation.
sonda (*ut. mecc.*), feeler. **2.** ~ (*ut. min.*), drill. **3.** ~ (*strum. med.*), probe, sound. **4.** ~ (per campionatura, prelevamento di liquidi da fusti, barili, cisterne) (*app. ind.*), sampling thief. **5.** ~ (apparecchiatura per il controllo con ultrasuoni di saldature per es.) (*app. di verifica*), probe. **6.** ~ (maschio e/o femmina, che collega all'aerocisterna un aereo che viene rifornito in volo) (*aer.*), probe. **7.** ~ (per la misura della profondità dei fori di un pezzo in lavorazione su una macchina transfer per es.) (*app. di verifica*), probe. **8.** ~ (*nav.*), line ad plummet, sounding line. **9.** ~ (a radiofrequenza: apparecchio portato da un pallone ed atto a trasmettere informazioni meteorologiche) (*meteor.*), probe. **10.** ~ (*meteor.*), sonde. **11.** ~ a caduta libera (*min.*), free fall drill. **12.** ~ a graniglia (*ut. min.*), shot drill. **13.** ~ altimetrica (indicatore di quota) (*strum. aer.*), height indicator. **14.** ~ a percussione (*ut. min.*), percussion drill, churn drill. **15.** ~ a ricetrasmettitore (per il controllo di saldature con ultrasuoni) (*app. di verifica*), transceiver probe. **16.** ~ a risonanza (per misurare la densità elettronica del plasma) (*fis.*), resonance probe. **17.** ~ a rotazione ("rotary") (*min.*), rotary, rotary drill. **18.** ~ campionatrice (*ut. min.*), core drill, sampler. **19.** ~ campionatrice per terreno (*ut. ed.*), soil sampler, soil pencil, soil borer. **20.** ~ cislunare (sonda spaziale per esplorare lo spazio cislunare) (*astric.*), cislunar probe. **21.** ~ di Ekman (per campionare il fondo del mare) (*campionamento ecol.*), Ekman dredge. **22.** ~ di Langmuir (per misurare alcuni parametri del plasma) (*fis.*), Langmuir probe. **23.** ~ interplanetaria (*astric.*), interplanetary probe. **24.** ~ in vetro per campionatura (per grassi per es.) (*app. chim.*), thief glass. **25.** ~ lunare (*astric.*), lunar probe, moon probe. **26.** ~ meteorologica (strumento radar portato da un pallone e trasmettente informazioni meteorologiche) (*radar*), probe. **27.** ~ (di prelievo) per campionatura (di materiali sciolti e non) (*att. ispettivo*), trier. **28.** ~ per dilatazione uretrale (*strum. med.*), sound for dilating urethral strictures. **29.** ~ planetaria (*astric.*), planetary probe. **30.** ~ spaziale (*astric.*), space probe. **31.** ~ spaziale munita di strumenti (di ricerca) (sonda spaziale strumentata) (*astric.*), instrumented space probe.
sondaggio (*nav.*), sounding. **2.** ~ (trivellazione) (*min.*), drilling, boring. **3.** ~ a percussione (*min.*), percussive boring. **4.** ~ a pressione (nella trivellazione) (*min. - ed.*), pressure drilling. **5.** ~ con fango misto ad aria (perforazione con fango misto ad aria, trivellazione con fango misto ad aria) (*min.*)

aerated-mud drilling. **6.** ~ di opinione (nella ricerca di mercato) (*comm. - ecc.*), attitude survey. **7.** ~ sottomarino (perforazione sottomarina, perforazione in mare aperto, trivellazione sottomarina) (*min.*), offshore drilling, submarine drilling. **8.** impianto di ~ (*min.*), rig. **9.** impianto di ~ sottomarino (impianto di sondaggio in mare aperto: per trivellazione sottomarina) (*min.*), offshore rig.

sondare (*nav.*), to sound. **2.** ~ (investigare) (*gen.*), to probe, to examine, to investigate. **3.** ~ (i fori di un basamento di motore a c. i. in corso di lavorazione su una macchina transfer per es., con calibri) (*macch. ut.*), to probe. **4.** ~ (ricercare le reali intenzioni dell'acquirente) (*comm.*), to explore.

soneria (dispositivo di allarme per es.) (*elett. - ecc.*), signal bell, warning bell.

sònico (avente velocità dell'ordine di quella del suono) (*a. - gen.*), sonic.

sonno (*gen.*), sleep. **2.** ~ al volante (pericolo su autostrada per es.) (*aut.*), sleep at the wheel.

sonografo (registratore in forma grafica di suoni) (*strum. acus.*), sonograph.

sonorità (*acus.*), sonority.

sonorizzazione (registrazione del suono su di un film per es.) (*elettroacus.*), sound recording. **2.** ~ musicale (su di una pellicola completa degli effetti sonori) (*cinem.*), scoring.

sonòro (*a. - fis. acus.*), sounding. **2.** investire con onde sonore (esporre, un determinato volume di acqua del mare per es., all'azione di onde sonore) (*acus. sub. - ecc.*) (*ingl.*), to insonate. **3.** investito da onde sonore (*a. - acus.*), insonated. **4.** onde sonore (*fis. acus.*), sound waves. **5.** volume (d'acqua per es.) investito da onde sonore (*acus. sub. - ecc.*), insonated volume.

sopportabile (sollecitazione per es.) (*gen.*), bearable.

sopportare (resistere) (*gen.*), to stand.

soppòrto, *vedi* supporto.

soppressione (cancellazione, del fascio) (*telev.*), blanking (ingl.), blackout (am.). **2.** ~ (p. es. di un carattere, di zero ecc.) (*s. - elab.*), suppression. **3.** ~ del quadro (*telev.*), frame suppression, frame blanking.

soppressore (*radio*), suppressor (ingl.). **2.** ~ (p. es. di disturbi) (*eltn.*), blanker. **3.** ~ d'eco (*radar - telef. - ecc.*), echo suppressor. **4.** ~ d'eco (*telef.*), echo suppressor (ingl.). **5.** ~ di disturbi radio (filtro antidisturbi radio) (*eltn.*), radio interference suppressor. **6.** ~ di oscillazioni parassite (~ di oscillazioni disturbatrici ad alta frequenza) (*eltn.*), parasitic suppressor. **7.** ~ di reazione (*radio - telef.*), reaction suppressor (ingl.). **8.** ~ di scintilla (condensatore antiscintilla) (*elett.*), spark suppressor.

sopprimere (*gen.*), to extinguish, to suppress. **2.** ~ (p. es. una procedura) (*elab.*), to kill. **3.** ~ il segnale (per particolari motivi) (*radio - telev.*), to blank.

sopra (in contatto con la sottostante superficie) (*gen.*), on. **2.** ~ (senza contatto con la sottostante superficie) (*gen.*), over.

sopracopertina (di un libro) (*legatoria*), wrapper, jacket.

sopracqua (*nav.*), above-water.

sopracretacico (del cretaceo superiore) (*a. - geol.*), Chalk.

sopraelevare (una curva) (*ferr. - strad.*), to bank. **2.** ~ (rialzare di un piano un fabbricato già costruito per es.) (*ed.*), to rise.

sopraelevato (di curva) (*a. - ferr. - strad.*), banked.

sopraelevazione (di una casa per es.) (*ed.*), raising. **2.** ~ (di una rotaia ferroviaria, di una curva stradale per es.) (*ferr. - strad.*), superelevation, banking, bank. **3.** ~ di tensione (*elett.*), voltage rise.

sopraffilare (sopraggittare, fare il sopraggitto) (*cucitura*), to overcast.

sopraffilo (sopraggitto, "soprappunto" "soprammano") (*cucitura*), overcasting.

soprafondere (*chim. - fis.*), to supercool, to surfuse.

soprafusione (*chim. - fis.*), supercooling, superfusion.

sopraganascia (ganascia addizionale, di una morsa) (*mecc.*), false jaw, vice cap.

sopraggittare (fare il sopraggitto, sopraffilare) (*cucitura*), to overcast.

sopraluminosità (dell'immagine) (*telev.*), bloom.

sopralzare (alzare, eseguire un sopralzo, della rotaia esterna in una curva per es.) (*ferr.*), to do a superelevation.

sopralzo (di una casa, di un piano per es.) (*ed.*), *vedi* sopraelevazione.

soprametallo, *vedi* sovrametallo.

soprammesso (*costr. nav.*), clinker-built. **2.** ~ (di lavoro di calderaio) (*lattoniere - ecc.*), clinker-built.

soprannumero (di fogli, per la stampa per es.) (*tip.*), surplus, excess.

sopraparamezzale (*costr. nav.*), rider keelson.

soprapassaggio (soprapassaggio stradale, cavalcavia) (*traff. strad.*), overbridge, overpass. **2.** ~ pedonale (*traff. strad.*), overhead pedestrian crossing.

soprarullatura (di un filetto) (*difetto mecc.*), overrolling.

soprascarpa (di gomma, galoscia, caloscia) (*ind. gomma*), overshoe, galosh.

soprassaturare (*chim. - fis.*), to supersaturate.

soprassaturazione (*fis. chim.*), supersaturation, oversaturation.

soprassàturo (*chim. - fis.*), supersaturated.

soprassoglio (coronamento di un argine) (*costr. idr.*), crown, cap.

soprassòldo (compenso oltre la paga: di un operaio per es.) (*amm.*), extra pay.

soprastruttura (*ed. - nav. - ferr.*), superstructure. **2.** ~, *vedi anche* sovrastruttura.

soprasuòla (di cingolo di trattore agricolo per es.) (*mecc.*), road pad, shoe.

soprattassa, sopratassa (*finanz.*), surtax.

sopravalore (*gen.*), excess value.
sopravènto (*nav.*), winward. **2.** barra ~ (*nav.*), weather helm.
sopravulcanizzare (*ind. gomma*), to overcure, to overvulcanize.
sopravvalutare (*gen.*), to overrate, to overestimate.
sopravvenienza (fatto imprevisto e fortuito) (*contabilità*), contingency. **2.** ~ attiva (*contabilità*), contingent assets. **3.** ~ passiva (*contabilità*), contingent liability.
soqquadrare (*mecc.*), to jam because of misalignment, to jam because of cocking.
soqquadro (*difetto mecc.*), jamming because of misalignment.
sorbite (*metall.*), sorbite.
sorbìtico (*a. - metall.*), sorbitic.
sòrbo (*legno*), sorb.
sordina (dispositivo per attenuare il suono di uno strumento musicale) (*mus.*), mute.
sordo (rumore per es.) (*a. - acus.*), dull.
sorgènte (*geogr. - min.*), spring. **2.** ~ (di luce per es.) (*fis.*), source. **3.** ~ (*s. - elab.*), source. **4.** ~ di acqua (*idr. - min.*), well. **5.** ~ di alimentazione (alimentatore di energia elettrica) (*elett. - eltn.*), power supply. **6.** ~ di informazione (*elab.*), information source. **7.** ~ di ioni (*fis. atom.*), ion chamber. **8.** ~ di un fiume (*geogr.*), river source, river spring, river head. **9.** ~ naturale (*di acqua*), spring, source. **10.** ~ puntiforme (*illum. ott.*), point source. **11.** ~ termale (*geol.*), thermal spring.
sorgo (*agric.*), sorghum.
sormonto (in un tetto coperto a scidule [od assicelle]: la distanza tra l'estremità di una assicella e quella della assicella sopramontante) (*ed.*), overlapped part.
sorpassare (un segnale di fermata per es.) (*ferr. - strad.*), to run past. **2.** ~ (un concorrente per es.) (*aut. sport*), to overtake, to outrun. **3.** ~ (sorpassare veicoli) (*aut. - ecc.*), to overtake. **4.** ~ la velocità limite (*macch.*), to overrun.
sorpasso (di veicoli) (*traff. strad.*), overtaking, overrunning. **2.** ~ della capacità (di un calcolatore elettronico per es.) (*autom.*), overflow. **3.** ~ rapido (di un corpo in movimento) (*fis.*), overshoot. **4.** coppia di ~ (di un mot. elett. di avviamento per autoveicoli per es.) (*mot. - elett.*), overrunning torque. **5.** corsia di ~ (*traff. strad.*), passing lane. **6.** distanza di ~ (distanza richiesta per il sorpasso) (*aut.*), passing distance. **7.** divieto di ~ (*traff. strad.*), no passing, no overtaking. **8.** frizione di ~ (di un mot. elett. di avviamento per autoveicoli per es.) (*mot. - elett.*), overrunning clutch. **9.** tempo di ~ (tempo richiesto per il sorpasso) (*traff. aut.*), passing time.
sortitura (cernita, classificazione) (*ind.*), sorting.
sorvegliante (guardia di stabilimento per es.), guard, watchman, surveillant. **2.** ~ di fabbricazione (o ispettore di lavorazione) (*pers.*), overseer. **3.** ~ di notte (guardia di stabilimento per es.), night watchman, night guard. **4.** ~ di un pozzo di miniera (*min.*), banksman.
sorveglianza (*gen.*), attending. **2.** ~ (vigilanza di guardiani), surveillance. **3.** ~ (disciplinare di stabilimento a mezzo sorveglianti per es.), guarding. **4.** ~ (di una lavorazione in officina per es.), overseeing, supervision. **5.** ~ (vigilanza, della costruzione da parte di funzionari del Registro nav. od aer. per es.) (*ind.*), survey. **6.** sotto ~ (p. es. di una macchina che lavora sotto controllo di un incaricato) (*macch. - elab. - ecc.*), attended.
sorvegliare (una lavorazione per es.) (*off.*), to oversee, to supervise. **2.** ~ (un macchinario, un impianto per es.) (*ind.*), to attend.
sorvolare (*aer.*), to fly over. **2.** ~ a bassa quota (*aer. - aer. milit.*), to buzz.
sorvolo (*aer.*), flying over. **2.** quota minima di ~ (nel volo a vista) (*aer.*), on-top altitude clearance.
S.O.S. (segnale d'aiuto, segnale di pericolo) (*radio*), SOS, distress signal.
sospèndere (un lavoro in ufficio per es.), to suspend. **2.** ~ (una lavorazione per es.) (*ind.*), to suspend, to lay off. **3.** ~ (un operaio dal lavoro per es.), to suspend. **4.** ~ (appendere), to overhang. **5.** ~ (particelle solide in un liquido per es.) (*fis. - chim.*), to suspend. **6.** ~ (p. es. un pagamento) (*leg. - comm.*), to suspend. **7.** ~ (interrompere un programma) (*elab.*), to suspend. **8.** ~ (*elab.*), *vedi anche* interrompere.
sospensione (*fis. - chim.*), suspension. **2.** ~ (di autoveicolo per es.) (*mecc.*), suspension. **3.** ~ (di un locomotore elettrico per es.) (*ferr.*), suspension. **4.** ~ (di una tubazione per es.) (*installazione tubaz.*), drop hanger. **5.** ~ (del lavoro per es.), suspension, stay. **6.** ~ (di un elemento mobile di uno strumento di misura elettrica) suspension. **7.** ~ (di pagamento) (*comm.*), suspension. **8.** ~ (pausa momentanea del programma principale per eseguire un'altra operazione) (*s. - elab.*), hesitation. **9.** ~ a bracci longitudinali (tipo di sospensione posteriore) (*aut.*), trailing-arm suspension. **10.** ~ a bracci longitudinali a 45° (tipo di sospensione posteriore) (*aut.*), semitrailing-arm suspension, splayed trailing-arm suspension. **11.** ~ a catenaria (*ferr. elett.*), catenary suspension. **12.** ~ a catenaria semplice (di linea aerea elettrica per es.), single catenary suspension. **13.** ~ anteriore (di autoveicolo), front-wheel suspension. **14.** ~ anteriore indipendente (*aut.*), independent front-wheel suspension. **15.** ~ cardanica (di bussola per es.) (*mecc.*), gimbals. **16.** ~ colloidale (sospensoide, sistema colloidale con materie solide in sospensione) (*chim.*), suspensoid. **17.** ~ con snodo a ginocchiera (*aut.*), knee action suspension. **18.** ~ disciplinare (*pers.*), disciplinary layoff. **19.** ~ elastica (*mecc.*), elastic suspension. **20.** ~ flottante del motore (detto di motore posto in maniera da evitare la trasmissione di vibrazioni) (*aut.*), floating power. **21.** ~ indipendente (*aut.*), independent suspension. **22.** ~ indipendente con quadrilateri tra-

sversali (*aut.*), independent suspension by transverse links of unequal length. **23.** ~ pneumatica (*aut. - ferr. - ecc.*), air spring suspension. **24.** ~ rigida (di una linea di contatto sospesa) (*ferr. elett.*), rigid suspension. **25.** ~ trasversale a catenaria (di una linea di contatto sospesa) (*ferr. elett.*), cross catenary suspension. **26.** bracci della ~ (*mecc.*), suspension arms.

sospensoide (sospensione colloidale, sistema colloidale con materie solide in sospensione) (*chim.*), suspensoid.

sospeso (*gen.*), suspended. **2.** ~ (di peso), overhung. **3.** ~ (interrotto: di lavorazione per es.) (*gen.*), suspended. **4.** ~ (di particelle nell'aria o in una soluzione per es.) (*fis. - chim.*), suspended. **5.** ~ (del peso delle parti del veicolo gravanti sulle ruote attraverso la sospensione) (*a. - aut. - ferr. - ecc.*), sprung. **6.** non ~ (del peso delle parti meccaniche del veicolo gravante direttamente sulle ruote e quindi non tramite le sospensioni) (*a. - aut. - ferr. - ecc.*), unsprung. **7.** peso non ~ (*aut. - ferr. - ecc.*), unsprung weight.

sòsta (*gen.*), dwell. **2.** ~ (nell'avanzamento dell'utensile per es.) (*mecc.*), dwell, tarry. **3.** ~ (interruzione, nel lavoro per es.) (*pers. - ecc.*), break, interruption. **4.** ~ (del vento) (*meteor.*), lull. **5.** ~ vietata (*traff. strad.*), no parking, no waiting. **6.** ciclo di ~ (in una produzione ciclica) (*ind.*), off cycle. **7.** divieto di ~ (*traff. strad.*), no parking, parking prohibited, no waiting. **8.** messa in ~ (di un forno per vetro, a temperatura ridotta) (*mft. vetro*), blocking.

sostantivo (colorante sostantivo) (*ind. tess.*), substantive. **2.** colorante ~ (*ind. tess.*), substantive dye.

sostanza (*gen.*), substance. **2.** ~ (nociva alla salute oppure nutritiva ecc.) (*med.*), material. **3.** ~ acceleratrice (che incrementa una reazione in presenza di un catalizzatore) (*chim. - fis.*), promotor. **4.** ~ bituminosa (*ed.*), bituminous material. **5.** ~ caustica (*chim. - ecc.*), caustic, caustic substance. **6.** ~ collante (usata per la carta per es.) (*mft. carta - ecc.*), sizing agent. **7.** ~ corrosiva (usata per attaccare metalli per es.) (*chim.*), corroding substance, mordant. **8.** ~ depilatoria (liquido per staccare la lana dalla pelle) (*ind. lana*), depilatory. **9.** ~ (o materia) di carica (*mft. carta*), loading agent. **10.** ~ ferromagnetica (*elett.*), ferromagnetic substance. **11.** ~ fosforescente (*fis.*), phosphor, phosphore. **12.** ~ grassa (di lana per es.) (*chim. ind.*), fatty matter. **13.** ~ igroscopica (*fis.*), desiccant. **14.** ~ incombustibile (*gen.*), fireproof substance. **15.** ~ innescante (una reazione) (*chim.*), initiator. **16.** ~ medicinale (*farm.*), drug. **17.** ~ nutritiva (*med. spaziale*), nutrient material. **18.** ~ paramagnetica (*elett.*), paramagnetic substance. **19.** ~ particellare (~ costituita da particelle) (*fis.*), particulate. **20.** ~ penetrante (penetrante) (*gen.*), penetrant, penetrating substance. **21.** ~ plastica alla pirossilina (*chim.*), pyroxylin plastic. **22.** ~ preservatrice (per legno) (*carp.*), preservative. **23.** ~ radioattiva (*radioatt.*), radiator. **24.** ~ secca (*mft. zucchero - ecc.*), dry substance. **25.** ~ tensio-attiva (sostanza che riduce la tensione superficiale di un solvente) (*ind. chim. - fis.*), surface-active agent, surfactant. **26.** sostanze terrose (nella lana) (*ind. lana*), earthy matters. **27.** ~ torbosa (*comb.*), peaty substance. **28.** ~ tossica (*farm.*), toxicant. **29.** ~ umettante (umettante) (*ind. chim.*), moistener, dampener, moistening agent.

sostegno (*att. chim.*), stand. **2.** ~ (*ed.*), support. **3.** ~ (puntone) (*ed.*), strut. **4.** ~ (*mecc.*), support, brace, standard. **5.** ~ (per fili elettrici, per impianti aerei ecc.), standard. **6.** ~ completo di anelli e pinze (*att. chim.*), stand with rings and clamps. **7.** ~ per lampada (*di illum. strad.*), lamp post. **8.** struttura di ~ (intelaiatura di sostegno) (*ed. - ecc.*), supporting framework.

sostenere (un carico per es.) (*ed. - mecc.*), to sustain, to support, to hold. **2.** ~ (mediante appoggio) (*mecc.*), to back up. **3.** ~ (una spinta) (*mecc.*), to withstand. **4.** ~ con travatura reticolare (*ed.*), to truss.

sostentazione (*gen.*), sustentation. **2.** resistenza di ~ (di un aeroplano) (*aer.*), wing resistance.

sostenuto (da un supporto) (*sc. costr.*), supported. **2.** ~ (di prezzo alto e stabile) (*comm.*), hard, high and firm. **3.** ~ dall'aria (*aer.*), airborne.

sostituibile (*mecc. - ecc.*), replaceable.

sostituire (cambiare un pezzo per es.) (*mecc.*), to replace, to change. **2.** ~ (un operaio, un impiegato) (*pers.*), to substitute. **3.** ~ (un atomo in una molecola per es.) (*chim.*), to substitute. **4.** ~ gli spessori (dei freni per es.) (*aut.*), to reline. **5.** ~ gli spessori al disco della frizione (*mecc.*), to reface the clutch disk. **6.** ~ le fasce elastiche (sostituire gli anelli elastici, di un motore) (*mot. - aut.*), to rering.

sostituito (*gen.*), substitute. **2.** ~ di scioperante (operaio ingaggiato al lavoro in sostituzione di quello in sciopero) (*pers. - sindacale*), strikebreaker.

sostitutivo (relativo alla sostituzione di elementi o sistemi, da mettere in funzione in emergenza per es.: di riserva) (*a. - gen.*), backup.

sostituzione (di un pezzo per es.) (*mecc.*), replacement. **2.** ~ (di un operaio, di un impiegato, per es.) (*pers.*), substitution.

sottacqua, underwater.

sottèndere (*geom.*), to subtend.

sotterràneo (*a.*), underground. **2.** ~ (*a. - geol.*), subsurface.

sottigliezza (*gen.*), thinness.

sottile (*a. - gen.*), thin.

sotto (*gen.*), under. **2.** per di ~ (di ruota idraulica) (*a. - idr.*), undershot.

sottoaffusto (affustino) (*artiglieria*), lower carriage.

sottoanello (*mat.*), subring.

sottobase (di una colonna per es.) (*arch.*), subbase.

sottobóccola (*ferr.*), lower box.
sottobordo (lungobordo) (*nav.*), alongside the ship.
sottobòsco (*agric.*), underwood.
sottocampo (*mat.*), subfield.
sottocanale (*elab.*), subchannel.
sottocapo (*nav.*), leading seaman.
sottochiglia (*costr. nav.*), false keel.
sottocoda (*finimento per cavallo*), crupper.
sottocomitato (sottocommissione) (*gen.*), undercommittee.
sottoconduttore (secondo di macchina) (*op. mft. carta*), backtender.
sottoconsumo (equivalente alla sovraproduzione) (*econ.*), underconsumption.
sottocoperta (*nav.*), belowdecks.
sottocoppa (dell'olio) (*mot.*), underpan.
sottoeccitazione (*elett.*), underexcitation.
sottoescavare (intagliare, la roccia) (*min.*), to bear in, to undercut, to kirve.
sottoescavatrice (intagliatrice) (*macch. min.*), cutting machine, undercutting machine. **2.** ~ -caricatrice (*macch. min.*), cutting and loading machine.
sottoescavazione (intaglio, con macchina intagliatrice) (*min.*), cutting, undercutting, kirving.
sottoesporre (*fot.*), to underexpose, to undertime.
sottoesposizione (*fot.*), underexposure.
sotto-esposto (*a. - fot.*), underexposed.
sottofatturare (*comm.*), to underbill.
sottofondazione (*ing. civ. - ed.*), *vedi* sottomurazione.
sottofondo (*ed.*), foundation. **2.** ~ del pavimento (*ed.*), floor rough, floor foundation. **3.** ~ stradale (o di strada) (*strad.*), road subgrade.
sottogola (*finimento del cavallo*), throatlatch.
sottogomma (di conduttore elettrico per es.) (*elett. - ind.*), rubber-coated, rubber-sheated.
sottogruppo (*mecc.*), subassembly. **2.** ~ (*chim.*), subgroup. **3.** ~ (*mat.*), subgroup.
sottoimpiego (relativo a dipendente con orario parziale o retribuzione ridotta) (*s. - pers.*), subemployment.
sottoinfiltrazione (di acqua sotto una diga per es.) (*costr. ed.*), underseeping.
sottoinsieme (*s. - mat.*), subset. **2.** ~ (un lotto di dati estratto da un lotto più grande) (*elab.*), subset.
sottolineare (*gen.*), to underline.
sottoliscivia (*ind. saponi*), tail liquor, spent lye.
sottolivello (*min.*), sublevel.
sottomarino (sommergibile) (*mar. milit.*), submarine, U-boat, sub. **2.** ~ (*a. - mar.*), undersea, submarine. **3.** ~ atomico (*mar. milit.*), atomic sub, A-submarine. **4.** cavo ~ (*telegrafia*), submarine cable. **5.** ~, *vedi anche* sommergibile.
sottomisura (dimensione inferiore alla normale ecc.) (*metall. - mecc. - ecc.*), undersize.
sottomùltiplo (*a. - mat.*), submultiple.
sottomurare (*ed.*), to underpin, to underbuild.
sottomuratura (*mur.*), underpinning.
sottomurazione (*ed.*), underpinning.
sottooccupazione (*lav. - ind.*), underemployment.
sottopalco (*di teatro*), dock.
sottopancia (*finimenti*), saddle girth, bellyband.
sottopassaggio (*strad.*), underpass. **2.** ~ (sottopassaggio pedonale o stradale sotto una linea ferroviaria per es.) (*urbanistica*), subway. **3.** ~ per bestiame (*ferr.*), cattle pass.
sottopavimento (*a. - gen.*), underfloor. **2.** installazione ~ (di un motore in una automotrice ferroviaria o in un autobus) (*veic.*), underfloor location.
sottopiombo (di cavo elettrico per es.) (*a. - ind.*), lead-covered, lead-coated.
sottoporre (ad una prova, ad un esperimento, ad un trattamento: l'acciaio alla tempra per es.) (*fis. - mecc. - metall. - ed. - ecc.*), to subject. **2.** ~ (a forza elettromotrice o a differenza di potenziale: un conduttore per es.) (*elett.*), to expose. **3.** ~ ad osmosi (*chim. fis.*), to osmose. **4.** ~ all'azione di gas (gasare) (*chim.*), to gas. **5.** ~ a sforzo di taglio (*mecc. - ecc.*), to shear. **6.** ~ a torsione (*mecc. - ed.*), to twist.
sottoportante (portante a bassa frequenza utilizzata per modulare un'altra portante) (*elettroacus. - radio - ecc.*), subcarrier. **2.** ~ di crominanza (portante del colore) (*telev.*), color carrier.
sottoprodotto (*ind.*), by-product. **2.** ~ (della lana) (*ind. lana*), off-sort. **3.** ~ (*raffineria petrolio*), muddlings.
sottoprogramma (*elab.*), subprogram, subroutine. **2.** ~ esterno (*elab.*), external subprogram. **3.** ~ funzionale (o di funzione) (*elab.*), function subprogram. **4.** ~ interno (*elab.*), internal subprogram.
sottoraffreddamento (raffreddamento al disotto del punto di cambiamento di stato) (*chim. fis.*), subcooling, supercooling. **2.** ~ (trattamento sotto zero) (*tratt. term.*), sub-zero treatment.
sottoscala (*ed.*), understairs (am.).
sottoscocca (*aut.*), underbody.
sottoscritto (abbonamento per es.) (*a. - gen.*), subscribed.
sottoscrittore (*gen.*), subscriber.
sottoscrivere (p. es. un documento, un prestito, una assicurazione ecc.) (*leg. - comm. - ass. - ecc.*), to underwrite, to subscribe.
sottoscrizione (di azioni per es.) (*finanz. - ecc.*), subscription.
sottosequenza (*mat.*), subsequence.
sottosettore (*milit.*), unit sub-area.
sottosistema (un sistema secondario) (*s. - elab.*), subsystem. **2.** ~ video (*elab.*), video subsystem.
sottosmalto (mano di vernice applicata prima della mano a finire) (*vn.*), undercoat of paint.
sottosquadro (controspoglia: di uno stampo per es.) (*fucinatura - fond.*), undercut, back draft.
sottòssido (*chim.*), suboxide.
sottostante (uno strato per es.) (*gen.*), underlying.
sottostazione (*elett.*), substation. **2.** ~ (di distribuzione per es.) (*elett.*), substation. **3.** ~ (per trazio-

ne elettrica ferroviaria) (*ferr.*), railway substation. **4.** ~ all'aperto (*elett.*), outdoor substation. **5.** ~ comandata a distanza (*elett.*), telecontrolled substation. **6.** ~ di raddrizzatori (*elett.*), rectifier substation. **7.** ~ di trasformazione o conversione (per trasformare in bassa tensione elettricità ad alta tensione per es.) (*elett. - ferr. elett.*), substation.

sottosterzante (detto di automobile la cui distribuzione dei carichi e pesi fa sì che essa tenda ad allargare in curva) (*difetto aut.*), understeering.

sottosterzare (difetto di tendere ad allargare in curva) (*aut.*), to understeer.

sottosterzatura (*difetto aut.*), understeering.

sottostrato (*gen.*), underlay. **2.** ~ (strato di gomma fortemente adesiva tra battistrada e carcassa di un pneumatico) (*aut. - ind. gomma*), cushion.

sottostruttura (di un tetto) (*ed.*), substructure, understructure.

sottosuòlo (complesso di locali al disotto del piano stradale) (*ed.*), basement, cellar. **2.** ~ (*agric.*), subsoil. **3.** ~ (*s. - geol.*), subsurface.

sottosviluppato (paesi africani per es.) (*a. - econ. ind.*), underdeveloped.

sottotangènte (*geom.*), subtangent.

sottotenente (*milit.*), second lieutenant.

sottotensione (tensione al disotto del valore normale) (*n. - elett.*), undervoltage. **2.** ~ (energizzato) (*a. - elett.*), live.

sottotetto (*ed.*), garret.

sottotìtolo (di una pubblicazione) (*tip.*), subhead. **2.** ~ (didascalia) (*cinem.*), subtitle, caption.

sottovalutare (*gen.*), to underrate, to undervalue, to underestimate.

sottovènto (*nav.*), lee side, leeward, lee. **2.** al traverso ~ (*nav.*), on the lee beam. **3.** andare ~ (*nav.*), to pay off.

sottovia (*strad. - ecc.*), *vedi* sottopassaggio.

sottovulcanizzazione (*ind. gomma*), undercuring.

sottraèndo (*mat.*), subtrahend.

sottrarre (*mat.*), to subtract.

sottrattivo (*fot. - ott.*), subtractive.

sottrattore (disp. eltn. esecutore di sottrazioni) (*s. - elab.*), subtracter.

sottrazione (*mat.*), subtraction.

sottufficiale (*milit.*), non commissioned officer, NCO. **2.** ~ (*nav.*), petty officer.

sovèscio (*agric.*), green manure.

sovra-alesare (un motore, per le corse) (*aut. - sport*), to bore out.

sovra-approvvigionare (sovraccaricare, il mercato) (*comm.*), to overstock.

sovraccaricabilità (sovraccarico ammissibile) (*mot. - elett. - ecc.*), overload capacity.

sovraccaricare (*gen.*), to overload.

sovraccaricato (*mecc. - ed. - mot. - ecc.*), overloaded.

sovraccàrico (*s. - sc. costr. - mecc. - ed. - mot. - elett. - radio - ecc.*), overload. **2.** ~ momentaneo (di una macch. elett. per es.) (*elett. - ecc.*), momentary overload.

sovraclorurazione (*chim.*), overchlorination.

sovracopertina (*legatoria*), *vedi* sopracopertina

sovracorrènte (*elett.*), overcurrent.

sovradecapato (soggetto a decapaggio prolungato) (*a. - metall.*), over-pickled.

sovradimensionato (surdimensionato) (*gen.*), oversize.

sovradosso (difetto di superficie metallica laminata per es.) (*laminazione - fucinatura*), *vedi* ripiegatura.

sovraeccitato (*elett.*), overexcited, overenergized.

sovraeccitazione (*elett.*), overexcitation.

sovraesporre (*fot.*), to overexpose, to overtime the exposure. **2.** ~ la stampa (nella operazione di stampaggio) (*fot.*), to overprint.

sovraesposizione (*fot.*), overexposure.

sovraesposto (*fot.*), overexposed.

sovraimpressione (sovrapposizione di una immagine, di parole e/o di numeri per es., su di un'altra immagine visualizzata sullo schermo) (*telev. - ecc.*), overprint.

sovraincartare (involgere nuovamente) (*imballaggio*), to overwrap.

sovraincartatrice (incartatrice con successivo involucro) (*macch. imballaggio*), overwrapping machine, overwrapper.

sovraintendènte (*gen.*), superintendent.

sovraintendere (*gen.*), to superintend.

sovrainvecchiamento (*tratt. term.*), overageing.

sovralimentare (un motore per es.) (*mot.*), to supercharge, to boost. **2.** ~ con turbocompressore a gas di scarico (*mot.*), to turbosupercharge.

sovralimentato (di un motore) (*mot.*), supercharged.

sovralimentazione (alimentazione sotto pressione: di motore) (*mot.*), supercharging, booster feeding, boosting.

sovrametallo (*mecc.*), machining allowance, stock. **2.** ~ asportabile (*mecc.*), removable stock. **3.** ~ consumato per scintillio (nella saldatura a scintillio) (*tecnol. mecc.*), flashing allowance. **4.** ~ di sbarbatura (di un dente di ingranaggio per es.) (*mecc.*), shaving stock. **5.** ~ per la finitura (*mecc.*), finish stock. **6.** ~ per la rettifica (*mecc.*), grinding stock, grinding allowance.

sovramodulato (nella registrazione di un film sonoro per es.) (*elettroacus. - radio*), overmodulated.

sovramodulazione (*elettroacus. - radio*), overmodulation.

sovraossidare (*metall.*), to overblow.

sovraossidato (*metall.*), overblown.

sovraossidazione (bruciatura dell'acciaio dovuta ad eccessivo soffiaggio di aria nel convertitore) (*metall.*), overblowing.

sovrapotenza (potenza eccessiva) (*gen.*), superpower.

sovrapassaggio (*strad.*), *vedi* cavalcavia.

sovrapporre, to superimpose, to superpose. **2.** ~ (due lamiere in corrispondenza del giunto per es.) (*mecc.*), to overlap. **3.** ~ (*geom.*), to superpose. **4.**

~ (eseguire simultaneamente più operazioni) (*elab.*), to overlap. **5.** ~ a registro (due o piu immagini a colori nella stampa di fotografie per es.) (*fot.*), to register. **6.** ~ una registrazione su di un'altra precedente (p. es. il parlato su di una musica già registrata) (*elettroacus.*), to overdub.

sovrapposizione (*gen.*), superimposition. **2.** ~ (*fond.*), seam. **3.** ~ (di due lamiere in corrispondenza del giunto per es.) (*mecc.*), overlap. **4.** ~ (incrocio: settore del diagramma di distribuzione nel quale le valvole di aspirazione e scarico sono entrambe aperte) (*mot.*), overlap. **5.** ~ (difetto in un pezzo stampato) (*fucinatura*), lap. **6.** ~ (di due gruppi di lunghezze d'onda) (*radio*), overlap. **7.** ~ (di un ordine di colonne su un altro) (*arch.*), supercolumniation, superposition. **8.** ~ (difetto di superficie metallica laminata per es.) (*laminazione* - *fucinatura*), *vedi* ripiegatura. **9.** ~ (di due fotogrammi aerei) (*fot. aer.*), overlap. **10.** ~ (difetto che si verifica in una trasmissione seriale di dati quando sia effettuata a velocità superiore rispetto a quella consentita dall'unità ricevente) (*elab.*), overrun. **11.** ~ (simultanea esecuzione di più operazioni) (*s.* - *elab.*), overlapping. **12.** ~ (sovraregistrazione: tecnica che contempla l'uso ripetuto, in tempi successivi, delle stesse aree di memoria previa cancellazione dei dati precedentemente registrati) (*elab.*), overlay. **13.** ~ dei margini (dei bordi contigui di aerofotografie per es.) (*fot. aer.*), end lap. **14.** entità della ~ (*mecc.* - *ecc.*), lappage. **15.** segmento di ~ (una sequenza di istruzioni che viene caricata quando richiesto dal programma e poi cancellata quando necessiti un nuovo spazio di memoria) (*elab.*), overlay segment.

sovrapposto (detto di lamiere per es. in corrispondenza di giunti) (*a.* - *mecc.*), overlapped. **2.** ~ (cucito, detto di fasciame) (*a.* - *nav.*), clinker-built.

sovrapprezzo (*comm.*), extraprice, overcharge.

sovrapressione (pressione in eccesso) (*mecc. dei fluidi*), overpress, overpressure, extrapressure. **2.** ~ (differenza tra la pressione del gas contenuto in un aerostato e quella dell'aria circostante) (*aer.*), superpressure. **3.** ~ (quando, in un ambiente chiuso, la pressione dell'aria è superiore a quella esterna) (*s.* - *fis.*), plenum. **4.** ~ alla presa [d'aria] (differenza tra la pressione alla presa dinamica e la pressione statica atmosferica) (*mot. aer.*), ram pressure. **5.** ~ di acqua (*idr.*), extra water pressure.

sovraprodurre (superprodurre) (*ind.*), to overproduce.

sovraproduzione (*ind.*), overproduction.

sovraprofitti (*finanz.*), excess profits.

sovraregistrazione (nuova registrazione che cancella la precedente) (*elab.*), overwriting. **2.** ~ (*elab.*), *vedi* sovrapposizione.

sovrasmorzare (*elett.*), to overdamp.

sovrasollecitare (sollecitare oltre il limite elastico) (*mecc.*), to overstress.

sovrasollecitazione (sollecitazione oltre il limite elastico) (*sc. costr.*), overstress.

sovrastampa (*filatelia*), overprint.

sovrastampare (stampare sopra un'altra stampa) (*stampa*), to overprint.

sovrasterzante (detto di automobile la cui distribuzione dei pesi e dei carichi fa sì che essa tenda a stringere in curva) (*difetto aut.*), oversteering.

sovrasterzare (difetto) (*aut.*), to oversteer.

sovrasterzo (*difetto aut.*), oversteering.

sovrastruttura (*nav.* - *arch.* - *mecc.*), superstructure, upperworks. **2.** ~ (soprastruttura, locali situati al di sopra del ponte) (*costr. nav.*), house. **3.** ~ di poppa (*nav.*), poop deckouse.

sovrasviluppato (*fot.* - *ecc.*), overdeveloped.

sovratensione (*elett.*), overvoltage, excess voltage. **2.** ~ di carattere atmosferico (*elett.* - *meteor.*), overvoltage due to atmospheric electricity. **3.** ~ elettrolitica (*elettrochim.*), electrolytic overvoltage.

sovrattassa (*finanz.*), surcharge.

sovravulcanizzato (*ind. gomma*), overcured, overvulcanized.

sovrintendente (di lavori per es.) superintendent.

sovrintendere (*gen.*), to supervise, to superintend.

sovvenzionare (una istituzione per es. con danaro privato) (*finanz.*), to endow.

sovvenzione (*finanz.*), subvention.

spaccafiamma (spartifiamma, di un forno per vetro) (*mft. vetro*), wall baffle.

spaccapietre (*lav.*), stone breaker, smasher, stone smasher.

spaccare (separare), to split. **2.** ~ (*mur.*), to break. **3.** ~ (la legna per es.) (*gen.*), to split, to cleave. **4.** ~ (dividere, le pelli in strati) (*ind. cuoio*), to split.

spaccaroccia idraulico (*app. min.*), hydraulic cartridge.

spaccarsi (rompersi) (*mecc.* - *ecc.*), to break, to crack, to crack up. **2.** ~ (fendersi, di legno per es.) (*gen.*), to rive.

spaccato (fessurato) (*a.* - *mecc.* - *ecc.*), split, broken, cracked. **2.** ~ (vista in sezione) (*dis.*), section plane.

spaccatura (fessura) (*gen.*), fissure, rift. **2.** ~ (*geol.* - *mecc.* - *ed.*), crack, fissure, flaw. **3.** ~ (del legno) (*gen.*), riving, splitting. **4.** ~ (delle pelli, divisione in strati) (*ind. cuoio*), splitting. **5.** ~ a caldo (di un getto prima che si sia raffreddato completamente) (*fond.*), hot crack. **6.** ~ a freddo (di un getto dopo la solidificazione) (*fond.*), cold crack. **7.** spaccature di stagionatura (dovute a stagionatura eccessivamente rapida) (*difetto del legno*), season check.

spaccio (negozio) (*comm.*), shop. **2.** ~ (in una fabbrica o in un posto militare) (*comm.*), canteen. **3.** ~ (per aer. e mar. milit.) (*aer.* - *mar. milit.*), base exchange. **4.** ~ (per esercito) (*milit.*), post exchange, canteen. **5.** ~ aziendale (con vendita di merci per soli dipendenti) (*agevolazione pers.*), company store.

spacistore ("spacistor"; semiconduttore a stato solido per alta frequenza, simile ad un transistore) (*s. - eltn.*), spacistor.

spada (*milit.*), sword. **2.** ~ di lancio (di un telaio) (*mecc. tess.*), picking stick.

spagnoletta (chiusura per finestra a battenti: lunga asta rotante con due ganci di estremità) (*falegn.*), espagnolette.

spago (*mft. corda*), string, twine, cord. **2.** ~ da calzolai (*mft. scarpe*), lingel (ingl.).

spalare (*mur.*), to shovel.

spalatore (badilante) (*lav.*), shoveler, shoveller. **2.** ~ di carbone (*op.*), coal heaver.

spalettatura (formatura preliminare di un pezzo di vetro nel forno in preparazione per lo stampaggio di vetro d'ottica) (*mft. vetro*), paddling. **2.** ~ (rottura delle palette, di una turbina per es.) (*macch.*), blade failure.

spalla (di un bastione) (*ed. - milit.*), shoulder. **2.** ~ (di ponte) (*arch.*), abutment. **3.** ~ (del timone) (*nav.*), bow. **4.** ~ (di un carattere) (*tip.*), shoulder. **5.** ~ (di un pneumatico tra il battistrada e la parete laterale) (*aut.*), shoulder. **6.** ~ anteriore di un albero a gomiti (di motore stellare) (*mecc.*), font crankweb. **7.** ~ di un albero a gomiti (di motore stellare) (*mecc.*), crankweb.

spallamento (di un albero per un cuscinetto a sfere per es.) (*mecc.*), shoulder.

spallazione (distacco di particelle, dovuto a bombardamento) (*fis. atom.*), spallation.

spallina (*milit.*), shoulder knot.

spallone (di un forno) (*forno*), abutment.

spalmare (stendere: la malta sul muro) (*ed.*), to butter.

spalmatrice (macchina per spalmare gomma su tessuti) (*macch. ind. chim.*), coating machine, coater, spreader. **2.** ~ a cilindri controrotanti (*macch.*), reverse-roll coater. **3.** ~ di gomma (per gommatura) (*macch.*), rubber spreader.

spalmatura (operazione di spalmatura: della malta sul muro per es.) (*ed.*), buttering.

spalto (di un forte) (*ed. milit.*), glacis.

spanarsi (perdere la filettatura) (*mecc.*), to strip.

spanatura (di una filettatura) (*mecc.*), stripping.

spanciare (gonfiarsi: di vela, lamiera ecc. per es.) (*gen.*), to belly.

spàndere (*gen.*), to strew, to spread, to spill. **2.** ~ (versare, un liquido da un recipiente per es.) (*nav.*), to spill.

spandiconcime (*macch. agric.*), manure spreader.

spandipietrisco (distributrice di pietrisco) (*macch. costr. strad.*), road-metal spreading machine, macadam spreader.

spandisabbia (distributore di sabbia) (*macch. costr. strad.*), sand spreader.

spanditrice (*macch. strad. - ed.*), spreader. **2.** ~ di calcestruzzo (*macch. ed. - strad.*), conrete spreader. **3.** ~ meccanica (macchina usata per spandere il materiale per costr. strad.) (*macch. strad.*), spreading box.

spanna (misura di lunghezza pari a 22,86 cm) (*mis.*), span.

spappolatore (impastatore, per cartaccia) (*mft. carta*), kneader.

spara-anime (macchina spara-anime, soffiatrice per anime) (*macch. fond.*), core blowing machine, core blower.

sparare (far fuoco: con fucile per es.) (*milit. - sport*), to fire.

sparetamento (*min.*), slabbing.

spàrgere (*gen.*), to strew, to spread. **2.** ~ la ghiaia (*strad.*), to strew the gravel. **3.** ~ sabbia e pietrischetto (*costr. strad.*), to blind.

sparo (*di arma da fuoco*), firing. **2.** meccanismo di ~ (*arma da fuoco*), firing mechanism.

spartiacque (di una catena di montagne) (*geogr.*), divide, mountain ridge.

spartifiamma (spaccafiamma, di un forno per vetro) (*mft. vetro*), wall baffle.

spartineve (*macch. strad.*), snowplow.

spartire (dividere in parti) (*gen.*), to parcel, to divide.

spartitraffico (*traff. strad.*), traffic divider.

spartizione (atto di divisione) (*gen.*), parceling, parcelling.

sparto (*fibra ind.*), esparto grass, esparto.

sparvière (attrezzo per sostenere piccoli quantitativi di malta) (*mur.*), mortarboard.

spato (*min.*), spar. **2.** ~ calcare (*min.*), calcite. **3.** ~ d'Islanda ($CaCO_3$) (*min.*), calcite. **4.** ~ fluore (CaF_2) (*min.*), fluorspar. **5.** ~ pesante (*min.*), barite, heavy spar.

spatofluòre (*min.*), fluorspar.

spàtola (*ut.*), spatula, spatule. **2.** ~ (per mescolare) (*att. ind.*), paddle. **3.** ~ (*att. decoratore*), putty knife. **4.** ~ (*ut. pittori, artisti*), palette knife. **5.** ~ per lisciare (lisciatoio) (*ut. fond.*), sleeker. **6.** ~ per stuccare (*ut. - vn.*), stopping knife.

spaziale (*a. - spazio*), spatial, space. **2.** ~ (di oggetto operante nello spazio al di fuori dell'atmosfera e sostenuto dalla sua velocità) (*a. - astric.*), spaceborne. **3.** cabina ~ (*astric.*), space cabin, space capsule. **4.** nave ~ (*astric.*), space ship, spaceship, space craft.

spaziare (spazieggiare: lasciare spazio tra parola e parola) (*tip.*), to space. **2.** ~ le lettere (lasciare spazio tra le lettere) (*tip.*), to letterspace.

spaziato (spazieggiato) (*a. - tip.*), spaced.

spaziatore (di macchina per scrivere) (*macch. per uff.*), spacer, space bar, space key.

spaziatura (*tip.*), spacing. **2.** ~ (tra una linea e quella adiacente: ~ interlineare) (*tip.*), interlinear spacing. **3.** ~ di uscita (serie di spazi alla destra dell'ultimo carattere di una fila) (*elab. - tip.*), trailing blanks. **4.** ~ tra le lettere (*tip.*), letterspacing. **5.** allargare la ~ (*tip.*), to white out.

spazieggiare (*tip.*), *vedi* spaziare.

spazieggiato (spaziato) (*tip.*), spaced.

spazieggiatore (di macchina per scrivere) (*macch. per uff.*), spacer, space bar, space key.

spazieggiatura (fra le parole di una riga) (*tip.*), spacing. **2.** ~ di sei punti (*tip.*), nonpareil.

spazio (*gen.*), space, room. **2.** ~ (*mat. - geom.*), space. **3.** ~ (carattere speciale usato per separare le parole di una riga) (*tip.*), space. **4.** ~ (~ pubblicitario; è costituito dalla durata dell'intervallo di pubblicità inserita nei programmi radiotelevisivi oppure dalle dimensioni della pubblicità inserita nelle pagine di giornali o riviste) (*pubbl. - ecc.*), space. **5.** ~ aereo (~ sopra il territorio di una nazione) (*diritto internazionale*), airspace. **6.** ~ aereo navigabile (al di sopra dell'altezza minima) (*aer.*), navigable airspace. **7.** ~ a quattro dimensioni (*teoria della relatività*), space-time continuum. **8.** ~ bianco (tra i caratteri) (*tip.*), pigeonhole. **9.** ~ bianco riservato per le ultime notizie (*giorn. - tip.*), fudge (ingl.). **10.** ~ circumplanetario (*spazio*), circumplanetary space. **11.** ~ circumterrestre (*spazio*), circumterrestrial space. **12.** ~ cosmico (oltre l'atmosfera terrestre) (*astr. - astric.*), outer space. **13.** ~ cromatico (*ott.*), color space. **14.** ~ curvo (*astr.*), curved space. **15.** ~ da 3 (uguale alla terza parte del quadratone) (*tip.*), 3-em space. **16.** ~ da 4 (uguale alla quarta parte del quadratone) (*tip.*), 4-em space. **17.** ~ da 6 (uguale alla sesta parte del quadratone) (*tip.*), 6-em space. **18.** ~ di frenatura (distanza percorsa da un veicolo tra l'istante di azionamento dei freni e l'arresto) (*veic.*), braking distance. **19.** ~ di indirizzamento (*elab.*), address space. **20.** ~ eliocentrico (la parte di spazio in cui il sole esercita una forza di gravità sufficiente a trattenere corpi celesti) (*spazio*), heliocentric space. **21.** ~ esplosivo (intervallo esplosivo, distanza tra le puntine, distanza tra gli elettrodi di una candela per es.) (*elett.*), spark gap. **22.** ~ finissimo (uguale al punto) (*tip.*), hair space (ingl.). **23.** ~ fino (spazio da sei) (*tip.*), 6-em space. **24.** ~ forte (spazio da 3) (*tip.*), 3-em space. **25.** ~ fra due coperte (corridoio) (*nav.*), between decks. **26.** ~ geocentrico (lo spazio che si estende in altezza da 1 a 10 volte il raggio della terra) (*astr.*), geocentric space. **27.** ~ in bianco (in un foglio stampato per es.) blank space, blank. **28.** ~ inerziale (con coordinate fisse nello spazio siderale) (*astric.*), inertial space. **29.** ~ intercalato (*elab.*), embedded blank. **30.** ~ interplanetario (spazio interstellare) (*astric.*), interplanetary space, interspace, deep space, outer space. **31.** ~ interstellare (*astr.*), interstellar space, outer space. **32.** ~ libero (dovuto al passaggio a capoverso) (*tip.*), indention. **33.** ~ libero distribuito (per eventuale inserzione di nuovi dati) (*elab.*), distributed free space. **34.** ~ lunare (la parte di spazio in cui la Luna esercita una forza di gravità sufficiente a trattenere corpi celesti) (*astr.*), lunar space, selenocentric space. **35.** ~ metrico (*mat.*), metric space. **36.** ~ nocivo (tra cilindro e testa di macchina alternativa, pompa a vuoto, compressore ecc.) (*mecc.*), clearance, clearance volume (ingl.). **37.** ~ nullo (*mat.*), null-space. **38.** ~ oggetto (campo oggetto) (*ott.*), object space. **39.** ~ oscuro di Faraday (*fis.*), Crookes' dark space. **40.** ~ per le gambe (*aut. - ferr.*), legroom. **41.** ~ piatto (spazio Euclideo) (*astr.*), flat space, Euclidean space, Euclid's space. **42.** ~ residuo di sopravvivenza (riferito agli occupanti dell'abitacolo dopo l'incidente) (*sicurezza - aut.*), survival space. **43.** ~ selenocentrico (la parte di spazio in cui la Luna esercita una forza di gravità sufficiente a trattenere corpi celesti) (*astr.*), lunar space, selenocentric space. **44.** ~ sotterraneo (spazio interrato) (*ed.*), underground. **45.** ~ sufficiente per manovrare (*nav.*), berth. **46.** ~ terrestre (lo spazio che si estende in altezza da 1 a 10 volte il raggio della Terra) (*astr.*), geocentric space. **47.** ~ topologico (*mat.*), topological space. **48.** ~ tra due denti successivi (di una sega) (*mecc.*), gullet (ingl.). **49.** ~ translunare (lo spazio che si estende da 70 a 300 volte il raggio della Terra) (*astr.*), translunar space. **50.** ~ vettoriale (*mat.*), vector space. **51.** esplorazione dello ~ (*astric.*), space exploration. **52.** mal di ~ (*med. - astric.*), space sickness. **53.** uomo nello ~ (*astric.*), man in space, MIS (am.).

spaziografia (descrizione dello spazio extraterrestre) (*astr.*), spatiography, space description.

"spazioplano" (ipotetico veicolo rapido con decollo orizzontale e con possibilità di volare sia nell'atmosfera che nello spazio) (*aer. - astric.*), "spaceplane".

"spazioporto" (per l'atterraggio di una navetta spaziale per es.) (*astric.*), spaceport.

spaziosità (dell'abitacolo, spazio abitabile di un automobile per es.) (*aut. - ecc.*), roominess.

spazioso (*ed.*), roomy.

spazio-tempo (spazio a 4 dimensioni, cronotopo) (*teoria della relatività*), space time.

spazzacamino (*lav.*), chimney sweeper.

spazzafoglie (*att. agric.*), leaf broom.

spazzafuliggine (soffiafuliggine, soffiatore di fuliggine) (*app. cald.*), soot blower.

spazzamento (*fis. atom.*), scavenging.

spazzaneve (*macch.*), snowplow, snowplough. **2.** ~ a turbina (*macch.*), snowblower. **3.** ~ a vite di Archimede (con vite ruotante che spinge la neve ai lati) (*macch. strad.*), rotary plow. **4.** ~ per doppio binario (*ferr.*), double-track snowplow. **5.** ~ per singolo binario (*ferr.*), single-track snowplow.

spazzare (con la scopa) (*gen.*), to sweep, to broom. **2.** ~ (il gas combusto dal cilindro di un motore) (*mecc.*), to scavenge. **3.** ~ (battere col fuoco di mitragliatrici o bombe una certa area) (*milit.*), to rake.

spazzatore (di radioattività contaminanti) (*radioatt.*), scavenger.

spazzatrice (*app.*), swepper. **2.** ~ (*macch. strad.*), street sweeper. **3.** ~ per pavimenti (*app.*), floor sweeper (ingl.).

spazzatura (*gen.*), sullage. **2.** ~ di carda (*ind. tess.*), fettling, card waste.

spazzino (stradale) (*op.*), street cleaner.

spàzzola (*gen.*), brush. **2.** ~ (*per mot. elett.*), brush. **3.** ~ (il distributore di corrente alle candele di un motore) (*elettromecc.*), rotor, rotor arm. **4.** ~ (di selettore telefonico per es.) (*elettrotel.*), wiper. **5.** ~ (collettrice) a contatto strisciante (*elett.*), sliding brush. **6.** ~ a disco (per lucidare) (*ut.*), brush wheel. **7.** ~ circolare (per pulitrice per es.) (*ut.*), circular brush. **8.** ~ (o racchetta) del tergicristallo (organo di pulitura formato generalmente da una lama [o listello] di gomma) (*aut.*), windshield wiper blade. **9.** ~ di contatto (con la terza rotaia) (*ferr.* - *elett.*), guard brush. **10.** ~ di lettura (sensore a ~ per rilevare fori di schede perforate) (*elab.*), reading brush. **11.** ~ metallica (*att.*), wire brush. **12.** ~ metallica (usata per pulire getti di ghisa) (*ut. fond.*), scratchbrush. **13.** ~ metallica circolare (per pulire per es.) (*ut.*), wire wheel brush. **14.** ~ per lime (spazzola metallica) (*ut.*), file card. **15.** apparecchio per tagliare le spazzole (*app.*), brush trimmer. **16.** dispositivo per sollevare le spazzole (*di un mot. elett.*), brush lifting device. **17.** lucidatura a ~ (della carta) (*mft. carta*), brush-polishing. **18.** senza spazzole ("brushless", sistema di eccitazione elettronico) (*macch. elett.*), brushless. **19.** spostamento delle spazzole (*elett.*), brush shifting. **20.** umettatore a ~ (*app.*), brush dampener.

spazzolamento (movimento di un raggio catodico) (*app. telev.*), sweep. **2.** ~ (*radar*), slewing, slueing. **3.** ~, *vedi anche* scansione.

spazzolare (*gen.*), to brush. **2.** ~ (girare: di un radar per es.) (*radar*), to slue, to slew, to slough. **3.** ~ con spazzola metallica (*fond. ecc.*), to scratchbrush.

spazzolatrice (*macch.*), brushing machine.

spazzolatura (*gen.*), brushing.

specchietto (*gen.*), mirror, small mirror. **2.** ~ da parafango (specchietto retrovisore [esterno] di un'automobile) (*aut.*), wing mirror. **3.** ~ nella visiera parasole del passeggero (*aut.*), make-up mirror. **4.** ~ retrovisore (*aut.*), rearview mirror, rearvision mirror, driving mirror. **5.** ~ retrovisore esterno al finestrino (fissato allo sportello) (*aut.*), window mirror.

spècchio (*gen.*), looking glass, mirror. **2.** ~ (*amm.*), schedule. **3.** ~ antiparallasse (*di strum. mis. elett.*), anti-parallax mirror. **4.** ~ del cassetto di distribuzione (di macchina a vapore) (*mecc.*), slide face, port face. **5.** ~ delle ore lavorate da ogni singolo operaio (nella quindicina di paga per es.) (*amm.*), timetable. **6.** ~ dicroico (*radar*), dichroic mirror. **7.** ~ di poppa (di natante con poppa a spigolo: porta il nome dell'imbarcazione) (*nav.*), transom, transom frame, stern board. **8.** ~ elicoidale (spirale di specchi) (*app. telev.*), mirror screw. **9.** ~ frontale (*strum. med.*), forehead mirror. **10.** ~ maggiore (di un sestante) (*strum.*), index glass. **11.** ~ magnetico (una regione con campo assiale simmetrico) (*fis.*), magnetic mirror. **12.** ~ minore (di un sestante) (*strum.*), horizontal glass. **13.** ~ oscurabile (specchio retrovisore oscurabile) (*aut.*), dipping mirror. **14.** ~ parabolico (*ott.* - *cinem.*), parabolic mirror, parabolic reflector. **15.** ~ retrovisivo (o retrovisore) (*aut.*), driving mirror, rearvision mirror, rearview mirror. **16.** ~ retrovisore esterno (*aut.*), door mirror. **17.** ~ riflettente (di un microscopio per es.) (*ott.*), reflecting substage mirror. **18.** ~ riflettore (*per proiettore cinem.*), reflecting mirror. **19.** ~ rinoscopio (*strum. med.*), rhinoscopic mirror. **20.** instabilità di ~ (*fis.*), mirror instability.

speciale (*gen.*), special. **2.** per applicazioni speciali (di apparecchio o macchina progettati per una particolare classe di applicazioni) (*a.* - *tecnol.*), special-purpose.

specialista (*op.*), specialist, expert. **2.** ~ della messa a punto (motorista) (*op.*), tuner. **3.** ~ in calcolatori (*calc.*), computerite, computernik.

specialità (*gen.*), speciality.

specializzarsi (*lav.*), to specialize.

specializzato (operaio per es.), skilled. **2.** non ~ (operaio per es.), unskilled.

specializzazione (*ind.*), specialization.

spècie (*gen.*), kind.

specifica (*gen.*), specification.

specificato (*gen.*), specified. **2.** se non altrimenti ~ (*gen.*), unless otherwise specified, UOS.

specifico (*a.* - *gen.*), specific.

specillo (*strum. med.*), probe.

specimen (pagina campione, di un libro) (*tip.* - *comm.*), specimen.

speculare (*a.* - *gen.*), specular. **2.** ~ (*comm.* - *finanz.*), to speculate. **3.** ghisa ~ (*metall.*), spiegeleisen, spiegel iron, spiegel.

speculativo (*a.* - *comm.*), speculative.

speculazione (*comm.* - *finanz.*), speculation, venture.

spèculum (*strum. med.*), speculum. **2.** ~ nasale (*strum. med.*), nasal speculum. **3.** ~ rettale (*strum. med.*), rectal speculum. **4.** ~ vaginale (*strum. med.*), vaginal speculum.

spedare (liberare l'àncora dal fondo) (*nav.*), to break ground.

spedata (che ha lasciato il fondo, detto di àncora) (*a.* - *nav.*), atrip, aweigh.

spedire (*comm.*), to dispatch. **2.** ~ (a mezzo nave), to ship. **3.** ~ (a mezzo posta), to mail. **4.** ~ per via aerea (*comm. aer.*), to airfreight.

spedizione (*comm.*), shipment, dispatch forwarding. **2.** ~ (*milit.*), expedition. **3.** ~ (a mezzo nave) (*comm.*), shipment, shipt. **4.** ~ (operazione di spedizione), shipping. **5.** ~ con facoltà di ritorno (*comm.* - *trasp.*), shipment on memorandum. **6.** ~ marittima (*comm.*), shipment, shipping. **7.** ~ merci per via aerea (*trasp. aer.*), airfreight. **8.** ~ per ferrovia (*comm.*), rail shipment. **9.** ~ per posta (*posta*), mailing. **10.** avviso di ~ (*trasp.* - *comm.*), shipping notice.

spedizionière (*comm.*), forwarder, forwarding agent, freight agent. **2.** ~ marittimo (*comm. nav.*), shipper. **3.** ~ per via aerea (l'organizzatore del servizio) (*comm. aer.*), airfreighter.

spègnere (una lampada elettrica per es.) to put out, to switch off. **2.** ~ (un incendio), to extinguish. **3.** ~ (un altoforno) (*metall.*), to blow out. **4.** ~ (un arco) (*elett.*), to blow out. **5.** ~ (o soffocare) con sabbia (l'incendio di un pozzo di petrolio per es.) (*antincendio*), to sand up. **6.** ~ la calce (*mur.*), to quench the lime, to slake the lime. **7.** ~ la luce (*elett.*), to switch off the light.

spegnersi (di fuoco per es.) (*comb.*), to extinguish.

spegni-arco (contatto spegni-arco: di un interruttore per es.) (*elett.*), arcing contact. **2.** ~ (elemento in materiale isolante incombustibile atto a spegnere l'arco elettrico di un interruttore) (*elett.*), snuffer. **3.** magnete ~ (*elett.*), blowout magnet.

spegnifiamma (di una bocca da fuoco) (*artiglieria*), flash hider. **2.** passata di ~ (nella rettifica, quando la mola gira libera ad avanzamento cessato) (*mecc. macch. ut.*), spark-out.

spegnimento (di incendio per es.), extinction. **2.** ~ (di forno per es.) (*metall.*), blowing-out. **3.** ~ (rapido raffreddamento, tempra) (*tratt. term.*), quenching. **4.** ~ (di reattore nucleare, di elaboratore ecc.) (*fis. atom. - elab. - ecc.*), shutdown. **5.** ~ (di una memoria per es.) (*elab.*), power down. **6.** ~ immediato (di un reattore nucleare) (*fis. atom.*), scram.

spegniscintilla (*app.*), spark quenching unit.

speiss (miscela di arseniuri metallici) (*metall.*), speiss.

spelare (rimuovere l'isolante da conduttori elettrici) (*elett.*), to strip.

spellatura (di una vernice, dovuta a mancanza di adesione) (*difetto vn.*), peeling. **2.** ~ (di getti di ghisa per es.) (*difetto fond.*), peeling.

spellicolamento (*fotomecc.*), stripping.

spèndere (*comm.*), to spend. **2.** ~ in anticipo (*finanz.*), to anticipate.

spento (di calce per es.) (*mur. - ecc.*), slaked, quenched. **2.** ~ (temprato) (*tratt. term.*), quenched. **3.** ~ (di luce) (*elett.*), switched off. **4.** ~ (di fuoco) (*comb.*), extinguished. **5.** ~ (di forno a comb.) (*ind.*), blown out.

sperequazione (nei salari per es.) (*lav. - pers.*), inequitableness, unfairness.

sperimentale (scienza per es.) (*a. - gen.*), experimental. **2.** ~ (di prototipo di aeroplano per es.) (*a. - mecc. - aer. - nav.*), experimental.

sperimentalmente (a titolo sperimentale) (*tecnol.*), experimentally, as an experiment.

sperimentare (*gen.*), to experiment. **2.** ~ (saggiare, provare, analizzare) (*gen.*), to assay.

sperimentatore (*gen.*), experimenter.

spermacèti (*cosmetici*), spermaceti.

speronare (*nav.*), to ram.

sperone (*gen.*), spur. **2.** ~ (di nave antica) (*nav.*), ram. **3.** ~ (di roccia) (*geol.*), offset.

spesa (*amm.*), expense, charge. **2.** ~ (costo) (*comm. - ind. - amm.*), cost. **3.** delibera di ~ (*amm.*), disbursement approval. **4.** impegno di ~ (stanziamento, di una società pubblica per es.) (*amm.*), appropriation, expenditure engagement. **5.** voce di ~ (capitolo di spesa) (*amm.*), expense item. **6.** ~, *vedi anche* spese.

spese (*comm.*), expenditures, expenses, cost charges, outlay. **2.** ~ a carico del creditore (spese inerenti alla stesura di una cambiale per es.) (*comm.*), charges here. **3.** ~ a carico del debitore (di una tratta per es.) (*amm. - comm.*), charges forward. **4.** ~ accessorie (*amm. - comm.*), incidental expenses. **5.** ~ addizionali a carico del compratore (per es. perizie, controlli ecc. relativi all'acquisto di una proprietà) (*comm.*), closing costs. **6.** ~ amministrative (*amm.*), administration expenses, administrative expenses. **7.** ~ anticipate (*comm. - amm.*), charges prepaid. **8.** ~ bancarie (fatte da una banca per le operazioni effettuate per conto del cliente) (*banca - amm.*), bank charge, handling charge, service charge. **9.** ~ commerciali (spese generali di vendita) (*comm. - amm.*), selling oncost, selling expenses. **10.** ~ di avviamento nuove produzioni (*amm.*), preproduction expenses. **11.** ~ di esercizio (costo di esercizio: di una fabbrica per es.) (*amm.*), operating expenses, operating cost, running expenses. **12.** ~ di fabbricazione (*amm.*), manufacturing expenses. **13.** ~ di facchinaggio (*comm.*), porterage. **14.** ~ di gestione, *vedi* spese di esercizio. **15.** ~ di imballaggio (*comm.*), packing expenses. **16.** ~ di impianto (*ferr. - elett. - ind. - ecc.*), installation cost, initial cost, cost of installation. **17.** ~ di installazione (spese di messa in opera, spese di impianto) (*ferr. - elett. - ind. - ecc.*), installation cost. **18.** ~ di mano d'opera (per un determinato prodotto: costo di lavorazione o di trasformazione) (*ind.*), working cost. **19.** ~ di manutenzione (di macchina impianti ed.) (*amm. ind.*), maintenance charges. **20.** ~ di messa in opera (spese di installazione, spese di impianto) (*ferr. - elett. - ind. - ecc.*), installation cost. **21.** ~ di porto (*comm.*), cost of freight, transport charges, carriage. **22.** ~ di rinnovamento (per macchina, impianti, edilizia) (*finanz. ind.*), renewal cost. **23.** ~ di sbarco e sdoganamento (costo dello scarico della merce e tassa doganale) (*comm. - trasp.*), landing charges. **24.** ~ di spedizione (*comm.*), handling charge. **25.** ~ di stivaggio (*comm.*), stowage. **26.** ~ di trasporto (*comm.*), transport charges, cost of freight, carriage. **27.** ~ di trasporto a mezzo tubi (*comm.*), pipage. **28.** ~ di vendita (p. es. costi del personale, pubblicità ecc.) (*comm.*), selling cost, sales cost. **29.** ~ di viaggio (di un impiegato per es.) (*amm. - comm.*), traveling expenses. **30.** ~ fisse (*amm.*), fixed charges, fixed expenses. **31.** ~ generali (*comm. - amm. - ind.*), overhead, overhead expenses, oncost burden. **32.** ~ generali di officina (*amm.*), shop overhead expenses. **33.** ~ generali di produzione (*amm.*), production overhead. **34.** ~ generali di stabilimento (*amm.*), works overhed expenses. **35**

~ generali di vendita (*amm. - comm.*), selling on-cost. **36.** ~ legali (*amm.*), legal expenses. **37.** ~ per abitazioni dei dipendenti (*amm.*), employees dwelling expenses. **38.** ~ per cancelleria (*amm.*), stationery expenses. **39.** ~ per scioperi (*amm.*), strike expenses. **40.** ~ per sussidi ai dipendenti (*amm.*), employees benefit expenses. **41.** ~ per trasporto su chiatte (*nav. - comm.*), lighterage. **42.** ~ per uso di gru (*comm.*), cranage. **43.** ~ portuali (*comm. nav.*), port charges. **44.** ~ postali (*amm. - comm.*), postage. **45.** ~ postali pagate in anticipo (*comm.*), postpaid. **46.** ~ pubblicitarie (*pubbl.*), advertising cost. **47.** ~ straordinarie (*amm.*), extraordinary expenditeurs. **48.** nota ~ (*pers. - amm.*), expense account. **49.** ripartire le ~ (*amm.*), to assess the expenses. **50.** ripartizione delle ~ generali (metodo per far assorbire le ~ generali: per es. caricandole sui prodotti) (*amm.*), overhead absorption.

spessimento (perdita di fluidità nel recipiente) (*vn.*), curdling.

spessìmetro (*ut. mecc.*), feeler gauged, thickness gauge. **2.** ~ a raggi beta (*strum. mis.*), beta-ray thickness gauge.

spesso (grosso, denso) (*gen.*), thick.

"spessoramento" (montaggio di spessori) (*mecc.*), shimming.

"spessorare" (montare spessori) (*mecc.*), to shim.

spessore (*gen.*), thickness. **2.** ~ (sottile, di rasamento) (*mecc.*), shim. **3.** ~ (o segmento: di freni) (*aut.*), lining. **4.** ~ (di una cinghia per es.) (*mis.*), thickness. **5.** ~ (guarnizione di frizione per aut.) (*mecc.*), facing (am.). **6.** ~ (zeppa, piccolo pezzo di metallo, legno o pietra: per livellamento) (*ed.*), shim. **7.** ~ (attrezzo per produrre una risega in un pezzo nel corso della fucinatura) (*fucinatura*), plate. **8.** ~ (blocco usato per tenere gli attrezzi ad una distanza minima) (*fucinatura*), peg, stopper. **9.** ~ (distanza tra vertice e superficie di un cordone ad angolo) (*saldatura*), throat. **10.** ~ circonferenziale (di dente di ingranaggio) (*mecc.*), circular thickness. **11.** ~ cordale (di un dente di ingranaggio) (*mecc.*), chordal thickness. **12.** ~ del dente di (ingranaggio) (*mecc.*), tooth thickness. **13.** ~ dell'ala (*aer.*), wing thickness. **14.** ~ dello strato di combustibile (sulla griglia di una caldaia per es.) (*comb.*), thickness of fuel layer. **15.** ~ del microcuscino d'aria (intervallo tra testina e disco) (*elab.*), head gap. **16.** ~ di una volta (*ed.*), thickness of a vault. **17.** ~ (della parete) di un tubo (*mecc.*), (wall) thickness of a pipe. **18.** ~ film secco (*vn.*), build. **19.** ~ ottico (di uno strato di plasma illuminato) (*fis.*), optical tickness. **20.** ~ per freni (di automobile per es.) (*mecc.*), brake lining. **21.** ~ primitivo (del dente di uno scanalato: spessore del dente in corrispondenza della circonferenza primitiva) (*mecc.*), actual (tooth) thickness. **22.** ~ relativo (rapporto tra la dimensione massima di un profilo aerodinamico, misurata perpendicolarmente alla corda, e la lunghezza della corda) (*aer.*), thickness ratio. **23.** applicazione di spessori (provvisori di cera od altro materiale) (*fond. - ecc.*), thicknesing. **24.** di ~ fuori tolleranza (di nastro o lamiera metallica) (*ind. metall.*), off-gauge.

spettàcolo (cinematografico, teatrale ecc.) (*gen.*), show. **2.** ~ cinematografico (*cinem.*), movie (am.), motion picture (ingl.), cinema (ingl.).

spettatore (*gen.*), spectator.

spettrale (*a. - fis.*), spectral. **2.** analisi ~ (*fis.*), spectral analysis. **3.** analisi ~ (analisi di suoni o di funzioni effettuata in bande unitarie di 1 Hz) (*acus.*), spectrum analysis. **4.** diagramma ~ (*acus. - elab. segn.*), spectrum diagram. **5.** livello ~ (livello di suoni riferito a bande di 1 Hz) (*acus.*), spectrum level.

spèttro (*fis.*), spectrum. **2.** ~ a bande (*fis.*), band spectrum, "channeled spectrum", "fluted spectrum". **3.** ~ a righe (*fis.*), line spectrum. **4.** ~ continuo (*fis.*), continuous spectrum. **5.** ~ della densità di potenza (andamento della potenza per unità di frequenza, W/Hz) (*acus.*), power density spectrum. **6.** ~ della radiofrequenza (*radio*), radiofrequency spectrum. **7.** ~ di assorbimento (*fis.*), absorption spectrum. **8.** ~ di diffrazione (*fis.*), diffraction spectrum. **9.** ~ di emissione (*fis.*), emission spectrum. **10.** ~ di frequenza (*fis.*), frequency spectrum. **11.** ~ di massa (*fis. atom.*), mass spectrum. **12.** ~ di potenza (distribuzione della potenza in funzione della frequenza) (*acus.*), power spectrum. **13.** ~ di scintilla (*fis.*), spark spectrum. **14.** ~ discontinuo (*fis.*), discontinuous spectrum. **15.** ~ infrarosso (*fis.*), infrared spectrum. **16.** ~ normale (*fis.*), normal spectrum. **17.** ~ prismatico (*fis.*), prismatic spectrum. **18.** ~ puro (*fis.*), pure spectrum. **19.** ~ Raman (*fis.*), Raman spectrum. **20.** ~ solare (*fis.*), solar spectrum. **21.** ~ ultravioletto (*fis.*), ultraviolet spectrum. **22.** ~ visibile (*fis.*), visible spectrum, ocular spectrum. **23.** fuori dello ~ (*a. - fis.*), nonspectral. **24.** linee di ~ caratteristiche dell'elemento (*fis. atom. - chim.*), atomic spectrum.

spettrobolometro (spettroradiometro) (*strum. astr.*), spectrobolometer.

spettroeliògrafo (*strum. astrofisico*), spectroheliograph.

spettrofotometrìa (*ott.*), spectrophotometry. **2.** ~ ad assorbimento atomico (per misurare l'usura per es.) (*ott.*), atomic absorption spectrophotometry.

spettrofotòmetro (*strum. ott.*), spectrophotometer. **2.** ~ a fiamma (*strum. per analisi chim.*), flame photometer.

spettrografia (*fis.*), spectrography. **2.** ~ di massa (*fis. atom.*), mass spectrography.

spettrògrafo (*strum.*), spectrograph. **2.** ~ a cristallo (*app. ottico*), crystal spectrograph. **3.** ~ a raggi X (*strum. fis.*), X-ray spectrograph. **4.** ~ a reticolo (*app. ottico*), lattice spectrograph. **5.** ~ di massa (*fis. atom.*), mass spectrograph. **6.** ~ nel (od a) vuoto (*app. ottico*), vacuum spectrograph.

spettrogramma (*fis.*), spectrogram.

spettrometrìa (*fis.*), spectrometry.
spettrometrico (*ott.*), spectrometric.
spettròmetro (*strum. fis.*), spectrometer. **2.** ~ ad emissione (*strum.*), emission spectrometer. **3.** ~ a raggi X (*app. radiologico*), X-ray spectrometer. **4.** ~ di massa (*fis. atom.*), mass spectrometer.
spettromicròscopio (*strum.*), spectromicroscope.
spettropolarimetro (*strum. fis. - chim.*), spectropolarimeter.
spettroradiometro (misura la distribuzione dell'energia in uno spettro) (*strum. fis.*), spectroradiometer.
spettroscopìa (*fis.*), spectroscopy. **2.** ~ di massa (*fis. atom.*), mass spectroscopy.
spettroscòpico (*a. - fis.*), spectroscopic. **2.** microscopio ~ (*strum.*), spectromicroscope.
spettroscòpio (*strum.*), spectroscope. **2.** ~ a reticolo (*ott.*), diffraction spectroscope. **3.** ~ a visione diretta (*strum. ott.*), direct-vision spectroscope.
spezzarsi (rompersi) (*gen.*), to break. **2.** ~ in due (di un albero o di un getto per es.) (*mecc.*), to break in two.
spezzata (*geom.*), broken line.
spezzatura (di azioni per es.) (*finanz. - ecc.*), odd lot.
spezzettare (rompere in piccoli pezzi) (*gen.*), to take to small pieces, to mince.
spezzettatrice (trinciatrice) (*macch. ind. e agric.*), shredder. **2.** (macchina) ~ (*mft. rayon*), pfleidering machine, pfleiderer.
spezzettatura (riduzione in frammenti) (*gen.*), shredding.
spezzone (di lamiera o di profilato) (*metall.*), cut down size, crop end. **2.** ~ (pezzo da forgiare) (*fucinatura*), forging stock, slug, forging blank. **3.** ~ (billetta) (*metall.*), billet. **4.** ~ di cima (sottile: per uso di bordo) (*nav.*), lanyard, laniard. **5.** ~ incendiario (*milit.*), incendiary bomb.
spia luminosa (lampada spia su di un quadro elettrico ecc. per indicare che un interruttore è sotto tensione, per es., o un motore è in funzione) (*elett. - ind.*), pilot light, pilot lamp. **2.** ~ (semprevivo, di un impianto a gas) (*comb.*), pilot flame, pilot burner. **3.** ~ (usura) freni (*strum. aut.*), brake pilot light. **4.** ~ dell'indicatore di direzione (*strum. aut.*), direction indicator telltale. **5.** ~ di occupato (lampada di occupato (*telef. - ecc.*), busy lamp. **6.** ~ freni (spia dell'usura delle guarnizioni per es.) (*strum. aut.*), brake pilot light. **7.** ~ olio (in una macchina), oil window. **8.** foro di ~ (*gen.*), inspection hole, peephole, telltale. **9.** lampada ~ (*elett.*), pilot lamp.
spiaggia (*mar.*), beach.
spianamento (di un terreno per es.) (*gen.*), leveling. **2.** ~, *vedi anche* spianatura.
spianare (*gen.*), to level off. **2.** ~ (una superficie) (*mecc. - carp.*), to surface. **3.** ~ (rendere liscio), to smooth, to plane. **4.** ~ (rullare) (*strad.*), to roll. **5.** ~ (una lamiera per es.) (*mecc.*), to straighten out, to flatten. **6.** ~ (un getto, una pietra ecc.) (*mecc. - ed.*), to face. **7.** ~ a livello (portare allo stesso livello) (*mecc. ecc.*), to flush. **8.** ~ con rulli (*mecc.*), to roll. **9.** ~ il bordo (*falegn. - ecc.*), to edge. **10.** ~ mediante pressione (*mecc.*), to flatten by pressure.
spianato (*a. - gen.*), flattened.
spianatore (di lamiere, carta, vetro ecc.) (*op.*), flattener.
spianatrice (raddrizzatrice per lamiere ecc.) (*macch. ut.*), flattener, levelling-roll, flattening machine. **2.** ~ raddrizzatrice (*macch. ut.*), flattener.
spianatura (di una lamiera per es.) (*mecc.*), straightening out, flattening. **2.** ~ (di intonaco) (*mur.*), floating. **3.** ~ (di un getto, di una pietra ecc.) (*ed. - mecc.*), facing. **4.** ~ alla macchina a rulli ("calandratura", di lamiere) (*metall.*), roller leveling. **5.** ~ della parte rovescia (nella lavorazione al tornio) (*mecc.*), backfacing. **6.** ~ idraulica (di lamiera) (*metall.*), hydraulic flattening. **7.** ~ mediante stiratura (di lamiera) (*metall.*), stretch flattening. **8.** macchina per ~ di lamiere (spianatrice) (*macch.*), flattening machine. **9.** ~, *vedi anche* spianamento.
"spianetta" (*ut. fucinatura*), flattening tool.
spiazzamento (quantità da aggiungere o sottrarre ad un dato di riferimento per ottenere quello effettivo; p. es. all'indirizzo rilevato dal registro per ottenere quello vero) (*elab.*), offset.
spiazzo (piazzuola di sosta sul bordo dell'autostrada per evitare ostruzioni al traffico) (*strad.*), layby.
spiccare (cogliere, frutta per es.) (*gen.*), to pick, to gather. **2.** ~ il volo (decollare) (*aer.*), to take off. **3.** ~ una tratta (*comm.*), to draw a bill of exchange.
spicchio (di un paracadute per es.) (*gen.*), gore (ingl.), panel.
spìccioli (moneta) (*comm.*), change, small money.
spider (*aut.*), roadster.
spiegamento (della calotta del paracadute per es.) (*gen.*), deployment. **2.** spina di ~ (di un paracadute) (*aer.*), rip in.
spiegare (chiarire, delucidare) (*gen.*), to explain, to clear up. **2.** ~ (una stoffa, una carta geografica ecc.) (*gen.*), to unfold. **3.** ~ le vele (*nav.*), to unfurl the sails, to loose sails, to set sail, to make sail.
spiegazione (*gen.*), explanation.
"spiegel" ("spiegeleisen", ghisa speculare) (*fond.*), spiegeleisen, spiegel iron.
spietratore (spietratrice, attrezzo applicato ad un trattore agricolo) (*att. agric.*), stone rake.
spietratrice (*att. agric.*), *vedi* spietratore.
spighetta (laccio, stringa) (*ind. tess.*), lace.
spìgolo (*arch.*), corner. **2.** ~ (di modanatura per es.) (*arch.*), arris. **3.** ~ (linea di intersezione tra carena e fianchi di una barca a fondo piatto od a V) (*nav.*), chine. **4.** ~ vivo (*gen. - mecc.*), sharp edge.
spillare (*gen.*), to tap. **2.** ~ (prelevare del vapore da una turbina per scopi di riscaldamento per es.) (*term.*), to bleed.
spillata (lotto di metallo fuso spillato dal forno) (*fond. - metall.*), tap.
spillatura (di metallo fuso da un forno per es.) (*fond.*

- *ecc.*), tapping. **2.** foro di ~ (foro di colata) (*fond.*), taphole.

spillo, pin. **2.** ~ (di valvola per camera d'aria di automobile per es.) (*mecc.*), plunger, valve core. **3.** ~ (ago per respiri) (*fond.*), vent rod, vent wire, pricker. **4.** ~ di regolazione (~ metallico usato per regolare il flusso dall'ugello di un carburatore) (*mecc.*), metering rod. **5.** ~ di sicura (dispositivo di bloccaggio di una spoletta per evitarne l'accidentale funzionamento) (*milit.*), safety pin. **6.** ~ di sicurezza (spillo da balia) (*att. domestico*), safety pin. **7.** foro di ~ (*fond.*), pinhole. **8.** punta di ~, pinpoint. **9.** punte di ~ (difetto carta) (*mft. carta*), pinholes. **10.** testa di ~, pinhead. **11.** valvola a ~ (di carburatore per es.) (*mecc.*), needle valve.

spillone (*fond.*), pricker, vent rod (or wire).

spin (rotazione) (*fis. atom.*), spin. **2.** ~ isotopico ("isospin") (*fis. atom.*), isospin, isotopic spin.

spina (*mecc.*), pin, peg. **2.** ~ (per fissaggio elementi meccanici) (*mecc.*), pin. **3.** ~ (per chiave a tubo per es.) (*mecc.*), tommy bar. **4.** ~ (per presa di corrente) (*elett.*), plug, electrical plug. **5.** ~ (broccia) (*ut.*), broach. **6.** ~ (golfare) (*nav.*), eyebolt. **7.** ~ (spinotto, per allargare fori di un fucinato caldo) (*ut. fucinatura*), becking bar. **8.** ~ (per la costruzione di tubi mediante trafilatura) (*ut. - tubaz. - metall.*), plug. **9.** ~ ad occhio (*mecc.*), eye pin. **10.** ~ bipolare (*elett.*), two-pole plug, bipin plug. **11.** ~ cilindrica (*mecc.*), parallel pin. **12.** ~ conica (*mecc.*), taper pin. **13.** ~ conica per allineare i fori (di due lamiere sovrapposte da chiodare assieme per es.) (*ut.*), drift punch. **14.** ~ con interruttore (incorporato: per ferro, elett. per es.) (*elett.*), switch plug. **15.** ~ (inseribile esclusivamente) con polarità predeterminata (per impianti a corrente continua per es.) (*att. elett.*), polarity cap. **16.** ~ di bloccaggio (per tenere insieme due pezzi quando inserita in un foro interessante entrambi) (*carp. - mecc.*), lockpin, fastpin. **17.** ~ di centraggio (*mecc.*), dowel pin. **18.** ~ di contatto (*elett.*), connecting plug. **19.** ~ (o spinotto) di programma (*elab. - macch. ut. a c.n.*), coded plug, program plug. **20.** ~ di prova (*elett.*), test plug. **21.** spine di registro (spine metalliche usate per regolare i fogli con bordi non uniformi durante la stampa) (*tip.*), machine points. **22.** ~ di riferimento (*lav. lamiere*), gauge pin. **23.** ~ di riferimento (grano di riferimento) (*mecc.*), dowel, locating peg. **24.** ~ di sezione non circolare (chiavetta trasversale per es.) (*mecc.*), cotter. **25.** ~ di sicurezza (a rottura con carico prestabilito per evitare danneggiamenti dovuti a sollecitazioni eccessive: tra volano ed albero di una pressa meccanica per es.) (*mecc.*), shear pin, break pin. **26.** ~ mobile (*elett.*), wander plug. **27.** ~ per mortisa (per serrare un giunto a tenone e mortisa) (*carp.*), draw pin. **28.** ~ (soggetta a sforzo) di torsione (*mecc.*), torque pin. **29.** ~ telegrafica "octal" (spina telegrafica ad otto poli) (*telegr.*), eight pin plug for telegraphic operation, octal plug. **30.** ~ tripolare (*elett.*), three-pin plug. **31.** a ~ di pesce (*gen.*), herringbone. **32.** togliere la ~ (della presa) (*elett.*), to unplug.

spinare (collegare con spina) (*mecc.*), to lock by a pin.

spinatrice (brocciatrice) (*macch. ut.*), broaching machine. **2.** ~ orizzontale (*macch. ut.*), horizontal broaching machine. **3.** ~ per esterni (o per superfici esterne) (*macch. ut.*), surface broaching machine. **4.** ~ verticale (*macch. ut.*), vertical broaching machine. **5.** ~, *vedi anche* brocciatrice.

spinatura (brocciatura) (*operaz. mecc.*), broaching. **2.** ~ allo stato dolce (prima della cementazione) (*operaz. mecc.*), soft broaching. **3.** ~ allo stato duro (*operaz. mecc.*), hard broaching. **4.** ~ esterna (*operaz. mecc.*), surface broaching. **5.** ~, *vedi anche* brocciatura.

spinèllo (*min.*), spinel. **2.** ~ di cromo (*min. refrattario*), chrome spinel.

spìngere (*gen.*), to thrust. **2.** ~ (pigiare), to push, to shove. **3.** ~ (aumentare: la potenza di un motore per es.), to boost, to raise. **4.** ~ al massimo (un motore) (*mot.*), to peak. **5.** ~ avanti e indietro (*gen.*), to rock.

spingitoio (di un forno per es.) (*mecc.*), pusher.

spinnaker ("pallone": vela triangolare ausiliaria) (*nav.*), spinnaker. **2.** grande ~ da regata (*nav.*), parachute spinnaker.

spinòtto (perno per stantuffo) (*mecc.*), piston pin, gudgeon, gudgeon pin. **2.** ~ (di una staffa) (*fond.*), pin. **3.** ~ (spina per allargare il foro di un fucinato caldo) (*ut. fucinatura*), becking bar. **4.** ~ banana (maschio da inserire in una boccola per banana) (*elett. - eltn.*), banana plug. **5.** ~ di connessione (p. es. per pannello di commutazione telefonica) (*telef. - elab.*), jackplug. **6.** ~ flottante (*mecc.*), floating gudgeon, floating gudgeon pin, floating piston pin. **7.** ~ "jack", (maschio da inserire in una presa terminale femmina "jack") (*telef. - elett. - ecc.*), jack plug. **8.** a due spinotti (o elettrodi: di valvola elettronica per es.) (*elett.*), bipin.

spinta (*s. - mecc.*), thrust. **2.** ~ (dell'elica) (*aer. - nav.*), thrust. **3.** ~ (di un motore a reazione) (*mot. aer.*), thrust. **4.** ~ (di un arco) (*ed.*), thrust, shoot. **5.** ~ (data ad un veicolo per es.), push, shove. **6.** ~ (della terra) (*costr. civili*), thrust, pressure. **7.** ~ (di un rimorchio sulla motrice durante la frenata per es.) (*aut.*), overriding force, overrunning force. **8.** ~ (manovra a spinta tra carri in uno scalo di smistamento per es.) (*ferr.*), kick. **9.** ~ aerostatica (*aer.*), aerostatic lift. **10.** ~ al decollo (di un motore a reazione) (*mot. aer.*), take-off thrust. **11.** ~ a punto fisso (di un'elica o di un motore a reazione) (*mot. aer.*), static thrust. **12.** ~ a reazione (ottenuta con motori a getto) (*mot.*), jet power. **13.** ~ assiale (di ingranaggi conici per es.) (*mecc.*), axial thrust. **14.** ~ brusca (*gen.*), jab. **15.** ~ della terra (su un muro per es.) (*ed.*), earth pressure, earth thrust. **16.** ~ dell'elica (*aer. - nav.*), screw propeller thrust. **17.** ~ delle terre (*costr. civ.*), thrust of the earth. **18.** ~ del vento (*ed.*), wind pressure. **19.** ~ di galleggiamento (*nav.*), buoyancy. **20.** ~ efficace (~ ottenuta deducendo dalla ~ teorica la perdita per attrito nell'ugello e quella per carburante incombusto) (*endoreattore*), effective thrust. **21.** ~ idrostatica (di una nave per es.) (*nav. - idr.*), positive buoyancy. **22.** ~ istantanea, *vedi* impulso. **23.** ~ netta (~ effettiva diminuita della resistenza aerodinamica dell'aria introdotta) (*endoreattore*), net thrust. **24.** ~ orizzontale (*sc. costr.*), horizontal thrust. **25.** ~ orizzontale (di un arco) (*arch. - ed.*), drift. **26.** ~ specifica (unità di spinta per unità di combustibile bruciato per secondo) (*mot. a getto*), specific impulse. **27.** ~ statica (spinta a punto fisso, di un'elica o motore a reazione) (*aer.*), static thrust. **28.** ~ statica (forza ascensionale) (*aer.*), buoyancy. **29.** anello di ~ (*mecc.*), thrust ring. **30.** apparecchio per la produzione di spinte assiali (*app. prove*), thrustor. **31.** broccia di ~ (*ut. mecc.*), push broach. **32.** calcolo della ~ delle terre (*sc. costr.*), calculation of earth thrust. **33.** cuscinetto di ~ (*mecc.*), thrust bearing. **34.** fattore di deduzione di ~ (usato per il calcolo della velocità delle navi: tiene conto dell'aumento di resistenza dovuto all'elica installata e moventesi con la nave) (*nav.*), thrust-deduction coefficient. **35.** variazione di ~ (in un motore endoreattore) (*mot. aer.*), throttling.

spinterògeno (sistema di accensione: di mot. di aut. per es.) (*disp. elett. aut.*), battery ignition. **2.** ~ (disp. elettromecc. per l'accensione di un mot. a combustione interna) (*aut.*), distributor [and timer]. **3.** ruttore dello ~ (dispositivo che interrompe e chiude la corrente primaria: "puntine platinate") (*elettromecc. - aut.*), timer, breaker points.

spinteròmetro (*app. elett.*), spark gap. **2.** ~ ad elettrodi divergenti (*elett.*), horn gap. **3.** ~ a gas (*elett.*), gas gap. **4.** ~ a scintilla strappata (o frazionata) (*radio*), quenched spark gap, quenched gap. **5.** ~ a sfere (*elett.*), sphere spark gap. sphere gap. **6.** ~ con elettrodo rotante (*elett.*), rotary gap, rotary spark gap. **7.** ~ multiplo (*elett. - radio*), multiple spark gap.

spinto (forzato, accelerato: l'andamento del forno per es.) (*metall. - ecc.*), forced. **2.** ~ (da una forza esterna) (*mecc.*), pushed.

spionaggio (*milit. - ecc.*), espionage, spying. **2.** ~ industriale (*ind. - leg.*), industrial espionage. **3.** ~ elettronico (~ effettuato mediante mezzi elettronici) (*milit.*), electronic espionage, ELectric INTelligence, ELINT.

spintonare (urtare l'automobile di un altro concorrente durante la gara) (*sport aut.*), to nerf.

spiovènte (balza in una tenda) (*nav. - ecc.*), valance. **2.** a ~ (*arch.*), weathered.

spira (di una bobina elettrica) (*elett.*), turn. **2.** ~ (voluta: di fumo per es.) (*gen.*), curl. **3.** ~ (*arch.*), scroll. **4.** ~ (di un rotolo di filo metallico) (*metall.*), wap. (ingl.). **5.** ~ diamagnetica (spira intorno a una colonna di plasma) (*fis.*), diamagnetic. loop. **6.** ~ di avviamento, *vedi* ~ di corto circuito. **7.** ~ di corto circuito (spira di c. c. per motori monofasi ed autoavvianti) (*elettromecc.*), shading coil. **8.** ~ di sondaggio (bobina esploratrice) (*fis. dei plasmi*), pickup loop, pickup coil. **9.** ~ di una molla (*mecc.*), turn of a spring. **10.** spire inattive (spire morte) (*elett. - radio*), dead turns. **11.** ~ ornamentale (voluta) (*arch.*), scroll. **12.** spire utili (della molla di una valvola per es.) (*mecc.*), active turns.

spiraglio (osteriggio) (*nav.*), skylight.

spirale (*geom.*), spiral. **2.** ~ (traiettoria di un aeroplano) (*aer.*), spiral. **3.** ~ del bilanciere (di un orologio), hairspring. **4.** ~ di Archimede (*mat.*), Archimedean spiral. **5.** ~ di avvio (solco a ~ all'inizio di un disco; serve per guidare la puntina all'inizio della parte incisa) (*registrazione fonografica*), lead-in groove. **6.** ~ logaritmica (*mat.*), logarithmic spiral, equiangular spiral. **7.** ~ molto inclinata (*gen.*), fast spiral. **8.** ~ prezzi-salari (*econ.*), wage-price spiral. **9.** ~ stretta (*aer.*), tight spiral. **10.** molla a ~ cilindrica (a elica cilindrica) (*mecc.*), spiral spring. **11.** molla a ~ conica (*mecc.*), volute spring.

spiraliforme (*gen.*), spiral.

spiralina (per collegamenti elettrici per es.) (*elett.*), pigtail.

spirato (*comm. - uff.*), *vedi* scaduto.

spìrito (*chim.*), spirit. **2.** ~ di legno (*chim.*), wood spirit. **3.** ~ di squadra (di operai per es.) (*ind. - ecc.*), team spirit.

"spizzicatura" (pizzicatura) (*gen.*), nip, nipping. **2.** ~ del ballerino (difetto della carta) (*mft. carta*), dandy mark.

splateamento (*ed.*), leveling.

splèndere (luccicare, brillare) (*gen.*), to shine.

splendore (*ott.*), brightness. **2.** ~ (*illum.*), brightness. **3.** ~ (di un minerale) (*min.*), luster, lustre. **4.** ~ dell'immagine (*ott.*), brightness of the image.

spodio (nero animale, carbone animale, nero d'ossa: agente decolorante) (*ind. chim.*), bone black, animal black, animal charcoal, bone char.

spòglia (angolo di spoglia: di un utensile da taglio) (*tecnol. mecc.*), rake. **2.** ~ (sformo, di uno stampo o modello) (*fucinatura - fond.*), draft. **3.** ~ (regolazione della mola per l'affilatura di un creatore per es.) (*mecc. - macch. ut.*), rake, rake offset. **4.** angolo di ~ anteriore (di utensile da taglio) (*tecnol. mecc.*), front rake. **5.** angolo di ~ del tagliente (angolo di spoglia secondario, di una punta da trapano elicoidale) (*tecnol. mecc.*), lip relief angle, lip clearance angle. **6.** angolo di ~ (inferiore) del fianco principale (di utensile da tornio per es.) (*tecnol. mecc.*), side rake. **7.** angolo di ~ inferiore secondario (*tecnol. mecc.*), clearance angle, bottom rake, relief angle. **8.** angolo di ~ negativa (di utensile da taglio) (*tecnol. mecc.*), negative rake. **9.** angolo di ~ positiva (di utensile da taglio) (*tecnol. mecc.*), positive rake. **10.** angolo di ~ secondario (angolo di spoglia del tagliente, di una punta da trapano) (*tecnol. mecc.*), lip relief angle, lip clearance angle. **11.** angolo di ~ superiore (di utensile da taglio) (*tecnol. mecc.*), top rake. **12.** angolo di ~ superiore (del dente di una broccia) (*tecnol. mecc.*), face angle, hook angle. **13.** canale di ~ (scanalatura, intaglio, di una punta elicoidale per es.) (*ut.*), flute.

spogliare (*mecc.*), to relieve, to back off. **2.** ~ (distaffare meccanicamente un getto) (*fond.*), to shake out.

spogliatoio (*gen.*), dressing room. **2.** ~ (per operai di una fabbrica per es.) (*ed.*), changeroom.

spogliatore (scaricatore, cilindro spogliatore, cilindro scaricatore, di una carda) (*macch. tess.*), doffer, doffing cylinder. **2.** ~ (apparecchio che rimuove il contenitore esterno; p. es. dalle barre del combustibile) (*fis. atom.*), decanner. **3.** ~ del combustibile (*fis. atom.*), fuel decanner.

spogliatura (lavorazione a spoglia) (*mecc.*), relieving. **2.** ~ (rimozione del contenitore del combustibile) (*fis. atom.*), decanning.

spòla (navetta) (*ind. tess.*), shuttle. **2.** ~ (bobina di filato avvolta sulla spola) (*ind. tess.*), cop. **3.** ~ (supporto della bobina di filato) (*ind. tess.*), spool. **4.** ~ (o bobina) a doppia flangia (*ind. tess.*), double-flanged spool. **5.** ~ (o bobina) ad una flangia (*ind. tess.*), single-flanged spool **6.** ~ (o bobina) senza flangia (*ind. tess.*), flangeless spool. **7.** macchina a fare ~ (*macch. tess.*), winding machine. **8.** ricambio automatico delle spole (*mft. tess.*), automatic cop changing. **9.** tastatore per cambio automatico di spole (di un telaio) (*mecc. tess.*), weft-feeler.

spoletta (di ordigno esplosivo) (*espl.*), detonating fuse, fuse. **2.** ~ acustica (spoletta ad influenza acustica, spoletta azionata da onde sonore) (*espl. - milit.*), acoustic fuse. **3.** ~ ad azione ritardata (*espl.*), delayed-action fuse. **4.** ~ ad effetto doppler (*espl. - milit.*), doppler fuse. **5.** ~ a tempo (*espl.*), time fuse. **6.** ~ a tempo e percussione (*espl.*), combination fuse. **7.** ~ a tempo meccanica (*espl.*), mechanical time fuse. **8.** ~ a tempo pirica (*espl.*), powder time fuse. **9.** ~ barometrica (*espl.*), barometric fuse. **10.** ~ detonatrice di fondello (*espl. - milit.*), base detonating fuse, BDF. **11.** ~ di fondello (*espl.*), base fuse. **12.** ~ di ogiva (*espl.*), nose fuse. **13.** ~ di simpatia (*espl.*), concussion fuse. **14.** ~ elettronica (*milit. - espl.*), electronic fuse. **15.** ~ magnetica (spoletta ad influenza magnetica) (*espl. - milit.*), magnetic fuse. **16.** applicazione delle spolette (*espl. - milit.*), fuzing. **17.** finta ~ (*espl.*), dummy nose plug. **18.** radio ~ (dispositivo elettronico comandato da radioonde che fa scoppiare un proiettile in prossimità del bersaglio) (*espl.*), proximity fuse, radio proximity fuse, variable time fuse, VT fuse.

spolettièra, spolatrice (macchina per confezionare spole o bobine) (*macch. tess.*), winding machine, winding frame.

spoltiglio (per smerigliatura) (*mecc.*), emery paste.

spolverare (togliere la polvere) (*gen.*), to dust, to free from dust. **2.** ~ (cospargere di polvere) (*fond. - ecc.*), to dredge.

spolveratore (per stracci, spolveratrice per stracci, "lupo") (*macch. mft. carta*), duster.

sponda (di corso d'acqua per es.), bank side. **2.** ~ (in muratura) (*ed.*), side wall. **3.** ~ (di un fiume), riverside. **4.** ~ laterale (di piano di caricamento o cassone, di autocarro), side board, side panel. **5.** ~ posteriore (di piano di caricamento o cassone, di autocarro), tailboard, tailgate (am.). **6.** ~ rialzata (di un tavolo per evitare che i piatti scivolino fuori quando la nave sta rollando per es.) (*nav.*), fiddle.

sponderuòla (*ut. da falegname*), rabbet plane (am.). rebate plane (ingl.). **2.** ~ a T (*ut. da falegname*), T rabbet plane.

sponsor (finanziatore; persona o ditta che sostiene, anche economicamente, uno sport o una iniziativa culturale) (*s. - comm. - telev. - sport - ecc.*), sponsor.

sponsorizzare (*comm. - ecc.*), to sponsor.

sponsorizzato (*a. - comm. - telev. - sport - ecc.*), sponsored.

spontaneo (*gen.*), spontaneous.

sporcarsi (di interno di canna di arma da fuoco o di candele di motore per es.) (*gen.*), to foul.

sporcizia (*gen.*), dirt. **2.** ~ (costituita da polvere, sabbia e simili), grit.

spòrco (*a. - gen.*), dirty.

sporgènte (*mecc.*), projecting. **2.** ~ (*arch.*), projecting, overhanging. **3.** ~ (a parete, di strumento non incassato) (*strum.*), surface-mounted.

sporgènza (*gen.*), projection, jut, projecting part. **2.** ~ (di un mensolone per es.) (*arch.*), jutting-out (ingl.). **3.** ~ (di un carattere oltre il corpo, quale nella lettera corsiva *f* o *j*) (*tip. - fond.*), kern. **4.** ~ (di una canna al disopra del blocco cilindri per es.) (*mecc.*), protrusion. **5.** ~ arrotondata (di un gradino per es.) (*ed.*), nosing. **6.** ~ esterna (*gen.*), outrigger. **7.** ~ ornamentale (fatta a guisa di tetto) (*arch.*), canopy.

spòrgere (*gen.*), to project. **2.** ~ (*mecc. - ecc.*), to protrude.

sport, sport. **2.** ~ nautico (*nav. - sport*), yachting. **3.** categoria ~ (in una corsa automobilistica) (*aut.*), sport class.

sportèllo (di caldaia ecc.) (*mecc.*), door. **2.** ~ (per la distribuzione di biglietti ferroviari per es.) (*ed.*), wicket. **3.** ~ di alimentazione (di un'arma da fuoco per es.) (*milit. - ecc.*), feed opening. **4.** ~ di fondo (di un cubilotto per es.) (*fond.*), bottom door. **5.** ~ di ispezione (*gen.*), inspection door. **6.** ~ per la pulizia (di un condotto di ventilazione per es.) (*ed. - ind.*), cleanout. **7.** ~ posteriore (di una macch. fot. per es.) (*mecc.*), back cover. **8.** chiudere gli sportelli (di una banca) (*finanz.*), to close doors.

sporto (elemento sporgente di una facciata) (*arch.*), jutty, jetty.

sposta-cinghia, spostacinghia (nelle trasmissioni a cinghia) (*mecc.*), belt shifter.

spostamento (movimento) (*gen.*), movement. **2.** ~ (traslazione: di una parte di macch. ut. per es.) (*mecc. - macch ut.*), traverse. **3.** ~ (cambiamento di posizione: di una leva per es.) (*mecc.*), shifting. **4.** ~ (di effettuazione della divisione in una rettificatrice per es.) (*macch. ut.*), indexing. **5.** ~ (proprietà della serie elettrochimica degli elementi) (*chim.*), displacement. **6.** ~ (traslazione) (*cinematica*), step. **7.** ~ (di forme o anime) (*difetto di fond.*), shifting, shift. **8.** ~ (scorrimento, trasferimento: di dati per es.) (*elab.*), move, transfer. **9.** ~ a gradi (spostamento a intermittenza) (*gen.*), inching. **10.** ~ (del carrello) alla posizione numeri e simboli (posizione del carrello che permette di stampare numeri, simboli ecc., anziché lettere) (*telescrivente - macch. per scrivere*), figures shift, FIGS. **11.** ~ a mano (traslazione a mano: di complessivo di macch. ut. per es.) (*mecc.*), hand traverse. **12.** ~ angolare (di un corpo attorno ad un asse per es.) (*fis.*), angular displacement. **13.** ~ binario, *vedi* ~ logico. **14.** ~ del carrello alla posizione lettere (~ del carrello alla posizione che consente la stampa di caratteri) (*telescrivente - macch. per scrivere*), letters shift, LTRS. **15.** ~ dell'immagine (*difetto telev.*), image shift. **16.** ~ dello zero (*mis.*), zero drift. **17.** spostamenti di anime (*difetto fond.*), core shifts. **18.** ~ di frequenza (*tlcm.*), frequency offset. **19.** ~ doppler (piccolo spostamento delle linee dello spettro dovuto all'effetto doppler) (*astron.*), doppler shift. **20.** ~ elettrico (*elett.*), electric displacement. **21.** ~ in direzione (di un cannone) (*milit.*), traverse. **22.** ~ laterale (del quadro) (*cinem.*), weave. **23.** ~ logico (~ binario) (*elab.*), logical shift. **24.** ~ magnetico (*elett.*), magnetic displacement. **25.** ~ orizzontale (di una faglia) (*geol.*), offset. **26.** ~ trasversale (di un utensile per es.) (*mecc. - macch. ut.*), traversing. **27.** ~ verticale (corsa verticale, traslazione verticale: di una parte di macch. ut. per es.) (*mecc.*), vertical movement. **28.** ~ virtuale (*sc. costr.*), virtual displacement. **29.** diagramma degli spostamenti (di un operaio che sorveglia una lavorazione da più posti) (*studio dei tempi*), man process chart. **30.** sistemi di ~ automatico di passeggeri (come marciapiedi mobili, o altri mezzi automatici rapidi di ~ privi di conduttore) (*movimento passeggeri in aeroporto per es.*), people mover.

spostare (un veicolo per es.) to move. **2.** ~ (cambiare posto a qualcosa) (*gen.*), to delocalize. **3.** ~ (far scorrere i dati verso destra o verso sinistra per es.) (*elab.*), to shift. **4.** ~ (spostarsi, cambiare posizione) (*gen.*), to shift. **5.** ~ a scatti (o a intermittenza) (*mecc.*), to joggle, to jog. **6.** ~ il carrello (per inserire le maiuscole) (*macch. per scrivere*), to shift. **7.** ~ in senso trasversale (*gen.*), to traverse. **8.** ~ una cima per evitarne l'usura (*nav. ecc.*), to freshen.

spostarsi (*gen.*), to move. **2.** ~ orizzontalmente (nella fagliazione) (*geol.*), to offset.

spostato (detto di un getto difettoso) (*a. - fond.*), shifted.

spostatore (*mecc.*), shifter.

spot pubblicitario, *vedi* sequenza pubblicitaria.

spranga (stanga, sbarra) (*gen.*), beam, bar.

sprazzo (di luce) (*gen.*), flash.

sprèmere (a mezzo di torchio per es.) (*ind.*), to press. **2.** ~ (un frutto onde estrarne il succo) to squeeze, to squash. **3.** ~ (per torsione un panno bagnato per es.) (*gen.*), to wring.

spremilimone (*att. domestico*), lemon squeezer.

spremipèlle (per lavaggio automobili) (*att.*), (chamois skin) squeezer, leather squeezer.

spremitoio (*app.*), squezeer. **2.** ~ a gabbia (gabbia di spremitura, per l'estrazione di oli vegetali) (*app.*), pressing cage.

sprizzare (*gen.*), to sprinkle.

sprofondamento (*geol.*), sinking.

sproporzione (*gen.*), disproportion.

spruzzamento (*gen.*), spraying. **2.** ~ (all'interno di un tubo a vuoto) (*termoion.*), sputtering. **3.** ~ catodico (*ind.*), cathodic sputtering.

spruzzare, to spray.

spruzzato (*gen.*), sprayed.

spruzzatore (*disp. fis. ind.*), atomizer, vaporizer. **2.** ~ (di un carburatore ad iniezione per es.) (*mot.*), spray nozzle. **3.** ~ (polverizzatore) (*riscaldamento e ventilazione*), spray nozzle. **4.** ~ (per insetticida per es.), sprayer. **5.** ~ (getto di carb. di aut.) (*mecc.*), jet. **6.** ~ a caldo per metallizzazione (*app. mecc.*), spray torch. **7.** ~ compensatore (getto di carb. di aut.) (*mecc.*), auxiliary jet. **8.** ~ del combustibile (*turboreattore*), fuel spray nozzle. **9.** ~ di fluido antighiaccio (*aer.*), deicing fluid sprayer.

spruzzatura (di vernice) (*vn.*), spraying. **2.** ~ a caldo (di vernice) (*vn.*), hot spraying. **3.** ~ a freddo (di vernice) (*vn.*), cold spraying. **4.** ~ del disotto della scocca (o del sottopavimento) (*vn. aut.*), underbody spraying. **5.** ~ elettrostatica (verniciatura a spruzzo di un oggetto sospeso in un campo elettrico) (*vn.*), electrostatic spraying. **6.** ~ senza aria (spruzzatura meccanica) (*vn.*), airless spraying.

spruzzetta (*att. chim.*), wash bottle.

spruzzo (di acqua per es.) (*gen.*), spray. **2.** ~ di fondo (paglia di fondo, sul fondo di un lingotto quando il metallo liquido colpisce il fondo della lingottiera) (*difetto metall.*), bottom splash, splash. **3.** spruzzi di saldatura (gocce di metallo fuso sparse in prossimità del giunto saldato) (*tecnol. mecc.*), spatter. **4.** verniciato a ~ (*vn.*), sprayed, spray painted. **5.** verniciatrice a ~ (*macch. vn.*) spraying machine. **6.** verniciatura a ~ (*vn.*), spray painting.

spugna, sponge. **2.** ~ (massa tonda spugnosa proveniente da un forno di puddellaggio) (*metall.*) ball. **3.** ~ di platino (*chim.*), platinum sponge. **4** ~ termica (la parete metallica della camera d

combustione di un missile [o razzo]) (*missil.*), heat sponge, sink (ingl.).
spugnosità (*difetto fond.*), sponginess.
spugnoso (*a.* - *gen.*), spongy. **2.** platino ~ (*chim.*), spongy platinum.
spuma, foam. **2.** ~ (di marosi), surf.
spumare, to foam.
spumeggiante (di mare per es.), foamy.
spumoso (*chim.*), foamy.
spunta (operazione di verifica) (*comm.* - *ecc.*), check, checking. **2.** elenco per la ~ (o per il riscontro, per controllare il materiale fornito, per es.) (*ind.*), check list.
spuntare (verificare) (*comm.*), to check.
spuntatrice (di ingranaggi per es.) (*macch. ut.*), chamfering machine. **2.** ~ meccanica (*macch. tess.*), snipping machine. **3.** ~ per ingranaggi (*macch. ut.*), gear chamfering machine.
spuntatura (di stampaggio o di fusione) (*metall.*), discard. **2.** ~ (di ingranaggi per es.) (*mecc.*), chamfering. **3.** ~ (*ind. tess.*), snipping. **4.** ~ (sommità di lingotto asportata perché difettosa) (*metall.*), crophead, discard. **5.** ~ (asportazione della sommità di un lingotto) (*metall.*), cropping. **6.** spuntature (sfridi di fucinatura o laminazione, asportati dalle estremità del prodotto finito) (*laminazione - fucinatura*), discard.
spuntèrbo (di una scarpa) (*mft. scarpe*), cap.
spuntiglio (*mecc.*), *vedi* spoltiglio.
spunto (accelerazione di un'autovettura alla partenza: ripresa) (*aut.*), pickup. **2.** prendere lo ~ (di vino: iniziare la fermentazione in aceto) (*difetto agric.*), to prick.
spurgare (scaricare, un liquido) (*ind.*), to drain. **2.** ~ (aria da un impianto idraulico) (*mecc.*), to bleed. **3.** ~ (una caldaia per es.) (*cald.*), to blow off, to purge. **4.** ~ i fanghi (da una caldaia), to purge.
spurgo (scarico di un liquido) (*ind.*), drain, drainage. **2.** foro di ~ dell'aria (da un impianto idraulico) (*mecc.*), bleeder vent. **3.** operazione di ~ dell'aria (da un impianto idraulico) (*tubaz. mecc.*), bleeding. **4.** tubazione di ~ dell'aria (da un impianto idraulico) (*tubaz. mecc.*), bleeder line. **5.** valvola di ~ (per scaricare il carburante dalle camere di combustione di un turbogetto quando questo si arresta) (*mecc. mot.*), dump valve.
spurio (contraffatto) (*gen.*), spurious.
squadra (strumento triangolare in legno o plastica) (*att. da dis.* - *mecc.*), triangle. **2.** ~ (strumento consistente in due barrette fissate ad angolo retto) (*att. mecc.* - *falegn.* - *ecc.*), square. **3.** ~ (*nav.*), squadron. **4.** ~ (gruppo di operai per es.) (*gen.*), squad, gang, team. **5.** ~ (di soldati) (*milit.*), squad. **6.** ~ (di calcio per es.) (*sport*), team. **7.** ~ a cappello (*att.*), back square. **8.** ~ a 45° (*att.*), mitre square, miter square. **9.** ~ a T (*att.*), T square. **10.** ~ a triangolo (di legno, usata per disegnare) (*dis.*), triangle. **11.** ~ cercacentri (*ut. mecc.*), center square. **12.** ~ cilindrica (cilindro metallico lavorato di precisione in modo che le superfici di base siano esattamente normali alla superficie cilindrica) (*ut. per controlli*), cylindrical square. **13.** ~ da carpentieri (*ut. da carp.*), framing square. **14.** ~ di acciaio (*ut. da carp.*), carpenter's square. **15.** ~ di precisione (*att. mecc.*), precision square. **16.** ~ esagonale (*att.*), hexagonal square. **17.** ~ falsa (*att.*), bevel, bevel square. **18.** ~ fissa (*att. carp.*), try square. **19.** ~ universale multipla (*att. mecc.*), combination square. **20.** ~ regolabile (*app. dis.*), adjustable square. **21.** ~ universale (a braccia girevoli; talvolta dotata di goniometro) (*ut. dis.* - *ecc.*), bevel protractor. **22.** ~ zoppa (strumento per tracciare angoli) (*ut. ed.*), sauterelle. **23.** lavoro di ~ (lavoro di "équipe") (*ind.*), staff work, team work.
squadrare, to square up, to square. **2.** ~ (tagliare, un segnale o una forma d'onda) (*eltn.*), to clip. **3.** ~ in grezzo (pietre per es.), to knobble.
squadriglia (gruppo di due o più sezioni sotto unico comando) (*mar. milit.*), squadron. **2.** ~ (*aer. milit.*), squadron.
squadro (*strum. top.*), surveyor's cross.
squalifica (*sport* - *ecc.*), disqualification.
squalificare (*sport*), to disqualify.
squama (scaglia) (*gen.*), scale.
squamarsi (sfogliarsi) (*gen.*), to scale, to scale off.
squamoso (*gen.*), scaly.
squarcio (*gen.*), laceration, tear.
squilibrare, to unbalance.
squilibrato (*elett.*), unbalanced. **2.** ~ (sbilanciato) (*mecc.*), unbalanced.
squilibrio (*mecc.* - *elett.* - *ecc.*), unbalance.
Sr (stronzio) (*chim.*), Sr, strontium.
sramare (*metall.*), to remove the copper-plating.
sregolare (*gen.*), to deregulate, to decontrol.
sregolato (di macchina o pezzo meccanico) (*mecc.*), out-of-adjustment. **2.** ~ (*mot.*), out-of-tune.
sregolazione (in una macch. o mot. per es.), misadjustment.
stabilatore (complessivo costituito da stabilizzatore ed equilibratore) (*costr. aer.*), all-flying tail.
stàbile (solido: di una costruzione per es.) (*a.* - *ed.* - *mecc.* - *ind.*), stable. **2.** ~ (edificio) (*s.* - *arch.*), building. **3.** ~ (*a.* - *nav.*), steady. **4.** ~ (di un nucleo non radioattivo) (*fis. atom.*), stable. **5.** ~ e sostenuto (di prezzi per es.) (*comm.*), high and firm.
stabilimento, factory, plant, works. **2.** ~ chimico, chemical plant. **3.** ~ industriale, industrial plant. **4.** ~ metallurgico (*ind.*), metallurgical works. **5.** ~ per la produzione della gomma sintetica (*ind. gomma*), synthetic rubber plant. **6.** ~ pilota (installato e messo in produzione per primo in una zona senza industrie con lo scopo di promuoverne lo sviluppo) (*ind.*), advance factory.
stabilire (fissare) (*gen.*), to fix. **2.** ~ un contatto radio (con una stazione di radionavigazione per es.) (*radio*), to tune.
stabilità (*aer.* - *nav.* - *chim.* - *sc. costr.*), stability. **2.** ~ (*gen.*), permanence. **3.** ~ (dei prezzi per es.)

(*econ.*), steadiness. **4.** ~ alla luce (resistenza alla luce dei colori: di stoffa tinta per es.) (*colori*), lightfastness. **5.** ~ al rollìo (resistenza al rollìo) (*nav.*), stiffness, resistance to rolling. **6.** ~ al vento (*aer.*), stability to wind. **7.** ~ asintotica (esistente quando il veicolo assume un moto prossimo a quello definito dall'assetto) (*veic.*), asymptotic stability. **8.** ~ chimica (*chim.*), chemical stability. **9.** ~ del controllo direzionale del veicolo (*veic.*), vehicle directional control stability. **10.** ~ dell'emulsione (bituminosa per es.) (*ing. civ. - ecc.*), emulsion stability. **11.** ~ del terreno (*ing. civ.*), soil stability. **12.** ~ di fase (in un sincrotrone) (*fis. atom.*), phase stability. **13.** ~ di frequenza (*elett. - radio*), frequency stability. **14.** ~ dimensionale (*gen.*), dimensional stability. **15.** ~ dinamica (*aer.*), dynamic stability. **16.** ~ di regime (di macch. elett. per es. con variazioni normali del carico) (*gen.*), steady state. **17.** ~ direzionale (stabilità di rotta: di un aer.) (*aer.*), directional stability. **18.** ~ intrinseca (*aer.*), inherent stability. **19.** ~ longitudinale (*aer.*), longitudinal stability. **20.** ~ positiva (la nave se inclinata ritorna in posizione corretta) (*nav.*), positive stability. **21.** ~ statica (*aer.*), static stability. **22.** ~ trasversale (possibilità di autostabilizzarsi di una nave od aereo dopo una rollata) (*nav. - aer.*), transverse stability, lateral stability. **23.** derivata di ~ (quantità che esprime la variazione delle forze e dei momenti agenti su un velivolo a causa di perturbazioni) (*aer.*), stability derivative. **24.** dispositivo elettrico per la correzione (automatica) della ~ (di volo: mediante impulsi elettrici emessi da un giroscopio) (*aer.*), pick-off.

stabilito (determinato, definito) (*gen.*), fixed.

stabilitura (ultima mano dell'intonaco) (*mur.*), white coat, set, skim coat, setting coat, skimming coat.

stabilizzare (*aer. - nav. - chim. - sc. costr.*), to stabilize. **2.** ~ (il valore della valuta per es.) (*finanz.*), to stabilize. **3.** ~ ("trimmare" o regolare le superfici di governo allo scopo di riportare l'aereo in linea di volo) (*aer.*), to trim. **4.** ~ (fissare; p. es.: paga, valori dei cambi, prezzi ecc.) (*econ.*), to peg.

stabilizzarsi (*gen.*), to settle.

stabilizzato (*gen.*), stabilized. **2.** ~ (acciaio per imbutitura per es., mediante aggiunta di alluminio) (*metall. - lav. lamiera*), stabilized. **3.** ~ a quarzo (*eltn.*), crystal-stabilized. **4.** ~ mediante pinne (scafo) (*nav.*), fin stabilized.

stabilizzatore (*s. - chim.*), stabilizer. **2.** ~ (*nav.*), stabilizer. **3.** ~ (parte semifissa, detta anche piano fisso, dell'impennaggio orizzontale) (*aer.*), horizontal stabilizer, stabilizer. **4.** ~ automatico (*strum. aer.*), automatic stabilizer. **5.** ~ di fiamma (nel sistema di postcombustione di un motore a getto per es.) (*mot. aer. - ecc.*), flame stabilizer, stabilizing gutter. **6.** ~ di frequenza (*elett.*), frequency stabilizer. **7.** ~ di tiraggio (di una gola di camino) (*term.*), draft stabilizer. **8.** ~ giroscopico (*strum. nav. aer.*), gyrostabilizer. **9.** ~ girostatico (contro il rollìo di una nave) (*mecc. nav.*), gyrostatic stabilizer. **10.** ~ per rimorchio (*veic.*), towing stabilizer.

stabilizzazione (*gen.*), stabilization. **2.** ~ automatica del guadagno (*radio*), automatic gain stabilisation, AGS. **3.** ~ del fascio (*radio*), beam stabilization. **4.** ~ del terreno (*ed.*), soil stabilization. **5.** ~ mediante rotazione intorno all'asse (p. es. di un veicolo spaziale, di un proietto ecc.) (*astric. - razzo*), spin stabilization. **6.** tempo di ~ (della velocità di un mot. ind. a seguito di variazione del carico) (*mot.*), stabilization period. **7.** trattamento di ~ (*tratt. term.*), stabilizing treatment.

staccabile (separabile) (*gen.*), separable, detachable.

staccare (separare, disgiungere), to detach, to disjoin. **2.** ~ (disinserire una macchina per es.) (*elett.*), to cut out, to disconnect. **3.** ~ (sganciare: vagoni per es.) (*gen.*), to uncouple. **4.** ~ (disaccoppiare: una nave spaziale da un'altra per es.) (*astric.*), to undock. **5.** ~ (separare: vagoni da un treno per es.) (*ferr.*), to set out.

staccato (separato, disgiunto) (*gen.*), detached, disjoined. **2.** ~ (disinserito: di macchina per es.) (*elett.*), cut out, disconnected. **3.** ~ (di vagone ferroviario per es.), uncoupled. **4.** ~ (senza tensione) (*elett.*), dead.

stacciare (*ed. - ind.*), to sift, to sieve. **2.** ~ (farina), to bolt.

staccio, *vedi* setaccio.

staccionata (assito, steccato, riparo di tavole) (*carp.*), stockade.

stadèra (bilancia romana), steelyard. **2.** ~ a ponte (ponte a bilico) (*mecc.*), weighbridge.

stadia (graduata) (*att. top.*), stadia, stadia rod, leveling rod.

stadio (di un compressore per es.) (*termod.*), stage. **2.** ~ (*radio*), stage. **3.** ~ (di missile o razzo per es.) (*missil.*), stage. **4.** ~ (per manifestazioni sportive) (*ed. - arch.*), stadium. **5.** ~ di selezione (*elab. - eltn.*), selection stage. **6.** ~ invertitore di interferenza (circuito speciale per la soppressione di disturbi televisivi) (*telev.*), interference inverter (ingl.). **7.** ~ pilota (*radio*), driver stage. **8.** ~ separatore (stadio amplificatore che ha lo scopo di impedire che fluttuazioni di carico di stadi successivi si ripercuotano sulla frequenza od altre caratteristiche dei circuiti che lo precedono) (*radio*), buffer, buffer stage. **9.** a due stadi (di una turbina) (*a. - macch.*), two-stage. **10.** a vari stadi (di pompa, compressore ecc.) (*mecc. - radio - missil. - ecc.*), multistage.

staffa (*att. di fond.*), flask, molding box. **2.** ~ (*mecc. - ed.*), bracket. **3.** ~ (per appendere: tubi per es.) (*mecc.*), hanger. **4.** ~ (per cemento armato) (*ed.*), stirrup. **5.** ~ (per grondaie) (*ed.*), strap. **6.** ~ (della balestra) (*veic. - mecc.*), (spring) clip. **7.** ~ (di legno) (*costr. nav.*), mold. **8.** ~ (di una sella) (*equitazione*), stirrup. **9.** ~ a cerniera (staffa apribile) (*fond.*), snap flask, snap. **10.** ~ a due fasce (*fond.*), four-part flask. **11.** ~ ad una fascia (*fond.*), three-part flask. **12.** ~ apribile (staffa a cerniera, staffa a smottare, staffa matta) (*fond.*), snap flask, snap. **13.** ~ a scassettare (staffa a cerniera) (*fond.*), snap flask, snap. **14.** ~ a smottare (*fond.*), *vedi* staffa apribile. **15.** ~ a U (ad estremità filettate) (*mecc.*), U bolt. **16.** ~ centrale (cavallotto centrale, di molla a balestra) (*mecc.*), spring band. **17.** ~ conica (staffa con sformo interno) (*fond.*), tapered flask. **18.** ~ con puleggia di rinvio (per sostegno dei comandi degli organi di governo di un aeroplano per es.) (*mecc.*), pulley bracket. **19.** ~ d'attacco (dell'aratro) (*mecc. agric.*), clevis. **20.** ~ di collegamento di pareti (di un muro a cassa vuota) (*mur.*), wall clamp. **21.** ~ estraibile (verticalmente) (*fond.*), slip flask. **22.** ~ estraibile con sformo interno (*fond.*), tapered slip flask. **23.** ~ inferiore (*att. fond.*), drag, bottom box. **24.** ~ in lamiera saldata (*fond.*), fabricated flask. **25.** ~ matta (*fond.*), *vedi* staffa apribile. **26.** ~ per forme di sabbia (*fond.*), sand flask. **27.** ~ semplice (per cemento armato) (*ed.*), simple stirrup. **28.** ~ superiore (coperchio) (*att. di fond.*), cope, top box. **29.** bullone a ~ (cavallotto di tondo filettato alle estremità) (*mecc.*), lug bolt, strap bolt. **30.** coperchio della ~ (*fond.*), cope. **31.** falsa ~ (*fond.*), loose flask, loose box. **32.** fondo della ~ (*fond.*), drag.

staffare (*mecc.*), to stirrup.

staffatore (*op. costr. nav.*), molder.

staffetta (locomotiva staffetta: che precede un treno per precauzione) (*ferr.*), pilot engine. **2.** ~ (porta-ordini) (*milit.*), dispatch rider.

stagionare (legname per es.) (*legno*), to season, to dessiccate.

stagionarsi (*legno*), to season.

stagionato (di legno per es.), seasoned. **2.** ~ (mediante essiccamento naturale, di legno per es.), weathered.

stagionatura (del legno per es.) (*ind.*), seasoning. **2.** ~ (di fibre tessili per es.), seasoning.

stagione (*gen.*), season. **2.** ~ morta (morta stagione) (*comm.*), off-season.

stagnaio, *vedi* stagnino.

stagnante (acqua) (*idr. - geol.*), stagnant. **2.** ~ (mercato, affari) (*comm.*), stagnant, sluggish.

stagnare, to coat with tin. **2.** ~ (per immersione) (*ind.*), to tin. **3.** ~ (elettroliticamente) (*ind.*), to tin-plate.

stagnato (*ind.*), tinned.

stagnatura (*ind.*), tinning.

stagnino (calderaio) (*op.*), tinker, solderer. **2.** ~ (lattoniere) (*op.*), tinsmith, tinner.

stagno (Sn - *chim.*), tin. **2.** ~ (all'umidità, al gas, all'acqua, agli agenti chimici ecc.) (*a. - gen.*), proof. **3.** ~ (a tenuta d'acqua) (*a. - ind.*), watertight. **4.** ~ (di acqua) (*s. - agric.*), pool, pond. **5.** ~ all'acqua (detto di una macch. elett.) (*a. - elett. - ecc.*), waterproof. **6.** ~ all'acqua (od all'umidità) (di att. mecc. per es.), waterproof. **7.** ~ alla polvere (di una carrozzeria automobilistica per es.) (*ind.*), dustproof. **8.** ~ all'umidità (all'umidità atmosferica per es.) (*gen.*), moistureproof. **9.** ~ Banca (stagno proveniente dalle isole Banca) (*metall.*), Banka tin. **10.** ~ granulare (*metall.*), feathered tin. **11.** ~ in pani (*comm. - metall.*), block tin. **12.** ~ per saldare (*lega mecc.*), solder. **13.** peste dello ~ (*metall.*), tin pest, tin plague. **14.** saldare a ~ (*tecnol. mecc.*), to soft-solder, to solder. **15.** saldatura a ~ (*tecnol. mecc.*), soft-soldering, soldering.

stagnòla, tin foil.

stalagmite (*geol.*), stalagmite.

stalagmometria (*fis.*), stalagmometry.

stalagmometro (per misurare le gocce) (*strum. mis.*), stalagmometer.

stalattite (*geol.*), stalactite.

stalla (*ed.*), stable.

stallare (andare in perdita di portanza) (*aer.*), to stall.

stallatico (letame) (*agric.*), dung, manure.

stallìe (tempo determinato durante il quale la nave deve trattenersi in porto per le operazioni di carico o di scarico) (*nav. - comm.*), lay days.

stallo (perdita di portanza) (*aer.*), stall. **2.** ~ (di parcheggio) (*aut.*), stall. **3.** ~ con potenza (in una arrampicata troppo rapida) (*aer.*), power stall. **4.** ~ del compressore (inconveniente che si manifesta con una turbolenza del flusso dell'aria dovuto ad errata regolazione delle palette del compressore assiale di un motore a getto) (*mot. aer.*), compressor stall. **5.** ~ di estremità (dell'estremità dell'ala) (*difetto aer.*), tip stall. **6.** ~ senza potenza (a motore spento) (*aer.*), stall without power.

stamigna (stamina) (tessuto in lana per bandiere) (*tess.*), bunting.

staminale (parte di ordinata) (*costr. nav.*), futtock.

stampa (impressione di caratteri e sue caratteristiche) (*tip.*), printing. **2.** ~ (giornali ecc.), press. **3.** ~ (*fot.*), printing. **4.** ~ a colori (*tip.*), color printing. **5.** ~ a due colori (stampa duplex) (*proc. tip.*), two-color printing process, duotone printing. **6.** ~ a fogli di alluminio (*tip.*), aluminography, algraphy. **7.** ~ a incavo (stampa da matrice incavata) (*tip.*), intaglio printing. **8.** ~ a linee colorate (*tip.*), "dye-lyne print". **9.** ~ all'anilina (*tip.*), aniline printing. **10.** ~ anastatica (processo in cui l'originale è trasportato su una lastra di zinco) (*tip.*), anastatic printing. **11.** ~ a macchina (*tip.*), machining. **12.** ~ a rilievo (*tip.*), relief printing. **13.** ~ a riserva (*ind. tess.*), resist printing. **14.** ~ calcografica (*tip.*), copperplate printing. **15.** ~ comune (*tip.*), surface printing. **16.** ~ continua (~ senza arresto del nastro di carta) (*elab.*), hit-on-the-fly printing. **17.** ~ dalla bobina (stampa dal rotolo) (*tip.*), reel printing, web printing. **18.** ~ da matrice incavata (*tip.*), *vedi* stampa a incavo. **19.** ~ da matrice piana (*tip.*), *vedi* stampa planografica. **20.** ~ del film sonoro (*cinem.*), sound-on-film printing. **21.** ~ della memorizzazione al punto di controllo, *vedi* svuotamento al punto di controllo. **22.** ~ della volta (stampa sul verso della pagina) (*tip.*), backup (am.), "backing-up" (ingl.). **23.** ~ di una linea intera (di caratteri) in un sol colpo (*elab.*), line-a-time printing. **24.** ~ di un controtipo (*cinem.*), duplicating of a film. **25** ~ elettrostatica (processo nel quale l'inchiostro viene trasferito elettrostaticamente tra cilindro e lastra) (*tip.*), electronography, electrostatic printing, onset. **26.** ~ flessografica (stampa all'anilina) (*tip.*), flexography. **27.** ~ in offset (*tip.*), deep-etch printing, offset printing. **28.** ~ iridata (*tip.*), iridescent printing. **29.** ~ marginale interpretativa (~, sul margine di una scheda perforata, della informazione perforata sulla scheda) (*elab.*), end printing. **30.** ~ per contatto (*fot.*), contact printing. **31.** ~ planografica (mediante superficie stampante piana) (*tip.*), surface printing, planographic printing. **32.** ~ policroma (di riviste per es.) (*tip.*), multicolor printing. **33.** ~ quotidiana (*giorn.*), daily press. **34.** ~ sbavata (stampa non nitida) (*tip.*), blurred print. **35.** ~ su carta ai sali di cromo (*fot.*), gum-bichromate printing. **36.** ~ su macchina piana (*tip.*), flat printing. **37.** ~ sulle superfici metalliche (*tip. - ind.*), metal decorating printing. **38.** ~ tipografica (rilievo) (*tip.*), letterpress printing, relief printing. **39.** addetto ~ (di un'industria) (*pubbl.*), press officer. **40.** andare in ~ (*tip.*), to go to press. **41.** andato in ~ (*a. - tip. - giorn.*), gone to press down. **42.** comunicato ~ (*stampa*), press release, handout. **43.** conferenza ~ (*pubbl.*), press conference. **44.** il mondo della ~ (*giorn.*), newspaper world. **45.** la ~ (giornali ecc.) (*giorn.*), the press. **46.** macchina da ~ a doppio formato (*macch. tip.*), double size printing press. **47.** macchina rotativa da ~ (*macch.*), rotary printing press. **48.** rapporti con la ~ (*pubbl.*), press relations. **49.** si stampi (visto si stampi, approvato per la stampa) (*tip.*), good for printing, good for press.

stampabile (*a. - gen.*), printable.

stampaggio (con pressa: a freddo) (*mecc.*), pressing, presswork. **2.** ~ (a caldo con pressa) (*fucinatura*), hot-pressing, press-forging. **3.** ~ (fucinatura a stampo a caldo, con maglio o pressa) (*fucinatura*), drop forging. **4.** ~ (a mano e a caldo) (*fabbro ferraio*), swaging. **5.** ~ (con bilanciere: coniatura) (*tecnol. mecc.*), coinage, striking. **6.** ~ (di piega, per lamiere) (*tecnol. mecc.*), forming. **7.** ~ (~ di lamiere metalliche mediante pressione sullo stampo) (*tecnol. mecc.*), die forming. **8.** ~ (di materie plastiche) (*tecnol.*), molding. **9.** ~ a caldo (*tecnol. mecc.*), hot forming. **10.** ~ ad alta velocità (di fucinati) (*tecnol. mecc.*), high-rate forming. **11.** ~ ad iniezione (di materie plastiche) (*tecnol.*), injection molding. **12.** ~ ad iniezione con pressa a vite (di materie plastiche) (*tecnol.*), screw iniectjon molding. **13.** ~ ad iniezione rapida (*ind. plastica*), jet molding. **14.** ~ a freddo (formatura a freddo, alla pressa) (*tecnol. mecc.*), cold forging. **15.** ~ a freddo (di materie plastiche) (*tecnol.*), cold molding. **16.** ~ al sacco di gomma (mediante la compressione di fluidi) (*proc. mecc.*), bag molding. **17.** ~ a rotazione (della plastica formata internamente ad uno stampo chiuso mentre viene ruotato intorno a due assi e riscaldato) (*tecnol.*), "rotomolding". **18.** ~ con anello e tampone (di fogli di plastica) (*tecnol.*), plug-and-ring forming. **19.** ~ con inversione rapida (di fogli di plastica) (*tecnol.*), snapback forming. **20.** ~ con stampi accoppiati (di fogli di plastica) (*tecnol.*), matched-die forming. **21.** ~ con tampone di gomma (*lav. lamiera*), rubber-pad presswork. **22.** ~ con vapore (di materie plastiche) (*tecnol.*), steam chest molding. **23.** ~ dal foglio (*ind. plastica*), sheet molding. **24.** ~ di pezzi circolari (*tecnol. mecc.*), circle stamping. **25.** ~ di polveri (metalliche) a caldo (*fucinatura*), hot powder forging. **26.** ~ di stratificati (plastici, stampaggio di laminati plastici) (*tecnol.*), laminated molding. **27.** ~ libero (di fogli di plastica) (*tecnol.*), free-blow forming. **28.** ~ ottenuto mediante esplosione controllata (nelle lavorazioni aeronautiche per es.) (*ind. mecc.*), explosive forming. **29.** ~ per centrifugazione (di materie plastiche) (*tecnol.*), centrifugal molding. **30.** ~ per colata (di materie plastiche) (*tecnol.*), cast molding. **31.** ~ per compressione (di materie plastiche) (*tecnol.*), compression molding. **32.** ~ per trasferimento (di materie plastiche) (*tecnol.*), transfer molding. **33.** ~ profondo (imbutitura profonda, per lamiere) (*tecnol. mecc.*), deep drawing. **34.** ~ sottovuoto con tenditore ausiliario (di fogli di plastica) (*tecnol.*), plug-assist vacuum forming. **35.** materiale per lo ~ dal foglio (*ind. plastica*), sheet molding compound, SMC. **36.** polvere da ~ (per materie plastiche) (*ind. chim.*), molding powder. **37.** polvere da ~ (nella manifattura gomma) (*ind.*), molding powder. **38.** pressione di ~ (per materie plastiche) (*tecnol.*), molding pressure. **39.** ritiro di ~ (differenza della dimensione del pezzo nello stampo a caldo e dopo la sua estrazione a temperatura ambiente) (*tecnol. della plastica*), mold shrinkage.

stampa-indirizzi (macchina per indirizzare periodici ecc.) (*macch.*), mailer, mailing machine.

stampante (stampatrice) (*s. - elab. - ecc.*), printer, printing unit. **2.** ~ a banda (*elab.*), band printer, belt printer. **3.** ~ a barra (*elab.*), bar printer. **4.** ~ a carattere singolo (*elab.*), character printer. **5.** ~ a catena (*elab.*), chain printer. **6.** ~ a cilindro [o a barilotto] (*elab.*), barrel printer. **7.** ~ a (o di) controllo (~ direttamente comandata dall'elaboratore: ne stampa i messaggi ecc.) (*elab.*), monitor printer. **8.** ~ ad aghi, *vedi* ~ a matrice. **9.** ~ ad alta risoluzione (di qualità analoga a quella ottenibile con le macchine dattilografiche) (*elab.*), high resolution printer. **10.** ~ ad impatto (*elab.*), impact printer. **11.** ~ a getto di inchiostro (opera per mezzo di minute gocce di inchiostro a carica elettrostatica) (*elab.*), ink-jet printer. **12.** ~ a linee [o parallela] (stampa una linea completa in una sola operazione) (*elab.*), line printer. **13.** ~ a margherita (*elab.*), daisy-wheel printer. **14.** ~ a matrice (*elab.*), matrix printer, wire printer. **15.** ~ a matrice ad impatto (*elab.*), impact matrix printer. **16.** ~ a nastro (*elab. - ecc.*), belt printer. **17.** ~ a pagina (una pagina completa alla volta, p. es. la ~ xerografica) (*elab. - ecc.*), page printer. **18.** ~ a punti (*elab.*), dot printer. **19.** ~ a ruota (*elab.*), wheel printer. **20.** ~ a spirale (*elab.*), helix printer. **21.** ~ a tamburo (*elab.*), drum printer. **22.** ~ a testina mobile (p. es. le telescriventi) (*elab. - telescrivente - macch. per scrivere - ecc.*), moving head printer. **23.** ~ bidirezionale (*elab.*), bidirectional printer. **24.** ~ di qualità (ad alta risoluzione dei caratteri) (*elab.*), letter-quality printer. **25.** ~ elettrostatica (p. es. la ~ xerografica) (*elab. - macch. uff.*), electrostatic printer. **26.** ~ laser (*elab.*), laser printer. **27.** ~ parallela (*elab.*), parallel printer. **28.** ~ senza contatto (~ che effettua la edizione senza contatto meccanico; p. es.: elettronicamente, otticamente ecc.) (*tip. - elab.*), non-impact printer. **29.** ~ seriale (stampatrice seriale) (*elab.*), serial printer. **30.** ~ serie-parallelo (*s. - elab.*), serial-parallel printer. **31.** ~ termica [~ termica a matrice] (stampa su carta sensibile al calore mediante aghi riscaldati elettricamente) (*elab.*), thermal matrix printer. **32.** ~ veloce (*elab.*), high-speed printer. **33.** ~ xerografica (~ di tipo elettrostatico) (*elab.*), xerographic printer.

stampare (fucinare a stampo a caldo, con maglio o pressa) (*fucinatura*), to drop-forge. **2.** ~ (con pressa: a freddo) (*tecnol. mecc.*), to press. **3.** ~ (con bilanciere: coniare) (*tecnol. mecc.*), to coin, to strike. **4.** ~ (materie plastiche) (*tecnol.*), to mold. **5.** ~ (a mezzo stampa: un libro per es.) (*tip.*), to print. **6.** ~ (una copia) (*fot.*), to print. **7.** ~ (un disco imprimendo i solchi del suono: prod. ind. dei dischi) (*elettroacus.*), to emboss. **8.** ~ a caldo (con pressa) (*fucinatura*), to hot-press, to press-forge. **9.** ~ a caldo (con maglio o pressa) (*fucinatura*), to drop-forge. **10.** ~ a caldo (a mano) (*operaz. da fabbro*), to swage. **11.** ~ a riserva (un tessuto) (*ind. tess.*), to resist. **12.** ~ con procedimento offset (*stampa*), to offset. **13.** ~ il contenuto della memoria (scaricare il contenuto della memoria) (*elab.*), to dump. **14.** ~ la volta (stampare l'altra pagina del foglio) (*stampa*), to back, to back up. **15.** ~ mediante lastra di rame incisa (*tip.*), to copperplate. **16.** ~ un controtipo (*cinem.*), to duplicate (a film).

stampato (su carta) (*a. - gen.*), printed. **2.** ~ (fucinato a stampo a caldo con maglio o pressa) (*a. - fucinatura*), drop-forged. **3.** ~ (con pressa: a freddo) (*a. - tecnol. mecc.*), pressed. **4.** ~ (con pressa: a caldo) (*a. - fucinatura*), press-forged. **5.** ~ (con bilanciere: coniato) (*a. - tecnol. mecc.*), coined, struck. **6.** ~ (foglio stampato) (*s. - tip.*), printed matter, print. **7.** ~ (modulo stampato da riempire a mano) (*s. - tip.*), blank. **8.** ~ (particolare stampato alla pressa) (*mecc.*), pressing. **9.** ~ (elemento stampato a caldo al maglio o alla pressa) (*fucinatura*), drop forging. **10.** ~ (elemento stampato a caldo con pressa) (*fucinatura*), press-forging. **11.** ~ (pezzo di lamiera stampato a freddo con pressa) (*tecnol. mecc.*), pressing, stamping. **12.** ~ (registrazione stampata automaticamente, tabulato) (*s. - elab.*), printout. **13.** stampati a colori (*mft. carta*), colored printings. **14.** ~ alla pressa (pezzo stampato alla pressa) (*s. - fucinatura*), press forging. **15.** ~ fuori centro (di un francobollo) (*a. - filatelia*), off-center. **16.** articolo ~ con imbutitura profonda (*lav. lamiera*), deep-drawn cup.

stampatore (addetto ad un maglio per stampaggio) (*op.*), hammerman. **2.** ~ (tipografo) (*op. tip.*), pressman. **3.** ~ (di litografia) (*op.*), prover.

stampatrice (*macch. tip.*), printing machine, printing press (ingl.). **2.** ~ (macchina per stampare copie di film) (*macch. cinem.*), printer, printing machine. **3.** ~ (stampante) (*elab. - ecc.*), printer, printing unit. **4.** ~ (*macch. ind. sapone*), plodder, stamper. **5.** ~ a carrello con corsa utile solo nell'andata (*macch. tip.*), stop-cylinder press. **6.** ~ per film sonoro (*macch. cinem.*), sound film printing machine. **7.** ~ rapida (*elab. - ecc.*), high-speed printer, HSP.

stampatura (stampaggio, fucinatura a stampo) (*fucinatura*), drop forging. **2.** ~ (o scarico) di memoria in binario (dump binario) (*elab.*), binary dump. **3.** ~, *vedi anche* stampaggio.

stampe (*posta*), printed matter.

stamperia (*tip.*), printing office.

stampiglia (utensile per stampare numeri su metallo per es.) (*ut.*), stamp, hob. **2.** ~ (timbro di gomma per ufficio per es.) (*att.*), stamp.

stampigliare (dei numeri per es. su metallo) (*mecc.*), to print, to hob, to stamp.

stampigliato (*a. - mecc.*), printed, hobbed.

stampigliatura (dei numeri di matricola o categorici di un motore, di un telaio ecc.) (*mecc.*), printing, stamping. **2.** ~ (segno dovuto a prova di durezza Brinell, su un cuscinetto a sfere per es.) (*impronta mecc.*), brinelling. **3.** ~ (di contrassegni su lamiere ecc.) (*mecc.*), stamping.

stampinare (casse per es.) (*trasp. - ecc.*), to stencil.

stampinatura (di casse per es.) (*trasp. - ecc.*), stenciling.

stampino (maschera di lamierino o plastica con intagliate scritte, per marcare casse per es.) (*ut. - trasp. - ecc.*), stencil.

stampista (*op. mecc.*), diesinker.

stampo (per stampaggio a caldo col maglio) (*att. mecc.*), drop-forging die. **2.** ~ (per stampaggio a caldo con la pressa) (*att. mecc.*), press-forging die. **3.** ~ (a freddo: di pressa, costituito da punzone e matrice) (*att. mecc.*), die. **4.** ~ (a freddo: di pressa, matrice) (*att. mecc.*), matrix die. **5.** ~ (a freddo: di pressa, punzone) (*att. mecc.*), punch. **6.** ~ (*att. fabbro ferraio*), swage. **7.** ~ (per pressofusione) (*fond.*), die. **8.** ~ (per materie plastiche) (*ut.*), mold. **9.** ~ (elemento negativo per la riproduzione di dischi), stamper (ingl.). **10.** ~ (generalmente di metallo, per dare forma al vetro) (*ut. mft. vetro*), mold. **11.** ~ (punzone in acciaio usato per ottenere la matrice entro cui vengono fusi i caratteri) (*ut. tip.*), punch. **13.** ~ a bugna (*ut. mecc.*), bulge die. **14.** ~ a caduta libera (stampo a ponte in cui il pezzo tranciato cade liberamente in un sottostante raccoglitore) (*lav. lamiera*), drop-through die. **15.** ~ a caldo (a mano) (*att. da fabbro*), swage. **16.** ~ a canali caldi (per stampaggio a iniezione) (*ind. plastica*), hot runner mold. **17.** ~ a compressione (per materie plastiche) (*ut.*), compression mold. **18.** ~ a corona (corona, per formare prodotti dolciari per es.) (*ut.*), crown mold. **19.** ~ ad iniezione (per materie plastiche) (*ut.*), injection mold. **20.** ~ ad una impronta (per materie plastiche) (*ut.*), single-impression mold. **21.** ~ a figure multiple uguali (*fond.*), multiple die. **22.** ~ aperto (*att. mecc.*), open die. **23.** ~ a più impronte (per materie plastiche) (*ut.*), gang mold, multicavity mold. **24.** ~ a ponte (stampo con impronta passante, stampo a caduta libera) (*lav. lamiera*), drop-through die. **25.** ~ a pozzo (stampo a un pezzo) (*ut. mft. vetro*), block mold. **26.** ~ composito (*ut. lav. lamiera*), compound die. **27.** ~ con camera (di caricamento) separata (per materie plastiche) (*ut.*), separate pot mold. **28.** ~ con dispositivo di trasferimento (del pezzo) (*lav. lamiera*), transfer die. **29.** ~ con dispositivo di trasferimento a va e vieni (od a navetta) (*lav. lamiera*), shuttle die. **30.** ~ con impronte di due o più particolari diversi (*fond.*), combination die. **31.** ~ con maschio (*att. fond.*), finger die. **32.** ~ di coniatura (*att. mecc.*), coining die. **33.** ~ di piega (per lamiere) (*att. mecc.*), forming die. **34.** ~ di spuntatura (*lav. metall.*), crop die, cropping die. **35.** ~ di tranciatura (*att. mecc.*), shearing die. **36.** ~ di tranciatura a scarico libero (con scarico attraverso la tavola della pressa) (*ut. lav. lamiera*), drop-thru blanking die. **37.** ~ di tranciatura dello sviluppo (stampo per tracciare lo sviluppo) (*lav. lamiera*), blanking die. **38.** ~ diviso (per materie plastiche) (*ut.*), split mold. **39.** ~ eccentrico (stampo in cui la direzione degli elementi mobili è inclinata rispetto alla direzione delle forze fornite dalla pressa) (*lav. lamiera*), cam die. **40.** ~ finitore (*ut. fucinatore*), finisher, finishing die. **41.** ~ finitore (*ut. mft. vetro*), mold. **42.** ~ fisso (di una fucinatrice per es.) (*att.*), stationary die. **43.** ~ formatore (o preformatore) (*ut. mft. vetro*), blank mold. **44.** ~ inferiore (a caldo) (*att. fabbro ferraio*), bottom swage. **45.** ~ inferiore (stampo fissato alla tavola della pressa per lavorazione lamiera o fucinatura) (*stampaggio*), lower die, L/die. **46.** ~ in ghisa (*mft. vetro*), press mold, cast-iron mold. **47.** ~ libero (attrezzo, per lavorazione lamiera, non fissato al portastampi) (*lav. lamiera*), continental die. **48.** ~ mobile (di una fucinatrice per es.) (*att.*), moving die. **49.** ~ multiplo (*lav. lamiera*), gang die. **50.** ~ normale (stampo ad espulsione superiore del pezzo) (*lav. lamiera*), return-type die. **51.** ~ per aggraffatura (di lamiere) (*att. mecc.*), seaming die. **52.** ~ per bordare (lamiere) (*att. mecc.*), flanging die. **53.** ~ per chiodi (*att. mecc.*), rivet set, riveting die, rivet knob, rivet snap, snaphead, snap. **54.** ~ per cialde (*ut. - elett.*), waffle iron. **55.** ~ per coniare (*att. mecc.*), minting die. **56.** ~ per finitura (*ut. fucinatura*), finishing die. **57.** ~ per ghiaccio (*mft. del ghiaccio*), ice can, ice mold. **58.** ~ per graffatura (di cinghie con griffe ecc.), clinching die. **59.** ~ per imbutitura (lamiere) (*att. mecc.*), drawing die. **60.** ~ per punzonatura (lamiere) (*att. mecc.*), piercing die. **61.** ~ per rifilatura (stampo per la tranciatura del contorno di sfrido, stampo di rifilatura) (*lav. lamiera*), trimming die. **62.** ~ per ricalcatura (*att. fucinatura*), upset. **63.** ~ per sbozzatura (*ut. fucinatura*), blocking die, blocking out die, roughing die. **64.** ~ per scapolatura (usato per la preparazione all'operazione di sbozzatura) (*ut. fucinatura*), breakdown, edger, side cut, booster, booster die. **65.** ~ per stampaggio tubi dalla lamiera (*att. mecc.*), bumping die. **66.** ~ per taglio spezzoni (con punzone a tranciare) (*att. mecc.*), blanking die. **67.** ~ per tranciare (lo sviluppo, stampo per la tranciatura dello sviluppo) (*lav. lamiera*), blanking die. **68.** ~ prefinitore (stampo scapolatore, stampo "abbozzatore") (*fucinatura*), blocker, blocking die, booster die. **69.** ~ progressivo (*att. tecnol. mecc.*), follow die. **70.** ~ rivestito con pasta (di carbone) (*mft. vetro*), paste mold. **71.** ~ sbavatore (*ut. fucinatura*), trimmer, trimming die. **72.** ~ scapolatore (*ut. fucinatura*), *vedi* stampo per scapolatura. **73.** ~ spianatore (stampo a spianare) (*lav. metall.*), ironing die. **74.** ~ superiore (a caldo) (*att. fabbro ferraio*), top swage. **75.** ~ triplo (per stampaggio ad iniezione) (*ind. della plastica*), three-plate mold. **76.** agente di distacco dallo ~ (prodotto per facilitare il distacco del pezzo di plastica dallo stampo) (*tecnol.*), mold release agent. **77.** centratura stampi (operazione di allineamento degli stampi superiore ed inferiore) (*fucinatura*), die matching. **78.** elemento di ~ (o di forma) scomponibile (*mecc. - fond.*), insert. **79.** impronta dello ~ (*ut. fucinatura*), die impression. **80.** incisione dello ~ (*operaz. mecc. per ut. fucinatura*), diesinking. **81.** linea di divisione dello ~ (*mecc.*), die part line. **82.** macchina per lavorazione stampi (*macch. ut.*), diesinking machine, die cutting machine. **83.** pressa per prova stampi (*macch. - tecnol. mecc.*), die spotting press. **84.** serie di stampi (necessari per un particolare lavoro: per tranciare e sagomare per es.) (*ut.*), die set.

STANAG (accordo di standardizzazione, su questioni militari) (*milit.*), STANAG, standardization agreement.

stanchezza fisica (di un operaio) (*studio dei tempi*), fatigue.

stand (posteggio: in una esposizione) (*comm.*), stand.

standard (modello fisso) (*gen.*), standard. **2.** ~ internazionale di ricottura del rame (*metall.*), international annealed copper standard, IACS. **3.** ~ raccomandato (per es. per l'interfacciamento ecc.) (*elab. - eltn.*), recommended standard, RS.
standardizzare, to standardize.
standardizzazione, standardization. **2.** accordo di ~ (STANAG, su questioni militari) (*milit.*), standardization agreement.
standolio (olio di lino cotto, per vernici ecc.) (*vn. - ind. chim.*), stand oil.
stanga (di un veicolo a cavalli), shaft, thill. **2.** ~ (di aratro) (*agric.*), beam. **3.** ~ di ghiaccio (*mft. del ghiaccio*), ice block.
stanghetta (di serratura) (*mecc.*), bolt.
stannato (*chim.*), stannate. **2.** ~ di sodio (Na_2SnO_3) (*chim.*), sodium stannate.
stànnico (*chim.*), stannic.
stannito (*chim.*), stannite. **2.** ~ di sodio [$Sn(ONa)_2$] (*chim.*), sodium stannite.
stannoso (*chim.*), stannous.
stante (montante, puntale per es.) (*nav.*), stake, stanchion.
stantuffino (pompante, di una pompa d'iniezione per es.) (*mot. - ecc.*), plunger, pumping element.
stantuffo (di motore) (*mecc.*), piston. **2.** ~ (di pompa) (*mecc.*), plunger, piston. **3.** ~ (di pressa idraulica) (*mecc.*), plunger. **4.** ~ (stantuffo d'iniezione, di una macchina per pressofusione) (*macch. fond.*), plunger. **5.** ~, *vedi anche* pistone. **6.** ~ a disco (*mecc.*), flat piston. **7.** ~ a mantello (stantuffo con zona inferiore notevolmente sviluppata) (*mecc.*), skirt type piston. **8.** ~ a pattino (di macchina a vapore per es.) (*mecc.*), slipper piston. **9.** ~ (o disco) compensatore (~ di compensazione per equilibrare la spinta assiale di una turbina a vapore) (*mecc.*), dummy piston, balance piston. **10.** ~ di estrusione (di una macchina per l'estrusione di materiale plastico) (*mecc. - macch. ut.*), pommel. **11.** ~ flottante (*mecc.*), floating piston. **12.** ~ tuffante (*macch. idr.*), drowned piston, plunger. **13.** corsa dello ~ (*mecc.*), piston stroke. **14.** fascia elastica dello ~ (*mecc.*), piston ring. **15.** motore a ~ rotante (motore a rotore eccentrico, motore Wankel) (*mot.*), rotary expansion engine. **16.** stelo di ~ (di macchina a vapore) (*mecc.*), piston rod.
stanza (*ed.*), room. **2.** ~ da bagno (*ed.*), bathroom, toilet (am.). **3.** ~ da letto (*ed.*), bedroom. **4.** ~ di compensazione (*finanz. - comm.*), clearinghouse. **5.** ~ di soggiorno (*ed.*), living room. **6.** ~ n° 102 (di un edificio pubblico per es.) (*comm. - ecc.*), room 102.
stanziamento (*finanz.*), appropriation. **2.** ~ di fondi (*finanz. - amm.*), appropriation. **3.** ~ pubblicitario (*pubbl.*), advertising appropriation.
stanziare (fondi) (*finanz. - amm.*), to set apart, to appropriate.
starter (dispositivo di avviamento, di un carburatore) (*mot.*), starting device, choke. **2.** ~ (bottone sul cruscotto per la chiusura dell'aria) (*aut.*), choke. **3.** ~ (relé d'accensione per lampade fluorescenti) (*lampade elett.*), glow switch, starting switch.
stasare (togliere l'otturazione di un tubo per es., liberare da ostruzioni, disintasare) (*tubaz.*), to clear. **2.** ~ per mezzo di pertica [o di barra di tondino] (disotturare: un tubo) (*ed. - tubaz.*), to rod, to clear by rodding.
stasatore (~ manuale di tubi) (*fontaniere - tubista*), plumber's snake.
stasi (negli affari per es.) (*comm.*), sluggishness.
stat (unità di disintegrazione radioattiva; st: 1 st = 13,431 Bq) (*mis. fis. atom.*), stat, st.
statale (*a. - gen.*), state.
stàtica (*mecc. raz. - sc. costr. - ecc.*), statics.
staticamente (*gen.*), statically.
stàtico (*a. - fis.*), static. **2.** momento ~ (*sc. costr.*), static moment.
staticon (tubo per riprese televisive) (*termoion.*), "staticon".
statistica (*s. - stat.*), statistics. **2.** statistiche gestionali (*tlcm.*), management statistics. **3.** istituto centrale di ~ (ISTAT) (*stat.*), central statistical office, CSO. **4.** istituto di ~ (*stat.*), data bank.
statistico (*a. - stat.*), statistical. **2.** compendio ~ (*stat.*), abstract of statistics.
stativo (di microscopio) (*ott.*), stand.
stato (condizione fisica di qualcosa) (*fis.*), state. **2.** ~ assistenziale (~ che si assume la responsabilità del benessere sociale e individuale) (*politica sociale*), welfare state. **3.** ~ cuscinetto (*politica internazionale*), buffer state. **4.** ~ del mare (forza del mare) (*nav.*), sea state. **5.** ~ di efficienza (di un aeroplano per es.) (*gen.*), serviceability. **6.** ~ di equilibrio (*fis.*), equilibrium condition. **7.** ~ di stabilità (*fis. atom.*), steady state. **8.** ~ eccitato (*fis. atom.*), excited state. **9.** ~ grezzo (non raffinato) (*gen.*), coarseness. **10.** ~ isomerico (*fis. atom.*), isomeric transition. **11.** ~ liquido (*fis.*), liquid state. **12.** Stato Maggiore (*milit.*), General Staff. **13.** ~ metastabile (*fis. atom.*), metastable state. **14.** ~ nascente (*chim.*), nascent state. **15.** ~ quantico (*fis. atom.*), quantum state. **16.** ~ solido (*fis.*), solid state. **17.** ~ uno (condizione uno: in un elemento di memoria, la condizione che rappresenta il bit 1) (*elab.*), one condition. **18.** ~ virtuale (~ instabile di un nucleo composto) (*fis. atom.*), virtual level. **19.** ~ zero (condizione zero: in un elemento di memoria, la condizione che rappresenta il bit zero) (*elab.*), nought state, zero condition. **20.** a ~ solido (si riferisce a caratteristiche, proprietà, struttura ecc. di materiali allo stato solido) (*a. - fis.*), solid-state. **21.** a tre stati (relativo ai tre stati che una logica può assumere) (*a. - eltn.*), tristate. **22.** cambiamento di ~ (dallo stato solido allo stato liquido per es.) (*chim. fis.*), change of state. **23.** circuito a ~ solido (circuito elettronico formato da componenti a stato solido, come transistori, diodi ecc. e non valvole) (*eltn.*), solid-state circuit. **24.** Corpo di Stato Maggiore (*milit.*), Ge-

neral Staff Corps. **25.** durata allo ~ liquido (di resine liquide per es., in un recipiente) (*chim. fis.*), liquid life.

statore (di motore elettrico, turbina, condensatore variabile ecc.) (*gen.*), stator. **2.** ~ di scarico (gruppo di palette montate posteriormente alla turbina di un motore a getto per eliminare la vorticosità residua dai gas di scarico) (*mot. aer.*), exhaust stator-blades. **3.** protezione a persiana sullo ~ (per ventilazione: di un motore ad induzione per es.) (*mecc.*), louver stator guard, louver stator cover.

statoreattore (reattore senza elementi rotanti, la compressione avviene per la forma dell'effusore, in funzione della velocità dell'aeroplano: autoreattore) (*mot. aer.*), ramjet engine, ramjet. **2.** ~ a combustione supersonica (*mot. aer.*), scramjet, aeroresonator.

statoscòpio (*strum.*), statoscope. **2.** ~ (altimetro di precisione) (*strum. aer.*), statoscope.

statua (*arch. - arte*), statue.

statutario (*leg.*), statutory.

statuto (ordinamento di una società) (*amm. - leg.*), statute, articles of association, memorandum and articles of association (ingl.). **2.** ~ (regolamentazione dei diritti, doveri, privilegi ecc.) (*legge*), charter.

"stauffer" (ingrassatore con coperchio a vite, ingrassatore a vite) (*macch.*), Stauffer lubricator.

stauroscòpio (tipo di polariscopio) (*strum.*), stauroscope.

staziògrafo (rapportatore a tre aste) (*strum. nav. e top.*), station pointer.

stazionamento, area di ~ (*aer.*), apron.

stazionario (*a. - gen.*), stationary. **2.** onde stazionarie (*fis.*), stationary vibrations, stationary waves.

stazione (*ferr.*), station, depot (am.). **2.** ~ (*elab. - radio - ecc.*), station. **3.** ~ (posto di lavoro) (*di macch. ut.*), station. **4.** ~ (terminale, stazione dati ecc.) (*elab.*), station. **5.** ~ a basso potenziale (*radio*), low-power station. **6.** ~ aeronautica (stazione radio) (*aer. - radio*), aeronautical station. **7.** ~ aeroportuale, *vedi* aerostazione. **8.** ~ aeronautica fissa (*aer. - radio*), aeronautical fixed station. **9.** ~ a fermata facoltativa (fermata facoltativa) (*veic. pubblico*), flag station. **10.** ~ asservita (*tlcm.*), slave station. **11.** ~ astronomica (*astr. - geod.*), astronomic station. **12.** ~ a terra (fissa: non mobile) (*radio*), land station. **13.** ~ capolinea ferroviario, o di autolinee (~ per passeggeri e merci: baricentrica in un'area importante, serve come collegamento con altre linee; è dotata di piazzali e di uffici di gestione) (*trasp. ferr. e autobus*), terminal. **14.** ~ chiamante (*elab.*), calling station. **15.** ~ chiamata (*elab.*), called station. **16.** ~ clandestina (*radio*), illicit station. **17.** ~ d'angolo (di una teleferica) (*trasp.*), angle station. **18.** ~ dati (*elab.*), data station. **19.** ~ destinataria (*comm. ferr.*), receiving station (or depot). **20.** ~ di attesa (di una macchina a trasferta) (*macch. ut.*), idle station. **21.** ~ (radio) di bordo (*radio - nav. - aer. - ecc.*), inboard station. **22.** ~ di bordo (*aer. - radio*), aircraft station. **23.** ~ di caricamento (*trasp.*), loading station. **24.** ~ di collegamento (*milit.*), signals station. **25.** ~ (o posto) di controllo (di un supermarket per es.) (*comm.*), checkout stand. **26.** ~ di direzione del tiro (*mar. milit.*), fire control station. **27.** ~ di immissione (di dati) (*elab.*), input station. **28.** ~ di interrogazione (*elab.*), inquiring station. **29.** ~ di lancio per la luna (*astric.*), moonport. **30.** ~ di lavoro (p. es. un terminale video) (*elab.*), work station. **31.** ~ di lettura (*elab.*), read station, reading station. **32.** ~ di lettura per mezzo di spazzola (unità di lettura per schede perforate che vengono esplorate da sensori a spazzola che chiudono circuiti elettrici attraverso i fori) (*elab.*), brush station. **33.** ~ dipendente (~ secondaria) (*elab.*), tributary station. **34.** ~ di perforazione (per schede perforande) (*elab.*), punching station. **35.** ~ di pompaggio (*idr.*), pumping plant. **36.** ~ di punteria (*mar. milit.*), director tower. **37.** ~ di ribaltamento (del pezzo, di una macchina a trasferta) (*macch. ut.*), turnover station. **38.** ~ di rifornimento (*di aut.*), gas station (am.), filling station. **39.** ~ di rifornimento con attrezzatura logistica (autogrill disposto lungo le autostrade, dove è possibile rifornirsi di carburante, consumare cibi e riposare) (*aut. - autostrada*), pit stop. **40.** ~ di rifornimento di carbone (stazione di carbonamento) (*nav.*), coaling station. **41.** ~ di rotazione, *vedi* ~ di ribaltamento. **42.** ~ di smistamento (*ferr.*), shunting station (or depot). **43.** ~ di spedizione (*comm. ferr.*), despatch station. **44.** ~ di stampa (si riferisce ad un terminale stampante) (*elab.*), print station. **45.** ~ di tosa (per pecore) (*ind. lana*), woolshed. **46.** ~ di transito (*ferr.*), through station. **47.** ~ di trasbordo (*ferr.*), transfer, transhipping station (or depot). **48.** ~ di trasformazione (*elett.*), transforming station. **49.** ~ dotata di serbatoio (per rifornimento acqua) (*ferr.*), tank station. **50.** ~ emittente (*radio*), broadcasting station. **51.** ~ ferroviaria (*ferr.*), railway station. **52.** ~ fotoelettrica (*milit.*), searchlight station. **53.** ~ intermedia (*ferr.*), intermediate station (or depot). **54.** ~ locale (*radio*), spot station. **55.** ~ marittima (terminale di linee di navigazione provvista di banchine, piazzali, uffici di gestione e stazione passeggeri) (*trasp. mar.*), terminal. **56.** ~ merci (*ferr.*), goods station, goods depot. **57.** ~ meteorologica (*meteor.*), weather station. **58.** ~ meteorologica automatica (*meteor.*), automatic meteorological observing station, AMOS. **59.** ~ mobile (*radio*), mobile station. **60.** ~ mobile al suolo (*aer. - radio*), mobile surface station. **61.** ~ motrice supplementare (situata in una posizione intermedia di un trasportatore) (*mecc. ind.*), booster drive. **62.** ~ ottica (*milit.*), visual signaling post. **63.** ~ principale (~ che controlla altre stazioni e terminali) (*elab.*), master station. **64.** ~ principale (stazione madre) (*radiocomunicazioni*), master station. **65.** ~ radiogoniometrica (*radio*), direction finding station. **66.** ~ radio su aeromobile (stazione radio di bordo) (*aer. - radio*), aircraft radio station. **67.** ~ radiotrasmittente privata (*radio*), private station. **68.** ~ ripetitrice (stazione ricevente e trasmittente) (*radio*), radiorelay. **69.** ~ ritrasmittente (o ripetitrice) (*radio*), relay station. **70.** ~ secondaria (~ tributaria di altra ~) (*elab.*), secondary station. **71.** ~ secondaria (*ferr.*), way station. **72.** ~ spaziale (*astric.*), space station. **73.** ~ telemetrica (*mar. milit.*), range finding station. **74.** ~ terminale (stazione di testa) (*ferr.*), stub station. **75.** ~ trasmittente (*radio*), transmitting station. **76.** capo ~ (*ferr.*), station master.

stazza (*nav.*), tonnage. **2.** ~ di regata (stazza di un panfilo per es., per regate) (*nav. - sport*), rating. **3.** ~ lorda (*nav.*), gross tonnage. **4.** ~ netta (*nav.*), net tonnage, register tonnage. **5.** ~ sotto ponte (~ della parte della nave situata sotto il ponte di ~) (*nav.*), underdeck tonnage. **6.** certificato di ~ (*nav.*), tonnage certificate, measure brief, certificate of measurement. **7.** ponte di ~ (*nav.*), tonnage deck.

stazzare (*nav.*), to have a tonnage of.

stazzatore (*costr. nav.*), tonnage measurer.

stazzatura (misurazione della stazza) (*nav.*), tonnage measurement, tonnage admeasurement. **2.** ~ Thames (*nav.*), Thames measurement, T.M.

stearato (*s. - chim.*), stearate. **2.** ~ di sodio ($C_{17}H_{35}COONa$, per saponi) (*ind. chim.*), sodium stearate.

steàrico (*a. - chim.*), stearic.

stearina (acido stearico) ($C_{17}H_{35}.COOH$) (*chim.*), stearine, stearin.

steatite (*min.*), steatite, soapstone, lard stone.

stecca (*att.*), dipstick. **2.** ~ (di persiana alla veneziana per es.) (*ed.*), slat. **3.** ~ (*ed.*), batten. **4.** ~ (ganascia: di giunto di rotaie) (*ferr.*), fishplate. **5.** ~ abrasiva (di rame e polvere di diamante) (*ut.*), diamond file. **6.** ~ angolare (ganascia angolare) (*ferr.*), angle fishplate. **7.** ~ di legno (*carp. - falegn.*), board. **8.** ~ di misura per meccanici (*att. mis.*), machinist's scale. **9.** ~ (di misurazione) del livello dell'olio (*mot. aut.*), bayonet gauge, dipstick. **10.** ~ di persiana (non avvolgibile: di una finestra per es.) (*falegn.*), louver board.

steccare (applicare le ganasce, applicare le stecche) (*ferr.*), to fish.

steccato (*s.*), stockade, stacked enclosure. **2.** recingere con uno ~ (*gen.*), to stockade.

steccatura (connessione di rotaie ferroviarie mediante collegamento a stecche) (*ferr.*), fishing.

stechiometria (*chim.*), stoichiometry, stoicheiometry.

stechiomètrico (*chim.*), stoichiometric.

stegola (dell'aratro, stanga di guida) (*agric.*), plowtail, ploughtail. **2.** ~ (di un motocoltivatore per es.) (*macch. agric.*), handlebar.

stèle (*arch.*), stele.

stella (*astr.*), star. **2.** ~ (tipo di collegamento tra le tre fasi di un sistema trifase, di un utilizzatore per es.) (*elett.*), star, Y. **3.** ~ (di cilindri di un motore radiale), star. **4.** ~ (*cinem.*), star. **5.** ~ delle razze (di una ruota) (*gen.*), spider. **6.** ~ di neutroni (stella ipotetica il cui nucleo è interamente composto da neutroni) (*fis. atom. - astr.*), neutron star. **7.** ~ di posizione nota (cui riferirsi per la regolazione di un orologio astronomico) (*astr.*), clock star, time star. **8.** ~ fissa (*astr.*), fixed star. **9.** ~ polare (*astr.*), North Star, polestar. **10.** a doppia ~ (di motore stellare) (*mot.*), double-row. **11.** a ~ semplice (di un motore stellare) (*mot.*), single-row. **12.** collegamento a ~ (*elett.*), Y connection, star connection. **13.** le sette stelle dell'Orsa Maggiore (*astr.*), Big Dipper. **14.** le sette stelle dell'Orsa Minore (*astr.*), Little Dipper.

"stellarator" (generatore stellare, dispositivo per riprodurre la fusione nucleare controllata) (*fis. atom.*), stellarator, stellar generator.

stellare (*a. - astr.*), stellar. **2.** generatore ~ (*fis. atom.*), stellarator.

stellato (*a. - astron.*), starry. **2.** ~ di poppa (*nav.*), run. **3.** ~ di prua (al di sotto della linea d'acqua) (*costr. nav.*), entrance.

stella-triangolo (*connessione elett.*), delta-star, mesh-star. **2.** a ~ automatico (avviamento per un motore trifase, per es.) (*a. - elett.*), automatic star delta, A.S.D.

stellatura (*costr. nav.*), *vedi* stellato.

stellitare (riportare stellite su sedi di valvole per es.) (*tecnol. mecc.*), to stellite, to hard-face.

stellitato (*a. - tecnol. mecc.*), stellited. **2.** valvole stellitate (valvole di scarico di mot. a comb. interna con riporto di stellite) (*mecc. - mot.*), stellited valves.

stellite (lega di cobalto, tungsteno, cromo ecc.) (*metall.*), stellite.

stellitizzazione (riporto di stellite, su sedi di valvole per es.) (*tecnol. mecc.*), stellitization.

stèlo (*mecc.*), stem, rod. **2.** ~ della valvola (*mecc.*), valve stem, valve spindle. **3.** ~ dello stantuffo (di macchina a vapore per es.), piston rod. **4.** ~ prolungato (proseguimento dello stelo: di una valvola di una macchina a vapore per es.) (*mecc.*), tail rod.

stemma (col nome del fabbricante) (*aut. - ecc.*), badge.

stemperare (colori con materie collanti per es.) (*pittura - vn.*), to distemper.

stemprare (far perdere la tempra) (*tratt. term.*), to soften.

stemprato (addolcito) (*tratt. term.*), softened.

stèndere (distendere: stoffa per es.) (*gen.*), to tenter. **2.** ~ (distribuire uniformemente) (*vn.*), to lay off.

stenditoio (usato per tessuti) (*att.*), tenter.

steno (= 1000 newton: forza che imprime l'accelerazione di 1 $m/sec.^2$ ad una massa di 1 t) (*mis.*), sthene.

stenodattilògrafa, stenodattilografo (*uff. - ecc.*), stenotypist, shorthandtypist.

stenògrafa, stenògrafo (*uff. - ecc.*), stenographer.

stenografare (*uff. - ecc.*), to stenograph.
stenografato (*uff. - ecc.*), shorthand, stenographed.
stenografia (*uff. - ecc.*), shorthand, stenography.
stenografico (*uff. - ecc.*), stenographic, shorthand.
stenoscòpio (apparecchio fotografico a foro: senza lenti) (*fot.*), pinhole camera.
stenoscritto (testo stenografato) (*uff.*), stenograph.
steppa (*geogr.*), steppe.
steradiante (angolo solido, per il quale il rapporto tra superficie intercettata sulla sfera e raggio al quadrato è 1) (*mis. geom.*), steradian.
sterangolo (angolo solido) (*geom.*), solid angle.
stereòbate (*mur.*), stereobate.
stereochìmica, stereochemistry.
stereocomparatore (*strum. top.*), stereocomparator.
stereocromìa, stereochromy.
stereofonìa (*acus. - radio*), stereophony.
stereofònico (*acus. - radio*), stereophonic.
stereofotogrammetrica (fotogrammetria stereoscopica) (*fot.*), stereophotogrammetrie.
stereografia (*geom.*), stereography.
stereogramma (*geom.*), stereogram.
stereoisomerìa (*chim.*), *vedi* stereoisomerismo.
stereoisomerismo (*chim.*), stereoisomerism.
"stereologia" (studio applicativo di caratteristiche stereo; studio scientifico per conferire caratteristiche tridimensionali ad oggetti normalmente osservati a due dimensioni) (*s. - ott.*), stereology.
stereometrìa (*geom.*), stereometry.
stereoplanìgrafo (*strum. top.*), stereoplanigraph.
stereoscopìa (*ott.*), stereoscopy.
stereoscòpico (*a. - ott.*), stereoscopic.
stereoscòpio (*strum. ott.*), stereoscope. **2.** ~ a riflessione (*strum. ott.*), reflecting stereoscope. **3.** ~ a rifrazione (*strum. ott.*), lenticular stereoscope. **4.** ~ a specchio (*strum. ott.*), mirror stereoscope.
stereotelèmetro (*strum. ott. milit.*), stereotelemeter, stereorangefinder.
stereotipìa (procedimento mediante il quale si ricava, dalla composizione tipografica ad elementi mobili, una o più riproduzioni di essa in unico blocco) (*tip.*), stereotypy. **2.** ~ (monoblocco della composizione tipografica ottenuto col procedimento di stereotipia), stereotype, stereo. **3.** ~ (elettrotipo o stereotipo di giornale per es.) (*tip. - giorn.*), boiler plate. **4.** ~ curva (*tip.*), curved stereo.
stereotipista (*op. - tip.*), stereotyper.
sterico (relativo alla disposizione degli atomi nella molecola) (*chim.*), steric, sterical. **2.** impedimento ~ (dovuto alla disposizione degli atomi in una molecola) (*chim.*), steric hindrance.
stèrile (*a. - min.*), waste. **2.** ~ (materiale di rifiuto non contenente minerale utile) (*s. - min.*), waste, tail, tailings, tails. **3.** ammasso ~ su vena (*geol. - min.*), horse.
sterilizzare (*med.*), to sterilize. **2.** ~ (neutralizzare una bomba o mina) (*mar. milit. - espl.*), to sterilize.
sterilizzatore (*app. med.*), sterilizer. **2.** ~ (dispositivo usato per neutralizzare una bomba o una mina) (*mar. milit. - espl.*), sterilizer. **3.** ~ (a formalina) per cateteri (*strum. med.*), sterilizer for catheters. **4.** ~ dell'acqua (*strum. med.*), water sterilizer.
sterilizzazione (*med. - ecc.*), sterilization. **2.** ~ mediante irradiazione (*med. - fis. atom.*), radiation sterilization.
sterlina, pound, pound sterling, £.
sterlineato (senza interlinee) (*a. - tip.*), solid.
stero (unità di volume pari ad un metro cubo di materiale in mucchio) (*mis. per legno e carbone*), stere.
steroide (sostanza chimica) (*chim. - biochim.*), steroid.
sterratore (*op.*), digger.
sterratura (o disterratura: rimozione delle anime dai getti) (*fond.*), flogging, sand flogging, sand knocking out.
stèrro (operazione di sterro) (*ed.*), digging excavation. **2.** materiali sciolti di ~ (*mur.*), spoil, refuse earth.
sterzaggio (*veic.*), *vedi* sterzatura.
sterzante (*veic.*), steering.
sterzare (un'automobile per es.), to steer.
sterzata (*aut.*), steering. **2.** ~ di cedevolezza (sterzata di flessione) (*aut.*), compliance steer, deflection steering. **3.** ~ di rollio (*veic.*), roll steer. **4.** angolo di ~ (*aut.*), steering angle. **5.** angolo di ~ di riferimento (*veic.*), reference steer angle. **6.** linea di ~ neutra (*veic.*), neutral steer line. **7.** massima ~, massimo angolo di ~, (tutto sterzo) (*aut.*), steering lock, full steering lock. **8.** numero di giri del volante (intercorrente) fra le sterzate massime (da finecorsa destro a finecorsa sinistro per es.) (*aut.*), number of turns of the steering wheel lock-to-lock.
sterzato (*veic.*), steered.
sterzatura (*aut.*), steering.
stèrzo (di automobile per es.) (*mecc.*), steering. **2.** ~ (di una locomotiva a vapore per es.) (*ferr.*), steering truck. **3.** ~ (carrello ad un'asse, asse Bissel) (*ferr.*), Bissell truck, pony truck. **4.** ~ a circolazione di sfere (*aut.*), continuous ball-type steering. **5.** ~ a vite globoidale e rullo (*aut.*), roller and hourglass-worm steering, Gemmer worm and roller steering. **6.** ~ duro (*aut.*), hard steering. **7.** ~ neutro (*aut.*), neutral steer. **8.** ~ posteriore (di una locomotiva a vapore per es.) (*ferr.*), trailing wheel steering. **9.** ~ reversibile (di automobile per es.) (*mecc.*), steering with caster action. **10.** ~ sulle quattro ruote (quattro ruote sterzanti) (*veic.*), four-wheel steer. **11.** comando ~ (*aut.*), steering gear. **12.** comando ~ ad eccentrico (*veic.*), cam steering gear. **13.** comando ~ a pignone e cremagliera (*veic.*), rack-and-pinion steering gear. **14.** comando ~ a vite e madrevite (*aut.*), worm-and-nut steering gear. **15.** comando ~ a vite e madrevite con interposizione di sfere (*aut.*), recirculating ball screw-and-nut steering gear. **16.** comando ~ a vite e rullo (*aut.*), worm-and-roller steering gear. **17.** comando ~ a vite e settore (*aut.*), worm-and-sec-

tor steering gear. **18.** geometria dello ~ (*aut.*), steering geometry. **19.** meccanismo di ~ (di automobile per es.) (*mecc.*), steering gear. **20.** piantone dello ~ ad assorbimento di energia (per sicurezza) (*aut.*), energy-absorbing steering column. **21.** ralla orizzontale di ~ (dell'assale anteriore di una carrozza a cavalli a 4 ruote per es.) (*veic.*), fifth wheel. **22.** tendenza ad andare sotto ~ (*aut.*), steering dive (am.). **23.** tendenza dello ~ a spostare (o "tirare") lateralmente (*aut.*), steering wander (am.). **24.** tutto ~ (massimo angolo di sterzata) (*aut.*), steeering lock, full steering lock.

steso (svolto e disposto secondo la forma originaria: di copertone per cassone d'autocarro per es.) (*a. - gen.*), expanded. **2.** ~ (disposto in senso rettilineo: di filo o cavo elettrico per es.) (*a. - gen.*), stretched.

stesura (di un contratto per es.) (*comm. - ecc.*), drawing up.

stetoscòpio (*strum. med.*), stethoscope. **2.** ~ industriale (*app. ind.*), industrial stethoscope.

stia (recinto per piccoli animali) (*agric.*), hutch.

stibina (Sb_2S_3) (*min.*), stibnite.

stigliare (scotolare, canapa per es.) (*ind. tess.*), to scutch. **2.** macchina per ~ (*macch. tess.*), scutching machine.

stigliatura (scotolatura) (*ind. tess.*), scutching.

stigmàtico (*ott.*), stigmatic.

stigmatismo (*ott.*), stigmatism.

stilata (piedritto intermedio) (*arch.*), pier.

stilb (unità di brillanza) (*unità illum.*), stilb.

stile (*arch.*), style. **2.** ~ (eleganza della linea e della forma) (*costr. carrozz. aut.*), styling. **3.** ~ classico (*arch.*), classical style. **4.** ~ fiammeggiante (*arch.*), flamboyant style. **5.** ~ gotico (*arch.*), Gothic style. **6.** ~ regina Anna (*arch.*), Queen Anne style. **7.** reparto ~ (centro stile, per carrozzerie) (*aut.*), styling department.

stilista (progettista di carrozzerie per automobili per es.) (*progettista*), stylist. **2.** ~ (*dis. ind.*), creative engineer.

stillicidio (*gen.*), dripping water. **2.** protetto contro lo ~ (*macch. elett.*), dripproof. **3.** protezione contro lo ~ (*macch. elett.*), dripproofing.

stilo (per l'incisione di dischi) (*acus.*), stylus. **2.** ~ (elemento appuntito per scrivere su carta carbone per es.) (*uff.*), stylus. **3.** ~ per incisione (*acus.*), cutting stylus.

stilòbate (*arch.*), stylobate.

stilografica (penna) (*uff.*), style pen, stylographic pen.

stima (*gen.*), estimation. **2.** ~ (*comm.*), estimate, appraisal. **3.** ~ (valutazione) (*stat. - ecc.*), appraisal, estimation. **4.** ~ della posizione (senza osservazione celeste) (*nav. - aer.*), dead reckoning. **5.** ~ delle distanze (*gen.*), range estimation. **6.** ~ puntuale (*mat.*), point estimation. **7.** ~, *vedi anche* valutazione.

stimare (*comm.*), to estimate, to value, to appraise.

stimato (valutato) (*comm.*), estimated.

stimatore (*comm.*), appraiser.

stimolare (*gen.*), to stimulate.

stimolatore cardiaco (*app. med.*), pacemaker.

stimolazione (*chim. - ecc.*), stimulation. **2.** ~ (di operai per es.) (*organ. lav. - ecc.*), stimulation.

stimolo (*gen.*), stimulus. **2.** ~ (*fis. - psicol.*), stimulus. **3.** ~ di base (*ott.*), basic stimulus. **4.** errore di ~ (*psicol.*), stimulus error.

stipendiato (*a. - pers.*), salaried, stipendiary (ingl.). **2.** ~ (impiegato per es.) (*s. - pers.*), salary earner, salaried employee, stipendiary (ingl.).

stipèndio (di operaio, impiegato, dirigente ecc.) (*amm.*), wage, salary, stipend, pay, emolument, fee. **2.** ~ annuo (di un impiegato) (*pers.*), yearly salary. **3.** ~ arretrato (di un impiegato) (*pers.*), arrear salary. **4.** ~ base (di un impiegato) (*ind.*), base rate, basic rate. **5.** ~ iniziale (di un impiegato) (*pers.*), initial salary. **6.** aumento di ~ (di un impiegato) (*pers.*), increase in salary.

stipettaio (*op. falegn.*), cabinetmaker.

stìpite (*arch.*), pier, jamb. **2.** ~ di porta (*arch.*), doorpost. **3.** ~ in pietra (*arch.*), jambstone.

stipula (stipulazione, di un contratto per es.) (*comm.*), stipulation.

stipulare (*comm.*), to stipulate.

stipulato (un contratto) (*comm.*), stipulated.

stipulazione (stipula) (*comm.*), stipulation.

stiramento (*gen.*), stretching. **2.** ~ (di materiali metallici), stretch, stretching. **3.** ~ (del nastro di carda per es.) (*ind. tess.*), draft. **4.** ~ di fucinatura (diminuzione dello spessore con successive operazioni) (*fucinatura*), forging strain. **5.** ~ effettivo (*ind. tess.*), actual draft. **6.** ~ ripetuto (*prova gomma*), repeated stretching.

stirare (*tecnol. mecc.*), to stretch. **2.** ~ (*ind. tess.*), to draw. **3.** ~ (gomma grezza) to rack. **4.** ~ (con ferro da stiro) (*tess.*), to iron. **5** ~ il nastro (di carda) (*ind. tess.*), to draw the sliver.

stirato (lamiera o pezzo fucinato) (*tecnol. mecc.*), stretched.

stiratoio (*macc. tess.*), drawing frame. **2.** ~ (banco di stiratura a barrette, "gill box") (*macch. ind. lana*), gill box. **3.** ~ a barrette di pettini (banco di stiro a barrette) (*macch. tess.*), gill box. **4.** ~ a bobine (od alette) (*macch. tess.*), "raving" gill box. **5.** ~ bobinatore (di lana per es.) (*macch. tess.*), balling gill box. **6.** ~ di preparazione alla pettinatura (*macch. tess.*), drawing gill-intersecting. **7.** ~ doppio (*macch. tess.*), intersecting gill box. **8.** ~ doppio a vasi (per lana) (*macch. tess.*), can intersecting gill box. **9.** ~ doppio con manicotti frottatori (*macch. tess.*), rubber intersecting gill box. **10** ~ finitore (*macch. tess.*), finishing gill box. **11.** ~ finitore a vasi (per lana) (*macch. tess.*), can finishing gill box. **12.** ~ per stampa (*macch. tess.*), printing gill box. **13.** ~ semplice a due teste con scarico in vasi (*macch. tess.*), double-headed can gill box. **14.** ~ semplice a fusi (*macch. tess.*), spindle gill box. **15.** ~ senza pettine finitore (per lana per es.) (*macch. tess.*), "dandy-rover". **16** ~ senza pettine prefinitore (per lana per es.) (*macch. tess.*), "dandy-finisher". **17.** ~ senza pettine riduttore (per lana per es.) (*macch. tess.*), "dandy-reducer". **18.** cascame di ~ (*ind. tess.*), drawing waste, fly.

stiratrice (per lamiere) (*macch. ut.*), stretching machine. **2.** ~ (*lav. domestica*), ironer. **3.** ~ (*app. domestico*), ironing machine.

stiratrice-sagomatrice (stiratrice-piegatrice, per lamiere) (*macch. ut.*), "stretch-forming" machine.

stiratura (di tessuti), ironing. **2.** ~ (dei nastri di carda) (*ind. tess.*), drawing. **3.** ~ (di lamiere) (*operaz. mecc.*), stretching. **4.** ~ (con spostamento longitudinale di materiale) (*fucinatura*), drawing. **5.** ~ trasversale (operazione di fucinatura nella quale si ha uno scorrimento di materiale maggiore in direzione trasversale che in quella longitudinale) (*fucinatura*), spreading.

stiratura-sagomatura (stiratura-piegatura, di lamiere) (*operaz. mecc.*), "stretch-forming".

stirene (*chim.*), styrene.

stiro (della lana) (*ind. tess.*), draft, drawing. **2.** ~ effettivo (*ind. tess.*), actual draft.

stiro-formatura, *vedi* stiro-imbutitura.

stiro-imbutitura (pressostiratura: operazione effettuata su lamiere metalliche, oppure su fogli di plastica laminata) (*tecnol. - ind.*), stretch-forming.

stirolo ($C_6H_5CH=CH_2$) (per la preparazione della Buna S, polistirolo ecc.) (*chim.*), styrone, styrole, styrol.

stiva (*nav.*), hold. **2.** ~ (*ind. - mur.*), stack. **3.** ~ (bagagliaio) (*aer.*), hold. **4.** ~ di poppa (*nav.*), afterhold. **5.** ~ di prua (stiva prodiera) (*nav.*), forehold. **6.** ~ per carbone (*nav.*), bunker, coal hold. **7.** ~ refrigerata (*nav.*), refrigerated hold.

stivaggio (*ind.*), stowage. **2.** ~ (sistemazione del carico nella stiva) (*nav.*), stowage. **3.** spese di ~ (*comm.*), stowage.

stivamento (stivatura, pigiatura: della sabbia in una forma) (*fond.*), ramming.

stivare (merci per es.) (*ind.*), to stow. **2.** ~ (sistemare il carico nella stiva) (*nav.*), to stow. **3.** ~ (pigiare sabbia nella forma) (*fond.*), to ram. **4.** ~ carico e zavorra in modo tale che la nave assuma la voluta posizione di galleggiamento (sistemare l'assetto della nave) (*nav.*), to trim.

stivatore (*op. nav.*), stevedore, longshoreman.

stivatrice (*fond.*), *vedi* formatrice.

stivatura (pigiatura, stivamento: della sabbia in una forma) (*fond.*), ramming.

stocastico (casuale) (*a. - stat.*), stochastic. **2.** processo ~ (*stat.*), stochastic process.

stoccaggio (di carburanti o gas per es.) (*ind. chim.*), stocking.

stòffa (*tess.*), cloth, fabric. **2.** ~ a tele multiple (di un involucro di aerostato per es.) (*tess.*), multi-ply fabric. **3.** ~ a tele multiple (con fili dell'ordito) in diagonale (per aerostato per es.) (*tess.*), biassed fabric. **4.** ~ a tele multiple in dritto filo (di un involucro di aerostato per es.) (*tess.*), parallel fabric. **5.** ~ fantasia (*mft. tess.*), fancy cloth. **6.** ~ gommata (per aerostati) (*ind. gomma*), rubber-coated fabric. **7.** ~ impermeabile, waterproof cloth. **8.** ~ leggera di lana (o mista) (*ind. tess.*), delaine.

"stoke" (unità di misura della viscosità cinematica: 1 stoke rappresenta la viscosità cinematica di un fluido che ha la viscosità di 1 poise e la densità di 1 grammo per centimetro cubico) (*mis.*), stoke, St.

stonato (di cantante per es.) (*acus.*), out of tune.

stop (luce di arresto che si accende frenando) (*aut. - veic.*), stoplight. **2** ~ (segnale di arresto) (*segnale traff. strad.*), stop.

stoppa (*ind. tess.*), tow. **2.** ~ da calafato (*costr. nav.*), calking oakum, oakum.

"stoppabuchi" (tura-buco, composizione che può essere sempre usata per riempire uno spazio in un giornale) (*giorn.*), filler.

stoppaccio (di cartuccia) (*armi da fuoco*), wad. **2** ~ infiammabile (per accendere il fuoco) (*gen.*), tinder.

stoppare (*mft. vetro*), *vedi* stuccare.

stoppia (*agric.*), stubble.

stoppino (di lampada ad olio per es.) wick. **2.** ~ (lucignolo) (*ind. tess.*), rove, roving. **3.** ~ (nastro, di lana per es., sottoposto a leggera torsione o torcitura) (*ind. tess.*), slubbing.

storcersi (*gen.*), to distort. **2.** ~ (svergolarsi) (*mecc. - ecc.*), to warp.

stornare (*comm.*), to transfer.

storno (*comm.*), trasfer. **2.** ~ (annullamento, di un ordine per es.) (*gen.*), cancellation.

stòrta (*att. chim.*), retort. **2.** ~ di distillazione (*att. chim. ind.*), still. **3.** ~ per gas (*att. chim. ind.*), retort. **4.** ~ semplice (di laboratorio) (*att. chim.*), plain retort.

storto (deformato) (*a. - gen.*), distorted.

stoviglie (*ind. ceramica e plastica*), dishes.

stozzare (*operaz. mecc.*), to slot.

stozzato (*lav. macch. ut.*), slotted.

stozzatrice (mortasatrice) (*macch. ut.*), slotter, slotting machine. **2.** ~ per sedi chiavette (*macch. ut.*), keyway slotting machine.

stozzatura (lavorazione alla macch. ut.) (*mecc.*), slotting.

strabismo (*ott.*), squint.

stracannare (riannaspare) (*ind. tess.*), to rewind.

stracannatura (*ind. tess.*), rewinding.

stracceria (sala di cernita degli stracci) (*mft. carta*), raghouse.

stracciare (*gen.*), to tear.

straccio (*ind. tess.*), rag. **2.** ~ per pulizia (per officina per es.), wiping rag, wiping cloth. **3.** polvere di stracci (*mft. carta*), rag dust.

strada, road, street, way, route. **2.** ~ (*di città*), street. **3.** ~ accessoria (*traff. strad.*), service road (ingl.). **4.** ~ a doppia carreggiata (ciascuna per un solo senso di traffico) (*traff. strad.*), divided road. **5.** ~ a due sensi (*traff. strad.*), two-way road. **6.** ~ a fondo cattivo (*strad.*), lumpy road. **7.** ~ a senso unico (*traff. strad.*), one-way street. **8.** ~ alpestre (*strad.*), alpine road, mountain road. **9.** ~ alzaia (strada che costeggia un canale, usata per rimorchiare barche per es.) (*strad.*), towpath. **10.** ~ a mezzacosta (*strad.*), dugway. **11.** ~ a numero dispari di vie (di traffico) (*traff. strad.*), odd-lane road. **12.** ~ asfaltata (*strad.*), asphalt paved road. **13.** ~ a via di traffico (o carreggiata) unica (*traff. strad.*), undivided road. **14.** ~ a vie (di traffico) multiple (*traff. strad.*), multi-lane road. **15.** ~ carrozzabile (*strad.*), traffic road. **16.** ~ cattiva (*strad.*), bad surface road. **17.** ~ cieca (vicolo cieco) (*gen.*), cul-de-sac. **18.** ~ cittadina (*strad.*), street. **19.** ~ con buche (*strad.*), lumpy road. **20.** ~ con pavimentazione in brecciame (o macadam) (*strad.*), metaled (or metalled) road, macadamized road. **21.** ~ di campagna (*strad.*), country road. **22.** ~ di circonvallazione (intorno ad una città per es.) (*strad.*), ring road. **23.** ~ di grande comunicazione (con due o più corsìe) (*strad.*), highway, carriageway (ingl.). **24.** ~ di grande comunicazione a carreggiate separate (*strad.*), dual highway. **25.** ~ diretta (con precedenza di passaggio) (*traff. strad.*), through road. **26.** ~ dissestata (*strad.*), bad surface road. **27.** ~ in costruzione (lavori in corso) (*costr. strad.*), road under construction. **28.** ~ inghiaiata (*strad.*), gravel road. **29.** ~ in macadam (*strad.*), metaled (or metalled) road, macadamized road. **30.** ~ in macadam al catrame (*strad.*), tarmacadam road, Tarmac. **31.** ~ lastricata (*strad.*), stone paved road. **32.** ~ pavimentata a ciottoli (*strad.*), cobblestone road. **33.** ~ principale (*strad.*), main road. **34.** ~ principale (strada con diritto di precedenza) (*traff. strad.*), major road. **35.** ~ privata di accesso (da un via pubblica ad una casa interna) (*ed. - strad.*), driveway. **36.** ~ radiale (strada che congiunge il centro con i rioni periferici) (*strad.*), radial road. **37.** ~ rotabile (*traff. strad.*), carriage way. **38.** ~ sdrucciolevole (*traff. strad.*), slippery road. **39.** ~ secondaria (*strad.*), subsidiary road. **40.** ~ secondaria (*traff. strad.*), minor road. **41.** ~ senza uscita (*segnale traff. strad.*), no through road. **42.** ~ statale (*strad.*), highway. **43.** angolo della ~ (di città) (*strad.*), street corner. **44.** bivio della ~ (*strad.*), road fork. **45.** colmo della ~ (*strad.*), road crown. **46.** tenuta di ~ (di un aut.) (*aut.*), road holding.

stradale (*a. - strad.*), pertaining to the road. **2.** attraversamento ~ (incrocio) (*strad.*), road crossing. **3.** fondo ~ (*strad.*), roadbed. **4.** piano ~ (*strad.*), roadway. **5.** terrapieno ~ (*strad.*), road embankment.

stradare (allicciare, piegare i denti della sega) (*mecc.*), to set.

stradaseghe (allicciatoio) (*ut.*), setter.

stradatore (licciaiuola, per lame di sega) (*ut.*), saw set.

stradatrice (macchina per stradare [o per allicciare] lame da sega) (*macch.*), setter.

stradatura (operazione di stradatura) (*mecc.*), setting, saw setting.

stradino (*lav.*), road mender.

straglio (*nav.*), stay. **2.** ~ del fumaiolo (vento del fumaiolo) (*nav.*), funnel stay. **3.** ~ di trinchetto (di un veliero) (*nav.*), forestay.

stralcio (brano di una lettera per es.) (*uff.*), extract, excerpt.

strallo, *vedi* straglio.

stramazzo (per misura di portata) (*costr. idr.*), weir, overfall. **2.** ~ Cipolletti (stramazzo trapezoidale) (*costr. idr.*), trapezoidal weir, Cipolletti weir. **3.** ~ in parete sottile (*costr. idr.*), sharp-crested weir. **4.** ~ in parete spessa (*costr. idr.*), broad-crested weir. **5.** ~ rettangolare (*costr. idr.*), rectangular weir. **6.** ~ rigurgitato (*costr. idr.*), submerged weir, submerged overfall. **7.** ~ triangolare (*costr. idr.*), triangular weir, V-notch weir. **8.** chiusa a ~ (*costr. idr.*), weir. **9.** sfioratore a ~ (*idr.*), open spilway, weir.

stranezza (tipo di caratteristica quantistica di una particella elementare a forte interazione) (*fis. atom.*), strangeness.

strangolacani (cima per sventare una vela) (*nav.*), spilling line.

strangolare (strozzare) (*fucinatura*), to neck.

strangolatura (strozzatura, diminuzione della sezione di una barra per es.) (*fucinatura*), necking.

straniero (*a. - comm. - ecc.*), foreign.

strano (detto di un quark) (*a. - fis. atom.*), strange.

straordinario (lavoro ~) (*ind. - amm. - ecc.*), overtime.

straozare (*nav.*), to yaw.

straorzata (brutta accostata) (*nav.*), yaw.

strapiombo (fuori piombo) (*ed.*), out-of-plumb.

strapontino, *vedi* strapuntino.

strappamento (strappo) (*gen.*), tearing. **2.** ~ (asportazione violenta di materiale per effetto di taglio) (*mecc.*), tearing. **3.** ~ (di filetti di una vite per es.) (*mecc.*), stripping. **4.** ~ da utensile (*mecc. - macch. ut.*), machining tear. **5.** ~ elettrolitico (asportazione del rivestimento metallico dal metallo base) (*elettrodeposizione*), stripping.

strappare (stracciare) (*gen.*), to tear. **2.** ~ (rompere a seguito di trazione violenta), to break. **3.** ~ (brusco sforzo di trazione) (*mecc.*), to jerk. **4.** ~ (di frizione che funziona irregolarmente) (*mecc.*), to jerk, to grab. **5.** ~ la filettatura (di un bullone per es.) (*mecc.*), to strip.

strappatura (*gen. - mecc.*), *vedi* strappamento.

strapperina (taglierina stacca moduli; separa i moduli di cancelleria prodotti in nastro continuo) (*elab.*), burster, decollator.

strappettature (su blumi o billette a causa di difettosa laminazione o di incrinature del lingotto) (*difetto metall.*), splitting, splits.

strappo (strappamento) (*gen.*), tearing. **2.** ~ (difetto di un pezzo imbutito per es.) (*lav. lamiera*), tear, splitting. **3.** ~ di apertura del paracadute (*aer.*), parachute-opening shock. **4.** instabilità di ~ (*tecnol.*), tearing instability. **5.** limite di ~ (nella stiroimbutitura per es.) (*lav. lamiera*), splitting limit. **6.** linea di ~ (punteggiato con perforazioni: in un modulo continuo) (*elab. - ecc.*), tear off line. **7.** nastrino a ~ (*imballaggio*), tear strip. **8.** resistenza allo ~ (della gomma vulcanizzata per es., misurata in kg per cm^2 di sezione) (*tecnol.*), tearing resistance. **9.** resistenza allo ~ (della carta per es.) (*prove ind.*), tearing resistance.

strapuntino (sedile cernierato ribaltabile: di automobile per es.), folding seat.

straripamento (di un fiume) (*idr. - costr. idr.*), overflowing. **2.** ~ aritmetico (traboccamento aritmetico) (*elab.*), arithmetic overflow.

straripare (uscire dalle sponde, di un fiume) (*costr. idr.*), to overflow.

stràscico (sciabica: tipo di rete per pesca) (*nav.*), trawl.

strass (vetro per gioielli artificiali), strass.

strategia (*milit. - ecc.*), strategy.

stratègico (*a. - milit.*), strategic, strategical.

stratificare (*geol.*), stratify.

stratificato (*a. - gen.*), stratified. **2.** ~ (laminato) (*ind. plastica - ecc.*), laminated. **3.** ~ (bandeggiato, struttura metallica contenente segregazioni, dopo deformazione plastica) (*metall. - fucinatura*), banded.

stratificatura (laminatura, nella lavorazione delle resine sintetiche) (*ind. chim.*), lamination.

stratificazione (*geol.*), stratification. **2.** ~ (laminazione, di materie plastiche) (*ind. chim.*), lamination. **3.** ~ (bandeggiamento, tipo di segregazione) (*difetto metall.*), banding. **4.** ~ incrociata (di materie plastiche) (*tecnol.*), cross lamination.

stratiforme (stratificato) (*geol.*), stratiform, stratified.

stratigrafia (*geol.*), stratigraphy. **2.** ~ (*radiologia*), stratigraphy.

stratigrafico (*geol.*), stratigraphic.

strato (*geol.*), stratum. **2.** ~ (*meteor.*), stratus. **3.** ~ (di copertura), coat. **4.** ~ (di intonaco per es.), layer, stratum. **5.** ~ (di emulsione o di gelatina, di una pellicola) (*fot.*), layer. **6.** ~ (*di min.*), vein. **7.** ~ antialo, ~ antialone (~ posto sul retro della pellicola o lastra per impedire il formarsi di alone) (*fot.*), backing, antihalation backing. **8.** ~ 50% (strato che assorbe il 50% di radiazioni elettromagnetiche) (*radioatt.*), half-value layer. **9.** ~ D (o strato più basso della ionosfera con particolare azione riflettente) (*radio*), D layer, D region. **10.** ~ d'aria, air layer. **11.** ~ decarburato (pelle decarburata, sotto la scoria, formata durante il riscaldo dell'acciaio in atmosfera ossidante) (*metall.*), "bark", decarbonised layer. **12.** ~ di copertura bituminoso (*ed.*), bitumen sheeting. **13.** ~ 10% (strato che assorbe il 10% di radiazioni elettromagnetiche) (*radioatt.*), tenth-value layer. **14.** ~ diffusore (strato dispersore) (*acus. sub. - ecc.*), scattering layer. **15.** ~ di Heaviside (ionosfera: circa 40 km al disopra della superficie della terra) (*radio*), Heaviside layer. **16.** ~ d'inversione (*meteor.*), inversion layer. **17.** ~ (o pellicola) di ossido (sull'alluminio per es.) (*chim. ind.*), oxide coating. **18.** ~ di rivestimento (*gen.*), coat, coating layer. **19.** ~ di sbarramento (di raddrizzatore o cellula fotoelettrica) (*a. - elett.*), barrier layer. **20.** ~ di svuotamento (di elettroni) (*eltn.*), depletion layer. **21.** ~ di vernice (*ind.*), coat of paint. **22.** ~ E (strato Kennelly-Heaviside: da 100 a 160 km di altezza) (*atm.*), E layer. **23.** ~ elettronico (serie di elettroni disposti concentricamente nell'atomo) (*fis. atom.*), shell. **24.** ~ esterno contenente gli elettroni di valenza (di un atomo) (*fis. atom. - chim. fis.*), valence shell. **25.** ~ F (della ionosfera) (*atm.*), F layer. **26.** ~ F2 (strato della ionosfera, diurno e situato tra i 210 e i 400 km di altezza) (*atm.*), F2 layer. **27.** ~ filtrante (di un filtro) (*ind. - ed. - idr.*), filter bed. **28.** ~ F1 (strato della ionosfera esistente solo durante il giorno e situato ad una altezza di 150-240 km) (*atm.*), F1 layer. **29.** ~ (o mano) finale (*vn.*), finishing coat. **30.** ~ ionizzato (*radio*), ionized layer. **31.** ~ isolante di asfalto (*mur. - ed.*), insulating asphalt layer (or sheet). **32.** ~ lamellare, ~ lamelliforme (di un materiale costituito da lamine) (*caratteristica fis.*), laminar layer. **33.** ~ laminare (il sottile ~ di fluido immediatamente vicino alla superficie di un corpo in movimento, immerso nel fluido stesso) (*mecc. fluidi*), laminar layer. **34.** ~ limite (aderente alla superficie di un condotto per es. od alle superfici portanti di un aereo in volo ecc.) (*mecc. fluidi*), boundary layer. **35.** ~ limite laminare (*mecc. fluidi*), laminar boundary layer. **36.** ~ molecolare (*fis.*), molecular film. **37.** ~ monomolecolare (strato dello spessore di una molecola) (*chim. fis.*), monomolecular layer. **38.** strati multipli (metallo depositato in più strati mediante saldatura) (*tecnol. mecc.*), padding. **39.** ~ protettivo (mano di protezione) (*vn.*), protective coating. **40.** ~ sensibile (di lastra fotografica per es.) (*fot.*), sensitive surface (or layer). **41.** ~ sottile (di copertura) (*fis. ind.*), film. **42.** ~ vorticoso (*mecc. dei fluidi*), vortex sheet. **43.** affioramento superficiale di uno ~ (*geol. - min.*), outcrop. **44.** a più strati ("multiwall", di un container) (*trasp.*), multiwall. **45.** controllo dello ~ limite (p. es. mediante aspirazione di aria attraverso scanalature praticate sulla superficie alare) (*aer.*), boundary layer control. **46.** separazione degli strati (sfogliazione del legno compensato per es.) (*tecnol.*), delamination.

strato-cumulo (*meteor.*), stratocumulus.

stratorto (filato di lana ritorto saldamente durante la filatura) (*a. - ind. tess.*), hardspun.

stratosfèra (parte dell'atmosfera al disopra degli 11 km di altezza) (*spazio*), stratosphere.

strazio (ritagli di carta) (*tip. - ind. carta*), shavings.

strenna (*gen.*), handsel, gift.

strepito (*acus.*), uproar.

strettissimo (di un carattere) (*a. - tip.*), ultra-condensed.

stretta (morsa, del ghiaccio contro una nave per es.) (*nav.*), nip. **2.** ~ (restrizione monetaria, pressione finanziaria) (*s. - econ.*), squeeze. **3.** ~ creditizia (restrizione del credito, da parte di una banca per es.) (*finanz.*), credit squeeze.

stretto (contrario di largo) (*a.*), narrow. **2.** ~ (serrato, avvitato con forza: di dado per es.) (*mecc.*), tight. **3.** ~ (*s. - geogr.*), strait. **4.** ~ (canale: che mette in comunicazione due mari) (*s. - geogr.*), sound. **5.** ~ (di un carattere) (*a. - tip.*), extra–condensend. **6.** ~ (di una curva per es.) (*a. - strad. - ferr.*), sharp. **7.** ~ controllo (*gen.*), close control, strict control. **8.** ~ di bolina (*nav.*), on a bowline close–hauled.
strettoia (collo di bottiglia, strozzatura) (*traff. strad.*), bottleneck. **2.** ~ (*segn. traff. strad.*), road narrows!
strettoio (torchio) (*macch. agric.*), press. **2.** ~ (morsetto da falegname "sergente") (*att. carp.*), carpenter's clamp.
stria (scanalatura con listello in una colonna scanalata) (*arch.*), stria.
striare (*gen.*), to striate.
striato (di una fibra o cristallo per es.) (*a. - gen.*), striated.
striatura (*gen.*), striation, stria. **2.** ~ (serie di righe prodotte da un ghiacciaio su una roccia) (*geol.*), stria. **3.** ~ (difetto sui denti di ingranaggi) (*mecc.*), ridging. **4.** ~ (una striscia irregolare di colore o di materiale: evidente su di una superficie) (*ind. - ecc.*), streak.
stribbie (di un telaio) (*mecc. tess.*), slubcatcher (ingl.).
stridere (dei freni per es.) (*ferr. - ecc.*), to squeak, to creak.
stridìo (*acus.*), squeal, squeak. **2.** ~ in curva (di pneumatici) (*aut.*), cornering squeal.
striglia (per cavallo) (*att.*), currycomb.
strigliare (un cavallo), to currycomb.
strigliatore (striglia) (*att. macc. tess.*), comb.
strillone (*op.*), newspaper crier.
stringa (laccio della scarpa) (*ind. tess.*), lace. **2.** ~ (successione allineata di elementi omogenei: come caratteri, bits ecc.) (*elab.*), string. **3.** ~ alfabetica (di caratteri) (*elab.*), alphabetic string. **4.** ~ binaria di otto caratteri, o bits (*elab.*), *vedi* ottetto. **5.** ~ di bit (*elab.*), bit string. **6.** ~ di caratteri (~ costituita di soli caratteri) (*elab.*), character string. **7.** ~ nulla, ~ vuota (*elab.*), null string. **8.** ~ unitaria (costituita da un solo elemento) (*elab.*), unit string.
stringere (avvitare a fondo, un dado per es.) (*mecc.*), to tighten, to screw tight. **2.** ~ (alla morsa per es.) (*mecc.*), to grip. **3.** ~ (mordere) (*gen.*), to nip, to bite, to clamp. **4.** ~ il vento (di imbarcazione a vela) (*nav.*), to jam. **5.** ~ di bolina (stringere il vento al massimo: di barca a vela) (*nav.*), to close–haul.
stringitubo (chiave avvitatubi) (*ut.*), Stillson wrench, pipe wrench. **2.** ~ a catena (per tubi di grande diametro) (*ut. tubaz.*), chain tongs.
"strip" (lingotto di ottone) (*metall.*), strip.
strippaggio (sformatura, di un lingotto) (*metall.*), stripping.
strippare (un lingotto per es.) (*metall.*), to strip.
striscia, stripe. **2.** ~ (*pubbl.*), strip, banner. **3.** ~ (*elab. - ecc.*), strip. **4.** ~ di atterraggio (*aer.*), strip (ingl.). **5.** ~ di scardasso (*ind. tess.*), fillet. **6.** ~ di sicurezza (margine di riposo: linea nera tra un fotogramma e l'altro di una pellicola) (*cinem.*), barrier. **7.** ~ dragata (fascia dragata, da un dragamine) (*nav.*), swepth path. **8.** ~ fotogrammetrica ("strisciatura fotogrammetrica") (*fot. aer.*), flight strip. **9.** ~ magnetica (p. es. su di una scheda: per registrazione dati) (*elab.*), magnetic strip. **10.** strisce metalliche per radardisturbi (*radar - aer. - milit.*), chaff. **11.** strisce pedonali (di attraversamento) (*strada*), zebra crossing.
strisciamento (contrapposto al rotolamento) (*mecc. - ecc.*), sliding, slipping, slip. **2.** ~ (delle ruote per incollamento, dei freni per es.) (*aut. - ecc.*), dragging.
strisciante (*a. - gen.*), sliding. **2.** ~ (che avanza lentamente) (*a. - gen.*), creeping.
strisciare (contrapposto a rotolare) (*mecc. - ecc.*), to slide, to slip. **2.** ~ (spostarsi proni) (*gen.*), to creep.
strizione (riduzione locale della sezione in un campione metallico sottoposto a trazione) (*prova materiali*), necking down, reduction of area. **2.** ~ inversa (strizione tubolare, di un plasma tubolare) (*fis. atom.*), "unpinch". **3.** ~ lineare (di un plasma) (*fis.*), linear pinch. **4.** ~ longitudinale (*fis. dei plasmi*), Z pinch, longitudinal pinch. **5.** effetto di ~ (contrazione radiale di una colonna di plasma) (*fis. atom.*), pinch effect.
strizzare (un panno bagnato per es.) (*gen.*), to wring.
strizzatoio (*app.*), wringer, wringing machine.
stroboscòpico (*a. - fis.*), stroboscopic.
stroboscòpio (*strum.*), stroboscope.
strofinaccio (*ind. tess.*), rag, wiper, wipping cloth. **2.** ~ di cascame, waste. **3.** ~ per spolverare (la scocca per es. prima della verniciatura) (*vn. - ecc.*), tack rage.
strofinamento (*gen.*), wiping.
strofinare (per pulire od asciugare), to wipe. **2.** ~ (per pulire o per lucidare), to scour. **3.** ~ con strofinaccio fissapolvere (la scocca antiverniciatura per es.) (*vn. - aut.*), to tack rag.
strofinata, *vedi* cenciata.
strofinato (sfregato) (*gen.*), rubbed.
strofinìo (strofinamento) (*gen.*), wiping.
strofoide (curva piana) (*s. - mat.*), strophoid.
strombatura (di apertura di porta o finestra) (*arch. - ed.*), splay, embrasure.
strombo (di apertura di porta o finestra) (*arch. - ed.*), splay, embrasure.
stromeierite (CuAgS) (*min.*), stromeyerite.
stronzianite ($SrCO_3$) (*min.*), strontianite.
strònzio (Sr - *chim.*), strontium.
stroppare (*nav.*), to strop.
stròppo (anello di corda insegata che impegna il remo allo scalmo) (*nav.*), strop, strap.
strozzamento (di una tubazione) (*gen.*), throttling.
strozzare (la sezione di passaggio in un tubo per es.) (*fis.*), to throttle. **2.** ~ (fare una strozzatura, per ottenere un collo per es.) (*mft. vetro*), to crimp, to draw in. **3.** ~ le colate (*fond.*), to choke runners.

strozzato (*gen.*), throttled.
strozzatoio (dispositivo per fermare un cavo o una catena) (*nav.*), compressor.
strozzatura (della canna prima della bocca: per concentrare la rosa) (*arma da caccia*), choke. **2.** ~ (in un pezzo fucinato) (*fucinatura*), neck. **3.** ~ (imperfezione nell'imboccatura di un recipiente di vetro) (*mft. vetro*), choke. **4.** ~ (strettoia, collo di bottiglia) (*traff. strad.*), bottleneck.
strumentale (*gen.*), instrumental. **2.** volo ~ (volo cieco) (*aer.*), instrument flight.
strumentare (provvedere di strumenti) (*mecc. - elett. - aut. - ecc.*), to instrument.
strumentazione (*strum.*), instrumentation. **2.** ~ (dotazione di strumenti) (*aut. - aer. - ecc.*), instrument system. **3.** ~ biologica (complesso di strumenti per la trasmissione di parametri biologici: p. es. di astronauti in volo) (*med. astric.*), bioinstrumentation. **4.** ~ nel nocciolo (di un reattore nucleare) (*fis. atom.*), in-core instrumentation.
strumento (*strum.*), instrument. **2.** ~ (*leg.*), instrument, charter. **3.** ~ (*mus.*), instrument. **4.** ~ a bobina mobile (p. es. in alcuni galvanometri, voltmetri ecc.) (*strum. elett.*), moving-coil instrument. **5.** ~ a ferro mobile (*strum. elett.*), moving-iron meter. **6.** ~ a lamina bimetallica (strum. elettroterm.) (*strum.*), bimetallic strip instrument. **7.** ~ a magnete permanente (*strum.*), permanent magnet instrument. **8.** ~ a quadrante (*strum.*), dial instrument. **9.** ~ a registrazione grafica (strumento che registra graficamente una variabile fisica: barografo per es.) (*strum.*), recording meter. **10.** ~ che indica lo stato di rugosità (del manto stradale per es.) (*strum. mis.*), roughmeter. **11.** ~ di comando (*strum. ind.*), controlling instrument. **12.** ~ da banco (*strum.*), bench type instrument. **13.** ~ da banco e da telaio (*strum.*), rack-bench type instrument. **14.** ~ di misura (strumento misuratore) (*strum.*), measuring instrument, meter. **15.** ~ elettrico (*strum.*), electrical instrument. **16.** ~ indicatore (*strum.*), indicating instrument, indicator. **17.** ~ in posizione 1ª (strumento in posizione con cerchio a sinistra) (*top.*), direct instrument. **18.** ~ in posizione 2ª (strumento in posizione con cerchio a destra) (*top.*), reversed instrument. **19.** ~ integratore (contatore, strumento che somma i valori misurati nel tempo) (*strum. elett.*), integrating meter. **20.** ~ misuratore a filo caldo (*strum. mis. elett.*), hot-wire meter. **21.** ~ musicale elettronico (*mus.*), electronic musical instrument. **22.** ~ musicale non elettronico (*mus.*), acoustic, acoustic musical instrument. **23.** strumenti per il volo cieco (strumenti per il volo senza visibilità) (*strum. aer.*), blind-flying instruments. **24.** ~ per misurare archi di cerchio (*strum.*), cyclometer. **25.** ~ per provare la solidità (dei colori) alla luce (*strum.*), fadometer (ingl.). **26.** ~ registratore (*strum. ind.*), recording instrument, recorder. **27.** ~ registratore della pressione, temperatura e umidità dell'aria (*strum. meteor. aer.*), aerometeorograph. **28.** ~ rivelatore del profilo dei denti (di un ingranaggio) (*strum. mecc.*), odontograph. **29.** ~ rivelatore delle miglia percorse in volo (*strum. mis. aer.*), air-mileage recorder. **30.** ~ ripetitore (*strum. top.*), repeating instrument. **31.** ~ topografico (*top.*), surveying instrument. **32.** quadretto portastrumenti (di automobile per es.), instrument board, instrument panel.
struttura (dell'acciaio per es.) (*metall.*), structure. **2.** ~ (*ed.*), structure. **3.** ~ (ossatura) (*carp. - ecc.*), frame. **4.** ~ (degli atomi in una molecola) (*chim.*), structure. **5.** ~ (p. es. di un programma, una rete, una lingua ecc.) (*elab.*), structure. **6.** ~ a carrozzeria portante, *vedi* struttura a guscio. **7.** ~ ad albero (*elab.*), tree structure. **8.** ~ ad anello (di composto chimico) (*chim.*), ring structure. **9.** ~ ad elementi incrociati (*ed.*), lattice. **10.** ~ a grana aperta (*metall.*), open-grained structure. **11.** ~ a grana chiusa (struttura a grana fitta), structure. **12.** ~ a guscio (a forma resistente in materiale sottile) (*sc. costr. - aer.*), monocoque, shell-vault, stressed-skin structure. **13.** ~ aperta (dei grani) (*metall.*), open-grained structure. **14.** ~ a telai (*ed.*), skeleton construction. **15.** ~ atomica (*fis.*), atomic structure. **16.** ~ a ventaglio (*arch.*), fantail. **17.** ~ dati (gruppo di dati che ha una propria organizzazione) (*elab.*), data structure. **18.** ~ di controllo (categoria di istruzioni scelta per la gestione di un programma per es.: sequenza, oppure selezione, oppure iterazione ecc.) (*elab.*), control structure. **19.** ~ (a resistenza) differenziata di sicurezza (di una scocca) (*aut.*), composite safety structure. **20.** ~ direzione-esecuzione (organizzazione tra direzione ed esecuzione, struttura gerarchico-funzionale) (*organ. ind.*), line and staff structure. **21.** ~ fluidale (*geol.*), fluidal texture. **22.** ~ funzionale (con dirigenti specializzati in un campo particolare e svolgenti funzioni di aiuto e consiglio nei confronti degli altri dirigenti) (*organ. - direzione ind.*), functional structure, staff structure, staff system. **23.** ~ gerarchica (con capi aventi piena autorità sull'intera loro sfera di comando e dotati pertanto di cognizioni profonde nell'intero campo dirigenziale) (*organ. - direzione ind.*), hierarchical structure, line structure, line system. **24.** ~ gerarchico-funzionale (struttura mista, "line" and "staff") (*organ. - direzione ind.*), line-and-staff-structure, line-and-staff-system. **25.** ~ granulare (di materiali) (*tecnol.*), granular structure. **26.** ~ in cemento armato (*ed.*), reinforced-concrete structure. **27.** ~ in ferro (*ed.*), steel construction. **28.** ~ integrale, *vedi* struttura a guscio. **29.** ~ iperfine (nello spettro atomico) (*fis. atom.*), hyperfine structure. **30.** ~ lamellare (*geol.*), sheeting. **31.** ~ lamelliforme (o laminare) (*gen.*), lamination, laminated structure. **32.** ~ mista (di un carro merci per es., con strutture o sovrastrutture di ferro e legno) (*ferr.*), composite construction. **33.** ~ muraria portante (senza muri divisori, ossatura) (*mur.*), skeleton. **34.** ~ nervata (*mecc.*), ribwork. **35.** ~ organizzativa orizzontale (*organ. ind.*), horizontal

organization structure. **36.** ~ organizzativa verticale (*organ. ind.*), vertical organization structure. **37.** ~ portante, *vedi* a guscio, muraria portante. **38.** ~ primaria (struttura principale: parte della struttura il cui cedimento pregiudicherebbe seriamente la navigabilità di un aeroplano) (*aer.*), primary structure. **39.** ~ reticolare (*metall.*), network structure. **40.** ~ semiportante (carrozzeria parzialmente portante, o semiportante, riferito ad una carrozzeria che contribuisce con il telaio a sostenere le sollecitazioni) (*aut. - ferr.*), monocoque. **41.** ~ staticamente determinata (*sc. costr.*), statically determinate structure. **42.** ~ staticamente indeterminata (*sc. costr.*), statically indeterminate structure. **43.** ~ stratificata (di una miniera per es.) foliated structure. **44.** a ~ compatta (a grana chiusa, a grana fitta) (*a. - metall.*), close-grained. **45.** a ~ mista (con ossatura metallica e con chiglia e murata in legno) (*costr. nav.*), composite structure. **46.** cedimento di un elemento della ~ (di un aereo per es.) (*costr.*), structural failure of a member.

strutturale (*a. - gen.*), structural. **2.** adattamenti strutturali (*sc. costr.*), structural modifications.

strutturare (*gen.*), to structure.

strutturato (*a. - gen.*), structured.

strutturazione (configurazione, conformazione) (*gen.*), structuration.

stuccare (decorare internamente od esternamente muri con stucco) (*ed.*), to stucco. **2.** ~ (masticiare: i giunti di tubazione per es.) (*mecc.*), to putty. **3.** ~ (i difetti della lamiera di una scocca di automobile per es. con stucco plastico) (*vn.*), to stopper. **4.** ~ (dare una mano andante di stucco liquido ad una scocca di automobile per es.) (*vn.*), to surface. **5.** ~ ("masticiare", dare il mastice) (*vn.*), to shim. **6.** ~ (stoppare, chiudere una giunzione del forno mediante applicazione di argilla bagnata) (*mft. vetro - ecc.*), to mud up.

stuccatore (*op.*), stucco decorator.

stuccatura (di una carrozzeria per es.) (*vn.*), surfacing.

stucco (per ed.) (*ed.*), stucco. **2.** ~ (materiale plastico usato per riempire pori del legno, incrinature ecc., prima della verniciatura) (*vn.*), filler, stopper (am.), stopping (ingl.). **3.** ~ (lavoro a stucco) (*ed.*), stuccowork. **4.** ~ alla nitro (nella verniciatura di automobili per es.) (*vn.*), nitrocellulose stopper (am.), nitrocellulose stopping (ingl.). **5.** ~ da falegnami (*carp.*), filler. **6.** ~ da vetrai (*ed. - ind.*), glazing putty. **7.** ~ liquido (per livellare le ineguaglianze della superficie) (*vn.*), surfacer. **8.** decorare a ~ (*ed.*), to stucco.

studente (*scuola*), student.

studio (applicazione intellettuale), study. **2.** ~ (progetto) (*ind. mecc.*), design. **3.** ~ (stanza) (*ed.*), study. **4.** ~ (*cinem.*), studio. **5.** ~ artistico (*pubbl.*), art department. **6.** ~ degli impianti (di una fabbrica), plant layout. **7.** ~ dei movimenti (*organ. lav.*), motion study. **8.** ~ dei sistemi di comando o di guida automatizzati (*ind.*), autonetics. **9.** ~ dei tempi (*analisi tempi*), time study. **10.** ~ dei tempi e dei movimenti fondamentali (*analisi tempi*), Basic Motion Time study, BMT. **11.** ~ del lavoro (inteso come metodi + collaudi + sicurezza sul lavoro) (*ind.*), industrial engineering. **12.** ~ delle funzioni trigonometriche (*mat.*), analytic trigonometry. **13.** ~ di applicabilità (~ della possibilità di usare l'elaboratore per particolari programmi o procedure) (*elab.*), application study. **14.** ~ di fattibilità (esame delle possibilità di esecuzione) (*ind.*), feasibility study. **15.** ~ di pubblicità (*pubbl.*), advertising office. **16.** ~ sonoro (*cinem.*), sound studio. **17.** ~ sulle reazioni del pubblico (*psicol.*), attitude study. **18.** ~ tecnico (ufficio tecnico progettazione) (*organ. ind.*), planning office. **19.** corso di ~ (*istruzione*), course of study.

studioso (scienziato) (*gen.*), scientist. **2.** ~ di scienze naturali (*gen.*), natural scientist.

stufa (*app. per chim.*), stove. **2.** ~ (*app. term. domestico*), stove. **3.** ~ a benzina (*app. term.*), gasoline stove. **4.** ~ ad acqua (*app. per chim.*), stove with water jacket. **5.** ~ ad alimentazione automatica (*term.*), magazine stove. **6.** ~ ad aria (*app. chim.*), air bath. **7.** ~ ad aria calda (*app. riscaldamento*), hot-air furnace. **8.** ~ a quarzo (costituita da resistenze sistemate in tubi di quarzo, poste davanti ad un elemento riflettore) (*elett. - app. med.*), quartz heater. **9.** ~ elettrica (*app. elett.*), electric heater (ingl.). **10.** ~ per riscaldamento ad aria calda (per riscaldare l'aria inviata nelle varie stanze) (*app. term.*), cockle stove. **11.** ~ termostatica (*app. med.*), incubator, thermostatic stove. **12.** tubo da ~ (per installazioni di stufe per riscaldamento), stovepipe.

stufatura (*mft. della seta*), stifling.

stuòia (incannicciata da soffitti per es.) (*ed.*), lath.

stuoiare (incannicciare soffitti per es.) (*ed.*), to lath.

stuoiatura (del soffitto per es. per l'applicazione dell'intonaco, incannicciatura) (*ed.*), lathing, lathwork.

stuoino (nettascarpe), mat.

sub (subacqueo) (*s. - nav. - sport - pesca*), scuba diver.

subacqueo (sub), (*s. - nav. - sport - pesca*), scuba diver. **2.** ~ (*a. - gen.*), underwater, submarine. **3.** apparecchiatura per subacquei (*app. nav.*), scuba, self-contained underwater breathing apparatus.

subaffittare (*ed. - comm.*), to sublet, to sublease.

subaffitto (*ed. - ecc.*), sublease.

subaffittuario, subtenant, subleasee.

subagente (subconcessionario) (*comm.*), retail dealer.

subagenzia (*comm.*), subagency.

subappaltare (dare in subappalto) (*comm.*), to subcontract.

subappaltatore (*ind. - comm. - ecc.*), subcontractor.

subappalto (*leg. - comm.*), subcontract.

subarmonica (componente di oscillazione periodica avente una frequenza che è un sottomultiplo della frequenza fondamentale) (*fis.*), subharmonic.

subatòmico (relativo a particelle elementari più piccole dell'atomo) (*a. - fis. atom.*), subatomic, ultra-atomic. **2.** fenomeni subatomici (proprietà degli strati interni dell'atomo) (*fis. atom.*), subatomic phenomena.
subbio (*di macch. tess.*), beam. **2.** ~ dell'ordito (*mft. tess.*), warp beam. **3.** ~ del tessuto (*mft. tess.*), cloth beam. **4.** lavorare al ~ (*ind. tess.*), to beam.
subcritico (*fis. atom.*), subcritical.
subfornitore (fornitore di componenti ad una ditta che è poi legalmente fornitrice, venditrice e direttamente responsabile del prodotto completo) (*comm.*), subordinate supplier.
subire (*gen.*), to undergo.
sublicenza (*leg. - comm.*), sublicense.
sublicenziatario (*leg. - comm.*), sublicensee.
sublimare (*fis.*), to sublime.
sublimato (*chim.*), sublimate. **2.** ~ corrosivo ($HgCl_2$) (*chim.*), corrosive sublimate, mercury bichloride.
sublimazione (*fis.*), sublimation.
sublocazione (subaffitto) (*comm. - ed.*), sublease.
submillimetrico (relativo a dimensione inferiore ad 1 mm di lunghezza) (*a. - mis.*), submillimeter.
subnucleare (si riferisce a particelle più piccole del nucleo) (*a. - fis. atom.*), subnuclear.
subsatellite (oggetto rilasciato in volo dal satellite principale) (*astric.*), subsatellite.
subsònico (*aer.*), subsonic.
substrato (una base per qualcosa da applicarvi sopra: per es. uno strato di impregnante su di una superficie lignea da verniciare) (*tecnol.*), substratum. **2.** ~ di supporto (il supporto del rivestimento magnetico di un disco flessibile, di un nastro ecc.: realizzato in poliestere, Mylar ecc.) (*elab. - elettroacus.*), substratum. **3.** ~ elettronico (insieme di elettroni orbitanti attorno al nucleo ed aventi tutti lo stesso numero quantico) (*fis. atom.*), subshell, sublevel.
substratosfera (regione sotto la stratosfera, adatta per volo di aeromobili) (*aer.*), substratosphere.
subtropicale (*meteor.*), subtropical.
subtropici (zone di passaggio dai tropici alle zone temperate) (*geogr.*), subtropics.
suburbano (*a. - gen.*), suburban.
suburbio (di una città), suburb.
subvocale (si riferisce ad un canale non atto a trasmettere la totale banda vocale a causa di una insufficiente ampiezza di banda) (*a. - eltn.*), subvoice-grade.
succedàneo (*ind.*), succedaneum.
successione (sequenza) (*gen.*), sequence.
successivo (seguente, che segue) (*a. - gen.*), following.
successore (in una carica) (*gen.*), successor.
succhiare (*gen.*), to suck.
succhièllo (*ut. per falegn.*), gimlet, wimble. **2.** ~ a cucchiaio (*ut.*), pod gimlet. **3.** ~ per campionatura (di materiali semisolidi come cere, saponi ecc. da panelli, forme ecc.) (*att. chim.*), sampling borer.
succhieruòla (di tubo aspirante di pompa per es.), rose pipe, suction rose.
succo (sugo, di frutta per es.) (*gen.*), juice.
succontrovelaccino (*nav.*), fore-skysail.
succontrovelaccio (*nav.*), main skysail.
succursale (*comm.*), branch. **2.** ~ (filiale) (*comm.*), branch office.
sucido (sudicio) (*a. - gen.*), dirty.
sucidume (grasso naturale, nella lana grezza) (*ind. lana*), yolk, suint.
sud (punto cardinale), south. **2.** croce del ~ (*astr.*), Southern Cross. **3.** polo ~ (*geogr.*), South Pole.
sudare (*gen.*), to sweat.
suddividere, to subdivide. **2.** ~ (separare, un conto per es.) (*comm.*), to break down. **3.** ~ in piastrine (~ una fetta sottile di semiconduttore [generalmente di silicio] in piastrine elementari) (*eltn.*), to dice.
suddivisione, subdivision. **2.** ~ in confezioni commerciabili (confezionare una merce, sciolta per es., in singoli quantitativi di prodotto, di entità facilmente smerciabile al comune acquirente) (*comm.*), to unitize. **3.** ~ in piastrine (divisione di una fetta sottile di semiconduttore [generalmente di silicio] in piastrine elementari) (*eltn.*), dicing.
sùdicio (*s. - gen.*), dirt. **2.** ~ (*a. - gen.*), dirty.
sudiciume (sporcizia) (*gen.*), dirt, grime.
sud-ovest (*a. - s. - avv. - geogr.*), southwest.
suède (pelle scamosciata) (*ind. cuoio*), suède. **2.** finitura ~ (*tess. - ind. cuoio - ecc.*), suède finish. **3.** tessuto ~ (*tess.*), suède, suède cloth, suedine.
suggeritore (*teatro*), prompter.
sùghero, cork. **2.** ~ granulato (*term.*), granulated cork. **3.** giacca di ~ (*nav.*), cork jacket. **4.** quercia da ~ (*pianta*), cork oak.
sugo (*ind. chim. - ecc.*), juice. **2.** ~ denso (*mft. zucchero*), thick juice. **3.** ~ di carbonatazione (*mft. zucchero*), carbonatation juice. **4.** ~ defecato (*mft. zucchero*), limed juice. **5.** ~ di diffusione (*mft. zucchero*), diffusion juice. **6.** ~ leggero (*mft. zucchero*), thin juice. **7.** ~ predefecato (*mft. zucchero*), prelimed juice.
sulfamìdico (*farm.*), sulfa drug.
sulfonàl (solfonale) $[(CH_3)_2C(SO_2C_2H_5)_2]$ (*chim. farm.*), sulphonal, sulphonmethane.
suòla (laboratorio, di un forno metallico) (*metall.*), hearth, sole, bottom. **2.** ~ (di un forno a riverbero) (*metall.*), laboratory. **3.** ~ (di cubilotto) (*fond.*), hearth. **4.** ~ (di galleria o cantiere) (*min.*), floor. **5.** ~ (di rotaia per es.) (*ferr.*), flange. **6.** ~ (dell'invasatura di sostegno) (*costr. nav.*), sole. **7.** ~ (di una scarpa) (*mft. scarpe*), outsole, sole. **8.** ~ acida (di un forno) (*fond.*), acid bottom. **9.** ~ interna (*mft. scarpe*), inner sole. **10.** ~ oscillante (di un forno) (*fond.*), walking heart.
suolatura (*mft. scarpe*), (shoe) soling, sole laying.
suòlo, ground, soil. **2.** ~ lunare (*astr.*), lurain. **3.** ~ perennemente gelato (*geol.*), permafrost, perennially frozen soil. **4.** a livello del ~ (*a. - gen.*), grounde level, GL.

suonare (di campanello), to ring. **2.** ~ (un campanello), to ring. **3.** ~ (con le dita) (*mus.*), to finger. **4.** ~ (leggere, riprodurre un suono registrato: per mezzo di un fonografo o di un magnetofono per es.) (*elettroacus.*), to play.

suonerìa, bell. **2.** ~ elettrica (*elett.*), electric bell.

suòno (*acus.*), sound. **2.** ~ composto (*acus.*), combined tone. **3.** ~ (propagantesi) attraverso l'aria (suono via aria) (*acus.*), air-borne sound. **4.** ~ puro (*acus.*), pure tone, simple tone. **5.** ~ su due canali (~ stereofonico, ottenuto su due canali distinti) (*acus. - eltn.*), binaural sound. **6.** ~ via solido (suono propagantesi attraverso corpi solidi) (*acus.*), solid-borne sound. **7.** assorbimento del ~ (*acus.*), acoustic absorption. **8.** elaborazione del ~ (*eltn. - elab.*), sound processing. **9.** muro del ~ (*aer.*), sound barrier. **10.** onde del ~ (*fis. - acus.*), sound waves. **11.** riproduzione grammofonica del ~ (*acus.*), acoustic reproduction. **12.** senza ~ (*fis. - acus.*), soundless. **13.** tecnico del ~ (*radio - ecc.*), audioengineer, sound engineer. **14.** velocità del ~ (*fis. - ecc.*), velocity of sound, sonic speed.

super (di qualità superiore, plastica, getto ecc.) (*a. - tecnol. - ecc.*), premium, super.

superaerodinamica (aerodinamica nell'atmosfera rarefatta) (*aerodin.*), superaerodynamics.

superaffollare (treni per es.) (*trasp.*), to jam-pack.

superamento (traboccamento, straripamento: si verifica quando la capacità di immagazzinamento è insufficiente) (*elab.*), overflow. **2.** ~ (o traboccamento) negativo, ~ del limite inferiore consentito dal sistema (per es. risultato troppo piccolo per essere rappresentato con i bits disponibili per i decimali) (*elab.*), underflow.

superare (in qualità o quantità) to surpass, to exceed. **2.** ~ (una difficoltà per es.), to overcome. **3.** ~ (un altro veicolo su strada per es.) (*aut.*), to overtake. **4.** ~ (in peso o valore) (*gen.*), to outweigh.

superato (antiquato) (*gen.*), obsolete.

superattico (appartamento costruito sul lastrico solare di un edificio) (*arch.*), penthouse.

supercarburante (benzina super) (*aut.*), high octane gasoline, premium gasoline.

supercentrifuga (*macch.*), supercentrifuge.

supercompensazione (*psicol.*), overcompensation.

superconducibilità (*elett. - metall.*), *vedi* superconduttività.

superconduttività (conduttività praticamente infinita in prossimità dello zero assoluto) (*metall. - elett.*), superconduction.

supercorrente (per es. in un superconduttore) (*s. - elett.*), supercurrent.

supercritico (di un reattore per es.) (*a. - fis. atom.*), supercritical.

supererogatore (per l'avviamento, applicato ad una pompa d'iniezione di un motore diesel) (*mot.*), excess fuel device, fuel control rod stop orverride.

supereterodina (*app. radioricevente*), superheterodyne. **2.** ~ a doppia conversione di frequenza (*radio*), double superheterodyne. **3.** ~ a segnale unico (*radio*), single-signal superheterodyne. **4.** ricezione a ~ (*radio*), superheterodyne reception, supersonic heterodyne reception.

superficiale (*a. - gen.*), superficial. **2.** effetto ~ (*elett.*), skin effect.

superficie, surface. **2.** ~ (*mis.*), area, square measure. **3.** ~ (di scorrimento) (*mecc.*), way. **4.** ~ alare (*aer.*), wing area. **5.** ~ alare netta (uguale alla superficie alare totale meno la parte coperta dalla fusoliera) (*aer.*), net wing area. **6.** ~ alare totale (comprendente la parte coperta dalla fusoliera) (*aer.*), gross wing area. **7.** ~ bagnata (*nav.*), wetted surface. **8.** ~ bagnata dall'acqua (caldaia per es.), surface in contact with water. **9.** ~ con linee di ripresa (superficie che rivela interruzioni di colata) (*difetto metall.*), rippled surface. **10.** ~ con servo tracce (~ di un disco con registrate le servotracce) (*elab.*), servo surface. **11.** ~ coperta (di uno stabilimento) (*ind.*), covered area. **12.** ~ d'appoggio (*ed. - mecc.*), supporting surface. **13.** ~ di appoggio di un supporto (*mecc.*), bearing surface. **14.** ~ d'appoggio elastica (*mecc.*), elastic supporting surface. **15.** ~ d'avvicinamento (di un aerodromo) (*aer.*), approach surface. **16.** ~ del pezzo (*mecc.*), work surface. **17.** ~ di calettamento dell'assile (sede di calettamento) (*ferr.*), axle seat. **18.** ~ di compensazione (di forze aerodinamiche agenti su parti accessorie dell'aeroplano per es.) (*aer.*), balancing surface. **19.** ~ di contatto (di travi in legno o lamiere chiodate per es.) (*costr. nav.*), faying surface. **20.** ~ di contatto (superficie di un elemento in contatto con altro elemento al quale deve essere fissato (*tecnol. mecc.*), faying surface. **21.** ~ di emissione del calore (*term.*), heat emission surface. **22.** ~ di fatica (*prove materiali*), endurance surface. **23.** ~ di griglia (di caldaia per es.), grate surface, grate area. **24.** ~ di griglia attiva (di caldaia per es.), live grate area. **25.** ~ di ingombro in piano (*macch.*), floor space. **26.** ~ di lavoro (di un calibro) (*ut. mecc.*), gauging surface. **27.** ~ di lavoro (superficie di appoggio) (*mot. - macch. - ecc.*), working area. **28.** ~ di paragone (di un fotometro) (*ott. - illum.*), comparison surface. **29.** ~ di presa (di un mandrino per es.) (*mecc.*), bite. **30.** ~ di prima sgrossatura (*mecc.*), cleanup surface. **31.** ~ di riscaldamento (*term.*), heating surface. **32.** ~ di rivoluzione (*geom.*), surface of revolution. **33.** ~ di rotolamento (di ingranaggio) (*mecc.*), rolling surface. **34.** ~ di troncatura (del dente di un ingranaggio) (*mecc.*), top land. **35.** ~ di vagliatura (area di crivellatura) (*ind.*), screening area. **36.** ~ freatica (~ su cui scorrono le acque freatiche nel sottosuolo) (*geol.*), water table. **37.** ~ generata dal movimento di una retta (*mat.*), ruled surface. **38.** ~ ghiacciata (del vetro, ottenuta mediante immersione in acqua e successivo riscaldamento prima della formatura finale) (*mft. vetro*), crackle. **39.** ~ inferiore (di scala, arco, cornice per es.) (*arch.*), underside face, soffit. **40.** ~ inferiore dell'ala (ventre dell'ala) (*aer.*), wing underside. **41.** ~ inferiore della nube (*meteor.*), cloud base. **42.** ~ isobarica (*meteor.*), isobaric surface, barometric surface, barometrical surface. **43.** ~ lavorata di macchina (*mecc.*), machined surface. **44.** ~ mobile di governo (*costr. aer.*), control surface. **45.** ~ mordente (~ di presa, di un mandrino per es.) (*mecc.*), bite. **46.** ~ non lucida, matting. **47.** ~ piana, plane surface. **48.** ~ operante su cuscino d'aria a sostegno della testina (nei sistemi a dischi magnetici sostiene la testina a breve distanza dal disco senza toccarlo) (*elab.*), air bearing surface, ABS. **49.** ~ orizzontale (piano orizzontale) (*mecc. - fis. - ecc.*), level surface. **50.** ~ portante (*mecc.*), bearing surface. **51.** ~ portante (superficie che determina la portanza di un velivolo) (*aer.*), supporting surface. **52.** ~ primitiva (di un ingranaggio) (*mecc.*), pitch surface. **53.** ~ raschiettata (*mecc.*), scraped surface. **54.** ~ riscaldante (*term.*), heating surface. **55.** ~ riscaldante (di una caldaia) (*cald.*), fire surface. **56.** ~ riscaldata direttamente (*term.*), directly heated surface. **57.** ~ riscaldata indirettamente (*term.*), indirectly heated surface. **58.** ~ scabrosa (difetto di fonderia dovuto a penetrazione del metallo nella forma) (*fond.*), rough surface. **59.** ~ smerigliata (superficie levigata o lappata) (*mecc.*), lapped surface. **60.** ~ soggetta ad usura (manto d'usura) (*strad.*), wearing surface. **61.** ~ stampante (di un carattere o di un cliché) (*tip.*), face. **62.** ~ superiore (*gen.*), top face. **63.** ~ superiore della nube (*meteor.*), cloud deck. **64.** ~ tirata a gesso (*per decorazione*), gesso. **65.** a ~ accidentata (a superficie cattiva: di una strada per es.), lumpy. **66.** a ~ induribile (*metall.*), hardenable.

superfinire (microfinire) (*mecc. - lav. macch. ut.*), to precision-finish, to fine-finish.

superfinitura (microfinitura, levigatura di superfici già rettificate, eseguita con pietre dure a grana finissima) (*mecc. - lav. macch. ut.*), precision finishing, fine finishing.

superfluido (fluido con conduttività termica e capillarità molto alte, come l'elio II per es.) (*fis.*), superfluid.

superfosfato (perfosfato, perfosfato di calcio) (*fertilizzante*), superphosphate.

supericonoscopio (particolare di orticonoscopio, tubo per riprese televisive) (*telev.*), orthicon, "super orthicon".

superiore (di elemento di un complessivo per es.) (*a. - gen.*), top. **2.** ~ (di luogo: più in alto) (*a. - gen.*), upper. **3.** porzione ~ (la zona delle tre linee superiori di una scheda perforata) (*elab.*), upper curtate.

superlega (lega con nichel usata per pezzi funzionanti ad alta temperatura) (*metall.*), superalloy.

supermassivo (detto di un corpo celeste che ha una massa ipotetica mille volte più grande di quella del sole) (*a. - astrofisica*), supermassive.

supermercato (grande organizzazione di vendita al dettaglio con self-service, per articoli domestici e cibi) (*comm.*), supermarket. **2.** grande ~ (*comm.*), superstore.

supermicroscopio (ultramicroscopico, microscopio elettronico ad ingrandimento lineare oltre 2000) (*strum. ott. - eltn.*), electron microscope.

supernutrizione (sovranutrizione, ipernutrizione) (*med.*), supernutrition, hypernutrition.

superpesante (di eccezionale massa atomica o numero atomico) (*a. - chim. - fis. atom.*), superheavy.

superpetroliera (p. es. per oltre 200000 t di grezzo) (*s. - nav.*), ultra large crude carrier, ULCC.

superplastica (plastica di qualità superiore) (*s. - ind. chim.*), premium plastic.

superplasticità (p. es. di una lega estremamente duttile) (*s. - metall.*), superplasticity.

superplastico (lega di zinco-alluminio per es.) (*fucinatura*), superplastic.

superpolimero (resina che mantiene l'integrità meccanica e chimica al disopra dei 200°C per lunghi periodi) (*chim.*), superpolymer.

superquadro (motore, a corsa corta, con corsa inferiore all'alesaggio) (*a. - mot.*), oversquare, short-stroke.

superreazione (*radio*), super-reaction, super-regeneration, superregeneration (am.).

supersfruttamento dei banchi di pesca (*pesca*), overfishing.

supersfruttare (le maestranze) (*lav.*), to sweat. **2.** ~ i banchi di pesca (*pesca*), to overfish. **3.** ~ i lavoratori (*lav.*), to sweat workers.

supersònico (relativo a velocità da una a cinque volte maggiore del suono nell'aria) (*a. - aer.*), supersonic. **2.** ~ (ultrasonico) (*a. - acus.*), supersonic.

supersonoro, *vedi* supersonico.

superstrada (autostrada senza pedaggio) (*strad.*), freeway, free high way.

supervisione (ispezione e valutazione critica) (*organ.*), supervision. **2.** di ~ (*gen.*), supervisory.

supervisore (funzionario di uno stabilimento per es.) (*pers.*), supervisor. **2.** ~ (*cinem.*), supervisor. **3.** ~ (programma ~) (*s. - elab.*), supervisor, executive.

supplementare, supplementary, additional.

supplemento, supplement, **2.** ~ (di un angolo) (*trigonometria*), supplement. **3.** ~ (sovraprezzo) (*gen.*), extra charge, extra price. **4.** ~ (da pagarsi sui treni rapidi per es.) (*comm.*), extra fare.

supplente (sostituto) (*lav.*), substitute.

supportare (*gen.*), to support.

supportato (*gen.*), supported. **2.** catalizzatore ~ (*chim.*), supported catalyst.

suppòrto (*gen.*), support, rest. **2.** ~ (*mecc.*), support. **3.** ~ (appoggio di un utensile o di un pezzo per es.) (*macch. ut.*), rest. **4.** ~ (di albero) (*mecc.*), bearing, journal box, pillow block. **5.** ~ (di un mot. aer. per es.) (*mot. aer.*), mounting. **6.** ~ (boccola) (*mecc.*), journal box. **7.** ~ (staffa) (*mecc. - ed.*), bracket. **8.** ~ (il supporto trasparente della emulsione in una pellicola per es.) (*fot. - cinem.*), base support. **9.** ~ (di rotaia per es.) (*ferr.*), chair. **10.** ~ (di un minimetro) (*mecc.*), stand. **11.** ~

(chiodo da formatore) (*fond.*), chaplet, staple. **12.** ~ (mezzo fisico per contenere la registrazione: p. es. un nastro magnetico, un nastro di carta, una scheda ecc.) (*s. - elab.*), medium. **13.** ~ aerostatico (cuscinetto aerostatico, lubrificato con aria compressa) (*mecc.*), aerostatic bearing. **14.** ~ a muro (di un albero di trasmissione) (*mecc.*), wall box. **15.** ~ ancorato (*mecc.*), anchored bearing. **16.** ~ antenna radio (a bordo di aeroplano) (*aer.*), mast antenna. **17.** ~ anteriore retrattile (che sostiene la parte anteriore del semirimorchio quando è parcheggiato: zampa anteriore di appoggio) (*appoggio semirimorchio*), landing gear. **18.** ~ antialo (tipo di supporto antialo, dell'emulsione sensibile) (*fot.*), anti-halo backing. **19.** ~ antiurto (di una apparecchiatura delicata) (*strum.*), shock mount. **20.** ~ antivibrante (*mecc. - ecc.*), vibration mount. **21.** ~ aperto (supporto diviso, supporto in due pezzi) (*mecc.*), split bearing, split box. **22.** ~ a rullo per tubi (soggetti a dilatazione) (*tubaz.*), pipe roll. **23.** ~ a sbalzo (di un motore a getto su un'ala per es.) (*aer.*), pod mounting. **24.** ~ a scudo di estremità (dell'asse di una macch. elett.) (*macch. elett.*), end-shield bearing. **25.** ~ a snodo sferico (*mecc.*), spherical centre bearing. **26.** ~ a sospensione per tubi (*tubaz.*), pipe hanger. **27.** ~ a squadra (staffa piegata a 90°) (*mecc. - ecc.*), crank. **28.** ~ a T (di un tornio) (*macch. ut.*), T rest. **29.** ~ centrale (puntello centrale, di una galleria) (*min.*), mid feather, central support. **30.** ~ chiuso (cuscinetto in un solo pezzo, boccola tubolare non divisa in due) (*mecc.*), solid journal bearing, plain pedestal. **31.** ~ (o chiodo o sostegno) da formatore (*fond.*), chaplet, staple. **32.** ~ del carrello portautensili oscillante (portautensili a cerniera di sollevamento) (*mecc.*), clapper block. **33.** ~ (o scatola) del differenziale: scatola portatreno con satelliti (di autoveicolo per es.) (*mecc.*), differential carrier. **34.** ~ del fuso (portafuso) (*mecc. tess.*), spindle bearing. **35.** ~ della valvola (*radio*), tube socket. **36.** ~ delle crocette (*nav.*), crosstrees tray. **37.** ~ del perno (*mecc.*), journal bearing. **38.** ~ del pezzo (appoggiapezzo, fissato alla tavola di una rettificatrice) (*macch. ut.*), back rest. **39.** ~ di banco (di motore per es.) (*mecc.*), main bearing. **40.** ~ di memoria (materiale destinato a contenere la registrazione) (*elab.*), storage medium. **41.** ~ di tenda (candeliere di tenda) (*nav.*), awning stanchion. **42.** ~ fisso (*mecc.*), fixed bearing, fixed pillow block. **43.** ~ flessibile (di un mot. aer. per es.) (*mot. aer.*), flexible mounting. **44.** ~ idrostatico (per macch. ut. per es.) (*mecc.*), hydrostatic bearing. **45.** ~ in bianco (~ vergine: schede perforande senza fori, nastri magnetici senza registrazione ecc.) (*elab.*), blank medium, virgin medium. **46.** ~ isolato (per apparecchi elettronici per es.) (*elett.*), insulated stand. **47.** ~ laterale (di una nervatura per es.) (*mecc.*), longitudinal bracing. **48.** ~ magnetico (di un minimetro) (*mecc.*), magnetic stand. **49.** ~ pendente (per alberi di trasmissione a soffitto per es.) (*mecc.*), hanger. **50.** ~ pendente (per sopportare il carico; di un trasportatore) (*macch. ind.*), hanger. **51.** ~ (alloggiamento) per cuscinetto a sfere (*mecc.*), ball bearing housing. **52.** ~ per deriva (di un aeroplano) (*aer.*), fin carrier. **53.** ~ per martello perforatore (per tenere il martello perforatore in posizione inclinata o orizzontale) (*att. min.*) jackleg. **54.** ~ per tubi (*tubaz.*), pipe stand. **55.** ~ rigido (di un mot. aer. per es.) (*mot. aer.*), rigid mounting. **56.** ~ vergine (*elab.*), *vedi* ~ in bianco. **57.** ~ vinilico (di una pellicola) (*fot.*), vinyl base. **58.** ~ vuoto (~ disponibile per la registrazione) (*elab.*), empty medium, blank medium. **59.** base del ~ (di un albero per es.) (*mecc.*), bearing base. **60.** cappello del ~ (di un albero per es.) (*mecc.*), bearing cap. **61.** parte superiore di un ~ (cappello del supporto di un albero) (*mecc.*), bearing cap.

supposizione (ipotesi, premessa) (*gen.*), assumption.

surcompressione (della miscela combustibile-aria) (*mot.*), supercompression.

surdimensionato (superiore alla grandezza normale) (*a. - gen.*), oversize.

surgelamento (*ind.*), deep-freeze.

surgelare (*ind. alimentare*), to deep-freeze.

surgelati (*s. - ind. alimentare*), deep-freeze goods.

suriezione (applicazione suriettiva) (*mat.*), surjection.

surplus (residuati) (*ind. - mft.*), arisings.

surriscaldamento (*term.*), overheating, superheating. **2.** ~ (per funzionamento difettoso di una parte di macchina o motore) (*mecc.*), overheating. **3.** ~ (di vapore) (*termodin.*), superheating. **4.** calore di ~ (quantità di calore ceduta ad un vapore saturo secco per portarlo allo stato surriscaldato) (*termodin.*), superheat.

surriscaldare (*term.*), to overheat, to superheat. **2.** ~ (il vapore per es.) (*termodin.*), to superheat.

surriscaldato (*term.*), superheated, overheated. **2.** ~ (per funzionamento difettoso di una parte di macchina o motore) (*a. - mecc.*), overheated. **3.** vapore ~ (*termodin.*), superheated steam.

surriscaldatore (per vapore) (*app. term.*), superheater.

surrogato (*gen.*), surrogate, ersatz.

survelocità (fuori giri, di un mot. a c. i.) (*mot.*), overspeed.

survoltaggio (*elett.*), boosting voltage, additional voltage.

survoltore (*macch. elett.*), positive (voltage) booster.

survoltore-devoltore (*macch. elett.*), positive and negative (voltage) booster.

survoltrice (dinamo) (*macch. elett.*), voltage booster.

suscettanza (*elett.*), susceptance.

suscettività (magnetica per es.) (*fis.*), susceptibility.

suscettometro (per misura di suscettività) (*s. - strum. elett.*), susceptometer.

sussidiare (una impresa privata per es. con danaro pubblico) (*finanz.*), to subsidize.

sussidiario (ausiliario) (*a. - gen.*), subsidiary ancillary (ingl.).
sussidio (per operai od impiegati) (*amm.*), benefit. **2.** ~ di disoccupazione (*amm.*), unemployment benefit. **3.** ~ di disoccupazione (~ dato dal governo ad un disoccupato) (*pers.*), dole. **4.** ~ malattia (per operai per es.) (*amm.*), sickness benefit, sick pay.
sussistenza (*milit.*), subsistence.
"sustainer", *vedi* motore ausiliario in orbita.
svalutare (*comm. - finanz.*), to depreciate. **2.** ~ (deprezzare) (*contabilità*), to write down.
svalutato (*comm. - finanz.*), depreciated.
svalutazione (*finanaz.*), devaluation, depreciation. **2.** fondo ~ crediti (in un bilancio) (*contabilità*), reserve for possible losses on loans.
svantaggio (di un contratto per es.), inconvenient, disadvantage. **2.** ~ (*sport*), handicap.
svantaggioso (di un contratto per es.), inconvenient, disadvantageous.
svasare (foggiare a forma di vaso) (*gen.*), to flare. **2.** ~ (un foro per l'alloggiamento della testa di una vite) (*mecc.*), to countersink.
svasato (di vite a testa svasata per es.) (*a. - mecc.*), countersunk.
svasatore (punta o fresa per svasare) (*ut.*), countersink.
svasatura (*gen.*), flaring. **2.** ~ (di alloggiamento di una vite a testa svasata per es.) (*mecc.*), countersink. **3.** ~ dell'ugello (allargamento dell'ugello: di un alto forno per es.) (*mecc. ind.*), flare of the tuyere. **4.** ~ muraria (svaso o strombo, strombatura: di porta o finestra) (*arch.*), embrasure, splay.
svaso (svasatura) (*arch.*), splay. **2.** livello di ~ (di un bacino per es.) (*idr.*), drawdown level.
svecciatoio (*macch. agric.*), shelling machine, sheller.
svedese (fiammifero amorfo, fiammifero di sicurezza) (*ind.*), parlor match.
sveglia (*orologio a sveglia*), alarm clock.
svéndere (*comm.*), to undersell, to dump. **2.** ~ (vendere una gran quantità di azioni a basso prezzo) (*finanz.*), to unload.
svendita (per rinnovo merce, vendita di merce a basso prezzo per rinnovo di scorte) (*comm.*), clearance sale.
sventare (una vela) (*nav.*), to spill.
svergolamento (*mecc.*), twist. **2.** ~ (di un'ala) (*aer.*), twist, warping. **3.** ~ (di un getto) (*fond.*), warping. **4.** ~ (delle manovelle, nella fucinatura di un albero a gomiti) (*fucinatura*), twisting. **5.** ~ (deformazione permanente fuori del piano di simmetria) (*difetto mecc.*), warping. **6.** ~ aerodinamico (*aer.*), aerodynamic twist. **7.** ~ geometrico (*aer.*), geometric twist. **8.** ~ negativo (diminuzione dell'angolo di incidenza verso l'estremità dell'ala) (*aer.*), wash-out **9.** ~ positivo (aumento dell'angolo di incidenza verso l'estremità dell'ala) (*aer.*), wash-in.
svergolare (*mecc.*), to twist. **2.** ~ (un'ala) (*aer.*), to twist, to warp.
svergolarsi ("imbarcarsi", del legno per es.) (*tecnol.*), to warp.
svergolato (di un getto per es.) (*a. - fond. - ecc.*), warped.
svergolatura, *vedi* svergolamento.
svernare (*gen.*), to winter.
sverniciante (*s. - vn.*), *vedi* sverniciatore.
sverniciare (*vn.*), to remove the paint, to strip.
sverniciatore (prodotto sverniciante, per togliere la vernice vecchia) (*ind. chim.*), remover, paint remover, paint stripper. **2.** ~ a raschiatura (*vn.*), paint scrape-off. **3.** ~ lavabile con acqua (*vn.*), flush-off remover.
sverniciatura (rimozione della vernice vecchia) (*vn.*), paint stripping, paint removing. **2.** ~ a fiamma (*vn.*), paint burning off.
sviamento (deragliamento) (*ferr.*), derailament.
sviare (deragliare) (*ferr.*), to derail. **2.** ~ (contromisurare, distrarre un siluro autoguidato con la emissione di sofisticati segnali) (*mar. milit. - milit.*), to decoy.
sviato (deragliato) (*ferr.*), derailed.
S-video (*audiovisivi*), *vedi* super video.
sviluppabile (superficie sviluppabile) (*s. - geom.*), developable.
sviluppare (*mat.*), to develop, to expand. **2.** ~ (*fot.*), to develop. **3.** ~ gas ("bollire": di batteria durante la carica per es.) (*fis.*), to gas.
sviluppatore (*chim. fot.*), developer.
sviluppo (di una azienda), development. **2.** ~ (bagno sviluppatore) (*fot.*), developer. **3.** ~ (di una espressione matematica), expansion, development. **4.** ~ (di una superficie) (*geom.*), development. **5.** ~ (pezzo tranciato) (*lav. lamiera*), blank. **6.** ~ (p. es. di un mercato) (*comm. - ecc.*), expansion. **7.** ~ a tono continuo (*fot. - fotomecc.*), continuous tone developer. **8.** ~ della dentatura (*mecc.*), teeth generation. **9.** ~ di gas (*chim.*), generation of gas, evolvement of gas. **10.** ~ di idrogeno (*chim.*), evolvement of hydrogen. **11.** ~ economico (*comm. - ecc.*), economic development. **12.** ~ e stampa (*fot.*), development and printing, D.&.P. **13.** ~ fotomeccanico (*fotomecc.*), process developer. **14.** ~ in lunghezza (di una linea ferroviaria per es.), longitudinal development. **15.** area di ~ (*comm.*), development area. **16.** determinazione dello ~ (di un pezzo tranciato) (*lav. lamiera*), developing. **17.** eccezionale ~ (economico, industriale ecc.) (*ind. - ecc.*), boom. **18.** primo ~ (*fot.*), first development.
svincolare (una merce dalla dogana per es.), (*comm.*), to clear.
svincolo (liberazione di una linea telefonica per es.: cessazione del collegamento) (*comun.*), clearing. **2.** ~ dal collegamento di chiamata (o di comunicazione) (*tlcm.*), clearing call.
svitare (*mecc.*), to unscrew, to screw out.
svolgente (freno) (*mecc. - veic.*), trailing.
svòlgere (una fune, una bobina per es.), to unwind, to uncoil. **2.** ~ (un programma di lavoro per es.)

(*ind.*), to carry out. **3.** ~ (trasformare un ciclo ripetitivo in una sequenza lineare di istruzioni) (*elab.*), to unwind.
svolgimento (esecuzione) (*gen.*), carrying out. **2.** ~ (di una bobina) (*gen.*), unwinding, pay-off.
svolgitore (dipanatore) (*ind. tess.*), uncoiler, **2.** ~ (per rotoli di filo metallico per es.) (*mecc.*), decoiler. **3** ~ a rulli (per rotoli di filo metallico) (*mecc.*), roll type decoiler.
svòlta (*strad.*), bending, bend, turn, turning, curve. **2.** ~ di accesso (di una rampa) (*traff. strad.*), entrance turn. **3.** ~ di uscita (di una rampa) (*traff. strad.*), exit turn.
svoltare (*strad.*), to turn.
svuotamento (*gen.*), emptying. **2.** ~ (in un semiconduttore: riduzione dei portatori di carica) (*eltn.*), depletion. **3.** ~ al punto di controllo (stampa della memorizzazione al punto di controllo) (*elab.*), check point dump.
svuotare (*gen.*), to empty. **2.** ~ (con pompe, un serbatoio per es.) (*gen.*), to pump down.
swattato (*elett.*), wattless.

T

"T" (raccordo per tubazioni) (*tubaz.*), T, tee. **2.** ~ (tera–, prefisso: 10^{12}) (*mis.*), T, tera–. **3.** ~ a bulbo (profilato commerciale) (*ind. metall.*), bulb–tee. **4.** ~ a 90° (raccordo per tubazioni) (*tubaz.*), 90 tee. **5.** inserito con raccordo a ~ (una derivazione da un tubo per es.) (*tub.*), teed.

T (tritio) (*fis. atom. - chim.*), T, tritium.

"t" (tonnellata di 1000 kg) (*mis.*), metric ton.

Ta (tantalio) (*chim.*), Ta, tantalum.

"tabacco" (polvere dovuta ad attrito e ossidazione di parti meccaniche in accoppiamento fisso) (*metall. - mecc.*), red iron oxide (due to fretting corrosion).

tabèlla (*gen.*), table. **2.** ~ (*amm.*), schedule. **3.** ~ (modulo stampato con spazi in bianco da riempire), form. **4.** ~ (insieme disposto ordinatamente e tabellabile) (*elab.*), table, array. **5.** ~ dei contenuti del volume (~ che indica nome ed indirizzo di accesso ai file che fanno parte del volume) (*elab.*), volume table of contents, VTOC. **6.** ~ dei simboli (*elab.*), symbol table. **7.** ~ della verità (~ degli esiti di una operazione logica) (*elab.*), truth table. **8.** ~ delle funzioni (~ funzioni) (*elab.*), function table. **9.** ~ delle ore di presenza (degli operai per es.) (*amm. ind.*), time sheet. **10.** ~ delle pagine (~ di corrispondenza tra indirizzi virtuali e numero di pagina) (*elab.*), page table. **11.** ~ delle traiettorie (grafiche) (*artiglieria*), trajectory table. **12.** ~ descrittiva del segmento (*elab.*), segment table. **13.** ~ di corrispondenza (*elab.*), *vedi* mappa. **14.** ~ di dati strutturati [o di struttura dei dati] (~ costituita da un gruppo di variabili strutturate) (*elab.*), array. **15.** ~ di numerazione (*cinem.*), slate, number board. **16.** ~ di ricerca (*elab.*), look–up table. **17.** ~ funzione (*elab.*), function table. **18.** ~ indice (della disposizione dei particolari in uno schema) (*gen.*), key plan. **19.** ~ MIL (*tecnol.*), military specifications. **20.** ~ MS (*tecnol.*), military standard.

tabellare (tabulare) (*gen.*), tabular, tabulated.

tabellièra per cartoline (o cartellini) di presenza (*organ. lav. stabilimento*), timecard rack. **2.** ~ porta utensili (*att. off.*), tool board.

tabellone (*pubbl.*), board. **2.** ~ luminoso animato (pubblicitario) (*pubbl.*), spectacular. **3.** ~ ottotipico (per prova medica della vista) (*att. med.*), eye chart. **4.** ~ per affiggere comunicati (bacheca) (*gen.*), notice board.

tabernàcolo (*arch.*), tabernacle.

tabloide (giornale illustrato di formato ridotto di carattere popolare) (*giorn.*), tabloid.

taboretto (toupie, macchina che lavora il legno o il metallo con fresa ad albero verticale) (*mecc. - falegn.*), router, shaper.

tabulare (tabellare) (*a. - gen.*), tabular.

tabulato (stampato: registrazione stampata prodotta automaticamente) (*s. - elab.*), printout.

tabulatore (di macchina per scrivere) (*mecc.*), tabulator. **2.** ~ (apparecchio che legge le informazioni da nastro perforato o schede perforate e le riproduce sotto forma di stampato) (*s. - elab.*), tabulator.

tabulatrice (*elab.*), tubulating machine.

tabulazione (disposizione in tabella) (*gen.*), tabulating. **2.** ~ (atto di tabulare) (*s. - elab. - ecc.*), tabulation.

"TAC" (Tomografia Assiale Computerizzata) (*med.*), CAT, computerized axial tomography. **2.** apparecchiatura ~ (apparecchio radiografico per eseguire le tomografie assiali computerizzate) (*app. med.*), CAT scanner.

tacan (sistema di navigazione aerea tattica ad altissima frequenza) (*aer. - radio*), tacan, tactical air navigation.

tacca (*gen.*), notch, hack. **2.** ~ (*mecc. - carp.*), notch. **3.** tacche (del settore di spostamento della leva di un cambio per es.) (*mecc.*), gate. **4.** ~ (in un carattere, per ottenere l'esatto piazzamento) (*tip.*), nick. **5.** ~ (di centraggio per cellula fotoelettrica) (*imballaggio - ecc.*), mark, centering mark. **6.** ~ di caricamento (intaccatura per permettere l'introduzione delle sfere in un cuscinetto a sfere) (*costr. di cuscinetti*), filling notch. **7.** ~ di marcia (di un combinatore) (*veic. elett.*), working notch. **8.** fare delle tacche (*carp.*), to notch. **9.** senza tacche (*gen.*), unnotched.

taccata (*nav.*), keelblock, bilge block. **2.** ~ di bacino (sostiene la nave in secco nel bacino di carenaggio) (*costr. nav.*), docking block.

taccheggiare (mettere i tacchi) (*tip.*), to interlay, to underlay.

taccheggiato (*a. - tip.*), interlaid, underlaid.

taccheggio (*tip.*), interlaying, underlaying.

tacchetto (galloccia) (*nav.*), cleat.

tacchi (*per cantieri nav.*), blocks. **2.** ~ (cunei posti davanti alle ruote di un aeroplano) (*aer.*), chocks.

tacco (carta posta sotto un carattere per es., per portarlo ad altezza tipografica) (*tip.*), interlay, underlay. **2.** ~ (*mft. scarpe*), heelpiece. **3.** mettere i tacchi (alle ruote di un velivolo) (*aer.*), to block by chocks. **4.** ~, *vedi anche* tacchi.

taccone (protuberanza di metallo sulla superficie di un getto, contenente eventualmente sabbia e terra, dovuta ad eccessivo tenore di umidità, deficienza di coesione ecc.) (*fond.*), scab. **2.** ~ a coda di topo (falso taccone che scalpellato lascia un segno lungo, sottile e tortuoso) (*fond.*), rattail scab. **3.** ~ a fibbia (taccone falso con attacco a fibbia alla parete del getto) (*fond.*), buckle scab. **4.** ~ a pelli di nero (difetto di un getto dovuto allo staccarsi dalla forma di croste di nero) (*fond.*), blacking scab. **5.** ~ a scatola (difetto di fond. consistente in uno strato di metallo di piccolo spessore, parzialmente separato dalla superficie del getto da un sottile strato di sabbia e collegato da una piccola lingua di metallo) (*fond.*), expansion scab. **6.** ~ a tira giù (taccone falso nella parete superiore del getto) (*fond.*), pull down scab. **7.** ~ falso (*difetto di fond.*), *vedi* taccone a scatola.

tacheometria (celerimensura) (*top.*), tachymetry.

tacheomètrico (*a. - top.*), tachymetric.

tacheòmetro (*strum. top.*), tachymeter.

tachìgrafo (strumento registratore della velocità di un autoveicolo per es.) (*strum.*), tachograph.

tachìmetro (*strum. aut.*), speedometer, tachometer, tachymeter. **2.** ~ (di una bicicletta) (*strum.*), cyclometer. **3.** ~ a fotocellula (*strum.*), photocell tachometer. **4.** ~ a nastro (*aut.*), horizontal-moving-column speedometer. **5.** ~ centrifugo (*strum.*), centrifugal tachometer. **6.** ~ elettrico (*strum.*), electric tachometer. **7.** ~ magnetico (*strum.*), magnetic tachometer. **8.** ~ registratore (*strum.*), tachograph. **9.** flessibile per ~ (*aut.*), speedometer cable. **10.** scarto del ~ (*aut.*), speedometer error.

tachione (particella elementare ipotetica più veloce della luce) (*teoria relatività*), tachyon.

tachiregolatore (regolatore di giri, regolatore di velocità) (*mot.*), speed governor.

tachistoscopio (strumento per prove psicotecniche) (*app. psicotecnico*), tachistoscope.

taffetà (tipo di tessuto) (*ind. tess.*), taffeta.

tagli (scarti di una pellicola cinematografica), trim. **2.** ~ (di banconote di vario valore) (*finanz.*), denominations.

taglia (apparecchio di sollevamento per edìli, muratori), tackle, hoisting tackle. **2.** ~ doppia (*app. ed.*), double tackle. **3.** ~ semplice (*app. ed.*), single tackle.

taglia-acqua (estremità della pila di un ponte) (*ed.*), nosing.

tagliabillette (cesoia tagliabillette, cesoia troncabillette) (*macch.*), billet shears.

tagliaboschi (taglialegna, boscaiolo) (*lav.*), woodman.

tagliacarte (apribuste ecc.) (*arnese da uff.*), letter opener. **2.** ~ (*macch. per carta*), paper cutting machine.

tagliacartoni (*macch.*), board cutting machine.

tagliacavo (*nav.*), rope knife (ingl.).

tagliachiodi (per tagliare via le teste dei rivetti) (*ut.*), rivet buster.

tagliaerba, *vedi* tosatrice.

tagliafiamma (*mot.*), flame trap.

tagliafili (*att.*), wire cutter.

tagliafuòco (*ed.*), fire stop, fire barrier.

tagliamare (*nav.*), cutwater.

tagliando (*comm.*), coupon. **2.** ~ (per l'esecuzione delle operazioni di manutenzione su una vettura nuova per es.) (*aut. - ecc.*), coupon. **3.** ~ gratuito (per le operazioni di manutenzione di una vettura dopò un certo numero di chilometri) (*aut.*), free servicing coupon.

tagliare (*gen.*), to cut. **2.** ~ (con l'ascia) (*carp.*), to hew. **3.** ~ (squadrare, un segnale o una forma d'onda) (*eltn.*), to clip. **4.** ~ al vivo (tagliare un foglio vicino al testo stampato) (*stampa*), to crop. **5.** ~ a misura (*gen.*), to cut to size, to dress. **6.** ~ a quartabono, ~ a 45° (una tavola per es.) (*carp. - ecc.*), to miter. **7.** ~ a strisce (lamiere) (*mecc.*), to slit. **8.** ~ con cannello ossidrico (*tecnol. mecc.*), to flame-cut. **9.** ~ con cesoia (lamiere per es.) (*mecc.*), to shear. **10.** ~ con elevata velocità di taglio e rapidi avanzamenti (*mecc. - macch. ut.*), to hog out. **11.** ~ con filo (*ceramica*), to sling. **12.** ~ con le forbici, to scissor. **13.** ~ in fette (il silicio per la produzione di semiconduttori e componenti elettronici) (*eltn.*), to wafer. **14.** ~ la parte sottostante (*gen.*), to undercut. **15.** ~ la punta (di una pala d'elica per es.) (*aer.*), to crop. **16.** ~ (o omettere o censurare) l'audio (di un programma TV registrato) (*elettroacus.*), to blip. **17.** ~ le materozze e sbavare (*fond.*), to trim. **18.** ~ longitudinalmente (segare longitudinalmente) (*ind. legno*), to tangent-saw. **19.** ~ longitudinalmente (tagliare nella direzione della macchina) (*mft. carta*), to slit. **20.** ~ secondo la lunghezza, to slit. **21.** ~ una eccessiva sezione di truciolo (tagliare con avanzamento eccessivo) (*mecc. - macch. ut.*), to hog in. **22.** ~ una filettatura (filettare) (*mecc.*), to cut a thread, to thread. **23.** ~ radialmente (*ind. legno*), to quartersaw. **24.** ~ una superficie piana al tornio (*mecc.*), to face. **25.** ~ via (spuntare, tagliare un'estremità) (*gen.*), to cope.

tagliarete (*mar. milit.*), net cutter.

tagliarighe (*macch. tip.*), slug cutter.

tagliarottami (cesoia tagliarottami) (*macch.*), scrap shears.

tagliasfridi (di stampaggio per es.) (*lav. lamiera*), scrap cutter.

tagliastracci (*macch. mft. carta*), rag cutter, rag chopper.

tagliata (*s. - gen.*), cut, cutting. **2.** lunghezza della ~ (dei fogli di carta) (*mft. carta*), chop.

tagliato (*a. - gen.*), cut. **2.** ~ a sbieco (di tubi, di ele-

menti metallici o di legno ecc.) (*mecc. - falegn.*), chamfered, beveled.
tagliatondini (per cemento armato) (*att.*), reinforcing rod cutter.
tagliatore (*op. ind. tess. - ecc.*), cutter. **2.** reparto tagliatori (*ind. cuoio*), clicking room. **3.** tavole per tagliatori (*ind. cuoio*), clicking boards.
tagliatrice (*macch.*), cutting machine. **2.** ~ ad arco (*macch. ind. mecc.*), arc cutting machine. **3.** ~ trasversale (*macch. mft. carta*), square cutter.
tagliatubi (*ut.*), pipe cutter. **2.** ~ (per tubaggio dei pozzi) (*ut. - min.*), casing cutter.
tagliavetro (*ut.*), glass cutter.
taglìente (di lama, di utensile per es.) (*a.*), sharp, keen. **2.** ~ (di lama, di utensile per es.) (*s.*), cutting edge, cutting point. **3.** ~ (di un succhiello) (*ut.*), lip. **4.** ~ di riporto (di un utensile) (*ut. - mecc.*), built-up edge. **5.** ~ principale (di utensile da tornio) (*ut.*), side-cutting edge. **6.** ~ rompighiaccio (di un ponte) (*ed.*), forestarling. **7.** ~ secondario (di un utensile da tornio) (*ut.*), end-cutting edge. **8.** ~ trasversale (di una punta da trapano) (*ut.*), chisel edge. **9.** parte ~ della punta (da trapano) (*ut.*), drill cutting point. **10.** poco ~ (*a. - ut.*), blunt.
taglière di legno (*att. domestico*), trencher.
taglierina (trancia, per carta, cartoni ecc.) (*macch.*), cutter. **2.** ~ (*att. fot.*), trimmer. **3.** ~ (*macch. ut.*), *vedi* cesoia. **4.** ~ (per rotativa per es.) (*macch. tip.*), sheeter. **5.** ~ (separatrice; taglia in fogli singoli la carta continua) (*app. elab.*), decollator. **6.** ~ a ghigliottina (macchina taglia carta) (*ind. carta - tip.*), guillotine cutting machine. **7.** ~ longitudinale (*macch. mft. carta*), slitting machine. **8.** ~ multipla (per carta, cartoni ecc.) (*macch. mft. carta*), multiple cutter. **9.** ~ per filigrane fisse (*macch. mft. carta*), single-sheet cutter. **10.** ~ per schede (*macch. ut. tip.*), card cutter. **11.** ~ rotativa trasversale (per rotativa) (*macch. tip.*), cross rotary sheeter. **12.** ~ stacca moduli (strapperina di un tabulato a nastro continuo) (*elab.*), continuous forms burster.
taglio (operazione di taglio) (*mecc.*), cut. **2.** ~ (traccia operata dalla lama nel materiale) (*mecc. - carp.*), kerf. **3.** ~ (sollecitazione di taglio) (*sc. costr.*), shear, shearing stress. **4.** ~ (tagliente di una lama), edge, cutting edge. **5.** ~ (di una vite: scanalatura per l'applicazione del cacciavite) (*mecc.*), slot. **6.** ~ (di vini per es.) (*operaz. agric.*), blending. **7.** ~ (unità di misura della carta moneta) (*finanz.*), denomination. **8.** ~ (di un libro, parte opposta alla costola) (*legatoria*), face, fore edge. **9.** ~ (del vetro, con diamante) (*mft. vetro*), cutting. **10.** ~ (delle pelli) (*ind. cuoio*), clicking. **11.** ~ (di un pneumatico) (*difetto - aut.*), sipe. **12.** ~ (mutilazione di segnale) (*telecom.*), clipping. **13.** ~ (stile di lavorazione di una gemma: p. es. del diamante) (*gioielleria*), cut. **14.** ~, *vedi anche* tagli. **15.** ~ ad arco-plasma, *vedi* taglio a getto di plasma. **16.** ~ a getto di plasma (taglio ad arco-plasma di metalli) (*tecnol. mecc.*), plasma arc cutting. **17.** ~ ad unghia (*mecc. - falegn.*), chamfer (cut), bevel (cut). **18.** ~ all'arco (taglio con arco) (*tecnol. mecc.*), arc cutting. **19.** ~ all'arco con elettrodo di carbone (*tecnol. mecc.*), carbon-arc cutting. **20.** ~ all'arco con elettrodo metallico (*tecnol. mecc.*), metal-arc cutting. **21.** ~ all'arco in atmosfera di elio (*tecnol. mecc.*), heliarc cutting. **22.** ~ a sbieco (dell'orlo per es.) (*mecc. - falegn.*), chamfer, bevel. **23.** ~ a scintilla, *vedi* elettroerosione. **24.** ~ a strisce (con cesoia) (*lav. lamiera*), slitting. **25.** ~ bruscamente interrotto (brusca interruzione del taglio) (*mecc. macch. ut.*), quick stop of cutting. **26.** ~ cesellato (di un libro) (*legatoria*), tooled edge. **27.** ~ col cannello (*tecnol. mecc.*), oxygen cutting, gas cutting. **28.** ~ col cannello eseguito a mano (ossitaglio a mano) (*tecnol. mecc.*), manual oxygen cutting. **29.** ~ col cannello eseguito mediante macchina ossitoma (*tecnol. mecc.*), machine oxygen cutting. **30.** ~ con (od all') arco (*tecnol. mecc.*), arc cutting. **31.** ~ con cesoia (*lav. lamiera*), shearing. **32.** ~ con cesoia a ghigliottina (*operaz. mecc.*), guillotining. **33.** ~ concorde (taglio anticonvenzionale) (*mecc. - macch. ut.*), climb cut. **34.** ~ con laser (*tecnol. mecc.*), laser cutting. **35.** ~ dal basso verso l'alto (*mecc.*), upcut. **36.** ~ delle materozze montanti a bavature (*fond.*), trimming. **37.** ~ di piede (taglio inferiore, delle pagine di un libro) (*legatoria - tip.*), tail edge. **38.** ~ discorde (fresatura discorde) (*mecc. - macch. ut.*), conventional cut. **39.** ~ di stoffa (variabile in lunghezza secondo il tipo di stoffa, l'impiego ecc.) (*comm. tess.*), cut. **40.** ~ di testa (taglio superiore, di un libro) (*legatoria*), top edge. **41.** ~ di volata (della canna di un cannone) (*arma da fuoco*), muzzle face. **42.** ~ e trasporto dei tronchi (dal bosco alla segheria) (*ind. legno*), logging. **43.** ~ inferiore (taglio di piede, di un libro) (*legatoria*), tail edge. **44.** ~ ossiacetilenico (*tecnol. mecc.*), oxyacetylene cutting. **45.** ~ ossidrico (*tecnol. mecc.*), oxyhydrogen cutting. **46.** ~ ossielettrico (*tecnol. mecc.*), oxy-arc cutting. **47.** ~ ossipropanico (di metalli) (*tecnol. mecc.*), oxy-propane cutting. **48.** ~ (o asportazione) per rotazione (*mecc.*), rotary cutting. **49.** a doppio ~ (di lama) (*mecc.*), double-edged. **50.** angolo di ~ (o di lavoro, di un utensile) (*ut. mecc.*), cutting angle. **51.** a ~ incrociato (di una lima) (*mecc.*), double-cut, cross-cut. **52.** circuito di ~ (circuito tosatore, circuito limitatore di ampiezza) (*eltn. - telev. - ecc.*), clipping circuit. **53.** fattore di ~ (*viscosimetria*), shear rate. **54.** filo da ~ (*ut. per ceramica*), sling. **55.** larghezza di ~ (*mecc. - falegn.*), width of cut. **56.** lima a ~ a croce (*ut.*), cross-cut file. **57.** lima a ~ semplice (*ut.*), single-cut file. **58.** lunghezza del ~ (nell'operazione di piallatura per es.) (*mecc. - falegn.*), cutting length, length of cut. **59.** moto di ~ (moto di lavoro di una taglierina) (*mecc. macch. ut.*), cutting motion. **60.** profondità di ~ (*mecc. - macch. ut.*), cutting depth. **61.** resistenza alla sol-

lecitazione di ~ (*sc. costr.*), resistance to shearing stress. **62.** serie completa di utensili da ~ (*ut.*), set for cutting. **63.** sollecitazione di ~ (*sc. costr.*), shearing stress. **64.** velocità di ~ (di macchina utènsile per es.), cutting speed.

tagliòlo (*ut.*), chisel. **2.** ~ a caldo (scalpello a caldo) (*ut.*), hot chisel, chisel for hot metal. **3.** ~ a freddo (*ut.*), cold chisel, chisel for cold metal.

tagliuzzare (tagliare in piccoli pezzi) (*gen.*), to cut into small pieces, to mince, to shred.

talassografia (oceanografia, studio del mare) (*oceanografia*), oceanics.

talco [$Mg_3H_2(SiO_3)_4$] (*min.*), talc. **2.** ~ (usato con olio caldo per la rivelazione di incrinature per es.) (*mecc.*), French chalk. **3.** polvere di ~ (*manutenzione gomma*), talcum powder.

talcoscisto (*min.*), talc schist.

tallio (Tl - *chim.*), thallium.

tallonamento (*corse aut. - ecc.*), drafting.

tallonare nella scia (*corse aut. - ecc.*), to draft.

talloncino (etichetta) (*gen.*), label.

tallone (di ago di scambio) (*ferr.*), heel. **2.** ~ (dell'aratro) (*agric.*), landside. **3.** ~ (cerchietto: di un pneumatico) (*ind. gomma*), bead. **4.** ~ a disco (disco girevole di guida: di un aratro per es.) (*mecc. agric.*), rolling landside. **5.** ~ argento (tallone argenteo, sistema monetario) (*econ.*), silver-standard. **6.** ~ aureo (tallone oro, sistema monetario) (*econ.*), gold standard. **7.** ~ di reazione (di uno stampo di fucinatrice per es.) (*tecnol. mecc.*), die counter lock. **8.** ~ oro (tallone aureo, " gold standard", sistema monetario) (*econ.*), gold standard. **9.** calcagno del ~ (di un pneumatico) (*ind. gomma*), bead heel. **10.** incavo del ~ (di un pneumatico) (*ind. gomma*), bead cavity. **11.** punta del ~ (di un pneumatico) (*ind. gomma*), bead top.

talòccia (pialletto per intonaci) (*att. mur.*), float.

talocciare (frattazzare, piallettare) (*intonaco*), to float.

talocciato (*a. - mur.*), floated. **2.** ~ (mano di intonaco piallettato) (*s. - mur.*), floated coat (ingl.).

tamburo (*gen.*), drum. **2.** ~ (*mecc.*), drum. **3.** ~ (di rivoltella) (*arma da fuoco*), cylinder. **4.** ~ (di una carda) (*ind. tess.*), swift. **5.** ~ (di un filatoio per es.) (*macch.*), cylinder. **6.** ~ (muro su cui poggia la cupola) (*arch.*), drum, tambour. **7.** ~ (campana, di un argano) (*nav.*), barrel. **8.** ~ (*app. sollevamento*), drum. **9.** ~ (parte girevole di una betoniera) (*macch. ed.*), drum. **10.** ~ (di una ruota a pale) (*nav.*), box. **11.** ~ (bottale, per trattare pelli) (*ind. cuoio*), drum, drum-rumbler. **12.** ~ (di avvolgimento, del cabestano per es.) (*app.*), cable wheel. **13.** ~ (di un argano per es.) (*mecc.*), rundle niggerhead. **14.** ~ addensatore (per la pasta di legno) (*mft. carta*), decker. **15.** ~ a frizione (di un app. per sollevamento) (*mecc.*), friction drum. **16.** ~ analizzatore a lenti (*telev. obsoleta*), lens drum. **17.** ~ ballerino (ballerino) (*mft. carta*), *vedi* tamburo per filigranatura. **18.** ~ compressore (*turboreattore*), compressor rotor wheel. **19.** ~ del freno (*app. mecc.*), brake drum. **20.** ~ (di protezione) della ruota a pale (*nav.*), paddle box. **21.** ~ del verricello con impronte per catena calibrata (per la catena dell'àncora per es.) (*nav. - ind.*), wildcat. **22.** tamburi di asciugamento (della carta) (*app. mft. carta*), skeleton drums. **23.** ~ di avvolgimento (di una macchina per sollevamento) (*mecc.*), winding drum. **24.** ~ di avvolgimento ad espansione (per fili metallici) (*app. ind. metall.*), collapsible coiler drum. **25.** ~ di elevazione (per sollevare ed abbassare pesanti scalpelli di trivellazione) (*min.*), calf wheel, casing spool. **26.** ~ di specchi (ruota di Weiller) (*telev. obsoleta*), mirror drum, mirror wheel, Weiller drum. **27.** ~ di trivellazione (*min.*), bull wheel. **28.** ~ elicoidale destro (di apparecchio per sollevamento) (*mecc.*), drum with right-hand groove. **29.** ~ elicoidale sinistro (di apparecchio per sollevamento) (*mecc.*), drum with left-hand groove. **30.** ~ lenticolare (*ott.*), corrugated lens. **31.** ~ magnetico (tipo di memoria magnetica costituito da un ~ ruotante rivestito di uno strato magnetizzabile) (*elab.*), magnetic drum, drum. **32.** ~ misuratore (parte di tagliatrice) (*macch. per tagliare carta*), measuring drum. **33.** ~ per catena (di apparecchio per sollevamento) (*mecc.*), chain drum. **34.** ~ per cavi (*elett.*), cable drum. **35.** ~ per filigranatura (tamburo ballerino, ballerino) (*mft. carta*), dandy roll. **36.** ~ per freni anteriori (di automobile per es.) (*mecc.*), front-brake drum. **37.** ~ per freni posteriori (di automobile per es.) (*mecc.*), rear-brake drum. **38.** ~ per lavaggio pelli (*macch. conceria*), pinwheel. **39.** ~ per lavaggio tessuti (di tessuti) (*ind. tess.- ecc.*), washwheel. **40.** ~ porta caratteri (di stampante a ~) (*elab.*), type drum. **41.** ~ scortecciatore (*macch. mft. carta*), barking drum.

tamponamento (urto della parte anteriore di un veicolo contro la parte posteriore di un altro che lo precede con conseguente piccola o grande penetrazione telescopica (*ferr. - aut. - ecc.*), telescoping.

tamponare (*gen.*), to plug up, to stopper. **2.** ~ (con argilla) (*fond.*), to lute. **3.** ~ (scontrare la parte anteriore di un veicolo contro la parte posteriore di quello che precede, con conseguente piccola o grande penetrazione di un veicolo nell'altro) (*aut. - ferr. - ecc.*), to telescope.

tamponatura (*gen.*), plugging. **2.** ~ (del foro di spillatura di un cubilotto per es.) (*fond.*), botting, plugging (am.). **3.** muro di ~ (muro divisorio o perimetrale) non portante (di fabbricato in cemento armato per es.) (*ed.*), curtain wall.

tampone (*gen.*), plug, stopper. **2.** ~ (*chim.*), buffer. **3.** ~ (di garza o cotone usato in medicina) (*med.*), swab, tampon. **4.** ~ (tappo di argilla per chiudere il foro di colata di un cubilotto per es.) (*fond.*), bod, bott. **5.** ~ (di gomma) arresto scuotimento (tampone di gomma di fine corsa dello scuotimento, di una sospensione) (*aut.*), rubber rebound bumper, rubber bumper. **6.** ~ di colata (*fond.*), gate bott. **7.** ~ di gomma (per ammortizzare urti) (*mecc.*), rubber pad, rubber buffer. **8.** ~ di vapore ("vapor lock") (di un impianto di alimentazione del carburante) (*mot. aer.*), vapor lock. **9.** ~ silenziatore (da inserire nelle orecchie) (*acus. - ecc.*), ear plug. **10.** batteria ~ (*elett.*), floating battery (am.), buffer battery (ingl.). **11.** finire a ~ (*vn.*), to French-polish. **12.** finitura a ~ (*vn.*), French-polishing. **13.** soluzione ~ (*chim.*), buffer solution.

tanaglia, *vedi* tenaglia.

tandem (bicicletta a due posti), tandem. **2.** ~ (velivolo a due ali fisse disposte una dietro l'altra) (*aer.*), tandem plane. **3.** ~ (compressore stradale a due rulli) (*macch. strad.*), tandem roller.

tangènte (*geom.*), tangent. **2.** ~ (pagamento illegale imposto come condizione per ottenere un contratto) (*comm.*), kick back. **3.** ~ iperbolica (*mat.*), hyperbolic tangent.

tangènza (*geom.*), tangency. **2.** ~ a punto fisso (di un elicottero) (*aer.*), hovering ceiling. **3.** ~ con effetto di suolo (di un elicottero) (*aer.*), hovering ceiling with ground effect. **4.** ~ di crociera (*aer.*), cruising ceiling. **5.** ~ di esercizio (*aer.*), operational ceiling. **6.** ~ pratica (*aer.*), service ceiling. **7.** ~ senza effetto di suolo (di un elicottero) (*aer.*), hovering ceiling without ground effect. **8.** ~ statica (di un pallone: quota di equilibrio in atmosfera tipo) (*aer.*), static ceiling. **9.** ~ teorica (*aer.*), absolute ceiling. **10.** punto di ~ (punto di raccordo, tra una strada diritta e una curva) (*ing. civ.*), tangent point.

tangenziale (*geom. - mat.*), tangential.

tanica (canistro, per benzina) (*aut.*), can.

tannato (*chim.*), tannate.

tannino (*chim.*), tannin.

"tannometro" (strumento per misurare il titolo di una soluzione conciante rilevando la perdita di densità dopo l'attraversamento di una pelle) (*strum. ind. cuoio*), tannometer.

tantalio (Ta - *chim.*), tantalum.

tantalite (*min.*), tantalite.

tappa (*sport*), lap. **2.** ~ (percorso senza scalo intermedio) (*aer.*), stage.

tappare (*mecc.*), to plug, to blank. **2.** ~ (un tubo) (*tubaz.*), to plug. **3.** ~ (un recipiente) (*gen.*), to plug.

tapparella, *vedi* persiana avvolgibile.

tappatrice (di bottiglie: con sugheri) (*macch.*), corking machine. **2.** ~ (di bottiglie: con tappi a corona) (*macch.*), capper.

tappeto (per carrozzeria di automobile per es.), carpet, mat. **2.** ~ (distribuzione delle cariche di profondità nella caccia ai sommergibili) (*mar. milit.*), pattern. **3.** ~ (di un forno di riscaldo) (*forno mft. vetro*), belt. **4.** ~ (manto superficiale di una strada con legante di catrame o bitume e di spessore inferiore ai 38 mm) (*strad.*), carpet. **5.** ~ di disturbo (di cariche di profondità) (*mar. milit.*), distracting pattern. **6.** ~ di gomma rigato (per carrozzeria di aut. per es.), grooved rubber matting. **7.** ~ distruttivo (di cariche di profondità) (*mar. milit.*), destructive pattern. **8.** ~ doppio (*mft. tess.*), two-ply carpet. **9.** ~ orientale (*mft. tess.*), Oriental rug, Oriental carpet. **10.** ~ vellutato (*mft. tess.*), pile carpet. **11.** diagramma a ~ (diagramma contenente due famiglie di curve, usato per la sua capacità di presentare in modo compatto una quantità elevata di dati) (*prove - ecc.*), carpet plot. **12.** lana per tappeti (*ind. tess.*), carpet wool. **13.** telaio per tappeti (*ind. tess.*), carpet loom.

tappezzare (un sedile per automobile per es.), to upholster.

tappezzerìa, tapestry, upholstery. **2.** ~ interna (di automobile per es.), inside upholstery.

tappezzière (*op.*), upholsterer.

tappo (*gen.*), plug, stopper. **2.** ~ (*mecc.*), plug, cap, tap. **3.** ~ (di un radiatore per es.) (*aut.*), cap. **4.** ~ (di una botte per es.), spigot. **5.** ~ (tampone) (*nav.*), stopwater. **6.** ~ (in argilla per chiudere il foro di colata di un cubilotto) (*fond.*), bott, bod. **7.** ~ a corona (per bottiglie) (*ind.*), crown cap, crown cork. **8.** ~ a vite (*mecc.*), screw plug. **9.** ~ con sfiatatoio (di un accumulatore per es.) (*elett.*), vent plug. **10.** ~ dell'obiettivo (*fot.*), lens cap. **11.** ~ dello snodo del tirante dello sterzo (*aut.*), steering joint plug. **12.** ~ del serbatoio (del carburante) (*aut. - aer. - mtc.*), fillercap. **13.** ~ del serbatoio con serratura (*aut. - ecc.*), tank locking cap. **14.** ~ di adescamento (di una pompa per es. per permettere l'adescamento), priming plug. **15.** ~ di scarico (*gen.*), drain plug, outlet plug. **16.** ~ di scarico (per vapore o liquido in pressione), blowoff plug. **17.** ~ di scarico dell'olio (*mot. - ecc.*), oil drain plug. **18.** ~ di volata (*artiglieria*), tampion. **19.** ~ fusibile (fusibile a tappo) (*di valvola elett.*), plug fuse, fuseplug. **20.** ~ fusibile di sicurezza (fatto di metallo fusibile che si scioglie quando la caldaia raggiunge una predeterminata temperatura) (*cald.*), safety plug. **21.** ~ luce (inseribile su normale porta-lampada a passo Edison) (*elett.*), lamp holder plug. **22.** ~ solubile (di una mina) (*mar. milit.*), soluble plug.

tara (nella operazione di pesatura) (*comm. - ind.*), tare. **2.** ~ marcata (peso ufficiale del container o del veicolo vuoto) (*comm.*), tare weight.

tarare (peso) (*comm. ind.*), to tare. **2.** ~ (uno strumento per es.), to calibrate. **3.** ~ (regolare, un motore diesel per es., ad un dato numero di giri per accoppiamento ad un generatore per es.) (*mot.*), to set.

tarato (*a. - strum. - ecc.*), calibrated. **2.** ~ (regolato, di motore diesel per es., ad un dato numero di giri per l'accoppiamento ad un generatore per es.) (*a. - mot.*), set.

taratura (di un termometro per es.), calibration. **2.** ~ (*fis. atom.*), calibration. **3.** ~ (di una lampada elettrica), rating. **4.** ~ (regolazione di un motore diesel per es., ad un dato numero di giri per l'accoppiamento ad un generatore per es.) (*mot.*), setting. **5.** ~ per reciprocità (di un trasduttore per es.) (*acus. - ecc.*), reciprocity calibration.

targa (*di aut.*), number plate. **2.** ~ (contenente i dati nominali di una macch. elett. per es.) (*macch. elett.*), rating plate. **3.** dati di ~ (dati nominali di una macch. elett. per es.) (*macch. elett. - ecc.*), rating. **4.** potenza di ~ (indicata sulla targhetta di un motore) (*mot.*), rated load.

targhetta (col nome del fabbricante) (*mot. - mecc.*), name plate. **2.** ~ (sulla porta di casa: col nome dell'inquilino) (*ed.*), doorplate. **3.** ~ dei dati di funzionamento (di una macch. o di un app.), rating plate. **4.** ~ delle caratteristiche (*mecc. - mot. - ecc.*), data plate. **5.** ~ delle velocità (*macch. ut.*), speed plate. **6.** ~ di autorizzazione (recante il numero di registrazione dell'autorizzazione) (*leg. - comm.*), licence plate. **7.** ~ indicatrice (*mot. - aut. - aer. - ecc.*), indicator plate, indicating plate.

targhettatura (di una macchina per es.) (*macch. - ecc.*), fitting of plates.

tariffa (*comm.*), tariff, fare, fee, rate. **2.** ~ a base variabile (tariffa a gradini per es.) (*elett.*) step rate. **3.** ~ a contatore (*elett. - ecc.*), meter rate. **4.** ~ a forfait (o forfetaria) (nella distribuzione di energia elettrica per es.) (*comm.*), straight-line rate. **5.** ~ del trasporto aereo (*aer. comm.*), airfare. **6.** ~ ferroviaria (*comm.*), railway tariff, railroad rate. **7.** ~ intera (*comm.*), full tariff. **8.** ~ oraria (paga riconosciuta ad un operaio che lavora ad economia) (*a. - pers.*), time rate. **9.** ~ per uso promiscuo (nella distribuzione di energia elett.) (*comm.*), flat rate. **10.** ~ preferenziale (*comm.*), preferential tariff. **11.** ~ protettiva (*comm. ind.*), protective tariff. **12.** tariffe pubblicitarie (*pubbl.*), advertising rates. **13.** ~ salariale, *vedi* paga corrisposta. **14.** ~ scalare (*elett. - ecc.*), block rate.

tariffario (*amm.*), tariff, scale of charges.

tarlato (*a. - legno*), worm-eaten.

tarlature (tarli, cavità tubolari di un pezzo fuso) (*difetto fond.*), worm holes.

tarli (*difetto fond.*), *vedi* tarlature.

tarlo (del legno), woodworm.

tarozzo (asta in ferro legata in croce all'estremità delle sartie per tenerle alla distanza stabilita) (*nav.*), futtock staff.

tartana (*nav.*), tartan.

tartarato, *vedi* tartrato.

tàrtaro (*chim.*), tartar. **2.** ~ emetico [$K(SbO)C_4H_4O_6 \cdot {}^1/_2H_2O$] (*chim.*), tartar emetic, antimonyl potassium tartrate. **3.** cremor di ~ ($C_6H_5O_6K$) (*chim.*), cream of tartar, potassium bitartrate.

tartaruga (guscio di tartaruga), tortoiseshell.

tartrato (*chim.*), tartrate. **2.** ~ acido di potassio ($C_6H_5O_6K$) (*chim.*), acid potassium tartrate, potassium bitartrate. **3.** ~ di potassio ($C_4O_6H_4K_2$) (*chim.*), potassium tartrate.

tasca (*gen.*), pocket. **2.** ~ (piccola massa di minerale contenuta entro una roccia) (*geol. - min.*), nest. **3.** ~ per termometro (pozzetto per termometro, in genere piena di olio) (*strum. - term.*), thermometer pocket.

tascàbile (*a. - gen.*), pocket.

tascapane (*milit.*), haversack.

tassa (*amm. - leg.*), tax. **2.** ~ di circolazione (bollo, di un veicolo) (*aut.*), motor vehicle tax. **3.** ~ di successione (*leg.*), inheritance tax. **4.** ~ di zavorra (*nav.*), ballastage. **5.** tasse indirette (*finanz.*), indirect tax. **6.** ~ sul reddito (*finanz.*), income tax. **7.** ~ sui sovraprofitti (*finanz.*), excess-profits tax, EPT. **8.** ~ sulle donazioni (*finanz.*), gift tax. **9.** ~ sulle società (*finanz.*), corporate tax. **10.** ~ sul valore aggiunto (IVA) (*finanz.*), tax on value added, tax on added value. **11.** esattore delle tasse (*pers.*), tax collector. **12.** esente da ~ (*finanz.*), tax-exempt, tax-free. **13.** rimborso tasse (*finanz. - ecc.*), tax rebate.

tassabile (imponibile) (*finanz. - leg.*), taxable.

tassàmetro (apparecchio per auto pubbliche), taximeter, taxameter.

tassare (*finanz.*), to tax. **2.** ~ (multare) (*leg.*), to assess.

tassazione (*finanz.*), taxation. **2.** ~ progressiva (*finanz.*), graduated taxation.

tassèllo, small block. **2.** ~ (per raddrizzare lamiere metalliche) (*lav. lamiera metall.*), dolly block. **3.** ~ (elemento costituente di stampo scomponibile, parte mobile di una forma o stampo) (*fond. - mecc.*), insert. **4.** ~ (pezzo di legno usato per sostituire una parte difettosa) (*costr. nav.*), graving piece. **5.** ~ (di legno a muro: per fissare qualcosa al muro) (*carp. - ed. - ecc.*), dowel. **6.** ~ a espansione (*gen. - uso domestico*), screw anchor. **7.** ~ scorrevole (per stampi per pressofusione per es., per supportare i maschi o per ottenere sottosquadri nel getto) (*fond.*), die slide.

tassetto (piccola incudine) (*ut. per lattoniere*), stake. **2.** ~ per ribadire lateralmente (*ut. per lattoniere*), side stake. **3.** ~ per scanalature (*ut. per lattoniere*), grooving stake.

tassì, *vedi* taxi.

tasso (*legno*), yew. **2.** ~ (*ut. per lattoniere*), stake. **3.** ~ (di trasmissione) dei bit (quantità di bit trasmessi per unità di tempo da una linea per es.) (*elab.*), bit rate. **4.** ~ di attività (rapporto o percentuale di registrazioni utilizzate rispetto al loro totale; p. es. in un archivio) (*elab.*), activity ratio. **5.** ~ di avvicendamento (degli operai per es.) (*pers.*), turnover percentage. **6.** ~ di base (~ di interesse che una banca offre ai clienti) (*banca*), base rate. **7.** ~ di cambio per contanti (per il cambio immediato di denaro) (*banca - finanz.*), spot rate. **8.** ~ di combustione (di una caldaia per es.), rate of combustion. **9.** ~ di diluizione (*vn.*), thinning ratio. **10.** ~ di disponibilità (rapporto tra il tempo di impiego di una macchina ed il tempo totale, con esclusione del tempo di riparazione e manutenzione) (*elab.*), availability ratio. **11.** ~ di errori (*gen.*), error rate. **12.** ~ di impulso (rapporto tra la durata degli impulsi e quella degli impulsi più le pause) (*eltn.*), pulse-duty-factor. **13.** ~ di infiltrazione (*geol. - idr.*), infiltration capacity. **14.** ~ di interesse (*finanz.*), rate of interest. **15.** ~ di permeabilità (porosità di un filtro) (*app.*), void fraction. **16.** ~ di rendimento (*amm. - finanz.*), rate of return. **17.** ~ di rilettura (*elab. - ecc.*), read-around ratio. **18.** ~ di scambio (*comm. finanz.*), rate of exchange. **19.** ~ di sconto (*finanz.*), discount rate. **20.** ~ di sconto corrente (*finanz.*), market rate of discount. **21.** ~ di trasferimento dati (per es. da un elab. ad un archivio o viceversa) (*elab. - ecc.*), data transfer rate. **22.** ~ forfettario (*finanz.*), flat rate. **23.** ~ primario (il minore interesse al quale una banca presta denaro ai più importanti clienti) (*finanza*), prime rate.

tastatore (*macch. ut.*), *vedi* palpatore.

tastatrama (tastatore per trama, di un telaio) (*mecc. tess.*), "weft-feeler".

tastièra (di pianoforte, macchina per scrivere ecc.), keyboard. **2.** ~ amovibile (*elab. - ecc.*), detachable keyboard. **3.** ~ di tipo americano (~ che inizia con le lettere QWERTY) (*elab.*), qwerty. **4.** ~ di tipo europeo (~ che inizia con le lettere AZERTY) (*elab.*), azerty. **5.** ~ immissione dati (~ caricamento dati) (*elab.*), data entry keyboard. **6.** ~ numerica (p. es. di un calcolatorino tascabile o di un telefono) (*elab. - telef.*), numeric pad. **7.** a ~, a tasti (p. es. relativo ad un elab. provvisto di ~) (*a. - elab.*), key-driven.

tastierina numerica (talvolta sistemata accanto alla tastiera alfanumerica) (*elab.*), keypad.

tasto (*gen.*), key. **2.** ~ (elemento di tastiera) (*elab. - macchina per scrivere*), key. **3.** ~ antirombo (*app. elettroacus.*), rumble knob. **4.** ~ d'ascolto (*telef. milit.*), talking key. **5.** ~ del combinatore (un ~ della serie di tasti numerati da 0 a 9 di un combinatore a pulsanti) (*telef.*), dialing key. **6.** ~ di comando (p. es. in un apparecchio elettronico) (*gen.*), command key. **7.** ~ (o chiave) di duplicazione (di copiatrici di schede) (*elab.*), duplicate key. **8.** ~ di immissione (~ che comanda l'ingresso dei dati) (*elab.*), entry key. **9.** ~ di ritorno (*elab. - macch. per scrivere*), backspace key. **10.** ~ di sparo (di un cannone) (*arma da fuoco*), firing key. **11.** ~ fissamaiuscole (*macch. per scrivere*), shift lock. **12.** ~ funzione (~ di comando) (*elab.*), function key. **13.** ~ incolonnatore (di macchina per scrivere) (*mecc.*), tabulator key. **14.** ~ maiuscole (di una macch. per scrivere) (*mecc.*), shift key. **15.** ~ Morse (*telegrafia*), Morse tapper. **16.** ~ per chiudere ed aprire un circuito elettrico (tipo di tasto da telegrafista) (*disp. elett.*), tapping key. **17.** ~ per la chiamata (*telegrafia*), ringing key. **18.** ~ semiautomatico (*telegrafia*), bug key. **19.** ~ spaziatore (di macchina per scrivere), spacing bar. **20.** ~ telegrafico (*telegrafia*), key, telegraph key, tapper. **21.** abbassamento di un ~ (per es. per scrivere le lettere maiuscole) (*elab. - macch. per scrivere*), key depression. **22.** battere un ~ (*macch. per scrivere - elab.*), to keystroke. **23.** colpo di ~ (disturbo in un impianto ricevente) (*elettrotel.*), key click. **24.** fila di tasti (di una tastiera) (*macch. ufficio - ecc.*), keys bank. **25.** inserire il ~ delle maiuscole, simboli e numeri (premere il ~ che facendo alzare il carrello consente di scrivere le predette lettere) (*macch. per scrivere*), to shift. **26.** liberare il ~ di inserimento delle maiuscole, simboli e numeri (spingere il ~ per riportare il carrello alla scrittura minuscola) (*macch. per scrivere*), to downshift.

tàttica (*s. - milit.*), tactics.

tatticità (ordine sterico nella catena principale di un polimero) (*chim.*), tacticity.

tattico (per es. un missile) (*a. - milit.*), theater, tactical.

tattile (*a. - gen.*), tactile. **2.** ~ (a sfioramento: di tasto di tastiera a sfioramento) (*eltn.*), *vedi a* sfioramento.

tatto ("mano") (*ind. lana*), handle. **2.** soffice al ~ (di un tessuto per es.) (*gen.*), soft to the feel.

tautomerismo (*chim.*), tautomerism.

tautomero (*chim.*), tautomeric.

tavèlla (laterizio forato) (*ed.*), hollow tile.

tàvola (tavolo), table. **2.** ~ (tabella) (*gen.*), table. **3.** ~ (asse) (*carp.*), board, plank. **4.** ~ (di logaritmi per es.), table. **5.** ~ (di ghiacciaio, blocco di pietra su una colonna di ghiaccio) (*geol.*), (glacier) table. **6.** ~ ad aghi (di telaio) (*ind. tess.*), needle board. **7.** ~ a guide ortogonali (di un'alesatrice per es.) (*macch. ut.*), compound table. **8.** ~ a rulli da laminatoio (*laminatoio*), live mill table, live table for mill. **9.** ~ a scosse (*ind. min.*), concussion table. **10.** ~ a sfere (sulla quale possono essere spostati oggetti a superficie piana in qualsiasi direzione) (*trasp. ind.*), ball table. **11.** ~ a spostamento trasversale (di una macch. ut.) (*mecc. macch. ut.*), traversing table. **12.** ~ a vela (*sport marino*), windsurf. **13.** ~ da disegno (*dis.*), drawing board. **14.** ~ d'alzo (indica i valori da dare alla elevazione per ottenere la gettata desiderata di una bocca da fuoco) (*milit.*), elevation table. **15.** ~ da muratori (*ed. - carp.*), ledger board. **16.** ~ da ponteggio (*carp. - ed.*), ledger board (ingl.). **17.** ~ dei feltri (piano dei feltri) (*macch. mft. carta*), felt board. **18.** ~ dell'armatura (di una forma per il getto di cemento armato) (*mur.*), moldboard. **19.** ~ di arricchimento a scosse (per minerali) (*app. min.*), vanner, shaking table. **20.** ~ di getto (*aer. milit.*), (bomb) dropping table. **21.** ~ di navigazione (*aer.*), navigation table. **22.** ~ di protezione (*mft. carta - ecc.*), baffle board. **23.** ~ di raccolta (tavola raccoglitrice, delle segnature) (*tip.*), collating table. **24.** tavole di ritegno (tavole per sbadacchiatura [o puntellamento] orizzontale di uno scavo) (*ed.*), poling boards. **25.** ~ di rollìo (a sponde rialzate: che evita la caduta di oggetti) (*nav.*), fiddle. **26.** ~ di tiro (*milit.*), firing table, gunnery table. **27.** ~ girevole (di una alesatrice per es.) (*macch. ut.*), revolving table, rotary table, swivel table. **28.** ~ inclinabile (*laminatoio - ecc.*), tilting table. **29.** tavole in vista (tavolato in orizzontale di rivestimento esterno di case) (*ed.*), siding. **30.** ~

mettifoglio (mettifoglio, di una macch. da stampa) (*macch. stampa*), feedboard. **31.** ~ mobile (di una piallatrice per es.) (*macch. ut.*), platen. **32.** ~ nera dell'uniformità (del filato) (per prova fibre e filato lana) (*ind. tess.*), evenness tester. **33.** ~ optometrica (per misura vista) (*mis. med.*), test chart. **34.** ~ paraspruzzi (*gen.*), baffle board. **35.** ~ (a griglia) per classificare la lana (*ind. lana*), woolclassing table. **36.** ~ per fresare a coordinate (*mecc. macch. ut.*), jig milling table. **37.** ~ per rettificare (a) coordinate (*mecc. macch. - ut.*), jig grinding table. **38.** tavole per tagliatori (*ind. cuoio*), clicking boards. **39.** ~ (o piano) portapezzo (*macch. ut.*), worktable. **40.** ~ portapezzo a spostamenti in direzioni diverse (*macch. ut.*), compound worktable. **41.** ~ portapezzo girevole (orientabile in qualsiasi direzione) (*macch. ut.*), swiveling worktable. **42.** ~ principale (*macch. ut.*), main table. **43.** ~ rotante (tavola girevole) (*macch. ut.*), rotary table, revolving table. **44.** ~ rotante a due posizioni (*mecc. - macch. ut.*), two-position rotary table. **45.** ~ rotonda (riunione per scambio di idee) (*radio - telev. - politica*), conference. **46.** ~ rotonda in collegamento (conferenza tra persone che sono lontane l'un l'altra, ma collegate con mezzi di telecomunicazione) (*telev. - telef. - terminali elab. - ecc.*), teleconference. **47.** ~ rotonda in collegamento video (eseguita in televisione) (*telev.*), videoconference. **48.** ~, *vedi anche* tavolo.

tavolato (*mur.*), boarding. **2.** ~ (pavimento di assi per ponte di barche) (*milit.*), chesses. **3.** ~ (*nav.*), planking. **4.** ~ del ponte (*nav.*), deck planking, plank-sheer. **5.** costruzione del ~ del ponte (*nav.*), deck planking.

tavoletta (o tabella) di numerazione (*cinem.*), number board. **2.** ~ grafica (unità periferica che serve per trasmettere disegni e grafici ad un elaboratore) (*elab.*), graphic table, tablet. **3.** ~ per messa a fuoco (*cinem.*), focusing board. **4.** ~ per lisciare (pialletto, frattazzo) (*att. mur.*), float, plastering trowel. **5.** ~ pretoriana (*top.*), plane table. **6.** ~ pulitrice (*tess.*), clearer board. **7.** a ~ (a tutta velocità) (*aut.*), flat out, at top speed.

tavolino (*gen.*), table. **2.** ~ a scomparsa (*ferr. - ecc.*), drop table. **3.** ~ per macchina per scrivere (*mobile uff.*), typewriter desk.

tàvolo (*gen.*), table. **2.** ~ (per leggere e scrivere, scrivanìa) (*att. uff.*), desk. **3.** ~ anatomico (*att. med.*), anatomic table. **4.** ~ con gambe incrociate a X (*falegn.*), sawbuck table. **5.** ~ da disegno (*att. dis.*), drawing table. **6.** ~ da disegno su cavalletti (*dis.*), trestle drawing table. **7.** ~ da refettorio (per mensa operai per es.), mess table. **8.** ~ di commutazione (*telef.*), switchboard. **9.** ~ di montaggio (*cinem.*), splicing table. **10.** ~ ginecologico (*att. med.*), gynecological table. **11.** ~ intermediario (tavolo di commutazione) (*telef.*), switch board. **12.** ~ luminoso (per ritocco fotografico) (*fot.*), light table. **13.** ~ operatorio (*att. med.*), operating table. **14.** ~ per carteggiare (*nav. - navig.*), chart table. **15.** ~ per ritocco (*fot.*), retouching rest. **16.** ~ radiografico (*att. med.*), radiographic table. **17.** ~ radioscopico (*att. med.*), radioscopic table. **18.** ~ (separatore) a scosse (*min.*), bumping table. **19.** ~ urologico (*att. med.*), urological table.

tavolone (*legn.*), plank, heavy thick board.

tavolòzza (*att. pittura*), palette.

taxi (auto pubblica) (*aut.*), taxi, taxicab. **2.** ~ aereo (aerotaxi) (*aer.*), air taxi.

taylorismo (metodo di direzione di uno stabilimento) (*organ. lav. ind.*), Taylorism.

tazza (*gen.*), cup. **2.** ~ (di macchina scavatrice, cucchiaia, cucchiaione) (*macch. movimento terra*), scoop. **3.** ~ di colata (*fond.*), *vedi* siviera a mano. **4.** ~ per elevatore (*mecc. ind.*), bucket, elevator scoop. **5.** ~ levigatrice (di una lappatrice) (*mecc. - macch. ut.*), lapping pot. **6.** oliatore a ~ (particolarmente applicato sulle macchine di vecchia costruzione; generalmente di vetro) (*macch.*), oil cup, oilcup.

tazzaggio (prelevamento del metallo con la sivierina dal forno per colarlo nelle forme) (*fond.*), ladling.

tazzina (*fond.*), *vedi* siviera a mano.

Tb (terbio) (*chim.*), Tb, terbium.

Tc (tecnezio) (*chim.*), Tc, technetium.

"TCP" (tricresilfosfato, additivo per carburanti) (*chim. - mot.*), trichresyl phosphate.

Te (tellurio) (*chim.*), Te, tellurium.

teallite ($PbSnS_2$) (*min.*), teallite.

teatro (*arch.*), theater. **2.** ~ con palcoscenico centrale (costruzione di grandi dimensioni) (*arch.*), arena theater. **3.** ~ di posa (*ed. cinem.*), studio, picture house (ingl.).

"technicolor" (processo di cinematografia a colori in cui i colori fondamentali sono ripresi su tre film separati) (*cinem.*), Technicolor.

teck (*legno*), teak.

tecnezio (elemento metallico: numero atomico 43) (Tc - *chim.*), technetium.

tècnica (*s. - gen.*), technics. **2.** ~ (applicata) (*s.*), technique. **3.** ~ ad impulsi (usata nelle vasche subacquee per evitare riflessioni dalle pareti, dal fondo e dalla superficie) (*acus. sub.*), pulse technique. **4.** ~ "crosspoint" (*telef.*), crosspoint technique. **5.** ~ dei metodi (parte della organizzazione industriale) (*studio dei metodi*), methods engineering. **6.** ~ della organizzazione (tecnica dei sistemi organizzativi) (*organ.*), systems engineering. **7.** ~ della sperimentazione (*reparto esperienze*), experimental engineering. **8.** ~ delle comunicazioni (*eltn. - elett.*), communication engineering. **9.** ~ dell'illuminazione (illuminotecnica) (*illum.*), lighting technique. **10.** ~ del moiré (metodo del moiré per l'analisi delle sollecitazioni) (*metall.*), moiré method. **11.** ~ del rilevamento topografico (*mat. - top.*), surveying. **12.** ~ di indirizzamento (*elab.*), hashing. **13.** ~ elettronica (*eltn. - ecc.*), electronics. **14.** ~ mineraria (*min.*), mining engineering.

15. ~ per produrre (acciaio con) grani di dimensione prestabilita (*metall.*), grain size control. **16.** ~ sanitaria (*ed.*), sanitary engineering.

tècnico (*a.*), technic, technical. **2.** ~ (*s.*), technician, engineer. **3.** ~ aeronautico (diplomato) (*aer.*), licensed aircraft engineer. **4.** ~ dei materiali (di una ditta) (*pers. - ind.*), material engineer. **5.** ~ dei mezzi pubblicitari (*pubbl.*), media man. **6.** ~ del collaudo (*ind.*), testing engineer. **7.** ~ della lubrificazione (*pers. mecc.*), lubrification engineer. **8.** ~ della manutenzione (di una ditta) (*pers.*), maintenance engineer. **9.** ~ dell'analisi dei tempi (tecnico dei tempi di lavorazione) (*ind.*), time-study engineer. **10.** ~ della organizzazione (di un'azienda) (*pers. ind.*), systems engineer. **11.** ~ della produzione (*ind.*), production engineering technician. **12.** ~ della sicurezza (di una fabbrica) (*ind.*), safety engineer. **13.** ~ del lavoro (esperto in metodi, collaudi, sicurezza sul lavoro, di un'azienda industriale) (*pers. - ind.*), industrial engineer. **14.** ~ delle luci (specialista nel ramo, incaricato della illuminazione della scena di uno studio cinematografico o televisivo) (*cinem. - telev.*), gaffer, bestboy. **15.** ~ del missaggio (*cinem.*), mixer. **16.** ~ del suono (*cinem.*), sound engineer, audioengineer. **17.** ~ di officina (*ind. - pers.*), works engineer, shop engineer. **18.** ~ progettista (*ind.*), projects engineer. **19.** ~ pubblicitario (*pubbl.*), advertising expert. **20.** ~ spaziale (*astric.*), space engineer. **21.** incaricato ~ (di stabilimento) (*ind.*), technician. **22.** incaricato ~ stampi (di stabilimento) (*ind.*), die equipment technician.

tecnìgrafo (*strum. per dis.*), drafting machine, drawing machine.

tecnocrate (*econ.*), technocrat.

tecnocrazia (*econ.*), technocracy.

tecnofibra (fibra artificiale, fibra chimica) (*tess. - ecc.*), man-made fibre.

tecnologìa, technology. **2.** ~ di gruppo (*tecnol. - ind.*), group technology. **3.** ~ elettronica (*eltn.*), electronic technology. **4.** ~ meccanica (*mecc.*), mechanical technology. **5.** a ~ avanzata (di una società organizzata su basi tecnologiche avanzate) (*a. - ind.*), technetronic. **6.** alta ~ (*ind. - mecc. - ecc.*), high technology.

tecnologicamente (*ind.*), technologically.

tecnològico (*a. - ind.*), technological. **2.** previsione tecnologica (*ind.*), technological forecasting.

tecnologo (*tecnol.*), technologist.

"TEE" (Trans-Europe-Express) (*ferr.*), TEE.

teglia (per cucina) (*ut. domestico*), pan.

tégola (*ed.*), roofing tile, roof tile, tile. **2.** ~ ad incastro (*ed.*), interlocking tile. **3.** ~ alla fiamminga (*ed.*), pantile. **4.** ~ curva (tegola a canale, coppo) (*ed.*), bent roofing tile. **5.** ~ di cemento (*ed.*), cement roofing tile. **6.** ~ di colmo (di un tetto) (*ed.*), ridge tile, crest tile. **7.** ~ di gronda (del tetto) (*mur.*), eave tile. **8.** ~ piana (embrice, marsigliese) (*ed.*), plain roofing tile. **9.** fabbricazione delle tegole (*ind. - ed.*), tilemaking. **10.** posa in opera di tegole (*ed.*), tiling.

tegoliera (*macch. ed.*), tiling machine.

tegolo (tegola curva) (*ed.*), bent tile. **2.** ~ copritrasmissione (tunnel dell'albero di trasmissione) (*costr. carrozz. aut.*), drive shaft tunnel panel.

teiera (*ut. domestico*), teapot. **2.** ~ elettrica (*app. elettrodomestico*), electric teapot.

tela, cloth. **2.** ~ (di un pneumatico) (*mft. pneumatici*), ply, warp. **3.** ~ (falda) (*ind. tess.*), lap. **4.** ~ (di una macch. continua per la carta) (*macch. mft. carta*), wire. **5.** ~ abrasiva (*ind. mecc.*), emery cloth. **6.** ~ bachelizzata (tessuto bachelizzato) (*tess. per elett.*), bakelite laminated fabric, bakelized fabric. **7.** ~ da imballo (*tess.*), packcloth, bagging. **8.** ~ da lucidi (*per dis.*), tracing cloth. **9.** ~ da sacco (*ind. tess.*), sackcloth, sacking, gunny. **10.** ~ da tende (*tess.*), canvas for tent. **11.** ~ da vele (*tess.*), sailcloth, canvans, duck cloth, duck. **12.** ~ di juta (*mft. tess.*), jute cloth, jute canvas. **13.** ~ di lino (*ind. tess.*), linen. **14.** ~ gommata (*ind. gomma e tess.*), rubberized canvas. **15.** ~ gommata senza trama (tessuto costituito dai soli fili di ordito annegati in un materiale collante; p. es. lattice di gomma) (*tess.*), laid fabric. **16.** ~ impermeabilizzata, waterproof cloth. **17.** tele incrociate (di un pneumatico) (*ind. gomma - aut.*), crisscross plies. **18.** ~ metallica (*ind.*), wire cloth. **19.** ~ metallica (di una macchina continua) (*macch. mft. carta*), machine wire. **20.** ~ olona (per uso industriale o nautico) (*ind. tess.*), olona cloth, duck cloth, canvas. **21.** ~ per aeroplani (*tess. obsoleto*), airplane fabric. **22.** ~ per asciugamaneria (*mft. tess.*), toweling, towelling. **23.** ~ per doccia (per stanza da bagno) (*ind. stoffa gomm.*), shower curtain. **24.** ~ per sedili (*ferr. - ecc.*), seat webbing. **25.** ~ pesante (di lino, canapa o cotone per tende, vele, copertoni di autocarri ecc.) (*ind. tess.*), canvas. **26.** ~ smeriglio (*ind. mecc.*), emery cloth. **27.** applicazione delle tele (nella costruzione dei pneumatici) (*ind. gomma*), plying. **28.** copertura di ~ (*tess.*), canvas covering. **29.** lato ~ (di un foglio di carta) (*mft. carta*), wire side. **30.** numero delle tele (di un pneumatico) (*aut.*), ply rating. **31.** segno della ~ (difetto della carta) (*mft. carta*), wire mark. **32.** (strato di) ~ (nella fabbricazione dei copertoni per aut. per es.) (*ind. gomma*), ply.

telaino (*gen.*), frame. **2.** ~ cernierato (p. es. il manico metallico e articolato di un secchio) (*mecc. - ecc.*), bail. **3.** ~ del finestrino (*aut.*), window frame. **4.** ~ del finestrino (o luce) posteriore (*costr. carrozz. aut.*), rear window frame. **5.** ~ premicarta (tiene in posizione il foglio di carta) (*macch. per scrivere*), bail rod.

telaio (di automobile per es.), frame. **2.** ~ (autotelaio) (*aut.*), chassis. **3.** ~ (per tessitura) (*macch. tess.*), loom. **4.** ~ (di un locomotore elettrico per es.) (*ferr.*), underframe, frame. **5.** ~ (contenente i caratteri pronti per la stampa) (*tip.*), chase. **6.** ~ (portalastre; chassis, cassetta) (*fot.*), cassette. **7.** ~

a croce (di un'automobile) (*aut. - ecc.*), cruciform frame. **8.** ~ a culla (*di una mtc.*), cradle frame. **9.** ~ ad aghi (per tessuti a ricamo) (*macch. tess.*), lappet loom. **10.** ~ ad elementi scatolati (*aut.*), box type frame. **11.** ~ a mano (*macch. tess.*), hand-loom. **12.** ~ a pedali (*macch. tess.*), treadle loom. **13.** ~ (automatico) a più cassette (*macch. tess.*), multibox loom. **14.** ~ a ratiera (*macch. tess.*), dobby loom. **15.** ~ a trave centrale (di un'automobile) (*aut.*), backbone frame. **16.** ~ a tubo centrale (*veic.*), central-tube chassis frame. **17.** ~ automatico per maglieria (*macch. tess.*), self-acting knitting machine, self-acting knitter, self-acting knitting frame. **18.** ~ a vetri (di porta o finestra) (*ed.*), sash. **19.** ~ circolare per maglieria (*macch. tess.*), circular knitting machine, circular knitter. **20.** ~ completamente saldato (*mecc.*), all-welded frame. **21.** ~ da tessitura (*macch. tess.*), loom. **22.** ~ di sega (*ut.*), saw frame. **23.** ~ fisso (intelaiatura fissa al muro, di una porta o una finestra) (*carp.*), case. **24.** ~ Jacquard (*macch. tess.*), Jacquard loom, Jacquard. **25.** ~ meccanico (*macch. tess.*), power loom. **26.** ~ molleggiato (posteriormente: di una motocicletta) (*mecc. mtc.*), spring frame. **27.** ~ perimetrale con carrozzeria fissata con bulloni (*aut.*), perimeter frame with bolted on body. **28.** ~ per maglieria (*macch. tess.*), knitting machine, knitter, knitting frame. **29.** ~ per nastri (*macch. tess.*), ribbon loom. **30.** ~ per tappeti (*macch. tess.*), carpet loom. **31.** ~ per tessuti a spugna (*macch. tess.*), terry loom. **32.** ~ portalastra (*fot.*), dark slide. **33.** ~ portaretino (*foto-mecc.*), screenholder. **34.** ~ rettilineo per maglieria (*macch. tess.*), straight knitting machine, straight knitter. **35.** ~ rialzato in corrispondenza del ponte posteriore (*aut.*), kick-up chassis. **36.** ~ rigido ad elementi scatolati (di aut. per es.) (*mecc.*), rigid box type frame. **37.** ~ semimeccanico (*macch. tess.*), dandy loom. **38.** ~ spostabile (di macch. tess. per es.), traveling frame. **39.** ~ tubolare che dal cannotto di sterzo passa sotto il motore e si collega alla forcella posteriore (*di mtc.*), loop frame. **40.** battente del ~ (*macch. tess.*), beater. **41.** capo ~ (*lav.*), loom master. **42.** testata del ~ (traversa di testa del telaio) (*ferr.*), headstock.

telamone (*arch.*), telamon.

telare (la carta) (*mft. carta*), to linenize.

telato (*a. - mft. carta*), linen-faced, linenized, fabric-finish.

telatura (*mft. carta*), linen finish, linenizing.

teleabbonato (*telev.*), televiewer, viewer.

teleacquisti (*elab. - comm.*), electronic shopping.

telearmi (guidate) (*milit.*), guided weapons.

teleautografia (trasmissione a distanza di immagini fisse) (*telegrafia*), telautography.

teleautografo (dispositivo per trasmettere telegraficamente un'immagine) (*tlcm.*), TelAutograph.

telecamera (app. da presa televisiva che converte immagini e suoni in segnali elettrici) (*telev.*), telecamera. **2.** ~ portatile con videoregistratore (a videocassetta) incorporato (camcorder) (*eltn. - telev.*), camcorder. **3.** carrello per ~ (*att. telev.*), camera dolly.

telecaricare (atto di caricare in una memoria lontana programmi e dati per mezzo della rete di comunicazione) (*elab.*), to teleload.

telecìnema (trasmissione di film per televisione) (*cinem. - telev.*), telecine, film television, telecine transmission.

telecinematografia (*cinem. - telev.*), film television, telecine, telecine transmission.

telecomandare (mediante radio, ultrasuoni, filo ecc.) (*aer. - nav. - ind. - ecc.*), to operate telecontrols.

telecomandato (*aer. - nav. - ind. - ecc.*), remote controlled.

telecomando (ottenuto mediante radio, ultrasuoni, filo ecc.) (*aer. - nav. - ind. - ecc.*), telecontrol, remote control. **2.** ~ (tastierina maneggevole, generalmente a raggi infrarossi, di comando a distanza del telev. domestico: cambio canali e regolazioni varie) (*telev.*), remote control.

telecomunicazione (*telef. - telegr. - radio - telev. - ecc.*), telecommunication. **2.** ~ ad onde convogliate su linee elettriche (in normale attività di servizio) (*telef. - ecc.*), power-line carrier. **3.** metodo di accesso nelle telecomunicazioni (*elab.*), telecommunications access method, TCAM. **4.** rete di ~ via satellite (per es. il sistema realizzato a mezzo "INTELSAT" [INternational TELecommunications SATellite organization]) (*rete di tlcm.*), satellite communications. **5.** servizio pubblico di telecomunicazioni (*tlcm.*), Telecoms (ingl.).

telecomunicazioni (servizio di ~) (*telecom.*), telecommunications, telecomms, Telecoms (Brit.).

teleconferenza, *vedi* tavola rotonda in collegamento.

telecontatore (contatore a distanza) (*strum.*), distant recorder.

telecopiare (*tlcm.*), to telecopy.

telecopiatrice (app. che riceve e trasmette copie a mezzo di linee telefoniche) (*s. - telef. - eltn.*), telefacsimile. **2.** ~ "Telecopier" (tipo di ~ brevettata che trasmette e riceve copie) (*tlcm.*), Telecopier.

telecronaca (*telev.*), television commentary.

telecronista (*telev.*), television commentator.

telediafonia (*telef.*), *vedi* diafonia lontana.

teledidattica (*tlcm.*), tele-education.

telediffóndere (diffondere a mezzo televisione) (*telev.*), to telecast. **2.** ~ via cavo (*telev.*), to cablecast.

teleelaborazione (elaborazione a distanza per mezzo di terminali lontani: operazione telematica) (*tlcm. - elab.*), teleprocessing, telecomputing.

telefacsimile (sistema di ricezione e trasmissione di copie per mezzo di linee telefoniche) (*s. - telef. - inf.*), telefacsimile, telefax.

telefax, *vedi* telefacsimile.

telefèrica (con vagoncini sospesi ad un cavo) (*mezzo*

di trasporto materiali), freight telpherage, telferage, freight ropeway.

telefilm (*telev.* - *cimem.*), telefilm, television film.

telefonare (*telef.*), to telephone, to ring up.

telefonata (*telef.*), call. **2.** ~ intercomunale (*telef.*), trunk call, long-distance call. **3.** ~ internazionale (*telef.*), international call. **4.** ~ interurbana (*telef.*), trunk call, long-distance call. **5.** ~ urbana (*telef.*), normal call. **6.** fare una ~ interurbana (*telef.*), to long-distance. **7.** relativo a ~ interurbana (*a.* - *telef.*), long-distance. **8.** tariffa della ~ urbana (*telef.*), local call rate.

telefonìa (*telef.*), telephony. **2.** ~ a correnti vettrici (*telef.*), carrier current telephony. **3.** ~ ad alta frequenza (*telef.*), high-frequency telephony. **4.** ~ a frequenza portante (*telef.*), carrier telephony. **5.** ~ a onde guidate (*telef.*), guided wave telephony. **6.** ~ cifrata (sistema per mascherare il significato di una telefonata) (*milit.* - *telef.*), ciphony, cipherphony. **7.** ~ industriale (*telef.*), closed circuit telephone system.

telefònico, telephonic. **2.** apparecchio ~ (*tlcm.*), telephone set. **3.** centralino ~ (*telef.*), telephone exchange. **4.** collegamento ~, telephonic connection. **5.** elenco ~ (*telef.*), telephone directory. **6.** ricevitore ~ (*telef.*), telephone receiver. **7.** servizio ~ (pubblico) (*telef.*), phone service.

telefonista (*op.*), telephone operator, operator.

telèfono, telephone, phone. **2.** ~ (*app. telef.*), telephone. **3.** ~ a pulsanti (app. munito di una tastiera numerica per comporre il numero) (*telef.*), push-button telephone. **4.** ~ automatico (*telef.*), dial telephone. **5.** ~ in derivazione (secondo o terzo ecc. apparecchio abilitato collegato alla linea principale ed ubicato in ambiente diverso) (*telef.*), extension. **6.** ~ interno (interfono o citofono di nave, di fabbricato, di aeroplano ecc.) (*telef.*), interphone. **7.** ~ interno abilitato tramite centralinista (*telef.*), housephone. **8.** ~ portatile (~ alimentato da una batteria; comunica con la rete a mezzo di radioonde) (*telef.*), cordless telephone. **9.** ~ subacqueo (per comunicazioni acustiche subacquee) (*acus. sub.*), underwater telephone. **10.** darsi ammalato per ~ (informare per ~ che un dipendente è assente perché ammalato) (*pers.*), to call in sick.

telefoto (immagini facsimile trasmesse via cavo, radio ecc.) (*giorn.* - *stampa*), fax.

telefotografía (sistema di trasmissione a distanza di fot.), telephotography, phototelegraphy. **2.** ~ (fotografia effettuata mediante teleobiettivo) (*fot.*), telephotography, telephotograph.

telegènico (di un attore della telev.) (*telev.*), telegenic.

telegiornale (cortometraggio degli avvenimenti del giorno, trasmesso per televisione) (*telev.* - *cinem.*), TV newsreel.

telegrafare (*telegrafia*), to telegraph, to wire (colloquiale).

telegrafìa, telegraphy. **2.** ~ armonica (*telegrafia*), voice-frequency telegraphy. **3.** ~ automatica (*telegrafia*), machine telegraphy. **4.** ~ duplice (sistema di telegrafia), duplex (system of telegraphy). **5.** ~ infracustica (*telegrafia*), sub-audio telegraphy. **6.** ~ multipla (sistema di telegrafia) (*telegrafia*), multiplex (system of telegraphy). **7.** ~ multipla sincrona (*telegrafia*), multiple synchronous telegraphy. **8.** ~ ottica (*telegrafia* - *milit.*), visual signaling. **9.** ~ quadruplice (sistema di telegrafia) (*telegrafia*), quadruplex (system of telegraphy). **10.** ~ ultraacustica (*telegrafia*), super-acoustic telegraphy.

telegrafico (*telegr.*), telegraphic. **2.** bonifico ~ (trasferimento telegrafico di danaro) (*comm.*), cable transfer.

telegrafista (*op.*), telegrapher, telegraph operator, telegraphist.

telègrafo, telegraph. **2.** ~ di macchina (trasmette gli ordini alla sala macchine) (*nav.*), annunciator. **3.** ~ Morse (*telegrafia*), Morse telegraph. **4.** ~ stampante (*telegrafia*), printing telegraph.

telegramma (*telegrafia*), telegram, wire. **2.** ~ con risposta pagata (*posta*), reply - paid telegram. **3.** ~ lettera (*telegrafia*), day letter.

teleguida (di proiettili per es.) (*aer.* - *milit.* - *astric.*), remote controlled guide.

teleguidato (di missile, di aereo, di nave bersaglio ecc. mediante segnali radio) (*astric.* - *aer.* - *milit.*), remote controlled.

teleindicatore (indicatore a distanza) (*strum.*), telemeter, remote indicator.

teleinvertitore (*app. elett.*), remote controlled reversing switch, remote control reverser.

telematica (sistema di teleelaborazione tra elaboratori e periferiche tra loro distanti: attuato generalmente mediante le linee della rete telefonica) (*s.* - *inf.* - *tlcm.* - *fibre ott.* - *ecc.*), telematics (am.), information technology (ingl.), IT.

telematico (*a.* - *inf.* - *telef.* - *ecc.*), telematic.

telemeccànica (*s.*), telemechanics.

telemedicina (*tlcm.*), telemedicine.

telemeteorografo (strumento registratore a distanza) (*app. meteor.*), telemeteorograph.

telemetrista (*milit.*), range finder operator.

telèmetro (*strum.*), telemeter, range finder, RF. **2.** ~ (per arma da fuoco) (*strum. ott. milit.*), range finder. **3.** ~ (*strum. fot.*), range finder. **4.** ~ a coincidenza (strum. ott. per la misura delle distanze) (*strum. ott.*), stenometer. **5.** ~ a microprismi (*mirino fot.*), microprism range finder. **6.** ~ stereoscopio (*strum. ott.*), stereoscopic range finder.

teleobiettivo (*strum. fot.*), telephoto lens, teleobjective.

telequotàmetro (*strum. aer. milit.*), height finder.

teleran (sistema di navigazione per aerei: radar televisivo), teleran.

teleregistrazione (*tlcm.*), telerecording.

teleriproduzione (di immagini) (*radio*), fax, facsimile.

teleruttore (*app. elett.*), remote control switch. **2.** ~

(interruttore elettromagnetico) (*app. elett.*), electromagnetic switch. **3.** ~ di avviamento (di un mot. elett.) (*app. elett.*), solenoid starter. **4.** ~ salvamotore (*app. elett.*), magnetic starter with overload and undervoltage protection.
teleschermo (schermo del televisore) (*app. telev.*), television screen, telescreen.
telescopia (*astr.*), telescopy.
telescòpico (*a.*), telescopic. **2.** mirino ~ (di macch. fot.) (*ott.*), telescopic finder.
telescòpio (*strum. astr.*), telescope. **2.** ~ a riflessione (*strum. astr.*), reflecting telescope. **3.** ~ a rifrazione (*strum. astr.*), refracting telescope. **4.** ~ equatoriale (*strum. astr.*), equatorial, equatorial telescope, transit instrument. **5.** ~ nautico (*att. nav. - strum. ott.*), long glass. **6.** ~ riflettore, ~ catottrico (impiega uno specchio sferico come obiettivo) (*strum. ott.*), reflector. **7.** ~ rifrattore, ~ diottrico (impiega un obiettivo acromatico per la messa a fuoco) (*strum. ott.*), refractor. **8.** portautensili a ~ (*mecc. - macch. ut.*), telescopic toolholder.
telescrittore (*op. telegrafia*), telegraph printer.
telescrittura (effettuata mediante telescrivente) (*tlcm.*), teletypewriting. **2.** ~ autografica (*elettrotel.*), telewriting. **3.** apparecchio per ~ autografica (*app. elettrotel.*), telewriter.
telescrivente (apparecchiatura ~ di trasmissione e ricezione funzionante mediante la rete telefonica) (*tlcm.*), teletypewriter. **2.** ~ (*a. - tlcm.*), teleprinting. **3.** ~ a carrello mobile (*macch.*), moving carriage teleprinter. **4.** ~ a tastiera con perforatrice di nastro (*elab.*), keyboard typing reperforator, KTR. **5.** ~ prodotta dalla Teletype Corporation (*tlcm.*), Teletype. **6.** sistema ~ (*tlcm.*), teleprinting system.
telescriventista (operatore di telescrivente) (*tlcm.*), teletypist, teletypewritwer operator.
teleselettore (*app. telef.*), long-distance selector, toll-line selector.
teleselezione (*telef.*), direct distance dialing system, DDD system. **2.** ~ di abbonato (*telef.*), subscriber toll dialing, subscriber trunk dialing. **3.** ~ internazionale (*telef.*), international toll dialing, international trunk dialing.
telespettatore (spettatore di una trasmissione televisiva) (*telev.*), televiewer.
telestampante (apparecchio telescrivente connesso con un elaboratore per stampare le informazioni) (*telecom. - elab.*), teleprinter.
telestereoscopio (*strum. ott.*), telestereoscope.
teletermòmetro (*strum.*), telethermometer.
Teletex (servizio di trasferimento testi tra terminali) (*tlcm.*), Teletex.
teletrasmettere (telediffondere, trasmettere per televisione) (*telev.*), to telecast, to televise.
teletrasmettitore (trasmettitore a distanza) (*strum.*), teletransmitter, remote transmitter.
teletrasmissione (programma televisivo, trasmissione televisiva) (*telev.*), telecast. **2.** ~ delle immagini via radio (trasmissione di telefoto) (*radio - fot.*), photoradio.
teletrattamento (*elab.*), teleprocessing.
televel (indicatore di livello a distanza) (*strum. di mis.*), remote level indicator.
Televideo (sistema informativo TV che visualizza, su richiesta, informazioni di pubblica utilità sullo schermo del televisore domestico se fornito di apposito decoder: chiamato "Ceefax" dalla inglese BBC) (*s. - servizio telev.*), Teletext.
televisione (*telev.*), television, TV. **2.** ~ a circuito chiuso (televisione industriale: per controllare l'esecuzione di operaz. pericolose per es.) (*telev.*), closed circuit television. **3.** ~ a colori (*telev.*), color television. **4.** ~ a colori a sistema sequenziale (*telev.*), sequential color system television. **5.** ~ ad alta definizione (*telev.*), high-definition television. **6.** ~ ad elevata definizione di immagine (*telev.*), improved definition television, IDTV. **7.** ~ a gettone (televisione a moneta) (*telev.*), coin-fee television (ingl.), fee television (am.), pay-as-you-see television. **8.** ~ a pagamento (o in abbonamento) con programmi speciali (un servizio costituito da programmi speciali non commerciabili inviato agli abbonati muniti di decoder) (*telev.*), pay television, subscription television. **9.** ~ a proiezione (proiezione per mezzo di videoproiettore) (*tlcm.*), projection television. **10.** ~ a raggi catodici (*telev.*), cathode-ray television. **11.** ~ a raggi infrarossi (notturna: per applicazioni militari), noctovision. **12.** ~ (con esplorazione dell'immagine) a zone (*telev.*), zone television. **13.** ~ con programmi educativi (*telev.*), educational television. **14.** ~ in bianco e nero (*telev.*), black-and-white television. **15.** ~ industriale (*telev.*), closed circuit television. **16.** ~ informativa-culturale (senza pubblicità) (*telev.*), public television. **17.** ~ stereoscopica (*telev.*), stereoscopic television. **18.** ~ via cavo (ricezione mediante antenna centralizzata e ritrasmissione via cavo agli utenti) (*telev.*), community antenna TV, CATV, cable TV, cablevision. **19.** apparecchio per ~ (*telev.*), televisor. **20.** diffondere a mezzo ~ (*telev.*), to telecast. **21.** guardare la ~ (osservare una trasmissione telev.) (*tlcm.*), to teleview. **22.** ricevere per ~ (*telev.*), to teleview. **23.** telefono con ~ (*telef. - telev.*), videophone. **24.** trasmettere (una immagine) per ~ (*telev.*), to televise.
televisivo (relativo alla televisione) (*a. - telev.*), televisual, televisionary (ingl.). **2.** rete televisiva informativa-culturale (senza pubblicità) (*telev.*), public television, PTV. **3.** spettacolo ~ (*telev.*), television show.
televisore (apparecchio ricevente) (*app. telev.*), television receiver, television set, televisor. **2.** ~ portatile (*telev.*), walkie-lookie. **3.** schermo del ~ (*telev.*), television screen.
telex (servizio automatico di telescrivente) (*s. - telecom.*), TELEX, teleprinter exchange, telex, TEX. **2.** inviare un ~, comunicare via ~ (*telecom.*), to

telex. **3.** messaggio ~ (inviato a mezzo servizio TELEX) (*s.* - *telecom.*), telex.

tellurio (Te - *chim.*), tellurium.

telo (*tess.*), cloth, sheet. **2.** ~ da strappo (di un paracadute) (*aer.*), tear-off cap. **3.** ~ mimetico (*milit.*), camouflaged sheet.

telone cinematografico, *vedi* schermo di proiezione. **2.** ~ d'intermezzo (in un teatro: per la pubblicità commerciale per es.), drop screen.

tema (*gen.*), theme. **2.** ~ pubblicitario (*pubbl.*), advertising theme.

tempario (di lavorazione, tabelle indicanti i tempi richiesti per la riparazione delle varie parti di un autoveicolo per es.), (*aut.* - *mecc.*), times taken (for repair).

témpera (pittura ad acqua con leganti albuminoidi) (*vn.*), distemper. **2.** ~ (procedimento di coloritura) (*mur.*), distemper. **3.** ~ (*tratt. term.*), *vedi* tempra. **4.** disegno a ~ (*arte* - *dis.*), wash drawing.

temperabilità, *vedi* temprabilità.

temperalapis (*ut. uff.*), pencil sharpener.

temperamatite (*ut. uff.*), pencil sharpener.

temperamento (*psicol.*), temperament.

temperare, *vedi* temprare.

temperato (di clima per es.) (*meteor.*), temperate. **2.** ~ (*tratt. term.*), *vedi* temprato.

temperatura (*mis. term.*), temperature. **2.** ~ al bulbo asciutto (per misurare l'umidità) (*termometria*), dry-bulb temperature. **3.** ~ al bulbo bagnato (*termometria*), wet-bulb temperature. **4.** ~ ambiente (*chim.* - *ecc.*), room temperature, ambient temperature. **5.** ~ assoluta (*chim. fis.*), absolute temperature. **6.** ~ cinetica (di una serie di particelle) (*fis.*), kinetic temperature. **7.** ~ critica (*chim. fis.*), critical temperature. **8.** ~ del punto di rugiada (*fis.* - *meteor.*), dew-point temperature. **9.** ~ di accensione (di un liquido combustibile) (*chim.*), fire point. **10.** ~ di arresto della propagazione della frattura fragile (nelle prove a caduta di peso) (*metall.* - *tecnol. mecc.*), crack arrest temperature, CAT. **11.** ~ di autoaccensione (*chim.*), spontaneous ignition temperature, SIT. **12.** ~ di combustione (*chim.*), combustion temperature. **13.** ~ di condensazione (*fis. chim.*), dew point. **14.** ~ di congelamento (*fis.*), freezing temperature. **15.** ~ di dissociazione (*chim.*), dissociation temperature. **16.** ~ di ebollizione (*fis.*), boiling temperature. **17.** ~ di eliminazione delle sollecitazioni interne (temperatura di distensione) (*tratt. termici*), stress relieving temperature. **18.** ~ di funzionamento (*term.*), operative temperature. **19.** ~ di fusione dell'oro (1064,43°C) (*mis. della temp.*), gold point. **20.** ~ di massima fragilità (*metall.* - *tecnol. mecc.*), "null ductility transition", NDT. **21.** ~ di miscibilità (*chim. fis.*), mixibility temperature. **22.** ~ di regime (*term.*), operative temperature. **23.** ~ di riferimento (*term.*), reference temperature. **24.** ~ di scottatura (nella manifattura gomma) (*ind.*), scorch temperature. **25.** ~ di spillatura (*fond.*), tapping temperature. **26.** ~ effettiva (*term.*), effective temperature. **27.** ~ elettronica (temperatura cinetica di elettroni) (*fis.*), electron temperature. **28.** ~ e pressione normali (*fis.* - *ecc.*), normal temperature and pressure, NTP. **29.** ~ equivalente (*term.*), equivalent temperature. **30.** ~ ionica (*fis.*), ion temperature. **31.** ~ minima (del metallo depositato prima della nuova passata) (*saldatura*), interpass temperature. **32.** ~ risultante (*term.*), resulting temperature. **33.** ~ totale (*term.*), total temperature. **34.** a bassa ~ (*a.* - *term.*), low-temperature. **35.** abbassamento di ~ (*term.*), fall of temperature. **36.** a ~ e pressione normali (*chim. fis.*), standard temperature and pressure, STP. **37.** bassa ~ (*term.*), low temperature. **38.** differenza tra la ~ del gas contenuto in un aerostato e quella dell'aria circostante (*aer. term.*), superheat. **39.** diminuzione della ~ atmosferica con l'altezza (*aer.* - *meteor.*), lapse rate. **40.** elevare la ~ (*term.*), to increase the temperature. **41.** fragilità a bassa ~ (*metall.*), cold-shortness. **42.** innalzarsi della ~ (*term.*), temperature rise. **43.** misuratore di ~ (*strum.*), temperature gauge. **44.** rialzo di ~ ammissibile (in una macch. elett. per es.) (*gen.*), permissible temperature rise.

temperino, pocket knife.

tempèsta (*meteor.*), tempest, storm. **2.** ~ (gradi Beaufort: forza 10: 89 ÷ 102 km/h) (*meteor.*), storm. **3.** ~ di neve (*meteor.*), snowstorm, blizzard. **4.** ~ di polvere (*meteor.*), dust storm. **5.** ~ di sabbia (*meteor.*), sand storm. **6.** ~ geomagnetica (*magnetismo terrestre*), geomagnetic storm. **7.** ~ magnetica (*radio*), magnetic storm. **8.** ~ violenta (gradi Beaufort: forza 11: 103 ÷ 117 km/h) (*meteor.*), violent storm. **9.** vento di ~ (*meteor.*), storm wind.

tempestoso (*a.* - *meteor.*), stormy.

tempiale (di un telaio) (*ind. tess.*), template, temple. **2.** ~ automatico (*ind. tess.*), mechanical temple. **3.** ~ rotativo (*ind. tess.*), rotary template.

tèmpio (*arch.*), temple.

tempista (cronometrista, rilevatore tempi) (*organ. lav. off.*), timekeeper, checker (ingl.).

tèmpo, time. **2.** ~ (*meteor.*), weather. **3.** ~ (*mus.*), tempo. **4.** tempi aggiuntivi (tempi aggiunti a quello standard per tenere conto della fatica, bisogni personali ecc.) (*analisi tempi*), allowance. **5.** ~ attivo (nella analisi dei tempi) (*organ. del lav. di fabbrica*), productive time. **6.** ~ base (richiesto da un normale operaio ad un normale ritmo di lavoro) (*analisi tempi*), base time. **7.** ~ caldo (~ di passaggio di corrente in una saldatura in corso di esecuzione) (*tecnol. mecc.*), heat time. **8.** ~ ciclo (tempo di lavorazione per ciascuna operazione) (*ind. mecc.*), floor to floor time. **9.** ~ (minimo) del ciclo di lettura (*elab.*), read cycle time. **10.** ~ del ciclo di memorizzazione (~ del ciclo di memoria) (*elab.*), memory cycle time. **11.** ~ dell'Europa occidentale (*geogr.*), Western European Time, WET.

12. ~ di accelerazione (~ necessario, ad una periferica di registrazione per raggiungere la velocità operativa; per es. ad un disco, un nastro ecc.) (*elab.*), acceleration time. **13.** ~ di accesso (*elab. - ecc.*), access time. **14.** ~ di addestramento (*elab. - ecc.*), training time. **15.** ~ di addizione [o somma] (~ necessario per eseguire una addizione) (*elab.*), add time. **16.** ~ di arresto (minimo ~ necessario per fermare una unità periferica di registrazione al termine del suo impiego; per es. di un disco magnetico) (*elab.*), deceleration time. **17.** ~ di attesa (durante il quale l'elaboratore ha la possibilità di operare, ma viene tenuto inattivo) (*elab.*), idle time. **18.** ~ di attesa (dovuto al ritardo con cui pervengono all'operatore il materiale, gli utensili ecc.) (*studio tempi*), waiting time. **19.** ~ di caduta (di una bomba) (*aer. milit.*), falling time. **20.** ~ di ciclo (~ necessario per memorizzare, o per una operazione ripetitiva) (*elab.*), cycle time. **21.** ~ di cottura (*vn. - ecc.*), stoving time. **22.** ~ di decollo (*aer.*), takeoff time. **23.** ~ di disponibilità per l'utilizzo (periodo di ~ durante il quale una macchina lavora o è in grado di lavorare) (*elab. - ecc.*), uptime. **24.** ~ di effettivo funzionamento (per es. di un sistema) (*elab.*), operating time. **25.** ~ di elaborazione (durata della elaborazione dati, da parte dell'elaboratore vero e proprio) (*elab.*), processing time, running time, machine time, run duration. **26.** ~ di elettrodi aperti (*saldatura*), off time. **27.** ~ di esecuzione (di una istruzione dell'elaboratore per es.) (*elab.*), execution time. **28.** ~ di esecuzione (di un programma oggetto per es.) (*elab.*), object time. **29.** ~ di evaporazione (del solvente) (*vn.*), flash time. **30.** ~ di funzionamento a terra (*mot. aer.*), ground running time. **31.** ~ di gelificazione (di liquidi colloidali) (*chim.*), gel time. **32.** ~ di gelizzazione (*chim.*), gel time. **33.** ~ di inattività (~ durante il quale una macchina o un operaio potrebbero lavorare ma rimangono inattivi) (*organ. ind.*), idle time. **34.** ~ di intervento (di un relè per es. ecc.) (*elett.*), operating time. **35.** ~ di investimento (nelle fusioni in conchiglia) (*fond.*), dwell time. **36.** ~ di istruzione (*elab.*), word time. **37.** ~ di istruzione (~ necessario alla ricerca in memoria ed al caricamento) (*elab.*), instruction time. **38.** ~ di lancio programmato (di un veicolo spaziale: tempo T) (*astric.*), T-time. **39.** ~ di latenza (~ che decorre tra l'ordine e l'inizio dell'operazione) (*elab.*), latency time. **40.** ~ di lavorazione (alla) macchina (*ind.*), machining time. **41.** ~ di lettura (*elab.*), read time. **42.** ~ di macchina ferma (*ind. - ecc.*), machine downtime. **43.** ~ di mancato utilizzo (di un elaboratore, una macch. ut. ecc.) (*gen. - elab.*), ineffective time. **44.** ~ di moltiplicazione (~ richiesto per eseguire una moltiplicazione) (*eltn. - elab.*), multiplication time. **45.** ~ di occupazione (p. es. di un circuito di comunicazione) (*telecom. - elab.*), holding time. **46.** ~ di parola (ciclo minore, ~ richiesto per il trasferimento di una parola espressa mediante bits) (*elab.*), word time. **47.** ~ di permanenza (per es. di propellenti nella camera di combustione di un missile o razzo) (*missil. - ecc.*), stay time. **48.** ~ di permanenza in sospensione (di particelle sospese in un mezzo) (*fis. - ecc.*), residence time. **49.** ~ di posa (*fot.*), exposure time. **50.** ~ di posizionamento (per es. il ~ occorrente per posizionare una testina di lettura/scrittura) (*elab.*), seek time. **51.** ~ di preparazione (il ~ occorrente per preparare e predisporre il normale funzionamento della macchina) (*elab.*), setup time. **52.** ~ di presa (*mur.*), setting time. **53.** ~ di produzione completo (tempo per la consegna, a decorrere dalla data dell'ordine) (*comm.*), lead time. **54.** ~ di reazione (tempo psicotecnico) (*psicol.*), reaction time. **55.** ~ di ricerca (~ occorrente per localizzare dati in memoria per es.) (*elab.*), search time. **56.** ~ di ripristino (di un relè, per es., tempo di riarmo, tempo di "resettaggio") (*elett.*), reset time. **57.** ~ di risposta (~ che intercorre tra interrogazione e relativa risposta) (*elab.*), response time. **58.** ~ di risposta (di un limitatore, per es.) (*elett.*), response time. **59.** ~ di ristabilizzazione dopo brusca variazione del carico (di un regolatore di tensione per es.) (*elett. - mecc.*), recovery time (following a sudden change of load). **60.** ~ di ritardo (*eltn. - elab. - ecc.*), delay time. **61.** ~ di saldatura (tempo durante il quale è applicata la corrente di saldatura nell'esecuzione di un punto) (*tecnol. mecc.*), weld time. **62.** ~ di salita (di un segnale per es., tempo necessario al segnale per raggiungere il suo valore nominale) (*eltn. - elett.*), risetime. **63.** ~ di scatto (di un interruttore per es.) (*elettromecc.*), tripping time. **64.** ~ di schiacciamento (intervallo tra l'applicazione della pressione e l'applicazione della corrente di saldatura) (*tecnol. mecc.*), squeeze time. **65.** ~ di scintillìo (*saldatura*), flashing time. **66.** ~ di semidisintegrazione (anche ~ di dimezzamento della radioattività: ~ occorrente perché avvenga la disintegrazione della metà degli atomi) (*fis. atom.*), half-life, half-life period. **67.** ~ di smontaggio (*elab. - ecc.*), takedown time. **68.** ~ di somma, *vedi* ~ di addizione. **69.** ~ di sorpasso (tempo richiesto per il sorpasso) (*traff. aut.*), passing time. **70.** ~ di sospensione, *vedi* ~ di attesa. **71.** ~ di sosta (di un ut. alla fine dell'avanzamento per es.) (*tecnol. mecc. - analisi tempo*), dwell time. **72.** ~ disponibile di macchina (*organ. lav. macch.*), available machine time. **73.** ~ disponibile prima della prescrizione (dopo il quale non può più essere intrapresa qualsiasi azione legale) (*leg.*), limitation period. **74.** ~ di sviluppo ed applicazione del programma (a partire dalla ideazione fino al termine del suo impiego) (*elab.*), program development time. **75.** ~ di transito (di un elettrone che va dal catodo all'anodo) (*termoion.*), transit time. **76.** ~ di trasferimento (periodo di tempo intercorrente tra la colata in lingottiera ed il caricamento nei forni di riscaldo lingotti) (*acciaieria*), "track time". **77.** ~ di trasporto (dei pezzi sulla linea di lavorazione) (*studio tempi*), handling time. **78.** ~ di utilizzo (periodo di ~ di impiego; p. es. di un elaboratore) (*elab. - ecc.*), operating time. **79.** ~ di volo (relativo ad un proiettile o ad un missile per es.) (*milit.*), time-of-flight. **80.** ~ di volo (riferito a particelle in movimento) (*fis. atom.*), time-of-flight. **81.** ~ fissato per un'operazione (*ind.*), task time. **82.** ~ impiegato per l'arresto (di un mobile per es.) (*fis.*), slowing time. **83.** ~ impiegato per l'avviamento (di un mobile per es.) (*fis.*), starting time. **84.** ~ in aria non speso direttamente in volo utile (*aer.*), "slouch time". **85.** ~ inversamente dipendente (ritardo di un relè inversamente dipendente dal valore della sovracorrente per es.) (*elett.*), inverse time lag, inverse time delay. **86.** ~ libero (*lav.*), leisure, leisure time. **87.** ~ manuale (tempo necessario all'esecuzione della parte manuale di un'operazione) (*studio tempi*), handling time. **88.** ~ medio di Greenwich, Greenwich mean time. **89.** ~ medio di rallentamento (*fis. atom.*), mean slowing-down time. **90.** ~ medio tra due guasti successivi (*controllo qualità - ecc.*), mean time between failures, MTBF. **91.** ~ morto (ritardo tra l'inizio del segnale ed il primo effetto del segnale) (*macch. ut. a c. n.*), dead time. **92.** ~ normale (tempo standard, stabilito dall'analisi tempi) (*studio tempi*), standard time, allowed time. **93.** ~ occorrente per il viaggio di andata e ritorno (*nave - aer. - ecc.*), turnaround. **94.** ~ operativo (~ richiesto per l'esecuzione di una operazione: logica, aritmetica ecc.) (*elab.*), operation time. **95.** ~ passivo (nella produzione: tempo durante il quale una macchina è inattiva) (*studio dei tempi*), down time, idle time. **96.** ~ perduto (per macchina inattiva) (*analisi tempi*), machine down time. **97.** ~ preparazione macchina (*lav. mecc.*), machine setting time. **98.** ~ preventivato (per eseguire una operazione sia manuale che di macchina, p. es. chiodatura, tornitura ecc.) (*organ. lav.*), estimated time. **99.** ~ psicotecnico (tempo di reazione) (*psicol. - ecc.*), reaction time. **100.** ~ reale (*elab. - ecc.*), real time. **101.** ~ richiesto (per una operazione) (*ind. mecc. - ecc.*), time required. **102.** ~ rilevato (*analisi tempi*), actual time. **103.** ~ rubrica (nell'analisi dei tempi) (*organ. lav. di fabbrica*), standard time. **104.** ~ scaduto (quando un periodo di ~ messo a disposizione è giunto al termine) (*elab. - ecc.*), time-out. **105.** ~ solare vero (*astron.*), apparent solar time, apparent time. **106.** ~ standard (tempo normale, stabilito dall'analisi tempi) (*studio tempi*), standard time, allowed time. **107.** ~ (impiegato) sul percorso (~ impiegato per percorrere una distanza di lunghezza nota) (*sport*), clocking. **108.** ~ totale di elaborazione (~ richiesto dal momento della richiesta di elaboratore all'ottenimento dei risultati stampati o visualizzati) (*elab.*), turnaround time. **109.** ~ trascorso (nella esecuzione della elaborazione) (*elab.*), elapsed time. **110.** a due tempi (*mot.*), two-stroke. **111.** a quattro tempi (*mot.*), four-stroke. **112.** a ~ parziale (ad orario ridotto) (*a. - lav.*), part-time. **113.** a ~ pieno (lavoro) (*a. - lav.*), full-time. **114.** base dei tempi (*telev. - ecc.*), time base. **115.** base dei tempi del quadro (*telev.*), frame time base. **116.** breve intervallo di ~ (*elab.*), time slot. **117.** cambiamento del ~ (*meteor.*), change in the weather. **118.** dispositivo di regolazione del ~ (di scatto: di un avviatore automatico per es.) (*mecc.*), time-lag device, time limit attachment (ingl.). **119.** equazione del ~ (*astr.*), equation of time. **120.** esaurire il ~ impostato (di un temporizzatore) (*elett.*), to time out. **121.** fettina di ~, *vedi* porzione di ~. **122.** in ~ reale (eseguito in ~ reale per es.) (*a. - elab.*), real-time, on-line. **123.** nolo a ~ (*nav.*), time charter. **124.** partizione del ~ (multiprogrammazione, "time-sharing") (*elab. - ecc.*), time-sharing. **125.** porzione di ~ (breve periodo di ~ durante il quale l'elab. è assegnato all'utente) (*elab.*), time slice. **126.** previsione del ~ (*meteor.*), weather forecast. **127.** rilevamento tempi (*organ. lav. off.*), timekeeping. **128.** studio dei tempi (analisi dei tempi di lavorazione) (*organ. lav. off.*), time study.

tempo-luce (tempo necessario alla luce, di un corpo celeste, per giungere alla terra) (*astr.*), light-time.

temporale (*meteor.*), storm, thunderstorm.

temporizzato (a tempo: di bomba, di elaboratore ecc.) (*a. - gen.*), timed.

temporizzatore (per regolare i tempi di una saldatrice in un ciclo di saldatura) (*app. saldatura*), timer. **2.** ~ (apparecchio che invia segnali sincroni con frequenza predeterminata) (*elab.*), timer. **3.** ~ (per accensione temporizzata di bombe, luci ecc.), timer. **4.** ~ a cadenza (per controllare il ciclo di circuiti di comando) (*macch. ut. a c.n.*), timer. **5.** ~ automatico (di una telecamera per es.) (*audiovisivi*), self-timer. **6.** ~ di sequenza (*saldatura*), sequence timer. **7.** ~ elettronico (*mis. del tempo*), electronic timer. **8.** ~ per saldatura (*tecnol. mecc.*), weld timer. **9.** ~ principale (*elab.*), master clock, master timer.

tèmpra (operazione destinata ad ottenere durezza mediante rapido raffreddamento) (*tratt. term.*), quench hardening, hardening. **2.** ~ (operazione di rapido raffreddamento per immersione, spegnimento) (*tratt. term.*), quenching. **3.** ~ (di vetro) (*ind. vetro*), tempering. **4.** ~ (a getto di liquido polverizzato) (*tratt. term.*), cloudburst hardening. **5.** ~ alla fiamma (flammatura) (*tratt. term.*), flame hardening. **6.** ~ alla pressa (*tecnol. mecc.*), die quenching. **7.** ~ a spruzzo (*tratt. term.*), spray quenching. **8.** ~ bainitica isotermica (bonifica isotermica) (*tratt. term.*), austempering. **9.** ~ comune (tempra diretta, tempra ordinaria, tempra di durezza) (*tratt. term.*), hardening. **10.** ~ di austenizzazione (*tratt. term.*), *vedi* tempra di solubilizzazione. **11.** ~ di durezza (*tratt. term.*), hardening. **12.** ~ differenziale (*tratt. term.*), differential quenching, selective quenching. **13.** ~ di profondità (*tratt. term.*), through hardening. **14.** ~ di solubilizzazione (*tratt. term.*), solution treatment. **15.** ~ in acqua (*tratt. term.*), water quenching. **16.** ~ in aria (*tratt. term.*), air hardening, AH. **17.** ~ in bianco (tempra eseguita in ambiente tale da evitare ossidazione ecc. e mantenere una superficie lucida) (*tratt. term.*), bright hardening. **18.** ~ in cassetta (con sostanza leggermente carburante, "tempra in atmosfera neutra") (*tratt. term.*), pack hardening. **19.** ~ in olio (*tratt. term.*), oil quenching, oil-temper, OQ, oil-hardening. **20.** ~ intermedia (tempra isotermica, ~ bainitica) (*tratt. term.*), austempering. **21.** ~ interrotta (nella quale il metallo viene estratto dal mezzo temprante quando ancora a temperatura più elevata del mezzo stesso) (*tratt. term.*), interrupted quenching. **22.** ~ inversa (nella ghisa: difetto in un getto l'interno del quale è bianco mentre le parti marginali sono grigie) (*difetto di fond.*), inverse chill. **23.** ~ isotermica (sistema di tempra che favorisce una struttura martensitica, "martempering") (*tratt. term.*), martempering. **24.** ~ localizzata (in cui solamente certe parti vengono temprate) (*tratt. term.*), selective quenching. **25.** ~ negativa (*tratt. term.*), *vedi* tempra di solubilizzazione. **26.** ~ normale (*tratt. term.*), hardening. **27.** ~ per induzione (*tratt. term.*), induction hardening. **28.** ~ superficiale (*tratt. term.*), surface hardening. **29.** a ~ rapida (temprato con rapidità) (*mft. vetro*), hot-tempered. **30.** bagno di ~ (*tratt. term.*), quenching bath. **31.** cricca di ~ (*metall.*), quenching crack. **32.** doppia ~ (*tratt. term.*), regenerative quenching.

tempràbile (*a. - tratt. term.*), hardenable.

temprabilità (*tratt. term.*), hardenability.

temprare (indurire mediante rapido raffreddamento) (*tratt. term.*), to harden. **2.** ~ (raffreddare rapidamente per immersione) (*tratt. term.*), to quench. **3.** ~ (*ind. vetro*), to temper. **4.** ~ a induzione (riscaldare a induzione la superficie di un pezzo meccanico finito e poi bruscamente raffreddarla con un getto liquido) (*tratt. term.*), to induction-harden. **5.** ~ in acqua (*tratt. term.*), to quench in water. **6.** ~ in bagno caldo (*tratt. term.*), to hot-quench. **7.** ~ in olio (*tratt. term.*), to oil-harden.

temprato (di acciaio per es.) (*tratt. term.*), hardened. **2.** ~ (di vetro) (*ind. vetro*), tempered. **3.** ~ e rinvenuto (*tratt. term.*), hardened and tempered, H & T. **4.** ~ in aria e rinvenuto (*tratt. term.*), air-hardened and tempered, AH & T. **5.** ~ in olio e rinvenuto (*tratt. term.*), oil-hardened and tempered, OH & T

tenace (*a. - gen.*), tough.

tenacità (*metall.*), toughness. **2.** ~ (solidità) (*ind. gomma*), toughness. **3.** ~ all'intaglio (*metall.*), notch toughness.

tenaglia (*ut.*), tongs, pincers, nippers. **2.** ~ (*app. sollevamento*), tongs. **3.** tenaglie (per trattamento a caldo) (*att. tratt. term.*), pick tongs. **4.** ~ a leva articolata (*app. sollevamento*), toggle lever tongs. **5.** ~ da fabbro (*ut.*), blacksmith's tongs. **6.** ~ da fasce (utensile per rilegare libri), band nippers. **7.** ~ da fucina (*ut.*), forge tongs, forging tongs. **8.** ~ da fucinatore (*ut. fucinatura*), hammer tongs. **9.** ~ da rilegatore (*ut.*), band nippers. **10.** ~ da rotaie (*ut. costr. ferr.*), rail tongs. **11.** ~ da saldatore (*ut.*), welder's tongs. **12.** ~ da tappezziere (*ut.*), upholsterer pincers. **13.** ~ da tubista (*ut.*), pipe tongs. **14.** ~ (di sollevamento) per casse (*app. sollevamento*), box tongs. **15.** ~ (di sollevamento) per sacchi (*app. sollevamento*), sack tongs. **16.** ~ (di sollevamento) per travi (*app. sollevamento*), girder tongs. **17.** ~ per crogioli (*ut. fond.*), crucible tongs. **18.** ~ per rotaie (usata per alzare rotaie) (*ut. ferr.*), rail tongs. **19.** ~ per sollevamento (*att.*), hoisting tongs. **20.** ~ per trafila (di fili per es.) (*ut.*), drawtongs. **21.** ~ regolabile per tubi (*ut. tubaz.*), adjustable pipe tongs. **22.** segno di ~ (*difetto di fucinatura*), dog mark, tongs mark.

tenaglione (per crogioli) (*att. fond.*), lifter.

tenda, tent. **2.** ~ a due teli (*milit.*), shelter tent. **3.** ~ alla veneziana (*ed.*), Venetian blind. **4.** ~ da campo (*milit.*), field tent. **5.** ~ per doccia (prodotto di plastica: per bagno), shower curtain. **6.** ~ schermo per la stagione invernale (per radiatore di automobile) (*aut.*), antifreeze curtain. **7.** supporto di ~ (candeliere di tenda) (*nav.*), awning stanchion.

tendenza (*gen.*), tendency. **2.** ~ (*stat.*), trend. **3.** ~ barometrica (variazione della pressione barometrica nelle tre ore antecedenti l'osservazione) (*meteor.*), barometric tendency.

tender (*ferr.*), tender.

tèndere (*mecc.*), to stretch. **2.** ~ una molla (*mecc.*), to stretch a spring, to put a spring under tension.

tendicatena (di motocicletta per es.) (*mecc.*), chain tightener, chain tightening pulley.

tendicinghia (per regolare la tensione della cinghia) (*mecc.*), backstand, tightener, belt tightening pulley.

tendifilo (*macch. tess.*), thread tightener.

tendifune (*mecc.*), rope tightener, rope tightening pulley.

tendina (di finestrino di automobile per es.), curtain, drape. **2.** ~ (da finestra), window shade. **3.** ~ (di una macch. fot.) (*fot.*), curtain. **4.** ~ avvolgibile (di un finestrino di vagone ferroviario per es.) (*ferr. - ecc.*), window shade. **5.** tendine laterali (per autocarri militari per es.), side curtains. **6.** otturatore a ~ (di macch. fot.) (*fot.*), curtain shutter.

tendiraggi (tira raggi, manicottino a vite del raggio) (*bicicletta*), spoke nipple.

tendireggette (*ut. per imballaggio*), strap stretcher.

tendisartie (*att. nav.*), turnbuckle.

tenditore (a manicotto con filettatura destra e sinistra) (*mecc. - ed. ecc.*), screw coupling. **2.** ~ (per aggancio vagoni) (*ferr.*), screw shackle. **3.** ~ (di una linea di contatto sospesa) (*ferr. elett.*), screw coupling. **4.** ~ (per filo di macchina per cucire ecc.) (*mecc. - ecc.*), take-up. **5.** ~ (della trama sul telaio) (*app. tess.*), expander. **6.** ~ (telaio tenditore) (*macch. ind.*), tension frame. **7.** ~ a molinello (tenditore a vite da un lato e girevole a tornichetto [o molinello] dall'altro) (*disp. mecc.*), turnbuckle. **8.** ~ a puleggia (per cinghia o catene) (*mecc.*), tightener, tightening pulley, idler pulley. **9.** ~ a vite (di un gancio di traino) (*ferr.*), screw coupling. **10.** ~ di estremità (per linea elettrica di contatto sospesa di ferrovia per es.), turnbuckle. **11.** chiocciola del ~ (*ferr.*), coupling nut.

tenente (*milit.*), lieutenant. **2.** ~ colonnello (*milit.*), lieutenant colonel.

tenere (*gen.*), to hold. **2.** ~ (mordere: di un'àncora per es.) (*nav.*), to bite. **3.** ~ a magazzino (tenere in scorta) (*comm.*), to keep in stock. **4.** ~ di scorta (*comm.*), to keep in stock. **5.** ~ la destra (*traff. strad.*), to keep to the right. **6.** ~ la rotta (di nave per es.) (*nav.*), to hold the course. **7.** ~ premuto (un pulsante per es.) (*elab. - ecc.*), to hold down.

tenersi a distanza di sicurezza dalla costa (*nav.*), to keep the offing. **2.** ~ al vento (tenersi all'orza) (*nav.*), to keep the luff. **3.** ~ sotto costa (*nav.*), "to keep (the land) aboard".

tennis (*sport*), lawn tennis. **2.** ~ da tavolo ("ping-pong") (*sport*), table tennis. **3.** racchetta da ~ (*sport*), tennis racket.

tennista (*sport*), tennis player.

tenonatrice (*macch. ut.*), tenoner.

tenonatura (*carp. - falegn.*), tenoning. **2.** dispositivo per ~ (*macch. ut. legn.*), tenoning attachment.

tenone (*falegn.*), tenon. **2.** ~ rastremato (*carp. - mecc.*), tapered tenon. **3.** sega per tenoni (*carp.*), tenon saw.

tenore, content. **2.** ~ (percentuale) (*chim.*), percentage. **3.** ~ di ceneri (di analisi di carbone per es.) (*chim.*), percentage of ashes. **4.** ~ (o percentuale) di acidità (*chim.*), acid value. **5.** ~ zuccherino (*mft. zucchero*), sugar content.

tensio-attività superficiale (*chim. - fis.*), surface activity.

tensio-attivo (*a. - chim.*), surface-active.

tensiografo (tensiometro, estensimetro, estensigrafo) (*strum. - sc. costr. - tecnol. mecc.*), strain gage.

tensiometria (*mis.*), tensiometry.

tensiometrico (*a. - mis.*), tensiometric.

tensiòmetro (per la misura della tensione superficiale dei liquidi) (*strum.*), tensiometer. **2.** ~ (o potenziometro) magnetico (*strum. elett.*), magnetic potentiometer, instrument measuring the differences of magnetic potential.

tensionare, *vedi* mettere in tensione.

tensione (*elett.*), voltage, tension. **2.** ~ (dovuta a trazione) (*mecc.*), stretch. **3.** ~ (di una molla per es.) (*mecc.*), tension. **4.** ~ (sollecitazione) (*sc. costr.*), stress. **5.** ~ (nei materiali) (*sc. costr.*), tension. **6.** ~ addizionale (*elett.*), additional voltage, boosting voltage. **7.** ~ ai morsetti (di una macch. elett. per es.) (*elett.*), terminal voltage. **8.** ~ al di sotto del valore normale (*elett.*), undervoltage. **9.** ~ alle sbarre (*elett.*), busbar voltage. **10.** ~ all'inizio della chiusura (di un relé) (*elett.*), pickup voltage. **11.** ~ anodica (*termoion.*), anode voltage, plate voltage. **12.** ~ applicata (*elett.*), applied voltage. **13.** ~ a vuoto (*elett.*), no-load voltage, open-circuit voltage. **14.** ~ base di griglia (*termoion.*), bias, grid bias. **15.** ~ che supera la massima ammissibile (di un cavo per es.) (*elett.*), breakdown voltage. **16.** ~ composta (*termoion.*), lumped voltage. **17.** ~ concatenata (tra le coppie dei fili di linea) (*elett.*), voltage between lines. **18.** ~ della cinghia (*mecc.*), belt tension. **19.** ~ della linea (in un sistema trifase per es.) (*elett.*), line voltage. **20.** ~ della rete (*elett.*), network voltage, voltage of main, mains voltage. **21.** ~ di accensione (tensione di filamento) (*termoion.*), heating voltage, filament voltage. **22.** ~ di arresto (*elett.*), "back voltage". **23.** ~ di carica (di accumulatore per es.) (*elett.*), charging voltage. **24.** ~ di carico (*elett.*), load voltage. **25.** ~ di cedimento (nella prova di materiali isolanti per es.) (*elett.*), breakdown voltage, breakdown. **26.** ~ di collaudo (di circuiti od apparecchi) (*elett.*), withstanding voltage. **27.** ~ di compensazione (*elett.*), balancing voltage. **28.** ~ di decomposizione (*elettrochim.*), decomposition voltage. **29.** ~ di diseccitazione (di un relè) (*elett.*), drop-out voltage. **30.** ~ di dispersione (*elett.*), stray voltage. **31.** ~ di esercizio (tensione nominale) (*elett.*), rated voltage. **32.** ~ di esercizio (o nominale) di un cavo (*elett.*), rated voltage of a cable. **33.** ~ di fase (tra il neutro ed i fili di linea) (*elett.*), voltage to neutral, phase voltage, star voltage, Y-voltage. **34.** ~ di filamento (tensione di accensione) (*termoion.*), filament voltage, heating voltage. **35.** ~ di funzionamento (*elett.*), working voltage, operating potential. **36.** ~ di griglia (*termoion.*), grid voltage. **37.** ~ di immagine (*telev.*), picture voltage. **38.** ~ di innesco (voltaggio minimo richiesto per ottenere un arco permanente) (*elett.*), flashover voltage. **39.** ~ di innesco (voltaggio minimo che permette ad un arco di innescarsi) (*elett.*), striking voltage. **40.** ~ di innesco (di griglia) (*termoion.*), critical grid voltage. **41.** ~ di innesco della scarica (*elett.*), flashover voltage. **42.** ~ di linea (*elett.*), line voltage. **43.** ~ di ondulazione (*elett. - radio*), ripple voltage. **44.** ~ di perforazione (di un dielettrico) (*elett.*), puncture voltage. **45.** ~ di placca (tensione anodica) (*termoion.*), plate voltage. **46.** ~ di polarizzazione di griglia (*termoion. - eltn.*), grid polarization voltage, grid-bias, bias, c-bias. **47.** ~ diretta (*elett.*), forward voltage. **48.** ~ di ritorno (*elett.*), recovery voltage. **49.** ~ di ronzìo (*radio*), hum voltage. **50.** ~ di rumore (*radio*), noise voltage. **51.** ~ di saturazione (di cellula fotoelettrica per es.) (*elett.*), saturation voltage. **52.** ~ di saturazione (di un vapore) (*fis. chim.*), saturation pressure. **53.** ~ di scarica (di accumulatore per es.) (*elett.*), discharging voltage. **54.** ~ di scarica (tensione d'accensione o scintillìo) (*mot.*), spark potential. **55.** ~ di scarica ad impulsi (*eltn.*), impulse flashover voltage. **56.** ~ di scarica distruttiva (*elett.*), breakdown voltage. **57.** ~ di scomposizione (in un bagno elettrolitico) (*elettrochim.*), decomposition potential, decomposition voltage. **58.** ~ di soluzione elettrolitica (*elettrochim.*), electrolytic solution pressure. **59.** ~ di sublimazione (*fis.*), sublimation pressure. **60.** ~ di vapore (*fis.*), vapor pressure, vapor tension. **61.** ~ efficace (*elett.*), active voltage. **62.** ~ elettrica (*elett.*), electric voltage. **63.** ~ iniziale (di accumulatore per es.) (*elett.*), initial voltage. **64.** tensioni (interne) residue (dovute ad un difettoso trattamento termico) (*metall. - mft. vetro - ecc.*), residual stress. **65.** tensioni interne (di solidificazione: eliminabili con ricottura) (*fond.*), permanent stress. **66.** ~ inversa (in un semiconduttore) (*eltn.*), inverse voltage. **67.** ~ massima (*elett.*), ceiling voltage. **68.** ~ nominale di esercizio (~ di lavoro, p. es. di un apparecchio elettrico) (*elett.*), voltage rating. **69.** ~ perturbatrice equivalente (di una linea per es.) (*elettrotel.*), equivalent disturbing voltage. **70.** ~ picco-picco (*elett. - eltn.*), peak to peak voltage. **71.** ~ psofometrica (*elettrotel.*), psophometric voltage. **72.** ~ pulsante (*elett.*), pulsating voltage. **73.** tensioni residue (in un getto per es.) (*fond. - metall.*), residual stresses. **74.** ~ reversibile di elettrolisi (*elettrochim.*), reversible electrolytic pressure. **75.** ~ stellata (*elett.*), Y-voltage, star voltage. **76.** ~ superficiale (di un liquido per es.) (*fis.*), surface tension. **77.** ~ superficiale di interfaccia (nella zona di separazione tra le due fasi) (*chim. fis.*), interface tension. **78.** ~ trasversale (in un circuito a due fili per es.) (*elettrotel.*), transversal voltage. **79.** a bassa ~ (*a. - elett.*), low-tension. **80.** ad alta ~ (*a. - elett.*), high-tension. **81.** alta ~ (*elett.*), high voltage, high tension. **82.** altissima ~ (*elect.*), extra high voltage. **83.** applicare ~ (*elett.*), to apply voltage. **84.** assoggettabile a ~ (tendibile) (*sc. costr.*), tensile. **85.** aumento graduale della ~ a vuoto (messa sotto tensione graduale a vuoto, per provare un nuovo app., per es.) (*elett.*), gradual build-up of no-load voltage. **86.** caduta di ~ (*elett.*), voltage drop, drop in voltage. **87.** causante ~ (*sc. costr.*), tensive. **88.** conduttore sotto ~ (*elett.*), live conductor. **89.** dare una ~ base di griglia (*termoion.*), to bias. **90.** deformazioni dovute a tensioni interne (*fond.*), casting strains. **91.** di ~ (*sc. costr.*), tensile, tensive. **92.** elevare la ~ (*elett.*), to boost. **93.** linea a bassa ~ (*elett.*), low-tension line. **94.** linea ad alta ~ (*elett.*), high-tension line. **95.** mettere in ~ (la cinghia dell'alternatore di un motore di automobile per es.) (*mecc.*), to tension. **96.** mettere sotto ~ (un circuito, un apparecchio per es.) (*elett.*), to energize. **97.** neutro sotto ~ (*elett.*), hot neutral. **98.** resistenza alla sollecitazione di ~ (*sc. costr.*), resistance to tensive stress. **99.** sollecitazione di ~ (*sc. costr.*), tensive stress. **100.** sotto ~ (di linea elett. per es.) (*elett.*), live, hot. **101.** togliere ~ (staccare, togliere corrente) (*elett.*), to clear.

tensio-vernice, *vedi* tensovernice.

tensocorrosione (*metall.*), stress corrosion.

tensore (*mat.*), tensor.

tensovernice (per rivelare sollecitazioni cui un pezzo è sottoposto) (*vn. - tecnol.*), tensiometric paint, "stress coat", "stress lacquer".

tentare (provare) (*gen.*), to try. **2.** ~ (di mandare un missile sulla Luna per es.) (*gen.*), to attempt.

tentativo (di mandare un missile sulla Luna per es.) (*gen.*), attempt. **2.** indagine per tentativi (*gen.*), trial and error. **3.** sistema di sperimentazione (empirica) per tentativi (*gen.*), cut-and-try method.

tenuta (dispositivo di tenuta, per impedire il passaggio di gas o liquidi) (*mecc. - tubaz. - ecc.*), seal. **2.** ~ (*mecc.*), seal. **3.** ~ (azienda agricola) (*agric.*), ranch. **4.** ~ acustica (p. es. quella di un pavimento di un autoveicolo o carrozza ferroviaria per evitare disturbo ai passeggeri) (*acus.*), acoustic seal. **5.** ~ a labbro (con guarnizione a labbro, con guarnizione a contatto di spigolo) (*mecc.*), lip seal. **6.** ~ a labirinto (di una turbina per es.), labyrinth seal, air seal. **7.** ~ a liquido (tenuta idraulica, di gasometro per es.), wet seal. **8.** ~ a secco (di gasometro per es.), dry seal. **9.** ~ a spigolo (del rotore di un motore Wankel) (*mot.*), lip seal. **10.** ~ di olio (paraolio) (*macch.*), oil seal. **11.** ~ di strada (di un veicolo motorizzato) (*prestazione aut.*), roadholding (ingl.). **12.** ~ frontale (guarnizione a tenuta frontale) (*mecc.*), face seal. **13.** ~ idraulica (a sifone o a pozzetto: di tubazione di fognature ecc.), seal. **14.** ~ interstadio (*turboreattore*), interstage seal. **15.** alta ~ (*milit.*), full dress. **16.** a ~ d'acqua (*ind.*), water-tight, stanch, staunch. **17.** a ~ d'aria (*ind.*), airtight. **18.** a ~ di polvere (di una macchina elettrica per autoveicoli per es.) dustproof (ingl.). **19.** a doppia ~ (di un giunto per es.) (*tubaz.*), dual-seal. **20.** a ~ d'olio (*mecc.*), oiltight, oil tight. **21.** bordo di ~ (superficie di tenuta: di un recipiente per es.) (*mecc. - ind. - ecc.*), sealing surface. **22.** eccellente ~ di mare (eccellenti qualità nautiche, di una nave per es.) (*nav.*), excellent seaworthiness. **23.** guarnizione di ~ (di cuoio, feltro per es.) (*mecc.*), seal. **24.** materiale di ~ (*ed. - ecc.*), sealant, sealing agent. **25.** prova di ~ (di un premistoppa, di una guarnizione ecc.) (*mecc.*), tightness test.

teobromina ($C_7H_8N_4O_2$) (alcaoide) (*farm.*), theobromine.

teodolite (*strum. top.*), theodolite.

teorèma (*mat.*), theorem. **2.** ~ dei tre momenti (*sc. costr.*), theorem of three moments. **3.** ~ del minimassimo (nella teoria dei giuochi) (*mat.*), minimax theorem. **4.** ~ di Pitagora (*geom.*), Pythagorean proposition, Pythagorean theorem. **5.** ~ di reciprocità (*mat. - acus.*), reciprocity theorem.

teorìa, theory. **2.** ~ degli insiemi (*mat.*), set theory. **3.** ~ dei fotoni (*teoria quantistica*), photon theory. **4.** ~ dei giochi (*mat.*), theory of games. **5.** ~ dei gruppi (*mat.*), group theory. **6.** ~ dei quanta (*fis.*), quantum theory. **7.** ~ del corpo semirigido (teoria della semirigidità: teoria approssimata delle strutture elastiche secondo la quale il numero teoricamente infinito dei gradi di libertà viene rappresentato da un numero finito) (*aer.*), semirigid theory. **8.** ~ della commutazione (*elett. - eltn.*), switching theory. **9.** ~ della esplosione della protomateria (origine dell'universo da un'esplosione) (*astr. - cosmogonia*), big bang theory. **10.** ~ dell'informazione (studio dell'informazione tra uomini e macchine e tra macchine e macchine) (*inf.*), communication theory, communications theory. **11.** ~ della mobilità ristretta (*aer.*), *vedi* teoria del corpo semirigido. **12.** ~ della relatività (*fis. mat.*), relativity theory, Einstein theory. **13.** ~ della relatività generale (*fis.*), general theory of relativity. **14.** ~ della relatività speciale o ristretta (*fis.*), special (or restricted) theory of relativity. **15.** ~ delle code (su criteri probabilistici e statistici) (*programmazione - ricerca operativa*), queuing theory. **16.** ~ delle decisioni (*organ.*), decision theory. **17.** ~ dell'evoluzione (*sc. naturali*), theory of evolution, development theory. **18.** ~ dell'informazione (tra uomini, tra uomo e macch., tra macch. e macch.) (*inf.*), information theory. **19.** ~ dello stato permanente (dell'universo) (*astr. - cosmogonia*), steady state theory. **20.** ~ del vortice libero (*mecc. fluidi*), vortex theory. **21.** ~ magnetoionica (*fis.*), magnetoionic theory.

teòrico, theoretical, theoretic.

tera (un milione di milioni: 10^{12}, bilione, mille miliardi) (*mis.*), tera, trega, treg.

teraciclo (equivalente a 10^{12} cicli o 10^{12} Herz) (*mis. di frequenza*), teracycle.

terapia (*med. - ecc.*), therapy.

tèrbio (Tb - *chim.*), terbium.

terebina (essiccativo liquido) (*vn.*), terebine.

tergicristallo (*disp. aut.*), windshield wiper (am.), windscreen wiper (ingl.). **2.** ~ ad azzeramento automatico (*aut.*), self-parking windscreen wiper. **3.** ~ a due velocità (*aut.*), two-speed windshield wiper. **4.** ~ ad una sola velocità (*aut.*), single-speed windshield wiper. **5.** ~ elettrico (*aut.*), electric windscreen wiper. **6.** spazzola del ~ (*aut.*), wiper arm.

tergilunotto (aut.), rear window wiper.

tergiproiettori (tergifari) (*aut.*), headlight wipers.

tèrgo (parte posteriore) (*s. - gen.*), rear. **2.** a ~ (di un libro per es.), overleaf. **3.** vedi a ~, please turn over, PTO.

termalizzare (ridurre l'energia neutronica a livello termico per diminuirne la velocità) (*fis. atom.*), to thermalize.

"termato" (miscela di termite e altre sostanze per accelerare la combustione) (*bombe incendiarie*), thermate.

termìa (th; unità francese di energia uguale a 4,1855 MJ) (*mis. term.*), thermie.

termica (corrente ascendente di aria calda) (*s. - meteor. - aer.*), thermal.

tèrmico (*term.*), thermic, thermal. **2.** ~ (che conserva il calore; detto di materiale che previene la perdita di calore; p. es. mediante intercapedini contenenti aria) (*a. - term.*), thermal. **3.** gradiente ~ (*meteor.*), temperature gradient. **4.** isolante ~ (*ind.*), insulating board, lagging material, thermal insulation.

terminale (*a. - gen.*), terminal. **2.** ~ (*s. - elett.*), terminal. **3.** ~ (di un cavo internazionale per es.) (*tlcm.*), cablehead. **4.** ~ (relativo alla parte finale posteriore di un oggetto, opposto ad iniziale) (*a. - gen.*), trailing. **5.** ~ (dispositivo che provvede, automaticamente o tramite operatore, all'ingresso/uscita dati da una rete computerizzata di telecomunicazione) (*s. - elab. - inf. - tlcm.*), terminal. **6.** ~ ad ingresso vocale (*elab.*), voice input terminal. **7.** ~ aereo [urbano] (piccola stazione urbana dotata di un servizio automobilistico di trasporto da e per l'aeroporto) (*trasp. aer.*), air terminal (ingl.), terminal. **8.** ~ a maschera (*tlcm.*), form mode terminal. **9.** ~ a molte frequenze (*elab. - telef.*), multifrequency terminal. **10.** ~ a risposta parlata [o vocale] (*elab.*), audio response terminal. **11.** ~ a scorrimento (*tlcm.*), scroll mode terminal. **12.** ~ assiale (~ disposto sull'asse del dispositivo al quale è riferito) (*elett.*), axial lead. **13.** ~ a tastiera con unità video e memoria per elaborazione di testi (*elab.*), word processor. **14.** ~ audio (cioè operante in forma parlata) (*elab.*), audio terminal. **15.** ~ commutato (a linea commutata) (*elab.*), dial-up terminal. **16.** ~ composto (p. es. costituito da tastiera ed unità video: ~ misto) (*elab.*), composite terminal. **17.** ~ dati (*tlcm.*), data terminal. **18.** ~ decorativo di una guglia (*arch.*), epi. **19.** ~ dedicato [ad un particolare tipo di lavoro] (*elab.*), job oriented terminal. **20.** ~ del punto di vendita (~ di cassa) (*elab. - negozi*), point-of-sale terminal, POS. **21.** ~ di cavo (*elett.*), cable terminal. **22.** ~ di entrata (di un apparecchio elettrico) (*elett.*), input. **23.** ~ distante (per trasferimento) a lotti (*tlcm.*), remote batch terminal, RBT. **24.** ~ distante (remoto) (*elab.*), remote terminal. **25.** ~ di uscita (*app. elett.*), output. **26.** ~ elaboratore di testi (*elab.*), editing terminal. **27.** ~ gestionale (~ per gestione affari) (*elab. - comm.*), business terminal. **28.** ~ grafico (~ video che può essere utilizzato per la riproduzione di grafici) (*elab.*), graphic terminal. **29.** ~ intelligente (~ dotato di microprocessore che può elaborare dati in modo autonomo) (*elab.*), intelligent terminal, smart terminal. **30.** ~ interattivo (permette comunicazione di domanda e risposta tra elaboratore ed utente) (*elab.*), interactive terminal. **31.** ~ metallico (di un bastone per es.) (*a. - gen.*), ferrule. **32.** ~ operante a carattere (*tlcm.*), character mode terminal. **33.** ~ passivo (*elab.*), dumb terminal. **34.** ~ per prenotazioni (p. es. in un albergo) (*elab.*), reservation terminal. **35.** ~ presso l'utente (posto nell'ufficio dell'utente) (*elab.*), user terminal. **36.** ~ remoto (*elab.*), remote terminal. **37.** ~ scrivente per interrogazione (~ con tastiera) (*elab.*), interrogation typewriter. **38.** ~ solo ricevente che stampa (telescrive) e perfora (*elab. terminale*), Receive Only Typing Reperforator, ROTR. **39.** ~ video (*elab.*), visual display terminal, video display terminal, VDT. **40.** ~ voce-dati (~ atto a trasmettere voci oppure dati per mezzo di un adattatore) (*elab.*), voice-data terminal. **41.** unità ~ multiplatrice [o smistatrice] (*elab.*), multiplexer terminal unit.

terminare, to terminate.

terminatore (carattere o simbolo che indica la fine: per es. di un programma) (*elab.*), terminator.

terminazione (grazia, di un carattere: corta linea sottile all'inizio e alla fine di una lettera) (*tip.*), serif. **2.** ~ (in linee di trasmissione per es.) (*tlcm.*), termination. **3.** ~ inclinata (*tip.*), oblique serif.

tèrmine (vocabolo) (*gen.*), term. **2.** ~ (*mat.*), term. **3.** ~ (estremo limite, fine) (*gen.*), end. **4.** ~ (pietra di confine) (*top. - agric.*), terminus. **5.** termini (estremi: di un contratto per es.) (*gen.*), terms. **6.** ~ di consegna (data di consegna) (*comm.*), delivery date. **7.** ~ generale (*mat.*), general term. **8.** a breve ~ (relativo a disponibilità finanziarie) (*finanz.*), short-term. **9.** a lungo ~ (di capitali tenuti in banca per più di sei mesi) (*finanz.*), long-term. **10.** a medio ~ (*a. - finanz.*), medium-term. **11.** minimi termini (di una frazione) (*mat.*), lowest terms.

termione (*fis.*), thermion.

termistore (semiconduttore, la cui resistenza cambia con la temperatura) (*fis.*), thermistor.

tèrmite (mescolanza di ossido di alluminio e di ossido di ferro) (*saldatura*), Thermit. **2.** ~ (per bombe incendiarie) (*milit.*), thermate.

termobarografo (barografo associato a termografo) (*strum. meteor.*), thermobarograph.

termobaròmetro (*strum. meteor.*), thermobarometer.

termocautèrio (*strum. med.*), thermocautery.

termochìmica (*chim.*), thermochemistry.

termocinetico (*a. - chim.*), thermokinetic.

termoclina (zona a temperatura decrescente) (*acus. sub. - ecc.*), thermocline.

"termocolore" (colore termometrico) (*fis.*), "thermometric color".

termocontatto (di un termometro elettrico) (*elett.*), thermal contact.

termoconvettore (radiatore alettato a tubi disposto orizzontalmente in modo che attraverso di esso si abbia movimento di aria per effetto camino) (*app. riscaldante*), convector (ingl.).

termocòppia (*disp. elett. term.*), thermocouple. **2.** ~ di misura della temperatura dei gas di scarico (*turboreattore*), TGT thermocouple, turbojet gas temperature thermocouple.

termocroce (termogiunzione, di un termoelemento) (*elett.*), thermojunction.

termodinàmica, thermodynamics.

termodinàmico, thermodynamic, thermodynamical.

termodiffusione (diffusione termica, separazione parziale dei componenti di una miscela omogenea gassosa per diversa conduzione del calore delle molecole costituenti) (*chim.*), thermodiffusion, thermal diffusion.

termoelemento (termocoppia, coppia termoelettrica) (*elett.*), thermoelement.

termoelettricità (*fis.*), thermoelectricity.

termoelèttrico (*a. - fis.*), thermoelectric. **2.** coppia termoelettrica (*elett.*), thermoelectric couple, thermoelectric pair.

termoformatura (formatura di fogli di materia termoplastica riscaldati in uno stampo) (*tecnol.*), thermoforming. **2.** ~ a contatto (formatura a contatto termico, di fogli di plastica) (*tecnol.*), contact thermoforming. **3.** ~ sottovuoto (termoformatura a depressione, togliendo l'aria tra il foglio di plastica caldo e lo stampo) (*tecnol.*), vacuum forming.

termofono (*strum. elettroacus.*), thermophone.

termòforo (elettrico) (*app. elettrodomestico*), heat pad, warming pad.

termogalvanometro (galvanometro a termocoppia per correnti molto piccole) (*strum. di mis. elett.*), thermogalvanometer.

termògrafo (*strum. term.*), thermograph.

termogravimetria (misurazione delle variazioni di peso durante le variazioni di temperatura) (*mis.*), thermogravimetry.

termoindurente (di una resina per es.) (*a. - ind. chim.*), thermosetting. **2.** materia plastica ~ (*ind. chim.*), thermosetting composition.

termointerruttore (interruttore termico) (*app. elett.*), thermal switch, temperature switch.

termoione (*s. - termoion.*), thermion.

termoionica (*s. - eltn.*), thermoionics.

termoiònico (*a. - termoion.*), thermionic. **2.** corrente termoionica (*termoion.*), thermionic current. **3.** valvola termoionica (*termoion.*), thermionic tube, thermionic valve.

termomagnetico (*elett.*), thermomagnetic, pyromagnetic.

termometria (*fis.*), thermometry.

termomètrico, thermometric, thermometrical.

termòmetro (*strum. mis.*), thermometer. **2.** ~ a bulbo asciutto (di uno psicrometro) (*strum. mis.*), dry-bulb thermometer. **3.** ~ a bulbo bagnato (di uno psicrometro per es.) (*strum. mis.*), wet-bulb thermometer. **4.** ~ a coppia termoelettrica (*strum. elett. term.*), thermoelectric thermometer. **5.** ~ ad alcool (o alcole) (*strum. term.*), spirit thermometer. **6.** ~ a distanza (*strum. term. elett.*), telethermometer. **7.** ~ a gas (*strum. term.*), gas thermometer. **8.** ~ a massima (*strum.*), maximum thermometer. **9.** ~ a (o di) massima o/e minima (termometro che indica la massima, la minima o entrambe le temperature raggiunte) (*strum.*), registering thermometer. **10.** ~ a mercurio (*strum.*), mercury thermometer. **11.** ~ a minima (*strum.*), minimum thermometer. **12.** ~ a quadrante (*strum.*), dial thermometer. **13.** ~ a resistenza (*strum.*), resistance thermometer. **14.** ~ a termocoppia (termometro costituito da un voltmetro associato alla termocoppia) (*strum. elett. di mis. term.*), thermoammeter. **15.** ~ bimetallico (termometro a lamiera bimetallica) (*strum. mis.*), bimetallic thermometer. **16.** ~ centigrado (*strum. mis. term.*), centigrade thermometer, Celsius thermometer. **17.** ~ del radiatore dell'olio (*strum. term.*), oil cooler thermometer. **18.** ~ differenziale (*strum. term.*), differential thermometer. **19.** ~ elettrico (*strum. term.*), electric thermometer. **20.** ~ per basse temperature (*mis. term.*), frigorimeter. **21.** ~ termoelettrico (*strum. - mis. term.*), thermel. **22.** pozzetto per ~ (tasca per termometro, in genere piena di olio in cui si immerge il bulbo) (*tubaz.*), thermometer pocket.

termonucleare (*fis. atom.*), thermonuclear.

termopila (per la misura della energia radiante o della temperatura) (*strum. fis.*), thermopile.

termoplàstico (di resina per es.) (*a. - ind. plastici*), thermoplastic.

termoplasto (materiale termoplastico, resina termoplastica) (*chim.*), thermoplastic.

termoradianza (radiazione termica) (*fis.*), thermal radiation.

termoregolatore (*app. term.*), thermoregulator.

termoregolazione (*term.*), thermoregulation.

termorivelatore (elemento termosensibile, sonda termica, di un teletermometro per es.) (*app.*), thermal detector, temperature-sensitive element.

termos, thermos, (bottiglia termostatica) (*app.*), thermos, vacuum bottle.

termosaldatura (sigillatura a caldo; di due elementi in plastica mediante calore e pressione) (*proc. tecnico*), heat seal.

termoscòpio (strumento che indica variazioni di temperatura) (*strum.*), thermoscope.

termosfera (atmosfera da 85 a 500 km di altezza) (*geofis.*), thermosphere.

termosifone (principio scientifico di circolazione di un liquido) (*fis.*), thermosiphon. **2.** impianto di riscaldamento a ~ (*term. ind.*), hot-water heating plant by thermosiphon circulation. **3.** raffreddamento a ~ (di un mot. per es.), thermosiphon cooling.

termostabile (resistente al calore) (*fis.*), thermostable.

termostàtica (*s. - term.*), thermostatics.

termostàtico (*a. - term.*), thermostatic.

termòstato (*app. term.*), thermostat. **2.** ~ ad immersione (*app. term.*), immersion thermostat. **3.** ~ a vista (termostato con indicazione a vista) (*strum.*), visual thermostat. **4.** ~ elettrico (*app. term. elett.*), electric thermostat. **5.** ~ per alte temperature (*app. term.*), pyrostat.

termovettore (veicolo di calore: acqua, aria ecc.) (*riscaldamento*), thermal carrier.

terna (gruppo di tre unità) (*gen.*), triad.

ternario (*chim. - mat.*), ternary. **2.** ~ (lega) (*metall.*), ternary.

terpène ($C_{10}H_{16}$) (*chim.*), terpene.

terpineolo ($C_{10}H_{18}O$) (*chim.*), terpineol.

tèrra (*astr. - geol.*), earth. **2.** ~ (*agric.*), land. **3.** ~ (*min.*), ground, earth. **4.** ~ (*elett.*), ground (am.) earth (ingl.). **5.** ~ (tubo metallico connesso con una piastra sepolta in terra tenuta permanentemente umida) (*elett.*), ground. **6.** ~ (*fond.*), sand, loam. **7.** ~ alcalina (*chim.*), alkaline earth. **8.** terre alluvionali (depositate dalle acque di un fiume) (*geol.*), bottomlands, warp. **9.** ~ a secco (*fond.*), dry sand. **10.** ~ a verde (*fond.*), green sand. **11.** ~ battuta (*strad. - ecc.*), tamped earth, rammed earth. **12.** ~ bolare (bolo) ($2Al_2O_3.9SiO_3.6H_2O$) (*min.*), cimolite. **13.** ~ colorante (per vernici per es.), coloring earth. **14.** ~ cotta (*ind.*), baked clay. **15.** ~ da follare (*ind. chim.*), fuller's earth. **16.** ~ da fonderia (sabbia refrattaria mista con agente agglomerante ed acqua per la esecuzione delle forme) (*fond.*), castable, foundry sand. **17.** ~ da modello (*fond.*), facing sand. **18.** ~ da (o di) riempimento (sabbia da riempimento opportunamente preparata) (*fond.*), backing sand, bedding sand. **19.** ~ da sbianca (*ind. chim.*), bleaching clay. **20.** ~ da spolvero per staffe (*fond.*), skinning loam. **21.** ~ di ombra (*colore*), umber. **22.** ~ di ombra bruciata (*colore*), burnt umber. **23.** ~ di sfioratura (*fond.*), spill sand, spilled sand. **24.** ~ di sformatura (*fond.*), shake out sand. **25.** ~ di Siena (*colore*), sienna. **26.** ~ di tripoli (*min.*), tripoli, infusorial earth, kieselguhr, diatomite, diatomaceous earth. **27.** ~ grassa (argilla da formatore) (*fond.*), loam. **28.** ~ mista a nero di fonderia (*fond.*), black sand. **29.** ~ per anime (sabbia per anime) (*fond.*), core sand. **30.** ~ (o sabbia) per formatura (*fond.*), molding sand, molding loam, casting earth. **31.** ~ povera (terra poco fertile) (*agric.*), lean earth. **32.** ~ rara (*chim.*), rare earth. **33.** ~ refrattaria (argilla refrattaria) (*geol. - metall.*), fireclay (ingl.), fire clay (am.). **34.** ~ sciolta (di scavo per es.), loose earth. **35.** ~ siliciosa (*fond.*), silica sand. **36.** ~ sintetica (sabbia sintetica: ottenuta mescolando terra povera di argilla con un legante) (*fond.*), synthetic sand. **37.** ~ verde di Verona (*colore*), green earth of Verona. **38.** a ~ (*nav.*), ashore. **39.** a ~ (a massa) (*elett.*), earthed (ingl.), grounded (am.). **40.** conduttore di ~ (*elett.*), ground cable. **41.** di ~ (di vento proveniente dalla costa: per un navigante) (*nav.*), offshore. **42.** essere costretto a ~ (essere costretto a rinunciare al volo, per guasto per es.) (*aer.*), to sock. **43.** filo di ~ (*elett.*), drain wire, ground wire. **44.** filo di ~ (*radio*), ground wire. **45.** guida da ~ (di satellite per es.) (*missil. - ecc.*), ground control. **46.** il sorgere della ~ (visto dalla luna per es.) (*astric.*), earthrise. **47.** lingua di ~ (protendentesi nel mare) (*geogr.*), spit. **48.** messa a ~ (*elett. - radio*), earthing. **49.** messo a ~ (*a. - elett. - radio - ecc.*), grounded, earthed. **50.** mettere a ~ (una linea per es.) (*elett.*), to earth (ingl.), to ground (am.). **51.** movimento di ~ (di scavo, di riempimento, di riporto per es.) (*ed. - mur.*), earthworks. **52.** perdere di vista la ~ (allontanarsi dalla terra) (*nav.*), to lay (to) the land. **53.** presa (o attacco) di ~ (di apparecchiatura, macchinari, impianti ecc.) (*elett.*), ground tap. **54.** scarico di ~ (*ed.*), earth dump, dump. **55.** spinta della ~ (*sc. costr.*), thrust of the earth.

terracòtta, terracotta. **2.** ~ (ceramica non vetrinata) (*ceramica*), earthenware. **3.** tubo in ~ (*ed.*), tile conduit.

terraferma (terra) (*geogr.*), terra firma, firm earth.

terraglie (ceramica con vetrino bianco o trasparente) (*ceramica*), stoneware, earthenware.

terrapièno (*strad. - ferr. - ed.*), embankment. **2.** ~ (di sostegno della massicciata e dei binari) (*ferr.*), bed. **3.** costruire un ~ (*strad. - ed. - ferr.*), to bank up, to embank.

terrazza (*ed.*), terrace. **2.** tetto a ~ (*ed.*), terrace, flat roof.

terrazzamento (*geol. - ecc.*), terracing.

terrazzare (un terreno) (*ing. civ.*), to terrace.

terrazzière (*op.*), digger.

terrazzo (*ed.*), terrace.

terremòto (*geofis.*), earthquake.

terreno (*geol. - top.*), soil, ground, land. **2.** ~ accidentato (*top.*), hilly ground. **3.** ~ agrario (parte superficiale del suolo) (*geol. - agric.*), top soil, grass roots. **4.** ~ alluvionale (*geol.*), alluvial soil. **5.** ~ argilloso (*geol.*), clay soil. **6.** ~ coerente (*ing. civ.*), cohesive soil. **7.** ~ compatto (~ solido, che non necessita di puntellamenti durante la escavazione di trincee) (*costr. ed. - min.*), standing ground. **8.** ~ disboscato (*agric.*), disafforested land. **9.** ~ di copertura (*min.*), burden, overburden. **10.** ~ di prova (per artiglieria), proving ground. **11.** ~ di sovraccarico (terra sostenuta da un muro di ritegno e situata in zona più alta della sommità del muro) (*ing. civ.*), surcharge. **12.** ~ espansivo (a causa del cambiamento del contenuto d'acqua) (*ing. civ.*), expansive soil. **13.** ~ fabbricativo (*ed.*), building lot. **14.** ~ incoerente (*geol. - ing. civ.*), incoherent soil, loose soil. **15.** ~ incolto (*agric.*), rough ground. **16.** ~ infestato (*agric.*), sick ground. **17.** ~ non fidabile (non idoneo a sostenere carichi) (*costr. ed. - min.*), weak ground. **18.** ~ ondulato (*top.*), undulating ground, rolling land, rolling ground (*am.*). **19.** ~ piano (*top.*), level ground. **20.** ~ rimboschito (*agric.*), afforested land. **21.** ~ roccioso (*geol.*), rocky soil. **22.** ~ sabbioso (*geol.*), sandy soil. **23.** ~ sciolto (~ non compatto) (*costr. ed. - min. - ecc.*), loose ground. **24.** ~ vegetale (*geol.*), loam soil. **25.** assestamento del ~ (*ed.*), ground settling. **26.** livellamento del ~ (*ed. - mur.*), ground grading. **27.** rilievo del ~ (*top.*), survey of land. **28.** spianamento del ~ (*ed. - mur.*), ground leveling.

terrèstre (*a. - gen.*), terrestrial. **2.** ~ (abitante della Terra) (*s. - astric.*), terran, Terran.

territoriale (*a. - gen.*), territorial.

territorio (*geogr.*), territory. **2.** ~ nazionale (*comm.*), national territory, home territory.

terroso (*gen.*), earthy.

tèrza (velocità) (di automobili con cambio a quattro o più marce) (*aut.*), third speed. **2.** ~ porta (porta, o sportello, posteriore di una giardinetta per es. o di una normale vettura a tre porte) (*aut.*), hatchback.

terzarolare (*nav.*), to reef.

terzaròlo (di vela) (*nav.*), reef. **2.** ~ diagonale (*nav.*), balance reef, diagonal reef. **3.** metafione di ~ (*nav.*), reef point. **4.** mollare un ~ (*nav.*), to shake out a reef. **5.** paranchino di ~ (*nav.*), reef tackle.

terzera (arcareccio di tetto) (*ed.*), purlin.

terziario (di un atomo di carbonio) (*a. - chim.*), tertiary. **2.** ~ (*geol.*), tertiary.

terzino (nel giuoco del calcio) (*s. - sport*), back, full back.

terziruolo (spazio da tre, spazio forte) (*tip.*), 3-em space.

tèrzo (*gen.*), third. **2.** terzi (*comm. - leg.*), third party. **3.** ~ medio inferiore (*sc. costr.*), lowest part of the middle third. **4.** ~ medio superiore (*sc. costr.*), highest part of the middle third.

Terzo Mondo (gruppo di nazioni sottosviluppate e non allineate con i blocchi sia comunista che non comunista) (*sociologia*), Third World.

tesa (*s. - nav.*), *vedi* lunghezza.

tesaggio (*ed. - c.a.*), *vedi* tesatura.

tesafili (per fili elettrici, telefonici ecc.) (*app.*), wire stretcher.

tesare (mettere in tensione: per es. una fune) (*gen.*), to snub. **2.** (dare la tensione necessaria alle manovre correnti) (*nav.*), to put under tension, to stretch. **3.** ~ (stendere: una linea aerea per es.) (*elett.*), to string.

tesatura (di conduttori di una linea per es.) (*elett.*), stretching. **2.** ~ (dell'armatura del cemento armato) (*ed.*), stressing, prestressing.

tesi (*gen.*), thesis. **2.** ~ di laurea (*università*), doctoral thesis.

tesla (T: unità di flusso magnetico = 1 weber/m^2) (*mis. elett.*), tesla.

teso (*a. - nav.*), stretched.

tesorerìa (erario) (*finanz.*), treasury, exchequer.

tesorière (*finanz.*), treasurer.

tèssera (carta di identità), identifying card. **2.** ~ (~ musiva, ~ per mosaico) (*ed.*), tessera, abaculus. **3.** ~ (scheda di identificazione in plastica che porta i dati di riconoscimento inseriti in codice in circuiti magnetici oppure mediante apposite perforazioni) (*eltn. - banca - elab. - ecc.*), badge. **4.** ~ per prelievi automatici di banconote (p. es. ~ BANCOMAT) (*banca*), cash card.

tèssere (*ind. tess.*), to weave. **2.** ~ in diagonale (*ind. tess.*), to twill.

tèssile (*ind. tess.*), textile.

tessitura (*tess.*), weaving. **2.** ~ (disposizione dei fili di un tessuto) (*ind. tess.*), texture. **3.** ~ della lana (*ind. tess.*), wool weaving. **4.** ~ meccanica (*ind. tess.*), power loom weaving. **5.** ~ ornamentale intreccia-

ta e ritorta (*ind. tess.*), sprang. **6.** attitudine alla ~ (*ind. tess.*), weaveability.
tessuto (*ind. tess.*), fabric, web. **2.** ~ (disposizione dei fili di un tessuto) (*s. - ind. tess.*), texture. **3.** ~ a coste (*tess.*), ribbed fabric. **4.** ~ a fondo catena (*ind. tess.*), weft backed fabric. **5.** ~ a fondo ordito (*ind. tess.*), warp backed fabric. **6.** ~ a maglia (*ind. tess.*), knitted fabric. **7.** ~ a maglia ("tricot") (*ind. tess.*), tricot. **8.** ~ a maglie (*ind. tess.*), looped fabric. **9.** ~ a maglia a doppio spessore (*mft. tess.*), double knit. **10.** ~ a punto di garza (~ marquisette) (*tess.*), leno. **11.** ~ a spina di pesce (*tess.*), fabric with herringbone pattern. **12.** ~ a strati multipli (usato per aerostati per es.) (*tess.*), multiply fabric. **13.** ~ a strati multipli a fili paralleli (usato per aerostati per es.) (*tess.*), parallel fabric. **14.** ~ bachelizzato (tela bachelizzata) (*tess. per elett.*), bakelized fabric, bakelite-laminated fabric. **15.** ~ cardato fabbricato a mano (*ind. tess.*), Harris tweed. **16.** ~ compatto (*ind. tess.*), close-woven cloth. **17.** ~ con catena di cotone e trama di lana pettinata (*ind. tess.*), russel cord (ingl.). **18.** ~ con 68 fili di ordito e 52 fili di trama (per pollice) (*tess.*), fabric 68 × 52. **19.** ~ "cord" (*ind. gomma*), cord fabric. **20.** ~ da paracadute (*aer.*), parachute fabric. **21.** ~ di cotone (*ind. tess.*), cotton fabric. **22.** ~ di fibra di vetro (*tess. - ind. vetro*), glass cloth. **23.** ~ di lana (*ind. tess.*), wool fabric. **24.** ~ di lana a coste (*ind. tess.*), ribbed woolen cloth, kersey (ingl.). **25.** ~ di lana pettinata (pettinato) (*ind. tess.*), worsted. **26.** ~ di seta (*ind. tess.*), silk fabric, silk. **27.** ~ di seta artificiale (*ind. tess.*), artificial silk fabric. **28.** ~ diagonale (*ind. tess.*), twill. **29.** ~ diagonale (di un aerostato per es.) (*tess. - aer.*), biassed fabric. **30.** ~ diagonale pesante di lino (o di cotone) (*ind. tess.*), drill. **31.** ~ "duck" (*ind. tess.*), duck cloth. **32.** ~ elastico (per cinture per es.: tessuto ottenuto con fili di gomma) (*ind. tess.*), elastic. **33.** ~ fabbricato con telaio a mano (*ind. tess.*), homespun fabric. **34.** ~ fantasia (*ind. tess.*), fancy cloth, fancy fabric. **35.** ~ fantasia in lana (*ind. tess.*), tweed. **36.** ~ felpato (*ind. tess.*), nap, plush fabric. **37.** ~ fine per setacci (~ a maglia finissima: per es. per setacciare farine ecc.) (*ind. tess.*), bolting cloth. **38.** ~ gommato (per aerostato) (*ind. gomma - tess.*), rubber-coated fabric. **39.** ~ gommato (caucciù, per macch. offset) (*tip.*), blanket. **40.** ~ gommato a tre tele (caucciù a tre tele, per stampa su macch. offset) (*tip.*), three-ply blanket. **41.** ~ grezzo (*ind. tess.*), grey cloth (ingl.). **42.** ~ grezzo di mezza lana (di lino e lana o cotone e lana) (*ind. tess.*), linsey-woolsey. **43.** ~ impermeabilizzato (per ali di aeroplano per es.) (*ind.*), doped fabric. **44.** ~ ingualcibile (*ind. tess.*), crease-resisting fabric. **45.** ~ isolante (per cavi elettrici) (*ind. tess.*), insulating fabric. **46.** ~ jersey ("jersey") (*tess.*), jersey, jersey cloth. **47.** ~ leggero (pettinato di lana: usato per fodere) (*ind. tess.*), shalloon. **48.** ~ misto (*ind. tess.*), union. **49.** ~ oliato isolante (tessuto trattato con olio ed usato come isolante) (*elett.*), empire cloth. **50.** ~ operato (*ind. tess.*), Jacquard weave. **51.** ~ per fodere (*tess.*), lining fabric, serge. **52.** ~ per involucro (*aer.*), balloon fabric. **53.** ~ per scarpe (*ind. gomma*), shoe fabric. **54.** ~ per soprabiti (*ind. tess.*), overcoating. **55.** ~ per tappezzeria (*ind. tess.*), tapestry cloth. **56.** ~ pettinato (*ind. tess.*), worsted fabric. **57.** ~ rigato (*ind. tess.*), striped fabric. **58.** ~ sanforizzato (tessuto trattato per eliminare il ritiro) (*tess.*), "sanforized" fabric. **59.** ~ semplice (*ind. tess.*), plain fabric. **60.** ~ sostenuto (*ind. tess.*), sturdy fabric. **61.** ~ spigato (*ind. tess.*), cross twill. **62.** ~ trasparente (*ind. tess.*), loose woven fabric.
test (saggio reattivo) (*psicol. ind.*), test. **2.** (*psicol. ind.*), *vedi anche* reattivo. **3.** ~ a falso salto della rana (*elab. - ecc.*), crippled leapfrog test. **4.** ~ attitudinale (*pers. - psicotecnica*), aptitude test. **5.** ~ attitudinale per impiegati (reattivo attitudinale per impiegati) (*psicotecnica - pers. - aer.*), clerical aptitude test, CA. **6.** ~ bilaterale (*mat. - stat.*), two-tailed test. **7.** ~ caratterologico (test di personalità) (*psicol. ind.*), personality test. **8.** ~ di appercezione tematica (*psicol. ind.*), thematic apperception test. **9.** ~ di personalità (test caratterologico) (*psicol. ind.*), personality test. **10.** ~ sociometrico (*psicol. ind. - pers.*), sociometric test. **11.** ~ unilaterale (*stat.*), one-tailed test.
tèsta (*gen.*), head. **2.** ~ (di un martello) (*ut.*), poll. **3.** ~ (di un tornio per es.) (*macch. ut.*), headstock. **4.** ~ (di biella) (*mecc. mot.*), big end, big-end. **5.** ~ (di una pressa) (*mecc.*), crown. **6.** ~ (muffola: di cavo) (*elett.*), cable end insulator box. **7.** ~ (naso; di un siluro autoguidante: parte terminale contenente i trasduttori dell'autoguida) (*mar. milit.*), nose. **8.** ~ (parte iniziale di un distillato) (*ind. - chim.*), fronts. **9.** ~ (superfinitrice: dispositivo per la superfinitura delle canne cilindriche di un basamento) (*ut.*), hone. **10.** ~ a cavolfiore (testa rimontata, sommità spugnosa di un lingotto) (*difetto metall.*), cauliflower top, bonnet, spongy top. **11.** ~ a croce (di macchina a stantuffo) (*mecc. - macch.*), crosshead. **12.** ~ acustica (testa autocercante, di un siluro, per la guida attiva e/oppure passiva verso il bersaglio) (*mar. milit.*), acoustic head, acoustic homing head. **13.** ~ a dividere (di macch. ut.) (*mecc. - macch. ut.*), dividing head, index head. **14.** ~ a dividere universale (divisore universale) (*mecc. - macch. ut.*), universal dividing head, universal divider, universal index head. **15.** ~ a forare (di una trapanatrice) (*mecc. - macch. ut.*), drilling head. **16.** ~ a fungo (di una valvola per es.) (*mecc.*), mushroom head. **17.** ~ a radiofrequenza (unità ricetrasmittente di un radar) (*radar*), radio-frequency head. **18.** ~ a stella (testa poligonale, testa a doppio esagono, di una vite) (*mecc.*), 12 point head. **19.** ~ autoguidante (di un siluro) (*espl. mar. milit.*), homing nose. **20.** ~ calda (vaporizzatore: di un motore semi-diesel per es.) (*mot.*), hot-bulb. **21.** ~ carica (di un silu-

ro) (*espl. mar. milit.*), war head. **22.** ~ cilindrica (con intaglio, di una vite) (*mecc.*), cheese head. **23.** ~ cilindrica con o senza calotta (di una vite) (*mecc.*), fillister head, raised cheese head. **24.** ~ cilindrica con spigolo superiore arrotondato (*mecc.*), pan head. **25.** ~, cilindro, tipo Ricardo (*mot. diesel*), cornet head, Ricardo head. **26.** ~ con mandrino di sbalzo (di una rettificatrice per interni per es.) (*mecc. - macch. ut.*), naked-style head. **27.** ~ con mandrino supportato dal manicotto (di una rettificatrice per interni) (*mecc. - macch. ut.*), sleeve-style head. **28.** ~ con spallamento (testa di vite esagonale per es.) (*mecc.*), washer head. **29.** ~ da esercitazione (di esercizio: di siluro o proiettile per es.) (*espl. mar. milit.*), drill head, exercise head. **30.** ~ del chiodo (*carp.*), nailhead. **31.** ~ del getto (*fond.*), casting head. **32.** ~ dell'albero (*nav.*), masthead. **33.** ~ della vite (*mecc. - falegn.*), screwhead. **34.** ~ del riproduttore (di un dittafono per es.) (*elettroacus.*), reproducing head. **35.** ~ del rotore (di un elicottero: parte del mozzo alla quale sono fissate le pale) (*aer.*), rotor head. **36.** ~ del taboretto (*macch. ut. legn.*) (*mecc.*), router head. **37.** ~ del timone (estremità del dritto alla quale è fissata la barra) (*nav.*), rudderhead. **38.** ~ di avanguardia (*milit.*), vanguard. **39.** ~ di bielletta (di un mot. stellare) (*aer. - mot.*), wrist-pin end. **40.** ~ di cancellazione (testina di cancellazione del nastro registrato per es.) (*elettroacus.*), erasing head. **41.** ~ di fusione (di un cilindro) (*mot.*), cast head. **42.** ~ di guida (*mecc. tess.*), guide head. **43.** ~ di incisione (per dischi) (*elettroacus.*), disk recording head. **44.** ~ di molo (punta di molo) (*costr. mar.*), pierhead. **45.** ~ di moro (per fissare l'albero di gabbia al tronco maggiore) (*costr. nav.*), gunter iron. **46.** ~ di ponte (*milit.*), bridgehead. **47.** ~ di ponte aerea (*milit. - aer. milit.*), airhead. **48.** ~ di radiatore (di aut.) (*mecc.*), radiator shell upper chamber. **49.** ~ di registrazione (di un dittafono per es.) (*elettroacus.*), recording head. **50.** ~ di spillo, pinhead. **51.** ~ di sterzo (di una mtc.) (*mecc.*), steering head. **52.** ~ di tiratura (di carda per es.) (*macch. tess.*), drawing head. **53.** ~ di trivellazione (*min.*), drilling head. **54.** ~ (ermetica) della tubazione (nella trivellazione dei pozzi) (*min.*), tubing head, casinghead. **55.** ~ esagonale (di bullone per es.) (*mecc.*), hexagonal head. **56.** ~ esagonale con calotta e spallamento (di una vite) (*mecc.*), raised hexagon washer head. **57.** ~ filettatrice (supporto dei pettini filettanti) (*att. mecc.*), die head. **58.** ~ filettatrice con apertura automatica (che lascia il pezzo filettato alla fine della corsa) (*att. macch. ut.*), opening die. **59.** ~ filettatrice girevole (filetta girando attorno al pezzo tenuto fisso) (*macch. ut.*), rotating die head. **60.** ~ fotometrica a confronto simultaneo (*strum. illum.*), equality of brightness photometer head. **61.** ~ fotometrica a sfarfallamento (*strum. illum.*), flicker photometer head. **62.** ~ fotometrica fisica (od oggettiva) (*strum. illum.*), physical photometer head. **63.** ~ fotometrica visuale (*strum. illum.*), visual photometer head. **64.** ~ frontale portautensili (*mecc. - macch. ut.*), facing head. **65.** ~ nucleare (di un missile) (*espl. milit.*), nuclear warhead. **66.** ~ orientabile (di una macch. ut.) (*macch. ut.*), swivel. **67.** ~ panoramica (*fot. - cinem.*), panorama head. **68.** ~ perforante (di proiettile) (*espl. milit.*), armor piercing head. **69.** ~ per maschiare (*mecc. - macch. ut.*), tapping head. **70.** ~ portafresa (testa portautensile) (*mecc. - macch. ut.*), cutterhead. **71.** ~ portamandrino (di una fresatrice orizzontale) (*mecc. - macch. ut.*), spindlehead. **72.** ~ portamandrino (di un tornio) (*mecc. - macch. ut.*), spindle headstock. **73.** ~ portamola (di una rettificatrice) (*mecc. - macch. ut.*), wheelhead. **74.** ~ portapezzo (*mecc. - macch. ut.*), workhead. **75.** ~ portautensile (testa portafresa) (*mecc. - macch. ut.*), cutterhead. **76.** ~ portautensile della piallatrice (*mecc. - macch. ut.*), planer head. **77.** ~ portautensili trasversale (*mecc. - macch. ut.*), cross tool carriage. **78.** ~ preselettiva (*mecc. - macch. ut.*), preoperative headstock. **79.** ~ quadra (di una vite per es.) (*mecc.*), square head. **80.** ~ rimontata (testa a cavolfiore, testa spugnosa, di un lingotto) (*difetto metall.*), bonnet, spongy top, cauliflower top. **81.** ~ semitonda (di chiodo per es.) (*mecc.*), cuphead. **82.** ~ semplice con divisione diretta (di macch. ut. universale per es.) (*mecc. - macch. ut.*), plain indexing head. **83.** ~ sensibile per ugello antincendio (sensibile alla temperatura dell'eventuale incendio) (*antincendio*), sprinkler head. **84.** ~ sonora (di un proiettore sonoro) (*cinem.*), soundhead. **85.** ~ svasata con calotta (di una vite per lamiera) (*mecc.*), raised countersunk head. **86.** ~ tonda (estremità arrotondata, di una fresa frontale per es.) (*ut.*), ball nose. **87.** ~ tonda (di bullone, rivetto ecc.) (*mecc. - carp.*), snaphead. **88.** ~ troncoconica (di un chiodo) (*tecnol. mecc.*), conehead. **89.** a ~ cilindrica (di una vite) (*mecc.*), cheese -headed, CHHD. **90.** a ~ esagonale (un bullone per es.) (*mecc.*), hexagonal-head. **91.** a ~ piana svasata (di una vite, un rivetto ecc.) (*a. - mecc.*), flush-head. **92.** a. ~ semisferica (di chiodo per es.) (*mecc.*), cupheaded. **93.** a ~ troncoconica (forma della testa: di un chiodo per es.) (*a. - mecc.*), conehead. **94.** battere in ~ (picchiare) (*mot.*), to ping. **95.** battito in ~ (*di un mot.*), spark ping (am.). **96.** essere in ~ (essere al comando, in una corsa) (*sport*), to be in the lead. **97.** guida della ~ a croce (*mecc. - macch.*), crosshead guide. **98.** in ~ (detto di valvole di mot. a c.i.) (*a. - mot.*), overhead, ovhd. **99.** prodotto di ~ (prodotto della distillazione) (*chim. ind.*), overhead. **100.** prodotto di ~ (di un pozzo di petrolio o di gas) (*min.*), "casing head". **101.** senza ~ (*mecc. - gen.*), headless. **102.** spinotto della ~ a croce (*mecc.*), crosshead pin. **103.** ~, *vedi anche* testata e testina.

testa-coda (di un vettura in corsa) (*aut. - sport*), about-face.

testabile (sottoponibile a prova) (*gen.*), testable.
testare (provare, controllare il corretto funzionamento) (*elab. - ecc.*), to test.
testata (di motore) (*mecc.*), head, cylinder head. **2.** ~ (di un molo) (*costr. nav.*), head. **3.** ~ (cono terminale di un missile contenente la carica esplosiva) (*milit. - missil.*), warhead. **4.** ~ (margine superiore, di un foglio stampato) (*tip.*), head. **5.** ~ (di un pacchetto ecc.) (*imballaggio - ecc.*), end side. **6.** ~ della registrazione (*elab.*), record header. **7.** ~ del telaio (traversa di testa del telaio, di un carro ferroviario) (*ferr.*), headstock. **8.** ~ di attacco degli organi di trazione (di una locomotiva o di un carro) (*ferr.*), drawhead. **9.** ~ di una trave (*ed.*), headpiece of a beam. **10.** ~ nucleare (di un missile per es.) (*espl. milit.*), nuclear warhead. **11.** pezzo (o elemento) di ~ (*carp. - mecc. ecc.*), header. **12.** protezione della ~ (foglio di carta rotondo o ottagonale usato per la protezione di un rotolo di carta) (*mft. carta*), header. **13.** sbassare la ~ (asportare del metallo dalla base della testa del cilindro per aumentare il rapporto di compressione) (*aut.*), to mill the head, to mill (colloquiale).
testimonianza (*leg. - ecc.*), testimony, witnessing.
testimoniare (*leg.*), to witness, to testify.
testimònio (*leg.*), witness, witnesser. **2.** ~ (di lavorazione meccanica) (*mecc.*), witness mark. **3.** ~ (*min.*), *vedi* carota. **4.** ~ (in un lavoro di scavo: pilastro lasciato in sito per indicare la profondità di scavo) (*ing. civ.*), "mound".
testina (per registrare, leggere, cancellare suoni su di un nastro magnetico) (*elettroacus.*), head. **2.** ~ (per registrare, leggere, cancellare dati: su di un nastro o un disco magnetico) (*elab.*), head. **3.** ~ di accensione (di un detonatore elettrico) (*espl.*), fusehead. **4.** ~ di cancellazione (*elab. - elettroacus.*), erasing head. **5.** ~ di lettura (*elab.*), read head. **6.** ~ di lettura (~ riproduttrice per es. di nastri magnetici) (*elettroacus.*), playback head. **7.** ~ di lettura-scrittura (*elab.*), read-write head, combined head. **8.** ~ di prima lettura [o di prelettura] (legge i dati prima della seconda ~) (*elab.*), preread head. **9.** ~ di registrazione (del suono) (*elettroacus.*), recording head. **10.** ~ di scrittura (*elab.*), write head. **11.** ~ elettrodinamica (fonorivelatore a bobina mobile) (*elettroacus.*), dynamic pickup, dynamic reproducer. **12.** ~ esplorante (di un dispositivo fotoelettrico per es., testina di scansione) (*elett. ott.*), scanning head. **13.** ~ flottante (~ per leggere-registrare su dischi o tamburi magnetici, sostenuta da un interposto microstrato d'aria che si forma aerodinamicamente tra la ~ e la superficie del disco in rotazione) (*elab.*), flying head. **14.** ~ flottante di cancellazione (di un videoregistratore per es.) (*audiovisivi*), flying erase head. **15.** ~ magnetica (per convertire il suono in segnali elettrici e viceversa: in un registratore a nastro per es.) (*elettroacus.*), magnetic head. **16.** ~ magnetica del fonorivelatore (cartuccia del pick-up) (*elettroacus.*), reluctance cartridge. **17.** ~ magnetica per incisione (di dischi fonografici) (*elettroacus.*), magnetic cutter. **18.** ~ riproduttrice (~ di lettura) (*elettroacus.*), playback head. **19.** braccio o carrello porta ~ (di unità a dischi a mobile) (*elab.*), head carriage. **20.** elemento flottante porta ~ (quella parte della ~ che, grazie al suo profilo aerodinamico, galleggia sul cuscino d'aria formatosi tra disco in moto e ~) (*elab.*), slider. **21.** una ~ per traccia (si riferisce al disco di un complesso a ~ fissa ove ciascun disco magnetico ha una propria ~ di lettura/scrittura per ogni sua traccia magnetica) (*elab.*), head-per-track. **22.** zona di ritorno e partenza della ~ (fascia ad anello della superficie del disco dove la ~ rimane e da cui parte) (*elab.*), landing zone.
testo (di un qualsiasi stampato con esclusione dei titoli, fotoriproduzioni ecc.) (*tip. - ecc.*), text. **2.** ~ (la parte di messaggio contenente le informazioni e compresa tra le sigle STX ed ETX) (*elab.*), text. **3.** ~ microriprodotto (in microfilm per es.) (*documenti*), microtext. **4.** fine del ~ (carattere di controllo che segue il ~ di un messaggio) (*elab.*), end of text, ETX. **5.** inizio del ~ (carattere di controllo che precede il ~ del messaggio) (*elab.*), start of text, STX.
testucchio (acero campestre, acero comune, oppio, loppo, loppio) (*legn.*), field maple.
tetra-atòmico (*a. - chim.*), tetratomic.
tetracloruro (*chim.*), tetrachloride. **2.** ~ di carbonio (CCl_4) (*chim.*), carbon tetrachloride.
tetrade (gruppo di quattro elementi) (*gen.*), tetrad. **2.** ~ (gruppo di quattro bit per es.) (*elab. - macch. ut. a c.n.*), tetrad.
tetradimite (Bi_2Te_3S) (*min.*), tetradymite.
tetraèdro (*geom.*), tetrahedron.
tetraetile di piombo [$Pb(C_2H_5)_4$] (antidetonante per carburanti) (*chim. ind.*), tetraethyl lead.
tetraetilpirofosfato (*chim.*), tetraethyl pyrophosphate, TEPP.
tetrafluoroetilene (usato per resine) (*chim.*), tetrafluoroethylene, TFE.
tetralina ($C_{10}H_{12}$) (tetraidronaftalina) (*chim.*), tetralin, tetraline.
tetrametile (*chim.*), tetramethyl.
tetranitroanilina (*espl.*), tetranitroaniline.
tetranitrometilanilina (*espl.*), tetryl.
tetràstilo (*arch.*), tetrastyle.
tetravalènte (*chim.*), quadrivalent, tetravalent.
tetrile (tetralite) (*espl.*), *vedi* tetranitrometilanilina.
tetròdo (*termoion.*), tetrode, four-electrode tube.
tetròssido (*chim.*), tetroxide. **2.** ~ di piombo (Pb_3O_4: minio) (*chim. - vn.*), lead tetraoxide, minium.
tetto (di casa, di automobile, ecc.) (*gen.*), roof. **2.** ~ (di un giacimento per es.) (*min. - geol.*), hanging wall. **3.** ~ (di una miniera) (*min.*), back. **4.** ~ (padiglione, stampato del padiglione) (*costr. carrozz. aut.*), roof panel. **5.** ~ a bulbo (*arch.*), imperial roof. **6.** ~ a capanna (*ed.*), saddle roof. **7.** ~ a capriate (*ed.*), trussed roof. **8.** ~ ad abbaini (*arch.*),

mansard roof. **9.** ~ ad arcarecci (*ed.*), purlin roof. **10.** ~ a due falde (*ed.*), saddle roof. **11.** ~ a due falde su timpano (*ed.*), gable roof. **12.** ~ a due pioventi (*ed.*), saddle roof. **13.** ~ ad una falda (tetto ad una sola pendenza) (*ed.*), pent roof, single-pitched roof, lean-to roof. **14.** ~ ad un solo spiovente (ad una falda per es. nelle tettoie) (*ed.*), abat-vent. **15.** ~ a falde [o spioventi] (il cui displuvio è costituito da una linea di colmo o da una punta) (*arch.*), peaked roof. **16.** ~ a gradinata (*arch.*), stepped roof. **17.** ~ a guglia (~ a piramide aguzza: ad es. per i campanili) (*arch.*), spire roof, helm roof. **18.** ~ a lucernario (*ed.*), lantern roof. **19.** ~ a mansarda (*arch.*), mansard roof, French roof, curb roof. **20.** ~ a padiglione (*arch.*), hip roof. **21.** ~ apribile (*carrozz. aut.*), sunroof. **22.** ~ apribile scorrevole in lamiera (di un'automobile) (*aut.*), steel sliding roof. **23.** ~ a shed (tipo di copertura a denti di sega) (*ed. ind.*), sawtooth roof, sawtooth. **24.** ~ a terrazza (*ed. - arch.*), flat roof, platform roof. **25.** ~ in legno con travature in vista (*ed.*), open-timbered roof. **26.** ~ in tegole (*ed.*), tile roof. **27.** ~ piano (tetto a terrazza) (*arch.*), flat roof. **28.** ~ rigido (asportabile: su di un cabriolet per es.) (*costr. aut.*), hard top. **29.** armatura (in legname) per ~ (*ed.*), roof scaffolding. **30.** copertura del ~ (di un autobus per es.: con ricaschi in lamiera e parte centrale in perlinaggio di legno coperto da impermeabilizzanti) (*costr. aut.*), top decking. **31.** copertura di un ~ (*ed.*), roof covering. **32.** orditura del ~ (*ed.*), roof frame. **33.** senza ~ (*ed.*), roofless.

tettoia (di stazione ferroviaria per es.) (*ed.*), penthouse, shed. **2.** ~ (a un solo spiovente, adiacente al muro di un fabbricato) (*mur.*), lean-to. **3.** ~ a falde convergenti (pensilina) (*ed.*), double cantilever roof (on single column row). **4.** ~ a un solo piovente a sbalzo sostenuta dal muro di un fabbricato (*ed.*), penthouse. **5.** ~ per marciapiedi (in un stazione: ai lati dei binari) (*ed. ferr.*), platform roofing. **6.** ~ per ricovero di automobile (adiacente ad un fabbricato) (*ed. - aut.*), carport.

tettonica (geologia strutturale) (*geol.*), tectonics. **2.** ~ a zolle (*geofis.*), plate tectonics.

tettonico (*geol.*), tectonic.

tettuccio (chiusura trasparente dell'abitacolo di pilotaggio) (*aer.*), canopy. **2.** ~ emisferico (cupola in plastica trasparente) (*aer.*), bubble canopy. **3.** ~ (o cupola) in plastica (copertura in plastica trasparente di abitacolo o torretta) (*aer.*), greenhouse.

Th (torio) (*chim.*), Th, thorium.

"therblig" (uno degli elementi semplici nei quali si può scomporre una operazione manuale) (*studio tempi*), therblig.

thermos (recipiente domestico termicamente isolato), thermos bottle, vacuum bottle.

Thomas, processo ~ (*metall.*), Thomas process. **2.** scoria ~ (fertilizzante) (*metall. - agric.*), Thomas slag, Thomas meal.

Thomson, effetto ~ (*elett.*), Thomson effect.

Ti (titanio) (*chim.*), Ti, titanium.

ticchettare (*gen.*), to tick.

tientibene (*nav.*), grab rod.

tièpido (*a. - term.*), tepid.

tifone [(~ nell'Estremo Oriente), oppure ciclone (Italia), oppure uragano (Nord America), oppure ciclone tropicale (India)] (*meteor.*), typhoon (Far East), cyclone (Italy), hurricane (North Am.), tropical cyclone (India), willi-willy (Australia), tornado (South Am.).

"TIG" (saldatura in atmosfera inerte con elettrodo di tungsteno) (*tecnol.*), TIG, tungsten inert gas (welding).

tigia (di un apparecchio elettrico di illuminazione per es.), tube, stem.

tiglio (*pianta*), linden tree.

"tikker" (vibratore) (*radio*), tikker.

timbrare (*uff.*), to stamp. **2.** ~ a mano (timbrare l'ufficio, la data ecc. su documenti per es.) (*posta - burocrazia - ecc.*), to handstamp. **3.** ~ il cartellino di inizio (o fine) lavoro (*organ. pers.*), *vedi* registrare l'ora di inizio (o di fine).

timbratura (*uff.*), stamping. **2.** ~ ad inchiostro (con un datario per es.) (*imballaggio - ecc.*), wet stamping. **3.** ~ a secco (timbratura a rilievo) (*imballaggio - ecc.*), embossed stamping.

timbro (*acus.*), timbre, color. **2.** ~ (*att. di uff.*), stamp. **3.** ~ di gomma (*att. uff.*), rubber stamp.

"Timken" (cuscinetto brevettato con marchio di fabbrica Timken) (*mecc.*), "Timken" bearing.

timolo ($C_{10}H_{13}OH$) (*chim.*), thymol. **2.** blu di ~ (timolsolfoftaleina) (*chim.*), thymol blue.

timolsolfoftaleina (blu di timolo) (*chim.*), thymol blue.

timone (~ di direzione) (*aer.*), rudder. **2.** ~ (*nav.*), rudder, helm. **3.** ~ (di un rimorchio di autocarro per es.) (*aut. - veic.*), drawbar. **4.** ~ (di un carro a cavalli per es.) (*veic.*), pole. **5.** ~ a comando elettrico (*nav.*), electric drive steering gear. **6.** ~ alla barra (*nav.*), helm hard over. **7.** ~ automatico (pilota automatico) (*nav.*), automatic steering. **8.** ~ compensato (*aer. - nav.*), balance (or balanced) rudder. **9.** ~ di direzione (*aer.*), rudder. **10.** ~ di fortuna (*aer. - nav.*), jury rudder. **11.** ~ di profondità (timone di quota, equilibratore) (*aer.*), elevator. **12.** ~ di profondità (orizzontale) (di sottomarino) (*mar. milit.*), diving rudder. **13.** ~ neutro (*aer.*), neutral rudder. **14.** ~ orizzontale (di profondità) (di sottomarino) (*mar. milit.*), diving rudder. **15.** barra del ~ (*nav.*), rudder tiller, tiller. **16.** bozzello del ~ (*nav.*), frame of the steering wheel. **17.** impianto del ~ (agghiaccio) (*nav.*), steering gear. **18.** macchina (idraulica) del ~ (*nav.*), telemotor. **19.** ruota del ~ (*nav.*), steering wheel. **20.** ubbidire al ~ (*nav.*), to answer the helm.

timoniera (locale per la condotta della navigazione) (*nav.*), steering compartment, wheelhouse, pilothouse.

timonière (*nav.*), steersman, helmsman. **2.** ~ (di una imbarcazione) (*nav.*), coxswain, cockswain.
tìmpano (*arch.*), tympanum, gable. **2.** ~ (dell'orecchio) (*med.*), drum. **3.** ~ (di altoforno) (*metall.*), tympan stone.
tinèllo (saletta da pranzo attigua alla cucina) (*ed.*), dinette.
tìngere (per impregnazione: stoffa per es.) (*ind.*), to dye. **2.** ~ di nuovo (per migliorare il colore) (*ind. tess.*), to dye anew. **3.** ~ il filato (*ind. tess.*), to dye in the yarn. **4.** ~ in fibra (tingere prima della lavorazione) (*ind. tess.*), to ingrain. **5.** ~ la lana (*ind. tess.*), to dye in the wool. **6.** arte di ~ le stoffe (*ind. tess.*), dyeing.
tino (*ind.*), vat. **2.** ~ (di altoforno) (*metall.*), shaft. **3.** ~ (recipiente agricolo in legno) (*agric.*), tun. **4.** ~ (per fermentazione) (*agric.*), tun. **5.** ~ (vasca, contenente pasta di legno) (*mft. carta*), vat, chest. **6.** ~ di alimentazione (tino di macchina) (*mft. carta*), machine chest, stuff chest. **7.** ~ di immagazzinamento (tino di alimentazione) (*mft. carta*), stuff chest.
tinozza (tino, recipiente di legno aperto) (*gen.*), tub, vat.
tinta (colore ottenuto nel processo di tintura) (*ind. tess. - ecc.*), dye. **2.** ~ (materia colorante con cui si tinge) (*ind. tess. - ecc.*), dye. **3.** tinte ipsometriche (*top. - cart.*), hypsometric tints, gradient tints. **4.** ~ relativa (tinta di contrasto, tonalità relativa, tonalità di contrasto) (*colore*), relative hue. **5.** messa in ~ (operazione per ottenere una data tonalità di colore) (*vn.*), tinting.
tinteggiare (tinteggiare a tempera) (*vn. - ed.*), to distemper.
tinteggiatura a calce (atto di dare la tinteggiatura) (*mur.*), color wash painting. **2.** ~ a calce (già applicata) (*mur.*), color wash paint. **3.** ~ a colla (o in albume d'uovo: tinteggiatura a tempera) (*mur.*), distemper, size distemper. **4.** ~ a tempera (atto di dare la tinteggiatura) (*mur.*), distemper. **5.** ~ a tempera (già applicata) (*mur.*), distemper.
tintinnare (emettere un breve rumore metallico) (*gen.*), to clinck.
tintinnìo metallico (clic) (*gen.*), clink.
tinto (*a. - tess.*), dyed. **2.** ~ in fibra (prima della lavorazione) (*ind. tess.*), ingrain. **3.** ~ in filato (*ind. tess.*), yarn-dyed. **4.** ~ in pezza (*ind. tess.*), piece-dyed.
tintore (*ind. tess.*), dyer.
tintorìa (*impianto ind.*), dyeing plant. **2.** ~ (reparto tintoria di una fabbrica) (*mft. tess.*), dyehouse.
tintura (tinta sciolta e stemperata) (*ind. tess. - ecc.*), dye. **2.** ~ (operazione di tingere stoffe per immersione per es.) (*ind.*), dyeing. **3.** ~ (medicinale) (*med.*), tincture. **4.** ~ al tino (*ind. tess.*), vat dyeing. **5.** ~ vegetale (*ind. tess.*), vegetable dye.
tio (prefisso che significa: contenente zolfo) (*chim.*), thio. **2.** tiocarbonato (*chim.*), thiocarbonate. **3.** tiocianato (*chim.*), thiocyanate. **4.** tioindaco (*chim.*), thioindigo. **5.** tiosolfato (*chim.*), thiosulphate, hyposulphite.
tiofène (C_4H_4S) (*chim.*), thiophene.
tioplasto (*ind. chim.*), thioplast.
tiourèa [$(CS(NH_2)_2)$] (*chim.*), thiourea.
tipico (*gen.*), typical.
tipizzazione (di mezzi di produzione e di consumo) (*ind.*), standardization.
tipo (*ind. - comm.*), type, kind. **2.** ~ (di tessuto per es.) (*gen.*), type. **3.** ~ (distinguibile da altri oggetti simili; di motore, di missile, di locomotiva ecc.) (*gen.*), model. **4.** ~ corrente (*comm.*), general type, current type. **5.** ~ unificato (*gen.*), standard, standard type. **6.** aria ~ (*aerodin.*), standard atmosphere.
tipografia (*stabilimento tip.*), printing shop. **2.** ~ (*arte tip.*), typography. **3.** seghetto per ~ (*ut.*), typographic saw.
tipogràfico (*a. - tip.*), typograpic, typographical, letterpress.
tipògrafo (*op.*), printer, typographer.
tipometria (misurazione di caratteri) (*tip.*), typometry.
tipometro (regolo diviso in punti tipografici per misurare la forza del corpo ecc.) (*strum. mis. tip.*), em scale, type scale, type gauge.
tirabozze (torchio tirabozze) (*macch. tip.*), proof press, proofing press, hand press.
tirachiodi (estrattore per chiodi, piede di cervo) (*ut.*), nail puller.
tirafondo (vite a legno con testa quadra) (*carp.*), log bolt.
tirafumo (cappello tirafumo, di un camino) (*ed. - comb.*), chimney cap.
tiraggio (di camino, per es. ed., ind.) (*fis. tecnica*), draught, draft. **2.** ~ disponibile (di camera di combustione per es.) (*fis. tecnica*), available draught. **3.** ~ forzato (di camino per es.) (*fis. tecnica*), forced draught. **4.** ~ indotto (di un forno), induced draft. **5.** ~ naturale (di camino per es.) (*fis. tecnica*), natural draught. **6.** ~ verticale (processo di stiratura continua del vetro per ottenere tubi per es.) (*mft. vetro*), updraw. **7.** registro del ~ (regolazione dell'aria per mezzo di una valvola sul tiraggio: in una stufa per es.) (*regolazione comb.*), draft.
tiralicci (di un telaio) (*macch. tess.*), shaft.
tiralinee (*strum. dis.*), ruling pen, drawing pen. **2.** ~ doppio (penna a due punte: per tracciare le strade su una mappa per es.) (*strum. dis.*), road pen. **3.** ~ per compasso (*strum. dis.*), pen point for compasses, drawing pen for compasses.
tirante (*mecc.*), tie rod, stay rod, tension rod. **2.** ~ (*costr. ed.*), tie, tie bar, stay, tension bar, brace (ingl.). **3.** ~ (filettato di collegamento) (*mecc.*), stay bolt, screw stay. **4.** ~ (di collegamento a vite per caldaia) (*cald.*), boiler stud, boiler stay. **5.** ~ (in filo metallico) (*aer.*), tension wire. **6.** ~ (barra di trazione, di una pinza portautensile per es.) (*macch. ut.*), drawrod. **7.** ~ (elemento di collega-

mento ad azione traente) (*sc. costr.*), tie. **8.** ~ (di un telaio) (*mecc.*), tie rod. **9.** ~ (della sospensione di un locomotore elettrico per es.) (*ferr.*), hanger. **10.** ~ antiportanza (*aer.*), anti-lift wire. **11.** ~ a vite (di collegamento) (*mecc.*), screw stay, stay bolt. **12.** ~ centrale verticale in acciaio (di una capriata) (*ed.*), kingbolt. **13.** ~ con occhio (*mecc.*), eye tie rod. **14.** ~ della crocera (collega l'ala superiore con l'ala inferiore di un biplano per es.) (*aer.*), stagger wire. **15.** ~ di portanza (*aer.*), lift wire. **16.** ~ di resistenza (di un'ala, nei vecchi biplani per es.) (*aer.*), drag wire. **17.** ~ di scartamento (di una locomotiva a vapore per es.) (*ferr.*), lateral stay bolt. **18.** ~ di sollevamento nucleo (di un trasformatore) (*elettromecc.*), core lifting rod. **19.** ~ lenticolare (a sezione aerodinamica) (*aer.*), streamline tie. **20.** ~ longitudinale (comando sterzo di autoveicolo per es.) (*mecc.*), drag link. **21.** ~ orizzontale (di una locomotiva a vapore per es.) (*mecc.*), horizontal stay bolt. **22.** ~ pressa colonna (di un trasformatore) (*elettromecc.*), leg pressure bolt. **23.** ~ pressa pacco gioghi (di un trasformatore) (*elettromecc.*), yoke pressure bolt. **24.** ~ trasversale (comando sterzo: barra d'accoppiamento di aut. per es.) (*mecc.*), track rod. **25.** ~ trasversale (di una linea di contatto sospesa) (*ferr. elett.*), cross wire.

tiranteria (*mecc.*), rods, linkage.

tiraprove (tirabozze, torchio tirabozze, torchio tiraprove) (*macch. per stampa*), proof press, proofing press, hand press.

tiraraggi (manicottino filettato per registrare la tensione dei raggi: della ruota di una bicicletta per es.) (*mecc.*), nipple.

tirare, to draw, to pull. **2.** ~ (*ind. tess.*), *vedi* stirare. **3.** ~ (con arma da fuoco), to shoot. **4.** ~ (stampare, bozze ecc.) (*tip.*), to pull. **5.** ~ (trainare un veicolo per es.) (*gen.*), to trail. **6.** ~ a bordo (di una barca per es.) (*nav.*), to haul on board. **7.** "~" da una parte (difetto di automobile per es.) (*veic.*), to pull. **8.** ~ fuori, *vedi* estrarre. **9.** ~ in secco (*nav.*), to beach. **10.** ~ linee con la riga (*dis.*), to rule. **11.** ~ una bozza (*tip.*), to pull a proof.

tirata d'aria (aria, canale ricavato nella forma per lo sfogo di gas e vapori) (*fond.*), vent hole, venthole.

tiratore scelto (*milit.*), marksman, sniper.

tiratron (valvola a gas a griglia pilota) (*elett.*), thyratron.

tiratura (dei nastri) (*ind. tess.*), topmaking. **2.** ~ (operazione di stampa) (*tip.*), printing. **3.** ~ (numero di copie distribuite) (*giorn.*), circulation. **4.** ~ (numero di copie stampate) (*tip.*), run, draw. **5.** ~ (l'azione di stampare un dato numero di copie: per es. di una rivista, un giornale) (*s. - tip.*), issue. **6.** ~ media (*giorn.*), average circulation. **7.** ufficio controllo delle tirature (*giorn.*), Audit Bureau of Circulation.

tirèlla (di finimenti del cavallo), trace. **2.** passante per ~ (di finimenti per cavallo), breeching strap.

tiristore (raddrizzatore a innesco controllato) (*eltn.*), thyristor. **2.** convertitore a ~ di potenza (*eltn.*), thyristor power converter.

tiro (*artiglieria*), fire, firing. **2.** ~ (produzione, quantità di vetro prodotta da un forno in un dato periodo) (*mft. vetro*), pull. **3.** ~ al di sopra (delle truppe amiche) (*milit.*), overhead fire. **4.** ~ a raffiche (*milit.*), volley fire. **5.** ~ a segno (*sport - milit.*), target firing. **6.** ~ a tempo (*milit.*), time fire. **7.** ~ celere (tiro rapido) (*artiglieria*), rapid fire. **8.** ~ con osservazione ad ogni salva (*artiglieria*), slow fire. **9.** ~ contraereo (*milit.*), antiaircraft fire. **10.** ~ controcarro (*milit.*), antitank fire. **11.** ~ curvo (*milit.*) , high-angle fire. **12.** ~ d'appoggio (*milit.*), supporting fire. **13.** ~ di controbatteria (*milit.*), counterbattery fire. **14.** ~ di infilata (*milit.*), enfilade fire. **15.** ~ di interdizione (*milit.*), harassing fire, interdiction fire. **16.** ~ diretto (*milit.*), direct fire. **17.** ~ di sbarramento (tiro di interdizione) (*milit.*), barrage fire. **18.** ~ in bianco (*milit.*), blank firing. **19.** ~ indiretto (*milit.*), indirect fire. **20.** ~ nel punto futuro (contro bersagli mobili) (*artiglieria*), predicted firing. **21.** ~ per settori (*milit.*), quarter firing. **22.** ~ radente (*milit.*), grazing fire. **23.** ~ rapido (*milit.*), quick fire. **24.** ~ teso (*milit.*), low-angle fire. **25.** aggiustare il ~ (*artiglieria*), to adjust the fire. **26.** a ~ rapido (*arma da fuoco*), quick-fire, rapid-fire, rapid firing, RF. **27.** campo di ~ (*milit.*), field of fire. **28.** celerità di ~ (*milit.*), rate of fire. **29.** concentrare il ~ sull'obbiettivo (di unità di artiglieria, mortai ecc.) (*milit.*), to zero. **30.** dati di ~ (*milit.*), firing data. **31.** direzione del ~ (*milit.*), fire control. **32.** rosa di ~ (*artiglieria*), dispersion pattern. **33.** sistema di controllo del ~ (*mar. milit. - milit.*), fire control system.

tirocinante (*op.*), trainee.

tirocinio (apprendissaggio: di un operaio per es.), apprenticeship. **2.** ~ (addestramento all'esercizio di una attività) (*s. - gen.*), training.

tissotropia (tixotropia, proprietà per cui un prodotto verniciante riduce la sua consistenza per effetto di agitazione ecc.) (*fis. - vn.*), thixotropy.

tissotropico (tixotropico, di una vernice) (*a. - chim. fis.*), thixotropic.

titanato (*chim.*), titanate.

titanio (Ti - *chim.*), titanium. **2.** bianco di ~ (TiO_2) (*ind. vn.*), titanium dioxide. **3.** ossido di ~ (TiO_2) (*min. - refrattario*), titania.

titillare (lo spillo di un carburatore, per es. per arricchire la miscela) (*mot. - aut.*), to tickle.

titolante (*chim.*), titrant.

titolare (di una ditta per es.) (*s. - comm.*), proprietor, owner. **2.** ~ (una soluzione per es.) (*v. - chim.*), to titrate, to determine the strength. **3.** ~ (la seta per es.) (*ind. tess.*), to number. **4.** ~ (possessore, di azioni per es.) (*s. - finanz.*), holder. **5.** ~ di azioni registrato nei libri (della società) (*finanz.*), stockholder of record. **6.** ~ di un conto (*finanz.*), account holder.

titolatrice (dispositivo per sovrapporre la registrazione di titoli ad es. su videonastri già registrati) (*audiovisivi*), character generator.

titolazione (*chim.*), titration. **2.** ~ potenziometrica (*chim.*), potentiometric titration. **3.** metodo di analisi per titolazioni (titrimetria) (*chim.*), titrimetry.

titoletto (titolo corrente) (*tip.*), running head, current head.

tìtolo (*finanz. - comm.*), stock. **2.** ~ (*leg.*), title. **3.** ~ (grado di concentrazione di una soluzione) (*chim.*), titer, titre, strength. **4.** ~ (della lana per es.) (*ind. tess.*), count. **5.** ~ (di filato: numero di unità di lunghezza per unità di peso) (*ind. tess.*), count, count of yarn. **6.** ~ (di articolo per es.) (*giorn. - stampa*), heading, headline, head. **7.** ~ (certificato di credito garantito dal governo) (*s. - banca - finanz.*), security. **8.** titoli a breve scadenza (*finanz.*), short-dated securities. **9.** ~ a caratteri cubitali (*tip.*), banner, banner head, banner line. **10.** ~ al portatore (*finanz.*), bearer bond. **11.** ~ corrente (titoletto) (*tip.*), running head, current head. **12.** ~ della miscela (*mot.*), mixture strength. **13.** ~ di filatura (*ind. tess.*), spinning count. **14.** ~ di nuova emissione (*finanz.*), new issue stock. **15.** ~ di vapore acqueo (o di umidità: nell'aria) (*meteor.*), water vapor ratio. **16.** ~ medio (*ind. tess.*), medium count. **17.** ~ per lana pettinata (*ind. tess.*), worsted count. **18.** ~ nominativo (*finanz.*), registered stock. **19.** ~ privilegiato (*finanz.*), senior security. **20.** ~ quotato (~ ammesso alle contrattazioni in Borsa) (*amm. - finanz.*), listed security. **21.** ~ sul dorso (di un libro) (*legatoria*), title on the spine. **22.** ripartizione di titoli (ripartizione di una nuova emissione di azioni) (*finanz.*), allotment of shares.

"titrazione" (titolazione) (*chim.*), titration.

titrimetrico (*a. - chim.*), titrimetric. **2.** analisi titrimetrica (analisi per titolazioni) (*chim.*), titrimetric analysis.

tixotropia (tissotropia, proprietà di un prodotto verniciante per la quale si riduce la sua consistenza per effetto di agitazione o vibrazione) (*fis.*), thixotropy.

tixotropico (tissotropico, di una vernice) (*a. - chim. fis.*), thixotropic.

Tl (tallio) (*chim.*), Tl, thallium.

Tm (tulio) (*chim.*), Tm, thulium.

toccare (un tasto per es.) (*gen.*), to touch. **2.** ~ (fare scalo a) (*nav.*), to call at. **3.** ~ (col dito) (*gen.*), to finger. **4.** ~ (andare in, o fare, contatto) (*mecc. - elett.*), to contact. **5.** ~ (andare in contatto incidentalmente: difetto) (*mecc.*), to foul. **6.** ~ il fondo (*nav.*), to touch bottom. **7.** ~ terra (raggiungere la riva) (*nav.*), to make land.

tocco (modo di toccare i tasti di un app. a tastiera) (*tlcm. - musica - ecc.*), touch. **2.** regolazione del ~ (di una telescrivente per es.) (*tlcm.*), touch control.

tògliere, to remove, to take away. **2.** ~ (un assedio o un blocco) (*milit.*), to raise. **3.** ~ (un refuso da una bozza di stampa per es.) (*gen.*), to take out. **4.** ~ (allontanare dalla superficie di un disco la testina di lettura/scrittura) (*elab.*), to relieve. **5.** ~ di servizio (per manutenzione per es.) (*veic. a mot.*), to deadline. **6.** ~ il carico (*mecc.*), to relieve. **7.** ~ il carico da una molla (*mecc.*), to relieve a spring. **8.** ~ la corrente (*elett.*), to turn off the power. **9.** ~ la disponibilità (di una risorsa data in uso precedentemente ad un utilizzatore; p. es. ad un programma) (*elab.*), to unallocate. **10.** ~ l'anidride carbonica (*chim.*), to decarbonate. **11.** ~ le incrostazioni (a una caldaia per es.), to scrape off the scale, to descale.

toletta, toeletta, toelette (di una carrozza passeggeri per es.) (*ferr. - ed. - ecc.*), washroom.

tolleranza (*tecnol. mecc.*), tolerance, allowance. **2.** ~ (di accoppiamento) (*mecc.*), allowance. **3.** ~ (di umidità) (*ind. tess.*), regain. **4.** ~ (*comm.*), allowance. **5.** ~ ai guasti (tecnica adottata per conoscere se un resultato è affidabile o se un elaboratore è guasto, facendo elaborare lo stesso programma da più elaboratori in parallelo e confrontando i resultati) (*elab.*), fault tolerance. **6.** ~ angolare (tolleranza di angolazione) (*dis. mecc.*), angularity tolerance, ANG TOL. **7.** ~ di accoppiamento (dimensione sul primitivo, di uno scanalato) (*mecc.*), matching tolerance. **8.** ~ di concentricità (*mecc.*), concentricity tolerance, CON TOL. **9.** ~ di forma (tolleranza degli errori di forma) (*metrologia - mecc.*), form tolerance. **10.** ~ di ortogonalità (*mecc.*), squareness tolerance, SQ TOL. **11.** ~ di parallelismo (*mecc.*), parallelism tolerance, PAR TOL. **12.** ~ di posizione (tolleranza degli errori di posizione) (*metrologia - mecc.*), positional tolerance, position tolerance, POSN TOL. **13.** ~ di rettilineità (*mecc.*), straightness tolerance, STR TOL. **14.** ~ di simmetria (*mecc.*), symmetry tolerance, SYM TOL. **15.** ~ naturale (*controllo qualità*), natural tolerance. **16.** ~ per coni (tolleranza per superfici coniche) (*mecc.*), cone tolerance. **17.** ~ stretta (*mecc.*), close tolerance. **18.** giorni di ~ (prima del protesto di una cambiale) (*comm.*), days of grace. **19.** limite di ~ (*mecc.*), tolerance limit. **20.** limite di ~ inferiore (*mecc.*), low tolerance limit. **21.** limite di ~ superiore (*mecc.*), high tolerance limit.

tolto (asportato) (*a. - gen.*), removed. **2.** ~ (un blocco per es.) (*a. - milit.*), raised.

toluène ($C_6H_5.CH_3$) (*chim.*), toluene, toluol.

toluidina (aminotoluolo) ($CH_3C_6H_4NH_2$) (*chim.*), toluidine.

toluòlo (*chim.*), toluol, toluene.

tomaia (di una scarpa) (*mft. scarpe*), vamp, uppers.

tombacco (similoro, orpello, lega di zinco e rame) (*metall.*), tombac, tombak, tambac (am.).

tombarello (ribaltabile) (*aut. - ecc.*), dumper.

tombino (per acqua piovana) (*ed. strad.*), road drain well. **2.** ~ (botola di chiusura di un passo d'uomo) (*strad.*), manhole cover. **3.** ~ di accesso alla valvola dell'allacciamento idrico (chiusino di ghisa al livello del marciapiede, piazzato sulla verticale dell'asse della valvola: ne permette la manovra) (*strad. - tubaz. - ed.*), curb box. **4.** ~, *vedi anche* chiusino.

tomografia (stratigrafia) (*radiologia med.*), tomography. **2.** ~ ad emissione di positroni (per la diagnosi del cervello) (*macch. med.*), positron emission tomography, PET. **3.** ~ assiale computerizzata, "TAC" (*med.*), computerized axial tomography, CAT.

tonalità (*gen.*), tonality. **2.** ~ (gradazione di colore) (*gen.*), tonality, color shade, hue. **3.** ~ (ombreggiatura di colore) (*fot.*), tinge. **4.** ~ (tono predominante di una fotografia) (*fot.*), key. **5.** ~ cromatica (gradazione di colore) (*colore*), hue. **6.** ~ dominante (eccesso di uno dei tre colori) (*fot. colori*), cast. **7.** ~ intrinseca (*colore*), intrinsic hue. **8.** assumere una lieve ~ (*gen.*), to tinge. **9.** di ~ chiara e poco contrasto (di una fotografia) (*fot.*), highkey. **10.** di ~ scura e poco contrasto (di una fotografia) (*fot.*), low-key. **11.** leggera ~ (*colore*), tinge.

tondeggiante (*a. - carrozz. aut. - ecc.*), bulbous.

tondino (di ferro) (*ind. metall. - ed.*), rod iron. **2.** ~ per cemento armato (*ed. - ind. metall.*), reinforced-concrete rod, rod for reinforced concrete. **3.** ~ spiralato (per aumentare l'aderenza del ferro al cemento) (*metall. - mur.*), corrugated bar, corrugated iron rod, twisted iron rod. **4.** ~, *vedi anche* tondo.

tondo (*a. - gen.*), round. **2.** ~ (a bassorilievo per es.: medaglione) (*s. - arch.*), medallion. **3.** ~ di acciaio per utensili (*mecc.*), steel drill rod. **4.** ~ ritorto (~ con superficie movimentata, per aumentare l'aderenza al cemento) (*metall. - ed.*), corrugated iron rod, corrugated bar. **5.** ~ spiralato (ferro per cemento armato) (*metall. - mur.*), *vedi* tondino spiralato. **6.** a tutto ~ (ricavato di tornio: delle gambe di una sedia per es.) (*falegn.*), allturned. **7.** cifra tonda (*comm.*), round figure. **8.** ferro ~ (*metall. ind.*), round bar iron. **9.** ~, *vedi anche* tondino.

"tonneau" (mulinello, vite orizzontale) (*acrobazia aer.*), roll, barrel roll. **2.** mezzo ~ (mezzo frullino) (*acrobazia aer.*), half-roll.

tonneggiare (manovrare una nave per mezzo di cavi) (*nav.*), to warp, to kedge.

tonneggiarsi (*nav.*), *vedi* tonneggiare.

tonneggio (cavo fissato ad un'àncora per es. e che serve per lo spostamento del natante) (*nav.*), warp, guess-rope, guess-warp. **2.** macchina di ~ (*nav.*), warping engine.

tonnellaggio (*gen.*), tonnage. **2.** ~ (stazza) (*nav.*), tonnage. **3.** ~ complessivo (*nav.*), total tonnage. **4.** ~ di spedizione (*comm. nav.*), shipping tonnage. **5.** ~ lordo (*nav.*), gross tannage. **6.** ~ netto (*nav.*), *vedi* tonnellaggio registrato. **7.** ~ registrato (stazza lorda meno il volume occupato dai motori e dall'equipaggio) (*nave da carico*), registered tonnage, register tonnage, net tonnage.

tonnellata (t) (*mis.*), ton [2000 lb. (short ton), 2240 lb. (long ton)]. **2.** ~ (corrispondente a 1000 kg) (*mis.*), metric ton. **3.** ~ di dislocamento (corrispondente al peso di 35 piedi cubi di acqua di mare) (*nav.*), displacement ton. **4.** ~ d'ingombro (corrispondente al volume di 40 piedi cubi) (*nav.*), measurement ton, freight ton. **5.** ~ di registro (*nav.*), register ton. **6.** ~ di stazza (corrispondente al volume di 100 piedi cubi) (*nav.*), ton, register ton. **7.** ~ di volume (*nav.*), *vedi* tonnellata di stazza. **8.** ~ metrica (di 1000 kg = lb av 2204,622 = short ton 1,102 = long ton 0,984) (*mis. peso*), metric ton, MT. **9.** tonnellate (di) portata lorda (*nav.*), deadweight tonnage, TDW.

tonnellata-chilometro (*mis.*), (metric) ton-kilometer.

tonnellata-miglio (unità di merce trasportata) (*trasp. - mis.*), ton-mile.

tòno (*acus.*), tone. **2.** ~ (di verniciatura), tone. **3.** ~ (grado di intensità, di un colore) (*colore*), tone. **4.** ~ acuto (alte frequenze audio) (*elettroacus.*), treble. **5.** toni bassi (dell'audio di un televisore per es.) (*elettroacus.*), bass. **6.** mezzi toni (toni intermedi) (*fot.*), halftones, middle tones. **7.** regolatore di ~ (*radio*), tone control.

tonometria (studio dei metodi per misurare la pressione dei vapori) (*chim. fis.*), tonometry.

tonòmetro (frequenzimetro) (*strum. mis. acus.*), tonometer. **2.** ~ (strum. mis. pressione gas o tensione vapore liquidi) (*chim. fis.*), tonometer. **3.** ~ (strumento per misurare la pressione del sangue per es.) (*strum. med.*), tonometer.

top (nastro pettinato) (*ind. tess.*), top.

topazio (fluosilicato di alluminio) [Al $(OHF)_2SiO_4$] (*min.*), topaz. **2.** ~ orientale (Al_2O_3) (*min.*), Oriental topaz. **3.** falso ~ (SiO_2) (*min.*), false topaz.

topografia (*top.*), topography.

topogràfico (*top.*), topographic, topographical.

topografo (*top.*), surveyor, topographical engineer.

topologia (*mat.*), topology.

topologico (*top. - mot. - ecc.*), topologic, topological.

tòppa, patch. **2.** ~ (di sparo: di un cannone) (*artiglieria*), lock frame. **3.** ~ a caldo (per camera d'aria di automobile per es.) (*ind. gomma*), heat patch. **4.** mettere una ~ (alla camera d'aria di un'automobile per es.) (*ind. gomma*), to patch.

toppo (ceppo, dell'incudine per es.) (*gen.*), block, stock.

tor (torr, 1 mm Hg, unità di pressione) (*mis.*), torr.

torascòpio (pleuroscopio) (*strum. med.*), thorascope, pleuroscope.

tòrba (*comb.*), peat.

tórbida (fango di minerale) (*s. - min.*), pulp, ore pulp.

torbidezza (*gen.*), *vedi* torbidità.

torbidìmetro (*strum. chim.*), turbidimeter.

torbidità (dei liquidi) (*chim. - fis.*), turbidity.

tórbido (di liquido per es.) (*a. - gen.*), turbid, roiled.

torbiera (deposito di torba) (*geol.*), peat moss.

tòrcere (*gen.*), to twist. **2.** ~ (strizzare una pelle di camoscio bagnata per es.) to wring. **3.** ~ (la seta per es.) (*ind. tess.*), to twist. **4.** ~ (eseguire l'operazione di torcitura: delle corde per es.) (*mft. funi*), to twist. **5.** ~ (piegare), *vedi* piegare. **6.** ~ (nella filatura del cotone) (*ind. tess.*), to jack.

torchietto da stampa (*att. fot.*), printing frame.

tòrchio (*macch.*), press. **2.** ~ (strettoio) (*macch. agric.*), press. **3.** ~ calcografico (*macch. tip.*), copperplate press. **4.** ~ idraulico (*macch. ind.- macch. agric.*), hydraulic press. **5.** ~ litografico per copie di prova (o per bozze) (*macch. da stampa*), offset proof press. **6.** ~ per uva (*macch. agric.*), wine press. **7.** ~ tirabozze (torchio tiraprove, tirabozze) (*macch. tip.*), proof press, proofing press, hand press.

tòrcia, torch. **2.** ~ (lampada tascabile a pila) (*att. per illum.*), flashlight. **3.** ~ (lampada a gas, a benzina ecc.) (*att. per scaldare*), torch.

torcimetro (torsiometro) (*app. ind. tess.*), torsion meter.

torcitoio (manifattura della seta per es.) (*ind. tess.*), throwing machine, twister.

torcitore (operaio addetto alla torcitura della seta) (*lav. ind. tess.*), throwster.

torcitrice (per nastro nella filatura del cotone) (*macch. tess.*), jack, twisting machine.

torcitura (della seta) (*ind. tess.*), throwing. **2.** ~ (del filato per es.) (*ind. tess.*), twist, twisting. **3.** ~ (*mft. cordame*), twisting. **4.** ~ supplementare (*mft. cordame*), hardening.

torèllo (particolare strutturale dello scafo) (*costr. nav.*), garboard, garboard strake.

torianite (*min.*), thorianite.

torico (*a. - geom.*), toric.

torina (ThO_2) (ossido di torio) (*chim.*), thoria, thorium oxide.

tòrio (Th - *chim.*), thorium. **2.** ossido di ~ (ThO_2) (*min. - refrattario*), thoria, thorium dioxide.

tormalina (*min.*), tourmaline. **2.** ~ nera (*min.*), schorl, shorl.

tormenta (tempesta di neve) (*meteor.*), snowstorm.

tornante (curva di circa 180°) (*strad. - ferr.*), hairpin, chicane.

tornasole (*chim.*), litmus. **2.** carta al ~ (*chim.*), litmus paper.

torneria (officina per tornitura) (*ind. mecc.*), turnery, turner's shop.

tornichetto (molinello, anello girevole, anello imperniato, di una catena) (*mecc.*), swivel. **2.** anello a ~ (maglia a molinello: di catena) (*nav.*), swivel link.

tornietto (piccolo tornio) (*macch. ut.*), lathe. **2.** ~ da orologiai (*macch. ut.*), watchmakers' lathe. **3.** ~ per fusi (*orologeria - macch. ut.*), fusee engine.

tornio (*macch. ut.*), lathe. **2.** ~ a bancale corto (*macch. ut.*), short-bed lathe. **3.** ~ a caricatore (*macch. ut.*), magazine loading type lathe. **4.** ~ a collo d'oca (*macch. ut.*), gap lathe. **5.** ~ a collo d'oca a doppio banco (*macch. ut.*), extension gap lathe. **6.** ~ a copiare (*macch. ut.*), duplicating lathe, copying lathe. **7.** ~ ad eccentrico (*macch. ut.*), eccentric lathe. **8.** ~ a doppio banco (*macch. ut.*), extension gap lathe. **9.** ~ a filettare (*macch. ut.*), screw-cutting lathe, threading lathe. **10.** ~ a filettare da banco (*macch. ut.*), bench screw-cutting lathe. **11.** ~ a giostra (tornio verticale) (*macch. ut.*), boring mill. **12.** ~ a pedale (macchina obsoleta) (*macch. ut.*), pole lathe. **13.** ~ a revolver (*macch. ut.*), capstan lathe, turret lathe. **14.** ~ a revolver con torretta e su slitta (*macch. ut.*), saddle-type turret lathe. **15.** ~ a revolver per barre (*macch. ut.*), bar turret lathe. **16.** ~ a spogliare (*macch. ut.*), backing-off lathe, relieving lathe. **17.** ~ a spogliare per creatori e frese a profilo costante (*macch. ut.*), relieving lathe for hobs and formed milling cutters. **18.** ~ a torretta semiautomatico (*macch. ut.*), combination turret lathe. **19.** ~ automatico (*macch. ut.*), automatic lathe. **20.** ~ automatico a caricatore (o a serbatoio) (*macch. ut.*), magazine loading type lathe. **21.** ~ automatico a più mandrini (*macch. ut.*), multispindle automatic lathe. **22.** ~ automatico per bulloneria (o viteria) (*macch. ut.*), automatic screw machine. **23.** ~ automatico per filettare (*macch. ut.*), automatic screw-cutting lathe. **24.** ~ automatico per lavorazione su pinza (*macch. ut.*), chucking lathe. **25.** ~ automatico speciale per perni di biella di alberi a gomiti (*macch. ut.*), special automatic crankshaft pin turning lathe. **26.** ~ con banco raccorciato (*macch. ut.*), stud lathe. **27.** ~ con dispositivo a copiare idraulico (tornio a copiare idraulico) (*macch. ut.*), hydrocopying lathe. **28.** ~ da anime (*macch. ut. fond.*), core turning lathe. **29.** ~ da banco (*macch. ut.*), bench lathe. **30.** ~ da lastra (~ a lastra) (*macch. ut.*), spinning lathe. **31.** ~ da legno (*macch. ut.*), wood-turning lathe. **32.** ~ da legno motorizzato (*macch. ut. per legn.*), motor-driven wood-turning lathe. **33.** ~ da orologiai (*macch. ut.*), watchmakers' lathe. **34.** ~ da vasai (*att.*), potter's wheel. **35.** ~ (da vasai) a pedale (*att.*), kick wheel. **36.** ~ di precisione (*macch. ut.*), precision lathe, toolroom lathe. **37.** ~ (di precisione) a punte fisse (*macch. ut.*), dead-center lathe. **38.** ~ di precisione per operazioni multiple (*macch. ut.*), multioperation precision chucking lathe. **39.** ~ frontale (*macch. ut.*), face lathe, face lathe. **40.** ~ frontale lavorante con pinza (tornio automatico) (*macch. ut.*), chucking lathe. **41.** ~ monopuleggia (*macch. ut.*), all-geared lathe. **42.** ~ orizzontale (*macch. ut.*), horizontal lathe. **43.** ~ parallelo (*macch. ut.*), center lathe (ingl.), engine lathe (am.), horizontal lathe, slide lathe. **44.** ~ parallelo per filettare (*macch. ut.*), screw-cutting lathe. **45.** ~ per alberi a gomiti (*macch. ut.*), crankshaft lathe. **46.** ~ per attrezzature (*macch. ut.*), toolmaker's lathe. **47.** ~ per bobinare (avvolgimenti elettrici per es.) (*macch. ut.*), winding lathe. **48.** ~ per cannoni (*macch. ut.*), gun lathe.

49. ~ per cilindri da laminatoio (*macch. ut.*), roll-turning lathe; roll lathe. **50.** ~ per dadi (*macch. ut.*), nut lathe. **51.** ~ per filettare (*macch. ut.*), screw-cutting lathe. **52.** ~ per imbutitura (*macch. ut.*), spinning lathe. **53.** ~ per lavoro di produzione (*macch. ut.*), production lathe. **54.** ~ per munizioni (*macch. ut.*), projectile lathe. **55.** ~ per ottici (*macch. ut.*), optical lathe. **56.** ~ per pietre preziose (*pietre preziose*), grinding mill. **57.** ~ per profilare (o per copiare) (*macch. ut.*), forming lathe. **58.** ~ per pulegge (*macch. ut.*), pulley lathe. **59.** ~ per ripresa (*macch. ut.*), second position lathe. **60.** ~ per ruote (di carri ferroviari) (*macch. ut.*), wheel lathe. **61.** ~ per sale montate (per ruote ferr.) (*macch. ut.*), wheel set lathe. **62.** ~ per spogliare (*macch. ut.*), backing-off lathe, relieving lathe. **63.** ~ per spogliare creatori e frese a profilo costante (*macch. ut.*), relieving lathe for hobs and formed milling cutters. **64.** ~ per tubi e barre (*macch. ut.*), bar and tube turning machine. **65.** ~ rapido (*macch. ut.*), high-speed lathe. **66.** ~ rapido a copiare (con velocità di taglio costante) (*macch. ut.*), rapid copying lathe (with constant cutting speed). **67.** ~ riproduttore (tornio per copiare) (*macch. ut.*), copying lathe, duplicating lathe. **68.** ~ semiautomatico (*macch. ut.*), semiautomatic lathe. **69.** ~ semiautomatico ad utensili multipli (*macch. ut.*), multicut semiautomatic lathe. **70.** ~ universale (*macch. ut.*), universal lathe. **71.** ~ universale per alberi a gomiti (*macch. ut.*), universal crankshaft lathe. **72.** ~ verticale (*macch. ut.*), boring mill. **73.** ~ verticale a più mandrini (per la tornitura esterna di alberi) (*macch. ut.*), vertical multispindle machine, multispindle boring mill. **74.** ~ verticale per cerchioni (*macch. ut.*), tire boring and turning mill.

tornire (operazione meccanica al tornio) (*mecc.*), to turn. **2.** ~! (*dis. mecc.*), turn, T. **3.** ~ a spoglia (*operaz. mecc.*), to back off (on the lathe). **4.** ~ col diamante! (*dis. mecc.*), diamond turn, DT. **5.** ~ su mandrino (*operaz. mecc.*), to mandrel.

tornito (*a. - mecc.*), turned.

tornitore (*op.*), turner. **2.** ~ in legno (*op.*), wood turner.

tornitrice (tornio, macchina per tornire) (*macch. ut.*), lathe.

tornitura (*operaz. mecc.*), turning. **2.** ~ (truciolo), *vedi* truciolo. **3.** ~ a copiare (tornitura a riproduzione) (*operaz. mecc.*), profile turning. **4.** ~ a lastra, *vedi* repussaggio. **5.** ~ a profilo (a sagoma o a copiare) (*operaz. mecc.*), profile turning. **6.** ~ conica (*operaz. mecc.*), taper turning. **7.** ~ del legno (*falegn. - carp.*), wood turning. **8.** ~ di sfacciatura (*operaz. mecc.*), facing.

tòro (*geom.*), tore, anchor ring, torus. **2.** ~ (*arch.*), torus.

toroidale (*a. - geom.*), toroidal.

toroide (*geom.*), toroid. **2.** ~ (molla ad elica cilindrica disposta ad anello) (*mecc.*), garter spring.

torpèdine (mina subacquea) (*espl. mar. milit.*), submarine mine, torpedo.

torpedinièra (silurante) (*mar. milit.*), torpedo-boat, destroyer.

torpèdo (automobile aperta con mantice) (*aut.*), touring car, oper car, tourer.

torpedone (*aut.*), bus.

torre (*ind. - arch.*), tower. **2.** ~ (*chim.*), tower. **3.** ~ (corazzata) (*mar. milit.*), turret. **4.** ~ (di chiesa: architettonicamente isolata) (*arch.*), campanile. **5.** ~ (di chiesa) (*arch.*), church tower steeple. **6.** ~ a barbetta (*mar. milit.*), barbette turret. **7.** ~ a gorgogliamento (*ind. chim.*), bubble tower. **8.** ~ a piatti (torre di distillazione) (*ind. chim.*), plate tower. **9.** ~ a riempimento (*ind. chim.*), packed tower. **10.** ~ campanaria (campanile a torre) (*arch.*), bell tower. **11.** ~ campanaria (locale, o torretta delle campane) (*arch.*), belfry. **12.** ~ di controllo del traffico aereo (*navig. aer.*), airport traffic, control tower. **13.** ~ di frazionamento (*chim. ind.*), fractionating tower. **14.** ~ di Glover (*chim. ind.*), Glover tower. **15.** ~ di lancio (*razzi*), launching tower. **16.** ~ di raffreddamento (per l'acqua di circolazione di un condensatore per es.) (*ind.*), cooling tower. **17.** ~ di segnalazione (*navig.*), flag tower. **18.** ~ di servizio per la preparazione al lancio (*astric.*), gantry. **19.** ~ di sondaggio (torre di trivellazione) (*min.*), derrick. **20.** ~ di trivellazione (torre di sondaggio, di un pozzo di petrolio) (*min.*), derrick. **21.** ~ di trivellazione completa di impianti (*min.*), rig. **22.** ~ primaria (di distillazione) (*ind. chim.*), primary tower. **23.** ~ serbatoio (di acqua) (*impianti idr.*), water tower. **24.** ~ televisiva (*telev.*), television tower. **25.** antenna a ~ (antenna a ~ autoirradiante) (*radio*), radio tower. **26.** gambe della ~ di trivellazione (*min.*), derrick legs. **27.** piano della ~ di trivellazione (*min.*), derrick platform. **28.** piano (di manovra) della ~ di trivellazione (*min.*), derrick floor. **29.** piccola ~ (*arch.*), turret.

torrefare, torrefazione (del caffè per es.) (*ind.*), roasting, toasting. **2.** ~ (*farm.*), to torrefy. **3.** ~ (*min.*), to roast.

torrènte (*geogr.*), brook, run.

torretta (*macch. ut.*), turret. **2.** ~ (corazzata) (*mar. milit.*), turret. **3.** ~ (di un sommergibile per es.) (*mar. milit.*), tower. **4.** ~ (*arch.*), turret. **5.** ~ (sopra il tetto di una casa) (*ed.*), gazebo. **6.** ~ (*milit.*), cupola. **7.** ~ (portaobiettivi) (di cinepresa per es.) (*ott.*), turret. **8.** ~ (a revolver) esagonale su carrello (di tornio per es.) (*mecc. - macch. ut.*), hexagon turret on carriage. **9.** ~ corazzata di comando (*mar. milit.*), conning tower. **10.** ~ degli ascensori e servizi (struttura elevata sul lastrico solare a copertura terminale di servizi) (*ed.*), penthouse. **11.** ~ del mitragliatore (sporgente dalla fusoliera dell'aereo) (*aer. milit.*), blister, gunner's dome. **12.** ~ del mitragliere (*aer. milit.*), gunner cockpit. **13.** ~ eclissabile (*milit.*), disappearing turret. **14.** ~ girevole (*aer. milit.*), revolving turret. **15.** ~ portautensili orientabile (*mecc. - macch. ut.*), revolving turret. **16.** ~ rotante (*mar. milit.*), revolving turret. **17.** ~ sferica (*aer.*), ball turret.

torrino (occhio del banco, apertura del fondo di un forno a crogioli attraverso cui entra la fiamma) (*mft. vetro*), eye. **2.** ~ di discesa (nelle fognature, per ispezioni, riparazioni ecc.) (*ed.*), deep manhole.

torrione (*arch. medioevale*), stronghold tower.

torsiògrafo (per registrare vibrazioni di torsione) (*strum.*), torsiograph.

torsiòmetro (misuratore dell'angolo di torsione di un albero sotto coppia) (*strum. mis. mecc.*), troptometer, torquemeter.

torsione (*sc. costr.*), torsion, twist. **2.** ~ (*mat.*), torsion. **3.** ~ da sinistra a destra (*ind. tess.*), openband twisting. **4.** ~ soffice (*ind. tess.*), soft twist. **5.** ~ violenta (*mecc.*), wrench. **6.** bilancia di ~ (*strum.*), torsion balance. **7.** di ~ (*a. - mecc.*), torsional. **8.** filatoio a doppia ~ (*ind. tess.*), double twist spinning frame. **9.** resistenza alla sollecitazione di ~ (*sc. costr.*), resistance to torsional stress. **10.** sollecitazione di ~ (*sc. costr.*), torsional stress.

torta (di filtrazione) (*mft. zucchero*), (filter press) cake.

torticcio (fune composta di più funi) (*a. - nav.*), hawser-laid rope, cable-laid rope.

tortiglia (filato ritorto per tele di pneumatici) (*ind. gomma*), cord. **2.** ~ di nailon (*ind. gomma*), nylon cord.

tòrto (avvolto) (*a. - gen.*), twisted. **2.** ~ (deformato: di telaio di motocicletta dopo un urto per es.) (*a. - gen.*), distorted.

tortuoso (*strad.*), winding, tortuous.

tosa (di pecora) (*ind. lana.*), shearing, clip. **2.** ~ a fondo (a piccola distanza dalla pelle) (*ind. lana*), stubble shearing.

tosaerba (*att. mecc. da giardino*), lawn mower.

tosare (una pecora) (*ind. lana*), to shear.

tosatore (di pecora) (*ind. lana*), shearer, clipper.

tosatrice (per pecore per es.) (*macch.*), clipper. **2.** ~ per prati (tagliaerba) (*att. da giardino*), lawn mower.

toscano (stile per es.) (*a. - arch.*), Tuscan.

tossicità (indice di tossicità: di aggressivi chimici) (*chim. milit.*), toxicity.

"tossire" (dare colpi irregolari: di un motore a c. i. difettoso nell'accensione) (*mot.*), to cough.

tostapane (*app. elett.*), toaster. **2.** ~ rovesciabile (*app. elett.*), turnover toaster.

tostare, to toast.

totale (*a. - s. - gen.*), total. **2.** ~ di controllo [o di quadratura] (non ha significato dal punto di vista numerico, è solo una funzione di verifica della corretta lettura dei dati da parte dell'elaboratore) (*elab.*), hash total. **3.** ~ di gruppo (per il controllo di un gruppo di registrazioni) (*elab.*), batch total. **4.** ~ non significativo (*elab.*), gibberish total.

totalizzatore (nelle corse dei cavalli) (*macch.*), pari-mutuel, totalizator, totalisator. **2.** ~ (contachilometri, o contamiglia, totalizzatore) (*strum. aut.*), odometer.

totalriflettometro (*strum. fis.*), total reflection meter.

totocalcio (gioco), soccer pool.

toupie, *vedi* taboretto.

tourniquet (curva a 180°) (*costr. strad.*), chicane.

"tout-venant" (carbone alla rinfusa, carbone a pezzatura mista) (*comb.*), through-and-through coal, run-of-mine coal.

tovaglia (*ind. tess.*), tablecloth.

trabàccolo (piccolo veliero armato con due vele al quarto) (*nav.*), trabaccolo, trabascolo.

traballamento (oscillazioni in un reattore) (*fis. atom.*), chugging.

trabeazione (*arch.*), entablature, trabeation.

traboccamento (*gen.*), overflow, flowing over. **2.** (inizio) ~ (istante in cui inizia l'iniezione del combustibile: preso come base per la fasatura della pompa d'iniezione) (*mot. diesel*), spill point. **3.** ~ aritmetico (si verifica se il numero da rappresentare eccede la capacità dell'elaboratore) (*elab.*), arithmetic overflow. **4.** metodo del ~ (per la fasatura della pompa d'iniezione) (*mot. diesel*), spill point method.

traboccare (*idr.*), to overflow.

traccia (*gen.*), trace. **2.** ~ (*chim.*), trace. **3.** ~ (scanalatura entro un muro per la sistemazione di conduttori elettrici ecc.) (*ed.*), chase. **4.** ~ (lasciata sul terreno da un battistrada di aut. per es.), trail. **5.** ~ (scanalatura) (*mecc. - falegn.*), groove. **6.** ~ (segno), mark. **7.** ~ (sede) (*mecc. - falegn. - carp.*), seat. **8.** ~ (eseguire una ~: di un programma per es.) (*elab.*), to trace. **9.** ~ (dell'oggetto bersaglio su di uno schermo radar) (*radar*), track. **10.** ~ (lista della sequenza di istruzioni eseguite passo passo da un programma) (*elab.*), trace. **11.** ~ (pista circolare concentrica di un disco dove i dati vengono memorizzati, oppure ~ parallela lungo un nastro magnetico dove i dati vengono registrati) (*elab.*), track. **12.** ~ (uno dei percorsi paralleli, o piste, di un nastro magnetico, su cui viene registrato il suono) (*elettroacus.*), track. **13.** ~ alternativa, o di riserva (*elab.*), alternate track. **14.** ~ dati (*elab.*), data track. **15.** ~ di indirizzamento, o di indirizzi (*elab.*), address track. **16.** ~ di ritorno (il percorso di ritorno del pennello elettronico nei tubi a raggi catodici) (*eltn.*), retrace. **17.** ~ di sincronizzazione (che origina gli impulsi di sincronismo) (*elab.*), clock track. **18.** ~ magnetica (pista magnetica di un disco o di un nastro) (*elab.*), magnetic track. **19.** ~ per la rotaia nella traversina ferroviaria (*carp.*), rail seat on the sleeper. **20.** ~ sostitutiva, o di riserva (p. es. in un disco magnetico) (*elab.*), replacement track. **21.** servo ~ (su di un disco magnetico rigido per es.: particolare ~ preregistrata, che deve essere letta da una servotestina) (*elab.*), servo track.

tracciamento (con punta a tracciare) (*mecc.*), scribing, marking off. **2.** ~ (*ed. - top.*), layout. **3.** ~ del grafico (pratica esecuzione del grafico) (*gen.*), plotting. **4.** ~ di curve di livello (rilievo altimetrico a curve di livello) (*top.*), contouring. **5.** eseguire il ~ (sul terreno) (*top.*), to layout. **6.** ~, *vedi anche* tracciatura.

tracciante (di proiettile) (*espl. milit.*), tracer. **2.** ~ radioattivo (*fis. atom.*), radioactive tracer. **3.** proiettile ~ (*espl. milit.*), tracer shell.

tracciare (segnare), to mark. **2.** ~ (un getto per es. con truschino) (*mecc.*), to scribe, to mark off. **3.** ~ (un diagramma o una curva congiungendo i punti rilevati) (*gen.*), to plot. **4.** ~ (*carp.*), to scribe. **5.** ~ (le linee di parti di una nave in scala 1:1) (*costr. nav.*), to lay off. **6.** ~ (il pezzo da lavorare per es.) (*mecc.*), to lay out. **7.** ~ (un disegno: su una lamiera per es.) (*mecc.*), to trace. **8.** ~ a scala reale (disegnare in grandezza naturale: il timone di un aereo per es.) (*costr. nav. - aer.*), to loft. **9.** ~ automaticamente (trasferire automaticamente i dati su di un grafico) (*elab.*), to autoplot. **10.** ~ le fondamenta (*ed.*), to mark out the foundation. **11.** ~ una linea punteggiata (*dis.*), to draw a dotted line. **12.** ~ una linea tratteggiata (*dis.*), to draw a dash line. **13.** ~ un arco (*dis.*), to describe an arc. **14.** ~ un grafico (disegnare un grafico, una mappa ecc.) (*gen.*), to chart. **15.** punta a ~ (*ut.*), scriber. **16.** sala a ~ (*costr. nav. - costr. aer.*), mold loft.

tracciato (*gen.*), layout, route, outline. **2.** ~ (schizzo, schema; per es. di un circuito, o di una scheda) (*elab.*), layout. **3.** ~ a tornanti (*strad.*), switchback. **4.** ~ planimetrico (pianta, di una ferrovia per es.) (*costr. ed. - ecc.*), alignment. **5.** ~ rotta (riduzione in diagramma dei dati di navigazione) (*navig. aer.*), air plot.

tracciatore (elemento radioattivo) (*radioatt.*), tracer. **2.** ~ (operaio che traccia i pezzi che devono essere lavorati di macchina) (*op. ind.*), marker. **3.** ~ (*op. costr. nav.*), loftsman. **4.** ~ (registratore grafico, per tracciare curve per es.) (*strum.*), plotter. **5.** ~ a coordinate (~ X-Y) (*elab.*), XY plotter, coordinate plotter. **6.** ~ del percorso del suono (strumento che traccia il percorso del suono nell'acqua in funzione del gradiente termico) (*acus. sub.*), sound ray plotter. **7.** ~ di dati (su carta o schermo video) (*elab.*), data plotter. **8.** ~ incrementale (*elab.*), incremental plotter.

tracciatrice (alesatrice a coordinate, alesatrice per attrezzeria) (*macch. ut.*), jig borer.

tracciatura (segnatura), marking. **2.** ~ (su un pezzo greggio con punta a tracciare) (*mecc.*), scribing, marking off. **3.** ~ (esecuzioni di disegni in scala 1:1) (*aer. - nav.*), lofting. **4.** ~, *vedi anche* tracciamento.

trachite (*roccia*), trachyte.

tracimare (straripare, di un fiume per es.) (*idr.*), to overflow.

tracimazione (*idr.*), overflowing. **2.** ~ (di metallo da una forma per es.) (*fond. - ecc.*), spew, overflow. **3.** pozzetto di ~ (nella pressofusione, aggiunto per facilitare la sfuggita dei gas o per riscaldare lo stampo nella zona voluta) (*fond.*), overflow well.

tracolla (di binocolo, macchina fotografica, ecc.) (*gen.*), shoulder strap.

tradotta (*ferr. - milit.*), troop-train.

tradurre (da una lingua) (*gen.*), to translate. **2.** ~ (compilare, convertire un programma da linguaggio elevato in linguaggio macchina) (*elab.*), to compile. **3.** ~ (*elab.*), *vedi anche* convertire.

traduttore (*lav. - pers.*), translator. **2.** ~ (converte un linguaggio assemblatore in un linguaggio macchina) (*s. - elab.*), language translator. **3.** ~ (programma che opera la conversione del codice sorgente di un linguaggio nel codice sorgente in altro linguaggio) (*s. - elab.*), translator. **4.** circuito ~ di un elab. (*elab.*), translator, translating circuit.

traduttrice (macchina elettronica, per tradurre da o in lingue straniere) (*macch.*), translating machine.

traduzione (*gen.*), translation. **2.** ~ (p. es. di un programma convertito in linguaggio macchina da un linguaggio più elevato) (*elab.*), compilation. **3.** ~ automatica (*elab.*), *vedi* ~ meccanica. **4.** ~ meccanica (~ automatica, mediante elaboratore, di un linguaggio in un altro) (*elab.*), mechanical translation, machine translation. **5.** ~ simultanea (*conferenze - ecc.*), simultaneous translation.

traènte (*comm.*), drawer.

traferro (di una macchina elettrica: generatore, motore, ecc.) (*elett.*), air gap, magnetic gap.

tràffico (stradale per es.), traffic. **2.** ~ (*comm.*), trade. **3.** ~ aereo (*aer.*), air traffic. **4.** ~ a senso unico (*traff. strad.*), one-way traffic. **5.** ~ di aerodromo (movimento di aerodromo) (*aer.*), aerodrome traffic. **6.** ~ di punta (*traff. strad.*), peak traffic. **7.** ~ intermittente (~ a raffiche) (*elab.*), bursty traffic. **8.** ~ interurbano (*telef.*), trunk traffic. **9.** ~ mercantile nella navigazione costiera (*nav.*), coastwise trading. **10.** ~ mercantile nella navigazione interna (*nav.*), inland waters trading. **11.** ~ mercantile nelle acque nazionali (*nav.*), home waters trading. **12.** ~ nei due sensi (*strad.*), two-way traffic. **13.** ~ stradale (cittadino) (*strad.*), street traffic. **14.** ~ stradale (extraurbano) (*strad.*), road traffic. **15.** ~ uscente (*tlcm.*), originating traffic. **16.** ~ veicolare (circolazione dei veicoli) (*traff. strad.*), vehicular traffic. **17.** bloccare (o chiudere) al ~ (*traff. strad.*), to close to traffic. **18.** corrente di ~ (*traff. strad.*), traffic stream. **19.** corsia di ~ (*traff. strad.*), traffic lane. **20.** pista di ~ (*traff. strad.*), traffic lane. **21.** relativo al ~ aereo (*a. - aer.*), air-traffic.

trafila (macchina per trafilatura) (*macch. ut.*), drawbench. **2.** ~ (macchina a estrudere) (*macch. ind. gomma e macch. lav. metallo*), extruder. **3.** ~ (per cavi isolati con gomma) (*macch. - elett.*), extruder. **4.** ~ (filiera, per manifattura gomma) (*ut.*), strainer. **5.** ~ (per tubi di grès) (*ut. - mur.*), dod. **6.** ~ (placca forata in acciaio per trafilatura a freddo) (*ut.*), die plate, drawplate. **7.** ~ continua (per il rivestimento di cavi isolati con gomma) (*macch. - elett.*), continuous extruder. **8.** ~ di diamante (*ut.*), diamond die. **9.** ~ per fili (trafilatrice) (*macch. ind. metall.*), wiredrawing machine. **10.** ~ per fili (filiera) (*ut. metall.*), wire drawer's plate. **11.** ~ per nastri (placca con orificio rettangolare) (*ut.*), flatter. **12.** ~ per tubi (*macch. ind. metall.*), tube drawing machine. **13.** ~ per tubi (*macch. ind. gomma*), tubing machine.

trafilamento (di gas nella coppa dell'olio per es.) (mot.), blow-by.

trafilare (*operaz. metall.*), to draw. **2.** ~ a caldo (*metall.*), to hot-draw. **3.** ~ a freddo (*tecnol. mecc.*), to cold-draw. **4.** ~ in fili (*operaz. metall.*), to wiredraw.

trafilato (di filo metallico) (*a. - metall.*), drawn. **2.** ~ a caldo (*a. - metall.*), hot-drawn, HD. **3.** ~ a freddo (*tecnol. mecc.*), cold-drawn, CD. **4.** ~ al banco (di filo) (*ind. metall.*), bench drawn. **5.** tubo ~ dal massello (sistema Mannesmann) (*metall.*), solid-drawn tube.

trafilatore (*op.*), drawer. **2.** ~ di fili (*op.*), wiredrawer.

trafilatrice (*macch. ind. metall.*), drawbench. **2.** ~ ad umido (di fili) (*macch. ind. metall.*), wet-drawing machine. **3.** ~ non slittante (trafilatrice antislittante) (*macch. ind. metall.*), non-slip wiredrawing machine. **4.** ~ per fili (*macch. ind. metall.*), wiredrawing machine. **5.** ~ slittante (con tamburi ruotanti a velocità diversa) (*macch. ind. metall.*), slip wiredrawing machine.

trafilatura (*operaz. metall.*), drawing. **2.** ~ (nella manifattura gomma) straining. **3.** ~ a caldo (*tecnol. mecc.*), hot-drawing. **4.** ~ ad umido (di fili) (*ind. metall.*), wet-drawing. **5.** ~ a freddo (*tecnol. mecc.*), cold-drawing. **6.** ~ alla filiera (per es. per fili) (*metall.*), die drawing. **7.** ~ a secco (di fili) (*ind. metall.*), soap drawing. **8.** ~ con mandrino (di tubi) (*ind. metall.*), mandrel drawing. **9.** ~ con spina (di tubi) (*ind. metall.*), plug drawing. **10.** ~ di fili (*ind. metall.*), wiredrawing. **11.** ~ di tubi (*mft. tubaz.*), tube-drawing. **12.** ~ di tubi dal massello (sistema Mannesmann) (*mft. tubaz.*), solid-drawing of tubing. **13.** ~ in fili (*operaz. metall.*), wiredrawing. **14.** ~ lucida (di fili) (*ind. metall.*), bright drawing. **15.** ~ senza spina (o mandrino, di tubi a caldo od a freddo) (*ind. metall.*), sinking. **16.** banco di ~ (trafilatrice) (*macch. ind. metall.*), drawbench. **17.** rapporto di ~ (rapporto tra il diametro dello sviluppo e quello dell'imbutito profondo) (*lav. lamiera*), drawing ratio.

trafileria (*ind. metall.*), drawing mill, wire drawing mill. **2.** ~ di fili metallici (*ind. metall.*), wire mill.

trafiletto (riquadro) (*tip. - giorn.*), box. **2.** ~ (breve articolo) (*giorn. - pubbl.*), short paragraph.

traforare (perforare) (*gen.*), to perforate.

traforatrice (sega da traforo alternativa) (*macch.*), fret-sawing machine.

traforo (galleria per il passaggio di linee ferroviarie per es.) (*min. - strad.*), tunnel. **2.** ~ (lavoro di traforo) (*arte*), fretwork.

traghettare (*nav.*), to ferry, to boat across.

traghettatore (*nav.*), ferryman.

traghetto (località di attracco del ~) (*trasp.*), ferry. **2.** ~ (servizio di ~) (*trasp.*), ferry. **3.** ~ (nave traghetto sulla quale viene effettuato il ~) (*trasp. - nav.*), ferryboat. **4.** ~ bidirezionale per autoveicoli (imbarcazione che ha la possibilità di caricare e scaricare autoveicoli da ambedue le estremità della nave; prua e poppa) (*nav.*), roll-on-roll-off ferry.

tragitto (di un proiettile per es.), flight.

traguardare (*ott.*), to sight, to bone.

traguardo (*top.*), sight. **2.** ~ (*fot.*), finder. **3.** ~ (*sport*), goal, finish line. **4.** ~ (per prove statiche di un aer. per es.) (*aerotecnica*), sight. **5.** ~ di puntamento di bomba aerea (*aer. milit.*), bombsight.

traiettòria (*gen.*), trajectory. **2.** ~ (*astr. - di proietto*), trajectory. **3.** ~ (*mecc. raz.*), trajectory. **4.** ~ balistica (di un missile per es.) (*mecc. raz.*), ballistic trajectory. **5.** ~ del film (percorso: a bordo del proiettore per es.) (*cinem.*), film run. **6.** ~ del raggio (*ott.*), path of ray. **7.** ~ di discesa (sentiero di discesa indicato mediante radio aiuti) (*aer.*), glide path. **8.** ~ di rettifica (di ingranaggio per es.) (*mecc. - macch. ut.*), grinding path. **9.** ~ di volo (*aer.*), flight path. **10.** angolo di ~ (angolo tra il vettore velocità del veicolo e l'asse del sistema spaziale) (*veic.*), course angle.

trainare (rimorchiare), to tow.

trainato (rimorchiato), towed.

tràino (azione di rimorchio) (*gen.*), tow. **2.** ~ aereo (semplice o multiplo) (*aer.*), sky train. **3.** accessori di ~ (*di veic.*), draft fittings. **4.** dispositivo di ~ (*veic.*), draft gear. **5.** gancio di ~ (*veic.*), hitch.

tralicciare (una struttura aeronautica) (*aer.*), to strut.

traliccio (graticcio: a elementi leggeri susseguentisi regolarmente in diagonale e incrociati: di collegamento tra due elementi strutturali importanti; per cancellate ecc.) (*carp. - ecc.*), lattice, trellis, latticework. **2.** ~ (*sc. costr.*), trestlework. **3.** ~ (di sostegno di un ponte, di una linea elettrica, ecc.) (*sc. costr.*), trestle, trestlework. **4.** ~ in acciaio (di sostegno di ponte per es.) (*sc. costr.*), steel trestle. **5.** ~ metallico (*sc. costr.*), metal trestle. **6.** trave a ~ (*sc. costr.*), lattice girder.

tram (*vettura*), streetcar (am.), trolley car (am.), tram (ingl.). **2.** ~ contromano (*traff. strad.*), streetcar on the wrong side, tram on the wrong side. **3.** piattaforma del ~, streetcar platform, tram platform.

trama (di stoffa) (*ind. tess.*), weft, woof. **2.** ~ (intreccio, soggetto di un film) (*cinem.*), story. **3.** ~ (visualizzazione di informazioni) (*videotel - televideo*), frame. **4.** ~ (costituita da un ciclo completo di linee sulle quali viene riprodotta l'immagine: quadro) (*telev. - elab.*), frame, raster. **5.** alimentazione della ~ (*ind. tess.*), weft supply. **6.** filo di ~ (*ind. tess.*), weft yarn. **7.** inserzione della ~ (*ind. tess.*), picking, weft insertion. **8.** inumidimento della ~ (*ind. tess.*), weft moistening (or damping). **9.** memoria di ~ (*tlcm.*), frame store. **10.** rompi ~ (*macch. tess.*), weft stop. **11.** sequenza di controllo di ~ (*tlcm.*), frame check sequence, FCS.

tramèzza (di una scarpa) (*mft. scarpe*), slipsole.

tramèzzo (*ed.*), partition. **2.** ~ (*ind. - carp.*), partition. **3.** ~ (muro di divisione: di una stanza per es.) (*ed.*), partition wall.

tramòggia (*ed. - ind.*), hopper. **2.** ~ (serbatoio di alimentazione per materiali sciolti) (*macch. ind.*), feedbox. **3.** ~ (per l'acqua della pasta di legno) (*mft. carta*), flume, hopper. **4.** ~ di caricamento (*app. ind.*), charging hopper. **5.** alimentazione a ~ vibrante (*macch. ut.*), vibratory hopper feed. **6.** carro a ~ per trasporto minerali (*ferr.*), hopper ore car. **7.** catena di tramogge (*trasp. ind.*), hopper chain.

trampolino (*sport*), springboard.

tramvài, *vedi* tranvai.

tramvia (*trasp.*), *vedi* tranvia.

trancia (*macch. ut.*), shears, shearing machine. **2.** ~ (taglio di coltivazione in minerale) (*min.*), slice. **3.** ~ (taglierina, per carta, cartoni ecc.) (*macch.*), cutter. **4.** ~ a ghigliottina (*macch. ut.*), guillotine shears. **5.** ~ a ginocchiera (*macch. ut.*), toggle shears. **6.** ~ da banco (*macch. ut.*), bench shears. **7.** a trance (coltivazione) (*min.*), bench and bench. **8.** ~, *vedi* cesoia.

tranciare (*mecc.*), to shear. **2.** ~ il contorno (rifilare: un pezzo imbutito per es.) (*lav. lamiera*), to trim.

tranciato (pezzo tranciato, di lamiera) (*s. - lav. lamiera*), blank.

tranciatore (operaio addetto alla cesoia) (*op.*), shearer.

tranciatrice (sfogliatrice in piano, per lamine di compensato per es.) (*macch. falegn.*), veneer planing machine. **2.** ~, *vedi anche* trancia.

tranciatura (lineare: alla cesoia) (*mecc.*), shearing. **2.** ~ (di uno sviluppo, alla pressa mediante stampo) (*mecc.*), blanking. **3.** ~ (alla pressa mediante stampo, di fori per es.) (*mecc.*), punching. **4.** ~ del contorno (rifilatura: di un pezzo imbutito per es.) (*lav. lamiera*), trimming. **5.** ~ di asole (tranciatura di sfinestrature, in una lamiera per es.) (*tecnol. mecc.*), slotting. **6.** ~ di fori multipli (in una lamiera) (*tecnol. mecc.*), perforating. **7.** ~ di intaglio (*lav. lamiera*), notching. **8.** punzone per ~ (*att. mecc.*), blanking punch. **9.** stampo per ~ (*att. mecc.*), blanking die.

transatlàntico (*nav.*), transatlantic liner.

transazionale (*elab.*), transactional.

transazione (*comm.*), transaction, arrangement. **2.** ~ (atto legale di un accordo) (*leg.*), settlement. **3.** ~ (lo scambio di informazioni tra operatore ed elab.) (*elab.*), transaction.

transconduttanza (*termoion.*), transconductance.

"transcontainer" (container per trasp. strada-ferrovia-nave) (*trasp.*), "transcontainer".

transètto (*arch.*), transept, crossing.

Trans Europa Express (TEE, treno rapido intereuropeo) (*ferr.*), European Express Train.

transfer (macch. a trasferta: per la produzione automatizzata di pezzi con molte lavorazioni di macchina) (*macch. ut.*), automatized multiple station transfer machine.

transigere (negoziare e concludere: venire ad un accomodamento) (*comm.*), to transact.

transilluminatore (*strum. med.*), transilluminator. **2.** ~ mastoideo (*strum. med.*), mastoid transilluminator. **3.** ~ oculare (*strum. med.*), ocular transilluminator.

transistore (*s. - eltn.*), transistor. **2.** ~ a barriera superficiale (*eltn.*), surface-barrier transistor. **3.** ~ a base diffusa (*eltn.*), diffused-base transistor. **4.** ~ a carica superficiale (*eltn.*), surface-charge transistor. **5.** ~ ad effetto di campo (*eltn.*), field-effect transistor, FET. **6.** ~ ad effetto di campo a semiconduttore metallo/ossido (*eltn.*), metal oxide semiconductor field effect transistor, MOSFET. **7.** ~ a diffusione (*eltn.*), diffusion transistor. **8.** ~ a due emettitori (*eltn.*), dual-emitter transistor. **9.** ~ a giunzione (*eltn.*), junction transistor. **10.** ~ a giunzione ad effetto di campo (*eltn.*), junction field-effect transistor, JFET. **11.** ~ a giunzione diffusa (*eltn.*), diffused junction transistor. **12.** ~ a giunzione fusa solidificata (*eltn.*), meltback transistor. **13.** ~ a immagazzinamento di carica (*eltn.*), charge-storage transistor. **14.** ~ al germanio (*eltn.*), germanium transistor. **15.** ~ al silicio (*eltn.*), silicon transistor. **16.** ~ a microlega (*eltn.*), microalloy transistor. **17.** ~ a microlega diffusa (*eltn.*), microalloy diffused transistor, MADT. **18.** ~ a modulazione di conduttività (*eltn.*), conductivity modulation transistor. **19.** ~ anulare (*eltn.*), annular transistor. **20.** ~ a valanga (~ ad effetto valanga) (*eltn.*), avalanche transistor. **21.** ~ bidirezionale (*eltn. - telef.*), bidirectional transistor. **22.** ~ con giunzione a lega (ottenuto con fusione della giunzione tra un germanio di tipo p e quello di tipo n) (*eltn.*), alloy-junction transistor. **23.** ~ di potenza (*eltn.*), power transistor. **24.** ~ "drift" (transistore a campo interno) (*eltn.*), drift transistor. **25.** ~ epitassiale (depositato da una fase liquida per es. su di un substrato di cristalli) (*eltn.*), epitaxial transistor. **26.** ~ interruttore ripetitivo (agisce come un interruttore ripetitivo continuo aperto-chiuso...) (*eltn.*), chopper transistor. **27.** ~ MOS ad effetto di campo (*eltn.*), Metal Oxide Semiconductor Field Effect Transistor, MOSFET. **28.** ~ MOS a canale N (*eltn. - elab.*), NMOS transistor, N channel MOS transistor. **29.** ~ multicanale ad effetto di campo (*eltn.*), multichannel field-effect transistor. **30.** ~ n-p-n (transistore negativo-positivo-negativo) (*eltn.*), n-p-n transistor. **31.** ~ planare (*eltn.*), planar transistor. **32.** ~ p-n-p (transistore positivo-negativo-positivo) (*eltn.*), p-n-p transistor. **33.** ~ unigiunzione (*eltn.*), unijunction transistor, UJT. **34.** ~ unipolare (*eltn.*), unipolar transistor. **35.** a transistori (transistorizzato) (*a. - eltn.*), transistorized.

transistorizzare (dotare di transistori) (*eltn.*), to transistorize.

transistorizzato (a transistori, a transistors, di un app. radio contenente transistors al posto di valvole) (*a. - radio*), transistorized, transistorised.

transistorizzazione (*eltn.*), transistorization.

transitabile (percorribile, praticabile) (*gen.*), practicable.

transitabilità (percorribilità, praticabilità) (*strad. - veic.*), practicableness.

trànsito (*traff. strad.*), transit. **2.** divieto di ~ (*segn. traff. strad.*), no entry. **3.** divieto di ~ alle automobili (*traff. strad.*), motorcars prohibited. **4.** memoria di ~ (memoria tampone) (*elab. - ecc.*), buffer storage. **5.** punto di ~, *vedi* passaggio.

transitòrio (*a. - gen.*), transient. **2.** ~ (disturbo temporaneo: p. es. una oscillazione di brevissima durata di tensione o corrente in un circuito) (*s. - elett. - eltn.*), transient. **3.** stato ~ (*elab. - ecc.*), transient state. **4.** stato ~ (condizioni transitorie, di un'autovettura per es.) (*dinamica dei veic.*), transient state.

transitron (pentodo ad effetto di tempo di transito) (*eltn.*), transitron.

transizione (*fis. atom.*), transition. **2.** ~ isomerica (*fis. atom.*), isomeric transition.

translùcido, *vedi* traslucido.

translunare (*a. - astr.*), translunar. **2.** volo ~ (*astric.*), translunar flight.

"transmembranico" (si riferisce ad un fenomeno che ha luogo tra le due facce di una membrana; p. es. un potenziale ~) (*a. - fis.*), transmembrane.

transònico (di velocità tra 950 e 1450 km/h) (*a. - aer.*), transonic.

transplutonio (elemento radioattivo) (*chim. - radioatt.*), transplutonium.

transpolare (di un volo per es.) (*aer.*), transpolar.

transuranico (detto di elementi di numero atomico superiore a quello dell'uranio o superiore a 92) (*a. - chim.*), transuranian, transuranic. **2.** elemento ~ (*fis. atom.*), transuranic element.

tranvai (*veic.*), tram (ingl.), streetcar (am.), trolley car.

tranvia, tram, tramline, tramway (ingl.), streetcar line (am.). **2.** ~ contromano (*traff. strad.*), tram (or streetcar) on the wrong side. **3.** ~ elettrica, electric tramway (ingl.), streetcar line (am.). **4.** ~ urbana, urban tramway (ingl.), city streetcar line (am.).

tranviere (*lav.*), tramwayman (ingl.), streetcar man.

trapanare (forare al trapano, mediante punta) (*lav. macch. ut.*), to drill.

trapanatrice (*macch. ut.*), drilling machine, drill. **2.** ~, *vedi anche* trapano. **3.** ~ a colonna (*macch. ut.*), column drilling machine. **4.** ~ a mandrini multipli (*macch. ut.*), multiple-spindle drilling machine. **5.** ~ automatica (trapano automatico) (*macch. ut.*), borematic, automatic drill press. **6.** ~ a revolver (*macch. ut.*), revolver drilling machine. **7.** ~ con mandrino snodato (*macch. ut.*), articulated spindle drilling machine. **8.** ~ da banco (trapano da banco) (*macch. ut.*), bench drilling machine. **9.** ~ fresatrice (*macch. ut.*), drilling and milling machine. **10.** ~ maschiatrice orizzontale (*macch. ut.*), horizontal drilling and tapping machine. **11.** ~ per sedi di chiavette (*macch. ut.*), keyseating drilling machine. **12.** ~ radiale (*macch. ut.*), radial drilling machine. **13.** ~ sensitiva (trapano sensitivo) (*macch. ut.*), sensitive drill, sensitive drilling machine. **14.** ~ verticale (*macch. ut.*), vertical drilling machine.

trapanino, *vedi* trapano. **2.** ~ a mano a va e vieni (*ut. per gioiellieri*), automatic drill.

tràpano (*macch. ut.*), drilling machine, drill. **2.** ~ (*strum. med.*), trepan, trapan. **3.** ~ (*att. falegn.*), drill. **4.** ~ a colonna (*macch. ut.*), pillar drill, column drilling machine, upright drilling machine. **5.** ~ a cricco (a mano) (*ut.*), ratchet brace, ratchet drill. **6.** ~ ad arco (o a violino) (*att.*), bow drill. **7.** ~ ad aria compressa (*app. mecc.*), air drill. **8.** ~ a mano (*ut.*), hand drill. **9.** ~ a percussione (con percussioni assiali sulla punta mentre ruota) (*ut.*), hammer drill. **10.** ~ a petto (*ut.*), breast drill. **11.** ~ a revolver (trapano a torretta [portautensili]) (*macch. ut.*), turret drill. **12.** ~ automatico (trapanatrice automatica) (*macch. ut.*), borematic, automatic drill press. **13.** ~ a vite (*att. falegn.*), *vedi* trapano di Archimede. **14.** ~ da banco (*macch. ut.*), bench drilling machine. **15.** ~ da dentista (*macch. med.*), dental engine. **16.** ~ di Archimede (trapano in cui il movimento di un dado su di un'elica provoca il movimento rotatorio alternato di una punta) (*ut.*), Archimedean drill. **17.** ~ elettrico a mano (trapanino elettrico) (*app. mecc.*), portable electric drill. **18.** ~ motorizzato (*macch. ut.*), power drill. **19.** ~ multiplo (*macch. ut.*), multiple-spindle drilling machine, gang drill. **20.** ~ multiplo con mandrini a gruppo (*macch. ut.*), cluster type multiple-spindle drilling machine. **21.** ~ per nodi (*macch. lav. legno*), knot bar. **22.** ~ pneumatico (*ut.*), pneumatic drill. **23.** ~ radiale (*macch. ut.*), radial drilling machine, radial drill. **24.** ~ sensitivo (*macch. ut.*), sensitive drill. **25.** ~ verticale (*macch. ut.*), upright drill. **26.** fare un foro al ~ (o con un ~) (*mecc. - carp.*), to drill. **27.** ~, *vedi anche* trapanatrice.

trapasso (trasferimento, di un proprietà) (*leg.*), transfer.

trapèzio (*geom.*), trapezoid (am.). **2.** ~ (per ginnasti) (*sport*), trapeze. **3.** ~ (barra fissata ad un dirigibile per l'attacco o lo sgancio di un aeroplano) (*aer.*), trapeze bar.

trapezoidale (*a. - gen.*), trapezoidal.

trapezòide (*geom.*), trapezium.

trapiantare (*agric.*), to transplant.

trapiantatore (*op. agric.*), transplanter.

tràppola (per animali), trap. **2.** "~" (macchina o

veicolo che funziona male) (*veic. - macch.*), rattletrap. **3.** ~ antidisturbo, *vedi* ~ d'onda. **4.** ~ antiluce (dispositivo che impedisce il passaggio di luce) (*fot.*), light lock. **5.** ~ d'onda (~ antidisturbo: circuito soppressore di una frequenza particolare: viene inserito nel circuito d'antenna per accrescerne la selettività e migliorare la ricezione) (*eltn. - radio*), wave trap. **6.** ~ ionica (campo magnetico avente la funzione di impedire che ioni negativi deteriorino lo schermo del tubo a raggi catodici) (*telev.*), ion trap. **7.** ~ magnetica (per intrappolare il plasma da un campo magnetico esterno) (*fis.*), magnetic trap. **8.** ~ per topi, rattletrap, mousetrap.

trapuntato (*mft. tess.*), matelassé.

trarre (tirar fuori) (*gen.*), to draw. **2.** ~ beneficio (~ profitto) (*econ.*), to profit.

trasbordare (*nav.*), to transship, to tranship. **2.** ~ (*ferr.*), to transfer.

trasbordatore (carrello trasbordatore) (*ferr.*), transfer table, traverser. **2.** ~ (di un impianto di trasportatori) (*trasp. ind.*), transfer.

trasbordo (*nav.*), transshipment, transhipment.

trascendente (curva) (*geom.*), transcendental.

trascinamento (di un mot. a comb. interna per es., con avviatore elettrico o a mano) (*mot.*), motoring over. **2.** ~ (raccolta e trasporto di una sostanza ad opera del flusso di un fluido) (*ind. chim. - ecc.*), entrainment. **3.** alberino di ~ (rullo di ~, puleggia di ~ che controlla la velocità del nastro) (*unità a nastro magnetico*), capstan. **4.** sistema di ~ del nastro (meccanismo di trasporto del nastro) (*elettroacus.*), tape drive.

trascinare (un baule per es.) (*gen.*), to drag.

trascinatore azeotropico (*chim.*), azeotropic entrainer.

trascorrere (passare, di tempo) (*gen.*), to elapse.

trascrittore (*app. - eltn. - ecc.*), transcriber, converter. **2.** ~ schede-nastro (trascrittore da schede perforate su nastro magnetico) (*macch.*), card-to-tape converter.

trascrivere (copiare: p. es. da una memoria ad un'altra) (*elab.*), to transcribe.

trascuràbile (insignificante) (*a. - gen.*), negligible.

trasduttore (apparecchio che converte un segnale per es. acustico, in un altro segnale per es. di forma elettrica) (*s. - fis. - milit. - elab. - eltn. - ecc.*), transducer. **2.** ~ ad elettrostrizione, ~ elettrostrittivo (p. es. un ~ ceramico per giradischi) (*eltn.*), electrostriction transducer. **3.** ~ angolare (telecomando costituito da motore e generatore che compiono sincronicamente lo stesso spostamento angolare) (*telecom. elett.*), selsyn, sinchro. **4.** ~ a profondità variabile (usato per es. in ecogoniometri da piazzare sotto la termoclina) (*app. acus. sub.*), variable-depth transducer. **5.** ~ attivo (*elett.*), active transducer. **6.** ~ capacitivo (~ sensibile alle variazioni di capacità: applicabile per es. ad un comando che diviene perciò sensibile al solo sfioramento umano, anche di un dito!) (*eltn. - telev.*), capacity-activate transducer. **7.** ~ ceramico (per la testa autocercante di un siluro per es.) (*app. acus. sub.*), ceramic transducer. **8.** ~ di posizione (sensore di posizione, del movimento della slitta per es.) (*macch. ut. a c. n.*), position transducer, position sensor. **9.** ~ di posizione angolare (da coordinate polari a cartesiane) (*calc. analogico*), resolver. **10.** ~ direttivo (per la testa autocercante di un siluro per es.) (*app. acus. sub.*), directional transducer. **11.** ~ elettroacustico (*app. elettroacus.*), electroacoustical transducer. **12.** ~ elettromeccanico (*app. elettroacus.*), electromechanical transducer. **13.** ~ elettrostrittivo (per la testa autocercante di un siluro per es.) (*app. acus. sub.*), electrostrictive transducer. **14.** ~ ideale (*elett. - ecc.*), ideal transducer. **15.** ~ lineare (per la testa autocercante di un siluro per es.) (*app. acus. sub.*), linear transducer. **16.** ~ magnetico (converte energia meccanica in elettrica) (*eltn.*), magnetic transducer. **17.** ~ magnetostrittivo (per la testa autocercante di un siluro per es.) (*app. acus. sub.*), magnetostrictive transducer. **18.** ~ onnidirezionale (*acus. sub. - ecc.*), omnidirectional transducer, non-directional transducer. **19.** ~ passivo (*elett.*), passive transducer. **20.** ~ piezoelettrico (*app. acus. sub.*), piezoelectric transducer. **21.** ~ sferico (*app. acus. sub.*), spherical transducer. **22.** ~ toroidale (*app. acus. sub.*), toroidal transducer.

trasduttore-oscillatore (*eltn.*), oscillator-transducer.

trasferìbile (*comm.*), transferable. **2.** ~ (di impianti, macchinari ecc.) (*gen.*), transferable. **3.** non ~ (scritto sull'assegno da pagarsi solo all'intestatario) (*finanz. - comm.*), account payee only.

trasferimento (*comm.*), transfer. **2.** ~ (di impianti, macchinari ecc.) (*gen.*), transfer. **3.** ~ (caricamento o scambio di pagine: come nel ~ di dati da una memoria virtuale a quella principale) (*elab.*), swapping. **4.** ~ (di dati, di un blocco ecc. da una memoria lenta ad una più veloce per es.) (*elab.*), transfer, staging. **5.** ~ (spostamento di dati tra memorie esterne per es.) (*s. - elab.*), move. **6.** ~ da memoria veloce a memoria lenta (per es. da disco a nastro) (*elab.*), migration roll out. **7.** ~ di carico (da uno dei pneumatici anteriori o posteriori all'altro, dovuto a effetto di accelerazione per es.) (*dinamica dei veic.*), load transfer. **8.** ~ di carico laterale su un pneumatico (trasferimento verticale del peso da uno dei pneumatici anteriori o posteriori all'altro, per effetto di accelerazione per es.) (*dinamica dei veic.*), lateral tire load transfer. **9.** ~ di carico longitudinale su un pneumatico (trasferimento verticale di peso da un pneumatico anteriore a quello posteriore corrispondente) (*dinamica dei veic.*), longitudinal tire load transfer. **10.** trasferimenti di memoria virtuale (*elab.*), virtual storage transfers. **11.** ~ mediante doppia memoria tampone (di dati) (*elab.*), double-buffered transfer. **12.** ~ parallelo (~ simultaneo nella memoria: p. es. esteso a tutti i bit di una parola) (*elab.*), parallel transfer. **13.** ~ periferico, *vedi* ~ tra o da periferiche. **14.** ~ seriale (in sequenze) (*elab.*), serial transfer. **15.** ~ simultaneo, *vedi* ~ parallelo. **16.** ~ tra [o da] periferiche (per es. un ~ di dati tra unità periferiche, o un ~ da unità centrale di elaborazione ad unità periferiche) (*elab.*), peripheral transfer. **17.** funzione di ~ (*elettromecc.*), transfer function.

trasferire (*comm.*), to transfer. **2.** ~ (cambiare di posto a persone o cose) (*gen.*), to transfer, to translate. **3.** ~ (un impiegato per es.) (*pers. - ecc.*), to relocate. **4.** ~ (alla memoria di uscita l'informazione) (*elab. - ecc.*), to write. **5.** ~ (o scaricare) dalla memoria principale (i dati, ad una memoria ausiliaria) (*elab.*), to roll-out, to roll out. **6.** ~ da un film (o nastro) ad un altro (*cinem. - elettroacus.*), to splice. **7.** ~ (o caricare) in memoria principale (i dati, da una memoria ausiliaria) (*elab.*), to roll in, to roll-in.

trasferta (indennità di trasferta) (*pers. - lav.*), subsistence.

trasformabile (*gen.*), transformable. **2.** ~ (*aut.*), convertible.

trasformare (*gen.*), to transform. **2.** ~ (per es. cambiare la forma di un insieme di dati) (*elab.*), to transform. **3.** ~ in acciaio (*metall.*), to acierate (ingl.). **4.** ~ (la bassa) in alta tensione (*elett.*), to transform up, to step up. **5.** ~ (l'alta) in bassa tensione (*elett.*), to transform down, to step down.

trasformata (funzione per es.) (*s. - mat.*), transform. **2.** ~ di Fourier (*mat.*), Fourier transform. **3.** ~ di Laplace (*mat.*), Laplace transform.

trasformato (*a. - gen.*), transformed.

trasformatore (*macch. elett.*), transformer. **2.** ~ a cambio di fase (*elett.*), phase-changing transformer. **3.** ~ a colonne (*macch. elett.*), core-type transformer. **4.** ~ ad aria (con accoppiamento fisso) (*macch. elett.*), air-core transformer. **5.** ~ ad E (con nucleo laminato a forma di E) (*macch. elett.*), E transformer. **6.** ~ ad isolamento (e raffreddamento) in olio (*macch. elett.*), oil-insulated transformer. **7.** ~ aereo da palo (per installazione aerea di potenza ridotta) (*app. elett.*), pole transformer. **8.** ~ a mantello (trasformatore corazzato) (*macch. elett.*), shell-type transformer, shell transformer. **9.** ~ antideflagrante (*macch. elett.*), flameproof transformer. **10.** ~ antirisonante (*macch. elett.*), nonresonant transformer. **11.** ~ a nucleo laminato (*macch. elett.*), laminated-core transformer. **12.** ~ a nucleo magnetico (*macch. elett.*), iron-core transformer. **13.** ~ a prese intermedie (*macch. elett.*), multiple-tap transformer. **14.** ~ a raffreddamento ad aria (*macch. elett.*), air-cooled transformer. **15.** ~ a raffreddamento in olio (*macch. elett.*), oil-cooled transformer. **16.** ~ a ventilazione forzata (*macch. elett.*), air-blast transformer. **17.** ~ bifase (*macch. elett.*), two-phase transformer. **18.** ~ collegato in parallelo (*macch. elett.*), parallel transformer. **19.** ~ compensatore (*elettromecc.*), balancer set. **20.** ~ con accoppiamento variabile (*macch. elett.*), variable-coupling transformer. **21.** ~ da campanelli (*elett.*), bell transformer. **22.** ~ di adattamento bilanciato-sbilanciato (*radio*), balun, balanced-unbalanced transformer. **23.** ~ di alta frequenza (*elett. - radio*), high-frequency transformer, radio-frequency transformer. **24.** ~ di alta in bassa tensione (o abbassatore di tensione) (*macch. elett.*), step-down transformer. **25.** ~ di audiofrequenza (*radio*), audio-frequency transformer, aft. **26.** ~ di bassa frequenza (*radio*), low-frequency transformer, audio-frequency transformer. **27.** ~ di bassa in alta tensione (o elevatore di tensione) (*macch. elett.*), step-up transformer. **28.** ~ di corrente (trasformatore amperometrico) (*app. mis. elett.*), current transformer. **29.** ~ di entrata (*elett.*), input transformer. **30.** ~ differenziale (con tre avvolgimenti e quattro paia di differenziali) (*elett.*), hybrid coil. **31.** ~ di frequenza (*app. elett.*), frequency transformer. **32.** ~ di messa a massa (*elett.*), earthing transformer. **33.** ~ di misura (*app. mis. elett.*), instrument transformer. **34.** ~ di tensione (trasformatore voltmetrico) (*app. mis. elett.*), voltage transformer. **35.** ~ ibrido (con tre avvolgimenti per bilanciare la tensione rispetto alla massa) (*elettrotel.*), hybrid coil, hybrid transformer. **36.** ~ in aria sintonizzato (*radio*), tuned air-core transformer. **37.** ~ in bagno di olio (*macch. elett.*), oil-filled transformer. **38.** ~ microfonico (*elett. - radio*), microphon transformer. **39.** ~ per miniera (*macch. elett.*), mining transformer. **40.** ~ per radio (*elett.*), radio transformer. **41.** ~ per suonerie (trasformatore da campanelli) (*elett.*), bell-ring transformer. **42.** ~ in olio raffreddato ad acqua (*macch. elett.*), water-cooled transformer. **43.** ~ riduttore (di tensione) (*macch. elett.*), step-down transformer. **44.** ~ sfasatore (*elettromecc.*), phasing transformer. **45.** ~ stabilizzatore di tensione (*macch. elett.*), voltage stabilizing transformer. **46.** ~ survoltore (*macch. elett.*), booster transformer. **47.** ~ voltmetrico (trasformatore voltmetrico: per misurazioni) (*elett.*), voltage transformer.

trasformazione (*gen.*), transformation. **2.** ~ (di un motore per es. apportando modifiche tali da renderlo uguale al tipo più recente) (*mot.*), conversion. **3.** ~ (di una funzione matematica per es.) (*mat.*), transformation, transform. **4.** ~ di Fourier (*mat.*), Fourier transformation, Fourier transform. **5.** ~ di Laplace (*mat.*), Laplace transformation, Laplace transform. **6.** ~ in cascata (*elettromecc.*), cascade transformer. **7.** ~ peritettica (reazione fra due fasi) (*metall.*), peritectic change. **8.** ~ singolare (*mat.*), singular transformation. **9.** ~ topologica (*mat.*), topological transformation. **10.** ~ unitaria (*mat.*), unitary transformation. **11.** curva di ~ con raffreddamento continuo (nella saldatura) (*metall.*), continuous cooling transformation curve.

trasfusione (di sangue) (*med.*), transfusion.

trasgressione (avanzamento degli oceani su regioni continentali) (*geofis.*), transgression.

trasgressore (*leg.*), transgressor, offender.

traslare (muovere parallelamente a se stesso) (*mecc. raz.*), to translate.

traslatore (*elettrotel.*), repeater, translator. **2.** ~ (elevatore-traslatore, usato per mettere e togliere materiali nelle scaffalature di un magazzino) (*macch. ind.*), traveling lift. **3.** ~ (ripetitore) automatico (*elettrotel.*), regenerative repeater. **4.** ~ telegrafico (*elettrotel.*), telegraphic repeater.

traslazione (*mecc.*), translation. **2.** ~ (*cinematica*), step, translation. **3.** ~ (corsa, movimento, spostamento: di una parte di macch. ut.) (*mecc.*), traverse. **4.** ~ a mano (spostamento a mano, di una parte di macch. ut. per es.) (*mecc.*), hand traverse. **5.** ~ automatica (corsa automatica: di una parte di macch. ut. per es.) (*mecc.*), power traverse. **6.** ~ del carrello (movimento di avanzamento del carrello che permette la stampa lineare dei caratteri) (*elab. - macch. per scrivere*), carriage shifting. **7.** ~ (corsa o spostamento) trasversale (di una parte di macch. ut. per es.) (*mecc.*), transverse traverse. **8.** ~ rapida (spostamento rapido: di una parte di macch. ut. per es.) (*mecc.*), quick traverse, rapid traverse. **9.** ~ verticale (spostamento verticale, corsa verticale: di una parte di macch. ut. per es.) (*mecc.*), vertical translation. **10.** moto di ~ (*mecc. raz.*), motion of translation.

traslitterare (convertire i singoli caratteri di un certo codice con altri di codice diverso) (*elab.*), to transliterate.

trasloco (cambio di domicilio) (*leg.*), removal, change of residence.

traslucido (detto di corpo che lascia passare la luce ma la diffonde in modo da non poter distinguere gli oggetti, come il vetro smerigliato per es.) (*a. - gen.*), translucent, translucid.

trasméttere (*gen.*), to transmit. **2.** ~ (p. es. un messaggio) (*telecom.*), to send. **3.** ~ (*telev.*), to televise. **4.** ~ (elett., calore ecc.) (*fis.*), to transmit. **5.** ~ (movimento o forza per es.) (*mecc.*), to transmit. **6.** ~ a colori (*telev.*), to colorcast. **7.** ~ (con ingranaggi) all'albero condotto la stessa velocità del conduttore (*mecc.*), to gear level. **8.** ~ contemporaneamente sullo stesso canale (*eltn. - tlcm.*), to multiplex. **9.** ~ musica registrata su dischi (da una stazione radio) (*radio*), to airplay. **10.** ~ per filo (o cavo coassiale) (*radio - telev.*), to pipe. **11.** ~ simultaneamente (o contemporaneamente, per radio e televisione) (*radio - telev.*), to simulcast.

trasmettitore (*app.*), transmitter. **2.** ~ (*app. radio*), transmitter. **3.** ~ (*telev.*), television transmitter. **4.** ~ (rivelatore, della pressione dell'olio all'indicatore per es.) (*strum.*), transmitter. **5.** ~ ad arco (*radio*), arc transmitter. **6.** ~ a modulazione di ampiezza (*eltn.*), amplitude-modulation transmitter, AM transmitter. **7.** ~ a modulazione di fase (*eltn.*), phase-modulation transmitter. **8.** ~ a modulazione di frequenza (*radio - telecom. - eltn.*), frequency-modulation transmitter, FM transmitter. **9.** ~ a scintilla (*radio*), spark transmitter. **10.** ~ di dati (*elab. - ecc.*), data transmitter. **11.** ~ di facsimile (*eltn.*), facsimile transmitter. **12.** ~ di impulsi ("pinger") (*acus. - acus. sub.*), pinger. **13.** ~ disturbatore (*radio - radar*), jammer, disturbing transmitter. **14.** ~ fisso (*radio*), fixed transmitter. **15.** ~ pressione olio (*mot.*), oil pressure sender. **16.** ~ radiotelegrafico (*radio*), radiotelegraph transmitter. **17.** ~ ripetitore (ponte radio) (*radio*), rebroadcasting set, relay transmitter. **18.** ~ telefonico (*telef.*), telephone transmitter. **19.** ~ telegrafico (*telegrafia*), telegraph transmitter. **20.** ~ televisivo (*app. telev.*), television transmitter. **21.** ~ video (unità che trasmette immagini e suono) (*telev.*), visual transmitter, video transmitter.

trasmettitore-ricevitore (dispositivo che trasmette e riceve messaggi) (*elab.*), transceiver, transmitter-receiver.

trasmissibilità (*fis.*), transmissivity.

trasmissione (*gen.*), transmission. **2.** ~ (di calore per es.) (*fis.*), transfer. **3.** ~ (*radio*), transmission. **4.** ~ (dal motore ai semiassi: comprendente cambio di velocità, albero di trasmissione ecc. sino ai semiassi) (*aut.*), transmission, gearbox. **5.** ~ (di segnali per es.) (*elettrotel.*), transmission. **6.** ~ a catena (*mecc.*), chain drive, chain gearing. **7.** ~ a cinghia (*mecc.*), belt drive. **8.** ~ a cinghie trapezoidali (*mecc.*), V belt drive. **9.** ~ a colori (*telev.*), color transmission, colorcast. **10.** ~ ad alberi (*mecc.*), shafting. **11.** ~ ad angolo (ad ingranaggi) (*mecc.*), bevel drive. **12.** ~ ad avvio ed arresto (~ start-stop) (*telecom.*), start-stop transmission. **13.** ~ a distanza di dati rilevati (*eltn. - astr. - aer. - ecc.*), telemetering. **14.** ~ aerea con alberi e pulegge (in vecchie officine per es.) (*mecc.*), lineshaft. **15.** ~ a funi (*mecc.*), rope drive. **16.** ~ a ingranaggi (*mecc.*), gear drive. **17.** ~ a pavimento (per un gruppo di macch.) (*mecc.*), floor drive. **18.** ~ a raffica (*elab.*), burst mode. **19.** ~ a rapporto illimitato (*mecc.*), *vedi* trasmissione a variazione illimitata del rapporto. **20.** ~ a ruote di frizione (*mecc.*), friction gearing. **21.** ~ asincrona (tipo di ~ in cui i dati non vengono inviati in modo sincrono) (*elab. - telecom.*), asynchronous transmission. **22.** ~ a tre varietà (*elettrotel.*), three-current transmission. **23.** ~ automatica (cambio automatico) (*aut.*), automatic transmission. **24.** ~ automatica di immagini (da satelliti) (*astric. - fot.*), automatic picture transmission, APT. **25.** ~ a variazione illimitata del rapporto (trasmissione a rapporto illimitato) (*mecc.*), infinitely-variable-ratio drive. **26.** ~ binaria singola (*elab.*), binary synchronous communication, BSC. **27.** ~ breve e veloce (~ a raffica) (*elab. - ecc.*), burst transmission. **28.** ~ con ingranaggi cilindrici (*mecc.*), spur gearing. **29.** ~ con ingranaggi conici (*mecc.*), bevel gearing. **30.** ~ contemporanea (da più trasmettitori) (*radio*), simultaneous broadcasting. **31.** ~ con trazione anteriore (cambio meccanico, differenziale e trazione anteriore) (*mecc. aut.*), transaxle. **32.** ~ con vite perpetua (o senza fine) (*mecc.*), worm gearing. **33.** ~ da stazione a stazione (*telecom.*), point-to-point transmission. **34.** ~ dati (*elab.*), data communication, data transmission. **35.** ~ del calore (*term.*), heat transmission. **36.** ~ del calore per conduzione (*term.*), heat transmission by conduction. **37.** ~ del calore per contatto (*term.*), heat transmission by contact. **38.** ~ del calore per convezione (*term.*), heat transmission by convection. **39.** ~ del calore per irradiazione (*term.*), heat transmission by radiation. **40.** ~ di impulsi (sonori) (*acus.* - *acus. sub.*), pulse transmission, ping transmission. **41.** ~ di musica registrata (diffusione da stazioni radio di musica registrata su dischi) (*radio*), airplay. **42.** ~ diretta (trasmissione televisiva dal vero) (*telev.*), direct pickup. **43.** ~ elastica (trasmissione con giunto parastrappi) (*mecc.*), spring drive. **44.** ~, elastica, ad albero cavo (*ferr.*), quill drive. **45.** ~ flessibile (di un indicatore di velocità per es.) (*mecc.*), flexible shaft. **46.** ~ idraulica (*mecc.*), hydraulic drive, hydrodynamic drive. **47.** ~ in duplex (~ simultanea nelle due direzioni) (*telecom.*), duplex transmission, duplex operation, duplexing. **48.** ~ in fonia (*tlcm.*), voice transmission. **49.** ~ in semiduplex (~ non simultanea nelle due direzioni) (*telecom.*), half-duplex transmission. **50.** ~ meccanica (con rapporti variabili di velocità inseribili con una sola leva: cambio) (*aut.*), selective transmission. **51.** ~ parallela, *vedi* ~ simultanea. **52.** ~ per irraggiamento (p. es. del calore) (*fis.*), radiative transfer. **53.** ~ e trazione anteriore (complessivo costituito da cambio meccanico [di velocità] con differenziale e trazione anteriore) (*mecc. aut.*), transaxle. **54.** ~ pneumatica (*mecc.*), pneumatic system. **55.** ~ seriale (*telecom.* - *elab.*), serial transmission. **56.** ~ simultanea (~ parallela estesa a tutti i bits che, in codice, formano un carattere) (*elab.*), parallel transmission. **57.** ~ simultanea (*telef.* - *ecc.*), multiplex, MX. **58.** ~ simultanea (o contemporanea, per radio e televisione) (*radio* - *telev.*), simulcast. **59.** ~ sincrona (*telecom.* - *elab.*), synchronous transmission. **60.** ~ su banda laterale unica (*radio* - *telev.*), single-side-band transmission. **61.** ~ televisiva (*telev.*), telecasting. **62.** ~ televisiva via cavo (*telev.*), cablecast. **63.** a doppia ~ (di antenna per es.) (*radio*), duplex. **64.** albero di ~ (*di aut.*), drive shaft. **65.** antenna di ~ (*radio*), transmitting tower. **66.** antenna di ~ (di apparecchio a stazione mobile) (*radio*), transmitting antenna. **67.** a ~ mediante coppia di ingranaggi (connessione realizzata mediante l'ingranaggio dell'albero motore che ingrana su quello dell'albero condotto) (*a.* - *mecc.*), direct-geared. **68.** dispositivo universale per ricezione e ~ sincrona e asincrona (*telecom.*), USART, Universal Synchronous Asynchronous Receiver Transmitter. **69.** fine della ~ (*elab.*), end of transmission, EOT. **70.** freno sulla ~ (*aut.*), brake on the driveshaft, driveshaft brake. **71.** parte anteriore dell'albero di ~ (*aut.*), front propeller shaft. **72.** perdita di ~ (*acus.*), transmission loss. **73.** rapporto di ~ (di ingranaggi) (*mecc.*), gear ratio. **74.** tunnel dell'albero di ~ (tegolo copritrasmissione) (*stampaggio* - *costr. carrozz. aut.*), drive shaft tunnel panel.

trasmittanza (capacità posseduta da un corpo di trasmettere energia radiante) (*s.* - *fis.*), transmittancy, transmittance.

trasmutazione (di un nuclide) (*fis. atom.*), transmutation.

trasparènte, transparent. **2.** ~ a spirito (vernice a spirito, trasparente, per evitare l'ossidazione dell'ottone lucidato per es.) (*vn.*), lacquer.

trasparènza (*fis.*), transparency. **2.** ~ (della carta alla luce per es.) (*mft. carta* - *ecc.*), look-through.

traspirazione (passaggio di gas attraverso i pori delle sostanze porose: inversamente proporzionale alla viscosità del gas e direttamente alla differenza di pressione) (*mecc. dei fluidi*), transpiration.

trasportàbile, trasportable, portable.

trasportare (*trasp.*), to transport, to freight. **2.** ~ (spostare, un pezzo per es.) (*studio tempi*), to move, M. **3.** ~ con chiatta (*nav.*), to lighter. **4.** ~ con elicottero (*aer.*), to chopper. **5.** ~ mediante natante (*nav.*), to boat, to transport by boat. **6.** ~ (merci per ferrovia mediante semirimorchi stradali) (*trasp. ferr.*), to piggy back (am.). **7.** ~ su zattera (*nav.*), to raft.

trasportato (*gen.*), transported. **2.** ~ con alianti (*aer.*), gliderborne.

trasportatore (*comm.*), carrier. **2.** ~ (a nastro per es.) (*app. ind.*), conveyer, conveyor, carrier. **3.** ~ a catena (*app. ind.*), chain conveyer. **4.** ~ a catena raschiante (*trasp. ind.*), drag-chain conveyor. **5.** ~ a coclea (*app. ind.*), screw conveyer. **6.** ~ aereo (o monorotaia per es., per trasporti interni di officina) (*app. ind.*), overhead conveyer. **7.** ~ aereo a monorotaia (*app. ind.*), overhead monorail conveyer. **8.** ~ a giostra (una piattaforma continua che si sposta con moto orizzontale circolare) (*trasp. ind.*), carrousel conveyor. **9.** ~ a gravità (*app. ind.*), gravity conveyer. **10.** ~ a nastro (*app. ind.*), belt conveyer, belt carrier, ribbon conveyer. **11.** ~ a nastro di acciaio tessuto (*app. ind.*), wire-mesh conveyer. **12.** ~ (o nastro trasportatore) a piastre (*app. ind.*), slat conveyer, apron conveyer. **13.** ~ (continuo) a raschiamento (*app. ind.*), scraper conveyer (am.), drag (chain) conveyer (ingl.). **14.** ~ a rulli (*app. ind.*), roller conveyer. **15.** ~ a sacche (*app. ind.*), pocket conveyer, sling conveyer. **16.** ~ a scosse (*app. ind.*), vibrating conveyer, vibratory conveyer, bumping conveyer. **17.** ~ (o alimentatore) a scosse (*app. ind.*), oscillating feeder conveyer. **18.** ~ a tazze (o secchie) (*app. ind.*), bucket conveyer, skip hoist. **19.** ~ a traversine metalliche (o di legno) (*app. ind.*), slat conveyer. **20.** ~ ausiliario (usato per riacquistare la quota perduta nei trasportatori a gravità a rulli per es.) (*trasp. ind.*), booster conveyer. **21.** ~ continuo a raschiamento, *vedi* convogliatore ad alette. **22.** ~ di aggancio e trasbordo (*trasp. ind.*), latching and transfer conveyor **23.** ~ di alimentazione a vani (o a comparti) (*app. ind.*), compartmented infeed conveyor. **24.** ~ di convogliamento (*app. min.*), haulage conveyor. **25.** ~ di lavorazione (*mecc. ind.*), process conveyer. **26.** ~ di sacchi (*app. ind.*), sack conveyer, bag conveyer. **27.** ~-magazzino (*mecc. ind.*), storage conveyer. **28.** ~ mobile (*app. ind.*), portable conveyer. **29.** ~ per materiali alla rinfusa (*app. ind.*), bulk-material conveyer. **30.** ~ pneumatico (elevatore per prodotti agric. sfusi per es.) (*trasp.*), pneumatic conveyor, pneumatic elevator. **31.** ~ tubolare (*trasp. ind.*), tubular conveyer. **32.** ~ tubolare a palette raschianti intubate (*app. ind.*), ducted drag conveyor. **33.** addetto al ~ (*op.*), conveyerman. **34.** elevatore ~ (per grano per es.) (*ind. - agric.*), elevator conveyer.

traspòrto (*trasp.*), transport. **2.** ~ (di immagini per es.) (*ott.*), transfer. **3.** ~ (di merci), freight, freightage, carriage. **4.** ~ (litografico) (*lit.*), transfer. **5.** ~ a breve distanza (del materiale di sterro per es.) (*ing. civ.*), short haul. **6.** ~ a carico dell'acquirente (spese del ~ da pagarsi dal compratore) (*comm.*), carriage inward. **7.** ~ a corrente fluida (convogliamento a corrente fluida, di materiali) (*trasp. ind.*), fluid stream conveying, sluicing. **8.** ~ a grande distanza (di merci) (*gen.*), long haul. **9.** ~ a mezzo di un condotto (su lunghe distanze: attraverso nazioni diverse per es.) (*trasp. petrolio - metano - ecc.*), pipelining. **10.** ~ a mezzo tubi (di petrolio per es.) (*trasp.*), pipage. **11.** ~ attivo (di una sostanza chimica in un liquido, dovuto a ragioni elett. o fis.) (*elettrochim. - chim. fis.*), active transport. **12.** ~ con contratto di noleggio (*trasp. - nav.*), affreightment by charter party. **13.** ~ dei materiali fra gli stabilimenti del gruppo (movimentazione dei materiali fra diversi stabilimenti di una stessa ditta) (*ind.*), interplant material handling. **14.** ~ e movimento dei materiali (nell'interno dello stabilimento; trasporti interni) (*ind.*), material handling. **15.** trasporti interni (movimento dei materiali nell'interno dello stabilimento) (*ind.*), factory material handling. **16.** trasporti municipali (*trasp.*), municipal transport. **17.** ~ per ferrovia del semirimorchio stradale (carico o vuoto di ritorno) (*trasp. ferr.*), piggyback, pickaback, pig-a-back. **18.** ~ per teleferica, telpherage, telferage. **19.** ~ pneumatico (*ind.*), pneumatic haulage (or conveyance). **20.** ~ supersonico (velivolo da trasporto supersonico) (*trasp. aer.*), supersonic transport, SST. **21.** ~ su strada (*trasp.*), road transport. **22.** ~ truppe (*veic. milit.*), troop carrier. **23.** ~ truppe da sbarco (*mar. milit.*), attack transport. **24.** costo di ~ (*comm.*), freight cost. **25.** distanza di ~ (del materiale di scavo per es.) (*ing. civ.*), haul (ingl.). **26.** durante il ~ (danni subiti durante il trasporto per es.) (*trasp.*), in transit. **27.** esercizio del ~ aereo (*aer.*), air-transport operation. **28.** impianto di ~ (*ind.*), haulage plant, conveying plant. **29.** mezzo di ~ (*ind.*), transportation. **30.** spesa di ~ a mezzo tubi (*comm.*), pipage. **31.** spese di ~ (*comm.*), carriage. **32.** tempo di ~ (tempo necessario a spostare i pezzi nelle e dalle stazioni di lavoro) (*studio tempi*), handling time.

trasposizione (*gen.*), transposition. **2.** ~ (*mat.*), transposition. **3.** ~ (passaggio della pellicola da un proiettore all'altro) (*cinem.*), change-over. **4.** ~ (di fili telefonici a determinati intervalli per ridurre la diafonia) (*telef.*), transposition.

trass (pozzolana) (*mur.*), trass.

trassato (*s. - finanz. - comm.*), *vedi* trattario.

trass-cemento (*ed.*), trass cement.

trasudamento, *vedi* trasudazione.

trasudare (*fis.*), to transude, to percolate. **2.** ~ (umidità) (*fis.*), to ooze. **3.** ~ (bitume per es.) (*pavimentazione strad.*), to bleed. **4.** far ~ (esporre le pelli al vapore) (*ind. cuoio*), to stale.

trasudato (di liquido per es. da un contenitore poroso) (*a. - gen.*), bled, excided.

trasudazione (*fis.*), sweating, transudation. **2.** ~ (della pelle della pecora) (*ind. lana*), sweating. **3.** ~ (di bitume dalla pavimentazione) (*ing. civ.*), bleeding. **4.** ~ di piombo (*fis.*), lead sweating.

trasversale (*gen.*), transverse, transversal, traverse. **2.** (*a. - nav.*), athwartship. **3.** inclinazione ~ (di un aeroplano durante la manovra di virata per es.) (*aer.*), bank.

tratta (*amm. - comm.*), draft. **2.** ~ (cambiale) (*finanz. - comm.*), bill of exchange, draft. **3.** ~ a termine, *vedi* cambiale a termine. **4.** ~ a vista (*comm.*), sight draft, S/D. **5.** ~ bancaria (*finanz. - comm.*), banker's bill. **6.** ~ retale (elemento o tratto di rete) (*mar. milit.*), net section.

trattabilità (sensibilità al trattamento, di un acciaio) (*tratt. term.*), treatableness, response to treatment.

trattamento, treatment. **2.** ~ (dei minerali) (*min.*), dressing. **3.** ~ ad aria calda (nella industria della gomma, per essiccazione, vulcanizzazione ecc.), hot-air treatment. **4.** ~ a freddo (di metalli) (*tecnol. mecc.*), cold-treating. **5.** ~ a fuochi (o fasci) incrociati (*radiologia med.*), cross-fire treatment. **6.** ~ al carbolineum (processo di preservazione Blythe) (*legno*), blythe process. **7.** ~ al legno verde (riduzione con pali di legno verde, "perchage", di metalli liquidi, rame specialmente) (*metall.*), poling. **8.** ~ allo stato nativo (~ del minerale aurifero o argentifero: mediante frantumazione ed amalgamazione) (*min.*), free milling. **9.** ~ antiriflesso (~ antiriflessione) (*obiettivo fot.*), antireflection film, antireflection coating. **10.** ~ dei dati (*elab. - ecc.*), data handling. **11.** ~ del liquame (*ecol.*), sewage disposal. **12.** ~ di solubilizzazione (*tratt. term.*), solution treatment. **13.** ~ limite (nell'addolcimento dell'acqua) (*chim. ind.*), threshold treatment. **14.** ~ per immersione (*tecnol.*

mecc.), dipping. **15.** ~ preliminare (*ind.*), preliminary treatment. **16.** ~ protettivo (~ chimico protettivo o anticorrosivo) (*proc. chim. ind.*), inhibithing treatment. **17.** ~ sotto zero (sottoraffreddamento) (*tratt. term.*), sub-zero treatment, deep freezing. **18.** ~ successivo (*ind.*), aftertreatment. **19.** ~ termico (*tratt. term.*), heat treatment, heat-treating. **20.** ~ termico a induzione (*tratt. term.*), induction heat-treating. **21.** ~ termico delle superfici esterne (del pezzo) mediante apparecchio a induzione (*tratt. term.*), surface induction heat-treating. **22.** ~ termico di solubilizzazione (per facilitare la soluzione solida di un componente della lega) (*metall.*), solution heat treatment. **23.** ~ transazionale (*elab.*), transaction processing. **24.** reparto trattamenti termici (*tratt. term.*), heat-treating department (or bay). **25.** sottoporre a trattamenti migliorativi (migliorare la qualità di un prodotto con processi termici o chimici: p. es. vulcanizzare gomma, polimerizzare plastici ecc.) (*processo ind.*), to cure.

trattare (*chim. - ind. - metall.*), to treat. **2.** ~ (*comm.*), to deal, to negotiate. **3.** ~ con ammoniaca (nell'industria della gomma) (*chim. ind.*), to ammoniate. **4.** ~ con fondente (*metall.*), to flux. **5.** ~ con vapore (il legno per es.) (*carp.*), to steam. **6.** ~ galvanicamente (*elettrochim.*), to plate. **7.** ~ preventivamente (*chim.*), to pretreat. **8.** ~ termicamente (*tratt. term.*), to heat-treat.

trattario (*comm.*), drawee.

trattative (*comm.*), negotiations.

trattato (*a. - gen.*), treated. **2.** ~ (*s. - comm. - milit.*), treaty. **3.** ~ commerciale (p. es. tra nazioni) (*comm.*), commercial treaty.

tratteggiare (un pezzo in sezione) (*dis. mecc.*), to section. **2.** ~ (ombreggiare) (*dis.*), to hatch. **3.** ~ (ombreggiare, carte geografiche per es., per rappresentare pendii) (*dis.*), to hachure.

tratteggio (di un pezzo in sezione) (*dis. mecc.*), sectioning, section lining. **2.** ~ (per l'effetto dell'ombreggiatura) (*dis.*), hatch. **3.** ~ (ombreggiatura, di carte geografiche per es., per rappresentare pendii) (*dis.*), hachure. **4.** ~ incrociato (per effetto di ombreggiatura) (*dis.*), cross-hatching.

trattenere (limitare il movimento) (*mecc.*), to hold.

trattenuta (*comm. - amm.*), deduction. **2.** ~ diretta (pagata direttamente dal datore di lavoro ad una terza persona e trattenuta sul salario o stipendio) (*ind. - min.*), checkoff.

trattino (lineetta, segno usato in parole composte o per dividere una parola in sillabe) (*s. - scrittura*), hyphen.

tratto (di catena, di strada per es.), section. **2.** ~ (porzione di una rotta aerea per es.) (*navig. aer.*), leg. **3.** ~ (uno dei sette segmenti con i quali si può comporre ogni numero o lettera di alfabeto, atto ad essere rilevato da un lettore ottico) (*s. - elab. - stampa*), stroke. **4.** ~ (parte, o lunghezza determinata: di tubazione per es.), length. **5.** ~ ascendente [di lettera] (parte di lettera più alto della x: come ad es. per le lettere d, b, t ecc.) (*tip. - ecc.*), ascender. **6.** ~ (*fotomecc.*), line. **7.** ~ di binario (*ferr.*), track section. **8.** ~ neutro (di una linea di contatto) (*ferr. elett.*), neutral section. **9.** ~ tampone (di una linea di contatto) (*ferr. elett.*), buffer section. **10.** ~ utile (di una provetta per es.) (*gen.*), utilizable length. **11.** ~ utile (del mandrino di una macch. ut. per es.) (*mecc.*), grip length. **12.** negativo a ~ (*fotomecc.*), line negative. **13.** positivo a ~ (*fotomecc.*), line positive. **14.** riproduzione a ~ (*fotomecc.*), line copy.

trattore (*macch. ind.*), tractor. **2.** ~ a cingoli (*macch. agric.*), tracklaying tractor, crawler tractor. **3.** ~ agricolo (*macch. agric.*), farm tractor, agricultural tractor. **4.** ~ a ruote (*macch. agric.*), wheeled tractor. **5.** ~ a ruote di ferro (*macch. ind.*), steel tire wheeled tractor. **6.** ~ con pneumatici (*macch. ind.*), pneumatic tire wheeled tractor. **7.** ~ ferroviario (*macch. ferr.*), railway tractor. **8.** ~ pesante con tutte le ruote motrici (*milit.*), prime mover (ingl.). **9.** ~ , *vedi anche* trattrice.

trattorista (*op.*), tractor driver, cat skinner (slang am.).

trattrice (*macch. agric.*), tractor. **2.** ~ a cingoli (*macch. agric.*), crawler tractor. **3.** ~ agricola (*macch. agric.*), farm tractor. **4.** ~ a ruote (*macch. agric.*), wheeled tractor. **5.** ~ a triciclo (*macch. agric.*), tricycle tractor. **6.** ~ per coltivazioni allineate (*macch. agric.*), row-crop tractor. **7.** ~, *vedi anche* trattore.

trattura (filatura della seta) (*ind. tess.*), silk reeling.

travasare (un liquido da un recipiente ad un altro) (*gen.*), to transfer. **2.** ~ (con sifone), to siphon. **3.** ~ (per decantazione), to decant. **4.** ~ (per separare un liquido dai suoi sedimenti per es.) (*ind. - agric.*), to rack.

travaso (di un liquido) (*gen.*), transfer. **2.** ~ (per separare prodotti liquidi come vini ecc. dalla fondata) (*ind. ecc.*), racking. **3.** pompa di ~ (*macch.*), transfer pump.

travata (*ed.*), girder, truss. **2.** ~ di un ponte (*ed.*), bridge girder, bridge truss.

travatura (reticolare) (*ed.*), truss. **2.** ~ ad arco (*sc. costr.*), arch truss. **3.** ~ ad arco con tiranti verticali (*costr. - civ.*), bowstring truss. **4.** ~ ad elementi (*sc. costr.*), panel-girder. **5.** ~ a falce (*costr. civ.*), crescent-shaped beam. **6.** ~ a traliccio (*sc. costr. - carp. - mecc.*), lattice girder. **7.** ~ a trapezio (*sc. costr.*), trapezoidal truss. **8.** ~ con anima piena (*sc. costr. - carp. - mecc.*), plate girder. **9.** ~ da ponte (*ed.*), bridge truss, bridge girder. **10.** ~ parabolica (olandese) (*sc. costr.*), parabolic truss. **11.** ~ parabolica a falce (*sc. costr.*), sickle-shaped truss, crescent shaped truss. **12.** ~ parallela (*sc. costr.*), parallel truss. **13.** ~ reticolare (*sc. costr.*), truss.

trave (*ed.*), beam, girder. **2.** ~ (in ferro) (*sc. costr.*), beam, girder. **3.** ~ (di un forno per vetro: trave di argilla usata per trattenere le impurità galleggianti) (*mft. vetro*), floater. **4.** ~ a "C" (*profilato* *comm.*), channel iron. **5.** ~ ad ali larghe (*sc. costr.*), broad-flanged beam. **6.** ~ ad I (*profilato comm.*), I girder. **7.** ~ a doppio sbalzo (sostenuta nel mezzo) (*sc. costr.*), cantilever truss. **8.** ~ a doppio T (*profilato comm.*), H-beam. **9.** ~ a I (*profilato comm.*), I beam. **10.** ~ appoggiata (*sc. costr.*), supported beam. **11.** ~ appoggiata alle estremità (*sc. costr.*), simple beam, beam (or girder) supported at both ends. **12.** ~ a sbalzo (*sc. costr.*), cantilever. **13.** ~ a scatola (*sc. costr.*), box girder, box beam. **14.** ~ assiale (di un dirigibile rigido per es.) (*costr. ind.*), axial girder. **15.** ~ a T (*profilato comm.*), T beam, T bar. **16.** ~ a U (*profilato comm.*), channel iron, channel, U beam. **17.** ~ ballerina (trave trasversale che tramite la ralla sopporta la metà del peso della cassa) (*costr. ferr.*), swing beam, swing bolster. **18.** ~ cava (tubolare) (trave in acciaio, a cassone) (*ed. - ecc.*), tubular girder. **19.** ~ centrale longitudinale (di un vagone ferr.) (*ferr.*), center sill. **20.** ~ composta (*sc. costr.*), truss beam, compound beam, built-up beam. **21.** ~ composta (in legno con rinforzi in ferro) (*ed.*), flitch beam. **22.** ~ composta di ponte (*costr. ed.*), bridge compound beam. **23.** ~ continua (*sc. costr.*), continuous beam. **24.** ~ crociata (di un dirigibile per es.) (*costr. ind.*), cruciform girder. **25.** ~ da tetto con smusso ed incastro per alloggio della trave di gronda (*ed.*), beveled roof spar with notch for pole plate. **26.** ~ del soffitto (*ed.*), ceiling beam. **27.** ~ di appoggio (del tetto, tra muro e capriata) (*ed.*), wall plate. **28.** ~ di chiglia (chiglia) (di una nave in ferro) (*costr. nav.*), bar keel. **29.** ~ di coda (di un aeroplano) (*aer.*), tail boom, boom, outrigger. **30.** ~ di colmo (di un tetto) (*ed.*), ridgepole, rooftree. **31.** ~ di contrappeso (di ponte levatoio) (*ponte*), balance beam. **32.** ~ di controvento (*ed.*), wind beam. **33.** ~ di cubia (*nav.*), hawsepiece, hawse timber. **34.** ~ di Differdingen (profilo comm.) (*ed.*), Differdingen beam. **35.** ~ di ferro laminato (*sc. costr.*), rolled iron girder. **36.** ~ di gronda (di un tetto) (*ed.*), pole plate. **37.** ~ Howe (*ed.*), Howe truss. **38.** ~ in aggetto (*sc. costr.*), overhanging beam. **39.** ~ incastrata (*sc. costr.*), fixed beam, restrained beam. **40.** ~ incastrata ad una estremità (*sc. costr.*), cantilever, beam fixed at one end. **41.** ~ incastrata alle estremità (*sc. costr.*), fixed beam, beam fixed at both ends. **42.** ~ incastrata ed appoggiata (*sc. costr.*), beam fixed at one end and supported at the other end. **43.** ~ inclinata (puntone: di capriata) (*ed.*), principal rafter. **44.** travi incrociate (*sc. costr.*), crossed beams. **45.** ~ in ferro (*sc. costr.*), iron beam. **46.** ~ in legno (*ed.*), wooden beam, timber beam, timber. **47.** ~ longitudinale intermedia (di un dirigibile) (*costr. aer.*), intermediate longitudinal. **48.** ~ longitudinale principale (di un dirigibile) (*costr. aer.*), main longitudinal. **49.** ~ orizzontale (di un quadro di sostegno di galleria) (*min.*), girth. **50.** ~ orizzontale di rinforzo (*costr. civ.*), girt. **51.** ~ orizzontale in legno (*carp. - ed.*), stringer. **52.** ~ oscillante (trave ballerina) (*costr. ferr.*), swing bolster, swing beam. **53.** ~ portante (trave trasversale della cassa trasmettente il carico al carrello attraverso la ralla) (*ferr.*), body bolster. **54.** ~ principale (o maestra) (*ed.*), main girder. **55.** ~ principale inferiore (di una capriata) (*sc. costr.*), lower chord. **56.** ~ resistente a sollecitazioni di taglio (*sc. costr.*), shear beam. **57.** ~ reticolare tipo Pratt (*sc. costr.*), Pratt truss. **58.** ~ reticolare Warren (per costruzione di ponti) (*sc. costr.*), Warren truss. **59.** ~ scatolata (usata nelle costruzione aeronautiche per es.) (*aer.*), box girder. **60.** ~ stirata (*ind. metall.*), stretched beam, stretched girder. **61.** ~ tubolare composta (*sc. costr.*), tubular girder. **62.** ~ Vierendeel (per costruzione di ponti) (*sc. costr.*), Vierendeel truss. **63.** ~ Warren (*sc. costr.*), Warren truss. **64.** calcolo di una ~ (*sc. costr.*), girder calculation. **65.** elemento di ~ composta (*carp. - ind. metall.*), flitch.

traveler's check, *vedi* assegno turistico.

travèrsa, transom, traverse, crosspiece. **2.** ~ (di un telaio di automobile per es.) (*mecc.*), cross member. **3.** ~ (traversina, di binario) (*ferr.*), sleeper, tie (am.). **4.** ~ (di un affusto di cannone) (*artiglieria*), transom. **5.** ~ (trave orizzontale fissata ai montanti verticali di un ponteggio) (*ed.*), ledger. **6.** ~ (elemento orizzontale di parapetto per es.) (*carp.*), rail. **7.** ~ (via trasversale) (*strad.*), traverse. **8.** ~ (di un carrello) (*ferr.*), transom. **9.** ~ (di un palo telegrafico per es., per sorreggere gli isolatori) (*impianto elett. - ecc.*), cross arm. **10.** ~ (*veic. ferr.*), crossbeam. **11.** ~ antiscorrimento (del materiale trasportato da un trasportatore a nastro inclinato per es.) (*macch. ind.*), cross flight. **12.** ~ collegamento ceppi (*ferr.*), brake beam. **13.** ~ del separasabbia (sottile striscia di legno posta attraverso il flusso della pasta di legno) (*mft. carta*), riffle. **14.** ~ del telaio (di automobile per es.) (*mecc. - carp.*), frame cross member. **15.** ~ di testata (testata del telaio, di un carro) (*ferr.*), end sill. **16.** ~ inferiore intermedia (di un dirigibile) (*aer.*), intermediate base-strut. **17.** ~ orizzontale (corrente) (*carp.*), stringer. **18.** ~ oscillante (*veic. ferr.*), swinging transom. **19.** ~ per ponti (*nav.*), deck girder. **20.** ~ porta-anelli (*macch. ind. tess.*), ring rail. **21.** ~ porta-respingenti (di una locomotiva per es.) (*ferr.*), buffer beam. **22.** ~ principale (*veic. ferr.*), main transom. **23.** ~ supporto tronchi (di un carro ferr.) (*ferr.*), log bunk (am.).

traversare l'àncora (*nav.*), to stow the anchor, to secure the anchor.

traversìa (*nav.*), prevailing wind.

traversina (*ferr.*), sleeper, tie (am.). **2.** ~ (di ferro) ad I (*ferr.*), I section sleeper, I section tie. **3.** ~ impregnata (*ferr.*), impregnated sleeper (or tie), treated tie (or sleeper). **4.** ~ non impregnata (*ferr.*), untreated sleeper (or tie), unimpregnated sleeper (or tie).

traversino (cima di sostegno di chi scandaglia) (*nav.*), breastband, breastrope. **2.** ~ (cavo sussidiario di ormeggio disposto trasversalmente: di una nave alla banchina per es.) (*nav.*), breast fast. **3.** ~ (di un locomotore elettrico per es.) (*ferr.*), axle guide brace. **4.** ~ (nelle macchine per il lavaggio dell'oro) (*min.*), riffle, strip, bar. **5.** ~ di maglia (di catena) (*nav. - ecc.*), link stud.

travèrso, al ~ (*nav.*), on the beam, abeam. **2.** a 45° a poppavia del ~ (*nav.*), on the quarter. **3.** per il ~ (trasversalmente) (*nav.*), athwart.

traversobanco (galleria) (*min.*), crosscut.

travertino (roccia calcarea), travertine.

travetto (*ed. tetto*), *vedi* travicello.

travicèllo (*ed.*), joist, batten, floor joist. **2.** ~ del tetto (nell'intelaiatura del tetto) (*ed.*), rafter, common rafter.

trazione (*fis. - sc. costr.*), traction. **2.** ~ (atto di tirare o di rimorchiare) (*gen.*), tug. **3.** ~ (sulle quattro ruote o solo anteriore per es.) (*aut. - ecc.*), drive. **4.** ~ (elettrica o a vapore) (*ferr.*), traction. **5.** ~ agli ormeggi (trazione alla bitta, nelle prove a banchina degli apparati motori installati a bordo) (*nav.*), bollard pull. **6.** ~ alla bitta (trazione agli ormeggi di una motobarca in sede di prova dell'apparato motore) (*nav.*), bollard pull. **7.** ~ anteriore (*veic. - aut.*), front-wheel drive, front drive. **8.** ~ a vapore (*ferr.*), steam traction. **9.** ~ diretta (senza interposizione di ingranaggi) (*mecc.*), gearless traction. **10.** ~ elettrica (*ferr.*), electric traction. **11.** ~ integrale (~ sulle quattro ruote) (*aut. - ecc.*), four-wheel drive. **12.** ~ posteriore (*veic. - aut.*), rear-wheel drive, rear drive. **13.** ~ sulle ruote anteriori (*aut.*), front-wheel drive. **14.** a ~ integrale, *vedi* a ~ sulle quattro ruote. **15.** a ~ posteriore (*a. - aut. - ecc.*), rear drive.**16.** a ~ sulle quattro ruote [con tutte le ruote motrici] (*a. - aut.*), four-wheel drive. **17.** broccia di ~ (*ut. mecc.*), pull broach. **18.** dispositivo di ~ (di carro ferr.) (*ferr.*), draw gear. **19.** di ~ (*a. - mecc.*), tractive. **20.** gancio di ~ (*ferr.*), draw hook. **21.** gancio di ~ a spostamento laterale (*ferr.*), draw hook with side play. **22.** prova a ~ (*sc. costr.*), tensile test, tensile stress test. **23.** resistenza alla ~ (dei materiali) (*sc. costr.*), resistance to tensile stress. **24.** sollecitazione di ~ (dei materiali) (*sc. costr.*), tensile stress.

trealberi (veliero a tre alberi) (*nav.*), three-master.

trebbiare (*agric.*), to thresh.

trebbiatore (*lav.*), thresher.

trebbiatrice (*macch. agric.*), thresher, threshing machine. **2.** ~ per avena (*macch. agric.*), oat thresher.

trebbiatura (*agric.*), threshing.

treccia, braid, plait. **2.** ~ di paglia (*fond. - ecc.*), straw plait. **3.** ~ di rame (per conduttori elett. per es.), copper plait. **4.** ~ incatramata (o catramata) (*nav.*), fox. **5.** conduttore a ~ (*elett.*), plaited conductor.

trecciare (intrecciare) (*gen.*), to plait, to braid.

trecciatrice (macchina per intrecciare) (*ind. corde*), plaiting machine, braiding machine.

tredicesima (mensilità) (*s. - pers.*), thirteenth month pay, thirteenth-month bonus.

tréfolo (di una fune per es.), strand. **2.** ~ (di un laminatoio, estremità a tre lobi sporgente dalla gabbia, per il comando dei cilindri) (*laminatoio*), wobbler. **3.** ~ centrale (*mft. cordame*), core strand. **4.** a trefoli (composto di due o più trefoli) (*cordame*), plied. **5.** avvolgere trefoli (di una fune per es.), to twist strands. **6.** formare i trefoli (*mft. cordame*), to strand. **7.** macchina per fare trefoli (*mft. cordame*), stranding machine.

treggia, *vedi* lizza.

tregua (*milit.*), truce. **2.** ~ salariale (*sindacati*), wage pause.

"trematura" (scabrosità: segno da vibrazione dell'utensile, segno di saltellamento) (*difetto - lav. macch. ut.*), chatter mark. **2.** ~ *vedi anche* scabrosità, rugosità.

trementina (*chim.*), turpentine. **2.** essenza di ~ (olio essenziale di trementina) (*chim. farm.*), oil of turpentine.

tremolante (immagine di film proiettato che "balla") (*difetto cinem.*), unsteady.

tremolìo (dell'immagine) (*cinem.*), flicker (ingl.). **2.** ~ (di luce) (*illum.*), flicker. **3.** ~ (del tono: della voce per es.) (*acus.*), quaver. **4.** ~ (*tlcm.*), jitter.

trenaggio (trasporto di minerale nelle gallerie) (*min.*), haulage.

trèno (*ferr.*), train. **2.** ~ (di ingranaggi per es.) (*mecc.*), train. **3.** ~ (di laminazione) (*macch.*), roll train, train, rolling mill, mill, rolls. **4.** ~ (di carrelli in miniera) (*min.*), run. **5.** ~ accelerato (*ferr.*), slow train. **6.** ~ a duo (laminatoio) (*macch.*), two-high rolling mill, twin mill. **7.** ~ appiattitore (*laminatoio*), flattening mill. **8.** ~ articolato (*ferr.*), articulated train. **9.** ~ a serpentaggio (di laminatoio) (*macch. metall.*), looping mill. **10.** ~ a trio (laminatoio) (*macch. metall.*), three-high rolling mill. **11.** ~ bestiame (*trasp. ferr.*), cattle train. **12.** ~ blindato (treno armato) (*ferr. milit.*), armored train. **13.** ~ "blooming" (*macch. metall.*), blooming rolling mill, blooming mill, cogging mill. **14.** ~ con carrozze intercomunicanti (*ferr.*), vestibule train. **15.** ~ continuo (di laminatoio) (*macch. metall.*), continuous mill. **16.** ~ continuo a caldo per nastri (di laminatoio) (*macch. metall.*), continuous hot strip mill. **17.** ~ di impulsi (*elab.*), pulse train, pulse string. **18.** ~ di ingranaggi cicloidali (*mecc.*), cyclic train. **19.** ~ di ingranaggi cilindrici (*mecc.*), train of spur wheels. **20.** ~ di laminazione (*macch.*), train of rolls. **21.** ~ di lusso (*ferr.*), luxury train. **22.** ~ di onde (*fis.*), wave train, train of waves. **23.** ~ diretto (*ferr.*), fast train. **24.** ~ direttissimo, *vedi* ~ espresso. **25.** ~ di rulli (di un laminatoio) (*ferriera*), roll train. **26.** ~ di soccorso (per liberare i binari dopo un incidente) (*ferr.*), wreck train. **27.** ~ di tazze (di un elevatore per es.) (*app. mecc.*), bucketline. **28.** ~ di trafilatura per fili (*macch. metall.*), wire mill. **29.** ~ di vagonetti (*min.*), trip. **30.** ~ espresso (*ferr.*), express train.

31. ~ finitore (laminatoio) (*macch. metall.*), finishing rolling mill, finishing rolls. **32.** ~ finitore a caldo a gabbie in tandem (*laminatoio*), stand tandem hot finishing train. **33.** ~ formato di unità motrici a comando multiplo (*ferr. elett.*), multiple–unit train. **34.** ~ grosso (di laminatoio) (*macch. metall.*), breaking down mill, big mill. **35.** ~ locale (*ferr.*), way train, local train. **36.** ~ merci (*ferr.*), goods train (ingl.), freight train (am.), local train. **37.** ~ misto (passeggeri e carri merci) (*ferr.*), mixed train. **38.** ~ omnibus (*ferr.*), accomodation train (am.), local train. **39.** ~ ospedale (*ferr.*), hospital train. **40.** ~ passeggeri (*ferr.*), passenger train. **41.** ~ per cerchioni (*macch. metall.*), tire mill. **42.** ~ per lamiere (laminatoio) (*macch. metall.*), sheet rolling mill. **43.** ~ per nastri (di laminatoio) (*macch. metall.*), strip mill. **44.** ~ per rotaie (laminatoio) (*macch. metall.*), rail rolling mill. **45.** ~ per ruote (di laminatoio) (*macch. metall.*), disk mill, wheel rolling mill. **46.** ~ per servizio veloce a frequenti fermate (tipo metropolitana) (*ferr.*), rapid transit train. **47.** ~ per vergella (laminatoio per vergella) (*macch. metall.*), wire mill. **48.** ~ piccolo (di laminatoio) (*macch. metall.*), small mill, small section rolling mill. **49.** ~ posteriore (parte posteriore di un'auto consistente nel ponte posteriore, differenziale, ruote motrici ecc.) (*aut.*), rear end (ingl.). **50.** ~ preparatore (treno medio, di laminatoio) (*macch. metall.*), intermediate mill, intermediate rolls. **51.** ~ rapido (*ferr.*), non–stop train, through train. **52.** ~ rifinitore dei bordi (*macch. metall.*), edging mill. **53.** ~ sbozzatore (laminatoio) (*macch. metall.*), roughing mill, roughing rolling mill, roughing train. **54.** ~ semicontinuo (di laminatoio) (*macch. metall.*), semicontinuous mill. **55.** ~ serpentaggio (*macch. metall.*), looping rolling mill. **56.** ~ universale (*macch. metall.*), universal rolling mill. **57.** arrivo di un ~ (*ferr.*), train arrival. **58.** attenti al ~! (*traff. strad,*), look out for locomotive! **59.** composizione di un ~ (*ferr.*), train composition. **60.** dare la partenza al ~ (*ferr.*), to despatch the train. **61.** dare via libera al ~ (*ferr.*), to let the train run through. **62.** formazione di un ~ (*ferr.*), making–up of a train. **63.** il ~ è in orario (*ferr.*), the train is in good time, the train is in schedule time. **64.** movimento (dei ~) (*ferr.*), (train) traffic. **65.** partenza di un ~ (*ferr.*), train departure. **66.** passaggio di un ~ (*ferr.*), running through of a train. **67.** perdere il ~ (*ferr.*), to miss the train. **68.** prendere il ~ (*ferr.*), to catch the train. **69.** scomposizione dei treni (*ferr.*), splitting up of trains.

trentaduesimo (dimensione di libro) (*tip.*), thirty-twomo, 32mo.

trentaseiesimo (dimensione di libro) (*tip.*), thirty-sixmo, 36mo.

trepidazione (vibrazione, di un utensile per es.) (*mecc.*), vibration.

treppièdi (*att. fot. - att. top.*), tripod.

trequarti (*strum. med.*), trocar.

trèvo (vela quadra inferiore) (*nav.*), course.

triac (apparecchio elettronico costituito da due tiristori collegati in antiparallelo) (*eltn.*), triac.

triade (*chim.*), triad.

triadico (a tre elementi) (*a. - gen.*), triadic.

triangolare (*a.*), triangular.

triangolazione (*top.*), triangulation. **2.** ~ aerea (*fotogr. aerea*), aerial triangulation. **3.** ~ (aerea) radiale (metodo fotogrammetrico di triangolazione aerea) (*fotogr. aerea*), radial triangulation. **4.** ~ di 1° ordine (*top.*), 1st order triangulation. **5.** ~ di 2° ordine (*top.*), 2nd order triangulation. **6.** ~ di 3° ordine (*top.*), 3rd order triangulation. **7.** ~ di 4° ordine (*top.*), 4th order triangulation. **8.** ~ geodetica (*top.*), arc triangulation. **9.** rete di ~ (*top.*), triangulation net. **10.** vertice di ~ (*top.*), triangulation station.

triàngolo (*geom.*), triangle. **2.** ~ (collegamento elettrico), delta. **3.** ~ (di pericolo, triangolo rosso) (*traff. strad. - aut.*), red warning triangle, red triangle. **4.** ~ acutangolo (*geom.*), acute–angled triangle. **5.** ~ delle forze (*sc. costr.*), triangle of forces. **6.** ~ delle linee di posizione (*navig. aerea*), "cocked hat". **7.** ~ di reazione (di una sospensione automobilistica) (*aut.*), reaction triangle. **8.** ~ equilatero (*geom.*), equilateral triangle. **9.** ~ generatore (di una filettatura) (*mecc.*), fundamental triangle. **10.** ~ isoscele (*geom.*), isosceles triangle. **11.** ~ ottuso (*geom.*), obtuse–angled triangle. **12.** ~ piano (*geom.*), plane triangle. **13.** ~ rettangolo (*geom.*), right–angled triangle. **14.** ~ scaleno (*geom.*), scalene triangle, scalene. **15.** ~ sferico (*geom.*), spherical triangle.

trias (*geol.*), *vedi* triassico.

triàssico (*geol.*), Triassic.

triatòmico (*chim. - fis.*), triatomic.

tribàsico (*chim.*), tribasic.

triboelettricità (elettricità di strofinìo, elettricità per strofinìo) (*elett.*), triboelectricity.

tribologia (studio dell'attrito, usura e lubrificazione di superfici in moto relativo: p. es. di cuscinetti, ingranaggi ecc.) (*s. - mecc.*), tribology.

triboluminescenza (prodotta da attrito) (*fis.*), triboluminescence. **2.** ~ (piezoluminescenza) (*fis.*), piezoluminescence.

tribometro (misuratore di attrito radente) (*strum.*), tribometer.

tribordo (fianco destro) (*s. - nav.*), starboard side. **2.** di ~ (di dritta) (*a. - nav.*), starboard.

tribuna (*arch.*), tribune. **2.** ~ coperta (in uno stadio per es.) (*ed.*), grandstand. **3.** ~ per oratore (*arch.*), rostrum.

tribunale (*leg.*), tribunal, court, courthouse. **2.** ~ di prima istanza (*leg.*), court of first instance, district court.

tributario (*a. - finanz.*), fiscal.

tributi (tasse) (*finanz.*), dues.

triciclo (*veic.*), tricycle. **2.** ~ a motore (*veic.*), motor

tricycle. **3.** ~ a pedali (per l'ispezione della linea) (*ferr.*), velocipede car.
triclino (*cristallografia*), triclinic.
tricloroetilène (solvente) (CHCl: CCl_2) (*chim. ind.*), trichlorethylene.
tricresilfosfato (fosfato di tricresile) (additivo per benzine etilizzate: per diminuire gli effetti dei depositi di piombo) (*raffineria petrolio*), tricresyl phosphate.
tricromàtico (*a.* - *tip.*), trichromatic.
tricromia (*fot.*), three-color photography. **2.** ~ (*fotomecc.*), three-color process. **3.** ~ (processo di), trichromatism. **4.** inchiostro per ~ (*tip.*), three-color ink.
tridimensionale (*a.* - *gen.*), tridimensional. **2.** ~ (di uno spazio per es.) (*a.* - *fis.*), three-dimensional.
tridimite (SiO_2) (*min.*), tridymite.
trièdro (*geom.*), trihedron.
trielina (*chim. ind.*), *vedi* tricloroetilene.
trifase (*a.* - *elett.*), three-phase.
trifenilmetano [$(CH(C_6H_5)_3$] (*chim.*), triphenylmethane.
trifòglio (*arch.*), trefoil. **2.** ~ (grappolo di tre paracadute) (*aer.*), trefoil.
"trigatron" (valvola usata nei modulatori per radar) (*radar*), trigatron.
trigger (impulso di comando) (*eltn.*), trigger.
triglifo (*arch.*), triglyph.
trigonometria, trigonometry. **2.** ~ piana, plane trigonometry. **3.** ~ sferica, spherical trigonometry.
trigonometrico (*mat.*), trigonometric.
trilione (10^{18}) (*mat.*), trillion (ingl.) quintillion (am.).
trìlobo (decorazione a fogliami divisa in tre lobi) (*arch.*), flamboyant.
trimarano (veliero da diporto a tre scafi) (*nav.*), trimaran.
trimestrale (*a.*), quarterly.
trimestralmente (*avv.*), quarterly.
trimèstre, quarter.
trimotore (aeropolano) (*aer.*), trimotor plane.
trinca (legatura robusta fatta con molte passate) (*nav.*), gammoning, gammon. **2.** ~ delle sartie (corta cima od elemento in ferro per tenere le sartie a ridosso degli alberi onde lasciare maggior libertà ai pennoni) (*nav.*), catharpin, catharping. **3.** alla ~ (*nav.*), *vedi* alla cappa.
trincare (il bompresso) (*nav.*), to gammon, to woold.
trincarino (rinforzo longitudinale di scafo metallico o in legno) (*costr. nav.*), stringer. **2.** ~ (di nave in legno) (*costr. nav.*), waterway. **3.** ~ dei bagli (*costr. nav.*), beam stringer. **4.** ~ del ponte (*costr. nav.*), deck stringer. **5.** ~ di coperta (*costr. nav.*), deck stringer. **6.** ~ di corridoio (*costr. nav.*), orlop stringer.
trincatura (legatura a molte passate, fasciatura) (*nav.*), gammoning, woolding.
trincèa (*ed.*), trench. **2.** ~ (*ferr.* - *strad.*), cutting. **3.** ~ (*milit.*), trench. **4.** ~ d'accesso (*min.*), approach cutting. **5.** taglio in ~ (*ferr.* - *costr. strad.*), opencut.
trincetto (*ut. per calzolaio*), shoe knife.
trinchettina (*nav.*), fore topmast staysail.
trinchetto (albero di) (*nav.*), foremast.
trinciaforaggi (*macch. agric.*), fodder cutter, hay cutter.
trinciapaglia (*macch. agric.*), straw-cutting machine.
trinciatrice (spezzettatrice) (*macch. ind. e agric.*), shredder. **2.** ~ per bietole (fettucciatrice) (*macch. ind. zucchero*), slicing machine, slicer.
trinciatrice-insilatrice (*macch. agric.*), silage cutter.
trinitrobenzene ($C_6H_3(NO_2)_3$; T.N.B.) (*chim.*), trinitrobenzene, T.N.B.
trinitrotoluene (*espl.*), *vedi* trinitrotoluolo.
trinitrotoluòlo [$(C_6H_2(CH_3)(NO_2)_3$] (*espl.*), trinitrotoluene, trinitrotoluol, T.N.T.
trio (gabbia a trio, gabbia a tre cilindri) (*laminatoio*), three-high mill, trio mill. **2.** a ~ (di laminatoio a tre cilindri) (*ferriera*), three high.
triòdo (valvola termoionica) (*termoion.*), triode, three-electrode tube. **2.** ~ a gas (*termoion.*), grid-glow tube. **3.** ~ raffreddato ad aria (*termoion.*), air-cooled triode, act.
triòdo-esòdo (*termoion.*), triode-hexode.
triossido (*chim.*), trioxide.
tripala (a tre pale, elica) (*a.* - *nav.* - *aer.*), three-blade.
triplano (*aer.*), triplane.
tripletto (linea spettrale) (*ott.*), triplet.
triplicatore di frequenza (del segnale) (*eltn.*), tripler.
triplice (costituito da tre parti) (*gen.*), triplex.
triplo (*a.* - *gen.*), triple.
triplometro (pertica) (*att. top.*), three meter rod.
tripolare (*a.* - *gen.*), tripolar, three-pole.
trìpoli (*min.*), tripoli, infusorial earth, diatomite, diatomaceous earth.
tripolimero (tipo di copolimero) (*chim.*), terpolymer.
tripolo, *vedi* tripoli.
trippa (pelle depilata, scarnata, purgata dalla calce e macerata, pelle pronta per la concia) (*ind. cuoio*), pelt, skin ready for tanning. **2.** peso delle pelli in ~ (peso delle pelli in conceria senza pelo ecc. ma prima della spaccatura) (*ind. cuoio*), beamhouse weight.
trisaccàridi (esatriosi) (*chim.*), trisaccharides.
trisilicato (*chim.*), trisilicate.
trisolfito (*chim.*), trisulphite, trisulfite.
trisolfuro (*chim.*), trisulphide, trisulfide.
tritacarne (*app. domestico*), meat chopper.
tritare (*gen.*), to mince, to chop.
tritarifiuti (*app. elett.*), garbage disintegrator.
tritello (cruschello) (*agric.*), fine bran.
tritino (pezzatura di carbone, lignite ecc.) (*comb.*), pea. **2.** ~ di antracite (*comb.*), pea coal.
tritio (isotopo dell'idrogeno: idrogeno pesantissimo) (H^3 - T - *chim.* - *fis. atom.*), tritium.

trito (minuto, pula, carbone in pezzatura minuta) (*s. - comb.*), smalls.
tritolo (*espl.*), *vedi* trinitrotoluolo.
triton (nucleo instabile di tritio) (*radioatt.*), triton.
trìttico (*arch.*), triptych.
triturare (polverizzare) (*gen.*), to triturate.
trivalènte (*chim.*), trivalent, tervalent, triatomic.
trivèlla (sonda) (*ut. min.*), drill. **2.** ~ (a mano per legno, per eseguire fori di diametro maggiore di quelli ottenuti col succhiello) (*ut. legn.*), auger. **3.** ~ a corona (per taglio carote) (*ut. min.*), annular auger. **4.** ~ ad elica (*ut. falegn.*), screw auger. **5.** ~ a graniglia di acciaio (*ut. min.*), shot drill. **6.** ~ a percussione (*ut. min.*), percussion drill, churn drill. **7.** ~ a sgorbia (*ut. falegn.*), pod auger. **8.** ~ a tortiglione (trivella ad elica) (*ut. falegn.*), screw auger. **9.** ~ a valvola (per trivellazione di pozzi per es.) self-emptying borer (or drill). **10.** ~ con cavità interna (trivella cava) (*ut. falegn.*), shell auger. **11.** ~ di pulizia (cucchiaia di pulizia, nella trivellazione del petrolio) (*ut. min.*), mud auger. **12.** ~ per pali (*macch. mur.*), post-hole digger. **13.** ~ per rilevamento campioni (*min.*), bottom hole sample taker. **14.** ~ tubolare con taglio a corona (punta a corona di acciaio temprato) (*ut. per pozzi*), adamantine drill.
trivellare (perforare: un pozzo per es.) (*min.*), to drill, to spud, to sink.
trivellatore (*op. min.*), driller.
trivellazione (di un pozzo per es.), drilling, boring, sinking. **2.** ~ a getto (d'acqua o d'aria) (*min.*), jetting. **3.** ~ a percussione (*min.*), rope drilling, percussion drilling, cable drilling. **4.** ~ a pressione (*min. - ed. - ecc.*), pressure drilling. **5.** ~ a rotazione (*min.*), rotary drilling. **6.** ~ con fango misto ad aria (perforazione con fango misto ad aria, sondaggio con fango misto ad aria) (*min.*), aerated-mud drilling. **7.** ~ profonda (*min.*), deep drilling. **8.** ~ sottomarina (sondaggio sottomarino, perforazione in mare aperto) (*min.*), offshore drilling, submarine drilling. **9.** impianto galleggiante di ~ (piattaforma galleggiante munita di impianto per trivellazioni sottomarine) (*petrolio - nav.*), floating rig. **10.** impianto per ~ petrolifera (su terraferma) (*min.*), oil rig. **11.** torre di ~ (torre di sondaggio, di un pozzo di petrolio) (*min.*), derrick. **12.** ubicazione del foro di ~ (*min.*), drill hole location.
trocoide (*geom.*), trochoid.
"trocotron" (tipo di spettrografo di massa) (*eltn.*), trochotron.
trofeo (coppa) (*sport*), trophy, cup.
trògolo (*att. agric.*), trough.
trolley (per veic. elett.) (*ferr. - tram*), trolley, current collector.
tromba (app. per aut. per es.) (*app. acus.*), horn. **2.** ~ d'aria ("tornado") (*meteor.*), tornado. **3.** ~ delle scale (spazio verticale occupato dalla scala) (*ed. - arch.*), stairwall staircase. **4.** ~ elettrica (app. per aut. per es.) (*app. acus.*), electric horn. **5.** ~ marina (*meteor.*), spout, waterspout. **6.** ~ pneumatica (tipo antiquato di avvisatore acustico) (*aut.*), air horn. **7.** linguetta per ~ ad aria (*mecc. acus.*), horn reed.
trombettiere (*milit.*), bugler.
troncabillette (troncatrice per billette, cesoia troncabillette) (*macch.*), billet shears.
troncamento (omissione di decimali o di parte di una stringa) (*mat. - elab.*), truncation. **2.** ~, *vedi* troncatura.
troncare (*gen.*), to truncate. **2.** ~ (una barra al tornio per es.) (*mecc. - macch. ut.*), to part, to part off. **3.** ~ (omettere i decimali di un numero) (*mat. - elab.*), to truncate. **4.** ~ (barre o billette) con la cesoia (*tecnol. mecc.*), to shear.
troncatore (utensile troncatore, utensile per troncare) (*ut.*), parting tool.
troncatrice (per barre) (*macch. ut.*), cropper, cutting-off machine. **2.** ~ (cesoia, per barre o billette) (*macch.*), shear. **3.** ~ di colate (di getti solidificati) (*fond.*), sprue cutter.
troncatura (di colate: di getti solidificati) (*fond.*), sprueing. **2.** ~ (di barre al tornio per es.) (*mecc. - macch. ut.*), parting, parting-off. **3.** ~ alla cesoia (*mecc.*), shearing.
tronchese (*ut.*), cutting nippers. **2.** ~ a doppia leva (o a ginocchiera) (*ut.*), toggle-jointed cutting nippers. **3.** ~ tagliareti (*mar. milit.*), netting nippers (ingl.).
tronchesine (*ut.*), *vedi* tronchese.
tronchetto (di scarico, tubo per scarico diretto dei gas dai cilindrici) (*mot. aer.*), stub pipe.
tronco (fusto) (*legno*), stock. **2.** ~ (abbattuto) (*legno*), log. **3.** ~ centrale (di fusoliera tra le due semiali) (*aer.*), center section. **4.** ~ corto (staccabile) d'albero a manovella (di un motore radiale) (*mot. aer.*), maneton. **5.** ~ di albero (in vita), tree trunk. **6.** ~ di binario (*ferr.*), railroad section. **7.** ~ di cono (*geom.*), frustum of cone, truncated cone. **8.** ~ di piramide (*geom.*), frustum of pyramid. **9.** ~ di raccordo (*ferr.*), siding, sidetrack. **10.** ~ ferroviario (*ferr.*), railway section. **11.** ~ maggiore (albero maggiore) (*nav.*), lower mast. **12.** ~ maggiore di maestra (*nav.*), lower mainmast. **13.** ~ maggiore di mezzana (*nav.*), lower mizzen mast. **14.** ~ maggiore di trinchetto (*nav.*), lower foremast. **15.** ~ squadrato (*carp.*), squared log.
troostite (*metall.*), troostite.
tropeolina, *vedi* eliantina.
tropicale (*a. - meteor.*), tropical.
tropicalizzare (*elett. - ecc.*), to tropicalize.
tropicalizzato (*a. - elett. - ecc.*), tropicalized.
tropicalizzazione (*elett. - ecc.*), tropicalization.
tròpico (*geogr.*), tropic. **2.** ~ del cancro (*geogr.*), tropic of cancer. **3.** ~ del capricorno (*geogr.*), tropic of capricorn.
tropopàusa (*meteor.*), tropopause.
troposfèra (la regione dell'atmosfera che si estende da 10 km a 19 km di altezza) (*spazio*), troposphere.

troppopièno (*idr. - tubaz.*), overflow. **2.** ~ (di pozzetto dell'olio per es.) (*mecc.*), overflow.
trotato (ghisa) (*fond.*), mottled.
trottola (giocattolo da bambini) (*gen.*), top.
"trousse" degli attrezzi (borsa di corredo: di automobile per es.) tool rool, tool kit.
trovante (masso erratico) (*geol.*), erratic, erratic block, erratic boulder.
trovare (*gen.*), to find. **2.** ~ (scoprire, risolvere) (*gen.*), to find out. **3.** ~ il petrolio (*min.*), to strike oil.
trovaròbe (*op. cinem.*), property man.
trovato (invenzione) (*s. - leg.*), invention.
tròzza (collegamento tra pennone, picco o boma ed albero relativo) (*nav.*), parrel.
"troy" (*mis.*), troy.
truccare (truccarsi) (*cinem.*), to make up.
truccatore (per artisti) (*op. cinem. - ecc.*), makeup man, makeup expert.
truccatura (di un attore) (*cinem. - teatro*), makeup.
trucco (*gen.*), trick. **2.** ~ (artificio) (*gen.*), artifice. **3.** ~ fotografico (*fot.*), photographic trick. **4.** ~ ottico (*cinem.*), optical trick.
truciolatrice (macchina truciolatrice per carta per es.) (*macch. mft. carta*), shredding machine.
trùcioli (*mecc.*), chips, swarf. **2.** ~ di trapanatura (*mecc.*), drillings. **3.** maneggio dei ~ (movimento dei trucioli) (*ind.*), chip handling.
trùciolo (*mecc. - carp.*), chip, shaving, cutting. **2.** ~ continuo (*mecc. macch. ut.*), continuous chip. **3.** ~ di legno (*carp. - falegn.*), wooden shaving. **4.** ~ fluente (*mecc. - macch. ut.*), flow chip. **5.** ~ metallico (*mecc.*), metal shaving. **6.** ~ spaccato (*mecc. - macch. ut.*), tear chip. **7.** ~ strappato (*mecc. - macch. ut.*), shear chip, discontinuous chip, tear chip, segmental chip. **8.** il ~ si avvolge (durante la lavorazione meccanica per es.), the cutting rolls up. **9.** lavorazione senza asportazione di ~ (*mecc.*), chipless machining. **10.** senza trucioli (*mecc.*), chipless.
truffa (*comm. - ecc.*), confidence trick.
trumeau (*mobilio*), secretary bookcase.
truppe (*milit.*), troops, force. **2.** ~ aviotrasportate (*milit. - aer.*), air-borne troops. **3.** ~ da sbarco (*milit.*), landing force. **4.** ~ d'assalto (*milit.*), assault troops. **5.** ~ di copertura (*milit.*), covering troops. **6.** ~ trasportate via mare (*mar. milit.*), sea-borne troops.
truschino (*ut. mecc.*), surface gauge.
trust (*finanz.*), trust.
tsuga (varietà di abete o pino) (*legno*), hemlock, tsuga. **2.** ~ canadese (usata per la produzione di pasta di legno) (*legn.*), eastern hemlock, Canadian hemlock. **3.** ~ del Pacifico (*legn.*), western hemlock, Pacific hemlock.
tubaggio (di un pozzo) (*min.*), tubbing.
tubatura (*tubaz.*), piping, pipeline.
tubazione (*tubaz.*), pipeline, pipe. **2.** ~ (di bordo, di mot. per es.) (*mecc.*), tubing. **3.** ~, *vedi anche* tubo. **4.** ~ aspirante (di pompa per es.) (*tubaz.*), suction pipe. **5.** ~ del gas (*tubaz.*), gas pipeline. **6.** ~ della fognatura nera (*ed.*), soil pipe. **7.** ~ di erogazione (*tubaz.*), flow piping. **8.** ~ di gomma con attacco rapido (*tubaz.*), rubber hose with quick coupling. **9.** ~ (principale) di mandata (*tubaz.*), force main. **10.** ~ di ritorno (*tubaz.*), return piping. **11.** ~ di scarico (*tubaz. ed. - ind.*), waste pipe, W.P. **12.** ~ di vapore (*tubaz.*), steam piping. **13.** ~ igienico-sanitaria (*ed.*), plumbing. **14.** ~ per pozzi artesiani (*tubaz.*), artesian well tube, water well boring tube. **15.** ~ per sbarco del carico (di petroliera per es.) (*nav.*), cargo discharge pipeline. **16.** ~ premente (o di mandata) (di pompa per es.), delivery pipe. **17.** ~ ritorno olio (di un motore per es. alla coppa dell'olio) (*mecc.*), oil return tube, scavegne pipe. **18.** installare tubazioni (mettere in opera tubazioni) (*tubaz.*), to pipe. **19.** rete di tubazioni (*ind.*), pipe installation, pipe network. **20.** togliere l'aria da una ~ (*tubaz.*), to remove the air from a piping.
tubetto (*tubaz.*), pipe. **2.** ~ (cilindretto di cartone o di plastica [spagnoletta] attorno al quale si avvolge il filo di seta per es.) (*ind. tess.*), cop. **3.** ~ di spurgo (*tubaz.*), drain pipe, drip pipe.
tubiera (ugello, di un forno, ugello del vento) (*metall. - forno*), tuyère.
"tubing" (rivestimento stagno ad anelli, torre blindata, di un pozzo) (*min.*), tubing.
tubista (installatore idraulico) (*op.*), plumber, piper.
tubo (rigido) (*tubaz. - ecc.*), pipe, tube. **2.** ~ (~ elettronico) (*eltn.*), electron tube. **3.** ~ (di canapa: naspo antincendi per es.), hose. **4.** ~ (di plastica o di gomma o di tela), hose. **5.** ~ (anima, fodera) (*artiglieria*), bore, tube. **6.** ~, *vedi anche* tubazione. **7.** ~ a bicchiere (*tubaz.*), socket tube. **8.** ~ a bolle per assorbimento di gas con alcali (*att. chim.*), potash bulbs. **9.** ~ ad alette (*term.*), finned tube. **10.** ~ adduttore (tubazione di distribuzione, per acqua per es.) (*tubaz.*), leader. **11.** ~ a fascio elettronico (*eltn.*), electron-beam tube. **12.** ~ a fluorescenza (lampada a fluorescenza) (*illum.*), fluorescent lamp. **13.** ~ a fotocatodo (*telev.*), dissector tube, image dissector. **14.** ~ a gas, ~ ionico (~ elettronico contenente gas a bassa pressione) (*eltn.*), gas tube. **15.** ~ a gas per raggi X (*radiologia*), X-ray gas tube. **16.** ~ a memoria a visualizzazione diretta (~ a persistenza di immagine) (*elab.*), direct-view storage tube, display storage tube, DVST. **17.** ~ a modulazione di velocità ("clistron") (*radio*), klystron. **18.** ~ a nervatura elicoidale (per la dispersione del calore per es.) (*term.*), helical finned pipe. **19.** ~ a nervatura longitudinale (per la dispersione del calore per es.) (*term.*), longitudinal finned pipe. **20.** ~ anima (di un cannone) (*artiglieria*), liner. **21.** ~ a penna (particolarmente adatto come oscillatore o amplificatore in UHF) (*radio*), pencil tube. **22.** ~ a persistenza di immagine, *vedi* ~ a memoria a visualizzazione diretta. **23.** ~ a raggi catodici (*telev.* -

ecc.), cathode-ray tube, viewing tube. **24.** ~ a raggi catodici con schermo fluorescente per la recezione dell'immagine (cinescopio) (*telev.*), kinescope. **25.** ~ a raggi catodici per la trasmissione dell'immagine (iconoscopio) (*telev.*), iconoscope. **26.** ~ a reazione (*radio*), back-coupled tube, back-coupled valve. **27.** ~ aspirante (di una pompa per es.) suction pipe, tail pipe, sucker. **28.** ~ a traccia nera (~ con traccia nera sul fondo brillante dello schermo del ~ catodico) (*telev. - ecc.*), dark-trace tube, photochromic tube. **29.** ~ a U (di vetro per es.) (*tubaz.*), U-tube. **30.** ~ a visualizzazione numerica (~ elettronico che visualizza generalmente solo numeri) (*eltn. - strum. - mis. - ecc.*), numerical indicator tube. **31.** ~ a vuoto (*elett. - fis.*), vacuum tube. **32.** ~ a vuoto per raggi X (lampada a raggi X) (*radiologia*), X-ray tube. **33.** ~ barometrico (*strum. fis.*), barometric pipe, tail pipe. **34.** ~ "Bergam" (*elett.*), duct, conduit. **35.** ~ bollitore (di caldaia per es.), water tube. **36.** ~ capillare (*fis. - ecc.*), capillary tube. **37.** ~ carotiere (*ut. min.*), core barrel. **38.** ~ catodico ad emissione regolata dall'esterno mediante campo magnetico (*eltn.*), magnetron. **39.** ~ catodico del televisore (tubo dell'immagine) (*telev.*), TV picture tube. **40.** ~ catramato (*tubaz.*), tarred pipe. **41.** ~ centrifugato (*tubaz. - fond.*), centrifugal-casting pipe. **42.** ~ collettore (di varie tubazioni per es.), header. **43.** ~ comando guida (*aut.*), steering column. **44.** ~ composto (formato da più tubi concentrici a contatto) (*tubaz.*), composite tube. **45.** ~ con dispositivo binoculare (di un microscopio per es.) (*ott.*), binocular tube. **46.** ~ convertitore di immagine, *vedi* ~ di ripresa televisiva. **47.** ~ curvato a grinze (ottenute col cannello) (*tubaz.*), creased pipe. **48.** ~ curvo (*tubaz.*), bend pipe. **49.** ~ da saggio (*att. chim.*), test tube. **50.** ~ da soffiatore (*att. mft. vetro*), blowtube. **51.** ~ da stufa (*ed.*), stovepipe. **52.** ~ della sabbiera (*ferr.*), sand pipe. **53.** ~ dell'asse portaelica (*nav.*), stern tube. **54.** ~ dell'olio (*mot.*), oil pipe. **55.** ~ dell'olio di ricupero (*mot.*), scavenge oil pipe. **56.** ~ dello sfioratore (*idr.*), overflow pipe. **57.** ~ del pozzo delle catene (*nav.*), chain pipe. **58.** ~ di acqua (tubo evaporatore) (*cald.*), water tube. **59.** ~ di ancoraggio (tenditore per caldaie), stay tube. **60.** ~ di aspirazione (tubo di ammissione) (*mot.*), induction pipe. **61.** ~ di aspirazione (*tubaz.*), sucker, suction pipe. **62.** ~ di aspirazume (di una pompa), suction pipe, tail pipe. **63.** ~ di assorbimento (*chim.*), absorption tube. **64.** ~ di Bourdon (*strum.*), Bourdon tube. **65.** ~ di Braun (tubo a raggi catodici) (*fis.*), Braun tube. **66.** ~ di collegamento delle camere di combustione (*mot. a turbogetto*), combustion liner interconnection. **67.** ~ "di commutazione" (*telev.*), "trigger" tube. **68.** ~ di Coolidge per raggi X (*radiologia*), X-ray Coolidge tube. **69.** ~ di cotto (di terracotta o di grès) (*ed.*), tile pipe. **70.** ~ di Crookles (*fis.*), Crookes tube. **71.** ~ di diramazione (*tubaz.*), branch pipe. **72.** ~ di effusso (boccaglio) (*tubaz.*), nosepiece. **73.** ~ di evacuazione del gas (di un aerostato) (*aer.*), gas trunk. **74.** ~ di fiamma (di un motore a reazione) (*mecc.*), flame tube, combustion liner. **75.** ~ di fiamma (di caldaia di locomotiva a vapore) (*cald.*), fire tube. **76.** ~ di fibrocemento (o di eternit) (*ed.*), asbestos cement pipe, eternit pipe. **77.** ~ di Geiger-Müller (*elett.*), Geiger-Müller tube, Geiger tube. **78.** ~ di Geissler (*elett.*), Geissler tube. **79.** ~ di gomma blindato (od armato) (*mecc. - ecc.*), armored hose. **80.** ~ di gomma del radiatore (manicotto di raccordo tra motore e radiatore) (*aut.*), radiator hose. **81.** ~ di immagine (tubo televisivo) (*telev.*), picture tube. **82.** ~ di intercollegamento (per camere di combustione adiacenti di un motore a reazione) (*mot.*), interconnector. **83.** ~ di lancio (tubo lanciasiluri) (*mar. milit.*), torpedo tube. **84.** ~ di levata (*mft. vetro*), gathering iron. **85.** ~ di linee di forza (*elett.*), tube of force. **86.** ~ di livello (in vetro) (di cald. per es.) glass gauge. **87.** ~ di mandata (*tubaz.*), feed pipe, delivery pipe. **88.** ~ di memoria (~ a raggi catodici, di schermo radar per es., a persistenza di immagine) (*eltn.*), scan converter. **89.** ~ di memoria prolungata, *vedi* ~ oscilloscopico a memoria. **90.** ~ di Pilot (*fis.*), Pitot tube. **91.** tubi di Pitot multipli (tubi posti in vari punti per osservazioni simultanee) (*aer.*), Pitot comb. **92.** ~ di presa (*telev.*), pickup tube. **93.** ~ di presa (dei gas di un altoforno per es.) (*metall.*), downcomer. **94.** ~ di presa statica (per indicare la pressione statica) (*aer.*), static tube. **95.** ~ di raccordo (di un motore: tra il cilindro ed il collettore di scarico) (*mot.*), branch pipe. **96.** ~ di raccordo a collo d'oca (in un app. per distillazione) (*chim.*), gooseneck. **97.** ~ di reazione (tubo di scarico di un motore a getto, che origina la spinta di reazione) (*mot. aer.*), ejector pipe. **98.** ~ di ricupero (dell'olio di un mot. aer. per es.) (*tubaz.*), scavenge pipe. **99.** ~ di rientro del periscopio (di sommergibile) (*nav.*), periscope well. **100.** ~ di ripresa televisiva (~ elettronico che esplora l'immagine e la converte in una serie di segnali elettrici) (*telev.*), camera tube, image tube.**101.** ~ di rivestimento (di un pozzo) (*min.*), casing. **102.** ~ di scappamento (*aut.*), exhaust pipe. **103.** ~ di scarico (*idr. - ed. - ind.*), draining pipe, drain pipe, waste pipe, spout. **104.** ~ di scarico (*di mot.*), exhaust pipe. **105.** ~ di scarico (a monte della marmitta di scarico) (*aut.*), exhaust pipe. **106.** ~ di scarico (per rifiuti, di un vagone ristorante) (*ferr.*), garbage tube. **107.** ~ di scarico (di un motore a getto) (*mot.*), tail pipe. **108.** ~ di scarico (a valle della marmitta di scarico) (*aut.*), tail pipe. **109.** ~ di scarico a recupero della caduta (tubo denominato diffusore nella turbina a reazione) (*turbina idr.*), draft tube. **110.** ~ di scarico del reattore (che convoglia i gas di scarico di un motore a reazione all'ugello propulsore) (*mot. aer.*), ejection tube, jet tube. **111.** ~ di scarico del vapore (di una locomotiva a vapore) (*ferr.*), exhaust steam pipe. **112.** ~ di scarico rialzato (*mtc.*), upward exhaust pipe. **113.** ~ di sfiato (del basamento di un motore) (*mot.*), breather, breather pipe. **114.** ~ di sfiato (di un serbatoio d'olio per es.) (*impianto ind.*), vent pipe, breather pipe. **115.** ~ di sfiato (collegante un apparecchio sanitario con il camino di sfiato) (*ed.*), vent pipe, VP. **116.** ~ di sfiato del pozzetto dell'olio (di un motore stellare) (*aer.* - *mot.*), oil sump breather, oil sump breather pipe. **117.** ~ di silenziamento (tubo acusticamente isolato per il supporto di barre di notevole lunghezza per la lavorazione su tornio automatico per es.) (*macch. ut.*), silent tube. **118.** ~ distanziatore (*mecc.*), distance tube. **119.** ~ di storta di distillazione (*att. chim.*), still tube. **120.** ~ di Thiele (tubo a D) (*att. chim.*), Thiele tube. **121.** ~ di torsione (facente corpo unico col ponte posteriore) (*aut.*), torque tube. **122.** ~ di torsione (*mecc.*), torque tube. **123.** ~ di troppo pieno (*idr.*), overflow pipe. **124.** ~ (o foro) di uscita (o di scarico) dell'acqua (*idr.*), waterspout. **125.** ~ di Venturi (*aer.*), Venturi, Venturi tube. **126.** ~ di vetro calibrato (*strum.*), gauge glass. **127.** ~ di visione (*telev.*), viewing tube. **128.** ~ di visualizzazione (~ a raggi catodici, costituente l'elemento fondamentale dell'unità di visualizzazione) (*elab.*), display tube, VDU, visual display tube. **129.** ~ elettronico (valvola elettronica) (*termoion.*), electron tube, vacuum tube, valve (ingl.). **130.** ~ "elios" (tubo in ferro per impianti elettrici) (*elett.*), thin-wall conduit, rigid conduit. **131.** ~ espanso (*tecnol. mecc.*), "bulged" tube. **132.** ~ esterno (del piantone dello sterzo) (*mecc. aut.*), jacket. **133.** ~ evaporatore (tubo d'acqua, tubo bollitore) (*cald.*), water tube, steam generating tube. **134.** ~ filettato (*tubaz.*), threaded pipe. **135.** ~ flangiato (*tubaz.*), flanged pipe. **136.** ~ flessibile (*mot.* - *ind. mecc.*), flexible pipe. **137.** ~ flessibile armato (di una motopompa antincendi per es.) (*tubaz.*), wired hose. **138.** ~ flessibile di protezione (generalmente di materiale plastico: per impianti elettrici) (*elett.*), loom. **139.** ~ flessibile metallico (*ind.*), flexible metallic sheating. **140.** ~ flessibile per acidi (*att. ind. chim.*), acid hose. **141.** ~ fotoelettrico (*radio* - *telev.*), photoelectric tube. **142.** ~ gas (*tubaz.*), threaded pipe, gas pipe. **143.** ~ immagine (cinescopio) (*app. telev.*), television tube. **144.** tubi inferiori della forcella posteriore (di un telaio di motocicletta) (*mecc.*), chain stays. **145.** ~ in gomma armato (o blindato) (*mecc.* - *ecc.*), armored hose. **146.** ~ in terracotta (*ed.*), tile conduit. **147.** ~ ionico, *vedi* ~ a gas. **148.** ~ lanciamine (di un sommergibile) (*mar. milit.*), mine shaft. **149.** ~ (lanciasiluri) poppiero (*mar. milit.*), stern tube. **150.** ~ luminescente (lampada tubolare a scarica) (*illum.*), tubular discharge lamp. **151.** ~ Mannesmann (senza saldatura) (*tubaz.*), seamless steel pipe. **152.** ~ metallico per raggi X (*radiologia*), X-ray metal tube. **153.** ~ nero (*tubaz.*), black pipe. **154.** ~ nero di ferro (denominazione commerciale) (*ind.* - *tubaz.*), black iron pipe. **155.** ~ NIXIE (marchio depositato dalla Burroughs Corp.; ~ del tipo a gas a catodo freddo, ha dieci catodi ognuno dei quali indica o un numero o una lettera) (*eltn.*), NIXIE tube, NIXIE. **156.** ~ ondulato (per caldaia per es.) (*mecc.*), corrugated pipe. **157.** ~ oscilloscopico a memoria (~ a temporanea persistenza di immagine che rimane inalterata sullo schermo per alcuni minuti) (*eltn.* - *terminale grafico di elab.*), memory tube, storage tube. **158.** ~ per acqua piovana (*ed.*), rain-water pipe, RWP. **159.** tubi per costruzioni meccaniche (*tubaz.* - *mecc.*), mechanical tubes. **160.** ~ per costruzioni metalliche (*tubaz.* - *ed.*), structural tube. **161.** ~ per fognatura (*ed.*), sewer pipe. **162.** ~ per liquidi refrigeranti (*tubaz.*), refrigeration pipe. **163.** ~ per pali (*ind. metall.*), pile tube. **164.** tubi per pozzi petroliferi (*tubaz.* - *min.*), oil well tubing. **165.** ~ piegato a grinze (*tubaz.*), wrinkle bend pipe. **166.** ~ portaobiettivo (*ott.*), lens barrel. **167.** ~ presso-statico (pitometro composto) (*strum. aer.*), Pitot-static tube. **168.** ~ profilato (*tubaz.*), section tube. **169.** ~ protettivo per fili (o per cavi) (*elett.*), conduit. **170.** ~ protettivo rigido (per fili) (*elett.*), rigid conduit. **171.** ~ protettivo zincato (per fili) (*elett.*), zinc-coated conduit. **172.** ~ raffreddato ad acqua (tubo elettronico) (*termoion.*), water-cooled tube, WCT. **173.** ~ reggisella (*bicicletta*), pillar. **174.** ~ riscaldante (*term.*), heating tube. **175.** ~ rivestito (*tubaz.*), covered pipe. **176.** ~ saldato (*tubaz.*), welded tube. **177.** ~ saldato Fretz-Moon (tubo saldato col processo Fretz-Moon) (*metall.*), Fretz-Moon pipe. **178.** ~ scorrevole a cannocchiale (tipo cannocchiale da marina) (*mecc.*), drawtube. **179.** ~ senza saldatura (Mannesmann) (*tubaz.*), seamless tube. **180.** ~ soggetto a torsione (*mecc.*), torque tube. **181.** ~ spiralato di Bourdon (per manometri) (*strum.*), Bourdon spring. **182.** ~ telescopio (*fot.*), extension tube. **183.** ~ tenditore (*mecc.*), stay tube. **184.** ~ tirante (*cald.*), stay tube. **185.** ~ trafilato (*metall.*), drawn pipe. **186.** ~ verniciato (*tubaz.*), painted pipe. **187.** ~ zincato (*tubaz.*), galvanized pipe. **188.** allargatore per tubi (di rivestimento di pozzi) (*min.*), casin swage. **189.** a tubi di fiamma (o tubi di fumo) (*a.* - *cald.*), fire-tube. **190.** corto ~ di scarico (per motori d'aviazione stellari senza collettore ad anello) (*mot.*), short stack. **191.** giunzione di tubi (*tubaz.*), pipe connection. **192.** mandrinare l'estremità di un ~ (nella piastra tubiera di una caldaia per es.) (*mecc.*), to roll in the tube end. **193.** messa in opera di tubi (*tubaz.*), pipelaying. **194.** montaggio dei tubi (*tubaz.*), pipelaying. **195.** parte di ~ imboccata (nel bicchiere del tubo successivo) (*tubaz.*), pipe spigot. **196.** rottura di un ~ (*tubaz.*), pipe burst. **197.** scarpa per ~ (di rivestimento di pozzi (*min.*), casing shoe. **198.** spezzone di ~ (*tubaz.*), tubing, length of tube. **199.** taglia tubi (*ut.*), pipe cutter. **200.** tenaglie per tubi (di rivestimento di pozzi) (*min.*), casing tongs. **201.** te-

sta ermetica dei tubi (montata alla sommità del tubo di un pozzo petrolifero o di metano per es.) (*min.*), casing head.
tubolare (*a. - gen.*), tubular. **2.** ~ (pneumatico per bicicletta) (*s. - ind. gomma*), tubular tire.
tubolatura (tubazione, conduttura) (*tubaz.*), pipe, tubing.
tufaceo (*min.*), tufaceous.
tuffante (stantuffo tuffante) (*macch. - idr.*), plunger. **2.** ~ ("plunger", di un alimentatore del vetro) (*mft. vetro*), needle.
tuffare (*gen.*), to dip, to plunge.
tuffo, plunge. **2.** ~ (picchiata: di un aeroplano) (*aer.*), dive. **3.** ~ con motore (picchiata con motore) (*aer.*), power dive.
tufo (roccia vulcanica) (*mur.*), tufa, tuff.
tuga (sovrastruttura coperta ed abitabile sul ponte scoperto di un natante) (*nav.*), deckhouse.
tuia (*legn.*), thuja, thuya.
tulio (Tu - *chim.*), thulium.
tulipano di volata (di un cannone) (*arma da fuoco*), muzzle swell.
tulle (*tessuto*), tulle.
"tundish" (paniera, nella colata continua, recipiente intermedio tra siviera e conchiglia) (*fond. - metall.*), tundish.
tungar (tubo a gas usato come elemento raddrizzatore in dispositivi di carica batterie) (*elett.*), tungar tube.
tungstèno (W - *chim.*), tungsten, wolfram.
tunnel (ferroviario per es.) (*ing. civ.*), tunnel. **2.** ~ aerodinamico (*aer.*), wind tunnel. **3.** ~ dell'albero (*nav.*), screw propeller tunnel, screw tunnel. **4.** ~ dell'elica, shaft tunnel. **5.** ~, *vedi anche* galleria.
tuòno (*meteor.*), thunder. **2.** ~ sonico (*aer.*), *vedi* scoppio sonico.
tura-buco (stoppabuchi: composizione che può essere sempre usata per riempire uno spazio in un giornale) (*giorn.*), filler.
turacciolo (tappo di sughero) (*ind.*), cork.
turafalle (paglietto) (*nav.*), mat.
turapori (mano di fondo, di stucco liquido per es., applicato sul legno prima della verniciatura) (*falegn.*), sealer.
turare (tappare: un foro) (*gen.*), to plug.
turbidimetria (*chim.*), turbidimetry.
turbidimetrico (*a. - chim.*), turbidimetric.
turbina (*macch.*), turbine. **2.** ~ (motore a turbina) (*mot.*), turbine engine. **3.** ~ a bassa pressione (*macch.*), low-pressure turbine. **4.** ~ a ciclo chiuso (*macch.*), closed-cycle turbine. **5.** ~ a contropressione (*macch.*), back-pressure turbine. **6.** ~ ad alta pressione (*macch.*), high-pressure turbine. **7.** ~ ad azione (*macch.*) , impulse turbine. **8.** ~ a due stadi (*macch.*), two-stage turbine. **9.** ~ a flusso assiale (*macch.*), parallel-flow turbine, axial-flow turbine, journal turbine. **10.** ~ a flusso radiale (*macch.*), radial-flow turbine. **11.** ~ a gas (*macch.*), gas turbine. **12.** ~ a gas con compressore assiale (*mot. ecc.*), axial compressor gas turbine. **13.** ~ a gas di scarico (per motore d'aviazione a pistoni) (*mot.*), blowdown turbine. **14.** ~ , a gas, per propulsione ad elica (*aer.*), propeller turbine, airscrew turbine (ingl.). **15.** ~, a gas, per propulsione mista, ad elica ed a getto (*mot. aer.*), propjet turbine. **16.** ~ americana (*macch.*), mixed-flow turbine, American turbine. **17.** ~ a presa di vapore intermedia (*macch.*), extraction turbine. **18.** ~ a reazione (*macch.*), reaction turbine. **19.** ~ a recupero (*macch.*), back-pressure turbine. **20.** ~ a recupero parziale (*macch.*), extraction turbine. **21.** ~ a spillamento (turbina a presa intermedia) (*macch.*), extraction turbine. **22.** ~ assiale (*macch.*), axial-flow turbine. **23.** ~ a uno stadio (*macch.*), single-stage turbine. **24.** ~ a vapore (*macch.*), steam turbine. **25.** ~ a vapore ad alta velocità (*macch.*), high-speed steam turbine. **26.** ~ a vapori di mercurio (*macch.*), mercury-vapor turbine. **27.** ~ a vapore di scarico (*macch.*), exhaust steam turbine. **28.** ~ composita con accoppiamento in parallelo (*macch.*), cross-compound turbine. **29.** ~ composta (*mot. aer*), *vedi* motore a turbina composto. **30.** ~ (di comando) del compressore (di un motore a reazione) (*macch.*), compressor turbine. **31.** ~ di contromarcia (o di retromarcia) (*macch. nav.*), reversing turbine. **32.** ~ elicoidale (*macch. idr.*), propeller-type water turbine. **33.** ~ Francis (*macch.*), Francis turbine. **34.** ~ idraulica (*macch. idr.*), water turbine, hydraulic turbine. **35.** ~ Kaplan (*macch.*), Kaplan turbine. **36.** ~ multipla (turbina a vari stadi) (*macch.*), multistage turbine. **37.** ~ navale (*macch.*), marine turbine. **38.** ~ Pelton (*macch. idr.*), Pelton wheel turbine. **39.** ~ radiale (*macch.*), radial turbine, radial-flow turbine. **40.** automobile a ~ (autovettura a turbina) (*aut.*), turbine car, gas-turbine car. **41.** gruppo di turbine (*macch.*), turbine set.
tùrbine (d'aria per es.) (*aerodin. - idrodinamica*), eddy, whirl. **2.** ~ d'aria (*meteor.*), whirlwind. **3.** ~ di aria chiara (turbolenza di aria chiara, fenomeno atmosferico, pericolo invisibile per gli aeroplani) (*meteor. - aer.*), clear-air turbulence, CAT. **4.** ~ di sabbia (o di polvere) (*meteor.*), dust devil.
turbinetta per disincrostare [i tubi d'acqua] (funzionante mediante acqua sottopressione e muoventesi all'interno dei tubi d'acqua) (*manutenzione cald. a tubi*), go-devil.
turboalbero (motore a turbina a gas usato per azionare un rotore di elicottero per es.) (*mot.*), turboshaft.
turboalternatore (*macch. elett.*), turboalternator.
turbocisterna (*nav.*), turbine-driven tanker.
turbocompressore (macchina centrifuga per la produzione di forti quantitativi di aria compressa a pressioni relativamente basse) (*macch. ind.*), multistage centrifugal blower. **2.** ~ (apparecchio per l'alimentazione forzata di motore a scoppio) (*app. mecc.*), multistage centrifugal blower. **3.** ~ a gas di scarico (*mot. aer. - mot. aut.*), turbosupercharger-

ger. **4.** munire di ~ a gas di scarico (*mot. aer.*), to turbosupercharge. **5.** ~, *vedi anche* compressore.
turbodìnamo (*macch.*), turbodynamo, turbogenerator.
turboelettrico (*nav.*), turboelectric.
turboelica (propulsore costituito dall'accoppiamento di un turboreattore e di un'elica) (*mot. aer.*), turbo-propeller engine, turboprop, propjet. **2.** motore a ~ ad albero comune (con turbina comando elica e compressore sullo stesso albero) (*mot. aer.*), common shaft propeller turbine engine. **3.** motore a ~ ad albero libero (con turbina comando elica indipendente dal compressore) (*mot. aer.*), free shaft propeller turbine engine.
turbogeneratore (macch. elett. accoppiabile a turbina a vapore) (*macch. elett.*), turbogenerator (ingl.). **2.** gruppo ~ (macch. elett. accoppiata a turbina a vapore) (*macch. elett.*), turbogenerator set, turbogenerator unit (ingl.).
turbogetto, *vedi* turboreattore.
turbolento (*mecc. dei fluidi*), turbulent.
turbolènza (*aerodin. - idrodinamica*), turbulence. **2.** ~ di aria limpida (fenomeno atmosferico, pericolo invisibile per gli aeroplani) (*meteor. - aer.*), clear-air turbulence, CAT. **3.** camera di ~ (*mot.*), swirl chamber.
turbolocomotiva (locomotiva a turbina a gas) (*ferr.*), turbine locomotive, turbine engine.
turbomotore, *vedi* turbina.
turbonave (*nav.*), turbiner. **2.** ~ bielica (*nav.*), twinscrew turbiner.
turbopompa (*macch.*), turbine pump, turbopump.
turboreattore (propulsore esoreattore con turbina a gas) (*mot. aer.*), turbojet, turbojet engine. **2.** ~ a doppio flusso (motore a reazione a due flussi associati) (*mot. aer.*), *vedi* motore a reazione a due flussi associati. **3.** ~ a turbosoffiante (motore a reazione a due flussi distinti) (*mot. aer.*), turbofan, turbofan engine. **4.** aereo a ~ (aereo a turbogetto) (*aer.*), turbojet, turbojet airplane.
turboriduttore (riduttore di giri interposto tra turbina e albero dell'elica) (*mecc. - nav.*), reduction gear. **2.** turbina completa di ~ (*mecc. - nav.*), geared turbine.
turbosoffiante (per cubilotto per es.) (*macch. ind.*), turboblower. **2.** ~ (turboventola: ventola azionata da una turbina: fornisce aria per raffreddamento e/o combustione ad un motore a reazione) (*mecc. mot. a reazione*), turbofan.
turboventilatore (*macch.*), turbofan.
"turboventola" (turbosoffiante di motore a reazione) (*mecc. mot. a reazione*), turbofan.
turchese (*min.*), turquoise.
turismo, touring, tourism. **2.** ~ aereo (*aer.*), air touring. **3.** ~ automobilistico (*aut.*), motoring. **4.** da ~ (*a. - aut.*), touring. **5.** vettura da ~ (*aut.*), touring car.
turistico (*gen.*), tourist, touristic, touristical.
turnista (*lav.*), shift worker.
turno (di lavoro: di operaio in officina per es.), shift. **2.** ~ articolato (diviso in due o più parti) (*org. pers.*), split shift. **3.** ~ centrale (turno di giorno) (*pers. - lav.*), day shift. **4.** ~ di guardia (*nav. - ecc.*), watch. **5.** ~ di guardia del mattino (dalle 4 alle 8) (*nav.*), morning watch. **6.** ~ di guardia dalle 8 alle 12 (*nav.*), forenoon watch. **7.** ~ di guardia dalle 12 alle 16 (*nav.*), afternoon watch. **8.** ~ di guardia di due ore (per permettere la rotazione nei turni di guardia) (*nav. - milit. - ecc.*), dogwatch. **9.** ~ di notte (*ind. - ecc.*), night shift. **10.** lista dei turni di guardia (*nav. - mar. milit.*), watch bill. **11.** primo ~ di guardia (dalle 20 a mezzanotte) (*nav.*), first watch. **12.** secondo ~ di guardia (da mezzanotte alle 4) (*nav.*), middle watch. **13.** su tre turni (detto di una attività di lavoro che copre tutte le 24 ore del giorno) (*a. - organ. pers.*), three-shift.
tuta (di op.) overalls. **2.** ~ (combinazione, di volo per es.) (*aer. - ecc.*), suit. **3.** ~ pressurizzata (*aer.*), altitude suit. **4.** ~ spaziale (combinazione spaziale) (*astric.*), space suit, moon suit.
tuttala (velivolo tuttale, velivolo senza coda) (*s. - aer.*), flying wing.
tutto compreso (per es. di retribuzione comprensiva di vitto e alloggio (*pers.*), all found.
TV (televisione, televisivo) (*telev.*), TV, television.
tweed (tessuto di lana) (*ind. tess.*), tweed.

U

U (uranio) (*chim.*), U, uranium.
uadi (*geol. - geogr.*), wadi, wady.
ubicare (*gen.*), to locate, to position.
ubicazione, location. **2.** ~ (*ed.*), emplacement.
uccellina (vela al disopra del controvelaccino) (*nav.*), moonsail.
udibile (*acus.*), audible.
udibilità (*acus.*), audibility.
udienza, interview. **2.** ~ (*leg.*), hearing, sitting. **3.** concedere una ~, to grant an interview. **4.** rifiutare una ~, to refuse admittance.
udito (senso) (*s. - acus.*), hearing, audition.
udomètrico (*a. - meteor.*), udometric.
udòmetro, *vedi* pluviometro.
ufficiale (*a. - gen.*), official. **2.** ~ (*s. - milit. - aer. - mar. milit.*), officer. **3.** ~ ai rifornimenti (*milit.*), quartermaster (am.). **4.** ~ commissario (*nav.*), paymaster. **5.** ~ di collegamento (*milit.*), liaison officer. **6.** ~ di complemento (*milit.*), reserve officer. **7.** ~ di rotta (*aer. - nav.*), navigator, navigation officer. **8.** ~ di servizio (ufficiale di picchetto) (*milit.*), duty officer. **9.** ~ di Stato Maggiore (*milit.*), staff officer. **10.** ~ giudiziario (*leg.*), marshal (am.). **11.** ~ imbarcato (*aer.*), flying officer. **12.** ~ informatore (*milit.*), intelligence officer. **13.** ~ meteorologo (*milit. - aer.*), weather officer. **14.** ~ pagatore (*milit.*), paymaster. **15.** ~ responsabile della parte commerciale del viaggio (*nav.*), supercargo. **16.** ~ sanitario (*med.*), health officer. **17.** aspirante ~ (*milit.*), cadet officer. **18.** primo ~ (*nav.*), first mate. **19.** primo ~ di coperta (*nav.*), first officer (am.), first mate (ingl.), chief mate (ingl.). **20.** primo ~ di macchina (primo macchinista) (*nav.*), first engineer (am.), first assistant engineer (am.) second engineer (ingl.). **21.** secondo ~ di coperta (*nav.*), second officer (am.), second mate (ingl.). **22.** secondo ~ di macchina (secondo macchinista) (*nav.*), second engineer (am.), second assistant engineer (am.), third engineer (ingl.). **23.** terzo ~ di coperta (*nav.*), third officer (am.), third mate (ingl.). **24.** terzo ~ di macchina (terzo macchinista) (*nav.*), third engineer (am.), third assistant engineer (am.), fourth engineer (ingl.).
ufficio (*gen.*), office, bureau (ingl.). **2.** ~ acquisti (di uno stabilimento per es.), purchasing department, buying office. **3.** uffici a salone unico (*organ. uff.*), open-plan offices. **4.** ~ analisi tempi (di una fabbrica) (*organ. ind.*), time-motion study office. **5.** ~ assunzioni (di una azienda) (*organ. lav.*), employment office. **6.** ~ brevetti (*leg.*), patent attorney office. **7.** ~ brevetti centrale (ufficio governativo) (*leg.*), patent office. **8.** ~ cassa (di uno stabilimento per es.), cash office. **9.** ~ commerciale (ufficio vendite: di una fabbrica per es.) (*comm.*), sales office, sales department. **10.** ~ contabilità (di uno stabilimento per es.), accounting department. **11.** ~ controllo frequenze (*radio*), frequency control board, FCB. **12.** ~ del registro (*nav.*), post of registry. **13.** ~ di collocamento (*sindacato dei lav.*), employment bureau. **14.** ~ fatturazione (*amm. ind.*), billing department. **15.** ~ impianti (di uno stabilimento per es.), plant layout department. **16.** ~ mano d'opera (di una fabbrica per es.), labor office. **17.** ~ metodi ed attrezzamento (di una fabbrica) (*ind.*), methods and equipment department. **18.** ~ mobilitazione (*milit.*), mobilization office. **19.** ~ personale (di uno stabilimento) (*amm.*), personnel department. **20.** ~ pesi e misure (*mis.*), bureau of standards. **21.** ~ postale, post office. **22.** ~ preventivi (di produzione per es.), estimating office. **23.** ~ prenotazioni (*trasp. - ecc.*), booking office. **24.** ~ pubblicazioni tecniche (*ind.*), technical publications department. **25.** ~ (di) redazione (*giorn.*), editorial office. **26.** ~ relazioni sociali (reparto relazioni sociali: di una fabbrica) (*ind.*), industrial relations department. **27.** ~ segreteria (*amm.*), secretary's office. **28.** ~ tecnico (di uno stabilimento per es.), technical department, engineering department. **29.** ~ telefonico pubblico (telefono pubblico) (*telef.*), public call office. **30.** ~ vendite estero (di una fabbrica) (*comm.*), foreign sales department. **31.** forniture di ~ (articoli da [o per] ufficio) (*uff.*), office supplies. **32.** lavoro di ~ (in uno stabilimento per es.), clerical work, office work. **33.** ore di ~ (*organ. pers.*), office hours.
ufficioso (*gen.*), officious.
UFO (oggetto volante non identificato), UFO, unidentified flying object.
ugèllo (boccaglio) (*mecc. fluidi*), nozzle. **2.** ~ (di una turbina a gas per es.) (*mecc. fluidi*), nozzle. **3.** ~ (di efflusso di un motore a getto) (*mot. aer.*), nozzle. **4.** ~ (con sezione a lobi per ridurre il rumore del getto) (*mot. aer.*), corrugated nozzle. **5.** ~ (per insufflazione di aria) (*aeromeccanica*),

tuyere. **6.** ~ (di un altoforno) (*metall.*), tuyere. **7.** ~ ad area variabile (di un motore a getto), variable-area exhaust nozzle. **8.** ~ allargato (di un forno) (*metall.*), splayed tuyere. **9.** ~ con corrente verso il basso (di un altoforno per es.) (*metall.*), downdraft tuyere. **10.** ~ dell'effusore (del postbruciatore di un reattore per es.) (*mot.*), exhaust nozzle. **11.** ~ di efflusso (effusore, ugello di scarico di un turboreattore) (*mot.*), exhaust nozzle. **12.** ~ di scarico (~ di espulsione dei prodotti combusti di un endoreattore: effusore) (*mot. aer.*), jet nozzle, exhaust nozzle. **13.** ~ di uscita (del sistema di scarico di un motore stellare per es.) (*mot. aer.*), tail pipe. **14.** ~ per aria compressa (all'estremità di un tubo flessibile: usato per la pulizia) (*att. da off.*), air lance. **15.** ~ variabile, *vedi* ~ ad area variabile. **16.** sezione dell'~ (*mecc. fluidi*), area of the nozzle.

ugnatura (*operaz. di falegn.*), chamfer, bevel.

uguagliatura (levigatura con solvente, per la verniciatura del legno) (*vn.*), pulling over.

uguale, equal. **2.** ~ (uniforme, regolare) (*gen.*), even.

ulivèlla (per sollevamento pietre) (*mur.*), lewis.

ulivo (*agric.*), olive.

ultimare (*gen.*), to complete.

ultimazione (finitura, completamento) (*gen.*), completion, finishing.

ultimo (*gen.*), last. **2.** dentro l'~ via il primo (metodo di inventario di magazzino ecc.) (*contabilità*), last in first out, lifo.

ultra-accelerante (nella vulcanizzazione della gomma) (*mft. gomma*), fast accelerator, ultra-accelerator.

ultra-alto (p. es. di temperatura, frequenza, vuoto ecc.) (*a. - fis. - ecc.*), ultrahigh.

ultracentrifuga (apparecchio per produrre forze centrifughe da 1000 ad 1 000 000 di volte maggiori della forza di gravità) (*macch.*), ultracentrifuge.

ultracorta (lunghezza d'onda tra 10 e 1 m e frequenza tra 30 e 300 MHz) (*a. - eltn. - radio - telev.*), ultrashort.

ultrafiltrazione (*chim. dei colloidi*), ultrafiltration.

ultrafiltro (usato per soluzioni colloidali) (*att. chim*), ultrafilter.

ultraforming (processo di reforming con catalizzatore rigenerabile senza interruzione del processo) (*ind. chim.*), ultraforming.

ultramarino (azzurro) (*colore*), ultramarine, ultramarine blue.

ultramicròmetro (*strum.*), ultramicrometer.

ultramicroscòpio (ad intensa luce laterale) (*strum. ott.*), ultramicroscope.

ultramicrotomo (per ottenere campioni di 200 nanometri di spessore; p. es. per microscopìa) (*s. - ott.*), ultramicrotome.

ultraminiaturizzato (p. es.: di circuiti integrati, di macchine fotografiche ecc.) (*a. - eltn.*), ultraminiature.

ultraminiaturizzazione (*s. - eltn.*), ultraminiaturization.

ultranero (per controllo di segnali p. es.) (*ott. - telev.*), blacker-than-black.

ultrapuro (*a. - chim.*), ultrapure.

ultrarapido (*a. - gen.*), ultrarapid.

ultrarosso (infrarosso) (*ott.*), ultrared, infrared.

ultrasensìbile (di galvanometro per es.) (*a. - gen.*), ultrasensitive.

ultrasonografia (tecnica diagnostica per mezzo di ultrasuoni) (*med.*), ultrasonography, sonography.

ultrasonoro, *vedi* ultrasonico.

ultrasonico (*a. - acus.*), supersonic. **2.** onda ultrasonica (*acus.*), supersonic wave. **3.** controllo ~ (controllo con ultrasuoni) (*metall.*), ultrasonic inspection. **4.** lavaggio ~ (usato per es. per pulire pezzi di meccanica fine) (*ind.*), ultrasonic cleaning. **5.** volo ~ (*aer.*), supersonic flight.

ultrasottile (p. es. le sezioni ottenute con ultramicrotomo) (*a. - ott.*), ultrathin.

ultrasuòno (vibrazione meccanica di frequenza superiore alla soglia udibile, oltre 20 000 cicli al secondo) (*s. - acus.*), ultrasound.

ultravioletto (*fis.*), ultraviolet, uviol.

"u.m.a." (unità di massa atomica) (*mis.*), a.m.u., atomic mass unit.

umano (*gen.*), human. **2.** fattore ~ (*pers.*), human factor. **3.** potenziale ~ (persone disponibili, di una nazione) (*gen.*), manpower.

umettamento (inumidimento) (*gen.*), moistening, dampening.

umettante (agente bagnante) (*s. - fis. - acus. - ind.*), wetting agent, wetting-out agent.

umettare (inumidire) (*gen.*), to dampen, to moisten.

umettatore (*app. ind.*), dampener, damper. **2.** ~ a spazzola (*app. ind.*), brush dampener.

umettazione (inumidimento) (*gen.*), dampening, moistening.

umidificare (l'aria per es.) (*condizionamento dell'aria - ecc.*), to moisturize.

umidificato (*a. - gen.*), moisturized.

umidificatore (*gen.*), humidifier. **2.** ~ (per ristabilire l'umidità naturale di un tessuto) (*ind. tess.*), conditioner. **3.** ~ di aria (*app. condizionamento dell'aria*), air humidifier. **4.** ~ elettrico (*app. elettrodomestico*), electric evaporator.

umidificazione (dell'aria per es.), humidification, moisturizing.

umidità, moisture, humidity, dampness, damp. **2.** ~ assoluta (dell'aria per es.) (*meteor.*), absolute humidity. **3.** ~ atmosferica (*meteor.*), humidity. **4.** ~ base (fattore di umidità adottato per calcolare il peso della cellulosa nella pasta di legno nelle condizioni di aria secca) (*mft. carta*), standard moisture. **5.** ~ relativa (dell'aria per es.) (*meteor.*), relative humidity. **6.** ~ specifica (dell'aria), specific humidity. **7.** misuratore dell'~ (apparecchio per la prova dell'umidità) (*strum. fond. - ecc.*), moistmeter.

ùmido (*a.* - *gen.*), moist, damp, humid. **2.** parte umida (di una macchina continua) (*macch. mft. carta*), wet end. **3.** per via umida (di processo, reazione o lavorazione) (*chim.* - *metall.* - *ecc.*), wet way. **4.** vapore ~ (*termodin.*), wet steam.

umidostato (igrostato) (*strum. fis.* - *condizionatore aria* - *ecc.*), humidistat.

unario (è costituito da una singola unità o relativo ad una operazione fatta su un solo operando: p. es. una operazione monadica) (*a.* - *mat.* - *elab.*), unary.

"una tantum" (spesa per es.) (*amm.* - *ecc.*), nonrecurrent, once.

uncinetto (*ut. per lav. a maglia*), crocket needle (or hook).

uncino (*gen.*), crook, hook.

ùngere (con olio) (*mecc.*), to oil. **2.** ~ (con grasso) (*mecc.*), to grease.

unghia (di àncora) (*nav.*), bill, peak, pea. **2.** ~ (taglio ad unghia), bevel cut, chamfer cut. **3.** ~ (vela, superficie di intersezione di due semicilindri, di volta a crociera per es.) (*arch.*), groin. **4.** ~ della marra (di un'àncora) (*nav.*), anchor bill.

unghietta (*ut.*), cross cut chisel. **2.** ~ semitonda (*ut.*), half-round chisel.

ùngula (*geom.*), segment.

"UNI" (Unificazione Italiana, Ente Nazionale Italiano di Unificazione) (*tecnol.* - *ecc.*), Italian Standard Institute.

unico (*a.* - *gen.*), one.

unidirezionale (*gen.*), unidirectional.

unificare (*gen.*), to unify. **2.** ~ (normalizzare un modello, una qualità, una misura, le modalità di una prova ecc.) to standardize.

unificato (conforme a un modello fisso), standard.

unificazione (normalizzazione) (*tecnol. mecc.*), standardization.

unifilare (*gen.*), unifilar.

uniformare (*gen.*), to uniform.

uniforme (regolare, uguale) (*a.* - *gen.*), even. **2.** ~ (di colore), flat (am.). **3.** ~ (di moto per es.) (*a.* - *mecc.*), uniform. **4.** ~ (divisa) (*s.* - *milit.*), uniform. **5.** ~ da fatica (*milit.*), fatigue clothing. **6.** ~ ripartizione del carico (*sc. costr.*), uniform distribution of load. **7.** moto ~ (*mecc. raz.*), uniform motion.

uniformemente (*gen.*), uniformly.

uniformità, uniformity. **2.** ~ (regolarità) (*gen.*), evenness. **3.** ~ (di fibra di lana) (*ind. lana*), evenness. **4.** fattore di ~ (di illuminazione) (*illum.*), uniformity ratio.

unilaterale (*a.* - *gen.*), one-sided, unilateral. **2.** ~ (avente per diametro nominale uno dei limiti di tolleranza) (*mecc.*), unilateral.

unione (congiunzione di due elementi: di due scaffali per es.) (*gen.*), union, junction. **2.** ~ (somma logica) (*mat.*), union. **3.** ~ (mediante colla) (*gen.*), glueing. **4.** ~ a incastro, *vedi* collegamento a incastro. **5.** ~ a mezzo di prigionieri (*mecc.*), stud jointing. **6.** Unione Europea dei Pagamenti (UEP) (*finanz.*), European Payments Union, EPU. **7.** ~ monetaria (*economia*), monetary union. **8.** Unione Postale Universale (*organ. postale*), Universal Postal Union. **9.** ~, *vedi anche* giunto e giunzione.

unipolare (*a.* - *fis.*), unipolar. **2.** ~ (*a.* - *elett.*), unipolar, homopolar, monopolar.

unire, to unite. **2.** ~ (congiungere), to join.

unità (*mat.*), unit. **2.** ~ (*mis.*), unit. **3.** ~ (*milit.*), unit. **4.** ~ (di memoria) a dischi flessibili (~ periferica per memorizzare dati su dischetti) (*elab.*), floppy disk unit, diskette drive. **5.** ~ a dischi magnetici (~ periferica di memorizzazione a dischi rigidi) (*elab.*), magnetic disk drive, disk drive. **6.** ~ a minidisco flessibile (*elab.*), minifloppy disk drive. **7.** ~ amplificatrice di potenza (*eltn.*), power amplifier unit, PAU. **8.** ~ a nastri magnetici (~ comprendente il meccanismo per il trasporto del nastro e la elettronica relativa) (*elab.*), magnetic tape unit. **9.** ~ a nastro magnetico (in ausilio a sistemi a dischi fissi) (*elab.*), streamer. **10.** ~ a risposta audio (*elab.*), audio response unit, ARU. **11.** ~ a risposta vocale (*elab.*), voice answer back unit, VAB unit. **12.** ~ aritmetica (nei calcolatori elettronici per es.) (*elab.*), arithmetic unit. **13.** ~ aritmetico-logica, ALU (~ centrale dell'elaboratore esecutrice delle operazioni logiche ed aritmetiche) (*elab.*), arithmetic logic unit, ALU. **14.** ~ assoluta (*fis.*), absolute unit. **15.** ~ astronomica (distanza media dal centro della terra al centro del sole pari a circa $150 \cdot 10^6$ km) (*astr.* - *mis. spazio*), astronomical unit. **16.** ~ a tamburo [magnetico] (~ costituita dal tamburo magnetico e dalle parti meccaniche ed elettroniche) (*elab.*), drum drive unit. **17.** ~ a voce (~ di mis. del livello di un segnale: telefonico per es.) (*mis. acus.* - *telef.*), voice unit, VU. **18.** ~ centrale di elaborazione, elaboratore centrale, CPU (*elab.*), central processing unit, central processor unit, CPU. **19.** ~ corazzata (composta da carri armati, artiglieria anticarro ecc.) (*milit.*), armor (am.), armour (ingl.). **20.** ~ Curie (*radioatt.*), Curie. **21.** ~ da superficie (*nav.*), surface vessel. **22.** ~ di assorbimento acustico (*mis. acus.*), sabin (ingl.). **23.** ~ di calore (*term.*), thermal unit. **24.** ~ di comando (in macch. a c. n.) (*macch. ut.*), controller, director, (machine) control unit. **25.** ~ di comando (*organ.*), unity of command. **26.** ~ di controllo della periferica (*elab.*), peripheral control unit. **27.** ~ di controllo temporale (~ elettronica che registra le operazioni e ne effettua un controllo temporale) (*elab.*), timer clock. **28.** ~ di elaborazione (calcolatore: comparto principale di un elaboratore) (*elab.*), computing unit. **29.** ~ di fluidità (rhe) (*mis.*), rhe. **30.** ~ di gestione del terminale (un adattatore divisore di linea o un minielaboratore di interfaccia per rendere operativo ogni terminale in una stazione multiterminale) (*telecom.* - *elab.*), terminal control unit, TCU. **31.** ~ di lettura e perforazione (*elab.*), read/punch unit. **32.** ~ di luminanza (uguale ad un lumen per piede quadrato) (*mis. illum.*), footlambert. **33.** ~ di massa atomica (= 931 MeV) (*mis. fis.*), atomic mass unit, a.m.u. **34.** ~ di misura del tempo (di lavorazione per es.) (*studio tempi*), time-measurement unit, TMU. **35.** ~ di misura di lunghezza del filato (circa 12.802 m) (*mis. tess.*), spindle. **36.** ~ di probabilità (*stat.*), probit. **37.** ~ di registrazione su disco (*elab.*), key-to-disk unit. **38.** ~ di registrazione su nastro magnetico (*elab.*), key-to-tape unit. **39.** ~ di stronzio (~ di misura della concentrazione dello stronzio 90 rispetto a quella del calcio) (*fis. atom.*), strontium unit, SU. **40.** ~ di trasferimento dati su dischi (un quantitativo di dati, costituito da uno o più blocchi, preso come ~ di misura standard di trasferimento su dischi magnetici) (*elab.*), bucket. **41.** ~ di trasporto nastro per cartucce (di nastro magnetico) (*elab.*), cartridge tape drive. **42.** ~ di velocità di trasmissione telegrafica (baud: un punto per secondo) (*telegrafia*), baud. **43.** ~ di visualizzazione, *vedi* ~ video. **44.** ~ di volume audio (*unità elettroacus.*), volume unit. **45.** ~ elaboratrice centrale, *vedi* ~ centrale di elaborazione. **46.** ~ elettrica (*elett.*), electric unit. **47.** ~ elettromagnetica (*mis.*), electromagnetic unit, EMU, emu. **48.** ~ elettromagnetiche C.G.S. (*mis. elett.*), CGS elettromagnetic units. **49.** ~ elettrostatica assoluta (*mis. fis.*), absolute electrostatic unit, abstatunit. **50.** ~ elettrostatica di capacità (unità cgs) (*mis. elett.*), statfarad. **51.** ~ elettrostatica di carica (*mis. - elett.*), statcoulomb. **52.** ~ elettrostatica di corrente (*mis. - elett.*), statampere. **53.** ~ elettrostatica di induttanza (unità cgs) (*mis. elett.*), stathenry. **54.** ~ elettrostatica di resistenza (unità cgs) (*mis. elett.*), statohm. **55.** ~ fondamentali (*fis.*), fundamental units. **56.** ~ lanciante (nave che lancia siluri nelle prove in mare per es.) (*mar. milit.*), launcher. **57.** ~ logica (*elab.*), logical unit. **58.** ~ mobile (su autotelaio o su rimorchio, per es.: ambulanza, stazione mobile televisiva, banca del sangue ecc.) (*veic.*), mobile unit. **59.** ~ mobile per la raccolta del sangue (*veic. - med.*), bloodmobile. **60.** ~ motrice mobile (portatile: costituita dal mot. a c. i. completo di tutti gli accessori occorrenti al suo funzionamento) (*ind. - pompieri - ecc.*), power unit. **61.** ~ motrice completa di raffreddamento ed accessori (*mot. aer.*), power pack, power package. **62.** ~ motrice a motori accoppiati completi di raffreddamento ed accessori (gruppo di due motori per il comando delle eliche (*mot. aer.*), coupled engine power pack. **63.** ~ operativa (gruppo costituito da personale e dirigenti incaricati di risolvere un problema particolare) (*organ. ind.*), task force. **64.** ~ periferica (dispositivo ausiliario per comunicare con il computer) (*elab.*), peripheral, peripheral unit, peripheral equipment. **65.** ~ posasegnali (*mar. milit.*), dan buoy layer. **66.** ~ pratiche (*fis.*), practical units. **67.** ~ ricetrasmittente a tastiera (p. es. quella di una telescrivente manuale) (*eltn.*), keyboard send-receive set. **68.** ~ termica (caloria ecc.) (*fis.*), heat unit. **69.** ~ termica inglese (= 0,25199 kcal = 1 BTU) (*mis. term.*), british thermal unit, thermal unit. **70.** ~ video (~ di visualizzazione: generalmente dotata anche di tastiera) (*elab.*), visual display unit, VDU, Visual Display Unit, Video Display Unit, display device. **71.** ~ video per caratteri alfanumerici (visualizza solo caratteri alfanumerici) (*elab.*), alphanumeric VDU. **72.** un milione di ~ (*mis.*), megaunit.

unitario (*gen.*), unitary.

"unitermine" (termine singolo usato per facilitare il reperimento delle informazioni) (*documentazione*), uniterm.

unito (congiunto, accoppiato) (*gen.*), joined, joint.

universale (di uso generale: per es. una macch. ut.) (*a. - gen.*), all-purpose, universal.

università, university, college.

univèrso (*astr.*), universe. **2.** ~ in espansione (*astr.*), expanding universe.

univoco (*gen.*), univocal.

uno (*s. - mat.*), one.

unto (untoso) (*a. - gen.*), greasy. **2.** ~ (lubrificato: di macchina) (*mecc.*), lubricated.

untuosità, greasiness.

untuoso (*a.*), greasy, unctuous.

uòmo, man. **2.** ~ chiave (uomo che occupa un posto chiave: in un'industria) (*ind.*), key man, keyman. **3.** ~ d'affari (*comm.*), businessman. **4.** ~ in mare (*nav.*), man overboard. **5.** ~ rana (sommozzatore) (*sport - milit.*), frogman. **6.** dispositivo di ~ morto (di un locomotore, per l'arresto automatico in caso di malore del macchinista) (*ferr.*), dead-man-control.

"U.R.", "u.r." (umidità relativa) (*meteor.*), r.h., relative humidity.

uragano [uragano (nel Nord America), oppure ciclone (Italia), oppure tifone (Estremo Oriente), oppure ciclone tropicale (India)] (*meteor.*), hurricane (North America), cyclone (Italy), typhoon (Far East), tropical cyclone (India), willy-willy (Australia), tornado (South America). **2.** ~ (vento forza 12 gradi Beaufort, > 110 km/h) (*meteor.*), hurricane.

uranile (UO_2^{++}) (rad.) (*chim.*), uranyl.

uranina ($U_3 O_8$) (*min.*), uranine.

uraninite (*min.*), pitchblende.

uranio (U - *chim.*), uranium. **2.** ~ arricchito (combustibile nucleare) (*fis. atom.*), enriched uranium. **3.** ~ 238 (isotopo radioattivo impiegato come combustibile nucleare) (*chim. - ind. nucleare*), uranium 238. **4.** ~ esaurito (avente un peso specifico del 65% maggiore del piombo, usato per contrappesi ecc.) (*metall.*), depleted uranium. **5.** biossido di ~ (UO_2: usato come costituente di alcuni tipi di vetrina per prodotti ceramici) (*ind. chim.*), uranium dioxide. **6.** ossido di ~ (*radioatt.*), uranium oxide, urania. **7.** triossido di ~ (UO_3: usato come colorante per prodotti ceramici) (*ind. chim.*), uranium trioxide.

uranografia (*astr.*), uranography.
uranometria (*astr.*), uranometry.
urbanistica (scienza che studia i problemi della comunità urbana) (*s. - ing. civ.*), urbanology. **2.** esperto di ~ (*ing. civ.*), urbanologist.
urbano (relativo alla città) (*a. - gen.*), urban.
uretanico (*chim.*), urethane. **2.** spugna uretanica (espanso uretanico) (*ind. chim.*), urethane foam.
uretano (NH_2 CO-OC_2 H_5) (*chim.*), urethane, urethan.
uretroscòpio (*strum. med.*), urethroscope.
uretròtomo (*strum. med.*), urethrotome.
urgènte (*a. - gen.*), urgent, pressing, rush.
urgenza (*gen.*), urgency.
urgere (sollecitare) (*gen.*), to urge.
urotropina (esametilentetrammina) [$(CH_2)_6N_4$] (*chim. ind. - farm.*), urotropine.
urtante (di una mina a contatto) (*s. - mar. milit.*), horn. **2.** ~ ad interruttore (di una mina a contatto) (*mar. milit.*), switch-horn. **3.** ~ di vetro (per mine subacquee) (*espl. - mar. milit.*), glass tube.
urtare (investire una roccia per es.) (*nav.*), to strike. **2.** ~ (per collisione: di automobili per es.) (*gen.*), to collide.
urto (*fis.*), impact. **2.** ~ (collisione) (*gen.*), collision, crash. **3.** ~ (di vena liquida per es.) (*idr.*), impact. **4.** ~ (di un aeroplano contro un ostacolo per es.) (*aer.*), crash. **5.** ~ anelastico (*fis. atom.*), inelastic collision. **6.** ~ centrato (*prove collisione - aut.*), centered impact. **7.** ~ contro palo (*prova collisione - aut.*), pole impact. **8.** ~ di caduta (di maglio meccanico per es.) (*mecc.*), drop impact. **9.** ~ disassato (*prova collisione - aut.*), offset impact. **10.** ~ elastico (*mecc. raz.*), elastic collision. **11.** ~ frontale (*prova collisione - aut.*), front impact. **12.** ~ laterale (*prova collisione - aut.*), side impact. **13.** ~ obliquo (*prova collisione - aut.*), angled impact. **14.** banco per prove d' ~ (dispositivo di lancio per prove di autovetture) (*aut.*), crash-tester.
usabile (utilizzabile, idoneo, adatto) (*gen.*), usable.
usabilità (utilizzabilità, impiegabilità) (*gen.*), usability, usableness.
usare (adoperare) (*gen.*), to use. **2.** ~ (un motore o una macchina per es.) (*gen.*), to handle, to use.
usato (di seconda mano) (*a. - comm.*), secondhand. **2.** ~ (non nuovo) (*a. - gen.*), used, not new. **3.** ~ (di un francobollo) (*a. - filatelia - ecc.*), used.
uscente (*gen.*), outgoing.
uscière (*leg.*), bailiff, usher.
uscio (*ed.*), door. **2.** ~, *vedi anche* porta.
uscire (venir fuori), to come out. **2.** ~ dalla formazione (*mar. milit.*), to haul out of line. **3.** ~ (dalla velocità) di sincronismo (di macch. elett. per es.), to fall out of step. **4.** ~ su stampante (listare: un programma per es.) (*elab.*), to list out.
uscita (di aria, gas, liquidi ecc.) (*fis.*), outlet. **2.** ~ (di denaro) (*amm.*), expenditure. **3.** ~ (porta di ~) (*ed.*), exit. **4.** ~ (il resultato dell'elaboratore, i dati trasmessi all'esterno, lo stampato ecc.) (*elab.*), output. **5.** ~ differita (*elab.*), deferred exit. **6.** ~ di macchina (di una macch. tip.) (*tip.*), delivery. **7.** ~ di sicurezza (in un teatro per es.) (*ed.*), emergency exit, auxiliary exit. **8.** ~ di emergenza (da un sottomarino) (*mar. milit.*), escape trunk. **9.** ~ di sicurezza in caso d'incendio (*ed.*), fire escape, fire emergency exit. **10.** ~ su microfilm (*elab.*), *vedi* microfilm dell'elaborato del calcolatore. **11.** blocco d' ~ (di un calcolatore elettronico) (*elab.*), output block. **12.** foro di ~ (di aria, gas, liquidi ecc.), outlet. **13.** stadio di ~ (stadio finale) (*radio*), output stage. **14.** unità di ~ (per l' ~ dei dati: p. es. la stampante, il terminale, l'unità di registrazione magnetica ecc.) (*elab.*), output unit, output device.
uscite (p. es. le spese familiari) (*s. - amm. - econ.*), outgoings.
uso (impiego di una cosa) (*gen.*), use. **2.** ~ (*leg.*), custom. **3.** fuori ~ (*gen.*), out of use, unserviceable. **4.** per tutti gli ~ (*gen.*), all-purpose.
usometro (determina il logorìo di tessuti per es.) (*mis. tess.*), abrasion tester.
usufrutto (*leg.*), usufruct.
usufruttuario (beneficiario) (*leg.*), usufructuary.
usura, wear. **2.** ~ autoesaltante (*tecnol. mecc.*), increasing-rate wear. **3.** ~ costante (usura stazionaria) (*tecnol. mecc.*), constant-rate wear. **4.** ~ da erosione per urto (erosione per urto) (*tecnol. mecc.*), peening wear. **5.** ~ da martellamento (*tecnol. mecc.*), peening wear. **6.** ~ di adesione (*tecnol. mecc.*), adhesive wear. **7.** ~ di assestamento (*tecnol. mecc.*), run-in wear. **8.** ~ di fatica (*tecnol. mecc.*), fatigue wear. **9.** ~ meccanica (*tecnol. mecc.*), mechanical wear. **10.** ~ meccanico-chimica (*tecnol. mecc.*), mechano-chemical wear. **11.** ~ meccanico-fluida (*tecnol. mecc.*), mechano-fluid wear. **12.** ~ moderata (*tecnol. mecc.*), mild wear. **13.** ~ severa (usura grave) (*tecnol. mecc.*), severe wear. **14.** normale ~ (di un apparecchio per es. ecc.) (*tecnol.*), fair wear and tear, normal wear. **15.** resistente all' ~ (*gen.*), wearproof. **16.** soggetto ad ~ (*gen.*), wearing.
usurare (*gen.*), to wear.
usurarsi (consumarsi, di elemento mecc.) (*mecc.*), to wear, to wear out.
usurato (consumato) (*a. - mecc.*), worn.
utensile (*att. gen.*), implement. **2.** ~ (*ut. mecc.*), tool. **3.** ~ (*da cucina*), utensil. **4.** ~ a collo di cigno (*ut.*), gooseneck. **5.** ~ (o pettine) a cremagliera (*ut.*), rack-shaped cutter. **6.** ~ a filettare (per tornio) (*ut.*), threading tool, screw-cutting tool. **7.** ~ a fune (per trivellazione) (*att. min.*), cable tool. **8.** ~ a lame riportate (fresa a lame riportate) (*ut.*), inserted-blade cutter. **9.** ~ a punta (o placchetta) in carburo riportata (*ut.*), tip carbide tool. **10.** ~ a punta singola (*ut.*), single-point tool. **11.** ~ a punta triangolare (per tornio per es.) (*ut. mecc.*), spear-point chisel. **12.** ~ a sagomare a coda di rondine (*ut.*), dove-tail form tool. **13.** ~ a sfacciare (per tornio) (*ut.*), facing tool. **14.** ~ a sfac-

ciare destro (*ut.*), right-hand facing tool. **15.** ~ a sfacciare sinistro (*ut.*), left-hand facing tool. **16.** ~ a sgrossare (*ut.*), rougher, stocking cutter, roughing tool, stocking tool. **17.** ~ a smussare con gambo tondo (*ut.*), round shank chamfering tool. **18.** ~ a spianare (*ut. mecc.*), planisher. **19.** ~ a spoglia negativa (*ut.*), negative rake tool. **20.** ~ a taglio destro (*ut.*), right-cut tool. **21.** ~ a taglio sinistro (*ut.*), left-cut tool. **22.** ~ a tornire (*ut.*), turning tool. **23.** ~ a tornire con gambo piegato (*ut.*), cranked turning tool. **24.** ~ a tornire conico (*ut. mecc.*), lathe taper turning tool. **25.** ~ a tornire destro (*ut.*), right-hand turning tool. **26.** ~ a tornire sinistro (*ut.*), left-hand turning tool. **27.** ~ a troncare (*ut.*), parting tool, cutting-offtool. **28.** ~ che ha perso il filo (*ut.*), blunt tool. **29.** ~ circolare (da tornio) (*ut.*), circular tool. **30.** ~ con appoggio di reazione (mediante portautensile) (*ut.*), box tool. **31.** ~ con gambo angolato (anziché diritto) (*ut. mecc.*), knee tool. **32.** ~ con placchetta a fissaggio meccanico (utensile con placchetta fissata meccanicamente) (*ut.*), clamped-tip cutting tool. **33.** ~ con placchette non riaffilabili (*ut.*), throwaway tool. **34.** ~ da chiodatore (*ut.*), riveter's tool. **35.** ~ da interni (per lavorazione al tornio) (*ut.*), inside turning tool. **36.** ~ da taglio (*ut.*), cutting tool. **37.** ~ da tornio (*ut.*), lathe cutting tool, turning tool. **38.** utensili di corredo (borsa utensili, cassetta attrezzi) (*macch. - mot.*), tool kit. **39.** ~ (o attrezzo) generico (*ut.*), general-purpose tool. **40.** ~ leggero per tornitura e spianatura (*ut. tornio*), light turning and facing toll. **41.** ~ levigatore (levigatore abrasivo per canne cilindro per es.) (*ut.*), honing stone, honestone. **42.** ~ non affilato (*ut.*), dull tool. **43.** ~ per allargare l'estremità di un foro (utensile per battute: di fori) (*ut. mecc.*), counterborer. **44.** ~ per aprire (scatole di latta per es.), opener. **45.** ~ per bareno (per portare a misura il diametro di un grosso cannone per es.) (*ut. mecc.*), boring bit. **46.** ~ per esecuzione di gole interne (*ut. tornio*), recessing tool. **47.** ~ per filettare (al tornio) (*ut.*), threading tool, screw-cutting tool. **48.** ~ per filettare esterno (*ut.*), external screw-cutting tool. **49.** ~ per finitura (*ut.*), finishing tool, finishing cutter. **50.** ~ per formare flange (*ut. fond.*), flange. **51.** ~ per gole (o per scarichi) (*ut.*), undercutting tool. **52.** ~ per levigare [o lappare] (disco di feltro per es.) (*ut. mecc.*), lap. **53.** ~ per martellare (di macchine pneumatiche) (*ut.*), battering tool. **54.** ~ per piegare (*ut.*), creaser. **55.** ~ per ruote coniche a denti diritti (*ut.*), straight bevel gear generator tool. **56.** ~ per sagomare (*ut.*), form tool. **57.** ~ per sagomare a coda di rondine (*ut.*), dovetail form tool. **58.** ~ per sbavatura (*ut.*), clipping tool. **59.** ~ per sfacciare (*ut.*), facer, facing tool. **60.** ~ per sfacciare destro (*ut.*), right-hand facing tool. **61.** ~ per sfacciare sinistro (*ut.*), left-hand facing tool. **62.** ~ per sgrossare (*ut.*), rougher, stocking cutter, roughing tool, stocking tool. **63.** ~ per smussare con gambo tondo (*ut.*), round shank chamfering tool. **64.** ~ per spianare le giunzioni (*ut. a mano*), seam set. **65.** ~ per tornire (*ut.*), turning tool. **66.** ~ per tornire con gambo piegato (*ut.*), cranked turning tool. **67.** ~ per tornire destro (*ut.*), right-hand turning tool. **68.** ~ per tornire sinistro (*ut.*), left-hand turning tool. **69.** ~ per tornire sotto spalla (*ut.*), shoulder turning tool. **70.** ~ per tornitura pesante (*ut. tornio*), heavy-duty turning tool. **71.** ~ per tornitura sferica (o per raccordi) (o a raggio) (*ut.*), radius turning tool. **72.** ~ per troncare (*ut.*), parting tool, cutting-off tool. **73.** ~ per zigrinare (*ut.*), knurling tool. **74.** ~ portatile (elettrico, meccanico o pneumatico) (*att. mecc.*), power operated hand tool. **75.** ~ prismatico (*ut.*), straight tool. **76.** ~ programmato automaticamente (APT) (*macch. ut. - autom.*), automatically programmed tool, APT. **77.** ~ ravvivatore (per mole) (*ut.*), dressing tool. **78.** ~ sagomato (utensile per sagomare) (*ut.*), forming tool, profile tool. **79.** ~ sagomato circolare (*ut.*), circular forming tool. **80.** ~ sgrossatore (utensile per sgrossare) (*ut.*), rougher, stocking cutter, stocking tool. **81.** ~ sinistro per tornitura di sgrossatura (*ut. tornio*), stocking left hand turning tool. **82.** ~ troncatore (~ per troncare) (*ut.*), parting tool. **83.** affilatura dell' ~ (*mecc.*), tool grinding, tool sharpening. **84.** a utensili multipli (*a. - mecc.*), multi-cut. **85.** caricatore di utensili (*macch. ut. a c. n.*), tool magazine. **86.** cassetta portautensili (*gen.*), tool box. **87.** l' ~ perde il filo (lavorando alla macch. ut.) (*mecc.*), the tool becomes blunt. **88.** serie di utensili da taglio (*off.*), cutting set. **89.** sistema di piazzamento dell' ~ (*lav. mecc.*), method of tool setting. **90.** sollevamento automatico dell' ~ (di macch. ut. per es.), self-acting lift of the tool.

utensilerìa (complesso di utensili necessari per una data produzione: di officina per es.) (*off. mecc.*), tools, tooling. **2.** ~ (*reparto dell'off.*), toolroom.

utensilista (attrezzista) (*op.*), toolmaker.

utènte (di un servizio pubblico: di gas, di elettricità ecc.), user. **2.** ~ (colui che utilizza un elaboratore o i suoi servizi) (*elab.*), user. **3.** ~ finale (*elab.*), end user. **4.** numero di riferimento di ~ (*tlcm.*), customer reference number.

utenza (utilizzo di un servizio) (*elett. - telef. - ecc.*), use.

ùtile (*a. - gen.*), useful. **2.** ~ (*s. - comm.*), profit. **3.** ~ al lordo delle imposte (in un bilancio) (*contabilità*), income before taxes. **4.** ~ di capitale, *vedi* plusvalenza. **5.** utili non distribuiti (profitti trattenuti: non pagati agli azionisti) (*finanz.*), undistributed profits. **6.** ~ previsto (*amm. - econ.*), anticipated profit. **7.** utili riportati a nuovo (utili di anni precedenti, non distribuiti, parte del capitale investito di una società) (*finanz.*), retained earnings. **8.** carico ~ (di un autocarro per es.) (*aut.*), carrying capacity, capacity. **9.** carico ~ (equipaggio, passeggeri, olio e carburante, radio ecc.) (*aer.*), useful load. **10.** carico ~ (di veicolo spaziale per es.) (*astric.*), payload. **11.** grafico degli utili (diagramma di redditività) (*amm.*), profit graph. **12.** lunghezza ~ (della tavola di una alesatrice per es.) (*mecc. - macch. ut.*), working length. **13.** margine di ~ netto (differenza tra il prezzo di vendita e quello di acquisto comprensivo delle spese) (*amm. - comm.*), net margin of profit. **14.** partecipazione agli utili (interessenza) (*ind.*), profit sharing. **15.** tratto ~ (di un provino per es.) (*gen.*), usable length.

utilità (*econ.*), utility. **2.** ~ marginale (*econ.*), final utility, marginal utility. **3.** ~ soggettiva (*econ.*), final utility, subjective utility. **4.** ~ totale (utilità assoluta) (*econ.*), total utility.

utilitaria (automobile più piccola di una vettura "compact") (*aut.*), subcompact. **2.** ~ (vetturetta biposto, superutilitaria) (*aut.*), voiturette, minicar.

utilizzabile (usabile, idoneo, adatto) (*gen.*), usable.

utilizzabilità (usabilità, impiegabilità) (*gen.*), usability, usableness.

utilizzare, to utilize.

utilizzatore (*gen.*), user. **2.** ~ finale (*comm.*), ultimate consumer.

utilizzazione, utilization. **2.** indice di ~ (ciclo di lavoro utile: rapporto in % tra i tempi di segnale attivo ed il tempo totale del ciclo) (*elab.*), duty cycle.

utilizzo, *vedi* utilizzazione.

V

"V" (a forma di V: motore a V per es.) (*a. - gen.*), V. **2.** ~ (volt) (*s. - mis. elett.*), V, volt.

V (vanadio) (*chim.*), V, vanadium.

"v." (vedi, confronta) (*gen.*), see.

"VA", "và" (volt–ampere) (*mis. elett.*), VA, va, volt–ampere.

"V1" (*bomba volante*), V–1.

"V2" (*missile balistico*), V–2.

vacante (posto non occupato per es.) (*gen.*), vacant.

vacanza (dal lavoro o dallo studio), vacation, holiday. **2.** ~ (mancanza di un atomo in un nodo di un reticolo cristallino) (*cristallografia*), vacancy. **3.** ~ elettronica (assenza di un elettrone alla sommità della banda di valenza di un semiconduttore: buca elettronica) (*eltn.*), electron vacancy.

vacchetta (*ind. cuoio*), kip. **2.** ~ al cromo (*ind. cuoio*), chrome kip.

vaccinazione (*med.*), vaccination. **2.** ~ (per immunizzare da virus per es.) (*elab. - med.*), vaccination.

vaccino (*med.*), vaccine. **2.** ~ (per immunizzare da virus per es.) (*elab. - med.*), vaccine.

vacuometro (strumento per la misura di pressioni molto minori di quella atmosferica) (*strum. fis.*), vacuometer.

vadoso (acqua) (*a. - geol.*), vadose.

va e vieni (movimento di pezzo di macchina per es.) (*mecc.*), to–and–fro. **2.** teleferica a ~ (*trasp.*), to–and–fro telpherage.

vagante (*a. - elett. - gen.*), stray.

vaglia (*comm.*), money order. **2.** ~ cambiario (pagherò cambiario) (*amm. - finanz.*), promissory note, note of hand. **3.** ~ telegrafico (*finanz.*), telegraphic money order.

vagliare (*ind. - ed.*), to riddle.

vagliato (carbone per es.) (*min. - ecc.*), riddled.

vagliatrice (*macch.*), riddling machine.

vagliatura (*ind.*), screening, riddling. **2.** ~ (operazione di vagliatura: del carbone per es.) (*min.*), riddling. **3.** ~ a scosse (con lavaggio: di minerale) (*min.*), vanning. **4.** ~ di carbone (mucchio di vagliatura di carbone sul piazzale) (*min.*), culm.

vaglio (*app. ind.*), screen, riddle. **2.** ~ (crivello: usato per vagliare il carbone in una miniera) (*app. min.*), screen, riddle. **3.** ~ (crivello) (*mur.*), sieve. **4.** ~ a scossa (~ a scosse) (*ind. - min. - agric.*), impact screen. **5.** ~ a scossa (tavola d'arricchimento a scossa) (*macch. min.*), vanner. **6.** ~ a scossa orizzontale (per pietre) (*app. ind.*), horizontal shacking screen. **7.** ~ a 60 maglie (per pollice lineare) (*ind.*), 60–mesh screen. **8.** ~ a vibrazione (per materiale minuto e asciutto) (*min. - ecc.*), vibration screen. **9.** ~ disidratatore (*min.*), dewatering screen. **10.** ~ rotante (*min.*), revolving screen. **11.** ~ rotante (per pietre) (*app. mur.*), rotary screen. **12.** ~ rotativo (vaglio a tamburo: per l'arricchimento dei minerali) (*min.*), trommel. **13.** ~ sospeso (*min.*), aerial screen. **14.** ~ vibratore (per l'arricchimento dei min. per es.) (*min. - ecc.*), vibrating screen.

vagonaggio (*lav. min.*), tramming.

vagoncino (*min.*), wagon, car, tram (am.). **2.** ~, *vedi* vagonetto. **3.** ~ a piattaforma (*ind. - min.*), flat wagon, platform wagon.

vagone (*ferr.*), wagon (ingl.), freight car, car (am.). **2.** ~ cisterna (*ferr.*), cistern, tank wagon, tank car. **3.** ~ del personale viaggiante (carro di servizio, di un treno merci) (*ferr.*), caboose (am.). **4.** ~ di filovia (o di funicolare) (*veic. trasp.*), cable car. **5.** ~ ferroviario (*ferr.*), railroad car (am.), railway car (ingl.). **6.** ~ frigorifero (carro frigorifero) (*ferr.*), refrigerator car. **7.** ~ letto (*ferr.*), sleeping car, sleeper (am.), "wagon–lit". **8.** ~ letto con belvedere (*ferr.*), observation sleeping car. **9.** ~ merci (*ferr.*), car (am.), freight car (am.), waggon (ingl.). **10.** ~ merci chiuso (*ferr.*), box car. **11.** ~ passeggeri (*ferr.*), passenger car, coach. **12.** ~ refrigerato (*ferr.*), refrigerator car. **13.** ~ ristorante (*ferr.*), dining car, diner (am.). **14.** ~ volante (velivolo per trasporto merci ecc.) (*aer.*), airfreighter. **15.** agganciamento di nuovi vagoni (*ferr.*), coupling of additional cars. **16.** distacco di un ~ (*ferr.*), uncoupling of a coach. **17.** franco ~ (*trasp. - comm.*), free on truck, FOT. **18.** ~, *vedi anche* carro e carrozza.

vagonetto (*min.*), mine car, wagon, tram. **2.** ~ (per miniera per es.) (*trasp. min.*), tram. **3.** ~ a bilico (vagonetto ribaltabile) (*veic. ind.*), tip wagon, dump car. **4.** ~ ribaltabile (tipo Decauville) (*veic. ind. min.*), tilting tram, tilting wagon, tip wagon.

vai e vièni, *vedi* va e vieni.

vaina (guaina, orlo di vela rinforzato) (*nav.*), tabling.

vaiolarsi ("pittare") (*corrosione metall. - mecc.*), to pit.

vaiolato (butterato, cosparso di alveoli, "pittato") (*a.* - *mecc.* - *metall.*), pitted.
vaiolatura (corrosione ad alveoli) (*metall.* - *mecc.*), pitting.
valanga (di neve), avalanche. **2.** ~ (moltiplicazione di ioni) (*fis.*), avalanche, cascade. **3.** ~ di canalone (valanga incanalata) (*neve*), channeled avalanche. **4.** ~ di lastroni (*ghiaccio* - *roccia*), slab avalanche. **5.** ~ di superficie (*neve*), surface avalanche. **6.** ~ radente (valanga che scivola) (*neve*), flowing avalanche. **7.** effetto ~ (*eltn.*), avalanche effect.
valènza (*chim.*), valence, valency.
valévole (di permesso per operai per es.), good.
valico (punto di valico, di un passo) (*geogr.*), pass.
validazione (*stat. psicol.*), validation.
validità (di un contratto per es.) (*leg.* - *gen.*), validity. **2.** ~ (*stat. psicol.*), validity.
vàlido (*a.* - *leg.* - *gen.*), valid. **2.** norme valide (*gen.*), applicable regulations.
valigetta portadocumenti (borsa a valigetta) (*dirigente d'azienda*), attaché case.
valigia, suitcase.
valle (*geogr.*), valley. **2.** ~ lunare (*astr.*), rill, rille. **3.** a ~ (situato nella direzione di flusso) (*gen.*), downstream.
valore (*comm.*), value. **2.** ~ assoluto (*mat.*), absolute value. **3.** ~ attuale (di una tratta per es.) (*finanz.*), present value. **4.** ~ compensato (*top.* - *ecc.*), adjusted value. **5.** ~ contabile (~ rilevato dai libri contabili) (*amm.*), book value. **6.** ~ di cresta (di una quantità variabile) (*mecc. raz.* - *elett.* - *fis.* - *ecc.*), peak value. **7.** ~ di "default" (~ parametrico specifico scelto tra una serie di possibili valori standard, dall'elaboratore stesso in mancanza di direttive da parte dell'operatore: se necessario può essere variato dall'utilizzatore) (*elab.*), default value. **8.** ~ di deformazione (riferito alla deformazione della scocca dovuta all'urto) (*prova collisione aut.*), crash rate. **9.** ~ di fondo scala (*strum.* - *ecc.*), end scale value. **10.** ~ di inventario (valutazione assegnata a seguito di inventario) (*amm.*), inventory. **11.** ~ di pH (*elettrochim.*), index of pH, pH value. **12.** ~ di posizione (*mat.*), place value. **13.** ~ di raffreddamento (valore di conchigliatura) (*fond.*), chill value. **14.** ~ di realizzo (~ in liquidazione) (*comm.*), breakup value. **15.** ~ di richiamo (*pubbl.*), attention value. **16.** ~ di soglia (*elab.* - *ecc.*), threshold value. **17.** ~ efficace (di una quantità periodica) (*elett.* - *fis.*), effective value. **18.** ~ istantaneo (di una quantità variabile) (*mecc. raz.* - *fis.*), instantaneous value. **19.** ~ letto (valore osservato, sulla scala di uno strumento) (*strum.*), reading. **20.** ~ massimo (assoluto o durante un certo intervallo di tempo) (*gen.*), peak. **21.** valor medio (di una variabile casuale) (*mat.*), mean value, expected value. **22.** ~ medio della rugosità (scabrosità di una superficie lavorata, in micropollici) (*mecc.*), center line average, CLA (ingl.). **23.** ~ nominale (*comm.* - *leg.* - *finanz.*), face value, nominal value. **24.** ~ quadratico medio (*mat.* - *stat.* - *fis.* - *ecc.*), root mean square, RMS. **25.** ~ sul mercato (*comm.*), market value. **26.** ~ totale letto sul comparimetro (*mecc.*), full indicator reading, FIR. **27.** analisi del ~ (per l'ottimizzazione dei costi) (*ind.*), value analysis, value engineering. **28.** di ~ alto (p. es. di un bit, in conseguenza della sua posizione) (*a.* - *elab.*), high-order.
valorizzazione (*comm.* - *finanz.*), valorization.
valuta (*finanz.*), currency, money. **2.** ~ convertibile (*finanz.*), hard currency, convertible currency. **3.** ~ debole (*econ.* - *finanz.*), soft currency. **4.** ~ estera (*comm.* - *finanz.*), foreign currency, foreign exchange. **5.** ~ in libera circolazione (*finanz.* - *econ.*), free currency. **6.** ~ pregiata (*finanz.*), hard currency. **7.** convertibilità della ~ (*finanz.*), currency convertibility.
valutare (*gen.*), to value, to evaluate. **2.** ~ (effettuare una stima) (*comm.*), to make an estimate. **3.** ~ (le qualità di un dipendente per es.) (*pers.*), to rate. **4.** ~ quantitativamente (*gen.*), to quantify.
valutato (stimato) (*gen.*), estimated.
valutazione (*gen.*), valuation. **2.** ~ (*studio tempi*), rating. **3.** ~ (di efficienza del personale) (*organ. aziendale*), merit rating. **4.** ~ (stima) (*econ.*), assessment. **5.** ~ (dello spazio) (*tip.*), castoff. **6.** ~ (giudizio: su di una situazione per es.) (*gen.*), evaluation. **7.** ~ dei meriti (individuali) (*organ. lav.*), merit rating. **8.** ~ delle prestazioni (*studio tempi*), performance rating, pace rating. **9.** ~ del mercato (*comm.*), market estimate. **10.** ~ del merito (~ dell'efficienza di un dipendente) (*organ. pers.*), performance appraisal. **11.** ~ del rapporto costi-benefici (*amm.*), cost-benefit valuation. **12.** intervista di ~ (*pers.*), evaluation interview. **13.** metodo di ~ per incasellamento (in base alla capacità dei dipendenti nelle mansioni loro affidate) (*pers.*), grading system.
vàlvola (*mecc.*), valve. **2.** ~ (*elett.*), fuse. **3.** ~ (elettrica: senza fusibile) (*elett.*), fuse block. **4.** ~ (*tubaz.*), valve. **5.** ~ (*termoion.*), tube, vacuum tube, valve. **6.** ~ a bagliore (a gas) (*termoion.*), glow tube. **7.** ~ a cassetto (cassetto di distribuzione: di una locomotiva per es.) (*macch. a vapore*), slide valve. **8.** ~ oscillante a cassetto cilindrico (valvola a cassetto oscillante: di macchina a vapore per es.) (*mot.*), rocking valve. **9.** ~ a catodo freddo (*termoion.*), cold-cathode tube. **10.** ~ a cerniera (*mecc.*), flap valve. **11.** ~ a consumo ridotto (valvola con catodo di metallo alcalino terroso) (*termoion.*), dull-emitter valve. **12.** ~ a corna (*elett.*), horn-break fuse. **13.** ~ ad angolo (valvola a 90°) (*tubaz.*), angle valve. **14.** ~ a diaframma flessibile (*tubaz.*), diaphragm valve. **15.** ~ a disco con sede a 45° (*macch.*), mitre valve. **16.** ~ ad onde progressive (valvola a propagazione di onde) (*eltn.*), traveling-wave tube. **17.** ~ a due vie (*tubaz.*), two-way valve. **18.** ~ a due vie a due posizioni (*tubaz.*), two-position two-way valve. **19.** ~ a due vie

a posizione regolabile (*tubaz.*), infinite position two-way valve. **20.** ~ a due vie normalmente aperta (*tubaz.*), normally open two-way valve. **21.** ~ a due vie normalmente chiusa (*tubaz.*), normally closed two-way valve. **22.** ~ a farfalla (farfalla: di carburatore) (*mecc. mot.*), throttle, throttle valve. **23.** ~ a farfalla (del tiraggio per es.: di stufa, di caldaia ecc.), butterfly valve. **24.** ~ a faro (tubo [a] faro) (*termoion.*), ligthouse tube. **25.** ~ a fascio elettronico (*termoion.*), beam tube. **26.** ~ a fodero (*mot.*) , sleeve valve. **27.** ~ a fungo (*mot.*), poppet valve, mushroom valve (ingl.). **28.** ~ a fusibile (*app. elett.*), fuse, fusible cutout (ingl.). **29.** ~ a galleggiante (*mecc.*), float valve. **30.** ~ a ghianda (*termoion.*), acorn valve. **31.** ~ a gradini (*mecc.*), step valve. **32.** ~ a leva (per tubazioni per es.), lever-operated valve. **33.** ~ al sodio (*mot.*), sodium-cooled valve. **34.** ~ a manica (di un aerostato) (*aer.*), crab-pot valve. **35.** ~ a maschio (*tubaz.*), plug valve. **36.** ~ a modulazione di velocità (*termoion.*), modulated-velocity tube. **37.** ~ amplificatrice (*termoion.*), amplifying tube, amplifying valve, thermoionic amplifier. **38.** ~ anti-g (valvola antigravità, di una combinazione di volo) (*aer.*), anti-G valve. **39.** ~ a patrona (*elett.*), strip fuse. **40.** ~ a pendenza variabile (valvola multi-mu) (*termoion.*), remote cutoff tube. **41.** ~ a pistone (di uno strum. a fiato per es.) (*mecc. degli strum. mus.*), piston valve. **42.** ~ a quattro vie e due posizioni con impulso momentaneo in posizione di transito (*fluidica*), two-position snap action with transition four-way valve. **43.** ~ a raggi catodici (*eltn.*), cathode-ray tube. **44.** ~ a registro (di una stufa, forno per es.), damper. **45.** ~ a riscaldamento indiretto (*termoion.*), indirectly heated valve. **46.** ~ a saracinesca (*tubaz.*), gate valve, sluice valve. **47.** valvole a saracinesca (di un compartimento stagno) (*costr. nav.*), sluice valve. **48.** ~ a scarico rapido (del combustibile in caso di emergenza) (*aer.*), dump valve. **49.** ~ a sede conica (*mecc.*), conical valve. **50.** ~ a sede piana (*mecc.*), disk valve, globe valve. **51.** ~ a sede riportata (*mecc.*), valve with inserted seat. **52.** ~ a sfera (*mecc.*), ball valve. **53.** ~ a spillo (valvola ad ago) (*mecc.*), needle valve, pin valve. **54.** ~ a tabacchiera (*elett.*), box fuse. **55.** ~ automatica a galleggiante (per vasche od apparecchi a livello costante), ball cock. **56.** ~ automatica riduttrice della pressione (*mecc.*), reducing valve. **57.** ~ automatica di intercettazione (~ di sicurezza della tubazione di estrazione del petrolio) (*min. petrolio*), storm choke. **58.** ~ autoregolatrice (*radio - eltn.*), ballast type tube. **59.** ~ a vuoto scarso (*termoion.*), soft valve. **60.** ~ azionata dalla valvola pilota (*fluidica*), pilot-operated valve. **61.** ~ barostatica limitatrice (o di scarico) (*mot. aer.*), barostatic relief valve. **62.** ~ bidirezionale (*tubaz.*), double-acting valve. **63.** ~ Coale (di una locomotiva a vapore) (*ferr.*), Coale type safety valve. **64.** ~ comandata a mano (valvola a comando a mano) (*tubaz.*), manually operated valve. **65.** ~ con fusibile ricambiabile (*elett.*), fuse block with renewable fuse. **66.** ~ con griglia schermo (*termoion.*), screen-grid tube. **67.** ~ con guida ad alette (per pompe per es.), valve with guide wings. **68.** ~ convertitrice (*termoion.*), converting valve. **69.** ~ del correttore (della miscela in quota: di carburatore per es.) (*mot. aer.*), mixture control valve, altitude valve. **70.** ~ della camera d'aria (*ind. gomma*), inner tube valve. **71.** ~ dell'iniettore (di pompa di iniezione per es.) (*mecc.*), injector valve. **72.** ~ di allagamento (*mar. milit.*), flooding valve. **73.** ~ di allagamento (di sottomarino) (*mar. milit.*), diving door. **74.** ~ di ammissione (valvola di aspirazione) (*mot.*), inlet valve. **75.** ~ di ammissione del compressore (d'aria) (*mecc.*), air-compressor intake-throttle. **76.** ~ di arresto (*tubaz.*), stop valve, SV. **77.** ~ di arresto (di motore di aeroplano) (*mot.*), cutoff valve, cutoff cock. **78.** ~ di aspirazione (di una pompa) (*mecc.*), suction valve, intake valve. **79.** ~ di bipasso, ~ di by-pass (particolare valvola di sciuntaggio in un compressore per frigorifero) (*macch. frigorifera*), unloader. **80.** ~ di chiusura (di una caldaia per es.) (*tubaz.*), stop valve, SV. **81.** ~ di chiusura dell'aria (ad un carburatore, per l'avviamento) (*mot. mecc.*), choke. **82.** ~ di compressione (o di mandata) della pompa (*mecc.*), pump pressure valve. **83.** ~ di cortocircuitazione (*tubaz. - mecc.*), shunt valve. **84.** ~ di deaerazione (o disaerazione) (del sistema di alimentazione) (*mot.*), vent valve, spill valve. **85.** ~ di fondo (di tubo di aspirazione di una pompa di pozzo a pistoni per es.) (*mecc.*), standing valve, foot valve. **86.** ~ di intercettazione (*tubaz.*), on-off valve. **87.** ~ di mandata (di una pompa) (*mecc.*), delivery valve, head valve. **88.** ~ di manovra (di un aerostato: valvola manovrata a mano) (*aer.*), manoeuvering valve. **89.** ~ di mare (*nav.*), Kingston valve. **90.** ~ di non ritorno (*mecc.*), nonreturn valve, check valve. **91.** ~ di non ritorno con pressione pilota che comanda la chiusura (*fluidica*), pilot-operated to close check valve. **92.** ~ di non ritorno con pressione pilota che comanda l'apertura (*potenza fluida*), pilot-operated to open check valve. **93.** ~ di (o per) piena potenza (di carburatore) (*mot.*), full-power valve. **94.** ~ di pistone valvolato (di pompa per es.) (*mecc.*), sucker. **95.** ~ di potenza (*eltn.*), power tube. **96.** ~ di presa dell'acqua di mare (*nav.*), sea cock. **97.** ~ di regolazione (registro: per il passaggio di aria calda o fredda) (*term.*), register. **98.** ~ di regolazione del fumo (di un forno, una caldaia ecc.), flue damper. **99.** ~ di regolazione della profondità (di un sottomarino) (*mar. milit.*), sinking valve. **100.** ~ di riduzione (della pressione per es.), reducing valve, reduction valve, transforming valve. **101.** ~ di riduzione (o di regolazione) (di macchina a vapore) (*mecc.*), regulator. **102.** ~ di ritegno, *vedi anche* ~ di non ritorno. **103.** ~ di ritegno (*tubaz.*) check valve, nonreturn valve (ingl.).

104. ~ di ritegno a cerniera (*tubaz.*), clack valve, swing check valve. **105.** ~ di ritegno a sfera (*tubaz.*), ball check valve. **106.** ~ di scappamento libero (di automobile per es.), exhaust cutout. **107.** ~ di scarico (*di mot.*), exhaust valve. **108.** ~ di scarico (di vapore da una caldaia) (*tubaz. - cald. - ecc.*), blowdown valve, blowing off valve, washout valve. **109.** ~ di scarico rapido (per lo scarico del combustibile all'arresto di un motore a reazione) (*mot. aer.*), dump valve. **110.** ~ di sequenza (distributore a sequenza) (*impianto idr. o pneumatico*), sequence valve. **111.** ~ (di sfiato) dell'aria (per tubazioni per es.), air valve. **112.** ~ di sfogo (valvola di sicurezza) (*cald.*), relief valve. **113.** ~ di sicurezza a disco (sottile disco di metallo sfondabile per eccessiva pressione) (*cald.*), blowout disc. **114.** ~ di sicurezza (di caldaia per es.) (*mecc.*), safety valve. **115.** ~ di sicurezza a leva contrappesata (di caldaia per es.) (*mecc. per cald.*), lever weighted safety valve, dead weight safety valve. **116.** ~ di sicurezza a leva e contrappeso (*cald.*), steelyard valve. **117.** ~ di sicurezza a molla (di caldaia per es.) (*mecc.*), spring-loaded safety valve. **118.** ~ di smorzamento (per smorzare oscillazioni in un impianto idraulico per es.) (*gen.*), damping valve. **119.** ~ di spillamento (di un turboreattore per es.) (*mot.*), bleed valve. **120.** ~ di spurgo (per scaricare il combustibile di un motore a reazione all'atto dell'arresto) (*mot.*), dump valve. **121.** ~ di spurgo (valvola di scarico: dell'aria da un impianto idraulico per es.) (*mecc.*), bleeder, escape valve. **122.** ~ distributrice (distributore, della pressione) (*fluidica*), distributor. **123.** ~ distributrice a due pressioni (distributore a due pressioni) (*fluidica*), two-pressure distributor. **124.** ~ di tiraggio (di camino per es.), damper. **125.** ~ (di) ventilazione (del) basamento (*mot. - aut.*), PCV-valve, positive crankcase ventilation valve. **126.** ~ elettromagnetica (elettrovalvola) (*elettromecc.*), magnetic valve, solenoid valve. **127.** ~ elettronica di reattanza (*eltn.*), reactance tube. **128.** ~ elettronica disturbatrice radar (*eltn. - milit.*), resnatron. **129.** ~, fusibile, a tappo (*elett.*), plug fuse. **130.** ~ generale di intercettazione (di arresto: per interrompere il servizio dell'acqua per es. alla casa ed eseguire riparazioni) (*tubaz.*), service valve. **131.** ~ inclinata (*tubaz.*), "Y" valve. **132.** ~ inclinata (a 45°) (*tubaz.*), mitre valve. **133.** ~ incollata (in un motore) (*mecc.*), sticky valve. **134.** valvole in testa (*mot.*), overhead valves, OHV. **135.** valvole in testa, aste di spinta e bilancieri (valvole in testa ed albero a camme nel basamento, tipo di distribuzione) (*mot.*), overhead valves, pushrods and rockers. **136.** valvole laterali (*mot.*), side valves (ingl.). SV. **137.** ~ limitatrice (valvola modulatrice, di un impianto di frenatura a disco) (*aut.*), modulating valve, anti-skid valve. **138.** ~ limitatrice della pressione (valvola regolatrice della pressione: di pompa per olio o carburante) (*mot.*), pressure relief valve. **139.** ~ mescolatrice (*termoion.*), mixer valve. **140.** ~ miscelatrice (per regolare la temperatura dell'acqua: di una doccia per es.) (*tubaz.*), mixing valve. **141.** ~ miscelatrice (valvola elettronica) (*radio*), mixer tube. **142.** ~ modulatrice (*termoion.*), modulating valve. **143.** ~ modulatrice (valvola limitatrice di un impianto di frenatura) (*aut.*), modulating valve, anti-skid valve. **144.** ~ modulatrice ad infinite posizioni (valvola a regolazione continua) (*fluidica*), stepless positioning valve. **145.** ~ motorizzata (per tubazioni per es.) (*mecc.*), motor-operated valve. **146.** ~ oscillatrice (*radio*), thermoionic oscillator (ingl.). **147.** ~ per alta pressione (*tubaz.*), high-pressure valve. **148.** ~ per bassa pressione (*tubaz.*), low-pressure valve. **149.** ~ per sfogo gas (da un cilindro di motore: per scaricare la pressione per es.) (*mecc.*), pet cock. **150.** ~ (a pulsante) per tubo di gomma per aria compressa (*pulizia off.*), air hose valve. **151.** ~ pilota (*termoion.*), pilot tube, driver tube. **152.** ~ pilota (*mecc.*), pilot valve. **153.** ~ pilota (di un impianto idraulico per es.) (*aer. - ecc.*), shuttle valve. **154.** ~ premente (di pompa per es.), delivery valve. **155.** ~ raddrizzatrice (*radio*), thermionic rectifier (ingl.), rectifying tube. **156.** ~ raddrizzatrice a catodo liquido (*telev.*), liquid cathode tube rectifier, "pool-rectifier". **157.** ~ raddrizzatrice biplacca (*termoion.*), full-wave rectifying tube. **158.** ~ raddrizzatrice monoplacca (*termoion.*), half-wave rectifying tube. **159.** ~ raffreddata al sodio (*mot.*), sodium-cooled valve. **160.** ~ regolatrice (di stufa o forno), damper. **161.** ~ regolatrice del carburante (di impianto di alimentazione di motore a reazione) (*mot.*), throttle valve. **162.** ~ regolatrice della portata (*tubaz.*), flow control valve. **163.** ~ regolatrice della portata regolabile e con bypass (*fluidica*), adjustable with bypass flow control valve. **164.** ~ regolatrice della portata senza compensazione (*fluidica*), adjustable non-compensated flow control valve. **165.** ~ regolatrice di efflusso (del vapore) (*impianto a vapore*), steam valve. **166.** ~ rettificatrice a griglia-pilota ("tiratron") (*termoion.*), Thyratron. **167.** ~ ricevente (*radio*), receiving valve. **168.** ~ rivelatrice (*radio*), thermoionic detector (ingl.), detector valve. **169.** ~ rotativa (*mecc.*), rotary valve. **170.** ~ schermata (*radio*), screened valve. **171.** ~ selettrice (del flusso di un fluido in un dato circuito) (*impianto idr. o pneumatico*), selector valve. **172.** ~ selettrice di circuito (doppia valvola di non ritorno) (*fluidica*), double check valve. **173.** ~ solare (*di un faro*), sun valve. **174.** ~ telecomandata (per tubazioni per es.) (*elettromecc.*), remote-control valve. **175.** ~ termoionica (*elett. - radio*), thermionic tube, thermionic valve, electron tube. **176.** ~ termostatica (*term. - mot.*), thermostat, thermal expansion valve. **177.** ~ trasmittente (*radio*), transmitting valve. **178.** ~ tripla (di un impianto freno ad aria compressa) (*ferr.*), triple valve. **179.** ~ unidirezionale (*tubaz.*), single-acting valve. **180.** ~ "waste-gate" (~

che limita la pressione di sovralimentazione di un turbocompressore mediante la parzializzazione del quantitativo di gas dii scarico inviato alla ruota della turbina) (*turbocompressore aut.*), waste gate. **181.** albero della ~ (di valvola inclinata, di saracinesca, di valvola a maschio ecc.) (*tubaz.*), valve spindle, valve stem. **182.** alzata della ~ (*mecc.*), valve lift. **183.** alza valvole (*att. mecc.*), valve lifter. **184.** a valvole in testa (*mot.*), valve-in-head, over-head-valve. **185.** a valvole laterali (*mot.*), side-valve. **186.** bilanciere per ~ (*mecc.*), valve rocker. **187.** cappottatura della ~ (di un involucro di aerostato) (*aer.*), valve hood. **188.** doppia ~ di non ritorno (valvola selettrice di circuito) (*fluidica*), double check valve. **189.** doppia ~ di non ritorno a doppio senso di flusso (*fluidica*), double check valve with cross bleed. **190.** doppia ~ di non ritorno ad un solo senso di flusso (*fluidica*), single acting double check valve. **191.** fune della ~ (di un involucro di aerostato) (*aer.*), valve line. **192.** gambo della ~ (di motore per es.) (*mecc.*), valve stem. **193.** incollamento di una ~ (di motore per es.) (*inconveniente mecc.*), sticking (or jamming) of a valve. **194.** registrazione delle valvole (di motore a scoppio) (*mecc.*), valve timing. **195.** rettificare una ~ (*mecc.*), to reface a valve (am.). **196.** rettificatrice per valvole (*macch. ut.*), valve refacer. **197.** ripassare le sedi delle valvole (di un mot. di aut. per es.) (*mecc.*), to regrind the valve seats. **198.** sartiame della ~ (di un aerostato) (*aer.*), valve rigging. **199.** sede della ~ riportata (sede riportata di valvola, di motore per es.) (*mecc.*), inserted valve seat (am.), valve seat insert. **200.** sede ~ (*mot.*), valve seat. **201.** senza ~ (avalve) (*mot.*), valveless. **202.** smerigliare le valvole (di un motore per es.) (*mecc.*), to grind the valves, to reface the valves. **203.** spillo della ~ (di camera d'aria di automobile per es.) (*mecc.*), valve core (am.). **204.** stelo di ~ (di motore per es.) (*mecc.*), valve stem.

valvolame (rubinetteria) (*tubaz.*), valves.

valvoliera (scatola delle valvole) (*elett. - aut. - ecc.*), fuse box, fuse panel block.

valvolone (valvola di prua: di aeronave) (*aer.*), prow valve.

vampa (*gen.*), flash. **2.** ~ di ritorno (*di arma da fuoco*), blowback. **3.** a ~ smorzata (*di arma da fuoco*), flashless. **4.** sezione rilevamento ~ (*artiglieria*), flash spotting section.

vanadato (*chim.*), vanadate.

vanadinite [$Pb_5(VO_4)_3Cl$] (*min.*), vanadinite.

vanadio (V - *chim.*), vanadium.

vanga (*att. agric.*), spade. **2.** ~ pneumatica (a mano ma funzionante mediante aria compressa) (*att. per scavare*), pneumatic digger.

vano (ambiente) (*ed.*), room. **2.** ~ (apertura, in una parete) (*ed. - ecc.*), opening. **3.** ~ (compartimento, di un velivolo per es.) (*aer.*), bay. **4.** ~ (tra i denti di un ingranaggio) (*mecc.*), space. **5.** ~ bagagli (bagagliera, "baule") (*aut.*), baggage compartment, luggage compartment, trunk (am.). **6.** ~ carrello (alloggiamento del carrello di atterraggio: nell'ala o nella fusoliera) (*aer.*), well, wheel well. **7.** ~ del finestrino (*aut.*), window opening. **8.** ~ fra i denti (di un ingranaggio) (*mecc.*), tooth space. **9.** ~ motore (*aut.*), engine compartment. **10.** ~ passaruote (*aut.*), wheel box. **11.** ~ porta (*costr. carrozzeria aut.*), door opening. **12.** ~ portaoggetti (ripostiglio di un cruscotto) (*aut.*), glove compartment. **13.** ~ primitivo (di scanalati, spazio misurato sulla circonferenza primitiva) (*mecc.*), pitch line space.

vantaggio (*gen.*), advantage. **2.** ~ (*tip.*), galley.

vapore (*fis.*), vapor, vapour. **2.** ~ a bassa pressione (*cald.*), low-pressure steam. **3.** ~ ad alta pressione (*cald.*), high-pressure steam. **4.** ~ d'acqua (*fis.*), steam. **5.** ~ di benzina (*fis.*), gasoline vapor. **6.** ~ di scarico (di macchina a vapore per es.), exhaust steam, blast. **7.** ~ per riscaldamento (vapore declassato) (*riscaldamento - ecc.*), process steam. **8.** ~ saturo (di liquidi diversi dall'acqua) (*fis.*), saturated vapor. **9.** ~ saturo (*termodin.*), saturated steam. **10.** ~ saturo secco (*termodin.*), dry saturated steam. **11.** ~ secco (*termodin.*), dry steam. **12.** ~ surriscaldato (*termodin.*), superheated steam. **13.** ~ umido (*termodin.*), wet steam. **14.** ~ vivo (proveniente da una caldaia per es.), live steam. **15.** assoggettare all'azione del ~ (passare al vapore) (*ind.*), to steam. **16.** a tenuta di ~ (*a. - tubaz. - ecc.*), steamtight. **17.** camera di distribuzione del ~ (*macch. a vapore*), steam chest, steam box. **18.** camicia di ~ (in macchina a vapore per es.), steam jacket. **19.** cavallo ~ (CV) (*mis.*), 0.986 horsepower, 0.986 H.P. **20.** generatore di ~ (*cald.*), steam boiler. **21.** generazione di ~ (di caldaia per es.), steam formation. **22.** insufflazione di ~ (in pozzi petroliferi) (*min.*), steam flooding. **23.** macchina a ~ (*macch.*), steam engine. **24.** macchina a ~ a scarico nell'atmosfera (*macch.*), atmospheric steam engine. **25.** macchina a ~ con condensatore (*macch.*), condensing steam engine. **26.** maglio a ~ (*macch.*), steam hammer. **27.** produzione di ~ per m^2 di superficie riscaldata (di caldaia per es.) (*term.*), steam capacity per square meter heating surface. **28.** produzione violenta di ~ con acqua in sospensione (in una caldaia per es.), priming. **29.** riscaldamento a ~ (*term.*), steam heating. **30.** saturazione del ~ (*termodin.*), steam saturation. **31.** trattare con ~ (vaporizzare) (*ind. tess.*), steaming. **32.** trazione a ~ (*ferr.*), steam traction. **33.** tubazione di ~ (*tubaz.*), steam piping. **34.** uscita del ~ (*macch.*), steam outlet.

vaporetto (battello per servizio pubblico) (*nav.*), steamboat.

vaporimetro (*strum.*), vaporimeter.

vaporizzare (*fis.*), to vaporize. **2.** ~ (trattare con vapore) (*ind. tess.*), to steam.

vaporizzazione (*fis.*), vaporization. **2.** ~ (di liquidi) (*fis.*), flashing. **3.** ~ ionica (*elett. - eltn. - tecnol.*), *vedi* polverizzazione ionica. **4.** ~ per attrito (di-

sintegrazione, atto di bruciarsi per attrito: di veicolo spaziale per es.) (*astric.*), burnup.
"vapor lock" (tampone di vapore, in un tubo di alimentazione del carburante) (*mot.*), vapor lock.
var (misura di potenza reattiva) (*elett.*), var.
varactor (diodo ~, semiconduttore la cui capacitanza varia con la tensione applicata) (*eltn.*), varactor, varicap.
varare (*nav.*), to launch.
varco (breccia) (*milit.*), gap.
variàbile (di grandezza non costante) (*a. - gen.*), variable. **2.** ~ (*s. - mat.*), variable. **3.** ~ (*a. - meteor.*), variable. **4.** ~ (area della memoria che può assumere di volta in volta uno specifico lotto di valori) (*elab.*), variable. **5.** ~ binaria (che ha solo valori zero o uno) (*mat. - elab.*), binary variable. **6.** ~ booleana [~ logica] (*mat. - elab. - ecc.*), boolean variable. **7.** ~ condizionale (p. es. in linguaggio COBOL) (*elab.*), conditional variable. **8.** variabili del moto del veicolo (*veic.*), vehicle motion variables. **9.** ~ dipendente (*mat.*), dependent variable. **10.** ~ di stringa (relativo ad un bit o carattere di stringa) (*elab.*), string variable. **11.** ~ globale (~ accessibile da qualsiasi punto del programma) (*elab.*), global variable. **12.** ~ locale (~ che si riferisce soltanto ad una sola sezione del programma) (*elab.*), local variable. **13.** ~ logica (che può assumere solamente un numero finito di variabili: 1 e 0 per es. ecc.) (*elab.*), switching variable. **14.** ~ statistica (*stat.*), statistical variable.
variac (autotrasformatore a variazione continua di rapporto) (*elett.*), variac.
varianza (*stat.*), variancy, variance.
variare, to vary, to change. **2.** ~ (per es. i prezzi entro certi limiti) (*comm.*), to range. **3.** ~ attenuandosi gradualmente (di suono o immagine per es.) (*radio - telev.*), to fade. **4.** ~ la temperatura (*term.*), to attemperate. **5.** ~ lentamente (della pressione per es.) (*tecnol.*), to creep.
variatore continuo di velocità (*mecc.*), stepless speed change gear. **2.** ~ della velocità di ripresa (*cinem.*), speed control knob. **3.** ~ di coppia (cambio idraulico per es., a turbina, pompa e diffusori intermedi realizzati su anelli girevoli) (*mecc. - aut.*), torque convertor, torque converter. **4.** ~ di fase (*macch. elett.*), phase transformer, phasing transformer. **5.** ~ di frequenza (*elett.*), frequency changer, frequency converter. **6.** ~ di giri a comando elettronico (per il controllo della velocità di un motore sincrono) (*elett. - eltn.*), cycloconverter. **7.** ~ di velocità (*mecc.*), speed variator. **8.** ~ idrodinamico di coppia (*mecc.*), *vedi* cambio idraulico.
variazione, variation, change. **2.** ~ (dei prezzi) (*comm.*), variation. **3.** ~ (*amm. - ecc.*), variance. **4.** ~ ciclica (movimento ciclico) (*gen.*), cycling. **5.** ~ ciclica del passo (delle pale del rotore principale di un elicottero) (*aer.*), cyclic pitch change. **6.** ~ collettiva del passo (delle pale del rotore principale di un elicottero) (*aer.*), collective pitch change. **7.** ~ del carico (di una macch. elett. per es.) (*elett. - mot.*), load variation. **8.** ~ della temperatura (*term.*), attemperation. **9.** ~ di deviazione (di una bussola), change of deviation. **10.** ~ di frequenza (*elett.*), frequency change. **11.** ~ di pendenza (*top.*), change of gradient. **12.** ~ graduale (piccolo e graduale cambio; p. es. di frequenza) (*eltn.*), drift. **13.** ~ graduale in attenuazione (di volume di suono o di definizione di immagine) (*radio - telev.*), fading. **14.** ~ istantanea del numero dei giri (di un mot. ind., scarto transitorio) (*mot.*), instantaneous speed change. **15.** ~ periodica del passo (di pale di rotore d'elicottero per es.) (*mecc.*), cyclic pitch change. **16.** ~ permanente del numero dei giri (di un mot. ind., scarto statico) (*mot.*), permanent change of speed. **17.** a ~ continua di velocità (per es.) (*macch.*), with stepless change of speed. **18.** campo di ~ (escursione dei valori fra il minimo ed il massimo dell'attributo di una variabile) (*stat.*), range.
varie (negli ordini del giorno per es.) (*gen.*), sundries.
variegato (di colore), variegated.
varietà (*gen.*), variety.
varilux (bifocale con passaggio graduale da una focale all'altra: di lente da occhiali) (*oculistica*), omnifocal.
"variocoupler" (*radio*), variocoupler.
variòmetro (indicatore di salita o di discesa) (*strum. aer.*), rate-of-climb indicator, variometer.
varistore (resistore la cui resistenza è funzione della corrente applicata: termistore per es.) (*elett. - eltn.*), varistor.
varmetro (misuratore di potenza reattiva) (*strum. elett.*), varmeter.
varo (*costr. nav.*), launch, launching.
var-ora (volt-ampere ora reattivo = 3.600 joule) (*mis. elett.*), var hour.
varoràmetro (o contatore di energia reattiva) (*strum. elett.*), varhourmeter, reactive energy meter.
vasaio (*op.*), potter.
vasca (*ed.*), tank, basin, cistern. **2.** ~ (*ind.*), tank, basin, tub. **3.** ~ (conca di navigazione che permette ai natanti di superare dislivelli) (*idr. - nav.*), lock. **4.** ~ (per bagno: galvanico per es.) (*ind.*), bath tub, bath tank. **5.** ~ (di un gasometro contenente l'acqua della tenuta idraulica) (*ind. - ecc.*), tank. **6.** ~ (dell'olandese) (*macch. mft. carta*), tub, pan, vat, tank. **7.** ~ (vasca navale, vasca sperimentale) (*nav. - mar. milit.*), tank. **8.** ~ acustica (per misurazioni e tarature di apparecchi subacquei) (*acus. sub.*), acoustic tank. **9.** ~ anecoica (senza echi: vasca acustica costruita in modo da rendere minima la riflessione da pareti, superficie e fondo) (*acus. sub.*), anechoic tank. **10.** ~ antirollìo (*nav.*), antirolling tank. **11.** ~ da bagno (*ed.*), bath tub, tub. **12.** ~ da bagno a sedile (*ed.*), sit bathtub. **13.** ~ da giardino (*arch.*), fountain. **14.** ~ da macerazione (*ind. della gomma*), soaking vat. **15.** ~ dell'acqua di ricupero (*ind. carta* -

ecc.), backwater tank. **16.** ~ dell'olandese (*mft. carta*), beater tub. **17.** ~ di calma (*costr. idr.*), stilling pool, stilling basin. **18.** ~ di decantazione (*app. ind.*), hydroseparator. **19.** ~ di decapaggio (*metall.*), pickling vat. **20.** ~ di imbianchimento (*mft. carta*), bleaching chest, poacher. **21.** ~ di immersione (per verniciature industriali) (*vn.*), dipping tank. **22.** ~ di lavaggio (*ind.*), swilling tank. **23.** ~ di lavaggio (per parti meccaniche per es.) (*mecc. - ecc.*), washing tank. **24.** ~ di raccolta dell'acqua bianca (vasca inferiore) (*macch. mft. carta*), low box. **25.** ~ di ricupero (vasca d'acqua di ricupero, di una macch. continua) (*macch. ind. carta*), backwater tank. **26.** ~ di risciacquatura, washing tank, rinsing tank. **27.** ~ di sedimentazione (di acque luride), settling tank, sedimentation tank. **28.** vasche di sedimentazione a gradini (per sedimentare liquidi provenienti da industrie) (*lav. ind.*), step settling tanks. **29.** ~ di sgrassaggio, *vedi* cabina di sgrassaggio. **30.** ~ di sviluppo (*fot.*), developing tank. **31.** ~ Froude (per prove idrodinamiche) (*nav.*), Froude tank. **32.** ~ idrodinamica (per misurare la resistenza idrodinamica degli scafi al movimento) (*idrodin.*), towing basin, towing tank, tow tank. **33.** ~ navale per (prove di) modelli di idrovolanti (*aer. - milit.*), seaplane tank. **34.** ~ per il candeggio (della lana per es.) (*ind. tess.*), bleaching vat. **35.** ~ per la prova di rollìo (di una nave) (*nav.*), rolling tank. **36.** ~ per stagnatura (*proc. metall. - off.*), tin pot. **37.** ~ per tingere (*ind. tess.*), dyeing vat. **38.** ~ per tintoria (*ind. tess.*), dyeing vat. **39.** ~ sotto tela (recuperatore della pasta, posto sotto alla macchina continua per la carta) (*macch. mft. carta*), save-all. **40.** ~ sperimentale (*nav. - aer.*), test tank, experimental tank. **41.** ~ sperimentale per idrovolanti (per modelli di idrovolanti) (*aer.*), seaplane tank. **42.** grande ~ idrodinamica (~ nella quale possono essere provati i modelli di navi) (*ing. nav.*), model basin.

vaschetta (pozzetto di barometro per es.), cup, cistern. **2.** ~ (di carburatore) (*mecc. mot.*), float chamber. **3.** ~ di cacciata (cassetta di cacciata) (*impianti sanitari*), flush tank, flushing tank. **4.** ~ di vetro (del filtro della benzina di mot. per es.), glass cup.

vaselina (*chim.*), vaseline, petrolatum.

vasellame di maiolica, majolica. **2.** ~ da tavola, tableware. **3.** ~ decorativo in terracotta, faience.

vasi (*costr. nav.*), sliding ways, bilge ways. **2.** ~ comunicanti (*idr.*), communicating vessels. **3.** ~ di varo (~ di una invasatura) (*costr. nav.*), launchways, launch ways. **4.** ~ latticiferi (*ind. gomma*), lacticiferous cells.

vasistas (finestra, sistemata sopra una porta per es., che può ruotare intorno ad un asse orizzontale) (*costr. ed. - falegn.*), transom window.

vaso (di contenimento: di accumulatore elett. per es.), box, can, vessel, jar, container. **2.** ~ (di forma artistica per es.), crater, jar, amphora. **3.** ~ (uno dei due vasi di sostegno dell'invasatura) (*costr. nav.*), one of the sliding ways. **4.** ~ (di latrina) (*ed.*), water closet, bowl, closet. **5.** ~ aperto (per la determinazione del punto di infiammabilità per es.) (*att. chim.*), open cup. **6.** ~ di espansione (per un impianto di riscaldamento ad acqua calda per es.) (*term. - tubaz.*), expansion tank. **7.** ~ di espansione (*term.*), *vedi anche* serbatoio di espansione. **8.** ~ di espansione a campana pneumatica (d'impianto di riscaldamento ad acqua calda a circolazione forzata) (*impianti riscaldamento*), hydraulic expansion tank. **9.** ~ di vetro (*gen.*), glass vessel. **10.** ~ poroso (di una pila elett. per es.) (*gen.*), porous pot.

vassoio (*att. mecc.*), tray. **2.** ~ (*att. mur.*), hawk, mortarboard, hod. **3.** ~ (barchetta, per dolci) (*imballaggio*), tray. **4.** ~ per anime (*fond.*), core plate. **5.** ~ raccoglitore dell'olio (*att. mot. aer.*), oil drip tray.

vedere (*gen.*), to see. **2.** ~ alla televisione (*telev.*), to teleview.

vegetale (*a. - sc. naturali*), vegetable, vegetal. **2.** cera ~, vegetale wax. **3.** crine ~ (per imbottitura cuscini) (*sedili - ecc.*), vegetable horsehair. **4.** sego ~ (usato per saponi, candele ecc.) (*ind. chim.*), vegetable tallow. **5.** seta ~ (*ind. tess.*), vegetable silk. **6.** tintura ~ (*ind. tess.*), vegetable dye.

veìcolo, vehicle. **2.** ~ (*chim.*), carrier. **3.** ~ (mezzo fluido: per vernici per es.), vehicle. **4.** ~ a cabina avanzata (autocarro con la cabina frontale, sopra il motore per es.) (*aut.*), forward control vehicle. **5.** ~ a cassone ribaltabile (*veic. - aut. - ecc.*), dumper. **6.** ~ a cuscino d'aria (~ terrestre ad effetto suolo: si muove su di un cuscino d'aria) (*veic.*), ground-effect machine, air-cushion vehicle, hovercraft. **7.** ~ a due ruote (*veic.*), two-wheeler. **8.** ~ articolato (o rimorchio) con due assali accoppiati (*aut.*), tandem. **9.** ~ a sei ruote (*veic.*), six-wheeler. **10.** ~ a tre ruote (triciclo) (*veic.*), three-wheeler. **11.** ~ cingolato (*veic.*), track-laying vehicle. **12.** ~ completamente cingolato (veicolo interamente su cingoli) (*veic.*), full-track vehicle. **13.** ~ destinato alla discesa su di un corpo celeste (*veic. spaziale*), lander. **14.** ~ di rientro multiplo a bersagli singoli (*astric. - milit.*), multiple individually-targetable re-entry vehicle. **15.** ~ marino (o lacuale) a cuscino d'aria (per percorrenze sull'acqua) (*nav.*), hydroskimmer. **16.** ~ per "allunaggio" (*astric.*), lunar landing research vehicle, LLRV. **17.** ~ ricreativo (veicolo impiegato per divertimento) (*veic.*), recreational vehicle. **18.** ~ sorpassante (*traff. aut.*), passing vehicle. **19.** ~ spaziale (*astric.*), spaceship, spacecraft. **20.** ~ spaziale con equipaggio (*astric.*), manned space craft. **21.** ~ spaziale, *vedi anche* astronave. **22.** ~ terrestre a cuscino d'aria, *vedi* ~ a cuscino d'aria **23.** ~ universale (capace di andare ovunque: terra, neve, sabbia o acqua) (*veic.*), all-terrain vehicle, ATV.

vela (*nav.*), sail. **2.** ~ a tarchia (*nav.*), spritsail. **3.** ~

aurica (vela di taglio) (*nav.*), fore-and-aft sail. **4.** ~ aurica con asta diagonale (*nav.*), spritsail. **5.** ~ che prende vento di prua (*nav.*), back sail. **6.** ~ di basso parrocchetto (*nav.*), lower fore topsail. **7.** ~ di belvedere (*nav.*), mizzen-topgallant sail. **8.** ~ di cappa (*nav.*), trysail, gaff sail. **9.** ~ di cappa di maestra (*nav.*), main trysail. **10.** ~ di cappa di mezzana (*nav.*), mizzen trysail. **11.** ~ di cappa di trinchetto (*nav.*), fore trysail. **12.** ~ di controbelvedere (*nav.*), mizzen royal. **13.** ~ di contromezzana bassa (*nav.*), lower mizzen topsail. **14.** ~ di contromezzana volante (*nav.*), upper mizzen topsail. **15.** ~ di gabbia (*nav.*), topsail. **16.** ~ di maestra (*nav.*), main sail. **17.** ~ di mezzana (*nav.*), mizzen sail. **18.** ~ di parrocchetto (*nav.*), foretopsail. **19.** ~ di randa (*nav.*), spanker. **20.** ~ di straglio (*nav.*), strysail. **21.** ~ di straglio di belvedere (*nav.*), mizzentopgallant strysail. **22.** ~ di straglio di controbelvedere (*nav.*), mizzen-royal staysail. **23.** ~ di straglio di contromezzana (*nav.*), mizzen-topmast staysail. **24.** ~ di straglio di controvelaccio (*nav.*), main-royal staysail. **25.** ~ di straglio di gabbia (*nav.*), main-topmast staysail. **26.** ~ di straglio di maestra (*nav.*), main staysail. **27.** ~ di straglio di mezzana (*nav.*), mizzen staysail. **28.** ~ di straglio di velaccio (*nav.*), main-topgallant staysail. **29.** ~ di succontrobelvedere (*nav.*), mizzen skysail. **30.** ~ di taglio (vela aurica) (*nav.*), fore-and-aft sail. **31.** ~ di trinchetto (*nav.*), foresail. **32.** ~ latina (*nav.*), lateen sail. **33.** ~ quadra (*nav.*), square sail. **34.** ~ solare (superficie propulsiva spinta dalla radiazione solare) (*astric.*), solar sail. **35.** ~ tesa (*nav.*), flat sail. **36.** alla ~ (*a. - nav.*), under sail. **37.** a secco di vele (senza alcuna vela spiegata) (*a. - nav.*), under bare poles, ahull. **38.** barca a ~ (*nav.*), sailboat. **39.** campanile a ~ (formato da due pilastri che s'innalzano sopra il tetto e sormontati da un arco al quale è appesa la campana) (*arch.*), bell gable. **40.** serrare le vele (*nav.*), to hand sails, to furl sails. **41.** spiegare le vele (*nav.*), to unfurl sails, to set sail. **42.** volo a ~ (*aer.*), soaring.

velaccino (*nav.*), fore-topgallant sail. **2.** coltellaccio di ~ (*nav.*), fore-topgallant studding sail. **3.** pennone di ~ (*nav.*), fore-topgallant yard.

velaccio (*nav.*), topgallant sail.

velaio (*nav.*), sailmaker.

velare (*v.t. - fot.*), to fog.

velarsi (*v.i. - fot.*), to fog. **2.** ~ (annebbiarsi) (*difetto vn.*), to bloom.

velatura (*nav.*), sail, sails, sailage. **2.** ~ (*fot.*), fog. **3.** ~ (finitura di superficie verniciata con applicazione di un sottile strato colorato e trasparente di vernice) (*vn.*), glazing. **4.** ~ (velo, mano finemente polverizzata) (*vn.*), fog coat. **5.** ~ di cappa (*nav.*), storm sail. **6.** ~ leggera (per venti leggeri) (*nav.*), light sails. **7.** ~ ordinaria (velatura normale) (*nav.*), plain sail. **8.** forzare la ~ (per accelerare la velocità) (*nav.*), to crowd sail. **9.** ridurre la ~ (*nav.*), to muzzel. **10.** superficie della ~ utilizzata (*nav.*), windage.

veleggiamento (*aer.*), soaring, sailplaning.

veleggiare (di aliante) (*aer.*), to soar, to sailplane.

veleggiatore (*aer.*), sailplane.

veleggio (il veleggiare) (*aer.*), soaring, sailplaning. **2.** ~ orizzontale (distanza percorsa orizzontalmente da un velivolo prima dell'atterraggio) (*aer.*), volplaning distance.

veleno (*farm.*), poison. **2.** ~ (contaminante dell'attività di un catalizzatore per es.) (*chim. fis.*), poison.

veleria (luogo dove si fabbricano le vele) (*nav.*), sail loft.

velièro (*nav.*), sailer, sailing ship. **2.** ~ trealberi (*nav.*), bark.

velina (vergatina, carta per copie multiple, carta da scrivere leggera) (*mft. carta*), manifold paper. **2.** ~ (copia redatta su carta leggerissima) (*uff.*), filmsy.

velivolo, *vedi* aeroplano. **2.** ~ ad ala rotante (*aer.*), rotoplane (ingl.). **3.** ~ avioportato (*aer.*), piggyback plane. **4.** ~ da trasporto supersonico (trasporto supersonico) (*trasp. aer.*), supersonic transport, SST. **5.** ~ gigante ("jumbo") (*aer.*), jumbo aircraft. **6.** ~ imbarcato (velivolo di nave portaerei) (*aer.*), ship plane. **7.** ~ osservatorio (apparecchio osservatorio) (*aer. milit.*), air observation post aircraft, AOP. aircraft. **8.** ~ per addestramento secondo periodo (*aer.*), advanced trainer. **9.** ~ rimorchiatore (*aer.*), tug plane. **10.** ~ senza pilota (*aer.*), pilotless aircraft.

vèllo (di pecora) (*ind. lana*), fleece. **2.** ~ corto (*ind. lana*), shabby fleece. **3.** ~ da lavaggio (*ind. lana*), washing fleece. **4.** ~ legato (col sistema sud-americano) (*ind. lana*), tied fleece. **5.** ~ ruvido (*ind. lana*), rough fleece.

vellutare (*mft. carta*), to flock. **2.** ~ (smerigliare, pomiciare, una pelle per guanti per es.) (*ind. cuoio*), to fluff.

vellutato (*a. - gen.*), velvet. **2.** ~ (*a. - tess. - ecc.*), velvetlike, velours, velour.

vellutatrice (*macch. tess.*), velvet-pile machine. **2.** ~ (smerigliatrice, macchina per pomiciare, pelli per guanti per es.) (*macch. ind. cuoio*), fluffing machine.

vellutatura (pomiciatura, smerigliatura, di una pelle per guanti per es.) (*ind. cuoio*), fluffing. **2.** ~ (*gen.*), velveting.

velluto (*tipo di tessuto*), velvet. **2.** ~ a pelo (*tess.*), cut velvet. **3.** ~ a riccio (*tess.*), pile velvet. **4.** ~ di cotone (*tess.*), velveteen. **5.** ~ non rasato (*tess.*), uncut velvet.

velo (*fot.*), fog, haze, veil. **2.** ~ (*radiologia*), fog. **3.** ~ (terza mano di intonaco) (*mur.*), skimcoat (am.), skimming coat (ingl.), setting coat (ingl.). **4.** ~ (*ind. tess.*), web. **5.** ~ (velatura mano finemente polverizzata) (*vn.*), fog coat. **6.** ~ di carda (*ind. tess.*), card web. **7.** ~ d'olio (*mecc.*), oil film. **8.** ~ totale (*fot.*), gross fog. **9.** applicazione del ~ (*in-

tonaco), setting, skimming. **10.** densità del ~ (*fot.*), fog density.
veloce, speedy, fast.
velocimetro (per misurare la velocità) (*strum. mis. per proiettili - suono - ecc.*), velocimeter (am.).
velocipede (*veic.*), *vedi* bicicletta.
velocità, speed, velocity. **2.** ~ (propria) (misurata rispetto all'aria) (*aer.*), air speed. **3.** ~ (di una corrente per es.) (*fluidica*), speed. **4.** ~ aggiuntiva (quinta marcia) per autostrada (*aut.*), overdrive for speedway (or autostrada). **5.** ~ alla quale si manifestano vibrazioni aeroelastiche (*aer.*), flutter speed. **6.** ~ angolare (*mecc. raz.*), angular velocity. **7.** ~ angolare (numero dei giri, regime, di un motore) (*mot.*), speed, r.p.m. **8.** ~ angolare d'imbardata (attorno all'asse Z, di un'autovettura per es.) (*aut.*), yaw velocity. **9.** ~ ascensionale (velocità verticale di salita di un aeroplano) (*aer.*), rate of climb. **10.** ~ assoluta (*aer.*), *vedi* velocità effettiva. **11.** ~ a vuoto (*mecc.*), idling speed. **12.** ~ base (velocità indicata: corretta dell'errore strumentale) (*aer.*), basic air speed. **13.** ~ calibrata (velocità indicata: corretta degli errori strumentali e di posizione) (*aer.*), rectified air speed, RAS, calibrated air speed, CAS. **14.** ~ commerciale (*ferr.*), commercial speed. **15.** ~ critica (*mot. - mecc.*), critical speed. **16.** ~ critica (di un aeroplano) (*aer.*), critical speed. **17.** ~ critica di apertura (di un paracadute: durante il moto ritardato) (*aer.*), critical opening speed. **18.** ~ critica di chiusura (di un paracadute: in discesa) (*aer.*), critical closing speed. **19.** ~ della linea (la più elevata quantità di bits per secondo di un dato canale) (*elab.*), line speed. **20.** ~ della "rapida" (di un sottomarino) (*mar. milit.*), crash-dive speed. **21.** ~ del motore (numero di giri del motore) (*mot.*), engine speed, engine r.p.m. **22.** ~ del suono (*acus.*), velocity of sound, sound velocity. **23.** ~ di agganciamento (di un velivolo quando aggancia il dispositivo di arresto predisposto sulla portaerei) (*aer.*), engaging speed. **24.** ~ di alimentazione (*mecc. - elab. - ecc.*), feed rate. **25.** ~ di atterraggio (*aer.*), landing speed. **26.** ~ di avanzamento (~ con la quale una macch. ut. od una saldatrice meccanica eseguono il loro lavoro, viene misurata in unità di lunghezza per unità di tempo) (*mecc.*), speed of travel. **27.** ~ di avvicinamento (velocità di approccio) (*aer.*), approach speed. **28.** ~ di avvicinamento (di un veicolo spaziale per es.) (*astric.*), closing rate, approach speed. **29.** ~ di battitura (numero di battute sulla tastiera nell'unità di tempo) (*elab. - macch. per scrivere*), keystroking speed. **30.** ~ di beccheggio (*veic.*), pitch velocity. **31.** ~ di brandeggio (~ angolare espressa dalla variazione di azimut nell'unità di tempo; p. es. di una bocca da fuoco) (*milit. - nav.*), azimuth rate. **32.** ~ di combustione (della miscela in un motore per es.) combustion velocity. **33.** ~ di crociera (*aer.*), cruising speed. **34.** ~ di crociera (di una nave: in normali condizioni di esercizio) (*nav.*), service speed. **35.** ~ di crociera del motore (numero di giri di crociera) (*mot. aer.*), engine cruising speed. **36.** ~ di decollo (*aer.*), take-off speed. **37.** ~ di deriva (velocità laterale) (*veic.*), sideslip velocity, lateral velocity. **38.** ~ di discesa in volo planato (*aer.*), sinking speed. **39.** ~ di distacco (velocità di decollo) (*aer.*), take-off speed. **40.** ~ di distacco (di un missile o mezzo spaziale) (*missil.*), departure velocity. **41.** ~ di divergenza (minima velocità equivalente alla quale si manifesta divergenza aeroelastica) (*aer.*), divergence speed. **42.** ~ di elevazione [angolare] (p. es. di una bocca da fuoco) (*milit. - navy*), elevation rate. **43.** ~ di esplorazione (*telev.*), scanning speed. **44.** ~ di fase (*radio*), wave velocity, phase velocity (ingl.). **45.** ~ di fine combustione (di un razzo per es.) (*aer.*), burnt velocity. **46.** ~ di foratura (~ di avanzamento della punta) (*mecc.*), drilling rate. **47.** ~ di formazione del ghiaccio (sulla superficie di un aeroplano per es.) (*fis.*), rate of icing. **48.** ~ di fuori giri (*di mot. a c.i.*), overspeed. **49.** ~ di fuga (*mot. - turbina*), runaway speed. **50.** ~ di fuga (velocità necessaria per sfuggire alla gravitazione terrestre: 7 miglia/sec) (*astric.*), velocity of escape, escape velocity. **51.** ~ di imbardata (velocità angolare d'imbardata, di un'autovettura, attorno all'asse Z) (*aut.*), yaw velocity. **52.** ~ di immersione (di sottomarino) (*mar. milit.*), diving speed. **53.** ~ di incisione (di dischi) (*elettroacus.*), recording speed. **54.** ~ di inversione di comando (minima velocità equivalente alla quale si ha inversione di comando) (*aer.*), reversal speed. **55.** ~ di lavoro (di macch. ut. per es.), working speed. **56.** ~ di lettura (*elab.*), reading rate. **57.** ~ di massa (*fis. atom.*), mass velocity. **58.** ~ di massima resistenza (nell'acqua, di un idrovolante o anfibio: velocità alla quale la resistenza dell'acqua assume il valore massimo) (*aer.*), hump speed. **59.** ~ di particella (velocità lineare assunta da un volume elementare del mezzo) (*acus. - acus. sub.*), particle velocity. **60.** ~ di perforazione (di una scheda o di un nastro di carta) (*elab.*), perforation rate, punching rate. **61.** ~ di picco (massima ~ raggiunta) (*tecnol.*), peak speed. **62.** ~ di propagazione di un'onda (*fis.*), wave velocity, phase velocity. **63.** ~ di raffreddamento (di un getto per es.) (*fond. - ecc.*), cooling rate. **64.** ~ di ricerca (velocità di scansione) (*radar*), scanning rate. **65.** ~ di riproduzione (p. es. di un duplicatore) (*elab. - ecc.*), copying speed. **66.** ~ di rotazione (*mecc.*), revolving speed, speed of rotation. **67.** ~ di rotazione (velocità angolare della ruota attorno al suo asse di rotazione) (*aut. - ecc.*), spin velocity. **68.** ~ di salita (velocità ascensionale) (*aer.*), rate of climb. **69.** ~ di scansione (~ di esplorazione; p. es. di un raggio catodico) (*telev. - radar*), spot speed. **70.** ~ di scansione (velocità di ricerca) (*radar*), scanning rate. **71.** ~ di scarico (dei gas combusti: di motore per es.), velocity of exhaust. **72.** ~ di sicurezza (*mecc.*), safe speed. **73.** ~ di sicurezza (~ minima

di governabilità; leggermente inferiore alla ~ di stallo) (*aer.*), safety speed. **74.** ~ di sincronismo (di macch. elett. per es.), synchronous speed. **75.** ~ di smorzamento (di oscillazioni armoniche smorzate) (*fis.*), decay rate. **76.** ~ di stallo (*aer.*), stalling speed. **77.** ~ di stallo indicata (*aer.*), indicated stalling speed. **78.** ~ di taglio (di una macch. ut. per es.), cutting speed. **79.** ~ di trascinamento (*di mot.*), cranking speed. **80.** ~ di traslazione (di attraversamento) (*macch. ut.*), traversing speed. **81.** ~ di trasmissione (*elab.*), transmission speed. **82.** ~ di trasmissione di bit (bit per secondo) (*elab.*), bit rate, BPS. **83.** ~ di trivellazione (avanzamento della sonda nell'unità di tempo) (*min.*), drilling rate. **84.** ~ (di trasporto) di uno ione (*elettrochim.*), ion velocity. **85.** ~ di uscita (di un profilato per es. da un treno di laminazione) (*laminatoio*), delivery speed. **86.** ~ di usura (*tecnol. mecc.*), wear rate. **87.** ~ di volo (minima ~ di rotazione per ottenere la formazione del microcuscino d'aria tra testina e disco) (*elab.*), flying speed. **88.** ~ di volo planato (*aer.*), gliding speed. **89.** ~ di volume (velocità con cui il mezzo si sposta attraverso certi limiti di riferimento) (*acus. - acus. sub.*), volume velocity. **90.** ~ eccessiva (*traff. strad.*), excessive speed. **91.** ~ economica (*gen.*), economic speed. **92.** ~ effettiva (corretta per quota e temperatura) (*aer.*), true air-speed, TAS. **93.** ~ effettiva (velocità assoluta, velocità suolo) (*aer.*), ground speed. **94.** ~ efficace del getto (~ dell'efflusso di un mot. a reazione) (*mot. aer.*), effective exhaust velocity. **95.** ~ e posizione rispetto alla terra (di un veicolo spaziale) (*astric.*), "vector state". **96.** ~ equivalente (di un aeromobile: uguale al prodotto della velocità rispetto all'aria per la radice quadrata della densità relativa dell'aria) (*aer.*), equivalent air speed, EAS. **97.** ~ finale (*gen.*), terminal speed. **98.** ~ finale (*mecc. raz.*), final velocity. **99.** ~ finale (di un velivolo al momento in cui lascia la catapulta dal bordo della portaerei) (*aer.*), end speed. **100.** ~ gradientale del vento (*meteor.*), gradient wind speed. **101.** ~ in colpi al minuto (di un telaio) (*mecc. tess.*), speed in picks per minute. **102.** ~ indicata (*aer.*), indicated air speed, IAS. **103.** ~ indicata di stallo (*aer.*), indicated stalling speed. **104.** ~ individuale della particella (o delle particelle quando attraversate da un'onda) (*fis.*), particle velocity. **105.** ~ in emersione (di sottomarino) (*mar. milit.*), surface speed. **106.** ~ iniziale (*mecc. raz.*), initial velocity. **107.** ~ iniziale (di un proiettile: all'uscita dalla bocca) (*balistica*), muzzle velocity. **108.** ~ laterale (di un aeroplano) (*aer.*), rate of sideslip. **109.** ~ laterale (entità della velocità laterale di sbandamento: in curva per es.) (*veic.*), sideslip velocity. **110.** ~ limite (*gen.*), limit speed. **111.** ~ limite (di un aeroplano, velocità stabile su traiettoria rettilinea a qualsiasi angolo con l'orizzontale) (*aer.*), limiting velocity. **112.** ~ limite assoluta (valore massimo della velocità limite) (*aer.*), terminal velocity. **113.** ~ limite in curva (di un'autovettura, massima velocità alla quale un'autovettura potrà prendere una data curva) (*aut.*), cornering power. **114.** ~ lineare (*mecc. raz.*), linear velocity. **115.** ~ longitudinale (velocità in avanti ed indietro) (*veic.*), forward and rearward velocity, longitudinal velocity. **116.** ~ massima (*mecc.*), top speed, max. speed, full speed. **117.** ~ massima di volo (velocità massima di un velivolo orizzontale in aria tipo) (*aer.*), maximum flying speed. **118.** ~ media (*gen.*), average speed. **119.** ~ media (*mecc. raz.*), mean velocity, average speed. **120.** ~ media del pistone (di un mot. a comb. interna) (*mot.*), piston mean speed. **121.** ~ media di spostamento (di ioni in un gas) (*fis. atom.*), drift velocity. **122.** ~ micrometrica (*macch. ut.*), creep speed. **123.** ~ minima con"flaps" abbassati (*aer.*), flaps down minimum speed. **124.** ~ minima consentita (la più bassa ~ permessa su autostrada) (*veic.*), minimum. **125.** ~ minima orizzontale (*aer.*), minimum flying speed. **126.** ~ necessaria per sfuggire (alla gravitazione) (velocità di fuga) (*astric.*), escape velocity. **127.** ~ normale (stabilita dal comandante) (*mar. milit.*), standard speed (am.). **128.** ~ periferica (*mecc.*), tip speed. **129.** ~ periferica (o alla superficie) (*funzionamento macch. ut.*), surface speed. **130.** ~ periferica in piedi al minuto [velocità (di taglio) in piedi al minuto] (*funzionamento macch. ut.*), surface feet per minute. **131.** ~ radiale (*mecc. raz.*), radial velocity. **132.** ~ relativa (di un aeroplano rispetto all'aria), air speed. **133.** ~ ridotta (di automobile per es.), reduced speed. **134.** ~ (di un aeroplano) rispetto all'aria (*aer.*), air speed. **135.** ~ rispetto alla terra (di un aeroplano), ground speed. **136.** ~ subsonica (*aer.*), subsonic speed. **137.** ~ sufficiente per governare (per rispondere al timone) (*nav.*), steerageway. **138.** ~ suolo (*aer.*), ground speed. **139.** ~ superficiale in piedi al minuto (*mecc. macch. ut.*), surface feet per minute, SFPM. **140.** ~ supersonica (*aer.*), supersonic speed. **141.** ~ supersonica (di un fluido rispetto ad un corpo immerso nel fluido) (*aerodin.*), supersonic velocity. **142.** ~ telegrafica (*elettrotel.*), telegraphic speed. **143.** ~ uniformemente accelerata (*mecc. raz.*), uniform acceleration. **144.** ~ vera (velocità effettiva, velocità suolo) (*aer.*), true air speed, ground speed. **145.** ~ verticale (di oscillazione, della massa sospesa di un'autovettura per es.) (*veic.*), bounce velocity, vertical velocity. **146.** ad alta ~ (*a. - gen.*), high-speed. **147.** a due ~ (*mecc.*), two-speed. **148.** a grande ~ (trasp. merci con assoluta precedenza) (*ferr. - ecc.*), red ball. **149.** alla massima ~ (*gen.*), full-speed. **150.** andare in perdita di ~ (*aer.*), to stall. **151.** a più ~ (*mot.*), polyspeed. **152.** a tutta ~ (*nav.*), full-speed. **153.** a tutta ~ ("a tavoletta") (*aut.*), flat out, at top speed. **154.** aumentare la ~ mediante ingranaggi (per ottenere che l'albero condotto abbia una ~ maggiore del conduttore) (*mecc.*), to gear up. **155.** a ~ variabile (*gen.*), variable-speed.

156. bassa ~ (per es. in un videoregistratore a due velocità) (*audiovisivi*), low play, LP. **157.** cambio di ~ (di automobile), gearbox, transmission (am.). **158.** grande ~, high speed. **159.** grande ~ (di spedizione di merci a mezzo ferrovia) (*comm.*), red ball (am.), by fast (or passenger) train (ingl.). **160.** indicatore di ~ (tachimetro) (*strum. aut.*), speedometer. **161.** la ~ più alta (presa diretta: di un cambio di velocità) (*aut.*), top gear. **162.** limitatore di ~ (*mecc.*), overspeed governor. **163.** limite di ~ (velocità massima consentita) (*traff. strad.*), speed limit, maximum speed. **164.** piccola ~ (di spedizione di merci a mezzo ferrovia) (*comm.*), slow freight (am.), by goods train (ingl.), by slow train (ingl.). **165.** potenziale di ~ (*fis. - idrodin. - ecc.*), velocity potential. **166.** prima ~ (di cambio aut.), low gear, low speed. **167.** prima ~ (di un compressore a due velocità) (*mot. aer.*), moderate speed, m.s. **168.** quarta ~ (presa diretta: di cambio di aut.), direct gear. **169.** raggiungere una ~ eccessiva (di organo mobile di una macch. per es.) (*mecc.*), to overspeed. **170.** registratore della ~ di rotazione (*strum.*), tachograph. **171.** salto di ~ (di una turbina a vapore) (*macch.*), velocity stage. **172.** seconda ~ (di cambio di aut.), second speed, second gear. **173.** seconda ~ (di un compressore a due velocità) (*mot. aer.*), full-speed, f.s. **174.** superare il limite di ~ (*aut. - ecc. - leg.*), to exceed the speed limit. **175.** terza ~ (di cambio aut. a quattro o più velocità), third gear, third speed. **176.** terza ~ (di cambio aut. a tre velocità: presa diretta), high gear, direct gear. **177.** trasmettere con ingranaggi mantenendo immutata la ~ dell'albero condotto e del conduttore (*mecc.*), to gear level.

velodromo (*ed. - sport*), velodrome.

vena (*min.*), lode, vein, ledge, stringer. **2.** ~ aderente (su uno stramazzo) (*idr.*), clinging nappe. **3.** ~ fluente (sulla soglia di uno stramazzo) (*idr.*), nappe. **4.** ~ libera (su uno stramazzo) (*idr.*), free nappe. **5.** ~ secondaria (*geol. - min.*), leader. **6.** accensione a ~ calda (di un motore a reazione) (*mot.*), hot streak ignition.

venare (*vn.*), to grain. **2.** ~ (marezzare artisticamente con vernici: imitando le venature del marmo o il moiré) (*vn. - ed.*), to vein. **3.** pettine per ~ (*ut. vn.*), grainer.

venato (marezzato) (di marmo per es.) (*gen.*), veined.

venatura (di un marmo, di un legno), vein. **2.** ~ (*legno*), grain. **3.** ~ (su un getto) (*difetto fond.*), veining. **4.** riprodurre la ~ del legno (*vn.*), to grain.

vendemmia (*agric.*), vintage.

véndere (*comm.*), to sell. **2.** ~ all'asta (*comm.*), to auction. **3.** ~ all'ingrosso (*comm.*), to wholesale, to sell wholesale (ingl.). **4.** ~ al minuto (*comm.*), to sell retail (ingl.), to retail. **5.** ~ sotto costo (*comm.*), to undersell.

vendìbile (*comm.*), saleable.

véndita (*comm.*), sale, selling. **2.** ~ a contanti (*comm.*), cash sale. **3.** ~ a credito (*comm.*), credit sale. **4.** ~ all'asta (*comm.*), auction sale, sale by auction. **5.** ~ allo scoperto (di azioni non possedute per es.) (*finanz.*), short sale. **6.** ~ al minuto (*comm.*), retail. **7.** ~ ambulante (*comm.*), peddling. **8.** vendite a premio (*comm.*), premium sales. **9.** ~ a rate (*comm.*), installment selling. **10.** ~ a termine (~ per consegna da effettuarsi entro un tempo prestabilito) (*comm.*), forward sale. **11.** ~ da porta a porta (*comm.*), door-to-door selling. **12.** ~ diretta (*comm.*), direct selling. **13.** ~ mediante distributori automatici (*comm.*), automatic selling, automatic vending. **14.** ~ per telefono (*comm.*), telephone selling. **15.** ~ su commissione (*comm.*), consignment sale. **16.** atto di ~ (*leg. - ecc.*), bill of sale. **17.** campagna di vendite (*comm.*), sales drive. **18.** condizioni di ~ (*comm.*), terms of sale. **19.** in ~ (*comm.*), for sale, on sale. **20.** margine di ~ (*comm.*), markup. **21.** mettere in ~ (*comm.*), to put up for sale. **22.** organizzazione ausiliare di ~ (*comm.*), sales aids. **23.** potenziale di ~ (di una ditta) (*comm.*), sales potential. **24.** previsioni di ~ (*comm.*), sales forecast. **25.** resi e abbuoni sulle vendite (*amm.*), sales returns and allowances.

venditore (*comm.*), seller, vendor, vender. **2.** ~ a domicilio (*comm.*), door-to-door salesman. **3.** ~ ambulante (ambulante) (*comm.*), peddler, pedlar.

venduto (*a. - comm.*), sold. **2.** salvo ~ (*comm.*), subject to prior sale.

Vènere (*astr.*), Venus, Lucifer, Phosphor.

veneziano (*a. - gen.*), Venetian. **2.** persiana alla veneziana (*ed.*), Venetian blind.

ventaglio (*gen.*), fan. **2.** a ~ (*gen.*), fan-shaped.

ventare (munire di venti o tiranti) (*nav. - ed.*), to guy, to brace.

ventaruòla (*app. meteor. - app. ornamentale*), weathercock.

ventatura (complesso di venti [o tiranti] costituito da cime [o funi] usate per rendere stabile in tutte le direzioni un'antenna, un palo, un albero ecc.) (*costr. ed. - nav. - ecc.*), stays, guy ropes.

ventilare, to ventilate, to fan.

ventilato (*ed. - ventil.*), ventilated.

ventilatore (*macch.*), fan, ventilator. **2.** ~ (*di aut.*), fan. **3.** ~ (a flusso) assiale (*app. ventil.*), axial-flow fan, axial fan. **4.** ~ a palette (*app. ventil.*), paddlewheel fan. **5.** ~ aspirante (di un mot. a c. i. per es.) (*mot. - ecc.*), suction fan. **6.** ~ assiale intubato (*app. ventil.*), ducted axial fan. **7.** ~ centrifugo (*app. ventil.*), centrifugal fan. **8.** ~ con palettatura aerodinamica (*app. ventil.*), airfoil fan. **9.** ~ da soffitto (*app. ed. - elett.*), ceiling fan. **10.** ~ da tavolo (*app. elettrodomestico*), desk fan. **11.** ~ d'attico (*ventil. ed.*), attic fan. **12.** ~ del riscaldamento (di una vettura, elettroventilatore) (*aut.*), heater fan. **13.** ~ di scarico (*att. ind.*), exhauster. **14.** ~ elettrico (*app. elettrodomestico*), electric fan. **15.** ~ elettrico (di una macch. elett.) (*app.*), ventilating fan. **16.** ~ elevatore di pressione (*macch.*), booster fan. **17.** ~ elicoidale (*app.*), fan, axial-flow fan. **18.** ~ in aspirazione (o aspirante, di mot. a c. i. per es.) (*mot. - app. condizionamento aria - ecc.*), suction fan. **19.** ~ intubato (*macch. ventil.*), ducted fan. **20.** ~ per la circolazione dell'aria (in impianti di ventilazione o di condizionamento d'aria) (*aeromecc.*), circulating fan. **21.** ~ per miniera (*app. min.*), mine ventilating fan. **22.** ~ soffiante (di mot. a c. i. per es.) (*mot. - app. condizionamento aria - ecc.*), pusher fan.

ventilazione, ventilation. **2.** ~ artificiale, artificial ventilation. **3.** ~ forzata (*min. - ind. - ecc.*), forced ventilation. **4.** ~ in depressione (ventilazione aspirante, ventilazione in aspirazione) (*ed. - min.*), vacuum ventilation. **5.** ~ in parallelo (ventilazione in derivazione, ventilazione secondaria) (*min.*), split ventilation. **6.** ~ in pressione (ventilazione premente) (*ed. - min.*), plenum ventilation. **7.** ~ in serie (*min.*), course ventilation. **8.** ~ meccanica (di miniera per es.) (*min.*), mechanical ventilation. **9.** ~ naturale, natural ventilation. **10.** feritoia di ~ (persiana in legno e/o metallo per interrompere o moderare il flusso dell'aria per es. da un condotto) (*ind. - costr.- ecc.*), abat-vent. **11.** griglia di ~ (griglia per il passaggio dell'aria di ventilazione) (*ed.*), ventilating grille, air grating, air-grating. **12.** porta di ~ (*min. - costr. ed.*), ventilation door. **13.** sottopassaggio di ~ (*min.*), undercast.

ventiquattresimo (*tip. - legatoria*), twenty-fourmo, 24mo.

vènto (*meteor.*), wind, breeze. **2.** ~ (fune o cima usata per rizzare antenne, pali, alberi delle navi ecc.) (*costr. ed. - nav. - ecc.*), stay, guy rope. **3.** ~ al traverso (*nav.*), beam wind. **4.** ~ a raffiche (*meteor.*), squally wind. **5.** ~ assoluto (considerato indipendentemente dal moto dell'osservatore) (*nav.*), true wind. **6.** ~ balistico (*balistica*), ballistic wind. **7.** ~ catabatico (vento discendente, dovuto a movimento verso il basso di aria fredda) (*meteor.*), katabatic wind. **8.** ~ calmo (da 0 ad 1 km/h) (*meteor.*), calm wind. **9.** ~ che salta (vento che si sposta da un punto all'altro) (*nav.*), baffing wind. **10.** ~ contrario (*nav. - aer.*), head wind, opposite direction wind. **11.** ~ costante (*meteor.*), steady wind. **12.** ~ del fumaiolo (straglio del fumaiolo) (*nav.*), funnel stay. **13.** ~ dell'elica (corrente d'aria dovuta al movimento dell'elica) (*aer.*), airstream, backwash. **14.** ~ destrogiro (l'orientarsi della direzione del vento in senso orario) (*meteor.*), veering wind. **15.** ~ di burrasca (*meteor.*), gale. **16.** ~ di coda (*aer.*), tail wind. **17.** ~ di fianco (*nav.*), side wind. **18.** ~ di poppa (*navig.*), downwind. **19.** ~ di prua (*nav.*), head wind. **20.** ~ discendente (vento catabatico, dovuto al movimento verso il basso di aria fredda) (*meteor.*), katabatic wind. **21.** ~ di tempesta (*meteor.*), storm wind, stormy wind. **22.** ~ di traverso (vento a traverso) (*aer. - nav.*), crosswind, cross-wind. **23.** ~ dominante (*meteor.*), prevalent wind. **24.** ~ favorevole (*nav.*), fair wind. **25.** ~ forte (gradi Beaufort: forza 7; 50 ÷ 61 km/h) (*meteor.*), near gale. **26.** ~ fortissimo (da 55 a 77 km/h) (*meteor.*), moderate gale. **27.** ~ fresco (gradi Beaufort: forza 6; 39 ÷ 49 km/h) (*meteor.*), strong breeze. **28.** ~ frontale (vento longitudinale; componente del vento lungo l'asse longitudinale, di una portaerei per es.) (*aer. - nav.*), wind down. **29.** ~ in poppa (*nav.*), aft wind, stern wind. **30.** ~ leggero a direzione variabile (*meteor.*), baffling wind. **31.** ~ moderato (gradi Beaufort: forza 4; 20 ÷ 28 km/h) (*meteor.*), moderate breeze. **32.** ~ relativo (risultante dalla composizione del vento assoluto e del moto della nave) (*nav.*), apparent wind. **33.** ~ rilevato con sonda radar (*meteor.*), rawin. **34.** ~ sinistrogiro (l'orientarsi del vento in senso antiorario) (*meteor.*), backing wind. **35.** ~ solare (plasma espulso dalla superficie del sole) (*astrofisica*), solar wind. **36.** ~ stellare (flusso di plasma emesso da una stella) (*astrofisica*), stellar wind. **37.** ~ teso (gradi Beaufort: forza 5; 29 ÷ 38 km/h) (*meteor.*), fresh breeze. **38.** ~ violentissimo (uragano) (oltre 120 km/h) (*meteor.*), hurricane. **39.** ~ violento (da 78 ÷ 104 km/h) (*meteor.*), whole gale. **40.** ~ vorticoso (*meteor.*), whirlwind. **41.** al ~ (sopravento) (*a. - nav.*), aweather. **42.** bava di ~ (gradi Beaufort: forza 1; 1 ÷ 5 km/h) (*meteor.*), light air. **43.** bufera di ~ (*meteor.*), windstorm. **44.** camera del ~ (di un cubilotto) (*fond.*), wind box. **45.** colpo di ~ (*aer.*), squall, gust of wind. **46.** col ~ in fil di ruota (col vento in poppa) (*nav.*), before the wind. **47.** col ~ in poppa (*nav.*), before the wind. **48.** galleria del ~ (*aer.*), wind tunnel. **49.** gran ~ (*nav.*), high wind. **50.** intensità del ~ (*meteor.*), force of the wind. **51.** macchina del ~ (*app. teatrale*), wind machine. **52.** portato dal ~, windborne. **53.** portarsi in direzione del ~ (di un aer. per es.) (*aer.*), to weathercock. **54.** pressione del ~ sulla torre di trivellazione (*sc. costr.*), derrick wind load. **55.** scala dei venti (scala Beaufort per es.) (*meteor.*), wind scale. **56.** senza ~ (*meteor. - nav.*), with zero wind. **57.** spinta del ~ (*meteor. - ed.*), wind pressure. **58.** stringere al massimo il ~ (*nav.*), to close-haul. **59.** velocità gradientale del ~ (*meteor.*), gradient wind speed.

vèntola (*mecc.*), fan. **2.** ~ (girante, di un compressore centrifugo per es.) (*mecc.*), impeller. **3.** ~ a doppio ingresso (di compressore centrifugo per es.) (*mecc.*), double-sided impeller. **4.** ~ di sostentamento (turbogetto ad asse verticale impiegato negli aerei VTOL/STOL; per ottenere un decollo strettamente verticale, aerei VTOL, od un decollo con breve rullaggio, aerei STOL) (*aer.*), lift fan. **5.** ~ interna (di un mot. elett. per es.) (*ventilaz.*), inner fan. **6.** ~ intubata (di un mot. a reazione per es.) (*macch. - mot.*), ducted fan. **7.** ~ portante (ventola sostentatrice, di un veicolo a cuscino d'aria) (*veic.*), lift fan. **8.** ~ scatolata (di un compressore centrifugo per es.) (*mecc.*), shrouded impeller.

ventosa (per macch. raccoglitrice o piegatrice) (*le-

gatoria), feeding sucker. **2.** ~ (per fissare temporaneamente qualcosa su una superficie piana per es.) (*att. mecc.*), suction cup. **3.** ~ sturalavandini (*att. domestico*), plunger.

ventosità (*meteor.*), windiness.

vèntre (di onda) (*fis. - acus.*), loop, antinode. **2.** ~ (di altoforno), belly. **3.** ~ (di una pala d'elica) (*aer.*), face, pressure face. **4.** ~ dell'ala (superficie inferiore dell'ala) (*aer.*), wing underside. **5.** ~ della pala (di una pala d'elica) (*aer.*), blade face.

ventrino (nastro di tela che serve per stringere contro il pennone una vela quadra chiusa) (*nav.*), bunt gasket.

venturimetro (tubo di Venturi, per la misurazione della portata di una corrente fluida in pressione) (*app. mis.*), Venturi meter, Venturi tube.

venturina al cromo (contenente cristalli di ossido di cromo) (*mft. vetro*), chrome aventurine.

veranda (*arch.*), gallery, veranda, porch (am.).

verbale (rapporto ufficiale di una riunione per es.) (*gen.*), minutes. **2.** ~ di collaudo (*mecc.*), inspection report.

verbalizzare (stendere il verbale) (*ind. - ecc.*), to minute.

verbo (*grammatica*), verb. **2.** ~ (parola riservata in un linguaggio di programma; p. es.: STOP, READ, LOAD ecc.) (*elab.*), verb.

verde (*colore*), green. **2.** ~ antico (*marmo*), verd antique, verde antico. **3.** ~ di cromo (pigmento) (*ind. vetro - ecc.*), chrome green. **4.** ~ di Venezia (*colore*), Venetian green. **5.** ~ di Verona (*colore*), Veronese green, viridian green. **6.** ~ vista (colore che diminuisce la fatica della vista) (*colore*), sight green. **7.** coesione a ~ (di terre o miscele per fonderia) (*fond.*), green strength.

verderame (acetato di rame neutro cristallizzato) [Cu $(C_2H_3O_2)_2.H_2O$] (*chim.*), verdigris.

verdetto (dei giurati per es.) (*leg.*), verdict.

verga (di stagno) (*metall.*), rod. **2.** ~ (di un telaio a mano) (*macch. tess.*), lease rod, lease stick.

vergatina (carta da scrivere leggera usata con carta carbone per ottenere più copie) (*mft. carta*), manifold paper.

vergatura (vergelle, linee sottili e vicine della carta vergata) (*mft. carta*), laid lines.

vergella (bordione, tondino trafilato a caldo) (*ind. metall.*), wire rod, rod. **2.** ~ (per cemento armato) (*c. a.*), reinforcing rod. **3.** vergelle (vergatura, linee sottili e vicine della carta vergata) (*mft. carta*), laid lines. **4.** vergelle (fili metallici paralleli usati nella fabbricazione della carta vergata) (*mft. carta*), laid wires. **5.** ~ in ferro (*ind. metall.*), iron wire rod. **6.** ~ in ottone (*ind. metall.*), brass rod. **7.** ~ in rotoli (bordione in rotoli) (*ind. metall.*), wire rod rolls. **8.** ~ per chiodi (filo per chiodi) (*ind. metall.*), rivet wire. **9.** carta ~ (carta vergata) (*mft. carta*), laid paper. **10.** treno per ~ (laminatoio per vergella) (*macch. metall.*), wire mill.

vergènza (misura della convergenza o divergenza di un pennello di raggi di luce: per es. provenienti da una lente) (*ott.*), vergency.

vergine (detto di un mezzo che non ha ancora ricevuto dati, suoni o immagini) (*a. - elab. - fot.*), virgin.

verìfica (di una macchina per es.), inspection, examination. **2.** ~ (constatazione di esattezza, accuratezza ecc.), verification. **3.** ~ (controllo eseguito su veicoli spaziali per es.) (*gen.*), checkout. **4.** ~ (controllo, revisione dei dati) (*elab.*), audit. **5.** ~ aritmetica (controllo matematico) (*elab.*), mathematical check. **6.** ~ contabile (*contabilità*), audit. **7.** ~ di trasferimento (controllo automatico del trasferimento di dati) (*elab.*), transfer check. **8.** ~ funzionale (*tlcm. - ecc.*), functional test. **9.** ~ incrociata (controprova) (*elab.*), crosscheck. **10.** ~ mediante eco (controllo della precisione di trasmissione di un segnale facendolo ritornare alla sorgente) (*elab. - macch. a c. n.*), echo testing, echo checking. **11.** ~ ufficiale della contabilità (di una società) (*contabilità*), auditing of accounts.

verificare (constatare l'esattezza, l'accuratezza ecc.), to verify. **2.** ~ (una macchina per es.), to inspect. **3.** ~ (spuntare) (*amm. - comm.*), to check. **4.** ~ (controllare) (*contabilità*), to audit. **5.** ~ (ispezionare) (*qualità*), to vet. **6.** ~ (~ e mettere a punto; un sistema elettronico p. es.) (*gen.*), to checkout. **7.** ~ col filo a piombo (piombare) (*mur. - ecc.*), to plumb. **8.** ~ il peso (*comm.*), to check the weight. **9.** ~ la perforazione (di schede mediante un punzone verificatore) (*elab.*), to key verify. **10.** ~ rispetto a (comparare con, confrontare con) (*amm. - elab.*), to check against.

verificato (controllato) (*contabilità*), audited.

verificatore (macchina che verifica la corretta perforazione di schede e nastri) (*elab.*), verifier. **2.** ~ di isolamento (*strum. elett.*), insulation tester. **3.** ~ di schede (*elab.*), card verifier.

vermeil (argento o bronzo dorato per medaglie per es.), vermeil.

vermiculite (materiale edilizio) (*refrattario*), vermiculite.

vermiglio (*colore*), vermilion, vermillion.

vermiglione (HgS) (*ind. vn.*), vermilion.

vernice (prodotto verniciante non pigmentato) (*vn.*), varnish. **2.** ~ (pigmentata: pittura), paint. **3.** ~ a bronzare (*vn.*), bronzing medium, bronzing liquid. **4.** ~ ad alto tenore di zinco (*vn. - aut.*), zinc-rich paint. **5.** ~ a dorare (~ adesiva per l'applicazione d'oro in foglia) (*vn.*), gold size. **6.** ~ a finire (prodotto a finire, smalto a finire) (*vn.*), finish. **7.** ~ a fuoco (~ a cottura) (*vn. ind.*), baking paint. **8.** ~ a lisciare (*vn.*), *vedi* vernice "flatting". **9.** ~ alla cellulosa (*vn.*), cellulose lacquer (am.). **10.** ~ all'acqua (idropittura, con acqua usata come diluente) (*vn.*), cold-water paint. **11.** ~ all'alluminio (*vn.*), aluminium paint. **12.** ~ alla nitrocellulosa (*vn.*), nitrocellulose lacquer. **13.** ~ alla pirossilina (*vn. aut.*), pyroxylin lacquer. **14.** ~ alla porporina (*vn.*), ormolu varnish. **15.** ~ allumini (*ind.*), aluminium paint. **16.** ~ anticorrosiva (*vn.*), anticorrosive paint. **17.** ~ antifungo (fungistatica: mot. elett. per es.) (*vn* . - *elett.*), fungus-resistant varnish. **18.** ~ (o pittura) anti-incrostazione (pittura sottomarina) (*vn. nav.*), anti-fouling paint. **19.** ~ antiradar (~ che forma uno strato che assorbe le onde radar impedendone la riflessione) (*eltn. - milit.*), radar paint. **20.** ~ a olio (*vn.*), oil paint. **21.** ~ a pennello (*vn.*), brushing lacquer. **22.** ~ a pulimento (*vn.*), *vedi* vernice "flatting". **23.** ~ a smalto (*vn.*), enamel paint, hard gloss paint. **24.** ~ a spirito (o a stoppino), spirit varnish. **25.** ~ a spruzzo (*vn.*), spraying varnish. **26.** ~ a tendere (vernice speciale per tela per aviazione) (*vn. per tess.*), dope. **27.** ~ coprente (per ritocco negativi) (*fot.*), opaque, retouching dye. **28.** ~ corto olio (*vn.*), short oil varnish. **29.** ~ cristallizzata (*vn.*), crystallizing lacquer. **30.** ~ di fondo, filler paint, sizing paint. **31.** ~ dispersa (nella verniciatura a spruzzo) (*vn.*), overspray. **32.** ~ "flatting" (vernice a pulimento o a lisciare, vernice trasparente di alta resistenza e carteggiabile) (*vn.*), flatting varnish. **33.** ~ fosforescente (vernice luminescente) (*vn.*), luminous paint. **34.** ~ fresca! (avviso messo dopo la verniciatura), wet paint. **35.** ~ ignifuga (*vn.*), antifire paint. **36.** ~ isolante (*elett.*), insulating varnish. **37.** ~ luminescente (*vn.*), luminous paint. **38.** ~ lungo olio (*vn.*), long oil varnish. **39.** ~ metallizzata (con pigmento metallico) (*vn.*), metallic paint. **40.** ~ opaca (contenente saponi metallici ecc.) (*vn.*), flat varnish. **41.** ~ pelabile (*vn.*), plastic paint. **42.** ~ per bronzare (*vn.*), bronzing liquid, bronzing fluid. **43.** ~ per dorare (~ adesiva per applicare oro in foglia) (*vn.*), gold size. **44.** ~ per esterni (*vn. - nav.*), exterior varnish, spar varnish. **45.** ~ per finire (prodotto per finire, smalto a finire) (*vn.*), finish. **46.** ~ per pavimenti (*vn.*), floor varnish. **47.** ~ per ritocco (facilita il ritocco di negativi e positive) (*fot.*), dope, medium. **48.** ~ per tendere (vernice speciale per tela per aviazione) (*vn. tess.*), dope. **49.** ~ per verniciatura a spruzzo (*vn.*), spray paint. **50.** ~ (o altra sostanza) protettiva (per parti meccaniche che devono essere immagazzinate come parti di ricambio per es.) (*mecc.*), preservative. **51.** ~ rapida (*vn.*), quick varnish. **52.** ~ resistente agli acidi (*vn.*), acid resisting paint. **53.** ~ screpolata (difetto) (*vn.*), cracking lacquer. **54.** ~ tenditela (*vn. per tessuti*), *vedi* vernice a tendere. **55.** ~ vinilica (*vn.*), vinyl lacquer. **56.** dare la prima mano di ~ (*vn.*), to apply the first coat of paint. **57.** mano di ~ (*vn.*), coat of paint. **58.** riscaldatore per ~ (*app. vn.*), paint heater. **59.** riutilizzazione della ~ (*vn.*), paint reclaiming.

verniciare (con vernice pigmentata) (*vn.*), to paint. **2.** ~ (con prodotto verniciante non pigmentato) (*vn.*), to varnish. **3.** ~ a smalto (verniciare con pittura a smalto) (*vn.*), to enamel. **4.** ~ a spruzzo (*vn.*), to spray. **5.** ~ a tampone (*vn.*), to fad, to French-polish, to fad up. **6.** ~ col rullo (*vn.*), to roller-coat. **7.** ~ con aerografo (o con la pistola) (*procedimento ind. - vn.*), to airbrush. **8.** ~ con una mano di minio (*vn.*), to put on a coating of lead paint. **9.** ~ con vernice alla nitro (*vn.*), to paint with nitrocellulose lacquer.

verniciato (con vernice pigmentata) (*vn.*), painted. **2.** ~ (con prodotto verniciante non pigmentato) (*vn.*), varnished. **3.** ~ (preparato, detto di forma prima della colata) (*a. - fond.*), dressed. **4.** ~ a smalto (verniciato con pittura a smalto) (*vn.*), enamel painted. **5.** ~ a spruzzo (*vn.*), sprayed. **6.** ~ a tampone (di mobilio) (*a. - vn.*), French-polished.

verniciatore (con vernice pigmentata) (*op.*), painter. **2.** ~ (con prodotti vernicianti non pigmentati) (*op.*), varnisher. **3.** ~ di carrozzerie (*ind. aut.*), coach painter (ingl.).

verniciatrice (*macch. vn.*), painting machine. **2.** ~ a spruzzo (*macch. vn.*), spraying machine, paint spraying machine. **3.** ~ per scocche (*macch. vn.*), body painting machine.

verniciatura (azione di verniciare: con vernice pigmentata), painting. **2.** ~ (con prodotto verniciante non pigmentato) (*vn.*), varnishing. **3.** ~ (preparazione della superficie di una forma prima della colata) (*fond.*), dressing. **4.** ~ [o vernice] a base acrilica (~ eseguita con resine acriliche) (*vn.*), acrylic. **5.** ~ a buratto (verniciatura a tamburo, per oggetti di piccole dimensioni) (*vn.*), rumbling, tumbling. **6.** ~ a centrifugazione (*vn.*), whirling painting. **7.** ~ a flusso (*vn.*), flow coating. **8.** ~ a immersione (*vn.*), dipping. **9.** ~ alla nitrocellulosa, nitrocellulose painting. **10.** ~ a mano, brush painting. **11.** ~ a olio, oil painting. **12.** ~ a pennello (*tecnol.*), brush painting. **13.** ~ a rullo (applicazione a rullo) (*vn.*), roller coating. **14.** ~ a smalto (verniciatura con pittura a smalto) (*vn.*), enamel painting, enamelling. **15.** ~ a spirito, spirit varnishing. **16.** ~ a spruzzo (strato di vernice su di una superficie), spray paint. **17.** ~ a spruzzo (azione del verniciare), spraying, spray painting. **18.** ~ a spruzzo a caldo (*vn.*), hot spraying. **19.** ~ a stoppino, spirit varnishing. **20.** ~ a tampone (*vn.*), French polish, French polishing. **21.** ~ bicolore (*aut.*), two-color painting, two-tone painting. **22.** ~ con vernice (o ad effetto) raggrinzante (per macch. fot., strumenti ecc.) (*vn.*), wrinkle finish. **23.** ~ dei fondi (preparazione della superficie alla applicazione dello smalto) (*vn.*), priming. **24.** ~ elettroforetica (elettrodeposizione di vernice) (*vn.*), electrocoating. **25.** ~ elettrostatica (*vn. ind.*), electrostatic painting. **26.** ~ monocolore (*aut. - vn.*), single-tone painting. **27.** reparto ~ delle scocche (*costr. carrozz. aut.*), body paint shop.

vernièro (*mis.*), vernier scale, vernier.

vero (*gen.*), true. **2.** ~ (autentico, genuino) (*gen.*), genuine. **3.** ~ (di una variabile Booleana) (*a. - elab. - mat.*), true.

verricèllo (*app. ind. - app. ed.*), windlass. **2.** ~ (con demoltiplicazione: argano) (*macch.*), winch. **3.** ~

(*nav.*), winch. **4.** ~ a doppio effetto (*nav.*), double-purchase winch. **5.** ~ a frizione (*macch.*), clutch windlass. **6.** ~ a mano (*app. sollevamento*), gypsy winch. **7.** ~ a semplice effetto (*nav.*), single-purchase winch. **8.** ~ per battipalo (*app. ed.*), piling winch. **9.** ~ salpa-àncora (*nav.*), anchor windlass. **10.** ~ salpareti (*nav.*), trawl winch. **11.** battipalo a ~ (*app. ed.*), winch pile driver.

verrina (o trivella: punta per fori guidati nel legno) (*ut. carp.*), screw auger.

versamento (*comm.*), payment. **2.** ~ (di denaro in una banca) (*finanz.*), lodgment, deposit. **3.** modulo di ~ (*finanz.*), paying-in slip, deposit slip. **4.** primo ~ (quota del prezzo da pagarsi alla consegna della merce) (*comm. - amm.*), down payment.

versare (un liquido), to pour. **2.** ~ (denaro in una banca) (*finanz. - amm.*), to lodge, to deposit. **3.** ~ a magazzino (*ind.*), to store.

versàtile (*a. - gen.*), versatile.

versatilità (capacità di un impiegato per es.) (*gen.*), versatility.

versiera di Agnesi (*mat.*), witch of Agnesi, witch.

versione (variante) (*gen.*), version. **2.** ~ (edizione, o variante, di un programma a seguito di aggiornamento; ogni ~ è indicata da numero progressivo) (*elab.*), release. **3.** ~ aggiornata (nuova edizione, ad es. di un programma) (*s. - elab.*), new release.

verso (pagina che reca il numero pari, in un libro) (*tip.*), back page, verso, reverse. **2.** ~ (senso, direzione: di una forza per es.) (*gen.*), sense, direction.

versoio (di un aratro) (*agric.*), moldboard, mouldboard.

versore (*mat.*), versor.

verso sinistra (*nav.*), aport.

vertènza (*leg. - comm.*), controversy.

verticale (*a. - s. - geom.*), vertical. **2.** ~ (diritto, in piedi: posizione di un oggetto), standing. **3.** ~ astronomica (*astr.*), astronomical vertical.

vèrtice (*top. - geogr.*), vertex. **2.** ~ (*geom.*), vertex. **3.** ~ (di una poligonale per es.) (*top.*), station. **4.** ~ (di un cordone di saldatura) (*tecnol. - mecc.*), root. **5.** ~ (di un rotore per motore Wankel) (*mot.*), apex. **6.** ~ del cono primitivo (di un ingranaggio conico) (*mecc.*), pitch cone apex.

vertigetto (aviogetto a decollo verticale) (*aer.*), vertical takeoff jet aircraft.

vescicatura (formazione di bollicine su di una superficie verniciata) (*difetto vn.*), blistering. **2.** ~ a grano di pepe (difetto di superficie metallica per es. dovuta ad eccesso di decapaggio) (*metall.*), pepper blister.

vescicola (bollicina) (*gen.*), blister.

vescicolare (*a. - gen.*), blistered.

vespaio (*ed. - mur.*), ground floor loose stone foundation.

vessillo (*gen.*), flag.

veste (abbigliamento), dress. **2.** ~ tipografica (di un libro o pubblicazione) (*tip.*), format. **3.** dare una (determinata) ~ tipografica (formato, carattere, stile ecc. ad una composizione tipografica) (*tip.*), to format.

vestiario (abiti) (*gen.*), clothes, clothing, apparel. **2.** ~ confezionato (*comm. - tess.*), ready-for-wear clothing, ready-to-wear clothing, reading - made clothing. **3.** capo di ~ (*gen.*), garment.

vestìbolo (*arch.*), vestibule. **2.** ~ (dell'orecchio) (*med.*), vestibule. **3.** ~ (sala di attesa) (*arch.*), lobby. **4.** ~ (piattaforma al centro o alle estremità di una carrozza ferroviaria, con relative porte d'entrata) (*ferr.*), vestibule.

vestiti (abiti) (*gen.*), clothes, clothing. **2.** vestito completo (*tess.*), suit.

vestizione (abbigliamento, finitura interna della scocca) (*aut.*), trimming.

veterana (vettura d'epoca, autovettura di vecchio modello) (*aut.*), vintage car.

veterometro (apparecchio per prova accelerata di resistenza ad agenti atmosferici artificiali) (*laboratorio - prove mat.*), weatherometer.

vetraio (lavorante di vetreria addetto alla fabbricazione del vetro) (*op. ind. vetro*), glassmaker, glassman. **2.** ~ (operaio che taglia e sistema i vetri: ad una finestra per es.) (*op. ind. vetro*), glazier, glassworker. **3.** ~ soffiatore (*op. mft. vetro*), glassblower.

vetrata (vetriata, chiassileria a vetri) (*s. - ed.*), glazed frame. **2.** ~ (porta a vetri) (*ed.*), glazed door, glass door.

vetrato (a vetri, fornito di vetri, di porta per es.) (*a. - ed.*), glazed.

vetratura (*ed.*), glazing.

vetrerìa (*ind.*), glassworks.

vetrificante (*ind.*), glazing.

vetrificare (*ind.*), to vitrify. **2.** ~ (mole, ceramiche ecc.) (*ind.*), to vitrify. **3.** ~ (fondere materiale vetroso: la vetrina per es.) (*ceramica*), to frit.

vetrificato (*a. - ind.*), vitrified.

vetrificazione (*ind.*), vitrification.

vetrina (rivestimento vetroso per prodotti ceramici) (*s. - ceramica*), glaze. **2.** ~ (di negozio per es.) (*comm.*), show window, display window. **3.** ~ (mobile chiuso in parte da vetri impiegato per la esposizione della merce) (*comm.*), showcase.

vetrinare (coprire oggetti di ceramica con vetrina) (*ceramica*), to glaze.

vetrinato (*a. - ceramica*), glazed.

vetrinatura (*ceramica*), glazing.

vetrinista (*lav.*), window dresser.

vetrino (su cui si esaminano gli oggetti al microscopio) (*ott.*), slide. **2.** ~ dell'orologio, watch glass, watch crystal.

vetriòlo (*chim.*), vitriol. **2.** ~ azzurro (di rame) ($CuSO_4.5H_2O$) (*chim.*), blue vitriol. **3.** ~ bianco (di zinco) ($ZnSO_4.7H_2O$) (*chim.*), white vitriol. **4.** ~ verde (di ferro) ($FeSO_4.7H_2O$) (*chim.*), green vitriol. **5.** olio di ~ (H_2SO_4) (*chim.*), oil of vitriol.

vetro (*gen.*), glass. **2.** ~ (dell'orologio), watch crystal (or glass). **3.** ~ (di finestra) (*ed.*), windowpane. **4.** ~ (di un fanale) (*aut.*), glass. **5.** ~ (~ abbassabile di porta, ~ fisso di finestrino di aut., ecc.) (*aut.*), *vedi a* cristallo. **6.** ~ al boro (*mft. vetro*), borate glass. **7.** ~ al borosilicato (*mft. vetro*), borosilicate glass. **8.** ~ al piombo (vetro piombico) (*mft. vetro*), lead glass. **9.** ~ argentato (specchio), silvered glass. **10.** ~ armato (vetro retinato, vetro di sicurezza che incorpora una rete di ferro) (*ind. vetro*), wired glass, wire glass, safety glass. **11.** ~ a strati (vetro duplicato o placcato: a strati di colore diverso) (*mft. vetro*), cased glass. **12.** ~ atermico (per parabrezza o vetri per automobili o carrozze ferroviarie) (*aut. - ferr.*), athermic glass. **13.** ~ attinico (vetro colorato, usato per protezione) (*saldat.*), protective glass. **14.** ~ bianco (vetro incolore) (*mft. vetro*), clear glass. **15.** ~ blu (per esaminare la pasta di legno per es.) (*mft. carta - ecc.*), blue glass. **16.** ~ breve (*mft. vetro*), soft glass. **17.** ~ cilindrato (lastra di vetro rullata) (*mft. vetro*), rolled glass. **18.** ~ colorato (*mft. vetro*), colored glass, stained glass. **19.** ~ colorato antiarco (usato per caschi o maschere protettive) (*saldatura*), protective glass. **20.** ~ comune (*mft. vetro*), lime glass. **21.** ~ conduttivo (*elett.*), conductive glass. **22.** ~ con reticolo e fili diastimometrici (di un teodolite) (*ott.*), stadia glass diaphragm. **23.** ~ "crown" (*ott.*), crown glass. **24.** ~ da bottiglie (*mft. vetro*), bottle glass. **25.** ~ da cattedrale (*mft. vetro*), cathedral glass. **26.** ~ da coperture (*mft. vetro*), roofing glass. **27.** ~ da orologio (*mft. vetro*), watch glass. **28.** ~ da ottica (*ott.*), optical glass. **29.** ~ da specchi (vetro di qualità superiore) (*mft. vetro*), plate glass. **30.** ~ di bacino (*mft. vetro*), tank glass. **31.** ~ di Boemia (per laboratorio chimico) (*mft. vetro*), chemical glass. **32.** ~ di crogiolo (*mft. vetro*), pot glass. **33.** ~ di Jena (*mft. vetro*), Jena glass. **34.** ~ di Murano, Venetian glass. **35.** ~ di quarzo (*mft. vetro*), quartz glass. **36.** ~ di scarto (*mft. vetro*), cullet. **37.** ~ di sicurezza (di automobile per es.), safety glass. **38.** ~ di sicurezza laminato (*mft. vetro*), laminated glass, shatterproof glass. **39.** ~ di sicurezza temprato (bruscamente raffreddato) (*mft. vetro - aut.*), toughened glass. **40.** ~ filato (*per ind.*), spun glass. **41.** ~ filogranato (*mft. vetro*), flashed glass. **42.** ~ filtrante sinterizzato (*chim.*), sintered glass. **43.** ~ "flint" (*ott.*), flint glass. **44.** ~ formato in stampo (vetro stampato) (*mft. vetro*), pressed glass. **45.** ~ fototropico (vetro sensibile alla luce che si oscura quando esposto alla luce e si schiarisce quando la luce si attenua) (*occhiali da sole*), phototropic glass. **46.** ~ fuso (*ind.*), metal. **47.** ~ ghiacciato (*mft. vetro - ed.*), frosted glass. **48.** ~ incandescente (*ind.*), metal. **49.** ~ infrangibile (a strati di plexiglas e di vetro incollati) (per veic. aut. e ferr.) (*ind. vetro*), shatterproof glass, laminated glass. **50.** ~ intagliato (con figure decorative ottenute per abrasione superficiale seguita da lucidatura) (*mft. vetro*), cut glass. **51.** ~ laminato (*ind. vetro*), *vedi* vetro di sicurezza laminato. **52.** ~ lungo (*mft. vetro*), hard glass. **53.** ~ martellato (*per ed.*), frosted glass. **54.** ~ metallico (lega metallica avente la struttura del ~) (*metall.*), metallic glass. **55.** ~ molato (*mft. vetro*), polished glass. **56.** ~ oftalmico (*mft. vetro*), ophtalmic glass. **57.** ~ olofano (per i diffusori di luce) (*mft. vetro*), figured glass. **58.** ~ ondulato (*ed.*), corrugated glass. **59.** ~ opaco (*mft. vetro*), opaque glass, vision-proof glass. **60.** ~ opale (*mft. vetro*), opal glass. **61.** ~ opalino (vetro di latte, vetro latteo) (*mft. vetro*), opal glass. **62.** ~ opalino bianco in origine e poi colorato (*mft. vetro*), milk glass. **63.** ~ orientabile (deflettore) (*aut.*), butterfly window, wind-wing. **64.** ~ per gioielli artificiali, strass. **65.** ~ per saldatura (vetro colorato per proteggere gli occhi) (*mft. vetro*), protective glass. **66.** ~ piano (*mft. vetro*), flat glass. **67.** ~ "porcellanato" (vetro opalino) (*mft. vetro*), opal glass. **68.** ~ puligoso (vetro con bollicine) (*mft. vetro*), seedy glass. **69.** ~ retinato (*mft. vetro*), *vedi* vetro armato. **70.** ~ ricotto (*mft. vetro*), annealed glass. **71.** ~ rigato (*per ed.*), figured glass. **72.** ~ rullato (vetro cilindrato) (*mft. vetro*), rolled glass, drawn glass. **73.** ~ semidoppio (*per ed.*), medium thick glass. **74.** ~ semplice (*per ed.*), plain glass. **75.** ~ smerigliato (traslucido per messa a fuoco fotografica) (*mft. vetro*), ground glass. **76.** ~ smerigliato (*mft. vetro - ed.*), ground glass. **77.** ~ soffiato (*mft. vetro*), blown glass. **78.** ~ solubile (silicato di sodio o potassio) (*chim.*), water glass, soluble glass. **79.** ~ spia (per controllare il livello di un serbatoio o il flusso di un tubo) (*di macch. o impianto*), sight glass. **80.** ~ stampato (vetro formato in stampo) (*mft. vetro*), pressed glass. **81.** ~ strutturale (*mft. vetro*), structural glass. **82.** ~ temprato (vetro di sicurezza per automobili, vetture ferroviarie ecc.) (*ind. vetro*), toughened glass. **83.** ~ termoresistente (per cuocere cibi per es.) (*mft. vetro*), oven glass. **84.** ~ tessile (*tess. - ind. vetro*), textile glass. **85.** ~ traslucido, *vedi* vetro smerigliato. **86.** ~ trasparente ai raggi ultravioletti (*fis.*), uviol glass. **87.** ~ verde (da bottiglie) (*ind.*), green glass, bottle glass. **88.** articoli di ~ (*gen.*), glassware. **89.** a vetri (di porta per es.) (*ed.*), glazed. **90.** a ~ smerigliato (*ed.*), ground-glass. **91.** fibra di ~ (*ind.*), fiber glass. **92.** gola di scorrimento del ~ del finestrino (*di aut.*), window run channel (am.). **93.** lastra di ~ (vetro in lastre) (*per ed. e ind.*), plate glass, sheet glass. **94.** lastra di ~ (comune: per finestra per es.), window glass, window pane. **95.** mettere un ~ (a una finestra per es.), to glass. **96.** oggetti in ~ (*ind.*), glassware. **97.** pannello di ~ antiappannante (vetro con elementi termici radianti incorporati, pannello di vetro con inserita una resistenza elettrica) (*aut. - ferr.*), radiant glass. **98.** tubo calibrato di ~ (*ind.*), gauge glass.

vetrocemento (*ed.*), reinforced concrete and glass tiles.

vetroceramica (vetro opaco di color bianco resistente agli urti ed al calore) (*ind. vetro*), pyroceram.

vetrone (di ghiaccio: sulle ali di un aer. per es.) (*for-*

mazione di ghiaccio trasparente), clear ice. **2.** ~, *vedi anche* gelicidio.

vetroresina (materia plastica rinforzata con fibra di vetro) (*ind. chim.*), plastic reinforced by fiber glass.

vetroso (*fis.*), vitreous.

vettore (*mat. - mecc. raz.*), vector. **2.** ~ (*comm. - trasp.*), carrier, common carrier. **3.** ~ aereo (imprenditore di trasporti aerei) (*aer.*), air carrier. **4.** ~ caratteristico (*mat.*), eigenvector. **5.** ~ indicatore di fase (*elett. - eltn.*), phasor. **6.** ~ nullo (*mat.*), zero vector. **7.** ~ prodotto (il vettore prodotto di due vettori) (*mat. - mecc. raz.*), cross product. **8.** ~ rotazionale (*mat.*), rotational vector. **9.** il prodotto scalare di due vettori (*mat.*), dot product. **10.** raggio ~ (*mat. - astr.*), radius vector. **11.** razzo ~ (*astric.*), carrier rocket.

vettoriale (*a. - mat. - mecc. raz.*), vectorial. **2.** prodotto ~ (*mat.*), vector product, vector cross product.

vettura (*aut.*), car, motor car, automobile. **2.** ~ (carrozza passeggeri) (*ferr.*), coach, passenger car (am.), carriage (ingl.). **3.** ~ (di una funivia) (*app. trasp.*), car. **4.** ~ a due posti (affiancati) (*aut.*), two-seater (car). **5.** ~ compatta (vettura americana con dimensioni medie, carrozzeria portante e linea italiana) (*aut.*), compact car (am.). **6.** ~ con guida a destra (*aut.*), right-hand drive car. **7.** ~ con guida a sinistra (*aut.*), left-hand drive car. **8.** ~ d'epoca (veterana) (*aut.*), vintage car. **9.** ~ di lusso (*aut.*), luxury car. **10.** ~ di riserva (*aut.*), stand-by car. **11.** ~ ferroviaria (*ferr.*), railway coach. **12.** ~ filoviaria (filobus) (*veic. elett.*), trolley bus, trolley coach. **13.** ~ oscillografica (per rilevare difetti nella installazione dell'armamento ferroviario) (*ferr.*), detector car. **14.** ~ tramviaria (*veic.*), tram (ingl.), trolley car (am.), streetcar (am.). **15.** seconda ~ (*aut. - comm.*), second car.

vettura-chilometro (*ferr.*), car-kilometer.

vetturetta (a motore: a tre o a quattro ruote), cyclecar. **2.** ~ sport, ~ sportiva (~ a due porte, di piccole dimensioni, a tetto rigido e con prestazioni molto sportive) (*aut.*), pony car.

VHS (sistema ~) (*standard di audiovisivi*), VHS, video home system.

"VHS" super ~, S-VHS (con caratteristiche super video) (*a. - audiovisivi*), super VHS.

via (*strada extraurbana*), way, road. **2.** ~ (*di città*), street. **3.** ~ (canale a festoni, canale omnibus, tratto di percorso tra sorgenti e destinazioni lungo il quale vengono convogliati i segnali) (*macch. calc.*), highway. **4.** ~ di trasmissione, di collegamento, di ritorno, ecc.) (*tlcm.*), path. **5.** ~!, alla via! (*nav.*), steady! **6.** ~ d'acqua (*nav.*), leak. **7.** ~ di accesso al mare (*gen.*), sea gate. **8.** vie di accesso, o di uscita, provviste di scala (*min.*), ladderway. **9.** ~ di accesso principale (*min.*), *vedi* galleria di accesso principale. **10.** vie di corsa (di un carroponte paranco aereo) (*ed. ind.*), craneway. **11.** ~ di corsa (di gru per es.), path, runway. **12.** ~ di navigazione (*mar.*), seaway. **13.** ~ d'uscita (*gen.*), way of escape. **14.** ~ impedita (*ferr.*), track closed. **15.** ~ lattea (*astr.*), milky way. **16.** ~ libera (*ferr.*), track open. **17.** ~ secondaria (diramazione) (*strad.*), side road. **18.** ~ senza uscita (via cieca) (*traff. strad.*), dead-end street. **19.** a due vie (di valvola per es.) (*tubaz.*), two-way. **20.** a due vie (interruttore a coltello) (*elett.*), double-throw. **21.** ad una ~ (interruttore a coltello per es.) (*elett.*), single-throw, one-way. **22.** a quattro vie (di valvola per es.) (*tubaz.*), four-way. **23.** per ~ aerea (*trasp.*), by air.

viabilità (*strad.*), road condition.

viadotto (*ferr.*), viaduct. **2.** ~ (*strad.*), dry bridge. **3.** ~ in ferro (opera di sostegno di una strada o di una linea ferroviaria) (*ferr. - strad.*), trestle bridge.

viaggiare (*gen.*), to travel. **2.** ~ (su un'automobile, treno ecc.) (*veic.*), to ride. **3.** ~ in automobile (*aut.*), to motor. **4.** ~ in elicottero (*aer.*), to chopper.

viaggiatore (per ferrovia per es.), passenger. **2.** ~ di commercio (*comm.*), traveling salesman.

viaggio, journey, voyage, trip. **2.** ~ "charter" (~ di gruppo, organizzato al di fuori dei normali servizi di linea) (*aer. - autobus - ecc.*), charter. **3.** ~ di andata e ritorno (*ferr.*), round trip, return trip. **4.** ~ di prova (*gen.*), trial trip. **5.** ~ di ritorno (*veic. da trasp.*), backhaul. **6.** ~ interplanetario (*astric.*), interplanetary voyage. **7.** spese di ~ (del personale per es.), travel expenses.

viale, parkway.

vialetto (di un giardino), alley.

vibrante (*a. - gen.*), vibrating.

vibrare (*mecc.*), to vibrate. **2.** ~ (di utensile da taglio durante la lavorazione meccanica) (*difetto mecc.*), to chatter. **3.** ~ (difetto di albero flessibile per comando contagiri per es.) (*mecc.*), to jump. **4.** ~ (di un alberino di notevole lunghezza tra i supporti e girante ad alta velocità per es.) (*mecc.*), to whip. **5.** ~ aeroelasticamente (di una lamiera per es.: per forze aerodinamiche elastiche e di inerzia) (*aer.*), to flutter.

vibràtile (*a. - mecc.*), vibratile, vibratory.

vibrato (calcestruzzo per es.) (*a. - ed.*), vibrated.

vibratore (*app. per fond.*), vibrator. **2.** ~ (*app. elett. - fis.*), vibrator. **3.** ~ (per calcestruzzo) (*app. ed.*), vibrator. **4.** ~ (di convogliatore a scosse per es.) (*mecc.*), shaker. **5.** ~ (generatore di oscillazioni: per verifiche di resistenza dinamica per es.) (*app. elett.*), dither, buzz. **6.** ~ a cicala (cicalino) (*elett.*), buzzer. **7.** ~ ad alta frequenza (*app. med.*), high-frequency vibrator. **8.** ~ asincrono (*elett.*), asynchronous vibrator. **9.** bobina del ~ (vibratore di avviamento) (*aer. - mot.*), booster coil. **10.** lamina mobile di un ~ (*elett.*), whip.

vibratòrio (*a.*), vibratory.

vibratura (del calcestruzzo per es.) (*ed. - ecc.*), vibration, action of vibrating. **2.** ~ della gettata (azione meccanica ottenuta mediante vibratore per rendere uniforme e compatto il calcestruzzo) (*costr. ed.*), vibration puddling.

vibrazione (*fis. - mecc.*), vibration. **2.** ~ (di un alberino flessibile per comando contagiri per es.) (*mecc.*), jumping. **3.** ~ (di un alberino di notevole lunghezza tra i supporti e girante ad elevata velocità) (*mecc.*), whipping. **4.** ~ acustica (*elettroacus.*), sound vibration. **5.** ~ aeroelastica (dovuta all'azione reciproca delle forze aerodinamiche, reazioni elastiche ed inerzia) (*aer.*), flutter. **6.** ~ aeroelastica alare (sbattimento alare) (*aer.*), wing flutter. **7.** ~ aeroelastica asimmetrica (sbattimento asimmetrico) (*aer.*), asymmetrical flutter. **8.** ~ aeroelastica classica (sbattimento classico: dovuto solamente all'accoppiamento d'inerzia, aerodinamico od elastico tra due o più gradi di libertà) (*aer.*), classical flutter, coupled flutter. **9.** ~ aeroelastica simmetrica (sbattimento simmetrico) (*aer.*), symmetrical flutter. **10.** ~ autoeccitata (*mecc.*), self-excited vibration. **11.** ~ del nastro (difettoso funzionamento di una sega a nastro) (*carp.*), cupping. **12.** vibrazioni di flessione (*mecc.*), flexural vibrations. **13.** ~ di trave incastrata (trave incastrata ad una estremità e libera dall'altra) (*sc. costr. - mecc.*), cantilever vibration. **14.** ~ elastica (p. es. di un motore supportato da cuscinetti in gomma) (*mecc.*), elastic vibration. **15.** ~ forzata (*mecc.*), forced vibration. **16.** ~ libera (*mecc.*), free vibration. **17.** ~ persistente di frequenza ed ampiezza irregolari (*mecc.*), random vibration. **18.** ~ sinusoidale (vibrazione semplice) (*mecc.*), simple harmonic vibration. **19.** ~ smorzata (*mecc.*), damped vibration. **20.** ~ sonora (*elettroacus.*), sonic vibration. **21.** vibrazioni torsionali (*mecc.*), torsional vibrations. **22.** ~ transitoria (*mecc.*), transient vibration. **23.** allentarsi sotto l'effetto di vibrazioni (di un dado per es.) (*mecc.*), to shake loose. **24.** limitatore di vibrazioni (*app.*), vibration limit controller. **25.** senza vibrazioni (*fis. - mecc.*), vibrationless, vibration-proof. **26.** ventre di ~ (di un'onda) (*fis.*), antinode.

vibrocompressore (stradale, rullo compressore vibrante) (*macch. strad.*), vibratory road roller.

vibrocostipatrice (costipatrice-vibratrice, vibrocostipatore) (*macch. ed.*), vibro-tamper.

vibrofinitrice (*macch. strad.*), vibratory finishing machine. **2.** ~ per pavimentazioni in calcestruzzo (*macch. strad.*), vibratory concrete finishing screed.

"vibroflottazione" (metodo di costipazione della sabbia per es.) (*ing. civ.*), "vibrofloatation".

vibrògrafo (*strum. mecc. registratore*), *vedi* vibrometro.

vibrometro (registratore di vibrazioni, su macchine, strutture ecc.) (*app.*), vibrometer, vibrograph.

vibrorivelatore (rivelatore di vibrazioni) (*app.*), vibration pickup.

vibrotrasportatore (*app. trasp.*), vibrating conveyor, vibratory conveyor.

vibrovaglio (*app. min.*), vibrating screen.

vicedirettore (*direzione fabbrica o società*), assistant manager.

vicepresidente (*gen.*), vice-president, vice president.

vicino (*gen.*), close, near.

vicolo (*strad.*), lane, alley. **2.** ~ cieco (strada senza uscita) (*gen.*), blind alley, cul-de-sac.

video (*telev.*), video. **2.** ~ a colori (*elab.*), color display. **3.** ~ ad immagine scura su fondo chiaro (*elab.*), inverse video. **4.** ~ di console (*elab.*), console display. **5.** ~ mappato su RAM (parte di memoria dedicata esclusivamente ad un videoterminale) (*elab.*), RAM mapped video, RAM video. **6.** ~ monocromatico (*elab.*), monochrome display. **7.** super ~ (S-video: miglioramento dell'immagine ottenuto con l'invio separato ad un S-video TV dei segnali di crominanza e di luminanza forniti da videoregistratori ad alta risoluzione, tipo S-VHS, ED Beta e Hi 8 per es.) (*audiovisivi*), S-video.

videoamatore (*audiovisivi*), videophile.

videoamplificatore (amplificatore video) (*eltn. - telev.*) , video amplifier.

videocassetta (nastro per registrazione video [oppure nastro video già registrato] contenuto in cassetta) (*s. - telev. - ecc.*), videocassette. **2.** ~ compatta (~ di formato ridotto) (*audiovisivi*), compact videocassette.

videocomunicazione (scambio, a distanza, di immagini, voce e dati: mediante un sistema videomatico per es.) (*tlcm. - elab.*), video communication.

videoconferenza (conferenza televisiva in collegamento video e audio) (*n. - telev.*), videoconference.

videodisco (disco ottico a lettura laser, memorizza segnali audiovisivi, da riprodursi mediante lettore, sullo schermo dell'app. telev. domestico) (*audiovisivi*), videodisk, videodisc. **2.** ~ CAV (~ interattivo CD-V a velocità angolare costante, letto da laser) (*audiovisivi*), CAV disk. **3.** ~ CD-V (audio digitale, video analogico, diametro 12 cm., video 6 minuti più audio 20 minuti, letto da laser) (*audiovisivi*), compact disk video, CD-V. **4.** ~ CED, ~ VHD (funzionano mediante sistemi elettrocapacitivi) (*sistema obsoleto*), CED videodisk, VHD videodisk. **5.** ~ CLV (~ CDV a velocità lineare costante, letto da laser) (*audiovisivi*), CLV disk. **6.** ~ ER (~ ottico, cancellabile e reincidibile: tuttora ipotetico) (*audiovisivi*), ER disk. **7.** ~ LD (letto da laser, diametro 30 oppure 20 cm.; durata 60 oppure 30 minuti: audio Hi-Fi e video) (*audiovisivi*), laser disk, LD. **8.** ~ WORM (tipo di disco ottico, registrabile una sola volta ed a letture illimitate) (*audiovisivi*), WORM disk.

"videofonìa", *vedi* videotelefonìa.

"videofono", *vedi* videotelefono.

videofrequenza (*telev.*), videofrequency.

videogioco (gioco elettronico condotto utilizzando l'app. telev. domestico) (*s. - eltn.*), video game.

videolento (*tlcm.*), slow scan video.
videolettore (app. privo di circuiti di registrazione: legge videonastri magnetici) (*audiovisivi*), videocassette player.
videomontaggio (montaggio effettuato su videonastri mediante due videoregistratori) (*audiovisivi*), video edit.
videonastro (nastro magnetico per la registrazione di segnali video ed audio) (*eltn. - telev.*), videotape.
videoproiettore (speciale app. telev. che proietta le immagini telev. su di un grande schermo separato: come nelle proiezioni cinematografiche) (*telev.*), videoprojector.
videoraddrizzatore (raddrizzatore video) (*telev.*) , video rectifier.
videoregistrare su nastro (*registrazione telev.*), to videotape.
videoregistratore (*telev.*), video recorder. **2.** ~ a nastro (~ a nastro magnetico per segnali video ed audio) (*eltn. - telev.*), videotape recorder, VTR. **3.** usare un ~ su nastro (*telev.*), to videotape. **4.** ~ a videocassette (*telev.*), VCR, videocassette recorder. **5.** ~ con effetti a tecnologia digitale (permette ad es.: l'immagine nell'immagine, l'effetto mosaico, la visione strobe, etc.) (*audiovisivi*), digital effects VCR. **6.** ~ super VHS, ~ S-VHS (*audiovisivi*), S-VHS VCR, S-VHS VTR.
videoregistrazione (*telev.*), video recording. **2.** ~ su nastro (~ su videonastro) (*eltn. - telev.*), videotape recording. **3.** eseguire una ~ su nastro (*telev.*), to videotape.
videoriproduttore (*telev.*), video player.
videosegnale (segnale video) (*telev.*), video signal.
Videotel (sistema informativo italiano, interattivo e computerizzato, che trasmette dati di pubblica utilità, su richiesta, utilizzando linee telefoniche e visualizzando le informazioni sullo schermo di un terminale: di personal comp. per es., in Inghilterra PRESTEL) (*servizio telef. - elab.*), Videotex, Videotext.
videotelefonìa (videofonia) (*telev. - telef.*), videophony.
videotelefono (videofono) (*telev. - telef.*), videophone.
videoterminale (terminale a tubo a raggi catodici) (*elab.*), visual display terminal.
"Videotex" (termine generale che comprende i sistemi informativi computerizzati che usano la rete telefonica) (*telef. - elab.*), Videotel (Italy), PRESTEL (Brit.), Teletel (France), Bildshirmtext (West Germany), etc.
vidiconoscopio (piccolo tubo per riprese televisive) (*telev.*), vidicon.
vietato (*gen.*), prohibited, forbidden. **2.** ~ fumare (*gen.*), no smoking, forbidden to smoke.
vigilanza (di sorvegliante) (*ind.*), watching. **2.** (sorveglianza, della costruzione di un prodotto da parte del Registro) (*aer. - nav. - ecc.*), survey. **3.** centro di ~ (per ricerche e salvataggi) (*aer.*), alerting center.
vigile (urbano) (*traff. strad. - ecc.*), traffic cop. **2.** ~ addetto ai parchimetri (*parcheggio aut.*), meter cop. **3.** ~ addetto al traffico (*traff. strad.*), traffic cop. **4.** vigili del fuoco (corpo dei vigili del fuoco) (*organ. antincendio*), fire department.
vignetta (illustrazione) (*tip.*), vignette, illustration, picture.
vignettista (disegnatore di vignette su un giornale illustrato per es.) (*tip.*), cartoonist.
vigogna (*tess.*), vicuña. **2.** tessuto di ~ (*tess.*), vicuña cloth.
vigore, entrate in ~ (un contratto per es.) (*comm.*), to come into operation. **2.** essere in ~ (avere corso legale) (*leg.*), to run, to have legal course, to be in force. **3.** in ~ (*leg.*), in force, effective. **4.** mettere in ~ (*leg. - ecc.*), to introduce.
villa (*arch.*), villa. **2.** ~ di campagna (*ed.*), country house.
villino (casa con giardinetto a non più di due piani, per una famiglia) (*s. - ed.*), cottage. **2.** ~ urbano (casa a due piani per una unica famiglia ed un lato con muro comune con altra casa) (*costr. ed.*), town house.
vincènte (*sport*), winning.
vìncere (*sport*), to win.
vincitore (*sport*), winner, victor.
vincolante (impegnativo) (*comm.*), binding.
vincolare (il moto di un corpo per es.) (*mecc. - ecc.*), to constrain.
vincolato (*a. - mecc. - ecc.*), constrained.
vincolo (*mecc. - ecc.*), constraint.
vinilacetato ($CH_2=CH—OCOCH_3$) (acetato di vinile) (*chim.*), vinyl acetate.
vinile (CH_2CH-) (*rad.*), (*chim.*), vinyl.
vinilpelle (finta pelle, similpelle) (*ind.*), imitation leather, made of vinyl resin.
vino (*ind. agric.*), wine.
vinyon (copolimero delle resine viniliche: fibra tessile artificiale) (*chim. ind. - ind. tess. artificiale*), vinyon.
violare (un brevetto per es.) (*leg. - ecc.*), to infringe, to violate.
violazione (di brevetto o di marchio di fabbrica per es.), infringement. **2.** ~ (*leg.*), trespass. **3.** ~ di domicilio (*leg.*), housebreaking. **4.** ~ informatica (o intrusione) (*inf.*), computer trespass.
violènto (di vento, di corrente per es.), violent.
violènza (dell'acqua, del vento ecc.) (*gen.*), violence.
violetto (*colore*), violet. **2.** raggio ~ (*fis.*), violet ray.
violino (*strum. music.*), violin.
viòttolo (*strad.*), footpath, path.
vipla (cloruro di polivinile, per il rivestimento di cavi elettrici per es.) (*elett. - chim.*), polyvinyl chloride.
viraggio (*fot.*), toner. **2.** ~ (*chim.*), color change.
virare (*aer.*), to turn. **2.** ~ (*chim.*), to change color. **3.** ~ (cambiare il normale colore di una fotografia al bromuro di argento) (*fot.*), to tone. **4.** ~ a destra (*aer.*), to right-bank. **5.** ~ a picco (virare [la

catena dell'àncora sino a trovarsi] a picco) (*nav.*), to heave short. **6.** ~ di bordo (con imbarcazione a vela) (*navig.*), to tack, to wear. **7.** ~ di bordo bracciando a collo le vele di prora (*navig.*), to box, to boxhaul. **8.** ~ di bordo sul filo del vento (*navig.*), to tack. **9.** ~ mettendo la poppa al vento (*navig.*), to wear. **10.** ~ per l'atterraggio (*aer.*), to turn for a landing. **11.** il ~ di bordo sul filo del vento (*nav.*), tacking.

virata (*nav. - aer.*), turn. **2.** ~ ad ampio raggio (*aer.*), gentle turn. **3.** ~ ad S (*mar. milit.*), S-turn. **4.** ~ corretta (*aer.*), corrected turn. **5.** ~ diritta (virata stretta verticale) (*acrobazia aer.*), vertical banked turn. **6.** ~ finale (durante l'atterraggio) (*aer.*), final procedure turn. **7.** ~ imperiale (gran volta imperiale, "Immelmann") (*acrobazia aer.*), reverse turn, Immelmann turn. **8.** ~ in cabrata (*aer.*), climbing turn. **9.** ~ normale (*aer.*), standard rate turn. **10.** ~ orizzontale (*acrobazia aer.*), horizontal turn. **11.** ~ piatta (*acrobazia aer.*), flat turn. **12.** ~ rovescia (*acrobazia aer.*), reverse turn.

viratore (dispositivo per ruotare il volano di grossi motori) (*mecc.*), barring device, barring engine.

virgola (segno di punteggiatura) (*tip.*), comma. **2.** ~ (*mat.*), radix point. **3.** ~ (segno di separazione tra parte intera e frazionaria) (*elab.*), radix point. **4.** ~ (segno per decimali) (*mat.*), decimal point. **5.** ~ binaria (*elab.*), binary point. **6.** ~ (o punto) decimale reale (*elab.*), actual decimal point. **7.** ~ fissa (opposto di ~ mobile; per i numeri decimali p. es.) (*mat. - elab.*), fixed point. **8.** ~ mobile (*elab.*), floating point.**9.** a ~ fissa (relativa ai numeri decimali) (*a. - elab.*), fixed-point. **10.** a ~ mobile (*a. - elab.*), floating-point. **11.** ordine a ~ mobile (istruzione a virgola mobile) (*elab.*), floating-point order. **12.** tre ~ settantacinque (3,75) (*mat.*), three point seventyfive (3.75).

virgolette (*tip.*), inverted commas, quotation marks.

vìrola (a vite: di lampadina elettrica) (*elemento maschio di giunzione*), lamp base, bulb screw base.

virosbandometro (indicatore di virata e sbandamento) (*strum. aer.*), turn and bank indicator.

virtuale (*a. - mecc. - ott.*), virtual.

virtualizzazione (formazione di circuiti virtuali) (*telef.*), phantoming.

virus (*med.*), virus. **2.** ~ elettronico (si diffonde automaticamente infettando tutti i componenti della rete in collegamento elettronico provocando l'annullamento delle inibizioni e conseguentemente ottenendo lo scarico e/o la cancellazione dei contenuti di memoria) (*eltn.*), electronic virus. **3.** protezione da (infezione di) ~ (*elab.*), virus protection. **4.** vaccino del ~ del computer (*elab.*), computer virus vaccine.

viscoelastico (elastomero per es.) (*tecnol.*), viscoelastic.

viscosa (*s. - chim.*), viscose. **2.** ~ (seta di viscosa) (*mft. seta artificiale*), viscose silk.

viscosìmetro (*app. chim.*), viscosimeter, viscometer, viscosity meter. **2.** ~ (*strum. vn.*), flowmeter. **3.** ~ a bicchiere (*strum. fis.*), cup viscosimeter. **4.** ~ a goccia (per olii lubrificanti) (*app.*), oil viscometer. **5.** ~ a orifizio (tipo Ford per es.) (*strum. fis.*), orifice viscosimeter. **6.** ~ a peso a caduta libera (*strum. fis.*), falling-weight viscosimeter. **7.** ~ capillare (*strum. fis.*), capillary viscosimeter. **8.** ~ sonico (*strum. fis.*), sonic viscosimeter.

viscosità (*chim. fis.*), viscosity. **2.** ~ cinematica (*mecc. dei fluidi*), kinematic viscosity. **3.** ~ dielettrica (*elett.*), dielectric viscosity. **4.** ~ (in gradi) Saybolt (*chim.*), Saybolt viscosity. **5.** ~ magnetica (*elett.*), magnetic viscosity. **6.** ~ universale Saybolt, (*oli lubrificanti*), Saybolt universal viscosity, SUV. **7.** ~ universale Saybolt in secondi (*chim.*), Second Saybolt Universal Viscosity, SSUV. **8.** coefficiente di ~ (*fis.*), coefficient of viscosity. **9.** indice di ~ (di un olio) (*lubrificazione*), viscosity index.

viscoso (*a. - chim. - fis.*), viscous.

visìbile (*a.*), visible.

visibilità (*gen.*), visibility. **2.** ~ (distanza di visibilità) (*aer. - nav.*), range of visibility. **3.** ~ al suolo (*navig. aer.*), ground visibility. **4.** coefficiente di ~ (di una radiazione monocromatica) (*illum.*), luminosity factor. **5.** coefficiente di ~ relativa (fattore di visibilità relativa: di una radiazione monocromatica) (*illum.*), relative luminosity factor. **6.** misuratore di ~ (tipo di fotometro per misurare la visibilità) (*app. meteor.*), transmissometer. **7.** scarsa ~ (*aer. - nav.*), poor visibility.

visièra parasole (*per aut.*), sun visor, visor, sun shield. **2.** ~ (schermo luce da indossare) (*att. op.*), eyeshade. **3.** ~ (schermo luce per radar per es.) (*illum.*), viewing hood. **4.** ~ parasole imbottita (*aut.*), padded visor. **5.** ~ protettrice (per op. saldatore) (*att. saldatura*), welder's helmet. **6.** ~ termica (*per parabrezza di aut.*), defroster, thermal defroster.

visionare (vedere in anteprima) (*telev. - cinem.*), to prescreen.

visione (*ott.*), vision. **2.** ~ binoculare (*ott.*), binocular vision. **3.** ~ dei colori (*ott.*), color vision. **4.** ~ nera (offuscamento completo della vista provocato da accelerazioni di valore superiore ai 4 g) (*aer.*), blackout. **5.** ~ rallentata (di un videoregistratore per es.) (*audiovisivi*), slow motion, SM. **6.** a ~ diretta (p. es. di un prisma, uno spettroscopio ecc.) (*a. - ott. - fis.*), direct-vision. **7.** a ~ contemporanea di due programmi (sullo stesso schermo: un programma a tutto schermo e l'altro, compresso, in un angolo. Detta anche ~ a multiimmagine) (*a. - telev.*), picture-in-picture.

visita (controllo: del carico di una nave per es.) (*leg.*), search. **2.** ~ (di una nave per es. per accertarne le condizioni) (*nav. - ecc.*), survey, inspection. **3.** ~ medica (di un operaio per es.) (*med.*), medical examination.

visitare (*comm. - ecc.*), to visit.

visitatrice (assistente sociale) (*organ. lav.*), welfare worker.

visivo (*a. - ott.*), visual. **2.** attenzione visiva (*psicol. ind.*), visual attention.
visore (per la visione di microfilm, o diapositive) (*app. ott. - fot. - elab.*), viewer. **2.** ~ (a raggi infrarossi) (*milit.*), snooperscope. **3.** ~ a raggi infrarossi per fucile (*milit.*), sniperscope.
vista (*dis.*), view. **2.** ~ dall'alto (*dis.*), top view. **3.** ~ di fianco (*dis.*), side view. **4.** ~ frontale (*dis.*), front view, front elevation. **5.** ~ in direzione della freccia A (*dis. mecc.*), view in direction of arrow A. **6.** ~ in pianta (*dis.*), plan view. **7.** ~ in sezione (*dis. - mecc.*), sectional view. **8.** ~ in verticale (*dis.*), elevation. **9.** ~ panoramica (*fot. - ecc.*), panoramic view. **10.** ~ particolare (di dettaglio per es.) (*dis. mecc.*), local view. **11.** ~ parziale (*dis.*), scrap view. **12.** ~ posteriore (*dis. - ecc.*), rear view. **13.** a ~ (*comm.*), on sight, at sight, a. s. **14.** punto di ~, point of sight.
vistare (*gen.*), to vise, to visa.
vistato (ufficialmente accettato: per es. di un disegno), approved.
visto (su un documento per es.), visa. **2.** ~ (accettazione ufficiale: per es. di un disegno), approval. **3.** ~ dal lato posteriore (guardando l'estremità posteriore, di un motore per es.) (*mecc. - ecc.*), (seen) facing rear end. **4.** ~ si stampi (*tip.*), good for printing, good for press, o.k. for printing.
visuale (veduta, atto del vedere o spazio abbracciato dall'occhio) (*gen.*), sight. **2.** lunghezza della ~ libera (*traff. strad.*), sight distance, visibility distance.
visualizzare (rendere visibile, mediante raggi X per es.) (*gen.*), to visualize. **2.** ~ (informare in modo visivo) (*eltn. - elab. - ecc.*), to diplay.
visualizzatore (*app.*), visualizer. **2.** ~ (schermo che mostra informazioni, elaborati, ecc.) (*eltn. - elab.*), display, display device. **3.** ~ a cristalli liquidi (*eltn.*), liquid crystal display, LCD. **4.** ~ a sette segmenti (~ usuale per orologi digitali, elaboratori, pompe benzina ecc., funziona a mezzo di LCD o LED) (*eltn.*), seven-segment display. **5.** ~ dati (*elab.*), data display. **6.** ~ di posizione (indicatore di posizione) (*macch. ut. a c. n.*), position display. **7.** ~ di quote (*app.*), dimension visualizer. **8.** ~ grafico (video grafico; visualizza grafici anche a colori) (*elab.*), graphic display. **9.** ~ ottico di fenomeni atmosferici (*strum. meteor.*), atmospherium.
visualizzazione (mediante raggi X oppure con fiocchi o fumo nelle prove in galleria del vento) (*tecnol.*), visualization. **2.** ~ (mezzo per rendere visibili le informazioni, elaborati ecc.) (*eltn. - elab. - ecc.*), display. **3.** ~ della trama (~ del quadro) (*telev.*), raster display. **4.** ~ formattata (*elab.*), formatted display. **5.** ~ non formattata (con visualizzatore senza campi protetti) (*elab.*), unformatted display. **6.** dispositivo di accesso alla ~ dati da un altro elaboratore (interfaccia che permette l'accesso all'elaboratore di una banca di informazioni, televideo, videotel ecc.) (*elab.*), gateway.
vita (*gen.*), life. **2.** ~ dinamica (durata alla flessione: di un pneumatico per es.) (*ind. gomma*), flex life. **3.** ~ media (di una particella) (*fis. atom. - ecc.*), mean-life. **4.** a ~ (lubrificazione di un giunto per es.) (*aut. - ecc.*), for life. **5.** livello di ~ (*econ.*), standard of living, standard of life.
vitalizio (*finanz.*), life annuity.
vite (*mecc.*), screw. **2.** ~ (filettatura maschia, contrapposta a femmina) (*mecc.*), external thread, male thread. **3.** ~ (avvitamento) (*acrobazia aer.*), spin. **4.** ~ (per la plastificazione) (*macch. ind. plastica*), auger. **5.** ~ (con testa) ad esagono incassato (vite Allen) (*mecc.*), socket head screw. **6.** ~ ad occhiello (occhiello a vite) (*falegn.*), screw eye. **7.** ~ a espansione (inserita in un foro, nel muro, cemento ecc.: l'espansione avviene contro la parete del foro) (*gen. - uso domestico*), expansion bolt, expansion shield. **8.** ~ a ferro (per uso mecc.) (*mecc.*), machine screw. **9.** ~ a ferro da avvitarsi in un foro filettato (senza dado) (*mecc.*), cap screw. **10.** ~ a filettatura metrica (*mecc.*), metric-thread screw. **11.** ~ a legno (*falegn.*), wood screw. **12.** ~ a legno a testa quadra (tirafondo) (*carp.*), lag screw, coach screw. **13.** ~ a paletta con foro traverso (es.: per fissare particolari elettrici ad un telaio) (*mecc.*), spade bolt. **14.** ~ a perno (con spalla cilindrica non filettata di diametro più largo, che fa da perno) (*mecc.*), shoulder screw. **15.** ~ a settori interrotti (di un otturatore di cannone per es.) (*mecc. per artiglieria*), interrupted screw. **16.** ~ a testa cilindrica (*mecc. - carp.*), cheese-headed screw. **17.** ~ a testa cilindrica piana (*mecc.*), flat fillister head screw. **18.** ~ a testa esagonale (*mecc.*), hexagonal-head screw. **19.** ~ a testa forata (trasversalmente: per strumenti) (*mecc.*), capstan screw. **20.** ~ a testa fresata ovale (o a goccia), *vedi* vite a testa svasata con calotta. **21.** ~ a testa incassata (*mecc.*), socket screw, Allen screw. **22.** ~ a testa piana svasata (*mecc. - carp.*), flathead screw. **23.** ~ a testa svasata con calotta (o a goccia di sego) (*mecc. - carp.*), oval-headed screw. **24.** ~ a testa tonda (*mecc. - carp.*), roundheaded screw, cuphead screw. **25.** ~ a testa zigrinata (*mecc.*), thumbscrew. **26.** ~ a tre principi (*mecc.*), triple screw. **27.** ~ autofilettante (*mecc.*), self-tapping screw, tapping screw. **28.** ~ calante (una delle tre viti verticali per livellare uno strumento ottico per es. ecc.) (*tecnol. mecc.*), foot screw, levelling screw. **29.** ~ con dado a galletto (o ad alette) (*mecc.*), wing nut bolt. **30.** ~ conduttrice (di tornio) (*mecc.*), lead screw. **31.** ~ con (in)taglio a croce (Phillips) (*mecc.*), cross-slotted screw. **32.** ~ con (in)taglio fresato (vite ad intaglio semplice) (*mecc.*), single-slot screw. **33.** ~ con rondella elastica autobloccante incorporata (montata prima di filettare a ricalco) (*mecc.*), sems. **34.** ~ destra e sinistra (*mecc.*), compound screw. **35.** ~ di Archimede (coclea) (*per impianti ind.*), Archimedean screw, worm. **36.** ~ di arresto (o di fermo) (*mecc.*), setscrew. **37.** ~ di avanzamento (di tornio per es.)

(*mecc.*), feeding screw. **38.** ~ di comando (vite madre: di un tornio) (*macch. ut.*), lead screw. **39.** ~ di elevazione (di tavola per lavorazione mecc.) (*macch. ut.*), elevating screw. **40.** ~ di fermo (o di arresto) (*mecc.*), setscrew. **41.** ~ di fermo (o di arresto) senza testa (*mecc.*), grub-screw. **42.** ~ di fissaggio (o di pressione: della prolunga di un compasso per es.) (*mecc.*), clamping screw, clamp screw. **43.** ~ di fissaggio (*carp.*), fastening screw. **44.** ~ di inversione (di una macchina per es.) (*mecc.*), reversing screw. **45.** ~ di ispezione dei getti del minimo (di carburatore) (*mecc. mot.*), slow running holes inspection screw. **46.** ~ di livello (*strum. top.*), levelling screw, leveling screw. **47.** ~ di otturazione (vitone: di un cannone) (*artiglieria*), interrupted-screw breechblock. **48.** ~ di pressione (*mecc.*), setscrew. **49.** ~ di registro della miscela del minimo (di carburatore) (*mecc. mot.*), idling mixture adjusting screw, slow running mixture adjusting screw. **50.** ~ di regolazione (*mecc.*), adjusting screw. **51.** ~ di spinta (o di pressione o d'arresto) (di strumento per es.) setscrew. **52.** ~ femmina (*mecc.*), female screw, internal screw. **53.** ~ globoidale (*mecc.*), hourglass screw, Hindley's screw. **54.** ~ madre (conduttrice: di un tornio, di una dentatrice ecc.) (*mecc. - macch. ut.*), lead screw. **55.** ~ madre di comando della slitta (di un tornio) (*macch. ut.*), saddle lead screw. **56.** ~ maschia (*mecc.*), external screw, male screw. **57.** ~ micrometrica (per strumenti di precisione) (*mecc.*), micrometer screw, tangent screw. **58.** ~ mordente a testa quadra (tirafondo) (*carp.*), lag screw, coach screw. **59.** ~ orizzontale (*acrobazia aer.*), barrel roll. **60.** ~ orizzontale rapida (*aer.*), flick roll. **61.** ~ parker (*mecc.*), self-tapping screw. **62.** ~ passante (*mecc.*), through screw. **63.** ~ per lamiera (*mecc.*), sheet metal screw. **64.** ~ per legno (*mecc. - carp.*), wood screw. **65.** ~ per legno a testa quadra (tirafondo) (*carp.*), lag screw, coach screw. **66.** ~ perpetua (*mecc.*), *vedi* vite senza fine. **67.** ~ perpetua comando differenziale (di automobile per es.), differential driving worm. **68.** ~ perpetua comando guida (di automobile per es.), steering worm. **69.** ~ piatta (*acrobazia aer.*), flat spin. **70.** ~ prigioniera (*mecc.*), stud bolt, stud. **71.** ~ rapida (*mecc.*), quick-thread screw. **72.** ~ rovescia (*acrobazia aer.*), inverted spin. **73.** ~ senza fine (*mecc.*), worm, worm screw. **74.** ~ senza fine ad arresto automatico (di un apparecchio da sollevamento per es.) (*mecc.*), self-braking worm. **75.** ~ senza fine con tubo di comando (dello sterzo) (*aut.*), tube and worm. **76.** ~ senza fine destrorsa (*mecc.*), right-hand worm. **77.** ~ senza fine sinistrorsa (*mecc.*), left-hand worm. **78.** ~ senza testa (con intaglio) (*mecc.*), grub screw. **79.** ~ sinistra (*mecc.*), left-hand screw thread. **80.** ~ verticale (*aer.*), spin. **81.** allentare una ~ (*mecc.*), to loosen a screw. **82.** a prova di ~ (di un aereo che non ha il difetto di andare in vite) (*aer.*), spinproof. **83.** entrare in ~ (discendere a spirale) (*difetto aer.*), to spin. **84.** filetto (di una ~) (*mecc.*), thread. **85.** fresa a ~ (fresa creatrice, creatore) (*ut.*), hob. **86.** giro di ~ (*mecc.*), turn of screw. **87.** giro di ~ (restrizione per es.) (*leg. - governativo - ecc.*), crackdown. **88.** palo a ~ (*ed.*), screw stake, screw pile. **89.** passo della ~ (*mecc.*), screw pitch. **90.** profondità del filetto (di una ~) (*mecc.*), depth of thread. **91.** stringere una ~ (*mecc. - ecc.*), to tighten a screw. **92.** tipo di ~ da porre in opera (almeno parzialmente) col martello (*mecc. - falegn.*), drivescrew.

vitello (pelle di vitello) (*ind. cuoio*), calf. **2.** ~ scamosciato (*ind. cuoio*), velvet calf, oil-dressed calf.

viteria (bulloneria) (*mecc.*), bolts and screws.

vitone (vite di otturazione: di un cannone) (*artiglieria*), interrupted-screw breechblock. **2.** ~ (estruditore a vite) (*macch.*), auger.

vitrite (carbone brillante) (*comb.*), vitrite.

vivandière (*milit.*), sutler.

viveri (*gen.*), provision, supplies. **2.** ~ di riserva (*milit.*), iron rations, emergency rations.

vivianite (*min.*), vivianite.

vivo (*a. - gen.*), living. **2.** ~ (intenso) (*colore*), live, vivid, bright. **3.** al ~ (di una pagina stampata fino al margine) (*a. - tip.*), bled. **4.** tagliare al ~ (tagliare i margini di una pagina oltre il margine di stampa) (*tip. - legatoria*), to bleed. **5.** vapore ~ (*term. ind.*), live steam.

vizio occulto (*comm. - leg.*), latent defect.

vobulatore (generatore di segnale a frequenza variabile periodicamente) (*eltn.*), wobbler, wobbulator.

vobulazione (variazione periodica della frequenza) (*eltn.*), wobbling.

vocale (relativo alla voce: fonico, di frequenza per es.) (*a. - acus.*), phonic. **2.** digitalizzazione di segnali vocali (*eltn.*), voice digitization. **3.** circuito ~ (*tlcm.*), voice circuit. **4.** risposta ~ (*elab.*), voice answer back, VAB. **5.** segnale ~ (*tlcm.*), speech signal, voice signal. **6.** segnale analogico ~ (*tlcm.*), voice analog signal. **7.** traffico ~ (*tlcm.*), voice traffic. **8.** unità a risposta ~ (*elab.*), voice answer back unit.

voce (*acus.*), voice. **2.** ~ (articolo, in una enumerazione o elenco) (*gen.*), item. **3.** ~ fuori campo (la ~ di una persona non visibile sullo schermo) (*telev. - cinema*), voice-over. **4.** messo in azione dalla ~ [o vocalmente] (*elab.*), voice-actuated. **5.** qualità della ~ (*tlcm.*), voice grade, VG. **6.** segnale ~ a bassa velocità di trasmissione (*tlcm.*), low bit rate voice signal. **7.** senza ~ (*audiovisivi - ecc.*), unvoiced, voiceless. **8.** sintetizzatore digitale della ~ (*elab. voce*), voice digital synthesizer.

"vocoder" (codificatore di segnali fonici: sintetizza e codifica la voce) (*s. - app. inf. vocale*), vocoder. **2.** ~ a cepstrum (*elab. voce*), cepstrum vocoder.

"voder" ([voice operation demonstrator]: apparecchio parlante con soddisfacente approssimazione) (*eltn. acus.*), voder.

vogare (*nav.*), to row, to pull. **2.** ~ a tempo (*sport -*

nav.), to keep stroke. **3.** ~ a 30 colpi al minuto (*sport - nav.*), to stroke at 30. **4.** ~ con pagaia (*nav.*), to paddle.

vogatore (rematore) (*nav.*), oarsman, rower.

volano (*mecc.*), flywheel. **2.** ~ di compensazione (stabilizzatore: di proiettore di film sonoro) (*elettroacus.*), rotary stabilizer. **3.** ~ magnete (per l'impianto di accensione di una motoretta per es.) (*mot.*), magneto flywheel. **4.** ~ per (comando di) movimento alternativo (di un seghetto alternativo per es.) (*mecc.*), reciprocating wheel. **5.** corona dentata del ~ (di automobile per es.) (*mecc.*), flywheel ring gear.

volante (di guida di automobile per es.) (*mecc.*), steering wheel. **2.** ~ a calice (*aut.*), deep center steering wheel (am.). **3.** regolazione posizione (del) ~ (*aut.*), steering wheel rake adjustment.

volantino (di valvola, di macch. ut. ecc.) (*mecc.*), handwheel. **2.** ~ (a manovella contrapposta: di macch. ut. per es.) (*mecc.*), ball crank handle. **3.** ~ (manifestino: distribuito gratuitamente al pubblico) (*gen.*), broadside, broadsheet. **4.** ~ (*pubbl.*), handbill. **5.** ~ del freno a mano (*ferr. - ecc.*), brake wheel, hand brake wheel. **6.** ~ di comando (degli alettoni per es.) (*aer. - mecc. - ecc.*), control wheel.

volare (*aer.*), to fly. **2.** ~ a punto fisso (di un elicottero) (*aer.*), to hover. **3.** ~ a velocità di crociera (*aer.*), to cruise. **4.** ~ con traiettoria circolare (*aer.*), to orbit. **5.** ~ controvento (*aer.*), to fly against the wind. **6.** ~ in condizione di prestallo (*aer.*), to mush. **7.** ~ (con volo) librato (*aer.*), to glide. **8.** ~ radente (*aer.*), to hedgehop (am.).

volata (*di un cannone*), muzzle. **2.** ~ (gruppo di mine che esplodono simultaneamente) (*min.*), volley.

volàtile (che evapora facilmente) (*a. - fis.*), volatile. **2.** ~ (p. es. di una memoria che richiede una alimentazione continua di energia elettrica per impedirne la cancellazione) (*a. - elab.*), volatile. **3.** non ~ (*a. - fis. chim.*), involatile.

volatilità (*fis.*), volatility.

volatilizzare (*fis.*), to volatilize.

volatilizzazione (*fis.*), volatilization.

"voletto" (deflettore, cristallo orientabile, di un finestrino automobile) (*aut.*), butterfly window, wind wing.

volo (*gen.*), flight. **2.** ~ (*aer. - milit.*), flight, flying. **3.** ~ acrobatico (*aer.*), acrobatic flying. **4.** ~ a domanda (volo su richiesta di chi ha noleggiato l'apparecchio) (*aer.*), charter flight. **5.** ~ a impulsi successivi (di un missile a razzo per es.) (*missil.*), skip flight. **6.** ~ a punto fisso (di un elicottero) (*aer.*), hovering. **7.** ~ a vela (*aer.*), soaring flight, sailflying, sailplaning. **8.** ~ a velocità supersonica (*aer.*), supersonic flight. **9.** ~ a vista (volo VFR, volo secondo norme stabilite) (*aer.*), Visual Flight Rules flight, VFR flight. **10.** ~ cieco (*aer.*), *vedi* volo strumentale. **11.** ~ con gravità zero (*astric.*), gravity-free flight. **12.** ~ con uomo a bordo (di una nave spaziale) (*astric.*), manned flight. **13.** ~ di allenamento (*aer.*), practice flight (ingl.). **14.** ~ di collaudo (*aer.*), test flight. **15.** ~ di collaudo per la consegna (volo di collaudo prima della consegna) (*aer.*), delivery test. **16.** ~ di durata (*aer.*), endurange flight. **17.** ~ di linea (*trasp. aer.*), scheduled flight. **18.** ~ guidato (in direzione di una stazione trasmittente: con radiosentiero per es.) (*aer.*), homing flight. **19.** ~ inerziale (volo per inerzia, di un veicolo spaziale) (*astric.*), coasting flight. **20.** ~ in orbita (*astric.*), orbital flight. **21.** ~ interplanetario (*astric.*), interplanetary flight. **22.** ~ ipersonico (con velocità oltre il quintuplo della velocità del suono nell'aria) (*aer.*), hypersonic flight. **23.** ~ isobaro (volo di grande autonomia predisposto in base alla distribuzione della pressione barometrica) (*navig. aer.*), pressure-pattern flying, aerologation. **24.** ~ isolato (*aer.*), solo flight. **25.** ~ libero (di missile o veicolo spaziale non comandabile) (*astric. - missil.*), unpowered flight. **26.** ~ librato (volo planato) (*aer.*), glide. **27.** ~ librato a spirale (*aer.*), spiral glide. **28.** ~ normale orizzontale (*aer.*), normal level flight. **29.** ~ orbitale (*astric.*), orbital flight. **30.** ~ orizzontale (*aer.*), level flight. **31.** ~ per inerzia (di un veicolo spaziale) (*astric.*), coasting flight. **32.** ~ planato (*aer.*), glide, volphane. **33.** ~ radente (*aer.*), hedgehopping (colloquiale am.). **34.** ~ remigante (*aer.*), flapping flight. **35.** ~ rimorchiato (*aer.*), flight on the cable. **36.** ~ rovescio (*aer.*), inverted flight. **37.** ~ senza istruttore (o senza secondo pilota) (*aer.*), solo flight, solo. **38.** ~ senza scalo (*aer.*), nonstop flight. **39.** ~ senza scalo di andata e ritorno (*aer.*), nonstop round trip. **40.** ~ silenzioso (*aer.*), noiseless flight. **41.** ~ spaziale (*astric.*), space flight. **42.** ~ stazionario (di un elicottero) (*aer.*), hovering. **43.** ~ strumentale (volo cieco) (*aer.*), instrument flight. **44.** ~ strumentale (secondo norme stabilite, volo IFR) (*aer.*), Instrument Flight Rules flight, IFR flight. **45.** ~ translunare (*astric.*), translunar flight. **46.** ~ verticale (con elicotteri per es.) (*aer.*), vertical flight. **47.** abilitato al ~ (atto alla navigazione aerea) (*a. - aer.*), airworthy. **48.** addetto alla verifica dei sentieri di ~ (*aer.*), flight pattern controller. **49.** assetto di ~ (*aer.*), attitude of flight, flight trim. **50.** assistenza al ~ (da terra: via radio per es.) (*aer.*), flight control. **51.** autorizzazione di ~ (nel traffico aereo) (*navig. aer.*), air-traffic clearance. **52.** condizioni (meteo) che impongono il ~ strumentale (*meteor. - navig. aer.*), instrument weather. **53.** durata del ~ (*aer.*), flight time, flying time. **54.** grafico del ~ (indicante al pilota di un velivolo transoceanico i dati della distanza percorsa, combustibile consumato, tempo trascorso ecc.) (*aer.*), howgozit curve. **55.** norme per il ~ a vista (*aer.*), visual flight rules, VFR. **56.** numero di Mach di ~ (riferito alla velocità dell'aeroplano) (*aer.*), flight Mach number. **57.** piano di ~ (di un aeroplano di linea trasporto passeggeri per es.) (*aer.*), flight plan. **58.** proibire il ~ (inibire il ~ ad un aereo o ad un pilota) (*aer.*), to ground. **59.** quota di ~ (*aer.*), flight altitude, flight level. **60.** scienza del ~ a velocità supersonica (*aer.*), supersonics. **61.** simulatore di ~ (allenatore strumentale, per addestramento piloti per es.) (*aer.*), flight simulator. **62.** spiccare il ~ dalla nave portaerei (*aer.*), to take-off from the aircraft carrier. **63.** strumenti per il ~ senza visibilità (*strum. aer.*), blind-flying instruments.

volontario (*a. - gen.*), intentional. **2.** ~ (*s. - milit.*), volunteer.

"vol plané" (*aer.*), glide, volplane.

volt (*elett.*), volt. **2.** ~ assoluto (equivalente a 10^{-8} volts) (*mis. elett.*), abvolt, absolute volt.

vòlta (*elett.*), volt. **2.** ~ (*ed.*), vault. **3.** ~ (di un forno), crown. **4.** ~ (ponte, in un alto forno, dovuta all'accumularsi di materiale parzialmente fuso al di sopra delle tubiere) (*fond.*), scaffold. **5.** ~ a botte (*arch.*), barrel vault, tunnel vault, semicylindrical vault. **6.** ~ a crociera (*arch.*), cylindrical intersecting vault, cross vault. **7.** ~ a cupola (*arch.*), cupola vault, dome vault. **8.** ~ a cupola su pennacchi (*arch.*), pendentive dome. **9.** ~ a padiglione (*arch.*), cloister vault, coved vault. **10.** ~ a tutto centro (*arch.*), barrel vault, circular vault. **11.** ~ a ventaglio (*arch.*), fantail vault. **12.** ~ composta (*arch.*), compound vault. **13.** ~ con nervature (*arch.*), ribbed vault. **14.** ~ con nervature a stella (*arch.*), star vault. **15.** ~ conica (*arch.*), conical vault. **16.** ~ di bitta (giro di fune attorno alla bitta) (*nav.*), bitter. **17.** ~ di poppa (parte della struttura poppiera) (*nav.*), counter. **18.** ~ in calcestruzzo (*ed.*), concrete vault. **19.** ~ in calcestruzzo battuto (*ed.*), rammed concrete vault. **20.** ~ lunettata (*arch.*), Welsh vault, underpitch vault. **21.** ~ Monier (*arch.*), Monier's vault. **22.** ~ palmata (*arch.*), palm vaulting. **23.** ~ semplice (*arch.*), simple vault. **24.** ~ sferica (*arch.*), spherical vault. **25.** abbassamento della ~ (*difetto ed.*), sagging of the vault. **26.** a ~ a botte (semicircolare) (*a. - arch.*), barrel-vaulted. **27.** chiave di ~ (*ed.*), keystone. **28.** formazione della ~ (formazione del ponte, in un altoforno) (*fond.*), scaffolding. **29.** gran ~ (*aer.*), loop. **30.** gran ~ d'ala (*acrobazia aer.*), lateral loop. **31.** gran ~ diritta (*acrobazia aer.*), normal loop, loop outside loop. **32.** gran ~ imperiale (virata imperiale, Immelmann) (*acrobazia aer.*), Immelmann turn, reverse turn. **33.** gran ~ rovescia (*acrobazia aer.*), upside down loop. **34.** mezza grande ~ (*acrobazia aer.*), half-loop. **35.** per ~ (alla volta, due per volta per es.) (*gen.*), at a time. **36.** stampare la ~ (stampare la contropagina) (*tip.*), to perfect up.

voltafièno (*macch. agric.*), tedder. **2.** ~ a forche (*macch. agric.*), fork tedder.

voltaggio (*elett.*), voltage.

voltàico (*a.*), voltaic.

voltàmetro (*cella elettrochim.*), coulometer, voltameter. **2.** ~ ad argento (*cella elettrochim.*), silver coulometer. **3.** ~ a gas (*cella elettrochim.*), volume coulometer. **4.** ~ a mercurio (*cella elettrochim.*), mercury coulometer. **5.** ~ a pesata (*strum. elett.*), weight coulometer. **6.** ~ a rame (*cella elett.*), copper coulometer. **7.** ~ a titolazione (*cella elettrochim.*), titration coulometer.

voltampère (potenza apparente: di corrente alternata (*elett.*), volt-ampere.

voltamperòmetro (*strum. elett.*), volt-ammeter.

voltapezzo (tra operazioni successive alla pressa) (*lav. lamiera*), inverter unit.

voltare (*gen.*), to turn.

volte (per: quattro volte quattro p. es. nella operazione di moltiplicazione) (*mat.*), times.

volteggiatore (di carda) (*macch. tess.*), clearer.

Volt-elettrone (eV: unità di misura di energia) (*fis. atom.*), electron volt. **2.** chilo ~ (K eV = 10^3 eV) (*mis. energia*), kilo electron volt, K eV.

volterrana (laterizio o blocco forato per solai per es.) (*mur.*), hollow building tile.

voltina (uno degli archi di un ricuperatore per es.) (*mft. vetro - ecc.*), rider arch.

voltino (sega a volgere) (*ut.*), scroll saw. **2.** ~ del focolare (volta del focolare: in materiale refrattario) (*cald. - forno*), flame arch, furnace arch.

vòltmetro (*strum. elett.*), voltmeter. **2.** ~ (portatile: per il controllo della carica di elementi di accumulatore) (*strum. elett.*), cell tester. **3.** ~ analogico (voltmetro ad indice) (*strum.*), analogue voltmeter. **4.** ~ a raggi catodici (*strum. elett.*), cathode-ray voltmeter. **5.** ~ di cresta (strumento che misura il valore massimo di una tensione alternata) (*strum. mis. elett.*), peak voltmeter. **6.** ~ digitale (voltmetro a rappresentazione numerica) (*strum.*), digital voltmeter. **7.** ~ di picco, *vedi* voltmetro di cresta. **8.** ~ elettronico (*strum. elett. - eltn.*), vacuum-tube voltmeter. **9.** ~ elettrostatico (*strum. elett.*), electrostatic voltmeter.

voltohmmetro (strumento combinato) (*strum. elett.*), volt-ohmmeter.

voltometro (*strum. elett.*), *vedi* voltmetro.

voltura (trapasso, trasferimento, di una proprietà) (*leg.*), transfer.

volume (*spazio occupato*), volume. **2.** ~ (quantità di suono) (*acus.*), volume. **3.** ~ (*libro*), volume. **4.** ~ (ampiezza di un'onda di audiofrequenza) (*circuito elettroacus.*), volume. **5.** ~ (intensità energetica del suono) (*acus. - elettroacus.*), volume. **6.** ~ (una unità di memoria esterna; p. es. una bobina di nastro magnetico, un tamburo magnetico, ecc.) (*elab.*), volume. **7.** ~ atomico (il peso atomico diviso per il peso specifico) (*chim.*), atomic volume, at. vol. **8.** ~ (di un gas) a 0° C e 760 mm Hg (*chim. - fis.*), normal volume. **9.** ~ critico, critical volume. **10.** ~ delle vendite (*comm.*), sales volume. **11.** ~ di carena (*nav.*), volume of displacement. **12.** ~ in-folio (libro costituito da fogli piegati una sola volta, in modo che ciascuno di essi presenti quattro facciate) (*tip.*), folio. **13.** ~ molecolare (*chim.*), molecular volume. **14.** volumi smontabili (di memoria: p. es. nastri magnetici, cartucce di dischi ecc.) (*elab.*), demountable storage. **15.** ~ sonoro (di un proiettore di film sonoro per es.) (*elettroacus.*), sound volume. **16.** ~ specifico (*fis.*), specific volume. **17.** aumento automatico del ~ (*radio - ecc.*), automatic volume expansion, AVE. **18.** aumento di ~ (*fis.*), increase of volume. **19.** aumento di ~ (di un materiale da costruzione per es., dovuto a variazione del contenuto di umidità) (*ing. civ.*), bulking. **20.** regolatore automatico di ~ (*radio*), volume automatic control. **21.** regolatore di ~ (*radio*), volume control.

volumenòmetro (per la misurazione di volumi di corpi) (*strum. fis.*), volumenometer.

volumètrico (*a. - gen.*), volumetric. **2.** ~ (pompa o compressore) (*macch.*), positive-displacement.

voluminosità (*gen.*), bulkiness.

voluminoso (*trasp. - ecc.*), bulky, unwieldy. **2.** merce voluminosa (*trasp.*), bulky goods.

voluta (*ornamento*), volute. **2.** ~ (di un capitello ionico) (*arch.*), helix.

vòmere (di un aratro) (*agric.*), plowshare, share. **2.** ~ di aratro ribaltabile (*agric.*), swivel plowshare.

vorticale (rotazionale: di un vettore o di un campo) (*a. - mat. - elettrotecnica*), rotational.

vòrtice (*mecc. fluidi*), vortex, eddy. **2.** ~ d'acqua (*idrodinamica*), whirpool. **3.** ~ di Karman (*aerodin.*), Karman vortex. **4.** ~ di uscita (a valle di un corpo in acqua per es.) (*mecc. dei fluidi*), trailing vortex. **5.** ~ libero (*aerodin.*), free vortex. **6.** ~ lineare (con vorticità concentrata su una linea) (*mecc. dei fluidi*), line vortex.

vorticità, vorticosità (*aerodin. - mecc. dei fluidi*), vorticity.

vorticoso (*a.*), vorticose, vortical, swirling.

voto (*politica - ecc.*), vote. **2.** ~ (di merito) (*scuola - ecc.*), grade, mark.

"voucher" (buono) (*amm. - comm.*), *vedi* a buono.

vulcànico (*geol.*), volcanic.

vulcanismo (*geol.*), volcanism, vulcanism.

vulcanizzante (agente vulcanizzante) (*s. - ind. chim.*), vulcanizing agent, curing agent.

vulcanizzare (pneumatici per es.), to vulcanize, to cure.

vulcanizzato (*ind. gomma - fibra - ecc.*), vulcanized. **2.** amianto ~ (*ind.*), vulcanized asbestos. **3.** fibra vulcanizzata (per isolanti) (*elett. - ecc.*), vulcanized fiber. **4.** gomma vulcanizzata (*ind. gomma*), vulcanized rubber.

vulcanizzatore (*op. mft. gomma*), vulcanizer. **2.** ~ (*app. mft. gomma*), vulcanizing unit.

vulcanizzazione (di un pneumatico per es.), vulcanization, cure. **2.** ~ a caldo (*mft. gomma*), burning. **3.** ~ a freddo (*ind. gomma*), cold cure, liquor cure. **4.** ~ dell'oggetto arrotolato (*ind. gomma*), wrapped cure. **5.** ~ in stampo (*mft. gomma*), molding vulcanization. **6.** ~ in vapore (*mft. gomma*), steam vulcanization. **7.** ~ in vapore libero (*mft. gomma*), open steam vulcanization, free steam vulcanization. **8.** ~ prematura (*mft. gomma*), premature vulcanization. **9.** ~ sotto pressa (*mft. gomma*), press vulcanization, press cure.

vulcano (*geol.*), volcano. **2.** ~ attivo (*geol.*), active volcano. **3.** ~ di fango (*geol.*), mud volcano, salse. **4.** ~ estinto (*geol.*), extinct volcano. **5.** ~ inattivo (*geol.*), dormant volcano.

vulcanologìa (*geol.*), volcanology.

vulcanologo (*geol.*), volcanologist, vulcanologist.

vuotare (*gen.*), to empty. **2.** ~ (sgottare) (*nav.*), to scoop.

vuotarsi (*gen.*), to empty.

vuotazza (gottazza: attrezzo per togliere l'acqua da una imbarcazione) (*att. nav.*), bailing scoop, bailer.

vuòti (imballaggi o recipienti) (*comm.*), empties. **2.** ~ (spazi, in un materiale, non occupati da materia solida) (*ing. civ.*), voids.

vuòto (privo del contenuto) (*a. - gen.*), empty. **2.** ~ (privo dell'aria atmosferica) (*s. - fis.*), vacuum. **3.** ~ (mancanza di metallo: in un getto per es.) (*fond.*), void. **4.** ~ (mancanza di inchiostro in un carattere per lettura ottica) (*s. - elab.*), void. **5.** ~ assoluto (*fis.*), absolute vacuum. **6.** ~ d'aria (*aer.*), air pocket, hole in the air (colloquiale am.), hole. **7.** ~ parziale (*fis.*), partial vacuum. **8.** ~ per pieno (*nav. - trasp.*), dead freight. **9.** ~ raggiungibile (in condensatore per macchina a vapore per es.) (*fis. tecn.*), attainable vacuum. **10.** ~ spinto (*fis.*), high vacuum. **11.** a ~ (senza carico) (*macch. - mot. - elett. - ecc.*), loadless. **12.** a ~ spinto (detto di una valvola) (*elett. - radio*), havinghard vacuum. **13.** funzionamento a ~ (*macch. - mot.*), idling. **14.** marciare a ~ (*macch. - mot.*), to idle. **15.** produrre ~ (*vuoto*), to exhaust. **16.** sotto ~ (del filamento di una lampada elettrica per es.) (*a. - fis. - ecc.*), vacuum.

vuotòmetro (*strum.*), vacuum gauge.

W

W (wolframio, tungsteno) (*chim.*), W, wolfram, tungsten.
"w" (watt) (*mis. elett.*), w, watt.
"wash primer" (prodotto protettivo di fondo) (*vn.*), wash primer.
watt (W) (*mis. elett.*), watt.
Watt, regolatore di ~ (regolatore a contrappeso) (*macch.*), Watt's governor, flyball governor.
wattmetro (*strum. elett.*), wattmeter, Wm., wm., voltammeter. **2.** ~ a induzione (*strum. elett.*), induction wattmeter. **3.** ~ elettrodinamico (*strum. elett.*), electrodynamic wattmeter. **4.** ~ registratore (*strum. elett.*), recording wattmeter.
wattometro, *vedi* wattmetro.
watt-ora (Wh) (*mis. elett.*), watt-hour.
wattoràmetro (*strum. elett.*), watt-hour meter.
wb (weber, unità del flusso magnetico) (*mis.*), wb, weber.
WC (latrina) (*ed.*), WC, water closet, toilet.
weber (wb, unità di flusso magnetico) (*elett.*), weber.
"weekend" (fine settimana) (*lav. - ecc.*), weekend.
weibullite (PbBi[S, Se]) (*min.*), weibullite.
Weston, pila ~ (*elett.*), Weston cell.
Whetstone (unità di misura del numero di istruzioni/sec. eseguite dall'elaboratore) (*mis. inf.*), Whetstone, Whet.
Wheatstone, ponte di ~ (*elett.*), Wheatstone's bridge, wheatstone bridge.
whitworth, filettatura ~ (*mecc.*), whitworth thread.
widia (sinterizzato di carburi) (*ut. - metall.*), widia. **2.** punta di ~ (piastrina o inserto di widia) (*ut. mecc.*), widia tip.
Wilson, camera di ~ (*fis.*), Wilson's chamber, wilson chamber.
"wirebar" (lingotto da filo: di rame) (*metall.*), wirebar.
witherite ($BaCO_3$) (carbonato di bario) (*min.*), witherite.
"wobulatore", *vedi* vobulatore.
"Wobulazione", *vedi* Vobulazione.
"Wöhler", curva di ~ (curva di fatica) (*tecnol. mecc.*), Wöhler's curve.
wolframio (W - *chim.*), tungsten, wolfram.
wolframite ($FeWO_4MnWO_4$) (*min.*), wolframite.
Wollaston, filo di ~ (*elett.*), Wollaston wire.
wollastonite ($CaSiO_3$) (minerale) (*refrattario*), wollastonite, tabular spar.
Woulff, bottiglia di ~ (*app. chim.*), Woulff bottle, Woulff jar.
wulfenite ($PbMoO_4$) (*min.*), yellow lead ore, wulfenite.
würmiano (quarta fase glaciale del quaternario) (*geol.*), Wurm.

X

"X", asse (ascissa) (*mat.*), X-axis, abscissa.
xantato (*chim.*), xanthate, xanthogenate.
Xe (xeno) (*chim.*), Xe, xenon.
xenato (sale dell'acido xenico) (*s. - chim.*), xenate.
xeno (X-Xe - *chim.*), xenon.
xerocopia (fotocopia xerox; copia fatta con una copiatrice xerografica) (*duplicazione - uff.*), xerox.
xerocopiare (fare copie xerox, fare fotocopie xerox, fare xerocopie: eseguire copie con una copiatrice xerografica) (*duplicazione - uff.*), to xerox.
xerogelo, xerogel (gelo allo stato quasi secco) (*chim. fis.*), xerogel.
xerografia (procedimento di riproduzione a secco) (*stampa*), xerography.
Xerox (modello depositato di copiatrice xerografica) (*macch. uff.*), Xerox.
xilène [$C_6H_4(CH_3)_2$] (*chim.*), xylene, xylol.
xilidina (*chim.*), xylidine, xylidin.
xilografia (*arte*), xylography. **2.** ~ (stampa ottenuta da un blocco di legno intagliato) (*tip.*), xilograph.
xilòide (*a.*), xyloid. **2.** lignite ~ (*comb.*), xyloid lignite.
xilòlo (*chim.*), xylol, xylene.
xilòmetro (per determinare il peso specifico del legno) (*strum. ind. legno*), xylometer.
xilosio ($C_5 H_{10} O_5$) (zucchero di legno) (*chim.*), xylose, wood sugar.

Y

Y (ittrio) (*chim.*), Y, yttrium. **2.** asse ~ (ordinata) (*mat.*), Y-axis, ordinate. **3.** raccordo a ~ (diramazione ad Y) (*tubaz.*), Y-branch, Y.

yacht (panfilo, imbarcazione da diporto) (*nav.*), yacht. **2.** ~ a vela (panfilo a vela) (*nav.*), sailing yacht. **3.** ~ a motore (*nav.*), motor yacht.

Yb (itterbio) (*chim.*), Yb, ytterbium.

ylem (sostanza primordiale che avrebbe dato luogo agli elementi) (*astrofisica*), ylem.

yprite (iprite) (*chim.*), yperite, mustard gas.

Z

zàffera, zaffra (dalla torrefazione dei minerali di cobalto: usato nella manifattura di smalti, porcellane ecc.) (*chim. ind.*), zaffer, zaffre, zaffar.
zafferano (*bot. - farm.*), saffron. **2.** giallo ~ (*colore*), croceus, saffron yellow.
zaffiro (*min.*), sapphire. **2.** ~ bianco (*min.*), leucosapphire, white sapphire. **3.** ~ di quarzo (*min.*), sapphire quartz.
zaffo (della botte per es.), spigot. **2.** ~ (tappo), plug.
zaino (*milit. - ecc.*), knapsack.
zama (lega zama, di zinco + alluminio + magnesio) (*metall.*), Zn + Al + Mg alloy.
zampa (di sostegno di un cavalletto per es.) (*gen.*), leg. **2.** ~ anteriore di appoggio (che sostiene la parte anteriore del semirimorchio quando è parcheggiato) (*app. semirimorchio*), landing gear. **3.** ~ di lepre (rotaia di risvolto, di un cuore di crociamento per es.) (*ferr.*), wing rail.
zampillo (*idr.*), jet. **2.** ~ potabile (fontanella di acqua potabile per operai per es.) (*ed. ind.*), drinking fountain.
zanèlla (*strad.*), gutter, gutterway.
zangola (*att. ind. latte*), churn.
zappa (*att.*), hoe. **2.** tipo di ~ usata per mescolare la malta (*ut. mur.*), larry.
zappare (*agric.*), to hoe.
zappatore (soldato del genio) (*milit.*), sapper.
zappatrice rotante (ruotazappa) (*macch. agric.*), rotary hoe.
zàttera (*nav.*), raft. **2.** ~ di salvataggio (*nav.*), life raft.
zatteraggio (trasporto a mezzo di chiatte) (*nav.*), lighterage.
zatterone di fondazione (estesa fondazione a platea che supporta pareti, pilastri ecc.) (*ed.*), uniform mat.
zavòrra (*nav. - aer.*), ballast. **2.** ~ (ancorotto affondatore, di una mina) (*mar. milit.*), sinker. **3.** ~ di pani di ghisa (*nav.*), kentledge. **4.** cassa per ~ d'acqua (*nav.*), ballast tank. **5.** cisterna per ~ d'acqua (cassa per zavorra d'acqua) (*nav.*), ballast tank. **6.** in ~ (di nave mercantile che naviga senza carico) (*nav.*), in ballast.
zavorramento (*nav. - aer.*), ballasting.
zavorrare (*nav. - aer.*), to ballast.
zazzera (sbavatura, riccio, orlo frastagliato di fogli di carta fatta a mano) (*mft. carta*), deckle edge.
zecca (*finanz.*), mint.
Zènit (*astr.*), Zenith.
zenitale (*a. - astr.*), zenithal. **2.** cerchio ~ (di un teodolite per es.) (*ott.*), vertical circle.
zeolite (*chim. ind.*), zeolite. **2.** ~ di argento (*chim. ind.*), silver zeolite.
zeppa (cuneo), wedge. **2.** ~ (spessore: di metallo, legno o pietra per rincalzare o livellare per es.) (*ed.*), shim. **3.** ~ (bietta o spina per tenoni per es.) (*carp. - mecc.*), fox wedge.
Zeppelin (dirigibile) (*aer.*), zeppelin.
zerbino (nettapiedi) (*ed.*), door mat.
zèro zero, naught. **2.** ~ (*mat.*), cipher, cypher, zero. **3.** ~ (punto indicante lo zero, di una scala) (*mis.*), zero point. **4.** zeri aggiunti (alla destra di un numero) (*macch. ut. a c. n.*), trailing zeros. **5.** zeri iniziali (zeri posti alla sinistra di una cifra) (*elab.*), leading zero. **6.** ~ assoluto (–273° C) (*chim. - fis.*), absolute zero. **7.** di ordine ~ (*a. - mat.*), zeroth. **8.** frequenza ~ (*fis.*), zero frequency, ZF. **9.** passo di spinta ~ (di un'elica) (*aer.*), zero–thrust pitch. **10.** punto ~ assoluto (per tutti gli assi della macchina e dal quale ha inizio il conteggio) (*macch. ut. a c. n.*), absolute zero point. **11.** punto ~ spostato (punto in cui lo zero sulla macchina è spostato rispetto allo zero assoluto) (*macch. ut. a c. n.*), zero offset point. **12.** punto di (tensione) ~ (punto di transizione tra valori positivi e negativi in un circuito, dove la tensione è ovviamente ~) (*eltn. - elab.*), zero crossing. **13.** riportare a ~ (una macch. calc. per es.) (*macch. calc. - ecc.*), to zeroize. **14.** rimessa a ~ (di un contatore per es.) (*strum.*), reset, resetting. **15.** rimessa a ~ del computo dei cicli (*elab.*), cycle reset. **16.** senza ritorno a ~ (di un sistema di trasmissione dati) (*elab.*), non–return to zero, NRZ. **15.** soppressione degli zeri (riguarda gli zeri non significativi) (*elab.*), zero suppression. **16.** sotto ~ (*a. - mis. term.*), subzero.
zerovalènte (con valenza zero) (*chim.*), zerovalent.
zerovoltòmetro, zerovoltmetro (*strum. elett.*), synchronizing voltmeter.
zeunerite (*min.*), zeunerite.
zigrinare (*mecc.*), to knurl. **2.** ~ (granire, pelli) (*ind. cuoio*), to grain, to pebble.
zigrinato (*mecc.*), knurled.
zigrinatore (utensile per zigrinare) (*ut.*), knurling tool.
zigrinatura (godronatura) (*mecc.*), knurl, knurling.

2. ~ (sull'orlo di una moneta) (*tecnol. mecc.*), reeding. **3.** ~ (granitura, di pelli) (*ind. cuoio*), graining, pebbling.

zigzag (*gen.*), zigzag. **2.** molla a ~ (per sedili per es.) (*aut.*), zigzag spring.

"zimoscopio" (per misurare il potere di fermentazione), zymoscope.

zincare (*ind.*), to galvanize, to zing plate. **2.** ~ a caldo (*metall.*), to hot-galvanize. **3.** ~ elettroliticamente (*ind. elettrochim.*), to electrogalvanize.

zincato (*a. - ind.*), galvanized, zinc plated, GALV, galv. **2.** ~ (sale di zinco) (*s. - chim.*), zincate.

zincatura (*ind.*), galvanizing, galvanization zinc plating.

zinchenite (Pb, Sb, S) (*min.*), zinkenite.

zinchi (anodi di zinco, per impedire la corrosione elettrolitica di parti metalliche della carena per es.) (*nav.*), zinc anodes.

zincite (ZnO) (*min.*), zincite.

zinco (Zn - *chim.*), zinc. **2.** ~ commerciale (*metall.*), spelter. **3.** zinchi anodici ("zinchi", applicati all'opera viva per evitare corrosioni elettrolitiche) (*nav.*), zinc anodes. **4.** bianco di ~ (ossido di zinco: per prodotti vernicianti) (ZnO) (*chim.*), zinc white, zinc oxide. **5.** fondo ricco di ~ (mano di fondo ricca di zinco) (*vn. - ecc.*), zinc-rich primer. **6.** lamiera di ~ (*ind. metall.*), zinc sheet. **7.** solfuro di ~ (ZnS) (*chim.*), zinc sulfide, zinc sulphide.

zincografìa (processo per la esecuzione di cliché) (*stampa*), zincography.

zincògrafo (*op.*), zincographer.

zincotipia (zincografia) (*tip.*), zincography.

zirchite (ZrO_2) (usato come refrattario di qualità per costruzioni speciali) (*chim.*), zirconia.

zirconato (*chim.*), zirconate.

zircone ($ZrO_2.SiO_2$) (*min.*), zircon.

zircònio (Zr - *chim.*), zirconium. **2.** lega di ~ (con elevata resistenza alla corrosione e stabilità) (*metall.*), zircaloy, zirconium alloy. **3.** ossido di ~ (*refrattario-radiografie*), zirconia. **4.** ossido di ~ fuso e stabilizzato (per un riscaldatore d'aria per es.) (*refrattario*), fused and stabilized zirconia.

zirconite (*chim.*), jargoon, jargon.

Zn (zinco) (*chim.*), Zn, zinco.

zoccolatura (decorativa di oltre 1 m di altezza) (*ed.*), wainscot.

zoccolino (battiscopa di parete) (*ed. - carp. - ecc.*), baseboard, skirting board, mopboard.

zòccolo (zoccolatura: decorativa o necessaria per motivi pratici ma non portante) (*arch. - ed.*), socle, molding. **2.** ~ (basamento) (*arch.*), base. **3.** ~ (di cavallo), hoof. **4.** ~ (di freno) (*mecc.*), shoe. **5.** ~ (di una lampada elettrica o di un tubo elettronico) (*elett. - eltn.*), base. **6.** ~ (supporto per il cliché) (*tip.*), base, block, block-mount, mount. **7.** ~ battiscopa (*ed.*), mopboard, skirting board. **8.** ~ decorato con modanature (*ed.*), dado. **9.** ~ del freno (di un carrello ferroviario per es.) (*mecc.*), brake shoe. **10.** ~ di valvola (*radio*), tube base, valve base. **11.** ~ (di valvola) con otto elettrodi (*radio - elett.*), octal base. **12.** ~ Golia, ~ Goliath (di lampada elett.) (*elett.*), mogul base. **13.** ~ portalampada (a vite), ~ portavalvola (a piedini) (*elett. - eltn.*), socket. **14.** ~ protettivo (per proteggere la parte bassa delle porte) (*falegn.*), kickplate.

zodìaco (*astr.*), zodiac.

zolfo (S - *chim.*), sulphur. **2.** ~ combinato (nella vulcanizzazione della gomma) (*chim. ind.*), combined sulphur, bound sulphur. **3.** ~ libero (non combinato, nella vulcanizzazione della gomma per es.) (*chim. ind.*), free sulphur. **4.** ~ raffinato (*ind. chim.*), processed sulphur. **5.** fiori di ~ (*chim.*), flowers of sulphur.

zolla (*agric.*), sod. **2.** ~ (nella teoria della tettonica a zolle: esteso blocco della crosta terrestre dello spessore da 50 a 250 km) (*s. - geofis.*), plate.

zolletta (di zucchero) (*ind. chim.*), lump.

zòna (*gen.*), zone, area. **2.** ~ (*urbanistica*), zone. **3.** ~ (nastro di carta per telescriventi per es.) (*tlcm.*), *vedi* nastro. **4.** ~ (territorio assegnato ad un'armata per es. per operazioni) (*milit.*), area. **5.** ~ area territoriale (*aer. milit.*), air district. **6.** ~ degli affari (*urbanistica*), business zone, commercial center. **7.** ~ degli obiettivi (*milit.*), target area. **8.** ~ del silenzio (compresa tra la fine del raggio dell'onda di terra e l'inizio dell'onda ionosferica) (*radio*), skip zone. **9.** ~ depressa (*econ.*), industrially retarded region. **10.** ~ di affinaggio (di un forno per vetro) (*forno mft. vetro*), refining zone. **11.** ~ di afflusso (o pozzo) di elettroni (uno degli elettrodi di un transistor a effetto di campo) (*eltn.*), drain. **12.** ~ di alloggiamento (*milit.*), quartering area. **13.** ~ di alta pressione (anticiclone) (*meteor.*), area of high pressure. **14.** ~ di ascolto (di una stazione) (*radio*), service area. **15.** ~ di atterraggio (*aer. milit.*), landing area. **16.** ~ di benessere (*condizionamento dell'aria*), comfort zone. **17.** ~ di caricamento (~ di un disco rigido: è disposta ad anello, senza tracce utili, e serve per affrontare senza danni le fasi di ritorno ["atterraggio"] e di partenza ["decollo"], della testina flottante) (*elab.*), loading zone. **18.** ~ di contatto (*fis.*), contact zone, contact surface. **19.** ~ di contatto (di un ingranaggio) (*mecc.*), zone of contact. **20.** ~ di controllo (*aer.*), control zone. **21.** ~ di convergenza (zona di mare in cui l'energia acustica viene concentrata a causa della rifrazione acustica) (*acus. sub.*), convergence zone. **22.** ~ di depressione (*meteor.*), trough. **23.** ~ di focalizzazione (zona in cui a causa del comportamento del suono nell'acqua di mare i raggi acustici presentano un effetto focalizzatore) (*acus. sub.*), caustic zone. **24.** ~ di guardia (il tratto in bianco, non registrato, di una pista) (*elab.*), guard zone. **25.** ~ di incertezza (*telev. - radar*), blurring region. **26.** ~ di massima luce (di una fotografia) (*fotomecc.*), highlight. **27.** ~ di propagazione del suono (*acus.*), sound field. **28.** ~ di raccolta (luogo di radunata) (*milit.*), assembly area. **29.** ~ di raffreddamento (dei laminati prodotti dai laminatoi) (*ferriera*), hothed. **30.** ~ di risanamento (*urbanistica*), improvement area. **31.** ~ di ritorno e partenza della testina (~ di caricamento: ~ ad anello del disco dalla quale la testina flottante parte e sulla quale ritorna) (*elab.*), landing zone. **32.** ~ di scheda (~ di scheda perforata con un gruppo di righe adiacenti) (*elab.*), curtate. **33.** ~ di schieramento (*milit.*), deployment area. **34.** ~ di segnalazione (di un aerodromo) (*aer.*), signal area. **35.** ~ di sicurezza (*milit.*), battle outposts. **36.** ~ di sicurezza (isola pedonale) (*traff. strad.*), safety zone. **37.** ~ di silenzio (località nella quale la ricezione è molto minore che nelle adiacenti zone) (*radio*), blind spot, dead spot. **38.** ~ di sosta vietata con prelievo coatto della vettura (*aut. - traff. cittadino*), tow-away zone. **39.** ~ di vendita (*comm.*), sales territory. **40.** ~ d'ombra (volume di acqua non sonorizzato a seguito della rifrazione dei raggi acustici) (*acus. sub.*), blind zone, shadow zone. **41.** zone dure (di un getto) (*difetto di fond.*), hard spots. **42.** ~ equisegnale (zona indicata dal sistema di radiosegnalazione entro la quale trovandosi l'aereo ricevente, ne trae la certezza di essere sul radiosentiero) (*aer. - radio*), equisignal zone. **43.** ~ fra centro e periferia (*urbanistica*), midtown. **44.** ~ fra due solchi (spessore fra due solchi adiacenti, materiale intatto fra due solchi adiacenti: in un disco inciso per es.) (*elettroacus. - elab.*), land. **45.** ~ fuori testo (la regione più alta di una scheda perforata che contiene le tre righe 11, 12, 0) (*elab.*), zone. **46.** ~ industriale (*piano regolatore urbano*), industrial park, trading estate (Brit.). **47.** ~ inferiore della scheda (parte inferiore di una scheda perforata che contiene le file da 1 a 9) (*elab.*), lower curtate. **48.** ~ infranera (*telev.*), blacker-than-black region. **49.** ~ limite (ai margini di accettabilità di una ricezione) (*radio-telev.*), fringe area. **50.** ~ mancante di vernice (difetto accidentale) (*vn.*), holiday, spot uncoverd by paint. **51.** ~ minata (*mar. milit.*), mined area. **52.** ~ morta (di un microfono per es.) (*elettroacus.*), dead zone. **53.** ~ morta (zona senza echi) (*radar*), blind spot. **54.** ~ morta (zona defilata) (*milit.*), dead ground, dead space. **55.** ~ neutra (*ventil.*), neutral zone. **56.** ~ neutra (di una macchina commutatrice) (*macch. elett.*), neutral zone. **57.** ~ pedonale urbana non coperta riservata agli acquisti (*ed. urbana*), mall. **58.** ~ per parcheggio (*aut.*), parking lot. **59.** ~ per ricevitrice (striscia di carta) (*telegrafia*), ticker tape. **60.** ~ primaria (zona del combustore: di turbina a gas per es.) (*mecc.*), primary zone. **61.** ~ residenziale (*urbanistica*), up-town zone, residential zone. **62.** ~ servita dalla gru (in un piazzale servito da una gru a carroponte per es.) (*ind.*), area served by crane. **63.** ~ superiore della scheda (la parte più alta della scheda perforata; contiene le righe 11, 12, 0) (*elab.*), upper curtate. **64.** ~ supportata (di un albero, di un asse girevole o di un perno) (*mecc.*), journal. **65.** ~ velata (~ eccessivamente esposta di un negativo) (*fot.*), flare spot. **66.** affinare per zone (mediante fusione per zone) (*metall.*), to zone refine. **67.** estremità della ~ di affinaggio (di un forno a bacino per vetro) (*forno mft. vetro*), refiner nose. **68.** fusione per zone (tecnica di purificazione di metalli soggetti a cristallizzazione) (*metall.*), zone melting. **69.** ispettore di ~ (*comm.*), field supervisor.

zonizzare (suddividere in zone) (*urbanistica*), to zone.

zonizzazione (suddivisione in zone) (*urbanistica*), zoning.

zoom (obiettivo a focale variabile) (*fot. - cinem. - telev.*), zoom lens, varifocal lens. **2.** ~ elettrico (di una telecamera portatile per es.) (*ott.*), power zoom. **3.** ~ elettronico (in un videoregistratore con tecnologia digitale: ingrandisce la parte prescelta dell'immagine) (*audiovisivi*), digital zoom, DZ.

zootècnica (*agric.*), zootechny.

zoppo (di industria non efficiente per es.) (*a. - gen.*), crippled.

Zr (zirconio) (*chim.*), Zr, zirconium.

zuccherificio (*ind.*), surgarhouse.

zùcchero (*ind. chim.*), sugar. **2.** ~ bianco (zucchero semolato, zucchero cristallino) (*mft. zucchero*), granulated sugar. **3.** ~ di barbabietola (zucchero di bietola) (*ind. chim.*), beet sugar. **4.** ~ di canna (*mft. zucchero*), cane sugar. **5.** ~ greggio (*mft. zucchero*), raw sugar. **6.** ~ in pani (*mft. zucchero*), loaf sugar. **7.** ~ in polvere (*mft. zucchero*), powdered sugar, ground sugar. **8.** ~ invertito (*ind. chim.*), invert sugar. **9.** ~ raffinato (*mft. zucchero*), refined sugar. **10.** canna da ~ (*agric.*), sugar cane.

zumare (*telev. - cinem. - fot. - ecc.*), to zoom.

zumata (di una telecamera per es.) (*telev. - cinem. - fot. - ecc.*), zooming. **2.** ~ comandata elettricamente (*audiovisivi - cinem.*), power zooming. **3.** velocità di ~ (*audiovisivi - cinem.*), zooming speed.

MEASURE EQUIVALENCE TABLES FOR BRITISH AND METRIC SYSTEMS FOLLOWED BY NUMERICAL LOOK-UP TABLES

TABELLE DI EQUIVALENZA TRA MISURE METRICHE E INGLESI SEGUITE DA TABELLE NUMERICHE DI CONSULTAZIONE

EQUIVALENCE OF MEASURES IN BRITISH AND IN METRIC SYSTEMS – – EQUIVALENZA DI VALORI IN MISURE METRICHE E IN MISURE INGLESI

LENGTH

mA	= milliangstrom	= mm	10^{-10}
mμ	= millimicron	= mm	10^{-6}
A = A°	= angstrom	= mm	10^{-7}
μ	= micron	= mm	10^{-3}
* in	= inch	= mm	25,39997
* ft	= foot = 12 in	= cm	30,480
* yd	= yard = 3 ft	= m	0,914
* fur	= fathom = 2 yd	= m	1,829
* rd	= rod = po = pole = perch = 5.5 yd	= m	5,029
* ch	= chain = 22 yd = 66 ft	= m	20,117
* fur	= furlong = 220 yd	= m	201,168
mi	= statute mile = 1760 yd	= km	1,609

NM = nm = nautical mile = (Brit.) = 6080 ft = km 1,853182; (Am.) = 6080.22 ft = km 1,853248; (International) = = 6076.11549 ft = km 1,852

* l lea	= land league = 3 mi	= km	4,828

* m lea = marine league = (Brit.) = 3 NM_B = km 5,559; (Am.) = 3 NM_A = km 5,560

LUNGHEZZA

mA	= milliangstrom		= in 0.394×10^{-11}
mμ	= millimicron	= nanometro	= in 0.394×10^{-7}
A = A°	= angstrom		= in 0.394×10^{-8}
μ	= micron = μm	= micrometro	= in 0.394×10^{-4}
mm	= millimetro		= in 0.394×10^{-1}
cm	= centimetro		= in 0.394
dm	= decimetro	= ft 0.32808	= in 3.937
m	= metro = yd	1.0936 = ft 3.2808	= in 39.370
dam = decametro = ft 32.808			= rd 1.988
hm = ettometro = yd 109.36 = ft 328.084			= fur 0.497
km = chilometro = yd 1093.614 = ft 3280.843			= mi 0.621
miglio nautico internazionale = km 1.852			= ft 6076.115

SUPERFICIE

mmq	= millimetro quadrato = sq in $0,155 \times 10^{-2}$		
cmq	= centimetro quadrato	= sq in	0.155
dmq	= decimetro quadrato	= sq in	15.500
mq	= metro quadrato = centiara = = sq.yd. 1,1959	= sq ft	10.763
a	= damq. = ara = decametro q. = = sq.yd. 119.5992	= sdq po	3.954
ha	= hdamq. = ettaro = 10.000 mq. = = acre 2.4711	= sq yd	11925.921
kmq	= chilometro quadrato = sq.mi. 0,3861	= acre	247.104

mmq = mm^2 cmq = cm^2 dmq. = dm^2

mq = m^2 damq = dam^2 kmq. = km^2

SURFACE

* sq in, square inch		= cmq	6,452
* sq ft, square	= 144 sq in	= dmq	9,290
* sq yd, square yard = 9 sq ft		= mq	0,836
* sq po	= sq ro = square pole = = square rod = 30.25 sq yd	= mq	25,293
* sq ch	= square chain = 16 sq ro	= mq	404,685
* rod	= 40 sq ro (Brit.)	= mq	1011,712
acre	= 4840 sq yd	= mq	4046,849
sq mi	= square mile = 640 acres	= kmq	2,590

Volume

* cu in = cubic inch	= cc = ml 16,387
* cu ft = cubic foot = 1728 cu in	= dm³ = l 28,317
* cu yd = cubic yard = 27 cu ft	= m³ = mc 0,765
ton = register ton = cu ft 100 = t di stazza	= mc 2,832

Volume

mm^3 = millimetro cubo	= cu in 0.610×10^{-4}
cm^3 = cc = centimetro cubo	= cu in 0.061
dm^3 = decimetro cubo = litro	= cu in 61.024
m^3 = mc = metro cubo = cu ft 35.315	= cu yd 1.308
tonnellata di stazza = mc 2,831677	= cu ft 100

Capacity

* min = minim	= 1/60 fl dr = (Brit.)		= ml $0,592 \times 10^{-1}$
	(Am.)		= ml $0,616 \times 10^{-1}$
* fl dr = fluid dram =	(Brit.)	= 0.2167 cu in	= ml 3,5516
	(Am.)	= 0.225 cu in	= ml 3,696
* fl oz = fluid ounce =	(Brit.)	= 8 fl dr (Brit.)	= ml 28,416
	(Am.)	= 8 fl dr (Am.)	= ml 29,573
* gi = gill	= 5 Brit. fl oz		= ml 142,066
	= 4 Am. fl oz		= ml 118,291
pt = pint	= 4 Brit. gi		= ml 568,260
	= 4 Am. gi		= ml 473,100
* qt = quart	= 2 Brit. pt		= l 1,136
	= 2 Am. pt		= l 0,946
* gal = gallon	= 8 Brit. pt		= l 4,545
	= 8 Am. pt		= l 3,785
* bbl = barrel	= 36 Brit. gal		= l 163,654
	= 31,5 Am. gal		= l 119,237
oil bbl = petroleum barrel = 42 Am. gals			= l 158,970

Capacità

ml = millilitro = cc = cm³ = centimetro cubo	= cu in 0.0610
cl = centilitro = 10 cc = cu.in. 0.61 =	
= Brit. fl.oz. 0.352	= Am. fl oz 0.33
dl = decilitro = 100 cc = cu.in. 6.1 =	
= Brit. fl.oz. 3.52	= Am. fl oz 23.31
l = litro = 1000 cc = cu.in. 61.02 =	
= Brit. gal. 0.219	= Am. gal 0.264
dal = decalitro = 10 l = dKl = Brit. gal. 2.199	= Am. gal 2.641
hl = ettolitro = 100 l =	= cu ft 3.531
mc = m³ = kl = chilolitro	= cu ft 35.315
barile di petrolio = l 158,970	= oil bbl 1.000

Linear Velocity

yd/sec = yard/second	= m/s 0,914
m p h = miles per hour = statute miles per hour	= km/h 1,609
kn = knot = one nautical mile per hour =	
= 6076.11549 ft/h (international mile)	= km/h 1,853

Velocità Lineare

m/s = metri al secondo = yd/sec 1.0936	= ft/sec 3.281
km/h = chilometri all'ora = statute miles per hour	= mi/h 0.621
nodo = miglio internazionale all'ora	= knot 1.000

Angular Velocity

r p s = revolutions per second	= giri/s
r p m = revolutions per minute	= giri/m

Velocita Angolare

giri/s = giri al secondo	= r p s
giri/m = giri al minuto	= r p m

ACCELERATION	ACCELERAZIONE
g = acceleration of gravity by International Committee of Weight and Measure = = ft/sec² 32.174076 = m/sec² 9.80665	g = accelerazione di gravità = 9,80665 m/sec² = ft/sec² 32.174

WEIGHT	PESO
* gr = grain = = g 0,648 × 10⁻¹	mg = milligrammo = gr 0.154 × 10⁻¹
* dwt = pwt = penny weight troy = 24 gr = g 1,555	cg = centigrammo = gr 0.154
* dr = dr av = dram avoirdupois = = 27.343 gr = g 1,772	dg = decigrammo = gr 1.543
ozt = ounce troy = 20 dwt = g 31,103	g = grammo = oz av 0.035273 = gr 15.432
* oz = oz av = ounce avoirdupois = 16 dr.av. = g 28,349	dag = decagrammo = oz av 0.353
* lbt = pound troy = 12 ozt = kg 0,373	hg = ettogrammo = oz av 3.527
* lb = lb av = pound avoirdupois = kg 0,454	kg = chilogrammo = oz av 35.273 = lb av 2.2046
* cwt = hundredweight avoirdupois { long cwt = 112 lbav = kg 50,802	q = quintale = lb av 220.462 = long cwt 1.968
short cwt = 100 lbav = kg 45,359	t = tonnellata = lb av 2204.622 = { = short ton 1.102
* tn = ton avoirdupois { long ton = 20 long cwt = 2240 lbs = t. 1,016	= long ton 0.984
short ton = 20 short cwt = 2000 lbs = t. 0,907	

MASS	MASSA
slug (fps system) = lb_f/ft/sec² = 14,59 kg_{peso} = 1,488 unità MK_pS	unità MK_pS = unità di massa (sistema MK_pS) = slug 0.672

FORCE	FORZA
pdl = poundal = lb_{mass} per foot/sec² = 0.138 N = kg 1,41 × 10⁻²	N = newton (sistema MKS) = = kg_{massa} per metro al sec² = pdl 7.225
sthene = 1.000 N = sthene	sn = sthene (sistema MTS) = 1.000 N = kpdl 7.225
dyne = = dina	dyn = dina (sistema cgs) = = gr_{massa} per cm al sec² = N × 10⁻⁵ = pdl 7.225 × 10⁻⁵

Time

sec = second = minuto secondo = secondo = sec = S = s
min = minute = minuto primo = minuto = m
h = H = hour = ora = h

Tempo

s = sec = secondo = minuto secondo = second = sec
m = minuto = minuto primo = minute = min
h = ora = hour = H = h

Frequency

CPS = cycles per second = periodi al secondo = p/sec
Hz = hertz = one cycle per second =
= un periodo al secondo = p/sec
Hz = hertz = one cycle per second =
= un periodo al secondo = hertz = Hz

Frequenza

p/sec = periodi al secondo = cycles per second = CPS
Hz = hertz = un periodo al secondo =
= one cycle per second = hertz = Hz

Temperature

one degree of °F scale temp = 5/9 of one degree of °C scale temp =
= /9 of one degree of °K scale
zero °F = °C 17,777 = °K 255,3823
conversion formulae:
°F = Fah = Fahr = Fahrenheit = 9/5°C + 32
°F = Fah = Fahr = Fahrenheit = 9/5°K − 459,688

Temperatura

un grado di temp. della scala °C = un grado di temp. di scala °K
= 9/5 di un grado di temp. della scala °F
zero °C = 32°F zero °K = − 459.688°F
formule di conversione:
°C = grado centigrado = centigrade = 5/9 (°F − 32)
°K = grado Kelvin = 5/9 (°F + 255.37)

Heat

B T U = British Thermal Unit = cal 252 =
= kcal 0,252 = J 1,055 × 10^3 = Th 0,252 10^{-3} = kwh 0,293
th = thermie = M J 4.1855 = B T U 3968

Calore

cal = piccola caloria = B T U 3.968 × 10^{-3}
kcal = Cal = 1000 cal = B T U 3.968
th = termia (sistema M T S) =
= M J 4.1855 = B T U 3968

Work - Energy

ft pdl = foot poundal = J 0.04214 = kwh 1,17 × 10^{-8}
ft lb = foot pound = J 1.3558 = kwh 3,766 × 10^{-7}
h p hour = British horse power
hour = CVh 1,01387 = K J 2684,5

Lavoro - Energia

J = joule = ft pdl 23,7304 = ft lb 0.737563
kwh = chilowattora = 3,6 × 10^6 J = ft Kpdl 85.429,7 =
= 1,341 HPh
CVh = cavallo vap. ora = ft Kpdl 62.833,3 = HPh 0,986519
kgm = chilogrammetro = ft pdl 232,716 = flb 7,233

PRESSURE	PRESSIONE
lb/sq ft = pound avoirdupois per sq feet = kg/m² 4.882 p s i = pound per square inch = atm 6.804×10^{-2} = = at 7.0308×10^{-2} = 703,08 kg/mq = bar $6,894 \times 10^{-2}$ = = Pa $6,894 \times 10^{-3}$ = torr 51,713 pdl/ft² = poundal per square foot = atm 1.4686×10^{-5} = = at 1.5175×10^{-5} = kg/mq 0,1517 = = bar 1.4882×10^{-5} = Pa 1,4882 = torr $1,116 \times 10^{-2}$ in Hg = inch of mercury = atm 3.334×10^{-2} = = at 3.453×10^{-2} = 345,34 kg/mq = = bar $3,357 \times 10^{-2}$ = Pa $3,357 \times 10^{3}$ = torr 25,4 long ton/sq in = long ton/square inch = kg/mm² 1.575	kg/mq = kg/m² = chilogrammi per metro quadrato = lb/sq ft 0.204 at = atmosfera tecnica = 1 kg/cmq = mmHg 735,515 = = p s i 14.223 = in Hg 28.957 atm = atmosfera fisica = kg/cmq 1,033 = mmHg 760 = p s i 14.697 = in Hg 29.921 Pa = pascal = kg/cmq $0,1019 \times 10^{-4}$ = = p s i 0.2088×10^{-1} = pdl/ft.² 0.672 Torr = 1 mmHg = kg/cmq $1,359 \times 10^{-3}$ = = p s i 0.0793 = in Hg 0.0394 b = bar = megabaria = kg/cmq 1,0197 = = p s i 14.504 = pdl/in² 457.622 kg/mmq = kg/mm² = chilogrammi per millimetro quadrato = long ton/sq in 0.635

POWER	POTENZA
f p s = ft lb per sec = = foot pound per second = = kgm/s 0.138226 = w 1,3558 ft pdl per sec = foot poundal per second = = kgm/s $0,427 \times 10^{-2}$ = w 0,041882 H P = horsepower = fps 550 = = CV 1,013871 = = kgm/s 76,040278 = w 745,699 w = watt = w	kgm/s = chilogrammetri/secondo = = w 9.807 = ft pdl/sec 232.7 = ft lb/sec 7.233 w = watt = kgm/s 0,102 = = ft lb/sec 0.7376 = ft pdl/sec 23.732 CV = cavallo vapore = kgm/s 75 = = w 735,499 = H P 0.9863 = ft lb/sec 542.48 w = watt = w

SPECIFIC WEIGHT	PESO SPECIFICO
lb/cu in = pounds avoirdupois per cubic inch = gr/cm³ 27,6798	gr/cm³ = grammi per centimetro cubo = lb/cu in 0.0361

SPECIFIC CONSUMPTION	CONSUMO SPECIFICO
lb/H P = pounds avoirdupois per horse power = kg/CV 0,44 $mi/gall_{Brit.}$ = miles per British gallon = km/l 2,83 $mi/gall_{Am.}$ = miles per American gallon = km/l 2,35 gall/mi = British gallons per mile = l/km 0,354	kg/CV = chilogrammi per cavallo vapore = lb/H P 2.23 km/l = chilometri per litro = $mi/gall_{Brit.}$ 0.35 km/l = chilometri per litro = $mi/gall_{Am.}$ 0.43 l/km = litri per chilometro = Brit. gall/mi 2.824

Electric – Magnetic – Photometric Units			Grandezze Elettriche Magnetiche – Fotometriche		
ma	= milliampere = milliampere	= mA	mA	= milliampere = milliampere	= ma
a	= ampere = amp. = ampere	= A	A	= ampère = ampere = amp	= a
A H, a h	= ampere–hour = amperora	= Ah	Ah	= amperora = ampere–hour	= A H, a h
v	= volt = volt	= V	V	= volt = volt	= v
kv	= kilovolt = chilovolt	= kV	kV	= chilovolt = kilovolt	= kv
kva	= kilovolt–ampere = chilovoltampere	= kVA	kVA	= chilovoltamper = kilovolt–ampere	= kva
h	= henry = unit of inductance = = unità di misura dell'induzione	= H	H	= unità di misura dell'induzione = = unit of inductance	= h
o	= ohm = ohm	= Ω	Ω	= ohm = ohm	= o
megohm	= one million ohms = megaohm	= MΩ	MΩ	= megaohm	= meghom
S	= siemens = unit of conductance = siemens	= S	S	= siemens = unità di mis. di conduttanza = siemens	= S
F	= farad = unit of capacitance = farad	= F	F	= farad = unità di mis. di capacità = farad	= F
mf	= microfarad = microfarad	= μF	μF	= microfarad = microfarad	= mf
lm	= lumen = unit of luminous flux = lumen	= lm	lm	= lumen = unità di mis. del flusso luminoso = lumen	= lm

NB We have put asterisk * to the British measures which will be abolished within year 1999 –
– Sono state contrassegnate con asterisco * le misure inglesi che verranno abolite entro il 1999.

PREFIXES OF MULTIPLES AND SUBMULTIPLES OF MEASURE UNITS - - PREFISSI PER MULTIPLI E SOTTOMULTIPLI DI UNITÀ DI MISURA

Brit system/Sistema metrico	*Sistema metrico/Brit system*
.... E = esa = 10^{18}	.... E = esa = 10^{18}
.... P = peta = 10^{15}	.... P = peta = 10^{15}
.... tera = T = tera = 10^{12}	..............T = tera = tera = 10^{12}
.... giga = G = giga = 10^{9}	.... G = giga = giga = 10^{9}
M = mega = M = mega = 10^{6}	M = mega = M = mega = 10^{6}
K = kilo = K = chilo = 10^{3}	K = chilo = K = kilo = 10^{3}
h = hecto = h = etto = 10^{2}	h = etto = h = hecto = 10^{2}
deca = da = deca = 10	da = deca = deca = 10

Brit system/Sistema metrico	*Sistema metrico/Brit system*
d = deci = d = deci = 10^{-1}	d = deci = d = deci = 10^{-1}
c = centi = c = centi = 10^{-2}	c = centi = c = centi = 10^{-2}
m = milli = m = milli = 10^{-3}	m = milli = m = milli = 10^{-3}
m = micr, micro = μ = micro = 10^{-6}	μ = micro = m = micr, micro = 10^{-6}
n = nano = n = nano = 10^{-9}	n = nano = n = nano = 10^{-9}
p = pico = p = pico = 10^{-12}	p = pico = p = pico = 10^{-12}
f = femto = f = femto = 10^{-15}	f = femto = f = femto = 10^{-15}
a = atto = a = atto = 10^{-18}	a = atto = a = atto = 10^{-18}

See on the next pages the numerical look-up tables which will enable you to find the numerical values required without calculations.
Consultate alle pagine seguenti le tabelle numeriche di conversione che vi daranno immediatamente il valore numerico desiderato.

NUMERICAL TABLES
TABELLE NUMERICHE

EQUIVALENZA TRA FRAZIONI DI POLLICE, DECIMALI DI POLLICE E MISURE METRICHE
METRIC AND DECIMAL EQUIVALENTS OF FRACTIONS OF ONE INCH

mm mm	Frazioni di pollice Fractions of one inch						pollici inches
0,3969						1/64	0.015625
0,79375					1/32		0.03125
1,1906						3/64	0.04687
1,5875				1/16			0.0625
1,9844						5/64	0.078125
2,38125					3/32		0.09375
2,7781						7/64	0.109375
3,1750			1/8				0.125
3,5719						9/64	0.14062
3,96875					5/32		0.15625
4,3656						11/64	0.171875
4,7625				3/16		13/64	0.1875
5,1594							0.203125
5,55625					7/32		0.21857
5,9531						15/64	0.234375
6,3500		1/4					0.25
6,7469						17/64	0.265625
7,14375					9/32		0.28125
7,5406						19/64	0.29687
7,9375				5/16			0.3125
8,3344						21/64	0.328125
8,73125					11/32		0.34375
9,1281						23/64	0.359375
9,5250			3/8				0.375

EQUIVALENZA TRA FRAZIONI DI POLLICE, DECIMALI DI POLLICE E MISURE METRICHE

METRIC AND DECIMAL EQUIVALENTS OF FRACTIONS OF ONE INCH

mm mm	Frazioni di pollice Fractions of one inch						pollici inches
9,9219						25/64	0.390625
10,31875					13/32		0.40625
10,7156						27/64	0.42187
11,1125				7/16			0.4375
11,5094						29/64	0.453125
11,90625					15/32		0.46875
12,3031						31/64	0.484375
12,7000	1/2						0.5
13,0969						33/64	0.515625
13,49375					17/32		0.53125
13,8906						35/64	0.54687
14,2875				9/16			0.5625
14,6844						37/64	0.578125
15,08125					19/32		0.59375
15,4781						39/64	0.609375
15,8750			5/8				0.625
16,2719						41/64	0.64062
16,66875					21/32		0.65625
17,0656						43/64	0.671875
17,4625				11/16			0.6875
17,8594						45/64	0.703125
18,25625					23/32		0.71875
18,6531						47/64	0.734375
19,0500		3/4					0.75
19,4469						49/64	0.765625
19,84375					25/32		0.78125
20,2406						51/64	0.796875
20,6375				13/16			0.8125
21,0344						53/64	0.828125
21,43125					27/32		0.84375
21,8280						55/64	0.85937
22,2250			7/8				0.875
22,6219						57/64	0.890625
23,01875					29/32		0.90625
23,4156						59/64	0.921875
23,8125				15/16			0.9375
24,2094						61/64	0.953125
24,60625					31/32		0.96875
25,0031						63/64	0.984375
25,39997	1						1.0

CENTIMETRI (cm) – POLLICI (pollici)
CENTIMETERS (cm) – INCHES (in)

cm cm		pollici in	cm cm		pollici in	cm cm		pollici in
2,54	1	0.3937	86,36	34	13.3858	170,18	67	26.3780
5,08	2	0.7874	88,90	35	13.7795	172,72	68	26.7717
7,62	3	1.1810	91,44	36	14.1732	175,26	69	27.1654
10,16	4	1.5748	93,98	37	14.5669	177,80	70	27.5590
12,70	5	1.9685	96,52	38	14.9606	180,34	71	27.9528
15,24	6	2.3622	99,06	39	15.3543	182,88	72	28.3465
17,78	7	2.7559	101,60	40	15.7480	185,42	73	28.7402
20,32	8	3.1496	104,14	41	16.1417	187,96	74	29.1339
22,86	9	3.5433	106,68	42	16.5354	190,50	75	29.5276
25,40	10	3.9370	109,22	43	16.9290	193,04	76	29.9213
27,94	11	4.3307	111,76	44	17.3228	195,58	77	30.3150
30,48	12	4.7244	114,30	45	17.7165	198,12	78	30.7087
33,02	13	5.1180	116,84	46	18.1102	200,66	79	31.1024
35,56	14	5.5118	119,38	47	18.5039	203,20	80	31.4960
38,10	15	5.9055	121,92	48	18.8976	205,74	81	31.8898
40,64	16	6.2992	124,46	49	19.2913	208,28	82	32.2835
43,18	17	6.6929	127,00	50	19.6850	210,82	83	32.6772
45,72	18	7.0866	129,54	51	20.0787	213,36	84	33.0709
48,26	19	7.4803	132,08	52	20.4724	215,90	85	33.4646
50,80	20	7.8740	134,62	53	20.8660	218,44	86	33.8583
53,34	21	8.2677	137,16	54	21.2598	220,98	87	34.2520
55,88	22	8.6614	139,70	55	21.6535	223,52	88	34.6457
58,42	23	9.0550	142,24	56	22.0472	226,06	89	35.0394
60,96	24	9.4488	144,78	57	22.4409	228,60	90	35.4330
63,50	25	9.8425	147,32	58	22.8346	231,14	91	35.8268
66,04	26	10.2362	149,86	59	23.2283	233,68	92	36.2205
68,58	27	10.6299	152,40	60	23.6220	236,22	93	36.6142
71,12	28	11.0236	154,94	61	24.0157	238,76	94	37.0079
73,66	29	11.4173	157,48	62	24.4094	241,30	95	37.4016
76,20	30	11.8110	160,02	63	24.8030	243,84	96	37.7953
78,74	31	12.2047	162,56	64	25.1969	246,38	97	38.1890
81,28	32	12.5984	165,10	65	25.5906	248,92	98	38.5827
83,82	33	12.9920	167,64	66	25.9843	251,46	99	38.9764

METRI (m) - PIEDI (piedi inglesi)

METERS (m) - FEET (ft)

m m		piedi ft	m m		piedi ft	m m		piedi ft
0,3048	1	3.28084	10,3632	34	111.549	20,4216	67	219.816
0,6096	2	6.562	10,6680	35	114.829	20,7264	68	223.097
0,9144	3	9.843	10,9728	36	118.110	21,0312	69	226.378
1,2192	4	13.123	11,2776	37	121.390	21,3360	70	229.659
1,5240	5	16.404	11,5824	38	124.672	21,6408	71	232.940
1,8288	6	19.685	11,8872	39	127.953	21,9456	72	236.220
2,1336	7	22.966	12,1920	40	131.234	22,2504	73	239.501
2,4384	8	26.247	12,4968	41	134.514	22,5552	74	242.782
2,7432	9	29.528	12,8016	42	137.795	22,8600	75	246.063
3,0480	10	32.808	13,1064	43	141.076	23,1648	76	249.344
3,3528	11	36.089	13,4112	44	144.357	23,4696	77	252.625
3,6576	12	39.370	13,7160	45	147.638	23,7744	78	255.906
3,9624	13	42.650	14,0208	46	150.919	24,0792	79	259.186
4,2672	14	45.932	14,3256	47	154.199	24,3840	80	262.467
4,5720	15	49.213	14,6304	48	157.480	24,6888	81	265.748
4,8768	16	52.493	14,9352	49	160.760	24,9936	82	269.029
5,1816	17	55.774	15,2400	50	164.042	25,2984	83	272.310
5,4864	18	59.055	15,5448	51	167.323	25,6032	84	275.590
5,7912	19	62.336	15,8496	52	170.604	25,9080	85	278.871
6,0960	20	65.617	16,1544	53	173.884	26,2128	86	282.152
6,4008	21	68.898	16,4592	54	177.165	26,5176	87	285.433
6,7056	22	72.178	16,7640	55	180.446	26,8224	88	288.714
7,0104	23	75.459	17,0688	56	183.727	27,1272	89	291.995
7,3152	24	78.740	17,3736	57	187.008	27,4320	90	295.276
7,6200	25	82.020	17,6784	58	190.289	27,7368	91	298.556
7,9248	26	85.302	17,9832	59	193.570	28,0416	92	301.837
8,2296	27	88.583	18,2880	60	196.850	28,3464	93	305.118
8,5344	28	91.863	18,5928	61	200.131	28,6512	94	308.399
8,8392	29	95.144	18,8976	62	203.412	28,9560	95	311.680
9,1440	30	98.425	19,2024	63	206.693	29,2608	96	314.960
9,4488	31	101.706	19,5072	64	209.974	29,5656	97	318.241
9,7536	32	104.987	19,8120	65	213.255	29,8704	98	321.522
10,0584	33	108.268	20,1168	66	216.535	30,1752	99	324.803

CHILOMETRI (km) - MIGLIA (miglia)
KILOMETERS (km) - MILES (mi)

km km		miglia mi	km km		miglia mi	km km		miglia mi
1,60934	1	0.62137	54,718	34	21.127	107,826	67	41.632
3,219	2	1.243	56,327	35	21.748	109,435	68	42.253
4,828	3	1.864	57,936	36	22.369	111,045	69	42.875
6,437	4	2.485	59,546	37	22.990	112,654	70	43.496
8,047	5	3.107	61,155	38	23.612	114,263	71	44.117
9,656	6	3.728	62,764	39	24.233	115,873	72	44.739
11,265	7	4.350	64,374	40	24.855	117,482	73	45.360
12,875	8	4.970	65,983	41	25.476	119,482	74	45.981
14,484	9	5.592	67,592	42	26.098	120,701	75	46.603
16,093	10	6.214	69,202	43	26.719	122,310	76	47.224
17,703	11	6.835	70,811	44	27.340	123,919	77	47.846
19,312	12	7.456	72,420	45	27.962	125,529	78	48.467
20,921	13	8.078	74,030	46	28.583	127,138	79	49.088
22,531	14	8.699	75,639	47	29.204	128,748	80	49.710
24,140	15	9.321	77,249	48	29.826	130,357	81	50.330
25,749	16	9.942	78,858	49	30.447	131,966	82	50.330
27,359	17	10.563	80,467	50	31.069	133,576	83	51.574
28,968	18	11.185	82,077	51	31.069	133,185	84	52.195
30,577	19	11.806	83,686	52	32.311	136,794	85	52.195
32,187	20	12.427	85,295	53	32.933	138,404	86	53.438
33,796	21	13.049	86,905	54	33.554	140,013	87	54.059
35,406	22	13.670	88,514	55	34.175	141,622	88	54.680
37,015	23	14.290	90,123	56	34.797	143,232	89	55.302
38,624	24	14.913	91,733	57	35.418	144,841	90	55.302
40,234	25	15.534	93,342	58	36.039	146,450	91	56.545
41,843	26	16.156	94,951	59	36.660	148,060	92	57.166
43,452	27	16.777	96,561	60	37.282	149,669	93	57.788
45,062	28	17.398	98,170	61	37.904	151,278	94	58.409
46,671	29	18.020	99,779	62	38.525	152,888	95	59.030
48,280	30	18.640	101,389	63	39.146	154,497	96	59.652
49,890	31	19.262	102,998	64	39.768	156,106	97	60.273
51,499	32	19.884	104,607	65	40.389	157,716	98	60.894
53,108	33	20.505	106,217	66	41.010	159,325	99	61.516

CENTIMETRI QUADRATI (cmq) - POLLICI QUADRATI (pollici q)
SQUARE CENTIMETERS (sq cm) - SQUARE INCHES (sq in)

cmq sq cm		pollici q sq in	cmq sq cm		pollici q sq in	cmq sq cm		pollici q sq in
6,452	1	0.155	219,354	34	5.270	432,257	67	10.385
12,903	2	0.310	225,806	35	5.425	438,709	68	10.540
19,355	3	0.465	232,258	36	5.580	445,160	69	10.695
25,806	4	0.620	238,709	37	5.735	451,612	70	10.850
32,258	5	0.775	245,160	38	5.890	458,064	71	11.005
38,710	6	0.930	251,612	39	6.045	464,515	72	11.160
45,161	7	1.085	258,064	40	6.200	470,967	73	11.315
51,613	8	1.240	264,516	41	6.355	477,418	74	11.470
58,064	9	1.395	270,967	42	6.510	483,870	75	11.625
64,516	10	1.550	277,419	43	6.665	490,322	76	11.780
70,968	11	1.705	283,870	44	6.820	496,773	77	11.935
77,419	12	1.860	290,322	45	6.975	503,225	78	12.090
83,870	13	2.015	296,774	46	7.130	509,676	79	12.245
90,322	14	2.170	303,225	47	7.285	516,128	80	12.400
96,774	15	2.325	309,677	48	7.440	522,579	81	12.555
103,226	16	2.480	316,128	49	7.595	529,030	82	12.710
109,677	17	2.635	322,580	50	7.750	535,483	83	12.865
116,129	18	2.790	329,032	51	7.905	541,934	84	13.020
122,580	19	2.945	335,483	52	8.060	548,386	85	13.175
129,032	20	3.100	341,935	53	8.215	554,838	86	13.330
135,484	21	3.255	348,386	54	8.370	561,289	87	13.485
141,935	22	3.410	354,838	55	8.525	567,741	88	13.640
148,387	23	3.565	361,290	56	8.680	574,192	89	13.795
154,838	24	3.720	367,741	57	8.835	580,644	90	13.950
161,290	25	3.875	374,193	58	8.990	587,096	91	14.105
167,742	26	4.030	380,644	59	9.145	593,547	92	14.260
174,193	27	4.185	387,096	60	9.300	599,999	93	14.415
180,645	28	4.340	393,548	61	9.455	606,450	94	14.570
187,096	29	4.495	399,999	62	9.610	612,902	95	14.725
193,548	30	4.650	406,450	63	9.765	619,354	96	14.880
200,000	31	4.805	412,902	64	9.920	625,805	97	15.035
206,451	32	4.960	419,354	65	10.075	632,257	98	15.190
212,903	33	5.115	425,806	66	10.230	638,708	99	15.345

METRI QUADRATI (mq) – PIEDI QUADRATI (piedi q)
SQUARE METERS (sq m) – SQUARE FEET (sq ft)

mq sq m		piedi q sq ft	mq sq m		piedi q sq ft	mq sq m		piedi q sq ft
0,0929	1	10.764	3,1587	34	365.973	6,2245	67	721.180
0,1858	2	21.528	3,2516	35	376.737	6,3174	68	731.945
0,2787	3	32.292	3,3445	36	387.500	6,4103	69	742.709
0,3716	4	43.056	3,4374	37	398.265	6,5032	70	753.473
0,4645	5	53.820	3,5303	38	409.029	6,5960	71	764.237
0,5574	6	64.583	3,6232	39	419.792	6,6890	72	775.001
0,6503	7	75.347	3,7161	40	430.556	6,7819	73	785.765
0,7432	8	86.110	3,8090	41	441.320	6,8748	74	796.529
0,8361	9	96.875	3,9019	42	452.084	6,9677	75	807.292
0,9290	10	107.639	3,9948	43	462.848	7,0606	76	818.056
1,0219	11	118.403	4,0877	44	473.612	7,1535	77	828.820
1,1148	12	129.167	4,1806	45	484.376	7,2464	78	839.584
1,2077	13	139.930	4,2735	46	495.140	7,3393	79	850.348
1,3006	14	150.695	4,3664	47	505.904	7,4322	80	861.112
1,3935	15	161.459	4,4593	48	516.668	7,5251	81	871.876
1,4864	16	172.223	4,5522	49	527.432	7,6180	82	882.640
1,5794	17	182.986	4,6452	50	538.196	7,7110	83	893.404
1,6723	18	193.750	4,7381	51	548.959	7,8039	84	904.168
1,7652	19	204.514	4,8310	52	559.723	7,8968	85	914.931
1,8581	20	215.278	4,9239	53	570.486	7,9897	86	925.695
1,9510	21	226.042	5,0168	54	581.251	8,0826	87	936.459
2,0439	22	236.806	5,1097	55	592.014	8,1755	88	947.223
2,1368	23	247.570	5,2026	56	602.778	8,2684	89	957.987
2,2297	24	258.334	5,2955	57	613.542	8,3613	90	968.750
2,3226	25	269.098	5,3884	58	624.306	8,4542	91	979.515
2,4155	26	279.862	5,4813	59	635.070	8,5471	92	990.279
2,5084	27	290.626	5,5742	60	645.834	8,6400	93	1001.043
2,6013	28	301.389	5,6671	61	656.598	8,7329	94	1011.807
2,6942	29	312.153	5,7600	62	667.362	8,8258	95	1022.570
2,7871	30	322.917	5,8529	63	678.126	8,9187	96	1033.334
2,8800	31	333.681	5,9458	64	688.889	8,0116	97	1044.098
2,9729	32	344.445	6,0387	65	699.653	9,1045	98	1054.862
3,0658	33	355.209	6,1316	66	710.417	9,1974	99	1065.626

CHILOMETRI QUADRATI (kmq) - MIGLIA QUADRATE (miglia q)
SQUARE KILOMETERS (sq km) - SQUARE MILES (sq mi)

kmq sq km		miglia q sq miles	kmq sq km		miglia q sq miles	kmq sq km		miglia q sq miles
2,58999	1	0.38610	88,06	34	13.127	173,54	67	25.869
5,18	2	0.772	90,65	35	13.514	176,12	68	26.255
7,77	3	1.158	93,24	36	13.900	178,71	69	26.640
10,36	4	1.544	95,83	37	14.286	181,30	70	27.027
12,95	6	1.930	98,42	38	14.672	183,89	71	27.413
15,54	5	2.317	101,010	39	15.058	186,48	72	27.799
18,13	7	2.703	103,60	40	15.444	189,07	73	28.185
20,72	8	3.089	106,19	41	15.830	191,66	74	28.572
23,31	9	3.475	108,78	42	16.216	194,25	75	28.958
25,90	10	3.860	111,37	43	16.602	196,84	76	29.344
28,49	11	4.247	113,96	44	16.988	199,43	77	29.730
31,08	12	4.633	116,55	45	17.375	202,02	78	30.116
33,67	13	5.019	119,14	46	17.761	204,61	79	30.502
36,26	14	5.405	121,73	47	18.147	207,20	80	30.888
38,85	15	5.792	124,32	48	18.533	209,79	81	31.274
41,44	16	6.178	126,91	49	18.919	212,38	82	31.660
44,03	17	6.564	129,50	50	19.305	214,97	83	32.046
46,62	18	6.950	132,09	51	19.691	217,56	84	32.433
49,21	19	7.336	134,68	52	20.077	220,15	85	32.819
51,80	20	7.722	137,27	53	20.463	222,74	86	33.205
54,39	21	8.108	139,86	54	20.850	225,33	87	33.591
56,98	22	8.494	142,45	55	21.236	227,92	88	33.977
59,57	23	8.880	145,04	56	21.622	230,51	89	34.363
62,16	24	9.266	147,63	57	22.008	233,10	90	34.749
64,75	25	9.653	150,22	58	22.394	235,69	91	35.135
67,34	26	10.039	152,81	59	22.780	238,28	92	35.520
69,93	27	10.425	155,40	60	23.166	240,87	93	35.907
72,52	28	10.810	157,99	61	23.552	243,46	94	36.294
75,11	29	11.197	160,58	62	23.938	246,05	95	36.680
77,70	30	11.583	163,17	63	24.324	248,64	96	37.066
80,29	31	11.969	165,76	64	24.710	251,23	97	37.452
82,88	32	12.356	168,35	65	25.097	253,82	98	37.838
85,47	33	12.741	170,94	66	25.483	256,41	99	38.224

CENTIMETRI CUBI (cc) - POLLICI CUBI (pollici c)

CUBIC CENTIMETERS (cu cm) - CUBIC INCHES (cu in)

cc cu cm		pollici c cu in	cc cu cm		pollici c cu in	cc cu cm		pollici c cu in
16,387064	1	0.061024	557,160	34	2.0748	1097,933	67	4.0886
32,774	2	0.1220	573,547	35	2.1358	1114,320	68	4.1496
49,161	3	0.1831	589,934	36	2.1969	1130,707	69	4.2107
65,548	4	0.2441	606,321	37	2.2579	1147,094	70	4.2717
81,935	5	0.3050	622,708	38	2.3189	1163,480	71	4.3327
98,322	6	0.3661	639,096	39	2.3799	1179,868	72	4.3937
114,709	7	0.4272	655,483	40	2.4410	1196,255	73	4.4548
131,097	8	0.4882	671,876	41	2.5020	1212,642	74	4.5158
147,484	9	0.5492	688,257	42	2.5630	1229,295	75	4.5768
163,871	10	0.6102	704,644	43	2.6240	1245,417	76	4.6378
180,258	11	0.6713	721,031	44	2.6851	1261,804	77	4.6988
196,645	12	0.7323	737,418	45	2.7461	1278,190	78	4.7599
213,032	13	0.7933	753,805	46	2.8071	1294,578	79	4.8209
229,419	14	0.8543	770,192	47	2.8680	1310,965	80	4.8819
245,806	15	0.9154	786,579	48	2.9292	1327,352	81	4.9429
262,193	16	0.9764	802,966	49	2.9902	1343,739	82	5.0040
278,580	17	1.0374	819,353	50	3.0512	1360,126	83	5.0650
294,947	18	1.0984	835,740	51	3.1122	1376,513	84	5.1260
311,354	19	1.1595	852,127	52	3.1732	1392,900	85	5.1870
327,741	20	1.2205	868,514	53	3.2343	1409,288	86	5.2481
344,128	21	1.2815	884,901	54	3.2953	1425,675	87	5.3091
360,515	22	1.3425	901,288	55	3.3563	1442,062	88	5.3701
376,902	23	1.4036	917,675	56	3.4173	1458,449	89	5.4310
393,290	24	1.4646	934,062	57	3.4784	1474,836	90	5.4922
409,677	25	1.5256	950,449	58	3.5394	1491,223	91	5.5532
426,064	26	1.5866	966,837	59	3.6004	1507,610	92	5.6142
442,451	27	1.6476	983,224	60	3.6614	1523,997	93	5.6752
458,838	28	1.7087	999,611	61	3.7225	1540,384	94	5.7363
475,225	29	1.7697	1015,998	62	3.7835	1556,771	95	5.7973
491,612	30	1.8307	1032,385	63	3.8445	1573,158	96	5.8583
507,999	31	1.8917	1048,772	64	3.9055	1589,545	97	5.9193
524,386	32	1.9528	1065,159	65	3.9666	1605,932	98	5.9804
540,773	33	2.0138	1081,546	66	4.0276	1622,319	99	6.0414

METRI CUBI (mc) - PIEDI CUBI (piedi c)

CUBIC METERS (cu m) - CUBIC FEET (cu ft)

mc cu m		piedi c cu ft	mc cu m		piedi c cu ft	mc cu m		piedi c cu ft
0,028317	1	35.3147	0,96277	34	1200.70	1,89723	67	2366.08
0,05668	2	70.63	0,99109	35	1236.01	1,92555	68	2401.40
0,08495	3	105.94	1,01941	36	1271.33	1,95386	69	2436.70
0,11327	4	141.26	1,04772	37	1306.64	1,98218	70	2472.03
0,14158	5	176.57	1,07604	38	1341.96	2,01050	71	2507.34
0,16990	6	211.89	1,10436	39	1377.27	2,03881	72	2542.66
0,19822	7	247.20	1,13267	40	1412.59	2,06713	73	2577.97
0,22654	8	282.52	1,16099	41	1447.90	2,09545	74	2613.28
0,25485	9	317.83	1,18931	42	1483.22	2,12376	75	2648.60
0,28317	10	353.15	1,21762	43	1518.53	2,15208	76	2683.90
0,31149	11	388.46	1,24594	44	1553.84	2,18040	77	2719.23
0,33980	12	423.78	1,27426	45	1589.16	2,20872	78	2754.54
0,36812	13	459.09	1,30258	46	1624.47	2,23703	79	2789.86
0,39644	14	494.40	1,33089	47	1659.79	2,26535	80	2825.17
0,42475	15	529.72	1,35921	48	1695.10	2,29367	81	2860.49
0,45307	16	565.03	1,38753	49	1730.42	2,32198	82	2895.80
0,48139	17	600.35	1,41584	50	1765.73	2,35030	83	2931.12
0,50970	18	635.66	1,44416	51	1801.05	2,37862	84	2966.43
0,53802	19	670.98	1,47248	52	1836.36	2,40693	85	3001.75
0,56634	20	706.29	1,50079	53	1871.68	2,43525	86	3037.06
0,59465	21	741.60	1,52910	54	1906.99	2,46357	87	3072.38
0,62297	22	776.92	1,55743	55	1942.30	2,49188	88	3107.69
0,65129	23	812.24	1,58574	56	1977.62	2,52020	89	3143.00
0,67960	24	847.55	1,61406	57	2012.94	2,54852	90	3178.32
0,70792	25	882.87	1,64238	58	2048.25	2,57683	91	3213.63
0,73624	26	918.18	1,67069	59	2083.56	2,60515	92	3248.95
0,76456	27	953.50	1,69901	60	2118.88	2,63347	93	3284.26
0,79287	28	988.80	1,72733	61	2154.19	2,66178	94	3319.58
0,82119	29	1024.13	1,75565	62	2189.51	2,69010	95	3354.89
0,84951	30	1059.44	1,78396	63	2224.82	2,71842	96	3390.20
0,87782	31	1094.75	1,81228	64	2260.14	2,74674	97	3425.52
0,90614	32	1130.07	1,84060	65	2295.45	2,77505	98	3460.84
0,93446	33	1165.38	1,86890	66	2330,77	2.80337	99	3496,15

LITRI (l) - GALLONI IMPERIALI (gall. imp.)

LITERS (l) - IMPERIAL GALLONS (imp gall)

litri liters		gall. imp. imp gall	litri liters		gall. imp. imp gall	litri liters		gall. imp. imp gall
4,5459631	1	0.219975	154,563	34	7.4792	304,580	67	14.7383
9,092	2	0.4400	159,109	35	7.6990	309,125	68	14.9583
13,638	3	0.6599	163,655	36	7.9191	313,670	69	15.1783
18,184	4	0.8799	168,201	37	8.1391	318,217	70	15.3983
22,730	5	1.0999	172,747	38	8.3590	322,763	71	15.6182
27,276	6	1.3199	177,293	39	8.5790	327,309	72	15.8382
31,822	7	1.5398	181,839	40	8.7990	331,855	73	16.0582
36,368	8	1.7598	186,384	41	9.0190	336,401	74	16.2782
40,914	9	1.9798	190,930	42	9.2390	340,947	75	16.4980
45,460	10	2.1998	195,476	43	9.4589	345,493	76	16.7181
50,006	11	2.4197	200,022	44	9.6789	350,039	77	16.9380
54,552	12	2.6397	204,568	45	9.8989	354,585	78	17.1581
59,098	13	2.8597	209,114	46	10.1189	359,130	79	17.3780
63,643	14	3.0797	213,660	47	10.3388	363,677	80	17.5980
68,189	15	3.2996	218,206	48	10.5588	368,223	81	17.8180
72,735	16	3.5196	222,752	49	10.7788	372,769	82	18.0380
77,280	17	3.7396	227,298	50	10.9988	377,315	83	18.2579
81,827	18	3.9596	231,844	51	11.2187	381,861	84	18.4779
86,373	19	4.1795	236,390	52	11.4387	386,407	85	18.6979
90,919	20	4.3995	240,936	53	11.6587	390,953	86	18.9179
95,465	21	4.6195	245,482	54	11.8787	395,499	87	19.1379
100,010	22	4.8395	250,028	55	12.0986	400,045	88	19.3578
104,557	23	5.0594	254,574	56	12.3186	404,591	89	19.5778
109,103	24	5.2794	259,120	57	12.5386	409,137	90	19.7978
113,649	25	5.4994	263,666	58	12.7586	413,683	91	20.7978
118,195	26	5.7194	268,212	59	12.9785	418,229	92	20.2377
122,741	27	5.9393	272,758	60	13.1985	422,775	93	20.4577
127,287	28	6.1593	277,304	61	13.4185	427,320	94	20.6777
131,833	29	6.3793	281,850	62	13.6385	431,866	95	20.8977
136,379	30	6.5993	286,396	63	13.8584	436,412	96	21.1176
140,925	31	6.8192	290,942	64	14.0784	440,958	97	21.3376
145,471	32	7.0392	295,488	65	14.2984	445,504	98	21.5576
150,017	33	7.2592	300,034	66	14.5184	450,050	99	21.7776

GRAMMI (g.) - ONCE AVOIRDUPOIS (once av)

GRAMS (g) - OUNCES AVOIRDUPOIS (ozs av)

grammi grams		once av ozs av	grammi grams		once av ozs av	grammi grams		once av ozs av
28,3495	1	0.03527	963,8830	34	1.19918	1899,4165	67	2.36309
56,6990	2	0.07054	992,2325	35	1.23445	1927,7660	68	2.39836
85,0485	3	0.10580	1020,5820	36	1.26972	1956,1155	69	2.43363
113,3980	4	0.14108	1048,9315	37	1.30499	1984,4650	70	2.46890
141,7475	5	0.17635	1077,2810	38	1.34026	2012,8145	71	2.50417
170,0970	6	0.21162	1105,6305	39	1.37553	2041,1640	72	2.53944
198,4465	7	0.24689	1133,9800	40	1.41080	2069,5135	73	2.57470
226,7960	8	0.28216	1162,3295	41	1.44607	2097,8630	74	2.60998
255,1455	9	0.31743	1190,6790	42	1.48134	2126,2125	75	2.64525
283,4950	10	0.35270	1219,0285	43	1.51660	2154,5620	76	2.68052
311,8445	11	0.38797	1247,3780	44	1.55188	2182,9115	77	2.71579
340,1940	12	0.42324	1275,7275	45	1.58715	2211,2610	78	2.75106
368,5435	13	0.45850	1304,0770	46	1.62242	2239,6105	79	2.78633
396,8930	14	0.49378	1332,4265	47	1.65769	2267,9600	80	2.82160
425,2425	15	0.52905	1360,7760	48	1.69296	2296,3095	81	2.85687
453,5920	16	0.56432	1389,1255	49	1.72823	2324,6590	82	2.89214
481,9415	17	0.59959	1417,4750	50	1.76350	2353,0085	83	2.92740
510,2910	18	0.63486	1445,8245	51	1.79877	2381,3580	84	2.96268
538,6405	19	0.67013	1474,1740	52	1.83404	2409,7075	85	2.99795
566,9900	20	0.70540	1502,5235	53	1.86930	2438,0570	86	3.03322
595,3395	21	0.74067	1530,8730	54	1.90458	2466,4065	87	3.06849
623,6890	22	0.77594	1559,2225	55	1.93985	2494,7560	88	3.10376
652,0385	23	0.81121	1587,5720	56	1.97512	2523,1055	89	3.13903
680,3880	24	0.84648	1615,9215	57	2.01039	2551,4550	90	3.17430
708,7375	25	0.88175	1644,2710	58	2.04566	2579,8045	91	3.20957
737,0870	26	0.91702	1672,6205	59	2.08093	2608,1540	92	3.24484
765,4365	27	0.95229	1700,9700	60	2.11620	2636,5035	93	3.28010
793,7860	28	0.98756	1729,3195	61	2.15147	2664,8530	94	3.31538
822,1355	29	1.02283	1757,6690	62	2.18674	2693,2025	95	3.35065
850,4850	30	1.05810	1786,0185	63	2.22200	2721,5520	96	3.38592
878,8345	31	1.09337	1814,3680	64	2.25728	2749,9015	97	3.42119
907,1840	32	1.12864	1842,7175	65	2.29255	2778,2510	98	3.45646
935,5335	33	1.16390	1871,0670	66	2.32782	2806,6005	99	3.49173

CHILOGRAMMI (kg) - LIBBRE (lb)

KILOGRAMS (kg) - POUNDS (lb)

kg kg		lb lb	kg kg		lb lb	kg kg		lb lb
0,45359243	1	2.20462	15,422	34	74.957	30,391	67	147.710
0,907	2	4.409	15,876	35	77.162	30,844	68	149.914
1,361	3	6.614	16,329	36	79.366	31,298	59	152.119
1,814	4	8.818	16,783	37	81.570	31,750	70	154.324
2,268	5	11.023	17,237	38	83.776	32,205	71	156.528
2,722	6	13.228	17,690	39	85.980	32,659	72	158.733
3,175	7	15.432	18,144	40	88.185	33,112	73	160.937
3,629	8	17.637	18,597	41	90.390	33,566	74	163.142
4,082	9	19.842	19,051	42	92.594	34,019	75	165.347
4,536	10	22.046	19,504	43	94.799	34,473	76	167.551
4,990	11	24.250	19,958	44	97.003	34,927	77	169.756
5,443	12	26.455	20,412	45	99.208	35,380	78	171.960
5,897	13	28.660	20,865	46	101.413	35,834	79	174.165
6,350	14	30.865	21,319	47	103.617	36,287	80	176.370
6,804	15	33.069	21,772	48	105.822	36,741	81	178.574
7,257	16	35.274	22,226	49	108.026	37,195	82	180.779
7,711	17	37.479	22,680	50	110.230	47,648	83	182.984
8,165	18	39.683	23,133	51	112.436	38,102	84	185.188
8,618	19	41.888	23,587	52	114.640	38,555	85	187.393
9,072	20	44.092	24,040	53	116.845	39,009	86	189.598
9,525	21	46.297	24,494	54	119.050	39,463	87	191.802
9,979	22	48.502	24,948	55	121.254	39,916	88	194.007
10,433	23	50.706	25,401	56	123.459	40,370	89	196.210
10,886	24	52.910	25,855	57	125.663	40,823	90	198.416
11,340	25	55.116	26,308	58	127.868	41,277	91	200.621
11,793	26	57.320	26,762	59	130.073	41,730	92	202.825
12,247	27	59.525	27,216	60	132.277	42,184	93	205.030
12,701	28	61.729	27,669	61	134.482	42,638	94	207.235
13,154	29	63.934	28,123	62	136.687	43,091	95	209.439
13,608	30	66.139	28,576	63	138.890	43,545	96	211.644
14,061	31	68.343	29,030	64	141.096	43,999	97	213.848
14,515	32	70.548	29,484	65	143.300	44,452	98	216.053
14,969	33	72.753	29,937	66	145.505	44,906	99	218.258

TONNELLATE = (t = 1000 kg) – TONS (long ton = 2240 lb)
METRIC TONS (M T) – TONS (long ton = 2240 lb)

tonnellate metric tons		long tons long tons	tonnellate metric tons		long tons long tons	tonnellate metric tons		long tons long tons
1,01605	1	0.984206	34,546	34	33.463	68,075	67	65.942
2,032	2	1.968	35,562	35	34.447	69,091	68	66.926
3,048	3	2.953	36,578	36	35.431	70,107	69	67.910
4,064	4	3.937	37,594	37	36.416	71,123	70	68.894
5,080	5	4.921	38,610	38	37.400	72,139	71	69.879
6,096	6	5.905	39,626	39	38.384	73,155	72	70.863
7,112	7	6.889	40,642	40	39.368	74,170	73	71.847
8,128	8	7.874	41,658	41	40.352	75,187	74	72.830
9,144	9	8.858	42,674	42	41.337	76,204	75	73.815
10,160	10	9.842	43,690	43	42.320	77,220	76	74.800
11,177	11	10.826	44,706	44	43.305	78,236	77	75.784
12,193	12	11.810	45,722	45	44.289	79,252	78	76,768
13,209	13	12.795	46,738	46	45.273	80,268	79	77.752
14,225	14	13.779	47,754	47	46.258	81,284	80	78.736
15,240	15	14.763	48,770	48	47.242	82,300	81	79.720
16,257	16	15.747	49,786	49	48.226	83,316	82	80.705
17,273	17	16.732	50,802	50	49.210	84,332	83	81.689
18,289	18	17.716	51,818	51	60.195	85,348	84	82.673
19,305	19	18.700	52,834	52	51.179	86,364	85	83.658
20,321	20	19.684	53,850	53	52.163	87,380	86	84.642
21,337	21	20.668	54,867	54	53.147	88,396	87	85.626
22,353	22	21.653	55,883	55	54.130	89,412	88	86.610
23,369	23	22.637	56,899	56	55.116	91,444	90	88.579
24,385	24	23.620	57,915	57	56.100	92,460	91	89.563
25,401	25	24.605	58,931	58	57.084	93,476	92	90.547
26,417	26	25.589	59,947	59	58.068	94,492	93	91.530
27,433	27	26.574	60,963	60	59.052	95,508	94	92.515
28,449	28	27.558	61,979	61	60.037	96,524	95	93.500
29,465	29	28.542	62,995	62	61.021	97,540	96	94.484
30,480	30	29.526	64,011	63	62.005	98,557	97	95.468
31,497	31	30.510	65,027	64	62.989	99,573	98	96.452
32,514	32	31.495	66,043	65	63.973	100,589	99	97.436
33,530	33	32.479	67,059	66	64.958			

CHILOGRAMMI PER MILLIMETRO QUADRATO (kg/mmq)
TONNELLATE (DI 2240 lbs) PER POLLICE QUADRATO (tons/pollice q)

KILOGRAMS PER SQUARE MILLIMETER (kg/sq mm)
TONS (LONG) PER SQUARE INCH (tons/sq in)

kg/mmq kg/sq mm		tons/pollice q tons/sq in	kg/mmq kg/sq mm		tons/pollice q tons/sq in	kg/mmq kg/sq mm		tons/pollice q tons/sq in
1,57488	1	0.63497	53,55	34	21.59	105,52	67	42.54
3,15	2	1.2700	55,12	35	22.22	107,09	68	43.18
4,72	3	1.90	56,70	36	22.86	108,67	69	43.80
6,30	4	2.54	58,27	37	23.49	110,24	70	44.45
7,87	5	3.17	59,85	38	24.13	111,82	71	45.08
9,45	6	3.80	61,42	39	24.76	113,39	72	45.72
11,02	7	4.44	63,00	40	25.40	114,97	73	46.35
12,60	8	5.08	64,57	41	26.03	116,54	74	46.99
14,17	9	5.70	66,14	42	26.67	118,12	75	47.62
15,75	10	6.35	67,72	43	27.30	119,69	76	48.26
17,32	11	6.98	69,29	44	27.94	121,27	77	48.89
18,90	12	7.62	70,87	45	28.57	122,84	78	49.53
20,47	13	8.25	72,44	46	29.21	124,42	79	50.16
22,05	14	8.89	74,02	47	29.84	125,99	80	50.80
23,62	15	9.52	75,59	48	30.48	127,57	81	51.43
25,20	16	10.16	77,17	49	31.10	129,14	82	52.07
26,77	17	10.79	78,74	50	31.75	130,72	83	52.70
28,35	18	11.43	80,32	51	32.38	132,29	84	53.34
29,92	19	12.06	81,89	52	33.02	133,86	85	53.97
31,50	20	12.70	83,47	53	33.65	135,44	86	54.60
33,07	21	13.33	85,04	54	34.29	137,01	87	55.24
34,65	22	13.97	86,62	55	34.92	138,59	88	55.88
36,22	23	14.60	88,19	56	35.56	140,16	89	56.51
37,80	24	15.24	89,77	57	36.19	141,74	90	57.15
39,37	25	15.87	91,34	58	36.83	143,30	91	57.78
40,95	26	16.51	92,92	59	37.46	144,89	92	58.42
42,52	27	17.14	94,49	60	38.10	146,46	93	59.05
44,10	28	17.78	96,07	61	38.73	148,04	94	59.69
45,67	29	18.40	97,64	62	39.37	149,60	95	60.32
47,25	30	19.05	99,22	63	40.00	151,19	96	60.96
48,82	31	19.68	100,79	64	40.64	152,76	97	61.59
50,40	32	20.32	102,37	65	41.27	154,34	98	62.23
51,97	33	20.95	103,94	66	41.90	155,91	99	62.86

CHILOGRAMMI PER CENTIMETRO QUADRATO (kg/cmq)
LIBBRE PER POLLICE QUADRATO (lb/pollice q)

KILOGRAMS PER SQUARE CEMTIMETER (kg/sq cm)
POUNDS PER SQUARE INCH (lb/sq in)

kg/cmq kg/sq cm		lb/pollice q lb/sq in	kg/cmq kg/sq cm		lb/pollice q lb/sq in	kg/cmq kg/sq cm		lb/pollice q lb/sq in
0,0703	1	14.2233	2,3904	34	483.59	4,7106	67	952.96
0,1406	2	28.45	2,4607	35	497.82	4,7809	68	967.19
0,2109	3	42.67	2,5310	36	512.04	4,8512	69	981.41
0,2812	4	56.89	2,6014	37	526.26	4,9215	70	995.63
0,3515	5	71.12	2,6717	38	540.49	4,9918	71	1009.86
0,4218	6	85.34	2,5420	39	554.70	5,0620	72	1024.08
0,4921	7	99.56	2,8123	40	568.93	5,1324	73	1038.30
0,5625	8	113.79	2,8826	41	583.16	5,2027	74	1052.53
0,6328	9	128.01	2,9529	42	597.38	5,2730	75	1066.75
0,7031	10	142.23	3,0232	43	611.60	5,3433	76	1080.97
0,7734	11	156.46	3,0935	44	625.83	5,4136	77	1095.20
0,8437	12	170.68	3,1638	45	640.05	5,4839	78	1109.42
0,9140	13	184.90	3,2341	46	654.27	5,5543	79	1123.64
0,9843	14	199.13	3,3044	47	668.50	5,6246	80	1137.87
1,0546	15	213.35	3,3747	48	682.72	5,6949	81	1152.09
1,1249	16	227.57	3,4450	49	696.94	5,7652	82	1166.31
1,1952	17	241.80	3,5153	50	711.17	5,8355	83	1180.54
1,2655	18	256.02	3,5857	51	725.39	5,9058	84	1194.76
1,3358	19	270.24	3,6560	52	739.61	5,9760	85	1208.98
1,4061	20	284.47	3,7263	53	753.84	6,0464	86	1223.20
1,4764	21	298.69	3,7966	54	768.06	6,1167	87	1237.43
1,5467	22	312.90	3,8669	55	782.28	6,1870	88	1251.65
1,6170	23	327.14	3,9372	56	796.50	6,2573	89	1265.88
1,6874	24	341.36	4,0075	57	810.73	6,3276	90	1280.10
1,7577	25	355.58	4,0778	58	824.95	6,3979	91	1294.32
1,8280	26	269.81	4,1481	59	839.18	6,4682	92	1308.55
1,8983	27	384.03	4,2184	60	853.40	6,5385	93	1322.77
1,9686	28	398.25	4,2887	61	867.62	6,6089	94	1336.99
2,0389	29	412.48	4,3590	62	881.85	6,6792	95	1351.22
2,1092	30	426.70	4,4293	63	896.07	6,7495	96	1365.44
2,1795	31	440.92	4,4996	64	910.29	6,8198	97	1379.66
2,2498	32	455.15	4,5699	65	924.52	6,8901	98	1393.89
2,3201	33	469.37	4,6403	66	938.74	6,9604	99	1408.11

CHILOGRAMMI PER METRO QUADRATO (kg/mq)
LIBBRE PER PIEDE QUADRATO (lb/piede q)

KILOGRAMS PER SQUARE METER (kg/sq m)
POUNDS PER SQUARE FOOT (lb/sq ft)

kg/mq kg/sq m		lb/piede q lb/sq ft	kg/mq kg/sq m		lb/piede q lb/sq ft	kg/mq kg/sq m		lb/piede q lb/sq ft
4,88243	1	0.204816	166,003	34	6.9637	327,123	67	13.7227
9,765	2	0.4096	170,885	35	7.1686	332,005	68	13.9275
14,647	3	0.6144	175,767	36	7.3734	336,887	69	14.1323
19,530	4	0.8193	180,650	37	7.5782	341,770	70	14.3371
24,412	5	1.0240	185,532	38	7.7830	346,652	71	14.5419
29,295	6	1.2289	190,415	39	7.9878	351,535	72	14.7468
34,177	7	1.4337	195,297	40	8.1926	356,417	73	14.9516
39,059	8	1.6385	200,179	41	8.3975	361,300	74	15.1564
43,942	9	1.8433	205,062	42	8.6023	366,182	75	15.3612
48,824	10	2.0482	209,944	43	8.8070	371,064	76	15.5660
53,707	11	2.2530	214,827	44	9.0119	375,947	77	15.7708
58,589	12	2.4578	219,709	45	9.2167	380,829	78	15.9756
63,472	13	2.6626	224,592	46	9.4215	385,712	79	16.1805
68,354	14	2.8674	229,474	47	9.6264	390,594	80	16.3853
73,236	15	3.0722	234,536	48	9.8311	395,477	81	16.5900
78,119	16	3.2770	239,239	49	10.0360	400,359	82	16.7949
83,001	17	3.4819	244,120	50	10.2408	405,241	83	16.9997
87,884	18	3.6867	249,004	51	10.4456	410,124	84	17.2045
92,766	19	3.8915	253,886	52	10.6504	415,006	85	17.4094
97,649	20	4.0963	258,769	53	10.8552	419,889	86	17.6142
102,531	21	4.3011	263,651	54	11.0601	424,771	87	17.8190
107,413	22	4.5059	268,533	55	11.2649	429,654	88	18.0238
112,296	23	4.7108	273,416	56	11.4697	434,536	89	18.2286
117,178	24	4.9156	278,298	57	11.6745	439,418	90	18.4334
122,060	25	5.1204	283,180	58	11.8793	444,300	91	18.6383
126,943	26	5.3252	288,063	59	12.0840	449,183	92	18.8430
131,826	27	5.5300	292,946	60	12.2890	454,066	93	10.0479
136,708	28	5.7349	297,828	61	12.4938	458,948	94	19.2527
141,590	29	5.9397	302,710	62	16.6986	463,830	95	19.4575
146,473	30	6.1445	307,593	63	12.9034	468,713	96	19.6623
151,355	31	6.3493	312,475	64	13.1082	473,595	97	19.8672
156,238	32	6.5541	317,358	65	13.3130	478,478	98	20.0720
161,120	33	6.7589	322,240	66	13.5179	483,360	99	20.2768

EQUIVALENZA TRA LIBBRE PER POLLICE QUADRATO (lb/pollice q) - MILLIMETRI DI Hg (ASSOLUTI) (mm Hg) E POLLICI DI Hg (ASSOLUTI) (pollici Hg)

POUNDS PER SQUARE INCH (lb/sq in) TO MERCURY (ABSOLUTE) MILLIMETERS (mm Hg) AND TO MERCURY (ABSOLUTE) INCHES (in Hg)

mm Hg (assoluti) mm Hg (absolute)	lb/pollice q lb/sq in	pollici Hg (assoluti) inches Hg (absolute)	mm Hg (assoluti) mm Hg (absolute)	lb/pollice q lb/sq in	pollici Hg (assoluti) inches Hg (absolute)
631	−2 1/2	24.83	1432	+13	56.39
657	−2	25.85	1484	+14	58.42
682	−1 1/2	26.87	1536	+15	60.46
708	−1	27.89	1587	+16	62.50
734	−1/2	28.90	1639	+17	64.53
760	0	29.92	1690	+18	66.57
786	+1/2	30.94	1743	+19	68.60
812	+1	31.96	1794	+20	70.64
838	+1 1/2	32.98	1846	+21	72.68
863	+2	33.99	1898	+22	74.70
889	+2 1/2	35.01	1949	+23	76.75
915	+3	36.03	2001	+24	78.78
941	+3 1/2	37.05	2053	+25	80.82
967	+4	38.06	2105	+26	82.86
993	+4 1/2	39.08	2156	+27	84.89
1019	+5	40.10	2208	+28	86.93
1044	+5 1/2	41.12	2260	+29	88.96
1070	+6	42.14	2311	+30	91.00
1096	+6 1/2	43.15	2363	+31	93.04
1122	+7	44.17	2415	+32	95.07
1148	+7 1/2	45.19	2467	+33	97.10
1174	+8	46.20	2518	+34	99.14
1200	+8 1/2	47.23	2570	+35	101.18
1225	+9	48.24	2622	+36	103.22
1251	+9 1/2	49.26	2673	+37	105.25
1277	+10	50.28	2725	+38	107.29
1329	+11	52.32	2777	+39	109.32
1381	+12	54.35	2829	+40	111.36

EQUIVALENZA TRA VELOCITÀ IN METRI SECONDO (m/sec) E VELOCITÀ ESPRESSA IN PIEDI AL MINUTO SECONDO (piedi/sec)

SPEED IN MINUTES PER SECOND (m/sec) TO SPEED IN FEET PER SECOND (ft/sec)

m/sec		piedi/sec	m/sec		piedi/sec
m/sec		ft/sec	m/sec		ft/sec
0,3048	1	9.2808	15,5448	51	167.3208
0,6096	2	6.5616	15,8496	52	170.6016
0,9144	3	9.8424	16,1544	53	173.8824
1,2192	4	13.1232	16,4592	54	177.1632
1,5240	5	16.4040	16,7640	55	189.4440
1,8288	6	19.6848	17,0688	56	183.7248
2,1336	7	22.9656	17,3736	57	187.8056
2,4384	8	26.2464	17,6784	58	190.2864
2,7432	9	29.5272	17,9832	59	193.5672
3,048	10	32.8080	18,2880	60	196.8480
3,3528	11	36.0888	18,5928	61	200.1288
3,6576	12	39.3696	18,8976	62	203.4096
3,9624	13	42.6504	19,2024	63	206.6904
4,2672	14	45.9312	19,5072	64	209.9712
4,5720	15	49.2120	19,8120	65	213.2520
4,8768	16	52.4928	20,1168	66	216.5328
5,1816	17	55.5736	20,4216	67	219.8136
5,4864	18	59.0544	20,7264	68	223.0944
5,7912	19	62.3352	21,0312	69	226.3752
6,096	20	65.6160	21,3360	70	229.6560
6,4808	21	68.8968	21,6408	71	232.9368
6,7056	22	72.1476	21,9456	72	236.2176
7,0104	23	75.4584	22,2504	73	239.4984
7,3152	24	78.7392	22,5552	74	242.7792
7,6200	25	82.0200	22,8600	75	246.0600
7,9248	26	85.3008	23,1648	76	249.3408
8,2296	27	88.5816	23,4676	77	252.6216
8,5344	28	91.8624	23,7744	78	255.9024
8,8392	29	95.1432	24,0792	79	259.1832
9,1440	30	98.4240	24,3840	80	262.4640
9,4488	31	101.7048	24,6888	81	265.7448
9,7536	32	104.9856	24,9936	82	269.0256
10,0584	33	108.2664	25,2984	83	272.3064
10,3632	34	111.5472	25,6032	84	275.5872
10,6680	35	114.8280	25,9080	85	278.8680
10,9728	36	118.1088	26,2128	86	283.1488
11,2776	37	121.3896	26,5176	87	285.4296
11,5824	38	124.4704	26,8224	88	288.7104
11,8872	39	127.7512	27,1272	89	291.9912
12,1920	40	131.2320	27,4320	90	295.272
12,4968	41	134.5128	27,7368	91	298.5528

EQUIVALENZA TRA VELOCITÀ IN METRI SECONDO (m/sec) E VELOCITÀ ESPRESSA IN PIEDI AL MINUTO SECONDO (piedi/sec)

SPEED IN MINUTES PER SECOND (m/sec) TO SPEED IN FEET PER SECOND (ft/sec)

m/sec m/sec		piedi/sec ft/sec	m/sec m/sec		piedi/sec ft/sec
12,8016	42	137.7936	28,0416	92	301.8336
13,1064	43	141.0744	28,3464	93	305.1144
13,4112	44	144.3552	28,6512	94	308.3952
13,716	45	147.6360	28,9560	95	311.6760
14,0208	46	150.9168	29,2608	96	314.9568
14,3256	47	154.1976	29,5656	97	318.2376
14,6304	48	157.4784	29,8704	98	321.5184
14,9352	49	160.7592	30,1752	99	324.7992
15,2400	50	164.0400	30,4800	100	328.0800

CHILOMETRI/ORA (km/h) - NODI

KILOMETERS/HOUR (km/h) - KNOTS

km/h km/h		nodi knots	km/h km/h		nodi knots	km/h km/h		nodi knots
1,8532	1	0.539605	63,009	34	18.346	124,164	67	36.153
3,706	2	1.079	64,862	35	18.886	126,018	68	36.693
5,560	3	1.619	66,715	36	19.426	127,870	69	37.232
7,413	4	2.158	68,568	37	19.965	129,724	70	37.772
9,266	5	2.698	70,422	38	20.505	131,577	71	38.312
11,119	6	3.238	72,275	39	21.044	133,430	72	38.850
12,972	7	3.777	74,128	40	21.584	135,284	73	39.391
14,826	8	4.317	75,980	41	22.124	137,137	74	39.930
16,679	9	4.856	77,834	42	22.663	198,990	75	40.470
18,532	10	5.396	79,688	43	23.203	140,843	76	41.010
20,385	11	5.936	81,541	44	23.742	142,696	77	41.549
22,238	12	6.475	83,394	45	24.282	144,550	78	42.089
24,092	13	7.015	85,247	46	24.822	146,403	79	42.628
25,945	14	7.554	87,100	47	25.360	148,256	80	43.168
27,798	15	8.094	88,954	48	25.901	150,109	81	43.708
29,651	16	8.634	90,807	49	26.440	151,962	82	44.247
31,504	17	9.173	92,660	50	26.980	153,816	83	44.787
33,358	18	9.713	94,513	51	27.520	155,669	84	45.326
35,210	19	10.252	96,366	52	28.059	157,522	85	45.866
37,064	20	10.792	98,220	53	28.599	159,375	86	46.406
38,917	21	11.332	100,073	54	29.138	161,228	87	46.945
40,770	22	11.870	101,926	55	29.678	163,082	88	47.485
42,624	23	12.410	103,779	56	30.218	164,935	89	48.024
44,477	24	12.950	105,632	57	30.757	166,788	90	48.564
46,330	25	13.490	107,486	58	31.297	168,640	91	49.104
48,183	26	14.030	109,339	59	31.836	170,494	92	49.643
50,036	27	14.569	111,192	60	32.376	172,348	93	50.183
51,890	28	15.109	113,045	61	32.916	174,201	94	50.722
53,743	29	15.648	114,898	62	33.455	176,054	95	51.262
55,596	30	16.188	116,752	63	33.995	177,907	96	51.802
57,449	31	16.728	118,605	64	34.534	179,760	97	52.340
59,302	32	17.267	120,458	65	35.074	181,614	98	52.880
61,156	33	17.807	122,311	66	35.614	183,467	99	53.420

CHILOGRAMMETRI (kgm) - LIBBRE PIEDE (libbre piede)

KILOGRAMMETERS (kgm) - FOOT POUNDS (ft lbs)

kgm kgm		libbre piede ft-ft lbs	kgm kgm		libbre piede ft-ft lbs	kgm kgm		libbre piede ft-ft lbs
0,138255	1	7.2330	4,7007	34	245.92	9,2631	67	484.60
0,2765	2	14.47	4,8389	35	253.16	9,4013	68	491.84
0,4148	3	21.70	4,9772	36	260.39	9,5396	69	499.08
0,5530	4	28.93	5,1154	37	267.62	9,6778	70	506.30
0,6913	5	36.17	5,2537	38	274.85	9,8161	71	513.54
0,8295	6	43.40	5,3919	39	282.09	9,9544	72	520.78
0,9678	7	50.63	5,5302	40	289.32	10,0926	73	528.01
1,1060	8	57.86	5,6685	41	296.55	12,2309	74	535.24
1,2443	9	65.10	5,8067	42	303.79	10,3691	75	542.48
1,3825	10	72.33	5,9450	43	311.02	10,5074	76	549.70
1,5208	11	79.56	6,0832	44	318.25	10,6456	77	556.94
1,6590	12	86.80	6,2215	45	325.49	10,7839	78	564.17
1,7973	13	94.03	6,3597	46	332.72	10,9220	79	571.41
1,9356	14	101.26	6,4980	47	339.95	11,0604	80	578.64
2,0738	15	108.50	6,6362	48	347.18	11,1987	81	585.87
2,2121	16	115.73	6,7745	49	354.42	11,3369	82	593.11
2,3503	17	122.96	6,9128	50	361.65	11,4752	83	600.34
2,4886	18	130.19	7,0510	51	368.88	11,6134	84	607.57
2,6268	19	137.43	7,1893	52	376.12	11,7517	85	614.80
2,7650	20	144.66	7,3275	53	383.35	11,8899	86	622.04
2,9034	21	151.89	7,4658	54	390.58	12,0282	87	629.27
3,0416	22	159.13	7,6040	55	397.82	12,1664	88	636.50
3,1799	23	166.36	7,7423	56	405.05	12,3047	89	643.74
3,3180	24	173.59	7,8805	57	412.28	12,4429	90	650.97
3,4564	25	180.83	8,0188	58	419.51	12,5812	91	658.20
3,5946	26	188.06	8,1570	59	426.75	12,7195	92	665.44
3,7329	27	195.29	8,2953	60	433.98	12,8577	93	672.67
3,8710	28	202.52	8,4336	61	441.21	12,9960	94	679.90
4,0094	29	209.76	8,5718	62	448.45	13,1342	95	687.14
4,1476	30	216.99	8,7100	63	455.68	13,2725	96	694.37
4,2859	31	224.22	8,8483	64	462.91	13,4107	97	701.60
4,4242	32	231.46	8,9866	65	470.15	13,5490	98	708.83
4,5624	33	238.69	9,1248	66	477.38	13,6872	99	716.07

CAVALLI VAPORE (C V) - CAVALLI INGLESI (H P)
METRIC HORSEPOWER (METRIC H P) - HORSEPOWER (H P)

C V		H P	C V		H P	C V		H P
1,01387	1	0.98632	34,4716	34	33.5348	67,9293	67	66.0834
2,0277	2	1.9726	35,4854	35	34.5212	68,9432	68	67.0698
3,0416	3	2.9590	36,4993	36	35.5075	69,9570	69	68.0561
4,0555	4	3.9453	37,5132	37	36.4938	70,9709	70	69.0424
5,0694	5	4.9316	38,5271	38	37.4800	71,9848	71	70.0287
6,0832	6	5.9179	39,5409	39	38.4664	72,9986	72	71.0150
7,0970	7	6.9042	40,5548	40	39.4528	74,0125	73	72.0014
8,1110	8	7.8906	41,5687	41	40.4390	75,0264	74	72.9877
9,1248	9	8.8769	42,5825	42	41.4254	76,0402	75	73.9740
10,1387	10	9.8632	43,5964	43	42.4117	77,0541	76	74.9603
11,1526	11	10.8495	44,6103	44	43.3980	78,0680	77	75.9466
12,1664	12	11.8358	45,6240	45	44.3844	79,0819	78	76.9330
13,1803	13	12.8222	46,6380	46	45.3707	80,0957	79	77.9193
14,1942	14	13.8085	47,6519	47	46.3570	81,1096	80	78.9056
15,2080	15	14.7948	48,6658	48	47.3433	82,1235	81	79.8919
16,2219	16	15.7811	49,6796	49	48.3296	83,1373	82	80.8782
17,2358	17	16.7674	50,6935	50	49.3160	84,1512	83	81.8646
18,2497	18	17.7538	51,7074	51	50.3023	85,1651	84	82.8509
19,2635	19	18.7401	52,7212	52	51.2886	86,1789	85	83.8372
20,2774	20	19.7264	53,7351	53	52.2750	87,1928	86	84.8235
21,2913	21	20.7127	54,7490	54	53.2613	88,2067	87	85.8098
22,3050	22	21.6990	55,7628	55	54.2476	89,2206	88	86.7962
23,3190	23	22.6853	56,7767	56	55.2339	90,2344	89	87.7825
24,3329	24	23.6716	57,7906	57	56.2202	91,2483	90	88.7688
25,3467	25	24.6580	58,8045	58	57.2066	92,2622	91	89.7550
26,3606	26	25.6443	59,8183	59	58.1929	93,2760	92	90.7414
27,3745	27	26.6306	60,8322	60	59.1792	94,2899	93	91.7278
23,3884	28	27.6169	61,8460	61	60.1655	95,3038	94	92.7140
29,4022	29	28.6032	62,8599	62	61.1518	96,3176	95	93.7004
30,4161	30	29.5896	63,8738	63	62.1382	97,3315	96	94.6867
31,4300	31	30.5759	64,8877	64	63.1245	98,3454	97	95.6730
32,4438	32	31.5622	65,9015	65	64.1108	99,3593	98	96.6594
33,4577	33	32.5485	66,9154	66	65.0971	100,3731	99	97.6457

CONSUMI SPECIFICI:
CHILOGRAMMI PER CAVALLO VAPORE (kg/CV)
LIBBRE PER CAVALLO INGLESE (lb/HP)
SPECIFIC CONSUMPTION:
KILOGRAMS PER METRIC HORSEPOWER (kg/metric HP)
POUNDS PER HORSEPOWER (lb/HP)

kg/CV		lb/HP	kg/CV		lb/HP	kg/CV		lb/HP
0,447387	1	2.2352	15,2112	34	75.9968	29,9749	67	149.7584
0,8948	2	4.4704	15,6585	35	78.2320	30,4223	68	151.9936
1,3422	3	6.7056	16,1059	36	80.4672	30,8697	69	154.2288
1,7895	4	8.9408	16,5533	37	82.7024	31,3170	70	156.4640
2,2369	5	11.1760	17,0007	38	84.9376	31,7645	71	158.6992
2,6843	6	13.4112	17,4480	39	87.1728	32,2119	72	160.9344
3,1317	7	15.6464	17,8955	40	89.4080	32,6593	73	163.1696
3,5791	8	17.8816	18,3429	41	91.6432	33,1066	74	165.4048
4,0265	9	20.1168	18,7903	42	93.8784	33,5540	75	167.6400
4,4739	10	22.3520	19,2376	43	96.1136	34,0014	76	169.8752
4,9213	11	24.5872	19,6850	44	98.3488	34,4488	77	172.1104
5,3686	12	26.8224	20,1324	45	100.5840	34,8962	78	174.3456
5,8160	13	29.0576	20,5798	46	102.8192	35,3436	79	176.5808
6,2634	14	31.2928	21,0272	47	105.0544	35,7910	80	178.8160
6,7108	15	33.5280	21,4746	48	107.2896	36,2383	81	181.0512
7,1582	16	35.7632	21,9220	49	109.5248	36,6857	82	183.2864
7,6056	17	37.9984	22,3694	50	111.7600	37,1331	83	185.5216
8,0530	18	40.2336	22,8167	51	113.9952	37,5805	84	187.7568
8,5004	19	42.4688	23,2641	52	116.2304	38,0279	85	189.9920
8,9477	20	44.7040	23,7115	53	118.4656	38,4753	86	192.2272
9,3950	21	46.9392	24,1589	54	120.7008	38,9227	87	194.4624
9,8425	22	49.1744	24,6063	55	122.9360	39,3700	88	196.6976
10,2899	23	51.4096	25,0537	56	125.1712	39,8174	89	198.9328
10,7373	24	53.6448	25,5010	57	127.4064	40,2648	90	201.1680
11,1847	25	55.8800	25,9484	58	129.6416	40,7122	91	203.4032
11,6320	26	58.1152	26,3958	59	131.8768	41,1596	92	205.6384
12,0794	27	60.3504	26,8432	60	134.1120	41,6070	93	207.8736
12,5268	28	62.5856	27,2906	61	136.3472	42,0544	94	210.1088
12,9742	29	64.8208	27,7380	62	138.5824	42,5018	95	212.3440
13,4216	30	67.0560	28,1854	63	140.8176	42,9492	96	214.5792
13,8690	31	69.2912	28,6328	64	143.0528	43,3965	97	216.8144
14,3164	32	71.5264	29,0802	65	145.2880	43,8439	98	219.0496
14,7638	33	73.7616	29,5275	66	147.5232	44,2913	99	221.2848

CONSUMI SPECIFICI:
CHILOMETRI PER LITRO (km/litro) – MIGLIA PER GALLONE (miglia/gall.)

SPECIFIC CONSUMPTION:
KILOMETERS PER LITER (km/liter) – MILES PER BRIT. GALLON (miles/gall)

miglia/gall miles/gall		km/litro km/liter	miglia/gall miles/gall		km/litro km/liter	miglia/gall. miles/gall.		km/litro km/liter
2.8247	1	0,3540556	96.04	34	12,038	189.26	67	23,722
5.65	2	0,708	98.86	35	12,392	192.08	68	24,076
8.47	3	1,062	101.69	36	12,746	194.91	69	24,430
11.30	4	1,416	104.51	37	13,100	197.73	70	24,784
14.12	5	1,770	107.34	38	13,454	200.55	71	25,138
16.95	6	2,124	110.16	39	13,808	203.38	72	25,492
19.77	7	2,478	112.99	40	14,162	206.20	73	25,846
22.60	8	2,832	115.80	41	14,516	209.03	74	26,200
25.42	9	3,186	118.64	42	14,870	211.85	75	26,554
28.25	10	3,541	121.46	43	15,224	214.68	76	26,908
31.07	11	3,895	124.29	44	15,578	217.50	77	27,262
33.90	12	4,249	127.11	45	15,933	220.33	78	27,616
36.72	13	4,603	129.94	46	16,287	223.15	79	27,970
39.55	14	4,957	132.76	47	16,641	225.98	80	28,324
42.37	15	5,310	135.58	48	16,995	228.80	81	28,679
45.20	16	5,665	138.40	49	17,349	231.63	82	29,033
48.02	17	6,019	141.24	50	17,703	234.45	83	29,387
50.84	18	6,373	144.06	51	18,057	237.28	84	29,741
53.67	19	6,727	146.89	52	18,411	240.10	85	30,095
56.49	20	7,081	149.71	53	18,765	242.93	86	30,449
59.32	21	7,435	152.53	54	19,119	245.75	87	30,803
62.14	22	7,789	155.36	55	19,473	248.57	88	31,157
64.97	23	8,143	158.18	56	19,827	251.40	89	31,510
67.79	24	8,497	161.01	57	20,181	254.22	90	31,865
70.62	25	8,851	163.83	58	20,525	257.05	91	32,219
73.44	26	9,205	166.66	59	20,889	259.87	92	32,573
76.27	27	9,560	169.48	60	21,243	262.70	93	32,927
79.09	28	9,914	172.31	61	21,597	265.52	94	33,281
81.92	29	10,268	175.13	62	21,951	268.35	95	33,635
84.74	30	10,622	177.96	63	22,306	271.17	96	33,980
87.57	31	10,976	180.78	64	22,660	274.00	97	34,343
90.39	32	11,330	183.60	65	23,014	276.82	98	34,697
93.21	33	11,684	186.43	66	23,368	279.65	99	35,052

CONSUMI SPECIFICI:
LITRI PER CHILOMETRO (litri/km) - GALLONI PER MIGLIO (gall/miglio)

SPECIFIC CONSUMPTION:
LITERS PER KILOMETER (liters/km) - BRIT. GALLONS PER MILE (gals/mile)

litri/km liters/km		gall/miglio gals/mile	litri/km liters/km		gall/miglio gals/mile	litri/km liters/km		gall/miglio gals/mile
2,8247	1	0.3540556	96,04	34	12.038	189,26	67	23.722
5,65	2	0.708	98,86	35	12.392	192,08	68	24.076
8,47	3	1.062	101,69	36	12.746	194,91	69	24.430
11,30	4	1.416	104,51	37	13.100	197,73	70	24.784
14,12	5	1.770	107,34	38	13.454	200,55	71	25.138
16,95	6	2.124	110,16	39	13.808	203,38	72	25.492
19,77	7	2.478	112,99	40	14.162	206,20	73	25.846
22,60	8	2.832	115,80	41	14.516	209,03	74	26.200
25,42	9	3.186	118,64	42	14.870	211,85	75	26.554
28,25	10	3.541	121,46	43	15.224	214,68	76	26.908
31,07	11	3.895	124,29	44	15.578	217,50	77	27.262
33,90	12	4.249	127,11	45	15.933	220,33	78	27.616
36,72	13	4.603	129,94	46	16.287	223,15	79	27.970
39,55	14	4.957	132,76	47	16.641	225,98	80	28.324
42,37	15	5.310	135,58	48	16.995	228,80	81	28.679
45,20	16	5.665	138,40	49	17.349	231,63	82	29.033
48,02	17	6.019	141,24	50	17.703	234,45	83	29.387
50,84	18	6.373	144,06	51	18.057	237,28	84	29.741
53,67	19	6.727	146,89	52	18.411	240,10	85	30.095
56,49	20	7.081	149,71	53	18.765	242,93	86	30.449
59,32	21	7.435	152,53	54	19.119	245,75	87	30.803
62,14	22	7.789	155,36	55	19.473	248,57	88	31.157
64,97	23	8.143	158,18	56	19.827	251,40	89	31.510
67,79	24	8.497	161,01	57	20.181	254,22	90	31.865
70,62	25	8.851	163,83	58	20.525	257,05	91	32.219
73,44	26	9.205	166,66	59	20.889	259,87	92	32.573
76,27	27	9.560	169,48	60	21.243	262,70	93	32.927
79,09	28	9.914	172,31	61	21.597	265,52	94	33.281
81,92	29	10.268	175,13	62	21.951	268,35	95	33.635
84,74	30	10.622	177,96	63	22.306	271,17	96	33.989
87,57	31	10.976	180,78	64	22.660	274,00	97	34.343
90,39	32	11.330	183,60	65	23.014	276,82	98	34.697
93,21	33	11.684	186,43	66	23.368	279,65	99	35.052

GRAMMI PER CENTIMETRO CUBO (g/cc)
LIBBRE PER POLLICE CUBO (lb/pollice cubo)

GRAMS PER CUBIC CENTIMETER (g/cu cm)
POUNDS PER CUBIC INCH (lb/cu in)

g/cmc g/cu cm		lb/pollice c lb/cu in	g/cmc g/cu cm		lb/pollice c lb/cu in	g/cmc g/cu cm		lb/pollice c lb/cu in
27,6799	1	0.0361273	941,12	34	1.2283	1854,55	67	2.4205
55,36	2	0.0723	968,80	35	1.2645	1882,23	68	2.4567
83,04	3	0.1084	996,48	36	1.3006	1909,91	69	2.4928
110,72	4	0.1445	1024,16	37	1.3367	1937,59	70	2.5289
138,40	5	0.1806	1051,84	38	1.3728	1965,27	71	2.5650
166,08	6	0.2168	1079,52	39	1.4090	1992,95	72	2.6012
193,76	7	0.2529	1107,20	40	1.4450	2020,63	73	2.6373
221,44	8	0.2890	1134,88	41	1.4812	2048,30	74	2.6734
249,12	9	0.3250	1162,56	42	1.5173	2075,99	75	2.7095
276,80	10	0.3613	1190,24	43	1.5535	2103,67	76	2.7457
304,48	11	0.3974	1217,92	44	1.5896	2131,35	77	2.7818
332,16	12	0.4335	1245,60	45	1.6257	2159,03	78	2.8179
359,84	13	0.4697	1273,28	46	1.6619	2186,71	79	2.8541
387,52	14	0.5058	1300,96	47	1.6980	2214,39	80	2.8902
415,20	15	0.5419	1328,64	48	1.7341	2242,07	81	2.9263
442,88	16	0.5780	1356,32	49	1.7702	2269,75	82	2.9624
470,56	17	0.6142	1384,00	50	1.8064	2297,43	83	2.9986
498,24	18	0.6503	1411,67	51	1.8425	2325,11	84	3.0347
525,92	19	0.6864	1439,35	52	1.8786	2352,79	85	3.0708
553,60	20	0.7225	1467,03	53	1.9147	2380,47	86	3.1069
581,28	21	0.7587	1494,71	54	1.9509	2408,15	87	3.1431
608,96	22	0.7948	1522,39	55	1.9870	2435,83	88	3.1792
636,64	23	0.8309	1550,07	56	2.0231	2463,51	89	3.2153
664,32	24	0.8671	1577,75	57	2.0593	2491,19	90	3.2515
692,00	25	0.9032	1605,43	58	2.0954	2518,87	91	3.2876
719,68	26	0.9393	1633,11	59	2.1315	2546,55	92	3.3237
747,36	27	0.9754	1660,79	60	2.1676	2574,23	93	3.3598
775,04	28	1.0116	1688,47	61	2.2038	2601,90	94	3.3960
802,72	29	1.0477	1716,15	62	2.2399	2629,59	95	3.4320
830,40	30	1.0838	1743,83	63	2.2760	2657,27	96	3.4682
858,08	31	1.1199	1771,51	64	2.3120	2684,95	97	3.5043
885,76	32	1.1561	1799,19	65	2.3483	2712,63	98	3.5405
913,44	33	1.1922	1826,87	66	2.3844	2740,31	99	3.5766

GRANDI CALORIE (kcal) - BRITISH THERMAL UNITS (BTU)
KILOCALORIE (kcal) - BRITISH THERMAL UNITS (BTU)

kg/cal kilocalories		Btu Btu	kg/cal kilocalories		Btu Btu	kg/cal kilocalories		Btu Btu
0,251996	1	3.96832	8,568	34	134.923	16,884	67	265.877
0,504	2	7.937	8,820	35	138.890	17,136	68	269.846
0,756	3	11.905	9,072	36	142.860	17,388	69	273.814
1,008	4	15.873	9,324	37	146.828	17,640	70	277.782
1,260	5	19.842	9,576	38	150.796	17,892	71	281.750
1,512	6	23.810	9,828	39	154.764	18,144	72	825.719
1,764	7	27.778	10,080	40	158.733	18,396	73	289.687
2,016	8	31.747	10,332	41	162.701	18,648	74	293.656
2,268	9	35.715	10,584	42	166.669	18,900	75	297.624
2,520	10	39.683	10,836	43	170.638	19,152	76	301.592
2,772	11	43.652	11,088	44	174.606	19,404	77	305.561
3,024	12	47.620	11,340	45	178.574	19,656	78	309.529
3,276	13	51.588	11,592	46	182.543	19,908	79	313.497
3,528	14	55.556	11,844	47	186.510	20,160	80	317.466
3,780	15	59.525	12,096	48	190.479	20,412	81	321.434
4,032	16	63.493	12,348	49	194.448	20,664	82	325.402
4,284	17	67.460	12,600	50	198.416	20,916	83	329.370
4,536	18	71.430	12,852	51	202.384	21,168	84	333.339
4,788	19	75.398	13,104	52	206.353	21,420	85	337.307
5,040	20	79.366	13,356	53	210.321	21,672	86	341.276
5,292	21	83.335	13,608	54	214.289	21,924	87	345.244
5,544	22	87.303	13,860	55	218.258	22,176	88	349.212
5,796	23	91.270	14,112	56	222.226	22,428	89	353.180
6,048	24	95.240	14,364	57	226.194	22,680	90	357.149
6,300	25	99.208	14,616	58	230.163	22,932	91	361.117
6,552	26	103.176	14,868	59	234.131	23,184	92	365.085
6,804	27	107.145	15,120	60	238.099	23,436	93	369.054
7,056	28	111.113	15,372	61	242.068	23,688	94	373.022
7,308	29	115.081	15,624	62	246.036	23,940	95	376.990
7,560	30	119.050	15,876	63	250.004	24,192	96	380.959
7,812	31	123.018	16,128	64	253.973	24,444	97	384.927
8,064	32	126.986	16,380	65	257.94	24,696	98	388.895
8,316	33	130.955	16,632	66	261.909	24,948	99	392.864

TEMPERATURA – TEMPERATURE

CENTIGRADI °C – FAHRENHEIT °F / CENTIGRADE °C – FAHRENHEIT °F

ZERO ASSOLUTO = – 273°C = – 459.4°F
ABSOLUTE ZERO = – 273°C = – 459.4°F

°C		°F	°C		°F	°C		°F
– 17,8	0	32.0						
– 17,2	1	33.8	1,1	34	93.2	19,4	67	152.6
– 16,7	2	35.6	1,7	35	95.0	20,0	68	154.4
– 16,1	3	37.4	2,2	36	96.8	20,6	69	156.2
– 15,6	4	39.2	2,8	37	98.6	21,1	70	158.0
– 15,0	5	41.0	3,3	38	100.4	21,7	71	159.8
– 14,4	6	42.8	3,9	39	102.2	22,2	72	161.6
– 13,9	7	44.6	4,4	40	104.0	22,8	73	163.4
– 13,3	8	46.4	5,0	41	105.8	23,3	74	165.2
– 12,8	9	48.2	5,6	42	107.6	23,9	75	167.0
– 12,2	10	50.0	6,1	43	109.4	24,4	76	168.8
– 11,7	11	51.8	6,7	44	111.2	25,0	77	170.6
– 11,1	12	53.6	7,2	45	113.0	25,6	78	172.4
– 10,6	13	55.4	7,8	46	114.8	26,1	79	174.2
– 10,0	14	57.2	8,3	47	116.6	26,7	80	176.0
– 9,4	15	59.0	8,9	48	118.4	27,2	81	177.8
– 8,9	16	60.8	9,4	49	120.2	27,8	82	179.6
– 8,3	17	62.6	10,0	50	122.0	28,3	83	181.4
– 7,8	18	64.4	10,6	51	123.8	28,9	84	183.2
– 7,2	19	66.2	11,1	52	125.6	29,4	85	185.0
– 6,7	20	68.0	11,7	53	127.4	30,0	86	186.8
– 6,1	21	69.8	12,2	54	129.2	30,6	87	188.6
– 5,6	22	71.6	12,8	55	131.0	31,1	88	190.4
– 5,0	23	73.4	13,3	56	132.8	31,7	89	192.2
– 4,4	24	75.2	13,9	57	134.6	32,2	90	194.0
– 3,9	25	77.0	14,4	58	136.4	32,8	91	195.8
– 3,3	26	78.8	15,0	59	138.2	33,3	92	197.6
– 2,8	27	80.6	15,6	60	140.0	33,9	93	199.4
– 2,2	28	82.4	16,1	61	141.8	34,4	94	201.2
– 1,7	29	84.2	16,7	62	143.6	35,0	95	203.0
– 1,1	30	86.0	17,2	63	145.4	35,6	96	204.8
– 0,6	31	87.8	17,8	64	147.2	36,1	97	206.6
0,0	32	89.6	18,3	65	149.0	36,7	98	208.4
0,6	33	91.4	18,9	66	150.8	37,2	99	210.2

TEMPERATURA - TEMPERATURE

Centigradi °C – Fahrenheit °F/Centigrade °C – Fahrenheit °F

Zero assoluto = – 273°C = – 459.4°F
Absolute zero = – 273°C = – 459.4°F

°C		°F	°C		°F	°C		°F
37,8	100	212.0	56,1	133	271.4	74,4	166	330.8
38,3	101	213.8	56,7	134	273.2	75,0	167	332.6
38,9	102	215.6	57,2	135	275.0	75,6	168	334.4
39,4	103	217.4	57,8	136	276.8	76,1	169	336.2
40,0	104	219.2	58,3	137	278.6	76,7	170	338.0
40,6	105	221.0	58,9	138	280.4	77,2	171	339.8
41,1	106	222.8	59,4	139	282.2	77,8	172	341.6
41,7	107	224.6	60,0	140	284.0	78,3	173	343.4
42,2	108	226.4	60,6	141	285.8	78,9	174	345.2
42,8	109	228.2	61,1	142	287.6	79,4	175	347.0
43,3	110	230.0	61,7	143	289.4	80,0	176	348.8
43,9	111	231.8	62,2	144	291.2	80,6	177	350.6
44,4	112	233.6	62,8	145	293.0	81,1	178	352.4
45,0	113	235.4	63,3	146	294.8	81,7	179	354.2
45,6	114	237.2	63,9	147	296.6	82,2	180	356.0
46,1	115	239.0	64,4	148	298.4	82,8	181	357.8
47,2	117	242.6	65,6	150	302.0	83,9	183	361.4
47,8	118	244.4	66,1	151	303.8	84,4	184	363.2
48,3	119	246.2	66,7	152	305.6	85,0	185	365.0
48,9	120	248.0	67,2	153	307.4	85,6	186	366.8
49,4	121	249.8	67,8	154	309.2	86,1	187	368.6
50,0	122	251.5	68,3	155	311.0	86,7	188	370.4
50,6	123	253.4	68,9	156	312.8	87,2	189	372.2
51,1	124	255.2	69,4	157	314.6	87,8	190	374.0
51,7	125	257.0	70,0	158	316.4	88,3	191	375.8
52,2	126	258.8	70,6	159	318.2	88,9	192	377.6
52,8	127	260.6	71,1	160	320.0	89,4	193	379.4
53,3	128	262.4	71,7	161	321.8	90,0	194	381.2
53,9	129	264.2	72,2	162	323.6	90,6	195	383.0
54,4	130	266.0	72,8	163	325.4	91,1	196	384.8
55,0	131	267.8	73,3	164	327.2	91,7	197	386.6
55,6	132	269.6	73,9	165	329.0	92,2	198	388.3

TEMPERATURA - TEMPERATURE

Centigradi °C – Fahrenheit °F / Centigrade °C – Fahrenheit °F

Zero assoluto = – 273°C = – 459.4°F
Absolute zero = – 273°C = – 459.4°F

°C		°F	°C		°F	°C		°F
92,8	199	390.2	137,8	280	536.0	310,0	590	1094
93,3	200	392.0	140,6	285	545.0	315,6	600	1112
93,9	201	393.8	143,3	290	554.0	321,1	610	1130
94,4	202	395.6	146,1	295	563.0	326,7	620	1148
95,0	203	397.4	148,9	300	572.0	332,2	630	1166
95,6	204	399.2	154,4	310	590.0	337,8	640	1184
96,1	205	401.0	160,0	320	608	343,3	650	1202
96,7	206	402.8	165,6	330	626	348,9	660	1220
97,2	207	404.6	171,1	340	644	354,4	670	1238
97,8	208	406.4	176,7	350	662	360,0	680	1256
98,3	209	408.2	182,2	360	680	365,6	690	1274
98,9	210	410.0	187,8	370	698	371,1	700	1292
99,4	211	411.8	193,3	380	715	376,7	710	1310
100,0	212	413.6	198,9	390	734	282,2	720	1328
100,6	213	415.4	204,4	400	752	387,8	730	1346
101,1	214	417.2	210,0	410	770	393,3	740	1364
101,7	215	419.0	215,6	420	788	398,9	750	1382
102,2	216	420.8	221,1	430	806	404,4	760	1400
102,8	217	422.6	226,7	440	824	410,0	770	1418
103,3	218	424.4	232,2	450	842	415,6	780	1436
103,9	219	426.2	237,8	460	860	421,1	790	1454
104,4	220	428.0	243,3	470	878	426,7	800	1472
107,2	225	437.0	248,9	480	896	432,2	810	1490
110,0	230	446.0	254,4	490	914	437,8	820	1508
112,8	235	455.0	260,0	500	932	443,3	830	1526
115,6	240	464.0	265,6	510	950	448,9	840	1544
118,3	245	473.0	271,1	520	968	454,4	850	1562
121,1	250	482.0	276,7	530	986	460,0	860	1580
123,9	255	491.0	282,2	540	1004	465,6	870	1598
126,7	260	500.0	287,8	550	1022	471,1	880	1616
129,4	265	509.0	293,3	560	1040	476,7	890	1634
132,2	270	518.0	298,9	570	1058	482,2	900	1652
135,0	275	527.0	304,4	580	1076	487,8	910	1670

TEMPERATURA - TEMPERATURE

CENTIGRADI °C – FAHRENHEIT °F/CENTIGRADE °C – FAHRENHEIT °F

ZERO ASSOLUTO = – 273°C = – 459.4°F
ABSOLUTE ZERO = – 273°C = – 459.4°F

°C		°F	°C		°F	°C		°F
493,3	920	1688	815,6	1500	2732	1182,2	2160	3920
498,9	930	1706	826,7	1520	2768	1193,3	2180	3956
504,4	940	1724	837,8	1540	2804	1204,4	2200	3992
510,0	950	1742	848,9	1560	2840	1215,6	2220	4028
515,6	960	1760	860,0	1580	2875	1226,7	2240	4064
521,1	970	1778	871,1	1600	2912	1237,8	2260	4100
526,7	980	1776	882,2	1620	2948	1248,9	2280	4136
532,2	990	1814	893,3	1640	2984	1260,0	2300	4172
537,8	1000	1832	904,4	1660	3020	1271,1	2320	4208
548,9	1020	1868	915,6	1680	3056	1282,2	2340	4244
560,0	1040	1904	926,7	1700	3092	1293,3	2360	4280
571,1	1060	1940	937,8	1720	3128	1304,4	2380	4316
582,2	1080	1976	948,9	1740	3164	1315,6	2400	4352
593,3	1100	2012	960,0	1760	3200	1326,7	2420	4388
604,4	1120	2048	971,1	1780	3236	1337,8	2440	4424
615,6	1140	2084	982,2	1800	3272	1348,9	2460	4460
626,7	1160	2120	993,3	1820	3308	1360,0	2480	4496
637,8	1180	2156	1004,4	1840	3344	1371,1	2500	4532
648,9	1200	2192	1015,6	1860	3380	1382,2	2520	4568
660,0	1220	2228	1026,7	1880	3416	1393,3	2540	4604
671,1	1240	2264	1037,8	1900	3452	1404,4	2560	4640
682,2	1260	2300	1048,9	1920	3488	1415,6	2580	4676
693,3	1280	2335	1060,0	1940	3524	1426,7	2600	4712
704,4	1300	2372	1071,1	1960	3560	1437,8	2620	4748
715,6	1320	2408	1082,2	1980	3596	1448,9	2640	4784
726,7	1340	2444	1093,3	2000	3632	1460,0	2660	4820
737,8	1360	2480	1104,4	2020	3668	1471,1	2680	4856
748,9	1380	2516	1115,6	2040	3704	1482,2	2700	4892
760,0	1400	2552	1126,7	2060	3740	1493,3	2720	4928
771,1	1420	2588	1137,8	2080	3776	1504,4	2740	4964
782,2	1440	2624	1148,9	2100	3812	1515,6	2760	5000
793,3	1460	2660	1160,0	2120	3848	1526,7	2780	5036
804,4	1480	2696	1171,1	2140	3884	1537,8	2800	5072

VALORI DELLA TEMPERATURA, DELLA PRESSIONE RELATIVA E DELLA DENSITÀ RELATIVA DELL'ARIA ALLE VARIE QUOTE E FATTORI DI CORREZIONE PER I QUALI VA MOLTIPLICATA LA VELOCITÀ INDICATA PER OTTENERE LA VELOCITÀ EFFETTIVA.

ICAN (INTERNATIONAL COMMITTEE AIR NAVIGATION) TEMPERATURE, RELATIVE PRESSURE AND RELATIVE DENSITY ALTITUDE DATA AND CORRECTION FACTORS BY WHICH THE INDICATED AIR SPEED (IAS) MUST BE MULTIPLIED TO OBTAIN THE TRUE AIR SPEED (TAS).

Quota / Altitude		Temperatura / Temperature		Pressione relativa / Relative pressure	Densità relativa / Relative density	Fattori di correzione / Correction factors
Piedi / Feet	Metri / Meters	°C	°F			
– 2.000	– 610	18,962	66.132	1,0745	1,0599	0,97133
– 1.000	– 305	16,981	62.566	1,0367	1,0296	0,98551
0	0	15,000	59.000	1,000	1,000	1,000
1.000	305	13,019	55.434	0,9644	0,9710	1,0149
2.000	610	11,038	51.868	0,9298	0,9428	1,0299
3.000	914	9,056	48.301	0,8962	0,9151	1,0454
4.000	1219	7,075	44.735	0,8636	0,8881	1,0611
5.000	1524	5,094	41.169	0,8320	0,8616	1,0773
6.000	1829	3,113	37.603	0,8013	0,8358	1,0940
7.000	2134	1,132	34.037	0,7716	0,8106	1,1108
8.000	2438	– 0,850	30.471	0,7427	0,7859	1,1280
9.000	2743	– 2,831	26.904	0,7147	0,7619	1,1457
10.000	3048	– 4,812	23.338	0,6876	0,7384	1,1638
11.000	3353	– 6,793	19.772	0,6614	0,7154	1,1823
12.000	3658	– 8,774	16.206	0,6359	0,6931	1,2012
13.000	3962	– 10,756	12.640	0,6112	0,6712	1,2207
14.000	4267	– 12,737	9.074	0,5873	0,6499	1,2403
15.000	4572	– 14,718	5.507	0,5642	0,6291	1,2607
16.000	4877	– 16,699	1.941	0,5418	0,6088	1,2816
17.000	5182	– 18,680	– 1.625	0,5202	0,5891	1,3029
18.000	5486	– 20,662	– 5.191	0,4992	0,5698	1,3248
19.000	5791	– 22,643	– 8.757	0,4790	0,5509	1,3473
20.000	6096	– 24,624	– 12.323	0,4594	0,5327	1,3702
21.000	6401	– 26,605	– 15.890	0,4405	0,5148	1,3937
22.000	6706	– 28,586	– 19.456	0,4222	0,4974	1,4179

VALORI DELLA TEMPERATURA, DELLA PRESSIONE RELATIVA E DELLA DENSITÀ RELATIVA DELL'ARIA ALLE VARIE QUOTE E FATTORI DI CORREZIONE PER I QUALI VA MOLTIPLICATA LA VELOCITÀ INDICATA PER OTTENERE LA VELOCITÀ EFFETTIVA.

ICAN (INTERNATIONAL COMMITTEE AIR NAVIGATION) TEMPERATURE, RELATIVE PRESSURE AND RELATIVE DENSITY ALTITUDE DATA AND CORRECTION FACTORS BY WHICH THE INDICATED AIR SPEED (IAS) MUST BE MULTIPLIED TO OBTAIN THE TRUE AIR SPEED (TAS).

Quota / Altitude		Temperatura / Temperature		Pressione relativa / Relative pressure	Densità relativa / Relative density	Fattori di correzione / Correction factors
Piedi / Feet	Metri / Meters	°C	°F			
23.000	7010	– 30,568	– 23.022	0,4045	0,4805	1,4426
24.000	7315	– 32,549	– 26.588	0,3874	0,4640	1,4681
25.000	7620	– 24,530	– 30.154	0,3709	0,4480	1,4940
26.000	7925	– 36,511	– 33.720	0,3550	0,4323	1,5210
27.000	8230	– 38,493	– 37.287	0,3397	0,4171	1,5489
28.000	8534	– 40,474	– 40.853	0,3248	0,4023	1,5766
29.000	8839	– 42,455	– 44.419	0,3106	0,3879	1,6056
30.000	9144	– 44,436	– 47.985	0,2968	0,3740	1,6351
31.000	9449	– 46,417	– 51.551	0,2834	0,3603	1,6660
32.000	9754	– 48,399	– 55.117	0,2707	0,3472	1,6971
33.000	10058	– 50,379	– 58.684	0,2583	0,3343	1,7296
34.000	10363	– 52,361	– 62.250	0,2465	0,3218	1,7629
35.000	10668	– 54,342	– 65.816	0,2352	0,3098	1,7965
36.000	10973	– 55,000	– 67.000	0,2242	0,2962	1,8374
37.000	11278	– 55,000	– 67.000	0,2137	0,2824	1,8818
38.000	11582	– 55,000	– 67.000	0,2037	0,2692	1,9273
39.000	11887	– 55,000	– 67.000	0,1943	0,2566	1,9741
40.000	12192	– 55,000	– 67.000	0,1852	0,2447	2,0215
41.000	12497	– 55,000	– 67.000	0,1765	0,2332	2,0708
42.000	12802	– 55,000	– 67.000	0,1683	0,2224	2,1206
43.000	13106	– 55,000	– 67.000	0,1605	0,2120	2,1719
44.000	13411	– 55,000	– 67.000	0,1530	0,2021	2,2244
45.000	13716	– 55,000	– 67.000	0,1458	0,1926	2,2785
48.000	14630	– 55,000	– 67.000	0,1264	0,1669	2,4476
50.000	15240	– 55,000	– 67.000	0,1149	0,1517	2,5675

MATHEMATICAL SYMBOLS
SIMBOLI MATEMATICI

$+$	plus	più
$+$	positive	positivo
$-$	minus	meno
$-$	negative	negativo
$\times$	multiplied by	moltiplicato per
$\cdot$	multiplied by	moltiplicato per
:	divided by	diviso per
:	is to (*as in a proportion*)	sta a (*in una proporzione*)
$=$	equals	uguale a
$\doteqdot$	approximately equals	approssimativamente uguale
$>$	greater than	maggiore di
$<$	less than	minore di
$\because$	therefore	perciò
$\propto$	proportional to	proporzionale a
$\sqrt{\ }$	square root	radice quadrata
$\sqrt[3]{\ }$	cube root	radice cubica
$\sqrt[4]{\ }$	4th root	radice quarta
$\sqrt[n]{\ }$	nth root	radice ennesima
$\mathbf{a}^2$	**a** squared	**a** quadrato
$\mathbf{a}^3$	**a** cubed	**a** al cubo
$\mathbf{a}^4$	4th power of **a**	**a** alla quarta potenza
$\mathbf{a}^n$	nth power of **a**	**a** alla ennesima potenza
$\frac{1}{\mathbf{a}}$	reciprocal value of **a**	valore reciproco di **a**
log	logarithm	logaritmo
hyp log	hyperbolic logarithm	logaritmo iperbolico
nat log	natural logarithm	logaritmo naturale
lim	limit value	valore limite
∞	infinity	infinito
g	gravity	gravità